2022 注册结构工程师考试用书

一、二级注册结构工程师专业考试应试技巧与题解（第十四版）

（上册）

兰定筠　主编

中国建筑工业出版社

图书在版编目(CIP)数据

一、二级注册结构工程师专业考试应试技巧与题解：上、中、下册 / 兰定筠主编. —14 版. —北京：中国建筑工业出版社，2022.3

2022 注册结构工程师考试用书

ISBN 978-7-112-27125-2

Ⅰ.①一… Ⅱ.①兰… Ⅲ.①建筑结构－资格考试－题解 Ⅳ.①TU3-44

中国版本图书馆 CIP 数据核字（2022）第 032395 号

本书依据"考试大纲"规定的考试要求，按照新标准规范的内容，并结合历年专业考试特点进行编写，全面、系统阐述了对标准规范的准确理解与运用，讲述了各类问题的解题规律与计算技巧，总结了各标准规范的应试技巧。本书主要包括：工程结构可靠性设计和作用、建筑抗震设计、钢筋混凝土结构、钢结构、砌体结构与木结构、地基与基础、高层建筑结构和高耸结构、桥梁结构、结构力学、常用结构的静力计算方法十章。本书可供参加一、二级注册结构工程师专业考试的考生考前复习使用。

本书与《一级注册结构工程师专业考试考前实战训练》和《二级注册结构工程师专业考试考前实战训练》互为补充，供参加一、二级注册结构工程师专业考试的考生考前复习使用。

* * *

责任编辑：牛 松 田立平 王 跃
责任校对：党 蕾

2022 注册结构工程师考试用书
一、二级注册结构工程师专业考试应试技巧与题解
（第十四版）
兰定筠 主编

*

中国建筑工业出版社出版、发行（北京海淀三里河路 9 号）
各地新华书店、建筑书店经销
北京红光制版公司制版
北京圣夫亚美印刷有限公司印刷

*

开本：787 毫米×1092 毫米 1/16 印张：133 字数：3226 千字
2022 年 3 月第十四版 2022 年 3 月第一次印刷
定价：336.00 元（上、中、下册）（含增值服务）
ISBN 978-7-112-27125-2
（38908）

版权所有 翻印必究
如有印装质量问题，可寄本社图书出版中心退换
（邮政编码 100037）

第十四版前言

本书自正式出版以来进入了第十四年,一直受到广大读者的高度赞誉,结合最新《工程结构通用规范》《建筑与市政工程抗震通用规范》等八本通用规范,本次修订内容如下:

1. 本书上册第一章工程结构可靠性设计和作用进行更新完善;第二章内容进行更新完善;第三章中素混凝土结构和施工质量验收补充了案例,并完善本章的基本构造案例。

2. 本书上册第四章钢结构进行补充完善,增加了钢结构性能化设计的案例等,《门规》也补充了案例,以适应考试的要求。

针对《钢结构设计标准》的瑕疵或不足的,作者提出了自己的见解,并将其纳入本书附录九《钢标》的见解与勘误,供大家理解与应用标准时参考。

3. 本书中册第六章补充《建筑基桩检测技术规范》《建筑边坡工程技术规范》内容,并编写了相关案例。

4. 本书下册第七章按《烟囱工程技术标准》进行编写,补充了《高耸结构设计标准》及案例,补充了大量的高层钢结构案例,以适应考试的要求。

5. 本书下册第八章桥梁结构按新《城市桥梁设计规范》(2019年版)、《公路桥梁抗震设计规范》(2020年版)进行编写,并补充了大量案例。

6. 本书下册修订了第九章结构力学的错误。

有关本书的答疑、勘误和考前培训的信息,见作者网页:www.landingjun.com;作者微博:兰定筠微博。

2022年兰定筠注册结构工程师专业考试全科网络辅导班已经开班,全部课程已经上线,从百度上搜索腾讯课堂,再在腾讯课堂搜索兰定筠即可报名参加学习。兰老师微信13896187773,微信公众号:兰定筠注册考试。

兰老师及其团队开通知识星球答疑服务。团队成员包括黄工、饶工(2021年,一注,69分)、王工、熊工等。答疑服务包括规范内容、真题、兰老师书中题目。备考经验、现场应试能力、高分经验等,扫码即可加入。

微信扫码加入星球

第十版前言
——梅花香自苦寒来

本书自正式出版以来进入了第十年，备受广大考生的关注，在注册结构工程师专业考试中得到了检验，帮助了广大考生顺利通过了考试，同时，在作者开办的考前辅导班上也经过了验证，效果显著。自2011年以来注册结构工程师考试的难度和广度逐年加大，注册考试在不断改革，这迫使考生应及时适应新的注册考试命题思路，也迫使作者每年及时调整、补充和完善该书的内容。作者结合十多年来对命题专家的命题思路和规范内容的深入研究，不断完善本书，同时，作者在此也衷心致谢：

（1）感谢广大考生对书中错误或不足的不吝指正，对书中内容不断完善所提供的建言献策。

（2）感谢考试命题专家组对考试真题的辛苦付出。

（3）感谢国家规范编制组专家给予的技术支持。

（4）感谢中国建筑工业出版社各位朋友的关心与支持。

（5）感谢作者周围同事、朋友的无私帮助。

结合2011年以来的命题专家的命题思路和考试真题，依据注册结构工程师专业考试考试大纲和现行规范，本次编写调整、新增了部分内容，删除了陈旧内容。具体如下：

（1）将2016年真题中典型题目纳入书中，以完善相关知识点。

（2）根据新《混凝土异形柱结构技术规程》JGJ 149-2017，对书中内容及题目进行了修正。

（3）钢筋混凝土结构一章，归纳总结了框架梁、框架柱、剪力墙、墙肢边缘构件、连梁等的抗震措施和非抗震措施的常用表格。

（4）高层建筑结构一章，归纳总结了各类结构体系的构件（框架梁、框架柱、普通剪力墙、墙肢边缘构件、连梁、转换梁、转换柱、落地剪力墙等）的内力调整的常用表格，同时，总结了梁、柱、墙等抗震措施和非抗震措施的常用表格。这有利于考生迅速查找到相关的规范条文和知识点。

（5）钢结构一章，删除了陈旧的内容，补充完善了新内容。此外，进一步完善单层钢结构厂房抗震设计内容。

（6）钢结构房屋的抗震设计，本书以《高层民用建筑钢结构技术规程》为主线，这是因为：《高层民用建筑钢结构技术规程》比《建筑抗震设计规范》更具有可操作性，也便于理解与掌握。对《高层民用建筑钢结构技术规程》未涉及内容，再按《建筑抗震设计规范》进行阐述。

（7）组合结构，鉴于它由钢材和混凝土两者材料构成，因此将《组合结构设计规范》内容置于《高层民用建筑钢结构技术规程》《建筑抗震设计规范》之后，也是便于读者理解和掌握。

（8）本书的附录补充完善了考试必备的常用计算表格。

本次还修订了前一版书中存在的错误和瑕疵。

有关本书的答疑、本书的勘误表、注册结构工程师考试与考前培训的信息，见作者网页：www.landingjun.com。

此外，现将注册考试命题组专家对复习备考的建议，引用如下：

注册结构工程师专业考试在这年复一年的实践中不断总结完善，与实际工程结合是注册结构工程师专业考试的最大特点，也是其与应试教育考试的最大不同点，我们提请考生在复习考试时还应注意以下问题：

1. 考生应关注住房城乡建设部执业资格注册中心公布的相关考试信息，关注考试改革。

2. 考生应将复习考试与实际工程结合起来，注意在实际工程中加深对结构设计概念的理解和把握。

3. 在计算机普遍应用的今天，会使用程序是最基本的操作技能要求，考生更应重点关注程序的基本假定、主要计算参数的确定及对计算结果的判别。从荷载取值、效应组合等结构设计的最基本要求做起，把握结构的规则性判别要点，用概念指导结构设计。

4. 给出几个已知数据，套套公式的考试已不适应注册结构工程师专业考试（尤其是一级注册结构工程师专业考试）的要求。

第一版前言

自我国实施注册结构工程师考试制以来,历年专业考试通过率均很低(约10%~15%),考题呈现出"三大"的特点:计算量大、范围大、难度大,即每一道计算题涉及多个系数需要确定;考试大纲涉及了三十多部规范规程,且规范不断地修订,如《建筑结构荷载规范》《建筑抗震设计规范》,考核点覆盖了规范的条文及条文的注附、附录、条文说明,甚至一个考核点涉及两部及两部以上规范;每年考题中有20%左右的新考核点、新题型。因此,要求广大考生应具备快速、正确的解题能力。

如何有效地提高专业考试通过率,获得结构工程师执业资格,已成为考生急盼希望解决的首要问题。目前,尽管市场上已经拥有较多的专业考试复习辅导书籍,但通过率低的现象仍未能有效地解决。为此,本书编者结合亲身经历过注册结构工程师专业考试的经验,从事注册结构工程师考前复习培训、高等院校建筑结构授课经验,以及工程结构设计实践经验,编写了本书。

本书以现行注册结构工程师专业考试大纲为依据,以考试所用规范规程为基础,参考历年专业考试试题进行编写,其最大的特点是讲述应试技巧,即复习技巧和解题技巧,具体如下:

1. 强调系统性复习

凡专业考试大纲规定的考核点,本书结合规范进行了全面、系统地阐述。同时,为节省篇幅,要求考生使用本书时,一定要配备随身携带的各类规范(或规范汇编),依照本书中的复习步骤,先看规范条文、条文说明,后看本书中"注意"的内容。

2. 对规范条文的正确理解和运用

对规范条文中的重点内容,本书中以"注意"的方式进行较详细阐述。如条文的适用条件、条文说明、条文注附;计算公式中计算参数的数值及其取值范围;计算参数内插法的具体计算公式等。要求考生将本书"注意"内容标注在随身携带的规范条文旁。这十分有利于节约计算时间,并且不易出错。

3. 培养发散思维和逆向思维

本书中"讨论"部分,讲解了当考题中参数或其他条件改变时,其相应的正确解答过程,并建议考生学会自己设计考题,形成发散思维;同时,假定将考题中已知条件与计算结果进行互换,如已知梁截面尺寸、配筋,确定其受弯承载力值,改变为已知受弯承载力值及梁截面尺寸,求梁的配筋,培养逆向思维,从而做到一题变多题,举一反三。

4. 对规范进行对比复习

对规范条文的理解与运用,本书采用了对相关规范的对比理解,通过对比复习,指出它们的相同点、不同点,讲述各自的适用条件。如剪力墙墙肢轴压比限值,《混凝土结构设计规范》与《高层建筑混凝土结构技术规程》的规定是不同的;又如《高层建筑混凝土结构技术规程》主要适用于高层建筑;《混凝土结构设计规范》《建筑抗震设计规范》不仅适用于高层建筑，也适用低层、多层建筑。这有利于解答考题时选用正确的规范规程，保证解答结果的正确。

5. 对规范进行简洁、系统的归纳小结

根据现行专业考试"答题""评分"的规定，考生求解计算题的主要计算过程、计算结果和概念题的解答过程应有作答依据，即规范条文。否则，无作答依据视为无效解答，不予计分。通过对规范条文有机、分类地进行归纳、整理与小结，有利于考生在海量的规范条文中，快速、正确地找到作答依据，即规范条文。

6. 突出各规范之间的接口性

本书将《建筑抗震设计规范》中涉及的各类结构，分别纳入相应的各专业规范中。如《建筑抗震设计规范》中砌体房屋抗震内容纳入到砌体结构与木结构一章，形成非抗震设计、抗震设计的结构整体思维。这有利于全面掌握考试大纲规定的考核点。

7. 提高解题技巧

通过本书大量的案例题，考生不仅能掌握直接法求解，还能掌握排除法求解，甚至综合运用直接法、排除法进行求解，提高解题的速度和正确性。

此外，广大考生应抽出较充足的时间进行解题训练，解题过程中应牢记一条重要原则：解题的唯一依据是各类规范。因此，考生对随身携带的规范应十分熟悉，特别是规范条文中自己标注的复习笔记。

本书在编写过程中，引用了各类规范，参考了大量的专业教材，历年一、二级注册结构工程师专业考试试题及相关资料，不再一一指出，在此一并表示衷心的感谢。

杨利容、王德兵、罗刚、邰建人、徐波、吴学伟、梁怀庆、杨莉琼、黄小莉、刘福聪、王龙、聂洪、聂中文、黄利芬、黄静、饶晓臣、刘禄惠、胡鸿鹤、王洁、肖婷、蓝润生参加了本书的编写。

研究生谢应坤、龚瑾、李凯、曾亮、赵吉庆等参与本书案例题的编制、计算、绘制等工作。

由于本书编者水平有限，难免存在不妥或错误之处，恳请广大读者及专家批评指正。

目 录

(上册)

第一章 工程结构可靠性设计和作用 ················· 1

第一节 工程结构可靠性与结构设计 ················ 1
一、基本规定 ······································· 1
二、极限状态设计原则 ······························ 4
三、作用和环境影响 ································ 6
四、结构分析和材料、岩土的性能 ···················· 8
五、承载能力极限状态 ······························ 9
六、正常使用极限状态 ······························ 16
七、耐久性极限状态设计 ···························· 17
八、结构整体稳固性 ································ 17
九、既有建筑结构的可靠性评定 ······················ 18

第二节 楼面和屋面活荷载 ························ 18
一、民用建筑楼面均布活荷载 ························ 18
二、工业建筑楼面活荷载 ···························· 25
三、等效均布活荷载 ································ 25
四、屋面活荷载 ···································· 32
五、屋面积灰荷载 ·································· 33
六、施工和检修荷载及栏杆水平荷载 ·················· 35
七、地下室顶板施工活荷载 ·························· 36
八、动力系数 ······································ 36

第三节 吊车荷载 ································ 37
一、吊车的工作制等级与工作级别的关系 ·············· 37
二、吊车荷载 ······································ 37

第四节 雪荷载 ·································· 55
一、雪荷载标准值及基本雪压 ························ 55
二、屋面积雪分布系数 ······························ 56

第五节 风荷载 ·································· 61
一、风荷载计算规定 ································ 61
二、单层和多层建筑结构的风荷载计算 ················ 64
三、高层建筑结构的风荷载计算 ······················ 69

四、高耸结构的风荷载计算 … 69
　　五、特殊情况下的风荷载计算 … 70
　　六、围护结构的风荷载计算 … 72
　　七、横风向风振的计算 … 76
　第六节　温度作用和偶然荷载 … 76
　　一、温度作用 … 76
　　二、偶然荷载 … 77
　第七节　地震作用 … 77
　　一、建筑抗震设计的基本概念 … 77
　　二、地震作用 … 81
　　三、水平地震作用计算 … 85
　　四、竖向地震作用计算 … 105
　　五、多层钢结构的地震作用计算 … 108
　　六、高耸结构的地震作用计算 … 110
　　七、砌体结构的地震作用计算 … 111
　　八、高层建筑结构的地震作用计算 … 111
　　九、单层厂房的地震作用计算 … 111
　　十、荷载与地震作用的地震组合 … 118
　　十一、抗震变形验算 … 122

第二章　建筑抗震设计 … 125

　第一节　建筑抗震设计的基本概念 … 125
　　一、抗震措施和抗震构造措施 … 125
　　二、抗震等级 … 126
　第二节　建筑形体及其构件布置的规则性 … 129
　　一、不规则的类型与判断 … 129
　　二、不规则结构的抗震设计 … 136
　　三、规则性的抗震概念设计 … 137
　第三节　结构体系和结构分析及结构材料 … 138
　　一、结构体系和结构分析 … 138
　　二、结构材料与施工 … 139
　第四节　各类房屋结构抗震设计 … 140
　　一、钢筋混凝土房屋 … 140
　　二、砌体房屋 … 141
　　三、钢结构房屋 … 141
　　四、地基与基础 … 141
　第五节　非结构构件 … 141
　　一、一般规定 … 141
　　二、计算要求 … 142

三、抗震性能化设计……………………………………………………………………143
　　四、其他计算要求…………………………………………………………………………145
　　五、基本抗震措施…………………………………………………………………………146
第六节　隔震和消能减震设计……………………………………………………………146
　　一、一般规定………………………………………………………………………………146
　　二、隔震设计………………………………………………………………………………148
　　三、消能减震设计…………………………………………………………………………151
第七节　地下建筑…………………………………………………………………………152
第八节　建筑抗震性能化设计……………………………………………………………154
　　一、基本规定………………………………………………………………………………154
　　二、结构构件抗震性能设计方法…………………………………………………………158
第九节　三向地震作用及其组合…………………………………………………………161

第三章　钢筋混凝土结构……………………………………………………………163

第一节　基本设计规定和材料……………………………………………………………163
　　一、总则……………………………………………………………………………………163
　　二、一般规定与结构方案及体系…………………………………………………………163
　　三、极限状态设计与设计状况……………………………………………………………165
　　四、防连续倒塌设计原则…………………………………………………………………169
　　五、既有结构设计…………………………………………………………………………169
　　六、材料……………………………………………………………………………………170
　　七、结构分析………………………………………………………………………………173
第二节　构造规定…………………………………………………………………………174
　　一、构造规定………………………………………………………………………………174
　　二、其他构造规定…………………………………………………………………………187
第三节　受弯构件…………………………………………………………………………188
　　一、正截面承载力计算的一般规定和结构的二阶效应…………………………………188
　　二、矩形截面受弯构件……………………………………………………………………191
　　三、T形截面受弯构件……………………………………………………………………203
　　四、I形截面受弯构件……………………………………………………………………216
　　五、受弯构件的斜截面受剪承载力计算…………………………………………………217
第四节　受压构件…………………………………………………………………………224
　　一、结构的二阶效应和正截面承载力计算的一般规定…………………………………224
　　二、轴心受压构件…………………………………………………………………………229
　　三、偏心受压构件…………………………………………………………………………235
第五节　受拉构件…………………………………………………………………………259
　　一、轴心受拉构件…………………………………………………………………………259
　　二、偏心受拉构件（矩形截面）…………………………………………………………259
　　三、偏心受拉构件（T形、I形、环形截面）和双向偏心受拉构件……………………265

四、偏心受拉构件的斜截面受剪承载力计算……………………………………265
第六节　受扭构件……………………………………………………………………268
　　一、概述……………………………………………………………………………268
　　二、矩形截面受扭构件……………………………………………………………269
　　三、T形和I形截面受扭构件……………………………………………………281
　　四、箱形截面受扭计算……………………………………………………………285
　　五、轴向压力、扭矩、弯矩和剪力共同作用下的剪扭计算……………………288
　　六、轴向拉力、扭矩、弯矩和剪力共同作用下的剪扭计算……………………288
第七节　受冲切构件…………………………………………………………………288
　　一、板的抗冲切……………………………………………………………………288
　　二、阶形基础的抗冲切……………………………………………………………294
第八节　局部受压……………………………………………………………………296
第九节　疲劳验算……………………………………………………………………300
　　一、基本规定………………………………………………………………………300
　　二、钢筋混凝土受弯构件的疲劳验算……………………………………………300
　　三、预应力混凝土受弯构件的疲劳验算…………………………………………300
第十节　结构构件的基本规定………………………………………………………301
　　一、板………………………………………………………………………………301
　　二、梁………………………………………………………………………………302
　　三、柱………………………………………………………………………………308
　　四、梁柱节点………………………………………………………………………309
　　五、墙………………………………………………………………………………312
　　六、叠合构件………………………………………………………………………314
　　七、装配式结构……………………………………………………………………320
　　八、深受弯构件……………………………………………………………………321
　　九、牛腿……………………………………………………………………………326
　　十、预埋件及吊环…………………………………………………………………330
　　十一、总结…………………………………………………………………………334
第十一节　素混凝土结构构件………………………………………………………336
　　一、一般规定和受压构件…………………………………………………………336
　　二、受弯构件和局部受压构件……………………………………………………337
第十二节　正常使用极限状态验算…………………………………………………340
　　一、正常使用极限状态验算规定…………………………………………………340
　　二、裂缝控制验算…………………………………………………………………340
　　三、挠度验算………………………………………………………………………346
第十三节　预应力混凝土结构构件…………………………………………………352
　　一、预应力损失值的计算…………………………………………………………352
　　二、预应力混凝土结构构件计算…………………………………………………355
　　三、预应力混凝土构造规定………………………………………………………357

第十四节　混凝土结构构件抗震设计············357
一、一般规定和材料············357
二、框架梁············362
三、框架柱和框支柱············371
四、铰接排架柱············387
五、框架梁柱节点及预埋件············391
六、剪力墙············398
七、预应力混凝土结构构件············409
八、板柱节点············410

第十五节　《混规》《抗规》总结············411
一、抗震设计框架结构的内力调整············411
二、抗震设计框架梁和框架柱抗震构造措施············411
三、约束边缘构件和构造边缘构件的抗震构造措施············413
四、普通连梁的构造措施············414

第十六节　混凝土异形柱结构············415
一、总则和术语············415
二、设计基本规定············415
三、结构计算分析············416
四、截面设计············416
五、构造要求············419

第十七节　混凝土结构加固设计············424
一、总则和术语············424
二、基本规定············424
三、材料············424
四、增大截面加固法············425
五、置换混凝土加固法············428
六、外包型钢加固法············430
七、粘贴钢板加固法············432
八、粘贴纤维复合材加固法············435
九、预应力碳纤维复合板加固法············440
十、预张紧钢丝绳网片—聚合物砂浆面层加固法············442
十一、绕丝加固法············444
十二、体外预应力加固法············445
十三、增设支点加固法············446
十四、植筋技术············446
十五、锚栓技术············449

第十八节　混凝土施工与施工质量验收············450
一、总则、术语和基本规定············450
二、分项工程············451

三、现浇结构分项工程 ··· 451
　　四、装配式结构分项工程 ··· 451
　　五、混凝土结构子分部工程 ··· 451

第四章　钢结构 ·· 453

第一节　总则和基本设计规定 ·· 453
　　一、总则和术语 ·· 453
　　二、一般规定 ·· 453
　　三、结构体系 ·· 453
　　四、作用 ·· 454
　　五、变形和舒适度的规定 ··· 455
　　六、截面板件宽厚比等级 ··· 456
　　七、结构分析与稳定性设计 ··· 457
　　八、材料 ·· 461

第二节　连接计算 ·· 463
　　一、焊缝连接 ·· 463
　　二、普通螺栓连接 ·· 489
　　三、高强度螺栓连接 ·· 505
　　四、销轴连接 ·· 519

第三节　薄壁构件的弯曲和扭转 ·· 519
　　一、剪力流理论和剪力中心 ··· 519
　　二、扭转 ·· 523

第四节　轴心受力构件的计算 ·· 528
　　一、轴心受力构件的强度和刚度 ······································· 528
　　二、实腹式轴心受压构件的稳定性计算 ································· 535
　　三、单边连接的单角钢 ··· 564
　　四、格构式轴心受压构件的稳定性计算 ································· 569
　　五、梭形圆管和梭形格构柱轴心受压构件的稳定性计算 ··················· 586
　　六、支撑力的计算 ·· 586

第五节　受弯构件的计算 ··· 587
　　一、强度计算 ·· 587
　　二、整体稳定性计算 ·· 598
　　三、局部稳定性计算 ·· 606
　　四、组合梁腹板考虑屈曲后强度的计算 ································· 622
　　五、梁腹板有效截面按《钢标》8.4.2条计算 ···························· 631
　　六、受弯构件的挠度验算 ··· 632
　　七、梁腹板开孔与构造要求 ··· 633

第六节　拉弯和压弯构件的计算 ·· 633
　　一、拉弯和压弯构件的强度计算 ······································· 633

二、框架柱的计算长度 ·· 637
三、实腹式压弯构件的整体稳定性计算 ··· 651
四、实腹式压弯构件的局部稳定性计算 ··· 665
五、格构式压弯构件的稳定性计算 ·· 670
六、承受次弯矩的桁架杆件 ·· 675

第七节 节点·· 676
一、连接板节点 ·· 676
二、梁柱连接节点 ·· 677
三、铸钢节点和预应力索节点 ·· 683
四、桁架节点连接计算 ··· 683
五、梁连接计算 ·· 693
六、支座 ··· 697
七、柱脚 ··· 699

第八节 疲劳计算与防脆断设计 ·· 705
一、疲劳计算 ··· 705
二、防脆断设计 ·· 713

第九节 塑性及弯矩调幅设计 ·· 714
一、一般规定和弯矩调幅设计要点 ·· 714
二、构件设计和容许长细比 ·· 715

第十节 钢与混凝土组合梁 ·· 718
一、一般规定 ··· 718
二、组合梁设计 ·· 719
三、抗剪连接件计算 ··· 722
四、纵向抗剪计算 ·· 723
五、挠度与裂缝及构造要求 ·· 723

第十一节 钢管连接节点 ··· 724
一、一般规定和构造要求 ·· 724
二、圆钢管 ··· 724
三、矩形钢管 ··· 726

第十二节 钢结构防护 ·· 727
一、抗火设计 ··· 727
二、防腐蚀设计 ·· 727
三、隔热 ··· 727

第十三节 抗震性能化设计 ·· 727
一、一般规定 ··· 727
二、计算要点 ··· 727
三、基本抗震措施 ·· 727

第十四节 高强度螺栓规程 ·· 734
一、基本规定 ··· 734

二、连接设计 ··· 735
　三、连接接头设计 ··· 735

第十五节　空间网格结构 ·· 738
　一、总则和术语 ··· 738
　二、基本规定 ··· 738
　三、结构计算 ··· 739
　四、杆件和节点的设计与构造 ··· 739

第十六节　单层钢结构厂房抗震设计 ·· 739
　一、一般规定 ··· 739
　二、抗震验算 ··· 739
　三、抗震构造措施 ··· 742

第十七节　门式刚架 ··· 744
　一、总则和基本规定 ··· 744
　二、荷载和作用组合 ··· 744
　三、结构布置和结构分析计算 ··· 745
　四、构件设计 ··· 746
　五、支撑系统设计 ··· 755
　六、檩条与墙梁设计 ··· 755
　七、连接和节点设计 ··· 760

第十八节　大跨度屋盖抗震设计 ··· 762
　一、一般规定 ··· 762
　二、计算规定 ··· 762
　三、抗震构造措施 ··· 762

第一章 工程结构可靠性设计和作用

本章所用规范为《工程结构通用规范》GB 55001—2021（以下简称《结通规》）、《建筑结构可靠性设计统一标准》GB 50068—2018（以下简称《可靠性标准》）、《建筑结构荷载规范》GB 50009—2012（以下简称《荷规》）、《建筑与市政工程抗震通用规范》GB 55002—2021（以下简称《抗震通规》）、《建筑抗震设计规范》GB 50011—2010（2016年版）（以下简称《抗规》）。

第一节 工程结构可靠性与结构设计

一、基本规定

1. 总则和术语

- 复习《可靠性标准》1.0.1条~1.0.6条。
- 复习《可靠性标准》2.1.1条~2.1.76条。

需注意的是：

(1)《可靠性标准》1.0.4条及条文说明。

(2) 设计工作年限（也称为设计使用年限）的定义、设计基准期的定义，两者概念不相同，具体见2.1.5、2.1.53条及条文说明。

(3) 可靠性、可靠度的不同定义。

(4) 荷载组合（或作用组合）、荷载工况、荷载效应（或作用效应），三者的定义，及其相互关系，具体见《可靠性标准》2.1.12条条文说明、2.1.60条条文说明，或见《结通规》条文说明中术语。

(5) 极限状态法、容许应力法、安全系数法，三者的定义分别见《可靠性标准》2.1.33条、2.1.34条、2.1.35条。例如，钢筋混凝土挡土墙设计是三种设计方法有可能同时应用的一个例子：挡土墙的结构设计采用极限状态法，地基承载力计算采用容许应力法，抗倾覆稳定性、抗滑移稳定性验算采用安全系数法。

《结通规》规定：

> 3.2.1 采用容许应力法进行结构设计时，结构在作用的标准组合或地震组合下的应力值不应超过材料的容许应力值。
>
> 3.2.2 采用安全系数法进行结构设计时，结构在作用标准组合或地震组合下的效应值乘以安全系数之后，不应超过结构或构件的抗力值。
>
> 3.2.3 结构或结构构件的疲劳破坏和正常使用条件下的设计，应根据设计需要采用相应的疲劳荷载模型和验算表达式。

(6) 三类极限状态的定义：承载能力极限状态见《可靠性标准》2.1.14 条；正常使用极限状态见《可靠性标准》2.1.15 条；耐久性极限状态见《可靠性标准》2.1.18 条。
2. 基本要求

- 复习《结通规》2.1.1 条～2.1.8 条。

《可靠性标准》3.1 节也作了相应的规定。

- 复习《可靠性标准》3.1.1 条～3.1.4 条。

需注意的是：
(1)《可靠性标准》3.1.1 条的条文说明。
(2)《可靠性标准》3.1.2 条及其条文说明。
3. 安全等级和可靠度

安全等级，《结通规》规定：

2.2.1 结构设计时，应根据结构破坏可能产生后果的严重性，采用不同的安全等级。结构安全等级的划分应符合表 2.2.1 的规定。结构及其部件的安全等级不得低于三级。

安全等级的划分   表 2.2.1

安全等级	破坏后果	安全等级	破坏后果	安全等级	破坏后果
一级	很严重	二级	严重	三级	不严重

安全等级，《可靠性标准》规定：

3.2.1 建筑结构设计时，应根据结构破坏可能产生的后果，即危及人的生命、造成经济损失、对社会或环境产生影响等的严重性，采用不同的安全等级。建筑结构安全等级的划分应符合表 3.2.1 的规定。

建筑结构的安全等级   表 3.2.1

安全等级	破坏后果
一级	很严重：对人的生命、经济、社会或环境影响很大
二级	严重：对人的生命、经济、社会或环境影响较大
三级	不严重：对人的生命、经济、社会或环境影响较小

3.2.1（条文说明）
结构安全等级示例，见表 1。

结构安全等级   表 1

安全等级	示例
一级	大型的公共建筑等重要结构
二级	普通的住宅和办公楼等一般结构
三级	小型的或临时性储存建筑等次要结构

建筑结构抗震设计中的甲类建筑和乙类建筑，其安全等级宜规定为一级；丙类建筑，其安全等级宜规定为二级；丁类建筑，其安全等级宜规定为三级。

《可靠性标准》还规定：

> 3.2.2 建筑结构中各类结构构件的安全等级，宜与结构的安全等级相同，对其中部分结构构件的安全等级可进行调整，但不得低于三级。

注意，"调整"可能是提高或降低；当降低时，不得低于三级。

可靠度、可靠指标，《可靠性标准》规定：

> 3.2.3 可靠度水平的设置应根据结构构件的安全等级、失效模式和经济因素等确定。对结构的安全性、适用性和耐久性可采用不同的可靠度水平。
>
> 3.2.4 当有充分的统计数据时，结构构件的可靠度宜采用可靠指标 β 度量。结构构件设计时采用的可靠指标，可根据对现有结构构件的可靠度分析，并结合使用经验和经济因素等确定。
>
> 3.2.5 各类结构构件的安全等级每相差一级，其可靠指标的取值宜相差0.5。
>
> 3.2.6 结构构件持久设计状况承载能力极限状态设计的可靠指标，不应小于表3.2.6的规定。
>
> 结构构件的可靠指标 β 表3.2.6
>
> | 破坏类型 | 安全等级 | | |
> | --- | --- | --- | --- |
> | | 一级 | 二级 | 三级 |
> | 延性破坏 | 3.7 | 3.2 | 2.7 |
> | 脆性破坏 | 4.2 | 3.7 | 3.2 |
>
> 3.2.7 结构构件持久设计状况正常使用极限状态设计的可靠指标，宜根据其可逆程度取0~1.5。
>
> 3.2.8 结构构件持久设计状况耐久性极限状态设计的可靠指标，宜根据其可逆程度取1.0~2.0。

4. 设计工作年限（设计使用年限）

《结通规》规定：

> 2.2.2 结构设计时，应根据工程的使用功能、建造和使用维护成本以及环境影响等因素规定设计工作年限，并应符合下列规定：
>
> 1 房屋建筑的结构设计工作年限不应低于表2.2.2-1的规定；
>
> 房屋建筑的结构设计工作年限   表2.2.2-1
>
> | 类别 | 设计工作年限（年） |
> | --- | --- |
> | 临时性建筑结构 | 5 |
> | 普通房屋和构筑物 | 50 |
> | 特别重要的建筑结构 | 100 |
>
> 2 公路工程的结构设计年限（此处略）。

2.2.3 结构的防水层、电气和管道等附属设施的设计工作年限，应根据主体结构的设计工作年限和附属设施的材料、构造和使用要求等因素确定。

2.2.4 结构部件与结构的安全等级不一致或设计工作年限不一致的，应在设计文件中明确标明。

《可靠性标准》规定：

3.3.1 建筑结构的设计基准期应为50年。

3.3.2 建筑结构设计时，应规定结构的设计使用年限。

3.3.3 建筑结构的设计使用年限，应按表3.3.3采用。

建筑结构的设计使用年限　　　　表3.3.3

类别	设计使用年限（年）
临时性建筑结构	5
易于替换的结构构件	25
普通房屋和构筑物	50
标志性建筑和特别重要的建筑结构	100

3.3.3（条文说明）

下表是欧洲规范《结构设计基础》EN 1990：2002给出的结构设计使用年限类别的示例。

设计使用年限示例　　　　表3

类别	设计使用年限（年）	示　　例
1	10	临时性结构
2	10～25	可替换的结构构件
3	15～30	农业和类似结构
4	50	房屋结构和其他普通结构
5	100	标志性建筑的结构、桥梁和其他土木工程结构

此外，对于特殊建筑结构的设计使用年限，可另行规定。

二、极限状态设计原则

1. 极限状态

《结通规》3.1.1条～3.1.3条作了规定，分为：承载能力极限状态和正常使用极限状态。

● 复习《结通规》3.1.1条～3.1.3条。

《可靠性标准》4.1.1条～4.1.3条作了相应的规定，分为：承载能力极限状态、正常使用极限状态和耐久性极限状态。

- 复习《可靠性标准》4.1.1条~4.1.3条。

需注意的是：
（1）《可靠性标准》4.1.1条条文说明。
（2）《可靠性标准》4.1.2条中"标志""限值"的内涵，可参见附录A.4.3条条文说明，即：所谓标志是可以看到迹象的，而限值则需要通过检验或测试确定。

2. 四种设计状况

《结通规》规定：

> 3.1.4 结构设计应区分下列设计状况：
> 1 持久设计状况，适用于结构正常使用时的情况；
> 2 短暂设计状况，适用于结构施工和维修等临时情况；
> 3 偶然设计状况，适用于结构遭受火灾、爆炸、非正常撞击等罕见情况；
> 4 地震设计状况，适用于结构遭受地震时的情况。

《可靠性标准》4.2.1条作了相同规定。

3. 极限状态设计

《结通规》规定：

> 3.1.5 结构设计时选定的设计状况，应涵盖正常施工和使用过程中的各种不利情况。各种设计状况均应进行承载能力极限状态设计，持久设计状况尚应进行正常使用极限状态设计。
> 3.1.6 对每种设计状况，均应考虑各种不同的作用组合，以确定作用控制工况和最不利的效应设计值。
> 3.1.7 进行承载能力极限状态设计时采用的作用组合，应符合下列规定：
> 1 持久设计状况和短暂设计状况应采用作用的基本组合；
> 2 偶然设计状况应采用作用的偶然组合；
> 3 地震设计状况应采用作用的地震组合；
> 4 作用组合应为可能同时出现的作用的组合；
> 5 每个作用组合中应包括一个主导可变作用或一个偶然作用或一个地震作用；
> 6 当静力平衡等极限状态设计对永久作用的位置和大小很敏感时，该永久作用的有利部分和不利部分应作为单独作用分别考虑；
> 7 当一种作用产生的几种效应非完全相关时，应降低有利效应的分项系数取值。
> 3.1.8 进行正常使用极限状态设计时采用的作用组合，应符合下列规定：
> 1 标准组合，用于不可逆正常使用极限状态设计；
> 2 频遇组合，用于可逆正常使用极限状态设计；
> 3 准永久组合，用于长期效应是决定性因素的正常使用极限状态设计。
> 3.1.9 设计基本变量的设计值应符合下列规定：
> 1 作用的设计值应为作用代表值与作用分项系数的乘积。
> 2 材料性能的设计值应为材料性能标准值与材料性能分项系数之商。

> 3 当几何参数的变异性对结构性能无明显影响时,几何参数的设计值应取其标准值;当有明显影响时,几何参数设计值应按不利原则取其标准值与几何参数附加量之和或差。
> 4 结构或结构构件的抗力设计值应为考虑了材料性能设计值和几何参数设计值之后,分析计算得到的抗力值。

《可靠性标准》4.3.1条～4.3.4条也作了相同规定。

对于耐久性极限状态设计,《可靠性标准》规定:

> 3.3.5 环境对结构耐久性的影响,可通过工程经验、试验研究、计算、检验或综合分析等方法进行评估;耐久性极限状态设计可根据本标准附录C的规定进行。

三、作用和环境影响

1. 作用

《结通规》规定:

> 2.4.1 结构上的作用根据时间变化特性应分为永久作用、可变作用和偶然作用,其代表值应符合下列规定:
> 1 永久作用应采用标准值;
> 2 可变作用应根据设计要求采用标准值、组合值、频遇值或准永久值;
> 3 偶然作用应按结构设计使用特点确定其代表值。
> 2.4.2 结构上的作用应根据下列不同分类特性,选择恰当的作用模型和加载方式:
> 1 直接作用和间接作用;
> 2 固定作用和非固定作用;
> 3 静态作用和动态作用。
> 2.4.3 确定可变作用代表值时应采用统一的设计基准期。当结构采用的设计基准期不是50年时,应按照可靠指标一致的原则,对本规范规定的可变作用量值进行调整。
> 2.4.4 对于结构在施工和使用期间可能出现,而本规范未规定的各类作用,应根据结构的设计工作年限、设计基准期和保证率,确定其量值大小。
> 2.4.5 生产工艺荷载应根据工艺及相关专业的要求确定。

《可靠性标准》5.2节作了细化规定。

> ● 复习《可靠性标准》5.2.1条～5.2.12条。

需注意的是:
(1)《可靠性标准》5.2.2条。
(2)《可靠性标准》5.2.3条条文说明:
① 永久作用可分为:结构自重、土压力、水位不变的水压力、预应力、地基变形、混凝土收缩、钢材焊接变形,引起结构外加变形或约束变形的各种施工因素。

② 可变作用可分为：

1　使用时人员、物件等荷载；
2　施工时结构的某些自重；
3　安装荷载；
4　车辆荷载；
5　吊车荷载；
6　风荷载；
7　雪荷载；
8　冰荷载；
9　多遇地震；
10　正常撞击；
11　水位变化的水压力；
12　扬压力；
13　波浪力；
14　温度变化。

③ 偶然作用可分为：

1　撞击；
2　爆炸；
3　罕遇地震；
4　龙卷风；
5　火灾；
6　极严重的侵蚀；
7　洪水作用。

在上述作用的举例中，地震作用和撞击既可作为可变作用，也可作为偶然作用，这完全取决于对结构重要性的评估，对一般结构，可以按规定的可变作用考虑。

(3)《可靠性标准》5.2.7条的条文说明：

1　作用标准值是指其在结构设计基准期内可能出现的最大作用值。由于作用本身的随机性，因而设计基准期内的最大作用也是随机变量，尤其是可变作用，原则上都可用它们的统计分布来描述。作用标准值统一由设计基准期最大作用概率分布的某个分位值来确定，设计基准期应统一规定，譬如为50年或100年，此外还应对该分位值的百分位作明确规定，这样标准值就可取分布的统计特征值（均值、众值、中值或较高的分位值，譬如90%或95%的分位值），因此在国际上也称标准值为特征值。

……

2)　可变作用的标准值 Q_k 可由可变作用在设计基准期 T 内最大值概率分布的统计特征值确定，最常用的统计特征值有平均值、中位值和众值，也可采用其他指定概率 p 的分位值，即：

$$F_T(Q_k) = p \tag{5}$$

此时，对标准值 Q_k 在设计基准期内最大值分布上的超越概率为 $1-p$。

3）对可变作用的标准值，有时可以通过平均重现期的规定来定义。在很多情况下，特别是对自然作用，采用重现期 T_R 来表达可变作用的标准值 Q_k 比较方便，重现期是指连续两次超过作用值 Q_k 的平均间隔时间，Q_k 与 T_R 的关系见下式：

$$F(Q_k) = 1 - 1/T_R \tag{6}$$

重现期 T_R、概率 p 和确定标准值的设计基准期 T 还存在下述近似关系：

$$T_R \approx \frac{1}{\ln(1/p)} T \tag{7}$$

上述"超越概率"是指事件发生超过某一规定值的概率。

例如：地震作用，其设计基准期 $T=50$ 年，多遇地震（小震），其超越概率为 63%，则 $p=1-63\%=37\%$，由式（7）：$T_R = \dfrac{1}{\ln\left(\dfrac{1}{37\%}\right)} \times 50 = 50$ 年；设防地震（中震），其超越概率为 10%，即 $p=1-10\%=90\%$，由式（7）：$T_R = \dfrac{1}{\ln\left(\dfrac{1}{90\%}\right)} \times 50 = 475$ 年。

同理，罕遇地震（大震），其超越概率为 2%～3%，则 p 为 97%～98%，由式（7）：T_R 为 1642～2475 年。

2. 环境影响

《可靠性标准》规定：

2.1.61 环境影响 environmental influence
环境对结构产生的各种机械的、物理的、化学的或生物的不利影响。环境影响会引起结构材料性能的劣化，降低结构的安全性或适用性，影响结构的耐久性。
5.3.1 环境影响可分为永久影响、可变影响和偶然影响。
5.3.2 对结构的环境影响应进行定量描述；当没有条件进行定量描述时，可通过环境对结构的影响程度的分级等方法进行定性描述，并在设计中采取相应的技术措施。

四、结构分析和材料、岩土的性能

- 复习《结通规》2.3.1 条～2.3.4 条。（结构分析）
- 复习《结通规》2.5.1 条～2.5.5 条。

同样，《可靠性标准》也作了类似规定。

- 复习《可靠性标准》6.1.1 条～6.2.4 条。
- 复习《可靠性标准》7.1.1 条～7.5.2 条。（结构分析）

五、承载能力极限状态

1. 结构重要性系数 γ_0 和作用组合

《结通规》规定：

> 3.1.10 结构或结构构件按承载能力极限状态设计时，应符合下列规定：
> 1 对于结构或结构构件的破坏或过度变形的承载能力极限状态设计，作用组合的效应设计值与结构重要性系数的乘积不应超过结构或结构构件的抗力设计值，其中结构重要性系数 γ_0 应按本规范表 3.1.12 的规定取值。
> 2 对于整个结构或其一部分作为刚体失去静力平衡的承载能力极限状态设计，不平衡作用效应的设计值与结构重要性系数的乘积不应超过平衡作用的效应设计值，其中结构重要性系数 γ_0 应按本规范表 3.1.12 的规定取值。
> 3 对于结构或结构构件的疲劳破坏的承载能力极限状态设计，应根据构件受力特性及疲劳设计方法采用不同的疲劳荷载模型和验算表达式。
>
> 3.1.12 结构重要性系数 γ_0 不应小于表 3.1.12 的规定。
>
> 结构重要性系数 γ_0　　　　　表 3.1.12
>
> | 结构重要性系数 | 对持久设计状况和短暂设计状况 | | | 对偶然设计状况和地震设计状况 |
> |---|---|---|---|---|
> | | 安全等级 | | | |
> | | 一级 | 二级 | 三级 | |
> | γ_0 | 1.1 | 1.0 | 0.9 | 1.0 |

《可靠性标准》8.2.1 条、8.2.8 条作了相同规定。

2. 基本组合

《结通规》规定：

> 2.4.6 结构作用应根据结构设计要求，按下列规定进行组合：
> 1 基本组合：
>
> $$\sum_{i \geqslant 1} \gamma_{Gi} G_{ik} + \gamma_P P + \gamma_{Q1} \gamma_{L1} Q_{1k} + \sum_{j>1} \gamma_{Qj} \psi_{cj} \gamma_{Lj} Q_{jk} \quad (2.4.6\text{-}1)$$
>
> 式中　G_{ik}——第 i 个永久作用的标准值；
> 　　　Q_{1k}——第 1 个可变作用（主导可变作用）的标准值；
> 　　　Q_{jk}——第 j 个可变作用的标准值；
> 　　　P——预应力作用的有关代表值；
> 　　　γ_{Gi}——第 i 个永久作用的分项系数；
> 　　γ_{L1}、γ_{Lj}——第 1 个和第 j 个考虑结构设计工作年限的荷载调整系数；
> 　　　γ_{Q1}——第 1 个可变作用（主导可变作用）的分项系数；
> 　　　γ_{Qj}——第 j 个可变作用的分项系数；
> 　　　γ_P——预应力作用的分项系数；

ψ_{cj}——第 j 个可变作用的组合值系数。

3.1.13 房屋建筑结构的作用分项系数应按下列规定取值：

1 永久作用：当对结构不利时，不应小于 1.3；当对结构有利时，不应大于 1.0。

2 预应力：当对结构不利时，不应小于 1.3；当对结构有利时，不应大于 1.0。

3 标准值大于 $4kN/m^2$ 的工业房屋楼面活荷载，当对结构不利时不应小于 1.4；当对结构有利时，应取为 0。

4 除第 3 款之外的可变作用，当对结构不利时不应小于 1.5；当对结构有利时，应取为 0。

3.1.16 房屋建筑的可变荷载考虑设计工作年限的调整系数 γ_L 应按下列规定采用：

1 对于荷载标准值随时间变化的楼面和屋面活荷载，考虑设计工作年限的调整系数 γ_L 应按表 3.1.16 采用。当设计工作年限不为表中数值时，调整系数 γ_L 不应小于按线性内插确定的值。

楼面和屋面活荷载考虑设计工作年限的调整系数 γ_L 表 3.1.16

结构设计工作年限（年）	5	50	100
γ_L	0.9	1.0	1.1

2 对雪荷载和风荷载，调整系数应按重现期与设计工作年限相同的原则确定。

2.4.7 作用组合的效应设计值，应将所考虑的各种作用同时加载于结构之后，再通过分析计算确定。

2.4.8 当作用组合的效应设计值简化为单个作用效应的组合时，作用与作用效应应满足线性关系。

《可靠性标准》8.2 节作了类似规定。

需注意的是：

(1)《结通规》3.1.13 条第 3 款规定。

(2)《结通规》式（2.4.6-1）中的 Q_{1k} 的内涵和理解，可按《荷规》3.2.3 条条文说明：

> $S_{Q_1 k}$ 为诸可变荷载效应中其设计值为控制其组合为最不利者，当设计者无法判断时，可轮次以各可变荷载效应 $S_{Q_i k}$ 为 $S_{Q_1 k}$，选其中最不利的荷载效应组合为设计依据，这个过程建议由计算机程序的运算来完成。

(3) γ_L 的定义与取值，《可靠性标准》与《荷规》有相同点也存在不同点。

对于 γ_L，《可靠性标准》8.2.4 条条文说明：

> 当结构的设计使用年限与设计基准期不同时，应对可变作用的标准值进行调整，这是因为结构上的各种可变作用均是根据设计基准期确定其标准值的。以房屋建筑为例，结构的设计基准期为 50 年，即房屋建筑结构上的各种可变作用的标准值取其 50 年一遇

的最大值分布上的"某一分位值",对设计使用年限为100年的结构,要保证结构在100年时具有设计要求的可靠度水平,理论上要求结构上的各种可变作用应采用100年一遇的最大值分布上的相同分位值作为可变作用的"标准值",但这种作法对同一种可变作用会随设计使用年限的不同而有多种"标准值",不便于荷载规范表达和设计人员使用,为此,本标准首次提出考虑结构设计使用年限的荷载调整系数γ_L,以设计使用年限100年为例,γ_L的含义是在可变作用100年一遇的最大值分布上,与该可变作用50年一遇的最大值分布上标准值的相同分位值的比值,其他年限可类推。

永久荷载不随时间而变化,因而与γ_L无关。

当设计使用年限大于基准期时,除在荷载方面需考虑γ_L外,在抗力方也需采取相应措施,如采用较高的混凝土强度等级、加大混凝土保护层厚度或对钢筋作涂层处理等,使结构在较长的时间内不致因材料性能劣化而降低可靠度。

对于γ_L,《荷规》3.2.5条条文说明:

> 对于风、雪荷载,可通过选择不同重现期的值来考虑设计使用年限的变化。本规范在附录E除了给出重现期为50年(设计基准期)的基本风压和基本雪压外,也给出了重现期为10年和100年的风压和雪压值,可供选用。对于吊车荷载,由于其有效荷载是核定的,与使用时间没有太大关系。对温度作用,由于是本次规范修订新增内容,还没有太多设计经验,考虑设计使用年限的调整尚不成熟。因此,本规范引入的《工程结构可靠性设计统一标准》GB 50153—2008表A.1.9可变荷载调整系数γ_L的具体数据,仅限于楼面和屋面活荷载。
>
> 根据表1计算结果,对表3.2.5中所列以外的其他设计使用年限对应的γ_L值,按线性内插计算是可行的。
>
> 荷载标准值可控制的活荷载是指那些不会随时间明显变化的荷载,如楼面均布活载中的书库、储藏室、机房、停车库,以及工业楼面均布活荷载等。

(4)对于基本组合,其他结构设计标准也作了相应的规定。

《钢结构设计标准》3.3.4条规定:

> 3.3.4 计算冶炼车间或其他类似车间的工作平台结构时,由检修材料所产生的荷载对主梁可乘以0.85,柱及基础可乘以0.75。

【例1.1.1】 对某框架顶层框架梁进行内力分析,经计算得到在永久荷载标准值、不上人的屋面活荷载标准值、风荷载标准值的分别作用下,该框架梁梁端弯矩标准值分别为:$M_{Gk}=20$kN·m,$M_{Q1k}=6$kN·m,$M_{Q2k}=8$kN·m,并且屋面活荷载的组合值系数为0.7,风荷载的组合值系数为0.6。设计使用年限为50年。

试问:确定按承载力能力极限状态下基本组合时,梁端弯矩设计值M。

提示:按《工程结构通用规范》作答。

【解答】 根据《结通规》2.4.6条、3.1.13条:

依次将不上人的屋面活荷载、风荷载作为 S_{Q1k}。

不上人的屋面活荷载为 S_{Q1k} 时：
$$M=1.3\times20+1.5\times6+1.5\times0.6\times8=42.2\text{kN}\cdot\text{m}$$

风荷载为 S_{Q1k} 时：
$$M=1.3\times20+1.5\times8+1.5\times0.7\times6=44.3\text{kN}\cdot\text{m}$$

最终取 $M=44.3\text{kN}\cdot\text{m}$。

【例 1.1.2】 某单层单跨有吊车钢筋混凝土柱厂房，某柱柱底在几种荷载作用下的弯矩标准值为：由恒载产生的 $M_{Gk}=20\text{kN}\cdot\text{m}$；由风荷载产生的 $M_{1k}=60\text{kN}\cdot\text{m}$；由屋面活荷载产生的 $M_{2k}=3.0\text{kN}\cdot\text{m}$；由吊车竖向荷载产生的 $M_{3k}=9\text{kN}\cdot\text{m}$；由吊车水平荷载产生的 $M_{4k}=22\text{kN}\cdot\text{m}$。取风荷载的组合值系数为 0.6，其他可变荷载的组合值系数为 0.7。设计使用年限为 50 年。

试问： 确定该柱柱底在基本组合下的弯矩设计值。

提示： 按《工程结构通用规范》作答。

【解答】 根据《结通规》2.4.6 条、3.1.13 条：

由于风荷载、吊车荷载产生的弯矩值较大，应分别作为第一可变荷载。

（1）风荷载作为第一可变荷载
$$M=1.3\times20+1.5\times60+1.5\times0.7\times(3+9+22)=151.7\text{kN}\cdot\text{m}$$

（2）吊车荷载作为第一可变荷载
$$M=1.3\times20+1.5\times22+1.5\times0.7\times9+1.5\times0.6\times60+1.5\times0.7\times3=125.6\text{kN}\cdot\text{m}$$

上述值取较大者，故取 $M=151.7\text{kN}\cdot\text{m}$。

思考： ① 本题目中可变荷载包括吊车荷载和其他可变荷载，荷载组合时，吊车水平荷载、吊车竖向荷载应考虑组合值系数。

② 若题目中可变荷载仅仅只有吊车荷载（吊车水平荷载、吊车竖向荷载），荷载组合时，吊车水平荷载、吊车竖向荷载可不考虑组合值系数。

【例 1.1.3】 某砖厂房排架柱底部截面处的内力标准值，见表 1.1.1。设计使用年限为 50 年。

内力标准值　　　　　　　　　　　表 1.1.1

内力值	竖向荷载		风荷载	
	恒载	屋面活荷载	左风	右风
M_K (kN·m)	20	6	80	−80
N_K (kN)	−220	−50	16	−16

注：弯矩值以顺时针为正，轴力以拉力为正。

试问： 当屋面活荷载作为第一可变荷载时，确定排架柱底处弯矩、轴力的基本组合效应设计值。

提示： 按《工程结构通用规范》作答。

【解答】 根据《结通规》3.1.13条：

左风：(1) 同一荷载工况，取 $\gamma_G=1.3$，$\gamma_Q=1.5$
$M=1.3\times20+1.5\times6+1.5\times0.6\times80=107\text{kN}\cdot\text{m}$
$N=1.3\times(-220)+1.5\times(-50)+0\times0.6\times16=-361\text{kN}$

左风：(2) 同一荷载工况，取 $\gamma_G=1.0$，$\gamma_Q=1.5$
$M=1.0\times20+1.5\times6+1.5\times0.6\times80=101\text{kN}\cdot\text{m}$
$N=1.0\times(-220)+1.5\times(-50)+0\times0.6\times16=-295\text{kN}$

右风：(1) 同一荷载工况，取 $\gamma_G=1.3$，$\gamma_Q=1.5$
$M=1.3\times20+0\times6+1.5\times0.6\times80=-46\text{kN}\cdot\text{m}$
$N=1.3\times(-220)+1.5\times(-50)+1.5\times0.6\times(-16)=-375.4\text{kN}$

右风：(2) 同一荷载工况，取 $\gamma_G=1.0$，$\gamma_Q=1.5$
$M=1.0\times20+0\times6+1.5\times0.6\times(-80)=-52\text{kN}\cdot\text{m}$
$N=1.0\times(-220)+1.5\times(-50)+1.5\times0.6\times(-16)=-309.4\text{kN}$

【例1.1.4】 某一现浇钢筋混凝土民用建筑框架结构（无库房和机房），设计使用年限为50年，其边柱某截面在各种荷载（标准值）作用下的 M、N 内力如下：

永久荷载：$M=-23.2\text{kN}\cdot\text{m}$，$N=56.5\text{kN}$
活荷载1：$M=14.7\text{kN}\cdot\text{m}$，$N=30.3\text{kN}$
活荷载2：$M=-18.5\text{kN}\cdot\text{m}$，$N=24.6\text{kN}$
左风：$M=35.3\text{kN}\cdot\text{m}$，$N=-18.7\text{kN}$
右风：$M=-40.3\text{kN}\cdot\text{m}$，$N=16.3\text{kN}$

活荷载1和活荷载2均为竖向荷载，且两者不同时出现。

提示：按《工程结构通用规范》作答。

试问：

(1) 在基本组合中，当该边柱的轴向力为最小时，其相应的 M（kN·m）、N（kN）的基本组合效应设计值，应与下列何项最接近？

(A) $M=26.2$；$N=30.3$　　　　(B) $M=28.5$；$N=29.8$
(C) $M=5.93$；$N=75.2$　　　　(D) $M=10.6$；$N=63.9$

(2) 在基本组合，当该边柱弯矩为最大时，其相应的 M（kN·m）、N（kN）的基本组合效应设计值，应与下列何项最接近？

(A) $M=-105.4$；$N=127.8$　　(B) $M=-101.9$；$N=119.3$
(C) $M=-83.3$；$N=114.1$　　　(D) $M=-110$；$N=123.7$

【解答】 (1) 根据《结通规》2.4.6条、3.1.13条，取永久荷载、左风参与的基本组合：

$$N_{\min}=1.0\times56.5+1.5\times(-18.7)=28.45\text{kN}$$

相应的 M：
$$M=1.0\times(-23.2)+1.5\times35.3=29.75\text{kN}\cdot\text{m}$$

故应选（B）项。

(2) 根据《结通规》2.4.6条、3.1.13条，取永久荷载、活荷载2、右风参与的基本组合：

$$M_{max} = 1.3 \times (-23.2) + 1.5 \times (-40.3) + 1.5 \times 0.7 \times (-18.5)$$
$$= -110.0 \text{kN} \cdot \text{m}$$
$$N = 1.3 \times 56.5 + 1.5 \times 16.3 + 1.5 \times 0.7 \times 24.6 = 123.73 \text{kN}$$

故应选（D）项。

【例 1.1.5】 某钢筋混凝土排架柱，由于四种荷载（不包括柱自重）使排架柱柱脚 A 处产生 4 个柱脚弯矩标准值：屋架上永久荷载产生的 $M_{Gk}=50\text{kN}\cdot\text{m}$，屋架上活荷载产生的 $M_{Qk}=30\text{kN}\cdot\text{m}$，柱中部吊车荷载产生的 $M_{Ck}=80\text{kN}\cdot\text{m}$，风荷载产生的 $M_{wk}=\pm 65\text{kN}\cdot\text{m}$，如图 1.1.1 所示。设计使用年限为 50 年。

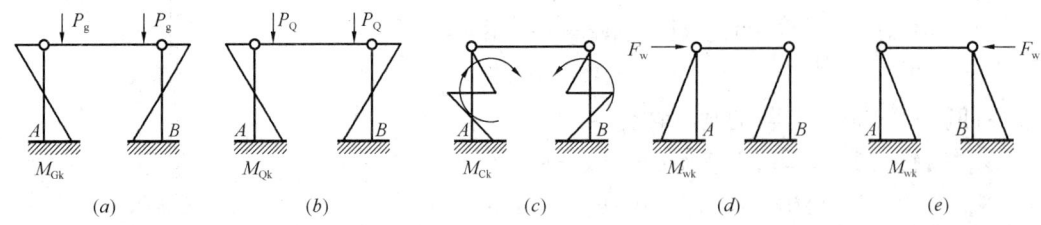

图 1.1.1

试问：确定荷载基本组合时柱脚 A 的最大弯矩设计值。

提示：按《工程结构通用规范》作答。

【解答】 根据《结通规》2.4.6 条、3.1.13 条：

吊车荷载为第一可变荷载：
$$M_A = 1.3 \times 50 + 1.5 \times 80 + 1.5 \times 0.7 \times 30 + 1.5 \times 0.6 \times 65 = 275 \text{kN} \cdot \text{m}$$

风荷载为第一可变荷载：
$$M_A = 1.3 \times 50 + 1.5 \times 65 + 1.5 \times 0.7 \times 80 + 1.5 \times 0.7 \times 30 = 278 \text{kN} \cdot \text{m}$$

最终取 $M_A = 278 \text{kN} \cdot \text{m}$。

【例 1.1.6】 某厂房排架（无吊车），受竖向永久荷载、竖向活荷载、水平风荷载作用，经计算知其柱脚 A 处截面内力标准值（图 1.1.2）分别为：$N_{Gk}=-120\text{kN}$，$N_{Qk}=-60\text{kN}$，$M_{wk}=60\text{kN}\cdot\text{m}$。设计使用年限为 50 年。

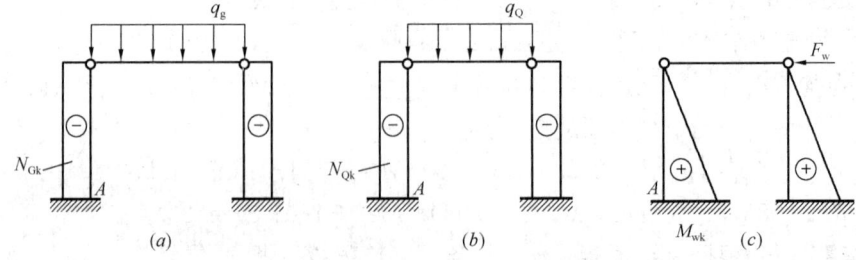

图 1.1.2

试问：

(1) 确定柱脚 A 处荷载基本组合下最大轴压力设计值。

(2) 确定柱脚 A 处荷载基本组合下最大弯矩设计值。

提示：按《工程结构通用规范》作答。

【解答】 (1) 根据《结通规》2.4.6 条、3.1.13 条：

$$N_A = 1.3 \times (-120) + 1.5 \times (-60) = -246 \text{kN}$$

(2) 根据《结通规》2.4.6条、3.1.13条：
$$M_A = 1.5 \times 60 = 90 \text{kN} \cdot \text{m}$$

【例1.1.7】 某工业建筑楼面梁，楼面活荷载标准值为4.5kN/m²。在楼面永久荷载和楼面活荷载作用下，该楼面梁梁端弯矩标准值分别为240kN·m，230kN·m。楼面活荷载的组合值系数取为0.7。设计使用年限为50年。

试问： 该楼面梁梁端荷载基本组合的弯矩设计值。

提示： 按《工程结构通用规范》作答。

【解答】 根据《结通规》2.4.6条、3.1.13条：
$$M = 1.3 \times 240 + 1.4 \times 230 = 634 \text{kN} \cdot \text{m}$$

【例1.1.8】 某工业厂房钢结构工作平台主梁，简支结构，跨度8m，间距5m，结构自重6kN/m²，由检修材料产生的活荷载20kN/m²。设计使用年限为50年。

试问： 确定荷载基本组合的主梁跨中弯矩设计值。

提示： 按《工程结构通用规范》作答。

【解答】 根据《钢标》3.3.4条规定，取折减系数为0.85。

根据《结通规》2.4.6条、3.1.13条：

$$M = 1.3 \times \frac{1}{8} \times 6 \times 5 \times 8^2 + 1.4 \times \frac{1}{8} \times (0.85 \times 20 \times 5) \times 8^2 = 1264 \text{kN} \cdot \text{m}$$

3. 偶然组合

《结通规》规定：

> 2.4.6 结构作用应根据结构设计要求，按下列规定进行组合：
> 2 偶然组合：
> $$\sum_{i \geq 1} G_{ik} + P + A_d + (\psi_{f1} \text{ 或 } \psi_{q1}) Q_{1k} + \sum_{j > 1} \psi_{qj} Q_{jk} \quad (2.4.6\text{-}2)$$
> 式中 A_d——偶然作用的代表值。

《可靠性标准》《荷规》作了相同规定。

偶然组合，《荷规》规定：

> 3.2.6 荷载偶然组合的效应设计值S_d可按下列规定采用：
> 1 用于承载能力极限状态计算的效应设计值，应按下式进行计算：
> $$S_d = \sum_{j=1}^{m} S_{G_j k} + S_{A_d} + \psi_{f_1} S_{Q_1 k} + \sum_{i=2}^{n} \psi_{q_i} S_{Q_i k} \quad (3.2.6\text{-}1)$$
> 式中 S_{A_d}——按偶然荷载标准值A_d计算的荷载效应值；
> ψ_{f_1}——第1个可变荷载的频遇值系数；
> ψ_{q_i}——第i个可变荷载的准永久值系数。

2 用于偶然事件发生后受损结构整体稳固性验算的效应设计值，应按下式进行计算：

$$S_d = \sum_{j=1}^{m} S_{G_j k} + \psi_{f_1} S_{Q_1 k} + \sum_{i=2}^{n} \psi_{q_i} S_{Q_i k} \quad (3.2.6\text{-}2)$$

注：组合中的设计值仅适用于荷载与荷载效应为线性的情况。

《荷规》3.2.6条条文说明：

对于偶然设计状况（包括撞击、爆炸、火灾事故的发生），均应采用偶然组合进行设计。偶然荷载的特点是出现的概率很小，而一旦出现，量值很大，往往具有很大的破坏作用，甚至引起结构与起因不成比例的连续倒塌……

偶然荷载效应组合的表达式主要考虑到：（1）由于偶然荷载标准值的确定往往带有主观和经验的因素，因而设计表达式中不再考虑荷载分项系数，而直接采用规定的标准值为设计值；（2）对偶然设计状况，偶然事件本身属于小概率事件，两种不相关的偶然事件同时发生的概率更小，所以不必同时考虑两种或两种以上偶然荷载；（3）偶然事件的发生是一个强不确定性事件，偶然荷载的大小也是不确定的，所以实际情况下偶然荷载值超过规定设计值的可能性是存在的，按规定设计值设计的结构仍然存在破坏的可能性；但为保证人的生命安全，设计还要保证偶然事件发生后受损的结构能够承担对应于偶然设计状况的永久荷载和可变荷载。所以，表达式分别给出了偶然事件发生时承载能力计算和发生后整体稳固性验算两种不同的情况。

4. 地震组合

《结通规》规定：

2.4.6
3 地震组合：应符合结构抗震设计的规定。

六、正常使用极限状态

《结通规》规定：

3.1.11 结构或结构构件按正常使用极限状态设计时，作用组合的效应设计值不应超过设计要求的效应限值。

2.4.6
4 标准组合：

$$\sum_{i \geqslant 1} G_{ik} + P + Q_{1k} + \sum_{j>1} \psi_{cj} Q_{jk} \quad (2.4.6\text{-}3)$$

5 频遇组合：

$$\sum_{i \geqslant 1} G_{ik} + P + \psi_{f1} Q_{1k} + \sum_{j>1} \psi_{qj} Q_{jk} \qquad (2.4.6\text{-}4)$$

6 准永久组合：

$$\sum_{i \geqslant 1} G_{ik} + P + \sum_{j \geqslant 1} \psi_{qj} Q_{jk} \qquad (2.4.6\text{-}5)$$

《可靠性标准》、《荷规》作了相同规定。

《可靠性标准》还规定：

8.3.3 对正常使用极限状态，材料性能的分项系数 γ_M，除各种材料的结构设计标准有专门规定外，应取为 1.0。

在《可靠性标准》和《荷规》中，$\psi_{f1} S_{Q1k}$ 是指：在频遇组合中起控制作用的一个可变荷载频遇值效应。《结通规》式（2.4.6-4）中 $\psi_{f1} Q_{1k}$ 也按此理解。

【例 1.1.9】 某刚架横梁承受永久荷载、不上人的屋面活荷载、屋面积灰荷载的作用，其对该梁梁端产生的剪力标准值分别为：$V_{Gk}=80\mathrm{kN}$，$V_{q1k}=20\mathrm{kN}$，$V_{q2k}=10\mathrm{kN}$。

试问： 该梁梁端在荷载的标准组合、频遇组合和准永久组合的剪力值。

提示： 按《工程结构通用规范》作答。

【解答】 查《结通规》表 4.2.8，不上人的屋面活荷载的组合值系数 $\psi_c=0.7$；频遇值系数 $\psi_f=0.5$；准永久值系数 $\psi_q=0$。

查《荷规》表 5.4.1-1，屋面积灰荷载的组合值系数 $\psi_c=0.9$；频遇值系数 $\psi_f=0.9$，准永久值系数 $\psi_q=0.8$。

（1）标准组合：$V = V_{Gk} + V_{q1k} + \psi_{c2} V_{q2k} = 80 + 20 + 0.9 \times 10 = 109\mathrm{kN}$

（2）频遇组合：$V = V_{Gk} + \psi_{f1} V_{q1k} + \psi_{q2} V_{q2k} = 80 + 0.5 \times 20 + 0.8 \times 10 = 98\mathrm{kN}$

$$V = 80 + 0.9 \times 10 + 0 \times 20 = 89\mathrm{kN}$$

故屋面活荷载的频遇值效应起控制作用，应取 $V=98\mathrm{kN}$

（3）准永久组合：

$$V = V_{Gk} + \psi_{q1} V_{q1k} + \psi_{q2} V_{q2k} = 80 + 0 \times 20 + 0.8 \times 10 = 88\mathrm{kN}$$

七、耐久性极限状态设计

● 复习《可靠性标准》附录 C。

八、结构整体稳固性

● 复习《可靠性标准》附录 B。

需注意的是：

（1）《可靠性标准》B.1.1 条规定，区分偶然荷载、非偶然荷载，两者均为偶然作用。

(2)《可靠性标准》B.3.1条规定，结构整体稳定性设计方法。
(3)《可靠性标准》B.3.4条规定。

九、既有建筑结构的可靠性评定

● 复习《可靠性标准》附录A。

需注意的是：
(1)《可靠性标准》A.1.1条的条文说明。
(2)《可靠性标准》A.1.4条的条文说明。
(3)《可靠性标准》A.2.4条的条文说明。
(4)《可靠性标准》A.5.1条规定：

> A.5.1 既有建筑结构的偶然作用包括其可能遭受的罕遇地震、洪水、爆炸、非正常撞击、火灾等。

第二节　楼面和屋面活荷载

一、民用建筑楼面均布活荷载

● 复习《结通规》4.2.1条~4.2.5条。

需注意的是：
(1)《结通规》表4.2.2的活荷载标准值比《荷规》表5.1.1取值提高了。同时，《荷规》表5.1.1注5、6的规定。

(2)《结通规》表4.2.3，区分"板跨"和"柱网"的不同概念，即：只设置主梁无次梁的大板结构，板跨与柱网尺寸相同；对设置了主次梁的双向板，板跨与柱网尺寸不相同。《结通规》表4.2.3与《荷规》表5.1.1中第8项次的规定是相同的。

(3)《结通规》表4.2.5中，楼面活荷载按楼层的折减系数，是指"计算截面以上各楼层活荷载总和的折减系数"，故不涉及屋面活荷载；计算时，当同时有楼面活荷载、屋面活荷载时，应按荷载组合确定。

(4)《结通规》表4.2.5中，特别应注意，20层与大于20层的取值情况，例如：假定各楼层活荷载数值 p（kN）相同，当计算截面以上楼层数为20层时，首层柱底经折减后的活荷载总值为 $20 \times 0.6p = 12p$（kN）；而当计算截面以上楼层数为21层时，其经折减后的活荷载总值为 $21 \times 0.55p = 11.5p < 12p$，不合理。此时，当计算截面以上楼层数为21层时，可调整相应的活荷载折减系数，并按最不利情况计算。

【例1.2.1】 一幢5层高的图书馆书库，库中的书架高度为2.4m，书架间距为1.0m，书库的楼面活荷载标准值（kN/m²），与下列何项数值最接近？
(A) 5.0　　　　(B) 5.25　　　　(C) 6.0　　　　(D) 6.25

提示：按《工程结构通用规范》作答。

【解答】 查《结通规》表 4.2.2，项次 6 项（1）知，$q_k = 6.0 \text{kN/m}^2$。
故应选（C）项。

【例 1.2.2】 某多层钢筋混凝土框架结构，其楼面上设置可灵活布置的轻钢龙骨隔墙，按墙面面积计算，该隔墙的自重为 0.49kN/m^2，隔墙高度为 3.6m。

试问：该隔墙的楼面活荷载附加标准值（kN/m^2），与下列何项数值最接近？

(A) 0.45　　　(B) 0.90　　　(C) 1.0　　　(D) 1.35

提示：按《建筑结构荷载规范》作答。

【解答】 根据《荷规》表 5.1.1 注 6 的规定。

$$q_k = \frac{1}{3} \times 3.6 \times 0.49 = 0.588 \text{kN/m}^2 < 1.0 \text{kN/m}^2$$

故取 $q_k = 1.0 \text{kN/m}^2$，应选（C）项。

【例 1.2.3】 某幢 30 层高层住宅楼，其标准层平面如图 1.2.1 所示，该楼中单元楼梯为一梯两户，且设置了电梯。

试问：该楼内的楼梯活荷载标准值（kN/m^2），与下列何项数值最接近？

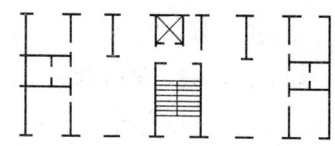

图 1.2.1

提示：按《工程结构通用规范》作答。

(A) 2.0　　　(B) 2.5　　　(C) 3.0　　　(D) 3.5

【解答】 高层住宅按《结通规》表 4.2.2 项次 11 项（2）取值：

$$q_k = 3.5 \text{kN/m}^2$$

故应选（D）项。

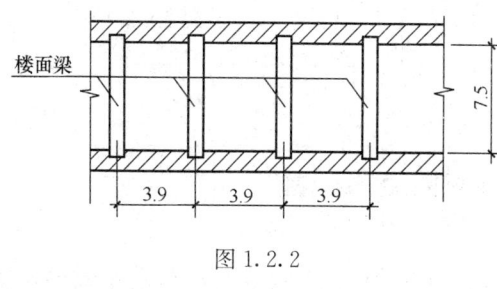

图 1.2.2

【例 1.2.4】 某医院病房的简支钢筋混凝土楼面梁，其计算跨度 $l_0 = 7.5\text{m}$，梁间距为 3.9m，楼板为预制钢筋混凝土空心板，如图 1.2.2 所示。

试问：楼面梁承受的楼面均布活荷载标准值在梁上产生的均布线荷载（kN/m），与下列何项数值最接近？

提示：按《工程结构通用规范》作答。

(A) 7.8　　　(B) 7.02　　　(C) 3.9　　　(D) 3.51

【解答】 (1) 查《结通规》表 4.2.2 项次 1 中（1），楼面活荷载标准值取 2.0kN/m^2。

(2) 楼面梁的从属面积 A：$A = 3.9 \times 7.5 = 29.25 \text{m}^2 > 25 \text{m}^2$。

根据《结通规》4.2.4 条第 1 款规定，取折减系数为 0.9，故楼面活荷载产生在梁上均布的线荷载标准值 q_k（kN/m）为：

$$q_k = 2.0 \times 0.9 \times 3.9 = 7.02 \text{kN/m}$$

故应选（B）项。

【例 1.2.5】 某会议室的简支钢筋混凝土楼面梁，其计算跨度为 9m，其上铺有 $6\text{m} \times 1.2\text{m}$（长×宽）的预制钢筋混凝土空心板，如图 1.2.3 所示。

试问：楼面梁承受的楼面均布活荷载标准值在梁上产生的均布线荷载值（kN/m），

与下列何项数值最接近？

提示：按《工程结构通用规范》作答。

(A) 10.8　　　　(B) 12.0
(C) 16.2　　　　(D) 18.0

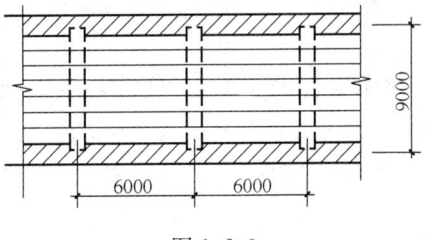

图 1.2.3

【解答】（1）查《结通规》表 4.2.2 项次 2，楼面活荷载标准值为 3.0kN/m^2。

（2）楼面梁的从属面积 A：$A = 6 \times 9 = 54\text{m}^2 > 50\text{m}^2$

根据《结通规》4.2.4 条第 2 款规定，取折减系数为 0.9。

故楼面活荷载产生在梁上的均布线荷载标准值 q_k（kN/m）为：

$$q_k = 3.0 \times 0.9 \times 6 = 16.2\text{kN/m}$$

故应选（C）项。

【例 1.2.6】 某停放轿车的停车库的钢筋混凝土现浇楼盖，单向板、主次梁结构体系如图 1.2.4（a）所示。

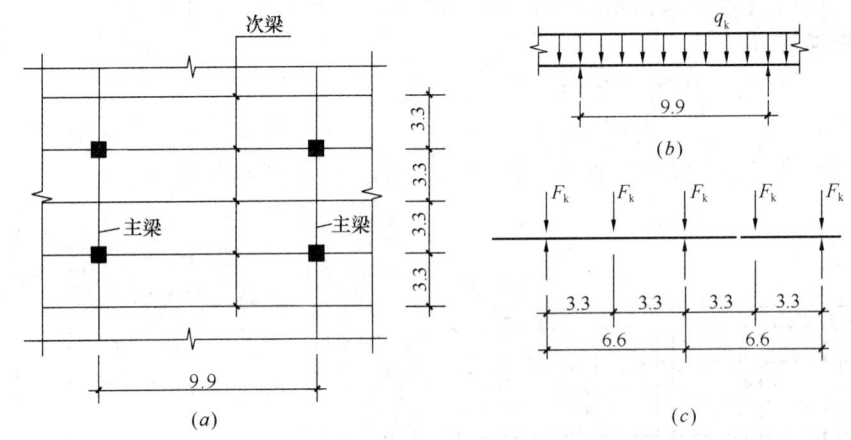

图 1.2.4　停车库结构平面及主次梁计算简图
(a) 结构平面；(b) 次梁计算；(c) 主梁计算

试问：次梁承受的楼面均布线荷载标准值 q_k（kN/m）、主梁承受次梁传来的楼面活荷载集中力标准值 F_k（kN），与下列何项数值最接近？

提示：按《工程结构通用规范》作答。

(A) 10.56；78.41　　　　(B) 10.56；130.68
(C) 13.20；130.68　　　　(D) 13.20；78.41

【解答】（1）$9.9/3.3 = 3 \geqslant 3.0$，根据《混凝土结构设计规范》9.1.1 条规定，当长边与短边之比大于或等于 3.0 时，可按沿短边方向受力的单向板计算。

（2）查《结通规》表 4.2.3，楼面均布活荷载标准值取为 4.0kN/m^2；又根据《结通规》4.2.4 条第 3 款，取折减系数为 0.8，则楼面活荷载标准值产生的均布线荷载标准值 q_k（kN/m）为 [图 1.2.4（b）]：

$$q_k = 4 \times 0.8 \times 3.3 = 10.56\text{kN/m}$$

(3) 根据《结通规》4.2.4条第3款，对单向板楼盖的主梁应取折减系数为0.6，则集中力F_k [图1.2.4 (c)] 为：
$$F_k = 4 \times 0.6 \times 3.3 \times 9.9 = 78.408 \text{kN}$$
故应选（A）项。

【例1.2.7】 某6层砌体结构宿舍楼，其建筑平面、剖面如图1.2.5所示，楼盖为预制短向预应力混凝土空心板，板面设整体面层，砖横墙承重。

提示：按《工程结构通用规范》作答。

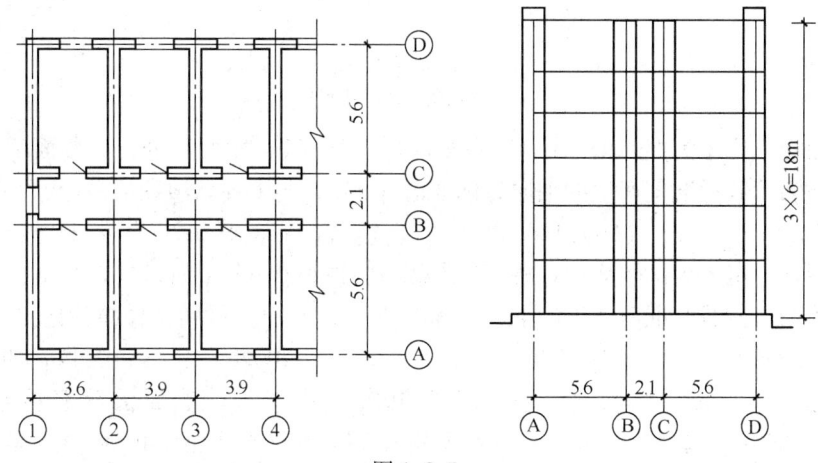

图1.2.5

试问：

(1) 轴线②横墙基础底部截面由各楼层楼面活荷载标准值产生的轴向力（kN/m），与下列何项数值最接近？
（A）26.25　（B）27.3　（C）37.5　（D）25.2

(2) 轴线①横墙基础底部截面由各楼层楼面活荷载标准值产生的轴向力（kN/m）与下列何项数值最接近？
（A）12.6　（B）13.65　（C）18.0　（D）26.25

【解答】 (1) 查《结通规》表4.2.2项次1中（1），楼面活荷载标准值为2.0kN/m²；基础底部截面承受上部五层楼面活荷载，即：5×2.0 kN/m²。

根据《结通规》表4.2.5，5层折减系数为0.7，则：
$$N_k = 5 \times 2.0 \times 0.7 \times \frac{(3.6+3.9)}{2} = 26.25 \text{kN/m}$$
故应选（A）项。

(2) 轴线①轴横墙基础底部截面的N_k为：
$$N_k = 5 \times 2.0 \times 0.7 \times \frac{3.6}{2} = 12.6 \text{kN/m}$$
故应选（A）项。

【例1.2.8】 某6层钢筋混凝土框架结构，其结构平面及剖面如图1.2.6所示，楼盖为现浇单向板主次梁承重体系。

提示：按《工程结构通用规范》作答。

试问：

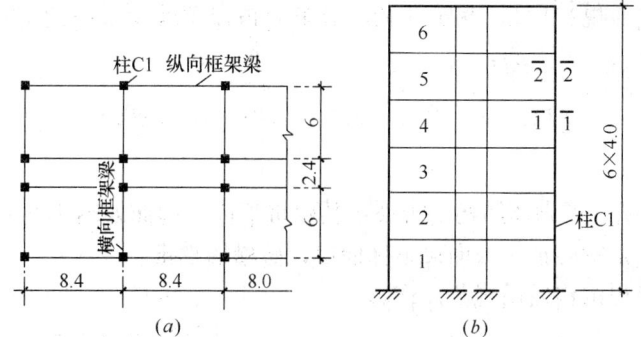

图 1.2.6
（a）平面图；（b）剖面图

（1）假定，房屋为办公楼，柱 C1 在第四层柱顶（1-1 截面）处，当楼面活荷载满布时，由楼面活荷载标准值产生的轴向力标准值（kN），与下列何项数值最接近？

(A) 151.2　　　　(B) 126.0　　　　(C) 113.4　　　　(D) 90.72

（2）假定，房屋为医院病房，柱 C1 在第四层柱顶（1-1 截面）处，当楼面活荷载满布时，由楼面活荷载标准值产生的轴向力标准值（kN），与下列何项数值最接近？

(A) 85.68　　　　(B) 90.72　　　　(C) 100.8　　　　(D) 136.08

【解答】（1）查《结通规》表 4.2.2 项次 1 中（2），楼面活荷载标准值取为 $2.5kN/m^2$；根据《结通规》4.2.4 条第 2 款规定，楼面梁从属面积为 $l \times b = 6 \times 8.4 = 50.4m^2 > 50m^2$，取折减系数为 0.9。1-1 截面以上楼层为 2 层，则由 4.2.5 条第 1 款：

忽略纵横框架梁在楼面活荷载作用下，由梁两端不平衡弯矩产生的轴向力：

$$N_k = 2 \times 2.5 \times 0.9 \times \frac{6}{2} \times 8.4 = 113.4 kN$$

故应选（C）项。

（2）房屋为医院病房，查《结通规》表 4.2.2，项次 1 中（1）知，楼面活荷载标准值为 $2.0kN/m^2$；根据《结通规》4.2.5 条第 1 款，查表 4.2.5，1-1 截面处以上楼层为 2，故取折减系数为 0.85：

$$N_k = 2 \times 2.0 \times 0.85 \times \frac{6}{2} \times 8.4 = 85.68 kN$$

故应选（A）项。

思考：柱 C1 在第五层柱顶（2-2 截面）处，求楼面活荷载产生的轴向力标准值。

【例 1.2.9】某存放一般资料的档案馆，其承重结构为现浇钢筋混凝土无梁楼盖板柱体系，柱网尺寸为 7.8m×7.8m，其平面及剖面如图 1.2.7 所示，楼板厚度为 0.26m，楼面面层为 0.04m。

试问：

（1）柱 1 在基础顶部截面处由楼面活荷载标准值产生的轴向力标准值（kN），与下列何项数值最接近？

提示：按《工程结构通用规范》作答。

(A) 243.36　　　　(B) 410.67　　　　(C) 273.78　　　　(D) 304.2

（2）若各层楼面上设置可灵活布置的轻钢龙骨不保温两层 12mm 纸面石膏板隔墙，

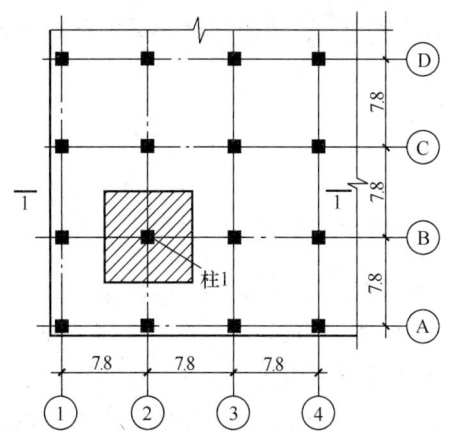
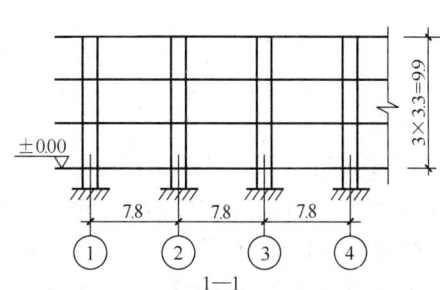

图 1.2.7

则柱 1 在基础顶部截面处由该隔墙标准值产生的轴向力标准值（kN），与下列何项数值最接近？

提示：按《建筑结构荷载规范》作答。

(A) 30　　　　(B) 90　　　　(C) 100　　　　(D) 110

【解答】(1) 查《结通规》表 4.2.2 项次 2，楼面活荷载标准值取为 $3kN/m^2$，根据《结通规》4.2.4 条第 2 款，从属面积 $7.8 \times 7.8 = 60.84 m^2 > 50 m^2$，取折减系数为 0.9；由 4.2.5 条第 2 款，柱计算，取折减系数为 0.9。

柱 1 在基础顶部截面处的受荷面积如图中阴影面积所示，并且承受 2 层楼面活荷载：

$$N_k = 2.5 \times 2 \times 0.9 \times 7.8 \times 7.8 = 273.78 kN$$

故应选（C）项。

(2) 查《荷规》附录 A 表 A 知，隔墙自重为 $0.27 kN/m^2$；根据《荷规》表 5.1.1 注 6 规定，隔墙产生的楼面活荷载附加值为：

$$\frac{1}{3} \times (3.3 - 0.26 - 0.04) \times 0.27 = 0.27 kN/m^2 < 1.0 kN/m^2$$

故取楼面活荷载附加值为 $1 kN/m^2$。同样，取折减系数 0.9。

$$N_k = 1 \times 2 \times 0.9 \times 7.8 \times 7.8 = 109.5 kN$$

故应选（D）项。

【例 1.2.10】某 18 层、高 58m 的住宅楼，为钢筋混凝土剪力墙结构，设计使用年限为 50 年。各楼层（含屋盖）自重标准值均为 $2.5 kN/m^2$，屋面为上人屋面。试问，在计算底层剪力墙时，由各楼面、屋面传来的竖向荷载的标准组合值（kN/m^2），与下列何项数值最接近？

提示：按《工程结构通用规范》作答。

(A) 66.8　　　　(B) 67.4　　　　(C) 64.3　　　　(D) 64.9

【解答】(1) 查《结通规》表 4.2.2 项次 1 中(1)，楼面活荷载标准值取为 $2.0 kN/m^2$。

(2) 查《结通规》表 4.2.8 项次 2，上人屋面活荷载标准值为 $2.0 kN/m^2$，组合值系数为 0.7。

(3) 根据《结通规》表 4.2.5，底层墙截面以上有 17 层楼面，取楼面活荷载折减系数为 0.60。

(4) 根据《结通规》2.4.6 条规定，标准组合值为：

$$S_d = S_{Gk} + S_{Q1k} + \sum_{i=2}^{n} \psi_{ci} S_{Qik}$$
$$= 18 \times 2.5 + 2 \times 17 \times 0.60 + 0.7 \times 2.0 = 66.8 \text{kN/m}^2$$

故应选（A）项。

【例 1.2.11】 某两层单建式地下车库，用于停放载人少于 9 人的小客车，设计使用年限为 50 年，采用现浇钢筋混凝土框架结构，双向柱跨均为 8m，各层均采用不设次梁的双向板楼盖，顶板覆土厚度 $s=2.5$m（覆土应力扩散角 $\theta=35°$），地面为小客车通道（可作为全车总重 300kN 的重型消防车通道），剖面如图 1.2.8 所示，抗震设防烈度 8 度，设计基本地震加速度 0.20g，设计地震分组第二组，建筑场地类别Ⅲ类，抗震设防类别为标准设防类，安全等级二级。

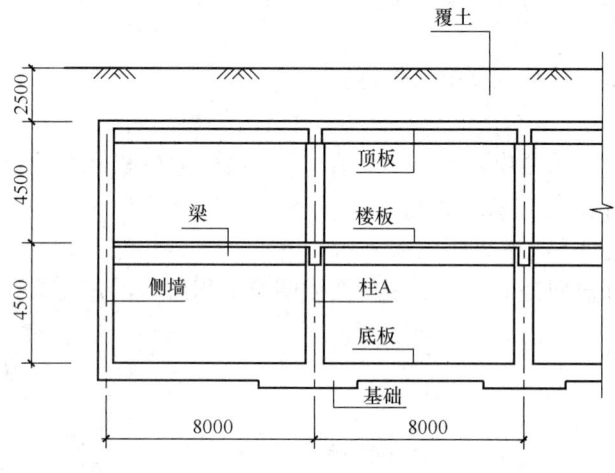

图 1.2.8

提示：按《建筑结构荷载规范》作答。

试问：

(1) 计算地下车库顶板楼盖承载力时，消防车的等效均布活荷载标准值 q_k（kN/m²），与下列何项数值最为接近？

提示：消防车的等效均布活荷载考虑覆土厚度影响的折减系数，可按 6m×6m 的双向板楼盖取值。

(A) 16　　　　(B) 20　　　　(C) 28　　　　(D) 35

(2) 设计中柱 A 基础时，由各层（含底板）活荷载标准值产生的轴力 N_k（kN），与下列何项数值最为接近？

提示：①地下室顶板活荷载按楼面活荷载考虑；
②底板的活荷载由基础承担。

(A) 380　　　　(B) 520　　　　(C) 640　　　　(D) 1000

【解答】 (1) 查《荷规》表 5.1.1 条 8 项，取 $q_k=20$kN/m²

覆土厚度 2.5m，由《荷规》B.0.2 条：

$$\bar{s} = 1.43 s \tan\theta = 1.43 \times 2.5 \times \tan 35° = 2.5 \text{m}$$

查《荷规》表 B.0.2，取折减系数为 0.81，则：

$$q_k = 0.81 \times 20 = 16.2 \text{kN/m}^2$$

所以应选（A）项。

(2) 根据《荷规》5.1.1 条第 8 项，小客车取 $q_k = 2.5 \text{kN/m}^2$
又由《荷规》5.1.2 条，取折减系数为 0.8，则：

$$N_k = 0.8 \times 2.5 \times 8 \times 8 \times 3 = 384 \text{kN}$$

又由《荷载》5.1.3 条，设计基础时，可不考虑消防车荷载。
最终取：$N_k = 384 \text{kN}$，应选（A）项。

二、工业建筑楼面活荷载

- 复习《结通规》4.2.7 条。
- 复习《荷规》5.2.1 条、5.2.2 条、5.2.3 条。

需注意的是：
钢结构中工业建筑楼面活荷载标准值的折减，《钢结构设计标准》3.3.4 条作了规定，详细讲述见本书第四章钢结构部分。

【例 1.2.12】 某转炉修砌平台工作主梁，钢材用 Q235 钢，主梁跨度为 9.0m，简支结构，主梁间距为 3.9m，检修炉衬时堆存耐火砖活载标准值 10kN/m^2，梁自重 3.0kN/m。设计使用年限为 50 年。

试问：荷载基本组合下该主梁跨中最大弯矩设计值（kN·m），与下列何项数值最接近？

提示：按《工程结构通用规范》作答。

(A) 370.0　　　　　　　　　　(B) 346.4
(C) 510　　　　　　　　　　　(D) 545

【解答】(1) 根据《钢结构设计标准》3.3.4 条规定，主梁计算时，由检修材料所产生的荷载可乘折减系数 0.85，即 $q_k = 10 \times 3.9 \times 0.85 = 33.15 \text{kN/m}$

(2) 根据《结通规》2.4.6 条、3.1.13 条：
$\gamma_{Li} = 1.0$。

$$M = 1.3 \times \frac{1}{8} g_k l^2 + 1.4 \times 1.0 \times \frac{1}{8} q_k l^2$$

$$= 1.3 \times \frac{1}{8} \times 3 \times 9^2 + 1.4 \times 1.0 \times \frac{1}{8} \times 33.15 \times 9^2 = 509.4 \text{kN·m}$$

应选（C）项。

三、等效均布活荷载

- 复习《荷规》附录 C。

【例 1.2.13】 某类型工业建筑的楼面板，在安装设备时，最不利情况的设备位置如图 1.2.9 所示，设备重 8kN，设备平面尺寸为 0.5m×1.0m，设备下有混凝土垫层厚 0.1m，搬运设备时的动力系数为 1.1，楼面板为现浇钢筋混凝土单向连续板，其厚度为 0.1m，无设备区域的操作荷载为 $2kN/m^2$。

提示：按《建筑结构荷载规范》作答。

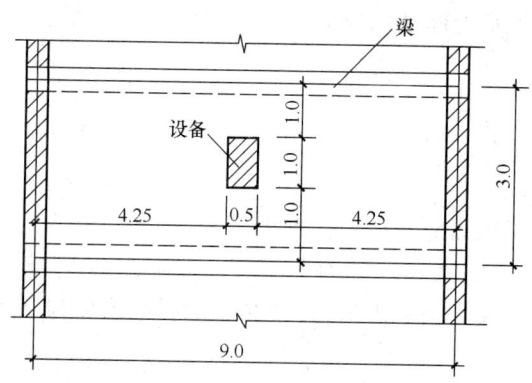

图 1.2.9 某工业建筑楼面板（单位：m）

试问：

(1) 设备荷载在板上的有效分布宽度 b (m)，与下列何项数值最接近？

(A) 2.5　　　　　　　　　(B) 2.7
(C) 2.9　　　　　　　　　(D) 3.2

(2) 设备荷载和操作荷载的等效楼面均布活荷载标准值（kN/m^2），与下列何项数值最接近？

(A) 3.40　　　　　　　　(B) 3.60
(C) 3.80　　　　　　　　(D) 4.0

【解答】 (1) 确定有效分布宽度 b，单向板跨度 $l=3.0m$。

根据《荷规》C.0.5 条规定：

$$b_{cx} = b_{tx} + 2s + h = 1 + 2 \times 0.1 + 0.1 = 1.3m$$

$$b_{cy} = b_{ty} + 2s + h = 0.5 + 2 \times 0.1 + 0.1 = 0.8m$$

$b_{cx} > b_{cy}$（即 $1.3m > 0.8m$），$b_{cy} < 0.6l$（即 $0.8m < 0.6 \times 3 = 1.8m$）

$b_{cx} < l$（即 $1.3m < 3m$）；

故由规范式（C.0.5-1）：

$$b = b_{cy} + 0.7l = 0.8 + 0.7 \times 3 = 2.9m$$

故应选（C）项。

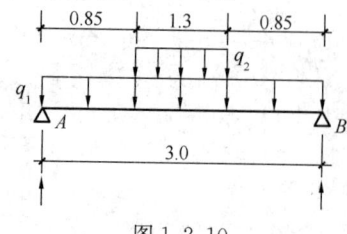

图 1.2.10

(2) 板的计算简图如图 1.2.10 所示。由前述结果：$b_{cx} = 1.3m$

1) 无设备区域的操作荷载在板的有效分布宽度内产生的沿板跨均布线荷载 q_1：

$$q_1 = 2 \times 2.9 = 5.8 kN/m$$

2) 设备荷载乘以动力系数并扣除设备在板跨内所占面积上的操作荷载后产生的沿板跨的均布线荷载 q_2：

$$q_2 = (8 \times 1.1 - 2 \times 0.5 \times 1)/1.3 = 6 kN/m$$

3) 板的绝对最大弯矩标准值 M_{max} 为：

$$M_{\max} = \frac{1}{8}q_1 l^2 + \frac{1}{2}q_2 \cdot b_{cx} \cdot \frac{l}{2} - \frac{1}{2}q_2 \cdot b_{cx} \cdot \frac{b_{cx}}{4}$$

$$= \frac{1}{8} \times 5.8 \times 3^2 + \frac{1}{2} \times 6 \times 1.3 \times \frac{3}{2} - \frac{1}{2} \times 6 \times 1.3 \times \frac{1.3}{4}$$

$$= 11.1075 \text{kN} \cdot \text{m}$$

4）求等效均布活荷载

由规范式（C.0.4-1）：

$$q_e = \frac{8M_{\max}}{bl^2} = \frac{8 \times 11.1075}{2.9 \times 3^2} = 3.40 \text{kN/m}^2$$

故应选（A）项。

思考： $l/b = 9/3 = 3 \geqslant 3$，根据《混凝土结构设计规范》9.1.1条规定，按单向板计算。

【例 1.2.14】 如图1.2.11所示，某类型工业建筑楼面板，在生产过程中设备位置如图所示，设备重10kN，设备平面尺寸为0.6m×1.5m，设备下有混凝土垫层厚0.2m，设备产生的动力系数为1.1，现浇钢筋混凝土板厚度0.1m，无设备区域的操作荷载为2.0kN/m²。

提示： 按《建筑结构荷载规范》作答。

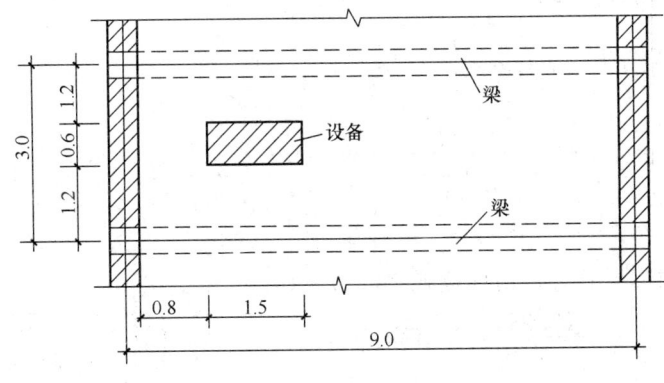

图1.2.11 （单位：m）

试问：

（1）设备荷载在板上的有效分布宽度 b（m），与下列何项数值最接近？

(A) 3.31　　(B) 3.52　　(C) 3.72　　(D) 3.12

（2）设备荷载和操作荷载在板上的等效均布活荷载标准值（kN/m²），与下列何项数值最接近？

(A) 3.51　　(B) 3.68　　(C) 3.76　　(D) 3.85

【解答】（1）板的跨度：$l = 3.0$m

根据《荷规》附录C.0.5条规定：

$$b_{cx} = b_{tx} + 2s + h = 0.6 + 2 \times 0.2 + 0.1 = 1.1\text{m}$$

$$b_{cy} = b_{ty} + 2s + h = 1.5 + 2 \times 0.2 + 0.1 = 2.0\text{m}$$

$b_{cx} < b_{cy}$（即1.1m < 2.0m）；$b_{cy} < 2.2l$（即2m < 2.2×3 = 6.6m）

$b_{cx} < l$（即1.1m < 3.0m），故根据规范式(C.0.5-3)：

$$b = \frac{2}{3}b_{cy} + 0.73l = \frac{2}{3} \times 2.0 + 0.73 \times 3 = 3.523\text{m}$$

由于设备中心至非支承边的距离 d：$d=0.8+0.75=1.55\text{m}<\frac{b}{2}=1.76\text{m}$
故有效分布宽度 b 应进行折减，由规范式（C.0.5-5）：

$$b' = \frac{1}{2}b + d = \frac{3.523}{2} + 1.55 = 3.31\text{m}$$

故应选（A）项。

（2）板的计算简图如图1.2.12所示。
由前述结果知：$b_{cx}=1.1\text{m}$
操作荷载产生的沿板跨均布线荷载 q_1：

$$q_1 = 2 \times b' = 2 \times 3.31 = 6.62\text{kN/m}$$

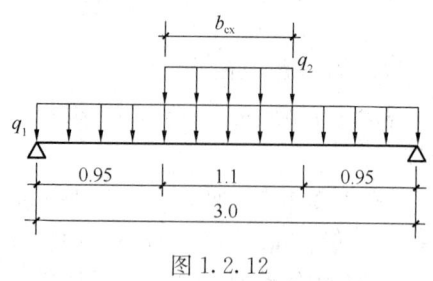

图1.2.12

设备荷载并扣除相应操作荷载后产生的沿板跨均布线荷载 q_2：

$$q_2 = (10 \times 1.1 - 2 \times 0.6 \times 1.5)/1.1 = 8.36\text{kN/m}$$

板的绝对最大弯矩标准值：

$$M_{max} = \frac{1}{8}q_1 l^2 + \frac{1}{2}q_2 b_{cx}\frac{l}{2} - \frac{1}{2}q_2 b_{cx}\frac{b_{cx}}{4}$$

$$= \frac{1}{8} \times 6.62 \times 3^2 + \frac{1}{2} \times 8.36 \times 1.1 \times \frac{3}{2} - \frac{1}{2} \times 8.36 \times 1.1 \times \frac{1.1}{4}$$

$$= 13.08\text{kN}\cdot\text{m}$$

等效均布荷载标准值 q_e，由规范式（C.0.4-1）：

$$q_e = \frac{8M_{max}}{bl^2} = \frac{8 \times 13.08}{3.31 \times 3^2} = 3.513\text{kN/m}^2$$

故应选（A）项。

【**例1.2.15**】 如图1.2.13所示，某类型的工业建筑的平台楼面，设备位置如图所示，设备重6kN，其动力系数为1.1，平面尺寸为 $0.5\text{m}\times0.8\text{m}$，设备下有混凝土垫层0.2m，现浇钢筋混凝土悬臂板，板厚为0.25m，无设备区域的操作荷载为 2kN/m^2。

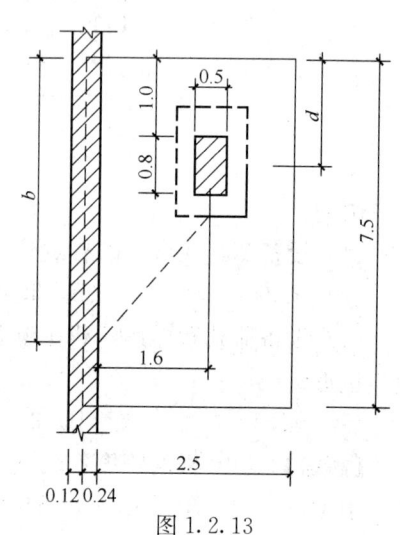

图1.2.13

提示：按《建筑结构荷载规范》作答。
试问：
（1）设备荷载的有效分布宽度 b (m)，与下列何项数值最接近？

(A) 3.55   (B) 3.64
(C) 3.73   (D) 3.85

（2）设备荷载和操作荷载的等效楼面均布活荷载标准值（kN/m²），与下列何项数值最接近？

(A) 1.20　　　　(B) 2.80　　　　(C) 3.15　　　　(D) 3.26

【解答】（1）板的跨度：$l=2.5$m

平行于板跨的计算宽度：
$$b_{cx}=b_{tx}+2s+h=0.5+2\times0.2+0.25=1.15\text{m}$$

垂直于板跨的计算宽度：
$$b_{cy}=b_{ty}+2s+h=0.8+2\times0.2+0.25=1.45\text{m}$$

悬臂板上局部荷载的有效分布宽度 b，由规范式（C.0.5-7）：
$$b=b_{cy}+2x=1.45+2\times1.6=4.65\text{m}$$

设备中心距板的非支承边距离 d：
$$d=\frac{0.8}{2}+1.0=1.4\text{m}<\frac{b}{2}=\frac{4.65}{2}=2.325\text{m}$$

故有效分布宽度应予以折减：
$$b'=\frac{b}{2}+d=\frac{4.65}{2}+1.4=3.725\text{m}$$

故应选（C）项。

（2）悬臂板的计算简图如图1.2.14所示。无设备区域的操作荷载在折减后的有效分布宽度 b' 内沿板跨产生的均布线荷载 q_1：
$$q_1=2\times3.725=7.45\text{kN/m}$$

设备荷载乘动力系数扣除设备在板跨内所占面积上的操作荷载后产生的沿板跨的均布线荷载 q_2：
$$q_2=(6\times1.1-0.5\times0.8\times2)/1.15=5.04\text{kN/m}$$

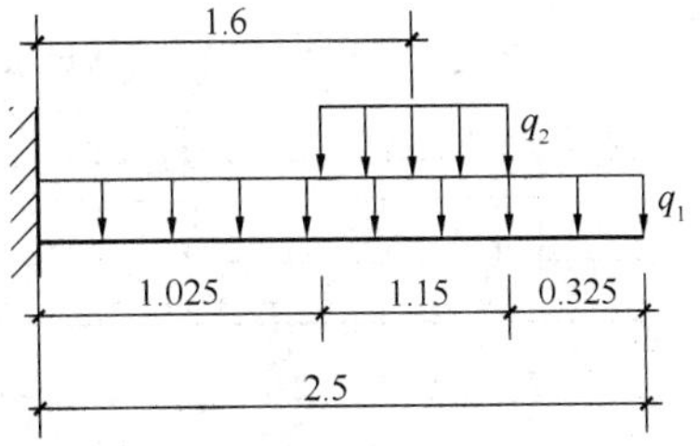

图1.2.14

板的绝对最大弯矩：
$$M_{max}=\frac{1}{2}q_1l^2+q_2\times1.15\times1.6$$
$$=\frac{1}{2}\times7.45\times2.5^2+5.04\times1.15\times1.6=32.555\text{kN}\cdot\text{m}$$

等效楼面均布活荷载标准值：
$$q_e=\frac{2M_{max}}{b'l^2}=\frac{2\times32.555}{3.725\times2.5^2}=2.797\text{kN/m}^2$$

故应选（B）项。

【例1.2.16】 如图1.2.15所示，某类型工业建筑的楼面结构及生产过程中设备的最不利位置如图中所示，每个设备重5kN，其平面尺寸（每个）为0.5m×1m，设备下垫层厚0.2m，其动力系数为1.1，楼面结构为现浇钢筋混凝土连续多跨单向板（板厚0.1m），主次梁结构体系，无设备区域的操作荷载为2kN/m²。

提示：按《建筑结构荷载规范》作答。

试问：

（1）次梁的等效均布活荷载标准值 q_e（kN/m²），与下列何项数值最接近？
(A) 2.36　　　　(B) 2.48　　　　(C) 2.53　　　　(D) 2.70

（2）X方向框架主梁的等效均布活荷载标准值 q_e（kN/m²），与下列何项数值最接近？

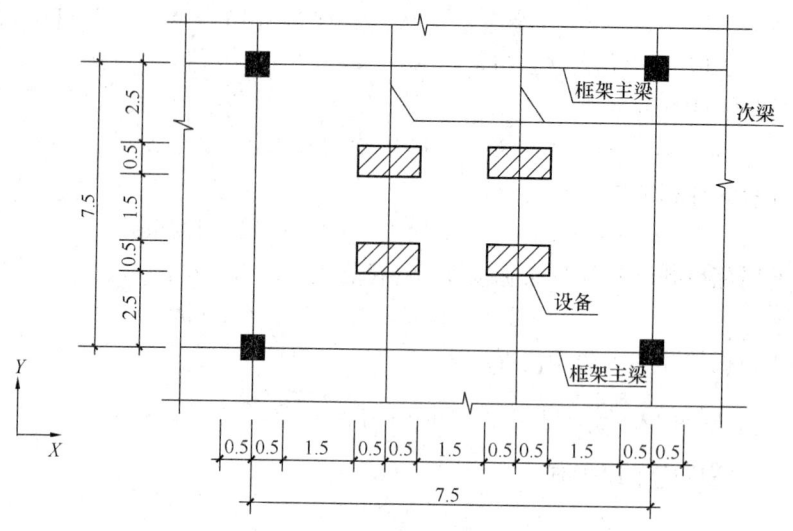

图 1.2.15 （单位：m）

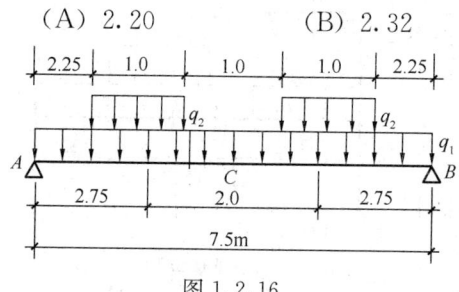

图 1.2.16

(A) 2.20　　　(B) 2.32　　　(C) 2.48　　　(D) 2.64

【解答】（1）根据《荷规》C.0.7条规定，次梁跨度为：$l=7.5\text{m}$；其间距为：$s=2.5\text{m}$；次梁计算简图如图 1.2.16 所示。

1）无设备区域的操作荷载产生的沿次梁跨度方向的均布线荷载 q_1：
$$q_1 = 2 \times s = 2 \times 2.5 = 5\text{kN/m}$$

2）设备荷载乘动力系数并扣除设备范围内的操作荷载后，沿次梁跨度方向在设备荷载分布宽度 b_{cx} 范围内的均布线荷载 q_2：
$$b_{cx} = b_{tx} + 2s + h = 0.5 + 2 \times 0.2 + 0.1 = 1.0\text{m}$$
$$q_2 = (5 \times 1.1 - 0.5 \times 1 \times 2)/b_{cx} = 4.5\text{kN/m}$$

由规范式（C.0.7-1）：
$$q_{eM} = \frac{8M_{max}}{sl^2}$$

简支次梁在截面跨中 C 处，弯矩值最大：
$$M_{max} = \frac{1}{8} \times 5 \times 7.5^2 + 4.5 \times 1 \times 3.75 - 4.5 \times 1 \times 1.0$$
$$= 47.531\text{kN} \cdot \text{m}$$
$$q_{eM} = \frac{8 \times 47.531}{2.5 \times 7.5^2} = 2.70\text{kN/m}^2$$

由规范式（C.0.7-2）：
$$q_{eV} = \frac{2V_{max}}{sl}$$

$$V_{max} = \frac{1}{2} \times 5 \times 7.5 + 4.5 \times 1 = 23.25\text{kN}$$
$$q_{eV} = \frac{2 \times 23.25}{2.5 \times 7.5} = 2.48\text{kN/m}^2$$

取较大值，$q_e = \max(q_{eM}, q_{eV}) = 2.70\text{kN/m}^2$，故应选（D）项。

(2) 根据《荷规》附录 C.0.8 条规定：

X 方向框架主梁受荷面积 A：$A=7.5\times7.5=56.25\text{m}^2$

X 方向框架主梁承受的楼面活荷载：

1) 总设备荷载：$F_1=4\times5\times1.1=22\text{kN}$

2) 无设备区域的操作荷载：
$$F_2=56.25\times2-4\times0.5\times1\times2=108.5\text{kN}$$

X 方向框架主梁的等效均布楼面活荷载标准值 q_e：
$$q_e=\frac{F_1+F_2}{A}=\frac{22+108.5}{56.25}=2.32\text{kN/m}^2$$

故应选（B）项。

【例 1.2.17】 某民用建筑的两跨钢筋混凝土板，板厚 120mm，计算跨度为 3.0m，无设备区的楼面活荷载标准值为 2.5kN/m²，两跨中间有局部荷载如图 1.2.17 所示。假定设备荷载和操作荷载在有效分布宽度内产生的等效荷载标准值 $q_{ek}=6.0\text{kN/m}^2$，楼面板面层和吊顶标准值 1.5kN/m²。设计使用年限为 50 年。

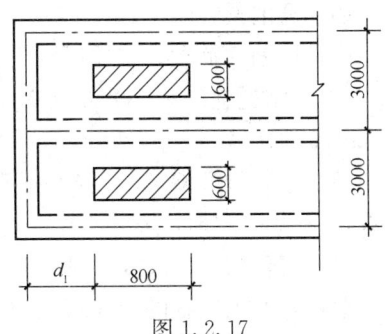

图 1.2.17

试问：

(1) 在计算楼板抗弯承载力时，中间支座负弯矩设计值的绝对值（kN·m/m）应为下列何值（两跨连续板两边端支座视为铰支）？

提示：按《工程结构通用规范》作答。

(A) 11.5　　　(B) 13.5　　　(C) 15.5　　　(D) 16.5

(2) 假定 $d_1=800\text{mm}$，无垫层，则局部荷载有效分布宽度（m）为下列何值？

提示：按《建筑结构荷载规范》作答。

(A) 2.4　　　(B) 2.6　　　(C) 2.8　　　(D) 3.0

【解答】 (1) 取单位宽度 1m 计算：

永久荷载线荷载标准值：
$$q_k=25\times0.12\times1+1.5\times1=4.5\text{kN/m}$$

两跨连续板受均匀线荷载，中间支座处弯矩 $M=\frac{1}{8}ql^2$

根据《结通规》3.1.13 条：
$$M=1.3\times\frac{1}{8}q_kl^2+1.5\times\frac{1}{8}q_{ek}l^2=1.3\times\frac{1}{8}\times4.5\times3^2+1.5\times\frac{1}{8}\times6\times3^2$$
$$=16.71\text{kN}\cdot\text{m/m}$$

应选（D）项。

(2) $b_{cx}=b_{tx}+2s+h=0.6+2\times0+0.12=0.72\text{m}$

$b_{cy}=b_{ty}+2s+h=0.8+2\times0+0.12=0.92\text{m}$

$b_{cx}<b_{cy}$；$b_{cy}<2.2l$（即 0.92m < 2.2×3 = 6.6m）；$b_{cx}\leqslant l$。

由《荷规》式（C.0.5-3）：
$$b=\frac{2}{3}b_{cy}+0.73l=\frac{2}{3}\times0.92+0.73\times3=2.8\text{m}$$

局部荷载距板非支承边的距离 d：

$$d = d_1 + \frac{0.8}{2} = 0.8 + \frac{0.8}{2} = 1.2\text{m} < \frac{b}{2} = 1.4\text{m}$$

故有效分布宽度应予以折减,由规范式(C.0.5-5):

$$b' = \frac{1}{2}b + d = \frac{1}{2} \times 2.8 + 1.2 = 2.6\text{m}$$

故应选(B)项。

四、屋面活荷载

● 复习《结通规》4.2.8 条~4.2.11 条。

需注意的是:

(1) 屋面活荷载,按屋面水平投影面计算。

(2)《结通规》表 4.2.8 项次 4,屋顶运动场地取 4.5kN/m²,可知,它取代《荷规》表 5.3.1 项次 4。

(3)《结通规》4.2.11 条屋面直升机停机坪荷载计算的第 1 款和第 2 款,应计入动力系数,《荷规》5.6.3 条作了具体规定。

(4)《荷规》5.3.3 条:不上人的屋面均布活荷载,可不与雪荷载和风荷载同时组合。

金新阳总工主编的《建筑结构荷载规范理解与应用》指出:"《荷规》5.3.3 条,不上人屋面的均布活荷载是针对检修或维修而规定的,该条文的具体含义是指不上人屋面(主要是指那些轻型屋面和大跨度结构)的均布活荷载,可以不与雪荷载或者风荷载同时考虑,只要选择活荷载和雪荷载中的较大值,再考虑与风荷载组合进行设计。"即:max($Q_活$,$Q_雪$)+$Q_风$。

【例 1.2.18】 某医院病房为钢筋混凝土框架结构,采用上人的屋面,其主次梁结构布置平面及剖面图如图 1.2.18 所示,现需计算该楼边框架柱 C1 在第 4 层柱顶截面 1-1 处,由屋面及楼面活荷载标准组合产生的柱轴力 N_{Q4},不考虑由梁的梁端弯矩产生的附加柱轴力,则柱轴力 N_{Q4}(kN)与下列何项数值最接近?

提示:按《工程结构通用规范》作答。

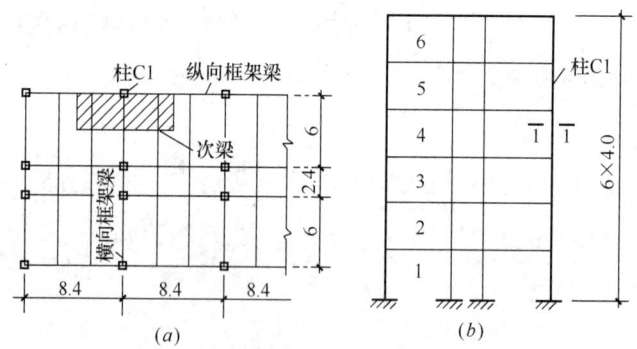

图 1.2.18 某框架结构(单位:m)
(a) 平面图;(b) 剖面图

(A) 115　　　　(B) 120　　　　(C) 125　　　　(D) 130

【解答】 (1) 查《结通规》表 4.2.2 项次 1 中(1),楼面活荷载标准值为 2.0kN/m²。

查《结通规》表 4.2.8，项次 2 知，上人屋面活荷载标准值为 2.0kN/m^2。

(2) 柱 C1 的受荷面积如图中阴影面积 A，$A=3\times8.4=25.2\text{m}^2$；1-1 截面处有 2 层楼面活荷载，根据《结通规》4.2.5 条第 1 款规定，查表 4.2.5，取总楼面活荷载的折减系数为 0.85。

(3) 查《结通规》表 4.2.8，取屋面活荷载组合值系数为 0.7：

$$N_{Q4} = S_{Q1k} + \sum_{i=2}^{n}\psi_{ci}S_{Qik} = 2\times2.0\times0.85\times25.2 + 0.7\times2.0\times25.2$$
$$= 120.96\text{kN}$$

故应选（B）项。

思考：假定为办公楼，其他条件不变，求柱轴力 N_{Q4}。

【**例 1.2.19**】 对某框架顶层框架梁进行内力分析，经计算知在永久荷载标准值、不上人的屋面活荷载标准值、风荷载标准值、雪荷载标准值的分别作用下，该梁梁端弯矩标准值分别为：$M_{Gk}=20\text{kN}\cdot\text{m}$，$M_{Q1k}=6\text{kN}\cdot\text{m}$，$M_{Q2k}=8\text{kN}\cdot\text{m}$，$M_{Q3k}=7\text{kN}\cdot\text{m}$，并且取屋面活荷载的组合值系数为 0.7，雪荷载的组合值系数为 0.7，风荷载的组合值系数为 0.6。设计使用年限为 50 年。

试问：确定按承载力能力极限状态下基本组合时，该梁梁端最大弯矩设计值。

提示：按《工程结构通用规范》作答。

【**解答**】 根据《荷规》5.3.3 条规定，不上人的屋面活荷载，可不与雪荷载和风荷载同时组合。

根据《结通规》3.1.13 条：

不上人的屋面活荷载为 S_{Q1K}：

$$M = 1.3\times20 + 1.5\times6 + 1.5\times0.6\times8 = 42.2\text{kN}\cdot\text{m}$$

雪荷载为 S_{Q1K}：

$$M = 1.3\times20 + 1.5\times7 + 1.5\times0.6\times8 = 43.7\text{kN}\cdot\text{m}$$

风荷载为 S_{Q1K}：

$$M = 1.3\times20 + 1.5\times8 + 1.5\times0.7\times6 = 44.3\text{kN}\cdot\text{m}$$
$$M = 1.3\times20 + 1.5\times8 + 1.5\times0.7\times7 = 45.35\text{kN}\cdot\text{m}$$

最终取 $M=45.35\text{kN}\cdot\text{m}$

五、屋面积灰荷载

- 复习《荷规》5.4.1 条、5.4.2 条、5.4.3 条。

需注意的是：

(1)《荷规》5.4.1 条中表 5.4.1-1 注 1、2、3 的规定，以及表 5.4.1-2 注 1、2 的规定。

(2)《荷规》5.4.3 条规定：积灰荷载应与雪荷载或不上人的屋面均布活荷载两者中的较大值同时考虑。

【**例 1.2.20**】 某机械厂铸造车间，设有 1t 冲天炉，车间的剖面图如图 1.2.19 所示。

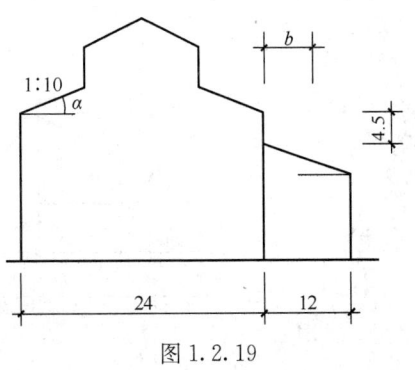

图 1.2.19

试问：

(1) 高低跨交界处低跨屋面的预应力混凝土大型屋面板设计时，应采用的屋面积灰荷载标准值（kN/m^2），与下列何项最接近？

(A) 0.5　　　(B) 0.7　　　(C) 1　　　(D) 1.5

(2) 增大积灰荷载的范围 b（m），与下列何项最接近？

(A) 5　　　(B) 6　　　(C) 7　　　(D) 8

【解答】(1) $\alpha = \arctan\dfrac{1}{10} = 5.71° < 25°$，查《荷规》表 5.4.1-1 知，屋面无挡风板，屋面积灰荷载标准值取为 $0.50kN/m^2$。

根据《荷规》5.4.2 条规定，考虑增大系数 2.0，则：$0.50 \times 2.0 = 1.0 kN/m^2$，故应选 (C) 项。

(2) 根据《荷规》5.4.2 条规定：
$$b = 2 \times 4.5 = 9m > 6m, 取 b = 6m$$
故应选 (B) 项。

【例 1.2.21】　某水泥厂的机修车间，其剖面如图 1.2.20 所示。试问，设计天沟处的钢筋混凝土大型屋面板时的屋面积灰荷载标准值（kN/m^2），与下列何项最接近？

(A) 0.5　　　(B) 0.7　　　(C) 1.0　　　(D) 1.5

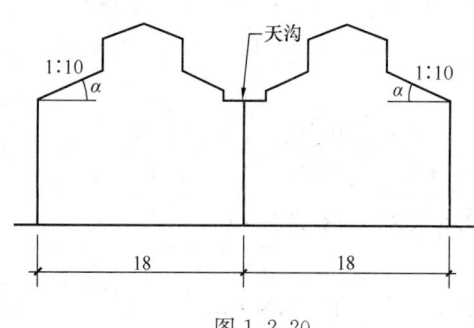

图 1.2.20

【解答】(1) 屋面坡度：$\alpha = \arctan\dfrac{1}{10} = 5.71° < 25°$，查《荷规》表 5.4.1-1，项次 8 可知，屋面积灰荷载标准值取为 $0.50kN/m^2$。

(2) 根据《荷规》5.4.2 条规定，考虑增大系数 1.4，即：$1.4 \times 0.5 = 0.7 kN/m^2$。

故应选 (B) 项。

【例 1.2.22】　某钢筋混凝土铰接屋架，设计使用年限为 50 年，如图 1.2.21 所示，屋架间距为 6m。屋面上的永久荷载标准值为 $4.0kN/m^2$（沿屋架坡向）；屋架上按水平投影面计算的积灰荷载为 $1.0kN/m^2$，按水平投影面计算的雪荷载为 $0.30kN/m^2$，屋面活荷载满布，试问，当荷载基本组合时，上弦杆 S_1 的内力设计值（kN），与下列何项数值最接近？

(A) 500　　　(B) 510　　　(C) 520　　　(D) 530

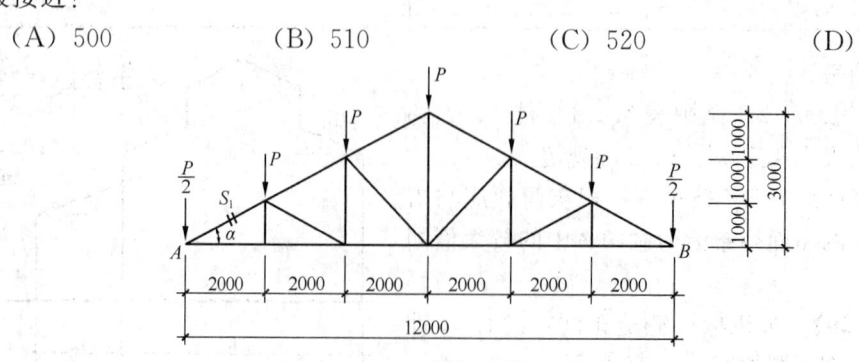

图 1.2.21

【解答】 (1) 确定节点荷载设计值 P

根据《荷规》5.4.3 条,雪荷载为 0.30kN/m^2,不上人的屋面均布活荷载为 0.50kN/m^2,故取积灰荷载与不上人的屋面活荷载进行荷载组合。

根据《结通规》3.1.13 条(或《可靠性标准》8.2.4 条):

$P = 1.3 \times 4 \times \sqrt{5} \times 6 + 1.5 \times 1 \times 2 \times 6 + 1.5 \times 0.7 \times 0.5 \times 2 \times 6 = 94.07\text{kN}$

$P = 1.3 \times 4 \times \sqrt{5} \times 6 + 1.5 \times 0.5 \times 2 \times 6 + 1.5 \times 0.9 \times 1 \times 2 \times 6 = 94.97\text{kN}$

取较大的值,$P = 94.97\text{kN}$

(2) 确定上弦杆 S_1 的内力设计值

对节点 A:$\Sigma Y = 0$

$$\frac{P}{2} + S_1 \sin\alpha = R_A = 3P; \sin\alpha = \frac{1}{\sqrt{5}}$$

$$S_1 = \frac{5}{2}P / \sin\alpha = \frac{5}{2}P \cdot \sqrt{5} = 530.9\text{kN}$$

故应选 (D) 项。

六、施工和检修荷载及栏杆水平荷载

> - 复习《结通规》4.2.12 条、4.2.14 条、4.2.15 条。
> - 复习《荷规》5.5.1 条、5.5.2 条、5.5.3 条。

注意,《结通规》4.2.14 条规定,中小学校的防护栏杆,栏杆顶部的水平荷载应取 1.5kN/m,比《荷规》提高了。

【例 1.2.23】 某建筑的屋面为带挑檐的现浇钢筋混凝土板,如图 1.2.22 所示。试问,当计算挑檐强度时,由施工或检修集中荷载产生的弯矩标准值(kN·m),与下列何项最接近?

(A) 1.01 (B) 0.72
(C) 0.6   (D) 0.84

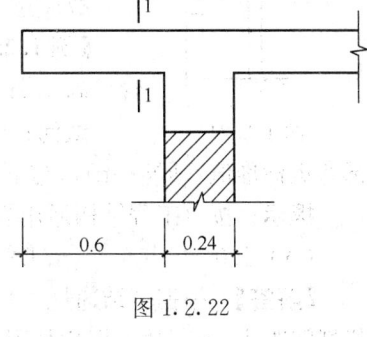

图 1.2.22

【解答】 取板宽单位宽度 1m 计算,根据《结通规》4.2.12 条(或《荷规》5.5.1 条)规定,沿板宽每隔 1m 取一个集中荷载(1.0kN);挑檐强度计算,取最不利截面 1-1 处的弯矩标准值为:

$$M_1 = 1.0 \times 0.6 = 0.6\text{kN} \cdot \text{m}$$

故应选 (C) 项。

【例 1.2.24】 某建筑物的外门处的现浇钢筋混凝土雨篷,如图 1.2.23 所示。试问:

(1) 计算雨篷板的承载力时,由施工或检修集中荷载产生的弯矩标准值 (kN·m),与下列何项最接近?

(A) 1.0 (B) 1.2 (C) 1.4 (D) 1.54

(2) 计算雨篷倾覆时,由施工或检修集中荷载产生的弯矩标准值 (kN·m),与下列何项最接近?

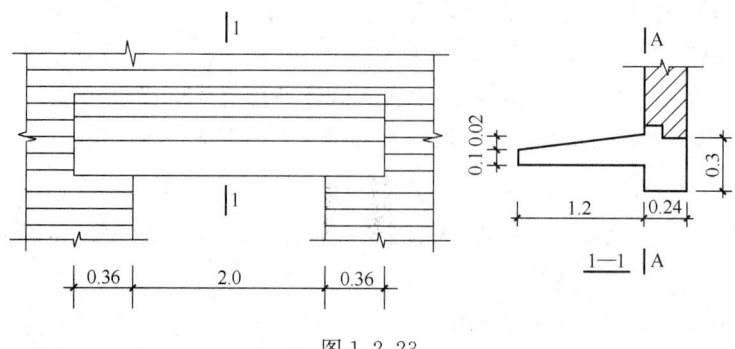

图 1.2.23

(A) 1.10　　　(B) 1.23　　　(C) 1.54　　　(D) 2.26

【解答】 (1) 取宽度 1m 的板作为计算对象，根据由《结通规》4.2.12 条（或《荷规》5.5.1 条）规定，宽度 1m 范围内只有 1 个集中荷载 (1.0kN)，其最不利位置在板端部，即图中 A-A 截面处：

$$M = 1.0 \times 1.2 = 1.2 \text{kN} \cdot \text{m}(上表面受拉)$$

故应选（B）项。

(2) 雨篷总宽度为 2.72m，根据《结通规》4.2.12 条（或《荷规》5.5.1 条）规定，沿板宽每隔 2.5~3.0m 取一个集中荷载，故本题取 1 个集中荷载 (1.0kN)。

根据《砌体结构设计规范》7.4.2 条第 2 款规定，倾覆点距外边墙的距离 x_0：

$$L_1 < 2.2h_b \text{ 时}, x_0 = 0.13L_1 = 0.13 \times 0.24 = 0.031 \text{m}$$

由施工或检修荷载产生的倾覆弯矩标准值：

$$M = (1.2 + x_0) \times 1 = (1.2 + 0.031) \times 1 = 1.231 \text{kN} \cdot \text{m}$$

故应选（B）项。

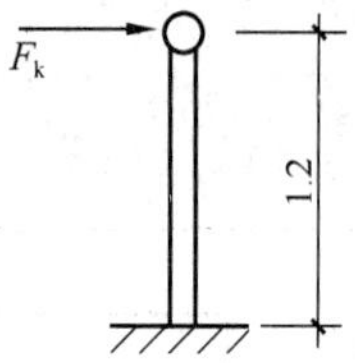

【例 1.2.25】 如图 1.2.24 所示，某中学校平台边缘的栏杆柱（钢管）高 1.2m，间距为 1m，埋入看台的钢筋混凝土板内。

图 1.2.24　　试问：确定栏杆柱的截面尺寸时，由栏杆水平荷载产生的栏杆底部弯矩标准值（kN·m），与下列何项最接近？

提示：按《工程结构通用规范》作答。

(A) 1.0　　　(B) 1.2　　　(C) 1.8　　　(D) 2.4

【解答】 根据《结通规》4.2.14 条规定，取栏杆顶部水平荷载为 1.5kN/m。本题中栏杆间距为 1m，故每根栏杆顶部的水平荷载标准值 F_k 为 1.5kN。

$$M = F_k \times 1.2 = 1.5 \times 1.2 = 1.8 \text{kN} \cdot \text{m}$$

故应选（C）项。

七、地下室顶板施工活荷载

- 复习《结通规》4.2.13 条。

八、动力系数

- 复习《结通规》4.2.16 条。
- 复习《荷规》5.6.1 条、5.6.2 条、5.6.3 条。

两本规范是协调的。
需注意的是：
(1)《荷规》6.3.1条规定了吊车荷载的动力系数的取值。
(2)《混凝土结构设计规范》3.1.4条、9.6.2条规定了预制构件吊装验算时，动力系数可取1.5。
(3)《公路桥涵设计通用规范》4.1.10条规定了构件在吊装时，动力系数取1.2或0.85。

第三节 吊车荷载

一、吊车的工作制等级与工作级别的关系

《荷规》6.1.1条条文说明作了如下说明：

> 6.1.1（条文说明）
> 选用的吊车是按其工作的繁重程度来分级的，这不仅对吊车本身的设计有直接的意义，也和厂房结构的设计有关。国家标准《起重机设计规范》GB 3811—83是参照国际标准《起重设备分级》ISO 4301—1980的原则，重新划分了起重机的工作级别。在考虑吊车繁重程度时，它区分了吊车的利用次数和荷载大小两种因素。按吊车在使用期内要求的总工作循环次数分成10个利用等级，又按吊车荷载达到其额定值的频繁程度分成4个载荷状态（轻、中、重、特重）。根据要求的利用等级和载荷状态，确定吊车的工作级别，共分8个级别作为吊车设计的依据。
> 这样的工作级别划分在原则上也适用于厂房的结构设计，虽然根据过去的设计经验，在按吊车荷载设计结构时，仅参照吊车的载荷状态将其划分为轻、中、重和超重4级工作制，而不考虑吊车的利用因素，这样做实际上也并不会影响到厂房的结构设计，但是，在执行国家标准《起重机设计规范》GB 3811—83以来，所有吊车的生产和订货，项目的工艺设计以及土建原始资料的提供，都以吊车的工作级别为依据，因此在吊车荷载的规定中也相应改用按工作级别划分。采用的工作级别是按表5与过去的工作制等级相对应的。

吊车的工作制等级与工作级别的对应关系　　表5

工作制等级	轻级	中级	重级	超重级
工作级别	A1～A3	A4，A5	A6，A7	A8

需注意的是：《起重机设计规范》GB/T 3811—2008已代替83年版。上述表5仍适用。有关起重机总工作循环数C_T，见本书第四章钢结构疲劳内容。

二、吊车荷载

(一) 基本规定

1. 吊车荷载的竖向荷载和水平荷载

单层厂房中常用的吊车有悬挂吊车、手动吊车、电动葫芦以及桥式吊车等。其中，悬

挂吊车的水平荷载可不列入排架计算，而由有关支撑系统承受；手动吊车和电动葫芦可不考虑水平荷载；桥式吊车是最常用的一种形式，它由大车（即桥架）和小车组成，大车在吊车梁轨道上沿厂房纵向运行，小车在大车的轨道上沿厂房横向运行，在小车上安装带有吊钩的起重卷扬机，用以起吊重物，如图1.3.1所示，B为吊车宽度，K为轮距。

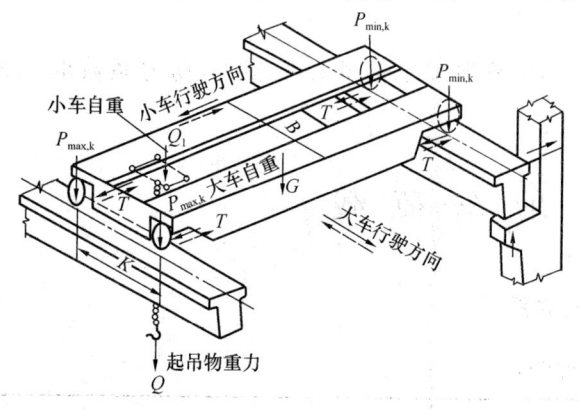

吊车按其吊钩种类可分为软钩吊车和硬钩吊车两种。软钩吊车是指用钢索通过滑轮组带动吊钩起吊重物；硬钩吊车是指用刚臂起吊重物或进行操作。按其动力来源分为电动和手动两种。电动吊车起重量大，行驶速度快，启动、起吊、运行、制动时均有较大的振动；手动吊车起重量小（≤5t），运行时振动轻微。一般厂房中使用的多为软钩、电动桥式吊车。

图1.3.1 产生$P_{max,k}$，$P_{min,k}$的小车位置

桥式吊车与吊车梁及柱的关系如图1.3.2所示，作用在厂房横向排架上的吊车荷载有吊车竖向荷载和横向水平荷载；作用在厂房纵向排架结构上的为吊车纵向水平荷载。

（1）作用在排架上的吊车竖向荷载

当小车吊有额定起吊质量开到大车某一侧的极限位置时，如图1.3.1所示，在这一侧的每个大车的轮压称为吊车的最大轮压标准值$P_{max,k}$，在另一侧的轮压称为最小轮压标准值$P_{min,k}$，$P_{max,k}$与$P_{min,k}$同时发生。$P_{max,k}$和$P_{min,k}$可从吊车制造厂提供的吊车产品说明书中查得。

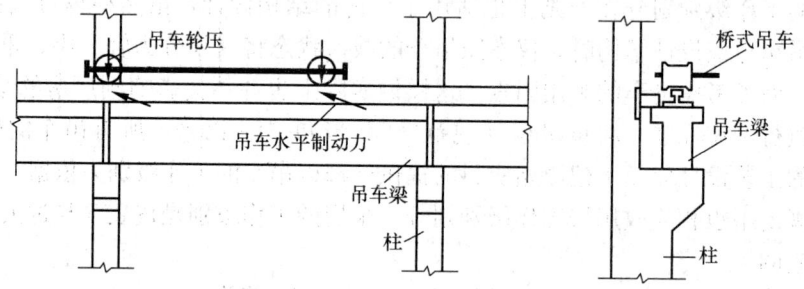

图1.3.2 吊车与吊车梁及柱的关系

对于四轮吊车：

$$P_{min,k} = \frac{1}{2}(G + Q + Q_1) - P_{max,k}$$

式中 G、Q_1——分别为大车、小车的自重标准值，以"kN"计，等于各自的质量m_G、m_1（以"t"计）与重力加速度g的乘积，$G = m_G g$、$Q_1 = m_1 g$；

Q——与吊车额定起吊质量m对应的重力标准值，以"kN"计，等于以"t"计的额定起吊质量m与重力加速度的乘积$Q = mg$。

《荷规》规定：

6.1.1 吊车竖向荷载标准值，应采用吊车的最大轮压或最小轮压。

吊车竖向荷载是指吊车在运行时吊车轮压 $P_{max,k}$ 和 $P_{min,k}$ 在横向排架柱上产生的竖向最大压力 $D_{max,k}$ 或最小压力 $D_{min,k}$，即排架柱两侧吊车梁的最大或最小支座反力之和。显然，$D_{max,k}$ 或 $D_{min,k}$ 值不仅与小车的位置有关，还与厂房内的吊车台数和大车沿厂房纵向运行的位置有关。由于吊车荷载是移动荷载，则最大或最小支座反力 $D_{max,k}$、$D_{min,k}$ 需要用吊车梁的支座反力影响线进行计算。由影响线原理可知，两台并行吊车，当其中一台的最大轮压 P_{1max}（$P_{1max} \geqslant P_{2max}$）正好运行至计算排架柱轴线处，而另一台吊车与它紧靠并行时，即为两台吊车的最不利轮压位置，如图 1.3.3 所示。

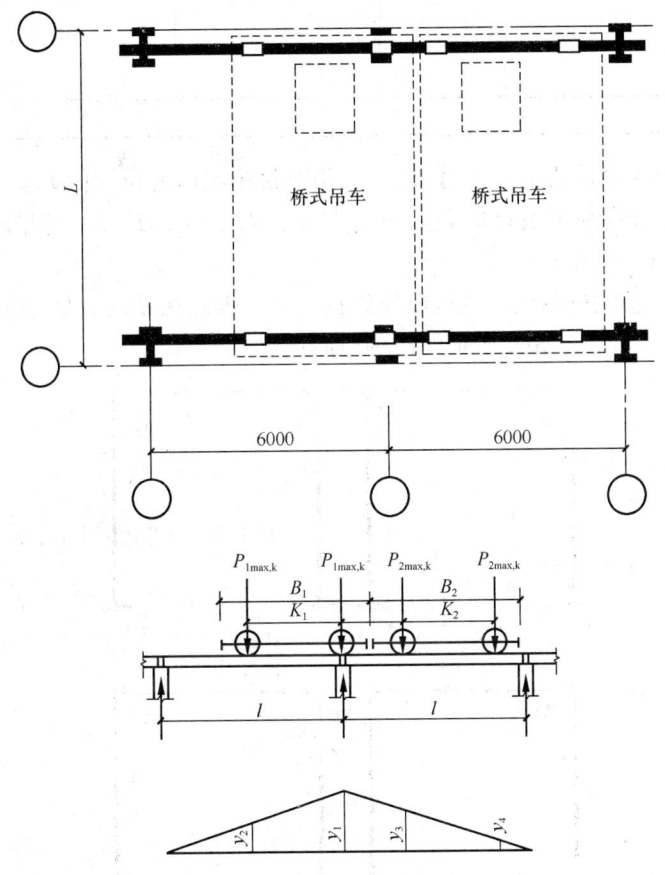

图 1.3.3 简支吊车梁的支座反力影响线

利用图 1.3.3 所示的简支吊车梁支座反力影响线，$D_{max,k}$、$D_{min,k}$ 按下式计算：

$$D_{max,k} = \beta P_{imax,k} \Sigma y_i = \beta [(y_1 + y_2) P_{1max,k} + (y_3 + y_4) P_{2max,k}]$$

$$D_{min,k} = \beta P_{imin,k} \Sigma y_i = \beta [(y_1 + y_2) P_{1min,k} + (y_3 + y_4) P_{2min,k}]$$

式中　Σy_i——各大轮子下影响线纵标值的总和；

　　　β——多台吊车的荷载折减系数，《荷规》规定：

> 6.2.1　计算排架考虑多台吊车竖向荷载时，对单层吊车的单跨厂房的每个排架，参与组合的吊车台数不宜多于 2 台；对单层吊车的多跨厂房的每个排架，不宜多于 4 台；对双层吊车的单跨厂房宜按上层和下层吊车分别不多于 2 台进行组合；对双层吊车的多跨厂房宜按上层和下层吊车分别不多于 4 台进行组合，且当下层吊车满载时，上层吊车应按空载计算；上层吊车满载时，下层吊车不应计入。

注：当情况特殊时，应按实际情况考虑。

6.2.2 计算排架时，多台吊车的竖向荷载和水平荷载的标准值，应乘以表6.2.2中规定的折减系数。

多台吊车的荷载折减系数　　　　　　表6.2.2

参与组合的吊车台数	吊车工作级别	
	A1～A5	A6～A8
2	0.90	0.95
3	0.85	0.90
4	0.80	0.85

吊车最大轮压的设计值 $P_{max} = \gamma_Q P_{max,k}$，吊车最小轮压的设计值 $P_{min} = \gamma_Q P_{min,k}$，故作用在排架上的吊车竖向荷载设计值 $D_{max} = \gamma_Q D_{max,k}$，$D_{min} = \gamma_Q P_{min,k}$，这里的 γ_Q 是吊车荷载的荷载分项系数，$\gamma_Q = 1.5$。

由于 D_{max} 可以发生在左柱，也可以发生在右柱，因此在 D_{max}、D_{min} 作用下单跨排架的计算应考虑图1.3.4（a）、（b）所示的两种荷载情况。

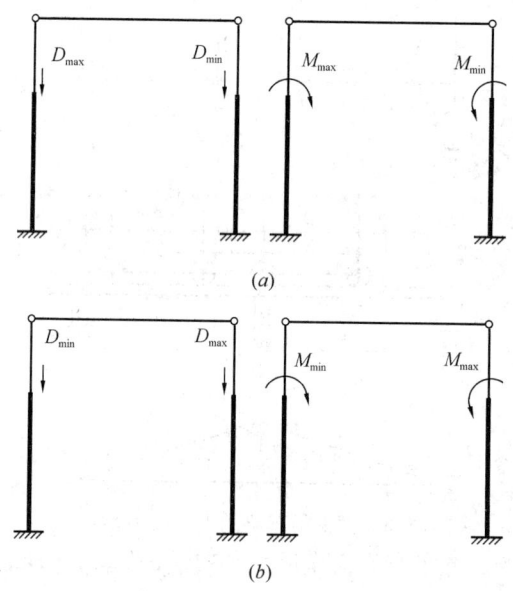

图1.3.4　D_{max}、D_{min} 作用下单跨排架的两种荷载情况

（2）作用在排架上的吊车横向水平荷载

吊车横向水平荷载是指吊有重物的小车，在启动或制动时，小车和重物自重的水平惯性力，其值为运行重量与运行加速度的乘积。它通过小车制动轮与桥架（大车）轨道之间的摩擦力传至大车，再由大车车轮经吊车轨道传递给吊车梁，而后经过吊车梁与柱之间的连接钢板传给排架柱，如图1.3.5（a）所示。

吊车总的横向水平荷载标准值的计算，《荷规》规定：

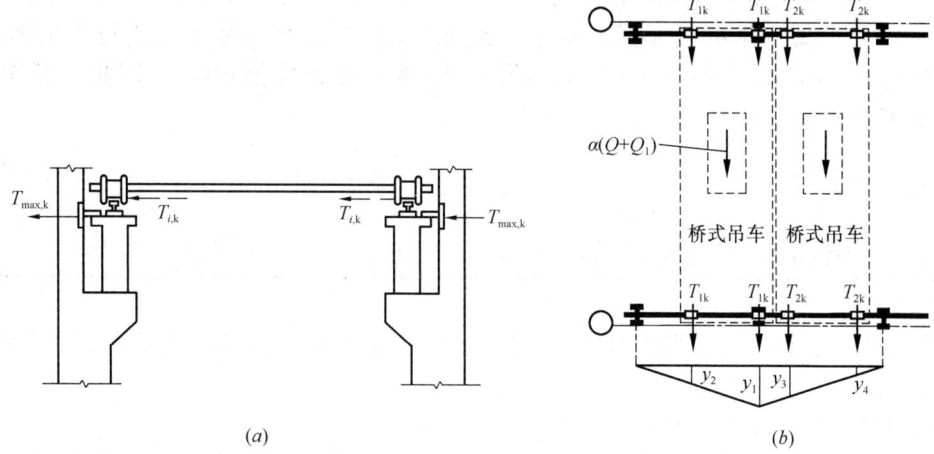

图 1.3.5 作用在排架柱上的最大横向反力计算

> **6.1.2**
> 2 吊车横向水平荷载标准值，应取横行小车重量与额定起重量之和的百分数，并应乘以重力加速度，吊车横向水平荷载标准值的百分数应按表 6.1.2 采用。
>
> 吊车横向水平荷载标准值的百分数　　　　表 6.1.2
>
> | 吊车类型 | 额定起重量（t） | 百分数（%） |
> | --- | --- | --- |
> | 软钩吊车 | ≤10 | 12 |
> | | 16～50 | 10 |
> | | ≥75 | 8 |
> | 硬钩吊车 | — | 20 |

用公式表述为：
$$\Sigma T_{i,k} = \alpha(Q+Q_1)g$$

式中　$\Sigma T_{i,k}$——吊车总的横向水平荷载标准值；

　　　　α——吊车横向水平荷载系数，按《荷规》表 6.1.2 取值。

吊车总的横向水平荷载的分配，《荷规》规定：

> **6.1.2**
> 3 吊车横向水平荷载应等分于桥架的两端，分别由轨道上的车轮平均传至轨道，其方向与轨道垂直，并应考虑正反两个方向的刹车情况。
>
> 注：1 悬挂吊车的水平荷载应由支撑系统承受；设计该支撑系统时，尚应考虑风荷载与悬挂吊车水平荷载的组合；
> 　　2 手动吊车及电动葫芦可不考虑水平荷载。

通常起吊质量 $Q \leqslant 50t$ 的桥式吊车，其大车总轮数为 4，即每一侧的轮数为 2，故通过一个大车轮子传递的吊车横向水平荷载标准值 T_k，按下式计算：

$$T_k = \frac{1}{4}\Sigma T_{i,k} = \frac{1}{4}\alpha(Q+Q_1)g$$

由于吊车荷载是移动荷载，吊车对排架产生的最大横向水平荷载应根据影响线确定。显然，吊车对排架产生的最大横向水平荷载标准值 $T_{max,k}$ 时的吊车位置与产生 $D_{max,k}$、$D_{min,k}$ 的相同（即各轮子所对应的 y_i 值与吊车竖向荷载情况完全相同），因此，当考虑多台吊车的荷载折减系数 β 后 [图 1.3.5 (b)]，应有：

$$T_{max,k} = \beta \cdot T_{ik}\Sigma y_i = \beta \cdot \left[\frac{1}{4}\alpha_1(Q+Q_1)g(y_1+y_2) + \frac{1}{4}\alpha_2(Q+Q_1)g(y_3+y_4)\right]$$

式中 β——多台吊车的荷载折减系数，《荷规》规定：

> 6.2.1
> 考虑多台吊车水平荷载时，对单跨或多跨厂房的每个排架，参与组合的吊车台数不应多于 2 台。
> 注：当情况特殊时，应按实际情况考虑。
> 6.2.2 计算排架时，多台吊车的竖向荷载和水平荷载的标准值，应乘以表 6.2.2 中规定的折减系数。
>
> **多台吊车的荷载折减系数**　　　　表 6.2.2
>
> | 参与组合的 | 吊车工作级别 | |
> |---|---|---|
> | 吊车台数 | A1～A5 | A6～A8 |
> | 2 | 0.90 | 0.95 |
> | 3 | 0.85 | 0.90 |
> | 4 | 0.80 | 0.85 |

需注意的是：
吊车梁计算时，多台吊车时不考虑多台吊车荷载折减系数。

如果两台相同吊车作用下的 $D_{max,k}$ 已求得，则两台相同吊车作用下的 $T_{max,k}$ 可直接由 $D_{max,k}$ 求得：

$$T_{max,k} = D_{max,k} \cdot \frac{T_k}{P_{max,k}}$$

注意，小车是沿横向左、右运行的，有正反两个方向的刹车情况，因此对 T_{max} 既要考虑它向左作用又要考虑它向右作用。这样，对单跨排架就有两种荷载情况，对两跨排架有四种荷载情况。

（3）吊车纵向水平荷载

吊车纵向水平荷载是指当吊车沿厂房纵向启动或制动时，由吊车自重和吊重的惯性力在纵向排架上所产生的水平制动力，它通过吊车两端的制动轮与吊车轨道的摩擦经吊车梁传给纵向柱列或柱间支撑。

吊车纵向水平荷载标准值的计算，《荷规》规定：

> 6.1.2 吊车纵向和横向水平荷载，应按下列规定采用：
> 1 吊车纵向水平荷载标准值，应按作用在一边轨道上所有刹车轮的最大轮压之和的 10% 采用；该项荷载的作用点位于刹车轮与轨道的接触点，其方向与轨道方向一致。

所以吊车纵向水平荷载标准值 $T_{0,k}$ 为：
$$T_{0,k} = nP_{max,k} \times 10\%$$

式中 n——施加在一边轨道上所有刹车轮数之和，对于一般的四轮吊车，$n=1$。

当考虑多台吊车的荷载折减系数 β 后，则有：
$$T_{0,k} = \beta \cdot \Sigma T_{i0,k} = \beta \cdot \Sigma nP_{imax,k} \times 10\%$$

式中 β——多台吊车的荷载折减系数，与吊车横向水平荷载的折减系数的取值相同（即《荷规》6.2.1条、6.2.2条）。

需注意的是，吊车纵向和横向水平荷载均为惯性力，故不再乘以动力系数。

2. 吊车荷载的其他规定

《荷规》规定：

> 6.3.1 当计算吊车梁及其连接的承载力时，吊车竖向荷载应乘以动力系数。对悬挂吊车（包括电动葫芦）及工作级别A1～A5的软钩吊车，动力系数可取1.05；对工作级别为A6～A8的软钩吊车、硬钩吊车和其他特种吊车，动力系数可取为1.1。
>
> 6.4.1 吊车荷载的组合值系数、频遇值系数及准永久值系数可按表6.4.1中的规定采用。
>
> 吊车荷载的组合值系数、频遇值系数及准永久值系数　　表6.4.1
>
> | 吊车工作级别 | | 组合值系数 ψ_c | 频遇值系数 ψ_f | 准永久值系数 ψ_q |
> |---|---|---|---|---|
> | 软钩吊车 | 工作级别A1～A3 | 0.70 | 0.60 | 0.50 |
> | | 工作级别A4、A5 | 0.70 | 0.70 | 0.60 |
> | | 工作级别A6、A7 | 0.70 | 0.70 | 0.70 |
> | 硬钩吊车及工作级别A8的软钩吊车 | | 0.95 | 0.95 | 0.95 |
>
> 6.4.2 厂房排架设计时，在荷载准永久组合中可不考虑吊车荷载；但在吊车梁按正常使用极限状态设计时，宜采用吊车荷载的准永久值。

（二）吊车荷载的例题

本节例题阐述钢筋混凝土柱厂房中吊车梁、排架的计算；对于钢结构厂房中吊车梁、排架的计算，见本书第四章钢结构。钢结构中吊车荷载计算应注意：①应考虑重级工作制吊车摆动引起的横向水平力，或称卡轨力，见《钢结构设计标准》3.3.2条；②吊车梁挠度计算时，吊车荷载应按作用在跨间内荷载效应最大的一台吊车确定，见《钢结构设计标准》3.1.7条。

1. 吊车梁承担的吊车荷载计算

【例1.3.1】 某单跨钢筋混凝土厂房，设计使用年限为50年，柱距为12m，在吊车梁上行驶两台重级工作制的软钩桥式吊车，起重量 $Q=50t/10t$，小车重 $Q_1=15t$，吊车桥架跨度 $L_k=28.0m$，最大轮压标准值 $P_{k,max}=470kN$，一台吊车的轮压分布如图1.3.6所示。

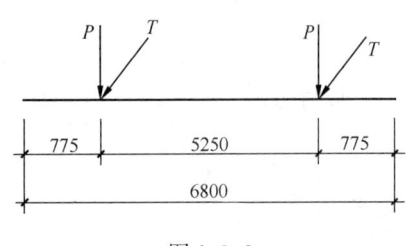

图 1.3.6

试问：

(1) 确定作用在一侧吊车梁上所有的横向水平荷载标准值 ΣT_k。

(2) 确定由吊车竖向荷载产生的吊车梁最大竖向弯矩设计值。

(3) 确定由吊车竖向荷载产生的吊车梁最大剪力设计值。

(4) 确定吊车横向水平荷载产生的吊车梁最大水平弯矩设计值。

【解答】 (1) 确定 ΣT_k

根据《荷规》6.1.2条第2款规定，取 $\alpha = 10\%$

1台吊车1个车轮的横向水平荷载标准值：$T_k = \dfrac{\alpha}{4}(Q+Q_1)g$

$$T_k = \dfrac{10\%}{4} \times (50+15) \times 10 = 16.25 \text{kN}$$

2台吊车时：$\Sigma T_k = 2 \times 2 \times \dfrac{10\%}{4} \times (50+15) \times 10 = 65 \text{kN}$

(2) 确定吊车梁上轮压布置，柱距为12m，吊车宽6.8m，每根吊车梁上最多只能布置3个轮压，如图1.3.7所示，三个轮压的合力 ΣP_k 距中间轮压距离 x 为：

$$x = \dfrac{-5250 \cdot P_k + 1550 \cdot P_k}{3 P_k} = -1233 \text{mm}$$

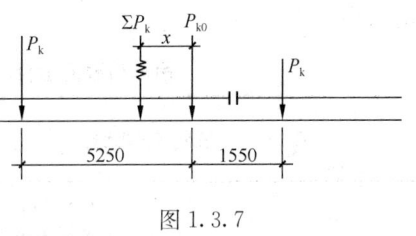

图 1.3.7

将中间轮压 P_{k0} 与合力 ΣP_k 对称布置在吊车梁中点两侧，如图1.3.8所示，此时，中间轮压 P_{k0} 处 C 截面吊车梁弯矩值为最大：

竖向支座反力 R_A：

$$R_A = \dfrac{\Sigma P_k \cdot (0.6165 + 6.0)}{12} = \dfrac{3 \times 470 \times 6.6165}{12}$$

$$= 777.44 \text{kN}$$

$$M_{C,k} = R_A \times 6.6165 - P_k \times 5.25 = 777.44 \times 6.6165 - 470 \times 5.25$$

$$= 2676.43 \text{kN} \cdot \text{m}$$

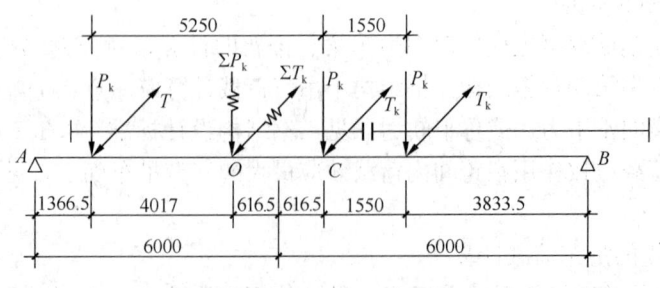

图 1.3.8

根据《荷规》6.3.1条，取动力系数为1.1，可变荷载分项系数为1.5，则：

$$M_C = 1.1 \times 1.5 M_{C,k} = 1.1 \times 1.5 \times 2676.43 = 4416.1 \text{kN} \cdot \text{m}$$

(3) 吊车梁的最大剪力，当轮压布置如图1.3.9(a)所示，支座A处为最大剪力，

图1.3.9(b)为梁的反力影响线。

$$V = 1.1 \times 1.5 \times 470 \times \frac{(12+10.45+5.2)}{12}$$
$$= 1786.9 \text{kN}$$

(4) 由前述结果知：
$$T_k = 16.25 \text{kN}$$

吊车轮压布置如图1.3.8所示，T_k方向沿水平方向。

竖向支座反力R_A：
$$R_A = \frac{\sum T_k(0.6165+6.0)}{12} = \frac{3 \times 16.25 \times 6.6165}{12}$$
$$= 26.88 \text{kN}$$

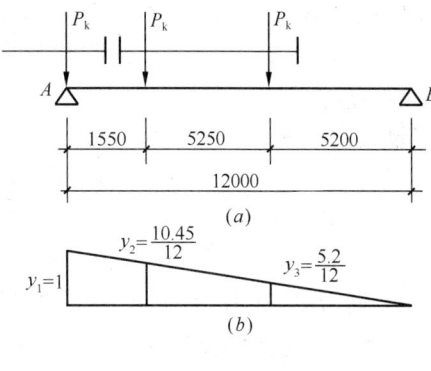

图1.3.9

C处水平弯矩值最大，取分项系数1.5，但横向水平荷载不考虑动力系数。
$$M_C = 1.5 \times (R_A \times 6.6165 - T_k \times 5.25) = 1.5 \times (26.88 \times 6.6165 - 16.25 \times 5.25)$$
$$= 138.8 \text{kN} \cdot \text{m}$$

思考： 对于图1.3.8，设合力点为O，则：
$$R_A = 3P_k \cdot \frac{l_{B0}}{l_{AB}}$$
$$M_{ck} = R_A \cdot l_{Ac} - P_k \cdot 5.25 = 3P_k \cdot \frac{l_{B0}}{l_{AB}}(l_{c0}+l_{A0}) - 5.25 P_k$$
$$= 3P_k \cdot \frac{l_{B0}}{l_{AB}} \cdot (l_{c0}+l_{AB}-l_{B0}) - 5.25 P_k$$

欲求M_{ck}最大值，M_{ck}对l_{B0}求导，并令导数为0，则：
$$\frac{3P_k}{l_{AB}} \cdot (l_{c0}+l_{AB}-2l_{B0}) = 0$$

即：
$$l_{B0} = \frac{l_{c0}+l_{AB}}{2}$$

可知，当合力点和C点之间的中点位于跨中中点处时，弯矩值最大。

【例1.3.2】 跨度为6m的简支钢筋混凝土吊车梁，设计使用年限为50年，其计算跨度$l_0=5.8$m，吊车梁上运驶两台桥式的软钩吊车，吊车工作级别为A5级，吊车跨度为22.5m，吊车额定起重量一台为16/3.2t，另一台为10t，其主要技术数据见表1.3.1。

吊车主要技术数据 　　　　　表1.3.1

吊车起重量	最大轮压（kN）	吊车最大宽度（m）	大车轮距（m）	小车重量（t）
16/3.2	180	6.30	4.4	5
10	120	5.90	4.1	4

试问：

(1) 确定由吊车的最大轮压产生的吊车梁最大弯矩设计值。
(2) 确定由吊车的横向水平荷载产生的吊车梁最大水平弯矩设计值。
(3) 确定由吊车的最大轮压产生的吊车梁最大剪力设计值。

【解答】 (1) 吊车轮压产生的吊车梁的最大弯矩设计值，考虑两种最不利情况：一是单独的一台吊车16/3.2t轮压$P_{1,\max}$位于梁中点；二是两台吊车同时作用在梁上。

1) 一台吊车16/3.2t最大轮压位于梁中点，一台吊车10t轮压$P_{2,\max}$位梁左端，如图1.3.10所示。

根据《荷规》6.3.1条，取A5级的动力系数为1.05，分项系数为1.5：

$$R_B = \frac{180 \times 2.9 + 120 \times 1.05}{5.8} = 111.72 \text{kN}$$

$$M_1 = 1.5 \times 1.05 \times 111.72 \times 2.9 = 510.3 \text{kN} \cdot \text{m}$$

2) 两台吊车时，轮压合力ΣP与吊车16/3.2t最大轮压$P_{1,\max}$之间的距离x，其中两吊车的大车轮之间距离为0.95+0.9：

$$x = \frac{P_{2,\max} \times (0.95 + 0.9)}{P_{1,\max} + P_{2,\max}} = \frac{120 \times 1.85}{180 + 120} = 0.74 \text{m}$$

将轮压合力ΣP与最大轮压$P_{1,\max}$对称布置于梁中点两侧，如图1.3.11所示，C处截面弯矩值最大为M_2。

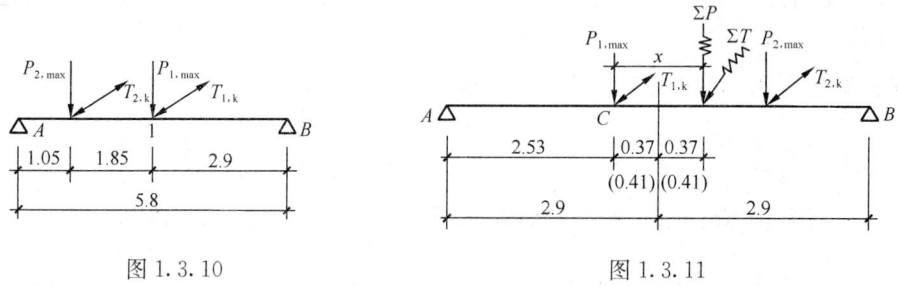

图1.3.10　　　　　　　　　　图1.3.11

竖向支座A反力：

$$R_A = \frac{\Sigma P \times (2.9 - 0.37)}{5.8}$$

$$= \frac{(180 + 120) \times 2.53}{5.8} = 130.862 \text{kN}$$

$$M_2 = 1.5 \times 1.05 \times R_A \times 2.53$$
$$= 1.5 \times 1.05 \times 130.862 \times 2.53$$
$$= 521.5 \text{kN} \cdot \text{m}$$

上述M_1、M_2取较大值，$M = 521.5 \text{kN} \cdot \text{m}$。

(2) 先确定吊车横向水平荷载标准值T_k。

根据《荷规》6.1.2条第2款规定：

吊车16/3.2t：$T_{1,k} = \dfrac{\alpha}{4}(Q + Q_1)g = \dfrac{0.1}{4} \times (16 + 5) \times 10 = 5.25 \text{kN}$

吊车10t：$T_{2,k} = \dfrac{0.12}{4} \times (10 + 4) \times 10 = 4.2 \text{kN}$

同理，最不利情况有如下两种：

1) 一台吊车16/3.2t最大轮压位于梁中点，一台吊车10t最大轮压位于梁左端，如图1.3.10所示。

取分项系数为1.5，但横向水平荷载不计动力系数。

$$R_{B,T} = \frac{5.25 \times 2.9 + 4.2 \times 1.05}{5.8} = 3.39 \text{kN}$$

$$M_{1T} = 1.5 \times 3.39 \times 2.9 = 14.75 \text{kN} \cdot \text{m}$$

2) 两台吊车同时作用于梁上，吊车横向水平荷载合力 ΣT 与吊车（16/32t）横向水平荷载 $T_{1,k}$ 之间的距离 x'，其中两吊车大车轮之间距为 $0.95+0.9$：

$$x' = \frac{T_{2,k} \times (0.95 + 0.9)}{T_{1,k} + T_{2,k}} = \frac{4.2 \times (0.95 + 0.9)}{5.25 + 4.2} = 0.82 \text{m}$$

将吊车横向水平荷载合力 ΣT_k 与 $T_{1,k}$ 对称布置于梁中点两侧，$x'/2 = 0.41$m，如图 1.3.11 所示，C 处截面弯矩值最大为 M_{2T}。支座横向反力

$$R_{AT} = \frac{\Sigma T_k \times (2.9 - 0.41)}{5.8} = \frac{(5.25 + 4.2) \times 2.49}{5.8} = 4.057 \text{kN}$$

取分项系数为 1.5，但横向水平荷载不计动力系数。

$$M_{2T} = 1.5 \times R_A \times (2.9 - 0.41) = 1.5 \times 4.057 \times 2.49$$
$$= 15.2 \text{kN} \cdot \text{m}$$

上述 M_{1T}、M_{2T} 取较大值，$M_T = 15.2 \text{kN} \cdot \text{m}$

(3) 吊车梁最大剪力设计值

一台 16t 吊车轮压布置如图 1.3.12（a）所示，支座 A 处剪力值最大。

$$V = 1.5 \times 1.05 \times P_{k,\max} \times \frac{(5.8 + 1.4)}{5.8}$$
$$= 1.5 \times 1.05 \times 180 \times \frac{7.2}{5.8} = 351.9 \text{kN}$$

两台吊车轮压布置如图 1.3.12（b）所示，支座 A 处剪力值最大。

$$V = 1.5 \times 1.05 \times \left(180 + 120 \times \frac{3.95}{5.8}\right) = 412.2 \text{kN}$$

故最终取 $V = 412.2 \text{kN}$

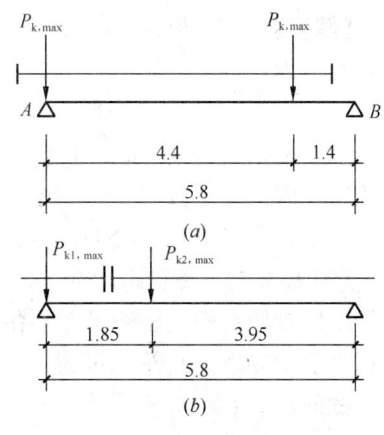

图 1.3.12

【例 1.3.3】 跨度 6m 的简支钢筋混凝土吊车梁，设计使用年限为 50 年，其自重及轨道、连接件重的标准值为 5.8kN/m，计算跨度 $l_0 = 5.8$m，承受两台 A5 级起重量 10t 的电动软钩桥式吊车。吊车起重量为 10t，最大轮压 118kN，吊车最大宽度 5.70m，大车轮距 4.05m，吊车跨度 $l_c = 16.5$m。

试问：

吊车梁挠度计算时，确定吊车竖向荷载的准永久组合下吊车梁的最大弯矩值。

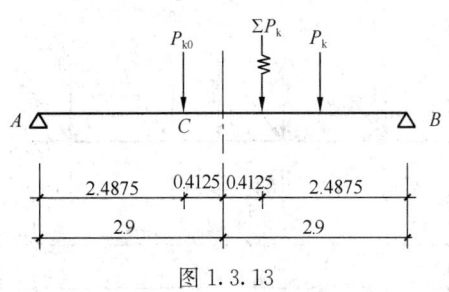

图 1.3.13

【解答】 吊车梁产生最大挠度时，吊车轮压布置：

合力 ΣP_k 与中间轮压 P_{k0} 的距离 x：

$$x = \frac{5.70 - 4.05}{2} = 0.825 \text{m}$$

将合力 ΣP_k 与中间轮压 P_{k0} 对称布置在梁中点两侧，如图 1.3.13 所示。

支座反力 R_A：

47

$$R_A = \frac{\Sigma P \times 2.4875}{5.8} = \frac{2 \times 118 \times 2.4875}{5.8} = 101.216 \text{kN}$$

梁上 C 截面处弯矩标准值最大：

$$M_C = R_A \times 2.4875 = 101.216 \times 2.4875 = 251.775 \text{kN} \cdot \text{m}$$

由吊车梁自重产生的在 C 截面处弯矩标准值 M_{Gk}：

$$M_{Gk} = \frac{1}{2} \times 5.8 \times 5.8 \times 2.4875 - 5.8 \times 2.4875 \times \frac{1}{2} \times 2.4875 = 23.896 \text{kN} \cdot \text{m}$$

荷载的准永久组合下，根据《荷规》6.4.2 条规定，查《荷规》表 6.4.1，A5 级吊车，取准永久值系数 $\psi_q = 0.6$。

根据《荷规》3.2.10 条，吊车竖向荷载的准永久组合下吊车梁弯矩值：

$$S_d = S_{Gk} + \sum_{i=1}^{n} \psi_{qi} S_{Qik} = 23.896 + 0.6 \times 251.775 = 174.961 \text{kN} \cdot \text{m}$$

【例 1.3.4】 单跨钢筋混凝土厂房内设 3 台软钩桥式吊车，吊车起重量为 10t，最大轮压标准值为 120kN，A5 级工作制。每台吊车在轨道一侧有 2 轮，其一为刹车轮。

试问：沿一侧吊车梁轨道方向作用于排架上的吊车纵向水平荷载标准值。

【解答】 (1) 根据《荷规》6.1.2 条第 1 款规定，一台吊车一侧轨道上的纵向水平荷载标准值为：

$$H_k = 10\% P_{k,max} = 10\% \times 120 = 12 \text{kN}$$

(2) 根据《荷规》6.2.1 条规定，参与组合的吊车台数取 2 台；根据《荷规》6.2.2 条规定，取折减系数为 0.9，则：

$$\Sigma H_k = 2 \times 0.9 \times 10\% \times 120 = 21.6 \text{kN}$$

【例 1.3.5】 计算跨度为 12m 的简支钢筋混凝土吊车梁，设计使用年限为 50 年，吊车梁上运驶两台桥式软钩吊车，吊车工作级别为 A6 级。吊车额定起重量为 10t，最大轮压标准值 120kN，小车重量为 4t。一台吊车的轮压分布如图 1.3.14 所示。

试问：

(1) 确定由吊车竖向荷载产生的吊车梁最大竖向弯矩设计值。

(2) 确定由吊车横向水平荷载产生的吊车梁最大水平弯矩设计值。

【解答】 (1) 根据吊车梁长度、吊车宽度，每根梁上可布置 4 个轮压（2 台吊车），如图 1.3.15 所示。

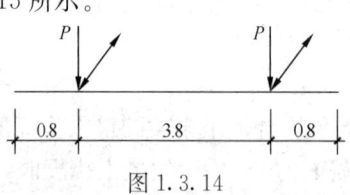

图 1.3.14

合力 ΣP_k 与中间轮轮压 P_{k0} 之间的距离 x：

$$x = \frac{-3.8P + 1.6P + (1.6+3.8)P}{4P}$$

$$= 0.8 \text{m}$$

将 P_{k0} 和合力 ΣP_k 对称布置在梁中点两侧，如图 1.3.16 所示。

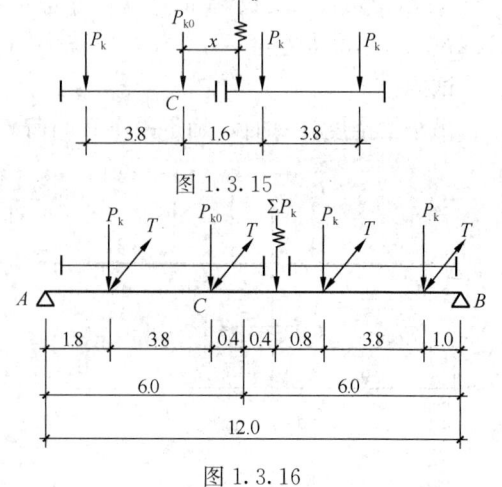

图 1.3.15

图 1.3.16

竖向支座 A 反力：

$$R_A = \frac{\Sigma P_k \times (6-0.4)}{12} = \frac{4 \times 120 \times 5.6}{12}$$
$$= 224 \text{kN}$$

C 截面处弯矩值最大：

$$M_k = R_A \times 5.6 - P \times 3.8$$
$$= 224 \times 5.6 - 120 \times 3.8$$
$$= 798.4 \text{kN} \cdot \text{m}$$

根据《荷规》6.3.1 条，取动力系数为 1.1，分项系数为 1.5。

$$M = 1.5 \times 1.1 \times M_k = 1317.4 \text{kN} \cdot \text{m}$$

（2）先确定一个吊车车轮的横向水平荷载标准值 T_k：
根据《荷规》6.1.2 条第 2 款规定：

$$T_k = \frac{\alpha}{4}(Q+Q_1)g = \frac{0.12}{4} \times (10+4) \times 10 = 4.2 \text{kN}$$

每根吊车梁上可布置 4 个轮压，如图 1.3.16 所示，C 处为横向水平荷载产生最大水平弯矩值的位置。

横向支座反力 R_A：$R_A = \frac{\Sigma T_k \times (6-0.4)}{12} = \frac{4 \times 4.2 \times 5.6}{12} = 7.84 \text{kN}$

横向水平荷载不考虑动力系数，取分项系数为 1.5：

$$M_T = 1.5 \times (R_A \times 5.6 - T \times 3.8) = 1.5 \times (7.84 \times 5.6 - 4.2 \times 3.8)$$
$$= 41.9 \text{kN} \cdot \text{m}$$

思考：在【例 1.3.1】、【例 1.3.2】、【例 1.3.5】中，在确定吊车横向水平荷载产生的吊车梁最大水平弯矩值时，应注意 x 值的确定，特别是当两台吊车最大轮压不同时，需重新计算 x 值。

2. 排架承担的吊车荷载计算

【例 1.3.6】 某金工车间为单层单跨钢筋混凝土排架结构，车间跨度为 18m，柱距为 6m，车间总长 60m。吊车梁为预制钢筋混凝土构件，其跨度与柱距相同，车间内有 2 台起重量为 5t，工作级别为 A5 级的电动吊钩桥式吊车，吊车跨度 l_c=16.5m。车间的平、剖面及柱尺寸如图 1.3.17 所示。设计使用年限为 50 年。

1 台吊车主要技术数据：最大轮压标准值 65kN，最小轮压标准值 27kN，吊车最大宽度 5.77m，大车轮距 4.0m，横行小车重量 1.7t，吊车一侧轨道刹车轮取 1 个。

试问：
（1）轴线⑥排架中柱 A 支承吊车梁的牛腿处由两台吊车最大轮压产生的最大竖向力标准值 $D_{k,max}$。
（2）轴线⑥排架中柱 B 支承吊车梁的牛腿处由两台吊车最小轮压产生的最小竖向力标准值 $D_{k,min}$；绘制出相应的排架计算简图。

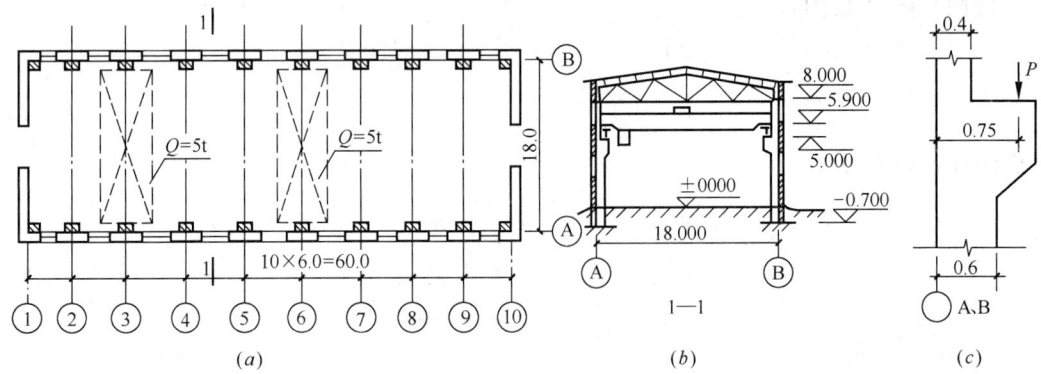

图 1.3.17
(a) 平面图；(b) 剖面图；(c) 柱尺寸

(3) 轴线⑥的横向排架计算时，由吊车横向水平荷载产生的最大水平力标准值，绘制出相应的排架计算简图。

【解答】(1) 两台吊车轮压在吊车梁及柱上的布置，如图 1.3.18 所示，其中一个轮压直接布置在柱轴线位置。

根据《荷规》6.2.1条，取2台组合；根据《荷规》6.2.2条，A5级工作级别，吊车竖向荷载的折减系数取为0.9。

$$D_{k,max} = 0.9 P_{k,max} \Sigma y_i = 0.9 \times 65 \times \left(1 + \frac{2}{6} + \frac{4.23}{6} + \frac{0.23}{6}\right) = 121.49 \text{kN}$$

(2) 柱 B 的 $D_{k,min}$

相应的轮压位置如图 1.3.18 所示。

$$D_{k,min} = 0.9 P_{k,min} \Sigma y_i = 0.9 \times 27 \times \left(1 + \frac{2}{6} + \frac{4.23}{6} + \frac{0.23}{6}\right) = 50.46 \text{kN}$$

吊车竖向荷载作用下排架计算简图如图 1.3.19 所示，取上段柱高3m，下段柱高5.7m，偏心距 $e = 0.75 - 0.6/2 = 0.45$m

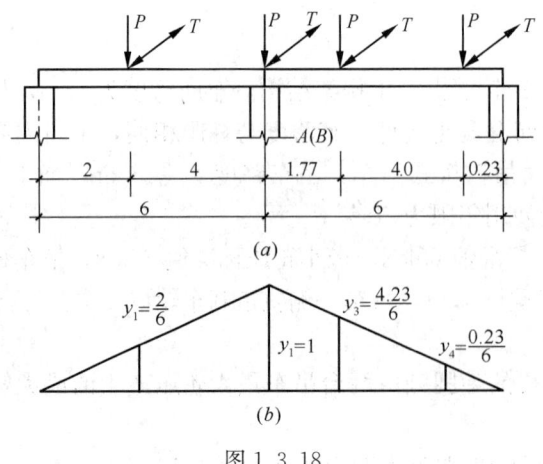

图 1.3.18
(a) 柱牛腿处最大垂直力时吊车轮压位置；
(b) 吊车梁支承反力影响线

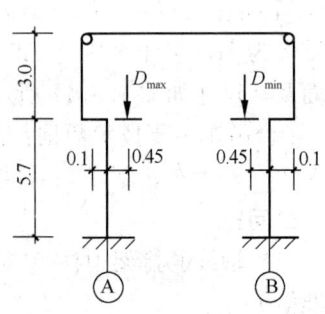

图 1.3.19 （单位：m）

(3) 确定1个吊车轮的横向水平荷载标准值 T_k

根据《荷规》6.1.2 条第 2 款规定：

$$T_k = \frac{\alpha}{4}(Q+Q_1)g = \frac{0.12}{4} \times (5+1.7) \times 10 = 2.01 \text{kN}$$

根据《荷规》6.2.1 条，参与组合的吊车台数取 2 台；《荷规》6.2.3 条规定，A5 级工作级别，吊车水平荷载的折减系数取为 0.9。

两台吊车横向水平荷载同时对排架柱产生的水平力，其车轮位置如图 1.3.18 所示，并注意正反两个方向刹车的情况。

$$T = \Sigma T_k = 0.9 T_k \Sigma y_i = 0.9 \times 2.01 \times \left(1 + \frac{2.0}{6} + \frac{4.23}{6} + \frac{0.23}{6}\right) = 3.76 \text{kN}$$

相应的排架计算简图如图 1.3.20 所示，最大水平力 T 作用位置在吊车轨道顶部水平处，即距牛腿顶面 0.9m 处，方向与吊车轨道垂直。

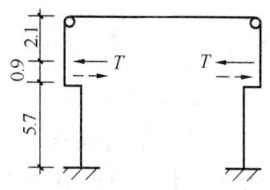

图 1.3.20

【例 1.3.7】 题目条件同上一题，纵向排架的支撑布置简图如图 1.3.21 所示。

试问：轴线Ⓐ及Ⓑ的纵向排架的柱间支撑内力计算时，确定吊车纵向水平荷载标准值。

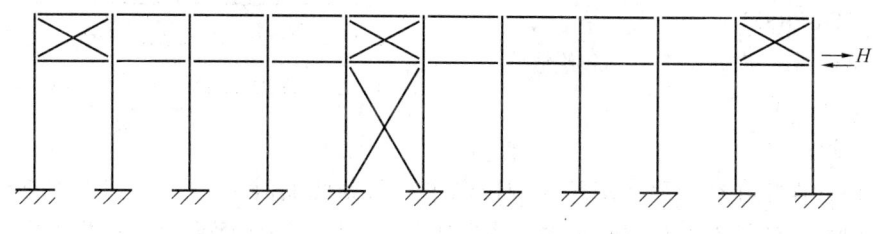

图 1.3.21

【解答】 (1) 根据《荷规》6.2.1 条规定，参与组合的吊车台数取为 2 台。

(2) 根据《荷规》6.1.2 条第 1 款规定，已知 1 台吊车一侧刹车轮为 1 个，2 台吊车则为 2 个。求柱间支撑内力，则：

$$H_k = 2 \times 1 \times P_{k,\max} \times 10\% = 2 \times 1 \times 65 \times 10\% = 13 \text{kN}$$

【例 1.3.8】 某单层双跨等高钢筋混凝土柱厂房，其平面布置图、排架简图及边柱尺寸如图 1.3.22 所示，其屋面为不上人的屋面。该厂房每跨各设有 20/5t 桥式软钩吊车两台，吊车工作级别为 A5 级，吊车参数见表 1.3.2。取 1t=10kN。设计使用年限为 50 年。

吊 车 技 术 数 据 表 1.3.2

起重量（t）	吊车宽度（m）	轮距（m）	最大轮压（kN）	最小轮压（kN）	吊车总重量（t）	小车重量（t）
20/5	5.94	4.0	178	43.7	23.5	6.8

试问：

(1) 在计算Ⓐ轴或Ⓒ轴纵向排架的柱间支撑内力时，所需的吊车纵向水平荷载标准值（kN），与下列何项最接近？

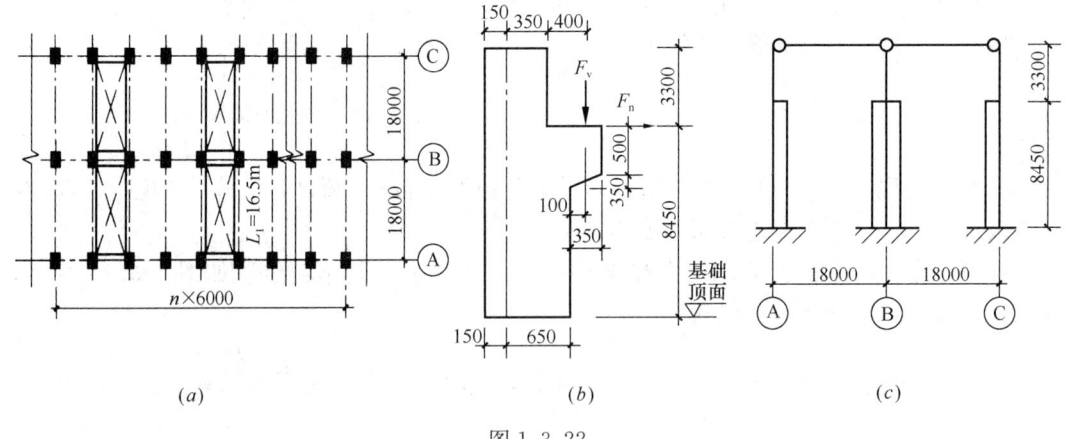

图 1.3.22

(a) 平面布置图；(b) 边柱尺寸；(c) 排架简图

 (A) 16 (B) 32 (C) 36 (D) 48

 (2) 当进行仅有两台吊车参与组合的横向排架计算时，如图 1.3.23 所示，同一荷载工况下，作用在边跨柱牛腿顶面的最大吊车竖向荷载标准值 $D_{k,max}$（kN）、最小吊车竖向荷载标准值 $D_{k,min}$（kN），与下列何项数值最接近？

 (A) 178；43.7

 (B) 201.5；50.5

 (C) 324；80

 (D) 360；88.3

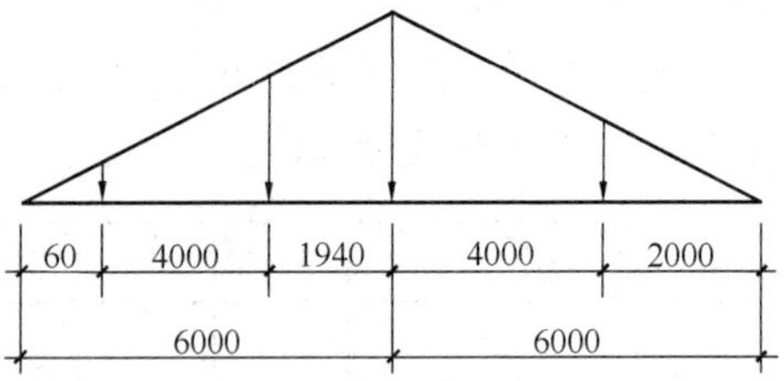

图 1.3.23

 (3) 已知作用在每个吊车车轮上的横向水平荷载标准值为 T_Q，在进行排架计算时，作用在Ⓑ轴柱上的最大吊车横向水平荷载标准值，应与下列何项表达式最为接近？

 (A) $1.2T_Q$ (B) $2.0T_Q$ (C) $2.4T_Q$ (D) $4.8T_Q$

 (4) 已知某上柱柱底截面在各荷载作用下的弯矩标准值见表 1.3.3，则该上柱柱底截面荷载基本组合的最大弯矩设计值（kN·m），应与下列何项数值最为接近？

各荷载作用下的弯矩标准值   表 1.3.3

荷载类型	弯矩标准值（kN·m）	荷载类型	弯矩标准值（kN·m）
屋面恒载	19.3	吊车竖向荷载	58.5
屋面活载	3.8	吊车水平荷载	18.8
屋面雪载	2.8	风荷载	20.3

注：1. 表中给出弯矩均为同一方向；

  2. 表中给出的吊车荷载产生的弯矩标准值已考虑了多台吊车的荷载折减系数。

 (A) 122.5 (B) 131 (C) 144.3 (D) 154.8

 【解答】（1）根据《荷规》6.1.2 条第 1 款规定，一台吊车每侧刹车轮数为 1 个，其纵向水平荷载标准值：

$$H_k = 0.1 \cdot P_{k,max} = 0.1 \times 178 = 17.8 \text{kN}$$

根据《荷规》6.2.1条、6.2.2条,取2台吊车参与组合,求柱间支撑内力时,则:

$$\Sigma H_k = 2 \times H_k = 2 \times 17.8 = 35.6 \text{kN}$$

故应选(C)项。

(2) 根据轮压布置可求出吊车梁支承反力影响线值: $\Sigma y_i = \dfrac{0.06}{6} + \dfrac{4.06}{6} + \dfrac{6}{6} + \dfrac{2}{6}$

根据《荷规》6.2.2条,A5级,取折减系数为0.9:

$$D_{k,\max} = 0.9 \times 178 \times \Sigma y_i = 0.9 \times 178 \times \left(\dfrac{0.06}{6} + \dfrac{4.06}{6} + \dfrac{6}{6} + \dfrac{2}{6}\right) = 324 \text{kN}$$

$$D_{k,\min} = 0.9 \times 43.7 \times \left(\dfrac{0.06}{6} + \dfrac{4.06}{6} + \dfrac{6}{6} + \dfrac{2}{6}\right) = 79.45 \text{kN}$$

故应选(C)项。

(3) 根据《荷规》6.2.1条,吊车横向水平荷载,参与组合的吊车台数取2台;根据《荷规》6.2.2条,A5级,取吊车水平荷载折减系数为0.9;当AB跨、BC跨各有一台吊车同时在同一方向刹车时,如图1.3.24所示,其反力影响线值为:

$$\Sigma y_i = 2 \times \left(1 + \dfrac{2}{6}\right)$$

$$T_k = \Sigma T_k = 0.9 \times T_Q \times \Sigma y_i$$
$$= 0.9 \times T_Q \times 2 \times \left(1 + \dfrac{2}{6}\right) = 2.4 T_Q$$

故应选(C)项。

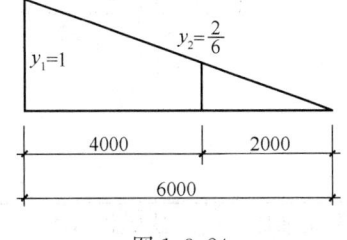

图1.3.24

(4) 根据《荷规》5.3.3条规定,不上人的屋面均布活荷载,可不与雪荷载和风荷载同时组合。

查《荷规》表5.3.1,不上人的屋面活荷载的组合值系数为0.7;由《荷规》7.1.5条,雪荷载的组合值系数为0.7;由《荷规》8.1.4条,风荷载的组合值系数为0.6;由《荷规》表6.4.1,吊车荷载的组合值系数为0.70。本题目中,吊车荷载产生的弯矩值较大,为主导可变荷载。

$$M = 1.3 \times 19.3 + 1.5 \times 58.5 + 1.5 \times 0.7 \times 18.8 + 1.5 \times 0.7 \times 3.8$$
$$\quad + 1.5 \times 0.6 \times 20.3$$
$$= 154.84 \text{kN} \cdot \text{m}$$

$$M = 1.3 \times 19.3 + 1.5 \times 58.5 + 1.5 \times 0.7 \times 18.8 + 1.5 \times 0.7$$
$$\quad \times 2.8 + 1.5 \times 0.6 \times 20.3$$
$$= 153.79 \text{kN} \cdot \text{m}$$

取较大值,$M = 154.84 \text{kN} \cdot \text{m}$

故应选(D)项。

思考:本题目中可变荷载包括吊车荷载和其他可变荷载,荷载组合时,吊车水平荷载、吊车竖向荷载应考虑组合值系数。

【例1.3.9】 某机械装配车间为两跨等高单层钢筋混凝土排架结构,两跨跨度均为18m,柱距6m,车间长66m。吊车梁为装配式钢筋混凝土构件,其跨度与柱距相同。车间内每跨安装有一台起重量为 10t 及一台起重量为 5t，工制级别为 A6 级的桥式软钩吊车，吊车跨度为 16.5m。车间的平面图如图 1.3.25 所示。吊车主要技术数据如表 1.3.4 所示。设计使用年限为 50 年。

图 1.3.25

吊车主要技术数据 表 1.3.4

吊车起重量（t）	最大轮压（t）	最小轮压（t）	吊车最大宽度（m）	大车轮距（m）	小车重量（t）
5	86	39	5.15	3.40	2.22
10	120	40	5.70	4.05	3.56

试问：

（1）中列柱Ⓑ轴线上②～⑪轴线间，横向排架柱承受的最大竖向力标准值。

（2）横向排架柱承受的最大横向水平荷载标准值。

【解答】（1）根据《荷规》6.2.1 条，吊车参与组合的台数可取 4 台。

横向排架柱的计算简图如图 1.3.26 所示，当吊车最大轮压均位于中列柱轴线时，中柱承受最大竖向力。

每跨内 2 台吊车的轮压布置及其支承反力影响线如图 1.3.27 所示。

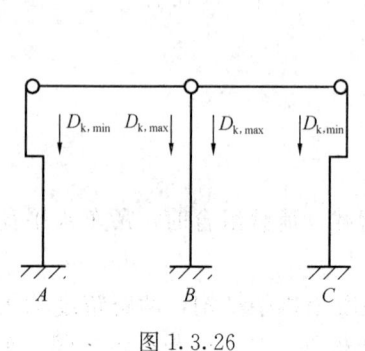

图 1.3.26

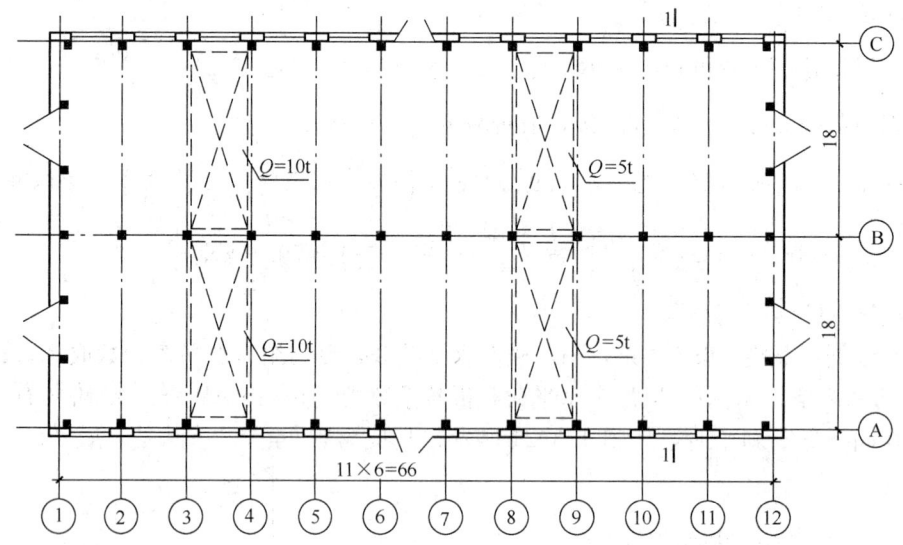

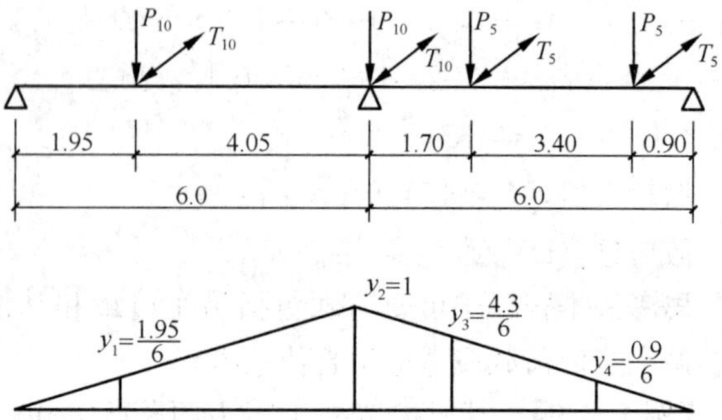

图 1.3.27

根据《荷规》6.2.2条，A6级，4台吊车，取折减系数为0.85：

$$D_{k,\max} = 0.85(P_{k,\max}\Sigma y_i) = 0.85 \times \left[120 \times \left(1 + \frac{1.95}{6}\right) + 86 \times \left(\frac{0.9}{6} + \frac{4.3}{6}\right)\right]$$
$$= 198.50 \text{kN}$$

中列柱承受的最大竖向力标准值为：

$$2D_{k,\max} = 2 \times 198.5 = 397.0 \text{kN}$$

（2）根据《荷规》6.2.1条，参与组合的吊车台数应取2台。吊车横向水平荷载对排架柱作用分两类最不利情况：

1）相邻两跨同一个柱距内各有一台10t的吊车同时在同一方向刹车：

此时，每个车轮上的横向水平荷载标准值，根据《荷规》6.1.2条：

$$T_k = \frac{\alpha}{4}(Q + Q_1)g = \frac{0.12}{4}(10 + 3.56) \times 10 = 4.068 \text{kN}$$

每跨内的吊车轮压布置如图1.3.28所示。根据《荷规》6.2.2条，A6级，2台吊车，取折减系数为0.95。

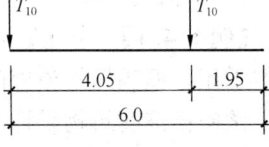

图 1.3.28

$$T_1 = \Sigma T_k = 0.95 \times T_k \cdot \Sigma y_i$$
$$= 0.95 \times 4.068 \times \left(1 + \frac{1.95}{6}\right) = 5.12 \text{kN}$$

此时，中列柱两侧牛腿的吊车轨顶各受同一方向的力 $T_1 = 5.12$kN，故中列柱受力 $T = 2 \times 5.12 = 10.24$kN；边列柱牛腿上吊车轨顶受同一方向的力 $T_1 = 5.12$kN。

2）同一跨内一台10t的吊车与一台5t的吊车同时在同一方向刹车：

由前述结果知，10t的吊车的 $T_{10,k}$ 为：$T_{10,k} = 4.068$kN

1台5t的吊车 $T_{5,k}$ 为：

$$T_{5,k} = \frac{\alpha}{4}(Q + Q_1)g = \frac{0.12}{4} \times (5 + 2.22) \times 10 = 2.166 \text{kN}$$

吊车车轮布置如图1.3.27所示。

$$T_2 = \Sigma T_k = 0.95 \times (T_{10}\Sigma y_i + T_5 \Sigma y_i)$$
$$= 0.95 \times \left[4.068 \times \left(1 + \frac{1.95}{6}\right) + 2.166 \times \left(\frac{4.3}{6} + \frac{0.9}{6}\right)\right] = 6.90 \text{kN}$$

此时，边列柱、中列柱牛腿上吊车轨顶受同一方向的力 $T_2 = 6.90$kN。

第四节 雪 荷 载

一、雪荷载标准值及基本雪压

- 复习《结通规》4.5.1条～4.5.3条。
- 复习《荷规》7.1.1条～7.1.5条。
- 复习《荷规》附录E.1基本雪压。

需注意的是：

(1)《结通规》4.5.2条、《荷规》7.1.2条均规定，基本雪压应按50年重现期的雪压采用。对雪荷载敏感的结构，应采用100年重现期的雪压。

《荷规》附录E.1规定了基本雪压的确定方法。当无雪压记录时，雪压s计算公式为：

$$s = h\rho g \, (kN/m^2)$$

式中　h——积雪深度，指从积雪表面到地面的垂直深度（m）；

　　　ρ——积雪密度（t/m^3），按《荷规》7.1.2条条文说明取用；

　　　g——重力加速度，$9.8 m/s^2$。

(2)《荷规》7.1.4条规定了山区的雪荷载取值，应增大20%。

【例1.4.1】 东北地区某县拟建一多层房屋建筑，因《荷规》附录E中未给出该县的基本雪压，但当地气象部门给出了年最大积雪深度$h=60cm$。

试问： 该建筑物设计时，其基本雪压值s（kN/m^2），与下列何项数值最接近？

(A) 0.50　　　(B) 0.88　　　(C) 0.90　　　(D) 0.74

【解答】（1）根据《荷规》附录E.1.2条规定：$s=h\rho g$

(2) 根据《荷规》7.1.2条的条文说明，东北地区取$\rho=150kg/m^3=0.15t/m^3$

$$s = h\rho g = 0.6 \times 0.15 \times 9.8 = 0.882 kN/m^2$$

故应选（B）项。

二、屋面积雪分布系数

- 复习《结通规》4.5.4条、4.5.5条。
- 复习《荷规》7.2.1条、7.2.2条。

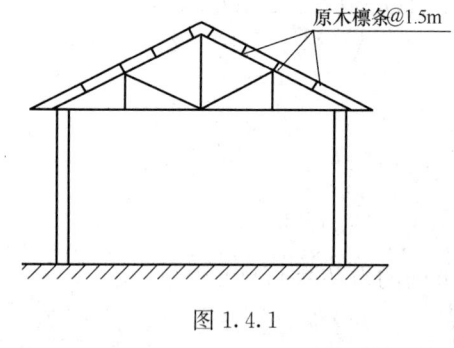

图1.4.1

需注意的是：

(1)《结通规》4.5.5条规定，而《荷规》无此规定。

(2)《荷规》表7.2.1注1、2、3、4的规定，屋面坡度α值，确定了屋面积雪分布的情况；确定了是否采用均匀分布，或不均匀分布。

【例1.4.2】 某仓库屋盖为黏土瓦、木望板、木橡条、原木檩条、木屋架结构体系，其剖面如图1.4.1所示，屋面坡度$\alpha=26.56°$，木檩条沿屋面坡向间距为1.5m，计算跨度3m，该地区基本雪压为$0.50kN/m^2$。

试问： 作用在檩条上由屋面积雪荷载产生沿檩条跨度的均布线荷载标准值（kN/m），与下列何项数值最接近？

(A) 0.87　　　(B) 0.80　　　(C) 0.69　　　(D) 0.62

【解答】（1）根据《荷规》7.2.2条第1款规定，檩条设计取积雪不均匀分布的最不利情况；同时，$20°<\alpha=26.56°<30°$，符合《荷规》表7.2.1注1的规定，可采用不均匀分布情况。

(2) 根据《荷规》表 7.2.1，项次 2 项规定：

$$\mu_r = 1 - \frac{26.56° - 25°}{30° - 25°}(1 - 0.85) = 0.95$$

计算檩条时屋面水平投影面上的雪荷载标准值：

$$s_k = 1.25\mu_r s_0 = 1.25 \times 0.95 \times 0.50 = 0.594 \text{kN/m}^2$$

(3) 雪荷载产生的檩条上均布线荷载标准值：

$$q_k = s_k \times 1.5 \cos\alpha = 0.594 \times 1.5 \times \cos 26.56° = 0.797 \text{kN/m}$$

故应选（B）项。

【例 1.4.3】 某单跨带天窗工业厂房，屋盖为 1.5m×6m 预应力混凝土大型屋面板、预应力混凝土屋架承重体系，当地的基本雪压为 0.35kN/m^2，其剖面图如图 1.4.2 所示。

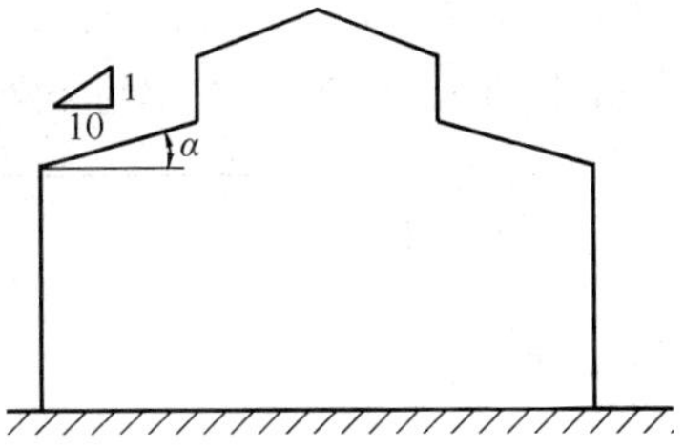

试问：设计屋面板时，应取的雪荷载标准值（kN/m^2），与下列何项数值最接近？

(A) 0.385　　　(B) 0.350　　　(C) 0.490　　　(D) 0.365

图 1.4.2

【解答】 根据《荷规》7.2.2 条第 1 款规定，按积雪不均匀分布的最不利情况采用：

$\alpha = \arctan \frac{1}{10} = 5.7° < 25°$，符合《荷规》表 7.2.1 注 2 的规定。查《荷规》表 7.2.1，项次 4 项知，取 $\mu_r = 1.1$。

$$s_k = \mu_r s_0 = 1.1 \times 0.35 = 0.385 \text{kN/m}^2$$

故应选（A）项。

【例 1.4.4】 某高低屋面房屋，其屋面承重结构为现浇钢筋混凝土双向板，房屋的平面图及剖面图如图 1.4.3 所示，当地的基本雪压为 0.45kN/m^2。

试问：设计高跨及低跨钢筋混凝土屋面板时，应考虑的雪荷载标准值。

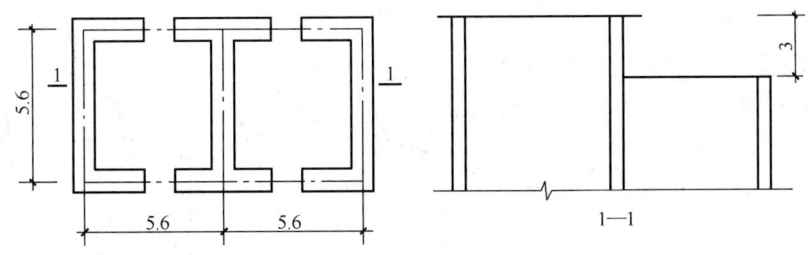

图 1.4.3（单位：m）

【解答】 根据《荷规》7.2.2 条第 1 款规定，按积雪不均匀分布计算；查《荷规》表 7.2.1 项次 8 项，$b_2 = 5.6 \text{m} < a = 2h = 2 \times 3 = 6 \text{m}$，则：

设计高跨屋面板时，应考虑的雪荷载标准值：

$$s_k = \mu_r s_0 = 1.0 \times 0.45 = 0.45 \text{kN/m}^2$$

设计低跨屋面板时，应考虑的雪荷载标准值：

情况1：$\mu_{r,m} = \dfrac{b_1+b_2}{2h} = \dfrac{5.6+5.6}{2\times 3} = 1.867 < 2.0$，故取 $\mu_{r,m} = 2.0$

情况2：$\mu_r = 2.0$

故最终取 $\mu_r = 2.0$，则：$s_k = \mu_r s_0 = 2.0 \times 0.45 = 0.90 \text{kN/m}^2$

上述不均匀积雪的分布范围：$a = 2h = 2 \times 3 = 6\text{m}$，已覆盖低跨屋面范围，故雪荷载标准值 0.90kN/m^2 作用于整个低跨屋面板上。

【例1.4.5】 新疆乌鲁木齐市内的某二层办公楼，附带一层高的入口门厅，其平面和剖面如图1.4.4所示。门厅屋面采用轻质屋盖结构。试问，门厅屋面邻近主楼处的最大雪荷载标准值 s_k（kN/m^2），与下列何项数值最为接近？

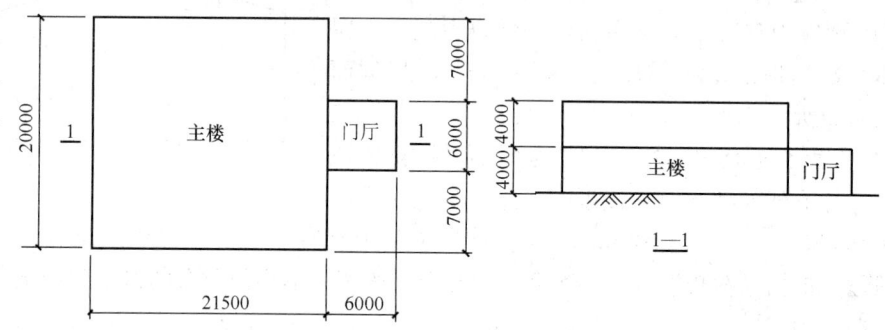

图1.4.4

(A) 0.9　　　(B) 1.0　　　(C) 2.0　　　(D) 3.5

【解答】 根据《荷规》7.1.2条及条文说明，采用100年重现期的雪压，查《荷规》表E.5，$s_0 = 1.0 \text{kN/m}^2$。

根据《荷规》表7.2.1第8项，高低屋面交界处的积雪分布系数：
$\mu_{r,m} = (b_1 + b_2)/h = (21.5 + 6)/(2 \times 4) = 3.44 < 4.0$，且 >2.0
$s_k = \mu_r s_0 = 3.44 \times 1.0 = 3.44 \text{kN/m}^2$

故应选（D）项。

【例1.4.6】 某车间厂房为两跨24m跨度有天窗等高排架厂房，如图1.4.5所示，基本雪压为 0.50kN/m^2；屋盖为 $1.5\text{m}\times 6\text{m}$ 预应力混凝土大型屋面板，预应力混凝土屋架承重体系。

试问：

(1) 当屋面坡度 $\alpha = 15°$ 时，设计屋面板时，应考虑的雪荷载标准值（kN/m^2），与下列何项最接近？

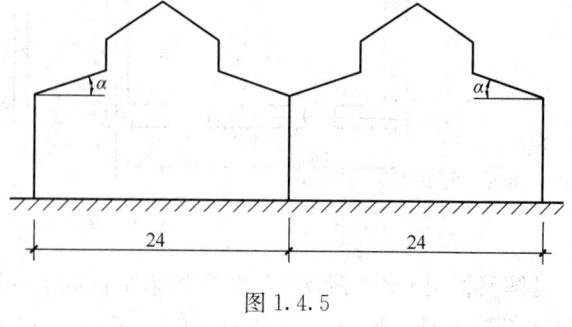

图1.4.5

(A) 0.50　　　(B) 0.55　　　(C) 0.60　　　(D) 0.70

(2) 当屋面坡度 $\alpha=15°$ 时，设计屋架时，应考虑的雪荷载标准值（kN/m²），与下列何项最接近？

(A) 0.50　　　(B) 0.55　　　(C) 0.60　　　(D) 0.70

(3) 当屋面坡度 $\alpha=26.15°$ 时，设计天窗间的屋面板时，应考虑的雪荷载标准值（kN/m²），与下列何项最接近？

(A) 1.10　　　(B) 1.00　　　(C) 0.70　　　(D) 0.60

【解答】 (1) 根据《荷规》7.2.2 条第 1 款规定，取积雪不均匀分布情况；查《荷规》表 7.2.1，项次 7，及《荷规》表 7.2.1 注 3 的规定：

本题 $\alpha=15°<25°$，只能采用均匀分布。

$$s_k = \mu_r s_0 = 1.0 \times 0.50 = 0.50 \text{kN/m}^2$$

故应选 (A) 项。

(2) 根据《荷规》7.2.2 条第 2 款规定，查《荷规》表 7.2.1 项次 7，及《荷规》表 7.2.1 注 3 的规定：

本题 $\alpha=15°<25°$，只能采用均匀分布。

$$s_k = \mu_r s_0 = 1.0 \times 0.50 = 0.50 \text{kN/m}^2$$

故应选 (A) 项。

(3) 根据《荷规》7.2.2 条第 1 款规定，取积雪不均匀分布情况。

查《荷规》表 7.2.1 项次 7 及注 3 的规定知：

本题 $\alpha=26.15°>25°$，故不受《荷规》表 7.2.1 注 3 规定的限制。

天窗间屋面积雪分布系数最大为 2.0，$s_k = \mu_r s_0 = 2.0 \times 0.50 = 1.0 \text{kN/m}^2$

故应选 (B) 项。

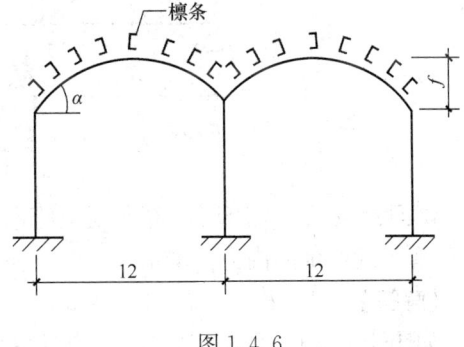

图 1.4.6

【例 1.4.7】 一双跨门式拱形刚架，如图 1.4.6 所示，柱距 6m，刚架跨度 12m。沿屋面坡向檩条间距 2m，计算跨度 6m。基本雪压 $s_0=0.4\text{kN/m}^2$。

试问：

(1) 当屋面坡角 $\alpha=21.5°$ 时，中柱部位的檩条上由屋面雪荷载产生的线荷载标准值（kN/m），与下列何项最接近？

(A) 0.74　　　(B) 0.84　　　(C) 1.00　　　(D) 1.04

(2) 当拱高 $f=3.0$m 时，中柱部位的檩条上由屋面雪荷载产生的线荷载标准值（kN/m），与下列何项最接近？

(A) 0.96　　　(B) 1.09　　　(C) 1.20　　　(D) 1.43

【解答】 (1) $\alpha=21.5°<25°$，根据《荷规》表 7.2.1 注 3 的规定，只采用均匀分布情况。

查《荷规》表 7.2.1 项次 7 知，取 $\mu_r=1.0$

$$s_k = \mu_r s_0 = 1.0 \times 0.40 = 0.40 \text{kN/m}^2$$

该部位檩条上的雪荷载产生的线荷载标准值为：

$$q_k = 2\cos21.5° \cdot s_k = 2\cos21.5° \times 0.40 = 0.744 \text{kN/m}^2$$

故应选（A）项。

（2）$f/l = 3.0/12.0 = 0.25 > 0.1$，$\alpha = \arctan 6/4.5 = 53.13°$

根据《荷规》表 7.2.1 注 3 的规定，取表 7.2.1 项次 7 中不均匀分布情况。

$$s_k = \mu_r s_0 = 2.0 \times 0.4 = 0.80 \text{kN/m}^2$$

该部位檩条上的雪荷载产生的线荷载标准值为：

$$q_k = 2\cos\alpha \cdot s_k = 2\cos53.13° \times 0.80 = 0.96 \text{kN/m}$$

故应选（A）项。

思考：上述计算中 4.5 的来源为：假定圆弧半径为 R，则：

$$R^2 = 6^2 + (R-3)^2，即：R = 7.5\text{m}$$

故：$7.5 - 3 = 4.5\text{m}$

【**例 1.4.8**】 某铰接三角形屋架如图 1.4.7 所示，屋架间距为 6m，跨度为 12m，屋面檩条放置在屋架节点上，基本雪压为 50 年重现期的雪压值 0.40kN/m^2。设计使用年限为 50 年。

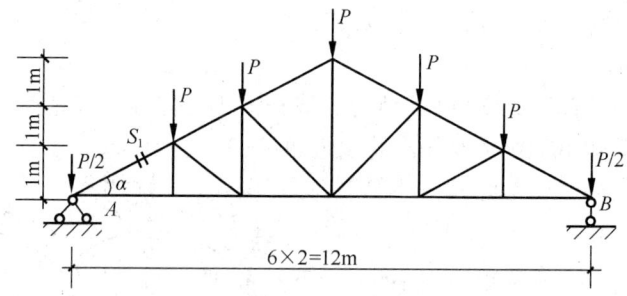

图 1.4.7

试问：按积雪全跨均匀分布、全跨不均匀分布、半跨均匀分布三种情况下，上弦杆 S_1 由雪荷载产生的内力标准值。

【**解答**】（1）积雪全跨均匀分布。

如图 1.4.7 所示，屋架上弦节点处由檩条传来的雪荷载集中力标准值为 P。

屋面坡度 $\alpha = \arctan\dfrac{1}{2} = 26.565° < 30°$，且 $> 20°$。

查《荷规》表 7.2.1，项次 2 及注 2 的规定知：

均匀分布时：$\mu_r = 1 - \dfrac{26.565° - 25°}{30° - 25°}(1 - 0.85) = 0.95$

不均匀分布时：

$$0.75\mu_r = 0.75 \times 0.95 = 0.71; 1.25\mu_r = 1.25 \times 0.95 = 1.19$$

节点处的雪荷载集中力标准值 P：

$$P = 6 \times 2 \times \mu_r s_0 = 6 \times 2 \times 0.95 \times 0.4 = 4.56\text{kN}$$

对节点 A：$\Sigma Y = 0$；$\sin\alpha = \sin26.565° = 0.447$

$$\dfrac{P}{2} + S_1 \sin\alpha = R_A = 3P; S_1 = \dfrac{5}{2}P/\sin\alpha = \dfrac{5}{2} \times 4.56/0.447 = 25.50\text{kN}(压力)$$

(2) 积雪全跨不均匀分布

如图 1.4.8 所示两种情况。

相应作用于节点处的雪荷载集中力及支座 A 反力均列在图中。

由图 1.4.8 (a)：
$$S_1 = (Y_A - 1.7)/\sin\alpha = (11.97 - 1.71)/0.447 = 22.82 \text{kN}(压力)$$

由图 1.4.8 (b)：$S_1 = (Y_A - 2.85)/\sin\alpha = (15.415 - 2.85)/0.447 = 28.11 \text{kN}(压力)$

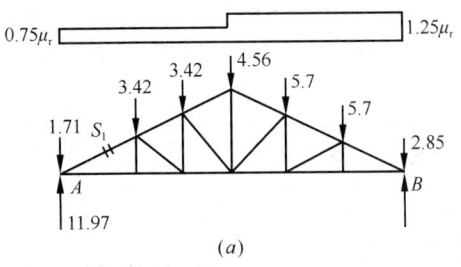 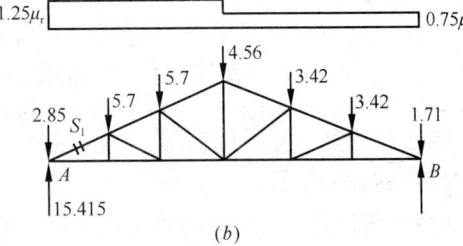

图 1.4.8

(3) 积雪半跨均匀分布

如图 1.4.9 所示两种情况，集中力 P：$P = 6 \times 2 \times \mu_r s_0 = 12 \times 0.95 \times 0.4 = 4.56 \text{kN}$

支座 A 反力值列在图中。

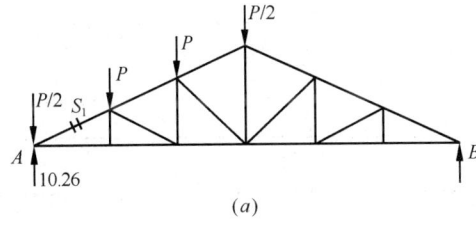 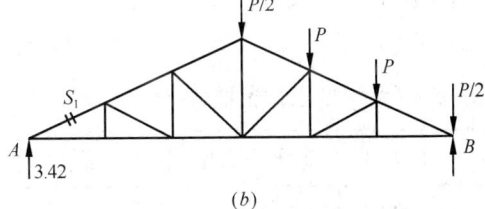

图 1.4.9

由图 1.4.9 (a)：$S_1 = (Y_A - P/2)/\sin\alpha = (10.26 - 4.56/2)/0.447 = 17.85 \text{kN}$

由图 1.4.9 (b)：$S_1 = Y_A/\sin\alpha = 3.42/0.447 = 7.65 \text{kN}$

可见，上弦杆 S_1 由雪荷载产生的最大内力标准值为 28.11kN。

第五节 风 荷 载

一、风荷载计算规定

1. 风荷载标准值及基本风压

- 复习《结通规》4.6.1 条、4.6.2 条。
- 复习《荷规》8.1.1 条、8.1.2 条、8.1.3 条、8.1.4 条。

需注意的是：

(1)《荷规》8.1.2 条规定：

8.1.2 基本风压应采用按本规范规定的方法确定的50年重现期的风压,但不得小于0.3kN/m²。对于高层建筑、高耸结构以及对风荷载比较敏感的其他结构,基本风压的取值应适当提高,并应符合有关结构设计规范的规定。

《高层建筑混凝土结构技术规程》JGJ 3—2010（以下简称《高规》）4.2.2条及其条文说明作了具体规定,见本书第七章高层建筑结构和高耸结构。应注意的是,《高规》1.0.2条规定,明确了其适用范围:

1.0.2 本规程适用于10层及10层以上或房屋高度大于28m的住宅建筑以及房屋高度大于24m的其他高层民用建筑混凝土结构。

应注意的是,建筑围护结构的基本风压值,根据《荷规》8.1.2条及其条文说明,可取50年一遇的风压。

(2)《荷规》8.1.2条的条文说明阐述了基本风压 w_0 的确定方法。

8.1.2（条文说明）

基本风压 w_0 是根据当地气象台站历年来的最大风速记录,按基本风速的标准要求,将不同风速仪高度和时次时距的年最大风速,统一换算为离地10m高,自记10min平均年最大风速数据,经统计分析确定重现期为50年的最大风速,作为当地的基本风速 v_0,再按以下贝努利公式计算得到:

$$w_0 = \frac{1}{2}\rho v_0^2$$

详细方法见本规范附录E。

2. 风压高度变化系数 μ_z 和风荷载体型系数 μ_s

- 复习《结通规》4.6.3条、4.6.4条。
- 复习《荷规》8.2.1条（μ_z）、8.2.2条、8.2.3条。
- 复习《荷规》8.3.1条（μ_s）。

需注意的是:

(1) 查《荷规》表8.2.1时,计算高度 z 取离房屋室外地面或海平面高度。
(2)《荷规》8.2.1条的条文说明中指出:

8.2.1（条文说明）

在确定城区的地面粗糙度类别时,若无 α 的实测可按下述原则近似确定:

1 以拟建房2km为半径的迎风半圆影响范围内的房屋高度和密集度来区分粗糙度类别,风向原则上应以该地区最大风的风向为准,但也可取其主导风;

2 以半圆影响范围内建筑物的平均高度 $\bar{h}$ 来划分地面粗糙度类别,当 $\bar{h} \geqslant 18\text{m}$,为D类,$9\text{m} < \bar{h} < 18\text{m}$,为C类,$\bar{h} \leqslant 9\text{m}$,为B类;

3 影响范围内不同高度的面域可按下述原则确定,即每座建筑物向外延伸距离为其高度的面域内均为该高度,当不同高度的面域相交时,交叠部分的高度取大者;

4 平均高度 $\bar{h}$ 取各面域面积为权数计算。

《结通规》4.6.3 条规定：需考虑的最远距离不应小于建筑高度的 20 倍且不应小于 2000m。

(3)《荷规》表 8.3.1 中给出的是房屋各表面的风荷载体型系数 μ_s，需注意风压力（+）、风吸力（−），及相应方向；而《高规》中给出的是高层房屋的总风荷载（或整体风荷载）体型系数 μ_s。

(4)《荷规》表 8.3.1 中第 2 项、第 4 项的注 2 "μ_s 的绝对值不小于 0.1" 的内涵：体型系数仅代表平均风压的大小，当体型系数取 0 时，按照风荷载标准值计算公式将得出风荷载为 0 的结果，这不符合实际情况。因此《荷规》表 8.3.1 中第 2 项、第 4 项的注 2 强调了体型系数取值的绝对值不能小于 0.1，也就是当体型系数插值后得到的结果小于 0.1 时，应按 ±0.1 取值；而且平均风压接近 0 时，瞬时风压会出现时正时负，因此建议对上吸和下压风荷载都要有所考虑。

(5)《荷规》表 8.3.1 中第 27 项注 3 的内涵：风吹过屋面时，除了会产生垂直于屋面的风压作用外，还会由于风与屋面的摩擦产生平行于屋面的水平力，其作用方向与风流动方向一致。注 3 即给出了计算该水平力的方法，其中的 w_h 是指 h 高度的风压高度变化系数和基本风压相乘得出的风压值，一般 h 取檐口高度。

(6)《荷规》表 8.3.1 项次 37 中，圆截面构筑物的 μ_s 计算中，$\mu_z w_0 d^2$ 中 d 以 "m" 计。

【例 1.5.1】 某拟建建筑的周边建筑的情况如图 1.5.1(a) 所示，拟建建筑物高度为 90m，试问，该项目风荷载计算时所需的地面粗糙度类别，选取下列何项符合规范要求？

(A) A 类　　(B) B 类　　(C) C 类　　(D) D 类

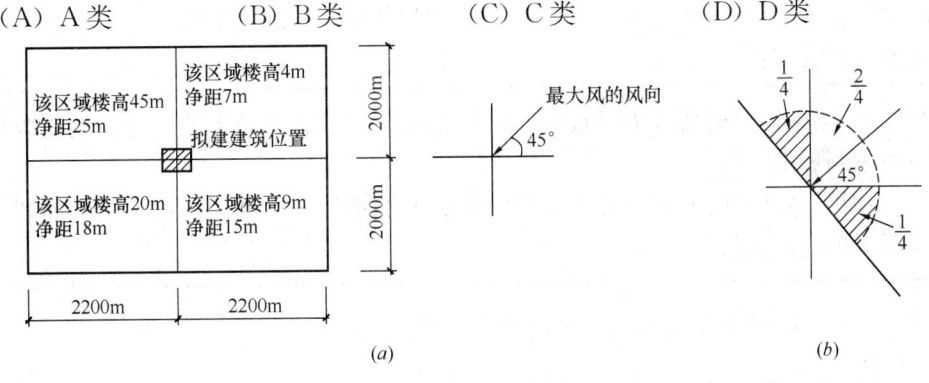

图 1.5.1

【解答】 根据《结通规》4.6.3 条和《荷规》8.2.1 条的条文说明，图中 4 个区域的建筑物的净距均小于其高度的 2 倍，因此，每个区域的楼高即为该区域建筑物的平均高度 $\bar{h}$，以最大风的风向为准，迎风半圆为 20×9=180m，且≥2000m，故取 2000m。过拟建建筑位置作直线，该直线垂直于最大风的风向，再取半径为 2000m 的半圆，如图 1.5.1(b) 所示；则：

$$\bar{h} = 45 \times \frac{1}{4} + 4 \times \frac{2}{4} + 9 \times \frac{1}{4} = 15.5\text{m} \begin{matrix} <18\text{m} \\ >9\text{m} \end{matrix}$$

属于 C 类，故应选（C）项。

3. 风向影响系数

● 复习《结通规》4.6.7 条。

注意，《荷规》无此规定。
4. 顺风向风振和风振系数 β_z

> - 复习《结通规》4.6.5 条。
> - 复习《荷规》8.4.1 条～8.4.7 条。
> - 复习《荷规》附录 F、G。

需注意的是：

(1)《荷载》8.4.1 条、8.4.2 条规定：

> 8.4.1 对于高度大于 30m 且高宽比大于 1.5 的房屋，以及基本自振周期 T_1 大于 0.25s 的各种高耸结构，应考虑风压脉动对结构产生顺风向风振的影响。顺风向风振响应计算应按结构随机振动理论进行。对于符合本规范第 8.4.3 条规定的结构，可采用风振系数法计算其顺风向风荷载。
>
> 注：1 结构的自振周期应按结构动力学计算；近似的基本自振周期 T_1 可按附录 F 计算；
> 2 高层建筑顺风向风振加速度可按本规范附录 J 计算。
>
> 8.4.2 对于风敏感的或跨度大于 36m 的柔性屋盖结构，应考虑风压脉动对结构产生风振的影响。屋盖结构的风振响应，宜依据风洞试验结果按随机振动理论计算确定。

(2) 风振系数 β_z 计算，详见本书第七章高层建筑结构和高耸结构。

《结通规》规定：

> 4.6.5 当采用风荷载放大系数的方法考虑风荷载脉动的增大效应时，风荷载放大系数应按下列规定采用：
> 1 主要受力结构的风荷载放大系数应根据地形特征、脉动风特性、结构周期、阻尼比等因素确定，其值不应小于 1.2。

(3)《荷规》附录 F 结构基本自振周期的经验公式。

二、单层和多层建筑结构的风荷载计算

1. 单层房屋的风荷载计算

单层房屋屋盖顶面斜坡部分的风荷载计算，如图 1.5.2 所示，屋面长度为 L，房屋宽度为 B，屋盖顶面斜坡高度为 h，屋盖坡度 α，迎风面风荷载体型系数为 μ_{s1}，背风面风荷载体型系数为 μ_{s2}，基本风压为 w_0，风压高度变化系数 μ_z，确定屋盖顶面斜坡部分的风荷载集中力 F_w。

如图 1.5.2 所示，迎风面斜坡面积：$Lh/\sin\alpha$，迎风面斜坡合力为：$w_{k1}Lh/\sin\alpha$
其水平分力为：$F_1 = (w_{k1}Lh/\sin\alpha) \cdot \sin\alpha = w_{k1}Lh = \beta_z\mu_{s1}\mu_z w_0 \cdot Lh$
同理，背风面合力的水平分力：$F_2 = w_{k2}Lh = \beta_z\mu_{s2}\mu_z w_0 \cdot Lh$
合力 F_w：$\vec{F}_w = \vec{F}_1 + \vec{F}_2$

$$F_w = \beta_z\mu_z(\mu_{s1} + \mu_{s2})w_0 \cdot Lh$$

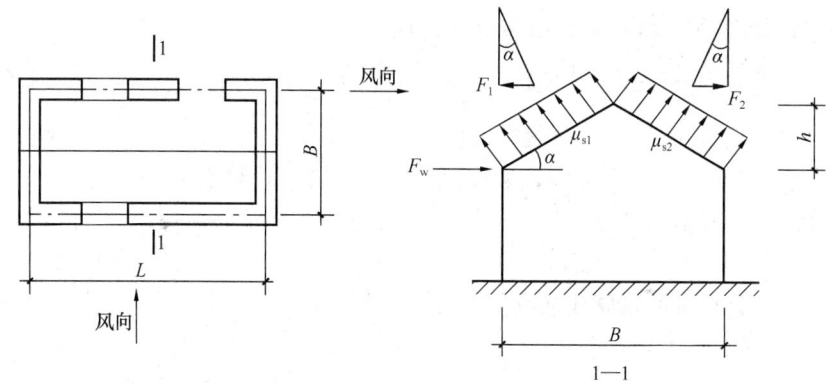

图 1.5.2

由《结通规》4.6.5条,单层房屋取风振系数 $\beta_z=1.2$,令 $Lh=A$ (垂直于风向的屋盖斜坡的投影面积),则上式变为:

$$F_w = 1.2\mu_z(\mu_{s1}+\mu_{s2})w_0 A$$

【例1.5.2】 某封闭式双坡屋面仓库,其屋面坡度为 $1:2.5$ ($\alpha=21.8°$),柱距及屋架间距均为6m,仓库平面及剖面如图1.5.3所示,当地基本风压为 $0.45kN/m^2$,地面粗糙度为 B 类。

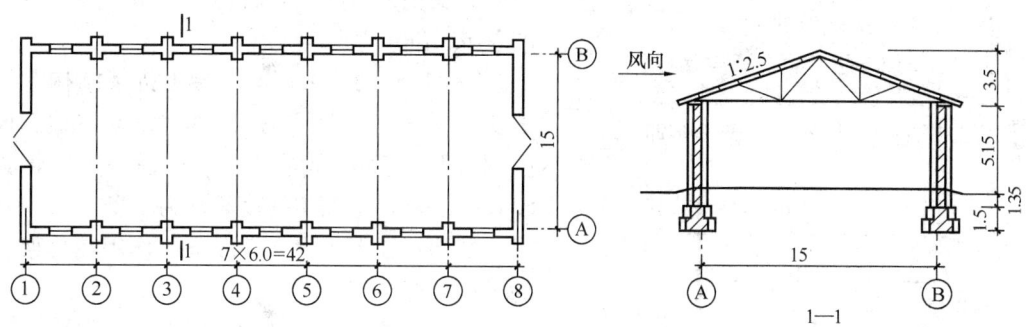

图 1.5.3

试问:在图示风向情况下,作用在排架上的风荷载标准值。
提示:按《工程结构通用规范》作答。

【解答】 取横向1个柱距作为分析风力的计算单元,计算简图如图1.5.4所示。

(1) 排架柱顶风荷载集中力 F_w (标准值),查《荷规》表8.3.1,项次2:

屋盖迎风面:

$$\mu_{s1} = -0.6 \times \frac{30°-21.8°}{30°-15°} = -0.328$$

屋盖背风面: $\mu_{s2}=-0.5$

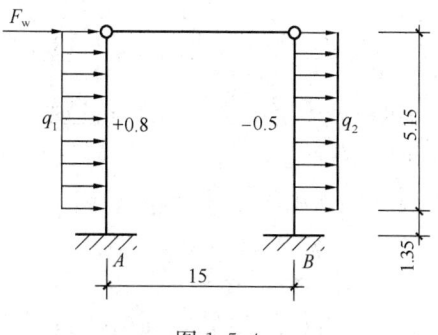

图 1.5.4

风压高度变化系数 μ_z:取屋脊处距室外地面的距离 $z=5.15+3.5=8.65m$,查《荷规》表8.2.1,B类,取 $\mu_z=1.0$。

由《结通规》4.6.5条，单层房屋取 $\beta_z=1.2$；$A_i=6\times3.5$

$F_w=\beta_z(\mu_{s1}+\mu_{s2})\mu_z w_0 A_i=1.2\times(-0.328+0.5)\times1\times0.45\times6\times3.5=1.95\text{kN}(\rightarrow)$

(2) 排架柱 A、B 的均布风荷载标准值：

查《荷规》表 8.3.1 项次 2 知，取迎风面 $\mu_{s1}=0.8$；背风面 $\mu_{s2}=-0.5$。

风压高度变化系数 μ_z，取柱顶处 $z=5.15\text{m}$，查《荷规》表 8.2.1，B 类，取 $\mu_z=1.0$。

排架柱 A 所受的均布风荷载标准值 q_{1k}：

$B_i=6\text{m}$

$q_{1k}=\beta_z\mu_{s1}\mu_z w_0\cdot B_i=1.2\times0.8\times1\times0.45\times6=2.59\text{kN/m}(\rightarrow)$

排架柱 B 所受的均布风荷载标准值 q_{2k}：

$q_{2k}=\beta_z\mu_{s2}\mu_z w_0\cdot B_i=1.2\times(-0.5)\times1\times0.45\times6=-1.62\text{kN/m}(\rightarrow)$

计算屋盖集中力 F_w 时，即在确定屋盖部分风压高度变化系数 μ_z 时，计算高度的取值在工程设计中有不同的取法，如取每一竖向区段的顶点；或取每一竖向区段的中点；或取整个屋盖部分竖向高度的中点。

上述屋盖计算高度的取值，当屋盖部分的竖向高度不太大时，各自计算结果不会有较大的差异。

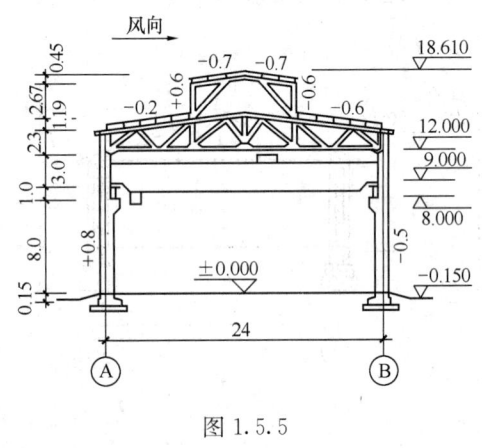

图 1.5.5

【例 1.5.3】 某钢筋混凝土排架结构单层工业房屋，屋架及柱的间距均为 6m，其剖面图如图 1.5.5 所示，当地基本风压为 0.40kN/m^2，地面粗糙度类别为 B 类。

试问：在图示风向情况下，作用在排架上的风荷载标准值。

提示：按《工程结构通用规范》作答。

【解答】(1) 标高 12～18.61m 的屋盖水平风力 F_w。

自标高 12.00～18.61m 范围内的风压高度系数统一取为天窗屋脊处的 μ_z，查《荷规》表 8.2.1，B 类，$z=18.61+0.15=18.76\text{m}$，则：

$$\mu_z=1.13+\frac{18.76-15}{20-15}\times(1.23-1.13)=1.205$$

风荷载体型系数 μ_s，查《荷规》表 8.3.1 项次 7 知，屋面迎风面、背风面的 μ_{si} 值，如图 1.5.5 所示。

由《结通规》4.6.5 条，$\beta_z=1.2$

$F_w=\beta_z\mu_z\cdot\Sigma\mu_{si}w_0 A_i=\beta_z\mu_z w_0\cdot\Sigma\mu_{si}A_i$

$=1.2\times1.205\times0.40\times[(0.8+0.5)\times6\times2.3+(-0.2+0.6)\times6\times1.19$

$+(0.6+0.6)\times6\times2.67+(-0.7+0.7)\times6\times0.45]$

$=23.15\text{kN}(\rightarrow)$

(2) 排架 A 柱上的均布风荷载标准值 q_{1k}：

取柱顶处 μ_z：$z=12+0.15=12.15\mathrm{m}$，查《荷规》表 8.2.1，B 类。

$$\mu_z = 1 + \frac{12.15-10}{15-10} \times (1.13-1) = 1.06$$

查《荷规》表 8.3.1 项次 7 知，$\mu_{s1}=0.8$；背风面 $\mu_{s2}=-0.5$；

$$q_{1k} = \beta_z \mu_{s1} \mu_z w_0 \cdot B_i = 1.2 \times 0.8 \times 1.06 \times 0.40 \times 6 = 2.44\mathrm{kN/m}(\to)$$

（3）排架 B 柱上的均布风荷载标准值 q_{2k}：

$$q_{2k} = \beta_z \mu_{s2} \mu_z w_0 \cdot B_i = 1.2 \times (-0.5) \times 1.06 \times 0.40 \times 6 = -1.53\mathrm{kN/m}(\to)$$

风荷载作用下排架计算简图如图 1.5.6 所示。

思考：当屋盖部分风压高度系数 μ_z 按屋盖平均高度 z 计算：

$$z = (18.61+12.0)/2 + 0.15 = 15.455\mathrm{m}$$

$$\mu_z = 1.13 + \frac{15.455-15}{20-15} \times (1.23-1.13) = 1.139$$

屋盖水平风力 F_w：

$$\begin{aligned}
F_w &= \beta_z \mu_z w_0 \sum \mu_{si} A_i \\
&= 1.2 \times 1.139 \times 0.40 \times [(0.8+0.5) \times 6 \times 2.3 + (-0.2+0.6) \times 6 \times 1.19 \\
&\quad + (0.6+0.6) \times 6 \times 2.67 + (-0.7+0.7) \times 6 \times 0.45] \\
&= 21.88\mathrm{kN}(\to)
\end{aligned}$$

2. 多层房屋的风荷载计算

多层房屋（包含高层房屋）在计算每楼层风荷载标准值时，各楼层风荷载受风面积如图 1.5.7 所示，顶层 F_n 只计顶层楼高的一半；底顶 F_1 计底层与相邻第 2 层的楼层高度的一半；中间层 F_i 计本层与相邻上一层的楼层高度的一半。

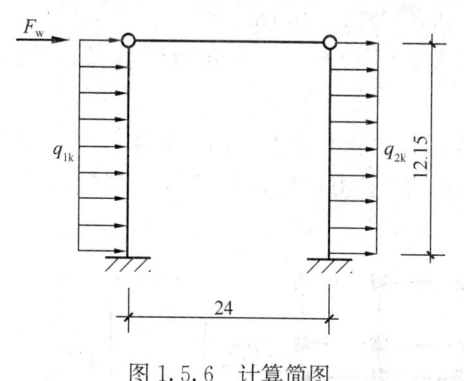

图 1.5.6 计算简图

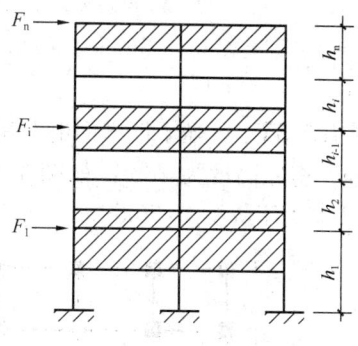

图 1.5.7 各楼层迎风面面积计算

【例 1.5.4】 某六层钢筋混凝土框架结构办公楼如图 1.5.8 所示，当地基本风压为 $0.5\mathrm{kN/m^2}$，地面粗糙度为 C 类。

试问：在图示风向作用下，房屋横向各楼层的风荷载标准值。

提示：按《工程结构通用规范》作答。

【解答】 房屋高度 $H=23.9\mathrm{m}<24\mathrm{m}$，办公楼，不能按《高规》解答，应按《荷规》解答。房屋高度 $23.9\mathrm{m}<30\mathrm{m}$，不满足《荷规》8.4.1 条规定。由《结通规》4.6.5 条，取 $\beta_z=1.2$。

查《荷规》表 8.3.1 项次 30 知，体型系数 $\mu_s=0.8+0.5=1.3$。

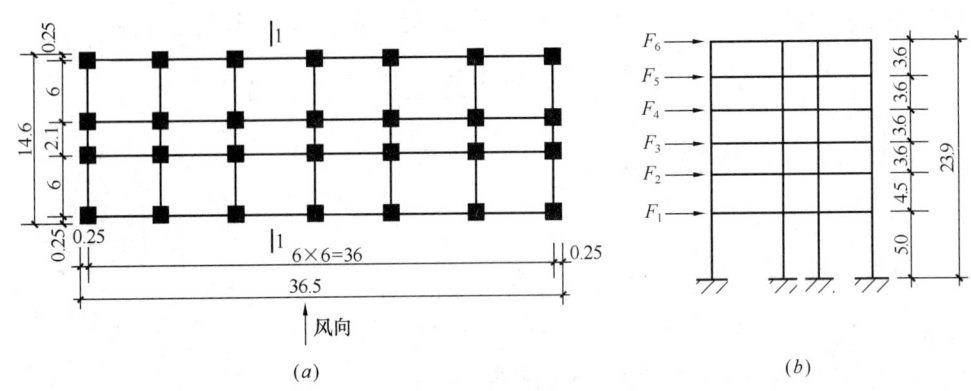

图 1.5.8

根据《荷规》表 8.2.1，C 类，查得风压高度变化系数 μ_z，见表 1.5.1。

各楼层位置处的风荷载标准值 F_i   表 1.5.1

楼层编号	z (m)	μ_{zi}	各层受风面积 A_i (m²)	风力标准值 F_i (kN)
1	5.0	0.65	36.5×4.75	87.90
2	9.5	0.65	36.5×4.05	74.95
3	13.1	0.65	36.5×3.60	66.62
4	16.7	0.68	36.5×3.60	69.69
5	20.3	0.74	36.5×3.60	75.84
6	23.9	0.79	36.5×1.80	40.48

各楼层风荷载 F_i：

$$F_i = w_{ki} \cdot A_i = \beta_z \mu_s \mu_{zi} w_0 \cdot A_i$$
$$= 1.2 \times 1.3 \times \mu_{zi} \times 0.5 \times A_i = 0.78 \mu_{zi} A_i$$

$F_1 = 0.65 \times 0.65 \times 36.5 \times 4.75 = 73.25 \text{kN}$，同理，可求出其他各楼层风力，见表 1.5.1。

【例 1.5.5】 一幢矩形平面的 5 层办公楼，为钢筋混凝土结构，其平面尺寸为 21.5m×60.5m，房屋高度为 23m，如图 1.5.9 所示，建于密集建筑群并且房屋较高的城市市区，其基本风压 $w_0 = 0.70 \text{kN/m}^2$。

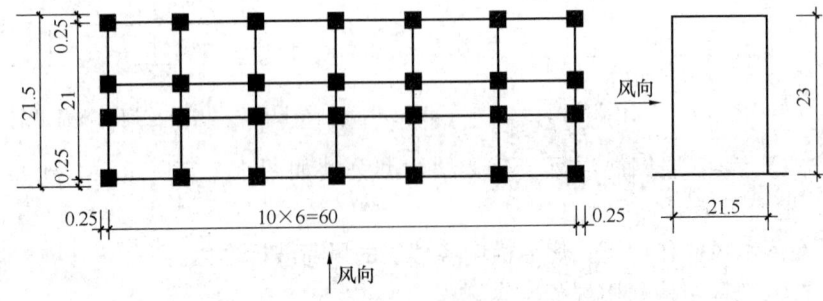

图 1.5.9

试问：在图示风向作用下，风荷载对房屋底部产生的总水平剪力标准值（kN），与下列何项最接近？

提示：按《工程结构通用规范》作答。

(A) 775　　(B) 750　　(C) 680　　(D) 645

【解答】 $H=23\text{m}<24\text{m}$，办公楼，不能按《高规》解答，应按《荷规》解答。

(1) $H=23\text{m}<30\text{m}$，不满足《荷规》8.4.1 条规定。由《结通规》4.6.5 条，取 $\beta_z=1.2$。

(2) 由条件知属 D 类粗糙度，$z=23\text{m}$，查《荷规》表 8.2.1 知，23m 段以下的 μ_z 值均为 0.51，即 $\mu_z=0.51$。

(3) 查《荷规》表 8.3.1 项次 30 知，$\mu_s=0.8+0.5=1.3$。

(4) 地面至 23m 的 w_k 均相等：$w_k=\beta_z\mu_s\mu_z w_0=1.2\times1.3\times0.51\times0.70=0.557\text{kN/m}^2$

(5) 在图示风向作用下，房屋底部总水平剪力标准值 V_k：

$$V_k = w_k \cdot A = 0.557 \times 23 \times (60+0.25\times 2) = 775.07\text{kN}$$

故应选（A）项。

三、高层建筑结构的风荷载计算

高层建筑结构应按《高规》、《荷载》和《结通规》计算风荷载。有关高层建筑结构的风荷载计算的详细阐述，见本书第七章高层建筑结构和高耸结构。

四、高耸结构的风荷载计算

1. 一般构筑物

【例 1.5.6】 一幢平面为圆形的钢筋混凝土瞭望塔，塔的高度 $H=28\text{m}$，塔身外墙面直径为 6.6m，如图 1.5.10 所示，塔身墙面光滑无凸出表面。该塔的基本风压 $w_0=0.6\text{kN/m}^2$，建于 D 类粗糙度地区。已知塔的结构基本自振周期 $T_1=0.24\text{s}$。

提示：按《工程结构通用规范》作答。

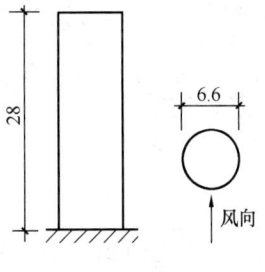

图 1.5.10

试问：

(1) 在图示风向作用下，风荷载对塔底部产生的水平剪力标准值（kN），与下列何项最接近？

(A) 15.6　　　　　　　　(B) 28.3
(C) 34.0　　　　　　　　(D) 42.1

(2) 在图示风向作用下，风荷载对塔底部产生的倾覆力矩标准值（kN·m），与下列何项最接近？

(A) 302　　　　　　　　(B) 395
(C) 412　　　　　　　　(D) 476

【解答】 (1) 因该塔的 $T_1=0.24\text{s}<0.25\text{s}$，不满足根据《荷规》8.4.1 条规定。由《结通规》4.6.5 条，取 $\beta_z=1.2$。

确定 μ_z，$z=28\text{m}$，D 类，查《荷规》表 8.2.1 知，28m 以下风压高度变化系数 μ_z 均取为 0.51，即 $\mu_z=0.51$。

确定 μ_s，查《荷规》表 8.3.1 项次 37 知：
$$\mu_z w_0 d^2 = 0.51 \times 0.6 \times 6.6^2 = 13.3 > 0.015$$
$H/d = 28/6.6 = 4.24$，$\Delta \approx 0$（光滑无凸出表面）
故取 $\mu_s = 0.5$。

沿塔全高的风荷载标准值均相同，为 w_k：
$$w_k = \beta_z \mu_z \mu_s w_0 = 1.2 \times 0.51 \times 0.5 \times 0.6 = 0.184 \text{kN/m}^2$$
$$V_k = w_k \cdot A = 0.184 \times 28 \times 6.6 = 34.0 \text{kN}$$
故应选（C）项。

(2) $M_k = \frac{1}{2} w_k \cdot H \cdot Hd = \frac{1}{2} \times 0.184 \times 28 \times 28 \times 6.6 = 476.0 \text{kN} \cdot \text{m}$

故应选（D）项。

2. 烟囱及高耸结构

烟囱及高耸结构的风荷载计算，见本书第七章高层建筑结构和高耸结构。

五、特殊情况下的风荷载计算

山区的建筑物风荷载、远海海面和海岛的建筑物风荷载的计算，《结通规》和《荷规》作了规定。对于群集的高层建筑的风荷载效应，《荷规》8.3.2 条作了规定。

- 复习《结通规》4.6.6 条、4.6.8 条。
- 复习《荷规》8.2.2 条、8.2.3 条。
- 复习《荷规》8.3.2 条。

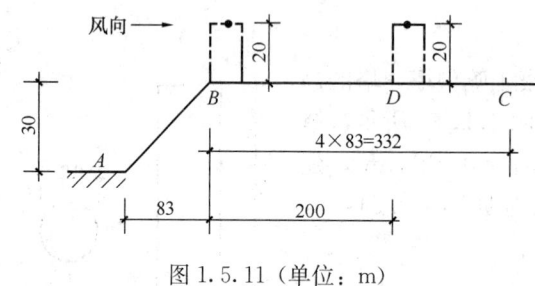

图 1.5.11（单位：m）

此外，《高规》4.2.4 条对群集的高层建筑的风荷载效应的规定，与《荷规》8.3.2 条是一致的。

【例 1.5.7】 某房屋修建在地面粗糙度类别为 B 类地区，如图 1.5.11 所示。

试问：

(1) 当房屋建于山坡顶部 B 处时，该房屋距地面 20m 处的风压高度变化系数 μ_z，与下列何项最接近？

(A) 2.10　　(B) 2.26　　(C) 2.75　　(D) 2.92

(2) 当房屋建于山坡顶部 D 处时，该房屋距地面 20m 处的风压高度变化系数 μ_z，与下列何项最接近？

(A) 1.18　　(B) 1.28　　(C) 1.48　　(D) 1.58

(3) 当房屋建于山坡顶部 D 处时，该房屋地面处的风压高度变化系数 μ_z，与下列何项最接近？

(A) 1.60　　(B) 1.50　　(C) 1.40　　(D) 1.30

【解答】 (1) B 点处时：

$z = 20$m，B 类，查《荷规》表 8.2.1 知，$\mu_z = 1.23$

确定 B 点处修正系数 η_B，由《荷规》8.2.2 条规定：

$\tan\alpha = 30/83 = 0.361 > 0.3$，故取 $\tan\alpha = 0.3$

山坡，取 $\kappa=1.4$；$z=20\text{m}<2.5H=2.5\times30=75\text{m}$，取 $z=20\text{m}$
由规范式（8.2.2）：

$$\eta_B = \left[1+\kappa\tan\alpha\left(1-\frac{z}{2.5H}\right)\right]^2 = \left[1+1.4\times0.3\times\left(1-\frac{20}{2.5\times30}\right)\right]^2 = 1.71$$

$$\mu_z = \eta_B\mu_z = 1.71\times1.23 = 2.103$$

故应选（A）项。

（2）由《荷规》8.2.2 条规定，距 B 点 332m 处 C 点，取 $\eta_C=1.0$。
由前述计算结果知：$\eta_B=1.71$，内插求 D 点的 η_D：

$$\eta_D = 1+\frac{332-200}{332}\cdot(1.71-1) = 1.282$$

$$\mu_z = \eta_D\mu_z = 1.282\times1.23 = 1.577$$

故应选（D）项。

（3）由《荷规》8.2.2 条规定，距 B 点 332m 处 C 点，取 $\eta_C=1.0$。
此时 η_B 的计算，取 $z=0$，$\tan\alpha=0.361>0.3$，取 $\tan\alpha=0.3$
山坡，$\kappa=1.4$，由规范式（8.2.2）：

$$\eta_B = \left[1+\kappa\tan\alpha\left(1-\frac{z}{2.5H}\right)\right]^2 = [1+1.4\times0.3]^2 = 2.016$$

内插求 η_D：$\quad \eta_D = 1+\frac{332-200}{332}(2.016-1) = 1.404$

$z=0$，B 类，查《荷规》表 8.2.1 知，$\mu_z=1.0$

$$\mu_z = \eta_D\mu_z = 1.404\times1.0 = 1.404$$

故应选（C）项。

【**例 1.5.8**】 一幢平面为矩形的框架结构如图 1.5.12 所示，长 40m，宽 20m，高 30m，位于山上，该建筑物原拟建在山坡下平坦地带 A 处，现拟改在山坡上的 B 处，建筑物顶部相同部位在两个不同位置受到的风荷载标准值分别为 w_A、w_B（kN/m^2），不考虑风振系数的变化。

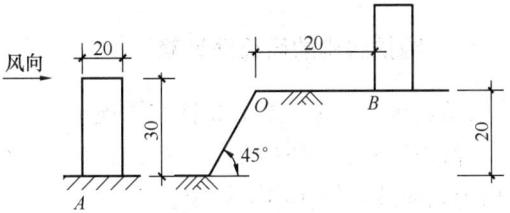

图 1.5.12（单位：m）

试问：w_B/w_A 的比值与下列何项最接近？
(A) 1.0   (B) 1.1   (C) 1.3   (D) 1.4

【**解答**】 $w_A = \beta_{z1}\mu_{s1}\mu_{z1}w_0$

$$w_B = \beta_{z2}\mu_{s2}\mu_{z2}w_0$$

由条件知，$\beta_{z1}=\beta_{z2}$，$\mu_{s1}=\mu_{s2}$

$$w_B/w_A = \mu_{z2}/\mu_{z1}$$

根据《荷规》8.2.2 条规定，$\tan45°=1>0.3$，取 $\tan\alpha=0.3$，
$z=30\text{m}<2.5H=2.5\times20=50\text{m}$，取 $z=30\text{m}$，山坡，取 $\kappa=1.4$。
山坡顶点 O 处 η_0：

$$\eta_0 = \left[1+\kappa\tan\alpha\left(1-\frac{z}{2.5H}\right)\right]^2 = \left[1+1.4\times0.3\times\left(1-\frac{30}{2.5\times20}\right)\right]^2 = 1.364$$

距 O 点 $4\times20=80$m 处 C 点：$\eta_C=1.0$

内插求 η_B：$\quad\eta_B=1.0+\dfrac{80-20}{80}\cdot(1.364-1)=1.273$

$$\mu_{z2}=\eta_B\mu_{z1}$$

$w_B/w_A=\mu_{z2}/\mu_{z1}=\eta_B=1.273$，故应选（C）项。

【例 1.5.9】 某房屋修建于地面粗糙度为 B 类的山间盆地内，其屋檐距地面 15m。试问：该屋檐处的最小风压高度变化系数 μ_z，与下列何项最接近？

(A) 0.84　　　(B) 0.85　　　(C) 0.91　　　(D) 0.97

【解答】（1）$z=15$m，B 类，查《荷规》表 8.2.1 知，$\mu_z=1.13$

（2）根据《荷规》8.2.2 条第 2 款规定，$\eta=0.75\sim0.85$，或由《结通规》4.6.6 条，$\eta\geqslant0.75$，则：

$$\mu_z=0.75\times1.13=0.848$$

故应选（B）项。

【例 1.5.10】 某房屋修于距海岸 65km 的海岛上，其屋檐距地面 10m。试问，该屋檐处的最小风压高度变化系数 μ_z，与下列何项最接近？

(A) 1.41　　　(B) 1.52　　　(C) 1.66　　　(D) 1.74

【解答】（1）$z=10$m，《荷规》8.2.3 条规定，海岛的建筑物的地面粗糙度为 A 类，查《荷规》表 8.2.1 知，$\mu_z=1.28$；

（2）根据《荷规》表 8.2.3 条规定，距海岸 65km，$\eta=1.1\sim1.2$

$$\mu_z=1.1\times1.28=1.408$$

故应选（A）项。

六、围护结构的风荷载计算

《结通规》4.6.5 条第 2 款作了规定。

《荷规》8.1.1 条第 2 款、8.1.2 条、8.3.3 条、8.3.4 条、8.3.5 条、8.6.1 条对围护结构的风荷载计算作出了规定。

> - 复习《结通规》4.6.5 条。
> - 复习《荷规》8.1.1 条第 2 款、8.1.2 条。
> - 复习《荷规》8.3.3 条、8.3.4 条、8.3.5 条。
> - 复习《荷规》8.6.1 条。

需注意的是：

(1)《荷规》8.1.1 条的条文说明作了如下说明：

> 8.1.1（条文说明）
>
> 对于围护结构，由于其刚性一般较大，在结构效应中可不必考虑其共振分量，此时可仅在平均风压的基础上，近似考虑脉动风瞬间的增大因素，可通过局部风压体型系数 μ_{sl} 和阵风系数 β_{gz} 来计算其风荷载。

(2)《荷规》8.1.2 条的条文说明对围护结构的基本风压的重现期的说明：

8.1.2（条文说明）

对风荷载比较敏感的高层建筑和高耸结构，以及自重较轻的钢木主体结构，这类结构风荷载很重要，计算风荷载的各种因素和方法还不十分确定，因此基本风压应适当提高。如何提高基本风压值，仍可由各结构设计规范，根据结构的自身特点作出规定，没有规定的可以考虑适当提高其重现期来确定基本风压。对于此类结构物中的围护结构，其重要性与主体结构相比要低些，可仍取 50 年重现期的基本风压。

(3)《荷规》表 8.3.3 中第 2 项，R_d 区域的内涵：是指屋脊区域偏向背风一侧的屋面。

(4)《结通规》规定：

4.6.5

2 围护结构的风荷载放大系数应根据地形特征、脉动风特性和流场特征等因素确定，且不应小于 $1+\dfrac{0.7}{\sqrt{\mu_z}}$，其中 μ_z 为风压高度变化系数。

【例 1.5.11】 某三层双跨平屋顶钢筋混凝土框架封闭式房屋，为矩形平面，檐口高度为 10m，其外墙为轻质砌体填充墙，每一填充墙面积为 30m²，当地基本风压为 0.55kN/m²，地面粗糙度为 C 类。

试问： 该房屋中部墙面（非墙角边）所受风荷载标准值。

提示： 按《工程结构通用规范》作答。

【解答】 (1) 查《荷规》表 8.2.1，$z=10\text{m}$，C 类，$\mu_z=0.65$。

(2) 根据《荷规》8.6.1 条规定，取阵风系数 $\beta_{gz}=2.05$。由《结通规》4.6.5 条，$\beta_{gz} \geqslant 1+\dfrac{0.7}{\sqrt{0.65}}=1.87$，故取 $\beta_{gz}=2.05$。

(3) 局部风压体型系数 μ_{sl}，根据《荷规》8.3.3 条、8.3.5 条规定，应考虑墙面受正风压、负风压两种情况；直接承受风荷载的围护结构，故不考虑《荷规》8.3.4 条规定。

1) 墙面受正风压标准值：
$$w_k = \beta_{gz}\mu_z\mu_{sl}w_0 = 2.05 \times 0.65 \times (1.0+0.2) \times 0.55 = 0.879\text{kN/m}^2$$

2) 墙面受负风压标准值：
$$w_k = \beta_{gz}\mu_z\mu_{sl}w_0 = 2.05 \times 0.65 \times (-0.6-0.2) \times 0.55 = -0.586\text{kN/m}^2$$

【例 1.5.12】 某海岛临海建筑，为封闭式矩形平面房屋，外墙采用单层幕墙，其平面和立面如图 1.5.13 所示，P 点位于墙面 AD 上，距海平面高度 15m。假定，基本风压

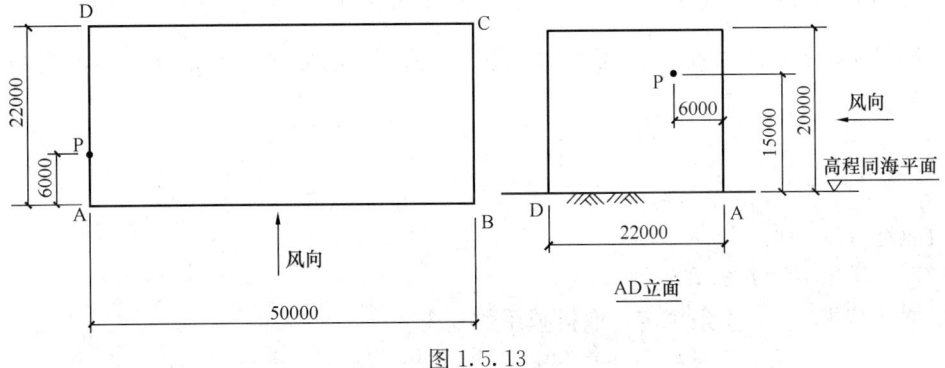

图 1.5.13

$w_0=1.3\text{kN/m}^2$，墙面 AD 的围护构件直接承受风荷载。试问，在图示风向情况下，当计算墙面 AD 围护构件风荷载时，P 点处垂直于墙面的风荷载标准值的绝对值 w_k（kN/m²），与下列何项数值最为接近？

提示：① 海岛的修正系数 $\eta=1.0$；
② 需同时考虑建筑物墙面的内外压力；
按《工程结构通用规范》作答。

(A) 2.9　　　　(B) 3.5　　　　(C) 4.1　　　　(D) 4.6

【解答】 根据《荷规》8.2.1 条，地面粗糙度为 A 类：
P 点离海平面高度 15m，海岛的修正系数 $\eta=1.0$；查《荷规》表 8.2.1，$\mu_z=1.42$。
根据《荷规》表 8.3.3 第 1 项次，$E=\min(2H,B)=\min(40,50)=40\text{m}$
$E/5=8\text{m}>6\text{m}$，则 P 点外表面处的 $\mu_{sl}=-1.4$。
根据《荷规》8.3.5 第 1 款，局部体型系数为 0.2。
查表 8.6.1，$\beta_{gz}=1.57$，由《结通规》4.6.5 条，$\beta_{gz}\geq 1+0.7/\sqrt{1.42}=1.587$，故 $\beta_{gz}=1.587$
$w_k=1.587\times(1.4+0.2)\times 1.42\times 1.3=4.69\text{kN/m}^2$
故应选（D）项。

【例 1.5.13】 拟建一幢 30m 钢筋混凝土框架结构房屋，当地 50 年重现期的基本风压 $w_0=0.50\text{kN/m}^2$，100 年重现期的基本风压 $w_0=0.65\text{kN/m}^2$。地面粗糙度为 A 类。房屋平面长×宽=25m×14m，迎风面宽度为 14m，采用玻璃幕墙作为围护结构，幕墙骨架的从属面积为 35m²。

提示：按《工程结构通用规范》作答。

试问：

(1) 高度 30m 处迎风面幕墙骨架围护结构的风荷载标准值（kN/m²），与下列何项最接近？

(A) 0.92　　　　(B) 1.04　　　　(C) 1.15　　　　(D) 1.29

(2) 高度 30m 处背风面幕墙骨架围护结构的风荷载标准值（kN/m²），与下列何项最接近？

(A) 0.70　　　　(B) 0.74　　　　(C) 0.87　　　　(D) 1.12

【解答】 (1) 根据《荷载》8.1.2 条条文说明，取 $w_0=0.50\text{kN/m}^2$。A 类，$z=30\text{m}$，查《荷规》表 8.2.1 知，$\mu_z=1.67$；查《荷规》表 8.6.1，$\beta_{gz}=1.53$。

由《结通规》4.6.5 条，$\beta_{gz}\geq 1+\dfrac{0.7}{\sqrt{1.67}}=1.54$，故取 $\beta_{gz}=1.54$。

幕墙骨架围护构件的从属面积大于 25m²，根据《荷规》8.3.4 条规定，取折减系数 0.8，即：

$$\mu_{sl}=0.8\times 1.0+0.2=1.0$$

确定 w_k：

$$w_k=\beta_{gz}\mu_{sl}\mu_z w_0=1.54\times 1.0\times 1.67\times 0.5=1.29\text{kN/m}^2$$

故应选（D）项。

(2) 已求出 $\mu_z=1.67$，$\beta_{gz}=1.54$

根据《荷规》8.3.4 条规定，取折减系数 0.8。

$$\mu_{sl}=0.8\times(-0.6)-0.2=-0.68$$

$$w_k = \beta_{gz}\mu_{sl}\mu_z w_0 = 1.54 \times (-0.68) \times 1.67 \times 0.5$$
$$= -0.87 \text{kN/m}^2$$

故应选（C）项。

【例 1.5.14】 某大门雨篷结构如图 1.5.14 所示，悬挑长度为 5.1m，悬挑梁间距为 7.8m，当地基本风压 $w_0=0.80\text{kN/m}^2$，地面粗糙度为 A 类，悬挑梁标高为 10m。

试问：中间悬挑梁由负风压（风吸力）产生的弯矩标准值（kN·m），与下列何项最接近？

提示：按《工程结构通用规范》作答。

(A) 166　　　　　　　(B) 158
(C) 130　　　　　　　(D) 136

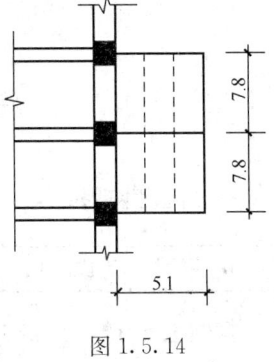

图 1.5.14

【解答】 (1) $z=10$m，A 类，查《荷规》表 8.2.1，$\mu_z=1.28$；根据《荷规》8.6.1 条规定，取 $\beta_{gz}=1.60$，由《结通规》4.6.5 条，$\beta_{gz} \geq 1+0.7/\sqrt{1.28}=1.62$，故取 $\beta_{gz}=1.62$；

根据《荷规》8.3.3 条规定，取 $\mu_{sl}=-2.0$。

中间悬挑梁非直接承受风荷载，故考虑《荷规》8.3.4 条规定，梁的从属面积 $7.8 \times 5.1=39.78\text{m}^2 > 25\text{m}^2$，故折减系数取为 0.6，即：$\mu_{sl}=-2.0 \times 0.6=-1.2$。

$$w_k = \beta_{gz}\mu_{sl}\mu_z w_0 = 1.62 \times (-1.2) \times 1.0 \times 0.80$$
$$= -1.555 \text{kN/m}^2$$

(2) 确定 M_k：
$$q_k = w_k \times 7.8 = -1.555 \times 7.8 = -12.13 \text{kN/m}$$
$$M_k = \frac{1}{2} q_k l^2 = \frac{1}{2} \times (-12.13) \times 5.1^2 = -157.8 \text{kN·m}$$

故应选（B）项。

【例 1.5.15】 某封闭式带女儿墙建筑，剖面如图 1.5.15 所示，地面粗糙度类别为 C 类，基本风压 $w_0=0.50\text{kN/m}^2$，按围护结构考虑。试问，垂直于 BC 的风荷载 w_k（kN/m²）与下列何项数值最为接近？

提示：①不考虑风力干扰影响；
②按《工程结构通用规范》作答。

(A) 0.9　　　　(B) 1.1
(C) 1.3　　　　(D) 1.5

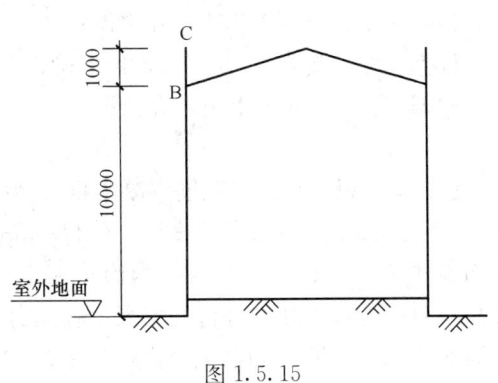

图 1.5.15

【解答】 C 类，查《荷规》表 8.2.1，取 $\mu_z=0.65$

由 8.3.3 条，查表 8.3.1 项次 15：$\mu_{sl}=1.3 \times 1.25$

查表 8.6.1，$\beta_{gz}=2.05$；由《结通规》4.6.5 条：
$$\beta_{gz} \geq 1 + \frac{9.7}{\sqrt{0.65}} = 1.87，故取 \beta_{gz}=2.05$$

$w_k = 2.05 \times (1.3 \times 1.25) \times 0.65 \times 0.5 = 1.08 \text{kN/m}^2$

故选（B）项。

七、横风向风振的计算

横风向风振计算可按《荷规》《烟规》规定进行计算，具体见本书第七章。

第六节 温度作用和偶然荷载

一、温度作用

● 复习《荷规》9.1.1条~9.3.3条。

【例1.6.1】 有关荷载与作用的说法：

Ⅰ．地下室顶板消防车道区域的普通混凝土梁在进行裂缝控制验算和挠度验算时，可不考虑消防车荷载

Ⅱ．屋面均布活荷载可不与雪荷载和风荷载同时组合

Ⅲ．对标准值大于$4kN/m^2$的工业房屋楼面结构的活荷载，其基本组合的荷载分项系数应取1.4

Ⅳ．计算结构的温度作用效应时，温度作用标准值应根据50年重现期的月平均最高气温T_{max}和月平均最低气温T_{min}的差值计算

下列何项是正确的？

提示：按《工程结构通用规范》作答。

(A) Ⅰ、Ⅱ　　　　(B) Ⅰ、Ⅲ、Ⅳ　　　　(C) Ⅰ、Ⅲ　　　　(D) Ⅱ、Ⅲ、Ⅳ

【解答】 根据《结通规》表4.2.3，消防车的准永久值系数为0，Ⅰ正确；

根据《荷规》5.3.3条，Ⅱ错误；

根据《结通规》3.1.13条，Ⅲ正确；

根据《荷规》9.3.1条，Ⅳ错误。

所以应选（C）项。

【例1.6.2】 某高层钢筋混凝土框架-剪力墙结构，平面尺寸为22m×60m，为满足使用要求，其长度方向未设温度缝，仅设一条上下贯通的后浇带。建筑物使用期间结构最高平均温度$T_{max}=30℃$，最低平均温度$T_{min}=10℃$，设计考虑后浇带的封闭温度为15~25℃。假定，对该结构进行均匀温度作用分析。试问，该结构最大温升工况的均匀温度作用标准值ΔT_k^s（℃）和最大降温工况的均匀温度作用标准值ΔT_k^j（℃），与下列何项数值最为接近？

提示：不考虑混凝土收缩、徐变的影响。

(A) $\Delta T_k^s=15$；$\Delta T_k^j=-15$　　　　(B) $\Delta T_k^s=5$；$\Delta T_k^j=-5$

(C) $\Delta T_k^s=5$；$\Delta T_k^j=-15$　　　　(D) $\Delta T_k^s=15$；$\Delta T_k^j=-5$

【解答】 根据《荷规》9.3.1条~9.3.3条：

$$\Delta T_k^s = T_{s,max} - T_{0,min} = 30 - 15 = 15℃$$

$$\Delta T_k^j = T_{s,min} - T_{0,max} = 10 - 25 = -15℃$$

故应选（A）项。

二、偶然荷载

● 复习《荷规》10.1.1条～10.3.3条。

【例1.6.3】 某医院屋顶停机坪设计中，直升机质量按3215kg计算，试问，当直升机非正常着陆时，其对屋面构件的竖向等效静力撞击设计值 P（kN），与下列何项数值最接近？

(A) 170　　　　　(B) 200　　　　　(C) 230　　　　　(D) 260

【解答】 根据《荷规》10.3.3条：

$$P_k = 3\sqrt{32/5} = 170.1 \text{kN}$$

由《荷规》10.1.3条，$P = P_k = 170.1 \text{kN}$

故选（A）项。

第七节 地震作用

本节所用的规范是《建筑与市政工程抗震通用规范》GB 55002—2021（以下简称《抗震通规》）、《建筑抗震设计规范》GB 20011—2010（2016年版）（以下简称《抗规》）。

一、建筑抗震设计的基本概念

1. 抗震设防类别与抗震设防标准

抗震设防类别，《抗震通规》规定：

> 2.3.1 抗震设防的各类建筑与市政工程，均应根据其遭受地震破坏后可能造成的人员伤亡、经济损失、社会影响程度及其在抗震救灾中的作用等因素划分为下列四个抗震设防类别：
>
> 1 特殊设防类应为使用上有特殊要求的设施，涉及国家公共安全的重大建筑与市政工程和地震时可能发生严重次生灾害等特别重大灾害后果，需要进行特殊设防的建筑与市政工程，简称甲类；
>
> 2 重点设防类应为地震时使用功能不能中断或需尽快恢复的生命线相关建筑与市政工程，以及地震时可能导致大量人员伤亡等重大灾害后果，需要提高设防标准的建筑与市政工程，简称乙类；
>
> 3 标准设防类应为除本条第1款、第2款、第4款以外按标准要求进行设防的建筑与市政工程，简称丙类；
>
> 4 适度设防类应为使用上人员稀少且震损不致产生次生灾害，允许在一定条件下适度降低设防要求的建筑与市政工程，简称丁类。

抗震设防烈度，《抗震通规》条文说明：

> 1 抗震设防烈度
> 按国家规定的权限批准作为一个地区抗震设防依据的地震烈度。一般情况下，取50年内超越概率10%的地震烈度。

对上述定义，《抗规》术语中2.1.1条作了相同规定。
抗震设防标准，《抗震通规》条文说明：

> **2 抗震设防标准**
> 衡量抗震设防要求高低的尺度，由抗震设防烈度或设计地震动参数及建筑抗震设防类别确定。

对上述定义，《抗规》术语中2.1.2条也作了相同规定。
抗震设防标准的划分，《抗震通规》规定：

> 2.3.2 各抗震设防类别建筑与市政工程，其抗震设防标准应符合下列规定：
> 1 标准设防类，应按本地区抗震设防烈度确定其抗震措施和地震作用，达到在遭遇高于当地抗震设防烈度的预估罕遇地震影响时不致倒塌或发生危及生命安全的严重破坏的抗震设防目标。
> 2 重点设防类，应按本地区抗震设防烈度提高一度的要求加强其抗震措施；但抗震设防烈度为9度时应按比9度更高的要求采取抗震措施；地基基础的抗震措施，应符合有关规定。同时，应按本地区抗震设防烈度确定其地震作用。
> 3 特殊设防类，应按本地区抗震设防烈度提高一度的要求加强其抗震措施；但抗震设防烈度为9度时应按比9度更高的要求采取抗震措施。同时，应按批准的地震安全性评价的结果且高于本地区抗震设防烈度的要求确定其地震作用。
> 4 适度设防类，允许比本地区抗震设防烈度的要求适当降低其抗震措施，但抗震设防烈度为6度时不应降低。一般情况下，仍应按本地区抗震设防烈度确定其地震作用。
> 5 当工程场地为Ⅰ类时，对特殊设防类和重点设防类工程，允许按本地区设防烈度的要求采取抗震构造措施；对标准设防类工程，抗震构造措施允许按本地区设防烈度降低一度、但不得低于6度的要求采用。
> 6 对于城市桥梁，其多遇地震作用尚应根据抗震设防类别的不同乘以相应的重要性系数进行调整。特殊设防类、重点设防类、标准设防类以及适度设防类的城市桥梁，其重要性系数分别不应低于2.0、1.7、1.3和1.0。

需注意的是：

（1）甲类建筑，地震作用应高于本地区抗震设防烈度的要求。乙类、丙类建筑，地震作用应符合本地区抗震设防烈度的要求。丁类建筑，一般情况下，地震作用仍应符合本地区抗震设防烈度的要求。

抗震设防烈度确定了设计基本地震加速度值，《抗震通规》2.2.2条和《抗规》3.2.1条、3.2.2条作了相同规定。

《抗规》规定：

> 3.2.1 建筑所在地区遭受的地震影响，应采用相应于抗震设防烈度的设计基本地震加速度和特征周期表征。

3.2.2 抗震设防烈度和设计基本地震加速度取值的对应关系，应符合表3.2.2的规定。设计基本地震加速度为0.15g和0.30g地区内的建筑，除本规范另有规定外，应分别按抗震设防烈度7度和8度的要求进行抗震设计。

抗震设防烈度和设计基本地震加速度值的对应关系　　表3.2.2

抗震设防烈度	6	7	8	9
设计基本地震加速度值	0.05g	0.10 (0.15) g	0.20 (0.30) g	0.40g

注：g为重力加速度。

地震作用计算还涉及地震影响的特征周期这一重要参数，它受制于地震的震级、震中距和场地条件的影响，《抗震通规》2.2.2条第2款和《抗规》3.2.3条作了相同规定。

《抗规》规定：

3.2.3 地震影响的特征周期应根据建筑所在地的设计地震分组和场地类别确定。本规范的设计地震共分为三组，其特征周期应按本规范第5章的有关规定采用。

同时，《抗震通规》表4.2.2-2与《抗规》表5.1.4-2对设计地震分组、场地类别与其相应的特征周期作了相同规定。

《抗规》规定：

5.1.4

特征周期值（s）　　表5.1.4-2

设计地震分组	场地类别				
	I_0	I_1	II	III	IV
第一组	0.20	0.25	0.35	0.45	0.65
第二组	0.25	0.30	0.40	0.55	0.75
第三组	0.30	0.35	0.45	0.65	0.90

（2）对于抗震设防烈度为6度的建筑，《抗规》3.1.2条作了如下规定：

3.1.2 抗震设防烈度为6度时，除本规范有具体规定外，对乙、丙、丁类的建筑可不进行地震作用计算。

同时，《抗规》5.1.6条作了如下规定：

5.1.6 结构的截面抗震验算，应符合下列规定：
1 6度时的建筑（不规则建筑及建造于IV类场地上较高的高层建筑除外），以及生土房屋和木结构房屋等，应符合有关的抗震措施要求，但应允许不进行截面抗震验算。
2 6度时不规则建筑、建造于IV类场地上较高的高层建筑，7度和7度以上的建筑结构（生土房屋和木结构房屋等除外），应进行多遇地震作用下的截面抗震验算。
注：采用隔震设计的建筑结构，其抗震验算应符合有关规定。

(3) 根据上述建筑抗震设防标准，抗震设计包括"抗震计算"和"抗震措施"。其中，抗震计算是指计算地震作用标准值及其相应的地震作用效应、结构构件的截面承载力计算等。抗震措施是指除地震作用计算和抗力计算以外的抗震设计内容，它包括了建筑场地、结构选型、结构体系和抗震构造措施等，故其内容比抗震构造措施更广泛。抗震措施的具体内容见本书第二章。可见，我国建筑抗震设防标准不是采用提高结构的地震作用，而是通过提高结构的抗震措施来提高抗震能力。这与我国经济发展水平是相适应的，既经济又安全。

2. 建筑抗震设防的目标——三水准抗震目标

《抗震通规》规定：

2.1.1 抗震设防的各类建筑与市政工程，其抗震设防目标应符合下列规定：

1 当遭遇低于本地区设防烈度的多遇地震影响时，各类工程的主体结构和市政管网系统不受损坏或不需修理可继续使用。

2 当遭遇相当于本地区设防烈度的设防地震影响时，各类工程中的建筑物、构筑物、桥梁结构、地下工程结构等可能发生损伤，但经一般性修理可继续使用；市政管网的损坏应控制在局部范围内，不应造成次生灾害。

3 当遭遇高于本地区设防烈度的罕遇地震影响时，各类工程中的建筑物、构筑物、桥梁结构、地下工程结构等不致倒塌或发生危及生命的严重破坏；市政管网的损坏不致引发严重次生灾害，经抢修可快速恢复使用。

2.1.2 抗震设防的建筑与市政工程，其多遇地震动、设防地震动和罕遇地震动的超越概率水准不应低于表2.1.2的规定。

建筑与市政工程的各级地震动的超越概率水准　　　　表 2.1.2

	多遇地震动	设防地震动	罕遇地震动
居住建筑与公共建筑、城镇桥梁、城镇给水排水工程、城镇燃气热力工程、城镇地下工程结构（不含城市地下综合管廊）	63.2%/50年	10%/50年	2%/50年
城市地下综合管廊	63.2%/100年	10%/100年	2%/100年

《抗规》1.0.1条及其条文说明也作了类似规定。

上述规定，用概率密度函数曲线表示，如图 1.7.1 所示，基本烈度比众值烈度约高 1.55 度，比罕遇烈度约低 1 度。

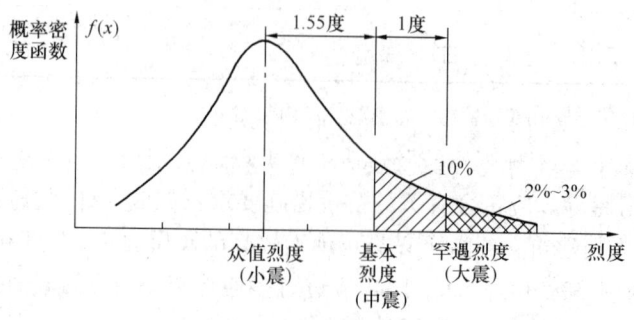

图 1.7.1 地震概率密度函数曲线的基本形状

此外,《抗规》1.0.1条的条文说明中指出:

> 1.0.1（条文说明）
> 1 抗震设防烈度为6度时,建筑按本规范采取相应的抗震措施之后,抗震能力比不设防时有实质性的提高,但其抗震能力仍是较低的。
> 2 不同抗震设防类别的建筑按本规范规定采取抗震措施之后,相应的抗震设防目标在程度上有所提高或降低。例如,丁类建筑在设防地震下的损坏程度可能会重些,且其倒塌不危及人们的生命安全,在罕遇地震下的表现会比一般的情况要差;甲类建筑在设防地震下的损坏是轻微甚至是基本完好的,在罕遇地震下的表现将会比一般的情况好些。

3. 建筑抗震设计的二阶段设计方法

为了实现上述三水准抗震设防目标,建筑抗震设计采用二阶段设计方法,同时,各阶段中体现了抗震概念设计、抗震计算和抗震措施。

抗震概念设计,是指一些在计算中或在规范中难以作出具体规定的问题,必须运用"概念"进行分析,作出判断,并采用相应的措施。如地震作用下结构破坏机理的概念、力学概念,以及由震害、试验现象等总结提供的各种经验等。这些概念、经验要贯穿在结构方案确定、结构布置过程中,也要体现在计算简图或计算结果的处理中,同时也体现在某些结构薄弱环节的配筋构造中。

二阶段设计方法,《抗规》1.0.1条的条文说明中指出:

> 1.0.1（条文说明）
> 3 本次修订继续采用二阶段设计实现上述三个水准的设防目标:第一阶段设计是承载力验算,取第一水准的地震动参数计算结构的弹性地震作用标准值和相应的地震作用效应,继续采用《建筑结构可靠度设计统一标准》GB 50068规定的分项系数设计表达式进行结构构件的截面承载力抗震验算,这样,其可靠度水平同78规范相当,并由于非抗震构件设计可靠性水准的提高而有所提高,既满足了在第一水准下具有必要的承载力可靠度,又满足第二水准的损坏可修的目标。对大多数的结构,可只进行第一阶段设计,而通过概念设计和抗震构造措施来满足第三水准的设计要求。
> 第二阶段设计是弹塑性变形验算,对地震时易倒塌的结构、有明显薄弱层的不规则结构以及有专门要求的建筑,除进行第一阶段设计外,还要进行结构薄弱部位的弹塑性层间变形验算并采取相应的抗震构造措施,实现第三水准的设防要求。

二阶段设计方法的流程,如图1.7.2所示。

二、地震作用

1. 概念

《抗规》规定:

> 2.1.4 地震作用 earthquake action
> 由地震动引起的结构动态作用,包括水平地震作用和竖向地震作用。

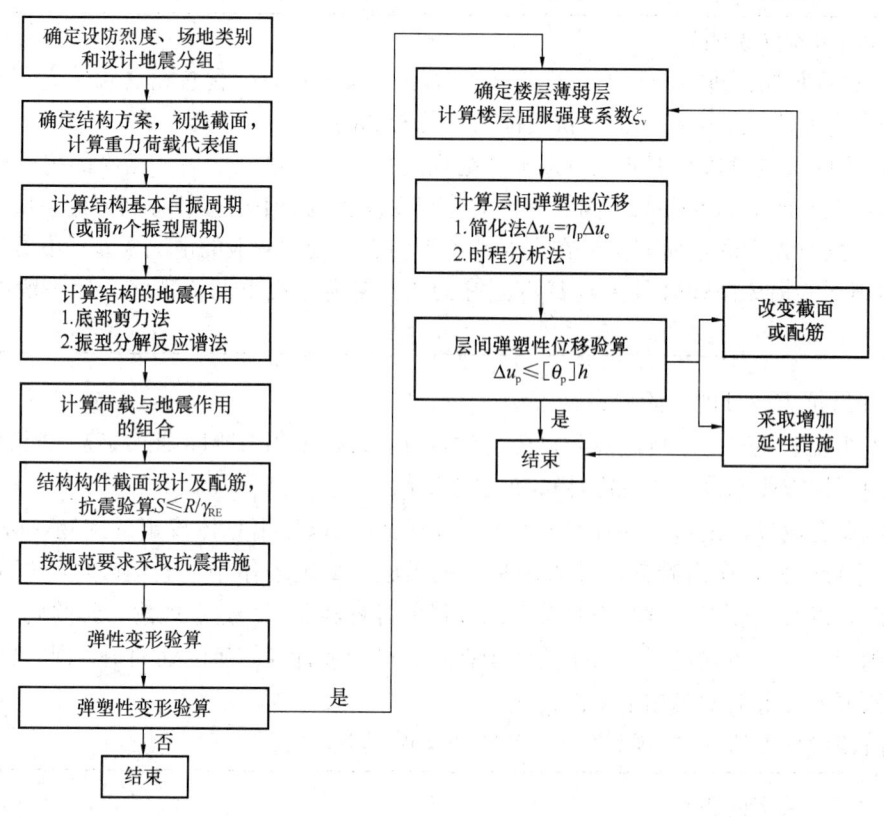

图1.7.2 二阶段设计方法的流程

2. 地震作用的一般规定

《抗震通规》规定：

> 4.1.2 各类建筑与市政工程的地震作用，应采用符合结构实际工作状况的分析模型进行计算，并应符合下列规定：
> 1 一般情况下，应至少沿结构两个主轴方向分别计算水平地震作用；当结构中存在与主轴交角大于15°的斜交抗侧力构件时，尚应计算斜交构件方向的水平地震作用。
> 2 计算各抗侧力构件的水平地震作用效应时，应计入扭转效应的影响。
> 3 抗震设防烈度不低于8度的大跨度、长悬臂结构和抗震设防烈度9度的高层建筑物、盛水构筑物、贮气罐、储气柜等，应计算竖向地震作用。
> 4 对平面投影尺度很大的空间结构和长线型结构，地震作用计算时应考虑地震地面运动的空间和时间变化。
> 5 对地下建筑和埋地管道，应考虑地震地面运动的位移向量影响进行地震作用效应计算。

《抗规》5.1.1条、5.1.2条作了如下规定：

> 5.1.1 各类建筑结构的地震作用，应符合下列规定：

1 一般情况下，应至少在建筑结构的两个主轴方向分别计算水平地震作用，各方向的水平地震作用应由该方向抗侧力构件承担。

   2 有斜交抗侧力构件的结构，当相交角度大于15°时，应分别计算各抗侧力构件方向的水平地震作用。

   3 质量和刚度分布明显不对称的结构，应计入双向水平地震作用下的扭转影响；其他情况，应允许采用调整地震作用效应的方法计入扭转影响。

   4 8、9度时的大跨度和长悬臂结构及9度时的高层建筑，应计算竖向地震作用。

   注：8、9度时采用隔震设计的建筑结构，应按有关规定计算竖向地震作用。

5.1.2 各类建筑结构的抗震计算，应采用下列方法：

   1 高度不超过40m、以剪切变形为主且质量和刚度沿高度分布比较均匀的结构，以及近似于单质点体系的结构，可采用底部剪力法等简化方法。

   2 除1款外的建筑结构，宜采用振型分解反应谱法。

   3 特别不规则的建筑、甲类建筑和表5.1.2-1所列高度范围的高层建筑，应采用时程分析法进行多遇地震下的补充计算；当取三组加速度时程曲线输入时，计算结果宜取时程法的包络值和振型分解反应谱法的较大值；当取七组及七组以上的时程曲线时，计算结果可取时程法的平均值和振型分解反应谱法的较大值。

   采用时程分析法时，应按建筑场地类别和设计地震分组选用实际强震记录和人工模拟的加速度时程曲线，其中实际强震记录的数量不应少于总数的2/3，多组时程曲线的平均地震影响系数曲线应与振型分解反应谱法所采用的地震影响系数曲线在统计意义上相符，其加速度时程的最大值可按表5.1.2-2采用。弹性时程分析时，每条时程曲线计算所得结构底部剪力不应小于振型分解反应谱法计算结果的65%，多条时程曲线计算所得结构底部剪力的平均值不应小于振型分解反应谱法计算结果的80%。

采用时程分析的房屋高度范围　　表5.1.2-1

烈度、场地类别	房屋高度范围（m）	烈度、场地类别	房屋高度范围（m）
8度Ⅰ、Ⅱ类场地和7度	>100	9度	>60
8度Ⅲ、Ⅳ类场地	>80		

时程分析所用地震加速度时程的最大值（cm/s^2）　　表5.1.2-2

地震影响	6度	7度	8度	9度
多遇地震	18	35 (55)	70 (110)	140
罕遇地震	125	220 (310)	400 (510)	620

注：括号内数值分别用于设计基本地震加速度为0.15g和0.30g的地区。

   4 计算罕遇地震下结构的变形，应按本规范第5.5节规定，采用简化的弹塑性分析方法或弹塑性时程分析法。

   5 平面投影尺度很大的空间结构，应根据结构形式和支承条件，分别按单点一致、多点、多向单点或多向多点输入进行抗震计算。按多点输入计算时，应考虑地震行波效应和局部场地效应。6度和7度Ⅰ、Ⅱ类场地的支承结构、上部结构和基础的抗震验算可采用简化方法，根据结构跨度、长度不同，其短边构件可乘以附加地震作用效应系数1.15～1.30；7度Ⅲ、Ⅳ类场地和8、9度时，应采用时程分析方法进行抗震验算。

   6 建筑结构的隔震和消能减震设计，应采用本规范第12章规定的计算方法。

需注意的是：

水平地震作用下的扭转影响计算，《抗规》5.2.3 条作了如下具体计算规定：

> 5.2.3 水平地震作用下，建筑结构的扭转耦联地震效应应符合下列要求：
> 1 规则结构不进行扭转耦联计算时，平行于地震作用方向的两个边榀各构件，其地震作用效应应乘以增大系数。一般情况下，短边可按 1.15 采用，长边可按 1.05 采用；当扭转刚度较小时，周边各构件宜按不小于 1.3 采用。角部构件空间时乘以两个方向各自的增大系数。

但是，《高规》4.3.3 条作了如下计算规定：

> 4.3.3 计算单向地震作用时应考虑偶然偏心的影响。每层质心沿垂直于地震作用方向的偏移值可按下式采用：
> $$e_i = \pm 0.05 L_i$$
> 式中 e_i——第 i 层质心偏移值（m），各楼层质心偏移方向相同；
> L_i——第 i 层垂直于地震作用方向的建筑物总长度（m）。

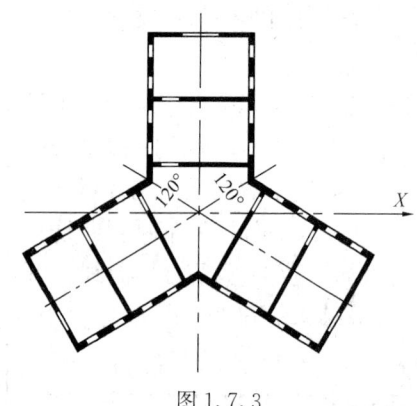

图 1.7.3

【**例 1.7.1**】 某 16 层现浇钢筋混凝土剪力墙结构，各层结构平面如图 1.7.3 所示，丙类建筑，抗震设防烈度为 7 度（$0.15g$），Ⅱ类场地，设计地震分组为第二组。考虑水平地震作用时，需先确定水平地震作用的计算方向，取图中与 X 轴正方向的夹角，按逆时针计算。

试问： 抗震设计时，该结构必须考虑的水平地震作用方向有哪些？

提示：按《建筑抗震设计规范》解答。

【**解答**】 根据《抗规》5.1.1 条第 2 款规定，水平地震作用方向应考虑的情况是：0°、30°、60°、90°、120°、150°。

3. 重力荷载代表值

《抗震通规》4.1.3 条和《抗规》5.1.3 条作了相同规定。

《抗规》5.1.3 条规定：

> 5.1.3 计算地震作用时，建筑的重力荷载代表值应取结构和构配件自重标准值和各可变荷载组合值之和。各可变荷载的组合值系数，应按表 5.1.3 采用。

组 合 值 系 数　　　　　　　　　表 5.1.3

可变荷载种类		组合值系数
雪荷载		0.5
屋面积灰荷载		0.5
屋面活荷载		不计入
按实际情况计算的楼面活荷载		1.0
按等效均布荷载计算的楼面活荷载	藏书库、档案库	0.8
	其他民用建筑	0.5
吊车悬吊物重力	硬钩吊车	0.3
	软钩吊车	不计入
注：硬钩吊车的吊重较大时，组合值系数应按实际情况采用。		

地震作用下计算建筑物的重力荷载代表值时，不上人的屋面活荷载不计入。此外，中国建筑设计院有限公司编著的《结构设计统一技术措施》指出："上人的屋面活荷载可计入，其组合值系数可取 0.5"，可供设计参考。

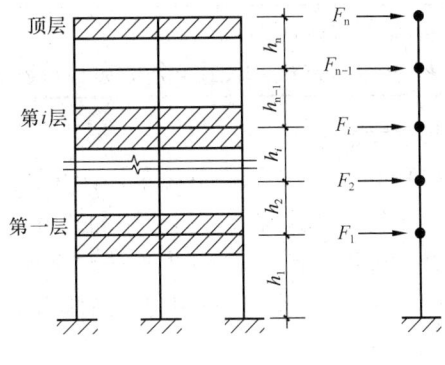

图 1.7.4

多层建筑及高层建筑的各楼层重力荷载代表值的取值，如图 1.7.4 所示，顶层重力荷载代表值取顶层墙柱层高一半和本层屋盖荷载（不计屋面活荷载）计算；第 1 层和第 i 层重力荷载代表值取本层墙柱层高一半、本层楼层荷载和相邻上一层墙柱层高一半。

【例 1.7.2】 天津市静海区拟建 28m 高度钢筋混凝土框架结构房屋，场地为Ⅱ类。试问，其设计基本地震加速度、设计特征周期 T_g(s)，应为下列何项？

(A) 0.20g　0.25s　(B) 0.15g　0.25s　(C) 0.20g　0.40s　(D) 0.15g　0.40s

【解答】 (1) 根据《抗规》附录 A 规定，天津市市区，设计基本地震加速度为 0.15g，设计地震分组为第二组。

(2) 查《抗规》表 5.1.4-2 知，设计地震分组为第二组，Ⅱ类场地，取 $T_g = 0.40$s，故应选 (D) 项。

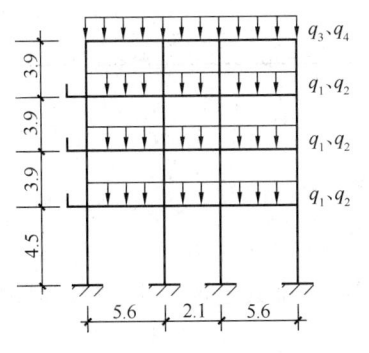

图 1.7.5 (单位：m)

【例 1.7.3】 已知某四层钢筋混凝土框架结构，为一般民用建筑，每层建筑面积均为 800m²。一榀框架如图 1.7.5 所示，楼面恒载为 3kN/m²，楼面活荷载为 2kN/m²；屋盖恒载为 3.4kN/m²，屋面活荷载为 2kN/m²，屋面雪荷载为 0.4kN/m²；第一层内外横纵墙重量为 1500kN，第二层至第四层内外横纵墙重量均为 1200kN。每层阳台栏板重量为 150kN，屋顶女儿墙重量为 500kN。

试问：确定各楼层重力荷载代表值。

【解答】 根据《抗规》表 5.1.3 规定，屋面活荷载不参与组合；楼面活荷载的组合值系数为 0.5；屋面雪荷载的组合值系数为 0.5。

$$G_4 = (3.4 + 0.4 \times 0.5) \times 800 + 500 + \frac{1}{2} \times 1200 = 3980 \text{kN}$$

$$G_3 = G_2 = (3 + 2 \times 0.5) \times 800 + \frac{1}{2} \times (1200 + 1200) + 150 = 4550 \text{kN}$$

$$G_1 = (3 + 2 \times 0.5) \times 800 + \frac{1}{2} \times (1200 + 1500) + 150 = 4700 \text{kN}$$

三、水平地震作用计算

水平地震作用计算方法有：底部剪力法、振型分解反应谱法和时程分析法。

1. 水平地震影响系数的确定

水平地震影响系数最大值、特征周期，《抗震通规》4.2.2 条与《抗规》5.1.4 条相同。

- 复习《抗震通规》4.2.2 条。
- 复习《抗规》5.1.4 条、5.1.5 条。

需注意的是：

（1）《抗规》5.1.4 条规定，计算 6、7、8、9 度罕遇地震作用时，特征周期应增加 0.05s，即《抗规》表 5.1.4-2 中的数值应增加 0.05s。

查《抗规》表 5.1.4-1 时，需注意该表注的规定内容。

（2）《抗规》5.1.5 条规定，当建筑结构的阻尼比取 0.05，相关系数取值为：衰减指数 γ，$\gamma=0.9$；

阻尼调整系数 η_2，$\eta_2=1.0$；

直线下降段的下降斜率调整系数 η_1，$\eta_1=0.02$。

对于钢结构的阻尼比，《抗规》8.2.2 条作了如下规定：

> 8.2.2 钢结构抗震计算的阻尼比宜符合下列规定：
> 1 多遇地震下的计算，高度不大于 50m 时，可取 0.04；高度大于 50m 且小于 200m 时，可取 0.03；高度不小于 200m 时，宜取 0.02。
> 2 当偏心支撑框架部分承担的地震倾覆力矩大于结构总地震倾覆力矩的 50%时，其阻尼比可比本条 1 款相应增加 0.005。
> 3 在罕遇地震下的弹塑性分析，阻尼比可取 0.05。

（3）《抗规》式（5.1.5-2）、式（5.1.5-3）应满足：

$$\eta_1 = 0.02 + \frac{0.05-\zeta}{4+32\zeta} \geq 0$$

$$\eta_2 = 1 + \frac{0.05-\zeta}{0.08+1.6\zeta} \geq 0.55$$

【例 1.7.4】 上海市市区拟建造钢筋混凝土框架结构房屋，Ⅲ类建筑场地，房屋高度 40m，经计算知其基本自振周期 $T_1=1.5$s。

试问：

（1）当计算多遇地震作用时，该结构的水平地震影响系数 α，与下列何项最接近？

(A) 0.0324　　　(B) 0.0382　　　(C) 0.0391　　　(D) 0.0365

（2）当计算罕遇地震作用时，该结构的水平地震影响系数 α，与下列何项最接近？

(A) 0.0377　　　(B) 0.0382　　　(C) 0.2518　　　(D) 0.2192

【解答】（1）多遇地震作用时，根据《抗规》附录 A 规定：

上海市市区，抗震设防烈度为 7 度，设计基本地震加速度值为 0.10g，设计分组为第二组。

查《抗规》表 5.1.4-1 知，7 度，0.10g，多遇地震，取 $\alpha_{max}=0.08$；罕遇地震，取 $\alpha_{max}=0.50$。

查《抗规》表 5.1.4-2 知，设计地震分组为第二组、Ⅲ类建筑场地，取 $T_g=0.55$s。

$T_g=0.55\text{s} < T_1=1.5\text{s} < 5T_g=2.75\text{s}$，则：

$$\alpha = \left(\frac{T_g}{T_1}\right)^\gamma \eta_2 \alpha_{max} = \left(\frac{0.55}{1.5}\right)^{0.9} \times 1 \times 0.08 = 0.0324$$

故应选（A）项。

（2）罕遇地震作用时，查《抗规》表 5.1.4-2 知，$T_g=0.65s$

根据《抗规》5.1.4 条规定，计算罕遇地震时，T_g 应增加 0.05s，故取 $T_g=0.60s$。

$$\alpha=\left(\frac{T_g}{T_1}\right)^{\gamma}\eta_2\alpha_{max}=\left(\frac{0.60}{1.5}\right)^{0.9}\times 1\times 0.5=0.2192$$

故应选（D）项。

【例 1.7.5】 某拟建于 8 度抗震设防区的 38m 钢筋混凝土框架结构，设计基本地震加速度为 $0.3g$，设计地震分组为第二组、场地类别为 I_1 类，结构自振周期 $T_1=1.2s$。

试问：

（1）当计算多遇地震作用时，该结构的水平地震影响系数 α，与下列何项最接近？
(A) 0.069   (B) 0.079   (C) 0.052   (D) 0.046

（2）当计算罕遇地震作用时，该结构的水平地震影响系数 α，与下列何项最接近？
(A) 0.069   (B) 0.079   (C) 0.3446   (D) 0.3959

【解答】（1）多遇地震作用时，查《抗规》表 5.1.4-1 及注的规定，取 $\alpha_{max}=0.24$。

查《抗规》表 5.1.4-2 知，设计地震分组为第二组、I_1 类场地，取 $T_g=0.30s$。

$T_g=0.30s<T_1=1.2s<5T_g=1.5s$，则：

$$\alpha=\left(\frac{T_g}{T_1}\right)^{\gamma}\eta_2\alpha_{max}=\left(\frac{0.30}{1.2}\right)^{0.9}\times 1\times 0.24=0.0689$$

故应选（A）项。

（2）罕遇地震作用时，查《抗规》表 5.1.4-1 及注的规定，取 $\alpha_{max}=1.2$

根据《抗规》5.1.4 条规定，罕遇地震作用时，T_g 应增加 0.05s。

$T_g=0.30+0.05=0.35s$

$T_g=0.35s<T_1=1.2s<5T_g=1.75s$，则：

$$\alpha=\left(\frac{T_g}{T_1}\right)^{\gamma}\eta_2\alpha_{max}=\left(\frac{0.35}{1.2}\right)^{0.9}\times 1\times 1.2=0.3959$$

故应选（D）项。

【例 1.7.6】 某拟建 48m 钢筋混凝土框架-剪力墙结构房屋，为丙类建筑，建筑场地为 I_1 类，设计地震分组为第一组，设计地震加速度为 $0.15g$。经计算知其基本自振周期为 1.3s。

试问： 多遇地震作用时，其水平地震影响系数 α，与下列何项最接近？
(A) 0.028   (B) 0.027   (C) 0.026   (D) 0.025

【解答】 根据《抗规》3.2.2 条规定，$0.15g$，该建筑按抗震设防烈度 7 度计算。

查《抗规》表 5.1.4-1 及注的规定，取 $\alpha_{max}=0.12$。

查《抗规》表 5.1.4-2 知，设计地震分组为第一组、I_1 类场地，取 $T_g=0.25s$。

$5T_g=0.25\times 5=1.25s<T_1=1.3s$，则：

$$\alpha=[\eta_2 0.2^{\gamma}-\eta_1(T-5T_g)]\alpha_{max}$$
$$=[1\times 0.2^{0.9}-0.02\times(1.3-0.25\times 5)]\times 0.12=0.0281$$

故应选（A）项。

（4）插值法确定特征周期

《抗震通规》规定：

> 4.2.2
> 3 特征周期应根据场地类别和设计地震分组按表 4.2.2-2 采用。当有可靠的剪切波速和覆盖层厚度且其值处于本规范表 3.1.3 所列场地类别的分界线±15%范围内时，应按插值方法确定特征周期。
>
> 特征周期值（s）　　　　　　　　　　　　表 4.2.2
>
> | 设计地震分组 | 场地类别 | | | | |
> |---|---|---|---|---|---|
> | | I_0 | I_1 | II | III | IV |
> | 第一组 | 0.20 | 0.25 | 0.35 | 0.45 | 0.65 |
> | 第二组 | 0.25 | 0.30 | 0.40 | 0.55 | 0.75 |
> | 第三组 | 0.30 | 0.35 | 0.45 | 0.65 | 0.90 |

《抗规》4.1.6 条条文说明作了细化规定。

【例 1.7.7】 某高层钢筋混凝土结构房屋，抗震设防烈度为 8 度，设计地震分组为第一组。根据工程地质详勘报告，该建筑场地土层的等效剪切波速为 270m/s，场地覆盖层厚度为 55m。

试问：计算罕遇地震作用，按插值方法确定的特征周期 T_g（s）取下列何项数值最为合适？

(A) 0.35　　　　(B) 0.38　　　　(C) 0.40　　　　(D) 0.43

【解答】 根据《抗规》4.1.6 条的条文说明：

$d_{ov}=55m$，$v_{se}=270m/s$，由插值方法，多遇地震的 T_g 为 0.38s 左右，则：

罕遇地震：$T_g=0.38+0.05=0.43s$

故应选（D）项。

2. 底部剪力法

> ● 复习《抗规》5.2.1 条。

需注意的是：

(1) 对于多层砌体房屋、底部框架砌体房屋，取 $\alpha_1=\alpha_{max}$。

相关计算案例题见本书第五章砌体结构部分。

(2) 《高规》4.3.11 条及其附录 C 对底部剪力法的规定，与《抗规》是一致的；高层建筑混凝土结构底部剪力法的案例题见本书第七章高层建筑结构和高耸结构。

▲屋面无突出部分的房屋

【例 1.7.8】 单层钢筋混凝土框架如图 1.7.6 所示，集中于屋盖处的重力荷载代表值 $G=1200kN$，梁的抗弯刚度 $EI=\infty$，场地为 II 类，7 度抗震设防烈度，设计基本地震加速度为 $0.10g$，设计地震分组为第二组。经计算知基本自振周期 $T_1=0.88s$。试问，在多遇地震作用下，其水平地震作用标准值（kN），与下列何项最接近？

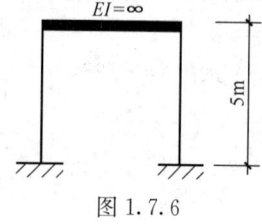

图 1.7.6

(A) 46.80　　　　(B) 48.50　　　　(C) 49.60　　　　(D) 52.40

【解答】 查《抗规》表 5.1.4-1 知，$\alpha_{\max}=0.08$。

查《抗规》表 5.1.4-2 知，$T_g=0.40$s。

$$T_g=0.40\text{s}<T_1=0.88\text{s}<5T_g=2.0\text{s}$$

$$\alpha_1=\left(\frac{T_g}{T}\right)^\gamma \eta_2 \alpha_{\max}=\left(\frac{0.40}{0.88}\right)^{0.9}\times 1.0 \times 0.08=0.039$$

根据《抗规》5.2.1 条规定，取 $G_{eq}=G=1200$kN

$$F_{Ek}=\alpha_1 G_{eq}=0.039\times 1200=46.80\text{kN}$$

故应选（A）项。

【例 1.7.9】 如图 1.7.7 所示，某二层钢筋混凝土框架结构，集中于楼盖和屋盖处的重力荷载代表值相等 $G_1=G_2=1200$kN，梁的刚度 $EI=\infty$，场地为 II 类，抗震设防烈度为 7 度，设计地震分组为第二组，设计基本地震加速度为 $0.10g$。该结构基本自振周期 $T_1=1.028$s。

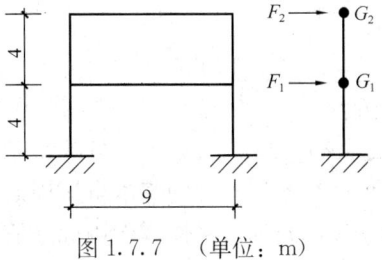

图 1.7.7　（单位：m）

试问：多遇地震作用下，第一层、第二层楼层水平地震剪力标准值（kN），与下列何项最接近？

(A) 69.36；46.39　　　　(B) 69.36；48.37

(C) 69.36；40.39　　　　(D) 69.36；41.99

【解答】 (1) 确定 α_1 值

查《抗规》表 5.1.4-1 知，$\alpha_{\max}=0.08$

查《抗规》表 5.1.4-2 知，$T_g=0.40$s

$$T_g=0.4\text{s}<T_1=1.028\text{s}<5T_g=2.0\text{s}$$

$$\alpha_1=\left(\frac{T_g}{T_1}\right)^\gamma \eta_2 \alpha_{\max}=\left(\frac{0.4}{1.028}\right)^{0.9}\times 1\times 0.08=0.034$$

(2) 确定 F_{Ek}、δ_n

根据《抗规》5.2.1 条规定：

$$F_{Ek}=\alpha_1 G_{eq}=0.034\times 0.85\times(1200+1200)=69.36\text{kN}$$

查《抗规》表 5.2.1，$T_1>1.4T_g=0.56$s，$T_g=0.40$s

故取　$\delta_n=0.08T_1+0.01=0.08\times 1.028+0.01=0.092$

$$\Delta F_n=\delta_n F_{Ek}=0.092\times 69.36=6.38\text{kN}$$

由规范式（5.2.1-2）：

$$F_{1k}=\frac{G_1 H_1}{\sum_{j=1}^{n}G_j H_j}F_{Ek}(1-\delta_n)=\frac{1200\times 4}{1200\times 4+1200\times 8}\times 69.36\times(1-0.092)$$

$$=20.99\text{kN}$$

$$F_{2k}=\frac{1200\times 8}{1200\times 4+1200\times 8}\times 69.36\times(1-0.092)=41.99\text{kN}$$

第二层剪力标准值：$\Delta F+F_{2k}=6.38+41.99=48.37$kN

第一层剪力标准值：$\Delta F+F_{2k}+F_{1k}=48.37+20.99=69.36$kN

故应选（B）项。

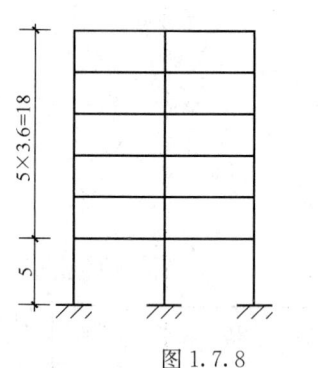

图 1.7.8

【例 1.7.10】 某 6 层钢筋混凝土框架结构，如图 1.7.8 所示，抗震设防烈度为 8 度，设计基本地震加速度为 $0.20g$，设计地震分组为第二组，场地类别为 Ⅲ 类，集中在屋盖和楼盖处的重力荷载代表值为 $G_6 = 4750\text{kN}$，$G_{2\sim 5} = 6050\text{kN}$，$G_1 = 7000\text{kN}$。采用底部剪力法计算多遇地震作用。

试问：

(1) 假定结构的基本自振周期 $T_1 = 0.65\text{s}$，结构总水平地震作用标准值 F_{Ek} (kN)，与下列何项最接近？

(A) 2492 (B) 3271 (C) 4217 (D) 4555

(2) 若该框架的基本自振周期 $T_1 = 0.85\text{s}$，总水平地震作用标准值 $F_{Ek} = 3304\text{kN}$，作用于顶部附加水平地震作用标准值 ΔF_{6k} (kN)，与下列何项最接近？

(A) 153 (B) 258 (C) 466 (D) 525

(3) 若已知结构总水平地震作用标准值 $F_{Ek} = 3126\text{kN}$，顶部附加水平地震作用 $\Delta F_6 = 256\text{kN}$，作用于 G_5 处的地震作用标准值 F_{5k} (kN)，与下列何项最接近？

(A) 565 (B) 697 (C) 756 (D) 914

【解答】 (1) 查《抗规》表 5.1.4-1，8 度、$0.20g$，取 $\alpha_{\max} = 0.16$

查《抗规》表 5.1.4-2，设计地震分组为第二组、场地 Ⅲ 类，取 $T_g = 0.55\text{s}$

$T_g = 0.55\text{s} < T_1 = 0.65\text{s} < 5T_g = 2.75\text{s}$，则：

$$\alpha_1 = \left(\frac{T_g}{T_1}\right)^\gamma \eta_2 \alpha_{\max} = \left(\frac{0.55}{0.65}\right)^{0.9} \times 1 \times 0.16 = 0.138$$

$$F_{Ek} = \alpha_1 G_{eq} = 0.138 \times 0.85 \times (4750 + 4 \times 6050 + 7000) = 4217\text{kN}$$

故应选（C）项。

(2) $1.4 T_g = 1.4 \times 0.55 = 0.77\text{s} < T_1 = 0.85\text{s}$

查《抗规》表 5.2.1 知：$\delta_n = 0.08 T_1 + 0.01 = 0.078$

$$\Delta F_{6k} = \delta_n F_{Ek} = 0.078 \times 3304 = 258\text{kN}$$

故应选（B）项。

(3) 由《抗规》式 (5.2.1-2)、式 (5.2.1-3)：

$$F_{5k} = \frac{G_5 H_5}{\sum\limits_{j=1}^{n} G_j H_j} F_{Ek}(1-\delta_n) = \frac{G_5 H_5}{\sum\limits_{j=1}^{n} G_j H_j}(F_{Ek} - \Delta F_n)$$

$$= \frac{6050 \times 19.4 \times (3126 - 256)}{7000 \times 5 + 6050 \times (8.6 + 12.2 + 15.8 + 19.4) + 4750 \times 23} = 697\text{kN}$$

故应选（B）项。

▲屋面有突出部分的房屋

《抗规》5.2.4条作了如下规定：

> 5.2.4 采用底部剪力法时，突出屋面的屋顶间、女儿墙、烟囱等的地震作用效应，宜乘以增大系数3，此增大部分不应往下传递，但与该突出部分相连的构件应予计入；采用振型分解法时，突出屋面部分可作为一个质点；单层厂房突出屋面天窗架的地震作用效应的增大系数，应按本规范9章的有关规定采用。

同时，《抗规》5.2.4条的条文说明作了如下规定：

> 5.2.4（条文说明）
> 突出屋面的小建筑，一般按其重力荷载小于标准层1/3控制。
> 对于顶层带有空旷大房间或轻钢结构的房屋，不宜视为突出屋面的小屋并采用底部剪力法乘以增大系数的办法计算地震作用效应，而应视为结构体系一部分，用振型分解法等计算。

【例1.7.11】 某建筑为一幢6层现浇钢筋混凝土框架房屋，屋顶有局部突出的楼梯间和水箱间，建于8度抗震设防区，Ⅱ类场地、设计地震分组为第一组，各层的质量和侧向刚度沿房屋高分布较均匀，其计算简图如图1.7.9所示，$G_1=12000\text{kN}$，$G_{2\sim 6}=10000\text{kN}$，$G_7=1000\text{kN}$，基本自振周期$T_1=0.8\text{s}$。

试问： 确定各楼层水平地震作用标准值及楼层地震剪力标准值。

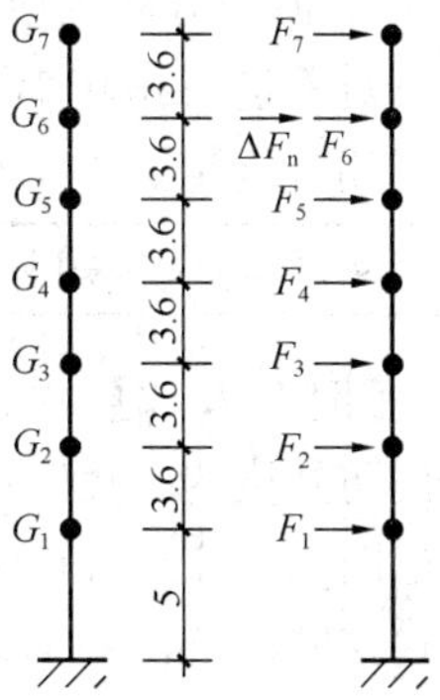

【解答】 房屋高度为$3.6\times 5+5=23\text{m}$，且质量和侧向刚度沿房屋高度分布较均匀，故可按底部剪力法计算。

图1.7.9

查《抗规》表5.1.4-1，8度、多遇地震，取$\alpha_{\max}=0.16$，查《抗规》表5.1.4-2，设计地震分组为第一组、Ⅱ类场地，取$T_g=0.35\text{s}$

$T_g=0.35\text{s}<T_1=0.8\text{s}<5T_g=1.75\text{s}$，则：

$$\alpha_1=\left(\frac{T_g}{T_1}\right)^\gamma \eta_2\alpha_{\max}=\left(\frac{0.35}{0.8}\right)^{0.9}\times 1\times 0.16=0.076$$

查《抗规》表5.2.1，$T_1=0.8\text{s}>1.4T_g=1.4\times 0.35=0.49\text{s}$，$T_g\leqslant 0.35\text{s}$，取$\delta_n=0.08T_1+0.07=0.08\times 0.8+0.07=0.134$

总水平地震作用标准值：

$$F_{Ek}=\alpha_1 G_{eq}=0.076\times 0.85\times(12000+5\times 10000+1000)=4069.8\text{kN}$$

各楼层水平地震作用标准值，根据《抗规》式（5.2.1-2）、式（5.2.1-3）：

$$F_{ik}=\frac{G_iH_i}{\sum_{j=1}^n G_jH_j}F_{Ek}(1-\delta_n)\quad(i=1,\cdots,7)$$

$$\Delta F_n=\delta_n F_{Ek}=0.134\times 4069.8=545.35\text{kN}$$

第七层水平地震作用标准值F_{7k}：

$$F_{7k}=\frac{1000\times 26.6\times 4069.8\times(1-0.134)}{12000\times 5+10000\times(8.6+12.2+15.8+19.4+23)+1000\times 26.6}$$

$$= \frac{1000 \times 26.6 \times 3524.45}{876600} = 106.95 \text{kN}$$

$$F_{6k} = \frac{10000 \times 23 \times 3524.45}{876600} = 924.74 \text{kN}$$

同理，$F_{5k}=779.99\text{kN}$，$F_{4k}=635.25\text{kN}$，$F_{3k}=490.51\text{kN}$，$F_{2k}=345.77\text{kN}$，$F_{1k}=241.23\text{kN}$

各楼层地震剪力中，顶层 $V_{7k}=106.95\times3=320.85\text{kN}$（增大部分不往下传递）

第六层：$V_{6k}=106.95+924.74+\Delta F_n=106.95+924.74+0.134\times4069.8=1577\text{kN}$

第五层：$V_{5k}=1577+779.99=2356.99\text{kN}$

同理，$V_{4k}=2992.24\text{kN}$，$V_{3k}=3482.75\text{kN}$，$V_{2k}=3828.52\text{kN}$，$V_{1k}=4069.75\text{kN}$

对于高层建筑混凝土结构用底部剪力法求有凸出部分的房屋楼层水平剪力时，《高层》附录C.0.3条作了规定，进一步细化了增大系数 β_n，具体例题见本书第七章高层建筑结构和高耸结构。

3. 振型分解反应谱法

对不进行扭转耦联计算的建筑结构，采用振型分解反应谱法计算，《抗规》5.2.2条作了相应规定。

- 复习《抗规》5.2.2条。

【例1.7.12】 如图1.7.10所示，高度为12m的钢筋混凝土框架结构中一榀框架，抗震设防烈度为8度，0.20g，设计地震分组为第二组，场地类别为Ⅲ类。已知框架各层层高如图1.7.10（a）所示，图1.7.10（b）所示的各层质点重力荷载代表值为 $G_1=G_2=G_3=1086\text{kN}$，$G_4=864\text{kN}$。框架的自振周期 $T_1=0.8\text{s}$，$T_2=0.28\text{s}$，$T_3=0.19\text{s}$，$T_4=0.15\text{s}$，框架的4个振型依次分别为图1.7.10（c）～（f）所示。

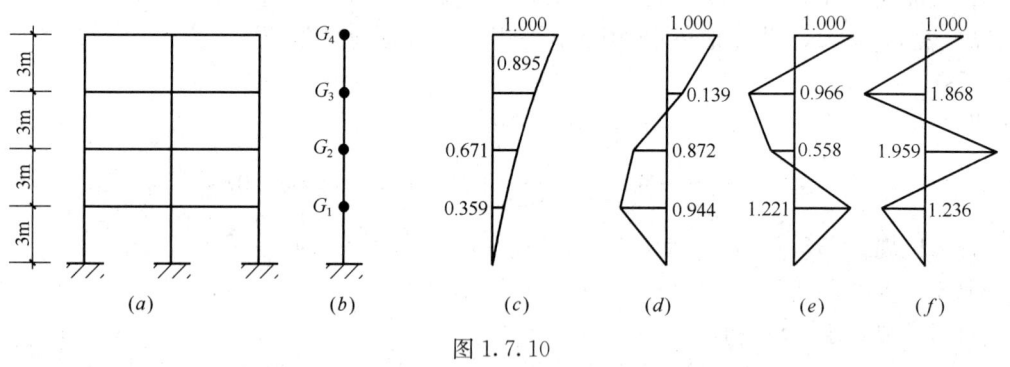

图1.7.10

试问：

(1) 相应于第一振型自振周期的地震影响系数 α_1，与下列何项最接近？

(A) 0.114　　　(B) 0.160　　　(C) 0.086　　　(D) 0.066

(2) 计算第三振型的参与系数 γ_3，与下列何项最接近？

(A) −0.343　　(B) 1.003　　　(C) 0.140　　　(D) 1.250

(3) 已知第二振型的振型参与系数 $\gamma_2=-0.355$，第二振型的基底剪力设计值（kN），与下列何项最接近？

(A) 53.79　　　(B) 70.68　　　(C) 219.72　　　(D) 167.08

【解答】 (1) 查《抗规》表5.1.4-1，8度，$0.20g$，取 $\alpha_{max}=0.16$。
查《抗规》表5.1.4-2，设计地震分组为第二组、Ⅲ类场地，取 $T_g=0.55s$。
$T_g=0.55s<T_1=0.8s<5T_g=2.75s$，则：

$$\alpha_1 = \left(\frac{T_g}{T_1}\right)^\gamma \eta_2 \alpha_{max} = \left(\frac{0.55}{0.8}\right)^{0.9} \times 1 \times 0.16 = 0.114$$

故应选（A）项。

(2) 根据《抗规》5.2.2条规定：

$$\gamma_3 = \sum_{i=1}^n X_{3i}G_i / \sum_{i=1}^n X_{3i}^2 G_i$$

$$= \frac{1.221 \times 1086 - 0.558 \times 1086 - 0.966 \times 1086 + 1.0 \times 864}{(1.221^2 + 0.558^2 + 0.966^2) \times 1086 + 1.0^2 \times 864} = 0.140$$

故应选（C）项。

(3) 先确定 α_2 值，由前述（1）计算结果知：

$$\alpha_{max}=0.16,\ T_g=0.55s$$

$0.1s<T_2=0.28s<T_g=0.55s$，由《抗规》5.1.5条及规范图5.1.5知：

$$\alpha_2 = \eta_2 \alpha_{max} = 1 \times 0.16 = 0.16$$

根据《抗规》式（5.2.2-1）：

$$F_{2i} = \alpha_2 \gamma_2 X_{2i} G_i \quad (i=1,2,3,4)$$

基底剪力标准值：
$$V_{2k} = \sum_{i=1}^4 F_{2i} = \alpha_2 \gamma_2 \sum_{i=1}^4 X_{2i} G_i$$
$$= 0.16 \times (-0.355) \times (-0.944 \times 1086 - 0.872 \times 1086$$
$$+ 0.139 \times 1086 + 1 \times 864) = 54.37 \text{kN}$$

基底剪力设计值：$V_2 = \gamma_{Eh} V_{2k} = 1.3 \times 54.37 = 70.68 \text{kN}$，故应选（B）项。

【例1.7.13】 某二层钢筋混凝土框架结构如图1.7.11所示，框架梁刚度 $EI=\infty$，建筑场地为Ⅲ类，抗震设防烈度为8度，设计地震分组为第一组，设计地震基本加速度值为 $0.2g$，阻尼比 $\zeta=0.05$。

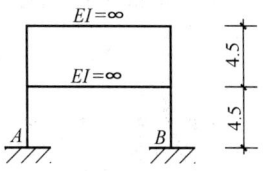

图1.7.11

试问：

(1) 已知第一、二振型周期分别为 $T_1=1.1s$，$T_2=0.35s$，在多遇地震作用下，对应第一、二振型地震影响系数 α_1、α_2 为下列何项？

(A) 0.07；0.16　　(B) 0.07；0.12　　(C) 0.08；0.12　　(D) 0.16；0.17

(2) 当用振型分解反应谱法计算时，相应于第一、二振型水平地震作用下剪力标准值如图1.7.12所示，两相邻振型的周期比小于0.85，则水平地震作用下 A 轴底层柱剪力标准值（kN），为下列何项？

(A) 42.0　　　　(B) 48.2　　　　(C) 50.6　　　　(D) 58.01

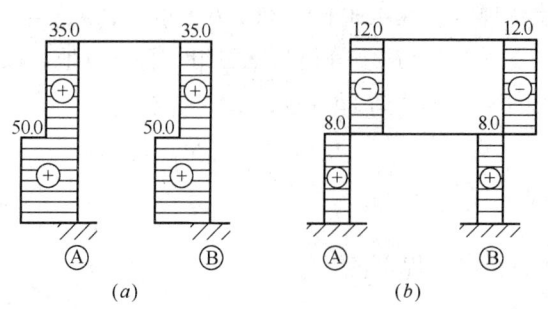

图 1.7.12
(a) V_1 (kN); (b) V_2 (kN)

(3) 当用振型分解反应谱法计算时，水平地震作用下顶层柱顶的弯矩标准值（kN·m），为下列何项？

(A) 37.0　　(B) 51.8　　(C) 74.0　　(D) 83.3

【解答】(1) 查《抗规》表 5.1.4-1，8 度、$0.20g$、多遇地震，取 $\alpha_{max}=0.16$
查《抗规》表 5.1.4-2，设计地震分组为第一组、Ⅲ类场地，取 $T_g=0.45$s
对于 α_1：$T_g=0.45$s$<T_1=1.1$s$<5T_g=2.25$s，则：

$$\alpha_1=\left(\frac{T_g}{T_1}\right)^\gamma \eta_2\alpha_{max}=\left(\frac{0.45}{1.1}\right)^{0.9}\times1\times0.16=0.07$$

对于 α_2：0.1s$<T_2=0.35$s$<T_g=0.45$s，对应于《抗规》5.1.5 图曲线水平段：

$$\alpha_2=\eta_2\alpha_{max}=1\times0.16=0.16$$

故应选（A）项。

(2) 根据《抗规》式 (5.2.2-3)：

$$V_{Ek}=\sqrt{\Sigma V_i^2}=\sqrt{50.0^2+8.0^2}=50.6\text{kN}$$

故应选（C）项。

(3) 根据《抗规》式 (5.2.2-3)：

顶层柱剪力标准值：$V_{Ek}=\sqrt{35^2+(-12)^2}=37$kN

因为梁的 $EI=\infty$，顶层柱反弯点在柱中央，则：

$$M_k=V_{Ek}\frac{h}{2}=37\times\frac{4.5}{2}=83.3\text{kN·m}$$

故应选（D）项。

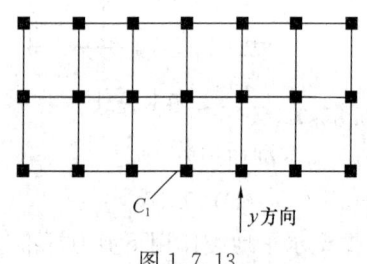

图 1.7.13

【例 1.7.14】某幢 8 层钢筋混凝土框架结构，如图 1.7.13 所示，采用振型分解反应谱法计算 y 方向水平地震作用。经计算知该框架第 8 层柱 C_1 对应于三个振型产生 3 个柱底弯矩标准值：$M_{1k}=80$kN·m，$M_{2k}=35$kN·m，$M_{3k}=-20$kN·m，该三个振型的周期比小于 0.85，试问，水平地震作用下由这 3 个振型产生的柱底弯矩标准值（kN·m），与下列何项最接近？

(A) 89.6　　(B) 116.5　　(C) 96.2　　(D) 126.3

【解答】根据《抗规》式 (5.2.2-3)：

标准值：$M_{Ek}=\sqrt{M_{1k}^2+M_{2k}^2+M_{3k}^2}$
$=\sqrt{80^2+35^2+(-20)^2}=89.58\text{kN}\cdot\text{m}$

故应选（A）项。

对于高层建筑混凝土结构，《高规》4.3.9 条对不考虑扭转耦联振动影响的振型分解反应谱法作出了规定，与《抗规》规定是一致的，具体计算见本书第七章。

当考虑水平地震作用扭转影响时，《抗规》5.2.3 条作了如下规定：

> 5.2.3 水平地震作用下，建筑结构的扭转耦联地震效应应符合下列要求：
>
> 1 规则结构不进行扭转耦联计算时，平行于地震作用方向的两个边榀各构件，其地震作用效应应乘以增大系数。一般情况下，短边可按 1.15 采用，长边可按 1.05 采用；当扭转刚度较小时，周边各构件宜按不小于 1.3 采用。角部构件宜同时乘以两个方向各自的增大系数。
>
> 2 按扭转耦联振型分解法计算时，各楼层可取两个正交的水平位移和一个转角共三个自由度，并应按下列公式计算结构的地震作用和作用效应。确有依据时，尚可采用简化计算方法确定地震作用效应。
>
> ……
>
> 3 双向水平地震作用的扭转耦联效应，可按下列公式中的较大值确定：
>
> $$S_{Ek}=\sqrt{S_x^2+(0.85S_y)^2} \quad (5.2.3-7)$$
>
> 或
>
> $$S_{Ek}=\sqrt{S_y^2+(0.85S_x)^2} \quad (5.2.3-8)$$
>
> 式中 S_x、S_y 分别为 x 向、y 向单向水平地震作用按式（5.2.3-5）计算的扭转效应。

《高规》4.3.10 条作了相应规定，但不采用增大边榀地震内力的简化方法而是考虑质量偶然偏心进行计算，《高规》4.3.3 条及其条文说明作了如下规定：

> 4.3.3（条文说明）
>
> 本条规定主要是考虑结构地震动力反应过程中可能由于地面扭转运动、结构实际的刚度和质量分布相对于计算假定值的偏差，以及在弹塑性反应过程中各抗侧力结构刚度退化程度不同等原因引起的扭转反应增大；特别是目前对地面运动扭转分量的强震实测记录很少，地震作用计算中还不能考虑输入地面运动扭转分量。采用附加偶然偏心作用计算是一种实用方法。美国、新西兰和欧洲等抗震规范都规定计算地震作用时应考虑附加偶然偏心，偶然偏心距的取值多为 0.05L。对于平面规则（包括对称）的建筑结构需附加偶然偏心；对于平面布置不规则的结构，除其自身已存在的偏心外，还需附加偶然偏心。
>
> 本条规定直接取各层质量偶然偏心为 $0.05L_i$（L_i 为垂直于地震作用方向的建筑物总长度）来计算单向水平地震作用。实际计算时，可将每层质心沿主轴的同一方向（正向或负向）偏移。
>
> 采用底部剪力法计算地震作用时，也应考虑偶然偏心的不利影响。
>
> 当计算双向地震作用时，可不考虑偶然偏心的影响，但应与单向地震作用考虑偶然偏心的计算结果进行比较，取不利的情况进行设计。

【例 1.7.15】 某多层钢筋混凝土框架结构，为规则结构，各层平面如图 1.7.14 所示，荷载分布较均匀。现采用简化方法，按 X、Y 两个正交方向分别计算水平地震作用效应（不考虑扭转），并通过将该地震作用效应乘以放大系数来考虑地震扭转效应。

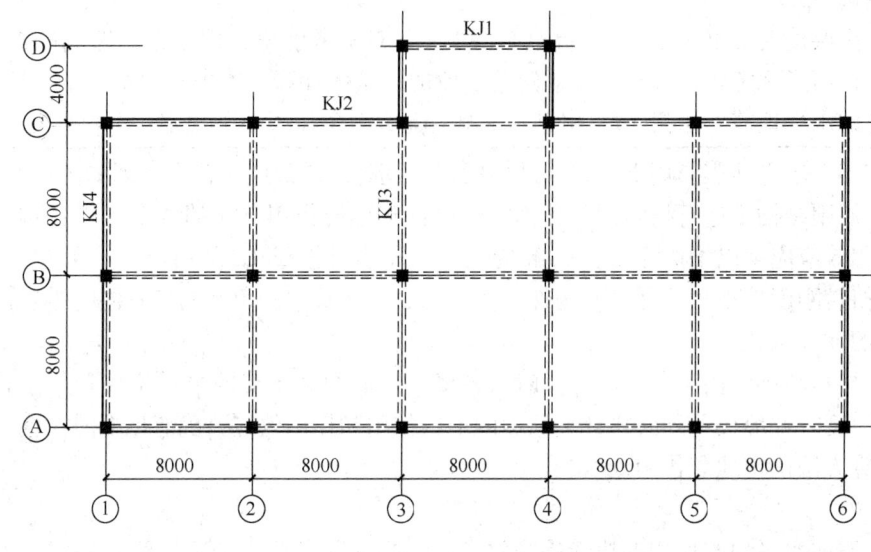

图 1.7.14

试问：根据《建筑抗震设计规范》GB 50011—2010 判断，下列框架的地震作用效应增大系数，其中何项较为合适？

(A) KJ1：1.02　　　　　　　(B) KJ3：1.05
(C) KJ3：1.15　　　　　　　(D) KJ2、KJ4：1.10

【解答】 根据《抗规》第 5.2.3 条：
KJ1 至少应放大 5%，(A) 项偏小，不安全；
KJ4 至少应放大 15%，(D) 项中的 KJ4 的放大系数偏小，不安全；
KJ3 位于中部，增大系数取 1.05 较 1.15 相对合理，故选 (B) 项。

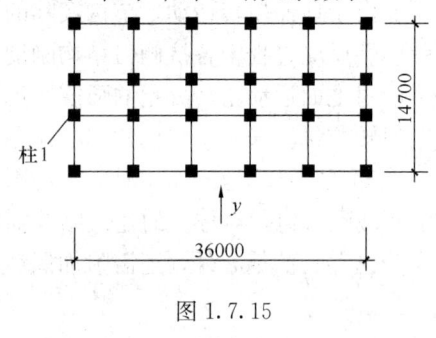

图 1.7.15

【例 1.7.16】 一幢 8 层现浇钢筋混凝土框架结构，竖向规则，该结构应考虑扭转耦联地震效应。在图 1.7.15 所示 y 方向水平地震作用下，第 5 层边柱 1 的水平地震剪力标准值为 200kN，底层层高 5.7m，其余各层均为 3.6m。

试问：水平地震作用产生的第 5 层边柱 1 的柱底弯矩标准值（kN·m），与下列何项接近？

提示：水平地震作用下考虑边榀效应。

(A) 415　　　　　　　(B) 460
(C) 540　　　　　　　(D) 580

【解答】 8 层属于多层建筑，根据《抗规》5.2.3 条规定，柱 1 所在边榀框架与 y 方向平行，为短边方向，故：

$$V_{1k} = 1.15 \times 200 = 230 \text{kN}$$

$$M_{1k} = V_{1k} \cdot \frac{h}{2} = 230 \times \frac{3.6}{2} = 414 \text{kN} \cdot \text{m}$$

故应选（A）项。

【例 1.7.17】 某 28m 钢筋混凝土框架-剪力墙结构，如图 1.7.16 所示，该结构的质量和刚度明显不对称，考虑按双向地震作用的扭转效应进行计算。经计算第 3 层平面中的框架柱 C_1，当以 x 向单向水平地震作用的扭转效应计算，其柱底弯矩标准值在图示坐标下分别为 $M_{xxk}=80 \text{kN} \cdot \text{m}$，$M_{yxk}=65 \text{kN} \cdot \text{m}$，以 y 向单向地震作用的扭转效应计算，其柱底弯矩标准值在图示坐标下分别为 $M_{xyk}=70 \text{kN} \cdot \text{m}$，$M_{yyk}=60 \text{kN} \cdot \text{m}$。试问，在图示坐标 x 方向，由水平地震作用产生的该柱柱底弯矩标准值（$\text{kN} \cdot \text{m}$），与下列何项接近？

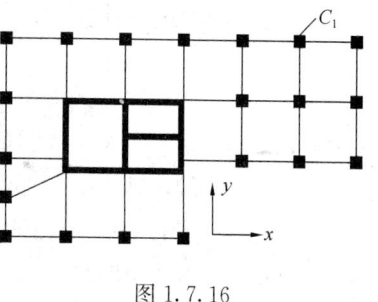

图 1.7.16

(A) 95.3　　　(B) 97.6　　　(C) 99.7　　　(D) 106.2

【解答】 由题目条件，应按扭转耦联振型分解法计算。

根据《抗规》范式（5.2.3-7）、（5.2.3-8）：

$$S_{Ek} = \sqrt{S_x^2 + (0.85 S_y)^2} = \sqrt{80^2 + (0.85 \times 70)^2} = 99.7 \text{kN} \cdot \text{m}$$

$$S_{Ek} = \sqrt{S_y^2 + (0.85 S_x)^2} = \sqrt{70^2 + (0.85 \times 80)^2} = 97.59 \text{kN} \cdot \text{m}$$

取较大值，$S_{Ek}=99.7 \text{kN} \cdot \text{m}$，应选（C）项。

4. 时程分析法

- 复习《抗规》5.1.2 条第 3 款。

对于高层建筑混凝土结构，《高规》4.3.4 条、4.3.5 条对时程分析法作了具体规定。

【例 1.7.18】 在下列建筑中进行地震作用计算时，宜采用时程分析法进行补充计算的是下列何项？

提示：按《建筑抗震设计规范》解答。
①特别不规则的建筑
②甲类建筑
③7 度设防烈度，高度 120m 的高层建筑
④8 度设防烈度，Ⅱ类场地，高度为 85m 的高层建筑
(A) ①②　　　(B) ①③　　　(C) ①②③④　　　(D) ①②③

【解答】 根据《抗规》5.1.2 条第 3 款规定，应选（D）项。

5. 楼层最小地震剪力

建筑结构各楼层剪力标准值，通过底部剪力法、振型分解反应谱法、时程分析法求解得到后，应满足楼层最小地震剪力要求，《抗震通规》4.2.3 条和《抗规》5.2.5 条作了相同规定。

《抗震通规》规定：

4.2.3 多遇地震下,各类建筑与市政工程结构的水平地震剪力标准值应符合下列规定:
1 建筑结构抗震验算时,各楼层水平地震剪力标准值应符合下式规定:

$$V_{Eki} \geqslant \lambda \sum_{j=i}^{n} G_j \tag{4.2.3-1}$$

式中:V_{Eki}——第 i 层水平地震剪力标准值;
λ——最小地震剪力系数,应按本条第 3 款的规定取值,对竖向不规则结构的薄弱层,尚应乘以 1.15 的增大系数;
G_j——第 j 层的重力荷载代表值。

3 多遇地震下,建筑与市政工程结构的最小地震剪力系数取值应符合下列规定:
  1) 对扭转不规则或基本周期小于 3.5s 的结构,最小地震剪力系数不应小于表 4.2.3 的基准值;
  2) 对基本周期大于 5.0s 的结构,最小地震剪力系数不应小于表 4.2.3 的基准值的 0.75 倍;
  3) 对基本周期介于 3.5s 和 5s 之间的结构,最小地震剪力系数不应小于表 4.2.3 的基准值的 $(9.5-T_1)/6$ 倍(T_1 为结构计算方向的基本周期)。

最小地震剪力系数基准值 λ_0 表 4.2.3

设防烈度	6 度	7 度	7 度(0.15g)	8 度	8 度(0.30g)	9 度
λ_0	0.008	0.016	0.024	0.032	0.048	0.064

《抗规》规定:

5.2.5 抗震验算时,结构任一楼层的水平地震剪力应符合下式要求:

$$V_{Eki} > \lambda \sum_{j=i}^{n} G_j \tag{5.2.5}$$

式中 V_{Eki}——第 i 层对应于水平地震作用标准值的楼层剪力;
λ——剪力系数,不应小于表 5.2.5 规定的楼层最小地震剪力系数值,对竖向不规则结构的薄弱层,尚应乘以 1.15 的增大系数;
G_j——第 j 层的重力荷载代表值。

楼层最小地震剪力系数值   表 5.2.5

类　　别	6 度	7 度	8 度	9 度
扭转效应明显或基本周期小于 3.5s 的结构	0.008	0.016(0.024)	0.032(0.048)	0.064
基本周期大于 5.0s 的结构	0.006	0.012(0.018)	0.024(0.032)	0.040

注:1 基本周期介于 3.5s 和 5s 之间的结构,可插入取值;
　　2 括号内数值分别用于设计基本地震加速度为 0.15g 和 0.30g 的地区。

当楼层地震剪力不满足最小地震剪力时,应进行楼层地震剪力的调整,为此,《抗规》5.2.5条的条文说明作了如下规定:

> 5.2.5(条文说明)
>
> 由于地震影响系数在长周期段下降较快,对于基本周期大于3.5s的结构,由此计算所得的水平地震作用下的结构效应可能太小。而对于长周期结构,地震动态作用中的地面运动速度和位移可能对结构的破坏具有更大影响,但是规范所采用的振型分解反应谱法尚无法对此作出估计。出于结构安全的考虑,提出了对结构总水平地震剪力及各楼层水平地震剪力最小值的要求,规定了不同烈度下的剪力系数,当不满足时,需改变结构布置或调整结构总剪力和各楼层的水平地震剪力使之满足要求。例如,当结构底部的总地震剪力略小于本条规定而中、上部楼层均满足最小值时,可采用下列方法调整:若结构基本周期位于设计反应谱的加速度控制段时,则各楼层均需乘以同样大小的增大系数;若结构基本周期位于反应谱的位移控制段时,则各楼层i均需按底部的剪力系数的差值$\Delta\lambda_0$增加该层的地震剪力——$\Delta F_{Eki}=\Delta\lambda_0 G_{Ei}$;若结构基本周期位于反应谱的速度控制段时,则增加值应大于$\Delta\lambda_0 G_{Ei}$,顶部增加值可取动位移作用和加速度作用二者的平均值,中间各层的增加值可近似按线性分布。
>
> 需要注意:①当底部总剪力相差较多时,结构的选型和总体布置需重新调整,不能仅采用乘以增大系数方法处理。②只要底部总剪力不满足要求,则结构各楼层的剪力均需要调整,不能仅调整不满足的楼层。③满足最小地震剪力是结构后续抗震计算的前提,只有调整到符合最小剪力要求才能进行相应的地震倾覆力矩、构件内力、位移等等的计算分析;即意味着,当各层的地震剪力需要调整时,原先计算的倾覆力矩、内力和位移均需要相应调整。④采用时程分析法时,其计算的总剪力也需符合最小地震剪力的要求。⑤本条规定不考虑阻尼比的不同,是最低要求,各类结构,包括钢结构、隔震和消能减震结构均需一律遵守。

需注意的是:

(1)《抗规》5.2.5条的条文说明中阐述了计算楼层最小地震剪力的原因。

(2)《抗规》5.2.5条的条文说明,规定了当结构底部总地震剪力不满足最小楼层地震剪力时,其调整的方法应分别根据加速度控制、位移控制、速度控制三种情况进行分别计算(图1.7.17)。具体计算案例题目,见后面示例。

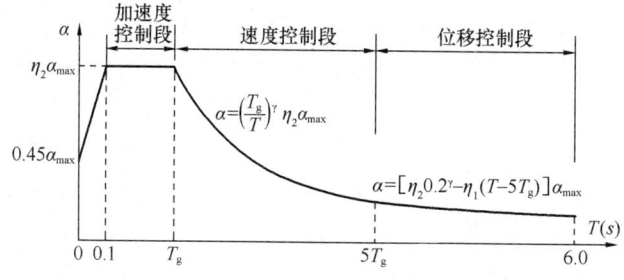

图1.7.17 地震影响系数曲线

α—地震影响系数;α_{max}—地震影响系统最大值;η_1—直线下降段的下降斜率调整系数;γ—衰减指数;T_g—特征周期;η_2—阻尼调整系数;T—结构自振周期

(3)对竖向不规则结构的薄弱层,《抗规》5.2.5条规定,剪力系数λ尚应乘以1.15的增大系数;同时,楼层剪力V_{Eki},根据《抗规》3.4.4条第2款规定,应乘以不小于1.15的增大系数。

(4)对竖向不规则结构的定义,《抗规》3.4.1条、3.4.2条、3.4.3条分别作了具体规定,详细阐述见本章第七节抗震设计的基本要求。

【**例1.7.19**】某3层现浇钢筋混凝土框架结构房屋,修建于Ⅱ类场地上,抗震设防烈度为8度,设计基本地震加速度为0.20g,设计地震分组为第一组,各楼层重力荷载代表值$G_1=670$kN,$G_2=670$kN,$G_3=595$kN。在多遇地震作用下,采用振型分解反应谱法计算其水平地震剪力,计算得到前三个振型的自振周期$T_1=0.348$s,$T_2=0.111$s,$T_3=0.068$s,振型分别如图1.7.18(c)~(e)所示。

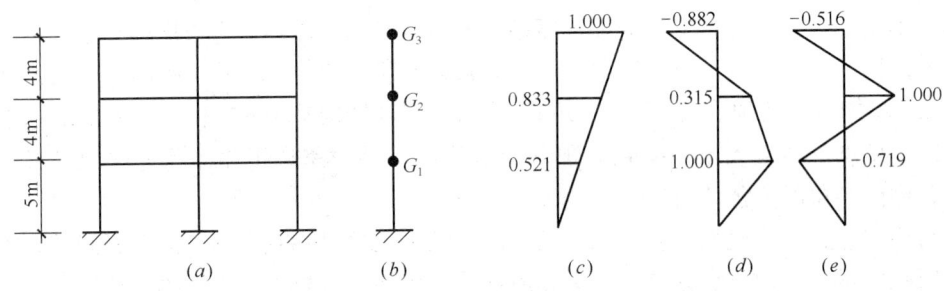

图1.7.18

试问: ①验算该框架结构的楼层地震剪力是否满足最小楼层地震剪力要求。
②计算规定水平力。

【**解答**】(1)确定各振型的地震影响系数

查《抗规》表5.1.4-1,8度、0.20g、多遇地震,取$\alpha_{max}=0.16$

查《抗规》表5.1.4-2,设计地震分组为第一组、Ⅱ类场地,取$T_g=0.35$s

第一振型:$0.1s<T_1=0.348s<T_g=0.35s$,故取$\alpha_1=\eta_2\alpha_{max}=1\times0.16=0.16$

第二振型:$0.1s<T_2=0.111s<T_g=0.35s$,故取$\alpha_2=\eta_2\alpha_{max}=0.16$

第三振型:$T_3=0.068s<0.1s$,内插求α_3:

$$\alpha_3=\left(0.45+\frac{0.55}{0.1}\times0.068\right)\times\alpha_{max}=0.13$$

(2)计算各振型参与系数

根据《抗规》式(5.2.2-2):

$$\gamma_1=\sum_{i=1}^{3}X_{1i}G_i/\sum_{i=1}^{3}X_{1i}^2G_i$$

$=[0.521\times670+0.833\times670+1\times595]/[0.521^2\times670+0.833^2\times670+1^2\times595]$

$=1.21$

同理,$\gamma_2=\sum_{i=1}^{3}X_{2i}G_i/\sum_{i=1}^{3}X_{2i}^2G_i=0.297$,

$\gamma_3=\sum_{i=1}^{3}X_{3i}G_i/\sum_{i=1}^{3}X_{3i}^2G_i=-0.101$

(3)计算各振型各楼层水平剪力标准值

第一振型:$F_{11}=0.16\times1.21\times0.521\times670=67.6$kN,

同理，$F_{12}=108.1$kN，$F_{13}=115.2$kN
第二振型：$F_{21}=0.16\times0.297\times1\times670=31.8$kN
同理，$F_{22}=10.0$kN，$F_{23}=-24.9$kN
第三振型：$F_{31}=0.13\times(-0.101)\times(-0.719)\times670=6.3$kN
同理，$F_{32}=-8.8$kN，$F_{33}=4.0$kN
各楼层地震剪力，根据《抗规》式（5.2.2-3）：
第三层：$V_{13}=115.2$kN

$V_{23}=-24.9$kN

$V_{33}=4.0$kN

$V_3=\sqrt{\sum_{j=1}^{3}V_{j3}^2}=\sqrt{115.2^2+(-24.9)^2+4^2}=117.93$kN

第二层：$V_{12}=115.2+108.1=223.3$kN

$V_{22}=-24.9+10=-14.9$kN

$V_{32}=4.0-8.8=-4.8$kN

$V_2=\sqrt{\sum_{j=1}^{3}V_{j2}^2}=\sqrt{223.3^2+(-14.9)^2+(-4.8)^2}=223.85$kN

首层：$V_{11}=115.2+108.1+67.6=290.9$kN

$V_{21}=-24.9+10+31.8=16.9$kN

$V_{31}=4.0-8.8+6.3=1.5$kN

$V_1=\sqrt{\sum_{j=1}^{3}V_{j1}^2}=\sqrt{290.9^2+16.9^2+1.5^2}=291.39$kN

（4）验算楼层最小地震剪力
查《抗规》表5.2.5，8度，$0.20g$，基本周期小于3.5s，取$\lambda=0.032$。
根据《抗规》式（5.2.5）：

$V_3=117.93$kN$>\lambda\sum_{j=3}^{3}G_j=0.032\times595=19.04$kN，满足

$V_2=223.85$kN$>\lambda\sum_{j=2}^{3}G_j=0.032\times(595+670)=40.48$kN，满足

$V_1=291.39$kN$>\lambda\sum_{j=1}^{3}G_j=0.032\times(595+670+670)=61.92$kN，满足

（5）规定水平力的计算
根据《抗规》3.4.3条、3.4.4条的条文说明，及《高规》3.4.5条条文说明：

$$F_{3规}=V_3=117.93\text{kN}$$

$$F_{2规}=V_2-V_3=223.85-117.93=105.92\text{kN}$$

$$F_{1规}=V_1-V_2=291.39-223.85=67.54\text{kN}$$

【例1.7.20】 某多层钢筋混凝土框架结构房屋，位于8度抗震设防区，I_1类场地，设计基本地震加速度为$0.30g$，设计地震分组为第一组，该结构的总重力荷载代表值为4×10^5kN，采用底部剪力法计算。经计算其自振周期为$T_1=1.24$s。

试问：
(1) 该结构底部总水平地震剪力标准值（kN）的最小值，与下列何项数值最接近？
(A) 19310 　　　(B) 21000 　　　(C) 22000 　　　(D) 24000

(2) 若采用振型分解反应谱法，计算得到其底部总水平剪力标准值 $V_{Ek0}=1.2\times 10^4 kN$，则其底部剪力系数 $\lambda=V_{Ek0}/\sum_{i=1}^{n}G_j$ 的最小值，应与下列何项数值最接近？
(A) 0.03 　　　(B) 0.032 　　　(C) 0.048 　　　(D) 0.064

【解答】(1) 查《抗规》表 5.1.4-1，8 度，0.30g，多遇地震，取 $\alpha_{max}=0.24$
查《抗规》表 5.1.4-2，设计地震分组为第一组，I_1 类场地，取 $T_g=0.25s$
$T_g=0.25s<T_1=1.24s<5T_g=1.25s$，则：

$$\alpha_1=\left(\frac{T_g}{T_1}\right)^\gamma \eta_2 \alpha_{max}=\left(\frac{0.25}{1.24}\right)^{0.9}\times 1\times 0.24=0.0568$$

$$F_{Ek}=\alpha_1\times 0.85\times \sum_{j=1}^{n}G_j=0.0568\times 0.85\times 4\times 10^5=19312kN$$

查《抗规》表 5.2.5，8 度，0.30g，取 $\lambda=0.048$

$$V_{Ek0}>\lambda\sum_{j=1}^{n}G_j=0.048\times 4\times 10^5=19200kN$$

故根据《抗规》5.2.5 条规定：
$V_{Ek0}=19312kN$，故应选（A）项。

(2) $\lambda=V_{Ek0}/\sum_{j=1}^{n}G_j=1.2\times 10^4/(4\times 10^5)=0.03$

查《抗规》表 5.2.5 知，$\lambda_{min}=0.048$
故取 $\lambda=0.048$，应选（C）项。

【例 1.7.21】某多层钢筋混凝土框架-剪力墙结构房屋，位于 7 度抗震设防区，设计基本地震加速度为 0.15g，场地为 II 类，设计地震分组为第二组。该建筑物总重力荷载代表值为 $3\times 10^4 kN$，经计算水平地震作用下相应的底层楼层地震剪力标准值 $V_{Ek1}=790kN$。底层为结构薄弱层，该结构基本自振周期 $T_1=1.8s$。

试问：底层楼层水平地震剪力标准值（kN），应为下列何项？
(A) 750 　　　(B) 830 　　　(C) 910 　　　(D) 955

【解答】根据《抗规》5.2.5 条规定，查《抗规》表 5.2.5，7 度，0.15g，$T_1=1.8s<3.5s$，取 $\lambda=0.024$，底层为薄弱层，应乘增大系数 1.15，由《抗规》3.4.4 条第 2 款，则：

$$V_{Ek1}=1.15\times 790=909kN>1.15\lambda\sum_{j=1}^{n}G_j=1.15\times 0.024\times 3\times 10^4=828kN$$

故取 $V_{Ek1}=909kN$，所以应选（C）项。

【例 1.7.22】某多层框架结构房屋，抗震设防烈度为 8 度（0.20g），建筑场地为 II 类，设计地震分组为第二组，结构基本自振周期为 $T_1<3.5s$。振型组合后的水平地震剪力标准值如图 1.7.19 所示，G_i 为重力荷载代表值。

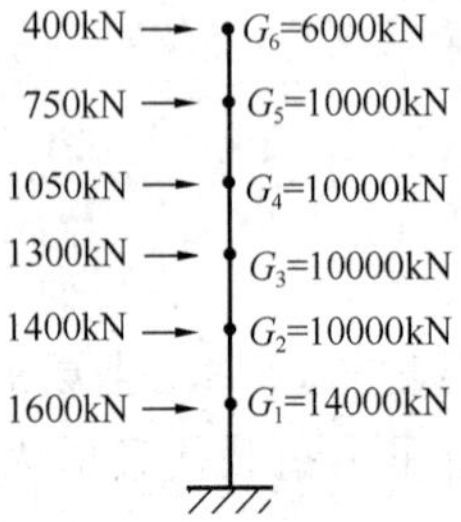

```
400kN  →  G_6=6000kN
750kN  →  G_5=10000kN
1050kN →  G_4=10000kN
1300kN →  G_3=10000kN
1400kN →  G_2=10000kN
1600kN →  G_1=14000kN
```
图 1.7.19

试问：
(1) 假定基本自振周期 T_1 位于设计反应谱的加速度控制段

时,确定调整后的各楼层水平地震剪力标准值。

(2) 假定基本自振周期 T_1 位于设计反应谱的位移控制段时,确定调整后的各楼层水平地震剪力标准值。

(3) 假定基本自振周期 T_1 位于设计反应谱的速度控制段时,确定调整后的各楼层水平地震剪力标准值。

【解答】 (1) 8度 (0.20g),T_1<3.5s,查《抗规》表5.2.5,取 λ_{min}=0.032,Ⅱ类场地,设计分组为第二组,查《抗规》表5.1.4-2,取 T_g=0.40s。各楼层地震剪力系数分别为:

$\lambda_6 = 400/6000 = 0.0667$,$\lambda_5 = 750/16000 = 0.0469$,$\lambda_4 = 1050/26000 = 0.0404$
$\lambda_3 = 1300/36000 = 0.0361$,$\lambda_2 = 1400/46000 = 0.0304 < 0.032$,不满足
$\lambda_1 = 1600/60000 = 0.02667 < 0.032$,不满足

当 T_1 位于加速度控制段时,由《抗规》5.2.5条条文说明:
放大系数:
$$k_\lambda = \max\left(\frac{0.032}{\lambda_1},\frac{0.032}{\lambda_2}\right) = \max\left(\frac{0.032}{0.02667},\frac{0.032}{0.0304}\right)$$
$$= \max(1.2, 1.053) = 1.2$$

则各楼层的水平地震剪力标准值均乘以放大系数 k_λ,即:

第一层,$V_1 = 1600 \times 1.2 = 1920$kN,$V_2 = 1400 \times 1.2 = 1680$kN

其他各层剪力标准值,见表1.7.1。

T_1 位于加速度控制段调整后各楼层水平剪力标准值 表1.7.1

楼　层	1	2	3	4	5	6
剪力增加值(kN)	320	280	260	210	150	80
楼层剪力值(kN)	1920	1680	1560	1260	900	480
调整后 λ_i	0.032	0.037	0.043	0.048	0.056	0.080

(2) 当 T_1 位于位移控制段

根据《抗规》5.2.5条条文说明:

$\Delta\lambda_1 = 0.032 - 0.02667 = 0.00533$,则第1层剪力增加值:$\Delta V_1 = \Delta\lambda_1 \cdot G_{Ei}$
$\Delta V_1 = 0.00533 \times (6000 + 4 \times 10000 + 14000) = 320$kN,$V_1 = 1600 + \Delta V_1 = 1920$kN

第2层剪力墙加值:$\Delta V_2 = \Delta\lambda_1 \cdot G_{Ei} = 0.00533 \times (6000 + 4 \times 10000) = 245$kN,
$$V_2 = 1400 + 245 = 1645\text{kN}$$

其他各层剪力标准值,见表1.7.2。

T_1 位于位移控制段调整后各楼层水平剪力标准值 表1.7.2

楼　层	1	2	3	4	5	6
剪力增加值(kN)	320	245	192	139	85	32
楼层剪力值(kN)	1920	1645	1492	1189	835	432
调整后 λ_i	0.032	0.036	0.041	0.046	0.052	0.072

(3) 当 T_1 位于速度控制段

根据《抗规》5.2.5条条文说明:

第 1 层剪力增加值为：由上述计算结果，$\Delta V_1 = 320 \text{kN}$

第 6 层剪力增加值为：$\Delta V_6 = \dfrac{80+32}{2} = 56 \text{kN}$

其他各剪力增加值按内插法，如第 2 层的剪力增加值为：

$$\Delta V_2 = 56 + \dfrac{4}{5} \times (320-56) = 267 \text{kN}$$

其他各层剪力增加值、剪力标准值，见表 1.7.3。

T_1 位于速度控制段调整后各楼层水平剪力标准值　　　　　表 1.7.3

楼　层	1	2	3	4	5	6
剪力增加值（kN）	320	267	214	162	109	56
楼层剪力值（kN）	1920	1667	1514	1212	859	456
调整后 λ_i	0.032	0.036	0.042	0.047	0.054	0.076

6. 假定刚性地基高层建筑的楼层水平地震剪力折减

《抗规》5.2.7 条规定，假定刚性地基高层建筑，其楼层水平地震剪力可折减，具体计算见本书第七章高层建筑结构和高耸结构。

7. 楼层水平地震剪力的分配

《抗规》5.2.6 条作了如下规定：

> 5.2.6　结构的楼层水平地震剪力，应按下列原则分配：
> 1　现浇和装配整体式混凝土楼、屋盖等刚性楼、屋盖建筑，宜按抗侧力构件等效刚度的比例分配。
> 2　木楼盖、木屋盖等柔性楼、屋盖建筑，宜按抗侧力构件从属面积上重力荷载代表值的比例分配。
> 3　普通的预制装配式混凝土楼、屋盖等半刚性楼、屋盖的建筑，可取上述两种分配结果的平均值。
> 4　计入空间作用、楼盖变形、墙体弹塑性变形和扭转的影响时，可按本规范各有关规定对上述分配结果作适当调整。

【例 1.7.23】 某钢筋混凝土框架结构房屋，位于抗震设防烈度 7 度（0.10g）地区，场地为Ⅱ类，丙类建筑。该结构基本自振周期为 0.56s，其结构平面及竖向均规则。经计算，该结构的首层抗侧力构件等效刚度和重力荷载代表值，见表 1.7.4。其中，首层的一根框架柱 KZ1 的等效刚度及从属面积上的重力荷载代表值，见表 1.7.4。

已知首层水平地震剪力标准值为 1600kN。

结构首层框架柱及 KZ1 的等效刚度和重力荷载代表值　　　　　表 1.7.4

	X 方向等效刚度（kN/m）	Y 方向等效刚度（kN/m）	重力荷载代表值（kN）
全部框架柱	2.4×10^7	1.6×10^7	126000
KZ1	5×10^5	4×10^5	4500

试问

（1）假定，采用装配整体式混凝土楼（屋）盖，沿 Y 方向，首层 KZ1 的水平地震剪力标准值（kN），与下列何项最接近？

(A) 40　　　　(B) 50　　　　(C) 55　　　　(D) 60

(2) 假定，采用普通的预制装配式混凝土楼（屋）盖，沿 Y 方向，首层 KZ1 的水平地震剪力标准值（kN），与下列何项最接近？

(A) 40　　　　(B) 50　　　　(C) 55　　　　(D) 60

【解答】（1）根据《抗规》5.2.5 条、5.2.6 条：

$$\lambda \sum_{j=1}^{n} G_j = 0.016 \times 126000 = 2016 \text{kN} > 1600 \text{kN}$$

取 $V_0 = 2016$ kN

$$V_{KZ1} = 2016 \times \frac{4 \times 10^5}{1.6 \times 10^7} = 50.4 \text{kN}$$

故选（B）项。

(2) 根据《抗规》5.2.6 条：

同（1），取 $V_0 = 2016$ kN

$$V_{KZ1} = 2016 \times \left(\frac{4 \times 10^5}{1.6 \times 10^7} + \frac{4500}{126000} \right) \times \frac{1}{2}$$

$$= 61.2 \text{kN}$$

故选（D）项。

四、竖向地震作用计算

- 复习《抗震通规》4.1.2 条第 3 款及条文说明。
- 复习《抗规》5.3.1 条、5.3.2 条、5.3.3 条。

需注意的是：

(1)《抗规》5.3.1 条中，楼层的竖向地震作用效应可按各构件承受的重力荷载代表值的比例分配，并宜乘以增大系数 1.5。

(2)《抗规》5.3.3 条中长悬臂和大跨度结构的定义，《抗规》5.1.1 条的条文说明作了如下说明：

5.1.1（条文说明）

5　关于大跨度和长悬臂结构，根据我国大陆和台湾地震的经验，9 度和 9 度以上时，跨度大于 18m 的屋架、1.5m 以上的悬挑阳台和走廊等震害严重甚至倒塌；8 度时，跨度大于 24m 的屋架、2m 以上的悬挑阳台和走廊等震害严重。

《抗震通规》4.1.2 条条文说明：

竖向地震作用计算时，应注意大跨度和长悬壁结构的界定，如表 5 所示。

大跨度和长悬臂结构　　　　　表 5

设防烈度	大跨度（m）	长悬臂（m）
8 度	≥24	≥2.0
9 度	≥18	≥1.5

竖向地震作用计算，《高规》4.3.2 条第 3 款、4.3.13 条、4.3.14 条、4.3.15 条作了同样规定，见本书第七章高层建筑结构和高耸结构中地震作用部分。

【例 1.7.24】 某 10 层钢筋混凝土框架-剪力墙结构房屋，丙类建筑，其第一、二、三层的重力荷载代表值为 7500kN，层高 4m；其余各层的重力荷载代表值为 6200kN，层高为 3m，修建于 9 度抗震设防区，设计基本地震加速度值为 0.4g，设计地震分组为第一组，Ⅱ类场地。

提示： 按《建筑抗震设计规范》GB 50011—2010 计算。

试问：

(1) 在多遇地震作用下，底层的竖向地震作用标准值（kN），应与下列何项最接近？

(A) 212.5　　　(B) 252.5　　　(C) 276.5　　　(D) 291.5

(2) 在多遇地震作用下，顶层的竖向地震作用标准值（kN），应为下列何项最接近？

(A) 1380　　　(B) 1410　　　(C) 1520　　　(D) 1722

【解答】 (1) 查《抗规》表 5.1.4-1，多遇地震，9 度，取 $\alpha_{max}=0.32$，根据《抗规》5.3.1 条规定：$\alpha_{vmax}=0.65\alpha_{max}=0.65\times 0.32=0.208$

$$F_{Evk}=\alpha_{vmax}G_{eq}=0.208\times 0.75\times(3\times 7500+7\times 6200)$$
$$=10280.4\text{kN}$$

$$\sum_{j=1}^{n}G_jH_j=7500\times(4+8+12)+6200\times(15+18+21+24+27+30+33)$$
$$=1221600\text{kN}\cdot\text{m}$$

底层：$F_{v1k}=\dfrac{G_1H_1}{\sum\limits_{j=1}^{n}G_jH_j}F_{Evk}=\dfrac{7500\times 4\times 10280.4}{1221600}$
$=252.5\text{kN}$

故应选（B）项。

(2) 顶层：$F_{v10k}=\dfrac{6200\times 33\times 10280.4}{1221600}=1721.82\text{kN}$

故应选（D）项。

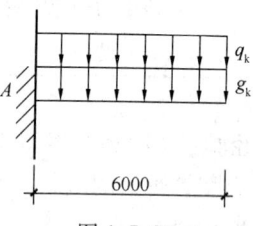

图 1.7.20

【例 1.7.25】 某商厦建筑位于 8 度抗震设防区，设计基本地震加速度为 0.30g，其有一挑出长度为 6m 的长悬挑梁，梁上作用永久荷载标准值 $g_k=20$kN/m，楼面活荷载标准值 $q_k=8$kN/m，如图 1.7.20 所示。经计算得到竖向地震作用在悬挑梁根部产生的弯矩标准值为 ± 60kN·m。

试问： 该悬挑梁根部的地震组合下最大弯矩设计值（kN·m），应为下列何项？

提示： 按《建筑与市政工程抗震通用规范》作答。

(A) 605　　　(B) 615　　　(C) 650　　　(D) 685

【解答】 (1) 根据《抗规》5.3.3 条：

竖向地震作用标准值在悬挑梁根部产生的最小弯矩标准为：
$$g_{Ek}=(g_k+0.5q_k)\times 15\%=(20+0.5\times 8)\times 15\%=3.6\text{kN}\cdot\text{m}$$
$$M_{Evk}=\frac{1}{2}\times 3.6\times 6^2=64.8\text{kN}\cdot\text{m}>60\text{kN}\cdot\text{m}$$

取 $M_{Evk}=64.8$kN·m。由《抗震通规》4.3.2 条：

$$M = 1.3 \times \frac{1}{2} \times (20+0.5 \times 8) \times 6^2 + 1.4 \times 64.8 = 652.32 \text{kN} \cdot \text{m}$$

(2) 不考虑竖向地震作用：

由《结通规》3.1.13 条：

$$M_A = \frac{1}{2} \times (1.3 \times 20 + 1.5 \times 8) \times 6^2 = 684 \text{kN} \cdot \text{m}$$

取上述较大值，$M_A = 684 \text{kN} \cdot \text{m}$，故应选（D）项。

【例 1.7.26】 某房屋建筑位于 8 度抗震设防区，设计基本地震加速度为 $0.30g$，其建筑入口上方有悬挑 10.0m 的钢桁架，如图 1.7.21 所示，钢桁架节点上的永久荷载标准值 $P_{gk}=80\text{kN}$，屋面活荷载标准值 $P_{qk1}=30\text{kN}$，屋面积灰荷载标准值 $P_{qk2}=3\text{kN}$。试问：该桁架端部斜腹杆 1 仅由竖向地震作用产生的轴向力标准值 N_{Evk1}（kN），与下列何项最接近？

(A) 40.30   (B) 42.75   (C) 51.87   (D) 60.46

【解答】 根据《抗规》5.3.3 条、5.1.1 条条文说明的规定，竖向地震作用标准值 P_{Evk}：

$$P_{Evk} = (80 + 3 \times 0.5) \times 15\% = 12.225 \text{kN}$$

过杆 1 作截线，由截面法：$\Sigma Y = 0$

$$N_{Evk1} \sin\alpha = 3 P_{Evk} = 3 \times 12.225, \sin\alpha = \sin 45°$$
$$N_{Evk1} = 3 \times 12.225 / \sin 45° = 51.87 \text{kN}$$

故应选（C）项。

【例 1.7.27】 某跨度 30m 的钢筋混凝土屋架，如图 1.7.22 所示，位于 8 度抗震设防区，建筑场地Ⅲ类，设计基本地震加速度为 $0.30g$，经计算屋架节点重力荷载代表值 $P_{Gk}=200\text{kN}$。

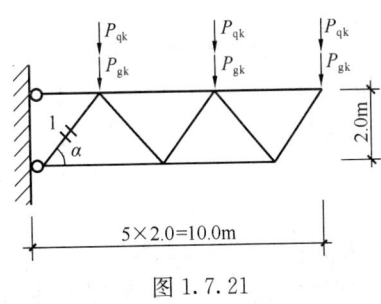

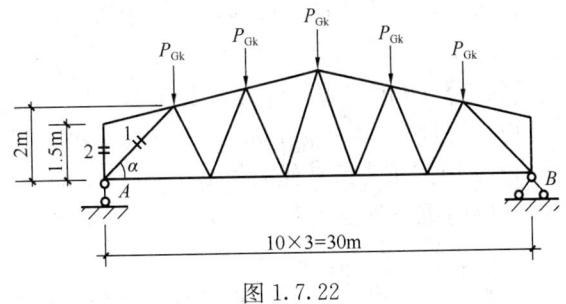

图 1.7.21   图 1.7.22

试问：该屋架端斜腹杆 1 仅由竖向地震作用产生的轴向力标准值 N_{Evk1}（kN），与下列何项最接近？

(A) 117.2   (B) 147.5   (C) 171.3   (D) 182.4

【解答】 根据《抗规》5.3.2 条规定，8 度，$0.30g$，Ⅲ类场地，钢筋混凝土屋架，取 $\alpha_v = 0.19$：

$$P_{Evk} = 0.19 P_{Gk} = 0.19 \times 200 = 38 \text{kN}$$

支座 A 反力：$R_A = \dfrac{5 P_{Evk}}{2} = \dfrac{5 \times 38}{2} = 95 \text{kN}$

端竖杆 2 为零杆，端斜腹杆 1：$\Sigma Y = 0, N_{Evk1} \sin\alpha = R_A, \sin\alpha = \dfrac{2}{\sqrt{2^2+3^2}} = \dfrac{2}{\sqrt{13}}$

$$N_{Evk1} = R_A/\sin\alpha = \frac{95 \times \sqrt{13}}{2} = 171.26 \text{kN}$$

故应选（C）项。

【例 1.7.28】 某钢筋混凝土框架结构，地上10层，高40m，丙类建筑，位于9度抗震设防区，该结构的质量和侧向刚度沿高度均匀对称、规则，设计地震分组为第二组，场地为 I_1 类，其平面图和剖面图如图 1.7.23 所示。已知每层楼面的永久荷载标准值为 G_0（G_0 = 12000kN），每层楼面的活荷载标准值为 $0.2G_0$；屋面的永久荷载标准值为 $1.1G_0$，屋面的活荷载标准值为 $0.1G_0$。经动力分析，考虑了填充墙的刚度后的结构基本自振周期 T_1 = 0.8s。

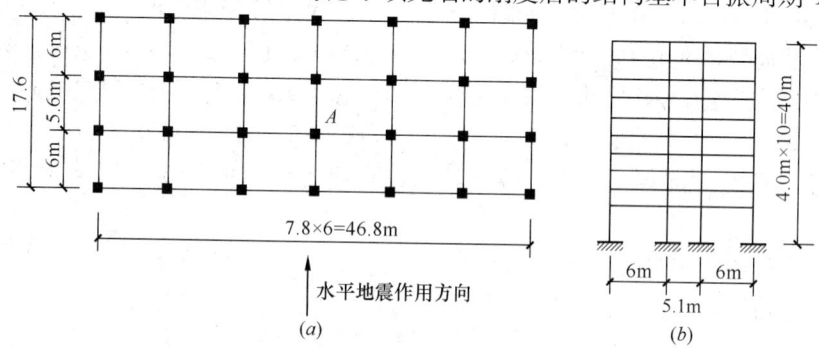

图 1.7.23
（a）平面图；（b）剖面图

试问：底层中柱 A 的竖向地震产生的轴向力标准值（kN），与下列何项数值最为接近？

提示：按《建筑抗震设计规范》解答。

(A) 1600   (B) 1700   (C) 1800   (D) 1900

【解答】 9度，查《抗规》表 5.1.4-1，多遇地震，取 α_{max} = 0.32
由《抗规》5.3.1 条，α_{vmax} = 0.65α_{max} = 0.65 × 0.32 = 0.208
1~9 层的重力荷载代表值 G_i：G_i = 1.0G_0 + 0.5 × 0.2G_0 = 1.1G_0 （i = 1, 2, ..., 9）
顶层的重力荷载代表值：G_{10}：G_{10} = 1.1G_0

$$F_{Evk} = \alpha_{vmax} G_{eq} = 0.208 \times 0.75 \times (9 \times 1.1G_0 + 1.1G_0) = 20592 \text{kN}$$

又根据《抗规》5.3.1 条，中柱 A 的轴向力标准值应考虑增大系数 1.5；底层中柱 A 分担的竖向地震作用效应可按重力代表值分配，由已知条件可知，该框架结构为规则框架，即可按面积分担：

$$N_{Evk.A} = 1.5 \times \frac{7.8 \times (6/2 + 5.6/2)}{17.6 \times 46.8} \times F_{Evk}$$
$$= 1.5 \times 0.05492 \times 20592 = 1696.4 \text{kN}$$

所以应选（B）项。

五、多层钢结构的地震作用计算

多层钢结构应依据《抗规》进行地震作用计算。

- 复习《抗规》8.1.1 条~8.1.9 条。
- 复习《抗规》8.2.1 条、8.2.2 条、8.2.3 条。

【例1.7.29】 某6层钢框架结构，如图1.7.24所示，抗震设防烈度为8度，设计基本地震加速度为0.20g，设计地震分组为第二组，场地类别为Ⅲ类，集中在屋盖和楼盖处的重力荷载代表值为 $G_6=4800\text{kN}$，$G_{2\sim5}=6000\text{kN}$，$G_1=7000\text{kN}$。结构的基本自振周期为 $T_1=1.2\text{s}$。

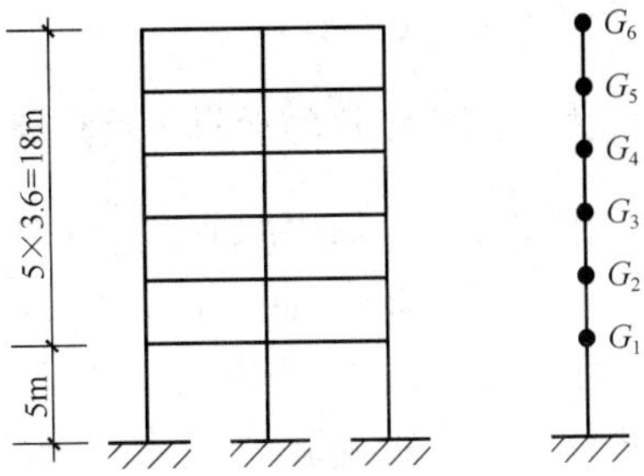

图1.7.24

试问：
(1) 多遇地震作用下，结构总水平地震作用标准值(kN)，与下列何项最接近？
(A) 2413 (B) 2544 (C) 2839 (D) 3140
(2) 假定 $F_{Ek}=2600\text{kN}$，顶层水平地震作用剪力标准值(kN)，与下列何项最接近？
(A) 680 (B) 720 (C) 780 (D) 810

【解答】 (1) 多层钢结构，根据《抗规》8.2.2条，高度23m<50m，取结构阻尼比 $\zeta=0.04$。

查《抗规》表5.1.4-1，8度，0.20g，取 $\alpha_{max}=0.16$

查《抗规》表5.1.4-2，设计地震分组为第二组、Ⅲ类场地，取 $T_g=0.55\text{s}$

$T_g=0.55\text{s}<T_1=1.2\text{s}<5T_g=2.75\text{s}$，则确定 γ、η_2，由《抗规》5.1.5条：

$$\gamma = 0.9 + \frac{0.05-\zeta}{0.3+6\zeta} = 0.9 + \frac{0.05-0.04}{0.3+6\times0.04} = 0.9185$$

$$\eta_2 = 1 + \frac{0.05-\zeta}{0.08+1.6\zeta} = 1 + \frac{0.05-0.04}{0.08+1.6\times0.04} = 1.0694 > 0.55$$

$$\alpha_1 = \left(\frac{T_g}{T_1}\right)^\gamma \eta_2 \alpha_{max} = \left(\frac{0.55}{1.2}\right)^{0.9185} \times 1.0694 \times 0.16 = 0.0836$$

$$F_{Ek} = \alpha_1 G_{eq} = 0.0836 \times 0.85 \times (7000+4\times6000+4800) = 2543.9\text{kN}$$

$$\lambda \sum_{j=1}^{n} G_j = 0.032 \times (7000+4\times6000+4800) = 1145.6\text{kN} < 2543.9\text{kN}$$

故取 $F_{Ek}=2543.9\text{kN}$

故应选(B)项。

(2) $T_1=1.2\text{s}>1.4T_g=1.4\times0.55=0.77\text{s}$，应考虑 δ_n。

由《抗规》表5.2.1，$T_g=0.55\text{s}$

$$\delta_n = 0.08T_1+0.01 = 0.08\times1.2+0.01 = 0.106$$

$$\Delta F_n = \delta_n F_{Ek} = 0.106\times2600 = 275.6\text{kN}$$

由《抗规》式(5.2.1-2)：

顶层：$F_{6k} = \dfrac{G_i H_i}{\sum\limits_{j=1}^{6} G_j H_j} F_{Ek}(1-\delta_n)$

$$= \frac{4800\times23\times2600\times(1-0.106)}{4800\times23+6000\times(19.4+15.8+12.2+8.6)+7000\times5}$$

$$= 533.06\text{kN}$$

$$\Delta F_n + F_{6k} = 275.6+533.06 = 808.7\text{kN}$$

故应选（D）项。

六、高耸结构的地震作用计算

烟囱及高耸结构的地震作用计算，具体见本书第七章高层建筑结构和高耸结构。

【例 1.7.30】 如图 1.7.25（a）所示，某座由支柱支承的水塔，抗震设防烈度为 7 度，设计基本地震加速度为 $0.15g$，设计地震分组为第二组，Ⅱ类场地。各部分重力荷载代表值为：水柜满载时 $G_4=1500\text{kN}$（空载时 $G_4=500\text{kN}$），各层支柱 $G_1=150\text{kN}$、$G_2=130\text{kN}$，$G_3=130\text{kN}$。结构等效总重力荷载代表值 G_{eq} 可近似取为：$G_{eq}=G_4+0.35\sum_{i=1}^{n}G_i$，$\sum_{i=1}^{n}G_i$ 为各层支层重力荷载代表值。阻尼比 $\zeta=0.05$，计算简图如图 1.7.25（b）所示，采用底部剪力法。

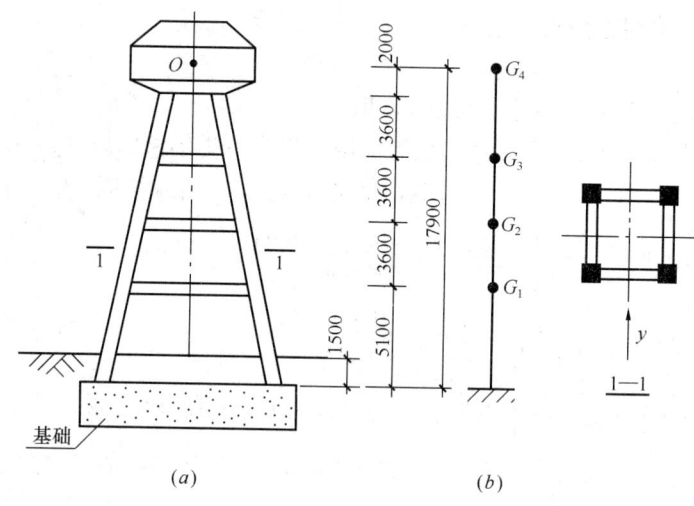

图 1.7.25

试问：

（1）如图中所示地震方向，当水柜满载时，水塔基本自振周期 $T_1=1.0\text{s}$，水塔柱底处的水平地震作用标准值（kN），与下列何项最接近？

(A) 86.5　　　(B) 88.6　　　(C) 90.2　　　(D) 94.5

（2）空载时，已计算知顶部附加地震作用系数 $\delta_n=0.0650$，自振周期 $T_1=1.2\text{s}$，确定在水柜重心 O 点处水平地震作用标准值（kN），与下列何项最接近？

(A) 19　　　(B) 22　　　(C) 26　　　(D) 29

【解答】（1）查《抗规》表 5.1.4-1，7 度，$0.15g$，取 $\alpha_{max}=0.12\text{s}$

查《抗规》表 5.1.4-2，设计地震分组为第二组、Ⅱ类场地，取 $T_g=0.40\text{s}$

$$T_g=0.4\text{s}<T_1=1.0\text{s}<5T_g=2.0\text{s}$$

$$\alpha_1=\left(\frac{T_g}{T_1}\right)^{\gamma}\eta_2\alpha_{max}=\left(\frac{0.4}{1.0}\right)^{0.9}\times1\times0.12=0.0526$$

$$G_{eq}=G_4+0.35\sum_{i=1}^{n}G_i=1500+0.35\times(150+130+130)=1643.5\text{kN}$$

$$F_{Ek} = \alpha_1 G_{eq} = 0.0526 \times 1643.5 = 86.45 \text{kN}$$

$$\lambda \sum_{j=1}^{n} G_j = 0.024 \times (150 + 130 + 130 + 1500) = 45.6 \text{kN}$$

故取 $F_{Ek} = 86.45\text{kN}$

故应选（A）项。

(2)
$$T_g = 0.4\text{s} < T_1 = 1.2\text{s} < 5T_g = 2.0\text{s}$$

$$\alpha_1 = \left(\frac{T_g}{T_1}\right)^{\gamma} \eta_2 \alpha_{\max} = \left(\frac{0.4}{1.2}\right)^{0.9} \times 1 \times 0.12 = 0.0446$$

$$G_{eq} = G_4 + 0.35 \sum_{i=1}^{n} G_i = 643.5 \text{kN}$$

由《抗规》5.2.1 条规定：
$$F_{Ek} = \alpha_1 G_{eq} = 0.0446 \times 643.5 = 28.70 \text{kN}$$

$$\lambda \sum_{j=1}^{n} G_j = 0.024 \times (150 + 130 + 130 + 500) = 21.84 \text{kN}$$

故取 $F_{Ek} = 28.70\text{kN}$

$$\Delta F_n = \delta_n F_{Ek} = 0.065 \times 28.7 = 1.87 \text{kN}$$

$$F_{4k} = \frac{G_4 H_4}{\sum_{j=1}^{4} G_j H_j} F_{Ek}(1 - \delta_n)$$

$$= \frac{500 \times 17.9 \times 28.7 \times (1 - 0.065)}{500 \times 17.9 + 130 \times 12.3 + 130 \times 8.7 + 150 \times 5.1} = 19.30 \text{kN}$$

$$\Delta F_n + F_{4k} = 1.87 + 19.30 = 21.17 \text{kN}$$

故应选（B）项。

七、砌体结构的地震作用计算

砌体结构的地震作用计算，具体见本书第五章砌体结构部分。

八、高层建筑结构的地震作用计算

高层钢筋混凝土结构、高层钢结构的地震作用计算，具体见本书第七章高层建筑结构和高耸结构。

九、单层厂房的地震作用计算

单层厂房包括单层钢筋混凝土柱厂房、砖柱厂房、钢结构厂房。单层钢结构厂房的地震作用计算见本书第四章钢结构。砖柱厂房的地震作用计算见本书第五章砌体结构部分。

1. 单层钢筋混凝土柱厂房地震作用计算的适用范围

《抗规》9.1.6 条作了如下规定：

> 9.1.6 单层厂房按本规范的规定采取抗震构造措施并符合下列条件之一时,可不进行横向和纵向抗震验算:
> 1 7度Ⅰ、Ⅱ类场地、柱高不超过10m且结构单元两端均有山墙的单跨和等高多跨厂房(锯齿形厂房除外)。
> 2 7度时和8度(0.20g)Ⅰ、Ⅱ类场地的露天吊车栈桥。

2. 地震作用计算方法

《抗规》9.1.7条、9.1.8条、9.1.9条、9.1.10条作了如下规定:

> 9.1.7 厂房的横向抗震计算,应采用下列方法:
> 1 混凝土无檩和有檩屋盖厂房,一般情况下,宜计及屋盖的横向弹性变形,按多质点空间结构分析;当符合本规范附录J的条件时,可按平面排架计算,并按附录J的规定对排架柱的地震剪力和弯矩进行调整。
> 2 轻型屋盖厂房,柱距相等时,可按平面排架计算。
> 注:本节轻型屋盖指屋面为压型钢板、瓦楞铁等有檩屋盖。
>
> 9.1.8 厂房的纵向抗震计算,应采用下列方法:
> 1 混凝土无檩和有檩屋盖及有较完整支撑系统的轻型屋盖厂房,可采用下列方法:
> 1)一般情况下,宜计及屋盖的纵向弹性变形,围护墙与隔墙的有效刚度,不对称时尚宜计及扭转的影响,按多质点进行空间结构分析;
> 2)柱顶标高不大于15m且平均跨度不大于30m的单跨或等高多跨的钢筋混凝土柱厂房,宜采用本规范附录K第K.1节规定的修正刚度法计算。
> 2 纵墙对称布置的单跨厂房和轻型屋盖的多跨厂房,可按柱列分片独立计算。
>
> 9.1.9 突出屋面天窗架的横向抗震计算,可采用下列方法:
> 1 有斜撑杆的三铰拱式钢筋混凝土和钢天窗架的横向抗震计算可采用底部剪力法;跨度大于9m或9度时,混凝土天窗架的地震作用效应应乘以增大系数,其值可采用1.5。
> 2 其他情况下天窗架的横向水平地震作用可采用振型分解反应谱法。
>
> 9.1.10 突出屋面天窗架的纵向抗震计算,可采用下列方法:
> 1 天窗架的纵向抗震计算,可采用空间结构分析法,并计及屋盖平面弹性变形和纵墙的有效刚度。
> 2 柱高不超过15m的单跨和等高多跨混凝土无檩屋盖厂房的天窗架纵向地震作用计算,可采用底部剪力法,但天窗架的地震作用效应应乘以效应增大系数,其值可按下列规定采用:
> 1)单跨、边跨屋盖或有纵向内隔墙的中跨屋盖:
> $$\eta = 1 + 0.5n \quad (9.1.10\text{-}1)$$
> 2)其他中跨屋盖:
> $$\eta = 0.5n \quad (9.1.10\text{-}2)$$
> 式中 η——效应增大系数;
> n——厂房跨数,超过四跨时取四跨。

3. 单层厂房结构计算简图与等效重力荷载代表值

单层厂房按平面排架计算，但应考虑山墙对厂房空间工作、屋盖弹性变形与扭转，以及吊车桥架的影响，《抗规》附录 J 通过不同调整系数对地震作用、地震内力进行调整。

单层厂房按平面排架进行动力计算时，一般将重力荷载集中于柱顶。

地震作用沿厂房高度按倒三角形分布。

确定单层厂房自振周期和无吊车单层厂房地震作用时，厂房质量均集中于屋盖标高处。如图 1.7.26 所示，单跨及多跨等高厂房可简化为单质点体系；两跨不等高厂房可简化为两个质点体系；三跨不对称升高中跨厂房简化为三质点体系。

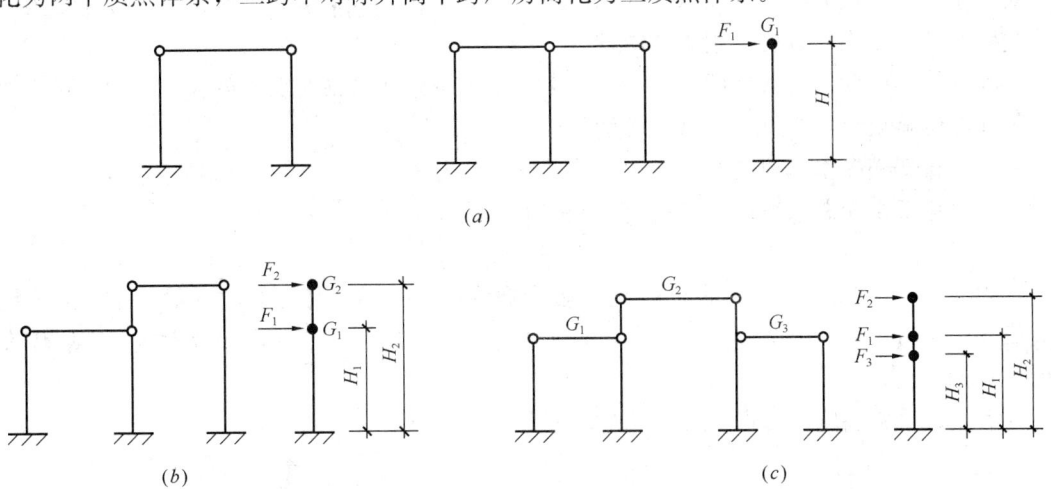

图 1.7.26 排架计算简图

（1）自振周期的计算

对于单质点体系，结构的基本周期为 T_1 为：

$$T_1 = 2\pi\psi_T \sqrt{G_1\delta/g} \approx 2\psi_T \sqrt{G_1\delta}$$

式中 δ——作用于排架顶部的单位水平力产生的侧移（m/kN）；

ψ_T——基本周期的调整系数，《抗规》附录 J.1.1 条对 ψ_T 取值作了如下规定：

> J.1.1 按平面排架计算厂房的横向地震作用时，排架的基本自振周期应考虑纵墙及屋架与柱连接的固结作用，可按下列规定进行调整：
> 1 由钢筋混凝土屋架或钢屋架与钢筋混凝土柱组成的排架，有纵墙时取周期计算值的 80%，无纵墙时取 90%；
> 2 由钢筋混凝土屋架或钢屋架与砖柱组成的排架，取周期计算值的 90%；
> 3 由木屋架、钢木屋架或轻钢屋架与砖柱组成排架，取周期计算值。

计算自振周期应按动能等效原则，对质量求得换算成重力荷载代表值。

对于单跨及等高多跨厂房 [如图 1.7.26 (a) 所示]：

$$G_1 = 1.0G_{屋盖} + 0.5G_{雪} + 0.5G_{积灰} + 0.5G_{吊车梁}$$
$$+ 0.25G_{柱} + 0.25G_{纵墙} + 1.0G_{檐墙}$$

对于双跨不等高厂房 [如图 1.7.26 (b) 所示]：

$$G_1 = 1.0G_{低跨屋盖} + 0.5G_{低跨雪} + 0.5G_{低跨积灰} + 0.5G_{低跨吊车梁} + 0.25G_{低跨边柱}$$
$$+ 0.25G_{低跨纵墙} + 1.0G_{低跨檐墙} + 1.0G_{高跨吊车梁(中柱)}$$
$$+ 0.25G_{中柱下柱} + 0.5G_{中柱上柱} + 0.5G_{高跨封墙}$$

式中，$0.5G_{吊车梁}$、$0.25G_{柱}$、$0.25G_{纵墙}$分别为乘以动能等效换算系数（0.5、0.25、0.25）的吊车梁、柱、纵墙重力荷载代表值；$0.5G_{上柱}$、$0.5G_{高跨封墙}$分别为上柱、封墙重力代表值假定其各1/2集中于低跨和高跨屋盖处。

式中，$1.0G_{高跨吊车梁(中柱)}$为中柱高跨吊车梁重力荷载代表值集中于低跨屋盖处的数值。当集中于高跨屋盖处时，应乘以0.5动能等效换算系数。至于集中到低跨屋盖处还是集中到高跨屋盖处，则应以就近集中为原则。

在计算厂房横向自振周期时，一般不考虑吊车桥架和吊物的重力荷载，因为它对排架自振周期影响很小，这对于厂房抗震计算偏于安全。

(2) 排架横向水平地震作用的计算

厂房排架横向总水平地震作用标准值按下式计算：

$$F_{Ek} = \alpha_1 G_{eq}$$

式中，α_1为相应于基本周期T_1的地震影响系数；G_{eq}为集中于柱顶的等效重力荷载代表值，对单质点体系取全部等效重力荷载代表值，对多质点体系取全部等效重力荷载代表值的85%。

沿厂房排架高度的质点i的水平地震作用标准值为：

$$F_{ik} = \frac{G_i H_i}{\sum_{j=1}^{n} G_j H_j} F_{Ek}$$

在地震作用计算时，质量集中按排架柱底剪力相等的原则进行计算。

对于等高厂房 [见图1.7.26 (a)]：

$$G_1 = 1.0G_{屋盖} + 0.5G_{雪} + 0.5G_{积灰} + 0.75G_{吊车梁} + 0.5G_{柱} + 0.5G_{纵墙} + 1.0G_{檐墙}$$

对于不等高厂房 [见图1.7.26 (b)]：

$$G_1 = 1.0G_{低跨屋盖} + 0.5G_{低跨雪} + 0.5G_{低跨积灰} + 0.75G_{低跨吊车梁}$$
$$+ 0.5G_{低跨边柱} + 0.5G_{低跨纵墙} + 1.0G_{高跨吊车梁(中柱)}$$
$$+ 0.5G_{中柱下柱} + 0.5G_{中柱上柱} + 0.5G_{高跨封墙}$$

单层厂房横向水平地震作用计算时的重力荷载等效集中系数，如表1.7.5所示。

横向水平地震作用计算时的重力荷载等效集中系数 表1.7.5

换算集中到柱顶的各部分结构	质量换算系数	
	基本周期	地震作用
1. 位于柱顶以上的结构（屋盖、檐墙等）	1.0	1.0
2. 柱及与柱等高的纵墙墙体	0.25	0.5
3. 单跨与等高多跨厂房的吊车梁及不等高厂房边柱吊车梁	0.5	0.75
4. 不等高厂房高低跨交接处的中柱：		
（1）中柱的下柱，集中到低跨柱顶	0.25	0.5
（2）中柱的上柱，分别集中到高跨与低跨柱顶	0.5	0.5
5. 不等高厂房高低跨交接处中柱的吊车梁：		
（1）靠近低跨屋盖，集中到低跨柱顶	1.0	1.0
（2）位于高跨及低跨柱顶之间，分别集中到高跨和低跨柱顶	0.5	0.75

有吊车时，还要计入吊车桥架重力荷载产生的横向水平地震作用。当为硬钩吊车时，根据《抗震通规》表4.1.3（或《抗规》表5.1.3），应计入吊物重力的0.3；一般地，将吊车桥架、吊物的重力荷载平均分担，并集中于该跨的任一柱的吊车梁顶面标高处（G_{cri}），吊车梁顶面标高处的横向水平地震作用标准值F_{cri}为：

$$F_{cri} = \alpha_1 G_{cri} \frac{H_{ci}}{H_i}$$

式中　H_i——排架柱顶高度；

H_{ci}——吊车梁顶面高度。

【例1.7.31】某单层单跨钢筋混凝土厂房，位于7度抗震设防烈度区，设计地震分组为第二组、I_1类场地。厂房柱距6m，柱顶标高7.2m，取一榀排架计算知柱重G_c=240kN，纵墙重G_{wl}=60kN，屋盖重G_r=150kN，雪重G_{sn}=25kN，积灰重G_s=10kN，柱顶纵墙重G_w=45kN。排架的侧移刚度$K=2\times 3i_c/h^2$=5800kN/m。

试问：多遇地震作用下，排架横向水平地震作用标准值F_{Ek}（kN），与下列何项最接近？

(A) 21　　　　　　(B) 25　　　　　　(C) 28　　　　　　(D) 32

【解答】（1）确定基本周期

根据质量换算系数：

$\overline{G} = 1.0G_r + 0.5G_{sn} + 0.5G_s + 1.0G_w + 0.25G_c + 0.25G_{wl}$
　　$= 1.0\times 150 + 0.5\times 25 + 0.5\times 10 + 1.0\times 45 + 0.25\times 240 + 0.25\times 60$
　　$= 287.5$kN

根据《抗规》J.1.1条第1款规定，有纵墙，取$\psi_T = 0.8$。

$$T_1 = 2\psi_T\sqrt{\overline{G}\delta} = 2\psi_T\sqrt{\overline{G}/K}$$
$$= 2\times 0.8\sqrt{\frac{287.5}{5800}} = 0.356\text{s}$$

（2）水平地震作用

查《抗规》表5.1.4-1知，$\alpha_{max} = 0.08$

查《抗规》表5.1.4-2知，$T_g = 0.30$s

$T_g = 0.30\text{s} < T_1 = 0.356\text{s} < 5T_g = 1.5\text{s}$，则：

$$\alpha_1 = \left(\frac{T_g}{T_1}\right)^\gamma \eta_2 \alpha_{max} = \left(\frac{0.30}{0.356}\right)^{0.9}\times 1\times 0.08 = 0.0686$$

集中于柱顶的等效重力荷载代表值：

$G_{eq} = G_E = 1.0G_r + 0.5G_{sn} + 0.5G_s + 1.0G_w + 0.5G_c + 0.5G_{wl}$
　　$= 1.0\times(150+45) + 0.5\times(25+10) + 0.5\times(240+60) = 362.5$kN

$F_{Ek} = \alpha_1 G_{eq} = 0.0686\times 362.5 = 24.87$kN

故应选（B）项。

4. 单层厂房空间工作和扭转影响对横向平面排架地震作用的调整

- 复习《抗规》附录J单层厂房横向平面排架地震作用效应调整。

5. 单层厂房纵向水平地震作用的计算及柱间支撑的计算

单层厂房纵向水平地震作用计算时，其重力荷载的等效集中系数，见表1.7.6。

纵向水平地震作用计算时的重力荷载等效集中系数　　　表1.7.6

厂房的各部分结构	确定纵向基本周期	纵向水平地震作用		
		无吊车的柱列	有吊车的柱列	
			不计吊车时	仅计算吊车，柱列的吊车梁顶标高处
1. 位于柱顶以上的结构	1.0	1.0	1.0	—
2. 柱	0.25	0.50	0.10	0.40
3. 山墙、到顶横墙	0.25	0.50	0.50	—
4. 纵墙（包括贴砌墙、嵌砌墙）	0.35	0.70	0.70	—
5. 吊车梁及配件	0.50	—	—	1.0
6. 吊车桥架（硬钩吊车包括悬吊物重力的30%）	—	—	—	1.0

《抗规》9.1.8条规定了厂房的纵向抗震计算。其中，厂房纵向抗震计算的修正刚度法在《抗规》附录K.1中作了规定。

● 复习《抗规》附录K.1单层钢筋混凝土柱厂房纵向抗震计算的修正刚度法。

单层钢筋混凝土柱厂房的柱间支撑的计算，《抗规》9.1.13条作了如下规定：

9.1.13 柱间交叉支撑斜杆的地震作用效应及其与柱连接节点的抗震验算，可按本规范附录K第K.2节的规定进行。下柱柱间支撑的下节点位置按本规范第9.1.23条规定设置于基础顶面以上时，宜进行纵向柱列柱根的斜截面受剪承载力验算。

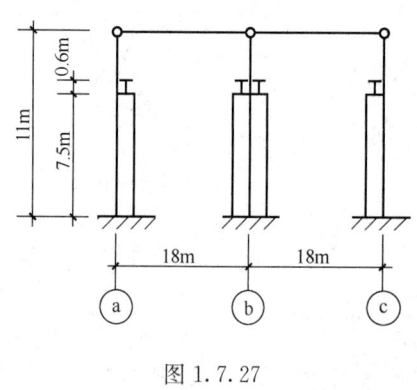

图1.7.27

【例1.7.32】 两跨等高钢筋混凝土柱厂房，建在8度抗震设防烈度区，场地I_1类，设计基本地震加速度为0.20g，设计地震分组为二组；屋盖采用钢筋混凝土大型屋面板、折线形屋架（跨度18m），柱距6m，厂房长60m。围护结构采用240mm厚砖墙，每跨设有二台10t吊车，A5级。厂房纵向设有纵向支撑，下柱支撑为双层支撑，斜杆长细比为130。结构阻尼比为0.05。排架计算简图如图1.7.27所示。对于水平地震作用计算，质量集中到柱顶的等效重力荷载代表值如下：

ⓐ、ⓒ柱列：$G_ⓐ = G_ⓒ = 2521.6$kN

ⓑ柱列：$G_ⓑ = 3991.2$kN

集中到各柱列吊车梁顶面标高处的等效重力荷载代表值如下：

ⓐ、ⓒ柱列：$G_{cⓐ} = G_{cⓒ} = 879.6$kN

ⓑ柱列：$G_{cⓑ} = 1616.8$kN

纵墙的侧移刚度折减系数取为0.4。已知ⓐ、ⓒ柱列的纵向刚度为：纵墙$K_ⓐ^w = 354560$kN/m，柱间支撑$K_ⓐ^b = 18867$kN/m，柱$K_ⓐ^c = 2380$kN/m。中柱列ⓑ纵向刚度为：

柱间支撑 $K_{ⓑ}^{b}=36139$kN/m，柱 $K_{ⓑ}^{c}=3170$kN/m。

试问：

(1) 在多遇地震作用下，柱列ⓐ、ⓑ柱顶标高处的水平地震作用标准值 $F_{ⓐ}$（kN）、$F_{ⓑ}$（kN），与下列何项最接近？

  (A) 480；168   (B) 520；122   (C) 540；110   (D) 550；118

(2) 在多遇地震作用下，柱列ⓐ、ⓑ吊车梁顶面标高处的水平地震作用标准值 $F_{cⓐ}$（kN）、$F_{cⓑ}$（kN），与下列何项最接近？

  (A) 70；130   (B) 75；138   (C) 80；149   (D) 85；155

【解答】 (1) 根据《抗规》附录 K.1.1 条规定：

$$T_1 = 0.23 + 0.00025\psi_c l\sqrt{H^3} = 0.23 + 0.00025 \times 1.0 \times 18 \times \sqrt{11^3} = 0.394\text{s}$$

查《抗规》表 5.1.4-1、表 5.1.4-2 知，$\alpha_{max}=0.16$，$T_g=0.30$s

$T_g=0.30\text{s} < T_1=0.394\text{s} < 5T_g=1.5\text{s}$，则：

$$\alpha_1 = \left(\frac{T_g}{T_1}\right)^\gamma \eta_2 \alpha_{max} = \left(\frac{0.30}{0.394}\right)^{0.9} \times 1 \times 0.16 = 0.125$$

$F_{Ek}=\alpha_1 G_{eq}=\alpha_1 \Sigma G_i = \alpha_1(G_ⓐ+G_ⓒ+G_ⓑ)$
  $= 0.125 \times (2521.6+2521.6+3991.2) = 1129.3$kN

确定各柱列的 K_{ai}，根据《抗规》附录 K.1.2 条规定，ψ_k 折减系数为 0.4：

ⓐ柱列：$K_ⓐ = K_ⓐ^c + K_ⓐ^b + \psi_k K_a^w = 2380+18867+0.4 \times 354560 = 163071$kN/m

ⓑ柱列：$K_ⓑ = K_ⓑ^c + K_ⓑ^b = 3170+36139 = 39309$kN/m

ⓒ柱列：$K_ⓒ = K_ⓐ = 163071$kN/m

对ⓐ、ⓒ柱列（即为边柱列），查《抗规》表 K.1.2-1，取 $\psi_3=0.85$；取 $\psi_4=1.0$

$$K_{ⓐi}=\psi_3 \psi_4 K_ⓐ=0.85 \times 1.0 \times 163071=138610\text{kN/m}$$

$$K_{ⓒi}=K_{ⓐi}=138610\text{kN/m}$$

对ⓑ柱列（即为中柱列），查《抗规》表 K.1.2-1，取 $\psi_3=1.3$；查表 K.1.2-2，取 $\psi_4=0.95$：

$$K_{ⓑi}=\psi_3 \psi_4 K_ⓑ=1.3 \times 0.95 \times 39309=48547\text{kN/m}$$

根据《抗规》式（K.1.2-1）：

$$F_ⓐ=F_ⓒ=\alpha_1 G_{eq}\frac{K_{ⓐi}}{K_{ⓐi}+K_{ⓒi}+K_{ⓑi}}=1129.3 \times \frac{138610}{138610+138610+48547}$$
  $=480.50$kN

同理，$F_ⓑ=168.3$kN

故应选（A）项。

(2) 地震作用沿厂房高度按倒三角形分布，则：

ⓐ、ⓒ柱列吊车梁顶标高处：

$$F_{cⓐ}=F_{cⓒ}=\alpha_1 G_{cⓒ}\frac{H_0}{H}=0.125 \times 879.6 \times \frac{7.5+0.6}{11}=80.96\text{kN}$$

$$F_{cⓑ}=\alpha_1 G_{cⓑ}\frac{H_0}{H}=0.125 \times 1616.8 \times \frac{7.5+0.6}{11}=148.82\text{kN}$$

故应选（C）项。

思考：本题目（2）中，各柱列吊车梁顶面标高处的等效重力荷载代表值的计算，其中，ⓐ、ⓒ柱列为：

$$0.4G_{边柱}+1.0G_{吊车梁}+1.0(G_{吊车桥架}+0.30G_{吊物})$$

十、荷载与地震作用的地震组合

《抗震通规》规定：

> 4.3.1 结构构件的截面抗震承载力，应符合下式规定：
>
> $$S \leqslant R/\gamma_{RE} \tag{4.3.1}$$
>
> 式中 S——结构构件的地震组合内力设计值，按本规范4.3.2条的规定确定；
>
> R——结构构件承载力设计值，按结构材料的强度设计值确定；
>
> γ_{RE}——承载力抗震调整系数，除本规范另有专门规定外，应按表4.3.1采用。
>
> **承载力抗震调整系数**　　　　　　　　　表 4.3.1
>
> | 材料 | 结构构件 | 受力状态 | γ_{RE} |
> |---|---|---|---|
> | 钢 | 柱，梁，支撑，节点板件，螺栓，焊缝 | 强度 | 0.75 |
> | | 柱，支撑 | 稳定 | 0.80 |
> | 砌体 | 两端均有构造柱、芯柱的承重墙 | 受剪 | 0.90 |
> | | 其他承重墙 | 受剪 | 1.00 |
> | | 组合砖砌体抗震墙 | 偏压、大偏拉和受剪 | 0.9 |
> | | 配筋砌块砌体抗震墙 | 偏压、大偏拉和受剪 | 0.85 |
> | | 自承重墙 | 受剪 | 0.75 |
> | 混凝土 钢-混凝土组合 | 梁 | 受弯 | 0.75 |
> | | 轴压比小于0.15的柱 | 偏压 | 0.75 |
> | | 轴压比不小于0.15的柱 | 偏压 | 0.80 |
> | | 抗震墙 | 偏压 | 0.85 |
> | | 各类构件 | 受剪、偏拉 | 0.85 |
> | 木 | 受弯、受拉、受剪构件 | 受弯、受拉、受剪 | 0.90 |
> | | 轴压和压弯构件 | 轴压和压弯 | 0.90 |
> | | 木基结构板剪力墙 | 强度 | 0.80 |
> | | 连接件 | 强度 | 0.85 |
> | 竖向地震为主的地震组合内力起控制作用时 | | | 1.00 |
>
> 4.3.2 结构构件抗震验算的组合内力设计值应采用地震作用效应和其他作用效应的基本组合值，并应符合下式规定：
>
> $$S = \gamma_G S_{GE} + \gamma_{Eh} S_{Ehk} + \gamma_{Ev} S_{Evk} + \sum \gamma_{Di} S_{Dik} + \sum \psi_i \gamma_i S_{ik} \tag{4.3.2}$$
>
> 式中 S——结构构件地震组合内力设计值，包括组合的弯矩、轴向力和剪力设计值等；
>
> γ_G——重力荷载分项系数，按表4.3.2-1采用；

γ_{Eh}、γ_{Ev}——分别为水平、竖向地震作用分项系数，其取值不应低于表4.3.2-2的规定；

γ_{Di}——不包括在重力荷载内的第i个永久荷载的分项系数，应按表4.3.2-1采用；

γ_i——不包括在重力荷载内的第i个可变荷载的分项系数，不应小于1.5；

S_{GE}——重力荷载代表值的效应，有吊车时，尚应包括悬吊物重力标准值的效应；

S_{Ehk}——水平地震作用标准值的效应；

S_{Evk}——竖向地震作用标准值的效应；

S_{Dik}——不包括在重力荷载内的第i个永久荷载标准值的效应；

S_{ik}——不包括在重力荷载内的第i个可变荷载标准值的效应；

ψ_i——不包括在重力荷载内的第i个可变荷载的组合值系数，应按表4.3.2-1采用。

各荷载分项系数及组合系数　　　　　　　　　　　表4.3.2-1

荷载类别、分项系数、组合系数			对承载力不利	对承载力有利	适用对象
永久荷载	重力荷载	γ_G	≥1.3	≤1.0	所有工程
	预应力	γ_{Dy}			
	土压力	γ_{Ds}	≥1.3	≤1.0	市政工程、地下结构
	水压力	γ_{Dw}			
可变荷载	风荷载	ψ_w	0.0		一般的建筑结构
			0.2		风荷载起控制作用的建筑结构
	温度作用	ψ_t	0.65		市政工程

地震作用分项系数　　　　　　　　　　　表4.3.2-2

地震作用	γ_{Eh}	γ_{Ev}
仅计算水平地震作用	1.4	0.0
仅计算竖向地震作用	0.0	1.4
同时计算水平与竖向地震作用（水平地震为主）	1.4	0.5
同时计算水平与竖向地震作用（竖向地震为主）	0.5	1.4

《抗规》5.4.1条规定了荷载与地震作用的地震组合；高层建筑结构，《高规》5.6.2条、5.6.3条、5.6.4条、5.6.5条规定了高层建筑结构中荷载与地震作用的组合，并对风荷载参与的组合情况进行了细化，具体见本书第七章高层建筑结构和高耸结构。

● 复习《抗规》5.4.1条、5.4.2条、5.4.3条。

需注意的是：

(1)《抗规》5.4.1条的条文说明作了如下说明：

> 5.4.1（条文说明）
> 3 地震作用标准值的效应
> 规范的作用效应组合是建立在弹性分析叠加原理基础上的，考虑到抗震计算模型的简化和塑性内力分布与弹性内力分布的差异等因素，本条中还规定，对地震作用效应，当本规范各章有规定时尚应乘以相应的效应调整系数 η，如突出屋面小建筑、天窗架、高低跨厂房交接处的柱子、框架柱，底层框架-抗震墙结构的柱子、梁端和抗震墙底部加强部位的剪力等的增大系数。

因此，在地震作用与其他荷载进行地震组合时，S_{Ehk}、S_{Evk} 应在地震组合前乘以相应的调整系数。根据《抗规》，地震组合前的地震作用效应的调整如下：

①薄弱层地震剪力的增大；（《抗规》3.4.4 条第 2 款）
②竖向抗侧力构件不连续，水平转换构件的地震内力的增大；（《抗规》3.4.4 条第 2 款）
③发震断裂附近的地震动参数的增大；（《抗规》3.10.3 条第 1 款）
④抗震不利地段的水平地震影响系数最大值的增大；（《抗规》4.1.8 条）
⑤扭转效应的边榀构件的地震作用效应的增大；（《抗规》5.2.3 条第 1 款）
⑥底部剪力法时屋顶间的地震作用效应的增大；（《抗规》5.2.4 条）
⑦楼层最小地震剪力的调整；（《抗规》5.2.5 条）
⑧考虑空间作用、楼盖变形等对抗侧力构件的地震作用效应的调整；（《抗规》5.2.6 条第 4 款）
⑨刚性地基假定的高层建筑楼层地震剪力的折减；（《抗规》5.2.7 条）
⑩部分框支抗震墙结构的框支柱的内力调整；（《抗规》6.2.10 条第 1 款）
⑪框架-剪力墙结构的框架的剪力调整；（《抗规》6.2.13 条第 1 款）
⑫板柱-抗震墙结构中地震作用效应分配调整；（《抗规》6.6.3 条第 1 款）
⑬框架-核心筒结构的框架的剪力调整；（《抗规》6.2.13 条第 1 款、6.7.1 条第 2 款）
⑭单层混凝土厂房的突出屋面天窗架的地震作用效应的调整；（《抗规》9.19 条、9.1.10 条）
⑮单层混凝土厂房排架柱考虑空间影响的地震内力的调整；（《抗规》附录 J.2.3 条）
⑯多层混凝土厂房顶层排架柱设置柱间支撑时地震轴力的增大；（《抗规》附录 H.12.6 条）
⑰钢支撑-混凝土框架结构中框架的地震剪力的调整；（《抗规》附录 G.1.4 条）
⑱钢框架-混凝土核心筒结构中钢框架的地震剪力的调整；（《抗规》附录 G.2.3 条）
⑲隔震设计时各楼层的水平地震剪力应满足楼层最小地震剪力。（《抗规》12.2.5 条）

(2)《抗规》5.4.3 条规定，即：

$$\gamma_G S_{GE} + 1.4 S_{Evk} \leqslant \frac{R}{\gamma_{RE}} = \frac{R}{1.0}$$

《抗震通规》4.3.1 条规定，即：

$$\gamma_G S_{GE} + 0.5 S_{Ehk} + 1.4 S_{Evk} \leqslant \frac{R}{\gamma_{RE}} = \frac{R}{1.0}$$

(3) 有关三向地震作用的组合及计算，见本书第二章建筑抗震设计。

【例 1.7.33】 某格构式门形铰接刚架，如图 1.7.28 所示，计算跨度为 30m，抗震设防烈度为 8 度。在重力荷载代表值、水平地震作用标准值、垂直地震作用标准值、雪荷载标准值作用下，上弦杆 1 的轴心拉力标准值分别为：$N_{gk}=300kN$，$N_{Ehk}=120kN$，$N_{Evk}=50kN$，$N_{sk}=10kN$。试问，上弦杆 1 在地震组合下的轴心拉力设计值（kN），与下列何项最接近？

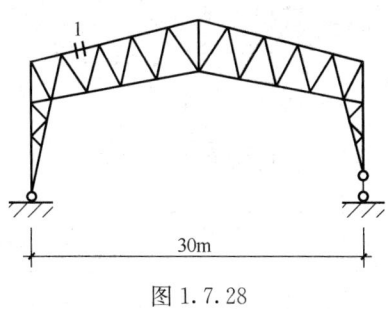

图 1.7.28

提示：按《建筑与市政工程抗震通用规范》作答。

(A) 516　　　　(B) 581　　　　(C) 541　　　　(D) 583

【解答】（1）因重力荷载代表值中包含了雪荷载的组合，故不计雪荷载参与组合。

（2）根据《抗震通规》4.1.2 条及条文说明，应考虑竖向地震参与组合。

（3）根据《抗震通规》4.3.2 条：

$$N_1 = 1.3 \times 300 + 1.4 \times 120 + 0.5 \times 50 = 583 kN$$

故应选（D）项。

【例 1.7.34】 某多层民用建筑现浇混凝土框架结构，属一般结构，抗震等级为二级，活载仅为等效均布荷载计算的楼面活载，水平地震作用的内力效应不增大，已知底层边柱底端承受内力标准值 M_k（kN·m），V_k（kN）为：

恒载：$M_G=32.5$　　$V_G=18.7$

活载：$M_Q=21.5$　　$V_Q=14.3$

左风：$M_{w1}=28.6$　　$V_{w1}=-16.4$

右风：$M_{w2}=-26.8$　　$V_{w2}=15.8$

左震：$M_{Eh1}=-53.7$　　$V_{Eh1}=-27$

右震：$M_{Eh2}=47.6$　　$V_{Eh2}=32$

提示：按《建筑与市政工程抗震通用规范》作答。

试问：

(1) 该柱底截面在未按强柱弱梁、强剪弱弯调整前，地震组合下最大内力设计值 M（kN·m）、V（kN），与下列何项最接近？

(A) $M=125$，$V=80$　　　　(B) $M=115$，$V=80$

(C) $M=125$，$V=90$　　　　(D) $M=115$，$V=90$

(2) 该柱底截面按强柱弱梁、强剪弱弯调整后，地震组合下最大设计值 M（kN·m），与下列何项最接近？

(A) 150　　　　(B) 160　　　　(C) 170　　　　(D) 185

【解答】（1）一般结构，根据《抗震通规》4.3.2 条规定，取风荷载组合系数 $\psi_w=0$；由《抗震通规》表 4.1.3，楼面活荷载组合值系数为 0.5。

$$S = \gamma_G S_{GE} + \gamma_{Eh} S_{Ehk}$$

$$M = 1.3 \times (32.5 + 0.5 \times 21.5) + 1.4 \times 47.6 = 122.865 kN \cdot m$$

$$V = 1.3 \times (18.7 + 0.5 \times 14.3) + 1.4 \times 32 = 78.405 kN$$

故应选（A）项。

(2) 抗震等级二级，根据《抗规》6.2.3条规定，取最大系数1.5。
$$M = 1.5M = 1.5 \times 122.865 = 184.3 \text{kN} \cdot \text{m}$$
故应选（D）项。

十一、抗震变形验算

● 复习《抗规》5.5.1条～5.5.5条。

需注意的是：
(1) 楼层屈服强度系数 ξ_y，《抗规》5.5.2条注的规定明确定义了其概念及计算方法。
(2)《抗规》5.5.4条的条文说明给出钢筋混凝土梁柱的正截面受弯实际承载力公式为：

> 5.5.4（条文说明）
> 3 计算结构楼层或构件的屈服强度系数时，实际承载力应取截面的实际配筋和材料强度标准值计算，钢筋混凝土梁柱的正截面受弯实际承载力公式如下：
> 梁：$M_{byk}^a = f_{yk} A_{sb}^a (h_{b0} - a'_s)$
> 柱：轴向力满足 $N_G/(f_{ck}b_ch_c) \leqslant 0.5$ 时，
> $$M_{cyk}^a = f_{yk} A_{sc}^a (h_0 - a'_s) + 0.5 N_G h_c (1 - N_G/f_{ck}b_ch_c)$$
> 式中　N_G 为对应于重力荷载代表值的柱轴压力(分项系数取1.0)。
> 注：上角a表示"实际的"。

《高规》3.7.1条、3.7.2条规定了高层建筑结构的抗震变形验算。

【例1.7.35】 某幢7层28.5m的钢筋混凝土框架结构房屋，底层层高为4.5m，其余层层高均为4m。建于8度抗震设防区，设计基本地震加速度为0.20g。在多遇地震作用下的水平位移，经计算其底层的弹性水平位移为 $\delta_1 = 60$mm，第2层的弹性水平位移为 $\delta_2 = 66$mm。

提示：按《建筑抗震设计规范》作答。

试问：
(1) 第二层的弹性层间位移角，与下列何项最接近？
(A) 1/750　　　(B) 1/650　　　(C) 1/667　　　(D) 1/550

(2) 若底层在多遇地震作用下的弹性层间位移为5mm，在罕遇地震作用下的弹性层间位移为8mm；底层的楼层屈服强度系数 $\xi_y = 0.4$，并且不大于相邻层楼层屈服强度系数平均值的0.5，则在罕遇地震作用下该结构底层的弹塑性层间位移角 $\theta_{p,1}$，与下列何项最接近？
(A) 1/235　　　(B) 1/227　　　(C) 1/327　　　(D) 1/340

(3) 假定底层的楼层屈服强度系数 $\xi_y = 0.35$，并且不大于相邻层楼层屈服强度系数平均值的0.5，满足规范要求在罕遇地震作用下，其底层的最大弹性层间位移 Δu_e(mm)，与下列何项最接近？
(A) 56　　　(B) 62　　　(C) 40　　　(D) 35

【解答】 (1) 第二层弹性层间位移：$\Delta u_e = 66 - 60 = 6$mm

$\theta_p = \Delta u_e/h = 6/4000 = 1/667 < 1/550$，满足。

故应选（C）项。

(2) 根据《抗规》5.5.4条规定，取 $\Delta u_e = 8\text{mm}$；

查《抗规》表5.5.4，并应乘1.5：$\eta_p = 1.65 \times 1.5 = 2.475$

由《抗规》式（5.5.4-1）：

$$\Delta u_p = \eta_p \Delta u_e = 2.475 \times 8 = 19.8\text{mm}$$

$$\theta_p = \Delta u_p/h = 19.8/4500 = 1/227 < [\theta_p] = 1/50, 满足。$$

故应选（B）项。

(3) 根据《抗规》表5.5.4，内插求 η_p：

$$\eta_p = (1.65 + 1.80)/2 = 1.725, 并应乘以1.5$$

$$\eta_p = 1.5 \times 1.725 = 2.5875$$

查《抗规》表5.5.5知，$[\theta_p] = 1/50$

$$\Delta u_p = \eta_p \Delta u_e$$

$$\Delta u_p/h = \eta_p \Delta u_e/h \leqslant [\theta_p] = 1/50$$

$$\Delta u_e \leqslant \frac{1 \times h}{50 \times \eta_p} = \frac{1 \times 4500}{50 \times 2.5875} = 34.8\text{mm}$$

故应选（D）项。

【例1.7.36】 某8层现浇钢筋混凝土框架结构，丙类建筑，位于8度抗震设防区，设计基本地震加速度为0.20g，沿该建筑物竖向其框架结构的层刚度无突变，楼层屈服强度系数 ξ_y 分布均匀。第1~3层柱截面及其混凝土强度等级、配筋均相同。在罕遇地震作用下，首层弹性地震剪力标准值为42000kN，首层弹性层间位移为120mm。已计算得到首层的楼层屈服强度系数为0.45。

提示：按《建筑抗震设计规范》作答。

试问：

(1) 在罕遇地震作用下，首层的弹塑性层间位移（mm），与下列何项数值最为接近？
(A) 120　　　　(B) 180　　　　(C) 230　　　　(D) 260

(2) 按实配钢筋和材料强度标准值计算的首层边柱、中柱的受剪承载力分别为：边柱 $V_{cua1} = 800\text{kN}$，中柱 $V_{cua2} = 950\text{kN}$。若现通过调整首层柱实配钢筋提高柱受剪承载力，使该结构不需进行罕遇地震作用下的弹塑性验算，则首层边柱、中柱的受剪承载力至少应为下列何项数值？

(A) $V_{cua1} = 800\text{kN}$；$V_{cua2} = 950\text{kN}$　　　(B) $V_{cua1} = 890\text{kN}$；$V_{cua2} = 1060\text{kN}$
(C) $V_{cua1} = 910\text{kN}$；$V_{cua2} = 1140\text{kN}$　　　(D) $V_{cua1} = 950\text{kN}$；$V_{cua2} = 1220\text{kN}$

【解答】 (1) 首层 $\xi_y = 0.45 < 0.5$，根据《抗规》5.5.2条第1款规定，应验算罕遇地震作用下的弹塑性变形。

查《抗规》表5.5.4，取 $\eta_p = 1.90$，则：

$\Delta u_p = \eta_p \Delta u_e = 1.90 \times 120 = 228\text{mm}$，所以应选（C）项。

（2）根据《抗规》5.5.2条注的规定及5.5.2条第2款规定：
$\xi'_y \geqslant 0.5$，不需进行罕遇地震作用下的弹塑性验算
故首层的楼层屈服强度系数应提高 η 倍，$\eta = \xi'_y / \xi_y = 0.5/0.45 = 1.111$
故首层边柱、中柱的受剪承载力至少为：
$$V_{cua1} = \eta \times 800 = 1.111 \times 800 = 889 \text{kN}$$
$$V_{cua2} = \eta \times 950 = 1.111 \times 950 = 1055.45 \text{kN}$$
所以应选（B）项。

第二章 建筑抗震设计

本章所用的规范是《建筑与市政工程抗震通用规范》GB 55002—2021（以下简称《抗震通规》）、《建筑抗震设计规范》GB 50011—2010（2016 年版）（以下简称《抗规》）。

第一节 建筑抗震设计的基本概念

建筑抗震设防类别与抗震设防标准、抗震设防目标、二阶段设计方法，以及地震作用，见本书第一章荷载与地震作用中第七节内容。

一、抗震措施和抗震构造措施

《抗规》规定：

> 2.1.10 抗震措施 seismic measures
> 除地震作用计算和抗力计算以外的抗震设计内容，包括抗震构造措施。
> 2.1.11 抗震构造措施 details of seismic design
> 根据抗震概念设计原则，一般不需计算而对结构和非结构各部分必须采取的各种细部要求。

抗震措施的确定，《抗震通规》2.3.2 条作了规定。相同的规定在《设防分类标准》3.0.3 条。

抗震措施和抗震构造措施的区别，《抗规》2 术语和符号的条文说明中指出：

> 2（条文说明）
> 2001 规范明确了抗震措施和抗震构造措施的区别。抗震构造措施只是抗震措施的一个组成部分。在本规范的目录中，可以看到一般规定、计算要点、抗震构造措施、设计要求等。其中的一般规定及计算要点中的地震作用效应（内力和变形）调整的规定均属于抗震措施，而设计要求中的规定，可能包含有抗震措施和抗震构造措施，需按术语的定义加以区分。

此外，抗震构造措施的确定还受建筑场地的影响，对于Ⅰ类场地，《抗震通规》2.3.2 条第 5 款和《抗规》3.3.2 条作了相同规定。

《抗规》规定：

> 3.3.2 建筑场地为Ⅰ类时，甲、乙类建筑应允许仍按本地区抗震设防烈度的要求采取抗震构造措施；丙类建筑应允许按本地区抗震设防烈度降低一度的要求采取抗震构造措施，但抗震设防烈度为 6 度时仍应按本地区抗震设防烈度的要求采取抗震构造措施。

3.3.3 建筑场地为Ⅲ、Ⅳ类时，对设计基本地震加速度为 0.15g 和 0.30g 的地区，除本规范另有规定外，宜分别按抗震设防烈度 8 度（0.20g）和 9 度（0.40g）时各类抗震设防类别建筑的要求采取抗震构造措施。

二、抗震等级

我国《抗规》规定钢筋混凝土结构房屋、钢结构房屋的抗震设计采用抗震等级来反映其延性要求。

抗震等级的划分的意义，《抗规》6.1.2 条的条文说明中指出：

6.1.2（条文说明）
抗震等级的划分，体现了对不同抗震设防类别、不同结构类型、不同烈度、同一烈度但不同高度的钢筋混凝土房屋结构延性要求的不同，以及同一种构件在不同结构类型中的延性要求的不同。

钢筋混凝土结构、钢结构的抗震措施的量度是通过抗震等级来体现的，正如《抗规》6.1.2 条的条文说明中规定：

6.1.2（条文说明）
钢筋混凝土房屋结构应根据抗震等级采取相应的抗震措施。这里，抗震措施包括抗震计算时的内力调整措施和各种抗震构造措施。

对于钢筋混凝土结构的抗震等级的确定，《抗震通规》5.2.1 条和《抗规》6.1.2 条作了相同规定。

《抗规》：

6.1.2 钢筋混凝土房屋应根据设防类别、烈度、结构类型和房屋高度采用不同的抗震等级，并应符合相应的计算和构造措施要求。丙类建筑的抗震等级应按表 6.1.2 确定。

现浇钢筋混凝土房屋的抗震等级　　　　表 6.1.2

结构类型		设防烈度						
		6		7		8		9
框架结构	高度（m）	≤24	>24	≤24	>24	≤24	>24	≤24
	框架	四	三	三	二	二	一	一
	大跨度框架	三		二		一		一
框架-抗震墙结构	高度（m）	≤60	>60	≤24	25～60	>60	≤24	25～60	>60	≤24	25～50
	框架	四	三	四	三	二	三	二	一	二	一
	抗震墙	三	三	三	二	二	一	一
抗震墙结构	高度（m）	≤80	>80	≤24	25～80	>80	≤24	25～80	>80	≤24	25～60
	剪力墙	四	三	四	三	二	三	二	一	二	一

续表

结构类型		设防烈度							
		6		7			8		9
部分框支抗震墙结构	高度（m）	≤80	>80	≤24	25～80	>80	≤24	25～80	
	抗震墙 一般部位	四	三	四	三	二	三	二	
	抗震墙 加强部位	三	二	三	二	二	二	一	
	框支层框架	二		二		一	一		
框架-核心筒结构	框架	三		二			一		一
	核心筒	二		二			一		一
筒中筒结构	外筒	三		三			二		一
	内筒	三		三			二		一
板柱-抗震墙结构	高度（m）	≤35	>35	≤35		>35	≤35	>35	
	框架、板柱的柱	三	二	二		二	二	一	
	抗震墙	二	二	二		一	二	一	

注：1 建筑场地为Ⅰ类时，除6度外应允许按表内降低一度所对应的抗震等级采取抗震构造措施，但相应的计算要求不应降低；
2 接近或等于高度分界时，应允许结合房屋不规则程度及场地、地基条件确定抗震等级；
3 大跨度框架指跨度不小于18m的框架；
4 高度不超过60m的框架-核心筒结构按框架-抗震墙的要求设计时，应按表中框架-抗震墙结构的规定确定其抗震等级。

需注意的是：

由于抗震构造措施在查《抗震通规》表5.2.1或《抗规》表6.1.2确定其抗震等级时，要受建筑场地的影响（如：《抗震通规》2.3.2条或《抗规》3.3.2条情况；《抗规》3.3.3条情况等），故抗震构造措施所采用的抗震等级与内力调整措施（如强柱弱梁、强剪弱弯等）所采用的抗震等级不一定相同。

综上所述，甲、乙、丙类和丁类建筑的抗震措施和抗震构造措施的抗震等级的确定，应按表2.1.1，确定其经设防标准调整后的设防烈度，再查《抗震通规》表5.2.1或《抗规》表6.1.2确定其相应的抗震等级。

确定结构抗震措施和抗震构造措施时的抗震设防标准　　表2.1.1

抗震设防类别	本地区抗震设防烈度		确定抗震措施和抗震构造措施时的设防标准					
			Ⅰ类场地		Ⅱ类场地		Ⅲ、Ⅳ类场地	
			抗震措施	构造措施	抗震措施	构造措施	抗震措施	构造措施
甲类、乙类	6度	0.05g	7	6	7	7	7	7
	7度	0.10g	8	7	8	8	8	8
		0.15g	8	7	8	8	8	8+
	8度	0.20g	9	8	9	9	9	9
		0.30g	9	8	9	9	9	9+
	9度	0.40g	9+	9	9+	9+	9+	9+

续表

抗震设防类别	本地区抗震设防烈度	确定抗震措施和抗震构造措施时的设防标准					
		Ⅰ类场地		Ⅱ类场地		Ⅲ、Ⅳ类场地	
		抗震措施	构造措施	抗震措施	构造措施	抗震措施	构造措施
丙类	6度 0.05g	6	6	6	6	6	6
	7度 0.10g	7	6	7	7	7	7
	7度 0.15g	7	6	7	7	7	8
	8度 0.20g	8	7	8	8	8	8
	8度 0.30g	8	7	8	8	8	9
	9度 0.40g	9	9	9	9	9	9
丁类	6度 0.05g	6	6	6	6	6	6
	7度 0.10g	6	6	6	6	6	6
	7度 0.15g	6	6	6	6	6	7
	8度 0.20g	7	7	7	7	7	7
	8度 0.30g	7	7	7	7	7	8
	9度 0.40g	8	8	8	8	8	8

注：1. 8^+、9^+表示适当提高而不是提高一度的要求；

2. 丁类，适当降低，可按降低一度考虑。

具体的示例，见下面的案例题目。

【例 2.1.1】 多层钢筋混凝土房屋为乙类建筑，其所在场地为I_1类，抗震设防烈度为 6 度，确定其地震作用效应调整所采用的烈度、抗震构造措施所采用的烈度，应按下列何项要求考虑？

（A）6 度；7 度　　（B）7 度；6 度　　（C）7 度；7 度　　（D）6 度；6 度

【解答】 （1）根据《抗震通规》2.3.2 条，抗震措施应按提高设防烈度 1 度的要求，即按 7 度考虑，故地震作用效应调整所采用的烈度应为 7 度。

（2）I_1类场地，抗震构造措施可按本地区抗震设防烈度要求考虑，即抗震构造措施所采用的烈度按 6 度考虑，应选（B）项。

思考： 假定该多层建筑为钢筋混凝土框架结构，高度为 24m，其框架的抗震等级为多少？由上述解答可知，当确定框架的地震作用效应调整的抗震等级时，按 7 度，查《抗规》表 6.1.2，其抗震等级为三级。当确定框架的抗震构造措施的抗震等级，按 6 度，查《抗规》表 6.1.2，其抗震构造措施的抗震等级为四级。

【例 2.1.2】 多层钢筋混凝土房屋为丙类建筑，其所在场地为I_1类，抗震设防烈度 7 度，确定其抗震构造措施所采用的烈度，应按下列何项要求考虑？

（A）6 度　　　　（B）7 度　　　　（C）8 度　　　　（D）9 度

【解答】 （1）根据《抗震通规》2.3.2 条，抗震措施应按抗震设防烈度 7 度的要求考虑。

（2）I_1类场地，抗震构造措施应按抗震设防烈度降低 1 度，即按 6 度考虑，故最终抗震构造措施所采用的烈度按 6 度考虑，应选（A）项。

【例2.1.3】 多层钢筋混凝土房屋为丙类建筑，其所在场地为Ⅳ类建筑场地，抗震设防烈度为7度，场地设计基本地震加速度为0.15g，其房屋抗震构造措施所采用的烈度，应按下列何项要求考虑？

(A) 6度　　　　(B) 7度　　　　(C) 8度　　　　(D) 9度

【解答】 (1) 根据《抗震通规》2.3.2条（或《设防标准》3.0.3条），抗震措施应按抗震设防烈度7度的要求考虑。

(2) 根据《抗规》3.3.3条规定，7度，Ⅳ类场地，0.15g，房屋抗震构造措施应按8度考虑，故最终抗震构造措施所采用的烈度按8度考虑，应选（C）项。

思考：假定，多层建筑为乙类建筑，其他条件不变，如何确定其抗震构造措施所采用的烈度？

此时，根据《抗震通规》2.3.2条（或《设防标准》3.0.3条），需提高1度，即按8度考虑抗震措施和抗震构造措施；同时根据《抗规》3.3.3条，在8度基础上还应考虑提高，即：采取比8度更高的抗震构造措施，表述为8^+，但不一定是9度，这与书中表2.1.1内容是一致的。这种情况属于双重调整的特殊情况。

另外，该建筑的内力调整等抗震措施仍按8度确定其相应的抗震等级。

【例2.1.4】 A、B两幢多层钢筋混凝土房屋，A为丙类建筑，规则建筑，位于6度抗震设防烈度区（0.05g），场地为Ⅰ₁类；B为乙类建筑，位于7度抗震设防烈度区（0.10g），场地为Ⅲ类，下列说法正确的是？

(A) A幢建筑按6度计算、按6度采取抗震措施；B幢建筑按7度计算、按7度采取抗震措施

(B) A幢建筑按6度计算、按7度采取抗震措施；B幢建筑按8度计算、按8度采取抗震措施

(C) A幢建筑不必作抗震计算，按7度采取抗震措施；B幢建筑按7度计算，按8度采取抗震措施

(D) A幢建筑不必作抗震计算，按6度采取抗震措施；B幢建筑按7度计算，按8度采取抗震措施

【解答】 (1) 根据《抗规》3.1.2条规定，A幢建筑可不必作地震作用计算。根据《抗震通规》2.3.2条，B幢建筑按7度作地震作用计算。故（A）、（B）项错误。

(2) 根据《抗震通规》2.3.2条，Ⅰ₁类场地，A幢建筑应按6度采取抗震措施，故（C）项错误。

(3) 根据《抗震通规》2.3.2条，B幢建筑按提高1度，即8度采取抗震措施，故（D）项正确，应选（D）项。

第二节　建筑形体及其构件布置的规则性

一、不规则的类型与判断

1. 概念

《抗规》3.4.1条的条文说明中规定：

3.4.1（条文说明）

三种不规则程度的主要划分方法如下：

不规则，指的是超过表 3.4.3-1 和表 3.4.3-2 中一项及以上的不规则指标；

特别不规则，指具有较明显的抗震薄弱部位，可能引起不良后果者，其参考界限可参见《超限高层建筑工程抗震设防专项审查技术要点》，通常有三类：其一，同时具有本规范表 3.4.3 所列六个主要不规则类型的三个或三个以上；其二，具有表 1 所列的一项不规则；其三，具有本规范表 3.4.3 所列两个方面的基本不规则且其中有一项接近表 1 的不规则指标。

对于特别不规则的建筑方案，只要不属于严重不规则，结构设计应采取比本规范第 3.4.4 条等的要求更加有效的措施。

特别不规则的项目举例　　　　　　　　　　　　　　　　　　　　表 1

序号	不规则类型	简　要　含　义
1	扭转偏大	裙房以上有较多楼层考虑偶然偏心的扭转位移比大于 1.4
2	抗扭刚度弱	扭转周期比大于 0.9，混合结构扭转周期比大于 0.85
3	层刚度偏小	本层侧向刚度小于相邻上层的 50%
4	高位转换	框支墙体的转换构件位置：7 度超过 5 层，8 度超过 3 层
5	厚板转换	7~9 度设防的厚板转换结构
6	塔楼偏置	单塔或多塔合质心与大底盘的质心偏心距大于底盘相应边长 20%
7	复杂连接	各部分层数、刚度、布置不同的错层或连体两端塔楼显著不规则的结构
8	多重复杂	同时具有转换层、加强层、错层、连体和多塔类型中的 2 种以上

严重不规则，指的是形体复杂，多项不规则指标超过本规范 3.4.3 条上限值或某一项大大超过规定值，具有现有技术和经济条件不能克服的严重的抗震薄弱环节，可能导致地震破坏的严重后果者。

2. 不规则的类型

《抗规》规定：

3.4.3 建筑形体及其构件布置的平面、竖向不规则性，应按下列要求划分：

1 混凝土房屋、钢结构房屋和钢-混凝土混合结构房屋存在表 3.4.3-1 所列举的某项平面不规则类型或表 3.4.3-2 所列举的某项竖向不规则类型以及类似的不规则类型，应属于不规则的建筑。

平面不规则的主要类型　　　　　　　　　　　　　　　　　　　表 3.4.3-1

不规则类型	定义和参考指标
扭转不规则	在具有偶然偏心的规定水平力作用下，楼层两端抗侧力构件弹性水平位移或（层间位移）的最大值与平均值的比值大于 1.2
凹凸不规则	平面凹进的尺寸，大于相应投影方向总尺寸的 30%
楼板局部不连续	楼板的尺寸和平面刚度急剧变化，例如，有效楼板宽度小于该层楼板典型宽度的 50%，或开洞面积大于该层楼面面积的 30%，或较大的楼层错层

竖向不规则的主要类型　　　　　　　　　　　　　　　　　　　表 3.4.3-2

不规则类型	定义和参考指标
侧向刚度不规则	该层的侧向刚度小于相邻上一层的 70%，或小于其上相邻三个楼层侧向刚度平均值的 80%；除顶层或出屋面小建筑外，局部收进的水平向尺寸大于相邻下一层的 25%
竖向抗侧力构件不连续	竖向抗侧力构件（柱、抗震墙、抗震支撑）的内力由水平转换构件（梁、桁架等）向下传递
楼层承载力突变	抗侧力结构的层间受剪承载力小于相邻上一楼层的 80%

> 2 砌体房屋、单层工业厂房、单层空旷房屋、大跨屋盖建筑和地下建筑的平面和竖向不规则性的划分，应符合本规范有关章节的规定。
> 3 当存在多项不规则或某项不规则超过规定的参考指标较多时，应属于特别不规则的建筑。

此外，不规则的类型还包括下列情况：

> 3.4.3、3.4.4（条文说明）
> 除了表3.4.3所列的不规则，UBC的规定中，对平面不规则尚有抗侧力构件上下错位、与主轴斜交或不对称布置，对竖向不规则尚有相邻楼层质量比大于150%或竖向抗侧力构件在平面内收进的尺寸大于构件的长度（如棋盘式布置）等。

上述不规则的主要类型的典型示例，《抗规》3.4.3条和3.4.4条的条文说明中指出：

> 3.4.3、3.4.4（条文说明）
> 图1～图6为典型示例，以便理解本规范表3.4.3-1和表3.4.3-2中所列的不规则类型。
>
>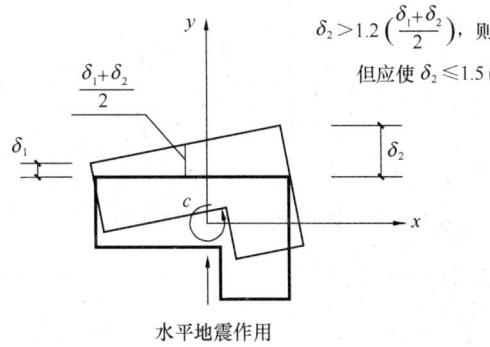
>
> 图1 建筑结构平面的扭转不规则示例
>
>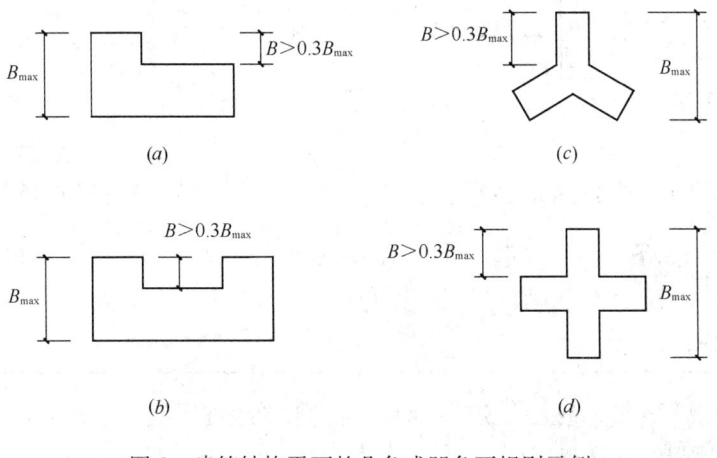
>
> 图2 建筑结构平面的凸角或凹角不规则示例

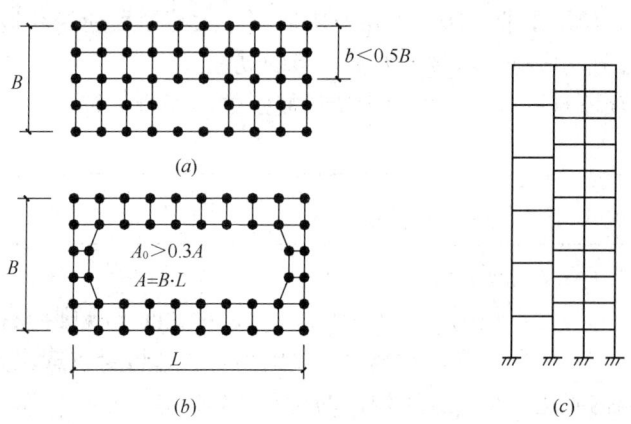

图3 建筑结构平面的局部不连续示例（大开洞及错层）

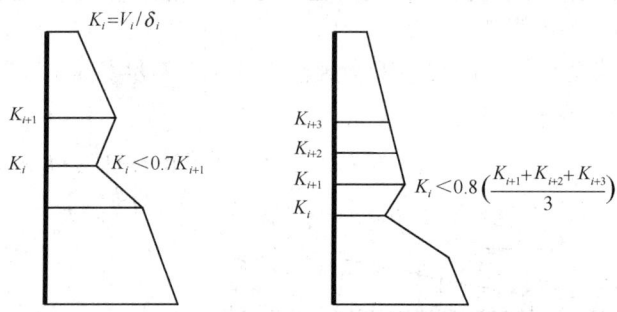

图4 沿竖向的侧向刚度不规则（有软弱层）

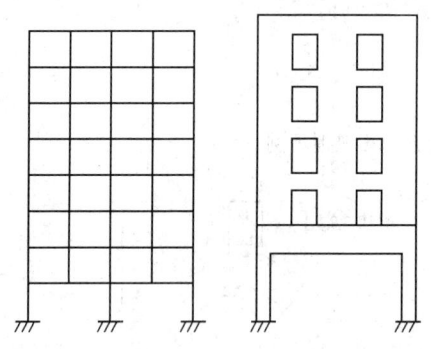

图5 竖向抗侧力构件不连续示例

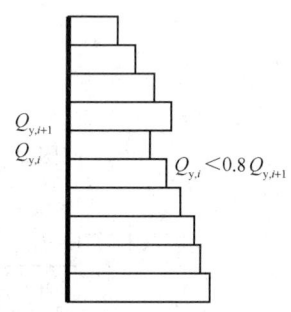

图6 竖向抗侧力结构屈服抗剪强度非均匀化（有薄弱层）

本规范3.4.3条1款的规定，主要针对钢筋混凝土和钢结构的多层和高层建筑所作的不规则性的限制，对砌体结构多层房屋和单层工业厂房的不规则性应符合本规范有关章节的专门规定。

注意，《抗规》3.4.3条条文说明中图1的"水平地震作用"应为：规定水平力。

3. 扭转不规则的计算与判断

（1）刚性楼盖与柔性楼盖

《抗规》3.4.3条和3.4.4条的条文说明中指出：

> 3.4.3、3.4.4（条文说明）
> 1）按国外的有关规定，楼盖周边两端位移不超过平均位移2倍的情况称为刚性楼盖，超过2倍则属于柔性楼盖。因此，这种"刚性楼盖"并不是刚度无限大。计算扭转位移比时，楼盖刚度可按实际情况确定而不限于刚度无限大假定。

（2）扭转位移比计算

《抗规》3.4.3条和3.4.4条的条文说明中指出：

> 3.4.3、3.4.4（条文说明）
> 2）扭转位移比计算时，楼层的位移不采用各振型位移的CQC组合计算，按国外的规定明确改为取"给定水平力"计算，可避免有时CQC计算的最大位移出现在楼盖边缘的中部而不在角部，而且对无限刚楼盖、分块无限刚楼盖和弹性楼盖均可采用相同的计算方法处理；该水平力一般采用振型组合后的楼层地震剪力换算的水平作用力，并考虑偶然偏心；结构楼层位移和层间位移控制值验算时，仍采用CQC的效应组合。
> 3）偶然偏心大小的取值，除采用该方向最大尺寸的5%外，也可考虑具体的平面形状和抗侧力构件的布置调整。

对于水平作用力的换算原则，《高层建筑混凝土结构技术规程》3.4.5条的条文说明中规定：

> 3.4.5（条文说明）
> 水平作用力的换算原则：每一楼面处的水平作用力取该楼面上、下两个楼层的地震剪力差的绝对值；连体下一层各塔楼的水平作用力，可由总水平作用力按该层各塔楼的地震剪力大小进行分配计算。

（3）扭转不规则的判别

除了按《抗规》表3.4.3-1中扭转不规则的判别方法外，《抗规》还规定：

> 3.4.3、3.4.4（条文说明）
> 4）扭转不规则的判断，还可依据楼层质量中心和刚度中心的距离用偏心率的大小作为参考方法。

4."楼板典型宽度"与"有效楼板宽度"

在抗震结构中，楼板的作用如下：

① 提供建筑物某些构件如隔墙、幕墙的支点，并抵抗水平力，但楼板不属于竖向抗震体系的一部分；

② 传递横向力至竖向抗震体系，可将每层楼板看作一根水平深梁，将风或水平地震产生的力传递至各种抗侧力构件；

③ 将不同的抗震体系中的各组成部分连成一体，并提供适当的强度、刚度，以使整个建筑能整体变形与转动。

《抗规》3.4.3条、3.4.4条的条文说明中指出："楼板典型宽度按楼板外形的基本宽度计算"。

"楼板典型宽度"是指所考虑方向楼板的总宽度（包括洞口的宽度）；"楼板典型宽度"与所考虑的位置（即楼板剖面）有关。

"楼板典型宽度"指被考察楼层的楼板代表性宽度。对平面形状比较规则的楼层，可以是楼板面积占大多数区域的楼板宽度；对抗侧力结构布置不均匀的结构，可以是主要抗侧力结构所在区域的楼板宽度。

"有效楼板宽度"是指楼板实际传递水平地震作用时的有效宽度，就是楼板的实际宽度，应扣除楼板实际存在的洞口宽度和楼、电梯间（楼、电梯周边无钢筋混凝土抗震墙时）在楼面处的开口尺寸等。"有效楼板宽度"与考察的位置（即楼板剖面）有关。

"有效楼板宽度"是指楼板在任一方向的净宽，可由该方向上净宽不小于2m的楼板累计。

"有效楼板宽度"计算时，当楼梯间、管井、电梯井等周围有混凝土抗震墙（或抗震墙与连梁围合）时，其无楼板部分可不按楼板开洞考虑，这是因为：周边围合的抗震墙具有很大的侧向刚度，能确保水平地震作用的传递。但是，当楼梯间、管井、电管井等周围的混凝土抗震墙分散布置，或其整体性较差（单片抗震墙或抗震墙与连梁没有封闭围合）时，其无楼板部分应按楼板开洞考虑并扣除洞口尺寸。

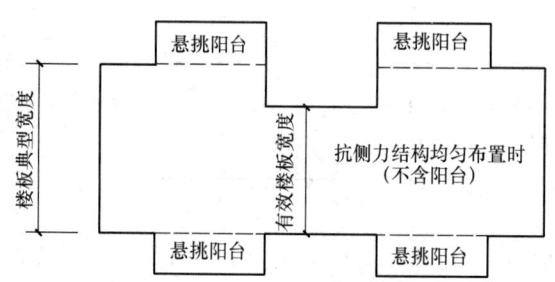

图 2.2.1 有效楼板宽度与楼板典型宽度

与主要抗侧力结构关系不大的楼板（如悬挑阳台的楼板等），对传递水平地震的作用不大，一般可不考虑其对"有效楼板宽度"和"楼板典型宽度"的有利影响，如图2.2.1所示。

【例2.2.1】 下列关于结构规则性的判断或计算模型的选择，其中何项不正确？说明理由。

(A) 当超过等高的错层部分面积大于该层总面积的30%，属于平面不规则

(B) 顶层及其他楼层局部收进的水平尺寸大于相邻下一层的25%，属于竖向不规则

(C) 抗侧力结构的层间受剪承载力小于相邻上一层的80%，属于竖向不规则

(D) 平面不规则或竖向不规则的建筑结构，均应采用空间结构计算模型

【解答】 根据《抗规》3.4.3条表3.4.3-2，应除顶层或出屋面小建筑外，应选(B)项。

【例2.2.2】 某六层现浇钢筋混凝土框架结构办公楼，丙类建筑，其抗震设防烈度为7度，Ⅱ类建筑场地。基础顶面至第一层楼盖顶面的高度为5.6m，其余各层层高均为3.6m，其平面布置如图2.2.2所示。该结构各楼层的 Y 方向的侧向刚度 $K_i = V_i/\Delta u_i$ (kN/m) 见表2.2.1。

楼层号	1	2	3	4	5	6
Y 方向的侧向刚度值						表 2.2.1
Y 向侧向刚度（kN/m）	6.21×10^5	8.86×10^5	8.16×10^5	8.08×10^5	8.11×10^5	7.90×10^5

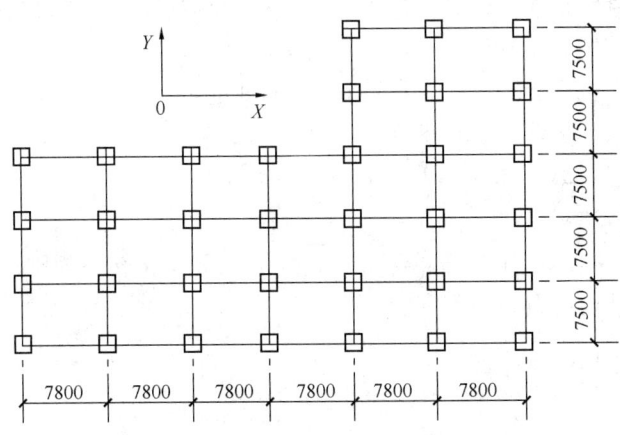

图 2.2.2

试问：下列关于结构规则性的判断，其中何项正确？

(A) 平面规则，竖向不规则 (B) 平面不规则，竖向规则
(C) 平面规则，竖向规则   (D) 平面不规则，竖向不规则

【解答】 多层，办公楼，$H=23.6\text{m}<24\text{m}$，故按《抗规》解答。

(1) 平面规则性的判断

根据《抗规》表 3.4.3-1 及 3.4.3 条条文说明中图 2：

$$\frac{B}{B_{\max}} = \frac{2 \times 7.5}{5 \times 7.5} = 0.4 > 0.3，属平面凹凸不规则$$

(2) 竖向规则性的判断

根据《抗规》3.4.3 条条文说明中图 4：

$$\frac{K_1}{K_2} = \frac{6.21 \times 10^5}{8.86 \times 10^5} = 0.701$$

$$\frac{K_1}{(K_2+K_3+K_4)/3} = \frac{6.21 \times 10^5}{(8.86+8.16+8.08) \times 10^5/3} = 0.742 < 0.8$$

故属于竖向不规则中侧向刚度不规则。

所以应选（D）项。

【例 2.2.3】 某 16 层现浇钢筋混凝土框架-剪力墙结构，丙类建筑，抗震设防烈度为 8 度，Ⅱ类建筑场地。由于结构布置不同，形成 4 个不同的结构抗震方案。结构规则性分析时，四种方案中与限制结构扭转效应的主要数据见表 2.2.2，其中 u_1 为最不利楼层竖向构件的最大的弹性水平位移，u_2 为相应于 u_1 的楼层两端弹性水平位移平均值。

与结构扭转效应有关的数据　　　　　　　表 2.2.2

	u_1 (mm)	u_2 (mm)		u_1 (mm)	u_2 (mm)
方案 1	5.0	4.8	方案 3	4.6	4.0
方案 2	4.5	4.1	方案 4	4.9	4.0

试问：仅从限制结构的扭转效应考虑，哪一种方案对结构抗震最为不利？

提示：按《建筑抗震设计规范》解答。

【解答】 根据《抗规》3.4.3 条表 3.4.3-1 的规定：

方案 1：　　　$u_1/u_2 = 5.0/4.8 = 1.042 < 1.2$

方案 2：　　　$u_1/u_2 = 4.5/4.1 = 1.098 < 1.2$

方案 3：　　　$u_1/u_2 = 4.6/4.0 = 1.15 < 1.2$

方案 4：　　　$u_1/u_2 = 4.9/4.0 = 1.225 > 1.2$，属于扭转不规则

所以方案 4 对结构抗震最为不利。

二、不规则结构的抗震设计

《抗规》规定：

> 3.4.4 建筑形体及其构件布置不规则时，应按下列要求进行地震作用计算和内力调整，并应对薄弱部位采取有效的抗震构造措施：
>
> 1 平面不规则而竖向规则的建筑，应采用空间结构计算模型，并应符合下列要求：
>
> 1）扭转不规则时，应计入扭转影响，且在具有偶然偏心的规定水平力作用下，楼层两端抗侧力构件弹性水平位移或层间位移的最大值与平均值的比值不宜大于 1.5，当最大层间位移远小于规范限值时，可适当放宽；
>
> 2）凹凸不规则或楼板局部不连续时，应采用符合楼板平面内实际刚度变化的计算模型；高烈度或不规则程度较大时，宜计入楼板局部变形的影响；
>
> 3）平面不对称且凹凸不规则或局部不连续时，可根据实际情况分块计算扭转位移比，对扭转较大的部位应采用局部的内力增大系数。
>
> 2 平面规则而竖向不规则的建筑，应采用空间结构计算模型，刚度小的楼层的地震剪力应乘以不小于 1.15 的增大系数，其薄弱层应按本规范有关规定进行弹塑性变形分析，并应符合下列要求：
>
> 1）竖向抗侧力构件不连续时，该构件传递给水平转换构件的地震内力应根据烈度高低和水平转换构件的类型、受力情况、几何尺寸等，乘以 1.25～2.0 的增大系数；
>
> 2）侧向刚度不规则时，相邻层的侧向刚度比应依据其结构类型符合本规范相关章节的规定；
>
> 3）楼层承载力突变时，薄弱层抗侧力结构的受剪承载力不应小于相邻上一楼层的 65%。
>
> 3 平面不规则且竖向不规则的建筑，应根据不规则类型的数量和程度，有针对性地采取不低于本条 1、2 款要求的各项抗震措施。特别不规则的建筑，应经专门研究，采取更有效的加强措施或对薄弱部位采用相应的抗震性能化设计方法。

【例 2.2.4】 某六层现浇钢筋混凝土框架结构，丙类建筑，抗震设防烈度为 7 度，平面规则。X 方向水平地震作用计算得到，第 1 层、第 2 层、第 3 层的地震剪力标准值分别为：$V_{1k}=3600$kN，$V_{2k}=2800$kN，$V_{3k}=2100$kN，且均满足楼层最小地震剪力要求。该房屋各楼层的 X 方向的侧向刚度见表 2.2.3 所示。

X 方向的侧向刚度　　　　　　　　　　　　表 2.2.3

楼层号	1	2	3	4	5	6
X 向侧向刚度（kN/m）	1.1×10^7	1.2×10^7	1.8×10^7	1.7×10^7	1.65×10^7	1.65×10^7

试问： 当地震效应与其他荷载效应进行组合时，第 1 层、第 2 层和第 3 层的最小水平地震剪力标准值（kN），与下列何项数值最为接近？

(A) $V_{1k}=4150$，$V_{2k}=2800$，$V_{3k}=2100$

(B) $V_{1k}=3600$，$V_{2k}=3250$，$V_{3k}=2415$

(C) $V_{1k}=4150$，$V_{2k}=3350$，$V_{3k}=2100$

(D) $V_{1k}=4150$，$V_{2k}=3250$，$V_{3k}=2415$

【解答】 根据《抗规》3.4.3 条和 3.4.4 条及其条文说明：

第一层：
$$K_1/K_2 = \frac{1.1\times10^7}{1.2\times10^7} = 0.917 > 0.7$$

$$\frac{K_1}{(K_2+K_3+K_4)/3} = \frac{1.1\times10^7}{(1.2+1.8+1.7)\times10^7/3} = 0.702 < 0.8$$

故为竖向不规则。

第二层：
$$\frac{K_2}{K_3} = \frac{1.2\times10^7}{1.8\times10^7} = 0.67 < 0.7$$

故为竖向不规则。

第三层：
$$\frac{K_3}{K_4} = \frac{1.8\times10^7}{1.7\times10^7} = 1.06 > 0.7$$

$$\frac{K_3}{(K_4+K_5+K_6)/3} = \frac{1.8\times10^7}{(1.7+1.65+1.65)\times10^7/3} = 1.08 > 0.8$$

故竖向规则。

已知平面规则，根据《抗规》3.4.4 条第 2 款规定：

$$V_{1k} \geqslant 1.15\times3600 = 4140\text{kN}$$

$$V_{2k} \geqslant 1.15\times2800 = 3220\text{kN}$$

$$V_{3k} \geqslant 2100\text{kN}$$

所以应选（C）项。

三、规则性的抗震概念设计

《抗震通规》5.1.1 条与《抗规》3.4.1 条作了相同规定。

《抗规》规定：

> 3.4.1 建筑设计应根据抗震概念设计的要求明确建筑形体的规则性。不规则的建筑应按规定采取加强措施；特别不规则的建筑应进行专门研究和论证，采取特别的加强措施；严重不规则的建筑不应采用。
> 注：形体指建筑平面形状和立面、竖向剖面的变化。
> 3.4.2 建筑设计应重视其平面、立面和竖向剖面的规则性对抗震性能及经济合理性的影响，宜择优选用规则的形体，其抗侧力构件的平面布置宜规则对称、侧向刚度沿竖向宜均匀变化、竖向抗侧力构件的截面尺寸和材料强度宜自下而上逐渐减小、避免侧向刚度和承载力突变。
> 不规则建筑的抗震设计应符合本规范第 3.4.4 条的有关规定。

第三节　结构体系和结构分析及结构材料

一、结构体系和结构分析

- 复习《抗震通规》2.4.1 条、5.1.2 条。

《抗规》作了类似规定。

- 复习《抗规》3.5.1 条～3.5.6 条。
- 复习《抗规》3.6.1 条～3.6.6 条。

需注意的是：
(1) 多道防线的概念，《抗规》3.5.2 条和 3.5.3 条的条文说明作了说明。
(2) 重力二阶效应的适用对象，《抗规》3.6.3 条的条文说明作了说明。

【例 2.3.1】 以下关于高层建筑混凝土结构抗震设计的 4 种观点：

Ⅰ．扭转周期比大于 0.9 的结构（不含混合结构），应进行专门研究和论证，采取特别的加强措施；

Ⅱ．结构宜限制出现过多的内部、外部赘余度；

Ⅲ．结构在两个主轴方向的振型可存在较大差异，但结构周期宜相近；

Ⅳ．控制薄弱层使之有足够的变形能力，又不使薄弱层发生转移。

试问：针对上述观点是否符合《建筑抗震设计规范》GB 50011—2010 相关要求的判断，下列何项正确？

(A) Ⅰ、Ⅱ符合，Ⅲ、Ⅳ不符合　　(B) Ⅱ、Ⅲ符合，Ⅰ、Ⅳ不符合
(C) Ⅲ、Ⅳ符合，Ⅰ、Ⅱ不符合　　(D) Ⅰ、Ⅳ符合，Ⅱ、Ⅲ不符合

【解答】 根据《抗规》3.4.1 条及条文说明，Ⅰ符合规范要求。

根据《抗规》3.5.2、3.5.3 条及条文说明，Ⅱ、Ⅲ不符合规范要求，Ⅳ符合规范要求。

故应选 (D) 项。

【例 2.3.2】 下列关于抗震设计的概念及见解，其中何项不正确？说明理由。
（A）利用计算机进行结构抗震分析时，应考虑楼梯构件的影响
（B）钢筋混凝土结构构件设计时，应防止剪切破坏先于弯曲破坏
（C）抗震设计的多、高层钢筋混凝土楼屋盖，不应采用预制装配式结构
（D）抗震设计时，结构体系宜使结构在两个主轴方向的周期和振型相近

【解答】 （A）项，根据《抗规》3.6.6 条第 1 款，正确。
（B）项，根据《抗规》3.5.4 条第 2 款，正确。
（C）项，根据《抗规》3.5.4 条第 5 款，不正确。
（D）项，根据《抗规》3.5.3 条条文说明，正确。
所以应选（C）项。

【例 2.3.3】 某 6 层钢筋混凝土框架结构，抗震设防烈度为 8 度（0.20g），Ⅱ类建筑场地，平面及竖向均规则，首层层高为 4.5m，其他各层层高均为 3.6m，已知该结构的重力荷载代表值 $\sum_{i=1}^{6} G_i = 4 \times 10^5 \mathrm{kN}$。

试问：当结构在 Y 向地震作用下，底层水平剪力计算值 V_i（kN）为多少时，可不考虑重力二阶效应影响？

【解答】 根据《抗规》3.6.3 条及其条文说明：

$$\frac{\sum G_i}{V_i} \cdot \frac{\Delta u_i}{h_i} \leqslant 0.1, \text{不考虑重力二阶效应影响}$$

查《抗规》表 5.5.1，$\frac{\Delta u_i}{h_i} \leqslant [\theta_e] = \frac{1}{550}$；又 $\sum_{i=1}^{6} G_i = 4 \times 10^5 \mathrm{kN}$：

$$V_i \geqslant \frac{4 \times 10^5}{0.1} \times \frac{1}{550} = 7.27 \times 10^3 \mathrm{kN}$$

二、结构材料与施工

《抗震通规》规定：

> 5.1.2
> 混凝土结构房屋以及钢-混凝土组合结构房屋中，框支梁、框支柱及抗震等级不低于二级的框架梁、柱、节点核芯区的混凝土强度等级不应低于 C30。

《抗规》作了相应规定。

- 复习《抗规》3.9.1 条~3.9.7 条。

注意，两本规范存在不协调的内容，应执行《抗震通规》。

需注意的是：
(1)《抗规》3.9.2 条第 2 款 2）中，"总伸长率"应改为"总延伸率"。
(2)《抗规》3.9.4 条及其条文说明的规定。
(3)《抗规》3.9.7 条及其条文说明的规定；抗震一级的抗震墙要进行水平施工缝处

的受剪承载力验算。

【例 2.3.4】 某 6 层营业面积为 $10000m^2$ 的钢筋混凝土框架结构，高度 24m，抗震设防烈度为 7 度，Ⅱ类建筑场地，框架柱原设计的纵筋为 HRB400 级钢筋 8Φ22，在施工过程中，因现场原材料供应延误，拟采用表 2.3.1 中的钢筋进行代换。各代换方案均满足强剪弱弯要求。

钢筋强度与伸长率表 表 2.3.1

编号	钢筋	屈服强度实测值（N/mm²）	抗拉强度实测值（N/mm²）	最大拉力 F 的总延伸率实测值
1	Φ20	523	645	12%
2	Φ25	460	580	8%
3	Φ20	525	662	11%
4	Φ25	442	609	10%

提示：按《建筑抗震设计规范》解答。

试问：下列何项代换方案最为合适？

（A）8Φ20（编号 3 钢筋）　　　（B）4Φ20（编号 3 钢筋）＋4Φ25（编号 4 钢筋）

（C）8Φ25（编号 2 钢筋）　　　（D）8Φ25（编号 4 钢筋）

【解答】 根据《设防分类标准》6.0.5 条及其条文说明，该建筑为乙类建筑，故按 8 度考虑抗震措施。

查《抗规》表 6.1.2，高度 24m，8 度，故框架抗震等级为二级。

根据题目条件，编号 2 的钢筋，其最大拉力下的总延伸率实测值 8%＜9%，按《抗规》3.9.2 条第 2 款 2）的规定，不满足，故（C）项不对。

对其他钢筋，计算列表见表 2.3.2。

钢筋强度计算表 表 2.3.2

编号	钢筋	抗拉强度实测值/屈服强度实测值	屈服强度实测值/屈服强度标准值
1	Φ20	645/523＝1.233＜1.25，不满足	523/400＝1.308＞1.3，不满足
2	Φ20	662/525＝1.261＞1.25，满足	525/400＝1.313＞1.3，不满足
3	Φ25	609/442＝1.378＞1.25，满足	442/400＝1.105＜1.3，满足

所以应选 8Φ25（编号 4 钢筋），即选（D）项。

第四节　各类房屋结构抗震设计

一、钢筋混凝土房屋

钢筋混凝土房屋的《抗震通规》《抗规》规定，见本书第三章钢筋混凝土结构、第七章高层建筑结构和高耸结构。

二、砌体房屋

砌体房屋的《抗震通规》《抗规》规定，见本书第五章砌体结构。

三、钢结构房屋

钢结构房屋的《抗震通规》《抗规》规定，见本书第四章钢结构、第七章高层建筑结构和高耸结构。

四、地基与基础

场地、地基与基础的《抗震通规》《抗规》规定，见本书第六章地基与基础。

第五节 非结构构件

一、一般规定

1. 分类

非结构构件包括建筑非结构构件和建筑附属机电设备的支架等，《抗规》规定：

> 13.1.1 本章主要适用于非结构构件与建筑结构的连接。非结构构件包括持久性的建筑非结构构件和支承于建筑结构的附属机电设备。
> 注：1 建筑非结构构件指建筑中除承重骨架体系以外的固定构件和部件，主要包括非承重墙体，附着于楼面和屋面结构的构件、装饰构件和部件、固定于楼面的大型储物架等。
> 2 建筑附属机电设备指为现代建筑使用功能服务的附属机械、电气构件、部件和系统，主要包括电梯、照明和应急电源、通信设备，管道系统，采暖和空气调节系统，烟火监测和消防系统，公用天线等。

建筑非结构构件的分类，《抗规》3.7节条文说明中规定：

> 3.7（条文说明）
> 建筑非结构构件一般指下列三类：①附属结构构件，如：女儿墙、高低跨封墙、雨篷等；②装饰物，如：贴面、顶棚、悬吊。

2. 抗震设防目标

《抗震通规》5.1.12条~5.1.18条作了原则性规定。
《抗规》3.7节及其条文说明中规定：

> 3.7.1 非结构构件，包括建筑非结构构件和建筑附属机电设备，自身及其与结构主体的连接，应进行抗震设计。
> 3.7.2 非结构构件的抗震设计，应由相关专业人员分别负责进行。
> 3.7.3 附着于楼、屋面结构上的非结构构件，以及楼梯间的非承重墙体，应与主体结构有可靠的连接或锚固，避免地震时倒塌伤人或砸坏重要设备。

3.7.4　框架结构的围护墙和隔墙，应估计其设置对结构抗震的不利影响，避免不合理设置而导致主体结构的破坏。

3.7.5　幕墙、装饰贴面与主体结构应有可靠连接，避免地震时脱落伤人。

3.7.6　安装在建筑上的附属机械、电气设备系统的支座和连接，应符合地震时使用功能的要求，且不应导致相关部件的损坏。

3.7（条文说明）

建筑非结构构件在地震中的破坏允许大于结构构件，其抗震设防目标要低于本规范第1.0.1条的规定。

……

第3.7.6条提出了对幕墙、附属机械、电气设备系统支座和连接等需符合地震时对使用功能的要求。这里的使用要求，一般指设防地震。

二、计算要求

1. 非结构构件对主体结构的影响

《抗规》规定：

13.2.1　建筑结构抗震计算时，应按下列规定计入非结构构件的影响：

1　地震作用计算时，应计入支承于结构构件的建筑构件和建筑附属机电设备的重力。

2　对柔性连接的建筑构件，可不计入刚度；对嵌入抗侧力构件平面内的刚性建筑非结构构件，应计入其刚度影响，可采用周期调整等简化方法；一般情况下不应计入其抗震承载力，当有专门的构造措施时，尚可按有关规定计入其抗震承载力。

3　支承非结构构件的结构构件，应将非结构构件地震作用效应作为附加作用对待，并满足连接件的锚固要求。

13.2.1（条文说明）

结构构件设计时仅计入支承非结构部位的集中作用并验算连接件的锚固。

2. 地震作用计算方法

（1）楼面谱方法和等效侧力法

楼面谱方法分为：第一代楼面谱方法；第二代楼面谱方法。

等效侧力法是在第一代楼面谱方法基础上的简化。

楼面谱方法，《抗规》13.2.2条条文说明中指出：

13.2.2（条文说明）

非结构构件的地震作用，除了本规范第5章规定的长悬臂构件外，只考虑水平方向。其基本的计算方法是对应于"地面反应谱"的"楼面谱"，即反映支承非结构构件的主体结构体系自身动力特性、非结构构件所在楼层位置和支点数量、结构和非结构阻尼特性对地面地震运动的放大作用；当非结构构件的质量较大时或非结构体系的自振特性与主结构体系的某一振型的振动特性相近时，非结构体系还将与主结构体系的地震反应产生相互影响。一般情况下，可采用简化方法，即等效侧力法计算；同时计入支座间相对位移产生的附加内力。

第一代楼面谱方法与等效侧力法，《抗规》13.2.3条条文说明中指出：

> 13.2.3（条文说明）
> 等效侧力法在第一代楼面谱（以建筑的楼面运动作为地震输入，将非结构构件作为单自由度系统，将其最大反应的均值作为楼面谱，不考虑非结构构件对楼层的反作用）基础上做了简化。

第二代楼面谱方法，《抗规》13.2.2条条文说明中指出：

> 13.2.2（条文说明）
> 要求进行楼面谱计算的非结构构件，主要是建筑附属设备，如巨大的高位水箱、出屋面的大型塔架等。采用第二代楼面谱计算可反映非结构构件对所在建筑结构的反作用，不仅导致结构本身地震反应的变化，固定在其上的非结构的地震反应也明显不同。

计算楼面谱的方法，《抗规》13.2.2条条文说明中指出：

> 13.2.2（条文说明）
> 计算楼面谱的基本方法是随机振动法和时程分析法，当非结构构件的材料与结构体系相同时，可直接利用一般的时程分析软件得到；当非结构构件的质量较大，或材料阻尼特性明显不同，或在不同楼层上有支点，需采用第二代楼面谱的方法进行验算。此时，可考虑非结构与主体结构的相互作用，包括"吸振效应"，计算结果更加可靠。采用时程分析法和随机振动法计算楼面谱需有专门的计算软件。

（2）非结构构件的地震作用计算方法

《抗规》规定：

> 13.2.2 非结构构件的地震作用计算方法，应符合下列要求：
> 1 各构件和部件的地震力应施加于其重心，水平地震力应沿任一水平方向。
> 2 一般情况下，非结构构件自身重力产生的地震作用可采用等效侧力法计算；对支承于不同楼层或防震缝两侧的非结构构件，除自身重力产生的地震作用外，尚应同时计及地震时支承点之间相对位移产生的作用效应。
> 3 建筑附属设备（含支架）的体系自振周期大于0.1s且其重力超过所在楼层重力的1%，或建筑附属设备的重力超过所在楼层重力的10%时，宜进入整体结构模型的抗震设计，也可采用本规范附录M第M.3节的楼面谱方法计算。其中，与楼盖非弹性连接的设备，可直接将设备与楼盖作为一个质点计入整个结构的分析中得到设备所受的地震作用。

三、抗震性能化设计

1. 需要进行抗震验算的非结构构件

《抗规》13.1.2条条文说明：

> 13.1.2（条文说明）
> 一般情况下，除了本规范第 5 章有明确规定的非结构构件，如出屋面女儿墙、长悬臂构件（雨篷等）外，尽量减少非结构构件地震作用计算和构件抗震验算的范围。例如，需要进行抗震验算的非结构构件大致如下：
> 1 7～9 度时，基本上为脆性材料制作的幕墙及各类幕墙的连接；
> 2 8、9 度时，悬挂重物的支座及其连接、出屋面广告牌和类似构件的锚固；
> 3 附着于高层建筑的重型商标、标志、信号等的支架；
> 4 8、9 度时，乙类建筑的文物陈列柜的支座及其连接；
> 5 7～9 度时，电梯提升设备的锚固件、高层建筑的电梯构件及其锚固；
> 6 7～9 度时，建筑附属设备自重超过 1.8kN 或其体系自振周期大于 0.1s 的设备支架、基座及其锚固。

2. 抗震性能化设计目标

《抗规》13.1.2 条及附录 M.2 作了规定。

【例 2.5.1】 某地区抗震设防烈度为 8 度，下列何项非结构构件可不需要进行抗震验算？

（A）悬挂重物的支座及其连接
（B）高层建筑上的电梯构件及其锚固
（C）建筑附属设备自重超过 1.8kN 的设备支架
（D）丙类建筑的文物陈列柜的支座及其连接

【解答】 根据《抗规》13.1.2 条条文说明，应选（D）项。

3. 等效侧力法

《抗规》规定：

> 13.2.3 采用等效侧力法时，水平地震作用标准值宜按下列公式计算：
> $$F = \gamma \eta \zeta_1 \zeta_2 \alpha_{max} G \qquad (13.2.3)$$
> 式中 F——沿最不利方向施加于非结构构件重心处的水平地震作用标准值；
> γ——非结构构件功能系数，由相关标准确定或按本规范附录 M 第 M.2 节执行；
> η——非结构构件类别系数，由相关标准确定或按本规范附录 M 第 M.2 节执行；
> ζ_1——状态系数；对预制建筑构件、悬臂类构件、支承点低于质心的任何设备和柔性体系宜取 2.0，其余情况可取 1.0；
> ζ_2——位置系数，建筑的顶点宜取 2.0，底部宜取 1.0，沿高度线性分布；对本规范第 5 章要求采用时程分析法补充计算的结构，应按其计算结果调整；
> α_{max}——地震影响系数最大值；可按本规范第 5.1.4 条关于多遇地震的规定采用；
> G——非结构构件的重力，应包括运行时有关的人员、容器和管道中的介质及储物柜中物品的重力。

【例 2.5.2】 某钢筋混凝土结构房屋，$H=36$m，抗震设防烈度为 7 度，设计基本地震加速度为 0.10g。建筑物顶部附设 6m 高悬臂式广告牌，附属构件重力为 100kN，自振周期为 0.08s，顶层结构重力为 12000kN。

试问：该附属构件自身重力沿不利方向产生的水平地震作用标准值 F（kN）应与下列何项数值最为接近？

(A) 16   (B) 20   (C) 32   (D) 38

【解答】 根据《抗规》13.2.2 条：

附属构件自振周期 0.08s＜0.1s，附属构件重力＜楼层重力的 10%，可采用等效侧力法计算。

根据《抗规》13.2.3 条，查《抗规》附录表 M.2.2：

$$\zeta_1 = 2.0,\ \zeta_2 = 2.0,\ \alpha_{max} = 0.08;\ \eta = 1.2;\ \gamma = 1.0$$

$$F = \gamma \eta \zeta_1 \zeta_2 \alpha_{max} G = 1 \times 1.2 \times 2 \times 2 \times 0.08 \times 100 = 38.4 \text{kN}$$

故应选（D）项。

4. 楼面谱方法

《抗规》附录 M 规定：

> M.3.1 非结构构件的楼面谱，应反映支承非结构构件的具体结构自身动力特性、非结构构件所在楼层位置，以及结构和非结构阻尼特性对结构所在地点的地面地震运动的放大作用。
>
> 计算楼面谱时，一般情况，非结构构件可采用单质点模型；对支座间有相对位移的非结构构件，宜采用多支点体系计算。
>
> M.3.2 采用楼面反应谱法时，非结构构件的水平地震作用标准值可按下列公式计算：
>
> $$F = \gamma \eta \beta_s G \qquad (M.3.2)$$
>
> 式中 β_s——非结构构件的楼面反应谱值，取决于设防烈度、场地条件、非结构构件与结构体系之间的周期比、质量比和阻尼，以及非结构构件在结构的支承位置、数量和连接性质；
>
> γ——非结构构件功能系数，取决于建筑抗震设防类别和使用要求，一般分为 1.4、1.0、0.6 三档；
>
> η——非结构构件类别系数，取决于构件材料性能等因素，一般在 0.6～1.2 范围内取值。

应注意的是，《抗规》附录 M.3 的条文说明：

> M.3（条文说明）
>
> 对不同的结构或同一结构的不同楼层，其楼面谱均不相同，在与结构体系主要振动周期相近的若干周期段，均有明显的放大效果。

四、其他计算要求

《抗规》规定：

13.1.3　当抗震要求不同的两个非结构构件连接在一起时，应按较高的要求进行抗震设计。其中一个非结构构件连接损坏时，应不致引起与之相连接的有较高要求的非结构构件失效。

　　13.2.4　非结构构件因支承点相对水平位移产生的内力，可按该构件在位移方向的刚度乘以规定的支承点相对水平位移计算。

　　非结构构件在位移方向的刚度，应根据其端部的实际连接状态，分别采用刚接、铰接、弹性连接或滑动连接等简化的力学模型。

　　相邻楼层的相对水平位移，可按本规范规定的限值采用。

　　13.2.5　非结构构件的地震作用效应（包括自身重力产生的效应和支座相对位移产生的效应）和其他荷载效应的基本组合，按本规范结构构件的有关规定计算；幕墙需计算地震作用效应与风荷载效应的组合；容器类尚应计及设备运转时的温度、工作压力等产生的作用效应。

　　非结构构件抗震验算时，摩擦力不得作为抵抗地震作用的抗力；承载力抗震调整系数可采用1.0。

五、基本抗震措施

- 复习《抗规》13.3.1条～13.3.9条。
- 复习《抗规》13.4.1条～13.4.7条。

第六节　隔震和消能减震设计

一、一般规定

1. 隔震设计和消能减震设计的概念与抗震设防目标基本概念，《抗规》规定：

　　12.1.1　本章适用于设置隔震层以隔离水平地震动的房屋隔震设计，以及设置消能部件吸收与消耗地震能量的房屋消能减震设计。

　　采用隔震和消能减震设计的建筑结构，应符合本规范第3.8.1条的规定，其抗震设防目标应符合本规范第3.8.2条的规定。

　　注：1　本章隔震设计指在房屋基础、底部或下部结构与上部结构之间设置由橡胶隔震支座和阻尼装置等部件组成具有整体复位功能的隔震层，以延长整个结构体系的自振周期，减少输入上部结构的水平地震作用，达到预期防震要求。

　　　　2　消能减震设计指在房屋结构中设置消能器，通过消能器的相对变形和相对速度提供附加阻尼，以消耗输入结构的地震能量，达到预期防震减震要求。

　　3.8.1　隔震与消能减震设计，可用于对抗震安全性和使用功能有较高要求或专门要求的建筑。

　　抗震设防目标，《抗规》规定：

3.8.2 采用隔震或消能减震设计的建筑，当遭遇到本地区的多遇地震影响、设防地震影响和罕遇地震影响时，可按高于本规范第1.0.1条的基本设防目标进行设计。

3.8.2（条文说明）

采用隔震和消能减震设计方案，具有可能满足提高抗震性能要求的优势，故推荐其按较高的设防目标进行设计。

按本规范12章规定进行隔震设计，还不能做到在设防烈度下上部结构不受损坏或主体结构处于弹性工作阶段的要求，但与非隔震或非消能减震建筑相比，设防目标会有所提高，大体上是：当遭受多遇地震影响时，将基本不受损坏和影响使用功能；当遭受设防地震影响时，不需修理仍可继续使用；当遭受罕遇地震影响时，将不发生危及生命安全和丧失使用价值的破坏。

2. 隔震设计的基本特点和要点

《抗规》12.2.1条的条文说明中指出：

12.2.1（条文说明）

本规范对隔震的基本要求是：通过隔震层的大变形来减少其上部结构的地震作用，从而减少地震破坏。隔震设计需解决的主要问题是：隔震层位置的确定，隔震垫的数量、规格和布置，隔震层在罕遇地震下的承载力和变形控制，隔震层不隔离竖向地震作用的影响，上部结构的水平向减震系数及其与隔震层的连接构造等。

……

为便于我国设计人员掌握隔震设计方法，本规范提出了"水平向减震系数"的概念。按减震系数进行设计，隔震层以上结构的水平地震作用和抗震验算，构件承载力留有一定的安全储备。对于丙类建筑，相应的构造要求也可有所降低。但必须注意，结构所受的地震作用，既有水平向也有竖向，目前的橡胶隔震支座只具有隔离水平地震的功能，对竖向地震没有隔震效果，隔震后结构的竖向地震力可能大于水平地震力，应予以重视并做相应的验算，采取适当的措施。

3. 消能减震设计的基本特点和要点

《抗规》12.1.4条的条文说明中指出：

12.1.4（条文说明）

消能减震房屋最基本的特点是：

1 消能装置可同时减少结构的水平和竖向的地震作用，适用范围较广，结构类型和高度均不受限制；

2 消能装置使结构具有足够的附加阻尼，可满足罕遇地震下预期的结构位移要求；

3 由于消能装置不改变结构的基本形式，除消能部件和相关部件外的结构设计仍可按本规范各章对相应结构类型的要求执行。这样，消能减震房屋的抗震构造，与普通房屋相比不降低，其抗震安全性可有明显的提高。

4. 基本要求

《抗规》12.1.2条~12.1.6条作了规定。

二、隔震设计

1. 基本要求

《抗规》规定：

> 12.2.1 隔震设计应根据预期的竖向承载力、水平向减震系数和位移控制要求，选择适当的隔震装置及抗风装置组成结构的隔震层。
>
> 隔震支座应进行竖向承载力的验算和罕遇地震下水平位移的验算。
>
> 隔震层以上结构的水平地震作用应根据水平向减震系数确定；其竖向地震作用标准值，8度（0.20g）、8度（0.30g）和9度时分别不应小于隔震层以上结构总重力荷载代表值的20％、30％和40％。

2. 隔震层的设计要求

《抗震通规》5.1.6条作了规定。

《抗规》12.2.3条、12.2.4条作了细化规定。

3. 隔震设计

(1) 计算简图和计算方法

《抗规》12.2.2条作了规定。

(2) 隔震层以上结构的地震作用计算

《抗震通规》5.1.7条作了规定，《抗规》作了细化规定。

《抗规》规定：

> 12.2.5 隔震层以上结构的地震作用计算，应符合下列规定：
>
> 1 对多层结构，水平地震作用沿高度可按重力荷载代表值分布。
>
> 2 隔震后水平地震作用计算的水平地震影响系数可按本规范第5.1.4、第5.1.5条确定。其中，水平地震影响系数最大值可按下式计算：
>
> $$\alpha_{max1} = \beta \alpha_{max}/\psi \qquad (12.2.5)$$
>
> 式中 α_{max1}——隔震后的水平地震影响系数最大值；
>
> α_{max}——非隔震的水平地震影响系数最大值，按本规范第5.1.4条采用；
>
> β——水平向减震系数；对于多层建筑，为按弹性计算所得的隔震与非隔震各层层间剪力的最大比值。对高层建筑结构，尚应计算隔震与非隔震各层倾覆力矩的最大比值，并与层间剪力的最大比值相比较，取二者的较大值；
>
> ψ——调整系数；一般橡胶支座，取0.80；支座剪切性能偏差为S-A类，取0.85；隔震装置带有阻尼器时，相应减少0.05。
>
> 注：1 弹性计算时，简化计算和反应谱分析时宜按隔震支座水平剪切应变为100％时的性能参数进行计算；当采用时程分析法时按设计基本地震加速度输入进行计算；
>
> 2 支座剪切性能偏差按现行国家产品标准《橡胶支座 第3部分：建筑隔震橡胶支座》GB 20688.3确定。

    3 隔震层以上结构的总水平地震作用不得低于非隔震结构在6度设防时的总水平地震作用，并应进行抗震验算；各楼层的水平地震剪力尚应符合本规范第5.2.5条对本地区设防烈度的最小地震剪力系数的规定。

    4 9度时和8度且水平向减震系数不大于0.3时，隔震层以上的结构应进行竖向地震作用的计算。隔震层以上结构竖向地震作用标准值计算时，各楼层可视为质点，并按本规范式（5.3.1-2）计算竖向地震作用标准值沿高度的分布。

注意，《抗规》12.2.5条第2款注1的规定。

（3）隔震支座的水平位移验算

《抗规》12.2.6条作了规定。

（4）隔震设计的简化计算

《抗规》附录L作了规定。

【例2.6.1】 某多层钢筋混凝土框架结构，房屋高度20m，混凝土强度等级C40，抗震设防烈度8度，设计基本地震加速度0.30g，抗震设防类别为标准设防类，建筑场地类别Ⅱ类。拟进行隔震设计，水平向减震系数为0.35，下列关于隔震设计的叙述，其中何项是正确的？

（A）隔震层以上各楼层的水平地震剪力，可不符合本地区设防烈度的最小地震剪力系数的规定

（B）隔震层下的地基基础的抗震验算按本地区抗震设防烈度进行，抗液化措施应按提高一个液化等级确定

（C）隔震层以上的结构，水平地震作用应按7度（0.15g）计算，并应进行竖向地震作用的计算

（D）隔震层以上的结构，框架抗震等级可定为三级，当未采取有利于提高轴压比限值的构造措施时，剪跨比大于2的柱的轴压比限值为0.75

【解答】 （A）《抗规》第12.2.5条第3款，应符合本地区设防烈度的最小地震剪力系数的规定。

（B）《抗规》第12.2.9条第3款，丙类建筑抗液化措施不需按提高一个液化等级确定。

（C）《抗规》第12.2.5条第2款，水平地震作用应为本地区设防地震作用并考虑水平向减震系数确定，减震系数大于0.3，可不进行竖向地震作用的计算。

（D）《抗规》第12.2.7条及条文说明，可按7度（0.15g）确定抗震等级，查表6.1.2，框架抗震等级为三级；与抵抗竖向地震作用有关的抗震构造措施不应降低，柱轴压比限值仍按二级，查表6.3.6，取0.75。

故应选（D）项。

【例2.6.2】 某钢筋混凝土框架结构，房屋高度为28m，高宽比为3，抗震设防烈度为8度，设计基本地震加速度为0.20g，抗震设防类别为标准设防类，建筑场地类别为Ⅱ类。方案阶段拟进行隔震与消能减震设计，水平向减震系数为0.35，关于房屋隔震与消能减震设计的以下说法：

Ⅰ.当消能减震结构的地震影响系数不到非消能减震的50%时，主体结构的抗震构造

要求可降低一度；

Ⅱ．隔震层以上各楼层的水平地震剪力，尚应根据本地区设防烈度验算楼层最小地震剪力是否满足要求；

Ⅲ．隔震层以上的结构，框架抗震等级可定为二级，且无需进行竖向地震作用的计算；

Ⅳ．隔震层以上的结构，当未采取有利于提高轴压比限值的构造措施时，剪跨比小于2的柱的轴压比限值为0.65。

试问： 针对上述说法正确性的判断，下列何项正确？

(A) Ⅰ、Ⅱ、Ⅲ、Ⅳ正确 (B) Ⅰ、Ⅱ、Ⅲ正确；Ⅳ错误
(C) Ⅰ、Ⅱ、Ⅳ正确；Ⅲ错误 (D) Ⅰ、Ⅱ、Ⅳ正确；Ⅰ错误

【解答】 Ⅰ．正确，根据《抗规》12.3.8条及条文说明。

Ⅱ．正确，根据《抗规》12.2.5条3款。

Ⅲ．正确，根据《抗规》12.2.7条及条文说明和表6.1.2、12.2.5条4款。

Ⅳ．错误，根据《抗规》12.2.7条第2款及其注和6.3.6条，柱的轴压比相应的抗震等级为一级，故轴压比为0.65；当剪跨比小于2时，柱的轴压比要降低0.05，0.65－0.05＝0.6。

故应选(B)项。

【例2.6.3】 某砖砌体结构房屋并且带地下室（地下室顶板处标高为±0.000），房屋总高度为17.3m，层数为6层，每层层高均为2.8m，室外地面低于地下室顶板为0.500m，丙类建筑，位于7度抗震设防烈度区（0.15g），建筑场地为Ⅱ类，设计地震分组为第一组。已知重力荷载代表值为：$G_1=G_2=G_3=G_4=G_5=9000$kN，$G_6=8400$kN。采用隔震设计，隔震层位于地下室顶板处，选用橡胶隔震支座，其数量及规格见表2.6.1所示。取$g=9.8$m/s，调整系数$\psi=0.80$。

橡胶隔震支座 表2.6.1

型号	总数(个)	剪切变形(100%)		剪切变形(250%)	
		水平等效刚度(kN/mm)	等效黏滞阻尼比	水平等效刚度(kN/mm)	等效黏滞阻尼比
GZY350	4	1.2	0.22	0.84	0.14
GZY400	42	1.6	0.24	1.12	0.15

试问： 确定水平减震系数β为多少？

【解答】 根据《抗规》12.2.4条，取剪切变形100%参数进行计算：

$$K_h = \Sigma K_j = 4 \times 1.2 + 42 \times 1.6 = 72 \text{kN/mm}$$

$$\xi_{eq} = \frac{\Sigma K_j \xi_j}{K_h} = \frac{4 \times 1.2 \times 0.22 + 42 \times 1.6 \times 0.24}{72} = 0.2387 \approx 0.239$$

由《抗规》5.1.5条：

$$\gamma = 0.9 + \frac{0.05 - \xi_{eq}}{0.3 + 6\xi_{eq}} = 0.9 + \frac{0.05 - 0.239}{0.3 + 6 \times 0.239} = 0.791$$

$$\eta_2 = 1 + \frac{0.05 - \xi_{eq}}{0.08 + 1.6\xi_{eq}} = 1 + \frac{0.05 - 0.239}{0.08 + 1.6 \times 0.239} = 0.591 > 0.55$$

$$G = \Sigma G_i = 5 \times 9000 + 8400 = 53400 \text{kN}$$

由《抗规》附录式（L.1.1-3）：

$$T_1 = 2\pi \sqrt{\frac{G}{K_h g}} = 2\pi \sqrt{\frac{53400}{72 \times 10^3 \times 9.8}} = 1.728\text{s}$$

查《抗规》表 5.1.4-2，取 $T_g = 0.35\text{s}$；由《抗规》附录 L.1.1 条，$T_g = 0.35\text{s} < 0.4\text{s}$，故取 $T_{gm} = 0.4\text{s}$。

又 $T_1 = 1.728\text{s} < 2.0\text{s}$，且 $< 5T_g = 1.75\text{s}$，故取 $T_1 = 1.728\text{s}$

由《抗规》附录式（L.1.1-1）：

$$\beta = 1.2\eta_2 \left(\frac{T_{gm}}{T_1}\right)^r = 1.2 \times 0.591 \times \left(\frac{0.4}{1.728}\right)^{0.791}$$

$$= 0.2229 \approx 0.223$$

4. 隔震结构的隔震措施

- 复习《抗规》12.2.7 条。
- 复习《抗规》附录 L.2 节。

5. 隔震层与上部结构的连接

- 复习《抗震通规》5.1.9 条。
- 复习《抗规》12.2.8 条。

6. 隔震层以下的结构和基础的设计要求

- 复习《抗震通规》5.1.8 条、5.1.10 条。
- 复习《抗规》12.2.9 条。

三、消能减震设计

1. 基本要求

《抗规》规定：

12.3.1 消能减震设计时，应根据多遇地震下的预期减震要求及罕遇地震下的预期结构位移控制要求，设置适当的消能部件。消能部件可由消能器及斜撑、墙体、梁等支承构件组成。消能器可采用速度相关型、位移相关型或其他类型。

注：1 速度相关型消能器指黏滞消能器和黏弹性消能器等；
2 位移相关型消能器指金属屈服消能器和摩擦消能器等。

12.3.2 消能部件可根据需要沿结构的两个主轴方向分别设置。消能部件宜设置在变形较大的位置，其数量和分布应通过综合分析合理确定，并有利于提高整个结构的消能减震能力，形成均匀合理的受力体系。

注意的是,《抗规》12.3.1 条的条文说明中的如下规定:

> 12.3.1（条文说明）
> 本规范对消能减震的基本要求是:通过消能器的设置来控制预期的结构变形,从而使主体结构构件在罕遇地震下不发生严重破坏。消能减震设计需解决的主要问题是:消能器和消能部件的选型,消能部件在结构中的分布和数量,消能器附加给结构的阻尼比估算,消能减震体系在罕遇地震下的位移计算,以及消能部件与主体结构的连接构造和其附加的作用等。
> ……
> 消能器的类型甚多,按 ATC-33.03 的划分,主要分为位移相关型、速度相关型和其他类型。金属屈服型和摩擦型属于位移相关型,当位移达到预定的启动限才能发挥消能作用,有些摩擦型消能器的性能有时不够稳定。黏滞型和黏弹性型属于速度相关型。消能器的性能主要用恢复力模型表示,应通过试验确定,并需根据结构预期位移控制等因素合理选用。位移要求愈严,附加阻尼愈大,消能部件的要求愈高。

【例 2.6.4】 下列关于建筑隔震和消能减震设计的见解,何项相对准确?
（A）隔震技术具有隔离水平及竖向地震的功能
（B）消能减震设计适用于钢筋混凝土结构和钢结构,其高度受限制
（C）消能部件沿结构的两个主轴方向分别设置,宜设置在建筑物底部位置
（D）采用消能减震的建筑,当遭受高于本地区设防烈度的罕遇地震影响时,不会发生丧失使用功能的破坏

【解答】 对于（A）项,根据《抗规》12.2.1 条及其条文说明,不正确。
对于（B）项,根据《抗规》12.1.4 条及其条文说明,不正确。
对于（C）项,根据《抗规》12.3.2 条及其条文说明,不正确。
对于（D）项,根据《抗规》3.8.2 条及其条文说明,正确。
所以应选（D）项。

2. 计算分析

- 复习《抗震通规》5.1.11 条。
- 复习《抗规》12.3.3 条。

3. 消能部件及其相关部位的设计

- 复习《抗规》12.3.4 条~12.3.8 条。

第七节 地 下 建 筑

- 复习《抗震通规》6.3.1 条~6.3.10 条。
- 复习《抗规》14.1.1 条~14.3.5 条。

两本规范的内容是协调的。

【例 2.7.1】 某两层单建式地下车库，用于停放载人少于 9 人的小客车，设计使用年限为 50 年，采用框架结构，双向柱跨均为 8m，各层均采用不设次梁的双向板楼盖，顶板覆土厚度 $s=2.5$m（覆土应力扩散角 $\theta=35°$），地面为小客车通道（可作为全车总重 300kN 的重型消防车通道），剖面如图 2.7.1 所示，抗震设防烈度 8 度，设计基本地震加速度 $0.20g$，设计地震分组第二组，建筑场地类别Ⅲ类，抗震设防类别为标准设防类，安全等级二级。

提示：按《建筑抗震设计规范》作答。

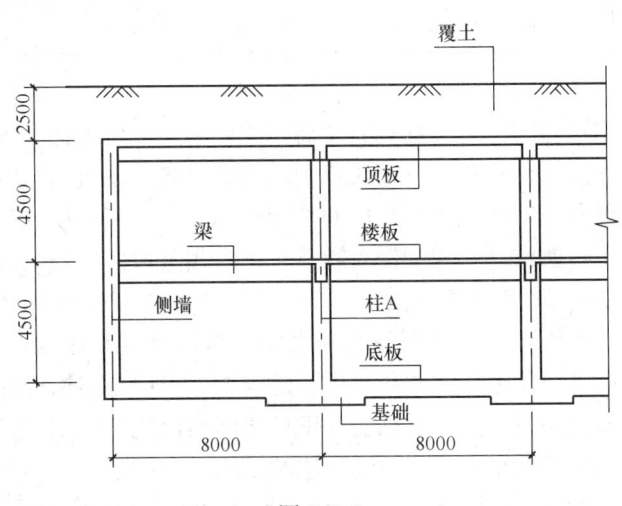

图 2.7.1

试问：

(1) 当框架柱纵筋采用 HRB400 钢筋时，柱 A 的纵向钢筋最小总配筋率（％）应不小于下列何项数值？

(A) 0.65　　　(B) 0.75　　　(C) 0.85　　　(D) 0.95

(2) 下列关于单建式地下建筑抗震设计的叙述，其中何项正确？

(A) 当本工程抗震措施满足要求时，可不进行地震作用计算

(B) 抗震计算时，结构的重力荷载代表值应取结构、构件自重和水、土压力的标准值及各可变荷载的组合值之和

(C) 抗震设计时，可不进行多遇地震作用下构件的变形验算

(D) 地下建筑宜采用现浇结构，钢筋混凝土框架结构构件的最小截面尺寸可不作限制

【解答】（1）丙类地下建筑，8 度，由《抗规》14.1.4 条，其抗震等级为三级

查《抗规》表 6.3.7-1，取 $\rho_{总}=0.75\%$

查《抗规》14.3.1 条：中柱，$\rho_{总}=0.75\%+0.2\%=0.95\%$

所以应选（D）项。

(2) 对于（A）：根据《抗规》第 14.2.1 条，场地类别为Ⅲ类时，应进行地震作用计算。

对于（B）：根据《抗规》第 14.2.3 条第 3 款，正确。

对于（C）：根据《抗规》第 14.2.4 条第 1 款，应进行多遇地震作用下构件变形的验算。

对于（D）：根据《抗规》第 14.3.1 条第 2 款，最小尺寸应不低于同类地面结构构件的规定。

所以应选（B）项。

第八节　建筑抗震性能化设计

一、基本规定

1. 抗震性能化设计的内涵和特点

抗震性能化设计的内涵，《抗规》3.10.2条的条文说明中指出：

> 3.10.2（条文说明）
> 例如，可以根据楼梯间作为"抗震安全岛"的要求，提出确保大震下能具有安全避难通道的具体目标和性能要求；可以针对特别不规则、复杂建筑结构的具体情况，对抗侧力结构的水平构件和竖向构件提出相应的性能目标，提高其整体或关键部位的抗震安全性；也可针对水平转换构件，为确保大震下自身及相关构件的安全而提出大震下的性能目标；地震时需要连续工作的机电设施，其相关部位的层间位移需满足规定层间位移限值的专门要求；其他情况，可对震后的残余变形提出满足设施检修后运行的位移要求，也可提出大震后可修复运行的位移要求。建筑构件采用与结构构件柔性连接，只要可靠拉结并留有足够的间隙，如玻璃幕墙与钢框之间预留变形缝隙，震害经验表明，幕墙在结构总体安全时可以满足大震后继续使用的要求。

其特点，《抗规》3.10.2条和3.10.3条的条文说明中指出：

> 3.10.2（条文说明）
> 建筑的抗震性能化设计，立足于承载力和变形能力的综合考虑，具有很强的针对性和灵活性。针对具体工程的需要和可能，可以对整个结构，也可以对某些部位或关键构件，灵活运用各种措施达到预期的性能目标——着重提高抗震安全性或满足使用功能的专门要求。
>
> 3.10.3（条文说明）
> 仅提高承载力时，安全性有相应提高，但使用上的变形要求不一定满足；仅提高变形能力，则结构在小震、中震下的损坏情况大致没有改变，但抗御大震倒塌的能力提高。因此，性能设计目标往往侧重于通过提高承载力推迟结构进入塑性工作阶段并减少塑性变形，必要时还需同时提高刚度以满足使用功能的变形要求，而变形能力的要求可根据结构及其构件在中震、大震下进入弹塑性的程度加以调整。

2. 抗震性能化设计的考虑因素和适用对象

《抗规》规定：

> 3.10.1　当建筑结构采用抗震性能化设计时，应根据其抗震设防类别、设防烈度、场地条件、结构类型和不规则性，建筑使用功能和附属设施功能的要求、投资大小、震后损失和修复难易程度等，对选定的抗震性能目标提出技术和经济可行性综合分析和论证。

3.10.2 建筑结构的抗震性能化设计，应根据实际需要和可能，具有针对性：可分别选定针对整个结构、结构的局部部位或关键部位、结构的关键部件、重要构件、次要构件以及建筑构件和机电设备支座的性能目标。

3. 抗震性能化设计的性能目标和性能设计指标
《抗规》规定：

3.10.3 建筑结构的抗震性能化设计应符合下列要求：
1 选定地震动水准。对设计使用年限50年的结构，可选用本规范的多遇地震、设防地震和罕遇地震的地震作用，其中，设防地震的加速度应按本规范表3.2.2的设计基本地震加速度采用，设防地震的地震影响系数最大值，6度、7度（0.10g）、7度（0.15g）、8度（0.20g）、8度（0.30g）、9度可分别采用0.12、0.23、0.34、0.45、0.68和0.90。对设计使用年限超过50年的结构，宜考虑实际需要和可能，经专门研究后对地震作用作适当调整。对处于发震断裂两侧10km以内的结构，地震动参数应计入近场影响，5km以内宜乘以增大系数1.5，5km以外宜乘以不小于1.25的增大系数。
2 选定性能目标，即对应于不同地震动水准的预期损坏状态或使用功能，应不低于本规范第1.0.1条对基本设防目标的规定。
3 选定性能设计指标。设计应选定分别提高结构或其关键部位的抗震承载力、变形能力或同时提高抗震承载力和变形能力的具体指标，尚应计及不同水准地震作用取值的不确定性而留有余地。设计宜确定在不同地震动水准下结构不同部位的水平和竖向构件承载力的要求（含不发生脆性剪切破坏、形成塑性铰、达到屈服值或保持弹性等）；宜选择在不同地震动水准下结构不同部位的预期弹性或弹塑性变形状态，以及相应的构件延性构造的高、中或低要求。当构件的承载力明显提高时，相应的延性构造可适当降低。

注意的是，《抗规》3.10.2条的条文说明中指出：

3.10.2（条文说明）
1.……，结构抗震设计的基准期是抗震规范确定地震作用取值时选用的统计时间参数，也取为50年，即地震发生的超越概率是按50年统计的，多遇地震的理论重现期50年，设防地震是475年，罕遇地震随烈度高度而有所区别，7度约1600年，9度约2400年。其地震加速度值，设防地震取本规范表3.2.2的"设计基本地震加速度值"，多遇地震、罕遇地震取本规范表5.1.2-2的"加速度时程最大值"。其水平地震影响系数最大值，多遇地震、罕遇地震按本规范表5.1.4-1取值，设防地震按本条规定取值，7度（0.15g）和8度（0.30g）分别在7、8度和8、9度之间内插取值。

对于设计使用年限不同于50年的结构，其地震作用需要作适当调整，取值经专门研究提出并按规定的权限批准后确定。当缺乏当地的相关资料时，可参考《建筑工程抗震性态设计通则（试用）》CECS 160：2004的附录A，其调整系数的范围大体是：设计使用年限70年，取1.15～1.2；100年取1.3～1.4。

4. 抗震性能化设计的计算要求

《抗规》规定：

> 3.10.4 建筑结构的抗震性能化设计的计算应符合下列要求：
> 1 分析模型应正确、合理地反映地震作用的传递途径和楼盖在不同地震动水准下是否整体或分块处于弹性工作状态。
> 2 弹性分析可采用线性方法，弹塑性分析可根据性能目标所预期的结构弹塑性状态，分别采用增加阻尼的等效线性化方法以及静力或动力非线性分析方法。
> 3 结构非线性分析模型相对于弹性分析模型可有所简化，但二者在多遇地震下的线性分析结果应基本一致；应计入重力二阶效应、合理确定弹塑性参数，应依据构件的实际截面、配筋等计算承载力，可通过与理想弹性假定计算结果的对比分析，着重发现构件可能破坏的部位及其弹塑性变形程度。

注意的是，《抗规》3.10.4 条的条文说明中指出：

> 3.10.4（条文说明）
> 为了判断弹塑性计算结果的可靠程度，可借助于理想弹性假定的计算结果，从下列几方面进行综合分析：
> 1 结构弹塑性模型一般要比多遇地震下反应谱计算时的分析模型有所简化，但在弹性阶段的主要计算结果应与多遇地震分析模型的计算结果基本相同，两种模型的嵌固端、主要振动周期、振型和总地震作用应一致。弹塑性阶段，结构构件和整个结构实际具有的抵抗地震作用的承载力是客观存在的，在计算模型合理时，不因计算方法、输入地震波形的不同而改变。若计算得到的承载力明显异常，则计算方法或参数存在问题，需仔细复核、排除。
> 2 整个结构客观存在的、实际具有的最大受剪承载力（底部总剪力）应控制在合理的、经济上可接受的范围，不需要接近更不可能超过按同样阻尼比的理想弹性假定计算的大震剪力，如果弹塑性计算的结果超过，则该计算的承载力数据需认真检查、复核，判断其合理性。
> 3 进入弹塑性变形阶段的薄弱部位会出现一定程度的塑性变形集中，该楼层的层间位移（以弯曲变形为主的结构宜扣除整体弯曲变形）应大于按同样阻尼比的理想弹性假定计算的该部位大震的层间位移；如果明显小于此值，则该位移数据需认真检查、复核，判断其合理性。
> 4 薄弱部位可借助于上下相邻楼层或主要竖向构件的屈服强度系数（其计算方法参见本规范第 5.5.2 条的说明）的比较予以复核，不同的方法、不同的波形，尽管彼此计算的承载力、位移、进入塑性变形的程度差别较大，但发现的薄弱部位一般相同。
> 5 影响弹塑性位移计算结果的因素很多，现阶段，其计算值的离散性，与承载力计算的离散性相比较大。注意到常规设计中，考虑到小震弹性时程分析的波形数量较少，而且计算的位移多数明显小于反应谱法的计算结果，需要以反应谱法为基础进行对

比分析;大震弹塑性时程分析时,由于阻尼的处理方法不够完善,波形数量也较少(建议尽可能增加数量,如不少于7条;数量较少时宜取包络),不宜直接把计算的弹塑性位移值视为结构实际弹塑性位移,同样需要借助小震的反应谱法计算结果进行分析。建议按下列方法确定其层间位移参考数值:用同一软件、同一波形进行弹性和弹塑性计算,得到同一波形、同一部位弹塑性位移(层间位移)与小震弹性位移(层间位移)的比值,然后将此比值取平均或包络值,再乘以反应谱法计算的该部位小震位移(层间位移),从而得到大震下该部位的弹塑性位移(层间位移)的参考值。

【例 2.8.1】 某 70 层办公楼,平、立面如图 2.8.1 所示,采用钢筋混凝土筒中筒结构,抗震设防烈度为 7 度,丙类建筑,Ⅱ类场地,房屋高度地面以上为 250m,质量和刚度沿竖向分布均匀。已知小震弹性计算时,振型分解反应谱法求得的底部地震剪力为 16000kN,最大层间位移角出现在第 k 层,$\theta_k=1/600$。

该结构抗震性能化设计时,需要进行弹塑性动力时程分析补充计算,现已正确选用了 7 条时程曲线(5 条实际地震加速度时程曲线和 2 条人工模拟加速度时程曲线)分别为:AP1~AP7,同一软件计算所得的第 k 层结构的层间位移角(同一层)见表 2.8.1。

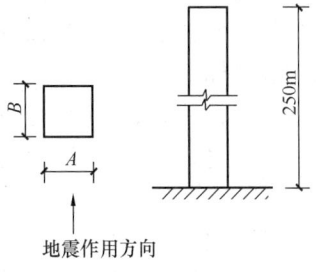

图 2.8.1

表 2.8.1

	$\Delta u/h$(小震)	$\Delta u/h$(大震)		$\Delta u/h$(小震)	$\Delta u/h$(大震)
AP1	1/725	1/125	AP5	1/945	1/160
AP2	1/870	1/150	AP6	1/815	1/140
AP3	1/815	1/140	AP7	1/725	1/125
AP4	1/1050	1/175			

试问:估算的大震下该层的弹塑性层间位移角参考值最接近下列何项数值?
提示:按《建筑抗震设计规范》作答。
(A) 1/90　　　　(B) 1/100　　　　(C) 1/125　　　　(D) 1/145

【解答】 根据《抗规》3.10.4 条条文说明:
第 k 层弹塑性位移与小震弹性位移的比值:

AP1~AP7 分别为:$\dfrac{1/125}{1/725}=5.8$,$\dfrac{1/150}{1/870}=5.8$

$\dfrac{1/140}{1/815}=5.82$,$\dfrac{1/175}{1/1050}=6.0$,$\dfrac{1/160}{1/945}=5.906$

$\dfrac{1/140}{1/815}=5.82$,$\dfrac{1/125}{1/725}=5.8$

上述比值的平均:$(5.8+5.8+5.82+6.0+5.906+5.82+5.8)/7=5.849$

估算大震弹塑性层间位移角为：$\dfrac{1}{600} \times 5.849 = \dfrac{1}{103}$

故应选（B）项。

【例 2.8.2】 关于建筑抗震性能化设计的以下说法：

Ⅰ．确定的性能目标不应低于"小震不坏、中震可修、大震不倒"的基本性能设计目标；

Ⅱ．当构件的承载力明显提高时，相应的延性构造可适当降低；

Ⅲ．当抗震设防烈度为 7 度设计基本地震加速度为 $0.15g$ 时，多遇地震、设防地震、罕遇地震的地震影响系数最大值分别为 0.12、0.34、0.72；

Ⅳ．针对具体工程的需要，可以对整个结构也可以对某些部位或关键构件，确定预期的性能目标。

试问：针对上述说法正确性的判断，下列何项正确？

（A）Ⅰ、Ⅱ、Ⅲ、Ⅳ均正确　　　（B）Ⅰ、Ⅱ、Ⅲ正确，Ⅳ错误

（C）Ⅱ、Ⅲ、Ⅳ正确，Ⅰ错误　　　（D）Ⅰ、Ⅱ、Ⅳ正确，Ⅲ错误

【解答】　Ⅰ．依据《抗规》第 3.10.3 条第 2 款，正确。

Ⅱ．依据《抗规》第 3.10.3 条第 3 款，正确。

Ⅲ．依据《抗规》第 3.10.3 条第 1 款及第 5.1.4 条，正确。

Ⅳ．依据《抗规》第 3.10.2 条及条文说明，正确。

所以应选（A）项。

二、结构构件抗震性能设计方法

1. 结构构件实现抗震性能的设计指标

抗震性能设计指标编制依据，《抗规》附录 M.1.1 条条文说明中指出：

M.1.1（条文说明）

本条依据震害，尽可能将结构构件在地震中的破坏程度，用构件的承载力和变形的状态做适当的定量描述，以作为性能设计的参考指标。

关于中等破坏时构件变形的参考值，大致取规范弹性限值和弹塑性限值的平均值；构件接近极限承载力时，其变形比中等破坏小些；轻微损坏，构件处于开裂状态，大致取中等破坏的一半。不严重破坏，大致取规范不倒塌的弹塑性变形限值的 90%。

不同性能要求的位移及其延性需求，参见图 28。从中可见，对于非隔震、减震结构，性能 1，在罕遇地震时层间位移可按线性弹性计算，约为 $[\Delta u_e]$，震后基本不存在残余变形；性能 2，震时位移小于 $2[\Delta u_e]$，震后残余变形小于 $0.5[\Delta u_e]$；性能 3，考虑阻尼有所增加，震时位移约为 $(4\sim5)[\Delta u_e]$，按退化刚度估计震后残余变形约 $[\Delta u_e]$；性能 4，考虑等效阻尼加大和刚度退化，震时位移约为 $(7\sim8)[\Delta u_e]$，震后残余变形约 $2[\Delta u_e]$。

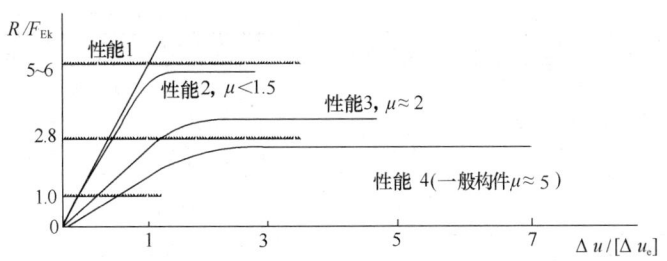

图 28 不同性能要求的位移和延性需求示意图

从抗震能力的等能量原理,当承载力提高一倍时,延性要求减少一半,故构造所对应的抗震等级大致可按降低一度的规定采用。延性的细部构造,对混凝土构件主要指箍筋、边缘构件和轴压比等构造,不包括影响正截面承载力的纵向受力钢筋的构造要求;对钢结构构件主要指长细比、板件宽厚比、加劲肋等构造。

抗震性能设计指标,《抗规》规定:

M.1.1 结构构件可按下列规定选择实现抗震性能要求的抗震承载力、变形能力和构造的抗震等级;整个结构不同部位的构件、竖向构件和水平构件,可选用相同或不同的抗震性能要求:

1 当以提高抗震安全性为主时,结构构件对应于不同性能要求的承载力参考指标,可按表 M.1.1-1 的示例选用。

结构构件实现抗震性能要求的承载力参考指标示例　　　　表 M.1.1-1

性能要求	多遇地震	设防地震	罕遇地震
性能 1	完好,按常规设计	完好,承载力按抗震等级调整地震效应的设计值复核	基本完好,承载力按不计抗震等级调整地震效应的设计值复核
性能 2	完好,按常规设计	基本完好,承载力按不计抗震等级调整地震效应的设计值复核	轻~中等破坏,承载力按极限值复核
性能 3	完好,按常规设计	轻微损坏,承载力按标准值复核	中等破坏,承载力达到极限值后能维持稳定,降低少于 5%
性能 4	完好,按常规设计	轻~中等破坏,承载力按极限值复核	不严重破坏,承载力达到极限值后基本维持稳定,降低少于 10%

2 当需要按地震残余变形确定使用性能时,结构构件除满足提高抗震安全性的性能要求外,不同性能要求的层间位移参考指标,可按表 M.1.1-2 的示例选用。

结构构件实现抗震性能要求的层间位移参考指标示例　　　　表 M.1.1-2

性能要求	多遇地震	设防地震	罕遇地震
性能 1	完好,变形远小于弹性位移限值	完好,变形小于弹性位移限值	基本完好,变形略大于弹性位移限值
性能 2	完好,变形远小于弹性位移限值	基本完好,变形略大于弹性位移限值	有轻微塑性变形,变形小于 2 倍弹性位移限值

续表

性能要求	多遇地震	设防地震	罕遇地震
性能3	完好，变形明显小于弹性位移限值	轻微损坏，变形小于2倍弹性位移限值	有明显塑性变形，变形约4倍弹性位移限值
性能4	完好，变形小于弹性位移限值	轻～中等破坏，变形小于3倍弹性位移限值	不严重破坏，变形不大于0.9倍塑性变形限值

注：设防烈度和罕遇地震下的变形计算，应考虑重力二阶效应，可扣除整体弯曲变形。

3 结构构件细部构造对应于不同性能要求的抗震等级，可按表M.1.1-3的示例选用；结构中同一部位的不同构件，可区分竖向构件和水平构件，按各自最低的性能要求所对应的抗震构造等级选用。

结构构件对应于不同性能要求的构造抗震等级示例　　　表 M.1.1-3

性能要求	构造的抗震等级
性能1	基本抗震构造。可按常规设计的有关规定降低二度采用，但不得低于6度，且不发生脆性破坏
性能2	低延性构造。可按常规设计的有关规定降低一度采用，当构件的承载力高于多遇地震提高二度的要求时，可按降低二度采用；均不得低于6度，且不发生脆性破坏
性能3	中等延性构造。当构件的承载力高于多遇地震提高一度的要求时，可按常规设计的有关规定降低一度且不低于6度采用，否则仍按常规设计的规定采用
性能4	高延性构造。仍按常规设计的有关规定采用

2. 结构构件承载力验算要求

《抗规》M.1.2条条文说明中指出：

> M.1.2（条文说明）
> 本条列出了实现不同性能要求的构件承载力验算表达式，中震和大震均不考虑地震效应与风荷载效应的组合。
> 设计值复核，需计入作用分项系数、抗力的材料分项系数、承载力抗震调整系数，但计入和不计入不同抗震等级的内力调整系数时，其安全性的高低略有区别。
> 标准值和极限值复核，不计入作用分项系数、承载力抗震调整系数和内力调整系数，但材料强度分别取标准值和最小极限值。

上述"中震"是指设防地震；"大震"是指罕遇地震。

结构构件承载力验算，《抗规》M.1.2条作了规定。

● 复习《抗规》M.1.2条。

3. 结构竖向构件的层间弹塑变形验算

《抗规》M.1.3条作了规定。

● 复习《抗规》M.1.3条。

【例 2.8.3】 下列关于高层混凝土结构抗震性能化设计的观点，哪一项不符合《建筑抗震设计规范》GB 50011—2010 的要求？

（A）选定性能目标应不低于"小震不坏，中震可修和大震不倒"的性能设计目标

（B）结构构件承载力按性能 3 要求进行中震复核时，承载力按标准值复核，不计入作用分项系数、承载力抗震调整系数和内力调整系数，材料强度取标准值

（C）结构构件地震残余变形按性能 3 要求进行中震复核时，整个结构中变形最大部位的竖向构件，其弹塑性位移角限值，可取常规设计时弹性层间位移角限值

（D）结构构件抗震构造按性能 3 要求确定抗震等级时，当构件承载力高于多遇地震提高一度的要求时，构造所对应的抗震等级可降低一度，且不低于 6 度采用，不包括影响混凝土构件正截面承载力的纵向受力钢筋的构造要求

【解答】 根据《抗规》第 3.10.3 条第 2 款，（A）正确

根据《抗规》表 M.1.1-1 和第 M.1.2 条及条文说明，（B）正确

根据《抗规》表 M.1.1-2 和第 M.1.3 条，（C）不正确

根据《抗规》表 M.1.1-3 及条文说明，（D）正确

故应选（C）项。

第九节 三向地震作用及其组合

实测强震记录表明，地面运动是三维（2 个平动，1 个竖向）运动，因此，严格说来，抗震设计应该考虑三向地震作用的组合。对于抗震设防烈度 8 度及其以上地区，竖向地震作用不容忽视。对于质量和刚度分布明显不对称的结构，应考虑双向地震作用相互耦联的影响，对上述地区及上述建筑还应考虑三向地震作用的组合。

对三向地震作用，可对重要建筑结构考虑三向地震作用的组合进行抗震设计。

1. 反应谱三向地震作用组合

加速度峰值记录和反应谱的分析发现，当水平与竖向地震作用同时考虑时，二者的效应组合比一般为 0.4（注意：反应谱法的组合系数是 0.4，与时程分析法计算公式（2.9.8）及公式（2.9.9）所采用的系数 0.65 不同），因此，三向地震作用的标准组合值 S_{Ek} 可按下列三个公式中的较大值确定：

$$S_{Ek} = \sqrt{S_x^2 + (0.85 S_y)^2} + 0.4 S_z \tag{2.9.1}$$

$$S_{Ek} = \sqrt{S_y^2 + (0.85 S_x)^2} + 0.4 S_z \tag{2.9.2}$$

$$S_{Ek} = S_z \tag{2.9.3}$$

多遇地震作用下截面抗震验算时，三向地震作用的基本组合设计值可按下列三式中的较大值确定：

$$S_E = 1.4\sqrt{S_x^2 + (0.85 S_y)^2} + 0.5 S_z \tag{2.9.4}$$

$$S_E = 1.4\sqrt{S_y^2 + (0.85 S_x)^2} + 0.5 S_z \tag{2.9.5}$$

$$S_E = 1.4 S_z \tag{2.9.6}$$

式中　S_x、S_y——分别为 x 向、y 向单向水平地震作用按《抗规》公式（5.2.3-5）计算的在 S_E 方向的扭转效应标准值；

　　　S_z——竖向地震作用在 S_E 方向的效应标准值。

2. 时程分析三向地震作用的组合

直接采用动力方程进行弹性、弹塑性时程分析计算地震反应时，可采用以下两种计算方法。

（1）直接参考采用具有三向地震运动记录的地震波

$$S_{Ek} = S_x + S_y + S_z \tag{2.9.7}$$

式中　S_{Ek}——时程分析三向地震作用的标准组合值；

S_x、S_y、S_z——分别为 x、y、z 三向地震地面运动记录得到的地震波产生的在同一方向效应标准值。

需注意的是：

① 采用的地震波应适合场地类别，以使其频谱特性与实际场地情况相符。

② 对三向地震波中最大的水平向峰值加速度应进行调整，使之符合设防标准及使用年限的要求。

③ 另一水平向及竖向，地震波的峰值加速度采用与最大水平向峰值加速度相同的调整。

④ 最大水平向地震波，要在两个结构主轴方向分别输入（即将结构的两个主轴方向调换）计算，取不利值。

（2）采用场地安评报告提供的人工模拟水平单向地震波或采用已有水平单向地震记录的地震波：

沿结构 x 向作用为主　　$S_{Ek} = S_x + 0.85 S_y + 0.65 S_z$ 　　（2.9.8）

沿结构 y 向作用为主　　$S_{Ek} = S_y + 0.85 S_x + 0.65 S_z$ 　　（2.9.9）

式中　S_{Ek}——时程分析三向地震作用的标准组合值；

S_x、S_y、S_z——分别为 x、y、z 三向输入同一地震波产生的，在同一效应方向的效应标准值。

注意，按式（2.9.8）及式（2.9.9）计算时，因三向地震波频谱相同且无相位差，故总的三向地震作用的标准组合值将有所增大，偏于安全。

第三章 钢筋混凝土结构

本章所用的规范为《混凝土结构通用规范》GB 55008—2021（以下简称《混通规》）、《混凝土结构设计规范》GB 50010—2010（2015 年版）（以下简称《混规》）、《建筑抗震设计规范》GB 50011—2010（2016 年版）（以下简称《抗规》）、《混凝土异形柱结构技术规程》JGJ 149—2017（以下简称《异形柱规》）、《混凝土结构加固设计规范》GB 50367—2013（以下简称《混加规》）。

第一节 基本设计规定和材料

一、总则

> ● 复习《混规》1.0.1 条～1.0.4 条。

需注意的是：
(1)《混规》1.0.2 条中，明确了《混规》的适用范围，即：

> 1.0.2 本规范适用于房屋和一般构筑物的钢筋混凝土、预应力混凝土以及素混凝土结构的设计。本规范不适用于轻骨料混凝土及特种混凝土结构的设计。

(2)《混规》1.0.2 条的条文说明中，明确了其他混凝土结构应符合专门标准的规定：

> 1.0.2（条文说明）
> 对采用陶粒、浮石、煤矸石等为骨料的轻骨料混凝土结构，应按专门标准进行设计。
> 设计下列结构时，尚应符合专门标准的有关规定：
> 1 超重混凝土结构、防辐射混凝土结构、耐酸（碱）混凝土结构等；
> 2 修建在湿陷性黄土、膨胀土地区或地下采掘区等的结构；
> 3 结构表面温度高于 100℃ 或有生产热源且结构表面温度经常高于 60℃ 的结构；
> 4 需作振动计算的结构。

二、一般规定与结构方案及体系

1. 一般规定

《混通规》2.0.1 条、4.1.1 条作了规定。

> ● 复习《混通规》2.0.1 条、4.1.1 条。

《混规》3.1节也作了相同规定。

> ● 复习《混规》3.1.1条~3.1.7条。

需注意的是：

(1)《混规》3.1.4条中，应计入动力系数的情况、动力系数的取值。

> 3.1.4 结构上的直接作用（荷载）应根据现行国家标准《建筑结构荷载规范》GB 50009及相关标准确定；地震作用应根据现行国家标准《建筑抗震设计规范》GB 50011确定。
> 间接作用和偶然作用应根据有关的标准或具体情况确定。
> 直接承受吊车荷载的结构构件应考虑吊车荷载的动力系数。预制构件制作、运输及安装时应考虑相应的动力系数。对现浇结构，必要时应考虑施工阶段的荷载。

为此，《混规》9.6.2条作了如下具体规定：

> 9.6.2 预制混凝土构件在生产、施工过程中应按实际工况的荷载、计算简图、混凝土实体强度进行施工阶段验算。验算时应将构件自重乘以相应的动力系数：对脱模、翻转、吊装、运输时可取1.5，临时固定时可取1.2。
> 注：动力系数尚可根据具体情况适当增减。

(2)《混规》3.1.5条中，构件的安全等级的调整，其条文说明进了明确规定：

> 3.1.5 混凝土结构的安全等级和设计使用年限应符合现行国家标准《工程结构可靠性设计统一标准》GB 50153的规定。
> 混凝土结构中各类结构构件的安全等级，宜与整个结构的安全等级相同。对其中部分结构构件的安全等级，可根据其重要程度适当调整。对于结构中重要构件和关键传力部位，宜适当提高其安全等级。
> 3.1.5（条文说明）
> 混凝土结构的安全等级由现行国家标准《工程结构可靠性设计统一标准》GB 50153确定。本条仅补充规定：可以根据实际情况调整构件的安全等级。对破坏引起严重后果的重要构件和关键传力部位，宜适当提高安全等级、加大构件重要性系数；对一般结构中的次要构件及可更换构件，可根据具体情况适当降低其重要性系数。

(3)《混规》3.1.7条中，明确了结构的使用年限的规定以及相应的荷载设计值、耐久性措施的确定。

> 3.1.7 设计应明确结构的用途，在设计使用年限内未经技术鉴定或设计许可，不得改变结构的用途和使用环境。
> 3.1.7（条文说明）
> 各类建筑结构的设计使用年限并不一致，应按《建筑结构可靠度统一标准》GB 50068的规定取用，相应的荷载设计值及耐久性措施均应依据设计使用年限确定。

对于设计工作年限的规定,《工程结构设计通用规范》2.2.2条、《建筑结构可靠性设计统一标准》3.3.3条作了相同规定。

【例3.1.1】 采用混凝土结构的建筑结构所采用的设计基准期为（　　）年。
(A) 5　　　　　　(B) 25　　　　　　(C) 50　　　　　　(D) 100

【解答】 依据《建筑结构可靠性设计统一标准》3.3.1条，应选（C）项。

2. 结构方案与结构体系
《混通规》4.2节作了规定。

> ● 复习《混通规》4.1.5条、4.2.1条~4.2.3条。

《混规》3.2节作了相应规定。

> ● 复习《混规》3.2.1条~3.2.4条。

需注意的是:
《混规》3.2.2条规定了结构缝的设计要求,其条文说明指出了结构缝的分类。

> 3.2.2 混凝土结构中结构缝的设计应符合下列要求:
> 1 应根据结构受力特点及建筑尺度、形状、使用功能要求，合理确定结构缝的位置和构造形式;
> 2 宜控制结构缝的数量，并应采取有效措施减少设缝对使用功能的不利影响;
> 3 可根据需要设置施工阶段的临时性结构缝。
>
> 3.2.2（条文说明）
> 结构设计时通过设置结构缝将结构分割为若干相对独立的单元。结构缝包括伸缝、缩缝、沉降缝、防震缝、构造缝、防连续倒塌的分割缝等。不同类型的结构缝是为消除下列不利因素的影响：混凝土收缩、温度变化引起的胀缩变形；基础不均匀沉降；刚度及质量突变；局部应力集中；结构防震；防止连续倒塌等。除永久性的结构缝以外，还应考虑设置施工接槎、后浇带、控制缝等临时性的缝以消除某些暂时性的不利影响。

三、极限状态设计与设计状况

1. 概述
混凝土结构的极限状态设计的内容，《混规》3.1.3条规定:

> 3.1.3 混凝土结构的极限状态设计应包括:
> 1 承载能力极限状态：结构或结构构件达到最大承载力、出现疲劳破坏、发生不适于继续承载的变形或因结构局部破坏而引发的连续倒塌；
> 2 正常使用极限状态：结构或结构构件达到正常使用的某项规定限值或耐久性能的某种规定状态。

设计状况是指代表一定时段内实际情况的一组设计条件，设计应做到在该组条件下结构不超越有关的极限状态。设计状况包括四种，即：持久设计状况、短暂设计状况、偶然设计状况、地震设计状况，见《工程结构通用规范》3.1.4条。

2. 承载能力极限状态计算

《混通规》4.3.5条作了规定。

《混规》3.3.1条规定：

> 3.3.1 混凝土结构的承载能力极限状态计算应包括下列内容：
> 1 结构构件应进行承载力（包括失稳）计算；
> 2 直接承受重复荷载的构件应进行疲劳验算；
> 3 有抗震设防要求时，应进行抗震承载力计算；
> 4 必要时尚应进行结构的倾覆、滑移、漂浮验算；
> 5 对于可能遭受偶然作用，且倒塌可能引起严重后果的重要结构，宜进行防连续倒塌设计。

对只承受安装或检修用吊车的构件，根据使用情况和设计经验可不作疲劳验算。

承载能力极限状态设计表达式，《混规》规定：

> 3.3.2 对持久设计状况、短暂设计状况和地震设计状况，当用内力的形式表达时，结构构件应采用下列承载能力极限状态设计表达式：
>
> $$\gamma_0 S \leqslant R \quad (3.3.2-1)$$
> $$R = R(f_c, f_s, a_k, \cdots)/\gamma_{Rd} \quad (3.3.2-2)$$
>
> 式中 γ_0——结构重要性系数：在持久设计状况和短暂设计状况下，对安全等级为一级的结构构件不应小于1.1，对安全等级为二级的结构构件不应小于1.0，对安全等级为三级的结构构件不应小于0.9；对地震设计状况下应取1.0；
>
> S——承载能力极限状态下作用组合的效应设计值：对持久设计状况和短暂设计状况应按作用的基本组合计算；对地震设计状况应按作用的地震组合计算；
>
> R——结构构件的抗力设计值；
>
> $R(\cdot)$——结构构件的抗力函数；
>
> γ_{Rd}——结构构件的抗力模型不定性系数：静力设计取1.0，对不确定性较大的结构构件根据具体情况取大于1.0的数值；抗震设计应用承载力抗震调整系数γ_{RE}代替γ_{Rd}；
>
> f_c、f_s——混凝土、钢筋的强度设计值，应根据本规范第4.1.4条及第4.2.3条的规定取值；
>
> a_k——几何参数的标准值，当几何参数的变异性对结构性能有明显的不利影响时，应增减一个附加值。
>
> 注：公式（3.3.2-1）中的$\gamma_0 S$为内力设计值，在本规范各章中用N、M、V、T等表达。

3.3.4 对偶然作用下的结构进行承载能力极限状态设计时，公式（3.3.2-1）中的作用效应设计值S按偶然组合计算，结构重要性系数γ_0取不小于1.0的数值；公式（3.3.2-2）中混凝土、钢筋的强度设计值f_c、f_s改用强度标准值f_{ck}、f_{yk}（或f_{pyk}）。

当进行结构防连续倒塌验算时，结构构件的承载力函数应按本规范第 3.6 节的原则确定。

3.6.3 当进行偶然作用下结构防连续倒塌的验算时，作用宜考虑结构相应部位倒塌冲击引起的动力系数。在抗力函数的计算中，混凝土强度取强度标准值 f_{ck}；普通钢筋强度取极限强度标准值 f_{stk}，预应力筋强度取极限强度标准值 f_{ptk} 并考虑锚具的影响。宜考虑偶然作用下结构倒塌对结构几何参数的影响。必要时尚应考虑材料性能在动力作用下的强化和脆性，并取相应的强度特征值。

【例 3.1.2】 下列关于结构设计使用年限的叙述，何项为正确？
（A）设计使用年限就是设计基准期
（B）设计使用年限为 100 年的建筑结构，其重要性系数 $\gamma_0 = 1.0$
（C）设计使用年限为 50 年的建筑结构，其重要性系数 $\gamma_0 < 0.9$
（D）15 层框架-剪力墙结构普通建筑物的设计使用年限为 50 年

【解答】 由《混规》3.3.2 条规定，（B）、（C）项不对；由《建筑结构可靠性设计统一标准》3.3.1 条、3.3.3 条，（A）项不对，（D）项正确，故应选（D）项。

采用应力表达式及应力分析与设计，《混通规》4.1.3 条、4.4.3 条作了规定。

- 复习《混通规》4.1.3 条、4.4.3 条。

《混规》6.1.2 条、6.1.3 条也作了类似规定。

3. 正常使用极限状态验算

混凝土结构的正常使用极限状态验算的内容，《混规》3.4.1 条规定：

3.4.1 混凝土结构构件应根据其使用功能及外观要求，按下列规定进行正常使用极限状态验算：
1 对需要控制变形的构件，应进行变形验算；
2 对不允许出现裂缝的构件，应进行混凝土拉应力验算；
3 对允许出现裂缝的构件，应进行受力裂缝宽度验算；
4 对舒适度有要求的楼盖结构，应进行竖向自振频率验算。

正常使用极限状态验算的表达式，《混规》规定：

3.4.2 对于正常使用极限状态，钢筋混凝土构件、预应力混凝土构件应分别按荷载的准永久组合并考虑长期作用的影响或标准组合并考虑长期作用的影响，采用下列极限状态设计表达式进行验算：
$$S \leqslant C \tag{3.4.2}$$
式中 S——正常使用极限状态荷载组合的效应设计值；
C——结构构件达到正常使用要求所规定的变形、应力、裂缝宽度和自振频率等的限值。

（1）变形（或挠度）验算

钢筋混凝土受弯构件与预应力混凝土受弯构件的变形（或挠度）验算，应分别取不同的荷载效应组合,并均应考虑荷载长期作用的影响,《混规》3.4.3 条作了规定。

（2）裂缝宽度验算

钢筋混凝土构件一般允许出现裂缝。预应力混凝土构件的受力裂缝可分为三种情况：①严格要求不出现裂缝；②一般要求不出现裂缝；③允许出现裂缝。此外,钢筋混凝土构件、预应力混凝土构件应取不同的荷载组合验算其裂缝。《混规》3.4.4 条、3.4.5 条作了规定。

注意,《混规》表 3.4.5 中的最大裂缝宽度限值为用于验算荷载作用引起的最大裂缝宽度。

此外,对于二 a 类环境的预应力混凝土构件,不仅要按荷载标准组合进行验算,还要按荷载准永久组合进行验算。

（3）楼盖结构的竖向自振频率验算

《混规》规定：

> 3.4.6 对混凝土楼盖结构应根据使用功能的要求进行竖向自振频率验算,并宜符合下列要求：
> 1 住宅和公寓不宜低于 5Hz；
> 2 办公楼和旅馆不宜低于 4Hz；
> 3 大跨度公共建筑不宜低于 3Hz。

相应地,《高层建筑混凝土结构技术规程》3.7.7 条及其附录 A 也作了竖向的振动频率验算的规定及简化计算方法。

（4）耐久性设计

混凝土结构的耐久性设计的内容,《混通规》2.0.5 条、《混规》3.5.1 条均作了规定。

《混规》规定：

> 3.5.1 混凝土结构应根据设计使用年限和环境类别进行耐久性设计,耐久性设计包括下列内容：
> 1 确定结构所处的环境类别；
> 2 提出对混凝土材料的耐久性基本要求；
> 3 确定构件中钢筋的混凝土保护层厚度；
> 4 不同环境条件下的耐久性技术措施；
> 5 提出结构使用阶段的检测与维护要求。
> 注：对临时性的混凝土结构,可不考虑混凝土的耐久性要求。

对于耐久性的其他要求,《混通规》3.1.8 条作了规定,同时,《混规》3.5 节也作了规定。

> ● 复习《混规》3.5.2 条～3.5.8 条。

需注意的是：

（1）《混规》3.5.2 条的规定,直接与混凝土保护层厚度有关,进一步详细讲述见本章第二节。

（2）《混规》3.5.3 条中注的规定,《混规》表 3.5.3 中最大水胶比的规定。

（3）《混规》3.5.4 条中耐久性技术措施。

(4)《混规》3.5.5 条的规定，它是针对一类环境、设计使用年限为 100 年的情况。

【例 3.1.3】 《混凝土结构设计规范》GB 50010—2010 关于混凝土的耐久性设计的要求，下面哪种说法是不恰当的？说明理由。

（A）针对不同的环境类别对混凝土的耐久性提出了基本要求，这些基本要求有最低混凝土强度等级、最大水胶比、最大含碱量

（B）处于二类环境中的悬臂构件宜采用悬臂梁-板的结构形式

（C）建筑工地上的工棚建筑，一般设计使用年限为 5 年，当采用预制混凝土梁时，应要求其混凝土强度等级不低于 C25，最大水胶比不超过 0.60

（D）混凝土结构暴露的环境是指混凝土结构表面所处的环境

【解答】 根据《混规》3.5.1 条注的规定，对临时性混凝土结构，可不考虑混凝土的耐久性要求，故应选（C）项。

四、防连续倒塌设计原则

对于混凝土结构防连续倒塌设计，一般结构只需进行防连续倒塌的概念设计；而对重要结构，即：倒塌可能引起严重后果的安全等级为一级的可能遭受偶然作用的重要结构，以及为抵御灾害作用而必须增强抗灾能力的重要结构，宜进行防连续倒塌的设计，其设计方法有局部加强法、拉结构件法、拆除构件法等。《混规》规定：

> 3.6.1 混凝土结构防连续倒塌设计宜符合下列要求：
> 1 采取减小偶然作用效应的措施；
> 2 采取使重要构件及关键传力部位避免直接遭受偶然作用的措施；
> 3 在结构容易遭受偶然作用影响的区域增加冗余约束，布置备用的传力途径；
> 4 增强疏散通道、避难空间等重要结构构件及关键传力部位的承载力和变形性能；
> 5 配置贯通水平、竖向构件的钢筋，并与周边构件可靠地锚固；
> 6 设置结构缝，控制可能发生连续倒塌的范围。
>
> 3.6.2 重要结构的防连续倒塌设计可采用下列方法：
> 1 局部加强法：提高可能遭受偶然作用而发生局部破坏的竖向重要构件和关键传力部位的安全储备，也可直接考虑偶然作用进行设计。
> 2 拉结构件法：在结构局部竖向构件失效的条件下，可根据具体情况分别按梁-拉结模型、悬索-拉结模型和悬臂-拉结模型进行承载力验算，维持结构的整体稳固性。
> 3 拆除构件法：按一定规则拆除结构的主要受力构件，验算剩余结构体系的极限承载力；也可采用倒塌全过程分析进行设计。

五、既有结构设计

对既有结构的承载能力极限状态设计，《混规》规定：

> 3.3.5 对既有结构的承载能力极限状态设计，应按下列规定进行：
> 1 对既有结构进行安全复核、改变用途或延长使用年限而需验算承载能力极限状态时，宜符合本规范第 3.3.2 条的规定；

2 对既有结构进行改建、扩建或加固改造而重新设计时,承载能力极限状态的计算应符合本规范第3.7节的规定。

既有结构设计原则,《混规》3.7.1条~3.7.3条作了规定。
一般可将既有结构的设计方案分为两类:复核性验算;重新设计。无论是复核性验算,还是重新设计,均应考虑检测、评定以实测的结果确定相应的设计参数。

● 复习《混规》3.7.1条~3.7.3条。

【例3.1.4】 关于防止连续倒塌设计和既有结构设计的以下说法:
Ⅰ.设置竖直方向和水平方向通长的纵向钢筋并采取有效的连接锚固措施,是提供结构整体稳定性的有效方法之一;
Ⅱ.当进行偶然作用下结构防连续倒塌验算时,混凝土强度取强度标准值,普通钢筋强度取极限强度标准值;
Ⅲ.对既有结构进行改建、扩建而重新设计时,承载能力极限状态的计算应符合现行规范的要求,正常使用极限状态验算宜符合现行规范的要求;
Ⅳ.当进行既有结构改建、扩建时,若材料的性能符合原设计的要求,可按原设计的规定取值。同时,为了保证计算参数的统一,结构后加部分的材料也应按原设计规范的规定取值。

试问: 针对上述说法正确性的判断,下列何项正确?
(A) Ⅰ、Ⅱ、Ⅲ、Ⅳ均正确　　　　　　(B) Ⅰ、Ⅱ、Ⅲ正确,Ⅳ错误
(C) Ⅱ、Ⅲ、Ⅳ正确,Ⅰ错误　　　　　　(D) Ⅰ、Ⅲ、Ⅳ正确,Ⅱ错误

【解答】 Ⅰ.根据《混规》3.6.1条第5款及条文说明,正确。
Ⅱ.根据《混规》3.6.3条,正确。
Ⅲ.根据《混规》3.7.2条第3、4款,正确。
Ⅳ.根据《混规》3.7.3条第3款及条文说明,结构后加部分的材料参数应按现行规范的规定取值,错误。
故应选(B)项。

六、材料

1. 混凝土
(1) 混凝土强度等级要求
《混通规》规定:

2.0.2 结构混凝土强度等级的选用应满足工程结构的承载力、刚度及耐久性需求。对设计工作年限为50年的混凝土结构,结构混凝土的强度等级尚应符合下列规定;对设计工作年限大于50年的混凝土结构,结构混凝土的最低强度等级应比下列规定提高。

1 素混凝土结构构件的混凝土强度等级不应低于C20;钢筋混凝土结构构件的混凝土强度等级不应低于C25;预应力混凝土楼板结构的混凝土强度等级不应低于C30,

其他预应力混凝土结构构件的混凝土强度等级不应低于C40；钢-混凝土组合结构构件的混凝土强度等级不应低于C30。

2 承受重复荷载作用的钢筋混凝土结构构件，混凝土强度等级不应低于C30。

3 抗震等级不低于二级的钢筋混凝土结构构件，混凝土强度等级不应低于C30。

4 采用500MPa及以上等级钢筋的钢筋混凝土结构构件，混凝土强度等级不应低于C30。

《混规》4.1.1条、4.1.2条也作了规定。

- 复习《混规》4.1.1条、4.1.2条。

注意，《混通规》提高了混凝土强度等级的要求。

《混规》4.1.1条规定，混凝土强度标准值的试验龄期不仅限于28d，也可由设计规定龄期。《混规》4.1.2条规定是针对设计使用年限为50年的结构。

对于一类环境中，设计使用年限为100年的情况，《混规》3.5.5条作了规定。

抗震设计时，混凝土强度等级要求见本章第十四节。

(2) 混凝土强度标准值与设计值

- 复习《混通规》2.0.4条第1款。
- 复习《混规》4.1.3条、4.1.4条。

混凝土的材料分项系数为1.40，其轴心抗压强度设计值 f_c：$f_c = f_{ck}/1.40$，其轴心受拉强度设计值 f_t：$f_t = f_{tk}/1.40$。

(3) 混凝土的弹性模量和剪变模量

《混规》4.1.5条作了规定。

(4) 混凝土的疲劳指标

混凝土的疲劳指标包括混凝土疲劳强度设计值、混凝土疲劳变形模量。

- 复习《混规》4.1.6条、4.1.7条。

需注意的是：

① 当混凝土承受拉—压疲劳应力作用时，疲劳强度修正系数 $\gamma_\rho = 0.60$。

② 《混规》表4.1.6-2中注的规定。

2. 钢筋

(1) 钢筋选用与强度标准值及设计值

- 复习《混通规》2.0.3条、2.0.4条第2款、第3款。
- 复习《混通规》3.2.1条、3.2.2条。

《混通规》规定：

3.2.1 普通钢筋的材料分项系数取值不应小于表3.2.1的规定。

3.2.2 热轧钢筋、余热处理钢筋、冷轧带肋钢筋及预应力筋的最大力总延伸率限值不应小于表3.2.2的规定。

普通钢筋的材料分项系数最小取值				表 3.2-1
钢筋种类	光圆钢筋	热轧钢筋		冷轧带肋钢筋
强度等级（MPa）	300	400	500	—
材料分项系数	1.10	1.10	1.15	1.25

热轧钢筋、冷轧带肋钢筋及预应力筋的最大力总延伸率限值 δ_{gt}（%）								表 3.2.2
牌号或种类	热轧钢筋				冷轧带肋钢筋		预应力筋	
	HPB300	HRB400 HRBF400 HRB500 HRBF500	HRB400E HRB500E	RRB400	CRB550	CRB600H	中强度预应力钢丝、预应力冷轧带肋钢筋	消除应力钢丝、钢绞线、预应力螺纹钢筋
δ_{gt}	10.0	7.5	9.0	5.0	2.5	5.0	4.0	4.5

此外，《混规》4.2 节作了相应规定。

● 复习《混规》4.2.1 条～4.2.6 条。

需注意的是：

①《混规》4.2.1 条条文说明。

②《混规》4.2.2 条规定，HRB335 钢筋，其公称直径范围为：6～14mm。

③ 一般地，普通钢筋的抗压强度设计值 f'_y 与抗拉强度 f_y 相同，而预应力筋的 f'_{py} 比 f_{py} 较小，这是由于构件中钢筋受到混凝土极限受压应变的控制，受压强度受到制约的缘故。

采用 HRB500、HRBF500 钢筋时，对于轴心受压构件，取 $f'_y = 400\text{N/mm}^2$；对于偏心受压构件，$f_y = f'_y = 435\text{N/mm}^2$。

④《混规》4.2.3 条中，横向钢筋（即垂直于纵向受力钢筋的箍筋或间接钢筋）的抗拉强度设计值 f_{yv} 的取值，根据试验研究，限定受剪、受扭、受冲切箍筋的 f_{yv} 不大于 360N/mm^2；但用作围箍约束混凝土的间接配筋时，其强度设计值不限。

⑤《混规》4.2.3 条中，当构件中配有不同牌号和强度等级的钢筋时，可采用各自的强度设计值进行计算。这是因为尽管强度不同，但极限状态下各种钢筋先后均已达到屈服。

⑥ 预应力筋配筋位置偏离受力区较远时，应根据实际受力情况对强度设计值进行折减。

⑦ 无粘结预应力筋不考虑抗压强度。

(2) 钢筋的总延伸率与弹性模量

根据我国钢筋标准，将最大力下总延伸率 δ_{gt} 的作为控制钢筋延性的指标。最大力下总延伸率 δ_{gt} 不受断口-颈缩区域局部变形的影响，反映了钢筋拉断前达到最大力（极限强度）时的均匀应变，故又称均匀伸长率。《混规》总伸长率的概念不对，应采用总延伸率。

(3) 钢筋的并筋规定

《混规》规定：

> 4.2.7 构件中的钢筋可采用并筋的配置形式。直径 28mm 及以下的钢筋并筋数量不应超过 3 根；直径 32mm 的钢筋并筋数量宜为 2 根；直径 36mm 及以上的钢筋不应采用并筋。并筋应按单根等效钢筋进行计算，等效钢筋的等效直径应按截面面积相等的原则换算确定。
>
> 4.2.7（条文说明）
> 并筋等效直径的概念适用于本规范中钢筋间距、保护层厚度、裂缝宽度验算、钢筋锚固长度、搭接接头面积百分率及搭接长度等有关条文的计算及构造规定。
>
> 相同直径的二并筋等效直径可取为 1.41 倍单根钢筋直径；三并筋等效直径可取为 1.73 倍单根钢筋直径。二并筋可按纵向或横向的方式布置；三并筋宜按品字形布置，并均按并筋的重心作为等效钢筋的重心。

(4) 钢筋代替

《混通规》2.0.11 条、《混规》4.2.8 条作了相同规定。

《混规》规定：

> 4.2.8 当进行钢筋代换时，除应符合设计要求的构件承载力、最大力下的总伸长率、裂缝宽度验算以及抗震规定以外，尚应满足最小配筋率、钢筋间距、保护层厚度、钢筋锚固长度、接头面积百分率及搭接长度等构造要求。

(5) 抗震设计时钢筋要求

抗震设计时，对钢筋要求见本章第十四节。

(6) 钢筋的疲劳强度指标

> ● 复习《混规》4.2.6 条。

需注意的是：

① 《混规》表 4.2.6-1 中注的规定。

② 《混规》表 4.2.6-2 中注 1 的规定。

③ 《混规》4.2.6 条的条文说明中指出："出于对延性的考虑，规范表中未列入细晶粒 HRBF 钢筋，当其用于疲劳荷载作用的构件时，应经试验验证。HRB500 级带肋钢筋尚未进行充分的疲劳试验研究，因此承受疲劳作用的钢筋宜选用 HRB400 热轧带肋钢筋。RRB400 级钢筋不宜用于直接承受疲劳荷载的构件。"

七、结构分析

《混通规》4.3 节作了规定。

> ● 复习《混通规》4.3.1 条～4.3.6 条。

注意，《混通规》4.3.6 条，扩大了应进行竖向地震作用计算的对象。

《混规》第 5 章也作了相应规定。

> ● 复习《混规》5.1.1 条～5.7.2 条。

【例 3.1.5】 当按弹性分析方法确定混凝土杆系结构中杆件的截面刚度时,试问,下列计算方法中,何项不妥?说明理由。

(A) 截面惯性矩可按均质的混凝土全截面计算
(B) T形截面的惯性矩也可由截面矩形部分面积的惯性矩作修正后确定
(C) 端部加腋的杆件截面刚度,可简化为等截面的杆件进行计算
(D) 不同受力状态杆件的截面刚度宜考虑混凝土开裂、强度等因素的影响予以折减

【解答】 根据《混规》5.3.2 条第 3 款规定,(C) 项说法不妥,应选(C) 项。

第二节 构 造 规 定

一、构造规定

混凝土结构的构造规定包括：伸缩缝、混凝土保护层、钢筋的锚固与连接、纵向受力钢筋的最小配筋率等。

(一) 伸缩缝

● 复习《混规》8.1.1 条~8.1.4 条。

需注意的是：
(1)《混规》表 8.1.1 中注的规定。
(2)《混规》8.1.3 条中,设置后浇带可适当增大伸缩缝间距,但不能代替伸缩缝。

【例 3.2.1】 下列关于伸缩缝的说法中,何项不妥?说明理由。

(A) 单层厂房排架结构的伸缩缝最大间距,露天时为 70m
(B) 现浇挑檐外露结构的伸缩缝最大间距不宜大于 12m
(C) 柱高低于 8m 的排架的伸缩缝最大间距可适当增大
(D) 材料收缩较大、室内结构因施工外露时间较长,其伸缩缝最大间距可减小

【解答】 根据《混规》表 8.1.1 及注的规定,(A)、(B) 项正确；根据《混规》8.1.2 条知,(C) 项不对,故应选(C) 项。

(二) 混凝土保护层

● 复习《混通规》2.0.10 条。
● 复习《混规》8.2.1 条~8.2.3 条。

钢筋的混凝土保护层是指结构构件中钢筋外边缘至构件表面范围用于保护钢筋的混凝土。特别注意的是,《混规》不再以纵向受力钢筋的外缘,而以最外层钢筋（包括箍筋、构造筋、分布筋等）的外缘计算混凝土保护层厚度。

混凝土保护层厚度的取值与环境类别、构件类别（平面构件、杆状构件）、受力钢筋直径（单筋的公称直径或并筋的等效直径）、设计使用年限等有关。

对于环境类别的划分,《混规》3.5.2 条作了规定。

需注意的是：
(1)《混规》8.2.1 条中,设计使用年限为 100 年的情况。

(2)《混规》表 8.2.1 中注 1、2 的规定。

(3)《混规》8.2.1 条中,最外层钢筋是指箍筋、构造筋、分布筋等。

(4)《混规》8.2.3 条中,梁的情况,其构造要求具体见《混规》9.2.15 条规定。

【例 3.2.2】 在北京地区的某公园水榭走廊,为一露天敞开的钢筋混凝土结构,其中某根矩形截面简支梁,采用 C30 混凝土,纵向受力钢筋采用 HRB400 级钢筋 4 Φ 20,箍筋采用 HPB300 级钢筋Φ10。设计使用年限为 50 年。

试问:确定纵向受力钢筋的混凝土保护层厚度。

【解答】 北京地区露天环境,根据《混规》3.5.2 条规定,应为二 b 类环境。

查《混规》表 8.2.1,取箍筋的混凝土保护层厚度 $c=35$mm,箍筋直径为Φ10,故纵向受力钢筋的混凝土保护层厚度 $c=35+10=45$mm,且大于 $d_{纵}=20$mm。

思考:(1)假定该结构的设计使用年限为 100 年,确定纵向受力钢筋的混凝土保护层厚度。

此时,由《混规》8.2.1 条及表 8.2.1,取箍筋的混凝土保护层厚度 $c=1.4\times35=49$mm,故纵向受力钢筋的混凝土保护层厚度 $c=49+10=59$mm,且大于 $d_{纵}=20$mm。

(2)假定采用 C25 混凝土,设计使用年限为 50 年,确定纵向受力钢筋的混凝土保护层厚度。

此时,由《混规》8.2.1 条表 8.2.1 注 1 的规定,取箍筋的混凝土保护层厚度 $c=35+5=40$mm,故纵向受力钢筋的混凝土保护层厚度 $c=40+10=50$mm,且大于 $d_{级}=20$mm。

【例 3.2.3】某现浇混凝土框架结构,混凝土强度等级为 C35,纵向钢筋采用 HRB400,箍筋采用 HPB300,环境类别为一类。某二层框架梁($b\times h=500$mm$\times800$mm)的上部纵向钢筋⊕28 采用二并筋的布置方式,箍筋Φ12@100/200,其梁上部钢筋布置如图 3.2.1 所示。

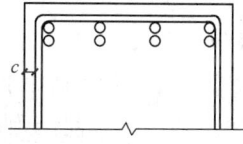

图 3.2.1 梁上部钢筋布置示意图

试问:该梁侧面箍筋保护层厚度 c(mm),与下列何项最为接近?

(A)20   (B)28   (C)35   (D)40

【解答】根据《混规》4.2.7 条及条文说明:

$$d_{eq}=1.41\times28=39.5\text{mm}$$

由《混规》8.2.1 条第 1 款:

$$\text{等效钢筋中心距构件边缘的距离}=\frac{39.5}{2}+39.5=59.25\text{mm}$$

$$\text{梁侧面箍筋保护层厚度}\ c=59.25-\frac{28}{2}-12=33.25\text{mm}>20\text{mm}$$

故选(C)项。

【例 3.2.4】拟在 8 度地震区新建一栋二层钢筋混凝土框架结构临时性建筑,以下何项不妥?

(A)结构的设计使用年限为 5 年,结构重要性系数不应小于 0.90

(B)受力钢筋的保护层厚度可小于《混凝土结构设计规范》GB 50010—2010 第 8.2 节的要求

(C) 可不考虑地震作用

(D) 进行承载能力极限状态验算时,楼面和屋面活荷载可乘以 0.9 的调整系数

【解答】根据《混规》8.2.1 条条文说明中第 1 款,(B) 项不妥,应选 (B) 项。

此外,根据《可靠性标准》表 3.3.3,设计使用年限为 5 年;由《可靠性标准》3.2.1 条及条文说明,安全等级为三级,由表 8.2.8,取 $\gamma_0 \geqslant 0.9$,(A) 项正确。

根据《设防分类标准》2.0.3 条条文说明,(C) 项正确。

根据《荷规》3.2.5 条,(D) 项正确。

(三) 钢筋的锚固

1. 受拉钢筋的基本锚固长度和锚固长度

《混通规》4.4.5 条对普通钢筋作了原则性规定。

《混规》8.3.1 条、8.3.2 条规定:

> 8.3.1 当计算中充分利用钢筋的抗拉强度时,受拉钢筋的锚固应符合下列要求:
>
> 1 基本锚固长度应按下列公式计算:
>
> 普通钢筋
>
> $$l_{ab} = \alpha \frac{f_y}{f_t} d \qquad (8.3.1\text{-}1)$$
>
> 预应力筋
>
> $$l_{ab} = \alpha \frac{f_{py}}{f_t} d \qquad (8.3.1\text{-}2)$$
>
> 式中 l_{ab}——受拉钢筋的基本锚固长度;
>
> f_y、f_{py}——普通钢筋、预应力筋的抗拉强度设计值;
>
> f_t——混凝土轴心抗拉强度设计值,当混凝土强度等级高于 C60 时,按 C60 取值;
>
> d——锚固钢筋的直径;
>
> α——锚固钢筋的外形系数,按表 8.3.1 取用。
>
> **锚固钢筋的外形系数 α**　　　　表 8.3.1
>
> | 钢筋类型 | 光圆钢筋 | 带肋钢筋 | 螺旋肋钢丝 | 三股钢绞线 | 七股钢绞线 |
> |---|---|---|---|---|---|
> | α | 0.16 | 0.14 | 0.13 | 0.16 | 0.17 |
>
> 注:光圆钢筋末端应做 180°弯钩,弯后平直段长度不应小于 3d,但作受压钢筋时可不做弯钩。
>
> 2 受拉钢筋的锚固长度应根据锚固条件按下列公式计算,且不应小于 200mm:
>
> $$l_a = \zeta_a l_{ab} \qquad (8.3.1\text{-}3)$$
>
> 式中 l_a——受拉钢筋的锚固长度;
>
> ζ_a——锚固长度修正系数,对普通钢筋按本规范第 8.3.2 条的规定取用,当多于一项时,可按连乘计算,但不应小于 0.6;对预应力筋,可取 1.0。
>
> 梁柱节点中纵向受拉钢筋的锚固要求应按本规范第 9.3 节(Ⅱ)中的规定执行。
>
> 3 当锚固钢筋的保护层厚度不大于 5d 时,锚固长度范围内应配置横向构造钢筋,其直径不应小于 $d/4$;对梁、柱、斜撑等构件间距不应大于 5d,对板、墙等平面构件间距不应大于 10d,且均不应大于 100mm,此处 d 为锚固钢筋的直径。
>
> 8.3.2 纵向受拉普通钢筋的锚固长度修正系数 ζ_a 应按下列规定取用:

> 1 当带肋钢筋的公称直径大于 25mm 时取 1.10；
> 2 环氧树脂涂层带肋钢筋取 1.25；
> 3 施工过程中易受扰动的钢筋取 1.10；
> 4 当纵向受力钢筋的实际配筋面积大于其设计计算面积时，修正系数取设计计算面积与实际配筋面积的比值，但对有抗震设计要求及直接承受动力荷载的结构构件，不应考虑此项修正；
> 5 锚固钢筋的保护层厚度为 $3d$ 时修正系数可取 0.80，保护层厚度为 $5d$ 时修正系数可取 0.70，中间按内插取值，此处 d 为锚固钢筋的直径。

需注意的是：

(1)《混规》8.3.1 条中，规范式 (8.3.1-1)、式 (8.3.1-2) 中 f_t 的取值，当高于 C60 时，按 C60 取值，故 $f_t \leqslant 2.04\text{N/mm}^2$。

(2)《混规》8.3.1 条中，规范式 (8.3.1-3) 中，$\xi \geqslant 0.6$；对预应力筋，可取 $\xi=1.0$。

(3)《混规》8.3.1 条第 3 款中，横向构造钢筋，其直径不应小于 $d/4$（d 为最大锚固钢筋的直径）；其间距不应大于 $5d$（梁、柱类构件）或 $10d$（板、墙类构件）（d 为最小锚固钢筋的直径），且均不应大于 100mm。

当纵向受拉普通钢筋末端采用弯钩或机械锚固措施，其锚固长度的要求，《混规》8.3.3 条作了规定。

抗震设计时，受拉钢筋的锚固长度，《混规》11.1.7 条作了规定。

(4)《混规》8.3.2 条第 5 款，当混凝土保护层厚度小于 $3d$ 时，取修正系数 $\xi_a=1.0$；当保护层厚度大于 $5d$ 时，取修正系数 $\xi_a=0.7$。

(5)《混规》8.3.3 条表 8.3.3 注 1～5 的规定。

2. 受压钢筋的锚固长度

《混规》8.3.4 条规定：

> 8.3.4 混凝土结构中的纵向受压钢筋，当计算中充分利用其抗压强度时，锚固长度不应小于相应受拉锚固长度的 70%。
> 受压钢筋不应采用末端弯钩和一侧贴焊锚筋的锚固措施。
> 受压钢筋锚固长度范围内的横向构造钢筋应符合本规范第 8.3.1 条的有关规定。

【例 3.2.5】 某钢筋混凝框架梁，采用 C45 混凝土，纵向受拉钢筋采用 HRB400 级钢筋、箍筋采用 HPB300 级钢筋。纵向受拉钢筋直径分别为 22mm、28mm，其混凝土保护层厚度均为 66mm。

试问： 确定纵向受拉钢筋的受拉锚固长度。

【解答】 根据《混规》8.3.1 条，C45＜C60，按 C45 计算，取 $f_t=1.80\text{N/mm}^2$。

$d=22\text{mm}$ 的纵筋：由《混规》8.3.2 条，$c=66\text{mm}=3d_纵$，故取 $\xi_a=0.80>0.60$

由规范式 (8.3.1-1)、式 (8.3.1-3)：$l_a=\xi_a l_{ab}=\xi_a \cdot \alpha \dfrac{f_y}{f_t}d=0.80\times 0.14\times \dfrac{36.0}{1.80}\times 22=492.8\text{mm}>200\text{mm}$

故取 $l_a=492.8\text{mm}$

$d=28\mathrm{mm}$ 的纵筋；由《混规》8.3.2 条，$c=66\mathrm{mm}<3\times 28=84\mathrm{mm}$，又 $d_{纵}=28\mathrm{mm}>25\mathrm{mm}$，故取 $\xi_\mathrm{a}=1.10>0.60$

由规范式（8.3.1-1）、式（8.3.1-3）：

$$l_\mathrm{a}=\xi_\mathrm{a}l_\mathrm{ab}=\xi_\mathrm{a}\cdot\alpha\frac{f_\mathrm{y}}{f_\mathrm{t}}d=1.10\times 0.14\times\frac{360}{1.80}\times 28=862.4\mathrm{mm}>200\mathrm{mm}$$

故取 $l_\mathrm{a}=862.4\mathrm{mm}$

思考： 假定该框架梁抗震等级为二级，试确定该纵筋的抗震锚固长度。解答如下：

根据《混规》11.1.7 条，抗震等级为二级，则：

$$l_\mathrm{aE}=\xi_\mathrm{aE}l_\mathrm{a}=1.15l_\mathrm{a}$$

$d=22\mathrm{mm}$ 的纵筋：$l_\mathrm{aE}=1.15l_\mathrm{a}=1.15\times 492.8=566.72\mathrm{mm}$

$d=28\mathrm{mm}$ 的纵筋：$l_\mathrm{aE}=1.15l_\mathrm{a}=1.15\times 862.4=991.76\mathrm{mm}$

【例 3.2.6】 某钢筋混凝土框架梁，梁的纵向受拉钢筋端部采用焊接锚板进行锚固，纵向受拉钢筋直径为 25mm 锚板采用方形。试问，满足规范要求时，方形锚板的最小边长（mm），应为下列何项？

(A) 45　　　　(B) 50　　　　(C) 55　　　　(D) 60

【解答】 根据《混规》表 8.3.3 注：

$$A-\frac{\pi d^2}{4}\geqslant 4\cdot\frac{\pi d^2}{4}$$

$$A\geqslant\frac{5\pi d^2}{4}=\frac{5\times 3.14\times 25^2}{4}=2453.1$$

即：

$$b=\sqrt{A}\geqslant 49.5\mathrm{mm}$$

应选（B）项。

（四）钢筋的连接

1. 钢筋的绑扎搭接

《混规》8.4.2 条至 8.4.6 条作了规定。

> 8.4.2　轴心受拉及小偏心受拉杆件的纵向受力钢筋不得采用绑扎搭接；其他构件中的钢筋采用绑扎搭接时，受拉钢筋直径不宜大于 25mm，受压钢筋直径不宜大于 28mm。
>
> 8.4.3　同一构件中相邻纵向受力钢筋的绑扎搭接接头宜互相错开。钢筋绑扎搭接接头连接区段的长度为 1.3 倍搭接长度，凡搭接接头中点位于该连接区段长度内的搭接接头均属于同一连接区段（图 8.4.3）。同一连接区段内纵向受力钢筋搭接接头面积百

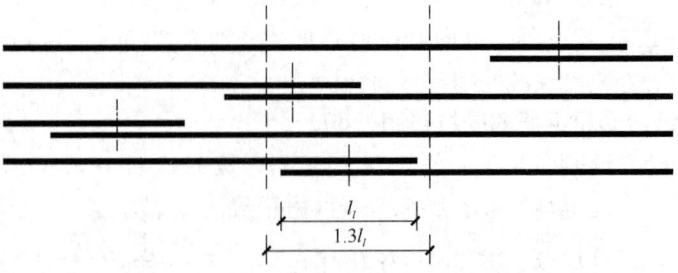

图 8.4.3　同一连接区段内纵向受拉钢筋的绑扎搭接接头

注：图中所示同一连接区段内的搭接接头钢筋为两根，当钢筋直径相同时，钢筋搭接接头面积百分率为 50%。

分率为该区段内有搭接接头的纵向受力钢筋与全部纵向受力钢筋截面面积的比值。当直径不同的钢筋搭接时，按直径较小的钢筋计算。

位于同一连接区段内的受拉钢筋搭接接头面积百分率：对梁类、板类及墙类构件，不宜大于25%；对柱类构件，不宜大于50%。当工程中确有必要增大受拉钢筋搭接接头面积百分率时，对梁类构件，不宜大于50%；对板、墙、柱及预制构件的拼接处，可根据实际情况放宽。

并筋采用绑扎搭接连接时，应按每根单筋错开搭接的方式连接。接头面积百分率应按同一连接区段内所有的单根钢筋计算。并筋中钢筋的搭接长度应按单筋分别计算。

8.4.4 纵向受拉钢筋绑扎搭接接头的搭接长度，应根据位于同一连接区段内的钢筋搭接接头面积百分率按下列公式计算，且不应小于300mm。

$$l_l = \zeta_l l_a \tag{8.4.4}$$

式中 l_l——纵向受拉钢筋的搭接长度；

ζ_l——纵向受拉钢筋搭接长度修正系数，按表8.4.4取用。当纵向搭接钢筋接头面积百分率为表的中间值时，修正系数可按内插取值。

纵向受拉钢筋搭接长度修正系数　　　表8.4.4

纵向搭接钢筋接头面积百分率（%）	≤25	50	100
ζ_l	1.2	1.4	1.6

8.4.5 构件中的纵向受压钢筋当采用搭接连接时，其受压搭接长度不应小于本规范第8.4.4条纵向受拉钢筋搭接长度的70%，且不应小于200mm。

需注意的是：

（1）《混规》8.4.3条的条文说明中指出：粗、细钢筋在同一区段搭接时，按较细钢筋的截面面积计算接头面积百分率及搭接长度。此原则对于其他连接方式同样适用。

（2）《混规》8.4.3条的条文说明中指出：并筋应采用分散、错开搭接的方式实现连接，并按截面内各根单筋计算接头面积百分率、搭接长度。

梁、柱构件的纵向受力钢筋搭接长度范围内的横向构造钢筋的要求，《混规》规定：

8.4.6 在梁、柱类构件的纵向受力钢筋搭接长度范围内的横向构造钢筋应符合本规范第8.3.1条的要求；当受压钢筋直径大于25mm时，尚应在搭接接头两个端面外100mm的范围内各设置两道箍筋。

需注意的是：

（1）《混规》8.4.6条，对受压钢筋搭接的横向构造钢筋要求与受拉钢筋搭接的横向构造钢筋要求相同。

（2）《混规》8.4.6条规定按《混规》8.3.1条确定横向构造钢筋的要求，此时，横向构造钢筋的直径≥$d/4$（d为最大搭接钢筋的直径）；横向构造钢筋的间距≤（梁、柱类构件）$5d$或$10d$（板、墙类构件）（d为最小搭接钢筋的直径）。

抗震设计时，纵向受力钢筋的搭接连接的要求，《混规》11.1.7条、11.1.8条作了规定。

【例 3.2.7】 某大偏压钢筋混凝土柱,采用 C45 级混凝土,纵向受力钢筋采用 HRB400 级钢筋,在绑扎搭接处的受拉纵筋钢筋为 Φ 22 和 Φ 25,若同一连接区段接头面积为 25%,试确定钢筋连接接头处的最小搭接长度。

【解答】 根据《混规》8.4.3 条(条文说明),计算搭接长度时取细钢筋,$d=22$mm。
由接头面积为 25%,查《混规》表 8.4.3,取修正系数 $\zeta_l=1.2$。
由规范式(8.4.4)、式(8.3.1-3)得:
$$l_l = \xi_l l_a = \zeta_l \cdot \xi_a \alpha \frac{f_y}{f_t} d = 1.2 \times 1.0 \times 0.14 \times \frac{360}{1.80} \times 22$$
$$= 739.2 \text{mm} > 300 \text{mm}$$

思考: 假定该钢筋混凝土柱,抗震等级为二级,其他条件不变。确定其钢筋连接接头处的最小搭接长度。

此时,根据《混规》11.1.7 条:
$$l_{lE} = \zeta_l l_{aE} = \zeta_l \cdot 1.15 l_a = \zeta_l \cdot 1.15 \xi_a \alpha \frac{f_y}{f_t} d = 1.2 \times 1.15 \times 1.0 \times 0.14 \times \frac{360}{1.8} \times 22$$
$$= 850.08 \text{mm}$$

【例 3.2.8】 某钢筋混凝土次梁,下部纵向钢筋配置为 4Φ20,$f_y=360\text{N/mm}^2$,混凝土强度等级为 C30,$f_t=1.43\text{N/mm}^2$。在施工现场检查时,发现某处采用绑扎搭接接头,其接头方式如图 3.2.2 所示。试问,钢筋最小搭接长度 l_l(mm),应与下列何项数值最为接近?

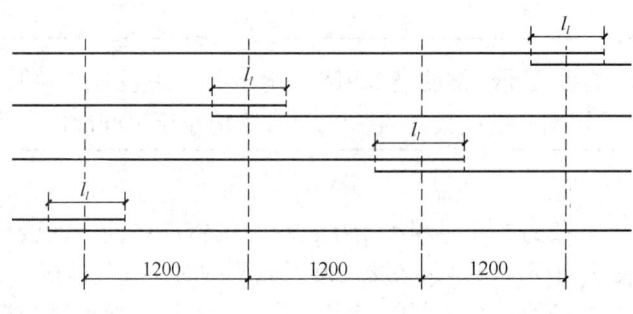

图 3.2.2

(A) 850   (B) 990   (C) 1100   (D) 1300

【解答】 由《混规》8.3.1 条:
$$l_a = \xi_a \alpha \frac{f_y}{f_t} d = 1.0 \times 0.14 \times \frac{360}{1.43} \times 20 = 705 \text{mm}$$

假定钢筋搭接接头面积百分率为 25%,查《混规》表 8.4.4,取 $\zeta_l=1.2$。
$$l_l = \xi_l l_a = 1.2 \times 705 = 846 \text{mm} > 300 \text{mm}$$

由《混规》8.4.3 条:$1.3 l_l = 1.3 \times 846 = 1100$mm
搭接接头的一半 $1100/2 = 505$mm $< 1200/2 = 600$mm
故假设接头为 25% 正确,所以钢筋最小搭接长度为 $l_l=846$mm,应选(A)项。

思考: 假定该次梁的抗震等级为三级,其他条件不变,试确定钢筋最小搭接长度 l_{lE}(mm)。

【例 3.2.9】 某现浇钢筋混凝土梁,混凝土强度等级 C30,梁底受拉纵筋按并筋方式配置了 $2 \times 2 \Phi 25$ 的 HRB400 普通热轧带肋钢筋。已知纵筋混凝土保护层厚度为 40mm,

该纵筋配置比设计计算所需的钢筋面积大了20%。该梁无抗震设计要求也不直接承受动力荷载，采取常规方法施工，梁底钢筋采用搭接连接，接头方式如图3.2.3所示。若要求同一连接区段内钢筋接头面积不大于总面积的25%。

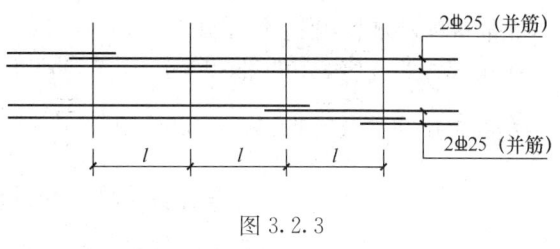

图 3.2.3

试问：图中所示的搭接接头中点之间的最小间距 l（mm）应与下列何项数值最为接近？

(A) 1400　　　(B) 1600　　　(C) 1800　　　(D) 2000

【解答】 根据《混规》8.3.1条、8.3.2条：

$$l_a = \xi_a l_{ab} = \frac{1}{1.2} \times 0.14 \times \frac{360}{1.43} \times 25 = 734\text{mm}$$

由《混规》8.4.3条、8.4.4条：

$$l = 1.3 l_l = 1.3 \xi_l l_a = 1.3 \times 1.2 \times 734 = 1145\text{mm}$$

故应选（A）项。

【**例 3.2.10**】 某轴心受压混凝土柱，纵向钢筋采用HRB400级 6⏀25mm 与 6⏀20mm 钢筋搭接，混凝土为C35级。钢筋接头百分率为50%。

试问：确定受压钢筋搭接长度。

【解答】 根据《混规》表8.4.4，当钢筋接头百分率为50%时，取 $\zeta_l = 1.4$

由《混规》式（8.4.4）和8.4.3条（条文说明），取 $d = 20$mm：

$$l_l = \xi_l l_a = \xi_l \cdot \xi_a \alpha \frac{f_y}{f_t} d = 1.4 \times 1.0 \times 0.14 \frac{360}{1.57} \times 20$$
$$= 898.9\text{mm}$$

根据《混规》8.4.5条规定：

$$l'_l = 0.7 l_l = 0.7 \times 898.9 = 629.23\text{mm} > 200\text{mm}$$

【**例 3.2.11**】 某根框架柱为中柱，采用C30混凝土，HRB400级钢筋，受水平地震作用，抗震等级为二级，如图3.2.4所示，左侧受拉钢筋直径 $d = 25$mm，右侧受拉钢筋直径 $d = 22$mm。钢筋接头百分率为50%。

试问：

(1) 纵筋在基础内的最小抗震锚固长度。

(2) 纵筋在±0.00以上的搭接长度，以及搭接长度范围内的箍筋直径和间距。

【解答】（1）确定抗震锚固长度

查规范表得，$f_t = 1.43\text{N/mm}^2$，$f_y = 360\text{N/mm}^2$

因基础内钢筋的保护层厚度大于5d，根据《混规》8.3.2条第5款的规定，取修正系数 $\xi_a = 0.7$。

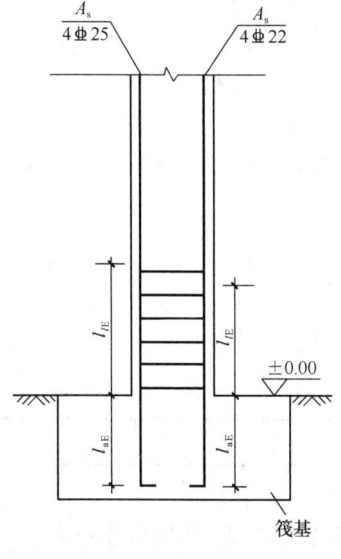

图 3.2.4

钢筋接头百分率50%，查《混规》表8.4.4，取$\zeta_l=1.4$。

抗震等级为二级，由《混规》11.1.7条第1款：

左侧受拉筋：$l_{aE}=1.15l_a=1.15\times0.7\cdot\alpha\dfrac{f_y}{f_t}d$

$$=1.15\times0.7\times0.14\times\dfrac{360}{1.43}\times25=709.3\text{mm}$$

右侧受拉筋：$l_{aE}=1.15l_a=1.15\times0.7\alpha\dfrac{f_y}{f_t}d$

$$=1.15\times0.7\times0.14\times\dfrac{360}{1.43}\times22=624.2\text{mm}$$

（2）确定搭接长度及箍筋

抗震等级为二级，由《混规》11.1.7条、11.1.8条，得：

$$l_{lE}=\xi_l l_{aE}=\zeta_l\times1.15l_a=1.4\times1.15\times\xi_a\alpha\dfrac{f_y}{f_t}d$$

左侧拉筋：$l_{lE}=1.4\times1.15\times1.0\times0.14\times\dfrac{360}{1.43}\times25=1418.6\text{mm}$

右侧拉筋：$l_{lE}=\zeta l_{aE}=1.4\times1.15\times1.0\times0.14\times\dfrac{360}{1.43}\times22=1248.4\text{mm}$

左、右侧钢筋搭接长度范围内箍筋，根据《混规》11.1.8条、8.4.6条规定：

左侧箍筋直径d：$d\geqslant 0.25d_纵=0.25\times25=6.25$，取$d=8\text{mm}$，并满足《混规》11.4.12条。

左侧箍筋间距s：$s\leqslant 5d_纵=5\times25=125$，且$\leqslant100$，取$s=100\text{mm}$

右侧箍筋直径d：$d\geqslant 0.25d_纵=0.25\times22=5.5$，取$d=6\text{mm}$，最终取$d=8\text{mm}$，才满足《混规》11.4.12条。

右侧箍筋间距s：$s\leqslant 5d_纵=5\times22=110$，且$\leqslant100$，取$s=100\text{mm}$。

【例3.2.12】 某钢筋混凝土柱，抗震等级为三级，混凝土强度等级为C45，采用HRB400级钢筋；在受拉钢筋Φ22与Φ25接头处，采用绑扎搭接连接。当同一连接区段接头面积为50%时，试确定钢筋连接接头处的最小抗震搭接长度。

【解答】 由《混规》11.1.7条，查表8.4.4，取$\zeta_l=1.4$，又由《混规》8.4.3条（条文说明），取$d=22\text{mm}$

$$l_{lE}=\xi_l 1.05l_a=1.4\times1.05\times\xi_a\alpha\dfrac{f_y}{f_t}d$$

$$=1.4\times1.05\times1.0\times0.14\times\dfrac{360}{1.80}\times22=905.5\text{mm}$$

2. 钢筋机械连接与焊接

● 复习《混规》8.4.7条～8.4.9条。

需注意的是：

(1)《混规》8.4.7条中，钢筋机械连接接头连接区段长度为35d（d取较小直径）。

(2)《混规》8.4.8条中，钢筋焊接接头连接区段长度为35d（d取较小直径），且不小于 500mm。

【例 3.2.13】 某跨度为 6m 的钢筋混凝土简支吊车梁，其吊车梁的截面及配筋如图 3.2.5 所示。当吊车梁纵向受拉钢筋采用焊接接头，且同一连接区段内接头面积百分率不大于 25%。

试问：吊车梁纵向受拉钢筋焊接接头连接区段的长度 l（mm），与下列何项数值最为合适？

(A) 810　　　　(B) 720
(C) 630　　　　(D) 900

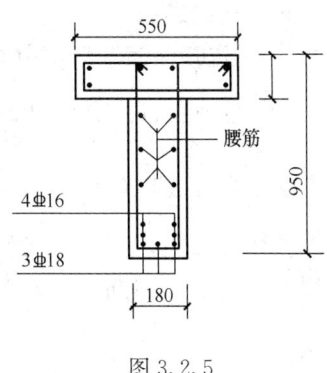

图 3.2.5

【解答】 根据《混规》8.4.9 条：

$$l = 45d = 45 \times 18 = 810 \text{mm}$$

所以应选（A）项。

（五）最小配筋率

1. 一般规定

纵向受力钢筋的最小配筋率，《混通规》4.4.6 条对板类受弯构件的规定与《混规》8.5.1 条规定存在不协调，应执行《混通规》。

《混通规》4.4.6 条规定：

> 2　除悬臂板、柱支承板之外的板类受弯构件，当纵向受拉钢筋采用强度等级 500MPa 的钢筋时，其最小配筋率应允许采用 0.15% 和 $0.45f_t/f_y$ 中的较大值；

《混规》规定：

> 8.5.1　钢筋混凝土结构构件中纵向受力钢筋的配筋百分率 $\rho_{\min}$ 不应小于表 8.5.1 规定的数值。
>
> 纵向受力钢筋的最小配筋百分率 $\rho_{\min}$（%）　　表 8.5.1
>
> | 受力类型 | | | 最小配筋百分率 |
> |---|---|---|---|
> | 受压构件 | 全部纵向钢筋 | 强度等级 500MPa | 0.50 |
> | | | 强度等级 400MPa | 0.55 |
> | | | 强度等级 300MPa、335MPa（《混通规》取消 335MPa） | 0.60 |
> | | 一侧纵向钢筋 | | 0.20 |
> | 受弯构件、偏心受拉、轴心受拉构件一侧的受拉钢筋 | | | 0.20 和 $45f_t/f_y$ 中的较大值 |
>
> 注：1　受压构件全部纵向钢筋最小配筋百分率，当采用 C60 以上强度等级的混凝土时，应按表中规定增加 0.10。
> 　　2　板类受弯构件（不包括悬臂板）的受拉钢筋，当采用强度等级 400MPa、500MPa 的钢筋时，其最小配筋百分率应允许采用 0.15 和 $45f_t/f_y$ 中的较大值（笔者注，该条执行《混通规》）；
> 　　3　偏心受拉构件中的受压钢筋，应按受压构件一侧纵向钢筋考虑；
> 　　4　受压构件的全部纵向钢筋和一侧纵向钢筋的配筋率以及轴心受拉构件和小偏心受拉构件一侧纵向钢筋的配筋率均应按构件的全截面面积计算；
> 　　5　受弯构件、大偏心受拉构件一侧纵向钢筋的配筋率应按全截面面积扣除受压翼缘面积 $(b'_f-b)h'_f$ 后的截面面积计算；
> 　　6　当钢筋沿构件截面周边布置时，"一侧纵向钢筋"系指沿受力方向两个对边中一边布置的纵向钢筋。
>
> 8.5.2　卧置于地基上的混凝土板，板中受拉钢筋的最小配筋率可适当降低，但不应小于 0.15%。

需注意的是：

(1)《混规》表 8.5.1 中注 3、4、5、6 的规定。

(2) 受弯构件的最小配筋率验算取全截面计算，即：$\rho = \dfrac{A_s}{bh} \geqslant \rho_{min}$；受弯构件的最大配筋率配筋取有效截面计算，即：$\rho = \dfrac{A_s}{bh_0} \leqslant \rho_{max}$；轴心受压、偏心受压构件的最小、最大配筋率验算均取全截面计算。此外，《公路混凝土桥规》9.1.12 条规定，受弯构件、大偏心受拉的一侧受拉钢筋的最小配筋率验算取有效截面；其他情况，最小配筋率验算取全截面。

【例 3.2.14】 某偏心受压柱截面尺寸为 $600mm \times 600mm$，采用 C40 级混凝土，HRB400 级钢筋，计算表明为大偏压。试问，其全部纵向受力钢筋的最小钢筋截面面积值。

【解答】 根据《混规》表 8.5.1 得：

一侧纵向钢筋：$\rho_{0min} = 0.2\%$，两侧则为 $2\rho_{0min} = 0.4\%$

全部纵向钢筋：$\rho_{min} = 0.55\%$。

故最后取 $\rho_{min} = 0.55\%$，$\Sigma(A_s + A_s') = \rho_{min}bh = 0.55\% \times 600 \times 600 = 1980mm^2$

思考： 若采用 C65 混凝土，其他条件不变。试确定纵向受力钢筋截面面积值。解答如下：

根据《混规》表 8.5.1 注 1 的规定，采用 C60 以上时，全部纵向最小配筋率增大 0.1%，则：

$$\rho_{min} = 0.55\% + 0.1\% = 0.65\%$$

故最后取 $\rho_{min} = 0.65\%$，$\Sigma(A_s + A_s') = \rho_{min}bh = 0.65\% \times 600 \times 600 = 2340mm^2$

【例 3.2.15】 某一受弯构件，其截面尺寸（单位：mm）为：$b = 200$，$h = 800$，$b_f' = 800$，$h_f' = 120$，$b_f = 600$，$h_f = 150$，采用 C35 混凝土，HRB335 级钢筋。

试问： 确定其受拉钢筋的最小钢筋截面面积。

【解答】 查规范表得，$f_t = 1.57 N/mm^2$，$f_y = 300 N/mm^2$。

由《混规》表 8.5.1 得：

$$\rho_{min} = \max\left\{45 \dfrac{f_t}{f_y}\%, 0.2\%\right\} = \max\left\{45 \times \dfrac{1.57}{300}\%, 0.2\%\right\} = 0.2355\%$$

根据《混规》表 8.5.1 注 5 的规定，则：

$$\begin{aligned} A_{s,min} &= \rho_{min}[bh + (b_f - b)h_f] \\ &= 0.2355\% \times [200 \times 800 + (600 - 200) \times 150] \\ &= 518 mm^2 \end{aligned}$$

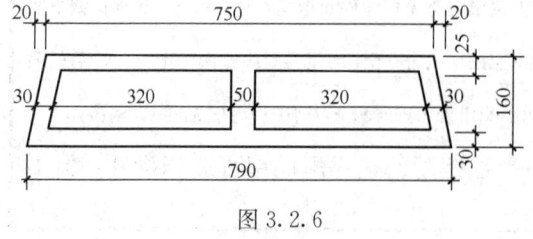

图 3.2.6

【例 3.2.16】 某空楼板截面尺寸如图 3.2.6 所示，采用 C30 级混凝土，受拉钢筋为 HRB400 级钢筋。

提示： 按《混凝土结构通用规范》作答。

试问： 确定其最小纵向受拉钢筋截面

面积。

【解答】 查《混规》表得,$f_t=1.43\text{N/mm}^2$,$f_y=360\text{N/mm}^2$
根据《混通规》4.4.6条:

$\rho_{\min}=0.45f_t/f_y=0.45\times1.43/360=0.179\%<0.20\%$

故取 $\rho_{\min}=0.20\%$
由《混规》表8.5.1注5的规定:

$$A_{s,\text{imin}}=0.20\%\times[bh+(b_f-b)h_f]$$
$$=0.20\%\times[(30+50+30)\times160+(790-30-50-30)\times30]$$
$$=76\text{mm}^2$$

【例3.2.17】 某混凝土三角形屋架如图3.2.7所示,上弦和下弦截面为250mm×250mm,采用C35混凝土,HRB400级钢筋,荷载基本组合下节点力设计值 $P=25\text{kN}$,屋架按铰接桁架分析。$\gamma_0=1.0$。

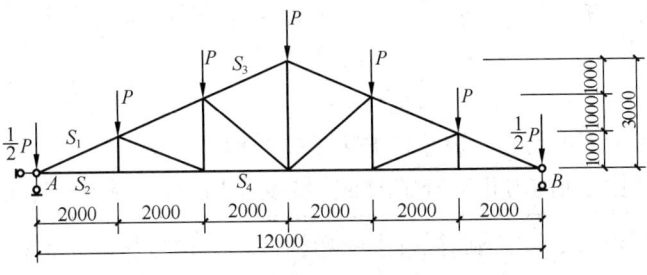

图3.2.7

试问:
(1) 计算下弦杆 S_2 的钢筋截面面积。
(2) 设上弦杆的计算长度 $l_0=2.5\text{m}$,计算上弦杆 S_1 的钢筋截面面积。

【解答】 (1) 确定下弦杆 S_2 和上弦杆 S_1 的内力值

反力 R_A: $R_A=3P=3\times25=75\text{kN}$

对节点 A,$\Sigma Y=0$,则:

$$S_1\cdot\frac{1}{\sqrt{2^2+1^2}}=\frac{S_1}{\sqrt{5}}=R_A-\frac{P}{2}=75-\frac{25}{2}=62.5\text{kN}$$

$$S_1=139.8\text{kN}(-)$$

$\Sigma X=0$,则:

$$S_2=S_1\cdot\frac{2}{\sqrt{2^2+1^2}}=\frac{2S_1}{\sqrt{5}}=125\text{kN}(+)$$

(2) 下弦杆 S_2 的配筋计算

查《混规》表4.2.3-1,取 $f_y=360\text{N/mm}^2$。
由《混规》式(6.2.22)得:

$$A_s=\frac{N}{f_y}=\frac{125000}{360}=347\text{mm}^2,$$

选配 4 Φ 12(452mm^2)

复核最小配筋率，由《混规》表 8.5.1 知：

$$\rho_{min} = \max(0.45 f_t/f_y, 0.2\%)$$
$$= \max(0.45 \times 1.57/360, 0.2\%) = 0.2\%$$

$$\rho = \frac{A_s}{bh} \times 100\% = \frac{452/2}{250 \times 250} \times 100\% = 0.36\% > 0.2\%，满足$$

(3) 上弦杆 S_1 的配筋计算

查《混规》表 4.1.4-1，取 $f_c = 16.7 \text{N/mm}^2$

$\frac{l_0}{b} = \frac{2500}{250} = 10$，查《混规》表 6.2.15，取 $\varphi = 0.98$

由规范式（6.2.15）：

$$A_s' = \frac{N/(0.9\varphi) - f_c A}{f_y'} = \frac{139.8 \times 10^3/(0.9 \times 0.98) - 16.7 \times 250 \times 250}{360} < 0$$

故按构造配筋，查《混规》表 8.5.1，取 $\rho_{min} = 0.55\%$

$A_{s,min} = 0.55\% \times 250 \times 250 = 343.75 \text{mm}^2$

选配 4 Φ 12（$A_s = 452 \text{mm}^2$），满足

2. 截面厚度很大而内力相对较小的非主要受弯构件

对于截面厚度很大而内力相对较小的非主要受弯构件，《混规》规定：

> 8.5.3 对结构中次要的钢筋混凝土受弯构件，当构造所需截面高度远大于承载的需求时，其纵向受拉钢筋的配筋率可按下列公式计算：
>
> $$\rho_s \geq \frac{h_{cr}}{h} \rho_{min} \quad (8.5.3\text{-}1)$$
>
> $$h_{cr} = 1.05\sqrt{\frac{M}{\rho_{min} f_y b}} \quad (8.5.3\text{-}2)$$
>
> 式中 ρ_s——构件按全截面计算的纵向受拉钢筋的配筋率；
>
> ρ_{min}——纵向受力钢筋的最小配筋率，按本规范第 8.5.1 条取用；
>
> h_{cr}——构件截面的临界高度，当小于 $h/2$ 时取 $h/2$；
>
> h——构件截面的高度；
>
> b——构件的截面宽度；
>
> M——构件的正截面受弯承载力设计值。

注意，式（8.5.3-2）中 M 是指构件的正截面弯矩设计值。

【例 3.2.18】某钢筋混凝土框架结构办公楼，某层中存在一根次梁，其 $b \times h = 300\text{mm} \times 700\text{mm}$，采用 C30 混凝土，钢筋采用 HRB400。已知弯矩设计值 $M = 15 \text{kN} \cdot \text{m}$。取 $a_s = 35\text{mm}$。安全等级为三级。试问，其纵向受力钢筋截面面积（mm^2），经济合理的是下列何项？

(A) 210   (B) 320   (C) 420   (D) 560

【解答】根据《混规》6.2.10 条，$h_0 = 700 - 35 = 665\text{mm}$

$$x = h_0 - \sqrt{h_0^2 - \frac{2\gamma_0 M}{\alpha_1 f_c b}} = 665 - \sqrt{665^2 - \frac{2 \times 0.9 \times 15 \times 10^6}{1 \times 14.3 \times 300}}$$

$$= 4.7\text{mm}$$

$$A_s = \frac{\alpha_1 f_c b x}{f_y} = \frac{1 \times 14.3 \times 300 \times 4.7}{360} = 56\text{mm}^2$$

由《混规》8.5.1条：

$$\rho_{\min} = \max(0.2, 45 f_t/f_y)\% = \max(0.2, 45 \times 1.43/360)\% = 0.2\%$$

$$A_{s,\min} = 0.2\% \times 300 \times 70 = 420\text{mm}^2 > 56\text{mm}^2$$

又由《混规》8.5.3条：

$$h_{cr} = 1.05\sqrt{\frac{\gamma_0 M}{\rho_{\min} f_y b}} = 1.05\sqrt{\frac{0.9 \times 15 \times 10^6}{0.2\% \times 360 \times 300}}$$

$$= 262.5\text{mm} < \frac{h}{2} = \frac{700}{2} = 350\text{mm}$$

故取 $h_{cr} = 350\text{mm}$

$$\rho_s \geq \frac{h_{cr}}{h}\rho_{\min} = \frac{350}{700} \times 0.2\% = 0.1\%$$

$$A_s \geq 0.1\% \times 300 \times 700 = 210\text{mm}^2$$

故选（A）项。

【例 3.2.19】 某建筑外立面造型需要在梁侧设置挑板作为装饰性线脚，如图 3.2.8 所示。假定，挑板的混凝土强度等级为 C30，钢筋采用 HPB300，$a_s = 30\text{mm}$。挑板根部弯矩设计值 $M = 0.2\text{kN} \cdot \text{m/m}$。试问，该挑板按全截面计算的纵筋最小配筋率（%），与下列何项数值最为接近？

提示：按次要受弯构件计算。

(A) 0.12 (B) 0.15
(C) 0.20 (D) 0.24

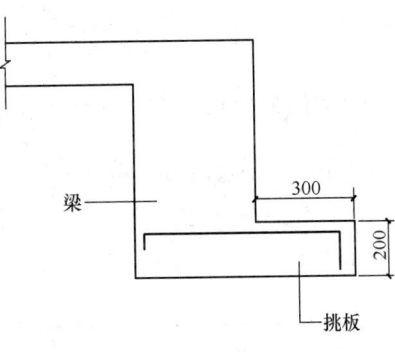

图 3.2.8

【解答】 由提示，根据《混规》8.5.3条、8.5.1条：

$$\rho_{\min} = \max(0.20\%, 0.45 \times 1.43/270) = 0.238\%$$

$$h_{cr} = 1.05\sqrt{\frac{0.2 \times 10^6}{0.238\% \times 270 \times 1000}}$$

$$= 18.5\text{mm} < \frac{h}{2} = 100\text{mm}$$

取 $h_{cr} = \frac{h}{2} = 100\text{mm}$

$$\rho_s \geq \frac{100}{200} \times 0.238\% = 0.119\%，故选（A）项。$$

二、其他构造规定

有关板、梁、柱、墙的基本构造规定，见本章其他各节。

第三节 受弯构件

一、正截面承载力计算的一般规定和结构的二阶效应

(一) 正截面承载力计算的一般规定

《混通规》4.4.2 条作了原则性规定。

《混规》6.2.1 条～6.2.7 条作了详细规定。

需注意的是：

(1)《混规》6.2.1 条中：

规范式 (6.2.1-3)：$n = 2 - \dfrac{1}{60}(f_{cu,k} - 50) \leqslant 2.0$

规范式 (6.2.1-4)：$\varepsilon_0 = 0.002 + 0.5(f_{cu,k} - 50) \times 10^{-5} \geqslant 0.002$

规范式 (6.2.1-5)：$\varepsilon_{cu} = 0.0033 - (f_{cu,k} - 50) \times 10^{-5} \leqslant 0.0033$

轴心受压时，ε_{cu} 取为 ε_0。

(2)《混规》6.2.6 条中：

β_1 的内插公式：$\beta_1 = 0.8 - \dfrac{x - 50}{80 - 50}(0.8 - 0.74)$

α_1 的内插公式：$\alpha_1 = 1.0 - \dfrac{x - 50}{80 - 50}(1.0 - 0.94)$

式中，x 为混凝土强度等级，x 范围为大于 C50，小于 C80。

(3)《混规》6.2.7 条中，ξ_b 为相对界限受压区高度，由规范式 (6.2.7-1) 计算，可得表 3.3.1。

ξ_b 相对界限受压区高度　　　　表 3.3.1

混凝土强度等级	C25～C50			
钢筋强度	HPB300	HRB335	HRB400	HRB500
ξ_b	0.576	0.550	0.518	0.482

(4)《混规》6.2.7 条中注的规定，即：

$$\xi_b = \min(\xi_{b1}, \xi_{b2}, \cdots, \xi_{bn})$$

(二) 结构的二阶效应

一般当结构和构件的受力变形较小时，结构分析中不考虑结构和构件受力变形后其几何尺寸与形状变化对结构和构件受力的影响，这种结构分析称为"一阶分析"。当结构受力变形后的几何尺寸和形状变化对构件的受力影响较大时，则应在结构分析中给予考虑，这种结构分析称为"二阶分析"。结构"二阶分析"结果与"一阶分析"结果的差异称为结构的"二阶效应"。

通常，结构二阶分析得到的结构构件内力和变形会大于结构一阶分析的结果。对于结构中的受压构件，其"二阶效应"影响通常较大，如仅按结构"一阶分析"得到的内力进行设计，则可能导致不安全的设计结果。

建筑结构的二阶效应是指作用在结构上的重力或构件中的轴压力在变形后的结构或构件中引起的附加内力和附加变形。建筑结构的二阶效应包括重力二阶效应（P-Δ效应）和受压构件的挠曲效应（P-δ效应）两部分。严格地讲，考虑 P-Δ 效应和 P-δ 效应进行结构分析，应考虑材料的非线性和裂缝、构件的曲率和层间侧移、荷载的持续作用、混凝土的收缩和徐变等因素。但要实现这样的分析，在目前条件下还有困难，工程分析中一般都采用简化的分析方法。

● 重力二阶效应（P-Δ效应）是指结构上的重力荷载 P 在产生了侧移的结构中引起的"整体二阶效应"，如图 3.3.1 所示。

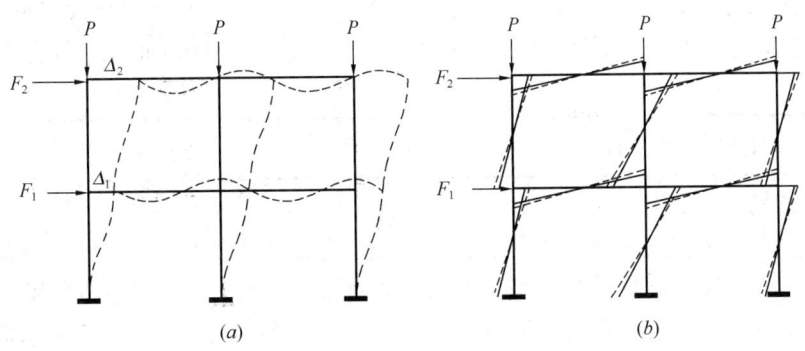

图 3.3.1 有侧移框架结构的 P-Δ 二阶效应
(a) P-Δ 效应下的结构变形；(b) P-Δ 效应下的结构弯矩

● 受压构件的挠曲效应（P-δ效应）是指轴压力在杆件自身挠曲后引起的"局部二阶效应"，如图 3.3.2 所示。

一般情况下，结构中同时存在"P-Δ效应"和"P-δ效应"。

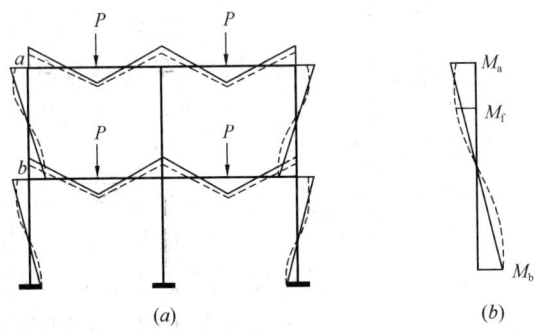

图 3.3.2 无侧移结构杆件自身挠曲引起的二阶效应（P-δ效应）
(a) P-δ 效应下的弯矩分布；(b) 柱 ab 的弯矩分布

重力二阶效应计算属于结构整体层面的问题，一般在结构整体分析中考虑，《混规》给出了两种计算方法：有限元法和增大系数法。受压构件的挠曲效应计算属于构件层面的问题，一般在构件设计时考虑。

为此，《混规》5.3.4 条规定：

> 5.3.4 当结构的二阶效应可能使作用效应显著增大时，在结构分析中应考虑二阶效应的不利影响。

> 混凝土结构的重力二阶效应可采用有限元分析方法计算，也可采用本规范附录B的简化方法。当采用有限元分析方法时，宜考虑混凝土构件开裂对构件刚度的影响。

对于受弯构件，如框架梁，可能受重力二阶效应的影响；而对于受压构件，如框架柱，可能不仅受重力二阶效应的影响，还受挠曲效应的影响。本节主要讲述重力二阶效应的影响，在本章第四节受压构件中讲述挠曲效应的影响。

重力二阶效应既增大竖向构件中引起结构侧移的弯矩，同时，也增大水平构件中引起结构侧移的弯矩，因此，《混规》附录B中公式（B.0.1-1）同样适用于梁端控制截面的弯矩计算。

● 复习《混规》附录B。

需注意的是：
(1) 各类混凝土建筑结构，当判别其是否应当考虑重力二阶效应时，《混规》未明确规定判别条件，可按《高层建筑混凝土结构技术规程》5.4.1条规定进行判别。

(2) 抗震设计时，按《混规》附录B中公式（B.0.1-1）用 η_s 增大梁端引起结构侧移的弯矩，由于抗震框架各节点处柱端弯矩之和 ΣM_c 应根据同一节点处的梁端弯矩之和 ΣM_b 进行增大（即"强柱弱梁"），因此，这能使重力二阶效应的影响在 ΣM_b 和增大后的 ΣM_c 中保留下来。

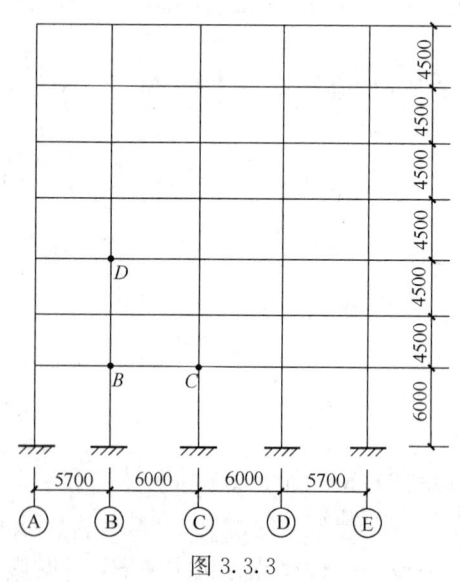

图 3.3.3

(3) 《混规》B.0.1条中，梁端 η_s 取为相应节点处上、下柱端 η_s 的平均值，或上、下墙肢端 η_s 的平均值。

(4) 《混规》B.0.2条中，对于不同楼层应分别取框架结构中各楼层柱的 η_s，但是同一楼层，各柱的 η_s 是相同的。

(5) 《混规》B.0.3条中，计算所得的 η_s 适用于该结构全部的竖向构件。

(6) 《混规》B.0.5条中，计算建筑结构中位移的增大系数 η_s 时，不对刚度进行折减。

【例3.3.1】某钢筋混凝土框架结构，其中一榀框架如图3.3.3所示，假定按反弯点法计算，首层弹性侧向刚度为 3.6×10^5 kN/m，第2层至第7层的各层弹性侧向刚度为 6.0×10^5 kN/m。图中BC框架梁的梁端B处，其第2层柱轴力设计值为60000kN，其第1层柱轴力设计值为70000kN。经计算得到，梁端B处未考虑重力二阶效应，引起结构侧移的荷载产生的弯矩设计值 $M_1=400$ kN·m，不引起结构侧移的荷载产生的弯矩设计值 $M_2=500$ kN·m，该框架结构应考虑重力二阶效应。

试问： 当考虑重力二阶效应后，梁端B处的弯矩设计值为多少？

【解答】 根据《混规》附录 B.0.2 条、B.0.5 条：弯矩增大系数 η_s，故 D 应折减，对框架柱，取 $E_c I$ 的折减系数为 0.6。

$$D_1 = 0.6 \times 3.6 \times 10^5 = 2.16 \times 10^5 \text{kN/m}$$

$$D_2 = 0.6 \times 6.0 \times 10^5 = 3.60 \times 10^5 \text{kN/m}$$

第一层 η_{s1}：$\eta_{s1} = \dfrac{1}{1 - \dfrac{\sum N_j}{DH_0}} = \dfrac{1}{1 - \dfrac{70000}{2.16 \times 10^5 \times 6}}$

$= 1.0571$

第二层 η_{s2}：$\eta_{s2} = \dfrac{1}{1 - \dfrac{60000}{3.60 \times 10^5 \times 4.5}} = 1.0385$

由《混规》附录 B.0.1 条，梁端 B 处的 η_s：

$$\eta_s = (1.0571 + 1.0385)/2 = 1.0478$$

$$M = \eta_s M_s + M_{ns} = 1.0478 \times 400 + 500 = 919.12 \text{kN} \cdot \text{m}$$

思考：反弯点法，其计算假定是梁 $EI = \infty$。

- 复习《抗规》3.6.3 条。

注意的是，《抗规》3.6.3 条条文说明的内容，与《混规》附录 B.0.2 条是一致的。《抗规》中重力二阶效应的内力增大系数为：

$$\dfrac{1}{1-\theta} = \dfrac{1}{1 - \dfrac{M_a}{M_0}} = \dfrac{1}{1 - \dfrac{\sum G_i \cdot \Delta u_i}{V_i h_i}} = \dfrac{1}{1 - \dfrac{\sum G_i}{\dfrac{V_i}{\Delta u_i} h_i}} = \dfrac{1}{1 - \dfrac{\sum G_i}{D_i h_i}}$$

二、矩形截面受弯构件

- 复习《混规》6.2.10 条、6.2.12 条、6.2.13 条、6.2.14 条。

需注意的是：
(1)《混规》6.2.10 条中，对于钢筋混凝土构件，规范式（6.2.10-4）变为：

$$x \geq 2a'_s$$

(2) 当构件中如无纵向受压钢筋或不考虑纵向受压钢筋时，不满足符合公式（6.2.10-4）。

(3)《混规》6.2.13 条规定。

矩形截面受弯构件（如梁、板构件）的正截面受弯承载力计算可分为：①单筋梁；②双筋梁。

受弯构件的正截面受弯承载力计算内容可分为：①承载力计算；②配筋计算。

▲1. 单筋梁（板）

(1) 承载力计算

一般地，题目给定条件为：已知截面尺寸 $b \times h$，材料强度设计值 f_c、f_y 和钢筋截面

面积 A_s。

题目要求为：确定截面的最大受弯承载能力 M_u。

此类题目的求解步骤如下：

第一步，复核配筋率 $\rho = \dfrac{A_s}{bh}$，要求 $\rho > \rho_{\min}$

第二步，用《混规》式（6.2.10-2）求得 x：$x = \dfrac{f_y A_s}{\alpha_1 f_c b}$

第三步，判别 x 的情况：

① 当 $x \leqslant \xi_b h_0$ 时，即适筋梁，用《混规》式（6.2.10-1）求解 M_u：

$$M_u = \alpha_1 f_c b x \left(h_0 - \dfrac{x}{2}\right)$$

- 抗震设计时，上式变为：

$$M_u = \dfrac{1}{\gamma_{RE}} \cdot \alpha_1 f_c b x \left(h_0 - \dfrac{x}{2}\right)$$

② 当 $x > \xi_b h_0$ 时，即超筋梁，取 $x = x_b = \xi_b h_0$，用《混规》式（6.2.10-1）求解 M_u：

$$M_u = \alpha_1 f_c b x_b \left(h_0 - \dfrac{x_b}{2}\right)$$

- 抗震设计时，上式变为：

$$M_u = \dfrac{1}{\gamma_{RE}} \cdot \alpha_1 f_c b x_b \left(h_0 - \dfrac{x_b}{2}\right)$$

（2）配筋计算

一般地，题目给定条件为：已知截面尺寸 $b \times h$，材料强度设计值 f_c、f_y，弯矩设计值 M。

题目要求为：确定截面的钢筋截面面积 A_s。

解法一：若采用系数（α_s、ξ、γ_s）计算时，其求解步骤如下：

第一步，确定截面抵抗系数 α_s：$\alpha_s = \dfrac{\gamma_0 M}{\alpha_1 f_c b h_0^2}$

第二步，确定相对受压区高度 ξ：$\xi = 1 - \sqrt{1 - 2\alpha_s}$

第三步，判别 ξ 的情况：

① 若 $\xi \leqslant \xi_b$ 时，确定 A_s：$A_s = \dfrac{\alpha_1 f_c b \xi h_0}{f_y}$

② 若 $\xi > \xi_b$，超筋，取 $\xi = \xi_b$，则此 $M_u = \alpha_1 f_c b x_b \left(h_0 - \dfrac{x_b}{2}\right)$

$$A_s = \dfrac{\alpha_1 f_c b \xi_b h_0}{f_y}$$

第四步，复核最小配筋率：$\rho = \dfrac{A_s}{bh} > \rho_{\min}$ 是否满足。若不满足取 $A_{s,\min} = \rho_{\min} bh$。

解法二：由《混规》式（6.2.10-1）和式（6.2.10-2），简化为：

$$\gamma_0 M \leqslant \alpha_1 f_c b x \left(h_0 - \dfrac{x}{2}\right)$$

$$\alpha_1 f_c b x = f_y A_s$$

由上面两式联解求 x 为：

$$x = h_0 - \sqrt{h_0^2 - \frac{2\gamma_0 M}{\alpha_1 f_c b}}$$

- 抗震设计时，上式变为：

$$x = h_0 - \sqrt{h_0^2 - \frac{2\gamma_{RE} M}{\alpha_1 f_c b}}$$

当 $x < \xi_b h_0$ 时，由 $\alpha_1 f_c b x = f_y A_s$ 求得 A_s：

$$A_s = \frac{\alpha_1 f_c b x}{f_y}$$

当 $x \geqslant \xi_b h_0$ 时，超筋梁，取 $x_b = \xi_b h_0$，此时 $M_u = \alpha_1 f_c b x_b \left(h_0 - \frac{x_b}{2} \right)$

$$A_s = \frac{\alpha_1 f_c b x_b}{f_y} = \frac{\alpha_1 f_c b \xi_b h_0}{f_y}$$

复核 $A_s \geqslant A_{s,\min}$。

可见，解法二手算时较直接、方便些。同时，应注意 γ_0 的取值。$\gamma_0 M$ 中 M 为基本组合下的弯矩值；$\gamma_{RE} M$ 中 M 为地震组合下的弯矩值。

思考： 矩形截面单筋梁，其配筋计算时，当 $x = x_b = \xi_b h_0$ 时，其对应的配筋率即为适筋梁的最大配筋率 $\rho_{\max}$，则：

$$\rho_{\max} = \frac{A_{s,\max}}{bh_0}, \quad A_{s,\max} = \frac{\alpha_1 f_c b \xi_b h_0}{f_y}$$

可得：

$$\rho_{\max} = \xi_b \frac{\alpha_1 f_c}{f_y}$$

【**例 3.3.2**】 已知某根简支梁的截面尺寸为 $b \times h = 300\mathrm{mm} \times 600\mathrm{mm}$，环境类别为一类，安全等级为二级，采用 C60 级混凝土，HRB400 级钢筋，配置 4Φ20＋4Φ20 双排钢筋，如图 3.3.4 所示。箍筋用 HPB300 级钢筋，直径为 10mm。不考虑纵向受压钢筋的作用。

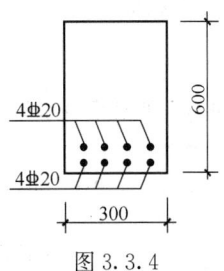

图 3.3.4

试问：

(1) 确定相对界限受压区高度 ξ_b。

(2) 确定该梁的最大受弯承载力设计值。

【**解答**】 (1) 确定 ξ_b。

根据《混规》6.2.6 条、6.2.1 条，C60 的 β_1 为：

$$\beta_1 = 0.8 - \frac{60 - 50}{80 - 50}(0.8 - 0.74) = 0.78$$

$$\varepsilon_{cu} = 0.0033 - (f_{cu,k} - 50) \times 10^{-5}$$
$$= 0.0033 - (60 - 50) \times 10^{-5} = 0.0032 < 0.0033$$

由《混规》6.2.7 条得：

$$\xi_b = \frac{\beta_1}{1+\dfrac{f_y}{E_s\varepsilon_{cu}}} = \frac{0.78}{1+\dfrac{360}{2\times10^5\times0.0032}} = 0.4992$$

(2) 确定最大弯矩设计值。

$$\rho = \frac{A_s}{bh} = \frac{2513}{300\times600} = 1.396\%$$

$$\rho_{\min} = 45\frac{f_t}{f_y}\% = 45\times\frac{2.04}{360}\% = 0.255\% > 0.2\%$$

$\rho > \rho_{\min}$，满足要求

一类环境，C60，查《混规》表 8.2.1 得，箍筋混凝土保护层厚度 $c=20$mm，故纵筋的 $c=20+10=30$mm。

由《混规》9.2.1 条知，双排钢筋净间距取为 25mm。

$$a_s = \frac{1256\times(30+0.5\times20)+1256\times(30+20+25+0.5\times20)}{1256+1256}$$

$$=62.5\text{mm}$$

取 $a_s=65$mm 进行计算。

$$h_0 = h - a_s = 535\text{mm}$$

由《混规》6.2.6 条，C60 的 α_1 为：

$$\alpha_1 = 1 - \frac{60-50}{80-50}(1-0.94) = 0.98$$

由规范式（6.2.10-2）求得 x：

$$x = \frac{f_y A_s}{\alpha_1 f_c b} = \frac{360\times2513}{0.98\times27.5\times300} = 112\text{mm}$$

$$< \xi_b h_0 = 0.4992\times535 = 267\text{mm}$$

由规范式（6.2.10-1）求得 M_u：

$$M_u = \alpha_1 f_c bx\left(h_0 - \frac{x}{2}\right) = 0.98\times27.5\times300\times112\times\left(535-\frac{112}{2}\right)$$

$$=433.7\text{kN}\cdot\text{m}$$

思考：假定该梁配置 HRB400 级（Φ）和 HRB500 级（Φ）钢筋，4Φ25+4Φ25，采用 C30 混凝土，取 $a_s=65$mm。试问，该梁的最大受弯承载力设计值。

解答如下：

对于 4Φ25，取 $\xi_b=0.518$；4Φ25，取 $\xi_b=0.482$，又根据《混规》6.2.7 条注的规定，取较小值，即 $\xi_b=0.482$。

$$x = \frac{f_y A_s}{\alpha_1 f_c b} = \frac{360\times1964+435\times1964}{1\times14.3\times300}$$

$$=364\text{mm} > \xi_b h_0 = 0.482\times535 = 258\text{mm}$$

故取 $x_b = \xi_b h_0 = 258\text{mm}$

$$M_u = \alpha_1 f_c b x_b \left(h_0 - \frac{x_b}{2}\right)$$
$$= 1 \times 14.3 \times 300 \times 258 \times \left(535 - \frac{258}{2}\right)$$
$$= 449.4 \text{kN} \cdot \text{m}$$

【例 3.3.3】 在北京地区的某公园水榭走廊，是一露天敞开的钢筋混凝土结构，有一矩形截面简支梁，它的截面尺寸和配筋如图 3.3.5 所示，安全等级为二级。梁采用 C30 混凝土，单筋矩形梁，纵向受力筋采用 HRB400（Φ），已知相对受压区高度 $\xi = 0.2317$。不考虑受压钢筋的作用。试问，该梁所能承受的荷载基本组合的弯矩设计值。

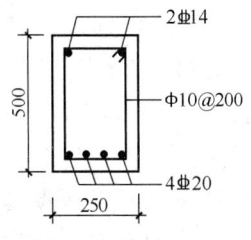

图 3.3.5

【解答】 查规范表，C30，$f_c = 14.3\text{N/mm}^2$，$\alpha_1 = 1.0$，$f_y = 360\text{N/mm}^2$。

北京地区露天环境，查《混规》表 3.5.2 知，应为二 b 类，查《混规》表 8.2.1 知，箍筋混凝土保护层厚度 $c = 35\text{mm}$，纵筋的 $c = 35 + 10 = 45\text{mm}$。

故取 $a_s = 45 + \frac{20}{2} = 55\text{mm}$，$h_0 = 445\text{mm}$

由规范式（6.2.10-1）求得 M_u：

$$M_u = \alpha_1 f_c bx \left(h_0 - \frac{x}{2}\right) = \alpha_1 f_c b h_0^2 \xi (1 - 0.5\xi)$$
$$= 1 \times 14.3 \times 250 \times 445^2 \times 0.2317 \times (1 - 0.5 \times 0.2317)$$
$$= 145.03 \text{kN} \cdot \text{m}$$

【例 3.3.4】 已知某简支梁截面尺寸为 $b \times h = 250\text{mm} \times 500\text{mm}$，采用 C25 级混凝土，纵向钢筋采用 HRB400 级钢筋，直径为 20mm，环境类别为一类，安全等级为二级，承受的基本组合下的弯矩设计值 $M = 120\text{kN} \cdot \text{m}$。不考虑受压钢筋的作用。箍筋直径为 10mm。试确定梁受拉钢筋的配筋。

【解答】 C25，查规范表得，$f_c = 11.9\text{N/mm}^2$，$f_t = 1.27\text{N/mm}^2$，$f_y = 360\text{N/mm}^2$

一类，C25 梁，查《混规》表 8.2.1 得：箍筋混凝土保护层厚度 $c = 20 + 5 = 25\text{mm}$，纵筋的 $c = 25 + 10 = 35\text{mm}$，故取 $a_s = 45\text{mm}$，$h_0 = 500 - 45 = 455\text{mm}$；$\gamma_0 = 1.0$

$$x = h_0 - \sqrt{h_0^2 - \frac{2\gamma_0 M}{\alpha_1 f_c b}}$$
$$= 455 - \sqrt{455^2 - \frac{2 \times 1.0 \times 120 \times 10^6}{1 \times 11.9 \times 250}}$$
$$= 99.5\text{mm} < \xi_b h_0 = 0.518 \times 455 = 236\text{mm}$$
$$A_s = \frac{\alpha_1 f_c bx}{f_y} = \frac{1 \times 11.9 \times 250 \times 99.5}{360} = 822\text{mm}^2$$

复核最小配筋率：

$$\rho = \frac{A_s}{bh} = \frac{822}{250 \times 500} = 0.66\%$$

$$\rho_{min} = 45 \frac{f_t}{f_y}\% = 45 \frac{1.27}{360}\% = 0.159\% < 0.2\%$$

故 $\rho=0.66\% > \rho_{min}=0.2\%$，满足要求。

【例3.3.5】 某单跨现浇简支板，板厚为80mm，计算跨度 $l_0=2.7$m，承受恒载标准值为 $g_{k1}=0.8$kN/m² （不包括板的自重），活荷载标准值 $q_k=2.5$kN/m²，采用混凝土强度等级为C30，HRB400级钢筋。钢筋混凝土重度为25kN/m³，环境类别为一类，安全等级为二级。不考虑受压钢筋的作用。纵向受力钢筋直径为10mm，分布筋直径为8mm。试确定板的纵向受拉钢筋截面面积。

提示： 按《混凝土结构通用规范》作答。

【解答】 （1）确定板的跨中弯矩设计值

查规范表，$f_c=14.3$N/mm²，$f_t=1.43$N/mm²，

$$f_y=360\text{N/mm}^2，\alpha_1=1.0，\xi_b=0.576，\gamma_0=1.0$$

一类，C30的板，查《混规》表8.2.1得，纵筋混凝土保护层厚度 $c=15$mm，纵筋的直径 $d=10$mm。

故取 $a_s=15+10/2=20$mm，$h_0=h-a_s=60$mm。

取板宽为1米作为计算单元，则板自重标准值 $g_{k2}=25 \times 0.08=2.0$kN/m²

由《结通规》3.1.13条（或《可靠性标准》8.2.4条）：

$$q=1.3(g_{k1}+g_{k2}) \times 1+1.5q_k \times 1$$

$$=1.3 \times (0.8+2) \times 1+1.5 \times 2.5 \times 1=7.39\text{kN/m}$$

故跨中最大弯矩设计值 M：

$$M=\frac{1}{8}ql_0^2=\frac{1}{8} \times 7.39 \times 2.7^2$$

$$=6.73\text{kN} \cdot \text{m}$$

（2）确定受拉钢筋面积

$$x=h_0-\sqrt{h_0^2-\frac{2\gamma_0 M}{\alpha_1 f_c b}}$$

$$=60-\sqrt{60^2-\frac{2 \times 1.0 \times 6.73 \times 10^6}{1 \times 14.3 \times 1000}}$$

$$=8.4\text{mm}<\xi_b h_0=0.576 \times 60=35\text{mm}$$

$$A_s=\frac{\alpha_1 f_c bx}{f_y}=\frac{1 \times 14.3 \times 1000 \times 8.4}{360}=334\text{mm}^2$$

根据《混规》9.1.3 条规定，纵向受力钢筋间距不宜大于 200mm，取 Φ 10 @ 200（$A_s=393\text{mm}^2$）。

复核最小配筋率：

由《混通规》4.4.6 条，$\rho_{\min} = 45\dfrac{f_t}{f_y}\% = 45\dfrac{1.43}{270}\% = 0.238\% > 0.2\%$

$$\rho = \frac{A_s}{bh} = \frac{393}{1000 \times 80} = 0.49\% > \rho_{\min} = 0.238\%$$

满足要求。

▲2. 双筋梁

（1）承载力计算

一般地，题目给定条件为：已知截面尺寸 $b \times h$，材料强度设计值 f_c、f_y，钢筋截面面积 A'_s、A_s。

题目要求为：确定截面的最大受弯承载力 M_u。

此类题目的求解步骤如下：

第一步，由《混规》式（6.2.10-2）求得 x：

$$x = \frac{f_y A_s - f'_y A'_s}{\alpha_1 f_c b}$$

第二步，判别 x 的情况：

①若 $x < 2a'_s$，由规范式（6.2.14）求得 M_u：
$$M_u = f_y A_s (h - a_s - a'_s)$$

- 抗震设计时，上式变为：
$$M_u = \frac{1}{\gamma_{RE}} \cdot f_y A_s (h - a_s - a'_s)$$

②若 $x > \xi_b h_0$，即超筋梁，取 $x = x_b = \xi_b h_0$，由规范式（6.2.10-1）求得 M_u：

$$M_u = \alpha_1 f_c b x_b \left(h_0 - \frac{x_b}{2}\right) + f'_y A'_s (h_0 - a'_s)$$

- 抗震设计时，上式变为：
$$M_u = \frac{1}{\gamma_{RE}}\left[\alpha_1 f_c b x_b \left(h_0 - \frac{x_b}{2}\right) + f'_y A'_s (h_0 - a'_s)\right]$$

③若 $\xi_b h_0 \geq x \geq 2a'_s$，即适筋梁，由规范式（6.2.10-1）求得 M_u：

$$M_u = \alpha_1 f_c b x \left(h_0 - \frac{x}{2}\right) + f'_y A'_s (h_0 - a'_s)$$

- 抗震设计时，上式变为：
$$M_u = \frac{1}{\gamma_{RE}}\left[\alpha_1 f_c b x \left(h_0 - \frac{x}{2}\right) + f'_y A'_s (h_0 - a'_s)\right]$$

(2) 配筋计算

第一类配筋计算，题目给定条件：已知截面尺寸 $b \times h$，材料强度设计值 f_c、f_y，弯矩设计值 M。

题目要求为：受压钢筋截面面积和受拉钢筋截面面积，即 A_s'、A_s。

此类题目的具体求解步骤如下：

第一步，令 $\xi = \xi_b$，则 $x = x_b = \xi_b h_0$（充分发挥混凝土的抗压能力）

第二步，由《混规》式（6.2.10-1）求得：A_s'：

$$A_s' = \frac{\gamma_0 M - \alpha_1 f_c b x_b (h_0 - x_b/2)}{f_y'(h_0 - a_s')}$$

- 抗震设计时，上式变为：

$$A_s' = \frac{\gamma_{RE} M - \alpha_1 f_c b x_b (h_0 - x_b/2)}{f_y'(h_0 - a_s')}$$

第三步，判别 A_s' 的情况：

① 若 $A_s' \leqslant 0$，则表明不需配置受压钢筋，按单筋梁计算，即：

$$x = h_0 - \sqrt{h_0^2 - \frac{2\gamma_0 M}{\alpha_1 f_c b}}$$

- 抗震设计时，上式变为：

$$x = h_0 - \sqrt{h_0^2 - \frac{2\gamma_{RE} M}{\alpha_1 f_c b}}$$

若 $x < \xi_b h_0$，$A_s = \dfrac{\alpha_1 f_c b x}{f_y}$

② 若 $A_s' > 0$，由规范式（6.2.10-2）求得 A_s：

$$A_s = \frac{\alpha_1 f_c b x_b + f_y' A_s'}{f_y}$$

第四步，复核最小配筋率。

第二类配筋计算，题目给定条件：已知截面尺寸 $b \times h$，材料强度设计值 f_c、f_y，弯矩设计值 M，受压钢筋截面面积 A_s'。

题目要求为：受拉钢筋截面面积 A_s。

此类题目的具体求解步骤如下：

第一步，求出应由单筋矩形截面所承担的弯矩 M_1，由《混规》式（6.2.10-1）求得 M_1：

$$\alpha_1 f_c b x \left(h_0 - \frac{x}{2}\right) = M_1 = \gamma_0 M - f_y' A_s'(h_0 - a_s')$$

- 抗震设计时，上式变为：

$$\alpha_1 f_c b x \left(h_0 - \frac{x}{2}\right) = M_1 = \gamma_{RE} M - f_y' A_s'(h_0 - a_s')$$

第二步，求单筋矩形梁的受压区高度 x，对应弯矩值为 M_1，即：

$$x = h_0 - \sqrt{h_0^2 - \frac{2M_1}{\alpha_1 f_c b}}$$

- 抗震设计时，上式不变。

第三步，判别 x 的情况：

①若 $x < 2a_s'$，由规范式（6.2.14）求得 A_s：$A_s = \dfrac{\gamma_0 M}{f_y(h - a_s - a_s')}$

- 抗震设计时，上式变为：

$$A_s = \frac{\gamma_{RE} M}{f_y(h - a_s - a_s')}$$

②若 $x > \xi_b h_0$，则表明受压钢筋 A_s' 太小，应按 A_s' 未知，按前述第一类配筋计算，确定 A_s' 及 A_s。

③若 $\xi_b h_0 \geq x > 2a_s'$，由规范式（6.2.10-2）求得 A_s：

$$A_s = \frac{\alpha_1 f_c b x + f_y' A_s'}{f_y}$$

第四步，复核最小配筋率。

【例 3.3.6】 已知混凝土强度等级 C30，钢筋采用 HRB400 级，环境类别为二 b 类，安全等级二级，梁截面尺寸为 200mm×400mm；受拉钢筋为 3Φ25，受压钢筋为 2Φ16。箍筋直径为 10mm。不考虑地震作用。

试问：确定该梁的受弯承载力设计值。

【解答】 环境二类 b，C30 的梁，查《混规》表 8.2.1 得，箍筋混凝土保护层厚度 $c = 35$mm，纵筋的 $c = 45$mm，故 $a_s = 45 + \dfrac{25}{2} = 57.5$mm，$h_0 = h - a_s = 342.5$mm，$a_s' = 45 + \dfrac{16}{2} = 53$mm

由《混规》式（6.2.10-2）得：

$$x = \frac{f_y A_s - f_y' A_s'}{\alpha_1 f_c b} = \frac{360 \times 1473 - 360 \times 402}{1 \times 14.3 \times 200}$$

$$= 134.8 \text{mm} < \xi_b h_0 = 0.518 \times 342.5 = 177 \text{mm}$$

$$> 2a_s' = 2 \times 53 = 106 \text{mm}$$

由规范式（6.2.10-1）得：

$$M_u = \alpha_1 f_c b x \left(h_0 - \frac{x}{2}\right) + f_y' A_s'(h_0 - a_s')$$

$$= 1 \times 14.3 \times 200 \times 134.8 \times \left(342.5 - \frac{134.8}{2}\right) + 360 \times 402 \times (342.5 - 53)$$

$$= 147.96 \text{kN} \cdot \text{m}$$

思考：（1）在正截面承载力计算中，必须求出混凝土受压区高度 x 值。

（2）若受压钢筋为 3Φ18，其他条件均不变，试确定梁的受弯承载力设计值。

$$a'_s = 45 + \frac{18}{2} = 54 \text{mm}$$

由《混规》式（6.2.10-2）得：

$$x = \frac{f_y A_s - f'_y A'_s}{\alpha_1 f_c b} = \frac{360 \times 1473 - 360 \times 763}{1 \times 14.3 \times 200}$$

$$= 89.4 \text{mm} < \xi_b h_0 = 177 \text{mm}$$

$$< 2a'_s = 2 \times 54 = 108 \text{mm}$$

根据《混规》6.2.14 条得：

$$M_u = f_y A_s (h - a_s - a'_s)$$

$$= 360 \times 1473 \times (400 - 57.5 - 54)$$

$$= 152.99 \text{kN} \cdot \text{m}$$

（3）若受拉钢筋为 6Φ25（双排），其他条件均不变，试确定梁的受弯承载力设计值。
由前面结果知最外层纵筋混凝土保护层 $c=45$mm，则

$$a_s = \frac{1473 \times \left(45 + \frac{25}{2}\right) + 1473 \times \left(45 + 25 + 25 + \frac{25}{2}\right)}{1473 + 1473} = 82.5$$

$$a'_s = 45 + \frac{16}{2} = 53 \text{mm}$$

$$h_0 = h - a_s = 400 - 82.5 = 317.5 \text{mm}$$

由《混规》式（6.2.10-2）得：

$$x = \frac{f_y A_s - f'_y A'_s}{\alpha_1 f_c b} = \frac{360 \times 2946 - 360 \times 402}{1 \times 14.3 \times 200}$$

$$= 320.2 \text{mm} > \xi_b h_0 = 0.518 \times 317.5 = 164 \text{mm}$$

由于超筋，故取 $x = x_b = \xi_b h_0 = 164$mm。
由规范式（6.2.10-1）得：

$$M_u = \alpha_1 f_c b x_b \left(h_0 - \frac{x_b}{2}\right) + f'_y A'_s (h_0 - a'_s)$$

$$= 1 \times 14.3 \times 200 \times 164 \times \left(317.5 - \frac{164}{2}\right) + 360 \times 402 \times (317.5 - 53)$$

$$= 148.7 \text{kN} \cdot \text{m}$$

（4）假定，抗震设计，该钢筋混凝土梁抗震等级二级，配筋同思考（2），即受压钢筋为 3Φ18，其他条件均不变，试确定该梁的抗震受弯承载力设计值。

此时，由前述计算结果可知：$x = 89.4$mm $< 2a'_s = 108$mm

抗震等级二级，查《混规》表 11.1.6，取 $\gamma_{RE} = 0.75$。

根据《混规》11.1.6 条、6.2.14 条，则：

$$M_u = \frac{1}{\gamma_{RE}} f_y A_s (h - a_s - a'_s)$$

$$= \frac{1}{0.75} \times 360 \times 1473 \times (400 - 57.5 - 54)$$

$$= 203.99 \text{kN} \cdot \text{m}$$

【例 3.3.7】 已知梁的截面尺寸为 $b \times h = 200\text{mm} \times 500\text{mm}$，混凝土强度等级为 C40，纵向受力钢筋采用 HRB400 级，箍筋直径为 10mm。环境类别为一类、安全等级二级，截面弯矩设计值 $M=330\text{kN} \cdot \text{m}$。单排，取 $a_s = a'_s = 30\text{mm}$；双排，取 $a_s = a'_s = 60\text{mm}$。不考虑地震作用。

试问： 所需纵向钢筋截面面积。

【解答】 （1）判别是否需要采用双筋截面

$f_c = 19.1\text{N/mm}^2$，$f_y = f'_y = 360\text{N/mm}^2$，$\alpha_1 = 1.0$，$\gamma_0 = 1.0$

环境一类，C40 的梁，查《混规》表 8.2.1，箍筋混凝土保护层厚度 $c=20\text{mm}$。因弯矩设计值较大，假定受拉钢筋放两排，$h_0 = h - a_s = 440\text{mm}$。

$$x = h_0 - \sqrt{h_0^2 - \frac{2\gamma_0 M}{\alpha_1 f_c b}} = 440 - \sqrt{440^2 - \frac{2 \times 1 \times 330 \times 10^6}{1 \times 19.1 \times 200}}$$

$$= 295.7\text{mm} > \xi_b h_0 = 0.518 \times 440 = 228\text{mm}$$

这表明若设计成单筋截面，会出现超筋情况；在混凝土强度等级和截面尺寸不改变的前提下，应该采用双筋截面。

（2）计算受压钢筋截面面积和受拉钢筋截面面积

令 $\xi = \xi_b = 0.518$，$x = x_b = \xi_b h_0 = 228\text{mm}$

由《混规》式（6.2.10-1）得：

$$A'_s = \frac{\gamma_0 M - \alpha_1 f_c b x_b (h_0 - x_b/2)}{f'_y (h_0 - a'_s)}$$

$$= \frac{1 \times 330 \times 10^6 - 1 \times 19.1 \times 200 \times 228 \times (440 - 228/2)}{360 \times (440 - 30)}$$

$$= 312.1\text{mm}^2$$

由规范式（6.2.10-2）得：

$$A_s = \frac{\alpha_1 f_c b x_b + f'_y A'_s}{f_y} = \frac{1 \times 19.1 \times 200 \times 228 + 360 \times 312.1}{360}$$

$$= 2731.4\text{mm}^2$$

故选受拉钢筋 6 Φ 25（$A_s = 2945\text{mm}^2$），受压钢筋选用 2 Φ 16（$A'_s = 402\text{mm}^2$）。

复核最小配筋率，此处略。

【例 3.3.8】 已知某梁截面尺寸为 $b \times h = 250\text{mm} \times 550\text{mm}$，选用 C30 混凝土，纵向受力钢筋为 HRB400 级钢筋，箍筋直径为 10mm。环境类别为一类，安全等级二级，截面承受的弯矩设计值 $M=350\text{kN} \cdot \text{m}$，受压区已配置 3 Φ 20。不考虑地震作用。

试问： 确定纵向受力钢筋截面面积。

【解答】 $f_c = 14.3\text{N/mm}^2$，$f_y = f'_y = 360\text{N/mm}^2$，$\alpha_1 = 1.0$，$\xi_b = 0.518$，环境一类，C30 的梁，查《混规》表 8.2.1 知，箍筋混凝土保护层厚度 $c=20\text{mm}$，纵筋的 $c=30\text{mm}$。

因弯矩设计值较大，考虑受拉钢筋排成两排，取

$$a_s = 60\text{mm}, a'_s = 40\text{mm}, h_0 = h - a_s = 490\text{mm}$$

$$M_1 = \gamma_0 M - f'_y A'_s (h_0 - a'_s) = 1 \times 350 \times 10^6 - 360 \times 942 \times (490 - 40)$$
$$= 197.4 \text{kN} \cdot \text{m}$$

$$x = h_0 - \sqrt{h_0^2 - \frac{2M_1}{\alpha_1 f_c b}} = 490 - \sqrt{490^2 - \frac{2 \times 197.4 \times 10^6}{1 \times 14.3 \times 250}}$$
$$= 130 \text{mm} > 2a'_s = 80 \text{mm}, \text{且} < x_b = \xi_b h_0 = 254 \text{mm}$$

由规范式（6.2.10-2）得：

$$A_s = \frac{\alpha_1 f_c bx + f'_y A'_s}{f_y} = \frac{1 \times 14.3 \times 250 \times 130 + 360 \times 942}{360}$$
$$= 2233 \text{mm}^2$$

纵向受力钢筋选用 6 ⏀ 22（$A_s = 2281 \text{mm}^2$）

复核最小配筋率，此处略。

思考：（1）若截面的受压区已配置受压钢筋 4 ⏀ 25，其他条件不变，试确定受拉钢筋截面面积。

$$a'_s = 30 + \frac{25}{2} = 42.5$$

$$M_1 = \gamma_0 M - f'_y A'_s (h_0 - a'_s)$$
$$= 1 \times 350 \times 10^6 - 360 \times 1964 \times (490 - 42.5)$$
$$= 33.6 \text{kN} \cdot \text{m}$$

$$x = h_0 - \sqrt{h_0^2 - \frac{2M_1}{\alpha_1 f_c b}} = 490 - \sqrt{490^2 - \frac{2 \times 33.6 \times 10^6}{1 \times 14.3 \times 250}}$$
$$= 19.6 \text{mm} < 2a'_s = 85 \text{mm}$$

由规范式（6.2.14）得：

$$A_s = \frac{\gamma_0 M}{f_y (h - a_s - a'_s)} = \frac{1 \times 350 \times 10^6}{360 \times (550 - 60 - 42.5)}$$
$$= 2173 \text{mm}^2$$

故纵向受力钢筋选用 4 ⏀ 25 + 2 ⏀ 20（$A_s = 1964 + 628 = 2592 \text{mm}^2$）

复核最小配筋率，此处略。

（2）若截面的受压区已配置受压钢筋 2 ⏀ 14，弯矩设计值为 $M = 400 \text{kN} \cdot \text{m}$，其他条件不变，试确定纵向受力钢筋截面面积。

$$a'_s = 30 + \frac{14}{2} = 37 \text{mm}$$

$$M_1 = \gamma_0 M - f'_y A'_s (h_0 - a'_s)$$
$$= 1 \times 400 \times 10^6 - 360 \times 308 \times (490 - 37)$$
$$= 349.77 \text{kN} \cdot \text{m}$$

$$x = h_0 - \sqrt{h_0^2 - \frac{2M_1}{\alpha_1 f_c b}}$$
$$= 490 - \sqrt{490^2 - \frac{2 \times 349.77 \times 10^6}{1 \times 14.3 \times 250}}$$
$$= 279 \text{mm} > \xi_b h_0 = 254 \text{mm}$$

表明原有的 A'_s 不足，需按 A'_s 和 A_s 均未知的情况重新计算配筋。计算过程参见例 3.3.7。

(3) 若该梁为既有建筑结构的框架梁，其抗震等级为二级，钢筋选用 HRB335 级，受压区配置 HRB335 级钢筋 3⌀20，地震组合时 $M=350\text{kN}\cdot\text{m}$，其他条件均不变。试确定纵向受力钢筋截面面积。

此时，抗震等级二级，查《混规》表 11.1.6，取 $\gamma_{RE}=0.75$

$$M_1 = \gamma_{RE}M - f'_y A'_s(h_0 - a'_s) = 0.75 \times 350 \times 10^6 - 300 \times 942 \times (490 - 40)$$
$$= 135.33 \text{kN} \cdot \text{m}$$

$$x = h_0 - \sqrt{h_0^2 - \frac{2M_1}{\alpha_1 f_c b}} = 490 - \sqrt{490^2 - \frac{2 \times 135.33 \times 10^6}{1 \times 14.3 \times 250}}$$
$$= 85\text{mm} > 2a'_s = 80\text{mm}$$
$$< x_b = \xi_b h_0 = 0.550 \times 490 = 270\text{mm}$$

由规范式 (6.2.10-2) 得：

$$A_s = \frac{\alpha_1 f_c bx + f'_y A'_s}{f_y} = \frac{1 \times 14.3 \times 250 \times 85 + 300 \times 942}{300}$$
$$= 1955\text{mm}^2$$

复核最小配筋率，此处略。

三、T 形截面受弯构件

● 复习《混规》6.2.11 条、6.2.12 条、5.2.4 条。

《混规》5.2.4 条规定了 T 形、I 形、倒 L 形截面受弯构件翼缘计算宽度 b'_f 的取值。

《混规》5.2.4 条表 5.2.4、《混规》6.3.4 条中"独立梁"是指：不与楼板整体浇筑的梁。

【例 3.3.9】某钢筋混凝土肋形楼盖的次梁，计算跨度为 6m，间距为 2.4m，截面尺寸如图 3.3.6 所示，采用 C25 级混凝土，HRB400 级钢筋，箍筋用 HPB300 级，直径为 10mm。环境类别为一类，安全等级为二级。

试问：确定次梁的翼缘计算宽度 b'_f 值。

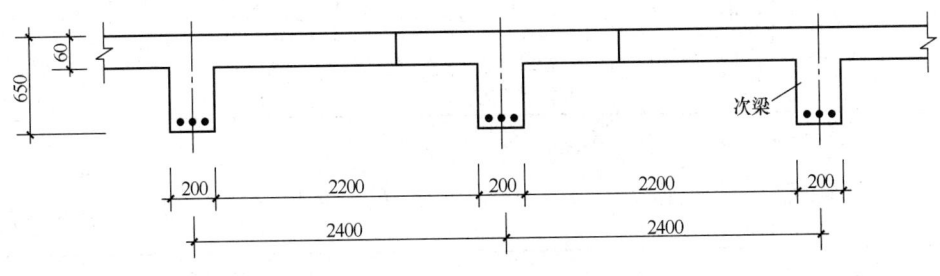

图 3.3.6

【解答】环境一类，C25 的梁，查《混规》表 8.2.1 得，箍筋混凝土保护层厚度 $c=25\text{mm}$，纵筋的 $c=35\text{mm}$ 取 $a_s=45\text{mm}$。

根据《混规》表 5.2.4 规定，可得：

按梁跨度 l_0 考虑：$b'_f = \dfrac{l_0}{3} = 2000\text{mm}$

按梁净距 s_n 考虑：$b'_f = b + s_n = 200 + 2200 = 2400 \text{mm}$

按翼缘高度 h'_f 考虑：

$h'_f/h_0 = 60/605 = 0.099$，则：
$$b'_f = b + 12h'_f = 200 + 12 \times 60 = 920 \text{mm}$$

取较小者，$b'_f = 920 \text{mm}$。

▲1. T形截面的承载力计算（单筋 T 形截面）：

一般地，题目给定条件为：已知截面尺寸 b、h、h'_f、b'_f，材料强度设计值 f_c、f_y 及纵向受拉钢筋截面面积 A_s。

题目要求为：确定截面的受弯承载能力设计值 M_u。

此类题目，因未配置受压钢筋 A'_s，即按单筋 T 形梁的计算步骤如下：

第一步，判别类型：

①当 $f_y A_s \leqslant \alpha_1 f_c b'_f h'_f$，属第一类 T 形，按 $b'_f \times h$ 的单筋矩形梁计算；

②当 $f_y A_s > \alpha_1 f_c b'_f h'_f$，属第二类 T 形。

第二步，对第二类 T 形情况求出 x，由《混规》式（6.2.11-3）求得 x：

$$x = \frac{f_y A_s - \alpha_1 f_c (b'_f - b) h'_f}{\alpha_1 f_c b}$$

- 抗震设计时，上式不变。

第三步，判别 x 的情况：

①当 $x \leqslant \xi_b h_0$ 时，由规范式（6.2.11-2）求得 M_u：

$$M_u = \alpha_1 f_c b x \left(h_0 - \frac{x}{2}\right) + \alpha_1 f_c (b'_f - b) h'_f \left(h_0 - \frac{h'_f}{2}\right)$$

- 抗震设计时，上式变为：
$$M_u = \frac{1}{\gamma_{RE}} \left[\alpha_1 f_c b x \left(h_0 - \frac{x_b}{2}\right) + \alpha_1 f_c (b'_f - b) h'_f \left(h_0 - \frac{h_f}{2}\right) \right]$$

②当 $x > \xi_b h_0$ 时，取 $x = x_b = \xi_b h_0$，由规范式（6.2.11-2）求得 M_u：

$$M_u = \alpha_1 f_c b x_b \left(h_0 - \frac{x_b}{2}\right) + \alpha_1 f_c (b'_f - b) h'_f \left(h_0 - \frac{h'_f}{2}\right)$$

- 抗震设计时，上式变为：
$$M_u = \frac{1}{\gamma_{RE}} \left[\alpha_1 f_c b x_b \left(h_0 - \frac{x}{2}\right) + \alpha_1 f_c (b'_f - b) h'_f \left(h_0 - \frac{h'_f}{2}\right) \right]$$

▲2. T形截面的配筋计算（单筋 T 形截面）

一般地，题目给定条件为：已知截面尺寸 b、h、b'_f、h'_f，材料强度设计值 f_c、f_y，弯矩设计值 M。

题目要求为：确定所需受拉钢筋截面面积 A_s。

此类题目，若不配置受压钢筋 A'_s，即单筋 T 形梁的计算步骤如下：

第一步，判别类型：

①若 $\gamma_0 M \leqslant \alpha_1 f_c b'_f h'_f \left(h_0 - \dfrac{h'_f}{2}\right)$，属第一类 T 形，可按 $b'_f \times h$ 的单筋矩形梁计算；

- 抗震设计时，$M \leqslant \dfrac{1}{\gamma_{RE}} \cdot \alpha_1 f_c b'_f h'_f \left(h_0 - \dfrac{h'_f}{2}\right)$，属第一类 T 形，可按 $b'_f \times h$ 的单筋矩形梁计算；

②若 $\gamma_0 M > \alpha_1 f_c b'_f h'_f \left(h_0 - \dfrac{h'_f}{2}\right)$，属第二类 T 形；

- 抗震设计时，$M > \dfrac{1}{\gamma_{RE}} \cdot \alpha_1 f_c b'_f h'_f \left(h_0 - \dfrac{h'_f}{2}\right)$，属第二类 T 形。

第二步，对第二类 T 形，求出腹板部分承担的弯矩 M_1 和 x：

$$M_1 = \gamma_0 M - \alpha_1 f_c (b'_f - b) h'_f (h_0 - h'_f/2)$$

$$x = h_0 - \sqrt{h_0^2 - \dfrac{2M_1}{\alpha_1 f_c b}}$$

- 抗震设计时，M_1 的计算式变为：$M_1 = \gamma_{RE} M - \alpha_1 f_c (b'_f - b) h'_f (h_0 - h'_f/2)$；$x$ 的计算式不变。

第三步，判别 x 的情况。

①当 $x \leqslant \xi_b h_0$ 时，由规范式（6.2.11-3）求得 A_s：

$$A_s = \dfrac{\alpha_1 f_c b x + \alpha_1 f_c (b'_f - b) h'_f}{f_y}$$

②当 $x > \xi_b h_0$ 时，需调整原截面尺寸、材料强度值等。

第四步，复核最小配筋率。

【例 3.3.10】 某多层厂房楼盖的简支预制槽形板如图 3.3.7 所示，采用 C30 混凝土，纵向受力钢筋采用 HRB400 级，直径为 16mm；分布筋用 HPB300 级钢筋，直径为 10mm。环境类别为一类，安全等级二级。不考虑受压纵向钢筋的作用。

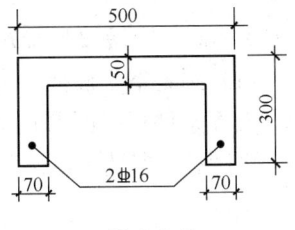

图 3.3.7

试问：确定槽形板的受弯承载力设计值。

提示：按《混凝土结构通用规范》作答。

【解答】 环境一类、板、C30，查《混规》表 8.2.1 得，纵筋混凝土保护层厚度 $c = 15$mm，$a_s = 15 + \dfrac{16}{2} = 23$mm，$h_0 = 300 - 23 = 277$mm，$f_c = 14.3$N/mm²，$f_t = 1.43$N/mm²，$f_y = 360$N/mm²，$\alpha_1 = 1.0$

(1) 判别 T 形截面类别，由规范式（6.2.11-1）：

$$f_y A_s = 360 \times 402 = 144.72 \text{kN} < \alpha_1 f_c b'_f h'_f = 1 \times 14.3 \times 500 \times 50 = 357.5 \text{kN}$$

故属第一类 T 形截面。

(2) 复核最小配筋率：

$$\rho = \frac{A_s}{bh} = \frac{402}{140 \times 300} = 0.96\%$$

$$\rho_{\min} = 45\frac{f_t}{f_y}\% = 45\frac{1.43}{360}\% = 0.179\%,且 \rho_{\min} \geqslant 0.20\%（《混通规》4.4.6条）$$

故 $\rho > \rho_{\min} = 0.20\%$，满足要求。

(3) 由规范式（6.2.10-2）求得 x：

$$x = \frac{f_y A_s}{\alpha_1 f_c b_f'} = \frac{360 \times 402}{1 \times 14.3 \times 500} = 20.2 \text{mm} < \xi_b h_0 = 0.518 \times 277 = 143 \text{mm}$$

由规范式（6.2.10-1）求得 M_u：

$$M_u = \alpha_1 f_c b_f' x \left(h_0 - \frac{x}{2}\right) = 1 \times 14.3 \times 500 \times 20.2 \times \left(277 - \frac{20.2}{2}\right)$$
$$= 38.6 \text{kN} \cdot \text{m}$$

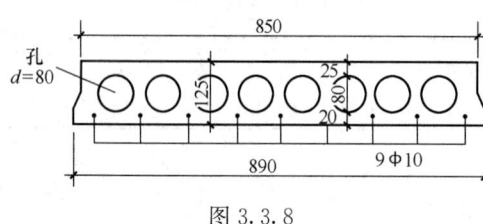

图 3.3.8

【例 3.3.11】 已知简支预制空心楼板如图 3.3.8 所示，采用 C30 混凝土，纵向受力钢筋用 HPB300 级 9Φ10（$A_s = 707 \text{mm}^2$），分布筋直径为 6mm。环境类别一类，安全等级为二级。不考虑受压纵向钢筋的作用。

试问：确定该空心板的受弯承载力设计值。

【解答】 环境一类，C30 的预制板，查《混规》表 8.2.1 得，纵筋混凝土保护层厚度 $c = 15 \text{mm}$，$a_s = 15 + \frac{10}{2} = 20 \text{mm}$，$h_0 = h - a_s = 125 - 20 = 105 \text{mm}$。$f_c = 14.3 \text{N/mm}^2$，$f_t = 1.43 \text{N/mm}^2$，$f_y = 270 \text{N/mm}^2$，$\alpha_1 = 1.0$

(1) 圆孔空心板换算为 I 字形截面

换算条件是截面形心位置、面积和对形心轴惯性矩不变。

设圆孔直径为 d，换算为矩形孔宽 b_h，高 h_h，则：

$$\frac{\pi d^2}{4} = b_h h_h, \frac{\pi d^4}{64} = \frac{b_h h_h^3}{12}$$

解之得：$h_h = \frac{\sqrt{3}}{2}d = 69.3 \text{mm}$，$b_h = \frac{\pi}{2\sqrt{3}}d = 72.6 \text{mm}$

换算为 I 字形截面：$b = (850 + 890)/2 - 72.6 \times 8 = 289.2 \approx 290 \text{mm}$

$h_f' = 65 - \frac{69.3}{2} = 30.4 \text{mm}$，$h_f = 60 - \frac{69.3}{2} = 25.4 \text{mm}$

如图 3.3.9 所示。

(2) 判别 T 形截面类别

$$f_y A_s = 270 \times 707 = 190.89 \text{kN} < \alpha_1 f_c b_f' h_f'$$
$$= 1 \times 14.3 \times 850 \times 30.4 = 369.5 \text{kN}$$

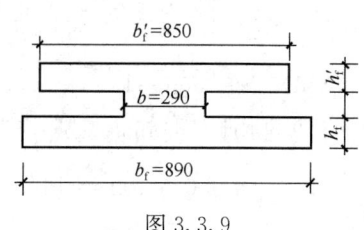

图 3.3.9

故为第一类T形截面。

（3）复核配筋率：

$$\rho = \frac{A_s}{bh+(b_f-b)h_f} = \frac{707}{290 \times 125+(890-290) \times 25.4} = 1.37\%$$

$$\rho_{min} = 45\frac{f_t}{f_y}\% = 45 \times \frac{1.43}{270}\% = 0.238\% > 0.2\%$$

故 $\rho > \rho_{min}$，满足要求。

（4）确定承载力 M_u：

由规范式（6.2.10-2）求得 x：

$$x = \frac{f_y A_s}{\alpha_1 f_c b_f'} = \frac{270 \times 707}{1 \times 14.3 \times 850} = 15.7 \text{mm} < \xi_b h_0 = 0.576 \times 105$$
$$= 60 \text{mm}$$

由规范式（6.2.10-1）求得 M_u：

$$M_u = \alpha_1 f_c b_f' x \left(h_0 - \frac{x}{2}\right) = 1 \times 14.3 \times 850 \times 15.7 \times \left(105 - \frac{15.7}{2}\right)$$
$$= 18.5 \text{kN} \cdot \text{m}$$

【例 3.3.12】已知某T形截面梁如图 3.3.10 所示，采用 C25 级混凝土，纵筋采用 HRB400 级钢筋，8 ⚯ 20（$A_s = 2513\text{mm}^2$）；箍筋用 HPB300 级钢筋，其直径为 10mm。环境类别一类，安全等级为二级。不考虑受压纵向钢筋的作用。不考虑地震作用。

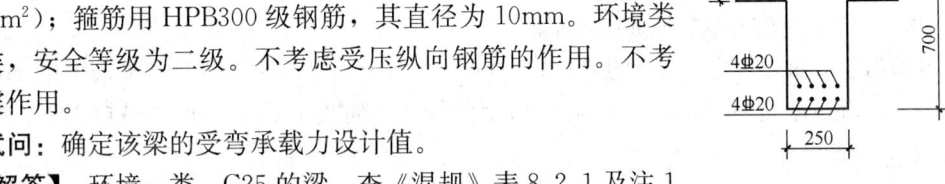

图 3.3.10

试问：确定该梁的受弯承载力设计值。

【解答】环境一类、C25 的梁，查《混规》表 8.2.1 及注 1 的规定，可知，箍筋混凝土保护层厚度 $c = 25\text{mm}$，纵筋的 $c = 35\text{mm}$；$f_c = 11.9\text{N/mm}^2$

$$a_s = \frac{1256 \times (35+10) + 1256 \times (35+20+25+10)}{1256+1256}$$

$$= 67.5 \text{mm}$$

$$h_0 = 700 - 67.5 = 632.5 \text{mm}$$

（1）判别T形截面类别

由规范式（6.2.11-1）得：

$$f_y A_s = 360 \times 2513 = 904.68 \text{kN} > \alpha_1 f_c b_f' h_f'$$
$$= 1 \times 11.9 \times 500 \times 100 = 595 \text{kN}$$

故为第二类T形截面。

（2）确定 x 值，由规范式（6.2.11-3）求出 x：

$$x = \frac{f_y A_s - \alpha_1 f_c (b_f' - b) h_f'}{\alpha_1 f_c b}$$

$$= \frac{360 \times 2513 - 1 \times 11.9 \times (500-250) \times 100}{1 \times 11.9 \times 250}$$

$$= 204.1 \text{mm} < \xi_b h_0 = 0.518 \times 632.5 = 328 \text{mm}$$

(3) 确定 M_u，由规范式（6.2.11-2）求出 M_u：

$$M_u = \alpha_1 f_c bx \left(h_0 - \frac{x}{2}\right) + \alpha_1 f_c (b'_f - b) h'_f \left(h_0 - \frac{h'_f}{2}\right)$$

$$= 1 \times 11.9 \times 250 \times 204.1 \times \left(632.5 - \frac{204.1}{2}\right) + 1 \times 11.9 \times (500 - 250)$$

$$\times 100 \times \left(632.5 - \frac{100}{2}\right)$$

$$= 495.4 \text{kN} \cdot \text{m}$$

思考：假定，抗震设计，该 T 形梁的抗震等级为三级，其他条件不变，试确定该梁的抗震受弯承载力。此时，抗震等级为三级，查《混规》表 11.1.6，取 $\gamma_{RE} = 0.75$。

由前述计算结果，$x = 204.1\text{mm} < \xi_b h_0 = 328\text{mm}$，则：

$$M_u = \frac{1}{\gamma_{RE}}\left[\alpha_1 f_c bx\left(h_0 - \frac{x}{2}\right) + \alpha_1 f_c (b'_f - b) h'_f\left(h_0 - \frac{h'_f}{2}\right)\right]$$

$$= 660.5 \text{kN} \cdot \text{m}$$

【**例 3.3.13**】已知一肋形楼盖梁，在荷载基本组合下弯矩设计值 $M = 410\text{kN} \cdot \text{m}$，梁的截面尺寸为 $b \times h = 200\text{mm} \times 600\text{mm}$，$b'_f = 1000\text{mm}$，$h'_f = 90\text{mm}$；混凝土等级为 C25，纵向受力钢筋采用 HRB400 级，箍筋用 HPB300 级直径为 10mm。环境类别为一类，安全等级为二级。不考虑受压钢筋的作用。不考虑抗震作用。

试问：确定纵向受拉钢筋截面面积。

【**解答**】环境一类，C25 的梁，查《混规》表 8.2.1 及注 1 可得，箍筋混凝土保护层厚度 $c = 25\text{mm}$，纵筋的 $c = 35\text{mm}$，因弯矩值较大，宽度 b 较小，预计受拉钢筋需排成两排，取 $a_s = 65\text{mm}$

$$h_0 = h - a_s = 600 - 65 = 535\text{mm}, \gamma_0 = 1.0$$

$$f_c = 11.9\text{N/mm}^2, f_y = f'_y = 360\text{N/mm}^2, \alpha_1 = 1.0, \xi_b = 0.518$$

(1) 判别 T 形截面类型

$$M = 410\text{kN} \cdot \text{m} < \alpha_1 f_c b'_f h'_f \left(h_0 - \frac{h'_f}{2}\right) = 1.0 \times 11.9 \times 1000 \times 90 \times \left(535 - \frac{90}{2}\right)$$

$$= 524.79 \text{kN} \cdot \text{m}$$

故属于第一类 T 形截面，按 $b'_f \times h$ 的单筋矩形梁计算。

(2) 确定 A_s 值

$$x = h_0 - \sqrt{h_0^2 - \frac{2\gamma_0 M}{\alpha_1 f_c b}}$$

$$= 535 - \sqrt{535^2 - \frac{2 \times 1 \times 410 \times 10^6}{1 \times 11.9 \times 1000}}$$

$$= 68.8\text{mm} < \xi_b h_0 = 277\text{mm}$$

由规范式（6.2.10-2）求得 A_s：

$$A_s = \frac{\alpha_1 f_c b'_f x}{f_y} = \frac{1 \times 11.9 \times 1000 \times 68.8}{360} = 2274\text{mm}^2$$

故选用 6 Φ 22（$A_s = 2281\text{mm}^2$）。

复核最小配筋率，此处略。

思考：假定，抗震设计，该梁抗震等级为三级，地震组合下弯矩设计值 $M=410$ kN·m，其他条件不变，试确定其纵向受拉钢筋截面面积。

此时，查《混规》表 11.1.6，取 $\gamma_{RE}=0.75$

$$M=410 \text{kN·m} < \frac{1}{\gamma_{RE}}\alpha_1 f_c b'_f h'_f \left(h_0-\frac{h'_f}{2}\right) = \frac{1}{0.75}\times 1\times 11.9\times 10^3 \times 90 \times\left(535-\frac{90}{2}\right)$$

$$=699.72 \text{kN·m}$$

故属于第一类 T 形截面，按 $b'_f \times h$ 的单筋矩形梁计算。

$$x=h_0-\sqrt{h_0^2-\frac{2\gamma_{RE}M}{\alpha_1 f_c b}}=535-\sqrt{535^2-\frac{2\times 0.75\times 410\times 10^6}{1\times 11.9\times 1000}}$$

$$=51\text{mm} < \xi_b h_0 = 277\text{mm}$$

由规范式（6.2.10-2）求得 A_s：

$$A_s=\frac{\alpha_1 f_c b'_f x}{f_y}=\frac{1\times 11.9\times 1000 \times 51}{360}=1686\text{mm}^2$$

复核最小配筋率，此处略。

【例 3.3.14】 已知荷载基本组合下弯矩设计值 $M=650$ kN·m，混凝土强度等级为 C30，纵向受力钢筋采用 HRB400 级，箍筋用 HPB300 级直径为 10mm，梁的截面尺寸为 $b\times h=300\text{mm}\times 700\text{mm}$，$b'_f=600$ mm，$h'_f=120$ mm。环境类别为一类，安全等级为二级。不考虑受压钢筋的作用。不考虑地震作用。

试问：确定纵向受拉钢筋截面面积。

【解答】 查规范表得，$f_c=14.3/\text{mm}^2$，$f_y=f'_y=360\text{N/mm}^2$，$\alpha_1=1.0$，$\gamma_0=1.0$，$\xi_b=0.518$；环境一类，C30 的梁，查《混规》表 8.2.1 知，箍筋混凝土保护层厚度 $c=20$ mm，纵筋的 $c=30$ mm，预计受拉钢筋排成两排，设 $a_s=60$ mm，$h_0=700-60=640$ mm。

(1) 判别 T 形截面类型

$$\gamma_0 M=650\text{kN·m} > \alpha_1 f_c b'_f h'_f \left(h_0-\frac{h'_f}{2}\right)$$

$$=1\times 14.3\times 600\times 120 \times\left(640-\frac{120}{2}\right)=597.17\text{kN·m}$$

故属于第二类 T 形截面。

(2) 腹板部分承担的弯矩 M_1

$$M_1=\gamma_0 M-\alpha_1 f_c (b'_f-b)h'_f\left(h_0-\frac{h'_f}{2}\right)$$

$$=1\times 650\times 10^6 - 1\times 14.3\times (600-300)\times 120 \times\left(640-\frac{120}{2}\right)$$

$$=351.4\times 10^6 \text{N·mm}$$

$$x=h_0-\sqrt{h_0^2-\frac{2M_1}{\alpha_1 f_c b}}=640-\sqrt{640^2-\frac{2\times 351.4\times 10^6}{1\times 14.3\times 300}}$$

$$=144\text{mm} < \xi_b h_0=332\text{mm}$$

(3) 确定受拉钢筋截面面积

由规范式（6.2.11-3）得：

$$A_s = \frac{\alpha_1 f_c bx + \alpha_1 f_c (b'_f - b) h'_f}{f_y}$$

$$= \frac{1 \times 14.3 \times 300 \times 144 + 1 \times 14.3 \times (600-300) \times 120}{360}$$

$$= 3146 \text{mm}^2$$

故选配 6 ⏀ 28（$A_s = 3695\text{mm}^2$）。

复核最小配筋率，此处略。

小结：上述例题求解过程，灵活地运用了《混规》6.2.11 条中的计算公式。

▲3. T 形截面的承载力计算（双筋 T 形）

一般地，题目给定条件为：已知截面尺寸 b、h、h'_f、b'_f，材料强度设计值 f_c、f_y、f'_y，受压、受拉钢筋面积 A'_s 和 A_s。

题目要求为，确定截面的受弯承载能力 M_u。此类题目，按双筋 T 形梁的计算步骤如下：

第一步，判别类型；

① 当 $f_y A_s \leqslant \alpha_1 f_c b'_f h'_f + f'_y A'_s$ 时，属第一类 T 形，按 $b'_f \times h$ 的双筋矩形梁计算；

② 当 $f_y A_s > \alpha_1 f_c b'_f h'_f + f'_y A'_s$ 时，属第二类 T 形。

第二步，对第二类 T 形情况求出 x，由《混规》式（6.2.11-3）：

$$x = \frac{f_y A_s - f'_y A'_s - \alpha_1 f_c (b'_f - b) h'_f}{\alpha_1 f_c b}$$

- 抗震设计时，上式不变。

第三步，判别 x 的情况：

① 当 $2a'_s \leqslant x \leqslant \xi_b h_0$ 时，由规范式（6.2.11-2）求得 M_u：

$$M_u = \alpha_1 f_c bx \left(h_0 - \frac{x}{2}\right) + \alpha_1 f_c (b'_f - b) h'_f \left(h_0 - \frac{h'_f}{2}\right) + f'_y A'_s (h_0 - a'_s)$$

- 抗震设计时，上式右端乘以 $\frac{1}{\gamma_{RE}}$。

② 当 $x > \xi_b h_0$ 时，取 $x = x_b = \xi_b h_0$，由规范式（6.2.11-2）求得 M_u：

$$M_u = \alpha_1 f_c b x_b \left(h_0 - \frac{x_b}{2}\right) + \alpha_1 f_c (b'_f - b) h'_f \left(h_0 - \frac{h'_f}{2}\right) + f'_y A'_s (h_0 - a'_s)$$

- 抗震设计时，上式右端乘以 $\frac{1}{\gamma_{RE}}$。

③ 当 $x < 2a'_s$ 时，根据规范 6.2.14 条，由规范式（6.2.14）求得 M_u：

$$M_u = f_y A_s (h - a_s - a'_s)$$

- 抗震设计时，上式变为：

$$M_u = \frac{1}{\gamma_{RE}} f_y A_s (h - a_s - a'_s)$$

▲4. T形截面的配筋计算（双筋T形）

一般地，题目给定条件为：已知截面尺寸 b、h、b'_f、h'_f，材料强度设计值 f_c、f_y、f'_y，受压钢筋截面面积 A'_s，弯矩设计值 M。

题目要求为：确定所需受拉钢筋截面面积。

此类题目，按双筋T形梁的计算步骤如下：

第一步，判别类型：

①若 $\gamma_0 M \leqslant \alpha_1 f_c b'_f h'_f \left(h_0 - \dfrac{h'_f}{2}\right) + f'_y A'_s (h_0 - a'_s)$，属第一类T形，按 $b'_f \times h$ 的双筋矩形梁计算；

- 抗震设计时，$M \leqslant \dfrac{1}{\gamma_{RE}}\left[\alpha_1 f_c b'_f h'_f \left(h_0 - \dfrac{h'_f}{2}\right) + f'_y A'_s (h_0 - a'_s)\right]$，属第一类T形，按 $b'_f \times h$ 的双筋矩形梁计算。

②若 $\gamma_0 M > \alpha_1 f_c b'_f h'_f \left(h_0 - \dfrac{h'_f}{2}\right) + f'_y A'_s (h_0 - a'_s)$，属第二类T形；

- 抗震设计时，$M > \dfrac{1}{\gamma_{RE}}\left[\alpha_1 f_c b'_f h'_f \left(h_0 - \dfrac{h'_f}{2}\right) + f'_y A'_s (h_0 - a'_s)\right]$，属第二类T形。

第二步，对第二类T形，求出腹板部分承担的弯矩 M_1 和 x：

$$M_1 = \gamma_0 M - \alpha_1 f_c (b'_f - b) h'_f (h_0 - h'_{f/2}) - f'_y A'_s (h_0 - a'_s)$$

$$x = h_0 - \sqrt{h_0^2 - \dfrac{2M_1}{\alpha_1 f_c b}}$$

- 抗震设计时，M_1 的计算式变为：$M_1 = \gamma_{RE} M - \alpha_1 f_c (b'_f - b) h'_f (h_0 - h'_{f/2}) - f'_y A'_s (h_0 - a'_s)$，但 x 的计算式不变。

第三步，判别 x 的情况。

①当 $2a'_s \leqslant x \leqslant \xi_b h_0$ 时，由规范式（6.2.11-3）求得 A_s：

$$A_s = \dfrac{\alpha_1 f_c bx + \alpha_1 f_c (b'_f - b) h'_f + f'_y A'_s}{f_y}$$

- 抗震设计时，上式不变。

②当 $x > \xi_b h_0$ 时，需调整原截面尺寸，材料强度值等。

③当 $x < 2a'_s$ 时，由规范式（6.2.14）求得 A_s：

$$A_s = \dfrac{\gamma_0 M}{f_y (h - a_s - a'_s)}$$

- 抗震设计时，上式变为：

$$A_s = \dfrac{\gamma_{RE} M}{f_y (h - a_s - a'_s)}$$

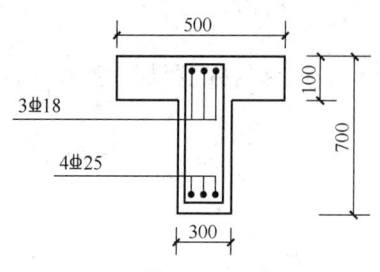

图 3.3.11

【例 3.3.15】 已知某 T 形截面梁如图 3.3.11 所示，采用 C25 级混凝土，纵筋采用 HRB400 级钢筋，4 Φ 25（$A_s=1964\text{mm}^2$），3 Φ 18（$A_s'=763\text{mm}^2$），箍筋采用 HPB300 级并且直径为 10mm。环境类别一类，安全等级为二级。取 $a_s=a_s'=40\text{mm}$。不考虑地震作用。

试问：确定该梁的受弯承载力设计值。

【解答】 判别 T 形截面类别由《混规》式(6.2.11-1)：

$$f_y A_s = 360 \times 1964 = 707.04\text{kN} < \alpha_1 f_c b_f' h_f' + f_y' A_s'$$
$$= 1 \times 11.9 \times 500 \times 100 + 360 \times 763 = 869.68\text{kN}$$

故为第一类 T 形截面，按 $b_f' \times h$ 的双筋矩形截面计算。

由《混规》式（6.2.10-2）：

$$x = \frac{f_y A_s - f_y' A_s'}{\alpha_1 f_c b_f'} = \frac{360 \times 1964 - 360 \times 763}{1 \times 11.9 \times 500} = 73\text{mm} < 2a_s' = 80\text{mm}$$

由规范式（6.2.14）：

$$M_u = f_y A_s (h - a_s - a_s') = 360 \times 1964 \times (700 - 40 - 40) = 438.4\text{kN·m}$$

思考：假定，抗震设计，该 T 形梁抗震等级为三级，其他条件不变，试确定该梁的抗震受弯承载力设计值。

此时，取 $\gamma_{RE} = 0.75$

由上述计算结果可知：$x = 73\text{mm} < 2a_s' = 80\text{mm}$

根据《混规》11.1.6 条，由规范式（6.2.14）：

$$M_u = \frac{1}{\gamma_{RE}} f_y A_s (h - a_s - a_s') = \frac{1}{0.75} \times 360 \times 1964 \times (700 - 40 - 40)$$
$$= 584.5\text{kN·m}$$

【例 3.3.16】 已知某 T 形截面梁如图 3.3.12 所示，采用 C25 级混凝土，纵筋采用 HRB400 级钢筋，受拉区配置 8 Φ 22（$A_s=3041\text{mm}^2$），受压区配置 3 Φ 20（$A_s'=942\text{mm}^2$），箍筋采用 HPB300 级钢筋。环境类别一类，安全等级为二级。取 $a_s=60\text{mm}$，$a_s'=40\text{mm}$。不考虑地震作用。

试问：确定该梁的受弯承载力设计值。

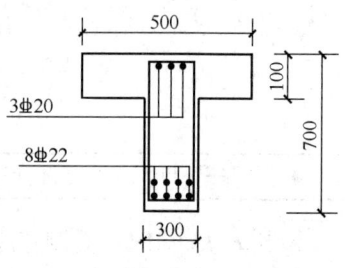

图 3.3.12

【解答】 判别 T 形截面类别

$$f_y A_s = 360 \times 3041 = 1094.76\text{kN} > \alpha_1 f_c b_f' h_f' + f_y' A_s'$$
$$= 1 \times 11.9 \times 500 \times 100 + 360 \times 942 = 934.12\text{kN}$$

故为第二类 T 形截面。

由《规范》式（6.2.11-3）：

$$x = \frac{f_y A_s - f'_y A'_s - \alpha_1 f_c (b'_f - b) h'_f}{\alpha_1 f_c b}$$

$$= \frac{360 \times 3041 - 360 \times 942 - 1 \times 11.9 \times (500 - 300) \times 100}{1 \times 11.9 \times 300}$$

$$= 145 \text{mm} < \xi_b h_0 = 0.518 \times (700 - 60) = 383 \text{mm}$$

$$> 2a'_s = 2 \times 40 = 80 \text{mm}$$

由规范式（6.2.11-2）求得 M_u：

$$M_u = \alpha_1 f_c b x \left(h_0 - \frac{x}{2} \right) + \alpha_1 f_c (b'_f - b) h'_f \left(h_0 - \frac{h'_f}{2} \right) + f'_y A'_s (h_0 - a'_s)$$

$$= 1 \times 11.9 \times 300 \times 145 \times \left(640 - \frac{145}{20} \right) + 1 \times 11.9 \times (500 - 300)$$

$$\times 100 \times \left(640 - \frac{100}{2} \right) + 360 \times 942 \times (640 - 40)$$

$$= 637.7 \text{kN} \cdot \text{m}$$

【例 3.3.17】 已知某 T 形截面梁如图 3.3.13 所示，荷载基本组合下弯矩设计值 $M = 450 \text{kN} \cdot \text{m}$，采用 C25 级混凝土，纵筋采用 HRB400 级钢筋，受压区配置 2 Φ 20（$A'_s = 628 \text{mm}^2$），箍筋采用 HPB300 级钢筋。环境类别为一类，安全等级为二类。取 $a'_s = 40 \text{mm}$，$a_s = 60 \text{mm}$。不考虑地震作用。

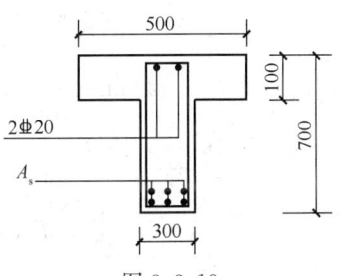

图 3.3.13

试问：确定纵向受拉钢筋截面面积。

【解答】 判别 T 形截面类别

$$h_0 = h - a_s = 700 - 60 = 640 \text{mm}$$

$$\gamma_0 M = 450 \text{kN} \cdot \text{m} < \alpha_1 f_c b'_f h'_f \left(h_0 - \frac{h'_f}{2} \right) + f'_y A'_s (h_0 - a'_s)$$

$$= 1 \times 11.9 \times 500 \times 100 \times \left(640 - \frac{100}{2} \right) + 360 \times 628 \times (640 - 40)$$

$$= 486.7 \text{kN} \cdot \text{m}$$

故为第一类 T 形截面，按 $b'_f \times h$ 的双筋矩形梁计算。

由《混规》式（6.2.10-1）：

$$M_1 = \gamma_0 M - f'_y A'_s (h_0 - a'_s)$$

$$= 1 \times 450 \times 10^6 - 360 \times 628 \times (640 - 40) = 314.35 \text{kN} \cdot \text{m}$$

$$x = h_0 - \sqrt{h_0^2 - \frac{2 M_1}{\alpha_1 f_c b'_f}} = 640 - \sqrt{640^2 - \frac{2 \times 314.35 \times 10^6}{1 \times 11.9 \times 500}}$$

$$= 89 \text{mm} < \xi_b h_0 = 0.518 \times 640 = 332 \text{mm}$$

$$> 2a'_s = 2 \times 40 = 80 \text{mm}$$

由《混规》式（6.2.10-2）：

$$A_s = \frac{\alpha_1 f_c b'_f x + f'_y A'_s}{f_y} = \frac{1 \times 11.9 \times 500 \times 89 + 360 \times 628}{360}$$

$$= 2099 \text{mm}^2$$

复核最小配筋率，此处略。

思考1：若受压区配置 3 ⫶ 20（$A_s = 942\text{mm}^2$），其他条件均不变，试确定纵向受拉钢筋截面面积。

此时，$\gamma_0 M = 450 \text{kN} \cdot \text{m} < \alpha_1 f_c b'_f h'_f \left(h_0 - \frac{h'_f}{2}\right) + f'_y A'_s (h_0 - a'_s) = 554.5 \text{kN} \cdot \text{m}$

故为第一类 T 形截面，按 $b'_f \times h$ 的双筋矩形梁计算。

由《混规》式（6.2.10-1）：

$$M_1 = \gamma_0 M - f'_y A'_s (h_0 - a'_s)$$

$$= 1 \times 450 \times 10^6 - 360 \times 942 \times (640 - 40) = 246.53 \text{kN} \cdot \text{m}$$

$$x = h_0 - \sqrt{h_0^2 - \frac{2M_1}{\alpha_1 f_c b'_f}} = 640 - \sqrt{640^2 - \frac{2 \times 246.53 \times 10^6}{1 \times 11.9 \times 500}}$$

$$= 68 \text{mm} < 2a'_s = 2 \times 40 = 80 \text{mm}$$

由《混规》式（6.2.14）：

$$A_s = \frac{M}{f_y (h - a_s - a'_s)} = \frac{450 \times 10^6}{360 \times (700 - 60 - 40)}$$

$$= 2083 \text{mm}^2$$

复核最小配筋率，此处略。

思考2：假定，抗震设计，该 T 形梁抗震等级为三级，地震组合下弯矩设计值 $M = 450 \text{kN} \cdot \text{m}$，其他条件不变，即同原题目，试确定受拉钢筋截面面积。

此时，$M = 450 \text{kN} \cdot \text{m} < \frac{1}{\gamma_{RE}} \left[\alpha_1 f_c b'_f h'_f \left(h_0 - \frac{h'_f}{2}\right) + f'_y A'_s (h_0 - a'_s)\right]$

$$= \frac{1}{0.75} \times 486.7 = 648.9 \text{kN} \cdot \text{m}$$

故为第一类 T 形截面，按 $b'_f \times h$ 的双筋矩形梁计算。

由《混规》11.1.6 条、式（6.2.10-1）：

$$M_1 = \gamma_{RE} M - f'_y A'_s (h_0 - a'_s)$$

$$= 0.75 \times 450 \times 10^6 - 360 \times 628 \times (640 - 40) = 201.85 \text{kN} \cdot \text{m}$$

$$x = h_0 - \sqrt{h_0^2 - \frac{2M_1}{\alpha_1 f_c b'_f}} = 640 - \sqrt{640^2 - \frac{2 \times 201.85 \times 10^6}{1 \times 11.9 \times 500}}$$

$$= 55 \text{mm} < 2a'_s = 2 \times 40 = 80 \text{mm}$$

由《混规》式（6.2.14）及《混规》11.1.6 条：

$$A_s = \frac{\gamma_{RE}M}{f_y(h-a_s-a'_s)} = \frac{0.75 \times 450 \times 10^6}{360 \times (700-60-40)}$$
$$= 1563 \text{mm}^2$$

复核最小配筋率，此处略。

【例 3.3.18】 已知某 T 形截面梁如图 3.3.14 所示，荷载基本组合下弯矩设计值 $M=650\text{kN}\cdot\text{m}$，采用 C25 混凝土，纵筋采用 HRB400 级钢筋，受压区配置 2⌽20 ($A'_s=628\text{mm}^2$)，箍筋采用 HPB300 级钢筋。环境类别为一类，安全等级为二类。取 $a'_s=40\text{mm}$，$a_s=60\text{mm}$。不考虑地震作用。

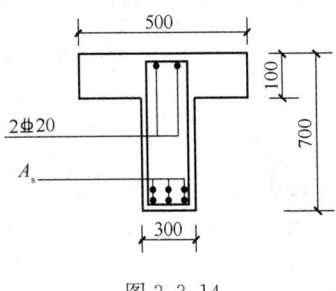

图 3.3.14

试问：确定受拉钢筋截面面积 A_s。

【解答】 判别 T 形截面类别

$$h_0 = h - a_s = 700 - 60 = 640\text{mm}$$

$$\gamma_0 M = 650\text{kN}\cdot\text{m} > \alpha_1 f_c b'_f h'_f \left(h_0 - \frac{h'_f}{2}\right) + f'_y A'_s (h_0 - a'_s)$$

$$= 1 \times 11.9 \times 500 \times 100 \times \left(640 - \frac{100}{2}\right) + 360 \times 628 \times (640 - 40)$$

$$= 486.7\text{kN}\cdot\text{m}$$

故为第二类 T 形截面。

由《混规》式（6.2.11-2）：

$$M_1 = \gamma_0 M - \alpha_1 f_c (b'_f - b) h'_f \left(h_0 - \frac{h'_f}{2}\right) - f'_y A'_s (h_0 - a'_s)$$

$$= 1 \times 650 \times 10^6 - 1 \times 11.9 \times (500-300) \times 100 \times \left(640 - \frac{100}{2}\right)$$

$$- 360 \times 628 \times (640 - 40)$$

$$= 373.93\text{kN}\cdot\text{m}$$

$$x = h_0 - \sqrt{h_0^2 - \frac{2M_1}{\alpha_1 f_c b}} = 640 - \sqrt{640^2 - \frac{2 \times 373.93 \times 10^6}{1 \times 11.9 \times 300}}$$

$$= 193\text{mm} < \xi_b h_0 = 0.518 \times 640 = 332\text{mm}$$

$$> 2a'_s = 80\text{mm}$$

由《混规》式（6.2.11-3）：

$$A_s = \frac{\alpha_1 f_c bx + \alpha_1 f_c (b'_f - b) h'_f + f'_y A'_s}{f_y}$$

$$= \frac{1 \times 11.9 \times 300 \times 193 + 1 \times 11.9 \times (500-300) \times 100 + 360 \times 628}{360}$$

$$= 3203\text{mm}^2$$

复核最小配筋率，此处略。

思考： 假定，抗震设计，该 T 形梁抗震等级为三级，地震组合下弯矩设计值 $M=650\text{kN}\cdot\text{m}$，其他条件不变，试确定受拉钢筋截面面积。

$$M = 650\text{kN}\cdot\text{m} > \frac{1}{\gamma_{\text{RE}}}\left[\alpha_1 f_c b'_f h'_f\left(h_0 - \frac{h'_f}{2}\right) + f'_y A'_s(h_0 - a'_s)\right]$$

$$= \frac{1}{0.75} \times 486.7 = 648.9\text{kN}\cdot\text{m}$$

故为第二类 T 形截面。

由《混规》11.1.6 条，《混规》式 (6.2.11-2)：

$$M_1 = \gamma_{\text{RE}} M - \alpha_1 f_c (b'_f - b) h'_f \left(h_0 - \frac{h'_f}{2}\right) - f'_y A'_s (h_0 - a'_s)$$

$$= 0.75 \times 650 \times 10^6 - 1 \times 11.9 \times (500 - 300) \times 100$$

$$\times \left(640 - \frac{100}{2}\right) - 360 \times 628 \times (640 - 40)$$

$$= 211.43\text{kN}\cdot\text{m}$$

$$x = h_0 - \sqrt{h_0^2 - \frac{2M_1}{\alpha_1 f_c b}} = 640 - \sqrt{640^2 - \frac{2 \times 211.43 \times 10^6}{1 \times 11.9 \times 300}}$$

$$= 100\text{mm} < \xi_b h_0 = 332\text{mm}$$

$$> 2a'_s = 80\text{mm}$$

由《混规》式 (6.2.11-3)：

$$A_s = \frac{\alpha_1 f_c b x + \alpha_1 f_c (b'_f - b) h'_f + f'_y A'_s}{f_y}$$

$$= \frac{1 \times 11.9 \times 300 \times 100 + 1 \times 11.9 \times (500 - 300) \times 100 + 360 \times 628}{360}$$

$$= 2281\text{mm}^2$$

复核最小配筋率，此处略。

小结： 上述例题求解过程，灵活地运用了《混规》6.2.11 条、6.2.14 条中的计算公式。

四、I 形截面受弯构件

I 形截面受弯构件的计算规定，与 T 形截面受弯构件规定相同，即《混规》6.2.10 条、6.2.11 条。

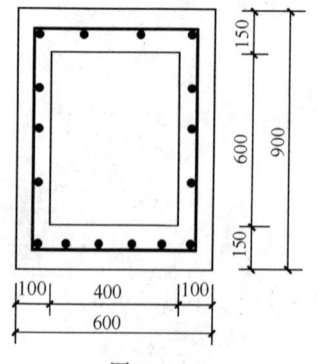

图 3.3.15

【**例 3.3.19**】 某承受竖向力作用的钢筋混凝土简支箱形截面梁，截面尺寸如图 3.3.15 所示。作用在梁上的荷载为均布荷载，混凝土强度等级为 C30，纵向受力钢筋采用 HRB400 级，箍筋采用 HPB300 级。取 $a_s = a'_s = 35\text{mm}$。$\gamma_0 = 1.0$。该梁下部纵向受力钢筋配置为 6Φ22，当不考虑侧面纵向钢筋及上部受压钢筋作用时，试确定该梁跨中正截面受弯承载力设计值（kN·m）。

【**解答**】 根据《混规》6.2.13 条规定：

$$f_y A_s = 360 \times 2281 = 821.16 \text{kN} < \alpha_1 f_c b'_f h'_f$$
$$= 1.0 \times 14.3 \times 600 \times 150 = 1287 \text{kN}$$

故属第一类截面，按 $b'_f \times h$ 的单筋矩形梁计算，由《混规》6.2.10 条：

$$x = \frac{f_y A_s}{\alpha_1 f_c b'_f} = \frac{821.16 \times 10^3}{1 \times 14.3 \times 600}$$

$$= 96 \text{mm} > 2a'_s = 70 \text{mm}$$

$$< \xi_b h_0 = 0.518 \times 865 = 448 \text{mm}$$

$$M = \alpha_1 f_c b'_f x \left(h_0 - \frac{x}{2}\right) = 1 \times 14.3 \times 600 \times 96 \times \left(865 - \frac{96}{2}\right) = 672.95 \text{kN} \cdot \text{m}$$

五、受弯构件的斜截面受剪承载力计算

（一）梁的斜截面受剪承载力

● 复习《混规》6.3.1 条、6.3.2 条、6.3.4 条、6.3.5 条、6.3.6 条、6.3.7 条。

需注意的是：

①《混规》6.3.1 条，即规定了受剪截面要求。

②《混规》6.3.2 条，即规定了剪力设计值的取值要求。

③《混规》6.3.7 条，即规定了可不进行斜截面受剪承载力计算的条件。

④《混规》6.3.4 条，即规定了仅配置箍筋时，斜截面受剪承载力计算；箍筋的 f_{yv} 取值规定。

⑤《混规》6.3.5 条、6.3.6 条，即规定了配置箍筋和弯起钢筋，斜截面受剪承载力计算。

解题时，还需注意的是：

①《混规》6.3.1 条中，β_c 的取值用内插公式，即：

$$\beta_c = 1 - \frac{x - 50}{80 - 50}(1 - 0.8)$$

式中，x 为混凝土强度等级，x 大于 C50，且 x 小于 C80。

②《混规》6.3.4 条中，λ 的取值：$1.5 \leqslant \lambda \leqslant 3$。

③"集中荷载作用下的独立梁"是指：首先，必须是"独立梁"，即：不与楼板整体浇筑的梁（见 02 年版《混规》定义）；其次，集中荷载对支座截面或节点边缘所产生的剪力值占总剪力的 75% 以上。

梁的箍筋的构造要求，《混规》9.2.9 条：

● 复习《混规》9.2.9 条。

需注意的是：

①《混规》9.2.9 条第 1 款、第 2 款，规定了按计算不需要箍筋的梁的构造配筋要求；

②《混规》9.2.9 条第 3 款，规定了非抗震设计时，箍筋的配筋率 ρ_{sv}、间距的要求：

当 $V > 0.7 f_t b h_0$ 时，$\rho_{sv} = \frac{A_{sv}}{bs} \geqslant 0.24 \frac{f_t}{f_{yv}}$

故可在《混规》式（6.3.4-2）旁边注明箍筋构造规定见《混规》9.2.9 条，以及 $\rho_{sv} \geqslant 0.24 f_t/f_{yv}$，便于提高解题的正确率与速度。

▲1. 梁的斜截面受剪承载力计算

此类题目的求解步骤如下：

第一步，计算配箍率 ρ_{sv}：$\rho_{sv} = \dfrac{nA_{sv1}}{bs}$

第二步，判别 ρ_{sv} 的情况

①当 $\rho_{sv} \leqslant \rho_{sv,min} = 0.24 f_t/f_{yv}$ 时，按规范式（6.3.7）计算 V_u，并且满足规范 6.3.1 条规定。

②当 $\rho_{sv} > \rho_{sv,min}$ 时，按规范式（6.3.4-2）计算 V_u，并且满足规范 6.3.1 条规定。

第三步，复核 V_u 与受剪截面 $V_{u,max}$，即：

当 $V_u \geqslant V_{u,max} = 0.2\beta_c f_c bh_0$（或 $0.25\beta_c f_c bh_0$）时，取 $V_u = V_{u,max}$。

▲2. 梁的箍筋配筋计算

此类题目的求解步骤如下：

第一步，验算截面尺寸：

①若 V 不满足规范式（6.3.1-1）或规范式（6.3.1-2）的要求，则应增大截面尺寸，或提高混凝土强度等级。

②若 V 满足规范式（6.3.1-1）或规范式（6.3.1-2）的要求，进行第二步。

第二步，验算构造配箍条件：

①若 V 满足规范式（6.3.7）的要求，则仅需按构造要求配置箍筋；

②若 V 不满足规范式（6.3.7）的要求，进行第三步。

第三步，计算箍筋量（间距、直径），按规范式（6.3.4-2）计算，且满足规范 9.2.9 条的构造规定。

【例 3.3.20】 某钢筋混凝土简支独立梁，其截面尺寸、配筋如图 3.3.16 所示，采用 C30 级混凝土，纵筋为 HRB400 级钢筋，箍筋为 HPB300 级钢筋，双肢箍筋Φ8@150，梁的纵筋足够保证梁不会首先发生弯曲破坏。环境类别为一类，安全等级为二级。不计梁的自重。

试问：由受剪承载力控制时，梁所能承担的集中荷载设计值 P。

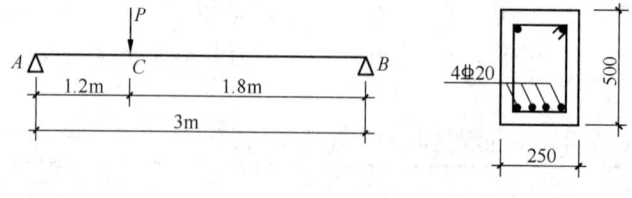

图 3.3.16

【解答】 查规范表得，$f_c = 14.3 \text{N/mm}^2$，$f_t = 1.43 \text{N/mm}^2$，$f_{yv} = 270 \text{N/mm}^2$

环境一类，C30 的梁，查《混规》表 8.2.1 知，箍筋混凝土保护层厚度 $c = 20 \text{mm}$，纵筋的 $c = 28 \text{mm}$，则 $a_s = 28 + \dfrac{20}{2} = 38 \text{mm}$，$h_0 = h - a_s = 462 \text{mm}$

（1）验算配箍率

由《混规》9.2.9 条得：$\rho_{sv,min}=0.24f_t/f_{yv}=0.24\times 1.43/270=0.127\%$

$\rho_{sv}=\dfrac{A_{sv}}{bs}=\dfrac{2\times 50.3}{250\times 150}=0.268\%>\rho_{sv,min}$，满足要求。

（2）因集中力不作用在跨中，两边剪跨比不同，剪力值 V 也不同，故需对两边分别计算。

AC 段剪力设计值 V_{AC}：$V_{AC}=\dfrac{1.8P}{3}$，$\lambda=\dfrac{a}{h_0}=\dfrac{1200}{462}=2.6\begin{matrix}>1.5\\<3\end{matrix}$

BC 段剪力设计值 V_{BC}：$V_{BC}=\dfrac{1.2P}{3}$，$\lambda=\dfrac{a}{h_0}=\dfrac{1800}{462}=3.9>3.0$

故 AC 段取 $\lambda=2.58$，BC 段取 $\lambda=3.0$。

①AC 段的受剪承载力，由规范式（6.3.4-2）得：

$$V_{cs}=\dfrac{1.75}{\lambda+1}f_tbh_0+f_{yv}\dfrac{A_{sv}}{s}h_0$$

$$\dfrac{1.8P}{3}=\dfrac{1.75}{2.6+1}\times 1.43\times 250\times 462+270\times\dfrac{2\times 50.3}{150}\times 462=163.95\text{kN}$$

$$P=273.25\text{kN},\ V_{AC}=163.95\text{kN}$$

②BC 段的受剪承载力，同理，由规范式（6.3.4-2）得：

$$\dfrac{1.2P}{3}=\dfrac{1.75}{3+1}\times 1.43\times 250\times 462+270\times\dfrac{2\times 50.3}{150}\times 462=155.92\text{kN}$$

$$P=389.8\text{kN},\ V_{BC}=155.92\text{kN}$$

（3）验算梁截面条件

$$h_w=h_0=462\text{mm},\ \beta_c=1.0,\ \dfrac{h_w}{b}=\dfrac{462}{250}=1.85<4$$

故由规范式（7.5.1-1）得：

$$0.25\beta_cf_cbh_0=0.25\times 1\times 14.3\times 250\times 462=412.9\text{kN}>163.95\text{kN}$$

$$>155.92\text{kN}$$

上述值取最小值，故荷载设计值 P 取为 273.25kN。

【例 3.3.21】 有一简支独立主梁，如图 3.3.17 所示，截面尺寸 $b\times h=200\text{mm}\times 500\text{mm}$，混凝土强度等级 C30，受力纵筋采用 HRB400，箍筋采用 HPB300，梁受力纵筋合力点至截面近边距离 $a_s=35\text{mm}$。

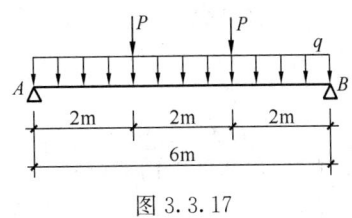

图 3.3.17

假若已知荷载基本组合下设计值 $q=10.75\text{kN/m}$（包括梁自重），$V_{AP}/R_A>0.75$，V_{AP} 为集中荷载产生的梁端剪力，R_A、V_{AP}、q 均为设计值。梁端已配置 $\Phi 8@150$（双肢）箍筋。$\gamma_0=1.0$。

试问：该梁所能承受的最大集中荷载设计值 P。

【解答】 查规范表得，$f_c=14.3\text{N/mm}^2$，$f_t=1.43\text{N/mm}^2$，$f_{yv}=270\text{N/mm}^2$

$$h_0=h-a_s=500-35=465\text{mm}$$

（1）验算配筋率：

$$\rho_{sv,min}=0.24f_t/f_{yv}=0.24\times 1.43/270=0.127\%$$

$$\rho_{sv} = \frac{A_{sv}}{bs} = \frac{2 \times 50.3}{200 \times 150} = 0.335\% > \rho_{sv,min}，满足要求。$$

(2) 因集中力对称作用，左右剪跨比、剪力设计值 V 均相等，则：

$$V_A = \frac{1}{2}ql + P, \lambda = \frac{a}{h_0} = \frac{2000}{465} = 4.3，故取 \lambda = 3.0$$

由规范式（6.3.4-2）得：

$$V_{cs} = \frac{1.75}{\lambda+1}f_t bh_0 + f_{yv}\frac{A_{sv}}{s}h_0$$

$$= \frac{1.75}{3+1} \times 1.43 \times 200 \times 465 + 270 \times \frac{2 \times 50.3}{150} \times 465$$

$$= 142.39 \text{kN}$$

(3) 验算受剪截面

$$h_w = h_0 = 465, \frac{h_w}{b} = \frac{465}{200} = 2.325 < 4$$

$$0.25\beta_c f_c bh_0 = 0.25 \times 1 \times 14.3 \times 200 \times 465 = 332.475 \text{kN} > V_{cs} = 142.39 \text{kN}$$

故取：$\frac{1}{2}ql + P = V_{cs} = 142.39$

$$P = 142.39 - \frac{1}{2} \times 10.75 \times 6 = 110.14 \text{kN}$$

【例3.3.22】 其他条件同例3.3.21。假若已知 $P=108\text{kN}$，$q=10.75\text{kN/m}$（包括梁自重），R_A，P，q 均为设计值。

试问：确定该梁梁端箍筋配置。

【解答】 (1) 确定剪力设计值 V

$$V = V_A = \frac{1}{2}ql + P = \frac{1}{2} \times 10.75 \times 6 + 108 = 140.25 \text{kN}$$

(2) 验算截面尺寸，由上例结果知，$h_w = h_0 = 465\text{mm}$

$$\frac{b_w}{b} = \frac{465}{200} = 2.325 < 4, \beta_c = 1.0，由《混规》式（6.3.1-1）得：$$

$$0.25\beta_c f_c bh_0 = 0.25 \times 1 \times 14.3 \times 200 \times 465 = 332.475 \text{kN} > 140.25 \text{kN}，故截面满足。$$

(3) 验算是否构造配筋

$P/V_A = 108/140.25 = 77\% > 75\%$，故按集中荷载作用计算

$$\lambda = \frac{a}{h_0} = \frac{2000}{465} = 4.3，故取 \lambda = 3.0$$

$$V = 140.25 \text{kN} > \frac{1.75}{\lambda+1}f_t bh_0 = \frac{1.75}{3+1} \times 1.43 \times 200 \times 465 = 58.2 \text{kN}$$

故需按计算配箍筋。

(4) 计算箍筋

$$V = \frac{1.75}{\lambda+1}f_t bh_0 + f_{yv}\frac{A_{sv}}{s}h_0$$

$$\frac{A_{sv}}{s} = \frac{140.25 \times 10^3 - 58.2 \times 10^3}{270 \times 465} = 0.65 \text{mm}^2/\text{mm}$$

选双肢Φ8@150，$\frac{A_{sv}}{s} = \frac{2 \times 50.3}{150} = 0.67 \text{mm}^2/\text{mm} > 0.65 \text{mm}^2/\text{mm}$，满足。

(5) 验算配箍率

$$\rho_{sv} = \frac{A_{sv}}{bs} = \frac{2 \times 50.3}{200 \times 150} = 0.34\%$$

$$\rho_{sv,\min} = 0.24 \frac{f_t}{f_y} = 0.24 \times \frac{1.43}{270} = 0.127\% < \rho_{sv}, 满足。$$

【例 3.3.23】 某钢筋混凝土 T 形截面简支独立梁，安全等级为二级，混凝土强度等级为 C25，荷载简图及截面尺寸如图 3.3.18 所示。梁上有均布恒荷载 g_k，均布楼面活荷载 q_k，集中力恒荷载 G_k，集中力楼面活荷载 P_k。各种荷载均为标准值。

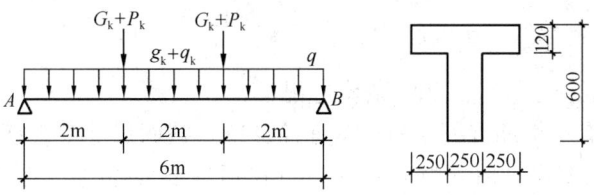

图 3.3.18

已知 $a_s = 65\text{mm}$，$f_t = 1.27\text{N/mm}^2$，$g_k = q_k = 4\text{kN/m}$，$G_k = P_k = 40\text{kN}$；箍筋采用 HPB300 级钢筋。

试问：当采用双肢箍且间距为 200mm 时，该梁斜截面抗剪所需的箍筋的单肢截面面积。

【解答】 (1) 确定支座截面剪力设计值。

由《结通规》3.1.13 条（或《可靠性标准》8.2.4 条）：

$$V = 1.3 \times \left(4 \times \frac{6}{2} + 40\right) + 1.5 \times \left(40 + 4 \times \frac{6}{2}\right) = 145.6\text{kN}$$

集中荷载产生的剪力与总剪力之比：$\frac{1.3 \times 40 + 1.5 \times 40}{145.6} = 76.9\% > 75\%$

$h_0 = h - a_s = 535\text{mm}$，$\lambda = \frac{2000}{535} = 3.73$，故取 $\lambda = 3.0$

(2) 验算截面尺寸：

$$h_w = h_0 - h_f' = 535 - 120 = 415\text{mm}$$

$\frac{h_w}{b} = \frac{415}{250} = 1.66 < 4$，按《混规》式(6.3.1-1)计算：

$$0.25\beta_c f_c bh_0 = 0.25 \times 1 \times 11.9 \times 250 \times 535 = 397.9\text{kN} > V = 145.6\text{kN}$$

故截面尺寸满足。

(3) 验算是否构造配筋

$$V = 145.6\text{kN} > \frac{1.75}{\lambda + 1} f_t bh_0 = \frac{1.75}{3+1} \times 1.27 \times 250 \times 535 = 74.3\text{kN}$$

故需按计算配箍筋。

(4) 计算箍筋，由规范式（6.3.4-2）得：

$$V \leqslant \frac{1.75}{\lambda+1} f_t b h_0 + f_{yv} \frac{A_{sv}}{s} h_0$$

$$\frac{A_{sv}}{s} \geqslant \frac{145600 - 74300}{270 \times 535} = 0.49$$

$$A_{sv1} \geqslant \frac{0.49 \times 200}{2} = 49 \text{mm}^2$$

故选用 $2\Phi 8$（$A_{sv1} = 50.3 \text{mm}^2$），满足。

(5) 复核配箍率：

$$\rho_{sv} = \frac{2A_{sv1}}{bs} = \frac{2 \times 50.3}{250 \times 200} = 0.20\%$$

$$\rho_{sv,min} = 0.24 \frac{f_t}{f_y} = 0.24 \times \frac{1.27}{270} = 0.113\% < \rho_{sv}$$

箍筋直径、间距符合规范 9.2.9 条构造规定。

【例 3.3.24】 有一钢筋混凝土矩形截面简支梁，截面尺寸及纵筋配置如图 3.3.19 所示，该梁承受均布荷载设计值 q 为 130kN/m（包括自重），混凝土强度等级为 C30，箍筋采用 HPB300 级钢筋，纵筋和弯起钢筋均采用 HRB400 级钢筋。环境类别一类，安全等级为二级。若已配置 $\Phi 8@200$ 箍筋，试问，确定弯起钢筋配置。

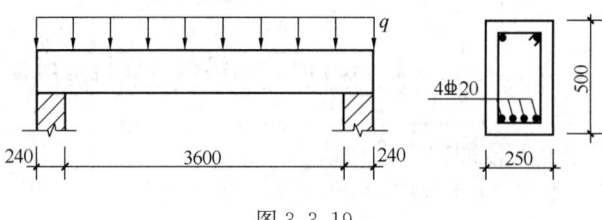

图 3.3.19

【解答】 查规范表，C30 混凝土，$f_c = 14.3 \text{N/mm}^2$，$f_t = 1.43 \text{N/mm}^2$，$f_y = 360 \text{N/mm}^2$，$f_{yv} = 270 \text{N/mm}^2$；环境一类，C30 的梁，查《混规》表 8.2.1 知，箍筋混凝土保护层厚度 $c = 20 \text{mm}$，纵筋的 $c = 28 \text{mm}$，故取 $a_s = 38 \text{mm}$

$$h_0 = h - a_s = 462 \text{mm}$$

(1) 确定剪力设计值

$$V = \frac{1}{2} q l_n = \frac{1}{2} \times 130 \times 3.6 = 234 \text{kN}$$

(2) 验算截面尺寸

$$h_w = h_0 = 462 \text{mm}, \frac{h_w}{b} = \frac{462}{250} = 1.85 < 4$$

故按规范式（6.3.1-1）得：

$$V = 234 \text{kN} < 0.25\beta_c f_c b h_0 = 0.25 \times 1 \times 14.3 \times 250 \times 462 = 412.9 \text{kN}$$

截面满足要求。

(3) 确定弯起钢筋配置

由《混规》式（6.3.5）及式（6.3.4-2）得：

$$V \leqslant V_{cs} + 0.8 f_{yv} A_{sb} \sin \alpha_s$$

令 $\alpha_s = 45°$，$\sin 45° = 0.707$，

$$V_{cs} = 0.7 f_t b h_0 + f_{yv} \frac{A_{sv}}{s} h_0$$

$$= 0.7 \times 1.43 \times 250 \times 462 + 270 \times \frac{2 \times 50.3}{200} \times 462$$

$$= 178.36 \text{kN}$$

故：

$$A_{sb} = \frac{V - V_{cs}}{0.8 f_y \sin 45°}$$

$$= \frac{234000 - 178360}{0.8 \times 360 \times 0.707}$$

$$= 273 \text{mm}^2$$

故纵筋中一根⊕20 弯起（$A_s = 314.2 \text{mm}^2$），满足要求，如图 3.3.20 所示，弯起点距支座边缘距离为：$50 + 500 - 2 \times 28 = 494 \text{mm}$。

(4) 复核弯起点处受剪承载力

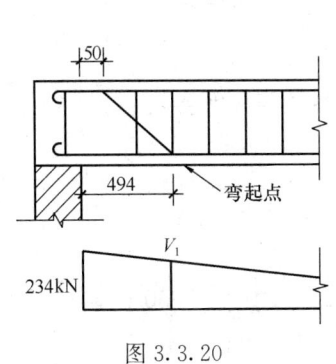

图 3.3.20

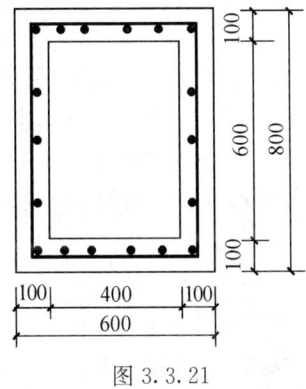

图 3.3.21

弯起点处剪力设计值 V_1：

$$V_1 = 234 \times \frac{(1.8 - 0.494)}{1.8} = 169.8 \text{kN} < V_{cs} = 178.36 \text{kN}$$

故可不必再弯起钢筋。

【例 3.3.25】 某钢筋混凝土箱形截面梁，截面尺寸如图 3.3.21 所示，作用在梁上的荷载为均匀荷载，混凝土强度等级为 C30，纵向钢筋为 HRB400，箍筋采用 HPB300 级钢筋，取 $a_s = a'_s = 35 \text{mm}$。该梁某截面处的剪力设计值为 140kN，受弯承载力计算时未考虑受压区纵向钢筋。$\gamma_0 = 1.0$。不考虑地震作用。

试问：下列何项箍筋配置最接近规范规定的最小箍筋配置的要求？
(A) Φ8@250　　　(B) Φ8@300　　　(C) Φ6@250　　　(D) Φ6@350

【解答】 根据《混规》6.3.7 条、6.3.1 条：

取 $b = 2 \times 100 = 200 \text{mm}$，$h_0 = 800 - 35 = 765 \text{mm}$

$V = 140 \text{kN} < 0.7 f_t b h_0 = 0.7 \times 1.43 \times 200 \times 765 = 153.2 \text{kN}$

故可不进行斜截面的受剪承载力计算，按构造要求配置箍筋。

根据《混规》9.2.9条第3款，箍筋间距：$s \leqslant 350\text{mm}$。
根据《混规》9.2.9条第2款，箍筋直径：$d \geqslant 6\text{mm}$，故取Φ6@350。
所以应选（D）项。

思考：若受弯承载力计算时考虑受压区纵向钢筋，且配置6Φ25，如图3.3.21所示，试确定箍筋配置。

此时，仍按构造要求配置箍筋。

根据《混规》9.2.9条第2款，箍筋直径d：$d \geqslant 6\text{mm}$，$d \geqslant 0.25d_纵 = 0.25 \times 25 = 6.25\text{m}$，故取$d=8\text{mm}$。

根据《混规》9.2.9条第4款，箍筋间距：$s \leqslant 10d_纵 = 10 \times 25 = 250\text{mm}$，所以配置箍筋Φ8@250。

（二）无腹筋板的受剪承载力计算

● 复习《混规》6.3.3条。

【**例3.3.26**】 某地下室底板采用C25级混凝土浇筑，有垫层，板中纵筋HRB335，直径20mm。板未配置箍筋和弯起钢筋，厚1000mm，安全等级为二级，环境类别为一类。

试问：该底板能承受的受剪承载力设计值。

【**解答**】 查《混规》表8.2.1及注的规定，取纵筋混凝土保护层厚度$c=40\text{mm}$，故$a_s=50\text{mm}$，$h_0=h-a_s=1000-50=950\text{mm}$

取1m为计算单元，由规范式（6.3.3-1）、式（6.3.3-2）得：

$$\beta_h = \left(\frac{800}{h_0}\right)^{1/4} = \left(\frac{800}{950}\right)^{1/4} = 0.958$$

$$V_u = 0.7\beta_h f_t b h_0 = 0.7 \times 0.958 \times 1.27 \times 1000 \times 950 = 809.1\text{kN}$$

验算1m宽板的受剪截面$V_{u,\max}$：

$$h_w = h_0 = 950, \frac{h_w}{b} = \frac{950}{1000} = 0.95 < 4$$

由《混规》式（6.3.1-1）得：

$$V_{u,\max} = 0.25\beta_c f_c b h_0 = 0.25 \times 1 \times 11.9 \times 1000 \times 950$$
$$= 2826.25\text{kN} > 809.1\text{kN}$$

故1m宽底板的受剪承载力设计值为809.1kN。

（三）受拉边倾斜的梁的斜截面受剪和受弯承载力计算

● 复习《混规》6.3.8条、6.3.9条、6.3.10条。

第四节 受 压 构 件

一、结构的二阶效应和正截面承载力计算的一般规定

（一）结构的二阶效应

在前面第三节受弯构件中，讲述了结构的二阶效应的概念及其基本内容。结构的二阶

效应包括重力二阶效应（P-Δ 效应）和受压构件的挠曲效应（P-δ 效应）。重力二阶效应计算属于结构整体层面的问题，而受压构件的挠曲效应计算属于构件层面的问题。

重力二阶效应的简化计算，《混规》附录 B 采用了增大系数法，具体运用见本章第三节受弯构件。

【例 3.4.1】 题目条件同第三节受弯构件［例 3.3.1］，并已知⑧轴线第三层柱顶 D 处，该列柱轴力设计值为 50000kN，未考虑重力二阶效应的引起结构侧移的荷载所产生的弯矩设计值 $M_{1D}=800$ kN·m，不引起结构侧移的荷载所产生的弯矩设计值 $M_{2D}=600$ kN·m。

试问： 应当考虑重力二阶效应后，确定柱顶 D 处的弯矩设计值。

【解答】 根据《混规》附录 B.0.2 条、B.0.5 条，取柱的弹性刚度折减系数为 0.6：

$$D_3 = 0.6 \times 6.0 \times 10^5 \text{kN/m} = 3.6 \times 10^5 \text{kN/m}$$

$$\eta_{s3} = \frac{1}{1 - \frac{\sum N_j}{DH_0}} = \frac{1}{1 - \frac{50000}{3.6 \times 10^5 \times 4.5}} = 1.0318$$

由《混规》附录 B.0.1 条：

$$M_D = M_{ns} + \eta_s M_s = 600 + 1.0318 \times 800 = 1425.44 \text{kN·m}$$

（二）正截面受压承载力计算的一般规定（含挠曲效应规定）

受压构件的正截面承载力计算的一般规定，除了符合前面第三节受弯构件中的一般规定外，还应包括挠曲效应（P-δ 效应）的规定。

轴向压力在挠曲杆件中产生的二阶效应（P-δ 效应）是偏压杆件中由轴向压力在产生了挠曲变形的杆件内引起的曲率和弯矩增量。

无论是有侧移结构还是无侧移结构，当结构中柱的长细比较大且轴压力也较大时，由于柱自身挠曲变形影响，则会因 P-δ 效应使得柱中间区段截面的弯矩增大，并可能超过柱端控制截面的弯矩。如：①当受压构件发生单曲率弯曲且两端弯矩相等或比较接近时［图 3.4.1（a）和图 3.4.1（b）］；②受压构件发生双曲率弯曲，但杆件的轴压较大时，也可能发生因 P-δ 效应使得受压构件中间区段的弯矩超过杆端弯矩的情况（图 3.4.1（c）中的②）。对于这类情况的受压构件，设计中必须考虑 P-δ 效应的影响。

《混规》6.2.3 条的条文说明中指出：

> 6.2.3（条文说明）
> 例如在结构中常见的反弯点位于柱高中部的偏压构件中，这种二阶效应虽能增大构件除两端区域外各截面的曲率和弯矩，但增大后的弯矩通常不可能超过柱两端控制截面的弯矩。因此，在这种情况下，P-δ 效应不会对杆件截面的偏心受压承载能力产生不利影响。但是，在反弯点不在杆件高度范围内（即沿杆件长度均为同号弯矩）的较细长且轴压比偏大的偏压构件中，经 P-δ 效应增大后的杆件中部弯矩有可能超过柱端控制截面的弯矩。此时，就必须在截面设计中考虑 P-δ 效应的附加影响，但是，此种情况在工程中较少出现。

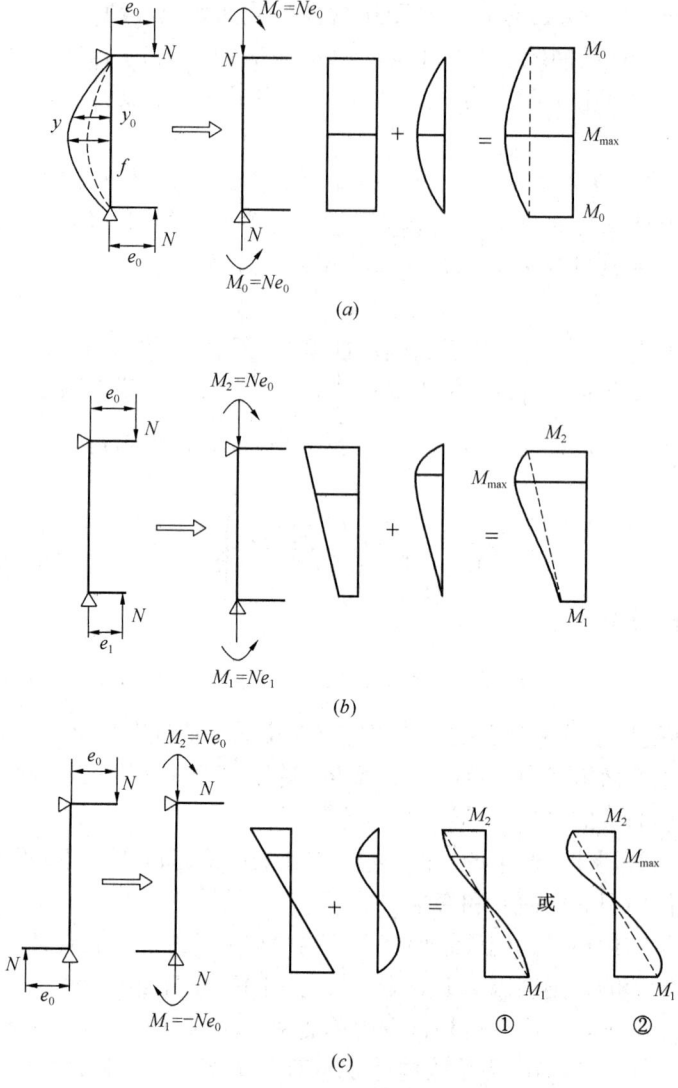

图 3.4.1 受压构件的 $P\text{-}\delta$ 效应

(a) 杆端弯矩相等时的 $P\text{-}\delta$ 效应；(b) 杆端弯矩同号不相等时的 $P\text{-}\delta$ 效应；
(c) 杆端弯矩不同号的 $P\text{-}\delta$ 效应

《混规》对受压构件的挠曲效应计算方法采用了 $C_m - \eta_{ns}$ 法，具体规定如下：

6.2.3 弯矩作用平面内截面对称的偏心受压构件，当同一主轴方向的杆端弯矩比 $\dfrac{M_1}{M_2}$ 不大于 0.9 且轴压比不大于 0.9 时，若构件的长细比满足公式（6.2.3）的要求，可不考虑轴向压力在该方向挠曲杆件中产生的附加弯矩影响；否则应根据本规范第 6.2.4 条的规定，按截面的两个主轴方向分别考虑轴向压力在挠曲杆件中产生的附加弯矩影响。

$$l_c/i \leqslant 34 - 12(M_1/M_2) \tag{6.2.3}$$

式中 M_1、M_2——分别为已考虑侧移影响的偏心受压构件两端截面按结构弹性分析确定的对同一主轴的组合弯矩设计值，绝对值较大端为 M_2，绝对值较小端为 M_1，当构件按单曲率弯曲时，M_1/M_2 取正值，否则取负值；

l_c——构件的计算长度，可近似取偏心受压构件相应主轴方向上下支撑点之间的距离；

i——偏心方向的截面回转半径。

6.2.4 除排架结构柱外，其他偏心受压构件考虑轴向压力在挠曲杆件中产生的二阶效应后控制截面的弯矩设计值，应按下列公式计算：

$$M = C_m \eta_{ns} M_2 \tag{6.2.4-1}$$

$$C_m = 0.7 + 0.3 \frac{M_1}{M_2} \tag{6.2.4-2}$$

$$\eta_{ns} = 1 + \frac{1}{1300(M_2/N + e_a)/h_0} \left(\frac{l_c}{h}\right)^2 \zeta_c \tag{6.2.4-3}$$

$$\zeta_c = \frac{0.5 f_c A}{N} \tag{6.2.4-4}$$

当 $C_m \eta_{ns}$ 小于 1.0 时取 1.0；对剪力墙及核心筒墙，可取 $C_m \eta_{ns}$ 等于 1.0。

式中 C_m——构件端截面偏心距调节系数，当小于 0.7 时取 0.7；

η_{ns}——弯矩增大系数；

N——与弯矩设计值 M_2 相应的轴向压力设计值；

e_a——附加偏心距，按本规范第 6.2.5 条确定；

ζ_c——截面曲率修正系数，当计算值大于 1.0 时取 1.0；

h——截面高度；对环形截面，取外直径；对圆形截面，取直径；

h_0——截面有效高度；对环形截面，取 $h_0 = r_2 + r_s$；对圆形截面，取 $h_0 = r + r_s$；此处，r、r_2 和 r_s 按本规范第 E.0.3 条和第 E.0.4 条确定；

A——构件截面面积。

6.2.5 偏心受压构件的正截面承载力计算时，应计入轴向压力在偏心方向存在的附加偏心距 e_a，其值应取 20mm 和偏心方向截面最大尺寸的 1/30 两者中的较大值。

【例 3.4.2】 某钢筋混凝土框架结构办公楼，首层层高 4.2m，其余层层高均为 3.9m，基础顶面距室内地面的距离为 1.1m。首层中柱在 x 方向风荷载作用下（如图 3.4.2 所示），已考虑侧移影响的柱上、下端截面的基本组合弯矩设计值、轴力设计值分别为：$M_{1x}^{上}=650$kN·m，$N_1^{上}=2000$kN；$M_{1x}^{下}=750$kN·m，$N_1^{下}=2200$kN，单曲率弯曲。已知柱采用 C30 混凝土，纵向受力钢筋采用 HRB400 级，箍筋采用 HPB300 级钢筋。取 $a_s=a_s'=40$mm，构件的计算长度取为 5.3m。$\gamma_0=1.0$。

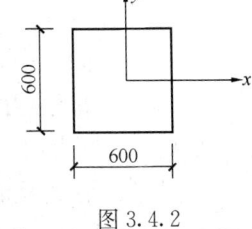

图 3.4.2

试问：确定该中柱的控制截面的荷载基本组合下弯矩设计值。

【解答】 根据《混规》6.2.3 条：

$$l_c = 5.3\text{m}, \quad i = i_x = \frac{a}{\sqrt{12}} = \frac{0.6}{\sqrt{12}} = 0.173\text{m}$$

$$l_c/i = 5.3/0.173 = 30.6 > 34 - 12M_1/M_2 = 34 - 12 \times 650/750 = 23.6$$

故应考虑挠曲效应，由《混规》6.2.4条、6.2.5条：

$$\zeta_c = \frac{0.5 f_c A}{N} = \frac{0.5 \times 14.3 \times 600 \times 600}{2200 \times 10^3} = 1.17 > 1.0, \text{故取 } \zeta_c = 1.0$$

$$e_0 = \frac{M_2}{N_2} = \frac{750}{2200} = 0.341\text{m}$$

$$e_a = \max\left(20, \frac{600}{30}\right) = 20\text{mm}$$

由规范式 (6.2.4-3)、式 (6.2.4-2)：

$$\eta_{ns} = 1 + \frac{1}{1300 (M_2/N + e_a)/h_0} \left(\frac{l_c}{h}\right)^2 \xi_c$$

$$= 1 + \frac{1}{1300 \times (750/2200 + 0.02)/0.56} \times \left(\frac{5.3}{0.6}\right)^2 \times 1.0$$

$$= 1.093$$

$$C_m = 0.7 + 0.3 \frac{M_1}{M_2} = 0.7 + 0.3 \frac{650}{750} = 0.96 > 0.7$$

$$C_m \eta_{ns} = 0.96 \times 1.093 = 1.049 > 1.0$$

$$M = C_m \eta_{ns} M_2 = 1.049 \times 750 = 786.75\text{kN} \cdot \text{m}$$

（三）排架结构柱的计算

排架结构柱的挠曲效应（$P\text{-}\delta$ 效应）计算不按《混规》6.2.4条规定，应当采用《混规》附录B的规定：

> B.0.4 排架结构柱考虑二阶效应的弯矩设计值可按下列公式计算：
>
> $$M = \eta_s M_0 \quad \text{(B.0.4-1)}$$
>
> $$\eta_s = 1 + \frac{1}{1500 e_i/h_0} \left(\frac{l_0}{h}\right)^2 \zeta \quad \text{(B.0.4-2)}$$
>
> $$\zeta_c = \frac{0.5 f_c A}{N} \quad \text{(B.0.4-3)}$$
>
> $$e_i = e_0 + e_a \quad \text{(B.0.4-4)}$$
>
> 式中 ζ_c——截面曲率修正系数，当 $\zeta > 1.0$ 时，取 $\zeta = 1.0$；
> 　　e_i——初始偏心距；
> 　　M_0——一阶弹性分析柱端弯矩设计值；
> 　　e_0——轴向压力对截面重心的偏心距，$e_0 = M_0/N$；
> 　　e_a——附加偏心距，按本规范第6.2.5条规定确定；
> 　　l_0——排架柱的计算长度，按本规范表6.2.20取用；
> 　　h, h_0——分别为所考虑弯曲方向柱的截面高度和截面有效高度；
> 　　A——柱的截面面积。对于I形截面取：$A = bh + 2(b_f - b)h'_f$。

需注意的是：

（1）排架柱按《混规》B.0.4条计算得到的增大系数 η_s，可以统乘排架柱各截面的组合弯矩设计值，即：$M=\eta_s(M_{ns}+M_s)=\eta_s M_0$。

（2）排架柱未按《混规》B.0.4 条计算其侧移二阶效应时，《混规》6.2.4 条的条文说明中指出，仍应按《混规》B.0.4 条考虑其挠曲效应（$P\text{-}\delta$ 效应）。

（3）排架柱的计算长度按《混规》6.2.20 条计算。

（4）除排架结构外，对于钢筋混凝土框架结构、框架-剪力墙结构等的结构整体分析不能采用《混凝》6.2.20 条规定。

【例 3.4.3】 某单层双跨等高钢筋混凝土柱厂房，刚性屋盖，其排架计算简图如图 3.4.3 所示，有柱间支撑。

试问：

（1）当有吊车荷载参与组合的计算时，确定该厂房柱在排架方向的计算长度，在垂直排架方向的计算长度。

（2）当不考虑吊车荷载的计算时，确定该厂房柱在排架方向的计算长度，在垂直排架方向的计算长度。

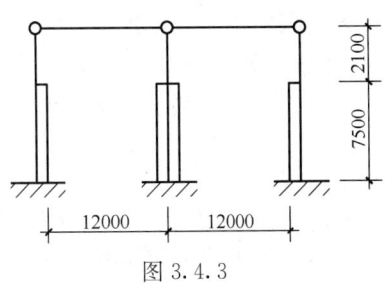

图 3.4.3

【解答】 （1）有吊车荷载参与组合的计算

$H_u/H_l=2100/7500=0.28<0.3$，根据《混规》表 6.2.20-1 注 3 的规定，则上柱在排架方向的计算长度为 $2.5H_u$，即：

排架方向：上柱的计算长度 $l_0=2.5H_u=2.5\times 2.1=5.25$m

下柱的计算长度 $l_0=1.0H_l=1\times 7.5=7.5$m

垂直排架方向：上柱的计算长度 $l_0=1.25H_u=1.25\times 2.1=2.625$m

下柱的计算长度 $l_0=0.8H_l=0.8\times 7.5=6.0$m

（2）当不考虑吊车荷载的计算

根据《混规》表 6.2.20-1 注 2 的规定，且 $H_u/H_l=2100/7500=0.28<0.3$，及注 3 的规定，则：

排架方向：上柱的计算长度 $l_0=2.5H_u=2.5\times 2.1=5.25$m，（不变）

下柱的计算长度 $l_0=1.25H=1.25\times(7.5+2.1)=12.0$m

垂直排架方向：上柱的计算长度 $l_0=1.25H_u=1.25\times 2.1=2.625$m，（不变）

下柱的计算长度 $l_0=1.0H=1.0\times(7.5+2.1)=9.6$m

二、轴心受压构件

1. 配置箍筋的轴压构件

- 复习《混规》6.2.15 条、6.2.20 条。
- 复习《混规》9.3.1 条、9.3.2 条（柱的配筋构造规定）。
- 复习《混规》8.5.1 条（最小配筋率的规定）。

需注意的是：

（1）《混规》6.2.15 条中，运用规范式（6.2.15）计算时，纵向普通钢筋的配筋率 $\rho>3\%$ 时，应变为：

$$N \leqslant 0.9\varphi[f_c(A-A'_s)+f'_y A'_s]$$

(2)《混规》9.3.1条中，$\rho \leqslant \rho_{max}=5\%$；纵筋直径$d_{纵} \geqslant 12mm$。

(3)《混规》9.3.2条中，当$\rho>3\%$时，箍筋直径$d \geqslant 8mm$，其间距$\leqslant 10d_{纵}$（$d_{纵}$取纵筋的最小直径），且$\leqslant 200mm$。

【例3.4.4】 某现浇柱截面尺寸为$250mm \times 250mm$，其计算高度为$l_0=2.5m$。柱内配有4根直径20mm的HRB400级纵向钢筋，构件混凝土强度等级为C30。$\gamma_0=1.0$。不考虑地震作用。试确定该柱轴心受压承载力设计值。

【解答】 （1）查《混规》表4.1.4-1知，$f_c=14.3N/mm^2$

（2）确定φ稳定系数，由$l_0/b=2500/250=10$，查《混规》表6.2.15知，$\varphi=0.98$，

$$\rho = \frac{A'_s}{bh} = \frac{1256}{250 \times 250} = 2.0\% < 3\%$$

因此，由《混规》式（6.2.15）得：

$$N_u = 0.9\varphi(f_c A + f'_y A'_s)$$
$$= 0.9 \times 0.98 \times (14.3 \times 250 \times 250 + 360 \times 1256)$$
$$= 1187.09kN$$

【例3.4.5】 某钢筋混凝土柱，截面尺寸为$350mm \times 350mm$，计算长度$l_0=4.9m$，混凝土强度等级为C25级，柱内配有8⏀25的HRB400级钢筋。$\gamma_0=1.0$。不考虑地震作用。

试问： 该柱所能承担的轴心受压承载力设计值。

【解答】 查规范表，$f_c=11.9N/mm^2$，$f'_y=360N/mm^2$，$l_0/b=4900/350=14$，查《混规》表6.2.15知，$\varphi=0.92$

验算配筋率

$$\rho = \frac{A'_s}{bh} = \frac{3927}{350 \times 350} = 3.2\% > 3\%$$

由规范9.3.1条，$\rho < \rho_{max}=5\%$，满足要求。

由规范8.5.1条规定，$\rho_{min}=0.55\% < \rho$，满足。

一侧纵向钢筋：$\rho_{侧}=\frac{1964}{350 \times 350}=1.6\% > \rho_{侧,min}=0.2\%$，满足。

由规范式（6.2.15）计算，A改用$A-A'_s$，则：

$$N_u = 0.9\varphi[f_c(A-A'_s)+f'_y A'_s]$$
$$= 0.9 \times 0.92 \times [11.9 \times (350 \times 350 - 3927) + 360 \times 3927]$$
$$= 2338.88kN$$

【例3.4.6】 某多层装配式楼盖的钢筋混凝土框架结构，底层中柱按轴心受压构件计算，柱高$H=5.12m$，承受荷载基本组合下的轴压力设计值$N=3100kN$，采用混凝土C30级，钢筋HRB400级，截面尺寸为$450mm \times 450mm$。$\gamma_0=1.0$。不考虑地震作用。

试问： 确定柱的纵向钢筋、箍筋的配置。

【解答】 查规范表，$f_c=14.3\text{N/mm}^2$，$f'_y=360\text{N/mm}^2$
根据《混规》表 6.2.20-2，装配式楼盖，框架底层柱的 l_0：
$$l_0=1.25H=1.25\times5.12=6.4\text{m}$$
$l_0/b=6.4/0.45=14.2$，查《混规》表 6.2.15 得，$\varphi=0.915$
（1）纵向钢筋配置
假设 $\rho<3\%$，由规范式（6.2.15）得：
$$A'_s=\frac{N/(0.9\varphi)-f_cA}{f'_y}=\frac{3100000/(0.9\times0.915)-14.3\times450^2}{360}$$
$$=2413\text{mm}^2$$
选配 8 Φ 22，$A'_s=3041\text{mm}^2$，$\rho=\dfrac{A'_s}{bh}=\dfrac{3041}{450\times450}=1.5\%<3\%$
故假设成立，且 $\rho<\rho_{\max}=5\%$，$\rho>\rho_{\min}=0.55\%$
$\rho_{侧}=\dfrac{1140}{450\times450}=0.56\%>0.2\%$，满足。

（2）箍筋配置
箍筋直径 d，按《混规》9.3.2 条，$d\geq d_{纵}/4=22/4=5.5\text{m}$，且 $d\geq6\text{mm}$，故取 $d=6\text{mm}$。
箍筋间距，按《混规》9.3.2 条，$s\leq b=450\text{mm}$；$s\leq400\text{mm}$；$s\leq15d=15\times22=330\text{mm}$，故取 $s=300\text{mm}$。

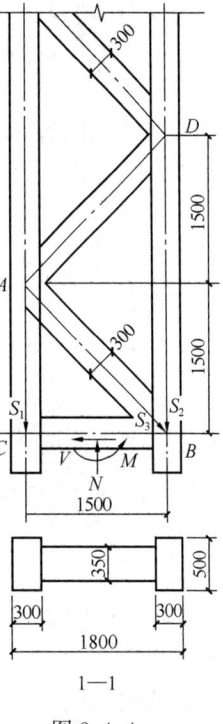

图 3.4.4

【例 3.4.7】 按下列条件确定，如图 3.4.4 所示为斜腹杆双肢柱的受力及几何图形。肢杆截面为 500mm×300mm，腹杆截面为 300mm×350mm。柱下端荷载基本组合下内力设计值：$M=-600\text{kN}\cdot\text{m}$，$N=1200\text{kN}$，$V=300\text{kN}$。
假定双肢柱的柱下端斜腹杆 AB 是非恒载为主的轴心受压杆，其轴向压力设计值为 $S_3=1052.4\text{kN}$，$\varphi=0.7$。混凝土强度等级为 C25，钢筋采用 HRB400 级，对称配置。$\gamma_0=1.0$。不考虑地震作用。

试问： 确定 AB 斜腹杆的纵向钢筋配置。
提示： 肢杆和腹杆只承受轴力，不承受弯矩，按铰接桁架计算。

【解答】 查规范表，$f_c=11.9\text{N/mm}^2$，$f'_y=360\text{N/mm}^2$，$b=300\text{mm}$，$h=350\text{mm}$，已知 $\varphi=0.7$。
假定 $\rho<3\%$，由《混规》规范式（6.2.15）得：
$$A'_s=\frac{N/(0.9\varphi)-f_cA}{f'_y}$$
$$=\frac{\dfrac{1052400}{0.9\times0.7}-11.9\times300\times350}{360}$$
$$=1169\text{mm}^2$$

故选 6 Φ 16，$A'_s=1206\text{mm}^2$，
$$\rho=\frac{A'_s}{bh}=\frac{1206}{300\times350}=1.15\%<3\%$$

故假定成立，且 $\rho < \rho_{max} = 5\%$，

$\rho > 0.55\%$，满足。

$\rho_{侧} = 0.575\% > \rho_{侧,min} = 0.2\%$，满足。

思考：假若 M 考虑偏心距影响，取 $M = -660 \text{kN} \cdot \text{m}$。试计算柱下端肢杆 AC 和 BD 的内力设计值 S_1 和 S_2。

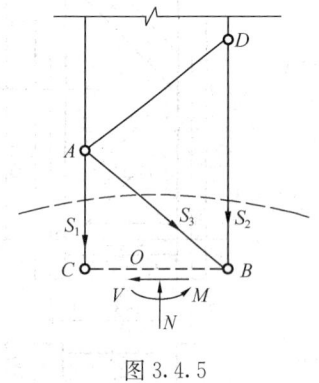

图 3.4.5

具体解答如下：

用截面法，求内力 S_1，如图 3.4.5 所示，BC 杆为零杆。

$\Sigma M_B = 0$，则：

$$S_1 = \frac{N \times 0.75 - (-660)}{1.5} = \frac{1200 \times 0.75 + 660}{1.5}$$

$$= 1040 \text{kN}$$

$\Sigma M_A = 0$，则：

$$S_2 = \frac{1200 \times 0.75 + (-660) - 300 \times 1.5}{1.5}$$

$$= 160 - 300 = -140 \text{kN}（压力）$$

【例 3.4.8】 某双轴对称工字形截面混凝土轴心受压构件，截面与配筋如图 3.4.6 所示，计算高度 $l_0 = 18.7\text{m}$，混凝土强度等级为 C30，钢筋等级为 HRB400，不考虑地震作用。试问，该构件的轴心受压承载力设计值 N_u（kN），与下列何项数值最为接近？

(A) 10850　　　　(B) 9850

(C) 7850　　　　(D) 6850

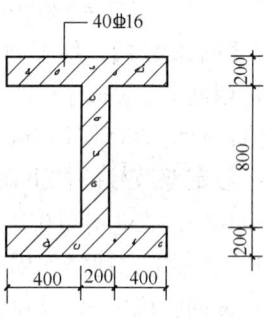

图 3.4.6

【解答】 $A = 1000 \times 200 \times 2 + 200 \times 800 = 560000 \text{mm}^2$

弱轴：$I_y = \frac{1}{12} \times 200 \times 1000^3 \times 2 + \frac{1}{12} \times 800 \times 200^3 = 3.3867 \times 10^{10} \text{mm}^4$

$$i_y = \sqrt{I_y/A} = 246 \text{mm}$$

$l_0/i_y = 10000/246 = 76$，查《混规》表 6.2.15，$\varphi = 0.70$

$$\frac{A_s}{A} = \frac{40 \times 201.2}{560000} = 1.4\% < 3\%$$

$$N_u = 0.9 \times 0.70 \times (14.3 \times 560000 + 360 \times 40 \times 201.1)$$

$$= 6869 \text{kN}$$

应选（D）项。

2. 配置螺旋式箍筋的轴压构件

- 复习《混规》6.2.16 条。
- 复习《混规》9.3.2 条第 6 款（螺旋箍的构造规定）。

需注意的是：

(1)《混规》6.2.16 条注 1、2 的规定。

在计算螺旋箍的轴压承载力时，其步骤：

第一步，须判别《混规》式（6.2.16-1）的适用条件，即：

①当 $l_0/d>12$ 时；

②当 $A_{ss0}<25\%A_s$ 时，

应按《混规》式（6.2.15）计算；否则，应按式（6.2.16-1）计算。

第二步，当按式（6.2.16-1）计算时，若计算所得受压承载力小于按式（6.2.15）所得受压承载力时，应取按式（6.2.15）所得受压承载力。

第三步，当按式（6.2.16-1）计算时，若计算所得受压承载力大于按式（6.2.15）所得受压承载力的 1.5 倍，根据《混规》6.2.16 条注 1 的规定，取按式（6.2.15）所得压承载力的 1.5 倍。

（2）《混规》式（6.2.16-1）中，α 的取值按内插法，即：

$$\alpha=1-\frac{x-50}{80-50}(1-0.85)$$

式中，x 为 C50 至 C80 之间的混凝土强度等级。

（3）《混规》式（6.2.16-2）中，$d_{cor}=d-2c-2d_{间}$，c 为间接钢筋的混凝土保护层厚度；$d_{间}$ 为间接钢筋的直径。

【例 3.4.9】 某轴心受压圆柱，直径 d 为 400mm，计算长度为 3.4m，采用 C30 混凝土，纵向钢筋用 HRB400 级钢筋，配有 8⌽20，螺旋箍筋用 HRB335 级钢筋，配置⌽8@50。环境类别为一类，安全等级为二级。不考虑地震作用。

试问：确定该圆柱的轴心受压承载力设计值。

【解答】 查规范表，$f_c=14.3\text{N/mm}^2$，$f'_y=360\text{N/mm}^2$，$f_{yv}=300\text{N/mm}^2$，环境一类，C30 的柱，查《混规》表 8.2.1 知，取间接钢筋混凝土保护层厚度 $c=20\text{mm}$。

（1）验算配筋率：

$$\rho=\frac{A'_s}{A}=\frac{2513}{\frac{\pi}{4}\times 400^2}=2.0\%<\rho_{max}=5\%$$

$$>\rho_{min}=0.55\%$$

（2）判别适用条件及计算 N_u

$$l_0/d=3400/400=8.5<12$$

由规范式（6.2.16-2），$A_{ss0}=\frac{\pi d_{cor}A_{ss1}}{s}=\frac{3.14\times(400-2\times 28)\times 50.3}{50}=1087\text{m}^2$

$$>25\%A'_s=25\%\times 2513=628.25\text{mm}^2$$

故由规范式（6.2.16-1）求得 N_u：

$$N_u=0.9(f_cA_{cor}+f'_yA'_s+2\alpha f_{yv}A_{ss0})$$

$$=0.9\times\left(14.3\times\frac{\pi\times 344^2}{4}+360\times 2513+2\times 1\times 300\times 1087\right)$$

$$=2596.7\text{kN}$$

（3）不计入间接钢筋影响时的柱受压承载力 N_u：

$l_0/d=3400/400=8.5$，查《混规》表 6.2.15 得，$\varphi=0.98$，又因 $\rho=2.0\%<3\%$，按规范式（6.2.15）计算 N_{u0}：

$$N_{u0} = 0.9\varphi(f_c A + f'_y A'_s)$$

$$= 0.9 \times 0.98 \times \left(14.3 \times \frac{\pi \times 400^2}{4} + 360 \times 2513\right)$$

$$= 2382.87\text{kN}$$

$$N_{u0} < N_u < 1.5N_{u0} = 1.5 \times 2382.67\text{kN} = 3574.3\text{kN}$$

故取该圆柱轴心受压承载力设计值为 2596.7kN。

【例 3.4.10】 某圆形截面轴心受压柱，计算高度 $l_0 = 5.25$m，圆柱截面直径为 500mm，轴压力设计值 $N = 4300$kN。采用 C30 混凝土，纵筋采用 HRB400 级钢筋，配置了 8Φ22，螺旋式间接钢筋采用 HRB400 级。环境类别为一类，安全等级为二级。不考虑地震作用。

试问： 确定柱的螺旋式间接钢筋的直径、间距。

【解答】 查规范表，$f_c = 14.3\text{N/mm}^2$，$f_y = 360\text{N/mm}^2$，$f'_y = 360\text{N/mm}^2$，$f_{yv} = 360\text{N/mm}^2$ 环境一类，C30 的柱，查《混规》表 8.2.1 知，间接钢筋混凝土保护层厚度 $c = 20$mm，假定间接钢筋直径为 10mm。

(1) 验算配筋率

$$\rho = \frac{A'_s}{A} = \frac{3041}{\frac{\pi}{4} \times 500^2} = 1.55\% < \rho_{max} = 5\%$$

$$> \rho_{min} = 0.55\%$$

(2) 判别适用条件

$$l_0/d = 5.25/0.5 = 10.5 < 12$$

由规范式（6.2.16-1）得：

$$A_{ss0} = \frac{N/0.9 - f_c A_{cor} - f'_y A'_s}{2\alpha f_{yv}}$$

$$= \frac{4300000/0.9 - 14.3 \times \frac{\pi}{4} \times 440^2 - 360 \times 3041}{2 \times 1 \times 360}$$

$$= 2097\text{mm}^2 > 25\% A'_s = 25\% \times 3041 = 760.25\text{mm}^2$$

由上述可知，可按规范式（6.2.16-1）计算 N_u。

(3) 确定螺旋筋的直径、间距：

由《混规》9.3.2 条规定，$s \leq 80$mm，$s \leq d_{cor}/5 = \frac{440}{5} = 88$mm，

$s \geq 40$mm，故取 $s = 50$mm，由规范式（6.2.16-2）得：

$$A_{ss1} = \frac{sA_{ss0}}{\pi d_{cor}} = \frac{50 \times 2097}{\pi \times 440} = 75.9\text{mm}^2$$

故选 Φ10（$A_{ss1} = 78.5\text{mm}^2$），满足。

思考: (1) 根据Φ10, s 为 50mm, 计算柱的轴心受压承载力设计值 N_u

$$A_{ss0} = \frac{\pi d_{cor} A_{ss1}}{s} = \frac{\pi \times 440 \times 78.5}{50} = 2169 \text{mm}^2$$

$$N_u = 0.9(f_c A_{cor} + f'_y A'_s + 2\alpha f_{yv} A_{ss0})$$

$$= 0.9 \times \left(14.3 \times \frac{\pi}{4} \times 440^2 + 360 \times 3041 + 2 \times 1 \times 360 \times 2169\right)$$

$$= 4346.7 \text{kN}$$

(2) 由规范式 (6.2.15) 计算柱的轴压承载力 N_{u0} (由前述结果 $\rho = 1.55\% < 3\%$):

$$l_0/d = 5.25/0.5 = 10.5, \varphi = 0.95$$

$$N_{u0} = 0.9\varphi(f_c A + f'_y A'_s)$$

$$= 0.9 \times 0.95 \times \left(14.3 \times \frac{\pi}{4} \times 500^2 + 360 \times 3041\right)$$

$$= 3335.5 \text{kN}$$

$$N_{u0} < N_u < 1.5 N_{u0} = 5003.2 \text{kN}$$

故该柱的轴心受压承载力设计值为 4346.7kN, 且大于轴心受压设计值 4300kN, 满足要求。

三、偏心受压构件

《混规》6.2.17 条规定了偏心受压构件的计算, 其中, 轴向压力对截面重心的偏心距 $e_0 \left(e_0 = \frac{M}{N}\right)$, 当需要考虑二阶效应 (即重力二阶效应和挠曲效应) 时, M 应按《混规》附录 B 的简化方法和《混规》6.2.3 条、6.2.4 条的规定进行考虑二阶效应的影响。因此, 进行受压构件的截面设计时, 其内力 (如 M) 已经考虑了二阶效应的影响。

1. 矩形截面偏心受压构件

6.2.17 矩形截面偏心受压构件正截面受压承载力应符合下列规定 (图 6.2.17):

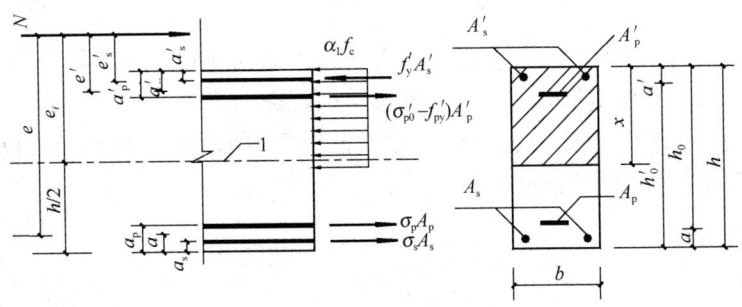

图 6.2.17 矩形截面偏心受压构件正截面受压承载力计算
1—截面重心轴

$$N \leqslant \alpha_1 f_c bx + f'_y A'_s - \sigma_s A_s - (\sigma'_{p0} - f_{py})A'_p - \sigma_p A_p \quad (6.2.17-1)$$

$$Ne \leqslant \alpha_1 f_c bx \left(h_0 - \frac{x}{2}\right) + f'_y A'_s (h_0 - a'_s)$$
$$- (\sigma'_{p0} - f'_{py}) A'_p (h_0 - a'_p) \qquad (6.2.17-2)$$

$$e = e_i + \frac{h}{2} - a \qquad (6.2.17-3)$$

$$e_i = e_0 + e_a \qquad (6.2.17-4)$$

式中 e——轴向压力作用点至纵向受拉普通钢筋和受拉预应力筋的合力点的距离;

σ_s、σ_p——受拉边或受压较小边的纵向普通钢筋、预应力筋的应力;

e_i——初始偏心距;

a——纵向受拉普通钢筋和受拉预应力筋的合力点至截面近边缘的距离;

e_0——轴向压力对截面重心的偏心距,取为M/N,当需要考虑二阶效应时,M为按本规范第5.3.4条、第6.2.4条规定确定的弯矩设计值;

e_a——附加偏心距,按本规范第6.2.5条确定。

按上述规定计算时,尚应符合下列要求:

1 钢筋的应力σ_s、σ_p可按下列情况确定:

 1) 当ξ不大于ξ_b时为大偏心受压构件,取σ_s为f_y、σ_p为f_{py},此处,ξ为相对受压区高度,取为x/h_0;

 2) 当ξ大于ξ_b时为小偏心受压构件,σ_s、σ_p按本规范第6.2.8条的规定进行计算。

2 当计算中计入纵向受压普通钢筋时,受压区高度应满足本规范公式(6.2.10-4)的条件;当不满足此条件时,其正截面受压承载力可按本规范第6.2.14条的规定进行计算,此时,应将本规范公式(6.2.14)中的M以Ne'_s代替,此处,e'_s为轴向压力作用点至受压区纵向普通钢筋合力点的距离;初始偏心距应按公式(6.2.17-4)确定。

3 矩形截面非对称配筋的小偏心受压构件,当N大于$f_c bh$时,尚应按下列公式进行验算:

$$Ne' \leqslant f_c bh \left(h'_0 - \frac{h}{2}\right) + f'_y A_s (h'_0 - a_s) - (\sigma_{p0} - f'_{yp}) A_p (h'_0 - a_p)$$
$$(6.2.17-5)$$

$$e' = \frac{h}{2} - a' - (e_0 - e_a) \qquad (6.2.17-6)$$

式中 e'——轴向压力作用点至受压区纵向普通钢筋和预应力筋的合力点的距离;

h'_0——纵向受压钢筋合力点至截面远边的距离。

4 矩形截面对称配筋($A'_s = A_s$)的钢筋混凝土小偏心受压构件,也可按下列近似公式计算纵向普通钢筋截面面积:

$$A'_s = \frac{Ne - \xi(1 - 0.5\xi)\alpha_1 f_c bh_0^2}{f'_y (h_0 - a'_s)} \qquad (6.2.17-7)$$

此处,相对受压区高度ξ可按下列公式计算:

$$\xi = \frac{N - \xi_b \alpha_1 f_c bh_0}{\dfrac{Ne - 0.43 \alpha_1 f_c bh_0^2}{(\beta_1 - \xi_b)(h_0 - a'_s)} + \alpha_1 f_c bh_0} + \xi_b \qquad (6.2.17-8)$$

需注意的是:

(1) 偏心受压构件受压类型的判别

1) 界限破坏时的界限相对受压区高度 ξ_b

当 $\xi < \xi_b$ 时为大偏压;当 $\xi > \xi_b$ 时为小偏压。

2) 界限破坏时的偏心距及相对界限偏心距

$$N_b = \alpha_1 f_c b \xi_b h_0 + f'_y A'_s - f_y A_s$$

$$M_b = 0.5\alpha_1 f_c b \xi_b h_0 (h - \xi_b h_0) + f'_y A'_s \left(\frac{h}{2} - a'_s\right) + f_y A_s \left(\frac{h}{2} - a_s\right)$$

$$\frac{e_{0b}}{h_0} = \frac{M_b}{N_b h_0} = \frac{0.5\alpha_1 f_c b \xi_b (h - \xi_b h_0) + f'_y A'_s (h/2 - a'_s) + f_y A_s (h/2 - a_s)}{(\alpha_1 f_c b \xi_b h_0 + f'_y A'_s - f_y A_s) h_0}$$

当 $e_i \leq e_{0b,min}$ 时,按小偏心受压构件计算;

当 $e_i > e_{0b,min}$ 时,按大偏心受压构件计算。

特别地,对于对称配筋的矩形截面构件,则:

$$N_b = \alpha_1 f_c b h_0 \xi_b$$

当 $e_i \leq e_{0b,min}$ 时,或当 $e_i > e_{0b,min}$ 且 $\gamma_0 N > N_b$ 时,为小偏心受压构件。

当 $e_i > e_{0b,min}$ 且 $\gamma_0 N \leq N_b$ 时,为大偏心受压构件。

> 抗震设计时,$N_b = \dfrac{1}{\gamma_{RE}} (\alpha_1 f_c b h_0 \xi_b)$
>
> - 抗震设计时,当 $e_i \leq e_{0b,min}$ 时,或当 $e_i > e_{0b,min}$ 且 $N > N_b$ 时,为小偏心受压构件。
> - 抗震设计时,当 $e_i > e_{0b,min}$ 且 $N \leq N_b$ 时,为大偏心受压构件。

最小相对界限偏心距 $(e_{0b}/h_0)_{min}$ 之值,见表 3.4.1。

(2)《混规》6.2.17 条第 2 款中,当未配预应力钢筋 ($A_p = 0$、$A'_p = 0$) 时,受压区高度应满足规范式 (6.2.17-4),即:$x \geq 2a'_s$;否则,当 $x < 2a'_s$ 时,应按规范式 (6.2.14) 计算,即:

最小相对界限偏心距 $(e_{0b}/h_0)_{min}$　　　　　　表 3.4.1

混凝土强度等级	C25	C30	C35	C40	C45	C50
HRB335	0.354	0.338	0.327	0.319	0.314	0.310
HRB400	0.395	0.375	0.361	0.351	0.344	0.338
HRB500	0.447	0.422	0.404	0.390	0.381	0.374

注:$h/h_0 = 1.075$,$a'_s/h_0 = 0.075$,$a'_s = a_s$。

$$Ne'_s \leq f_y A_s (h - a_s - a'_s)$$

$$e'_s = e_i - \frac{h}{2} + a'_s$$

(3)《混规》6.2.17 条中,当未配预应力钢筋时(即钢筋混凝土结构),规范式 (6.2.17-3) 变为:

$$e = e_i + \frac{h}{2} - a_s$$

规范式（6.2.17-6）变为：

$$e' = \frac{h}{2} - a'_s - (e_0 - e_a)$$

▲矩形截面对称配筋计算（求 $A_s = A'_s$）

具体计算步骤如下：

第一步，确定初始偏心距 e_i，由规范式（6.2.17-4）求得 e_i：

$$e_i = e_0 + e_a = \frac{M}{N} + e_a$$

$$e_a = \max\left\{20, \frac{h}{30}\right\}(\text{mm})（《混规》6.2.5 条）$$

第二步，确定轴向力到纵向普通受拉钢筋合力点的距离 e，由规范式（6.2.17-3）求得 e，即：

$$e = e_i + \frac{h}{2} - a_s$$

第三步，判别偏心受压类型

解法一：（相对界限偏心距法）

$N_b = \alpha_1 f_c b \xi_b h_0$；查表 3.4.1 得 $e_{0b,\min}$ 值。

①当 $e_i > e_{0b,\min}$ 且 $\gamma_0 N \leqslant N_b$ 时，为大偏心受压构件，则按规范式（6.2.17-1）求得 x，即：

$$x = \frac{N}{\alpha_1 f_c b} < \xi_b h_0$$

- 抗震设计时，上式中 N 用 $\gamma_{RE} N$ 替代。

②当 $e_i \leqslant e_{0b,\min}$，或 $e_i > e_{0b,\min}$ 且 $\gamma_0 N > N_b$ 时，为小偏心受压构件，则按规范式（6.2.17-8）求 ξ 和 x，即：

$$\xi = \frac{N - \xi_b \alpha_1 f_c b h_0}{\frac{Ne - 0.43\alpha_1 f_c b h_0^2}{(\beta_1 - \xi_b)(h_0 - a'_s)} + \alpha_1 f_c b h_0} + \xi_b$$

$$x = \xi h_0$$

- 抗震设计时，上式中 N 用 $\gamma_{RE} N$ 替代。

解法二：（假定法）

假定法，即先假定为大偏压，根据 $f'_y = f_y$，对称配筋 $A'_s = A_s$，则：

$$x = \frac{N}{\alpha_1 f_c b}$$

①当 $x \leqslant \xi_b h_0$ 时，假定正确，为大偏压。

②当 $x > \xi_b h_0$ 时，假定不正确，应为小偏压，由《混规》式（6.2.17-8）计算 ξ 值。

抗震设计时，上式中 N 用 $\gamma_{RE} N$ 替代。

需注意的是，考试时，一般采用假定法。

第四步，确定纵向钢筋（$A_s = A_s'$）：

①当 $2a_s' \leqslant x \leqslant \xi_b h_0$，且为大偏压时，按规范式（6.2.17-2）计算 A_s'：

$$A_s = A_s' = \frac{Ne - \alpha_1 f_c bx(h_0 - x/2)}{f_y'(h_0 - a_s')}$$

- 抗震设计时，上式中 N 用 $\gamma_{RE} N$ 替代。

②当 $x < 2a_s'$，且为大偏压时，按规范式（6.2.14）计算 A_s：

当 $e_i > \dfrac{h}{2}$ 时，$e_s' = e_i - \dfrac{h}{2} + a_s'$

$$A_s = A_s' = \frac{Ne_s'}{f_y(h - a_s - a_s')} = \frac{N(e_i - h/2 + a_s')}{f_y(h - a_s - a_s')}$$

- 抗震设计时，上式中 N 用 $\gamma_{RE} N$ 替代。

③当 $x > \xi_b h_0$，且为小偏压时，按规范式（6.2.17-7）计算 A_s'：

$$A_s = A_s' = \frac{Ne - \xi(1 - 0.5\xi)\alpha_1 f_c b h_0^2}{f_y'(h_0 - a_s')}$$

- 抗震设计时，上式中 N 用 $\gamma_{RE} N$ 替代。

上式中的 ξ 值由第三步中②情况求得。

第五步，验算配筋率

$$\rho = \frac{\Sigma(A_s + A_s')}{bh} < \rho_{max} = 5\% \quad (《混规》9.3.1 条规定)$$

$$> \rho_{min} \quad (查《混规》表 8.5.1)$$

$$\rho_{侧} > \rho_{侧,min} \quad (查《混规》表 8.5.1)$$

▲矩形截面非对称配筋计算（已知 A_s'，求 A_s）

具体计算步骤如下：

第一步、第二步同上述矩形截面对称配筋计算；

第三步，求混凝土受压区高度 x，由规范式（6.2.17-2）求出 x：

$$Ne = \alpha_1 f_c bx(h_0 - x/2) + f_y' A_s'(h_0 - a_s')$$

令：

$$\alpha_1 f_c bx(h_0 - x/2) = Ne - f_y' A_s'(h_0 - a_s') = M_1$$

- 抗震设计时，上述两式中 N 用 $\gamma_{RE} N$ 替代。

求解上述一元二次方程可求得 x 值：

$$x = h_0 - \sqrt{h_0^2 - \frac{2M_1}{\alpha_1 f_c b}}$$

第四步，确定纵向钢筋 A_s：

①当 $2a_s' \leqslant x \leqslant \xi_b h_0$，大偏压时，$\sigma_s = f_y$，按规范式（6.2.17-1）求出 A_s。

②当 $x < 2a_s'$，大偏压时，$\sigma_s = f_y$，按规范式（6.2.14）求 A_s。

③当 $x>\xi_b h_0$，小偏压时，由规范式（6.2.8-3）求出 σ_s，再由规范式（6.2.17-1）求出 A_s。

第五步，同上述矩形截面对称配筋计算。

【**例 3.4.11**】 已知一钢筋混凝土偏心受压柱，其截面尺寸 $b \times h = 400\text{mm} \times 500\text{mm}$，柱子的计算长度 $l_0 = 5.0\text{m}$，承受荷载基本组合下轴向力设计值 $N = 1000\text{kN}$，已考虑二阶效应的弯矩设计值 $M = 400\text{kN} \cdot \text{m}$，混凝土强度等级为 C30，纵向受力钢筋为 HRB400 级。环境类别一类，安全等级二级。取 $a_s = a'_s = 40\text{mm}$。不考虑地震作用。

试问：对称配筋，确定 A_s、A'_s。

【**解答**】 查《混规》表，$f_c = 14.3\text{N/mm}^2$，$f_y = f'_y = 360\text{N/mm}^2$

$\alpha_1 = 1.0$，$\xi_b = 0.518$，环境一类，C30 的柱，$a_s = 40\text{mm}$，$a'_s = 40\text{mm}$，$h_0 = 500 - 40 = 460\text{mm}$

(1) 确定初始偏心距 e_i

$$e_0 = \frac{M}{N} = \frac{400}{1000} = 0.4\text{m} = 400\text{mm}$$

$$e_a = \frac{h}{30} = \frac{500}{30} = 16.67\text{mm} < 20\text{mm}，故取 e_a = 20\text{mm}$$

由规范式（6.2.17-4）求得 e_i：

$$e_i = e_0 + e_a = 400 + 20 = 420\text{mm}$$

(2) 确定偏压类型

假定为大偏压，由《混规》式（6.2.17-1），则：

$$x = \frac{N}{\alpha_1 f_c b} = \frac{1000 \times 10^3}{1 \times 14.3 \times 400} = 174.8\text{mm} < \xi_b h_0 = 0.518 \times 460 = 238\text{mm}$$

$$> 2a'_s = 2 \times 40 = 80\text{mm}$$

故假定正确，为大偏压。

(3) 求 A_s、A'_s

由规范式（6.2.17-3）求得 e：

$$e = e_i + \frac{h}{2} - a_s = 420 + \frac{500}{2} - 40 = 630\text{mm}$$

由规范式（6.2.17-2）求得 A_s、A'_s：

$$A_s = A'_s = \frac{Ne - \alpha_1 f_c bx(h_0 - x/2)}{f'_y(h_0 - a'_s)}$$

$$= \frac{1000 \times 10^3 \times 630 - 1 \times 14.3 \times 400 \times 174.8 \times (460 - 174.8/2)}{360 \times (460 - 40)}$$

$$= 1703\text{mm}^2$$

A_s、A'_s 各选 4⊕25（$A_s = A'_s = 1964\text{mm}^2$）

(4) 验算配筋率

$$\rho = \frac{\Sigma(A_s + A'_s)}{bh} = \frac{2 \times 1964}{400 \times 500} = 1.96\% < \rho_{max} = 5\%$$

$$> \rho_{min} = 0.55\%$$

$$\rho_{侧} = \frac{1964}{400 \times 500} = 0.98\% > \rho_{侧,min} = 0.2\%，满足要求$$

思考：假定柱子承受轴向力设计值 $N=350$kN，已考虑二阶效应后的弯矩设计值 $M=200$kN·m，其他条件均不变。试问，对称配筋，确定 A_s、A_s'。

具体求解如下：

① 求初始偏心距 e_i：

$$e_0 = \frac{M}{N} = \frac{200}{350} = 0.571\text{m} = 571\text{mm}$$

$$e_a = \frac{h}{30} = \frac{500}{30} = 16.67\text{mm} < 20\text{mm}，故取 } e_a = 20\text{mm}$$

$$e_i = e_0 + e_a = 571 + 20 = 591\text{mm}$$

② 确定偏压类型：

假定为大偏压，由《混规》式（6.2.17-1）得：

$$x = \frac{N}{\alpha_1 f_c b} = \frac{350 \times 10^3}{1 \times 14.3 \times 400} = 61.2\text{mm} < 2a_s' = 2 \times 40 = 80\text{mm}$$

$$< \xi_b h_0 = 0.518 \times 460 = 238\text{mm}$$

故假定正确，为大偏压。

根据《混规》6.2.17 条第 2 款，应按规范式（6.2.14）进行计算 A_s、A_s'。

③ 确定 A_s、A_s'

$$e_s' = e_i - \frac{h}{2} + a_s' = 591 - \frac{500}{2} + 40 = 381\text{mm}$$

由规范式（6.2.14）条：

$$A_s = A_s' = \frac{Ne_s'}{f_y(h - a_s - a_s')} = \frac{350 \times 10^3 \times 381}{360 \times (500 - 40 - 40)}$$

$$= 882\text{mm}^2$$

故 A_s、A_s' 各选 3 ⌀ 20（$A_s = A_s' = 942\text{mm}^2$）

验算配筋率，此处略。

【例 3.4.12】 已知一钢筋混凝土偏心受压柱，其截面尺寸 $b \times h = 400\text{mm} \times 600\text{mm}$，柱子的计算高度 $l_0 = 5.0$m，承受轴压力设计值 $N = 2500$kN，已考虑二阶效应后的弯矩设计值 $M = 200$kN·m，混凝土强度等级为 C30，纵向受力钢筋为 HRB400。箍筋采用 HPB300 级并且直径为 10mm。安全等级为二级，环境类别为一类。不考虑地震作用。

试问： 对称配筋，确定 A_s、A_s'。

【解答】 查规范表，$f_c = 14.3\text{N/mm}^2$，$f_y = f_y' = 360\text{N/mm}^2$，环境一类、C30 的柱，查《混规》表 8.2.1 知，箍筋的混凝土保护层厚度 $c = 20$mm，纵筋的 $c = 30$mm，设 $a_s = 40$mm，$a_s' = 40$mm，$h_0 = h - a_s = 600 - 40 = 560$mm。

(1) 求初始偏心距 e_i

$$e_0 = \frac{M}{N} = \frac{200}{2500} = 0.08\text{m} = 80\text{mm}$$

$$e_a = \frac{h}{30} = \frac{600}{30} = 20\text{mm}，故取 } e_a = 20\text{mm}$$

$$e_i = e_0 + e_a = 80 + 20 = 100 \text{mm}$$

(2) 确定偏压类型

假定为大偏压，由规范式（6.2.17-1），则：

$$x = \frac{N}{\alpha_1 f_c b} = \frac{2500 \times 10^3}{1 \times 14.3 \times 400}$$

$$= 437 \text{mm} > \xi_b h_0 = 0.518 \times 560$$

$$= 290 \text{mm}$$

故假定不正确，应为小偏压。

由规范式（6.2.17-8）求出 ξ：

$$e = e_i + \frac{h}{2} - a_s = 100 + \frac{600}{2} - 40 = 360 \text{mm}$$

由规范 6.2.6 条知，$\beta_1 = 0.8$

$$\xi = \frac{N - \xi_b \alpha_1 f_c b h_0}{\dfrac{Ne - 0.43 \alpha_1 f_c b h_0^2}{(\beta_1 - \xi_b)(h_0 - a_s')} + \alpha_1 f_c b h_0} + \xi_b$$

上式中，

$$\frac{Ne - 0.43 \alpha_1 f_c b h_0^2}{(\beta_1 - \xi_b)(h_0 - a_s')} = \frac{2500 \times 10^3 \times 360 - 0.43 \times 1 \times 14.3 \times 400 \times 560^2}{(0.8 - 0.518) \times (560 - 40)}$$

$$= 877451 \text{N}$$

故 $\xi = \dfrac{2500 \times 10^3 - 0.518 \times 1 \times 14.3 \times 400 \times 560}{877451 + 1 \times 14.3 \times 400 \times 560} + 0.518$

$$= 0.206 + 0.518 = 0.724$$

(3) 确定 A_s、A_s'

由规范式（6.2.17-7）得：

$$A_s = A_s' = \frac{Ne - \xi(1 - 0.5\xi)\alpha_1 f_c b h_0^2}{f_y'(h_0 - a_s')}$$

$$= \frac{2500 \times 10^3 \times 360 - 0.724 \times (1 - 0.5 \times 0.724) \times 1 \times 14.3 \times 400 \times 560^2}{360 \times (560 - 40)}$$

$$= 382 \text{mm}^2$$

故 A_s、A_s' 各配 4 Φ 18（$A_s = A_s' = 1017 \text{mm}^2$）

(4) 验算配筋率

$$\rho = \frac{2 \times 1017}{400 \times 600} = 0.85\% < \rho_{max} = 5\%$$

$$> \rho_{min} = 0.55\%$$

$\rho_{侧} = 0.425\% > \rho_{侧,min} = 0.2\%$，满足要求。

【例 3.4.13】 某矩形截面柱，截面尺寸 $b=500$mm，$h=600$mm，荷载基本组合下轴向压力设计值 $N=750$kN，已考虑二阶效应后的弯矩设计值 $M=227.25$kN·m，采用 C30 混凝土，HRB400 级钢筋，若已配置纵向受压钢筋 4Φ20。环境类别为一类，安全等级为二级。取 $a_s=a_s'=40$mm。不考虑地震作用。

试问：该柱的纵向受拉钢筋 A_s。

【解答】 查《混规》表，$f_c=14.3$N/mm²，$f_y=f_y'=360$N/mm²

环境一类、C30 的柱，$a_s'=40$mm，$a_s=40$mm，$h_0=h-a_s=560$mm

(1) 求 e_i 和 e：

$$e_0 = \frac{M}{N} = \frac{227.25}{750} = 0.303\text{m} = 303\text{mm}$$

$$e_a = \frac{h}{30} = \frac{600}{30} = 20\text{mm}，故取 e_a = 20\text{mm}$$

$$e_i = e_0 + e_a = 323\text{mm}$$

$$e = e_i + \frac{h}{2} - a_s = 323 + \frac{600}{2} - 40 = 583\text{mm}$$

(2) 求混凝土受压区高度 x：

由混凝土受压区高度 x 所承担的弯矩值 M_1，由《混规》式（6.2.17-2）：

$$M_1 = Ne - f_y'A_s'(h_0 - a_s')$$

$$= 750 \times 10^3 \times 583 - 360 \times 1256 \times (560 - 40)$$

$$= 202.13\text{kN·m}$$

$$x = h_0 - \sqrt{h_0^2 - \frac{2M_1}{\alpha_1 f_c b}}$$

$$= 560 - \sqrt{560^2 - \frac{2 \times 202.13 \times 10^6}{1 \times 14.3 \times 500}}$$

$$= 53\text{mm} < 2a_s' = 80\text{mm} < \xi_b h_0 = 290\text{mm}$$

故为大偏压。

根据《混规》6.2.17 条第 2 款，应按规范式（6.2.14）计算 A_s。

(3) 确定 A_s

$$e_s' = e_i - \frac{h}{2} + a_s' = 323 - \frac{600}{2} + 40 = 63\text{mm}$$

由规范式（6.2.14）求出 A_s：

$$A_s = \frac{Ne_s'}{f_y(h - a_s - a_s')} = \frac{750 \times 10^3 \times 63}{360 \times (600 - 40 - 40)}$$

$$= 252\text{mm}^2$$

选 4Φ14（$A_s=615$mm²）

(4) 验算配筋率

$$\rho = \frac{\Sigma(A_s + A'_s)}{bh} = \frac{1256 + 615}{500 \times 600} = 0.62\% < \rho_{max} = 5\%$$
$$> \rho_{min} = 0.55\%$$

$$\rho_{侧} = \frac{A_s}{bh} = \frac{615}{500 \times 600} = 0.205\% > \rho_{侧,min} = 0.2\%$$

所以 4 ⊕ 14 满足要求。

思考：假定，抗震设计，该钢筋混凝土框架柱的抗震等级为二级，地震组合时内力设计值为：$M=227.25\text{kN} \cdot \text{m}$，$N=750\text{kN}$，$e=583\text{mm}$，其轴压比为0.58，其他条件均不变，试确定该柱的纵向受拉钢筋。

此时，轴压比为0.58，抗震等级为二级，查《混规》表11.1.6，取 $\gamma_{RE}=0.8$。

由《混规》11.1.6 条、《混规》式（6.2.17-2）：

$$M_1 = \gamma_{RE} N e - f'_y A'_s (h_0 - a'_s)$$

$$= 0.8 \times 750 \times 10^3 \times 583 - 360 \times 1256 \times (560 - 40) = 114.68 \text{kN} \cdot \text{m}$$

$$x = h_0 - \sqrt{h_0^2 - \frac{2M_1}{\alpha_1 f_c b}}$$

$$= 560 - \sqrt{560^2 - \frac{2 \times 114.68 \times 10^6}{1 \times 14.3 \times 500}}$$

$$= 29\text{mm} < 2a'_s = 80\text{mm} < \xi_b h_0 = 290\text{mm}$$

故为大偏压。

同理，按《混规》6.2.14 条、11.1.6 条计算 A_s，由前述计算结果 $e'_s=63\text{mm}$：

$$A_s = \frac{\gamma_{RE} N e'_s}{f_y (h - a_s - a'_s)} = \frac{0.8 \times 750 \times 10^3 \times 63}{360 \times (600 - 40 - 40)}$$

$$= 202\text{mm}^2$$

复核最小配筋率，此处略。

▲矩形截面对称配筋偏心受压构件的承载力计算（已知 N，求 M）

具体求解步骤如下：

第一步，判别偏心受压类别，界限破坏时的轴压力 N_b：

$$N_b = \alpha_1 f_c b h_0 \xi_b \begin{cases} \text{当 } \gamma_0 N \leq N_b，属大偏压 \\ \text{当 } \gamma_0 N > N_b，属小偏压 \end{cases}$$

抗震设计时，$N_b = \dfrac{1}{\gamma_{RE}} (\alpha_1 f_c b h_0 \xi_b)$

● 抗震设计时，当 $N \leq N_b$ 时，属大偏压；当 $N > N_b$ 时，属小偏压。

第二步，求混凝土受压区高度 x

①属于大偏压时，$\sigma_s = f_y$，由《混规》式（6.2.17-1）求出 x，即：

$$x = \frac{N}{\alpha_1 f_c b}$$

②属于小偏压时，按《混规》式（6.2.8-3）即：

$$\sigma_s = \frac{f_y}{\xi_b - \beta_1}\left(\frac{x}{h_0} - \beta_1\right) \begin{matrix}\leqslant f_y \\ \geqslant -f_y'\end{matrix}$$

和规范式（6.2.17-1）联解求出 x。

第三步，求出 e（或 e_s'）。

①当 $x \geqslant 2a_s'$，由规范式（6.2.17-2）求出 e，即：

$$e = \frac{\alpha_1 f_c bx(h_0 - x/2) + f_y' A_s'(h_0 - a_s')}{N}$$

● 抗震设计时，上式中 N 用 $\gamma_{RE}N$ 替代。

②当 $x < 2a_s'$，由规范式（6.2.14）求出 e_s'，即：

$$e_s' = \frac{f_y A_s(h - a_s - a_s')}{N}$$

● 抗震设计时，上式中 N 用 $\gamma_{RE}N$ 替代。

第四步，求 e_i。由规范式（6.2.17-3）求出 e_i 或 6.2.17 条第 2 款规定：

$$e = e_i + \frac{h}{2} - a_s$$

$$e_s' = e_i - \frac{h}{2} + a_s'$$

第五步，求 e_0，由规范式（6.2.17-4）求出 e_0（$e_0 = e_i - e_a$）。

第六步，求 M，$M = N \cdot e_0$。

思考：当采用假定法时，上述步骤如下：

第一步，判别偏心受压类别。假定为大偏压，则：

$$x = \frac{N}{\alpha_1 f_c b} \quad （抗震设计，用 \gamma_{RE}N 代替 N）$$

①当 $x \leqslant \xi_b h_0$ 时，假定正确，为大偏压；

②当 $x > \xi_b h_0$ 时，假定不正确，为小偏压，则按《混规》式（6.2.8-3）即：

$$\sigma_s = \frac{f_y}{\xi_b - \beta_1}\left(\frac{x}{h_0} - \beta_1\right)$$

和规范式（6.2.17-1）联合求解求出 x。

其他步骤同前述方法。

【例 3.4.14】 已知一钢筋混凝土偏心受压柱，其截面尺寸 $b \times h = 400\text{mm} \times 500\text{mm}$，柱子的计算长度 $l_0 = 5.0\text{m}$，混凝土强度等级为 C30，纵向钢筋采用 HRB400 级，对称配置纵向钢筋 5⊈22（$A_s = A_s' = 1900\text{mm}^2$）。箍筋采用 HPB300 级并且直径为 10mm。柱承受荷载基本组合下轴向压力设计值为 800kN。安全等级为二级、环境类别为一类。不考虑地震作用。

试问：该柱能承受的弯矩设计值 M。

【解答】 查规范表，$f_c = 14.3\text{N/mm}^2$，$f_y = f_y' = 360\text{N/mm}^2$

查《混规》表 8.2.1 知，箍筋混凝土保护层厚度 $c = 20\text{mm}$，纵筋的 $c = 30\text{mm}$，则

$a_s=30+22/2=41\text{mm}$,$a'_s=41\text{mm}$,$h_0=h-a_s=459\text{mm}$,$\alpha_1=1.0$,$\beta_1=0.8$,$\xi_b=0.518$。

(1) 判别偏心受压类型

假定为大偏压，由规范式（6.2.17-1）：

$$x=\frac{N}{\alpha_1 f_c b}=\frac{800\times 10^3}{1\times 14.3\times 400}=140\text{mm}<\xi_b h_0=0.518\times 459=238\text{mm}$$
$$>2a'_s=2\times 41=82\text{mm}$$

故假定正确，为大偏压。

(2) 求 e

$x=140\text{mm}>2a'_s=2\times 41=82\text{mm}$

由规范式（6.2.17-2）求出 e：

$$e=\frac{\alpha_1 f_c bx(h_0-x/2)+f'_y A'_s(h_0-a'_s)}{N}$$

$$=\frac{1\times 14.3\times 400\times 140\times (459-140/2)+360\times 1900\times (459-41)}{800000}$$

$$=747\text{mm}$$

(3) 求 e_i

由规范式（6.2.17-3）：

$$e=e_i+\frac{h}{2}-a_s=e_i+\frac{500}{2}-41$$

$$=209+e_i$$

又已经求出 $e=747$，故 $e_i=747-209=538\text{mm}$

(4) 求 e_0

$e_a=\frac{h}{30}=\frac{500}{30}=16.7\text{mm}<20\text{mm}$，故取 $e_a=20\text{mm}$

$e_i=e_0+e_a$，故 $e_0=e_i-e_a=538-20=518\text{mm}$

(5) 求 M

$$M=Ne_0=800\times 10^3\times 518=414.4\text{kN}\cdot\text{m}$$

【例 3.4.15】 已知条件同例 3.4.14，柱承受轴向压力设计值为 420kN，其他条件不变。

试问： 该柱能承受的弯矩设计值 M。

【解答】 查规范表，$f_c=14.3\text{N/mm}^2$，$f_y=f'_y=360\text{N/mm}^2$，$a_s=a'_s=41\text{mm}$，$h_0=h-a_s=459\text{mm}$

$$\alpha_1=1.0,\beta_1=0.8,\xi_b=0.518$$

(1) 判别偏心受压类型

假定为大偏压，由规范式（6.2.17-1）：

$$x=\frac{N}{\alpha_1 f_c b}=\frac{420\times 10^3}{1\times 14.3\times 400}=73.4\text{mm}<\xi_b h_0=238\text{mm}$$

故假定正确，为大偏压。

(2) 求 e'_s

$x=73.4\text{mm}<2a'_s=82\text{mm}$

由规范式（6.2.14）得：

$$e'_s = \frac{f_y A_s(h-a'_s-a_s)}{N} = \frac{360 \times 1900 \times (500-41-41)}{420000}$$

$$= 681 \text{mm}$$

(3) 求 e_i

根据《混规》6.2.17 条第 2 款规定：

$$e'_s = e_i - \frac{h}{2} + a'_s$$

$$= e_i - \frac{h}{2} + a'_s = e_i - \frac{500}{2} + 41$$

$$= e_i - 209$$

又由（3）求得 $e'_s = 681\text{mm}$，则：

$$e_i = 209 + 681 = 890 \text{mm}$$

(4) 求 e_0

由《混规》6.2.5 条：$e_a = \frac{h}{30} = \frac{500}{30} = 16.7\text{mm} < 20\text{mm}$

故取 $e_a = 20\text{mm}$。

$e_i = e_0 + e_a$，即：$e_0 = e_i - e_a = 890 - 20 = 870\text{mm}$

(5) 求 M

$$M = N \cdot e_0 = 420000 \times 870 = 365.4 \text{kN} \cdot \text{m}$$

思考：假定，抗震设计，该偏心受压框架柱抗震等级为二级，轴压比为 0.65，框架柱承受地震组合轴向压力设计值为 480kN，其他条件均不变。

试问：该柱能承受的地震组合时的弯矩设计值 M。

解答如下：

(1) 判别偏心受压类别

轴压比 0.65＞0.15，抗震等级为二级，查《混规》表 11.1.6，取 $\gamma_{RE}=0.8$

假定为大偏压，且受压区高度不大于 h'_f，由 6.2.18 条第 1 款、11.1.6 条：

$$x = \frac{\gamma_{RE} N}{\alpha_1 f_c b} = \frac{0.8 \times 480 \times 10^3}{1 \times 14.3 \times 400} = 67\text{mm} < 2a'_s = 82\text{mm}$$

故原假定正确。

由《混规》式（6.2.14）：

$$e'_s = \frac{f_y A_s(h-a'_s-a_s)}{\gamma_{RE} N} = \frac{360 \times 1900 \times (500-41-41)}{0.8 \times 480 \times 10^3}$$

$$= 745\text{mm}$$

(2) 求 e_i

由《混规》6.2.17 条第 2 款规定：

$$e'_s = e_i - \frac{h}{2} + a'_s$$

$$= e_i - \frac{h}{2} + a'_s = e_i - \frac{500}{2} + 41$$

$$= e_i - 209$$

又由上述（2）可知：$e'_s = 745$，则：
$$e_i = e'_s + 209 = 745 + 209 = 954\text{mm}$$

(3) 求 e_0

由《混规》6.2.5 条：$e_a = \dfrac{h}{300} = \dfrac{500}{300} = 16.7\text{mm} < 20\text{mm}$

故取 $e_a = 20\text{mm}$

$e_i = e_0 + e_a$，即：$e_0 = e_i - e_a = 954 - 20 = 934\text{mm}$

(4) 求 M
$$M = N \cdot e_0 = 480 \times 10^3 \times 934 = 448.32\text{kN} \cdot \text{m}$$

2. I 形截面偏心受压构件计算

● 复习《混规》6.2.18 条。

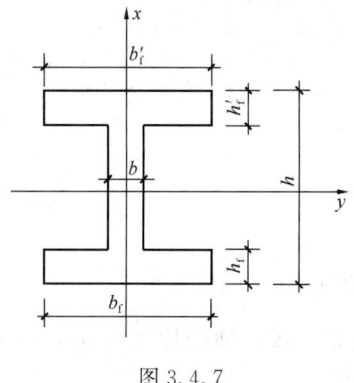

图 3.4.7

需注意的是：

(1) 受压区高度 x。当 $x \leqslant h'_f$ 时，按 $b'_f \times h$ 的矩形截面计算，具体又分两种情况，见下面 (2)；

当 $h'_f < x < h - h_f$ 时，按《混规》式 (6.2.18-1)、式 (6.2.18-2) 计算。

当 $x > h - h_f$ 时，按《混规》6.2.18 条第 3 款规定进行计算。

(2) 第一种情况，当 $2a'_s \leqslant x \leqslant h'_f$ 时，按 $b'_f \times h$ 的矩形截面计算。

第二种情况，当 $x \leqslant h'_f$，且 $x < 2a'_s$ 时，按 $b'_f \times h$ 的矩形截面计算，且按《混规》6.2.17 条第 2 款规定，即按规范式 (6.2.14) 进行计算。

【例 3.4.16】 某对称 I 字形截面柱如图 3.4.7 所示，$b_f = b'_f = 400\text{mm}$，$b = 100\text{mm}$，$h = 600\text{mm}$，$h'_f = h_f = 100\text{mm}$，计算高度 $l_0 = 5.0\text{m}$，$a_s = a'_s = 45\text{mm}$，采用 C30 混凝土，HRB400 级钢筋。柱承受荷载基本组合下轴向压力设计值 $N = 400\text{kN}$，已考虑二阶效应后的弯矩设计值 $M = 250\text{kN} \cdot \text{m}$。$\gamma_0 = 1.0$。不考虑地震作用。

试问：确定对称配筋截面面积 A_s、A'_s。

【解答】 查《混规》表，$f_c = 14.3\text{N/mm}^2$，$f_y = f'_y = 360\text{N/mm}^2$，$\alpha_1 = 1.0$，$\xi_b = 0.518$

$$h_0 = h - a_s = 600 - 45 = 555\text{mm}$$

$$A = 100 \times 600 + 2 \times (400 - 100) \times 100 = 120000\text{mm}^2$$

(1) 判别偏心受压类型

$$e_0 = \frac{M}{N} = \frac{250}{400} = 0.625\text{m} = 625\text{mm}$$

$$e_a = \frac{h}{300} = \frac{600}{300} = 20\text{mm}, \text{故取 } e_a = 20\text{mm}$$

$$e_i = e_a + e_0 = 625 + 20 = 645\text{mm}$$

假定为大偏压，且受压区高度不大于 h'_f，则由《混规》6.2.18 条第 1 款：

$$x = \frac{N}{\alpha_1 f_c b'_f} = \frac{400 \times 10^3}{1 \times 14.3 \times 400}$$

$$= 70\text{mm} < h'_f = 100\text{mm}$$

$$< 2a'_s = 90\text{mm}$$

故原假定正确。

根据《混规》6.2.18 条第 1 款规定，按规范 6.2.17 条计算 A_s、A'_s。

（2）求 A_s、A'_s

由《混规》6.2.17 条第 2 款、6.2.14 条计算 A_s，取 $x = 2a'_s$：

$$A'_s = A_s = \frac{Ne'_s}{f_y(h - a_s - a'_s)}$$

$$= \frac{N(e_i - h/2 + a'_s)}{f_y(h - a_s - a'_s)}$$

$$= \frac{400 \times 10^3 \times (645 - 600/2 + 45)}{360 \times (600 - 45 - 45)}$$

$$= 850\text{mm}^2$$

（3）验算最小配筋率

$$\rho = \frac{A'_s + A_s}{A} = \frac{2 \times 850}{120000} = 1.42\% > \rho_{min} = 0.55\%$$

$$\rho_{侧} = \frac{A'_s}{A} = \frac{850}{120000} = 0.71\% > \rho_{侧,min} = 0.2\%$$

故满足要求。

【例 3.4.17】 题目条件同例 3.4.16，已知柱承受轴向压力设计值 $N = 550\text{kN}$，已考虑二阶效应后的弯矩设计值 $M = 300\text{kN}\cdot\text{m}$。

试问：确定对称配筋截面面积 A_s、A'_s。

【解答】 查《混规》表，$f_c = 14.3\text{N/mm}^2$，$f_y = f'_y = 360\text{N/mm}^2$，$\alpha_1 = 1.0$，$\xi_b = 0.518$，$h_0 = h - a_s = 555\text{mm}$，$A = 120000\text{mm}^2$

（1）判别偏心受压类型

$$e_0 = \frac{M}{N} = \frac{300}{550} = 0.545\text{m} = 545\text{mm}$$

$$e_a = \frac{h}{30} = \frac{600}{30} = 20\text{mm}, 故取 e_a = 20\text{mm}$$

$$e_i = e_a + e_0 = 565\text{mm}$$

假定为大偏压，且受压区高度不大于 h'_f，由《混规》6.2.18 条第 1 款：

$$x = \frac{N}{\alpha_1 f_c b'_f} = \frac{550 \times 10^3}{1 \times 14.3 \times 400} = 96.2\text{mm} < h'_f = 100\text{mm}$$

$$> 2a'_s = 90\text{mm}$$

故原假定正确,应按《混规》6.2.18条第1款计算。
(2) 求 A_s、A_s'

$$e = e_i + \frac{h}{2} - a_s$$

$$= 565 + \frac{600}{2} - 45 = 820 \text{mm}$$

由规范式(6.2.17-2)计算 A_s'：

$$A_s = A_s' = \frac{Ne - \alpha_1 f_c b_f' x(h_0 - x/2)}{f_y'(h_0 - a_s')}$$

$$= \frac{550 \times 10^3 \times 820 - 1 \times 14.3 \times 400 \times 96.2 \times (555 - 96.2/2)}{360 \times (555 - 45)}$$

$$= 937 \text{mm}^2$$

(3) 验算最小配筋率

$$\rho = \frac{A_s + A_s'}{A} = \frac{2 \times 937}{120000} = 1.56\% > 0.55\%$$

$$\rho_{侧} = \frac{A_s'}{A} = \frac{937}{120000} = 0.78\% > 0.2\%$$

故满足要求。

【例3.4.18】 题目条件同例3.4.16,已知柱承受轴向压力设计值 $N = 750 \text{kN}$,已考虑二阶效应后的弯矩设计值 $M = 400 \text{kN} \cdot \text{m}$。

试问：确定对称配筋截面面积 A_s、A_s'。

【解答】 (1) 判别偏心受压类型

$$e_0 = \frac{M}{N} = \frac{400}{750} = 0.533 \text{m} = 533 \text{mm}$$

$$e_a = \frac{h}{30} = \frac{600}{30} = 20 \text{mm}, 故取 e_a = 20 \text{mm}$$

$$e_i = e_0 + e_a = 533 + 20 = 553 \text{mm}$$

假定为大偏压,且受压区高度不大于 h_f',由《混规》6.2.18条第1款：

$$x = \frac{N}{\alpha_1 f_c b_f'} = \frac{750 \times 10^3}{1 \times 14.3 \times 400} = 131 \text{mm} > h_f' = 100 \text{mm}$$

此时中和轴在腹板内,故原假定不正确；按《混规》6.2.18条第2款规定,仍假定为大偏压：

$$x = \frac{N - \alpha_1 f_c h_f'(b_f' - b)}{\alpha_1 f_c b}$$

$$= \frac{750000 - 1 \times 14.3 \times 100 \times (400 - 100)}{1 \times 14.3 \times 100}$$

$$= 225 \text{mm} < \xi_b h_0 = 287 \text{mm}, 且 < h - h_f = 500 \text{mm}$$

故此时假定正确。

（2）求 A_s 和 A'_s

$$e = e_i + \frac{h}{2} - a_s = 553 + \frac{600}{2} - 45 = 808\text{mm}$$

由规范式（6.2.18-2）求出 A'_s：

$$A_s = A'_s = \frac{Ne - \alpha_1 f_c [bx(h_0 - x/2) + (b'_f - b)h'_f(h_0 - h'_f/2)]}{f'_y(h_0 - a'_s)}$$

$$= \frac{750 \times 10^3 \times 808 - 1 \times 14.3 \times [100 \times 225 \times (555 - 225/2) + (400 - 100) \times 100 \times (555 - 50)]}{360 \times (555 - 45)}$$

$$= 1345 \text{mm}^2$$

（3）验算最小配筋率

$$\rho = \frac{A_s + A'_s}{A} = \frac{2 \times 1345}{120000} = 2.24\% > 0.55\%$$

$$\rho_{侧} = \frac{A'_s}{A} = \frac{1345}{120000} = 1.12\% > 0.2\%$$

故满足要求。

3. 正截面承载力 $N_u - M_u$ 的相关曲线及其应用

对于给定的一个偏心受压构件正截面，它的受压承载力设计值 N_u 与正截面的受弯承载力设计值 M_u 之间的关系（$M = N \cdot e$），如图 3.4.8 所示。

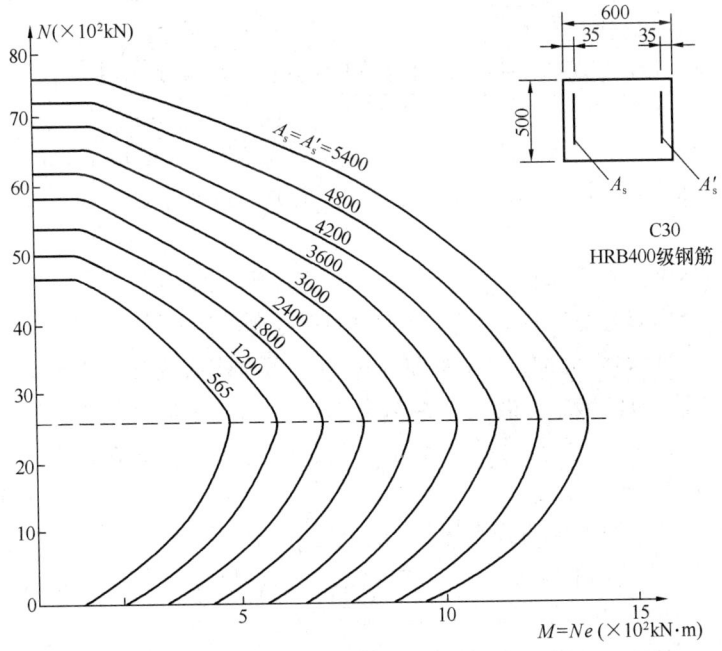

图 3.4.8 对称配筋时 $N_u - M_u$（$N-M$）相关曲线

从图 3.4.8 可见，整个曲线分为大偏心受压破坏和小偏心受压破坏两个曲线段，其特点是：

(1) 小偏心受压时，N_u 随 M_u 的增大而减小；大偏心受压时，N_u 随 M_u 的增大而增大；

(2) $M_u=0$，N_u 最大；$N_u=0$，M_u 不是最大；界限破坏时，$N=N_b$，M_u 最大；

(3) 对称配筋时，如果截面形状和尺寸相同，混凝土强度等级和钢筋级别也相同，但配筋数量不同，则在界限破坏时，它们的 N_u 是相同的（因为 $N_u=\alpha_1 f_c b x_b$），所以各条 N_u-M_u 曲线的界限破坏点在同一水平处，见图 3.4.8 中的虚线。

利用 N_u-M_u 曲线的关系，确定对称配筋情况下最不利内力组合：

(1) 判别偏心受压类型

N_b 为界限破坏时的受压承载力值：

矩形截面对称配筋，$N_b=\alpha_1 f_c b \xi_b h_0$

1) 当 $e_i \leqslant e_{0b,min}$ 时，或当 $e_i > e_{0b,min}$ 且 $\gamma_0 N > N_b$ 时，为小偏压。

2) 当 $e_i > e_{0b,min}$ 且 $\gamma_0 N \leqslant N_b$ 时，为大偏压。

- 抗震设计时，当 $e_i \leqslant e_{0b,min}$ 时，或当 $e_i > e_{0b,min}$ 且 $N > N_b$ 时，为小偏压。
- 抗震设计时，当 $e_i > e_{0b,min}$ 且 $N \leqslant N_b$ 时，为大偏压。

(2) 小偏心受压时的最不利内力组合

由图 3.4.8 知，小偏心受压时，弯矩设计值 M 和轴力设计值 N 均为最大的一组内力为最不利内力组合。

(3) 大偏心受压时的最不利内力组合

同样，由图 3.4.8 知，大偏心受压时，弯矩设计值 M 大、轴力设计值 N 小的一组内力为最不利内力组合。

【**例 3.4.19**】 非抗震设计时，采用对称配筋的钢筋混凝土柱，在下列四组内力作用下：

(A) $M=100$kN·m，$N=150$kN (B) $M=100$kN·m，$N=500$kN
(C) $M=200$kN·m，$N=150$kN (D) $M=200$kN·m，$N=500$kN

试问：

(1) 若该柱为大偏心受压柱，其内力控制配筋是哪一组？

(2) 若该柱为小偏心受压柱，其内力控制配筋是哪一组？

【**解答**】 (1) 根据 N_u-M_u 的关系曲线可知，当大偏心受压破坏时，N_u 随 M_u 的增大而增大，界限破坏时的 M_u 为最大；当 M 相等时，N 越小的，其相应的 N_u 越大。

故在 (A)、(B) 中应选 (A)；在 (C)、(D) 中应选 (C)；在 (A)、(C) 中，应选 (C)，所以应选 (C) 项。

(2) 根据 N_u-M_u 的关系曲线可知，当小偏心受压破坏时，M、N 均为最大的一组为最不利，故在 (A)、(B) 中应选 (B)，在 (C)、(D) 中应选 (D)；在 (B)、(D) 中应选 (D) 项，所以应选 (D) 项。

【**例 3.4.20**】 某普通钢筋混凝土刚架，不考虑抗震设计。计算简图如图 3.4.9 所示。其中竖杆 CD 截面尺寸 600mm×600mm，混凝土强度等级为 C35，纵向钢筋采用 HRB400，对称配筋，$a_s=a_s'=80$mm，$\xi_b=0.518$。不考虑各构件自重。

在如图所示荷载作用下，假定，重力荷载标准值 $g_k=145$kN/m，左风、右风荷载标

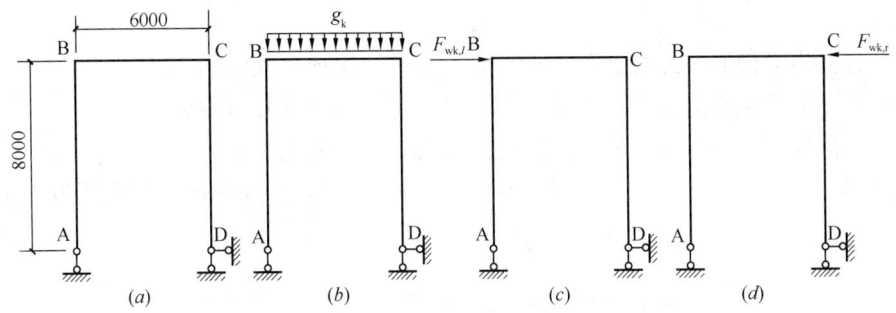

图 3.4.9
(a) 刚架简图；(b) 重力荷载；(c) 左风；(d) 右风

准值 $F_{wk,l}=F_{wk,r}=90kN$。试问，按正截面承载能力极限状态计算时，竖杆 CD 最不利截面的最不利荷载组合：轴力设计值的绝对值（kN），相应的弯矩设计值的绝对值（kN·m），与下列何项数值最为接近？

提示：按重力荷载分项系数为 1.3，风荷载分项系数为 1.5 计算。

(A) 390，700　　　　　　　　　　(B) 750，700
(C) 390，1100　　　　　　　　　　(D) 750，1100

【解答】 竖杆 CD 在 C 端为最不利截面，取压力为正，拉力为负：

重力荷载：$N_{k1}=0.5\times145\times6=435kN$，$M_{k1}=0$
左风：$N_{k2}=90\times8/6=120kN$，$M_{k2}=90\times8=720kN\cdot m$
右风：$N_{k3}=-90\times8/6=-120kN$，$M_{k3}=90\times8=720kN\cdot m$

重力荷载+左风组合：
$$N_1=1.3\times435+1.5\times120=745.5kN,\ M_1=1.5\times720=1080kN\cdot m$$

重力荷载+右风组合：
$$N_2=1.3\times435-1.5\times120=385.5,\ M_2=1.5\times720=1080kN\cdot m$$
$$x=\frac{745.5\times10^3}{1\times16.7\times600}=74.4mm<\xi_b h_0=0.518\times(600-80)=269.36mm$$

可知，两种组合均为大偏压。大偏压时，弯矩相同时，轴压力越小、配筋越大。

故取 $N=385.5kN$，$M=1080kN$，选（C）项。

思考：假定本题目无提示，则：
$$N=1.0\times435-1.5\times120=255kN,\ M=1.5\times120=1080kN\cdot m$$

仍为大偏压，为最不利荷载组合。

【例 3.4.21】 非抗震设计时，某 I 形截面钢筋混凝土偏心受压柱，截面尺寸 $b=80mm$，$h=700mm$，$b_f=b_f'=350mm$，$h_f=h_f'=112mm$。采用 C35 混凝土，HRB400 级钢筋，对称配筋，$a_s=a_s'=45mm$，经内力组合得到如表 3.4.2 所示的 6 组设计值，并且已考虑二阶效应的影响。

表 3.4.2

	①	②	③	④	⑤	⑥
M (kN·m)	660.2	420.8	410.5	650.3	427.8	788.1
N (kN)	1050.4	910.5	935.2	1250.2	902.1	1200.3

试问：
(1) 若柱为大偏心受压柱，配筋计算时可选哪一组或哪几组内力？
(2) 若柱为小偏心受压柱，配筋计算时可选哪一组或哪几组内力？
(3) 若柱为轴心受压柱，配筋计算时应选哪一组或哪几组内力？

【**解答**】 查《混规》表，$f_c=16.7\text{N/mm}^2$，$\alpha_1=1.0$，当受压区高度在腹板内时：

$$N_b = \alpha_1 f_c b \xi_b h_0 + \alpha_1 f_c (b'_f - b) h'_f$$
$$= 1 \times 16.7 \times 80 \times 0.518 \times (700-45) + 1 \times 16.7 \times (350-80) \times 112$$
$$= 958299.4\text{N} \approx 958.3\text{kN}$$

当 $e_i > e_{0b,\min}$ 且 $N \leq 958.3\text{kN}$ 时，属于大偏心受压情况；

当 $e_i > e_{0b,\min}$ 且 $N > 958.3\text{kN}$ 时，属于小偏心受压情况。

根据上述判别条件可知，上表中第②、③、⑤组可能为大偏心受压；第①、④、⑥组可能为小偏心受压。

(1) 当柱为大偏心受压柱

根据 $N_u - M_u$ 的相关曲线，应选 M 大、N 小的一组内力为最不利，故在②、③、⑤组中，在②与③中应选②；在②与⑤中应选⑤项。

当选⑤项时，$e_{0b,\min} = 0.361 h_0 = 0.361 \times 655 = 236\text{mm}$；$e_a = \max\left(20, \dfrac{700}{30}\right) = 23.3\text{mm}$，$e_i = \dfrac{M}{N} + e_a = \dfrac{427.8 \times 10^3}{902.1} + 23.3 = 497.5\text{mm}$

$e_i = 497.5\text{mm} > e_{0b,\min} = 236\text{mm}$，且 $N < N_b$，故为大偏压。

(2) 当柱为小偏心受压柱

根据 $N_u - M_u$ 的相关曲线，应选 M 大、N 大的一组内力为最不利，故在①、④、⑥中，可选⑥项。当选⑥项时，$e_{0b,\min} = 0.361 h_0 = 236\text{mm}$；$e_i = \dfrac{M}{N} + e_a = \dfrac{788.1 \times 10^3}{1200.3} + 23.3 = 679.9\text{mm}$

$e_i = 679.9\text{mm} > e_{0b,\min} = 236\text{mm}$，且 $N > N_b$，故为小偏压。

(3) 当柱为轴心受压柱

此时应选轴力最大的一组，即第④组内力进行配筋计算。

4. 受压构件的受剪承载力

- 复习《混规》6.3.11 条、6.3.12 条、6.3.13 条。
- 复习《混规》9.3.2 条（柱的箍筋构造规定）。

需注意的是：

(1)《混规》6.3.12 条中，N 的取值，当 $N > 0.3 f_c A$ 时，取 $N = 0.3 f_c A$；λ 的取值，对框架柱 $1 \leq \lambda \leq 3$；对其他偏心受压构件，集中荷载时，$1.5 \leq \lambda \leq 3$。

(2)《混规》9.3.2 条，规定了柱的箍筋的间距、直径的构造要求。

▲对受压构件进行受剪配筋计算时，其步骤如下：

第一步，验算受剪截面，按《混规》6.3.1 条规定；
第二步，判别是否按构造要求配置箍筋，按《混规》6.3.13 条规定；

第三步，按计算配置斜截面受剪箍筋，按《混规》6.3.12条，箍筋构造应符合《混规》9.3.2条规定。

【例3.4.22】 某钢筋混凝土框架结构中的框架柱，$b \times h = 400\text{mm} \times 400\text{mm}$，净高$H_n = 3\text{m}$，反弯点在层高范围内。采用C30混凝土，纵筋选用HRB400级，配置了6⊕20，箍筋选用HPB300级钢筋。环境类别为一类，安全等级为二级。计算取$a_s = a_s' = 40\text{mm}$。不考虑地震作用。

试问：

(1) 若该柱柱端荷载基本组合下轴压力设计值$N = 600\text{kN}$，剪力设计值$V = 120\text{kN}$，确定其箍筋配置。

(2) 若该柱柱端荷载基本组合下轴压力设计值$N = 700\text{kN}$，剪力设计值$V = 200\text{kN}$，确定其箍筋配置。

【解答】 查规范表，$f_c = 14.3\text{N/mm}^2$，$f_t = 1.43\text{N/mm}^2$，$f_{yv} = 270\text{N/mm}^2$；环境一类，C30的柱，查《混规》表8.2.1知，箍筋混凝土保护层厚度$c = 20\text{mm}$。

$$h_0 = h - a_s = 400 - 40 = 360\text{mm}$$

(1) 当$N = 600\text{kN}$，$V = 120\text{kN}$的情况

1) 验算截面条件

$h_w/b = 360/400 = 0.9 < 4$，由规范式（6.3.1-1）得：

$$0.25\beta_c f_c b h_0 = 0.25 \times 1 \times 14.3 \times 400 \times 360 = 514.8\text{kN} > V = 120\text{kN}，满足。$$

2) 是否按构造配箍筋

$$\lambda = \frac{H_n}{2h_0} = \frac{3000}{2 \times 360} = 4.17 > 3，故取\lambda = 3$$

$$0.3 f_c A = 0.3 \times 14.3 \times 400 \times 400 = 686.4\text{kN} > N = 600\text{kN}$$

故取$N = 600\text{kN}$，由规范式（6.3.13）得：

$$\frac{1.75}{\lambda + 1.0} f_t b h_0 + 0.07N = \frac{1.75}{3+1} \times 1.43 \times 400 \times 360 + 0.07 \times 600 \times 10^3 = 132.09\text{kN} > V = 120\text{kN}，故按构造要求配箍筋。$$

3) 箍筋配置，根据《混规》9.3.2条确定

箍筋的直径d：$d \geqslant 6\text{mm}$，$d \geqslant d_纵/4 = 20/5\text{mm}$，故取$d = 6\text{mm}$。

箍筋的间距s：$s \leqslant 400\text{mm}$；$s \leqslant b = 400\text{mm}$；$s \leqslant 15d_纵 = 15 \times 20 = 300\text{mm}$，故取$s = 300\text{mm}$。

所以配置箍筋为Φ6@300。

(2) 当$N = 700\text{kN}$，$V = 200\text{kN}$的情况

1) 验算截面条件，同前面，故满足。

2) 是否按构造配置箍筋

$$\lambda = \frac{H_n}{2h_0} = \frac{3000}{2 \times 360} = 4.17 > 3,故取\lambda = 3$$

$$0.3 f_c A = 0.3 \times 14.3 \times 400 \times 400 = 686.4\text{kN} < N = 700\text{kN}$$

故取 $N=686.4\text{kN}$,由规范式(6.3.13)得:

$$\frac{1.75}{\lambda+1.0}f_t b h_0 + 0.07N = \frac{1.75}{3+1}\times 1.43\times 400\times 360 + 0.07\times 686.4\times 10^3 = 138.138\text{kN} < V=200\text{kN}$$

故需计算配置箍筋。

3) 计算配置箍筋

由规范式(6.3.12)得:

$$\frac{A_{sv}}{s} = \frac{V - \frac{1.75}{\lambda+1}f_t b h_0 - 0.07N}{f_{yv} h_0}$$

$$= \frac{200\times 10^3 - \frac{1.75}{3+1}\times 1.43\times 400\times 360 - 0.07\times 686.4\times 10^3}{270\times 360}$$

$$= 0.64\text{mm}^2/\text{mm}$$

箍筋选用 $\Phi 8$,则 $s=2\times 50.3/0.64=157\text{mm}$,故取 $s=150\text{mm}$,所以配置箍筋 $\Phi 8@150$。

【例 3.4.23】 某钢筋混凝土框架结构中的框架柱,截面尺寸 $b\times h=300\text{mm}\times 400\text{mm}$,柱净高 $H_n=3000\text{mm}$,采用 C30 混凝土,纵向受力钢筋为 HRB400 级,箍筋为 HPB300 级。柱端在荷载基本组合下的轴压力设计值 $N=620\text{kN}$,弯矩设计值 $M=135\text{kN}\cdot\text{m}$,剪力设计值 $V=210\text{kN}$。环境类别为一类,安全等级为二级。取 $a_s=a_s'=40\text{mm}$。不考虑地震作用。

试问: 该框架柱的箍筋配置。

【解答】 查《混规》表,$f_c=14.3\text{N/mm}^2$,$f_t=1.43\text{N/mm}^2$,$f_{yv}=270\text{N/mm}^2$,$a_s=40\text{mm}$,$h_0=h-a_s=400-40=360\text{mm}$。

(1) 验算截面条件

$h_w/b=360/300=1.2<4$,由《混规》式(6.3.1-1)得:

$0.25\beta_c f_c b h_0 = 0.25\times 1\times 14.3\times 300\times 360 = 386.1\text{kN} > V=210\text{kN}$

故满足条件。

(2) 判别是否按构造配置箍筋

$$\lambda = \frac{M}{Vh_0} = \frac{135\times 10^6}{210\times 10^3\times 360} = 1.786 \begin{matrix}>1\\<3\end{matrix}, 故取 \lambda=1.786$$

$0.3f_c A = 0.3\times 14.3\times 300\times 400 = 514.8\text{kN} < N=620\text{kN}$

故取 $N=514.8\text{kN}$。

由规范式(6.3.13)得:

$$\frac{1.75}{\lambda+1}f_t b h_0 + 0.07N = \frac{1.75}{1.786+1}\times 1.43\times 300\times 360 + 0.07\times 514.8\times 10^3$$

$$= 133046\text{N} < V=210000\text{N}$$

故需计算配置箍筋。

（3）计算箍筋量

由规范式（6.3.12）得：

$$\frac{A_{sv}}{s} = \frac{V - \left(\frac{1.75}{\lambda+1} f_t b h_0 + 0.07N\right)}{f_{yv} h_0}$$

$$= \frac{210000 - 133046}{270 \times 360} = 0.792 \text{mm}^2/\text{mm}$$

选用φ10箍筋，$A_{sv1} = 78.5 \text{mm}^2$，则：

$$s = \frac{2 \times 78.5}{0.792} = 198 \text{mm}，故取 s = 150 \text{mm}$$

即配置箍筋量为φ10@150 $\left(\frac{A_{sv}}{s} = \frac{2 \times 78.5}{150} = 1.047 \text{mm}^2/\text{mm}\right)$。

【例3.4.24】 某钢筋混凝土排架柱，净高 $H_n = 5.6$m，上端铰接，下端固接，柱的截面尺寸 $b \times h = 400\text{mm} \times 400\text{mm}$，采用C25混凝土，纵筋用HRB400级，箍筋用HPB300级。已知柱纵筋配置了6Φ20钢筋，箍筋配置了双肢φ10@200，柱顶在荷载基本组合下的轴压力 $N = 580$kN，$V = 120$kN。环境类别为一类，安全等级为二级。

试问：该柱斜截面的受剪承载力。

【解答】 查规范表，$f_c = 11.9\text{N/mm}^2$，$f_t = 1.27\text{N/mm}^2$，$f_{yv} = 270\text{N/mm}^2$，环境一类，C25的柱，查《混规》表8.2.1及注1，箍筋混凝土保护层厚度 $c = 25$mm，纵筋的 $c = 35$mm，故取 $a_s = 45$mm，$h_0 = h - a_s = 400 - 45 = 355$mm。

（1）确定λ和N

排架柱：$\lambda = \frac{a}{h_0} = \frac{5600}{355} = 15.8 > 3$，故取 $\lambda = 3$

$0.3 f_c A = 0.3 \times 11.9 \times 400 \times 400 = 571.2\text{kN} < N = 580\text{kN}$

故取 $N = 571.2$kN。

（2）确定受剪承载力V

由规范式（6.3.12）得：

$$V = \frac{1.75}{\lambda+1} f_t b h_0 + f_{yv} \frac{A_{sv}}{s} h_0 + 0.07N$$

$$= \frac{1.75}{3+1} \times 1.27 \times 400 \times 355 + 270 \times \frac{2 \times 78.5}{200} \times 355 + 0.07 \times 571.2 \times 10^3$$

$$= 194.1 \text{kN}$$

受剪截面的最大承载力 V_u：

$h_w/b = 355/400 = 0.9 < 4$，由规范式（6.3.1-1）得：

$$V_u = 0.25 \beta_c f_c b h_0$$

$$= 0.25 \times 1 \times 11.9 \times 400 \times 355 = 422.5 \text{kN} > V = 194.1 \text{kN}$$

所以该排架柱的受剪承载力为 194.1kN。

【例 3.4.25】 某外挑三脚架，计算简图如图 3.4.10 所示。其中横杆 AB 为等截面普通混凝土构件，截面尺寸 300mm×400mm，混凝土强度等级为 C35，纵向钢筋和箍筋均采用 HRB400，全跨范围内纵筋和箍筋的配置不变，未配置弯起钢筋，$a_s = a'_s = 40$mm。假定，不计 BC 杆自重，均布荷载设计值 $q = 70$kN/m（含 AB 杆自重）。试问，按斜截面受剪承载力计算（不考虑抗震），横杆 AB 在 A 支座边缘处的最小箍筋配置与下列何项最为接近？

提示：满足计算要求即可，不需要复核最小配箍率和构造要求。

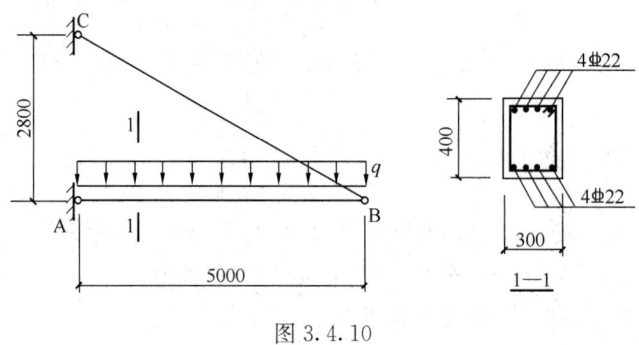

图 3.4.10

(A) $\Phi 6@200$ (2)   (B) $\Phi 8@200$ (2)
(C) $\Phi 10@200$ (2)   (D) $\Phi 12@200$ (2)

【解答】 $\sum M_c = 0$，则：$N_{AB} = 70 \times 5 \times \frac{5}{2} / 2.8 = 312.5$kN（压力）

$$V_{AB} = \frac{1}{2} \times 70 \times 5 = 175\text{kN}$$

受剪计算，故按偏压构件计算，$h_0 = 400 - 40 = 360$mm
根据《混规》6.3.12 条：
$$0.3 f_c A = 0.3 \times 16.7 \times 300 \times 400 = 601.2\text{kN} > N_{AB} = 312.5\text{kN}$$
故取 $N = 312.5$kN
$$\frac{A_{sv}}{s} \geq \frac{175 \times 10^3 - \frac{1.75}{1.5+1} \times 1.57 \times 300 \times 360 - 0.07 \times 312.5 \times 10^3}{360 \times 360} = 0.2657\text{mm}^2/\text{mm}$$
单肢箍筋面积 $A_{sv1} = 0.2657 \times 200/2 = 26.57\text{mm}^2$
$\Phi 6$（$A_s = 28.3\text{mm}^2$），满足，故应选（A）项。

5. 环形、圆形截面偏心受压构件

- 复习《混规》附录 E.0.2 条、E.0.3 条、E.0.4 条。
- 复习《混规》6.3.15 条（圆形截面的受剪承载力计算）。

需注意的是：

《混规》6.3.15 条规定，取 $b = 1.76r$，$h_0 = 1.6r$，r 为圆形截面的半径。

6. 双向偏心受压构件

- 复习《混规》6.2.21 条、6.3.16 条～6.3.19 条。

第五节 受 拉 构 件

一、轴心受拉构件

● 复习《混规》6.2.22条。

需注意的是：

轴心受拉构件一侧纵筋的最小配筋率，根据《混通规》表4.4.6或《混规》表8.5.1，$\rho \geqslant \rho_{\min} = \max\{0.2\%, 45f_t/f_y\%\}$。

【例3.5.1】 某钢筋混凝土屋架下弦，截面尺寸 $b \times h = 200\text{mm} \times 150\text{mm}$，其所受的荷载基本组合下轴心拉力设计值为240kN，采用C30混凝土，HRB400级钢筋。$\gamma_0 = 1.0$。

试问： 确定其截面配筋。

【解答】 根据《混规》表4.2.3-1的规定，取 $f_y = 360\text{N/mm}^2$。

由规范式（6.2.22）求 A_s：

$$A_s = \frac{N}{f_y} = \frac{240000}{360} = 667\text{mm}^2$$

选用 4 Φ 16，$A_s = 804\text{mm}^2$

验算最小配筋率：

一侧配筋率：$\rho_{侧} = \dfrac{A_s/2}{bh} = \dfrac{804/2}{200 \times 150} = 1.34\%$

由《混规》表8.5.1得：$\rho_{\min} = 0.45 f_t/f_y = 0.45 \times 1.43/360 = 0.179\% < 0.2\%$

$\rho > \rho_{\min} = 0.2\%$，满足要求。

二、偏心受拉构件（矩形截面）

● 复习《混规》6.2.23条。

需注意的是：

(1)《混规》6.2.23条中，e、e' 的计算公式为：

当为小偏拉时：$\begin{cases} e = -e_0 + \dfrac{h}{2} - a_s \\ e' = e_0 + \dfrac{h}{2} - a_s' \end{cases}$

当为大偏拉时：$\begin{cases} e = e_0 - \dfrac{h}{2} + a_s \\ e' = e_0 + \dfrac{h}{2} - a_s' \end{cases}$

可见，无论大、小偏拉，e' 值的计算公式是相同的。

(2)《混规》式（6.2.23-2）中，h_0' 为：$h_0' = h - a_s'$

(3) 判别偏心受拉的类型：

$e_0 = \dfrac{M}{N} > \dfrac{h}{2} - a_s$，为大偏拉；

$e_0 = \dfrac{M}{N} < \dfrac{h}{2} - a_s$，为小偏拉。

【例 3.5.2】 某矩形截面偏心受拉构件，截面尺寸 $b \times h = 300\text{mm} \times 300\text{mm}$，$a_s = a_s' = 40\text{mm}$，承受荷载基本组合时轴向拉力设计值 $N = 350\text{kN}$，弯矩设计值 $M = 28\text{kN} \cdot \text{m}$，采用 C30 混凝土，HRB400 级钢筋，对称配筋。$\gamma_0 = 1.0$。不考虑地震作用。

试问： 确定其截面配筋 A_s、A_s'。

【解答】 查《混规》表，$f_y = 360\text{N/mm}^2$，$f_t = 1.43\text{N/mm}^2$，$h_0 = 260\text{mm}$，$h_0' = h - a_s' = 260\text{mm}$

(1) 确定 e'：

$$e' = e_0 + \dfrac{h}{2} - a_s = \dfrac{M}{N} + \dfrac{h}{2} - a_s$$

$$= \dfrac{28 \times 10^6}{350 \times 10^3} + \dfrac{300}{2} - 40 = 190\text{mm}$$

(2) 确定 A_s、A_s'：

由《混规》6.2.23 条第 3 款的规定，按规范式（6.2.23-2）求 A_s：

$$A_s' = A_s = \dfrac{Ne'}{f_y(h_0' - a_s)} = \dfrac{350 \times 10^3 \times 190}{360 \times (260 - 40)}$$

$$= 840\text{mm}^2$$

选用 3 ⊕ 20，$A_s = A_s' = 942\text{mm}^2$

(3) 验算最小配筋率

$$\rho = \dfrac{A_s}{bh} = \dfrac{840}{300 \times 300} = 0.93\%$$

$$\rho_{\min} = 0.45 f_t / f_y = 0.45 \times 1.43 / 360 = 0.18\% < 0.2\%$$

$$\rho > \rho_{\min} = 0.2\%，满足要求。$$

【例 3.5.3】 某矩形截面偏心受拉构件，截面尺寸 $b \times h = 400\text{mm} \times 400\text{mm}$，$a_s = a_s' = 40\text{mm}$，采用 C25 混凝土，HRB400 级钢筋，受拉和受压钢筋均采用 3 ⊕ 20。$\gamma_0 = 1.0$。不考虑地震作用。

试问： 当偏心距 $e_0 = 120\text{mm}$ 时，确定该构件的受拉承载力设计值。

【解答】 查规范表，$f_y = 360\text{N/mm}^2$，$f_t = 1.27\text{N/mm}^2$，$h_0 = h - a_s = 360\text{mm}$，$h_0' = h - a_s' = 360\text{mm}$

(1) 确定偏心受拉类型

$$e_0 = 120\text{mm} < \dfrac{h}{2} - a_s' = \dfrac{400}{2} - 40 = 160\text{mm}，属小偏拉。$$

$$e' = e_0 + \dfrac{h}{2} - a_s = 120 + \dfrac{400}{2} - 40 = 280\text{mm}$$

根据《混规》表 4.2.3-1 的规定，取 $f_y = 360\text{N/mm}^2$ 进行计算。

$$\rho = \dfrac{A_s}{bh} = \dfrac{942}{400 \times 400} = 0.589\%$$

$$\rho_{\min} = 0.45 f_t/f_y = 0.45 \times 1.27/360 = 0.16\% < 0.2\%$$

故取 $\rho_{\min} = 0.2\%$

$\rho > \rho_{\min} = 0.2\%$，故满足要求。

(2) 确定 N_u

根据《混规》6.2.23 条第 3 款的规定，按规范式 (6.2.23-2) 求 N_u：

$$N_u = \frac{f_y A_s (h_0' - a_s')}{e'} = \frac{360 \times 942 \times (360 - 40)}{280}$$

$$= 387566\text{N} \approx 388\text{kN}$$

【例 3.5.4】 已知某矩形水池，壁厚为 300mm，通过内力分析求得跨中水平方向每米宽度上荷载基本组合的弯矩设计值 $M = 320\text{kN} \cdot \text{m}$，相应的每米宽度上的轴向拉力设计值 $N = 450\text{kN}$，如图 3.5.1 所示。该水池的混凝土强度等级为 C25，$a_s = a_s' = 45\text{mm}$，钢筋用 HRB335 级钢筋。$\gamma_0 = 1.0$。不考虑地震作用。

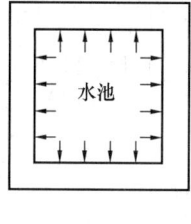
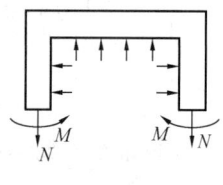

图 3.5.1

试问：水池在该处需要的 A_s、A_s'。

【解答】 查规范表，$f_c = 11.9\text{N/mm}^2$，$f_t = 1.27\text{N/mm}^2$
$f_y = f_y' = 300\text{N/mm}^2$，$h_0 = h - a_s = 300 - 45 = 255\text{mm}$
$h_0' = h - a_s' = 300 - 45 = 255\text{mm}$，$\alpha_1 = 1.0$，$\xi_b = 0.55$

(1) 判别偏心受拉类型

$$e_0 = \frac{M}{N} = \frac{320 \times 10^6}{450 \times 10^3} = 711\text{mm} > \frac{h}{2} - a_s = 105\text{mm}$$

故属大偏拉。

$$e = e_0 - \frac{h}{2} + a_s = 711 - \frac{300}{2} + 45 = 606\text{mm}$$

(2) 求 A_s'

假定 $x = x_b = \xi_b h_0 = 0.55 \times 255 = 140\text{mm}$，由规范式 (6.2.23-4) 求 A_s'：

$$A_s' = \frac{Ne - \alpha_1 f_c b x_b (h_0 - x_b/2)}{f_y' (h_0 - a_s')}$$

$$= \frac{450000 \times 606 - 1.0 \times 11.9 \times 1000 \times 140 \times (255 - 140/2)}{300 \times (255 - 45)} < 0$$

可见混凝土抗压已足够，按构造配置 A_s'。由《混规》表 8.5.1 知，$A_s' = \rho_{\min} bh = 0.2\% \times 1000 \times 300 = 600\text{mm}^2$，故选 HRB335 级钢筋 $\Phi 12@150$（$A_s' = 754\text{mm}^2$）。

(3) 求 A_s

当取 $A_s' = 0$，即不计纵向普通受压钢筋的作用，按规范式 (6.2.23-4) 求 x：

$$Ne = \alpha_1 f_c bx \left(h_0 - \frac{x}{2}\right)$$

令
$$M_1 = Ne = 272.7 \times 10^6 \text{kN} \cdot \text{m}$$

$$x = h_0 - \sqrt{h_0^2 - \frac{2M_1}{\alpha_1 f_c b}} = 255 - \sqrt{255^2 - \frac{2 \times 272.6 \times 10^6}{1 \times 11.9 \times 1000}}$$

$$= 116.4 \text{mm}$$

$$x = 116.4 \text{mm} < \xi_b h_0 = 255 \text{mm}$$

由规范式（6.2.23-3）求 A_s：

$$A_s = \frac{N + f'_y A'_s + \alpha_1 f_c bx}{f_y}$$

$$= \frac{450000 + 0 + 1 \times 11.9 \times 1000 \times 116.5}{300} = 6121 \text{mm}^2$$

验算最小配筋率：

$$\rho = \frac{A_s}{bh} = \frac{6121}{1000 \times 300} = 2.04\%$$

$$\rho_{\min} = 0.45 f_t / f_y = 0.45 \times 1.27 / 300 = 0.19\% < 0.2\%$$

$$\rho > \rho_{\min} = 0.2\%，故满足要求。$$

【例 3.5.5】 已知条件同【例 3.5.4】，弯矩设计值 $M = 130 \text{kN} \cdot \text{m}$，相应的轴向拉力设计值 $N = 260 \text{kN}$。

试问：水池在该处需要的 A_s、A'_s。

【解答】（1）判别偏心受拉类型

$$e_0 = \frac{M}{N} = \frac{130 \times 10^6}{260 \times 10^3} = 500 \text{mm} > \frac{h}{2} - a_s = 105 \text{mm}$$

故属于大偏拉。

$$e = e_a - \frac{h}{2} + a_s = 500 - 150 + 45 = 395 \text{mm}$$

(2) 求 A'_s

假定 $x = x_b = \xi_b h_0 = 0.55 \times 255 = 140 \text{mm}$，则由《混规》式（6.2.23-4）求 A'_s：

$$A'_s = \frac{Ne - \alpha_1 f_c b x_b (h_0 - x_b/2)}{f'_y (h_0 - a'_s)}$$

$$= \frac{260000 \times 395 - 1 \times 11.9 \times 1000 \times 140 \times (255 - 140/2)}{300 \times (255 - 45)} < 0$$

可见混凝土抗压已足够，按构造要求配置 A'_s，取 $A'_s = \rho_{\min} bh = 0.2\% \times 1000 \times 300 = 600 \text{mm}^2$，故取 Φ12@150（$A'_s = 754 \text{mm}^2$）。

(3) 若以 A'_s 为已知，求 x 和 A_s

由《混规》式（6.2.23-4）求 x：

$$Ne = \alpha_1 f_c bx \left(h_0 - \frac{x}{2}\right) + f'_y A'_s (h_0 - a'_s)$$

令
$$M_1 = Ne - f'_y A'_s (h_0 - a'_s)$$
$$= 260 \times 10^3 \times 395 - 300 \times 754 \times (255 - 45)$$
$$= 55198000 \text{N} \cdot \text{mm}$$

$$x = h_0 - \sqrt{h_0^2 - \frac{2M_1}{\alpha_1 f_c b}}$$
$$= 255 - \sqrt{255^2 - \frac{2 \times 55198000}{1 \times 11.9 \times 1000}} = 19 \text{mm}$$

$$x = 19 \text{mm} < 2a'_s = 2 \times 45 = 90 \text{mm}$$

根据《混规》6.2.23条第2款的规定，取$x=2a'_s=90$mm，按规范式（6.2.23-2）计算A_s：

$$e' = e_0 + \frac{h}{2} - a'_s = 500 + 150 - 45 = 605 \text{mm}$$

$$A_s = \frac{Ne'}{f_y(h'_0 - a_s)} = \frac{260 \times 10^3 \times 605}{300 \times (255 - 45)} = 2497 \text{mm}^2$$

（4）若取$A'_s=0$，即不计纵向普通受压钢筋的作用，由规范式（6.2.23-4）求x：

$$M_1 = Ne = \alpha_1 f_c bx \left(h_0 - \frac{x}{2}\right)$$

$$x = h_0 - \sqrt{h_0^2 - \frac{2M_1}{\alpha_1 f_c b}}$$
$$= 255 - \sqrt{255^2 - \frac{2 \times 260 \times 10^3 \times 395}{1 \times 11.9 \times 1000}} = 36.4 \text{mm}$$

将$x=36.4$mm代入规范式（6.2.23-3）求A_s：

$$A_s = \frac{N + f'_y A'_s + \alpha_1 f_c bx}{f_y}$$
$$= \frac{260000 + 0 + 1 \times 11.9 \times 1000 \times 36.4}{300} = 2311 \text{mm}^2$$

在上述A_s中取较小者，$A_s = 2311 \text{mm}^2$。

【例3.5.6】 某钢筋混凝土偏拉构件，$b \times h = 300\text{mm} \times 450\text{mm}$，承受荷载基本组合的轴向拉力设计值$N=950$kN，弯矩设计值$M=90$kN·m，采用C30混凝土，HRB400级钢筋，$a_s = a'_s = 40$mm。安全等级为二级。不考虑地震作用。

试问： 该构件钢筋截面面积A_s、A'_s。

【解答】 查《混规》表，$f_c = 14.3 \text{N/mm}^2$，$f_t = 1.43 \text{N/mm}^2$，$f_y = f'_y = 360 \text{N/mm}^2$，$h_0 = h'_0 = 410$mm

（1）判别偏拉类型

$$e_0 = \frac{M}{N} = \frac{90 \times 10^6}{950 \times 10^3} = 94.7 \text{mm} < \frac{h}{2} - a_s = \frac{450}{2} - 40 = 185 \text{mm}$$

故属小偏拉

$$e' = \frac{h}{2} - a'_s + e_0 = \frac{450}{2} - 40 + 94.7 = 279.7\text{mm}$$

$$e = \frac{h}{2} - a'_s - e_0 = \frac{450}{2} - 40 - 94.7 = 90.3\text{mm}$$

(2) 求 A_s、A'_s

根据《混规》表 4.2.3-1 的规定，取 $f_y = 360\text{N}/\text{mm}^2$

由规范式（6.2.23-1）求 A'_s：

$$A'_s = \frac{Ne}{f_y(h_0 - a'_s)} = \frac{950000 \times 90.3}{360 \times (410 - 40)} = 644\text{mm}^2$$

由规范式（6.2.23-2）求 A_s：

$$A_s = \frac{Ne'}{f_y(h'_0 - a_s)} = \frac{950000 \times 279.7}{360 \times (410 - 40)} = 1995\text{mm}^2$$

(3) 验算最小配筋率

$$\rho_{\min} = 0.45 f_t / f_y = 0.45 \times 1.43 / 360 = 0.179\% < 0.2\%$$

$$A_{s,\min} = \rho_{\min} bh = 0.2\% \times 300 \times 450 = 270\text{mm}^2$$

由《混规》表 8.5.1 注 3：

$$A'_{s,\min} = 0.20\% \times 300 \times 450 = 270\text{mm}^2$$

所求 A_s、A'_s 均大于 $A_{s,\min}$ 和 $A'_{s,\min}$，故满足要求。

【例 3.5.7】某悬挑斜梁为等截面普通混凝土独立梁，计算简图如图 3.5.2 所示。斜梁截面尺寸 400mm×600mm（不考虑梁侧面钢筋的作用），混凝土强度等级为 C35，纵向钢筋采用 HRB400，梁底实配纵筋 4 Φ 14，$a'_s = 40\text{mm}$，$a_s = 70\text{mm}$，$\xi_b = 0.518$。梁端永久荷载标准值

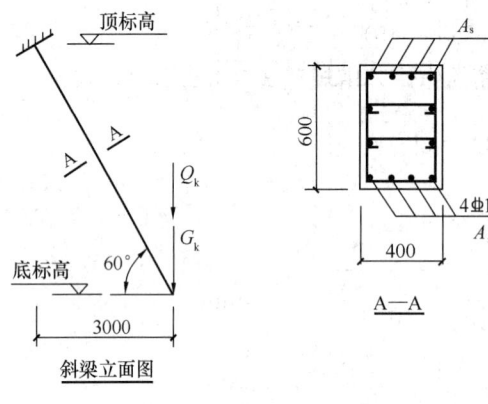

图 3.5.2

$G_k = 80\text{kN}$，可变荷载标准值 $Q_k = 70\text{kN}$，不考虑构件自重。

试问，按承载能力极限状态计算（不考虑抗震），计入纵向受压钢筋作用，悬挑斜梁最不利截面的梁面纵向受力钢筋截面面积 A_s（mm^2），与下列何项数值最为接近？

提示：不需要验算最小配筋率。

(A) 3500　　(B) 3700　　(C) 3900　　(D) 4100

【解答】悬挑斜梁根部内力值：

由《结通规》3.1.13 条：

$$M = (1.3 \times 80 + 1.5 \times 70) \times 3 = 627\text{kN}$$

$$N = (1.3 \times 80 + 1.5 \times 70) \cdot \cos 30° = 181\text{kN}(\text{拉力})$$

故按偏拉构件计算。由《混规》6.2.23 条：

$$e_0 = \frac{M}{N} = \frac{627 \times 10^3}{181} = 3464\text{mm} > 0.5h - a_s = 0.5 \times 600 - 70 = 230\text{mm}$$

为大偏拉。

$$h_0 = 600 - 70 = 530\text{mm}$$

$$e = e_0 - \frac{h}{2} + a_s = 3464 - \frac{600}{2} + 70 = 3234\text{mm}$$

$$\alpha_1 f_c bx \left(h_0 - \frac{x}{2}\right) = Ne - f'_y A'_s (h_0 - a'_s)$$

$$= 181000 \times 3234 - 360 \times 615 \times (530 - 40)$$

$$= 476.868 \times 10^6$$

$$x = 530 - \sqrt{530^2 - \frac{2 \times 476868000}{1 \times 16.7 \times 400}}$$

$$= 158.3\text{mm} > 2a'_s = 80\text{mm}$$

$$< \xi_b h_0 = 275\text{mm}$$

$$A_s = \frac{181000 + 1 \times 16.7 \times 400 \times 158.3 + 360 \times 615}{360}$$

$$= 4055\text{mm}^2$$

故应选（D）项。

三、偏心受拉构件（T形、I形、环形截面）和双向偏心受拉构件

- 复习《混规》6.2.24 条。
- 复习《混规》6.2.25 条。

四、偏心受拉构件的斜截面受剪承载力计算

- 复习《混规》6.3.11 条。
- 复习《混规》6.3.14 条。

需注意的是：

(1)《混规》6.3.14 条规定：

$$\frac{1.75}{\lambda+1} f_t b h_0 + f_{yv} \frac{A_{sv}}{s} h_0 - 0.2N \geqslant f_{yv} \frac{A_{sv}}{s} h_0$$

$$\geqslant 0.36 f_t b h_0$$

(2)《混规》式（6.3.14）中 λ 的取值，按《混规》6.3.12 条确定。

【例 3.5.8】 已知某钢筋混凝土偏拉构件，其截面尺寸 $b \times h = 400\text{mm} \times 400\text{mm}$，采用 C30 混凝土，纵筋采用 HRB400 级钢筋，箍筋采用 HPB300 级钢筋，$a_s = a'_s = 40\text{mm}$；承受荷载基本组合时轴向拉力设计值 $N = 200\text{kN}$，$M = 175\text{kN} \cdot \text{m}$，$V = 120\text{kN}$。安全等级为二级。不考虑地震作用。

试问： 确定该偏拉构件箍筋配置。

【解答】 查规范表，$f_c = 14.3\text{N/mm}^2$，$f_t = 1.43\text{N/mm}^2$，$f_{yv} = 270\text{N/mm}^2$，$h_0 = h - a_s = 400 - 40 = 360\text{mm}$

(1) 验算截面条件

$h_w/b = 360/400 = 0.9 < 4$，由《混规》式（6.3.1-1）得：

$0.25\beta_c f_c b h_0 = 0.25 \times 1 \times 14.3 \times 400 \times 360 = 514.8\text{kN} > V = 120\text{kN}$，满足。

（2）求箍筋量

$$\lambda = \frac{M}{Vh_0} = \frac{175 \times 10^6}{120 \times 10^3 \times 360} = 4.05 > 3，故取 \lambda = 3$$

由规范式（6.3.14）求 $\frac{A_{sv}}{s}$：

$$f_{yv}\frac{A_{sv}}{s}h_0 = V - \left(\frac{1.75}{\lambda+1}f_t bh_0 - 0.2N\right)$$

$$= 120 \times 10^3 - \left(\frac{1.75}{3+1} \times 1.43 \times 400 \times 360 - 0.2 \times 200 \times 10^3\right)$$

$$= 69910\text{N} < 0.36f_t bh_0 = 0.36 \times 1.43 \times 400 \times 360 = 74131.2\text{N}$$

故取右端为 74131.2N 进行计算 $\frac{A_{sv}}{s}$：

$$\frac{A_{sv}}{s} = \frac{74131.2}{270 \times 360} = 0.763\text{mm}^2/\text{mm}$$

箍筋选 Φ10，$A_{sv1} = 78.5\text{mm}^2$，$s = 2 \times 78.5/0.763 = 206\text{mm}$，故选用 Φ10@200，$\frac{A_{sv}}{s} = 0.785\text{mm}^2/\text{mm}$，满足要求。

思考：若该偏拉构件承受轴心拉力力设计值 $N = 400\text{kN}$，$M = 175\text{kN·m}$，$V = 120\text{kN}$，其他条件不变。试确定其箍筋配置。

由上述结果可知，截面条件满足，λ 仍取 3.0，由《混规》式（6.3.14）求 $\frac{A_{sv}}{s}$：

$$f_{yv}\frac{A_{sv}}{s}h_0 = V - \left(\frac{1.75}{\lambda+1}f_t bh_0 - 0.2N\right)$$

$$= 120 \times 10^3 - \left(\frac{1.75}{3+1} \times 1.43 \times 400 \times 360 - 0.2 \times 400 \times 10^3\right)$$

$$= 109910\text{N} \geqslant 0.36f_t bh_0 = 0.36 \times 1.43 \times 400 \times 360 = 74131.2\text{N}$$

故取右端为 109910N 进行计算 $\frac{A_{sv}}{s}$：

$$\frac{A_{sv}}{s} = \frac{109910}{270 \times 360} = 1.131\text{mm}^2/\text{mm}$$

箍筋选用 Φ12，$A_{sv1} = 113.1\text{mm}^2$，$s = \frac{2 \times 113.1}{1.131} = 200\text{mm}$

故选用 Φ12@200，$\frac{A_{sv}}{s} = 1.131\text{mm}^2/\text{mm}$，满足要求。

【**例 3.5.9**】 某钢筋混凝土单跨梁，截面及配筋如图 3.5.3 所示，混凝土强度等级为 C40，纵向受力钢筋 HRB400 级，箍筋及两侧纵向构造钢筋 HRB335 级。已知承受荷载基本组合时跨中弯矩设计值 $M = 1460\text{kN·m}$；轴心拉力设计值 $N = 3800\text{kN}$；$a_s = a'_s = 70\text{mm}$。$\gamma_0 = 1.0$。

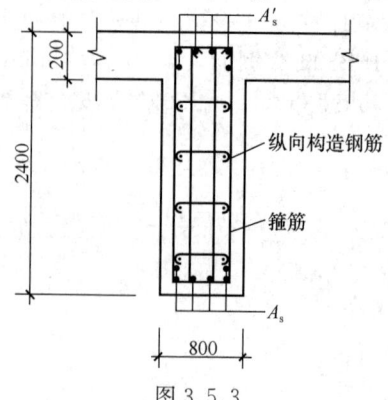

图 3.5.3

试问：

(1) 非抗震设计时，该梁支座截面基本组合的设计值 $V=5760\text{kN}$，与该值相应的轴心拉力设计值 $N=3800\text{kN}$，计算剪跨比 $\lambda=1.5$，该梁支座截面箍筋配置为下列何项？

(A) 6⏀10@100　　　　　　(B) 6⏀12@150

(C) 6⏀12@100　　　　　　(D) 6⏀14@100

(2) 非抗震设计时，该梁跨中截面所需下部纵向钢筋截面面积 A_s（mm）应为下列何项？

提示： 仅按矩形截面计算。

(A) 4200　　　(B) 5760　　　(C) 7070　　　(D) 8500

【解答】 (1) 查规范表，$f_t=1.71\text{N/mm}^2$，$f_{yv}=300\text{N/mm}^2$

$$h_0 = 2400-70 = 2330\text{mm}$$

由《混规》式 (6.3.14) 得：

$$f_{yv}\frac{A_{sv}}{s}h_0 = V - \left(\frac{1.75}{\lambda+1}f_t b h_0 - 0.2N\right)$$

$$= 5760\times 10^3 - \left(\frac{1.75}{1.5+1}\times 1.71\times 800\times 2330 - 0.2\times 3800\times 10^3\right)$$

$$= 4288792\text{N} > 0.36 f_t b h_0 = 0.36\times 1.71\times 800\times 2330 = 1247478\text{N}$$

$$\frac{A_{sv}}{s} = \frac{4288792}{300\times 2330} = 6.14\text{mm}^2/\text{mm}$$

(A) 项：$\frac{A_{sv}}{s} = \frac{6\times 78.5}{100} = 4.71\text{mm}^2/\text{mm}$，不满足；

(B) 项：$\frac{A_{sv}}{s} = \frac{6\times 113.1}{150} = 4.52\text{mm}^2/\text{mm}$，不满足；

(C) 项：$\frac{A_{sv}}{s} = \frac{6\times 113.1}{100} = 6.79\text{mm}^2/\text{mm}$，满足，最接近；

(D) 项：$\frac{A_{sv}}{s} = \frac{6\times 153.9}{100} = 9.23\text{mm}^2/\text{mm}$，满足。

所以应选 (C) 项。

(2) 查规范表，$f_c=19.1\text{N/mm}^2$，$f_t=1.71\text{N/mm}^2$，$f_y=360\text{N/mm}^2$，$h_0=h_0'=2400-70=2330\text{mm}$。

$$e_0 = \frac{M}{N} = \frac{1460}{3800} = 384.2\text{mm} < \frac{h}{2} - a_s = \frac{2400}{2} - 70 = 1130\text{mm}$$

故属小偏拉。

$$e' = e_0 + \frac{h}{2} - a_s' = 384.2 + \frac{2400}{2} - 70 = 1514.2\text{mm}$$

根据《混规》表 4.2.3-1 的规定，取 $f_y=360\text{N/mm}^2$。

由《混规》式 (6.2.23-2)：

$$A_s = \frac{Ne'}{f_y(h_0' - a_s)} = \frac{3800\times 10^3\times 1514.2}{360\times (2330-70)} = 7072\text{mm}^2$$

复核最小配筋率，查《混规》表 8.5.1 及注 3 的规定：

$$\rho_{\min} = \max(0.2\%, 0.45f_t/f_y) = \max(0.2\%, 0.45 \times 1.71/360) = 0.214\%$$
$$A_{s,\min} = 0.214\% \times 2400 \times 800 = 4109 \text{mm}^2 < 7072 \text{mm}^2$$

所以应选（C）项。

第六节 受扭构件

一、概述

钢筋混凝土结构构件的受扭分为两类情况：

（1）平衡扭转，是指当构件中的扭矩可直接由荷载静力平衡方程求出，与构件刚度无关。如偏心荷载作用下的吊车梁。

（2）协调扭转，是指在超静定结构中，扭矩是由相邻构件的弯曲变形受到约束而产生的，其大小与受扭构件的抗扭刚度和相邻构件抗弯刚度比有关。如楼盖的边梁扭矩。

工程结构中受扭构件的内力图，如图 3.6.1、图 3.6.2 所示。

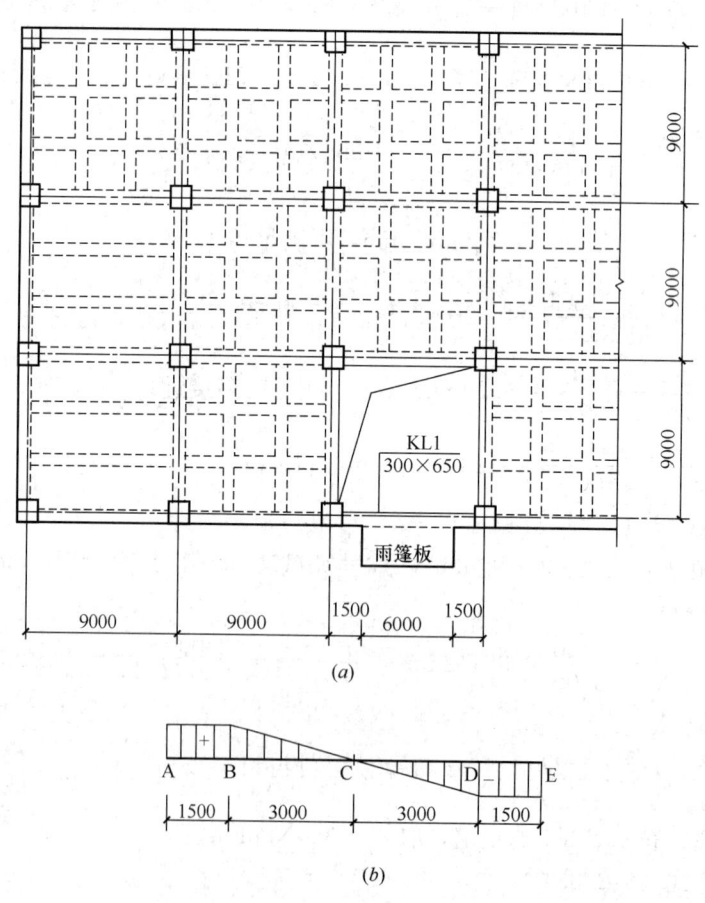

图 3.6.1
(a) 平面图；(b) KL1 的 T 图

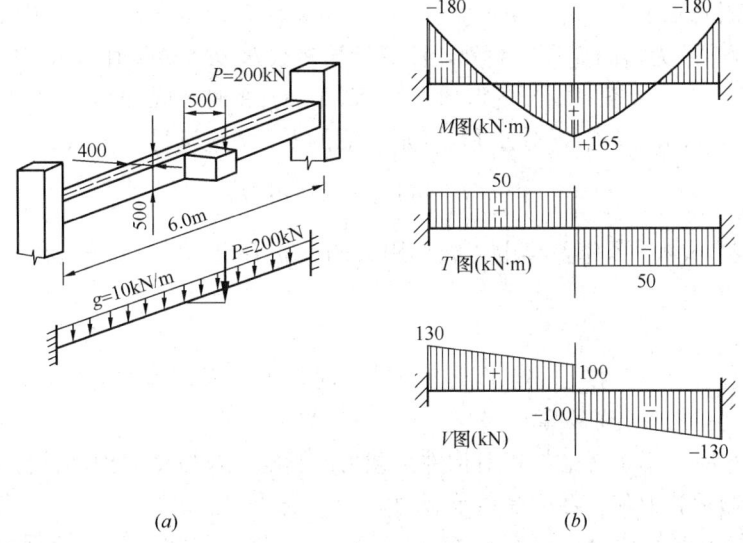

图 3.6.2

在图 3.6.2 中，其内力计算如下：

支座按固定端考虑，支座截面弯矩 $M_支$：

$$M_支 = -\frac{Pl}{8} - \frac{ql^2}{12} = -\frac{200 \times 6}{8} - \frac{10 \times 6^2}{12} = -180 \text{kN} \cdot \text{m}$$

跨中截面弯矩 $M_中$：

$$M_中 = \frac{Pl}{8} + \frac{ql^2}{24} = \frac{200 \times 6}{8} + \frac{10 \times 6^2}{24} = 165 \text{kN} \cdot \text{m}$$

扭矩 T：

$$T = \frac{P \cdot e}{2} = \frac{200 \times 0.5}{2} = 50 \text{kN} \cdot \text{m}$$

支座截面剪力 V：

$$V = \frac{P}{2} + \frac{ql}{2} = \frac{200}{2} + \frac{10 \times 6}{2} = 130 \text{kN}$$

二、矩形截面受扭构件

- 复习《混规》6.4.1 条、6.4.2 条、6.4.3 条。
- 复习《混规》6.4.4 条（纯扭构件计算规定）。
- 复习《混规》6.4.8 条（剪扭构件计算规定）。
- 复习《混规》6.4.12 条、6.4.13 条（弯剪扭构件计算与配筋规定）。
- 复习《混规》9.2.5 条、9.2.9 条、9.2.10 条（纵筋、箍筋构造规定）。

需注意的是：

（1）《混规》6.4.1 条中，规范式（6.4.1-1）、式（6.4.1-2）中 β_c 的取值，应按规范 6.3.1 条确定，即混凝土强度等级≤C50 时，取 $\beta_c=1.0$；C80 时，取 $\beta_c=0.8$，其间按内插法求取：$\beta_c = 1 - \frac{x-50}{80-50}(1-0.8)$，式中 x 为 C50 至 C80 间的混凝土强度等级。在规

范 6.4.1 条的图 6.4.1 中，$h_{cor}=h-2c_{箍}-2d_{箍}$；$b_{cor}=b-2c_{箍}-2d_{箍}$，式中 c 为箍筋混凝土保护层厚度，$d_{箍}$ 为箍筋直径。此外，注意计算参数 b、h_w 的取值。

（2）《混规》6.4.2 条中，N 的取值：当 $N>0.3f_cA$ 时，取 $N=0.3f_cA$。

（3）《混规》6.4.3 条中，对 T 形、I 形截面的 b_f、b_f' 应满足：
$$b_f' \leqslant b+6h_f'; b_f \leqslant b+6h_f$$

（4）《混规》6.4.8 条中，集中荷载作用下的独立剪扭构件，λ 按规范 6.3.4 条确定，即：$\lambda=\dfrac{a}{h_0} \begin{matrix} \geqslant 1.5 \\ \leqslant 3 \end{matrix}$。

（5）《混规》6.4.12 条，规定了当剪力较小时，不予考虑剪力对构件承载力的影响，按受弯构件和纯扭构件分别计算。

当扭矩较小时，不予考虑扭矩对构件承载力的影响，仅按受弯构件进行计算，即分别计算正截面受弯承载力和斜截面受剪承载力。

（6）《混规》6.4.13 条、9.2.5 条、9.2.10 条，规定受扭纵筋、箍筋的计算和构造规定。

1) 由规范式（9.2.5）：$\rho_{tl} \geqslant 0.6\sqrt{\dfrac{T}{Vb}}\dfrac{f_t}{f_y}$

当 $\dfrac{T}{Vb}>2.0$ 时，取 $\dfrac{T}{Vb}=2.0$；$\rho_{tl}=\dfrac{A_{stl}}{bh}$

对于箱形截面，上述式中 $b=b_h$。

2) 由《混规》9.2.10 条，弯剪扭构件中箍筋的配箍率 ρ_{sv}：
$$\rho_{sv}=\dfrac{A_{sv}}{bs} \geqslant 0.28\dfrac{f_t}{f_{yv}}$$

箱形截面，上式中 $b=b_h$。

3) 由《混规》6.4.13 条规定，弯剪扭构件中总箍筋面积 A_{sv}^*：
$$A_{sv}^* = A_{sv}+A_{st}$$

式中，A_{sv} 为剪扭构件的受剪承载力计算所得抗剪箍筋面积；A_{st} 为剪扭构件的受扭承载力计算所得抗扭箍筋面积。

【例 3.6.1】 有一钢筋混凝土矩形截面受纯扭构件，已知截面尺寸为 $b\times h=300\text{mm}\times 500\text{mm}$，配有 6 根直径为 14mm 的 HRB335 级纵向钢筋，箍筋为 HPB300 级，其直径为 Φ10，间距为 100mm，混凝土为 C25。环境类别为一类，安全等级为二级。不考虑地震作用。

试问： 该构件所能承受的荷载基本组合的扭矩设计值。

【解答】 查规范表，$f_c=11.9\text{N/mm}^2$，$f_t=1.27\text{N/mm}^2$，$f_y=300\text{N/mm}^2$，$f_{yv}=270\text{N/mm}^2$；环境一类，C25 的梁，查《混规》表 8.2.1 及注 1 的规定，箍筋混凝土保护层厚度 $c=25\text{mm}$，纵筋的 $c=35\text{mm}$，故取 $a_s=42\text{mm}$，$h_0=h-a_s=458\text{mm}$，由规范式（6.4.3-1）求 W_t：

$$W_t=\dfrac{b^2}{6}(3h-b)=\dfrac{300^2}{6}\times(3\times 500-300)=1.8\times 10^7 \text{mm}^3$$

$$b_{cor}=b-2c-2d_{箍}=300-2\times 25-2\times 10=230\text{mm}$$

$$h_{cor} = h - 2c - 2d_{箍} = 500 - 2 \times 25 - 2 \times 10 = 430 \text{mm}$$
$$A_{cor} = b_{cor} \cdot h_{cor} = 230 \times 430 = 98900 \text{mm}^2$$
$$u_{cor} = 2 \times (b_{cor} + h_{cor}) = 2 \times (230 + 430) = 1320 \text{mm}$$

(1) 验算最小配筋率

由规范式（9.2.5）求 $\rho_{tl,min}$

$$\rho_{tl} = \frac{A_{stl}}{bh} = \frac{923}{300 \times 500} = 0.615\%$$

$$\rho_{tl,min} = 0.6 \sqrt{\frac{T}{Vb}} \frac{f_t}{f_y}, \text{又} V = 0, \text{故取} \frac{T}{Vb} = 2.0$$

$$\rho_{tl,min} = 0.6 \times \sqrt{2} \times \frac{1.27}{300} = 0.359\% < \rho_{tl} = 0.615\%, \text{满足。}$$

(2) 验算最小配筋率

由规范 9.2.10 条的规定：

$$\rho_{sv,min} = 0.28 \frac{f_t}{f_{yv}} = 0.28 \times \frac{1.27}{270} = 0.132\%$$

$$\rho_{sv} = \frac{A_{sv}}{bs} = \frac{2 \times 78.5}{300 \times 100} = 0.523\% > \rho_{sv,min}, \text{满足。}$$

(3) 求 ζ

由规范式（6.4.4-2）求 ζ：

$$\zeta = \frac{f_y A_{stl} s}{f_{yv} A_{stl} u_{cor}}$$

$$= \frac{300 \times 923 \times 100}{270 \times 78.5 \times 1320} = 0.99 \begin{matrix} < 1.7 \\ > 0.6 \end{matrix}$$

故取 $\zeta = 0.99$

(4) 求 T

由规范式（6.4.4-1）求 T：

$$T = 0.35 f_t W_t + 1.2 \sqrt{\zeta} f_{yv} \frac{A_{stl} A_{cor}}{s}$$

$$= 0.35 \times 1.27 \times 1.8 \times 10^7 + 1.2 \times \sqrt{0.99} \times 270 \times \frac{78.5 \times 98900}{100}$$

$$= 33.03 \text{kN} \cdot \text{m}$$

(5) 验算截面条件

$$h_w = h_0 = 465 \text{mm}, \frac{h_w}{b} = \frac{465}{300} = 1.55 < 4, \text{由规范式(6.4.1-1)得：}$$

$$T_{max} = 0.25 \beta_c f_c \cdot (0.8 W_t) = 0.25 \times 1 \times 11.9 \times (0.8 \times 1.8 \times 10^7)$$

$$= 42.84 \text{kN} \cdot \text{m} > T = 33.03 \text{kN} \cdot \text{m}, \text{满足。}$$

所以该纯扭构件能承受的扭矩设计值为 33.03kN·m。

【例 3.6.2】 有一钢筋混凝土矩形截面梁，截面尺寸为 $b \times h = 300\text{mm} \times 550\text{mm}$，承

受荷载基本组合的扭矩设计值 $T=30\text{kN}\cdot\text{m}$，混凝土强度等级为 C30，纵筋用 HRB400 级，箍筋用 HPB300 级，配筋强度比值（ζ）为 1.0，纵向受力钢筋的混凝土保护层厚度为 30mm。环境类别为一类，安全等级为二级。取 $a_s=a'_s=40\text{mm}$。不考虑地震作用。

试问：该纯扭构件的抗扭钢筋。

【解答】 查规范表，$f_c=14.3\text{N/mm}^2$，$f_t=1.43\text{N/mm}^2$，$f_y=360\text{N/mm}^2$，$f_{yv}=270\text{N/mm}^2$；$a_s=40\text{mm}$，$h_0=h-a_s=510\text{mm}$。

由《混规》式（6.4.3-1）求 W_t：

$$W_t=\frac{b^2}{6}(3h-b)=\frac{300^2}{6}\times(3\times550-300)=2.025\times10^7\text{mm}^3$$

$$b_{cor}=b-2c_{纵}=300-2\times30=240\text{mm}$$

$$h_{cor}=h-2c_{纵}=550-2\times30=490\text{mm}$$

$$A_{cor}=b_{cor}\times h_{cor}=240\times490=117600\text{mm}^2$$

$$u_{cor}=2\times(b_{cor}+h_{cor})=2\times(240+490)=1460\text{mm}$$

(1) 验算截面条件

$\dfrac{h_w}{b}=\dfrac{510}{300}=1.7<4$，由规范式（6.4.1-1）得：

$$0.25\beta_c f_c\cdot(0.8W_t)=0.25\times1\times14.3\times(0.8\times2.025\times10^7)$$
$$=57.915\text{kN}\cdot\text{m}>T=30\text{kN}\cdot\text{m}，满足$$

(2) 判别是否按构造配置抗扭钢筋

由规范式（6.4.2-1）得：

$$0.7f_tW_t=0.7\times1.43\times2.025\times10^7=20.27\text{kN}\cdot\text{m}<T=30\text{kN}\cdot\text{m}$$

故需计算配置抗扭钢筋。

(3) 计算受扭箍筋量

已知 $\zeta=1.0$，由规范式（6.4.4-1）得：

$$\frac{A_{st1}}{s}=\frac{T-0.35f_tW_t}{1.2\sqrt{\zeta}f_{yv}A_{cor}}$$

$$=\frac{30\times10^6-0.35\times1.43\times2.025\times10^7}{1.2\times\sqrt{1.0}\times270\times117600}=0.521\text{mm}^2/\text{mm}$$

选用 $\Phi10$ 的双肢箍筋，$A_{st1}=78.5$，$s=\dfrac{78.5}{0.521}=151\text{mm}$，故取 $s=150\text{mm}$，即配置 $\Phi10@150$ 满足规范 9.2.9 条的规定。

验算最小配箍率： $\rho_{sv}=\dfrac{A_{sv}}{bs}=\dfrac{2\times78.5}{300\times150}=0.35\%$

由《混规》9.2.10 条规定：

$$\rho_{sv,\min}=0.28\frac{f_t}{f_{yv}}=0.28\frac{1.43}{270}=0.148\%<\rho_{sv}，满足$$

(4) 计算受扭纵筋量

配置Φ10@150，由规范式（6.4.4-2）得：

$$A_{stl} = \zeta \frac{f_{yv}A_{st1}u_{cor}}{f_y s} = 1.0 \times \frac{270 \times 78.5 \times 1460}{360 \times 150}$$

$$= 573 \text{mm}^2$$

实选 10 Φ 10（$A_s = 785\text{mm}^2$），并满足 9.2.5 条的间距规定。

验算最小配筋率：$\rho_{tl} = \frac{A_{stl}}{bh} = \frac{785}{300 \times 550} = 0.48\%$

由规范式（9.2.5）得，当 $V=0$，取 $\frac{T}{Vb} = 2.0$，则：

$$\rho_{tl,\min} = 0.6\sqrt{\frac{T}{Vb}}\frac{f_t}{f_y} = 0.6 \times \sqrt{2.0} \times \frac{1.43}{360} = 0.337\% < \rho_{tl}，满足$$

▲弯剪扭构件（矩形截面）的配筋计算，其计算步骤：
(1) 验算截面条件是否满足，按《混规》6.4.1 条确定。
(2) 判别构件承载力是否考虑剪力影响，或扭矩影响，按《混规》6.4.12 条确定。
(3) 判别构件的抗剪、抗扭钢筋是否按构造要求配置，按《混规》6.4.2 条确定。
(4) 应考虑剪力 V、扭矩 T 影响的弯剪扭构件，计算箍筋用量：
1) 计算抗扭箍筋量，按《混规》6.4.8 条。
2) 计算抗剪箍筋量，按《混规》6.4.8 条。
3) 验算配箍率，按《混规》9.2.10 条。
(5) 弯剪扭构件的抗扭纵筋量，按《混规》6.4.4 条中规范式（6.4.4-2）确定，并验算最小配筋量（按《混规》9.2.5 条）。
(6) 弯剪扭构件的抗弯纵筋量，按矩形截面受弯承载力计算，并验算最小配筋量（按《混规》8.5.1 条）。
(7) 确定弯剪扭构件的总纵筋量。

【例3.6.3】 非抗震设计，矩形截面构件的截面尺寸为 $b \times h = 250\text{mm} \times 500\text{mm}$，承受荷载基本组合时扭矩设计值 $T=10\text{kN} \cdot \text{m}$，弯矩设计值 $M=120\text{kN} \cdot \text{m}$，剪力设计值 $V=90\text{kN}$，采用 C25 级混凝土，纵筋为 HRB335 级，箍筋为 HPB300 级，配筋强度比值（ζ）取为 1.0，纵向受力钢筋混凝土保护层厚度为 25mm。$a_s = a_s' = 35\text{mm}$，安全等级为二级，环境类别为一类。

试问：确定该构件的配筋。

【解答】 查规范表，$f_c = 11.9\text{N/mm}^2$，$f_t = 1.27\text{N/mm}^2$，$f_y = 300\text{N/mm}^2$，$f_{yv} = 270\text{N/mm}^2$，$h_0 = h - a_s = 500 - 35 = 465\text{mm}$，$c = 25\text{mm}$

$$W_t = \frac{b^2}{6}(3h - b) = \frac{250^2}{6} \times (3 \times 500 - 250) = 13.02 \times 10^6 \text{mm}^3$$

$$b_{cor} = b - 2c = 250 - 2 \times 25 = 200\text{mm}$$

$$h_{cor} = h - 2c = 500 - 2 \times 25 = 450\text{mm}$$

$$A_{cor} = b_{cor} \times h_{cor} = 200 \times 450 = 90000\text{mm}^2$$

$$u_{cor} = 2 \times (b_{cor} + h_{cor}) = 2 \times (200 + 450) = 1300\text{mm}$$

(1) 验算截面条件

$\dfrac{h_w}{b} = \dfrac{h_0}{b} = \dfrac{465}{250} = 1.86 < 4$,由《混规》式（6.4.1-1）得：

$$\dfrac{V}{bh_0} + \dfrac{T}{0.8W_t} = \dfrac{90 \times 10^3}{250 \times 465} + \dfrac{10 \times 10^6}{0.8 \times 13.02 \times 10^6}$$

$$= 1.734\text{N/mm}^2 < 0.25\beta_c f_c = 0.25 \times 1 \times 11.9 = 2.975\text{N/mm}^2$$

故截面条件满足要求。

(2) 判别是否考虑 V、T 的影响

由《混规》6.4.12条得：

$V = 90\text{kN} > 0.35 f_t bh_0 = 0.35 \times 1.27 \times 250 \times 465 = 51.67\text{kN}$,应计入剪力影响。

$T = 10\text{kN} \cdot \text{m} > 0.175 f_t W_t = 0.175 \times 1.27 \times 13.02 \times 10^6 = 2.89\text{kN} \cdot \text{m}$,应计入扭矩影响。

(3) 判别是否按构造要求配置抗扭钢筋

由规范式（6.4.2-2）得：

$$\dfrac{V}{bh_0} + \dfrac{T}{W_t} = \dfrac{90 \times 10^3}{250 \times 465} + \dfrac{10 \times 10^6}{13.02 \times 10^6}$$

$$= 1.542\text{N/mm}^2 > 0.7 f_t = 0.7 \times 1.27 = 0.889\text{N/mm}^2$$

故应按计算配置抗剪抗扭钢筋

(4) 求箍筋量

1) 计算受扭承载力降低系数 β_t,由规范式（6.4.8-2）得：

$$\beta_t = \dfrac{1.5}{1 + 0.5\dfrac{VW_t}{Tbh_0}} = \dfrac{1.5}{1 + 0.5 \times \dfrac{90 \times 10^3 \times 13.02 \times 10^6}{10 \times 10^6 \times 250 \times 465}}$$

$$= 0.997 \approx 1.0$$

故取 $\beta_t = 1.0$。

2) 计算抗扭箍筋量,已知 $\zeta = 1.0$,由规范式（6.4.8-3）得：

$$\dfrac{A_{st1}}{s} = \dfrac{T - 0.35\beta_t f_t W_t}{1.2\sqrt{\zeta} f_{yv} A_{cor}}$$

$$= \dfrac{10 \times 10^6 - 0.35 \times 1 \times 1.27 \times 13.02 \times 10^6}{1.2 \times \sqrt{1.0} \times 270 \times 90000} = 0.144\text{mm}^2/\text{mm}$$

3) 计算抗剪箍筋量

采用双肢箍筋 $n = 2$,由规范式（6.4.8-1）得：

$$\dfrac{A_{sv1}}{s} = \dfrac{V - (1.5 - \beta_t) \times 0.7 f_t bh_0}{nf_{yv} h_0}$$

$$= \dfrac{90000 - (1.5 - 1) \times 0.7 \times 1.27 \times 250 \times 465}{2 \times 270 \times 465} = 0.153\text{mm}^2/\text{mm}$$

4) 总箍筋量

$$\dfrac{A_{sv1}^*}{s} = \dfrac{A_{st1}}{s} + \dfrac{A_{sv1}}{s} = 0.297\text{mm}^2/\text{mm}$$

选用Φ8箍筋，$A_{sv1}^* = 50.3 \text{mm}^2$，$s = \dfrac{50.3}{0.297} = 169 \text{mm}^2$

故取 $s=150\text{mm} \leqslant s_{\max}=200\text{mm}$（《混规》表 9.2.9 规定），所以配置Φ8@150。

验算最小配箍率：

$$\rho_{sv} = \dfrac{A_{sv}}{bs} = \dfrac{2 \times 50.3}{250 \times 150} = 0.268\%$$

$$\rho_{sv,\min} = 0.28 f_t / f_{yv} = 0.28 \times 1.27 / 270 = 0.132\%$$

$\rho_{sv} > \rho_{sv,\min}$，故满足要求

(5) 计算抗扭纵筋量

已知 $\zeta=1.0$，$\dfrac{A_{stl}}{s}=0.144 \text{mm}^2/\text{mm}$，由规范式（6.4.4-2）求得：

$$A_{stl} = \zeta \dfrac{f_{yv} A_{st1} u_{cor}}{f_y s} = 1 \times \dfrac{270 \times 0.144 \times 1300}{300} = 168 \text{mm}^2$$

由《混规》9.2.1 条规定，纵筋直径不应小于 10mm，选用 8Φ10，$A_{stl}=628 \text{mm}^2$，排成 4 排布置。

验算最小配筋率：

$$\rho_{tl} = \dfrac{A_{stl}}{bh} = \dfrac{628}{250 \times 500} = 0.502\%$$

$$\rho_{tl,\min} = 0.6 \sqrt{\dfrac{T}{Vb}} \dfrac{f_t}{f_y}，又 \dfrac{T}{Vb} = \dfrac{10 \times 10^6}{90 \times 10^3 \times 250} = 0.444 < 2.0$$

故取 $\dfrac{T}{Vb} = 0.444$

$\rho_{tl,\min} = 0.6 \times \sqrt{0.444} \cdot \dfrac{1.27}{300} = 0.169\% < \rho_{tl}$，满足。

(6) 计算抗弯纵筋量

按单筋矩形截面受弯承载力计算，$\xi_b=0.55$，$\alpha_1=1.0$

$$x = h_0 - \sqrt{h_0^2 - \dfrac{2\gamma_0 M}{\alpha_1 f_c b}}$$

$$= 465 - \sqrt{465^2 - \dfrac{2 \times 1 \times 120 \times 10^6}{1 \times 11.9 \times 250}}$$

$$= 96.8 \text{mm} < \xi_b h_0 = 256 \text{mm}$$

$$A_s = \dfrac{\alpha_1 f_c b x}{f_y} = \dfrac{1 \times 11.9 \times 250 \times 96.8}{300} = 960.0 \text{mm}^2$$

验算最小配筋率：$\rho = \dfrac{A_s}{bh} = \dfrac{960.0}{250 \times 500} = 0.768\%$

$\rho_{\min} = 0.45 f_t / f_y = 0.45 \times 1.27 / 300 = 0.1905\% < 0.2\%$，取 $\rho_{\min}=0.2\%$

$\rho > \rho_{\min} = 0.2\%$，故满足

(7) 确定总的纵筋量

顶部纵箍配置 2Φ10；

两侧边配置二排纵箍 2Φ10；

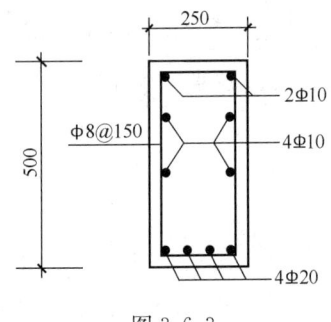

图 3.6.3

底部纵筋：$\dfrac{A_{stl}}{4}+A_s=\dfrac{628}{4}+960.0=1117\text{mm}^2$

选用 $4\Phi20$（$A_s=1256\text{mm}^2$）。

截面配筋如图 3.6.3 所示。

【例 3.6.4】 非抗震设计，某钢筋混凝土矩形截面梁，环境类别为一类，安全等级为二级，混凝土强度等级为 C30，纵筋采用 HRB400 级钢筋，箍筋采用 HPB300 级钢筋。荷载简图及截面尺寸如图 3.6.4 所示，两端支座均为固定支座，梁上有荷载基本组合的均匀荷载设计值（含梁自重）$g=8\text{kN·m}$，集中荷载设计值 $P=200\text{kN}$，在集中荷载作用点处有集中扭矩作用，其设计值 $T_0=100\text{kN·m}$。取 $a_s=a'_s=40\text{mm}$，配筋强度比值 ζ 为 1.0。纵向受力钢筋的混凝土保护层厚度为 25mm。

试问：确定该梁的配筋。

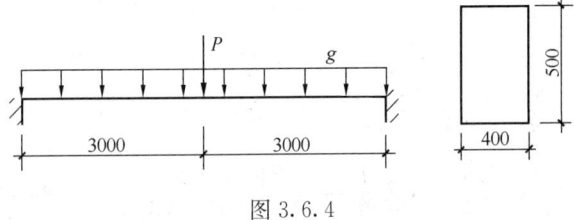

图 3.6.4

【解答】 (1) 内力计算

支座弯矩 M_1：$M_1=-\dfrac{Pl}{8}-\dfrac{gl^2}{12}=-\dfrac{200\times6}{8}-\dfrac{8\times6^2}{12}=-174\text{kN·m}$

跨中弯矩 M_2：$M_2=\dfrac{Pl}{8}+\dfrac{gl^2}{24}=\dfrac{200\times6}{8}+\dfrac{8\times6^2}{24}=162\text{kN·m}$

支座剪力 V_1：$V_1=\dfrac{P}{2}+\dfrac{gl}{2}=\dfrac{200}{2}+\dfrac{8\times6}{2}=124\text{kN}$

跨中剪力 V_2：$V_2=\dfrac{P}{2}=\dfrac{200}{2}=100\text{kN}$

支座扭矩 T：$T=\dfrac{T_0}{2}=50\text{kN·m}$

梁的扭矩图如图 3.6.5 所示。

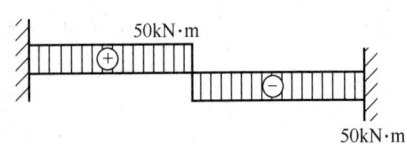

图 3.6.5

(2) 验算截面尺寸

查规范表，$f_c=14.3\text{N/mm}^2$，$f_t=1.43\text{N/mm}^2$，$f_y=360\text{N/mm}^2$，$f_{yv}=270\text{N/mm}^2$，$h_0=h-a_s=500-40=460\text{mm}$，$\alpha_1=1.0$，$\xi_b=0.518$

$$W_t=\dfrac{b^2}{6}(3h-b)=\dfrac{400^2}{6}\times(3\times500-400)=29.33\times10^6\text{mm}^3$$

$\dfrac{h_w}{6}=\dfrac{h_0}{b}=\dfrac{460}{400}=1.15<4$，由《混规》式 (6.4.1-1) 得：

$$\frac{V}{bh_0} + \frac{T}{0.8W_t} = \frac{124 \times 10^3}{400 \times 460} + \frac{50 \times 10^6}{0.8 \times 29.33 \times 10^6}$$
$$= 2.80 < 0.25\beta_c f_c = 0.25 \times 1 \times 14.3 = 3.575$$

故截面满足要求

（3）是否按构造配置钢筋

$$\frac{V}{bh_0} + \frac{T}{W_t} = \frac{124 \times 10^3}{400 \times 460} + \frac{50 \times 10^6}{29.33 \times 10^6} = 2.38 > 0.7f_t = 0.7 \times 1.43 = 1.001$$

故需计算配筋。

（4）判别是否考虑剪力、扭矩的影响

因集中荷载产生的支座剪力与支座截面总剪力的比值：100/124＝80.6%＞75%，故需考虑剪跨比 λ。

$$\lambda = \frac{a}{h_0} = \frac{3000}{460} = 6.52 > 3, 故取 \lambda = 3$$

由《混规》6.4.12 条规定：

$$V = 124\text{kN} > \frac{0.875 f_t bh_0}{\lambda + 1} = \frac{0.875 \times 1.43 \times 400 \times 460}{3 + 1} = 57.6\text{kN}$$

$$T = 50\text{kN} \cdot \text{m} > 0.175 f_t W_t = 0.175 \times 1.43 \times 29.33 \times 10^6 = 7.34\text{kN} \cdot \text{m}$$

故应考虑剪力、扭矩的作用。

（5）计算箍筋量

$$b_{cor} = b - 2c = 400 - 2 \times 25 = 350; h_{cor} = h - 2c = 500 - 2 \times 25 = 450\text{mm}$$

$$A_{cor} = b_{cor} \times h_{cor} = 350 \times 450 = 157500\text{mm}^2$$

$$u_{cor} = 2 \times (b_{cor} + h_{cor}) = 2 \times (350 + 450) = 1600\text{mm}$$

由规范式（6.4.8-5）计算 β_t：

$$\beta_t = \frac{1.5}{1 + 0.2(\lambda+1)\dfrac{VW_t}{Tbh_0}} = \frac{1.5}{1 + 0.2(3+1)\dfrac{124 \times 10^3 \times 29.33 \times 10^6}{50 \times 10^6 \times 400 \times 460}}$$

$$= 1.14 > 1.0, 故取 \beta_t = 1.0$$

1）计算受扭箍筋量

已知 $\zeta = 1.0$，由规范式（6.4.8-3）得：

$$\frac{A_{st1}}{s} = \frac{T - 0.35\beta_t f_t W_t}{1.2\sqrt{\zeta} f_{yv} A_{cor}} = \frac{50 \times 10^6 - 0.35 \times 1 \times 1.43 \times 29.33 \times 10^6}{1.2 \times \sqrt{1.0} \times 270 \times 157500}$$

$$= 0.692\text{mm}^2/\text{mm}$$

2）计算受剪箍筋量

抗剪箍筋取为 4 肢箍 $n = 4$，由规范式（6.4.8-4）得：

$$\frac{A_{sv1}}{s} = \frac{V - \frac{1.75}{\lambda+1} \cdot (1.5 - \beta_t) f_t b h_0}{n \cdot f_{yv} h_0}$$

$$= \frac{124 \times 10^3 - \frac{1.75}{3+1} \times (1.5-1) \times 1.43 \times 400 \times 460}{4 \times 270 \times 460}$$

$$= 0.134 \text{mm}^2/\text{mm}$$

3) 总抗剪、抗扭箍筋量

$$A_{sv}^* = 2A_{st1} + 4A_{sv1} = 2 \times 0.692 + 4 \times 0.134 = 1.92 \text{mm}^2/\text{mm}$$

选用 4Φ10@100，则：

$$A_{sv} = 4 \times 78.5 = 314 \text{mm}^2$$

$$A_{st1} = 78.5 \text{mm}^2 > 0.692 \times 100 = 69.2 \text{mm}^2$$

故满足。

4) 验算最小配箍率

$$\rho_{sv} = \frac{A_{sv}}{bs} = \frac{4 \times 78.5}{400 \times 100} = 0.785\%$$

$$\rho_{sv,\min} = 0.28 f_t / f_{yv} = 0.28 \times 1.43/270 = 0.148\%$$

$\rho_{sv} > \rho_{sv,\min}$，故满足。

(6) 计算抗扭纵筋量

由规范式（6.4.4-2）得：

$$A_{stl} = \zeta \frac{f_{yv} A_{st1} u_{cor}}{f_y s} = 1 \times \frac{270 \times 0.692 \times 1600}{360}$$

$$= 830 \text{mm}^2$$

选 8Φ12（$A_s = 904 \text{mm}^2$），按四排布置。

验算配筋率：

$$\rho_{tl} = \frac{A_{stl}}{bh} = \frac{904}{400 \times 500} = 0.452\%$$

$$\rho_{tl,\min} = 0.6 \sqrt{\frac{T}{Vb}} \frac{f_t}{f_y}$$

又

$$\frac{T}{Vb} = \frac{50 \times 10^6}{124 \times 10^3 \times 400} = 1.01 < 2.0$$

$$\rho_{tl,\min} = 0.6 \times \sqrt{1.01} \times \frac{1.43}{360} = 0.24\% < \rho_{tl}，满足$$

(7) 计算抗弯纵筋量

按单筋矩形截面受弯承载力计算，支座截面 $M_1 = -174 \text{kN} \cdot \text{m}$

$$x = h_0 - \sqrt{h_0^2 - \frac{2\gamma_0 M_1}{\alpha_1 f_c b}}$$

$$= 460 - \sqrt{460^2 - \frac{2 \times 1 \times 174 \times 10^6}{1 \times 14.3 \times 400}}$$

$$= 71.7 \text{mm} < \xi_b h_0 = 238 \text{mm}$$

$$A_s = \frac{\alpha_1 f_c bx}{f_y} = \frac{1 \times 14.3 \times 400 \times 71.7}{360} = 1139 \text{mm}^2$$

同样，跨中截面 $M = 162 \text{kN} \cdot \text{m}$

$$x = h_0 - \sqrt{h_0^2 - \frac{2\gamma_0 M}{\alpha_1 f_c b}}$$

$$= 460 - \sqrt{460^2 - \frac{2 \times 1 \times 162 \times 10^6}{1 \times 14.3 \times 400}}$$

$$= 66.4 \text{mm} < \xi_b h_0 = 238 \text{mm}$$

$$A_s = \frac{1 \times 14.3 \times 400 \times 66.4}{360} = 1055 \text{mm}^2$$

验算最小配筋率：

$$\rho = \frac{A_s}{bh} = \frac{1055}{400 \times 500} = 0.528\%$$

$$\rho_{\min} = 0.45 f_t / f_y = 0.45 \times 1.43 / 360 = 0.179\% < 0.2\%$$

$$\rho > \rho_{\min} = 0.2\%，故满足$$

（8）总的纵向钢筋配置

梁顶部一排纵筋应一并考虑抗扭纵筋与抗弯纵筋：

$$A_s + \frac{A_{stl}}{4} = 1139 + \frac{830}{4} = 1347 \text{mm}^2，故$$

选 5 Φ 20（$A_s = 1570 \text{mm}^2$）

梁中部纵筋为两排 2 Φ 12；

梁底部纵筋应一并考虑抗扭纵筋与抗弯纵筋

$$A_s + \frac{A_{stl}}{4} = 1055 + \frac{830}{4} = 1263 \text{mm}^2$$

选 5 Φ 20（$A_s = 1570 \text{mm}^2$）。

配筋图如图 3.6.6 所示。

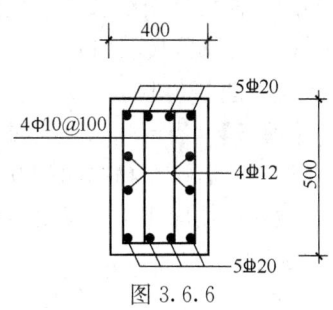

图 3.6.6

【例 3.6.5】 某钢筋混凝土边梁，独立承担弯剪扭，安全等级为二级，不考虑抗震。梁混凝土强度等级为 C35，截面 400mm×600mm，$h_0 = 550$mm，梁内配置四肢箍筋，箍筋采用 HPB300 钢筋，梁中未配置计算需要的纵向受压钢筋。箍筋内表面范围内截面核心部分的短边和长边尺寸分别为 320mm 和 520mm，截面受扭塑性抵抗矩 $W_t = 37.333 \times 10^6 \text{mm}^3$。

梁端承受荷载基本组合时剪力设计值 $V = 300$kN，扭矩设计值 $T = 70$kN·m，按一般剪扭构件受剪承载力计算所得 $\frac{A_{sv}}{s} = 1.206 \text{mm}^2/\text{mm}$。

试问：梁端至少选用下列何项箍筋配置才能满足承载力要求？

提示：①受扭的纵向钢筋与箍筋的配筋强度比值 $\zeta = 1.6$；

②按一般剪扭构件计算，不需要验算截面限制条件和最小配箍率。

(A) Φ 8@100 (4)　　　　　　　　(B) Φ 10@100 (4)

(C) Φ 12@100 (4)　　　　　　　 (D) Φ 14@100 (4)

【解答】 由《混规》式（6.4.8-2）：

$$\beta_t = \frac{1.5}{1+0.5\frac{VW_t}{Tbh_0}} = \frac{1.5}{1+0.5\times\frac{300\times10^3\times37.333\times10^6}{70\times10^6\times400\times550}} = 1.1 > 1.0$$

故取 $\beta_t = 1.0$。

由《混规》式（6.4.8-3）：

$$A_{cor} = b_{cor}h_{cor} = 320\times520 = 166400\text{mm}^2$$

$$A_{st1} \geq \frac{(70\times10^6 - 0.35\times1.0\times1.57\times37.333\times10^6)\times100}{1.2\times\sqrt{1.6}\times270\times166400} = 72.56\text{mm}^2$$

外围单肢箍筋面积不应小于 72.56mm²，所以（A）项错。

根据《混规》第 6.4.13 条：

总箍筋面积≥1.206×100+72.56×2=265.72mm²

选项（B）：总箍筋面积为 4×78.5=314mm²＞265.72mm²，满足要求。

所以应选（B）项。

【例 3.6.6】 某现浇钢筋混凝土框架结构，某一榀边框架梁 KL1 的截面尺寸 $b\times h$=350mm×650mm，同时承受弯矩、剪力、扭矩的作用，不考虑抗震设计。梁内配置四肢箍筋，经计算，A_{st1}/s=0.85mm，A_{sv}/s=1.4mm，其中，A_{st1} 为受扭计算中沿截面周边配置的箍筋单肢截面面积，A_{sv} 为受剪承载力所需的箍筋截面面积，s 为沿构件长度方向的箍筋间距。试问，至少选用下列何项箍筋配置才能满足计算要求？

(A) Φ 8@100（4）   (B) Φ 10@100（4）

(C) Φ 12@100（4）   (D) Φ 14@100（4）

【解答】 当 s=100mm 时，抗扭和抗剪所需的箍筋面积：

外圈单肢抗扭箍筋面积 0.85×100=85mm²，排除（A）、（B）项。

抗剪箍筋面积不小于 1.4×100=140mm²

Φ 12，A_{sv1}=113mm²＞85mm²，

4 Φ 12，$\sum A_{sv}$=4×113=452mm²＞2×85+140=310mm²

故选（C）项。

【例 3.6.7】 某钢筋混凝土雨篷梁，两端与柱刚接，平面布置如图 3.6.7 所示，安全等级为二级，不考虑地震作用，混凝土强度等级为 C30，梁截面为矩形，其截面尺寸 $b\times h$=200mm×400mm，箍筋采用 HPB300。假定，h_0=360mm，截面核心部分的面积 A_{cor}=47600mm²，受扭截面抵抗矩 W_t=6.6667×10⁶ mm³，受扭纵向钢筋与箍筋的配筋强度比 ζ=1.2，雨篷梁支座截面的内力设计值为：弯矩 M=12kN·m，剪力 V=27kN，扭矩 T=11kN·m。试问，梁支座截面满足承载力要求时，其最小箍筋配置，与下列何项最接近？

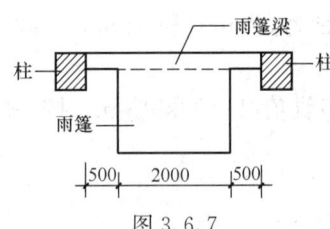

图 3.6.7

提示：① 不需要验算截面条件和最小配箍率。

② 梁上无集中荷载，不考虑轴力的影响。

(A) 2Φ6@150　　(B) 2Φ8@150　　(C) 2Φ10@150　　(D) 2Φ12@150

【解答】 根据《混规》6.4.12条：
$$V = 27\text{kN} < 0.35 f_t b h_0 = 0.35 \times 1.43 \times 200 \times 360 = 36\text{kN}$$
$$T = 11\text{kN} \cdot \text{m} > 0.175 f_t W_t = 0.175 \times 1.43 \times 6.667 \times 10^6 = 1.67\text{kN} \cdot \text{m}$$

故箍筋按纯扭计算，由6.4.4条：
$$11 \times 10^6 \leqslant 0.35 \times 1.43 \times 6.667 \times 10^6 + 1.2 \times \sqrt{1.2} \times 270 \frac{A_{st1} \times 47600}{s}$$

可得：
$$A_{st1}/s \geqslant 0.454 \text{mm}^2/\text{mm}$$

即：$A_{st1} \geqslant 0.454 \times 150 = 68.1 \text{mm}^2$，选Φ10（$A_s = 78.5\text{mm}^2$），满足

故选（C）项。

三、T形和I形截面受扭构件

- 复习《混规》6.4.3条、6.4.5条、6.4.9条、6.4.12条。

需注意的是：

(1)《混规》6.4.3条规定，$b'_f \leqslant b + 6h'_f$，$b_f \leqslant b + 6h_f$。

(2)《混规》6.4.9条的规定，即T形截面受扭构件包括一般剪扭构件和集中荷载作用下的独立剪扭构件。

(3)《混规》6.4.9条的规定，受压翼缘和受拉翼缘可按纯扭构件的规定进行计算。

【例3.6.8】 已知均匀荷载作用下T形截面梁，截面尺寸为$b \times h = 250\text{mm} \times 500\text{mm}$，$b'_f = 400\text{mm}$，$h'_f = 100\text{mm}$；在荷载基本组合下弯矩设计值$M = 120\text{kN} \cdot \text{m}$，剪力设计值$V = 100\text{kN}$，扭矩设计值$T = 24\text{kN} \cdot \text{m}$。采用C30混凝土，纵筋采用HRB400级，箍筋采用HPB300级。环境类别为一类，安全等级为二级。取配筋强度比值（ζ）为1.0，纵向受力钢筋的混凝土保护层厚度为25mm，$a_s = a'_s = 35\text{mm}$。不考虑地震作用。

试问：确定该T形梁的配筋。

【解答】 查规范表，$f_c = 14.3\text{N/mm}^2$，$f_t = 1.43\text{N/mm}^2$，$f_y = 360\text{N/mm}^2$，$f_{yv} = 270\text{N/mm}^2$。

$$h_0 = h - a_s = 500 - 35 = 465\text{mm}$$
$$b_{cor} = b - 2c = 250 - 2 \times 25 = 200\text{mm}$$
$$h_{cor} = h - 2c = 500 - 2 \times 25 = 450\text{mm}$$
$$A_{cor} = b_{cor} \times h_{cor} = 200 \times 450 = 90000\text{mm}^2$$
$$u_{cor} = 2 \times (b_{cor} + h_{cor}) = 2 \times (200 + 450) = 1300\text{mm}$$

由《混规》式（6.4.3-3）、式（6.4.3-4）得：

$b'_f = 400\text{mm} < b + 6h'_f = 250 + 6 \times 100 = 850\text{mm}$，满足

$$W_{tw} = \frac{b^2}{6}(3h - b) = \frac{250^2}{6} \times (3 \times 500 - 250) = 13.02 \times 10^6 \text{mm}^3$$

$$W'_{tf} = \frac{h'^2_f}{2}(b'_f - b) = \frac{100^2}{2} \times (400 - 250) = 0.75 \times 10^6 \text{mm}^3$$

$$W_t = W_{tw} + W'_{tf} = 13.77 \times 10^6 \text{mm}^3$$

(1) 验算截面条件

$$\frac{h_w}{b} = \frac{465-100}{250} = 1.46 < 4，由规范式（6.4.1-1）得：$$

$$\frac{V}{bh_0} + \frac{T}{0.8W_t} = \frac{100 \times 10^3}{250 \times 465} + \frac{24 \times 10^6}{0.8 \times 13.77 \times 10^6}$$

$$= 3.039 < 0.25\beta_c f_c = 0.25 \times 1 \times 14.3 = 3.575，满足$$

(2) 判别是否构造配筋

$$\frac{V}{bh_0} + \frac{T}{W_t} = \frac{100 \times 10^3}{250 \times 465} + \frac{24 \times 10^6}{13.77 \times 10^6}$$

$$= 2.603 > 0.7 f_t = 0.7 \times 1.43 = 1.001$$

故需按计算配置钢筋。

(3) 判别是否考虑剪力、扭矩的影响

由《混规》6.4.12 条的规定：

$$V = 100 \text{kN} > 0.35 f_t bh_0 = 0.35 \times 1.43 \times 250 \times 465 = 58.2 \text{kN}$$

$$T = 24 \text{kN} \cdot \text{m} > 0.175 f_t W_t = 0.175 \times 1.43 \times 13.77 \times 10^6 = 3.45 \text{kN} \cdot \text{m}$$

故需考虑剪力、扭矩对构件承载力的影响。

(4) 确定腹板、受压翼缘的扭矩

由规范式（6.4.5-1）、式（6.4.5-2）得：

$$T_w = \frac{W_{tw}}{W_t} T = \frac{13.02 \times 10^6}{13.77 \times 10^6} \times 24 \times 10^6 = 22.693 \text{kN} \cdot \text{m}$$

$$T'_f = \frac{W'_{tf}}{W_t} T = \frac{0.75 \times 10^6}{13.77 \times 10^6} \times 24 \times 10^6 = 1.307 \text{kN} \cdot \text{m}$$

(5) 计算腹板的配筋

由规范式（6.4.8-2），且 T_w、W_{tw} 代替式中 T、W_t 得：

$$\beta_t = \frac{1.5}{1 + 0.5 \dfrac{VW_{tw}}{T_w bh_0}} = \frac{1.5}{1 + 0.5 \times \dfrac{100 \times 10^3 \times 13.02 \times 10^6}{22.693 \times 10^6 \times 250 \times 465}}$$

$$= 1.203 > 1.0，故取 \beta_t = 1.0$$

1) 腹板的抗扭、抗剪箍筋

由规范式（6.4.8-3）得：

$$\frac{A_{st1}}{s} = \frac{T_w - 0.35 \beta_t f_t W_{tw}}{1.2 \sqrt{\zeta} f_{yv} A_{cor}}$$

$$= \frac{22.693 \times 10^6 - 0.35 \times 1 \times 1.43 \times 13.02 \times 10^6}{1.2 \times \sqrt{1.0} \times 270 \times 90000} = 0.555 \text{mm}^2/\text{mm}$$

抗剪箍筋用双肢箍 $n=2$，由规范式（6.4.8-1）得：

$$\frac{A_{sv1}}{s} = \frac{V - 0.7 \times (1.5 - \beta_t) f_t b h_0}{n f_{yv} h_0}$$

$$= \frac{100000 - 0.7 \times (1.5 - 1) \times 1.43 \times 250 \times 465}{2 \times 270 \times 465}$$

$$= 0.167 \text{mm}^2/\text{mm}$$

$$\frac{A_{sv1}^*}{s} = \frac{A_{stl}}{s} + \frac{A_{sv1}}{s} = 0.722 \text{mm}^2/\text{mm}$$

选用Φ12箍筋，$A_{sv1}^* = 113.1 \text{mm}^2$，$s = \frac{113.1}{0.722} = 157 \text{mm}^2$，故取 $s = 100 \text{mm}$，配置Φ12@100箍筋。

验算配箍率：

$$\rho_{sv} = \frac{A_{sv}}{bs} = \frac{2 \times 113.1}{250 \times 100} = 0.905\%$$

$$\rho_{sv,\min} = 0.28 f_t / f_{yv} = 0.28 \times 1.43/270 = 0.148\% < \rho_{sv}, 满足$$

2) 腹板的抗扭纵筋

$$A_{stl} = \zeta \frac{f_{yv} A_{st1} u_{cor}}{f_y s} = 1 \times \frac{270 \times 0.555 \times 1300}{360} = 541 \text{mm}^2$$

选 8Φ12（$A_s = 904 \text{mm}^2$），按四排布置。

验算配筋率：

$$\rho_{tl} = \frac{A_s}{bh} = \frac{904}{250 \times 500} = 0.723\%$$

$$\rho_{tl,\min} = 0.6 \sqrt{\frac{T_w}{Vb}} \frac{f_t}{f_y}$$

$$\frac{T_w}{Vb} = \frac{22.693 \times 10^6}{100 \times 10^3 \times 250} = 0.908$$

$$\rho_{tl,\min} = 0.6 \times \sqrt{0.908} \times \frac{1.43}{360} = 0.23\%$$

$$< \rho_{tl}, 满足$$

3) 腹板的抗弯纵筋

$$\alpha_1 f_c b_f' h_f' \left(h_0 - \frac{h_f'}{2}\right) = 1 \times 14.3 \times 400 \times 100 \times \left(465 - \frac{100}{2}\right) = 237.38 \text{kN} \cdot \text{m}$$

$\gamma_0 M = 120 \text{kN} \cdot \text{m} < 237.38 \text{kN} \cdot \text{m}$，故属第一类T形截面。

$$x = h_0 - \sqrt{h_0^2 - \frac{2\gamma_0 M}{\alpha_1 f_c b}} = 465 - \sqrt{465^2 - \frac{2 \times 1 \times 120 \times 10^6}{1 \times 14.3 \times 400}}$$

$$= 47.5 \text{mm} < \xi_b h_0 = 241 \text{mm}$$

$$A_s = \frac{\alpha_1 f_c bx}{f_y} = \frac{1 \times 14.3 \times 400 \times 47.5}{360}$$

$$= 755 \text{mm}^2$$

验算配筋率：

$$\rho = \frac{A_s}{bh} = \frac{755}{250 \times 500} = 0.604\%$$

$$\rho_{\min} = 0.45 f_t/f_y = 0.45 \times 1.43/360 = 0.179\% < 0.2\%$$
$$\rho > \rho_{\min} = 0.2\%,\text{满足}。$$

4) 腹板总纵筋量

腹板顶部布一排 2 Φ 12；

腹板两侧中部布两排 2 Φ 12；

腹板底部纵筋一并考虑抗扭、抗弯纵筋：$A_s + \dfrac{A_{stl}}{4} = 755 + \dfrac{904}{4} = 981\text{mm}^2$，故选 3 Φ 22 ($A_s = 1140\text{mm}^2$)。

(6) 计算受压翼缘的配筋 (按纯扭计算)

$$A'_{\text{cor}} = b'_{\text{cor}} \times h'_{\text{cor}} = (400 - 250 - 2 \times 25) \times (100 - 2 \times 25)$$
$$= 5000 \text{mm}^2$$
$$u'_{\text{cor}} = 2(b'_{\text{cor}} + h'_{\text{cor}}) = 2 \times [(400 - 250 - 2 \times 25) + (100 - 2 \times 25)]$$
$$= 300 \text{mm}$$
$$\dfrac{A'_{stl}}{s} = \dfrac{T'_f - 0.35 f_t W'_{tf}}{1.2\sqrt{\zeta} f_{yv} A'_{\text{cor}}} = \dfrac{1.307 \times 10^6 - 0.35 \times 1.43 \times 0.75 \times 10^6}{1.2 \times \sqrt{1.0} \times 270 \times 5000}$$
$$= 0.575 \text{mm}^2/\text{mm}$$

选用 Φ 10 箍筋，$A'_{st1} = 78.5\text{mm}^2$，$s = \dfrac{78.5}{0.575} = 137\text{mm}$，故取 $s = 100\text{mm}$，配置 Φ 10@100。

验算最小配筋率：$\rho_{sv} = \dfrac{A_{sv}}{(b'_f - b)s} = \dfrac{2 \times 78.5}{150 \times 100} = 1.047\%$

$\rho_{sv,\min} = 0.28 f_t/f_{yv} = 0.28 \times 1.43/270 = 0.148\% < \rho_{sv}$，满足

受扭纵筋为：

$$A'_{stl} = \zeta \dfrac{f_{yv} A'_{st1} u'_{\text{cor}}}{f_y s} = 1 \times \dfrac{270 \times 0.575 \times 300}{360} = 129 \text{mm}^2$$

选用 4 Φ 10 ($A_s = 314\text{mm}^2$)。

验算最小配筋率：

$$\rho'_{tl} = \dfrac{A_{stl}}{(b'_f - b)h'_f} = \dfrac{314}{150 \times 100} = 2.09\%$$

$$\rho'_{tl,\min} = 0.6\sqrt{\dfrac{T'_f}{Vb}}\dfrac{f_t}{f_y} = 0.6 \times \sqrt{2} \times 1.43/360 = 0.337\% < \rho'_{tl},\text{满足}。$$

所以该 T 形梁的配筋如图 3.6.8 所示。

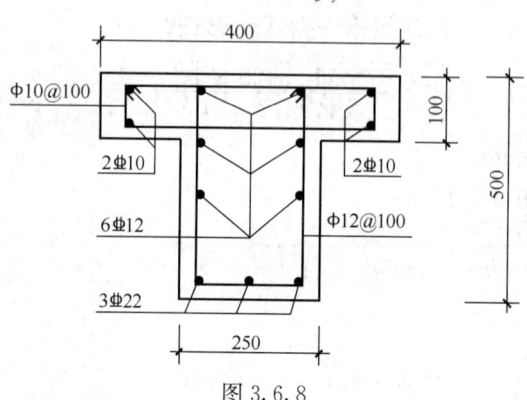

图 3.6.8

【例 3.6.9】 某钢筋混凝土 T 形截面简支梁，安全等级为二级，混凝土强度等级为 C30，荷载简图及截面尺寸如图 3.6.9 所示。梁上有均布静荷载 g_k，均布活荷载 q_k，集中静荷载 G_k，集中活荷载 P_k；各种荷载均为标准值。

假定该梁两端支座均改为固定支座，且 $g_k = q_k = 0$ (忽略梁自重)，$G_k = P_k = $

58kN，集中荷载作用点分别有同方向的集中扭矩作用，其设计值均为 12kN·m；a_s = 65mm。已知腹板、翼缘的矩形截面受扭塑性抵抗矩分别为 $W_{tw} = 16.15 \times 10^6 \text{mm}^3$，$W_{tf} = 3.6 \times 10^6 \text{mm}^3$。

试问： 集中荷载作用下该受剪扭构件混凝土受扭承载力降低系数 β_t，应与下列何项数值最为接近？

(A) 0.58　　　　(B) 0.69　　　　(C) 0.79　　　　(D) 1.0

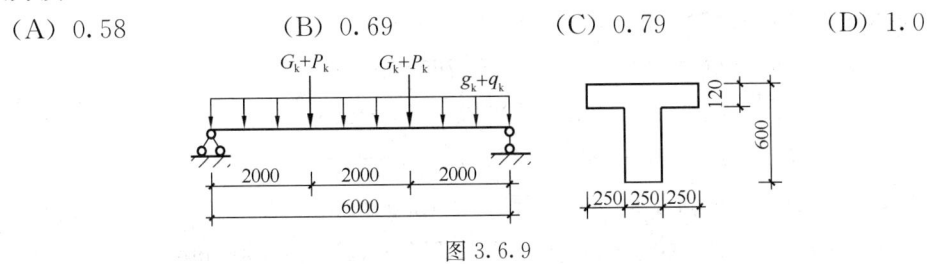

图 3.6.9

【解答】 （1）内力计算

根据《结通规》3.1.13 条（或《可靠性标准》8.2.4 条）：

$$V = 1.3 \times 58 + 1.5 \times 58 = 162.4 \text{kN}$$

$$T_w = \frac{W_{tw}}{W_{tw} + W_{tf}} \cdot T = \frac{16.15 \times 10^6}{16.15 \times 10^6 + 3.6 \times 10^6} \times 12 = 9.81 \text{kN} \cdot \text{m}$$

（2）求 λ 和 β_t

$$h_0 = h - a_s = 600 - 65 = 535 \text{mm}, \lambda = \frac{2000}{535} = 3.74 > 3,\text{故取} \lambda = 3$$

由于 $g_k = q_k = 0$，集中荷载产生的剪力占全部剪力的百分比大于 75%，则：

由《混规》式（6.4.8-5）得：

$$\beta_t = \frac{1.5}{1 + 0.2(\lambda + 1)\dfrac{VW_{tw}}{T_w b h_0}} = \frac{1.5}{1 + 0.2 \times (3 + 1) \times \dfrac{162.4 \times 10^3 \times 16.15 \times 10^6}{9.81 \times 10^6 \times 250 \times 535}}$$

$$= 0.58 < 1.0$$

故应选（A）项。

四、箱形截面受扭计算

- 复习《混规》6.4.1 条、6.4.3 条第 3 款、6.4.6 条。
- 复习《混规》6.4.10 条、6.4.12 条、6.4.13 条。

需注意的是：

（1）《混规》6.4.6 条中，当 $\alpha_h > 1.0$ 时，取 $\alpha_h = 1.0$；当 $\xi > 1.7$ 时，取 $\xi = 1.7$，并且 ξ 满足：$0.6 \leqslant \xi \leqslant 1.7$。

（2）《混规》6.4.10 条中，应以 $\alpha_h W_t$ 替代 W_t，再按规范式（6.4.8-2）、规范式（6.4.8-5）进行计算。

【例 3.6.10】 某承受竖向均布荷载的钢筋混凝土箱形截面梁，如图 3.6.10 所示，采用 C25 混凝土，纵向钢筋采用 HRB400 级，箍筋采用 HPB300 级钢筋。已知该梁某截面处荷载基本组合的剪力设计值 $V = 85 \text{kN}$，扭矩设计值 $T = 78 \text{kN} \cdot \text{m}$。环境类别一类，安全等级为二级。配筋强度比值

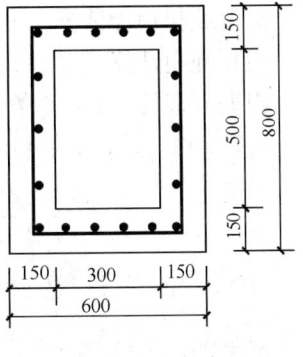

图 3.6.10

(ξ)=1.0，纵向受力钢筋的混凝土保护层厚度为25mm，$a_s=a_s'=35$mm。受剪扭截面条件满足要求。不考虑地震作用。

试问：该箱形梁的箍筋配置应为下列何项时，才最接近规范的要求？

(A) Φ8@150　　　(B) Φ10@200　　　(C) Φ10@150　　　(D) Φ12@150

【**解答**】（1）截面条件

C25混凝土，$f_t=1.27$N/mm², $f_c=11.9$N/mm²

$$h_0 = h_h - a_s = 800 - 35 = 765\text{mm}$$
$$b_{cor} = b_h - 2c = 600 - 2 \times 25 = 550\text{mm}$$
$$h_{cor} = h_h - 2c = 800 - 2 \times 25 = 750\text{mm}$$
$$A_{cor} = h_{cor} h_{cor} = 550 \times 750 = 412500\text{mm}^2$$
$$u_{cor} = 2 \times (b_{cor} + h_{cor}) = 2 \times (550 + 750) = 2600\text{mm}$$

由《混规》式（6.4.3-6）：

$h_w = 800 - 2 \times 150 = 500$mm

$$W_t = \frac{b_h^2}{6}(3h_h - b_h) - \frac{(b_h - 2t_w)^2}{6}[3h_w - (b_h - 2t_w)]$$
$$= \frac{600^2}{6} \times (3 \times 800 - 600) - \frac{(600 - 2 \times 150)^2}{6} \times [3 \times 500 - (600 - 2 \times 150)]$$
$$= 108000000 - 18000000 = 90 \times 10^6 \text{mm}^3$$

由《混规》6.4.6条，$\alpha_h = 2.5 t_w/b_h = 2.5 \times 150/600 = 0.625 < 1.0$

由已知条件可知，截面条件满足。

（2）判别是否构造配筋，由《混规》6.4.2条：

$$\frac{V}{bh_0} + \frac{T}{W_t} = \frac{85 \times 10^3}{(2 \times 150) \times 765} + \frac{78 \times 10^6}{90 \times 10^6}$$
$$= 1.237\text{N/mm}^2 > 0.7 f_t = 0.7 \times 1.27 = 0.889\text{N/mm}^2$$

（注：此处$b=2t_w$）

故需按计算配置纵筋和箍筋。

（3）判别是否考虑剪力、扭矩的影响

由《混规》6.4.12条：

$$V = 85\text{kN} < 0.35 f_t bh_0 = 0.35 \times 1.27 \times (2 \times 150) \times 765 = 102.0\text{kN}$$

（注：此处$b=2t_w$）

故按纯扭构件计算。

（4）纯扭计算

根据《混规》6.4.6条：

$\alpha_h = 0.625 < 1.0$，$\xi = 1.0 < 1.7$，则：

$$T \leqslant 0.35 \alpha_h f_t W_t + 1.2\sqrt{\xi} f_{yv} \frac{A_{st1} A_{cor}}{s}$$

$$78 \times 10^6 \leqslant 0.35 \times 0.625 \times 1.27 \times 90 \times 10^6 + 1.2 \times \sqrt{1.0} \times 270 \times \frac{A_{st1}}{s} \times 4.125 \times 10^5$$

解之得：
$$\frac{A_{st1}}{s} \geqslant 0.397 \text{mm}^2/\text{mm}$$

选用$\Phi 10@150$，$\dfrac{A_{st1}}{s}=\dfrac{78.5}{150}=0.523\text{mm}^2/\text{mm}>0.397\text{mm}^2/\text{mm}$，满足。

复核配箍率，由《混规》9.2.10条：

$$\rho_{sv}=\dfrac{A_{sv}}{bs}=\dfrac{2\times 78.5}{600\times 150}=0.174\%\ (\text{注：此处}b=b_h=600\text{mm})$$

$\rho_{sv,\min}=0.28f_t/f_{yv}=0.28\times 1.27/270=0.13\%<0.174\%$，满足；复核箍筋直径，根据《混规》9.2.9条，$\phi\geqslant 6\text{mm}$，满足。

故最终选用$\Phi 10@150$，所以应选（C）项。

思考： 当剪力设计值$V=120\text{kN}$，扭矩设计值$T=78\text{kN}\cdot\text{m}$时，其他条件不变。试确定该箱形梁的箍筋配置。

解答如下：

（1）判别是否构造配筋，由《混规》6.4.2条

$$\dfrac{V}{bh_0}+\dfrac{T}{W_t}=\dfrac{120\times 10^3}{2\times 150\times 765}+\dfrac{78\times 10^6}{90\times 10^6}$$
$$=1.39\text{N/mm}^2>0.7f_t=0.7\times 1.27=0.889\text{N/mm}^2$$

故需按计算配置钢筋。

（2）判别是否考虑剪力、扭矩的影响

由《混规》6.4.12条：

$$V=120\text{kN}>0.35f_tbh_0=0.35\times 1.27\times (2\times 150)\times 765=102\text{kN}$$
$$T=78\text{kN}\cdot\text{m}>0.175\alpha_h f_tW_t=0.175\times 0.625\times 1.27\times 90\times 10^6=12.5\text{kN}\cdot\text{m}$$

故需考虑剪力、扭矩对构件承载力的影响。

（3）剪扭承载力计算，由《混规》6.4.10条规定：

根据《混规》式（6.4.8-2），用$\alpha_h W_t$替代W_t，则：

$$\beta_t=\dfrac{1.5}{1+0.5\dfrac{V\cdot \alpha_h W_t}{Tbh_0}}=\dfrac{1.5}{1+0.5\times\dfrac{120000\times 0.625\times 90\times 10^6}{78\times 10^6\times (2\times 150)\times 765}}$$
$$=1.262>1.0$$

故取$\beta_t=1.0$。

受剪箍筋计算，由《混规》式（6.4.10-1），取双肢箍$n=2$：

$$V\leqslant 0.7(1.5-\beta_t)f_tbh_0+f_{yv}\dfrac{A_{sv}}{s}h_0$$

$$120000\leqslant 0.7\times (1.5-1.0)\times 1.27\times (2\times 150)\times 765+270\times\dfrac{2A_{sv1}}{s}\times 765$$

解之得： $\dfrac{A_{sv1}}{s}\geqslant 0.044\text{mm}^2/\text{mm}$

受扭箍筋计算，由《混规》式（6.4.10-2），取双肢箍$n=2$：

$$T\leqslant 0.35\alpha_h\beta_t f_tW_t+1.2\sqrt{\xi}f_{yv}\dfrac{A_{st1}}{s}A_{cor}$$

$$78\times 10^6\leqslant 0.35\times 0.625\times 1.0\times 1.27\times 90\times 10^6$$
$$+1.2\times\sqrt{1.0}\times 270\times\dfrac{A_{st1}}{s}\times 4.125\times 10^5$$

解之得：$\dfrac{A_{st1}}{s}\geqslant 0.397\text{mm}^2/\text{mm}$

$$\frac{A^*_{sv1}}{s} = \frac{A_{st1}}{s} + \frac{A_{sv1}}{s} = 0.441 \text{mm}^2/\text{mm}$$

选用$\phi 8@100$，$\frac{A^*_{sv1}}{s} = \frac{50.3}{100} = 0.503 \text{mm}^2/\text{mm} > 0.441 \text{mm}^2/\text{mm}$，满足。

复核最小配箍率，按《混规》9.2.5条、9.2.9条、9.2.10条，此处略。

五、轴向压力、扭矩、弯矩和剪力共同作用下的剪扭计算

- 复习《混规》6.4.7条。
- 复习《混规》6.4.14条、6.4.15条、6.4.16条。

六、轴向拉力、扭矩、弯矩和剪力共同作用下的剪扭计算

- 复习《混规》6.4.11条。
- 复习《混规》6.4.17条、6.4.18条、6.4.19条。

第七节 受冲切构件

一、板的抗冲切

- 复习《混规》6.5.1条、6.5.2条、6.5.3条、6.5.4条。
- 复习《混规》9.1.11条（板的抗冲切箍筋或弯起钢筋的构造规定）。

需注意的是：

（1）《混规》6.5.1条中，β_h的取值：

$$\beta_h = 1 - \frac{x-800}{2000-800} \cdot (1-0.9), x \text{ 属于 } 800 \sim 2000 \text{mm}。$$

公式(6.5.1-1)中，h_0为两个配筋方向的截面有效高度的平均值。

规范图6.5.1中，临界截面的周长u_m：

$$u_m = \left(b + 2 \cdot \frac{h_0}{2} + l + 2 \cdot \frac{h_0}{2}\right) \times 2 = 2(b + l + 2h_0)$$

（2）《混规》6.5.2条中，如图3.7.1所示中，应扣除长度l_4的取值：

当$l_1 \leqslant l_2$时，$l_4 = \dfrac{\dfrac{b}{2} + \dfrac{h_0}{2}}{\dfrac{b}{2} + l_x} \cdot l_2$

当$l_1 > l_2$时，$l_4 = \dfrac{\dfrac{b}{2} + \dfrac{h_0}{2}}{\dfrac{b}{2} + l_x} \cdot \sqrt{l_1 l_2}$

（3）《混规》6.5.4条中，对配置抗冲切钢筋的冲切破坏锥体以外$0.5h_0$处的最不利周长u_m为：

$$u_m = 2 \cdot [(b + 2h_0 + 2 \times 0.5h_0) + (l + 2h_0 + 2 \times 0.5h_0)]$$

式中，b，l 分别为局部荷载或集中反力作用面积的边长，如图3.7.1所示。

【**例3.7.1**】 钢筋混凝土板上作用一个局部荷载，如图3.7.2所示，该荷载均布于 300mm×650mm 范围内，板采用C25混凝土，HRB335级钢筋，板厚120mm，板内纵筋为Φ10。安全等级为二级，环境类别为一类。取 $a_s=20$mm。

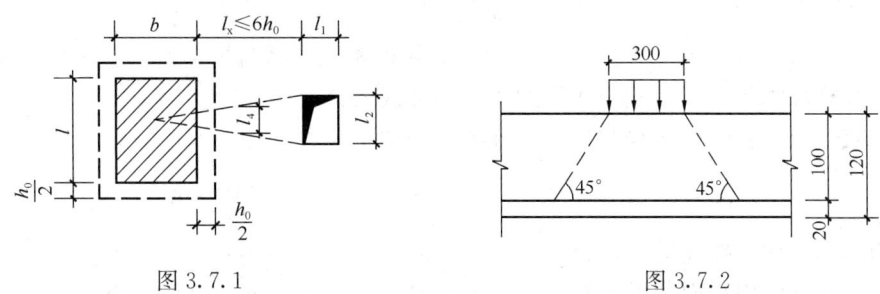

图3.7.1　　　　　　　　　　图3.7.2

试问：板按抗冲切承载力计算所能承受的最大均布荷载设计值（含自重）。

【**解答**】 查规范表，$f_t=1.27$N/mm²，取 $\beta_h=1.0$。

$h_0=h-a_s=120-20=100$mm，另一方向 $h_0=h-a_s-d=120-20-10=90$mm

故取平均值 $h_0=\dfrac{100+90}{2}=95$mm；由《混规》6.5.1条：

$\beta_s=\dfrac{650}{300}=2.167\begin{matrix}\geq 2\\<4\end{matrix}$，故取 $\beta_s=2.167$

$$\eta=\eta_1=0.4+\dfrac{1.2}{\beta_s}=0.954$$

$$u_m=2\times(300+95+650+95)=2280\text{mm}$$

$$0.7\beta_h f_t \eta u_m h_0=0.7\times1\times1.27\times0.954\times2280\times95=183699.8\text{N}\approx183.7\text{kN}$$

$$q_{max}=\dfrac{183.7\times10^3}{A}=\dfrac{183.7\times10^3}{300\times650}=0.942\text{N/mm}^2=942\text{kN/m}^2$$

思考：当局部荷载均布于直径 $d=300$mm 圆形范围内，其他条件均不变。试问，该板能承受的最大均布荷载设计值（含自重）。

由上述结果知，$h_0=95$mm，$\beta_h=1.0$。

由《混规》6.5.1条，$\beta_s=2.0$

$$\eta=\eta_1=0.4+\dfrac{1.2}{\beta_s}=1.0$$

$$u_m=\pi\times(300+h_0)=3.14\times(300+95)=1240.3\text{mm}$$

$$0.7\beta_h f_t \eta u_m h_0=0.7\times1\times1.27\times1\times1240.3\times95=104749.5\text{N}$$

$$q_{max}=\dfrac{104749.5}{A}=\dfrac{104749.5}{\dfrac{1}{4}\times3.14\times300^2}=1.483\text{N/mm}^2=1483\text{kN/m}^2$$

【**例3.7.2**】 一钢筋混凝土无梁楼盖，楼板板厚200mm，柱网尺寸为6m×6m，柱的

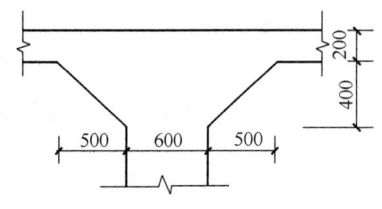

图 3.7.3

截面尺寸 0.60m×0.60m，柱帽高度为 400mm，柱帽宽度为 1600mm，如图 3.7.3 所示，楼板上作用有荷载设计值 $q=15\text{kN/m}^2$（含自重），采用 C25 混凝土，$a_s=25\text{mm}$。安全等级为二级。不考虑地震作用。

试问：
(1) 验算柱帽上边缘与板交接处的受冲切承载力。
(2) 验算柱帽下边缘与板交接处的受冲切承载力。

【解答】 (1) 柱帽上边缘与板连接处的受冲切承载力

$$h_0 = h - a_s = 200 - 25 = 175\text{mm}, \quad f_t = 1.27\text{N/mm}^2$$

冲切破坏锥体斜截面的上边长：$b_t = 1600\text{mm}$

冲切破坏锥体斜截面的下边长：$b_b = b_t + 2h_0 = 1600 + 2 \times 175 = 1950\text{mm}$

临界截面周长：$u_m = 2\left(b_t + 2 \cdot \dfrac{h_0}{2} + b_t + 2 \cdot \dfrac{h_0}{2}\right)$

$$= 2 \times (1600 + 175 + 1600 + 175) = 7100\text{mm}$$

1) 确定集中反力设计值 F_l

由《混规》6.5.1 条规定：$F_l = N - b_b^2 \cdot q = 6 \times 6 \times 15 - 1.95^2 \times 15 = 483.0\text{kN}$

2) 求受冲切承载力

$\beta_h = 1.0$，又集中反力作用面积的长边与短边的比为 $1<2$，故取 $\beta_s = 2$。

$$\eta_1 = 0.4 + \dfrac{1.2}{2} = 1.0$$

柱为中柱，取 $\alpha_s = 40$，$\eta_2 = 0.5 + \dfrac{\alpha_s h_0}{4u_m} = 0.5 + \dfrac{40 \times 175}{4 \times 7100} = 0.746 < \eta_1 = 1.0$，故取 $\eta = 0.746$。

由规范式（6.5.1-1）得：

$0.7\beta_h f_t \eta u_m h_0 = 0.7 \times 1 \times 1.27 \times 0.746 \times 7100 \times 175 = 824.0\text{kN} > F_l = 483.0\text{kN}$

故满足要求。

(2) 柱帽下边缘与板交接处的受冲切承载力

$$h_0 = h - a_s = 600 - 25 = 575\text{mm}$$
$$b_t = 600\text{mm}, \quad b_b = b_t + 2h_0 = 600 + 2 \times 575 = 1750\text{mm}$$
$$u_m = 2\left(b_t + 2 \cdot \dfrac{h_0}{2} + b_t + 2 \cdot \dfrac{h_0}{2}\right)$$
$$= 2 \times (600 + 575 + 600 + 575) = 4700\text{mm}$$

确定集中反力设计值 F_l

$$F_l = N - b_b^2 \cdot q = 6 \times 6 \times 15 - 1.75^2 \times 15 = 494.1\text{kN}$$

因 $h = 600\text{mm} < 800\text{mm}$，故取 $\beta_h = 1.0$

集中反力作用面积的长边与短边之比为 $1<2$，故取 $\beta_s = 2$

$$\eta_1 = 0.4 + \dfrac{1.2}{2} = 1.0$$

柱为中柱，取 $\alpha_s = 40$，$\eta_2 = 0.5 + \dfrac{\alpha_s h_0}{4u_m} = 0.5 + \dfrac{40 \times 575}{4 \times 4700} = 1.72$

$\eta_1 = 1.0 < \eta_2 = 1.72$,故取 $\eta = 1.0$。

由规范式（6.5.1-1）：

$0.7\beta_h f_t \eta u_m h_0 = 0.7 \times 1 \times 1.27 \times 1 \times 4700 \times 575 = 2402.5 \text{kN} > F_l = 494.1 \text{kN}$

故满足要求。

思考：假定该无梁楼盖变为地下室楼盖，柱帽上边缘与顶板交接处的受冲切承载力设计值为 800kN，当顶板活荷载为 2.5kN/m^2。覆土重度取 18kN/m^3 计算。试确定顶板的允许最大覆土厚度 H（m）。

此时，解答如下：

$F_l = q \times [6 \times 6 - (1.6 + 2 \times 0.175) \times (1.6 + 2 \times 0.175)] = 32.2q$ （kN）

$q = 1.3 \times (18H + 0.2 \times 25) + 1.5 \times 2.5 = 23.4H + 10.25$ （kN/m²）

又 $F_l \leqslant F_u = 800$，即：

$32.2q = 32.2 \times (23.4H + 10.25) \leqslant 800$

解之得：$H \leqslant 0.62\text{m}$

【例 3.7.3】 已知一无梁楼板，柱网尺寸为 $6.0\text{m} \times 6.0\text{m}$，板厚 180mm，中柱截面尺寸为 $400\text{mm} \times 400\text{mm}$；楼面荷载设计值（包括自重）为 10kN/m^2，采用 C30 混凝土，在距柱边 800mm 处开有一个 $700\text{mm} \times 500\text{mm}$ 的孔洞（见图 3.7.4），$a_s = 20$，安全等级为二级。不考虑地震作用。

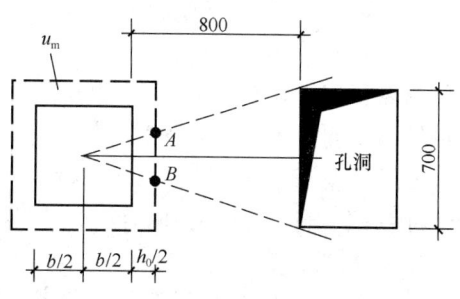

图 3.7.4

提示：扣除孔洞范围内的荷载。

试问：

(1) 验算板的受冲切承载力。

(2) 若配置抗冲切箍筋，箍筋采用 HPB300 级，确定箍筋截面面积。

【解答】 查规范表，$f_t = 1.43 \text{N/mm}^2$，$h_0 = h - a_s = 180 - 20 = 160\text{mm}$

$800\text{mm} < 6h_0 = 6 \times 160 = 960\text{mm}$

故应考虑洞口影响。由《混规》6.5.2 条、6.5.1 条：

$F_l = N - q \cdot (b + 2h_0)^2 - q \times 0.7 \times 0.5$

$= 10 \times 6 \times 6 - 10 \times (0.40 + 2 \times 0.16)^2 - 10 \times 0.7 \times 0.5 = 351.316 \text{kN}$

洞口长度 l_4：

$$l_4 = \frac{\dfrac{b}{2} + \dfrac{h_0}{2}}{\dfrac{b}{2} + l_x} \cdot l_2 = \frac{200 + 160/2}{200 + 800} \times 700 = 196 \text{mm}$$

$$u_m = 4\left(b + 2 \cdot \frac{h_0}{2}\right) - l_4 = 4 \times (400 + 160) - 196 = 2044 \text{mm}$$

集中反力作用面积长边与短边之比为 $1 < 2$，故取 $\beta_s = 2.0$

$$\eta_1 = 0.4 + \frac{1.2}{\beta_s} = 1.0$$

中柱，故取 $\alpha_s = 40$，$\eta_2 = 0.5 + \dfrac{\alpha_s h_0}{4 u_m} = 0.5 + \dfrac{40 \times 160}{4 \times 2044} = 1.28$

$\eta_1=1.0<\eta_2=1.28$，故取 $\eta=1.0$。

(1) 验算冲切承载力

因 $h=180\text{mm}<800\text{mm}$，取 $\beta_h=1.0$

$0.7\beta_h f_t \eta u_m h_0 = 0.7\times 1\times 1.43\times 1\times 2044\times 160 = 327.4\text{kN} < F_l = 351.316\text{kN}$

故不满足要求。

(2) 若配置抗冲切箍筋求箍筋截面面积

验算截面条件

由规范式（6.5.3-1）得：

$1.2 f_t \eta u_m h_0 = 1.2\times 1.43\times 1\times 2044\times 160 = 561.2\text{kN} > F_l = 351.316\text{kN}$

故截面条件满足。

由规范式（6.5.3-2）求 A_{svu}：

$$A_{svu} = \frac{F_l - 0.5 f_t \eta u_m h_0}{0.8 f_{yv}} = \frac{351.316\times 10^3 - 0.5\times 1.43\times 1\times 2044\times 160}{0.8\times 270}$$

$$= 544\text{mm}^2$$

思考： 假定孔洞尺寸 $b\times h=550\text{mm}\times 550\text{mm}$，该楼板板底配置 $\Phi12@100$ 的双向受力钢筋，试问，图中洞口周边每侧板底补强钢筋，至少应选用下列何项配筋？

(A) $2\Phi12$　　　(B) $2\Phi16$　　　(C) $2\Phi18$　　　(D) $2\Phi22$

【解答】 洞口每侧补强钢筋面积应不小于孔洞宽度内被切断的受力钢筋面积的一半，$550/100=5.5$ 根

洞口被切断的受力钢筋数量为 $6\Phi12$

洞边每侧被强钢筋面积为：$A_s\geq 6\times 113/2 = 339\text{mm}^2$

经比较，选用 $2\Phi16$，$A_s=2\times 201 = 402\text{mm}^2 > 339\text{mm}^2$

故选（B）项。

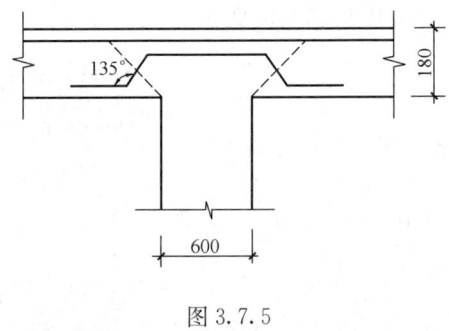

图 3.7.5

【例 3.7.4】 如图 3.7.5 所示，板柱结构的中柱截面尺寸为 $600\text{mm}\times 600\text{mm}$，柱网尺寸为 $6\text{m}\times 6\text{m}$，板厚 $h=180\text{mm}$，采用 C40 混凝土，HRB335 级钢筋；若在本层楼板荷载作用下柱的反力设计值 $F_l=750\text{kN}$，$a_s=25\text{mm}$。安全等级为二级。不考虑地震作用。

试问： 确定配置抗冲切的弯起钢筋。

【解答】 查规范表 $f_c=19.1\text{N/mm}^2$，$f_t=1.71\text{N/mm}^2$，$f_y=300\text{N/mm}^2$

$h_0 = h - a_s = 180 - 25 = 155\text{mm}$

(1) 求 u_m 和 η

由《混规》6.5.1 条：

$$u_m = 4\left(b + 2\cdot\frac{h_0}{2}\right) = 4\times(600+155) = 3020\text{mm}$$

$h=180\text{mm}<800\text{mm}$，取 $\beta_h=1.0$

集中反力作用面积长边与短边之比为 $1<2.0$，取 $\beta_s=2.0$。

对中柱，取 $\alpha_s=40$

$$\eta_1 = 0.4 + \frac{1.2}{\beta_s} = 0.4 + \frac{1.2}{2} = 1.0$$

$$\eta_2 = 0.5 + \frac{\alpha_s h_0}{4u_m} = 0.5 + \frac{40 \times 155}{4 \times 3020} = 1.013$$

故取 $\eta=1.0$。

(2) 验算冲切截面条件

$F_l = 750\text{kN} < 1.2f_t\eta u_m h_0$
$= 1.2 \times 1.71 \times 1 \times 3020 \times 155 = 960.5\text{kN}$

故满足截面条件。

(3) 求弯起钢筋

由规范式（6.5.3-2）求 A_{sb}：

$$A_{sb} = \frac{F_l - 0.5f_t\eta u_m h_0}{0.8f_y \sin\alpha}$$

$$= \frac{750000 - 0.5 \times 1.71 \times 1 \times 3020 \times 155}{0.8 \times 300 \times \sin 45°} = 2061\text{mm}^2$$

每个方向配置弯起钢筋面积为 $2061/4=515\text{mm}^2$，每侧不少于3根，故取4根，则单根弯起钢筋面积为 $515/4=129\text{mm}^2$，故选 $\Phi 14$（$A_s=154\text{mm}^2$），共配置 16 Φ 14 弯起钢筋，且满足《混规》9.1.11 条规定。

思考：（1）若本题配置抗冲切箍筋，采用 HPB300 级钢筋。试确定抗冲切箍筋配置。

由规范式（6.5.3-2）求 A_{svu}：

$A_{svu} = \dfrac{F_l - 0.5f_t\eta u_m h_0}{0.8f_{yv}}$

$= \dfrac{750000 - 0.5 \times 1.71 \times 1 \times 3020 \times 155}{0.8 \times 270}$

$= 1619\text{mm}^2$

由《混规》9.1.11 条第2款规定，箍筋直径不应小于6mm，取 $\Phi 8$，$A_{sv1}=50.3\text{mm}^2$

$n = A_{svu}/A_{sv1} = 1619/50.3 = 33$

故每侧配置5个双肢箍筋。

箍筋间距 $s < \dfrac{h_0}{3} = \dfrac{155}{3} = 52\text{mm}$，取 $s=50\text{mm}$，在 $1.5h_0 = 1.5 \times 155 = 232.5\text{mm}$ 范围内共配置双肢箍5个，$A_{svu,实}=50.3 \times 40 = 2012\text{mm}^2 > 1619\text{mm}^2$，满足。

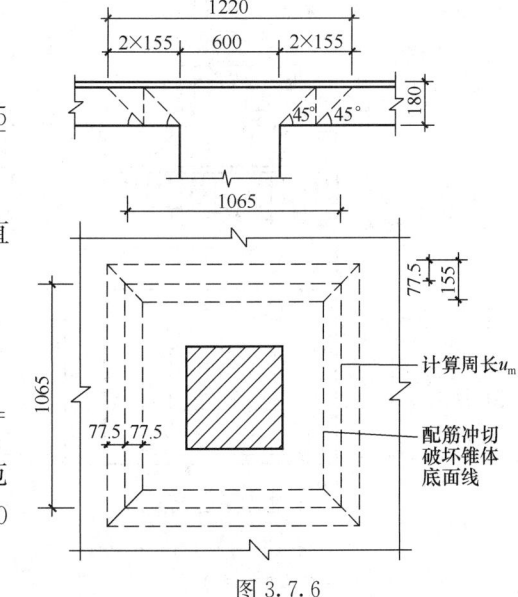

图 3.7.6

(2) 若板受均布荷载设计值为 12kN/m^2，验算配筋冲切破坏锥体以外截面的受冲切承载力。

由规范 6.5.4 条规定，取配抗冲切钢筋的冲切破坏锥体以外 $0.5h_0$ 处为最不利周长 u_m，如图 3.7.6 所示。

$u_m = 4 \times (b + 2h_0 + 2 \times 0.5h_0) = 4 \times (600 + 2 \times 155 + 155)$
$= 4 \times 1065 = 4260\text{mm}$

此时冲切破坏锥体斜截面的上边长：$b_t=600+2\times155=910$mm
此时冲切破坏锥体斜截面的下边长：$b_b=600+2\times155+2\times155=1220$mm

$$F_l = N - q \cdot b_b^2 = 6\times6\times12 - 12\times1.22^2 = 414\text{kN}$$

集中反力作用面积长边与短边之比为 1<2.0，故取 $\beta_s=2.0$
中柱，故取 $\alpha_s=40$

$$\eta_1 = 0.4 + \frac{1.2}{\beta_s} = 0.4 + \frac{1.2}{2} = 1.0$$

$$\eta_2 = 0.5 + \frac{\alpha_s h_0}{4u_m} = 0.5 + \frac{40\times155}{4\times4260} = 0.864$$

故取 $\eta=0.864$。

$0.7\beta_h f_t \eta u_m h_0 = 0.7\times1\times1.71\times0.864\times4260\times155 = 682.9\text{kN} > F_l = 414\text{kN}$
故满足要求。

二、阶形基础的抗冲切

● 复习《混规》6.5.5条。

需注意的是：

(1) p_s 按荷载的基本组合计算的净反力。

(2) A 考虑冲切荷载时取用的多边形面积，即《混规》图 6.6.5 中的阴影面积 ABCDEF，具体计算（如图 3.7.7 所示）：

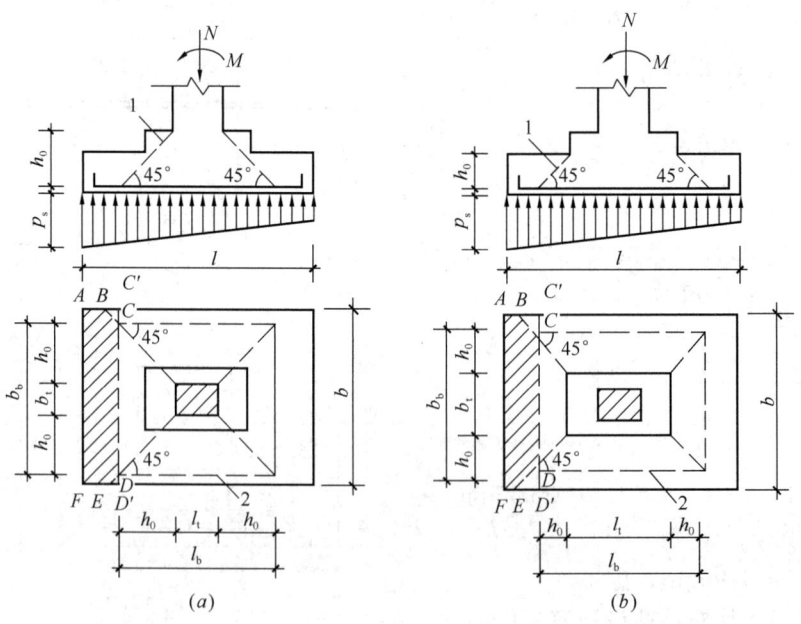

图 3.7.7 计算阶形基础的受冲切承载力截面位置
(a) 柱与基础交接处；(b) 基础变阶处
1—冲切破坏锥体最不利一侧的斜截面；2—冲切破坏锥体的底面线

①柱与基础交接处：

$$A = S_{矩形} - 2S_{小三角形} = S_{AC'D'F} - 2S_{BC'C} = \left(\frac{l}{2} - \frac{l_b}{2}\right)\cdot b - 2\times\frac{1}{2}\times\left(\frac{b-b_b}{2}\right)^2$$

$$= \frac{(l-l_b)}{2} \cdot b - \left(\frac{b-b_b}{2}\right)^2$$

$b_b = b_t + 2h_0 [h_0 \text{ 对应图 3.7.7}(a) \text{ 中 } h_0]$

$l_b = l_t + 2h_0$

② 基础变阶处：

$$A = S_{矩形} - 2S_{小三角形} = S_{AC'D'F} - 2S_{BC'C}$$

$$= \left(\frac{l-l_b}{2}\right) \cdot b - 2 \times \frac{1}{2} \times \left(\frac{l-l_b}{2}\right)^2$$

$$= \frac{(l-l_b)}{2} \cdot b - \left(\frac{b-b_b}{2}\right)^2$$

$b_b = b_t + 2h_0 [h_0 \text{ 对应图 3.7.7}(b) \text{ 中 } h_0]$

$l_b = l_t + 2h_0$

【例 3.7.5】 钢筋混凝土柱下独立基础，外形尺寸如图 3.7.8 所示，基础底面尺寸 2.8m×2.8m，基础台阶宽度为 1100mm×1100mm。基础下设 100mm 厚的素混凝土垫层，基础混凝土强度等级为 C25。按荷载基本组合计算的基础底面最大地基净反力 $p_j = 275 \text{kN/m}^2$。基础钢筋选用 HRB 335 级 Φ 10 钢筋。不考虑地震作用。

试问：验算基础变阶处受冲切承载力是否满足。

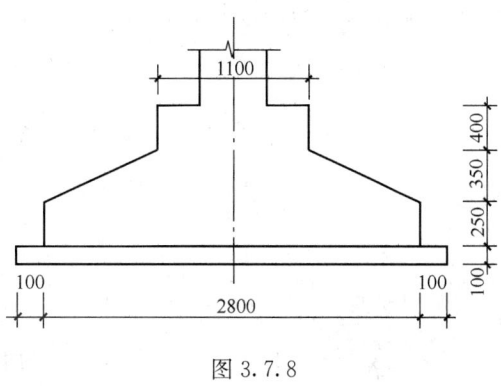

图 3.7.8

【解答】（1）确定 A 和 F_l

阶形基础台阶尺寸：$b_t = l_t = 1100 \text{mm}$

基础底面尺寸：$b = l = 2800 \text{mm}$

因基础底面为方形，故任意取冲切破坏锥体最不利一侧进行计算。

查规范表，$f_t = 1.27 \text{N/mm}^2$；查《混规》表 8.2.1 注的规定，取 $a_{s1} = 45 \text{mm}$，$a_{s2} = 55 \text{mm}$，基础台阶处（变阶处）两个配筋方向截面有效高度的平均值 h_0：

$$h_0 = \frac{(h-a_{s1})+(h-a_{s2})}{2} = \frac{(600-45)+(600-55)}{2} = 550 \text{mm}$$

冲切破坏锥体最不利一侧斜截面的上边长 $b_t = 1100 \text{mm}$，其下边长为：

$b_b = b_t + 2h_0 = 1100 + 2 \times 550 = 2200 \text{mm} < b = 2800 \text{mm}$，故取 $b_b = 2200 \text{mm}$

$$A = S_{矩形} - 2S_{小三角形} = \frac{(2800-2200)}{2} \times 2800 - \left(\frac{2800-2200}{2}\right)^2$$

$= 750000 \text{mm}^2 = 0.75 \text{m}^2$

$F_l = p_j A = 275 \times 0.75 = 206.25 \text{kN}$

（2）确定受冲切承载力

$$b_m = \frac{b_t + b_b}{2} = \frac{1100 + 2200}{2} = 1650 \text{mm}$$

$h=600\text{mm}<800\text{mm}$,故取 $\beta_h=1.0$。

由规范式（6.5.5-1）得：

$0.7\beta_h f_t b_m h_0 = 0.7\times1\times1.27\times1650\times550=806.77\text{kN}>F_l=206.25\text{kN}$

故满足要求。

第八节 局 部 受 压

配置间接钢筋的混凝土结构构件局部受压的规定：

- 复习《混规》6.6.1条、6.6.2条、6.6.3条。

需注意的是：

(1)《混规》6.6.1条中，混凝土强度影响系数 β_c 的取值为：$x\leq$C50 时，取 $\beta_c=1.0$；C80 时，取 $\beta_c=0.8$；其间内插，$\beta_c=1-\dfrac{x-50}{80-50}(1-0.8)$，式中 x 为混凝土强度等级。

(2)《混规》6.6.3条中：

① β_{cor} 的计算公式：当 $1.25A_l\leq A_{cor}\leq A_b$ 时，$\beta_{cor}=\sqrt{\dfrac{A_{cor}}{A_l}}$

当 $A_{cor}\leq 1.25A_l$ 时，$\beta_{cor}=1.0$

当 $A_{cor}>A_b$ 且 $A_{cor}>1.25A_l$ 时，$\beta_{cor}=\sqrt{\dfrac{A_b}{A_l}}$

② α 的取值：$\leq$C50 时，取 $\alpha=1.0$；C80 时，取 $\alpha=0.85$；其间内插法求得：
$\alpha=1-\dfrac{x-50}{80-50}(1-0.85)$，其中，$x$ 为混凝土强度等级。

③ d_{cor} 的取值：$d_{cor}=d-2c-2d_{间}$；其中，c 为螺旋式间接钢筋的混凝土保护层厚度；$d_{间}$ 为螺旋式间接钢筋直径。

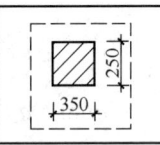

图 3.8.1

④《混规》式（6.6.3-1）中，β_c 的取值同上。

【例 3.8.1】 如图 3.8.1 所示，已知柱的局部受压面积为 250mm×350mm，焊接钢筋网片为 $l_1\times l_2=400\text{mm}\times500\text{mm}$，钢筋采用 HPB 300 级直径为Φ6，两个方向的钢筋分别为 10 根和 8 根，网片间距 $s=50\text{mm}$，混凝土强度等级为 C30，安全等级为二级，环境类别为一类。不考虑地震作用。

试问： 确定其局部受压承载力设计值。

【解答】 查规范表，$f_c=14.3\text{N/mm}^2$，$f_y=270\text{N/mm}^2$

$$A_l=A_{ln}=350\times250=87500\text{mm}^2$$

查《混规》表 8.2.1，取焊接钢筋的 $c=20\text{mm}$，则：

$$A_{cor}=400\times500=200000\text{mm}^2$$

$A_{cor}/A_l=2.29>1.25$，故 β_{cor} 需计算确定。

按《混规》6.6.2 条规定，A_b 为：

$$A_b=(3\times250)\times(2\times250+350)=637500\text{mm}^2$$

(1) 确定 β_l、β_{cor}、ρ_v

$$\beta_l = \sqrt{\frac{A_b}{A_l}} = \sqrt{\frac{637500}{87500}} = 2.699$$

又因 $1.25A_l < A_{cor} < A_b$,故 $\beta_{cor} = \sqrt{\frac{A_{cor}}{A_l}} = \sqrt{\frac{200000}{87500}} = 1.511$

$$\rho_v = \frac{n_1 A_{s1} l_1 + n_2 A_{s2} l_2}{A_{cor} s} = \frac{10 \times 28.3 \times 400 + 8 \times 28.3 \times 500}{200000 \times 50} = 0.023$$

（2）确定局部受压承载力

$\beta_c = 1.0, \alpha = 1.0$,由规范式（6.6.3-1）得：

$$F_u = 0.9(\beta_c \beta_l f_c + 2\alpha \rho_v \beta_{cor} f_{yv}) A_{ln}$$
$$= 0.9 \times (1 \times 2.699 \times 14.3 + 2 \times 1 \times 0.023 \times 1.511 \times 270) \times 87500$$
$$= 4517.3 \text{kN}$$

验算截面条件，由规范式（6.6.1-1）得：

$$1.35\beta_c \beta_l f_c A_{ln} = 1.35 \times 1 \times 2.699 \times 14.3 \times 87500 = 4559.1 \text{kN} > F_u$$

所以局部受压承载力为 4517.3kN。

【例 3.8.2】 已知混凝土结构构件的局部受压直径为 250mm，混凝土强度等级为 C25，间接钢筋用 HRB335 级直径 6mm 的钢筋，螺旋式配筋以内的混凝土直径为 $d_{cor} = 450\text{mm}$，间距 $s = 50\text{mm}$，混凝土强度等级为 C25。安全等级为二级。不考虑地震作用。

试问： 确定其局部受压承载力设计值。

【解答】 查规范表，$f_c = 11.9\text{N/mm}^2$，$f_y = 300\text{N/mm}^2$

（1）确定 β_l、β_{cor}

$$A_l = A_{ln} = \frac{\pi d^2}{4} = \frac{\pi \times 250^2}{4} = 49063 \text{mm}^2$$

$$A_{cor} = \frac{\pi d_{cor}^2}{4} = \frac{\pi \times 450^2}{4} = 158963 \text{mm}^2$$

根据《混规》6.6.2 条规定，计算底面积 A_b：

$$A_b = \frac{\pi(3d)^2}{4} = \frac{\pi \times (3 \times 250)^2}{4} = 441563 \text{mm}^2$$

$$\beta_l = \sqrt{\frac{A_b}{A_l}} = \sqrt{\frac{441563}{49063}} = 3.0$$

又因 $1.25A_l = 61329\text{mm}^2 < A_{cor} < A_b$,故 $\beta_{cor} = \sqrt{\frac{A_{cor}}{A_l}} = \sqrt{\frac{158963}{49063}} = 1.80$

（2）确定局压承载力

由规范式（6.6.3-3）：$\rho_v = \frac{4A_{ss1}}{d_{cor} s} = \frac{4 \times 28.3}{450 \times 50} = 0.00503$，$\beta_c = 1.0$，$\alpha = 1$，由规范式（6.6.3-1）得：

$$F_u = 0.9(\beta_c \beta_l f_c + 2\alpha \rho_v \beta_{cor} f_{yv}) A_{ln}$$
$$= 0.9 \times (1 \times 3 \times 11.9 + 2 \times 1 \times 0.00503 \times 1.8 \times 300) \times 49063$$
$$= 1816.27 \text{kN}$$

验算截面条件，由规范式（6.6.1-1）得：

$$1.35\beta_c \beta_l f_c A_{ln} = 1.35 \times 1 \times 3 \times 11.9 \times 49063 = 2364.59 \text{kN} > F_l$$

所以，该局压承载力为 1816.27kN。

思考： 若该构件荷载基本组合时局压力设计值 $F_l=2200$kN，采用螺旋式间接钢筋，钢筋为 HRB335，其他条件不变。试确定螺旋式间接钢筋直径和间距。

由上述解的结果知：$\beta_l=3.0$，$\beta_{cor}=1.80$。

由规范式（6.6.3-1）得：

$$F_u=0.9(\beta_c\beta_l f_c+2\alpha\rho_v\beta_{cor}f_y)A_{ln}$$

$$2200\times10^3=0.9\times(1\times3\times11.9+2\times1\times\rho_v\times1.80\times300)\times49063$$

解之得：$\rho_v=0.0131$

由规范式（6.6.3-3）得：

$$\rho_v=\frac{4A_{ss1}}{d_{cor}s}=0.0131$$

$$\frac{A_{ss1}}{s}=1.474$$

由《混规》6.6.3 条规定，螺旋式间接钢筋的间距为 30～80mm，取 $s=50$mm，则 $A_{ss1}=73.7$mm，故选Φ10（$A_s=78.5$mm²）。

【例 3.8.3】 已知 24m 后张法预应力混凝土屋架下弦杆端节点，如图 3.8.2 所示，采用 C60 混凝土，预应力钢筋用 2 束 4Φˢ1×7 钢绞线（$f_{ptk}=1860$N/mm²），张拉控制应力 $\sigma_{con}=0.7f_{ptk}$，间接钢筋采用 4 片Φ8 的 HPB300 级钢筋方格焊接网片，间距 $s=50$mm。取 $A_{cor}=250$mm×250mm。$\gamma_0=1.0$。不考虑地震作用。

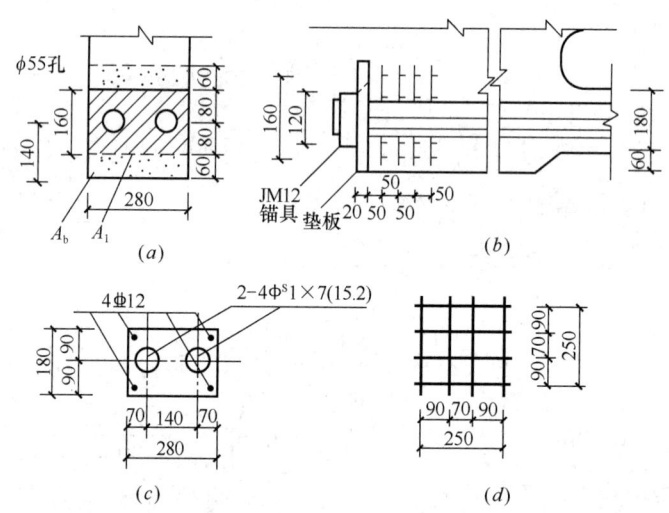

图 3.8.2 屋架下弦
(a) 受压面积图；(b) 下弦端节点；(c) 下弦截面配筋；(d) 钢筋网片

试问：

(1) 确定局部压力设计值 F_l。

(2) 确定局部受压承载力设计值。

【解答】（1）确定局部受压设计值 F_l

查《混规》附录表 A.0.2，$A_p=2\times4\times140=1120$mm²

由《混规》10.3.8条规定，$F_l=1.2\sigma_{con}A_p=1.2\times0.7\times1860\times1120=1749.9\text{kN}$

（2）确定局部受压承载力设计值

1）确定受压面积、β_l 和 β_{cor}

锚具的直径为120mm，其下垫板厚20mm，局部受压面积按预压力沿锚具边缘在垫板中按45°角扩散面积计算，并近似以两实线所围的矩形面积代替两圆面积。

根据《混规》6.6.2条，按同心、对称原则计算：

$$A_l=280\times(120+20\times2)=44800\text{mm}^2$$

$$A_b=280\times(160+2\times60)=78400\text{mm}^2$$

$$A_{ln}=A_l-2\times\frac{\pi\cdot55^2}{4}=44800-2\times\frac{\pi\cdot55^2}{4}=40051\text{mm}^2$$

$$A_{cor}=250\times250=62500\text{mm}^2$$

$$\beta_l=\sqrt{\frac{A_b}{A_l}}=\sqrt{\frac{78400}{44800}}=1.323$$

又 $1.25A_l=56000\text{mm}^2<A_{cor}<A_b$，故 $\beta_{cor}=\sqrt{\frac{A_{cor}}{A_l}}=\sqrt{\frac{62500}{44800}}=1.181$

2）确定 ρ_v 和局部受压承载力

由规范式（6.6.3-2）得：

$$\rho_v=\frac{n_1A_{s1}l_1+n_2A_{s2}l_2}{A_{cor}s}=\frac{4\times50.3\times250+4\times50.3\times250}{62500\times50}=0.032$$

C60时，$\beta_c=1-\frac{60-50}{80-50}(1-0.8)=0.933$

$$\alpha=1-\frac{60-50}{80-50}(1-0.85)=0.95$$

$f_c=27.5\text{N/mm}^2$

$$F_u=0.9(\beta_c\beta_lf_c+2\alpha\rho_v\beta_{cor}f_y)A_{ln}$$
$$=0.9\times(0.933\times1.323\times27.5+2\times0.95\times0.032\times1.181\times270)\times40051$$
$$=1922.41\text{kN}$$

验算截面条件，由规范式（6.6.1-1）得：

$$1.35\beta_c\beta_lf_cA_{ln}=1.35\times0.933\times1.323\times27.5\times40051$$
$$=1835.36\text{kN}<F_u=1922.41\text{kN}$$

故局部受压承载力为1835.36kN，且 $F_u=1835.36\text{kN}>F_l=1749.9\text{kN}$，满足要求。

思考：若钢筋网片采用HRB335级钢筋，每边配置5根，其他条件不变，试确定钢筋网片的钢筋直径。

由上述计算结果可知：$\beta_l=1.323$，$\beta_{cor}=1.181$，$\beta_c=0.933$，$\alpha=0.95$，$f_y=300\text{N/mm}^2$

由规范式（6.6.3-1）得：

$$\rho_v = \frac{\frac{F_l}{0.9A_{ln}} - \beta_c\beta_l f_c}{2\alpha\beta_{cor}f_y} = \frac{\frac{1749.9\times 10^3}{0.9\times 40051} - 0.933\times 1.323\times 27.5}{2\times 0.95\times 1.181\times 300}$$
$$= 0.0217$$

由规范式（6.6.3-2）得：

$$\rho_v = \frac{n_1 A_{s1}l_1 + n_1 A_{s2}l_2}{A_{cor}s} = \frac{2\times 5\times 250\times A_{s1}}{62500\times 50} = 0.0217$$

$$A_{s1} = 27\text{mm}^2$$

选Φ6（$A_s = 28.3\text{mm}^2$），间距 $s=50$mm，每方向配置 5 根。

第九节 疲 劳 验 算

根据一、二级注册结构工程师考试大纲要求，应了解疲劳强度的验算。

一、基本规定

- 复习《混规》3.1.3 条、3.3.1 条（有关疲劳验算规定）。
- 复习《混规》6.7.1 条、6.7.2 条、6.7.3 条。

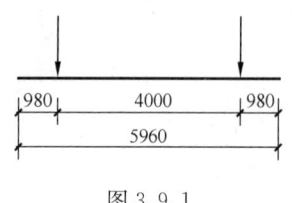

图 3.9.1

【**例 3.9.1**】 某跨度为 6m 的钢筋混凝土简支吊车梁，计算跨度 $l_0=5.8$m，承重两台 A5 级起重量均为 10t 的电动软钩桥式吊车，吊车的小车重为 4.1t，其最大轮压标准体 $p_{max,k}=120$kN，每台吊车的轮压分布如图 3.9.1 所示。

试问：当仅在吊车竖向荷载作用下进行疲劳验算时，吊车梁的跨中最大弯矩标准值 M_k^l（kN·m），应与下列何项数值最为接近？

(A) 168　　　(B) 174　　　(C) 183　　　(D) 244

【**解答**】 根据《混规》6.7.2 条，按一台吊车计算，荷载取标准值，并乘以动力系数；由《建筑结构荷载规范》5.3.1 条，A5 级，取动力系数为 1.05。

吊车梁跨中最大弯矩标准值 M_k^l，取一台吊车轮压在梁的跨度中点时，则：

$$M_k^l = 1.05\times\frac{1}{4}p_{max,k}l_0 = 1.05\times\frac{1}{4}\times 120\times 5.8 = 182.7\text{kN}\cdot\text{m}$$

所以应选（C）项。

二、钢筋混凝土受弯构件的疲劳验算

- 复习《混规》6.7.4 条、6.7.5 条、6.7.6 条、6.7.7 条、6.7.8 条、6.7.9 条。

三、预应力混凝土受弯构件的疲劳验算

- 复习《混规》6.7.4 条、6.7.10 条、6.7.11 条、6.7.12 条。

第十节　结构构件的基本规定

一、板

- 复习《混通规》4.4.4 条第 4 款。
- 复习《混规》9.1.1 条、9.1.2 条、9.1.3 条、9.1.4 条、9.1.5 条。

需注意的是：

(1)《混规》9.1.1 条，规定了板的计算原则，以及单向板、双向板的配筋要求。

1) 单向板：板的短边方向（受力方向）的钢筋用量应大于长边方向的钢筋用量，长边方向按构造配筋。

2) 双向板：板的短边方向（主要受力方向）的钢筋用量应大于长边方向的钢筋用量。

(2)《混规》9.1.3 条，规定了板中受力钢筋的间距。

【例 3.10.1】 钢筋混凝土现浇梁板结构，单向板厚 $h=120\mathrm{mm}$，$h_0=100\mathrm{mm}$，采用 C25 混凝土，HRB400 级受力钢筋。计算表明板为构造配筋。

试问： 板的配筋。

提示： 按《混凝土结构通用规范》作答。

【解答】 根据《混通规》4.4.6 条：
$$\rho_{\min} = 0.45 f_\mathrm{t}/f_\mathrm{y} = 0.45 \times 1.27/360 = 0.159\% < 0.2\%$$
故取 $\rho_{\min}=0.2\%$

由《混规》9.1.3 条知，当 $h \leqslant 150\mathrm{mm}$，取 $s=200\mathrm{mm}$。

$A_\mathrm{s} = 0.2\% \times 120 \times 200 = 48\mathrm{mm}^2$，选用 ⏀8 ($A_\mathrm{s}=50.3\mathrm{mm}^2$)，故板配筋为 ⏀8@200。

- 复习《混规》9.1.6 条、9.1.7 条、9.1.8 条、9.1.9 条、9.1.10 条。

需注意的是：

(1)《混规》9.1.6 条，有现浇板中与梁垂直的构造钢筋的构造规定，即对其直径、截面面积，伸入板内长度的规定。

(2)《混规》9.1.6 条，有与支承结构整体浇筑，或嵌固在承重砌体墙内的现浇板，其上部构造钢筋的构造规定。

(3)《混规》9.1.7 条，有单向板的分布钢筋的构造规定。

(4)《混规》9.1.9 条规定了基础筏板的钢筋构造规定，同时，应结合《混通规》4.4.6 条和《混规》8.5.1 条、8.5.2 条的最小配筋率的规定。

【例 3.10.2】 现浇钢筋混凝土梁板结构，单向板厚 $h=120\mathrm{mm}$，$h_0=100\mathrm{mm}$，采用 HRB335 级钢筋为受力钢筋。已知受力钢筋面积为 $870\mathrm{mm}^2/\mathrm{m}$（⏀12@130），分布筋采用 HPB300 级钢筋。

试问：

(1) 确定该分布筋的配置。

(2) 边梁支座负筋采用 HRB335 级，确定其钢筋配置。

【解答】 (1) 根据《混规》9.1.7 条规定得

单位长度分布筋截面面积：$A_s = \max\{15\% \times 870, 0.15\% \times 120 \times 1000\}$
$$= \max\{130.5, 180\} = 180 \text{mm}^2$$

又由《混规》9.1.7条规定，取分布筋间距 $s=200$mm，则：

$$单根分布筋截面面积：A_{s1} = \frac{180}{1000/200} = 36 \text{mm}^2$$

选用Φ8（$A_s = 50.3 \text{mm}^2$），故配置Φ8@200。

(2) 根据《混规》9.1.6条规定。

$$A_s = 870 \times \frac{1}{3} = 290 \text{mm}^2$$

选用Φ8支座负筋 $A_s = 50.3 \text{mm}^2$，则其间距 s 为：

$$\frac{1000}{s} \times 50.3 = 290$$

$$s = 173.4 \text{mm}$$

故取 $s = 150$mm，支座负筋配置为Φ8@150。

【例3.10.3】 现浇钢筋混凝土板，板厚为120mm，受力钢筋按分离式配筋，板负筋沿板顶面未贯通。钢筋均采用HPB300级。

试问：在板未配筋的上、下表面沿纵、横方向配置温度收缩钢筋，其钢筋配置。

【解答】 根据《混规》9.1.8条得

$$A_s = 0.1\% bh = 0.1\% \times 1000 \times 120 = 120 \text{mm}^2$$

选用Φ6钢筋（$A_s = 28.3 \text{mm}^2$），则间距 s：$\frac{1000}{s} \times 28.3 = 120$

$s = 235.8$mm，由《混规》9.1.8条知，故取 $s = 200$mm。

所以，温度收缩钢筋配置为Φ6@200。

【例3.10.4】 某筏形基础底板，板厚 $h = 1500$mm，$h_0 = 1445$mm，采用C40混凝土，HRB335级钢筋为纵向受力筋，计算表明为构造配筋。

试问：板中受拉钢筋的最小配筋截面面积。

【解答】 根据《混规》8.5.2条，取单位宽度底板配筋面积 A_s：

$$A_{s,\min} = 0.15\% \times 1000 \times 1500 = 2250 \text{mm}^2/\text{m}$$

● 复习《混规》9.1.11条、9.1.12条。

二、梁

1. 梁的纵向受力钢筋

● 复习《混规》9.2.1条。

【例3.10.5】 某钢筋混凝土简支小梁，截面尺寸 $b \times h = 200\text{mm} \times 250\text{mm}$，采用C25混凝土，HRB400级纵向受力钢筋，计算表明纵向受拉钢筋为构造配筋。

试问：该梁的纵向受拉钢筋的配置。

【解答】 查《混规》表8.5.1得：
$$\rho_{\min}=0.45f_t/f_y=0.45\times1.27/360=0.159\%<0.2\%$$

故取 $\rho_{\min}=0.2\%$，$A_s=\rho_{\min}\cdot bh=0.2\%\times200\times250=100\text{mm}^2$

又根据《混规》9.2.1条规定，纵向受力钢筋直径不小于8mm，故取 2⏀8（$A_s=101\text{mm}^2$）。

2. 梁下部纵向受力钢筋锚固长度

- 复习《混规》9.2.2条、9.2.3条、9.2.4条。

【例3.10.6】 某钢筋混凝土简支梁梁端支承在180mm厚砖墙上，如图3.10.1所示，梁截面为250mm×500mm，混凝土采用C25，纵向受力钢筋为HRB400级。经计算梁端处的组合内力设计值为 $M=0$，$V=150\text{kN}$，梁跨中需配置 3⏀20 的受力钢筋。箍筋直径为10mm。环境类别为二a类。

试问：钢筋伸入支座的锚固长度 l_1、l_2。

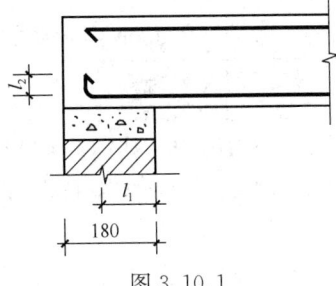

图3.10.1

【解答】 查规范表，$f_t=1.27\text{N/mm}^2$，箍筋的混凝土保护层厚度 $c=30\text{mm}$，纵筋的 $c=40\text{mm}$，$h_0=h-a_s=500-50=450\text{mm}$

由《混规》9.2.2条得：
$$V=150\text{kN}>0.7f_tbh_0=0.7\times1.27\times250\times450=100\text{kN}$$

取 $l_a=12d=12\times20=240\text{mm}$，由《混规》8.3.3条，$0.6l_a=0.6\times240=144\text{mm}$

$l_1=180-30=150\text{mm}$，满足。

根据《混规》8.3.3条：
$$l_2=12d=12\times20=240\text{mm}$$

思考：(1) 当 $M=0$，$V=50\text{kN}$，其他条件不变。试确定钢筋伸入支座的锚固长度 l_{as}（mm）。

此时，$V=50\text{kN}<0.7f_tbh_0=100\text{kN}$

根据《混规》9.2.2条规定：
$$l_a\geqslant5d=5\times20=100\text{mm}$$

(2) 当 $M=0$，$V=150\text{kN}$，并在距离支座边600mm处有集中荷载 $P=10\text{kN}$，其他条件不变。试确定钢筋伸入支座的锚固比度 l_{as}（mm）。

此时，有集中力，且距支座边600mm<$1.5h=1.5\times500=7500\text{mm}$。
$$V=150\text{kN}>0.7f_tbh_0=100\text{kN}$$

故根据《混规》9.2.2条注的规定：
$$l_a\geqslant15d=15\times20=300\text{mm}$$

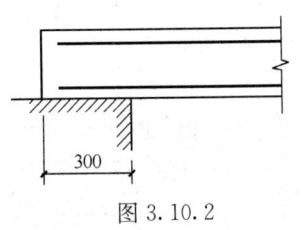

图3.10.2

【例3.10.7】 某钢筋混凝土简支梁，截面尺寸 $b\times h=250\text{mm}\times500\text{mm}$，其支座处剪力设计值 $V=132\text{kN}$，采用C35混凝土，纵向受力钢筋采用HRB400级钢筋。梁下部纵向受力钢筋的锚固方式如图3.10.2所示。纵筋的混凝土保护层厚度为30mm。

取 $a_s=45$mm。安全等级为二级。

试问：梁底纵向钢筋配置，下列何项配置不能满足规范对锚固长度的要求？

(A) $\Phi 18$　　　(B) $\Phi 20$　　　(C) $\Phi 22$　　　(D) $\Phi 25$

【解答】 $V=132$kN

$0.7f_t bh_0 = 0.7 \times 1.57 \times 250 \times 455 = 125$kN < 132kN

根据《混规》9.2.2条，$l_a \geq 12d$，则：

$$d \leq \frac{l_a}{12} = \frac{300-30}{12} = 22.5\text{mm}$$

所以应选（D）项。

3. 梁端支座上部纵向构造钢筋、弯起钢筋弯起点

● 复习《混规》9.2.6条、9.2.7条、9.2.8条。

【例3.10.8】 某钢筋混凝土简支梁，截面尺寸为300mm×600mm，其梁端支承在180mm厚墙上，纵向钢筋采用HRB400级，混凝土采用C30。

试问：

(1) 若经计算梁纵向受拉钢筋截面面积为2700mm²，确定其钢筋配置应为下列何项？

(A) $5\Phi 28$（单排）　　　(B) $4\Phi 25+2\Phi 22$（双排）

(C) $5\Phi 25$（单排）　　　(D) $4\Phi 22+2\Phi 25$（双排）

(2) 假定梁跨中截面下部纵向受力钢筋为$5\Phi 25$，确定配置在支座区上部的纵向构造钢筋。

【解答】（1）由《混规》9.2.1条规定，下部纵向钢筋水平方向的净间距不应小于25mm和d（钢筋直径），则$5\Phi 28$不能满足净间距要求；$5\Phi 25$，$A_s=2454$mm² <2700mm²，也不能满足配筋量要求；选配$4\Phi 25+2\Phi 22$（$A_s=2945$mm²），则满足要求，故应选（B）项。

(2) 由《混规》9.2.6条规定，则

$$A_s = \frac{5 \times 490.9}{4} = 613.6\text{mm}^2$$

故配置$2\Phi 20$（$A_s=628$mm²）的构造钢筋。

4. 梁的箍筋

● 复习《混规》9.2.9条。

需注意的是：

《混规》9.2.9条，规定了梁的箍筋配置要求、箍筋间距要求和直径要求。

【例3.10.9】 一钢筋混凝土简支梁，截面尺寸为250mm×500mm，混凝土采用C30，纵向受力钢筋采用HRB400，箍筋采用HPB300级，已知梁端荷载基本组合下内力设计值：$M=0$，$V=120$kN。安全等级为二级，环境类别为一类。取$a_s=35$mm。

试问：确定梁端箍筋的最低配置。

【解答】 查规范表，$f_c=14.3$N/mm²，$f_t=1.43$N/mm²，$f_y=360$N/mm²，$f_y=270$N/mm²，$a_s=35$mm，$h_0=h-a_s=500-35=465$mm

$V=120$kN $>0.7f_t bh_0 = 0.7 \times 1.43 \times 250 \times 465 = 116.4$kN

故梁端箍筋按计算配筋：

$$\frac{A_{sv}}{s} \geq \frac{120000-116400}{270 \times 465} = 0.029$$

取 $s=200$mm，两肢箍，$A_{sv1} \geq 4.9$mm^2

$$\rho_{sv,min} = 0.24 f_t / f_{yv} = 0.24 \times 1.43/270 = 0.127\%$$

由《混规》表 9.2.9 知，取 $s=200$mm，两肢箍

$$A_{sv1} \geq 0.127\% \times 250 \times 200/2 = 32\text{mm}^2$$

最终选 $\Phi 8$（$A_s=50.3$mm^2），配置为 $\Phi 8@200$，满足要求。

5. 梁下部有集中荷载的附加横向钢筋

● 复习《混规》9.2.11 条。

【例 3.10.10】某主次梁结构体系，在位于主梁截面高度范围内通过次梁传递的集中荷载设计值 $F=205$kN，次梁宽 $b=250$mm，$h_1=200$mm，如图 3.10.3 所示。箍筋采用 HPB300 级，吊筋采用 HRB335 级。

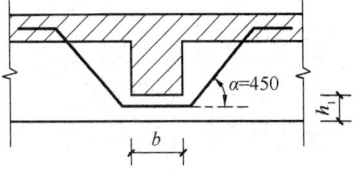

图 3.10.3

试问：
(1) 采用箍筋时，箍筋的配置。
(2) 采用吊筋时，吊筋的配置。

【解答】(1) 采用箍筋，由规范式（9.2.11）得：

$$A_{sv} = \frac{F}{f_{yv}\sin\alpha} = \frac{205 \times 10^3}{270 \times \sin 90°} = 759\text{mm}^2$$

选 $\Phi 8$ 箍筋，$A_{s1}=50.3$mm^2，箍筋肢数为 $759/50.3=15.1$，故取 16 肢，即 8 个 $\Phi 8$，每侧 $4\Phi 8$，分布范围 $s=2h_1+3b=2\times 200+3\times 250=1150$mm

(2) 采用吊箍，由规范式（9.2.11）得：

$$A_{sv} = \frac{F}{f_{yv}\sin\alpha} = \frac{205 \times 10^3}{300 \times \sin 45°} = 966\text{mm}^2$$

选 $2\Phi 18$（总截面面积 $A_s=1017$mm^2）。

6. 梁内折角处的附加钢筋

● 复习《混规》9.2.12 条。

需注意的是：

(1)《混规》9.2.12 条规定，箍筋承担的合力 N_s 应满足：

$$N_{s1} = 2f_y A_{s1} \cos\frac{\alpha}{2}; N_{s2} = 0.7 f_y A_s \cos\frac{\alpha}{2}$$
$$N_s = \max\{N_{s1}, N_{s2}\}$$

(2)《混规》9.2.12 条中，箍筋总截面面积应满足竖向力平衡：$f_{yv} A_{sv} \cos\left(90° - \frac{\alpha}{2}\right) = f_{yv} A_{sv} \sin\frac{\alpha}{2} = N_s$，式中 α 为构件的内折角。

(3)《混规》9.2.12 条的图 9.1.12，假定折梁高度为 h_b，则：$h = \dfrac{h_b}{\sin\dfrac{\alpha}{2}}$。

【例 3.10.11】 钢筋混凝土折梁的内折角处于受拉区，纵向受拉钢筋采用 HRB400 级钢筋 3Φ20（$A_s=942\text{mm}^2$），如图 3.10.4 所示，选用 HPB300 级钢筋作为箍筋。

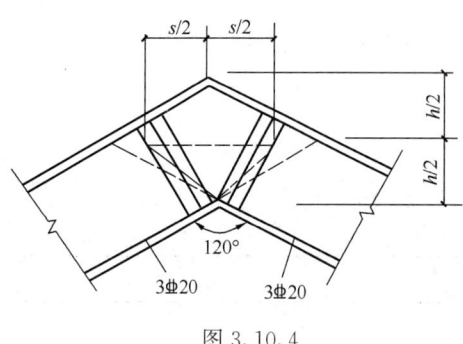

图 3.10.4

试问：

(1) 当 3Φ20 钢筋全部锚固在混凝土受压区时，所需箍筋量。

(2) 当 3Φ20 钢筋全部未锚固在混凝土受压区时，所需箍筋量。

(3) 当 3Φ20 钢筋中有 1Φ20 未锚固在混凝土受压区时，所需箍筋量。

【解答】 查规范表，$f_{yv}=270\text{N/mm}^2$，$f_y=360\text{N/mm}^2$

(1) 3Φ20 全部锚固

箍筋承担的合力 N_s，由规范式（9.2.12-2）：

$$N_s = N_{s2} = 0.7 f_y A_s \cos\dfrac{\alpha}{2}$$

$$= 0.7 \times 360 \times 942 \times \cos\dfrac{120°}{2}$$

$$= 118692\text{N}$$

箍筋面积：$A_{sv} = \dfrac{N_s}{f_{yv}\sin\dfrac{120°}{2}} = \dfrac{118692}{270 \times 0.866} = 508\text{mm}^2$

选用 Φ8 箍筋（$A_{s1}=50.3\text{mm}^2$），双肢箍箍筋数量 $508/(2\times 50.3)=5.05$，取 6Φ8，$A_{sv}=6\times 2\times 50.3=604\text{mm}^2$，满足要求。

注意的是，实际工程设计，一般取左、右对称配置箍筋。

(2) 纵筋全部未锚固

箍筋承担的合力 N_s，由规范式（9.2.12-1）、式（9.2.12-2）得：

$$N_{s1} = 2 f_y A_{s1} \cos\dfrac{\alpha}{2} = 2 \times 360 \times 942 \times \cos\dfrac{120°}{2} = 339120\text{N}$$

$$N_{s2} = 0.7 f_y A_s \cos\dfrac{\alpha}{2} = 0.7 \times 360 \times 942 \times \cos\dfrac{120°}{2} = 118692\text{N}$$

故取较大者，$N_s = N_{s1} = 339120\text{N}$

箍筋面积：$A_{sv} = \dfrac{N_s}{f_{yv}\sin\dfrac{120°}{2}} = \dfrac{339120}{270 \times 0.866} = 1450\text{mm}^2$

选用 Φ10 箍筋（$A_{s1}=78.5\text{mm}^2$），双肢箍箍筋数量 $\dfrac{1450}{2\times 78.5}=9.2$

取 10Φ10，$A_{sv}=10\times 2\times 78.5=1570\text{mm}^2$，满足要求。

(3) 有 1 Φ 20 未锚固时

箍筋承担的合力 N_s，由规范式（9.2.12-1）、式（9.2.12-2）得

$$N_{s1} = 2f_y A_{s1} \cos\frac{\alpha}{2} = 2 \times 360 \times 314 \times \cos\frac{120°}{2} = 113040\text{N}$$

$$N_{s2} = 0.7 f_y A_s \cos\frac{\alpha}{2} = 0.7 \times 360 \times 942 \times \cos\frac{120°}{2} = 118692\text{N}$$

故取较大者，$N_s = N_{s2} = 118692$N

箍筋面积：$A_{sv} = \dfrac{N_s}{f_{yv}\cos\frac{120°}{2}} = \dfrac{118692}{270 \times 0.866} = 508\text{mm}^2$

选用 ϕ8 箍筋（$A_{s1} = 50.3\text{mm}^2$），双肢箍箍筋数量 $508/(2 \times 50.3) = 5.05$

取 6Φ8，$A_{sv} = 6 \times 2 \times 50.3 = 604\text{mm}^2$，满足要求。

7. 梁的架立钢筋、梁侧的构造钢筋

● 复习《混规》9.2.6 条第 2 款、9.2.13 条、9.2.14 条、9.2.15 条。

需注意的是：

(1)《混规》9.2.13 条中，腹板高度 h_w 的确定应按规范 6.3.1 条规定，即：矩形截面，$h_w = h_0$；T 形截面，$h_w = h_0 - h_f'$；I 形截面，h_w 取腹板净高。

(2) 当梁的纵向受力钢筋的混凝土保护层厚度大于 50mm，应按《混规》9.2.15 条规定，设置表层钢筋网片。

【例 3.10.12】 与板顶面平的现浇 T 形截面梁，其截面尺寸为 300mm×700mm，板厚为 120mm。采用 C30 混凝土，纵向构造钢筋采用 HRB400 级。取 $a_s = 60$mm。环境类别一类，设计使用年限为 50 年，安全等级为二级。

试问： 梁每个侧面的纵向构造钢筋。

【解答】 已知 $a_s = 60$mm，$h_0 = h - a_s = 640$mm，$h_w = h_0 - h_f' = 640 - 120 = 520$mm

梁每侧纵向构造钢筋，根据《混规》9.2.13 条规定，$A_s = 0.1\% b h_w = 0.1\% \times 300 \times 520 = 156\text{mm}^2$

每侧选 2Φ12，$A_s = 226\text{mm}^2 > 156\text{mm}^2$，且两排布置，满足《混规》9.2.13 条间距不宜大于 200mm 的规定。

【例 3.10.13】 某钢筋混凝土单跨梁，截面及配筋如图 3.10.5 所示，混凝土强度等级为 C40，纵向受力钢筋、两侧纵向构造钢筋均选用 HRB400 级钢筋，箍筋选用 HRB335 级，$a_s' = a_s = 70$mm。

试问： 该梁每侧纵向构造钢筋最小配置量为下列何项？

(A) 10Φ12 (B) 10Φ14

(C) 11Φ16 (D) 11Φ18

【解答】 $h_0 = 2400 - 70 = 2330$mm

$h_w = 2330 - 200 = 2130$mm

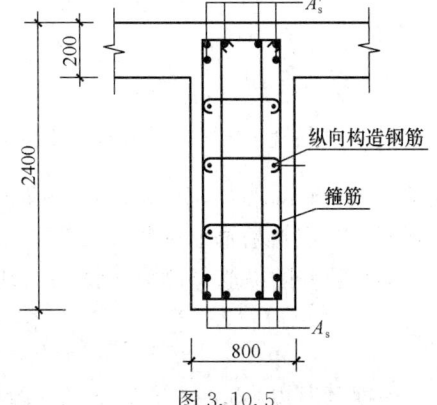

图 3.10.5

根据《混规》9.2.13 条规定：

每侧构造钢筋截面面积：$A_s \geqslant 0.1\% bh_w = 0.1\% \times 800 \times 2130 = 1704\text{mm}^2$

每侧根数 n：$n = (2400-70-200)/200-1 = 9.65$，取 10 根。

对（A）项，$A_s = 1131\text{mm}^2$，不满足；对（B）项，$A_s = 1539\text{mm}^2$，不满足，故排除（A）、（B）项。

对（C）项，$A_s = 2212\text{mm}^2$，满足；对（D）项，$A_s = 2800\text{mm}^2$，满足，故最小配筋为（C）项，所以应选（C）项。

三、柱

● 复习《混规》9.3.1 条、9.3.2 条、9.3.3 条。

需注意的是：

(1)《混规》9.3.1 条规定：$\rho_{\max} = 5\%$。

抗震设计时，《混规》11.4.13 条规定，框架柱和框支柱纵筋配筋率 $\rho_{\max} = 5\%$；而 $\rho_{\min}$ 应根据规范表 11.4.12-1 确定。

(2)《混规》9.3.2 条第 5 款，规定了 $\rho > 3\%$ 时，柱中箍筋的直径、间距要求。

(3)《混规》9.3.3 条，规定了腹板开孔的 I 形截面柱的计算原则。

【例 3.10.14】 某钢筋混凝土框架柱截面尺寸 $b \times h = 400\text{mm} \times 400\text{mm}$，混凝土强度等级为 C60，纵向受力钢筋用 HRB400 级，箍筋采用 HPB300 级，环境类别为一类，安全等级为二级。不考虑地震作用。

试问：

(1) 若该柱的纵向受力钢筋为构造配筋，确定纵向受力钢筋的配置。

(2) 若该柱的纵筋为每侧 3Φ20，确定按构造配置柱的抗剪箍筋。

(3) 若该柱的纵筋为每侧 4Φ25，确定按构造配置柱的抗剪箍筋。

【解答】 (1) 由《混规》表 8.5.1 的规定

柱一侧纵筋面积：$0.2\% bh = 0.2\% \times 400 \times 400 = 320\text{mm}^2$

柱全部纵筋面积：$0.55\% bh = 0.55\% \times 400 \times 400 = 880\text{mm}^2$

根据《混规》9.3.1 条，纵筋直径不宜小于 12mm，且纵筋间距不宜大于 300mm，故每侧配置 3Φ12，其全部纵筋面积为 $(3+3+2) \times 113.1 = 905\text{mm}^2$，满足要求。

(2) 若柱的纵筋每侧为 3Φ20，共 8Φ20（$A_s = 2513\text{mm}^2$）

$$\rho = \frac{2513}{400 \times 400} = 1.57\%$$

根据《混规》9.3.2 条第 1、2 款规定，箍筋直径 $d \geqslant \dfrac{d_\text{纵}}{4} = \dfrac{20}{4} = 5\text{mm}$；$d \geqslant 6\text{mm}$，故取 $d = 6\text{mm}$；间距 $s \leqslant 400\text{mm}$，$s \leqslant b = 400\text{mm}$，$s \leqslant 15d_\text{纵} = 15 \times 20 = 300\text{mm}$，故取 $s = 300\text{mm}$，所以抗剪箍筋为 Φ6@300。

(3) 若柱的纵筋每侧为 4Φ25，共 12 根Φ25，$A_s = 12 \times 490.9 = 5890.8\text{mm}^2$

$$\rho = \frac{5890.8}{400 \times 400} = 3.68\% > 3\%$$

根据《混规》9.3.2 条第 5 款，箍筋直径 $d \geqslant 8\text{mm}$，故 $d = 8\text{mm}$；间距 $s \leqslant 10d_\text{纵} =$

$10 \times 25 = 250$mm；$s \leqslant 200$mm，故取 $s = 200$mm。

所以抗剪箍筋为 Φ8@200。

四、梁柱节点

1. 框架梁上部、下部纵向钢筋

● 复习《混规》9.3.4 条、9.3.5 条、9.3.8 条。

需注意的是：

(1)《混规》9.3.4 条，框架梁或连续梁的下部纵向钢筋的锚固分两种情况：一是充分利用钢筋的抗拉强度；二是充分利用钢筋的抗压强度。

(2)《混规》9.3.8 条，规定了框架顶层端节点处梁上部纵向钢筋的配筋率限制条件，规范式（9.3.8）中，β_c 的取值为：C50 时，取 $\beta_c = 1.0$；C80 时，取 $\beta_c = 0.8$；其间内插，$\beta_c = 1 - \dfrac{x - 50}{80 - 50}(1 - 0.8)$，式中 x 为混凝土强度等级。

【例 3.10.15】 如图 3.10.6 所示为框架结构中间层的端节点，柱截面尺寸 450mm×450mm，混凝土强度等级为 C30，框架梁上排受力钢筋为 Φ28，HRB400 级钢筋。环境类别为二 b 类，安全等级为二级。不考虑地震作用。

试问：该节点锚固水平段 L_1 和向下弯折段 L_2 之值。

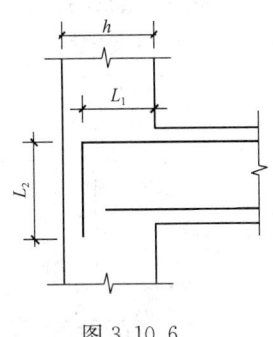

图 3.10.6

【解答】 查规范表，$f_t = 1.43$N/mm²，$f_y = 360$N/mm²。

根据《混规》9.3.4 条、8.3.1 条：

$$l_{ab} = \alpha \frac{f_y}{f_t} d = 0.14 \times \frac{360}{1.43} \times 28 = 987 \text{mm}$$

根据《混规》9.3.4 条规定：

$$L_1 \geqslant 0.4 l_{ab} = 0.4 \times 987 = 395 \text{mm}$$

$$L_2 \geqslant 15d = 15 \times 28 = 420 \text{mm}$$

思考： 若柱截面高度 h 未知，取 $a_s = 50$mm，其他条件不变，梁上部纵向钢筋充分发挥受拉作用，试确定端节点处柱的截面高度 h。解答如下：

根据《混规》9.3.4 条、8.3.1 条：

$$l_{ab} = \alpha \frac{f_y}{f_t} d = 0.14 \times \frac{360}{1.43} \times 28 = 987 \text{mm}$$

根据《混规》9.3.4 条，$h_0 \geqslant 0.4 l_{ab} = 0.4 \times 987 = 395$mm

$$h \geqslant h_0 + a_s = 395 + 50 = 445 \text{mm}$$

所以端节点柱的截面高度 $h \geqslant 445$mm。

【例 3.10.16】 某框架顶层框架梁其截面尺寸为 $b \times h = 300$mm×600mm，采用 C30 混凝土，HRB400 级纵向钢筋，端节点上部处梁上部纵向钢筋为 4Φ25。环境类别为一类，安全等级为二级。取 $a_s = 37.5$mm。

试问： 验算梁上部纵向钢筋截面面积是否满足。

【解答】 $h_0 = h - a_s = 600 - 37.5 = 562.5 \text{mm}$，$\beta_c = 1.0$，$b_b = 300\text{mm}$

由《混规》式（9.3.8）得：

$$A_s = 1964 \text{mm}^2 < \frac{0.35\beta_c f_c b_b h_0}{f_y} = \frac{0.35 \times 1 \times 14.3 \times 300 \times 562.5}{360} = 2346 \text{mm}^2$$

所以梁端节点上部纵筋满足要求。

思考： 该梁上部纵筋的最大配筋率为多少？

$$\rho = \frac{A_s}{b_b h_0} \leqslant \frac{0.35\beta_c f_c}{f_y} = \frac{0.35 \times 1 \times 14.3}{360} = 1.39\%$$

2. **框架柱的纵向钢筋**

● 复习《混规》9.3.6条、9.3.7条。

需注意的是：

（1）顶层中间节点的柱纵向钢筋、顶层端节点的内侧的柱纵向钢筋的构造要求，如图3.10.7所示。

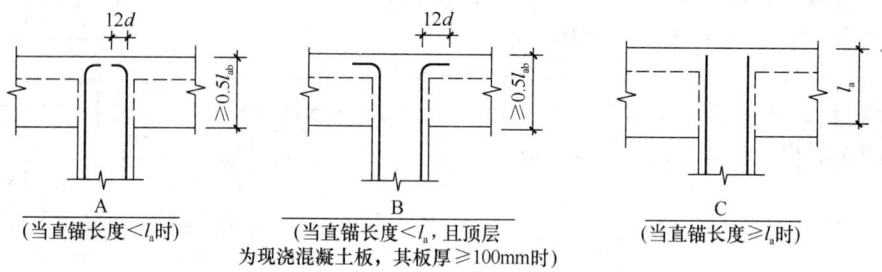

图3.10.7 顶层中柱柱顶纵向钢筋构造

（2）框架顶层端节点的外侧的柱纵向钢筋可采用两种方式：

1）柱外侧纵向钢筋的相应部分弯入梁内作梁上部纵向钢筋作用；

2）柱外侧纵向钢筋与梁上部纵向钢筋进行搭接，搭接方式分为两种情况：

第一种情况：搭接接头沿顶层端节点外侧及梁端顶部布置，如图3.10.8所示。

第二种情况：搭接接头沿柱顶外侧布置，如图3.10.9所示。

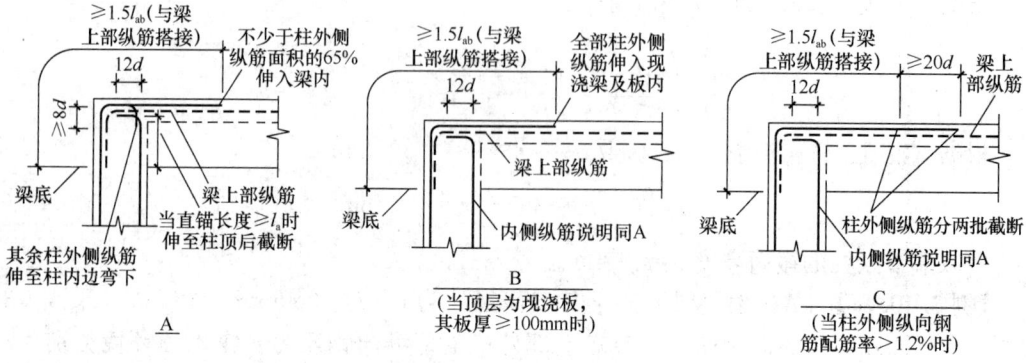

图3.10.8 边柱柱顶纵向钢筋构造（一）

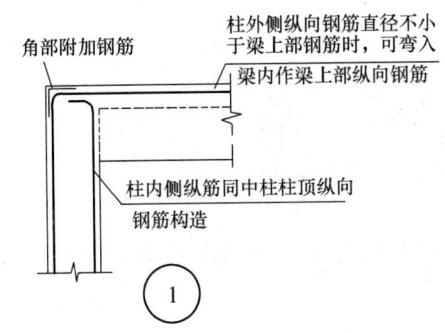
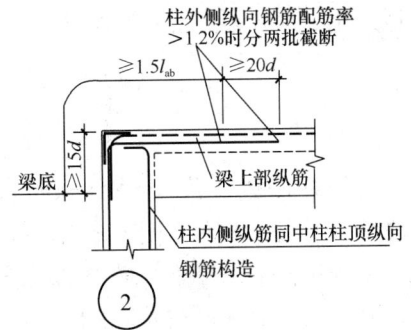
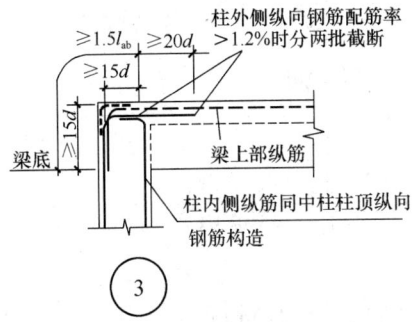
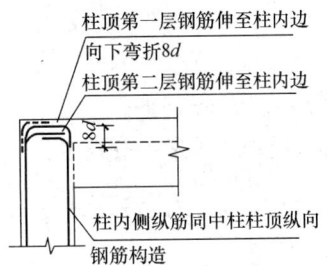
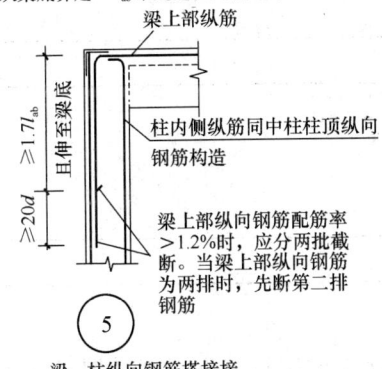

图 3.10.9 边柱柱顶纵向钢筋构造（二）

【例 3.10.17】 某钢筋混凝土顶层框架梁柱采用 C30 混凝土、HRB400 级纵向钢筋。中间节点处柱的纵向钢筋为 4⌽25；框架梁端节点处的梁上部纵向钢筋为 5⌽25，且梁、柱的纵向钢筋充分发挥作用。环境类别为一类，安全等级为二级。已知梁截面宽度 $b=300\text{mm}$。取 $a_s=40\text{mm}$。不考虑地震作用。

试问： 该框架顶层梁的最小截面高度 h。

【解答】 查规范表，$f_t=1.43\text{N/mm}^2$，$f_c=14.3\text{N/mm}^2$，$f_y=360\text{N/mm}^2$。

(1) 由《混规》9.3.6 条规定：

$$h_0 \geqslant 0.5 l_{ab} = 0.5 \times \alpha \frac{f_y}{f_t} d = 0.5 \times 0.14 \times \frac{360}{1.43} \times 25 = 441 \text{mm}$$

$$h \geqslant h_0 + a_s = 441 + 40 = 481 \text{mm}$$

(2) 由《混规》9.3.8 条规定

$$h_0 \geqslant \frac{f_y A_s}{0.35 \beta_c f_c b_b} = \frac{360 \times 2454}{0.35 \times 1 \times 14.3 \times 300} = 588 \text{mm}$$

$$h \geqslant h_0 + a_s = 588 + 40 = 628 \text{mm}$$

上述结果取较大者，$h = 628 \text{mm}$。

思考： 假定梁截面宽度 b 未知，柱的纵向钢筋为 $4 \Phi 28$（$A_s = 2463 \text{mm}^2$），其他条件不变。试确定框架顶层梁的最小合理截面尺寸。

此时，由《混规》9.3.6 条和 8.3.1 条：

$$h_0 \geqslant 0.5 l_{ab} = 0.5 \times \alpha \frac{f_y}{f_t} d = 0.5 \times 0.14 \times \frac{360}{1.43} \times 28 = 493 \text{mm}$$

$$h \geqslant h_0 + a_s = 493 + 40 = 533 \text{mm}$$

故取 $h = 550 \text{mm}$，则 $h_0 = 550 - 40 = 510 \text{mm}$。

又由《混规》9.3.8 条规定：

$$b_b \geqslant \frac{f_y A_s}{0.35 \beta_c f_c h_0} = \frac{360 \times 2454}{0.35 \times 1 \times 14.3 \times 510} = 346 \text{mm}$$

故取 $b_b = 350 \text{mm}$。

所以该框架梁合理的最小截面尺寸为：$b_b \times h = 350 \text{mm} \times 550 \text{mm}$。

3. 框架节点内的水平箍筋

- 复习《混规》9.3.9 条。

五、墙

1. 剪力墙的基本规定

- 复习《混规》9.4.1 条、9.4.2 条、9.4.3 条。

需注意的是：

(1)《混规》9.4.1 条中，剪力墙结构、框架-剪力墙结构分别对墙的厚度作出了规定；当抗震设计时，《混规》11.7.12 条作出更严格的规定；此外，《建筑抗震设计规范》（以下简称《抗规》）6.4.1 条对抗震墙的厚度作出了规定，与《混规》11.7.12 条是一致的。

(2)《混规》9.4.3 条规定了剪力墙的计算原则。其中，翼缘计算宽度 b_f 的取值规定，与《抗规》6.2.13 条条文说明中翼缘计算宽度 b_f 不一致，有区别。

【例 3.10.18】 某剪力墙墙肢，其外纵墙厚度为 250mm，横墙厚 160mm，横墙间距为 3600mm，横墙间距中开窗宽度 1800mm，房屋高度为 50m。不考虑地震作用。

试问： 该横墙的翼缘计算宽度 b_f。

【解答】 由《混规》9.4.3 条规定：

剪力墙的间距：$b_f = 3600 \text{mm}$

门窗洞间翼缘的宽度：$b_f = 3600 - 1800 = 1800 \text{mm}$

剪力墙厚度加两侧各 6 倍翼墙厚度：$b_f = 160 + 2 \times 6 \times 250 = 3160 \text{mm}$

剪力墙墙肢总高度的 1/10：$b_\mathrm{f}=50000\times\dfrac{1}{10}=5000\mathrm{mm}$

上述值取最小者，取 $b_\mathrm{f}=1800\mathrm{mm}$。

2. 剪力墙的斜截面受剪计算与配筋要求

- 复习《混规》6.3.20 条、6.3.21 条、6.3.22 条。
- 复习《混规》9.4.4 条、9.4.5 条、9.4.6 条、9.4.8 条。

需注意的是：

(1)《混规》6.3.20 条中，β_c 的取值；≤C50 时，取 $\beta_\mathrm{c}=1.0$；C80 时取 $\beta_\mathrm{c}=0.8$；其间内插，$\beta_\mathrm{c}=1-\dfrac{x-50}{80-50}(1-0.8)$，式中 x 为混凝土强度等级。

(2)《混规》6.3.21 条中，N 的取值，当 $N>0.2f_\mathrm{c}bh$ 时，取 $N=0.2f_\mathrm{c}bh$；λ 的取值，$1.5\leqslant\lambda\leqslant2.2$。

根据构造要求配置水平分布钢筋的条件是：

$$V\leqslant\dfrac{1}{\lambda-0.5}\left(0.5f_\mathrm{t}bh_0+0.13N\dfrac{A_\mathrm{w}}{A}\right)$$

(3)《混规》9.4.4 条，规定剪力墙的水平分布筋、竖向分布筋的配筋率 0.2%、直径 ≥8mm、间距≤300mm。

(4)《混规》9.4.6 条，规定水平向分布筋、竖向分布筋的搭接长度≥$1.2l_\mathrm{a}$。

【例 3.10.19】 某均匀配筋的矩形截面剪力墙，墙厚度 $b=200\mathrm{mm}$，墙肢长 $h=4000\mathrm{mm}$，混凝土强度等级为 C30，墙体两端部暗柱纵向钢筋采用 HRB335 级，墙体水平分布钢筋采用 HPB300 级。已知在荷载基本组合下距墙底 $h_0/2$ 处的弯矩设计值 $M=5016\mathrm{kN\cdot m}$，剪力设计值 $V=1400\mathrm{kN}$，轴压力设计值 $N=2450\mathrm{kN}$，安全等级为二级，环境类别为一类。不考虑地震作用。

试问： 确定该剪力墙水平分布钢筋的配置。

【解答】 查规范表，$f_\mathrm{c}=14.3\mathrm{N/mm^2}$，$f_\mathrm{t}=1.43\mathrm{N/mm^2}$，$f_\mathrm{y}=300\mathrm{N/mm^2}$，$f_\mathrm{yv}=270\mathrm{N/mm^2}$，非抗震设计的剪力墙端部暗柱截面尺寸，可按抗震设计时构造边缘构件取用，根据《混规》11.7.18 条规定，h_c 为：

$$h_\mathrm{c}=\max\{b_\mathrm{w},400\}=\max\{200,400\}=400\mathrm{mm}$$

故取 $a_\mathrm{s}=h_\mathrm{c}/2=400/2=200\mathrm{mm}$，$h_0=h-a_\mathrm{s}=4000-200=3800\mathrm{mm}$

(1) 验算墙肢截面条件

由规范式（6.3.20）得：

$$0.25\beta_\mathrm{c}f_\mathrm{c}bh_0=0.25\times1\times14.3\times200\times3800=2717\mathrm{kN}>V=1400\mathrm{kN}$$

故满足要求。

(2) 计算 λ 和 N

由《混规》6.3.21 条得：$\lambda=\dfrac{M}{Vh_0}=\dfrac{5016\times10^6}{1400\times10^3\times3800}=0.943<1.5$，故取 $\lambda=1.5$

$$0.2f_\mathrm{c}bh=0.2\times14.3\times200\times4000=2288\mathrm{kN}<N=2450\mathrm{kN}$$

故取 $N=2288\mathrm{kN}$ 进行计算。

(3) 判断是否按构造配置水平分布筋

由《混规》6.3.21 条规定得：

$$\frac{1}{\lambda-0.5}\left(0.5f_t bh_0 + 0.13N\frac{A_w}{A}\right)$$

$$=\frac{1}{1.5-0.5} \times (0.5 \times 1.43 \times 200 \times 3800 + 0.13 \times 2288 \times 10^3 \times 1)$$

$$=840.84\text{kN} < V = 1400\text{kN}，故需计算配筋。$$

(4) 计算配置水平向分布钢筋

由规范式（6.3.21）得：

$$\frac{A_{sh}}{s_v} = \frac{V - \frac{1}{\lambda-0.5}\left(0.5f_t bh_0 + 0.13N\frac{A_w}{A}\right)}{f_{yv}h_0} = \frac{1400 \times 10^3 - 840.84 \times 10^3}{270 \times 3800}$$

$$=0.545\text{mm}^2/\text{mm}$$

验算配筋率：$\rho_{sh} = \frac{A_{sh}}{bs_v} = \frac{0.545}{200} = 0.273\% > \rho_{sh,min} = 0.2\%$，满足。由《混规》9.4.2 条，选用双排分布钢筋，用 2Φ12 钢筋（$A_{sh}=226\text{mm}^2$）。

$$s_v = \frac{A_{sh}}{\rho_{sh} \cdot b} = \frac{226}{0.273\% \times 200} = 414\text{mm}$$

故取 $s_v = 300\text{mm}$，选用 2Φ12@300 的水平向分布钢筋。

3. 剪力墙中洞口连梁

- 复习《混规》6.3.23 条。
- 复习《混规》9.4.7 条。

六、叠合构件

1. 钢筋混凝土叠合式受弯构件承载力

- 复习《混通规》4.4.4 条第 5 款。
- 复习《混规》9.5.1 条、9.5.2 条、9.5.3 条。
- 复习《混规》附录 H.0.1 条、H.0.2 条、H.0.3 条、H.0.4 条、H.0.7 条。

需注意的是：

(1)《混规》附录 H.0.2 条中，M_{2Q} 的取值，取第二阶段施工活荷载和使用阶段可变荷载在计算截面产生的弯矩设计值中的较大值。

在计算中，正弯矩区段的混凝土强度等级按叠合层取用；负弯矩区段的混凝土强度等级按计算截面受压区的实际情况取用。

(2)《混规》附录 H.0.3 条，受剪承载力设计值 V_{cs} 应取叠合层和预制构件中较低的混凝土强度等级进行计算，且不低于预制构件的受剪承载力设计值。

(3)《混规》附录 H.0.4 条，规范式（H.0.4-1）中 f_t 取叠合层和预制构件中的较低值。

(4)《混规》附录 H.0.7 条，M_{1u} 的计算按规范 6.2.10 条计算，由规范式（6.2.10-1），

当 $A'_s=0$，则有：

$$M_{1u} = \alpha_1 f_c bx\left(h_{01} - \frac{x}{2}\right) \quad (h_{01} \text{ 为预制构件截面有效高度})$$

上式中，$x \leqslant x_b = \xi_b h_{01}$。

【例 3.10.20】 钢筋混凝土叠合梁为简支结构，如图 3.10.10 所示，梁宽 $b=250\text{mm}$，预制梁高 $h_1=450\text{mm}$，$b'_f=500\text{mm}$，$h'_f=120\text{mm}$，计算跨度 $l_0=5600\text{mm}$，净跨径 $l_n=5600\text{mm}$，混凝土采用 C30；叠合梁高 $h=650\text{mm}$，叠合层混凝土采用 C30。受拉纵向钢筋采用 HRB400 级，箍筋采用 HPB300 级。施工阶段不加支撑。

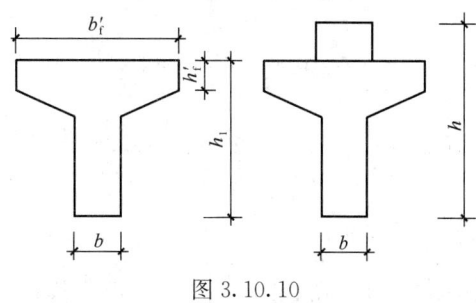

图 3.10.10

第一阶段预制梁承受恒荷载（预制梁、板和叠合层自重）标准值 $q_{1Gk}=12\text{kN/m}$，施工活荷载标准值 $q_{1Qk}=14\text{kN/m}$；第二阶段恒荷载（面层、吊顶自重等）标准值 $q_{2Gk}=10\text{kN/m}$，施工活荷载标准值不变，使用阶段活荷载标准值 $q_{2Qk}=22\text{kN/m}$，其准永久值系数为 0.5。环境类别一类，设计使用年限为 50 年，安全等级为二级。取 $a_s=35\text{mm}$。

试问：
(1) 确定叠合梁底部纵向钢筋配置。
(2) 确定叠合梁的抗剪箍筋配置。
(3) 确定叠合面受剪承载力值。
(4) 验算叠合梁的纵向受拉钢筋的应力。

【解答】 首先确定内力设计值

第一阶段跨中弯矩和支座剪力：

$$M_{1Gk} = \frac{1}{8} q_{1Gk} l_0^2 = \frac{1}{8} \times 12 \times 5.6^2 = 47.04 \text{kN·m},$$

$$V_{1Gk} = \frac{1}{2} q_{1Gk} l_n$$

$$= \frac{1}{2} \times 12 \times 5.6 = 33.6 \text{kN}$$

$$M_{1Qk} = \frac{1}{8} q_{1Qk} l_0^2 = \frac{1}{8} \times 14 \times 5.6^2 = 54.88 \text{kN·m},$$

$$V_{1Qk} = \frac{1}{2} q_{1Qk} l_n$$

$$= \frac{1}{2} \times 14 \times 5.6 = 39.2 \text{kN}$$

由《结通规》3.1.13 条（或《可靠性标准》8.2.4 条）：

$$M_1 = 1.3 M_{1Gk} + 1.5 M_{1Qk} = 1.3 \times 47.04 + 1.5 \times 54.88$$

$$= 143.47 \text{kN·m}$$

$$V_1 = 1.3 V_{1Gk} + 1.5 V_{1Qk} = 1.3 \times 33.6 + 1.5 \times 39.2 = 102.48 \text{kN}$$

第二阶段跨中弯矩和支座剪力（取活荷载较大者 $q_{2Qk}=22\text{kN/m}$）

$$M_{2Gk} = \frac{1}{8}q_{2Gk}l_0^2 = \frac{1}{8} \times 10 \times 5.6^2 = 39.2 \text{kN} \cdot \text{m},$$

$$V_{2Gk} = \frac{1}{2}q_{2Gk}l_n$$

$$= \frac{1}{2} \times 10 \times 5.6 = 28 \text{kN}$$

$$M_{2Qk} = \frac{1}{8}q_{2Qk}l_0^2 = \frac{1}{8} \times 22 \times 5.6^2 = 86.24 \text{kN} \cdot \text{m},$$

$$V_{2Qk} = \frac{1}{2}q_{2Qk}l_n$$

$$= \frac{1}{2} \times 22 \times 5.6 = 61.6 \text{kN}$$

$$M = 1.3(M_{1Gk} + M_{2Gk}) + 1.5 M_{2Qk} = 1.3 \times (47.04 + 39.2) + 1.5 \times 86.24$$

$$= 241.47 \text{kN} \cdot \text{m}$$

$$V = 1.3(V_{1Gk} + V_{2Gk}) + 1.5 V_{2Qk} = 1.3 \times (33.6 + 28) + 1.5 \times 61.6 = 172.48 \text{kN}$$

(1) 叠合梁底部纵向钢筋计算

$a_s = 35$mm，按第二阶段叠合梁正截面受弯承载力计算，由《混规》附录 H.0.2 条规定，正弯矩 $M = 241.47$kN·m，该区段的混凝土强度等级，按叠合层取用，即采用 C30。

$$h_0 = h - a_s = 650 - 35 = 615 \text{mm}, f_c = 11.9 \text{N/mm}^2, f_t = 1.27 \text{N/mm}^2$$

$$x = h_0 - \sqrt{h_0^2 - \frac{2\gamma_0 M}{\alpha_1 f_c b}} = 615 - \sqrt{615^2 - \frac{2 \times 1.0 \times 241.47 \times 10^6}{1 \times 14.3 \times 250}}$$

$$= 122 \text{mm} < \xi_b h_0 = 319 \text{mm}$$

$$A_s = \frac{\alpha_1 f_c b x}{f_y} = \frac{1 \times 14.3 \times 250 \times 122}{360} = 1212 \text{mm}^2$$

选用 4 Φ 20（$A_s = 1256$mm²）

验算最小配筋率：$\rho = \dfrac{A_s}{bh} = \dfrac{1256}{250 \times 650} = 0.773\%$

$$\rho_{min} = 0.45 f_t / f_y = 0.45 \times 1.43 / 360 = 0.179\% < 0.2\%$$

$$\rho = 0.773\% > \rho_{min} = 0.2\%，故满足要求。$$

按第一阶段 T 形截面预制梁正截面受弯承载力验算（$M_1 = 143.47$kN·m）：

$$h_{01} = h_1 - a_s = 450 - 35 = 415 \text{mm}$$

$f_y A_s = 360 \times 1256 = 452160 \text{N} < \alpha_1 f_c b_f' h_f' = 1 \times 14.3 \times 500 \times 120 = 858000 \text{N}$

故属第一类 T 形截面，按 $b_f' \times h_1 = 500$mm$\times 450$mm 矩形梁计算。

$$x = \frac{f_y A_s}{\alpha_1 f_c b_f'} = \frac{360 \times 1256}{1 \times 14.3 \times 500} = 63.2 \text{mm} < \xi_b h_{01} = 0.518 \times 415 = 215 \text{mm}$$

$$< h_f' = 120 \text{mm}$$

故由规范式（6.2.10-1）得：

$$M_{1u} = \alpha_1 f_c b'_f x \left(h_{01} - \frac{x}{2}\right) = 1 \times 14.3 \times 500 \times 63.2 \times \left(415 - \frac{63.2}{2}\right)$$
$$= 173.25 \text{kN} \cdot \text{m} > M_1 = 143.47 \text{kN} \cdot \text{m}$$

所以叠合梁配筋 4 Φ 20 满足要求。

（2）叠合梁的抗剪箍筋计算

1）先按第二阶段叠合梁斜截面抗剪计算，取 $V = 172.48 \text{kN}$。

根据《混规》附录 H.0.3 条规定，取 C30 进行计算。

验算截面条件：$\frac{h_w}{b} = \frac{615}{250} = 2.46 < 4$，由规范式（6.3.1-1）得：

$0.25\beta_c f_c b h_0 = 0.25 \times 1 \times 14.3 \times 250 \times 615 = 549.7 \text{kN} > V = 172.48 \text{kN}$，满足。

由规范式（6.3.4-2）计算抗剪箍筋：

$$\frac{A_{sv}}{s} = \frac{V - 0.7 f_t b h_0}{f_{yv} h_0} = \frac{172.48 \times 10^3 - 0.7 \times 1.43 \times 615 \times 250}{270 \times 615} = 0.112 \text{mm}^2/\text{mm}$$

选双肢箍 Φ8@250，$\frac{A_{sv}}{s} = \frac{2 \times 50.3}{250} = 0.402 \text{mm}^2/\text{mm} > 0.112 \text{mm}^2/\text{mm}$

验算最小配箍率：$\rho_{sv} = \frac{A_{sv}}{bs} = \frac{2 \times 50.3}{250 \times 250} = 0.161\%$

$$\rho_{sv,\min} = 0.24 f_t / f_{yv} = 0.24 \times 1.43 / 270 = 0.127\% < \rho_{sv}, \text{满足}。$$

2）按第一阶段 T 形截面预制梁斜截面受剪承载力验算

$$h_{01} = 450 - 35 = 415 \text{mm}, \quad \frac{h_w}{b} = \frac{415 - 120}{250} = 1.18 < 4$$

由规范式（6.3.1-1）得：

$0.25\beta_c f_c b h_{01} = 0.25 \times 1 \times 14.3 \times 250 \times 415 = 370.9 \text{kN} > V_1 = 102.48 \text{kN}$，满足。

验算斜截面受剪承载力，且 $\frac{A_{sv}}{s} = \frac{2 \times 50.3}{250} = 0.402 \text{mm}^2/\text{mm}$。

由规范式（6.3.4-2）得：

$$V_{cs} = 0.7 f_t b h_{01} + f_{yv} \frac{A_{sv}}{s} h_{01} = 0.7 \times 1.43 \times 250 \times 415 + 270 \times 0.402 \times 415$$
$$= 148.9 \text{kN} > V_1 = 102.48 \text{kN}, \text{满足}$$

（3）叠合面受剪承载力

由《混规》附录 H.0.4 条规定，f_t 取叠合层和预制构件中的较低值，即按 C30 计算，$f_t = 1.27 \text{N/mm}^2$。由规范式（H.0.4-1）得：

$$1.2 f_t b h_0 + 0.85 f_{yv} \frac{A_{sv}}{s} h_0 = 1.2 \times 1.43 \times 250 \times 615 + 0.85 \times 270 \times 0.402 \times 615$$
$$= 320.6 \text{kN} > V = 172.48 \text{kN}$$

故叠合面受剪承载力为 320.6kN。

（4）验算叠合梁的纵向受拉钢筋的应力。

第一阶段：$M_{1Gk} = 47.04 \text{kN} \cdot \text{m}$

由规范式（H.0.7-3）得：

$$\sigma_{s1k} = \frac{M_{1Gk}}{0.87 A_s h_{01}} = \frac{47.04 \times 10^6}{0.87 \times 1256 \times 415} = 103.73 \text{N/mm}^2$$

第二阶段：$M_{2q} = M_{2GK} + \psi M_{2QK} = 39.2 + 0.5 \times 86.24 = 82.32 \text{kN} \cdot \text{m}$

由前面结果知：$M_{1u} = 173.25 \text{kN} \cdot \text{m}$，则：

$$M_{1Gk} = 47.04 \text{kN} \cdot \text{m} < 0.35 M_{1u} = 0.35 \times 173.25 = 60.64 \text{kN} \cdot \text{m}$$

故在规范式（H.0.7-4）中取 $0.5\left(1 + \dfrac{h_1}{h}\right) = 1$，由规范式（H.0.7-4）得：

$$\sigma_{s2q} = \frac{1 \times M_{2q}}{0.87 A_s h_0} = \frac{1 \times 82.32 \times 10^6}{0.87 \times 1256 \times 615} = 122.50 \text{N/mm}^2$$

由规范式（H.0.7-1）、式（H.0.7-2）得：

$$\sigma_{sq} = \sigma_{s1q} + \sigma_{s2q} = 103.73 + 122.50 = 226.23 \text{N/mm}^2 < 0.9 f_y$$
$$= 0.9 \times 360 = 324 \text{N/mm}^2，满足要求$$

2. 叠合式受弯构件的裂缝、挠度计算

【例 3.10.21】 某三跨混凝土叠合板，其施工流程如下：(1) 铺设预制板（预制板下不设支撑）；(2) 以预制板作为模板铺设钢筋、灌缝并在预制板面现浇混凝土叠合层；(3) 待叠合层混凝土完全达到设计强度形成单向连续板后，进行建筑面层等装饰施工。最终形成的叠合板如图 3.10.11 所示，其结构构造满足叠合板和装配整体式楼盖的各项规定。假定，永久荷载标准值为：(1) 预制板自重 $g_{k1} = 3 \text{kN/m}^2$；(2) 叠合层总荷载 $g_{k2} = 1.25 \text{kN/m}^2$；(3) 建筑装饰总荷载 $g_{k3} = 1.6 \text{kN/m}^2$。可变荷载标准值为：(1) 施工荷载 $q_{k1} = 2 \text{kN/m}^2$；(2) 使用阶段活载 $q_{k2} = 4 \text{kN/m}^2$。沿预制板长度方向计算跨度 l_0 取图示支座中到中的距离。

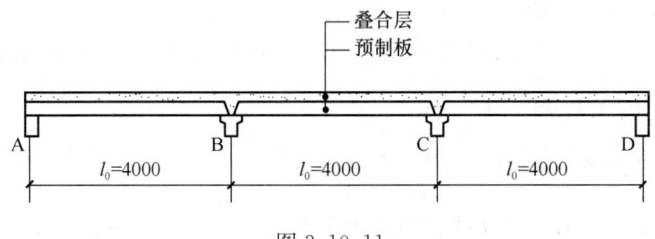

图 3.10.11

试问：

(1) 验算第一阶段（后浇的叠合层混凝土达到强度设计值之前的阶段）预制板的正截面受弯承载力时，其每米板宽的弯矩设计值 M（kN·m），与下列何项数值最为接近？

(A) 10　　　(B) 13　　　(C) 17　　　(D) 20

(2) 当不考虑支座宽度的影响，验算第二阶段（叠合层混凝土完全达到强度设计值形成连续板之后的阶段）叠合板的正截面受弯承载力时，支座 B 处的每米板宽负弯矩设计值 M（kN·m），与下列何项数值最为接近？

提示：本题仅考虑荷载满布的情况，不必考虑荷载的不利分布。等跨梁在满布荷载作用下，支座 B 的负弯矩计算公式见图 3.10.12。

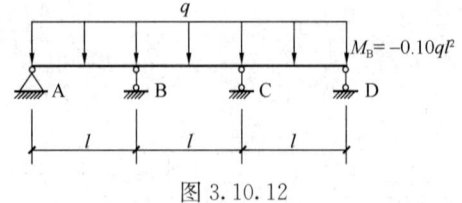

图 3.10.12

(A) 9　　　　　　(B) 13　　　　　　(C) 16　　　　　　(D) 20

【解答】（1）根据《混规》附录 H.0.2 条，取 1m 宽：
由《结通规》3.1.13 条（或《可靠性标准》8.2.4 条）：

$$M_{1G}=1.3\times\frac{1}{8}\times(3+1.25)\times1\times4^2=11.05\text{kN}\cdot\text{m/m}$$

$$M_{1Q}=1.5\times\frac{1}{8}\times2\times1\times4^2=6\text{kN}\cdot\text{m/m}$$

$$M=M_{1G}+M_{1Q}=17.05\text{kN}\cdot\text{m/m}，故选(C)项。$$

（2）根据《混规》附录 H.0.2 条，取 1m 宽：
由提示：　　$M_{2G}=1.3\times0.1\times1.6\times1\times4^2=3.328\text{kN}\cdot\text{m/m}$

$$M_{2Q}=1.5\times0.1\times4\times1\times4^2=9.6\text{kN}\cdot\text{m/m}$$

$$M=M_{2G}+M_{2Q}=12.928\text{kN}\cdot\text{m/m}，故选(B)项。$$

思考： 第二阶段按连续板计算，该阶段施加的荷载才会产生支座负弯矩。

- 复习《混规》附录 H.0.8 条、H.0.9 条、H.0.10 条、H.0.11 条。

需注意的是：

(1)《混规》附录 H.0.8 条中，ρ_{te1}、ρ_{te} 的计算按《混规》7.1.2 条计算，即：

预制构件：$\rho_{te1}=\dfrac{A_s}{A_{te1}}=\dfrac{A_s}{0.5bh_1+(b_f-b)h_f}\geqslant 0.01$

叠合构件：$\rho_{te}=\dfrac{A_s}{A_{te}}=\dfrac{A_s}{0.5bh+(b_f-b)h_f}\geqslant 0.01$

(2)《混规》附录 H.0.9 条中，B_{s2} 应按叠合式受弯构件正弯矩区段、负弯矩区段，分别进行计算。

(3)《混规》附录 H.0.10 条中，根据《混规》7.2.3 条规定，规范式（H.0.10-1）中 ρ 的计算为：$\rho=\dfrac{A_s}{bh_0}$

γ'_f 的计算为：$\gamma'_f=\dfrac{(b'_f-b)h'_f}{bh_0}$　[依据规范式(7.1.4-7)]

对于矩形截面，$\gamma'_f=0.0$。

(4)《混规》附录 H.0.12 条中，增大系数为 1.75，应对比规范 7.2.6 条。在规范 7.2.6 条中，增大系数为 2.0。

3. 预应力混凝土叠合式受弯构件

- 复习《混规》附录 H.0.5 条、H.0.8 条、H.0.9 条、H.0.10 条、H.0.11 条、H.0.12 条。

4. 竖向叠合构件

- 复习《混规》9.5.4 条、9.5.5 条、9.5.6 条、9.5.7 条。

七、装配式结构

> ● 复习《混规》9.6.1条～9.6.8条。

【例3.10.22】 以下关于装配整体式混凝土结构的描述,哪几项是正确的?

Ⅰ.预制混凝土构件在生产、施工过程中应按实际工况的荷载、计算简图、混凝土实体强度进行施工阶段验算;

Ⅱ.预制构件拼接处灌缝的混凝土强度等级应不低于预制构件的强度等级;

Ⅲ.装配整体式结构的梁柱节点处,柱的纵向钢筋应贯穿节点;

Ⅳ.采用预制板的装配整体式楼、层盖,预制板侧应为双齿边;拼缝中应浇灌强度等级不低于C30的细石混凝土。

(A) Ⅰ、Ⅱ (B) Ⅲ、Ⅳ
(C) Ⅰ、Ⅱ、Ⅲ (D) Ⅰ、Ⅱ、Ⅲ、Ⅳ

【解答】 根据《混规》9.6.2条、9.6.4条、9.6.5条,应选(D)项。

【例3.10.23】 某预制预应力混凝土梁,某截面尺寸为400mm×1300mm,长12m,混凝土强度等级为C40。拟采用两点起吊,此时的计算简图及起吊点如图3.10.13所示,起吊点C和D设置预埋件承担起吊荷载。

假定,在自重作用下,要求起吊至空中时预制构件C、D点的弯矩与跨中弯矩相等,试问,起吊点至构件端部的距离 x (m),与下列何项数值最接近?

(A) 3.0 (B) 2.5 (C) 2.0 (D) 1.5

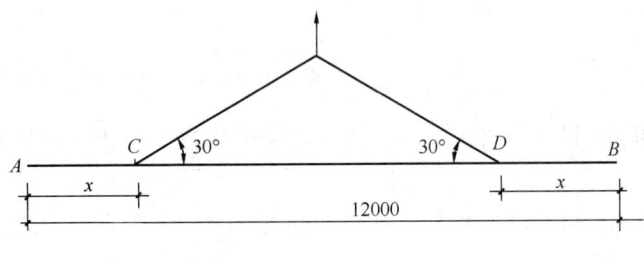

图3.10.13

【解答】 梁的自重线荷载为 g (kN/m),则:

C、D点竖向反力:$R_{C,y}=R_{D,y}=12g/2=6g$ kN

$M_C = \frac{1}{2}gx^2$ (正值)

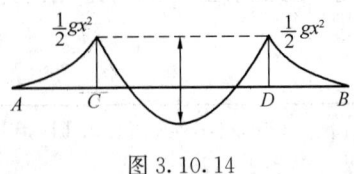

图3.10.14

跨中弯矩:$M_中 = R_{C,y}(6-x) - \frac{1}{2}g \cdot 6^2$ (正值)

$\frac{1}{2}gx^2 = R_{C,y}(6-x) - \frac{1}{2}g(6-x)^2 = 6g(6-x) - \frac{1}{2}g6^2$

可得:$x = 2.458$m

思考:绘制弯矩图如图3.10.14所示,可得:

$$\frac{1}{8}g(12-2x)^2 - \frac{1}{2}gx^2 = \frac{1}{2}gx^2$$

求得：$x=2.485$m

上述两种计算方法的结果相同。

八、深受弯构件

1. 深受弯构件的一般计算规定

> ● 复习《混规》附录 G.0.1 条、G.0.2 条、G.0.3 条、G.0.4 条。

需注意的是：

(1) 深受弯构件的计算跨度 l_0 的确定为：
$$l_0 = \min\{l_c, 1.15l_n\}$$

式中，l_c 为支座中心线之间的距离；l_n 为深受弯构件的净跨。

(2)《混规》附录 G.0.2 条，截面受压区高度 x，按规范式（6.2.10-2）计算，即：
$$x = \frac{f_y A_s - f'_y A'_s}{\alpha_1 f_c b}$$
$x < 0.2h_0$ 时，取 $x = 0.2h_0$。

(3)《混规》附录 G.0.3 条，规范式（G.0.3-1）、式（G.0.3-2）中：

β_c 的取值：≤C50 时，取 $\beta_c = 1.0$；C80 时取 $\beta_c = 0.8$；其间内插，$\beta_c = 1 - \frac{x-50}{80-50} \cdot (1-0.8)$，式中 x 为混凝土强度等级。

l_0 的取值：当 $l_0 < 2h$ 时，取 $l_0 = 2h$。

(4)《混规》附录 G.0.4 条，规范式（G.0.4-2）中：

λ 的取值：当 $l_0/h \leq 2.0$ 时，取 $\lambda = 0.25$；当 $2 < l_0/h < 5.0$ 时，$0.42\frac{l_0}{h} - 0.58 \leq \lambda = \frac{a}{h_0} \leq 0.92\frac{l_0}{h} - 1.58$

跨高比 l_0/h 的取值：当 $l_0/h < 2.0$ 时，取 $l_0/h = 2.0$。

2. 深梁的计算与配筋规定

> ● 复习《混规》附录 G.0.5 条、G.0.6 条、G.0.7 条。
> ● 复习《混规》附录 G.0.8 条～G.0.14 条。

需注意的是：

(1)《混规》附录 G.0.8 条第 2 款规定，当 $l_0/h \leq 1.0$ 的连续深梁，中间支座底面以上 $0.2l_0 \sim 0.6l_0$ 范围内的纵筋配筋率 $\rho \geq 0.5\%$，对应于规范图 G.0.8-3（c），配筋截面面积为 $\frac{2A_s}{3}$。

(2)《混规》附录 G.0.9 条，在简支单跨深梁支座及连续深梁梁端的简支支座处，纵向受拉钢筋的锚固长度为：$1.1l_a$。

(3)《混规》附录 G.0.10 条，规定了水平、竖向分布钢筋的直径 $d \geq 8$mm，间距 $s \leq 200$mm。

(4)《混规》附录 G.0.12 条中表 G.0.12 及注的规定，规定了深梁中钢筋的最小配筋率。

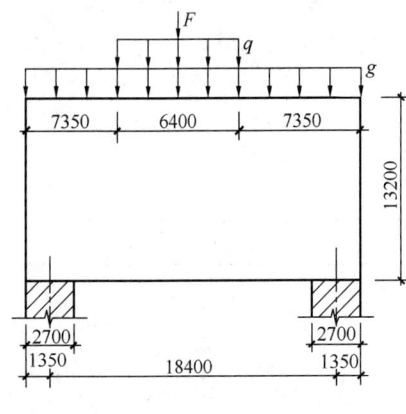

图 3.10.15

(5)《混规》附录 G.0.11 条,规定了吊筋的设计强度取为 $0.8f_{yv}$,则有:

$$A_{sv} \geq \frac{F}{0.8f_{yv}\sin\alpha}$$

吊筋的间距 $s \leq 200$mm。

【例 3.10.24】 某钢筋混凝土大梁如图 3.10.15 所示,梁截面尺寸 $b \times h = 550$mm $\times$ 13200mm,支柱中心线距离 $l_c = 18.4$m。在荷载基本组合下,大梁跨中作用有一个集中荷载设计值 $F = 14000$kN,全跨恒荷载设计值 $g = 150$kN/m,局部活荷载设计值 $q = 200$kN/m。采用 C30 混凝土,纵筋采用 HRB400 级钢筋,竖向和水平方向分布钢筋均采用 HRB335 级钢筋。$\gamma_0 = 1.0$。

试问:
(1) 确定大梁底部纵向受拉钢筋的配置。
(2) 确定大梁竖向和水平方向分布钢筋的配置。

【解答】 (1) 确定内力值

$l_c = 18.4$m,$1.15l_n = 1.15 \times 15.7 = 18.06$m,故取 $l_0 = 18.06$m。

$\frac{l_0}{h} = \frac{18.06}{13.2} = 1.37 < 2$,属深梁。

$$M = \frac{1}{8}gl_0^2 + \frac{Fl_0}{4} + \frac{q \times 6.4}{2}\left(\frac{l_0}{2} - \frac{6.4}{2} \cdot \frac{1}{2}\right)$$

$$= \frac{1}{8} \times 150 \times 18.06^2 + \frac{14000 \times 18.06}{4} + \frac{200 \times 6.4}{2} \times \left(\frac{18.06}{2} - \frac{6.4}{4}\right)$$

$$= 74081\text{kN} \cdot \text{m}$$

$$V = \frac{1}{2}gl_n + \frac{F}{2} + \frac{q \times 6.4}{2} = \frac{1}{2} \times 150 \times 15.7 + \frac{14000}{2} + \frac{200 \times 6.4}{2}$$

$$= 8817.5\text{kN}$$

(2) 大梁纵向受拉钢筋计算

由《混规》附录 G.0.2 条规定,当 $l_0/h \leq 2$ 时,跨中截面 $a_s = 0.1h$,故取 $a_s = 0.1h = 0.1 \times 13200 = 1320$mm,$h_0 = h - a_s = 0.9h = 11880$mm。

假定 $x = 0.2h_0 = 0.2 \times 11880 = 2376$mm,由规范式 (G.0.2-3)、式 (G.0.2-2) 得:

$$\alpha_d = 0.80 + 0.04\frac{l_0}{h} = 0.80 + 0.04 \times 1.368 = 0.855$$

$$z = \alpha_d(h_0 - 0.5x) = 0.855 \times (11880 - 0.5 \times 2376) = 9142\text{mm}$$

由规范式 (G.0.2-1) 求得 A_s:

$$A_s \geq \frac{M}{f_y z} = \frac{74081 \times 10^6}{360 \times 9142} = 22509\text{mm}^2$$

选配 46 Φ 25 ($A_s = 22580$mm²),其均匀配置在下部 $0.2h$ 范围内,沿水平方向弯折

按锚固长度 $1.1l_a$ 锚固。

$$1.1l_a = 1.1\alpha \frac{f_y}{f_t}d = 1.1 \times 0.14 \times \frac{360}{1.43} \times 25 = 969\text{mm}$$

根据《混规》G.0.2 规定，按规范式（6.2.10-2）求出 x：

$$x = \frac{f_y A_s - f'_y A'_s}{\alpha_1 f_c b} = \frac{360 \times 22582 - 0}{1 \times 14.3 \times 550}$$

$$= 1034\text{mm} < 0.2h_0 = 2376\text{mm}，故原假定成立。$$

验算配筋率：

$$\rho = \frac{A_s}{bh} = \frac{22580}{550 \times 13200} = 0.311\%$$

查《混规》表 G.0.12 得，$\rho_{min} = 0.20\% < \rho$，故满足。

(3) 确定大梁的竖向、水平分布钢筋

1) 验算梁受剪截面条件，取支座截面，取 $h_0 = h - 0.2h = 0.8h = 10560\text{mm}$

$$\frac{h_w}{b} = \frac{h_0}{b} = \frac{10560}{550} = 19.2 > 6；又 \frac{l_0}{h} = \frac{18060}{13200} = 1.37 > 1，$$

$$h/b = \frac{13200}{550} = 24 < 25，故满足《混规》G.0.7 条规定。$$

$$\frac{l_0}{h} = 1.37 < 2，故取 \frac{l_0}{h} = 2.0（依据《混规》G.0.3 条）$$

由规范式（G.0.3-2）得：

$$V = 8817.5\text{kN} < \frac{1}{60}\left(7 + \frac{l_0}{h}\right)\beta_c f_c b h_0 = \frac{1}{60} \times (7 + 2) \times 1 \times 14.3 \times 550 \times 10560$$

$$= 12458\text{kN}，故满足要求$$

2) 确定竖向、水平分布钢筋

集中力 F 所产生的支座剪力占总剪力值的 $\frac{7000}{8817.5} = 79.4\% > 75\%$，故按规范式（G.0.4-2）计算。

$$\frac{l_0}{h} = 1.368 < 2，故取 \lambda = 0.25；取 \frac{l_0}{h} = 2.0$$

$$V \leqslant \frac{1.75}{\lambda + 1}f_t b h_0 + \frac{l_0/h - 2}{3}f_{yv}\frac{A_{sv}}{s_h}h_0 + \frac{5 - l_0/h}{6}f_{yh}\frac{A_{sh}}{s_v}h_0$$

整理得：$$V \leqslant \frac{1.75}{0.25 + 1}f_t b h_0 + 0 + \frac{5 - 2}{6} \cdot f_{yh}\frac{A_{sh}}{s_v}h_0$$

$$\frac{A_{sh}}{s_v} \geqslant \frac{V - \frac{1.75}{1.25}f_t b h_0}{0.5 f_{yh} h_0} = \frac{8817500 - \frac{1.75}{1.25} \times 1.43 \times 550 \times 10560}{0.5 \times 300 \times 10560}$$

解之得：$\frac{A_{sh}}{s_v} < 0$

故按最小配筋率配筋，查《混规》表 G.0.12 知：

$$\rho_{sh,min}=0.20\%，\rho_{sv,min}=0.15\%$$

水平分布筋选 2⊕12@200，$\rho_{sh}=\dfrac{A_s}{bs_v}=\dfrac{2\times113.1}{550\times200}=0.206\%>0.20\%$，满足。

竖向分布筋选 2⊕12@200，$\rho_{sv}=\dfrac{A_s}{bs_h}=\dfrac{2\times113.1}{550\times200}=0.206\%>0.15\%$，满足。

思考：假定在该梁跨中截面 $0.2h$ 范围内，均匀配置了受拉纵向钢筋 40⊕25（$A_s=19635\text{mm}^2$）。试问，该梁跨中截面受弯承载力设计值为多少？

解答如下：

$l_0/h=18.06/13.2=1.368<2.0$，属于深梁。

根据《混规》G.0.2 条，取 $a_s=0.1h$；则 $h_0=0.9h=11880\text{mm}$

根据《混规》G.0.2 条及规范式（6.2.10-2）：

$$x=\dfrac{f_yA_s}{\alpha_1 f_c b}=\dfrac{360\times19636}{1\times14.3\times500}=989\text{mm}<0.2h_0=2376\text{mm}$$

故取 $x=0.2h=2376\text{mm}$。

$$\alpha_d=0.80+0.04\dfrac{l_0}{h}=0.80+0.04\times1.368=0.855$$

$$z=\alpha_d(h_0-0.5x)=0.855\times(11880-0.5\times2376)=9142\text{mm}$$

$$M=f_yA_sz=360\times19636\times9142=64624.4\text{kN}\cdot\text{m}$$

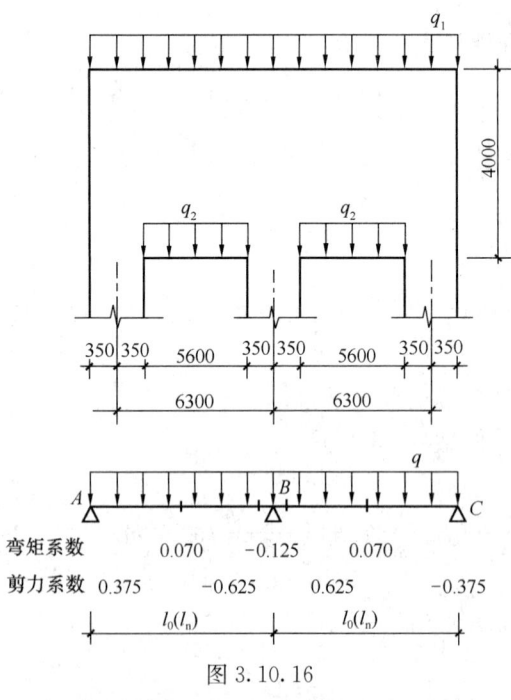

图 3.10.16

【例 3.10.25】 已知两跨钢筋混凝土连续梁如图 3.10.16 所示，梁截面尺寸 $b\times h=350\text{mm}\times4000\text{mm}$，混凝土采用 C30，纵筋、水平分布筋、竖向分布筋、竖向吊筋采用 HRB 335 级钢筋。在荷载基本组合下，均布荷载设计值 $q_1=70\text{kN/m}$，$q_2=185\text{kN/m}$。环境类别一类，安全等级为二级。已知两跨连续梁弯矩系数、剪力系数如图 3.10.16 所示。不考虑地震作用。

试问：

（1）确定纵向钢筋配置。

（2）确定吊筋、水平和竖向分布钢筋的配置。

【解答】（1）确定内力值

$l_c=6300\text{mm}$，$1.15l_n=1.15\times5600=6440\text{mm}$，故取 $l_0=6300\text{mm}$。

$\dfrac{l_0}{h}=\dfrac{6300}{4000}=1.575<2.5$，属深梁。

跨中弯矩：$M_1=0.07\times(q_1+q_2)l_0^2=0.07\times(70+185)\times6.3^2=708.5\text{kN}\cdot\text{m}$

支座弯矩：$M_2=-0.125\times(q_1+q_2)l_0^2=-0.125\times(70+185)\times6.3^2=-1265\text{kN}\cdot\text{m}$

边支座截面剪力：$V_1=0.375(q_1+q_2)l_n=0.375\times(70+185)\times5.6=535.5\text{kN}$

中间支座截面剪力：$V_2 = 0.625(q_1+q_2)l_n = 0.625 \times (70+185) \times 5.6 = 892.5 \text{kN}$

（2）确定纵向钢筋

因 $\dfrac{l_0}{h} = 1.575 < 2.0$，根据《混规》G.0.2 条规定，跨中截面 $a_s = 0.1h$，支座截面 $a_s = 0.2h$；又因支座弯矩 M_2 大于跨中弯矩 M_1，故取 $M_2 = 1265 \text{kN} \cdot \text{m}$ 进行纵筋计算，$h_0 = h - a_s = h - 0.2h = 0.8h = 3200 \text{mm}$。

由规范式（G.0.2-3）得：

$$\alpha_d = 0.80 + 0.04 \dfrac{l_0}{h} = 0.80 + 0.04 \times 1.575 = 0.863$$

假定 $x = 0.2h_0 = 640 \text{mm}$，由规范式（G.0.2-3）、（G.0.2-1）得：

$$z = \alpha_d(h_0 - 0.5x) = 0.863 \times (3200 - 0.5 \times 640) = 2485 \text{mm}$$

$$A_s = \dfrac{M}{f_y z} = \dfrac{1265 \times 10^6}{300 \times 2485} = 1697 \text{mm}^2$$

验算最小配筋率：由《混规》表 G.0.12 知，$\rho_{\min} = 0.2\%$

$$A_{s,\min} = \rho_{\min} bh = 0.2\% \times 350 \times 4000 = 2800 \text{mm}^2 > A_s = 1697 \text{mm}^2$$

故取 $A_s = 2800 \text{mm}^2$ 进行配置，选用 32 ⌽ 12，$A_s = 3619 \text{mm}^2$，$s_v = 200 \text{mm}$，取 16 层分布在距梁底 $0.2h \sim h$ 范围内，如《混规》图 G.0.8-3（a）所示。

又根据《混规》G.0.2 条规定求 x：

$$x = \dfrac{f_y A_s}{\alpha_1 f_c b} = \dfrac{300 \times 3619}{1 \times 14.3 \times 350} = 217 \text{mm} < 0.2h_0 = 640 \text{mm}，故原假定成立。$$

跨中截面的纵向钢筋，因跨中弯矩小于支座弯矩，故其配筋仍按最小配筋率进行配置，即取 $A_s = 2800 \text{mm}^2$，选用 20 ⌽ 14，$A_s = 3078 \text{mm}^2$，取水平间距 $s_v = 80 \text{mm}$，即 10 层分布在梁底 $0.2h$ 范围内。

（3）确定水平分布钢筋

现将支座截面水平纵向钢筋延伸到整个深梁作为水平向分布筋，其配筋率为：

$$\rho_{sh} = \dfrac{A_{sh}}{bs_v} = \dfrac{2 \times 113.1}{350 \times 200} = 0.323\%$$

查《混规》表 G.0.12 知，$\rho_{sh,\min} = 0.2\% < \rho_{sh}$，满足要求。

（4）吊箍计算与竖向分布筋

由《混规》G.0.11 条规定，取 $f_{yv} = 0.8 \times 300 = 240 \text{N/mm}^2$。

取单位长度（1m）计算：$A_{sv} = \dfrac{q_2 \times 1}{f_{yv}} = \dfrac{185 \times 10^3 \times 1}{240} = 771 \text{mm}^2$

选用 2 ⌽ 10，间距 $s = 200 \text{mm}$，单位长度内吊筋截面面积为：$78.5 \times 2 \times \dfrac{1000}{200} = 785 \text{mm}^2 > 771 \text{mm}^2$。

吊筋按整跨竖向均匀分布，其配筋率：

$$\rho = \dfrac{A_s}{bs} = \dfrac{785}{350 \times 1000} = 0.224\%$$

查《混规》表 G.0.12 知，竖向分布筋的最小配筋率 $\rho_{sv,\min} = 0.15\%$

所以 $\rho = 0.224\% > \rho_{sv,\min} = 0.15\%$，即吊箍作为竖向分布筋满足配筋要求。

思考：假定中间支座截面按荷载效应标准组合计算的剪力值 $V_k = 910 \text{kN}$，当要求该梁不出现斜裂缝时,试确定竖向分布筋的配置。

解答如下:

$l_0/h = 6300/4000 = 1.575 < 2.0$,属深梁;由《混规》G.0.2 条:

支座截面,取 $a_s = 0.2h$,则:
$$h_0 = h - a_s = 0.8h = 0.8 \times 4000 = 3200\text{mm}$$

根据《混规》G.0.5 条:
$$0.5 f_{tk} b h_0 = 0.5 \times 2.01 \times 350 \times 3200 = 1125.6\text{kN} > V_k = 910\text{kN}$$

故可按构造配置竖向分布筋。

根据《混规》G.0.10 条、G.0.12 条,取 $s_h = 200\text{mm}$,$\rho_{min} = 0.15\%$:
$$\rho = \frac{A_s}{b s_h} \geq 0.15\%,\ \text{即}:\ \rho = \frac{2A_{sv1}}{350 \times 200} \geq 0.15\%$$

解之得:$A_{sv1} \geq 53\text{mm}^2$

选用 ⊈10($A_{sv1} = 78.5\text{mm}^2$),配置为 ⊈10@200,满足。

九、牛腿

● 复习《混规》9.3.10 条、9.3.11 条、9.3.12 条、9.3.13 条。

需注意的是:

(1)《混规》9.3.10 条,9.3.11 条,水平距离 a 的取值,应考虑安装偏差 20mm;h_0 的取值:$h_0 = h - a_s$,或 $h_0 = h_1 - a_s + c \cdot \tan\alpha$,当 $\alpha > 45°$ 时,取 $\alpha = 45°$。

(2)《混规》9.3.12 条,承受竖向力所需的纵向受力钢筋的配筋率,按牛腿截面($b \cdot h$)

计算:$\rho = \dfrac{A_{sl}}{bh} \begin{matrix} \geq 0.2\% \\ \geq 0.45 f_t/f_y,\text{且大于 }4 ⊈ 12。 \\ \leq 0.6\% \end{matrix}$

由规范式(9.3.11)可计算 A_{sl}:$A_{sl} = \dfrac{F_v a}{0.85 f_y h_0}$

(3)《混规》9.3.13 条,牛腿水平箍筋截面面积 A_{sv}:$A_{sv} \geq \dfrac{1}{2} \cdot \dfrac{F_v a}{0.85 f_y h}$

当剪跨比 $\dfrac{a}{h_0} \geq 0.3$,牛腿弯起钢筋截面面积 A_{sb}:$A_{sb} \geq \dfrac{1}{2} \cdot \dfrac{F_v a}{0.85 f_y h_0}$,且大于 2⊈12。

(4)抗震设计时,不等高厂房中,支承低跨屋盖的柱牛腿的纵向受拉钢筋截面面积,应按《抗规》9.1.12 条规定进行计算。

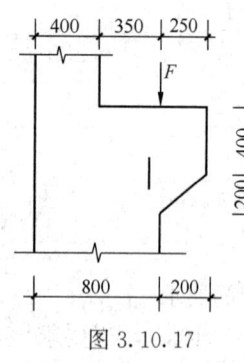

图 3.10.17

【例 3.10.26】某支承吊车梁牛腿尺寸如图 3.10.17 所示,柱截面宽度 $b = 400\text{mm}$,$a_s = 40\text{mm}$,作用于牛腿顶部的竖向力标准值 $F_{vk} = 384\text{kN}$,水平拉力标准值 $F_{hk} = 0$;在荷载基本组合下,作用于牛腿顶部的竖向力设计值 $F_v = 520\text{kN}$,水平拉力设计值 $F_h = 0$。混凝土采用 C25,牛腿水平纵筋采用 HRB400 级钢筋。$\gamma_0 = 1.0$。不考虑地震作用。

试问:

(1)验算牛腿截面尺寸。

(2)确定牛腿水平纵筋。

【解答】 查规范表，$f_t=1.27\text{N/mm}^2$，$f_{tk}=1.78\text{N/mm}^2$，$f_c=11.9\text{N/mm}^2$，$f_y=360\text{N/mm}^2$

(1) 验算牛腿截面尺寸

因考虑 20mm 安装偏差后，竖向力 F 作用点仍位于下柱截面以内，故根据《混规》9.3.10 条，取 $a=0$，$h_0=h-a_s=600-40=560\text{mm}$

由规范式（9.3.10）得：

$$\beta\left(1-0.5\frac{F_{hk}}{F_{vk}}\right)\frac{f_{tk}bh_0}{0.5+\dfrac{a}{h_0}}=0.65\times(1-0)\times\frac{1.78\times400\times560}{0.5+0}$$
$$=518.3\text{kN}>F_{vk}=384\text{kN}，故满足$$

(2) 牛腿水平纵筋计算

由规范式（9.3.11）得：

$$a=0<0.3h_0，故取 a=0.3h_0=0.3\times560=168\text{mm}$$

$$A_s\geqslant\frac{F_v a}{0.85f_y h_0}+\frac{1.2F_h}{f_y}=\frac{520\times10^3\times168}{0.85\times360\times560}=510\text{mm}^2$$

故选 4 Φ 14（$A_s=616\text{mm}^2$）。

(3) 验算配筋率

$$\rho=\frac{A_s}{bh}=\frac{616}{400\times600}=0.257\%$$

根据《混规》9.3.12 条规定，$\rho_{min}=0.45f_t/f_y=0.45\times1.27/360=0.159\%<0.2\%$

所以 $\rho>\rho_{min}=0.2\%$，$\rho<0.6\%$，满足。

【例 3.10.27】 如图 3.10.18 所示，已知牛腿的截面尺寸为：$h_1=300\text{mm}$，$c=400\text{mm}$，$a=45°$，$h=700\text{mm}$，吊车梁肋宽 250mm，柱截面宽度 $b=400\text{mm}$，上柱截面长度为 400mm，下柱截面长度为 600mm。吊车梁及轨道重 $G_k=35\text{kN}$，牛腿上作用吊车竖向荷载 $D_{max,k}=250\text{kN}$，吊车水平荷载 $F_{hk}=10\text{kN}$，采用 C25 混凝土，纵筋及弯起钢筋采用 HRB400 级，箍筋采用 HPB300 级，取 $a_s=40\text{mm}$。环境类别一类，设计使用年限为 50 年，安全等级二级。不考虑地震作用。

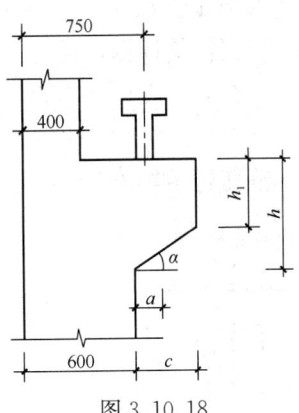

图 3.10.18

试问：

(1) 验算牛腿截面尺寸是否满足。
(2) 验算局部受压承载力。
(3) 确定牛腿的配筋。

【解答】 (1) 验算牛腿截面尺寸

$a_s=40\text{mm}$，$h_0=h-a_s=700-40=660\text{mm}$，$f_{tk}=1.78\text{N/mm}^2$

考虑安装偏差 20mm 后：$a=750-600+20=170\text{mm}<0.3h_0=0.3\times660=198\text{mm}$

竖向荷载 F_{vk}：$F_{vk}=G_k+D_{max,k}=35+250=285\text{kN}$

由规范式（9.3.10）得：

$$\beta\left(1-0.5\frac{F_{hk}}{F_{vk}}\right)\frac{f_{tk}bh_0}{0.5+\dfrac{a}{h_0}}=0.65\times\left(1-0.5\frac{10}{285}\right)\times\frac{1.78\times400\times660}{0.5+\dfrac{170}{660}}$$

327

$$= 396.1\text{kN} > F_{vk} = 285\text{kN}，满足$$

(2) 验算局部受压承载力

由《混规》9.3.10 条规定：

$$\frac{F_{vk}}{A} = \frac{285 \times 10^3}{250 \times 400} = 2.85\text{N/mm}^2 < 0.75f_c = 0.75 \times 11.9 = 8.925\text{N/mm}^2，故满足$$

(3) 牛腿配筋计算

根据《结通规》3.1.13 条：

$$F_v = 1.3G + 1.5D_{\text{max},k} = 1.3 \times 35 + 1.5 \times 250 = 420.5\text{kN}$$

$$F_h = 1.5F_{hk} = 1.5 \times 10 = 15\text{kN}$$

$a = 170\text{mm} < 0.3h_0 = 198\text{mm}$，取 $a = 0.3h_0$；由规范式（9.3.11）得：

$$A_s = \frac{F_v a}{0.85 f_y h_0} + 1.2 \frac{F_h}{f_y} = \frac{420.5 \times 10^3 \times 0.3}{0.85 \times 360} + 1.2 \times \frac{15 \times 10^3}{360}$$

$$= 412 + 50 = 462\text{mm}^2$$

验算牛腿纵向受力钢筋配筋率：$\rho_{\min} = 0.45 f_t/f_y = 0.45 \times 1.27/360 = 0.159\% < 0.2\%$。

$$\rho = \frac{A_{sl}}{bh} = \frac{412}{400 \times 700} = 0.147\% < \rho_{\min} = 0.2\%$$

故取 $A_{sl} = 0.2\% bh = 0.2\% \times 400 \times 700 = 560\text{mm}^2$

所以 $A_s = 560 + 50 = 610\text{mm}^2$

选用 4Φ14（$A_s = 615\text{mm}^2$）。

牛腿箍筋计算，根据《混规》9.3.13 条规定：

$$A_{sv} = \frac{1}{2} A_{sl} = \frac{1}{2} \times 560 = 280\text{mm}^2$$

箍筋选用 Φ8@150，分布在上部 $\frac{2}{3}h_0$ 范围内，其配筋面积为

$$2 \times 50.3 \times \left(\frac{2}{3} \times 660 \times \frac{1}{150}\right) = 295\text{mm}^2 > 280\text{mm}^2，满足$$

弯起钢筋，因 $\frac{a}{h_0} < 0.3$，故牛腿中可不设弯起钢筋。

【例 3.10.28】 已知有吊车作用的边柱牛腿如图 3.10.19 所示，在荷载基本组合下，作用在边柱牛腿顶部的竖向力设计值 $F_v = 300\text{kN}$，作用在牛腿顶部的水平拉力设计值 $F_h = 60\text{kN}$，采用混凝土强度等级 C40，纵向受力钢筋用 HRB400 级，牛腿宽度为 400mm，$h_0 = (850-50)\text{mm} = 800\text{mm}$。应考虑安装偏差。$\gamma_0 = 1.0$。不考虑地震作用。

试问：牛腿顶部所需配置的最小纵向受力钢筋截面面积 A_s。

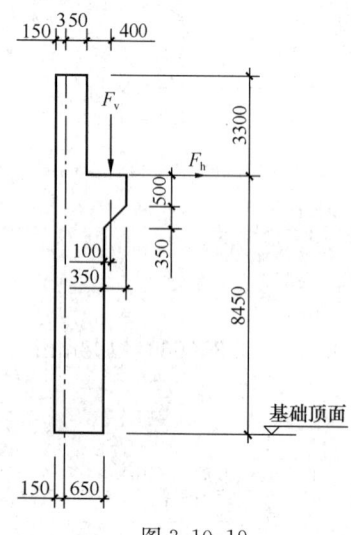

图 3.10.19

【解答】 由《混规》9.3.11 条规定

$$a = 100 + 20 = 120\text{mm} < 0.3h_0 = 0.3 \times 800 = 240\text{mm},$$
$$\text{故取 } a = 0.3h_0$$

由规范式（9.3.11）得：

$$A_s \geqslant \frac{F_v a}{0.85 f_y h_0} + \frac{1.2 F_h}{f_y}$$

$$= \frac{300 \times 10^3 \times 0.3}{0.85 \times 360} + \frac{1.2 \times 60 \times 10^3}{360}$$

$$= 294.1 + 200 = 494.1\text{mm}^2$$

验算配筋率：$\rho_{\min} = 0.45 f_t / f_y = 0.45 \times 1.71/360 = 0.214\% > 0.2\%$

$A_{s,\min} = 0.214\% bh = 0.214\% \times 400 \times 850 = 727.6\text{mm}^2$

所以取 $A_s = A_{s,\min} + 200 = 727.6 + 200 = 927.6\text{mm}^2$

【例 3.10.29】 已知支承屋面梁的柱牛腿，如图 3.10.20 所示，柱截面宽度 $b = 400\text{mm}$，竖向力作用点到下柱边缘的水平距离（已考虑安装偏差 20mm）$a = 300\text{mm}$，外边缘高 $h_1 = \dfrac{h}{3}$，牛腿底面倾斜角 $\alpha = 45°$。作用在牛腿顶部的荷载标准组合的竖向力 $F_{vk} = 500\text{kN}$，水平力 $F_{hk} = 150\text{kN}$，作用在牛腿顶部荷载基本组合的竖向力设计值 $F_v = 675\text{kN}$，水平力设计值 $F_h = 202.5\text{kN}$。混凝土强度等级采用 C30，纵向钢筋、弯起钢筋均采用 HRB400 级，箍筋采用 HPB300 级。环境类别一类，安全等级为二级。取 $a_s = 40\text{mm}$。不考虑地震作用。

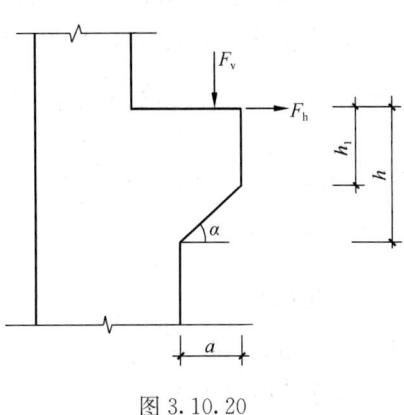

图 3.10.20

试问：
(1) 确定牛腿高度 h。
(2) 假定牛腿高度 $h = 850\text{mm}$，确定牛腿配筋。

【解答】 查规范表，$f_{tk} = 2.01\text{N/mm}^2$，$f_t = 1.43\text{N/mm}^2$，$a_s = 40\text{mm}$，$h_0 = h - a_s = (h - 40)\text{mm}$

(1) 确定牛腿高度 h

根据《混规》9.3.10 条规定，取 $\beta = 0.8$，由规范式（9.3.10）得：

$$F_{vk} = \beta \left(1 - 0.5 \frac{F_{hk}}{F_{vk}}\right) \frac{f_{tk} b h_0}{0.5 + \dfrac{a}{h_0}}$$

$$500 \times 10^3 = 0.8 \times \left(1 - 0.5 \times \frac{150 \times 10^3}{500 \times 10^3}\right) \times \frac{2.01 \times 400 \times h_0}{0.5 + \dfrac{300}{h_0}}$$

整理得： $h_0^2 - 457.3 h_0 - 274363 = 0$

$$h_0 = \frac{457.3 + \sqrt{457.3^2 + 4 \times 274363}}{2} = 800.2\text{mm}$$

$h = h_0 + a_s = 800.2 + 40 = 840.2\text{mm}$

(2) 确定牛腿配筋（已知 $h = 850\text{mm}$）

$$h_0 = h - a_s = 850 - 40 = 810 \text{mm}$$

$$a = 300 \text{mm} > 0.3h_0 = 0.3 \times 810 = 243 \text{mm}, \text{故取} a = 300 \text{mm}$$

由规范式（9.3.11）得：

$$A_s \geqslant \frac{F_v a}{0.85 f_y h_0} + \frac{1.2 F_h}{f_y} = \frac{675 \times 10^3 \times 300}{0.85 \times 360 \times 810} + \frac{1.2 \times 202.5 \times 10^3}{360}$$

$$= 817 + 675 = 1492 \text{mm}^2$$

验算纵筋配筋率，由《混规》9.3.12 条规定：

$$\rho_{\min} = 0.45 f_t / f_y = 0.45 \times 1.43 / 360 = 0.179\% < 0.2\%$$

$$A_{s,\min} = 0.2\% bh = 0.2\% \times 400 \times 850 = 680 \text{mm}^2 < 817 \text{mm}^2$$

所以 $A_s = 1492 \text{mm}^2$。

故选用 4 ⊈ 22（$A_s = 1520 \text{mm}^2$）。

确定牛腿水平箍筋 A_{sh} 和弯起钢筋

由《混规》9.3.13 条规定，牛腿上部 $\frac{2h_0}{3} = \frac{2 \times 810}{3} = 540 \text{mm}$ 范围内，水平箍筋截面面积 $A_{sh} \geqslant \frac{1}{2} \times 817 = 408.5 \text{mm}^2$，故配置 5 层双肢Φ8 箍筋，间距 $s = 100 \text{mm}$，$A_{sh} = 2 \times 50.3 \times 5 = 503 \text{mm}^2 > 408.5 \text{mm}^2$，满足。

弯起钢筋，因 $\frac{a}{h_0} = \frac{300}{810} = 0.37 > 0.3$，故弯起钢筋面积 $A_{sb} \geqslant \frac{1}{2} \times 817 = 408.5 \text{mm}^2$，且不少于 2 根，直径不应小于 12mm。

故选 2 ⊈ 18（$A_s = 509 \text{mm}^2$）。

十、预埋件及吊环

1. 直锚筋预埋件、弯折锚筋预埋件

- 复习《混规》9.7.1 条、9.7.2 条、9.7.3 条。
- 复习《混规》9.7.4 条、9.7.5 条。

需注意的是：

(1)《混规》9.7.1 条，规定了锚板厚度 t 要求，即：$t \geqslant 0.6d$。

受拉和受弯预埋件的锚板厚度 t：$t \geqslant 0.6d$；$t \geqslant \frac{b}{8}$。

(2)《混规》9.7.2 条，锚筋的抗拉强度设计值 $f_y \leqslant 300 \text{N/mm}^2$；

法向压力设计值： $N \leqslant 0.5 f_c A$，A 为锚板的面积。

规范式（9.7.2-5）： $\alpha_v = (4.0 - 0.08d)\sqrt{\frac{f_c}{f_y}} \leqslant 0.7$

(3)《混规》9.7.3 条，f_y 取值应满足：$f_y \leqslant 300 \text{N/mm}^2$。

(4)《混规》9.7.4 条，规定了锚筋的直径、根数要求。

(5) 抗震设计时，《混规》11.1.9 条作出了规定。

- 复习《混规》11.1.9 条。

【**例 3.10.30**】 承受荷载基本组合时的拉力设计值 $N=170\text{kN}$ 的直锚筋预埋件，构件的混凝土为 C25，锚筋采用 HRB400 级，钢板为 Q235 级钢，厚度 $t=10\text{mm}$。锚筋的混凝土保护层厚度为 200mm。$\gamma_0=1.0$。不考虑地震作用。

试问：
(1) 预埋件锚筋的配置。
(2) 锚筋的锚固长度。

【**解答**】 (1) 锚筋配置

根据《混规》9.7.1 条规定，$t \geqslant 0.6d$，则有：$d \leqslant \dfrac{t}{0.6} = \dfrac{10}{0.6} = 16.7\text{mm}$

故取 $d=14\text{mm}$，又由规范式 (9.7.2-6) 得：

$$\alpha_b = 0.6 + 0.25\frac{t}{d} = 0.6 + 0.25\frac{10}{14} = 0.779$$

由规范式 (9.7.2-1)、式 (9.7.2-2)，取 $f_y = 300\text{N/mm}^2$：

$$A_s \geqslant \frac{N}{0.8\alpha_b f_y} = \frac{170 \times 10^3}{0.8 \times 0.779 \times 300} = 909.3\text{mm}^2$$

故锚筋根数为：$\dfrac{909.3}{153.9} = 5.9$，取为 6 根，6 Φ 14（$A_s = 923\text{mm}^2$）。

(2) 锚筋锚固长度

根据《混规》9.7.4 条规定；按《混规》8.3.1 条、8.3.2 条规定计算：

$$l_a = \alpha \frac{f_y}{f_t}d = 0.14 \times \frac{360}{1.27} \times 14 = 556\text{mm}$$

锚筋的 $c=200\text{mm} > 5d = 5 \times 14 = 70\text{mm}$，故取 $\xi_a = 0.70$；

$$l_a = \xi_a l_{ab} = 0.70 \times 556 = 389\text{mm} > 200\text{mm}$$

故取 $l_a = 389\text{mm}$。

【**例 3.10.31**】 承受荷载基本组合的剪力设计值 $V=250\text{kN}$ 的直锚筋预埋件，构件混凝土采用 C30，锚筋为 HRB400 级，钢板为 Q235 级钢，板厚 $t=14\text{mm}$，锚筋布置为三层。$\gamma_0=1.0$。不考虑地震作用。

试问：
(1) 预埋件锚筋的配置。
(2) 锚筋的锚固长度。

【**解答**】 (1) 锚筋的配置

由《混规》9.7.1 条规定：$t \geqslant 0.6d$，则有：$d \leqslant \dfrac{t}{0.6} = \dfrac{14}{0.6} = 23.3\text{mm}$

故可取锚筋直径 $d=20\text{mm}$。

取 $f_y = 300\text{N/mm}^2$，由规范式 (9.7.2-5) 得：

$$\alpha_v = (4.0 - 0.08d)\sqrt{\frac{f_c}{f_y}} = (4.0 - 0.08 \times 20) \times \sqrt{\frac{14.3}{300}} = 0.524 < 0.7$$

锚筋布置为三层，根据《混规》9.7.2 条规定，取 $\alpha_r = 0.9$。

由规范式 (9.7.2-1) 得：

$$A_s \geqslant \frac{V}{\alpha_r \alpha_v f_y} = \frac{250 \times 10^3}{0.9 \times 0.524 \times 300} = 1767\text{mm}^2$$

故锚筋采用 6 Φ 20（$A_s=1884\text{mm}^2$），每层 2 Φ 20。

(2) 锚筋的锚固长度

根据《混规》9.7.4 条规定：

$$l_a = 15d = 15 \times 20 = 300\text{mm}$$

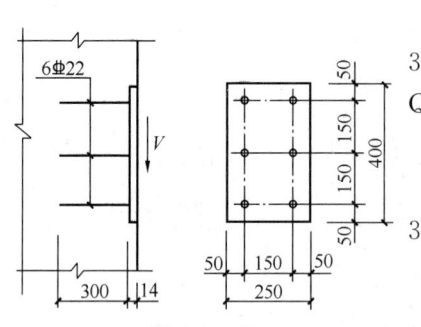

图 3.10.21

【例 3.10.32】 某预埋件仅承受剪力作用，如图 3.10.21 所示，构件的混凝土强度等级为 C25，钢板为 Q235 级钢。$\gamma_0=1.0$。不考虑地震作用。

试问：预埋件所能承受的最大剪力设计值。

【解答】 查规范表，$f_c=11.9\text{N/mm}^2$，锚筋 $f_y=300\text{N/mm}^2$

钢板厚度与锚筋直径之比 $\dfrac{t}{a}=\dfrac{14}{22}=0.64>0.6$，满足构造规定。

由《混规》式（9.7.2-5）得：

$$\alpha_v = (4.0-0.08d)\sqrt{\dfrac{f_c}{f_y}} = (4.0-0.08\times22)\sqrt{\dfrac{11.9}{300}} = 0.446 < 0.7$$

锚筋布置为三层，故取 $\alpha_r=0.9$。

由规范式（9.7.2-1）得：

$$V \leqslant A_s\alpha_r\alpha_v f_y = 2281\times0.9\times0.446\times300 = 274.7\text{kN}$$

所以预埋件所能承受的最大剪力设计值为 274.7kN。

【例 3.10.33】 钢筋混凝土梁底有锚板和对称配置的直锚筋所组成的受力预埋件，如图 3.10.22 所示。构件安全等级均为二级，混凝土强度等级为 C35，直锚筋为 6 Φ 16（HRB400 级），已采取防止锚板弯曲变形的措施。所承受的荷载 F 作用点位于锚板表面中心，力的作用方向如图所示。当不考虑地震组合时，该预埋件可以承受的最大拉力设计值 $F_{\max}$（kN）与下列何项数值最为接近？

提示：预埋件承载力由锚筋面积措施。

(A) 170　　　　(B) 180　　　　(C) 190　　　　(D) 200

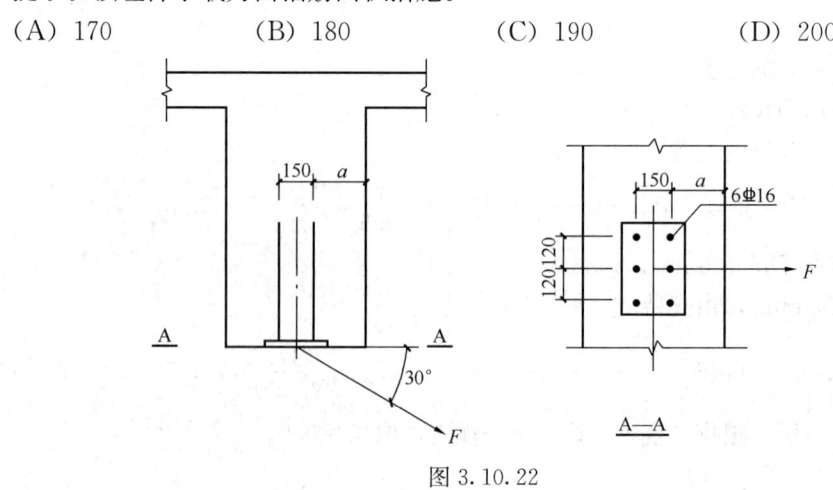

图 3.10.22

【解答】 根据《混规》9.7.2 条：

由图示知，$V=\frac{\sqrt{3}}{2}F$，$N=\frac{1}{2}F$，$M=0$

$f_y=300\text{N/mm}^2$，$\alpha_v=(4.0-0.08\alpha)\sqrt{\frac{f_c}{f_y}}=(4-0.08\times16)\times\sqrt{\frac{16.7}{300}}=0.64<0.7$

由规范式（9.7.2-1）：

$$\frac{\frac{\sqrt{3}}{2}F}{1\times0.64\times300}+\frac{\frac{1}{2}F}{0.8\times1\times300}\leqslant6\times201$$

解之得： $F\leqslant183000\text{N}=183\text{kN}$

所以应选（B）项。

【**例 3.10.34**】 如图 3.10.23 所示，某承受剪力的预埋件由对称配置的弯折锚筋与直锚筋构成，承受荷载基本组合的剪力设计值 $V=205\text{kN}$，直锚筋直径 $d=10\text{mm}$，配置 4 根，弯折锚筋与预埋钢板板面间的夹角 $\alpha=25°$，$b_1=b=100\text{mm}$，$b_2=100\text{mm}$。构件混凝土为 C30，钢板 Q235 级，厚度 $t=10\text{mm}$，直锚筋与弯折锚筋均采用 HRB400 级。$\gamma_0=1.0$。不考虑地震作用。

试问：(1) 确定弯折锚筋的配置。

(2) 确定弯折锚筋的锚固长度。

【**解答**】 查规范表，$f_c=14.3\text{N/mm}^2$，锚筋 $f_y=300\text{N/mm}^2$

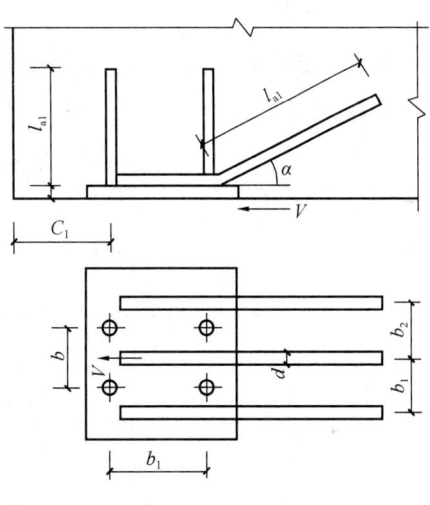

图 3.10.23

锚板厚度与锚筋直径之比 $\frac{t}{\alpha}=\frac{10}{10}=1>0.6$，满足。

(1) 弯折锚筋的配置

由规范式（9.7.2-5）得：

$$\alpha_v=(4-0.08d)\sqrt{\frac{f_c}{f_y}}=(4-0.08\times10)\sqrt{\frac{14.3}{300}}$$
$$=0.699<0.7$$

故取 $\alpha_v=0.699$。

由规范式（9.7.3）得：

$$A_{sb}=1.4\frac{V}{f_y}-1.25\alpha_vA_s$$
$$=\frac{1.4\times205\times10^3}{300}-1.25\times0.699\times314=682\text{mm}^2$$

故选 3 ⏀ 18（$A_s=763\text{mm}^2$）。

(2) 弯折锚固长度

由《混规》9.7.4 条规定：

$$l_a=\alpha\frac{f_y}{f_t}d=0.14\times\frac{360}{1.43}\times18=634\text{mm}$$

2. 吊环

● 复习《混规》9.7.6条、9.7.7条。

【例3.10.35】 已知预制板重58.5kN,设置4个吊环,吊环采用HPB300级钢筋。试问：吊环选用的钢筋直径。

【解答】 根据《混规》9.7.6条,4个吊环按3个进行计算：

$$A_s \geqslant \frac{F}{2 \times 65 \times 3} = \frac{58.5 \times 10^3}{2 \times 65 \times 3} = 150 \mathrm{mm}^2$$

故选HPB300级钢筋,其直径为14mm（$A_s = 153.9 \mathrm{mm}^2$）。

十一、总结

非抗震设计时,钢筋混凝土构件配筋的构造规定如下：
1. 梁的配筋（表3.10.1和表3.10.2）

非抗震设计梁纵向受力钢筋的构造措施　　　　　　　　　　　　表3.10.1

项　目	非框架梁、框架梁
	《混规》
最大配筋率	单筋梁：$\rho_{max} = \xi_b \alpha_1 f_c / f_y$；　框架梁：——
最小配筋率	8.5.1条：$\rho_{min} = \max(0.20, 45 f_t / f_{yv})\%$
纵筋直径（d）	9.2.1条：$h \geqslant 300$, $d \geqslant 10$；$h < 300$, $d \geqslant 8$
纵筋水平净间距（h）	顶筋 $h \geqslant \max(30, 1.5 d_{最大})$；底筋 $h \geqslant \max(25, d_{最大})$ 底筋>2层,其2层以上纵筋中距比下面2层纵筋中距增大1倍
纵筋竖向净间距（v）	各层纵筋 $v \geqslant \max(25, d_{最大})$
框架顶层端节点梁顶纵筋面积	9.3.8条：满足式（9.3.8）

注：1. 梁纵向受力钢筋的最小配筋率,取bh计算；其最大配筋率,取bh_0计算。
　　2. $d_{最大}$是指纵向受力钢筋的最大直径。

非抗震设计梁箍筋和纵向构造钢筋（腰筋）的构造措施　　　　　表3.10.2

项　目	非框架梁、框架梁
	《混规》
箍筋最小直径（ϕ）	9.2.9条：$h > 800$, $\phi \geqslant 8$；$h \leqslant 800$, $\phi \geqslant 6$；配置计算需要的纵向受压钢筋,$\phi \geqslant d_{最大}/4$； 8.4.6条：受力钢筋搭接长度范围内,$\phi \geqslant d_{最大}/4$, $s \leqslant 5 d_{最小}$
箍筋最大间距（s）	9.2.9条、表9.2.9 配置计算需要的纵向受压钢筋时： 1) $s \leqslant \min(15 d_{最小}, 400)$； 2) 一层内纵向受压钢筋>5根且直径>18时,$s \leqslant 10 d_{最小}$
箍筋肢距	配置计算需要的纵向受压钢筋时,9.2.9条第4款

续表

项 目	非框架梁、框架梁
	《混规》
箍筋的面积配筋率	9.2.9条：当$V>0.7f_tbh_0$时，$\rho_{sv}=A_{sv}/(bs)\geq 0.24f_t/f_{yv}$
腰筋	9.2.13条：$h_w\geq 450$时，每侧腰筋面积$\geq 0.1\%bh_w$

注：1. $d_{最大}$和$d_{最小}$分别是指纵向受力钢筋的最大直径、最小直径。
  2. h_w是指梁腹板高度，按《混规》6.3.1条采用。

2. 柱的配筋（表3.10.3）

非抗震设计柱纵向受力钢筋和箍筋的构造措施　　　表3.10.3

项 目	非框架柱、框架柱
	《混规》
最大配筋率	9.3.1条：$\rho_{全}$不宜大于5%
最小配筋率	8.5.1条：表8.5.1 $\rho_{侧}$，不应小于0.2%
纵筋直径	9.3.1条：$d_{纵}\geq 12$
纵筋间距	9.3.1条：纵筋间距≤ 300；纵筋净间距≥ 50
箍筋最大间距 （s）	9.3.2条： $s\leq \min(400,b_c,15d_{最小})$； $\rho_{全}>3\%$时，$s\leq \min(200,10d_{最小})$
箍筋最小直径 （ϕ）	9.3.2条： $\phi\geq \max(6,d_{最大}/4)$ $\rho_{全}>3\%$时，$\phi\geq 8$
箍筋肢距	9.3.2条：$b_c>400$且各边纵筋多余3根，应设置复合箍筋

注：b_c是指柱截面的短边尺寸；$d_{最大}$和$d_{最小}$分别是指纵向钢筋的最大直径、最小直径。

3. 剪力墙的配筋

$\begin{cases}①水平、竖向分布钢筋：\begin{cases}最小配筋率，\rho_{sh}（或\rho_{sv}）\geq 0.2\%；（《混规》9.4.4条）\\直径、间距规定；（《混规》9.4.4条）\end{cases}\\②连梁的配筋；（《混规》9.4.7条）\end{cases}$

4. 弯剪扭构件

$\begin{cases}①抗扭纵筋最小配筋率：\rho_{tl}=\dfrac{A_{stl}}{bh}\geq 0.6\sqrt{\dfrac{T}{Vb}}\dfrac{f_t}{f_y}；（《混规》9.2.5条）\\②抗弯纵筋最小配筋率：\rho\geq \max(0.2\%,0.45f_t/f_y)；（《混规》8.5.1条）\\③箍筋配箍率：\rho_{sv}=\dfrac{A_{sv}}{bs}\geq 0.28\dfrac{f_t}{f_y}；（《混规》9.2.10条）\\④箍筋的间距：满足表9.2.9；（《混规》9.2.10条）\\⑤抗扭纵筋的间距：$s\leq 200$mm、梁的短边长度；（《混规》9.2.5条）\end{cases}$

第十一节 素混凝土结构构件

一、一般规定和受压构件

- 复习《混规》附录 D.1.1~D.1.4 条（一般规定）。
- 复习《混规》附录 D.2.1~D.2.3 条（受压构件）。

需注意的是：
(1)《混规》附录表 D.2.1 中注的规定，即 l_0/b 时，b 的取值规定。
(2)《混规》附录 D.2.3 条，轴心受压验算时，应考虑稳定系数 φ。

【例 3.11.1】 某钢筋混凝土结构中间楼层的剪力墙墙肢未配置钢筋，其几何尺寸如图 3.11.1 所示，楼层层高为 3600mm，取计算高度 $l_0=3600$mm，该墙肢采用 C30 混凝土，承受荷载基本组合的轴向压力设计值 $N=2400$kN，沿墙肢长边方向的弯矩设计值 $M=720$kN·m。环境类别一类，结构安全等级二级。不考虑地震作用。

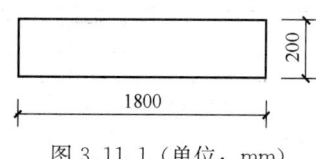

图 3.11.1（单位：mm）

试问：
(1) 验算该墙肢偏心受压承载力是否满足。
(2) 验算该墙肢轴心受压承载力是否满足。

【解答】 (1) 根据《混规》附录 D.2.1 条：
由附表 D.2.1 注的规定，弯矩作用平面内，$l_0/b=3600/1800=2$
查规范附录表 D.2.1，取 $\varphi=1.0$。

$$e_0=\frac{M}{N}=\frac{720}{2400}=0.3\text{m}=300\text{mm}<0.9y_0'=0.9\times\frac{h}{2}=0.9\times\frac{1800}{2}=810\text{mm}$$

故满足要求。矩形截面，由规范式（D.2.1-4）：

$$f_{cc}=0.85f_c=0.85\times14.3=12.155\text{N/mm}^2$$

$$N_u=\varphi f_{cc}b(h-2e_0)=1.0\times12.155\times200\times(1800-2\times300)$$
$$=2917.2\text{kN}>N=2400\text{kN，满足}$$

(2) 轴心受压验算，根据《混规》D.2.3 条规定：

$$l_0/b=3600/200=18$$

查附表 D.2.1，取 $\varphi=0.68$

$$N_u=\varphi f_{cc}bh=0.68\times12.155\times200\times1800$$
$$=2975.5\text{kN}>N=2400\text{kN，满足}$$

【例 3.11.2】 某钢筋混凝土结构中间楼层的剪力墙墙肢，几何尺寸及配筋如图 3.11.2 所示，混凝土强度等级为 C25，钢筋均采用 HRB335 级。在荷载基本组合下，作用在该墙肢上的轴向压力设计值 $N_w=$

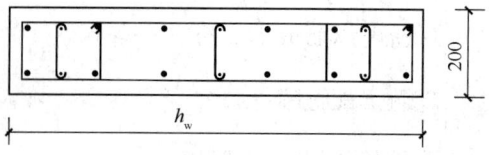

图 3.11.2

3420kN，计算高度$l_0=3200$mm。$\gamma_0=1.0$。不考虑地震作用。当该墙肢平面外轴心受压按素混凝土构件计算时，该墙肢长度h_w（mm），其最小值与下列何项数值最为接近？

(A) 2100 　　　　(B) 2400 　　　　(C) 2700 　　　　(D) 2900

【解答】 根据《混规》附录 D.2.3 规定：

由附录表 D.2.1 注的规定，$l_0/b=3200/200=16$

查规范附录表 D.2.1，取$\varphi=0.72$。

$f_{cc}=0.85\times 11.9=10.115\text{N/mm}^2$

$N_u=\varphi f_{cc}bh=0.72\times 10.115\times 200\times h_w \geqslant N_w=3420\times 10^3$

解之得： $h_w=2348$mm

所以应取$h_w=2400$mm，应选（B）项。

思考：若已知剪力墙墙肢$h_w=2700$mm，其他条件均不变，试确定墙肢平面外轴心受压承载力值与轴向压力设计值的比值。

此时，$N_u=\varphi f_{cc}bh=0.72\times 10.115\times 200\times 2700=3932.712$kN

$$\frac{N_u}{N_w}=\frac{3932.712}{3420}=1.15$$

二、受弯构件和局部受压构件

- 复习《混规》附录 D.3.1 条。（受弯构件）
- 复习《混规》附录 D.4.1 条。（局部构造钢筋）
- 复习《混规》附录 D.5.1 条。（局部受压）

需注意的是：

(1)《混规》D.5.1 条中，荷载分布的影响系数w的取值。

(2)《混规》D.5.1 条中，β_l的计算，按规范 6.6.1 条式（6.6.1-2）计算，即：

$$\beta_l=\sqrt{\frac{A_b}{A_l}}$$

其中，A_b的计算规定，按《混规》6.6.2 条规定，即按同心、对称原则确定，见《混规》图 6.6.2。

【例 3.11.3】 某柱下条形基础，基础混凝土采用 C20，柱子混凝土采用 C35，柱子截面尺寸如图 3.11.3 所示，柱子承受荷载基本组合的轴向压力设计值$F_l=2500$kN。$\gamma_0=1.0$。不考虑地震作用。

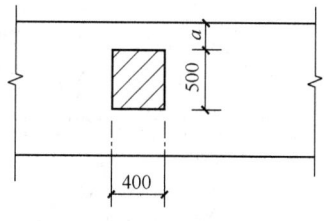

图 3.11.3

试问：

(1) 当$a=200$mm 时，验算柱子与基础交接处的局部受压承载力是否满足。

(2) 当$a=0$时，验算柱子与基础交接处的局部受压承载力是否满足。

【解答】 (1) 当$a=200$mm 时，根据《混规》附录 D.5.1 条规定：

$f_{cc}=0.85f_c=0.85\times 9.6=8.16\text{N/mm}^2$；取$w=1.0$

由《混规》6.6.1条、6.6.2条，按同心、对称原则计算A_b：
$$A_b = (400+400+400) \times (200+500+200) = 1200 \times 900$$
$$\beta_l = \sqrt{\frac{A_b}{A_l}} = \sqrt{\frac{1200 \times 900}{400 \times 500}} = 2.324$$
$$F_l = 2500\text{kN} < \omega\beta_l f_{cc} A_l = 1.0 \times 2.324 \times 8.16 \times 400 \times 500 = 3792.8\text{kN}$$
故满足要求。

(2) 当$a=0$时，根据《混规》附录D.5.1条规定：
$$f_{cc} = 0.85 f_c = 8.16\text{N/mm}^2；取 \omega = 1.0$$
由《混规》6.6.1条、6.6.2条规定：
$$A_b = (400+400+400) \times 500 = 1200 \times 500$$
$$\beta_l = \sqrt{\frac{A_b}{A_l}} = \sqrt{\frac{1200 \times 500}{400 \times 500}} = 1.732$$
$$F_l = 2500\text{kN} < \omega\beta_l f_{cc} A_l = 1.0 \times 1.732 \times 8.16 \times 400 \times 500 = 2826.6\text{kN}$$
故满足要求。

【例3.11.4】 某柱下钢筋混凝土条形基础，其平面布置如图3.11.4所示，方柱截面尺寸为$b \times h = 400\text{mm} \times 400\text{mm}$，圆柱直径$D = 400\text{mm}$。基础混凝土采用C20，柱子混凝土采用C30。条形基础顶部未配置间接钢筋。$\gamma_0 = 1.0$。不考虑地震作用。

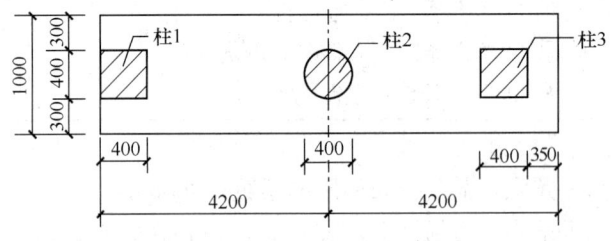

图3.11.4

试问：柱1、柱2、柱3与基础交接处的局部受压承载力设计值（kN），与下列何项数值最为接近？

(A) $N_{u1} = 2060$；$N_{u2} = 3100$；$N_{u3} = 3500$

(B) $N_{u1} = 3000$；$N_{u2} = 3100$；$N_{u3} = 3500$

(C) $N_{u1} = 2060$；$N_{u2} = 2600$；$N_{u3} = 3400$

(D) $N_{u1} = 3000$；$N_{u2} = 2600$；$N_{u3} = 3400$

【解答】 根据《混规》附录D.5.1条规定：
$$f_{cc} = 0.85 f_c = 0.85 \times 9.6 = 8.16\text{N/mm}^2，\omega = 1.0$$
根据《混规》6.6.1条和6.6.2条，计算β_l，则：

柱1： $A_b = (300+400+300) \times 400 = 1000 \times 400$
$$\beta_l = \sqrt{\frac{A_b}{A_l}} = \sqrt{\frac{1000 \times 400}{400 \times 400}} = 1.581$$
$$N_{u1} = \omega\beta_l f_{cc} A_l = 1.0 \times 1.581 \times 8.16 \times 400 \times 400 = 2064.2\text{kN}$$

柱2：因为$3d = 3 \times 400 = 1200\text{mm} > 1000\text{mm}$，故取$D = 1000\text{mm}$计算$A_b$

$$A_b = \frac{\pi}{4} \times 1000^2$$

$$\beta_l = \sqrt{\frac{A_b}{A_l}} = \sqrt{\frac{\pi/4 \times 1000^2}{\pi/4 \times 400^2}} = 2.5$$

$$N_{u2} = \omega \beta_l f_{cc} A_l = 1.0 \times 2.5 \times 8.16 \times \frac{\pi}{4} \times 400^2 = 2562.24 \text{kN}$$

柱3：
$$A_b = (350+400+350) \times (300+400+300) = 1100 \times 1000$$

$$\beta_l = \sqrt{\frac{A_b}{A_l}} = \sqrt{\frac{1100 \times 1000}{400 \times 400}} = 2.622$$

$$N_{u3} = \omega \beta_l f_{cc} A_l = 1.0 \times 2.622 \times 8.16 \times 400 \times 400 = 3423.3 \text{kN}$$

所以应选（C）项。

【例3.11.5】 某室内建筑景观采用一片素混凝土墙，墙高 $H=1.5\text{m}$，墙顶钢筋混凝土梁产生轴向压力设计值 N，采用C25混凝土，如图3.11.5所示，$e_0=400\text{mm}$。已知C25的 $f_c=11.9\text{N/mm}^2$，$f_t=1.27\text{N/mm}^2$。$\gamma_0=1.0$。不考虑地震作用。

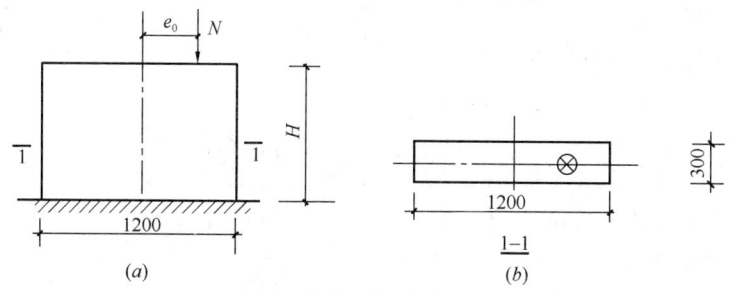

图3.11.5

试问：
(1) 假定，该墙允许开裂，该墙的受压承载力设计值（kN），与下列何项最接近？
(A) 1150　　　　(B) 1215　　　　(C) 1350　　　　(D) 1430
(2) 假定，该墙不允许开裂，该墙的受压承载力设计值（kN），与下列何项最接近？
(A) 310　　　　(B) 360　　　　(C) 450　　　　(D) 490
(3) 假定，荷载基本组合的轴向压力设计值 $N=280\text{kN}$，$e_0=300\text{mm}$，试问，该墙的混凝土最大拉应力 σ_{ct}（N/mm²），与下列何项最接近？
(A) 0.55　　　　(B) 0.50　　　　(C) 0.45　　　　(D) 0.40

【解答】(1) 根据《混规》附录D.1.3条：
$$l_0 = 2H = 2 \times 1.5 = 3\text{m}$$

《混规》D.2.1条：
$$f_{cc} = 0.85 \times 11.9$$

$l_0/b = 3000/1200 = 2.5$，查表D.2.1，取 $\varphi = 1.0$。
$$N_u = \varphi f_{cc} b(h - 2e_0) = 1 \times 0.85 \times 11.9 \times 300 \times (1200 - 2 \times 400) = 1213.8 \text{kN}$$

由《混规》D.2.3条：
$l_0/b = 3000/300 = 10$，查表D.2.1，取 $\varphi = 0.86$。
$$N_u = \varphi f_{cc} bh = 0.86 \times 0.85 \times 11.9 \times 300 \times 1200 = 3131.6 \text{kN}$$

取上述小值，$N_u = 1213.8 \text{kN}$

应选（B）项。

(2) 根据《混规》D.2.2 条：

$$e_0 = 400\text{mm} > 0.45 g'_0 = 0.45 \times 600 = 270\text{mm}$$
$$f_{ct} = 0.55 \times 1.27$$

$l_0/b = 3000/1200 = 2.5$，取 $\varphi = 1.0$

由《混规》7.2.4 条：

$$r = \left(0.7 + \frac{120}{1200}\right) \times 1.55 = 1.24$$

$$N_u = 1.0 \times \frac{1.24 \times 0.55 \times 1.27 \times 300 \times 1200}{\frac{6 \times 400}{1200} - 1} = 311.8 \text{kN}$$

由《混规》D.2.3 条：

由（1）可知，$N_u = 3131.6 \text{kN}$

取上述小值，$N_u = 311.8 \text{kN}$

应选（A）项。

(3) 根据《混规》D.2.2 条：

$l_0/b = 3000/1200 = 2.5$，取 $\varphi = 1.0$。

$$\sigma_{ct} = \frac{N}{\varphi b h}\left(\frac{6e_0}{h} - 1\right) = \frac{280 \times 10^3}{1 \times 300 \times 1200} \times \left(\frac{6 \times 300}{1200} - 1\right)$$
$$= 0.389 \text{N/mm}^2$$

应选（D）项。

（另：$\sigma_{ct} \leqslant \gamma f_{ct} = 1.24 \times 0.55 \times 1.27 = 0.866 \text{N/mm}^2$）

第十二节　正常使用极限状态验算

一、正常使用极限状态验算规定

- 复习《混通规》2.0.8 条。
- 复习《混规》3.4.1 条、3.4.2 条、3.4.3 条、3.4.4 条、3.4.5 条。

需注意的是：

(1)《混规》3.4.3 条中注 1、2、3、4 的规定。

对于悬臂构件，假定其实际悬挑跨度为 3m，则查《混规》表 3.4.3 时，取计算跨度 $l_0 = 2 \times 3 = 6\text{m}$，"构件类型"栏中应按"当 $l_0 < 7\text{m}$ 时"，再查其相对应的"挠度限值"，$\frac{l_0}{200} = \frac{6000}{200} = 30\text{mm}$。

(2)《混规》3.4.5 条中注 1、2、3、4、7 的规定。

二、裂缝控制验算

1. 裂缝控制验算的基本规定

> ● 复习《混规》7.1.1 条、7.1.5 条。

需注意的是：
(1)《混规》7.1.1 条中，钢筋混凝土构件的裂缝宽度计算按荷载准永久组合并考虑长期作用影响的效应计算。

(2)《混规》7.1.1 条中，预应力混凝土构件的裂缝宽度计算按荷载标准组合并考虑长期作用影响的效应计算。此外，二 a 类的预应力混凝土构件，其受拉边缘应力计算，按荷载准永久组合进行计算。

【例 3.12.1】 为减小 T 形截面钢筋混凝土受弯构件跨中的最大受力裂缝计算宽度，拟考虑采取如下措施：

Ⅰ．加大截面高度（配筋面积保持不变）；
Ⅱ．加大纵向受拉钢筋直径（配筋面积保持不变）；
Ⅲ．增加受力钢筋保护层厚度（保护层内不配置钢筋网片）；
Ⅳ．增加纵向受拉钢筋根数（加大配筋面积）。

试问：针对上述措施正确性的判断，下列何项正确？
(A) Ⅰ、Ⅳ正确；Ⅱ、Ⅲ错误　　(B) Ⅰ、Ⅱ正确；Ⅲ、Ⅳ错误
(C) Ⅰ、Ⅲ、Ⅳ正确；Ⅱ错误　　(D) Ⅰ、Ⅱ、Ⅲ、Ⅳ正确

【答案】 根据《混规》7.1.2 条及其公式进行判断：
Ⅰ正确，加大截面高度，可降低 σ_s，从而可减少 w_{max}。
Ⅳ正确，增加纵向受拉钢筋数量，可提高 A_s，从而可减少 w_{max}。
其余措施均不能减少 w_{max}。
故应选 (A) 项。

【例 3.12.2】 某后张法预应力混凝土屋架下弦杆，其截面尺寸为 240mm×180mm，其截面中二个孔道的直径为 45mm。预应力筋采用 2 束消除应力钢丝，每束为 6ϕ^H9（A_{p1}=381.5mm²），非预应力钢筋为 HPB300 级钢筋 4ϕ10（A_s=314mm²）；混凝土强度等级为 C40 级。

已知荷载标准组合的轴心拉力 N_k=650kN，荷载准永久组合的轴心拉力 N_q=500kN。张拉控制应力 σ_{con}=0.65f_{ptk}=0.65×1470=955.5N/mm²；预应力总损失 $\sigma_l = \sigma_{lⅠ} + \sigma_{lⅡ}$ = 285.61N/mm²。环境类别为一类，安全等级为二级。

试问：
(1) 确定该构件裂缝控制等级。
(2) 抗裂验算。

【解答】 (1) 裂缝控制等级
根据《混规》表 3.4.5 及注 3 的规定，该构件应按二级裂缝控制等级进行验算。
(2) 抗裂验算
1) 确定截面几何特征
查规范表，f_c=19.1N/mm²，f_t=1.71N/mm²，f_{tk}=2.39N/mm²，E_c=3.25×10⁴N/mm²。
预应力筋弹性模量 E_s=2.05×10⁵N/mm²

非预应力钢筋弹性模量 $E_s=2.10\times10^5\text{N/mm}^2$

$$\alpha_{E1}=\frac{E_s}{E_c}=\frac{2.05\times10^5}{3.25\times10^4}=6.31$$

$$\alpha_{E2}=\frac{E_s}{E_c}=\frac{2.10\times10^5}{3.25\times10^4}=6.46$$

净截面面积 $A_n = 240\times180-2\times\dfrac{\pi\times45^2}{4}-A_s+\alpha_E A_s$

$\qquad\qquad\quad =240\times180-2\times\dfrac{\pi\times45^2}{4}-314+6.46\times314=41735\text{mm}^2$

换算截面面积 $A_0=A_n+\alpha_{E1}A_p=41735+6.31\times763=46550\text{mm}^2$

2) 计算混凝土预压应力 σ_{pc}

由规范式（10.1.6-4）得：

$$\sigma_{pc}=\frac{N_p}{A_n}=\frac{(\sigma_{con}-\sigma_l)A_p}{A_n}=\frac{(955.5-285.61)\times763}{41735}=12.25\text{N/mm}^2$$

3) 计算荷载在截面中产生的拉应力

由规范式（7.1.5-1）得：

$$\sigma_{ck}=\frac{N_k}{A_0}=\frac{650\times10^3}{46550}=13.96\text{N/mm}^2$$

由规范式（7.1.5-2）得：

$$\sigma_{cq}=\frac{N_q}{A_0}=\frac{500\times10^3}{46550}=10.74\text{N/mm}^2$$

4) 抗裂验算

由规范式（7.1.1-2）得：

$\sigma_{ck}-\sigma_{pc}=13.96-12.25=1.71\text{N/mm}^2<f_{tk}=2.39\text{N/mm}^2$，满足要求。

思考：假定环境类别为二 a 类，则根据《混规》7.1.1 条第 3 款规定：

$\sigma_{cq}-\sigma_{pc}=10.74-12.25=-1.51\text{N/mm}^2<0$，满足要求。

2. 钢筋混凝土结构构件的裂缝验算

- 复习《混规》7.1.2 条、7.1.3 条、7.1.4 条。

需注意的是：

(1)《混规》7.1.2 条中，规范式（7.1.2-1）中相关参数取值：

$$c_s{}^{\geq20}_{\leq65}；\quad \psi^{\geq0.2}_{\leq1}；\quad \rho_{te}\geq0.01$$

轴心受拉构件：$A_{te}=bh$（矩形）

受弯、偏心受压、偏心受拉构件：$A_{te}=0.5bh+(b_f-b)h_f$（b_f、h_f 为受拉翼缘的宽度、高度）

(2)《混规》7.1.2 条注 1、2、3 的规定。

(3)《混规》7.1.4 条中，轴心受拉构件即规范式（7.1.4-1）中 A_s 取全部纵筋截面面积；偏心受拉构件即规范式（7.1.4-2）中 A_s 取受拉较大边的纵向钢筋截面面积。

规范式（7.1.4-7）：$\gamma'_f=\dfrac{(b'_f-b)h'_f}{bh}$；当为矩形截面时，$\gamma'_f=0$；

当 $h'_f>0.2h_0$ 时，取 $h'_f=0.2h_0$

规范式（7.1.4-8）：$\eta_s=1+\dfrac{1}{4000e_0/h_0}\left(\dfrac{l_0}{h}\right)^2$；当 $l_0/h\leqslant 14$ 时，取 $\eta_s=1.0$。

【例 3.12.3】 某钢筋混凝土空腹屋架下弦的截面尺寸 $b\times h=220\mathrm{mm}\times 140\mathrm{mm}$，混凝土强度等级为 C30，钢筋为 HRB400 级，配置 6⌀20 钢筋，箍筋为 HPB300 级，并且其直径为 8mm。按荷载准永久组合计算的轴拉力 $N_q=250\mathrm{kN}$，环境类别为一类。$\gamma_0=1.0$。

试问：确定最大裂缝宽度。

【解答】 查规范表，$f_{tk}=2.01\mathrm{N/mm^2}$，$E_s=2.0\times 10^5\mathrm{N/mm^2}$

环境一类，C30 的梁，查《混规》表 8.2.1 知，箍筋的混凝土保护层厚度 $c=20\mathrm{mm}$，纵筋的 $c=28\mathrm{mm}$。

由规范式（7.1.4-1）得：
$$\sigma_{sq}=\dfrac{N_q}{A_s}=\dfrac{250\times 10^3}{1884}=132.7\mathrm{N/mm^2}$$

由规范式（7.1.2-2）求 ψ：
$$\rho_{te}=\dfrac{A_s}{A_{te}}=\dfrac{A_s}{bh}=\dfrac{1884}{220\times 140}=0.061>0.01$$

$$\psi=1.1-0.65\dfrac{f_{tk}}{\rho_{te}\sigma_{sq}}=1.1-\dfrac{0.65\times 2.01}{0.061\times 132.7}=0.939\begin{smallmatrix}\leqslant 1.0\\ \geqslant 0.2\end{smallmatrix}$$

由规范式（7.1.2-1）求 $w_{\max}$：
$$d_{eq}=\dfrac{\sum n_i d_i^2}{\sum n_i \nu_i d_i}=\dfrac{d_i}{\nu_i}=\dfrac{20}{1.0}=20\mathrm{mm}；查《混规》表 7.1.2-1，取 \alpha_{cr}=2.7$$

$$w_{\max}=\alpha_{cr}\psi\dfrac{\sigma_{sq}}{E_s}\left(1.9c_s+0.08\dfrac{d_{eq}}{\rho_{te}}\right)$$

$$=2.7\times 0.939\times\dfrac{132.7}{2.0\times 10^5}\times\left(1.9\times 28+\dfrac{0.08\times 20}{0.061}\right)$$

$$=0.134\mathrm{mm}$$

查《混规》表 3.4.5 注 2 的规定，一类环境，钢筋混凝土屋架的最大裂缝宽度值为 0.2mm，则 $w_{\max}=0.134\mathrm{mm}<0.2\mathrm{mm}$，满足要求。

【例 3.12.4】 15m 跨钢筋混凝土空腹屋架下弦的截面尺寸 $b\times h=220\mathrm{mm}\times 200\mathrm{mm}$，混凝土强度等级为 C40，对称配置 HRB400 级钢筋 6⌀20，纵向受力钢筋的混凝土保护层厚度 $c=30\mathrm{mm}$，按荷载准永久组合计算的轴向拉力 $N_q=140\mathrm{kN}$ 和弯矩 $M_q=3.36\mathrm{kN\cdot m}$。室内正常环境。$\gamma_0=1.0$。

试问：确定最大裂缝宽度。

【解答】 查规范表：$f_{tk}=2.39\mathrm{N/mm^2}$，$E_s=2.0\times 10^5\mathrm{N/mm^2}$

（1）确定 σ_{sk}
$$a_s'=a_s=c+\dfrac{d}{2}=30+\dfrac{20}{2}=40\mathrm{mm}，h_0=h-a_s=200-40=160\mathrm{mm}$$

$$e_0=\dfrac{M_q}{N_q}=\dfrac{3.36\times 10^6}{140\times 10^3}=24\mathrm{mm}$$

$$e'=e_0+\dfrac{h}{2}-a_s'=24+\dfrac{200}{2}-40=84\mathrm{mm}$$

由规范式（7.1.4-2）得：
$$\sigma_{sq}=\dfrac{N_q e'}{A_s(h_0-a_s')}=\dfrac{140\times 10^3\times 84}{942\times(160-40)}=104.0\mathrm{N/mm^2}$$

(2) 确定 ψ

受弯构件，矩形截面，取 $A_{te}=0.5bh$

$$\rho_{te}=\frac{A_s}{0.5bh}=\frac{942}{0.5\times 220\times 200}=0.0428>0.01$$

由规范式（7.1.2-2）得：

$$\psi=1.1-0.65\frac{f_{tk}}{\rho_{te}\sigma_{sq}}=1.1-\frac{0.65\times 2.39}{0.0428\times 104}=0.751\genfrac{}{}{0pt}{}{\leqslant 1.0}{\geqslant 0.2}$$

(3) 确定 w_{max}

$$d_{eq}=\frac{d_i}{\nu_i}=\frac{20}{1.0}=20\text{mm};\alpha_{cr}=2.4(查《混规》表 7.1.2-1)$$

由规范式（7.1.2-1）得：

$$w_{max}=\alpha_{cr}\psi\frac{\sigma_{sq}}{E_s}\left(1.9c_s+0.08\frac{d_{eq}}{\rho_{te}}\right)$$

$$=2.4\times 0.751\times\frac{104}{2.0\times 10^5}\times\left(1.9\times 30+\frac{0.08\times 20}{0.0428}\right)$$

$$=0.088\text{mm}$$

根据《混规》3.4.5 条注 2 的规定，一类环境，钢筋混凝土屋架的最大裂缝宽度值为 0.2mm，则 $w_{max}=0.088<0.2$mm，故满足。

【**例 3.12.5**】 某钢筋混凝土 T 形截面简支梁，安全等级为二级，混凝土强度等级为 C25，截面尺寸如图 3.12.1 所示。假定该梁底部配有 HRB400 级钢筋 4Φ22 纵向受拉钢筋，按荷载准永久组合计算的跨中截面纵向钢筋应力 $\sigma_{sq}=268\text{N/mm}^2$。

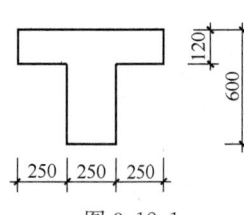

图 3.12.1

已知钢筋截面面积 $A_s=1520\text{mm}^2$，$E_s=2.0\times 10^5\text{N/mm}^2$，$f_{tk}=1.78\text{N/mm}^2$，纵向受拉钢筋保护层厚度 $c=25\text{mm}$。

试问：该梁在荷载准永久组合并考虑长期使用影响下的裂缝最大宽度 w_{max} 为多少？

【**解答**】 (1) 确定 ψ

$$\rho_{te}=\frac{A_s}{0.5bh}=\frac{1520}{0.5\times 250\times 600}=0.0203>0.01$$

由规范式（7.1.2-2）得：

$$\psi=1.1-0.65\frac{f_{tk}}{\rho_{te}\sigma_{sq}}=1.1-\frac{0.65\times 1.78}{0.0203\times 268}=0.887\genfrac{}{}{0pt}{}{\leqslant 1.0}{\geqslant 0.2}$$

(2) 确定 w_{max}

$$d_{eq}=\frac{d_i}{\nu_i}=\frac{22}{1.0}=22;\alpha_{cr}=1.9(查《混规》表 7.1.2-1)$$

由规范式（7.1.2-1）得：

$$w_{max}=\alpha_{cr}\psi\frac{\sigma_{sq}}{E_s}\left(1.9c_s+0.08\frac{d_{eq}}{\rho_{te}}\right)$$

$$=1.9\times 0.887\times\frac{268}{2.0\times 10^5}\times\left(1.9\times 25+\frac{0.08\times 22}{0.0203}\right)$$

$$=0.303\text{mm}$$

思考：假定，该 T 形梁为吊车梁，其他条件不变。试确定其最大裂缝宽度。

此时，根据《混规》7.1.2 条，取 $\psi=1.0$，则：

$$w_{max}=1.9\times1.0\times\frac{268}{2\times10^5}\times\left(1.9\times25+\frac{0.08\times22}{0.0203}\right)=0.342\text{mm}$$

【例 3.12.6】 某现浇钢筋混凝土框架结构，其中一根四跨框架梁计算示例如图 3.12.2 所示，安全等级为二级，混凝土强度等级为 C30，纵向钢筋采用 HRB400 级钢筋。该框架梁 C 支座处截面及配筋如图 3.12.2（b）所示，翼缘计算宽度为 1000mm。梁顶纵向受拉钢筋为 6⌀20（$A_s=1884\text{mm}^2$），按荷载效应准永久组合计算的梁纵向受拉钢筋的应力 $\sigma_{sq}=210\text{N/mm}^2$，钢筋 $E_s=2.0\times10^5\text{N/mm}^2$，纵向受拉钢筋混凝土保护层厚度 $c_s=25\text{mm}$。

试问： 确定梁 C 支座处按荷载准永久组合并考虑长期使用影响下的最大裂缝宽度。

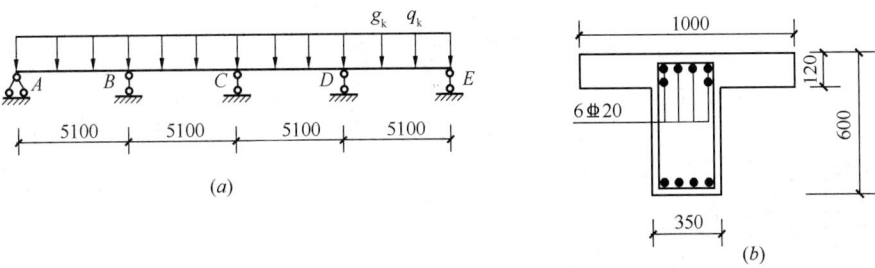

图 3.12.2

【解答】 根据《混规》7.1.2 条规定：

（1）确定 ψ

$$\rho_{te}=\frac{A_s}{A_{te}}=\frac{A_s}{0.5bh+(b_f-b)h_f}=\frac{1884}{0.5\times350\times600+(1000-350)\times120}$$
$$=0.0103>0.01$$

$$\psi=1.1-0.65\frac{f_{tk}}{\rho_{te}\sigma_{sq}}=1.1-\frac{0.65\times2.01}{0.0103\times210}=0.496\begin{smallmatrix}\leq1\\\geq0.2\end{smallmatrix}$$

（2）确定 w_{max}

$$d_{eq}=\frac{d_i}{v_i}=\frac{20}{1.0}=20\text{mm};\alpha_{cr}=1.9$$

$$w_{max}=\alpha_{cr}\psi\frac{\sigma_{sq}}{E_s}\left(1.9c_s+0.08\frac{d_{eq}}{\rho_{te}}\right)$$
$$=1.9\times0.496\times\frac{210}{2.0\times10^5}\times\left(1.9\times25+0.08\times\frac{20}{0.0103}\right)$$
$$=0.201\text{mm}$$

【例 3.12.7】 某钢筋混凝土简支梁 $l_0=6.6\text{m}$，$b\times h=200\text{mm}\times500\text{mm}$，承受均布永久荷载标准值 $g_k=18\text{kN/m}$（含梁自重）、可变荷载标准值 $q_k=32\text{kN/m}$，准永久值系数为 0.5。采用 C25 混凝土，纵向受力钢筋采用 HRB400 级钢筋，纵筋的混凝土保护层厚度 $c=25\text{mm}$，$a_s=35\text{mm}$，钢筋截面面积 $A_s=1520\text{mm}^2$。环境类别为一类，安全等级为二级。

试问： 满足该梁裂缝宽度要求的纵筋最大等效直径。

【解答】 （1）确定 σ_{sq}、ψ：
查规范表：$f_{tk}=1.78\text{N/mm}^2$，$h_0=h-a_s=500-35=465\text{mm}$，$f_y=360\text{N/mm}^2$

$$M_q=\frac{1}{8}(g_k+\psi_q q_k)l_0^2=\frac{1}{8}\times(18+0.5\times32)\times6.6^2=185.13\text{N/mm}^2$$

由规范式（7.1.4-3）得

$$\sigma_{sq} = \frac{M_q}{0.87h_0 A_s} = \frac{185.13 \times 10^6}{0.87 \times 465 \times 1520} = 301 \text{N/mm}^2$$

$$\rho_{te} = \frac{A_s}{0.5bh} = \frac{1520}{0.5 \times 200 \times 500} = 0.0304 > 0.01$$

$$\psi = 1.1 - 0.65 \frac{f_{tk}}{\rho_{te}\sigma_{sq}} = 1.1 - \frac{0.65 \times 1.78}{0.0304 \times 301} = 0.9736 \substack{\leqslant 1 \\ \geqslant 0.2}$$

查《混规》表 7.1.2-1 得：$\alpha_{cr} = 1.9$

（2）确定 d_{eq}

查《混规》表 3.4.5 知，$w_{lim} = 0.3 \text{mm}$，又由规范式（7.1.2-1）求 w_{max}。

$$w_{max} = \alpha_{cr}\psi\frac{\sigma_{sq}}{E_s}\left(1.9c_s + 0.08\frac{d_{eq}}{\rho_{te}}\right)$$

$$= 1.9 \times 0.9736 \times \frac{301}{2.0 \times 10^5}\left(1.9 \times 25 + \frac{0.08 d_{eq}}{0.0304}\right) \leqslant 0.3$$

解之得： $d_{eq} \leqslant 22.9 \text{mm}$

故钢筋最大等效直径 d_{eq} 为 22mm。

3. 预应力混凝土受弯构件及吊车梁验算

● 复习《混规》7.1.6 条、7.1.7 条、7.1.8 条、7.1.9 条。

【例 3.12.8】 某先张法预应力混凝土构件，配置有 $4\phi^s 1 \times 7$（$d = 15.2\text{mm}$）钢绞线，（$f_{ptk} = 1720 \text{N/mm}^2$，$f_{py} = 1220 \text{N/mm}^2$），张拉控制应力 $\sigma_{con} = 0.75 f_{ptk}$，预应力损失 $\sigma_{lI} = 175 \text{N/mm}^2$，$\sigma_{pcI} = 30 \text{N/mm}^2$。混凝土强度等级为 C50，骤然放张时混凝土立方抗压强度 f'_{cu} 为 42N/mm^2。已知 $\alpha_E = 5.65$。$\gamma_0 = 1.0$。

试问：确定此构件的预应力钢筋的预应力传递长度 l_{tr}（mm）。

【解答】 根据《混规》10.1.9 条：

$\sigma_{con} = 0.75 f_{ptk} = 0.75 \times 1720 = 1290 \text{N/mm}^2$

$\sigma_{pe} = \sigma_{con} - \sigma_{lI} - \alpha_E \sigma_{pcI}$

$= 1290 - 175 - 5.65 \times 30 = 945.5 \text{N/mm}^2$

$f'_{cu} = 42 \text{N/mm}^2$，由《混规》4.1.3 条，则：

$$f'_{tk} = 2.39 + \frac{42-40}{45-40} \times (2.51 - 2.39) = 2.438 \text{N/mm}^2$$

查《混规》表 8.3.1，取 $\alpha = 0.17$

$$l_{tr} = \alpha \frac{\sigma_{pe}}{f'_{tk}}d = 0.17 \times \frac{945.5}{2.438} \times 15.2 = 1002 \text{mm}$$

思考：假定预应力筋为光面预应力钢丝，骤然放松，根据《混规》10.1.9 条，l_{tr} 的起点应从距构件末端 $0.25 l_{tr} = 0.25 \times 1002 = 251 \text{mm}$ 处开始计算。

三、挠度验算

● 复习《混规》7.2.1 条～7.2.7 条。

需注意的是：

(1)《混规》7.2.1 条的条文说明，即按等刚度构件计算时，取构件跨内的最大弯矩处的刚度。

(2)《混规》7.2.2 条中，短期刚度 B_s 的计算，对钢筋混凝土受弯构件采用荷载准永久组合；对预应力混凝土受弯构件采用荷载标准组合。

(3)《混规》7.2.3 条，规范式（7.2.3-1）中相关参数的取值：

纵向受拉钢筋配筋率：$\rho = \dfrac{A_s}{bh_0}$

γ'_f 由规范式（7.1.4-7）得：$\gamma'_f = \dfrac{(b'_f - b)h'_f}{bh_0}$；当为矩形时，$\gamma'_f = 0$。

$$\psi = 1.1 - 0.65 \dfrac{f_{tk}}{\rho_{te}\sigma_{sq}} \begin{matrix}\leqslant 1.0\\ \geqslant 0.2\end{matrix}$$

(4)《混规》7.2.5 条，钢筋混凝土受弯构件的 θ 的取值：

当 $\rho' = 0$ 时，取 $\theta = 2.0$；当 $\rho' = \rho$ 时，取 $\theta = 1.6$；当 ρ' 为中间数值时，θ 内插取值，$\theta = 2 - \dfrac{\rho' - 0}{\rho - 0}(2 - 1.6)$；当为倒 T 形截面时，$\theta$ 应增加 20%。

(5)《混规》7.2.6 条，规定增大系数为 2.0。对比《混规》附录 H.0.12 条，该条规定预应力混凝土叠合构件的增大系数取为 1.75，注意区分。

(6) 简支梁受均布荷载 q 作用，其挠度为：$f = \dfrac{5ql^4}{384EI}$，钢筋混凝土简支梁采用刚度 B、弯矩 M_q 来表达时，即：$f = \dfrac{5M_q l^2}{48B}$。其他情况下简支梁、悬臂梁的挠度计算，见本书附录四。

【例 3.12.9】 某钢筋混凝土矩形截面简支梁，其截面尺寸 $b \times h = 250 \text{mm} \times 500 \text{mm}$，计算跨度 $l_0 = 6.0 \text{m}$，承受均布永久荷载标准值 $g_k = 14 \text{kN/m}$（含梁自重），可变荷载标准值 $q_k = 8 \text{kN/m}$，可变荷载准永久值系数 $\psi_q = 0.5$。采用 C25 混凝土，纵向受拉钢筋为 HRB400 配置 4⌀22。环境类别一类。取 $a_s = 35 \text{mm}$。$\gamma_0 = 1.0$。

试问： 确定使用阶段的挠度值。

【解答】 (1) 确定短期刚度 B_s 值

查规范表，$f_{tk} = 1.78 \text{N/mm}^2$，$E_c = 2.80 \times 10^4 \text{N/mm}^2$，$E_s = 2.0 \times 10^5 \text{N/mm}^2$，$f_y = 360 \text{N/mm}^2$。

$$h_0 = h - a_s = 500 - 35 = 465 \text{mm}$$

$$M_k = \dfrac{1}{8}(g_k + q_k)l_0^2 = \dfrac{1}{8} \times (14 + 8) \times 6.0^2 = 99 \text{kN} \cdot \text{m}$$

$$M_q = \dfrac{1}{8}q_k l_0^2 + \dfrac{1}{8}q_k l_0^2 \cdot \psi_q = \dfrac{1}{8} \times 14 \times 6^2 + \dfrac{1}{8} \times 8 \times 6^2 \times 0.5 = 81 \text{kN} \cdot \text{m}$$

$$\alpha_E = \dfrac{E_s}{E_c} = \dfrac{2.0 \times 10^5}{2.8 \times 10^4} = 7.143$$

$$\rho_{te} = \dfrac{A_s}{A_{te}} = \dfrac{1520}{0.5 \times 250 \times 500} = 0.02432$$

$$\sigma_{sq} = \dfrac{M_q}{0.87 h_0 A_s} = \dfrac{81 \times 10^6}{0.87 \times 464 \times 1520} = 132.0 \text{N/mm}^2$$

$$\psi = 1.1 - 0.65\frac{f_{tk}}{\rho_{te}\sigma_{sk}} = 1.1 - \frac{0.65 \times 1.78}{0.02432 \times 132.0} = 0.740 \substack{\leqslant 1.0 \\ \geqslant 0.2}$$

矩形截面，取 $\gamma'_f = 0$；$\rho = \dfrac{A_s}{bh_0} = \dfrac{1520}{250 \times 464} = 0.0131$

由规范式（7.2.3-1）求 B_s：

$$B_s = \frac{E_s A_s h_0^2}{1.15\psi + 0.2 + \dfrac{6\alpha_E\rho}{1+3.5\gamma'_f}} = \frac{2.0 \times 10^5 \times 1520 \times 464^2}{1.15 \times 0.740 + 0.2 + \dfrac{6 \times 7.143 \times 0.0131}{1+3.5 \times 0}}$$

$$= 4.059 \times 10^{13} \text{N} \cdot \text{mm}^2$$

(2) 确定 B

由规范式（7.2.2-2），且 $\rho' = 0$，由 7.2.5 条，故取 $\theta = 2.0$。

$$B = \frac{B_s}{\theta} = \frac{4.059 \times 10^{13}}{2} = 2.0295 \times 10^{13} \text{N} \cdot \text{mm}^2$$

(3) 计算挠度值 f，由 3.4.3 条：

$$f = \frac{5(q_k + \psi_q g_k)l_0^4}{384 \cdot B} = \frac{5 \times (14 + 0.5 \times 8) \times 6^4 \times 10^6 \times 10^6}{384 \times 2.0295 \times 10^{13}} = 14.97\text{mm}$$

查《混规》表 3.4.3 知，挠度限值为 $\dfrac{l_0}{200} = \dfrac{6000}{200} = 30\text{mm} > f = 14.97\text{mm}$，故满足要求。

【例 3.12.10】 某钢筋混凝土五跨连续梁及 B 支座配筋，如图 3.12.3 所示，混凝土强度为 C30，纵筋 HRB400。$\gamma_0 = 1.0$。

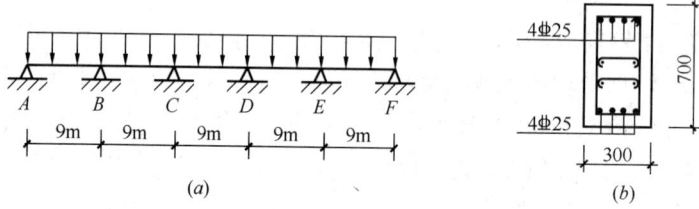

图 3.12.3
(a) 五跨连续梁受力图；(b) B 支座配筋图

试问：

(1) 已知 $a_s = 40\text{mm}$，B 支座纵向钢筋在荷载准永久组合时的拉应力为 220N/mm^2，试问，B 支座处短期刚度 B_s 为何值？

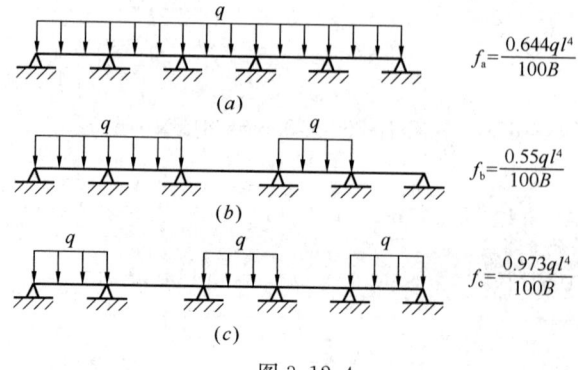

图 3.12.4

(2) 假定 AB 跨（即左端边跨）按荷载准永久组合并考虑长期作用影响的跨中最大弯矩截面的刚度和 B 支座处的刚度，依次分别为 $B_1 = 8.4 \times 10^{13} \text{N} \cdot \text{mm}^2$，$B_2 = 6.5 \times 10^{13} \text{N} \cdot \text{mm}^2$，作用在梁上的永久荷载标准值 $q_{Gk} = 15\text{kN/m}$，可变荷载标准值 $q_{Qk} = 30\text{kN/m}$，可变荷载准永久值系数为 0.60。试问，AB 跨

中点处的挠度值 f（mm）应为多少？

提示：在不同荷载分布作用下，AB 跨中点挠度计算式如图 3.12.4 所示。

【解答】 （1）确定 B 支座处短期刚度 B_s 值

查规范表，$f_{tk}=2.01\text{N/mm}^2$，$f_t=1.43\text{N/mm}^2$，$E_c=3.0\times10^4\text{N/mm}^2$

$$f_y=360\text{N/mm}^2,\quad E_s=2.0\times10^5\text{N/mm}^2,\quad A_s=1964\text{mm}^2$$

$$\alpha_E=\frac{E_s}{E_c}=\frac{2.0\times10^5}{3.0\times10^4}=6.667,\quad h_0=h-a_s=660\text{mm}$$

$$\rho_{te}=\frac{A_s}{A_{te}}=\frac{1964}{0.5\times300\times700}=0.0187$$

$$\psi=1.1-0.65\frac{f_{tk}}{\rho_{te}\sigma_{sq}}=1.1-\frac{0.65\times2.01}{0.0187\times220}=0.7824\begin{matrix}<1.0\\>0.2\end{matrix}$$

$$\rho=\frac{A_s}{bh_0}=\frac{1964}{300\times660}=0.992\%$$

$\gamma'_f=0$，由《混规》式（7.2.3-1）得：

$$B_s=\frac{E_sA_sh_0^2}{1.15\psi+0.2+\frac{6\alpha_E\rho}{1+3.5\gamma'_f}}=\frac{2\times10^5\times1964\times660^2}{1.15\times0.7824+0.2+\frac{6\times6.667\times0.992\%}{1+3.5\times0}}$$

$$=1.143\times10^{14}\text{N}\cdot\text{mm}^2$$

（2）确定 f

1）确定 B，根据《混规》7.2.1 条规定，$B_2=6.5\times10^{13}>\frac{1}{2}B_1=4.2\times10^{13}$，故 AB 跨按等刚度计算，取 $B=B_1=8.4\times10^{13}\text{N}\cdot\text{mm}^2$

2）确定 f，根据均布荷载作用的挠度值按永久荷载满跨布置，可变荷载按图 3.10.3 (c) 布置，此时 f 最大，即：

$$f=\frac{0.644q_{Gk}l^4}{100B}+\frac{0.973\psi_q q_{Qk}l^4}{100B}=\frac{(0.644\times15+0.973\times0.60\times30)\times9000^4}{100\times8.4\times10^{13}}=21.22\text{mm}$$

【例 3.12.11】 某预制圆孔空心板截面如图 3.12.5 所示，计算跨度 $l_0=3.28\text{m}$，其上作用永久荷载标准值 $g_k=3.5\text{kN/m}$，可变荷载标准值 $q_k=2.5\text{kN/m}$，准永久值系数 $\psi_q=0.4$。采用 C25 混凝土，HPB300 级钢筋，纵向受拉钢筋为 9Φ8（$A_s=453\text{mm}^2$）。环境类别为一类，安全等级为二级。取 $a_s=15\text{mm}$。

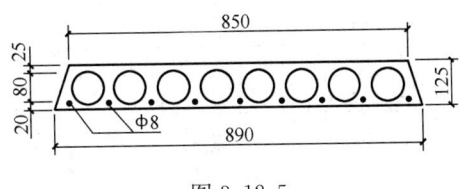

图 3.12.5

试问：

(1) 将圆孔板截面折算成 I 形截面，换算后的 I 形截面 b'_f、h'_f 之值为多少？

(2) 换算后的 I 形截面的短期刚度 B_s 值为多少？

(3) 圆孔板使用阶段的挠度值为多少？

【解答】 (1) 确定换算后 I 形截面

按截面形心位置、面积和对形心轴惯性矩不变的条件进行换算,设圆孔换算成矩形孔截面尺寸为 $b_h \times h_h$:

$$\frac{\pi d^2}{4} = b_h h_h, \frac{\pi d^4}{64} = \frac{b_h h_h^3}{12}$$

$$h_h = \frac{\sqrt{3}d}{2} = \frac{\sqrt{3} \times 80}{2} = 69.3 \text{mm}; b_h = \frac{\pi d}{2\sqrt{3}} = \frac{\pi \times 80}{2\sqrt{3}} = 72.5 \text{mm}$$

$$b = \frac{850 + 890}{2} - 8 \times 72.5 = 290 \text{mm}; h = 125 \text{mm}$$

$$h'_f = 25 + \frac{80}{2} - \frac{69.3}{2} = 30.4 \text{mm}$$

$$h_f = 20 + \frac{80}{2} - \frac{69.3}{2} = 25.4 \text{mm}$$

$$b'_f = 850 \text{mm}, b_f = 890 \text{mm}$$

如图 3.12.6 所示。

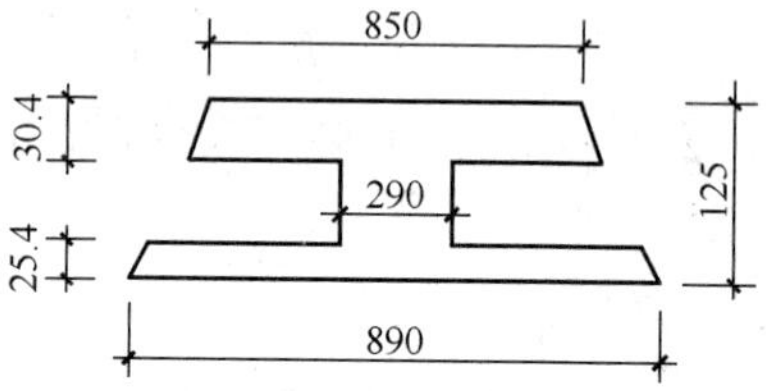

(2) 确定 B_s

查规范表,$E_c = 2.8 \times 10^4 \text{N/mm}^2$,$f_{tk} = 1.78 \text{N/mm}^2$,$f_t = 1.27 \text{N/mm}^2$

$f_y = 270 \text{N/mm}^2$,$E_s = 2.1 \times 10^5 \text{N/mm}^2$

$$\alpha_E = \frac{E_s}{E_c} = \frac{2.1 \times 10^5}{2.8 \times 10^4} = 7.5$$

图 3.12.6

$$h_0 = h - a_s = 125 - 15 = 110 \text{mm}$$

$$M_k = \frac{1}{8}(g_k + q_k)l_0^2 = \frac{1}{8} \times (3.5 + 2.5) \times 3.28^2 = 8.069 \times 10^6 \text{N} \cdot \text{m}$$

$$M_q = \frac{1}{8}g_k l_0^2 + \frac{1}{8}q_k l_0^2 \cdot \psi_q = \frac{1}{8} \times 3.5 \times 3.28^2 + \frac{1}{8} \times 2.5 \times 3.28^2 \times 0.4$$

$$= 6.0516 \times 10^6 \text{N} \cdot \text{m}$$

由《混规》7.2.3 条规定:$\rho = \frac{A_s}{bh_0} = \frac{453}{290 \times 111} = 0.014$

由《混规》7.1.2 条规定:

$$\rho_{te} = \frac{A_s}{0.5bh + (b_f - b)h_f} = \frac{453}{0.5 \times 290 \times 125 + (890 - 290) \times 25.4} = 0.01358$$

由规范式 (7.1.4-3) 得:

$$\sigma_{sq} = \frac{M_q}{0.87 h_0 A_s} = \frac{6.0516 \times 10^6}{0.87 \times 111 \times 453} = 138.3 \text{N/mm}^2$$

$$\psi = 1.1 - 0.65 \frac{f_{tk}}{\rho_{te}\sigma_{sq}} = 1.1 - \frac{0.65 \times 1.78}{0.01358 \times 138.3} = 0.484 \begin{matrix} \leq 1.0 \\ \geq 0.2 \end{matrix}$$

由规范式 (7.1.4-7) 及《混规》7.1.4 条规定:

$h'_f = 30.4 \text{mm} > 0.2 h_0 = 0.2 \times 111 = 22.2 \text{mm}$,故取 $h'_f = 0.2 h_0 = 22.2 \text{mm}$

$$\gamma'_f = \frac{(b'_f - b)h'_f}{bh_0} = \frac{(850 - 290) \times 0.2 h_0}{290 h_0} = 0.386$$

由规范式（7.2.3-1）求 B_s 值：

$$B_s = \frac{E_s A_s h_0^2}{1.15\psi + 0.2 + \frac{6\alpha_E \rho}{1+3.5\gamma_f}} = \frac{2.1 \times 10^5 \times 453 \times 111^2}{1.15 \times 0.484 + 0.2 + \frac{6 \times 7.5 \times 0.014}{1+3.5 \times 0.386}}$$

$$= 1.144 \times 10^{12} \text{N} \cdot \text{mm}^2$$

（3）确定 f

《混规》7.2.5 条：

因 $\rho' = 0$，故取 $\theta = 2$；由规范式（7.2.2-2）得：

$$B = \frac{B_s}{\theta} = \frac{1.144 \times 10^{12}}{2} = 5.72 \times 10^{11} \text{N} \cdot \text{mm}^2$$

$$f = \frac{5(g_k + \psi_q q_k) l_0^4}{384 B} = \frac{5 \times (3.5 + 0.4 \times 2.5) \times (3.28 \times 10^3)^4}{384 \times 5.72 \times 10^{11}} = 11.9 \text{mm}$$

查《混规》表 3.4.3 得：$[f] = \frac{l_0}{200} = \frac{3280}{200} = 16.4 \text{mm} > f = 11.9 \text{mm}$，故满足要求。

【例 3.12.12】 某预应力钢筋混凝土受弯构件，其截面尺寸 $b \times h = 350\text{mm} \times 600\text{mm}$，要求不出现裂缝。经计算，跨中最大弯矩截面 $M_{q1} = 0.82 M_{k1}$，左端支座截面 $M_{q左} = 0.74 M_{k左}$，右端支座截面 $M_{q右} = 0.86 M_{k右}$。已知构件的 E_c、I_0。$\gamma_0 = 1.0$。

试问：当用结构力学方法计算其正常使用极限状态下的挠度时，刚度 B 应为下列何项数值。

(A) $0.457 E_c I_0$ (B) $0.467 E_c I_0$
(C) $0.473 E_c I_0$ (D) $0.489 E_c I_0$

【解答】 根据《混规》7.2.3 条第 2 款规定，取 $B_s = 0.85 E_c I_0$

根据《混规》7.2.5 条规定，取 $\theta = 2.0$

根据《混规》7.2.2 条规定：

跨中最大弯矩处：$B_{中} = \frac{M_k}{M_q(\theta-1) + M_k} B_s = \frac{M_{k1} \times 0.85 E_c I_0}{0.82 M_{k1}(2-1) + M_{k1}} = 0.467 E_c I_0$

左端支座：$B_{左} = \frac{M_{k左} \times 0.85 E_c I_0}{0.74 M_{k左} \cdot (2-1) + M_{k左}} = 0.489 E_c I_0$

右端支座：$B_{右} = \frac{M_{k右} \times 0.85 E_c I_0}{0.86 M_{k右} \cdot (2-1) + M_{k右}} = 0.457 E_c I_0$

又根据《混规》7.2.1 条规定：

$B_{左} > \frac{1}{2} B_{中}$，$B_{左} < 2 B_{中}$；$B_{右} > \frac{1}{2} B_{中}$，$B_{右} < 2 B_{中}$

故取 $B = B_{中} = 0.467 E_c I_0$，所以应选（B）项。

【例 3.12.13】 某单跨预应力钢筋混凝土屋面简支梁，混凝土强度等级 C40，计算跨度 $l_0 = 17.7\text{m}$，要求使用阶段不出现裂缝。$\gamma_0 = 1.0$。

试问：

（1）该梁跨中截面按荷载标准组合计算弯矩值 $M_k = 800 \text{kN} \cdot \text{m}$，按荷载准永久组合 $M_q = 750 \text{kN} \cdot \text{m}$，换算截面惯性矩 $I_0 = 3.4 \times 10^{10} \text{mm}^4$。该梁按荷载标准组合并考虑荷载效应长期作用影响的刚度 B（$\text{N} \cdot \text{mm}^2$）为下列何项？

(A) 4.85×10^{14} (B) 5.20×10^{14} (C) 5.70×10^{14} (D) 5.82×10^{14}

(2) 该梁按荷载短期效应组合并考虑预应力长期作用产生的挠度 $f_1=56.6$mm，计算知使用阶段的预加力反拱值 $f_2=15.2$mm，该梁使用上对挠度有较高要求，则该梁挠度与规范中允许挠度 $[f]$ 之比为下列何项？

(A) 0.59　　　(B) 0.76　　　(C) 0.94　　　(D) 1.28

【解答】 (1) 查规范表，$E_c=3.25\times 10^4 \text{N/mm}^2$

由《混规》式 (7.2.3-2)：

$$B_s=0.85E_c I_0=0.85\times 3.25\times 10^4\times 3.4\times 10^{10}=9.393\times 10^{14}\text{N}\cdot\text{mm}^2$$

根据《混规》7.2.5 条规定，取 $\theta=2.0$

由《混规》7.2.2 条：

$$B=\frac{M_k}{M_q(\theta-1)+M_k}\cdot B_s=\frac{800}{750\times(2-1)+800}\times 9.393\times 10^{14}$$
$$=4.85\times 10^{14}\text{N}\cdot\text{mm}^2$$

所以应选 (A) 项。

(2) 根据《混规》7.2.6 条规定，取增大系数 2.0，即：

$$f_2=2\times 15.2=30.4\text{mm}$$

根据《混规》表 3.4.3 中注 3 规定：

$$f=f_1-f_2=56.6-30.4=26.2\text{mm}$$

查《混规》表 3.4.3，对挠度有较高要求：

$$[f]=l_0/400=17700/400=44.25\text{mm}$$

$f/[f]=26.2/44.25=0.59$，所以应选 (A) 项。

第十三节　预应力混凝土结构构件

一、预应力损失值的计算

- 复习《混规》10.2.1 条、10.2.2 条、10.2.3 条、10.2.4 条、10.2.5 条、10.2.6 条。
- 复习《混规》10.2.7 条。

需注意的是：

(1)《混规》10.2.1 条表 10.2.1 中注 1、2、3 的规定。

(2)《混规》10.2.5 条，ρ、ρ' 的取值：当对称配置预应力钢筋和非预应力钢筋时，ρ、ρ' 应按钢筋总截面面积的一半计算。

规范式 (10.2.5-1)、式 (10.2.5-2)、式 (10.2.5-3)、式 (10.2.5-4) 中：$\sigma_{pc}\leqslant 0.5f'_{cu}$；$\sigma'_{pc}\leqslant 0.5f'_{cu}$。

【例 3.13.1】 某预应力混凝土轴心受拉构件，采用先张法，其截面尺寸为 240mm×240mm，构件长 15m，在 50m 台座上张拉。混凝土强度等级为 C40，预应力筋采用 10 根直径 9mm 的螺旋肋消除应力钢丝，对称配置。普通松弛，张拉控制应力 $\sigma_{con}=0.75f_{ptk}$，$f_{ptk}=1570\text{N/mm}^2$，放张时混凝土强度为 $75\%f_{cu}$。

已知锚具变形和钢筋内缩值 $a=5\text{mm}$；构件蒸汽养护时，预应力钢筋与张拉设备之间的误差 $\Delta t=20℃$。$\gamma_0=1.0$。

试问：各阶段预应力损失值。

【解答】 查规范表，$f_{ptk}=1570\text{N/mm}^2$，$E_s=2.05\times10^5\text{N/mm}^2$

$$E_c=3.25\times10^4\text{N/mm}^2，A_p=10\times63.62=636.2\text{mm}^2$$

$$\alpha_E=\frac{E_s}{E_c}=\frac{2.05\times10^5}{3.25\times10^4}=6.308$$

根据《混规》10.1.6 条规定，换算截面面积 A_0 为：净截面面积及全部纵向预应力筋截面面积换算成混凝土的截面面积。

$$A_0=A_n+\alpha_E A_p=bh-A_p+\alpha_E A_p=bh+(\alpha_E-1)A_p$$
$$=240\times240+(6.308-1)\times636.2=60977\text{mm}^2$$

(1) 求 σ_{l1}，由规范式（10.2.2）得：

$$\sigma_{l1}=\frac{a}{l}E_s=\frac{5}{50\times10^3}\times2.05\times10^5=20.5\text{N/mm}^2$$

(2) 求 σ_{l3}，由《混规》表 10.2.1 得：

$$\sigma_{l3}=2\Delta t=2\times20=40\text{N/mm}^2$$

(3) 求 σ_{l4}，由《混规》表 10.2.1：

$$\sigma_{con}=0.75f_{ptk}=0.75\times1570=1177.5\text{N/mm}^2$$

$$\sigma_{l4}=0.4\left(\frac{\sigma_{con}}{f_{ptk}}-0.5\right)\sigma_{con}=0.4\times(0.75-0.5)\times1177.5=117.75\text{N/mm}^2$$

第一批预应力损失：$\sigma_{lI}=\sigma_{l1}+\sigma_{l3}+\sigma_{l4}=20.5+40+117.75=178.25\text{N/mm}^2$

(4) 求 σ_{l5}，先求出 σ_{pc}。

由规范式（10.1.6-1）得：$\sigma_{pc}=\dfrac{N_{p0}}{A_0}$

又根据《混规》10.1.6 条规定，$N_{p0}=(\sigma_{con}-\sigma_{lI})A_p$，故有：

$$\sigma_{pc}=\frac{(\sigma_{con}-\sigma_{lI})A_p}{A_0}=\frac{(1177.5-178.25)\times636.2}{60977}=10.426\text{N/mm}^2$$

$\sigma_{pc}=10.426\text{N/mm}^3<0.5f'_{cu}=0.5\times0.75f_{cu}=0.5\times0.75\times40=15\text{N/mm}^2$

符合线性徐变条件，由规范式（10.2.5-1）得：

对称配置：$\rho=\dfrac{(A_s+A_p)/2}{A_0}=\dfrac{636.2/2}{60977}=0.00522$

$$\sigma_{l5}=\frac{60+340\dfrac{\sigma_{pc}}{f'_{cu}}}{1+15\rho}=\frac{60+340\times\dfrac{10.426}{0.75\times40}}{1+15\times0.00522}=165.22\text{N/mm}^2$$

第二批预应力损失：$\sigma_{lII}=\sigma_{l5}=165.22\text{N/mm}^2$

(5) 总预应力损失 σ_l：

$$\sigma_l=\sigma_{lI}+\sigma_{lII}=178.25+165.22=343.47\text{N/mm}^2$$

根据《混规》10.2.1 条规定，先张法构件预应力总损失值不得小于 100N/mm^2，$\sigma_l=343.47\text{N/mm}^2>100\text{N/mm}^2$，故满足。

【例 3.13.2】 24m 预应力混凝土屋架下弦杆，采用后张法，一端张拉，一端施加预

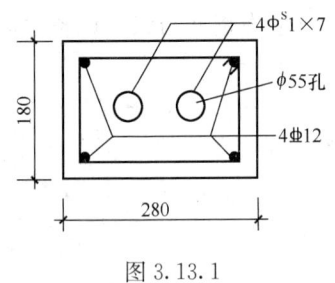

图 3.13.1

应力，普通松弛。截面构造如图 3.13.1 所示，孔道直径为 55mm，预埋金属波纹管成孔，每个孔道配置 $4\phi^s1\times7$（$d=15.2$mm）钢绞线（$f_{ptk}=1720\text{N/mm}^2$），非预应力钢筋采用 HRB400 级钢筋 $4\Phi12$（$A_s=452\text{mm}^2$）。混凝土强度等级为 C55。采用夹片式锥塞式锚具，有顶压，张拉控制应力为 $\sigma_{con}=0.65f_{ptk}$，张拉时混凝土强度为 $f'_{cu}=50\text{N/mm}^2$。环境类别一类，安全等级为二级。

试问：各阶段预应力损失值。

【解答】 查规范表，$E_c=3.55\times10^4\text{N/mm}^2$，钢绞线 $E_{s1}=1.95\times10^5\text{N/mm}^2$；$A_p=140\times4\times2=1120\text{mm}^2$，HRB400 级钢筋 $E_{s2}=2.0\times10^5\text{N/mm}^2$

$$\alpha_{E2}=\frac{E_{s2}}{E_c}=\frac{2.0\times10^5}{3.55\times10^4}=5.63$$

由《混规》10.1.6 条规定：

$$A_n=280\times180-2\times\frac{\pi}{4}\times55^2-A_s+\alpha_{E2}A_s$$
$$=50400-4749.25-452+5.63\times452=47744\text{mm}^2$$

(1) 求 σ_{l1}，由规范式（10.2.2），且锥塞式锚具，查《混规》表 10.2.2 知，$a=5$mm

$$\sigma_{l1}=\frac{a}{l}E_{s1}=\frac{5}{24\times10^3}\times1.95\times10^5=40.625\text{N/mm}^2$$

(2) 求 σ_{l2}，查《混规》表 10.2.4 知，$K=0.0015$，直线配筋 $\theta=0$

$$Kx+\mu\theta=0.0015\times24+0=0.036<0.3$$

由规范式（10.2.4-2）得：

$$\sigma_{l2}=(kx+\mu\theta)\sigma_{con}=0.036\times0.65\times1720=40.248\text{N/mm}^2$$

第一批预应力损失：$\sigma_{lI}=\sigma_{l1}+\sigma_{l2}=40.625+40.248=80.873\text{N/mm}^2$

(3) 求 σ_{l4}，普通松弛，由《混规》表 10.2.1 得：

$$\sigma_{l4}=0.4\left(\frac{\sigma_{con}}{f_{ptk}}-0.5\right)\sigma_{con}$$
$$=0.4\times(0.65-0.5)\times(0.65\times1720)=67.08\text{N/mm}^2$$

(4) 求 σ_{l5}，先求 σ_{pc}：

由规范式（10.1.6-4）得：

$$\sigma_{pc}=\frac{N_p}{A_n}=\frac{(\sigma_{con}-\sigma_{lI})A_p}{A_n}=\frac{(0.65\times1720-80.873)\times1120}{47744}$$
$$=24.33\text{N/mm}^2<0.5f'_{cu}=0.5\times50=25\text{N/mm}^2$$

故满足线性徐变条件，由规范式（10.2.5-3）得：

$$\rho=\frac{(A_p+A_s)/2}{A_n}=\frac{(1120+452)/2}{47744}=0.0164$$

$$\sigma_{l5}=\frac{55+300\dfrac{\sigma_{pc}}{f'_{cu}}}{1+15\rho}=\frac{55+300\times\dfrac{24.33}{50}}{1+15\times0.0164}=161.30\text{N/mm}^2$$

第二批预应力损失：$\sigma_{lII}=\sigma_{l4}+\sigma_{l5}=67.08+161.30=228.38\text{N/mm}^2$

(5) 总预应力损失值 σ_l：

$$\sigma_l = \sigma_{l\mathrm{I}} + \sigma_{l\mathrm{II}} = 80.873 + 228.38 = 309.25 \mathrm{N/mm^2}$$

根据《混规》10.2.1 条规定，后张法构件预应力总损失值不得小于 $80\mathrm{N/mm^2}$，$\sigma_l = 309.25\mathrm{N/mm^2} > 80\mathrm{N/mm^2}$，故满足要求。

二、预应力混凝土结构构件计算

1. 一般规定

- 复习《混规》10.1.1 条～10.1.10 条、10.1.13 条。
- 复习《混规》10.1.17 条。

2. 施工阶段的计算规定

- 复习《混规》10.1.11 条、10.1.12 条。

【例 3.13.3】 下列关于预应力混凝土结构设计的观点，其中何项不妥？说明理由。

（A）对后张法预应力混凝土框架梁及连续梁，在满足纵向受力钢筋最小配筋率的条件下，均可考虑内力重分布

（B）后张法预应力混凝土超静定结构，在进行正截面受弯承载力计算时，在弯矩设计值中次弯矩应参与组合

（C）当预应力作为荷载效应考虑时，对承载能力极限状态，当预应力效应对结构有利时，预应力分项系数取 1.0，不利时取 1.2

（D）预应力框架柱箍筋应沿柱全高加密

【解答】 根据《混规》10.1.8 条规定，(A) 项不妥，应选 (A) 项。

【例 3.13.4】 先张法预应力混凝土简支梁，其截面尺寸和配筋如图 3.13.2 所示，采用 C60 混凝土，预应力筋采用消除应力钢丝，受压区为 $4\Phi^H 9$，受拉为 $14\Phi^H 9$。经计算，换算截面面积 $A_0 = 96.82 \times 10^3 \mathrm{mm^2}$，换算截面重心至底边距离 $y_{\max} = 450\mathrm{mm}$，至上边缘距离 $y'_{\max} = 350\mathrm{mm}$，换算截面惯性矩 $I_0 = 8.62 \times 10^9 \mathrm{mm^4}$。受拉区张拉控制应力 $\sigma_{\mathrm{con}} = 0.7 f_{\mathrm{ptk}}$，$f_{\mathrm{ptk}} = 1470\mathrm{N/mm^2}$，受压区为 $\sigma'_{\mathrm{con}} = 0.5 f_{\mathrm{ptk}}$。当混凝土强度达到设计规定的强度等级时放松钢筋。已知受拉区、受压区预应力损失值在混凝土预压前（第一批）的损失分别为 $96\mathrm{N/mm^2}$、$86\mathrm{N/mm^2}$；在混凝土预压后（第二批）的损失分别为 $150\mathrm{N/mm^2}$、$44\mathrm{N/mm^2}$。设 $a_p = 45\mathrm{mm}$，$a'_p = 25\mathrm{mm}$。$\gamma_0 = 1.0$。

试问：

(1) 放松钢筋时，截面上、下边缘的混凝土预应力值为多少？

(2) 全部预应力损失完成后，截面上、下边缘的混凝土预应力值为多少？

(3) 假定在梁的吊装施工时，由预应力在吊点截面的上边缘混凝土产生的拉应力为 $-1.2\mathrm{N/mm^2}$，下边缘混凝土产生的压应力为 $20.5\mathrm{N/mm^2}$，梁自重为 $2.5\mathrm{kN/m}$，吊点距构件端部

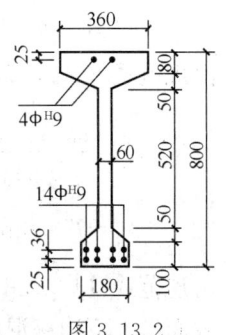

图 3.13.2

为 750mm。试问，抗裂验算时，梁吊点处截面的上、下边缘混凝土应力值各为多少?

【解答】 查规范表，$f_{ptk}=1470\text{N/mm}^2$，$A_p=890.68\text{mm}^2$，$A'_p=254.48\text{mm}^2$

$$\sigma_{con}=0.7f_{ptk}=0.7\times 1470=1029\text{N/mm}^2$$

$$\sigma'_{con}=0.5f_{ptk}=0.5\times 1470=735\text{N/mm}^2$$

换算截面重心至受拉区钢筋合力点的距离 y_p：$y_p=y_{max}-a_p=450-45=405\text{mm}$

换算截面重心至受压区钢筋合力点的距离 y'_p：$y'_p=y'_{max}-a'_p=350-25=325\text{mm}$

(1) 放松钢筋时，截面上、下边缘混凝土预应力值

此时只考虑第一批预应力损失 σ_{lI}、σ'_{lI}，则：

$$\sigma'_{p0}=\sigma'_{con}-\sigma'_{lI}=735-86=649\text{N/mm}^2$$

$$\sigma_{p0}=\sigma_{con}-\sigma_{lI}=1029-96=933\text{N/mm}^2$$

由规范式（10.1.6-1）得：$N_{p0}=\sigma_{p0}A_p+\sigma'_{p0}A'_p-\sigma_{l5}A_s-\sigma'_{l5}A'_s$
$$=933\times 890.68+649\times 254.48-0-0=996162\text{N}$$

由规范式（10.1.7-2）得：

$$e_{p0}=\frac{\sigma_{p0}A_p y_p-\sigma'_{p0}A'_p y'_p}{\sigma_{p0}A_p+\sigma'_{p0}A'_p}=\frac{933\times 890.68\times 405-649\times 254.48\times 325}{996162}$$

$$=284.0\text{mm}$$

由规范式（10.1.6-1）得：

截面上、下边缘混凝土应力 σ'_{pcI}、σ_{pcI} 分别为：

$$\sigma'_{pcI}=\frac{N_{p0}}{A_0}-\frac{N_{p0}e_{p0}y'_{max}}{I_0}=\frac{996162}{96.82\times 10^3}-\frac{996162\times 284\times 350}{8.62\times 10^9}$$

$$=-1.198\text{N/mm}^2\text{(拉应力)}$$

$$\sigma_{pcI}=\frac{N_{p0}}{A_0}+\frac{N_{p0}e_{p0}y_{max}}{I_0}=\frac{996162}{96.82\times 10^3}+\frac{996162\times 284\times 450}{8.62\times 10^9}$$

$$=25.058\text{N/mm}^2\text{(压应力)}$$

(2) 全部预应力损失完成后，截面上、下边缘的混凝土预应力

$$\sigma'_{p0}=\sigma'_{con}-\sigma'_l=\sigma'_{con}-(\sigma'_{lI}+\sigma'_{lII})=735-(86+44)=605\text{N/mm}^2$$

$$\sigma_{p0}=\sigma_{con}-\sigma_l=\sigma_{con}-(\sigma_{lI}+\sigma_{lII})=1029-(96+150)=783\text{N/mm}^2$$

同理，由规范式（10.1.7-1）求出 N_{p0}：

$$N_{p0}=\sigma_{p0}A_p+\sigma'_{p0}A'_p=783\times 890.68+605\times 254.48=851363\text{N}$$

由规范式（10.1.7-2）得：

$$e_{p0}=\frac{\sigma_{p0}A_p y_p-\sigma'_{p0}A'_p y'_p}{\sigma_{p0}A_p+\sigma'_{p0}A'_p}=\frac{783\times 890.68\times 405-605\times 254.48\times 325}{851363}$$

$$=273.0\text{mm}$$

由规范式（10.1.6-1）得：

截面上、下边缘混凝土应力 σ'_{pc}、σ_{pc} 分别为

$$\sigma'_{pc} = \frac{N_{p0}}{A_0} - \frac{N_{p0}e_{p0}y'_{max}}{I_0} = \frac{851363}{96.82\times10^3} - \frac{851363\times273\times350}{8.62\times10^9}$$

$$= -0.644 \text{N/mm}^2 \text{(拉应力)}$$

$$\sigma_{pc} = \frac{N_{p0}}{A_0} + \frac{N_{p0}e_{p0}y_{max}}{I_0} = \frac{851363}{96.82\times10^3} + \frac{851363\times273\times450}{8.62\times10^9}$$

$$= 20.927 \text{N/mm}^2 \text{(压应力)}$$

(3) 吊装时，截面上、下边缘混凝土应力值。

根据《混规》9.6.2条规定，梁自重产生的弯矩值，应考虑吊装时的动力系数1.5。

$$M_k = \frac{1}{2}g_k \cdot l_0^2 \times 1.5 = \frac{1}{2}\times2.5\times0.75^2\times1.5 = 1.055 \text{kN·m}$$

由梁自重（含动力系数影响）在吊点处截面上、下边缘产生的σ'_b、σ_b分别为：

$$\sigma'_b = -\frac{M_k y'_{max}}{I_0} = -\frac{1.055\times10^6\times350}{8.62\times10^9} = -0.0428 \text{N/mm}^2$$

$$\sigma_b = \frac{M_k y_{max}}{I_0} = \frac{1.055\times10^6\times450}{8.62\times10^9} = 0.0551 \text{N/mm}^2$$

梁吊装时，截面上、下边缘混凝土应力值：

$$\sigma'_{pc} = -1.2 - 0.0428 = -1.243 \text{N/mm}^2 \text{(拉应力)}$$

$$\sigma_{pc} = 20.5 + 0.0551 = 20.555 \text{N/mm}^2 \text{(压应力)}$$

3. 无粘结预应力混凝土

- 复习《混规》10.1.14条、10.1.15条、10.1.16条。

三、预应力混凝土构造规定

- 复习《混规》10.3.1条～10.3.13条。

需注意的是：

《混规》10.3.8条公式（10.3.8-1）中，f_{yv}取值不受限制。

第十四节 混凝土结构构件抗震设计

一、一般规定和材料

1. 一般规定

《混规》规定：

11.1.3 房屋建筑混凝土结构构件的抗震设计，应根据设防类别、烈度、结构类型和房屋高度采用不同的抗震等级，并应符合相应的计算和构造措施要求。丙类建筑的抗震等级应按表11.1.3确定。

混凝土结构的抗震等级   表11.1.3

结构类型			设防烈度						
			6		7		8		9
框架结构	高度(m)		≤24	>24	≤24	>24	≤24	>24	≤24
	普通框架		四	三	三	二	二	一	一
	大跨度框架		三		二		一		一
框架-剪力墙结构	高度(m)		≤60	>60	<24	>24且≤60	>60	<24	>24且≤60	>60	≤24	>24且≤50
	框架		四	三	四	三	二	三	二	一	二	一
	剪力墙		三		三	二		二	一		一	
剪力墙结构	高度(m)		≤80	>80	≤24	>24且≤80	>80	≤24	>24且≤80	>80	≤24	24~60
	剪力墙		四	三	四	三	二	三	二	一	二	一
部分框支剪力墙结构	高度(m)		≤80	>80	≤24	>24且≤80	>80	≤24	>24且≤80		
	剪力墙	一般部位	四	三	四	三	二	三	二		
		加强部位	三	二	三	二	一	二	一		
	框支层框架		二		二		一		一		
筒体结构	框架-核心筒	框架	三		二		一		一	
		核心筒	二		二		一		一	
	筒中筒	内筒	三		二		一		一	
		外筒	三		二		一		一	
板柱-剪力墙结构	高度(m)		≤35	>35	≤35	>35	≤35	>35		
	板柱及周边框架		三	二	二	二	一	一		
	剪力墙		二	二	二	二	二	一		
单层厂房结构	铰接排架		四		三		二		一	

注: 1 建筑场地为Ⅰ类时,除6度设防烈度外应允许按表内降低一度所对应的抗震等级采取抗震构造措施,但相应的计算要求不应降低;
    2 接近或等于高度分界时,应允许结合房屋不规则程度及场地、地基条件确定抗震等级;
    3 大跨度框架指跨度不小于18m的框架;
    4 表中框架结构不包括异形柱框架;
    5 房屋高度不大于60m的框架-核心筒结构按框架-剪力墙结构的要求设计时,应按表中框架-剪力墙结构确定抗震等级。

11.1.4 确定钢筋混凝土房屋结构构件的抗震等级时,尚应符合下列要求:

1 对框架-剪力墙结构,在规定的水平地震力作用下,框架底部所承担的倾覆力矩大于结构底部总倾覆力矩的50%时,其框架的抗震等级应按框架结构确定。

> **2** 与主楼相连的裙房，除应按裙房本身确定抗震等级外，相关范围不应低于主楼的抗震等级；主楼结构在裙房顶板对应的相邻上下各一层应适当加强抗震构造措施。裙房与主楼分离时，应按裙房本身确定抗震等级。
>
> **3** 当地下室顶板作为上部结构的嵌固部位时，地下一层的抗震等级应与上部结构相同，地下一层以下确定抗震构造措施的抗震等级可逐层降低一级，但不应低于四级。地下室中无上部结构的部分，其抗震构造措施的抗震等级可根据具体情况采用三级或四级。
>
> **4** 甲、乙类建筑按规定提高一度确定其抗震等级时，如其高度超过对应的房屋最大适用高度，则应采取比相应抗震等级更有效的抗震构造措施。

需注意的是：
(1)《混规》11.1.3 条规定，与《抗震通规》5.2.1 条、《抗规》6.1.2 条是协调的。
(2)《混规》11.1.4 条，与《抗规》6.1.3 条是协调的。

【**例 3.14.1**】 某多层现浇钢筋混凝土部分框支剪力墙结构，底层为框支层，层高 4.5m，2~7 层为标准层，层高 3.0m。该建筑建于 8 度抗震设防区，丙类建筑，I_1 类场地。

试问：
(1) 确定该结构抗震构造措施的抗震等级。
(2) 确定其剪力墙底部加强部位的高度。

【**解答**】 (1) 多层房屋，$H=22.5\text{m}<24\text{m}$，按《混规》（或《抗规》或《抗震通规》）解答。

8 度、丙类、I_1 类场地，根据《混规》表 11.1.3 注 1 的规定，
按 7 度考虑抗震构造措施的抗震等级；查《混规》表 11.1.3 知：
框支层框架的抗震等级为二级；
剪力墙加强部位的抗震等级为三级；
剪力墙一般部位的抗震等级为四级。

(2) 剪力墙底部加强部位的高度 H，根据《混规》11.1.5 条规定：

$$H=\max\left(4.5+2\times 3.0;\ 22.5\times\frac{1}{10}\right)=10.5\text{m}$$

所以剪力墙底部加强部位的高度 H 为 10.5m。

【**例 3.14.2**】 某现浇多层钢筋混凝土框架结构，房屋高度 22.5m。该建筑建于 8 度抗震设防区，乙类建筑，场地为 I_1 类。

试问： 确定该结构抗震构造措施的抗震等级。

【**解答**】 (1) 多层框架结构，按《混规》（或《抗规》或《抗震通规》）解答。

(2) 8 度、乙类建筑，根据《混规》11.1.4 条第 4 款规定，应按 9 度考虑抗震构造措施的抗震等级。

(3) 根据《混规》表 11.1.3 注 1 的规定，I_1 类场地可降低 1 度，考虑抗震构造措施相应的抗震等级，即按 8 度考虑其相应的抗震等级。

(4) 最终按 8 度考虑抗震构造措施的抗震等级，查《混规》表 11.1.3 知：
该框架抗震构造措施的抗震等级为二级。

思考：试确定该框架的地震作用效应调整（内力调整）的抗震等级。此时，应按 9 度考虑框架的地震作用效应调整相应的抗震等级，查《混规》表 11.1.3，抗震等级为一级。

【**例 3.14.3**】 某 1300 座的电影院，采用现浇钢筋混凝土框架结构，框架跨度为 36m，房屋高度为 24m，场地为Ⅱ类，抗震设防烈度为 7 度，设计使用年限为 50 年。

试问：该电影院框架应按下列何项抗震等级采取抗震措施？

(A) 一级　　　　(B) 二级　　　　(C) 三级　　　　(D) 四级

【**解答**】 (1) 根据《建筑工程抗震设防分类标准》6.0.4 条及其条文说明，该电影院为重点设防类，即乙类建筑；又根据该标准 3.0.3 条（或《抗震通规》2.3.2 条），应按 8 度考虑抗震等级。

(2) 根据《混规》表 11.1.3，电影院框架，其抗震等级为一级。

所以应选 (A) 项。

此外，《抗规》3.3.3 条作了如下规定：

> 3.3.3
> 建筑场地为Ⅲ、Ⅳ类时，对设计基本地震加速度为 0.15g 和 0.30g 的地区，除本规范另有规定外，宜分别按抗震设防烈度 8 度（0.20g）和 9 度（0.40g）时各类建筑的要求采取抗震构造措施。

【**例 3.14.4**】 某现浇多层钢筋混凝土框架结构，房屋高度为 23.5m。该建筑建于 7 度抗震设防区，丙类建筑，场地为Ⅳ类，设计基本地震加速度为 0.15g。

试问：该框架结构抗震构造措施的抗震等级。

【**解答**】 (1) 根据《抗规》3.3.3 条，Ⅳ类场地，设计基本地震加速度为 0.15g，应按 8 度考虑抗震构造措施的抗震等级。

(2) 按 8 度考虑抗震构造措施的抗震等级，查《混规》表 11.1.3 知，该框架抗震构造措施的抗震等级为二级。

● 复习《混规》11.1.6 条～11.1.9 条。

【**例 3.14.5**】 某抗震设防烈度 7 度（0.15g）的钢筋混凝土框架结构，其预埋件如图 3.14.1 所示，仅承受剪力作用，构件的混凝土强度为 C30，钢板为 Q235 钢，锚筋为 HRB400 级钢筋。

试问：

(1) 假定，锚筋布置为三层，地震组合时剪力设计值 $V=240$kN。试问，锚筋配置，下列何项满足规范要求且经济合理？

(A) 6Φ20　　　　(B) 6Φ22

(C) 6Φ25　　　　(D) 6Φ28

(2) 假定，锚筋直径为 20mm，锚筋布置为四层，配置了 8Φ20（$A_s=2513$mm^2）。试问，该预埋件承受地震组合的最大剪力设计值 V（kN），与下列何项最接近？

(A) 265　　　　(B) 285

(C) 310　　　　(D) 335

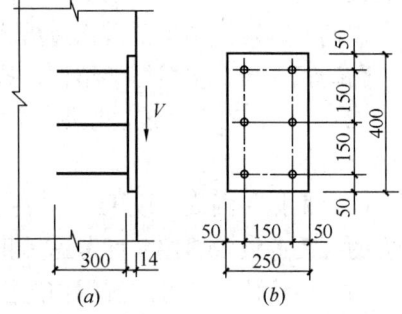

图 3.14.1

【解答】 (1) 根据《混规》11.1.6 条，取 $\gamma_{RE}=1.0$，则：
由《混规》9.7.2 条：
$$f_y=300\text{N/mm}^2$$

(A) 项：$\alpha_v = (4-0.08\times 20)\sqrt{\dfrac{14.3}{300}} = 0.524 < 0.7$

$A_s \geqslant \dfrac{240\times 10^3}{0.9\times 0.524\times 300} = 1696\text{mm}^2$；由《混规》11.1.9 条，$1.25A_s \geqslant 2120\text{mm}^2$

(A) 项，$A_s=1884\text{mm}^2$，不满足。

(B) 项：$\alpha_v=(4-0.08\times 22)\sqrt{\dfrac{14.3}{300}}=0.489<0.7$

$$\alpha_r=0.9$$

$$A_s \geqslant \dfrac{V}{\alpha_r\alpha_v f_y}=\dfrac{240\times 10^3}{0.9\times 0.489\times 300}=1818\text{mm}^2$$
$$1.25A_s=1.25\times 1818=2273\text{mm}^2$$

6 Φ 22($A_s=2281\text{mm}^2$)，满足，应选(B)项。

(2) 根据《混规》11.1.6 条、11.1.9 条：

$\gamma_{RE}=1.0$，取 $A_s=2513/1.25=2010.4\text{mm}^2$

由《混规》9.7.2 条：

$$\alpha_v=(4-0.08\times 20)\sqrt{\dfrac{14.3}{300}}=0.524<0.7$$

$$\alpha_r=0.85$$

$$V\leqslant \alpha_r\alpha_v f_y A_s=0.85\times 0.524\times 300\times 2010.4=268.6\text{kN}$$

应选（A）项。

2. 材料

《抗震通规》规定：

> 混凝土结构房屋以及钢-混凝土组合结构房屋中，框支梁、框支柱及抗震等级不低于二级的框架梁、柱、节点核芯区的混凝土强度等级不应低于C30。

《混通规》规定：

> 3.2.3 对按一、二、三级抗震等级设计的房屋建筑框架和斜撑构件，其纵向受力普通钢筋性能应符合下列规定：
>   1 抗拉强度实测值与屈服强度实测值的比值不应小于1.25；
>   2 屈服强度实测值与屈服强度标准值的比值不应大于1.30；
>   3 最大力总延伸率实测值不应小于9%。

《混规》11.2 节也作了规定。

- 复习《混规》11.2.1 条～11.2.3 条。

《抗规》3.9 节也作了规定。

- 复习《抗规》3.9.2 条第 2 款。

注意的是,《抗震通规》与《抗规》《混规》不协调。

二、框架梁

1. 框架梁的截面尺寸

- 复习《混通规》4.4.4 条第 1 款。
- 复习《混规》11.3.5 条。

需注意的是:

《混通规》与《混规》《抗规》6.3.1 条是协调的,同时,《抗规》6.3.2 条对于扁梁作出了明确规定。

- 复习《抗规》6.3.1 条、6.3.2 条。

【例 3.14.6】 抗震设计时,钢筋混凝土框架结构中,下列何项所述不妥?
(A) 框架梁宽度不宜小于 200mm
(B) 框架梁净跨与截面高度的比值不宜小于 4
(C) 扁梁应双向布置,不宜用于一级框架结构
(D) 扁梁的截面高度应大于 15 倍柱纵筋直径

【解答】 (1) 根据《混规》11.3.5 条,(A)、(B) 项正确。
(2) 根据《抗规》6.3.2 条,(C) 项正确;(D) 项不正确。
所以应选 (D) 项。

2. 框架梁的梁端剪力值和受弯承载力、斜截面受剪承载力

- 复习《混通规》4.4.8 条第 1 款。(受压区高度要求)
- 复习《混规》11.3.1 条、11.3.2 条、11.3.3 条、11.3.4 条。

《混通规》4.4.8 条第 1 款与《混规》11.3.1 条是相同的。

需注意的是:

(1)《混规》11.1.6 条规定,抗震受弯承载力按《混规》6.2 节规定,并且右端乘以 $\dfrac{1}{\gamma_{RE}}$。

《混规》11.3.1 条的条文说明指出:"在确定混凝土受压区高度时,可把截面内的受压钢筋计算在内"。

由《混规》式 (6.2.10-2): $x = \dfrac{f_y A_s - f'_y A'_s}{\alpha_1 f_c b}$

① 当 $x \geq 2a'_s$,且 $x \leq 0.25 h_0$(一级);或 $x \leq 0.35 h_0$(二、三级),由式 (6.2.10-1):

$$M_b \leq \frac{1}{\gamma_{RE}} \left[\alpha_1 f_c b x \left(h_0 - \frac{x}{2} \right) + f'_y A'_s (h_0 - a'_s) \right]$$

② 当 $x < 2a'_s$,由《混规》6.2.14 条:

$$M_b \leq \frac{1}{\gamma_{RE}} \cdot f_y A_s (h_0 - a'_s)$$

(2)《混规》11.3.2条规定了梁端剪力计算，该条的条文说明：

> 对9度设防烈度的一级抗震等级框架和一级抗震等级的框架结构，规定应考虑左、右梁端纵向受拉钢筋可能超配等因素所形成的屈服抗弯能力偏大的不利情况，取用按实配钢筋、强度标准值，且考虑承载力抗震调整系数算得的受弯承载力值，即 M_{bua} 作为确定增大后的剪力设计值的依据。M_{bua} 可按下列公式计算：
> $$M_{bua} = \frac{M_{buk}}{\gamma_{RE}} \approx \frac{1}{\gamma_{RE}} f_{yk} A_s^a (h_0 - \alpha_s')$$
> 与02版规范相比，本次修订规定在计算 M_{bua} 的 A_s^a 中考虑受压钢筋及有效板宽范围内的板筋。这里的板筋指有效板宽范围内平行框架梁方向的板内实配钢筋。对于这里使用的有效板宽，美国ACI 318-08规定取为与非抗震设计时相同的等效翼缘宽度，这就相当于取梁每侧6倍板厚作为有效板宽范围。

(3)《混规》11.3.2条规定对一级抗震等级的框架，当梁两端弯矩（M_b^l、M_b^r）均为负弯矩时，绝对值较小的弯矩值应取零。

3. 框架梁的构造规定（纵向钢筋、箍筋）

- 复习《混通规》4.4.8条第2款～第4款。
- 复习《混规》11.3.6条、11.3.7条、11.3.8条、11.3.9条。

《混通规》与《混规》是协调的。

需注意的是：

(1)《混规》11.3.6条第3款作了如下规定：

> 11.3.6 框架梁的钢筋配置应符合下列规定：
> 3 梁端箍筋的加密区长度、箍筋最大间距和箍筋最小直径，应按表11.3.6-2采用；当梁端纵向受拉钢筋配筋率大于2%时，表中箍筋最小直径应增大2mm。

(2) 对于高强混凝土($\geqslant$C50)框架梁的构造规定，《抗规》附录B.0.3条第1款规定如下：

> B.0.3 高强混凝土框架的抗震构造措施，应符合下列要求：
> 1 梁端纵向受拉钢筋的配筋率不宜大于3%（HRB335级钢筋）和2.6%（HRB400级钢筋）。梁端箍筋加密区的箍筋最小直径应比普通混凝土梁箍筋的最小直径增大2mm。

(3) 框架梁纵向受力钢筋和箍筋的工作机理，见表3.14.1和表3.14.2。

抗震设计框架梁纵向受力钢筋的工作机理　　　　表3.14.1

项 目	工作机理	
	《混规》	《抗规》
纵筋最小配筋率	11.3.6条条文说明	—
纵筋最大配筋率	—	—
梁端梁底、顶纵筋面积比 A_s'/A_s	11.3.6条条文说明	6.3.3、6.3.4条条文说明

续表

项　目	工作机理	
	《混规》	《抗规》
相对受压区高度 $\xi=x/h_0$	11.3.1 条条文说明	6.3.3、6.3.4 条条文说明
沿梁全长的通长纵筋	11.3.7 条条文说明	—
贯通中柱的纵筋直径	11.6.7 条条文说明	—

注：最大配筋率，其工作机理，见《高规》6.3.3 条条文说明。

抗震设计框架梁箍筋的工作机理　　　　　　　　　　　　表 3.14.2

项　目		工作机理	
		《混规》	《抗规》
箍筋加密区	加密区长度	11.3.6 条条文说明	6.3.3、6.3.4 条条文说明
	箍筋最大间距	11.3.6 条条文说明	6.3.3、6.3.4 条条文说明
	箍筋最小直径	11.3.6 条条文说明	6.3.3、6.3.4 条条文说明
	箍筋最大肢距	11.3.8 条条文说明	6.3.3、6.3.4 条条文说明
箍筋非加密区	箍筋间距	—	—
沿梁全长箍筋的最小面积配筋率		11.3.9 条条文说明	—

【例 3.14.7】 某钢筋混凝土框架结构，抗震二级，框架梁截面尺寸 $b \times h = 250\text{mm} \times 600\text{mm}$，采用 C30 混凝土，纵向受力钢筋采用 HRB400 级。已知框架梁左端截面的配筋为：梁顶 4$\underline{\Phi}$25，梁底 2$\underline{\Phi}$22。取 $a_s = a'_s = 45\text{mm}$。

试问：

(1) 确定该框架梁左端承受负弯矩的正截面抗震受弯承载力设计值。

(2) 确定该框架梁左端承受正弯矩的正截面抗震受弯承载力设计值。

【解答】（1）根据《混规》6.2.10 条：

$$\alpha_1 f_c bx = f_y A_s - f'_y A'_s = 360 \times 1964 - 360 \times 760$$

则：

$$x = \frac{360 \times 1964 - 360 \times 760}{1 \times 14.3 \times 250}$$

$$= 121\text{mm} > 2a'_s = 2 \times 45 = 90\text{mm}$$

$$< 0.35h_0 = 0.35 \times 555 = 194\text{mm}$$

由《混规》式（6.2.10-1）：

$$M_u = \frac{1}{\gamma_{RE}} \left[\alpha_1 f_c bx \left(h_0 - \frac{x}{2} \right) + f'_y A'_s (h_0 - a'_s) \right]$$

$$= \frac{1}{0.75} \times \left[1 \times 14.3 \times 250 \times 121 \times \left(555 - \frac{121}{2} \right) + 360 \times 760 \times (555 - 45) \right]$$

$$= 471.3 \text{kN} \cdot \text{m}$$

（2）根据《混规》6.2.10 条：

$$\alpha_1 f_c bx = f_y A_s - f'_y A'_s = 360 \times 760 - 360 \times 1964 < 0，则：x < 0，故受压钢筋不全部$$
屈服，由《混规》6.2.14 条：
$$M_u = \frac{1}{\gamma_{RE}} f_y A_s (h_0 - a'_s)$$
$$= \frac{1}{0.75} \times 360 \times 760 \times (555 - 45)$$
$$= 186.05 \text{kN} \cdot \text{m}$$

【例 3.14.8】 某多层钢筋混凝土框架结构，抗震等级为一级，采用 C30 混凝土，钢筋采用 HRB400（Φ）及 HPB300（ϕ）。框架梁 $h_0 = 340$mm，其框架梁梁端配筋如图 3.14.2 所示。根据梁端截面底面和顶面纵向钢筋截面面积的比值和截面的受压区高度，判断其纵向钢筋的配置，下列何项是正确？

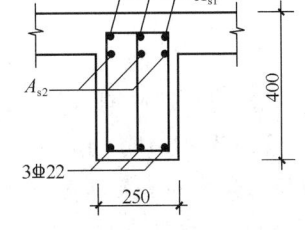

图 3.14.2

(A) $A_{s1} = 3 \Phi 25$，$A_{s2} = 2 \Phi 25$
(B) $A_{s1} = 3 \Phi 25$，$A_{s2} = 3 \Phi 20$
(C) $A_{s1} = A_{s2} = 3 \Phi 22$
(D) 上述三项均不正确

【解答】 多层框架结构，根据《混规》11.3.6 条第 2 款规定：

(A) 项：$\frac{A_{s底}}{A_{s顶}} = \frac{1140}{2454} = 0.46 < 0.5$，不满足。

(B) 项：$\frac{A_{s底}}{A_{s顶}} = \frac{1140}{2415} = 0.47 < 0.5$，不满足。

(C) 项：$\frac{A_{s底}}{A_{s顶}} = \frac{1140}{2 \times 1140} = 0.5 \leqslant 0.5$，满足。

根据《混规》11.3.1 条规定：
$$\alpha_1 f_c bx = f_y A_s - f'_y A'_s$$
$$\xi = \frac{f_y A_s - f'_y A'_s}{\alpha_1 f_c b h_0} = \frac{360 \times 2280 - 360 \times 1140}{1 \times 14.3 \times 250 \times 340} = 0.34 > 0.25，不满足。$$

所以应选（D）项。

【例 3.14.9】 某钢筋混凝土框架结构位于抗震设防地区，抗震等级二级，采用 C30 混凝土，梁纵筋采用 HRB400 级钢筋。其中一榀框架的中间跨框架梁，其截面 $b \times h = 400$mm$\times 700$mm，其左端支座边缘截面在重力荷载代表值、水平地震作用下的负弯矩标准值分别为 300kN·m、300kN·m，梁底、梁顶纵向受力钢筋分别为 4 Φ 25、5 Φ 25，截面抗弯设计时考虑了有效翼缘内楼板钢筋及梁底受压钢筋的作用。当梁端负弯矩考虑调幅时，调幅系数取 0.80。

试问：该截面考虑承载力抗震调整系数的受弯承载力设计值 M_u（kN·m）与考虑调幅后的截面弯矩设计值 M（kN·m），分别与下列哪组数值最为接近？

提示：①考虑板顶受拉钢筋面积为 628mm^2，板钢筋采用 HRB335 级钢筋。
②近似取梁、板纵向受力钢筋的 $a_s = a'_s = 50$mm。
③按《建筑与市政工程抗震通用规范》作答。

(A) 707；600　　(B) 707；732　　(C) 857；600　　(D) 857；732

【解答】 经调幅的弯矩设计值，由《抗震通规》4.3.2条：
$$M = 1.3 \times 300 \times 0.8 + 1.4 \times 300 = 732 \text{kN} \cdot \text{m}（《抗规》第5.4.1条）$$
根据《混规》6.2.10条：
$$\alpha_1 f_c b x = f_y A_s - f'_y A'_s（此处 A_s 包括梁、板内的受拉钢筋）$$
$$x = \frac{300 \times 628 + 360 \times 2454 - 360 \times 1964}{1.0 \times 14.3 \times 400} = 63.8 \text{mm} < 2a'_s = 2 \times 50 = 100 \text{mm}$$

根据《混规》6.2.14条及11.1.6条：
$$M_u = \frac{f_y A_s (h - a_s - a'_s)}{\gamma_{RE}} = \frac{(300 \times 628 + 360 \times 2454) \times (700 - 50 - 50)}{0.75}$$
$$= 857 \times 10^6 \text{N} \cdot \text{mm} = 857 \text{kN} \cdot \text{m}$$
故应选（D）项。

【例3.14.10】 某多层钢筋混凝土框架结构的框架梁，抗震设防烈度为8度，抗震等级为二级，环境类别为一类，其施工图采用平法表示如图3.14.3所示。单排，取 $a_s = a'_s$ = 45mm；双排，取 $a_s = a'_s$ = 70mm。

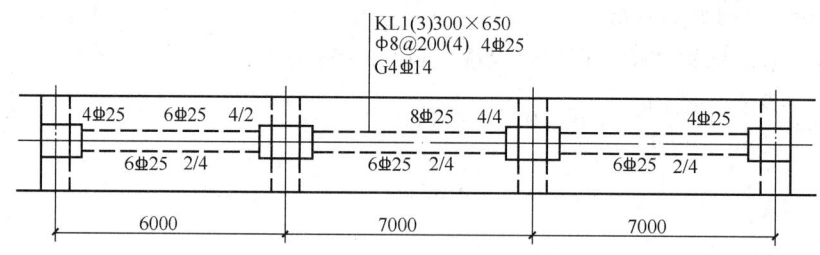

图3.14.3

试问：在KL1(3)梁的构造中（不必验算箍筋加密区长度），下列何项判断是正确的？
（A）未违反强制性条文 （B）违反1条强制性条文
（C）违反2条强制性条文 （D）违反3条强制性条文

【解答】（1）梁端最大纵向钢筋的配筋率 ρ：
$$8 \text{Φ} 25, A_s = 3927 \text{mm}^2, 取 a_s = 70 \text{mm}$$
$$\rho = \frac{A_s}{bh_0} = \frac{3927}{300 \times 580} = 2.26\% < 2.5\%，满足《混规》11.3.7条。$$

（2）$\rho = 2.26\% > 2\%$，根据《混规》11.3.6条第3款规定，箍筋最小直径应增大2mm，即为10mm，违规。

（3）箍筋间距 s，根据《混规》表11.3.6-2知：
$$s = \min\left(8d, \frac{1}{4}h_b, 100\right) = \min\left(8 \times 25, \frac{650}{4}, 100\right) = 100 \text{mm}，但图示为200mm，违规。$$
2条违规。所以应选（C）项。

【例3.14.11】 某多层钢筋混凝土框架结构，抗震等级为一级，框架梁截面尺寸 $b \times h$ = 250mm × 600mm，采用C30混凝土，纵向钢筋采用HRB400级，箍筋采用HPB300级。已知梁的两端截面的配筋均为：梁顶4Φ25，梁底4Φ22。梁的净跨 l_n = 5.6m，重力荷载代表值产生的剪力设计值 V_{Gb} = 120kN，$a_s = a'_s$ = 35mm。环境类别一类。

试问：
(1) 确定该框架梁的梁端地震组合的剪力设计值。
(2) 在地震组合下，确定该框架梁梁端箍筋的配置。

【解答】 (1) 根据《混规》11.3.2 条及条文说明：

逆时针方向：$M_{bua}^l = \dfrac{1}{\gamma_{RE}} f_{yk} A_s^a (h_0 - a_s') = \dfrac{1}{0.75} \times 400 \times 1964 \times (565-35)$

$= 555.16 \times 10^6 \text{kN} \cdot \text{m}$

$M_{bua}^r = \dfrac{1}{\gamma_{RE}} f_{yk} A_s^a (h_0 - a_s') = \dfrac{1}{0.75} \times 400 \times 1520 \times (565-35)$

$= 429.65 \times 10^6 \text{kN} \cdot \text{m}$

$M_{bua}^l + M_{bua}^r = 984.81 \times 10^6 \text{kN} \cdot \text{m}$

顺时针方向：同理可求得，$M_{bua}^l = 429.65 \times 10^6 \text{kN} \cdot \text{m}$，$M_{bua}^r = 555.16 \times 10^6 \text{kN} \cdot \text{m}$

$M_{bua}^l + M_{bua}^r = 984.81 \times 10^6 \text{kN} \cdot \text{m}$

由《混规》式（11.3.2-1）得：

$V_b = 1.1 \dfrac{M_{bua}^l + M_{bua}^r}{l_n} + V_{Gb} = 1.1 \times \dfrac{984.81 \times 10^6}{5.6 \times 10^3} + 120 \times 10^3$

$= 313.4 \text{kN}$

(2) 确定梁端箍筋的配置

1) 验算斜截面受剪条件，$l_n/h = 5.6/0.6 = 9.3 > 2.5$，由规范式（11.3.3-1）得：

$\dfrac{1}{\gamma_{RE}}(0.20 \beta_c f_c b h_0) = \dfrac{1}{0.85} \times (0.20 \times 1 \times 14.3 \times 250 \times 565)$

$= 475.26 \text{kN} > V_b = 313.4 \text{kN}$，满足。

2) 根据《混规》11.3.4 条规定：

$V_b \leqslant \dfrac{1}{\gamma_{RE}} \left[0.6 \alpha_{cv} f_t b h_0 + f_{yv} \dfrac{A_{sv}}{s} h_0 \right]$

$\dfrac{A_{sv}}{s} \geqslant \dfrac{\gamma_{RE} V_b - 0.6 \times 0.7 f_t b h_0}{f_{yv} h_0} = \dfrac{0.85 \times 313.4 \times 10^3 - 0.42 \times 1.43 \times 250 \times 565}{270 \times 565}$

$= 1.19 \text{mm}^2/\text{mm}$

根据《混规》表 11.3.6-2 知：
抗震等级一级，箍筋加密区长度：$\max(2h, 500) = \max(2 \times 600, 500) = 1200 \text{mm}$

箍筋最小直径：10mm；$\rho = \dfrac{A_s}{bh} = \dfrac{1964}{250 \times 600} = 1.3\% < 2\%$，故箍筋最小直径仍取为 10mm。

箍筋最大间距：$\min\left(6d, \dfrac{h}{4}, 100\right) = \min\left(6 \times 22, \dfrac{600}{4}, 100\right) = 100 \text{mm}$

故取 $s = 100 \text{mm}$，$A_{sv} = 119 \text{mm}^2$，选双肢箍 Φ10（$A_{sv} = 157 \text{mm}^2$）

箍筋配置为：双肢箍Φ10@100。

3）复核最小配箍率，根据《混规》11.3.9条规定

$$\rho_{sv} = \frac{A_{sv}}{bs} = \frac{157}{250\times 100} = 0.628\% > 0.30 f_t/f_{yv} = 0.3\times \frac{1.43}{270} = 0.159\%，满足要求。$$

4）复核箍筋肢距，根据《混规》11.3.8条规定：

抗震等级一级：肢距 $s = \max(200, 20d) = \max(200, 20\times 10) = 200\text{mm}$

环境类别一类，查表8.2.1知，箍筋保护层厚度 $c = 20\text{mm}$；实配 2Φ10，肢距为：$250 - 2\times 25 = 200\text{mm}$，满足。

【例3.14.12】 某多层民用建筑，采用现浇钢筋混凝土框架结构，建筑平面形状为矩形，抗扭刚度较大，属规则框架，抗震等级为二级；梁、柱混凝土强度等级为C30。平行于该建筑短边方向的边榀框架局部立面，如图3.14.4所示。

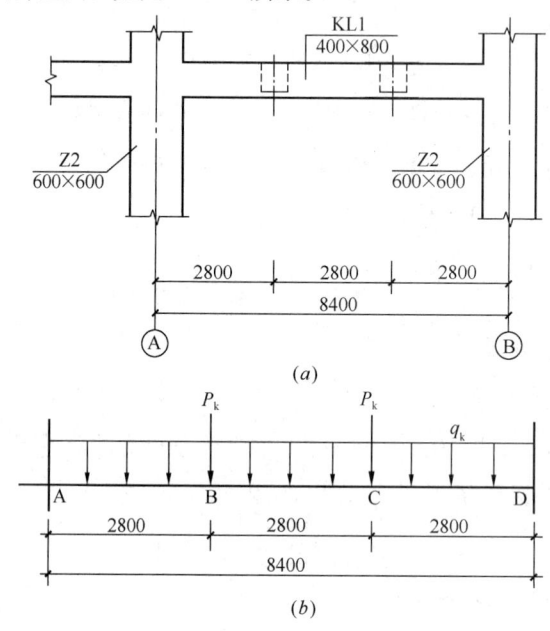

图 3.14.4

(a) 框架局部示意图（楼板未示出）；(b) 边跨框架梁KL1荷载示意图

在计算地震作用时，假定框架梁KL1上的重力荷载代表值 $P_k = 180\text{kN}$，$q_k = 25\text{kN/m}$；由重力荷载代表值产生的梁左、右端（柱边处截面）的弯矩标准值 $M_{b1}^l = 260\text{kN·m}$（↑），$M_{b1}^r = -150\text{kN·m}$（↓）；由地震作用产生的梁左、右端（柱边处截面）的弯矩标准值 $M_{b2}^l = 390\text{kN·m}$（↑）；$M_{b2}^r = 300\text{kN·m}$（↑）。

试问：梁端地震组合下最大剪力设计值 V 应为多少？

提示：①水平地震作用效应考虑边榀效应。

②按《建筑与市政工程抗震通用规范》作答。

【解答】（1）根据《抗规》5.2.3条第1款规定，短边边榀框架地震作用效应，应乘1.15。由《抗震通规》4.3.2条：

$M_b^l = 1.3\times 260 + 1.15\times(1.4\times 390)$

$= 965.9\text{kN·m}$（↑）

梁右端，同一荷载工况，仍取 $\gamma_G=1.3$
$M_b^r=-1.3\times150+1.15\times(1.4\times300)=288\text{kN}\cdot\text{m}(\uparrow)$
$M_b^l+M_b^r=965.9+288=1253.9\text{kN}\cdot\text{m}$

(2) V_{Gb}:

$$V_{Gb}=1.3\times\left(P_k+\frac{1}{2}\cdot q_k l_n\right)=1.3\times\left(180+\frac{1}{2}\times25\times7.8\right)=360.75\text{kN}$$

(3) 根据《混规》11.3.2 条规定：

$$V_b=1.2\frac{M_b^l+M_b^r}{l_n}+V_{Gb}$$

$$=1.2\times\frac{1253.9}{7.8}+360.75=554\text{kN}$$

思考：（1）结构软件计算是按同一荷载工况进行。当同一荷载工况确定后，其各分项系数的取值是唯一的，所以 γ_G 取值是唯一的，即本题均取 $\gamma_G=1.3$。

（2）假定计算图 3.14.4（b）中梁截面 B 处的剪力设计值。此时，B 处距柱边处为 $2800-300=2500\text{mm}>1.5h=1.5\times800=1200$（箍筋加密区长度），故 B 点处剪力值的计算不考虑增大系数 η_{vb}，按非抗震设计的梁计算。

【例 3.14.13】 某 8 度区的框架结构办公楼，框架梁混凝土强度等级为 C35，均采用 HRB400 钢筋。框架的抗震等级为一级。Ⓐ轴框架梁的配筋平面表示法如图 3.14.5 所示，$a_s=a_s'=60\text{mm}$。①轴的柱为边柱，框架柱截面 $b\times h=800\text{mm}\times800\text{mm}$，定位轴线均与梁、柱中心线重合。

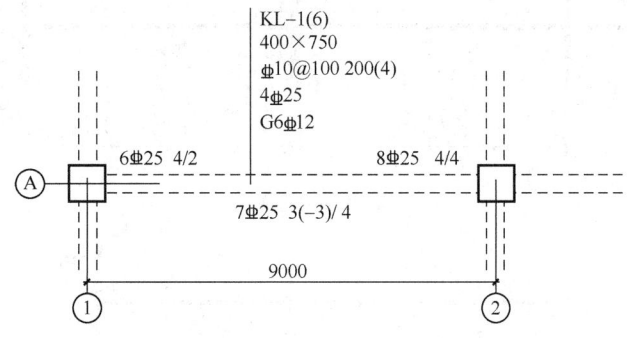

图 3.14.5

假定，该梁为中间层框架梁，作用在此梁上的重力荷载全部为沿梁全长的均布荷载，梁上永久均布荷载标准值为 46kN/m（包括自重），可变均布荷载标准值为 12kN/m（可变均布荷载按等效均布荷载计算）。

试问：此框架梁端考虑地震组合的剪力设计值 V_b（kN），应与下列何项数值最为接近？

提示：①不考虑楼板内的钢筋作用。
②按《建筑与市政工程抗震通用规范》作答。

(A) 470　　　　(B) 540　　　　(C) 570　　　　(D) 600

【解答】 由《混规》11.3.2 条：

由图可知，按顺时针方向计算弯矩时，剪力 V_b 最大。由《抗震通规》4.3.2 条：

$$V_{Gb} = 1.3 \times \frac{(46+0.5\times12)\times8.2}{2} = 277.16\text{kN}$$

$$M_{bua}^l = \frac{1}{\gamma_{RE}}f_{yk}A_s^{a,l}(h_0-a_s') = \frac{400\times4\times490.9\times(690-60)}{0.75} = 659769600\text{N}\cdot\text{m}$$

$$= 659.8\text{kN}\cdot\text{m}$$

$$M_{bua}^r = \frac{1}{\gamma_{RE}}f_{yk}A_s^{a,r}(h_0-a_s') = \frac{400\times8\times490.9\times(690-60)}{0.75} = 1319539200\text{N}\cdot\text{m}$$

$$= 1319.5\text{kN}\cdot\text{m}$$

$$V_b = 1.1\times\frac{(659.8+1319.5)}{8.2}+277.16 = 543\text{kN}$$

所以应选（B）项。

【例 3.14.14】某钢筋混凝土框架结构办公楼，抗震等级为二级，框架梁的混凝土强度等级为 C35，梁纵向钢筋及箍筋均采用 HRB400。取某边榀框架（C 点处为框架角柱）的一段框架梁，梁截面：$b\times h=400\text{mm}\times900\text{mm}$，受力钢筋的保护层厚度 $c_s=30\text{mm}$，梁上线荷载标准值分布图、简化的弯矩标准值如图 3.14.6 所示，其中框架梁净跨 $l_n=8.4\text{m}$。假定，永久荷载标准值 $g_k=83\text{kN/m}$，等效均布可变荷载标准值 $q_k=55\text{kN/m}$。

试问：考虑地震作用组合时，BC 段框架梁端截面组合的剪力设计值 V（kN），与下

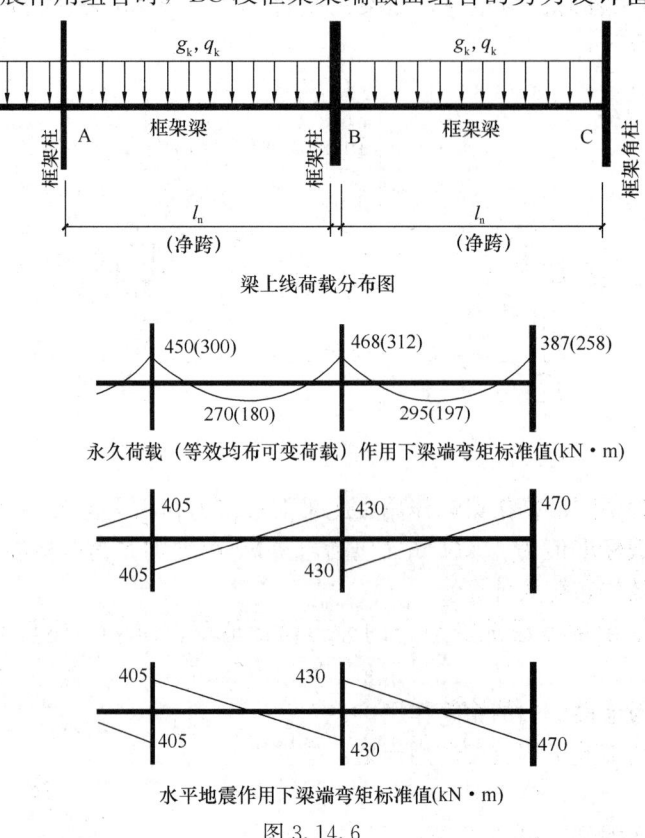

图 3.14.6

列何项数值最为接近?

提示：按《建筑与市政工程抗震通用规范》作答。

(A) 670　　　　(B) 740　　　　(C) 805　　　　(D) 880

【解答】根据《混规》11.3.2条，《抗震通规》4.3.2条：

$$V_{G6} = 1.3 \times (83 + 0.5 \times 55) \times 8.4 \times \frac{1}{2} = 603.33 \text{kN}$$

地震作用由左至右：

$$M_b^l = -1.3 \times (468 + 0.5 \times 312) + 1.4 \times 430 = -209.2 \text{kN} \cdot \text{m}(\uparrow)$$

$$M_b^r = -1.3 \times (387 + 0.5 \times 258) - 1.4 \times 470 = -1328.8 \text{kN} \cdot \text{m}(\downarrow)$$

$$M_b^l + M_b^r = -1328.8 - (-209.2) = -1119.6 \text{kN} \cdot \text{m}(\downarrow)$$

地震作用由右至左：

$$M_b^l = -1.3 \times (468 + 0.5 \times 312) - 1.4 \times 430 = -1413.2 \text{kN} \cdot \text{m}(\uparrow)$$

$$M_b^r = -1.3 \times (387 + 0.5 \times 258) + 1.4 \times 470 = -12.8 \text{kN} \cdot \text{m}(\downarrow)$$

$$M_b^l + M_b^r = -1413.2 - (-12.8) = -1400.4 \text{kN} \cdot \text{m}(\uparrow)$$

取较大者，则：　　　　$M_b^l + M_b^r = -1400.4 \text{kN} \cdot \text{m}$

$$V = 1.2 \times \frac{1400.4}{8.4} + 603.33 = 803.4 \text{kN}$$

故应选（C）项。

三、框架柱和框支柱

1. 框架柱的截面尺寸

- 复习《混通规》4.4.4条第2款。
- 复习《混规》11.4.11条。

《混通规》4.4.4条第4款与《混规》是协调的。
需注意的是：
《混规》11.4.11条与《抗规》6.3.5条是协调的，《抗规》进一步进行了细化。

2. 框架柱和框支柱的柱端弯矩、剪力

- 复习《混规》11.4.1条、11.4.2条、11.4.3条、11.4.4条、11.4.5条。

需注意的是：

(1)《混规》11.4.2条中的ΣM_{bua}的计算为：

$$\Sigma M_{bua} = M_{bua}^l + M_{bua}^r = \frac{1}{\gamma_{RE}} f_{yk} A_s^{al}(h_{01} - a'_{s1}) + \frac{1}{\gamma_{RE}} f_{yk} A_s^{ar}(h_{02} - a'_{s2})$$

式中，$h_{01} = h - a_{s1}$；$h_{02} = h - a_{s2}$；
a_{s1}、a'_{s1}分别指节点左端梁截面的纵向钢筋合力点到受拉边、受压力的距离；
a_{s2}、a'_{s2}分别指节点右端梁截面的纵向钢筋合力点到受拉边、受压边的距离。

(2)《混规》11.4.3条的条文说明中，对规范式（11.4.3-1）中M_{cua}^t、M_{cua}^b的计算为：

> 11.4.3（条文说明）
>
> 在按柱端实际配筋计算柱增强后的作用剪力时，对称配筋矩形截面大偏心受压柱按柱端实际配筋考虑承载力调整系数的正截面受弯承载力 M_{cua}，可按下列公式计算：
>
> $$M_{cua} = \frac{1}{\gamma_{RE}}\left[0.5\gamma_{RE}Nh\left(1-\frac{\gamma_{RE}N}{\alpha_1 f_{ck}bh}\right) + f'_{yk}A'^{a'}_s(h_0 - a'_s)\right]$$
>
> 式中 N——重力荷载代表值产生的柱轴向压力设计值；
> f_{ck}——混凝土轴心受压强度标准值；
> f'_{yk}——普通受压钢筋强度标准值；
> $A'^{a'}_s$——普通受压钢筋实配截面面积。
>
> 3. 框架柱和框支柱的正截面受弯承载力和斜截面受剪承载力
>
> ● 复习《混规》11.1.6 条。
> ● 复习《混规》11.4.6 条、11.4.7 条、11.4.8 条、11.4.9 条、11.4.10 条。

需注意的是：

（1）《混规》11.4.6 条中 λ 的取值：

$\lambda = \dfrac{M}{Vh_0}$（$M$ 取柱上、下端较大值），V 取与 M 对应的剪力设计值；M、V 均为内力调整前的值。

当框架柱和框支柱的反弯点在柱层高范围内时，$\lambda = \dfrac{H_n}{2h_0}$，式中 H_n 为柱净高。

β_c 的取值：≤C50 时，取 $\beta_c = 1.0$；C80 时，取 $\beta_c = 0.8$；

其间内插，$\beta_c = 1 - \dfrac{x-50}{80-50}(1-0.8)$，式中 x 为混凝土强度等级。

（2）《混规》11.4.7 条中，N 的取值：当 $N > 0.3 f_c A$ 时，取 $N = 0.3 f_c A$。

【例 3.14.15】 某多层钢筋混凝土框架结构框架柱，抗震等级为二级，混凝土强度等级为 C40，该柱的中间楼层局部纵剖面及配筋截面如图 3.14.7 所示，已知角柱及边柱的反弯点均在层高范围内；柱截面有效高度 $h_0 = 550$mm。

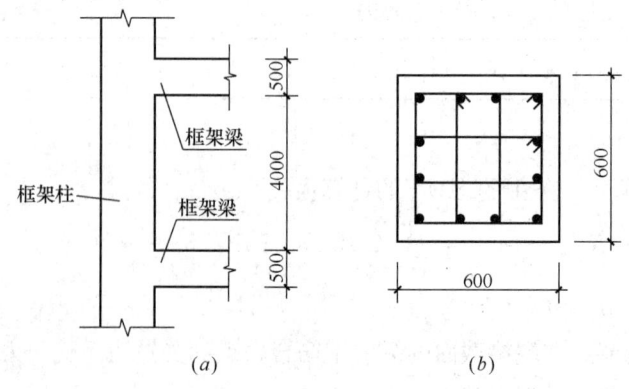

图 3.14.7
(a) 框架柱局部剖面；(b) 柱配筋截面

试问:
(1) 假定该框架柱为中间层角柱。已知该角柱考虑地震作用组合并经过为实现"强柱弱梁"按规范调整后的柱上、下端弯矩设计值分别为 $M_c^t=180\text{kN}\cdot\text{m}$, $M_c^b=320\text{kN}\cdot\text{m}$。确定该柱端截面考虑地震作用组合的剪力设计值应为多少?

(2) 假定该框架柱为中间层边柱,已知该边柱箍筋为Φ10@100/200, $f_{yv}=300\text{N}/\text{mm}^2$;考虑地震作用组合的柱轴力设计值为3500kN。确定该柱箍筋加密区、非加密区斜截面受剪承载力设计值分别为多少?

【解答】(1) 根据《混规》11.4.3 条规定:

$$V_c = 1.3\frac{M_c^t + M_c^b}{H_n} = 1.3 \times \frac{180+320}{4.0} = 162.5\text{kN}$$

角柱,根据《混规》11.4.5 条规定:

$$V_c = 1.1 \times 162.5 = 178.75\text{kN}$$

(2) 根据《混规》11.4.6 条规定:$\lambda = \dfrac{H_n}{2h_0}$

$$\lambda = \frac{4000}{2\times 550} = 3.64 > 3,\text{故取}\ \lambda=3$$

$$0.3f_cA = 0.3 \times 19.1 \times 600 \times 600 = 2062.8\text{kN} < N = 3500\text{kN}$$

故取 $N=2062.8\text{kN}$。

根据《混规》11.4.7 条规定:

$$V_c = \frac{1}{\gamma_{RE}}\left[\frac{1.05}{\lambda+1}f_tbh_0 + f_{yv}\frac{A_{sv}}{s}h_0 + 0.056N\right]$$

箍筋加密区:

$$V_{c1} = \frac{1}{0.85}\left(\frac{1.05}{3+1}\times 1.71 \times 600 \times 550 + 300 \times \frac{314}{100}\times 550 + 0.056 \times 2062.8 \times 10^3\right)$$
$$= 919.7\text{kN}$$

箍筋非加密区:

$$V_{c2} = \frac{1}{0.85}\left(\frac{1.05}{3+1}\times 1.71 \times 600 \times 550 + 300 \times \frac{314}{200}\times 550 + 0.056 \times 2062.8 \times 10^3\right)$$
$$= 614.9\text{kN}$$

验算斜截面受剪承载力,$\lambda=3.64$,根据《混规》11.4.6 条规定:

$$\frac{1}{\gamma_{RE}}(0.2\beta_c f_c b h_0) = \frac{1}{0.85}\times 0.2 \times 1 \times 19.1 \times 600 \times 550$$
$$= 1483.06\text{kN} > V_{c1},\text{且} > V_{c2}$$

所以该框架柱箍筋加密区、非加密区斜截面受剪承载力分别为 919.7kN、614.9kN。

【例3.14.16】 某多层现浇钢筋混凝土民用建筑框架结构,无库房区,属于一般结构,位于8度抗震设防区,抗震等级为二级。作用在结构上的活载仅为按等效均匀荷载计算的楼面活载;水平地震作用的相应增大系数为1.0,已知其底层边柱的底端受各种荷载产生的内力标准值(单位:kN·m,kN)如下:

静载：$M=32.5$　$V=18.7$；活载：$M=21.5$，$V=14.3$
左风：$M=28.6$　$V=-16.4$；右风：$M=-26.8$，$V=15.8$
左地震：$M=-53.7$　$V=-27.0$；右地震：$M=46.4$，$V=32.0$

提示：按《建筑与市政工程抗震通用规范》作答。

试问：

(1) 当对该底层边柱的底端进行截面配筋设计时，按强柱弱梁、强剪弱弯调整后，其 M 的最大组合设计值分别为多少？

(2) 假定题目变为：多层现浇钢筋混凝土框架-剪力墙结构，其他条件不变，确定该底层边柱的 M 值为多少？

【解答】(1) 一般结构，根据《抗震通规》4.3.2条规定，取风荷载组合系数为0.0。最不利组合为右地震，根据《抗震通规》4.1.3条规定，活荷载的组合系数取为0.5。

$$M=1.3\times(32.5+0.5\times21.5)+1.4\times46.4=121.185\text{kN}\cdot\text{m}$$

内力调整，根据《混规》11.4.2条规定：

抗震等级二级，底层柱下端弯矩增大系数为1.5，

$M=1.5\times121.185=181.8\text{kN}\cdot\text{m}$

(2) 根据《抗规》6.2.3条条文说明：

$$M=121.185\text{kN}\cdot\text{m}$$

4. 柱轴压比

● 复习《混规》11.4.16条。

需注意的是：

(1)《混规》11.4.16条规定，与《抗规》6.3.6条是协调的。

(2)《混规》11.4.16条表11.4.16注1、2、3、4、5、6的规定。其中，注5的运用，详见后面柱的构造规定。

【例3.14.17】某6层钢筋混凝土框架结构，其框架角柱的截面尺寸为400mm×600mm，抗震等级为二级。该结构为一般民用建筑之档案库，且作用在结构上的活荷载仅为按等效均布荷载计算的楼面活荷载，采用C35混凝土，柱剪跨比 $\lambda=2$。各种作用在该角柱控制截面产生内力标准值如下：

永久荷载：$M=280.5\text{kN}\cdot\text{m}$，$N=860.0\text{kN}$；
活荷载：$M=130.8\text{kN}\cdot\text{m}$，$N=580.0\text{kN}$；
水平地震作用：$M=\pm200.6\text{kN}\cdot\text{m}$，$N=\pm480\text{kN}$。

试问：该柱轴压比与柱轴压比限值的比值为多少？

提示：按《建筑与市政工程抗震通用规范》和《混凝土结构设计规范》作答。

【解答】(1) 根据《抗震通规》4.1.3条规定，档案库，取活荷载组合系数为0.8。

$$N=1.3\times(860+0.8\times580)+1.4\times480=2393.2\text{kN}$$

$$\mu_\text{N}=\frac{N}{f_\text{c}A}=\frac{2393.3\times10^3}{16.7\times400\times600}=0.597$$

(2) 查《混规》表 11.4.16，框架结构，抗震二级：
$[\mu_N] = 0.75$

又 $\lambda = 2$，根据《混规》表 11.4.16 注 3 的规定，减小 0.05。

$$[\mu_N] = 0.75 - 0.05 = 0.7$$

则：$\dfrac{\mu_N}{[\mu_N]} = \dfrac{0.597}{0.7} = 0.85$

【例 3.14.18】 某 4 层现浇钢筋混凝土框架结构，各层结构计算高度均为 6m，平面布置如图 3.14.8 所示，抗震设防烈度为 7 度，设计基本地震加速度为 0.15g，设计地震分组为第二组，建筑场地类别为 II 类，抗震设防类别为重点设防类。

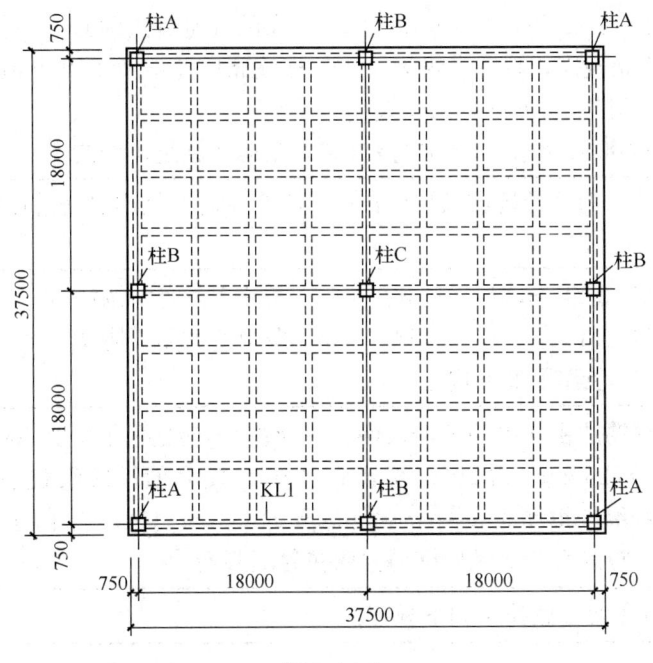

图 3.14.8

假定，柱 B 混凝土强度等级为 C50，剪跨比大于 2，恒荷载作用下的轴力标准值 $N_1 = 7400\text{kN}$，活荷载作用下的轴力标准值 $N_2 = 2000\text{kN}$（组合值系数为 0.5），水平地震作用下的轴力标准值 $N_{Ehk} = 500\text{kN}$。

试问：未采用有利于提高轴压比限值的构造措施时，柱 B 满足轴压比要求的最小正方形截面边长 h（mm）应与下列何项数值最为接近？

提示：风荷载不起控制作用；按《建筑与市政工程抗震通用规范》作答。

(A) 750　　　　(B) 800　　　　(C) 850　　　　(D) 900

【解答】 根据《混规》表 11.4.16 注 1，《抗震通规》4.3.2 条：

柱的轴压力设计值 $N = 1.3 \times (7400 + 2000 \times 0.5) + 1.4 \times 500 = 11620\text{kN}$

根据《抗震通规》，重点设防类的抗震措施应提高一度，即按 8 度，查《混规》表 6.1.2，本工程大跨度框架抗震等级为一级。

查《混规》表 11.4.16，一级框架结构柱轴压比限值为 $\mu_N = 0.65$，则

$$h \geqslant \sqrt{\frac{N}{f_c \mu_N}} = \sqrt{\frac{11620 \times 1000}{23.1 \times 0.65}} = 880\text{mm}$$

故应选（D）项。

5. 柱的构造规定（纵向钢筋、箍筋）

> - 复习《混通规》4.4.9条。
> - 复习《混规》11.4.12条、11.4.13条。
> - 复习《混规》11.4.14条、11.4.15条、11.4.16条、11.4.17条、11.4.18条。

《混通规》表4.4.9-2与《混规》表11.4.12-2有区别。

需注意的是：

(1)《混规》11.4.12条，与《抗规》6.3.7条的规定是协调的。

《抗规》6.3.7条规定，抗震等级为三级，柱截面尺寸不大于400mm×400mm，箍筋最小直径为6mm。但是，《混规》无此规定。

(2)《混规》11.4.13条。与《抗规》6.3.8条第4款是协调的。

> 11.4.13 边柱、角柱及抗震墙端柱在小偏心受拉时，柱内纵筋总截面面积应比计算值增加25%。

(3)《混规》11.4.14条，与《抗规》6.3.9条第1款是协调的。

(4)《混规》11.4.15条，与《抗规》6.3.9条第2款是不协调。

《混规》11.4.15条作了如下规定：

> 11.4.15 柱箍筋加密区内的箍筋肢距：一级抗震等级不宜大于200mm；二、三级抗震等级不宜大于250mm和20倍箍筋直径中的较大值；四级抗震等级不宜大于300mm。每隔一根纵向钢筋宜在两个方向有箍筋或拉筋约束；当采用拉筋且箍筋与纵向钢筋有绑扎时，拉筋宜紧靠纵向钢筋并钩住封闭箍筋。

《抗规》6.3.9条第2款作了如下规定：

> 6.3.9
> 2 柱箍筋加密区箍筋肢距，一级不宜大于200mm，二、三级不宜大于250mm，四级不宜大于300mm。至少每隔一根纵向钢筋宜在两个方向有箍筋或拉筋约束；采用拉筋复合箍时，拉筋宜紧靠纵向钢筋并钩住箍筋。

(5)《混规》11.4.17条、11.4.18条，与《抗规》6.3.9条第3、4款规定是协调的。柱箍筋形式或称为箍筋类别，其图示见《抗规》6.3.9条条文说明中图17。

普通箍、复合箍：
$$\rho_v = \frac{\sum n_i A_{si} l_i}{A_{cor} s}$$

螺旋箍：
$$\rho_v = \frac{4 A_{ss1}}{d_{cor} s}$$

上述计算式中，箍筋长度 l_i 是取与之垂直箍筋的中到中的长度计算；A_{ss1} 见《混规》6.6.3条中定义。

(6)《混规》表11.4.16注5（轴压比增加0.15）与表11.4.17的使用。根据图集《混凝土结构剪力墙边缘构件和框架柱构造钢筋选用》14G330-1、14G330-2，图集

14G330-2中表2.1.1-4中"其他结构"是指：框架-剪力墙、板柱-剪力墙、框架-核心筒、筒中筒结构。图集14G330-1、14G330-2作了如下规定：

框架结构框架柱柱端箍筋加密区最小配箍特征值 λ_v													表2.1.1-3
箍筋形式	抗震等级	柱轴压比											
		≤0.30	0.40	0.50	0.60	0.70	0.75	0.80	0.85	0.90	0.95	1.00	1.05
普通箍、复合箍	特一	0.12	0.13	0.15	0.17	0.19	0.205	0.205	—	—	—	—	—
	一	0.10	0.11	0.13	0.15	0.17	0.185	0.185	—	—	—	—	—
	二	0.08	0.09	0.11	0.13	0.15	0.16	0.17	0.18	0.18	—	—	—
	三	0.06	0.07	0.09	0.11	0.13	0.14	0.15	0.16	0.17	0.185	0.185	—
	四	0.06	0.07	0.09	0.11	0.13	0.14	0.15	0.16	0.17	0.185	0.20	0.20
螺旋箍、复合或连续复合螺旋箍	特一	0.10	0.11	0.13	0.15	0.17	0.185	0.185	—	—	—	—	—
	一	0.08	0.09	0.11	0.13	0.15	0.165	0.165	—	—	—	—	—
	二	0.06	0.07	0.09	0.11	0.13	0.14	0.15	0.16	0.16	—	—	—
	三	0.05	0.06	0.07	0.09	0.11	0.12	0.13	0.14	0.15	0.165	0.165	—
	四	0.05	0.06	0.07	0.09	0.11	0.12	0.13	0.14	0.15	0.165	0.18	0.18

"其他结构"框架柱柱端箍筋加密区最小配箍特征值 λ_v													表2.1.1-4
箍筋形式	抗震等级	柱轴压比											
		≤0.30	0.40	0.50	0.60	0.70	0.80	0.85	0.90	0.95	1.00	1.05	
普通箍、复合箍	特一	0.12	0.13	0.15	0.17	0.19	0.22	0.235	0.235	—	—	—	
	一	0.10	0.11	0.13	0.15	0.17	0.20	0.215	0.215	—	—	—	
	二	0.08	0.09	0.11	0.13	0.15	0.17	0.18	0.19	0.205	0.205	—	
	三	0.06	0.07	0.09	0.11	0.13	0.15	0.16	0.17	0.185	0.20	0.20	
	四	0.06	0.07	0.09	0.11	0.13	0.15	0.16	0.17	0.185	0.20	0.22	
螺旋箍、复合或连续复合螺旋箍	特一	0.10	0.11	0.13	0.15	0.17	0.20	0.215	0.215	—	—	—	
	一	0.08	0.09	0.11	0.13	0.15	0.18	0.195	0.195	—	—	—	
	二	0.06	0.07	0.09	0.11	0.13	0.15	0.16	0.17	0.185	0.185	—	
	三	0.05	0.06	0.07	0.09	0.11	0.13	0.14	0.15	0.165	0.18	0.18	
	四	0.05	0.06	0.07	0.09	0.11	0.13	0.14	0.15	0.165	0.18	0.20	

框支柱端箍筋加密区最小配箍特征值 λ_v										表2.3.1-3
箍筋形式	抗震等级	柱轴压比								
		≤0.30	0.40	0.50	0.60	0.70	0.75	0.80	0.85	
井字复合箍	特一	0.13	0.14	0.16	0.18	0.20	0.20	—	—	
	一	0.12	0.13	0.15	0.17	0.19	0.19	—	—	
	二	0.10	0.11	0.13	0.15	0.17	0.18	0.19	0.19	

续表

箍筋形式	抗震等级	柱轴压比							
		≤0.30	0.40	0.50	0.60	0.70	0.75	0.80	0.85
复合螺旋箍	特一	0.11	0.12	0.14	0.16	0.18	0.18	—	—
	一	0.10	0.11	0.13	0.15	0.17	0.17	—	—
	二	0.08	0.09	0.11	0.13	0.15	0.16	0.17	0.17

注：3 当轴压比增加 0.15 时，按《建筑抗震设计规范》GB 50011—2010 表 6.3.6 注 4 确定 λ_V 取方框内的数值。

应注意的是，上述表中注 3 的内容，与《混规》表 11.4.16 注 5 的内容是一致的。

【例 3.14.19】 某钢筋混凝土框架结构，抗震等级一级，混凝土采用 C50，剪跨比大于 2，柱箍筋采用井字复合箍，柱截面中部设置芯柱，满足《混规》表 11.4.16 注 5 的要求。已知柱的轴压比为 0.78。

试问： 确定柱的最小配箍特征值 λ_v。

【解答】 根据《混规》表 11.4.16 注 5，抗震一级，则：
$$[\mu_N] = 0.65 + 0.15 = 0.80 < 1.05，满足。$$

又已知 $\mu_N = 0.78 \begin{matrix} <0.80 \\ >0.65 \end{matrix}$，满足。

解法一：$\mu_N = 0.78$，直接查图集表 2.1.1-3，取 $\lambda_v = 0.185$。

解法二：根据《混规》11.4.16 注 5，则：

当 $\mu_N = 0.80$ 时，比 $[\mu_N] = 0.65$ 大于 0.15，故取 $\mu_N = 0.65 + 0.1 = 0.75$，查《混规》表 11.4.17，取 $\lambda_v = \frac{1}{2}(0.17 + 0.20) = 0.185$。

当 $\mu_N = 0.75$ 时，比 $[\mu_N] = 0.65$ 大于 0.10，故取 $\mu_N = 0.65 + 0.1 = 0.75$，查《混规》表 11.4.17，取 $\lambda_v = \frac{1}{2}(0.17 + 0.20) = 0.185$。

当 $\mu_N = 0.78$ 时，内插法，取 $\lambda_v = 0.185$。

可见，解法一、解法二的结果是相同的（实质上图集是按解法二得到计算结果，并编制成表 2.1.1-3、表 2.1.1-4、表 2.3.1-3）。

思考： 假定该结构为框架-剪力墙结构，抗震等级为二级，柱的轴压比为 0.97，其他条件不变。试确定柱的 λ_v 值。

此时，根据《混规》表 11.4.16，抗震二级，取 $[\mu_N] = 0.85 + 0.15 = 1.00 < 1.05$，满足。

又已知 $\mu_N = 0.97 \begin{matrix} <1.0 \\ >0.85 \end{matrix}$，满足；查图集表 2.1.1-4，取 $\lambda_v = 0.205$。

【例 3.14.20】 某 6 层钢筋混凝土框架结构的角柱，按混凝土结构施工图平面整体表示方法制图规则和构造详图如图 3.14.9 所示，该结构为一般民用建筑，抗震等级为二级，环境类别为

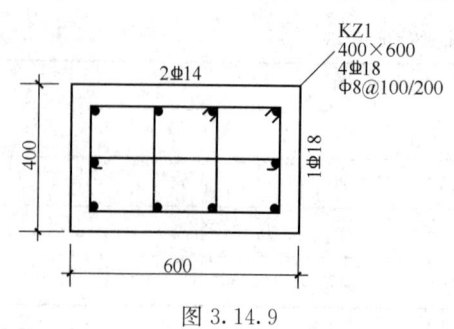

图 3.14.9

一类，该角柱轴压比 $\mu_N \leqslant 0.3$，混凝土强度等级 C35，钢筋 HPB300（Φ）和 HRB400（Φ）。

试问：图中施工图有几处违反规范要求？

提示：按《混凝土结构设计规范》GB 50010—2010 作答。

【**解答**】（1）纵向钢筋：

全部纵筋最小配筋率，查《混规》表 11.4.12-1：

$$\rho_{\min}=0.95\%；\rho_{单侧,\min}=0.2\%$$

$$\rho=\frac{A_s}{bh}=\frac{615+1527}{400\times 600}=0.89\%<0.95\%，违规。$$

单侧为 3Φ18，$\rho_{单侧}=\dfrac{A_s}{bh}=\dfrac{763}{400\times 600}=0.32\%>0.2\%$，不违规。

全部纵筋最大配筋率，由《混规》11.4.13 条规定：

$$\rho_{\max}=5\%$$

$\rho=0.89\%<5\%$，不违规。

纵筋间距 s：$s\leqslant 200$mm，图示纵筋间距满足要求，不违规。

（2）加密区箍筋：

最大间距：查《混规》表 11.4.12-2，$\min(8d,100)=\min(8\times 14,100)=100$mm，不违规。

最小直径：查《混规》表 11.4.12-2，$d=8$mm，不违规。

最大肢距：由《混规》11.4.15 条规定，$\max(250,20d)=\max(250,20\times 8)=250$mm；一类环境，C35 的柱，查《混规》表 8.2.1 知，箍筋混凝土保护层厚度 $c=20$mm，实际肢距：$\dfrac{600-2\times 24}{3}=184mm<250$mm，不违规。

加密区范围：由《混规》11.4.14 条规定，应全高加密，违规。

体积配箍率：由《混规》11.4.17 条规定：

$$\rho_v=\lambda_v f_c/f_{yv}=0.08\times 16.7/270=0.49\%$$

$$\rho_{v,\min}=0.6\%$$

实际体积配箍率：

$$\rho_v=\frac{\sum n_i A_{si} l_i}{A_{cor}s}=\frac{3\times 552\times 50.3+4\times 352\times 50.3}{544\times 344\times 100}=0.82\%>0.6\%，不违规。$$

所以该角柱有二处违规，即：全部纵筋最小配筋率、箍筋加密区范围。

【**例 3.14.21**】 某多层民用建筑采用现浇钢筋混凝土框架结构，抗震等级为二级，混凝土强度等级为 C30。已知柱地震组合时的轴力设计值 $N=3600$kN，纵筋采用 HRB400 级，箍筋采用 HRB335 级，箍筋配置如图 3.14.10 所示，箍筋保护层厚度 $c=20$mm。

试问：该柱加密区的体积配箍率与规范规定的最小体积配箍率的比值应为多少？

【**解答**】（1）确定 λ_v

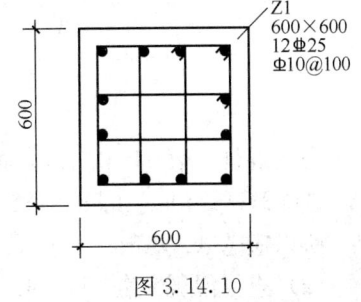

图 3.14.10

$$\mu_N = \frac{N}{f_c A} = \frac{3600 \times 10^3}{14.3 \times 600 \times 600} = 0.7$$

查《混规》表 11.4.16 知：$[\mu_N] = 0.75 > \mu_N = 0.7$，满足。

查《混规》表 11.4.17 知：$\lambda_v = 0.15$，取 $[\rho_v] \geqslant 0.6\%$，C30＜C35，按 C35 计算，$[\rho_v] = \lambda_v f_c / f_{yv} = 0.15 \times 16.7/300 = 0.835\% > 0.6\%$，满足。

(2) 确定 ρ_v，$l_i = 600 - 2 \times 20 = 560$mm

$$\rho_v = \frac{\sum n_i A_{si} l_i}{A_{cor} s} = \frac{2 \times 4 \times 78.5 \times 550}{540 \times 540 \times 100} = 1.184\%$$

$$\frac{\rho_v}{[\rho_v]} = \frac{1.184\%}{0.835\%} = 1.418$$

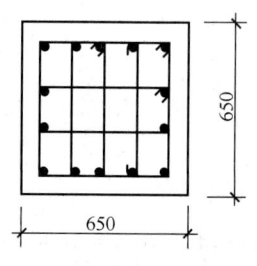
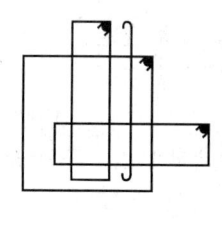

图 3.14.11

【例 3.14.22】 某一建造于 Ⅱ 类场地上的钢筋混凝土多层框架结构，高度 $H=23$m，抗震等级为二级，其中某中柱的轴压比为 0.7，混凝土强度等级为 C30，箍筋采用 HPB300，箍筋混凝土保护层厚度取 25mm，剪跨比 $\lambda = 2.1$，柱断面尺寸及配筋形式如图 3.14.11 所示。

试问：

(1) 下列何项箍筋的配筋最接近于加密区最小体积配筋率的要求。

(A) Φ8@80　　(B) Φ8@100　　(C) Φ10@100　　(D) Φ10@80

(2) 当该柱为角柱，且其纵向钢筋采用 HRB400 时，下列何项配筋截面面积最接近最小配筋率的要求。

(A) 6400mm²　　(B) 5120mm²　　(C) 4250mm²　　(D) 3810mm²

【解答】 (1) 多层框架结构，$H=23$m＜24m，用《混规》（或《抗规》或《抗震通规》）解答。

查《混规》表 11.4.17，抗震等级二级，$\mu_N = 0.7$，取 $\lambda_v = 0.15$。

C30＜C35，按 C35 计算 ρ_v：

$\rho_v \geqslant \lambda_v f_c / f_{yv} = 0.15 \times 16.7/270 = 0.928\% > 0.6\%$，满足。

假定箍筋直径为 8mm，则：

$$\rho_v = \frac{\sum n_i A_{si} l_i}{A_{cor} s} = \frac{(5 \times 592 + 4 \times 592) A_{s1}}{584 \times 584 \times s} \geqslant 0.928\%$$

$$\frac{A_{s1}}{s} \geqslant 0.594 \text{mm}^2/\text{mm}$$

查《混规》表 11.4.12-2，箍筋最小直径：$d \geqslant 8$mm。

选 Φ8，$s \leqslant 50.3/0.594 = 85$mm，故选 Φ8@80，原假定正确。

所以应选 (A) 项。

(2) 查《混规》表 11.4.12-1 及注的规定：

抗震等级二级、角柱：$\rho_{\min}=0.95\%$

$A_{s,\min}=\rho_{\min}bh=0.95\%\times 650\times 650=4014\text{mm}^2$

单侧纵筋最小配筋率：$\rho_{单,\min}=0.2\%$，$2\rho_{单,侧}=0.4\%$

因 $\rho_{\min}=0.95\%$，满足要求。

所以应选（C）项。

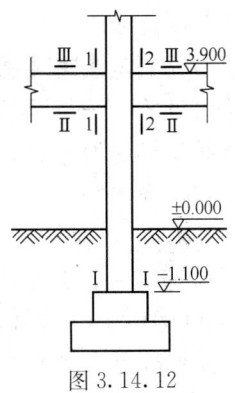

图 3.14.12

【例 3.14.23】 某多层现浇钢筋混凝土框架结构，抗震等级为二级，设置刚性地面，如图 3.14.12 所示。中柱截面尺寸为 500mm×500mm，梁高 600mm，混凝土 C30，纵筋 HRB400 级，箍筋 HPB300 级。考虑地震组合下的未经内力调整的柱有关截面的内力设计值如表 3.14.3 所示。反弯点在柱层高范围内。取 $a_s=a_s'=40$mm。

内力设计值（单位：kN·m；kN）　　　　　　表 3.14.3

位 置		内 力	左 震	右 震
柱 端	Ⅰ-Ⅰ	$M_{c\text{I}}$ $N_{c\text{I}}$	−380 1500	350 1800
	Ⅱ-Ⅱ	$M_{c\text{Ⅱ}}$ $N_{c\text{Ⅱ}}$	−270 1300	200 1700
柱 端	Ⅲ-Ⅲ	$M_{c\text{Ⅲ}}$	−270	150
梁 端	1-1	M_{b1}	317（↑）	170（↓）
	2-2	M_{b2}	160（↑）	200（↓）

提示：按《混凝土结构设计规范》GB 50010—2010 作答。

试问：

(1) 该底层柱轴压比与轴压比限值的最不利的比值应为多少？

(A) 0.756　　(B) 0.671　　(C) 0.765　　(D) 0.807

(2) 该底层柱柱底对称配筋时，采用的最不利内力设计值最接近下列哪项？

(A) $M=380$kN·m；$N=1500$kN　　(B) $M=570$kN·m；$N=1500$kN

(C) $M=380$kN·m；$N=1800$kN　　(D) $M=570$kN·m；$N=1800$kN

(3) 该底层柱柱顶对称配筋时，不考虑其柱底的影响，采用的最不利内力值最接近下列哪项？

(A) $M=358$kN·m；$N=1500$kN　　(B) $M=358$kN·m；$N=1300$kN

(C) $M=286.2$kN·m；$N=1300$kN　　(D) $M=286.2$kN·m；$N=1500$kN

(4) 该底层柱配箍筋抗剪时的剪力设计值（kN），应与下列哪项最接近？

(A) 200　　(B) 220　　(C) 255　　(D) 275

(5) 该底层柱下端的箍筋加密区长度（mm），与下列哪项最接近？

(A) 1470　　(B) 1550　　(C) 1600　　(D) 1750

(6) 该底层柱箍筋加密区范围内的最小体积配箍率 ρ_v（%），与下列哪项最接近？

(A) 0.60　　　　(B) 0.68　　　　(C) 1.04　　　　(D) 1.05

(7) 假定该底层柱承受地震组合的剪力设计值 $V=480$kN，轴向压力设计值 $N=1787.5$kN，配箍形式如图 3.14.13 所示，箍筋混凝土保护层厚度为 20mm，则其加密区箍筋配置为下列哪项最合适？

(A) $\phi 8@100$　　　　　　　　(B) $\phi 10@150$
(C) $\phi 10@100$　　　　　　　(D) $\phi 12@100$

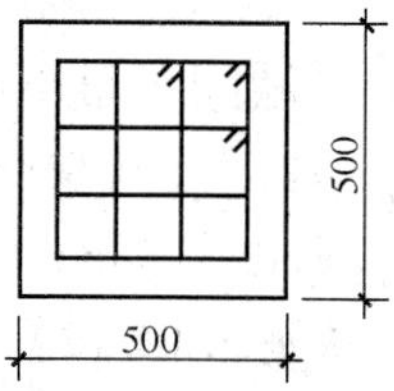

图 3.14.13

(8) 假定该柱为第二层，其柱承受地震组合的剪力设计值 $V=505$kN，轴向压力设计值 $N=1787.5$kN，柱子剪跨比 $\lambda=2.0$，配筋形式如图 3.14.11 所示，箍筋混凝土保护层厚度为 20mm，已知 $\lambda_v=0.11$，则其加密区箍筋配置为下列哪项最合适？

(A) $\phi 8@100$　　(B) $\phi 10@150$　　(C) $\phi 10@100$　　(D) $\phi 12@150$

【解答】 (1) 确定 $\mu_N / [\mu_N]$ 值：
多层框架结构，查《混规》表 11.4.16 知，$[\mu_N]=0.75$

$$\lambda = \frac{H_n}{2h_0} = \frac{3.9+1.1-0.6}{2\times(0.50-0.04)} = 4.78 > 2，故 [\mu_N] 不调整。$$

取最不利轴力计算 μ_N：

$$\mu_N = \frac{N}{f_c A} = \frac{1800\times10^3}{14.3\times500\times500} = 0.503 > 0.15$$

$$\frac{\mu_N}{[\mu_N]} = \frac{0.503}{0.75} = 0.671，所以应选(B)项。$$

(2) 判别偏压类型

$$\mu_N = \frac{1500\times10^3}{14.3\times500\times500} = 0.42 > 0.15，取 \gamma_{RE}=0.8$$

假定大偏压：

$$x = \frac{\gamma_{RE}N}{\alpha_1 f_c b} = \frac{0.8\times1500\times10^3}{1\times14.3\times500} = 168\text{mm} < \xi_b h_0 = 238\text{mm}$$

故为大偏压，可知，四个选项均为大偏压。
故应选弯矩大、轴力小的内力为最不利内力，即：$M=380$kN·m，$N=1500$kN。
抗震等级二级、底层柱下端截面 M，根据《混规》11.4.2 条规定：

$$M = 1.5\times380 = 570\text{kN·m}$$

所以应选（B）项。

(3) 判别偏压类型

$$\mu_N = \frac{1300\times10^3}{14.3\times500\times500} = 0.36 > 0.15，取 \gamma_{RE}=0.8$$

假定大偏压：

$$x = \frac{\gamma_{RE}N}{\alpha_1 f_c b} = \frac{0.8\times1300\times10^3}{1\times14.3\times500} = 145\text{mm} < \xi_b h_0 = 238\text{mm}$$

故为大偏压，可知，四个选项均为大偏压。

故应选弯矩值大、轴力小的内力为最不利内力，即：$M = -270 \text{kN} \cdot \text{m}$，$N = 1300 \text{kN}$。

底层柱上端弯矩应考虑"强柱弱梁"的内力调整，根据《混规》11.4.1 条规定，抗震等级二级，取 $\eta_c = 1.5$。

逆时针方向：$\quad\quad\quad \Sigma M_b = 317 + 160 = 477 \text{kN} \cdot \text{m}$

顺时针方向：$\quad\quad\quad \Sigma M_b = 170 + 200 = 370 \text{kN} \cdot \text{m}$

取较大值计算，如图 3.14.14 所示。

$\Sigma M_c = \eta_c \Sigma M_b = 1.5 \times 477 = 715.5 \text{kN} \cdot \text{m}$

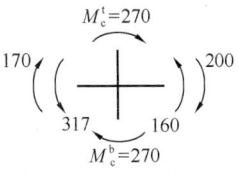

图 3.14.14

底层柱上端截面弯矩值：

$$M_c^b = \frac{270}{270+270} \times 715.5 = 357.75 \text{kN}$$

所以取 $M = 357.75 \text{kN}$，$N = 1300 \text{kN}$ 进行配筋计算，故选（B）项。

(4) 根据《混规》11.4.3 条规定：

$$V_c = 1.3 \frac{M_{cI}^t + M_{cI}^b}{H_n} = 1.3 \times \frac{357.75 + 1.5 \times 380}{4.4} = 274.1 \text{kN}$$

所以应选（D）项。

(5) 根据《混规》表 11.4.12-2 注的规定：

$$H_n = 3.9 + 1.1 - 0.6 = 4.4 \text{m}; \quad \frac{H_n}{3} = \frac{4.4}{3} = 1.467 \text{mm}$$

基础顶面至刚性地面的距离为 1.1m，刚性地面上下各 500mm 应加密，故底层柱下端箍筋加密区范围为：$1.1 + 0.5 = 1.6\text{m} > 1.467\text{m}$，取为 1.6m，所以应选（C）项。

(6) 求 $\rho_{v,\min}$

$$\mu_N = \frac{N}{f_c A} = \frac{1800 \times 10^3}{14.3 \times 500 \times 500} = 0.503$$

查《混规》表 11.4.17：

$$\lambda_v = 0.11 + \frac{0.503 - 0.5}{0.6 - 0.5} \times (0.13 - 0.11) = 0.110$$

C30<C35，由《混规》11.4.17 条规定，按 C35 计算 ρ_v。

$$\rho_{v,\min} = \lambda_v f_c / f_{yv} = 0.110 \times 16.7/270 = 0.68\% > 0.6\%, 满足。$$

故取 $\rho_{v,\min} = 0.68\%$，所以应选（C）项。

(7) 确定底层柱箍筋

$\lambda = \dfrac{H_n}{2h_0} = \dfrac{4.4}{2 \times 0.46} = 4.78 > 2$，由《混规》11.4.6 条规定：

$\dfrac{1}{\gamma_{RE}}(0.2\beta_c f_c b h_0) = \dfrac{1}{0.85} \times 0.2 \times 1 \times 14.3 \times 500 \times 460 = 774 \text{kN} > V = 480 \text{kN}$，截面条件满足。

$\lambda=4.78>3$,取$\lambda=3$进行抗剪计算。

$0.3f_cA=0.3\times14.3\times500\times500=1072.5\text{kN}<1787.5\text{kN}$,故取$N=1072.5\text{kN}$。

根据《混规》11.4.7 条规定:

$$V_c\leqslant\frac{1}{\gamma_{RE}}\left[\frac{1.05}{\lambda+1}f_tbh_0+f_{yv}\frac{A_{sv}}{s}h_0+0.056N\right]$$

$$\frac{A_{sv}}{s}\geqslant\frac{\gamma_{RE}V_c-\frac{1.05}{\lambda+1}f_tbh_0-0.056N}{f_{yv}h_0}$$

$$=\frac{0.85\times480\times10^3-\frac{1.05}{4}\times1.43\times500\times460-0.056\times1072.5\times10^3}{270\times460}$$

$$=2.11\text{mm}^2/\text{mm}$$

根据《混规》表 11.4.12-2 知,箍筋最小直径为Φ8。

选用Φ8(四肢),$s\leqslant 4\times50.3/2.11=95.4\text{mm}$,排除(A)项。

选用Φ10(四肢),$s\leqslant\dfrac{4\times78.5}{2.11}=149\text{mm}$

又根据《混规》11.4.12 条第 4 款规定,当箍筋直径不小于 10mm,肢距不大于 200mm 时,除柱根外,箍筋间距应允许采用 150mm,本题为柱根,故排除(B)项。

当选用Φ10@100 时,验算其体积配箍率。

$$\mu_N=\frac{N}{f_cA}=\frac{1787.5\times10^3}{14.3\times500\times500}=0.5$$

查《混规》表 11.4.17 知,取$\lambda_v=0.11$。

根据《混规》11.4.17 条规定,C30<C35,按 C35,取$f_c=16.7\text{N/mm}^2$

$$\rho_v\geqslant\lambda_vf_c/f_{yv}=0.11\times16.7/270=0.68\%>0.6\%$$

假定箍筋直径为 10mm:

$$\rho_v=\frac{\Sigma n_iA_{si}l_i}{A_{cor}s}=\frac{2\times4\times78.5\times450}{440\times440\times100}=1.46\%>0.68\%,\text{满足}。$$

所以最合适的配筋为Φ10@100,应选(C)项。

(8)求箍筋的配置

$\lambda=2$,根据《混规》11.4.6 条规定:

$\dfrac{1}{\gamma_{RE}}(0.15\beta_cf_cbh_0)=\dfrac{1}{0.85}\times0.15\times1\times14.3\times500\times460=580.4\text{kN}>V=505\text{kN}$,满足

$0.3f_cA=0.3\times14.3\times500\times500=1072.5\text{kN}<1787.5\text{kN}$,故取$N=1072.5\text{kN}$

取$\lambda=2$,根据《混规》11.4.9 条规定:

$$\frac{A_{sv}}{s}\geqslant\frac{\gamma_{RE}V_c-\frac{1.05}{\lambda+1}f_tbh_0-0.056N}{f_{yv}h_0}$$

$$=\frac{0.85\times 505\times 10^{3}-\frac{1.05}{3}\times 1.43\times 500\times 460-0.056\times 1072.5\times 10^{3}}{270\times 460}$$

$=2.05\text{mm}^{2}/\text{mm}$

根据《混规》表 11.4.12-2 知，箍筋最小直径为Φ8。

选用Φ8（四肢），$s\leqslant 4\times 50.3/2.05=98.1\text{mm}$，应排除（A）项。

选用Φ10（四肢），$s\leqslant 4\times 78.5/2.05=153.2\text{mm}$；

选用Φ12（四肢），$s\leqslant 4\times 113.1/2.05=221\text{mm}$。

又根据《混规》11.4.12 条规定，除柱根外，s 可取 150mm，本题条件为第二层。

验算最小体积配箍率，已知 $\lambda_v=0.11$

$$\rho_v \geqslant \lambda_v f_c / f_{yv} = 0.11\times 16.7/270 = 0.68\%$$

又根据《混规》11.4.17 条第 4 款规定，$\lambda=2$ 时，$\rho_v\geqslant 1.2\%$，故取 $\rho_{v,\min}=1.2\%$。

选用Φ10@150mm，$\rho_v=\dfrac{\sum n_i A_{si} l_i}{A_{cor} s}=\dfrac{2\times 4\times 78.5\times 450}{440\times 440\times 150}=0.973\%$，故应排除（B）项。

选用Φ10@100mm，$\rho_v=\dfrac{2\times 4\times 78.5\times 450}{440\times 440\times 100}=1.460\%$，满足。

选用Φ12@150mm，$\rho_v=\dfrac{2\times 4\times 113.1\times 448}{436\times 436\times 150}=1.421\%$，满足。

所以最合适的配箍为Φ12@150，故应选（D）项。

【例 3.14.24】 某办公楼，为钢筋混凝土框架-剪力墙结构，纵向钢筋采用 HRB400，箍筋采用 HPB300，框架抗震等级为二级。假定，底层某中柱 KZ-1，混凝土强度等级 C60，剪跨比为 2.8，截面和配筋如图 3.14.15 所示。箍筋采用井字复合箍（重叠部分不重复计算），箍筋肢距约为 180mm，箍筋的保护层厚度 22mm。试问，该柱按抗震构造措施确定的最大轴压力设计值 N（kN），与下列何项数值最为接近？

(A) 7900   (B) 8400

(C) 8900   (D) 9400

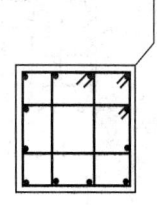

图 3.14.15

【解答】 根据《混规》表 11.4.16 及注 4：

$$[\mu_N] = 0.85 + 0.1 = 0.95$$

$$\rho_v = \frac{113.1\times(600-2\times 22-12)\times 8}{(600-2\times 22-2\times 12)^2\times 100} = 1.739\%$$

根据《混规》公式 (11.4.17)：

$$\lambda_v \leqslant \frac{\rho_v f_{yv}}{f_c} = \frac{0.01739\times 270}{27.5} = 0.1707$$

查表 11.4.17，当 $\lambda_v=0.17$ 时，$\mu_N=0.8$

柱轴压比限值 $=\min(0.95, 0.8)=0.8$

$N=0.8\times 27.5\times 600\times 600=7920\text{kN}$

故选（A）项。

【例3.14.25】 某现浇钢筋混凝土框架-剪力墙结构高层办公楼,抗震设防烈度为8度(0.2g),场地类别为Ⅱ类,抗震等级:框架二级、剪力墙一级,二层局部配筋平面表示法如图3.14.16所示,混凝土强度等级:框架柱及剪力墙C50,框架梁及楼板C35,纵向钢筋及箍筋均采用HRB400(Φ)。

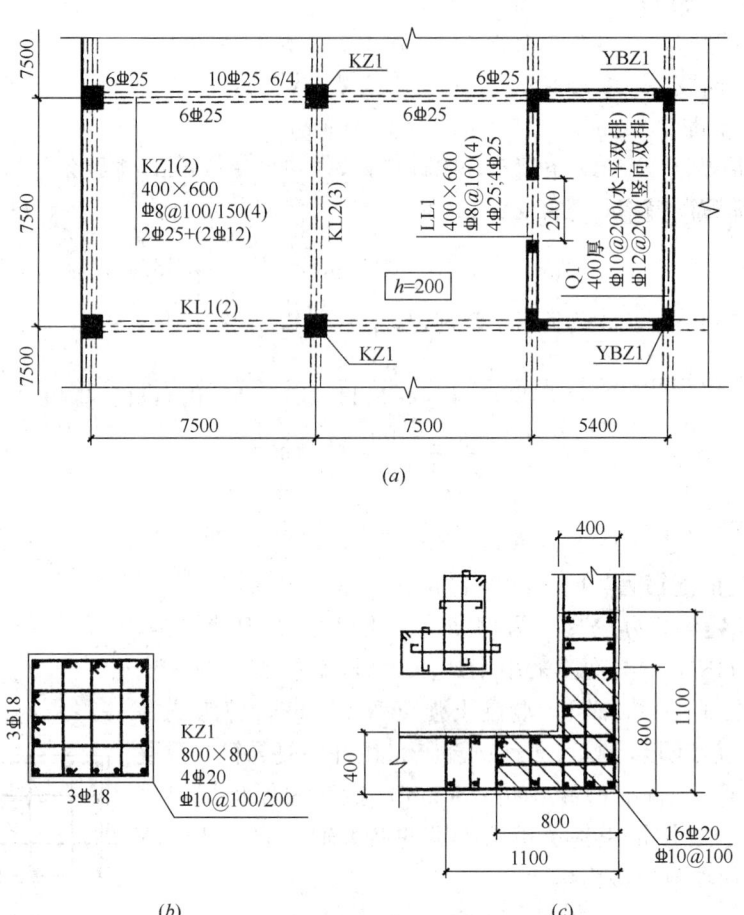

图 3.14.16
(a) 局部配筋平面图;(b) KZ1配筋图;(c) YBZ1配筋图

(1) 已知,框架梁中间支座截面有效高度 $h_0=530$mm,试问,图3.14.16(a)框架梁KL1(2)配筋有几处违反规范的抗震构造要求,并简述理由。

试问:$x/h_0 < 0.35$。

(A) 无违反　　(B) 有一处　　(C) 有二处　　(D) 有三处

(2) 框架柱KZ1剪跨比大于2,配筋如图3.14.16(b)所示,试问,图中KZ1有几处违反规范的抗震构造要求,并简述理由。

提示:KZ1的箍筋体积配筋率及轴压比均满足规范要求。

(A) 无违反　　(B) 有一处　　(C) 有二处　　(D) 有三处

【解答】(1) KL1中间支座配筋率 $\rho = \dfrac{A_s}{bh_0} = \dfrac{4909}{400 \times 530} \times 100\% = 2.32\% > 2.0\%$,箍

筋最小直径应为 10，违反《混规》11.3.6 条规定（强条）。

KL1 上铁（即上部纵向受力筋）通长钢筋 2⊕25，不满足支座钢筋 10⊕25 的四分之一，不符合《混规》第 11.3.7 条要求。

故应选（C）项。

(2) 根据《混规》表 11.4.12-1，KZ1 的纵筋最小配筋百分率为 0.75%，

$$A_{s,\min} = 800 \times 800 \times 0.75\% = 4800 \text{mm}^2$$

实配：$A_s = 4 \times 314.2 + 12 \times 254.5 = 4311 \text{mm}^2 < 4800 \text{mm}^2$

违反《混规》11.4.12 条规定。

KZ1 非加密区箍筋间距为 200mm > 10d = 10×18 = 180mm，违反《混规》11.4.18 条规定。

故应选（C）项。

四、铰接排架柱

- 复习《混规》11.5.1 条、11.5.2 条、11.5.3 条、11.5.4 条、11.5.5 条。
- 复习《混规》附录 B.0.4 条。

需注意的是：

(1)《混规》11.5.1 条、11.5.2 条的条文说明。
(2)《混规》11.5.3 条、11.5.4 条的条文说明。
(3)《混规》附录 B.0.4 条的条文说明。

【例 3.14.26】 某一设有吊车的单层厂房柱（屋盖为刚性屋盖），有柱间支撑，上柱长 $H_u = 3.6$m，下柱长 $H_l = 11.5$m，上、下柱的截面尺寸如图 3.14.17 所示，对称配筋，$a_s = a_s' = 40$mm，混凝土强度等级 C25，纵向受力钢筋 HRB400 级，当考虑横向水平地震作用组合时，在排架方向的一阶弹性分析地震组合的最不利内力设计值为：上柱 $M = 112.0$kN·m，$N = 236$kN；下柱 $M = 760$kN·m，$N = 1400$kN。

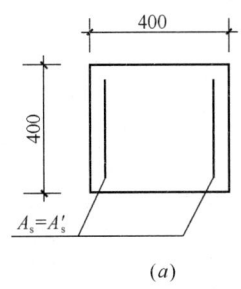
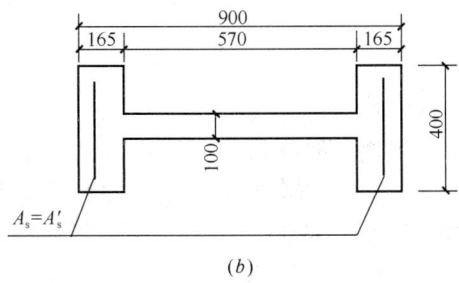

(a)　　　　　　　　　　(b)

图 3.14.17
(a) 上柱截面；(b) 下柱截面

试问：

(1) 当进行正截面承载力计算时，该上、下柱承载力抗震调整系数 γ_{RE} 应分别为下列何项？

(A) 0.75；0.75　　(B) 0.75；0.80　　(C) 0.80；0.75　　(D) 0.80；0.80

(2) 上柱在排架方向考虑二阶效应影响的弯矩增大系数 η_s 为下列何项？
(A) 1.16　　　(B) 1.26　　　(C) 1.66　　　(D) 1.82

(3) 若该柱下柱考虑二阶效应影响的弯矩增大系数 $\eta_s=1.25$，承载力抗震调整系数 $\gamma_{RE}=0.80$，已求得相对界限受压区高度 $\xi_b=0.518$，混凝土受压区高度 $x=120\text{mm}$，当采用对称配筋时，该下柱的最小纵向钢筋截面面积 $A_s=A'_s$（mm^2）的计算值，应与下列何项接近？

(A) 2200　　　(B) 2700　　　(C) 3100　　　(D) 3600

【解答】(1) 查规范表，$f_c=11.9\text{N}/\text{mm}^2$

上柱轴压比：$\dfrac{N}{f_c bh}=\dfrac{236\times 10^3}{11.9\times 400\times 400}=0.12<0.15$

下柱轴压比：$\dfrac{N}{f_c bh}=\dfrac{1400\times 10^3}{11.9\times(900\times 400-300\times 570)}=0.62>0.15$

根据《混规》表 11.1.6，应选（B）项。

(2) 根据《混规》附录 B.0.4 条规定：

$h_0=h-a_s=400-40=360\text{mm}$，$e_a=\max\left(\dfrac{400}{30},20\right)=20\text{mm}$

$e_0=\dfrac{M_0}{N}=\dfrac{112\times 10^6}{236\times 10^3}=474.6\text{mm}$

$e_i=e_0+e_a=494.6\text{mm}$

$\xi_c=\dfrac{0.5f_c A}{N}=\dfrac{0.5\times 11.9\times 400\times 400}{236000}=4.03>1.0$，故取 $\xi_c=1.0$

又由《混规》6.2.20 条及表 6.2.20 及注的规定：

$$H_u/H_c=3.6/11.5=0.313>0.30$$

故上柱的 l_0：$l_0=2.0H_u=7.2\text{m}$

由规范式（B.0.4-2）：

$\eta_s=1+\dfrac{1}{1500e_i/h_0}\left(\dfrac{l_0}{h}\right)^2\xi_c=1+\dfrac{1}{1500\times 494.6/360}\times\left(\dfrac{7.2}{0.4}\right)^2\times 1.0$

$=1.157$

故应选（A）项。

(3) 根据《混规》附录 B.0.4 条。

$$M=\eta_s M_0=1.25\times 760=950\text{kN}\cdot\text{m}$$

由《混规》6.2.17 条：

$$e_0=\dfrac{M}{N}=\dfrac{950}{1400}=0.6785\text{m}=678.6\text{mm}。$$

$e_a=\max\left(\dfrac{900}{30},a_0\right)=30\text{mm}$，$e_i=e_0+e_a=708.6\text{mm}$

$e=e_i+\dfrac{h}{2}-a_s=708.6+\dfrac{900}{2}-40=1118.6\text{mm}$

由已知条件，$x=120\text{mm}<\xi_b h_0=445\text{mm}$，且 $>2a'_s=80\text{mm}$，且 $<h'_f=165\text{mm}$

由规范式（6.2.17-2）：

$$Ne \leqslant \frac{1}{\gamma_{RE}}\left[\alpha_1 f_c bx\left(h_0 - \frac{x}{2}\right) + f'_y A'_s(h_0 - a'_s)\right]$$

$$A_s = A'_s \geqslant \frac{\gamma_{RE} Ne - \alpha_1 f_c bx\left(h_0 - \frac{x}{2}\right)}{f'_y(h_0 - a'_s)}$$

$$= \frac{0.80 \times 1400 \times 10^3 \times 1118.6 - 1 \times 11.9 \times 400 \times 120 \times (860 - 120/2)}{360 \times (860 - 40)}$$

$$= 2696 \text{mm}^2$$

所以应选（B）项。

【例 3.14.27】 某一设有吊车的单层钢筋混凝土厂房，抗震设防烈度为 8 度，Ⅱ类场地。上柱高 $H_u = 3.0\text{m}$，下柱高 $H_l = 6.0\text{m}$，上柱截面 $b \times h = 400\text{mm} \times 400\text{mm}$，如图 3.14.18 所示，采用 C25 混凝土，柱子纵向钢筋用 HRB400 级，箍筋用 HPB300 级，柱子对称配筋，在地震组合下的排架平面内的一阶弹性分析内力设计值，上柱的弯矩设计值 $M = 140\text{kN} \cdot \text{m}$，轴力设计值 $N = 270\text{kN}$。设 $a_s = a'_s = 40\text{mm}$。

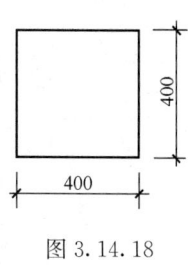

图 3.14.18

试问：

(1) 考虑二阶效应影响的上柱纵向钢筋截面面积 $A_s = A'_s$（mm^2）的计算值，与下列哪项最为合适？

(A) 760　　(B) 950　　(C) 1150　　(D) 1500

(2) 上柱柱头的箍筋加密区的配置为下列哪项最为合适？

(A) $\phi 6@100$　　(B) $\phi 8@100$　　(C) $\phi 10@100$　　(D) $\phi 12@100$

(3) 假定地震组合下，一阶弹性分析上柱的弯矩设计值 $M = 180\text{kN} \cdot \text{m}$，轴力设计值 $N = 600\text{kN}$，则考虑二阶效应影响的上柱纵向钢筋截面面积 $A_s = A'_s$（mm^2）的计算值，与下列哪项最为合适？

(A) 760　　(B) 950　　(C) 1150　　(D) 1500

【解答】 (1) 上柱纵向钢筋计算

1) 确定 γ_{RE}，$\mu_N = \frac{N}{f_c A} = \frac{270 \times 10^3}{11.9 \times 400 \times 400} = 0.142 < 0.15$

查《混规》表 11.1.6 的规定，取 $\gamma_{RE} = 0.75$。

2) 判别偏压类型，对称配筋，假定为大偏压，则：

$$x = \frac{\gamma_{RE} N}{\alpha_1 f_c b} = \frac{0.75 \times 270 \times 10^3}{1 \times 11.9 \times 400} = 42.54\text{mm} < 2a'_s = 80\text{mm}$$

$$< \xi_b h_0 = 0.518 \times 360 = 186\text{mm}$$

故假定正确，为大偏压。

3) 确定增大系数 η_s，由《混规》附录 B.0.4 条：

$$\xi_c = \frac{0.5 f_c A}{N} = \frac{0.5 \times 11.9 \times 400 \times 400}{270000} = 3.53 > 1.0，故取 \xi_c = 1.0$$

$$e_0 = \frac{M_0}{N} = \frac{140}{270} = 0.5185\text{m} = 518.5\text{mm}$$

$$e_a = \max\left(\frac{400}{30}, 20\right) = 20\text{mm}, e_i = e_0 + e_a = 538.5\text{mm}$$

由《混规》6.2.20 条及表 6.2.20-1：

$H_u/H_c = 3/6 = 0.5703$，故上柱的 l_0：$l_0 = 2.0H_u = 6\text{m}$

由规范式 (B.0.4-2)：

$$\eta_s = 1 + \frac{1}{1500 e_i/h_0}\left(\frac{l_0}{h}\right)^2 \xi_c = 1 + \frac{1}{1500 \times 538.5/360} \times \left(\frac{6}{0.4}\right)^2 \times 1.0 = 1.100$$

$$M = \eta_s M_0 = 1.100 \times 140 = 154\text{kN} \cdot \text{m}$$

4) 确定 A_s、A_s'，由《混规》6.2.17 条、6.2.14 条：

$$e_0 = \frac{M}{N} = \frac{154 \times 10^6}{270000} = 570.4\text{mm}, \quad e_i = 570.4 + 20 = 590.4\text{mm}$$

$$e_s' = e_i - \frac{h}{2} + a_s' = 590.4 - \frac{400}{2} + 40 = 430.4\text{mm}$$

$$A_s = A_s' = \frac{\gamma_{RE} N e_s'}{f_y(h - a_s - a_s')} = \frac{0.75 \times 270000 \times 430.4}{360 \times (400 - 400 - 40)} = 757\text{mm}^2$$

所以应选（A）项。

(2) 确定箍筋的配置

1) 8 度、单层厂房、Ⅱ类场地，查《混规》表 11.1.3 知：
单层厂房排架的抗震等级为二级。

2) 查《混规》表 11.5.2，二级抗震、Ⅱ类场地，箍筋最小直径为 8mm，箍筋最大间距为 100mm，即配置为：Φ8@100。

所以应选（B）项。

(3) 确定上柱纵向钢筋截面面积

1) 确定 γ_{RE}，$\mu_N = \frac{N}{f_c A} = \frac{600 \times 10^3}{11.9 \times 400 \times 400} = 0.315 > 0.15$

查《混规》表 11.1.6 知，$\gamma_{RE} = 0.80$。

2) 判别偏压类型，对称配筋，假定为大偏压，则：

$$x = \frac{\gamma_{RE} N}{\alpha_1 f_c b} = \frac{0.8 \times 600 \times 10^3}{1 \times 11.9 \times 400} = 101\text{mm} \begin{matrix}<\xi_b h_0 = 186\text{mm} \\ >2a_s' = 80\text{mm}\end{matrix}$$

故假定正确，为大偏压。

3) 确定增大系数 η_s，由《混规》附录 B.0.4 条：

$$\xi_c = \frac{0.5 f_c A}{N} = \frac{0.5 \times 11.9 \times 400 \times 400}{600000} = 1.59 > 1.0，故取 \xi_c = 1.0$$

$$e_0 = \frac{M_0}{N} = \frac{180}{600} = 0.3\text{m} = 300\text{mm}, \quad e_a = 20\text{mm}$$

$$e_i = e_0 + e_a = 320\text{mm}$$

由上题计算结果可知：$l_0 = 6.0\text{m}$；由规范式 (B.0.4-2)：

$$\eta_s = 1 + \frac{1}{1500 e_i/h_0}\left(\frac{l_0}{h}\right)^2 \xi_c = 1 + \frac{1}{1500 \times 320/360} \times \left(\frac{6}{0.4}\right)^2 \times 1.0$$
$$= 1.169$$
$$M = \eta_s M_0 = 1.169 \times 180 = 210.42 \text{kN} \cdot \text{m}$$

4) 确定 A_s、A'_s，由《混规》6.2.17 条：
$$e_0 = \frac{M}{N} = \frac{210.42 \times 10^6}{600 \times 10^3} = 350.7 \text{mm}, e_a = 20 \text{mm}$$
$$e_i = e_0 + e_a = 370.7 \text{mm}; \quad e = e_i + \frac{h}{2} - a_s = 370.7 + \frac{400}{2} - 40 = 530.7 \text{mm}$$
$$Ne \leqslant \left[\alpha_1 f_c bx \left(h_0 - \frac{x}{2}\right) + f'_y A'_s (h_0 - a'_s)\right] \cdot \frac{1}{\gamma_{RE}}$$
$$A_s = A'_s \geqslant \frac{\gamma_{RE} Ne - \alpha_1 f_c bx (h_0 - x/2)}{f'_y (h_0 - a'_s)}$$
$$= \frac{0.8 \times 600 \times 530.7 \times 10^3 - 1 \times 11.9 \times 400 \times 101 \times (360 - 101/2)}{360 \times (360 - 40)}$$
$$= 920 \text{mm}^2$$

所以应选（B）项。

五、框架梁柱节点及预埋件

1. 框架梁柱节点受剪承载力计算

> ● 复习《混规》11.6.1 条、11.6.2 条、11.6.3 条、11.6.4 条。
> ● 复习《混规》11.6.5 条、11.6.6 条。

需注意的是：
(1)《混规》11.6.2 条中顶层中间节点和端节点的规定，与《抗规》附录 D.1.1 条有区别。《抗规》附录 D.1.1 条作了如下规定：

> 附录 D.1.1
> 　　一级、二级、三级框架梁柱节点核芯区组合的剪力设计值，应按下列公式确定：
> $$V_j = \frac{\eta_{jb} \Sigma M_b}{h_{b0} - a'_s}\left(1 - \frac{h_{b0} - a'_s}{H_c - h_b}\right) \quad \text{(D.1.1-1)}$$
> 一级框架结构和 9 度的一级框架可不按上式确定，但应符合下式：
> $$V_j = \frac{1.15 \Sigma M_{bua}}{h_{b0} - a'_s}\left(1 - \frac{h_{b0} - a'_s}{H_c - h_b}\right) \quad \text{(D.1.1-2)}$$

(2)《混规》11.6.3 条的规定，与《抗规》附录 D.1.2 条、D.1.3 条是协调的。
(3) 圆柱框架的梁柱节点，《混规》11.6.5 条、11.6.6 条的规定，与《抗规》附录 D.3.1 条、D.3.2 条的规定是协调的。
(4) 扁梁框架的梁柱节点，《抗规》附录 D.2 作了规定。

【例 3.14.28】 某现浇钢筋混凝土多层框架结构房屋，抗震设防烈度为 9 度，抗震等级为一级。梁柱混凝土强度等级为 C30，纵筋均采用 HRB400 级热轧钢筋。框架中间楼层某端

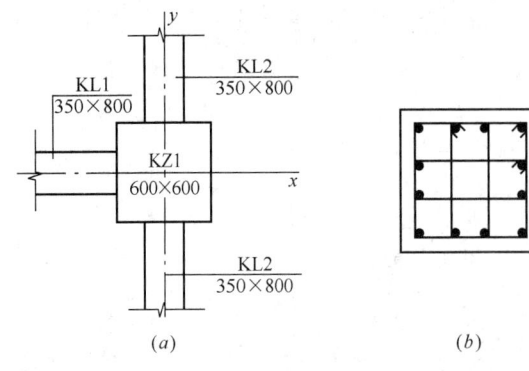

节点平面及节点配筋如图 3.14.19 所示。

试问：

(1) 该节点上、下楼层的层高均为 4.8m，上柱的上、下端弯矩设计值分别为 $M_{c1}^t=450$kN·m，$M_{c2}^b=400$kN·m；下柱的上、下端弯矩设计值分别为 $M_{c2}^t=450$kN·m，$M_{c2}^b=600$kN·m；柱上除节点外无水平荷载作用。试确定上、下柱反弯点之间的距离 H_c（m）应为多少？

图 3.14.19
(a) 节点平面示意图；(b) 节点配筋示意图（梁未示出）

(2) 假定框架梁 KL1 在考虑 x 方向地震作用组合时的梁端最大负弯矩设计值 $M_b=650$kN·m；梁端上部和下部配筋均为 5Φ25（$A_s=A_s'=2454$mm²），箍筋混凝土保护层 $c=20$mm，$a_s=a_s'=40$mm；该节点上柱和下柱反弯点之间的距离为 4.6m。试确定在 x 方向进行节点验算时，该节点核心区的剪力设计值 V_j（kN）应为多少？

提示： 受剪截面尺寸条件满足。

【解答】 多层框架结构，用《混规》解答。

(1) 计算简图如图 3.14.20 所示：

$$\frac{x_1}{400}=\frac{4.8-x_1}{450}, x_1=2.26\text{m}$$

$$\frac{x_2}{600}=\frac{4.8-x_2}{450}, x_2=2.743\text{m}$$

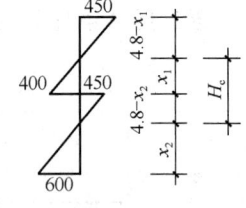

图 3.14.20

$H_c=x_1+(4.8-x_2)=2.26+(4.8-2.743)=4.317$m

(2) 该节点为框架中间层节点，9 度设防烈度，一级抗震等级框架，根据《混规》11.6.2 条第 2 款规定：

$$V_j=1.15\frac{(M_{bua}^l+M_{bua}^r)}{h_{b0}-a_s'}\left(1-\frac{h_{b0}-a_s'}{H_c-h_b}\right)$$

M_{bua}^l、M_{bua}^r 的计算，根据《混规》11.3.2 条及其条文说明：

$$M_{bua}^l=\frac{1}{\gamma_{RE}}f_{yk}A_s^a(h_{b0}-a_s')=\frac{1}{0.75}\times 400\times 2454\times(760-40)$$
$$=942.3\text{kN}\cdot\text{m}$$

$$V_j=1.15\times\frac{(942.3+0)}{0.760-0.04}\times\left(1-\frac{0.76-0.04}{4.6-0.8}\right)=1220\text{kN}$$

【例 3.14.29】 某五层重点设防类建筑，采用现浇钢筋混凝土框架结构，如图 3.14.21(a) 所示，抗震等级为二级，各柱截面均为 600mm×600mm，混凝土强度等级 C40。

假定，二层框架梁 KL1（$b\times h=400$mm×700mm）及 KL2（$b\times h=400$mm×500mm）在重力荷载代表值及 X 向水平地震作用下的弯矩图如图 3.14.21(b)、(c) 所示，$a_s=a_s'=35$mm，柱的计算高度 $H_c=4000$mm。

试问： KZ2 二层节点核心区地震组合的 X 向剪力设计值 V_j（kN）与下列何项数值最为接近？

提示： 按《建筑与市政工程抗震通用规范》作答。

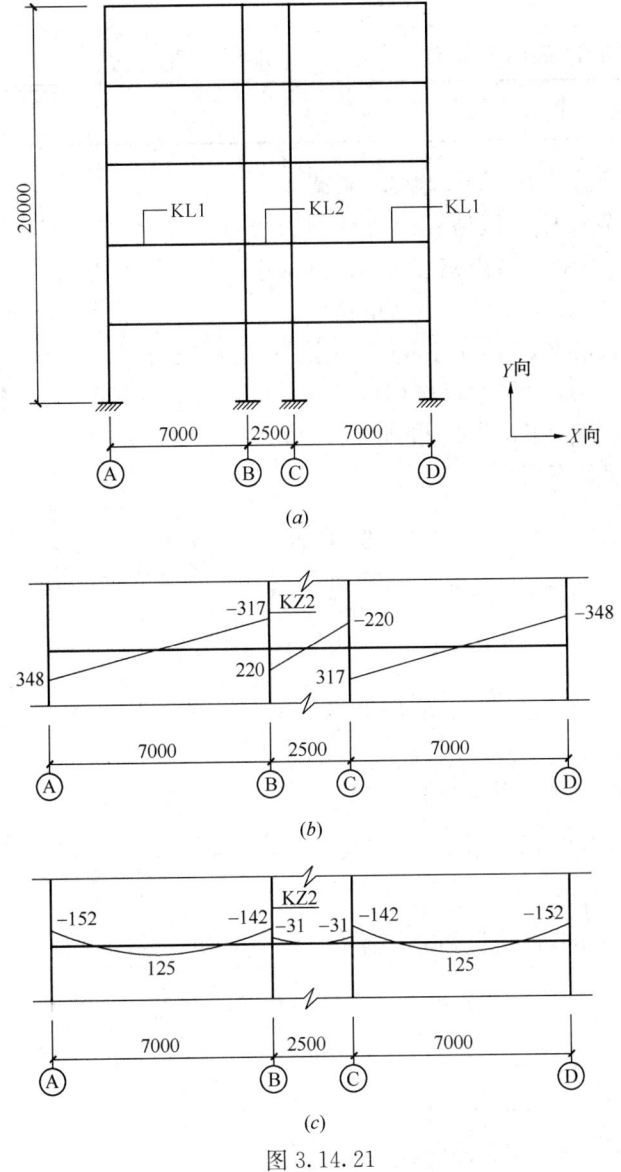

图 3.14.21

(a) 计算简图；(b) 正 X 向水平地震作用下梁弯矩标准值（kN·m）；
(c) 重力荷载代表值作用下梁弯矩标准值（kN·m）

(A) 1700　　　　(B) 1950　　　　(C) 2400　　　　(D) 2800

【解答】　根据《混规》11.6.2 条规定：
$h_b = (700+500)/2 = 600$mm，$h_{b0} = 600-35 = 565$mm
由《抗震通规》4.3.2 条：
$$M_b^l = 1.3 \times 142 + 1.4 \times 317 = 628.4 \text{kN·m}（逆时针）$$
$M_b^r = 1.3 \times (-31) + 1.4 \times 220 = 267.7$kN·m（逆时针）
$$V_j = \frac{\eta_{jb} \Sigma M_b}{h_{b0} - a_s}\left(1 - \frac{h_{b0} - a'_s}{H_c - h_b}\right)$$
则：$V_j = \dfrac{1.35 \times (628.4 + 267.7) \times 10^3}{565 - 35} \times \left(1 - \dfrac{565-35}{4000-600}\right) = 1927$kN

故应选（B）项。

2. 框架节点核心区箍筋的配置

● 复习《混规》11.6.8 条。

【例 3.14.30】 题目条件同［例 3.14.28］。

假设框架梁柱节点核心区地震组合的剪力设计值 $V_j=1300\mathrm{kN}$，箍筋采用 HRB335 级，箍筋间距 $s=100\mathrm{mm}$，节点核心区箍筋的最小体积配箍率为 $\rho_{v,\min}=0.87\%$；取箍筋混凝土保护层厚度为 20mm，$a_s=a_s'=40\mathrm{mm}$。

试问：在节点核心区，下列何项箍筋的配置较为合适？

(A) $\Phi 8@100$ (B) $\Phi 10@100$ (C) $\Phi 12@100$ (D) $\Phi 14@100$

【解答】 多层框架结构，用《混规》求解。

(1) 验算受剪截面条件

$$b_b=350\mathrm{mm}>\frac{b_c}{2}=300\mathrm{mm}, b_j=b_c=600\mathrm{mm}, h_j=h_c=600\mathrm{mm}, \eta_j=1.0, \gamma_{RE}=0.85, \beta_c=1.0$$

由《混规》11.6.3 条规定：

$$\frac{1}{\gamma_{RE}}(0.3\eta_j\beta_c f_c b_j h_j)=\frac{1}{0.85}\times 0.3\times 1\times 1\times 14.3\times 600\times 600$$
$$=1817\mathrm{kN}>V_j=1300\mathrm{kN}, 满足。$$

(2) 受剪计算。

根据《混规》11.6.4 条规定：

$$V_j\leqslant\frac{1}{\gamma_{RE}}\left[0.9\eta_j f_t b_j h_j+f_{yv}A_{svj}\frac{h_{b0}-a_s'}{s}\right]$$

$$1300\times 10^3\leqslant\frac{1}{0.85}\cdot\left[0.9\times 1\times 1.43\times 600\times 600+300\times\frac{A_{svj}}{s}\times(760-40)\right]$$

$$\frac{A_{svj}}{s}\geqslant 2.971\mathrm{mm^2/mm}$$

取 $s=100\mathrm{mm}$ 时，$A_{svj}\geqslant 297\mathrm{mm^2}$。

选 $4\Phi 10$（$A_{svj}=314\mathrm{mm^2}$）。

验算体积配箍率：$\rho_v=\frac{\sum n_i A_{si}l_i}{A_{cor}s}=\frac{2\times 4\times 78.5\times 550}{540\times 540\times 100}$
$$=1.184\%>\rho_{v,\min}=0.87\%, 满足。$$

C30＜C35，按 C35 计算，$\rho_v\geqslant\lambda_v f_c/f_{yv}=0.12\times\frac{16.7}{300}=0.668\%$，满足。

所以箍筋配置为 $4\Phi 10@100$，应选（B）项。

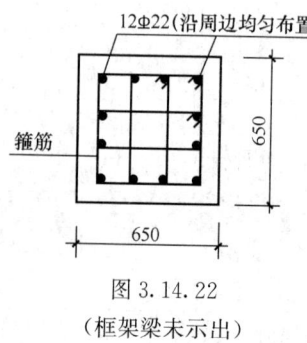

图 3.14.22
（框架梁未示出）

【例 3.14.31】 多层钢筋混凝土框架结构，其抗震等级为二级，其节点核心区的尺寸及配筋如图 3.14.22 所示，混凝土强度等级为 C40（$f_c=19.1\mathrm{N/mm^2}$），纵筋采用 HRB400 级钢筋，箍筋采用 HPB300 级钢筋（$f_{yv}=270\mathrm{N/mm^2}$），箍筋的混凝土保护层厚度 20mm。已知柱的剪跨比大于2。

试问：节点核心区箍筋的配置，下列何项最接近又满足规程中的最低构造要求？
(A) Φ10@150　　(B) Φ10@100　　(C) Φ8@100　　(D) Φ8@75

【解答】 根据《混规》11.6.8条规定。

抗震等级二级，$\lambda_v \geqslant 0.10$，$\rho_v \geqslant 0.5\%$

$$\rho_v \geqslant \lambda_v f_c / f_{yv} = 0.10 \times 19.1/270 = 0.707\% > 0.5\%$$

假定箍筋直径为10mm，则：

$$\rho_v = \frac{\sum n_i A_{si} l_i}{A_{cor} s} = \frac{2 \times 4 \times A_{s1} \times 600}{590 \times 590 \times s} \geqslant 0.707\%$$

$$\frac{A_{s1}}{s} \geqslant 0.513 \text{mm}^2/\text{mm}$$

根据《混规》11.6.8条规定，查《混规》表11.4.12-2知：
箍筋最小直径：8mm；最大间距：$\min(8d, 100) = \min(8 \times 22, 100) = 100$mm
故排除（A）项。

选Φ10@100，$\dfrac{A_{s1}}{s} = \dfrac{78.5}{100} = 0.785 \text{mm}^2/\text{mm}$。

选Φ8@100，$\dfrac{A_{s1}}{s} = \dfrac{50.3}{100} = 0.503 \text{mm}^2/\text{mm}$，不满足，应排除。

选Φ8@75，$\dfrac{A_{s1}}{s} = \dfrac{50.3}{75} = 0.6707 \text{mm}^2/\text{mm}$。

所以最接近又满足规程中最低构造要求的是（D）项。

【例3.14.32】 某多层钢筋混凝土框架结构，其抗震等级为一级，位于9度抗震设防烈度区，顶层的梁柱中节点，横向左、右侧梁截面尺寸及纵向梁截面尺寸如图3.14.23所示。梁柱混凝土强度等级为C30（$f_c = 14.3 \text{N/mm}^2$），纵向受力钢筋采用HRB400级钢筋。节点左侧、右侧梁端弯矩设计值分别为：$M_b^l = 400$kN·m；$M_b^r = 250$kN·m。左侧梁端上、下部纵向钢筋分别为4Φ25、3Φ25；右侧梁端上、下部纵向钢筋分别为4Φ22、4Φ20。设 $a_s = a_s' = 40$mm。

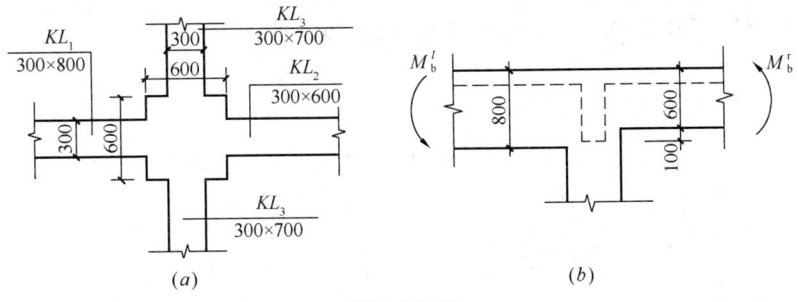

图3.14.23
(a) 平面；(b) 剖面

试问：该节点地震组合下承受的最大剪力设计值 V_j（kN）为多少？

【解答】 多层框架结构，用《混规》求解。

9度抗震设防，根据《混规》11.6.2条第1款规定：$V_j = 1.15 \dfrac{(M_{bua}^l + M_{bua}^r)}{h_{b0} - a_s'}$

由《混规》11.3.2条条文说明：$M_{bua} = \dfrac{1}{\gamma_{RE}} f_{yk} A_s^a (h_{b0} - a_s')$

逆时针方向：$M_{bua}^l = \dfrac{1}{0.75} \times 400 \times 1964 \times (760-40) = 754.2 \text{kN} \cdot \text{m}$

$$M_{bua}^r = \dfrac{1}{0.75} \times 400 \times 1256 \times (560-40) = 348.3 \text{kN} \cdot \text{m}$$

$$M_{bua}^l + M_{bua}^r = 754.2 + 348.3 = 1102.5 \text{kN} \cdot \text{m}$$

顺时针方向：$M_{bua}^l = \dfrac{1}{0.75} \times 400 \times 1473 \times (760-40) = 565.6 \text{kN} \cdot \text{m}$

$$M_{bua}^r = \dfrac{1}{0.75} \times 400 \times 1520 \times (560-40) = 421.5 \text{kN} \cdot \text{m}$$

$$M_{bua}^l + M_{bua}^r = 987.1 \text{kN} \cdot \text{m}$$

取较大者，$M_{bua}^l + M_{bua}^r = 1102.5 \text{kN} \cdot \text{m}$；$h_{b0}$ 取左、右梁有效高度平均值，$h_{b0} = \dfrac{760+560}{2} = 660 \text{mm}$

$$V_j \leq 1.15 \times \dfrac{1102.5 \times 10^6}{660-40} = 2044.96 \text{kN}$$

3. 框架梁和框架柱的纵向钢筋锚固、搭接

* 复习《混规》11.6.7 条。

需注意的是：

《混规》11.6.7 条的规定，柱顶纵向钢筋的构造如图 3.14.24 所示。

【例 3.14.33】 有一多层钢筋混凝土框架结构，抗震等级为一级，其边柱的中间层节点如图 3.14.25 所示，计算时按刚接考虑；梁上部受拉钢筋采用 HRB400，4Φ28，混凝土强度等级为 C45。柱的纵筋采用Φ25，其混凝土保护层厚度为 30mm。

试问： $l_1 + l_2$ 的最合理的长度与下列何项数据最为接近？

(A) $l_1 + l_2 = 865 \text{mm}$ (B) $l_1 + l_2 = 830 \text{mm}$

(C) $l_1 + l_2 = 770 \text{mm}$ (D) $l_1 + l_2 = 780 \text{mm}$

【解答】 (1) 先确定 l_{abE}，根据《混规》11.6.7 条的规定：

抗震等级一级，$l_{abE} = 1.15 l_{ab}$

又根据《混规》8.3.1 条的规定：

$$l_{ab} = \alpha \dfrac{f_y}{f_t} d$$

又 C45＜C60，按 C45，取 $f_t = 1.80 \text{N/mm}^2$。

故：$l_{abE} = 1.15 \times (0.14 \times 360/1.80) \times 28 = 902 \text{mm}$

(2) 根据《混规》11.6.7 条规定。

$l_1 \geq 0.4 l_{abE} = 0.4 \times 902 = 361 \text{mm} < 500 - 30 - 25 = 445 \text{mm}$，水平段满足。

$l_2 = 15d = 15 \times 28 = 420 \text{mm}$

$l_1 + l_2 \geq 445 + 420 = 865 \text{mm}$，故应选 (A) 项。

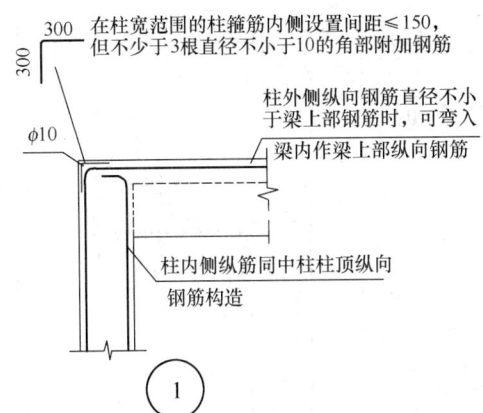

① 柱筋作为梁上部钢筋使用

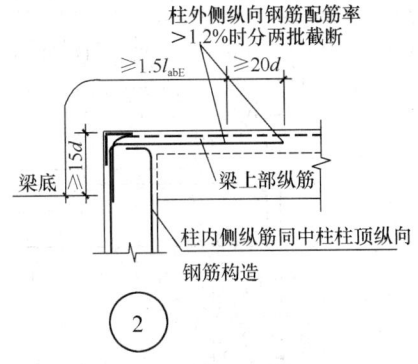

② 从梁底算起1.5l_{abE}超过柱内侧边缘

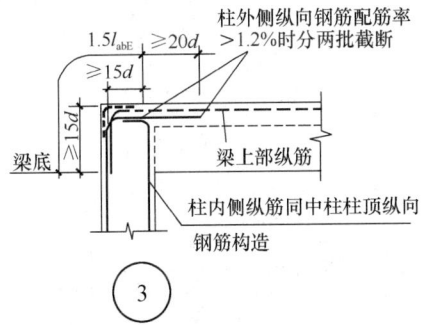

③ 从梁底算起1.5l_{abE}未超过柱内侧边缘

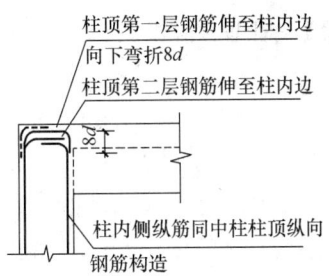

④ （用于①、②或③节点未伸入梁内的柱外侧钢筋锚固）

当现浇板厚度不小于100时，也可按②节点方式伸入板内锚固，且伸入板内长度不宜小于15d

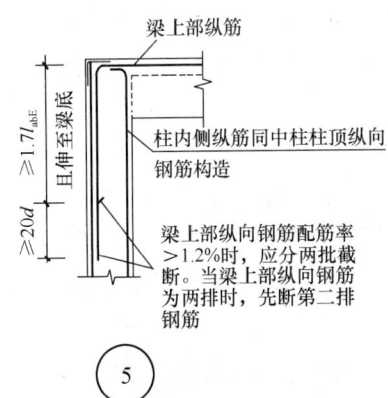

⑤ 梁、柱纵向钢筋搭接接头沿节点外侧直线布置

图 3.14.24 柱顶纵向钢筋构造

【例 3.14.34】 某多层现浇钢筋混凝土框架结构，抗震等级为二级，梁柱混凝土强度等级为 C30，纵向钢筋采用 HRB400 级钢筋，其框架顶层端节点如图 3.14.26 所示，计算

时按刚接考虑，梁上部受拉钢筋为5Φ28。

试问：梁上部纵向钢筋和柱外侧纵向钢筋的搭接长度 l_1（mm），与下列何项数值最为接近？

(A) 1530　　　　(B) 1610　　　　(C) 1770　　　　(D) 1930

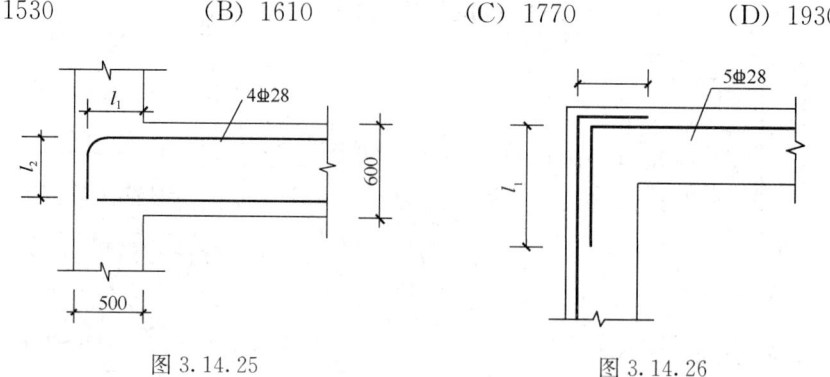

图 3.14.25　　　　　　　图 3.14.26

【解答】 根据《混规》11.1.7 条规定：

$$l_{abE}=1.15l_{ab}$$

由《混规》8.3.1 条：

$$l_a=\alpha\frac{f_y}{f_t}d$$

故：$l_{abE}=1.15\times\alpha\dfrac{f_y}{f_t}d=1.15\times0.14\times\dfrac{360}{1.43}\times28=1135$mm

由《混规》11.6.7 条及图 11.6.7（h）可知：

$$l_1\geqslant1.7l_{abE}=1.7\times1135=1930\text{mm}$$

所以应选（D）项。

六、剪力墙

1. 剪力墙的内力调整和斜截面抗剪承载力

- 复习《混规》11.7.1 条~11.7.7 条。

需注意的是：

(1)《混规》11.7.1 条的规定，与《抗规》6.2.7 条第 1 款规定是协调的，此外，《抗规》6.2.7 条还作了如下规定：

6.2.7
3　双肢抗震墙中，墙肢不宜出现小偏心受拉；当任一墙肢为大偏心受拉时，另一墙肢的剪力设计值、弯矩设计值应乘以增大系数 1.25。

(2)《混规》11.7.4 条中，N 的取值：考虑地震作用组合的剪力墙轴向压力设计值中的较小值；当 $N>0.2f_cbh$ 时，取 $N=0.2f_cbh$。

(3)《混规》11.7.5 条中，N 的取值：考虑地震作用组合的剪力墙轴向拉力设计值中的较大值。

(4) 剪力墙结构的底部加强部位的高度，《混规》11.1.5 条作了规定。

《混规》规定：

> **11.1.5** 剪力墙底部加强部位的范围，应符合下列规定：
> **1** 底部加强部位的高度应从地下室顶板算起。
> **2** 部分框支剪力墙结构的剪力墙，底部加强部位的高度可取框支层加框支层以上两层的高度和落地剪力墙总高度的 1/10 二者的较大值。其他结构的剪力墙，房屋高度大于 24m 时，底部加强部位的高度可取底部两层和墙肢总高度的 1/10 二者的较大值；房屋高度不大于 24m 时，底部加强部位可取底部一层。
> **3** 当结构计算嵌固端位于地下一层的底板或以下时，按本条第 1、2 款确定的底部加强部位的范围尚宜向下延伸到计算嵌固端。

【例 3.14.35】 某 32m 的钢筋混凝土框架-剪力墙结构，底层层高为 5m，上部标准层层高为 3m，剪力墙抗震等级为一级。在地震作用组合下的第二层某一墙肢的弯矩设计值 $M=600\text{kN}\cdot\text{m}$，剪力设计值 $V=350\text{kN}$，已知底部该墙肢地震组合的弯矩设计值 $M=750\text{kN}\cdot\text{m}$，$V=400\text{kN}$。

试问：

(1) 第二层墙肢配筋设计时的弯矩设计值、剪力设计值分别为多少？

(2) 假定第三层某一墙肢地震组合的弯矩设计值 $M=500\text{kN}\cdot\text{m}$，剪力设计值 $V=300\text{kN}$，则确定该墙肢进行配筋计算时，其弯矩设计值为多少？

提示：按《混凝土结构设计规范》GB 50010—2010 作答。

【解答】 (1) 底部加强部位的高度，根据《混规》11.1.5 条规定：

$$H=\max\left(\frac{1}{10}\times 32, 5+3\right)=8\text{m}, \text{ 取 } H=8\text{m}$$

故第二层属于剪力墙底部加强部位。

根据《混规》11.7.1 条规定，抗震等级一级，第二层墙肢弯矩设计值：

$$M=600\text{kN}\cdot\text{m}$$

根据《混规》11.7.2 条规定，抗震等级一级，取增大系数为 1.6：

$$V=1.6\times 350=560\text{kN}$$

(2) 第三层范围属于剪力墙的一般部位，根据《混规》11.7.1 条规定：

$$M=1.2\times 500=600\text{kN}\cdot\text{m}$$

思考：第三层墙肢的剪力设计值，当按《高规》7.2.5 条：

$$V=1.3\times 300=390\text{kN}$$

2. 剪力墙的构造规定和连梁计算及构造规定

- 复习《混通规》4.4.4 条第 3 款。（墙厚度要求）
- 复习《混通规》4.4.7 条。（配筋要求）
- 复习《混规》11.7.12 条、11.7.13 条、11.7.14 条、11.7.15 条。
- 复习《混规》11.7.7 条、11.7.8 条、11.7.9 条、11.7.10 条、11.7.11 条。

需注意的是：

(1)《混规》11.7.9条，规定了跨高比$l_n/h>2.5$的连梁的计算，也规定了跨高比$l_n/h \leqslant 2.5$的连梁的计算

同时，《混规》11.7.8条规定了连梁的剪力设计值V_{wb}的计算，与《抗规》6.2.4条是协调的。

(2)《混规》11.7.10条第2款规定，与《高规》9.3.8条是协调的。

(3)《混规》11.7.12条中，计算时应取层高或无支长度的较小者进行计算墙肢截面厚度，这是依据《高规》7.2.1条条文说明。

(4)《混规》11.7.14条中注的规定。其中，"剪压比很小"是指剪压比<0.02的情况。

【例3.14.36】 某多层钢筋混凝土剪力墙连梁，截面尺寸$b \times h = 180\text{mm} \times 600\text{mm}$，抗震等级二级，净跨$l_n = 2.0\text{m}$，混凝土强度等级C30，纵向受力钢筋为HRB400级，箍筋HPB300级，$a_s = a_s' = 35\text{mm}$。

试问：

(1) 该连梁考虑地震作用组合的弯矩设计值$M_b = 200.0\text{kN} \cdot \text{m}$，当连梁上、下纵向受力钢筋对称配置时，下列钢筋（连梁下部纵筋），何项数据最合适？

(A) 2⊕22　　　(B) 2⊕25　　　(C) 3⊕22　　　(D) 3⊕25

(2) 假定该梁重力荷载代表值作用下，按简支梁计算的梁端截面剪力设计值$V_{Gb} = 18\text{kN}$，连梁左右端截面逆时针（或顺时针）方向地震组合弯矩设计值$M_b^l + M_b^r = 300\text{kN} \cdot \text{m}$，该连梁箍筋配置为下列何项？

(A) φ6@100（双肢）　　　(B) φ8@150（双肢）
(C) φ8@100（双肢）　　　(D) φ10@100（双肢）

【解答】 (1) $h_0 = h - a_s = 600 - 35 = 565\text{mm}$，$f_y = 300\text{N/mm}^2$

根据《混规》11.7.7条规定：

$$M_b \leqslant \frac{1}{\gamma_{RE}} f_y A_s (h_0 - a_s')$$

$$A_s \geqslant \frac{\gamma_{RE} M_b}{f_y (h_0 - a_s')} = \frac{0.75 \times 200 \times 10^6}{360 \times (565 - 35)} = 786\text{mm}^2$$

选用2⊕25（$A_s = 982\text{mm}^2$），应选（B）项。

(2) $\gamma_{RE} = 0.85$，$h_0 = 565\text{mm}$

由《混规》11.7.8条规定：

$$V_{wb} = 1.2 \frac{M_b^l + M_b^r}{l_n} + V_{Gb} = 1.2 \times \frac{300}{2} + 18 = 198\text{kN}$$

$l_n/h = 2.0/0.6 = 3.33 > 2.5$，由规范式(11.7.9-1)：

$$\frac{1}{\gamma_{RE}}(0.2\beta_c f_c b h_0) = \frac{1}{0.85} \times 0.2 \times 1.0 \times 14.3 \times 180 \times 565 = 342.2\text{kN}$$

$$> V_{wb} = 198\text{kN}，截面条件满足$$

由《混规》式（11.7.9-2）：
$$V_{wb} \leq \frac{1}{\gamma_{RE}}\left(0.42f_t bh_0 + f_{yv}\frac{A_{sv}}{s}h_0\right)$$

$$\frac{A_{sv}}{s} \geq \frac{\gamma_{RE}V_{wb} - 0.42f_t bh_0}{f_{yv}h_0}$$

$$= \frac{0.85 \times 198 \times 10^3 - 0.42 \times 1.43 \times 180 \times 565}{270 \times 565} = 0.703 \text{mm}^2/\text{mm}$$

对（A）项：$\frac{A_{sv}}{s} = \frac{2 \times 28.3}{100} = 0.566 \text{mm}^2/\text{mm}$，不满足。

对（B）项：$\frac{A_{sv}}{s} = \frac{2 \times 50.3}{150} = 0.671 \text{mm}^2/\text{mm}$，不满足。

对（C）项：$\frac{A_{sv}}{s} = \frac{2 \times 50.3}{100} = 1.006 \text{mm}^2/\text{mm}$，满足。

对（D）项：$\frac{A_{sv}}{s} = \frac{2 \times 78.5}{100} = 1.57 \text{mm}^2/\text{mm}$，满足。

故（C）最接近又满足规范要求，应选（C）项。

3. 墙肢轴压比和边缘构件的构造规定

> ● 复习《混规》11.7.16 条、11.7.17 条、11.7.18 条、11.7.19 条。

需注意的是：

（1）《混规》11.7.16 条的规定，与《高规》7.2.13 条的规定是不协调的。《高规》7.2.13 条中，它针对剪力墙墙肢底部加强部位和一般部位，即指结构全高。

（2）《混规》11.7.18 条中，ρ_v 的计算公式：
$$\rho_v = \lambda_v f_c / f_{yv}$$

式中 f_{yv} 按实际取值，不受限制。《抗规》表 6.4.5-3 注 3 中对 f_{yv} 取值按规范式（6.3.9），《抗规》6.3.9 条条文说明："箍筋的强度也不限制在标准值 400MPa 以内"。

特别注意，《混规》公式（11.4.17）：$\rho_v \geq \lambda_v f_c / f_{yv}$，式中的 f_c 取值为：
当 <C35 时，按 C35 取值。

（3）《混规》11.7.18 中，表 11.7.18 注 1、2、3 的规定。

【例 3.14.37】 某 8 度抗震设防区的多层钢筋混凝土框架-剪力墙结构，其底层加强部位剪力墙为单片独立墙肢，抗震等级为一级。已知底层层高为 5.0m，墙肢长为 3m，采用 C30 混凝土。在重力荷载代表值作用下的轴压力标准值 $N=1920$kN/m。

试问：该墙肢的最小墙厚应为多少？

提示：不验算该剪力墙墙肢稳定性；按《建筑与市政工程抗震通用规范》作答。

【解答】（1）根据《混规》11.7.12 条第 2 款规定，墙厚 b_w：

底部加强部位：$b_w = \min\left(\frac{1}{16} \times 5000, \frac{1}{16} \times 3000\right) = 187.5$mm

$b_w = \max(200, 187.5) = 200$mm

（2）根据《混规》表 11.7.16，抗震等级一级，$[\mu_N] = 0.5$

$$\mu_N = \frac{N}{f_c A} \leq [\mu_N] = 0.5$$

由《抗震通规》4.3.2条：
$$b_w \geq \frac{N}{0.5 f_c h_w} = \frac{1.3 \times 1920 \times 10^3 \times 3}{0.5 \times 14.3 \times 3000} = 349.1\text{mm}$$
故取上述较大者，取 $b_w = 350$mm。

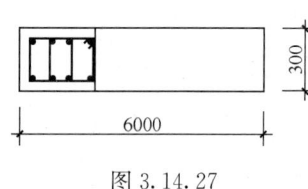

图 3.14.27

【例 3.14.38】 某 7 度抗震设防区的多层钢筋混凝土框架-剪力墙结构，抗震等级为二级，其底部加强部位剪力墙有一单片独立墙肢，如图 3.14.27 所示，采用 C30 混凝土，纵向钢筋采用 HRB400，箍筋、竖向和水平分布钢筋均采用 HPB300。已知该墙肢的竖向和水平分布钢筋为双向 2Φ12@200，该墙肢承受的重力荷载代表值产生的轴压力设计值 $N=10296$kN。环境类别一类。

试问：

（1）该墙肢在重力荷载代表值作用下的底部截面轴压比限值 $[\mu_N]$ 与该墙的实际轴压比 μ_N 的比值应为多少？

（2）该墙肢边缘构件沿墙肢的长度应为多少？

（3）该墙肢边缘构件的纵向钢筋配置如图 3.14.26 所示，下列何项最接近又满足规范构造要求。

(A) 8Φ14　　(B) 8Φ16　　(C) 8Φ18　　(D) 8Φ20

（4）该墙肢边缘构件的箍筋配置形式如图 3.14.26 所示，下列何项最接近又满足规范构造要求。

(A) Φ8@100　　(B) Φ10@100　　(C) Φ10@150　　(D) Φ12@100

（5）假定该墙肢承受的重力荷载代表值产生的轴压力设计值 $N=7200$kN，确定墙肢边缘构件的纵向钢筋截面面积，下列何项最接近又满足规范的构造要求。

(A) 923mm²　　(B) 960mm²　　(C) 980mm²　　(D) 1020mm²

【解答】（1）求 $[\mu_N]/\mu_N$

根据《混规》11.7.16 条注的规定：
$$\mu_N = \frac{N}{f_c A} = \frac{10296 \times 10^3}{14.3 \times 6000 \times 300} = 0.4 < [\mu_N] = 0.6$$
$$[\mu_N]/\mu_N = \frac{0.6}{0.4} = 1.5$$

（2）根据《混规》11.7.17 条规定：
$$\mu_N = 0.4, \mu_{N,\max} = 0.3$$
故应设约束边缘构件。

根据《混规》11.7.18 条规定：

抗震等级二级，$l_c = \max(0.15h_w, b_w, 400)$
$$= \max(0.15 \times 6000, 300, 400) = 900\text{mm}$$

（3）暗柱长度 h_c，根据《混规》11.7.18 条规定：
$$h_c = \max(l_c/2, b_w, 400) = \max(900/2, 300, 400) = 450\text{mm}$$

暗柱纵向钢筋按构造要求配筋截面面积：
$$A_s = 1.0\% h_c b_w = 1.0\% \times 450 \times 300 = 1350\text{mm}^2$$

图示纵筋配筋为 8 根：$A_{s1} = \frac{1350}{8} = 169\text{mm}^2$，选 $\Phi 16$（$A_{s1} = 201\text{mm}^2$），纵筋配置为 8 Φ 16，所以选（B）项。

(4) 根据《混规》规范式 (11.7.18)：
$$\rho_v = \lambda_v f_c / f_{yv} = 0.12 \times 16.7 / 270 = 0.742\%$$

环境一类，C30 的墙，箍筋混凝土保护层厚度 $c = 15\text{mm}$；假定箍筋直径为 8mm。

$$l_1 = 300 - 2 \times 15 - 2 \times \frac{8}{2} = 262\text{mm}$$

$$l_2 = 450 - 15 - \frac{8}{2} = 431\text{mm}$$

$$\rho_v = \frac{\sum n_i A_{si} l_i}{A_{cor} s} = \frac{(4 \times 262 + 2 \times 431) A_{s1}}{254 \times 423 \times s} \geq 0.742\%$$

$$\frac{A_{s1}}{s} \geq 0.42\text{mm}^2/\text{mm}$$

取 $s = 100\text{mm}$，$A_{s1} \geq 42\text{mm}^2$，选用 $\Phi 8$（$A_{s1} = 50.3\text{mm}^2$），原假定正确。

故箍筋配置为：$\Phi 8@100$，所以应选（A）项。

(5) 求 A_s。
$$\mu_N = \frac{N}{f_c A} = \frac{7200 \times 10^3}{14.3 \times 6000 \times 300} = 0.28$$

查《混规》表 11.7.17 知，该墙肢边缘构件设置构造边缘构件

根据《混规》11.7.19 条规定，暗柱截面长度为：
$$h_c = \max(b_w, 400) = \max(300, 400) = 400\text{mm}$$

查《混规》表 11.7.19，抗震二级，底部加强部位，纵筋截面面积 A_s：

$6 \Phi 14 = 923\text{mm}^2$；$A_s = \max(0.008 A_c, 923) = \max(0.008 \times 300 \times 400, 923) = 960\text{mm}^2$，所以应选（B）项。

【例 3.14.39】 有一多层钢筋混凝土框架-剪力墙结构的 L 形加强部位剪力墙，如图 3.14.28 所示，8 度抗震设防，抗震等级为一级，混凝土强度等级为 C40，暗柱（配有纵向钢筋部分）的受力钢筋采用 HRB400，暗柱的箍筋和墙身的分布筋均采用 HPB300，该剪力墙的竖向和水平向的双向分布钢筋均为 $\Phi 12@200$。该剪力墙承受的重力荷载代表值作用下的轴压力设计值 $N = 6350\text{kN}$。环境类别一类。

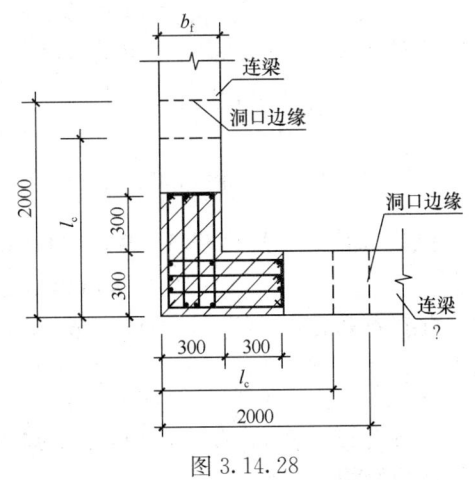

图 3.14.28

试问：

(1) 该剪力墙的边缘构件沿墙肢的长度 l_c 应为下列何项？

(A) 300mm　　(B) 400mm　　(C) 450mm　　(D) 600mm

(2) 剪力墙边缘构件纵向钢筋配置形式如图 3.14.28 中阴影所示，其纵向钢筋配置，下列何项最接近又满足规范的构造要求？

(A) $16 \Phi 18$　　(B) $16 \Phi 20$　　(C) $16 \Phi 22$　　(D) $16 \Phi 25$

(3) 剪力墙边缘构件箍筋配置形式如图 3.14.28 中阴影所示，其箍筋配置，下列何项最接近又满足规范的构造要求？

(A) Φ8@100　　(B) Φ10@100　　(C) Φ12@100　　(D) Φ12@150

(4) 假定该剪力墙承受的重力荷载代表值作用下的轴压力设计值 $N=3100$kN，确定剪力墙边缘构件的纵向钢筋截面面积，下列何项最接近又满足规范的构造要求？

(A) 1206mm²　　(B) 2100mm²　　(C) 2700mm²　　(D) 2900mm²

【解答】 (1) 求 l_c

$$\mu_N = \frac{N}{f_c A} = \frac{6350 \times 10^3}{19.1 \times (2000 \times 300 + 1700 \times 300)} = 0.2995$$

查《混规》表 11.7.17，8 度、抗震等级一级，$[\mu_N] = 0.2 < 0.2995$

故该加强部位设置约束边缘构件。

查《混规》表 11.7.18 及注 2 的规定，$\mu_N < 0.3$：

$$l_c = \max(0.1h_w, b_w, 400, b_f + 300)$$
$$= \max(0.1 \times 2000, 300, 400, 300 + 300) = 600\text{mm}$$

所以应选（D）项。

(2) 根据《混规》11.7.18 条规定：

$$l_1 = \max(b_w, 300) = \max(300, 300) = 300\text{mm}$$
$$l_2 = \max(b_f, 300) = \max(300, 300) = 300\text{mm}$$

根据《混规》11.7.18 条第 2 款规定：

$$A_s = 1.2\% \times (600 \times 300 + 300 \times 300) = 3240\text{mm}^2$$

图示 16 根纵筋：$A_s/16 = 3240/16 = 202.5\text{mm}^2$

选 Φ18（$A_{s1} = 254.5\text{mm}^2$），配置纵筋为 16Φ18，所以选（A）项。

(3) 根据《混规》11.7.18 条规定，查《混规》表 11.7.18 知，$\lambda_v = 0.12$

$$\rho_v = \lambda_v f_c / f_{yv} = 0.12 \times 19.1 / 270 = 0.849\%$$

一类环境，C40 的墙，取箍筋混凝土保护层厚度 $c = 15$mm，假定箍筋直径为 10mm：

$$\rho_v = \frac{\sum n_i A_{si} l_i}{A_{cor} s} = \frac{(2 \times 4 \times 575 + 2 \times 1 \times 260) \times A_{s1}}{(565 \times 250 + 315 \times 250)s} \geq 0.849\%$$

$$\frac{A_{s1}}{s} \geq 0.365 \text{mm}^2/\text{mm}$$

根据《混规》表 11.7.18 第 3 款的规定，$s \leq 100$mm，取 $s = 100$mm

$$A_{s1} \geq 36.5 \text{mm}^2，选 Φ8（A_{s1} = 50.3\text{mm}^2）$$

配置箍筋为 Φ8@100，所以应选（A）项。

(4) $\mu_N = \frac{N}{f_c A} = \frac{3100 \times 10^3}{19.1 \times (2000 \times 300 + 1700 \times 300)} = 0.146$

查《混规》表 11.7.17，8 度，抗震一级，$[\mu_N] = 0.2 > \mu_N = 0.146$，故该剪力墙设置构造边缘构件。

根据《混规》11.7.19 条规定：

底部加强部位，纵筋最小截面面积，取 $0.01A_c$ 和 6Φ16 的较大值。

根据规范图 11.7.19，$0.01A_c = 0.01 \times (2 \times 200 \times 300 + 300 \times 300) = 2100\text{mm}^2$

$$6Φ16\ (A_s = 1206\text{mm}^2)$$

故纵筋最小截面面积为2100mm²，所以应选（B）项。

【例3.14.40】 某多层钢筋混凝土结构首层剪力墙墙肢，几何尺寸及配筋如图3.14.29所示，抗震等级为三级，混凝土强度等级为C30，竖向及水平分布筋采用HRB335级。该墙肢考虑地震作用组合的内力计算值 $N=1500\text{kN}$，$M=210\text{kN}$，$V=150\text{kN}$。

试问：下列何项水平分布钢筋的配置最为合适？

(A) $\Phi6@200$ (B) $\Phi8@200$ (C) $\Phi10@200$ (D) $\Phi12@200$

【解答】 根据《混规》11.7.2条、11.7.1条：

$V_w = 1.2V = 1.2 \times 150 = 180\text{kN}$

$N_w = N = 1500\text{kN}$

$M_w = M = 210\text{kN} \cdot \text{m}$

由图可知，$a_s = a'_s = 400/2 = 200\text{mm}$，

$h_0 = h - a_s = 1600\text{mm}$

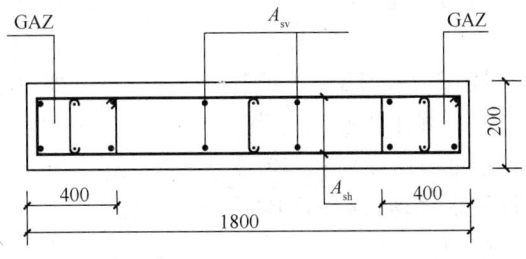

图3.14.29

由《混规》11.7.3条规定：

$$\lambda = \frac{M}{Vh_0} = \frac{210}{150 \times 1.6} = 0.875 < 1.5，取 \lambda = 1.5$$

$$0.2f_c bh = 0.2 \times 14.3 \times 200 \times 1800 = 1029.6\text{kN} < N = 1500\text{kN}$$

故取 $N = 1029.6\text{kN}$

由《混规》式(11.7.4)：

$$V_w \leq \frac{1}{\gamma_{RE}} \left[\frac{1}{\lambda - 0.5} \left(0.4f_t bh_0 + 0.1N\frac{A_w}{A} \right) + 0.8f_{yv}\frac{A_{sh}}{s}h_0 \right]$$

$$180 \times 10^3 \leq \frac{1}{0.85} \left[\frac{1}{1.5 - 0.5} \times (0.4 \times 1.43 \times 200 \times 1600 + 0.1 \times 1029600 \times 1) + 0.8 \times 300 \times \frac{A_{sh}}{s} \times 1600 \right]$$

解之得：$A_{sh}/s < 0$，故按构造配筋。

由《混规》11.7.14条，抗震三级，$\rho_{\min,sh} = 0.25\%$

取水平分布筋间距为200mm，则：

$$\rho_{sh} = \frac{A_{sh}}{b_{sv}} = \frac{A_{sh}}{200 \times 200} > 0.25\%$$

即单根水平分布筋截面面积为：$A_{sh1} > 0.25\% \times 200 \times 200/2 = 50\text{mm}^2$

故选用$\Phi8@200$，满足，所以应选（B）项。

思考： 地震组合的内力计算值与地震组合的内力设计值是不同概念，后者经过了内力调整后得到。

【例3.14.41】 某7层住宅，层高均为3.1m，房屋高度22.3m，安全等级为二级，采用现浇钢筋混凝土剪力墙结构，混凝土强度等级C35，抗震等级三级，结构平面立面均规则。某矩形截面墙肢尺寸$b_w \times h_w = 250\text{mm} \times 2300\text{mm}$，各层截面保持不变。假定，该墙肢底层底截面的轴压比为0.58，三层底截面的轴压比为0.38。

试问：下列对三层该墙肢两端边缘构件的描述何项是正确的？

(A) 需设置构造边缘构件，暗柱长度不应小于300mm

(B) 需设置构造边缘构件，暗柱长度不应小于 400mm

(C) 需设置约束边缘构件，l_c 不应小于 500mm

(D) 需设置约束边缘构件，l_c 不应小于 400mm

【解答】 房屋高度 22.3m 小于 24m，根据《混规》第 11.1.5 条第 2 款，底部加强部位可取底部一层。

根据《混规》11.7.17 条，三层可设置构造边缘构件。

根据《混规》图 11.7.18(a)，暗柱长度不小于 $\max(b_w, 400) = 400$mm。

所以应选（B）项。

【例 3.14.42】 某现浇钢筋混凝土框架-剪力墙结构高层办公楼，抗震设防烈度为 8 度 (0.2g)，场地类别为 Ⅱ 类，抗震等级：框架二级、剪力墙一级，二层局部配筋平面表示法如图 3.14.30 所示，混凝土强度等级：框架柱及剪力墙 C50，框架梁及楼板 C35，纵向钢筋及箍筋均采用 HRB400（Φ）。

试问：

(1) 图 3.14.30(a) 剪力墙 Q1 配筋及连梁 LL1 配筋共有几处违反规范的抗震构造要求，并简述理由。

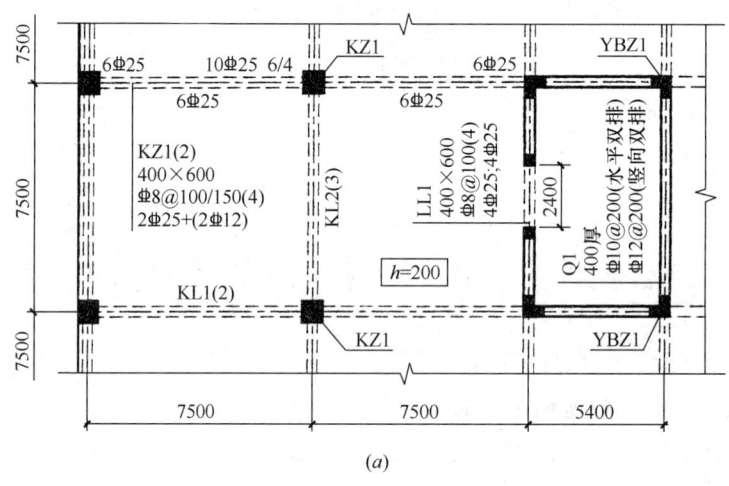

(a)

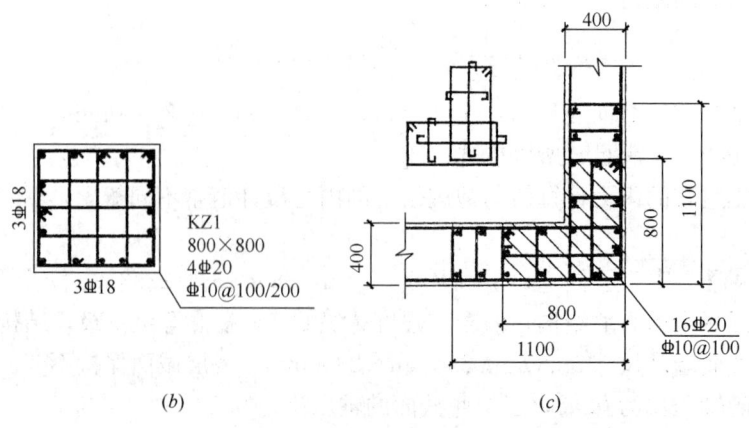

图 3.14.30
(a) 局部配筋平面图；(b) KZ1 配筋图；(c) YBZ1 配筋图

提示：LL1 腰筋配置满足规范要求。
(A) 无违反　　　　(B) 有一处　　　　(C) 有二处　　　　(D) 有三处

(2) 剪力墙约束边缘构件 YBZ1 配筋如图 3.14.30(c) 所示，已知墙肢底截面的轴压比为 0.4。试问，图中 YBZ1 有几处违反规范的抗震构造要求，并简述理由。

提示：YBZ1 阴影区和非阴影区的箍筋和拉筋体积配箍率满足规范要求。
(A) 无违反　　　　(B) 有一处　　　　(C) 有二处　　　　(D) 有三处

【解答】(1) Q1 水平钢筋配筋率 $\rho = \dfrac{A_s}{bh} = \dfrac{2 \times 78.5}{400 \times 200} = 0.20\% < 0.25\%$，违反《混规》11.7.14 条规定（强条）。

LL1 应按一级抗震等级，箍筋最小直径不应小于 10mm，违反《混规》11.7.11 条第 3 款，即 11.3.6 条规定。

故选 (C) 项。

(2) YBZ1 阴影部分纵向钢筋面积：

$A_s = 16 \times 314 = 5024 \text{mm}^2 < 0.012 A_c = 0.12 \times (800^2 - 400^2) = 5760 \text{mm}^2$

不符合《混规》11.7.18 条要求。

YBZ1 沿长向墙肢长度 $1100\text{mm} < 0.15 h_w = 0.15 \times (7500 + 400) = 1185\text{mm}$

不符合《混规》表 11.7.18 要求。

故选 (C) 项。

【例 3.14.43】某房屋采用现浇钢筋混凝土框架-抗震墙结构，上部各层平面局部及剖面图如图 3.14.31 所示。该房屋所在地区抗震设防烈度为 7 度，设计基本地震加速度为 0.10g，设计地震分组为第二组，建筑场地为Ⅳ类，安全等级为二级。假定，抗震墙抗震等级为二级，框架抗震等级为三级，地下室顶板作为上部嵌固端，结构侧向刚度沿竖向均匀，混凝土强度等级为 C40。

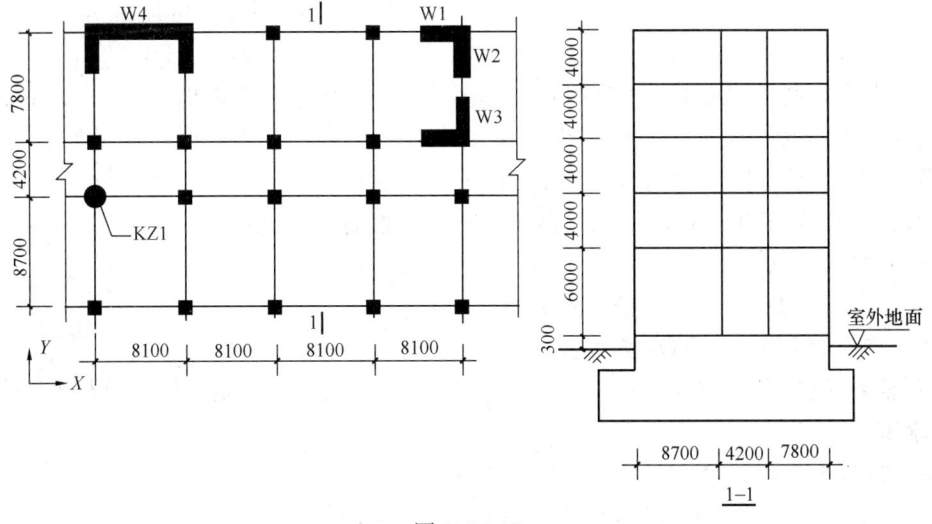

图 3.14.31

试问：
(1) 假定在 X 方向水平地震作用下，各楼层地震总剪力标准值及框架部分分配的地震剪力标准值见表 3.14.4。

表 3.14.4

楼层	楼层地震总剪力标准值（kN）	框架部分分配的地震剪力标准值（kN）
5	870	630
4	1655	845
3	2230	940
2	2630	950
1	2870	420

试问，首层和第二层框架应承担的 X 方向地震剪力标准值（kN）的最小值与下列何数值最为接近？

(A) 420，950　　(B) 575，950　　(C) 575，1300　　(D) 1425，950

(2) 底层抗震墙肢 W2，截面尺寸 $b \times h_w = 350\text{mm} \times 2500\text{mm}$，假定此墙肢按矩形截面剪力墙计算。考虑地震组合且经内力调整后的墙肢轴向拉力设计值、弯矩设计值、剪力设计值分别为 $N = 2090\text{kN}$、$M = 3470\text{kN} \cdot \text{m}$，$v = 1350\text{kN}$，抗震墙水平分布钢筋采用 HRB400 级钢筋。试问，墙肢 W2 的水平分布筋的最小配置采用下列何项最为合理经济？

提示：①$h_0 = 2250\text{mm}$；②假定剪力墙计算截面处剪跨比 $\lambda = 1.1$

(A) $\Phi 10@200$ (2)　　(B) $\Phi 10@150$ (2)

(C) $\Phi 12@200$ (2)　　(D) $\Phi 12@150$ (2)

(3) 假定，框架部分分担的地剪剪力已符合二道防线要求，底层某一角柱柱净高 5.3m，考虑地震作用组合且经强柱弱梁内力调整后的上端截面弯矩设计值为 $M_c^t = 175\text{kN} \cdot \text{m}$，考虑地震作用组合的下端截面弯矩设计值 $M_c^b = 225\text{kN} \cdot \text{m}$，柱上下段弯矩均为同一方向（顺时针或逆时针）。试问，该柱的地震组合下最小剪力设计值（kN）与下列何项数值最为接近？

(A) 116　　(B) 99　　(C) 92　　(D) 83

(4) 假定，底层圆形框架中柱 KZ1，如图 3.14.32 所示，考虑地震组合的柱轴压力设计值 $N = 3886.3\text{kN}$，该柱剪跨比 $\lambda = 5.5$，箍筋形式采用螺旋箍筋，柱纵向受力钢筋的混凝土保护层厚度 $c = 35\text{mm}$，如仅从抗震构造措施方面考虑。试问，该柱箍筋加密区的箍筋，按下列何项配置时最为合理且经济？

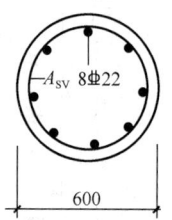

图 3.14.32

(A) $\Phi 14@100$　　(B) $\Phi 12@100$

(C) $\Phi 10@100$　　(D) $\Phi 8@100$

【解答】 (1) $H = 4 \times 4 + 6 + 0.3 = 22.3\text{m} < 24\text{m}$，为多层建筑，按《抗规》（或《混规》）求解。

由《抗规》6.2.13 条：

$$V_1 = 420\text{kN} < 0.2V_0 = 0.2 \times 2870 = 574\text{kN}$$

故　　$V_1 = \min(0.2V_0, 1.5V_{f\max}) = \min(574, 1.5 \times 940)$

$= 574\text{kN}$

$V_2 = 950\text{kN} > 0.2V_0 = 574\text{kN}$，故 $V_2 = 950\text{kN}$

故选（B）项。

(2) 根据《混规》11.7.5条：
$$\lambda = 1.1 < 1.5, \text{故取} \lambda = 1.5$$

$$1350 \times 10^3 \leqslant \frac{1}{0.85} \times \left[\frac{1}{1.5-0.5} \times (0.4 \times 1.71 \times 350 \times 2250 - 0.1 \times 2090 \times 10^3 \times 1) \right.$$
$$\left. + 0.8 \times 360 \frac{A_{sh}}{s} \times 2250 \right]$$

$$1350 \times 10^3 \leqslant \frac{1}{0.85} \times \left[1 \times (538650 - 209000) + 0.8 \times 360 \frac{A_{sh}}{s} \times 2050 \right]$$

解之得：$A_{sh}/s \geqslant 1.26 \text{mm}^2/\text{mm}$

(A) 项：$A_{sh}/s = 2 \times 78.5/200 = 0.785$，不满足
(B) 项：$A_{sh}/s = 2 \times 78.5/150 = 1.05$，不满足
(C) 项：$A_{sh}/s = 2 \times 113/200 = 1.13$，不满足

故选（D）项。

(3) 根据《混规》11.4.5条、11.4.3条：
$$V = 1.1 \times \frac{(175+225) \times 1.1}{5.3} = 91.3 \text{kN}$$

故选（C）项。

(4) $\mu_N = \dfrac{3886.3 \times 10^3}{19.1 \times \dfrac{\pi}{4} \times 600^2} = 0.72$

由《混规》表 11.4.17：
$$\lambda_v = 0.11 + \frac{0.72-0.7}{0.8-0.7} \times (0.13-0.11) = 0.114$$

$$\rho_v = \frac{4A_{ss1}}{d_{cor}s} = \frac{4A_{ss1}}{(600-2\times35)\times 100} \geqslant 0.114 \times \frac{19.1}{360}$$

$$A_{ss1} \geqslant 80 \text{mm}^2$$

选⌀12@100满足，故选（B）项。

七、预应力混凝土结构构件

> ● 复习《混规》11.8.1条、11.8.2条、11.8.3条、11.8.4条、11.8.5条、11.8.6条。

需注意的是：

(1)《混规》11.8.2条规定，与《抗规》附录C规定是协调的。
(2)《混规》11.8.3条中，阻尼比的取值。
(3)《混规》11.8.4条的条文说明。

【例3.14.44】 某混凝土框架结构的一根预应力框架梁，抗震等级为二级，混凝土强度等级为C40，其平法施工图如图3.14.33所示。

试问：确定该梁跨中截面的预应力强度比λ值，$\lambda = f_{py}A_p/(f_{py}A_p + f_y A_s)$。

提示：预应力筋⌀^{s}15.2（1×7）为钢绞线，$f_{ptk} = 1860 \text{N/mm}^2$。

【解答】 根据《混规》附录A表A.0.1、表A.0.2：

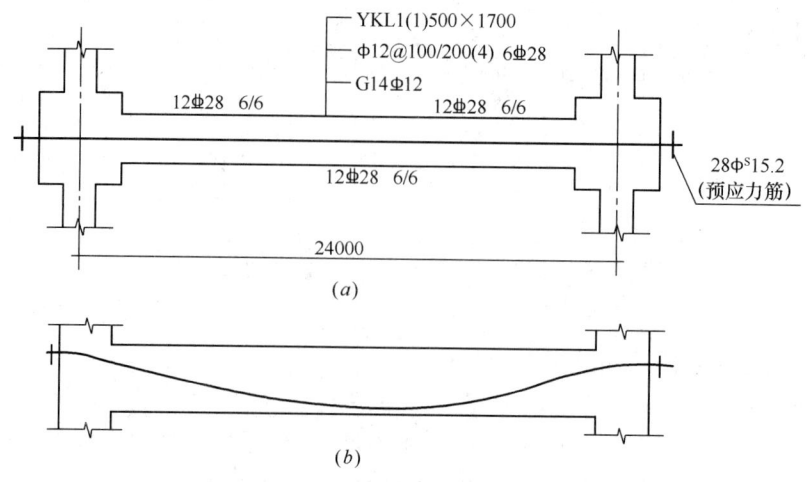

图 3.14.33
(a) 平法施工图；(b) 预应力筋示意图

$$A_p = 28 \times 140 = 3920 \text{mm}^2, \quad A_s = 12 \times 615.8 = 7389.6 \text{mm}^2$$

《混规》表 4.2.3-2 知，$f_{py} = 1320 \text{N/mm}^2$

由条件，根据《混规》11.8.4 条条文说明规定：

$$\lambda = \frac{f_{py} A_p}{f_{py} A_p + f_y A_s} = \frac{1320 \times 3920}{1320 \times 3920 + 360 \times 7389.6} = 0.66 < 0.75$$

故满足要求。

【例 3.14.45】 某五层现浇有粘结预应力混凝土框架结构，柱网尺寸 9m×9m，各层层高均为 4.5m，位于 8 度 (0.3g) 抗震设防区，设计地震分组为第二组，场地类别为Ⅲ类，抗震设防类别为丙类。抗震设计时，采用的计算参数及抗震等级如下所示：

Ⅰ．多遇地震作用计算时，结构的阻尼比为 0.05；
Ⅱ．罕遇地震作用计算时，特征周期为 0.55s；
Ⅲ．框架的抗震等级为二级。

试问： 针对上述参数取值及抗震等级的选择是否正确的判断，下列何项正确？

(A) Ⅰ、Ⅱ正确，Ⅲ错误　　　　(B) Ⅱ、Ⅲ正确，Ⅰ错误
(C) Ⅰ、Ⅲ正确，Ⅱ错误　　　　(D) Ⅰ、Ⅱ、Ⅲ均错误

【解答】 Ⅰ，根据《混规》第 11.8.3 条，预应力混凝土结构自身的阻尼比可采用 0.03，错误。

Ⅱ，根据《抗规》表 5.1.4-2，特征周期为 0.55+0.05=0.6s，错误。

Ⅲ，根据《抗规》第 3.3.3 条，Ⅲ级场地，设防烈度 8 度 (0.3g)，宜按 9 度要求采取抗震构造措施，但抗震措施中的内力并不要求调整。查《抗规》表 6.1.2，框架应按一级采取抗震构造措施，按二级的要求进行内力调整。

故应选 (D) 项。

八、板柱节点

- 复习《混规》11.8.9 条～11.9.6 条。

第十五节 《混规》《抗规》总结

一、抗震设计框架结构的内力调整

地震作用组合前,由地震作用产生的地震内力的调整,见本书第一章第七节内容。

(1) 框架柱的弯矩值的调整

①柱端 M_c:$\Sigma M_c = \eta_c \Sigma M_b$;(《混规》11.4.1 条)

②反弯点不在柱的层高范围时,$M_c = \eta_c \cdot M_c^c$;(《抗规》6.2.2 条)

③顶层柱、轴压比小于 0.15 的柱,$M_c = M_c^c$;(《混规》11.4.1 条)

④底层柱下端,$M_c = \eta_c \cdot M_c^c$;(《混规》11.4.2 条)

⑤框架角柱,上述①~④调整后,再乘 1.1;(《混规》11.4.5 条)

⑥带地下室柱,地下一层柱上端和节点左右梁端实配的抗震受弯承载力之和应大于地上一层柱下端实配的抗震受弯承载力的 1.3 倍。(《抗规》6.1.14 条第 3 款)

(2) 框架柱的剪力值的调整

①柱剪力值 V_c:$V_c = \eta_{vc} \Sigma M_c / H_n$;(《混规》11.4.3 条)

②角柱剪力值 V_c:经过上述柱端弯矩、剪力调整后,再乘 1.1。(《混规》11.4.5 条)

二、抗震设计框架梁和框架柱抗震构造措施

抗震设计时,框架梁纵向受力钢筋、箍筋的抗震构造措施分别见表 3.15.1 和表 3.15.2。

抗震设计时,框架柱纵向受力钢筋、箍筋的抗震构造措施分别见表 3.15.3 和表 3.15.4。

抗震设计框架梁纵向受力钢筋的抗震构造措施　　表 3.15.1

项目	规　定	
	《混规》	《抗规》
最小配筋率	11.3.6 条: 表 11.3.6-1	—
最大配筋率	11.3.7 条: $\rho_纵$ 不宜大于 2.5%	6.3.4 条: $\rho_纵$ 不宜大于 2.5%
梁端梁底、顶纵筋面积比 A_s'/A_s	11.3.6 条: 一级:$A_s'/A_s \geqslant 0.5$ 二、三级:$A_s'/A_s \geqslant 0.3$	6.3.3 条: 同《混规》
相对受压区高度 $\xi = x/h_0$	11.3.1 条: 一级:$x/h_0 \leqslant 0.25$ 二、三级:$x/h_0 \leqslant 0.35$	6.3.3 条: 同《混规》
沿梁全长的通长纵筋	11.3.7 条:	6.3.4 条第 1 款: 同《混规》
贯通中柱的纵筋直径 $d_纵$	11.6.7 条: 1) 9 度各类框架和一级框架结构:$d_纵$ 不宜大于 $B/25$ 2) 一、二、三级框架:$d_纵$ 不宜大于 $B/20$	6.3.4 条: 1) 一、二、三级框架结构:$d_纵$ 不应大于 $B/20$ 2) 一、二、三级框架:$d_纵$ 不宜大于 $B/20$

注:1. B 是指为矩形截面柱时,柱在该方向截面尺寸;为圆截面柱,纵筋所在位置柱截面弦长。$d_纵$ 是指纵向受力钢筋的直径。
　　2. 梁纵向受力钢筋的最小配筋率,取 bh 计算;其最大配筋率,取 bh_0 计算。

抗震设计框架梁箍筋的抗震构造措施　　表 3.15.2

项　目		规　定	
		《混规》	《抗规》
箍筋加密区	加密区长度	11.3.6 条： 表 11.3.6-2	6.3.3 条： 同《混规》
	箍筋最大间距 (s)	11.3.6 条： 表 11.3.6-2	6.3.3 条： 同《混规》
	箍筋最小直径 (ϕ)	11.3.6 条第 3 款：表 11.3.6-2； $\rho_纵$ 大于 2％时，箍筋最小直径+2	6.3.3 条： 同《混规》
	箍筋最大肢距 (a)	11.3.8 条： 一级：$a \leqslant \max (200, 20\phi)$； 二、三级：$a \leqslant \max (250, 20\phi)$； 一级～四级：$a \leqslant 300$	6.3.4 条： 一、二、三级：同《混规》； 四级：$a \leqslant 300$
箍筋非加密区	箍筋间距 ($s_{非}$)	11.3.9 条： $s_{非} \leqslant 2s$	—
沿梁全长箍筋的最小面积配筋率 ρ_{sv} $\rho_{sv} = A_{sv}/(bs)$		11.3.9 条： 一级：$\rho_{sv} \geqslant 0.30 f_t/f_{yv}$ 二级：$\rho_{sv} \geqslant 0.28 f_t/f_{yv}$ 三、四级：$\rho_{sv} \geqslant 0.26 f_t/f_{yv}$	—

抗震设计框架柱纵向受力钢筋的抗震构造措施　　表 3.15.3

项　目	规　定	
	《混规》	《抗规》
最大配筋率	11.4.13 条： $\rho_全$ 不应大于 5％ 一级且 $\lambda \leqslant 2$ 柱，其 $\rho_{一侧}$ 不宜大于 1.2％	6.2.8 条： 同《混规》
最小配筋率	11.4.12 条： $\rho_全$，查表 6.4.3-1（Ⅳ类场地较高高层，表中值加 0.1）； $\rho_{一侧}$，不应小于 0.2％	6.3.7 条： 同《混规》
纵筋直径	—	—
纵筋间距	11.4.13 条： $B>400$，纵筋间距 $\leqslant 200$	6.3.8 条： 同《混规》

注：1. Ⅳ类场地较高高层，是指大于 40m 的框架结构，或大于 60m 的其他结构，见《抗规》5.1.6 条条文说明。
　　2. B 是指柱截面尺寸。

	项 目	规 定	
		《混规》	《抗规》
箍筋加密区	体积配箍率 (ρ_v)	11.4.17 条： 一级 $\rho_v \geq \max(\lambda_v f_c/f_{yv}, 0.8\%)$； 二级 $\rho_v \geq \max(\lambda_v f_c/f_{yv}, 0.6\%)$； 三、四级 $\rho_v \geq \max(\lambda_v f_c/f_{yv}, 0.4\%)$； $\lambda \leq 2$ 柱，$\rho_v \geq \max(\lambda_v f_c/f_{yv}, 1.2\%)$； $\lambda \leq 2$ 且 9 度一级，$\rho_v \geq \max(\lambda_v f_c/f_{yv}, 1.5\%)$	6.3.9 条： 同《混规》
	加密区范围	11.4.14 条、11.4.12 条： 柱两端：$\max(H_n/6, h_c, 500)$； 底层柱：刚性地面上下各 500； 底层柱：柱根以上 $H_n/3$； $\lambda \leq 2$ 柱，全高加密； 一、二级框架角柱，全高加密	6.3.9 条： $H_n/h_c \leq 4$ 柱，全高加密； 其他同《混规》
	箍筋最大间距 (s)	11.4.12 条：表 11.4.12-2 1) 一级柱：$\phi > 12$ 且 $a \leq 150$，除柱根外，可取 $s=150$； 2) 二级柱：$\phi > 10$ 且 $a \leq 200$，除柱根外，可取 $s=150$； 3) $\lambda \leq 2$ 柱，$s \leq \min(6d_{纵}, 100)$	6.3.7 条： $\lambda \leq 2$ 柱，$s \leq 100$； 其他同《混规》
	箍筋最小直径 (ϕ)	11.4.12 条：表 11.4.12-2 四级 $\lambda \leq 2$，$\phi \geq 8$	6.3.7 条： 三级 $b_c \leq 400$，ϕ 可取 6；其他同《混规》
	箍筋最大肢距 (a)	11.4.15 条：一级：$a \leq 200$； 二、三级：$a \leq \max(250, 20\phi)$； 四级：$a \leq 300$； 每隔 1 根纵筋双向约束	6.3.9 条： 二、三级：$a \leq 250$；其他同《混规》
箍筋非加密区	体积配筋率	11.4.18 条： $\rho_{v非加密} \geq 0.5\rho_v$	6.3.9 条： 同《混规》
	箍筋间距 ($s_{非}$)	11.4.18 条： 一、二级 $s_{非} \leq 10d_{纵}$ 三、四级 $s_{非} \leq 15d_{纵}$	6.3.9 条： 同《混规》

注：1. 表中柱是指框架柱，不包括转换柱（框支柱和托柱转换柱）。
2. h_c 是指柱截面高度（或圆柱直径），b_c 是指柱截面宽度，H_n 是指柱净高度，$d_{纵}$ 是指纵向受力钢筋的直径。

三、约束边缘构件和构造边缘构件的抗震构造措施

约束边缘构件、构造边缘构件的抗震构造措施分别见表 3.15.5 和表 3.15.6。

约束边缘构件的抗震构造措施　　　　表 3.15.5

项　目	规　定	
	《混规》11.7.18 条	《抗规》6.4.5 条
沿墙肢的长度 l_c	表 11.7.18 及注 1、2、3	同《混规》
阴影部分面积的竖向纵筋面积	一级：$\geqslant 1.2\% A_c$ 二级：$\geqslant 1.0\% A_c$ 三级：$\geqslant 1.0\% A_c$	一级：$\geqslant \max(1.2\% A_c, 8\phi 16)$ 二级：$\geqslant \max(1.0\% A_c, 6\phi 16)$ 三级：$\geqslant \max(1.0\% A_c, 6\phi 14)$
阴影部分面积的配箍特征值 λ_v	表 11.7.18 确定 λ_v	同《混规》
阴影部分面积的箍筋体积配筋率 ρ_v	$\rho_v \geqslant \lambda_v f_c / f_{yv}$	同《混规》
非阴影部分面积的配箍特征值 λ'_v	图 11.7.18，$\lambda'_v = \lambda_v / 2$	同《混规》
非阴影部分面积的箍筋体积配筋率 ρ'_v	$\rho'_v \geqslant 0.5 \lambda_v f_c / f_{yv}$	同《混规》
箍筋、拉筋沿竖向间距 s	一级：$s \leqslant 100$ 二、三级：$s \leqslant 150$	同《混规》
箍筋、拉筋的水平向肢距 a	—	—
端柱有集中荷载	—	其配筋构造满足框架柱的要求

注：A_c 是指约束边缘构件的阴影部分面积。

构造边缘构件的抗震构造措施　　　　表 3.15.6

项　目	规　定	
	《混规》11.7.19 条	《抗规》6.4.5 条
构造边缘构件的范围	图 11.7.19	图 6.4.5-1，与《混规》不同
竖向钢筋面积	表 11.7.19	同《混规》
箍筋、拉筋最小直径	表 11.7.19	同《混规》
箍筋、拉筋沿竖向间距	表 11.7.19	同《混规》
箍筋、拉筋的水平方向肢距 a	拉筋 $a \leqslant$ 竖向钢筋间距的 2 倍	同《混规》
端柱有集中荷载	其竖向钢筋、箍筋直径和间距应满足框架柱要求	同《混规》

四、普通连梁的构造措施

仅配置箍筋的普通连梁，其构造措施，见表 3.15.7。

普通连梁的构造措施 表3.15.7

项 目	非抗震设计 《混规》9.4.7条	抗震设计 《混规》11.7.11条
纵筋最小配筋率	$A_s \geqslant 2\phi 12$	$\rho_\text{纵} \geqslant 0.15\%$，$A_s \geqslant 2\phi 12$
纵筋最大配筋率	—	
纵筋的锚固长度	$\geqslant l_a$	$\geqslant 600$，$\geqslant l_{aE}$
沿连梁全长箍筋的直径、间距	箍筋直径≥6，箍筋间距≤150	符合11.3.6条框架梁梁端加密区的要求
箍筋肢距	—	符合11.3.8条
顶层连梁纵筋伸入墙肢长度内的箍筋	同右	箍筋间距≤150，箍筋直径与该连梁的箍筋直径相同
腰筋	同右	$h_b>450$，腰筋直径≥8，间距≤200；$l/h_b \leqslant 2.5$，两侧腰筋总面积≥$0.3\%bh_w$

注：1. 普通连梁是指仅配普通箍筋未配斜向交叉钢筋的剪力墙洞口连梁。

2. h_w是指连梁腹板高度，按《混规》6.3.1条采用。

第十六节 混凝土异形柱结构

本节所用规范为《混凝土异形柱结构技术规程》JGJ 149—2017（以下简称《异形柱规》）。

异形柱结构是指采用异形柱的框架结构和框架-剪力墙结构。其中，异形柱是指截面几何形状为L形、T形、十字形和Z形，并且截面各肢的肢高肢厚比不大于4的柱。

一、总则和术语

- 复习《异形柱规》1.0.1条~1.0.3条。
- 复习《异形柱规》2.1.1条~2.2.4条。

二、设计基本规定

- 复习《异形柱规》3.1.1条~3.1.6条。
- 复习《异形柱规》3.2.1条~3.2.6条。
- 复习《异形柱规》3.3.1条~3.3.2条。

需注意的是：

(1)《异形柱规》3.1.1条及其条文说明、3.1.2条及其条文说明，3.1.3条及其条文说明。

(2)《异形柱规》3.2.5条规定。

(3)《异形柱规》3.3.1条表3.3.1注2的规定。由3.3.1条的条文说明,丙类建筑,直接查规程表3.3.1确定抗震等级。

【例3.16.1】 位于抗震设防烈度7度(0.15g)地区,建筑场地为Ⅲ类,某大学学生宿舍采用现浇钢筋混凝土异形框架结构,各层的结构平面布置如图3.16.1所示。

试问:(1)该结构适用的最大高度(m),与下列何项数值最接近?
(A) 12 (B) 18 (C) 21 (D) 24

(2)假定,房屋高度为13m,试问,KZ1的抗震构造措施的抗震等级应为下列何项?
(A) 抗震四级 (B) 抗震三级
(C) 抗震二级 (D) 抗震一级

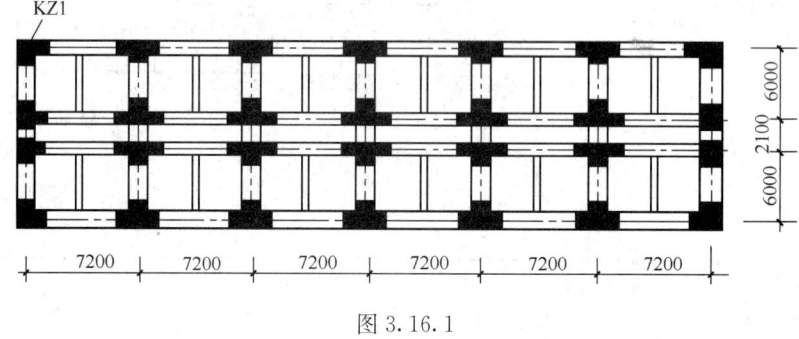

图 3.16.1

【解答】 (1) 7度(0.15g)、丙类,根据《异形柱规》3.1.2条:该结构的最大高度=18m。应选(B)项。

(2)丙类、7度(0.15g)、场地Ⅲ类,$H=13m$,查《异形柱规》表3.3.1及注,KZ1抗震构造措施为抗震二级。应选(C)项。

三、结构计算分析

• 复习《异形柱规》4.1.1条~4.4.3条。

需注意的是:
(1)《异形柱规》4.1.2条、4.1.6条及条文说明、4.2.3条规定。
(2)《异形柱规》4.2.4条规定及其条文说明。
(3)《异形柱规》4.3.7条、4.3.8条规定。

四、截面设计

• 复习《异形柱规程》5.1.1条~5.3.6条。

需注意的是:
(1)《异形柱规》5.1.5条、5.1.6条、5.1.8条及条文说明。
(2)角柱,《异形柱规》5.1.7条、5.2.4条规定。
(3)《异形柱规》5.3.1条及其条文说明。
(4)《异形柱规》5.3.4条,等肢异形柱,如图3.16.2所示,$h_c=b_f$,$b_c=h_f$。

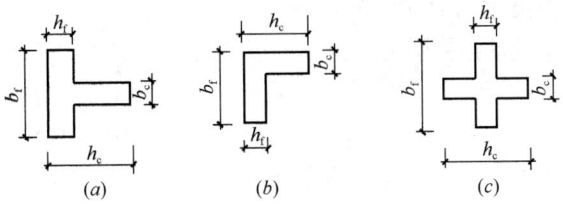

图 3.16.2 等肢异形柱

（5）《异形柱规》5.3.4 条，不等肢异形柱，其确定有效正交肢影响系数 $\xi_{v,ef}$ 时，其截面类型 A 类、B 类、C 类和 D 类，如图 3.16.3～图 3.16.6 所示。

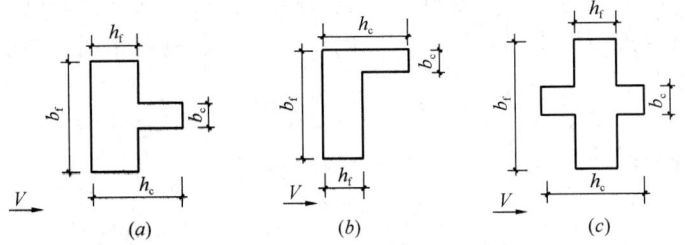

图 3.16.3 A 类示意图

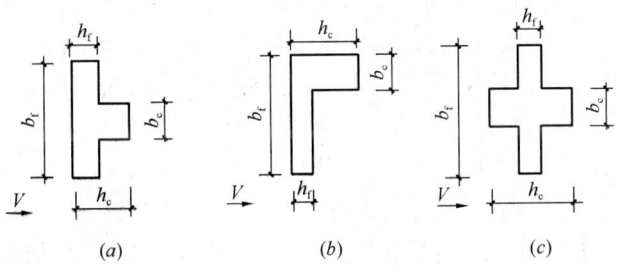

图 3.16.4 B 类示意图

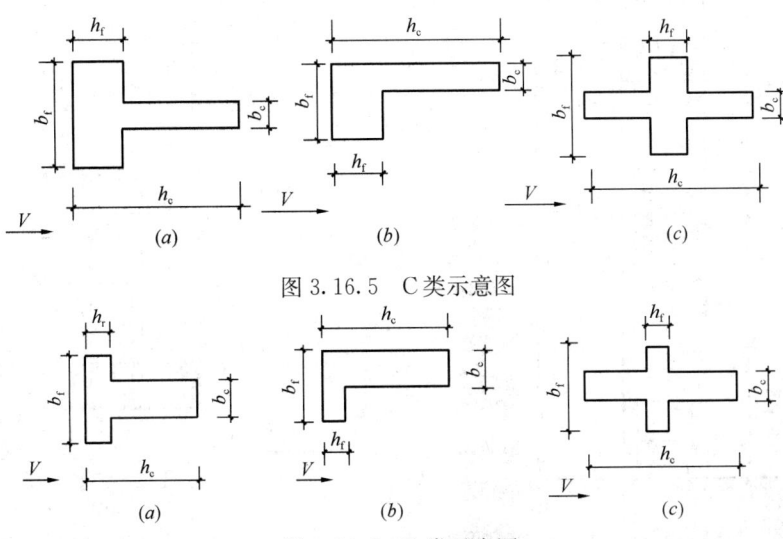

图 3.16.5 C 类示意图

图 3.16.6 D 类示意图

417

【例 3.16.2】 某现浇钢筋混凝土异性柱框架结构多层住宅楼,安全等级为二级,框架抗震等级为二级。该房屋各层层高均为 3.6m,各层梁高均为 450mm,建筑面层厚度为 50mm,首层地面标高为 ±0.000m,基础顶面标高为 −1.000m,框架某边柱截面如图 3.16.7 所示,剪跨比 $\lambda > 2$,混凝土强度等级:框架柱为 C35,框架梁、楼板为 C30,梁、板纵向钢筋及箍筋均采用 HRB400(⊕),纵向受力钢筋的保护层厚度为 30mm。

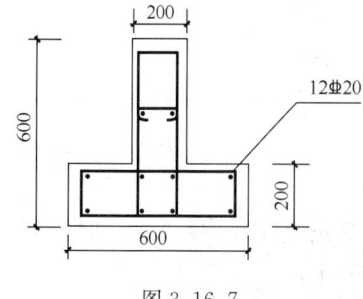

图 3.16.7

假定,该框架边柱底层柱下端截面(基础顶面)有地震作用组合未经调整的弯矩设计值为 320kN·m,底层柱上端截面地震作用组合并经调整后的弯矩设计值为 312kN·m,柱反弯点在柱层高范围内。试问,该柱考虑地震作用组合的剪力设计值 V_c(kN),与下列何项数值最为接近?

(A) 185   (B) 222   (C) 251   (D) 290

【解答】 根据《异形柱规》5.1.6 条、5.2.3 条:

$$V_c = \frac{1.3 \times (1.5 \times 320 + 312)}{3.6 + 1.0 - 0.45 - 0.05} = 251 \text{kN}$$

应选(C)项。

【例 3.16.3】 某 11 层住宅,采用现浇钢筋混凝土异形柱框架—剪力结构,房屋高度 33m,剖面如图 3.16.8 所示,抗震设防烈度 7 度(0.10g),场地类别Ⅱ类,异形柱混凝土强度等级 C35,纵筋、箍筋采用 HRB400。框架梁截面均为 200mm×500mm。框架部分承受的地震倾覆力矩为结构总地震倾覆力矩的 20%。

异形柱 KZ2 截面如图 3.16.9 所示,截面面积 $2.2 \times 10^5 \text{mm}^2$,该柱三层轴压比为 0.4,箍筋为 ⊕10@100。假定,Y 方向该柱的剪跨比 λ 为 2.2,$h_{c0} = 565\text{mm}$。试问,该柱 Y 方向斜截面有地震作用组合的受剪承载力(kN),与下列何项数值最为接近?

(A) 430   (B) 455   (C) 510   (D) 555

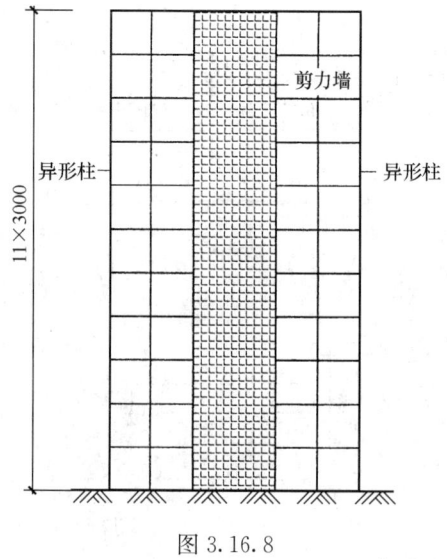

图 3.16.8

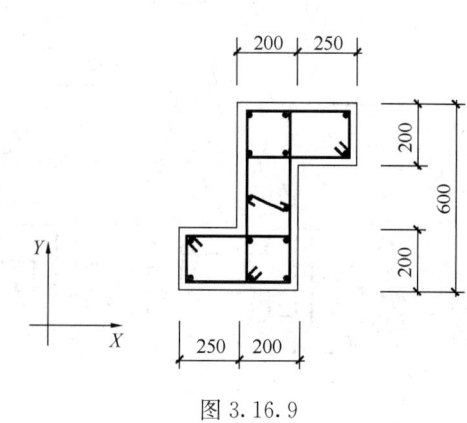

图 3.16.9

【解答】 根据《异形柱规》5.2.1条：
$$V_c \leq \frac{1}{\gamma_{RE}}(0.2f_cb_ch_{c0}) = \frac{1}{0.85}(0.2 \times 16.7 \times 200 \times 565) = 444000\text{N} = 444\text{kN}$$

由5.2.2条：
$$\frac{N}{f_cA} = 0.4，故 N > 0.3f_cA = 0.3 \times 16.7 \times 2.2 \times 10^5 = 11.022 \times 10^5\text{N}$$

故取 $N = 11.02 \times 10^4\text{N}$

$$V_u = \frac{1}{\gamma_{RE}}\left(\frac{1.05}{\lambda+1.0}f_tb_ch_{c0} + f_{yv}\frac{A_{sv}}{s}h_{c0} + 0.056N\right)$$

$$= \frac{1}{0.85}\left(\frac{1.05}{2.2+1.0} \times 1.57 \times 200 \times 565 + 360 \times \frac{2 \times 78}{100} \times 565 + 0.056 \times 1102200\right)$$

$$= 514\text{kN} > 444\text{kN}$$

故 $V_u = 444\text{kN}$，应选（A）项。

【例 3.16.4】 某异形柱框架结构，局部梁柱节点如图 3.16.10 所示，混凝土强度等级为 C30，钢筋为 HRB400，轴压比 $\mu_N = 0.6$，计算地震作用。试问，节点核心区地震组合剪力设计值 V_j 的限值与下列何项最为接近？

(A) 970　　　　(B) 820　　　　(C) 780　　　　(D) 690

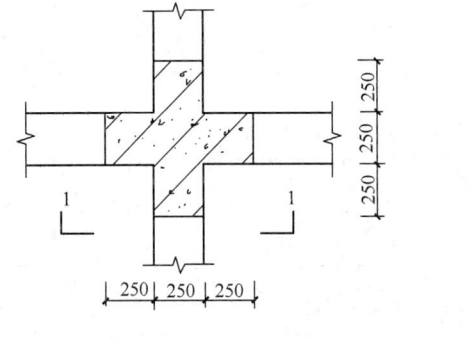
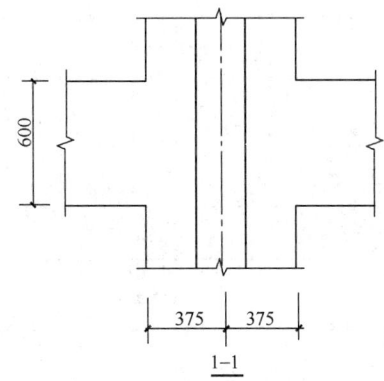

图 3.16.10

【解答】 根据《异形柱规》5.3.2条：

$$\alpha = 1.0，\xi_N = 0.90，b_f - b_c = 750 - 250 = 500\text{mm}$$

查表 5.3.4-1，取 $\xi_v = 1.5$；查表 5.3.2-2，$\xi_h = 0.875$

$$V_j \leq \frac{0.21}{0.85} \times (1 \times 0.90 \times 1.5 \times 0.875 \times 14.3 \times 250 \times 750)$$

$$= 782\text{kN}$$

应选（C）项。

五、构造要求

- 复习《异形柱规》6.1.1条~6.3.9条。

需注意的是：

（1）柱肢肢端、肢端暗柱的定义，前者根据《异形柱规》6.2.5条条文说明，即：肢端指沿肢高方向 a 为一倍肢厚范围的柱肢，如本规程图6.2.15所示。

肢端暗柱，按《异形柱规》6.2.15条，暗柱沿肢高方向尺寸 a 不应小于120mm。

（2）《异形柱规》6.2.9条第3款，根据规程表6.2.9注的规定，可知，当肢端设暗柱，确定 $\lambda_{v,\min}$ 时，当轴压比增加0.05（L形、Z形柱），或轴压比增加0.1（十字形、T形柱抗震一级、抗震二级），或轴压比增加0.05（十字形、T形柱抗震三级、抗震四级），取表3.16.1、表3.16.2中方框内的数值。

异形柱框架结构的柱箍筋加密区的 $\lambda_{v,\min}$　　　　表3.16.1

抗震等级	截面形式	柱轴压比											
		≤0.30	0.35	0.40	0.45	0.50	0.55	0.60	0.65	0.70	0.75	0.80	0.85
二级	L形、Z形	0.12	0.14	0.16	0.18	0.21	0.21	—	—	—	—	—	—
三级		0.10	0.12	0.13	0.15	0.17	0.19	0.21	0.21	—	—	—	—
四级		0.09	0.10	0.11	0.12	0.13	0.15	0.17	0.19	0.21	0.21	—	—
二级	T形	0.11	0.13	0.15	0.17	0.20	0.22	0.22	0.22	—	—	—	—
三级		0.09	0.11	0.12	0.14	0.16	0.18	0.20	0.22	0.22	—	—	—
四级		0.08	0.09	0.10	0.11	0.13	0.14	0.16	0.18	0.20	0.22	0.22	—
二级	十字形	0.10	0.12	0.14	0.16	0.18	0.20	0.23	0.23	0.23	—	—	—
三级		0.08	0.10	0.12	0.13	0.15	0.17	0.19	0.21	0.23	0.23	—	—
四级		0.07	0.08	0.09	0.10	0.12	0.13	0.15	0.17	0.19	0.21	0.23	0.23

异形柱框架-剪力墙的柱箍筋加密区的 $\lambda_{v,\min}$　　　　表3.16.2

抗震等级	截面形式	柱轴压比												
		≤0.30	0.35	0.40	0.45	0.50	0.55	0.60	0.65	0.70	0.75	0.80	0.85	0.90
一级	L形、Z型	0.17	0.19	0.21	0.21	—	—	—	—	—	—	—	—	—
二级		0.12	0.14	0.16	0.18	0.21	0.23	0.23	—	—	—	—	—	—
三级		0.10	0.12	0.13	0.15	0.17	0.19	0.21	0.23	0.23	—	—	—	—
四级		0.09	0.10	0.11	0.12	0.13	0.15	0.17	0.19	0.21	0.23	0.23	—	—
一级	T形	0.16	0.18	0.20	0.22	0.22	0.22	—	—	—	—	—	—	—
二级		0.11	0.13	0.15	0.17	0.20	0.22	0.24	0.24	—	—	—	—	—
三级		0.09	0.11	0.12	0.14	0.16	0.18	0.20	0.22	0.24	0.24	—	—	—
四级		0.08	0.09	0.10	0.11	0.13	0.14	0.16	0.18	0.20	0.22	0.24	0.24	—

续表

抗震等级	截面形式	柱轴压比												
		≤0.30	0.35	0.40	0.45	0.50	0.55	0.60	0.65	0.70	0.75	0.80	0.85	0.90
一级	十字形	0.15	0.17	0.18	0.20	0.23	0.23	0.23	—	—	—	—	—	—
二级		0.10	0.12	0.14	0.16	0.18	0.20	0.23	0.25	0.25	0.25	—	—	—
三级		0.08	0.10	0.11	0.13	0.15	0.17	0.19	0.21	0.23	0.25	0.25	—	—
四级		0.07	0.08	0.09	0.10	0.12	0.13	0.15	0.17	0.19	0.21	0.23	0.25	0.25

【例 3.16.5】某异形柱框架-剪力墙结构，框架抗震等级为一级，某一根 L 形柱设暗柱，其轴压比为 0.45。

试问：

(1) 该 L 形柱的柱端箍筋加密区的 $\lambda_{v,min}$，与下列何项数值最接近？
(A) 0.20　　(B) 0.21　　(C) 0.22　　(D) 0.23

(2) 假定，框架抗震等级为二级，某一根 T 形柱设暗柱，其轴压比为 0.65，试问，该柱柱端箍筋加密区的 $\lambda_{v,min}$，与下列何项数值最接近？
(A) 0.22　　(B) 0.23　　(C) 0.24　　(D) 0.25

【解答】(1) 根据《异形柱规》表 6.2.2 及注 2：
$\mu_N = 0.45 \leqslant [\mu_N] = 0.40 + 0.05 = 0.45$，满足。

方法一：查《异形柱规》表 6.2.9 及注，按 0.40 查表，取 $\lambda_{v,min} = 0.21$

方法二：按《异形柱规》6.2.9 条，查上述表 3.16.2，取 $\lambda_{v,min} = 0.21$

应选（B）项。

(2) 根据《异形柱规》表 6.2.2 及注 2：
$\mu_N = 0.65 < [\mu_N] = 0.60 + 0.10 = 0.70$，满足。

由 6.2.9 条，查上述表 3.16.2，取 $\lambda_V = 0.24$

应选（C）项。

【例 3.16.6】某现浇钢筋混凝土异性柱框架结构多层住宅楼，安全等级为二级，框架抗震等级为二级。该房屋各层层高均为 3.6m，各层梁高均为 450mm，建筑面层厚度为 50mm，首层地面标高为 ±0.000m，基础顶面标高为 −1.000m，框架某边柱截面如图 3.16.11 所示，剪跨比 λ>2，混凝土强度等级：框架柱为 C35，框架梁、楼板为 C30，梁、板纵向钢筋及箍筋均采用 HRB400（Φ），纵向受力钢筋的保护层厚度为 30mm。

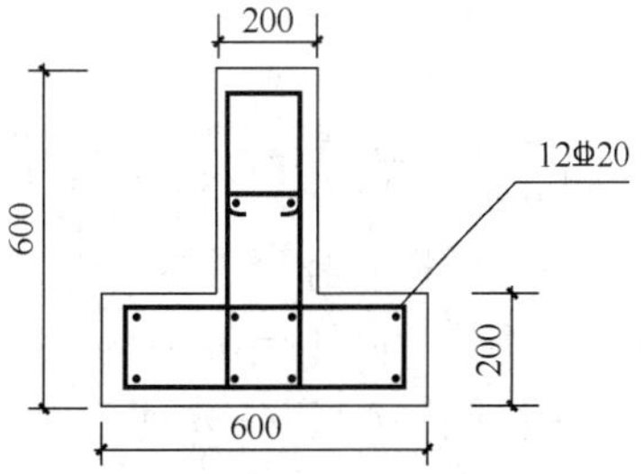

图 3.16.11

提示：按《建筑与市政工程抗震通用规范》作答。

试问：

(1) 假定，该底层柱下端截面产生的竖向内力标准值如下：由结构和构件自重荷载产生的 $N_{GK} = 980kN$，由按等效均布荷载计算的楼（屋）面可变荷载产生的 $N_{QK} = 220kN$，由水平地震作用产生的 $N_{EhK} = 280kN$，试问，该底层柱的轴压比 μ_N 与轴压比限制 $[\mu_N]$

之比，与下列何项数值最为接近？

　　(A) 0.67　　　　(B) 0.80　　　　(C) 0.91　　　　(D) 0.98

　(2) 假定，该底层柱轴压比为 0.5，该框架柱柱端加密区的箍筋配置选用下列何项才能满足规程的最低要求？

　　(A) Φ8@150　　(B) Φ8@100　　(C) Φ10@150　　(D) Φ10@100

　(3) 假定，该异形柱框架顶层端节点如图 3.16.12 所示，计算时按刚接考虑，柱外侧按计算配置的受拉钢筋为 4Φ20。试问，柱外侧纵向受拉钢筋伸入梁内或板内的水平段长度 l（mm），取以下何项数值才能满足《混凝土异形柱结构技术规程》JGJ 149—2017 的最低要求？

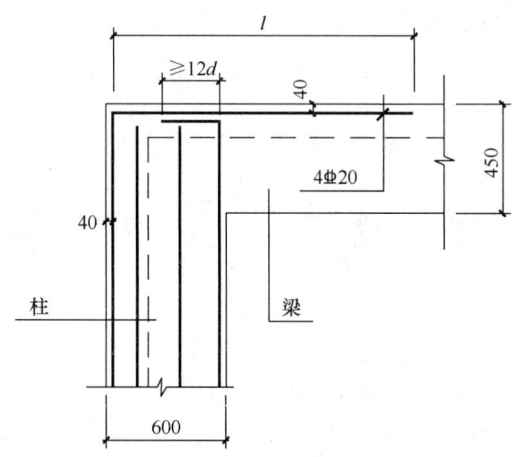

图 3.16.12

　　(A) 700　　　　(B) 900　　　　(C) 1100　　　　(D) 1300

【解答】（1）根据《异形柱规》表 6.2.2，取 $[\mu_N]=0.55$

由《抗震通规》4.3.2 条：

$$[\mu_N]=\frac{[1.3\times(980+0.5\times220)+1.4\times280]\times10^3}{16.7\times(600\times200+400\times200)}=0.54$$

$\dfrac{\mu_N}{[\mu_N]}=\dfrac{0.54}{0.55}=0.98$，故应选（D）项。

(2) 根据《异形柱规》6.2.10 条、6.2.3 条：

箍筋最大间距 $=\min(6d,100)=\min(6\times14,100)\leqslant100$mm

故排除（A）、（C）项。

$\mu_N=0.50$，查规程表 6.2.9，取 $\lambda_v=0.20$

$$\rho_v\geqslant0.20\times\frac{16.7}{360}=0.93\%>0.8\%$$

（B）项：

$$\rho_v=\frac{[(600-2\times30+2\times8/2)\times4+(200-2\times30+2\times8/2)\times4]\times50.3}{[(600-2\times30)\times(200-2\times30)+(400-30+30)\times140]\times100}$$

$=1.06\%$，满足

故应选（B）项。

(3) 根据《混规》8.3.1 条，受拉钢筋的基本锚固长度：

$$l_{ab} = \alpha \frac{f_y}{f_t} d = 0.14 \times \frac{360}{1.43} \times 20 = 705 \text{mm}$$

根据《混规》11.6.7 条、11.1.7 条，二级抗震等级受拉钢筋的抗震基本锚固长度：

$$l_{abE} = 1.15 l_{ab} = 1.15 \times 705 = 811 \text{mm}$$

根据《异形柱规》图 6.3.2 (a)，

$$l \geqslant 1.6 l_{abE} - (450 - 40) = 1.6 \times 811 - 410 = 888 \text{mm}$$

$$l \geqslant 1.5 h_b + (600 - 40) = 1.5 \times 450 + 560 = 1235 \text{mm}$$

故应选（D）项。

【例 3.16.7】 某 11 层住宅，采用现浇钢筋混凝土异形柱框架-剪力结构，房屋高度 33m，剖面如图 3.16.13 所示，抗震设防烈度 7 度（0.10g），场地类别 Ⅱ 类，异形柱混凝土强度等级 C35，纵筋、箍筋采用 HRB400。框架梁截面均为 200mm×500mm。框架部分承受的地震倾覆力矩为结构总地震倾覆力矩的 20%。

假定，异形柱 KZ1 在二层的柱底轴向压力设计值 $N=2700$kN，KZ1 采用面积相同的 L 形、T 形、十字形截面（图 3.16.14）均不影响建筑使用要求，异形柱肢端设置暗柱，剪跨比均不大于 2。试问，下列何项截面可满足二层 KZ1 的轴压比要求？

(A) 各截面均满足要求
(B) T 形及十字形截面满足要求，L 形截面不满足要求
(C) 仅十字形截面满足要求
(D) 各截面均不满足要求

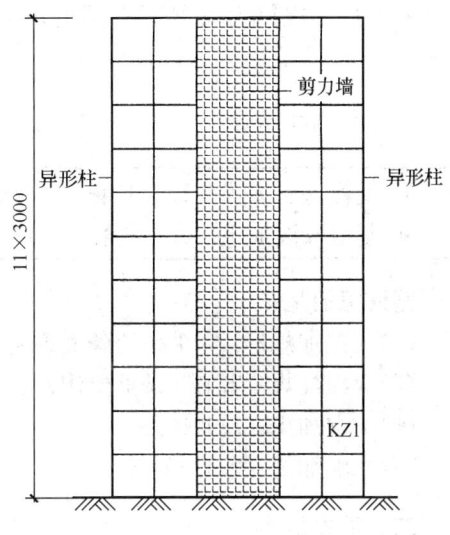

图 3.16.13

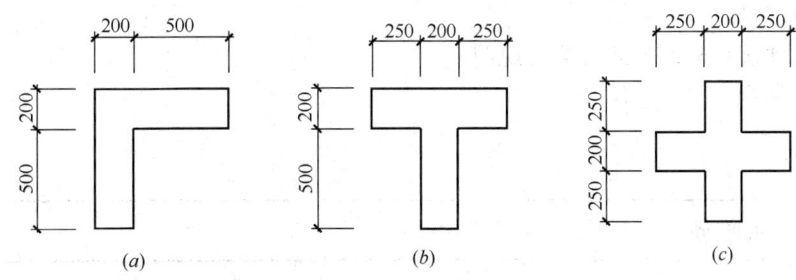

图 3.16.14
(a) L 形截面；(b) T 形截面；(c) 十字形截面

【解答】 查《异形柱规》表 3.3.1，异形柱抗震等级为二级。

由表 6.2.2 及注 1、2：

L 形：$[\mu_N]=0.55-0.05+0.05=0.55$

T 形：$[\mu_N]=0.60-0.05+0.1=0.65$

十字形：$[\mu_N]=0.65-0.05+0.1=0.70$

上述 3 种柱截面积相等，$A=200\times(500+500+200)=240000\mathrm{mm}^2$

$$\mu_N=\frac{N}{f_cA}=\frac{2700\times10^3}{16.7\times240000}=0.67$$

故仅十字形柱满足，应选（C）项。

第十七节　混凝土结构加固设计

本节所用规范为《混凝土结构加固设计规范》GB 50367—2013（以下简称《混加规》）。

一、总则和术语

> - 复习《混加规》1.0.1 条～1.0.4 条。
> - 复习《混加规》2.1.1 条～2.1.17 条。

需注意的是：

(1)《混加规》1.0.1 条的条文说明。

(2)《混加规》2.1.5 条重要构件、2.1.6 条一般构件的定义及内涵。

(3)《混加规》2.1.9 条。

(4)《混加规》2.1.17 条。

二、基本规定

> - 复习《混加规》3.1.1 条～3.3.4 条。
> - 复习《混加规》附录 A、B。

需注意的是：

(1)《混加规》3.1.4 条及条文说明。

(2)《混加规》3.1.7 条。

(3)《混加规》3.2.3 条及条文说明。

(4)《混加规》3.2.4 条。

三、材料

> - 复习《混加规》4.1.1 条～4.7.5 条。

需注意的是：

(1)《混加规》4.2.1 条～4.2.5 条及其条文说明。

(2)《混加规》4.3.1 条及其条文说明。

(3)《混加规》4.3.3 条、4.3.4 条的条文说明。

(4)《混加规》4.7.4 及其条文说明。

四、增大截面加固法

1. 设计规定和构造规定

- 复习《混加规》5.1.1 条~5.1.5 条。
- 复习《混加规》5.5.1 条~5.5.6 条。

2. 受弯构件正截面和斜截面的加固计算

- 复习《混加规》5.2.1 条~5.2.6 条。
- 复习《混加规》5.3.1 条~5.3.2 条。

需注意的是：

(1)《混加规》5.2.3 条中 h_0 的取值，即：新增纵向受拉钢筋的合力点到截面受压边边缘的距离。

(2)《混加规》5.3.1 条，公式（5.3.1-1）、公式（5.3.1-2）中 f_c 应为：f_{c0}，即规范有误。

【**例 3.17.1**】 某钢筋混凝土框架结构中一根梁，其截面尺寸 $b \times h = 300\text{mm} \times 600\text{mm}$，采用 C30 混凝土，梁纵向受力钢筋采用 HRB335（$f_{y0} = f'_{y0} = 300\text{N/mm}^2$），箍筋采用 HPB235（$f_{yv0} = 210\text{N/mm}^2$），其跨中截面纵筋的配筋如图 3.17.1(a) 所示。加固前，该梁跨中正弯矩值在原荷载的标准组合下 $M_{0k} = 240\text{kN} \cdot \text{m}$。现由于楼面使用功能改变，荷载增大，该梁跨中正弯矩值在

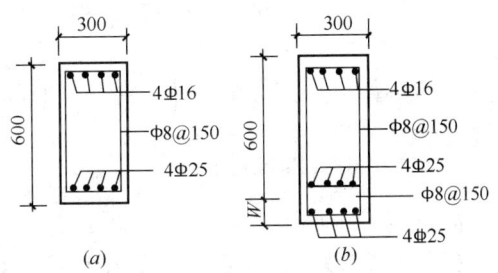

图 3.17.1 跨中截面纵筋的配筋

荷载的基本组合下为 560kN·m。现采用增大截面进行抗弯加固，在梁底增加 HRB400 纵向钢筋，配 4Φ25，采用 C35 混凝土，如图 3.17.1(b) 所示。已知加固前 $a = a' = 35\text{mm}$，$\xi_{b0} = 0.550$。环境类别为一类。加固后的结构构件的安全等级为二级。

当梁底加固层厚度 $W = 100\text{mm}$ 时，试问，加固后该梁跨中截面的抗弯承载力设计值 M_u（kN·m），最接近于下列何项？

(A) 570　　　　(B) 600　　　　(C) 630　　　　(D) 660

【**解答**】 根据《混加规》5.2.3 条、5.2.4 条：

$$h = 600 + 100 = 700\text{mm}$$

$$h_0 = 700 - \left(20 + 8 + \frac{25}{2}\right) = 659.5\text{mm}$$

$$h_{01} = 600 - 35 = 565\text{mm}$$

由式（5.2.3-2）：
$$1 \times 14.3 \times 300x = 300 \times 1964 + 0.9 \times 360 \times 1964 - 300 \times 804$$
则：$x = 229.4\text{mm}$

复核，由 5.2.5 条：
$$\frac{x}{h_{01}} = \frac{229.4}{565} = 0.406 < \xi_{b0} = 0.550$$

故原受拉钢筋取 f_{y0} 成立。

$$\varepsilon_{s0} = \frac{M_{0k}}{0.85 h_{01} A_{s0} E_{s0}} = \frac{240 \times 10^6}{0.85 \times 565 \times 1964 \times 2 \times 10^5} = 0.00127$$

$$\varepsilon_{s1} = \left(1.6 \frac{h_0}{h_{01}} - 0.6\right)\varepsilon_{s0} = \left(1.6 \times \frac{659.5}{565} - 0.6\right) \times 0.00127 = 0.00161$$

$$\xi_b = \frac{0.8}{1 + \dfrac{0.9 \times 360}{0.0033 \times 2 \times 10^5} + \dfrac{0.00161}{0.0033}} = 0.404$$

$x = 229.4\text{mm} < \xi_b h_0 = 0.404 \times 659.5 = 266.4\text{mm}$，满足。

由式（5.2.3-1）：
$$M_u = 0.9 \times 360 \times 1964 \times \left(659.5 - \frac{229.4}{2}\right) + 300 \times 1964 \times \left(565 - \frac{229.4}{2}\right)$$
$$+ 300 \times 804 \times \left(\frac{229.4}{2} - 35\right)$$
$$= 631.2\text{kN} \cdot \text{m}$$

故选（C）项。

【例 3.17.2】 题目条件同【例 3.17.1】，其中，梁底加厚层厚度 W 未知。该梁梁端箍筋为 HPB235 钢筋Φ10@100。由于使用功能改变，荷载增大，在荷载的基本组合下的梁端剪力设计值 $V = 490\text{kN}$。现采用 U 形箍焊接进行抗剪加固，箍筋仍采用Φ10@100。已知该梁为一般受弯构件，加固后新增纵向受拉钢筋的合力点至受拉边边缘的距离为 42.5mm。

试问，梁底加固层厚度 W（mm），至少应为下列何项数值？

(A) 200　　　　(B) 250　　　　(C) 300　　　　(D) 350

【解答】 根据《混加规》5.3.2 条第 1 款：
$$h_{01} = 565\text{mm}$$
$$490 \times 10^3 \leqslant 0.7 \times [1.43 \times 300 \times 565 + 0.7 \times 1.57 \times 300 \times (h_0 - 565)]$$
$$+ 210 \times \frac{157}{100} \times h_0$$

解之得：$h_0 \geqslant 804\text{mm}$

复核，由 5.3.1 条：

$$\frac{h_\mathrm{w}}{b} = \frac{h_0}{b} = \frac{804}{300} = 2.68 < 4$$

$$V_\mathrm{u} = 0.25\beta_\mathrm{c} f_{c0} b h_0 = 0.25 \times 1 \times 14.3 \times 300 \times 804 = 862.29\mathrm{kN}, 满足。$$

最终取：$h_0 = 600 + W - a = 600 + W - 42.5 \geqslant 804$

$$W \geqslant 246.5\mathrm{mm}$$

故选（B）项。

3. 受压构件正截面加固计算

● 复习《混加规》5.4.1条～5.4.3条。

【例3.17.3】 某钢筋混凝土框架结构的框架柱，为偏心受压柱，其截面尺寸为550mm×550mm，采用C30混凝土，对称配筋，纵向受力钢筋采用HRB335钢筋，单侧配筋 6Φ25（$A_{s0}=2945\mathrm{mm}^2$）。框架柱的计算长度 $l_c=5000\mathrm{mm}$。现加层改造，荷载增加，在荷载的基本组合下柱内力设计值：轴压力 $N=2600\mathrm{kN}$，柱顶 $M=990\mathrm{kN}\cdot\mathrm{m}$，柱底 $M=1100\mathrm{kN}\cdot\mathrm{m}$，为单曲率弯曲，且轴压比小于0.9。现采用增大截面法进行正截面加固，如图3.17.2所示，选用C35混凝土，纵向受力钢筋为HRB400，对称配筋（$A_s=A_s'$）。已知 $a_{s0}=a_{s0}'=185\mathrm{mm}$，$a_s=a_s'=40\mathrm{mm}$，$a=75\mathrm{mm}$。加固后的结构构件的安全等级为二级。

试问，单侧新增纵向钢筋的配筋，下列何项最经济合理？

(A) 6Φ18　　(B) 6Φ20　　(C) 6Φ22　　(D) 6Φ25

【解答】 根据《混加规》5.4.2条、5.4.3条：

$h_0 = 700 - 40 = 660\mathrm{mm}$，$h_{01} = 550 - 35 = 515\mathrm{mm}$

由《混规》6.2.3条：

$$\frac{M_1}{M_2} = \frac{990}{1100} = 0.9, \quad i = \frac{700}{\sqrt{12}} = 202\mathrm{mm}$$

$$l_c/l_i = \frac{5000}{202} = 24.8 > 34 - 12 \times \frac{M_1}{M_2} = 23.2$$

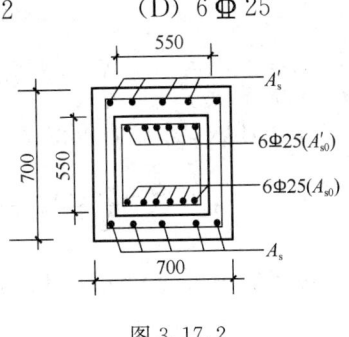

图3.17.2

故应计入挠曲二阶效应，由《混规》6.2.4条：

$$e_\mathrm{a} = \max\left(20, \frac{700}{30}\right) = 23.3\mathrm{mm}$$

$$C_\mathrm{m} = 0.7 + 0.3\frac{M_1}{M_2} = 0.7 + 0.3 \times 0.9 = 0.97$$

由《混加规》5.4.2条：

$$f_{cc} = \frac{1}{2}(f_{c0} + 0.9f_c) = \frac{1}{2} \times (14.3 + 0.9 \times 16.7) = 14.7\mathrm{N/mm}^2$$

$$\xi_\mathrm{c} = \frac{0.5 f_{cc} A}{N} = \frac{0.5 \times 14.7 \times 700 \times 700}{2600 \times 10^3} = 1.39 > 1, 取 \xi_\mathrm{c} = 1$$

$$\eta_{ns} = 1 + \frac{1}{1300 \times \left(\frac{1100 \times 10^6}{2600 \times 10^3} + 23.3\right)/660} \times \left(\frac{5000}{700}\right)^2 \times 1$$

$$= 1.058$$

$$C_m \eta_{ns} = 0.97 \times 1.058 = 1.0263 > 1, \text{取} C_m \eta_{ns} = 1.0263$$

由《混加规》5.4.3条：

$$e_0 = \frac{\psi C_m \eta_{ns} M_2}{N} = \frac{1.2 \times 1.0263 \times 1100 \times 10^6}{2600 \times 10^3} = 521 \text{mm}$$

$$e = e_i + \frac{h}{2} - a = (e_0 + e_a) + \frac{h}{2} - a$$

$$= (521 + 23.3) + \frac{700}{2} - 75 = 819.3 \text{mm}$$

由《混加规》5.4.2条，假定为大偏压，则：

$$2600 \times 10^3 = 1 \times 14.7 \times 700x + 0.9 \times 360 A'_s + 300 \times 2945 - 360 A_s - 300 \times 2945$$

$$= 1 \times 14.7 \times 700x - 36 A'_s$$

$$2600 \times 10^3 \times 819.3 = 14.7 \times 700x \cdot \left(660 - \frac{x}{2}\right) + 0.9 \times 360 A'_s \cdot (660 - 40)$$
$$+ 300 \times 2945 \times (660 - 185) - 300 \times 2945 \times (185 - 40)$$

$$= 14.7 \times 700x \cdot \left(660 - \frac{x}{2}\right) + 200880 A'_s + 291555000$$

由上述联立求解，可得：$x = 260 \text{mm}$

$$\sigma_{s0} = \left(\frac{0.8 \times 515}{260} - 1\right) \times 2 \times 10^5 \times 0.0033 = 386 \text{N/mm}^2 > 300 \text{N/mm}^2$$

故计算取 $\sigma_{s0} = 300 \text{N/mm}^2$，正确。

$$\sigma_s = \left(\frac{0.8 \times 660}{260} - 1\right) \times 2 \times 10^5 \times 0.0033 = 680 \text{N/mm}^2 > 360 \text{N/mm}^2$$

故计算取 $\sigma_s = 360 \text{N/mm}^2$，正确。
故为大偏压。
将 $x = 260 \text{mm}$，代入上述方程，可得：$A'_s = 2094.4 \text{mm}^2$
选 6Φ22（$A_s = 2281 \text{mm}^2$），满足，故选（C）项。

五、置换混凝土加固法

1. 设计规定和构造规定

- 复习《混加规》6.1.1条～6.1.4条。
- 复习《混加规》6.3.1条～6.3.4条。

2. 受压构件正截面加固计算

> ● 复习《混加规》6.2.1 条、6.2.2 条。

【例 3.17.4】 某钢筋混凝土框架柱为偏心受压柱,采用 C25 混凝土,纵向受力钢筋采用 HRB335 级,对称配筋($A'_s = A_s$),单侧配筋 4Φ22,如图 3.17.3 所示。现结构加层,荷载增加,该柱在荷载的基本组合下的内力设计值为:轴压力 $N=1500$kN,弯矩 $M=450$kN·m。采用 C35 混凝土,对正截面进行置换加固,如图 3.17.3 所示,置换深度 $h_n = 150$mm。已知 $a_s = a'_s = 40$mm。加固后结构构件的安全等级为二级。

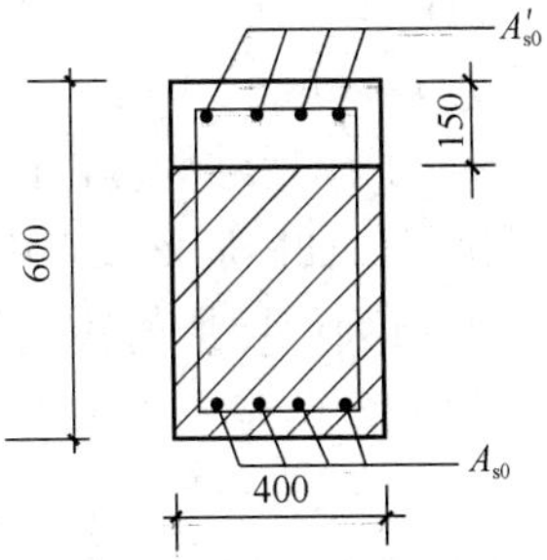

试问,加固后该柱正截面承载力验算,按《混加规》公式(6.2.2-2)时,其左、右端(单位:kN·m)最接近于下列何项?

图 3.17.3

提示:不考虑柱的二阶效应的影响。

(A) 870<900　　(B) 890<900　　(C) 870<1000　　(D) 890<1000

【解答】 根据《混加规》6.2.2 条:

假定为大偏压,$h_n < x_n$,则:

$$h_0 = 600 - 40 = 560\text{mm}$$

$$1500 \times 10^3 = 1 \times 16.7 \times 400 \times 150 + 1 \times 11.9 \times 400 \times (x_n - 150) + 0 - 0$$

$$x_n = 255\text{mm} < \xi_b h_0 = 0.550 \times 560 = 308\text{mm},\ h_n = 150\text{mm} < 255\text{mm}$$

故假定成立。

由 5.4.3 条:取 $M_2 = 450$kN·m,$e_0 = \dfrac{\psi M_2}{N} = 1.0 \times \dfrac{450 \times 10^6}{1500 \times 10^3} = 300$mm

$$e_i = e_0 + e_a = 300 + 20 = 320\text{mm}$$

$$e = e_i + \frac{h}{2} - a = \frac{M}{N} + \frac{h}{2} - a_s = 320 + \frac{600}{2} - 40 = 580\text{mm}$$

$$Ne = 1500 \times 10^3 \times 580 = 870\text{kN·m}$$

公式右端 $= 1 \times 16.7 \times 400 \times 150 \times \left(560 - \dfrac{150}{2}\right) + 1 \times 11.9 \times 400 \times (255 - 150)$

$$\times \left(560 - 150 - \frac{255 - 150}{2}\right) + 300 \times 1520 \times (560 - 40)$$

$$= 901.8\text{kN·m}$$

故选(A)项。

3. 受弯构件正截面加固计算

> ● 复习《混加规》6.2.3 条。

【**例 3.17.5**】 某钢筋混凝土梁，采用 C20 混凝土，纵向受力钢筋为 HRB335 级，配筋如图 3.17.4 所示。现使用功能变化，荷载增加，在荷载的基本组合下的梁跨中截面正弯矩值为 290kN·m，采用置换混凝土进行抗弯加固，新增混凝土采用 C35，置换深度为 100mm，如图 3.17.4 所示。已知 $a_s=45$mm，$a_s'=40$mm。加固后结构构件的安全等级为二级。

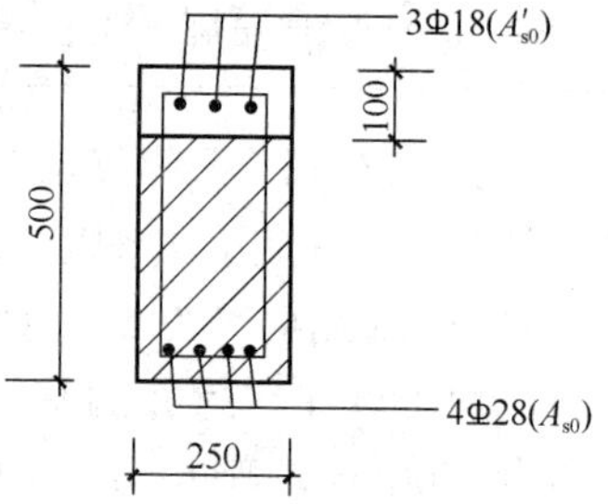

试问，加固后该梁跨中正截面受弯承载力设计值(kN·m)，与下列何项最为接近？

(A) 290 (B) 295
(C) 300 (D) 305

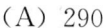

图 3.17.4

【**解答**】 根据《混加规》6.2.3 条：

假定 $h_n < x_n$，则：

$$h_0 = 500 - 45 = 455\text{mm}$$

$$1 \times 16.7 \times 250 \times 100 + 1 \times 9.6 \times 250 \times (x_n - 100) = 300 \times 2463 - 300 \times 763$$

可得：$x_n = 138.5\text{mm} < \xi_b h_0 = 0.550 \times 455 = 250\text{mm}$

故假定成立。

由式（6.2.3-1）：

$$M_u = 1 \times 16.7 \times 250 \times 100 \times \left(455 - \frac{100}{2}\right) + 1 \times 9.6 \times 250 \times (138.5 - 100)$$

$$\times \left(455 - 100 - \frac{138.5 - 100}{2}\right) + 300 \times 763 \times (455 - 40)$$

$$= 295.1\text{kN·m}$$

故选（B）项。

六、外包型钢加固法

1. 设计规定和构造规定。

- 复习《混加规》8.1.1 条～8.1.6 条。
- 复习《混加规》8.3.1 条～8.3.5 条。

2. 外粘型钢加固计算

- 复习《混加规》8.2.1 条～8.2.3 条。

【**例 3.17.6**】 某钢筋混凝土框架柱，为偏心受压柱，其截面尺寸 $b \times h = 400\text{mm} \times 500\text{mm}$，采用 C25 混凝土，纵向受力钢筋采用 HRB335，对称配筋，单侧为 4Φ20（$A_{s0} = A_{s0}' = 1256\text{mm}^2$）。现加层改造，荷载增加，在荷载的基本组合下的内力设计值为：轴压力 $N = 720\text{kN}$，弯矩 $M = 360\text{kN·m}$。现采用外粘型钢加固，如图 3.17.5 所示。型钢采用 Q235 钢，4 个等肢单角钢，$f_a' = f_a = 215\text{N/mm}^2$。已知 $a_{s0} = a_{s0}' = 40\text{mm}$，$a_a = a_a' =$

14mm。加固后结构构件的安全等级为二级。

试问，型钢的配置，下列何项最经济合理？

提示：考虑柱的挠曲二阶效应影响，且 $C_m\eta_{ns} = 1.0846$，e_a =20mm。

(A) 4L70×5 (B) 4L70×7
(C) 4L75×5 (D) 4L75×7

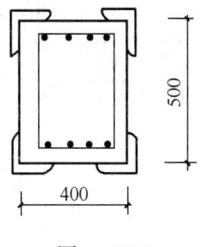

图 3.17.5

【解答】 根据《混加规》8.2.2 条：

假定为大偏压，则：

$$h_0 = 500 - 14 = 486\text{mm}, \quad h_{01} = 500 - 40 = 460\text{mm}$$

$$720 \times 10^3 = 1 \times 11.9 \times 400x + 0.9 \times 215 \times A'_a - 215 \times A_a$$

由 5.4.3 条：

$$e_0 = \frac{\psi C_m \eta_{ns} M_2}{N} = \frac{1.2 \times 1.0846 \times 360 \times 10^6}{720 \times 10^3} = 650.76\text{mm}$$

$$e_i = e_0 + e_a = 650.76 + 20 = 670.76\text{mm}$$

$$e = e_i + \frac{h}{2} - a = 670.67 + \frac{500}{2} - 14 = 906.76\text{mm}$$

$$720 \times 10^3 \times 906.76 = 1 \times 11.9 \times 400x\left(486 - \frac{x}{2}\right) + 300 \times 1256 \times (486 - 40)$$
$$- 300 \times 1256 \times (40 - 14) + 0.9 \times 215 \times A'_a \times (486 - 14)$$

求解联立方程，可得：$x = 160.4\text{mm}$

$$\sigma_{s0} = \left(\frac{0.8 \times 460}{160.4} - 1\right) \times 2 \times 10^5 \times 0.0033 = 854\text{N/mm}^2 > 300\text{N/mm}^2$$

$$\sigma_a = \left(\frac{0.8 \times 486}{160.4} - 1\right) \times 206 \times 10^3 \times 0.0033 = 968\text{N/mm}^2 > 215\text{N/mm}^2$$

故取 $\sigma_{s0} = 300\text{N/mm}^2$，$\sigma_a = 215\text{N/mm}^2$，原假定成立，为大偏压。

由 $x = 160.4\text{mm}$，代入上述方程，可得：$A_a = A'_a = 2023.4\text{mm}^2$

选 4L75×7，单侧 2L75×7（$A_a = 2040\text{mm}^2$），故选（D）项。

【例 3.17.7】 某钢筋混凝土框架柱，其截面尺寸 $b \times h = 400\text{mm} \times 600\text{mm}$，采用 C25 混凝土，纵向受力钢筋采用 HRB335，对称配筋，单侧为 4Φ22（$A_{s0} = A'_{s0} = 1520\text{mm}^2$）。现加层改造，荷载增加，在荷载的基本组合下的内力设计值为：轴压力 $N = 2400\text{kN}$，弯矩 $M = 300\text{kN} \cdot \text{m}$，现采用外粘型钢加固，如图 3.17.6 所示，选用 4L75×5 单角钢，钢材为 Q235 钢。2L75×5 的截面面积为：$A_a = A'_a = 1482\text{mm}^2$，$f_a = 215\text{N/mm}^2$。已知 $a_{s0} = a'_{s0} = 40\text{mm}$，$a_a = a'_a = 15\text{mm}$。考虑柱的挠曲二阶效应后的 $e = 450\text{mm}$。加固后结构构件的安全等级为二级。

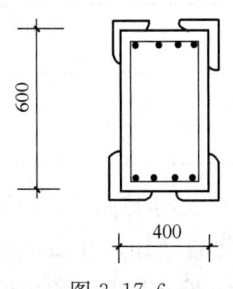

图 3.17.6

试问，按《混加规》对加固后柱正截面承载力验算时，公式

(8.2.2-2) 右端值（kN·m），与下列何项最为接近？
(A) 1050　　　(B) 1150　　　(C) 1250　　　(D) 1350

【解答】 根据《混加规》8.2.2 条：

$$h_0 = 600 - 15 = 585\text{mm}$$

$$h_{01} = 600 - 40 = 560\text{mm}$$

$$\sigma_{s0} = \left(\frac{0.8 \times 560}{x} - 1\right) \times 2 \times 10^6 \times 0.0033 = \left(\frac{448}{x} - 1\right) \times 660$$

$$\sigma_a = \left(\frac{0.8 \times 585}{x} - 1\right) \times 206 \times 10^3 \times 0.0033 = \left(\frac{468}{x} - 1\right) \times 679.8$$

由式（8.2.2-1）：

$$2400 \times 10^3 = 1 \times 11.9 \times 400x + 300 \times 1520 - \left(\frac{448}{x} - 1\right) \times 660 \times 1520$$

$$+ 0.9 \times 215 \times 1482 - \left(\frac{468}{x} - 1\right) \times 679.8 \times 1482$$

可得：$x = 404.3\text{mm}$

$$\sigma_{s0} = \left(\frac{448}{x} - 1\right) \times 660 = \left(\frac{448}{404.3} - 1\right) \times 660 = 71.34\text{N/mm}^2 < 300\text{N/mm}^2$$

$$\sigma_a = \left(\frac{468}{404.3} - 1\right) \times 679.8 = 107.11\text{N/mm}^2 < 215\text{N/mm}^2$$

故为小偏压，原计算成立。

由式（8.2.2-2）：

$$右端 = 1 \times 11.9 \times 400 \times 404.3 \times \left(585 - \frac{404.3}{2}\right) + 300 \times 1520 \times (585 - 40)$$

$$- 71.34 \times 1520 \times (40 - 15) + 0.9 \times 215 \times 1482 \times (585 - 15)$$

$$= 1146\text{kN} \cdot \text{m}$$

故选（B）项。

七、粘贴钢板加固法

1. 设计规定和构造规定

- 复习《混加规》9.1.1 条～9.1.7 条。
- 复习《混加规》9.6.1 条～9.6.7 条。

2. 受弯构件正截面和斜截面的加固计算

- 复习《混加规》9.2.1 条～9.2.12 条。
- 复习《混加规》9.3.1 条～9.3.3 条。

【例 3.17.8】 某钢筋混凝土梁，采用 C25 混凝土，纵向受力钢筋采用 HRB335，其跨中截面尺寸及纵向钢筋配筋如图 3.17.7 所示。现改变使用功能，荷载增加，在荷载的基本组合下梁跨中正弯矩值为 235kN·m。加固前，在荷载的标准组合下梁跨中正弯矩值

为 $M_{0k}=140$ kN·m。现采用在梁底粘贴 Q235 钢板对其跨中正截面受弯承载力进行加固，如图 3.17.7 所示。已知 $a=a'=35$ mm，$\xi_b=0.550$。加固设计考虑二次受力影响。加固后结构构件的安全等级为二级。

试问，该加固钢板的截面面积 A_{sp}（mm²），下列何项最经济合理？

(A) 500　　　　　　　(B) 600
(C) 700　　　　　　　(D) 800

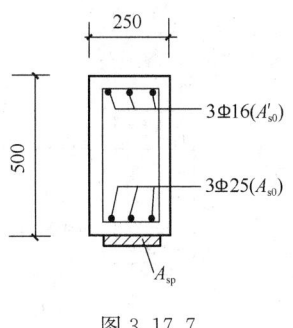

图 3.17.7

【解答】 根据《混加规》9.2.3 条、9.2.9 条：

$$h_0=500-35=465\text{mm}$$
$$h=500\text{mm}$$

由式（9.2.3-1）：

$$M'=M-f'_{y0}A'_{s0}(h-a')+f_{y0}A_{s0}(h-h_0)$$
$$=235\times10^6-300\times603\times(500-35)+300\times1473\times(500-465)$$
$$=166348000\text{N·mm}$$

$$x=h-\sqrt{h^2-\frac{2M'}{\alpha_1 f_{c0}b}}=500-\sqrt{500^2-\frac{2\times166348000}{1\times11.9\times250}}$$
$$=128.3\text{mm}<0.85\xi_b h_0=0.85\times0.550\times465=217\text{mm}$$
$$>2a'=70\text{mm}$$

满足。

$$\rho_{te}=\frac{A_s}{0.5bh}=\frac{1473}{0.5\times250\times500}=0.024$$

$$\sigma_{s0}=\frac{M_{0k}}{0.85h_0 A_s}=\frac{140\times10^6}{0.85\times465\times1473}=240\text{N/mm}^2>150\text{N/mm}^2$$

由表 9.2.9 及注：

$$\alpha_{sp}=1.15+\frac{0.024-0.020}{0.030-0.020}\times(1.20-1.15)=1.17$$

由式（9.2.9）：

$$\varepsilon_{sp,0}=\frac{1.17\times140\times10^6}{2\times10^5\times1473\times465}=0.0012$$

$$\psi_{sp}=\frac{0.8\times0.0033\times500/128.3-0.0033-0.0012}{\frac{215}{206\times10^3}}=5.5>1$$

故取 $\psi_{sp}=1$

由式（9.2.3-2）：

$$A_{sp}=\frac{1\times11.9\times250\times128.3-300\times1473+300\times603}{1\times215}$$
$$=561\text{mm}^2$$

故选（B）项。

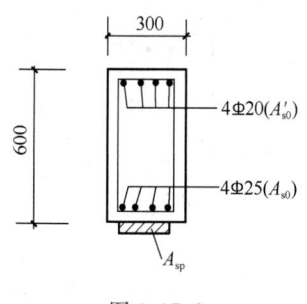

图 3.17.8

【例 3.17.9】 某钢筋混凝土梁，采用 C20 混凝土，纵向受力钢筋采用 HRB335，其跨中截面及纵向钢筋配筋如图 3.17.8 所示。现改变使用功能，荷载增加。加固前，梁跨中在荷载的标准组合下正弯矩值为 210kN·m。现采用在梁底粘贴 Q235 钢板对其跨中正截面承载力进行加固，钢板截面面积 $A_{sp}=1000mm^2$，考虑二次受力影响。已知 $a=a'=35mm$，$\xi_b=0.550$。加固后结构构件的安全等级为二级。

试问，加固后该梁跨中正截面受弯承载力设计值（kN·m），与下列何项数值最为接近？

(A) 365　　　(B) 415　　　(C) 550　　　(D) 610

【解答】 根据《混加规》9.2.3 条、9.2.9 条：

$$h=600mm$$

$$h_0=600-35=565mm$$

由表 9.2.9 及注：

$$\rho_{te}=\frac{A_s}{0.5bh}=\frac{1964}{0.5\times300\times600}=0.022$$

$$\sigma_{s0}=\frac{M_{0k}}{0.85A_sh_0}=\frac{210\times10^6}{0.85\times1964\times565}=223N/mm^2>150N/mm^2$$

$$\alpha_{sp}=1.15+\frac{0.022-0.020}{0.030-0.020}\times(1.20-1.15)=1.16$$

$$\varepsilon_{sp,0}=\frac{1.16\times210\times10^6}{2\times10^5\times1964\times565}=0.0011$$

假定，$\psi_{sp}=1.0$，由式（9.2.3-2）：

$$1\times9.6\times300x=1\times215\times1000+1964\times300-1258\times300-0$$

可得：$x=148mm$

由式（9.2.3-3）：

$$\psi_{sp}=\frac{0.8\times0.0033\times600/148-0.0033-0.0011}{\frac{215}{206\times10^3}}$$

$$=6>1$$

原假定正确，取 $x=148mm$。

由式（9.2.3-1）：

$$M_u=1\times9.6\times300\times148\times\left(600-\frac{148}{2}\right)+300\times1256\times(600-35)$$

$$+0-300\times1964\times(600-565)$$

$$=416.5kN\cdot m$$

故选（B）项。

【例 3.17.10】 某钢筋混凝土楼面梁，为简支梁，为一般受弯构件，承受均布荷载，其截面尺寸如图 3.17.9 所示。该梁采用 C25 混凝土，箍筋采用 HPB235（$f_{yv0}=210\text{N/mm}^2$），梁端箍筋为Φ8@150。现改变使用功能，荷载增加，在荷载的基本组合下的梁端剪力设计值为 380kN。已知加固前的梁端受剪承载力设计值为 204kN，$a=a'=40\text{mm}$。现采用钢板锚 U 形箍，钢材为 Q235 钢。加固后结构构件的安全等级为二级。

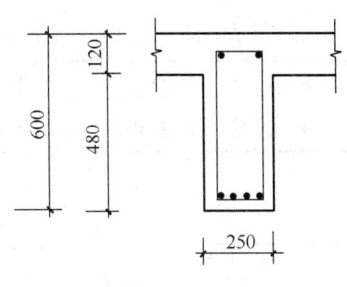

图 3.17.9

试问，该梁梁端 U 形箍板的 $b_{sp} \times t_{sp}$ 及 s_{sp}（单位：mm），下列何项最经济合理？

(A) $b_{sp} \times t_{sp} = 50 \times 4$，$s_{sp} = 250$
(B) $b_{sp} \times t_{sp} = 50 \times 4$，$s_{sp} = 200$
(C) $b_{sp} \times t_{sp} = 50 \times 5$，$s_{sp} = 250$
(D) $b_{sp} \times t_{sp} = 50 \times 5$，$s_{sp} = 200$

【解答】 根据《混加规》9.3.2 条：
$$h_0 = 600 - 40 = 560\text{mm}$$
$$\frac{h_w}{b} = \frac{560-120}{250} = 1.76 < 4，则：$$
$$V_u = 0.25 \times 1 \times 11.9 \times 250 \times 560 = 416.5\text{kN} > 380\text{kN}，满足。$$
由《混加规》9.3.3 条、表 9.3.3：
取 $\psi_{vb} = 0.92$，$h_{sp} = 480\text{mm}$
$$\frac{A_{b,sp}}{s_{sp}} \geq \frac{380 \times 10^3 - 204 \times 10^3}{0.92 \times 215 \times 480} = 1.85\text{mm}^2/\text{mm}$$
构造要求，由《混加规》9.6.6 条：
$$s_{sp,n} \leq 0.25 \times 600 = 150\text{mm}，$$
$$s_{sp,n} \leq 0.70 \times 250 = 175\text{mm}（见《混规》表 9.2.9）$$
则：
$$s_{sp} = s_{sp,n} + b_{sp} \leq 150 + b_{sp}$$
当 $s_{sp} = 200\text{mm}$，$b_{sp} = 50\text{mm}$，满足。
$$A_{b,sp} \geq 200 \times 1.85 = 370\text{mm}^2$$
选 $b_{sp} \times t_{sp} = 50 \times 4$，则：$2 \times 50 \times 4 = 400\text{mm}^2$，满足。
故选（B）项。

3. 大偏心受压构件正截面加固计算

● 复习《混加规》9.4.1 条、9.4.2 条。

4. 受拉构件正截面加固计算

● 复习《混加规》9.5.1 条～9.5.3 条。

八、粘贴纤维复合材加固法

1. 设计规定和构造规定

- 复习《混加规》10.1.1 条～10.1.7 条。
- 复习《混加规》10.9.1 条～10.9.10 条。

2. 受弯构件正截面和斜截面的加固计算

- 复习《混加规》10.2.1 条～10.2.11 条。
- 复习《混加规》10.3.1 条～10.3.3 条。

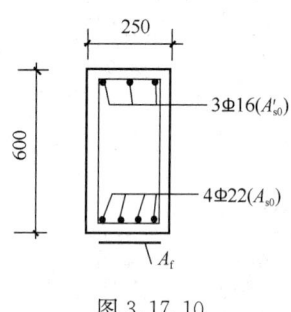

图 3.17.10

【例 3.17.11】 某钢筋混凝土梁，采用 C20 混凝土，纵向受力钢筋采用 HRB335，其跨中截面尺寸及纵筋配置如图 3.17.10所示。现改变使用功能，荷载增加，在荷载的基本组合下跨中正弯矩值为 280kN·m。加固前，在荷载的标准组合下的梁跨中正弯矩值为 $M_{0k}=100$kN·m，已知 $a=a'=35$mm。现采用梁底粘贴碳纤维复合材进行抗弯加固，选用单向织物高强度Ⅰ级。考虑二次受力影响。加固后结构构件的安全等级为二级。

试问，当选用3层碳纤维复合材且每层厚度为 0.111mm 时，满足加固要求的实际粘贴的碳纤维复合材截面面积 A_f（mm²），与下列何项最接近？

(A) 70　　　　(B) 75　　　　(C) 80　　　　(D) 85

【解答】 根据《混加规》10.2.3 条、10.2.8 条：

$$h_0=600-35=565\text{mm}$$

由式（10.2.3-1）：

$$M'=M-f'_{y0}A'_{s0}(h-a')+f_{y0}A_{s0}(h-h_0)$$
$$=280\times10^6-300\times603\times(600-35)+300\times1520\times(600-565)$$
$$=193751500\text{N}\cdot\text{mm}$$

$$x=h-\sqrt{h^2-\frac{2M'}{\alpha_1 f_{c0}b}}=600-\sqrt{600^2-\frac{2\times193751500}{1\times9.6\times250}}$$
$$=154.4\text{mm}<0.85\xi_b h_0=0.85\times0.550\times565=264\text{mm}$$

由表 10.2.8 及注：

$$\rho_{te}=\frac{A_s}{0.5bh}=\frac{1520}{0.5\times250\times600}=0.0203$$

$$\sigma_{s0}=\frac{M_{0k}}{0.85A_s h_0}=\frac{100\times10^6}{0.85\times1520\times565}=137\text{N/mm}^2<150\text{N/mm}^2$$

$$\alpha_f=0.9\times\left[1.15+\frac{0.0203-0.020}{0.030-0.020}\times(1.20-1.15)\right]=1.036$$

$$\varepsilon_{f0}=\frac{1.036\times100\times10^6}{2\times10^5\times1520\times565}=0.0006$$

查表 4.3.5，一般构件，取 $\varepsilon_f=0.01$，$E_f=2.3\times10^5$MPa；查表 4.3.4-1，取 $f_f=2300$MPa

$$\psi_f=\frac{0.8\times0.0033\times600/154.4-0.0033-0.0006}{0.01}=0.636$$

由式（10.2.3-2）：
$$A_{fe}=\frac{1\times9.6\times250\times154.4-300\times1520+300\times603}{0.636\times2300}=65.3\text{mm}^2$$

由10.2.4条：
$$k_m=1.16-\frac{3\times2.3\times10^5\times0.111}{308000}=0.91>0.90$$

故取 $k_m=0.90$

$A_f=\dfrac{65.3}{0.9}=72.5\text{mm}^2$，故选（B）项。

【例3.17.12】 某钢筋混凝土梁，采用C25混凝土，箍筋采用HPB235，梁端配箍为$\Phi 8@100$，其截面如图3.17.11所示，该梁承受均布荷载。由于使用功能改变，荷载增加，在荷载的基本组合下的梁端剪力值为390kN。加固前，梁端抗剪承载力设计值 $V_{b0}=245$kN。现采用粘贴碳纤维复合材进行抗剪加固，采用钢板锚U形箍方式，选用碳纤维复合材高强度Ⅱ级。已知 $a=a'=35$mm。加固后结构构件的安全等级为二级。

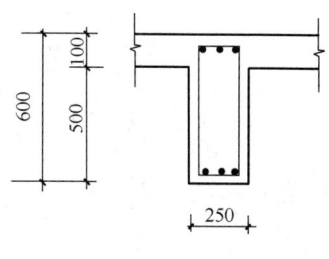

图3.17.11

试问，当碳纤维复合材条带的间距 $s_f=250$mm 时，下列何项条带的配置（b_f 与 t_f 的单位：mm）最经济合理？

(A) 2层，$b_f\times t_f=150\times 0.167$ (B) 2层，$b_f\times t_f=200\times 0.167$
(C) 3层，$b_f\times t_f=150\times 0.167$ (D) 3层，$b_f\times t_f=200\times 0.167$

【解答】 根据《混加规》10.3.2条、10.3.3条：
$$h_0=600-35=565\text{mm}$$
$\dfrac{h_w}{b}=\dfrac{565-100}{250}=1.86<4$，则：

$V_u=0.25\times 1\times 11.9\times 250\times 565=420.2\text{kN}>390\text{kN}$，满足。

$$A_f\geq\frac{V_{bf}}{\psi_{vb}f_f h_f}\cdot s_f=\frac{390\times 10^3-245\times 10^3}{0.88\times(0.28\times 2000)\times 500}\times 250=147\text{mm}^2$$

(A) 项：$A_f=2n_f b_f t_f=2\times 2\times 150\times 0.167=100.2\text{mm}^2$，不满足。
(B) 项：$A_f=2\times 2\times 200\times 0.167=133.6\text{mm}^2$，不满足。
(C) 项：$A_f=2\times 3\times 150\times 0.167=150.3\text{mm}^2$，满足。

故选（C）项。

3. 受压构件正截面加固计算

- 复习《混加规》10.4.1条～10.4.4条。

【例3.17.13】 某钢筋混凝土轴心受压柱，计算长度 $l_0=5$m，采用C25混凝土，纵向受力钢筋采用HRB335，其截面尺寸及纵筋配筋 $12\Phi 22$（$A'_{s0}=4561\text{mm}^2$），如图3.17.12所示。现加层改造，荷载增大，在荷载的基本组合下的轴压力为4100kN。采用粘贴碳纤维复合材高强度Ⅰ级，环向围束法加固，选用3层碳纤维复合材且各层厚度均为0.111mm。已知 $r=30$mm。加固后结构构件的安全等级为二级。

试问,加固后柱的轴心受压承载力设计值(kN),与下列何项数值最为接近?

(A) 4200　　　　　　(B) 4400
(C) 4600　　　　　　(D) 4800

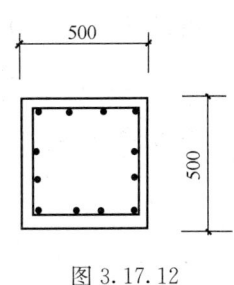

图 3.17.12

【解答】 根据《混加规》10.4.3 条、10.4.4 条:

$$A_{cor} = 500 \times 500 - (4-\pi) \times 30^2 = 249226 \text{mm}^2$$

$$\rho_f = \frac{2 \times 3 \times 0.111 \times (500+500)}{249226} = 0.0027$$

$$\rho_s = \frac{4561}{500 \times 500} = 0.01824$$

$$k_c = 1 - \frac{(500-2\times30)^2 + (500-2\times30)^2}{3 \times 249226 \times (1-0.01824)} = 0.473$$

取 $\varepsilon_{fe} = 0.0035$,则:

$$\sigma_l = 0.5 \times 1 \times 0.473 \times 0.0027 \times 2.3 \times 10^5 \times 0.0035 = 0.514$$

$$N_u = 0.9 \times [(11.9 + 4 \times 0.514) \times 249226 + 300 \times 4561]$$
$$= 4361.8 \text{kN}$$

故选 (B) 项。

4. 框架柱斜截面加固计算

- 复习《混加规》10.5.1 条、10.5.2 条。

5. 大偏心受压构件加固计算

- 复习《混加规》10.6.1 条、10.6.2 条。

6. 受拉构件正截面加固计算

- 复习《混加规》10.7.1 条~10.7.3 条。

需注意的是:

《混加规》式(10.7.3-2)中 e 为:$e = e_0 - \frac{h}{2} + a$,$e_0 = \frac{M}{N}$

【例 3.17.14】 某钢筋混凝土偏心受拉构件,为一般构件,采用 C25 混凝土,纵向受力钢筋采用 HRB335,其截面尺寸与纵筋配置如图 3.17.13 所示。现工程改造,荷载增加,在荷载的基本组合下的内力设计值为:轴拉力 $N = 200 \text{kN}$,弯矩 $M = 200 \text{kN} \cdot \text{m}$。现采用在受拉侧粘贴碳纤维复合材,采用高强度 I 级。已知 $a_s = a_s' = 40 \text{mm}$。加固后结构构件的安全等级为二级。

试问,满足加固要求的碳纤维复合材的截面面积 A_f(mm^2),下列何项最经济合理?

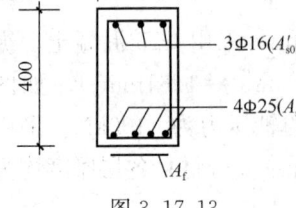

图 3.17.13

(A) 50　　　　　(B) 60　　　　　(C) 70　　　　　(D) 80

【解答】
$$h - h_0 = a_s = 40\text{mm}$$
$$h_0 = h - a_s = 400 - 40 = 360\text{mm}$$
$$e_0 = \frac{M}{N} = \frac{200 \times 10^6}{200 \times 10^3} = 1000\text{mm} > \frac{h}{2} - a_s = \frac{400}{2} - 40 = 160\text{mm}$$

为大偏拉。
$$e = e_0 - \frac{h}{2} + a_s = 1000 - \frac{400}{2} + 40 = 840\text{mm}$$

根据《混加规》10.7.3 条：

外力对碳纤维复合材取力矩平衡，则：
$$N(e - a_s) \leqslant \alpha_1 f_{c0} bx \left(h - \frac{x}{2}\right) + f'_{y0} A'_{s0} \cdot (h - a'_s) - f_{y0} A_{s0} \cdot a_s$$
$$x = h - \sqrt{h^2 - 2 \times \frac{N(e - a_s) - f'_{y0} A'_{s0}(h - a'_s) + f_{y0} A_{s0} a_s}{\alpha_1 f_{c0} b}}$$
$$= 400 - \sqrt{400^2 - 2 \times \frac{200 \times 10^3 \times (840 - 40) - 300 \times 603 \times 360 + 300 \times 1964 \times 40}{1 \times 11.9 \times 250}}$$
$$= 116.5\text{mm} > 2a'_s = 80\text{mm}，且 < \xi_b h_0 = 0.550 \times 360 = 198\text{mm}$$

由式（10.7.3-1）：
$$A_f = \frac{200 \times 10^3 - 300 \times 1964 + 1 \times 11.9 \times 250 \times 116.5 + 300 \times 603}{2300}$$
$$= 60.1\text{mm}^2$$

故选（B）项。

7. 提高柱的延性的加固计算

- 复习《混加规》10.8.1 条、10.8.2 条。

【例 3.17.15】 某钢筋混凝土框架柱，其截面尺寸 $b \times h = 600\text{mm} \times 600\text{mm}$，采用 C30 混凝土，箍筋采用 HPB300 级（$f_{yv0} = 210\text{N/mm}^2$），柱端箍筋为 Φ8@100。现工程改造，提高柱的延性，要求其柱端箍筋体积配筋率为 1.2%。加固前，柱端箍筋体积配筋率 $\rho_{v,e} = 0.72\%$。现采用碳纤维复合材高强度 I 级，环向围束加固，选用 3 层碳纤维复合材且各层厚度均为 0.111mm。已知 $r = 30\text{mm}$。

试问，碳纤维复合材条带的宽度 b_f 与其间距 s_f 的比值 b_f/s_f，与下列何项数值最接近？

(A) 0.25　　　　　(B) 0.35　　　　　(C) 0.45　　　　　(D) 0.55

【解答】 根据《混加规》10.8.2 条：
$$\rho_{v,f} = 1.2\% - 0.72\% = 0.48\%$$
$$A_{cor} = 600^2 - (4 - \pi) \times 30^2 = 359226\text{mm}^2$$
$$\rho_f = \frac{2 \times 3 \times 0.111 \times (600 + 600)}{359226} = 0.00222$$

重要构件，查表 4.3.4-1，取 $f_f = 1600\text{MPa}$
$$\frac{b_f}{s_f} = \frac{\rho_{v,f} f_{yv0}}{k_c \rho_f f_f} = \frac{0.48\% \times 210}{0.66 \times 0.00222 \times 1600}$$
$$= 0.43$$

故选（C）项。

九、预应力碳纤维复合板加固法

● 复习《混加规》11.1.1 条~11.4.5 条。

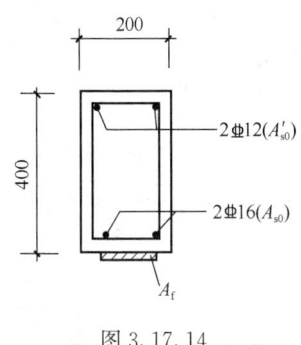

图 3.17.14

【例 3.17.16】 某钢筋混凝土梁，采用 C30 混凝土，纵向受力钢筋采用 HRB400，其截面尺寸与纵筋配置如图 3.17.14 所示。现工程改造，荷载增加，在荷载的基本组合下的梁跨中正弯矩为 130kN·m。已知 $a=a'=35$mm，$\xi_b=0.518$。现采用预应力碳纤维复合板进行抗弯加固，其高强度Ⅰ级，按重要构件考虑。加固后结构构件的安全等级为二级。

试问，满足加固要求时，预应力碳纤维复合板的截面面积 A_f（mm²），与下列何项数值最接近？

(A) 100   (B) 120
(C) 150   (D) 180

【解答】 根据《混加规》11.2.4 条：

$h_0 = h - a = 400 - 35 = 365$mm

$M' = M - f'_{y0}A'_{s0}(h-a') + f_{y0}A_{s0}(h-h_0)$

$= 130 \times 10^6 - 360 \times 226 \times (400-35) + 360 \times 402 \times (400-365)$

$= 105368800$N·mm

$x = h - \sqrt{h^2 - \frac{2M'}{\alpha_1 f_{c0} b}} = 400 - \sqrt{400^2 - \frac{2 \times 105368800}{1 \times 14.3 \times 200}}$

$= 106.2$mm $< 0.85\xi_b h_0 = 0.85 \times 0.518 \times 365 = 160.7$mm

$> 2a' = 2 \times 35 = 70$mm

重要构件，查表 4.3.4-1，取 $f_f = 1600$MPa

由式（11.2.4-2）：

$A_f = \frac{1 \times 14.3 \times 200 \times 106.2 - 360 \times 402 + 360 \times 226}{1600} = 150$mm²

故选（C）项。

思考：题目条件同【例 3.17.16】，已配置碳纤维复合板，其截面面积 $A_f = 150$mm²。梁为简支梁，其计算跨度为 4.5m，其张拉控制应力值 $\sigma_{con} = 0.7f_f = 0.7 \times 1600 = 1120$N/mm²，锚具采用平板锚具，采用一端锚固一端张拉，张拉端至锚固端之间的净距离 $l = 3600$mm。加固时，采取卸除梁上的活荷载，仅考虑其自重，梁自重在其跨中中点处的永久荷载标准值下的弯矩值 $M_{G1k} = 5.06$kN·m。加固后，在荷载的标准组合下的跨中中点处弯矩值 $M_k = 90$kN·m。

假定，取 $A_0 = A_n = A = 200 \times 400 = 8 \times 10^4$mm²，$I_0 = I_n = I = 1.07 \times 10^9$mm⁴，$W_0 =$

$W_n = W = 5.33 \times 10^6 \text{mm}^3$。已知 C30 混凝土的 $E_c = 3 \times 10^4 \text{MPa}$，钢筋的 $E_s = 2 \times 10^5 \text{MPa}$，预应力碳纤维复合板的 $E_f = 1.6 \times 10^5 \text{MPa}$。

试问 1：判别该梁在正常使用极限状态下是否进行裂缝宽度的验算。

此时，根据《混加规》11.2 节：

$$\sigma_{l1} = \frac{a}{l} E_f = \frac{2}{3600} \times 1.6 \times 10^5 = 88.89 \text{MPa}$$

故：$\sigma_{lI} = \sigma_{l1} = 88.89 \text{MPa}$

$$\sigma_{l2} = r\sigma_{con} = 2.2\% \times 1120 = 24.64 \text{MPa}$$

$$\rho = \frac{150 \times 1.6 \times 10^5 / (2 \times 10^5) + 402}{200 \times 365} = 0.715\%$$

$$\sigma_{pcI} = \frac{N_{pI}}{A_n} + \frac{N_{pI} \cdot \frac{h}{2} - M_{G1k}}{W_n}$$

$$= \frac{(\sigma_{con} - \sigma_{lI}) A_f}{A_n} + \frac{(\sigma_{con} - \sigma_{lI}) A_f \cdot \frac{h}{2} - M_{G1k}}{W_n}$$

$$= \frac{(1120 - 88.89) \times 150}{8 \times 10^4} + \frac{(1120 - 88.89) \times 150 \times \frac{400}{2} - 5.06 \times 10^6}{5.33 \times 10^6}$$

$$= 1.933 + 4.854 = 6.79 \text{MPa}$$

$$\sigma_{l3} = \frac{55 + 300 \times 6.79/30}{1 + 15 \times 0.715\%} = 111.00 \text{MPa}$$

$$\sigma_l = \sigma_{l1} + \sigma_{l2} + \sigma_{l3} = 88.89 + 24.64 + 111.0 = 224.53 \text{N/mm}^2$$

由《混规》10.1.7 条、10.1.6 条计算 σ_{pcII} 值，即：

$$\sigma_{pe} = \sigma_{con} - \sigma_l = 1120 - 224.53 = 895.47 \text{N/mm}^2$$

$$N_{pII} = \sigma_{pe} A_f - \sigma_{l3} A_{s0}$$

$$= 895.47 \times 150 - 111.0 \times 402 = 89698.5 \text{N}$$

$$e_{pn} = \frac{\sigma_{pe} A_f y_{pn} - \sigma_{l3} A_{s0} y_{sn}}{\sigma_{pe} A_f - \sigma_{l3} A_{s0}}$$

$$= \frac{895.47 \times 150 \times 200 - 111.0 \times 402 \times 165}{89698.5}$$

$$= 217.41 \text{mm}$$

$$\sigma_{pcII} = \frac{N_{pII}}{A_n} + \frac{N_{pII} e_{pn}}{I_n} y_n$$

$$= \frac{89698.5}{8 \times 10^8} + \frac{89698.5 \times 217.41}{1.07 \times 10^9} \times 200$$

$$= 1.121 + 3.645 = 4.77 \text{MPa}$$

即 $\sigma_{pc} = \sigma_{pcII} = 4.77 \text{MPa}$

由《混加规》11.2.8条：

$$\sigma_{ck} = \frac{M_k}{W_0} = \frac{90 \times 10^6}{5.33 \times 10^6} = 16.89 \text{MPa}$$

$$\sigma_{ck} - \sigma_{pc} = 16.89 - 4.77 = 10.1 \text{MPa} > f_{tk} = 2.01 \text{MPa}$$

故应验算最大裂缝宽度。

试问2：确定该梁在正常使用极限状态下的最大裂缝宽度 w_{max}(mm)，已知 $c = 35 - \frac{16}{2} = 27$mm。

此时，按《混加规》11.2.8条计算，可得：

$$N_{p0} = 93514.5 \text{N}, \quad e_{p0} = 216.70 \text{mm}, \quad z = 311.88 \text{mm},$$
$$\sigma_{sk} = 403.37 \text{N/mm}^2, \quad \rho_{te} = 1.305\%, \quad \psi = 0.852$$

最终：$w_{max} = 0.168$mm。

试问3：确定该梁在正常使用极限状态下的抗弯刚度 B_s 值。

此时，按《混加规》11.2.9条，可得：

$$M_{cr} = 42.03 \text{kN} \cdot \text{m}, \quad \bar{\rho} = \rho = 0.715\%, \quad w = 4.706$$

最终：$B_s = 9.17 \times 10^{12} \text{N} \cdot \text{m}$。

十、预张紧钢丝绳网片—聚合物砂浆面层加固法

- 复习《混加规》13.1.1条~13.4.6条。

需注意的是：

在《混加规》式（13.2.8-1）中为"$0.6\alpha_{E_\rho}$"，而在《混规》7.2.3条式（7.2.3-1）中为"$6\alpha_{E_\rho}$"，可见，《混加规》存在不妥，应取为：$6\alpha_{E_\rho}$。

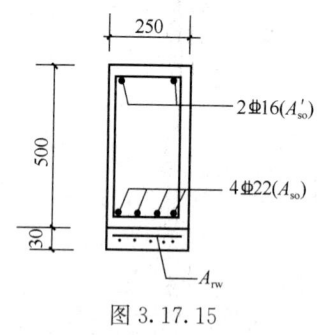

图3.17.15

【**例3.17.17**】某钢筋混凝土简支梁，采用C30混凝土，纵向受力钢筋采用HRB400，其截面尺寸与纵筋配置如图3.17.15所示。已知 $a = a' = 35$mm，$\xi_b = 0.518$。现工程改造，荷载增加，在荷载的基本组合下的梁跨中正弯矩为250kN·m。加固前，在荷载的标准组合下的梁跨中正弯矩 $M_{0k} = 80$kN·m。现采用预张紧钢丝绳网片—聚合物砂浆面层进行抗弯加固，在梁底设置，如图3.17.15所示，采用高强度不锈钢丝绳（$6 \times 7 + I_{ws}$）。考虑二次受力影响。加固后结构构件的安全等级为二级。

试问，满足加固要求时，钢丝绳网片受拉截面面积 A_{rw}（mm²），与下列何项最接近？

(A) 65　　(B) 75　　(C) 85　　(D) 95

【**解答**】根据《混加规》13.2.3条、13.2.4条：

$$h_0 = 500 - 35 = 465 \text{mm}$$

由式（13.2.3-1）：

$$M' = M - f'_{y0} A'_{s0}(h - a') + f_{y0} A_{s0}(h - h_0)$$

$$= 250 \times 10^6 - 360 \times 402 \times (500-35) + 360 \times 1520 \times (500-465)$$
$$= 201857200 \text{N} \cdot \text{mm}$$
$$x = h - \sqrt{h^2 - \frac{2M'}{\alpha_1 f_{c0} b}} = 500 - \sqrt{500^2 - \frac{2 \times 201857200}{1 \times 14.3 \times 250}}$$
$$= 130\text{mm} < 0.85\xi_b h_0 = 0.85 \times 0.518 \times 465 = 205\text{mm}$$
$$> 2a' = 70\text{mm}$$

查表 13.2.4 及注：
$$\rho_{te} = \frac{1520}{0.5 \times 250 \times 500} = 0.024$$

$$\sigma_{s0} = \frac{M_{0k}}{0.85 h_0 A_s} = \frac{80 \times 10^6}{0.85 \times 465 \times 1520} = 133\text{N/mm}^2 < 150\text{N/mm}^2$$

$$\alpha_{rw} = 0.9 \times \left[1.15 + \frac{0.024 - 0.020}{0.030 - 0.020} \times (1.20 - 1.15) \right] = 1.053$$

$$\varepsilon_{rw,0} = \frac{1.053 \times 80 \times 10^6}{2 \times 10^5 \times 1520 \times 465} = 0.0006$$

$$\psi_{rw} = \frac{0.8 \times 0.0033 \times 500/130 - 0.0033 - 0.0006}{\frac{1200}{1.2 \times 10^5}}$$

$$= 0.625$$

取 $\eta_{rl} = 1$，由式（13.2.3-2）：
$$A_{rw} = \frac{1 \times 14.3 \times 250 \times 130 - 360 \times 1520 + 360 \times 402}{1 \times 0.625 \times 1200}$$

$$= 83\text{mm}^2$$

故选（C）项。

【例 3.17.18】 题目条件同【例 3.17.17】，钢丝绳网片设置如图 3.17.16 所示。试问，满足加固要求时，钢丝绳网片受拉截面面积 A_{rw}（mm²），与下列何项数值最接近？

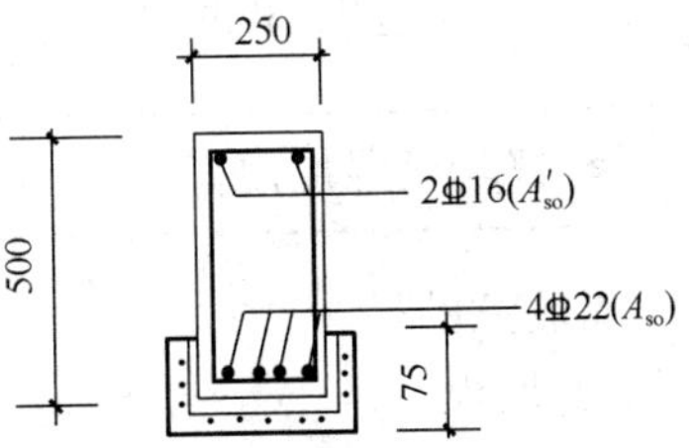

(A) 80   (B) 70
(C) 60   (D) 50

图 3.17.16

【解答】 根据《混加规》13.2.3 条、13.2.4 条：
查表 13.2.3，$h_{rl} = 75\text{mm}$，$h_{rl}/h = 75/500 = 0.15$，$h/b = 2$，取 $\eta_{rl} = 1.46$
由上一题可知，$\psi_{rw} = 0.625$，由式（13.2.3-2）：
$$A_{rw} = \frac{1 \times 14.3 \times 250 \times 130 - 360 \times 1520 + 360 \times 402}{1.46 \times 0.625 \times 1200}$$

$$= 56.9\text{mm}^2$$

故选（C）项。

【例 3.17.19】 题目条件同【例 3.17.17】，已配置钢丝绳（$6 \times 7 + I_{ws}$）为 9 根直径

$\phi 4.5$（$A_{rw}=86.58\text{mm}^2$）。加固后，在荷载的标准组合下的梁跨中正弯矩 $M_k=140\text{kN}\cdot\text{m}$。试问，确定该梁的短期刚度 B_s 值。

【解答】 根据《混加规》13.2.8 条：

$$A_s = A_{s0} + \frac{E_{rw}}{E_{s0}}A_{rw} = 1520 + \frac{1.2\times 10^5}{2\times 10^5}\times 86.58 = 1572\text{mm}^2$$

由图示知，$\delta_1=30$，$h=h_1+\delta=500+30=530\text{mm}$

纵向受拉钢筋和钢丝绳的合力点到梁底边缘的距离 $a_{合}$：

$$a_{合} = \frac{360\times 1520\times(35+30)+1200\times 86.58\times 30/2}{360\times 1520+1200\times 86.58}$$

$$=57\text{mm}$$

$$h_0 = 530-57 = 473\text{mm}$$

$$\rho_{te} = \frac{1572}{0.5\times 250\times 530} = 0.0237$$

$$\sigma_{ss} = \frac{140\times 10^6}{0.87\times 473\times 1572} = 216.4\text{N/mm}^2$$

$$\rho = \frac{1572}{250\times 473} = 0.0133$$

$$\psi = 1.1 - \frac{0.65\times 2.01}{0.0237\times 216.4} = 0.845 \begin{matrix}<1.0\\>0.2\end{matrix}$$

$$\alpha_E = \frac{2\times 10^5}{3\times 10^4} = \frac{20}{3}$$

由式（13.2.8-1）：

$$B_s = \frac{2\times 10^5\times 1572\times 473^2}{1.15\times 0.845+0.2+6\times\frac{20}{3}\times 0.0133}$$

$$= 4.13\times 10^{13}\text{N}\cdot\text{mm}^2$$

十一、绕丝加固法

- 复习《混加规》14.1.1 条~14.3.5 条。

需注意的是：

《混加规》14.3.1 条，绕丝的周长 l_{ss} 的计算，如图 3.17.17 所示：

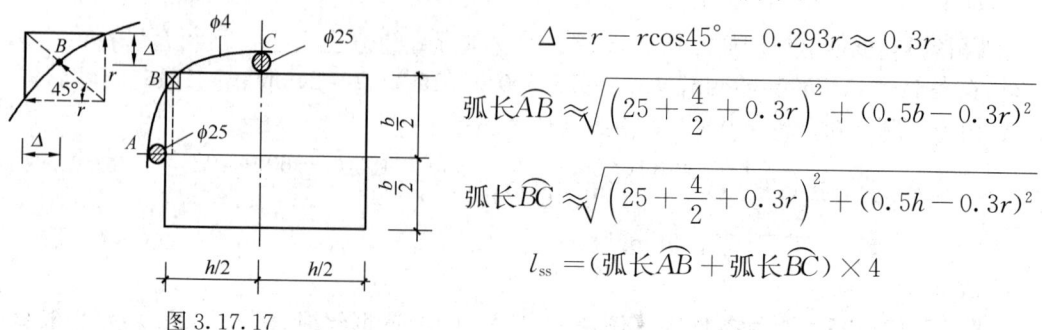

$$\Delta = r - r\cos 45° = 0.293r \approx 0.3r$$

$$\text{弧长}\widehat{AB} \approx \sqrt{\left(25+\frac{4}{2}+0.3r\right)^2+(0.5b-0.3r)^2}$$

$$\text{弧长}\widehat{BC} \approx \sqrt{\left(25+\frac{4}{2}+0.3r\right)^2+(0.5h-0.3r)^2}$$

$$l_{ss} = (\text{弧长}\widehat{AB}+\text{弧长}\widehat{BC})\times 4$$

图 3.17.17

十二、体外预应力加固法

1. 设计规定

> ● 复习《混加规》7.1.1 条～7.1.7 条。

2. 无粘结钢绞线体外预应力的加固设计

> ● 复习《混加规》7.2.1 条～7.2.4 条。
> ● 复习《混加规》7.5.1 条～7.5.9 条。

【例 3.17.20】 某钢筋混凝土梁，采用 C25 混凝土，纵向受力钢筋采用 HRB335 钢筋，其截面尺寸与纵筋配置，如图 3.17.18 所示。现工程改造，荷载增加，在荷载的基本组合下梁跨中正弯矩值为 220kN·m。现采用无粘结钢绞线进行体外预应力的抗弯加固，选用 $f_{ptk}=1860$MPa 钢绞线，其设置如图 3.17.18 所示。

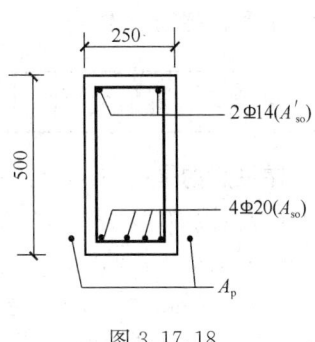

图 3.17.18

已知 $a=a'=40$mm，$\xi_b=0.550$，$h_p=465$mm。张拉控制应力 $\sigma_{con}=\sigma_{R0}=0.7f_{ptk}$。加固后结构构件的安全等级为二级。

试问，满足加固要求时，预应力钢绞线的截面面积 A_p（mm²），与下列何项最接近？

(A) 135　　(B) 145　　(C) 155　　(D) 165

【解答】 根据《混加规》7.2.3 条、7.2.2 条：

由式 (7.2.3-1)：

$$M'=M-f'_{y0}A'_{s0}(h_p-a')+f_{y0}A_{s0}(h_p-h_0)$$
$$=220\times10^6-300\times308\times(465-40)+300\times1256\times(465-460)$$
$$=182614000 \text{N·mm}$$

$$x=h_p-\sqrt{h_p^2-\frac{2\times M'}{\alpha_1 f_{c0}b}}=465-\sqrt{465^2-\frac{2\times182614000}{1\times11.9\times250}}$$
$$=159.3\text{mm}<0.85\xi_s h_0=0.85\times0.550\times460=215\text{mm}$$
$$>2a'=80\text{mm}$$

$$\sigma_p=\sigma_{p0}=\sigma_{con}=0.7f_{ptk}=0.7\times1860=1302\text{N/mm}^2$$

由式 (7.2.3-2)：

$$A_p=\frac{1\times11.9\times250\times159.3-300\times1256+300\times308}{1302}$$
$$=145.6\text{mm}^2$$

故选 (B) 项。

3. 普通钢筋体外预应力的加固设计

> ● 复习《混加规》7.3.1 条～7.3.3 条。
> ● 复习《混加规》7.6.1 条～7.6.3 条。

4. 型钢预应力撑杆的加固设计

- 复习《混加规》7.4.1 条～7.4.3 条。
- 复习《混加规》7.7.1 条～7.7.3 条。

十三、增设支点加固法

- 复习《混加规》12.1.1 条～12.3.2 条。

十四、植筋技术

- 复习《混加规》15.1.1 条～15.3.6 条。

需注意的是：

（1）《混加规》表 15.2.3 中"箍筋设置情况"，它是针对原钢筋混凝土构件内的箍筋，不是植筋新增的钢筋混凝土构件的箍筋。

（2）《混加规》15.3.1 条，受压钢筋的 $l_{\min}$ 大于受拉钢筋的 $l_{\min}$，其依据是：两者的传力机理不同。试验表明：受压钢筋只有在达到一定埋深后才能持力，其原因在于靠近混凝土表面的浅层区为受压劈裂区。钢筋对混凝土产生类似尖锥的劈力作用，致使该区混凝土对植筋受压承载力没有贡献，也即：其有效埋深小于锚固深度；而受拉钢筋则没有这个问题。据此，通过试验分别确定了两者的最小埋深。

【**例 3.17.21**】 在 7 度（0.15g）抗震设防烈度区，Ⅱ类建筑场地上的某钢筋混凝土框架-剪力墙结构，现因功能需要，在框架柱间新增一根框架梁，新增梁的钢筋采用植筋技术。已知框架柱采用 C35 混凝土，其截面尺寸为 $b \times h = 600\text{mm} \times 600\text{mm}$，混凝土保护层厚度为 25mm，植筋锚固深度范围内箍筋 $\phi10@100$。

新增框架梁采用 C30 混凝土，纵向钢筋采用 HRB400，其端部截面尺寸及配筋如图 3.17.19 所示，纵向钢筋的保护层厚度为 30mm。植筋采用快固型胶粘剂（A 级胶）。

试问，梁顶纵向受拉钢筋的植筋锚固深度设计值的最小值（mm），与下列何项最为接近？

(A) 380　　　　(B) 430　　　　(C) 480　　　　(D) 510

【**解答**】 根据《混加规》15.2.3 条、15.2.4 条、15.2.5 条：

查表 15.2.3，$\Phi 22$，取 $\alpha_{\text{spt}} = 1.02$

$$s_1 = 250 - 2 \times 30 - 2 \times \frac{22}{2} = 168\text{mm} > 7d = 7 \times 22 = 154\text{mm}$$

$$s_2 = \frac{600 - 250}{2} + 30 + \frac{22}{2} = 216\text{mm} > 3.5d = 3.5 \times 22 = 77\text{mm}$$

查表 15.2.4，取 $f_{\text{bd}} = 0.8 \times \frac{1}{2} \times (4.5 + 5.0) = 3.8\text{MPa}$

$$l_s = 0.2 \times 1.02 \times 22 \times 360/3.8 = 425\text{mm}$$

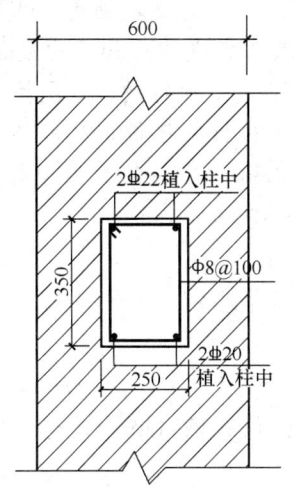
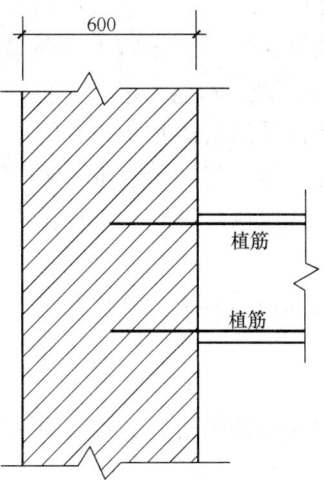

图 3.17.19

$$\psi_N = 1 \times 1.1 \times 1 = 1.1$$

由《混加规》15.2.2 条：

$$l_d \geqslant 1.1 \times 1.0 \times 425 = 467.5 \text{mm}$$

故选（C）项。

思考：复核，柱截面尺寸是否满足，由《混加规》15.3.5 条：

$$h_{\min} \geqslant 467.5 + 2 \times 28 = 523.5 \text{mm}$$

柱 b（或 h）为 600mm，满足。

【例 3.17.22】 在 7 度（0.15g）抗震设防烈度区，Ⅲ 类建筑场地上的某钢筋混凝土框架结构，其设计、施工均按现行规范进行。现因功能需求，需要在框架柱间新增一根框架梁，新增梁的钢筋采用植筋技术，所有植筋采用 HRB400 钢筋、直径均为 18mm，设计要求充分利用钢筋抗拉强度。框架柱采用 C40 混凝土，植筋采用快固型胶粘剂（A 级胶），其性能满足要求。假定植筋间距和边距分别为 150mm 和 100mm，$\alpha_{spt}=1.0$，$\psi_N=1.265$。

试问，该植筋锚固深度设计值的最小值（mm），与下列何项最接近？

(A) 540   (B) 480   (C) 420   (D) 360

【解答】 根据《混加规》15.2.3 条～15.2.5 条：

$$s_1 = 150\text{m} > 7d = 7 \times 18 = 126\text{mm}$$

$$s_2 = 100\text{mm} > 3.5d = 3.5 \times 18 = 63\text{mm}$$

查表 15.2.4，$f_{bd} = 0.8 \times 5 = 4\text{MPa}$

$$l_s = 0.2 \times 1 \times 18 \times 360/4 = 324\text{mm}$$

由 15.2.2 条：

$$l_d \geqslant 1.265 \times 1.0 \times 324 = 410\text{mm}$$

故选（C）项。

【例 3.17.23】 在 8 度（0.20g）抗震设防烈度区，Ⅱ类建筑场地上的某钢筋混凝土框架结构，框架柱采用 C40 混凝土，混凝土的保护层厚度为 25mm，其截面尺寸 $b \times h = 700\text{mm} \times 700\text{mm}$。现因功能需求，需要在框架柱上新增一根悬挑梁，悬挑长度为 1.2m。新增悬挑梁的钢筋采用植筋技术，其纵向钢筋采用 HRB400 钢筋，其根部截面尺寸及配筋如图 3.17.20 所示，其纵向钢筋的保护层厚度为 30mm，其采用 C30 混凝土。植筋采用快固型胶粘剂（A 级胶）。已知植筋锚固深度范围内箍筋为 $\phi 10@100$。

试问：

(1) 该悬挑梁顶部纵筋的植筋锚固深度设计值的最小值（mm），与下列何项数值最为接近？

(A) 400　　　　(B) 480　　　　(C) 550　　　　(D) 600

(2) 该悬挑深底部纵筋的植筋锚固深度设计值的最小值（mm），与下列何项数值最为接近？

(A) 200　　　　(B) 240　　　　(C) 300　　　　(D) 360

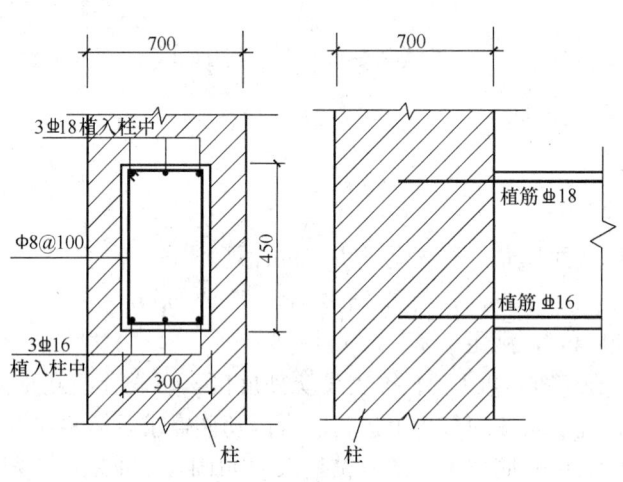

图 3.17.20

【解答】 (1) 根据《混加规》15.2.3 条～15.2.5 条：

查表 15.2.3，取 $\alpha_{spt} = 1.0$

$$s_1 = \left[300 - 2 \times \left(30 + \frac{18}{2}\right)\right]/2 = 111\text{mm} < 7d = 126\text{mm}$$
$$> 6d = 108\text{mm}$$
$$s_2 = \frac{700 - 300}{2} + 30 + \frac{18}{2} = 239\text{mm} > 3d = 54\text{mm}$$

查表 15.2.4，取 $f_{bd} = 0.8 \times 4.5 = 3.6\text{MPa}$

$$l_s = 0.2 \times 1 \times 18 \times 360/3.6 = 360\text{mm}$$
$$\psi_N \geqslant 1.50 \times 1.1 \times 1 = 1.65$$

由 15.2.2 条：

$$l_d \geqslant 1.65 \times 1 \times 360 = 594\text{mm}$$

故选（D）项。

(2) 悬挑梁底部纵筋为构造钢筋，且受压。

由《混加规》15.3.1条，15.2.3条、15.2.4条：

查表15.2.3，取 $\alpha_{spt}=1.0$

由（1）可知，$s_1>6d$，$s_2>3d$，取 $f_{db}=0.8\times4.5=3.6\text{MPa}$

$$l_s=0.2\times1\times16\times360/3.6=320\text{mm}$$

$$\max(0.6\times320, 10\times16, 100)=192\text{mm}$$

$$l_{min}\geqslant1.5\times192=288\text{mm}$$

故选（C）项。

【例 3.17.24】 某钢筋混凝土筏形基础，采用C30混凝土，位于7度抗震设防烈度，Ⅱ类建筑场地。现在筏形基础顶部增加一根钢筋混凝土柱，该柱受轴心压力，柱截面尺寸及配筋如图3.17.21所示，纵筋和箍筋均采用HRB400级，箍筋保护层厚度为25mm。已知柱植筋边距 s_2 大于 $3.5d$（d 为柱纵筋直径）。植筋锚固深度范围内箍筋设置满足要求，取 $\alpha_{spt}=1.0$。

试问，该柱植筋的锚固长度 l_d（mm），不应小于下列何项数值？

(A) 400　　　　　　(B) 450
(C) 500　　　　　　(D) 550

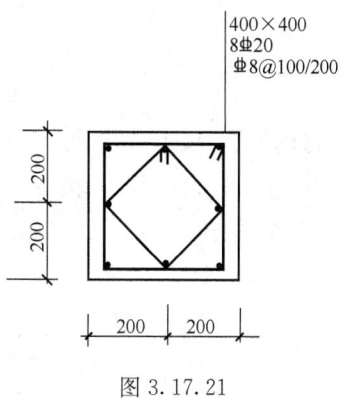

图 3.17.21

【解答】 根据《混加规》15.2.3条、15.2.4条：

$$\text{柱植筋间距 } s_1=\frac{1}{2}\times\left[400-2\times\left(25+8+\frac{20}{2}\right)\right]$$

$$=157\text{mm}>7d$$

查表15.2.4，取 $f_{bd}=4.5\text{N/mm}^2$

已知 $\alpha_{spt}=1.0$

$$l_s=0.2\times1.0\times20\times360/4.5=320\text{mm}$$

由15.2.5条：

取 $\psi_{br}=1.15$，$\psi_w=1.1$，$\psi_T=1.0$，则：

$$\psi_N=1.15\times1.1\times1.0=1.265$$

由15.2.2条，取 $\psi_{ae}=1.10$，则：

$$l_d\geqslant1.265\times1.10\times320=445.3\text{mm}$$

故选（B）项。

十五、锚栓技术

- 复习《混加规》16.1.1条～16.4.5条。

需注意的是：

《混加规》公式（16.2.4-2）中 σ 的定义："其值按 N_t^a/A_s 确定"，N_t^a 为锚栓钢材受拉

承载力设计值，笔者认为 N_t^a 不妥，应改为：N_t，即锚栓的拉力设计值。

【例 3.17.25】 某胶粘型倒锥形锚栓安装在普通混凝土承重中，位于抗震设防烈度 6 度区，采用 C30 混凝土，如图 3.17.22 所示，碳素钢锚栓采用 4.8 性能等级，螺杆直径 M12（$A_s=84\text{mm}^2$），有效锚固深度 $h_{ef}=110\text{mm}$。两个锚栓间的距离为 200mm，离混凝土构件边缘 100mm。已知基材厚度为 300mm，基材温度为 25℃。

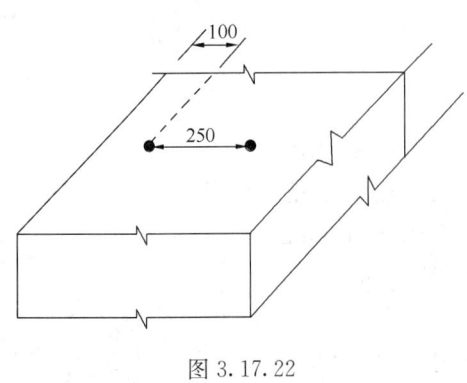

图 3.17.22

试问，该双锚栓的抗拉承载力设计值（kN），与下列何项数值最为接近？

(A) 20   (B) 26   (C) 35   (D) 42

【解答】 根据《混加规》16.2.2 条、16.2.3 条：

取 $f_{ud,t}=250\text{MPa}$，$\psi_{E,t}=1.0$

两个锚栓 $N_t^a=1\times 250\times(2\times 84)=42\text{kN}$

由 16.3.3 条、16.3.4 条：

$$s_{cr,N}=3.0h_{ef}=3\times 110=330\text{mm}$$

$$c_{cr,N}=1.5h_{ef}=1.5\times 110=165\text{mm}$$

$c_1=100\text{mm}<c_{cr,N}=165\text{mm}$，$s_1=250\text{mm}<s_{cr,N}=330\text{mm}$，由式 (16.3.5-3)：

$$A_{c,N}=(100+250+0.5\times 330)\times 330=169950\text{mm}^2$$

$$A_{c,N}^0=330^2=108900\text{mm}^2$$

$$\psi_N=\psi_{s,h}\psi_{e,N}A_{c,N}/A_{c,N}^0=0.95\times 1\times 169950/108900=1.48$$

由 16.3.2 条：

$$N_t^c=2.4\times 0.90\times 1.48\times\sqrt{30}\times 110^{1.5}=20.2\text{kN}$$

最终取：$\min\{42, 20.2\}=20.2\text{kN}$

故选（A）项。

第十八节 混凝土施工与施工质量验收

本节所用规范为《混凝土结构工程施工规范》GB 50666—2011（以下简称《混施规》），《混凝土结构工程施工质量验收规范》GB 50204—2015（以下简称《混验规》）。

一、总则、术语和基本规定

- 复习《混验规》1.0.1 条～1.0.3 条。
- 复习《混验规》2.0.1 条～2.0.12 条。
- 复习《混验规》3.0.1 条～3.0.9 条。

二、分项工程

1. 模板分项工程

- 复习《混验规》4.1.1 条~4.2.11 条。

2. 钢筋分项工程

- 复习《混验规》5.1.1 条~5.5.3 条。

【例 3.18.1】某工地有一批直径 6mm 的盘卷钢筋，钢筋牌号 HRB400。钢筋调直后应进行重量偏差检验，每批抽取 3 个试件。假定，3 个试件的长度之和为 2m。试问，这 3 个试件的实际重量之和的最小容许值（g）与下列何项数值最为接近？

提示：本题按《混凝土结构工程施工质量验收规范》GB 50204—2015 作答。
(A) 409　　　(B) 422　　　(C) 444　　　(D) 468

【解答】根据《混验规》5.3.4 条：

$$\Delta = \frac{W_d - W_0}{W_0} \times 100 \geqslant -8$$

即：$W_d \geqslant 0.92 W_0 = 0.92 \times 2 \times 0.222 \times 10^3 = 408.5g$

故选（A）项。

3. 预应力分项工程

- 复习《混验规》6.1.1 条~6.5.5 条。

4. 混凝土分项工程

- 复习《混验规》7.1.1 条~7.4.3 条。

三、现浇结构分项工程

- 复习《混验规》8.1.1 条~8.3.3 条。

四、装配式结构分项工程

- 复习《混验规》9.1.1 条~9.3.9 条。

五、混凝土结构子分部工程

- 复习《混验规》10.1.1 条~10.2.4 条。

【例 3.18.2】某单层现浇混凝土框架结构，如图 3.18.1 所示，柱截面尺寸为 500mm×500mm，柱混凝土强度等级为 C40，柱下基础采用 C30 混凝土。

试问：

(1) 工程中需要采用回弹法对全部柱混凝土强度进行检测推定，试问，回弹构件的抽取最少数量，与下列何项数值最接近？

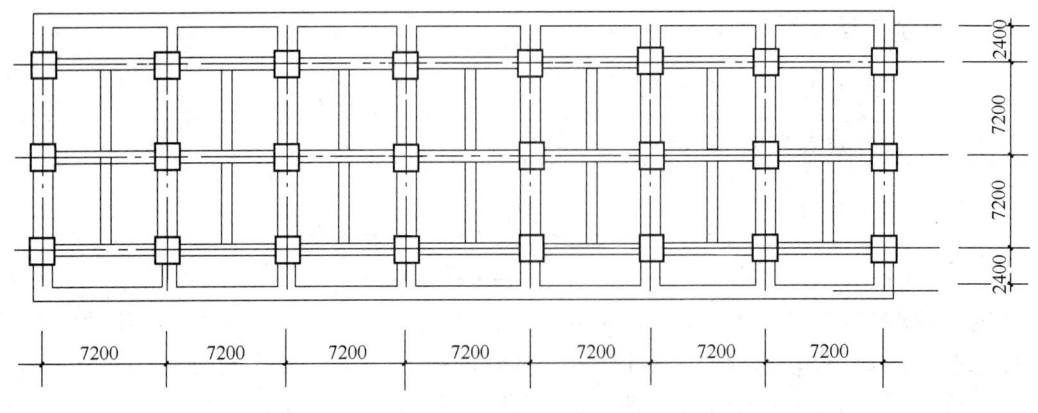

图 3.18.1

(A) 8　　　　(B) 12　　　　(C) 20　　　　(D) 全数

(2) 假定，需要对本工程施工完成后的主体结构实体中的悬挑梁的钢筋混凝土保护层厚度进行检验，试问，检验的最少数量，与下列何项数值最接近？

(A) 1　　　　(B) 5　　　　(C) 10　　　　(D) 全数

【解答】(1) 根据《混验规》附录 D.0.1 条：

本工程柱数量为 24 个，故抽取 20 个，应选（C）项。

(2) 根据《混验规》附录 E.0.1 条：

本工程悬挑梁数量为 16 个，检验数量≥5‰×16＝8 个，且≥10 个，故最少取 10 个，选（C）项。

第四章 钢 结 构

本章所用规范为《钢结构通用规范》GB 55006—2021（以下简称《钢通规》）、《钢结构设计标准》GB 50017—2017（以下简称《钢标》）、《门式刚架轻型房屋钢结构技术规范》GB 51022—2015（以下简称《门规》）、《冷弯薄壁型钢结构技术规范》GB 50018—2002（以下简称《薄壁钢规》）和《建筑抗震设计规范》（以下简称《抗规》）等。

第一节 总则和基本设计规定

一、总则和术语

- 复习《钢标》1.0.1条～1.0.3条。
- 复习《钢标》2.1.1条～2.1.40条。

二、一般规定

- 复习《钢通规》2.0.1条。
- 复习《钢标》3.1.1条～3.1.14条。

需注意的是：

（1）疲劳计算采用容许应力法，故《钢标》3.1.6条规定，采用荷载标准值，其实质是各荷载标准值的累加，它与荷载组合中的标准组合有本质的区别。

（2）《钢标》3.1.7条的条文说明。

吊车竖向荷载为动力荷载，故应考虑动力系数；吊车横向水平荷载、纵向水平荷载为惯性力，不乘以动力系数；吊车卡轨力，也不乘以动力系数。

（3）《钢标》3.1.9条的条文说明。

三、结构体系

- 复习《钢通规》2.0.2条、2.0.5条。
- 复习《钢标》3.2.1条～3.2.3条。
- 复习《钢标》附录A。

需注意的是：

（1）《钢标》附录表A.2.1，支撑结构，其定义见《钢标》2.1.17条。

(2)《钢标》附录 A.3.2 条及其条文说明。

四、作用

● 复习《钢标》3.1.1 条～3.3.5 条。

需注意的是：

(1)《钢标》3.3.2 条的条文说明：

> 为便于计算，本标准所指的工作制与现行国家标准《建筑结构荷载规范》GB 50009 中的荷载状态相同，即轻级工作制（轻级载荷状态）吊车相当于 A1～A3 级，中级工作制相当于 A4、A5 级，重级工作制相当于 A6～A8 级，其中 A8 为特重级。

(2)《钢标》3.3.4 条。

【例 4.1.1】 下列关于钢结构设计的荷载组合的见解，何项不正确？说明理由。
(A) 按承载能力极限状态设计时，应考虑荷载的基本组合
(B) 按承载能力极限状态设计时，必要时应考虑荷载的偶然组合
(C) 按正常使用极限状态设计时，应考虑荷载的标准组合
(D) 按正常使用极限状态设计时，钢与混凝土组合梁，一般只考虑准永久组合

【解答】 根据《钢标》14.4.1 条规定，(D) 项不正确，故选 (D) 项。

【例 4.1.2】 当钢吊车梁进行稳定计算时，其荷载取值为下列何项？说明理由。
(A) 标准值，仅轮压乘以动力系数
(B) 标准值，不乘以动力系数
(C) 设计值，乘以荷载分项系数
(D) 设计值，乘以荷载分项系数及动力系数

【解答】 根据《钢标》3.1.7 条规定，应选 (D) 项。

【例 4.1.3】 计算吊车梁的疲劳、挠度时，吊车荷载应按下列何项取值？说明理由。
(A) 作用在跨间的荷载效应最大的 2 台吊车标准值，不乘以动力系数
(B) 作用在跨间的荷载效应最大的 1 台吊车设计值，乘以动力系数
(C) 作用在跨间的荷载效应最大的 1 台吊车标准值，乘以动力系数
(D) 作用在跨间的荷载效应最大的 1 台吊车标准值，不乘以动力系数

【解答】 根据《钢标》3.1.7 条规定，应选 (D) 项。

【例 4.1.4】 某单跨工业钢结构厂房，内有 2 台 $Q=20/5t$ 软钩吊车，工作级别为 A6，每台吊车有 4 轮，一边轨道上最大轮压 $P_{k,max}=230kN$，考虑吊车摆动（导轨）引起的横向水平力作用在一边吊车梁上的总和 $\Sigma H_k(kN)$，最接近下列何项数值？
(A) 92　　　　(B) 87.4　　　　(C) 46　　　　(D) 138

【解答】 根据《钢标》3.3.2 条规定，取 $\alpha=0.1$，2 台吊车。
$$H_k=0.1\times 2\times 2\times 230=92kN$$
故应选 (A) 项。

【例 4.1.5】 某单跨工业钢结构厂房,设置有两台 $Q=25/10t$ 的软钩桥式吊车,吊车每侧有两个车轮,轮距 4m,最大轮压标准值 $P_{k,max}=279.7kN$,吊车横行小车重量标准值 $g=73.5kN$。吊车为重级工作制,作用在一边吊车梁上的横向水平荷载标准值(kN),最接近于下列何项数值?

(A) 28　　　　(B) 32　　　　(C) 102　　　　(D) 112

【解答】 (1) 根据《钢标》3.3.2 条规定:
$$H_k = 2 \times 2 \times 0.1 P_{k,max} = 2 \times 2 \times 0.1 \times 279.7 = 111.88kN$$

(2) 根据《荷规》6.1.2 条规定,取 10% 计算:
$$H_k = 10\% \times (Q+g) \times \frac{1}{4} \times 2 \times 2$$
$$= 10\% \times (25 \times 9.8 + 73.5) \times \frac{1}{4} \times 2 \times 2 = 31.85kN$$

上述取较大值,$H_k = 111.88kN$,故应选 (D) 项。

【例 4.1.6】 某工业厂房钢结构工作平台,主梁以上结构自重 $5kN/m^2$,检修材料所产生的活荷载标准值为 $4.5kN/m^2$,主梁间距为 5m,跨度 8m,简支,设计使用年限为 50 年,该主梁跨中荷载基本组合的弯矩设计值(kN·m),最接近于下列何项数值?

提示:按《工程结构通用规范》作答。

(A) 409　　　　(B) 412　　　　(C) 475　　　　(D) 490

【解答】 根据《钢标》3.3.4 条规定,主梁取折减系数 0.85。
由《结通规》3.1.13 条:
$$M = \frac{1}{8} \times (1.3 \times 5 + 0.85 \times 1.4 \times 4.5) \times 5 \times 8^2 = 474.2 kN \cdot m$$

故选(C)项。

思考: 当检修材料所产生的活荷载标准值为 $4.0kN/m^2$ 时,确定主梁跨中弯矩设计值(kN·m)。
$$M = \frac{1}{8} \times (1.3 \times 5 + 0.85 \times 1.5 \times 4.0) \times 5 \times 8^2 = 464 kN \cdot m$$

【例 4.1.7】 哈尔滨市拟建一般钢结构房屋,配备采暖,当地最低、最高气温平均值分别为 -42.5℃ 及 32℃,若不计温度应力和温度变形的影响,其纵向温度区段长度(m),不能超过下列何项数值?

(A) 120　　　　(B) 180　　　　(C) 220　　　　(D) 100

【解答】 根据《钢标》表 3.3.5,采暖房屋的纵向温度区段长度≤220m,应选(C)项。

五、变形和舒适度的规定

- 复习《钢通规》2.0.7 条。
- 复习《钢标》3.4.1 条~3.4.5 条。
- 复习《钢标》附录 B。

【例 4.1.8】 某简支楼盖主钢梁截面为 $HN500 \times 200 \times 10 \times 16$,$I_x = 4.57 \times 10^8 mm^4$,

跨度 $l=12$m，承受永久荷载标准值 $g=8$kN/m，可变荷载标准值 $q=6$kN/m。现为改善外观条件将梁按一般规定起拱。该梁由全部荷载产生的起拱值（mm）、最终挠度 v_T（mm），最接近于下列何项数值？

(A) 32；13　　(B) 32；9　　(C) 28；13　　(D) 28；9

【解答】 根据《钢标》3.4.3 条规定：

永久荷载产生的挠度 v_G：

$$v_G=\frac{5gl^4}{384EI}=\frac{5\times8\times12000^4}{384\times206\times10^3\times4.57\times10^8}=22.94\text{mm}$$

可变荷载产生的挠度 v_Q：

$$v_Q=\frac{5gl^4}{384EI}=\frac{5\times6\times12000^4}{384\times206\times10^3\times4.57\times10^8}=17.21\text{mm}$$

起拱值：$22.94+17.21/2=31.55$mm

最终挠度：$(22.94+17.21)-31.55=8.6$mm$<[v_T]=12000/400=30$mm

故选（B）项。

六、截面板件宽厚比等级

截面板件宽厚比指截面板件平直段的宽度和厚度之比，受弯或压弯构件腹板平直段的高度与腹板厚度之比也可称为板件高厚比。

- 复习《钢标》3.5.1 条、3.5.2 条。

需注意的是：

(1)《钢标》3.5.1 条的条文说明，S1、S2 级截面为塑性截面；S3 级截面为弹塑性截面；S4 级截面为弹性截面；S5 级截面为薄壁截面。

(2)《钢标》式（3.5.1），σ_{max}、σ_{min} 的计算，非抗震设计，采用荷载的基本组合；抗震设计时，除了荷载的基本组合计算外，还应对小震下的地震组合进行计算。

(3)《钢标》表 3.5.1 注 2 的规定，如图 4.1.1 所示。

(4)《钢标》表 3.5.1 中 α_0 的理解，对于 H 形截面构件，当 $\alpha_0=0$ 时，变化为轴心受压构件；当 $\alpha_0=2$ 时，变化为受弯构件。可知，当 $0<\alpha_0<2$，为压弯构件，如图 4.1.2 所示。$\alpha_0=1$ 时，$\sigma_{min}=0$。

当 $0<\alpha_0\leqslant1$ 时，腹板全截面受压；当 $1<\alpha_0<2$ 时，腹板部分受压部分受拉。

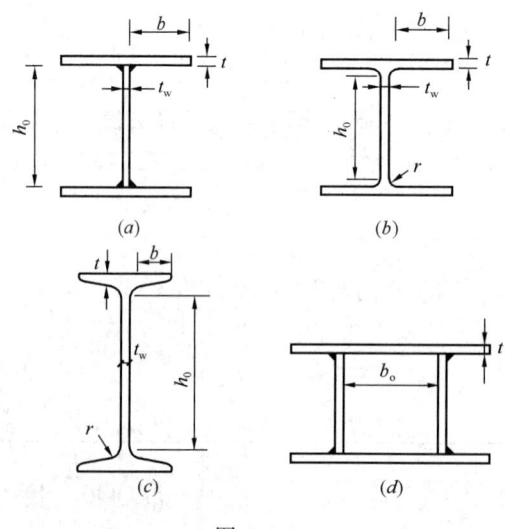

图 4.1.1

(a) 焊接 H 形；(b) 轧制 H 形；
(c) 轧制工字形；(d) 焊接箱形

注意，当 $\alpha_0 = 0$ 时，由《钢标》表 3.5.1，S1、S2、S3、S4 级的腹板 h_0/t_w 的宽厚比限值分别变化为：$33\varepsilon_k$、$38\varepsilon_k$、$40\varepsilon_k$、$45\varepsilon_k$，这为快速确定腹板宽厚比等级带来方便，即：不需要计算得到 α_0 值。

（5）确定截面等级时，应按《钢标》表 3.5.1，实施"双控"原则，即：翼缘板件宽厚比、腹板件宽厚比应同时满足 S1 级（或 S2，或 S3，或 S4，或 S5）。例如，焊接工字形截面 $h \times b \times t_w \times t_f = 800$

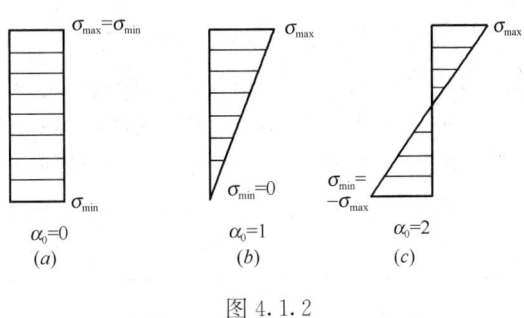

图 4.1.2
（a）轴心受压；（b）压弯；（c）受弯

$\times 300 \times 10 \times 12$，Q235 钢，受弯构件，则：$b/t = (300-10)/(2 \times 12) = 12 < 13\varepsilon_k = 13$，$h_0/t_w = (800 - 2 \times 12)/10 = 77.6 < 93\varepsilon_k = 93$，故截面等级为 S3 级。

特别情况，例如：翼缘板件宽厚比为 S2 级，腹板板件宽厚比为 S4 级，《钢标》对该类情况未明确规定，笔者认为，按降级采用，可确定其截面等级为 S4 级。

（6）《钢标》表 3.5.1 注 3 的规定，应采用表 3.5.1 压弯构件中 H 形截面腹板 h_0/t_w。例如：S3 级采用 $(40 + 18\alpha_0^{1.5})\varepsilon_k$。

（7）《钢标》表 3.5.1 注 5 的规定，$\varepsilon_0 = \sqrt{f_y/\sigma_{max}}$，式中 f_y 为板件的屈服强度，不是钢材牌号屈服点数值。

（8）《钢标》表 3.5.2 注 1，其中，w 的取值见《钢标》7.3.1 条第 5 款，即：$w = b - 2t$，b 为角钢宽度，t 为角钢厚度。

七、结构分析与稳定性设计

1. 《钢标》规定

- 复习《钢标》5.1.1 条～5.5.10 条。

需注意的是：

（1）《钢标》5.1.6 条公式（5.1.6-1）计算 θ_i^{II}，当运用 θ_i^{II} 值判别采用何种结构分析方法时，公式（5.1.6-1）中 ΣH_{ki} 不考虑假想水平力 H_{ni}。

对于《钢标》5.4.2 条公式（5.4.2-2）中 θ_i^{II} 的计算，此时，按公式（5.1.6-1）计算，并且 ΣH_{ki} 考虑假想水平力 H_{ni}，其理由是：《钢标》5.1.7 条规定。

（2）初始缺陷分为结构整体的初始几何缺陷、构件的初始缺陷（其含构件的初始几何缺陷和残余应力）。

（3）《钢标》5.2.1 条，对于平面结构（如平面排架结构），仅施加平面内的假想水平力 H_{ni}；对于空间结构，需施加两个方向的假想水平力 $H_{ni,x}$ 和 $H_{ni,y}$。

假想水平力对结构产生的内力效应，根据《钢标》5.2.1 条条文说明："假想水平力不能起到抵消外荷载（作用）的效果"，故假想水平力应施加在最不利的方向，即《钢标》5.2.1 条规定："施加方向应考虑荷载的最不利组合"。

（4）《钢标》5.4.1 条的条文说明：

采用仅考虑 $P\text{-}\Delta$ 效应的二阶弹性分析与设计方法只考虑了结构整体层面上的二阶效应的影响,并未涉及构件的对结构整体变形和内力的影响,因此这部分的影响还应通过稳定系数来进行考虑,此时的构件计算长度系数应取 1.0 或其他认可的值。当结构无侧移影响时,如近似一端固接、一端铰接的柱子,其计算长度系数小于 1.0。

采用本方法进行设计时,不能采用荷载效应的组合,而应采用荷载组合进行非线性求解。本方法作为一种全过程的非线性分析方法,不允许进行荷载效应的迭加。

(5)《钢规》5.5.1 条的条文说明:

直接分析设计法作为一种全过程的非线性分析方法,不允许进行荷载效应的迭加,而应采用荷载组合进行非线性求解。

2.《钢通规》规定

《钢通规》5.2.3 条规定:

5.2.3 结构稳定性验算应符合下列规定:
1 二阶效应计算中,重力荷载应取设计值;
2 高层钢结构的二阶效应系数不应大于 0.2,多层钢结构不应大于 0.25;
3 一阶分析时,框架结构应根据抗侧刚度按照有侧移屈曲或无侧移屈曲的模式确定框架柱的计算长度系数;
4 二阶分析时应考虑假想水平荷载,框架柱的计算长度系数应取 1.0;
5 假想水平荷载的方向与风荷载或地震作用的方向应一致,假想水平荷载的荷载分项系数应取 1.0,风荷载参与组合的工况,组合系数应取 1.0,地震作用参与组合的工况,组合系数应取 0.5。

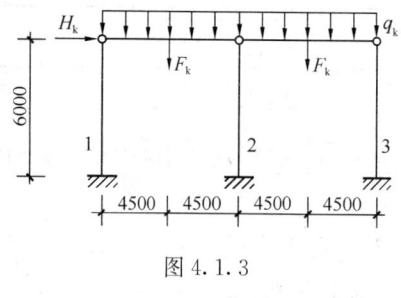

图 4.1.3

【例 4.1.9】 某冶炼车间操作平台,梁跨度 9m,柱距 6m,柱顶与横梁铰接,柱底与基础刚接,计算示意图如图 4.1.3 所示,全部平台结构自重标准值为 2kN/m^2,检修材料活荷载标准值为 20kN/m^2,每榀排架柱顶水平风荷载标准值为 $H_k=60\text{kN}$,平台梁跨中设单轨吊车,其集中荷载标准值 $F_k=100\text{kN}$。吊车荷载组合值系数为 0.7。沿各列柱间有纵向交叉支撑,采用 Q235 钢材,边柱 1、3 平面内的 $I_x=2.5\times 10^8\text{mm}^4$,中柱 2 平面内的 $I_x=5\times 10^8\text{mm}^4$。设计使用年限为 50 年。$\gamma_0=1.0$。

提示:按《工程结构通用规范》和《钢结构通用规范》作答。

试问:

(1)确定二阶效应系数 θ_i^{II} 值,最接近于下列何项数值?
  (A) 0.15   (B) 0.17   (C) 0.19   (D) 0.20

(2)按二阶弹性分析近似计算各柱底弯矩设计值,边柱的 M_1(kN·m)、中柱 M_2(kN·m),最接近于下列何项数值?
  (A) 180;360   (B) 170;330   (C) 180;330   (D) 170;330

【解答】（1）《钢标》3.3.4 条规定，取柱的折减系数为 0.75。由《结通规》3.1.13 条：

边柱：$N_1 = N_3 = 1.3 \times 2 \times 4.5 \times 6 + 1.4 \times 0.75 \times 20 \times 4.5 \times 6 + 1.5 \times 0.7 \times 100/2$
$\qquad\qquad = 689.7 \text{kN}$

中柱：$N_2 = 1.3 \times 2 \times 9 \times 6 + 1.4 \times 0.75 \times 20 \times 9 \times 6 + 1.5 \times 0.7 \times 100 = 1379.4 \text{kN}$

$\qquad N = 2N_1 + N_2 = 2758.8 \text{kN}$

水平风荷载标准值：$H_{ki} = 60 \text{kN}$

$$\Sigma D = \sum_{i=1}^{2} \frac{3EI_i}{h_i^3} = \frac{2 \times 3 \times 206 \times 10^3 \times 2.5 \times 10^8}{6000^3} + \frac{3 \times 206 \times 10^3 \times 5 \times 10^8}{6000^3}$$

$$= 2.861 \times 10^3 \text{kN/m}$$

$$\Delta u_i = \frac{\Sigma H_{ki}}{\Sigma D} = \frac{60}{2.861 \times 10^3} = 20.97 \times 10^{-3} \text{m}$$

由《钢标》5.1.6 条：

$$\theta_i^{II} = \frac{\Sigma N_i \cdot \Delta u_i}{\Sigma H_{ki} \cdot h_i} = \frac{2758.8 \times 20.97 \times 10^{-3}}{60 \times 6} = 0.16 > 0.1$$

故选（B）项。

(2) 根据《钢标》5.2.1 条、5.4.2 条：

$n_s = 1$，故取 $\sqrt{0.2 + 1/n_s} = 1.0$；$G_i = N = 2758.8 \text{kN}$

假想水平力 H_{ni}：

$$H_{ni} = \frac{G_i}{250} \sqrt{0.2 + \frac{1}{n_s}} = \frac{2758.8}{250} \times 1.0 = 11.04 \text{kN}$$

风荷载的分项系数 1.5，由《钢通规》5.2.3 条：

$$\Sigma H_{ki} = 1.0 \times 1.0 \times 11.04 + 1.5 \times 60 = 101.04 \text{kN}$$

$$\Delta u_i = \frac{\Sigma H_{ki}}{\Sigma D} = \frac{101.04}{2.861 \times 10^3} = 35.32 \times 10^{-3} \text{m}$$

$$\theta_i^{II} = \frac{\Sigma N_i \cdot \Delta u_i}{\Sigma H_{ki} \cdot h_i} = \frac{2758.8 \times 35.32 \times 10^{-3}}{101.68 \times 6} = 0.16$$

$$\alpha_i^{II} = \frac{1}{1 - \theta_i^{II}} = \frac{1}{1 - 0.16} = 1.19$$

竖向荷载作用下，柱底弯矩 $M_q = 0$。

水平荷载作用下，柱底弯矩，按剪力分配法计算，因 $EI_1 = \frac{1}{2} EI_2$，则：

边柱 1、3：$M_H = \frac{\Sigma H_{ki}}{1+1+2} \cdot h = \frac{101.04}{4} \times 6 = 151.56 \text{kN} \cdot \text{m}$

中柱 2：$M_H = \frac{2 \Sigma H_{ki}}{1+1+2} \cdot h = 2 \times \frac{101.04}{4} \times 6 = 303.12 \text{kN} \cdot \text{m}$

边柱 1、3：$M_\Delta^{II} = M_q + \alpha_i^{II} M = 0 + 1.19 \times 151.56 = 180.36 \text{kN} \cdot \text{m}$

中柱 2：$M_\Delta^{II} = 0 + 1.19 \times 303.12 = 360.71 \text{kN} \cdot \text{m}$

故选（A）项。

思考：《高钢规》7.3.2 条公式（7.3.2-1）：$\theta_i = \dfrac{\Sigma N \cdot \Delta u}{\Sigma H \cdot h_i}$

式中 ΣH 按荷载的设计值计算，故笔者认为：《钢标》公式（5.1.6-1）中 ΣH_{ki} 按荷载的标准值计算存在不合理。此外，《钢标》修订的征求意见稿中 ΣH 按荷载的设计值。

【例 4.1.10】 某幕墙结构如图 4.1.4 所示，构件的安全等级均为二级，构件间的连接可采用刚性假定，支座采用铰接假定，梁、柱均采用焊接 H 形截面。结构最大二阶效应系数为 0.21。钢材采用 Q235 钢。

提示：按《钢结构设计标准》作答。

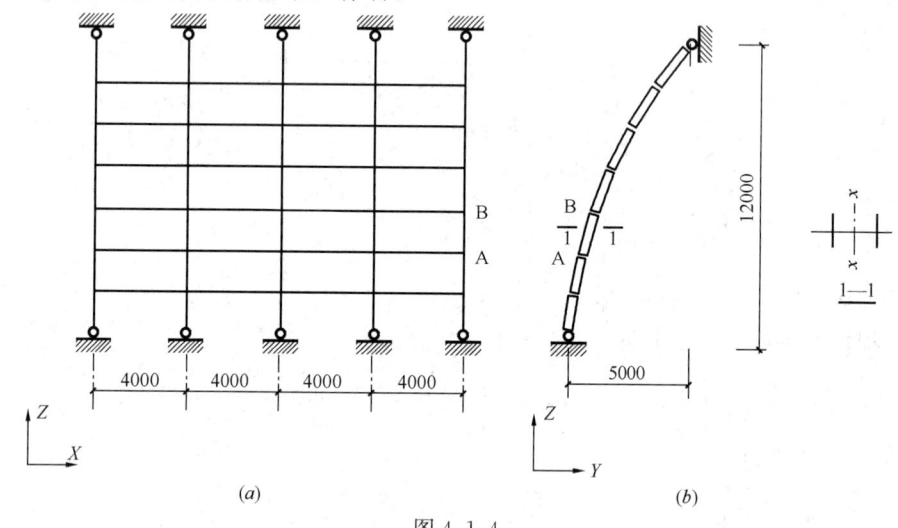

图 4.1.4
(a) X-Z 立面；(b) Y-Z 立面

试问：

(1) 关于该结构内力分析方法，下列何项相对合理？
(A) 该结构内力分析宜采用二阶 $P\text{-}\Delta$ 弹性分析或直接分析
(B) 该结构内力分析不可采用二阶 $P\text{-}\Delta$ 弹性分析
(C) 该结构内力分析不可采用直接分析
(D) 该结构内力分析宜采用一阶弹性分析

(2) 假定，该结构内力分析采用直接分析，内力分析时不考虑材料弹塑性发展。试问，AB 构件在 YZ 平面内的初始弯曲缺陷值 e_0/l，应采用下列何项数值？
(A) 1/400　　(B) 1/350　　(C) 1/300　　(D) 1/250

【解答】(1) 根据《钢标》5.1.6 条：

$Q_{i,\max}^{II} = 0.21 \begin{matrix} \leqslant 0.25 \\ \geqslant 0.1 \end{matrix}$，故选（A）项。

(2) 查《钢标》表 7.2.1-1，焊接 H 形，对 x 轴为 b 类。

查表 5.2.2，$\dfrac{e_0}{l} = \dfrac{1}{350}$，故选（B）项。

八、材料

1. 材料选用

- 复习《钢通规》3.0.1 条~3.0.4 条。
- 复习《钢标》4.1.1 条~4.3.9 条。

需注意的是：

(1)《钢标》4.3.3 条中"工作温度"的定义，见本条条文说明。

(2) 碳素结构钢，根据《碳素结构钢》(2006 年版)，Q235 的质量等级划分为：A、B、C、D 级。其中，A 级只保证抗拉强度、屈服点、伸长率，必要时尚可附加冷弯试验的要求，不要求夏比（V 形缺口）冲击试验。而 B、C、D 级保证了冷弯试验和夏比（V 形缺口）冲击试验，其试验温度见表 4.1.1。

表 4.1.1

钢 号	质量等级	试验温度
Q235	B	20℃
	C	0℃
	D	−20℃

低合金结构钢，根据《低合金高强度结构钢》(2008 年版)，Q345、Q390、Q420 的质量等级划分为：A、B、C、D、E 级，Q460 的质量等级划分为：C、D、E 级。其中，A 级不要求夏比（V 形缺口）冲击试验，而 B、C、D、E 级要求夏比（V 形缺口）冲击试验，其试验温度见表 4.1.2。

表 4.1.2

钢 号	质量等级	试验温度
Q345、Q390、Q420	B	20℃
	C	0℃
	D	−20℃
	E	−40℃

《低合金高强度结构钢》2018 年版代替 2008 年，Q355 代替 Q345，Q355 的质量等级与夏比冲击试验的温度同 Q345，并且 Q355N（N 表示正火或正火轧制）、Q355M（M 表示热机械轧制）增加质量等级 F（试验温度−60℃）。

高性能结构用钢，根据《建筑结构用钢板》，用后缀 GJ 表示高性能建筑用钢，《高钢规》4.1.2 条及条文说明中指出：Q390GJ、Q420GJ 有 C、D、E 级，无 A、B 级。此外，Q345GJ 有 B、C、D、E 级，无 A 级。

【例 4.1.11】 在钢结构中，其主要焊接结构不能使用下列何项钢材？
(A) Q235A (B) Q235B (C) Q235C (D) Q235D

【解答】 根据《钢标》4.3.3 条，应选（A）项。

【例 4.1.12】 东北某市最低日平均温度为−35℃，建造单层工业厂房，其吊车工作级别为 A6 级，吊车梁采用焊接实腹工字形截面，假若分别采用 Q345 钢、Q390 钢，其牌号应选择下列何项？

(A) Q345B；Q390A　　　　　　(B) Q345C；Q390C
(C) Q345D；Q390D　　　　　　(D) Q345D；Q390E

【解答】 根据《荷规》6.1.1 条条文说明，A6 级为重级工作制，由《钢标》16.2.4 条，需验算疲劳；又由《钢标》4.3.3 条，结构工作温度（－35℃）不高于－20℃时，对 Q345 钢应选用 Q345D；对 Q390 钢应选用 Q390E，故应选（D）项。

【例 4.1.13】 西南地区某市最低日平均温度为－3℃，建造单层工业厂房，其吊车工作级别为 A4 级，吊车工作循环次数 $n \geqslant 6 \times 10^4$ 次，焊接的吊车梁应采用的钢材型号是下列何项？

(A) Q345B　　(B) Q390B　　(C) Q345C　　(D) Q390C

【解答】 （1）根据《钢标》16.1.1 条规定，循环次数 $\geqslant 5 \times 10^4$ 时，吊车梁应进行疲劳计算。

（2）根据《钢标》4.3.3 条规定，结构工作温度（－3℃）不高于 0℃，但高于－20℃，故先 Q345C，应选（C）项。

2. 设计指标

● 复习《钢标》4.4.1 条～4.4.8 条。

需注意的是：

（1）《钢标》表 4.4.1 注、表 4.4.5 注的规定。

（2）《钢标》4.4.6 条的条文说明。

【例 4.1.14】 某受弯构件采用型钢 HN700×300×13×24，钢材为 Q235，其抗弯、抗剪强度设计值（N/mm²）应为下列何项？

(A) 215；125　　　　　　(B) 205；120
(C) 215；120　　　　　　(D) 205；125

【解答】 查《钢标》表 4.4.1 及注 1 的规定，H 型钢抗弯计算时以翼缘强度设计值控制，现翼缘 $t_2=24$mm，16mm$<t_2<$40mm，取抗弯强度设计值 $f=205$N/mm²；抗剪计算时以腹板强度设计值控制，现腹板 $t_1=13$mm$<$16mm，取 $f_v=125$N/mm²，故选（D）项。

【例 4.1.15】 某轴心受力构件采用工字型钢 I45a，截面尺寸为 450×150×11.5×18，钢材为 Q235，其抗拉、抗压强度设计值（N/mm²）应为下列何项？

(A) 215；215　　　　　　(B) 205；215
(C) 215；205　　　　　　(D) 205；205

【解答】 查《钢标》表 4.4.1 及注 1 的规定，取截面中较厚板件的厚度，现 $t=18$mm，16mm$<t<$40mm，取抗拉、抗压强度设计值 $f=205$N/mm²，故选（D）项。

【例 4.1.16】 与节点板单面连接的等边单角钢轴心受拉构件，$\lambda=120$，高空安装焊接，施工条件较差，焊条采用 E43 型，计算连接时，其采用的角焊缝强度设计值（N/mm²）应为下列何项？

(A) 136　　(B) 122.4　　(C) 147　　(D) 144

【解答】 （1）E43 型、角焊缝，查《钢标》表 4.4.5，取 $f_f^w=160$N/mm²

(2) 根据《钢标》4.4.5 规定：
$$f_\mathrm{f}^\mathrm{w}=160\times0.90=144\mathrm{N/mm^2}$$
故应选（D）项。

思考：《钢标》对单面连接的单角钢的焊缝（或螺栓）连接未规定焊缝（或螺栓）强度设计值应乘以折减系数，此时，可按考虑其偏心的影响，增大内力设计值或增加偏心产生的弯矩。

【例 4.1.17】 某梁柱节点，钢材为 Q235 钢，梁上、下翼缘与柱在高空现场对接焊接，采用无垫板的单面坡口焊，翼缘板厚 20mm，焊条 E43 型，焊缝质量等级为三级，则该焊缝的抗拉强度设计值（N/mm²）、抗压强度设计值（N/mm²），应为下列何组？

(A) 157.5；184.5
(B) 157.5；156.8
(C) 133.9；184.5
(D) 133.9；156.8

【解答】 (1) 厚度为 20mm，E43 型焊条，焊缝质量等级三级，查《钢标》表 4.4.5，取 $f_\mathrm{c}^\mathrm{w}=205\mathrm{N/mm^2}$，$f_\mathrm{t}^\mathrm{w}=175\mathrm{N/mm^2}$；

(2) 根据《钢标》4.4.5 条规定：
$$f_\mathrm{t}^\mathrm{w}=175\times0.85\times0.90=133.875\mathrm{N/mm^2}$$
$$f_\mathrm{c}^\mathrm{w}=205\times0.85\times0.90=156.825\mathrm{N/mm^2}$$

故应选（D）项。

思考：该对接焊缝上翼缘为受拉，下翼缘为受压，试问，其受拉区、受压区的抗弯强度设计值（N/mm²）应为多少？

根据《钢标》4.4.5 条第 3 款规定，受压区的抗弯强度设计值取 $f_\mathrm{c}^\mathrm{w}=156.825\mathrm{N/mm^2}$；受拉区的抗弯强度设计值取 $f_\mathrm{t}^\mathrm{w}=133.875\mathrm{N/mm^2}$。

第二节 连 接 计 算

一、焊缝连接

1. 焊缝基本规定

焊缝符号及标注方法：

在钢结构施工图上要用焊缝符号标明焊缝形式、尺寸和辅助要求。焊缝符号由指引线和表示焊缝截面形状的基本符号组成，必要时可加上辅助符号、补充符号和焊缝尺寸符号。指引线一般由箭头线和基准线所组成。基准线一般应与图纸的底边相平行，特殊情况也可与底边相垂直，如图 4.2.1(a) 所示。箭头用作将整个焊缝符号指到图样上的有关焊缝处，必要时允许弯折一次，如图 4.2.1(b) 所示。

根据《建筑结构制图标准》GB/T 50105，对基准线简化为一条实线，即取消虚线的基准线。

●(1) 基本符号

基本符号用于表示焊缝截面形状，符号的线条宜粗于指引线，常用的某些基本符号见表 4.2.1。

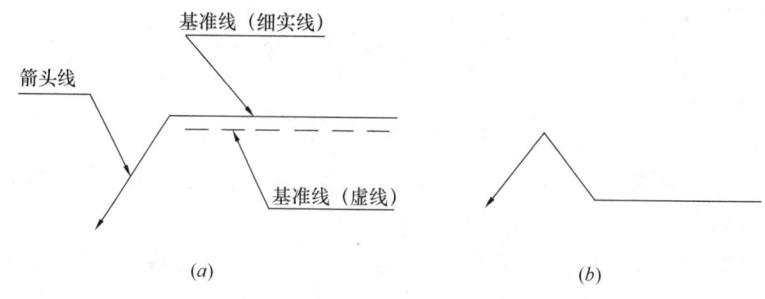

图 4.2.1 指引线的画法

常用焊缝基本符号　　　　　　　　　　　表 4.2.1

名称	封底焊缝	对接焊缝					角焊缝	塞焊缝与槽焊缝	点焊缝
		I形焊缝	V形焊缝	单边V形焊缝	带钝边的V形焊缝	带钝边的U形焊缝			
符号	⌣	‖	∨	∨	Y	Y	△	⊓	○

注：单边V形与角焊缝的竖边画在符号的左边。

常用焊缝基本符号的示意图和标注，见表 4.2.2。

常见焊缝的基本符号和标注示例　　　　　表 4.2.2

序号	名称	示意图	基本符号	标注示例
1	I形焊缝		‖	
2	V形焊缝		∨	
3	单边V形焊缝		∨	
4	带钝边V形焊缝		Y	
5	带钝边单边V形焊缝		Y	
6	带钝边U形焊缝		Y	
7	带钝边J形焊缝		↳	
8	角焊缝		△	
9	点焊缝		○	

●（2）辅助符号

辅助符号用于表示焊缝表面形状特征，如对接焊缝表面余高部分需加工使之与焊件表面齐平，则需在基本符号上加一短划，此短划即为辅助符号，见表4.2.3。

辅助符号和标注示例　　　　　　　　　　表4.2.3

序号	名　称	符　号	示意图	示　例	说　明
1	平面符号	—		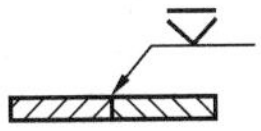	焊缝表面平齐（一般通过加工）
2	凹面符号	⌣		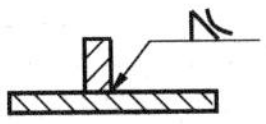	焊缝表面凹陷
3	凸面符号	⌢		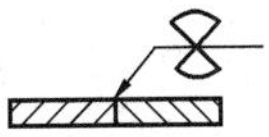	焊缝表面凸起

●（3）补充符号

补充符号是为了补充说明焊缝的某些特征而采用的符号，如带有垫板，三面或四面围焊及工地施焊等。钢结构中常用的辅助符号和补充符号，见表4.2.4。

补充符号和标注示例　　　　　　　　　　表4.2.4

序号	名　称	示意图	符号	示　例
1	三面围焊符号	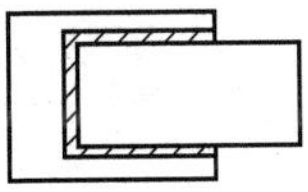	⊏	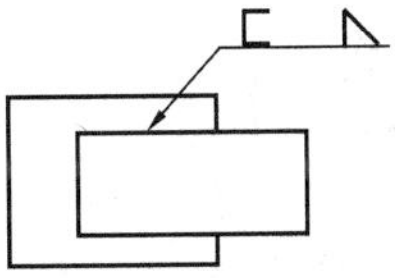
2	周边围焊符号		○	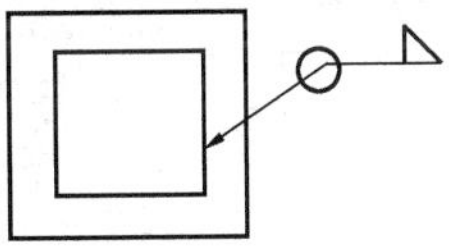
3	现场焊符号		▶	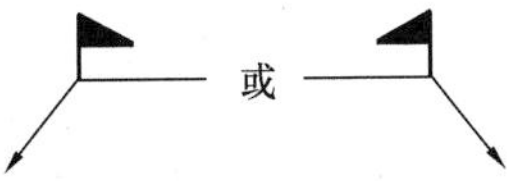 或
4	焊缝底部有垫板的符号	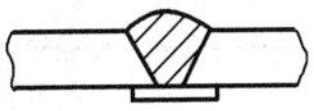	▬	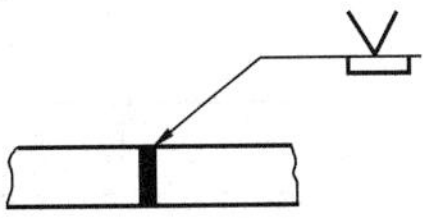
5	相同焊缝符号		⌒	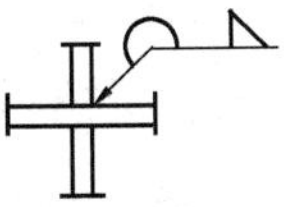
6	尾部符号		＜	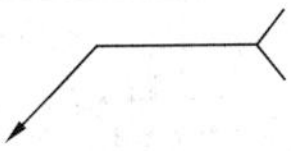

注：1. 现场焊的旗尖指向基准线的尾部；
　　2. 尾部符号用以标注需说明的焊接工艺方法和相同焊缝数量符号。

对于单面焊缝，当引出线的箭头指向对应焊缝所在的一面时，应将焊缝符号和尺寸标注在基准线的上方；当箭头指向对应焊缝所在的另一面时，应将焊缝符号和尺寸标注在基准线的下方（图4.2.2）。

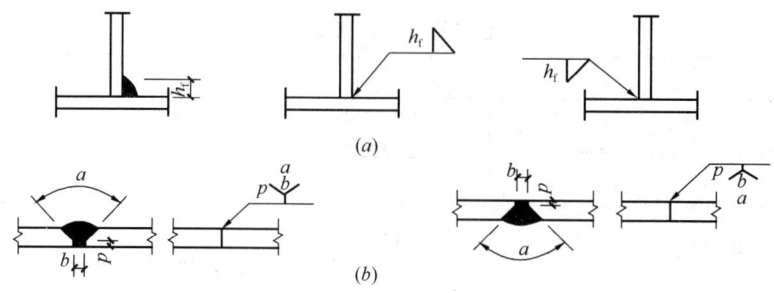

图 4.2.2 单面焊缝的标注方法

双面焊缝应在基准线的上、下方都标注符号和尺寸。上方表示箭头一面的焊缝符号和尺寸，下方表示另一面的焊缝符号和尺寸；当两面焊缝的尺寸相同时，只需在基准线上方标注焊缝尺寸（图4.2.3）。

当焊缝分布比较复杂或用上述标注方法不能表达清楚时，在标注焊缝符号的同时，可在图形上加栅线表示（图4.2.4）。

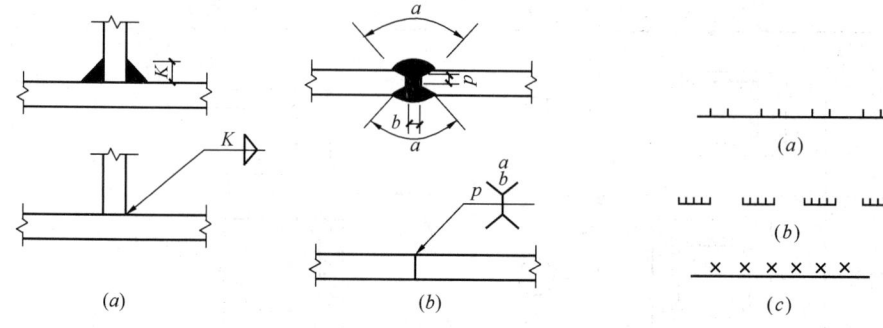

图 4.2.3 双面焊缝的标注方法　　　　图 4.2.4 栅线表示
（a）正面焊缝；（b）背面焊缝；（c）安装焊缝

表4.2.5列出了一些常用焊缝代号。

焊　缝　代　号							表4.2.5
	角　焊　缝				对接焊缝	塞焊缝	三面围焊
	单面焊缝	双面焊缝	安装焊缝	相同焊缝			
形式							

续表

	角 焊 缝				对接焊缝	塞焊缝	三面围焊
	单面焊缝	双面焊缝	安装焊缝	相同焊缝			
标注方法							

按施焊时焊缝在焊件之间的相对空间位置，焊缝连接可分为平焊、横焊、立焊和仰焊等（图4.2.5）。平焊有时称作俯焊，施焊方便，焊缝质量最易保证；仰焊最为困难。设计和制造时应尽量考虑使多数焊缝能在平焊或较方便的位置焊接，尽量避免仰焊。

加工厂焊接时可以翻转构件，在较方便的位置焊接。工形或T形截面构件翼缘与腹板间的角焊缝，常采用图4.2.5（b）所示的平焊位置施焊，并尽量采用自动焊，易于使熔深对称，焊缝成形和质量好。

在焊缝的起灭弧处，常会出现弧坑等缺陷，这些缺陷对承载力影响极大，故焊接时一般应设置引弧板或引出板（图4.2.6），焊后将它割除。对受静力荷载的结构设置引弧（出）板有困难时，允许不设置引弧（出）板，此时，可令焊缝计算长度等于实际长度减$2t$（此处t为较薄焊件厚度）。

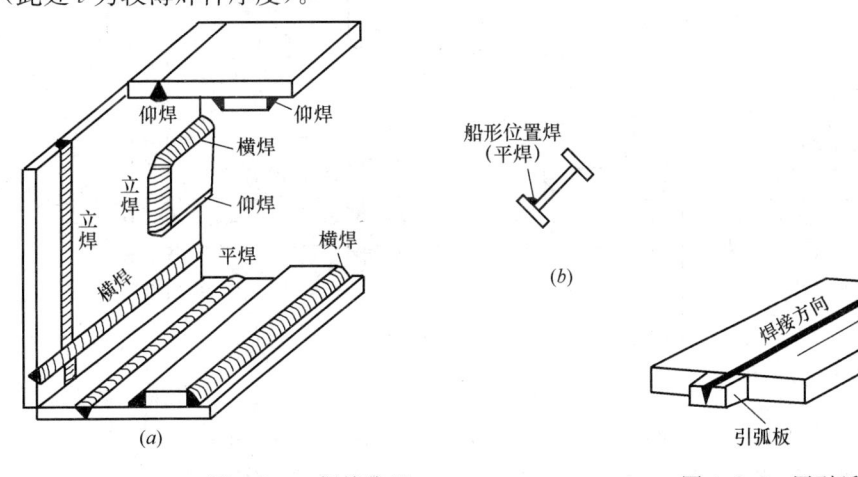

图4.2.5 焊接位置   图4.2.6 用引弧（引出）板焊接

（4）焊条型号

《钢通规》4.4.4条作了规定。

《钢标》4.2.1条、11.1.5条也作了规定。

（5）焊缝质量

焊缝连接的缺陷指焊接过程中产生于焊缝金属或邻近热影响区钢材表面或内部的缺陷，常见的缺陷有裂纹、焊瘤、烧穿、弧坑、气孔、夹渣、咬边、未熔合、未焊透（不包括规定不焊透者）等（图4.2.7）；以及焊缝外形尺寸不符合要求、焊缝成形不良等。裂纹对受力的危害性最大，会产生严重应力集中并易于扩展引起断裂，按规定不允许。

为此,《钢结构工程施工质量验收标准》GB 50205—2020作了相应规定。焊缝质量等级,《钢通规》4.4.5条、《钢标》11.1.6条作了规定。

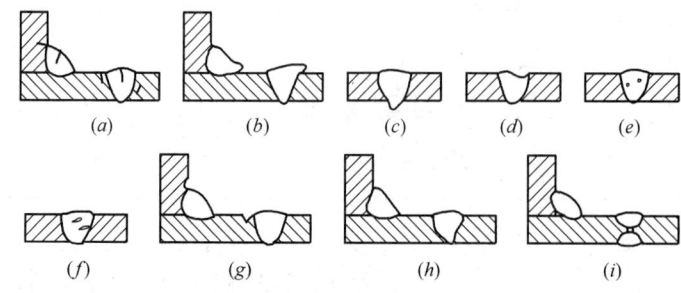

图4.2.7 焊缝缺陷

(a) 裂纹;(b) 焊瘤;(c) 烧穿;(d) 弧坑;(e) 气孔;(f) 夹渣;
(g) 咬边;(h) 未熔合;(i) 未焊透

(6) 焊接连接的接头形式和焊缝的类别

常见的焊接连接接头形式主要有五种,如图4.2.8所示。

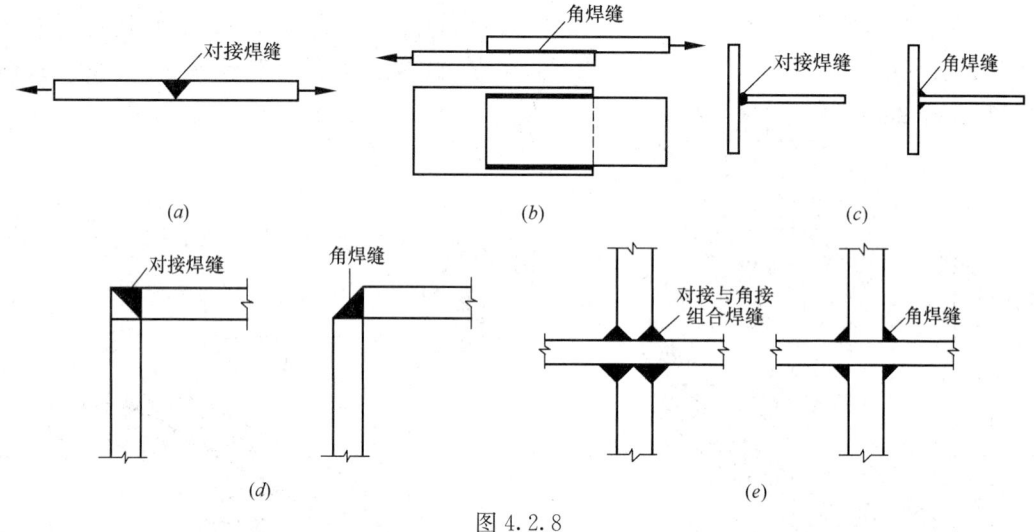

图4.2.8

(a) 对接接头;(b) T形接头;(c) 搭接接头;(d) 角形接头;(e) 十字形接头

焊缝的类别主要是:对接焊缝;角焊缝。此外,《钢通规》规定:

> 4.4.6 钢结构承受动荷载且需进行疲劳验算时,严禁使用塞焊、槽焊、电渣焊和气电立焊接头。

2. 对接焊缝

▲对接焊缝计算

> ● 复习《钢标》11.2.1条。

需注意的是:

(1)《钢标》11.2.1条条文说明:无法采用引弧板和引出板施焊时,取l_w-2t。

(2)《钢标》11.2.1 条条中式（11.2.1-2）：

$$\sqrt{\sigma^2+3\tau^2}\leqslant 1.1f_\text{t}^\text{w}$$

如工字形梁与柱连接的梁腹板横向对接焊缝的端部、工字形梁拼接时梁腹板横向对接焊缝的端部等，应按上式计算折算应力，如图 4.2.9 所示。

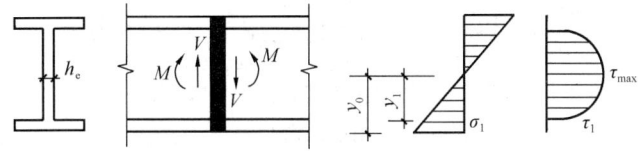

图 4.2.9 工字形截面对接焊缝

$$\sigma_\text{max}=\frac{M}{W_\text{w}}\leqslant f_\text{t}^\text{w}$$

$$\tau_\text{max}=\frac{VS_\text{w}}{I_\text{w}h_\text{e}}\leqslant f_\text{v}^\text{w}$$

$$\sigma_1=\frac{M}{I_\text{w}}y_1\leqslant f_\text{t}^\text{w}$$

$$\tau_1=\frac{VS_\text{f}}{I_\text{w}h_\text{e}}\leqslant f_\text{v}^\text{w}$$

式中 W_w、I_w——分别为焊缝截面模量、惯性矩；

  S_w、S_f——分别为焊缝截面面积矩，焊缝翼缘部分面积矩；

  h_e——对接焊缝的计算厚度。

此外，当对接焊缝截面为矩形，对接接头受到弯矩和剪力的共同作用时，如图 4.2.10 所示，则：

$$\sigma_\text{max}=\frac{M}{W_\text{w}}=\frac{6M}{h_\text{e}l_\text{w}^2}\leqslant f_\text{t}^\text{w}$$

$$\tau_\text{max}=\frac{VS_\text{w}}{I_\text{w}h_\text{e}}=\frac{1.5V}{l_\text{w}h_\text{e}}\leqslant f_\text{v}^\text{w}$$

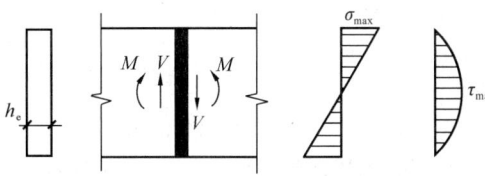

图 4.2.10 矩形截面对接焊缝

(3)《钢标》11.2.1 条式（11.2.1-1），因为一、二级对接焊缝强度设计值与母材

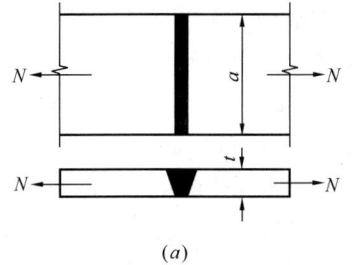

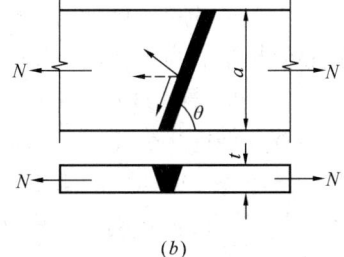

图 4.2.11

强度相等，故只有三级对接焊缝才需按式（11.2.1-1）进行抗拉强度计算。

【例 4.2.1】 图 4.2.11 所示钢板 $a=540$mm，$t=22$mm，在荷载基本组合下的轴心力设计值为 $N=2150$kN，钢材为 Q235，手工焊、焊条为 E43 型，三级检验标准的焊缝，采用有垫板的单面施焊的对接焊缝，施焊时加引弧板和引出板。$\gamma_0=1.0$。

试问：验算对接焊缝的强度。

【解答】 焊缝强度设计值，查《钢标》表 4.4.5，$f_t^w=175$N/mm²，$f_v^w=120$N/mm²

$$\sigma=\frac{N}{l_w h_e}=\frac{2150\times10^3}{540\times22}=181\text{N/mm}^2>f_t^w=175\text{N/mm}^2$$

故不满足，改用斜对接焊缝，取截割斜度为 1.5∶1，即 $\theta=56.3°$。

$$l_w=a/\sin\theta=540/\sin56.3°=649\text{mm}$$

此时焊缝的正应力 σ：

$$\sigma=\frac{N\sin\theta}{l_w h_e}=\frac{2150\times10^3\times\sin56.3°}{649\times22}=125.3\text{N/mm}^2<f_t^w=175\text{N/mm}^2$$

焊缝的剪应力，取其平均剪应力 τ：

$$\tau=\frac{N\cos\theta}{l_w h_e}=\frac{2150\times10^3\times\cos56.3°}{649\times22}=83.5\text{N/mm}^2<f_v^w=120\text{N/mm}^2$$

故当 $\tan\theta\leqslant1.5$ 时，焊缝强度能够保证，可不必计算。

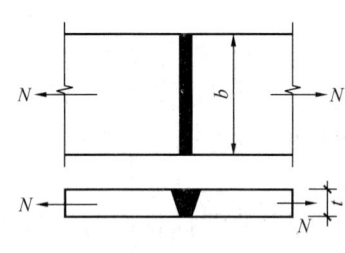

图 4.2.12

【例 4.2.2】 某轴心受力构件，采用 Q235 钢，宽度 $b=240$mm，厚度 $t=14$mm，钢板上有一垂直于钢板轴线的对接焊缝，如图 4.2.12 所示，焊条为 E43 型，手工焊、V 形坡口焊。采用有垫板的单面施焊的对接焊缝。$\gamma_0=1.0$。

试问：

（1）焊缝质量为二级，用引弧板和引出板施焊时，该钢板的轴心受拉承载力值（kN），最接近于下列何项数值？

(A) 612.4　　(B) 638.1　　(C) 702.1　　(D) 722.4

（2）焊缝质量为三级，不用引弧板和引出板施焊时，该钢板的轴心受拉承载力设计值（kN），最接近于下列何项数值？

(A) 516　　(B) 549　　(C) 622　　(D) 722.4

（3）假定采用无垫板的单面施焊对接焊缝，焊缝质量为三级，不用引弧板和引出板施焊；该钢板的轴心受拉承载力设计值（kN），最接近于下列何项数值？

(A) 467　　(B) 516　　(C) 549　　(D) 622

【解答】 （1）查《钢标》表 4.4.1 知，Q235 钢，$t=14$mm，$f=215$N/mm²。二级对接焊缝，E43 型焊条，查《钢标》表 4.4.5 知，$f_t^w=215$N/mm²

故焊缝与钢板等强，根据《钢标》式（11.2.1-1）：

$$N\leqslant l_w h_e f_t^w=240\times14\times215=722.4\text{kN}$$

故应选（D）项。

（2）三级对接焊缝，E43 型焊条，查《钢标》表 4.4.5 知，$f_t^w=185$N/mm²，故由焊缝强度控制。

$$l_w = 240 - 2t = 240 - 2 \times 14 = 212 \text{mm}$$
$$N \leqslant l_w h_e f_t^w = 212 \times 14 \times 185 = 549.08 \text{kN}$$

故应选（B）项。

(3) 根据《钢标》4.4.5 条第 4 款规定，取 $f_t^w = 0.85 \times 185 = 157.25 \text{N/mm}^2$

$$l_w = 240 - 2t = 212 \text{mm}$$
$$N \leqslant l_w h_e f_t^w = 212 \times 14 \times 157.25$$
$$= 466.718 \text{kN}$$

故应选（A）项。

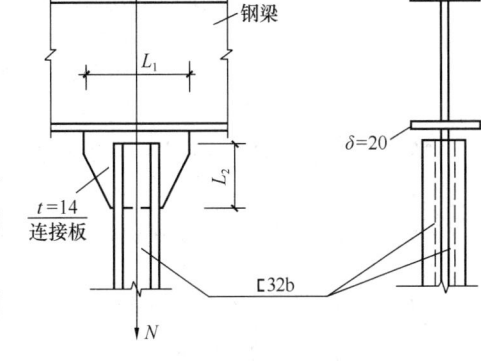

图 4.2.13

【例 4.2.3】 如图 4.2.13 所示，某一料仓，用吊杆悬挂在平台钢梁的下翼缘，吊杆的连接板与钢梁的腹板平行，均采用 Q235 钢，焊条 E43 型，吊杆承受静力荷载。连接板与钢梁采用 V 形坡口一级焊缝连接。$\gamma_0 = 1.0$。

提示： 不考虑吊杆自身承载力。

试问：

(1) 当连接板宽度 $L_1 = 550 \text{mm}$ 时，吊杆受拉承载力设计值（kN），最接近于下列何项数值？

(A) 1498　　(B) 1578　　(C) 1571　　(D) 1656

(2) 当吊杆拉力设计值 $N = 1200 \text{kN}$ 时，连接板宽度 L_1（mm）最接近于下列何项数值？

(A) 418　　(B) 446　　(C) 398　　(D) 427

【解答】 (1) 查《钢标》表 4.4.5 及注的规定，取厚度 20mm 的抗拉强度设计值，$f_t^w = 205 \text{N/mm}^2$

根据《钢标》11.2.1 条规定：

$$N \leqslant l_w h_e f_t^w = (550 - 2 \times 14) \times 14 \times 205 = 1498.14 \text{kN}$$

故应选（A）项。

(2) 根据《钢标》11.2.1 条规定：

$$L_1 = \frac{N}{h_e f_t^w} + 2t = \frac{1200 \times 10^3}{14 \times 205} + 2 \times 14 = 446 \text{mm}$$

故应选（B）项。

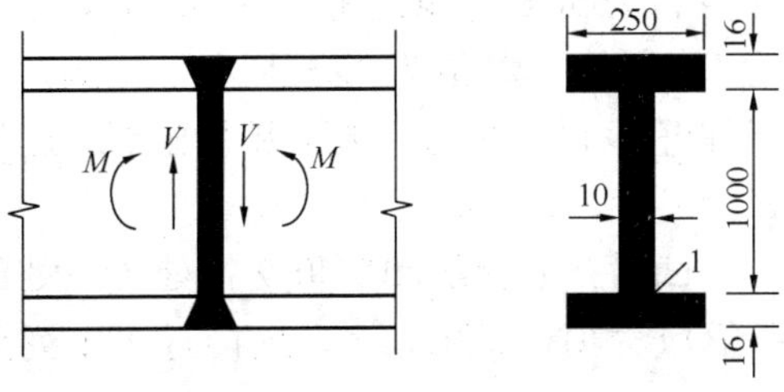

【例 4.2.4】 如图 4.2.14 所示 I 字形截面梁，钢材为 Q235 钢，采用 E43 型焊条，手工焊，用引弧板施焊，焊缝质量为三级。已知拼接截面承受荷载基本组合的弯矩设计值 $M = 900 \text{kN} \cdot \text{m}$，剪力设计值 $V = 240 \text{kN}$。$\gamma_0 = 1.0$。

图 4.2.14

试问：

(1) 拼接截面的最大正应力 σ_{max}（N/mm²）、最大剪应力 τ_{max}（N/mm²），最接近于下列何项数值？

(A) 160；27　　(B) 167；27　　(C) 160；35　　(D) 167；35

(2) 拼接截面 1 点处的折算应力值（N/mm²），最接近于下列何项数值？

(A) 158　　(B) 164　　(C) 168　　(D) 175

【解答】 (1) 查《钢标》表 4.4.5：

$$f_c^w = 215\text{N/mm}^2, \quad f_t^w = 185\text{N/mm}^2, \quad f_v^w = 125\text{N/mm}^2$$

$$I_w = \frac{1}{12} \times (250 \times 1032^3 - 240 \times 1000^3) = 2898 \times 10^6 \text{mm}^4$$

$$W_w = \frac{I_w}{h/2} = \frac{2898 \times 10^6}{516} = 5.616 \times 10^6 \text{mm}^3$$

$$S_w = 250 \times 16 \times 508 + 10 \times 500 \times \frac{500}{2} = 3.282 \times 10^6 \text{mm}^3$$

$$S_1 = S_f = 250 \times 16 \times 508 = 2.032 \times 10^6 \text{mm}^3$$

$$\sigma_{\max} = \frac{M}{W_w} = \frac{900 \times 10^6}{5.616 \times 10^6} = 160.26 \text{N/mm}^2 < f_t^w = 185 \text{N/mm}^2$$

$$\tau_{\max} = \frac{VS_w}{I_w h_e} = \frac{240 \times 10^3 \times 3.282 \times 10^6}{2898 \times 10^6 \times 10} = 27.18 \text{N/mm}^2 < f_v^w = 125 \text{N/mm}^2$$

故应选 (A) 项。

(2) 截面 1 点处的 σ_1、τ_1 为：

$$\sigma_1 = \frac{M}{I_w} y_1 = \frac{900 \times 10^6}{2898 \times 10^6} \times 500 = 155.28 \text{N/mm}^2$$

$$\tau_1 = \frac{VS_1}{I_w h_e} = \frac{240 \times 10^3 \times 2.032 \times 10^6}{2898 \times 10^6 \times 10} = 16.83 \text{N/mm}^2$$

根据《钢标》11.2.1 条规定：

$$\sqrt{\sigma_1^2 + 3\tau_1^2} = \sqrt{155.28^2 + 3 \times 16.83^2} = 157.99 \text{N/mm}^2 < 1.1 f_t^w = 203.5 \text{N/mm}^2$$

故应选 (A) 项。

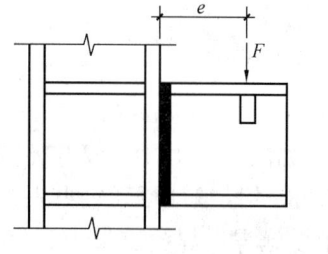

图 4.2.15

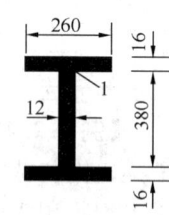

【例 4.2.5】 如图 4.2.15 所示。牛腿与钢柱的连接，在荷载基本组合下压力设计值 $F=550$kN，偏心距 $e=300$mm，钢材为 Q235 钢，焊条为 E43 型，手工焊。三级焊缝，上、下翼缘加引弧板施焊。已知 $I_w = 3.81 \times 10^8 \text{mm}^4$。$\gamma_0 = 1.0$。

试问：上翼缘和腹板交接处 1 点处的折算应力值（N/mm²），最接近于下列何项数值？

(A) 186　　(B) 190　　(C) 196　　(D) 200

【解答】 $S_1 = S_f = 260 \times 16 \times 198 = 8.24 \times 10^5 \text{mm}^3$

$V = F = 550 \text{kN}; \quad M = Fe = 550 \times 0.3 = 165 \text{kN} \cdot \text{m}$

$$\sigma_1 = \frac{M}{I_w}y_1 = \frac{165 \times 10^6}{3.81 \times 10^8} \times \frac{380}{2} = 82.3 \text{N/mm}^2$$

$$\tau_1 = \frac{VS_1}{I_w h_e} = \frac{550 \times 10^3 \times 8.24 \times 10^5}{3.81 \times 10^8 \times 12} = 99.1 \text{N/mm}^2$$

根据《钢标》11.2.1 条规定：

$$\sqrt{\sigma_1^2 + 3\tau_1^2} = \sqrt{82.3^2 + 3 \times 99.1^2} = 190.4 \text{N/mm}^2 < 1.1 f_t^w = 1.1 \times 185 = 203.5 \text{N/mm}^2$$

故应选（B）项。

【例 4.2.6】 如图 4.2.16 所示节点，钢材为 Q235 钢，焊条 E43 型，受斜面静载基本组合下的拉力设计值 $N=566$kN，节点板与构件用坡口二级焊缝焊接，节点板厚度 $t=14$mm，$\gamma_0=1.0$。节点板宽度 L（mm），应为下列何项数值？

(A) 250　　　　(B) 300
(C) 375　　　　(D) 400

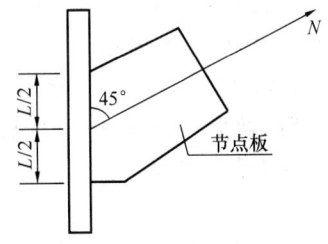

图 4.2.16

【解答】 查《钢标》表 4.4.5，则：

$$f_t^w = 215 \text{N/mm}^2, \quad f_v^w = 125 \text{N/mm}^2, \quad f_t^w = f, \quad f_v^w = f_v$$

根据《钢标》11.2.1 条，对接焊缝承受拉力 F 和剪力 V：

$$F = V = 566\cos 45° = 400 \text{kN}$$

按受拉计算：$L = \dfrac{400 \times 10^3}{14 \times 215} + 2 \times 14 = 161 \text{mm}$

按受剪计算：$L = \dfrac{1.5 \times 400 \times 10^3}{14 \times 125} + 2 \times 14 = 371 \text{mm}$

由《钢标》式（11.2.1-2）：

$$\sqrt{\left(\frac{400 \times 10^3}{14 L_w}\right)^2 + 3 \times \left(\frac{1.5 \times 400 \times 10^3}{14 L_w}\right)^2} \leq 1.1 \times 215$$

解之得：$L_w \geq 336$mm，$L \geq 336 + 2 \times 14 = 364$mm
故焊缝长度应以受剪控制，$L \geq 371$mm，故选（C）项。

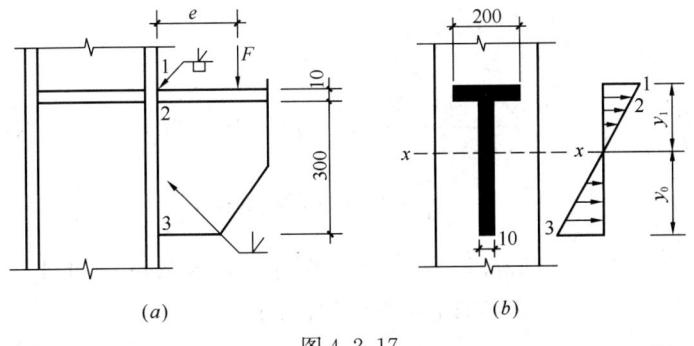

图 4.2.17

【例 4.2.7】 如图 4.2.17 所示某牛腿与柱连接采用对接焊缝，钢材 Q235，焊条 E43 型，手工焊，无引弧板，焊缝质量等级为三级。静载基本组合下的压力设计值 $F=$

200kN，偏心距 $e=150$mm。假定剪力由腹板上的焊缝均匀承担。$\gamma_0=1.0$。

试问：

（1）受拉区翼缘最不利点 1 处的最大应力（N/mm²），与下列何项数值最接近？

(A) 65　　　　(B) 72　　　　(C) 78　　　　(D) 62

（2）假定，$I_x=4.5\times10^7$mm⁴，受拉区腹板最不利点 2 处的最大应力（N/mm²），与下列何项数值最接近？

(A) 71.4　　　(B) 106.3　　　(C) 133.1　　　(D) 147.2

（3）假定，$I_x=4.5\times10^7$mm⁴，受压区腹板最不利点 3 处的最大应力（N/mm²），与下列何项数值最接近？

(A) 201.4　　　(B) 185.1　　　(C) 162.6　　　(D) 141.9

【**解答**】（1）确定 T 形焊缝截面特性，因无引弧板，焊缝长度应减去 $2t=20$mm；中和轴位置：

$$y_1 = \frac{(300-t)\times10\times[(300-t)/2+5]}{A}+5$$

$$=\frac{(300-10)\times10\times150}{(300-10)\times10+(200-20)\times10}+5=97.6\text{mm}$$

取 $y_1=98$mm

$$I_x=\frac{1}{12}\times10\times(300-10)^3+(300-10)\times10\times(145-88)^2+(200-20)\times10\times93^2$$

$$=4.53\times10^7\text{mm}^4$$

$$\sigma_1=\frac{M}{I_x}\cdot y_1=\frac{Fe}{I_x}\cdot y_1=\frac{200\times0.15\times10^6}{4.53\times10^7}\times98=65\text{N/mm}^2$$

故应选（A）项。

（2）　$\sigma_2=\frac{M}{I_x}\cdot y_2=\frac{200\times0.15\times10^6}{4.5\times10^7}\times(98-10)=58.67\text{N/mm}^2$

$$\tau=\frac{V}{A_w}=\frac{F}{A_w}=\frac{200\times10^3}{(300-10)\times10}=68.97\text{N/mm}^2$$

$$\sqrt{\sigma^2+3\tau^2}=\sqrt{58.67^2+3\times68.97^2}=133.09\text{N/mm}^2<1.1f_t^w$$

$$=1.1\times185=203.5\text{N/mm}^2$$

故应选（C）项。

（3）　$\sigma_3=\frac{M}{I_x}\cdot y_3=\frac{200\times0.15\times10^6}{4.5\times10^7}\times(310-10-98)=134.7\text{N/mm}^2$

同理，$\tau=\frac{V}{A_w}=68.97\text{N/mm}^2$

$$\sqrt{\sigma^2+3\tau^2}=\sqrt{134.7^2+3\times68.97^2}=180\text{N/mm}^2<1.1f_c^w$$

$$=1.1\times215=236.5\text{N/mm}^2$$

故应选（B）项。

▲ 对接焊缝的构造要求

- 复习《钢标》11.1.5 条、11.3.1 条~11.3.4 条。

需注意的是：

《钢标》11.1.5 条条文说明，如图 4.2.18 所示。

【例 4.2.8】 在承受动力荷载的连接中，垂直于受力方向不宜采用下列何种焊缝？说明理由。

(A) 焊透对接焊缝
(B) 部分焊透对接焊缝
(C) 正面角焊缝
(D) 侧面角焊缝

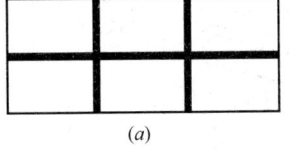
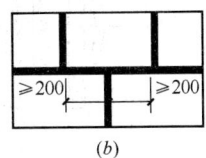

图 4.2.18 钢板的对接拼接焊缝
(a) 十字形交叉；(b) T 形交叉

【解答】 根据《钢标》11.3.4 条规定，应选（B）项。

3. 角焊缝连接

▲ 角焊缝的构造要求

● 复习《钢标》11.3.5 条、11.3.6 条、11.3.8 条。

需注意的是：

(1) 直角角焊缝截面，如图 4.2.19 所示。

(2)《钢标》11.3.6 条第 2 款规定，如图 4.2.20 所示：$l_w \geqslant a$。

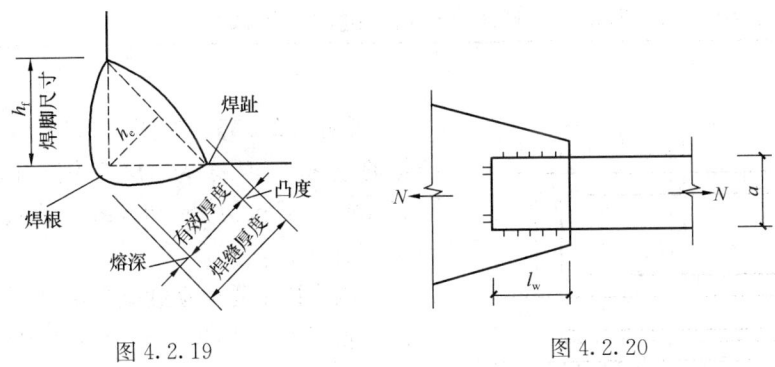

图 4.2.19   图 4.2.20

《钢标》11.3.6 条条文说明中指出，当宽度 a 超过此规定时，应加横向角焊缝，或塞焊，如图 4.2.21 所示。

【例 4.2.9】 将一 100×10 板搭接在 $t=14$mm 钢板上，传递轴向力，预热手工焊，施焊横向双角焊缝。试问，其最小角焊缝焊脚尺寸 h_f(mm) 及最小搭接长度 l(mm) 应为下列何值？

(A) 6；60　　(B) 6；50　　(C) 5；60　　(D) 5；50

【解答】 根据《钢标》11.3.5 条规定：
$$h_f \geqslant 5\text{mm}$$

根据《钢标》11.3.6 条规定：
$$l > 5 \times 10 = 50\text{mm}, \ l \geqslant 25\text{mm}, \ 故 \ l = 50\text{mm}$$

故应选（D）项。

思考： 最大角焊缝焊脚尺寸 h_f，由《钢标》11.3.6 条规定：

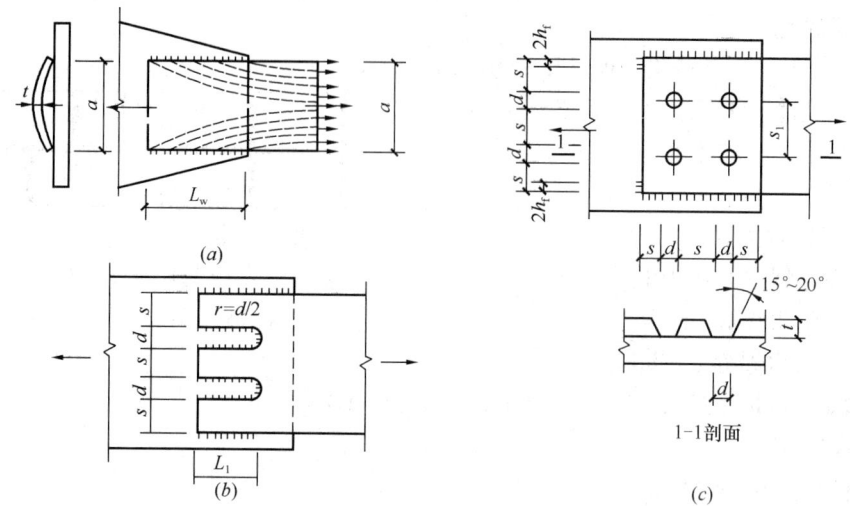

图 4.2.21 由槽焊、塞焊防止板件拱曲

$$h_f \leqslant 10 \sim (1-2) = 8 \sim 9\text{mm}$$

▲ 角焊缝连接计算

- 复习《钢标》11.2.2 条、11.2.3 条。
- 复习《钢标》11.2.6 条（侧面搭接角焊缝超长折减）。

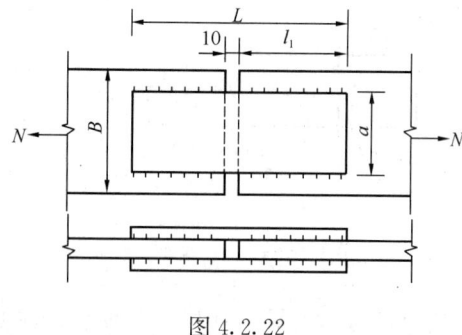

图 4.2.22

【**例 4.2.10**】 如图 4.2.22 所示为拼接盖板的连接，钢材为 Q235 钢，钢板宽 $B=270\text{mm}$，厚度 $t_1=28\text{mm}$，拼接盖板厚度 $t_2=16\text{mm}$。

该连接承受的动载基本组合下的轴心拉力设计值 $N=1400\text{kN}$，预热手工焊、焊条为 E43 型，两焊件间隔小于 1.5mm。$\gamma_0=1.0$。

试问：

(1) 该角焊缝的焊脚尺寸 h_f（mm）的最大值 $h_{f\max}$（mm）、最小值 $h_{f\min}$（mm），最接近于下列何项？

(A) 15；8　　(B) 14；6　　(C) 15；6　　(D) 14；8

(2) 假定角焊缝的 $h_f=10\text{mm}$，该拼接板的最合理尺寸应为下列何项数值？

(A) 680mm×230mm×16mm　　(B) 680mm×250mm×16mm
(C) 700mm×230mm×16mm　　(D) 700mm×250mm×16mm

(3) 假定采用三面围焊，角焊缝的 $h_f=10\text{mm}$，拼接板宽度 $b=240\text{mm}$，该拼接板的长度 L（mm），最接近于下列何项数值？

(A) 360　　(B) 380　　(C) 400　　(D) 420

【**解答**】 (1) 根据《钢标》11.3.5 条、11.3.6 条规定：

$$h_{f\min} \geqslant 6\text{mm}$$

$$t_2=16\text{mm}>6\text{mm},\ h_{f\max}\leqslant t_2-(1\sim 2)=14\sim 15\text{mm}$$

故应选（C）项。

(2) 当 $h_f=10\text{mm}$ 时，查表知，$f_f^w=160\text{N/mm}^2$

拼接板连接一侧的总焊缝计算长度：

$$\Sigma l_w=\frac{N}{h_e f_f^w}=\frac{1400\times 10^3}{0.7\times 10\times 160}=1250\text{mm}$$

拼接板连接一侧的一条侧焊缝的长度为：

$$\frac{\Sigma l_w}{4}=\frac{1250}{4}=312.5\text{mm}<60h_f=600\text{mm}，不考虑超长折减$$

$$l_1=\frac{\Sigma l_w}{4}+2h_f=1250/4+2\times 10=333\text{mm}$$

拼接板长度 L：$L=333\times 2+10=676\text{mm}$

拼接板宽度 b 应满足强度条件和构造要求。

强度条件（等强度原则）：$b\times 2\times 16\times 215\geqslant 270\times 28\times 205$

$$b\geqslant 225.3\text{mm}$$

构造要求，根据《钢标》11.3.4 条规定：

$a=225.3\text{mm}<l_1=333\text{mm}$，$a<16t=16\times 16=256\text{mm}$

故拼接板最合理尺寸为：$680\text{mm}\times 230\text{mm}\times 16\text{mm}$，故应选（A）项。

(3) 由于已知正面角焊缝长度 $l_w=b=240\text{mm}$，其所承受内力值 N_1：

$$N_1=2h_e l_w \beta_f f_f^w=2\times 0.7\times 10\times 240\times 1.0\times 160=537.6\text{kN}$$

拼接板一侧的一条侧面角焊缝的实际长度 l_1 为：

$$l_1=\frac{N-N_1}{4h_e f_f^w}+h_f=\frac{1400\times 10^3-537.6\times 10^3}{4\times 0.7\times 10\times 160}+10=203\text{mm}$$

$$L=2l_1+10=2\times 203+10=416\text{mm}$$

故应选（D）项。

▲ 角钢的角焊缝连接计算

对于两面侧焊，如图 4.2.23（a）所示。

$$N_1=k_1 N$$

$$N_2=k_2 N$$

式中 k_1，k_2——肢背、肢尖的分配系数，即：

$$k_1=\frac{e_2}{e_1+e_2}=\frac{e_2}{b};k_2=\frac{e_1}{e_1+e_2}=\frac{e_1}{b}$$

等肢角钢，取 $k_1=0.7$；$k_2=0.3$；不等肢角钢短肢相连，取 $k_1=0.75$，$k_2=0.25$；不等肢角钢长肢相连，取 $k_1=0.65$，$k_2=0.35$。

对于三面围焊，如图 4.2.23（b）所示，$l_{w3}=b$，则：

$$N_3=2h_e b \beta_f f_f^w$$

$$N_1=k_1 N-\frac{N_3}{2}$$

$$N_2=k_2 N-\frac{N_3}{2}$$

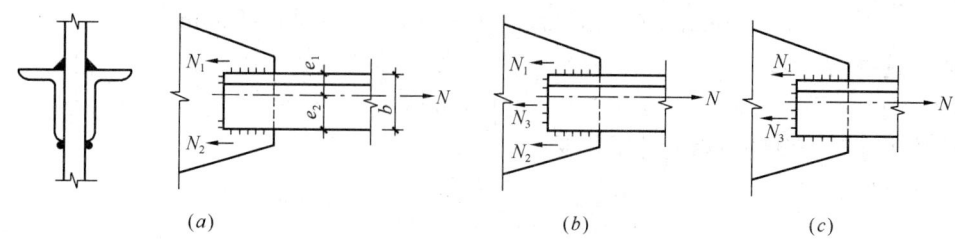

图 4.2.23 角钢与拼接板的连接
(a) 两面侧焊；(b) 三面围焊；(c) L 形围焊

对于 L 形围焊，如图 4.2.23 (c) 所示，则：
$$N_3 = 2h_e b f_f^w \beta_f$$
$$N_1 = N - N_3$$

L 形围焊不宜采用。

注意的是，因考虑到每条焊缝两端的起灭弧缺陷，实际焊缝长度为计算长度加 $2h_f$；对三面围焊，由于在杆件端部转角处必须连续施焊，每条侧面角焊缝只有一端可能起灭弧，故焊缝实际长度为计算长度加 h_f；对于采用绕角焊的侧面角焊缝实际长度等于计算长度，其绕角焊缝长度 $2h_f$ 不参与计算。

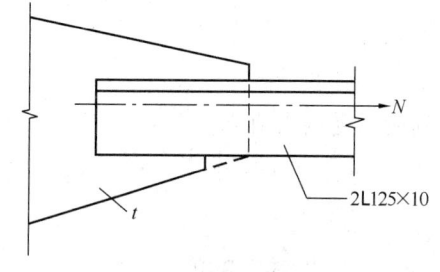

图 4.2.24

【例 4.2.11】 如图 4.2.24 所示，双角钢和节点板采用角焊缝连接，承受静载基本组合下的拉力设计值 N，角钢为 2L125×10，节点板厚度为 12mm，钢材为 Q235，焊条为 E43 型，预热手工焊。$\gamma_0 = 1.0$。

试问：

(1) 确定肢背的最小焊脚尺寸 h_{fmin} (mm)，肢尖的最大、最小焊脚尺寸 h_{fmax} (mm)、h_{fmin} (mm)，应为下列何项数值？

(A) 肢背：5；肢尖：9、5　　　　(B) 肢背：5；肢尖：12、5

(C) 肢背：6；肢尖：9、6　　　　(D) 肢背：6；肢尖：12、6

(2) 假定轴心力设计值 $N=650$kN，焊脚尺寸均为 $h_f=8$mm，采用两面侧焊缝，确定肢背、肢尖的实际焊缝长度 (mm)，最接近于下列何项数值？

(A) 260；120　　　　(B) 270；125

(C) 260；125　　　　(D) 270；120

(3) 假定轴心力设计值 $N=1000$kN，焊脚尺寸均为 $h_f=8$mm，采用三面围焊，确定肢背、肢尖的实际焊缝长度 (mm)，最接近于下列何项数值？

(A) 325；100　　　　(B) 315；100

(C) 325；92　　　　(D) 315；92

(4) 假定轴心力设计值 $N=400$kN，焊脚尺寸均为 $h_f=8$mm，采用 L 形围焊，确定肢背的实际焊缝长度 (mm)，最接近于下列何项数值？

(A) 100　　(B) 90　　(C) 85　　(D) 80

【解答】（1）根据《钢标》11.3.5 规定：

肢背：$h_{fmin} \geqslant 5mm$

肢尖：$h_{fmin} \geqslant 5mm$

$$h_{fmax} \leqslant t-(1\sim2)=10-(1\sim2)=8\sim9mm$$

故应选（A）项。

(2) $N=650kN$，$h_f=8mm$

肢背 N_1：$N_1=k_1N=0.7\times650=455kN$

肢尖 N_2：$N_2=k_2N=0.3\times650=195kN$

焊缝计算长度为：

$$l_{w1}=\frac{N_1}{2\times h_e f_f^w}=\frac{455\times10^3}{2\times0.7\times8\times160}=253.9mm \leqslant 60h_f=480mm，不考虑超长折减$$

$$l_{w2}=\frac{N_2}{2\times h_e f_f^w}=\frac{195\times10^3}{2\times0.7\times8\times160}=108.8mm \leqslant 60h_f=480mm，不考虑超长折减$$

根据《钢标》11.3.5 条规定：

$$l_{wmin}=8h_f=8\times8=64mm>40mm，取64mm$$

故 l_{w1}、l_{w2} 均满足构造要求。

实际焊缝长度为：

$$l_1=l_{w1}+2h_f=253.9+2\times8=269.9mm$$
$$l_2=l_{w2}+2h_f=108.8+2\times8=124.8mm$$

故应选（B）项。

(3) 当 $N=1000kN$ 时，$h_f=8mm$

$$N_3=2h_e l_{w3}\beta_f f_f^w=2\times0.7\times8\times125\times1.22\times160=273.28kN$$

肢背：$N_1=k_1N-\dfrac{N_3}{2}=0.7\times1000-\dfrac{273.28}{2}=563.36kN$

肢尖：$N_2=k_2N-\dfrac{N_3}{2}=0.3\times1000-\dfrac{273.28}{2}=163.36kN$

$$l_{w1}=\frac{N_1}{2h_e f_f^w}=\frac{563.36\times10^3}{2\times0.7\times8\times160}=314.4mm \leqslant 60h_f=480mm$$

$$l_{w2}=\frac{N_2}{2h_e f_f^w}=\frac{163.36\times10^3}{2\times0.7\times8\times160}=91.2mm$$

$$l_{wmin}=8h_f=64mm>40mm，取64mm$$
$$l_{wmax}=60h_f=480mm$$

故 l_{w1}、l_{w2} 均满足构造要求，并且不计超长折减。

实际焊缝长度为：

$$l_1=l_{w1}+h_f=314.4+8=322.4mm$$
$$l_2=l_{w2}+h_f=91.2+8=99.2mm$$

故应选（A）项。

(4) 当 $N=400kN$，$h_f=8mm$，L 形围焊。

$$N_3=2h_e l_{w3}\beta_f f_f^w=273.28kN$$

肢背：$N_1 = N - N_3 = 400 - 273.28 = 126.72 \text{kN}$

$$l_{w1} = \frac{N_1}{2h_e f_f^w} = \frac{126.72 \times 10^3}{2 \times 0.7 \times 8 \times 160} = 71 \text{mm} \begin{array}{l} > 8h_f = 64 \text{mm} \\ < 60h_f = 480 \text{mm} \end{array}, 不考虑超长折减$$

满足构造要求。

$$l_1 = l_{w1} + h_f = 71 + 8 = 79 \text{mm}$$

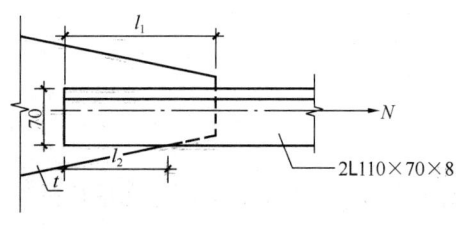

图 4.2.25

故应选（D）项。

【例 4.2.12】如图 4.2.25 所示，双角钢和节点板采用角焊缝连接，承受静载基本组合下轴心力设计值 N，角钢为 2L110×70×8，节点板厚度为 10mm，钢板为 Q235，焊条为 E43 型，预热手工焊，焊脚尺寸 $h_f = 5 \text{mm}$。$\gamma_0 = 1.0$。

试问：

(1) 采用两侧面角焊缝，肢背焊缝实际长度为 340mm，肢尖焊缝实际长度为 160mm，该连接的静载轴心力承载值（kN），最接近于下列何项数值？

(A) 448　　(B) 468　　(C) 538　　(D) 549

(2) 假定采用三面围焊，肢背焊缝长度为 200mm，肢尖焊缝长度为 120mm，该连接的静载轴心力承载值（kN），最接近于下列何项数值？

(A) 355　　(B) 385　　(C) 430　　(D) 443

【解答】(1) 根据《钢标》11.2.6 条规定：

$$l_w \leqslant 60h_f = 60 \times 5 = 300 \text{mm}$$

肢背：$l_{w1} = l_1 - 2h_f = 340 - 2 \times 5 = 330 \text{mm} > 300 \text{mm}$

$$\alpha_f = 1.5 - \frac{l_{w1}}{120h_f} = 1.5 - \frac{330}{120 \times 5} = 0.95 > 0.5$$

肢尖：$l_{w2} = 160 - 2h_f = 160 - 2 \times 5 = 150 \text{mm} < 300 \text{mm}$，不考虑超长折减

$$N_1 = \alpha_f 2h_e l_{w1} f_f^w = 0.95 \times 2 \times 0.7 \times 5 \times 330 \times 160 = 351.12 \text{kN}$$

又 $N_1 = k_1 N$

$$N = \frac{N_1}{k_1} = \frac{351.12}{0.75} = 468 \text{kN}$$

$$N_2 = 2h_e l_{w2} f_f^w = 2 \times 0.7 \times 5 \times 150 \times 160 = 168 \text{kN}$$

又 $N_2 = k_2 N$

$$N = \frac{N_2}{k_2} = \frac{168}{0.25} = 672 \text{kN}$$

故取 $N = 468 \text{kN}$

故应选（B）项。

(2) 根据《钢标》11.3.5 条、11.2.6 条，$60h_f = 300 \text{mm}$：

肢背：$l_{w1} = l_1 - h_f = 200 - 5 = 195 \text{mm} < 300 \text{mm}$，不考虑超长折减

肢尖：$l_{w2}=l_2-h_f=120-5=115\text{mm}<300\text{mm}$，不考虑超长折减

$$N_3=2h_e l_{w3}\beta_f f_f^w=2\times0.7\times5\times70\times1.22\times160=95.65\text{kN}$$

$$N_1=2h_e l_{w1}f_f^w=2\times0.7\times5\times195\times160=218.4\text{kN}$$

又 $N_1=k_1 N-\dfrac{N_3}{2}$

则：$N=\dfrac{N_1+N_3/2}{k_1}=\dfrac{218.4+95.65/2}{0.75}=354.97\text{kN}$

$$N_2=2\times0.7\times5\times115\times160=128.8\text{kN}$$

又 $N_2=k_2 N-\dfrac{N_3}{2}$

则：$N=\dfrac{N_2+N_3/2}{k_2}=\dfrac{128.8+95.65/2}{0.25}=706.5\text{kN}$

故取 $N=354.97\text{kN}$

故应选（A）项。

▲ 部分焊透的对接焊缝和 T 形对接与角接组合焊缝

- 复习《钢标》11.2.4 条。

【例 4.2.13】 梁端支座加劲肋与梁下翼缘连接采用部分焊透的对接与角接组合焊缝，如图 4.2.26 所示，梁端支反力 R（静力荷载），钢材为 Q345 钢，焊条为 E50 型、手工焊。

试问：该连接焊缝的承载力设计值（kN），与下列何项数值最接近？

(A) 760　　　　(B) 800　　　　(C) 880　　　　(D) 960

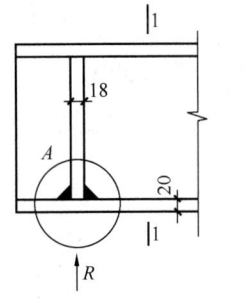 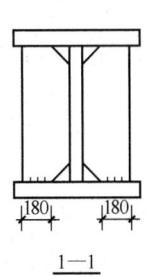 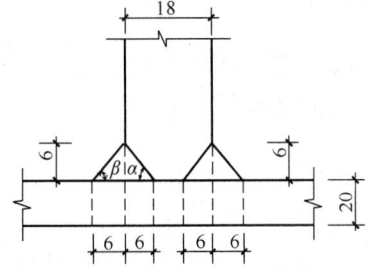

图 4.2.26

【解答】 根据《钢标》11.2.4 条规定，按角焊缝计算 K 形坡口：

$$\alpha=\beta=\arctan\dfrac{6}{6}=45°，故取 h_e=s-3$$

$s=(6+6)\sin\beta=12\times\sin45°=8.5\text{mm}$

$h_e=s-3=8.5-3=5.5；h_f=h_e/0.7=7.9\text{mm}$

Q345 钢，查《钢标》表 4.4.5，取 $f_f^w=200\text{N/mm}^2$

$$\sigma_f=\dfrac{N}{h_e\sum l_w}\leqslant\beta_f f_f^w$$

$$N \leqslant h_e \Sigma l_w \cdot \beta_f f_f^w = 5.5 \times 4 \times (180 - 2 \times 7.9) \times 1.22 \times 200 = 881.4 \text{kN}$$

故选（C）项。

▲ 斜面角焊缝的计算

斜面角焊缝的计算，如图 4.2.27 所示，其计算可按《钢标》规定，将 N 分解为 N_x、N_y，求 σ_f、τ_f。

【例 4.2.14】 如图 4.2.28 所示的一双盖板的对接接头，钢材为 Q235 钢，芯板截面为 270×28，盖板截面为 $2-240 \times 16$，预热手工焊，焊条为 E43 型，焊脚尺寸 $h_f = 10 \text{mm}$。

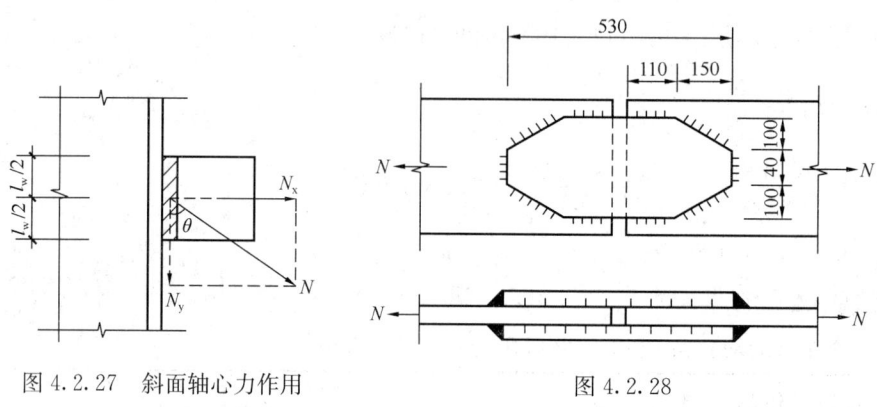

图 4.2.27 斜面轴心力作用　　　图 4.2.28

试问：该连接的静载轴心受拉承载力设计值（kN），最接近于下列何项数值？

(A) 1412　　　(B) 1550　　　(C) 1651　　　(D) 1440

【解答】 （1）正面角焊缝 N_1：

$$N_1 = 2h_e l_{w1} \beta_f f_f^w = 2 \times 0.7 \times 10 \times 40 \times 1.22 \times 160 = 109.3 \text{kN}$$

侧面角焊缝 N_2：

$$N_2 = 4h_e l_{w2} f_f^w = 4 \times 0.7 \times 10 \times (110-10) \times 160 = 448.0 \text{kN}$$

两条斜面角焊缝 N_3，$\theta = \arctan \dfrac{100}{150} = 33.7°$，$l_3 = \sqrt{150^2 + 100^2} = 180 \text{mm}$

由《钢标》11.2.1 条：

$$\sqrt{\left(\dfrac{N_3 \sin 33.7°}{1.22 \times 2 \times 0.7 \times 10 \times 180}\right)^2 + \left(\dfrac{N_3 \cos 33.7°}{2 \times 0.7 \times 10 \times 180}\right)^2} = 160$$

解之得：　　　　　　　　$N_3 = 425.25 \text{kN}$

四条斜面角焊缝　　　　$N_{3总} = 2 \times 425.25 = 850.5 \text{kN}$

$$N = N_1 + N_2 + N_{3总} = 1407.8 \text{kN}$$

（2）芯板的承载力设计值：

$$N_0 = Af = 270 \times 28 \times 205 = 1549.8 \text{kN} > 1412 \text{kN}$$

盖板的承载力设计值：

$$N_0' = A'f = 240 \times 16 \times 2 \times 215 = 1651.2 \text{kN} > 1412 \text{kN}$$

故该连接的静载轴心受拉承载力设计值为 1412kN。

应选（A）项。

【例 4.2.15】 图 4.2.29 表示某车间吊车梁下柱间支撑的节点，交叉形支撑杆件采用〗[20a、钢材为 Q235 钢，E43 型焊条，按拉杆考虑，拉杆承受静载基本组合下轴心受拉设计值 $N=600\text{kN}$。$\gamma_0=1.0$。

试问：

(1) 节点板与柱子采用双面角焊缝连接，$h_f=8\text{mm}$，则焊缝长度 l_1（mm）最接近于下列何项数值？

(A) 330　　(B) 300　　(C) 350　　(D) 365

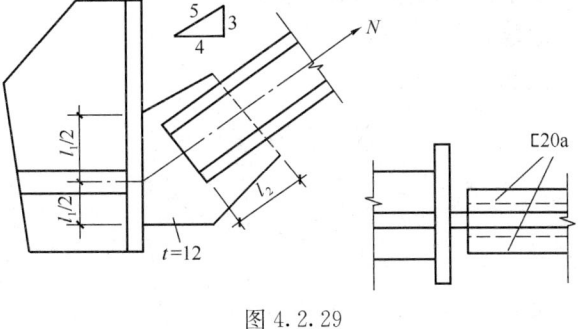

图 4.2.29

(2) 支撑斜杆与连接板的连接采用两侧面角焊缝，$h_f=8\text{mm}$，焊缝长度 l_2（mm），最接近于下列何项数值？

(A) 200　　(B) 185　　(C) 355　　(D) 170

(3) 支撑斜杆与连接板的连接采用三面围焊，$h_f=8\text{mm}$，焊缝长度 l_2（mm），最接近于下列何项数值？

(A) 80　　(B) 120　　(C) 130　　(D) 140

(4) 假定节点板与柱子采用坡口二级焊透焊缝，则焊缝长度 l_1（mm），最接近于下列何项数值？

(A) 210　　(B) 350　　(C) 400　　(D) 450

【解答】 (1) 将力 N 分解为水平力 $H=600\times\dfrac{4}{5}=480\text{kN}$、垂直力 $V=600\times\dfrac{3}{5}=360\text{kN}$。

根据《钢标》11.2.1 条规定：

$$\sqrt{\left(\dfrac{\sigma_f}{\beta_f}\right)^2+\tau_f^2}\leqslant f_f^w$$

$$\sqrt{\left(\dfrac{H}{\beta_f\cdot 2h_e l_w}\right)^2+\left(\dfrac{V}{2h_e l_w}\right)^2}\leqslant f_f^w$$

整理得：$l_w\geqslant\dfrac{1}{2h_e f_f^w}\cdot\sqrt{\left(\dfrac{H}{\beta_f}\right)^2+V^2}$

$=\dfrac{10^3}{2\times 0.7\times 160\times 8}\sqrt{\left(\dfrac{480}{1.22}\right)^2+360^2}$

$=298\text{mm}\leqslant 60h_f=480\text{mm}$

$l_1=l_w+2h_f=314\text{mm}$

故选（A）项。

(2) $l_{w2}=\dfrac{N}{4h_e f_f^w}=\dfrac{600\times 10^3}{4\times 0.7\times 8\times 160}=167.4\text{mm}>8h_f=64\text{mm}$

$l_{w2}=167.4\text{mm}<60h_f=480\text{mm}$

$$l_2 = l_{w2} + 2h_f = 183.4\text{mm}$$

又根据《钢标》11.3.6条：$l_2 \geqslant 200\text{mm}$

故取 $l_2 \geqslant 200\text{mm}$

故选（A）项。

(3) $l_{w2} = \dfrac{N-N_3}{4h_e f_f^w} = \dfrac{N-2h_e l_w \beta_f f_f^w}{4h_e f_f^w}$

$$= \dfrac{600\times 10^3 - 2\times 0.7 \times 8 \times 200 \times 1.22 \times 160}{4 \times 0.7 \times 8 \times 160} = 45.4\text{mm} < 60h_f = 480\text{mm}$$

又 $l_{w2} < 8h_f = 64\text{mm}$，取 $l_{w2} = 64\text{m}$

$$l_2 = l_{w2} + h_f = 72\text{mm}$$

故选（A）项。

(4) 按受拉计算 l_1：

$$l_1 = \dfrac{H}{h_e f_t^w} + 2t = \dfrac{480 \times 10^3}{12 \times 215} + 2\times 12 = 210\text{mm}$$

按受剪计算 l_1：

$$l_1 = \dfrac{1.5V}{h_e f_f^w} + 2t = \dfrac{1.5 \times 360 \times 10^3}{12 \times 125} + 2\times 12 = 384\text{mm}$$

由《钢标》式（11.2.1-2）：

$$\sqrt{\left(\dfrac{480\times 10^3}{12 l_w}\right)^2 + 3 \times \left(\dfrac{1.5\times 360\times 10^3}{12 l_w}\right)^2} \leqslant 1.1 \times 215$$

解之得：$l_w \geqslant 370\text{mm}$，$l \geqslant 370 + 2\times 12 = 394\text{mm}$

上述取较大值，$l_1 = 394\text{mm}$，故选（C）项。

▲ 复杂受力的计算

复杂受力，如承受弯矩、轴心力或剪力联合作用下的角焊缝计算

如图 4.2.30(a) 所示，角焊缝承受弯矩 M（$=Ne$)、剪力 V 的联合作用，对不利点 A 的应力计算：

$$\sigma_f = \sigma_M = \dfrac{M}{W_e} = \dfrac{6M}{2h_e l_w^2} = \dfrac{6Ne}{2h_e l_w^2}$$

$$\tau_f = \dfrac{V}{2h_e l_w} = \dfrac{N}{2h_e l_w}$$

$$\sqrt{\left(\dfrac{\sigma_f}{\beta_f}\right)^2 + \tau_f^2} \leqslant f_f^w$$

对于图 4.2.30(b) 的情况，角焊缝承受弯矩 M（$=N_x e$)、轴拉力 N_x、剪力 N_y 的联合作用，对不利点 A 的应力计算：

$$\sigma_f = \dfrac{N_x}{2h_e l_w} + \dfrac{M}{W_e} = \dfrac{N_x}{2h_e l_w} + \dfrac{6N_x e}{2h_e l_w^2}$$

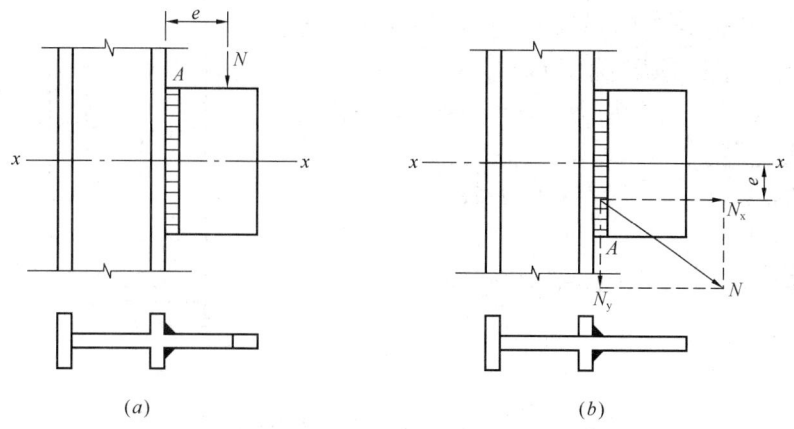

图 4.2.30 复杂应力作用的角焊缝计算

$$\tau_f = \frac{N_y}{2h_e l_w}$$

$$\sqrt{\left(\frac{\sigma_f}{\beta_f}\right)^2 + \tau_f^2} \leqslant f_f^w$$

对于牛腿与钢柱连接角焊缝计算，如图 4.2.31 所示。

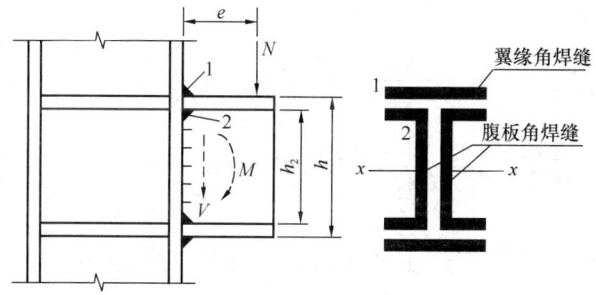

图 4.2.31 牛腿与钢柱角焊缝连接

翼缘的不利点 1 处的应力计算：

$$\sigma_{f1} = \frac{M}{I_w} \cdot \frac{h}{2} \leqslant \beta_f f_f^w$$

腹板的不利点 2 处的应力计算：

$$\sigma_{f2} = \frac{M}{I_w} \cdot \frac{h_2}{2}$$

$$\tau_{f2} = \frac{V}{2h_{e2} l_{w2}}$$

$$\sqrt{\left(\frac{\sigma_{f2}}{\beta_f}\right)^2 + \tau_{f2}^2} \leqslant f_f^w$$

式中 I_w——全部焊缝有效截面对中和轴的惯性矩。

【**例 4.2.16**】 如图 4.2.32 所示板与柱翼缘用直角角焊缝连接，钢材为 Q235 钢，焊条为 E43 型，预热手工焊，焊脚尺寸 $h_f=10$mm，受静力荷载基本组合下拉力设计值 $F=300$kN。$\gamma_0=1.0$。

试问：角焊缝 A 点的应力值（N/mm²），最接近于下列何项数值？

(A) 133.2　　　　　　(B) 137.5

(C) 144.3　　　　　　(D) 148.1

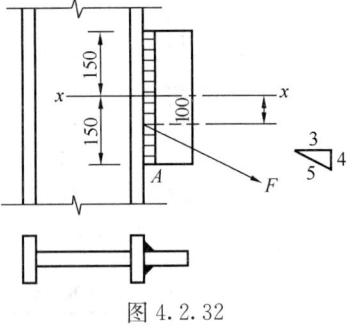

图 4.2.32

【解答】（1）将力 F 向焊缝形心简化得：

$$V = \frac{4}{5}F = \frac{4}{5} \times 300 = 240\text{kN}$$

$$N_x = \frac{3}{5}F = \frac{3}{5} \times 300 = 180\text{kN}$$

$$M = N_x e = 180 \times 0.1 = 18\text{kN} \cdot \text{m}$$

(2) 确定 l_w：$l_w = 150 \times 2 - 2 \times 10 = 280\text{mm} < 60h_f = 60 \times 10 = 600\text{mm}$，且 $>8h_f = 8 \times 10 = 80\text{mm}$

故取 $l_w = 280$mm。

(3) 确定 A 点应力：

$$\sigma_f = \frac{N_x}{2h_e l_w} + \frac{6M}{2h_e l_w^2}$$

$$= \frac{180 \times 10^3}{2 \times 0.7 \times 10 \times 280} + \frac{6 \times 18 \times 10^6}{2 \times 0.7 \times 10 \times 280^2} = 144.31\text{N/mm}^2$$

$$\tau_f = \frac{V}{2h_e l_w} = \frac{240 \times 10^3}{2 \times 0.7 \times 10 \times 280} = 61.22\text{N/mm}^2$$

$$\sqrt{\left(\frac{\sigma_f}{\beta_f}\right)^2 + \tau_f^2} = \sqrt{\left(\frac{144.31}{1.22}\right)^2 + 61.22^2} = 133.19\text{N/mm}^2 < f_f^w = 160\text{N/mm}^2$$

故应选（A）项。

【例 4.2.17】 如图 4.2.33 所示，牛腿与钢柱采用角焊缝连接，钢材为 Q235 钢，预热手工焊、焊条为 E43 型，焊脚尺寸 $h_{f1}=8$mm，$h_{f2}=6$mm，静载基本组合下压力设计值 $N=365$kN，$e=350$mm。牛腿为 I 字形截面，尺寸为：$400 \times 210 \times 20 \times 20$。计算时，图中尺寸可取为整数。图 4.2.34（b）为焊缝有效截面。$\gamma_0=1.0$。

试问：

(1) 考虑腹板焊缝参加传递弯矩，腹板焊缝 A 点处的应力值（N/mm²），最接近于下列何项数值？

(A) 116　　　　(B) 128　　　　(C) 151　　　　(D) 159

(2) 不考虑腹板焊缝参加传递弯矩，翼缘焊缝的应力值（N/mm²）、腹板焊缝的应力值（N/mm²），最接近于下列何项数值？

提示：近似取翼缘中心线之间距离为力臂。

(A) 150；128　　(B) 142；128　　(C) 150；120　　(D) 142；120

【解答】（1）全部焊缝有效截面对中和轴的惯性矩 I_w：

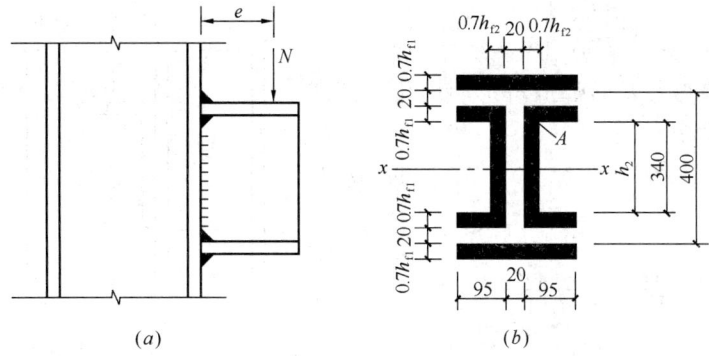

图 4.2.33

$$I_w = 2 \times \frac{0.42 \times 34^3}{12} + 2 \times 21 \times 0.56 \times 20.28^2 + 4 \times 9.5 \times 0.56 \times 17.21^2 = 18779 \text{cm}^4$$

翼缘焊缝的最大应力值：

$$\sigma_{f1} = \frac{M}{I_w} \cdot \frac{h}{2} = \frac{365 \times 0.35 \times 10^6}{18779 \times 10^4} \times 205.6 = 140 \text{N/mm}^2$$

$$< \beta_f f_f^w = 1.22 \times 160 = 195 \text{N/mm}^2$$

腹板 A 点处的应力值：

$$\sigma_{f2} = \frac{M}{I_w} \cdot \frac{h_2}{2} = \frac{365 \times 0.35 \times 10^6}{18779 \times 10^4} \times 170 = 115.6 \text{N/mm}^2$$

$$\tau_{f2} = \frac{V}{2h_e l_{w2}} = \frac{365 \times 10^3}{2 \times 0.7 \times 6 \times 340} = 127.8 \text{N/mm}^2$$

$$\sqrt{\left(\frac{\sigma_{f2}}{\beta_f}\right)^2 + \tau_{f2}^2} = \sqrt{\left(\frac{115.6}{1.22}\right)^2 + 127.8^2} = 159.1 \text{N/mm}^2 < f_f^w = 160 \text{N/mm}^2$$

故应选（D）项。

(2) 按不考虑腹板传递弯矩时，取 h 为翼缘中线间距离

翼缘焊缝所承受的水平力 H：$H = \dfrac{M}{h} = \dfrac{365 \times 0.35 \times 10^6}{380} = 336 \text{kN}$

翼缘焊缝的应力值：$\sigma_f = \dfrac{H}{0.7 h_{f1} \Sigma l_{w1}} = \dfrac{336 \times 10^3}{0.7 \times 8 \times (210 + 2 \times 95)}$

$$= 150 \text{N/mm}^2 < \beta_f f_f^w = 195 \text{N/mm}^2$$

腹板焊缝的应力值：$\tau_f = \dfrac{V}{0.7 h_{f2} \Sigma l_{w2}} = \dfrac{365 \times 10^3}{0.7 \times 6 \times 2 \times 340} = 127.8 \text{N/mm}^2 < f_f^w = 160 \text{N/mm}^2$

故应选（A）项。

【例 4.2.18】 如图 4.2.34 所示，角钢两边用角焊缝和柱相连，钢材为 Q345 钢，焊条为 E50 型、预热手工焊。承受静力荷载基本组合下压力设计值 $F = 390 \text{kN}$，偏心距 $e = 30 \text{mm}$。$\gamma_0 = 1.0$。

试问：角焊缝的焊脚尺寸 h_f（mm），最经济合理的数值是下列何项？

(A) 7　　　　　(B) 8
(C) 9　　　　　(D) 10

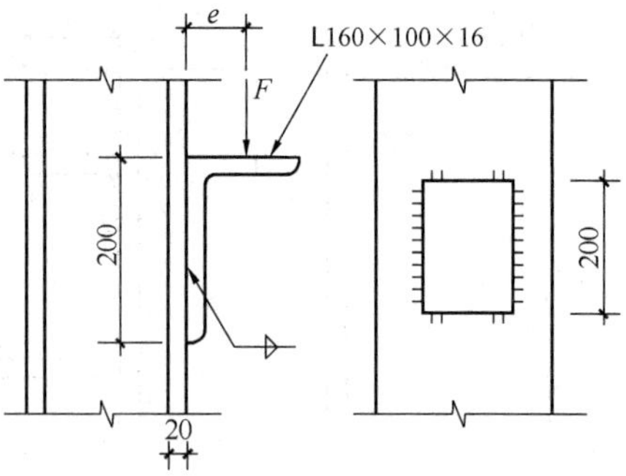

【解答】 偏心力 F 向焊缝群形心简化，即产生 $M=Fe$ 和 $V=F$。

转角处绕角焊，故焊缝计算长度取 $l_w=200\text{mm}$。

$$\sigma_f = \frac{M}{W_w} = \frac{Fe}{2 \times \frac{1}{6} h_e l_w^2}$$

$$= \frac{390 \times 0.03 \times 10^6}{2 \times \frac{1}{6} \times 0.7 \times h_f \times 200^2} = \frac{1254}{h_f}$$

$$\tau_f = \frac{V}{A_w} = \frac{F}{A_w} = \frac{390 \times 10^3}{2 \times 0.7 h_f l_w} = \frac{390 \times 10^3}{2 \times 0.7 h_f \times 200} = \frac{1393}{h_f}$$

$\sqrt{\left(\frac{\sigma_f}{\beta_f}\right)^2 + \tau_f^2} \leqslant f_f^w$，代入上述数据，则：

$$\sqrt{\left(\frac{1254}{1.22 h_f}\right)^2 + \left(\frac{1393}{h_f}\right)^2} \leqslant 200$$

$$h_f \geqslant 8.7\text{mm}$$

图 4.2.34

根据《钢标》11.3.5 条、11.3.6 条规定：

$$h_f \geqslant 6\text{mm}$$
$$h_f \leqslant t-(1\sim 2)\text{mm} = 16-(1\sim 2) = 14\sim 15\text{mm}$$

故取 $h_f=9\text{mm}$，应选（C）项。

【例 4.2.19】 如图 4.2.35(a) 所示钢管柱与底板的连接采用角焊缝，静载基本组合下内力设计值：$N=280\text{kN}$，$M=16\text{kN}\cdot\text{m}$，$V=212\text{kN}$。钢材为 Q235 钢，手工焊，焊条为 E43 型，焊脚尺寸 $h_f=8\text{mm}$。$\gamma_0=1.0$。

试问：角焊缝不利点 B 处的应力值(N/mm²)，最接近于下列何项数值？$\gamma_0=1.0$。

(A) 106　　　　(B) 162
(C) 145　　　　(D) 130

【解答】 B 点应力分析如图 4.2.35(b) 所示。

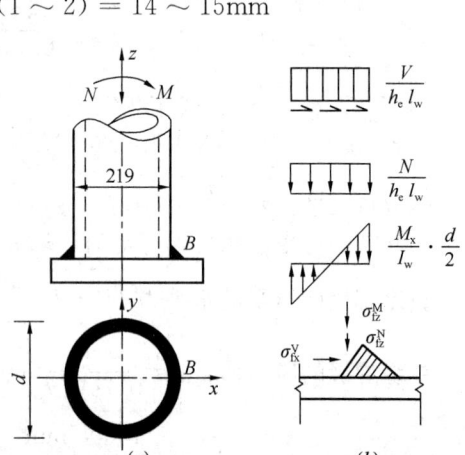

图 4.2.35

偏于安全地取环形焊缝直径与钢管柱直径相同，环形焊缝有效截面的惯性矩，并 $\beta_f=1.22$。

$$h_e = 0.7 \times 8 = 5.6\text{mm}$$

$$I_w = \frac{\pi}{64}\left[(d+2h_e)^4 - d^4\right] = \frac{\pi}{64}\left[(219+2\times 5.6)^4 - 219^4\right] = 24.92\times 10^6\text{mm}^4$$

$$A_{\mathrm{f}} = \pi\left(d + 2 \times \frac{h_{\mathrm{f}}}{4}\right)h_{\mathrm{e}} = \pi \times \left(219 + \frac{8}{2}\right) \times 5.6 = 3921.23 \mathrm{mm}^2$$

根据《钢标》11.2.2 条条文说明中公式（38）：

$$\sigma_{\mathrm{fx}} = \sigma_{\mathrm{fv}} = \frac{V}{A_{\mathrm{f}}} = \frac{212 \times 10^3}{3921.23} = 54.1 \mathrm{N/mm}^2, 取为 +54.1 \mathrm{N/mm}^2$$

$$\sigma_{\mathrm{fz}} = \sigma_{\mathrm{fz}}^{\mathrm{N}} + \sigma_{\mathrm{fz}}^{\mathrm{M}} = \frac{N}{A_{\mathrm{f}}} + \frac{M}{I_{\mathrm{w}}}\frac{d}{2}$$

$$= \frac{280 \times 10^3}{3921.23} + \frac{16 \times 10^6}{24.92 \times 10^6} \times \frac{219}{2} = 141.71 \mathrm{N/mm}^2, 取为 -141.71 \mathrm{N/mm}^2。$$

$$\sqrt{\frac{54.1^2 + (-141.71)^2 - 54.1 \times (-141.71)}{1.22^2} + 0^2} = 144 \mathrm{N/mm}^2 < f_{\mathrm{f}}^{\mathrm{w}}$$

$$= 160 \mathrm{N/mm}^2$$

故选（C）项。

二、普通螺栓连接

1. 构造要求与基本规定

> - 复习《钢通规》4.4.1 条～4.4.3 条。
> - 复习《钢标》11.1.2 条、11.1.3 条。
> - 复习《钢标》11.5.1 条～11.5.6 条。

需注意的是：

《钢标》表 11.5.2 注 3 的规定，即：螺栓的螺杆直径（或螺栓公称直径）为 d，螺栓的孔径为 d_0，计算螺栓孔引起的截面削弱时，取 $d_{\mathrm{c}} = \max(d+4, d_0)$。

【**例 4.2.20**】 C 级普通螺栓的说法，下列何项不正确？说明理由。

（A）适用于沿杆轴方向承受动荷载的拉力连接

（B）适用于承受静荷载的连接

（C）适用于临时固定构件用的安装连接

（D）不适用于受剪连接

【**解答**】 根据《钢标》11.1.3 条规定，应选（D）项。

【**例 4.2.21**】 悬挂单轨吊车梁连接在屋架下弦节点上，采用下列何项连接？说明理由。

（A）应采用高强度螺栓摩擦型连接

（B）应采用高强度螺栓承压型连接

（C）应采用 A 或 B 级螺栓连接

（D）可采用 C 级普通螺栓连接

【**解答**】 根据《钢标》11.1.3 条规定，C 级普通螺栓最适用于承受杆轴方向拉力，故选（D）项。

【**例 4.2.22**】 在板件的连接中，如图 4.2.36 所示，采用 24 个 M22（$d_0 = 23.5$mm）的螺栓，沿受力方向按三排并列（3×8）排列，螺栓群的最小连接长度 l_1（mm），最接近于下列何项数值？

(A) 570mm　　(B) 150mm
(C) 500mm　　(D) 1320mm

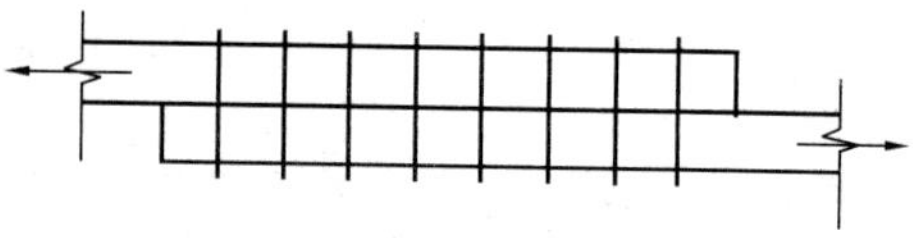

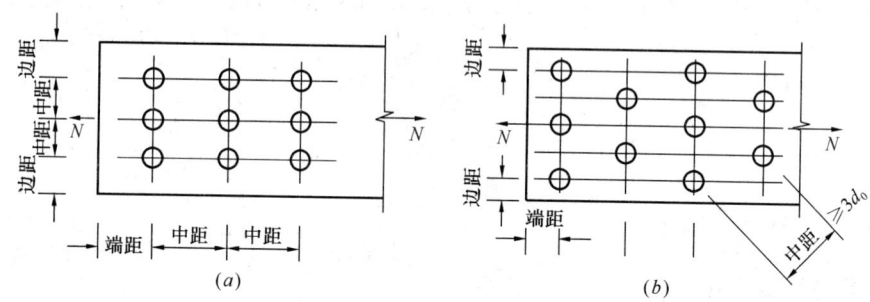

图4.2.36

【解答】 根据《钢标》表11.5.2规定：

$l = 7 \times 3 d_0 = 7 \times 3 \times 23.5 = 493.5 \text{mm}$

故选（C）项。

▲ 钢板的螺栓排列

钢板上的螺栓排列可分为并列和错列形式，如图4.2.37所示。

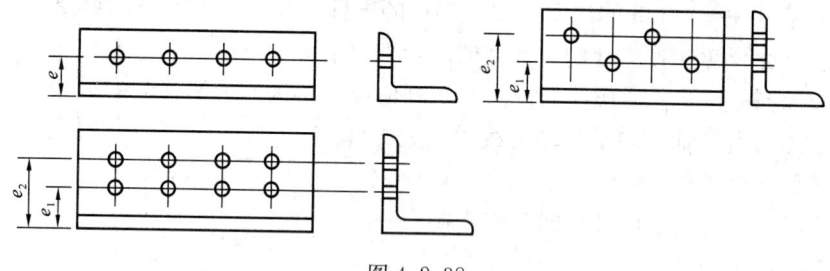

图4.2.37
(a) 并列；(b) 错列

▲ 角钢上螺栓排列

当角钢肢宽$b<125$mm，一般采用单排；当$160>b\geq 125$mm，可采用双排交错排列；$b\geq 160$mm时，可采用双排并列排列，如图4.2.38所示，其线距e的数值见表4.2.6。

图4.2.38

角钢上螺栓线距e（mm）　　表4.2.6

单行排列	角钢肢宽	40	45	50	56	63	70	75	80	90	100	110	125
	线距e	25	25	30	30	35	40	40	45	50	55	60	70
	钻孔最大直径	11.5	13.5	13.5	15.5	17.5	20	22	22	24	24	26	26
双行错排	角钢肢宽	125	140	160	180	200		双行并列	角钢肢宽	160	180	200	
	e_1	55	60	70	70	80			e_1	60	70	80	
	e_2	90	100	120	140	160			e_2	130	140	60	
	钻孔最大直径	24	24	26	26	26			钻孔最大直径	24	24	26	

▲ 螺栓螺纹处的有效截面面积

螺栓螺纹处的有效截面面积（A_e），见表4.2.7。

螺栓螺纹处的有效截面面积（A_e） 表4.2.7

公称直径（mm）	12	14	16	18	20	22	24	27	30
螺栓有效截面面积A_e（cm²）	0.843	1.15	1.57	1.92	2.45	3.03	3.53	4.59	5.61
公称直径（mm）	33	36	39	42	45	48	52	56	60
螺栓有效截面面积A_e（cm²）	6.94	8.17	9.76	11.2	13.1	14.7	17.6	20.3	23.6

▲ 孔、螺栓图例

孔、螺栓图例，见表4.2.8。

孔、螺栓图例 表4.2.8

序号	名称	图例	说明
1	永久螺栓		
2	安装螺栓		1. 细"+"线表示定位线
3	高强度螺栓		2. 必须标注孔、螺栓直径
4	螺栓圆孔		
5	长圆形螺栓孔	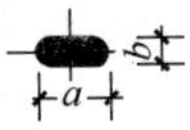	

2. 普通螺栓连接计算

普通螺栓连接计算分为：受剪连接计算、受拉连接计算、受剪力和拉力共同作用的连接计算。

▲（1）受剪连接计算

- 复习《钢标》11.4.1条第1款规定。
- 复习《钢标》11.4.5条。（螺栓超长折减）。

需注意的是：

(1)《钢标》11.4.1条第1款中，螺栓受剪的计算公式（11.4.1-1）、式（11.4.1-3）仅适用于较简单的搭接连接或对接连接（图4.2.39），但当遇到较复杂的螺栓连接时，应通过受力分析确定剪切面的取值、Σt 的取值,如图 4.2.40 所示,板 1 与板 2 间剪切面需传递荷载 $N/3$,板 2 和板 3 间剪切面只传递荷载 $N/6$。从螺栓受剪强度的角度计算所需螺栓数目为 n 时,宜按最大受剪面的荷载进行计算确定,即:

$$n = \frac{N/3}{n_v \frac{\pi d^2}{4} \cdot f_v^b} = \frac{N/3}{1 \times \frac{\pi d^2}{4} \cdot f_v^b} = \frac{N}{3 \times \frac{\pi d^2}{4} \cdot f_v^b}$$

假如简单取剪切面数目 $n_v = 4$,则:

$$n' = \frac{N}{n_v \frac{\pi d^2}{4} \cdot f_v^b} = \frac{N}{4 \times \frac{\pi d^2}{4} \cdot f_v^b}$$

显然 $n > n'$,故假定方法不正确。

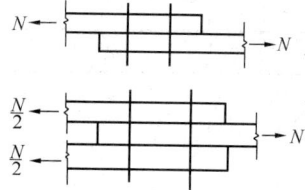

图 4.2.39 简单的抗剪螺栓连接

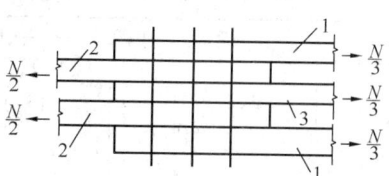

图 4.2.40 较复杂的抗剪螺栓连接

(2)《钢标》11.4.5 条螺栓超长折减,这是因为:当连接处于弹性阶段时,螺栓群中各螺栓受力不相等,两端大而中间小[图 4.2.41(b)],超过弹性阶段出现塑性变形后,因为力重分布使各螺栓受力趋于均匀[图 4.2.41(c)]。但当构件的节点处或拼接缝的一侧螺栓很多,且沿受力方向的连接长度 l_1 过大时,端部的螺栓会因受力过大而首先破坏,随后依次向内发展逐个破坏(即所谓解纽扣现象)。因此,当 $l_1 > 15d_0$ 时,应将螺栓的承载力乘以折减系数 $\eta = 1.1 - \frac{l_1}{150 d_0}$,当 $l_1 > 60d_0$ 时,折减系数为 0.7,d_0 为螺栓孔径。这样,在设计时,当外力通过螺栓群中心时,可认为所有螺栓受力相同。

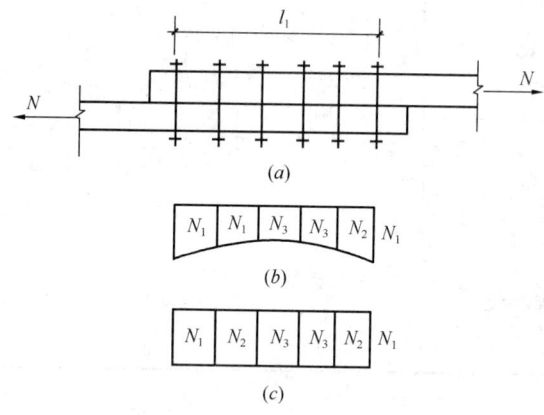

图 4.2.41 螺栓受剪力状态
(a) 受剪螺栓;(b) 弹性阶段受力状态;
(c) 塑性阶段受力状态

但是,螺栓群受剪扭或受扭作用时,螺栓不考虑超长折减系数。

(3)钢板对接拼接时,螺栓连接的传力路线,如图 4.2.42 所示。

螺栓连接的传力路线如图 4.2.42 所示:左边芯板①中的外力 N 通过接缝 4-4 左边的 8 个螺栓传给两块拼接板(也称为盖板)②③,右边芯板④中的外力 N 通过接缝 4-4 右边的 8 个螺栓传给两块拼接板②③,左右两边的外力最后在两块拼接板上达到平衡。因此对

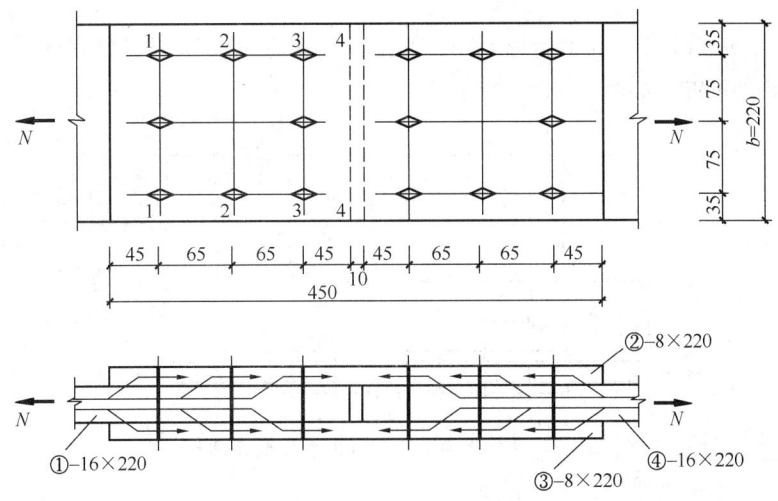

图 4.2.42 钢板对接拼接的传力路线图

芯板①来讲，受力最大是在截面 1-1 处，受力为 N。截面 2-2 处受力已减小为 $5N/8$，因已有 $3N/8$ 的力通过第一列 3 个螺栓传给了拼接板。截面 3-3 处受力最小，其值为 $3N/8$。过了截面 3-3，其内力为零。拼接板②③中的受力情况刚好相反，在截面 3-3 处（略右）受力最大，其值为 N，截面 2-2 处为 $5N/8$，截面 1-1 处最小，为 $3N/8$，过了截面 1-1 其内力为零。由此以来，就可以看出应验算钢板净截面抗拉强度的所在。在截面 1-1 处，芯板①受力最大；在截面 2-2 处，内力较截面 1-1 处为小，钢板上只有两个螺栓孔，因此不需验算。

因拼接板②③的截面面积与芯板①的截面面积完全相同，并且其 f 值均相同，故在验算了钢板的抗拉强度后，拼接板的强度就不必再验算。

另举一例，如图 4.2.43 所示，并列螺栓连接，左边芯板所承担的力 N 通过九个螺栓传至两块拼接板，每个螺栓传递 $N/9$。然后两块拼接板通过右边九个螺栓把力传给右边板件，如此左右板件的内力达到平衡。从力的传递过程中可算出各截面受力的大小，对于芯板，1-1 截面受力为 N，2-2 截面受力为 $N-\dfrac{n_1}{n}N$，3-3 截面受力为 $N-\dfrac{n_1+n_2}{n}N$，1-1 截面受力最大，其净截面面积为：

$$d_c = \max(d+4, d_0) \quad (4.2.1)$$
$$A_n = t(b - n_1 d_c) \quad (4.2.2)$$

因为是并列布置，各个截面的净截面面积相同，所以只需验算受力最大的第一列螺栓处的净截面强度，即 1-1 截面的净截面强度。

对于拼接板，图 4.2.43 中 3-3 截面受力最大，数值为 N，其净截面面积为：

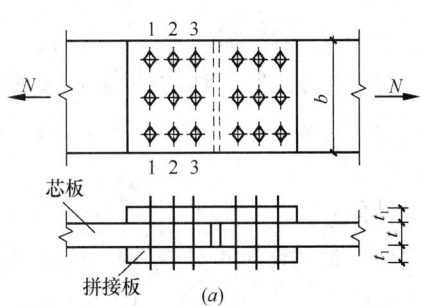
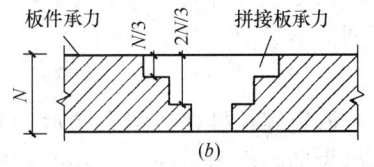

图 4.2.43 螺栓并列布置钢板受力

$$A_n = 2t_1(b - n_3 d_c) \tag{4.2.3}$$

式中，n_1、n_2、n_3、n 分别为第一列、第二列、第三列及总的螺栓数目。

当螺栓错列布置，如图 4.2.44 所示。

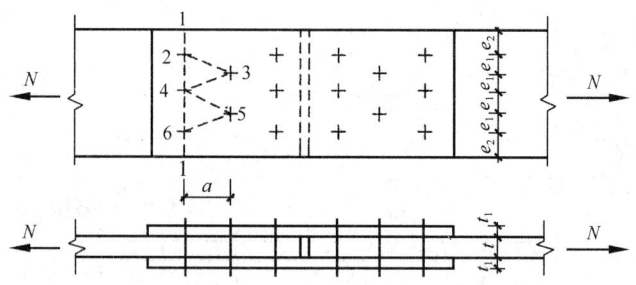

图 4.2.44 螺栓错列布置钢板净截面面积

当列距 a 较小时，板件有可能沿直线 1-1 截面或锯齿形 1-2-3-4-5-6-1 截面破坏，除按式（4.2.1）计算第一列 1-1 截面净截面面积外，还需计算锯齿形的净截面面积：

$$A_n = [2e_2 + (n_2 - 1)\sqrt{a^2 + e_1^2} - n_2 d_c]t \tag{4.2.4}$$

式中　n_2——锯齿形截面上的螺栓数目。

故应同时算出两个可能破坏的净截面面积，然后取其较小者进行强度验算。

【例 4.2.23】 杆件与节点板双面连接采用 22 个螺栓 M24，两排并列布置，沿螺栓受剪切方向按最小间距排出，螺栓的承载力折减系数是下列何项数值？

(A) 0.7　　　　(B) 0.8　　　　(C) 0.9　　　　(D) 1.0

【解答】（1）最小间距排列，22 个螺栓，双面连接，两排并列，则连接长度 $l_1 = (11-1) \times 3d_0 = 30d_0$。

（2）根据《钢标》11.4.5 条规定，$15d_0 < l_1 = 30d < 60d_0$

折减系数为：$1.1 - \dfrac{l_1}{150d_0} = 1.1 - \dfrac{30d}{150d_0} = 0.9$

故应选 (C) 项。

【例 4.2.24】 两块钢板用 C 级普通螺栓的盖板连接，如图 4.2.45 所示，轴心拉力设计值 $N = 350$kN，钢材为 Q235 钢，螺栓直径 $d = 18$mm，螺栓孔径 $d_0 = 19.5$mm。$\gamma_0 = 1.0$。

试问：

(1) 假定钢板不会破坏，连接一侧所需螺栓数目，应为下列何项数值？

(A) 8　　　　(B) 10　　　　(C) 12　　　　(D) 14

(2) 假定螺栓排列如图中所示，为 8 个螺栓，该连接钢板的最小净截面面积（mm²），应为下列何项数值？

(A) 1888　　　(B) 1862　　　(C) 1829　　　(D) 1804

(3) 假定螺栓排列如图中所示，为 8 个螺栓，若取 $A_n = 1800$mm²，该连接钢板所能承受的最大轴心拉力设计值（kN），应为下列何项数值？

(A) 351　　　　(B) 390　　　　(C) 466　　　　(D) 482

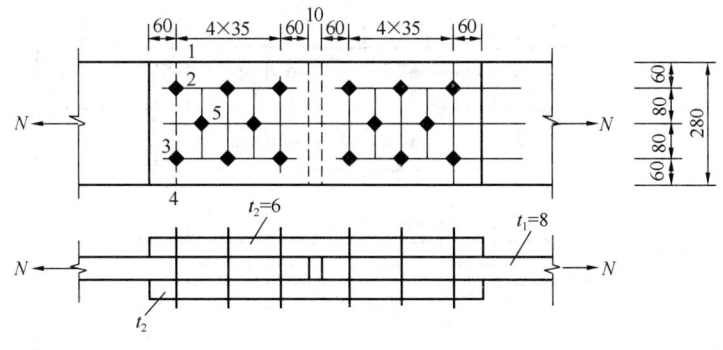

图 4.2.45

【解答】 (1) 根据《钢标》11.4.1 条第 1 款规定：

单个螺栓抗剪承载力设计值：

$$N_v^b = n_v \frac{\pi d^2}{4} f_v^b = 2 \times \frac{\pi \times 18^2}{4} \times 140 = 71.2 \text{kN}$$

单个螺栓承压承载力设计值，取 $\Sigma t = 8\text{mm}$

$$N_c^b = d\Sigma t f_c^b = 18 \times 8 \times 305 = 43.9 \text{kN}$$

故取 $N_{min}^b = 43.9 \text{kN}$

连接一侧所有螺栓数应为：

$$n = \frac{N}{N_{min}^b} = \frac{350}{43.9} = 7.97，取 8 个。$$

连接长度 $l_1 = 4 \times 35 = 140\text{mm} < 15d_0 = 15 \times 19.5 = 292.5\text{mm}$
故不考虑超长折减。
故选 (A) 项。

(2) $d_c = \max(d+4, d_0) = \max(18+4, 19.5) = 22\text{mm}$

沿 1—2—3—4 线破坏时：

$$A_{nI} = (280 - 2 \times 22) \times 8 = 1888 \text{mm}^2$$

沿 1—2—5—3—4 线破坏时：

$$A_{nII} = (2 \times 60 + 2 \times \sqrt{80^2 + 35^2} - 3 \times 22) \times 8 = 1829 \text{mm}^2$$

取较小值，$A_n = 1829 \text{mm}^2$，故选 (C) 项。

(3) 因 $A_{n,min} = 1800 \text{mm}^2$，根据《钢标》7.1.1 条：

$N \leq Af = 280 \times 8 \times 215 = 481.6 \text{kN}$

$N \leq A_n \cdot 0.7 f_u = 1800 \times 0.7 \times 370 = 466.2 \text{kN}$

$N \leq 8 N_{min}^b = 8 \times 43.9 = 351.2 \text{kN}$

取较小值，故取 $N = 351.2 \text{kN}$
故选 (A) 项。

【例 4.2.25】 如图 4.2.46 所示用 C 级普通螺栓 M20 的钢板拼接，钢材为 Q235 钢，螺栓孔径 $d_0 = 22\text{mm}$。$\gamma_0 = 1.0$。

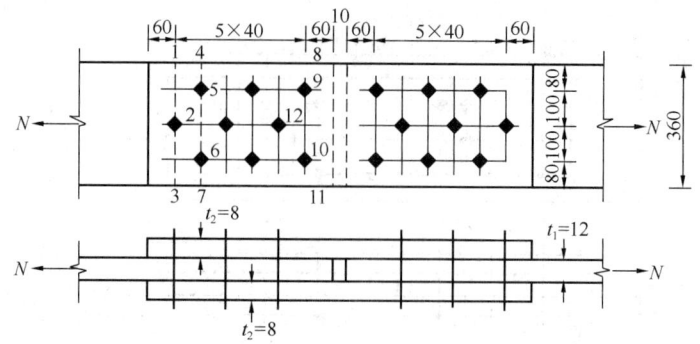

图 4.2.46

试问：

(1) 该螺栓群所能承受的最大轴心拉力设计值（kN），应为下列何项数值？

(A) 659　　　　(B) 689　　　　(C) 792　　　　(D) 803

(2) 芯板所能承受的最大轴心拉力设计值（kN），应为下列何项数值？

(A) 1090　　　(B) 1040　　　(C) 945　　　　(D) 930

(3) 盖板所能承受的最大轴心拉力设计值（kN），应为下列何项数值？

(A) 1238　　　(B) 1260　　　(C) 1290　　　(D) 1060

【解答】（1）根据《钢标》11.4.5 条规定，本题连接长度 $l_1=5\times40=200$mm，$15d_0=15\times22=330$mm，不考虑超长折减。

根据《钢标》11.4.1 条规定：

$$N_v^b = n_v \frac{\pi d^2}{4} f_v^b = 2 \times \frac{\pi \times 20^2}{4} \times 140 = 87.9\text{kN}$$

$$N_c^b = d\Sigma t f_c^b = 20 \times 12 \times 305 = 73.2\text{kN}$$

取 $N_{\min}^b = 73.2$kN

$$N = nN_{\min}^b = 9 \times 73.2 = 658.8\text{kN}$$

故应选（A）项。

(2) 芯板受力左侧最大。

$$d_c = \max(d+4, d_0) = \max(20+4, 22) = 24\text{mm}$$

取破坏线 1—2—3 截面：

$$A_{n1} = (360 - 1 \times 24) \times 12 = 4032\text{mm}^2$$

根据《钢标》7.1.1 条：

$$N_1 = A_{n1} 0.7 f_u = 4032 \times 0.7 \times 370 = 1044.3\text{kN}$$

$$N_2 = Af = 360 \times 12 \times 215 = 928.8\text{kN}$$

取破坏线 4—5—2—6—7 截面：

$$A_{n2} = (80 \times 2 + 2 \times \sqrt{40^2 + 100^2} - 3 \times 24) \times 12 = 3641\text{mm}^2$$

$$N_3 = A_{n2} 0.7 f_u = 3641 \times 0.7 \times 370 = 943\text{kN}$$

取破坏线 4—5—6—7 截面：

$$A_{n3} = (360 - 2 \times 24) \times 12 = 3744\text{mm}^2$$

因在破坏线 4－5－6－7 截面的左侧已有 n_1 个螺栓传走了 $\frac{n_1}{n}N$ 的力，则：

$$\left(1-\frac{n_1}{n}\right)N_4 = A_{n3}0.7f_u$$

$$N_4 = \frac{A_{n3}0.7f_u}{1-n_1/n} = \frac{3744 \times 0.7 \times 370}{1-1/9} = 1090.9\text{kN}$$

取 $N = \min(N_1, N_2, N_3, N_4) = 928.8\text{kN}$，故应选（D）项。

(3) 连接盖板受力是连接中央附近受力最大。

取破坏线 8－9－10－11 截面：

$$A_{n1} = (360 - 2\times 24)\times 2\times 8 = 4992\text{mm}^2$$

$$N_1 = A_{n1}0.7f_u = 4992\times 0.7\times 370 = 1292.9\text{kN}$$

$$N_2 = Af = (360\times 8\times 2)\times 215 = 1238.4\text{kN}$$

取破坏线 8－9－12－10－11 截面：

$$A_{n2} = (2\times 80 + 2\times\sqrt{40^2+100^2} - 3\times 24)\times 2\times 8 = 4855\text{mm}^2$$

$$N_3 = A_{n2}0.7f_u = 4855\times 0.7\times 370 = 1257.4\text{kN}$$

取较小值，$N = 1238.4\text{kN}$，故应选（A）项。

【例 4.2.26】 角钢与节点板搭接采用螺栓连接，钢材为 Q235 钢，用 C 级普通螺栓，选用 M20（$d_0 = 21.5\text{mm}$），角钢采用 $2L90\times 6$ 组成 T 形截面，如图 4.2.47 所示，其截面面积 $A = 2120\text{mm}^2$。螺栓按最小间距排列。$\gamma_0 = 1.0$。

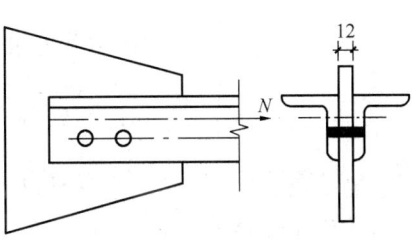

图 4.2.47

试问：

(1) 不考虑螺栓中心线与构件形心轴线偏心的影响，当静载基本组合下轴心拉力设计值 $N = 280\text{kN}$，确定螺栓数目，应为下列何项数值？

(A) 3   (B) 4   (C) 5   (D) 6

(2) 采用单角钢与节点板搭接，考虑偏心影响后的静载基本组合下轴心拉力设计值 $N = 175\text{kN}$，确定螺栓数目，应为下列何项数值？

(A) 3   (B) 4   (C) 5   (D) 6

(3) 采用双角钢 T 形截面，螺栓数量为 8 个，单排布置，确定该连接构件的静载受拉承载力设计值（kN），应为下列何项数值？

(A) 382   (B) 456   (C) 475   (D) 562

【解答】 (1) 根据《钢标》11.4.1 条规定：

单个螺栓的受剪、承压承载力设计值为：

$$N_v^b = n_v\frac{\pi d^2}{4}f_v^b = 2\times\frac{\pi\times 20^2}{4}\times 140 = 87.9\text{kN}$$

$$N_c^b = d\Sigma t f_c^b = 20\times 12\times 305 = 73.2\text{kN}$$

取较小值，$N^b = 73.2\text{kN}$

$$n = \frac{N}{N^b} = \frac{280}{73.2} = 3.8,\text{取 } n = 4 \text{ 个}$$

连接长度 $l_1=(4-1)\times 3d_0=9d_0<15d_0$，不考虑超长折减，故选（B）项。

(2) 根据《钢标》11.4.1条规定：

$$N_v^b = n_v \frac{\pi d^2}{4} f_v^b = 1 \times \frac{\pi \times 20^2}{4} \times 140 = 43.96\text{kN}$$

$$N_c^b = d\Sigma t f_c^b = 20 \times 6 \times 305 = 36.6\text{kN}$$

取较小值，$N^b = 36.6\text{kN}$

$$n = \frac{N}{N^b} = \frac{175}{36.6} = 4.8，取 n=5$$

单面连接，由《钢标》11.4.4条第2款规定：

$n = 5 \times (1+10\%) = 5.5$ 个，故取 $n=6$ 个

故选(D)项。

(3) 螺栓群的最大承载力值，因连接长度 $l_1=(8-1)\times 3d_0 = 21d_0 > 15d_0$，应考虑超长折减系数 η：

$$\eta = 1.1 - \frac{l_1}{150d_0} = 1.1 - \frac{21d_0}{150d_0} = 0.96 > 0.7$$

单个螺栓的受剪、承压承载力设计值为：

$$N_v^b = n_v \frac{\pi d^2}{4} f_v^b \eta = 2 \times \frac{\pi \times 20^2}{4} \times 140 \times 0.96 = 84.40\text{kN}$$

$$N_c^b = d\Sigma t f_c^b \eta = 20 \times 12 \times 305 \times 0.96 = 70.27\text{kN}$$

取较小值，$N^b = 70.27\text{kN}$

$$N_1 = nN^b = 8 \times 70.27 = 562.16\text{kN}$$

构件双角钢的受拉承载力设计值为：

$$d_c = \max(20+4, 21.5) = 24\text{mm}$$

$$A_n = 2120 - 2 \times 6 \times 24 = 1832\text{mm}^2$$

$$N_2 = A_n 0.7 f_u = 1832 \times 0.7 \times 370 = 475\text{kN}$$

$$N_3 = Af = 2120 \times 215 = 456\text{kN}$$

取较小值，$N = 456\text{kN}$

故选（B）项。

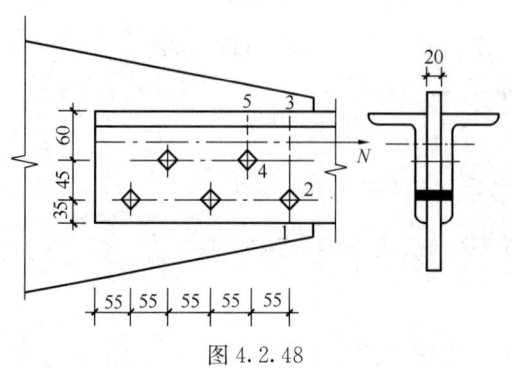

图 4.2.48

【例 4.2.27】 角钢与节点板搭接采用螺栓连接，钢材为 Q345 钢，用 A 级普通螺栓 8.8 级，选用 M22（$d_0=23.5\text{mm}$），角钢采用 2L140×10 组成 T 形截面，如图 4.2.48 所示，其截面面积 $A=5475\text{mm}^2$，螺栓采用双行错排。$\gamma_0=1.0$。

提示：不考虑螺栓与构件形心轴线偏心的影响。

试问：

(1) 当静载基本组合下轴心拉力设计值 $N=1300\text{kN}$，确定螺栓数目，应为下列何项数值？

(A) 6　　　　　(B) 7　　　　　(C) 8　　　　　(D) 9

(2) 假定螺栓数目为 5 个，按图中双行错排，确定该连接能承受的静载受拉承载力设计值（kN），应为下列何项数值？

(A) 1122　　　(B) 1177　　　(C) 1550　　　(D) 1630

【解答】(1) Q345 钢，$t=10\text{mm}$，$f=305\text{N/mm}^2$，$f_\text{u}=470\text{N/mm}^2$

A 级螺栓，$f_\text{v}^\text{b}=320\text{N/mm}^2$，$f_\text{c}^\text{b}=510\text{N/mm}^2$

单个螺栓受剪、承压承载力设计值为：

$$N_\text{v}^\text{b}=n_\text{v}\frac{\pi d^2}{4}f_\text{v}^\text{b}=2\times\frac{\pi\times22^2}{4}\times320=243.3\text{kN}$$

$$N_\text{c}^\text{b}=d\Sigma t f_\text{c}^\text{b}=22\times20\times510=224.4\text{kN}$$

取 $N^\text{b}=224.4\text{kN}$。

螺栓数目：$n=\dfrac{N}{N^\text{b}}=\dfrac{1300}{224.4}=5.79$，取 $n=6$ 个

连接长度 $l_1=5\times55=275\text{mm}<15d_0=15\times23.5=352.5\text{mm}$

根据《钢标》11.4.5 条规定，不考虑超长折减。

故选（A）项。

(2) 因连接长度 $l_1=4\times55=220\text{mm}<15d_0=352.5\text{mm}$，不考虑超长折减，由前述结果，则：

$$N^\text{b}=\min(N_\text{v}^\text{b},N_\text{c}^\text{b})=224.4\text{kN}$$

$$N=n\cdot N^\text{b}=5\times224.4=1122\text{kN}$$

双角钢的受拉承载力设计值为：

$$d_\text{c}=\max(22+4,23.5)=26\text{mm}$$

取破坏线 1－2－3 截面：

$$A_{\text{n}1}=A-2\times10\times26=5475-2\times10\times26=4955\text{mm}^2$$

$$N_1=A_{\text{n}1}0.7f_\text{u}=4955\times0.7\times470=1630.2\text{kN}$$

取破坏线 1－2－4－5 截面：

$$A_{\text{n}2}=A+2\times(\sqrt{55^2+45^2}-45)\times10-2\times26\times10\times2=4956\text{mm}^2$$

$$N_2=A_{\text{n}2}0.7f_\text{u}=4956\times0.7\times470=1630.5\text{kN}$$

$$N_3=Af=5475\times305=1669.9\text{kN}$$

取该连接所能承受的静态受拉承载力设计值为 1122kN。

故选（A）项。

【例 4.2.28】 如图 4.2.49 某构件为单角钢，承受静载基本组合下轴心拉力 N，其截面为 L80×5（$A=791\text{mm}^2$），采用与构件相同截面的拼接角钢进行拼接，用 C 级 M20 普通

螺栓连接($d_0=21.5$mm)。钢材为 Q235 钢。$\gamma_0=1.0$。

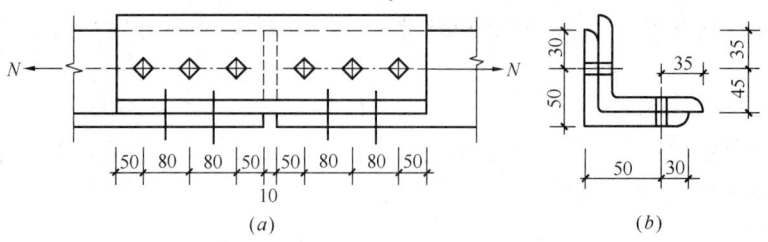

图 4.2.49

试问：

(1) 该螺栓群连接的受剪承载力设计值（kN），应为下列何项数值？
(A) 91.5 (B) 219.8 (C) 131.9 (D) 152.5

(2) 拼接角钢的受拉承载力设计值（kN），应为下列何项数值？
(A) 135 (B) 145 (C) 155 (D) 170

(3) 构件的受拉承载力设计值（kN），应为下列何项数值？
(A) 135 (B) 145 (C) 155 (D) 170

【解答】 (1) 单个螺栓受剪、承压承载力设计值为：

$$N_v^b = n_v \frac{\pi d^2}{4} f_v^b = 1 \times \frac{\pi \times 20^2}{4} \times 140 = 43.96\text{kN}$$

$$N_c^b = d\Sigma t f_c^b = 20 \times 5 \times 305 = 30.5\text{kN}$$

取 $N_{\min}^b = 30.5$kN。

一侧螺栓数目为 5 个，则：

$$N = nN_{\min}^b = 5 \times 30.5 = 152.5\text{kN}$$

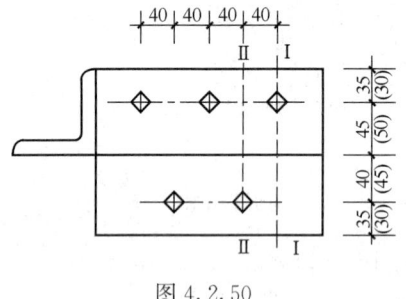

图 4.2.50

故选（D）项。

(2) 将拼接角钢截面展开，如图 4.2.50 所示。

$$d_c = \max(20+4, 21.5) = 24\text{mm}$$

取直线 Ⅰ-Ⅰ 截面：

$$A_{n1} = A - 1 \times 24 \times 5 = 671\text{mm}^2$$

取齿状线 Ⅱ-Ⅱ 截面：

$$A_{n2} = A + (\sqrt{85^2+40^2} - 85) \times 5 - 2 \times 24 \times 5$$
$$= 595.7\text{mm}^2$$

受拉承载力设计值 N：

$$N = A_{n2} 0.7 f_u = 595.7 \times 0.7 \times 370 = 154.3\text{kN}$$

$$N = Af = 791 \times 215 = 170.1\text{kN}$$

故取 $N = 154.3$kN

故选（C）项。

(3) 构件角钢截面展开，如图 4.2.50 所示，取括号内数字：

取直线 Ⅰ-Ⅰ 截面：

$$A_{n1} = A - 1 \times 24 \times 5 = 671\text{mm}^2$$

取齿状线 Ⅱ-Ⅱ 截面：

$$A_{n2} = A + (\sqrt{95^2 + 40^2} - 95) \times 5 - 2 \times 24 \times 5 = 591.4 \text{mm}^2$$

受拉承载力设计值 N：

$$N = A_{n2} 0.7 f_u = 591.4 \times 0.7 \times 370 = 153.2 \text{kN}$$
$$N = Af = 791 \times 215 = 170.1 \text{kN}$$

故 $N = 153.2$ kN，应选（C）项。

【例 4.2.29】 如图 4.2.51 所示，普通螺栓群连接，用 C 级普通螺栓 M22，已知柱翼缘厚度为 10mm，连接板厚度为 8mm，钢材为 Q235 钢，静载基本组合下设计值 $F = 150$ kN，偏心距 $e = 250$ mm。$\gamma_0 = 1.0$。

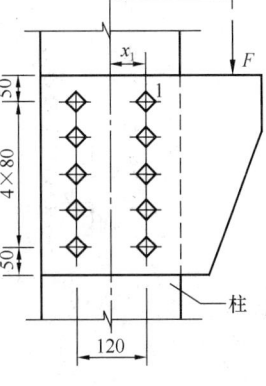

图 4.2.51

试问：

(1) 单个螺栓受到的最大剪力设计值（kN），应为下列何项数值？

(A) 46.5　　　　(B) 42.3
(C) 52.3　　　　(D) 58.2

(2) 单个螺栓承压承载力设计值（kN），应为下列何项数值？

(A) 53.7　　　　(B) 55.8
(C) 67.1　　　　(D) 69.2

【解答】 (1) 螺栓群偏心受剪时，连接板件绕螺栓群形心旋转，各螺栓所受剪力大小与该螺栓至形心距离成正比，其方向则与连线（即螺栓与形心之间的连线）垂直。

故图中 1 点处螺栓受剪最不利。

$$T = F \cdot e = 150 \times 0.25 = 37.5 \text{kN} \cdot \text{m}$$

$$N_{1Tx} = \frac{T \cdot y_1}{\Sigma x_i^2 + \Sigma y_i^2} = \frac{37.5 \times 10^6 \times 160}{10 \times 60^2 + (4 \times 80^2 + 4 \times 160^2)} = 36.6 \text{kN}$$

$$N_{1Ty} = \frac{T \cdot x_1}{\Sigma x_i^2 + \Sigma y_i^2} = \frac{37.5 \times 10^6 \times 60}{10 \times 60^2 + (4 \times 80^2 + 4 \times 160^2)} = 13.7 \text{kN}$$

F 产生的竖向剪力 N_{1F}，由每个螺栓平均承担：

$$N_{1F} = \frac{F}{n} = \frac{150}{10} = 15 \text{kN}$$

$$N_1 = \sqrt{N_{1Tx}^2 + (N_{1Ty} + N_{1F})^2} = \sqrt{36.6^2 + (13.7 + 15)^2} = 46.5 \text{kN}$$

故选（A）项。

(2) $N_c^b = d \Sigma t \cdot f_c^b = 22 \times 8 \times 305 = 53.7 \text{kN} > N_1 = 46.5 \text{kN}$

故选（A）项。

▲ (2) 受拉计算和同时受拉、受剪共同作用的计算

- 复习《钢标》11.4.1 条第 2、3 款的规定。

普通螺栓群偏心受拉时，存在两种情况：小偏心受拉和大偏心受拉。计算时，首先应判别偏心受拉的类别，可先按小偏心受拉进行计算，此时螺栓群绕其形心转动，若$N_{\min}>0$，则属于小偏心受拉；反之，若$N_{\min}<0$，则属于大偏心受拉。

【例4.2.30】 如图4.2.52为一刚接屋架下弦节点，竖向力由承托承受，用C级普通螺栓。静载基本组合下拉力设计值$N=250\text{kN}$，$e=100\text{mm}$。$\gamma_0=1.0$。

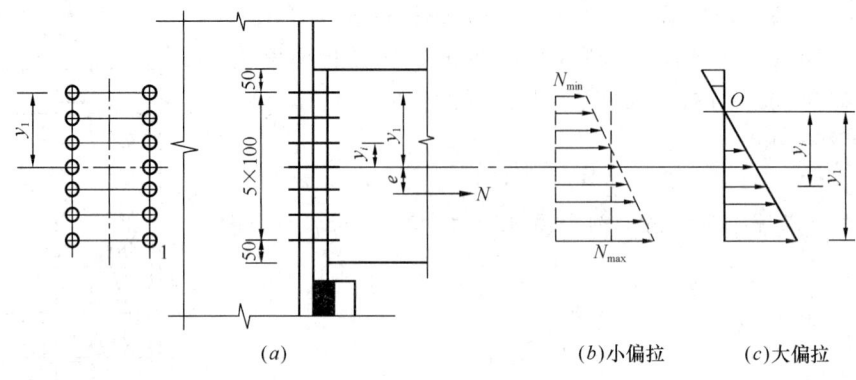

图4.2.52

试问：

(1) 单个螺栓的有效面积A_e（mm^2），至少应为下列何项数值？

(A) 228　　　(B) 232　　　(C) 238　　　(D) 212

(2) 假定偏心距$e=200\text{mm}$，则单个螺栓的有效面积A_e（mm^2），应为下列何项数值？

(A) 245　　　(B) 270　　　(C) 290　　　(D) 310

【解答】 (1) 按小偏心受拉计算：

$$N_{\min}=\frac{N}{n}-\frac{Ne\cdot y_1}{\Sigma y_i^2}$$

$$=\frac{250\times10^3}{12}-\frac{250\times0.1\times10^6\times250}{4\times(50^2+150^2+250^2)}=2.98\text{kN}>0$$

属于小偏心受拉，螺栓受力如图4.2.52(b)所示，绕螺栓群形心旋转，底部1号螺栓受力最大：

$$N_{\max}=\frac{N}{n}+\frac{Ney_1}{\Sigma y_i^2}=\frac{250\times10^3}{12}+\frac{250\times0.1\times10^6\times250}{4\times(50^2+150^2+250^2)}=38.69\text{kN}$$

根据《钢标》11.4.2条第2款规定：

$$A_e=\frac{N_{\max}}{f_t^b}=\frac{38.69\times10^3}{170}=227.6\text{mm}^2$$

故应选（A）项。

(2) 按小偏心受拉计算（$e=0.2\text{m}$）：

$$N_{\min}=\frac{N}{n}-\frac{Ne\cdot y_1}{\Sigma y_1^2}=\frac{250\times10^3}{12}-\frac{250\times0.2\times10^6\times250}{4\times(50^2+150^2+250^2)}$$

$$=-14.88\text{kN}<0$$

故属于大偏心受拉，螺栓受力如图 4.2.52(c) 所示，绕顶排螺栓旋转，底部 1 号螺栓受力最大：

$$N_{\max}=\frac{Ne\cdot y_1}{\Sigma y_i^2}=\frac{250\times(0.2+0.3)\times 10^6\times 600}{2\times(600^2+500^2+400^2+300^2+200^2+100^2)}$$

$$=41.2\text{kN}$$

$$A_e=\frac{N_{\max}}{f_t^b}=\frac{41.2\times 10^3}{170}=242\text{mm}^2$$

故应选（A）项。

【**例 4.2.31**】 如图 4.2.53 所示为短横梁与柱翼缘的连接，C 级 M20 普通螺栓（$d_0=21.5\text{mm}$），$A_e=244.8\text{mm}^2$，梁端垫板下有承托，钢材为 Q235 钢，荷载基本组合下竖向力设计值 $F=250\text{kN}$，$e=120\text{mm}$。$\gamma_0=1.0$。

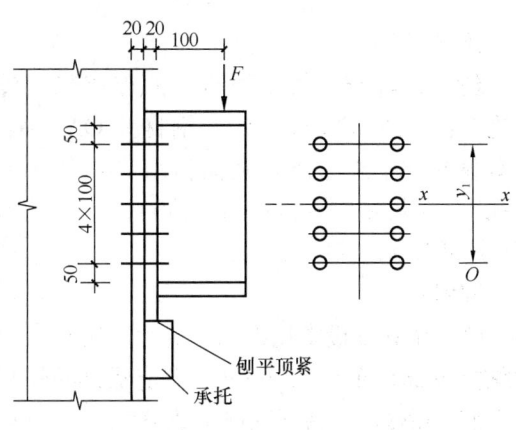

图 4.2.53

试问：

（1）承托承受全部剪力时，螺栓所承受的最大拉力设计值（kN），应为下列何项数值？

(A) 20　　　　　　(B) 25
(C) 30　　　　　　(D) 38

（2）假定承托在安装后拆去，即不承受剪力，则螺栓在剪力、拉力共同作用下，$\sqrt{\left(\dfrac{N_v}{N_v^b}\right)^2+\left(\dfrac{N_t}{N_t^b}\right)^2}$ 之值，应为下列何项数值？

(A) 0.76　　(B) 0.82　　(C) 0.65　　(D) 0.89

【**解答**】 (1) 将力 F 向螺栓群形心简化，产生剪力 $V=F$，弯矩 $M=Fe$，螺栓群绕最下排螺栓转动，故最上排螺栓受力最大：

$$N_{\max}=\frac{M\cdot y_1}{\Sigma y_i^2}=\frac{250\times 0.12\times 10^6\times 400}{2\times(400^2+300^2+200^2+100^2)}=20\text{kN}$$

故选（A）项。

(2) 此时，螺栓群承受全部剪力和弯矩。

螺栓群连接长度 $l_1=400\text{mm}>15d_0=15\times 21.5=322.5\text{mm}$，根据《钢标》11.4.5 条规定，应考虑超长折减系数 η：

$$\eta=1.1-\frac{l_1}{150d_0}=1.1-\frac{400}{150\times 21.5}=0.976>0.7$$

单个螺栓的受剪、承压承载力为：

$$N_v^b=n_v\frac{\pi d^2}{4}f_v^b\eta=1\times\frac{3.14\times 20^2}{4}\times 140\times 0.976=42.9\text{kN}$$

$$N_c^b=d\Sigma tf_c^b\eta=20\times 20\times 305\times 0.976=119.1\text{kN}$$

单个螺栓的受拉承载力（不计超长折减）为：

$$N_t^b = \frac{\pi d_e^2}{4} \cdot f_t^b = 244.8 \times 170 = 41.62 \text{kN}$$

一个螺栓的最大拉力：
$$N_t = 20 \text{kN}$$

一个螺栓的最大剪力：
$$N_v = \frac{V}{n} = \frac{250}{10} = 25 \text{kN}$$

根据《钢标》11.4.1 条第 3 款规定：

$$\sqrt{\left(\frac{N_v}{N_v^b}\right)^2 + \left(\frac{N_t}{N_t^b}\right)^2} = \sqrt{\left(\frac{25}{42.9}\right)^2 + \left(\frac{20}{41.62}\right)^2} = 0.755 < 1$$

故选（A）项。

【例 4.2.32】 某牛腿与柱的连接采用螺栓连接，如图 4.2.54 所示，钢材为 Q235 钢。在荷载的基本组合下，竖向荷载设计值 $F=100\text{kN}$，偏心距 $e=200\text{mm}$，轴向拉力设计值 $N=150\text{kN}$。$\gamma_0=1.0$。

试问：

(1) 牛腿下设支托板承受剪力，用 C 级普通螺栓 M20，$A_e=245\text{mm}^2$，确定螺栓的最大拉力值（kN），应为下列何项数值？

(A) 33　　　　　　(B) 37
(C) 30　　　　　　(D) 41

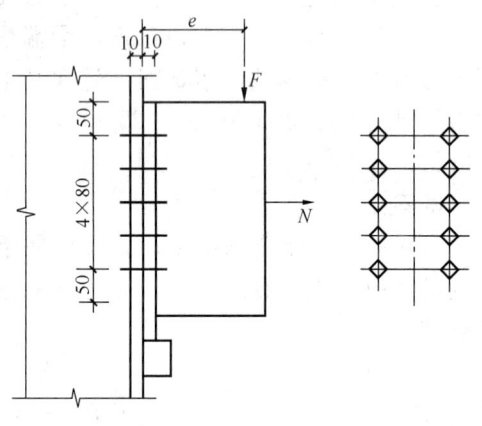

图 4.2.54

(2) 假定不考虑支托抗剪，用 A 级普通螺栓 5.6 级，M20（$A_e=245\text{mm}^2$），偏心距 e 值不变，确定受力最大螺栓的 $\sqrt{\left(\frac{N_v}{N_v^b}\right)^2 + \left(\frac{N_t}{N_t^b}\right)^2}$ 之值，应为下列何项数值？

(A) 0.68　　　　　(B) 0.73　　　　　(C) 0.63　　　　　(D) 0.75

(3) 假定不考虑支托抗剪，偏心距 $e=100\text{mm}$，取用 A 级普通螺栓 5.6 级，M20（$A_e=245\text{mm}^2$），确定受力最大螺栓的 $\sqrt{\left(\frac{N_v}{N_v^b}\right)^2 + \left(\frac{N_t}{N_t^b}\right)^2}$ 之值，应为下列何项数值？

(A) 0.56　　　　　(B) 0.68　　　　　(C) 0.72　　　　　(D) 0.65

【解答】（1）此时螺栓群不承受剪力，在拉力 N、弯矩 Fe 作用下，假定螺栓受力绕螺栓群形心转动，最下排螺栓拉力为最小：

$$N_{\min} = \frac{N}{n} - \frac{M \cdot y_1}{\sum y_i^2}$$

$$= \frac{150 \times 10^3}{10} - \frac{100 \times 0.2 \times 10^6 \times 160}{4 \times (80^2 + 160^2)} = -10 \text{kN} < 0$$

故最下排螺栓受压，螺栓群绕最下排螺栓转动，顶排螺栓受力最大：

$$N_{\max} = \frac{(Fe + N \cdot 160) \cdot y_1}{\sum y_i^2} = \frac{(100 \times 0.2 \times 10^6 + 150 \times 160 \times 10^3) \times 320}{2 \times (80^2 + 160^2 + 240^2 + 320^2)}$$

$$= 36.67 \text{kN}$$

故选（B）项。

（2）5.6级螺栓，查《钢标》表，$f_t=210\text{N}/\text{mm}^2$，$f_v^b=190\text{N}/\text{mm}^2$，$f_c^b=405\text{N}/\text{mm}^2$，螺栓此时承受剪力，螺栓连接长度 $l_1=320\text{mm}<15d_0=15\times21.5=322.5\text{mm}$，不考虑超长折减。

单个螺栓受剪、承压承载力为：

$$N_v^b = n_v \frac{\pi d^2}{4} f_v^b = 1 \times \frac{\pi \times 20^2}{4} \times 190 = 59.66\text{kN}$$

$$N_c^b = d\Sigma t \cdot f_c^b = 20 \times 10 \times 405 = 81.0\text{kN}$$

单个螺栓受拉承载力为：

$$N_t^b = \frac{\pi d_e^2}{4} f_t = 245 \times 210 = 51.45\text{kN}$$

单个螺栓的剪力值为：

$$N_v = \frac{V}{n} = \frac{100}{10} = 10\text{kN} < N_c^b = 81.0\text{kN}，满足。$$

单个螺栓的最大拉力值 N_t，由前述结果知：$N_t=N_{\max}=36.67\text{kN}$

$$\sqrt{\left(\frac{N_v}{N_v^b}\right)^2+\left(\frac{N_t}{N_t^b}\right)^2}=\sqrt{\left(\frac{10}{59.66}\right)^2+\left(\frac{36.67}{51.45}\right)^2}=0.732<1$$

故选（B）项。

（3）先假定螺栓受力绕螺栓群形心转动，最下排螺栓拉力为最小：

$$N_{\min}=\frac{N}{n}-\frac{M\cdot y_1}{\Sigma y_i^2}$$

$$=\frac{150\times10^3}{10}-\frac{100\times0.1\times10^6\times160}{4\times(80^2+160^2)}=2.5\text{kN}>0$$

故螺栓受力绕螺栓群形心转动，最顶排螺栓拉力为最大：

$$N_{\max,t}=\frac{N}{n}+\frac{M\cdot y_1}{\Sigma y_i^2}$$

$$=\frac{150\times10^3}{10}+\frac{100\times0.1\times10^6\times160}{4\times(80^2+160^2)}=27.5\text{kN}$$

根据前述结果知：$N_v=10\text{kN}$、$N_v^b=59.66\text{kN}$、$N_t^b=51.45\text{kN}$。

$$\sqrt{\left(\frac{N_v}{N_v^b}\right)^2+\left(\frac{N_t}{N_t^b}\right)^2}=\sqrt{\left(\frac{10}{59.66}\right)^2+\left(\frac{27.5}{51.45}\right)^2}=0.560<1$$

故选（A）项。

三、高强度螺栓连接

1. 构造要求与基本规定

《钢通规》规定：

> **4.5.3** 高强度螺栓承压型连接不应用于直接承受动力荷载重复作用且需要进行疲劳计算的构件连接。

● 复习《钢标》11.5.1 条~11.5.6 条。

【例 4.2.33】 构件拼接方法下列见解中,何项不正确?说明理由。
(A) H 型钢对接宜采用坡口焊透,焊接质量等级为二级
(B) 角钢拼接可用坡口焊透或钢板搭接
(C) 钢板拼接可用搭接或对接
(D) 角钢、型钢对接可用相同型号拼接件,用高强度螺栓连接

【解答】 根据《钢标》11.5.5 条规定,(D) 项不正确,即采用高强度螺栓连接时,其拼接件宜用钢板。

2. 高强度螺栓连接计算

● 复习《钢标》11.4.2 条、11.4.3 条。
● 复习《钢标》11.4.5 条。(高强度螺栓超长折减)

需注意的是:

(1) 高强度螺栓摩擦型连接,在轴心力作用下,存在孔前接触面传力,如图 4.2.55 所示。芯板①在 Ⅰ-Ⅰ 截面处,螺栓孔前传力为:$0.5 \times 2 \times \frac{N}{8} = \frac{1}{8}N$,故 Ⅰ-Ⅰ 截面处传力为:$N - \frac{1}{8}N = \frac{7}{8}N$;同理,芯板①在 Ⅱ-Ⅱ 截面处,螺栓孔前传力为:$2 \times \frac{1}{8}N + 0.5 \times 3 \times \frac{1}{8}N = \frac{3.5}{8}N$,故 Ⅱ-Ⅱ 截面处传力为:$N - \frac{3.5}{8}N = \frac{4.5}{8}N$。

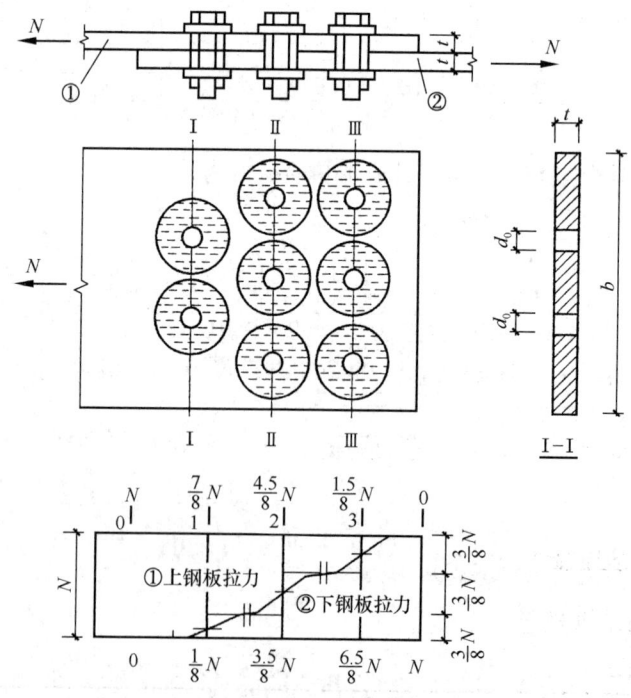

图 4.2.55 轴心力作用下高强度螺栓摩擦型连接

此时,强度验算,按《钢标》7.1.1 条规定。

(2) 高强度螺栓群承受大偏拉,或小偏拉,或受弯作用时,由于连接板中存在较大的预拉力作用。当螺栓最大拉力小于 $0.8P$(P 为预拉力)时,连接板间始终处于紧密接触,故螺栓群旋转中心(即:中和轴)位于螺栓群的形心处。

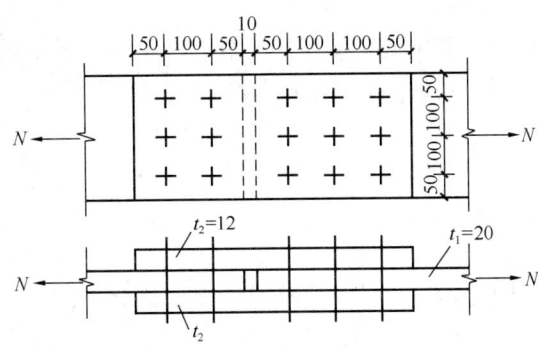

图 4.2.56

【例 4.2.34】 如图 4.2.56 所示为双盖板拼接的钢板连接,钢材为 Q235-B,采用高强度螺栓为 8.8 级的 M20,连接处构件接触面用喷硬质石英砂处理,作用在螺栓群形心处荷载基本组合下的轴心拉力设计值 $N=800$kN。采用标准圆孔。$\gamma_0=1.0$。

试问:
(1) 采用高强度螺栓摩擦型连接,确定其螺栓数目,应为下列何项?
    (A) 6   (B) 7   (C) 8   (D) 9
(2) 采用高强度螺栓承压型连接,确定其螺栓数目,应为下列何项?
    (A) 6   (B) 7   (C) 8   (D) 9

【解答】 (1) 查《钢标》表 11.4.2-2,预拉力 $P=125$kN
查《钢标》表 11.4.2-1,$\mu=0.45$

$$N_v^b = 0.9kn_f\mu P = 0.9 \times 1 \times 2 \times 0.45 \times 125 = 101.3\text{kN}$$

$$n = \frac{N}{N_v^b} = \frac{800}{101.3} = 7.9,\text{取 } n=8。$$

故选(C)项。

(2) 用高强度螺栓承压型连接,根据《钢标》11.4.3 条规定:

$$N_v^b = n_v \frac{\pi d^2}{4} f_v^b = 2 \times \frac{3.14 \times 20^2}{4} \times 250 = 157\text{kN}$$

$$N_c^b = d\Sigma t f_c^b = 20 \times 20 \times 470 = 188\text{kN}$$

取较小值,$N_{min}^b = 157$kN

$$n = \frac{N}{N_{min}^b} = \frac{800}{157} = 5.1,\text{取 } n=6$$

螺栓排列如图左边所示。

故选(A)项。

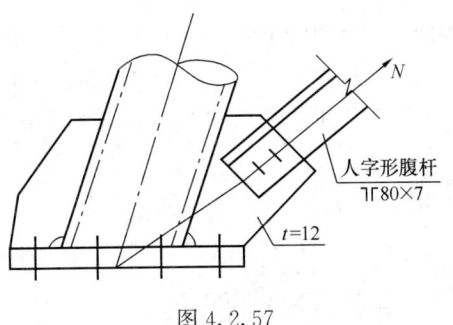

图 4.2.57

【例 4.2.35】 设有一横截面为四边形的格构式自立式铁塔,其底节间的人字形腹杆系由两个等边角钢 L80×7 组成的 T 形截面,用 2 螺栓进行连接,钢材为 Q235 钢,其斜撑所受荷载基本组合下轴心力设计值 $N=\pm150$kN。人字形腹杆与节点板的连接如图 4.2.57 所示。采用标准圆孔。$\gamma_0=1.0$。

试问：

(1) 假定人字形腹杆与节点板用 8.8 级高强度螺栓摩擦型连接，其接触面为喷砂，则应选用下列何项直径的螺栓？

(A) M16　　　　(B) M20　　　　(C) M22　　　　(D) M24

(2) 假定人字形腹杆与节点板用 8.8 级高强度螺栓承压型连接，则应选用下列何项直径的螺栓？

(A) M16　　　　(B) M20　　　　(C) M22　　　　(D) M24

【解答】(1) 查《钢标》表 11.4.2-1，取 $\mu=0.40$

$$\frac{N}{n} \leqslant N_v^b = 0.9kn_f\mu P = 0.9 \times 1 \times 2 \times 0.40P = 0.72P$$

$$P \geqslant \frac{N}{0.72n} = \frac{150}{0.72 \times 2} = 104.2\text{kN}$$

查《钢标》表 11.4.2-2，M20，其预拉力 $P=125\text{kN} \geqslant 104.2\text{kN}$，满足要求。

故选 (B) 项。

(2) 查《钢标》表 4.4.6，8.8 级高强螺栓承压型连接。

$f_v^b = 250\text{N/mm}^2$，$f_c^b = 470\text{N/mm}^2$

抗剪条件：$\dfrac{N}{n} \leqslant n_v \dfrac{\pi d^2}{4} f_v^b$

$$d \geqslant \sqrt{\frac{4N/n}{n_v \pi f_v^b}} = \sqrt{\frac{4 \times 150 \times 10^3/2}{2 \times 3.14 \times 250}} = 13.8\text{mm}$$

承压条件：$\dfrac{N}{n} \leqslant d\Sigma t f_c^b$

$$d \geqslant \frac{N/n}{\Sigma t f_c^b} = \frac{150 \times 10^3/2}{12 \times 470} = 13.3\text{mm}$$

故选 M16（$d=16\text{mm}$），满足要求。

故应选 (A) 项。

【例 4.2.36】 如图 4.2.58 所示为一单面连接板，用高强度螺栓摩擦型连接，每侧采用 6 个 M24 的 10.9 级高强度螺栓，拼接节点受到荷载基本组合下轴向拉力设计值 $N=600\text{kN}$。采用标准圆孔。$\gamma_0=1.0$。

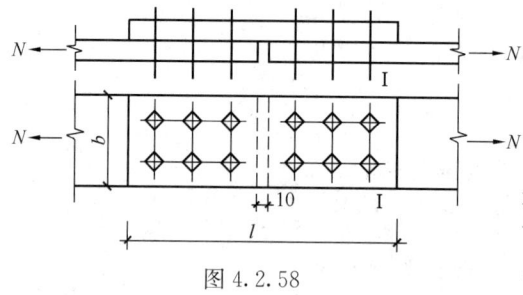

图 4.2.58

试问：

(1) Ⅰ-Ⅰ 截面的拼接板的净截面断裂所承受的轴向力设计值（kN），应为下列何项数值？

(A) 455　　　　(B) 500　　　　(C) 515　　　　(D) 545

(2) 拼接板所用螺栓孔 $d_0=26\text{mm}$，拼接板的最小长度和宽度尺寸 $h \times b$（按最小螺栓间距排列），应为下列何项？

(A) 530×156　　(B) 530×136　　(C) 580×156　　(D) 580×136

【解答】(1) 根据《钢标》7.1.1 条：

$$N_{\text{Ⅰ-Ⅰ}} = \left(1 - 0.5\frac{n_1}{n}\right)N = \left(1 - 0.5 \times \frac{2}{6}\right) \times 600 = 500\text{kN}$$

故选（B）项。

(2) 根据《钢标》表 11.5.2 规定：
$$l = 10 + 2 \times (2 \times 2d_0 + 2 \times 3d_0) = 10 + 20d_0$$
$$= 10 + 20 \times 26 = 530\text{mm}$$
$$b = 2 \times 1.5d_0 + 3d_0 = 6d_0 = 6 \times 26 = 156\text{mm}$$

故选（A）项。

【例 4.2.37】 如图 4.2.59 所示。双盖板连接构造，采用 Q345 钢，承受基本组合下轴心拉力设计值 N 作用，采用高强度螺栓，摩擦面采用喷硬质石英砂处理，螺栓强度等级为 8.8 级，M20，（孔径 $d_0 = 22\text{mm}$）。采用标准圆孔。$\gamma_0 = 1.0$。

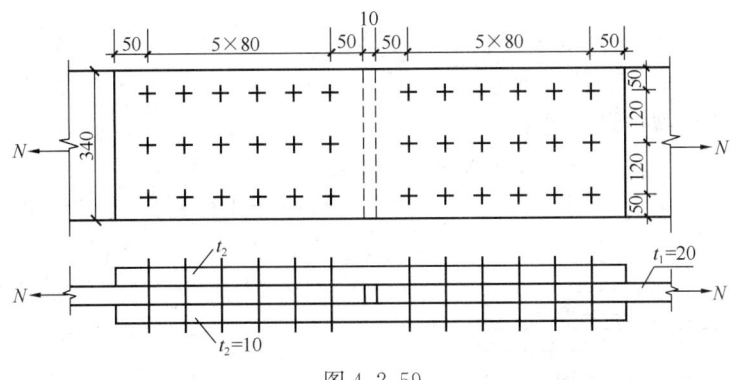

图 4.2.59

试问：

(1) 当采用高强度螺栓摩擦型连接时，该连接所能承受的最大轴心拉力设计值 (kN)，应为下列何项数值？

(A) 1785　　　(B) 1920　　　(C) 2000　　　(D) 2100

(2) 当采用高强度螺栓承压型连接时，该连接所能承受的最大轴心拉力设计值 (kN)，应为下列何项数值？

(A) 1760　　　(B) 1850　　　(C) 2000　　　(D) 2750

【解答】 (1) 螺栓连接长度：$l_1 = 5 \times 80 = 400\text{mm} > 15d_0 = 15 \times 22 = 330\text{mm}$

其超长折减系数：$\eta = 1.1 - \dfrac{l_1}{150d_0} = 1.1 - \dfrac{400}{150 \times 22} = 0.979 > 0.7$

一个螺栓受剪承载力：
$$N_v^b = 0.9 k n_f \mu P = 0.9 \times 1 \times 2 \times 0.45 \times 125 = 101.25\text{kN}$$
$$\eta N_v^b = 0.979 \times 101.25 = 99.12\text{kN}$$

18 个螺栓连接的总承载力设计值为：
$$N_1 = 18 \cdot \eta N_v^b = 18 \times 99.12 = 1784.2\text{kN}$$

钢板截面强度确定承载力设计值，因构件厚度 $t = 20\text{mm}$ 与两盖板厚度之和 20mm 相等，但芯板的 $f = 295\text{N/mm}^2$ $(t = 20)$，盖板的 $f = 305\text{N/mm}^2$ $(t = 10)$，故取芯板进行计算。

毛截面强度承载力：$N_2 = Af = 340 \times 20 \times 295 = 2006\text{kN}$

净截面强度承载力，根据《钢标》式 (7.1.1-3)：
$$d_c = \max(20+4, 22) = 24\text{mm}$$

$$\left(1-0.5\frac{n_1}{n}\right)\frac{N}{A_n} \leqslant 0.7f_u$$

$$N \leqslant \frac{0.7f_u A_n}{1-0.5n_1/n} = \frac{0.7 \times 470 \times (340-3\times24) \times 20}{1-0.5\times3/18}$$

$$= 1923.75\text{kN}$$

取较小值，$N=1784.2$kN，故应选（A）项。

(2) 高强度螺栓承压型连接时，超长折减系数 $\eta=0.979>0.7$。

一个螺栓受剪承载力设计值为：

$$N_v^b = n\frac{\pi d^2}{4}f_v^b \cdot \eta = 2 \times \frac{3.14\times20^2}{4} \times 250 \times 0.979 = 153.7\text{kN}$$

$$N_c^b = d\Sigma t \cdot f_c^b \eta = 20 \times 20 \times 590 \times 0.979 = 231.0\text{kN}$$

取较小值，$N^b = 153.7$kN

18个螺栓总承载力设计值为：

$$N_1 = n \cdot N^b = 18 \times 153.7 = 2766.6\text{kN}$$

取芯板计算其承载力设计值，根据《钢标》7.1.1条：

$$N_2 \leqslant 0.7f_u A_n = 0.7 \times 470 \times (340-3\times24) \times 20$$

$$= 1763.4\text{kN}$$

$$N_2 \leqslant Af = 340 \times 20 \times 295 = 2006\text{kN}$$

取较小值，$N=1763.4$kN，故应选（A）项。

【例4.2.38】 工地拼接实腹梁的受拉翼缘板，采用高强度螺栓摩擦型连接，如图4.2.60所示，受拉翼缘板的截面为1050mm×100mm，采用Q420钢，$f=305\text{N/mm}^2$，$f_u=520\text{N/mm}^2$，高强度螺栓采用M24（孔径$d_0=26$），螺栓性能等级为10.9级，摩擦面的抗滑移系数$\mu=0.4$。采用标准圆孔。$\gamma_0=1.0$。

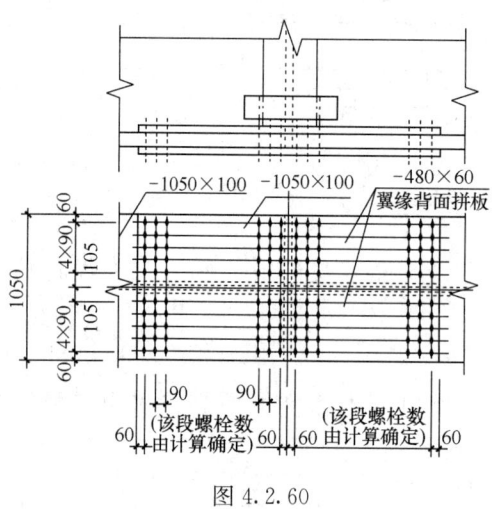

图4.2.60

试问：在要求高强度螺栓连接的承载力不低于板件承载力的条件下，拼接一侧的螺栓数目（个）与下列何项数值最为接近？

(A) 180 (B) 220 (C) 240 (D) 260

【解答】 一个螺栓的抗剪承载力值为：

$$N_v^b = 0.9kn_f\mu P = 0.9 \times 1 \times 2 \times 0.4 \times 225 = 162\text{kN}$$

螺栓群的承载力值为：$N = nN_v^b = 162n$（kN）

由表11.5.2注3，取 $d_c = \max(24+4, 26) = 28$mm

翼缘板毛截面面积 A：

$$A = 100 \times 1050 = 105 \times 10^3 \text{mm}^2$$

翼缘毛截面、净截面所能承受的最大拉力设计值为：

$$N = fA = 305 \times 105 \times 10^3 = 32025 \times 10^3 \text{N} = 32025\text{kN}$$

$$0.7f_uA_n = 0.7 \times 520 \times (1050 - 10 \times 28) \times 100 = 28028 \times 10^3 \text{N} = 28028 \text{kN}$$

由《钢标》式 (7.1.1-3)：

$$N = \frac{0.7f_uA_n}{1 - 0.5\frac{n_1}{n}} = \frac{28028}{1 - 0.5 \times \frac{10}{n}}$$

$32025 = 162n$，则：$n = 197.7$

$$\frac{28028}{1 - 0.5 \times \frac{10}{n}} = 162n，则：n = 178$$

取较小值，$n = 178$，取 $n = 220$ 个，22 排。

根据《钢标》11.4.5条，考虑超长折减系数 η：

$$\eta = 1.1 - \frac{l_1}{150d_0} = 1.1 - \frac{(22-1) \times 90}{150 \times 26} = 0.62 < 0.7，故取 \eta = 0.7$$

故螺栓个数：$n = 178/0.7 = 254.2$，取 $n = 260$ 个

复核：$\eta = 1.1 - \frac{(26-1) \times 90}{150 \times 26} = 0.52 < 0.7$，取 $\eta = 0.7$

$\eta n N_v^b = 0.7 \times 260 \times 162 = 29484 \text{kN}$，满足。

思考：本题目按《钢结构高强度螺栓连接技术规程》5.1.3条求解，此时，解答如下：

$$N = fA = 32025 \times 10^3 \text{N} = 32025 \text{kN}$$

$$N = \frac{0.7f_uA_n}{1 - 0.5\frac{n_1}{n}} = \frac{28028 \times 10^3}{1 - \frac{0.5 \times 10}{n}} N = \frac{28028}{1 - \frac{5}{n}} \text{kN}$$

$32025 = 162n$，则：$n = 197.7$

$\frac{28028}{1 - \frac{5}{n}} = 162n$，则：$n = 178$

取上述较大值，$n = 200$，20 排

$$\eta = 1.1 - \frac{(20-1) \times 90}{150 \times 26} = 0.66 < 0.7$$

$\eta = 200/0.7 = 285.7$，则 $\eta = 290$，29 排

$$\eta = 1.1 - \frac{(29-1) \times 90}{150 \times 26} = 0.45 < 0.7，则 \eta = 0.7$$

$\eta n N_v^b = 0.7 \times 290 \times 162 = 32886 \text{kN}$，满足。

故应选（D）项。

【例 4.2.39】 某角钢和节点板采用高强度螺栓摩擦型连接，钢材为 Q235 钢，承受基本组合下的轴心拉力作用，角钢用 2L125×8 组成 T 形截面（$A = 3950 \text{mm}^2$），如图 4.2.61 所示。高强度螺栓用 8.8 级 M22（$d_0 = 24 \text{mm}$），摩擦面采用喷硬质石英砂。采用标准圆孔。$\gamma_0 = 1.0$。

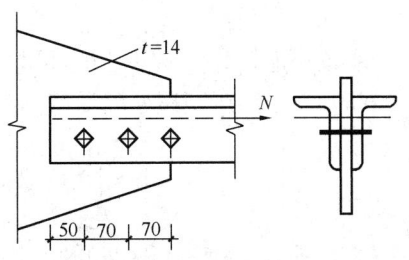

图 4.2.61

试问：

（1）轴心拉力设计值 $N = 820 \text{kN}$，螺栓按最小间距排列，确定高强度螺栓数目，应为下列何项数值？

(A) 6   (B) 7   (C) 8   (D) 9

(2) 假定螺栓数目为 8 个，螺栓排列间距为 70mm，确定该连接所能承受的最大轴心拉力设计值（kN），应为下列何项数值？

(A) 820   (B) 850   (C) 890   (D) 933

(3) 假定采用高强度螺栓承压型连接，8.8 级 M22（$d_0=23.5$），$N=800$kN，螺栓按最小间距单排布置，确定高强度螺栓数目，应为下列何项数值？

(A) 5   (B) 6   (C) 7   (D) 8

【解答】 (1) 查《钢标》表 11.4.2-1、表 7.2.2-2，$P=150$kN，$\mu=0.45$，一个高强度螺栓受剪承载力设计值为

$$N_v^b = 0.9 k n_f \mu P = 0.9 \times 1 \times 2 \times 0.45 \times 150 = 121.5 \text{kN}$$

螺栓数目：$n = \dfrac{N}{N_v^b} = \dfrac{820}{121.5} = 6.7$，取 $n=7$ 个

连接长度：$l_1 = (7-1) \times 3d_0 = 18d_0 > 15d_0$

超长折减系数：$\eta = 1.1 - \dfrac{l_1}{150 d_0} = 1.1 - \dfrac{18 d_0}{150 d_0} = 0.98 > 0.7$

螺栓数目：$n = \dfrac{N}{\eta N_v^b} = \dfrac{820}{0.98 \times 121.5} = 6.89$，取 $n=7$ 个

故选 (B) 项。

(2) 螺栓连接的最大承载力值：

连接长度：$l_1 = (8-1) \times 70 = 490 \text{mm} > 15 d_0 = 15 \times 24 = 360 \text{mm}$

超长折减系数：$\eta = 1.1 - \dfrac{l_1}{150 d_0} = 1.1 - \dfrac{490}{150 \times 24} = 0.96 > 0.7$

$$N_1 = n \cdot \eta N_v^b = 8 \times 0.96 \times 121.5 = 933.1 \text{kN}$$

双角钢受拉承载力，由《钢标》7.1.1 条：

$d_c = \max(22+4, 24) = 26 \text{mm}$

毛截面处：$N_2 = Af = 3950 \times 215 = 849.25 \text{kN}$

净截面处：$\left(1 - 0.5 \dfrac{n_1}{n}\right) \dfrac{N_3}{A_n} \leqslant 0.7 f_u$

$$N_3 \leqslant \dfrac{0.7 f_u A_n}{1 - 0.5 n_1/n} = \dfrac{0.7 \times 370 \times (3950 - 2 \times 26 \times 8)}{1 - 0.5 \times 1/8}$$

$$= 976.3 \text{kN}$$

取较小值，$N = N_2 = 849.25$kN，故选 (B) 项。

(3) 一个承压型螺栓的受剪承载力设计值：

$$N_v^b = n_v \dfrac{\pi d^2}{4} f_v^b = 2 \times \dfrac{\pi \times 22^2}{4} \times 250 = 189.97 \text{kN}$$

$$N_c^b = d \Sigma t \cdot f_c^b = 22 \times 14 \times 470 = 144.76 \text{kN}$$

取较小值，$N^b = 144.76$kN

螺栓数目：$n = \dfrac{N}{N^b} = \dfrac{800}{144.76} = 5.5$，取 $n=6$ 个

连接长度：$l_1 = (6-1) \times 3 d_0 = 15 d_0 \leqslant 15 d_0$，不考虑超长折减。

故选（B）项。

【例 4.2.40】 由双角钢 2L140×10 组成的 T 形截面轴心拉杆与厚 16mm 的节点板用高强度螺栓连接，如图 4.2.62 所示，钢材为 Q345 钢，高强度螺栓用 8.8 级 M22（$d_0=24$mm），$A=5475$mm²，接触面采用铸钢棱角砂处理。采用标准圆孔。$\gamma_0=1.0$。

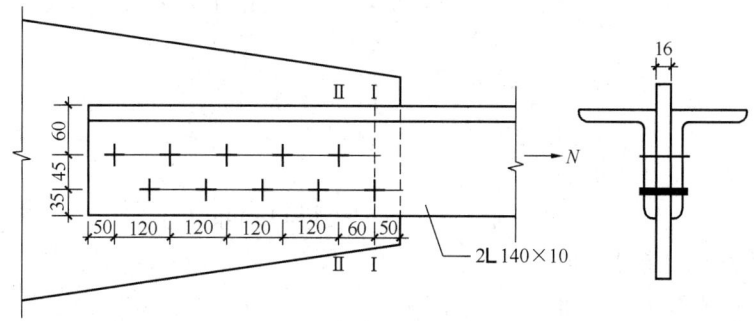

图 4.2.62

试问：

（1）当采用高强度螺栓摩擦型连接，该连接所能承受的最大拉力设计值（kN），应为下列何项数值？

(A) 1150　　(B) 1350　　(C) 1550　　(D) 1720

（2）当用高强度螺栓承压型连接，该连接所能承受的最大拉力设计值（kN），应为下列何项数值？

(A) 1560　　(B) 1630　　(C) 1720　　(D) 1800

【解答】（1）查《钢标》表 11.4.2-1、表 11.4.2-2，$P=150$kN，$\mu=0.45$

一个高强度螺栓摩擦型连接的受剪承载力设计值为：

$$N_v^b = 0.9kn_f\mu P = 0.9\times 1\times 2\times 0.45\times 150 = 121.5\text{kN}$$

连接长度：$l_1 = 4\times 120 + 60 = 540$mm $> 15d_0 = 15\times 24 = 360$mm

超长折减系数：$\eta = 1.1 - \dfrac{l_1}{150d_0} = 1.1 - \dfrac{540}{150\times 24} = 0.95 > 0.7$

螺栓群的最大承载力值：$N_1 = n\cdot\eta N_v^b = 10\times 0.95\times 121.5 = 1154.3$kN

双角钢受拉承载力，由《钢标》7.1.1 条：

毛截面：$N_2 = Af = 5475\times 305 = 1669.9$kN

净截面，取直线 Ⅰ-Ⅰ 截面：

$$d_c = \max(22+4, 24) = 26\text{mm}$$

$$A_{n\text{I}} = A - 2\times 26\times 10 = 5475 - 2\times 26\times 10 = 4955\text{mm}^2$$

取折线 Ⅱ-Ⅱ 截面：

$$A_{n\text{Ⅱ}} = A + (\sqrt{45^2+60^2}-45)\times 2\times 10 - 2\times 26\times 10\times 2 = 5035\text{mm}^2$$

故取 $A_{n\text{I}}$ 计算，则：

$$N_3 \leqslant \dfrac{0.7f_u A_{n\text{I}}}{1-0.5\dfrac{n_1}{n}} = \dfrac{0.7\times 470\times 4955}{1-0.5\times \dfrac{1}{10}} = 1716\text{kN}$$

取较小值，$N = 1154.3$kN，应选（A）项。

(2) 高强度螺栓承压型连接

超长折减系数：$\eta=0.947>0.7$

一个承压型高强度螺栓的受剪、承压承载力值：

$$N_v^b = n\frac{\pi d^2}{4} f_v^b \eta = 2 \times \frac{\pi \times 22^2}{4} \times 250 \times 0.947 = 179.9\text{kN}$$

$$N_c^b = d\Sigma t f_c^b \eta = 22 \times 16 \times 590 \times 0.947 = 196.7\text{kN}$$

取较小值，$N^b = N_v^b = 179.9\text{kN}$。

螺栓群的最大承载力值为：

$$N_1 = nN^b = 10 \times 179.9 = 1799\text{kN}$$

双角钢受拉最大承载力值：

净截面，取直线Ⅰ-Ⅰ截面：

$$A_{n\text{I}} = A - 2 \times 26 \times 10 = 4955\text{mm}^2$$

取折线Ⅱ-Ⅱ截面：

$$A_{n\text{II}} = A + (\sqrt{45^2 + 60^2} - 45) \times 2 \times 10 - 2 \times 26 \times 10 \times 2$$
$$= 5035\text{mm}^2$$

取较小值计算，则：

$$N_2 \leqslant 0.7 f_u A_n = 0.7 \times 470 \times 4955 = 1630\text{kN}$$

$$N_3 \leqslant f A = 305 \times 5475 = 1670\text{kN}$$

取较小值，$N=1630\text{kN}$，故选（B）项。

【例4.2.41】 某节点板连接于I形柱翼缘，如图4.2.63所示，钢材为Q235B，采用10.9级高强度螺栓连接，4M22，每个 $A_e=303.4\text{mm}^2$，摩擦面喷硬质石英砂处理，节点中心受到荷载基本组合下的水平拉力 N_1 和斜向拉力 N_2 的作用。采用标准圆孔。$\gamma_0=1.0$。

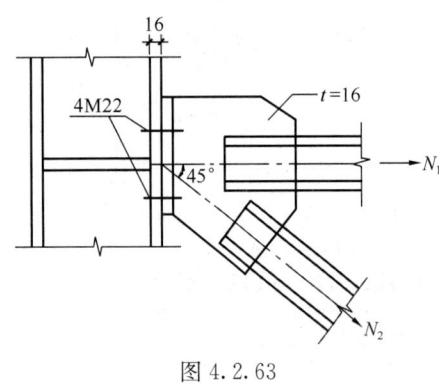

图4.2.63

试问：

(1) 当用高强度螺栓摩擦型连接，拉力设计值 $N_2=200\text{kN}$，确定 N_1 的最大设计值（kN），应为下列何项数值？

(A) 152   (B) 166   (C) 178   (D) 187

(2) 当用高强度螺栓承压型连接，拉力设计值 $N_2=200\text{kN}$，确定设计值 N_1 的最大设计值（kN），应为下列何项数值？

(A) 187   (B) 287   (C) 304   (D) 437

【解答】 (1) 查《钢标》表11.4.2-1、表11.4.2-2，$P=190\text{kN}$，$\mu=0.45$

$$N_v^b = 0.9 k n_f \mu P = 0.9 \times 1 \times 1 \times 0.45 \times 190 = 76.95\text{kN}$$

$$N_t^b = 0.8P = 0.8 \times 190 = 152\text{kN}$$

根据《钢标》式（11.4.2-3）

$$\frac{N_{\mathrm{v}}}{N_{\mathrm{v}}^{\mathrm{b}}}+\frac{N_{\mathrm{t}}}{N_{\mathrm{t}}^{\mathrm{b}}} \leqslant 1$$

$$\frac{200\sin 45°}{4\times 76.95}+\frac{200\cos 45°+N_1}{4\times 152} \leqslant 1$$

解之得：$N_1 \leqslant 187.23\mathrm{kN}$

故选（D）项。

(2) 查《钢标》表 4.4.6，$f_{\mathrm{t}}^{\mathrm{b}}=500\mathrm{N/mm^2}$，$f_{\mathrm{v}}^{\mathrm{b}}=310$，$f_{\mathrm{c}}^{\mathrm{b}}=470\mathrm{N/mm^2}$

$$N_{\mathrm{v}}^{\mathrm{b}}=n_{\mathrm{v}}\frac{\pi d^2}{4}f_{\mathrm{v}}^{\mathrm{b}}=1\times\frac{\pi\times 22^2}{4}\times 310=117.78\mathrm{kN}$$

$$N_{\mathrm{c}}^{\mathrm{b}}=d\Sigma t \cdot f_{\mathrm{c}}^{\mathrm{b}}=22\times 16\times 470=165.44\mathrm{kN}$$

$$N_{\mathrm{t}}^{\mathrm{b}}=\frac{\pi d_{\mathrm{e}}^2}{4}f_{\mathrm{t}}^{\mathrm{b}}=303.4\times 500=151.700\mathrm{kN}$$

根据《钢标》式（11.4.3-1）：

$$\sqrt{\left(\frac{N_{\mathrm{v}}}{N_{\mathrm{v}}^{\mathrm{b}}}\right)^2+\left(\frac{N_{\mathrm{t}}}{N_{\mathrm{t}}^{\mathrm{b}}}\right)^2} \leqslant 1$$

即：
$$\left(\frac{200\sin 45°}{4\times 117.78}\right)^2+\left(\frac{N_1+200\cos 45°}{4\times 151.7}\right)^2 \leqslant 1$$

解之得：$N_1 \leqslant 437.39\mathrm{kN}$

又根据《钢标》式（11.4.3-2）：

$$N_{\mathrm{v}}=\frac{200\sin 45°}{4}=35.36\mathrm{kN}<\frac{N_{\mathrm{c}}^{\mathrm{b}}}{1.2}=\frac{165.44}{1.2}=137.87\mathrm{kN}，满足$$

故选（D）项。

【例 4.2.42】 如图 4.2.64 所示，牛腿与柱连接用高强度螺栓连接，钢材为 Q235 钢，在荷载基本组合下的集中力设计值 $F=350\mathrm{kN}$，偏心距 $e=200\mathrm{mm}$，支托可承受剪力。摩擦面用喷砂处理。采用标准圆孔。$\gamma_0=1.0$。

试问：当用 8.8 级高强度螺栓摩擦型连接，应用下列何项公称直径的螺栓？

(A) M16　　　　(B) M20
(C) M22　　　　(D) M24

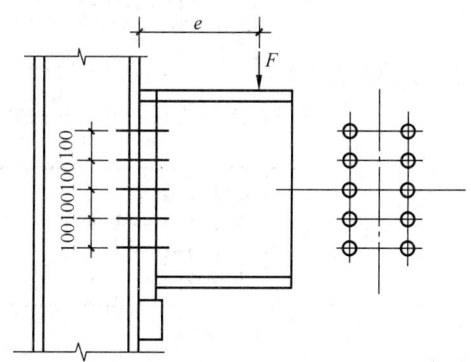

图 4.2.64

【解答】 弯矩作用下，绕高强度螺栓群形心轴转动，最顶排螺栓受拉力最大：

$$N_{\mathrm{t}}=\frac{Fey_1}{\Sigma y_i^2}=\frac{350\times 0.2\times 10^6\times 200}{4\times(100^2+200^2)}=70.0\mathrm{kN}$$

$$N_{\mathrm{t}}^{\mathrm{b}}=0.8P \geqslant N_{\mathrm{t}}$$

$$P \geqslant N_{\mathrm{t}}/0.8=70/0.8=87.5\mathrm{kN}$$

查《钢标》表 11.4.2-2，选 M20，预拉力 $P=125\mathrm{kN}$，故选（B）项。

【例 4.2.43】 吊车肢柱间支撑截面采用2L90×6，其所承受最不利荷载基本组合的拉力设计值为120kN。支撑与柱采用高强度螺栓摩擦型连接，如图4.2.65所示。试问，单个高强度螺栓承受的最大剪力设计值（kN）与下列何项数值最为接近？

(A) 60 (B) 70 (C) 95 (D) 120

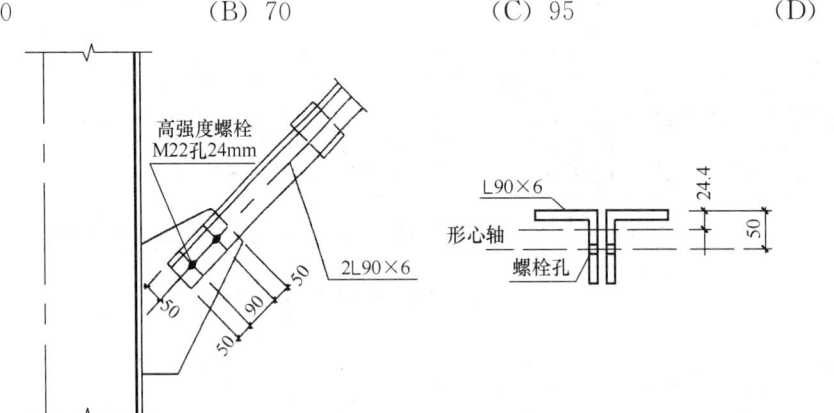

图 4.2.65

【解答】 螺栓中心与构件形心偏差产生的弯矩
$$120\times10^3\times(50-24.4)=120\times10^3\times25.6=3.07\times10^6 \text{N·mm}$$
高强度螺栓承受的最大剪力
$$\sqrt{\left(\frac{3.07\times10^6}{90}\right)^2+\left(\frac{120\times10^3}{2}\right)^2}=69018\text{N}=69\text{kN}$$

故选(B)项。

【例 4.2.44】 受拉板件（Q235钢，-400×22），工地采用高强度螺栓摩擦型连接（M20，孔径$d_0=22$mm，10.9级，$\mu=0.45$），仅考虑净截面断裂构件抗拉承载力时，下列何项抗拉承载力最高？

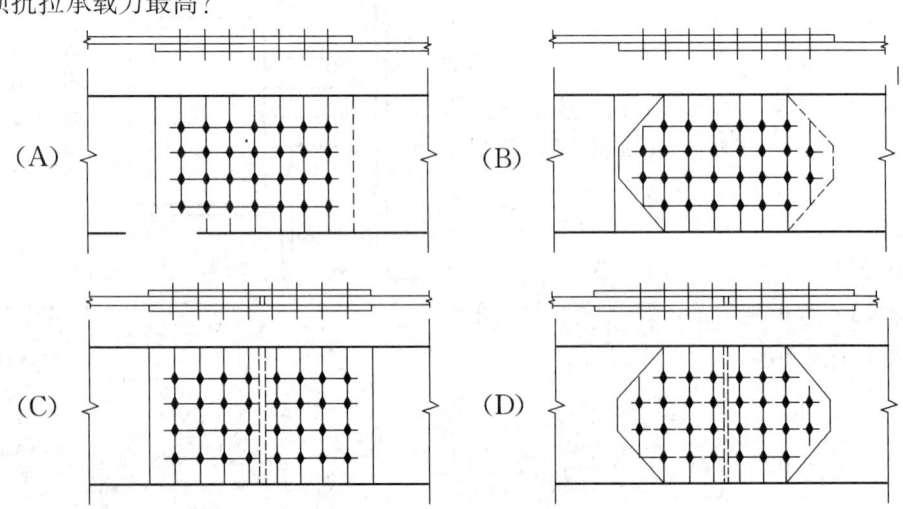

【解答】 根据《钢标》7.1.1条：
$$N\leqslant\frac{0.7f_u A_n}{1-0.5n_1/n}$$

由《钢标》表 11.5.2 注 3，$d_c=\max(20+4,22)=24\mathrm{mm}$
（A）项：$A_n=22\times(400-4\times24)=6688\mathrm{mm}^2$，$1-0.5n_1/n=0.9286$
（C）项：$A_n=22\times(400-4\times24)=6688\mathrm{mm}^2$，$1-0.5n_1/n=0.875$
（B）项：$A_n=22\times(400-2\times24)=7744\mathrm{mm}^2$，$1-0.5n_1/n=0.9643$
（D）项：$A_n=22\times(400-2\times24)=7744\mathrm{mm}^2$，$1-0.5n_1/n=0.9286$
可知，（A）、（C）项中，排除（A）项；（B）、（D）项中，排除（B）项。
对于（C）项：$N_C\leqslant6688\times0.7f_u/0.875=5350f_u$
对于（D）项：$N_D\leqslant7744\times0.7f_u/0.9286=5838f_u$
故应选（D）项。

思考： 当题目条件无"仅考虑净截面断裂"时，其他条件不变。此时，应同时考虑毛截面屈服、净截面断裂，即解答如下：
（A）项：$N=Af=400\times22\times205=1804\mathrm{kN}$
$$N=\frac{0.7f_uA_n}{1-0.5n_1/n}=\frac{0.7\times370\times6688}{0.9286}=1865\mathrm{kN}$$
（C）项：$\qquad\qquad N=Af=1804\mathrm{kN}$
$$N=\frac{0.7\times370\times6688}{0.875}=1979.6\mathrm{kN}$$
（B）项：$\qquad\qquad N=Af=1804\mathrm{kN}$
最左侧第一排螺栓处：
$$N=\frac{0.7\times370\times7744}{0.9643}=2080\mathrm{kN}$$
最左侧第二排螺栓处：
$$N=\frac{0.7\times370\times(400-4\times24)\times22}{1-\frac{2}{28}-\frac{0.5\times4}{28}}=2021\mathrm{kN}$$
（D）项：$N=Af=1804\mathrm{kN}$
最左侧第一排螺栓处：
$$N=\frac{0.7\times370\times7744}{0.9286}=2160\mathrm{kN}$$
最左侧第二排螺栓处：
$$N=\frac{0.7\times370\times(400-4\times24)\times22}{1-\frac{2}{14}-\frac{0.5\times4}{14}}=2425\mathrm{kN}$$

可知，四个选项均由毛截面屈服控制 N，故受拉承载力均相同。

▲ **螺栓连接偏心的调整**
螺栓连接偏心的调整，《钢标》11.4.4 条规定：

11.4.4 在下列情况的连接中，螺栓或铆钉的数目应予增加：
1 一个构件借助填板或其他中间板与另一构件连接的螺栓（摩擦型连接的高强度螺栓除外）或铆钉数目，应按计算增加 10%；
2 当采用搭接或拼接板的单面连接传递轴心力，因偏心引起连接部位发生弯曲时，螺栓（摩擦型连接的高强度螺栓除外）数目应按计算增加 10%；

3 在构件的端部连接中,当利用短角钢连接型钢(角钢或槽钢)的外伸肢以缩短连接长度时,在短角钢两肢中的一肢上,所用的螺栓或铆钉数目应按计算增加50%。

4 当铆钉连接的铆合总厚度超过铆钉孔径的5倍时,总厚度每超过2mm,铆钉数目应按计算增加1%(至少应增加1个铆钉),但铆合总厚度不得超过铆钉孔径的7倍。

需注意的是:

(1)《钢标》11.4.4条第1款的规定,如图4.2.66所示两块厚度不等钢板的螺栓对接接头,在右端较薄板一侧需设填板。因填板一侧的螺栓受力后易弯曲,工作状况较左侧为差,故该侧螺栓数目应按计算增加10%。

(2)《钢标》11.4.4条第2款的规定,如图4.2.67所示搭接接头或用拼接板的单面连接,由于接头易弯曲,螺栓(不包括摩擦型连接的高强度螺栓)或铆钉数目,应按计算增加10%。

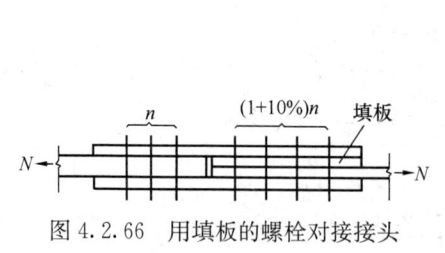

图4.2.66 用填板的螺栓对接接头

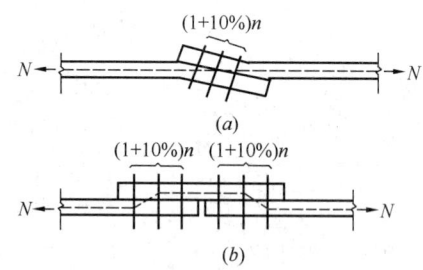

图4.2.67 搭接接头和单面拼接接头
(a)搭接接头;(b)单面拼接板连接

(3)《钢标》11.4.4条第3款的规定,如图4.2.68(a)所示角钢杆件与节点板的螺栓连接,为了缩短连接长度,拟保留所需6个螺栓中的4个,其余2个螺栓则利用短角钢与节点板相连,按《钢标》规定,在短角钢两肢中的一肢上,所需的螺栓数目为:2×(1+50%)=3个,此时短角钢另一肢上的螺栓数目仍为2个,如图4.2.68(b)所示为短角钢的外伸肢安放2个螺栓,连接肢上安放3个螺栓。此外,也可将短角钢的外伸肢安放3个螺栓,连接肢上安放2个螺栓,视如何方便而定。

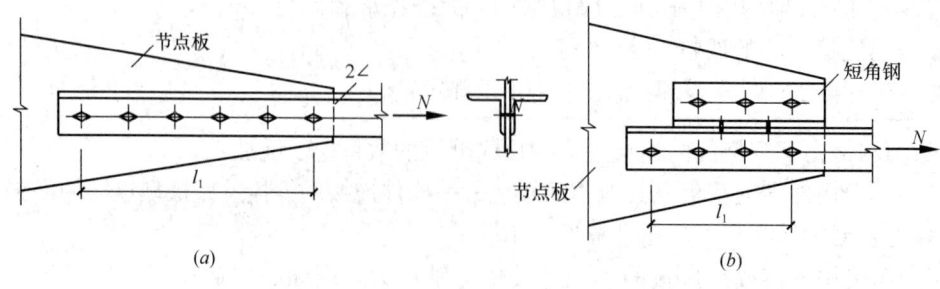

图4.2.68

【例 4.2.45】 两块 Q235 钢的芯板,一块为 200mm×20mm,另一块为 200mm×12mm,用上、下两块 200mm×100mm 的盖板拼接如图 4.2.69 所示。C 级普通螺栓,直径 $d=20$mm,孔径 $d_0=21.5$mm。承受荷载基本组合下轴心拉力设计值 $N=345$kN。$\gamma_0=1.0$。

试问: 确定芯板①、②所需螺栓数目。

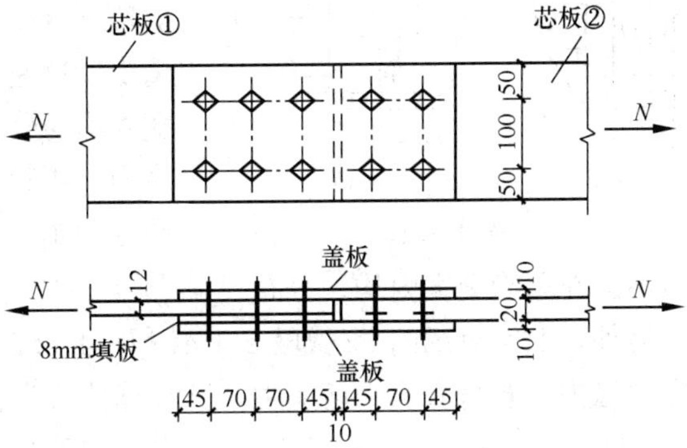

【解答】 Q235 钢,$f_v^b=140$N/mm²,$f_c^b=305$N/mm²。两块厚度不等的钢板对接,必须采用填板,填板厚 $t=20-12=8$mm。

(1) 计算螺栓的承载力设计值

受剪 $N_v^b = n_v \dfrac{\pi d^2}{4} f_v^b = 2 \times \dfrac{\pi \times 20^2}{4} \times 140 \times 10^{-3} = 87.96$kN

图 4.2.69

承压 $N_c^b = d \Sigma t f_c^b$

当 $\Sigma t = 20$mm 时 $N_c^b = 20 \times 20 \times 305 \times 10^{-3} = 122$kN

当 $\Sigma t = 12$mm 时 $N_c^b = 20 \times 12 \times 305 \times 10^{-3} = 73.2$kN。

(2) 计算所需螺栓数并进行布置

1) 拼接右侧(即板厚为 20mm 处)

所需螺栓数为(由受剪控制)

$$n = \dfrac{N}{N_v^b} = \dfrac{345}{87.96} = 3.9 \text{ 个,采用 4 个。}$$

2) 拼接左侧(即板厚 12mm 处),由《钢标》11.4.4 条,应取增大系数 1.1,则:

$$n = 1.1 \dfrac{N}{N_c^b} = 1.1 \times \dfrac{345}{73.2} = 5.2 \text{ 个,采用 6 个。}$$

四、销轴连接

● 复习《钢标》11.6.1 条~11.6.4 条。

第三节 薄壁构件的弯曲和扭转

一、剪力流理论和剪力中心

▲1. 梁的剪应力

根据材料力学知识,梁发生平面弯曲时(图 4.3.1),其截面中弯曲剪应力计算公式为:

$$\tau = \dfrac{Vs}{Ib} \tag{4.3.1}$$

式中，b 为梁截面宽度（或梁腹板宽度）。

在工形截面梁中[图 4.3.1 (b)]，按式（4.3.1）所得腹板剪应力顺着腹板中轴线方向，是合理的；而翼缘剪应力则有不合理处，主要是在翼缘与腹板的交接处发生翼缘剪应力很小而腹板剪应力大的剧烈突变。这是由于计算翼缘剪应力时假定为沿翼缘全宽 b 均匀分布，实际上翼缘内表面 cd 和 ef 段为自由表面，不存在水平剪应力，因而也不会有成对相等产生的垂直于表面方向的翼缘竖向剪应力，亦即剪应力不会在翼缘全宽内均匀分布。

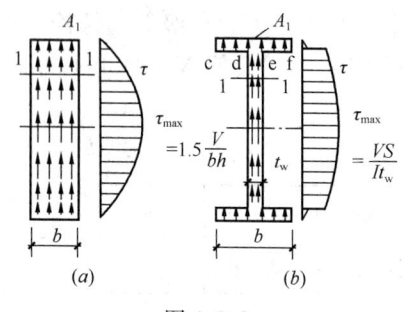

图 4.3.1

另外，取梁翼缘的 dz 微段 a11'a'[图 4.3.2 (a)]，考察其平衡，由式（4.3.1），可知在翼缘内主要将有水平剪应力，其计算公式为：

$$\tau = VS/(It) \tag{4.3.2}$$

公式形式与式（4.3.1）相同，但 $S=\int_{A_1} y\mathrm{d}A$ 取计算剪应力处（1 点）以外翼缘部分 A_1 [图 4.3.2 (b)]对中和轴的面积矩，t 取计算剪应力处的翼缘厚度。这样，整个工形截面梁在竖向受弯时的剪应力分布将如图 4.3.2 (b)，具体公式为：翼缘水平剪应力（s 自 $\tau=0$ 的翼缘自由端即角点算起，对 c、d 点分别为 $s=0$，$b/2$）：

$$\tau = \frac{VS_x}{I_x t} = \frac{V \int_{A_1} y\mathrm{d}A}{I_x t} = \frac{V \int_0^s \frac{h}{2} t \mathrm{d}s}{I_x t} = \frac{V \frac{h}{2} t s}{I_x t}$$

c 点：$s=0$，故 $\tau_c = 0$

d 点：$s=\dfrac{b}{2}$，故 $\tau_d = \dfrac{Vbh}{4I_x}$

腹板竖向剪应力（s 自腹板端点即腹板与翼缘中线交点算起，对 d、o 点分别为 $s=0$，$h/2$）：

$$\tau = \frac{VS_x}{I_x t} = \frac{V[bth/2 + st_w(h-s)/2]}{I_x t_w} = \frac{V}{2I_x t_w}[tbh + t_w s(h-s)]$$

$$\tau_d = \frac{Vbht}{2I_x t_w}, \quad \tau_o = \frac{Vh}{2I_x}\left(\frac{bt}{t_w} + \frac{h}{4}\right)$$

需注意的是，所有剪应力都在顺着薄壁截面的中轴线 s 方向，并为同一流向[图 4.3.2 (b)]。

可见，开口薄壁构件的剪应力分布与实体截面构件的剪应力分布存在不相同。

另举一例，如图 4.3.3 所示槽形截面，其剪应力计算如下：

翼缘水平剪应力（s 自自由端算起，对 A、B 点分别为 $s=0$，b）：

$$\tau = \frac{VS_x}{I_x t} = \frac{V \frac{h}{2} t s}{I_x t} = \frac{Vhs}{2I_x}$$

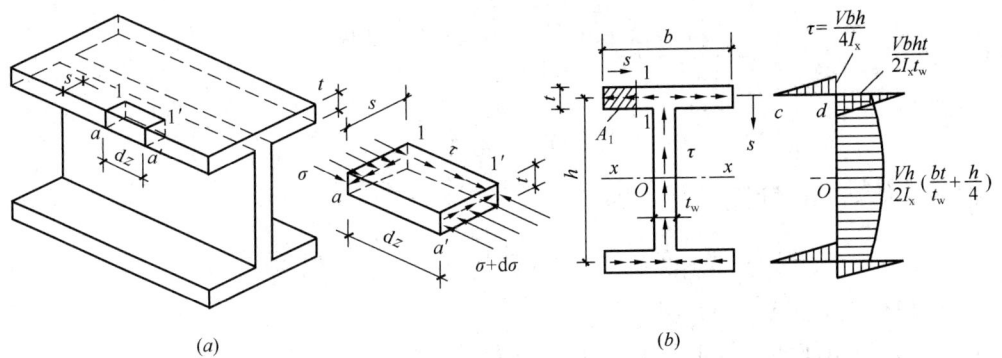

图 4.3.2 工形截面梁的剪应力

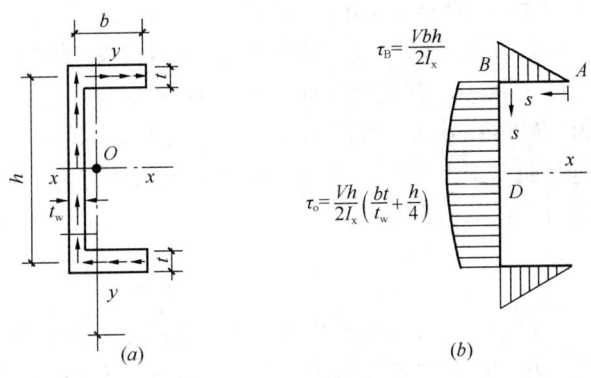

图 4.3.3

A 点：$\tau_A = 0$

B 点：$\tau_B = \dfrac{Vbh}{2I_x}$

腹板剪应力（s 自腹板与翼缘中线交点算起，对 B、D 点分别为 $s=0, h/2$）：

$$\tau = \frac{VS_x}{I_x t_w} = \frac{V[bth/2 + st_w(h-s)/2]}{I_x t_w} = \frac{V}{2I_x}\left[\frac{tbh}{t_w} + s(h-s)\right]$$

B 点：$\tau_B = \dfrac{Vbht}{2I_x t_w}$

D 点：$\tau_D = \dfrac{Vh}{2I_x}\left(\dfrac{bt}{t_w} + \dfrac{h}{4}\right)$

一侧翼缘上的剪力 V_f [如图 4.3.3（b）中 s 从 A 点起算]：

$$V_f = \int_0^s \tau t\, ds = \int_0^b \frac{Vhs}{2I_x} t\, ds = \frac{Vht}{2I_x} \cdot \frac{s^2}{2}\Big|_0^b$$

$$= \frac{Vht}{2I_x} \cdot \frac{b^2}{2} = \frac{Vhtb^2}{4I_x}$$

腹板上的剪力 V_w，取 s 为 B 点到 D 点范围，利用对称性，则：

$$V_w = 2\int_0^{\frac{h}{2}} \tau t_w\, ds = 2\int_0^{\frac{h}{2}} \frac{V}{2I_x}\left[\frac{tbh}{t_w} + s(h-s)\right] t_w\, ds$$

$$= \frac{V}{I_x} \int_0^{\frac{h}{2}} (tbh + sht_w - s^2 t_w) \mathrm{d}s$$

$$= \frac{V}{I_x} \left(t_w \frac{h^3}{12} + \frac{tbh^2}{2} \right)$$

槽钢截面绕 x-x 轴惯性矩 I_x 为：

$$I_x = \frac{1}{12}h^3 t_w + tb \cdot \left(\frac{h}{2}\right)^2 \times 2 = \frac{t_w h^3}{12} + \frac{tbh^2}{2}$$

将 I_x 值代入前式 V_w 中，则：

$V_w = V$，故腹部部分剪应力的合力 V_w 正好等于竖向剪力 V。

水平方向，上、下翼缘剪应力的合力 V_f 值大小相同，方向相反，满足力平衡。

▲ 2. 剪力流理论

根据上面的推论，可得到薄壁构件受弯时的剪应力分布规律：无论是竖向、水平或双向受弯，截面各点剪应力均为顺着薄壁截面的中轴线 s 方向，如图 4.3.2(b)、图 4.3.3(a) 和图 4.3.4 所示竖向弯曲情况，在与之垂直即壁厚方向的剪应力则很小而可忽略不计；且由于壁薄可假定剪应力 τ 沿厚度 t 为均匀分布，其大小 q 为：

$$q = \tau t = \frac{VS}{It} \cdot t = \frac{VS}{I} \tag{4.3.3}$$

式中，q 为沿薄壁截面 s 轴单位长度上的剪力（N/mm）。

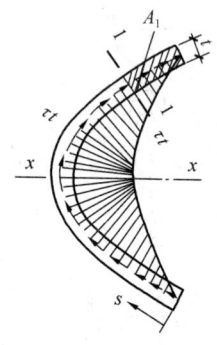

图 4.3.4 弯曲形开口薄壁截面构件受弯时的剪力流

将 $q = \tau t$ 按其方向用箭头线画在薄壁截面中轴线 s 轴上时，将成为自下向上或自上向下的连续射线（图 4.3.4）；故 $q = \tau t$ 称为薄壁构件竖向（或水平）弯曲产生的剪力流。这种剪力流在任意截面上都是连续的，在板件交点处流入的与流出的剪力流相等；并且在截面端点处为零，中和轴处最大。

竖向弯曲时上式（4.3.3）用 $\tau t = V_y S_x / I_x$，水平弯曲时则用 $\tau t = V_x S_y / I_y$。因二者 τ 的方向均为沿 s 轴，故双向弯曲时二者可直接叠加（考虑正负号），即：

$$q = \tau t = \frac{V_y S_x}{I_x} + \frac{V_x S_y}{I_y} \tag{4.3.4}$$

▲ 3. 剪力中心

如图 4.3.5(b) 所示，当横向荷载 F 不通过截面的某一特定点 S 时，梁将产生弯曲并同时有扭转变形，其外扭矩为 Fe。若荷载逐渐平行地向腹板一侧移动，外扭矩和扭转变形就逐渐减小；直到荷载移到通过 S 点时，梁将只产生平面弯曲而不产生扭转，亦即 S 点正是梁弯曲产生的剪力流的合力作用线通过点。因此，S 点称为截面的剪力中心（简称：剪心）。荷载通过 S 点时梁只受弯曲而无扭转，故也称为弯曲中心（简称：弯心）。根据位移互等定理，既然荷载通过 S 点时截面不发生扭转即扭转角为零，则构件承受扭矩作用而扭转时，S 点将无线位移，亦即截面将绕 S 点发生扭转变形，同时

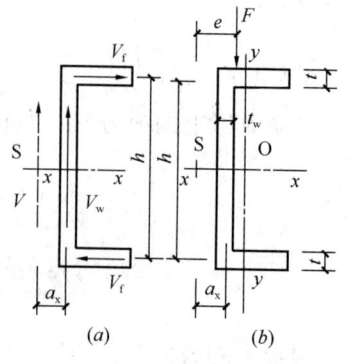

图 4.3.5

扭转荷载的扭矩也是以 S 点为中心取矩计算，故 S 点也称为扭转中心。

现根据截面内力的平衡来求剪切中心 S 的位置。当梁承受通过 S 的横向荷载时，梁只产生三角形分布的弯曲正应力和按剪力流理论的剪应力。截面弯曲正应力的合力正好等于弯矩 M；截面剪力流的合力正好等于剪力 V，而且合力作用线必然通过 S 才能正好与横向荷载平衡。因此，求出剪力流合力的作用线位置也就是确定了剪切中心 S 的位置。

对于图 4.3.5 所示槽形截面，每侧翼缘剪应力的合力 V_f，由前述计算结果，则：

$$V_f = \int_0^s q \, ds = \int_0^s \tau t \, ds = \frac{Vhtb^2}{4I_x}$$

同样，腹板上的剪应力的合力 V_w 为：

$$V_w = \int_0^s q \, ds = 2\int_0^{\frac{h}{2}} \tau t_w \, ds = V$$

根据图 4.3.5(a)，所有剪应力的合力即上翼缘 V_f、下翼缘 V_f、腹板 $V_w=V$ 对剪力中心 S 点取矩：

$a_x = \dfrac{V_f h}{V_w} = \dfrac{Vhtb^2 h}{4 I_x V}$，又 $I_x = \dfrac{1}{12}h^3 t_w + \dfrac{1}{2}bh^2 t$，则：

$$a_x = \frac{b^2 th}{4 \times \left(\dfrac{1}{12}h^3 t_w + \dfrac{1}{2}bh^2 t\right)} = \frac{3b^2 t}{6bt + ht_w}$$

剪切中心 S 的纵坐标位置可同样按水平弯曲时剪力流的合力点位置来确定；但利用槽形截面的对称关系，可知剪切中心 S 必在对称轴上，如图 4.3.5(b)，即：

$$a_y = 0$$

截面剪力中心的坐标只与截面的形状和尺寸有关，而与受力条件无关，它们是截面的几何性质。在等截面构件中，把各截面的剪心连接起来是一条与纵轴 z 平行的直线。

关于剪切中心 S 位置的一些简单规律如下：
- (1) 双轴对称的截面 [图 4.3.6(a)]，点对称的截面 [图 4.3.6(b)]，S 与截面形心重合。
- (2) 单轴对称的截面 [图 4.3.6(c)～(k)]，S 在对称轴上；特别地，由矩形薄板相交于一点组成的截面，S 在交点处 [图 4.3.6(e)～(h)]，这是由于该种截面受弯时的全部剪力流都通过此交点，故总合力也必通过此交点。
- (3) 无任何对轴的角形截面，见图 4.3.6(l)。

常用开口薄壁截面的剪力中心 S 位置，见本书下册附录四。

二、扭转

杆件的扭转有自由扭转和约束扭转两种形式。

（一）自由扭转

当直线等截面杆件两端承受大小相等而方向相反的一对扭矩，而且两端的支承条件又

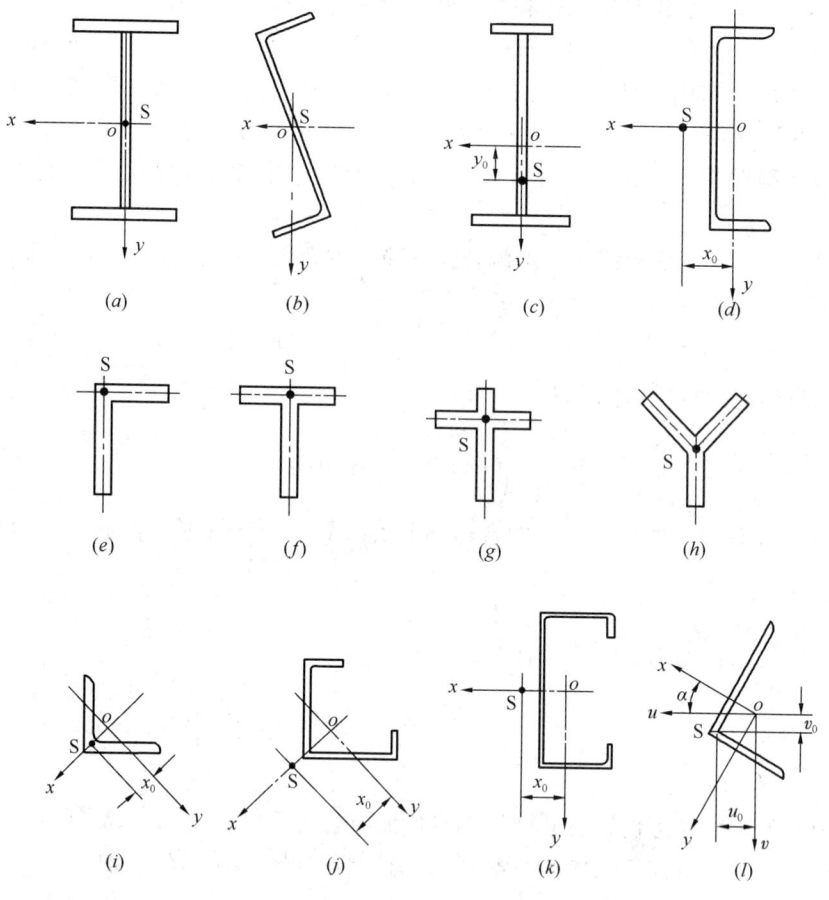

图 4.3.6 截面的剪心位置

不限制端部截面的自由翘曲（即截面上各点的纵向位移），则杆件产生沿全长均匀的扭转，称为自由扭转，亦称纯扭转或圣维南扭转（图 4.3.7），其扭矩用 M_s 表示。

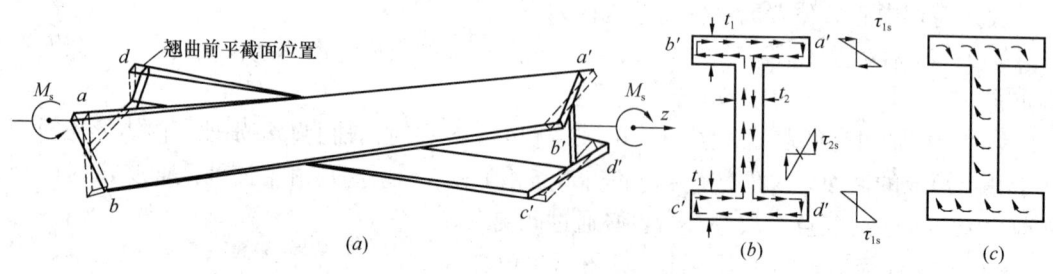

图 4.3.7 杆件的自由扭转

自由扭转的特点是：(1) 沿杆件全长扭矩 M_s 相等，单位长度的扭转角（即扭转率）$\theta = d\varphi/dz$ 相等，并在各截面内引起相同的扭转剪应力分布。(2) 纵向纤维扭转后成为略微倾斜的螺旋线，φ 较小时近似于直线，其长度没有改变，因而截面上不产生正应力。(3) 对于一般的截面（圆形、圆环形和某些特殊截面例外）情况，截面将发生翘曲，即原为平面的横截面不再保持平面而成为凹凸不平的曲面（例如图 4.3.7 工字形截面杆件扭转后，截面将发生两个翼缘绕腹板中线轴向相反方向转动，亦即 a、c 角点相对向左和 b、d 角点相对向右发生错动位移的翘曲）。(4) 与纵向纤维长度不变相适应，沿杆件全长各截面将有完全相同的翘曲情况。

对截面翘曲的补充说明：杆件自由扭转时，截面中所有纵向纤维都没有轴向正应力并保持原长度不变；但每条纤维都发生沿全长整体向左或向右的纵向位移。各条纤维的纵向位移不同使截面凹凸不平即成为翘曲；每条纤维沿杆件全长有相同纵向位移则使杆件全长的所有截面虽有相对扭转转角但都具有完全相同的凹凸不平即翘曲情况（图 4.3.7 两端虚线为假定截面只发生扭转角时的平截面位置，实线则表示各纤维产生不同纵向位移而引起的截面翘曲。由图可见，两端截面的翘曲情况完全相同；显然中间所有截面也都是同样翘曲）。两端截面可以无约束地自由翘曲即自由纵向凹凸伸缩是自由扭转的必要条件。

根据弹性力学知识，可得自由扭矩 M_s 与扭转率 $\theta = d\varphi/dz$ 的关系式为：

$$M_s = GI_t \frac{d\varphi}{dz} = GI_t \varphi' \qquad (4.3.5)$$

式中，G 为材料的剪变弹性模量；φ 为截面的扭转角，与 M_s 一样，以右手螺旋规则确定其正负号；I_t 为扭转常数，或称抗扭惯性矩（I_t 的计算，详见本书附录六）。GI_t 称为截面的自由扭转刚度。

对于开口薄壁构件，自由扭矩使其截面只产生剪应力，它在截面的壁厚范围内形成封闭的剪力流。此剪力流产生的剪应力分布如图 4.3.7(b) 所示，其方向与壁厚的中心线平行，而且大小相等、方向相反，成对地形成扭矩如图 4.3.7(c) 所示，在中心线处的剪应力为零，在壁厚的外表最大，沿厚度按线性变化，板件任意处的最大剪应力为：

$$\tau_s = M_s t_i / I_t \qquad (4.3.6)$$

其他开口薄壁构件在自由扭矩作用下的剪应力分布，如图 4.3.8 所示。

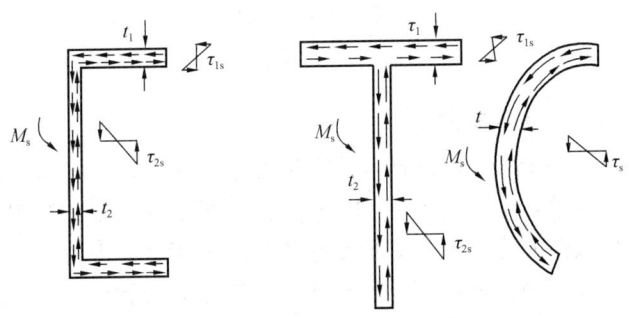

图 4.3.8 自由扭转产生的剪应力

闭合薄壁构件、圆形和圆环形截面构件在自由扭矩 M_s 作用下的剪应力计算，见本书附录四。

（二）约束扭转

实际杆件的扭转一般属于约束扭转。这是由于杆端支承条件可能限制端部截面使其不能自由翘曲；或杆件沿全长的扭矩有变化，当为自由扭转时各不同扭矩段将有不同的截面翘曲而在交接处受到互相牵制。实际翘曲和变形将是根据变形协调条件得到调整后的结果。由于翘曲和变形的调整，无论在扭矩不同或相同的杆件段内，杆件扭转率 $d\varphi/dz$ 都不是等值，各纵向纤维将扭成不均匀的曲线形。另外，翘曲调整使各纵向纤维长度有变化并引起相应正应力（拉或压，称为翘曲正应力 σ_w），翘曲正应力在截面内为不均匀分布，但在全截面内平衡。各纵向纤维的翘曲正应力和相应纵向应变不相同，使杆件各部分产生不同方向的弯曲变形（例如图 4.3.9 工形截面杆件受约束扭转时上、下翼缘向相反方向弯曲）；各纵向纤维翘曲正应力沿杆件长度有变化，则引起与之相平衡的剪应力（称为翘曲剪应力 τ_w）。

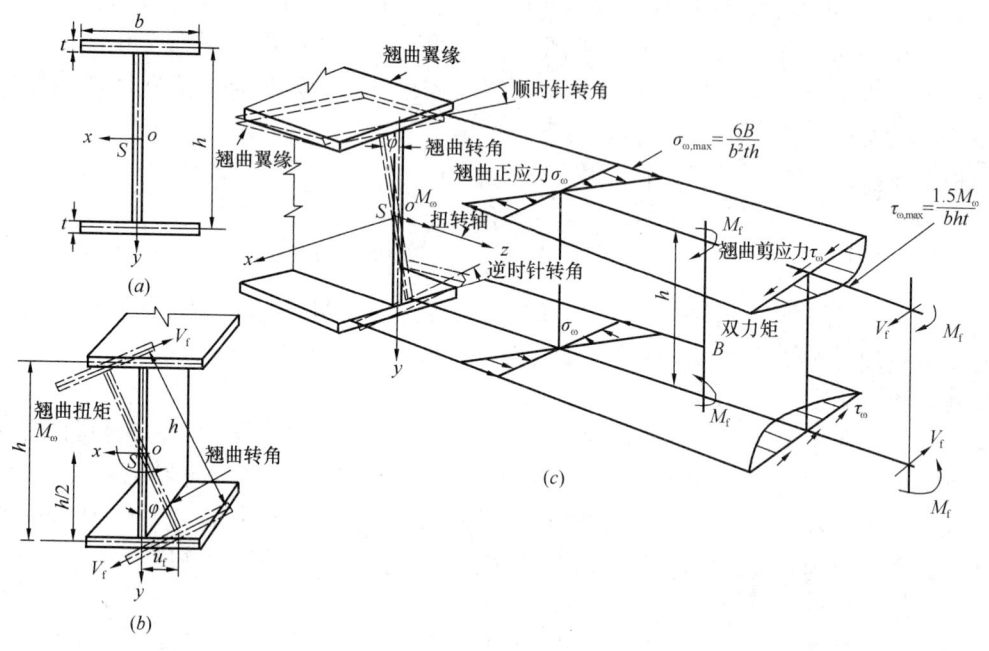

图 4.3.9 I 形截面构件的双力矩和翘曲应力
(a) 构件翘曲扭矩；(b) I 形截面上的翘曲剪力；(c) 因翘曲扭转 I 形截面上的内力

计算约束扭转的两个基本假定为：

- (1) 在扭转之前和扭转以后截面的形状与垂直于构件轴线的截面投影的形状是相同的。这一假定称为截面形状不变假定或刚周边假定。该假定对于一般开口薄壁构件是适用的。但是，该假定与极薄的冷弯型钢截面受扭以后的变形条件略有出入，因为不论是闭合的还是开口的极薄的冷弯型钢截面都可能产生截面畸变，导致畸变屈曲。

- (2) 板件中面的剪应变为零。

约束扭转应按弹性力学理论求解，比较复杂。通常将全部扭转分解为自由扭转和翘曲扭转两部分的叠加。前者产生自由扭转剪应力 τ_s 以及扭转角 φ 和截面翘曲变形；后者产生翘曲正应力 σ_w、翘曲剪应力 τ_w 和相应较复杂的变形。

对于图 4.3.9(b)，上、下翼缘中相反方向的剪力 V_f 将形成一个内扭矩即称为翘曲扭矩 $M_\omega = V_f h$，截面在翘曲扭矩 M_ω 的作用下，绕剪心 S 的扭转角为 φ，这时下翼缘在 x 方向的位移为 $u_f = -\frac{1}{2}h\varphi$，对截面纵轴的曲率为 $u_f'' = -\frac{1}{2}h\varphi''$，一个翼缘的弯矩 $M_f =$

$-EI_1u_f'' = \frac{1}{2}EI_1h\varphi''$，下、下翼缘的弯矩大小相同但方向相反，形成称为双力矩（用符号 B 表示）的一种内力。$B = -M_f h = -\frac{1}{2}EI_1h^2\varphi''$，见图 4.3.9(c)，此处 I_1 为一个翼缘截面对 y 轴的惯性矩。引进符号 $I_\omega = I_1h^2/2 = I_yh^2/4$，定义 I_ω 为翘曲惯性矩，又称为翘曲扭转常数（对于 I_ω 的计算，详见本书附录六）。EI_ω 称为截面的翘曲刚度。这样，可得：

$$B = -EI_\omega\varphi'' \tag{4.3.7}$$

下翼缘的剪力 V_f 以图 4.3.9(b) 所示方向为负，则：

$$V_f = \frac{dM_f}{dz} = -\frac{EI_1}{2}h\varphi''' \tag{4.3.8}$$

$$M_\omega = V_f h = -\frac{EI_1}{2}h^2\varphi''' = -EI_\omega\varphi''' \tag{4.3.9}$$

式（4.3.9）表示了翘曲扭矩与扭转角之间的关系式。由式（4.3.7）和式（4.3.9），翘曲扭矩与双力矩之间存在以下关系式：

$$M_\omega = \frac{dB}{dz} \tag{4.3.10}$$

翼缘因翘曲而产生的翘曲正应力 σ_ω 和翘曲剪应力 τ_ω 分布见图 4.3.9(c)。I 形翼缘截面上任一点的应力可如同平面弯曲构件一样按下式确定：

$$\sigma_\omega = \frac{M_f}{I_1}x$$

$$\tau_\omega = \frac{V_f S}{I_1 t}$$

在图 4.3.9(c) 中，最大翘曲正应力 $\sigma_{\omega,max}$ 和最大翘曲剪应力 $\tau_{\omega,max}$ 为：

$$\sigma_{\omega,max} = \frac{M_f \cdot \frac{b}{2}}{\frac{1}{12}b^3 t} = \frac{6M_f}{b^2 t}，或\ \sigma_{\omega,max} = \frac{6M_f \cdot h}{b^2 ht} = \frac{6B}{b^2 ht}$$

$$\tau_{\omega,max} = \frac{V_f S}{I_1 t} = \frac{V_f \cdot \frac{b}{2}t \cdot \frac{b}{4}}{\frac{1}{12}b^3 tt} = \frac{1.5V_f}{bt}，或\ \tau_{\omega,max} = \frac{1.5V_f h}{bth} = \frac{1.5M_\omega}{bth}$$

任意截面的翘曲应力的计算公式是：

$$\sigma_\omega = \frac{B\omega_n}{I_\omega} = \frac{B}{W_\omega} \tag{4.3.11}$$

$$\tau_\omega = -\frac{M_\omega S_\omega}{I_\omega t} \tag{4.3.12}$$

式中，ω_n 称为主扇形坐标；S_ω 称为翘曲静矩，又称为扇性静矩，详见本书附录四；W_ω

称为截面扇形模量，$W_\omega = I_\omega / \omega_n$。

上述公式（4.3.11）在《冷弯薄壁型钢结构技术规范》中广泛使用。同时该规范附录A中给出了双力矩 B 的计算；附录 B 中给出了常用截面的 I_ω、W_ω 值。

综上可知，全部扭矩 M_z 将由自由扭矩 M_s 和翘曲扭矩 M_ω 共同抵抗承受，即：

$$M_z = M_s + M_\omega \tag{4.3.13}$$

图 4.3.10 和图 4.3.11 分别是槽形截面和 I 形截面构件受到约束扭转时截面的正应力和剪应力分布，可见扭矩 M_z 对不同形状截面所产生的应力有很大差别。

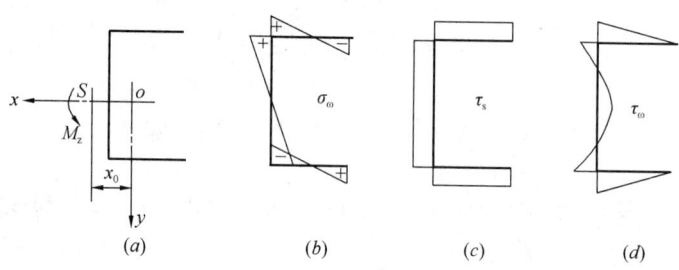

图 4.3.10 槽形截面扭转时的应力分布

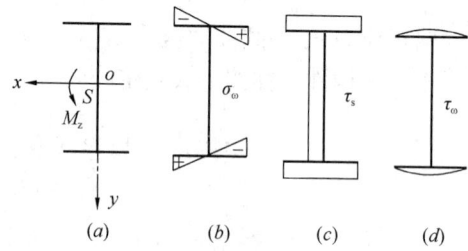

图 4.3.11 I 形截面扭转时的应力分布

第四节 轴心受力构件的计算

一、轴心受力构件的强度和刚度

> ● 复习《钢标》7.1.1 条～7.1.3 条。

如图 4.4.1（a）所示，当采用普通螺栓（或铆钉）连接，并且为并列布置时，A_n 按最危险的正交截面（Ⅰ-Ⅰ截面）计算，当错列布置时，如图 4.4.1（b）、（c）所示，构件既可能沿正交截面 Ⅰ-Ⅰ 破坏，也可能沿齿状截面 Ⅱ-Ⅱ 破坏，A_n 应取 Ⅰ-Ⅰ 和 Ⅱ-Ⅱ 截面的较小净截面面积计算。

轴心受力构件的刚度是以保证其长细比限值 λ 来实现的，即：

$$\lambda = \frac{l_0}{i} \leqslant [\lambda]$$

【例 4.4.1】 如图 4.4.2 所示，某重级工作制吊车的厂房屋架下弦杆为双角钢拉杆，

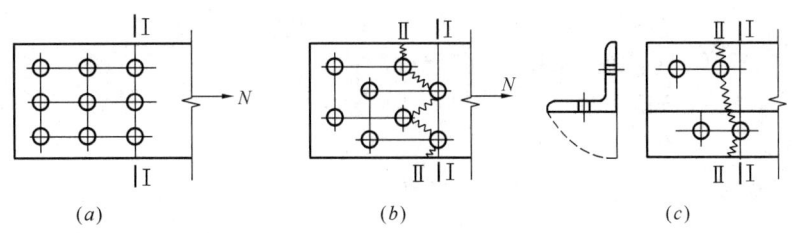

图 4.4.1 净截面面积计算

截面为 2L100×10，角钢上有交错排列的普通螺栓 M16，其孔径 $d_0 = 17.5$mm。已知 2L100×10，$A = 38.52$cm^2，$i_x = 3.05$cm，$i_y = 4.52$cm，钢材 Q345 钢。$\gamma_0 = 1.0$。

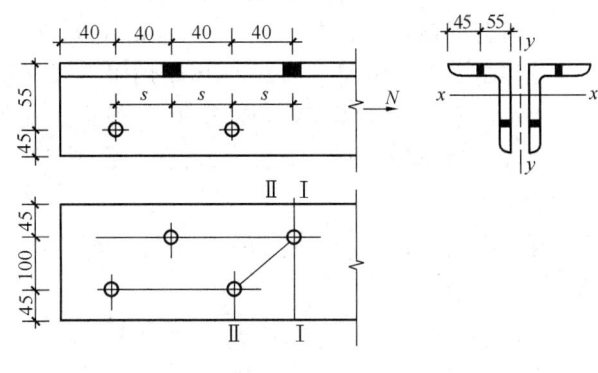

图 4.4.2

试问：
(1) 该拉杆所能承受的最大拉力设计值（kN），应为下列何项数值？
(A) 930　　　(B) 1055　　　(C) 1175　　　(D) 1250
(2) 当螺栓间距 s（mm）最小为下列何项时，可不降低拉杆设计值 N？
(A) 62　　　(B) 67　　　(C) 70　　　(D) 75
(3) 该拉杆容许达到的最大计算长度 l_{0x}（mm）、l_{0y}（mm），应为下列何项数值？
(A) 7625，11300　　　　　　　(B) 10675，11300
(C) 7625，15820　　　　　　　(D) 10675，15820

【解答】(1) 将角钢展开，如图中所示。
$d_c = \max(16+4, 17.5) = 20$mm
直线 I-I 截面：$A_{n1} = 3852 - 2 \times 20 \times 10 = 3452$mm^2
齿状线 II-II 截面：$A_{n2} = A + 2 \times (\sqrt{40^2 + 100^2} - 100) \times 10 - 2 \times 2 \times 20 \times 10 = 3206$mm^2

II-II 截面为危险截面，取 $A_n = A_{n2} = 3206$mm^2，拉杆最大拉力设计值 N：

$$N = 0.7 f_u A_n = 0.7 \times 470 \times 3206 = 1055 \text{kN}$$

$$N = fA = 305 \times 3852 = 1175 \text{kN}$$

故取 $N = 1055$kN，故选（B）项。
(2) 由条件知，齿状线 II-II 截面，净面积为：

$$A_{n2} = A + 2 \times (\sqrt{s^2 + 100^2} - 100) \times 10 - 2 \times 2 \times 20 \times 10$$

当满足 N 不减小时，$A_{n2} \geq A_{n1} = 3452 \text{mm}^2$

解之得：$s \geq 66.3 \text{mm}$

故选（B）项。

(3) 查《钢标》表 7.4.7，取 $[\lambda] = 250$

$$l_{0x} = i_x \cdot [\lambda] = 30.5 \times 250 = 7625 \text{mm}$$

$$l_{0y} = i_y \cdot [\lambda] = 45.2 \times 250 = 11300 \text{mm}$$

故选（A）项。

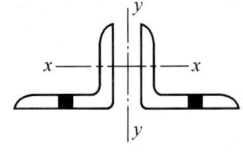

图 4.4.3

【**例 4.4.2**】 某 24m 跨度的梯形钢屋架下弦杆，承受荷载基本组合下轴心拉力设计值 $N = 820 \text{kN}$，其两主轴方向的计算长度分别是 $l_{0x} = 6\text{m}$，$l_{0y} = 12\text{m}$，屋架用于一般建筑结构。如图 4.4.3 所示，采用由两角钢组成的 T 形截面，短肢相拼；节点板厚 12mm。钢材 Q235 钢。$\gamma_0 = 1.0$。

试问：

(1) 假定在杆件同一截面上有两个普通螺栓 M20（孔径 $d_0 = 21.5\text{mm}$），确定双角钢截面尺寸，最合理的是下列何项？

(A) 2L140×90×8，$i_x = 2.59 \text{cm}$，$i_y = 6.8 \text{cm}$，$A = 36 \text{cm}^2$

(B) 2L160×100×10，$i_x = 2.85 \text{cm}$，$i_y = 7.78 \text{cm}$，$A = 50.6 \text{cm}^2$

(C) 2L140×90×10，$i_x = 2.56 \text{cm}$，$i_y = 6.85 \text{cm}$，$A = 44.6 \text{cm}^2$

(D) 2L160×100×12，$i_x = 2.82 \text{cm}$，$i_y = 7.82 \text{cm}$，$A = 60.2 \text{cm}^2$

(2) 假定轴心拉力设计值 $N = 950 \text{kN}$，选用 2L160×100×12，并且同一截面有两个普通螺栓 M20（$d_0 = 21.5 \text{mm}$），确定角钢净截面断裂的拉应力值（N/mm^2），应为下列何项数值？

(A) 153 (B) 165 (C) 175 (D) 182

【**解答**】 (1) 查《钢标》表 7.4.7，$[\lambda] = 350$

$$i_x \geq \frac{l_{0x}}{[\lambda]} = \frac{600}{350} = 1.71 \text{cm}$$

$$i_y \geq \frac{l_{0y}}{[\lambda]} = \frac{1200}{350} = 3.43 \text{cm}$$

$$A_n \geq \frac{N}{0.7 f_u} = \frac{820 \times 10^3}{0.7 \times 370} = 31.66 \text{cm}^2 ; A \geq \frac{N}{f} = \frac{820 \times 10^3}{215} = 38.14 \text{cm}^2$$

$$d_c = \max(20 + 4, 21.5) = 24 \text{mm}$$

对（A）项：$A = 36 \text{cm}^2 < 38.14 \text{cm}^2$，排除（A）项。

对（C）项：$A = 44.6 \text{cm}^2 > 38.14 \text{cm}^2$，$A_n = 44.6 - 2 \times 2.4 \times 1.0 = 39.8 \text{cm}^2 > 31.66 \text{cm}^2$

$$i_x = 2.56 \text{cm} > 1.71 \text{cm}, \quad i_y = 6.85 \text{cm} > 3.43 \text{cm}$$

故（C）项为最合理截面，选（C）项。

（2）根据《钢标》7.1.1条：

$$\sigma = \frac{N}{A_n} = \frac{950 \times 10^3}{6020 - 2 \times 24 \times 12} = 174.5 \text{N/mm}^2$$

故选（C）项。

【例4.4.3】 如图4.4.4所示钢板连接，钢材为Q235钢，芯板400×20，拼接板两块400×12，用高强度螺栓摩擦型连接，8.8级M22（$d_0 = 24$mm），摩擦面用喷硬质石英砂处理，承受轴心拉力作用。采用标准圆孔。$\gamma_0 = 1.0$。

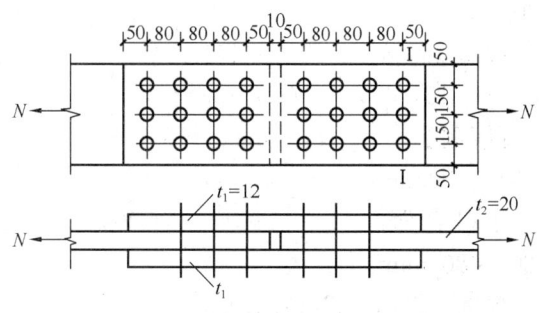

图4.4.4

试问：

（1）该连接所能承受的最大拉力设计值（kN），应为下列何项数值？

(A) 945　　(B) 1458　　(C) 1544　　(D) 1640

（2）假定荷载基本组合下轴心拉力设计值$N = 1200$kN，Ⅰ-Ⅰ处净截面断裂时芯板拉应力（N/mm²），应为下列何项数值？

(A) 148　　(B) 159　　(C) 163　　(D) 183

【解答】（1）螺栓群受剪承载力设计值为：

$$N = nN_v^b = n \cdot 0.9 k n_f \mu P = 12 \times 0.9 \times 1 \times 2 \times 0.45 \times 150 = 1458 \text{kN}$$

因盖板厚度大于芯板厚度，并且盖板抗拉强度设计值大于芯板强度设计值，故只需计算芯板受拉承载力值。

芯板受拉承载力设计值为：

$$d_c = \max(22 + 4, 23.5) = 26\text{mm}$$

$$N = fA = 205 \times 400 \times 20 = 1640 \text{kN}$$

$$N = \frac{0.7 f_u A_n}{1 - 0.5 n_1/n} = \frac{0.7 \times 370 \times (400 - 3 \times 26) \times 20}{1 - 0.5 \times 3/12} = 1906.2 \text{kN}$$

取较小值，$N = 1458$kN，故选（B）项。

（2）$\sigma = \dfrac{(1 - 0.5 n_1/n) N}{A_n}$

$= \dfrac{(1 - 0.5 \times 3/12) \times 1200 \times 10^3}{(400 - 3 \times 26) \times 20} = 163 \text{N/mm}^2$

故应选（C）项。

【例4.4.4】 由一块芯板—400×20和两块盖接板—400×12用高强度螺栓摩擦型连接，螺栓M16（$d_0 = 17.5$mm），排列如图4.4.5所示，芯板承受荷载基本组合下轴心拉力设计值$N = 1350$kN，钢材为Q235钢。采用标准圆孔。$\gamma_0 = 1.0$。

试问：

（1）芯板Ⅰ-Ⅰ处净截面断裂时的拉应力（N/mm²），应为下列何项数值？

(A) 172.6　　(B) 175.6
(C) 186.3　　(D) 189.1

（2）芯板Ⅱ-Ⅱ处净截面断裂时的拉应力（N/mm²），应为下列何项数值？

(A) 129.8　　(B) 145.2
(C) 154.6　　(D) 158.2

【解答】（1）$d_c = \max(16+4, 17.5) = 20$mm

Ⅰ-Ⅰ截面：$A_n = (400 - 3 \times 20) \times 20 = 6800$mm²

根据《钢标》式（7.1.1-3）：

$$\sigma = \left(1 - 0.5 \frac{n_1}{n}\right) \frac{N}{A_n} = \left(1 - 0.5 \times \frac{3}{13}\right) \times \frac{1350 \times 10^3}{6800} = 175.6 \text{N/mm}^2$$

故选（B）项。

（2）Ⅱ-Ⅱ截面：$A_n = (400 - 5 \times 20) \times 20 = 6000$mm²

Ⅱ-Ⅱ截面左侧3个螺栓已传走了 $\frac{3}{13}N$，则：

$$\sigma = \left(1 - \frac{3}{13} - \frac{0.5 n_1}{n}\right) \cdot \frac{N}{A_n} = \left(1 - \frac{3}{13} - \frac{0.5 \times 5}{13}\right) \times \frac{1350 \times 10^3}{6000}$$

$$= 129.8 \text{N/mm}^2$$

故选（A）项。

【例4.4.5】如图4.4.6所示，钢板连接用高强度螺栓摩擦型连接，钢材为Q235钢。芯板为340×14，盖板两块为340×10。高强度螺栓用8.8级M20（$d_0 = 22$mm），摩擦面用喷硬质石英砂处理。芯板承受荷载基本组合下轴心拉力作用。采用标准圆孔。$\gamma_0 = 1.0$。

试问：

（1）该连接件所能承受的最大拉力设计值（kN），应为下列何项数值？

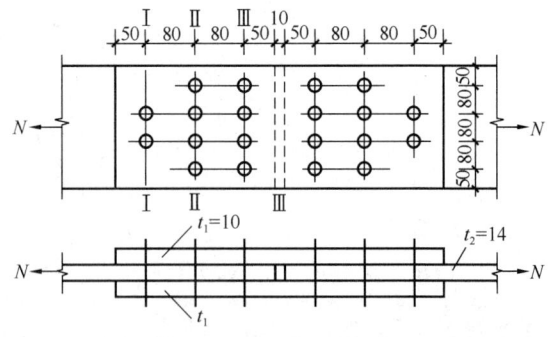

图4.4.6

(A) 993　　(B) 1015　　(C) 1180　　(D) 1460

（2）假定轴心拉力设计值$N = 900$kN，芯板截面上最大拉应力值（N/mm²），应为下列何项数值？

(A) 152　　(B) 168　　(C) 189　　(D) 200

（3）假定螺栓连接按等强度原则，即保证螺栓连接的承载力设计值不低于构件受拉承载力设计值，则需要高强度螺栓的数目，至少应为下列何项数值？

(A) 9   (B) 10   (C) 11   (D) 12

【解答】 (1) 螺栓群受剪承载力设计值为：

$$N = nN_v^b = n \cdot 0.9 kn_f \mu P = 10 \times 0.9 \times 1 \times 2 \times 0.45 \times 125 = 1012.5 \text{kN}$$

其次，芯板受拉承载力设计值为：

毛截面：$N = fA = 215 \times 340 \times 14 = 1023.4 \text{kN}$

$d_c = \max(20+4, 22) = 24 \text{mm}$

净截面，取 Ⅰ-Ⅰ 截面：

$$A_{n1} = A - 2 \times 24 \times 14 = 340 \times 14 - 2 \times 24 \times 14 = 4088 \text{mm}^2$$

$$N = \frac{0.7 f_u A_n}{1 - 0.5 n_1/n} = \frac{0.7 \times 370 \times 4088}{1 - 0.5 \times 2/10} = 1176.4 \text{kN}$$

取 Ⅱ-Ⅱ 截面：

$$A_{n2} = A - 4 \times 24 \times 14 = 3416 \text{mm}^2$$

因 Ⅱ-Ⅱ 截面左侧已传走 $\frac{2}{10}N$，则：

$$\left(1 - \frac{2}{10} - \frac{0.5 n_1}{n}\right) \frac{N}{A_n} \leqslant 0.7 f_u$$

$$N \leqslant \frac{0.7 f_u A_{n2}}{1 - \frac{2}{10} - \frac{2}{10}} = \frac{0.7 \times 370 \times 3416}{\frac{6}{10}} = 1474.6 \text{kN}$$

盖板承受的拉力，取 Ⅲ-Ⅲ 处：

$$A_n = (340 - 4 \times 24) \times 2 \times 10 = 4880 \text{mm}^2$$

$$N \leqslant \frac{A_n 0.7 f_u}{1 - 0.5 n_1/n} = \frac{4880 \times 0.7 \times 370}{1 - 0.5 \times 4/10} = 1579.9 \text{kN}$$

$$N \leqslant fA = 215 \times 340 \times 10 \times 2 = 1462 \text{kN}$$

上述取较小值，$N = 1012.5 \text{kN}$，故选 (B) 项。

(2) 取 Ⅰ-Ⅰ 截面：

$$\sigma = \frac{(1 - 0.5 n_1/n)N}{A_n} = \frac{(1 - 0.5 \times 2/10) \times 900 \times 10^3}{(340 - 2 \times 24) \times 14} = 198.1 \text{N/mm}^2$$

取 Ⅱ-Ⅱ 截面：

$$\sigma = \frac{\left(1 - \frac{2}{10} - 0.5 n_1/n\right)N}{A_{n2}} = \frac{\left(1 - \frac{2}{10} - 0.5 \times 4/10\right) \times 900 \times 10^3}{(340 - 4 \times 24) \times 14} = 158.1 \text{N/mm}^2$$

毛截面：

$$\sigma = \frac{N}{A} = \frac{900 \times 10^3}{340 \times 14} = 189.1 \text{N/mm}^2$$

取较大值，$\sigma = 198.1 \text{N/mm}^2$，故选 (D) 项。

(3) 根据前述结果知，钢板最大拉力设计值为 1023.4kN。

$$n \times 0.9 kn_f \mu P \geqslant 1023.4$$

$$n \geqslant \frac{993.3}{0.9 kn_f \mu P} = \frac{1023.4}{0.9 \times 1 \times 2 \times 0.45 \times 125} = 10.1$$

取 $n = 11$，应选 (C) 项。

【例 4.4.6】 如图 4.4.7(a)所示一双角钢轴心受拉构件与节点板的连接节点。B级普通螺栓，性能等级为 5.6 级，M18（$d_0=19.5\text{mm}$）。构件截面为 2L160×100×12（面积 $A=60.11\text{cm}^2$），节点板厚 16mm，钢材为 Q235B 钢，$f=215\text{N/mm}^2$。

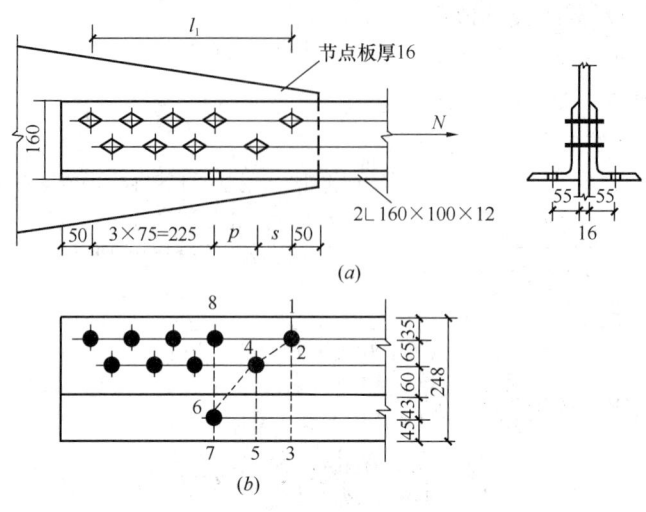

图 4.4.7
(a) 连接节点；(b) 角钢展开示意

试问：

(1) 图中的 s 值为多大时能使此轴心受拉构件所能承受的拉力设计值 N 为最大？

(2) 当角钢外伸边上有一直径 $d_0=22.5\text{mm}$ 的螺栓孔如图示时，p 值为多大可不降低 N 值？

【解答】 将角钢展开如图 4.4.7(b)所示，展开后总宽度为 160+100-12=248mm，螺栓线距示于图上。

(1) 求构件承载力 N 为最大的 s 值

$d_c=\max(18+4, 19.5)=22\text{mm}$

构件沿直线 1-2-3 截面断裂时的净面积 $A_{n1}=A-22\times12\times2$

构件沿折线 1-2-4-5 截面断裂时的净面积 $A_{n2}=A+(\sqrt{s^2+65^2}-65-22\times2)\times12\times2$

从构件净截面断裂考虑，沿直线 1-2-3 截面断裂时 $N=A_n 0.7f_u$ 值将为最大。

为使 s 取值不致降低最大的 N 值，应使 $A_{n2}\geqslant A_{n1}$，即：$\sqrt{s^2+65^2}-65-22\times2\geqslant -22$，解得 $s\geqslant 57.8\text{mm}$，采用 $s=60\text{mm}$，可使 N 值为最大：

$N=A_{n1}0.7f_u=(60.11\times10^2-22\times12\times2)\times0.7\times370\times10^{-3}=1420.1\text{kN}$

此时螺栓 2 与 4 间中心距 $p_{2-4}=\sqrt{60^2+65^2}=88.5\text{mm}>3d_0=3\times22.5=67.5\text{mm}$，可以。

(2) 求不降低构件最大承载力 N 的 p 值

沿折线 1-2-4-6-7 截面断裂时构件的净面积为

$A_{n3}=A+(\sqrt{60^2+65^2}+\sqrt{103^2+p^2}-65-103-22\times3)\times12\times2$

若 $A_{n3}\geqslant A_{n1}$，则就不会因角钢外伸边上的螺栓孔而降低 N 值。

由
$$\sqrt{60^2+65^2}+\sqrt{103^2+p^2}-65-103-22\times 3 \geqslant -22$$

解得 $p \geqslant 68.2\text{mm} \approx 70\text{mm}$

采用 $p=75\text{mm}$（或 70mm），可使角钢外伸边上的螺栓孔不致削弱最大 N 值。

思考：图 4.4.7(b) 中：43 是这样得到的：$100-12-45=43\text{mm}$。

二、实腹式轴心受压构件的稳定性计算

1. 理想轴心压杆与屈曲的基本概念

所谓理想轴心压杆就是假定杆件完全挺直、荷载沿杆件形心轴作用，杆件在受荷之前没有初始应力，也没有初弯曲和初偏心等缺陷，截面沿杆件是均匀的。此种杆件失稳，叫作发生屈曲。屈曲形式可分为三种，即：

① 弯曲屈曲 只发生弯曲变形，杆件的截面只绕一个主轴旋转，杆的纵轴由直线变为曲线，这是双轴对称截面最常见的屈曲形式。图 4.4.8(a) 发生绕弱轴（y 轴）的弯曲屈曲。

② 扭转屈曲 失稳时杆件除支承端外的各截面均绕纵轴扭转，这是某些双轴对称截面压杆可能发生的屈曲形式。图 4.4.8(b) 为可能发生绕 z 轴的扭转屈曲情况。

③ 弯扭屈曲 单轴对称截面（或无对称轴截面）绕对称轴屈曲时，杆件在发生弯曲变形的同时必然伴随着扭转。图 4.4.8(c) 发生绕 y、z 轴的弯扭屈曲情况。

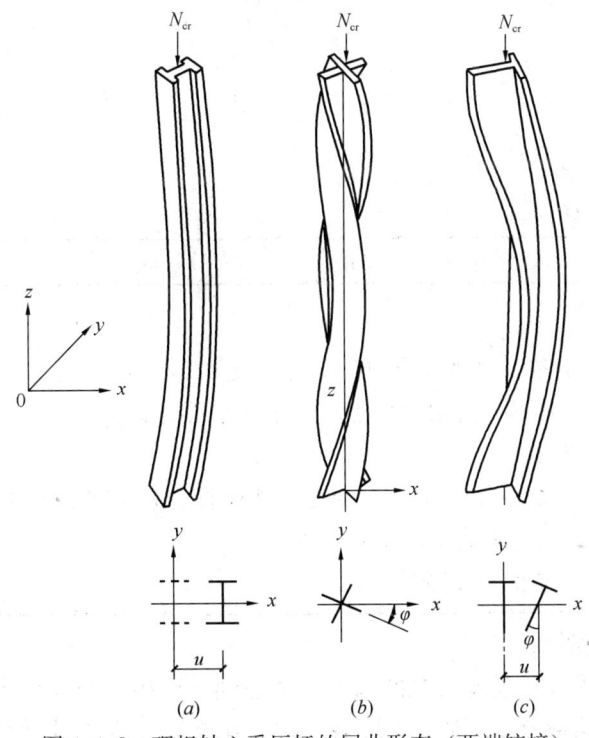

图 4.4.8 理想轴心受压杆的屈曲形态（两端铰接）
(a) 弯曲屈曲（绕 y 轴）；(b) 扭转屈曲（绕 z 轴）；(c) 弯扭屈曲（绕 y、z 轴）

弯扭屈曲产生的根源是：截面的形心 O 与剪力中心 S（简称：剪心）不重合产生的，见本书第三节内容。常见的截面形心 O 与剪心 S，如图 4.4.9 所示。

上述三种屈曲形式中最基本且最简单的屈曲形式是弯曲屈曲。细长的理想直杆，在弹

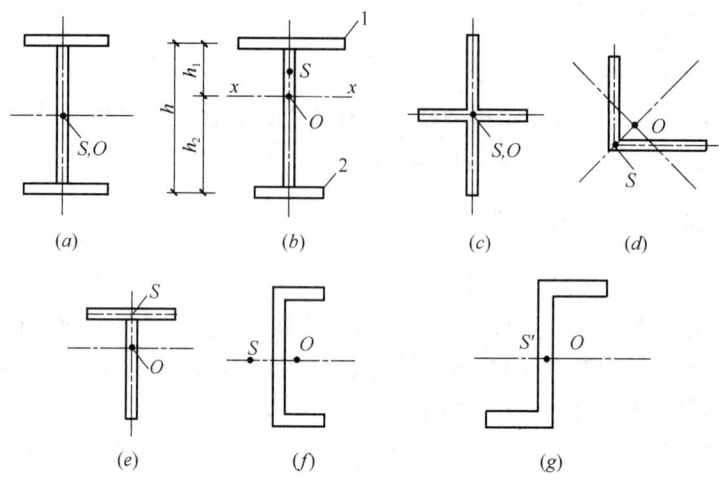

图 4.4.9 开口截面的剪心示意图

性阶段弯曲屈曲时的临界力 N_{cr} 和临界应力 σ_{cr} 可由欧拉（Euler）公式求出：

$$N_{cr} = \frac{\pi^2 EI}{l^2}$$

$$\sigma_{cr} = \frac{\pi^2 E}{\lambda^2}$$

$$\lambda = \frac{l}{i} = \frac{l}{\sqrt{I/A}}$$

2. 构件的计算长度

▲Ⅰ. 桁架的计算长度

- 复习《钢规》7.4.1 条～7.4.3 条。

需注意的是：

(1)《钢标》7.4.1 条中"单系腹杆"是指：无中间节点的腹杆，且该腹杆一端通过节点板与上弦杆相连，其另一端通过节点板与下弦杆相连。其中，"无中间节点"是指平面内或平面外无中间节点。

(2)《钢标》7.4.1 条注 1 规定，它是指桁架弦杆在桁架平面外的计算长度 l_0，应取桁架弦杆侧向支承点之间的距离 l_1，即：$l_0 = l_1$。

(3)《钢标》7.4.1 条的条文说明：

7.4.1（条文说明）

对于弦杆平面内计算长度系数的取值，考虑到平面桁架与立体桁架对杆件面内约束的差别不大，故均取 0.9。对于支座斜杆和支座竖杆，由于其受力较大，受周边构件的约束较弱，其计算长度系数取 1.0。

关于再分式腹杆体系的主斜杆和 K 形腹杆体系的竖杆在桁架平面内的计算长度，由于此种杆件的上段与受压弦杆相连，端部的约束作用较差，因此规定该段在桁架平面内的计算长度系数采用 1.0 而不采用 0.8。

(4) 单角钢腹杆、双角钢十字形的腹杆（不位于支座的腹杆），其主轴不在桁架平面内，其绕最小主轴弯曲时将发生在与桁架平面斜交的平面内[图 4.4.10（a）、(b)]，其端部所受嵌固作用介于桁架"其他腹杆"平面内外的两种情况之间，取其计算长度为 $0.9l$。

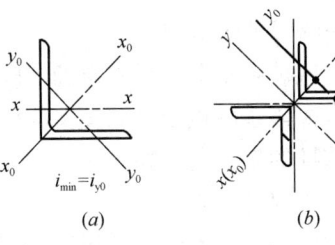

图 4.4.10

对于图 4.4.10（a），$l_{0\text{斜}}=0.9l$，相应地，$i_{\min}=i_{y0}$。

对于图 4.4.10（b），$l_{0\text{斜}}=0.9l$，相应地，$i_{\min}=\min\{i_x, i_y\}$。

其中，$i_x=i_{x0}$

$$i_y=\sqrt{\frac{2I_y}{2A}}=\sqrt{\frac{2(I_{y0}+A\cdot a^2)}{2A}}=\sqrt{\frac{I_{y0}}{A}+a^2}$$
$$=\sqrt{i_{y0}^2+a^2}$$

(5) 桁架平面内计算长度 l_{0x} 和平面外计算长度 l_{0y}

《钢标》7.4.1 条表 7.4.1-1 作了规定。

(6) 屋架平面内计算长度 l_{0x} 和平面外计算长度 l_{0y}

屋架为了保证其整体稳定性，需设置屋盖支撑，如图 4.4.11 所示。

1) 屋架杆件平面内计算长度 l_{0x}

如图 4.4.12（a），屋架的上弦杆、下弦杆、腹杆的 l_{0x}，按《钢标》表 7.4.1-1 中项次 1、3 的规定。

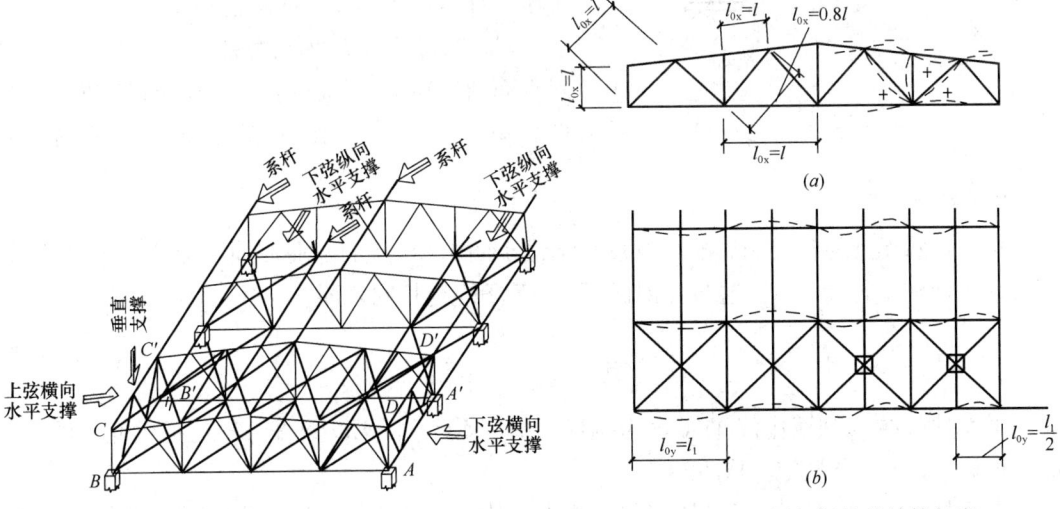

图 4.4.11 屋盖支撑种类和组成

图 4.4.12 屋架杆件的计算长度
(a) 屋架杆件在平面内的计算长度 l_{0x}；
(b) 屋架杆件在平面外的计算长度 l_{0y}

2) 屋架杆件平面外计算长度 l_{0y}

屋架的上弦杆、下弦杆的 l_{0y}，根据《钢标》表 7.4.1-1 注 1，l_{0y} 取为弦杆侧向支承点之间的距离。

●● 屋架上弦杆的 l_{0y}

一般取上弦横向水平支撑的节间长度，如图 4.4.12 (b) 中，$l_{0y}=l_1$。

在有檩体系屋盖中，如檩条与横向水平支撑的交叉点用节点板焊牢，则此檩条可能为屋架上弦杆的支承点，如图 4.4.12(b) 中，取 $l_{0y}=l_1/2$；但当该檩条与支撑的交叉点不相连时，仍取 $l_{0y}=l_1$。

在无檩体系屋盖中，考虑大型屋面板（指：预应力混凝土屋面板、钢筋混凝土屋面板）能起一定的支持作用，能保证屋面板与屋架上弦杆有三个角焊牢，故一般取两块屋面板的宽度，但不大于 3.0m。但是，若不能保证屋面板三个角焊牢，则仍取支撑节间长度，即取 $l_{0y}=l_1$。

●● 屋架下弦杆的 l_{0y}

视下弦有无纵向水平支撑，l_{0y} 取下弦纵向水平支撑节点与下弦系杆，或下弦系杆与系杆间的距离。

●● 屋架腹杆的 l_{0y}

因为节点板在屋架平面外的刚度很小，当腹杆平面外屈曲时只起铰作用，对杆件没有嵌固作用，故所有腹杆均取 $l_{0y}=l$（l 为腹杆几何长度）。

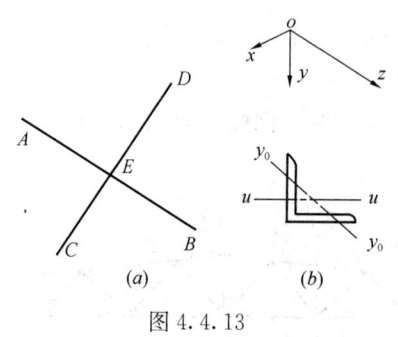

图 4.4.13

（7）单角钢交叉腹杆的计算长度和长细比——单角钢平面内有联系

根据《钢标》7.4.2 条规定，如图 4.4.13 所示，杆 AB，杆 CD 的几何长度均为 l_1，均采用等边单角钢。

现研究杆 AB 的计算长度和长细比。

1）当杆 AB、杆 CD 均为拉杆

斜平面内：在 xz 平面内，杆 AB 受到杆 EC、杆 ED 的约束，但约束贡献不是很大，故《钢标》7.4.2 条规定，取 $l_{0斜}=\dfrac{l_1}{2}$。

杆 AE 间无其他约束的影响，故发生绕最小回转半径 $i_{\min}$ 的弯曲屈曲，故长细比计算采用其最小回转半径（$i_{\min}$），这与《钢标》7.4.7 条规定相同，即：

$$\lambda_{斜}=\frac{l_{0斜}}{i_{\min}}=\frac{l_1}{2i_{y0}}$$

平面外：在 yz 平面内，杆 CD 为拉杆，则杆 EC、杆 ED 对杆 AB 仅提供侧向约束，故《钢标》7.4.2 条规定，取 $l_{0y}=l_1$。

由于杆 EC、杆 ED 对杆 AB 有侧向约束，故杆 AB 绕 u-u 轴发生屈曲，即长细比计算应采用与单角钢肢边平行轴的回转半径（i_u），这与《钢标》7.4.7 的规定相同，可得：

$$\lambda_y=\frac{l_{0y}}{i_u}=\frac{l_1}{i_u}$$

根据等肢单角肢的截面几何特性，可知，$i_{\min}=i_{y0}>0.5i_u$，故等肢单角钢交叉腹杆的长细比是由平面外控制。

2) 当杆 AB 为压杆，杆 CD 为压杆或拉杆

斜平面内：
$$l_{\text{斜}0} = \frac{l_1}{2}$$

$$\lambda_{\text{斜}} = \frac{l_{\text{斜}0}}{i_{\min}} = \frac{l_1}{2i_{y0}}$$

平面外：l_{0y} 值按《钢标》7.4.2 条中计算公式进行计算。

$$\lambda_y = \frac{l_{0y}}{i_u}$$

（8）单角钢斜缀条设置有连系缀条（也称附加缀条）时，其计算长度和长细比的计算

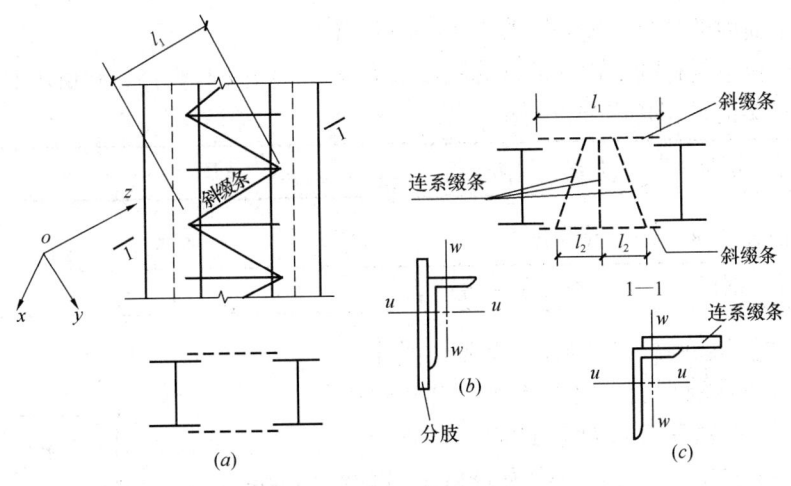

图 4.4.14 格构柱

如图 4.4.14 所示格构柱，斜缀条采用不等肢单角钢（例如采用 L140×90×10，i_u=44.7mm，i_v=25.6mm）。斜缀条单角钢长肢与分肢柱相连时，有节板。

平面内：由《钢标》7.4.1，$l_{0x}=0.8l_1$

单角钢 L140×90×10 在 yz 平面内，由于连系缀条提供侧向约束，单角钢绕 u-u 轴发生屈曲，故计算其长细比应采用回转半径 i_u：

$$\lambda_x = \frac{0.8l_1}{i_u}$$

平面外：
$$l_{0y} = l_2$$

单角钢 L140×90×10 在 xz 平面内，由于单角钢的长肢与分肢柱相连，提供了侧向约束，单角钢绕 w-w 轴发生屈曲，故计算其长细比应采用回转半径 i_w：

$$\lambda_y = \frac{l_2}{i_w}$$

（9）桁架再分式腹杆体系的受压主斜杆及 K 形腹杆体系的竖杆等，如图 4.4.15 所示，《钢标》7.4.3 条规定，在桁架平面外的计算长度应按《钢标》式（7.4.3）确定，即：

$$l_0 = l_1 \left(0.75 + 0.25 \frac{N_2}{N_1}\right) \geqslant 0.5l_1$$

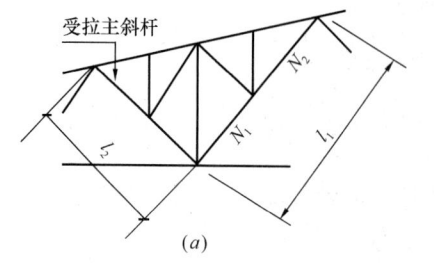
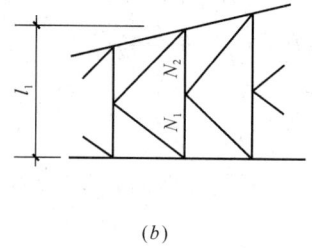

图 4.4.15 受压腹杆平面外的计算长度
(a) 再分式腹杆体系的受压主斜杆；(b) K 形腹杆体系的竖杆

在桁架平面内的计算长度则取节点中心间距离。

但是，受拉主斜杆的平面外的计算长度仍取为 l_2［如图 4.4.15(a) 所示］。

▲Ⅱ. 塔架的计算长度和长细比

- 复习《钢标》7.4.4 条、7.4.5 条。

▲Ⅲ. 轴心受压柱的计算长度

- 复习《钢标》7.4.8 条及条文说明。

【例 4.4.7】如图 4.4.16 所示，某轴心受压钢柱，在柱的一个主轴平面内设有支撑。已知轴压力 $N=850$kN，钢柱采用 H 型钢 H250×250×9×14，柱脚采用平板支座，底板厚度为 28mm。钢材采用 Q235 钢。

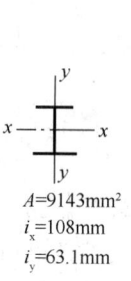
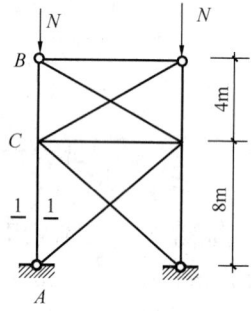

$A=9143$mm²
$i_x=108$mm
$i_y=63.1$mm

图 4.4.16

试问：

(1) 下段柱 AC 在支撑平面内的计算长度 l_0 (mm)，最接近下列何项？

(A) 7.6　　(B) 7.0
(C) 6.4　　(D) 5.2

(2) 柱 AB 的受压稳定承载力（kN），最接近于下列何项？

(A) 1100　(B) 1050　(C) 950　(D) 850

【解答】(1) 根据《钢标》7.4.8 条及条文说明：

$$\beta = 4/8 = 0.5$$

$$\mu = 1 - 0.3 \times (1-0.5)^{0.7} = 0.815$$

柱脚 $t=28$mm$\geqslant 2t_f=2\times 14=28$mm，则：

$$l_0 = 0.8\mu L = 0.8 \times 0.815 \times 8 = 5.216\text{m}$$

故选（D）项。

(2) 根据《钢标》7.2.1 条：

H 型钢、$b/h=250/250=1>0.8$,查表 7.2.1-1 及注,x 轴为 b 类,y 轴为 c 类。

支撑平面外:$\lambda_x = \dfrac{l_{0x}}{i_x} = \dfrac{0.8 \times 12000}{108} = 89$,查附表 D.0.2,$\varphi_x = 0.628$

平面内:$\lambda_y = \dfrac{l_{0y}}{i_y} = \dfrac{5216}{63.1} = 83$,查附表 D.0.3,$\varphi_y = 0.559$

故取 $\varphi = \varphi_y = 0.559$

$$N_u = \varphi A f = 0.559 \times 9143 \times 215 = 1099 \text{kN}$$

故选(A)项。

3. 容许长细比

● 复习《钢标》7.4.6 条、7.4.7 条。

【例 4.4.8】 某人字形钢屋架跨度 30m,简支于钢筋混凝土柱上,屋面采用 1.5m×6m 预应力大型屋面板。屋架跨中设垂直支撑。钢材为 Q235 钢。屋架杆件几何长度如图 4.4.17 所示。

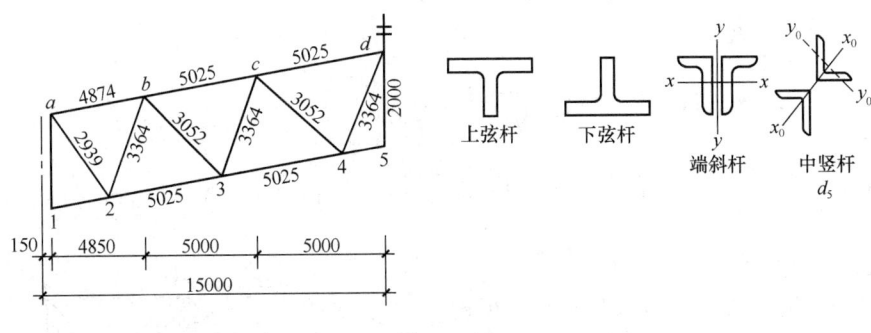

图 4.4.17

试问: 确定主要杆件的计算长度。

【解答】 根据《钢标》7.4.1 条规定:

(1) 上弦杆($b-c$、$c-d$)

平面内计算长度:$l_{0x} = l = 5.025$m

平面外计算长度:$l_{0y} = 3.0$m(取 2 块大型屋面板宽)

(2) 下弦杆(2—3、3—4)

平面内计算长度:$l_{0x} = l = 5.025$m

平面外计算长度:$l_{0y} = 4874 + 5025 + 5025 = 14924$mm(跨中设垂直支撑,取屋架斜向跨度的一半)

(3) 端斜杆($a-2$)

平面内计算长度:$l_{0x} = l = 2.939$m

平面外计算长度:$l_{0y} = l = 2.939$m

(4) 腹杆($b-2$、$c-3$、$d-4$):

平面内计算长度:$l_{0x} = 0.8l = 0.8 \times 3.364 = 2.691$m

平面外计算长度：$l_{0y}=l=3.364$m

（5）腹杆（$b-3$、$c-4$）：

平面内计算长度：$l_{0x}=0.8l=0.8\times3.052=2.442$m

平面外计算长度：$l_{0y}=l=3.052$m

（6）竖腹杆（$d-5$）：

斜平面计算长度：$l_0=0.9l=0.9\times2.0=1.8$m

思考： 本题目中人字形钢屋架为上承式屋架，故a-2杆为端斜杆。

【**例4.4.9**】 某屋架中部受压斜腹杆，如图4.4.18所示，其上段承受轴压力设计值为42kN，下段承受轴压力设计值65kN，杆长3000mm，居中分段。

试问： 该斜腹杆的平面内计算长度l_{0x}（m）、平面外计算长度l_{0y}（m），应为下列何项数值？

(A) 1.5、2.73　　(B) 2.4、3.0

(C) 3.0、2.73　　(D) 3.0、3.0

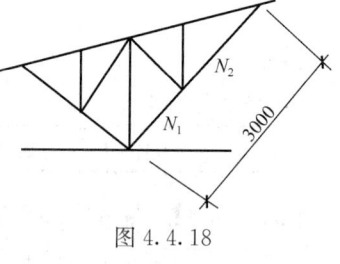

图4.4.18

【**解答**】 根据《钢标》7.4.1条、7.4.3条规定：

平面内计算长度：$l_{0x}=3/2=1.5$m

平面外计算长度：

$$l_{0y}=l_1\left(0.75+0.25\frac{N_2}{N_1}\right)$$

$$=3.0\times\left(0.75+0.25\times\frac{42}{65}\right)=2.73\text{m}>0.5l_1=1.5\text{m}$$

故应选（A）项。

【**例4.4.10**】 如图4.4.19所示吊车桁架，桁架两斜杆截面相同，长度相等且在中点相交，在交叉点均不中断。吊车竖向荷载作用下，两斜杆分别承受压力P；吊车水平运动时，两斜杆分别承受拉力$0.6P$和压力$0.6P$。

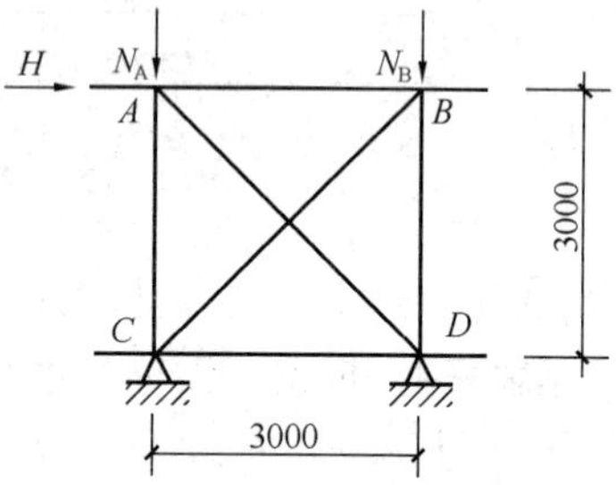

试问：

(1) 当只有吊车竖向荷载作用时，斜杆AD在桁架平面外的计算长度（m），应为下列何项数值？

(A) 2.12　　(B) 3.0　　(C) 3.45　　(D) 4.24

(2) 如图中所示，当吊车同时作用竖向荷载、水平荷载时，斜杆AD在桁架平面外的计算长度（m），应为下列何项数值？

(A) 2.12　　(B) 3.0　　(C) 3.35　　(D) 4.24

(3) 如图中所示，当吊车同时作用竖向荷载、水平荷载时，斜杆BC在桁架平面外的计算长度（m），应为下列何项数值？

(A) 3.0　　(B) 3.35　　(C) 3.45　　(D) 4.24

图4.4.19

【**解答**】（1）根据《钢标》7.4.2条第1款1）的规定：

平面外计算长度：$l_0 = l\sqrt{\dfrac{1}{2}\left(1+\dfrac{N_0}{N}\right)} = 3\sqrt{2} \times \sqrt{\dfrac{1}{2}\left(1+\dfrac{P}{P}\right)} = 4.24\text{m}$

故选（D）项。

（2）斜杆 BC 承受压力：
$$N_0 = P - 0.6P = 0.4P$$

斜杆 AD 承受压力：
$$N = P + 0.6P = 1.6P$$

根据《钢标》7.4.2 条第 1 款 1）的规定，斜杆 AD 平面外计算长度：

$$l_0 = l\sqrt{\dfrac{1}{2}\left(1+\dfrac{N_0}{N}\right)} = 3\sqrt{2} \times \sqrt{\dfrac{1}{2}\left(1+\dfrac{0.4P}{1.6P}\right)} = 3.35\text{m}$$

故选（C）项。

（3）斜杆 BC 承受压力：$N = P - 0.6P = 0.4P$

斜杆 AD 承受压力：$N_0 = P + 0.6P = 1.6P$

根据《钢标》7.4.2 条第 1 款规定，斜杆 BC 平面外计算长度 l_0，按《钢标》规定，取 $N_0 \leqslant N$，故取 $N_0 = 0.4P$

$$l_0 = l\sqrt{\dfrac{1}{2}\left(1+\dfrac{N_0}{N}\right)} = 3\sqrt{2} \times \sqrt{\dfrac{1}{2}\left(1+\dfrac{0.4P}{0.4P}\right)} = 4.24\text{m}$$

故选（D）项。

【例 4.4.11】 某有重级工作制吊车厂房，屋架跨度 24m，间距 6m，设有下弦平面横向水平支撑，如图 4.4.20 所示，钢材 Q235。

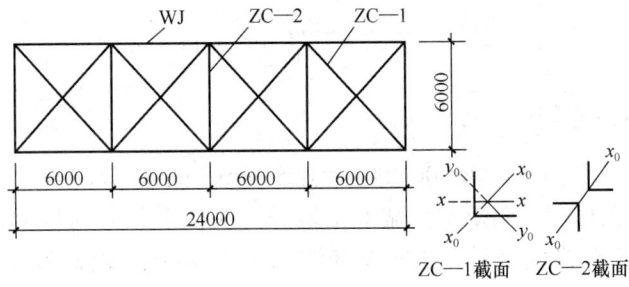

图 4.4.20

试问：

（1）根据构件的容许长细比，ZC—1 杆件的最合理截面，应为下列何项？

(A) L50×5，$i_x = 1.53\text{cm}$，$i_{y0} = 0.98\text{cm}$　　(B) L70×5，$i_x = 2.16\text{cm}$，$i_{y0} = 1.39\text{cm}$

(C) L80×5，$i_x = 2.48\text{cm}$，$i_{y0} = 1.60\text{cm}$　　(D) L75×5，$i_x = 2.32\text{cm}$，$i_{y0} = 1.50\text{cm}$

（2）根据构件的容许长细比，ZC—2 杆件的最合理截面，应为下列何项？

(A) 2L50×5，$i_{x0} = 1.92\text{cm}$　　　　　　(B) 2L70×5，$i_{x0} = 2.73\text{cm}$

(C) 2L75×5，$i_{x0} = 2.92\text{cm}$　　　　　　(D) 2L80×5，$i_{x0} = 3.13\text{cm}$

（3）假定 ZC—1 构件选用 L80×5，$i_x = 2.48\text{cm}$，$i_{x0} = 3.13\text{cm}$，$i_{y0} = 1.60\text{cm}$，根据容许长细比，该构件的几何长度最大值（mm），应为下列何项？

(A) 8680　　　　(B) 9240　　　　(C) 11200　　　　(D) 8920

【解答】 (1) 将屋架下弦视为下弦平面横向水平支撑的弦杆，构成平面桁架体系。支撑中的交叉斜杆和柔性系杆按拉杆设计；横杆、支撑桁架的弦杆、刚性系杆按压杆设计。

根据《钢标》7.4.2 条规定：

斜杆 ZC-1 斜平面的计算长度：$l_0 = 0.5l = 0.5 \times 6\sqrt{2} = 4.243$m

其平面外的计算长度：$l_0 = l = 6\sqrt{2} = 8.485$m

查《钢标》表 7.4.7，取 $[\lambda] = 350$

斜平面的最小回转半径：$i_{min} \geq \dfrac{l_0}{[\lambda]} = \dfrac{4.243}{350} = 1.21$cm，则：

$$i_{y0} = i_{min} \geq 1.21\text{cm}$$

平面外的最小回转半径：$i_{min} \geq \dfrac{l_0}{[\lambda]} = \dfrac{8.485}{350} = 2.42$cm，则：

$$i_x = i_{min} \geq 2.42\text{cm}$$

L80×5，$i_x = 2.48$cm > 2.42cm，$i_{y0} = 1.60$cm > 1.21cm，故选（C）项。

(2) ZC-2 杆件按压杆设计，查《钢标》表 7.4.6，取 $[\lambda] = 200$，根据《钢标》7.4.1 条规定，斜平面计算长度：$l_0 = 0.9l = 0.9 \times 6 = 5.4$m

$$i_{min} \geq \dfrac{l_0}{[\lambda]} = \dfrac{5.4}{200} = 2.7\text{cm}$$

2L70×5，$i_{x0} = 2.73$cm > 2.7cm，故选（B）项。

(3) 由前述结果知，$[\lambda] = 350$

斜平面计算：$l_0 = 0.5l$；$\dfrac{l_0}{i_{y0}} \leq [\lambda]$

$$l \leq [\lambda] \, i_{y0}/0.5 = \dfrac{350 \times 16}{0.5} = 11200\text{mm}$$

平面外计算：$l_0 = l$；$\dfrac{l_0}{i_x} \leq [\lambda]$

$$l \leq [\lambda] \, i_x = 350 \times 24.8 = 8680\text{mm}，故选（A）项。$$

【例 4.4.12】 某房屋三角形钢屋架的山墙处抗风柱上部分别与屋架的上、下弦横向水平支撑相连系。下弦横向水平支撑布置如图 4.4.21 所示，钢材为 Q235 钢。已知节点风荷载设计值 $P = 20$kN。

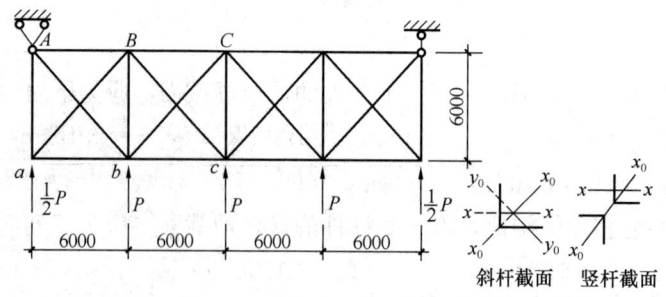

图 4.4.21

试问：

(1) 支撑中斜杆 bC 的拉力设计值（kN），应为下列何项？

(A) 13.22　　　　(B) 14.14　　　　(C) 15.54　　　　(D) 20

(2) 支撑中竖杆 cC 的压力设计值（kN），应为下列何项数值？
(A) 12.5　　　(B) 15.5　　　(C) 20.0　　　(D) 25.5

(3) 支撑中斜杆 bC 采用单角钢截面，最合理的截面形式为下列何项？
(A) L63×5，$A=6.143\text{cm}^2$，$i_x=1.94\text{cm}$，$i_{y0}=1.25\text{cm}$
(B) L70×5，$A=6.87\text{cm}^2$，$i_x=2.16\text{cm}$，$i_{y0}=1.39\text{cm}$
(C) L50×3，$A=2.97\text{cm}^2$，$i_x=1.55\text{cm}$，$i_{y0}=1.00\text{cm}$
(D) L45×4，$A=3.49\text{cm}^2$，$i_x=1.38\text{cm}$，$i_{y0}=0.89\text{cm}$

(4) 支撑桁架中竖杆 cC 采用双角钢十字形截面，最合理的截面形式为下列何项数值？
(A) 2L45×4，$A=6.9\text{cm}^2$，$i_x=1.38\text{cm}$，$i_{x0}=1.74\text{cm}$
(B) 2L63×5，$A=12.3\text{cm}^2$，$i_x=1.94\text{cm}$，$i_{x0}=2.45\text{cm}$
(C) 2L70×5，$A=13.75\text{cm}^2$，$i_x=2.16\text{cm}$，$i_{x0}=2.73\text{cm}$
(D) 2L90×6，$A=21.2\text{cm}^2$，$i_x=2.79\text{cm}$，$i_{x0}=3.51\text{cm}$

【解答】 （1）因交叉斜杆只受拉力，则如图 4.4.22 所示，图中虚线斜杆因受压而退出工作。

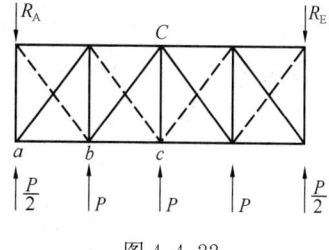

图 4.4.22

反力：$R_A=R_E=2P=40\text{kN}$

过 bC 杆取截面，则：

$$N_{bC}\sin45°+P+\frac{P}{2}=R_A=2P$$

$$N_{bC}=P/(2\sin45°)=14.14\text{kN}$$

故选（B）项。

（2）取节点 C，$\Sigma Y=0$，则：$N_{cC}=P=20\text{kN}$

故选（C）项。

（3）拉杆，查《钢标》表 7.4.7 知，$[\lambda]=400$

根据《钢标》7.4.2 条规定：

平面内计算：$l_0=0.5l=0.5\times 6\sqrt{2}=4.24\text{m}$

$$i_{y0}=i_{\min}\geqslant\frac{l_0}{[\lambda]}=\frac{4.24}{400}=1.06\text{cm}$$

平面外计算：$l_0=l=6\sqrt{2}=8.49\text{m}$

$$i_x=i_{\min}\geqslant\frac{l_0}{[\lambda]}=\frac{8.49}{400}=2.12\text{cm}$$

按强度条件，根据《钢标》7.6.1 条规定，考虑强度设计值折减系数 0.85：

$$A_n\geqslant\frac{N_{bC}}{\eta f}=\frac{14.14\times 10^3}{0.85\times 215}=77.37\text{mm}^2=0.77\text{cm}^2$$

故选 L70×5，$i_x=2.16\text{cm}>2.12\text{cm}$，$i_{y0}=1.39\text{cm}>1.06\text{cm}$，$A=6.87\text{cm}^2>0.77\text{cm}^2$，应选（B）项。

（4）根据《钢标》表 7.4.6 知，$[\lambda]=200$

《钢标》表 7.4.1-1，$l_0=0.9l=0.9\times 6=5.4\text{m}$

$$i_{x0}=i_{\min}\geqslant\frac{l_0}{[\lambda]}=\frac{5.4}{200}=2.7\text{cm}$$

选 2L70×5，复核整体稳定性：

$$\lambda = \frac{l_0}{i_{min}} = \frac{5400}{27.3} = 198$$

查《钢标》表 7.2.1-1，b 类截面，查附表 D.0.2，$\varphi = 0.189$。

$$\frac{N}{\varphi A} = \frac{20 \times 10^3}{0.189 \times 1375} = 76.96 \text{N/mm}^2 < f = 215 \text{N/mm}^2，满足$$

故选（C）项。

【例 4.4.13】 多竖杆式天窗架如图 4.4.23 所示，在风荷载作用下，假定天窗斜杆（DE、DF）仅承担拉力。

试问：当风荷载设计值 $W_1 = 2.5$kN 时，DF 杆轴心拉力设计值（kN），应与下列何项数值最为接近？

(A) 8.0　　　(B) 9.2
(C) 11.3　　 (D) 12.5

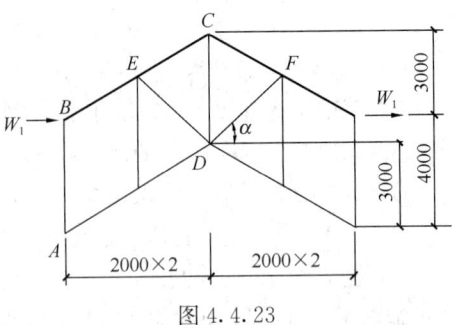

图 4.4.23

【解答】 斜杆 DE、DF 只能承拉力，故斜杆 DE 杆受压退出工作，故水平力全部由斜杆 DF 承担其相应的拉力：

$$N\cos\alpha = 2W_1$$
$$N = 2W_1/\cos\alpha$$
$$\cos\alpha = \frac{2}{\sqrt{2^2 + 2.5^2}} = 0.625$$
$$N = 2 \times 2.5/0.625 = 8.0 \text{kN}$$

故选（A）项。

【例 4.4.14】 某厂房钢屋架，跨度 24m，屋架间距 6m，无吊车，屋面支撑体系设纵向系杆，钢材 Q235 钢，系杆杆端有节点板。

试问：(1) 当设柔性系杆，其合理截面应为下列何项数值？

(A) L50×5，$i_x = 1.53$cm，$i_{y0} = 0.98$cm
(B) L70×5，$i_x = 2.16$cm，$i_{y0} = 1.39$cm
(C) L80×5，$i_x = 2.48$cm，$i_{y0} = 1.60$cm
(D) L90×6，$i_x = 2.79$cm，$i_{y0} = 1.80$cm

(2) 当设刚性系杆，其合理截面应为下列何项数值？

(A) ┼70×5，$i_{x0} = 2.73$cm　　(B) ┼75×5，$i_{x0} = 1.50$cm
(C) ┼80×5，$i_{x0} = 3.13$cm　　(D) ┼90×6，$i_{x0} = 3.51$cm

【解答】 (1) 柔性系杆按拉杆设计，取 $l_0 = l = 600$cm，查《钢标》表 7.4.7，取 $[\lambda] = 400$

$$i_{y0} = i_{min} \geq \frac{l_0}{[\lambda]} = \frac{600}{400} = 1.5 \text{cm}$$

选 L80×5，$i_{y0} = 1.60$cm > 1.5cm，故选（C）项。

(2) 刚性系杆按压杆设计，十字形截面，查《钢标》表 7.4.1-1，取 $l_0 = 0.9l = 0.9 \times 600$，查《钢标》表 7.4.6，取 $[\lambda] = 200$

$$i_{x0}=i_{\min}\geqslant\frac{l_0}{[\lambda]}=\frac{0.9\times600}{200}=2.7\text{cm}$$

选用┴70×5，$i_{x0}=2.73\text{cm}>2.7\text{cm}$，故选（A）项。

4. 填板连接

- 复习《钢标》7.2.6条。

需注意的是：

(1)《钢标》7.2.6条规定，受压杆件的两个侧向支承点之间的填板数不得少于两个。

(2) 填板的间距对压杆 $l_1\leqslant 40i_1$，拉杆 $l_1\leqslant 80i_1$。在 T 形截面中，i_1 为一个角钢对平行于填板自身形心轴的回转半径；在十字形截面中，填板应沿两个方向交错放置（图4.4.24），i_1 为一个角钢的最小回转半径，$h=b+2\times(10\sim15)$。

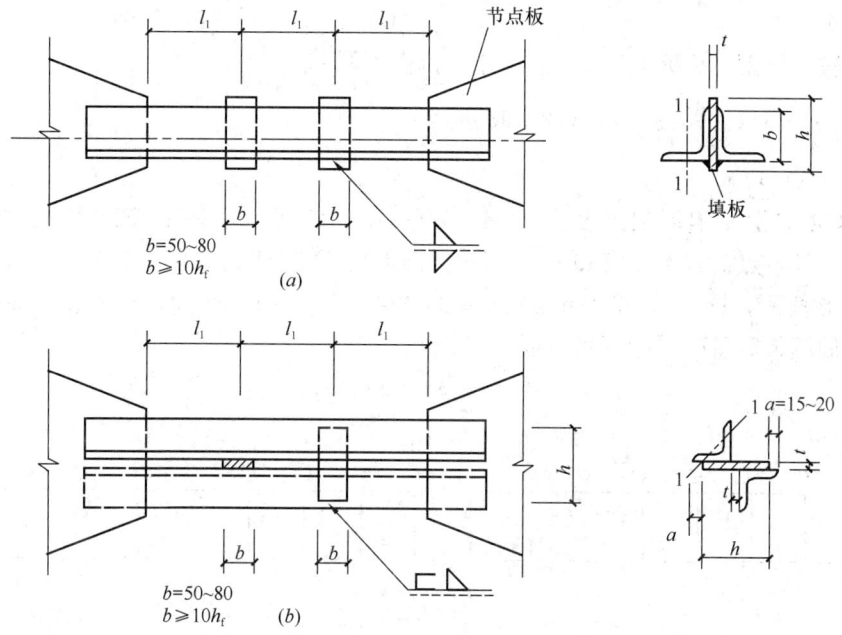

图 4.4.24 双角钢截面间的填板

【例 4.4.15】某钢屋架上弦杆选用⫯110×8，$i_x=34\text{mm}$，$i_y=48.9\text{mm}$，单角钢的 $i_{y0}=21.9\text{mm}$，$i_{x0}=42.8\text{mm}$，弦杆节间长 3000mm（扣除节点板连接后，实际长度为 2700mm）。

试问：

(1) 在两个角钢之间设置填板，填板的数量（块），应取下列何项数值？
(A) 1　　　(B) 2　　　(C) 3　　　(D) 不设填板

(2) 假定该钢屋架下弦杆，同样选用⫯110×8，弦杆节间长 5000mm（扣除节点板连接后，实际长度为 4700mm），两个角钢之间设置填板，填板的数量（块），应取下列何项数值？
(A) 1　　　(B) 2　　　(C) 3　　　(D) 不设填板

【解答】(1) 上弦杆为压杆，根据《钢标》7.2.6条规定：
填板间距不应超过 $40i$。

$$40i = 40i_x = 40 \times 34$$
$$n \geqslant \frac{2700}{40 \times 34} - 1 = 0.99, 取 n = 1$$

又根据《钢标》7.2.6 条规定，压杆的填板数量不少于 2 个，故选（B）项。

(2) 下弦杆为拉杆，根据《钢标》7.2.6 条规定：
$$n \geqslant \frac{4700}{80i_x} - 1 = \frac{4700}{80 \times 34} - 1 = 0.73, 取 n = 1$$

故选（A）项。

【例 4.4.16】 某钢屋架跨中的腹杆采用 2L56×5 的十字形截面，单角钢 $i_{x0} = 11.0\text{mm}$，$i_{y0} = 21.7\text{mm}$。腹杆长度为 2400mm 的拉杆。

试问：其填板数应采用下列何项数值？

(A) 2　　　　(B) 3　　　　(C) 4　　　　(D) 5

【解答】 根据《钢标》7.2.6 条规定，拉杆，取 $80i$：
$$n \geqslant \frac{2400}{80i} - 1 = \frac{2400}{80 \times 11} - 1 = 1.7, 取 n = 2$$

故选（A）项。

【例 4.4.17】 某钢屋架跨度为 24m，如图 4.4.25 所示，采用 Q235B 钢，焊条 E43 型。已知上弦节点荷载设计值 $Q=15\text{kN}$（含自重）。竖腹杆 Kk 采用 2L60×5 双角钢组合成的十字形截面，L60×5 单角钢的 $i_{x0} = 23.3\text{mm}$，$i_{y0} = 11.9\text{mm}$，$i_u = 18.5\text{mm}$。试问，该竖腹杆的填板数量应采用下列何项？

(A) 2　　　　(B) 3　　　　(C) 4　　　　(D) 5

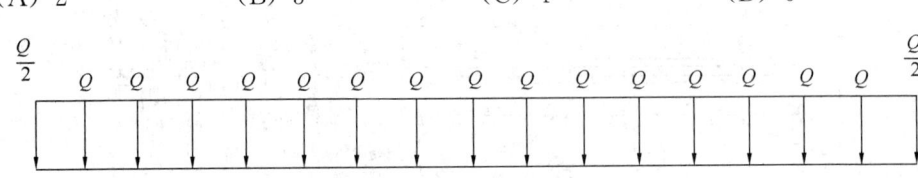

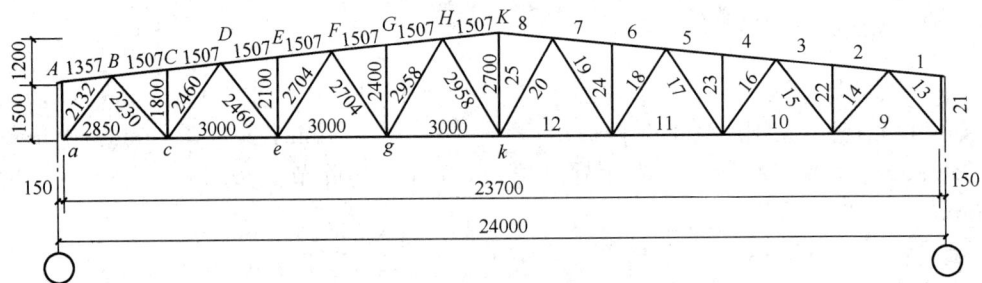

图 4.4.25

【解答】 如图 4.4.26(a) 所示，取左边为研究对象，对 K 点取力矩平衡：
$$R_A = R_B = 8 \times 15 = 120\text{kN}$$
$$N_{HK} \cdot d = 120 \times 11.85 - 7.5 \times 11.85 - 15 \times (10.425 + 9 + 7.5 + 6 + 4.5 + 3 + 1.5)$$
$$= 704.25\text{kN} \cdot \text{m}$$

又　$d = \frac{1}{2} \times 1.5 \times 2.7 / \left(\frac{1}{2} \times 1.507\right) = 2.687\text{m}$，则：

$$N_{HK} = 704.25/2.687 = 262.1 \text{kN（压力）}$$

又 $\alpha = \tan^{-1} \dfrac{1.2}{23.7/2} = 5.782°$，如图 4.4.17（b）所示：

$$N_{Kk} + 2 \times 262.1 \sin\alpha = 15$$
$$N_{Kk} = -37.8 \text{kN（拉力）}$$

根据《钢标》7.2.6 条：

$$n = \dfrac{2700}{80i} - 1 = \dfrac{2700}{80 \times 11.9} - 1 = 1.8$$

故取 2 个，应选（A）项。

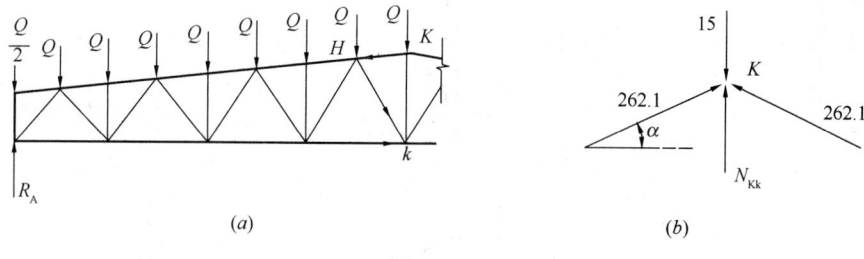

图 4.4.26

思考： 在永久荷载作用下该屋架中央处竖腹杆受拉；在风吸力作用下该竖腹杆受压；在屋面活荷载或雪荷载作用下（考虑半跨布置、满跨布置）该竖腹杆可能受拉也可能受压。因此，该竖腹杆的受力性质取决于荷载组合的效应结果。

5. **实腹式轴心受压构件的稳定性计算**

▲ 整体稳定性计算

●（1）实际轴心受压构件的弯曲屈曲整体稳定承载力

实际轴心受压构件的各种缺陷总是同时存在的，但因初弯曲与初偏心的影响类似，且各种不利因素同时出现最大值的概率较小，常取初弯曲作为几何缺陷代表。因此在理论分析中，只考虑残余应力和初弯曲两个最主要的影响因素。

●● 1）残余应力及纵向残余应力对轴压构件的影响

残余应力对构件来说是存在于截面内自相平衡的初始应力。来源于焊接的残余应力是钢结构的一种主要残余应力。它的起因是：在施焊过程中，焊缝及其近旁金属的热膨胀受到温度较低部分的约束而不能充分发展，焊后降温过程中高温部分的收缩再次受到制约而留下很高的拉应力。距焊缝较远的区域相应存在压应力。除焊接以外，还有一些其他因素使构件产生残余应力，主要是：型钢在轧制后不同部位冷却不均匀；构件经冷校正后有塑性变形；板边缘经火焰切割后和焊接有类似的效应。构件中残余应力的分布和数值不仅与构件的加工条件有关，而且受截面的形状、尺寸的很大影响。

如图 4.4.27 所示，纵向残余应力的分布情况，压应力取负值，拉应力取正值。

纵向残余应力对轴压构件产生的不利影响如下：

① 纵向残余应力使轴压构件截面提前进入了弹塑性受力状态，使构件的抗弯刚度降低（即由 EI 变为 EI_e，I_e 为弹性区截面的惯性矩，$EI_e < EI$），此时的临界力 $N_{cr} = \dfrac{\pi^2 EI_e}{l^2}$，相应的临界应力 $\sigma_{cr} = \dfrac{\pi^2 E}{\lambda^2} \cdot \dfrac{I_e}{I}$，故降低了轴压构件的临界应力。

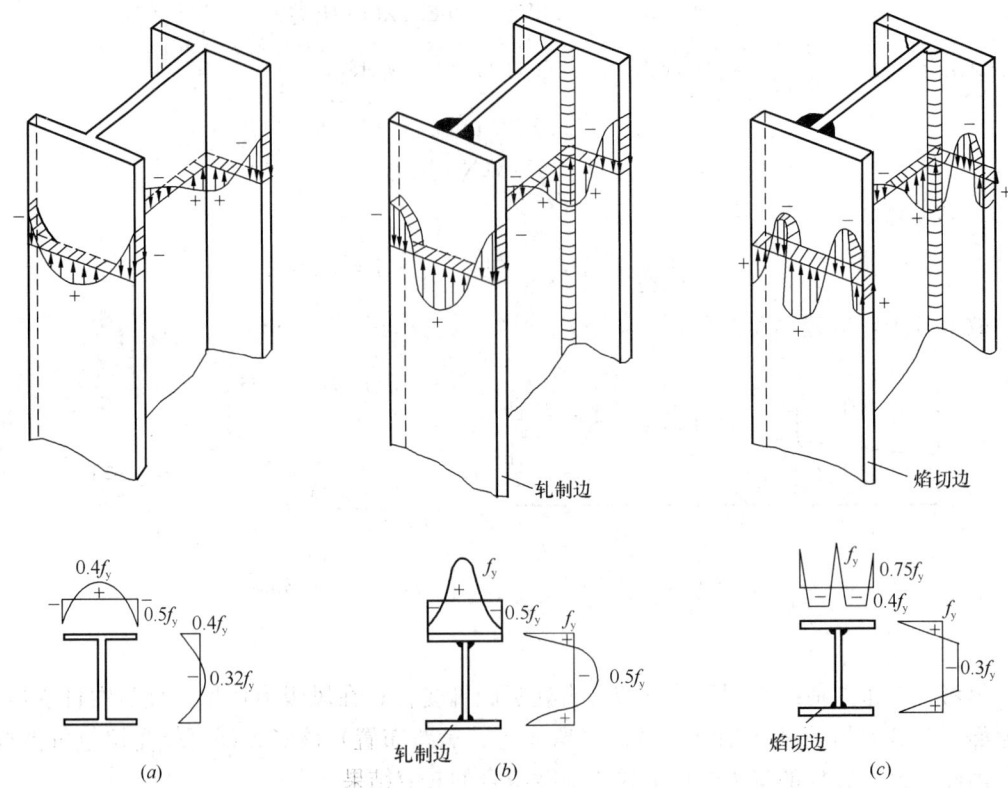

图 4.4.27 纵向残余应力分布
(a) 热轧钢；(b) 焊接工字形；(c) 焊接工字形

② 纵向残余应力的分布不同，对临界力的影响是不相同的。
③ 纵向残余应力，对弱轴临界力的影响远大于对强轴临界力的影响。
可见，纵向残余应力直接影响《钢标》表 7.2.1-1 中构件的截面分类。

●● 2) 初弯曲

实际的轴压构件不可能是完全挺直的。在加工制造和运输安装的过程中，杆件不可避免地会存在微小弯曲，弯曲的形式可能是多种多样的。

有初弯曲的轴压构件，其侧向挠度从加载开始就会不断增加，故构件除受轴心力作用外，还存在因构件弯曲产生的弯矩，从而降低了构件的稳定承载力。

为此，我国《钢标》对压杆的初弯曲的挠度 v_0（如图 4.4.28 所示）取为：$v_0 = \dfrac{l}{1000}$，l 为杆长，而《薄壁钢规》中 $v_0 = \dfrac{l}{750}$。同时，引入相对初弯曲 $\varepsilon_0 = \dfrac{v_0}{\rho}$，对于《钢标》，则有：$\varepsilon_0 = \dfrac{l}{1000\rho} = \dfrac{\lambda_i}{1000}$，其中，$\rho$ 为截面的核心距，$\rho = W/A$。不同截面形式的 i/ρ 值是不相同的。截面的 i/ρ 值也影响了《钢标》表 7.2.1-1 中构件的截面分类。

综上所述，受上述残余应力、初弯曲影响的轴压构件荷载-挠度曲线，如图 4.4.28 所示。N_u 为极限荷载（也称压溃荷载）。

●● 3) 实际轴心受压构件的整体稳定计算。

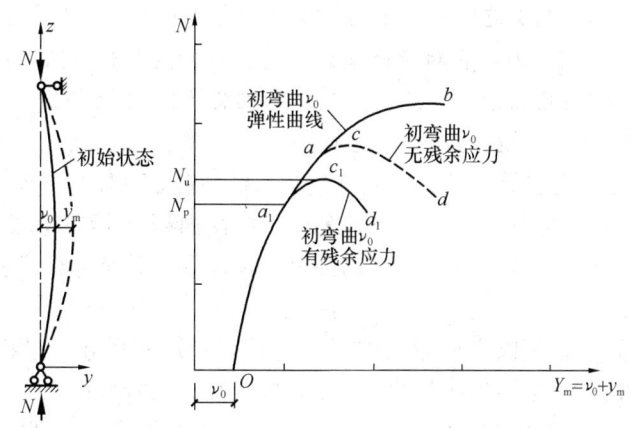

图 4.4.28 轴心受力构件荷载-挠度曲线

《钢标》在制定轴心受压构件的柱子曲线时，根据不同截面形状和尺寸、不同加工条件和相应的残余应力分布及大小、不同的弯曲屈曲方向以及 $l/1000$ 的初弯曲（可理解为几何缺陷的代表值），按极限承载力理论，采用数值积分法，对多种实腹式轴心受压构件弯曲屈曲算出了近 200 条柱子曲线。如前所述，轴心受压构件的极限承载力并不仅取决于长细比。由于残余应力的影响，即使长细比相同的构件，随着截面形状、弯曲方向、残余应力分布和大小的不同，构件的极限承载能力有很大差异，所计算的柱子曲线形成相当宽的分布带。这个分布带的上、下限相差较大，特别是中等长细比的常用情况相差尤其显著。因此，若用一条曲线来代表，显然是不合理的。《钢标》将这些曲线分成四组，也就是将分布带分成四个窄带，取每组的平均值（50%的分位值）曲线作为该组代表曲线，给出 a、b、c、d 四条柱子曲线，如图 4.4.29 所示。曲线中 $\varphi = N_u/(Af_y) = \sigma_u/f_y = \sigma_{cr}/f_y$，称为轴心受压构件的整体稳定系数。

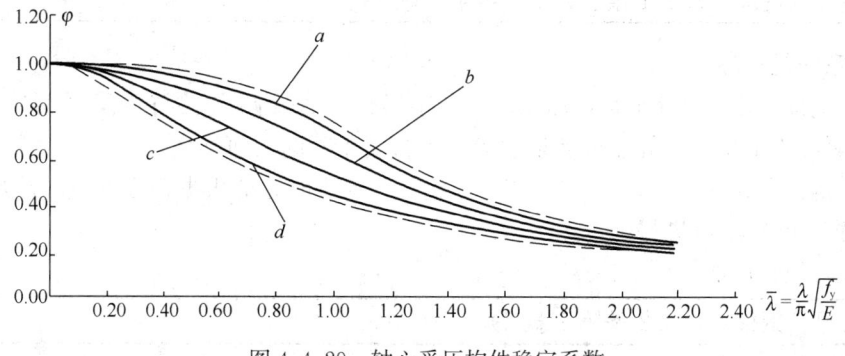

图 4.4.29 轴心受压构件稳定系数

结合前面图 4.4.27 中几种典型截面的残余应力分布和 i/ρ 值，可知：

① a 类属于截面外侧残余压应力的峰值较小而 i/ρ 值也较小的轧制圆管和宽高比小于 0.8 且绕强轴屈曲的轧制工字钢。

② c 类属于残余压应力峰值较大而 i/ρ 值也较大的截面，如翼缘为轧制边或剪切边的绕弱轴屈曲的焊接工字形截面。

③ b 类，介于 a 与 c 两类之间，如翼缘为火焰切割边的焊接工字形截面，因为在翼缘的外侧具有较高的残余拉应力，它对压杆承载力的影响较为有利，所以绕强轴和弱轴屈曲都属于 b 类。属于 b 类的截面很多，约占钢结构中轴心压杆的 75%。

●● 4）构件整体稳定问题的几个注意事项

① 轴压构件整体稳定验算公式：$N/(\varphi A f) \leqslant 1.0$，它是针对整个构件而言不是针对构件的某个截面，即：不管截面是否有螺栓孔削弱，截面面积 A 均按毛截面计算。

其他构件如受弯构件整体稳定，压弯构件整体稳定等，其整体稳定验算也是针对整个构件而言的。

② 钢结构稳定问题必须以变形后的体系作为计算图形而后建立平衡条件，其外荷载与所得变形间呈非线性关系，故为几何非线性分析，称为二阶分析。

③ 在结构力学中常采用的叠加原理必须建立在两个条件上，即：一是材料服从虎克定律，应力与应变成正比；二是变形较小，采用一阶分析。钢结构稳定问题既然必须是二阶分析，就不符合上述第二个条件，因所以钢结构稳定验算中绝对不能采用叠加原理。

● （2）弯曲屈曲（即截面形心与剪心重合）构件

《钢通规》规定：

> 4.1.1 轴心受压构件应进行稳定性验算。稳定承载力按构件的毛截面计算，并应按截面两个主轴方向分别进行验算；对截面形心与剪切中心不重合的构件，应验算弯扭屈曲承载力；对抗扭刚度较弱的构件，尚应验算扭转屈曲承载力。当可能发生局部屈曲时，应考虑局部屈曲对整体屈曲承载力的影响。格构式轴心受压构件中柱肢屈曲不应先于构件整体失稳。

《钢标》7.2 节作了具体规定。

● 复习《钢标》7.2.1 条、7.2.2 条第 1 款 1）。

需注意的是：

(1)《钢标》表 7.2.1-1 中，注意区别工字形、T 字形情况，因轧制，或焊接，b/h 不同，以及翼缘为焰切边、轧制或剪切边等，各自属于不同截面类型。

(2)《钢标》式（7.2.1）中，φ 值查《钢标》附表时，应根据截面类型（a 类、b 类、c 类或 d 类）和 λ/ε_k 值进行确定。

● （3）扭转屈曲构件

● 复习《钢标》7.2.2 条第 1 款 2）。

需注意的是：

双轴对称十字形截面构件，其板件宽厚比计算时，b 取值为十字形截面中心到板件边缘的距离。

● （4）弯扭屈曲构件

● 复习《钢标》7.2.2 条第 2 款、第 3 款、第 4 款。

单轴对称截面轴心压杆在绕对称轴屈曲时（图 4.4.30），出现既弯又扭的情况，此力

N_{yz}比单纯弯曲的N_{Ex}和单纯扭转的N_z都小,所以T形截面轴心压杆当弯扭屈曲而失稳时,稳定性较差。截面无对称轴的构件总是发生弯扭屈曲,其临界荷载总是既低于相应的弯曲屈曲临界荷载,又低于扭转屈曲临界荷载。

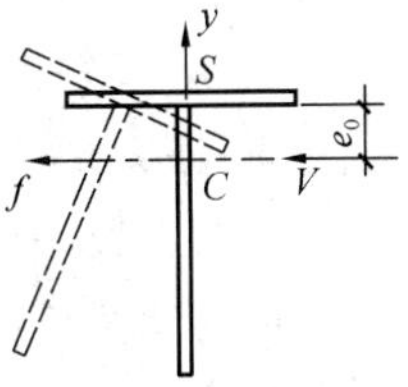

需注意的是:

(1) 对单轴对称的构件(如⌶、T形等),绕对称轴的长细比应用换算长细比λ_{yz},即查《钢标》附表时,应按$\lambda_{yz}/\varepsilon_k$值进行确定。

图 4.4.30 单轴对称截面

(2) 等边单角钢轴心受压,当绕两主轴弯曲的计算长度相等时,可不计算弯扭屈曲,即:仅计算绕最小回转半径i_{min}的轴心受压稳定性。

【例 4.4.18】 一轴心受压平台柱,如图 4.4.31 所示,柱两端铰接,柱高 6.0m,钢材用 Q235 号。在荷载基本组合下轴心压力设计值 $N=1500$kN。$\gamma_0=1.0$。

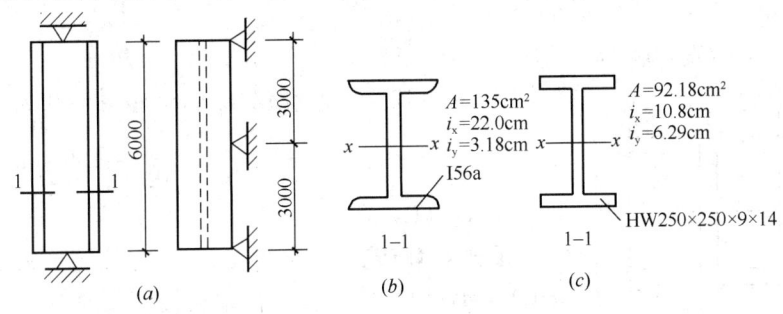

图 4.4.31

试问:

(1) 当用轧制工字钢 I56a ($b=166$),进行轴心受压稳定性计算,其最大压应力 (N/mm^2),应与下列何项数值最接近?

(A) 176　　　(B) 188　　　(C) 196　　　(D) 206

(2) 当用热轧 H 型钢 HW7250×250×9×14,进行轴心受压稳定性计算,其最大压应力 (N/mm^2),应与下列何项数值最接近?

(A) 176　　　(B) 184　　　(C) 196　　　(D) 208

【解答】 (1) 首先,确定长细比:

平面内计算长度:$l_{0x}=6.0$m

平面外计算长度:$l_{0y}=3.0$m

$$\lambda_x = \frac{l_{0x}}{i_x} = \frac{600}{22} = 27.3 < [\lambda] = 150$$

$$\lambda_y = \frac{l_{0y}}{i_y} = \frac{300}{3.18} = 94.3 < [\lambda] = 150$$

轧制工字形,I56a,$b/h=166/560=0.296<0.8$,查《钢标》表 7.2.1-1,对 x 轴,属 a 类;对 y 轴,属 b 类。

$\lambda_x/\varepsilon_k = 27.3/\sqrt{235/235} = 27.3$,查附表 D.0.1 得:$\varphi_x=0.967$

$\lambda_y/\varepsilon_k = 94.3/\sqrt{235/235} = 94.3$,查附表 D.0.2 得:$\varphi_y=0.592$

取 $\varphi=\varphi_{min}=0.592$

$$\frac{N}{\varphi A} = \frac{1500 \times 10^3}{0.592 \times 135 \times 10^2} = 188 \text{N/mm}^2$$

故选（B）值。

(2) 确定长细比：

平面内计算长度：$l_{0x} = 6.0 \text{m}$

平面外计算长度：$l_{0y} = 3.0 \text{m}$

$$\lambda_x = \frac{l_{0x}}{i_x} = \frac{600}{10.8} = 55.6$$

$$\lambda_y = \frac{l_{0y}}{i_y} = \frac{300}{6.29} = 47.7$$

轧制，$b/h = 250/250 = 1 > 0.8$，查《钢标》表 7.2.1-1 及注 1，对 x 轴属 b 类，对 y 轴属 c 类。

$\lambda_x/\varepsilon_k = 55.6$，查附表 D.0.2，取 $\varphi_x = 0.83$。

$\lambda_y/\varepsilon_k = 47.7$，查附表 D.0.3，取 $\varphi_y = 0.79$

$$\frac{N}{\varphi A} = \frac{1500 \times 10^3}{0.79 \times 92.18 \times 10^2} = 206 \text{N/mm}^2$$

故选（D）项。

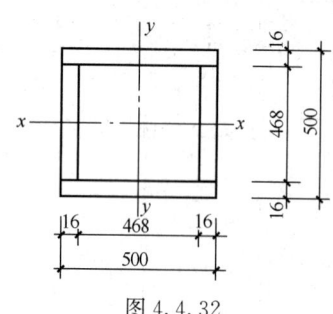

图 4.4.32

【例 4.4.19】 如图 4.4.32 一焊接箱形截面轴心受压构件，钢材 Q345 钢，柱两端铰接，长度为 9.0m。在荷载基本组合下轴心压力设计值 $N = 3500 \text{kN}$。$\gamma_0 = 1.0$。

试问：该构件稳定性计算时，其最大压应力（N/mm²），与下列何项数值最接近？

(A) 128　　　(B) 136　　　(C) 178　　　(D) 192

【解答】 (1) 确定长细比：

$$A = 2 \times 1.6 \times (50 + 46.8) = 309.76 \text{cm}^2$$

$$I_x = I_y = \frac{1}{12} \times (50 \times 50^3 - 46.8 \times 46.8^3)$$

$$= 121070.7 \text{cm}^4$$

$$i_x = i_y = \sqrt{I_x/A} = \sqrt{121070.7/309.76} = 19.77 \text{cm}$$

$$l_{0x} = l_{0y} = 9.0 \text{m}$$

$$\lambda_x = \lambda_y = \frac{l_{0x}}{i_x} = \frac{900}{19.77} = 45.52$$

(2) 箱形截面板件宽厚比，根据《钢标》表 3.5.1 注，取 $b_0 = 468$，则 $b_0/t = 468/16 = 29.25 > 20$，查《钢标》表 7.2.1-1 知，对 x、y 轴均属 b 类。

$\lambda_x/\varepsilon_k = 45.52/\sqrt{235/345} = 55.2$，查附表 D.0.2，$\varphi = 0.832$

$$\frac{N}{\varphi A} = \frac{3500 \times 10^3}{0.832 \times 309.76 \times 10^2} = 135.8 \text{N/mm}^2$$

故选（B）项。

【例 4.4.20】 某人字形钢屋架跨度 30m，屋架间距 12m，铰支于钢筋混凝土柱上。

屋面材料为压型钢板，轧制 H 型钢檩条（水平间距为 5m），钢材为 Q235 钢。如图 4.4.33 所示，几何尺寸见图示，有节点板。$\gamma_0=1.0$。

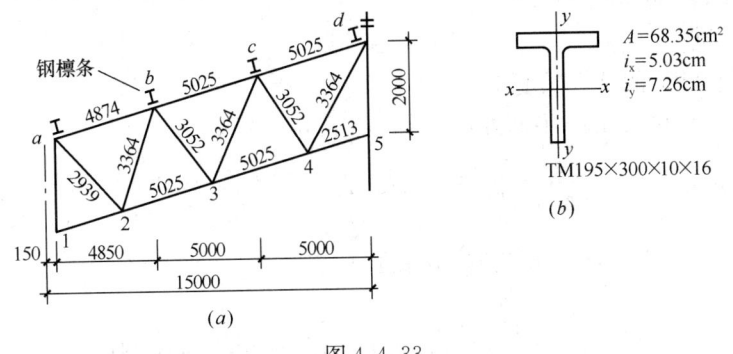

图 4.4.33

试问：

（1）经计算斜腹杆 $b-2$ 为压杆，其在荷载基本组合下轴压力设计值 $N=250$kN，用 2L90×7 角钢，$A=24.6\text{cm}^2$，$i_x=2.78$cm，$i_y=4.07$cm，该压杆受压稳定性计算时，其最大压应力（N/mm²），与下列何项数值最接近？

(A) 156　　　(B) 165　　　(C) 177　　　(D) 198

（2）经计算上弦杆 $b-c$ 为压杆，其在荷载基本组合下轴压力设计值 $N=200$kN，用 2L140×90×10 角钢，长肢相拼，$A=44.6\text{cm}^2$，$i_x=4.47$cm，$i_y=3.74$cm，该压杆受压稳定性计算时，其最大压应力（N/mm²），与下列何项数值最接近？

(A) 127　　　(B) 138　　　(C) 156　　　(D) 178

（3）假定上弦杆 $b-c$ 选用 T 型钢 TM195×300×10×16，在荷载基本组合下轴压力设计值 $N=400$kN，该压杆受压稳定性计算时，其最大压应力（N/mm²），与下列何项数值最接近？（不考虑扭转效应）

(A) 105　　　(B) 152　　　(C) 172　　　(D) 185

【解答】（1）确定长细比，根据《钢标》表 7.4.1-1：

平面内计算长度：$l_{0x}=0.8l=0.8\times 3364=2691$mm

平面外计算长度：$l_{0y}=3364$mm

$$\lambda_x=\frac{l_{0x}}{i_x}=\frac{2691}{27.8}=96.8$$

$$\lambda_y=\frac{l_{0y}}{i_y}=\frac{3364}{40.7}=82.7$$

根据《钢标》7.2.2 条第 2 款规定：

$$\lambda_z=3.9\frac{b}{t}=3.9\times\frac{90}{7}=50.1<\lambda_y，则$$

$$\lambda_{yz}=\lambda_y\left[1+0.16\left(\frac{\lambda_z}{\lambda_y}\right)^2\right]$$

$$=82.7\times\left[1+0.16\times\left(\frac{50.1}{82.7}\right)^2\right]$$

$$=87.6$$

查《钢标》表 7.2.1-1，对 x、y 轴均属 b 类，故取 $\lambda_x=96.8>\lambda_{yz}=87.6$ 进行计算，

$\lambda_x/\sqrt{235/235}=96.8$，查附表 D.0.2，$\varphi=0.575$。

$$\frac{N}{\varphi A}=\frac{250\times10^3}{0.575\times24.6\times10^2}=176.7\text{N/mm}^2<f=215\text{N/mm}^2$$

故选（C）项。

(2) 上弦杆 $b-c$ 的计算长度：

平面内：$l_{0x}=5025\text{mm}$；平面外：$l_{0y}=5025\text{mm}$

$$\lambda_x=\frac{l_{0x}}{i_x}=\frac{5025}{44.7}=112.4$$

$$\lambda_y=\frac{l_{0y}}{i_y}=\frac{5025}{37.4}=134.4$$

$$\lambda_z=5.1\frac{b_z}{t}=5.1\times\frac{90}{10}=45.9<\lambda_y\text{，则}$$

$$\lambda_{yz}=\lambda_y\left[1+0.25\left(\frac{\lambda_z}{\lambda_y}\right)^2\right]$$

$$=134.4\times\left[1+0.25\times\left(\frac{45.9}{134.4}\right)^2\right]$$

$$=138.3$$

查《钢标》表 7.2.1-1，对 x、y 轴均属 b 类，故取 $\lambda_{yz}/\varepsilon_k=138.3$；查附表 D.0.2，$\varphi=0.351$

$$\frac{N}{\varphi A}=\frac{200\times10^3}{0.351\times44.6\times10^2}=127.8\text{N/mm}^2$$

故选（A）项。

(3) 上弦杆 $b-c$ 的计算长度：

平面内、外：$l_{0x}=l_{0y}=5025\text{mm}$

$$\lambda_x=\frac{l_{0x}}{i_x}=\frac{5025}{50.3}=99.9$$

$$\lambda_y=\frac{l_{0y}}{i_y}=\frac{5025}{72.6}=69.2$$

不考虑扭转效应，$\lambda_{yz}=\lambda_y$。

轧制、T 型，查《钢标》表 7.2.1-1 知，对 x、y 轴均属 b 类。

查《钢标》附表 D.0.2，$\lambda_x/\varepsilon_k=99.9$，$\varphi=0.556$

$$\frac{N}{\varphi A}=\frac{400\times10^3}{0.556\times68.35\times10^2}=105.3\text{N/mm}^2<f=215\text{N/mm}^2$$

故选（A）项。

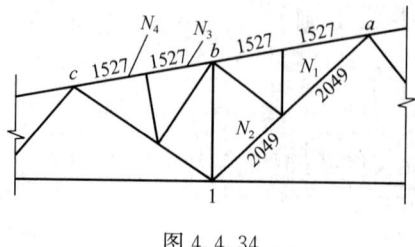

图 4.4.34

【例 4.4.21】某梯形钢屋架跨度 30m，屋架间距 6m，屋架设上弦、下弦横向水平支撑，如图 4.4.34 所示，图中 a、b、c 为上弦横向水平支撑节点。经计算知各杆杆内力均为压力，荷载基本组合的设计值为：$N_1=250\text{kN}$，$N_2=235.25\text{kN}$，$N_3=240\text{kN}$，$N_4=300\text{kN}$。采用 Q235 钢。γ_0

=1.0。

试问:

(1) 若上弦杆 $b-c$ 选用 2L160×100×12，短肢相拼，$A=60.2\text{cm}^2$，$i_x=2.82\text{cm}$，$i_y=7.82\text{cm}$，按整体稳定性计算时，其最大压应力（N/mm²），与下列何项最接近？

(A) 60   (B) 70   (C) 80   (D) 90

(2) 若斜腹杆 $a-1$ 选用 2L100×80×6，短肢相拼，$A=21.2\text{cm}^2$，$i_x=2.4\text{cm}$，$i_y=4.61\text{cm}$，按整体稳定性计算时，其最大压应力（N/mm²），与下列何项最接近？

(A) 165   (B) 175   (C) 185   (D) 190

【解答】 (1) 上弦杆 $b-c$ 计算长度，根据《钢标》7.4.1 条、7.4.3 条规定：

平面内：$l_{0x}=1527\text{mm}$

平面外：$l_{0y}=l\left(0.75+0.25\dfrac{N_3}{N_4}\right)=2\times1527\times\left(0.75+0.25\times\dfrac{240}{300}\right)$

$=2901.3\text{mm}>0.5l=1527\text{mm}$

$$\lambda_x=\frac{l_{0x}}{i_x}=\frac{1527}{28.2}=54.1$$

$$\lambda_y=\frac{l_{0y}}{i_y}=\frac{2901.3}{78.2}=37.1$$

$$\lambda_z=3.7\frac{b_1}{t}=3.7\times\frac{160}{12}=49.3>\lambda_y,\text{则:}$$

$$\lambda_{yz}=\lambda_z\left[1+0.06\left(\frac{\lambda_y}{\lambda_z}\right)^2\right]$$

$$=49.3\times\left[1+0.06\times\left(\frac{37.1}{49.3}\right)^2\right]$$

$$=51.0$$

查《钢标》表 7.2.1-1，对 x、y 轴均属 b 类，故按 $\lambda_x/\varepsilon_k=54.1$，查附表 D.0.2，$\varphi=0.837$

$$\frac{N}{\varphi A}=\frac{300\times10^3}{0.837\times60.2\times10^2}=59.5\text{N/mm}^2$$

故选（A）项。

(2) 斜腹杆 $a-1$ 的计算长度:

平面内：$l_{0x}=2049\text{mm}$

平面外：$l_{0y}=l\left(0.75+0.25\dfrac{N_2}{N_1}\right)=2\times2049\times\left(0.75+0.25\times\dfrac{235.25}{250}\right)=4038\text{mm}$

$$\lambda_x=\frac{l_{0x}}{i_x}=\frac{2049}{24}=85.4$$

$$\lambda_y=\frac{l_{0y}}{i_y}=\frac{4038}{46.1}=87.6$$

$$\lambda_z=3.7\frac{b_1}{t}=3.7\times\frac{100}{6}=61.7<\lambda_y,\text{则:}$$

$$\lambda_{yz} = \lambda_y \left[1 + 0.06\left(\frac{\lambda_z}{\lambda_y}\right)^2\right]$$
$$= 87.6 \times \left[1 + 0.06 \times \left(\frac{61.7}{87.6}\right)^2\right]$$
$$= 90.2$$

查《钢标》表 7.2.1-1，对 x、y 轴均为 b 类，$\lambda_{yz}/\varepsilon_k = 90.2$，查附表 D.0.2，$\varphi = 0.620$。

$$\frac{N}{\varphi A} = \frac{250 \times 10^3}{0.620 \times 21.2 \times 10^2} = 190.2 \text{N/mm}^2$$

故选（D）项。

【例 4.4.22】 某桁架式大檩条上弦杆在荷载基本组合下的轴心压力设计值 $N = 120\text{kN}$，采用 [10，$A = 1274\text{mm}^4$，$i_x = 39.5\text{mm}$（x 轴为截面的对称轴），$i_y = 14.1\text{mm}$，如图 4.4.35 所示，槽钢的腹板与桁架平面相垂直，节点 a、b、c、d 有檩条。采用 Q235 钢。$\gamma_0 = 1.0$。

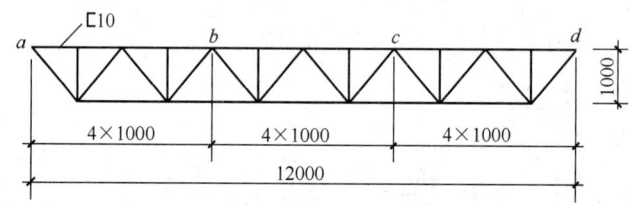

图 4.4.35

试问：当上弦杆按轴心受压构件进行稳定性计算时，其最大压应力（N/mm²），应与下列何项数值最为接近？

(A) 101   (B) 126   (C) 143   (D) 171

提示：构件长细比计算不考虑扭转效应。

【解答】 根据《钢标》7.2.2 条规定：

平面内计算长度：$l_{0y} = 1.0\text{m}$

平面外计算长度（取檩条为侧向支撑点）：$l_{0x} = 4.0\text{m}$

槽钢腹板与桁架平面垂直：

$$\lambda_y = \frac{l_{0y}}{i_y} = \frac{1000}{14.1} = 71$$

$$\lambda_x = \frac{l_{0x}}{i_x} = \frac{4000}{39.5} = 101$$

查《钢标》表 7.2.1-1，对 x、y 轴均为 b 类，$\lambda_x/\varepsilon_k = 101$，查附表 D.0.2，$\varphi_x = 0.548$。

$$\frac{N}{\varphi_x A} = \frac{120 \times 10^3}{0.548 \times 1274} = 171.9 \text{N/mm}^2$$

故选（D）项。

【例 4.4.23】 某构件为十字形焊接截面、板件边缘为焰切边，如图 4.4.36 所示，两端铰接，承受荷载基本组合下轴心压力设计值 $N=600\text{kN}$。钢材为 Q235 钢。$\gamma_0=1.0$。

试问： 该构件轴心受压稳定性计算，其最大压应力（N/mm²），最接近于下列何项数值？

(A) 178　　(B) 185
(C) 192　　(D) 205

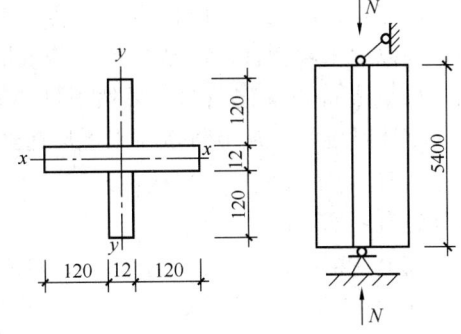

图 4.4.36

【解答】 确定长细比：
$A=(25.2+2\times 12)\times 1.2=59.04\text{cm}^2$

$$I_x=I_y=\frac{1}{12}\times 1.2\times 25.2^3=1600\text{cm}^4$$

$$i_x=i_y=\sqrt{I_x/A}=\sqrt{1600/59.04}=5.2\text{cm}$$

平面内、平面外计算长度：$l_{0x}=l_{0y}=5.4\text{m}$

由《钢标》7.2.2 条第 1 款：$\dfrac{b}{t}=\dfrac{126}{12}=10.5<15\varepsilon_k=15$，故不考虑扭转屈曲。

$$\lambda_x=\lambda_y=\frac{l_{0x}}{i_x}=\frac{540}{5.2}=103.8$$

查《钢标》表 7.2.1-1，焰切边、十字形，对 x 轴、y 轴均属于 b 类。

$\lambda/\varepsilon_k=103.8/\sqrt{235/235}=103.8$，查《钢标》附录 D.0.2 得：

$\varphi=0.530$

$$\frac{N}{\varphi A}=\frac{600\times 10^3}{0.530\times 59.04\times 10^2}=191.7\text{N/mm}^2$$

故选（C）项。

▲局部稳定性验算

轴心受压构件的局部失稳（或局部屈曲），如图 4.4.37 所示。

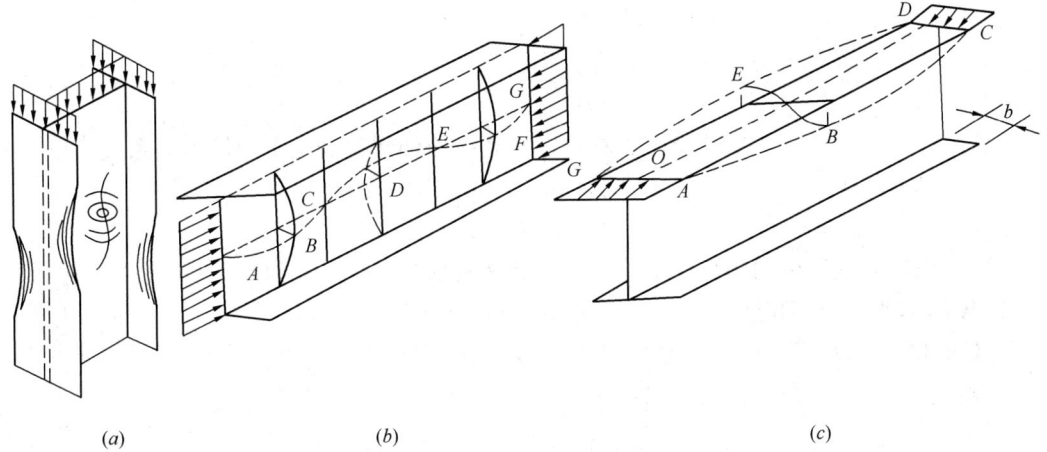

图 4.4.37 轴心受压构件的局部失稳
(a) 局部屈曲；(b) 腹板屈曲；(c) 翼缘屈曲

确定板件的宽厚比限值有两种考虑方法：（1）不允许板件的屈曲先于构件的整体屈曲，并以此来限制板件的宽厚比，传统的热轧型钢和焊接构件就是按这种思路进行设计的。（2）允许板件先屈曲。虽然板件屈曲会降低构件的承载能力，但由于构件的截面较宽，整体刚度好，从节省钢材来说反而经济合理，如：《薄壁钢规》是利用板件屈曲后强度；《钢标》中大尺寸的焊接截面工字形（或H形）的腹板和大尺寸箱形截面的壁板也允许其先有局部屈曲。

按上述第1种方法，《钢标》对板件宽厚比限值的规定如下：

- （1）等稳定性准则（简称：等稳准则），即：板件的局部屈曲不先于整体屈曲，亦板件的局部屈曲应力 σ_{crx} 大于或等于构件的整体屈曲应力 $\sigma_{cr}=\pi^2 E/\lambda^2$。
- （2）屈服准则，即：板件的局部屈曲应力 σ_{crx} 大于或等于钢材的材料屈服强度 f_y 值。

《钢通规》规定：

> 4.1.2 实腹式轴心受压构件承载力计算中，当不允许板件局部屈曲时，板件的局部屈曲不应先于构件的整体失稳；当允许板件局部屈曲时，应考虑局部屈曲对截面强度和整体失稳的影响；三边支承板件不应利用屈曲后强度。

《钢标》7.3节作了具体规定。

- 复习《钢标》7.3.1条。

【例4.4.24】 某管道支架柱，柱两端铰接，钢材为Q235钢，截面无削弱，采用焊接工字形截面，翼缘板为焰切边，如图4.4.38所示，承受荷载基本组合下轴压力设计值 $N=1600 \text{kN}$。$\gamma_0=1.0$。

试问：

（1）该轴心受压柱的稳定性计算时，其最大压应力（N/mm²），与下列何项数值最为接近？

(A) 175 (B) 184
(C) 195 (D) 207

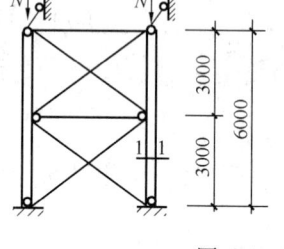
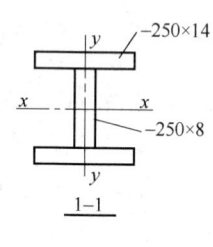

图4.4.38

（2）该轴心受压柱的局部稳定验算时，其翼缘外伸部分满足下列何项关系式？

(A) 8.64＜14.95 (B) 8.64＜14.71
(C) 8.9＜14.95   (D) 8.9＜14.71

（3）该轴心受压柱的局部稳定验算时，其腹板部分满足下列何项关系式？

(A) 31.25＜49.75 (B) 31.25＜48.55
(C) 32.5＜49.75   (D) 32.5＜48.55

【解答】（1）首先计算长细比：

$$A = 2\times 25\times 1.4 + 25\times 0.8 = 90 \text{cm}^2$$

$$I_x = \frac{1}{12}\times(25\times 27.8^3 - 24.2\times 25^3) = 13250 \text{cm}^4$$

$$I_y = 2 \times \frac{1}{12} \times 1.4 \times 25^3 = 3650 \text{cm}^4 (忽略腹板部分)$$

$$i_x = \sqrt{I_x/A} = \sqrt{13250/90} = 12.13 \text{cm}$$

$$i_y = \sqrt{I_y/A} = \sqrt{3650/90} = 6.37 \text{cm}$$

平面内计算长度：$l_{0x}=6.0$m；平面外计算长度：$l_{0y}=3.0$m

$$\lambda_x = \frac{l_{0x}}{i_x} = \frac{600}{12.13} = 49.5 < [\lambda] = 150$$

$$\lambda_y = \frac{l_{0y}}{i_y} = \frac{300}{6.37} = 47.1 < [\lambda] = 150$$

焊接、焰切边，查《钢标》表 7.2.1-1 知，工形截面对 x、y 轴均为 b 类，故取 $\lambda_x/\varepsilon_k = 49.5/\sqrt{235/235} = 49.5$，查《钢标》附表 D.0.2 得，$\varphi = 0.859$。

$$\frac{N}{\varphi A} = \frac{1600 \times 10^3}{0.859 \times 90 \times 10^2} = 207 \text{N/mm}^2$$

故选（D）项。

（2）根据《钢标》7.3.1 条规定：

取 $\lambda = \max(\lambda_x, \lambda_y) = 49.5$

$$30 < \lambda = 49.5 < 100$$

$$\frac{b}{t_f} = \frac{250-8}{2 \times 14} = 8.64 < (10+0.1\lambda)\varepsilon_k = 14.95$$

故选（A）项。

（3）根据《钢标》7.3.1 条规定，取 $\lambda=49.5$。

$$\frac{h_0}{t_w} = \frac{250}{8} = 31.25 < (25+0.5\lambda)\varepsilon_k = 49.75$$

故选（A）项。

- 复习《钢标》7.3.2 条、7.3.5 条。

【例 4.4.25】 如图 4.4.39 所示焊接工形截面钢柱，两翼缘 -350×12，腹板 -350×6，板件为焰切边，钢材 Q235。钢柱计算长度 $l_{0x}=10.0$m，$l_{0y}=5.0$m。钢柱承受荷载基本组合下轴心压力设计值为 1500kN。已知翼缘上有螺栓孔 4 个（孔径 $d_0=22$mm）。

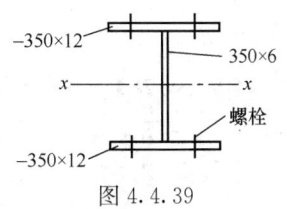

图 4.4.39

试问： 验算腹板局部稳定。

【解答】 （1）计算长细比

$$A = 2 \times 35 \times 1.2 + 35 \times 0.6 = 105 \text{cm}^2$$

$$A_n = A - 4 \times 2.2 \times 1.2 = 94.44 \text{cm}^2$$

$$I_x = \frac{1}{12}(37.4^3 \times 35 - 35^3 \times 34.4) = 29673 \text{cm}^4$$

$$I_y = 2 \times \frac{1}{12} \times 1.2 \times 35^3 = 8575 \text{cm}^4$$

$$i_x = \sqrt{I_x/A} = 16.81 \text{cm}, i_y = \sqrt{I_y/A} = 9.04 \text{cm}$$

$$\lambda_x = \frac{l_{0x}}{i_x} = \frac{10000}{168.1} = 59.5$$

$$\lambda_y = \frac{l_{0y}}{i_y} = \frac{5000}{90.4} = 55.3$$

(2) 局部稳定计算

根据《钢标》7.3.1 条规定，取 $\lambda = 59.5 \begin{matrix} <100 \\ >30 \end{matrix}$

$$b/t = \frac{350-6}{2 \times 12} = 14.3 < (10+0.1\lambda)\varepsilon_k = 15.95, 满足$$

$$h_0/t_w = 350/6 = 58.3 > (25+0.5\lambda)\varepsilon_k = 54.75, 不满足$$

由《钢标》7.3.2 条：

翼缘为焰切边，查《钢标》表 7.2.1-1，对 x 轴、y 轴均属于 b 类；查附录表 D.0.2，$\lambda_x/\varepsilon_k = 59.5$，取 $\varphi_x = 0.810$

$$\alpha = \sqrt{\frac{\varphi A f}{N}} = \sqrt{\frac{0.810 \times 10500 \times 215}{1500 \times 10^3}} = 1.10$$

$$\frac{h_0}{t_w} = 58.3 < \alpha(25+0.5\lambda)\varepsilon_k = 1.10 \times 54.75 = 60.225, 满足。$$

▲ 轴心受压构件腹板屈曲后的强度和稳定性计算

- 复习《钢通规》4.1.2 条。
- 复习《钢标》7.3.3 条、7.3.4 条。

需注意的是：

(1)《钢标》7.3.4 条第 1 款，当 $\lambda > 52\varepsilon_k$ 时，ρ 按式（7.3.4-2）计算，同时，ρ 还应满足式（7.3.4-4）。

(2)《钢标》7.3.4 条第 2 款，当 $\lambda > 80\varepsilon_k$ 时，ρ 按式（7.3.4-5）计算，同时，ρ 还应满足式（7.3.4-7）。

【**例 4.4.26**】 某平台钢柱承受荷载基本组合下轴心压力设计值 $N = 3400 \text{kN}$，柱的计算长度 $l_{0x} = 7\text{m}$，$l_{0y} = 3.5\text{m}$，采用焊接工字形截面，如图 4.4.40 所示。翼缘板为焰切边，每侧翼缘板上有两个直径 $d_0 = 22$ 的螺栓孔。钢柱采用 Q235B 钢，焊条用 E43 型。$\gamma_0 = 1.0$。

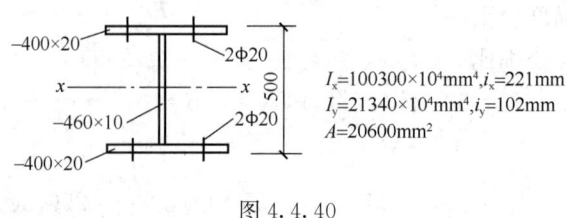

图 4.4.40

试问：柱腹板不增设加劲肋加强，考虑腹板屈曲后强度，分别验算其强度和稳定性。

【解答】 （1）验算腹板高厚比

根据《钢标》7.3.1条：

$$\lambda_x = \frac{l_{0x}}{i_x} = \frac{7000}{221} = 31.7 > 30$$

$$\lambda_y = \frac{l_{0y}}{i_y} = \frac{3500}{102} = 34.3 > 30$$

故取 $\lambda = \lambda_y = 34.3$

$$\frac{h_0}{t_w} = \frac{500 - 2 \times 20}{10} = 46 > (25 + 0.5\lambda)\varepsilon_k$$

$$= (25 + 0.5 \times 34.3) \times 1 = 42.15, 不满足$$

由《钢标》7.3.2条：

翼缘为焰切边，查《钢标》表7.2.1-1，对 x 轴、y 轴均属于b类；$\lambda_y/\varepsilon_k = 34.3$，查附表D.0.2，取 $\varphi_y = 0.920$

$$\alpha = \sqrt{\frac{\varphi A f}{N}} = \sqrt{\frac{0.920 \times 20600 \times 205}{3400 \times 10^3}} = 1.07$$

$$\frac{h_0}{t_w} = 46 > \alpha(25 + 0.5\lambda)\varepsilon_k = 1.07 \times 42.15 = 45.1, 仍不满足。$$

（2）根据《钢标》7.3.3条、7.3.4条：

$$\frac{b}{t} = \frac{460}{10} = 46 > 42\varepsilon_k = 42, 则：$$

$$\lambda_{n,p} = \frac{b/t}{56.2\varepsilon_k} = \frac{46}{56.2 \times 1} = 0.819$$

$$\rho = \frac{1}{0.819}\left(1 - \frac{0.19}{0.819}\right) = 0.938$$

螺栓：$d_c = \max(d+4, d_0) = \max(20+4, 22) = 24\text{mm}$

$A_{ne} = \Sigma \rho_i A_{ni} = 2 \times 400 \times 20 - 4 \times 24 \times 20 + 0.938 \times 460 \times 10$

$\quad = 18394.8\text{mm}^2$

强度计算：

$$\frac{N}{A_{ne}} = \frac{3400 \times 10^3}{18394.8} = 184.8\text{N/mm}^2 < 205\text{N/mm}^2，满足$$

稳定性计算：

$A_e = 2 \times 400 \times 20 + 0.938 \times 460 \times 10 = 20314.8\text{mm}^2$

由毛截面确定 φ，根据前述计算结果，可知：$\varphi_y = 0.920$

$$\frac{N}{\varphi A_e f} = \frac{3400 \times 10^3}{0.920 \times 20314.8 \times 205} = 0.89 < 1.0，满足$$

思考：假定，该钢柱的腹板为860×10，$\lambda_x = 55$，$\lambda_y = 60$，其他均不变。试问，当可考虑屈曲后强度，该钢柱的强度计算时的 A_{ne} 和稳定性计算时的 A_e 为多少？

此时，由《钢标》7.3.1条，取 $\lambda = \lambda_y = 60$。

翼缘：$\dfrac{b}{t_f}=\dfrac{400-10}{2\times 20}=9.75<(10+0.1\times 60)\varepsilon_k=16$，满足。

腹板：$\dfrac{h_0}{t_w}=\dfrac{900-2\times 20}{10}=86>(25+0.5\times 60)\varepsilon_k=55$，不满足。

由《钢标》7.3.4 条：

$\dfrac{b}{t}=86>42\varepsilon_k=42$，则：

$$\lambda_{n,p}=\dfrac{86}{56.2\varepsilon_k}=1.530$$

$$\rho=\dfrac{1}{1.530}\left(1-\dfrac{0.19}{1.530}\right)=0.572$$

$\lambda=\lambda_y=60>52\varepsilon_k$，应复核最小值 ρ，由式（7.3.4-4）：

$$\rho\geqslant(29\varepsilon_k+0.25\times 60)\dfrac{10}{860}=0.512$$

最终取 $\rho=0.572$

$$A_{ne}=\Sigma\rho_i A_{ni}=2\times 400\times 20-4\times 24\times 20+0.572\times 860\times 10$$

$$=18999\text{mm}^2$$

$$A_e=2\times 400\times 20+0.572\times 860\times 10=20919\text{mm}^2$$

▲轴心受压构件剪力计算。

● 复习《钢标》7.2.7 条。

三、单边连接的单角钢

1. 桁架的单角钢

● 复习《钢标》7.6.1 条、7.6.3 条。

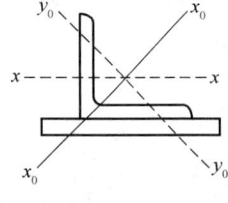

图 4.4.41

【例 4.4.27】 某钢屋架的受拉斜腹杆，采用单角钢，如图 4.4.41 所示，有节点板。腹杆几何长度 $l=2700$mm，承受荷载基本组合下轴心拉力设计值 $N=70$kN。钢材为 Q235 钢。$\gamma_0=1.0$。

试问：

(1) 单角钢最合理截面，应为下列何项？

(A) L45×4，$A=3.49$cm^2，$i_{x0}=1.74$cm，$i_{y0}=0.89$cm

(B) L45×5，$A=4.29$cm^2，$i_{x0}=1.72$cm，$i_{y0}=0.88$cm

(C) L45×6，$A=5.08$cm^2，$i_{x0}=1.71$cm，$i_{y0}=0.88$cm

(D) L50×6，$A=5.69$cm^2，$i_{x0}=1.91$cm，$i_{y0}=0.98$cm

(2) 假定单角钢为 L50×6，该单角钢受拉承载力设计值（kN），应为下列何项？

(A) 70　　　　(B) 85　　　　(C) 94　　　　(D) 104

【解答】 (1) 根据《钢标》7.6.1 条规定，强度设计值应乘 0.85 的折减系数：

$$A \geqslant \frac{N}{\eta f} = \frac{70 \times 10^3}{0.85 \times 215} = 3.83 \text{cm}^2$$

根据《钢标》表 7.4.7，知：$[\lambda] = 350$

拉杆，故 $l_0 = l = 2700\text{mm}$

根据《钢标》7.4.7 条：

$$i_{\min} \geqslant \frac{l_0}{[\lambda]} = \frac{2700}{350} = 0.77 \text{cm}$$

对于（A）项，因 $A = 3.49\text{cm}^2 < 3.83\text{cm}^3$，排除（A）项。
对于（B）项，因 $A = 4.29\text{cm}^2 > 3.83\text{cm}^2$，$i_{y0} = 0.88\text{cm} > 0.77\text{cm}$，满足。
故最合理截面为 L45×5，应选（B）项。
（2）根据《钢标》7.6.1 条规定：

$$N \leqslant \eta f A = 0.85 \times 215 \times 569 = 103.98\text{kN}$$

故选（D）项。

【**例 4.4.28**】 某三角形钢屋架跨度 12m，屋架间距 6m，钢材 Q235 钢。斜腹杆 S_1、S_2 为受压杆，受轴心压力作用，如图 4.4.42 所示。上、下弦杆采用双角钢 T 形截面。$\gamma_0 = 1.0$。

试问：

(1) 斜腹杆 S_1 选用单角钢 L125×10 ($A = 24.37\text{cm}^2$，$i_x = 3.85\text{cm}$，$i_y = 4.85\text{cm}$，$i_{y0} = 2.48\text{cm}$)，与节点板单面连接，截面无削弱，按整体稳定性计算，其受压稳定承载力设计值 (kN)，应与下列何项数值接近？

(A) 195　　　(B) 204　　　(C) 213　　　(D) 235

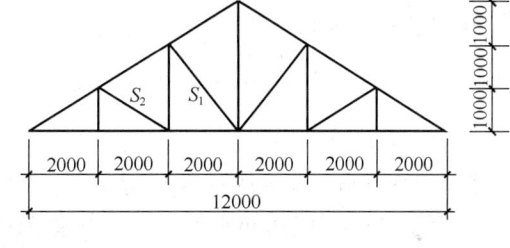

图 4.4.42

(2) 斜腹杆 S_2 选用单角钢 L75×6 ($A = 8.80\text{cm}^2$，$i_x = 2.31\text{cm}$，$i_{\min} = 1.49\text{cm}$)，与节点板单面连接，截面无削弱，承受基本组合下轴心压力设计值 $N = 40\text{kN}$，按整体稳定性验算，$N/(\varphi A f)$ 值最接近于下列何项？

(A) 0.68　　　(B) 0.72　　　(C) 0.81　　　(D) 0.92

【**解答**】 (1) 根据《钢标》7.4.1 条规定：

斜平面计算长度：$l_0 = 0.9l = 0.9 \times \sqrt{2^2 + 2^2} = 2.546\text{m}$

由《钢标》7.6.1 条：

$$\lambda = \frac{l_0}{i_{\min}} = \frac{2546}{24.8} = 102.7$$

查《钢标》表 7.2.1-1 及注 1，x、y 轴均为 b 类，$\lambda/\varepsilon_k = 102.7$，查附表 D.0.2 得：$\varphi = 0.537$

$$\eta = 0.6 + 0.0015\lambda = 0.6 + 0.0015 \times 102.7 = 0.754 < 1.0$$

$$N_u = \eta \varphi A f = 0.754 \times 0.538 \times 2437 \times 215 = 212.1\text{kN}$$

由《钢标》7.6.3条：
$$w/t=\frac{125-10\times 2}{10}=10.5<14\varepsilon_k=14,故不考虑稳定承载力的折减，取 N_u=212.1\text{kN}。$$

故选（C）项。

(2) 根据《钢标》7.4.1条规定：
$$l_0=0.9l=0.9\times\sqrt{1^2+2^2}=2.012\text{m}$$

由《钢标》7.6.1条：
$$\lambda=\frac{l_0}{i_{\min}}=\frac{2012}{14.9}=135.0$$

同（1），对 x、y 轴均为 b 类；$\lambda/\varepsilon_k=135$，查附表 D.0.2，取 $\varphi=0.365$

$$\eta=0.6+0.0015\lambda=0.6+0.0015\times 135=0.8025<1.0$$

$$\frac{N}{\eta\varphi Af}=\frac{40\times 10^3}{0.8025\times 0.365\times 880\times 215}=0.72<1.0$$

由《钢标》7.6.3条：
$$\frac{w}{t}=\frac{75-2\times 6}{6}=10.5<14\varepsilon_k=14,故不考虑稳定承载力的折减。$$

故选（B）项。

【例 4.4.29】 某轻级工作制吊车厂房钢结构屋盖，屋架跨度 18m，屋架间距为 6m，屋盖设有上弦、下弦横向水平支撑，其简图如图 4.4.43（a）、（b）所示，假定在屋架端部竖向支撑 SC_1 上的地震组合下的内力设计值如图 4.4.43（c）所示。钢材 Q235 钢。

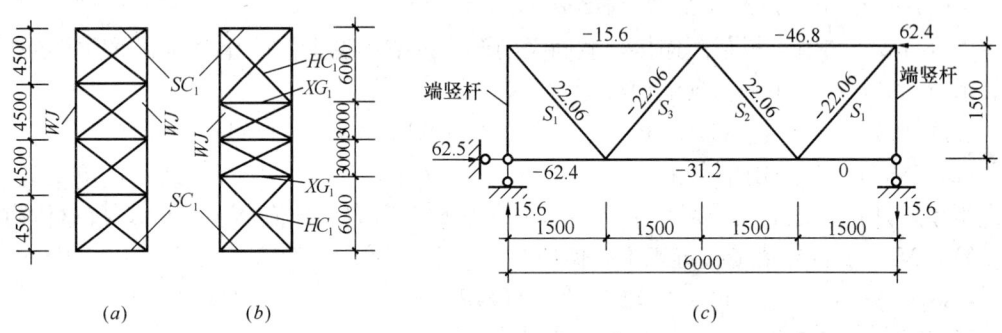

图 4.4.43

(a) 上弦横向支撑；(b) 下弦横向支撑；(c) 支撑 SC_1 上的内力值（单位：kN）

试问：

(1) 上、下弦杆截面为 2L75×5，节点板厚为 6mm，$A=1482.4\text{mm}^2$，$i_x=23.3\text{mm}$，$i_y=32.9\text{mm}$，则上弦杆在地震组合下杆件的受压稳定承载力设计值（kN），应与下列何项数值最接近？（提示：$S\leqslant R/\gamma_{RE}$，$\gamma_{RE}=0.8$）

(A) −115.1　　　(B) −119.9　　　(C) −123.5　　　(D) −128.3

(2) 腹杆截面为单角钢 L56×5，$A=541.5\text{mm}^2$，$i_{x0}=21.7\text{mm}$，$i_{y0}=11\text{mm}$，其角钢肢用角焊缝与节点板单面相连，节点板厚为 6mm，则腹杆 S_2 在地震组合下的内力设计值

与该杆件受压稳定承载力之比，与下列何项数值相近？

(A) 0.59　　　　(B) 0.63　　　　(C) 0.80　　　　(D) 0.73

(3) 假定上弦杆选用2L75×5组成T形截面，单角钢的内圆角$R=9$mm，已知$\lambda_{yz}=156$，其翼缘部分局部稳定验算满足下列何项关系式？

(A) 12.2<20　　(B) 15<20　　(C) 12.2<25　　(D) 15<25

(4) 假定下弦横向支撑的十字交叉斜杆HC_1的杆端焊有节点板，用螺栓与屋架下弦杆相连，其截面采用等边单角钢（两角钢的定点处均不中断，用螺栓相连，按拉杆设计），其截面按长细比控制，应采用下列何项单角钢较为合理？

(A) L56×5，$i_x=17.2$mm，$i_{x0}=21.7$mm，$i_{y0}=11.0$mm

(B) L63×5，$i_x=19.4$mm，$i_{x0}=24.5$mm，$i_{y0}=12.5$mm

(C) L70×5，$i_x=21.6$mm，$i_{x0}=27.3$mm，$i_{y0}=13.9$mm

(D) L75×5，$i_x=23.3$mm，$i_{x0}=29.2$mm，$i_{y0}=15.0$mm

(5) 假定下弦横向支撑的刚性系杆XG_1的杆端焊有节点板，并用螺栓与屋架下弦杆相连，其截面由长细比控制，应采用下列何项单角钢组成的十字形截面较为合理？（提示：该刚性系杆按桁架中有节点板的受压腹杆考虑）

(A) 2L100×6，$i_{y0}=39.0$mm　　　　(B) 2L90×6，$i_{y0}=35.1$mm

(C) 2L80×5，$i_{y0}=31.3$mm　　　　(D) 2L75×5，$i_{y0}=29.2$mm

【解答】 (1) 根据《钢标》7.4.1条、7.4.3条规定：

平面内计算长度：$l_{0x}=3.0$m

平面外计算长度：$l_{0y}=l\left(0.75+0.25\dfrac{N_2}{N_1}\right)=6\times\left(0.75+0.25\times\dfrac{15.6}{46.8}\right)=5\text{m}>0.5l=3\text{m}$

$$\lambda_x=\dfrac{l_{0x}}{i_x}=\dfrac{3000}{23.3}=128.8$$

$$\lambda_y=\dfrac{l_{0y}}{i_y}=\dfrac{5000}{32.9}=152.0$$

由《钢标》7.2.2条：

$$\lambda_z=3.9\dfrac{b}{t}=3.9\times\dfrac{75}{5}=58.5<\lambda_y，则：$$

$$\lambda_{yz}=152\times\left[1+0.16\times\left(\dfrac{58.5}{152}\right)^2\right]=155.6$$

查《钢标》表7.2.1-1，对x、y轴均为b类，按$\lambda_{yz}/\varepsilon_k=155.6$，查附表D.0.2，$\varphi=0.289$。

$$N_u=\varphi fA/\gamma_{RE}=0.289\times215\times1482.4/0.8=115.1\text{kN}$$

故选(A)项。

(2) 根据《钢标》7.4.1条规定，取斜平面：

$$l_0=0.9l=0.9\times\sqrt{1.5^2+1.5^2}=1.91\text{m}$$

由《钢标》7.6.1条：

查《钢标》表7.2.1-1及注，对x、y轴均为b类。

$$\lambda = \frac{l_0}{i_{min}} = \frac{1910}{11} = 173.6$$

$\lambda/\varepsilon_k = 173.6$，b 类，查附表 D.0.2，$\varphi = 0.239$。

$$\eta = 0.6 + 0.0015\lambda = 0.6 + 0.0015 \times 173.6 = 0.8604 < 1.0$$
$$N_u = \eta\varphi Af/\gamma_{RE} = 0.8604 \times 0.239 \times 541.5 \times 215/0.8 = 29.93 \text{kN}$$

$N/N_u = 22.06/29.93 = 0.74$

故选（D）项。

(3) 根据《钢标》7.3.1 条规定，$\lambda_{yz} = 156 > 100$，取 $\lambda_{yz} = 100$。

$$b/t_f = \frac{75 - 9 - 5}{5} = 12.2 < (10 + 0.1\lambda)\varepsilon_k = 20$$

故选（A）项。

(4) 根据《钢标》7.4.2 条规定：

斜平面计算长度：$l_{0x} = 0.5l = 0.5 \times 6\sqrt{2} = 4.243 \text{m}$

平面外计算长度：$l_{0y} = l = 6\sqrt{2} = 8.485 \text{m}$

查《钢标》表 7.4.7，取 $[\lambda] = 400$

单角钢截面由平面外长细比控制，取与肢边平行轴的回转半径 i_x：

$$i_x \geq \frac{l_{0y}}{[\lambda]} = \frac{8485}{400} = 21.2 \text{mm}$$

选 L70×5，$i_x = 21.6 \text{mm} > 21.2 \text{mm}$，满足。

故选（C）项。

(5) 根据《钢标》7.4.1 条规定：

斜平面计算长度：$l_0 = 0.9l = 0.9 \times 6 = 5.4 \text{mm}$

查《钢标》表 7.4.6，$[\lambda] = 150$

$$i_{min} \geq \frac{l_0}{[\lambda]} = \frac{5400}{150} = 36 \text{mm}$$

选 2L100×6，$i_{y0} = i_{min} = 39 \text{mm} > 36 \text{mm}$，满足。

故选（A）项。

【例 4.4.30】 杆件 A 为单角钢 L110×8，$A = 1723.8 \text{mm}^2$，$i_x = i_y = 3.40 \text{cm}$，$i_{x0} = 4.28 \text{cm}$，$i_{y0} = 2.19 \text{cm}$，如图 4.4.44 所示，杆件长度为 1.5m，F 为动力荷载作用在角钢中和轴上，肢背、肢尖角焊缝 $h_f = 6 \text{mm}$。钢材为 Q235 钢。

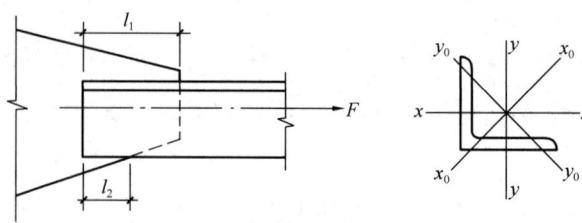

图 4.4.44

试问：F 为拉力时，采用三面围焊，焊缝计算按等强度原则，且考虑偏心的影响，取增大系数为 1.18，则肢背实际焊缝长度 l_1（mm）、肢尖实际焊缝长度 l_2（mm），最接近于下列何项数值？

(A) 340；120   (B) 340；110   (C) 330；120   (D) 330；110

【解答】 拉力时，根据《钢标》7.1.3条，取 $\eta=0.85$：
$$F=N=\eta Af=0.85\times1723.8\times215=315\text{kN}$$

考虑偏心影响，取 $N=1.18\times315=371.7\text{kN}$

正面角焊缝：$N_3=h_e b\beta_f f_f^w$

动荷载，取 $\beta_f=1.0$；$f_f^w=160\text{N/mm}^2$
$$N_3=0.7\times6\times110\times1.0\times160=73.92\text{kN}$$

肢背：$l_{w1}=\dfrac{N_1}{h_e f_f^w}=\dfrac{0.7N-N_3/2}{h_e f_f^w}$

$\qquad\qquad=\dfrac{0.7\times371.7\times10^3-73.92\times10^3/2}{0.7\times6\times160}=332\text{mm}<60h_f=360\text{mm}$

$\qquad l_1=l_{w1}+h_f=338\text{mm}$

肢尖：$l_{w2}=\dfrac{0.3N-N_3/2}{h_e f_f^w}=\dfrac{0.3\times371.7\times10^3-73.92\times10^3/2}{0.7\times6\times160}=111\text{mm}<60h_f=360\text{mm}$

$\qquad l_2=l_{w2}+h_f=117\text{mm}$

故选（A）项。

2. 塔架的单角钢

● 复习《钢标》7.6.2条、7.6.3条。

需注意的是：

(1)《钢标》式（7.6.2-1），采用 λ_u 代替 λ_x，即：
$$\lambda_0=\alpha_e\mu_u\lambda_e\geqslant\dfrac{l_1}{l}\lambda_u$$

式（7.6.2-5）中 i_u 是指：单角钢绕平行轴的回转半径。

(2)《钢标》式（7.6.2-1）～式（7.6.2-6），当单角钢绕平行轴的回转半径用符号 i_x 时（见《钢标》图7.6.1），则相应公式变为：
$$\lambda_0=\alpha_e\mu_x\lambda_e\geqslant\dfrac{l_1}{l}\lambda_x$$

当 $20\leqslant\lambda_x\leqslant80$ 时：$\lambda_e=80+0.65\lambda_x$

当 $80<\lambda_x\leqslant160$ 时，$\lambda_e=52+\lambda_x$

当 $\lambda_x>160$ 时，$\lambda_e=20+1.2\lambda_x$

$$\lambda_x=\dfrac{l}{i_x}\cdot\dfrac{1}{\varepsilon_k}$$
$$\mu_x=\dfrac{l_0}{l}$$

可见，上述（1）、（2）实质是一致的，仅表达符号不同。

四、格构式轴心受压构件的稳定性计算

格构式柱，如图4.4.45所示。缀条式格构柱，当分肢间距离较大时，斜缀条之间采用连系缀条（或称附加缀条）如图4.4.45中1-1（a）所示；当分肢间距离很大，其连系

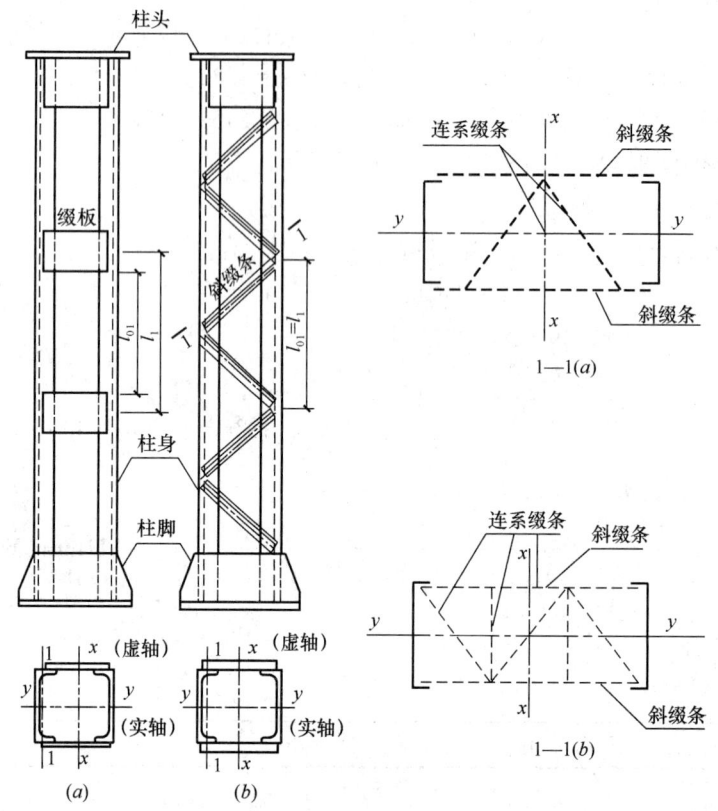

图 4.4.45 格构式柱
(a) 缀板式；(b) 缀条式

缀条可采用图 4.4.45 中 1-1 (b) 所示。斜缀条可连接于分肢内侧，或外侧。

缀条式格构柱，其缀条设计，缀条布置按图 4.4.46 (a) ～ (d) 四种形式。

图 4.4.46 (a) 和 (b) 所示为不带横缀条和带横缀条的单斜缀条体系。此处横缀条理论上不承担剪力，只是用以减少柱分肢在缀条平面内的计算长度。图 4.4.46 (c)

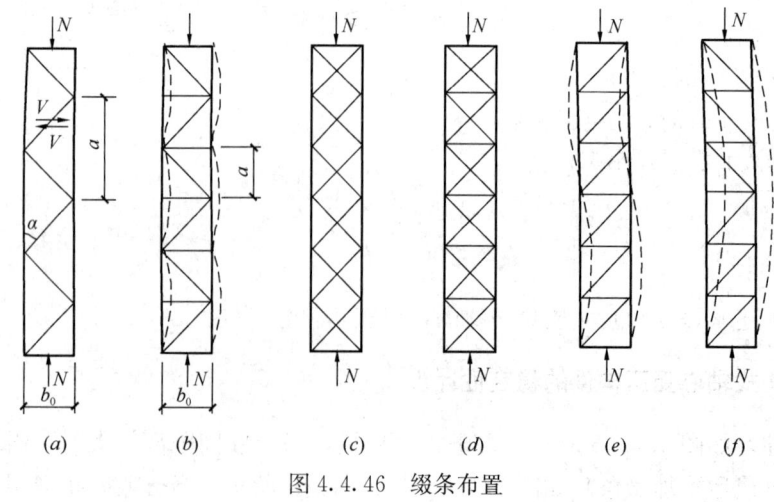

图 4.4.46 缀条布置

和（d）都为双斜缀条体系，其一不设横缀条，另一则设横缀条。从简化连接着想，宜采用图 4.4.46（a）和（b）所示单斜缀条体系。图 4.4.46（e）和（f）所示缀条布置形式不宜采用：一则是因其横缀条参与了承担柱身中的剪力，不符合《钢标》式（7.2.3-2）的假定条件，更重要的是由于横缀条的影响，这种构件一旦受荷，分肢因受压而缩短就会使构件发生如图中虚线所示的变形，对构件受力性能不利。还需指出的是图 4.4.46（d）所示带横缀条的双斜缀条体系，当构件受压而发生压缩变形时，斜缀条两端节点因有横缀条连系而不能发生水平位移，最后导致斜缀条受压和横缀条受拉。对这种由于柱身压缩而产生的斜缀条额外受力不容忽视，有时会导致斜缀条因受压而失稳。为防止此现象，在选用图 4.4.46（d）所示形式的缀条布置时，斜缀条的截面宜较计算所需略予加大。

- 复习《钢标》7.2.3 条～7.2.5 条。

需注意的是：

(1) 分肢稳定性计算，计算长度的确定：

当缀件为缀条，可分为单系缀条、交叉缀条。如图 4.4.47 所示单系缀条，当 $\theta=45°$ 时，分肢的计算长度 l_{01}：

$$l_{01}=2a$$

当单系缀条设有横缀条，如图中横虚线，$\theta=45°$，此时分肢的计算长度 l_{01}：

$$l_{01}=a$$

当缀件为缀板，《钢标》7.2.3 条规定，其计算长度 l_{01}：焊接时，为相邻两缀板的净距离；螺栓连接时，为相邻两缀板边缘螺栓的距离，见图 4.4.48。

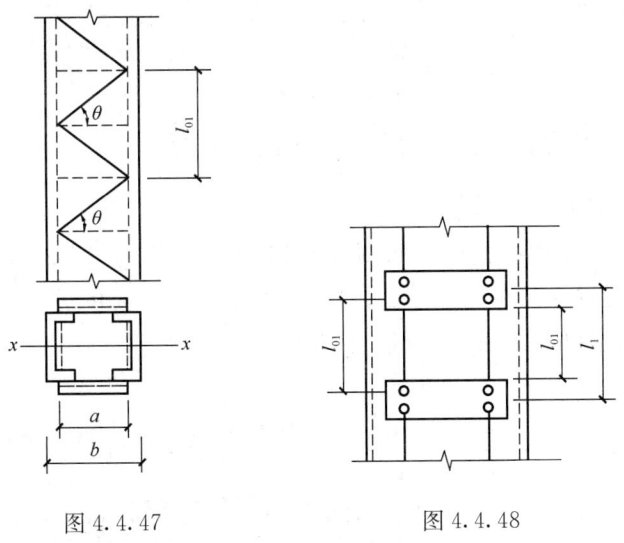

图 4.4.47　　　　　图 4.4.48

(2) 缀板柱的构造规定，《钢标》7.2.5 条规定：

> 7.2.5
> 缀板柱中同一截面处缀板或型钢横杆的线刚度之和不得小于柱较大分肢线刚度的 6 倍。

分肢线刚度：$i_1 = I_1/l_1$

两侧缀板线刚度之和：$i_b = I_b/a$

式中　I_1——分肢绕弱轴的惯性矩；

　　　l_1——缀板中心距离；

　　　I_b——两侧缀板惯性矩；

　　　a——分肢轴线间距离。

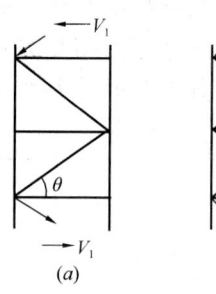
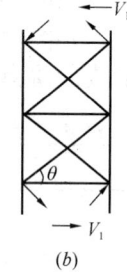

图 4.4.49
(a) 单系缀条；(b) 交叉缀条

(3) 缀条的设计

缀条可视为以柱肢为弦杆的平行弦桁架的腹板，内力与桁架腹杆的计算方法相同。如图 4.4.49 所示，在横向剪力 V 作用下，一个斜缀条的轴心力为：

单系缀条：$N_1 = \dfrac{V_1}{\cos\theta}$；$V_1 = \dfrac{V}{2}$

交叉缀条：$N_1 = \dfrac{V_1}{2\cos\theta}$；$V_1 = \dfrac{V}{2}$

因为剪力方向不定，斜缀条可能受拉或受压，应按轴心压杆计算。

缀条一般采用单角钢，与柱单面连接，可按《钢标》7.6.1 条计算。

交叉缀条中，横缀条压力 N 为：$N = V_1 = V/2$。

(4) 缀板的设计

缀板柱可视为一多层框架，分肢视为框架柱，相同位置的两个缀板视为横梁，当整体挠曲时，假定各层分肢中点和缀板中点为反弯点，如图 4.4.50 (a) 所示，其中一个缀板内力 (V、M)：

剪力：$V = T_v = \dfrac{V_1 l_1}{a}$；$V_1 = \dfrac{V}{2}$

弯矩（与肢件连接处）：$M = T_v \cdot \dfrac{a}{2} = \dfrac{V_1 l_1}{2} = \dfrac{V l_1}{4}$

式中，l_1、a 的定义同前述。

(5) 槽钢组合的格构式柱，如图 4.4.51 所示，均为 2［20a，其截面特性：$A_1 = 28.84\text{cm}^2$，$i_y = 7.86\text{cm}$，$i_1 = 2.11\text{cm}$，$I_1 = 128\text{cm}^4$，$z_0 = 2.0\text{cm}$，$b = 7.3\text{cm}$。当柱宽均为 320mm 时，其绕虚轴的 I_x 是不同的，这是因为：

$$I_{x1} = 2 \times \left[I_1 + A_1 \cdot \left(\dfrac{b_0}{2}\right)^2\right]$$

$$= 2 \times \left[128 + 28.84 \times \left(\dfrac{28}{2}\right)^2\right]$$

$$= 11561 \text{cm}^4$$

$$I_{x2} = 2 \times \left[128 + 28.84 \times \left(\dfrac{21.4}{2}\right)^2\right]$$

$$= 6860 \text{cm}^4$$

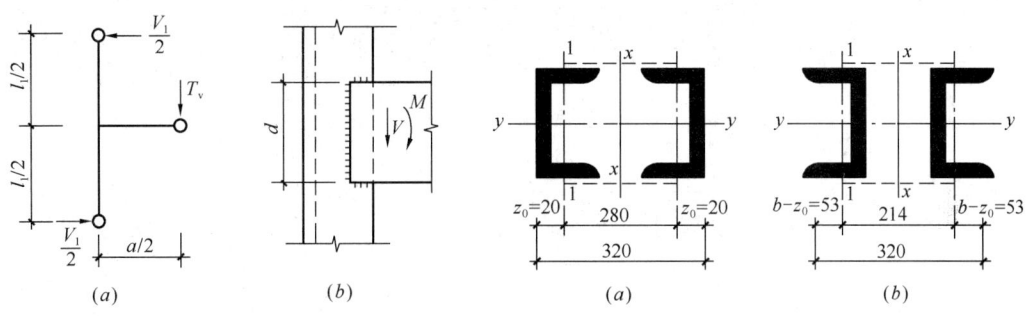

故：$I_{x1} > I_{x2}$

图 4.4.50　一个缀板计算简图　　　　　图 4.4.51

相应地，前者绕虚轴的稳定承载力大于后者。

(6) 格构式柱中横隔的构造要求，《钢标》7.2.4 条规定：

> **7.2.4**
> 格构式柱和大型实腹式柱，在受有较大水平力处和运送单元的端部应设置横隔，横隔的间距不宜大于柱截面长边尺寸的 9 倍且不宜大于 8m。

【**例 4.4.31**】　图 4.4.52 所示为一缀条式受压格构柱，截面由 2〔25a 组成，缀条选用 L45×4（$A_{1x0} = 3.49\text{cm}^2$），计算长度 $l_{0x} = 9\text{m}$，$l_{0y} = 9\text{m}$，承受轴心压力作用，钢材为 Q235 钢。已知〔25a 的截面特性：$A_1 = 34.91\text{cm}^2$，$i_y = 9.81\text{cm}$，$I_1 = 175.9\text{cm}^4$，$z_0 = 2.07\text{cm}$。$\gamma_0 = 1.0$。

试问：

(1) 若经验算该柱绕实轴的稳定承载力满足要求，则两肢背间的间距 b（mm），至少应为下列何项数值才能满足绕虚轴的稳定承载力要求？

(A) 215　　　(B) 225　　　(C) 235　　　(D) 245

(2) 假定荷载基本组合下轴压力 $N = 833\text{kN}$，经验算绕实轴的稳定承载力满足要求，则要使绕虚轴的稳定承载力满足要求，两肢背间的间距 b（mm），至少应为下列何项数值？

(A) 190　　　(B) 200　　　(C) 210　　　(D) 220

【**解答**】　(1) 根据等稳定性原则：$\lambda_{0x} = \lambda_y$

$$\lambda_y = \frac{l_{0y}}{i_y} = \frac{9000}{98.1} = 91.74$$

分肢槽钢回转半径：$i_1 = \sqrt{\dfrac{I_1}{A_1}} = \sqrt{\dfrac{175.9}{34.91}} = 2.24\text{cm} = 22.4\text{mm}$

$$I_x = 2 \times \left[I_1 + A_1 \left(\frac{b_0}{2} \right)^2 \right]$$

$$i_x = \sqrt{\frac{I_x}{2A_1}} = \sqrt{i_1^2 + \left(\frac{b_0}{2}\right)^2}$$

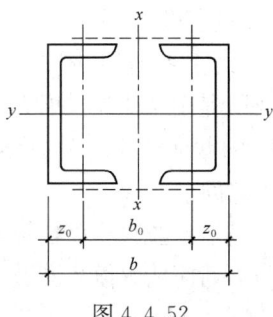

图 4.4.52

即：
$$\lambda_x = \frac{l_{0x}}{i_x} = \frac{9000}{\sqrt{22.4^2 + \left(\frac{b_0}{2}\right)^2}}$$

$$\lambda_{0x} = \sqrt{\lambda_x^2 + 27A/A_{1x}} \leqslant \lambda_y = 91.74$$

即：
$$\frac{9000^2}{22.4^2 + \left(\frac{b_0}{2}\right)^2} + 27A/A_{1x} \leqslant 91.74^2$$

代入数据：
$$\frac{9000^2}{22.4^2 + \left(\frac{b_0}{2}\right)^2} + 27 \times \frac{2 \times 3491}{2 \times 349} \leqslant 91.74^2$$

解之得：$b_0 \geqslant 194.3 \text{mm}$

$$b = b_0 + 2z_0 \geqslant 194.3 + 2 \times 20.7 = 235.7 \text{mm}$$

故选（D）项。

(2) 绕实轴整体稳定性计算

$$\frac{N}{\varphi_y A} \leqslant f$$

$$\varphi_y \geqslant \frac{N}{fA} = \frac{833 \times 10^3}{215 \times 3491 \times 2} = 0.555$$

b 类截面，查《钢标》附表 D.0.2，$\lambda_y/\varepsilon_k \leqslant 100$，即：$\lambda_y \leqslant 100$
同前述可知：

$$\lambda_{0x} = \sqrt{\lambda_x^2 + 27A/A_{1x}} = \lambda_y \leqslant 100$$

代入数据：
$$\frac{9000^2}{22.4^2 + \left(\frac{b_0}{2}\right)^2} + 27 \times \frac{2 \times 3491}{2 \times 349} \leqslant 100^2$$

解之得：$b_0 \geqslant 176.9 \text{mm}$

$$b = b_0 + 2z_0 \geqslant 176.9 + 2 \times 20.7 = 218.3 \text{mm}$$

故选（D）项。

【例 4.4.32】 图 4.4.53 所示为一缀板式受压格构柱，截面由 2 [32a 组成，缀板与分肢用焊接，计算长度 $l_{0x}=10\text{m}$，$l_{0y}=10\text{m}$，承受轴心压力作用，钢材为 Q235 钢。已知 [32a 的截面特性：$A_1=48.5\text{cm}^2$，$i_y=12.44\text{cm}$，$I_1=304.7\text{cm}^4$，$z_0=2.24\text{cm}$。$\gamma_0=1.0$。

试问：

(1) 若经验算该柱绕实轴的稳定承载力满足要求，则两肢背间的间距 b（mm），至少应为下列何项数值才能满足绕虚轴的稳定承载力要求？

(A) 315　　　(B) 305　　　(C) 295　　　(D) 285

(2) 假定荷载基本组合下轴压力 $N=1026\text{kN}$，经验算绕实轴的稳定承载力满足要求，则要使绕虚轴的稳定承载力满足要求，两肢背间的间距 b（mm），至少应为下列何项数值？

(A) 220　　　(B) 230　　　(C) 240　　　(D) 250

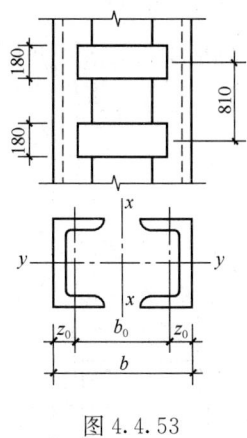

图 4.4.53

【解答】 (1) 确定 λ_1：

$$l_{01}=810-180=630\text{mm}$$

$$\lambda_1=\frac{l_{01}}{i_1}=\frac{630}{\sqrt{I_1/A_1}}=\frac{630}{\sqrt{304.7/48.5\times 100}}=25.1$$

$$i_1=\sqrt{I_1/A_1}=\sqrt{304.7/48.5}=2.51\text{cm}=25.1\text{mm}$$

$$l_{0x}=l_{0y}=10.0\text{m}$$

$$\lambda_y=\frac{l_{0y}}{i_y}=\frac{10000}{124.4}=80.39$$

$$I_x=2\times\left[I_1+A_1\left(\frac{b_0}{2}\right)^2\right]$$

$$i_x=\sqrt{\frac{I_x}{2A_1}}=\sqrt{I_1/A_1+\left(\frac{b_0}{2}\right)^2}=\sqrt{i_1^2+\left(\frac{b_0}{2}\right)^2}$$

$$\lambda_x=\frac{l_{0x}}{i_x}=\frac{l_{0x}}{\sqrt{i_1^2+\left(\frac{b_0}{2}\right)^2}}$$

根据等稳定性原则：$\lambda_{0x}=\lambda_y$

$$\lambda_{0x}=\sqrt{\lambda_x^2+\lambda_1^2}\leqslant\lambda_y=80.39$$

$$\frac{l_{0x}^2}{i_1^2+\left(\frac{b_0}{2}\right)^2}+\lambda_1^2\leqslant 80.39^2$$

代入数据：

$$\frac{10000^2}{25.1^2+\left(\frac{b_0}{2}\right)^2}+25.1^2\leqslant 80.39^2$$

解之得：$b_0\geqslant 257\text{mm}$

$$b=b_0+2z_0\geqslant 257+2\times 22.4=301.8\text{mm}$$

故选 (B) 项。

(2) 确定绕实轴的 φ_y：

$$\frac{N}{\varphi_y A}\leqslant f$$

$$\varphi_y\geqslant\frac{N}{fA}=\frac{1026\times 10^3}{215\times 4850\times 2}=0.492$$

截面为 b 类，查《钢标》附录 D.0.2，$\lambda_y/\varepsilon_k\leqslant 110$，即：$\lambda_y\leqslant 110$。

由上述结果知：$\lambda_1=25.1$，$i_1=25.1$mm

$$\lambda_{0x}=\sqrt{\lambda_x^2+\lambda_1^2}\leqslant\lambda_y=110$$

$$\frac{l_{0x}^2}{i_1^2+\left(\frac{b_0}{2}\right)^2}+25.1^2\leqslant110^2$$

代入数据，解之得：$b_0\geqslant179.8$mm
$b=b_0+2z_0\geqslant179.8+2\times22.4$
$=224.6$mm

故选（B）项。

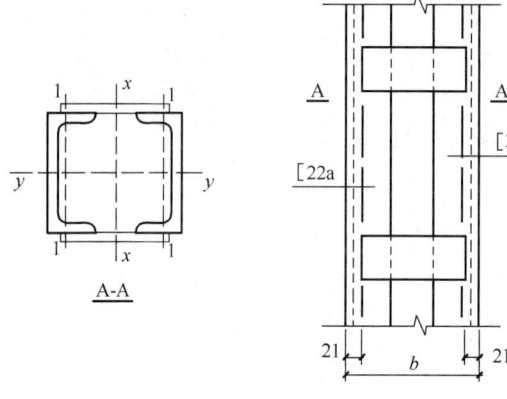

图 4.4.54

【例 4.4.33】 有一钢结构平台由于使用中增加荷载，需增设一格构式柱，采用缀板连接，柱高 6m，两端铰接，柱受轴心压力设计值 1000kN，钢材 Q235，焊条 E43，手工焊接，截面无削弱，如图 4.4.54 所示。分肢的截面特征见表 4.4.1。

提示：所有板厚均≤16mm。

分肢的截面特征 表 4.4.1

截面	A（mm²）	I_1（mm⁴）	i_y（mm）	i_1（mm）
[22a	3180	1.56×10^6	86.7	22.3

试问：根据构造要求确定，b（mm）的取值以下何项最为合适？
(A) 150　　(B) 250　　(C) 350　　(D) 450

【解答】 $l_{0x}=l_{0y}=6000$，$\lambda_{0x}\approx\lambda_y=\frac{6000}{86.7}=69.2$

故取 $\lambda_{max}=69.2$，由《钢标》7.2.5 条：

$$\lambda_1\leqslant0.5\lambda_{max}=35,\ \lambda_1\leqslant40\varepsilon_k=40,\ 故取\ \lambda_1=35$$

$\lambda_{0x}=\sqrt{\lambda_x^2+\lambda_1^2}=\lambda_y$，则：

$$\frac{l_{0x}^2}{i_1^2+\left(\frac{b_0}{2}\right)^2}+\lambda_1^2=\lambda_y^2,\ 即：\frac{6000^2}{22.3^2+\left(\frac{b_0}{2}\right)^2}+35^2=69.2^2$$

解之得：$b_0=196.0$mm
$b=b_0+2z_1=196+2\times21=238$mm
应选（B）项。

【例 4.4.34】 某缀条式格构式轴心受压柱如图 4.4.55 所示，柱身由 2［32b 组成，缀条采用 L63×5（$A=6.14$cm²，$i_{min}=1.25$cm），钢材为 Q235，焊条 E43 型，手工焊。柱高 6.5m，两端铰接，承受荷载基本组合下轴心压力设计值 $N=1500$kN。已知单个

[32b 截面特征：$A_1=55.0\text{cm}^2$，$I_1=336\text{cm}^4$，$i_1=2.47\text{cm}$，$i_y=12.1\text{cm}$，$z_0=2.16\text{cm}$。$\gamma_0=1.0$。

试问：

(1) 该格构柱绕实轴整体稳定计算，其最大压应力（N/mm^2），与下列何项数值最接近？

(A) 154　　(B) 163　　(C) 172　　(D) 179

(2) 该格构柱绕虚轴整体稳定计算，其最大压应力（N/mm^2），与下列何项数值最接近？

(A) 145　　(B) 163　　(C) 178　　(D) 182

(3) 分肢稳定性验算时，应满足下列何项关系式？

(A) $10 \leqslant 37.7$　　(B) $10.5 \leqslant 37.8$
(C) $10 \leqslant 37.6$　　(D) $10.5 \leqslant 37.6$

(4) 一个斜缀条受到的轴心压力设计值（kN），最接近下列何项数值？

(A) 40　　(B) 30　　(C) 20　　(D) 35

(5) 选用的斜缀条的受压稳定承载力设计值（kN），最接近于下列何项数值？

(A) 65　　(B) 75　　(C) 80　　(D) 90

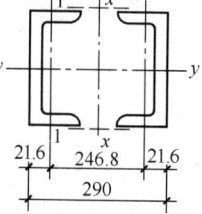

图 4.4.55

【解答】 (1) $l_{0y}=6.5\text{m}$

$$\lambda_y = \frac{l_{0y}}{i_y} = \frac{6500}{121} = 53.7$$

查《钢标》表 7.2.1-1，对 x 轴、y 轴均为 b 类，查《钢标》附表 D.0.2，$\varphi_y=0.839$。

$$\frac{N}{\varphi_y A} = \frac{1500 \times 10^3}{0.839 \times 2 \times 5500} = 162.5 \text{N/mm}^2$$

故选 (B) 项。

(2) 确定 λ_{0x}：

$$I_x = 2 \times \left[I_1 + A_1 \times \left(\frac{b_0}{2}\right)^2 \right]$$

$$i_x = \sqrt{\frac{I_x}{2A_1}} = \sqrt{I_1/A_1 + \left(\frac{b_0}{2}\right)^2} = \sqrt{\frac{336}{55} + \left(\frac{24.68}{2}\right)^2} = 12.59\text{cm}$$

$$\lambda_x = \frac{l_{0x}}{i_x} = \frac{6500}{125.9} = 51.6$$

$$\lambda_{0x} = \sqrt{\lambda_x^2 + 27A/A_{1x}} = \sqrt{51.6^2 + 27 \times \frac{2 \times 55.0}{2 \times 6.14}} = 53.9$$

格构式，查《钢标》表 7.2.1-1，b 类截面，查附表 D.0.2，$\varphi_x=0.838$

$$\frac{N}{\varphi_x A} = \frac{1500 \times 10^3}{0.838 \times 2 \times 5500} = 162.7 \text{N/mm}^2$$

故选 (B) 项。

(3) 分肢计算长度，由图中尺寸知：$l_{01}=246.8\text{mm}$

$$\lambda_1 = \frac{l_{01}}{i_1} = \frac{246.8}{24.7} = 10.0$$

根据《钢标》7.2.4 条规定：

$$\lambda_1 = 10 \leqslant 0.7\lambda_{\max} = 0.7 \times 53.9 = 37.7$$

故选（A）项。

(4) 根据《钢标》7.2.7 条规定，横向剪力 V：

$$V = \frac{Af}{85\varepsilon_k} = \frac{2 \times 5500 \times 215}{85 \times 1} = 27.82 \text{kN}$$

一侧缀条的剪力 V_1：$V_1 = \dfrac{V}{2} = 27.82/2 = 13.91 \text{kN}$

斜缀条所受到的压力 N：

$$N = \frac{V_1}{\cos 45°} = \frac{13.91}{\cos 45°} = 19.67 \text{kN}$$

故选（C）项。

(5) 斜缀条计算长度，因不满足《钢标》7.4.1 条规定，即未采用节点板与弦杆连接，故不按斜平面计算长度取值。

$$l_0 = 246.8/\cos 45° = 349 \text{mm}$$

由《钢标》7.6.1 条：

$$\lambda = \frac{l_0}{i_{\min}} = \frac{349}{12.5} = 28$$

由《钢标》表 7.2.1-1 及注 1，b 类截面，查附表 D.0.2，$\varphi = 0.943$。

$$\eta = 0.6 + 0.0015\lambda = 0.6 + 0.0015 \times 28 = 0.642$$
$$N \leqslant \eta\varphi Af = 0.642 \times 0.943 \times 614 \times 215 = 79.9 \text{kN}$$

故选（C）项。

【例 4.4.35】 某缀板式格构式轴心受压柱，如图 4.4.56 所示，柱身均由两个槽钢 2[22a 组成，缀板采用 -180×8 钢板，钢材为 Q235 钢，焊条为 E43 型。柱高 6.0m，两端铰接，承受荷载基本组合下轴心压力设计值为 1000kN。$\gamma_0 = 1.0$。

已知 [22a 截面特性：$A_1 = 31.8 \text{cm}^2$，$i_y = 8.67 \text{cm}$，$I_1 = 158 \text{cm}^4$，$i_1 = 2.23 \text{cm}$，$z_0 = 2.1 \text{cm}$。

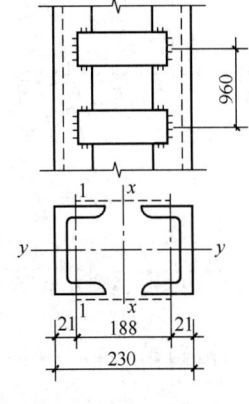

图 4.4.56

试问：

(1) 该格构柱绕实轴整体稳定性计算，其最大压应力（N/mm²），与下列何项数值最接近？

(A) 192   (B) 196

(C) 205   (D) 208

(2) 该格构柱绕虚轴整体稳定性计算，其最大压应力（N/mm²），与下列何项数值最接近？

(A) 187　　　　　　(B) 192　　　　　　(C) 208　　　　　　(D) 212

(3) 分肢稳定性计算，其分肢的长细比 λ_1 满足下列何项关系式？

(A) $\lambda_1=35<35.65$，$\lambda_1<40$　　　　　(B) $\lambda_1=39>35.65$，$\lambda_1<40$

(C) $\lambda_1=35>34.50$，$\lambda_1<40$　　　　　(D) $\lambda_1=39>34.50$，$\lambda_1<40$

(4) 缀板式格构柱的构造要求，两侧缀板线刚度之和 i_b 与分肢线刚度 i_1 的比值，最接近于下列何项？

(A) 5.6，不满足　　　　　　　　　　(B) 11.2，满足

(C) 20.2，满足　　　　　　　　　　(D) 25.1，满足

(5) 一块缀板与柱肢连接处焊缝所需承受的剪力设计值（kN），最接近于下列何项数值？

(A) 30.06　　　　　(B) 34.01　　　　　(C) 38.02　　　　　(D) 41.08

(6) 一块缀板与柱肢连接处焊缝所需承受的弯矩设计值（kN·m），最接近于下列何项数值？

(A) 3.68　　　　　(B) 3.86　　　　　(C) 4.68　　　　　(D) 4.86

(7) 缀板与柱肢连接角焊缝，焊脚尺寸 $h_f=6mm$，围焊，取 $l_w=180mm$，焊缝应力（N/mm²），最接近于下列何项数值？

(A) 143　　　　　(B) 150　　　　　(C) 182　　　　　(D) 190

【解答】 (1) $l_{0y}=6.0m$

$$\lambda_y=\frac{l_{0y}}{i_y}=\frac{6000}{86.7}=69.2$$

查《钢标》表 7.2.1-1，b 类截面，查附表 D.0.2，$\varphi_y=0.756$。

$$\frac{N}{\varphi_y A}=\frac{1000\times 10^3}{0.756\times 2\times 3180}=207.98N/mm^2$$

故选 (D) 项。

(2) 分肢的 λ_1：计算长度为：$l_{01}=960-180=780mm$

$$\lambda_1=\frac{l_{01}}{i_1}=\frac{780}{22.3}=35.0$$

$$I_x=2\times\left[I_1+A_1\left(\frac{b_0}{2}\right)^2\right]$$

$$i_x=\sqrt{\frac{I_x}{2A_1}}=\sqrt{I_1/A_1+\left(\frac{b_0}{2}\right)^2}=\sqrt{\frac{158}{31.8}+\left(\frac{18.8}{2}\right)^2}=9.66cm$$

$$\lambda_x=\frac{l_{0x}}{i_x}=\frac{6000}{96.6}=62.11$$

$$\lambda_{0x}=\sqrt{\lambda_x^2+\lambda_1^2}=\sqrt{62.11^2+35^2}=71.3$$

b 类截面，查《钢标》附表 D.0.2，$\varphi_x=0.743$。

$$\frac{N}{\varphi_x A}=\frac{1000\times 10^3}{0.743\times 2\times 3180}=211.6N/mm^2$$

故选 (D) 项。

(3) 根据《钢标》7.2.5 条规定：

$$\lambda_1=35<0.5\lambda_{max}=0.5\times 71.3=35.65，满足。$$

$$\lambda_1 = 35 < 40\varepsilon_k = 40,满足。$$

故选（A）项。

(4) 两侧缀板线刚度之和 i_b：
$$i_b = EI_b/a = \frac{E}{18.8} \times 2 \times \frac{1}{12} \times 0.8 \times 18^3 = 41.36E$$

分肢线刚度 i_1：
$$i_1 = EI_1/l_1 = 158E/96 = 1.65E$$
$$i_b/i_1 = 41.36/1.65 = 25.1 > 6,满足$$

故选（D）项。

(5) 横向剪力 V：
$$V = \frac{Af}{85\varepsilon_k} = \frac{2 \times 3180 \times 215}{85 \times 1} = 16.09\text{kN}$$
$$V_1 = \frac{V}{2} = 8.045\text{kN}$$

缀板与柱肢连接处的焊缝承受的剪力 V_z：
$$V = T_v = \frac{V_1 l_1}{a} = \frac{8.045 \times 960}{188} = 41.08\text{kN}$$

故选（D）项。

(6) 缀板与柱肢连接处的焊缝承受的弯矩 M：
$$M = T_v \cdot \frac{a}{2} = 41.08 \times \frac{0.188}{2} = 3.86\text{kN} \cdot \text{m}$$

故选（B）项。

(7) $\tau_f = \dfrac{V}{h_e l_w} = \dfrac{41.08 \times 10^3}{0.7 \times 6 \times 180} = 54.34\text{N/mm}^2$

$\sigma_f = \dfrac{6M}{h_e l_w^2} = \dfrac{6 \times 3.86 \times 10^6}{0.7 \times 6 \times 180^2} = 170.2\text{N/mm}^2$

$$\sqrt{\left(\frac{\sigma_f}{\beta_f}\right)^2 + \tau_f^2} = \sqrt{\left(\frac{170.2}{1.22}\right)^2 + 54.34^2} = 149.7\text{N/mm}^2$$

故选（B）项。

【例 4.4.36】 某四肢轴心受压缀条式格构柱，柱身由 4 个角钢 L56×5 组成，如图 4.4.57 所示，缀条采用单角钢 L45×4（$A=3.49\text{cm}^2$，$i_{\min}=0.89\text{cm}$，$i_x=1.38\text{cm}$），交叉缀条。柱高 8m，两端铰接，钢材 Q235 钢。在荷载基本组合下轴压力设计值为 $N=350\text{kN}$。已知 L56×5：$A_1=5.42\text{cm}^2$，$I_1=16.02\text{cm}^4$，$i_1=1.72\text{cm}$，$z_0=1.57\text{cm}$。$\gamma_0=1.0$。

试问：

(1) 该格构柱绕虚轴整体稳定性计算，其最大压应力（N/mm²），最接近于下列何项数值？

(A) 167　　　　(B) 178　　　　(C) 185　　　　(D) 196

(2) 一个斜缀条受到的轴心压力设计值（kN），最接近于下列何项数值？

(A) 1.94　　　　(B) 2.03　　　　(C) 3.88　　　　(D) 4.06

(3) 一个横缀条受压的轴心压力设计值（kN），最接近于下列何项数值？
(A) 1.94　　　　(B) 2.74
(C) 3.74　　　　(D) 5.48

(4) 所选用的斜缀条的受压稳定承载力设计值（kN），最接近于下列何项数值？

提示：无节点板；交叉斜缀条交叉点无联系。

(A) 20.5　　　　(B) 21.5
(C) 23.5　　　　(D) 26.5

(5) 斜缀条与柱肢采用双侧角焊缝连接，$h_f=4$mm，则所需肢背焊缝的实际长度 l_1（mm），应为下列何项数值？

提示：考虑偏心影响，斜缀条的压力考虑增大系数1.18。
(A) 60　　(B) 40　　(C) 48　　(D) 56

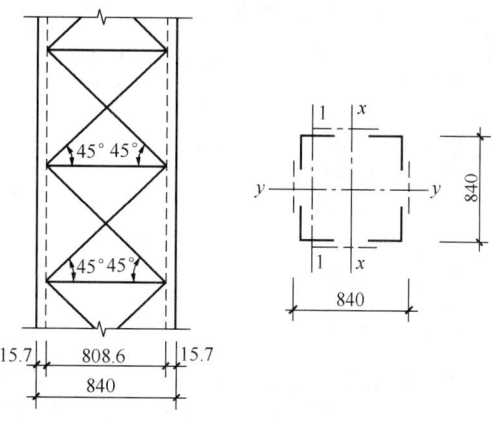

图 4.4.57

【解答】(1) 根据《钢标》7.2.3条规定：

x、y轴对称，$l_{0x}=l_{0y}=8.0$m，只需计算 φ_x（或 φ_y）。

$$I_x = 4 \times \left[I_1 + A\left(\frac{b_0}{2}\right)^2 \right]$$

$$i_x = \sqrt{\frac{I_x}{4A_1}} = \sqrt{I_1/A_1 + \left(\frac{b_0}{2}\right)^2} = \sqrt{i_1^2 + \left(\frac{b_0}{2}\right)^2}$$

$$= \sqrt{1.72^2 + \left(\frac{84-2\times1.57}{2}\right)^2} = 40.47 \text{cm}$$

$$\lambda_x = \frac{l_{0x}}{i_x} = \frac{8000}{404.7} = 19.8$$

$$\lambda_{0x} = \sqrt{\lambda_x^2 + 40\frac{A}{A_{1x}}}$$

$$= \sqrt{19.8^2 + 40\times\frac{4\times5.42}{4\times3.49}} = 21.3$$

查《钢标》表7.2.1-1，均为b类截面，查附表D.0.2，$\varphi_x=0.966$

$$\frac{N}{\varphi_x A} = \frac{350\times10^3}{0.966\times4\times5.42\times100} = 167.1\text{N/mm}^2$$

故选（A）项。

(2) 横向剪力 V：

$$V = \frac{Af}{85\varepsilon_k} = \frac{4\times542\times215}{85\times1} = 5.484\text{kN}$$

作用于一侧缀条系的剪力：$V_1 = \frac{V}{2} = 2.742$kN

581

斜缀条所受到的压力，交叉缀条：

$$N = \frac{V_1}{2\cos45°} = \frac{2.742}{2\times\cos45°} = 1.94\text{kN}$$

故选（A）项。

（3）横缀条受压力：

$$N = V_1 = \frac{V}{2} = 2.742\text{kN}$$

故选（B）项。

（4）斜缀条几何长度：$l_1 = \dfrac{840-2\times15.7}{\cos45°} = 1143.5\text{mm}$

因斜缀条与柱肢的连接，无节点板，由《钢标》7.4.1条，则：

$$l_{01} = l_1 = 1143.5\text{mm}$$

由《钢标》7.6.1条：

$$\lambda = \frac{l_{01}}{i_{\min}} = \frac{1143.5}{8.9} = 128.5$$

查《钢标》表7.2.1-1及注1，属b类截面，查附表D.0.2，$\varphi=0.394$。

$$\eta = 0.6 + 0.0015\lambda = 0.6 + 0.0015 \times 128.5 = 0.793$$
$$N \leq \eta\varphi Af = 0.793 \times 0.394 \times 349 \times 215 = 23.4\text{kN}$$

故选（C）项。

（5）由题目提示，取$1.18N$计算，则：

$$l_w \geq \frac{k_1 N}{h_e f_f^w} = \frac{0.7\times1.18\times1.94\times10^3}{0.7\times4\times160} = 4\text{mm}$$

$$l_w = 4\text{mm} < 8h_f = 8\times4 = 32\text{mm}，且<40\text{mm}$$

故取$l_w=40\text{mm}$。

$$l_1 = l_w + 2h_f = 48\text{mm}$$

故选（C）项。

【例4.4.37】 某露天原料堆场，设置有两台桥式吊车，起重量$Q=16\text{t}$，中级工作制；堆场跨度30m，长120m，柱距12m，纵向设置双片十字交叉形柱间支撑。栈桥柱的构件尺寸及主要构造，如图4.4.58所示。钢材用Q235钢，焊条E43型。设计使用年限为50年。$\gamma_0=1.0$。

已知荷载标准值：①结构自重：吊车梁自重$G_{1k}=40\text{kN}$、辅助桁架$G_{2k}=20\text{kN}$、栈桥柱$G_{3k}=50\text{kN}$。②吊车荷载：吊车垂直荷载$P_k=583.4\text{kN}$，横向水平荷载$T_k=18.1\text{kN}$。

提示：按《工程结构通用规范》作答。

试问：

（1）假定栈桥柱吊车肢承受荷载基本组合下的最大压力设计值$N_{AE}=1204\text{kN}$，柱肢截面为H400×200×8×13（$A=8412\text{mm}^2$，$i_x=168\text{mm}$，$i_y=45.4\text{mm}$），当柱肢AE作为轴心受压构件计算整体稳定时，柱肢最大压应力（N/mm²），与下列何项数值最为接近？

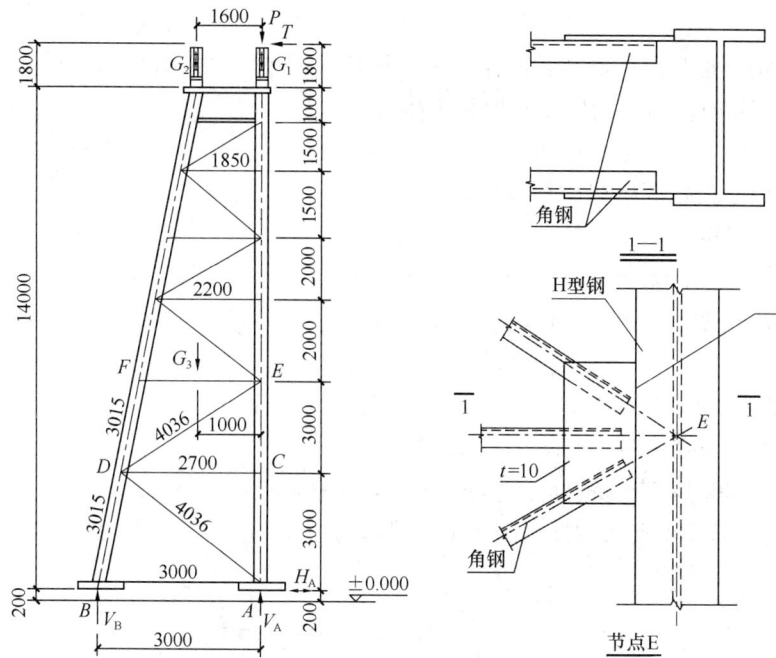

图 4.4.58

提示：不考虑柱肢各段内力变化对计算长度的影响。

(A) 165   (B) 185   (C) 188   (D) 205

(2) 栈桥柱腹杆 DE 采用两个中间无联系的等边角钢，其截面 L125×8（i_x=38.3mm，i_{min}=25mm），当按轴心受压构件计算稳定性时，其折减系数 η，与下列何项数值最为接近？

(A) 0.725   (B) 0.756   (C) 0.818   (D) 0.842

(3) 栈桥柱腹杆 DE 采用两个中间有缀条联系的等边角钢，其截面为 L75×6（i_x=23.1mm，i_{min}=14.9mm），当按轴心受压构件计算平面内稳定性时，其折减系数 η，与下列何项数值最为接近？

(A) 0.862   (B) 0.836   (C) 0.821   (D) 0.810

(4) 栈桥柱腹杆 CD 作为减少受压柱肢长细比的杆件，假定采用两个中间无联系的等边角钢，则杆件最经济合理的截面，与下列何项数据最为接近？

(A) L90×6（i_x=27.9mm，i_{min}=18mm）

(B) L80×6（i_x=24.7mm，i_{min}=15.9mm）

(C) L75×6（i_x=23.1mm，i_{min}=14.9mm）

(D) L63×6（i_x=19.3mm，i_{min}=12.4mm）

(5) 假定栈桥外肢底座承受荷载基本组合下的最大拉力设计值 N_B=108kN，原设计地脚锚栓为 2 个 M30，则地脚锚栓的拉应力（N/mm²），应与下列何项数据最为接近？

(A) 76.1   (B) 96.3   (C) 152.2   (D) 192.6

(6) 在结构自重和吊车荷载共同作用下，栈桥柱外肢 BD 承受荷载基本组合下的最大压力设计值（kN），应与下列何项数据最为接近？

(A) 160　　　　(B) 170　　　　(C) 180　　　　(D) 190

(7) 在结构自重和吊车荷载共同作用下，栈桥柱吊车肢 AC 承受荷载基本组合下的最大压力设计值（kN），与下列何项数据最为接近？

(A) 900　　　　(B) 1000　　　　(C) 1100　　　　(D) 1200

【解答】 (1) 根据图示格构柱设置：

平面内计算长度：$l_{0y}=3.0\text{m}$，$i_y=45.4\text{mm}$

$$\lambda_y = l_{0y}/i_y = 3000/45.4 = 66.1$$

平面外计算长度：$l_{0x}=14.0\text{m}$，$i_x=168\text{mm}$

$$\lambda_x = l_{0x}/i_x = 14000/168 = 83.3$$

因 $b/h=200/400=0.5<0.8$，查《钢标》表 7.2.1-1：

对 x 轴，属于 a 类；对 y 轴，属于 b 类。

根据 $\lambda_y/\varepsilon_k=66.1$，查《钢标》附表 D.0.2，$\varphi_y=0.773$

根据 $\lambda_x/\varepsilon_k=83.3$，查《钢标》附表 D.0.1，$\varphi_x=0.761$

故最终取 $\varphi=0.761$

$$\frac{N}{\varphi_y A} = \frac{1204 \times 10^3}{0.761 \times 8412} = 188\text{N/mm}^2$$

故选 (C) 项。

(2) 因图中节点 E 有节点板，外肢柱可能受拉，故满足《钢标》7.4.1 条规定，取斜平面计算长度。

$$l_0 = 0.9l = 0.9 \times 4036$$

由《钢标》7.6.1 条：

$$\lambda = \frac{l_0}{i_{\min}} = \frac{0.9 \times 4036}{25} = 145.3 > 20$$

$\eta=0.6+0.0015\lambda=0.6+0.0015\times 145.3=0.818$

故选 (C) 项。

(3) 根据《钢标》7.4.1 条规定：

平面内计算长度 l_0：$l_0=0.8l=0.8\times 4036$

由《钢标》7.6.1 条：

$$\lambda_x = \frac{l_0}{i_x} = \frac{0.8 \times 4036}{23.1} = 139.8 > 20$$

$\eta=0.6+0.0015\lambda=0.6+0.0015\times 139.8=0.810$

故选 (D) 项。

(4) 查《钢标》表 7.4.6，$[\lambda]=200$

腹杆 CD 的计算长度，取斜平面计算：$l_0=0.9l=0.9\times 2700$

所需最小回转半径：$i_{\min} \geq \dfrac{l_0}{[\lambda]} = \dfrac{0.9 \times 2700}{200} = 12.2\text{mm}$

故选 (D) 项。

(5) 锚栓 2 个 M30 的有效截面面积为：

$$A_e = 2 \times 561 = 1122\text{mm}^2$$

由《钢标》式 (11.4.1-6)：
$$\sigma = \frac{N_B}{A_e} = \frac{108 \times 10^3}{1122} = 96.3 \text{N/mm}^2$$

故选（B）项。

(6) 对图中 A 点取矩：$\Sigma M_A = 0$，由《结通规》3.1.13 条：

$$3V_B = 1.3 \times (1.6 G_{2k} + 1.0 \times G_{3k}) + 1.5 \times 15.8 \times T_k$$

$$V_B = \frac{1}{3} \times [1.3 \times (1.6 \times 20 + 1.0 \times 50) + 1.5 \times 15.8 \times 18.1] = 178.52 \text{kN}$$

设 BD 杆与水平面夹角为 θ，由图可知：

$$\tan\theta = \frac{14}{3-1.6} = 10，则 \sin\theta = 0.995。$$

$$\Sigma Y_B = 0，则：N_{BD} = V_B / \sin\theta = 178.52/0.995 = 179.4 \text{kN}$$

故选（C）项。

(7) 过 BD、DA、CA 作水平截线，取上部脱离体，则：$\Sigma M_D = 0$，由《结通规》3.1.13 条：

$$2.7 N_{AC} = 1.3 \times (2.7 G_{1k} + 1.1 G_{2k} + 1.7 G_{3k}) + 1.5 \times 2.7 \times P_k$$
$$+ 1.5 \times (15.8 - 3) \times T_k$$

解之得：$N_{AC} = 1107.3 \text{kN}$

故选（C）项。

【例 4.4.38】 某格构式柱柱高 9m，采用热轧 HM440×300×11×18 组成，柱肢中心距为 600mm，考虑运送及受力需要设置横隔，横隔数目应为下列何项数值？

(A) 2　　　　(B) 3　　　　(C) 4　　　　(D) 5

【解答】 根据《钢标》7.2.4 条规定：

格构柱长边尺寸：150+600+150=900mm

横隔间距：900×9=8100mm>8000mm

横隔数目：$n = \frac{9000}{8000} + 1 = 2.125$，取 $n = 3$

柱两端和中部各设置一个横隔，间距为 4.5m<8.0m

故选（B）项。

【例 4.4.39】 某格构式柱柱高 9m，采用热轧工字钢 I36c，其截面尺寸 360×140×14×15.8，柱肢中心距为 300mm，考虑运送及受力需要设置横隔，横隔数目，应为下列何项数值？

(A) 3　　　　(B) 4　　　　(C) 5　　　　(D) 6

【解答】 根据《钢标》7.2.4 条规定：

格构柱长边尺寸：140+300=440mm

横隔间距：440×9=3960mm<8000mm

横隔数目：$n = \frac{9}{3.96} + 1 = 3.27$，取 $n = 4$

柱两端、柱高各 $\frac{1}{3}$ 处设一个横隔，间距为 3m<3.96m

故应选（B）项。

五、梭形圆管和梭形格构柱轴心受压构件的稳定性计算

> ● 复习《钢标》7.2.8条、7.2.9条。

六、支撑力的计算

1. 轴心受压柱和桁架的支撑力

> ● 复习《钢标》7.5.1条、7.5.2条。

【例4.4.40】 某单层厂房刚架侧有一分离肢柱，承受荷载基本组合下轴压力设计值 $N=800\text{kN}$，分离肢柱高8m。$\gamma_0=1.0$。

试问：

(1) 在分离肢柱柱高中央设有一道支撑，则该支撑承受的支撑力设计值（kN），应为下列何项数值？

(A) 6.0　　　(B) 6.7　　　(C) 13.3　　　(D) 26.6

(2) 假定在距分离肢柱柱底5.0m处设有一道支撑，则该支撑承受的支撑力设计值（kN），应为下列何项数值？

(A) 6.67　　　(B) 13.33　　　(C) 14.22　　　(D) 15.44

【解答】 (1) 根据《钢标》7.5.1条：

$$F_{b1} = \frac{N}{60} = 800/60 = 13.3\text{kN}$$

故选（C）项。

(2) 根据《钢标》7.5.1条：

$$\alpha = 5/8 = 0.625 < 1$$

$$F_{b1} = \frac{N}{240\alpha(1-\alpha)} = \frac{800}{240 \times 0.625 \times (1-0.625)} = 14.22\text{kN}$$

故选（C）项。

【例4.4.41】 某钢结构厂房柱列如图4.4.59所示，柱两端铰接，承受轴心压力作用，在柱列高度中央设置一道支撑，轴线通过柱截面剪心。已知在荷载基本组合下压力设计值 $N_1=1500\text{kN}$，$N_2=500\text{kN}$。

试问：该支撑承受的支撑力设计值（kN），与下列何项数据最为接近？

(A) 21.90　　　(B) 22.67　　　(C) 31.24　　　(D) 33.33

【解答】 根据《钢标》7.5.1条规定，被撑柱子数目：$n=5$

$$\Sigma N_i = N_1 + N_2 = 1500 + 500 = 2000\text{kN}$$

$$F_{bn} = \frac{\Sigma N_i}{60}\left(0.6 + \frac{0.4}{n}\right) = \frac{2000}{60} \times \left(0.6 + \frac{0.4}{5}\right) = 22.67\text{kN}$$

故选（B）项。

【例4.4.42】 某单层厂房刚架侧有一分离肢柱，承受荷载基本组合下轴压力设计值 $N=900\text{kN}$，分离肢柱柱高11m，两端铰支。如图4.4.60所示，设置支撑。

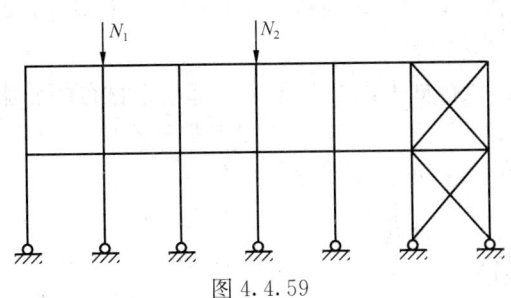
图 4.4.59

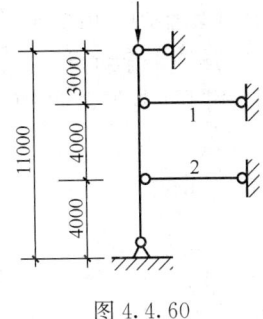
图 4.4.60

试问：支撑杆 1 所承受的支撑力（kN），应为下列何项数据？
(A) 10　　　(B) 12　　　(C) 18　　　(D) 22

【解答】 根据《钢标》7.5.1 条规定。

平均间距为：$\dfrac{4+4+3}{3}=3.67\mathrm{m}$

$$3.67-3.0=0.67\mathrm{m}<3.67\times 20\%=0.734\mathrm{m}$$

满足条件，则：

$$F_{\mathrm{bm}}=\dfrac{N}{42\sqrt{m+1}}=\dfrac{900}{42\sqrt{2+1}}=12.4\mathrm{kN}$$

故选（B）项。

2. 塔架的支撑力

● 复习《钢标》7.5.3 条。

第五节　受弯构件的计算

一、强度计算

1. 抗弯强度

在纯弯曲情况下梁的纤维应变沿杆长为定值，其弯矩与挠度之间的关系与钢材拉试验的 σ-ε 关系形式上大体相同，如图 4.5.1 所示。M_e 为截面最外纤维应力到达屈服强度时的弯矩，它的数值与梁的残余应力分布有关，不过在分析梁的强度时并不需要考虑残余应力的影响。M_p 为截面全部屈服时的弯矩。由于钢材存在硬化阶段，最终弯矩超过 M_p 值。在强度计算中，通常将钢材理想化为图 4.5.2 所示的弹塑性应力应变关系，忽略残余应力

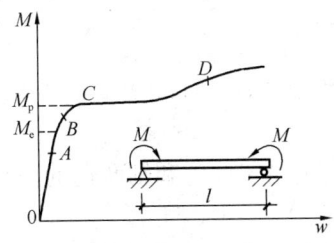
图 4.5.1　梁的 M-w 曲线

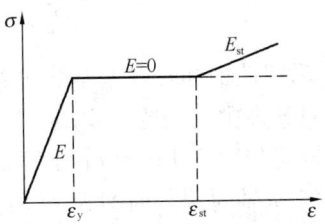
图 4.5.2　应力-应变关系简图

的影响。在荷载作用下钢梁呈现四个阶段，现以双轴对称工字形截面梁为例说明如下：
- (1) 弹性工作阶段

弯矩较小时（图 4.5.1 中的 A 点），梁截面上的弯曲正应力都小于材料的屈服点，属于弹性工作阶段［图 4.5.3(a)］。对需要计算疲劳的梁，常以最外纤维应力到达 f_y 作为强度的限值。《钢标》中板件宽厚比为 S4 级截面就属于该种情况。

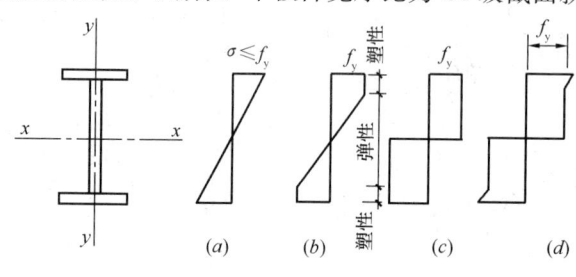

图 4.5.3 梁的正应力分布

- (2) 弹塑性工作阶段

荷载继续增加，梁的两块翼缘板逐渐屈服，随后腹板上下侧也部分屈服，如图 4.5.1 中的 B 点及图 4.5.3(b)。《钢标》中对板件宽厚比为 S1、S2 和 S3 级的受弯构件，就适当考虑了截面的塑性发展，以截面部分进入塑性作为承载能力的极限。

- (3) 塑性工作阶段

荷载再增大（图 4.5.1 中的 C 点），梁截面将出现塑性铰［图 4.5.3(c)］。静定梁只有一个截面弯矩最大者，原则上可以将塑性铰弯矩 M_p 作为承载能力极限状态。但若梁的一个区段同时弯矩最大，则在到达 M_p 之前，梁就已发生过大的变形，从而受到"因过度变形而不适于继续承载"极限状态的制约。超静定梁的塑性设计允许出现若干个塑性铰，直至形成机构。

- (4) 应变硬化阶段

根据图 4.5.2 所示的应力-应变关系，钢材进入应变硬化阶段后，变形模量为 E_{st}。梁变形增加时，应力将继续有所增加，梁截面上的应力分布将如图 4.5.3(d) 所示。在工程设计中，梁强度计算一般不利用这一阶段，但是，它却是梁截面实现塑性铰不可或缺的条件。

根据以上几个阶段的工作情况，可以得到梁在弹性工作阶段的最大弯矩为：

$$M_e = W_n f_y \tag{4.5.1}$$

在塑性阶段，产生塑性铰时的最大弯矩为：

$$M_p = W_{pn} f_y \tag{4.5.2}$$

式中，f_y 为钢材屈服强度；W_n 为梁净截面模量；W_{pn} 为梁塑性净截面模量。

$$W_{pn} = S_{1n} + S_{2n}; \tag{4.5.3}$$

式中，S_{1n} 为塑性中和轴以上净截面面积对塑性中和轴的面积矩；S_{2n} 为塑性中和轴以下净截面面积对塑性中和轴的面积矩。

塑性中和轴是与弯曲主轴平行的截面面积平分线，塑性中和轴两边的面积相等（即：$A_{n1} = A_{n2}$），对于双轴对称截面即为弹性形心中和轴。

对于非双轴对称截面，塑性中和轴与弹性中和轴（即：形心轴）是不重合的，如图 4.5.4 所示。

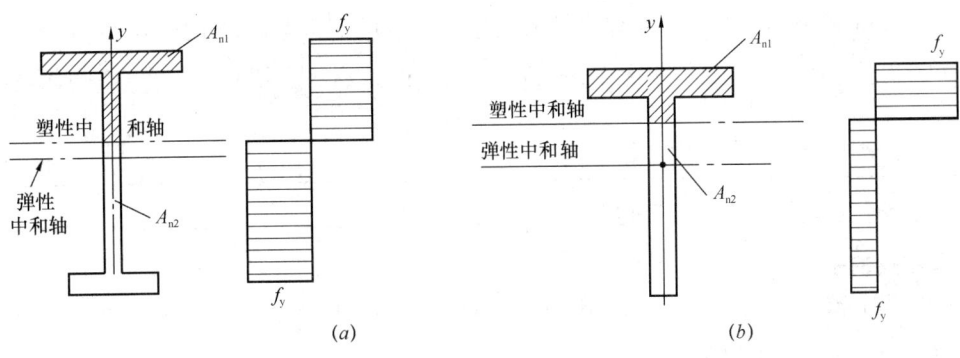

图 4.5.4

《钢通规》规定：

> 4.1.3 受弯构件截面的弯曲应力、剪切应力不应大于相应的强度设计值。对于承受集中荷载的受弯构件，应考虑局部压应力的影响。

《钢标》6.1 节作了具体规定。

- 复习《钢标》6.1.1 条、6.1.2 条。

需注意的是：
(1) 直接承受动力荷载的梁，《钢标》6.1.1 条条文说明：

> 6.1.1（条文说明）
> 直接承受动力荷载的梁也可以考虑塑性发展，但为了可靠，对需要计算疲劳的梁还是以不考虑截面塑性发展为宜。

可见，对于直接承受动力荷载的梁，当其不计算疲劳时，按一般受弯的梁进行 γ_x、γ_y 的取值。

(2) 双向受弯（檩条）计算

如图 4.5.5 所示，檩条腹板与屋面垂直放置，在屋面竖向荷载 q 的作用下，荷载作用线通过截面的剪心而又不与截面的形心主轴 x、y 平行，从而檩条产生双向弯曲。截面的两个主轴方向分别承受分力 $q_x=q\sin\varphi$ 和 $q_y=q\cos\varphi$ 的作用（φ 为 q 与主轴 y 的夹角）。如荷载作用线偏离截面的剪心，还要产生扭转，但一般偏心不大，且屋面材料（如屋面板）

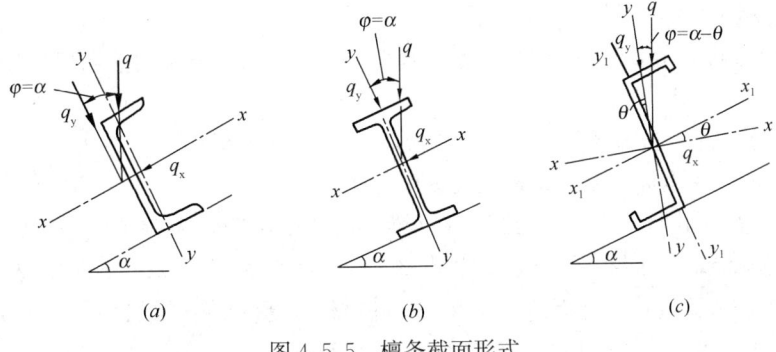

图 4.5.5 檩条截面形式

和拉条对阻止檩条扭转能起一定作用,故扭矩的影响可不考虑,只需按双向受弯构件作强度计算。对槽钢檩条、工字钢檩条,q_x 平行于屋面,q_y 垂直于屋面;对 Z 形钢檩条,q_x 与屋面有一夹角 θ,如图 4.5.5 (c) 所示。

2. 抗剪强度和局部承压强度

- 复习《钢标》6.1.3 条、6.1.4 条。

需注意的是:

(1)《钢标》6.1.4 条中,F 集中荷载,对动力荷载应考虑动力系数,根据《建筑结构荷载规范》6.3.1 条规定:

6.3.1 当计算吊车梁及其连接的承载力时,吊车竖向荷载应乘以动力系数。对悬挂吊车(包括电动葫芦)及工作级别 A1~A5 的软钩吊车,动力系数可取 1.05;对工作级别为 A6~A8 的软钩吊车、硬钩吊车和其他特种吊车,动力系数可取为 1.1。

(2)局部承压强度验算,如图 4.5.6 所示。腹板计算高度 h_0 的取值,按《钢标》6.3.2 条第 6 款。

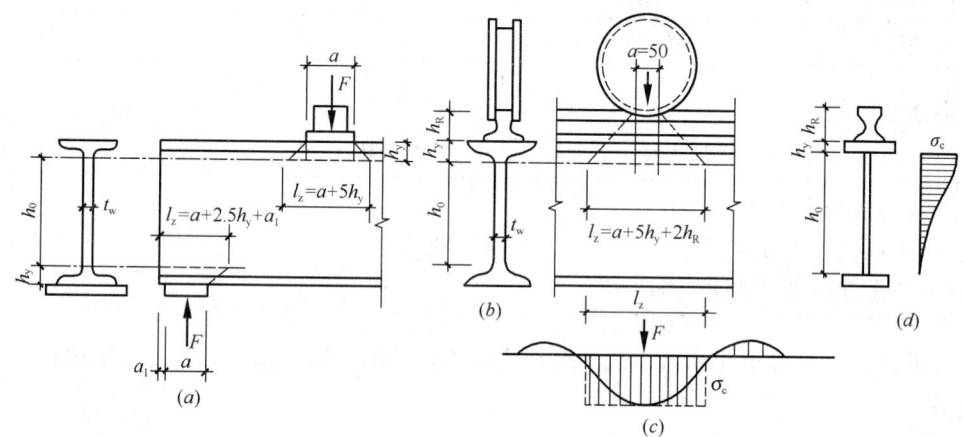

图 4.5.6 局部承压强度

3. 折算应力

- 复习《钢标》6.1.5 条。

需注意的是:

(1)梁的腹板计算高度边缘处 A 点,其弯曲正应力 σ、剪应力 τ 和局部压应力 σ_c,如图 4.5.7 所示。

(2)《钢标》式 (6.1.5-2) 中,y_1 取值,如图 4.5.7 所示。

(3)β_1 取值,《钢标》6.1.5 条条文说明作了解释。

【例 4.5.1】 如图 4.5.8 所示某简支钢梁,设计使用年限为 50 年,跨中受集中荷载 F 作用,此静力荷载的标准值:永久荷载 20kN,可变荷载 40kN。钢梁选 I32a($I_x = 11080 \text{cm}^4$,$W_x = 692 \text{cm}^3$,$I_x/S_x = 27.7 \text{cm}$)。钢材为 Q235 钢,梁自重 $g_k = 0.527 \text{kN/m}$。取支承长度 $a = 50\text{mm}$。$\gamma_0 = 1.0$。

提示：按《工程结构通用规范》作答。

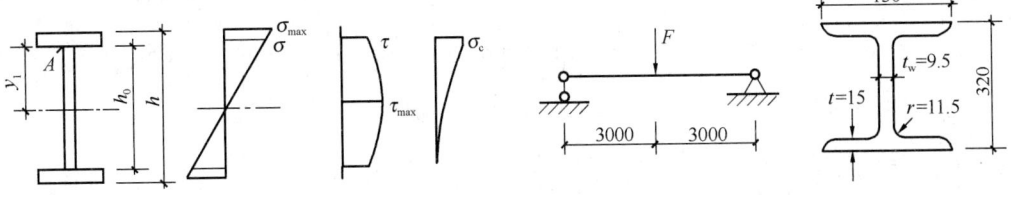

图 4.5.7　梁截面的 σ、τ、σ_c 应力分布　　　　图 4.5.8

试问：

(1) 梁抗弯强度计算时，其跨中截面最大正应力（N/mm²），与下列何项数值最接近？
(A) 152　　　　(B) 169　　　　(C) 175　　　　(D) 183

(2) 梁抗弯强度计算时，其跨中截面上翼缘与腹板相交处折算应力（N/mm²），与下列何项数值最接近？
(A) 133　　　　(B) 138　　　　(C) 142　　　　(D) 148

(3) 梁抗剪强度计算时，其支座截面剪应力（N/mm²），与下列何项数值最接近？
(A) 17　　　　(B) 19　　　　(C) 21　　　　(D) 23

(4) 梁抗剪强度计算时，其跨中截面最大剪应力（N/mm²），与下列何项数值最接近？
(A) 12　　　　(B) 14　　　　(C) 16　　　　(D) 18

【解答】　(1) 确定梁的 M、V 值

根据《结通规》3.1.13 条：

$$M = \frac{1}{8} \times 1.3 \times 0.527 \times 6^2 + \frac{1}{4} \times 1.3 \times 20 \times 6 + \frac{1}{4} \times 1.5 \times 40 \times 6 = 132.08 \text{kN} \cdot \text{m}$$

跨中剪力：

$$F = 1.3 \times 20 + 1.5 \times 40 = 86 \text{kN}$$

$$V_1 = \frac{F}{2} = 43 \text{kN}$$

支座处：

$$V_2 = \frac{F}{2} + \frac{1}{2} gl = \frac{86}{2} + \frac{1}{2} \times 1.3 \times 0.527 \times 6 = 45.1 \text{kN}$$

热轧工字钢：

$$b/t = \frac{65 - \frac{t_w}{2} - r}{t} = \frac{65 - \frac{9.5}{2} - 11.5}{15} = 3.25 < 13\varepsilon_k = 13\sqrt{235/235} = 13$$

$$\frac{h_0}{t_w} = \frac{320 - 2 \times 1.5 - 2 \times 11.5}{9.5} = 28.1 < 93\varepsilon_k = 93$$

查《钢标》表 3.5.1，满足 S3 级，取 $\gamma_x = 1.05$

$$\frac{M_x}{\gamma_x W_{nx}} = \frac{132.08 \times 10^6}{1.05 \times 692 \times 10^3} = 182 \text{N/mm}^2 < f = 215 \text{N/mm}^2$$

故选 (D) 项。

(2) 相交处的正应力 σ_1：$y_1 = \dfrac{320}{2} - t - r = 160 - 15 - 11.5 = 133.5\text{mm}$

$$\sigma_1 = \dfrac{M}{I_n} \cdot y_1 = \dfrac{132.08 \times 10^6}{11080 \times 10^4} \times 133.5 = 159.1\text{N/mm}^2$$

$$h_R = 0, h_y = r + t = 11.5 + 15 = 26.5\text{mm}$$

$$\sigma_c = \dfrac{\phi F}{l_z t_w} = \dfrac{1.0 \times 86 \times 10^3}{(50 + 5 \times 26.5) \times 9.5} = 49.6\text{N/mm}^2$$

$$\tau_1 = \dfrac{V_1 S_1}{I_x t_w} = \dfrac{43 \times 10^3 \times 130 \times 15 \times \left(\dfrac{320}{2} - \dfrac{15}{2}\right)}{11080 \times 10^4 \times 9.5} = 12.2\text{N/mm}^2$$

由《钢标》式（6.1.5-1）：

$$\sqrt{\sigma^2 + \sigma_c^2 - \sigma \cdot \sigma_c + 3\tau^2} = \sqrt{159.1^2 + 49.6^2 - 159.1 \times 49.6 + 3 \times 12.2^2}$$
$$= 142.6\text{N/mm}^2 < \beta_1 \cdot f = 1.1 \times 215 = 236.5\text{N/mm}^2$$

故选（C）项。

(3) $\tau = \dfrac{V_2 S_x}{I_x t_w} = \dfrac{45.1 \times 10^3}{277 \times 9.5} = 17.1\text{N/mm}^2 < f_v = 125\text{N/mm}^2$

故选（A）项。

(4) $\tau_{max} = \dfrac{V_1 S_x}{I_x t_w} = \dfrac{43 \times 10^3}{277 \times 9.5} = 16.3\text{N/mm}^2 < f_v = 125\text{N/mm}^2$

故选（C）项。

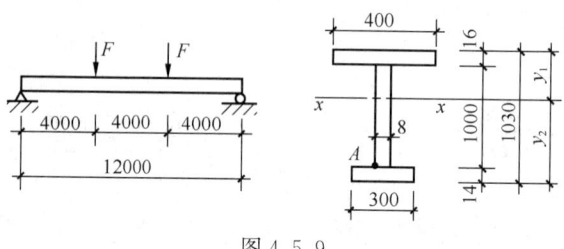

图 4.5.9

【例 4.5.2】 某焊接工字形截面工作平台梁，如图 4.5.9 所示，简支梁，跨度 12m，梁上作用荷载基本组合下的集中力设计值 $F = 400\text{kN}$，钢材为 Q345 钢，焊条为 E50 型、手工焊。梁腹板设置纵向加劲肋，腹板宽厚比满足 S4 级要求。$\gamma_0 = 1.0$。

试问：

(1) 梁跨中截面受拉翼缘边的最大正应力（N/mm²），与下列何项数值最接近？

(A) 252　　　(B) 263　　　(C) 276　　　(D) 287

(2) 假定集中荷载 F 下均设有支承加劲肋，则集中荷载下梁截面 A 点的折算应力（N/mm²），与下列何项数值最接近？

(A) 247　　　(B) 257　　　(C) 267　　　(D) 276

(3) 梁支座截面处的剪应力（N/mm²），与下列何项数值最接近？

(A) 54.6　　　(B) 51.2　　　(C) 45.6　　　(D) 41.2

【解答】 (1) 受压翼缘：$\dfrac{b}{t} = \dfrac{400 - 8}{2 \times 16} = 12.25 > 13\varepsilon_k = 10.73$，$< 15\varepsilon_R = 12.4$ 腹板满足 S4，故截面等级满足 S4 级，取全截面计算，同时，取 $\gamma_x = 1.0$。确定截面特性值：

$$A = 40 \times 1.6 + 30 \times 1.4 + 100 \times 0.8 = 186\text{cm}^2$$

中和轴位置，如图中所示。

$$y_1 = \frac{100 \times 0.8 \times \frac{(100+1.6)}{2} + 30 \times 1.4 \times \left(100 + \frac{1.6}{2} + \frac{1.4}{2}\right)}{186} + \frac{1.6}{2} = 45.6 \text{cm}$$

$$y_2 = h - y_1 = 103.0 - 45.6 = 57.4 \text{cm}$$

对 $x-x$ 计算 I_x，不计入翼缘板对其自身形心轴的惯性矩，则：

$$I_x = 40 \times 1.6 \times \left(45.6 - \frac{1.6}{2}\right)^2 + 30 \times 1.4 \times \left(57.4 - \frac{1.4}{2}\right)^2 +$$

$$\frac{1}{3} \times 0.8 \times (45.6 - 1.6)^3 + \frac{1}{3} \times 0.8 \times (57.4 - 1.4)^3$$

$$= 333022.6 \text{cm}^4$$

受拉翼缘板对 x 轴的面积矩：

$$S_{2x} = 30 \times 1.4 \times \left(57.4 - \frac{1.4}{2}\right) = 2381.4 \text{cm}^3$$

x 轴以上（或以下）截面对 x 轴的面积矩：

$$S_x = 2381.4 + (57.4 - 1.4) \times 0.8 \times \frac{(57.4 - 1.4)}{2} = 3635.8 \text{cm}^3$$

受拉边的截面模量，无削弱：

$$W_{nx} = W_x = \frac{I_x}{y_2} = \frac{333022.6}{57.4} = 5802 \text{cm}^3$$

确定内力设计值：

集中荷载截面处的 M_x：$M_x = \frac{1}{3} Fl = \frac{1}{3} \times 400 \times 12 = 1600 \text{kN} \cdot \text{m}$

集中荷载截面处的 V：$V = F = 400 \text{kN}$

$$\sigma = \frac{M_x}{\gamma_x W_{nx}} = \frac{1600 \times 10^6}{1.0 \times 5802 \times 10^3} = 275.8 \text{N/mm}^2 < f = 305 \text{N/mm}^2$$

故选（C）项。

（2）集中荷载下设有支承加劲肋，故 $\sigma_c = 0$。

腹板计算高度下边缘：

$$\sigma = \frac{M_x}{I_n} \cdot y_0 = \frac{1600 \times 10^6}{333022.6 \times 10^4} \times (574 - 14) = 269.05 \text{N/mm}^2$$

$$\tau = \frac{VS_{2x}}{I_x t_w} = \frac{400 \times 10^3 \times 2381.4 \times 10^3}{333022.6 \times 10^4 \times 8} = 35.75 \text{N/mm}^2$$

$$\sqrt{\sigma^2 + \sigma_c^2 - \sigma \cdot \sigma_c + 3\tau^2} = \sqrt{\sigma^2 + 3\tau^2} = \sqrt{269.05^2 + 3 \times 35.75^2}$$

$$= 276.08 \text{N/mm}^2 < 1.1f = 335.5 \text{N/mm}^2$$

故选（D）项。

（3）$\tau_{max} = \dfrac{V_{max} S_x}{I_x t_w} = \dfrac{400 \times 10^3 \times 3635.8 \times 10^3}{333022.6 \times 10^4 \times 8} = 54.59 \text{N/mm}^2 < f_v = 175 \text{N/mm}^2$

故选（A）项。

【例 4.5.3】 某单层工业厂房，设置有两台 $Q=25/10\text{t}$ 的软钩桥式吊车，吊车每侧有两个车轮，轮距 4m，最大轮压标准值 $p_{max} = 279.7 \text{kN}$，吊车横行小车重量标准值 $g=$

73.5kN，吊车轨道的高度 $h_R=130$mm。厂房柱距 12m，采用工字形截面的实腹式钢吊车梁，上翼缘板的厚度 $h_y=18$mm，腹板厚度 $t_w=12$mm。$\gamma_0=1.0$。

试问：当吊车为中级工作制时，在吊车最大轮压作用下，在腹板计算高度上边缘的局部压应力设计值（N/mm²），应与下列何项数据最为接近？

(A) 91.5　　　(B) 85.7　　　(C) 81.5　　　(D) 64.1

【解答】 根据《钢标》6.1.4 条规定：

中级工作制吊车梁：$\psi=1.0$

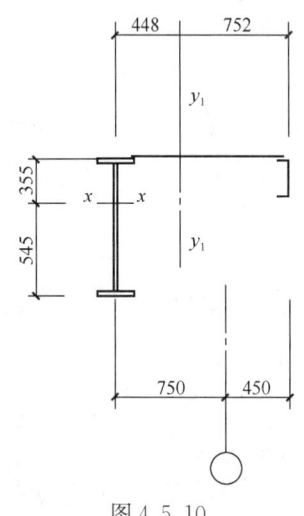

图 4.5.10

根据《建筑结构荷载规范》6.3.1 条规定，取动力系数为 1.05。

$$l_z = a + 5h_y + 2h_R = 50 + 5\times 18 + 2\times 130 = 400\text{mm}$$

$$\sigma_c = \frac{\psi F}{l_z t_w} = \frac{1.0 \times 1.5 \times 1.05 \times 279.7 \times 10^3}{400 \times 12} = 91.8\text{N/mm}^2$$

故选（A）项。

【**例 4.5.4**】 某冷轧车间单层钢结构厂房，设有两台起重量为 25t 的重级工作制（A6）软钩吊车。吊车梁钢材为 Q345。$\gamma_0=1.0$。

吊车梁截面见图 4.5.10，截面几何特性见表 4.5.1。假定，在荷载基本组合下，吊车梁最大竖向弯矩设计值为 1200kN·m，相应水平向弯矩设计值为 100kN·m。试问，在计算吊车梁抗弯强度时，其正应力计算值（N/mm²）与下列何项数值最为接近？

提示：截面等级满足 S4 级。

表 4.5.1

吊车梁对 x 轴毛截面模量（mm³）		吊车梁对 x 轴净截面模量（mm³）		吊车梁制动结构对 y_1 轴净截面模量（mm³）
$W_x^{上}$	$W_x^{下}$	$W_{nx}^{上}$	$W_{nx}^{下}$	$W_{ny1}^{左}$
8202×10^3	5362×10^3	8085×10^3	5266×10^3	6866×10^3

(A) 150　　　(B) 165　　　(C) 230　　　(D) 240

【解答】 根据《钢标》16.2.4 条，需考虑疲劳；由《钢标》6.1.2 条，取 $\gamma_x=1.0$，$\gamma_y=1.0$，则：

上翼缘正应力 $\sigma = \dfrac{M_{x\cdot max}}{\gamma_x W_{nx}^{上}} + \dfrac{M_{y\cdot max}}{\gamma_y W_{ny1}^{左}} = \dfrac{1200\times 10^6}{1\times 8085\times 10^3} + \dfrac{100\times 10^6}{1\times 6866\times 10^3} = 163\text{N/mm}^2$

下翼缘正应力 $\sigma = \dfrac{M_{x\cdot max}}{\gamma_x W_{nx}^{下}} = \dfrac{1200\times 10^6}{1\times 5266\times 10^3} = 228\text{N/mm}^2$

故选（C）项。

【**例 4.5.5**】 某热轧 H 型钢梁，简支梁，跨度 6m。H 型钢用 HN500×200×9×14，$W_x=1421\text{cm}^3$，圆弧半径为 13mm，钢材为 Q345 钢。

试问：该梁的受弯承载力设计值（kN·m），与下列何项数值最接近？

(A) 480　　　(B) 455　　　(C) 430　　　(D) 410

【解答】

$$b/t = \frac{(200-9-2\times13)/2}{14} = 5.9 < 13\varepsilon_k = 13\sqrt{235/345} = 10.73$$

$$\frac{h_0}{t_w} = \frac{500-2\times14-2\times13}{9} = 49.6 < 93\varepsilon_k = 77$$

截面等级满足 S3 级，取 $\gamma_x=1.05$。

$$\gamma_x W_{nx} f = 1.05 \times 1421 \times 10^3 \times 305 = 455.1 \times 10^6 \text{N}\cdot\text{mm}$$

故选（B）项。

思考：一般地，受弯构件采用 Q235 钢，热轧 H 型钢、热轧槽钢、热轧工字钢，其截面等级均满足 S3 级。

[例 4.5.6] 某压型钢板不上人的屋面的檩条，采用热轧 H 型钢 HN346×174×6×9，钢材为 Q235 钢。屋面坡度为 1/10，檩条跨度为 12m，如图 4.5.11 所示，水平间距为 5.6m，坡向间距为 5.628m。已知 H 型钢自重为 0.5kN/m，压型钢板屋面沿坡屋面的自重为 0.15kN/m²。设计使用年限为 50 年。$\gamma_0=1.0$。

HN346×174×6×9 截面特性：$I_x=11200\text{cm}^4$，$W_x=649\text{cm}^3$，$W_y=91\text{cm}^3$。

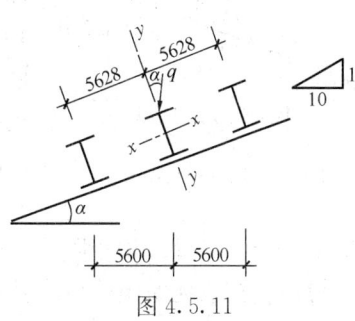

图 4.5.11

提示：按《工程结构通用规范》作答；截面等级满足 S3 级。

试问：

(1) 檩条抗弯强度计算时，其跨中正应力值（或弯曲应力值）（N/mm²），与下列何项数值最接近？

(A) 160   (B) 170   (C) 180   (D) 190

(2) 檩条在垂直于屋面方向的挠度（mm），与下列何项数值最接近？

(A) 30   (B) 35   (C) 40   (D) 45

【解答】(1) 确定檩条的内力标准值、设计值：

檩条受荷水平投影面积：$5.6\times12=67.2\text{m}^2$，大于 60m²

根据《钢标》3.3.1 条规定，取 $q_{k0}=0.3\text{N/m}^2$

标准值：$q_k=0.15\times5.628+0.5+0.3\times5.6=3.024\text{kN/m}$

$$q = 1.3\times(0.15\times5.628+0.5) + 1.5\times0.3\times5.6 = 4.27\text{kN/m}$$

$$q_x = q\sin\alpha = 4.27\times\frac{1}{\sqrt{101}} = 0.42\text{kN/m}$$

$$q_y = q\cos\alpha = 4.27\times\frac{10}{\sqrt{101}} = 4.25\text{kN/m}$$

截面等级满足 S3 级，取 $\gamma_x=1.05$，$\gamma_y=1.2$。

《钢标》6.1.1 条：

$$\frac{M_x}{\gamma_x W_{nx}} + \frac{M_y}{\gamma_y W_{ny}} = \frac{\frac{1}{8}\times4.25\times12^2\times10^6}{1.05\times649\times10^3} + \frac{\frac{1}{8}\times0.42\times12^2\times10^6}{1.2\times91\times10^3}$$

$$= 112.26 + 69.23 = 181.5\text{N/mm}^2 < f = 215\text{N/mm}^2$$

故选（C）项。

(2) $v = \dfrac{5}{384} \cdot \dfrac{q_{ky}l^4}{EI_x} = \dfrac{5}{384} \times \dfrac{3.024 \times \dfrac{10}{\sqrt{101}} \times 12000^4}{206 \times 10^3 \times 11200 \times 10^4}$

$= 35.21 \text{mm}$

当《钢标》附表 B.1.1，$[v] = \dfrac{l}{150} = \dfrac{12000}{150} = 80\text{mm} > 35.21\text{mm}$，满足。

故选（B）项。

【例 4.5.7】 如图 4.5.12 所示，某支承波形石棉瓦屋面的檩条，檩条选用热轧槽钢〔10，其截面特性：$I_x = 198\text{cm}^4$，$W_x = 39.7\text{cm}^3$，$W_{ymin} = 7.8\text{cm}^3$。屋面坡度为 1/2.5，考虑不上人的屋面活荷载，但无雪荷载和积灰荷载。檩条跨度为 6m，水平间距为 0.790m，沿屋面坡向间距为 0.851m，跨中设置一道拉条。钢材为 Q235 钢，槽钢（含拉条）自重为 0.15kN/m，波形石棉瓦沿坡屋面的自重 0.20kN/m²。设计使用年限为 50 年。$\gamma_0 = 1.0$。

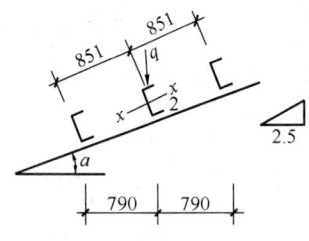

图 4.5.12（单位：mm）

提示：按《建筑结构可靠性设计统一标准》作答；檩条截面等级满足 S3 级。

试问：

(1) 檩条抗弯强度计算时，其跨中正应力值（N/mm²），与下列何项数值最接近？

(A) 155　　(B) 145　　(C) 135　　(D) 125

(2) 檩条沿垂直于屋面方向的相对挠度 v/l，与下列何项数值最接近？

(A) 1/218　　(B) 1/235　　(C) 1/241　　(D) 1/260

【解答】(1) 确定檩条的内力标准值、设计值：

$$6 \times 0.79 = 4.74\text{m}^2 < 60\text{m}^2$$

不满足《钢标》3.3.1 条规定，取屋面活荷载 $q_{k0} = 0.5\text{kN/m}^2$。

$q_k = 0.2 \times 0.851 + 0.15 + 0.5 \times 0.79 = 0.715\text{kN/m}$

$q = 1.3 \times (0.2 \times 0.851 + 0.15) + 1.5 \times 0.5 \times 0.79 = 1.01\text{kN/m}$

$q_x = 1.01 \times \dfrac{1.0}{\sqrt{1^2 + 2.5^2}} = 0.375\text{kN/m}$；$q_y = 1.01 \times \dfrac{2.5}{\sqrt{1^2 + 2.5^2}} = 0.938\text{kN/m}$

檩条跨中弯矩计算如图 4.5.13 所示。

$M_x = \dfrac{1}{8}q_y l^2 = \dfrac{1}{8} \times 0.938 \times 6^2 = 4.22\text{kN} \cdot \text{m}$

$M_y = \dfrac{1}{8}q_x \left(\dfrac{l}{2}\right)^2 = \dfrac{1}{8} \times 0.375 \times \left(\dfrac{6}{2}\right)^2 = 0.42\text{kN} \cdot \text{m}$

槽钢尖部 2 点处，如图 4.5.13 所示，应力最大。

截面等级满足 S3 级，取 $\gamma_x = 1.05$，$\gamma_y = 1.2$。

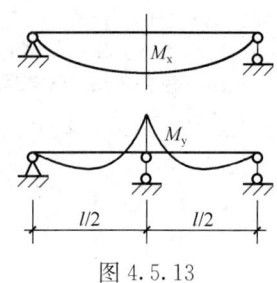

图 4.5.13

$$\frac{M_x}{\gamma_x W_{nx}} + \frac{M_y}{\gamma_y W_{ny}} = \frac{4.22 \times 10^6}{1.05 \times 39.7 \times 10^3} + \frac{0.42 \times 10^6}{1.2 \times 7.8 \times 10^3}$$
$$= 101.24 + 44.87 = 146.1 \text{N/mm}^2$$

故选（B）项。

(2) $\dfrac{v}{l} = \dfrac{5}{384} \cdot \dfrac{q_{ky} \times l^3}{EI_x} = \dfrac{5}{384} \times \dfrac{0.715 \times \dfrac{2.5}{\sqrt{1^2 + 2.5^2}} \times 6000^3}{206 \times 10^3 \times 198 \times 10^4} = \dfrac{1}{218}$

查《钢规》附表 B.1.1：$\dfrac{[v]}{l} = \dfrac{1}{200} > \dfrac{1}{218}$，满足。

故选（A）项。

【例 4.5.8】 某普通钢屋架的热轧槽钢檩条，采用 Q235 钢，两端简支，跨度 $l=6$m，跨度中间设一道坡向拉条，如图 4.5.14（a）所示。檩条水平投影间距 $a=1.5$m，钢屋架跨度 $l=24$m，屋面坡度为 1/2.5。屋面材料为钢丝网水泥波形瓦，下铺木丝板保温层沿坡屋面的自重为 0.85kN/m²。檩条所用槽钢采用[14b，其自重为 0.18kN/m，槽钢截面特性如图 4.5.14（b）所示。水平投影面上的屋面均布活荷载为 0.5kN/m²。屋脊处拉条的做法如图 4.5.14（c）所示。设计使用年限为 50 年。$\gamma_0 = 1.0$。

提示：按《工程结构通用规范》作答；檩条截面等级满足 S3 级。

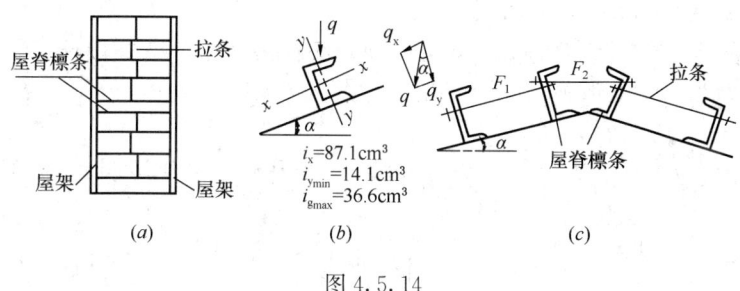

图 4.5.14

试问：

(1) 坡向拉条在屋脊处荷载基本组合下的最大拉力设计值（kN），与下列何项数值最为接近？

(A) 45　　　　(B) 40　　　　(C) 35　　　　(D) 30

(2) 若屋脊处拉条荷载基本组合下的拉力设计值 $F_1 = 30$kN，屋脊檩条的抗弯强度验算时，其最大压应力设计值（N/mm²），与下列何项数值最为接近？

(A) 315　　　　(B) 305　　　　(C) 295　　　　(D) 285

【解答】 (1) 确定拉条的最大拉力 N

首先，确定荷载及内力设计值，屋面倾角 $\alpha = \arctan\dfrac{1}{2.5} = 21.8°$，$\cos\alpha = 0.928$，$\sin\alpha = 0.371$

檩条上的线荷载设计值 q：

$$q = 1.3 \times \left(0.85 \times \dfrac{1.5}{\cos\alpha} + 0.18\right) + 1.5 \times 0.5 \times 1.5 = 3.15 \text{kN/m}$$

$$q_x = q\sin\alpha = 3.15 \times 0.371 = 1.17 \text{kN/m}$$
$$q_y = q\cos\alpha = 3.15 \times 0.928 = 2.92 \text{kN/m}$$

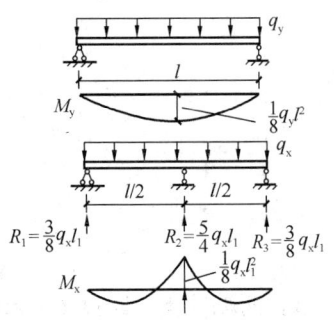

图 4.5.15 檩条受力分析

檩条的受力分析，如图 4.5.15 所示，两檩条之间的拉条所需承担的拉力，即中间支座反力 $R_2 = \frac{5}{4}q \times l_1 = \frac{5}{4}q \times \frac{l}{2}$。屋脊处拉条的拉力应为 ΣR_2，即应取半跨的屋面荷载的坡向线荷载值 $q_{x半跨}$：

$$q_{x半跨} = \left[1.3 \times \left(0.916 + \frac{0.18}{1.5}\right) + 1.5 \times 0.5\right] \times \frac{24}{2} \times \sin\alpha$$
$$= 9.33 \text{kN/m}$$
$$N_{\max} = \frac{5}{4}q_{x半跨}l_1 = \frac{5}{4} \times 9.33 \times 3 = 35.0 \text{kN}$$

应选（C）项。

（2）根据屋脊檩条处拉条的作法，可知由拉条在檩条跨度中央产生作用于腹板平面的集中力 F_3，如图 4.5.16 所示。

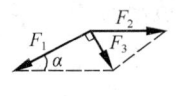

图 4.5.16

$$F_3 = F_1 \tan\alpha = 30\tan21.8° = 12.0 \text{kN}$$

屋脊檩条的弯矩值，由屋面活荷载及屋面永久荷载产生的弯矩设计值为其他中间檩条的一半，则：

$$M_x = \frac{1}{2} \cdot \frac{1}{8}q_y l^2 + \frac{1}{4}F_3 l = \frac{1}{2} \times \frac{1}{8} \times 2.92 \times 6^2 + \frac{1}{4} \times 12 \times 6 = 24.57 \text{kN·m}$$

$$M_y = \frac{1}{2} \cdot \frac{1}{8}q_x l_1^2 = \frac{1}{2} \times \frac{1}{8} \times 1.17 \times (6/2)^2 = 0.66 \text{kN·m}$$

由《钢标》6.1.1 条：

截面等级满足 S3 级，取 $\gamma_x = 1.05$，$\gamma_y = 1.20$。

$$\frac{M_x}{\gamma_x W_x} + \frac{M_y}{\gamma_y W_y} = \frac{24.57 \times 10^6}{1.05 \times 87.1 \times 10^3} + \frac{0.66 \times 10^6}{1.20 \times 14.1 \times 10^3} = 307.7 \text{N/mm}^2$$

应选（B）项。

二、整体稳定性计算

梁的整体稳定的概念及影响因素。

在梁最大刚度平面内受弯时，若弯矩较小，梁仅在弯矩作用平面内弯曲，无侧向位移。即便此时有外界偶然的侧向干扰力作用，产生一定的侧向位移和扭转，但当干扰力消失后，梁仍能恢复原来的稳定平衡状态，这种现象称为梁整体稳定。然而，当弯矩逐渐增加使梁受压翼缘的最大弯曲压应力达到某一数值时，梁在偶然的很小侧向干扰力作用下，会突然向刚度较小的侧向弯曲，并伴随扭转。此时若除去侧向干扰力，侧向弯扭变形也不再消失。若弯矩再略增加，则弯扭变形将迅速增大，梁也随之失去承载能力，这种现象称为梁丧失整体稳定。因此梁的失稳是从稳定平衡状态转变为不稳定平稳状态，并产生侧向弯扭屈曲。两种平衡状态过渡时梁所能承受的最大弯矩和截面的最大弯曲压应力称为临界弯矩 M_{cr} 和临界应力 σ_{cr}。

现以双轴对称工字形截面为例对梁的整体稳定概念进一步加以描述（图 4.5.17）。从受力特性上，可将梁视为以中和轴分界的部分受压和部分受拉的组合构件，其受压翼缘则类似于一轴心压杆（图中阴影部分）。当压应力达某一数值时，按理应在其刚度较小方向［绕图 4.5.17(c) 中 1-1 轴］弯曲屈曲，但由于其

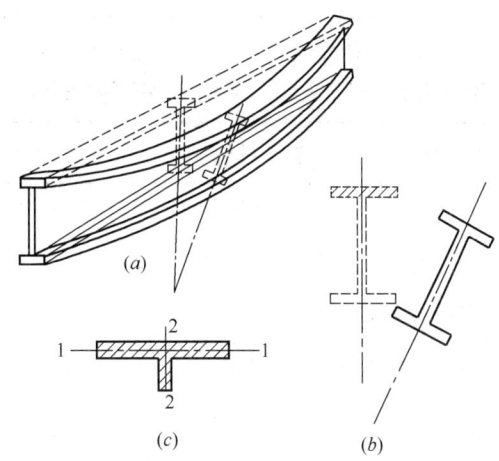

图 4.5.17　梁丧失整体稳定的变形情况

与腹板连成一体，腹板起着支承作用，此种情况不可能产生，故最终将延至一个更高的压应力，使其沿侧向［绕图 4.5.17(c) 中 2-2 轴］压屈，并带动梁整个截面一起侧向位移，即整体失稳。由于梁的受拉部分受弯曲拉应力的作用是趋向于拉直，从而对受压区的侧向变形施加牵制，故梁失稳时表现为不同程度（受压翼缘大，受拉翼缘小）侧向变形的弯扭屈曲。

根据弹性稳定理论，在最大刚度主平面内受弯的单轴对称截面简支梁丧失整体稳定时的临界弯矩为：

$$M_{cr} = C_1 \frac{\pi^2 EI_y}{l^2}\left[C_2 a + C_3 \beta_y + \sqrt{(C_2 a + C_3 \beta_y)^2 + \frac{I_\omega}{I_y}\left(1 + \frac{l^2}{\pi^2}\frac{GI_t}{EI_\omega}\right)}\right] \quad (4.5.4)$$

从式（4.5.4）可知，影响梁 M_{cr} 值大小，即梁整体稳定性的主要因素有：

- （1）梁侧向无支长度或受压翼缘侧向支承点的间距 l。当 l 愈小，则整体稳定性能越好，临界弯矩值越大。
- （2）梁截面的尺寸，包括各种惯性矩 I_y、I_t 和 I_ω 越大（EI_y 抗弯刚度、EI_t 抗扭刚度，EI_ω 翘曲刚度越大），则梁的整体稳定性能就越好，特别是梁的受压翼缘宽度 b_1 的加大，还可使公式（4.5.4）中的 β_y 加大。
- （3）荷载类型，即荷载在梁上作用形成的弯矩图的形状与公式（4.5.4）中系数 C_1 相关。比如：纯弯曲即弯矩图形状为矩形，系数 C_1 为最小，取 $C_1=1.0$；其他情况，$C_1>1.0$。
- （4）沿梁截面高度方向的荷载作用点位置　作用点位置不同，临界弯矩也因之而异。荷载作用于梁的上翼缘时，公式（4.5.4）中 a 值为负，临界弯矩将降低；荷载作用于下翼缘时，a 值为正，临界弯矩将提高。由图 4.5.18，当荷载作用在梁的上翼缘时，荷载对梁截面的转动有加大作用因而降低梁的稳定性能。
- （5）梁端支座对截面的约束，支座如能提供对截面 y 轴的转动约束，梁的整体稳定性可大大提高。

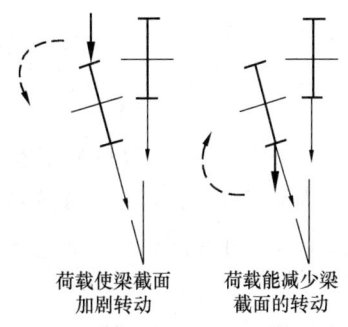

图 4.5.18　荷载作用点高度不同对梁稳定的影响

《钢通规》规定：

> 4.1.4 对侧向弯扭未受约束的受弯构件,应验算其侧向弯扭失稳承载力;在构件约束端及内支座处应采取措施保证截面不发生扭转。

《钢标》6.2节作了具体规定。

> - 复习《钢标》6.2.1条~6.2.6条。
> - 复习《钢标》附录C。

需注意的是:

(1)《钢标》6.2.2条式(6.2.2):

$$\frac{M_x}{\varphi_b W_x f} \leqslant 1.0$$

式中,W_x 的取值,按受压纤维确定的梁毛截面模量。

(2)《钢标》附录C,即梁的整体稳定系数 φ_b 的确定。

1)《钢标》附录C.1、C.2、C.3、C.4计算 φ_b 时,当 $\varphi_b>0.6$,应按规范式(C.1-7)计算:

$$\varphi_b' = 1.07 - \frac{0.282}{\varphi_b} \leqslant 1.0$$

2)《钢标》附录C.0.2,当非Q235钢时,根据该表注2的规定,表中数值应乘以 ε_k^2。

3)《钢标》附录C.0.5,对于T形截面,运用式(C.0.5-3)、式(C.0.5-4)、式(C.0.5-5),其长细比采用 λ_y,不采用换算长细比 λ_{yz}。同样,对于单轴对称工字形截面,运用式(C.0.5-2)时,采用 λ_y。需注意,《钢规》附录C.0.5不能用于实际工程中梁的设计。考试时,可按附录C.0.5近似计算梁的 φ_b 值。

【例4.5.9】 某焊接工字形截面悬臂梁,受向下垂直荷载作用,欲保证该梁的整体稳定,侧向支承点应加在下列何项? 说明理由。

(A) 梁的上翼缘　　　　　　　(B) 梁的下翼缘
(C) 梁的中和轴部位　　　　　(D) 梁的上翼缘及中和轴部位

【解答】 根据《钢标》6.2.1条规定,应选(B)项。

【例4.5.10】 在梁的整体稳定计算中,$\varphi_b=1.0$ 说明所设计梁处于下列何种情况? 说明理由。

(A) 梁处于弹性工作阶段　　　(B) 梁不会丧失整体稳定
(C) 梁的局部稳定必定满足要求　(D) 梁不会发生强度破坏

【解答】 根据《钢标》6.2.2条规定,应选(B)项。

【例4.5.11】 某工业楼面钢结构采用轧制普通工字型钢横向简支梁,钢材为Q235钢,型号I45a($f=205\text{N/mm}^2$),$W_x=1500\text{cm}^3$,跨度7m,间距为3m。跨中无侧向支承。梁上翼缘作用均布永久荷载(含梁自重)标准值 $g_k=4\text{kN/m}$,可变荷载标准值 $q_k=5\text{kN/m}^2$。设计使用年限为50年。$\gamma_0=1.0$。

提示: 按《工程结构通用规范》作答;梁截面等级满足S3级。

试问:

(1) 确定该梁在荷载基本组合下跨中弯矩设计值(kN·m),与下列何项数值最接近?

(A) 155   (B) 160   (C) 165   (D) 170

(2) 该梁的整体稳定计算时，其内力设计值与其受弯稳定承载力设计值之比，与下列何项数值最接近？

(A) 0.9   (B) 0.95   (C) 1.05   (D) 1.1

(3) 假定梁跨中荷载基本组合的弯矩设计值 $M=120\text{kN}\cdot\text{m}$，梁的跨度为 5m，其整体稳定计算时，其内力设计值与其受弯稳定承载力设计值之比，与下列何项数值最接近？

(A) 0.55   (B) 0.63   (C) 0.74   (D) 0.81

(4) 假定梁的跨度为 6m，钢材为 Q345（$f=290\text{N/mm}^2$），满足梁整体稳定性要求，该梁的受弯稳定承载力设计值（kN·m），与下列何项数值最接近？

(A) 175   (B) 180   (C) 185   (D) 190

【解答】 (1) 根据《结通规》3.1.13 条：

$$q=1.3\times4+1.5\times5\times3=27.7\text{kN/m}$$

$$M=\frac{1}{8}ql^2=\frac{1}{8}\times27.7\times7^2=169.7\text{kN}\cdot\text{m}$$

故选 (D) 项。

(2) 查《钢标》附表 C.0.2，Q235 钢，$l=7\text{m}$，I45a，上翼缘，取 $\varphi_b=0.50<0.6$

$$\frac{M}{\varphi_b W_x f}=\frac{169.7\times10^6}{0.50\times1500\times10^3\times205}=1.10$$

故选 (D) 项。

(3) 查《钢标》附表 C.0.2，Q235 钢，$l=5\text{m}$，上翼缘，取 $\varphi_b=0.73>0.6$

$$\varphi_b'=1.07-\frac{0.282}{\varphi_b}=1.07-\frac{0.282}{0.73}=0.68<1.0$$

$$\frac{M}{\varphi_b' W_x f}=\frac{120\times10^6}{0.68\times1500\times10^3\times205}=0.57$$

故选 (A) 项。

(4) 查《钢标》附表 C.0.2，$l=6\text{m}$，上翼缘：

$$\varphi_b=0.59$$

根据附表 C.0.2 注的规定：$\varphi_b=0.59\varepsilon_k^2=0.59\times235/345=0.402$

$$M_u=\varphi_b W_x f=0.402\times1500\times10^3\times290=174.9\text{kN}\cdot\text{m}$$

故选 (A) 项。

【例 4.5.12】 某平台梁格，平台钢板不与次梁连牢，次梁跨度为 5m，间距为 2.5m，钢材为 Q235 钢。次梁选用 H 型钢 HN350×175×7×11。次梁承受的荷载设计值 $q=34.35\text{kN/m}$（含梁自重）。$\gamma_0=1.0$。已知 HN350×175×7×11 截面特性如下：

$I_x=13700\text{cm}^4$，$W_x=782\text{cm}^3$，$A=63.66\text{cm}^2$，$i_x=14.7\text{cm}$，$i_y=3.93\text{cm}$。

次梁截面等级满足 S3 级。

试问：

(1) 确定该梁整体稳定系数 φ_b，与下列何项数值最接近？

(A) 0.73   (B) 0.83   (C) 0.76   (D) 0.86

(2) 该梁整体稳定计算时，其最大稳定压应力（N/mm²），与下列何项数值最接近？

(A) 172   (B) 178   (C) 188   (D) 201

(3) 平台铺板与次梁连牢，下列何项满足最经济又合理的要求？
(A) $HN300 \times 150 \times 6.5 \times 9$，$I_x = 7350 cm^4$，$W_x = 490 cm^3$，$A = 47.53 cm^2$
(B) $HN350 \times 175 \times 7 \times 11$，$I_x = 13700 cm^4$，$W_x = 782 cm^3$，$A = 63.66 cm^2$
(C) $HN346 \times 174 \times 6 \times 9$，$I_x = 11200 cm^4$，$W_x = 649 cm^3$，$A = 53.19 cm^2$
(D) $HN400 \times 150 \times 8 \times 13$，$I_x = 18800 cm^4$，$W_x = 942 cm^3$，$A = 71.12 cm^2$

【解答】 (1) $\lambda_y = \dfrac{l_{0y}}{i_y} = \dfrac{5000}{39.3} = 127 > 120\varepsilon_k = 120\sqrt{235/235} = 120$

根据《钢标》C.0.5 条规定，该受弯构件不能按 C.0.5 条规定的近似公式计算。

根据《钢标》C.0.1 条及表 C.0.1 注 1 的规定：

$$\xi = \frac{l_1 t_1}{b_1 h} = \frac{5000 \times 11}{175 \times 350} = 0.898 < 2.0$$

$$\beta_b = 0.69 + 0.13\xi = 0.69 + 0.13 \times 0.898 = 0.807$$

$$\varphi_b = \beta_b \frac{4320}{\lambda_y^2} \cdot \frac{Ah}{W_x} \left[\sqrt{1 + \left(\frac{\lambda_y t_1}{4.4h}\right)^2} + \eta_b \right] \varepsilon_k^2$$

$$= 0.807 \times \frac{4320}{127^2} \times \frac{63.66 \times 35}{782} \times \left[\sqrt{1 + \left(\frac{127 \times 1.1}{4.4 \times 35}\right)^2} + 0 \right] \times \frac{235}{235}$$

$$= 0.83 > 0.60$$

$$\varphi_b' = 1.07 - \frac{0.282}{\varphi_b} = 1.07 - \frac{0.282}{0.83} = 0.73 < 1.0$$

故选 (A) 项。

(2) $M_x = \dfrac{1}{8} q l^2 = \dfrac{1}{8} \times 34.35 \times 5^2 = 107.3 kN \cdot m$

$$\frac{M_x}{\varphi_b' W_x} = \frac{107.3 \times 10^6}{0.73 \times 782 \times 10^3} = 188 N/mm^2$$

故选 (C) 项。

(3) 次梁与钢板连牢，不考虑整体稳定性，故按抗弯强度条件确定截面。

截面等级满足 S3 级，取 $\gamma_x = 1.05$。

$$W_{nx} \geq \frac{M}{\gamma_x \cdot f} = \frac{107.3 \times 10^6}{1.05 \times 215} = 475 \times 10^3 mm^3 = 475 cm^3$$

截面无削弱，选 $HN300 \times 150 \times 6.5 \times 9$（$W_x = 490 cm^3$），满足。

故选 (A) 项。

【例 4.5.13】 某热轧工字钢简支钢梁，跨度 6m，在梁中底部悬挂一集中荷载设计值 75kN，梁用 I32a，$W_x = 692.2 cm^3$，钢号为 Q345，不计梁自重。$\gamma_0 = 1.0$。梁截面等级满足 S3 级。

试问：梁的整体稳定计算，其最大稳定应力（N/mm^2），与下列何项数值接近？

(A) 196   (B) 202   (C) 218   (D) 238

【解答】 (1) 查《钢标》附表 C.0.2，取 $\varphi_b = 1.07$。

根据附表 C.0.2 注 2 的规定：$\varphi_b = 1.07\varepsilon_k^2 = 1.07 \times 235/345 = 0.729 > 0.6$

$$\varphi_b' = 1.07 - \frac{0.282}{\varphi_b} = 1.07 - \frac{0.282}{0.729} = 0.683$$

(2) 根据《钢标》6.2.2条：

$$\frac{M_x}{\varphi_b' W_x} = \frac{75 \times 6/4 \times 10^6}{0.683 \times 692.2 \times 10^3} = 238.0 \text{N/mm}^2$$

故选（D）项。

【例 4.5.14】 某三铰拱刚架，如图 4.5.19 所示，刚架梁上设有檩条，檩条坡向间距为 2.5m，檩条支撑的节点间距为 5m。刚架梁的弯矩设计值 $M_x = 5100$ kN·m，采用双轴对称的焊接工字形截面，截面特性：$W_x = 19360 \times 10^3 \text{mm}^3$，$i_x = 628$ mm，$i_y = 83.3$ mm。钢材为 Q345 钢。$\gamma_0 = 1.0$。

试问：当按整体稳定性计算时，梁上翼缘最大压应力（N/mm²），应与下列何项数值最为接近？

提示：刚架梁平面外计算长度为 5m；梁腹板设纵向加劲肋，梁截面等级满足 S4 级；φ_b 近似公式计算。

(A) 243 (B) 256.2
(C) 277.3 (D) 289.0

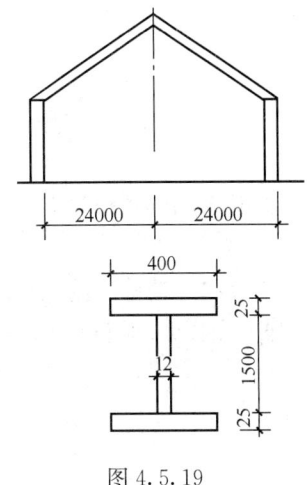

图 4.5.19

【解答】 $\lambda_y = \dfrac{l_{0y}}{i_y} = \dfrac{5000}{83.3} = 60 < 120\sqrt{235/345} = 99$

《钢标》附录 C.0.5 条：

$$\varphi_b = 1.07 - \frac{\lambda_y^2}{44000\varepsilon_k^2}$$

$$= 1.07 - \frac{60^2}{44000 \times 235/345} = 0.95 < 1.0$$

$$\frac{b}{t} = \frac{400-12}{2 \times 25} = 7.76 < 15\varepsilon_k = 15\sqrt{235/345} = 12.4$$

截面等级满足 S4 级，取全截面计算。

$$\frac{M_x}{\varphi_b W_x} = \frac{5100 \times 10^6}{0.95 \times 19360 \times 10^3} = 277.3 \text{N/mm}^2$$

故选（C）项。

【例 4.5.15】 如图 4.5.20 所示简支梁，工字形单轴对称截面，钢材为 Q235，钢梁的中点设有侧面支承。梁腹板设置纵向加劲肋，梁截面等级满足 S4 级。$\gamma_0 = 1.0$。

试问：

(1) 进行梁的整体稳定性计算时，其整体稳定系数 φ_b，与下列何项数值最接近？

(A) 0.83 (B) 0.86
(C) 0.92 (D) 0.96

(2) 假定该钢梁跨度 10.0m，其中点设有侧向支承，按整体稳定性计算时，

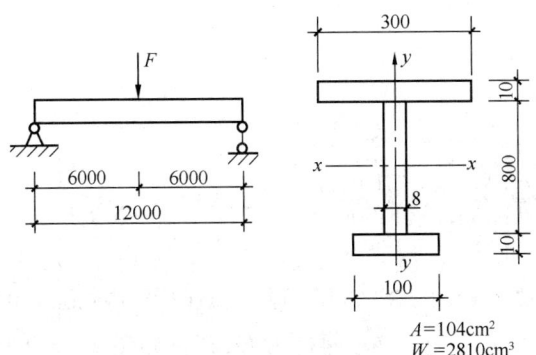

图 4.5.20

其整体稳定系数 φ_b，与下列何项数值最接近？

提示：按近似公式计算。

(A) 0.76   (B) 0.82   (C) 0.88   (D) 0.94

【解答】 (1) $l_{0y}=6000$mm

$$I_y=\frac{1}{12}\times1\times30^3+\frac{1}{12}\times1\times10^3=2333\text{cm}^4\text{（不计腹板部分）}$$

$$i_y=\sqrt{I_y/A}=\sqrt{2333/104}=4.74\text{cm}$$

$$\lambda_y=\frac{l_{0y}}{i_y}=\frac{6000}{47.4}=126.6$$

根据《钢标》附录 C.0.5 条规定：

$$\lambda_y=126.6>120\varepsilon_k=120$$

故应按《钢标》附录 C.0.1 条规定计算 φ_b。

查《钢标》附表 C.0.1，取 $\beta_b=1.75$。

$$\alpha_b=\frac{I_1}{I_1+I_2}=\frac{\frac{1}{12}\times1\times30^3}{\frac{1}{12}\times1\times30^3+\frac{1}{12}\times1\times10^3}=0.96$$

加强受压翼缘：

$$\eta_b=0.8(2\alpha_b-1)=0.8\times(2\times0.96-1)=0.74$$

$$\varphi_b=\beta_b\frac{4320}{\lambda_y^2}\cdot\frac{Ah}{W_x}\left[\sqrt{1+\left(\frac{\lambda_y t_1}{4.4h}\right)^2}+\eta_b\right]\varepsilon_k^2$$

$$=1.75\times\frac{4320}{126.6^2}\times\frac{104\times82}{2810}\times\left[\sqrt{1+\left(\frac{126.6\times1}{4.4\times82}\right)^2}+0.74\right]\frac{235}{235}$$

$$=2.58>0.6$$

$$\varphi_b'=1.07-\frac{0.282}{\varphi_b}=1.07-\frac{0.282}{2.58}=0.961$$

故选 (D) 项。

(2) $\lambda_y=\frac{l_{0y}}{i_y}=\frac{5000}{47.4}=105.5<120\varepsilon_k=120$

根据《钢标》附录 C.0.5 条规定：

由上述结果知：$\alpha_b=\frac{I_1}{I_1+I_2}=0.96$

$$\varphi_b=1.07-\frac{W_x}{(2\alpha_b+0.1)Ah}\cdot\frac{\lambda_y^2}{14000\varepsilon_k^2}$$

$$=1.07-\frac{2810}{(2\times0.96+0.1)\times104\times82}\times\frac{105.5^2}{14000\times1}=0.940<1.0$$

故选 (D) 项。

【例 4.5.16】 某热轧 H 型钢简支梁，选用 HM588×300×12×20（$I_x=118000$，$W_x=4020$cm³，$i_x=24.80$cm，$i_y=6.85$cm，$A=192.5$cm²），钢材为 Q235。如图 4.5.21 所示，在梁上作用有两个集中荷载 F。钢梁跨度中点设有一个侧向支撑点。$\gamma_0=1.0$。梁截

面等级满足 S3 级。

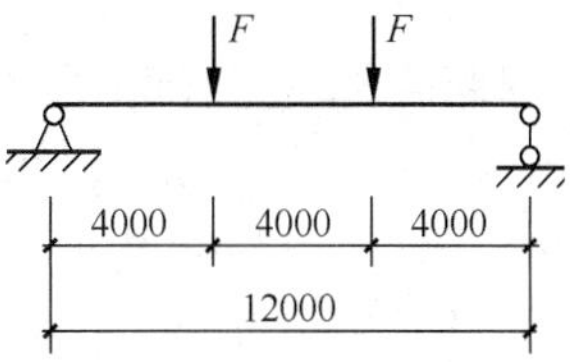

试问：

（1）当按近似公式计算时，梁的整体稳定系数 φ_b，与下列何项数值最接近？

(A) 0.755　　　　　(B) 0.896
(C) 0.726　　　　　(D) 0.853

图 4.5.21

（2）当按《钢标》式 (C.0.1-1) 计算时，该梁的整体稳定系数 φ_b，与下列何项数值最接近？

(A) 0.56　　(B) 0.65　　(C) 0.86　　(D) 0.94

【解答】（1）跨中设有侧向支撑点，取 $l_{0y}=12/2=6.0\text{m}$。

$$\lambda_y = \frac{l_{0y}}{i_y} = \frac{6000}{68.5} = 87.6 < 120\varepsilon_k = 120$$

根据《钢标》C.0.5 条：

$$\varphi_b = 1.07 - \frac{\lambda_y^2}{44000\varepsilon_k^2} = 1.07 - \frac{87.6^2}{44000\times 1} = 0.896$$

故选（B）项。

（2）先确定 β_b，查《钢标》附表 C.0.1 及注 3 的规定，本题目中集中荷载不在跨中央附近，故由表 C.0.1 中项次与取值，取 $\beta_b=1.15$。

双轴对称轴，$\eta_b=0.0$。

由《钢标》式 (C.0.1-1)：

$$\varphi_b = \beta_b \cdot \frac{4320}{\lambda_y^2} \cdot \frac{Ah}{W_x}\left[\sqrt{1+\left(\frac{\lambda_y t_1}{4.4h}\right)^2} + \eta_b\right]\varepsilon_k^2$$

$$= 1.15 \times \frac{4320}{87.6^2} \times \frac{192.5 \times 58.8}{4020} \times \left[\sqrt{1+\left(\frac{87.62 \times 2}{4.4 \times 58.8}\right)^2} + 0\right]\frac{235}{235}$$

$$= 2.20 > 0.6$$

$$\varphi_b' = 1.07 - \frac{0.282}{\varphi_b} = 1.07 - \frac{0.282}{2.2} = 0.94 < 1.0$$

故选（D）项。

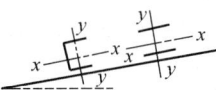

图 4.5.22

【例 4.5.17】某屋面檩条跨度 6m，中间设一道拉条体系作为侧向支承点，作用于檩条的弯矩设计值 $M_x=30\text{kN}\cdot\text{m}$，$M_y=-0.8\text{kN}\cdot\text{m}$，钢材为 Q235 钢。檩条选用热轧槽钢、热轧工字钢，如图 4.5.22 所示。$\gamma_0=1.0$。檩条截面等级满足 S3 级。

试问：

（1）檩条选用热轧槽钢 [25b，$b=80\text{mm}$，$t=12\text{mm}$，$z_0=19.8\text{mm}$，$I_y=196\text{cm}^4$，$W_x=289.6\text{cm}^3$，翼缘侧 $W_{y,\min}=32.7\text{cm}^3$，腹板侧 $W_{y,\max}=99.0\text{cm}^3$，檩条整体稳定性计算时，其最大稳定应力值（N/mm²），与下列何项数值最为接近？

(A) 160　　(B) 168　　(C) 172　　(D) 175

（2）檩条选用热轧工字钢 I22a，$W_x=309\text{cm}^3$，$W_y=40.9\text{cm}^3$，整体稳定性计算时，其最大稳定应力值（N/mm²），与下列何项数值最为接近？

(A) 122.6　　　　(B) 126.8　　　　(C) 136.2　　　　(D) 141.3

【解答】 (1) 取 $l_1=3.0\text{m}$，由《钢标》附表 C.0.3 条规定：

$$\varphi_b = \frac{570bt}{l_1 h}\varepsilon_k^2 = \frac{570\times 80\times 12}{3000\times 250}\times 1 = 0.7296 > 0.6$$

$$\varphi_b' = 1.07 - \frac{0.282}{\varphi_b} = 1.07 - \frac{0.282}{0.7296} = 0.683$$

截面等级满足 S3 级，取 $\gamma_{y_1}=1.05$，由《钢标》式 (6.2.3)：

$$\frac{M_x}{\varphi_b W_x} + \frac{M_y}{\gamma_y W_y} = \frac{30\times 10^6}{0.683\times 289.6\times 10^3} + \frac{0.8\times 10^6}{1.05\times 99.0\times 10^3}$$
$$= 151.67 + 7.70 = 159.4\text{N/mm}^2$$

故选 (A) 项。

(2) 查《钢标》表 C.0.2，$l_1=3.0\text{m}$，项次 5，取 $\varphi_b=1.80>0.6$

$$\varphi_b' = 1.07 - \frac{0.282}{\varphi_b} = 1.07 - \frac{0.282}{1.8} = 0.913$$

截面等级满足 S3 级，取 $\gamma_y=1.2$。

$$\frac{M_x}{\varphi_b W_x} + \frac{M_y}{\gamma_y W_y} = \frac{30\times 10^6}{0.913\times 309\times 10^3} + \frac{0.8\times 10^6}{1.2\times 40.9\times 10^3}$$
$$= 106.34 + 16.30 = 122.64\text{N/mm}^2$$

故选 (A) 项。

【例 4.5.18】 某简支箱形截面梁，梁跨度 30m，梁宽 $b_1=1.4\text{m}$，$b_0=1\text{m}$，梁高 $h=3.6\text{m}$，采用 Q345 钢，在垂直向下荷载作用下，该梁的整体稳定性系数，应为下列何项数值？

(A) 0.82　　　　(B) 0.85　　　　(C) 0.90　　　　(D) 1.0

【解答】 根据《钢标》6.2.4 条规定：

$$h/b_0 = 3.6/1.0 = 3.6 < 6，\ l_1/b_0 = 30/1 = 30 < 95\varepsilon_k^2 = 95\times\frac{235}{345} = 64.7$$

故可不计算整体稳定性，则可取 $\varphi_b=1.0$，应选 (D) 项。

▲框架梁的畸变屈曲

● 复习《钢标》6.2.7 条。

三、局部稳定性计算

1. 受弯构件的局部稳定问题

受弯构件（如梁）常会在发生强度破坏或丧失整体稳定性之前，梁的部分板面会偏离原来的平面位置而发生波形鼓曲，如图 4.5.23 所示，这种现象称为梁丧失局部稳定或板件屈曲。

(1)《钢标》中普通轧制梁和焊接截面梁

● 梁的翼缘板

普通轧制梁和焊接截面梁，其梁的翼缘板远离截面的形心，强度一般能够得到比较充分的利用。同时，翼缘板发生局部屈曲，会很快导致梁丧失继续承载的能力。因此，常采用限制翼缘板件宽厚比的办法，亦即保证必要的厚度的办法，来防止其局部失稳。

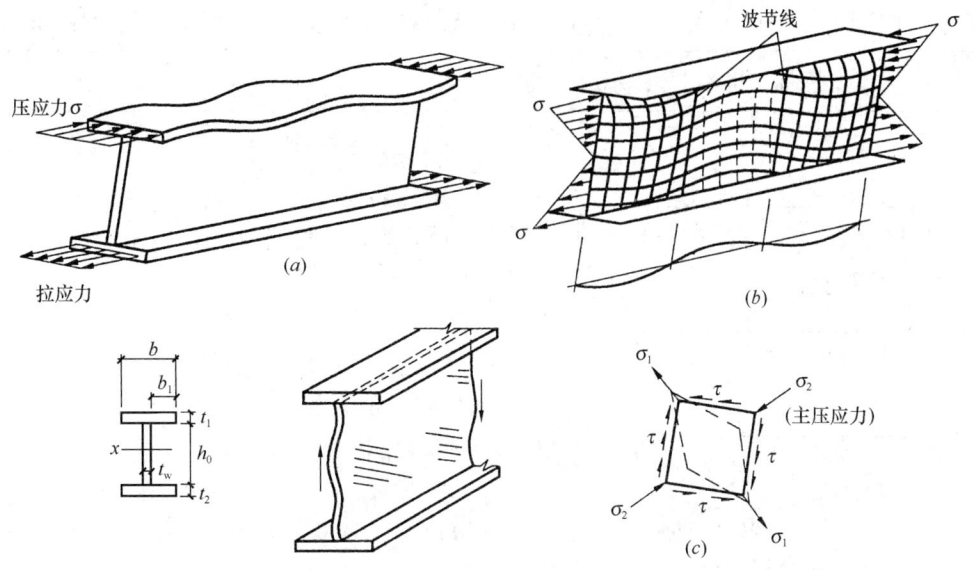

图 4.5.23 受压翼缘和腹板屈曲

- 梁的腹板

腹板的局部稳定可按是否利用腹板屈曲后强度而划分为如下两类:

① 直接承受动力荷载的吊车梁(普通轧制梁或焊接截面梁),需要计算疲劳的梁(普通轧制梁或焊接截面梁),其他不需要考虑腹板屈曲后强度的焊接截面梁,常采用限制腹板板件高厚比,或腹板设置加劲肋(图 4.5.24),来防止腹板局部失稳。

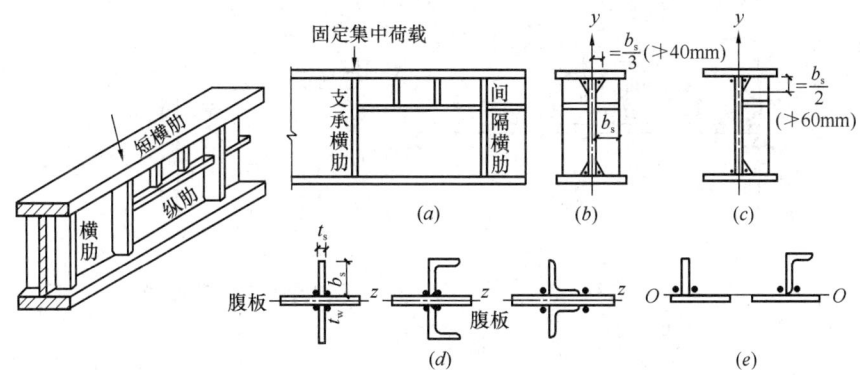

图 4.5.24 腹板加劲肋

腹板在放置加劲肋以后,被划分为不同的区格。对于简支梁的腹板,根据弯矩和剪力的分布情况,靠近梁端部的区格主要受有剪应力的作用,而在跨中附近的区格则主要受到正应力的作用,其他区格则常受到正应力和剪应力的联合作用。对于受有集中荷载作用的区段,则还承受局部压应力的作用。

② 承受静力荷载和间接承受动力荷载的焊接截面梁,宜考虑腹板屈曲后强度,以达到充分发挥材料性能的目的,见本章后面内容。

(2)《薄壁钢规》中冷弯薄壁型钢梁

冷弯薄壁型钢梁的受压或受弯板件,宽厚比未超过规定限制时,认为板件全部有效。

当超过此限制时，则只考虑一部分宽度有效（称为有效宽度），具体计算见《薄壁钢规》。

- 复习《钢标》6.3.1条～6.3.6条。

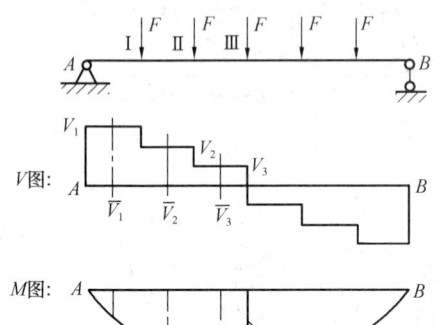

图 4.5.25

需注意的是：

（1）《钢标》6.3.1条规定，轻、中级工作制吊车梁计算腹板的稳定性时，吊车轮压设计值可乘以折减系数0.9。

（2）《钢标》6.3.2条中，$h_0/t_w \leqslant 80\varepsilon_k$，或 $h_0/t_w > 80\varepsilon_k$，其中的 h_0 取值与 h_c 值不挂勾（即：h_0 取值与 h_c 值无关）。

（3）《钢标》6.3.3条、6.3.4条、6.3.5条中，σ、τ 的取值，如图4.5.25所示；σ 取由平均弯矩 $\overline{M}$ 产生的腹板计算高度边缘的弯曲压应力，$\sigma = \dfrac{\overline{M}}{I_n} \cdot y_1$；$\tau$ 取由平均剪力 $\overline{V}$ 产生的腹板平均剪应力，$\tau = \dfrac{\overline{V}}{h_w t_w} = \dfrac{\overline{V}}{A_w}$。

【例4.5.19】 某工作平台梁格中的主梁，如图4.5.26所示，采用焊接截面工字形梁，钢材Q345钢，次梁传来的集中荷载设计值 $F=151$kN，梁自重标准值 $g_k=1.4$kN/m，组合梁采用变截面方式。主梁上翼缘有次梁，受压翼缘扭转受到约束。已知截面等级满足S4级要求。$\gamma_0 = 1.0$。

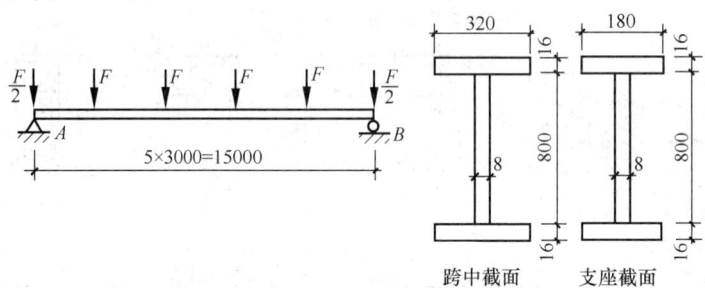

图 4.5.26

已知跨中工字形截面特性：$I_{1x}=2.05 \times 10^9$ mm^4，$W_{1x}=4.92 \times 10^6$ mm^3；

支座工字形截面特性：$I_{2x}=1.30 \times 10^9$ mm^4，$W_{2x}=3.13 \times 10^6$ mm^3。

试问：验算腹板的局部稳定。

提示：各区格的平均弯矩值、平均剪力值按各区格中央的弯矩值、剪力值考虑。

【解答】（1）判别加劲肋的设置方式

$$\frac{h_0}{t_w} = \frac{800}{8} = 100 > 80\varepsilon_k = 80\sqrt{235/345} = 66$$

$$\frac{h_0}{t_w} = 125 < 170\varepsilon_k = 170\sqrt{235/345} = 140.3$$

根据《钢标》6.3.2条规定，只需设置横向加劲肋，取加劲肋为等间距布置，$a=$

1500mm>$0.5h_0=0.5\times800=400$mm,且小于$2h_0=2\times800=1600$mm,如图4.5.27所示将腹板分成10个区格,位于次梁下的横向加劲肋可兼作支承加劲肋。

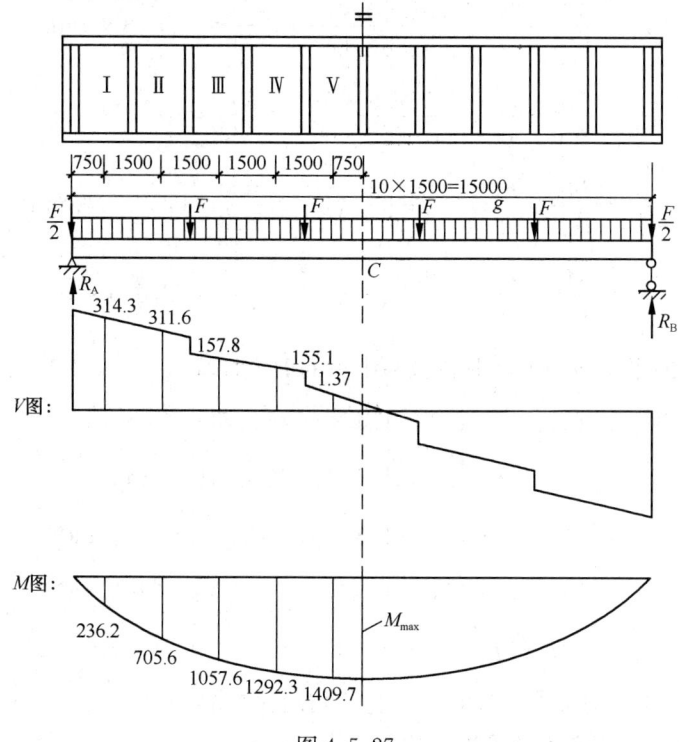

图4.5.27

(2)各区格的$\overline{M}$值,取各区格中央的弯矩计算:

支座反力R_A、R_B:

$$R_A=R_B=\frac{1}{2}\left(4F+\frac{F}{2}+\frac{F}{2}\right)+\frac{1}{2}gl=2.5F+\frac{1}{2}gl$$

$$=2.5\times151+\frac{1}{2}\times1.3\times1.4\times15=391.15\text{kN}$$

$$R_A-\frac{F}{2}=391.15-\frac{151}{2}=315.65\text{kN}$$

各区格的$\overline{M}$:

$M_I=315.65\times0.75-\frac{1}{2}\times1.3\times1.4\times0.75^2=236.2\text{kN}\cdot\text{m}$

$M_{II}=315.65\times2.25-\frac{1}{2}\times1.3\times1.4\times2.25^2=705.6\text{kN}\cdot\text{m}$

$M_{III}=315.65\times3.75-151\times0.75-\frac{1}{2}\times1.3\times1.4\times3.75^2=1057.6\text{kN}\cdot\text{m}$

$M_{IV}=315.65\times5.25-151\times2.25-\frac{1}{2}\times1.3\times1.4\times5.25^2=1292.3\text{kN}\cdot\text{m}$

$M_V=315.65\times6.75-151\times(3.75+0.75)-\frac{1}{2}\times1.3\times1.4\times6.75^2=1409.7\text{kN}\cdot\text{m}$

各区格平均弯矩产生的腹板计算高度边缘的弯曲压应力:

$$\sigma_{\mathrm{I}} = \frac{M_{\mathrm{I}}}{W_{2x}} \cdot \frac{h_0}{h} = \frac{236.2 \times 10^6}{3.13 \times 10^6} \times \frac{800}{832} = 72.6 \mathrm{N/mm^2}$$

$$\sigma_{\mathrm{II}} = \frac{M_{\mathrm{II}}}{W_{2x}} \cdot \frac{h_0}{h} = \frac{705.6 \times 10^6}{3.13 \times 10^6} \times \frac{800}{832} = 216.8 \mathrm{N/mm^2}$$

$$\sigma_{\mathrm{III}} = \frac{M_{\mathrm{III}}}{W_{1x}} \cdot \frac{h_0}{h} = \frac{1057.6 \times 10^6}{4.92 \times 10^6} \times \frac{800}{832} = 206.7 \mathrm{N/mm^2}$$

$$\sigma_{\mathrm{IV}} = \frac{M_{\mathrm{IV}}}{W_{1x}} \cdot \frac{h_0}{h} = \frac{1292.3 \times 10^6}{4.92 \times 10^6} \times \frac{800}{832} = 252.6 \mathrm{N/mm^2}$$

$$\sigma_{\mathrm{V}} = \frac{M_{\mathrm{V}}}{W_{1x}} \cdot \frac{h_0}{h} = \frac{1409.7 \times 10^6}{4.92 \times 10^6} \times \frac{800}{832} = 275.5 \mathrm{N/mm^2}$$

(3) 各区格的平均剪力 $\overline{V}$，取各区格中央的剪力计算：

$$V_{\mathrm{I}} = 315.65 - 1.3 \times 1.4 \times 0.75 = 314.3 \mathrm{kN}$$

$$V_{\mathrm{II}} = 315.65 - 1.3 \times 1.4 \times 2.25 = 311.6 \mathrm{kN}$$

$$V_{\mathrm{III}} = 315.65 - 151 - 1.3 \times 1.4 \times 3.75 = 157.8 \mathrm{kN}$$

$$V_{\mathrm{IV}} = 315.65 - 151 - 1.3 \times 1.4 \times 5.25 = 155.1 \mathrm{kN}$$

$$V_{\mathrm{V}} = 315.65 - 151 \times 2 - 1.3 \times 1.4 \times 6.75 = 1.37 \mathrm{kN}$$

跨中剪力 V：$V = 315.65 - 151 \times 2 - 1.3 \times 1.4 \times 7.5 = 0$

各区格平均剪力 $\overline{V}$ 产生的腹板平均剪应力：

$$\tau_{\mathrm{I}} = \frac{V_{\mathrm{I}}}{h_w t_w} = \frac{314.3 \times 10^3}{800 \times 8} = 49.1 \mathrm{N/mm^2}$$

$$\tau_{\mathrm{II}} = \frac{311.6 \times 10^3}{800 \times 8} = 48.7 \mathrm{N/mm^2}$$

$$\tau_{\mathrm{III}} = \frac{157.8 \times 10^3}{800 \times 8} = 24.7 \mathrm{N/mm^2}$$

$$\tau_{\mathrm{IV}} = \frac{155.1 \times 10^3}{800 \times 8} = 24.2 \mathrm{N/mm^2}$$

$$\tau_{\mathrm{V}} = \frac{1.37 \times 10^3}{800 \times 8} = 0.2 \mathrm{N/mm^2}$$

(4) 各区格的临界弯曲压应力，因按受压翼缘扭转受约束计算，由《钢标》式(6.3.3-6)：

$$\lambda_{n,b} = \frac{2h_c/t_w}{177\varepsilon_k} = \frac{800/8}{177 \times \sqrt{235/345}} = 0.68 < 0.85$$

按标准式（6.3.3-3）计算 σ_{cr}：

$$\sigma_{cr} = f = 305 \mathrm{N/mm^2}$$

(5) 各区格的临界剪应力

$a/h = \frac{1500}{800} = 1.9 > 1.0$，按标准式（6.3.3-12），$\eta = 1.11$，则：

$$\lambda_{n,s} = \frac{h_0/t_w}{37\eta\sqrt{5.34+4(h_0/a)^2}} \cdot \frac{1}{\varepsilon_k}$$

$$= \frac{800/8}{37\times1.11\sqrt{5.34+4(800/1500)^2}} \times \frac{1}{\sqrt{235/345}} = 1.16 \begin{matrix}<1.2\\>0.8\end{matrix}$$

按标准式 (6.3.3-9)：
$$\tau_{cr} = [1-0.59\times(1.16-0.8)]\times175 = 137.8\text{N/mm}^2 \approx 138\text{N/mm}^2$$

(6) 各区格的局部稳定性计算

$$\left(\frac{\sigma_{\text{I}}}{\sigma_{cr}}\right)^2 + \left(\frac{\tau_{\text{I}}}{\tau_{cr}}\right)^2 = \left(\frac{72.6}{305}\right)^2 + \left(\frac{49.1}{138}\right)^2 = 0.18 < 1$$

$$\left(\frac{\sigma_{\text{II}}}{\sigma_{cr}}\right)^2 + \left(\frac{\tau_{\text{II}}}{\tau_{cr}}\right)^2 = \left(\frac{216.8}{305}\right)^2 + \left(\frac{48.7}{138}\right)^2 = 0.63 < 1$$

$$\left(\frac{\sigma_{\text{III}}}{\sigma_{cr}}\right)^2 + \left(\frac{\tau_{\text{III}}}{\tau_{cr}}\right)^2 = \left(\frac{206.7}{305}\right)^2 + \left(\frac{24.7}{138}\right)^2 = 0.49 < 1$$

$$\left(\frac{\sigma_{\text{IV}}}{\sigma_{cr}}\right)^2 + \left(\frac{\tau_{\text{IV}}}{\tau_{cr}}\right)^2 = \left(\frac{252.6}{305}\right)^2 + \left(\frac{24.2}{138}\right)^2 = 0.72 < 1$$

$$\left(\frac{\sigma_{\text{V}}}{\sigma_{cr}}\right)^2 + \left(\frac{\tau_{\text{V}}}{\tau_{cr}}\right)^2 = \left(\frac{275.5}{305}\right)^2 + \left(\frac{0.2}{138}\right)^2 = 0.82 < 1$$

满足要求。

【例 4.5.20】 某钢吊车梁，平面外与制动机构有可靠连接，钢材为 Q235 钢，选用焊接工字形截面，其截面特性：$A=27800\text{mm}^2$，$I_x=1.02\times10^{10}\text{mm}^4$，$W_x=1.31\times10^7\text{mm}^3$。经验算必须设置横向加劲肋（间距为 3000mm）、纵向加劲肋，如图 4.5.28 所示。经计算，腹板 II（或 IV）的平均弯矩设计值 $M=2500\text{kN}\cdot\text{m}$，平均剪力设计值 $V=300\text{kN}$。吊车产生的局部压应力设计值 $\sigma_c=60\text{N/mm}^2$。$\gamma_0=1.0$。

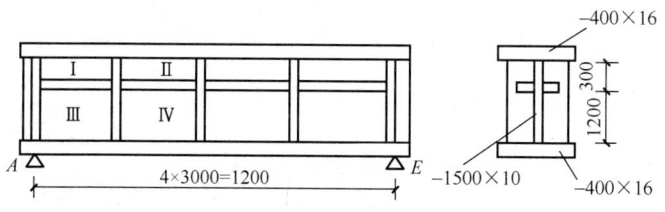

图 4.5.28

试问：验算腹板 II、IV 的局部稳定性。

【解答】 (1) 区格 II 的局部稳定计算

腹板边缘弯曲压应力： $\sigma_{\text{II}} = \frac{M_{\text{II}}}{I_x}y_1 = \frac{2500\times10^6}{1.02\times10^{10}}\times750 = 183.8\text{N/mm}^2$

腹板剪应力： $\tau = \frac{V}{h_w t_w} = \frac{300\times10^3}{1500\times10} = 20\text{N/mm}^2$

局部压应力： $\sigma_c = 60\text{N/mm}^2$

$$\lambda_{n,b1} = \frac{h_1/t_w}{75\varepsilon_k} = \frac{300/10}{75 \times 1} = 0.4 < 0.85$$

由标准式（6.3.3-3）：

$$\sigma_{cr1} = f = 215\text{N/mm}^2$$

$a/h_1 = 3000/300 = 10 > 1.0$，由标准式（6.3.3-12）：

$$\lambda_{n,s} = \frac{h_1/t_w}{37\eta\sqrt{5.34+4(h_1/a)^2}} \cdot \frac{1}{\varepsilon_k} = \frac{300/10}{37 \times 1.11\sqrt{5.34+4\times(300/3000)^2}} \times 1$$

$$= 0.315 < 0.8$$

由标准式（6.3.3-8）：$\tau_{cr1} = f_v = 125\text{N/mm}^2$

$$\lambda_{n,c1} = \frac{h_1/t_w}{56\varepsilon_k} = \frac{300/10}{56 \times 1} = 0.536 < 0.85$$

由标准式（6.3.3-3）：$\sigma_{c,cr1} = f = 215\text{N/mm}^2$

由标准式（6.3.4-1）：

$$\frac{\sigma}{\sigma_{cr1}} + \left(\frac{\tau}{\tau_{cr1}}\right)^2 + \left(\frac{\sigma_c}{\sigma_{c,cr1}}\right)^2 = \frac{183.8}{215} + \left(\frac{20}{125}\right)^2 + \left(\frac{60}{215}\right)^2$$

$$= 0.855 + 0.0256 + 0.0779 = 0.96 < 1，满足$$

（2）区格Ⅳ的局部稳定计算

$$\sigma_{\text{IV}} = \frac{M_{\text{IV}}}{I_x} \cdot y_z = \frac{2500 \times 10^6}{1.02 \times 10^{10}} \times (750-300) = 110.3\text{N/mm}^2$$

$$\tau = \frac{V}{h_w t_w} = 20\text{N/mm}^2$$

$\sigma_{c2} = \sigma_{c,\text{IV}} = 0.3\sigma_c = 0.3 \times 60 = 18\text{N/mm}^2$（《钢标》6.3.4条第2款规定）

$\lambda_{n,b2} = \frac{h_2/t_w}{194\varepsilon_k} = \frac{1200/10}{194 \times 1} = 0.619 < 0.85$，取 $\sigma_{cr2} = f = 215\text{N/mm}^2$

$a/h_2 = 3000/1200 = 2.5 > 1.0$，由标准式（6.3.3-12）：

$$\lambda_{n,s} = \frac{h_2/t_w}{37\eta\sqrt{5.34+4(h_2/a)^2}} \cdot \frac{1}{\varepsilon_k} = \frac{1200/10}{37 \times 1.11\sqrt{5.34+4(1200/3000)^2}} \times 1$$

$$= 1.195 < 1.2$$

$\tau_{cr2} = [1 - 0.59(\lambda_{n,s} - 0.8)]f_v = [1 - 0.59 \times (1.195 - 0.8)] \times 125 = 95.9\text{N/mm}^2$

$a/h_2 = 3000/1200 = 2.5 > 2.0$，取 $a/h_2 = 2.0$，由标准式（6.3.3-17）：

$$\lambda_{n,c} = \frac{h_2/t_w}{28\sqrt{18.9 - 5a/h_2}} \cdot \frac{1}{\varepsilon_k} = \frac{1200/10}{28\sqrt{18.9 - 5 \times 2.0}} \times 1 = 1.44 > 1.2$$

由标准式（6.3.3-15）：

$$\sigma_{c,cr2} = 1.1f/\lambda_{n,c}^2 = 1.1 \times 215/1.44^2 = 114.1\text{N/mm}^2$$

由标准式（6.3.4-6）：

$$\left(\frac{\sigma_{\text{IV}}}{\sigma_{\text{cr2}}}\right)^2 + \left(\frac{\tau}{\tau_{\text{cr2}}}\right)^2 + \frac{\sigma_{\text{c2}}}{\sigma_{\text{c,cr2}}} = \left(\frac{110.3}{215}\right)^2 + \left(\frac{20}{95.9}\right)^2 + \frac{18}{114.1}$$

$$= 0.263 + 0.043 + 0.158 = 0.46 < 1，满足要求。$$

【例 4.5.21】 某简支吊车梁，跨度 12m，钢材为 Q345 钢，承受两台 75/20t 重级工作制桥式吊车。焊接截面吊车梁如图 4.5.29 所示，钢轨高度为 15cm，与受压翼缘牢固连接。$\gamma_0 = 1.0$。

提示： 不考虑腹板屈曲后强度。

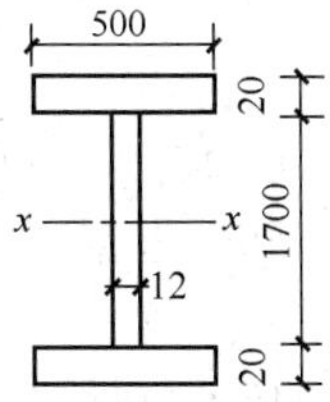

试问：
(1) 为保证吊车梁的腹板局部稳定性，需配置下列何种加劲肋？
(A) 横向加劲肋
(B) 纵向加劲肋
(C) 同时配置纵、横向加劲肋
(D) 不需配置加劲肋

图 4.5.29

(2) 纵向加劲肋至腹板受压边距离 h_1（mm），与下列何项数值最接近？
(A) 300　　(B) 400　　(C) 500　　(D) 600

(3) 假定未设加劲肋时，吊车最大轮压标准值 $p_{k,\max} = 310\text{kN}$，则梁局部压应力 σ_c（N/mm²），与下列何项数值最接近？
(A) 105　　(B) 115　　(C) 128　　(D) 135

(4) 同时设置了纵、横向加劲肋时，验算纵向加劲肋与受压翼缘间区格的局部稳定性时，其腹板计算高度边缘的局部压应力（N/mm²），与下列何项数值最接近？
(A) 85　　(B) 90　　(C) 95　　(D) 100

(5) 验算纵向加劲肋与受拉翼缘间区格的局部稳定性时，腹板在纵向加劲肋处的横向压应力（N/mm²），与下列何项数值最接近？
(A) 68　　(B) 52　　(C) 38　　(D) 28

(6) 假定纵向加劲肋至腹板受压边距离 $h_1 = 400\text{mm}$，验算纵向加劲肋与受压翼缘间区格的局部稳定性时，用到的临界应力 σ_{cr1}（N/mm²），与下列何项数值最接近？
(A) 215　　(B) 295　　(C) 305　　(D) 345

【解答】 (1) 根据《钢标》6.3.2 条第 2 款规定：

$$h_0/t_w = 1700/12 = 142 > 170\varepsilon_k = 170\sqrt{235/345} = 140.3$$

故选（C）项。

(2) 根据《钢标》6.3.6 条规定，纵向加劲肋至腹板计算高度受压边缘的距离应在 $h_c/2.5 \sim h_c/2.0$，即 $h_0/5 \sim h_0/4$（双轴对称截面），故取：

$$h_0/5 = 1700/5 = 340\text{mm}，h_0/4 = 1700/4 = 425\text{mm}，取 h_1 = 400\text{mm}$$

故选（B）项。

(3) 重级工作制吊车，取 $\psi = 1.35$。

由《建筑结构荷载规范》6.3.1 条,动力系数取为 1.1。
$$l_z = a + 5h_y + 2h_R = 50 + 5 \times 20 + 2 \times 150 = 450 \text{mm}$$
由《钢标》式(6.1.4-1):
$$\sigma_c = \frac{\psi F}{l_z t_w} = \frac{1.35 \times 1.5 \times 1.1 \times 310 \times 10^3}{450 \times 12} = 127.9 \text{N/mm}^2$$
故选(C)项。

(4) 根据《钢标》6.3.3 条规定,取 $\psi=1.0$。
$$\sigma_c = \frac{\psi F}{l_z t_w} = \frac{1.0 \times 1.5 \times 1.1 \times 310 \times 10^3}{450 \times 12} = 94.7 \text{N/mm}^2$$
故选(C)项。

(5) 根据《钢标》6.3.4 条规定:
$$\sigma_{c2} = 0.3 \sigma_c = 0.3 \times 94.7 = 28.41 \text{N/mm}^2$$
故选(D)项。

(6) 梁受压翼缘扭转受到约束,由《钢标》式(6.3.4-2):
$$\lambda_{n,b1} = \frac{h_1/t_w}{75\varepsilon_k} = \frac{400/12}{75\sqrt{235/345}} = 0.539 < 0.85$$

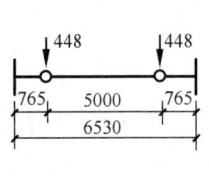

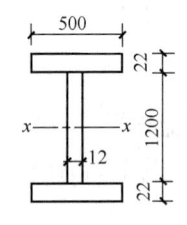

图 4.5.30

由标准式(6.3.3-3):$\sigma_{cr1} = f = 305 \text{N/mm}^2$,故选(C)项。

【例 4.5.22】 某简支吊车梁,跨度 12m,钢材为 Q345 钢,焊条 E50 型,承受两台 50/10t 重级工作制桥式吊车。吊车轮压简图及吊车梁截面如图 4.5.30 所示,$I_x = 9.94 \times 10^9 \text{mm}^4$,最大轮压标准值 $P_{k,\max} = 448 \text{kN}$,吊车轨道高 15cm。吊车梁截面等级满足 S4 级要求。$\gamma_0 = 1.0$。

试问:

(1) 为保证吊车梁的腹板局部稳定性,需配置下列何种加劲肋?
(A) 横向加劲肋
(B) 纵向加劲肋
(C) 同时配置横向、纵向加劲肋
(D) 不需配置加劲肋

(2) 配置横向加劲肋后,验算吊车梁各区格的局部稳定性时,用到的临界应力 σ_{cr}(N/mm²),与下列何项数值最接近?

提示:吊车梁受压翼缘扭转受到约束。
(A) 215   (B) 285   (C) 295   (D) 305

(3) 横向加劲肋的间距 $a=1.2$m,验算吊车梁各区格的局部稳定性时用到的临界应力 τ_{cr}(N/mm²),与下列何项数值最接近?
(A) 160   (B) 165   (C) 170   (D) 175

(4) 题目条件同(3),验算吊车梁各区格的局部稳定性时,用到的临界应力 $\sigma_{c,cr}$

（N/mm²），与下列何项数值最接近？

  （A）280 （B）285 （C）295 （D）305

（5）吊车梁在两台吊车作用下的最大弯矩设计值（kN·m）、对应点的右侧附近的剪力设计值（kN），与下列何项数值最接近？

  （A）2606kN·m，445kN （B）3428kN·m，445kN

  （C）3648kN·m，−245kN （D）4013kN·m，−245kN

（6）假定跨中附近吊车梁的最大弯矩设计值 $M_{\max}=4100$kN·m，相应的剪力设计值 $V_c=450$kN，验算跨中附近腹板区格局部稳定的验算表达式，满足下列何项关系式？

  （A）0.8<1 （B）0.9<1 （C）1.2>1 （D）1.3>1

【解答】（1）$h_0/t_w=1200/12=100>80\varepsilon_k=80\sqrt{235/345}=66$

$$<170\varepsilon_k=170\sqrt{235/345}=140.3$$

根据《钢标》6.3.2 条规定，仅配置横向加劲肋，应选（A）项。

（2）由提示，按《钢标》式（6.3.3-6）：

$$\lambda_{n,b}=\frac{2h_0/t_w}{177\varepsilon_k}=\frac{1200/12}{177\sqrt{235/345}}=0.68<0.85$$

由标准式（6.3.3-4）：

$$\sigma_{cr}=f=305\text{N/mm}^2$$

故选（D）项。

（3）$a/h_0=1200/1200=1=1.0$

由《钢标》式（6.3.3-11）：

$$\lambda_{n,s}=\frac{h_0/t_w}{37\eta\sqrt{4+5.34(h_0/a)^2}}\cdot\frac{1}{\varepsilon_k}=\frac{1200/12}{37\times1.11\sqrt{4+5.34(1200/1200)^2}}\times\frac{1}{\sqrt{235/345}}$$

$$=0.965>0.8，但<1.2$$

由标准式（6.3.3-9）：

$$\tau_{cr}=[1-0.59(\lambda_{n,s}-0.8)]f_v=[1-0.59\times(0.965-0.8)]\times175=158\text{N/mm}^2$$

故选（A）项。

（4）$a/h_0=1200/1200=1.0<1.5$，由《钢标》式（6.3.3-16）：

$$\lambda_{n,c}=\frac{h_0/t_w}{28\sqrt{10.9+13.4(1.83-a/h_0)^3}}\cdot\frac{1}{\varepsilon_k}$$

$$=\frac{1200/12}{28\sqrt{10.9+13.4\times(1.83-1)^3}}\times\frac{1}{\sqrt{235/345}}=1.00>0.9，但<1.2$$

由标准式（6.3.3-14）：

$$\sigma_{c,cr}=[1-0.79(\lambda_{n,c}-0.9)]f=[1-0.79\times(1.00-0.9)]\times305$$
$$=281\text{N/mm}^2$$

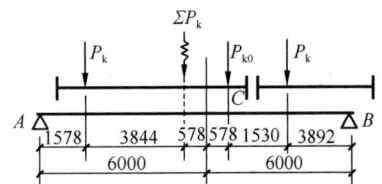

图 4.5.31

故选（A）项。

(5) 如图 4.5.31 所示；先求合力 ΣP_k 距临界荷载 P_{k0} 的距离 a：

$$a = \frac{448 \times (765 \times 2) - 448 \times 5000}{3 \times 448} = -1156\text{mm}$$

负号表示合力 ΣP_k 在临界荷载 P_{k0} 的左边。

将合力 ΣP_k 与临界荷载 P_{k0} 平均放置在跨度中间，距中央 $a/2 = 578$mm。

$$R_A = 3 \times 448 \times 6.578/12 = 736.7\text{kN}$$

临界荷载 P_{k0} 下 C 点处 $M_{k,\max}$：

$$M_{k,\max} = 736.7 \times 6.578 - 448 \times 5.0 = 2606\text{kN·m}$$

相应剪力 V_k：$V_k = 736.7 - 448 \times 2 = -159.3$kN

重级工作制吊车，取动力系数为 1.1，分项系数为 1.5。

$$M_{\max} = 1.1 \times 1.5 M_{k,\max} = 1.1 \times 1.5 \times 2606 = 4299.9\text{kN·m}$$

$$V = 1.1 \times 1.5 V_k = 1.1 \times 1.5 \times (-159.3) = -262.8\text{kN}$$

故选（D）项。

(6) 截面无削弱：$I_{nx} = I_x$。

$$\sigma = \frac{M_{\max}}{I_x} \cdot y_1 = \frac{4100 \times 10^6}{9.94 \times 10^9} \times 600 = 247.5\text{N/mm}^2$$

$$\tau = \frac{V_c}{h_w t_w} = \frac{450 \times 10^3}{1200 \times 12} = 31.3\text{N/mm}^2$$

$$\sigma_c = \frac{\psi F}{t_w l_z} = \frac{1.0 \times 1.5 \times 1.1 \times 448 \times 10^3}{12 \times (50 + 2 \times 150 + 5 \times 22)} = 133.9\text{N/mm}^2$$

由《钢标》式 (6.3.3-1)：

$$\left(\frac{\sigma}{\sigma_{cr}}\right)^2 + \left(\frac{\tau}{\tau_{cr}}\right)^2 + \frac{\sigma_c}{\sigma_{c,cr}} = \left(\frac{247.5}{305}\right)^2 + \left(\frac{31.3}{158}\right)^2 + \frac{133.9}{281}$$

$$= 0.658 + 0.039 + 0.477 = 1.17 > 1, \text{不满足。}$$

故选（C）项。

【例 4.5.23】某工作平台主梁，钢材 Q235，如图 4.5.32 所示。

试问：

(1) 在主梁的中间，横向承压加劲肋在腹板两侧成对配置，其最经济合理的截面尺寸，应为下列何项？

(A) 2—100×8　　　　　　(B) 2—100×6
(C) 2—90×8　　　　　　 (D) 2—90×6

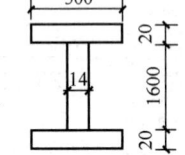

图 4.5.32

(2) 假定横向承压加劲肋在腹板单侧配置，其最经济合理的截面尺寸，应为下列何项？

(A) 100×8　　　　　　　　(B) 110×8
(C) 115×8　　　　　　　　(D) 120×8

【解答】（1）$h_0/t_w = 1600/14 = 114 > 80\varepsilon_k = 80$，但 $< 170\varepsilon_k = 170$，仅配置横向加劲肋。

根据《钢标》6.3.6条规定：

$$b_s \geqslant \frac{h_0}{30} + 40 = \frac{1600}{30} + 40 = 93.3\text{mm}，取 b_s = 100\text{mm}，满足$$

$$t_s \geqslant \frac{h_s}{15} = \frac{100}{15} = 6.7\text{mm}，取 t_s = 8\text{mm}，满足$$

故选（A）项。

（2）根据《钢标》6.3.6条规定：

$$b_s > 1.2 \times \left(\frac{h_0}{30} + 40\right) = 1.2 \times \left(\frac{1600}{30} + 40\right) = 112\text{mm}$$

$$t_s \geqslant \frac{b_s}{15} = \frac{112}{15} = 7.5\text{mm}$$

故选（C）项。

2. 梁的支承加劲肋

● 复习《钢标》6.3.7条。

如图4.5.33所示，支承加劲肋截面的计算主要包括：①按承受集中荷载或支座反力的轴心受压构件计算其在腹板平面外的稳定性；②按所承受集中荷载或支座反力进行加劲

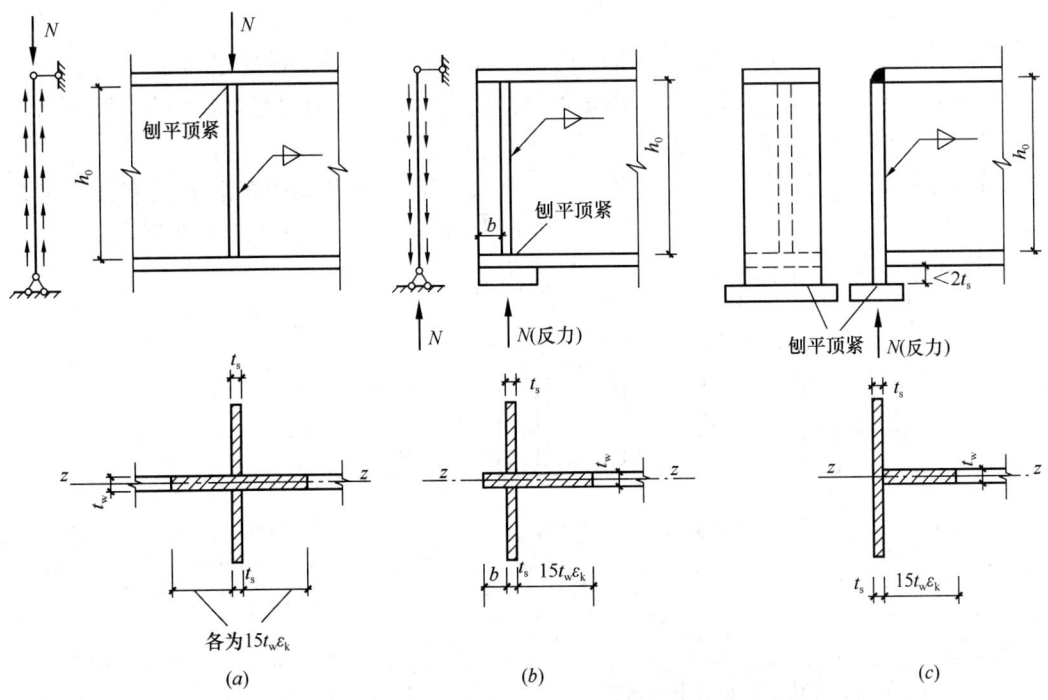

图4.5.33　支承加劲肋
(a) 中间支承加劲肋；(b)、(c) 支座支承加劲肋

肋端部承压截面或连接的计算：如端部为刨平顶紧时，应计算其端部端面承压应力并在施工图纸上注明刨平顶紧的部位；如端部为焊接时，应计算其焊缝应力；③计算加劲肋与腹板的角焊缝连接，但通常算得的焊脚尺寸很小，往往由构造要求 h_{fmin} 控制。

- （1）按轴心受压构件计算腹板平面外的稳定性

验算条件为：

$$\frac{N}{\varphi A_s} \leqslant f \tag{4.5.5}$$

式中，A_s 按图 4.5.33 中阴影面积进行取值；φ 计算时，对于十字形、T 形截面绕 z-z 轴时，采用 λ_z/ε_k 查《钢标》附录表进行确定。此时，由于腹板的有利影响，故不采用 $\lambda_{yz}/\varepsilon_k$ 进行 φ 的取值。

- （2）端部承压应力的计算

刨平顶紧时，验算条件为：

$$\frac{N}{A_{ce}} \leqslant f_{ce} \tag{4.5.6}$$

在计算加劲肋端面承压面积 A_{ce} 时要考虑加劲肋端面的切角，如前图 4.5.24 所示，即：$A_{ce}=2\left(b_s-\dfrac{1}{3}b_s\right)t_s$。

- （3）支承加劲肋与钢梁腹板的角焊缝连接

计算公式为：

$$\frac{N}{0.7h_f\sum l_w} \leqslant f_f^w \tag{4.5.7}$$

焊脚尺寸 h_f 应满足最小构造要求，见《钢标》11.3.5 条。在确定每条焊缝长度 l_w 时，要扣除加劲肋端部的切角长度。因角焊缝所受内力可看作沿焊缝全长均布，故不考虑《钢标》11.2.6 条条文说明中的超长折减。

【例 4.5.24】 如图 4.5.34 所示某工作平台主梁，支座和集中荷载处设有横向加劲肋，支座反力 $R=996$kN，支座加劲肋 $b_s \times t_s = 160$mm$\times$14mm，中间支承加劲肋 $b_s \times t_s = 120$mm$\times$8mm。肋板边缘为焰切。钢材 Q235 钢。$\gamma_0=1.0$。

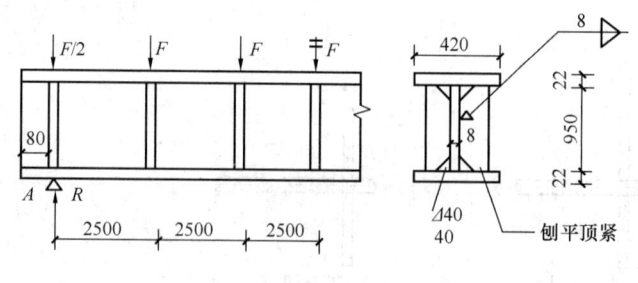

图 4.5.34

试问：

（1）验算支座加劲肋平面外稳定性。

（2）验算支座加劲肋端面承压应力。

(3) 验算支座加劲肋与腹板间的角焊缝应力。

(4) 假定中间支承加劲肋轴心受压设计值 $N=740\text{kN}$，验算其平面外稳定性。

【解答】 (1) 根据《钢标》6.3.7 条规定，取支座加劲肋平面外计算长度为：

$$l_0 = h_0 = 950\text{mm}$$

如图 4.5.35 所示，根据《钢标》6.3.7 条规定，取加劲肋一侧长度 $15t_w\varepsilon_k = 15 \times 8 \times \sqrt{235/235} = 120\text{mm}$

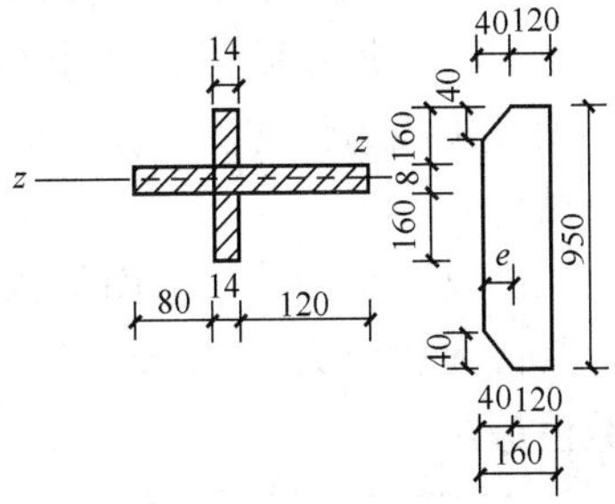

$$A = 2 \times 160 \times 14 + (80 + 14 + 120) \times 8 = 6192\text{mm}^2$$

$$I_z \approx \frac{1}{12} \times 14 \times (320+8)^3 = 4117 \times 10^4 \text{mm}^4$$

$$i_z = \sqrt{I_z/A} = \sqrt{4117 \times 10^4/6192} = 81.5\text{mm}$$

$$\lambda_z = \frac{l_0}{i_z} = \frac{950}{81.5} = 11.7$$

不考虑扭转效应，$\lambda_{yz} = \lambda_z = 11.7$

板件边缘焰切，查《钢标》表 7.2.1-1 知，均属 b 类截面。

查附表 D.0.2，$\varphi_{yz} = 0.990$

$$\frac{N}{\varphi_{yz}A} = \frac{996 \times 10^3}{0.990 \times 6192} = 162\text{N/mm}^2 < f = 215\text{N/mm}^2$$

图 4.5.35

(2) 端部切角，故 $A_{ce} = 2 \times (160-40) \times 14 = 3360\text{mm}^2$

$$\sigma_{ce} = \frac{N}{A_{ce}} = \frac{996 \times 10^3}{3360} = 296.4\text{N/mm}^2 < f_{ce} = 320\text{N/mm}^2，满足$$

(3) 应力沿全长均匀分布，$h_f = 8\text{mm}$，取 $\Sigma l_w = 2 \times (950 - 2 \times 40 - 2 \times 8) = 2 \times 854 = 1708\text{mm}$

$$\tau_f = \frac{R}{0.7h_f \Sigma l_w} = \frac{996 \times 10^3/2}{0.7 \times 8 \times 1708} = 52.1\text{N/mm}^2$$

$$e = 40 + \frac{120}{2} = 100\text{mm}$$

$$\sigma_f = \frac{R \cdot e}{2W_f} = \frac{\frac{1}{2} \times 996 \times 10^3 \times 100}{2 \times \frac{1}{6} \times 0.7 \times 8 \times 854^2} = 36.6\text{N/mm}^2$$

$$\sqrt{\left(\frac{\sigma_f}{\beta_f}\right)^2 + \tau_f^2} = \sqrt{\left(\frac{36.6}{1.22}\right)^2 + 52.1^2} = 60\text{N/mm}^2 < f_f^w = 160\text{N/mm}^2，满足$$

(4) 中间加劲肋平面外稳定

如图 4.5.36 所示，取各侧宽度为：

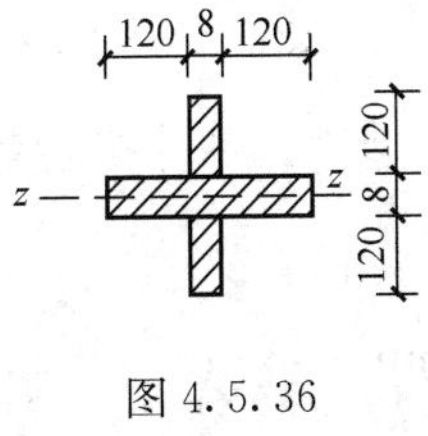

$$15t_w\varepsilon_k = 15 \times 8 \times \sqrt{235/235} = 120\text{mm}$$

$$A = 2 \times 120 \times 8 + 248 \times 8 = 3904\text{mm}^2$$

$$I_z = \frac{1}{12} \times 8 \times (8+240)^3 = 10168661\text{mm}^4$$

$$i_z = \sqrt{I_z/A} = \sqrt{10168661/3904} = 51.0\text{mm}$$

图 4.5.36

$$\lambda_z = l_0/i_z = \frac{950}{51.0} = 18.6$$

板件为焰切边，查《钢标》表 7.2.1-1 知，均属 b 类，查附表 D.0.2 知，$\varphi_z = 0.974$。

$$\frac{N}{\varphi_z A} = \frac{740 \times 10^3}{0.974 \times 3904} = 195 \text{N/mm}^2 < f = 215 \text{N/mm}^2，满足$$

【例 4.5.25】 某梁的端部支承加劲肋采用突缘加劲肋，如图 4.5.37 所示，支座反力 $R = 1600$kN，加劲肋截面尺寸为 -500×20，钢材为 Q235，焊条为 E43 型，预热手工焊。加劲肋板边缘为焰切边。$\gamma_0 = 1.0$。

试问：

（1）支座加劲肋的平面外整体稳定计算，其最大压应力（N/mm²），与下列何项数值最接近？

(A) 133　　　　(B) 145
(C) 156　　　　(D) 165

（2）突缘支座的端部承压应力 (N/mm²)，与下列何项数值最接近？

(A) 156　　　　(B) 160
(C) 165　　　　(D) 168

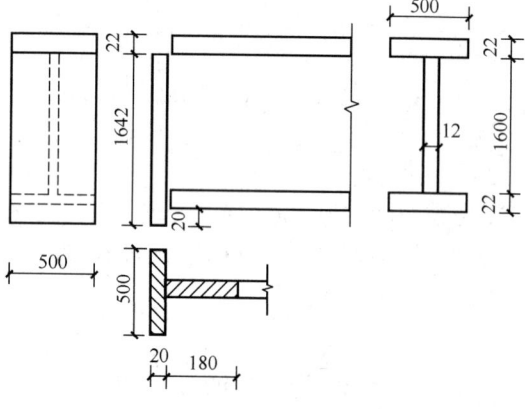

图 4.5.37

（3）支承加劲肋与腹板采用角焊缝，其最小焊脚尺寸 h_f（mm），与下列何项数值最接近？

(A) 5　　　(B) 6　　　(C) 7　　　(D) 10

（4）假定加劲肋板边缘为剪切边，其平面外整体稳定计算时，其最大压应力 (N/mm²)，与下列何项数值最接近？

(A) 125　　　(B) 133　　　(C) 138　　　(D) 142

【解答】 （1）根据《钢标》6.3.7 条规定，取加劲肋每侧腹板宽度为：

$$15t_w \varepsilon_k = 15 \times 12\sqrt{235/235} = 180 \text{mm}$$

$$A = 500 \times 20 + 180 \times 12 = 12160 \text{mm}^2$$

$$I_z = \frac{1}{12} \times 20 \times 500^3 = 2.08 \times 10^8 \text{mm}^4$$

$$i_z = \sqrt{I_z/A} = \sqrt{\frac{2.08 \times 10^8}{12160}} = 130.8 \text{mm}$$

$$\lambda_z = \frac{l_0}{i_z} = \frac{1600}{130.8} = 12.2$$

T 型截面、焰切边，查《钢标》表 7.2.1-1 知，属 b 类，查附表 D.0.2，不计扭转效应，$\lambda_z/\varepsilon_k = 12.2$，$\varphi_z = 0.989$。

$$\frac{N}{\varphi_z A} = \frac{1600 \times 10^3}{0.989 \times 12160} = 133.0 \text{N/mm}^2 < f = 205 \text{N/mm}^2$$

故选（A）项。

(2) $\sigma_{ce} = \dfrac{R}{A_{ce}} = \dfrac{1600 \times 10^3}{500 \times 20} = 160\text{N/mm}^2 < f_{ce} = 325\text{N/mm}^2$

故选（B）项。

(3) 应力沿全长均匀分布，假定 $h_f = 10\text{mm}$，则：

$$l_w = l - 2h_f = 1600 - 2 \times 10 = 1580\text{mm}$$

$$h_f = \dfrac{R}{0.7\Sigma l_w \cdot f_f^w} = \dfrac{1600 \times 10^3}{0.7 \times 2 \times 1580 \times 160} = 4.52\text{mm}$$

《钢标》11.3.5 条，$h_f \geq 5\text{mm}$

故取 $h_{f\min} = 5\text{mm}$，应选（A）项。

(4) $\lambda_z = l_0/i_z = 1600/130.8 = 12.2$

T 型截面、剪切边，查《钢标》表 7.2.1-1，对 z 轴为 c 类截面，查附表 D.0.3，$\varphi_z = 0.988$。

$$\dfrac{N}{\varphi_z A} = \dfrac{1600 \times 10^3}{0.988 \times 12160} = 133.18\text{N/mm}^2$$

故选（B）项。

【例 4.5.26】工字形焊接截面的钢吊车梁采用 Q235 制造，腹板—1300×12，支座最大剪力设计值 $V = 1005\text{kN}$，采用突缘支座，端加劲肋选用—400×20（焰切边）。$\gamma_0 = 1.0$。当端部支座加劲肋作为轴心受压构件进行稳定性计算时，其压应力是多少 N/mm²？

(A) 127.3　　(B) 115.7　　(C) 105.2　　(D) 100.1

【解答】根据《钢标》6.3.7 条规定，如图 4.5.38 所示受压构件截面：加劲肋侧边取宽度为：

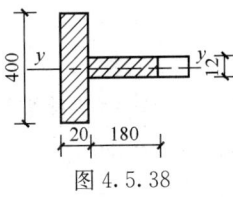

图 4.5.38

$$15t_w\varepsilon_k = 15 \times 12\sqrt{235/235} = 180\text{mm}$$
$$A = 20 \times 400 + 12 \times 180 = 10160\text{mm}^2$$
$$I_y = \dfrac{1}{12} \times 20 \times 400^3 = 1.067 \times 10^8\text{mm}^4$$
$$i_y = \sqrt{I_y/A} = 102.5\text{mm}$$
$$\lambda_y = \dfrac{l_{0y}}{i_y} = \dfrac{1300}{102.5} = 12.7$$

焰切边，查《钢标》表 7.2.1-1，对 y 轴属 b 类，查附表 D.0.2：

$$\varphi_y = 0.988$$
$$\dfrac{N}{\varphi_y A} = \dfrac{1005 \times 10^3}{0.988 \times 10160} = 100.1\text{N/mm}^2$$

故选（D）项。

【例 4.5.27】某焊接截面工字形钢梁，钢材为 Q345 钢，腹板—1500×10，梁跨度 12m，为保证抗弯强度（$\gamma_x = 1.0$）、整体稳定性得到满足，用翼缘板厚度为 16mm，不考虑腹板屈曲后强度。试问，翼缘板宽度（mm），最大不能超过下列何项数值？

(A) 190　　(B) 198　　(C) 390　　(D) 406

【解答】根据《钢标》3.5.1 条，按 S4 级，则：

$$b/t \leq 15\varepsilon_k，即：$$

$$b \leqslant 15\sqrt{235/345} \times 16 = 198\text{mm}$$

翼缘板宽度 $\leqslant 2b+10 = 2\times 198+10 = 406$mm

故选（D）项。

四、组合梁腹板考虑屈曲后强度的计算

> ● 复习《钢标》6.4.1条、6.4.2条。

1. 腹板中张力场及《钢标》中腹板区格抗剪承载力 V_u 计算

对考虑屈曲后强度的腹板抗剪承载力设计值的确定，一般采用两种方法。第一种称为张力场法。在设有横向加劲肋的板梁中，如图4.5.39所示，腹板张力场中拉力的水平分力和竖向分力需由翼缘板和加劲肋承受，此时板梁的作用犹如一桁架，翼缘板相当于桁架的上、下弦杆、横向加劲肋相当于其竖腹杆，而腹板的张力场则相当于桁架的斜腹杆。腹板中薄膜的张力场的作用将增加腹板的抗剪强度，使其抗剪强度由两部分组成，为屈曲强度和屈曲后强度两者之和。

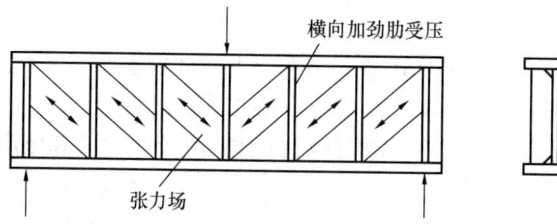

图4.5.39 腹板中的张力场作用

第二种方法称为简化的超临界法，《钢标》采用该方法，即：考虑腹板屈曲后强度之后腹板在弹性屈曲阶段、弹塑性屈曲阶段的剪切强度 τ_u 将高出 τ_{cr}，并且按不同的通用高厚比 $\lambda_{n,s}$ 直接给出考虑腹板屈曲后强度的 τ_u 计算公式，即《钢标》式(6.4.1-9)、式(6.4.1-10)。

对于两种情况，即：腹板不考虑屈曲后强度的 τ_{cr} 值即《钢标》式（6.3.3-8）、式（6.3.3-9）、式（6.3.3-10），与腹板考虑屈曲后强度之后的 τ_u 值即《钢标》式（6.4.1-8）、式（6.4.1-9）、式（6.4.1-10），为了比较，统一用应力表达式，其结果如图4.5.40所示。

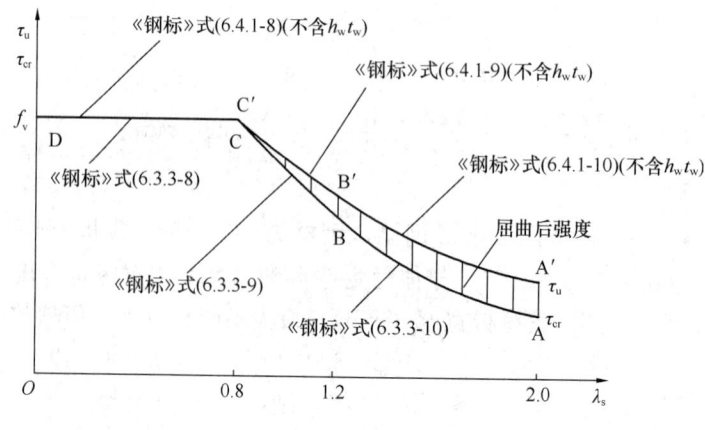

图4.5.40 τ_u 和 τ_{cr} 曲线

可见，考虑腹板屈曲后强度之后的腹板的 τ_u 大于 τ_{cr}，可充分利用材料性能，故其更经济合理。

此外，上述拉力场中剪力增加值 $V_u - \tau_{cr}h_w t_w$ 将由中间加劲肋承担，对加劲肋产生压力，当加劲肋其上端存在集中压力 F 时，加劲肋总压力 $N_s = (V_u - \tau_{cr}h_w t_w) + F$，亦即《钢标》式（6.4.2-1）。

2. 考虑腹板屈曲后强度的组合梁抗弯和抗剪强度计算

为此，《钢标》式（6.4.1-1）作了规定，如图 4.5.41 所示。

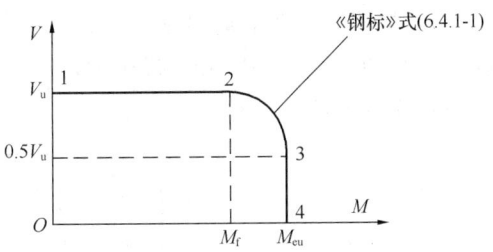

图 4.5.41　M 和 V 的相关曲线

《钢标》式（6.4.1-3），即：$M_{eu} = \gamma_x \alpha_e W_x f$，它也适用于单轴对称工字形梁，$W_x = \min\{W_{x压}、W_{x拉}\}$。

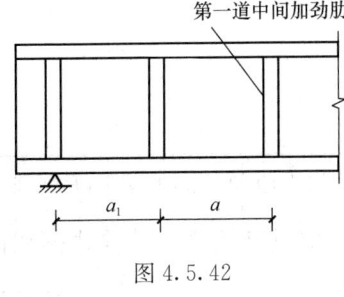

图 4.5.42

需注意的是：

(1)《钢标》式（6.4.1-1）中，M、V 取值，取梁的同一截面上同时产生的弯矩和剪力设计值。

(2)《钢标》6.4.2 条中，$\lambda_{n,s} > 0.8$ 即腹板在支座旁的区格利用了屈服后强度，需考虑拉力场的水平分力 H；反之，$\lambda_{n,s} \leqslant 0.8$ 即腹板在支座旁的区格未利用屈服后强度，如图 4.5.42 所示，此时支座加劲肋就不会受到水平分力 H 的作用。

(3)《钢标》6.4.2 条规定：

> **2** 当腹板在支座旁的区格 $\lambda_{n,s} > 0.8$ 时，支座加劲肋除承受梁的支座反力外，尚应承受拉力场的水平分力 H，应按压弯构件计算其强度和在腹板平面外的稳定，支座加劲肋截面和计算长度应符合本标准第 6.3.6 条的规定，H 的作用点在距腹板计算高度上边缘 $h_0/4$ 处，其值应按下式计算：
> $$H = (V_u - \tau_{cr}h_w t_w)\sqrt{1 + (a/h_0)^2} \quad (6.4.2-2)$$
> 式中　a——对设中间横向加劲肋的梁，取支座端区格的加劲肋间距；对不设中间加劲肋的腹板，取梁支座至跨内剪力为零点的距离（mm）。

一般支座加劲肋的计算，根据《钢标》6.3.7 条规定，构件的截面包括加劲肋和加劲肋每侧 $15t_w\varepsilon_k$ 范围内的腹板面积，计算长度取 h_0。但是如何确定上述压弯构件中的弯矩值 M 呢？《钢标》未明确，一般地，若把加劲肋视为一竖放的简支梁，则弯矩值 $M = \dfrac{3}{16}Hh_0$。

为了简化计算，《钢标》6.4.2 条还规定：

> **3** 当支座加劲肋采用图 6.4.2 的构造形式时，可按下述简化方法进行计算：加劲肋 1 作为承受支座反力 R 的轴心压杆计算，封头肋板 2 的截面积不应小于按下式计算的数值：

$$A_c = \frac{3h_0 H}{16ef} \qquad (6.4.2\text{-}3)$$

4 考虑腹板屈曲后强度的梁，腹板高厚比不应大于 250，可按构造需要设置中间横向加劲肋。$a > 2.5h_0$ 和不设中间横向加劲肋的腹板，当满足本标准式 (6.3.3-1) 时，可取水平分力 $H = 0$。

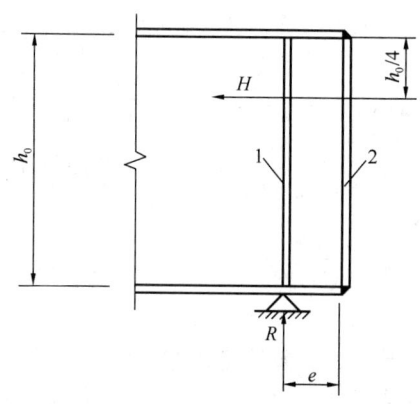

图 6.4.2 设置封头肋板的梁端构造
1—加劲肋；2—封头肋板

当按上述简化方法计算时，此时，将封头肋板 2 和加劲肋 1 以及其间的梁腹板视作一竖向放置的简支工字梁。该工字梁承受弯矩值 $M = \frac{3}{16}Hh_0$，假定该弯矩值完全由竖梁的翼缘承受，即可得《钢标》6.4.2 条中规范式 (6.4.2-3)：$A_c = 3h_0 H/(16ef)$。特别应注意，e 值大小应使该竖梁的腹板截面积能承受由 H 引起的最大纵向水平剪力 V_{max}，该最大纵向水平剪力 V_{max} 位于该竖梁的顶部 h_0 处，其大小为：

$$V_{max} = \frac{H \cdot \frac{3}{4}h_0}{h_0} = \frac{3}{4}H$$

按简化方法计算时，加劲肋 1 作为承受支座反力 R 的轴心压杆计算，其计算包括强度、腹板平面外的稳定性（即按《钢标》6.3.7 条计算）、端部承压应力等。

【例 4.5.28】 假定，某承受静力荷载作用且无局部压应力的两端铰接钢结构次梁，腹板仅配置支承加劲肋，材料采用 Q235，截面如图 4.5.43 所示，试问，当符合《钢结构设计标准》GB 50017—2017 第 6.4.1 条的设计规定时，下列说法何项最为合理？

提示："合理"指结构造价最低。
(A) 应加厚腹板 　　　　　　(B) 应配置横向加劲肋
(C) 应配置横向及纵向加劲肋 　(D) 无须增加额外措施

【解答】 翼缘板件宽厚比：$\dfrac{b}{t_f} = \dfrac{(250-8)/2}{12} = 10.1 < 13\varepsilon_k = 13$

腹板板件高厚比：$h_0/t_w = 700/8 = 87.5 > 80\varepsilon_k = 80$

根据《钢标》6.3.1 条的规定，应选 (D) 项。

【例 4.5.29】 某工作平台梁格中的主梁，如图 4.5.44 所示，采

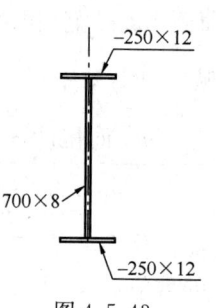

图 4.5.43

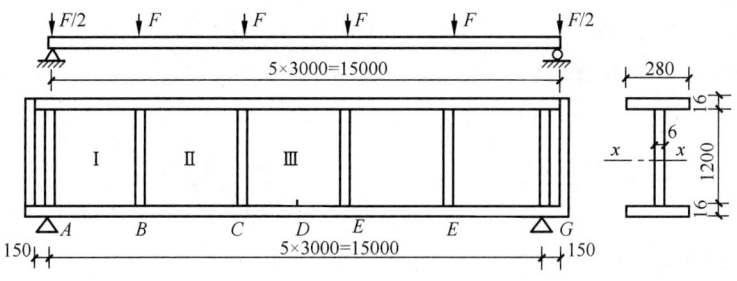

图 4.5.44

用焊接截面钢梁，钢材为 Q235。平台刚性铺板对梁的上翼缘扭转有约束。集中荷载设计值 $F=151\text{kN}$，主梁自重标准值 $g_k=1.24\text{kN/m}$。$\gamma_0=1.0$。

已知梁截面特性：$A=161.6\text{cm}^2$，$I_x=417600\text{cm}^4$，$W_x=6780\text{cm}^3$。

提示：按《工程结构通用规范》作答。

试问：

(1) 利用腹板屈曲后强度验算该梁的腹板强度。

(2) 假定选用加劲肋为 80×6，板件边缘为焰切边，验算中间横向加劲肋平面外稳定性。

(3) 支座加劲肋采用封头板加强，计算拉力场中水平应力 H 和封头板的截面面积。

(4) 假定在距支座加劲肋 450mm 处增设一中间横向加劲肋，验算其是否考虑拉力场的水平分力 H。

【解答】 (1) 验算梁的腹板强度

1) 确定梁的内力设计值：

支座 A 附近的剪力最大

$$R_A = 2.5F + \frac{1}{2}ql = 2.5\times151 + \frac{1}{2}\times1.3\times1.24\times15$$

$$=389.59\text{kN}$$

$$V_{max} = R_A - 0.5F = 389.59 - 0.5\times151 = 314\text{kN}$$

跨中弯矩最大：

$$M_{max} = 2\times151\times\frac{15}{2} - 151\times(4.5+1.5) + \frac{1}{8}\times1.3\times1.24\times15^2$$

$$=1404\text{kN}\cdot\text{m}$$

加劲肋处的弯矩、剪力如图 4.5.45 所示。

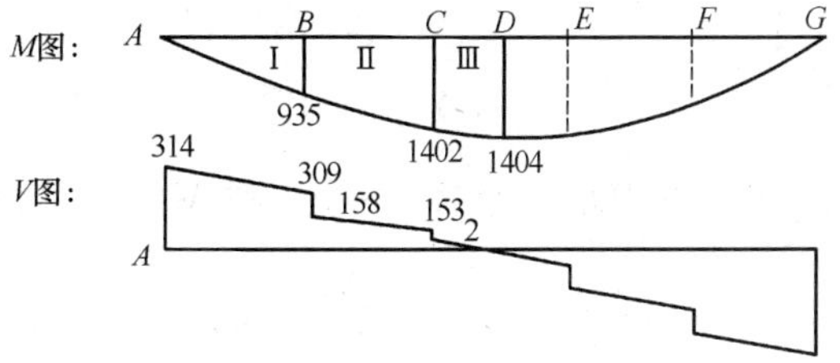

$V_A = V_{max} = 314\text{kN}$，

$V_B^l = 314 - 1.3\times1.24\times3 = 309\text{kN}$

$V_B^r = 309 - 151 = 158\text{kN}$，

$V_C^l = 158 - 1.3\times1.24\times3 = 153\text{kN}$

$V_C^r = 153 - 151 = 2\text{kN}$，$V_D = 0$

$M_A = 0$，$M_B = 314\times3 - 1.3\times1.24\times3\times1.5 = 935\text{kN}\cdot\text{m}$

$M_C = 314\times6 - 1.3\times1.24\times6\times3 - 151\times3 = 1402\text{kN}\cdot\text{m}$

$M_D = 1404\text{kN}\cdot\text{m}$

图 4.5.45

2) 确定 V_u、M_f、M_{eu}：

根据《钢标》6.4.1条：

$a/h_0 = 3000/1200 = 2.5 > 1$，由标准式（6.3.3-12），$\eta = 1.11$，则：

$$\lambda_{n,s} = \frac{h_0/t_w}{37\eta\sqrt{5.34+4(h_0/a)^2}} \cdot \frac{1}{\varepsilon_k} = \frac{1200/6}{37 \times 1.11\sqrt{5.34+4(1200/3000)^2}} \times 1$$

$$= 1.99 > 1.2$$

由标准式（6.4.1-10）：

$$V_u = h_w t_w f_v / \lambda_{n,s}^{1.2} = 1200 \times 6 \times 125 / 1.99^{1.2} = 394.1 \text{kN}$$

由标准式（6.4.1-2）求 M_f，双轴对称截面：

$$M_f = 2A_{f1} \cdot h_{m1} f = 2 \times 280 \times 16 \times 608 \times 215 = 1171 \text{kN} \cdot \text{m}$$

考虑主梁受压翼缘受约束，由标准式（6.3.3-6）：

$$\lambda_{n,b} = \frac{2h_c/t_w}{177\varepsilon_k} = \frac{1200/6}{177 \times 1} = 1.13 > 0.85, \text{但} < 1.25$$

由标准式（6.4.1-6）：

$$\rho = 1 - 0.82(\lambda_{n,b} - 0.85) = 1 - 0.82 \times (1.13 - 0.85) = 0.77$$

$$\alpha_e = 1 - \frac{(1-\rho)h_c^3 t_w}{2I_x} = 1 - \frac{(1-0.77) \times 60^3 \times 0.6}{2 \times 417600} = 0.96$$

$$b/t = \frac{280-6}{2 \times 16} = 8.6 < 13\varepsilon_k = 13$$

由标准式（6.4.1-3）及 6.4.1 条条文说明，取 $\gamma_x = 1.05$：

$$M_{eu} = \gamma_x \alpha_e W_x f = 1.05 \times 0.96 \times 6780 \times 10^3 \times 215 = 1469 \text{kN} \cdot \text{m}$$

3）各区格强度验算：

① 区格 I 左侧：

$$V = 314 \text{kN}, M = 0$$

$$V = 314 \text{kN} > 0.5V_u = 0.5 \times 394.1 = 197 \text{kN}$$

$M = 0 < M_f = 1171 \text{kN} \cdot \text{m}$，取 $M = M_f$，由标准式（6.4.1-1）：

$$\left(\frac{V}{0.5V_u} - 1\right)^2 + \frac{M-M_f}{M_{eu}-M_f} = \left(\frac{314}{0.5 \times 394.1} - 1\right)^2 + 0 = 0.35 < 1, \text{满足}$$

② 区格 I 右侧：

$$V = 309 \text{kN}, M = 935 \text{kN} \cdot \text{m}$$

$$M = 935 \text{kN} < M_f = 1171 \text{kN} \cdot \text{m}, \text{取} M = M_f$$

$$\left(\frac{V}{0.5V_u} - 1\right)^2 + \frac{M-M_f}{M_{eu}-M_f} = \left(\frac{309}{0.5 \times 394.1} - 1\right)^2 + 0 = 0.32 < 1, \text{满足}$$

③ 区格Ⅱ右侧：

$$V = 153 \text{kN}, M = 1402 \text{kN} \cdot \text{m}$$

$$V = 153 \text{kN} < 0.5 V_u = 0.5 \times 394.1 = 197 \text{kN}, 故取 V = 0.5 V_u$$

$$\left(\frac{V}{0.5 V_u} - 1\right)^2 + \frac{M - M_f}{M_{eu} - M_f} = 0 + \frac{1402 - 1171}{1469 - 1171} = 0.78 < 1, 满足$$

④ 区格Ⅲ中央：

$$V = 0, M = 1404 \text{kN} \cdot \text{m}$$

$$V = 0 < 0.5 V_u = 197 \text{kN}, 故取 V = 0.5 V_u$$

$$\left(\frac{V}{0.5 V_u} - 1\right)^2 + \frac{M - M_f}{M_{eu} - M_f} = 0 + \frac{1404 - 1171}{1469 - 1171} = 0.78 < 1, 满足$$

(2) 由上述结果知，$\lambda_{n,s} = 1.99 > 1.2$，由《钢标》式（6.3.3-10）：

$$\tau_{cr} = 1.1 f_v / \lambda_{n,s}^2 = 1.1 \times 125 / 1.99^2 = 34.7 \text{N/mm}^2$$

由标准式（6.4.2-1）：

$$N_s = V_u - \tau_{cr} h_w t_w + F = 394.1 - 34.7 \times 1200 \times 6 \times 10^{-3} + 151 = 295 \text{kN}$$

如图 4.5.46 所示，根据《钢标》6.4.2 条规定，加劲肋每侧取腹板宽度为：

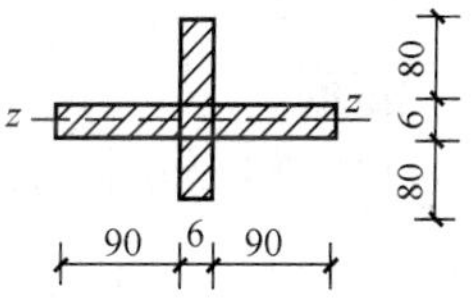

$$15 t_w \varepsilon_k = 15 \times 6 \times 1 = 90 \text{mm}$$

$$A = 2 \times 8 \times 0.6 + 18.6 \times 0.6 = 20.8 \text{cm}^2$$

$$I_z = \frac{1}{12} \times 0.6 \times 16.6^3 = 228.7 \text{cm}^4$$

图 4.5.46

$$i_z = \sqrt{I_z / A} = \sqrt{228.7 / 20.8} = 3.3 \text{cm} = 33 \text{mm}$$

$$\lambda_z = \frac{l_0}{i_z} = \frac{1200}{33} = 36.4$$

焰切边、十字形截面，查《钢标》表 7.2.1-1，属 b 类截面，查附表 D.0.2，$\varphi = 0.912$

$$\frac{N_s}{\varphi A} = \frac{295 \times 10^3}{0.912 \times 20.8 \times 10^2} = 155.5 \text{N/mm}^2 < f = 215 \text{N/mm}^2, 满足$$

(3) 支座加劲肋处的 H

由《钢标》(6.4.2-2)：

$$H = (V_u - \tau_{cr} h_w t_w) \sqrt{1 + (a/h_0)^2}$$

$$= (394.1 - 34.7 \times 1200 \times 6 \times 10^{-3}) \sqrt{1 + (3000/1200)^2} = 388 \text{kN}$$

如图中所示，取 $e = 150 \text{mm}$，由标准式（6.4.2-3）：

$$A_c = \frac{3 h_0}{16 e} \frac{H}{f} = \frac{3 \times 1200 \times 388 \times 10^3}{16 \times 150 \times 215} = 2707 \text{mm}^2$$

取封头板—280×10（$A = 2800 \text{mm}^2$），满足。

(4) $a/h_0 = 450/1200 = 0.375 < 1.0$，由标准式（6.3.3-11），$\eta = 1.11$，则：

$$\lambda_{n,s} = \frac{h_0/t_w}{37\eta\sqrt{4+5.34(h_0/a)^2}} \cdot \frac{1}{\varepsilon_k}$$

$$= \frac{1200/6}{41\sqrt{4+5.34(1200/450)^2}} \times 1 = 0.75 < 0.8,\text{故不考虑拉力场的水平分力 } H。$$

【例 4.5.30】 某简支工作平台主梁，采用焊接截面工字形钢梁，用 Q235 钢，焊条用 E43 型，平台刚性铺板可保证梁的整体稳定性，且梁的上翼缘扭转变形受到约束。平台梁受力如图 4.5.47 所示，集中荷载设计值 $P = 180\text{kN}$，梁自重标准值 $g_k = 1.4\text{kN/m}$。工字形梁截面特性：$I_x = 2.66 \times 10^9 \text{mm}^4$，$W_x = 5.17 \times 10^6 \text{mm}^3$。$\gamma_0 = 1.0$。

提示：按《工程结构通用规范》作答。

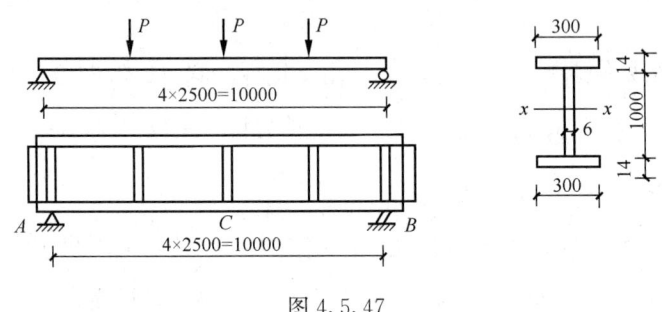

图 4.5.47

试问：

(1) 考虑梁腹板屈曲后强度，梁受剪承载力设计值 V_u（kN），与下列何项数值最接近？

(A) 400   (B) 408   (C) 416   (D) 424

(2) 考虑腹板屈曲后强度，梁受弯承载力设计值 M_{eu}（kN·m），与下列何项数值最接近？

(A) 987   (B) 1252   (C) 1154   (D) 1202

(3) 考虑腹板屈曲后强度，梁跨中 C 点截面左侧受弯与受剪承载力关系式，满足下列何项关系式？

(A) 0.03<1.0   (B) 0.15<1.0   (C) 0.35<1.0   (D) 0.45<1.0

(4) 考虑腹板屈曲后强度，中间支承加劲肋承受的轴心压力设计值（kN），与下列何项数值最接近？

(A) 278   (B) 289   (C) 305   (D) 312

(5) 考虑腹板屈曲后强度，支座加劲肋承受拉力场的水平分力 H（kN），与下列何项数值最接近？

(A) 286   (B) 293   (C) 308   (D) 316

(6) 在距离支座加劲肋为 a（mm）处设一道中间横向加劲肋，a（mm）不大于下列何项时，可不考虑拉力场的水平分力 H？

(A) 220   (B) 360   (C) 490   (D) 540

【解答】 (1) $a/h_0 = 2500/1000 = 2.5 > 1.0$，由《钢标》式（6.3.3-12），$\eta = 1.11$，则：

$$\lambda_{n,s} = \frac{h_0/t_w}{37\eta\sqrt{5.34+4(h_0/a)^2}} \cdot \frac{1}{\varepsilon_k} = \frac{1000/6}{37 \times 1.11\sqrt{5.34+4(1000/2500)^2}} \times 1$$
$$= 1.66 > 1.2$$

由标准式（6.4.1-10）：
$$V_u = h_w t_w f_v / \lambda_{n,s}^{1.2} = 1000 \times 6 \times 125/1.66^{1.2} = 408.26 \text{kN}$$

故选（B）项。

(2) 梁受压翼缘扭转受到约束，由《钢标》式（6.3.3-6）：
$$\lambda_{n,b} = \frac{2h_c/t_w}{177\varepsilon_k} = \frac{1000/6}{177 \times 1} = 0.942 > 0.85, 但 < 1.25$$

由标准式（6.4.1-6）：
$$\rho = 1 - 0.82(\lambda_{n,b} - 0.85) = 1 - 0.82 \times (0.942 - 0.85) = 0.925$$
$$\alpha_e = 1 - \frac{(1-\rho)h_c^3 t_w}{2I_x} = 1 - \frac{(1-0.925) \times 500^3 \times 6}{2 \times 2.66 \times 10^9} = 0.989$$
$$b/t = \frac{300-6}{2 \times 14} = 10.5 < 13\varepsilon_k = 13$$

由式（6.4.1-3）及 6.4.1 条条文说明，取 $\gamma_x = 1.05$：
$$M_{eu} = \gamma_x \alpha_e W_f f = 1.05 \times 0.989 \times 5.17 \times 10^6 \times 215 = 1154.3 \text{kN} \cdot \text{m}$$

故选（C）项。

(3) 确定跨中 C 点左侧弯矩、剪力设计值：
$$V = \frac{P}{2} = \frac{180}{2} = 90 \text{kN} < 0.5V_u = 0.5 \times 408.26 = 204 \text{kN}, 取 V = 0.5V_u$$
$$M = \frac{1}{8}gl^2 + \frac{3}{2}P \times 5 - P \times 2.5$$
$$= \frac{1}{8} \times 1.3 \times 1.4 \times 10^2 + \left(\frac{3}{2} \times 5 - 2.5\right) \times 180 = 923 \text{kN} \cdot \text{m}$$
$$M_f = A_{f1} \cdot 2h_{m1} f = 300 \times 14 \times 1014 \times 215 = 915.6 \text{kN} \cdot \text{m} < M = 923 \text{kN} \cdot \text{m}$$

由《钢标》式（6.4.1-1）：
$$\left(\frac{V}{0.5V_u} - 1\right)^2 + \frac{M - M_f}{M_{eu} - M_f} = 0 + \frac{923 - 915.6}{1154.3 - 915.6} = 0.03 < 1, 满足$$

故选（A）项。

(4) 因 $\lambda_{n,s} = 1.66 > 1.2$，由《钢标》式（6.3.3-10）：
$$\tau_{cr} = 1.1 f_v / \lambda_{n,s}^2 = 1.1 \times 125/1.66^2 = 49.9 \text{N/mm}^2$$

由标准式（6.4.2-1）：
$$N_s = V_u - \tau_{cr} h_w t_w + F = 408.26 - 49.9 \times 1000 \times 6 \times 10^{-3} + 180 = 288.86 \text{kN}$$

故选（B）项。

(5) 由《钢标》式（6.4.2-2）：
$$H = (V_u - \tau_{cr} h_w t_w)\sqrt{1 + (a/h_0)^2}$$
$$= (408.26 - 49.9 \times 1000 \times 6 \times 10^{-3})\sqrt{1 + (2500/1000)^2} = 293.1 \text{kN}$$

故选（B）项。

(6) 由题目条件，应使 $\lambda_{n,s} \leq 0.8$：

假定 $a/h_0 \leqslant 1.0$，由《钢标》式（6.3.3-11）：

$$\lambda_{n,s} = \frac{h_0/t_w}{37\eta\sqrt{4+5.34(h_0/a)^2}} \cdot \frac{1}{\varepsilon_k} \leqslant 0.8，则：$$

$$\frac{1000/6}{37 \times 1.11\sqrt{4+5.34(h_0/a)^2}} \times 1 \leqslant 0.8$$

解之得：$a \leqslant 496$mm，此时，$a/h_0 = 496/1000 = 0.496 < 1.0$，原假定成立。

故选（C）项。

【例 4.5.31】 某焊接截面工字形简支钢梁，跨度 $l=12$m，承受均布荷载设计值 $q=200$kN/m（含梁自重），用 Q235B 钢，梁翼缘板 2－20×400，腹板 1－10×2000，如图 4.5.51 所示。梁跨范围内有足够侧向支承点，保证其不会整体失稳，但梁的上翼缘扭转变形不受约束。梁支座加劲肋如图 4.5.48 所示，采用封头板。按考虑腹板屈服后强度进行计算。$\gamma_0=1.0$。

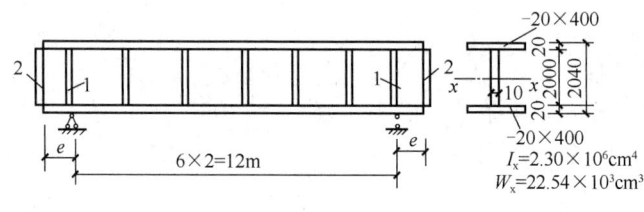

图 4.5.48

试问：

(1) 确定加劲肋 1 和封头肋板 2 的间距 e（mm），与下列何项数值最为接近？

(A) 260   (B) 300   (C) 340   (D) 400

(2) 假定 $e=320$mm，水平力 $H=550$kN，封肋板 2 的最小截面尺寸，应为下列何项？

(A) 7×400   (B) 8×400   (C) 9×400   (D) 10×400

【解答】 (1) 由图可知，加劲肋间距 $a=2000$mm

根据《钢标》6.4.1 条规定：

$a/h_0 = 2000/2000 = 1.0 \leqslant 1.0$，由标准式（6.3.3-11）：

$$\lambda_{n,s} = \frac{h_0/t_w}{37\eta\sqrt{4+5.34(h_0/a)^2}} \cdot \frac{1}{\varepsilon_k} = \frac{2000/10}{37 \times 1.11\sqrt{4+5.34 \times 1^2}} \times 1 = 1.593 > 1.2$$

由标准式（6.3.3-10）：

$$\tau_{cr} = 1.1 f_v/\lambda_{n,s}^2 = 1.1 \times 125/1.593^2 = 54 \text{N/mm}^2$$

由《钢标》6.4.1 条：

$$V_u = h_w t_w f_v / \lambda_{n,s}^{1.2} = 2000 \times 10 \times 125/1.596^{1.2} = 1429.8 \text{kN}$$

确定水平力 H，由《钢标》6.4.2 条：

$$H = (V_u - \tau_{cr} h_w t_w)\sqrt{1+(a/h_0)^2} = (1429.8 - 54 \times 2000 \times 10 \times 10^{-3})\sqrt{1+1^2}$$
$$= 495 \text{kN}$$

竖梁（即加劲肋 1 和封头肋板 2 及两者间的梁腹板视为一竖向工字简支梁）的梁顶截面水平反力为：

$$V_{\mathrm{h}} = \frac{\frac{3}{4}h_0 H}{h_0} = \frac{3}{4}H = \frac{3}{4} \times 495 = 371\mathrm{kN}$$

加劲肋 1 和封头肋板 2 间的距离 e，按竖梁腹板的抗剪强度确定：

$$e = \frac{V_{\mathrm{h}}}{f_{\mathrm{v}} t_{\mathrm{w}}} = \frac{371 \times 10^3}{125 \times 10} = 297\mathrm{mm}$$

应选（B）项。

(2) 封头肋板 2 的截面，根据《钢标》6.4.2 条：

$$A_{\mathrm{c}} = \frac{3h_0 H}{16ef} = \frac{3 \times 2000 \times 550 \times 10^3}{16 \times 320 \times 215} = 2998\mathrm{mm}^2$$

取封头肋板 2 的宽度与梁翼缘宽度相等，$b=400\mathrm{mm}$：

$$t = \frac{2998}{400} = 7.5\mathrm{mm}$$

故封头肋板 2 的截面为 -8×400，应选（B）项。

五、梁腹板有效截面按《钢标》8.4.2 条计算

- 复习《钢标》6.1.1 条。
- 复习《钢标》8.4.2 条。

【**例 4.5.32**】 某钢结构刚架梁，采用 Q235 钢，梁采用双轴对称的焊接工字形截面，翼缘板为 -350×16，腹板为 -1500×12，其余截面特性为：$A=29200\mathrm{mm}^2$，$I_{\mathrm{x}}=9.81 \times 10^9 \mathrm{mm}^4$，$W_{\mathrm{x}}=1.28 \times 10^7 \mathrm{mm}^3$。截面无孔。已知梁在荷载的基本组合下弯矩设计值 $M=2350\mathrm{kN \cdot m}$。$\gamma_0 = 1.0$。

试问：当按抗弯强度计算时，该梁的上翼缘的最大正应力为多少？

【**解答**】 $\dfrac{b}{t} = \dfrac{350-12}{2 \times 16} = 10.6 < 13\varepsilon_{\mathrm{k}} = 13$

$\dfrac{h_0}{t_{\mathrm{w}}} = \dfrac{1500}{12} = 125 > 124\varepsilon_{\mathrm{k}} = 124$，且 <250

由《钢标》表 3.5.1，翼缘为 S3 级，腹板为 S5 级。

根据《钢标》6.1.1 条，由《钢标》8.4.2 条：受弯，故取 $\alpha_0 = 2$

$$k_{\sigma} = \frac{16}{2-2+\sqrt{(2-2)^2 + 0.112 \times 2^2}} = 23.9$$

$$\lambda_{\mathrm{n,p}} = \frac{\frac{1500}{12}}{28.1\sqrt{23.9}} \times \frac{1}{1} = 0.910 > 0.75$$

$$\rho = \frac{1}{0.910}\left(1 - \frac{0.19}{0.910}\right) = 0.869$$

$$h_{\mathrm{e}} = \rho h_{\mathrm{c}} = 0.869 \times \frac{1500}{2} = 652\mathrm{mm}$$

$$h_{\mathrm{e1}} = 0.4 h_{\mathrm{e}} = 261\mathrm{mm}, \quad h_{\mathrm{e2}} = 0.6 h_{\mathrm{e}} = 391\mathrm{mm}$$

退出工作的腹板高度 $=750-652=98\mathrm{mm}$

计算有效净截面的惯性矩 I_{nex}（图4.5.49）：

退出工作的腹板部分的形心到受压翼缘上边缘的距离 $=\dfrac{98}{2}+261+16=326\mathrm{mm}$

有效净截面形心轴到受压翼缘上边缘的距离 y_{e} 为：

$$y_{\mathrm{e}} = \frac{29200 \times 766 - 98 \times 12 \times 326}{29200 - 98 \times 12}$$

$$= 784\mathrm{mm}$$

$$e = 784 - 766 = 18\mathrm{mm}$$

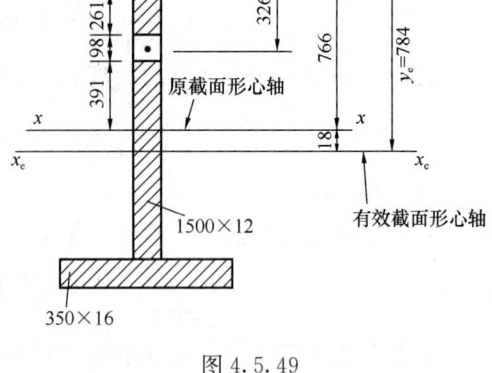

图4.5.49

由平行移轴公式：

$$I_{\mathrm{nex}} = I_{\mathrm{x}} + Ae^2 - \left[\frac{1}{12} \times 12 \times 98^3 + (98 \times 12) \times (784-326)^2\right]$$

$$= 9.81 \times 10^9 + 29200 \times 18^2 - \left[\frac{1}{12} \times 12 \times 98^3 + (98 \times 12) \times 458^2\right]$$

$$= 9.572 \times 10^9 \mathrm{mm}^4$$

$$W_{\mathrm{nex}} = \frac{I_{\mathrm{nex}}}{y_{\mathrm{e}}} = \frac{9.572 \times 10^9}{784} = 1.22 \times 10^7 \mathrm{mm}^3$$

由于腹板屈曲，可取 $\gamma_{\mathrm{x}} = 1.0$

$$\frac{M_{\mathrm{x}}}{\gamma_{\mathrm{x}} W_{\mathrm{nex}}} = \frac{2350 \times 10^6}{1.0 \times 1.22 \times 10^7} = 192.6 \mathrm{N/mm^2}$$

六、受弯构件的挠度验算

1. 荷载组合

- 复习《钢标》3.1.5条、3.1.7条。

可见，挠度验算，对于钢梁采用荷载的标准组合。

2. 刚度计算

- 复习《钢标》3.4.2条。

3. 挠度限值

- 复习《钢标》3.4.1条、3.4.3条、附录B。

4. 最大挠度的计算公式

简支梁在几种常用荷载作用下的最大挠度计算公式，见表4.5.2。

简支梁最大挠度的计算公式　　表4.5.2

荷载类型	q均布 l	F 集中 $l/2, l/2$	F, F $l/3, l/3, l/3$	F, F, F $l/4, l/4, l/4, l/4$
计算公式	$\dfrac{5}{384} \cdot \dfrac{ql^4}{EI}$	$\dfrac{1}{48} \cdot \dfrac{Fl^3}{EI}$	$\dfrac{23}{648} \cdot \dfrac{Fl^3}{EI}$	$\dfrac{19}{384} \cdot \dfrac{Fl^3}{EI}$

对等截面简支梁可采用下式近似公式计算：
$$\frac{v}{l} \approx \frac{M_k l}{10 EI_x} \leqslant \frac{[v_T]}{l} \text{ 或 } \frac{[v_Q]}{l}$$

式中 M_k——根据《钢标》附录表 B.1.1 中的 $[v_T]$ 或 $[v_Q]$ 所对应的荷载（全部荷载或可变荷载）的标准组合产生的最大弯矩值。

【例 4.5.33】 某轻屋盖钢结构厂房，屋面不上人，屋面坡度为 1/10。采用热轧 H 型钢屋面檩条，其水平间距为 3m，钢材采用 Q235 钢。屋面檩条按简支梁设计，计算跨度 l=12m。假定，屋面水平投影面上的荷载标准值：屋面自重为 $0.18kN/m^2$，均布活荷载为 $0.5kN/m^2$，积灰荷载为 $1.00kN/m^2$，雪荷载为 $0.65kN/m^2$。热轧 H 型钢檩条型号为 H400×150×8×13，自重为 0.56kN/m，其截面特性：$A=70.37×10^2 mm^2$，$I_x=18600×10^4 mm^4$，$W_x=929×10^3 mm^3$，$W_y=97.8×10^3 mm^3$，$i_y=32.2mm$。屋面檩条的截面形式如图 4.5.50 所示。$\gamma_0=1.0$。檩条截面等级满足 S3 级。

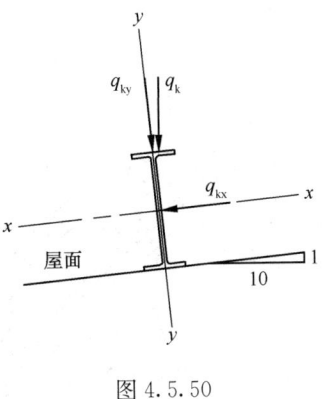

图 4.5.50

试问： 屋面檩条垂直于屋面方向的最大挠度（mm）应与下列何项数值最为接近？
(A) 40　　　　(B) 50　　　　(C) 60　　　　(D) 80

【解答】 根据《钢标》3.1.5 条，取荷载的标准组合。

根据《荷规》5.4.1 条，积灰荷载的 $\psi_c=0.9$；由《荷规》7.1.5 条，雪荷载的 $\psi_c=0.7$。

根据《荷规》5.4.3 条，3.2.8 条：
$$q_k = (0.18×3+0.56)+(1.0+0.7×0.65)×3 = 5.465 kN/m$$
$$q_k = (0.18×3+0.56)+(0.65+0.9×1.0)×3 = 5.75 kN/m$$

故取 $q_k=5.75kN/m$
$$q_{ky} = 5.75 × \frac{10}{\sqrt{10^2+1^2}} = 5.721 kN/m$$
$$v = \frac{5 q_{ky} l^4}{384 EI_x} = \frac{5×5.721×12000^4}{384×206×10^3×18600×10^4} = 40.3 mm$$

故选（A）项。

七、梁腹板开孔与构造要求

● 复习《钢标》6.5.1 条～6.6.2 条。

第六节　拉弯和压弯构件的计算

一、拉弯和压弯构件的强度计算

1. 压弯（拉弯）构件的强度计算准则

承受静力荷载作用的实腹式拉弯和压弯构件在轴力和弯矩的共同作用下，受力最不利的截面出现塑性铰时即达到构件的强度极限状态。

实腹式单向压弯构件的 N/N_p 和 M/M_p 的无量纲化相关曲线，如图 4.6.1 所示。实腹式工字形双向拉弯构件的 N/N_p、M_x/M_{px} 和 M_y/M_{py} 的无量纲化相关曲线，如图 4.6.2 所示。

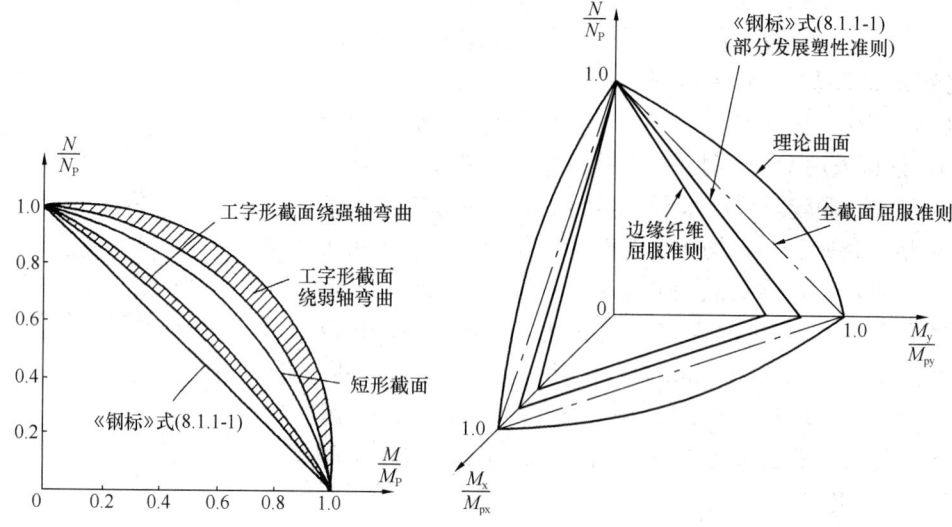

图 4.6.1　单向压弯构件强度计算相关曲线　　图 4.6.2　双向拉弯构件强度计算相关曲面

计算压弯（拉弯）构件的强度时，根据不同情况，可以采用三种不同的强度计算准则：

- （1）边缘纤维屈服准则：采用这个准则时，当构件受力最大截面边缘处的最大应力达到屈服时，即认为构件达到了强度极限。按此准则，构件始终在弹性阶段工作。《钢标》对需要计算疲劳的构件和部分格构式构件的强度计算采用这一准则，《薄壁钢规》也采用这一准则。
- （2）全截面屈服准则：这一准则以构件最大受力截面形成塑性铰为强度极限。如：塑性设计的工字形截面梁。
- （3）部分发展塑性准则：这一准则以构件最大受力截面的部分受压区和受拉区进入塑性为强度极限，截面塑性发展深度将根据具体情况给予规定。为了避免构件形成塑性铰时过大的非弹性变形，《钢标》规定一般构件以这一准则作为强度极限。为了计算简便并偏于安全，强度计算可用直线式相关关系，用 $\gamma_x W_{nx}$ 和 $\gamma_y W_{ny}$ 分别代替截面对两个主轴的塑性抵抗矩。

2.《钢标》规定

《钢通规》规定：

4.1.5　拉弯、压弯构件应验算轴力和弯矩共同作用下的截面强度、验算时截面几何特性应按净截面面积和净截面模量计算。

《钢标》8.1 节作了具体规定。

- 复习《钢标》8.1.1 条。

需注意的是：

拉弯构件，其截面等级的确定可按受弯构件截面等级确定原则进行处理。

【例 4.6.1】 某一般建筑物的桁架构件，选用热轧工字钢 I22a，$A=42.1\text{cm}^2$，$i_x=8.99\text{cm}$，$i_y=2.32\text{cm}$，$W_x=310\text{cm}^3$。构件用 Q345 钢，如图 4.6.3 所示，承受轴向拉力设计值为 $N=800\text{kN}$，横向均布荷载设计值 $q=7\text{kN/m}$。构件截面无削弱。梁自重标准值 $g_k=0.33\text{kN/m}$。$\gamma_0=1.0$。截面等级满足 S3 级。

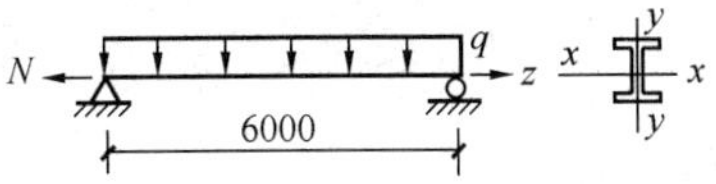

图 4.6.3

试问：

(1) 该构件的最大拉应力（N/mm^2），与下列何项数值最接近？

(A) 165　　(B) 271　　(C) 283　　(D) 292

(2) 该构件的刚度验算式，满足下列何项关系式？

(A) $\lambda_y=259<[\lambda]=350$　　(B) $\lambda_y=259<[\lambda]=300$

(C) $\lambda_y=68<[\lambda]=350$　　(D) $\lambda_y=68<[\lambda]=300$

【解答】 (1) 截面等级满足 S3 级，取 $\gamma_x=1.05$，$\gamma_y=1.2$。

$$M_x=\frac{1}{8}\times(7+0.33\times1.3)\times6^2=33.4\text{kN·m}$$

根据《钢标》8.1.1 条规定：

$$\frac{N}{A_n}+\frac{M_x}{\gamma_x W_{nx}}=\frac{800\times10^3}{42.1\times10^2}+\frac{33.4\times10^6}{1.05\times310\times10^3}$$
$$=293\text{N/mm}^2<f=305\text{N/mm}^2，满足$$

故选（D）项。

(2) 查《钢标》表 7.4.7，取 $[\lambda]=350$

$$\lambda_y=\frac{l_{0y}}{i_y}=\frac{6000}{23.2}=259<[\lambda]=350，满足$$

故选（A）项。

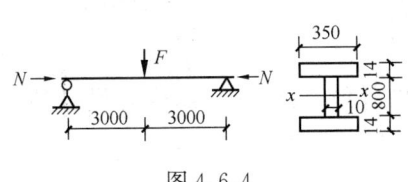

图 4.6.4

【例 4.6.2】 某压弯构件如图 4.6.4 所示，承受的静力荷载设计值 $N=1500\text{kN}$，钢材为 Q345，构件截面无削弱，截面特性：$A=178\text{cm}^2$，$W_x=4950\text{cm}^3$。$\gamma_0=1.0$。

试问：

(1) 假定不计构件自重，构件腹板设置纵向加劲肋，构件截面等级为 S4 级。根据强度条件，该构件承受的最大横向荷载设计值 F（kN），与下列何项数值最接近？

(A) 610　　(B) 680　　(C) 730　　(D) 745

(2) 假定杆件为拉弯构件，拉力 $N=2100\text{kN}$，其他条件同 (1)，该构件承受的最大横向荷载设计值 F（kN），与下列何项数值最接近？

(A) 615　　(B) 635　　(C) 655　　(D) 695

【解答】 (1) $M_x=\dfrac{Fl}{4}=\dfrac{F}{4}\times6=1.5F$（kN·m）

由条件，取 $\gamma_x=1.0$，由《钢标》8.1.1 条：

$$\frac{N}{A_n} + \frac{M_x}{\gamma_x W_{nx}} \leqslant f$$

$$M_x \leqslant \left(f - \frac{N}{A_n}\right) \cdot \gamma_x W_{nx} = \left(305 - \frac{1500 \times 10^3}{178 \times 10^2}\right) \times 1.0 \times 4950 \times 10^3$$
$$= 1093 \text{kN} \cdot \text{m}$$
$$M_x = 1.5F = 1093, \text{则}: F = 729 \text{kN}$$

故选（C）项。

(2) $M_x = \dfrac{Fl}{4} = 1.5F$

$\dfrac{b}{t} = \dfrac{350-10}{2 \times 14} = 12.1 > 13\varepsilon_k = 10.7$，且 $< 15\varepsilon_k = 12.4$

$\dfrac{h_0}{t_w} = \dfrac{800}{10} = 80 < 124\varepsilon_k = 102$

截面等级为 S4 级，取 $\gamma_x = 1.0$，按全截面计算。

$$\frac{N}{A_n} + \frac{M_x}{\gamma_x W_{nx}} \leqslant f$$

$$M_x \leqslant \left(f - \frac{N}{A_n}\right)\gamma_x W_{nx} = \left(305 - \frac{2100 \times 10^3}{178 \times 10^2}\right) \times 1.0 \times 4950 \times 10^3$$
$$= 925.8 \text{kN} \cdot \text{m}$$
$$M_x = 1.5F = 925.8, \text{则}: F = 617.2 \text{kN}$$

故选（A）项。

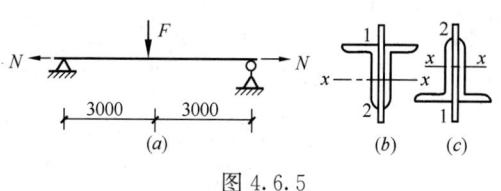

图 4.6.5

【例 4.6.3】 某拉弯构件，选用 2L140×90×8 角钢，长肢相拼组成 T 形截面，截面无削弱，$A = 36.0 \text{cm}^2$，$i_x = 45 \text{cm}$，$W_{1x} = 162.2 \text{cm}^3$，$W_{2x} = 76.8 \text{cm}^3$，钢材为 Q235 钢。如图 4.6.5 所示，承受静载轴心拉力设计值 N，跨中承受集中荷载设计值 F。$\gamma_0 = 1.0$。截面等级满足 S3 级。

试问：

(1) 截面如图 4.6.5 (b) 所示，$F = 10 \text{kN}$，该构件能承受的最大拉力设计值 N (kN)，与下列何项数值最接近？

(A) 182　　(B) 188　　(C) 416　　(D) 457

(2) 截面如图 4.6.5 (c) 所示，$F = 15 \text{kN}$，该构件能承受的拉力设计值 N (kN) 范围，与下列何项数值最接近？

(A) 105～298　(B) 115～298　(C) 105～278　(D) 115～278

【解答】(1) 截面等级满足 S3 级，查《钢标》表 8.1.1，肢背，$\gamma_{x1} = 1.05$，肢尖 $\gamma_{x2} = 1.2$

$$M_x = \frac{F \cdot l}{4} = 10 \times 6/4 = 15 \text{kN} \cdot \text{m}$$

肢尖，受拉应力：

$$\frac{N}{A_n} + \frac{M_x}{\gamma_{x2} W_{2x}} \leqslant f$$

$$N \leqslant \left(f - \frac{M_x}{\gamma_{x2}W_{2x}}\right) \cdot A_n = \left(215 - \frac{15 \times 10^6}{1.2 \times 76.8 \times 10^3}\right) \times 3600 = 188.06 \text{kN}$$

肢背1，最不利时：

$$\left|\frac{N}{A_n} - \frac{M_x}{\gamma_{x1}W_{1x}}\right| \leqslant f$$

$$\left|\frac{N}{3600} - \frac{15 \times 10^6}{1.05 \times 162.2 \times 10^3}\right| \leqslant 215$$

$$\left|\frac{N}{3600} - 88.07\right| \leqslant 215$$

$$N \leqslant (215 + 88.07) \times 3600 = 1091 \text{kN}$$

取上述较小值：$N = 188.06 \text{kN}$，故选（B）项。

(2) $M_x = \dfrac{Fl}{4} = \dfrac{15 \times 6}{4} = 22.5 \text{kN} \cdot \text{m}$

肢背受拉应力：

$$\frac{N}{A_n} + \frac{M_x}{\gamma_{x1}W_{1x}} \leqslant f$$

$$N \leqslant \left(f - \frac{M_x}{\gamma_{x1}W_{1x}}\right)A_n = \left(215 - \frac{22.5 \times 10^6}{1.05 \times 162.2 \times 10^3}\right) \times 3600$$

$$N \leqslant 298.4 \text{kN}$$

肢尖，最不利时：

$$\left|\frac{N}{A_n} - \frac{M_x}{\gamma_{x2}W_{2x}}\right| \leqslant f$$

$$\left|\frac{N}{3600} - \frac{22.5 \times 10^6}{1.2 \times 76.8 \times 10^3}\right| \leqslant 215$$

$$\left|\frac{N}{3600} - 244.1\right| \leqslant 215$$

解之得：$104.8 \text{kN} \leqslant N \leqslant 1653 \text{kN}$

综上可知，拉力 N 为：$104.8 \leqslant N \leqslant 298.4 \text{kN}$，应选（A）项。

二、框架柱的计算长度

> ● 复习《钢标》8.3.1 条。

框架分为：无支撑的纯框架和有支撑框架。

无支撑的纯框架，当采用一阶弹性分析方法时，在框架平面内，其柱的计算长度系数 μ 是按有侧移框架柱进行确定，查《钢标》附表 E.0.2。

有支撑框架应设置为强支撑框架。强支撑框架，在框架平面内，其柱的计算长度系数 μ 是按无侧移框架柱进行确定，查《钢标》附表 E.0.1。

▲I. 强支撑框架的判别

强支撑框架的判别，《钢标》8.3.1 条规定：

> 2 有支撑框架：
> 当支撑结构（支撑桁架、剪力墙等）满足式（8.3.1-6）要求时，为强支撑框架，框架柱的计算长度系数 μ 可按本标准附录 E 表 E.0.1 无侧移框架柱的计算长度系数确定，也可按式（8.3.1-7）计算。

$$S_b \geqslant 4.4\left[\left(1+\frac{100}{f_y}\right)\Sigma N_{bi} - \Sigma N_{0i}\right] \tag{8.3.1-6}$$

$$\mu = \sqrt{\frac{(1+0.41K_1)(1+0.41K_2)}{(1+0.82K_1)(1+0.82K_2)}} \tag{8.3.1-7}$$

式中：ΣN_{bi}、ΣN_{0i}——分别为第 i 层层间所有框架柱用无侧移框架和有侧移框架柱计算长度系数算得的轴压杆稳定承载力之和（N）；

S_b——支撑结构层侧移刚度，即施加于结构上的水平力与其产生的层间位移角的比值（N）；

K_1、K_2——分别为相交于柱上端、柱下端的横梁线刚度之和与柱线刚度之和的比值。K_1、K_2 的修正见本标准附录 E 表 E.0.1 注。

- 预备知识：支撑斜杆的侧移刚度 S_b

如图 4.6.6（a）所示，交叉支撑按拉杆设计，其受压时退出工作，故图 4.6.6（b）中仅画出受拉斜杆 AC（截面面积为 A_b）。

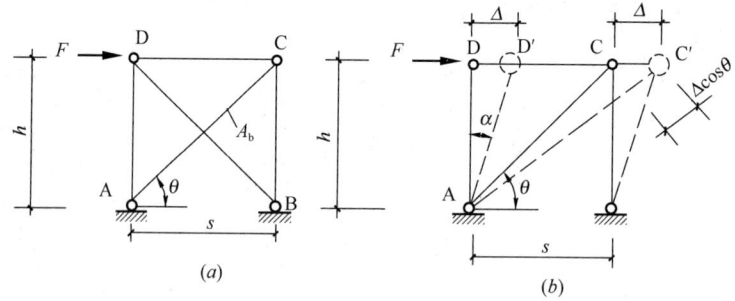

图 4.6.6

根据材料力学，斜杆 AC 的伸长量为：$\Delta\cos\theta = \dfrac{\dfrac{F}{\cos\theta}\cdot L_{Ac}}{EA_b} = \dfrac{\dfrac{F}{\cos\theta}\cdot \dfrac{s}{\cos\theta}}{EA_b}$，则：

$$F = EA_b \cdot \frac{\Delta\cos^3\theta}{s}$$

根据 S_b 的定义，同时 $\alpha = \dfrac{\Delta}{h}$，则：

$$S_b = \frac{F}{\alpha} = \frac{EA_b\Delta\cos^3\theta/s}{\Delta/h} = EA_b \cdot \cos^3\theta \cdot \tan\theta$$

$$= EA_b \cdot \cos^2\theta \cdot \sin\theta$$

【例 4.6.4】 有支撑的框架结构如图 4.6.7 所示，交叉支撑斜杆按拉杆设计。已知四根框架柱均采用热轧 H 型钢 HW300×300×10×16，其截面特性：$I_x = 20200\text{cm}^4$，$i_x = 13.1\text{cm}$，$A = 118.5\text{cm}^2$。柱顶与横梁铰接，柱底与基础刚接，柱高度为 6m。钢材均选用 Q235 钢。假若该支撑框架设置为强支撑框架，其单根支撑斜杆应选用下列何项才最经济合理？

(A) L45×5 ($A=429\text{mm}^2$) (B) L50×5 ($A=480.3\text{mm}^2$)
(C) L55×5 ($A=541.5\text{mm}^2$) (D) L60×5 ($A=691.4\text{mm}^2$)

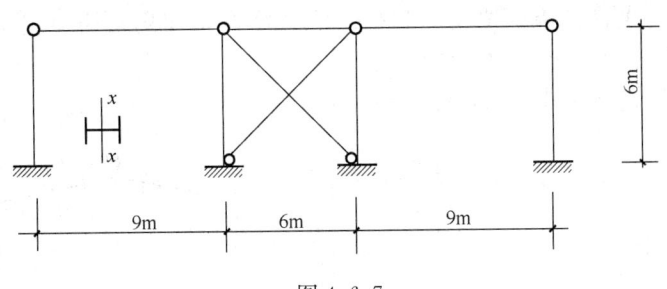

图 4.6.7

【解答】 根据《钢标》8.3.1 条第 2 款规定：
(1) 无侧移，由《钢标》附录 E.0.1 条：
$$K_1=0, K_2=10, \mu=0.732, l_0=\mu l=0.732\times 6=4.392\text{m}$$
$\dfrac{b}{h}=\dfrac{300}{300}=1>0.8$，查《钢标》表 7.2.1-1 及注 1，对 x 轴属于 b 类；$\lambda_x=\dfrac{4392}{131}=$
33.5，$\lambda_x/\varepsilon_k=33.5$，查附表 D.0.2，$\varphi=0.923$。

4 根：$\Sigma N_{bi}=4\varphi Af=4\times 0.923\times 11850\times 215=9.406\times 10^6\text{N}$

(2) 有侧移，由《钢标》附录 E.0.2 条：
$$K_1=0, K_2=10, \mu=2.03, l_0=\mu l=2.03\times 6=12.18\text{m}$$
$\lambda_x=\dfrac{12180}{131}=93.0$，$\lambda_x/\varepsilon_k=93.0$，对 x 轴属于 b 类，查附表 D.0.2，$\varphi=0.601$

4 根：$\Sigma N_{0i}=4\varphi Af=4\times 0.601\times 11850\times 215=6.125\times 10^6\text{N}$

(3) 由《钢标》式 (8.3.1-6)：
$$S_b\geqslant 4.4\left[\left(1+\dfrac{100}{235}\right)\times 9.406\times 10^6-6.125\times 10^6\right]=32.05\times 10^6\text{N}$$

又 $S_b=EA_b\cdot\cos^2\theta\sin\theta$，$\theta=\arctan\dfrac{6}{6}=45°$，则：
$$A_b\geqslant\dfrac{32.05\times 10^6}{206\times 10^3\cos^2 45°\cdot\sin 45°}=440\text{mm}^2$$

故选 (B) 项。

▲Ⅱ．等截面柱的计算长度

- 复习《钢标》8.3.1 条。
- 复习《钢标》附录 E。

需注意的是：

(1) 附有摇摆柱的框架柱的计算长度

图 4.6.8 给出带有摇摆柱的框架都是有侧移失稳的框架。其中，图 4.6.8(a) 的右侧柱和图 4.6.8(b) 的中柱均为上、下端铰接，完全没有抗侧移的能力，即其抗侧移刚度为零，这些柱称为摇摆柱，与横梁刚性连接的柱则称为框架柱。当框架在柱顶荷载作用下有侧移失稳时，摇摆柱不提供抗侧移刚度，但是它们所承受的荷载却有使侧移增大的趋

势，必然由框架柱来承担。因此，图 4.6.8（a）的三根框架柱在按两跨框架得出计算长度系数 μ 后，应乘以增大系数 η。

图 4.6.8（b）的两根边框架柱，则先按跨度为 $2l$ 的单跨框架（l 为钢梁长度）求得计算长度系数 μ，再乘以上述增大系数 η。

摇摆柱的计算长度取其几何长度，即 $\mu=1$。

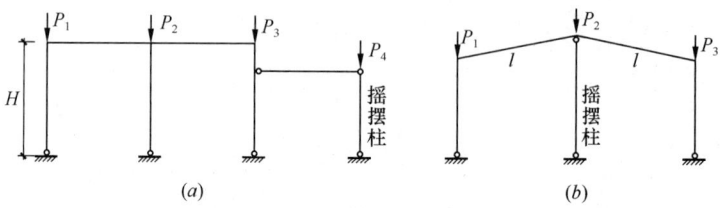

图 4.6.8 带有摇摆柱的框架柱

（2）二阶弹性分析时柱的计算长度

《钢标》8.3.1 条作了规定，取 $\mu=1.0$。

【例 4.6.5】 某 4 层钢结构商业建筑，层高 5m，房屋高度 20m，抗震设防烈度 8 度，采用框架结构。框架梁柱采用 Q345。框架梁截面采用轧制型钢 H600×200×11×17，柱采用箱形截面 B450×450×16。

假定，框架柱几何长度为 5m，采用二阶弹性分析方法计算且考虑假想水平力时，框架柱进行稳定性计算时，下列何项说法正确？

(A) 只需计算强度，无须计算稳定 (B) 计算长度取 4.275m
(C) 计算长度取 5m (D) 计算长度取 7.95m

【解答】 根据《钢标》8.3.1 条，计算长度系数 $\mu=1$，计算长度为 5m。
故选（C）项。

【例 4.6.6】 如图 4.6.9 所示单层双跨等截面框架，柱与基础刚接，图中圆圈中数字表示各构件的相对线刚度。

试问：柱 AB、CD 在框架平面内的计算长度。

【解答】 框架按有侧移失稳，查《钢标》附表 E.0.2。

AB 柱：$k_1=1/0.5=2$，$k_2=10$，查附表 E.0.2，$\mu=1.10$，
故 $H_0=\mu H=1.1\times 6=6.6$m

CD 柱：$k_1=\dfrac{1+1}{0.8}=2.5$，$k_2=10$

查附表 D-2，$\mu=1.085$，故 $H_0=\mu H=1.085\times 6=6.51$m

【例 4.6.7】 如图 4.6.10 所示，单层双跨某截面框架，柱与基础铰接，图中圆圈中数字表示各构件的相对线刚度。

试问：柱 AB、CD 在框架平面内的计算长度。

【解答】 框架按有侧移失稳，查《钢标》附表 E.0.2。

AB 柱：$K_1=\dfrac{1}{1}=1$，$K_2=0$，

查附表 E.0.2，$\mu=2.33$，故 $H_0=\mu H=2.33\times$

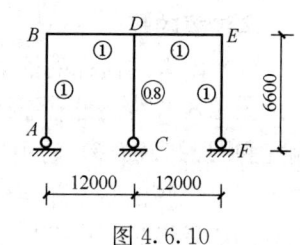

图 4.6.10

6.6=15.378m

CD柱：$K_1=\dfrac{1+1}{0.8}=2.5$，$k_2=0$

查附表E.0.2，$\mu=\dfrac{2.17+2.11}{2}=2.14$，故 $H_0=\mu H=2.14\times 6.6=14.124$m

【例4.6.8】 如图4.6.11所示，双层框架，图中圆圈内数字为构件的相对线刚度。
试问：各柱在框架平面内的计算长度系数μ值。

【解答】 框架按有侧移失稳，应查《钢标》附表E.0.2。

C_1、C_3柱：$K_1=\dfrac{4}{1}=4$，$K_2=\dfrac{6}{1+2}=2$，查得$\mu=1.12$

C_2柱：$K_1=\dfrac{4+4}{2}=4$，$K_2=\dfrac{6+6}{2+4}=2$，查得$\mu=1.12$

C_4、C_6柱：$K_1=\dfrac{6}{1+2}=2$，$K_2=10$，查得$\mu=1.10$

C_5柱：$K_1=\dfrac{6+6}{2+4}=2$，$K_2=0$，查得$\mu=2.17$

【例4.6.9】 如图4.6.12所示，两层框架为强支撑框架，图中圆圈内数字为构件的相对线刚度。

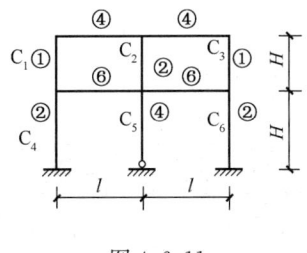

图4.6.11

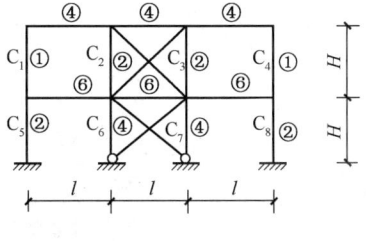

图4.6.12

试问：各柱在框架平面内的计算长度系数μ值。

【解答】 框架按无侧移失稳，查《钢标》附表E.0.1。

C_1、C_4柱：$K_1=\dfrac{4}{1}=4$，$K_2=\dfrac{6}{1+2}=2$，查得$\mu=0.648$

C_2、C_3柱：$K_1=\dfrac{4+4}{2}=4$，$K_2=\dfrac{6+6}{4+2}=2$，查得$\mu=0.648$

C_5、C_8柱：$K_1=\dfrac{6}{1+2}=2$，$K_2=10$，查得$\mu=0.615$

C_6、C_7柱：$K_1=\dfrac{6+6}{2+4}=2$，$K_2=0$，查得$\mu=0.820$

【例4.6.10】 如图4.6.13所示，无侧移单层框架，各种惯性矩I相同。

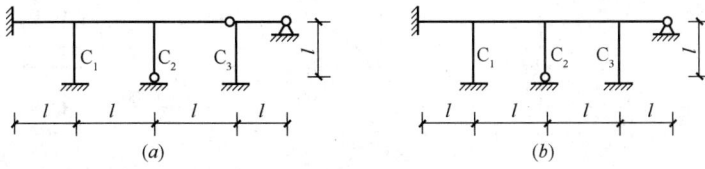

图4.6.13

试问：确定该框架柱平面内的计算长度系数 μ 值。

【解答】 框架按无侧移失稳，查《钢标》附表 E.0.1。

图 4.5.13 (a) 中，C_1 柱：$K_1 = \dfrac{1 \times 2 + 1}{1} = 3$，$K_2 = 10$，查得 $\mu = 0.593$

C_2 柱：$K_1 = \dfrac{1 + 1 \times 1.5}{1} = 2.5$，$K_2 = 0$，查得 $\mu = 0.806$

C_3 柱：$K_1 = \dfrac{0 + 1 \times 1.5}{1} = 1.5$，$K_2 = 10$，查得 $\mu = 0.635$

图 4.5.13 (b) 中，C_1 柱：$K_1 = \dfrac{1 \times 2 + 1}{1} = 3$，$K_2 = 10$，查得 $\mu = 0.593$

C_2 柱：$K_1 = \dfrac{1 + 1}{1} = 2$，$K_2 = 0$，查得 $\mu = 0.820$

C_3 柱：$K_1 = \dfrac{1 + 1.5 \times 1}{1} = 2.5$，$K_2 = 10$，查得 $\mu = 0.604$

【例 4.6.11】 某非抗震设计的工业操作平台承受静力荷载，其主体结构体系的计算简图如图 4.6.14 所示，钢柱平面外设置支撑体系。钢结构框架采用一阶弹性分析方法计算内力，钢柱采用平板支座与基础铰接连接。框架钢梁均采用热轧 H 型钢 H400×200×

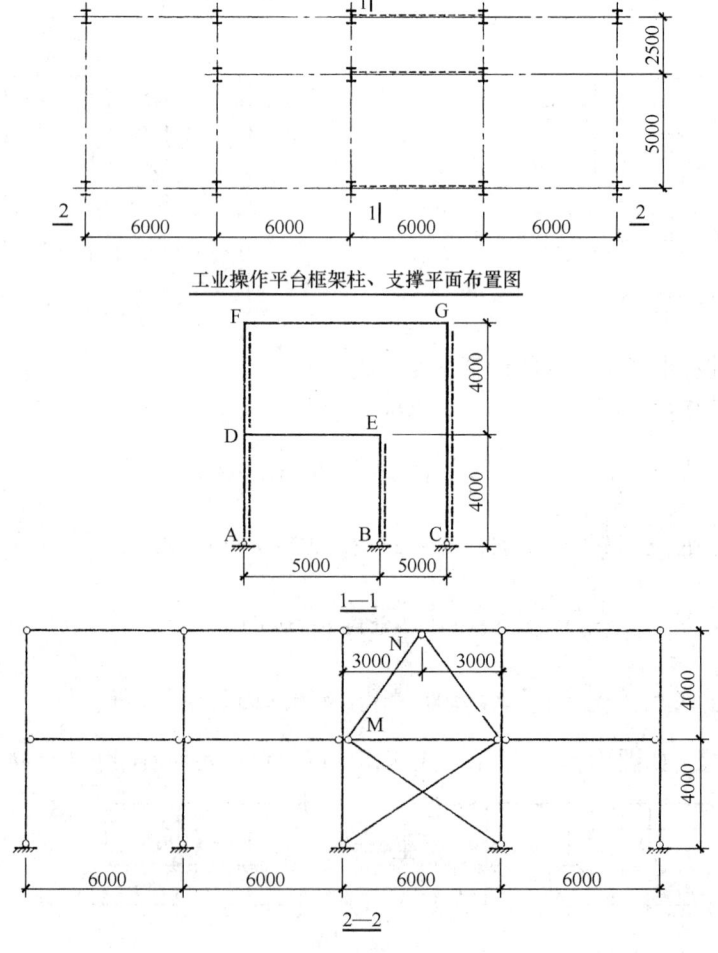

图 4.6.14

8×13，对 x 轴的毛截面惯性矩 $I_x=23500\times10^4\text{mm}^4$；框架钢柱均采用热轧 H 型钢 H294×200×8×12，对 x 轴的毛截面惯性矩 $I_x=11100\times10^4\text{mm}^4$。钢材采用 Q235 钢。

假定，忽略框架横梁轴心压力对横梁线刚度的折减，并且取 $K_2=0.1$。试问，钢柱 AD 的框架平面内的计算长度 l_{0x}（mm），与下列何项数值最为接近？

(A) 6000　　　　(B) 6750　　　　(C) 7300　　　　(D) 7850

【解答】有侧移框架柱，由《钢标》附录 E.0.2 条：

$K_2=0.1$

$$K_1=\frac{\dfrac{I_{DE}}{5\times10^3}}{\dfrac{I_{AD}}{4\times10^3}+\dfrac{I_{DF}}{4\times10^3}}=\frac{\dfrac{23500\times10^4}{5\times10^3}}{\dfrac{11100\times10^4}{4\times10^3}+\dfrac{11100\times10^4}{4\times10^3}}=0.847$$

查附表 E.0.2：

$$\mu=2.11-\frac{2.11-1.90}{1-0.5}\times(0.847-0.5)=1.96$$

$l_{0x}=1.96\times4000=7840\text{mm}$，应选（D）项。

【例 4.6.12】某非抗震设计的单层钢结构平台，钢材均为 Q235B，梁柱均采用轧制 H 型钢，X 向采用梁柱刚接的框架结构，Y 向采用梁柱铰接的支撑结构，平台满铺 $t=6\text{mm}$ 的花纹钢板，如图 4.6.15 所示。梁均采用 H300×150×6.5×9，其惯性矩 $I_x=7210\text{cm}^4$，$I_y=508\text{cm}^4$；柱均采用 H250×250×9×14，其惯性矩 $I_x=10700\text{cm}^4$，$I_y=3650\text{cm}^4$。所有截面均无削弱，不考虑楼板对梁的影响。

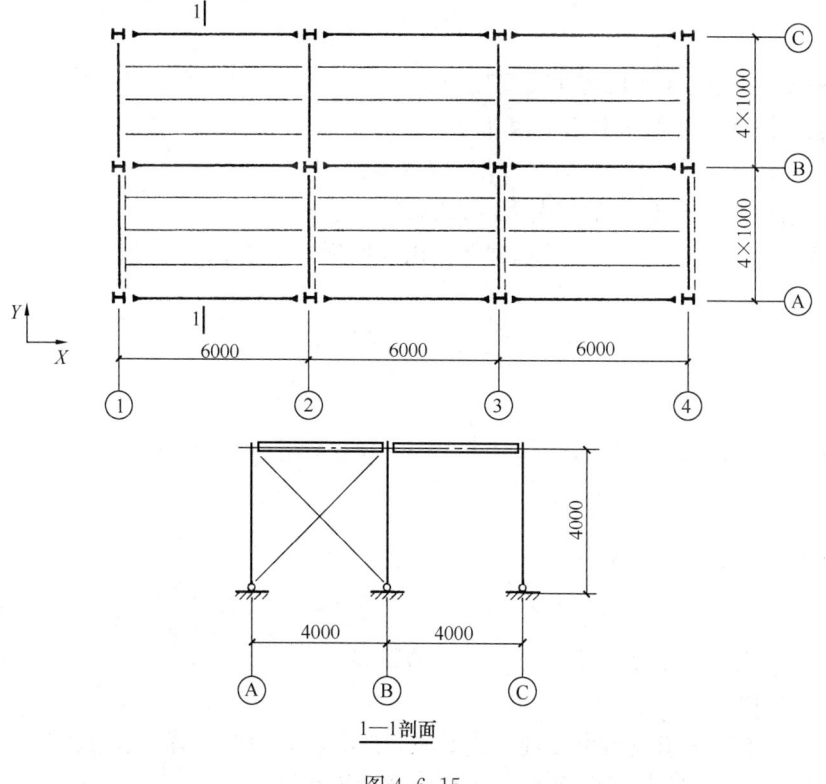

图 4.6.15

试问：

(1) 假定，内力计算采用一阶弹性分析，柱脚铰接，取 $K_2=0$。试问，②轴柱 X 向平面内计算长度系数，与下列何项数值最为接近？

(A) 0.9　　　　(B) 1.0　　　　(C) 2.4　　　　(D) 2.7

(2) 由于生产需要图示处（图4.6.16）增加集中荷载，故梁下增设三根两端铰接的轴心受压柱，其中，边柱（Ⓐ、Ⓒ轴）轴心压力设计值为 100kN，中柱（Ⓑ轴）轴心压力设计值为 200kN。假定，Y 向为强支撑框架，Ⓑ轴框架柱总轴心压力设计值为 486.9kN，Ⓐ、Ⓒ轴框架柱总轴心压力设计值均为 243.5kN。试问，与原结构相比，关于框架柱的计算长度，下列何项说法最接近《钢结构设计标准》规定？

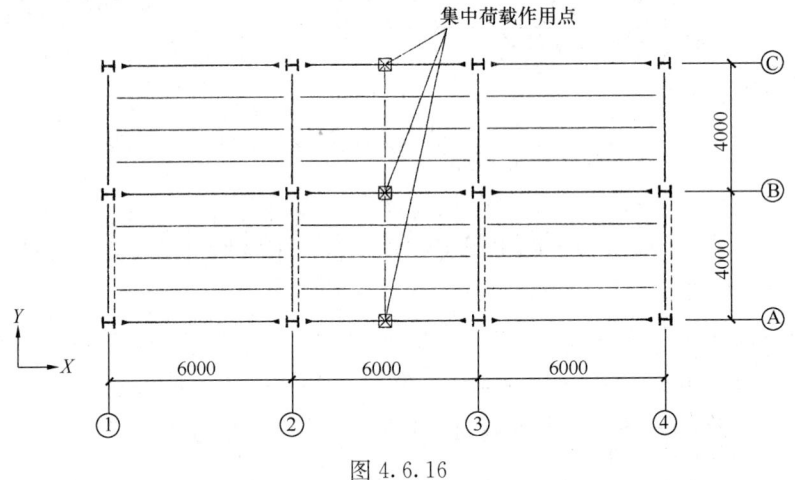

图 4.6.16

(A) 框架柱 X 向计算长度增大系数为 1.2

(B) 框架柱 X 向、Y 向计算长度不变

(C) 框架柱 X 向及 Y 向计算长度增大系数均为 1.2

(D) 框架柱 Y 向计算长度增大系数为 1.2

【解答】 (1) X 方向，有侧移框架柱，由《钢标》附录 E.0.2 条：

$$K_2=0$$

$$K_1=\frac{\frac{7210}{600}+\frac{7210}{600}}{\frac{10700}{400}}=0.9$$

查附表 E.0.2：$\mu=2.64-\frac{2.64-2.33}{1-0.5}\times(0.9-0.5)=2.39$

应选（C）项。

(2) 根据《钢标》8.3.1 条：

X 方向：$\eta=\sqrt{1+\frac{200+2\times100}{486.9+2\times243.5}}=1.19$

Y 方向：为强支撑框架，不考虑摇摆柱的影响。

应选（A）项。

思考：X 方向，η 值也可由Ⓐ轴（或Ⓑ轴，或Ⓒ轴）单独计算，其 η 仍为 1.19。

【例 4.6.13】 如图 4.6.17 所示，各构件惯性矩相同。

试问：确定柱A、柱B、柱C平面内的计算长度系数μ值。

【解答】 框架按有侧移失稳，应查《钢标》附表E.0.2；柱A、柱D为摇摆柱。

柱A：$\mu=1.0$

柱B：$K_1=\dfrac{0+1\times 0.5}{1}=0.5$，$K_2=10$，

查得 $\mu=1.30$

根据《钢标》8.3.1条应乘以摇摆柱增大系数η：

$$\eta=\sqrt{1+\dfrac{\Sigma(N_1/H_1)}{\Sigma(N_f/H_f)}}=\sqrt{1+\dfrac{(F/2+F/2)/H}{(F+F)/H}}=\sqrt{1+0.5}=1.22$$

故 $\mu=1.3\times 1.22=1.586$

柱C：$K_1=\dfrac{1\times 0.5}{1}=0.5$，$K_2=0$，查得$\mu=2.64$

$\mu=2.64\times 1.22=3.22$

【例4.6.14】 如图4.6.18所示，各构件惯性矩相同。

试问：确定各柱平面内的计算长度系数μ。

【解答】 框架按有侧移失稳，查《钢标》附表E.0.2。

柱D：摇摆柱，$\mu=1.0$

根据《钢标》8.3.1条规定，应乘以摇摆柱增大系数η：

$$\eta=\sqrt{1+\dfrac{\Sigma(N_1/H_1)}{\Sigma(N_f/H_f)}}=\sqrt{1+\dfrac{\dfrac{P}{2}\cdot\dfrac{1}{5}}{\dfrac{P}{6}+\dfrac{P}{6}+\dfrac{P}{6}}}=1.095$$

柱A：$K_1=\dfrac{1}{1}=1$，$K_2=10$，查得$\mu=1.17$

$\mu=1.17\eta=1.17\times 1.095=1.281$

柱B：$K_1=\dfrac{1+1}{1}=2$，$K_2=10$，查得$\mu=1.10$

$\mu=1.10\eta=1.10\times 1.095=1.205$

柱C：$K_1=\dfrac{1}{1}=1$，$K_2=0$，查得$\mu=2.33$

$\mu=2.33\eta=2.33\times 1.095=2.551$

▲Ⅲ. 单层厂房框架柱的计算长度

- 复习《钢标》8.3.2条、8.3.3条。
- 复习《钢标》附录E。

需注意的是：

(1) 柱的几何高度H

- ① 单层房屋等截面柱（柱与实腹梁连接）

柱顶与实腹梁刚接，柱的 H 可取柱脚底面至柱顶梁柱轴线的交点处的高度，如图 4.6.19 (a)、(b)、(c)、(d) 所示。

等截面梁柱：柱轴线为柱截面的形心轴线；梁轴线为梁截面的形心轴线。

变截面梁柱：柱轴线可取通过柱下端（即小端）中心的竖直线；斜梁轴线可取通过梁段最小端的中心与斜梁上表面平行的轴线。

柱顶与实腹梁铰接，柱的 H 可取柱脚底面至柱顶面的高度，如图 4.6.20 (a)、(b) 所示。

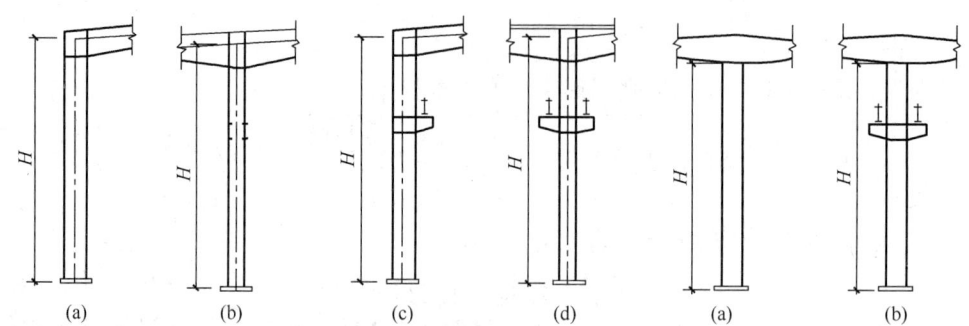

图 4.6.19　等截面柱与实腹梁刚接　　　　图 4.6.20　等截面柱与实腹梁铰接

● ② 单层房屋等截面柱（柱与屋架连接）

当柱顶与屋架铰接时，取柱脚底面至柱顶面的高度，如图 4.6.21 (a)、(b)、(d)、(e) 所示；当柱顶与屋架刚接时，可取柱脚底面至屋架下弦重心线之间的高度，如图 4.6.21 (c) 所示。

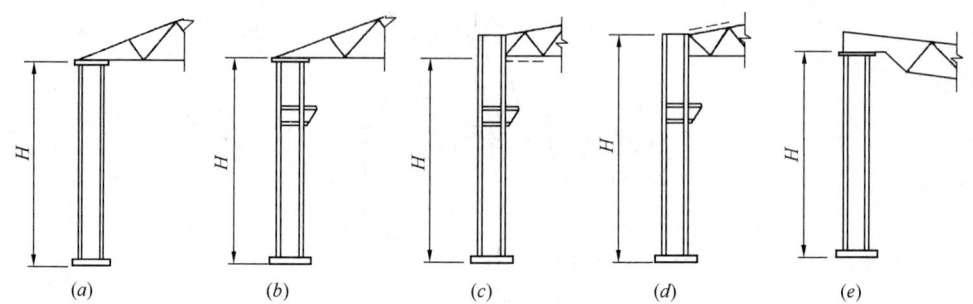

图 4.6.21　等截面柱

● ③ 排架下端刚性固定于基础上的单层厂房单阶柱

上段柱的几何高度 H_1：当柱与屋架（横梁）铰接时，取肩梁顶面至柱顶面高度，如图 4.6.22 (b) 所示。当柱与屋架刚接时，取肩梁顶面至屋架下弦杆件重心线间的柱高度如图 4.6.22 (a)、(c) 所示。

下段柱的几何高度 H_2：取柱脚底面至肩梁顶面之间的柱高度，如图 4.6.22 (a)、(b)、(c) 所示。

● ④ 排架下端刚性固定于基础上的单层厂房双阶柱

上段柱的几何高度 H_1，按前述单阶柱的规定确定。

中段柱的几何高度 H_2，取下段柱肩梁顶面至中段柱肩梁顶面的柱高度，如图 4.6.23 (a)、(b) 所示。

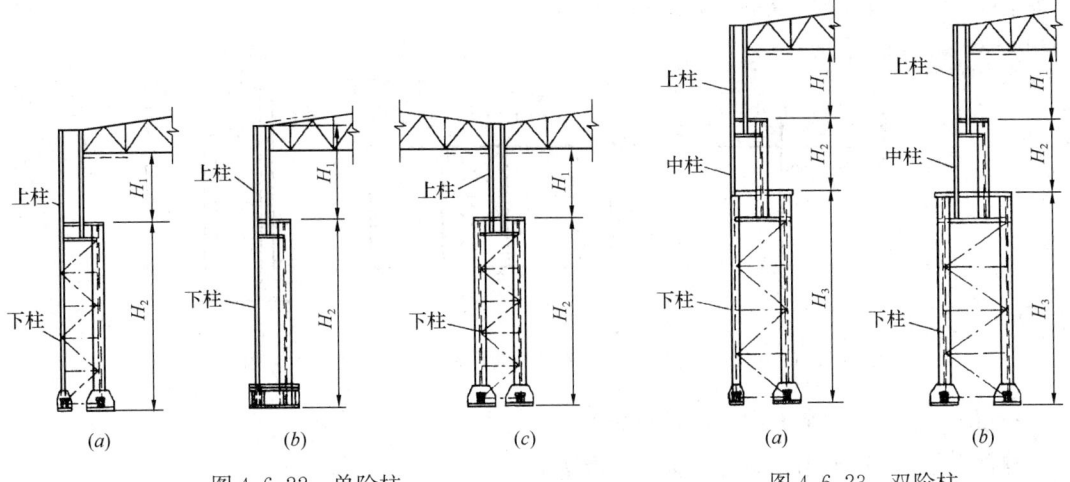

图 4.6.22 单阶柱   图 4.6.23 双阶柱

下段柱的几何高度 H_3，取柱脚底面至下段柱肩梁顶面的柱高度，如图 4.6.23（a）、(b) 所示。

(2) 阶形柱中肩梁的构造，如图 4.6.24 所示。

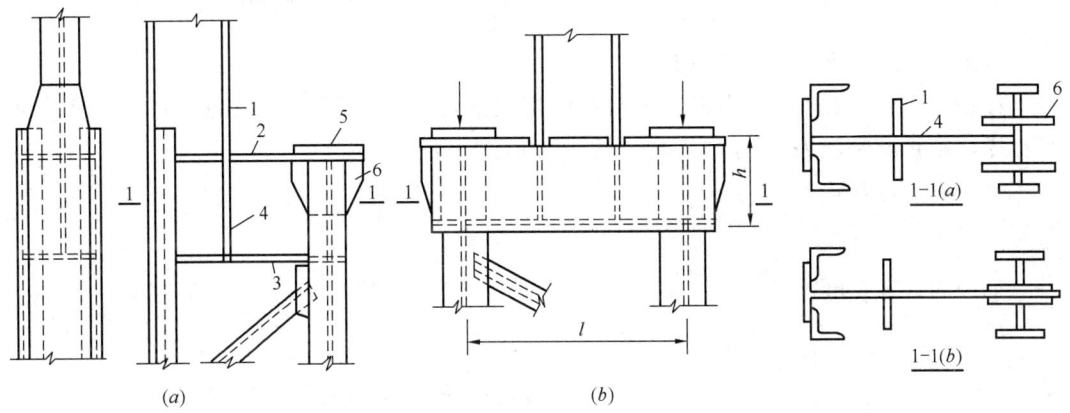

图 4.6.24 肩梁的构造
(a) 单壁式肩梁；(b) 双壁式肩梁
1—上柱翼缘；2—肩梁上盖板；3—肩梁下盖板；4—肩梁腹板；5—垫板；6—加劲肋

图 4.6.24 中 1-1 (a) 情况适用于吊车梁采用突缘支座；1-1 (b) 情况适用于吊车梁采用平板式支座。

(3) 在框架平面外，柱的计算长度，《钢标》8.3.5 条作了如下规定：

> 8.3.5 框架柱在框架平面外的计算长度可取面外支撑点之间距离。

如图 4.6.25 所示单层框架柱，在平面外的计算长度，上下段是不同的，上段为 H_1，下段为 H_2。

【例 4.6.15】 某单层单跨厂房，设有一个吊车，柱选用工字形截面单阶柱，柱顶端与钢屋架刚接，柱底端在平面内与基础刚接，平面外与基础铰接，计算简图如图 4.6.26 所示，$H_1=3\text{m}$，$H_2=6\text{m}$。柱侧面设有两道纵向水平系杆，分别位于柱顶和牛腿处。

已知上段柱轴心压力设计值 $N_1=500\text{kN}$，下段柱轴心压力设计值 $N_2=1500\text{kN}$，$I_1=$

$2\times10^5\,\text{cm}^4$,$I_2=4\times10^6\,\text{cm}^4$。采用 Q235 钢。

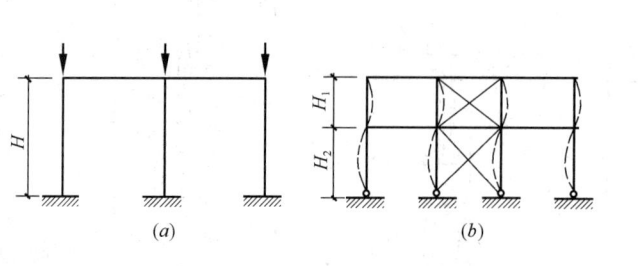

图 4.6.25 框架柱在弯矩作用平面外的计算长度

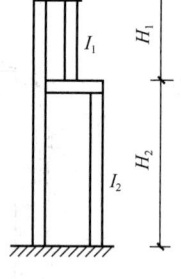

图 4.6.26

试问：该单阶柱平面内外的计算长度。

【解答】（1）根据《钢标》8.3.3 条规定：

柱上端与横梁刚接，按《钢标》附表 E.0.4 计算。

$$K_1=\frac{I_1}{I_2}\cdot\frac{H_2}{H_1}=\frac{2\times10^5}{4\times10^6}\times\frac{6.0}{3.0}=0.1$$

$$\eta_1=\frac{H_1}{H_2}\sqrt{\frac{N_1}{N_2}\cdot\frac{I_2}{I_1}}=\frac{3}{6}\sqrt{\frac{500\times4\times10^6}{1500\times2\times10^5}}=1.29$$

查附表 E.0.4 得：$\mu_2=2.075$。

根据《钢标》8.3.3 条规定，μ_2 应乘以折减系数，查表 8.3.3，无通长的屋盖纵向水平支撑，取折减系数为 0.9，故 $\mu_2=2.075\times0.9=1.8675$。

$$\mu_1=\frac{\mu_2}{\eta_1}=\frac{1.8675}{1.29}=1.45$$

平面内计算长度：

$$H_{01}=\mu_1 H_1=1.45\times3=4.35\text{m}$$

$$H_{02}=\mu_2 H_2=1.8675\times6=11.205\text{m}$$

（2）平面外计算长度，根据《钢标》8.3.5 条规定：

$$H_{01}=H_1=3\text{m}$$

$$H_{02}=H_2=6\text{m}$$

【例 4.6.16】 某单跨厂房，跨度 30m，柱距 24m，厂房内设有重级工作制吊车，吊车轨道标高 26m，屋架间距 6m，柱顶设置 24m 跨度的托架，屋架与托架平接，设厂房纵向设有上部柱间支撑和双片的下部柱间支撑，每列柱子数目为 8 个。厂房框架采用单阶钢柱，柱顶与屋架刚接，柱底与基础假定为刚接，如图 4.6.27 所示，屋架下弦设有纵向水平支撑和横向水平支撑。

已知上段柱 $N_1=4357\text{kN}$，下段柱 $N_2=9820\text{kN}$，$I_{1x}=856021\times10^4\,\text{mm}^4$，$I_{2x}=20769410\times10^4\,\text{mm}^4$。

试问：该上段柱平面内的计算长度系数 μ_1 值，与下

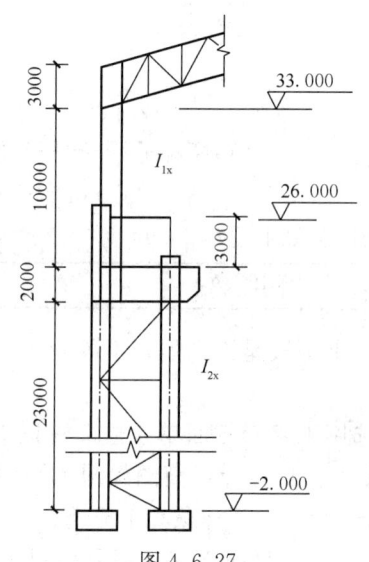

图 4.6.27

列何项数值最接近?

(A) 1.51　　　　(B) 1.31　　　　(C) 1.27　　　　(D) 1.12

【解答】 (1) 确定上柱段高度 H_1 和下柱段高度 H_2。H_1 取肩梁表面到屋架下弦轴线的高度，$H_1=10\text{m}$。

$$H_2 = 23 + 2 = 25\text{m}$$

(2) 确定 μ_2，根据《钢标》附表 E.0.4：

$$K_1 = \frac{I_1}{I_2} \cdot \frac{H_2}{H_1} = \frac{856021 \times 10^4}{20769410 \times 10^4} \times \frac{25}{10} = 0.103$$

$$\eta_1 = \frac{H_1}{H_2}\sqrt{\frac{N_1}{N_2} \cdot \frac{I_2}{I_1}} = \frac{10}{25}\sqrt{\frac{4357}{9820} \times \frac{20769410 \times 10^4}{856021 \times 10^4}} = 1.312$$

查附表 E.0.4，$\mu_2 = 2.08$

查《钢标》表 8.3.3，柱列柱数目大于 6 根，屋架下弦设有纵向水平支撑，故取折减系数为 0.8，故 $\mu_2 = 2.08 \times 0.8 = 1.664$

(3) 确定 μ_1，根据《钢标》8.3.3 条规定：

$$\mu_1 = \frac{\mu_2}{\eta_1} = \frac{1.664}{1.312} = 1.27，应选(C)项。$$

【例 4.6.17】 某等高双跨刚架钢结构厂房，梁柱构件均采用焊接 H 形截面，为实腹式截面，如图 4.6.28 所示，梁与柱为刚性连接，柱下端与基础刚接。屋面采用彩钢压型板及轻型檩条。钢材均采用 Q235B，焊条为 E43 型。

梁均采用 H700×300×8×16，$I_x = 132178 \times 10^4 \text{mm}^4$，中柱的上段柱采用 H600×300×10×20，$I_x = 115595 \times 10^4 \text{mm}^4$，其下段柱采用 H1000×400×16×25，$I_x = 589733 \times 10^4 \text{mm}^4$。已知中柱的上段柱轴压力 $N_1 = 768\text{kN}$，其下段柱轴压力 $N_2 = 2000\text{kN}$。

假定屋盖有纵向水平支撑，该中柱的下段柱在刚架平面内的计算长度系数，与下列何项最为接近?

提示：该中柱的下段柱当按上段柱与梁铰接计算时，其计算长度系数 $\mu_2 = 2.62$（未考虑折减系数）。

(A) 1.42　　　　(B) 1.52　　　　(C) 1.63　　　　(D) 1.74

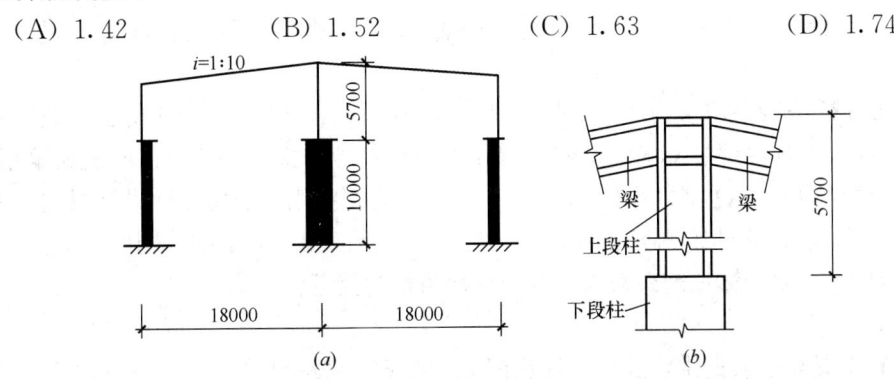

图 4.6.28
(a) 计算简图；(b) 节点

【解答】 根据《钢标》8.3.3条：
(1) 按中柱上段柱的上端与桁架型横梁刚接模型计算
由附表 E.0.4：取 $H_1=5.7-0.7=5$m

$$\eta_1 = \frac{H_1}{H_2}\sqrt{\frac{N_1}{N_2} \cdot \frac{I_2}{I_1}} = \frac{5}{10}\sqrt{\frac{768}{2000} \times \frac{589733}{115595}} = 0.70$$

$$K_1 = \frac{I_1}{I_2} \cdot \frac{H_2}{H_1} = \frac{115595}{589733} \times \frac{10}{5} = 0.39$$

查附表 E.0.4，取 $\mu_2^{桁架梁} = 1.86$

(2) 按中柱上段柱的上端与实腹梁刚接模型计算

$$H_1 = 5.7 - \frac{0.7}{2} = 5.35\text{m}$$

$$\eta_1 = \frac{5.35}{10}\sqrt{\frac{768}{2000} \times \frac{589733}{115595}} = 0.75$$

$$k_c = \frac{I_1}{I_2} \cdot \frac{H_2}{H_1} = \frac{115595}{589733} \times \frac{10}{5.35} = 0.37$$

$$K_b = \frac{\frac{132178 \times 10^4 \times 2}{18000}}{\frac{115595 \times 10^4}{5350}} = 0.68$$

由式 (8.3.3-2)：

$$\mu_2' = \frac{0.75^2}{2 \times (0.75+1)} \times \sqrt[3]{\frac{0.75-0.68}{0.68} + (0.75-0.5) \times 0.37 + 2}$$

$$= 2.17$$

复核：$\mu_2' = 2.17 < \mu_2^{铰} = 2.62$，$\mu_2' > \mu_2^{桁架梁} = 1.86$
故取 $\mu_2' = 2.17$
查表 8.3.3，取折减系数 0.7，则：

$$\mu_2 = 2.17 \times 0.7 = 1.52$$

故选 (B) 项。

思考：本题目提示中 μ_2 值可按《钢标》附表 E.0.3，此时，$H_1=5.7$m，通过内插法计算得到。

【例 4.6.18】某多跨单层带吊车钢结构厂房，其边列柱如图 4.6.29 所示。纵向柱列设有柱间支撑和系杆以保证其侧向稳定，钢柱柱底与基础刚接，柱顶与横向实腹梁刚接，钢柱、钢梁截面均采用 Q345B 焊接 H 型钢，不考虑地震作用。假定屋面设有纵向水平支撑，在横向平面内，梁柱线刚度比 $K_b=0.21$，$I_{1x}/I_{2x}=0.2$，上下柱线刚度比 $K_c=0.4$。试问，上段柱平面内计算长度系数与下列何项数值最为接近？

(A) 3.0　　　(B) 2.7　　　(C) 2.4　　　(D) 2.1

【解答】横梁高度未提供，故三种计算模型均按 $H_1=5$m 计算。

$$\eta_1 = \frac{H_1}{H_2}\sqrt{\frac{N_1}{N_2} \cdot \frac{I_2}{I_1}} = \frac{5}{10}\sqrt{\frac{425}{850} \times \frac{1}{0.2}} = 0.79$$

$$K_1 = \frac{I_1}{I_2} \cdot \frac{H_2}{H_1} = 0.2 \times \frac{10}{5} = 0.4$$

查附表 E.0.4，$\mu_2'^{桁架梁} = 1.90$

查附表 E.0.3，$\mu_2'^{铰} = 2.70$

由式（8.3.3-2）：

$$\mu_2' = \frac{0.79^2}{2\times(0.79+1)} \times \sqrt[3]{\frac{0.79-0.21}{0.21}}$$
$$+(0.79-0.5)\times 0.4 + 2$$
$$= 2.36 < 2.70, 且 > 1.90$$

故取 $\mu_2' = 2.36$；查表 8.3.3，$\mu_2 = 0.7 \times 2.36$

$$\mu_1 = \frac{0.7 \times 2.36}{0.79} = 2.09，选(D)项。$$

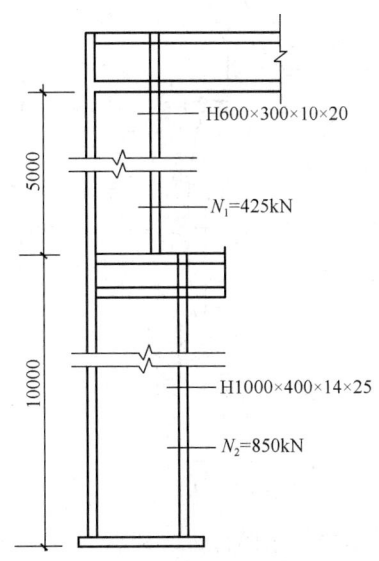

图 4.6.29

三、实腹式压弯构件的整体稳定性计算

压弯构件的整体失稳破坏有多种形式。实腹式单向压弯构件的整体失稳分为弯矩作用平面内和弯矩作用平面外两种情况，对于双轴对称截面，弯矩作用平面内失稳为弯曲屈曲（图 4.6.30），弯矩作用平面外失稳为弯扭屈曲（图 4.6.31）。实腹式双向压弯构件则只有弯扭失稳一种可能。

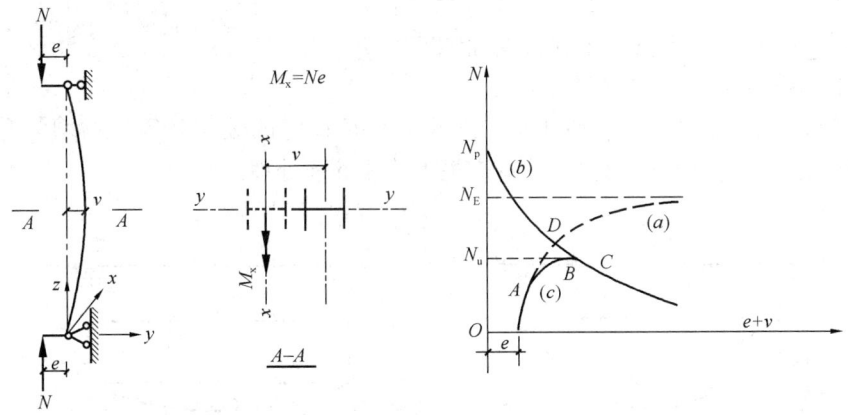

图 4.6.30 单向压弯构件弯矩作用平面内失稳变形和轴力-位移曲线

图 4.6.30 中的曲线 ABC 是考虑了构件的初弯曲和残余应力的实际压弯构件的压力挠度曲线（c），曲线的 C 点表示构件的截面出现了塑性铰，而表示构件达到极限承载力 N_u 的 B 点却在塑性铰之前。注意的是，在曲线 ABC 的极值点 B 点，构件的最大内力截面不一定到达全塑性状态，而这种全塑性状态可能发生在轴压承载力下降段的某点 C 处。

由图 4.6.30、图 4.6.31 可知，单向压弯构件在弯矩作用平面内、平面外均属于极值失稳。

计算实腹式压弯构件平面内稳定承载力通常采用数值积分法，但是，为了便于直接用于设计计算，《钢标》提出了实用计算方法；同样，压弯构件平面外稳定承载力，《钢标》

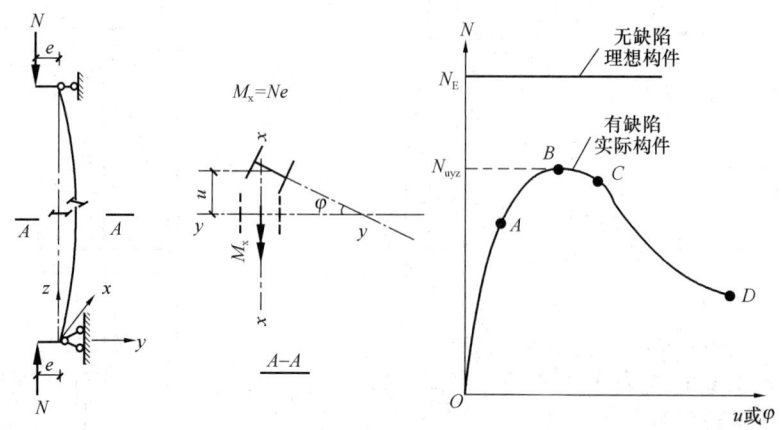

图 4.6.31 单向压弯构件弯矩作用平面外失稳变形和轴力-位移曲线

也采用了实用计算方法。

▲1. 等效弯矩系数 β_{mx}

实腹式单向压弯构件的整件稳定性验算的实用计算方法，它是基于压弯构件两端受轴压力和均匀弯矩（即：弯矩图为矩形，图 4.6.32）的条件下得到的。实际工程中，压弯构件可能是：作用于两端的弯矩不相等，或因中间承受横向力而产生弯矩，这些导致弯矩沿构件杆长是变化的，即非均匀弯矩，为了解决此问题，故引入等效弯矩系数 β_{mx}。

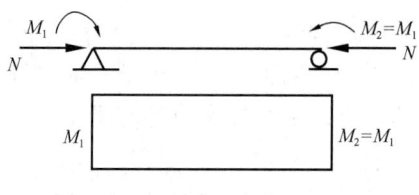

图 4.6.32 均匀弯矩图

等效弯矩系数 β_m 的本意是使非均匀弯矩对构件稳定的效应和等效的均匀弯矩相同。但是为了简化，在具体操作时按二阶弯矩最大值相等来处理。

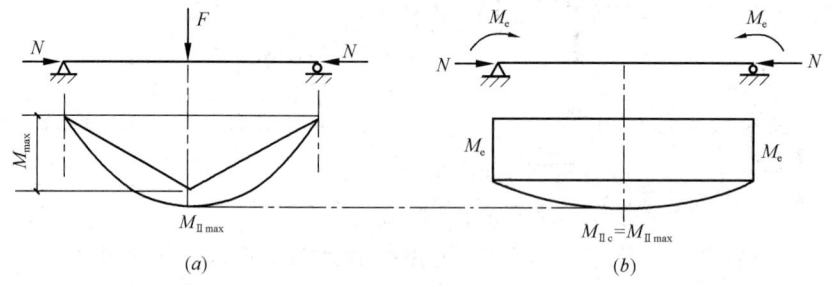

图 4.6.33

图 4.6.33（a）所示的压弯构件在跨中横向集中荷载 F 作用下的一阶最大弯矩为 M_{max}。由于轴心压力 N 的作用，二阶最大弯矩为 M_{IImax}。图 4.6.33（b）表示同一构件，承受相同的轴心压力 N，一阶弯矩图为均匀弯矩 M_e，当其二阶最大弯矩 M_{IIe} 与图 4.6.33（a）的 M_{IImax} 相同时，M_e 即为等效弯矩。此时，$\beta_{mx} = M_e / M_{max}$。

同理，如图 4.6.34 所示，其等效弯矩系数 β_{mx} 的含义，使 $M_{IImax} = M_{IIe}$。

▲2. 同向曲率和反向曲率

同向曲率是指杆件长度范围内弯矩图无反弯点的情况，如图 4.6.35 所示。

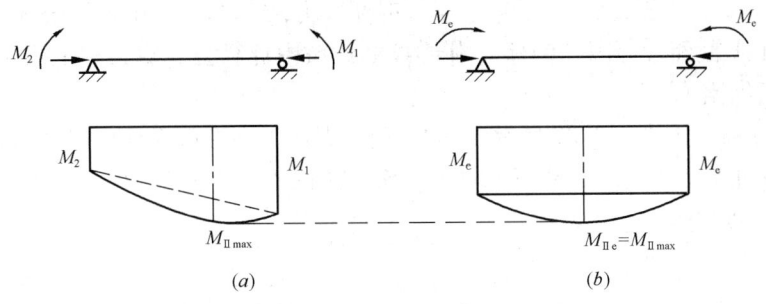

图 4.6.34

反向曲率是指杆件长度范围内弯矩图有反弯点的情况，如图 4.6.36 所示。

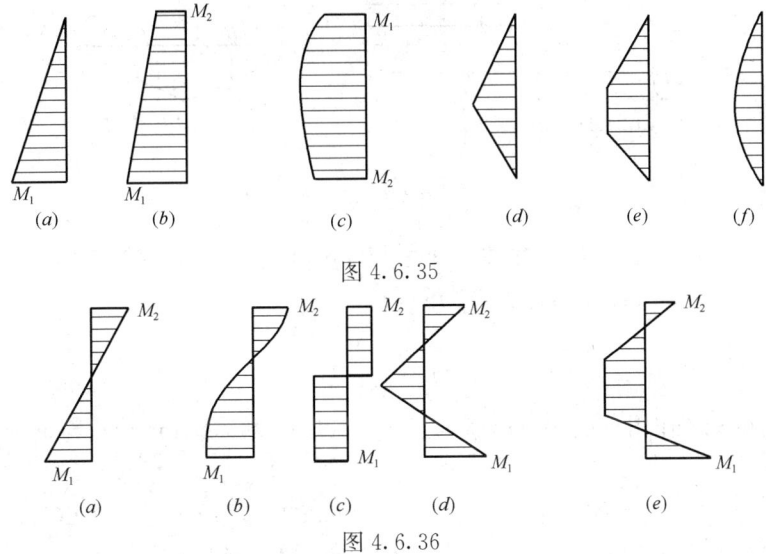

图 4.6.35

图 4.6.36

▲3.（非圆管截面）实腹式压弯构件

《钢通规》规定：

4.1.6 压弯构件必须保证在压力和弯矩共同作用下的整体稳定性。拉弯构件当拉力很小而弯矩相对较大时，应防止发生整体失稳。

《钢标》8.2 节作了具体规定。

● 复习《钢标》8.2.1 条。

需注意的是：

(1)《钢标》式（8.2.1-1）中，γ_x 的取值，是与 W_{1x} 对应的塑性发展系数，即视为 γ_{x1}。

(2)《钢标》式（8.2.1-4）中，γ_x 的取值，是与 W_{2x} 对应的塑性发展系数，即视为 γ_{x2}；对于槽形截面，《钢标》中"翼缘受压"实质是指槽形截面的腹板受压，或翼缘受压两种情况。

(3) 弯矩作用平面外的稳定计算，对单轴对称截面，φ_y 的数值应按考虑扭转效应的 $\lambda_{yz}/\varepsilon_k$ 查得。

(4) φ_b 计算时，当 λ_y 大于 $120\varepsilon_k$ 时，《钢标》附录 C.0.5 条中计算公式同样可采用。此外，对于 T 形截面，运用《钢标》附录 C.0.5 条中计算公式时，应采用 λ_y 直接计算，不采用换算长细比 λ_{yz}。

【例 4.6.19】 如图 4.6.37 所示，Q235 钢，焊接工字形截面柱，焰切边，两端铰支，中间 1/3 长度处有侧向支承，截面无削弱，承受轴心压力设计值 $N=900\text{kN}$，跨中集中荷载设计值 $F=100\text{kN}$。$\gamma_0=1.0$。

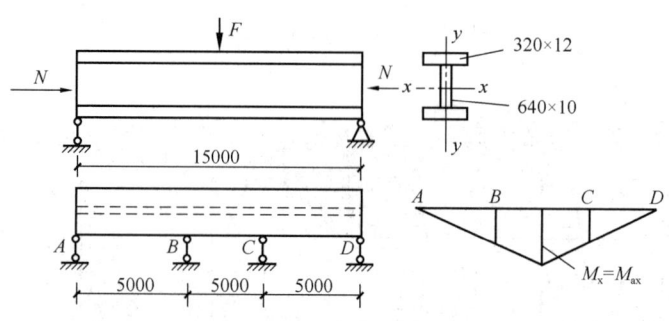

图 4.6.37

已知工字形截面钢柱截面特性：$A=140.8\text{cm}^2$，$I_x=103475\text{cm}^4$，$I_y=6554\text{cm}^4$，$W_x=3117\text{cm}^3$，$i_x=27.11\text{cm}$，$i_y=6.82\text{cm}$。

提示： $\alpha_0=1.29$。

试问：

(1) 该柱在弯矩作用平面内整体稳定计算，其压应力（N/mm^2），与下列何项数值最接近？

(A) 185　　　　(B) 190　　　　(C) 200　　　　(D) 205

(2) 该柱在 BC 段的弯矩作用平面外整体稳定计算，其压应力（N/mm^2），与下列何项数值最接近？

(A) 215　　　　(B) 205　　　　(C) 195　　　　(D) 185

【解答】 (1) $\dfrac{b}{t}=\dfrac{320-10}{2\times 12}=12.9<13\varepsilon_k=13$

$$\dfrac{h_0}{t_w}=\dfrac{640}{10}=64<(40+18\times 1.29^{1.5})\varepsilon_k=66.4$$

截面等级满足 S3 级，取 $\gamma_x=1.05$

$$M_x=M_{\max}=\dfrac{1}{4}Fl=\dfrac{1}{4}\times 100\times 15=375\text{kN}\cdot\text{m}$$

$$\lambda_x=\dfrac{l_{0x}}{i_x}=\dfrac{15000}{271.1}=55.3$$

焊接，翼缘为焰切边，对 x、y 轴均属 b 类，

$$\lambda_x/\varepsilon_k=55.3\text{，查附表 D.0.2 知，}\varphi_x=0.832$$

由《钢标》8.2.1 条规定：

$$N'_{EX}=\dfrac{\pi^2 EA}{1.1\lambda_x^2}=\dfrac{\pi^2\times 206\times 10^3\times 140.8\times 10^2}{1.1\times 55.3^2}=8510\text{kN}$$

无侧移，无端弯矩但有横向荷载作用：

$$N_{cr} = \frac{\pi^2 EI}{(\mu l)^2} = 1.1 N'_{EX}$$

$$\beta_{mx} = 1 - 0.36 \frac{N}{N_{cr}}$$

$$= 1 - 0.36 \times \frac{900}{1.1 \times 8510} = 0.965$$

$$\alpha_0 = \frac{179.89 - (-52.05)}{179.89} = 1.29$$

$$\frac{N}{\varphi_x A} + \frac{\beta_{mx} M_x}{\gamma_x W_{1x}\left(1 - 0.8 \frac{N}{N'_{EX}}\right)}$$

$$= \frac{900 \times 10^3}{0.832 \times 140.8 \times 10^2} + \frac{0.965 \times 375 \times 10^6}{1.05 \times 3117 \times 10^3 \left(1 - 0.8 \times \frac{900}{8510}\right)}$$

$$= 198 \mathrm{N/mm^2} < f = 215 \mathrm{N/mm^2}$$

故选（C）项。

(2) $\lambda_y = \frac{l_{0y}}{i_y} = \frac{5000}{68.2} = 73.3$

b 类，查附表 D.0.2，$\lambda_y/\varepsilon_k = 73.3$，查得 $\varphi_y = 0.730$。

由《钢标》附录 C.0.5 条规定：

$$\varphi_b = 1.07 - \frac{\lambda_y^2}{44000 \varepsilon_k^2} = 1.07 - \frac{73.3^2}{44000 \times 1} = 0.948$$

BC 段有端弯矩和横向荷载作用，并使构件产生同向曲率，故取 $\beta_{tx} = 1.0$；$\eta = 1.0$。

$$\frac{N}{\varphi_y A} + \eta \frac{\beta_{tx} M_x}{\varphi_b W_{1x}} = \frac{900 \times 10^3}{0.730 \times 140.8 \times 10^2} + \frac{1.0 \times 1.0 \times 375 \times 10^6}{0.948 \times 3117 \times 10^3}$$

$$= 214.5 \mathrm{N/mm^2} < f = 215 \mathrm{N/mm^2}$$

故选（A）项。

思考： 提示 $\alpha_0 = 1.29$，如下计算得到：

由《钢标》3.5.1 条：

$$\begin{matrix}\sigma_{max}\\ \sigma_{min}\end{matrix} = \frac{N}{A_n} \pm \frac{M}{I_{nx}} y = \frac{900 \times 10^3}{14080} \pm \frac{375 \times 10^6}{103475 \times 10^4} \times 320 = \begin{matrix}+179.89 \mathrm{N/mm^2}\\ -52.05 \mathrm{N/mm^2}\end{matrix}$$

$$\alpha_0 = \frac{179.89 - (-52.05)}{179.89} = 1.29$$

【例 4.6.20】 如图 4.6.38 所示，某热轧工字钢 I36a，材料为 Q235，长度为 10m，两端铰接，设有 4 个侧向支撑点，承受轴心压力设计值 $N = 650 \mathrm{kN}$，横向均布荷载设计值 $q = 6.24 \mathrm{kN/m}$。$\gamma_0 = 1.0$。

I36a 的截面尺寸为 $360 \times 136 \times 10 \times 15.8$，其截面特性：$A = 76.48 \mathrm{cm^2}$，$b = 13.6 \mathrm{cm}$，$W_x = 875 \mathrm{cm^3}$，$i_x = 14.4 \mathrm{cm}$，$i_y = 2.69 \mathrm{cm}$。截面等级满足 S3 级。

试问：

(1) 该构件在弯矩作用平面内整体稳定计算时，其压应力（$\mathrm{N/mm^2}$），与下列

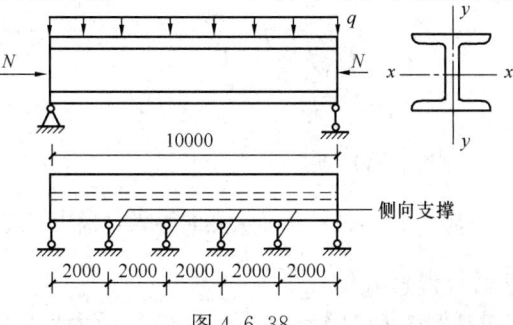

图 4.6.38

何项数值最接近?

(A) 210   (B) 200   (C) 190   (D) 180

(2) 该构件在跨中段的弯矩作用平面外整体稳定计算时,其压应力(N/mm²),与下列何项数值最接近?

(A) 212   (B) 205   (C) 196   (D) 191

【解答】 (1) 截面等级满足 S3 级,取 $\gamma_x = 1.05$

$$M_x = M_{max} = \frac{1}{8}ql^2 = \frac{1}{8} \times 6.24 \times 10^2 = 78 \text{kN} \cdot \text{m}$$

$$\lambda_x = \frac{l_{0x}}{i_x} = \frac{1000}{14.4} = 69.4$$

轧制,$b/h = 13.6/36 = 0.38 < 0.8$,对 x 轴属 a 类;对 y 轴属 b 类。

$\lambda_x/\varepsilon_k = 69.4$,查附表 D.0.1,$\varphi_x = 0.842$。

$$N'_{EX} = \frac{\pi^2 EA}{1.1\lambda_x^2} = \frac{\pi^2 \times 206 \times 10^3 \times 76.48 \times 10^2}{1.1 \times 69.4^2} = 2935 \text{kN}$$

无侧移,无端弯矩但有横向荷载作用:

$$N_{cr} = 1.1 N'_{Ex}$$

$$\beta_{mx} = 1 - 0.18\frac{N}{N_{cr}} = 1 - 0.18 \times \frac{650}{1.1 \times 2935} = 0.964$$

$$\frac{N}{\varphi_x A} + \frac{\beta_{mx} M_x}{\gamma_x W_{1x}\left(1 - 0.8\frac{N}{N'_{Ex}}\right)}$$

$$= \frac{650 \times 10^3}{0.842 \times 76.48 \times 10^2} + \frac{0.964 \times 78 \times 10^6}{1.05 \times 875 \times 10^3 \times \left(1 - 0.8\frac{650}{2935}\right)}$$

$$= 200.1 \text{N/mm}^2 < f = 215 \text{N/mm}^2$$

故选 (B) 项。

(2) $\lambda_y = \frac{l_{0y}}{i_y} = \frac{2000}{26.9} = 74.3$

由前述结果,对 y 轴属 b 类,$\lambda_y/\varepsilon_k = 74.3$,查附表 D.0.2 知,$\varphi_y = 0.724$

由《钢标》附录 C.0.5 条规定:

$$\varphi_b = 1.07 - \frac{\lambda_y^2}{44000\varepsilon_k^2} = 1.07 - \frac{74.3^2}{44000 \times 1} = 0.94$$

跨中段内有端弯矩、横向荷载作用,同向曲率,取 $\beta_{tx} = 1.0$,取 $\eta = 1.0$。

$$\frac{N}{\varphi_y A} + \eta\frac{\beta_{tx} M_x}{\varphi_b W_{1x}} = \frac{650 \times 10^3}{0.724 \times 76.48 \times 10^2} + \frac{1.0 \times 1.0 \times 78 \times 10^6}{0.94 \times 875 \times 10^3}$$

$$= 212.2 \text{N/mm}^2 < f = 215 \text{N/mm}^2$$

故选 (A) 项。

思考:本题目在确定截面等级,采用快速判别法(即取 $\alpha_0 = 0$),因为 $\frac{h_0}{t_w}$ 比较小,故不需要计算得到 α_0 值。

【例 4.6.21】 如图 4.6.39 所示为焊接箱形截面压弯构件,钢材为 Q235 钢,承受端

弯矩设计值 $M_x = 720 \text{kN·m}$, 轴心压力设计值 $N = 2400 \text{kN}$。$\gamma_0 = 1.0$。

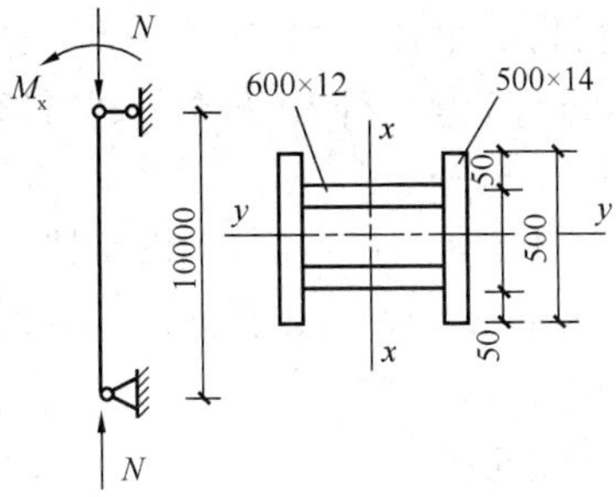

已知箱形截面特性：$I_x = 175200 \text{cm}^4$, $W_x = 5580 \text{cm}^3$, $A = 284 \text{cm}^2$, $i_x = 24.8 \text{cm}$, $i_y = 17.1 \text{cm}$。

提示：截面等级满足 S3 级。

试问：

(1) 该构件在弯矩作用平面内整体稳定计算时，其压应力（N/mm^2），与下列何项数值最接近？

(A) 168　　　　(B) 172
(C) 182　　　　(D) 195

图 4.6.39

(2) 该构件在弯矩作用平面外整体稳定计算时，其压应力（N/mm^2），与下列何项数值最接近？

(A) 154　　(B) 162　　(C) 168　　(D) 175

【解答】(1) 截面等级满足 S3 级，取 $\gamma_x = 1.05$

$$\lambda_x = \frac{10000}{248} = 40.3$$

板件宽厚比 $\frac{b_0}{t} = 27 > 20$，查《钢标》表 7.2.1-1，对 x、y 轴均属 b 类。

$\lambda_x / \varepsilon_k = 40.3$，查附表 D.0.2，$\varphi_x = 0.898$

$$N'_{EX} = \frac{\pi^2 EA}{1.1\lambda_x^2} = \frac{\pi^2 \times 206 \times 10^3 \times 284 \times 10^2}{1.1 \times 40.3^2} = 32321 \text{kN}$$

$M_2 = 0$，则：$\beta_{mx} = 0.6 + 0.4 \frac{M_2}{M_1} = 0.6 + 0 = 0.6$

$$\frac{N}{\varphi_x A} + \frac{\beta_{mx} M_x}{\gamma_x W_{1x}\left(1 - 0.8\dfrac{N}{N'_{EX}}\right)}$$

$$= \frac{2400 \times 10^3}{0.898 \times 284 \times 10^2} + \frac{0.6 \times 720 \times 10^6}{1.05 \times 5580 \times 10^3 \times \left(1 - 0.8 \times \dfrac{2400}{32321}\right)}$$

$$= 173 \text{N/mm}^2 < f = 215 \text{N/mm}^2$$

故选 (B) 项。

(2) $\lambda_y = \dfrac{10000}{171} = 58.5$

由前述结果，属 b 类，$\lambda_y / \varepsilon_k = 58.5$，查附表 D.0.2，$\varphi_y = 0.815$，闭口截面，取 $\varphi_b = 1.0$；$\eta = 0.7$。

$$\beta_{tx} = 0.65 + 0.35 \frac{M_2}{M_1} = 0.65$$

$$\frac{N}{\varphi_y A} + \frac{\eta \beta_{tx} M_x}{\varphi_b W_{1x}} = \frac{2400 \times 10^3}{0.815 \times 284 \times 10^2} + \frac{0.7 \times 0.65 \times 720 \times 10^6}{1.0 \times 5580 \times 10^3}$$

$$= 162 \text{N/mm}^2 < f = 215 \text{N/mm}^2$$

故选 (B) 项。

【例 4.6.22】如图 4.6.40 所示天窗架支座竖杆 AB，选用 $2\text{L}100 \times 80 \times 7$ 角钢，组成 T 形截面，角钢长肢相拼，角钢节点板厚度 10mm，该竖杆承受轴心压力设计值 $N = 85.8 \text{kN}$，

风荷载设计值 $w=2.87\text{kN/m}$，考虑风压力情况。竖杆 AB 高度 3.0m，在弯矩作用平面外两端有支承。钢材用 Q235 钢。$\gamma_0=1.0$。

已知 2L100×80×7 截面特性：$A=24.6\text{cm}^2$，$I_x=247\text{cm}^4$，$i_x=3.16\text{cm}$，$i_y=3.46\text{cm}$，$z_0=3.0\text{cm}$，$r=10$。截面等级满足 S3 级。

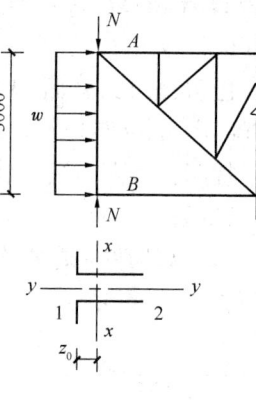

图 4.6.40

试问：

(1) 竖杆 AB 在弯矩作用平面内整体稳定计算时，其最大压应力（N/mm^2），与下列何项数值最接近？

(A) 100   (B) 112

(C) 125   (D) 137

(2) 竖杆 AB 在弯矩作用平面内整体稳定计算时，角钢肢尖 2 处的应力（N/mm^2），与下列何项数值最接近？

(A) -62 (B) -78 (C) -82 (D) -87

(3) 竖杆 AB 在弯矩作用平面外整体稳定计算时，其最大压应力（N/mm^2），与下列何项数值最接近？

(A) 106   (B) 112   (C) 118   (D) 124

【解答】 (1) 截面等级满足 S3 级，取 $\gamma_{x1}=1.05$，$\gamma_{x2}=1.2$。

竖杆 AB 跨中弯矩值：

$$M_x=\frac{1}{8}wl^2=\frac{1}{8}\times 2.87\times 3^2=3.23\text{kN}\cdot\text{m}$$

根据《钢标》7.4.1 条，$l_{0x}=3.0\text{m}$。

$$\lambda_x=\frac{l_{0x}}{i_x}=\frac{3000}{31.6}=94.9$$

双角钢 T 形截面，查《钢标》表 7.2.1-1，对 x、y 轴均属 b 类，$\lambda_x/\varepsilon_k=94.9$，查附表 D.0.2，$\varphi_x=0.588$。

$$N'_{EX}=\frac{\pi^2 EA}{1.1\lambda_x^2}=\frac{\pi^2\times 206\times 10^3\times 24.6\times 10^2}{1.1\times 94.9^2}=505\text{kN}$$

肢背： $W_{1x}=I_x/z_0=247/3=82.3\text{cm}^3$

肢尖： $W_{2x}=I_x/(10-z_0)=247/7=35.3\text{cm}^3$

无侧移，无端弯矩但有横向荷载作用：

$$N_{cr}=1.1N'_{EX}$$

$$\beta_{mx}=1-0.18\frac{N}{N_{cr}}=1-0.18\times\frac{85.8}{1.1\times 505}$$

$$=0.972$$

$$\frac{N}{\varphi_x A}+\frac{\beta_{mx}M_x}{\gamma_{x1}W_{1x}\left(1-0.8\frac{N}{N'_{EX}}\right)}$$

$$=\frac{85.8\times 10^3}{0.588\times 24.6\times 10^2}+\frac{0.972\times 3.23\times 10^6}{1.05\times 82.3\times 10^3\times\left(1-0.8\times\frac{85.8}{505}\right)}$$

$$=59.32+42.05=101.4\text{N/mm}^2<f=215\text{N/mm}^2$$

故选 (A) 项。

(2) 根据《钢标》式 (8.2.1-4)：

$$\frac{N}{A} - \frac{\beta_{mx}M_x}{\gamma_{x2}W_{2x}\left(1-1.25\dfrac{N}{N'_{EX}}\right)}$$

$$= \frac{85.8\times 10^3}{24.6\times 10^2} - \frac{0.972\times 3.23\times 10^6}{1.2\times 35.3\times 10^3\left(1-\dfrac{1.25\times 85.8}{505}\right)}$$

$$= 34.88 - 96.81 = -61.9\text{N/mm}^2$$

负号代表受拉应力，满足。

故选（A）项。

(3) 根据《钢标》7.4.1 条规定，$l_{0y}=l=3.0\text{m}$

$$\lambda_y = \frac{l_{0y}}{i_y} = \frac{3000}{34.6} = 86.7$$

$\lambda_z = 5.1\dfrac{b_2}{t} = 5.1\times\dfrac{80}{7} = 58.3 < \lambda_y$，则：

$$\lambda_{yz} = \lambda_y\left[1+0.25\left(\frac{\lambda_z}{\lambda_y}\right)^2\right] = 86.7\times\left[1+0.25\times\left(\frac{58.3}{86.7}\right)^2\right] = 96.5$$

由前述结果，属于 b 类，$\lambda_{yz}/\varepsilon_k=96.5$，查附录表 D.0.2，取 $\varphi_{yz}=0.578$。

双角钢 T 形截面，弯矩使翼缘受压，由附录 C.0.5 条：

$$\varphi_b = 1-0.0017\lambda_y/\varepsilon_k = 1-0.0017\times 86.7/1 = 0.853$$

竖杆 AB 两端支撑点间，段内无端弯矩但有横向荷载作用，取 $\beta_{tx}=1.0$，取 $\eta=1.0$。

$$\frac{N}{\varphi_y A} + \eta\frac{\beta_{tx}M_x}{\varphi_b W_{1x}} = \frac{85.8\times 10^3}{0.578\times 24.6\times 10^2} + 1.0$$

$$\times \frac{1.0\times 3.23\times 10^6}{0.853\times 82.3\times 10^3}$$

$$= 60.34 + 46.01 = 106.4\text{N/mm}^2$$

故选（A）项。

【例 4.6.23】 题目条件同【例 4.6.22】，考虑风吸力情况，如图 4.6.41 所示。

试问：

(1) 竖杆 AB 在弯矩作用平面内整体稳定计算时，其最大压应力（N/mm²），与下列何项数值最接近？

(A) 115 　(B) 125 　(C) 135 　(D) 145

(2) 竖杆 AB 在弯矩作用平面外整体稳定计算时，其最大压应力（N/mm²），与下列何项数值最接近？

(A) 135 　(B) 145 　(C) 155 　(D) 165

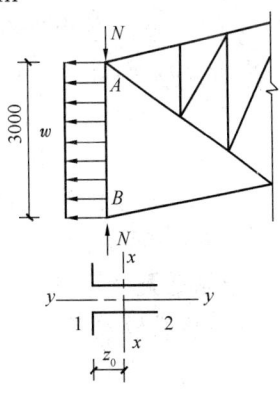

图 4.6.41

【解答】 (1) 由《钢标》式 (8.2.1-1)，根据前述计算结果知：

$$\frac{N}{\varphi_x A} + \frac{\beta_{mx}M_x}{\gamma_{x2}W_{2x}\left(1-0.8\dfrac{N}{N'_{EX}}\right)}$$

$$= \frac{85.8\times 10^3}{0.588\times 24.6\times 10^2} + \frac{0.972\times 3.23\times 10^6}{1.2\times 35.3\times 10^3\times\left(1-0.8\times\dfrac{85.8}{505}\right)}$$

$$= 59.32 + 85.77 = 145.1\text{N/mm}^2$$

故选（D）项。

(2) 根据《钢标》附录 C.0.5 条规定：

双角钢 T 形截面，弯矩使翼缘受拉时，且 $h_0/t_w = \dfrac{100-r-t_w}{2\times 7} = \dfrac{100-10-7}{2\times 7} = 5.9 < 18\varepsilon_k = 18$，则：

$$\varphi_b = 1 - 0.0005\lambda_y/\varepsilon_k = 1 - 0.0005\times 86.7/1 = 0.96$$

$$\dfrac{N}{\varphi_y A} + \eta\dfrac{\beta_{tx}M_x}{\varphi_b W_{2x}} = \dfrac{85.8\times 10^3}{0.578\times 24.6\times 10^2} + \dfrac{1.0\times 1.0\times 3.23\times 10^6}{0.96\times 35.3\times 10^3}$$

$$= 60.34 + 95.31 = 155.7\text{N/mm}^2$$

故选（C）项。

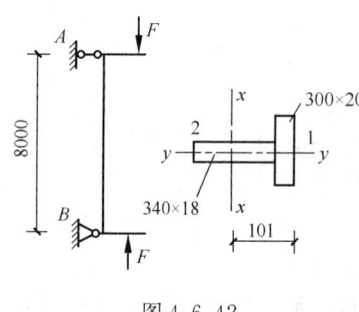

图 4.6.42

【例 4.6.24】 如图 4.6.42 所示偏心压杆，选用焊接 T 形截面，翼缘为焰切边，截面无削弱，杆长 8m，两端铰接，杆中央有侧向支撑点（垂直于对称轴平面），钢材为 Q235 钢。承压压力设计值 $F = 900$kN，偏心距 $e_1 = 150$mm，$e_2 = 100$mm。$\gamma_0 = 1.0$。

T 形截面特性：$A = 121.2\text{cm}^2$，$I_x = 15700\text{cm}^4$，$i_x = 11.4\text{cm}$，$i_y = 6.1\text{cm}$，$W_{1x} = 1554\text{cm}^3$，$W_{2x} = 606\text{cm}^3$。截面等级满足 S3 级。

试问：

(1) 该压弯构件在弯矩作用平面内整体稳定计算时，其最大压应力（N/mm²），与下列何项数值最为接近？

(A) 170　　　(B) 175　　　(C) 186　　　(D) 198

(2) 该压弯构件在弯矩作用平面内整体稳定计算时，无翼缘端 2 点处应力值（N/mm²），与下列何项数值最接近？

(A) −131　　　(B) −135　　　(C) −144　　　(D) −148

(3) 假定 $\lambda_{yz} = 84$，该压弯构件在弯矩作用平面外整体稳定计算时，其最大压应力（N/mm²），与下列何项数值最为接近？

(A) 191　　　(B) 196　　　(C) 204　　　(D) 208

【解答】(1) 截面等级满足 S3 级，取 $\gamma_{x1} = 1.05$，$\gamma_{x2} = 1.2$。

该构件最大弯矩设计值：

$$M_x = M_{\max} = Fe_1 = 900\times 0.15 = 135\text{kN}\cdot\text{m}$$

$$\lambda_x = \dfrac{l_{0x}}{i_x} = \dfrac{8000}{114} = 70.2$$

翼缘为焰切边、T 形截面，查《钢标》表 7.2.1-1 知，对 x、y 轴均属 b 类，$\lambda_x/\varepsilon_k = 70.2$，查附表 D.0.2 知，$\varphi_x = 0.75$。

$$N'_{EX} = \dfrac{\pi^2 EA}{1.1\lambda_x^2} = \dfrac{\pi^2\times 206\times 10^3\times 121.2\times 10^2}{1.1\times 70.2^2} = 4546\text{kN}$$

同向曲率，则：$\beta_{mx} = 0.6 + \dfrac{0.4M_2}{M_1} = 0.6 + \dfrac{0.4\times 900\times 0.1}{900\times 0.15} = 0.867$

$$\frac{N}{\varphi_x A} + \frac{\beta_{mx} M_x}{\gamma_{x1} W_{1x}\left(1 - 0.8 \frac{N}{N'_{EX}}\right)}$$

$$= \frac{900 \times 10^3}{0.75 \times 121.2 \times 10^2} + \frac{0.867 \times 135 \times 10^6}{1.05 \times 1554 \times 10^3 \times \left(1 - 0.8 \times \frac{900}{4546}\right)}$$

$$= 184 \text{N/mm}^2 < f = 205 \text{N/mm}^2 (因 t = 20 \text{mm})$$

故选（C）项。

（2）根据《钢标》式（8.2.1-4）：

$$\frac{N}{A} - \frac{\beta_{mx} M_x}{\gamma_{x2} W_{2x}\left(1 - 1.25 \frac{N}{N'_{EX}}\right)}$$

$$= \frac{900 \times 10^3}{121.2 \times 10^2} - \frac{0.867 \times 135 \times 10^6}{1.2 \times 606 \times 10^3 \times \left(1 - 1.25 \times \frac{900}{4546}\right)}$$

$$= 74.3 - 213.9 = -139.6 \text{N/mm}^2$$

负号代表该侧受拉，$|-139.6| < f = 205$（$t = 18 \text{mm}$），满足。

故选（C）项。

（3）$\lambda_y = \dfrac{l_{0y}}{i_y} = \dfrac{4000}{61} = 65.6$

T 形截面，应考虑扭转效应，由条件知：$\lambda_{yz} = 84$，b 类截面，$\lambda_{yz}/\varepsilon_k = 84$，查附表 D.0.2，$\varphi_{yz} = 0.661$。

根据《钢标》附录 C.0.5 条规定：

$$\varphi_b = 1 - 0.0022\lambda_y/\varepsilon_k = 1 - 0.0022 \times 65.6/1 = 0.856$$

如图 4.6.43 所示，取上段范围计算 β_{tx}：

$$M_2 = \frac{135 + 90}{2} = 112.5 \text{kN} \cdot \text{m}$$

$$\beta_{tx} = 0.65 + 0.35 \frac{M_2}{M_1} = 0.65 + 0.35 \times \frac{112.5}{135} = 0.942$$

$$\frac{N}{\varphi_y A} + \eta \frac{\beta_{tx} M_x}{\varphi_b W_{1x}} = \frac{900 \times 10^3}{0.661 \times 121.2 \times 10^2} + 1.0 \times \frac{0.942 \times 135 \times 10^6}{0.856 \times 1554 \times 10^3}$$

$$= 112.3 + 95.6 = 207.9 \text{N/mm}^2$$

故选（D）项。

【例 4.6.25】 某三跨单层框架横剖面如图 4.6.44 所示，柱与基础铰接，与横梁刚接，柱顶在纵向（平面外）有支承体系。框架承受横向风荷载。钢材用 Q235 钢，梁柱均采用热轧 H 型钢，其截面特性见表 4.6.1。$\gamma_0 = 1.0$。所有柱截面等级满足 S3 级。

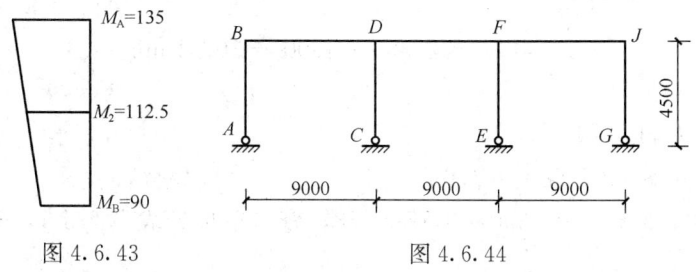

图 4.6.43　　　　图 4.6.44

梁柱截面特性　　　　　　　　　　　　　　　　　表 4.6.1

截面特性	A (cm²)	I_x (cm⁴)	W_x (cm³)	i_x (cm)	i_y (cm)
梁 HN596×199×10×15	121.2	69300	2330	23.9	4.04
边柱 HM390×300×10×16	136.7	38900	2000	16.9	7.26
中柱 HM440×300×11×18	157.4	56100	2550	18.9	7.18

试问：

(1) 柱 CD 平面内计算长度 l_{0x}（mm），应与下列何项数值最接近？

(A) 8450　　　　(B) 9000　　　　(C) 1210　　　　(D) 10305

(2) 柱 AB 平面内计算长度 l_{0x}（mm），应与下列何项数值最接近？

(A) 10790　　　(B) 1210　　　　(C) 9510　　　　(D) 6550

(3) 柱 AB 承受轴压力设计值 $N=160$kN，柱顶弯矩设计值 $M=350$kN·m，按弯矩作用平面内整体稳定计算时，其最大压应力（N/mm²），与下列何项数值最接近？

(A) 167　　　　(B) 178　　　　(C) 184　　　　(D) 196

(4) 条件同题目 (3)，按弯矩作用平面外整体稳定计算时，其最大压应力（N/mm²），与下列何项数值最接近？

提示： $\beta_{tx}=0.85$。

(A) 160　　　　(B) 180　　　　(C) 190　　　　(D) 200

(5) 柱 CD 承受轴压力设计值 $N=350$kN，柱顶弯矩设计值 $M=450$kN·m，按弯矩作用平面外整体稳定计算时，其最大压应力（N/mm²），与下列何项数值最接近？

(A) 164　　　　(B) 157　　　　(C) 145　　　　(D) 132

【解答】 (1) 柱 CD 按有侧移框架失稳，查《钢标》附录表 E.0.2。

柱顶：$K_1=\dfrac{\sum i_b}{\sum i_c}=\dfrac{2\times 69300/900}{56100/450}=1.235$

柱底：$K_2=0$

查附表 E.0.2，$\mu=2.33-\dfrac{1.235-1}{2-1}\times(2.33-2.17)=2.29$

$$l_{0x}=\mu l=2.29\times 4500=10305\text{mm}$$

故选 (D) 项。

(2) 柱 AB 按有侧移框架失稳，柱顶：$K_1=\dfrac{\sum i_b}{\sum i_c}=\dfrac{69300/900}{38900/450}=0.89$

柱底：$K_2=0$

查附表 E.0.2，$\mu=2.64-\dfrac{0.89-0.5}{1-0.5}\times(2.64-2.33)=2.398$

$$l_{0x}=\mu l=2.398\times 4500=10791\text{mm}$$

故应选 (A) 项。

(3) 柱 AB 为 H 型钢

截面等级满足 S3 级，取 $\gamma_x=1.05$。

轧制 H 型钢，$b/h=300/390=0.77<0.8$，查《钢标》表 7.2.1-1，对 x 轴属 a 类；对 y 轴属 b 类。

$$\lambda_x = \frac{l_{0x}}{i_x} = \frac{10791}{169} = 63.9$$

a 类，查《钢标》附表 D.0.1，$\varphi_x = 0.867$

$$N'_{EX} = \frac{\pi^2 EA}{1.1 \lambda_x^2} = \frac{\pi^2 \times 206 \times 10^3 \times 136.7 \times 10^2}{1.1 \times 63.85^2} = 6200 \text{kN}$$

有侧移框架，根据《钢标》8.2.1 条规定，取 $\beta_{mx} = 1.0$。

$$\frac{N}{\varphi_x A} + \frac{\beta_{mx} M_x}{\gamma_x W_{1x}\left(1 - 0.8 \frac{N}{N'_{EX}}\right)}$$

$$= \frac{160 \times 10^3}{0.867 \times 136.7 \times 10^2} + \frac{1.0 \times 350 \times 10^6}{1.05 \times 2000 \times 10^3 \times \left(1 - 0.8 \times \frac{160}{6200}\right)}$$

$$= 13.5 + 170.2 = 183.7 \text{N/mm}^2$$

故选（C）项。

（4）柱平面外有支承体系，取 $l_{0y} = 4500\text{mm}$。

$$\lambda_y = \frac{l_{0y}}{i_y} = \frac{4500}{72.6} = 62.0$$

b 类截面，查《钢标》附表 D.0.2，$\varphi_y = 0.796$。

由《钢标》附录 C.0.5 条：

$$\varphi_b = 1.07 - \frac{\lambda_y^2}{44000\varepsilon_k^2} = 1.07 - \frac{62^2}{44000 \times 1} = 0.983$$

$$\beta_{tx} = 0.85$$

$$\frac{N}{\varphi_y A} + \eta \frac{\beta_{tx} M_x}{\varphi_b W_{1x}} = \frac{160 \times 10^3}{0.796 \times 136.7 \times 10^2} + 0.85 \times \frac{1.0 \times 350 \times 10^6}{0.983 \times 2000 \times 10^3}$$

$$= 14.7 + 151.3 = 166 \text{N/mm}^2$$

故选（A）项。

（5）柱 CD：

$l_{0y} = 4500\text{mm}$

$$\lambda_y = l_{0y}/i_y = \frac{4500}{71.8} = 62.7$$

热轧 H 型钢，$b/h = 300/440 = 0.68 < 0.8$，查《钢标》表 7.2.1-1 知，对 y 轴属 b 类，查附表 D.0.2，$\varphi_y = 0.793$

由《钢标》附录 C.0.5 条：

$$\varphi_b = 1.07 - \frac{\lambda_y^2}{44000\varepsilon_k^2} = 1.07 - \frac{62.7^2}{44000 \times 1} = 0.981$$

$$\beta_{tx} = 0.65 + 0.35 \frac{M_2}{M_1} = 0.65 \quad (M_2 = 0)$$

$$\frac{N}{\varphi_y A} + \eta \frac{\beta_{tx} M_x}{\varphi_b W_{1x}} = \frac{350 \times 10^3}{0.793 \times 157.4 \times 10^2} + 1.0 \times \frac{0.65 \times 450 \times 10^6}{0.981 \times 2550 \times 10^3}$$

$$= 28.0 + 116.9 = 144.9 \text{N/mm}^2$$

故选（C）项。

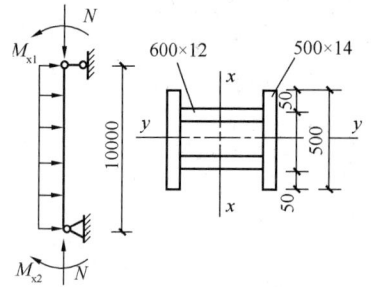

图 4.6.45

【例 4.6.26】 如图 4.6.45 所示为焊接箱形截面压弯构件，钢材为 Q235 钢，承受端弯矩设计值 $M_{x1}=400$kN·m，$M_{x2}=300$kN·m，轴心压力设计值 $N=1800$kN。横向均布荷载设计值 $w=10$kN/m。$\gamma_0=1.0$。

已知箱形截面特性：$I_x=175200$cm^4，$W_x=5580$cm^3，$A=284$cm，$i_x=24.8$cm，$i_y=17.1$cm。

试问：

（1）该构件在弯矩作用平面内整体稳定计算，按《钢标》公式（8.2.1-1）计算时，其左端值与下列何项最为接近？

提示：截面等级满足 S3 级。

(A) 0.62 (B) 0.73 (C) 0.85 (D) 0.93

（2）假定，横向均匀荷载的作用方向反向，其他条件不变，已知截面等级满足 S3 级按《钢标》公式（8.2.1-1）进行在弯矩作用平面内整体稳定计算，其左端值与下列何项最为接近？

(A) 0.42 (B) 0.52 (C) 0.64 (D) 0.70

【解答】 （1）截面等级满足 S3 级，取 $\gamma_x=1.05$

$$\lambda_x = \frac{10000}{248} = 40.3$$

$$\frac{h_0}{t} = \frac{500-2\times 50-2\times 12}{14} = 27 > 20，查《钢标》表 7.2.1-1，对 x 轴、y 轴均属 b 类。$$

$\lambda_x/\varepsilon_k=40.3$，查附录表 D.0.2，取 $\varphi_x=0.898$

由《钢标》8.2.1 条：

$$N'_{EX} = \frac{\pi^2 EA}{1.1\lambda_x^2} = \frac{\pi^2 \times 206\times 10^3 \times 284\times 10^2}{1.1\times 40.3^2} = 32321\text{kN}$$

1) 无横向荷载作用时：

$$\beta_{m1x} = 0.6+0.4\frac{M_2}{M_1} = 0.6+0.4\times \frac{300}{400} = 0.9$$

2) 全跨均布横向荷载：

$$M_{qx} = \frac{1}{8}ql^2 = \frac{1}{8}\times 10\times 10^2 = 125\text{kN·m}$$

$$N_{cr} = \frac{\pi^2 EI}{(\mu l)^2} = 1.1 N'_{EX} = 1.1\times 32321\text{kN}$$

$$\beta_{mqx} = 1-0.18\frac{N}{N_{cr}} = 1-0.18\times \frac{1800}{1.1\times 32321} = 0.99$$

端弯矩、横向荷载分别对构件产生同向曲率，则：

$$\beta_{mx}M_x = \beta_{mqx}M_{qx}+\beta_{m1x}M_1$$
$$=0.99\times 125+0.9\times 400 = 483.75\text{kN·m}$$

由《钢标》式（8.2.1-1）：

$$\frac{N}{\varphi_x A f} + \frac{\beta_{mx} M_x}{\gamma_x W_{1x}\left(1 - 0.8\dfrac{N}{N'_{EX}}\right)f}$$

$$= \frac{1800 \times 10^3}{0.898 \times 284 \times 10^2 \times 215} + \frac{483.75 \times 10^6}{1.05 \times 5580 \times 10^3 \times \left(1 - 0.8 \times \dfrac{1800}{32321}\right) \times 215}$$

$$= 0.328 + 0.402 = 0.73 < 1.0, 满足$$

应选（B）项。

（2）此时，端弯矩、横向荷载分别对构件产生不同方向曲率，则：

$$\beta_{mx} M_x = \beta_{mqx} M_{qx} - \beta_{m1x} M_1$$
$$= 0.99 \times 125 - 0.9 \times 400 = -236.25 \text{kN} \cdot \text{m}$$

故取 236.25kN·m 进行计算。

$$\frac{N}{\varphi_x A f} + \frac{\beta_{mx} M_x}{\gamma_x W_{1x}\left(1 - 0.8\dfrac{N}{N'_{EX}}\right)f}$$

$$= \frac{1800 \times 10^3}{0.898 \times 284 \times 10^2 \times 215} + \frac{236.25 \times 10^6}{1.05 \times 5580 \times 10^3 \times \left(1 - 0.8 \times \dfrac{1800}{32321}\right) \times 215}$$

$$= 0.328 + 0.196 = 0.52 < 1.0, 满足$$

应选（B）项。

▲4. 圆管截面双向压弯构件整体稳定性

- 复习《钢标》8.2.4 条。

四、实腹式压弯构件的局部稳定性计算

1. 不考虑腹板屈曲后强度的局部稳定性

- 复习《钢标》8.4.1 条、8.4.3 条。

需注意的是：

对工字形及 H 形截面压弯构件（图 4.6.46）：

$$\sigma_{max} = \frac{N}{A_n} + \frac{M_x}{I_{nx}} \cdot y_1$$

$$\sigma_{min} = \frac{N}{A_n} - \frac{M_x}{I_{nx}} \cdot y_2$$

双轴对称截面时：

$$\sigma_{max} = \frac{N}{A_n} + \frac{M_x}{I_{nx}} \cdot \frac{h_0}{2}$$

$$\sigma_{min} = \frac{N}{A_n} - \frac{M_x}{I_{nx}} \cdot \frac{h_0}{2}$$

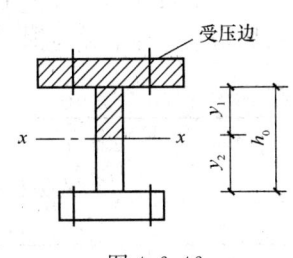

图 4.6.46

【例 4.6.27】 题目条件同【例 4.6.19】。

试问：验算该工形截面压弯构件的局部稳定性。

【解答】 根据《钢标》8.4.1 条、3.5.1 条规定：

翼缘： $b/t = \dfrac{320-10}{2\times 12} = 12.9 < 15\varepsilon_k = 15\sqrt{235/235} = 15$，满足

腹板：

$$\sigma_{max} = \dfrac{N}{A_n} + \dfrac{M_x}{I_{nx}} \cdot \dfrac{h_0}{2} = \dfrac{900\times 10^3}{140.8\times 10^2} + \dfrac{375\times 10^6}{103475\times 10^4} \times 320$$
$$= 180 \mathrm{N/mm^2}$$

$$\sigma_{min} = \dfrac{N}{A_n} - \dfrac{M_x}{I_{nx}} \cdot \dfrac{h_0}{2} = \dfrac{900\times 10^3}{140.8\times 10^2} - \dfrac{375\times 10^6}{103475\times 10^4} \times 320$$
$$= -52 \mathrm{N/mm^2}$$

$$\alpha_0 = \dfrac{\sigma_{max} - \sigma_{min}}{\sigma_{max}} = \dfrac{180 - (-52)}{180} = 1.29$$

$$h_0/t_w = \dfrac{640}{10} = 64 < (45 + 25\alpha_0^{1.66})\varepsilon_k = (45 + 25\times 1.29^{1.66})\times 1 = 83.2$$

满足。

【例 4.6.28】 题目条件同【例 4.6.21】。

试问： 验算该箱形截面压弯构件的局部稳定性。

【解答】 根据《钢标》8.4.1 条、3.5.1 条：

翼缘：$b_0/t = (500 - 50\times 2 - 12\times 2)/14 = 26.9 < 45\varepsilon_k = 45\varepsilon_k = 45$，满足。

腹板，由《钢标》表 3.5.1 注 3：

$$\sigma_{max} = \dfrac{N}{A_n} + \dfrac{M_x}{I_{nx}} \cdot \dfrac{h_0}{2} = \dfrac{2400\times 10^3}{284\times 10^2} + \dfrac{720\times 10^6}{175200\times 10^4} \times 300$$
$$= 207.8 \mathrm{N/mm^2}$$

$$\sigma_{min} = \dfrac{N}{A_n} - \dfrac{M_x}{I_{nx}} \cdot \dfrac{h_0}{2} = \dfrac{2400\times 10^3}{284\times 10^2} - \dfrac{720\times 10^6}{175200\times 10^4} \times 300$$
$$= -38.8 \mathrm{N/mm^2}$$

$$\alpha_0 = \dfrac{\sigma_{max} - \sigma_{min}}{\sigma_{max}} = \dfrac{207.8 - (-38.8)}{207.8} = 1.19$$

$$h_0/t_w = 600/12 = 50 < (45 + 25\alpha_0^{1.66})\varepsilon_k = (45 + 25\times 1.19^{1.66})\times 1 = 78.4$$

满足。

2. 考虑腹板屈曲后强度

- 复习《钢标》8.4.2 条。

【例 4.6.29】 某单层钢结构厂房，钢材均为 Q235B。边列单阶柱截面及内力见图 4.6.47，上段柱为焊接工字形截面实腹柱，下段柱为不对称组合截面格构柱，所有板件均为火焰切割。柱上端与钢屋架形成刚接，无截面削弱。截面特性，见表 4.6.2。$\gamma_0 = 1.0$。

截面特性 表 4.6.2

	面积 A (cm²)	惯性矩 I_x (cm⁴)	回转半径 i_x (cm)	惯性矩 I_y (cm⁴)	回转半径 i_y (cm)	弹性截面模量 W_x (cm³)
上柱	167.4	279000	40.8	7646	6.4	5580

试问： 考虑腹板屈曲后强度，强度计算按《钢标》公式（8.4.2-9）计算时，其左端

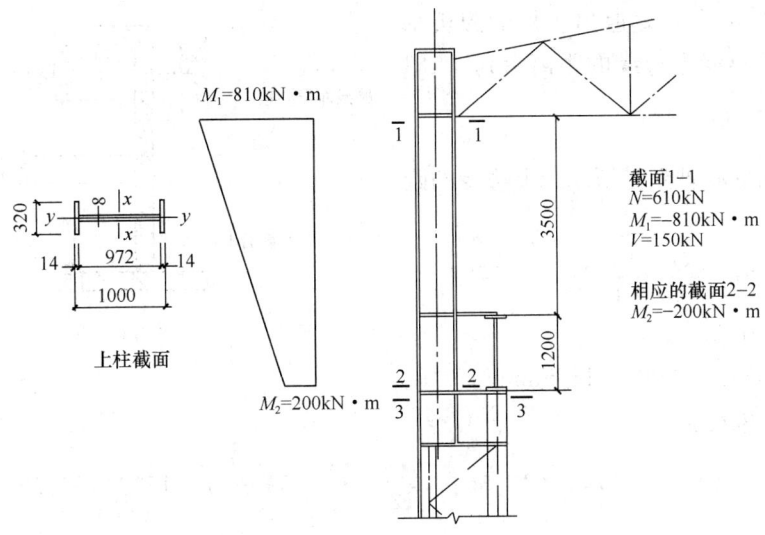

图 4.6.47

项最大压应力值（N/mm²），与下列何项数值最为接近？

(A) 175　　　　　(B) 185　　　　　(C) 195　　　　　(D) 205

【解答】 根据《钢标》8.4.2条、3.5.1条：

$$\genfrac{}{}{0pt}{}{\sigma_{\max}}{\sigma_{\min}} = \frac{N}{A_n} \pm \frac{M_x}{I_{nx}} \cdot \frac{h_0}{2} = \frac{610 \times 10^3}{16740} \pm \frac{810 \times 10^6}{279000 \times 10^4} \times \frac{972}{2}$$

$$= \begin{array}{l} 177.54 \text{ N/mm}^2 \text{（压应力）} \\ -104.66 \text{ N/mm}^2 \text{（拉应力）} \end{array}$$

$$\alpha_0 = \frac{177.54 - (-104.66)}{177.54} = 1.59$$

由标准式 (8.4.2-4)：

$$k_\sigma = \frac{16}{2 - 1.59 + \sqrt{(2-1.59)^2 + 0.112 \times 1.59^2}} = 14.79$$

$$\lambda_{n,p} = \frac{972/8}{28.1\sqrt{14.79}} \times 1 = 1.124 > 0.75$$

$$\rho = \frac{1}{1.124}\left(1 - \frac{0.19}{1.124}\right) = 0.74$$

腹板受压区高度 h_c：

$$h_c = \frac{177.54}{177.54 + 104.66} \times 972 = 612 \text{mm}$$

无螺栓孔削弱，则：

$$A_{ne} = A - (1-\rho)h_c t_w$$
$$= 16740 - (1-0.74) \times 612 \times 8 = 15467 \text{mm}^2$$
$$h_e = \rho h_c = 0.74 \times 612 = 453 \text{mm}$$

$h_{e1} = 0.4 h_e = 181 \text{mm}$，$h_{e2} = 0.6 h_e = 272 \text{mm}$

退出工作的腹板高度 = 612 - 181 - 272 = 159mm

如图 4.6.48 所示，退出工作的腹板部分形心到受压翼缘上边缘的距离 $=14+181+\dfrac{159}{2}=274.5\text{mm}$

有效截面形心轴到受压翼缘上边缘的距离 y_e 为：

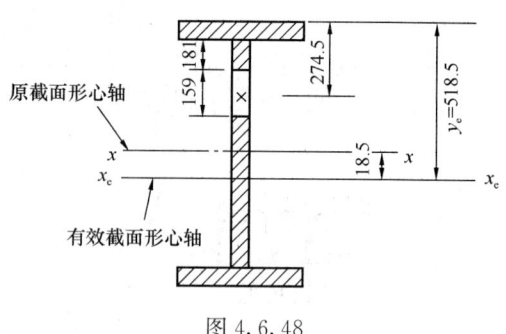

图 4.6.48

$$y_e=\dfrac{16740\times500-159\times8\times274.5}{16740-159\times8}$$

$$=518.5\text{mm}$$

$$e=518.5-500=18.5\text{mm}$$

由平行移轴公式

$$I_{ex}=279000\times10^4+16740\times18.5^2-\left[\dfrac{1}{12}\times8\times159^3+8\times159\times(518.5-274.5)^2\right]$$

$$=2.717\times10^9\text{mm}^4$$

$$W_{nex}=\dfrac{I_{ex}}{518.5}=5.24\times10^6\text{mm}^3$$

考虑腹板屈曲，取 $\gamma_x=1.0$。

$$\dfrac{N}{A_{ne}}+\dfrac{M_x+Ne}{\gamma_x W_{nex}}=\dfrac{610\times10^3}{15647}+\dfrac{810\times10^6+610\times10^3\times18.5}{1.0\times5.24\times10^6}$$

$$=38.99+156.73=195.72\text{N/mm}^2$$

故应选（C）项。

【例 4.6.30】 非抗震设计时，某单层钢结构刚架厂房，梁柱采用 Q345 钢，柱采用双轴对称的焊接工字形截面，翼缘为 -400×25（焰切边），腹板为 -1500×12，$A=38000\text{mm}^2$，截面惯性矩 $I_x=1.50\times10^{10}\text{mm}^4$，$i_x=628\text{mm}$，$i_y=83.3\text{mm}$。柱作为压弯构件，其弯矩设计值 $M=1800\text{kN}\cdot\text{m}$，轴压力 $N=4560\text{kN}$。弯矩作用平面外的计算长度为 4.5m。$\gamma_0=1.0$。

试问：考虑腹板屈曲后强度，其弯矩作用平面外稳定性按《钢标》式（8.4.2-11）计算时，其左端项数值为多少？

提示：φ_b 按近似方法计算；取 $\beta_{tx}=0.65$。

【解答】 根据《钢标》3.5.1 条、8.4.2 条：

$\dfrac{b}{t}=\dfrac{400-12}{2\times25}=7.8<13\varepsilon_k=13\sqrt{235/345}=10.7$，翼缘满足 S3。

$$\begin{matrix}\sigma_{max}\\ \sigma_{min}\end{matrix}=\dfrac{4560\times10^3}{38000}\pm\dfrac{1800\times10^6}{1.50\times10^{10}}\times750$$

$$=\begin{matrix}+210\text{N/mm}^2\\ +30\text{N/mm}^2\end{matrix}$$

$\alpha_0=\dfrac{210-30}{210}=0.86$，全腹板受压 $h_c=1500\text{mm}$

$$k_\sigma = \frac{16}{2-0.86+\sqrt{(2-0.86)^2+0.112\times 0.86^2}} = 6.91$$

$$\lambda_{n,p} = \frac{1500/12}{28.1\sqrt{6.91}} \frac{1}{\sqrt{235/345}} = 2.05 > 0.75$$

$$\rho = \frac{1}{2.05}\left(1-\frac{0.19}{2.05}\right) = 0.44$$

$$h_e = \rho h_c = 0.44\times 1500 = 660\text{mm}$$

$$h_{e1} = \frac{2\times 660}{4+0.86} = 272\text{mm}, \quad h_{e2} = 660-272 = 388\text{mm}$$

退出工作的腹板高度 = 1500 − 660 = 840mm

$$A_e = A - 840\times 12 = 27920\text{mm}^2$$

如图4.6.49所示，退出工作的腹板部分形心到受压翼缘上边缘的距离 = $25 + 272 + \dfrac{840}{2}$ = 717mm

有效截面形心轴到受压翼缘上边缘的距离 y_e 为：

$$y_e = \frac{38000\times 775 - 840\times 12\times 717}{38000 - 840\times 12} = 796\text{mm}$$

$$e = 796 - 775 = 21\text{mm}$$

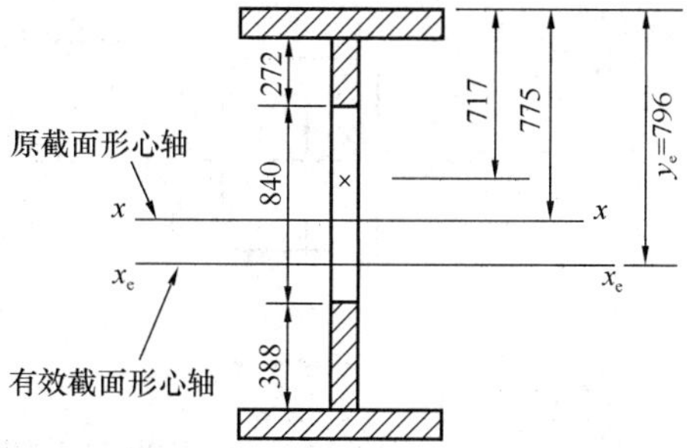

图4.6.49

由平行移轴公式：

$$I_{elx} = 1.50\times 10^{10} + 38000\times 21^2 - \left[\frac{1}{12}\times 12\times 840^3 + 12\times 840\times (796-717)^2\right]$$

$$= 1.436\times 10^{10}\text{mm}^4$$

$$W_{elx} = \frac{I_{elx}}{y_e} = 1.804\times 10^7 \text{mm}^3$$

已知 $l_{0y} = 4.5\text{m}$，$\lambda_y = \dfrac{l_{0y}}{i_y} = \dfrac{4500}{83.3} = 54$

查《钢标》表7.2.1-1，对 x 轴、y 轴，均为 b 类。$\lambda_y/\varepsilon_k = 65.5$，查附录表D.0.2，取 $\varphi_y = 0.777$

$$\varphi_b = 1.07 - \frac{54^2}{44000\times 235/345} = 0.973$$

$$\frac{N}{\varphi_y A_e f} + \eta\frac{\beta_{tm}M_x + Ne}{\varphi_b W_{elx} f}$$

$$= \frac{4560\times 10^3}{0.777\times 27920\times 295} + 1\times\frac{0.65\times 1800\times 10^6 + 4560\times 10^3\times 21}{0.973\times 1.804\times 10^7\times 295}$$

$$= 0.713 + 0.244$$

$$= 0.957$$

3. 双向压弯的实腹式构件的整体稳定性

- 复习《钢标》8.2.5条。

五、格构式压弯构件的稳定性计算

▲弯矩绕虚轴作用的格构式单向压弯构件

● 复习《钢标》8.2.2 条。

需注意的是：

(1)《钢标》8.2.2 条中式 (8.2.2-2)：

$$W_{1x} = \frac{I_x}{y_0}$$

式中，I_x 为对 x 轴的毛截面惯性矩；y_0 为由 x 轴到压力较大分肢的轴线距离，或到压力较大分肢腹板外边缘的距离，二者取较大者，如图 4.6.50 所示，M_x 为矢量表达，代表绕虚轴（x 轴）作用的弯矩。

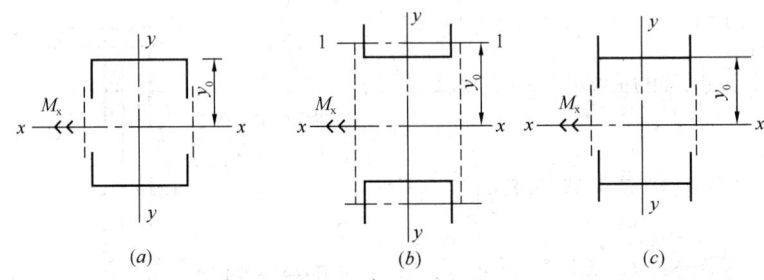

图 4.6.50 弯矩 M_x 绕虚轴（x 轴）作用的格构式压弯构件

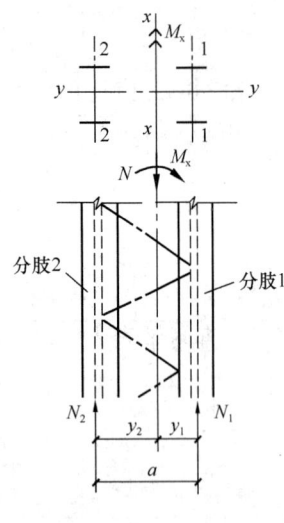

图 4.6.51

(2)《钢标》8.2.2 条式 (8.2.2-1) 中，φ_x、N'_{Ex} 由换算长细比确定：

缀条时：$\lambda_{0x} = \sqrt{\lambda_x^2 + 27A/A_1}$，由 $\lambda_{0x}/\varepsilon_k$ 查《钢标》附表 D 确定 φ_x；

$$N'_{Ex} = \frac{\pi^2 EA}{1.1 \lambda_{0x}^2}$$

(3) 分肢稳定计算，如图 4.6.51 所示，将整个构件视为一平行弦桁架，将构件的两个分肢看作桁架体系的弦杆，两分肢的轴心力计算为：

分肢 1： $N_1 = N\dfrac{y_2}{a} + \dfrac{M_x}{a}$

分肢 2： $N_2 = N - N_1$

缀条式压弯构件的分肢按轴心压杆计算；分肢的计算长度，在缀条平面内（图 4.6.51 中 1-1 轴）取缀条体系的节间长度，在缀条平面外，取整个构件侧向支撑点间的距离。

此外，缀板式压弯构件的分肢计算时，除轴心力 N_1（或 N_2）外，还应考虑由剪力作用引起的局部弯矩，按实腹式压弯构件计算分肢的稳定性。

(4) 缀件的计算，《钢标》8.2.7 条规定：

8.2.7 计算格构式缀件时，应取构件的实际剪力和按本标准式（7.2.7）计算的剪力两者中的较大值进行计算。

【**例 4.6.31**】 如图 4.6.52 所示一单层厂房框架柱的下柱，在框架平面内（属有侧移框架柱）的计算长度为 $l_{0x}=21.7\text{m}$，在框架平面外的计算长度（两端铰接）为 $l_{0y}=12.21\text{m}$。钢材为 Q235。该下柱承受的内力设计值：

$M_x = 3340\text{kN·m}$、$N = 4500\text{kN}$、$V = 210\text{kN}$，并使分肢 1 受压最大。

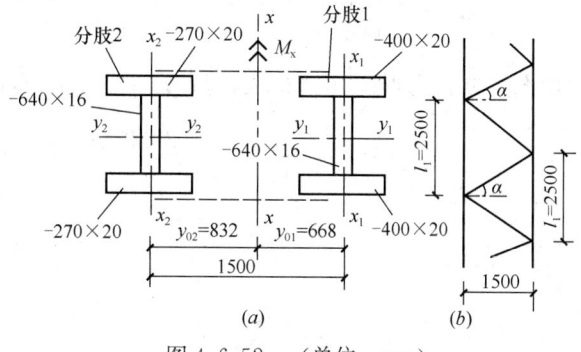

图 4.6.52 （单位：mm）

缀条选用单角钢 L100×8，$A=15.6\text{cm}^2$，$i_{\min}=1.98\text{cm}$。缀条与柱连接无节板。

已知下柱截面特性：

分肢 1，$A_1=262.4\text{cm}^2$，$I_{y1}=209200\text{cm}^4$，$i_{y1}=28.24\text{cm}$，

$I_{x1}=21330\text{cm}^4$，$i_{x1}=9.02\text{cm}$，翼缘为焰切边。

分肢 2，$A_2=210.4\text{cm}^2$，$I_{y2}=152600\text{cm}^4$，$i_{y2}=24.93\text{cm}$，

$I_{x2}=6561\text{cm}^4$，$i_{x2}=5.58\text{cm}$，翼缘为焰切边。

试问：

(1) 验算弯矩作用平面内的整体稳定性。

(2) 验算分肢 1 的整体稳定性。

(3) 验算分肢 1 的局部稳定性。

(4) 分肢 1、分肢 2 的 f 均取为 205N/mm^2，计算缀条的受压稳定承载力设计值（kN），验算其是否满足要求。

【**解答**】 (1) 确定换算长细比 λ_{0x}：

如图中所示，整个截面中性轴位置，$y_{01}=\dfrac{A_2 \times 150}{A_1+A_2}=\dfrac{210.4 \times 150}{262.4+210.4}=66.8\text{cm}$

$$y_{02}=150-66.8=83.2\text{cm}$$

整个截面对 $x\text{-}x$ 轴的 I_x：

$$I_x = I_{x1} + A_1 \times 66.8^2 + I_{x2} + A_2 \times 83.2^2$$

$$= 21330 + 262.4 \times 66.8^2 + 6561 + 210.4 \times 83.2^2 = 2655222\text{cm}^4$$

$$i_x = \sqrt{I_x/(A_1+A_2)} = \sqrt{\dfrac{2655222}{262.4+210.4}} = 74.9\text{cm}$$

$$\lambda_x = \dfrac{l_{0x}}{i_x} = 2170/74.9 = 29$$

$$\lambda_{0x} = \sqrt{\lambda_x^2 + 27A/A_{1x}} = \sqrt{29^2 + 27 \times \dfrac{(262.4+210.4)}{2 \times 15.6}} = 35.4$$

根据《钢标》8.2.2条、8.2.1条：

查《钢标》表7.2.1-1，对 x、y 轴均属 b 类，查附表 D.0.2，$\varphi_x = 0.916$。

$$N'_{EX} = \frac{\pi^2 EA}{1.1\lambda_{0x}^2} = \frac{\pi^2 \times 206 \times 10^3 \times (262.4 + 210.4) \times 10^2}{1.1 \times 35.4^2} = 69734\text{kN}$$

由图可知，分肢1压力最大，故 $y_0 = y_1 = 66.8\text{cm}$。

$$W_{1x} = \frac{I_x}{y_1} = \frac{2655222}{66.8} = 39749\text{cm}^3, N_{cr} = 1.1 N'_{EX}$$

$$\beta_{mx} = 1 - 0.36\frac{N}{N_{cr}} = 1 - 0.36 \times \frac{4500}{1.1 \times 69734} = 0.977$$

$$\frac{N}{\varphi_x A} + \frac{\beta_{mx} M_x}{W_{1x}\left(1 - \dfrac{N}{N'_{EX}}\right)}$$

$$= \frac{4500 \times 10^3}{0.916 \times 472.8 \times 10^2} + \frac{0.977 \times 3340 \times 10^6}{39749 \times 10^3 \times \left(1 - \dfrac{4500}{69734}\right)}$$

$$= 192\text{N/mm}^2 < f = 205\text{N/mm}^2 \text{（因 } t = 20\text{mm）}，满足。$$

（2）分肢1的整体稳定性：

分肢1的压力 N_1：

$$N_1 = N\frac{y_2}{a} + \frac{M_x}{a} = 4500 \times \frac{0.832}{1.5} + \frac{3340}{1.5} = 4723\text{kN}$$

分肢1平面内计算长度：$l_{0x1} = 2500\text{mm}$，$\lambda_{x1} = \dfrac{l_{0x1}}{i_{x1}} = \dfrac{2500}{90.2} = 27.7$

平面外计算长度：$l_{0y1} = 12210\text{mm}$，$\lambda_{y1} = \dfrac{l_{0y1}}{i_{y1}} = \dfrac{12210}{282.4} = 43.2$

焊接、翼缘为焰切边的工形截面，查《钢标》表7.2.1-1，对 x、y 轴均属 b 类，取 $\lambda_{y1} = 43.2$ 计算，查附表 D.0.2，$\varphi = 0.885$。

$$\frac{N_1}{\varphi A_1} = \frac{4723 \times 10^3}{0.885 \times 262.4 \times 10^2} = 203.4\text{N/mm}^2 < 205\text{N/mm}^2，满足。$$

（3）分肢1的局部稳定，分肢1为轴心受压构件，根据《钢标》7.3.1条。

$$\lambda = \max(\lambda_{x1}, \lambda_{y1}) = 43.2 \begin{array}{l} > 30 \\ < 100 \end{array}$$

$$b/t = \frac{400 - 16}{2 \times 20} = 9.6 < (10 + 0.1\lambda)\varepsilon_k = (10 + 0.1 \times 43.2)\sqrt{235/235} = 14.3$$

$$h_0/t_w = 640/16 = 40 < (25 + 0.5\lambda)\varepsilon_k = (25 + 0.5 \times 43.2)\sqrt{235/235} = 46.6$$

故满足要求。

（4）缀条计算

1）缀条长度 l：$\alpha = \arctan\dfrac{125}{150} = 39.8°$

$$l = 150/\cos\alpha = 150/\cos 39.8° = 195\text{cm}$$

单角钢与分肢连接为斜平面，无节点板连接，故不满足《钢标》表 7.4.1-1 的规定，故取计算长度为：

$$l_0 = l = 195\text{cm}$$

$$\lambda = \frac{l_0}{i_{\min}} = \frac{195}{1.98} = 98.5$$

单角钢，查《钢标》表 7.2.1-1 及注 1，属 b 类截面，查附表 D.0.2，$\varphi = 0.565$。
根据《钢标》7.6.1 条规定：

$$\eta = 0.6 + 0.0015\lambda = 0.6 + 0.0015 \times 98.5 = 0.748$$

$$N_u = \eta\varphi Af = 0.748 \times 0.565 \times 15.6 \times 10^2 \times 215 = 141.7\text{kN}$$

由《钢标》7.6.3 条：
$\frac{w}{t} = \frac{100-2\times 8}{8} = 10.5 < 14\varepsilon_k = 14$，不考虑受压稳定承载力的折减。
最终取 $N_u = 141.7\text{kN}$。

2）缀条实际承受压力值 N_c
根据《钢标》8.2.7 条规定：

假想剪力： $$V = \frac{Af}{85\varepsilon_k} = \frac{(262.4+210.4)\times 10^2 \times 205}{85 \times 1} = 114\text{kN}$$

实际剪力 $V = 210\text{kN}$，故取 $V = 210\text{kN}$。

$$N_c = \frac{V/2}{\cos\alpha} = \frac{210/2}{\cos 39.8°} = 136.7\text{kN} < N_u = 141.7\text{kN}$$

故满足。

思考：强度计算时，该格构式双肢缀条柱柱肢 1 的翼缘外侧的最大压应力设计值为多少？
此时，整个截面对 $x\text{-}x$ 轴的 I_x：$I_x = 2655222\text{cm}^4$

$$W_{nxl} = \frac{I_x}{y_{01}+20} = \frac{2655222}{66.8+20} = 30590\text{cm}^3$$

根据《钢标》8.1.1 条及表 8.1.1，取 $\gamma_x = 1.0$：

$$\frac{N}{A_n} + \frac{M_x}{\gamma_x W_{nxl}} = \frac{4500\times 10^3}{26240+21040} + \frac{3340\times 10^6}{1.0\times 30590\times 10^3}$$

$$= 95.178 + 109.186 = 204.36\text{N/mm}^2$$

【例 4.6.32】某管道支架柱采用双肢格构式缀条柱，如图 4.6.53 所示，钢材采用 Q235B，柱肢采用 2[28a，所有钢板厚度均不大于 16mm，缀条采用 L45×4，格构柱的计算长度 $l_{0x} = l_{0y} = 10\text{m}$，格构柱组合截面 $I_x = 13955.8\times 10^4\text{mm}^4$，$I_y = 9505\times 10^4\text{mm}^4$。

[28a 截面特性：$A_1 = 4002\text{mm}^2$；$I_{xl} = 4752\times 10^4\text{mm}^4$；$I_{yl} = 217.9\times 10^4\text{mm}^4$；$i_{xl} = 109\text{mm}$；$i_{yl} = 23.3\text{mm}$。

L45×4 截面特性：$A_0=348\text{mm}^2$；$i_x=13.8\text{mm}$；$i_v=8.9\text{mm}$；$i_u=17.4\text{mm}$。

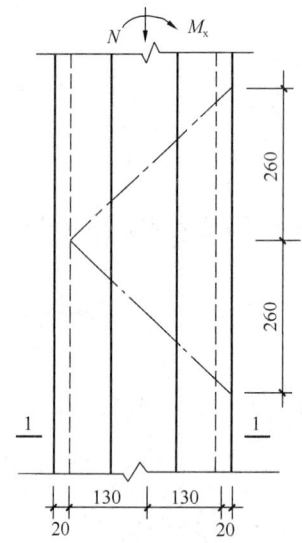 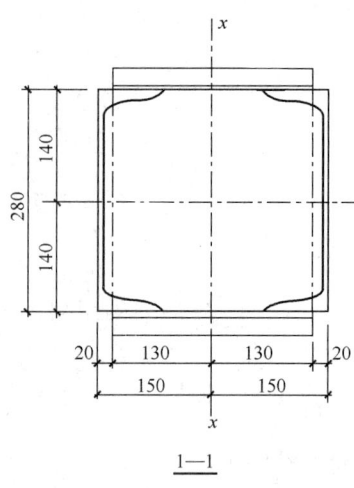

图 4.6.53

假定格构柱承受轴力 N 和弯矩 M_x 共同作用，荷载基本组合的轴力设计值 $N=500\text{kN}$。试问，满足弯矩作用平面内整体稳定性要求的最大弯矩设计值 M_x（kN·m），与下列何项数值最为接近？

提示： ① $N'_{Ex}=2495\text{kN}$，$\beta_{mx}=1.0$；②不考虑分肢稳定性；③由换算长细比确定的轴心受压稳定系数 $\varphi_x=0.704$。

(A) 95　　　　(B) 130　　　　(C) 150　　　　(D) 180

【解答】 根据《钢标》8.2.2 条：

$$W_{1x}=\frac{I_x}{150}=93\times10^4\text{mm}$$

$$\frac{500\times10^3}{0.704\times2\times4002\times215}+\frac{1\times M_x}{93\times10^4\times\left(1-\dfrac{500}{2495}\right)\times215}\leqslant1.0$$

可得：$M_x\leqslant93.9\times10^6\text{N·mm}=93.9\text{kN·m}$

应选（A）项。

▲ 弯矩绕实轴作用的格构式单向压弯构件。

- 复习《钢标》8.2.3 条。

▲ 格构式双向压弯构件

- 复习《钢标》8.2.6 条。

需注意的是：

《钢标》8.2.6 条中，分肢计算规定：在 N 和 M_x 作用下，将分肢作为桁架弦杆计算其轴心力。如图 4.6.54 所示，分肢 1、分肢 2 的轴心力：

分肢 1：

$$N_1 = N\frac{y_2}{y_1 + y_2} + \frac{M_x}{y_1 + y_2}$$

$$M_{y1} = \frac{I_1/y_1}{I_1/y_1 + I_2/y_2} \cdot M_y$$

分肢2：

$$N_2 = N - N_1 = N\frac{y_1}{y_1 + y_2} - \frac{M_x}{y_1 + y_2}$$

$$M_{y2} = \frac{I_2/y_2}{I_1/y_1 + I_2/y_2} \cdot M_y$$

特别地，当 M_y 作用在一个分肢的轴线平面，如图中分肢1的1-1轴线平面，则 M_y 视为全部由该分肢承担。

分肢的稳定性应按单向受弯的压弯构件计算，即按《钢标》8.2.1条规定进行计算。

六、承受次弯矩的桁架杆件

- 复习《钢标》8.5.1条、8.5.2条。

【**例4.6.33**】只承受节点荷载的某钢桁架，如图4.6.55所示，跨度为30m，两端各悬挑6m，桁架高度为4.5m，钢材采用Q345钢，其构件截面采用H形，结构重要性系数

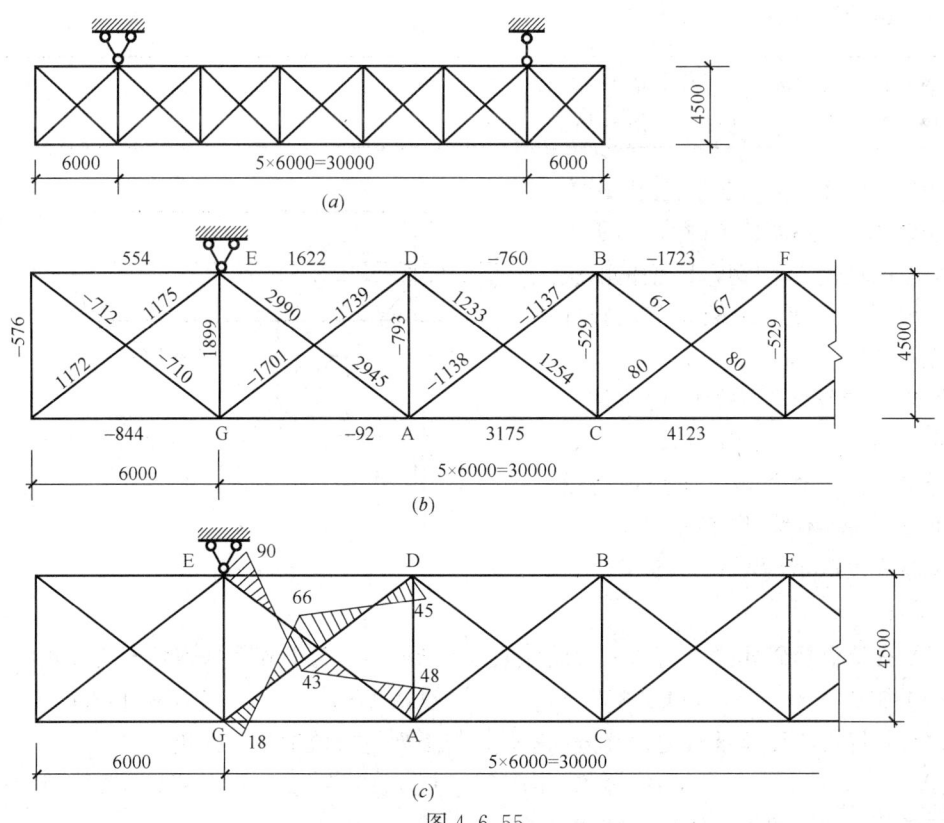

图4.6.55

(a) 计算简图（单位：mm）(b) 桁架轴力设计值（单位：kN）；(c) 桁架次弯矩设计值（单位：kN·m）

取1.0。钢桁架计算简图及采用一阶弹性分析时的内力设计值如图所示,其中,正值为轴拉力,负值为轴压力。按《钢结构设计标准》考虑塑性应力重分布。

假定,杆件EA采用轧制H型钢HW344×348×10×16,其腹板位于桁架平面内,截面特性:$A=144\text{cm}^2$,$i_x=15\text{cm}$,$i_y=8.8\text{cm}$,$W_x=1892\text{cm}^3$。试问,根据《钢结构设计标准》进行截面强度计算时,杆件EA的作用效应设计值与承载力设计值之比,与下列何项数值最接近?

提示:杆件EA的塑性截面模量$W_{px}=2070\text{cm}^3$。

(A) 0.68   (B) 0.70   (C) 0.81   (D) 0.84

【解答】根据《钢标》8.5.2条:

$$\varepsilon = \frac{MA}{NW} = \frac{90\times10^6\times14400}{2990\times10^3\times1892\times10^3} = 0.229 > 0.2$$

由式(8.5.2-2):

$$\left(\frac{2990\times10^3}{14400} + 0.85\times\frac{90\times10^6}{2070\times10^3}\right)\times\frac{1}{1.15\times305} = 0.697$$

应选(B)项。

第七节 节 点

一、连接板节点

- 复习《钢标》12.1.1条~12.1.6条。
- 复习《钢标》12.2.1条~12.2.7条。

【例4.7.1】 某屋盖工程大跨度主桁架结构使用Q345钢材,其所有杆件均采用热轧H型钢,H型钢的腹板与桁架平面垂直。桁架端节点斜杆轴心拉力设计值$N=12700\text{kN}$。

桁架的端节点采用等强度对接节点板的连接形式,如图4.7.1所示,在斜杆轴心拉力作用下,节点板将沿AB-BC-CD破坏线撕裂。已确定$AB=CD=400\text{mm}$,$BC=33\text{mm}$。

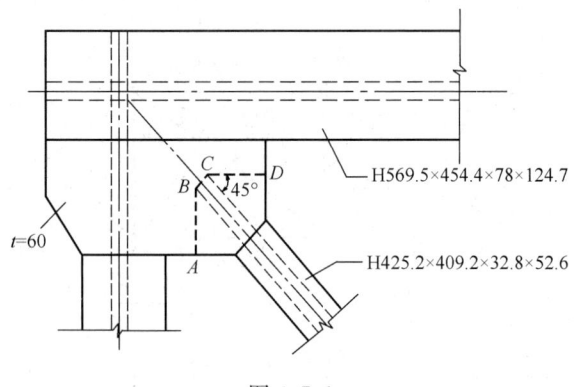

图4.7.1

试问:

(1) 在节点板破坏线上的拉应力设计值(N/mm²),与下列何项数值最为接近?

(A) 356.0   (B) 352.0   (C) 176.0   (D) 178.0

(2) 斜杆轴心受拉承载力设计值(kN),与下列何项数值最为接近?

(A) 15.5×10^3 (B) 14.2×10^3 (C) 13.5×10^3 (D) 13.0×10^3

【解答】(1) 根据《钢标》12.2.1条规定:

AB、CD的拉剪折算系数η_i:

$$\eta_i = \frac{1}{\sqrt{1+2\cos^2\alpha_i}} = \frac{1}{\sqrt{1+2\cos^2 45°}} = 0.707$$

BC 的拉剪折算系数 η_i：

$$\eta_i = \frac{1}{\sqrt{1+2\cos^2\alpha_i}} = \frac{1}{\sqrt{1+2\cos^2 90°}} = 1$$

端节点板为两块，则：

$$\sigma = \frac{N}{\sum(\eta_i A_i)} = \frac{12700 \times 10^3}{(400 \times 0.707 + 33 \times 1 + 400 \times 0.707) \times 60 \times 2} = 176.8 \text{N/mm}^2$$

故选（C）项。

(2) $N = Af = [52.6 \times 409.2 \times 2 + (425.2 - 2 \times 52.6) \times 32.8] \times 290 = 15.5 \times 10^3 \text{kN}$
 ($t = 52.6\text{mm}$，取 $f = 290\text{N/mm}^2$)

故选（A）项。

【例 4.7.2】 当焊接桁架的杆件用节点板连接时，弦杆与腹杆、腹杆与腹杆之间的间隙不应小于下列何项数值？

(A) 10mm　　　　(B) 20mm　　　　(C) 30mm　　　　(D) 40mm

【解答】 根据《钢标》12.2.6 条规定，应选（B）项。

【例 4.7.3】 桁架中节点板厚度一般根据所连接的杆件内力的大小而确定，但其最小厚度 t（mm），不能小于下列何项数值？

(A) 5mm　　　　(B) 6mm　　　　(C) 8mm　　　　(D) 10mm

【解答】 根据《钢标》12.2.7 条规定，应选（B）项。

二、梁柱连接节点

● 复习《钢标》12.3.1 条～12.3.7 条。

1. 无加劲肋的柱节点的验算

不设加劲肋的柱在达到极限状态时，可能出现的破坏形式是腹板在梁翼缘传来的压力作用下屈服或屈曲，以及翼缘在梁翼缘传来的拉力作用下弯曲而出现塑性铰或连接焊缝被拉开。图 4.7.2 表示腹板压屈和翼缘弯曲的情况。此外，梁翼缘传来的力还使腹板受剪，这些都需要验算。

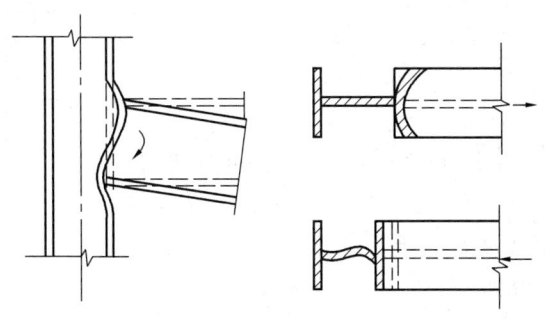

图 4.7.2　无加劲肋柱节点域的极限状态

● (1) 柱受压区验算

梁受压翼缘传来的力是否足以使柱腹板屈服，要在柱腹板与翼缘连接焊缝（或轧制 H 型钢圆角）的边缘处计算。图 4.7.3 给出柱腹板在边缘处的局部传力情况的示意图。

当梁翼缘与柱翼缘采用焊透的 T 形对接焊缝时，柱腹板承压的有效宽度 $b_e = t_f + 5h_y$。

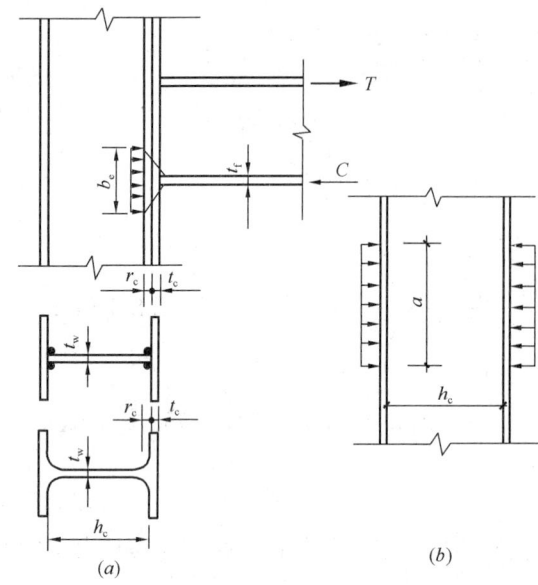

如果只考虑压力 C 的作用，按照等强条件，可以得出柱腹板的厚度 $t_w \geqslant A_{fb} f_b / (b_e f_c)$，即《钢标》式（12.3.4-1）。

根据图 4.7.3（b），取 a 为无穷大，由弹性稳定理论及简化，可得《钢标》式（12.3.4-2）。

- （2）柱受拉区验算

《钢标》12.3.4 条第 2 款作了规定。

2. 有加劲肋梁柱节点域计算

梁柱节点腹板域受力状态、力学计算简图，如图 4.7.4 所示。

由水平力平衡，并且忽略（$Q_{c1}+Q_{c2}$）/2，则：

$$V = \tau h_{c1} t_w = \frac{M_{b1}+M_{b2}}{h_{b1}}$$

图 4.7.3 柱腹板受压区计算

当加劲肋不满足抗剪强度要求即《钢标》式（12.3.3-3）时，节点域应补强。

焊接截面柱宜将柱腹板在节点域范围内更换为较厚板件，即采用柱腹板加厚，如图 4.7.5（a）所示。

对轧制 H 型钢柱，可通过在节点域焊贴补强板 [图 4.7.5（b）]，或设置斜向加劲肋 [图 4.7.5（c）] 等进行节点域补强。

对于图 4.7.5（b），总水平剪力由柱腹板和补强板共同承担，即：$V_总 = V_{柱腹板} + V_{补强板}$，即：$V_总 = f_{腹v} h_c t_{wc} + f_{补v} h_补 \cdot (2t_补)$。

由图 4.7.5（c）可知：

$$N_s \cos\theta + f_v t_{cw} h_c = M_{b1}/h_{b1}$$

若对角加劲肋（即斜向加劲肋）的截面面积为 A_s，其抗拉压强度设计值为 f_s，则 $N_s = A_s f_s$，代入上式，可得到：

$$A_s f_s \cos\theta + f_v t_{cw} h_c = M_{b1}/h_{b1}$$

即：$A_s = \dfrac{1}{f_s \cos\theta}\left(\dfrac{M_{b1}}{h_{b1}} - f_v t_{cw} h_c\right)$

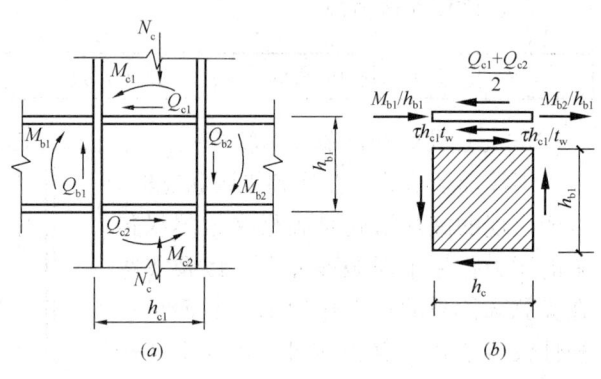

图 4.7.4
（a）节点腹板域受力状态；（b）力学计算简图

【例 4.7.4】某钢框架边柱顶层刚性节点，节点处设置有柱横向加劲肋，柱、梁均采用焊接截面工字形，采用 Q235 钢。柱截面为：翼缘为－350×16，腹板为－318×16；梁截面为：翼缘为－200×13，腹板为－374×8。节点端荷载基本组合的弯矩设计值为 280kN·m。已知 $\dfrac{N}{Af} < 0.4$，$\gamma_0 = 1.0$。

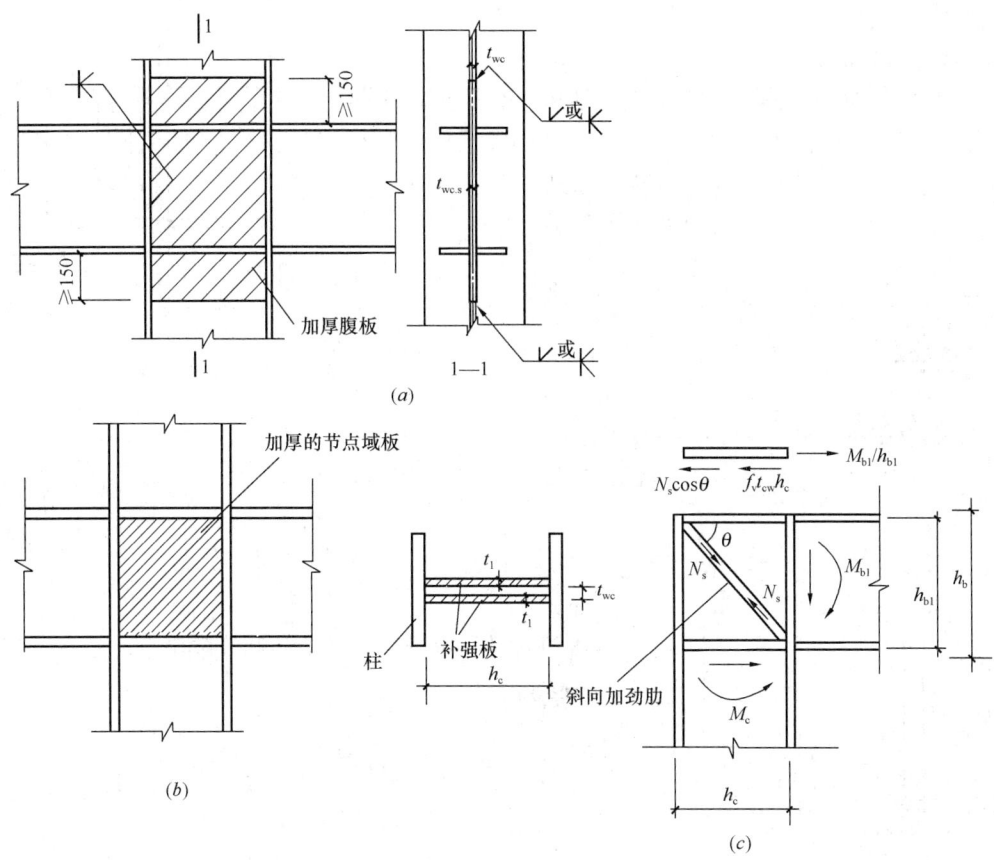

图 4.7.5 节点域板厚的补强

试问：验算该节点域的承载力。

【解答】 根据《钢标》12.3.3 条规定：

$$\frac{h_c}{h_b} = \frac{318}{374} = 0.85 < 1.0，则：$$

$$\lambda_{n,s} = \frac{374/16}{37\sqrt{4+5.34\times(374/318)^2}} \times \frac{1}{1} = 0.19 < 0.6$$

故取

$$f_{ps} = \frac{4}{3}f_v = \frac{4}{3} \times 125 = 166.7 \text{N/mm}^2$$

$$\frac{M_{b1}+M_{b2}}{V_p} = \frac{280\times10^6}{(318+16)\times(374+13)\times16} = 135.4 \text{N/mm}^2 < 166.7 \text{N/mm}^2$$

满足。

【例 4.7.5】 H 形截面梁与 H 形截面柱采用刚性连接，梁翼缘与柱采用完全焊透的坡口对接焊缝连接，梁腹板与柱连接采用高强度螺栓连接，如图 4.7.6 所示，柱截面为 HW350×350×12×19，梁截面为 H400×200×9×14，钢材为 Q235 钢，焊条采用 E43 型，完全焊透的坡口焊为二级焊缝。$\gamma_0 = 1.0$。

试问：

（1）在荷载基本组合下，梁端内力设计值为：$M=100\text{kN}\cdot\text{m}$，$V=120\text{kN}$，则柱腹板节点域内腹板的剪应力（N/mm²），与下列何项数值最接近？

(A) 65　　　　　(B) 73
(C) 78　　　　　(D) 82

(2) 假定抗震设防烈度为 7 度，地震组合下的内力设计值为：$M=180\text{kN}\cdot\text{m}$，$V=150\text{kN}$，则柱腹板域内腹板的抗剪强度验算，应满足下列何项关系式？

提示：按《建筑抗震设计规范》作答。

(A) 76＜167　　　(B) 82＜167
(C) 106＜196　　(D) 117＜222

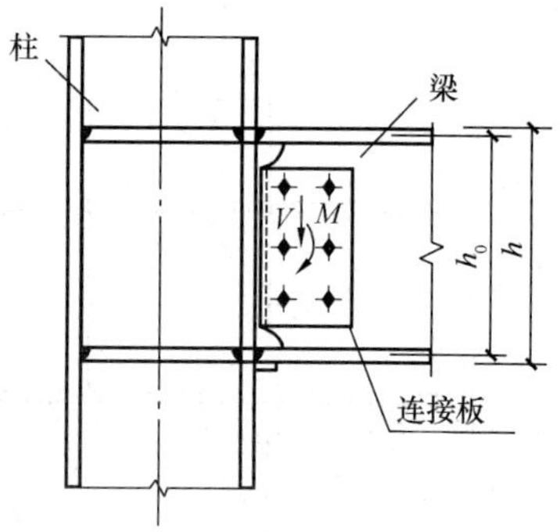

图 4.7.6

【解答】 (1) $h_{b1}=400-14=386\text{mm}$
　　　　　　　$h_{c1}=350-19=331\text{mm}$

根据《钢标》式 (12.3.3-3)：

$$\tau = \frac{M_{b1}+M_{b2}}{V_p} = \frac{M_{b1}+M_{b2}}{h_{c1}h_{b1}t_w}$$

$$= \frac{100\times10^6}{331\times386\times12} = 65\text{N/mm}^2$$

故选 (A) 项。

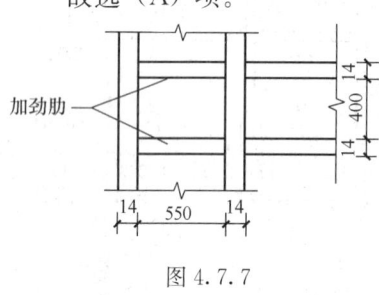

图 4.7.7

(2) 根据《抗规》8.2.5 条第 3 款规定，$\gamma_{RE}=0.75$：

$$\frac{M_{b1}+M_{b2}}{V_p} \leqslant \frac{4}{3}\frac{f_v}{\gamma_{RE}}$$

$$\frac{M_{b1}+M_{b2}}{V_p} = \frac{M_{b1}+M_{b2}}{h_{c1}h_{b1}t_w} = \frac{180\times10^6}{331\times386\times12}$$
$$= 117.4\text{N/mm}^2$$

$$< \frac{4}{3}\frac{f_v}{\gamma_{RE}} = \frac{4\times125}{3\times0.75} = 222.22\text{N/mm}^2$$

故选 (D) 项。

【例 4.7.6】 某 15 层抗震钢框架结构，抗震设防烈度为 7 度，抗震等级为三级，钢材为 Q345，其梁柱节点构造如图 4.7.7 所示。

试问：柱在节点域的柱腹板最小厚度 t_w（mm），与下列何项数值最接近？

提示：按《建筑抗震设计规范》作答。

(A) 11　　　(B) 12　　　(C) 14　　　(D) 16

【解答】 (1) 根据《抗规》式 (8.2.5-7)：

$$t_w \geqslant (h_{b1}+h_{c1})/90 = \frac{550+14+400+14}{90} = 10.87\text{mm}$$

取 $t_w=11\text{mm}$。

(2) 根据《抗规》8.3.2 条规定：

$$\frac{h_c}{t_w} \leqslant 48\sqrt{235/f_{ay}}$$

$$t_w \geqslant \frac{h_c}{48}\sqrt{f_{ay}/235} = \frac{550}{48}\sqrt{345/235} = 13.9\text{mm}$$

取 $t_w=14\text{mm}$。

故选 (C) 项。

【例 4.7.7】 某工字形截面梁与工字形截面柱的翼缘连接，如图 4.7.8 所示，梁翼缘与柱用对接焊缝连接，其腹板与柱用角焊缝连接，$h_f=8\text{mm}$，钢材为 Q235，焊条 E43 型，

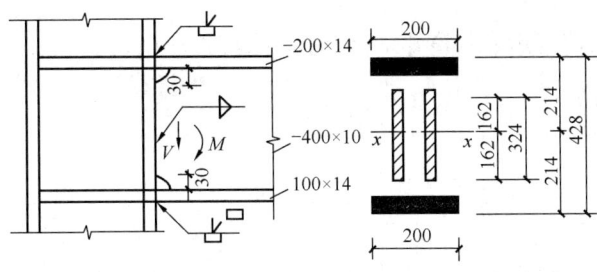

图 4.7.8

手工焊,对接焊缝质量二级,角焊缝三级,对接焊缝加弧板和引出板施焊。角焊缝采用在梁腹板上、下端均开孔,孔高为30mm,便于焊缝底部设置垫板和施焊。已知梁端荷载基本组合的弯矩设计值$M=100$kN·m,剪力设计值$V=350$kN。$\gamma_0=1.0$。

试问:

(1) 梁翼缘对接焊缝参与弯矩传递,则梁腹板角焊缝的最大应力(N/mm²),与下列何项数值最接近?

(A) 108.2   (B) 121.5   (C) 137.4   (D) 142.5

(2) 假定梁翼缘对接焊缝承担全部弯矩,则梁翼缘对接焊缝的应力(N/mm²)、梁腹板角焊缝的应力(N/mm²),与下列何项数值最接近?

(A) 86.3;96.5   (B) 81.3;86.5

(C) 86.3;86.5   (D) 81.3;96.5

【**解答**】(1) 梁翼缘对接焊缝、二级质量等级,与连接件等强,可不必计算。

角焊缝每侧计算长度 $l_{w2}=400-2\times30-2\times8=324$mm

弯矩M由对接焊缝和角焊缝共同承担,根据弹性假定,角焊缝分担的弯矩M_w与其相对抗弯刚度成正比,即:

$$M_w = \frac{I_{x2}}{I_{x1}+I_{x2}} \cdot M$$

对接焊缝:$I_{x1}=2\times200\times14\times(200+14/2)^2=240\times10^6$mm⁴

两条角焊缝:

$$I_{x2} = 2\times\frac{1}{12}\times h_e \cdot l_{w2}^3$$

$$= 2\times\frac{1}{12}\times 0.7\times 8\times 324^3 = 31.74\times 10^6 \text{mm}^4$$

$$M_w = \frac{I_{x2}}{I_{x1}+I_{x2}}\cdot M = \frac{31.74\times 10^6 \cdot M}{(240+31.74)\times 10^6} = 0.117M$$

$$W_{x2} = I_{x2}/(l_{w2}/2) = 2\times 31.74\times 10^6/324 = 19.6\times 10^4 \text{mm}^4$$

$$\sigma_f = \frac{M_w}{W_{x2}} = \frac{0.117M}{19.6\times 10^4} = \frac{0.117\times 100\times 10^6}{19.6\times 10^4} = 59.7 \text{N/mm}^2$$

剪力V由角焊缝全部承担:

$$\tau_f = \frac{V}{2\times 0.7 h_f l_w} = \frac{350\times 10^3}{2\times 0.7\times 8\times 324} = 96.45 \text{N/mm}^2$$

$$\sqrt{\left(\frac{\sigma_f}{\beta_f}\right)^2+\tau_f^2} = \sqrt{\left(\frac{59.7}{1.22}\right)^2+96.45^2} = 108.2 \text{N/mm}^2 < f_f^w = 160 \text{N/mm}^2$$

故选（A）项。

(2) 对接焊缝承担弯矩，将弯矩 M 化为一对水平力 H

$$H = \frac{M}{h} = \frac{100 \times 10^6}{414} = 241.5 \text{kN}$$

$$\sigma = \frac{H}{l_w h_e} = \frac{241.5 \times 10^3}{200 \times 14} = 86.25 \text{N/mm}^2 < f_t^w = 215 \text{N/mm}^2$$

由前述结果知，角焊缝承担全部剪力：

$$\tau_f = 96.45 \text{N/mm}^2$$

故选（A）项。

【**例 4.7.8**】 某梁柱节点，如图 4.7.9 所示。梁柱均选用焊接 H 形钢截面，梁采用 H500×200×10×16，柱采用 H390×300×10×16，梁柱钢材均采用 Q345-B 钢。主梁上、下翼缘与柱翼缘为全熔透坡口，对接焊透，采用引弧板和引出板施焊；梁腹板与柱为工地熔透焊。已知节点在荷载基本组合下的内力设计值：$M=260\text{kN}\cdot\text{m}$，$V=150\text{kN}$。$\gamma_0 = 1.0$。忽略过焊孔的影响。

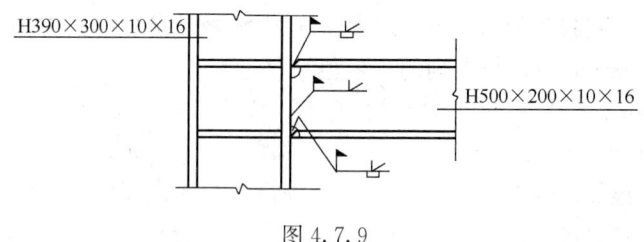

图 4.7.9

试问：

(1) 若弯矩由翼缘和腹板共同承担，剪力由腹板承担（即称为全截面设计法），则梁翼缘与柱之间全熔透坡口对接焊缝的应力设计值（N/mm²），与下列何项数值最为接近？

(A) 151.6   (B) 157.3   (C) 146.2   (D) 136.7

(2) 已知条件同(1)，则梁腹板与柱对接焊接的应力设计值（N/mm²），与下列何项数值最为接近？

(A) 148   (B) 144   (C) 140   (D) 136

【**解答**】 (1) 梁腹板的截面惯性矩 I_w：

$$I_w = \frac{1}{12} \times 10 \times (500 - 2 \times 16)^3 = 8542 \times 10^4 \text{mm}^4$$

梁翼缘的截面惯性矩 I_f：

$$I_f = 2 \times 200 \times 16 \times (250 - 16/2)^2 = 37481 \times 10^4 \text{mm}^4$$

梁翼缘分担的弯矩 M_f 为：

$$M_f = \frac{I_f}{I_w + I_f} M = \frac{37481 \times 10^4}{(8542 + 37481) \times 10^4} \times 260 = 211.74 \text{kN} \cdot \text{m}$$

$$\sigma = \frac{N}{l_w h_e} = \frac{M_f/h}{l_w h_e} = \frac{211.74 \times 10^6 / (500 - 16)}{200 \times 16} = 136.7 \text{N/mm}^2$$

所以应选（D）项。

(2) 梁腹板与柱翼缘的 T 形接头，承受弯矩和剪力共同作用，应计算折算应力。腹板焊缝的截面模量 W_w 为：

$$W_w = \frac{I_w}{y} = \frac{8542 \times 10^4}{(500-16 \times 2)/2} = 365 \times 10^3 \text{mm}^3$$

$$M_w = \frac{I_w}{I_w + I_f} M = \frac{8542 \times 10^4}{(8542 + 37481) \times 10^4} \times 260 = 48.26 \text{kN} \cdot \text{m}$$

$$\sigma = \frac{M_w}{W_w} = \frac{48.26 \times 10^6}{365 \times 10^3} = 132.22 \text{N/mm}^2$$

$$\tau = \frac{V}{l_w t} = \frac{150 \times 10^3}{(500 - 2 \times 16 - 2 \times 10) \times 10} = 33.48 \text{N/mm}^2$$

$$\sqrt{\sigma^2 + 3\tau^2} = \sqrt{132.22^2 + 3 \times 33.48^2} = 144.38 \text{N/mm}^2$$

所以应选（B）项。

三、铸钢节点和预应力索节点

● 复习《钢标》12.4.1 条～12.5.3 条。

四、桁架节点连接计算

桁架节点连接计算主要包括：角钢桁架；部分 T 型钢作弦杆的桁架。

角钢桁架是指弦杆和腹杆均用角钢作的桁架；部分 T 型钢作弦杆的桁架是指部分 T 型钢作弦杆，腹杆用部分 T 型钢，或单角钢，或双角钢的桁架。

1. 角钢桁架节点连接的计算

它主要包括：一般节点 j 有集中荷载的上弦节点；弦杆的拼接及拼接节点；支座节点。

(1) 一般节点

一般节点是指无集中荷载和无弦杆拼接的节点。如图 4.7.10 所示，腹杆与节点板的连接焊缝按角焊缝受轴心力方法计算。

弦杆与节点板的连接焊缝，应考虑承受弦杆相邻节间内力差 $\Delta N = N_2 - N_1$，按下式计算：

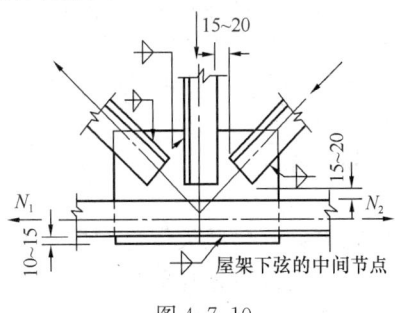

图 4.7.10

肢背焊缝：
$$h_{f1} \geqslant \frac{k_1 \Delta N}{2 \times 0.7 l_w f_f^w}$$

肢尖焊缝：
$$h_{f2} \geqslant \frac{k_2 \Delta N}{2 \times 0.7 l_w f_f^w}$$

式中，k_1、k_2 为内力分配系数，具体见本章第二节。

(2) 有集中荷载的节点

为便于大型屋面板或檩条连接角钢的放置，常将节点板缩进上弦角钢背，如图 4.7.11 (a)、(b) 所示。此时角钢背凹槽的塞焊缝可假定只承受屋面集中荷载，按下式计算：

$$\sigma_f = \frac{P}{2 \times 0.7 h_{f1} l_w} \leqslant \beta_f f_f^w$$

式中，h_{f1} 焊脚尺寸一般取 $0.5t$（t 为节点板厚度）。

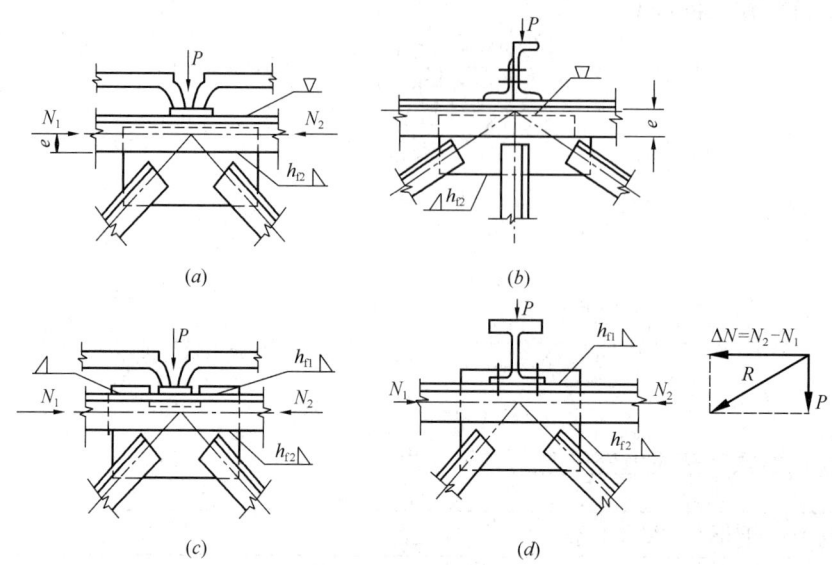

图 4.7.11 屋架上弦节点

此时，弦杆相邻节间的内力差 $\Delta N = N_2 - N_1$，偏心弯矩 $M = \Delta N \times e$（e 为角钢肢尖至弦杆轴线距离），按下式计算弦杆角钢肢尖与节点板的连接焊缝：

$$\tau_f = \frac{\Delta N}{2 \times 0.7 h_{f2} l_{w2}}$$

$$\sigma_f = \frac{6M}{2 \times 0.7 h_{f2} l_{w2}^2}$$

验算式：
$$\sqrt{\left(\frac{\sigma_f}{\beta_f}\right)^2 + \tau_f^2} \leqslant f_f^w$$

式中，h_{f2} 为肢尖焊缝的焊脚尺寸。

当节点板部分或全部向上伸出，针对相邻弦杆节间内力差 ΔN 较大，肢尖焊缝不满足上述计算公式时，如图 4.7.11（c）、（d）所示，此时，弦杆与节点板的连接焊缝近似按下式计算：

肢背焊缝：
$$\frac{\sqrt{(k_1 \Delta N)^2 + (0.5P)^2}}{2 \times 0.7 h_{f1} l_{w1}} \leqslant f_f^w$$

肢尖焊缝：
$$\frac{\sqrt{(k_2 \Delta N)^2 + (0.5P)^2}}{2 \times 0.7 h_{f2} l_{w2}} \leqslant f_f^w$$

此外，也可先求出 P 与 ΔN 的合力 R［图 4.7.11（d）］，再将 R 乘以相应分配系数 k_1 和 k_2 得到背部焊缝和趾部焊缝所应承担的力 $k_1 R$ 和 $k_2 R$，分别进行计算。

(3) 弦杆拼接节点

弦杆用单角钢或双角钢拼接时，其连接焊缝按角焊缝受轴心力计算：

$$\frac{N}{0.7 h_f \Sigma l_w} \leqslant f_f^w$$

式中，N 取节点两侧弦杆内力的较小值；Σl_w 取接头一侧的连接焊缝总长度，注意双角钢拼接按四条角焊缝计算。

（4）支座节点

支座节点，如图 4.7.12 所示。

支座底板的毛面积：$\dfrac{R}{A-A_0} \leqslant f'_c$，或 $A \geqslant \dfrac{R}{f'_c} + A_0$

式中，A_0 为锚栓孔的面积；f'_c 为支座混凝土局部承压强度设计值；R 为支座反力。

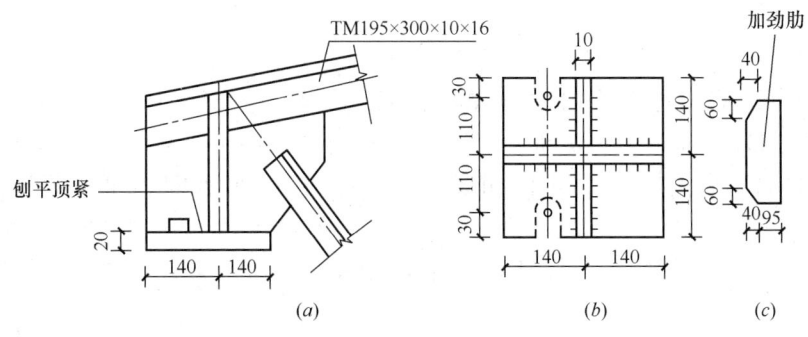

图 4.7.12

加劲肋的计算，可视为支承于节点板上的悬臂梁。一个加劲肋的一条角焊缝假定传递 $R/4$ 力，它与节点板的连接焊缝承受剪力 $V=\dfrac{R}{4}$ 和弯矩 $M=\dfrac{R}{4} \cdot e$，按下式计算：

$$\sqrt{\left(\dfrac{V}{0.7 h_f l_w}\right)^2 + \left(\dfrac{6M}{0.7 h_f l_w^2 \beta_f}\right)^2} \leqslant f_f^w$$

底板与节点板、加劲肋的连接焊缝按承受全部支座反力 R 计算：

$$\sigma_f = \dfrac{R}{0.7 h_f \Sigma l_w} \leqslant \beta_f f_f^w$$

计算 Σl_w 时，应注意扣除加劲肋的切口宽度值。

2. 部分 T 型钢桁架节点连接的计算

当腹杆采用双角钢时，有时需要设节点板，如图 4.7.13 所示，节点板与弦杆采用对接焊缝，承受弦杆内力差 $\Delta N = N_2 - N_1$ 和偏心弯矩 $M = \Delta N \cdot e$，按下式计算：

$$\tau_{max} = \dfrac{1.5 \Delta N}{l_w h_e} \leqslant f_v^w$$

$$\sigma = \dfrac{\Delta N \cdot e}{\dfrac{1}{6} h_e l_w^2} \leqslant f_t^w \text{ 或 } f_c^w$$

h_e——对接焊缝的计算厚度。

当无引弧板施焊时，$l_w = l_{实} - 2t$。

3. 角钢桁架节点连接计算示例

【例 4.7.9】 如图 4.7.14 所示，某角钢桁架下弦节点，各杆内力为静载基本组合下的轴心力设计值，钢材用 Q235 钢，E43 型焊条、手工焊。$\gamma_0 = 1.0$。

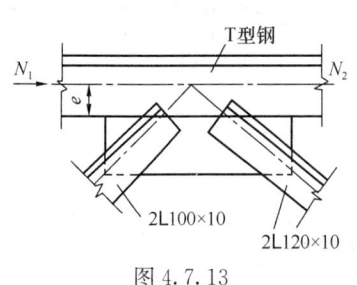
图 4.7.13

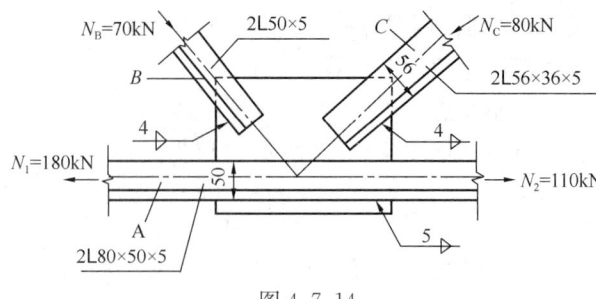
图 4.7.14

试问：

(1) 腹杆 B、C 肢背角焊缝的实际焊缝长度（mm），应与下列何项数值最接近？
(A) 65；70　　(B) 65；65　　(C) 60；70　　(D) 60；65

(2) 弦杆 A 肢背角焊缝的实际焊缝长度（mm），应与下列何项数值最接近？
(A) 60　　(B) 65　　(C) 55　　(D) 70

【解答】 (1) 腹杆 B、C 角焊缝受轴心力作用；等边角钢取 $k_1 = 0.7$；长肢相拼不等边角钢，$k_1 = 0.65$

$$l_{wB} = \frac{k_1 N_B}{2 \times 0.7 h_f \cdot f_f^w} = \frac{0.7 \times 70 \times 10^3}{2 \times 0.7 \times 4 \times 160}$$

$$= 54.7\text{mm} > 40\text{mm}, > 8h_f = 32\text{mm}$$

$$< 60h_f = 60 \times 4 = 240\text{mm}, \text{不考虑超长折减}$$

$$l_B = l_{wB} + 2h_f = 55 + 2 \times 4 = 63\text{mm}$$

同理，
$$l_{wC} = \frac{k_1 N_c}{2 \times 0.7 h_f f_f^w} = \frac{0.65 \times 80 \times 10^3}{2 \times 0.7 \times 4 \times 160} = 58\text{mm} > 40\text{mm}$$

$$l_{wC} = 58\text{mm} < 60h_f = 60 \times 4 = 240\text{mm}$$

$$l_C = 58 + 2h_f = 66\text{mm}$$

故选（A）项。

(2) 弦杆 A 的内力差 $\Delta N = N_1 - N_2 = 180 - 110 = 70\text{kN}$，短肢相拼不等边角钢，取 $k_1 = 0.75$。

$$l_{wA} = \frac{k_1 \Delta N}{2 \times 0.7 h_f f_f^w} + 2h_f = \frac{0.75 \times 70 \times 10^3}{2 \times 0.7 \times 5 \times 160} + 2 \times 5$$

$$= 56.9\text{mm} > 8h_f + 2h_f = 10h_f = 50\text{mm}$$

$$< 60h_f + 2h_f = 62 \times 5 = 310\text{mm}$$

故 $l_A = 57\text{mm}$，故应选（A）项。

【例 4.7.10】 如图 4.7.15 所示某角钢桁架上弦节点，各杆内力为静载基本组合下的轴心力设计值，$N_1 = 380\text{kN}$，$N_2 = 340\text{kN}$，钢材用 Q235 钢，E43 型焊条，预热手工焊。$\gamma_0 = 1.0$。

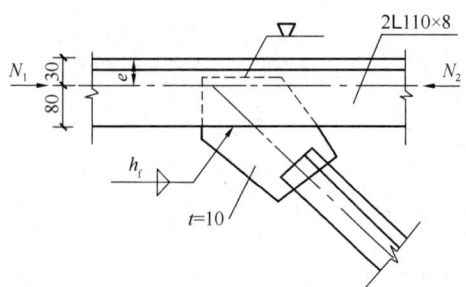
图 4.7.15

试问：

(1) 若已知实际焊缝长度为 180mm，则角钢肢尖与节点板角焊缝的焊脚尺寸 h_f（mm），与下列何项数值最接近？

(A) 3　　　　(B) 4　　　　(C) 5　　　　(D) 6

(2) 若已知实际焊缝长度为 170mm，焊脚尺寸 $h_f=6$mm，则角钢肢尖与节点板连接角焊缝的应力（N/mm²），与下列何项数值最接近？

(A) 81　　　(B) 86　　　(C) 90　　　(D) 94

【解答】(1) 该连接焊缝承受弦杆内力差 ΔN、偏心弯矩 M：

$$\Delta N = N_1 - N_2 = 380 - 340 = 40 \text{kN}$$

$$M = \Delta N \cdot e = 40 \times (0.11 - 0.03) = 3.2 \text{kN} \cdot \text{m}$$

$$\tau_f = \frac{\Delta N}{2 \times h_e l_w},\ \sigma_f = \frac{6M}{2 \times h_e l_w^2}$$

$$\sqrt{\left(\frac{\sigma_f}{\beta_f}\right)^2 + \tau_f^2} \leqslant f_f^w;\ l_w = 180 - 2h_f \approx 170 \text{mm}$$

$$h_f \geqslant \frac{\sqrt{\left(\frac{6M}{\beta_f l_w}\right)^2 + (\Delta N)^2}}{2 \times 0.7 \times l_w f_f^w}$$

$$= \frac{\sqrt{\left(\frac{6 \times 3.2 \times 10^6}{1.22 \times 170}\right)^2 + (40 \times 10^3)^2}}{2 \times 0.7 \times 170 \times 160}$$

$$= 2.6 \text{mm}$$

根据《钢标》11.3.5 条规定：

$$h_f \geqslant 5 \text{mm}$$

故取 $h_f = 5$mm，应选（C）项。

(2) 　　　　　　$l_w = 170 - 2h_f = 170 - 2 \times 6 = 158$mm

$$\sqrt{\left(\frac{\sigma_f}{\beta_f}\right)^2 + \tau_f^2} = \frac{\sqrt{\left(\frac{6M}{\beta_f l_w}\right)^2 + (\Delta N)^2}}{2 \times 0.7 \times h_f l_w}$$

$$= \frac{\sqrt{\left(\frac{6 \times 3.2 \times 10^6}{1.22 \times 158}\right)^2 + (40 \times 10^3)^2}}{2 \times 0.7 \times 6 \times 158}$$

$$= 80.9 \text{N/mm}^2 < f_f^w = 160 \text{N/mm}^2$$

应选（A）项。

【例 4.7.11】 如图 4.7.16 所示某角钢桁架上弦节点，各杆内力为静载基本组合下的轴心力设计值，$N_1 = 250$kN，$N_2 = 190$kN，集中力设计值 $P = 500$kN。节点板的上边缘缩进肢背。钢材 Q235，焊条 E43 型、预热手工焊。$\gamma_0 = 1.0$。

试问：

(1) 弦杆的角钢肢背焊脚尺寸 $h_f = 6$mm，塞焊缝承载力设计值（kN），应与下列何项数值最接近？

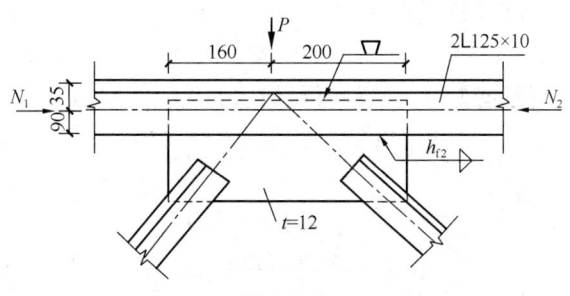

图 4.7.16

(A) 418　　　　(B) 468　　　　(C) 483　　　　(D) 571

(2) 弦杆的角钢肢尖与节点板连接焊缝的焊脚尺寸 h_f（mm），应与下列何项数值最接近？

(A) 4　　　　(B) 5　　　　(C) 6　　　　(D) 8

【解答】(1) 角钢肢背塞焊缝只承受集中力：

$$\frac{P}{2\times 0.7 h_{f1} l_w} \leqslant \beta_f f_f^w$$

$$l_w = 160 + 200 - 2h_{f1} = 348\text{mm}$$

$$P_u = 2\times 0.7 h_{f1} l_w \cdot \beta_f f_f^w = 2\times 0.7\times 6\times 348\times 1.22\times 160$$

$$= 570.6\text{kN} > P = 500\text{kN}$$

故应选（D）项。

(2) 肢尖焊缝承受弦杆内力差 ΔN 和偏心弯矩 M：

$$\Delta N = N_2 - N_1 = 250 - 190 = 60\text{kN}$$

$$M = \Delta N \cdot e = 60\times(0.125 - 0.035) = 5.4\text{kN}\cdot\text{m}$$

$$l_w = 160 + 200 - 2h_{f2} \approx 350\text{mm}$$

$$\sqrt{\left(\frac{\sigma_f}{\beta_f}\right)^2 + \tau_f^2} \leqslant f_f^w$$

$$h_{f2} \geqslant \frac{\sqrt{\left(\frac{6M}{\beta_f l_w}\right)^2 + (\Delta N)^2}}{2\times 0.7 l_w f_f^w} = \frac{\sqrt{\left(\frac{6\times 5.4\times 10^6}{1.22\times 350}\right)^2 + (60\times 10^3)^2}}{2\times 0.7\times 350\times 160}$$

$$= 1.23\text{mm}$$

根据《钢标》11.3.5 条　$h_{f2} \geqslant 5\text{mm}$

故取 $h_{f2} = 5\text{mm}$，应选（B）项。

【例 4.7.12】 某角钢桁架拼接节点如图 4.7.17 所示，拼接角钢用 L100×8，钢材用 Q235，焊条 E43 型，手工焊。弦杆承受静载基本组合下轴心力设计值 $N_1 = 530\text{kN}$，$N_2 = 610\text{kN}$。$\gamma_0 = 1.0$。

试问：

(1) 下弦杆与节点板连接焊缝的 $h_f = 6\text{mm}$，确定下弦杆角钢肢尖、肢背的实际焊缝长度（mm），与下列何项数值最接近？

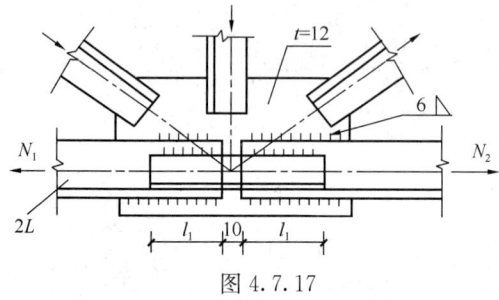

图 4.7.17

(A) 40；60　　(B) 60；60　　(C) 40；70　　(D) 60；70

(2) 假定，下弦杆采用 2 个拼接角钢进行拼接，$h_f = 8\text{mm}$，确定拼接角钢长度（mm）与下列何项数值最接近？

(A) 510　　　　(B) 340　　　　(C) 630　　　　(D) 640

【解答】(1) 连接焊缝传递内力差 ΔN：

$$\Delta N = N_2 - N_1 = 610 - 530 = 80\text{kN}$$

肢尖：$l_{w2} = \dfrac{k_2 N}{2\times 0.7 h_{f2} f_f^w} + 2h_{f2} = \dfrac{0.3\times 80\times 10^3}{2\times 0.7\times 6\times 160} + 2\times 6$

$$= 29.9\text{mm} < 10h_{f2} = 10\times 6 = 60\text{mm}$$

故取 $l_{w1} = 60\text{mm} > 40\text{mm}$。

肢背：
$$l_{w1} = \frac{k_1 N}{2 \times 0.7 h_{f1} f_f^w} + 2h_{f1} = \frac{0.7 \times 80 \times 10^3}{2 \times 0.7 \times 6 \times 160} + 2 \times 6$$
$$= 53.7 \text{mm} < 10 h_{f1} = 60 \text{mm}$$

故取 $l_{w1} = 60 \text{mm} > 40 \text{mm}$。

故选（B）项。

（2）2 个角钢拼接，拼接一侧一条实际焊缝长度：
$$l_1 = \frac{N}{4 \times 0.7 h_f f_f^w} + 2h_f = \frac{530 \times 10^3}{4 \times 0.7 \times 8 \times 160} + 2 \times 8$$
$$= 163.9 \text{mm} < 62 h_f = 496 \text{mm}$$

取　　$l_1 = 165 \text{mm}$。
$$l = 2l_1 + 10 = 2 \times 165 + 10 = 340 \text{mm}$$

故选（B）项。

4. T 形钢桁架节点连接计算示例

【例 4.7.13】 某下弦杆用 T 形钢 T125×250×9×14，Q235 钢，下弦节点如图 4.7.18 所示，节点板厚 9mm，承受静载基本组合下轴心力设计值 $N_1 = 0$kN，$N_2 = 396$kN。对接焊缝质量等级为三级。用引弧板和引出板施焊。$\gamma_0 = 1.0$。

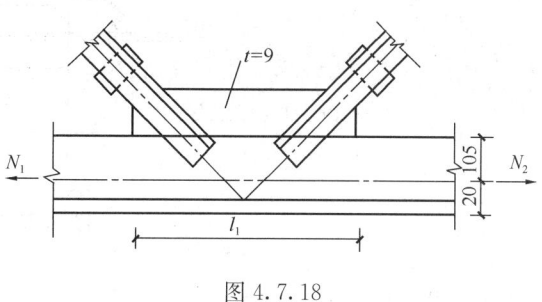

图 4.7.18

试问：

（1）若节点板长度 $l_1 = 500 \text{mm}$，计算对接焊缝的最大剪应力（N/mm²）、弯曲应力（N/mm²），与下列何项数值最接近？

(A) 88；21　　　(B) 132；21　　　(C) 88；110　　　(D) 132；110

（2）该对接焊缝的最小长度 l_1 (mm)，与下列何项数值最接近？

(A) 400　　　(B) 420　　　(C) 530　　　(D) 550

【解答】（1）对接焊缝，质量等级为三级，查《钢标》表 4.4.5：
$$f_v^w = 125 \text{N/mm}^2, f_c^w = 215 \text{N/mm}^2, f_t^w = 185 \text{N/mm}^2$$
$$\tau_{\max} = \frac{1.5V}{h_e l_w} = \frac{1.5 \Delta N}{h_e l_w} = \frac{1.5 \times 396 \times 10^3}{9 \times 500} = 132 \text{N/mm}^2 > f_v^w = 125 \text{N/mm}^2$$
$$\sigma = \frac{6M}{h_e l_w^2} = \frac{6 \Delta N \cdot e}{h_e l_w^2} = \frac{6 \times 396 \times 0.105 \times 10^6}{9 \times 500^2} = 110.88 \text{N/mm}^2 < f_t^w = 185 \text{N/mm}^2$$

故选（D）项。

（2）抗剪条件：$l_w \geq \dfrac{1.5V}{h_e f_v^w} = \dfrac{1.5 \times 396 \times 10^3}{9 \times 125} = 528 \text{mm}$

弯曲应力条件：$l_w \geq \sqrt{\dfrac{6M}{h_e f_t^w}} = \sqrt{\dfrac{6 \times 396 \times 0.105 \times 10^6}{9 \times 185}} = 387 \text{mm}$

故取 $l_w = 530 \text{mm}$，应选（C）项。

【例 4.7.14】 某 20m 托架下弦节点如图 4.7.19 所示，钢材为 Q235 钢，托架各杆件与节点板之间采用强度相等的对接焊缝连接，焊缝质量等级二级，斜腹杆翼缘板拼接板为 2—100×12，拼接板与节点板之间采用角焊缝连接，取 $h_f = 6 \text{mm}$，按等强连接。$\gamma_0 = 1.0$。

试问：角焊缝长度 l_1（mm）应为下列何项？

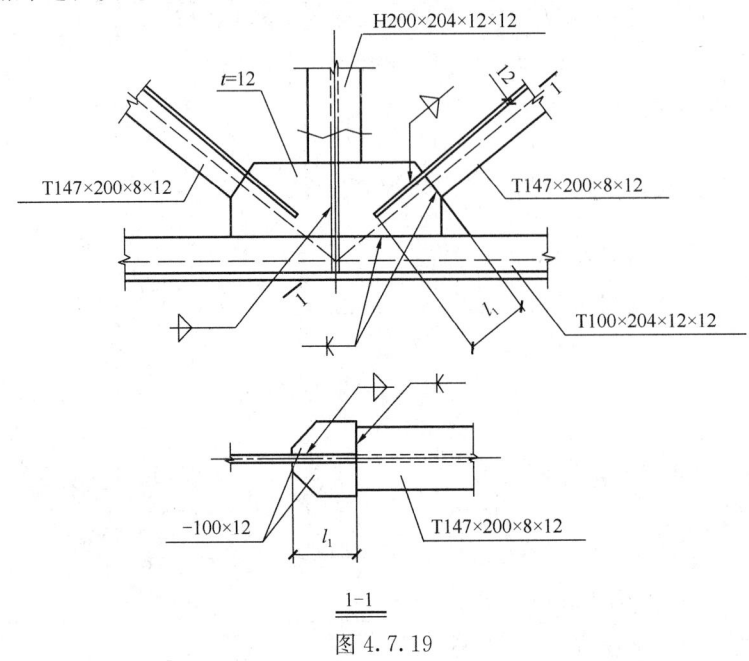

图 4.7.19

(A) 360　　　(B) 310　　　(C) 260　　　(D) 210

【解答】 等强连接，拼接板与节点板之间传递的内力为 N：

$$N = fA = 215 \times 100 \times 12 = 258 \text{kN}$$

拼接板与节点板之间采用角焊缝连接：

$$l_w \geqslant \frac{N}{2 \times 0.7 h_f f_f^w} = \frac{258 \times 10^3}{2 \times 0.7 \times 6 \times 160} = 192 \text{mm} > 8 h_f = 48 \text{mm}$$

$$l_1 = l_w + 2 h_f = 192 + 2 \times 6 = 204 \text{mm}，取 l_1 = 210 \text{mm}。$$

故选（D）项。

【例 4.7.15】 某 60m 托架上弦节点如图 4.7.20 所示，各杆件与节点板间采用等强对接焊缝，质量等级二级，斜腹杆腹板的拼接板为 -358×10，拼接板件与节点板间采用坡口焊透的 T 形缝。钢材为 Q345 钢。$\gamma_0 = 1.0$。

试问：T 形缝长为多少？

(A) 310　　　(B) 335　　　(C) 560　　　(D) 620

【解答】 拼接板与节点板之间的两条焊缝是受剪作用，其承担的剪力取拼板受力和节点板受力中的较小值。

Q345 钢，$f = 305 \text{N/mm}^2$。

拼接板受力：　　$N = fA = 305 \times 358 \times 10 = 1091.9 \text{kN}$

节点板受力即斜腹杆腹板的翼缘板受力：

$$N = fA = 305 \times 2 \times 300 \times 16 = 2928 \text{kN}$$

取上述小值，$N = 1091.9 \text{kN}$

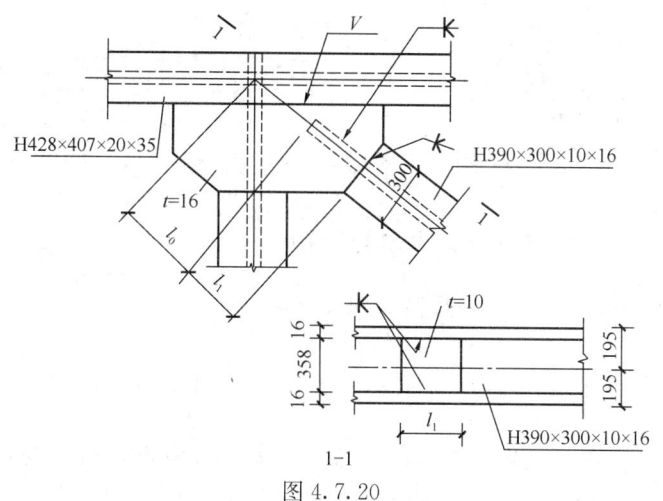

$$l_w = \frac{N}{2h_e f_v^w} = \frac{1091.9 \times 10^3}{2 \times 10 \times 175} = 312\text{mm}$$

$$l = l_w + 2t = 312 + 2 \times 10 = 332\text{mm}$$

取 $l=332$mm，故选（B）项。

【例 4.7.16】某部分 T 型钢桁架支座节点如图 4.7.21 所示，钢材为 Q235，焊条 E43 型、手工焊。弦杆静载基本组合下轴心压力设计值 $N_1 = 191.8$kN，弦杆与支座节点板用对接焊缝，焊缝质量等级为三级。支座加劲肋两侧对称设置。已知支座反力设计值 194.61kN。$\gamma_0 = 1.0$。

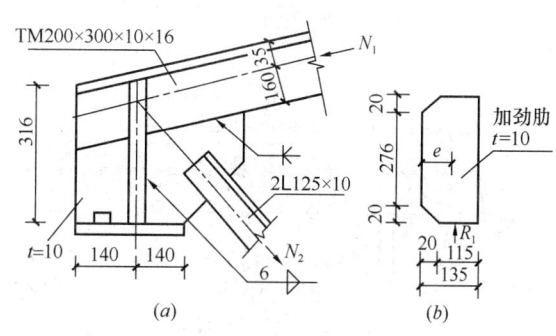

图 4.7.21

试问：

(1) 弦杆与支座节点板对接焊缝的实际长度 l（mm），与下列何项数值最接近？
(A) 300　　(B) 330　　(C) 340　　(D) 360

(2) 加劲肋与支座节点板连接焊缝的最大应力（N/mm²），与下列何项数值最接近？
(A) 38.5　　(B) 45.2　　(C) 64.3　　(D) 77.1

【解答】(1) 该对接焊缝承受剪力 V 和弯矩 M：

$$V = N_1 = 191.8\text{kN}$$

$$M = N_1 \cdot e = 191.8 \times 0.16 = 30.69\text{kN} \cdot \text{m}$$

抗剪条件：
$$\tau = \frac{1.5V}{l_w h_e} \leqslant f_v^w$$

$$l_w \geqslant \frac{1.5V}{h_e f_v^w} = \frac{1.5 \times 191.8 \times 10^3}{10 \times 125} = 230.2\text{mm}$$

弯曲应力条件：
$$\sigma = \frac{M}{\frac{1}{6}h_e l_w^2} \leqslant f_t^w$$

$$l_{\mathrm{w}} \geqslant \sqrt{\frac{6M}{h_{\mathrm{e}} f_{\mathrm{t}}^{\mathrm{w}}}} = \sqrt{\frac{6 \times 30.69 \times 10^6}{10 \times 185}} = 315.5 \mathrm{mm}$$

取较大值，$l_{\mathrm{w}} = 316 \mathrm{mm}$

$$l = l_{\mathrm{w}} + 2t = 316 + 2 \times 10 = 336 \mathrm{mm}, 故取 l = 340 \mathrm{mm}$$

应选（C）项。

(2) 加劲肋的一条焊缝承担剪力 V 和弯矩 M：

$$V = \frac{1}{4}R = \frac{1}{4} \times 194.61 = 48.65 \mathrm{kN}$$

$$M = \frac{1}{4}R \cdot e = \frac{1}{4} \times 194.61 \times \left(20 + \frac{115}{2}\right) \times 10^{-3} = 3.77 \mathrm{kN \cdot m}$$

$$l_{\mathrm{w}} = l - 2c - 2h_{\mathrm{f}} = 316 - 2 \times 20 - 2 \times 6 = 264 \mathrm{mm} \leqslant 60 h_{\mathrm{f}} = 360 \mathrm{mm}$$

$$\tau_{\mathrm{f}} = \frac{V}{0.7 h_{\mathrm{f}} l_{\mathrm{w}}} = \frac{48.65 \times 10^3}{0.7 \times 6 \times 264} = 43.9 \mathrm{N/mm^2}$$

$$\sigma_{\mathrm{f}} = \frac{6M}{0.7 h_{\mathrm{f}} l_{\mathrm{w}}^2} = \frac{6 \times 3.77 \times 10^6}{0.7 \times 6 \times 264^2} = 77.3 \mathrm{N/mm^2}$$

$$\sqrt{\left(\frac{\sigma_{\mathrm{f}}}{\beta_{\mathrm{f}}}\right)^2 + \tau_{\mathrm{f}}^2} = \sqrt{\left(\frac{77.3}{1.22}\right)^2 + 43.9^2} = 77.1 \mathrm{N/mm^2} < f_{\mathrm{f}}^{\mathrm{w}} = 160 \mathrm{N/mm^2}$$

故选（D）项。

5. 桁架节点的螺栓连接的计算

【**例 4.7.17**】 某屋盖工程大跨度主桁架结构用 Q345 钢，其所有杆件均采用热轧 H 型钢，H 型钢的腹板与桁架平面垂直。桁架端节点斜杆在基本组合下的轴心拉力设计值 $N = 12700 \mathrm{kN}$。桁架端节点采用两侧外贴节点板的高强度螺栓摩擦型连接，如图 4.7.22 所示。螺栓采用 10.9 级 M27 高强度螺栓（$d_0 = 30 \mathrm{mm}$），摩擦面抗滑移系数取 0.4。采用标准圆孔。$\gamma_0 = 1.0$。试问，顺内力方向的每排螺栓数量（个），应与下列何项数值最为接近？

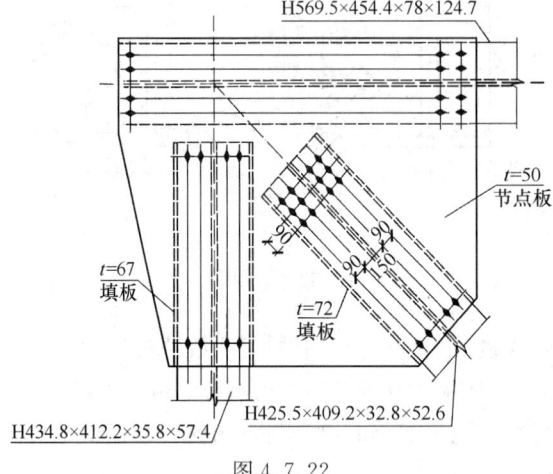

图 4.7.22

(A) 26　　(B) 22　　(C) 18　　(D) 16

【**解答**】 一个高强度螺栓抗剪承载力设计值：

$$N_{\mathrm{v}}^{\mathrm{b}} = 0.9 k n_{\mathrm{f}} \mu P = 0.9 \times 1 \times 1 \times 0.4 \times 290 = 104.4 \mathrm{kN}$$

两侧翼缘，顺内力方向每排螺栓数目：

$$n = \frac{12700 \times 10^3}{2 \times 4 \times N_{\mathrm{v}}^{\mathrm{b}}} = \frac{12700 \times 10^3}{2 \times 4 \times 104.4 \times 10^3} = 15.2，取 n = 16 个$$

螺栓连接长度：

$$l_1 = (16 - 1) \times 90 = 1350 \mathrm{mm} > 15 d_0 = 15 \times 30 = 450 \mathrm{mm}$$

且 $<60d_0 = 60 \times 30 = 1800\text{mm}$

根据《钢标》11.4.5 条规定，应考虑超长折减系数 η：

$$\eta = 1.1 - \frac{l_1}{150d_0} = 1.1 - \frac{1350}{150 \times 30} = 0.8$$

$$n' = \frac{15.2}{\eta} = \frac{15.2}{0.8} = 19$$

故选（B）项。

五、梁连接计算

- 复习《钢标》11.2.7 条。

需注意的是：

《钢标》11.2.7 条中的侧面角焊缝计算长度，因梁的内力沿侧面角焊缝全长均匀分布，故角焊缝计算长度不考虑《钢标》11.2.6 条超长折减。

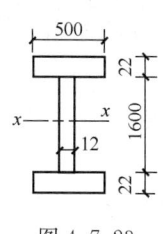

图 4.7.23

【**例 4.7.18**】 一焊接工字形截面简支梁，梁跨度 12m，梁上作用均布荷载设计值 $q = 300\text{kN/m}$，工字形截面如图 4.7.23 所示，钢材为 Q345，焊条 E50 型，不预热，手工焊，翼缘与腹板采用双侧角焊缝。$\gamma_0 = 1.0$。

试问：

(1) 假定取焊脚尺寸 $h_f = 8\text{mm}$ 时，验算连接焊缝的最大应力（N/mm²），与下列何项数值最接近？

(A) 77.2　　　(B) 74.5　　　(C) 80.5　　　(D) 70.5

(2) 该双侧角焊缝的最小焊脚尺寸 h_f（mm），与下列何项数值最接近？

(A) 5　　　(B) 6　　　(C) 7　　　(D) 8

【**解答**】 (1) 截面特性：

$$I_x = \frac{1}{12} \times (50 \times 164.4^3 - 48.8 \times 160^3) = 1.857 \times 10^6 \text{cm}^4$$

$$S_f = 50 \times 2.2 \times (80 + 1.1) = 8921 \text{cm}^3$$

$$V = \frac{1}{2}ql = \frac{1}{2} \times 300 \times 12 = 1800 \text{kN}$$

根据《钢标》11.2.7 条规定，$F = 0$。

$$\frac{1}{2h_e}\sqrt{\left(\frac{VS_f}{I}\right)^2 + 0} = \frac{1}{2 \times 0.7 \times 8} \times \frac{1800 \times 10^3 \times 8921 \times 10^3}{1.857 \times 10^6 \times 10^4}$$
$$= 77.2 \text{N/mm}^2 < f_f^w = 200 \text{N/mm}^2$$

应选（A）项。

(2) Q345 钢，取 $f_f^w = 200\text{N/mm}^2$，《钢标》11.2.7 条：

$$\frac{1}{2h_e}\sqrt{\left(\frac{VS_f}{I}\right)^2 + 0} \leqslant f_f^w$$

$$h_f \geqslant \frac{VS_f}{I} \cdot \frac{1}{2 \times 0.7 f_f^w} = \frac{1800 \times 10^3 \times 8921 \times 10^3}{1.857 \times 10^6 \times 10^4 \times 2 \times 0.7 \times 200} = 3.1\text{mm}$$

根据构造要求：$h_f \geqslant 8\text{mm}$

故取 $h_f=8\text{mm}$，应选（D）项。

【例 4.7.19】 某单层建筑物内加建一个全钢夹层平台结构（图 4.7.24），该夹层与原建筑结构脱开，钢材采用 Q235-B 钢，焊接使用 E43 型焊条。$\gamma_0=1.0$。

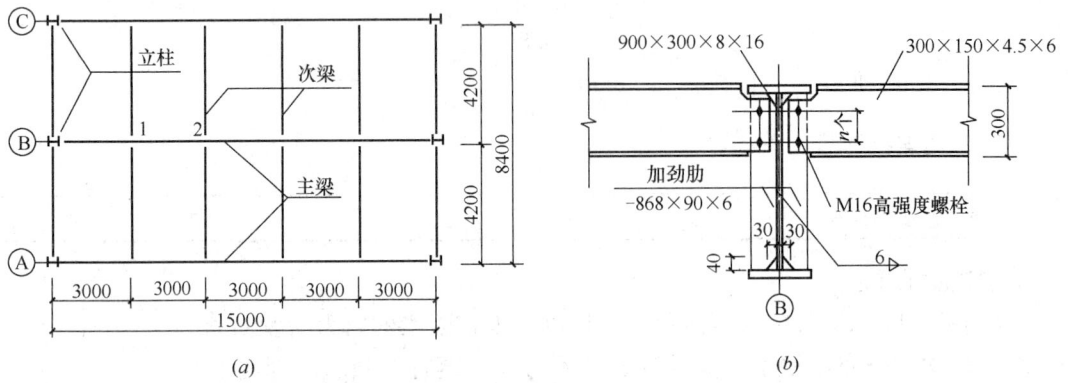

图 4.7.24
(a) 柱网平面布置；(b) 主次梁连接

已知立柱、立梁、次梁的截面特性为：

立柱：H228×220×8×14，焊接 H 型钢，$A=77.6\times10^2\text{mm}^2$，$I_x=7585.9\times10^4\text{mm}^4$，$i_x=98.9\text{mm}$，$I_y=2485.4\times10^4\text{mm}^4$，$i_y=56.6\text{mm}$

主梁：H900×300×8×16，焊接 H 型钢，$A=165.44\times10^2\text{mm}^2$，$I_x=231147.6\times10^4\text{mm}^4$，$W_{nx}=5136.6\times10^3\text{mm}^3$

次梁：H300×150×4.5×6，焊接 H 型钢，$A=30.96\times10^2\text{mm}^2$，$I_x=4785.96\times10^4\text{mm}^4$，$W_{nx}=319.06\times10^3\text{mm}^3$

试问：

(1) 经计算得到主梁在点"2"处的弯矩设计值 $M_2=1000\text{kN}\cdot\text{m}$，在点"2"左侧的剪力设计值 $V_2=150\text{kN}$。主梁翼缘与腹板采用双面角焊缝连接，焊脚尺寸 $h_f=6\text{mm}$，如图 4.7.24(b) 所示，确定主梁翼缘与腹板的焊接连接强度设计值（N/mm²），与下列何项数值最为接近？

(A) 13.5　　　(B) 16.5　　　(C) 19.5　　　(D) 23.5

(2) 该夹层结构一根次梁传给主梁的集中荷载设计值为 80kN，主梁与该次梁连接处的加劲肋和主梁腹板采用双面角焊缝连接，焊脚尺寸 $h_f=6\text{mm}$，如图 4.7.24(b) 所示，确定该焊接连接的剪应力设计值（N/mm²），与下列何项数项最为接近？

(A) 20　　　(B) 25　　　(C) 30　　　(D) 35

【解答】 (1) 根据《钢标》11.2.7 条规定，取 $F=0$：

$$S_f=300\times16\times\left(\frac{900}{2}-\frac{16}{2}\right)=2121.6\times10^3\text{mm}^3$$

$$\frac{1}{2h_e}\sqrt{\left(\frac{VS_f}{I}\right)^2+0}=\frac{1}{2\times0.7\times6}\times\sqrt{\left(\frac{150\times10^3\times2121.6\times10^3}{231147.6\times10^4}\right)^2+0}=16.39\text{N/mm}^2$$

所以应选（B）项。

(2) 根据《钢标》11.2.6条
$$l_w = 900 - 2 \times 16 - 2 \times 6 - 2 \times 40 = 776\text{mm} > 60h_f = 60 \times 6 = 360\text{mm}$$
$$\alpha_f = 1.5 - \frac{776}{120 \times 6} = 0.422 < 0.5, 取\ \alpha_f = 0.5$$
$$\tau_f = \frac{N}{h_e \Sigma l_w} = \frac{80 \times 10^3}{0.7 \times 6 \times 2 \times 766 \times 0.5} = 24.9\text{N/mm}^2$$

所以应选（B）项。

【例 4.7.20】 某部分 T 型钢桁架支座节点，由上弦杆与支座节点板对接，支座两侧设支承加劲肋，如图 4.7.25 所示，钢材为 Q235 钢，焊条 E43 型，预热手工焊。支座反力设计值 $R = 194.6\text{kN}$。$\gamma_0 = 1.0$。

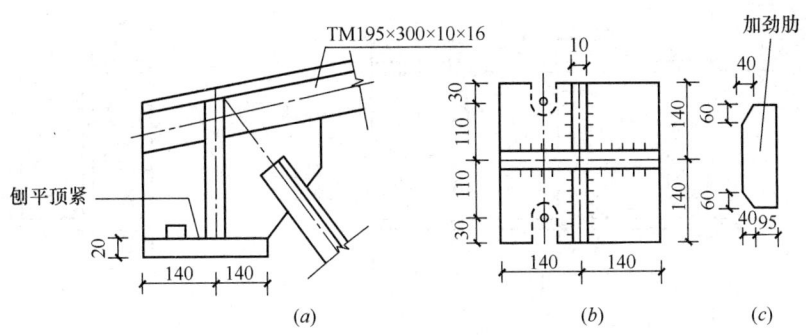

图 4.7.25

试问：

(1) 节点板、加劲肋与底板连接用角焊缝，若焊脚尺寸 h_f 均取为 6mm，该连接焊缝应力（N/mm²），与下列何项数值最接近？

(A) 50　　　　　(B) 54　　　　　(C) 58　　　　　(D) 60

(2) 假定支座反力设计值 $R = 720\text{kN}$，节点板、加劲肋与底板角焊缝的焊脚尺寸 h_f 相同，则 h_f（mm）值与下列何项数值最接近？

(A) 6　　　　　(B) 7　　　　　(C) 8　　　　　(D) 10

【解答】（1）应力沿全长均匀分布，总焊缝计算长度：
$$\Sigma l_w = 2 \times (140 \times 2 - 2h_f) + 4 \times (95 - 2h_f)$$
$$= 2 \times (280 - 2 \times 6) + 4 \times (95 - 2 \times 6) = 868\text{mm}$$
$$\sigma_f = \frac{N}{0.7h_f \Sigma l_w} = \frac{194.6 \times 10^3}{0.7 \times 6 \times 868} = 53.38\text{N/mm}^2$$

故选（B）项。

(2) 应力沿全长均匀分布，则：
$$\Sigma l_w = 2 \times (140 \times 2 - 2h_f) + 4 \times (95 - 2h_f) = 940 - 12h_f$$
$$\approx 940 - 12 \times 5 = 880\text{mm}（取\ h_f = 5\text{mm}）$$
$$\sigma_f = \frac{N}{0.7h_f \Sigma l_w} \leq \beta_f f_f^w$$
$$h_f \geq \frac{N}{0.7\beta_f f_f^w \cdot \Sigma l_w} = \frac{720 \times 10^3}{0.7 \times 1.22 \times 160 \times 880} = 6.0\text{mm}$$

按构造规定：$h_f \geq 5\text{mm}$

最终取 $h_f = 6$mm，应选(B)项。

【例 4.7.21】 钢梁采用端板连接接头，采用 Q345 钢材，10.9 级高强螺栓摩擦型连接，连接处钢材接触表面的处理方法为未经处理的干净轧制表面，连接如图 4.7.26 所示，考虑各种不利影响后，内力设计值为 $M=260$kN·m，$V=65$kN，$N=100$kN（压力）。设计值均为非地震力作用组合内力。

试问：高强度螺栓可以采用的最小规格应为下列何项？

提示：①梁上、下翼缘板中心间的垂直距离取为 $h=490$mm。

②忽略轴力和剪力的影响。

(A) M20 　　　(B) M22 　　　(C) M24 　　　(D) M27

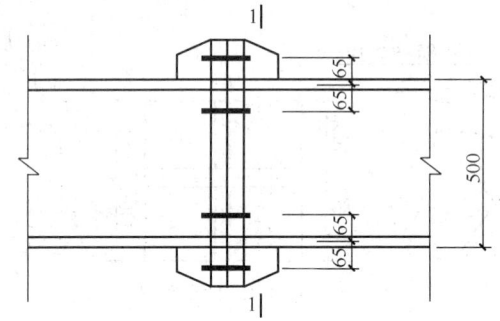

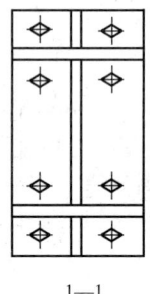

图 4.7.26

【解答】 单个螺栓最大拉力：$N_t = \dfrac{M}{n_1 h} = \dfrac{260 \times 10^3}{4 \times 490} = 132.7$kN

根据《钢标》11.4.2 条：

$$P \geqslant \frac{132.7}{0.8} = 165.9 \text{kN}$$

故选 M22（$P=190$kN），满足，所以应选（B）项。

【例 4.7.22】 题目条件同【例 4.7.21】，端板与梁采用角焊缝连接，E50 焊条，翼缘焊脚尺寸 $h_f = 8$mm，腹板焊脚尺寸 $h_f = 6$mm，焊缝计算长度如图 4.7.27 所示。

试问：按承受静力荷载计算，角焊缝最大应力（N/mm²）与下列何项数值最为接近？

(A) 156 　　　(B) 164

(C) 190 　　　(D) 199

图 4.7.27

【解答】 $A = (240 \times 2 + 77 \times 4) \times 0.7 \times 8 + 360 \times 2 \times 0.7 \times 6 = 7436.8$mm²

$I_f \approx 240 \times 0.7 \times 8 \times 250^2 \times 2 + 77 \times 0.7 \times 8 \times 240^2 \times 4 + \dfrac{1}{12} \times 0.7 \times 6 \times 360^3 \times 2$

$= 3 \times 10^8$mm⁴

$W_f = I_f / 250 = 1.2 \times 10^6$mm³

$\sigma_f = \dfrac{M}{W_f} + \dfrac{N}{A_f} = \dfrac{260 \times 10^6}{1.2 \times 10^6} + \dfrac{100 \times 10^3}{7436.8} = 230.1$N/mm²

$$\tau_f = \frac{V}{A_f} = \frac{65 \times 10^3}{7436.8} = 8.7 \text{N/mm}^2$$

$$\sqrt{\left(\frac{\sigma_f}{\beta_f}\right)^2 + \tau_f^2} = \sqrt{\left(\frac{230.1}{1.22}\right)^2 + 8.7^2} = 188.8 \text{N/mm}^2$$

所以应选（C）项。

六、支座

> ● 复习《钢规》12.6.1 条～12.6.5 条。

平板支座（图 4.7.28），梁端底部焊尺寸为 $t \times a \times B$ 的钢板作为支座，支承于砌体或混凝土柱或墙上。当采用型钢梁时，因其腹板高厚比较小，在满足腹板计算高度下边缘的承压强度条件下，型钢梁端部常可不设置加劲肋；否则应设置加劲肋。

当不设置加劲肋的平板支座的设计为：

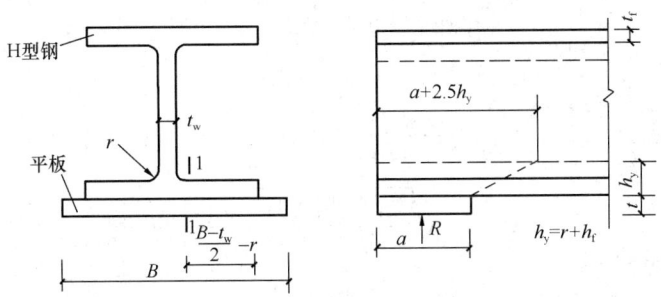

图 4.7.28 轧制型钢梁的平板支座

(1) 平板应有足够的面积将梁端反力 R 传给混凝土或砌体：

$$A = a \cdot B \geqslant \frac{R}{f_c}$$

(2) 根据梁腹板计算高度下边缘的局部承压强度确定平板的最小宽度 a，由《钢标》6.1.4 条：

$$\frac{R}{(a + 2.5h_y) \, t_w} \leqslant f$$

即：$a \geqslant \dfrac{R}{f t_w} - 2.5 h_y$

上式中，取 $h_y = t_f + r$。

(3) 平板的厚度 t，应根据支座反力对平板产生的弯矩进行确定，如图 4.6.31 中取 1—1 处为控制截面：

$$M = \frac{1}{2} \cdot \frac{R}{B} \left(\frac{B - t_w}{2} - r\right)^2$$

$$t \geqslant \sqrt{\frac{4M}{af}}$$

注意，上式中，t 的计算是针对 H 型钢梁，取板的全塑性截面模量 $\dfrac{1}{4}at^2$；当为普通工字钢梁时，由于翼缘宽度较窄而不易上弯，故控制截面可取在梁的翼缘趾尖处，取板的

弹性截面模量 $\frac{1}{6}at^2$ 进行计算。

【例 4.7.23】 某简支钢梁，选用 Q235 钢材的 H 型钢 HM244×175×7×11，内圆角半径 $r=16$mm，承受支座反力设计值 $R=210$kN，支承在强度等级为 C25 的混凝土墙上（$f_c=11.9$N/mm²）。该平板支座不设置加劲肋，采用 Q235 钢。$\gamma_0=1.0$。

试问：确定该平板支座的尺寸。

【解答】 （1）平板的宽度

$$a \geqslant \frac{R}{ft_w} - 2.5h_y = \frac{210 \times 10^3}{215 \times 7} - 2.5 \times (11+16) = 72.03 \text{mm}$$

故取 $a=80$mm

（2）平板的长度

$$A \geqslant \frac{R}{f_c}, \quad A = a \cdot B, \quad 则：$$

$$B \geqslant \frac{R}{f_c a} = \frac{210 \times 10^3}{11.9 \times 80} = 220.6 \text{mm}$$

故取 $B=240$mm

（3）平板的厚度

$$M = \frac{1}{2} \frac{R}{B} \left(\frac{B-t_w}{2} - r\right)^2 = \frac{1}{2} \times \frac{210 \times 10^3}{240} \times \left(\frac{240-7}{2} - 16\right)^2 \times 10^{-6} = 4.42 \text{kN} \cdot \text{m}$$

$$t \geqslant \sqrt{\frac{4M}{af}} = \sqrt{\frac{4 \times 4.42 \times 10^6}{80 \times 205}} = 32.8 \text{mm}$$

故取 $t=34$mm

最终平板支座的尺寸为 $-80 \times 240 \times 34$。

【例 4.7.24】 如图 4.7.29 所示某工字钢梁（I50a）端部的弧形支座，钢梁支座反力设计值 $R=580$kN，支于钢筋混凝土柱顶，混凝土强度等级 C20（$f_c=9.6$N/mm²）。支座材料为铸钢，抗弯强度设计值 $f=180$N/mm²。$\gamma_0=1.0$。

试问：设计该弧形支座。

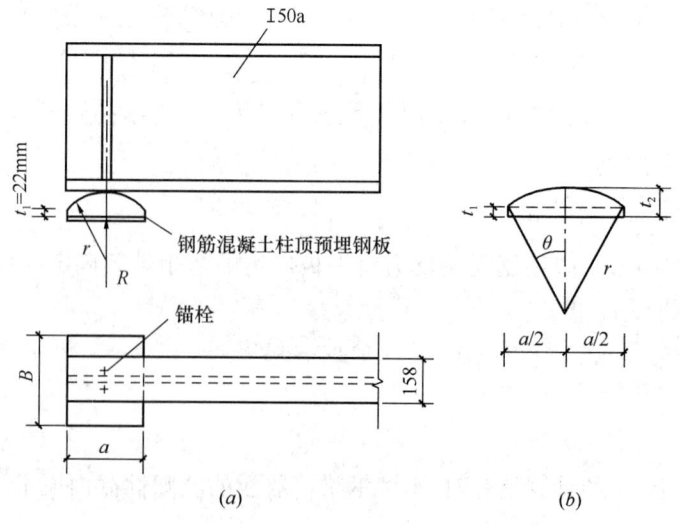

图 4.7.29

【解答】 （1）支座底板（钢筋混凝土柱顶预埋钢板）面积 $B \times a$ 按钢筋混凝土柱顶面的抗压强度需要，$A = B \times a = \dfrac{R}{f_c} = \dfrac{580 \times 10^3}{9.6} = 60417 \text{mm}^2$

采用正方形，$B = a = \sqrt{A} = \sqrt{60417} = 245.8 \text{mm}$，取 250mm。

（2）弧形支座上表面的曲率半径 r

根据《钢标》12.6.2 条：

$$R \leqslant 40ndlf^2/E = 40 \times 1 \times 2r \times 158 \times f^2/E，则：$$

$$r \geqslant \dfrac{RE}{40 \times 2 \times 158 \times f^2} = \dfrac{580 \times 10^3 \times 206 \times 10^3}{40 \times 2 \times 158 \times 180^2} = 292 \text{mm}$$

故可取 $r = 295$mm。

（3）弧形支座板中间处的厚度 t_2

弧形表面与梁底面接触处的弯矩 M：

$$M = \dfrac{1}{2} \cdot \dfrac{R}{a} \cdot \left(\dfrac{a}{2}\right)^2 = \dfrac{1}{8}Ra = \dfrac{1}{8} \times 580 \times 0.25 = 18.125 \text{kN} \cdot \text{m}$$

$\dfrac{M}{W} \leqslant f$，$W = \dfrac{1}{6}Bt_2^2$，则：

$$t_2 \geqslant \sqrt{\dfrac{6M}{B \cdot f}} = \sqrt{\dfrac{6 \times 18.125 \times 10^6}{250 \times 180}} = 49.2 \text{mm}$$

（4）弧形支座边缘处的厚度 t_1

由几何关系，$\sin\theta = \dfrac{\dfrac{a}{2}}{r} = \dfrac{250/2}{295} = 0.4237$

$\cos\theta = \sqrt{1 - 0.4237^2} = 0.9058$

$t_1 = t_2 - r(1 - \cos\theta) = 49.2 - 295 \times (1 - 0.9058)$

$= 21.4 \text{mm}$

七、柱脚

- 复习《钢标》12.7.1 条～12.7.11 条。

平板式铰接柱脚，如图 4.7.30 所示，铰接柱脚不承受弯矩，只承受轴向压力和剪力。轴向压力 N 一部分由柱身传给靴梁、肋板等，再传给底板，最后传给基础；另一部分经柱身与底板间的连接焊缝传给底板，再传给基础。

柱脚底板厚度 t 的计算：

柱脚底板厚度 t 由板的抗弯强度决定。由靴梁、肋板、隔板和柱的端面将底板分隔成不同的区格，在均匀分布的基础反力 q（N/mm²）作用下，各类区格板单位宽度上的最大弯矩设计值为：

（1）四边支承区格：$M = \alpha q a^2$

式中 q——作用于底板单位面积上的压应力，$q = \dfrac{N}{A_n}$；

a——四边支承区格的短边长度；

α——系数，根据长边 b 与短边 a 之比值按表 4.7.1 取用。

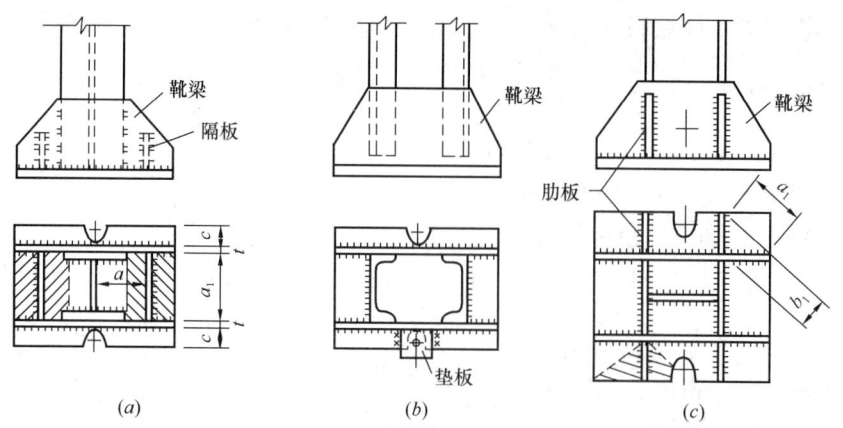

图 4.7.30 平板式铰接柱脚

α 值　　　　　　　　　　　　　　　　　表 4.7.1

b/a	1.0	1.1	1.2	1.3	1.4	1.5	1.6	1.7	1.8	1.9	2.0	3.0	≥4.0
α	0.048	0.055	0.063	0.069	0.075	0.081	0.086	0.091	0.095	0.099	0.101	0.119	0.125

（2）三边支承区格、两相邻边支承区格

$$M = \beta q a_1^2$$

式中　a_1——对三边支承区格为自由边长度；对两相邻边支承区格为对角线长度，见图 4.7.27；

　　　β——系数，根据 b_1/a_1 的值按表 4.7.2 取用。对三边支承区格，b_1 为垂直于自由边的宽度；对两相邻边支承区格，b_1 为内角顶点至对角线的距离，见图 4.7.27。

β 值　　　　　　　　　　　　　　　　　表 4.7.2

b_1/a_1	0.3	0.4	0.5	0.6	0.7	0.8	0.9	1.0	1.1	≥1.2
β	0.026	0.042	0.056	0.072	0.085	0.092	0.104	0.111	0.120	0.125

当三边支承区格的 $b_1/a_1 < 0.3$ 时，可按悬臂长度为 b_1 的悬臂板计算。

（3）一边支承区格（即悬臂板）：$M = \dfrac{1}{2} q C^2$

式中　C——悬臂长度。

取上述各区格板中的最大弯矩值 $M_{\max}$ 计算底板厚度 t：

$$t \geqslant \sqrt{6M_{\max}/f}$$

【例 4.7.25】 箱形柱的柱脚如图 4.7.31 所示，采用 Q235 钢，手工焊，使用 E43 型焊条，柱底端部为铣平端，沿柱周边用角焊缝与柱底板焊接，预热施焊。N 为静载设计值。$\gamma_0 = 1.0$。

试问：其直角焊缝的焊脚尺寸 h_f 与下列何项数值最为接近？

(A) 6mm　　　　(B) 8mm
(C) 10mm　　　 (D) 12mm

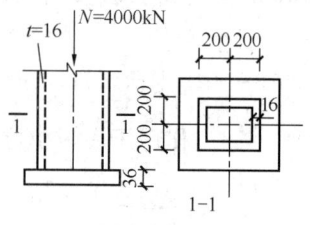

图 4.7.31

【解答】 根据《钢标》12.7.3 条规定：

$$A = 400 \times 16 \times 2 + (400 - 2 \times 16) \times 16 \times 2 = 24576 \text{mm}^2 ; l_w = 4 \times 400 = 1600 \text{mm}$$

$$V = \max \left\{ 0.15N, \frac{Af}{85}\sqrt{\frac{f_y}{235}} \right\}$$

$$= \max \left\{ 0.15 \times 4000 \times 10^3, \frac{24576 \times 215}{85} \times \sqrt{\frac{235}{235}} \right\} = 600 \text{kN}$$

$$h_f \geq \frac{V}{0.7 \Sigma l_w \cdot f_f^w} = \frac{600 \times 10^3}{0.7 \times (4 \times 400) \times 160}$$

$$= 3.3 \text{mm}$$

复核构造要求，《钢标》11.3.5 条规定：

$$h_f \geq 6 \text{mm}$$

故取 $h_f = 6$mm。

故选（A）项。

思考： 剪力 V 作用下，两条直角焊缝为正面角焊缝，偏于安全，取 $\beta_f = 1.0$（即其有利作用忽略不计）。

【**例 4.7.26**】 有一用 Q235 制作的钢柱，作用在柱顶的荷载基本组合下轴压力设计值 $F = 2500$kN，拟采用支承加劲肋－400×30 传送集中荷载，加劲肋上端刨平顶紧，柱腹板切槽后与加劲肋焊接如图 4.7.32 所示，取角焊缝 $h_f = 16$mm。$\gamma_0 = 1.0$。

试问： 焊接长度 l_1（mm）为多少？

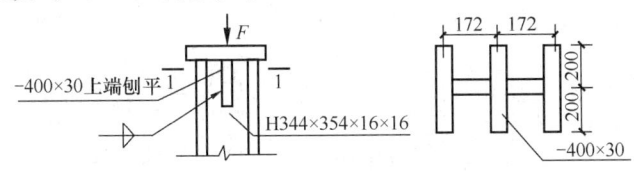

图 4.7.32

提示： 考虑柱腹板沿角焊缝边缘剪切破坏的可能性。

(A) 400　　　(B) 500　　　(C) 600　　　(D) 700

【**解答**】 角焊缝为 4 条：

$$l_1 = \frac{F}{4 \times 0.7 h_f f_f^w} + 2h_f = \frac{2500 \times 10^3}{4 \times 0.7 \times 16 \times 160} + 2 \times 16 = 381 \text{mm}$$

柱腹板抗剪条件，两个剪切面：

$$F/A \leq f_v$$

$$A = 2t_w l_t$$

$$l_t \geq \frac{F}{2t_w f_v} = \frac{2500 \times 10^3}{2 \times 16 \times 125} = 625 \text{mm}$$

取上述 l_1、l_t 较大者，$l = l_t = 625$mm，故选（D）项。

【**例 4.7.27**】 如图 4.7.33 所示柱与底板的连接，静载基本组合下轴压力设计值为 $N = 220$kN，钢材为 Q345 钢，E50 型焊条、不预热手工焊。$\gamma_0 = 1.0$。

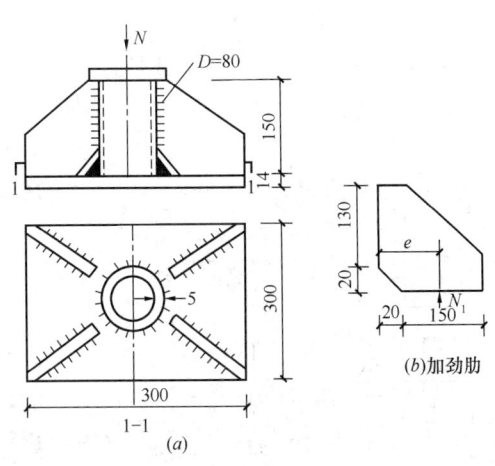

图 4.7.33

试问：

（1）假定所有水平角焊缝的焊脚尺寸 h_f 均相同，确定 h_f（mm）值与下列何项数值最接近？

(A) 8   (B) 6   (C) 5   (D) 4

（2）加劲肋与柱子连接的竖直角焊缝 $h_f=6$mm，假定按加劲肋与底板间水平焊缝长度比例分配支座反力，竖直角焊缝的最大应力（N/mm²），与下列何项数值最接近？

(A) 175   (B) 180   (C) 185   (D) 190

【解答】（1）所有水平角焊缝的总计算长度 Σl_w，预估焊脚尺寸为 6mm：

$$\Sigma l_w = \pi \times 80 + 8 \times (150 - 2h_f) = 1451 - 16h_f$$
$$\approx 1451 - 16 \times 6 = 1355 \text{mm}$$

$$\frac{N}{0.7h_f \Sigma l_w} \leqslant \beta_f f_f^w$$

$$h_f \geqslant \frac{N}{0.7 \beta_f f_f^w \Sigma l_w} = \frac{220 \times 10^3}{0.7 \times 1.22 \times 200 \times 1355} = 0.95 \text{mm}$$

构造要求，《钢标》11.3.5 条：

$$h_f \geqslant 6 \text{mm}$$

故取 $h_f=6$mm，应选（B）项。

（2）一块加劲肋所承受的剪力 V 和弯矩 M：

$$V = N_1 = 220 \times \frac{l_1}{\Sigma l_w} = 220 \times \frac{2 \times 138}{1355} = 44.8 \text{kN}$$

$$M = N_1 \cdot e = 44.8 \times \left(0.02 + \frac{0.15}{2}\right) = 4.256 \text{kN} \cdot \text{m}$$

$$\tau_f = \frac{V}{2 \times 0.7 h_f l_w} = \frac{44.8 \times 10^3}{2 \times 0.7 \times 6 \times (130 - 2 \times 6)} = 45.2 \text{N/mm}^2$$

$$\sigma_f = \frac{6M}{2 \times 0.7 h_f l_w^2} = \frac{6 \times 4.256 \times 10^6}{2 \times 0.7 \times 6 \times (130 - 2 \times 6)^2} = 218.3 \text{N/mm}^2$$

$$\sqrt{\left(\frac{\sigma_f}{\beta_f}\right)^2 + \tau_f^2} = \sqrt{\left(\frac{218.3}{1.22}\right)^2 + 45.2^2} = 184.6 \text{N/mm}^2 < f_f^w = 200 \text{N/mm}^2$$

故选（C）项。

【例 4.7.28】 如图 4.7.34 所示某柱顶板与加劲肋的 T 形接头连接焊缝。柱顶承受的静载基本组合下设计值 $N=740$kN，假定全部由顶板与加劲肋的连接焊缝传递。钢材为 Q235 钢，焊条 E43 型、手工焊。$\gamma_0=1.0$。

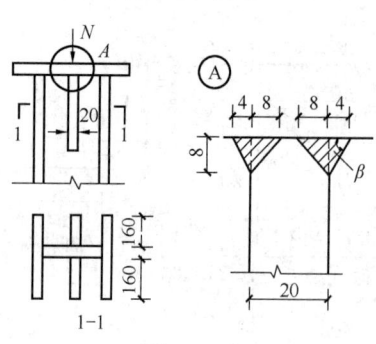

图 4.7.34

试问：

（1）该连接焊缝采用角焊缝，则焊脚尺寸 h_f（mm），与下列何项数值最接近？

(A) 6   (B) 8
(C) 10   (D) 12

（2）若采用部分焊透的对接与角接组合焊缝，如图中所示，坡口深度为 8mm，则该连接焊缝截面的应力（N/mm²），与下列何项数值最接近？

(A) 145　　　　(B) 151　　　　(C) 167　　　　(D) 174

【解答】 (1) 4条角焊缝，预估 h_f 为 5mm。

$$\sigma_f = \frac{N}{h_e l_w} \leqslant \beta_f f_f^w$$

$$h_f \geqslant \frac{N}{4 \times 0.7 \times l_w \beta_f f_f^w} = \frac{740 \times 10^3}{4 \times 0.7 \times (160-2 \times 5) \times 1.22 \times 160} = 9.03 \text{mm}$$

故取 $h_f = 10$mm，应选（C）项。

(2) 坡口角度 α：

$$\alpha = \arctan 8/8 = 45°$$

根据《钢标》11.2.4条规定，$\alpha = 45°$时，$h_e = s - 3$

$$\beta = \arctan 8/4 = 63.43°$$
$$s = (8+4)\sin\beta = 12\sin 63.43° = 10.7 \text{mm}$$
$$h_e = s - 3 = 7.7 \text{mm}, h_f = h_e/0.7 = 7.7/0.7 = 11 \text{mm}$$
$$\sigma_f = \frac{N}{h_e \Sigma l_w} = \frac{740 \times 10^3}{7.7 \times 4 \times (160-2 \times 11)} = 174 \text{N/mm}^2$$
$$< \beta_f f_f^w = 1.22 \times 160 = 195.2 \text{N/mm}^2$$

故选（D）项。

【例 4.7.29】 某焊接工字形截面柱，腹板—250×8，翼缘板 2—250×14，该柱柱脚形式设计，如图 4.7.35 所示，荷载基本组合的轴心压力设计值 $N = 1700$kN，钢材为 Q235 钢，焊条 E43 型。基础混凝土局部抗压强度设计值 f_c 取为 7.5N/mm²。取锚栓总面积为 4000mm²。$\gamma_0 = 1.0$。

试问：对该柱脚的底板、隔板、靴梁进行设计。

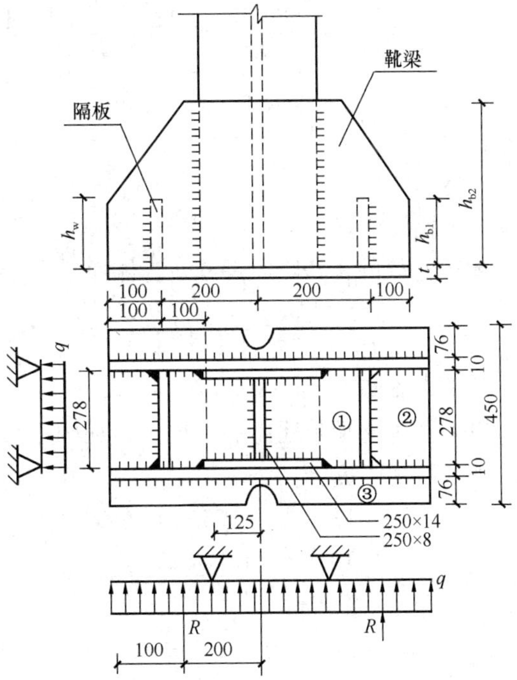

【解答】 (1) 底板设计

净面积：$A_n = \frac{N}{f_c} = 2.267 \times 10^5 \text{mm}^2$

选用 $B \times L = 450 \text{mm} \times 600 \text{mm}$ 的板，应扣除锚栓面积约为 4000mm²，$A_n = 450 \times 600 - 4000 = 266000 \text{mm}^2$，满足要求。

底板压应力 q：

$$q = \frac{N}{A_n} = \frac{1700 \times 10^3}{266000} = 6.4 \text{N/mm}^2$$

图 4.7.35

底板的单位宽度（1mm）的最大弯矩设计值为：

如图区格1：四边支承板，$b/a = 278/200 = 1.39$，查表得，$\alpha = 0.0744$，$M_1 = \alpha q a^2 = 19046$N·mm。

区格2：三边支承板，$b_1/a_1 = 100/278 = 0.36$，查表得，$\beta = 0.0356$，$M_2 = \beta q a_1^2 = $

17608N·mm。

区格3：悬臂板，$M_3 = \frac{1}{2}qc^2 = \frac{1}{2} \times 6.4 \times 76^2 = 18483$ N·mm。

上述弯矩值取最大者，$M = M_1 = 19046$ N·mm。

底板厚度：$t \geqslant \sqrt{6M/f} = \sqrt{6 \times 19046/205} = 23.61$ mm，取 $t = 24$ mm。

(2) 隔板设计

隔板视为两端支于靴梁的简支梁，如图中所示，承担图中阴影部分荷载，线荷载设计值 $q_1 = (100+100) \times 6.4 = 1280$ N/mm。

隔板与底板的水平焊缝（仅考虑外侧一条焊缝）的正面角焊缝，取 $h_f = 10$ mm，

$$\sigma_f = \frac{N}{0.7 h_f l_w} = \frac{1280}{0.7 \times 10} = 182.9 \text{N/mm}^2 < \beta_f f_f^w = 195.2 \text{N/mm}^2，满足$$

隔板与靴梁的竖向焊缝（外侧一条焊缝）为侧面角焊缝，设 $h_f = 8$ mm：

隔板的支座反力为：$R = 1280 \times 278/2 = 1.78 \times 10^5$ N

$$l_w = \frac{R}{0.7 h_f f_f^w} = \frac{178000}{0.7 \times 8 \times 160} = 199 \text{mm}$$

故取隔板高度 $h_{b1} = 270$ mm，其厚度 $t = 8$ mm。

对隔板抗剪、抗弯强度复核：

$$\tau_{max} = \frac{1.5V}{ht} = \frac{1.5R}{ht} = \frac{1.5 \times 1.78 \times 10^5}{270 \times 8} = 124 \text{N/mm}^2 < f_v = 125 \text{N/mm}^2$$

$$\sigma = \frac{M}{W} = \frac{\frac{1}{8} \times 1280 \times 278^2}{\frac{1}{6} \times 8 \times 270^2} = 127 \text{N/mm}^2 < f = 215 \text{N/mm}^2，满足$$

(3) 靴梁计算

靴梁与柱的 4 条竖向焊缝，为侧面角焊缝，取 $h_f = 10$ mm。

$$l_w \geqslant \frac{N}{4 \times 0.7 h_f f_f^w} = \frac{1700 \times 10^3}{4 \times 0.7 \times 10 \times 160} = 379 \text{mm}$$

故取靴梁高 $h_{b2} = 400$ mm。

靴梁作为支承于柱边的悬伸梁，如图中所示计算简图，取靴梁厚度 $t = 10$ mm，复核其抗剪、抗弯强度：

$$V = 178000 + (76+10) \times (300-125) \times 6.4 = 274320 \text{N}$$

$$\tau = \frac{1.5V}{h_{b2} t} = \frac{1.5 \times 274320}{400 \times 10} = 103 \text{N/mm}^2 < f_v = 125 \text{N/mm}^2，满足$$

$$M = 178000 \times (200-125) + \frac{1}{2} \times (76+10) \times 6.4 \times (300-125)^2$$

$$= 21.78 \times 10^6 \text{N·mm}$$

$$\sigma = \frac{M}{W} = \frac{21.78 \times 10^6}{\frac{1}{6} \times 10 \times 400^2} = 81.7 \text{N/mm}^2 < f = 215 \text{N/mm}^2$$

(4) 靴梁、隔板与底板的水平焊缝总长度 Σl_w，应传递全部柱压力，焊脚尺寸均取为 $h_f = 10$ mm：

$$\Sigma l_{\mathrm{w}} \geqslant \frac{N}{0.7 h_{\mathrm{f}} \beta_{\mathrm{f}} f_{\mathrm{f}}^{\mathrm{w}}} = \frac{1700 \times 10^3}{0.7 \times 10 \times 1.22 \times 160} = 1244 \mathrm{mm}$$

由图中可见，总实际焊缝长度能满足条件。

第八节 疲劳计算与防脆断设计

一、疲劳计算

1. 疲劳计算的荷载取值

《钢标》3.1.6条、3.1.7条作了规定。

【例4.8.1】 计算吊车梁疲劳时，作用在跨间内的下列何种吊车荷载取值是正确的？说明理由。

（A）荷载效应最大的相邻两台吊车的荷载标准值
（B）荷载效应最大的一台吊车的荷载设计值乘以动力系数
（C）荷载效应最大的一台吊车的荷载设计值
（D）荷载效应最大的一台吊车的荷载标准值

【解答】 根据《钢标》3.1.6条、3.1.7条规定，（D）项正确，应选（D）项。

2. 疲劳计算方法

- 复习《钢通规》4.5.1条～4.5.4条。
- 复习《钢标》16.1.1条～16.1.5条。
- 复习《钢标》16.2.1条～16.2.4条。
- 复习《钢标》附录K。

需注意的是：

(1)《钢标》16.1.3条的条文说明：

> 16.1.3（条文说明）
> 因此为简化表达式，可认为所有类别的容许应力幅都与钢材的静力强度无关，即疲劳强度所控制的构件采用强度较高的钢材是不经济的。
> ……
> 考虑到疲劳破坏通常发生在焊接部位，而钢结构连接节点的重要性和受力的复杂性，一般不容许开裂，因此本次修订规定了仅在非焊接构件和连接的条件下，在应力循环中不出现拉应力的部位可不计算疲劳。

(2) 应力幅计算时，应考虑永久荷载，这是因为：非焊接部位，其折算应力幅计算时，永久荷载产生的应力不能相互抵消。此外，针对焊接部位，由于永久荷载产生的应力可以相互抵消，故应力幅计算可不考虑永久荷载。

(3)《钢标》附录表K中，构件和连接的分类，例如：查附录表K.0.2中项次8时，翼缘连接焊缝附近的母材，当翼缘板与腹板的连接焊缝采用自动焊、二级T形对接与角接组合焊缝时，其类别为Z2；当其采用自动焊、角焊缝，外观质量标准符合二级时，其类别为 Z4。

（4）起重机的使用等级、载荷状态级别与起重机整机的工作级别。

起重机的设计预期寿命，是指设计预设的该起重机从开始使用起到最终报废时止能完成的总工作循环数。起重机的一个工作循环是指从起吊一个物品起，到能开始起吊下一个物品时止，包括起重机运行及正常的停歇在内的一个完整的过程。

起重机的使用等级，《起重机设计规范》GB/T 3811—2008 规定：

> 起重机的使用等级是将起重机可能完成的总工作循环数划分成 10 个等级，用 U_0、U_1、U_2、…、U_9 表示，见表1。
>
> **起重机的使用等级** 表1
>
> | 使用等级 | 起重机总工作循环数 C_T | 起重机使用频繁程度 |
> |---|---|---|
> | U_0 | $C_T \leqslant 1.60 \times 10^4$ | 很少使用 |
> | U_1 | $1.60 \times 10^4 < C_T \leqslant 3.20 \times 10^4$ | |
> | U_2 | $3.20 \times 10^4 < C_T \leqslant 6.30 \times 10^4$ | |
> | U_3 | $6.30 \times 10^4 < C_T \leqslant 1.25 \times 10^5$ | |
> | U_4 | $1.25 \times 10^5 < C_T \leqslant 2.50 \times 10^5$ | 不频繁使用 |
> | U_5 | $2.50 \times 10^5 < C_T \leqslant 5.00 \times 10^5$ | 中等频繁使用 |
> | U_6 | $5.00 \times 10^5 < C_T \leqslant 1.00 \times 10^6$ | 较频繁使用 |
> | U_7 | $1.00 \times 10^6 < C_T \leqslant 2.00 \times 10^6$ | 频繁使用 |
> | U_8 | $2.00 \times 10^6 < C_T \leqslant 4.00 \times 10^6$ | 特别频繁使用 |
> | U_9 | $4.00 \times 10^6 < C_T$ | |

起重机的起升载荷状态级别是指在该起重机的设计预期寿命期限内，它的各个有代表性的起升载荷值的大小及各相对应的起吊次数，与起重机的额定起升载荷值的大小及总的起吊次数的比值情况。

起重机的载荷状态级别，《起重机设计规范》规定：

> 在表2中，列出了起重机载荷谱系数 K_P 的 4 个范围值，它们各代表了起重机一个相对应的载荷状态级别。
>
> **起重机的载荷状态级别及载荷谱系数** 表2
>
> | 载荷状态级别 | 起重机的载荷谱系数 K_P | 说明 |
> |---|---|---|
> | Q1 | $K_P \leqslant 0.125$ | 很少吊运额定载荷，经常吊运较轻载荷 |
> | Q2 | $0.125 < K_P \leqslant 0.250$ | 较少吊运额定载荷，经常吊运中等载荷 |
> | Q3 | $0.250 < K_P \leqslant 0.500$ | 有时吊运额定载荷，较多吊运较重载荷 |
> | Q4 | $0.500 < K_P \leqslant 1.000$ | 经常吊运额定载荷 |

起重机的使用等级，《起重机设计规范》规定：

> 根据起重机的 10 个使用等级和 4 个载荷状态级别，起重机整机的工作级别划分为 A1～A8 共 8 个级别，见表3。

起重机整机的工作级别											表3
载荷状态级别	起重机的载荷谱系数 K_P	起重机的使用等级									
		U_0	U_1	U_2	U_3	U_4	U_5	U_6	U_7	U_8	U_9
Q1	$K_P \leqslant 0.125$	A1	A1	A1	A2	A3	A4	A5	A6	A7	A8
Q2	$0.125 < K_P \leqslant 0.250$	A1	A1	A2	A3	A4	A5	A6	A7	A8	A8
Q3	$0.250 < K_P \leqslant 0.500$	A1	A2	A3	A4	A5	A6	A7	A8	A8	A8
Q4	$0.500 < K_P \leqslant 1.000$	A2	A3	A4	A5	A6	A7	A8	A8	A8	A8

注：各类起重机的整机分级举例参见附录A。

根据《钢标》16.1.1条，应力变化的循环次数 $n \geqslant 5 \times 10^4$ 次时，应计算疲劳。由上表3可知，A6级的最低使用等级为 U_4，其 $C_T > 5 \times 10^4$，应计算疲劳。同理，A7、A8级应计算疲劳。所以，重级工作制（A6～A8）均应计算疲劳。

A5级（为中级工作制）的最低使用等级为 U_3，其 $C_T > 5 \times 10^4$，也应计算疲劳。

A4级（为中级工作制）的最低使用等级为 U_2，其 C_T 可能大于 5×10^4，也可能小于或等于 5×10^4，故其是否要计算疲劳，应根据起重机的具体 C_T 值进行确定。

【例4.8.2】 对焊接钢构件的疲劳寿命影响最小的因素，应为下列何项？说明理由。

（A）应力集中程度　　　　　　　（B）焊接缺陷
（C）钢材强度　　　　　　　　　（D）应力循环的次数

【解答】 根据《钢标》16.1.3条条文说明，应选（C）项。

【例4.8.3】 在进行热轧型钢吊车梁设计时，下列哪个部位可不必验算疲劳强度？说明理由。

（A）腹板的下端　　　　　　　　（B）横向加劲肋的下端
（C）下翼缘中部　　　　　　　　（D）上翼缘中部

【解答】 根据《钢标》16.1.3条规定，在应力循环中不出现拉应力的部位可不计算疲劳，故选（D）项。

【例4.8.4】 如图4.8.1所示，某承受轴心拉力的钢板，-500×20，材料为Q235钢，沿轴心力方向需用对接焊缝进行拼接，焊缝质量等级为一级，且经加工磨平。钢板承受重复荷载作用，预期循环次数 $n = 1 \times 10^6$，钢板承受的轴心力标准值（含自重）$N_{max,k} = 2000kN$，$N_{min,k} = 600kN$，其中，钢板自重标准值 $N_{g,k} = 50kN$。按常幅疲劳考虑。

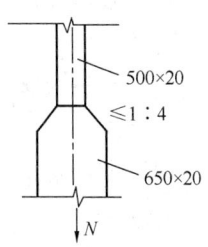

图4.8.1

试问：

（1）该钢板的容许正应力幅（N/mm²），与下列何项数值最接近？

（A）126.5　　（B）147.2　　（C）171.3　　（D）203.7

（2）该钢板焊缝附近主体金属的正应力幅（N/mm²），与下列何项数值最接近？

（A）140　　（B）145　　（C）150　　（D）155

（3）假定钢板承受的轴心力标准值（含自重）：$N_{max,k} = 1000kN$，$N_{min,k} = -500kN$，则该钢板焊缝附近主体金属的正应力幅（N/mm²），与下列何项数值最为接近？

(A) 140　　　　　(B) 145　　　　　(C) 150　　　　　(D) 155

【解答】(1) 确定类别，查《钢标》附录表 K.0.3 知，属项次 13，类别为 Z2。查《钢标》表 16.2.1-1 知，$C_z = 861 \times 10^{12}$，$\beta_z = 4$。

由标准式 (16.2.2-2)：

$$[\Delta\sigma] = \left(\frac{C_z}{n}\right)^{1/\beta} = \left(\frac{861 \times 10^{12}}{1 \times 10^6}\right)^{1/4} = 171.3 \text{N/mm}^2$$

故选 (C) 项。

(2) 根据《钢标》16.2.1 条规定：

$$\Delta\sigma = \sigma_{\max} - \sigma_{\min} = \frac{2000 \times 10^3}{500 \times 20} - \frac{600 \times 10^3}{500 \times 20}$$

$$= 200 - 60 = 140 \text{N/mm}^2 < \gamma_t [\Delta\sigma] = 1 \times 171.3 = 171.3 \text{N/mm}^2，满足$$

故选 (A) 项。

(3) 根据《钢标》16.2.1 条规定：

$$\Delta\sigma = \sigma_{\max} - \sigma_{\min} = \frac{1000 \times 10^3}{500 \times 20} - \frac{-500 \times 10^3}{500 \times 20}$$

$$= 100 + 50 = 150 \text{N/mm}^2$$

故选 (C) 项。

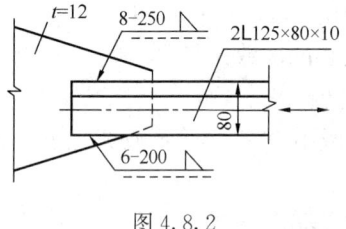

图 4.8.2

【例 4.8.5】 某节点连接构造如图 4.8.2 所示，钢材为 Q235 钢，角钢与节点板用两条侧面角焊缝相连，双角钢 2L125×80×10 组成的杆件，$A = 3940 \text{mm}^2$，承受重复荷载作用，荷载标准值：$N_{\max,k} = 450 \text{kN}$，$N_{\min,k} = 300 \text{kN}$，预期循环次数 $n = 1 \times 10^6$。按常幅疲劳考虑。

试问：

(1) 焊缝端部节点板的容许正应力幅 (N/mm²)，与下列何项数值最接近？
(A) 89.6　　　　(B) 86.1　　　　(C) 78.4　　　　(D) 72.5

(2) 焊缝端部节点板的最大正应力幅 (N/mm²)，与下列何项数值最接近？
(A) 40.2　　　　(B) 45.6　　　　(C) 48.3　　　　(D) 50.2

(3) 焊缝端部构件的容许正应力幅 (N/mm²)，与下列何项数值最接近？
(A) 70　　　　　(B) 74　　　　　(C) 82　　　　　(D) 85

(4) 焊缝端部构件的最大正应力幅 (N/mm²)，与下列何项数值最接近？
(A) 38　　　　　(B) 42　　　　　(C) 48　　　　　(D) 76

(5) 焊缝的允许剪应力幅 (N/mm²)，与下列何项数值最接近？
(A) 70　　　　　(B) 74　　　　　(C) 82　　　　　(D) 85

(6) 焊缝的最大剪应力幅 (N/mm²)，与下列何项数值最接近？
(A) 23.7　　　　(B) 42.9　　　　(C) 45.6　　　　(D) 49.2

【解答】(1) 查《钢标》附录表 K.0.2，属项次 11，类别为 Z8；查《钢标》表 16.2.1-1，$C_z = 0.72 \times 10^{12}$，$\beta_z = 3$。

$$[\Delta\sigma] = \left[\frac{0.72 \times 10^{12}}{1 \times 10^6}\right]^{1/3} = 89.6 \text{N/mm}^2$$

故选（A）项。

（2）根据《钢标》附录表 K.0.2，项次 11，取扩散角 $\theta=30°$，偏于安全地取长度为 200，则：
$$b_e = 200\tan30° + 80 + 200\tan30° = 311\text{mm}$$

由《钢标》12.2.2 条规定：
$$\Delta\sigma = \frac{N}{b_e t} = \frac{(450-300)\times 10^3}{311\times 12} = 40.2\text{N/mm}^2 < [\Delta\sigma]$$

应选（A）项。

（3）查《钢标》附录表 K.0.2，属项次 11，类别为 Z10；查《钢标》表 16.2.1-1，$C_z = 0.35\times 10^{12}$，$\beta_z = 3$。
$$[\Delta\sigma] = \left(\frac{0.35\times 10^{12}}{1\times 10^6}\right)^{1/3} = 70.5\text{N/mm}^2$$

故选（A）项。

（4）$\Delta\sigma = \dfrac{(450-300)\times 10^3}{A} = \dfrac{(450-300)\times 10^3}{3940} = 38.07\text{N/mm}^2$

故选（A）项。

（5）查《钢标》附录表 K.0.6，属项次 36，类别为 J1，查《钢标》表 16.2.1-2，$C_J = 0.41\times 10^{12}$，$\beta_J = 3$。
$$[\Delta\tau] = \left(\frac{0.41\times 10^{12}}{1\times 10^6}\right)^{1/3} = 74.29\text{N/mm}^2$$

故选（B）项。

（6）肢背：$k_1 = 0.75$；$\Delta\tau_1 = \tau_{\max} - \tau_{\min} = \dfrac{0.75\times(450-300)\times 10^3}{2\times 0.7\times 8\times(250-2\times 8)}$
$$= 42.9\text{N/mm}^2 < [\Delta\tau] = 74.29\text{N/mm}^2$$

肢尖：$k_2 = 0.25$，$\Delta\tau_2 = \tau_{\max} - \tau_{\min} = \dfrac{0.25\times(450-300)\times 10^3}{2\times 0.7\times 6\times(200-2\times 6)}$
$$= 23.7\text{N/mm}^2 < [\Delta\tau] = 74.29\text{N/mm}^2$$

$\Delta\tau_{\max} = \Delta\tau_1 = 42.9\text{N/mm}^2$，故选（B）项。

【**例 4.8.6**】某钢板连接用高强度螺栓摩擦型连接，钢板—400×14，盖板 2—400×8，螺栓选用 $M20$（$d_0 = 21.5\text{mm}$），螺栓双排布置。钢材为 Q235 钢。该连接承受轴心力标准值：$N_{\max} = 800\text{kN}$，$N_{\min} = 200\text{kN}$，预期循环次数 $n = 2.5\times 10^6$。按常幅疲劳考虑。

试问：

（1）该连接主体金属的容许正应力幅（N/mm²），与下列何项数值最接近？
(A) 126.8　　　(B) 136.2　　　(C) 141.8　　　(D) 146.1

（2）该连接钢板的最大正应力幅（N/mm²），与下列何项数值最接近？
(A) 96.4　　　(B) 107.1　　　(C) 117.9　　　(D) 124.3

【**解答**】（1）查《钢标》附录表 K.0.1，项次 4，类别为 Z2；查《钢标》表 16.2.1-1，$C_z = 861\times 10^{12}$，$\beta_z = 4$。
$$[\Delta\sigma] = \left(\frac{C_z}{n}\right)^{1/\beta} = \left(\frac{861\times 10^{12}}{2.5\times 10^6}\right)^{1/4} = 136.2\text{N/mm}^2$$

故选（B）项。

（2）根据《钢标》附录表 K.0.1，项次 4，应以毛截面面积计算，由《钢标》16.2.1 条规定：

$$\Delta\sigma = \sigma_{\max} - 0.7\sigma_{\min} = \frac{800 \times 10^3}{400 \times 14} - \frac{0.7 \times 200 \times 10^3}{400 \times 14}$$

$$= 142.86 - 25 = 117.86 \text{N/mm}^2 < \gamma_t [\Delta\sigma] = 1 \times 136.2 = 136.2 \text{N/mm}^2$$

故选（C）项。

【例 4.8.7】 某厂房内有两台起重量为 75/20t 的重级工作制软钩吊车，采用焊接工字形吊车梁，如图 4.8.3 所示，钢材为 Q235 钢，下翼缘与腹板采用自动焊，焊缝质量等级为二级，T 形对接与角接组合焊缝，其角焊缝的 $h_f = 8$mm。下翼缘与水平桁架连接处有螺栓孔，截面削弱可不计，螺栓 $d = 22$mm，$d_0 = 23.5$mm。加劲肋下端距下翼缘 50mm，该肋端焊缝不断弧（采用回焊）。预期循环次数 $n = 2 \times 10^6$ 次。按考虑欠载效应的变幅疲劳。

已知一台吊车的吊车梁内力标准值 $M_{\max,k} = 1796.25$kN·m，其中吊车梁等自重产生的 $M_{g,k} = 84.25$kN·m；$V_{\max,k} = 744.45$kN，其中吊车梁自重产生的 $V_{g,k} = 35.45$kN。

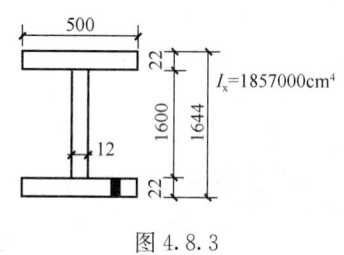

图 4.8.3

试问：

(1) 下翼缘焊缝处的主体金属疲劳强度的正应力幅验算，满足下列何项关系式？
(A) 58.1N/mm² < $\gamma_t [\Delta\sigma]$ = 144N/mm²　(B) 58.1N/mm² < $\gamma_t [\Delta\sigma]$ = 118N/mm²
(C) 72.6N/mm² < $\gamma_t [\Delta\sigma]$ = 144N/mm²　(D) 72.6N/mm² < $\gamma_t [\Delta\sigma]$ = 118N/mm²

(2) 下翼缘与腹板连接的角焊缝处疲劳强度验算，满足下列何项关系式？
(A) 24.3N/mm² < $[\Delta\tau]$ = 69N/mm²　(B) 24.3N/mm² < $[\Delta\tau]$ = 59N/mm²
(C) 25.5N/mm² < $[\Delta\tau]$ = 69N/mm²　(D) 25.5N/mm² < $[\Delta\tau]$ = 59N/mm²

(3) 横向加劲肋下端的主体金属疲劳强度的主拉应力幅验算，满足下列何项关系式？
(A) 72.2N/mm² < $\gamma_t [\Delta\sigma]$ = 90N/mm²　(B) 72.2N/mm² < $\gamma_t [\Delta\sigma]$ = 100N/mm²
(C) 75.2N/mm² < $\gamma_t [\Delta\sigma]$ = 90N/mm²　(D) 64.2N/mm² < $\gamma_t [\Delta\sigma]$ = 100N/mm²

(4) 下翼缘螺栓孔处的主体金属疲劳强度的正应力幅验算，满足下列何项关系式？
(A) 75N/mm² < $\gamma_t [\Delta\sigma]$ = 112N/mm²　(B) 75N/mm² < $\gamma_t [\Delta\sigma]$ = 144N/mm²
(C) 61N/mm² < $\gamma_t [\Delta\sigma]$ = 112N/mm²　(D) 61N/mm² < $\gamma_t [\Delta\sigma]$ = 144N/mm²

(5) 假定下翼缘与腹板采用角焊缝连接，自动焊、外观质量标准符合二级，则该角焊缝处主体金属疲劳强度的正应力幅验算，满足下列何项关系式？
(A) 59N/mm² < $\gamma_t [\Delta\sigma]$ = 112N/mm²　(B) 59N/mm² < $\gamma_t [\Delta\sigma]$ = 144N/mm²
(C) 73N/mm² < $\gamma_t [\Delta\sigma]$ = 112N/mm²　(D) 73N/mm² < $\gamma_t [\Delta\sigma]$ = 144N/mm²

(6) 支座加劲肋与腹板连接用角焊缝，$h_f = 8$mm，该连接角焊缝疲劳强度验算，满足下列何项关系式？
(A) 16N/mm² < $[\Delta\tau]$ = 59N/mm²　(B) 20N/mm² < $[\Delta\tau]$ = 59N/mm²
(C) 40N/mm² < $[\Delta\tau]$ = 59N/mm²　(D) 45N/mm² < $[\Delta\tau]$ = 59N/mm²

【解答】 （1）T 形接头，查《钢标》附表 K.0.2，项次 8，类别为 Z2；

查《钢标》表 16.2.1-1，$[\Delta\sigma]_{2\times10^6}=144\text{N/mm}^2$

$\Delta\sigma=\sigma_{\max}-\sigma_{\min}$，不计永久荷载产生的 $M_{\text{g,k}}$：

$$\Delta\sigma=\frac{(M_{\max,\text{k}}-M_{\text{g,k}})}{I_{\text{xn}}}\cdot y_1=\frac{(M_{\max,\text{k}}-M_{\text{g,k}})}{I_{\text{x}}}\cdot y_1$$

$$=\frac{(1796.25-84.25)\times10^6\times800}{1857000\times10^4}=73.75\text{N/mm}^2$$

$\alpha_{\text{f}}\Delta\sigma=0.8\times73.75=59\text{N/mm}^2<\gamma_t[\Delta\sigma]=1\times144=144\text{N/mm}^2$

故选（A）项。

(2) 查《钢标》附表 K.0.6 知，项次 36，类别为 J1；

查《钢标》表 16.2.1-2，$[\Delta\tau]_{2\times10^6}=59\text{N/mm}^2$

下翼缘与腹板连接的角焊缝应力幅，根据《钢标》11.2.7 条，无集中荷载，

$$\Delta\tau=\frac{1}{2h_{\text{e}}}\sqrt{\left(\frac{VS_{\text{f}}}{I}\right)^2+0}=\frac{1}{2h_{\text{e}}}\cdot\frac{VS_{\text{f}}}{I}$$

$$=\frac{(744.45-35.45)\times10^3\times500\times22\times811}{2\times0.7\times8\times1857000\times10^4}=30.4\text{N/mm}^2$$

$\alpha_{\text{f}}\Delta\tau=0.8\times30.4=24.3\text{N/mm}^2<[\Delta\tau]_{2\times10^6}=59\text{N/mm}^2$

故选（B）项。

(3) 查《钢标》附表 K.0.4，项次 21，类别为 Z5；

查《钢标》表 16.2.1-1，$[\Delta\sigma]_{2\times10^6}=100\text{N/mm}^2$；截面削弱不计，则 $I_{\text{x}}=I_{\text{nx}}$

$$\Delta\tau=\frac{VS}{I_{\text{x}}t_{\text{w}}}=\frac{(744.45-35.45)\times10^3\times(500\times22\times811+50\times12\times775)}{1857000\times10^4\times12}$$

$$=29.9\text{N/mm}^2$$

$$\Delta\sigma=\frac{M}{I_{\text{nx}}}\cdot y_2=\frac{M}{I_{\text{x}}}\cdot y_2=\frac{(1796.25-84.25)\times10^6}{1857000\times10^4}\times750$$

$$=69.1\text{N/mm}^2$$

主拉应力幅：

$$\Delta\sigma_0=\frac{\Delta\sigma}{2}+\sqrt{\left(\frac{\Delta\sigma}{2}\right)^2+(\Delta\tau)^2}$$

$$=\frac{69.1}{2}+\sqrt{\left(\frac{69.1}{2}\right)^2+29.9^2}=80.2\text{N/mm}^2$$

$\alpha_{\text{f}}\Delta\sigma_0=0.8\times80.2=64.16\text{N/mm}^2<\gamma_t[\Delta\sigma]_{2\times10^6}=1\times100=100\text{N/mm}^2$

故选（D）项。

(4) 查《钢标》附录表 K.0.1 知，项次 3，类别为 Z4。

查《钢标》表 16.2.1-1，$[\Delta\sigma]_{2\times10^6}=112\text{N/mm}^2$。

$$\Delta\sigma=\frac{M}{I_{\text{nx}}}\cdot y=\frac{M}{I_{\text{x}}}\cdot y=\frac{(1796.25-84.25)\times10^6}{1857000\times10^4}\times\frac{1644}{2}$$

$$=75.78\text{N/mm}^2$$

$$\alpha_f\Delta\sigma = 0.8\times 75.78 = 60.6\text{N/mm}^2 < \gamma_t[\Delta\sigma]_{2\times 10^6} = 1\times 112 = 112\text{N/mm}^2$$

故选（C）项。

(5) 查《钢标》附表 K.0.2 知，项次 8，类别为 Z4。

查《钢标》表 16.2.1-1 知，$[\Delta\sigma]_{2\times 10^6} = 112\text{N/mm}^2$

$$\Delta\sigma = \frac{M}{I_{nx}}\cdot y_1 = \frac{(1796.25 - 84.25)\times 10^6}{1857000\times 10^4}\times 800 = 73.75\text{N/mm}^2$$

$$\alpha_f\Delta\sigma = 0.8\times 73.75 = 59\text{N/mm}^2 < \gamma_t[\Delta\sigma] = 1\times 112 = 112\text{N/mm}^2$$

故选（A）项。

(6) 查《钢标》附表 K.0.6，项次 36，类别为 J1。

查《钢标》16.2.1-2，$[\Delta\tau]_{2\times 10^6} = 59\text{N/mm}^2$

$$\Delta\tau = \frac{V}{4\times 0.7 h_f l_w} = \frac{(744.45 - 35.45)\times 10^3}{4\times 0.7\times 8\times(1600-2\times 8)}$$
$$= 19.9\text{N/mm}^2$$

$$\alpha_f\Delta\tau = 0.8\times 19.9 = 15.9\text{N/mm}^2 < [\Delta\tau]_{2\times 10^6} = 59\text{N/mm}^2$$

故选（A）项。

【例 4.8.8】 某厂房内有两台重级工作制的软钩吊车，采用焊接工字形吊车梁，如图 4.8.4 所示，采用 Q345-C 钢制作，焊条用 E50 型。吊车梁下翼缘与腹板采用自动焊，焊缝质量等级为二级，T 形对接与角接组合焊缝，其角焊缝 $h_f=6$mm。下翼缘与水平桁架连接处有螺栓孔。由一台吊车荷载引起的吊车梁最大竖向弯矩标准值 $M_{max,k}=5500$kN·m。预期循环次数 $n=2\times 10^6$ 次。

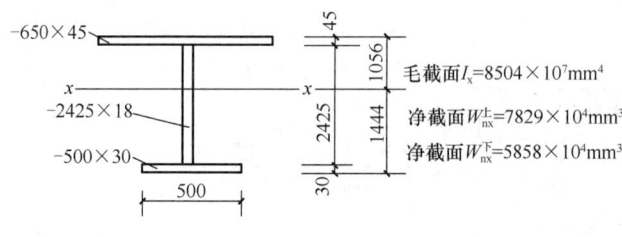

图 4.8.4

试问：考虑欠载效应，吊车梁下翼缘与腹板连接处腹板的疲劳强度的正应力幅验算，满足下列何项关系式？

(A) $73.6\text{N/mm}^2 < 144\text{N/mm}^2$ (B) $75.1\text{N/mm}^2 < 144\text{N/mm}^2$

(C) $73.6\text{N/mm}^2 < 118\text{N/mm}^2$ (D) $75.1\text{N/mm}^2 < 118\text{N/mm}^2$

【解答】 根据《钢标》16.2.4 条，取欠载效应的等效系数 $\alpha_f = 0.8$

$$\Delta\sigma = \frac{M}{I_{nx}}\cdot y_{\text{腹}} = \frac{M}{W_{nx}^{\text{F}}\cdot y_{\text{F}}}\cdot y_{\text{腹}}$$

$$=\frac{5500\times 10^6}{5858\times 10^4\times 1444}\times(1444-30) = 91.94\text{N/mm}^2$$

$$\alpha_f\Delta\sigma = 0.8\times 91.94 = 73.55\text{N/mm}^2$$

查《钢标》附表 K.0.2，项次 8，类别为 Z2；查《钢标》表 16.2.1-1，取 $[\Delta\sigma]_{2\times 10^6} = 144\text{N/mm}^2$

$$\gamma_t \,[\Delta\sigma]_{2\times10^6}=1\times144=144\text{N/mm}^2$$

所以应选（A）项。

3. 构造要求

- 复习《钢标》16.3.1 条～16.3.2 条。

【例 4.8.9】 需验算疲劳的焊接吊车桁架在桁架节点处，节点板的两侧边宜做成圆弧，其半径 r（mm），应为下列何项数值？
(A) $r\leqslant40$mm　　　　　　　　　(B) $r\leqslant50$m
(C) $r\geqslant60$mm　　　　　　　　　(D) $r\geqslant80$mm

【解答】 根据《钢标》16.3.2 条规定，$r\geqslant60$mm，故选（C）项。

【例 4.8.10】 重级工作制吊车桁架杆件的填板，其连接为下列何种方式？
(A) 应采用普通 A、B 级螺栓连接　　(B) 应采用高强度螺栓连接
(C) 应采用焊缝连接　　　　　　　　(D) 应采用铆钉连接

【解答】 根据《钢标》16.3.2 条规定，应选（B）项。

【例 4.8.11】 需验算疲劳的吊车梁翼缘板或腹板的焊接拼接应采用下列何项方式？
(A) 部分焊透对接焊缝　　　　　　　(B) 角焊缝
(C) 焊透对接焊缝　　　　　　　　　(D) 角焊缝、焊透对接焊缝

【解答】 根据《钢标》16.3.2 条规定，应采用加引弧板和引出板的焊透对接焊缝，故选（C）项。

【例 4.8.12】 某重级工作制吊车梁，其截面为焊接工字形，截面尺寸为 1300×550×8×20，其横向加劲肋的宽度 b_s（mm）及设置，应选用下列何项方式？
(A) 成对设置，$b_s=85$mm　　　　　(B) 单侧设置，$b_s=85$mm
(C) 成对设置，$b_s=90$mm　　　　　(D) 单侧设置，$b_s=90$mm

【解答】 根据《钢标》6.3.6 条规定：
$$b_s \geqslant h_0/30+40 = \frac{1300-2\times20}{30}+40 = 82\text{mm}$$

根据《钢标》16.3.2 条规定：
$$b_s \geqslant 90\text{mm}$$

取较大值，故取 $b_s\geqslant90$mm，成对设置，应选（C）项。

二、防脆断设计

- 复习《钢标》16.1.4 条。
- 复习《钢标》16.4.1 条～16.4.4 条。

【例 4.8.13】 在工作温度低于 -20℃的地区，钢结构施工时，其对接焊缝的质量等级应为下列何项？
(A) 不得低于一级　　　　　　　　　(B) 不得低于二级
(C) 不宜低于二级　　　　　　　　　(D) 不得低于三级

【解答】 根据《钢标》16.4.4 条规定，不得低于二级，故选（B）项。

第九节 塑性及弯矩调幅设计

一、一般规定和弯矩调幅设计要点

> - 复习《钢标》10.1.1 条～10.1.7 条。
> - 复习《钢标》10.2.1 条～10.2.2 条。

【例 4.9.1】 在静力荷载作用下,下列哪种情况不适于采用塑性设计?说明理由。
(A) 固端梁 (B) 连续梁
(C) 简支梁 (D) 单层和两层框架结构

【解答】 根据《钢标》10.1.1 条规定,应选 (C) 项。

【例 4.9.2】 采用塑性设计法计算焊接工字形截面梁时,钢材为 Q345,梁翼缘板自由外伸宽度 300mm,则梁翼缘板厚度 t (mm),不能小于下列何项数值时,才能保证形成塑性铰及发生塑性转动?
(A) 42 (B) 40 (C) 36 (D) 30

【解答】 根据《钢标》10.1.5 条、3.5.1 条:

$$\frac{b}{t} \leqslant 9\varepsilon_k, \text{即}: t \geqslant \frac{b}{9\varepsilon_k} = \frac{300}{9\sqrt{235/345}} = 40.4\text{mm}$$

故选 (A) 项。

【例 4.9.3】 不直接承受动力荷载且钢材的各项性能满足塑性设计要求的下列钢结构:

Ⅰ. 图 4.9.1 (a):Q345,焊接 H 形钢 300×200×8×12;
Ⅱ. 图 4.9.1 (b):Q345,焊接 H 形钢 300×200×8×12;
Ⅲ. 图 4.9.1 (c):Q235,焊接 H 形钢 300×200×8×12;
Ⅳ. 图 4.9.1 (d):Q235,焊接 H 形钢 300×200×8×12。

试问:根据《钢结构设计标准》,针对上述结构是否可采用塑性设计的判断,下列说法何项正确?
(A) Ⅱ、Ⅲ、Ⅳ 正确,Ⅰ 错误 (B) Ⅳ 正确,Ⅰ、Ⅱ、Ⅲ 错误
(C) Ⅲ、Ⅳ 正确,Ⅰ、Ⅱ 错误 (D) Ⅰ、Ⅱ、Ⅳ 正确,Ⅲ 错误

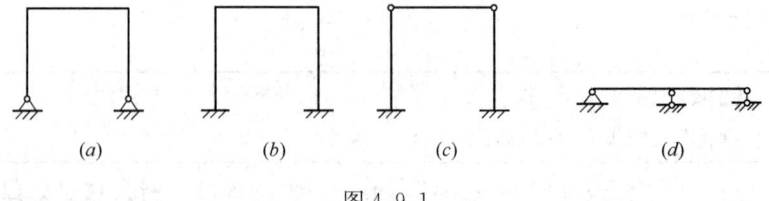

图 4.9.1

【解答】 根据《钢标》10.1.1 条,Ⅲ 不适用,排除 (A)、(C) 项。
根据《钢标》10.1.5 条、3.5.1 条:
Q235 钢,图示 (d) 为超静定梁,按 S1 级,则:

$$\frac{b}{t} = \frac{(200-8)/2}{12} = 8 < 9\varepsilon_k = 9,满足$$

$$\frac{h_0}{t_w} = \frac{300-2\times12}{8} = 34.5 < 65\varepsilon_k = 65,满足,故 Ⅳ 可采用塑性设计。$$

Q345 钢,图示(a)、(b):

$$\frac{b}{t} = 8 > 9\varepsilon_k = 9\sqrt{235/345} = 7.4,不满足$$

故选（B）项。

二、构件设计和容许长细比

- 复习《钢标》10.3.1 条～10.3.4 条。
- 复习《钢标》10.4.1 条～10.4.6 条。

【**例 4.9.4**】 某单层框架,无动力荷载,采用 Q235 钢焊接而成,其柱为双轴对称工字形截面,翼缘为－200×12mm,腹板为－400×10mm,该柱为压弯构件,采用塑性方法设计。

试问：若柱承受压力设计值为 150kN,该柱段中出现塑性铰时,该塑性铰能承受的最大弯矩设计值（kN·m）,与下列何项数值最接近?

(A) 320　　　　(B) 300　　　　(C) 290　　　　(D) 270

【**解答**】 根据《钢标》10.3.4 条：

$$A = 200\times12\times2 + 400\times10 = 8800\text{mm}^2$$

$$\frac{N}{A_n f} = \frac{150\times10^3}{8800\times215} = 0.08 < 0.15$$

$$M_x \leqslant 0.9W_{pnx}f = 0.9\times2\times(200\times12\times206 + 200\times10\times100)\times215$$
$$= 268.7\text{kN·m}$$

应选（D）项。

【**例 4.9.5**】 采用塑性设计法时,框架柱用 Q345 钢,其平面内的长细比 λ 值,不应超过下列何项数值?

(A) 130　　　　(B) 107　　　　(C) 150　　　　(D) 80

【**解答**】 根据《钢标》10.4.1 条规定：

$$\lambda \leqslant 130\varepsilon_k = 130\sqrt{235/345} = 107.3$$

应选（B）项。

【**例 4.9.6**】 按塑性设计时,某框架梁在梁拼接处最大弯矩设计值为 950kN·m,梁的毛截面模量为 $10\times10^6\text{mm}^3$。钢材为 Q235 钢,取 $f=215\text{N/mm}^2$。

试问：塑性设计时,当取 $\gamma_x=1.05$ 时,该拼接处能传递的弯矩设计值（kN·m）,不低于下列何项数值?

(A) 1000　　　　(B) 1050　　　　(C) 1100　　　　(D) 1130

【**解答**】 根据《钢标》10.4.5 条规定：

$$M \geqslant 1.1\times950 = 1045\text{kN·m}$$

$$M \geqslant 0.5\gamma_x W_x f = 0.5\times1.05\times10\times10^6\times215 = 1129\text{kN·m}$$

故取 $M \geqslant 1129$kN·m,应选（D）项。

【**例 4.9.7**】 某单层刚架结构,在竖向荷载作用下的柱轴压力设计值如图 4.9.2（a）

所示。采用塑性设计，运用静力法进行刚架的机构分析，即去除柱底 E 处的水平多余反力 H，使刚架由一次超静定结构变为静定结构，分析在竖向荷载和 H 共同作用下刚架的弯矩。经分析得到，柱顶 D 点处首先出塑性铰，其次在横梁 CD 上出塑性铰。D 点处塑性铰的弯矩设计值为 180kN·m，即 M_x＝180kN·m，同时 H＝30kN，见图 4.9.2（b）。

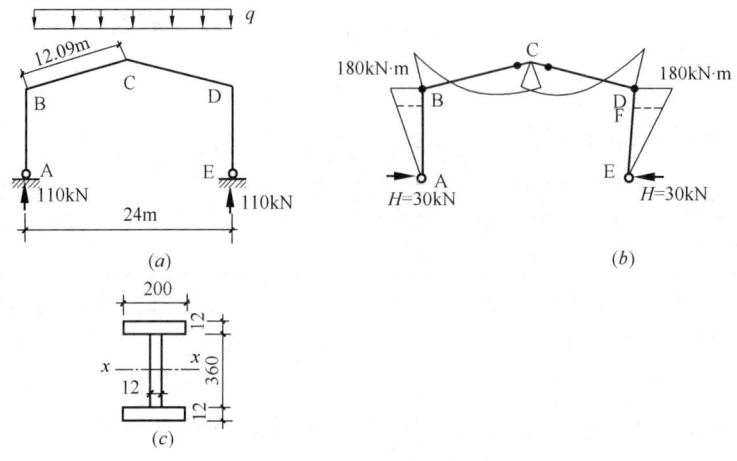

图 4.9.2
（a）竖向荷载下内力；（b）塑性铰位置及内力；（c）柱截面尺寸
（注：对称结构，图中有 4 个塑性铰）

刚架的梁柱采用焊接截面工字形，采用 Q235 钢，翼缘板为焰切边。柱截面特性：A＝9120mm^2，I_x＝212.77×10^{6}mm^4，W_x＝1.11×10^{6}mm^3，I_y＝16.05×10^{6}mm^4，i_x＝152.7mm，i_y＝42.0mm。梁截面特性：I_x＝1715×10^{6}mm^4。

柱 AB、柱 ED 设置有纵向水平系杆，其距柱顶 B 点、D 点的距离均为 1.5m。在出现塑性铰的位置处设置侧向支撑。

试问：

（1）验算柱板件宽厚比。
（2）验算柱塑性铰部位的强度。
（3）验算柱 DE 平面内的整体稳定性。
（4）验算柱 DE 平面外的整体稳定性。

【解答】（1）根据《钢标》10.1.5 条、3.5.1 条：

$$\frac{b}{t}=\frac{200-10}{2\times12}=7.9<9\varepsilon_k=9，满足$$

$$\genfrac{}{}{0pt}{}{\sigma_{max}}{\sigma_{min}}=\frac{N}{A_n}\pm\frac{M}{I_{nx}}\cdot\frac{h_0}{2}=\frac{110\times10^3}{9120}\pm\frac{180\times10^6}{212.77\times10^6}\times\frac{360}{2}$$

$$=\genfrac{}{}{0pt}{}{164.34（压应力）}{-140.22（拉应力）}$$

$$\alpha_0=\frac{164.34-(-140.32)}{164.34}=1.85$$

$$\frac{h_0}{t_w}=\frac{360}{12}=30<(33+13\alpha_0^{1.3})\varepsilon_k=(33+13\times1.85^{1.3})\times1=61.9，满足$$

（2）根据《钢标》10.3.2 条、10.3.4 条：

$$\frac{N}{A_\mathrm{n}f} = \frac{110\times10^3}{9120\times215} = 0.056 < 0.15$$

$$V = 30\mathrm{kN} < 0.5h_\mathrm{w}t_\mathrm{w}f_\mathrm{v} = 0.5\times360\times12\times125 = 270\mathrm{kN}$$

故不考虑受弯承载力所用的 f 值的折减，则：

$$W_\mathrm{pnx} = 2\times(200\times12\times186 + 180\times12\times90) = 1.28\times10^6\mathrm{mm}^3$$

$$0.9W_\mathrm{pnx}f = 0.9\times1.28\times10^6\times215 = 247.68\mathrm{kN\cdot m} > M_\mathrm{x} = 180\mathrm{kN\cdot m}\text{，满足}$$

（3）柱在平面内的整体稳定性计算

1）确定 $l_{0\mathrm{x}}$ 和 φ_x：

框架柱顶：
$$k_1 = \frac{\sum i_\mathrm{b}}{\sum i_\mathrm{c}} = \frac{1715\times10^6/(2\times12.09)}{212.77\times10^6/6} = 2.0$$

框架柱底： $k_2 = 0$

框架按有侧移失稳，查《钢标》附表 E.0.2 知，$\mu = 2.17$。

由《钢标》10.1.7 条，$\mu = 1.1\times2.17 = 2.387$

$$l_{0\mathrm{x}} = \mu l_\mathrm{x} = 2.387\times6 = 14.322\mathrm{m}$$

$$\lambda_\mathrm{x} = \frac{l_{0\mathrm{x}}}{i_\mathrm{x}} = \frac{14322}{152.7} = 93.8 < 130\varepsilon_\mathrm{k} = 130$$

工字形、焊接、焰切边，查《钢标》表 7.2.1-1，对 x、y 轴均属 b 类截面。

查《钢标》附表 D.0.2，$\varphi_\mathrm{x} = 0.595$。

2） $$N'_\mathrm{Ex} = \frac{\pi^2 EA}{1.1\lambda_\mathrm{x}^2} = \frac{\pi^2\times206\times10^3\times9120}{1.1\times93.8^2} = 1914\mathrm{kN}$$

按《钢标》8.2.1 条规定：

$$\beta_\mathrm{mx} = 1 - 0.36\frac{N}{N_\mathrm{cr}} = 1 - 0.36\times\frac{110\times10^3}{1.1\times1914\times10^3} = 0.98$$

由《钢标》10.3.3 条、8.2.1 条：

$$\frac{N}{\varphi_\mathrm{x}Af} + \frac{\beta_\mathrm{mx}M_\mathrm{x}}{\gamma_\mathrm{x}W_{1\mathrm{x}}\left(1 - 0.8\dfrac{N}{N'_\mathrm{Ex}}\right)f}$$

$$= \frac{110\times10^3}{0.595\times9120\times215} + \frac{0.98\times180\times10^6}{1.05\times1.11\times10^6\times\left(1 - 0.8\times\dfrac{110}{1914}\right)\times215}$$

$$= 0.094 + 0.738 = 0.83 < 1.0\text{，满足}$$

（4）柱在平面外的整体稳定性计算

柱 DE 的支撑点 F 处弯矩 M_F：

$$M_1 = M_\mathrm{F} = 180\times\frac{6 - 1.5}{6} = 135\mathrm{kN\cdot m}$$

由《钢标》10.4.2 条：

$$\frac{M_1}{\gamma_\mathrm{x}W_\mathrm{x}f} = \frac{135\times10^6}{1.05\times1.11\times10^6\times215} = 0.54 > 0.5\text{，则：}$$

$$\lambda_\mathrm{y} = \frac{l_1}{i_\mathrm{y}} = \frac{1500}{42} = 35.7$$

$$\left(45 - 10\frac{M_1}{\gamma_\mathrm{x}W_\mathrm{x}f}\right)\varepsilon_\mathrm{k} = (45 - 10\times0.54)\times1 = 39.6 > \lambda_\mathrm{y}\text{，满足}$$

对柱 DE 进行平面外整体稳定性计算，应分别对上段柱 DF、下段柱 FE 进行稳定性计算。

下段柱 FE，取 $l_{0\mathrm{y}} = 4500\mathrm{mm}$，则：

$$\lambda_y = \frac{l_{0y}}{i_y} = \frac{4500}{42} = 107.1$$

$\lambda_y/\varepsilon_k = 107.1$,查《钢标》附表 D.0.2,取 $\varphi_y = 0.510$
由《钢标》附录 C.0.5 条:

$$\varphi_b = 1.07 - \frac{\lambda_y^2}{44000\varepsilon_k^2} = 1.07 - \frac{107.1^2}{44000 \times 1} = 0.81 < 1.0$$

$$\beta_{tx} = 0.65 + 0.35 \frac{M_2}{M_1} = 0.65 + 0.35 \times \frac{0}{135} = 0.65$$

$$\frac{N}{\varphi_y A f} + \eta \frac{\beta_{tx} M_1}{\varphi_b W_{1x} f} = \frac{110 \times 10^3}{0.51 \times 9120 \times 215} + 1.0 \times \frac{0.65 \times 135 \times 10^6}{0.81 \times 1.11 \times 10^6 \times 215}$$
$$= 0.11 + 0.45 = 0.56 < 1,满足。$$

上段柱 DF,取 $l_{0y} = 1500$mm,则:

$$\lambda_y = \frac{1500}{42} = 35.7$$

$\lambda_y/\varepsilon_k = 35.7$,查附表 D.0.2,取 $\varphi_y = 0.915$

$$\varphi_b = 1.07 - \frac{35.7^2}{44000 \times 1} = 1.04 > 1,故取 \varphi_b = 1.0$$

$$\beta_{tx} = 0.65 + 0.35 \times \frac{135}{180} = 0.913$$

$$\frac{N}{\varphi_y A f} + \eta \frac{\beta_{tx} M_1}{\varphi_b W_{1x} f} = \frac{110 \times 10^3}{0.915 \times 9120 \times 215} + 1 \times \frac{0.913 \times 180 \times 10^6}{1 \times 1.11 \times 10^6 \times 215}$$
$$= 0.061 + 0.689 = 0.75 < 1,满足。$$

第十节 钢与混凝土组合梁

本节所用的规范是《钢标》《组合结构通用规范》GB 55004—2021(以下简称《组通规》)。

一、一般规定

1. 材料

- 复习《组通规》3.1.1 条~3.1.3 条。
- 复习《组通规》3.2.1 条、3.2.2 条。

注意的是,《组通规》3.2.1 条规定:组合结构用混凝土的强度等级不应低于 C30。

2. 组合梁设计的一般规定

- 复习《组通规》5.2.1 条~5.2.4 条。

注意的是,《组通规》5.2.2 条规定:

5.2.2 钢-混凝土组合梁截面抗弯承载力验算应符合下列规定:
  1 按塑性方法计算时,无面外约束的钢梁板件应满足宽厚比限值,在竖向荷载作用下的梁端负弯矩调幅系数不应大于 40%;
  2 按弹性方法计算时,应合理考虑钢与混凝土界面滑移效应的影响。

《钢标》14.1 节作了具体规定。

- 复习《钢标》14.1.1 条~14.1.8 条。

【例 4.10.1】 钢与混凝土组合梁采用无支撑施工时，下列何项是正确的？说明理由。
（A）只需验算施工阶段　　　　　　（B）只需验算使用阶段
（C）同时验算施工和使用阶段　　　（D）无须同时验算施工和使用阶段

【解答】 根据《钢标》14.1.4 条规定，应选（C）项。

【例 4.10.2】 如图 4.10.1 所示，某楼盖采用简支的钢与混凝土组合梁，间距 3m，跨度 5.7m，钢筋混凝土楼板厚 120mm，无托板拟选钢梁为工字形焊接组合，腹板用－200×10，翼缘板 2－180×18，钢材为 Q345 钢。塑性中和轴位于混凝土板内。

试问：该楼盖中部的组合梁的混凝土翼板有效宽度 b_e（mm），与下列何项数值最接近？

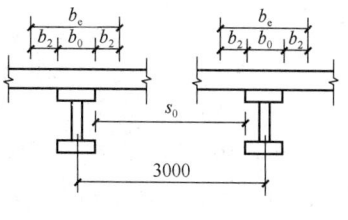

图 4.10.1

（A）1620　　（B）1750　　（C）1910　　（D）2080

【解答】 根据《钢标》14.1.2 条规定：
$b_0 = 180$mm
$b_2 = 5700/6 = 950$mm
$b_2 \leqslant \dfrac{1}{2} s_0 = \dfrac{1}{2}(3000 - 180) = 1410$mm

故取 $b_2 = 950$mm。
$b_e = b_0 + b_2 + b_2 = 180 + 950 + 950 = 2080$mm

故选（D）项。

【例 4.10.3】 钢与混凝土组合梁，钢材为 Q345，其能形成塑性铰并发生塑性转动，其受压翼缘宽厚比，不应超过下列何项数值？

（A）11　　（B）10.7　　（C）9　　（D）7.4

【解答】 根据《钢标》14.1.6 条、10.1.5 条和 3.5.1 条，满足 S1 级：
$\dfrac{b}{t} \leqslant 9\varepsilon_k = 9\sqrt{235/345} = 7.4$

应选（D）项。

二、组合梁设计

● 复习《钢标》14.2.1 条～14.2.4 条。

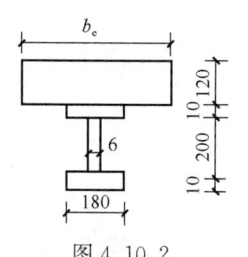

图 4.10.2

【例 4.10.4】 某一根钢与混凝土组合梁为完全抗剪连接的简支梁，其截面如图 4.10.2 所示，混凝土翼板的强度等级为 C30（$f_c = 14.3$N/mm²），$b_e = 1560$mm，钢梁用 Q235 钢。

试问：该组合梁的抗弯承载力设计值（kN·m），与下列何项数值最接近？

（A）215　　（B）205
（C）195　　（D）185

【解答】 根据《钢标》14.2.1 条：
$Af = (2 \times 180 \times 10 + 200 \times 6) \times 215 = 4800 \times 215 = 1.032 \times 10^6$N
$b_e f_c h_{c1} = 1560 \times 14.3 \times 120 = 2676960$N $> Af = 1.032 \times 10^6$N

可知,塑性中和轴在混凝土板内,设受压区高度为 x:
$$x = Af/(b_e f_c) = \frac{4800 \times 215}{1560 \times 14.3} = 46.3 \text{mm}$$

根据《钢标》式 (14.2.1-1):
$$y = 340 - \frac{46.3}{2} - \frac{220}{2} = 206.85 \text{mm}$$
$$M = b_e x f_c y = 1560 \times 46.3 \times 14.3 \times 206.85$$
$$= 213.6 \text{kN} \cdot \text{m}$$

故选(A)项。

【**例 4.10.5**】 某简支的钢与混凝土组合梁,截面如图 4.10.3 所示,混凝土板强度等级 C30 ($f_c = 14.3 \text{N/mm}^2$),$b_e = 1140 \text{mm}$,钢梁的钢材为 Q390 钢,该组合梁的抗弯承载力设计值(kN·m),与下列何项数值最接近?

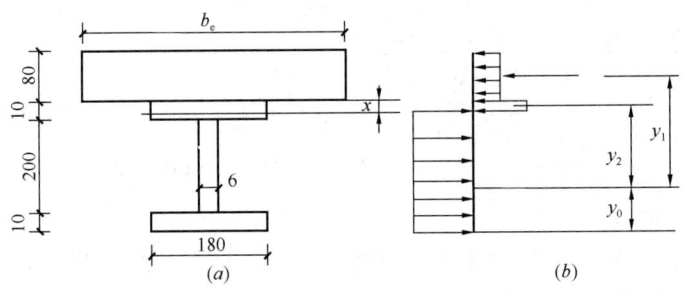

图 4.10.3

(A) 200　　　　(B) 210　　　　(C) 235　　　　(D) 250

【**解答**】 根据《钢标》14.2.1 条:
$$Af = (180 \times 10 \times 2 + 200 \times 6) \times 345 = 4800 \times 345 = 1656000 \text{N}$$
$$b_e h_{c1} f_c = 1140 \times 80 \times 14.3 = 1304160 \text{N} < 1656000 \text{N}$$

故塑性中和轴在钢梁截面内。

由《钢标》式 (14.2.1-4):
$$A_c = 0.5(A - b_e h_{c1} f_c / f) = 0.5 \times (4800 - 1304160/345)$$
$$= 510 \text{mm}^2 < 180 \times 10 = 1800 \text{mm}^2$$

故塑性中和轴在钢梁上翼缘内,设受压区高度为 x:
$$180 \cdot x = A_c = 510$$
$$\text{可得}: x = 2.8 \text{mm}$$

确定钢梁受拉区截面形心位置:

钢梁受拉区截面面积:
$$A = 10 \times 180 + 6 \times 200 + 180 \times (10 - 2.8) = 4296 \text{mm}^2$$
$$y_0 = \frac{10 \times 180 \times 5 + 6 \times 200 \times 110 + 180 \times 7.2 \times (200 + 10 + 7.2/2)}{4296} = 97.3 \text{mm}$$
$$y_2 = 200 + 10 + 10 - 97.3 - 2.8/2 = 121.3 \text{mm}$$
$$y_1 = 300 - 97.3 - 80/2 = 162.7 \text{mm}$$

由标准式 (14.2.1-3):

$$M \leqslant b_e h_{c1} f_c y_1 + A_c f y_2 = 1304160 \times 162.7 + 510 \times 345 \times 121.3 = 233.5 \text{kN} \cdot \text{m}$$
故选（C）项。

【例 4.10.6】 某简支的钢与混凝土组合梁，截面如图 4.10.4 所示，混凝土板强度等级 C30（$f_c = 14.3 \text{N/mm}^2$），$b_e = 1000 \text{mm}$，钢材为 Q390 钢，该组合梁的抗弯承载力设计值（kN·m），与下列何项数值最接近？

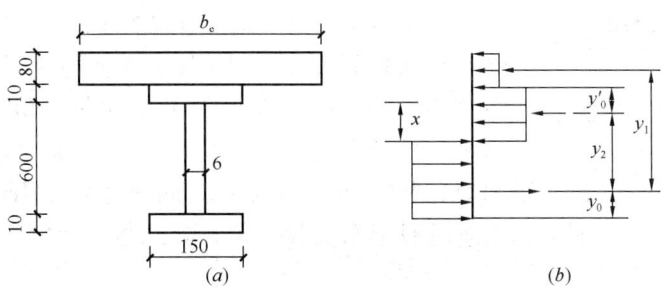

图 4.10.4

(A) 760　　　　(B) 720　　　　(C) 680　　　　(D) 620

【解答】 $Af = (150 \times 10 \times 2 + 600 \times 6) \times 345 = 6600 \times 345 = 2277000 \text{N}$
$b_e h_{c1} f_c = 1000 \times 80 \times 14.3 = 1144000 \text{N} < 2277000 \text{N}$

此时塑性中和轴在钢梁截面内。

由《钢标》式（14.2.1-4）：
$$A_c = 0.5(A - b_e h_{c1} f_c / f) = 0.5 \times (6600 - 1144000/345)$$
$$= 1642 \text{mm}^2 > 150 \times 10 = 1500 \text{mm}^2$$

此时塑性中和轴已进入钢梁腹板内，钢梁腹板受压区高度为 x：
$$150 \times 10 + 6 \cdot x = A_c = 1642$$
$$\text{可得}: x = 24 \text{mm}$$

确定钢梁受拉区截面形心位置：

钢梁受拉区截面面积：
$$A = 150 \times 10 + (600 - 24) \times 6 = 4596 \text{mm}^2$$
$$y_0 = \frac{150 \times 10 \times 5 + (600 - 24) \times 6 \times [(600 - 24)/2 + 10]}{4596}$$
$$= 209.3 \text{mm}$$
$$y_1 = 680 - 209.3 - 80/2 = 430.7 \text{mm}$$

钢梁受压区截面形心位置，如图中 y_0' 值：
$$A' = 150 \times 10 + 24 \times 6 = 1644 \text{mm}^2$$
$$y_0' = \frac{150 \times 10 \times 5 + 24 \times 6 \times (10 + 24/2)}{1644} = 6.5 \text{mm}$$

故：　　$y_2 = 620 - y_0 - y_0' = 620 - 209.3 - 6.5 = 404.2 \text{mm}$

由标准式（14.2.1-3）：
$$M \leqslant b_e h_{c1} f_c y_1 + A_c f y_2 = 1144000 \times 430.7 + 1642 \times 345 \times 404.2 = 721.7 \text{kN} \cdot \text{m}$$
故选（B）项。

三、抗剪连接件计算

- 复习《钢标》14.3.1 条~14.3.4 条。

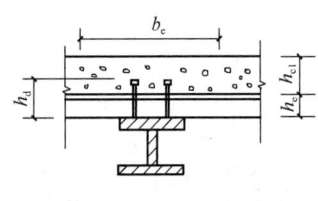

图 4.10.5

【例 4.10.7】 某钢结构夹层平台，采用主次梁结构进行平面布置，钢材为 Q235 钢，焊接使用 E43 型焊条。现次梁按组合梁设计，简支次梁结构，并采用压型钢板混凝土组合板作翼板，压型钢板板肋垂直于次梁，混凝土强度等级为 C25，抗剪连接件采用材料等级为 4.6 级的 $d=20\text{mm}$ 的圆柱头栓钉（$f_u=360\text{N}/\text{mm}^2$），如图 4.10.5 所示。已知该组合梁上跨中最大弯矩点至支座零弯矩点之间的钢梁与混凝土翼板交界面的纵向剪力 $V_s=870\text{kN}$，栓钉抗剪连接件承载力设计值折减系数 $\beta_v=0.52$。按完全抗剪连接计算。$\gamma_0=1.0$。

试问：该组合次梁上抗剪栓钉连接件的个数，应为下列何项数值？

(A) 22　　　　(B) 36　　　　(C) 42　　　　(D) 44

【解答】 (1) 确定抗剪栓钉连接件的 N_v^c

根据《钢标》14.3.1 条第 1 款规定：

$$A_s=\frac{1}{4}\times 3.14\times 20^2=314\text{mm}^2$$

$$N_v^c=0.43A_s\sqrt{E_cf_c}=0.43\times 314\times\sqrt{2.80\times 10^4\times 11.9}=77.94\text{kN}$$

$$N_v^c\leqslant 0.7A_sf_u=0.7\times 314\times 360=79.1\text{kN}$$

故取 $N_v^c=77.94\text{kN}$

由《钢标》14.3.2 条规定：

取 $N_v^c=\beta_v N_v^c=0.52\times 77.94=40.53\text{kN}$

(2) 确定抗剪栓钉的个数

根据《钢标》14.3.4 条：

次梁半跨抗剪栓钉数目：$n_f=\dfrac{V_s}{N_v^c}=\dfrac{870}{40.53}=21.5$，取 22 个

在次梁全长上抗剪栓钉总数目为 $2\times 22=44$ 个，应选 (D) 项。

思考：本题目为历年考试真题。假定该组合次梁的计算截面中，$b_e=900\text{mm}$，$b_w=100\text{mm}$，$h_{c1}=80\text{mm}$，栓钉高度 $h_d=100\text{mm}$，混凝土凸肋高度 $h_e=60\text{mm}$，钢梁截面面积 $A=4200\text{mm}^2$，组合次梁中一个肋中布置的栓钉数为 2 个。试确定该次梁的栓钉抗剪连接件承载力设计值的折减系数 β_v、正弯矩区段的纵向剪力 V_s。

此时，根据《钢标》14.3.2 条规定：

$$\beta_v=\frac{0.85}{\sqrt{n_0}}\cdot\frac{b_w}{h_e}\cdot\left(\frac{h_d-h_e}{h_e}\right)$$

$$=\frac{0.85}{\sqrt{2}}\times\frac{100}{60}\times\left(\frac{100-60}{60}\right)=0.668<1.0$$

故取 $\beta_v = 0.668$

确定 V_s 值，根据《钢标》14.3.4 条第 1 款规定：

$$V_s = \min\{Af, b_e h_{c1} f_c\} = \min\{4200 \times 215, 900 \times 80 \times 11.9\}$$
$$= \min\{903000, 856800\} = 856800\text{N} = 856.8\text{kN}$$

四、纵向抗剪计算

- 复习《钢标》14.6.1 条～14.6.4 条。

五、挠度与裂缝及构造要求

- 复习《钢标》14.4.1 条～14.4.3 条。
- 复习《钢标》14.5.1 条～14.5.2 条。
- 复习《钢标》14.7.1 条～14.7.8 条。

【例 4.10.8】 某钢与混凝土组合梁的截面高度为 1000mm，钢梁截面高度 h（mm）不应低于下列何项数值？
(A) 500　　　(B) 400　　　(C) 350　　　(D) 300

【解答】 根据《钢标》14.7.1 条规定：

$$1000 \leqslant h \times 2$$

$$h \geqslant 1000/2 = 500\text{mm}$$

故选（A）项。

【例 4.10.9】 对钢与混凝土组合梁中焊钉的设置要求，下列何项不正确？说明理由。
(A) 钉头下表面高出翼板底部钢筋顶面不少于 30mm
(B) 焊钉顶面的混凝土保护层厚度不应小于 15mm
(C) 焊钉沿梁跨方向最大间距不应大于 400mm
(D) 焊钉外侧边缘至混凝土翼板边缘间距离不应小于 100mm

【解答】 根据《钢标》14.7.4 规定，(C) 项不正确，应选（C）项。

【例 4.10.10】 某钢框架结构房屋，其中某一根次梁采用钢与混凝土组合梁设计，次梁采用 H350×175×7×11，底模采用压型钢板，$h_e = 76$mm，混凝土楼板总厚为 130mm，沿梁跨度方向栓钉间距约为 200mm。试问，栓钉应选用下列何项？
(A) 采用 $d = 13$mm 栓钉，栓钉总高度 100mm，垂直于梁轴线方向间距 $a = 90$mm
(B) 采用 $d = 16$mm 栓钉，栓钉总高度 110mm，垂直于梁轴线方向间距 $a = 90$mm
(C) 采用 $d = 16$mm 栓钉，栓钉总高度 115mm，垂直于梁轴线方向间距 $a = 125$mm
(D) 采用 $d = 19$mm 栓钉，栓钉总高度 120mm，垂直于梁轴线方向间距 $a = 125$mm

【解答】 根据《钢标》14.7.4 条：

(A) 项：$\dfrac{b-a-d}{2} = \dfrac{175-90-13}{2} = 36\text{mm} > 20\text{mm}$，满足。

(B) 项：$\dfrac{175-90-16}{2} = 34.5\text{mm} > 20\text{mm}$，满足。

(C) 项：$\dfrac{175-125-16}{2}=17\text{mm}<20\text{mm}$，不满足。

(D) 项：$\dfrac{175-125-19}{2}=15.5\text{mm}<20\text{mm}$，不满足。

由《钢标》14.7.5 条：

栓钉高度 h_d：$76+30=106\text{mm}\leqslant h_c$

(A) 项不满足，(B) 项满足，应选 (B) 项。

第十一节　钢管连接节点

一、一般规定和构造要求

- 复习《钢标》13.1.1 条～13.2.4 条。

【例 4.11.1】 下述钢管结构构造要求，哪项不妥？
(A) 节点处除搭接型节点外，应尽可能避免偏心，各管件轴线之间夹角不宜小于 30°
(B) 支管与主管间连接焊缝应沿全周连续焊接并平滑过渡，支管壁厚小于 6mm 时，可不切坡口
(C) 在支座节点处应将支管插入主管内
(D) 主管的直径和壁厚应分别大于支管的直径和壁厚

【解答】 根据《钢标》13.2.1 条规定，在支管与主管连接处，不得将支管插入主管内，故选 (C) 项。

二、圆钢管

- 复习《钢标》13.3.1 条～13.3.9 条。

【例 4.11.2】 某悬挑桁架，采用热轧无缝钢管，钢材采用 Q235-B 钢，E43 型焊条，焊缝质量等级为二级。桁架的腹杆与下弦杆在节点 C 处的连接，如图 4.11.1 所示。主管贯通，支管互不搭接（间隙为 a），主管规格为 d450×10，支管规格均为 d209×6，支管与主管轴线的交角分别为 $\alpha_1=63.44°$，$\alpha_2=53.13°$。

试问：

(1) 为保证节点处主管的强度，若已求得节点 C（$e=0$，$a=34\text{mm}$）处允许的受压支管 CF 承载力设计值 $N_{cK}=420\text{kN}$，与下列何项数值最为接近？

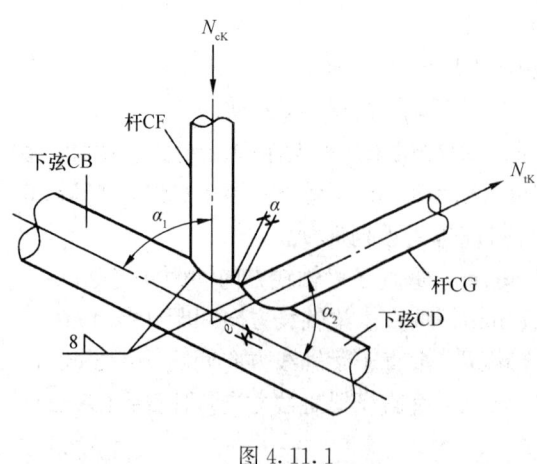

图 4.11.1

试问，允许的受拉支管 CG 承载力 N_{tk}（kN）

(A) 470　　　(B) 376　　　(C) 521　　　(D) 863

(2) 支管 CG 与下弦主管间用角焊缝连接，焊缝全周连接焊接并平滑过渡，焊缝强度要求按施工条件较差的现场高空施焊考虑折减；焊脚尺寸 $h_f=8$mm。若已知焊缝长度 $l_w=733$mm，试问，该焊缝承载力设计值（kN），与下列何项数值最为接近？

(A) 938　　　　(B) 802　　　　(C) 657　　　　(D) 591

(3) 若已知下弦杆 CB 及 CD 段的轴向压力设计值分别为 $N_{CB}=750$kN，$N_{CD}=1040$kN；腹杆中心线交点对下弦杆轴线的偏心距 $e=50$mm，见题目图示所示，当对下弦主管作承载力验算时，试问，须考虑的偏心弯矩设计值（kN·m），应与下列何项数值最为接近？

(A) 52.0　　　　(B) 37.5　　　　(C) 14.5　　　　(D) 7.25

【解答】　(1) 根据《钢标》13.3.2 条第 3 款：

$$N_{tk}=\frac{\sin\theta_c}{\sin\theta_t}N_{ck}=\frac{\sin 63.44°}{\sin 53.13°}\times 420=470\text{kN}$$

故选（A）项。

(2) 根据《钢标》4.4.5 条，强度设计值应乘折减系数 0.9 由《钢标》13.3.9 条：

$$N_f=0.7h_f l_w f_f^w=0.7\times 8\times 733\times(0.9\times 160)=591\text{kN}$$

故选（D）项。

(3) 根据《钢标》13.2.1 条：

$$e/D=50/450=0.11<0.25，则：$$

$$M=\Delta N\cdot e=(1040-750)\times 0.05=14.5\text{kN}\cdot\text{m}$$

故选（C）项。

【例 4.11.3】　某桁架结构，如图 4.11.2 所示。桁架上弦杆、腹杆及下弦杆均采用热轧无缝钢管，桁架腹杆与桁架上、下弦杆直接焊接连接；钢材均采用 Q235B 钢，手工焊接使用 E43 型焊条。

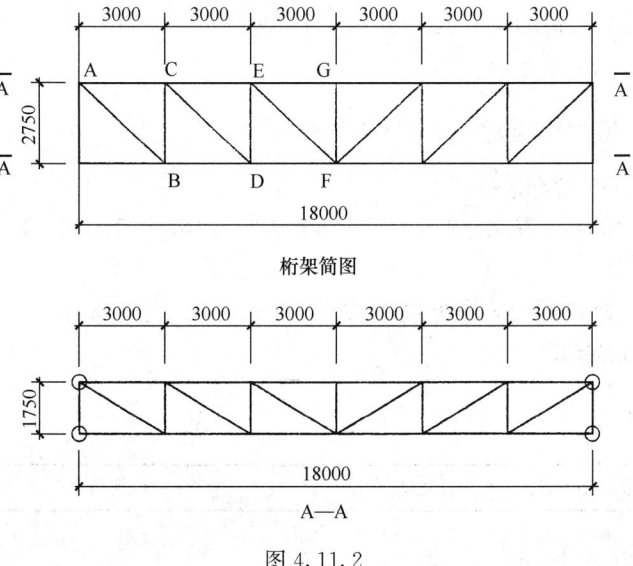

图 4.11.2

试问：

(1) 桁架腹杆与上弦杆在节点 C 处的连接如图 4.11.3 所示。上弦杆主管贯通，腹杆支管搭接，主管规格为 d140×6，支管规格为 d89×4.5，杆 CD 与上弦主管轴线的交角为 $\theta_t = 42.51°$。假定，搭接率为 45%。试问，受拉支管 CD 的承载力设计值（kN），与下列何项数值最为接近？

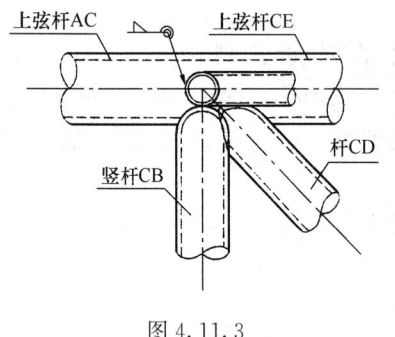

图 4.11.3

(A) 200　　　　　　　　　(B) 180
(C) 160　　　　　　　　　(D) 140

(2) 假定，上弦杆主管规格同题 (1)，支管 GF 规格为 d89×4.5，其与上弦主管间用角焊缝连接，焊缝全周连续焊接并平滑过渡，焊脚尺寸 $h_f = 6\text{mm}$。试问，该焊缝的承载力设计值（kN），与下列何项数值最为接近？

(A) 190　　　(B) 180　　　(C) 170　　　(D) 160

【解答】(1) 根据《钢标》13.3.3 条第 2 款，空间 KK 形，故由 13.3.2 条第 4 款：

$$\beta = \frac{89}{140} = 0.636, \quad \gamma = \frac{D}{2t} = \frac{140}{2 \times 6} = 11.67$$

$$\tau = \frac{4.5}{6} = 0.75, \quad \eta_{ov} = 0.45(\text{已知})$$

$$\psi_q = 0.636^{0.45} \times 11.67 \times 0.75^{0.8-0.45} = 8.61$$

$$N_{tk} = \left(\frac{29}{8.61 + 25.2} - 0.074\right) \times \frac{\pi}{4}(89^2 - 80^2) \times 215 = 201.2 \text{kN}$$

由《钢标》13.3.3 条第 2 款，$\mu_{kk} = 0.9$，则：

$$N_{ttk} = 0.9 \times 201.2 = 181.1 \text{kN}$$

故选 (B) 项。

(2) 根据《钢标》13.3.9 条：

$D_i/D = 89/140 = 0.64 < 0.65$，$\theta_i = 90°$，则：

由《钢标》式 (13.3.9-2)：

$$l_w = (3.25 \times 89 - 0.025 \times 140) \times \left(\frac{0.534}{\sin 90°} + 0.466\right)$$

$$= 286 \text{mm}$$

$$N_f = 0.7 h_f l_w f_f^w = 0.7 \times 6 \times 286 \times 160 = 192.2 \text{kN}$$

故选 (A) 项。

思考：《钢标》修订的征求意见稿中式 (13.3.9-2)、式 (13.3.9-3) 中参数为 0.466，故《钢标》中 0.446 有误。

三、矩形钢管

- 复习《钢标》13.4.1 条～13.4.5 条。

第十二节 钢结构防护

一、抗火设计

● 复习《钢标》18.1.1 条~18.1.5 条。

二、防腐蚀设计

● 复习《钢标》18.2.1 条~18.2.7 条。

【例 4.12.1】 钢柱脚在地面以下的部位应采用强度等级较低的混凝土包裹，包裹的混凝土应至少高出地面多少？

(A) 100mm (B) 150mm (C) 200mm (D) 250mm

【解答】 根据《钢标》18.2.4 条规定，应选（B）项。

三、隔热

● 复习《钢标》18.3.1 条~18.3.4 条。

【例 4.12.2】 高强度螺栓连接长期受热作用，其达到下例何项时，应采取有效的隔热防护措施？

(A) 100℃ (B) 150℃ (C) 200℃ (D) 250℃

【解答】 根据《钢标》18.3.3 条，应选（B）项。

第十三节 抗震性能化设计

一、一般规定

● 复习《钢标》17.1.1 条~17.1.7 条。

二、计算要点

● 复习《钢标》17.2.1 条~17.2.12 条。

三、基本抗震措施

● 复习《钢标》17.3.1 条~17.3.16 条。

【例 4.13.1】 某钢结构建筑采用框架结构体系，框架简图如图 4.13.1 所示。该建筑位于 8 度（0.20g）抗震设防烈度区，丙类建筑。框架柱采用焊接箱形截面，框架梁采用焊接工字形截面，梁、柱钢材均采用 Q345 钢，该结构总高度 $H=50\mathrm{m}$。

提示：按《钢结构设计标准》GB 50017—2017 作答。

试问：

(1) 在钢结构抗震性能化设计中，假定，塑性耗能区承载性能等级采用性能 7。试问，下列关于构件性能系数的描述，哪项不符合《钢结构设计标准》中有关钢结构构件性能系数的有关规定？

(A) 框架柱 A 的性能系数宜高于框架梁 a、b 的性能系数

(B) 框架柱 A 的性能系数不应低于框架柱 C、D 的性能系数

(C) 当该框架底层设置偏心支撑后，框架柱 A 的性能系数可以低于框架梁 a、b 的性能系数

(D) 框架梁 a、b 与框架梁 c、d 可有不同的性能系数

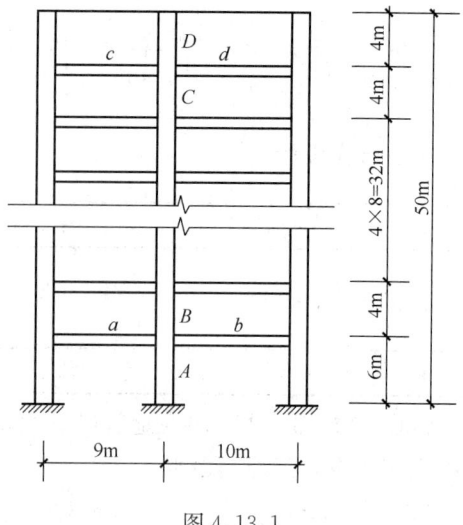

图 4.13.1

(2) 在塑性耗能区的连接计算中，假定，框架柱柱底承载力极限状态最大组合弯矩设计值为 M，考虑轴力影响的柱塑性受弯承载力为 M_{pc}。试问，采用外包式柱脚时，柱脚与基础的连接极限承载力，应按下列何项取值？

(A) $1.0M$ (B) $1.2M$ (C) $1.0M_{pc}$ (D) $1.2M_{pc}$

(3) 假定，梁柱节点采用梁端加强的办法来保证塑性铰外移。试问，采用下述哪些措施符合《钢结构设计标准》的规定？

Ⅰ. 上下翼缘加盖板   Ⅱ. 加宽翼缘板且满足宽厚比的规定

Ⅲ. 增加翼缘板的厚度   Ⅳ. 增加腹板的厚度

(A) Ⅰ、Ⅱ、Ⅲ   (B) Ⅰ、Ⅱ、Ⅳ

(C) Ⅱ、Ⅲ、Ⅳ   (D) Ⅰ、Ⅲ、Ⅳ

(4) 假定，框架梁截面如图 4.13.2 所示，其弹性截面模量为 W，塑性截面模量为 W_p。试问，计算该框架梁的性能系数时，该构件塑性耗能区截面模量 W_E，应按下列何项取值？

(A) $1.05W_p$ (B) $1.05W$

(C) $1.0W_p$ (D) $1.0W$

(5) 假定，该框架结构增加一层至 $H=54m$。试问，进行抗震性能化设计时，框架塑性耗能区（梁端）截面板件宽厚比采用下列何项等级最为合适？

(A) S1   (B) S2

(C) S3   (D) S4

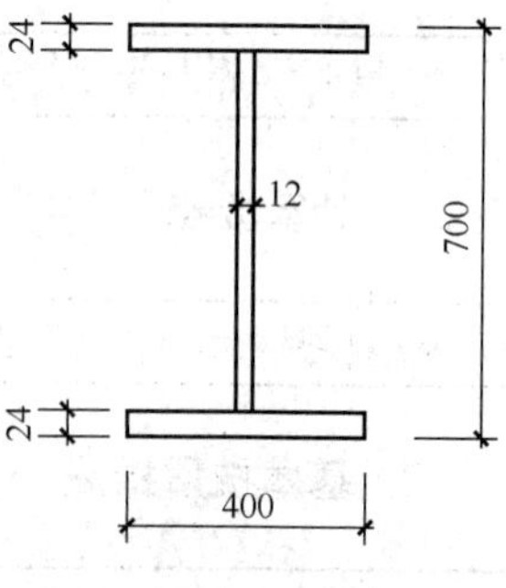

图 4.13.2

【解答】（1）根据《钢标》17.1.5 条及条文说明：

(A) 项：符合；(B) 项：符合。

(C) 项：不符合，应选 (C)。

［此外，(D) 项：符合。］

(2) 根据《钢标》17.2.9条、表17.2.9，取 $1.2M_{pc}$，选（D）项。

(3) 根据《钢标》17.3.9条，Ⅰ、Ⅱ、Ⅲ均符合，选（A）项。

(4) 根据《钢标》3.5.1条：

$$\frac{b}{t} = \frac{400-12}{2\times 24} = 8.08 < 11\varepsilon_k = 9.08$$

$$\frac{h_0}{t_w} = \frac{700-2\times 24}{12} = 54.3 < 72\varepsilon_k = 59.4$$

满足 S2 级；查《钢标》表17.2.2-2，取 $W_E = W_p$，选（C）项。

(5) 查《钢标》表17.1.4-1，选性能7；查《钢标》表17.1.4-2，采用Ⅰ级。查《钢标》表17.3.4-1，最低等级为 S1，故选（A）项。

【例 4.13.2】 某钢框架结构办公楼、丙类建筑，位于抗震设防烈度7度（0.15g）地区，建筑场地Ⅱ类。首层层高5.1m，其他层层高均为4.2m，总高度 $H=42.9$m。框架柱采用箱形截面□500×16，选用 Q390 钢，框架梁采用焊接 H 形截面 H700×200×12×22，钢材用 Q345 钢，其截面特性见表4.13.1。

该结构的立面、平面如图4.13.3所示，框架梁、柱连接均采用刚接，框架梁绕其强轴（x-x 轴）弯曲。采用钢结构抗震性能化设计。

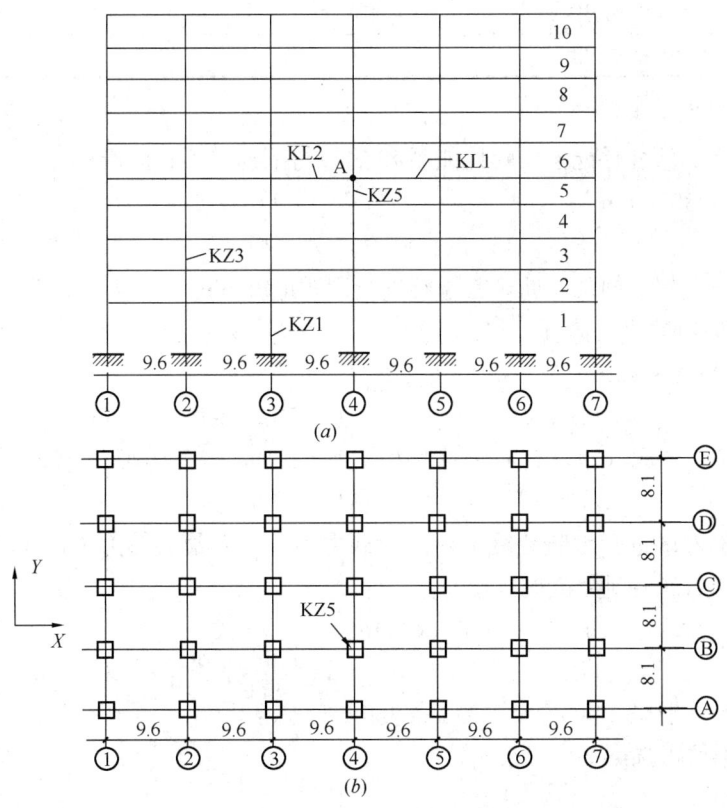

图 4.13.3（单位：m）

(a) 立面图；(b) 平面图

梁、柱截面特性 表 4.13.1

截面	A (mm²)	I_x (mm⁴)	i_x (mm)	弹性截面模量 W_x (mm³)	塑性截面模量 W_{px} (mm³)
H700×200×12×22	16672	1.29×10⁹	279	3.70×10⁶	4.27×10⁶
□500×16	30976	1.21×10⁹	198	4.84×10⁶	5.62×10⁶

提示：按《钢结构设计标准》GB 50017—2017作答。

试问：

(1) 抗震性能化设计时，塑性耗能区的性能等级采用性能5，框架梁的截面板件宽厚比等级的选择，下列何项满足要求？

(A) S1、S2   (B) S1、S2、S3   (C) S3、S4   (D) S3、S4、S5

(2) 假定框架梁选用性能5，延性等级选用Ⅲ级，取 $\Omega_i = \Omega_{i,\min} = 0.45$，框架梁 KL1 的左端在多遇地震、设防地震下的内力标准值见表4.13.2。

KL1 的左端内力标准值 表 4.13.2

荷载工况	剪力 V_k (kN)	轴力 N_k (kN)	弯矩 M_k (kN·m)
恒载	200	150	500
楼面活荷载	100	80	200
多遇地震下水平地震作用	450	250	750
设防地震下水平地震作用	1100	600	1750

注：楼面活荷载的组合值系数取0.5。

试问：KL1 的塑性耗能区实际性能系数 Ω_0^a，与下列何项数值最接近？

提示：$f_y = 335\text{N/mm}^2$。

(A) 0.43   (B) 0.45   (C) 0.47   (D) 0.50

(3) KL1 未设置纵向加劲肋，其左端进行设防地震下抗震承载力验算，其剪力值 V_{pb} (kN)，与下列何项数值最接近？

提示：$f_y = 335\text{N/mm}^2$。

(A) 530   (B) 550   (C) 565   (D) 575

(4) 题目条件同题(3)，其左端的剪力限值(kN)，与下列何项数值最接近？

(A) 790   (B) 720   (C) 690   (D) 620

(5) KL1 的左端进行设防地震下抗震承载力验算，其最力轴力 N_{E2} (kN) 与其轴力限值的比值，与下列何项数值最接近？

提示：取 $f = 295\text{N/mm}^2$，$f_y = 335\text{N/mm}^2$。

(A) 0.55   (B) 0.62   (C) 0.70   (D) 0.76

【**解答**】(1) 根据《钢标》17.3.4条表17.3.4-1：

Ⅲ级，框架梁可选用 S3、S2、S1

应选 (B) 项。

〔另：丙类、7度(0.15g)、$H = 42.9\text{m} < 50\text{m}$，查表17.1.4-1，塑性耗能区可选用性能5～性能7。当选用性能5时，查表17.1.4-2，丙类，构件塑性耗能区最低延性等级为

Ⅲ级。——题目条件的编制来源、依据。]

(2) 根据《钢标》17.2.2 条：

KL1： $\dfrac{b}{t} = \dfrac{200-12}{2 \times 22} = 4.27 < 9\varepsilon_k = 9\sqrt{235/345} = 7.43$

$\dfrac{h_0}{t_w} = \dfrac{700 - 2 \times 22}{12} = 54.6 \begin{array}{l} < 72\varepsilon_k = 59.4 \\ > 65\varepsilon_k = 53.6 \end{array}$

故其截面板件宽厚比等级为 S2 级。

由表 17.2.2-2，取 $W_E = W_{px} = 4.27 \times 10^6$

由式 (17.2.2-2)：

$$\Omega_0^a = \dfrac{W_E f_y - M_{GE} - 0.4M_{Evk2}}{M_{Ehk2}}$$

$$= \dfrac{4.27 \times 10^6 \times 335 - (500 + 0.5 \times 200) \times 10^6 - 0}{1750 \times 10^6}$$

$$= 0.4745$$

应选 (C) 项。

[另：$\Omega_0^a = 0.475$ 与预先设置值 $\Omega_i = \Omega_{i,\min} = 0.45$ 接近，满足要求；假定 $\Omega_0^a < 0.45$，表明框架梁截面不合理，应重新选择其截面。]

(3) 根据《钢标》17.2.4 条：

$$V_{pb} = V_{Gb} + \dfrac{W_{Eb,A} f_y + W_{Eb,B} f_y}{l_n}$$

$$= (200 + 0.5 \times 100) + \dfrac{4.27 \times 10^6 \times 335 \times 2}{(9.6 - 0.5) \times 10^3} \times 10^{-3}$$

$$= 564.4 \text{kN}$$

应选 (C) 项。

(4) 根据《钢标》17.3.4 条：

$$0.5 h_w t_w f_{vy} = 0.5 \times (700 - 2 \times 22) \times 12 \times (0.58 \times 345) = 788 \text{kN}$$

应选 (A) 项。

(5) 根据《钢标》17.2.3 条：

$$N_{E2} = (150 + 0.5 \times 80) + 0.45 \times 600 + 0 = 460 \text{kN}$$

由表 17.3.4-1：

$$0.15 A f_y = 0.15 \times 16672 \times 335 = 838 \text{kN}$$

$$\dfrac{N_{E2}}{0.15 A f_y} = \dfrac{460}{838} = 0.55，应选 (A) 项。$$

【例 4.13.3】 题目条件同【例 4.13.2】。

已知框架梁的性能系数 $\Omega_i = 0.45$，框架梁截面为 S2 级，取 $f_{yb} = 335 \text{N/mm}^2$。

试问：

(1) 框架柱 KZ5 的性能系数 Ω_i，下列何项满足规范要求且经济合理？

(A) 0.60　　　　(B) 0.55　　　　(C) 0.50　　　　(D) 0.45

(2) 假定框架柱 KZ5 的性能系数 $\Omega_i=0.58$，其在多遇地震、设防地震下的内力标准值见表 4.13.3。

KZ5 的内力标准值　　　　表 4.13.3

荷载工况	剪力 V_{xk} (kN)	轴力 N_k (kN)	弯矩 M_{xk} (kN·m)	弯矩 M_{yk} (kN·m)
恒载	350	600	100	200
楼面活荷载	150	200	60	100
多遇地震下水平地震作用	450	640	200	300
设防地震下水平地震作用	1100	1650	550	750

注：楼面活荷载的组合值系数取 0.5。

对 KZ5 柱顶 A 处沿 X 方向进行设防地震下抗震承载力验算，柱端截面的强度与梁端强度（$1.1\eta_y \Sigma W_{Eb} f_{yb}$）的比值（"强柱弱梁"验算），应为下列何项？

(A) 1.3　　　　(B) 1.1　　　　(C) 0.9　　　　(D) A、B、C 均不对

(3) 假定，题目条件同（2），$N_p=5075$kN，KZ5 柱顶 A 处沿 X 方向柱端强度与梁端强度（$1.1\eta_y \Sigma W_{Eb} f_{yb}$）的比值，应为下列何项？

(A) 0.66　　　　(B) 0.73　　　　(C) 0.80　　　　(D) 0.84

(4) 题目条件同（2），KZ5 进行设防地震下抗震承载力验算，其剪力值（kN），应为下列何项数值最接近？

(A) 1680　　　　(B) 1550　　　　(C) 1450　　　　(D) 1370

(5) 题目条件同（2），KZ5 进行设防地震下抗震承载力验算，按双向压弯进行强度计算，其应力值 σ（N/mm²），与下列何项数值最接近？

提示： $A_n=0.85A$，$W_n=0.85W$。

(A) 290　　　　(B) 310　　　　(C) 325　　　　(D) 360

(6) 假定，框架柱 KZ5 为延性Ⅲ级，其他条件同（2），KZ5 的长细比限值，与下列何项数值最接近？

(A) 120　　　　(B) 99　　　　(C) 93　　　　(D) 89

【解答】（1）根据《钢标》17.1.5 条及条文说明：第 5 层 KZ5 不属于关键构件。

根据《钢标》17.2.2 条：

$$\Omega_i \geq \beta_e \times 0.45 = 1.1\eta_y \times 0.45$$

查表 17.2.2-3，取 $\eta_y=1.1$，则：

$$\Omega_i \geq 1.1 \times 1.1 \times 0.45 = 0.5445$$

故选（B）项。

(2) 根据《钢标》17.2.5 条：

$\Omega_i=0.58$

由 17.2.3 条：$N_p=(600+0.5\times 200)+0.58\times 1650=1657$kN

由 17.2.5 条：

$$\frac{N_p}{N_y}=\frac{N_p}{A_c f_y}=\frac{1657\times 10^3}{30976\times 390}=0.14<0.4$$

Q390、柱 KZ5： $\dfrac{b_0}{t}=\dfrac{500-2\times 16}{16}=29.25 \begin{matrix}<40\varepsilon_k=31\\ >35\varepsilon_k=27\end{matrix}$

截面为 S3 级。

故不需要验算 KZ5 柱端截面强度，选（D）项。

(3) 条件 $N_p=5075\text{kN}$，由《钢标》17.2.5 条：

$$\dfrac{N_p}{N_y}=\dfrac{5075000}{30976\times 390}=0.42>0.4$$

由题目（2）可知，KZ5 截面为 S3 级，由表 17.2.2-2：

$$W_{Ec}=1.05W_x=1.05\times 4.84\times 10^6$$

由式（17.2.5-1）：

$$\dfrac{\Sigma W_{Ec}(f_{yc}-N_p/A_c)}{1.1\eta_y \Sigma W_{Eb}f_{yb}}=\dfrac{2\times 1.05\times 4.84\times 10^6\times (390-5075000/30976)}{1.1\times 1.1\times 2\times 4.27\times 10^6\times 335}$$

$$=0.66$$

故选（A）项。

[另：0.66<1，不满足]

(4) 根据《钢标》17.2.5 条第 3 款：

$$V_{pc}=(350+0.5\times 150)+\dfrac{1.05\times 4.84\times 10^6\times 390\times 2}{4200-700}\times 10^{-3}$$

$$=1557.6\text{kN}$$

故选（B）项。

(5) $N=(600+0.5\times 200)+0.58\times 1650=1657\text{kN}$

$M_x=(100+0.5\times 60)+0.58\times 550=449\text{kN}\cdot\text{m}$

$M_y=(200+0.5\times 100)+0.58\times 750=685\text{kN}\cdot\text{m}$

$$\sigma=\dfrac{N}{A_n}+\dfrac{M_x}{\gamma_x W_{nx}}+\dfrac{M_y}{\gamma_y W_{ny}}$$

$$=\dfrac{1657000}{0.85\times 30976}+\dfrac{449\times 10^6}{1.05\times 0.85\times 4.84\times 10^6}+\dfrac{685\times 10^6}{1.05\times 0.85\times 4.84\times 10^6}$$

$$=325.5\text{N/mm}^2$$

故选（C）项。

[另：$\sigma=325.5\text{N/mm}^2<390/\gamma_{RE}=390/0.75=520\text{N/mm}^2$，满足。]

(6) 根据《钢标》17.3.5 条：

$$N_p=600+0.5\times 200+0.58\times 1650=1657\text{kN}$$

$$\dfrac{N_p}{Af_y}=\dfrac{1657000}{30976\times 390}=0.137<0.15$$

KZ5 为延性Ⅲ级，则：$[\lambda]=120\varepsilon_k=120\sqrt{235/390}=93.2$

故选（C）项。

【例 4.13.4】 题目条件同【例 4.13.2】。
已知框架梁的性能系数 $\Omega_i=0.45$。

试问：

(1) 第三层 KZ3 的性能系数 Ω_i，下列何项满足规范要求且经济合理？

(A) 0.50   (B) 0.54   (C) 0.56   (D) 0.60

(2) 首层 KZ1 的柱顶受弯承载力验算，其弯矩性能系数 Ω_i，下列何项满足规范要求且经济合理？

(A) 0.65   (B) 0.61   (C) 0.55   (D) 0.50

(3) 首层 KZ1 的柱脚受弯、受剪承载力验算，其弯矩性能系数 $\Omega_{i,M}$、剪力性能系数 $\Omega_{i,V}$，下列何项满足规范要求且经济合理？

(A) $\Omega_{i,M}=0.62$，$\Omega_{i,V}=1.0$ (B) $\Omega_{i,M}=0.62$，$\Omega_{i,V}=0.62$

(C) $\Omega_{i,M}=0.55$，$\Omega_{i,V}=1.0$ (D) $\Omega_{i,M}=0.55$，$\Omega_{i,V}=0.62$

【解答】(1) 根据《钢标》17.1.5 条及条文说明：

第三层：$5.1+4.2+4.2=13.5\text{m}<\dfrac{H}{3}=\dfrac{42.9}{3}=14.3\text{m}$

故 KZ3 为关键构件，$\Omega_i \geqslant 0.55$

由 17.2.2 条及表 17.2.2-3（或 17.2.5 条第 3 款、表 17.2.2-3）：

KZ3：$\Omega_i \geqslant 1.1\eta_y \times 0.45 = 1.1 \times 1.1 \times 0.45 = 0.5445$

最终取 $\Omega_i \geqslant 0.55$，选（C）项。

(2) 根据《钢标》17.1.5 条及条文说明：

KZ1 为关键构件，$\Omega_i \geqslant 0.55$

由 17.2.5 条第 3 款：$\Omega_i \geqslant 1.35 \times 0.45 = 0.6075$

最终取 $\Omega_i \geqslant 0.6075$，选（B）项。

(3) 根据《钢标》17.1.5 条及条文说明：

KZ1 为关键构件，$\Omega_i \geqslant 0.55$

由 17.2.5 条第 3 款：$\Omega_{i,M} \geqslant 1.35 \times 0.45 = 0.6075$

故取 $\Omega_{i,M} \geqslant 0.6075$

由 17.2.12 条：$\Omega_{i,V} \geqslant 1.0$

故取 $\Omega_{i,V} \geqslant 1.0$

应选（A）项。

第十四节　高强度螺栓规程

本节采用的规范是《钢结构高强度螺栓连接技术规程》JGJ 82—2011（以下简称《高强度螺栓规程》）。

一、基本规定

- 复习《高强度螺栓规程》3.1.1 条～3.2.6 条。

需注意的是：

(1) 规程 3.1.1 条及其条文说明。

(2) 规程 3.1.3 条及其条文说明。

(3) 规程 3.1.7 条规定。

(4) 规程 3.2.4 条表 3.2.4-1、表 3.2.4-2 中注的规定。

二、连接设计

> ● 复习《高强度螺栓规程》4.1.1 条～4.3.4 条。

需注意的是：
(1) 规程 4.1.5 条、4.2.7 条对超长折减的规定。
(2) 规程 4.2.1 条及其条文说明。

三、连接接头设计

1. 螺栓拼接接头

> ● 复习《高强度螺栓规程》5.1.1 条～5.1.5 条。

【例 4.14.1】 某梁的拼接节点如图 4.14.1 所示，梁与梁拼接处承受的弯矩 $M=766\text{kN}\cdot\text{m}$，剪力 $V=100\text{kN}$。拼接采用摩擦型连接，高强度螺栓摩擦型 8.8 级、M20（$d_0=21.5\text{mm}$），摩擦面抗滑移系数为 0.45，螺栓孔型采用标准孔。钢采用 Q235 钢。

提示：按《高强度螺栓规程》作答。

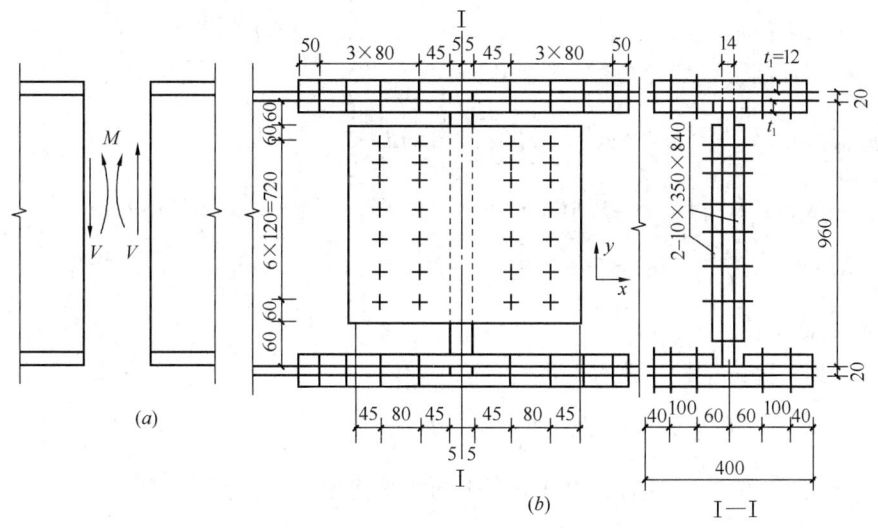

图 4.14.1

试问：

(1) 根据等强拼接原则，梁一侧翼缘上所需高强度螺栓数目，与下列何项数值最接近？
(A) 20　　　(B) 14　　　(C) 16　　　(D) 18

(2) 梁腹板承担的弯矩设计值（kN），与下列何项数值最接近？
(A) 171　　　(B) 164　　　(C) 153　　　(D) 145

(3) 假定不考虑 Σx_i^2，按简化计算，梁腹板上螺栓的最大受力（kN），与下列何项数值最接近？
(A) 76　　　(B) 80　　　(C) 85　　　(D) 70

(4) 考虑 Σx_i^2，梁腹板上螺栓的最大应力（N/mm²），与下列何项数值最接近？
(A) 76　　　　　(B) 80　　　　　(C) 85　　　　　(D) 70

【解答】(1) 单个高强度螺栓承载力设计值：
$$N_v^b = k_1 k_2 n_f \mu P = 0.9 \times 1 \times 2 \times 0.45 \times 125 = 101.3 \text{kN}$$

整个单侧翼缘螺栓群承载力设计值：
$$N_1 = nN_v^b = 101.3n$$

翼缘所能承担的轴心力承载力，因 $t=20$mm，取 $f=205$N/mm²。
根据《高强度螺栓规程》5.1.3 条：

毛截面：$N \leqslant fA = 205 \times 400 \times 20 = 1640$kN

净截面：$N \leqslant fA_{nf}/(1-0.5n_1/n) = \dfrac{205 \times (400 - 4 \times 21.50) \times 20 \times 10^{-3}}{1 - 0.5 \times 4/n}$

根据等强拼接原则：
$$N_1 = 101.3n = 1640, n = 16.19$$
$$N_1 = 101.3n = \dfrac{205 \times (400 - 4 \times 21.5) \times 20 \times 10^{-3}}{1 - 0.5 \times 4/n}, n = 14.7$$

取较大者，故取 $n \geqslant 17$，排列需要，取 $n=20$，应选（A）项。

(2) 根据《高强度螺栓规程》5.1.4 条：

梁腹板：$I_{wx} = \dfrac{1}{12} \times 1.4 \times 96^3 = 1.032 \times 10^5 \text{cm}^4$

梁整个截面：$I_x = I_{wx} + I_{fx} = 103200 + 2 \times 40 \times 2 \times 49^2 = 4.874 \times 10^5 \text{cm}^4$

$$M_w = M\dfrac{I_{wx}}{I_x} + Ve = 766 \times \dfrac{1.032 \times 10^5}{4875 \times 10^5} + 100 \times 0.09 = 171.16 \text{kN} \cdot \text{m}$$

应选（A）项。

(3) 根据《高强度螺栓规程》5.1.4 条：
$$\text{剪力 } V \text{ 产生的垂直剪力：} N_{1y}^V = \dfrac{V}{n} = \dfrac{100}{14} = 7.14 \text{kN}$$

当不计 Σx_i^2，简化计算时，由 M_w 产生的水平剪力：
$$N_{1x}^M = \dfrac{M_w \cdot y_1}{\Sigma y_i^2} = \dfrac{171.16 \times 10^6 \times 360}{4 \times (120^2 + 240^2 + 360^2)} = 76.4 \text{kN}$$

$$N_1 = \sqrt{(N_{1y}^V)^2 + (N_{1x}^M)^2} = \sqrt{7.14^2 + 76.4} = 76.7 \text{kN}$$

应选（A）项。

(4) 根据《高强度螺栓规程》5.1.4 条：

剪力 V 产生的垂直剪力：$N_{1y}^V = \dfrac{V}{n} = 7.14$kN

由 M_w 产生的水平剪力、垂直剪力为：

水平剪力：$N_{1x}^M = \dfrac{M_w \cdot y_1}{\Sigma x_i^2 + \Sigma y_i^2} = \dfrac{171.16 \times 10^6 \times 360}{2 \times 7 \times 40^2 + 4 \times (120^2 + 240^2 + 360^2)}$

$$= \frac{171.16 \times 10^6 \times 360}{8288 \times 10^2} = 74.3 \text{kN}$$

垂直剪力： $$N_{1y}^M = \frac{M_w \cdot x_1}{\sum x_i^2 + \sum y_i^2} = \frac{171.16 \times 10^6 \times 40}{8288 \times 10^2} = 8.3 \text{kN}$$

$$\sqrt{(N_{1y}^V + N_{1y}^M)^2 + (N_{1x}^M)^2} = \sqrt{(7.1 + 8.3)^2 + 74.3^2} = 75.9 \text{kN}$$

应选（A）项。

【例 4.14.2】 某工业钢平台主梁，采用焊接工字形断面，如图 4.14.2（a）所示，$I_x = 41579 \times 10^6 \text{mm}^4$ Q345-B 钢制造。由于长度超长，需在现场拼接。主梁腹板拟在工地用 10.9 级摩擦型高强螺栓进行双面拼接，采用摩擦型连接，采用标准孔，如图 4.14.2（b）所示。主梁翼缘拼接采用剖口对接焊缝。连接处构件接触面处理方法为喷砂后生赤锈。已知拼接处梁的弯矩设计值 $M_x = 5600 \text{kN} \cdot \text{m}$，剪力设计值 $V = 1000 \text{kN}$。

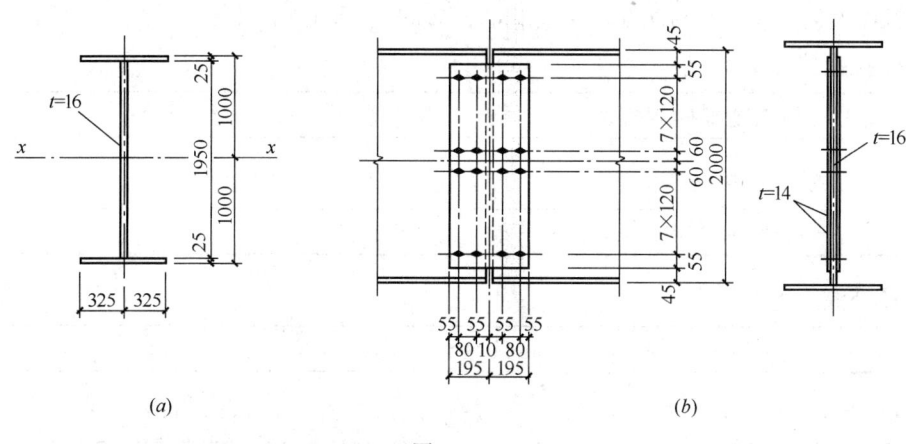

图 4.14.2

试问： 采用的摩擦型高强度螺栓型号，应为下列何项？

提示： ① 按《高强度螺栓规程》作答。

② 不计入 $\sum x_i^2$ 的影响。

(A) M16　　　　(B) M20　　　　(C) M22　　　　(D) M24

【解答】（1）根据《高强度螺栓规程》5.1.4 条：

$$I_\text{腹} = I_{wx} = \frac{1}{12} \times 16 \times 1950^3 = 9886.5 \times 10^6 \text{mm}^4$$

$$I_x = 41579 \times 10^6 \text{mm}^4$$

考虑剪力偏心的影响：

$$M_\text{腹} = M_x \cdot \frac{I_{wx}}{I_x} + V \cdot e$$

$$= 5600 \times \frac{9886.5 \times 10^6}{41579 \times 10^6} + 1000 \times (5 + 55 + 80/2) \times 10^{-3}$$

$$= 1431.55 \text{kN} \cdot \text{m}$$

$\sum y_i^2 = 2 \times (60^2 + 180^2 + 300^2 + 420^2 + 540^2 + 660^2 + 780^2 + 900^2) = 4.896 \times 10^6 \text{mm}^2$

$M_\text{腹}$ 引起的螺栓最大水平剪力 N_{1x}^M 为：

$$N_{1x}^M = \frac{M_{腹} \cdot y_{max}}{2\Sigma y_i^2} = \frac{1431.55 \times 10^6 \times 900}{2 \times 4.896 \times 10^6} = 131.58 \text{kN}$$

(2) 剪力引起的每个螺栓竖向剪力 N_{1y}^V 为：

$$N_{1y}^V = \frac{V}{n_w} = \frac{1000}{2 \times 16} = 31.25 \text{kN}$$

(3) 螺栓承受的最大剪力 N_V：

$$N_V = \sqrt{(N_{1x}^M)^2 + (N_{1y}^V)^2} = \sqrt{131.58^2 + 31.25^2} = 135.24 \text{kN} \leqslant N_V^b$$

由规程 4.1.1 条：

$$P = \frac{N_V^b}{k_1 k_2 \eta_i \mu} = \frac{135.24}{0.9 \times 1 \times 2 \times 0.5} = 150.3 \text{kN}$$

查规程表 3.2.5，选 M20（$P=155$kN），故应选（B）项。

2. 受拉连接接头

- 复习《高强度螺栓规程》5.2.1 条～5.2.4 条。

3. 外伸式端按连接接头

- 复习《高强度螺栓规程》5.3.1 条～5.3.4 条。

4. 栓焊混用连接接头

- 复习《高强度螺栓规程》5.4.1 条～5.4.3 条。

5. 栓焊并用连接接头

- 复习《高强度螺栓规程》5.5.1 条～5.5.6 条。

第十五节 空间网格结构

本节所用的规范是《空间网格结构技术规程》JGJ 7—2010（以下简称《网格规程》）。

一、总则和术语

- 复习《网格规程》1.0.1 条～1.0.5 条。
- 复习《网格规程》2.1.1 条～2.1.25 条。

需注意的是：

(1)《网格规程》1.0.2 条的条文说明。
(2)《网格规程》2.1.2 条、2.1.7 条规定，网架、网壳的受力特点。

二、基本规定

- 复习《网格规程》3.1.1 条～3.5.2 条。

【例4.15.1】 单层双曲抛物面网壳的跨度不宜大于下列何项?
(A) 40m (B) 60m
(C) 80m (D) 100m

【解答】 根据《网格规程》3.3.3条，$l \leqslant 60$m，应选（B）项。

三、结构计算

- 复习《钢通规》5.3.1条～5.3.5条。
- 复习《网格规程》4.1.1条～4.4.13条。

【例4.15.2】 柱面网壳按弹性全过程分析其稳定性时，其安全系数可取为下列何项?
(A) 2.0 (B) 3.0
(C) 3.2 (D) 4.2

【解答】 根据《网格规程》4.3.4条，应选（D）项。

四、杆件和节点的设计与构造

- 复习《网格规程》5.1.1条～5.9.11条。

【例4.15.3】 某80m跨度的钢立体拱架，其钢管不宜小于下列何项?
(A) $\phi 48 \times 3$ (B) $\phi 60 \times 3$
(C) $\phi 60 \times 3.5$ (D) $\phi 65 \times 3.5$

【解答】 根据《网格规程》1.0.2条条文说明，属于大跨度空间网格结构。根据《网格规程》5.1.4条，应选（C）项。

第十六节 单层钢结构厂房抗震设计

一、一般规定

- 复习《抗规》9.2.1条～9.2.4条。

二、抗震验算

- 复习《抗规》9.2.5条～9.2.11条。

【例4.16.1】 位于抗震设防烈度8度（0.20g）的某单层钢结构厂房，厂房构件抗震设计时，下列何项是错误的?
提示：按《建筑抗震设计规范》作答。
(A) 柱间支撑可采用单角钢截面，并单面偏心连接
(B) 支承跨度大于24m的屋盖横梁的托架应计算其竖向地震作用
(C) 屋盖横向水平支撑的交叉斜杆可按拉杆设计
(D) 设置柱间支撑的柱列应计入支撑杆件屈曲后的地震作用效应

【解答】 根据《抗规》9.2.9条，(A) 项是错误的，选（A）项。

此外，(B)、(C) 项，根据《抗规》9.2.9条，正确。

(D) 项，根据《抗规》9.2.8条，正确。

【例4.16.2】 某单层钢结构厂房位于8度区，设有两台起重量为25t的重级工作制(A6) 软钩吊车采用轻屋面，屋面支撑布置见图4.16.1，支撑采用Q235。各支撑截面特性见表4.16.1。试问，屋面支撑采用下列何种截面最为合理（满足规范要求且用钢量最低）？

表 4.16.1

截面	回转半径 i_x (mm)	回转半径 i_y (mm)	回转半径 i_v (mm)
L70×5	21.6	21.6	13.9
L110×7	34.1	34.1	22.0
2L63×5	19.4	28.2	—
2L90×6	27.9	39.1	—

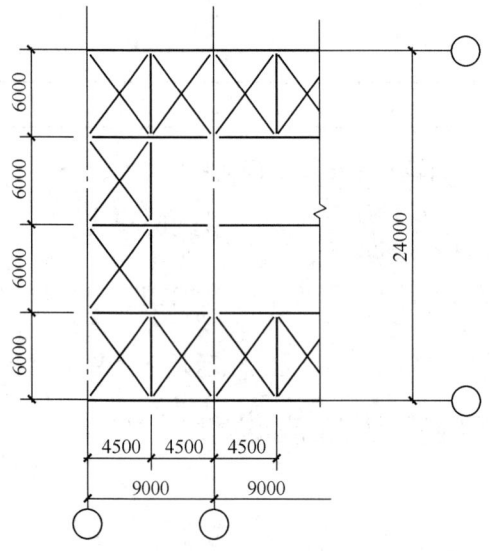

图 4.16.1 屋面支撑布置图

(A) L70×5   (B) L110×7
(C) 2L63×5   (D) 2L90×6

【解答】 根据《抗规》9.2.9条第2款，屋面支撑交叉斜拉可按拉杆设计。由《钢标》表7.4.7，取 $[\lambda]=350$。

由《钢标》7.4.2条：
$$l=\sqrt{4.5^2+6^2}=7.5\text{m}$$

单角钢斜平面内：$l_0=0.5\times 7.5=3.75\text{m}$

$$i_v\geqslant \frac{3750}{350}=10.7\text{mm}$$

平面外：$l_{0y}=7.5\text{m}$

$$i_x=i_y\geqslant \frac{7500}{350}=21.4\text{mm}$$

故选（A）项。

【例4.16.3】 某单层钢结构厂房，钢材采用Q235B，柱采用单阶形，吊车梁高度为1200mm，位于抗震设防烈度8度区，采用轻屋面，2倍多遇地震作用下水平作用组合值为400kN且为最不利组合，柱间支撑采用双片支撑，布置见图4.16.2，单片支撑截面采用槽钢12.6，截面无削弱，槽钢12.6截面特性：面积 $A_1=1569\text{mm}^2$，回转半径 $i_x=49.8\text{mm}$，$i_y=15.6\text{mm}$。试问，支撑杆的强度设计值（N/mm²）与下列何项数值最为接近？

提示：①按拉杆计算，并计及相交受压杆的影响；

②支撑平面内计算长细比大于平面外计算长细比。

(A) 86   (B) 118   (C) 159   (D) 323

【解答】 由提示，交叉支撑按拉杆设计。根据《抗规》9.2.10条及附录K：

$$l_{br}=\sqrt{(11300-300-70)^2+12000^2}=16232\text{mm}$$

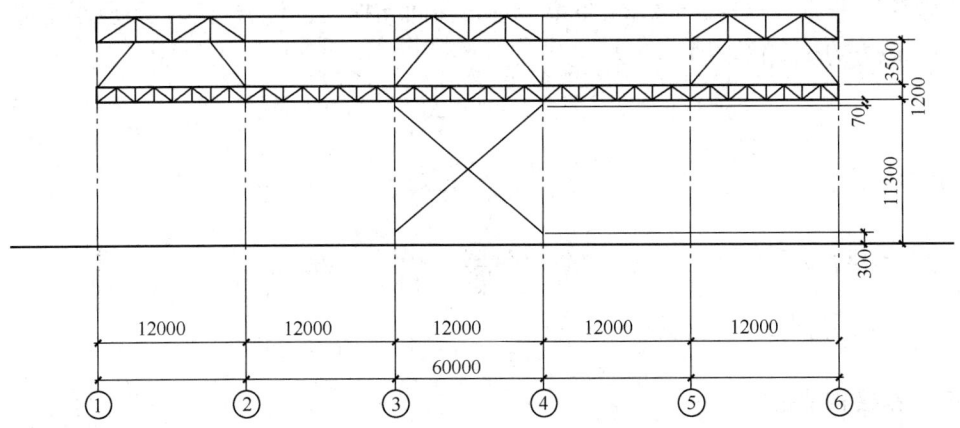

图 4.16.2 柱间支撑布置图

平面内计算长度为 $0.5l_{br}=8116$mm。

$$\lambda=\frac{8116}{49.8}=163$$

根据 $\lambda/\varepsilon_k=163$，查《钢标》附表 D.0.2，得压杆稳定系数 $\varphi=0.267$。

单肢轴力 $N_{br}=\dfrac{1}{1+0.3\times0.267}\times\dfrac{16232}{12000}\times\dfrac{400000}{2}=2.50\times10^5\text{N}=250\text{kN}$

$$\frac{N_{br}}{A_n}=\frac{250000}{1569}=159\text{N/mm}^2$$

故选（C）项。

【例 4.16.4】 某单层钢结构厂房位于 8 度区，设有重级工作制软钩吊车，支撑采用 Q235，吊车肢下柱柱间支撑采用 2L90×6，截面面积 $A=2128\text{mm}^2$。试问，根据《抗规》的规定，图 4.16.3 柱间支撑与节点板最小连接焊缝长度 l（mm），与下列何项数值最为接近？

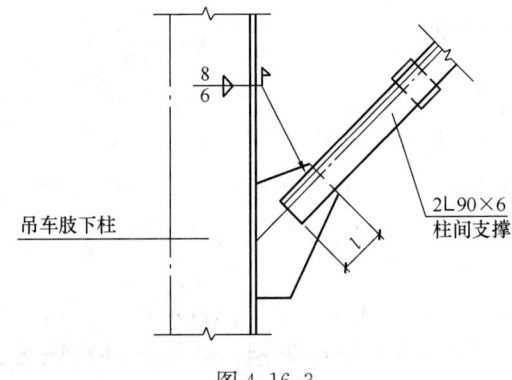

图 4.16.3

提示：① 焊条采用 E43 型，焊接时采用绕角焊，即焊缝计算长度可取标示尺寸；
　　　② 不考虑焊缝强度折减；角焊缝极限强度 $f_u^f=240\text{N/mm}^2$；
　　　③ 肢背处内力按总内力的 70% 计算。

(A) 90　　　　(B) 135　　　　(C) 160　　　　(D) 235

【解答】 根据《抗规》9.2.11 条第 4 款,柱间支撑与构件的连接,不应小于支撑杆件塑性承载力的 1.2 倍,即:

$$连接值 \geqslant 1.2 \times 2128 \times 235 = 600.096 \text{kN}$$

肢背焊缝长度: $l_{w1} = \dfrac{0.7 \times 600.096 \times 10^3}{2 \times 0.7 \times 8 \times 240} = 156\text{mm}$

肢尖焊缝长度: $l_{w2} = \dfrac{0.3 \times 600.096 \times 10^3}{2 \times 0.7 \times 6 \times 240} = 89\text{mm}$

故选（C）项。

三、抗震构造措施

● 复习《抗规》9.2.12 条~9.2.16 条。

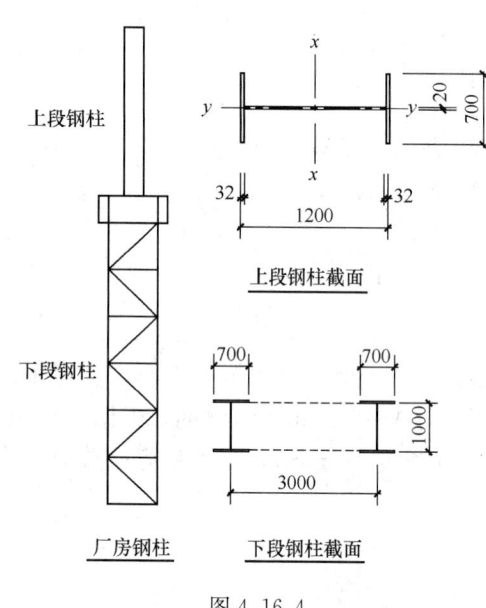

图 4.16.4

【例 4.16.5】 某轻屋盖单层钢结构多跨厂房,中列厂房柱采用单阶钢柱,钢材采用 Q345 钢。上段钢柱采用焊接工字形截面 H1200×700×20×32,翼缘为焰切边,其截面特性: $A = 675.2 \times 10^2 \text{mm}^2$, $W_x = 29544 \times 10^3 \text{mm}^3$, $i_x = 512.3\text{mm}$, $i_y = 164.6\text{mm}$;下段钢柱为双肢格构式构件。厂房钢柱的截面形式和截面尺寸如图 4.16.4 所示。

厂房钢柱采用插入式柱脚。试问,若仅按抗震构造措施要求,厂房钢柱的最小插入深度（mm）应与下列何项数值最为接近？

(A) 2500　　　　(B) 2000
(C) 1850　　　　(D) 1500

【解答】 根据《抗规》9.2.16 条,格构式柱的最小插入深度不得小于单肢截面高度（或外径）的 2.5 倍,且不得小于柱总宽度的 0.5 倍。

$$2.5 \times 1000 = 2500\text{mm} > 0.5 \times (3000 + 700)$$
$$= 1850\text{mm}$$

故选（A）项。

【例 4.16.6】 某单层钢结构工业厂房,屋面及墙面的围护结构均为轻质材料,屋面梁与上柱刚接,梁柱均采用 Q345 焊接 H 形钢,梁、柱 H 形截面表示方式为:梁高×梁宽×腹板厚度×翼缘厚度。上柱截面为 H800×400×12×18,梁截面为 H1300×400×12×20,抗震设防烈度为 7 度。

试问,在进行构件的强度和稳定性的承载力计算时,应满足以下何项地震作用要求？

提示:梁、柱腹板宽厚比均符合《钢结构设计标准》弹性设计阶段的板件宽厚比限值。

(A) 按有效截面进行多遇地震下的验算　　(B) 满足多遇地震下的要求
(C) 满足 1.5 倍多遇地震下的要求　　　　(D) 满足 2 倍多遇地震下的要求

【解答】　根据《抗规》9.2.14 条及条文说明表 6：

柱截面：

翼缘　　　$\dfrac{b}{t} = \dfrac{194}{18} = 10.8 > 12\sqrt{\dfrac{235}{345}} = 9.9$

腹板　　　$\dfrac{h_0}{t_w} = \dfrac{764}{12} = 63.7 > 50\sqrt{\dfrac{235}{345}} = 41.3$

梁截面：

翼缘　　　$\dfrac{b}{t} = \dfrac{194}{20} = 9.7 > 11\sqrt{\dfrac{235}{345}} = 9.1$

腹板　　　$\dfrac{h_0}{t_w} = \dfrac{1260}{12} = 105 > 72\sqrt{\dfrac{235}{345}} = 59.4$

塑性耗能区板件宽厚比不满足 B 类，满足 C 类，故选（D）项。

【例 4.16.7】　某单层钢结构厂房位于 8 度区，采用轻屋面，梁、柱的板件宽厚比均符合《钢结构设计标准》GB 50017—2017 弹性设计阶段的板件宽厚比限值要求，但不符合《建筑抗震设计规范》GB 50011—2010 表 8.3.2 的要求，其中，梁翼缘板件宽厚比为 13。试问，在进行构件强度和稳定的抗震承载力计算时，应满足以下何项地震作用要求？

(A) 满足多遇地震的要求，但应采用有效截面
(B) 满足多遇地震下的要求
(C) 满足 1.5 倍多遇地震下的要求
(D) 满足 2 倍多遇地震下的要求

【解答】　根据《抗规》9.2.14 条及条文说明：

由于梁翼缘板件宽厚比为 13，不满足 B 类截面要求，故（C）项不正确，应选（D）项。

【例 4.16.8】　某 8 度设防烈度地区单层钢结构厂房，轻钢结构围护，支撑布置满足规范对有檩屋盖的要求。假定，一个纵向温度区段长度为 150m。试问，厂房屋面至少需设置几道上弦横向支撑才能满足规范最低要求？

(A) 2　　　　(B) 3　　　　(C) 4　　　　(D) 5

【解答】　根据《抗规》表 9.2.12-2，由 9.2.15 条：

$L = 150$m，故下柱支撑设置 2 道，所以上弦横向支撑应设置 4 道，选（C）项。

思考：柱间支撑设置见图 4.16.5。

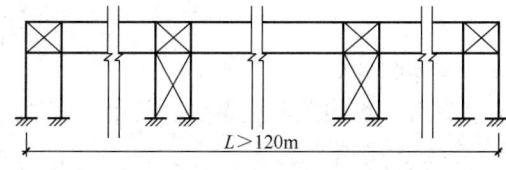

图 4.16.5

第十七节　门　式　刚　架

本节所用的规范是《门式刚架轻型房屋钢结构技术规范》GB 51022—2015（以下简称《门规》）。

一、总则和基本规定

- 复习《门规》1.0.1条～1.0.3条。
- 复习《门规》2.1.1条～2.1.14条。
- 复习《门规》3.1.1条～3.4.3条。

需注意的是：

(1)《门规》1.0.2条及条文说明。

(2)《门规》3.1.3条，其中，设计使用年限为25年的结构构件，$\gamma_0 \geqslant 0.95$，与《可靠性标准》不一致。

(3)《门规》表3.1.5，与《抗规》规定不一致。

(4)《门规》3.1.7条。

(5)《门规》3.2.5条，与《钢标》规定不一致。

(6)《门规》表3.3.2及注1、2的规定。

(7)《门规》3.4.1条。

(8)《门规》3.4.3条。

二、荷载和作用组合

1. 一般规定

- 复习《门规》4.1.1条～4.1.4条。

需注意的是：

《门规》4.1.3条及条文说明。

2. 风荷载

- 复习《门规》4.2.1条～4.2.3条。

需注意的是：

(1)《门规》4.2.1条，风荷载系数 μ_w 的内涵；β 的取值，由《结通规》4.6.5条，计算主刚架取 $\beta = 1.1 \times 1.2 = 1.32$。

(2)《门规》4.2.2条，具体细分如下，

① 主刚架：横向风荷载系数、纵向风荷载系数。其中，《门规》图4.2.2-1中，房屋宽度 B 的定义，见《门规》5.2.1条第4款。

房屋长度的定义，见《门规》5.2.1条第4款。此外，注意，图4.2.2-1中 a 的定义。

② 外墙：其风荷载系数 μ_w（风吸力、风压力）。

③ 双坡屋面和挑檐，按 θ 细分为三种情况。

④ 多坡屋面和挑檐，按 θ 细分为三种情况。

⑤ 单坡屋面，按 θ 细分为两种情况。

⑥ 锯齿形屋面。

(3)《门规》4.2.3 条及条文说明。

3. 屋面雪荷载

- 复习《门规》4.3.1 条～4.3.5 条。

需注意的是：

(1)《门规》4.3.1 条，S_0 取 100 年重现期的雪压。

(2)《门规》表 4.3.2 注 1、2 的规定。

(3)《门规》4.3.3 条。

《门规》4.3.3 条第 5 款，W_{b1}、W_{b2} 取值：$W_{b1} \geqslant 7.5\text{m}$，$W_{b2} \geqslant 7.5\text{m}$。

h_d 计算值应满足：$h_d \leqslant h_r - h_b$，同时，h_d 取式（4.3.3-1）、式（4.3.3-2）的包络最大值（最不利值）。

《门规》4.3.3 条第 7 款，S_{max} 的量纲为：kg/m^2。

4. 地震作用

- 复习《门规》3.1.4 条。
- 复习《门规》4.4.1 条～4.4.2 条。

5. 荷载组合和地震组合

- 复习《门规》4.5.1 条～4.5.5 条。

需注意的是：

(1)《门规》4.5.1 条规定。

(2)《门规》4.5.2 条、4.5.3 条，与《结通规》《可靠性标准》规定不一致，应按《结通规》《可靠性标准》规定。

三、结构布置和结构分析计算

1. 结构形式和布置

- 复习《钢通规》5.1.1 条、5.1.2 条。
- 复习《门规》5.1.1 条～5.3.3 条。

2. 结构分析计算

《钢通规》规定：

5.1.3 对门式刚架构件应进行强度验算和平面内、平面外的稳定性验算。

《门规》6.1 节～6.3 节作了具体规定。

- 复习《门规》6.1.1 条～6.3.3 条。

四、构件设计

1. 刚架柱的设计

- 复习《门规》7.1.1 条~7.1.5 条。
- 复习《门规》附录 A。

需注意的是:

(1)《门规》7.1.1 条第 3 款,与《钢标》8.4.2 条规定是一致的。

(2)《门规》7.1.1 条第 5 款,V_d 为构件的受剪承载力设计值,即构件自身抗力。

(3)《门规》7.1.3 条式 (7.1.3-6) 有错误,应为:$\bar{\lambda}_1 = \dfrac{\lambda_1}{\pi}\sqrt{\dfrac{f_y}{E}}$。

(4)《门规》7.1.5 条中 φ_b 计算,可按 7.1.4 条式 (7.1.4-2)。其中,式 (7.1.4-15) J_0 的计算为:焊接截面,$J_0 = \dfrac{1}{3}\Sigma b_i t_i^3$,$b_i$ 为板件的宽度,t_i 为板件的厚度。

【例 4.17.1】 如图 4.17.1 (a) 所示,位于 7 度 (0.10g) 抗震设防烈度区,某钢厂房采用单跨双坡门式刚架,刚架跨度 18m,高度为 7.5m,屋面坡度为 1:10,屋面及墙面采用夹心彩钢板。刚架钢材采用 Q235B 钢。柱、梁均采用变截面 H 型钢。柱的小端截面为 H300×200×5×8,大端截面为 H700×200×5×8,焊接、翼缘均为焰切边。梁的小端截面为 400×180×5×8,大端截面为 700×180×5×8。已知梁、柱截面特性,见表 4.17.1 所列。厂房柱间支撑布置如图 4.17.1 (b) 所示。

梁柱截面特性　　　　　　　　　　　　　　　　表 4.17.1

截面尺寸	面积 (mm²)	I_x (mm⁴)	i_x (mm)	W_x (mm³)	I_y (mm⁴)	i_y (mm)	W_y (mm³)
柱 H700×200×5×8	6620	5.1645×10⁸	279.13	1.4756×10⁶	1.067×10⁷	40.154	1.067×10⁵
H300×200×5×8	4620	7.773×10⁷	129.75	5.1848×10⁵	1.067×10⁷	48.057	1.067×10⁵
梁 H700×180×5×8	6300	4.7814×10⁸	—	—	7.776×10⁶	—	—
H400×180×5×8	4800	1.3425×10⁸	—	—	7.776×10⁶	—	—

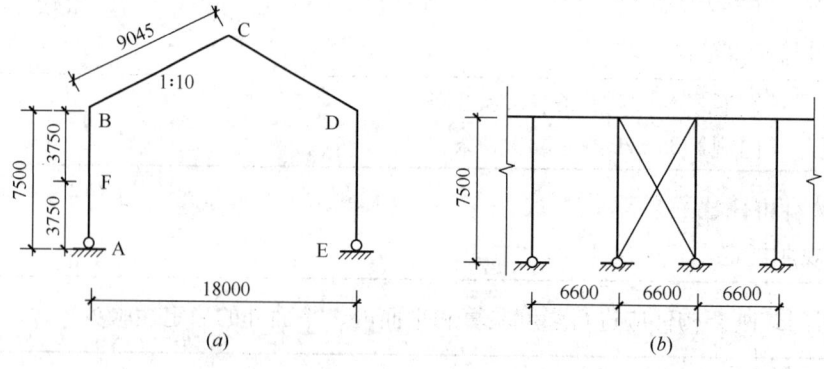

图 4.17.1

经内力分析计算得到,主刚架柱 AB 的强度、稳定性计算的控制内力设计值为基本组合下内力值。柱 A 点：$M=0$，$N=86$kN；柱 B 点：$M=120$kN·m，$N=80$kN。柱 AB 的剪力设计值 $V=30$kN。$\gamma_0=1.0$。

试问：

(1) 柱 AB 在刚架平面内的计算长度 l_{0x}（mm），最接近于下列何项？

(A) 22000   (B) 24000   (C) 26000   (D) 28000

(2) 考虑腹板屈曲后强度，柱 AB 腹板设置横向加劲，其间距 a 为板幅范围内的大端截面腹板高度的 3 倍。柱 AB 中 B 点处第一区格的小端截面为 H588×200×5×8。柱 AB 靠近 B 点的第一区格的受剪承载力设计值 V_d（kN），最接近于下列何项？

(A) 250   (B) 210   (C) 180   (D) 150

(3) 题目条件同（2），柱 AB 在弯矩、剪力和轴压力共同作用进行强度计算，其最大应力设计值（N/mm²），最接近于下列何项？

(A) 85   (B) 95   (C) 105   (D) 115

(4) 假定，柱 AB 在刚架平面内的计算长度系数为 2.4。试问，柱 AB 进行刚架平面内稳定性计算按《门规》公式（7.1.3-1），其左端项值，最接近于下列何项？

(A) 105   (B) 115   (C) 125   (D) 135

(5) 柱 AB 进行刚架平面外稳定性计算按《门规》公式（7.1.5-1），其左端项值，最接近于下列何项？

提示：$\gamma_x=1.0$。

(A) 0.8   (B) 1.0   (C) 1.2   (D) 1.4

(6) 假定，厂房柱间支撑设置为如图 4.17.2 所示，柱 AB 中点 F 的内力设计值：$M=60$kN，$N=83$kN。柱 AB 中点 F 处截面为 H500×200×5×8，$A=5620$mm²，$I_x=2.4091×10^8$mm⁴，$i_x=207.04$mm，$W_x=0.9636×10^6$mm³，$I_y=1.067×10^7$mm⁴，$i_y=48.057$mm，$W_y=1.067×10^5$mm³。试问，柱 AB 的上段柱 BF 进行刚架平面外稳定性计算按《门规》公式（7.1.5-1），其左端项值，最接近于下列何项？

(A) 0.55   (B) 0.65   (C) 0.75   (D) 0.85

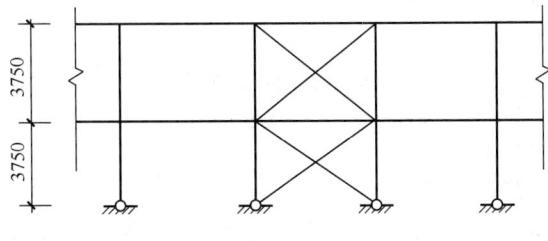

图 4.17.2

【解答】 (1) 根据《门规》附录 A.0.1 条、A.0.3 条：

$$K_z = 3 \cdot \frac{EI_1}{s}\left(\frac{I_0}{I_1}\right)^{0.2}$$

$$= 3 \times \frac{E \times 4.7814 \times 10^8}{9045} \cdot \left(\frac{1.3452}{4.7814}\right)^{0.2}$$

$$= 1.233 \times 10^5 E$$

$$K = \frac{K_z}{6\frac{EI_1}{H}}\left(\frac{I_1}{I_0}\right)^{0.29}$$

$$= \frac{1.233\times10^5 E}{\frac{6E\times5.1645\times10^8}{7500}}\cdot\left(\frac{5.1645}{0.7773}\right)^{0.29}$$

$$=0.517$$

$$\mu = 2\times\left(\frac{5.1645}{0.7773}\right)^{0.145}\times\sqrt{1+\frac{0.38}{0.517}}$$

$$=3.47$$

$$l_{0x}=3.47\times7500=26025\text{mm}$$

故选（C）项。

(2) 根据《门规》7.1.1 条第 5、6 款：

计算柱 AB 腹板靠近 B 点的第一区格的 V_d：

$\alpha=3$，$\omega_1=0.41-0.897\times3+0.363\times3^2-0.041\times3^3=-0.121$

$$\gamma_p=\frac{684}{588-2\times8}-1=0.196$$

$$\eta_s=1-(-0.121)\sqrt{0.196}=1.05$$

$$k_\tau=1.05\times\left(5.34+\frac{4}{3^2}\right)=6.07$$

$$\lambda_s=\frac{684/5}{37\sqrt{6.07}\times\sqrt{235/235}}=1.50$$

$$\varphi_{ps}=\frac{1}{(0.51+1.50^{3.2})^{1/2.6}}=0.577$$

$$X_{tap}=1-0.35\times3^{0.2}\times0.196^{2/3}=0.85$$

$$V_d=0.85\times0.577\times684\times5\times125$$

$$=209.7\text{kN}<572\times5\times125=357.5\text{kN}$$

故取 $V_d=209.7$kN，应选（B）项。

(3) 根据《门规》7.1.1 条：

$$\begin{matrix}\sigma_1\\\sigma_2\end{matrix}=\frac{N}{A_n}\pm\frac{M}{I_{nx}}y=\frac{80\times10^3}{6620}\pm\frac{120\times10^6}{5.1645\times10^8}\times342$$

$$=\begin{matrix}+91.55\text{N/mm}^2\\-67.38\text{N/mm}^2\end{matrix}$$

$$\beta=\frac{-67.38}{91.55}=-0.74,\ h_w=\frac{700+588}{2}-2\times8=628\text{mm}$$

$$k_\sigma=\frac{16}{\sqrt{(1-0.74)^2+0.112\times(1+0.74)^2}+(1-0.74)}=17.82$$

$$\lambda_p=\frac{628/5}{28.1\sqrt{17.82}\times\sqrt{\frac{235}{1.1\times91.55}}}=0.69$$

$$\rho=\frac{1}{(0.243+0.69^{1.25})^{0.9}}=1.13>1$$

故取 $\rho=1$，即全截面有效。

由《门规》7.1.2条：
$V=30\text{kN}<0.5V_\text{d}=0.5\times209.7=105\text{kN}$，则：
$$\frac{N}{A_\text{e}}+\frac{M}{W_\text{e}}=\frac{80\times10^3}{6620}+\frac{120\times10^6}{1.4756\times10^6}=93.4\text{N/mm}^2$$
故选（B）项。

(4) 根据《门规》7.1.3条：
$$\lambda_1=\frac{2.4\times7500}{279.31}=64.4,\bar{\lambda}_1=\frac{64.4}{\pi}\sqrt{\frac{235}{206000}}=0.69<1.2$$
$$\eta_\text{t}=\frac{4620}{6620}+\left(1-\frac{4620}{6620}\right)\times\frac{0.69^2}{1.44}=0.80$$
$$N_\text{cr}=\frac{\pi^2\times2.06\times10^5\times6620}{64.4^2}=32.42\times10^5\text{N}$$

b类，$\lambda_1/\varepsilon_\text{k}=64.4$，查《钢标》附录D.0.2，取$\varphi_x=0.783$。
由式（7.1.3-1）：
$$\frac{80\times10^3}{0.80\times0.783\times6620}+\frac{1\times120\times10^6}{\left(1-\frac{80\times10^3}{32.42\times10^5}\right)\times1.4756\times10^6}$$
$$=19.29+83.38=102.7\text{N/mm}^2$$
故选（A）项。

(5) 根据《门规》7.1.5条，7.1.4条：
$$l_\text{0y}=7500\text{mm}$$
$$\lambda_\text{1y}=\frac{7500}{40.154}=186.8,\bar{\lambda}_\text{1y}=\frac{186.8}{\pi}\sqrt{\frac{235}{206000}}=2.01>1.3$$
故取$\eta_\text{ty}=1$
b类，$\lambda_\text{1y}/\varepsilon_\text{k}=186.8$，查《钢标》附录D.0.2，取$\varphi_y=0.210$。
$$k_\text{M}=0,k_\sigma=0,\gamma=\frac{692-292}{292}=1.37$$
$$\eta_i=1,\eta=0.55+0.04\times(1-0)\times\sqrt[3]{1}=0.59$$
$$J_\eta=J_0+\frac{1}{3}\gamma\eta(h_0-t_\text{f})t_\text{w}^3=\frac{1}{3}\Sigma b_i t_i^3+\frac{1}{3}\gamma\eta(h_0-t_\text{f})t_\text{w}^3$$
$$=\frac{1}{3}\times(284\times5^3+2\times200\times8^3)+\frac{1}{3}\times1.37\times0.59\times(292-8)\times5^3$$
$$=89665\text{mm}^4$$
$$I_\text{w0}=\left(\frac{1}{12}\times8\times200^3\times146^2\right)\times2=2.274\times10^{11}\text{mm}^6$$
$$I_{\text{w}\eta}=2.274\times10^{11}\times(1+1.37\times0.59)^2=7.436\times10^{11}\text{mm}^6$$
$$C_1=0.46\times0-1.32\times0+1.86\times1^{0.023}=1.86$$
$$M_\text{cr}=1.86\times\frac{\pi^2\times2.06\times10^5\times1.067\times10^7}{7.5^2\times10^6}\cdot$$
$$\sqrt{\frac{7.436\times10^{11}}{1.067\times10^7}\left(1+\frac{7.9\times10^4\times89665\times7.5^2\times10^6}{\pi^2\times2.06\times10^5\times7.436\times10^{11}}\right)}$$
$$=212.67\times10^6\text{N}\cdot\text{mm}$$

由提示，$\gamma_x=1.0$

$$\lambda_b = \sqrt{\frac{1 \times 1.4756 \times 10^4 \times 235}{212.67 \times 10^6}} = 1.28$$

$$\lambda_{b0} = \frac{0.55 - 0.25 \times 0}{(1+1.37)^{0.2}} = 0.463$$

$$n = \frac{1.51}{1.28^{0.1}} \times \sqrt[3]{\frac{200}{692}} = 0.974, \quad 2n = 1.948, \quad \frac{1}{n} = 1.03$$

$$\varphi_b = \frac{1}{(1-0.463^{1.948}+1.28^{1.948})^{1.03}} = 0.407$$

由式（7.1.5-1）：

$$\frac{80 \times 10^3}{1 \times 0.210 \times 6620 \times 215} + \left(\frac{120 \times 10^6}{0.407 \times 1 \times 1.4756 \times 10^6 \times 215}\right)^{1.3-0.3\times 0}$$
$$= 0.268 + 0.909 = 1.18$$

故选（C）项。

(6) 根据《门规》7.1.5条、7.1.4条：

$$l_{0y} = 3750 \text{mm}$$

$$\lambda_{1y} = \frac{3750}{40.154} = 93.4, \quad \bar{\lambda}_{1y} = \frac{93.4}{\pi}\sqrt{\frac{235}{206000}} = 1.005 < 1.3$$

$$\eta_{1y} = \frac{5620}{6620} + \left(1+\frac{5620}{6620}\right) \times \frac{1.005^2}{1.69} = 0.94$$

b类，$\lambda_{1y}/\varepsilon_k = 93.4$，查《钢标》附录 D.0.4，取 $\varphi_y = 0.598$

$$k_M = \frac{M_0}{M_1} = \frac{60}{120} = 0.5$$

$$k_\sigma = 0.5 \frac{W_{x1}}{W_{x0}} = 0.5 \times \frac{1.4756 \times 10^6}{0.9636 \times 10^6} = 0.766$$

$$\gamma = \frac{692-492}{492} = 0.41$$

$\eta_i = 1$，$\eta = 0.55 + 0.04 \times (1-0.766) \times \sqrt[3]{1} = 0.56$

$$J_{01} = \frac{1}{3} \times (484 \times 5^3 + 2 \times 200 \times 8^3) + \frac{1}{3} \times 0.41 \times 0.56 \times (492-8) \times 5^3$$
$$= 93064 \text{mm}^4$$

$$I_{\omega 0} = \frac{1}{12} \times 8 \times 200^3 \times 246^2 \times 2 = 6.455 \times 10^{11} \text{mm}^6$$

$$I_{\omega \eta} = 6.455 \times 10^{11} \times (1+0.41 \times 0.56)^2 = 9.76 \times 10^{11} \text{mm}^6$$

$$C_1 = 0.46 \times 0.5^2 \times 1 - 1.32 \times 0.5 \times 1 + 1.86 \times 1 = 1.315$$

$$M_{cr} = 1.315 \times \frac{\pi^2 \times 2.06 \times 10^5 \times 1.067 \times 10^7}{3.75^2 \times 10^6} \cdot$$

$$\sqrt{\frac{9.76 \times 10^{11}}{1.067 \times 10^7} \cdot \left(1+\frac{7.9 \times 10^4 \times 93064 \times 3.75^2 \times 10^6}{\pi^2 \times 2.06 \times 10^5 \times 9.76 \times 10^{11}}\right)}$$

$$= 628.69 \times 10^6 \text{N} \cdot \text{mm}$$

$$\lambda_b = \sqrt{\frac{1 \times 1.4756 \times 10^6 \times 235}{628.69 \times 10^6}} = 0.743$$

$$n = \frac{1.51}{0.743^{0.1}} \times \sqrt[3]{\frac{200}{692}} = 1.03, \quad 2n = 2.06, \quad 1/n = 0.97$$

$$\lambda_{b0} = \frac{0.55 - 0.25 \times 0.766}{(1+0.41)^{0.2}} = 0.335$$

$$\varphi_b = \frac{1}{(1-0.335^{2.06}+0.743^{2.06})^{0.97}} = 0.703$$

$$\frac{80}{0.94 \times 0.598 \times 6620 \times 215} + \left(\frac{120 \times 10^6}{0.703 \times 1 \times 1.4756 \times 10^6 \times 215}\right)^{1.3-0.3 \times 0.766}$$

$$= 0.100 + 0.515 = 0.62$$

故选（B）项。

2. 刚架梁的设计

- 复习《门规》7.1.4 条、7.1.6 条。
- 复习《门规》7.1.5 条。

需注意的是：
(1)《门规》7.1.4 条条文说明。
(2)《门规》7.1.6 条条文说明。

【例 4.17.2】 如图 4.17.3 所示，位于 7 度（0.10g）抗震设防烈度区，单层门式刚架钢厂房，高度为 7.5m，屋面坡度为 1:10，屋面与墙面均采用压型钢板，主刚架采用 Q345 钢材。梁采用变截面 H 形实腹梁。屋面横向支撑选用圆钢，支撑形式为十字形交叉支撑，支撑节间距离均为 3m。

左跨斜梁跨中一段楔形梁 AB，如图 4.17.3 所示，A 为大端截面 H500×180×5×8，B 为小端截面 H400×180×5×8，采用焊接、翼缘为焰切边，其截面特性见表 4.17.2。

AB 段梁截面特性 表 4.17.2

截面	A (mm²)	I_x (mm⁴)	i_x (mm)	W_x (mm³)	I_y (mm⁴)	i_y (mm)	W_y (mm³)
大端	5300	2.215×10⁸	204.45	8.86×10⁵	7.78×10⁶	38.32	8.65×10⁴
小端	4800	1.343×10⁸	167.24	6.712×10⁵	7.78×10⁶	40.26	8.65×10⁴

经内力分析计算得到，斜梁 AB 段的稳定性计算的控制内力由基本组合控制，内力设计值为：A 点，正弯矩 $M_A = 100$ kN·m，$N_A = 30$ kN，$V_A = 10$ kN，B 点，正弯矩 $M_B = 40$ kN·m，$N_B = 30$ kN，$V_B = 8$ kN。$\gamma_0 = 1.0$。

试问：斜梁 AB 段的平面外稳定性计算时，按压弯构件计算，即按《门规》式（7.1.5-1）时，该公式左边第一项的计算值为多少？

【解答】 根据《门规》7.1.1 条：

$$\sigma_1 \atop \sigma_2 = \frac{N}{A_n} \pm \frac{M}{I_{nx}}y = \frac{30 \times 10^3}{5300} \pm \frac{100 \times 10^6}{2.215 \times 10^8} \times 242$$

$$= 5.66 \pm 109.26$$

$$= {+114.92 \text{N/mm}^2 \atop -103.6 \text{N/mm}^2}$$

$$\beta = \sigma_2/\sigma_1 = -103.6/114.92 = -0.90$$

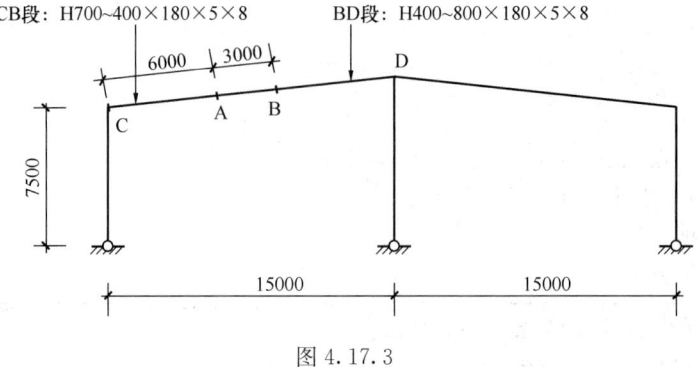

图 4.17.3

$$k_\sigma = \frac{16}{\sqrt{(1-0.90)^2 + 0.112 \times (1+0.90)^2} + 1 - 0.90} = 21.5$$

$$\lambda_p = \frac{\frac{484+384}{2\times 5}}{28.1\sqrt{21.5} \times \sqrt{\frac{235}{1.1\times 114.92}}} = 0.49$$

$$\rho = \frac{1}{(0.243 + 0.49^{1.25})^{0.9}} = 1.571$$

故取 $\rho=1$，即全截面有效，$A_{e1}=A$

由《门规》7.1.5 条、7.1.6 条：

$$\lambda_{1y} = \frac{L}{i_{y1}} = \frac{3000}{38.32} = 78.3$$

$$\bar{\lambda}_{1y} = \frac{78.3}{\pi}\sqrt{\frac{345}{206000}} = 1.02 < 1.3，则：$$

$$\eta_{ty} = \frac{4800}{5300} + \left(1 - \frac{4800}{5300}\right) \times \frac{1.02^2}{1.69} = 0.964$$

b 类，$\lambda_{1y}/\varepsilon_k = 94.9 \approx 95$，查《钢标》附录 D，$\varphi_y = 0.587$

$$\frac{N}{\eta_{ty}\varphi_y A_{e1} f} = \frac{30 \times 10^3}{0.964 \times 0.587 \times 5300 \times 305} = 0.0328$$

思考：斜梁 AB 段平面外稳定性计算，按《门式》式（7.1.5-1）时，其左边第二项的计算值为多少？

此时，由《门规》7.1.5 条、7.1.4 条，可得：

$$k_\sigma = 0.53,\ J_\eta = 7.98 \times 10^4\,\mathrm{mm}^4,\ I_{w0} = 2.987 \times 10^{11}$$

$$I_{w\eta} = 3.918 \times 10^{11}\,\mathrm{mm}^6,\ M_{cr} = 5.575 \times 10^8\,\mathrm{N \cdot mm}$$

$$\lambda_b = 0.74,\ \lambda_{b0} = 0.40,\ \varphi_b = 0.75$$

由式（7.1.5-1）：

$$\left(\frac{M_1}{\varphi_b \gamma_x W_{e1} f}\right)^{1.3-0.3k_\sigma} = \left(\frac{100 \times 10^6}{0.75 \times 1 \times 8.86 \times 10^5 \times 305}\right)^{1.3-0.3\times 0.53}$$

$$= 0.45$$

【例 4.17.3】 如图 4.17.4 所示，位于 7 度（0.10g）抗震设防烈度区，单层门式刚架钢房屋，高度为 6.9m，屋面坡度为 1：10，跨度为 21m。屋面与墙面均采用压型钢板，主刚架采用 Q345 钢材。斜梁采用变截面 H 形实腹梁。斜梁 AB 段长度为 4.5m，其中，A 为大端截面 H700×180×5×8，B 为小端截面 H400×180×5×8，采用焊接、翼缘为焰切边，其截面特性见表 4.17.3。屋面设置横向水平支撑，在斜梁 AB 段横向支撑的节间距离为 4.5m，其他段的节间距离为 3.0m。

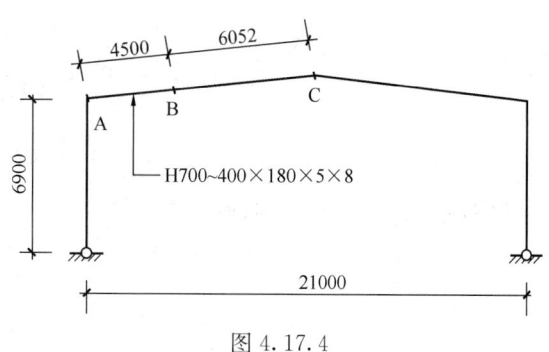

图 4.17.4

斜梁 AB 段的截面特性 表 4.17.3

截面	A (mm²)	I_x (mm⁴)	i_x (mm)	W_x (mm³)	I_y (mm⁴)	i_y (mm)	W_y (mm³)
大端	6300	4.781×10^8	275.49	1.366×10^6	7.78×10^6	35.15	8.65×10^4
小端	4800	1.343×10^8	167.24	6.712×10^5	7.78×10^6	40.26	8.65×10^4

斜梁上的檩条采用冷弯薄壁斜卷边 Z 形钢 220×75×20×2.2，其间距为 1.5m，跨度为 7.2m，其截面特性为：$A_p = 877 \text{mm}^2$，$I_p = 7.14 \times 10^6 \text{mm}^4$。

在斜梁 AB 段设置双侧隅撑，其间距 $l_{kk} = 1.5$m，隅撑选用单角钢 L75×5，截面面积 $A_k = 741 \text{mm}^2$，其与檩条轴线的夹角 $\alpha = 45°$，已知隅撑杆长度 $l_k = 1.3$m，$e = 806$mm，$e_1 = 460$mm，$a = 110$mm，$\beta = 0.125$。

经内力分析计算得到，斜梁 AB 段的强度、稳定性计算的控制内力由基本组合控制，其内力设计值为：A 点，负弯矩 $M_A = 160$kN·m，$N_A = 30$kN，$V_A = 60$kN；B 点，负弯矩 $M_B = 46$kN·m，$N_B = 30$kN，$V_A = 52$kN。$\gamma_0 = 1.0$。

试问：

(1) 斜梁设置横向加劲肋，其板幅的长度与板幅范围内的大端截面高度的比值为 3，即 $\alpha = 3$，斜梁 AB 段 A 点处第一区格的小端截面为 H560×180×5×8。验算斜梁 AB 段大端截面 A 点处的强度。

(2) 斜梁 AB 段的隅撑设置满足规范要求，按压弯构件进行平面外稳定性计算，即按《门规》式（7.1.5-1）时，其公式左边第一项的计算值为多少？

【解答】(1) 根据《门规》7.1.1 条：

$$\begin{matrix}\sigma_1 \\ \sigma_2\end{matrix} = \frac{N}{A_n} \pm \frac{M}{I_{nx}} y = \frac{30 \times 10^3}{6300} \pm \frac{160 \times 10^6}{4.781 \times 10^8} \times 342$$

$$= 4.76 \pm 114.45$$

$$= \begin{matrix}+119.21 \text{N/mm}^2 \\ -109.69 \text{N/mm}^2\end{matrix}$$

$$\beta = \frac{-109.69}{119.21} = -0.92$$

$$k_\sigma = \frac{16}{\sqrt{(1-0.92)^2 + 0.112 \times (1+0.92)^2} + 1 - 0.92} = 21.99$$

$$\lambda_p = \frac{684/5}{28.1\sqrt{21.99} \times \sqrt{\dfrac{235}{1.1 \times 119.21}}} = 0.78$$

$$\rho = \frac{1}{(0.243 + 0.78^{1.25})^{0.9}} = 1.02 > 1$$

故取 $\rho=1$，即全截面有效，$A_e = A$。

$$\alpha = 3, \ w_1 = 0.41 - 0.897 \times 3 + 0.363 \times 3^2 - 0.041 \times 3^3 = -0.121$$

$$\gamma_p = \frac{684}{560 - 2 \times 8} - 1 = 0.26$$

$$\eta_s = 1 - (-0.121) \times \sqrt{0.26} = 1.06$$

$$k_t = 1.06 \times \left(5.34 + \frac{4}{3^2}\right) = 6.13$$

$$\lambda_s = \frac{684/5}{37\sqrt{6.13} \times \sqrt{235/345}} = 1.81$$

$$\varphi_{ps} = \frac{1}{(0.51 + 1.81^{3.2})^{1/2.6}} = 0.47$$

$$X_{tap} = 1 - 0.35 \times 3^{0.2} \times 0.26^{2/3} = 0.82$$

$$V_d = 0.82 \times 0.47 \times 684 \times 5 \times 175$$
$$= 231\text{kN} < h_{wo} t_w f_v = 544 \times 5 \times 175 = 476\text{kN}$$

故取 $V_d = 231$kN

由《门规》7.1.3条：

$$V_A = 60\text{kN} < 0.5V_d = 115.5\text{kN}, \text{则：}$$

$$\frac{N}{A_e} + \frac{M}{W_e} = \frac{30 \times 10^3}{6300} + \frac{160 \times 10^6}{1.366 \times 10^6} = 122\text{N/mm}^2 < f = 305\text{N/mm}^2$$

满足。

(2) 根据《门规》7.1.5条、7.1.6条：

$$L = 3 \times 1.5 = 4.5\text{m}$$

$$\lambda_{1y} = \frac{4500}{35.15} = 128$$

$$\overline{\lambda}_{1y} = \frac{128}{\pi}\sqrt{\frac{345}{206000}} = 1.67 > 1.3, \text{取} \ \eta_{ty} = 1$$

$\lambda_{1y}/\varepsilon_k = 155$，查《钢标》附录表 D.0.2，取 $\varphi_y = 0.291$

$$\frac{N_1}{\eta_{ty}\varphi_y A_{e1} f} = \frac{30 \times 10^3}{1 \times 0.291 \times 6300 \times 305} = 0.054$$

思考： 斜梁 AB 段按压弯构件进行平面外稳定性计算，按《门规》式（7.1.5-1）时，其公式左边第二项的计算值为多少？

此时，根据《门规》7.1.6条、7.1.4条计算，可得：

$$k_b = 0.447, \ J = 8.994 \times 10^4 \text{mm}^4, \ I_\omega = 9.309 \times 10^{11} \text{mm}^6$$

$$M_{cr} = 8.61 \times 10^8 \text{N} \cdot \text{mm}, \ \lambda_b = 0.74$$

$$\lambda_{b0} = 0.40, \ \varphi_b = 0.72$$

$$\left(\frac{M_1}{\varphi_b \gamma_x W_{el} f}\right)^{1.3-0.3k_\sigma} = \left(\frac{160\times 10^6}{0.72\times 1\times 1.366\times 10^6\times 305}\right)^{1.3-0.3\times 0.41}$$
$$= 0.48$$

3. 端部刚架的设计

- 复习《门规》7.2.1条~7.2.4条。

五、支撑系统设计

- 复习《门规》8.1.1条~8.5.2条。

六、檩条与墙梁设计

1. 实腹式檩条

《钢通规》规定：

4.2.3 设计刚架、屋架、檩条和墙梁，应对构件的强度、稳定性和刚度进行验算，且应考虑由于风吸力作用引起构件内力变化的不利影响。

4.2.4 经退火、焊接和热镀锌等热处理的冷弯型钢构件不应采用考虑冷弯效应的强度设计值。

《门规》9.1节作了具体规定。

- 复习《门规》9.1.1条~9.1.10条。

【**例 4.17.4**】某单跨双坡门式刚架钢房屋，刚架高度为 6.6m，跨度为 18m，屋面坡度为 1∶10（$\alpha=5.71°$）。屋面与墙面采用压型钢板。檩条采用冷弯薄壁卷边槽钢 220×75×20×2，钢材为 Q345 钢，如图 4.17.5（a）所示，其坡向间距为 1.5m，为简支檩条，其计算跨度为 6m，在其中点处设置一道拉条。已知屋面能阻止檩条侧向位移和扭转。

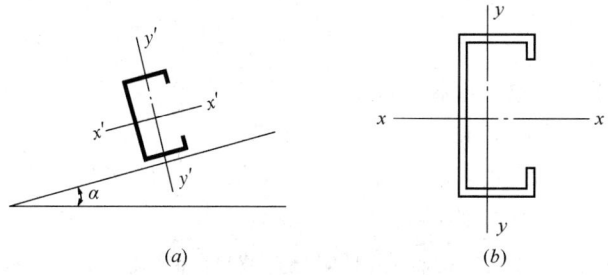

图 4.17.5

地面粗糙度为 B 类，50 年重现期的基本风压 $w_0=0.35\text{kN/m}^2$。已知屋面中间区的某一根檩条，其承担的按水平投影面积计算的永久荷载（含自重）标准值为 0.2kN/m^2，竖向活荷载标准值为 0.5kN/m^2。

如图 4.17.5（b）所示，卷边槽钢檩条 220×75×20×2 的截面特性为：
$A=787\text{mm}^2$，$I_x=574.45\text{cm}^4$，$W_x=52.22\text{cm}^3$，$I_y=56.88\text{cm}^4$，$W_{ymax}=27.35\text{cm}^3$，$W_{ymin}=10.50\text{cm}^3$。

提示：按《工程结构通用规范》作答。

试问：

(1) 该檩条跨中中点处在其腹板平面内荷载基本组合下的正弯矩设计值 $M_{x'}$（kN·m），与下列何项数值最为接近？

(A) 6　　　　(B) 8　　　　(C) 10　　　　(D) 12

(2) 在风吸力作用下，该檩条跨中中点处在其腹板平面内荷载基本组合下的负弯矩设计值 $M_{x'}$（kN·m），与下列何项数值最为接近？

(A) −3.5　　　(B) −4.5　　　(C) −5.5　　　(D) −6.0

(3) 假定，该檩条跨中中点处在其腹板平面内的荷载基本组合下的正弯矩设计值 $M_{x'}$=11kN·m，按《门规》式（9.1.5-1）进行强度计算时，檩条的受压翼缘的有效宽度 b_e（mm），与下列何项数值最为接近？

(A) 62　　　　(B) 67　　　　(C) 70　　　　(D) 75

【解答】 (1) $\alpha=\theta=5.71°$，由《门规》表 4.2.2-4b，4.2.3 条：

$$c = \max\left(\frac{1.5+1.5}{2}, \frac{6}{3}\right) = 2\text{m}$$

$$A = lc = 6 \times 2 = 12\text{m}^2 > 10\text{m}^2$$

中间区，$\mu_w = +0.38$

B 类，查《荷规》，取 $\mu_z = 1.0$

由《门规》4.2.1 条：

$$w_k = 1.5 \times 0.38 \times 1 \times 0.35 = +0.1995\text{kN/m}^2$$

跨中正弯矩，取：恒载＋竖向活荷载＋风荷载

$q_{y'} = 1.3 \times (0.2 \times 1.5\cos5.71° \cdot \cos5.71°) + 1.5 \times (0.5 \times 1.5\cos5.71° \cdot \cos5.71°)$
　　　　$+ 1.5 \times 0.6 \times (0.1995 \times 1.5)$

　　$= 1.769\text{kN/m}$

$$M_{x'} = \frac{1}{8}q_{y'}l^2 = \frac{1}{8} \times 1.769 \times 6^2 = 7.96\text{kN·m}$$

故选 (B) 项。

(2) 风吸力作用下，取：恒载＋风荷载

由《门规》表 4.2.2-4a，4.2.3 条、4.2.1 条：

中间区，$A = 12\text{m}^2$，$\mu_w = -1.08$

$$w_k = 1.5 \times (-1.08) \times 1 \times 0.35 = -0.567\text{kN/m}^2$$

$q_{y'} = 1.0 \times (0.2 \times 1.5\cos5.71° \cdot \cos5.71°) + 1.5 \times (-0.567) \times 1.5$

　　$= -0.979\text{kN/m}^2$

$$M_{x'} = \frac{1}{8}q_{y'}l^2 = \frac{1}{8} \times (-0.979) \times 6^2 = -4.41\text{kN·m}$$

故选 (B) 项。

(3) 根据《门规》9.1.5 条、《冷弯薄壁规范》5.6 节：

受压翼缘：$\sigma_{\max} = \sigma_{\min} = \dfrac{M_{x'}}{W_x} = \dfrac{11 \times 10^6}{52220} = 210.6\text{N/mm}^2$

$$\psi = \frac{\sigma_{\min}}{\sigma_{\max}} = 1$$

$$\alpha = 1.15 - 0.15\psi = 1$$

$$b_c = b = 75\text{mm}, \ k = 3.0, \ k_c = 23.9$$

由《冷弯薄壁规范》5.6.3 条、5.6.1 条：

$$\xi = \frac{c}{b}\sqrt{\frac{k}{k_c}} = \frac{220}{75}\sqrt{\frac{3.0}{23.9}} = 1.039 < 1.1$$

$$k_1 = \frac{1}{\sqrt{\xi}} = \frac{1}{\sqrt{1.039}} = 0.981$$

$$\rho = \sqrt{\frac{205 k_1 k}{\sigma_1}} = \sqrt{\frac{205 \times 0.981 \times 3.0}{210.6}} = 1.69$$

$$\frac{b}{t} = \frac{75}{2} = 37.5 > 18\alpha\rho = 18 \times 1 \times 1.69 = 30.42$$

$$< 38\alpha\rho = 38 \times 1 \times 1.69 = 64.22$$

$$b_e = \left(\sqrt{\frac{21.8 \times 1 \times 1.69}{75/2}} - 0.1\right) \times 75$$

$$= 66.8\text{mm} \approx 67\text{mm}$$

故选（B）项。

思考：同理，可求出受压腹板的 $b_e = 105\text{mm}$，受压卷边的 $b_e = 19.2\text{mm}$，其有效截面如图 4.17.6 所示。

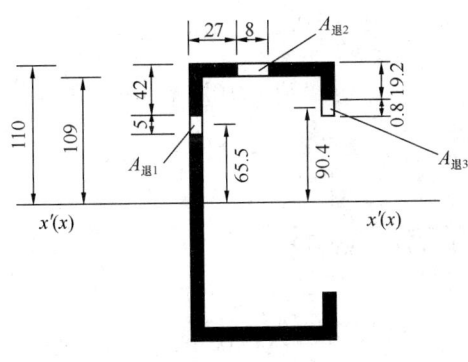

图 4.17.6

假定，有效截面形心轴与原截面形心轴位于同一位置，即不考虑有效截面形心轴的偏离的影响，当无孔洞，即 $I_{enx'} = I_{ex'}$，则：

$$I_{enx'} = I_{ex'} = I_x - (A_{退1} \times 65.5^2 + A_{退2} \times 109^2 + A_{退3} \times 90.4^2)$$

$$= 5744500 - (5 \times 2 \times 65.5^2 + 8 \times 2 \times 109^2 + 0.8 \times 2 \times 90.4^2)$$

$$= 5498426\text{mm}^4$$

$$W_{enx'} = \frac{I_{enx'}}{110} = 4.999 \times 10^4 \text{mm}^3$$

【例 4.17.5】 某单跨双坡门式刚架钢房屋，屋面坡度为 1∶10（$\alpha = 5.71°$），檩条采用 Q345 钢，选用冷弯薄壁斜卷边 Z 形钢 $220 \times 75 \times 20 \times 2$，如图 4.17.7（a）所示，采用简支檩条，其跨中中点处设一道拉条，檩条计算跨度为 6m。屋面能阻止檩条侧向位移和扭转。

已知该檩条跨中中点处沿其腹板平面内的基本组合下弯矩设计值 $M_{x'}=11.32\text{kN}\cdot\text{m}$。

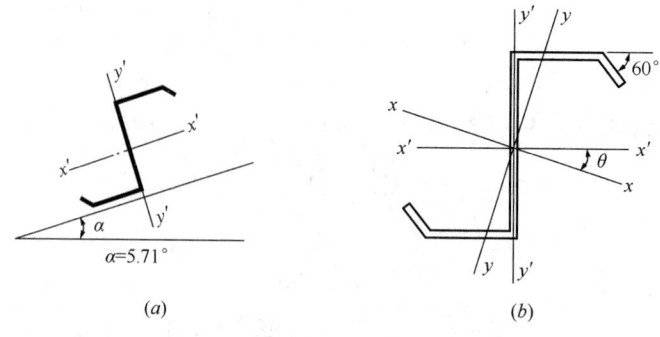

图 4.17.7

如图 4.17.7（b）所示，斜卷边 Z 形檩条的截面特性为：
$A=799.2\text{mm}^2$，$\theta=18.3°$，$I_{x1}=592.787\text{cm}^4$，$W_{x1}=53.890\text{cm}^3$，$I_{y1}=103.580\text{cm}^4$，$W_{y1}=11.751\text{cm}^3$，$I_x=652.866\text{cm}^4$，$I_y=43.500\text{cm}^4$。

提示：按《工程结构通用规范》作答。

试问：该檩条按《门规》式（9.1.5-1）进行强度计算时，其受压腹板的有效宽度 b_e（mm），与下列何项数值最为接近？

(A) 110 (B) 105 (C) 100 (D) 95

【解答】 根据《门规》9.1.5 条、《冷弯薄壁规范》5.6 节：

受压腹板：$\sigma_{\max}=\dfrac{M_{x'}}{W_{x'}}=\dfrac{11.32\times10^6}{53890}=210\text{N/mm}^2$

$$\sigma_{\min}=-210\text{N/mm}^2$$

$$\psi=\dfrac{\sigma_{\min}}{\sigma_{\max}}=-1,\ \alpha=1.15$$

$$b_c=\dfrac{1}{1-4}=\dfrac{b}{1-(-1)}=0.56=0.5\times220=110\text{mm}$$

取 $k=23.9$，$k_1=3.0$

$$\xi=\dfrac{75}{220}\sqrt{\dfrac{23.9}{3.0}}=0.962<1.1,\text{则}:$$

$$k_1=\dfrac{1}{\sqrt{\xi}}=\dfrac{1}{\sqrt{0.962}}=1.02$$

$$\rho=\sqrt{\dfrac{205\times1.02\times23.9}{210}}=4.88$$

$$\dfrac{b}{t}=\dfrac{220}{2}=110\ >18\alpha\rho=18\times1.15\times4.88=101$$

$$<38\alpha\rho=38\times1.15\times4.88=213$$

$$b_e=\left(\sqrt{\dfrac{21.8\times1.15\times4.88}{220/2}}-0.1\right)\times110=105\text{mm}$$

故选（B）项。

思考：同理，受压翼缘的 $b_e=66.8\text{mm}$，受压斜卷边的 $b_e=19.2\text{mm}$，有效截面如图 4.17.8 所示。

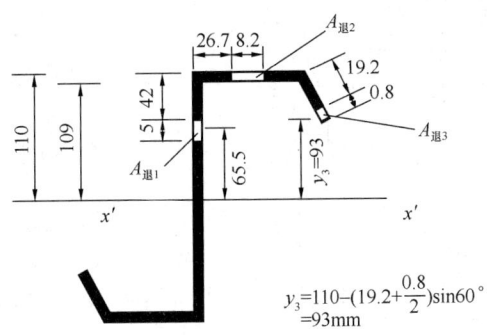

图 4.17.8

假定,有效截面形心轴与原截面形心轴位于同一位置,当无孔洞,即 $I_{enx'}=I_{ex'}$,则:

$$I_{enx'} = I_{ex'} = I_{x'} - (A_{退1}\times 65.5^2 + A_{退2}\times 109^2 + A_{退3}\times 93^2)$$
$$= 5927870 - (2\times 5\times 65.5^2 + 2\times 8.2\times 109^2 + 2\times 0.8\times 93^2)$$
$$= 5676273 \text{mm}^4$$

$$W_{enx'} = \frac{I_{enx'}}{110} = 51602 \text{mm}^3$$

2. 拉条

● 复习《门规》9.3.1条~9.3.4条。

3. 墙梁

● 复习《门规》9.4.1条~9.4.5条。

【例 4.17.6】 题目条件同【例 4.17.4】。墙梁选用 Q235 钢,采用冷弯薄壁卷边槽钢 $160\times 60\times 20\times 2.5$,为简支墙梁,其计算跨度为 4.5m,其间距为 1.5m。单侧挂墙板,与墙梁联系的墙板采用墙板底部端头自承重。如图 4.17.9(a)所示,外墙中间区的一根墙梁。已知卷边槽钢墙梁 $160\times 60\times 20\times 2.5$,如图 4.17.9(b)所示,其截面特性为:$A=748\text{mm}^2$,$I_x=1.850\text{cm}^4$,$W_x=36.02\text{cm}^3$,$I_y=35.96\text{cm}^4$,$W_{ymax}=19.47\text{cm}^3$,$W_{ymin}=8.66\text{cm}^3$。

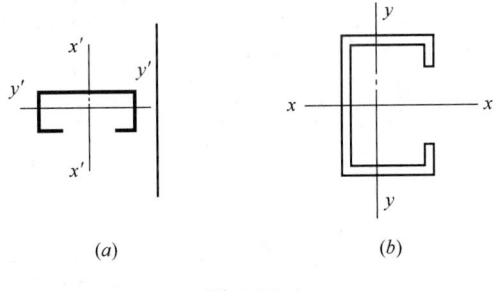

图 4.17.9

提示:按《工程结构通用规范》作答。

试问:

(1) 水平风荷载作用下,该墙梁跨中中点处荷载基本组合下的弯矩设计值 $M_{x'}$(kN·m)的最大绝对值,与下列何项数值最为接近?

(A) 3.0　　(B) 3.4　　(C) 4.0　　(D) 4.4

(2) 假定,在水平风荷载作用下,该墙梁跨中中点处基本组合下的弯矩设计值 $M_{x'}=2.6$kN·m,按《门规》式(9.4.4-1)进行强度计算时,其受压卷边的有效宽度 b_e

(mm)，与下列何项数值最为接近？

(A) 20　　　　　(B) 18　　　　　(C) 16　　　　　(D) 14

【解答】(1) 根据《门规》表 4.2.2-3a，4.2.3 条：

$$c = \max\left(\frac{1.5+1.5}{2}, \frac{4.5}{3}\right) = 1.5\text{m}$$

$$A = lc = 4.5 \times 1.5 = 6.75\text{m}^2$$

中间区，$\mu_w = +0.176\log 6.75 - 1.28 = -1.13$

$$w_k = 1.5 \times (-1.13) \times 1 \times 0.35 = -0.593\text{kN/m}^2$$

由《门规》表 4.2.2-3b：

$$\mu_w = -0.176\log 6.75 + 1.18 = 1.03$$

$$w_k = 1.5 \times (1.03) \times 1 \times 0.35 = +0.541\text{kN/m}^2$$

故风吸力控制，则：

设计值：$q_{y'} = 1.5 \times (-0.593) \times 1.5 = -1.334\text{kN/m}$

$$M_{x'} = \frac{1}{8}q_{y'}l^2 = \frac{1}{8} \times (-1.334) \times 4.5^2 = -3.38\text{kN}\cdot\text{m}$$

故选 (B) 项。

(2) 根据《门规》9.1.5 条，《冷弯薄壁规范》5.6 节：

受压卷边：$\sigma_{\max} = \dfrac{M_{x'}}{W_{x'}} = \dfrac{2.6 \times 10^6}{36020} = 72.2\text{N/mm}^2$

$$\psi = \frac{\sigma_{\max}}{\sigma_{\min}} = \frac{\dfrac{M_{x'}}{I_x}y_1}{\dfrac{M_{x'}}{I_x}y_2} = \frac{y_1}{y_2} = \frac{80-20}{80} = 0.75$$

$$\alpha = 1.15 - 0.15 \times 0.75 = 1.0375$$

$$b_c = b = 20\text{mm}$$

由《门规》9.1.5 条，取 $k = 0.425$，$k_c = 3.0$

$$\xi = \frac{c}{b}\sqrt{\frac{k}{k_c}} = \frac{60}{20}\sqrt{\frac{0.425}{3.0}} = 1.129 > 1.1，则$$

$$k_1 = 0.11 + \frac{0.93}{(1.129 - 0.05)^2} = 0.909$$

$$\rho = \sqrt{\frac{205 \times 0.909 \times 0.425}{72.2}} = 1.047$$

$$\frac{a}{t} = \frac{20}{2.5} = 8 < 18\alpha\rho = 18 \times 1.0375 \times 1.047 = 19.6$$

故取 $b_c = b = 20\text{mm}$，即受压卷边全截面有效。

应选 (A) 项。

七、连接和节点设计

1. 焊接

- 复习《门规》10.1.1 条～10.1.6 条。

2. 节点设计

● 复习《门规》10.2.1条~10.2.15条。

【例 4.17.7】 某门式刚架钢厂房的主斜梁的拼接采用端板连接，如图 4.17.10 所示，接头处主斜梁截面为 H450×250×8×12，钢材采用 Q235 钢。已知接头处高强度螺栓采用摩擦型连接，其抗滑移系数 $\mu=0.40$，螺栓采用 10.9S 等级，采用标准圆孔。

试问：

(1) 假定，该拼接处基本组合的内力设计值为：弯矩 $M=296\text{kN}\cdot\text{m}$，轴压力 $N=90\text{kN}$，剪力 $V=30\text{kN}$。不考虑布置于受拉区的第三排螺栓共同工作时，试问，按图示布置螺栓数目，下列何项满足规程要求且经济合理？

提示：按《钢结构高强度螺栓连接技术规程》作答。

(A) M27　　　(B) M24　　　(C) M22　　　(D) M20

(2) 题目条件同题(1)，考虑布置于受拉区的第三排螺栓共同工作时，试问，按图示布置螺栓数目，下列何项满足规程要求且经济合理？

提示：按《钢结构高强度螺栓连接技术规程》作答。

(A) M27　　　(B) M24　　　(C) M22　　　(D) M20

(3) 假定，高强度螺栓采用 M22（预拉力 $P=190\text{kN}$），试问，满足规范要求且经济合理的端板厚度 t（mm），应为下列何项？

提示：按《门式刚架轻型房屋钢结构技术规范》作答。

(A) 25　　　(B) 23　　　(C) 20　　　(D) 18

【解答】(1) 根据《高强度螺栓规程》5.3.3 条，4.1.2 条：

$$h_1 = 450 - 12 = 438\text{mm}$$

$$N_t = \frac{296}{4 \times 0.438} + 0 = 168.9\text{kN} \leqslant N_t^b = 0.8P$$

则：

$$P \geqslant 211\text{kN}$$

查表 3.2.5，选用 M24（$P=225\text{kN}$），选（B）项。

(2) 根据《高强度螺栓规程》5.3.3 条、4.1.2 条：

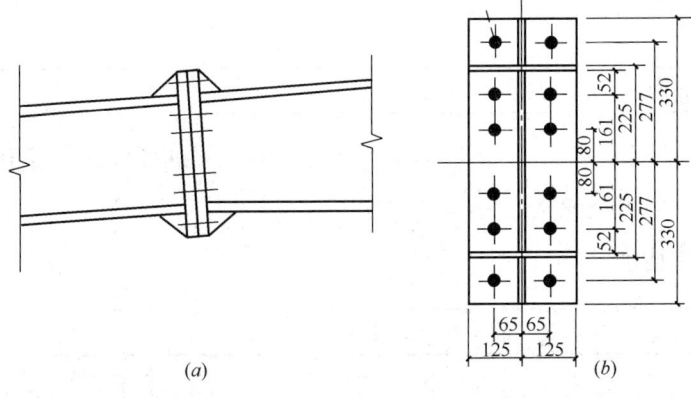

图 4.17.10

$$h_3 = 225 - 6 - 80 = 139 \text{mm}$$

$$N_t = \frac{296}{0.438 \times \left[4 + 2 \times \left(\frac{0.139}{0.438}\right)^2\right]} + 0$$

$$= 161 \text{kN} \leqslant 0.8P$$

则：$P \geqslant 201.3 \text{kN}$

查表 3.2.5，选用 M24（$P=225 \text{kN}$），故选（B）项。

(3) 根据《门规》10.2.7 条：

$$N_t = N_t^b = 0.8P = 0.8 \times 190 = 152 \text{kN}$$

$$e_f = 52 \text{mm}, \quad e_w = 61 \text{mm}$$

$t \geqslant 16 \text{mm}$，$t \geqslant 0.8 \times 22 = 17.6 \text{mm}$，取 $f = 205 \text{N/mm}^2$

$$t \geqslant \sqrt{\frac{6 \times 52 \times 61 \times 152 \times 10^3}{[61 \times 250 + 2 \times 52 \times (52+61)] \times 205}} = 22.9 \text{mm}$$

最终取 $t \geqslant 23 \text{mm}$，选（B）项。

第十八节　大跨度屋盖抗震设计

一、一般规定

● 复习《钢通规》5.3.1 条～5.3.5 条。

注意的是，《钢通规》5.3.3 条规定。
《抗规》10.2 节作了细化规定。

● 复习《抗规》10.2.1 条～10.2.5 条。

注意的是，《抗规》10.2.3 条注的规定。

二、计算规定

● 复习《抗规》10.2.6 条～10.2.13 条。

注意的是，《抗规》10.2.13 条及其注的规定，即：关键杆件、关键节点的地震组合的内力设计值应考虑增大系数。

三、抗震构造措施

● 复习《抗规》10.2.14 条～10.2.17 条。

2022 注册结构工程师考试用书

一、二级注册结构工程师专业考试应试技巧与题解（第十四版）

（中册）

兰定筠　主编

中国建筑工业出版社

目　录

（中册）

第五章　砌体结构与木结构 ………………………………………………… 763
　第一节　砌体房屋的静力计算 ………………………………………… 763
　　一、规范适用范围 ……………………………………………………… 763
　　二、设计原则 …………………………………………………………… 764
　　三、房屋的静力计算方案 ……………………………………………… 766
　第二节　无筋砌体构件的承载力计算 ………………………………… 779
　　一、材料强度等级 ……………………………………………………… 779
　　二、耐久性规定 ………………………………………………………… 779
　　三、砌体的计算指标 …………………………………………………… 779
　　四、受压构件 …………………………………………………………… 784
　　五、局压构件 …………………………………………………………… 802
　　六、轴拉、受弯和受剪构件 …………………………………………… 823
　第三节　墙、柱的高厚比与构造要求 ………………………………… 831
　　一、墙、柱的高厚比验算 ……………………………………………… 831
　　二、带壁柱墙和带构造柱墙的高厚比验算 …………………………… 839
　　三、构造要求 …………………………………………………………… 849
　第四节　圈梁、过梁、墙梁和挑梁 …………………………………… 851
　　一、圈梁 ………………………………………………………………… 851
　　二、过梁 ………………………………………………………………… 851
　　三、墙梁 ………………………………………………………………… 857
　　四、挑梁 ………………………………………………………………… 869
　第五节　配筋砌体构件计算 …………………………………………… 881
　　一、配筋砖砌体构件 …………………………………………………… 881
　　二、配筋砌块砌体构件 ………………………………………………… 900
　第六节　砌体结构构件抗震设计 ……………………………………… 910
　　一、砌体结构抗震设计的一般规定 …………………………………… 910
　　二、砖砌体构件 ………………………………………………………… 914
　　三、混凝土砌块砌体构件 ……………………………………………… 918
　第七节　《抗震通规》与《抗规》中砌体结构内容 ………………… 920
　　一、砌体房屋抗震设计的一般规定 …………………………………… 920

二、多层砌体结构的地震作用与结构抗震验算 ……………………………… 922
　　三、无筋砌体构件和配筋砌体构件的抗震设计 ………………………………… 935
　第八节　底部框架-抗震墙砌体房屋抗震设计 …………………………………… 940
　　一、一般规定 ………………………………………………………………………… 941
　　二、抗震计算 ………………………………………………………………………… 941
　　三、抗震构造措施 …………………………………………………………………… 954
　第九节　配筋砌块砌体抗震墙房屋抗震设计 ……………………………………… 956
　　一、配筋砌块砌体抗震墙结构 ……………………………………………………… 956
　　二、部分框支抗震墙结构 …………………………………………………………… 964
　第十节　单层砖柱厂房抗震设计 …………………………………………………… 965
　　一、抗震设计的一般规定 …………………………………………………………… 965
　　二、厂房的横向抗震计算 …………………………………………………………… 965
　　三、厂房的纵向抗震计算 …………………………………………………………… 967
　第十一节　木结构的材料选用和设计指标取值 …………………………………… 971
　　一、总则和材料 ……………………………………………………………………… 971
　　二、基本规定 ………………………………………………………………………… 971
　第十二节　木结构构件计算 ………………………………………………………… 974
　　一、轴心受拉构件 …………………………………………………………………… 974
　　二、轴心受压构件 …………………………………………………………………… 975
　　三、受弯构件 ………………………………………………………………………… 979
　　四、拉弯和压弯构件 ………………………………………………………………… 983
　第十三节　木结构连接计算及防火 ………………………………………………… 987
　　一、齿连接 …………………………………………………………………………… 987
　　二、销连接 …………………………………………………………………………… 991
　　三、齿板连接 ………………………………………………………………………… 996
　　四、方木原木结构 …………………………………………………………………… 996
　　五、胶合木结构和轻型木结构 ……………………………………………………… 997
　　六、防火设计和防护 ………………………………………………………………… 998
　　七、《建筑设计防火规范》规定 …………………………………………………… 998

第六章　地基与基础 …………………………………………………………………… 1000

　第一节　基本规定 …………………………………………………………………… 1000
　　一、基本要求 ………………………………………………………………………… 1000
　　二、基本规定 ………………………………………………………………………… 1002
　第二节　地基岩土的分类及工程特性指标 ………………………………………… 1006
　　一、岩土的分类 ……………………………………………………………………… 1006
　　二、岩土的工程特性指标 …………………………………………………………… 1012
　第三节　地基承载力计算 …………………………………………………………… 1017
　　一、基础埋置深度 …………………………………………………………………… 1017

二、地基承载力特征值的计算 ·· 1020
　　三、地基承载力计算 ·· 1028
　　四、地基承载力的综合计算 ··· 1045
第四节　地基的变形计算 ··· 1052
　　一、地基变形的一般规定 ·· 1052
　　二、分层总和法计算地基变形 ··· 1054
　　三、《地规》法计算地基变形 ··· 1059
第五节　地基的稳定性计算 ·· 1076
　　一、作用效应的取值 ·· 1076
　　二、地基稳定性计算 ·· 1076
　　三、基础抗浮稳定性验算 ·· 1077
第六节　山区地基 ·· 1082
　　一、一般规定 ·· 1082
　　二、土岩组合地基 ··· 1082
　　三、填土地基 ·· 1085
　　四、滑坡防治 ·· 1086
　　五、岩石地基 ·· 1088
　　六、岩溶与土洞 ·· 1089
　　七、土质边坡与重力式挡墙 ··· 1090
　　八、岩石边坡与岩石锚杆挡墙 ··· 1119
第七节　软弱地基 ·· 1120
　　一、一般规定 ·· 1120
　　二、利用与处理 ·· 1120
　　三、建筑措施和结构措施 ·· 1123
　　四、大面积地面荷载 ·· 1124
第八节　浅基础 ··· 1125
　　一、基础设计的采用的作用组合和地基净反力 ························· 1125
　　二、无筋扩展基础 ··· 1125
　　三、扩展基础 ·· 1128
　　四、柱下条形基础 ··· 1147
　　五、筏形基础 ·· 1160
　　六、岩石锚杆基础 ··· 1178
第九节　地基与基础的抗震验算 ··· 1180
　　一、场地 ·· 1180
　　二、天然地基和基础的抗震验算 ·· 1183
　　三、液化土 ··· 1189
　　四、低承台桩基的抗震承载力计算 ··· 1199
第十节　软弱地基处理 ·· 1203
　　一、基本规定 ·· 1203

二、换填垫层 ·· 1205
　　三、预压地基 ·· 1209
　　四、压实地基和夯实地基 ·· 1212
　　五、复合地基的一般规定 ·· 1214
　　六、振冲碎石桩和沉管砂石桩复合地基 ·· 1217
　　七、水泥土搅拌桩复合地基 ·· 1221
　　八、旋喷桩复合地基 ··· 1228
　　九、灰土挤密桩和土挤密桩复合地基 ·· 1229
　　十、夯实水泥土桩复合地基 ·· 1233
　　十一、水泥粉煤灰碎石桩复合地基 ··· 1234
　　十二、柱锤冲扩桩复合地基 ·· 1240
　　十三、多桩型复合地基 ·· 1242
　　十四、注浆加固 ·· 1247
　　十五、微型桩加固 ··· 1247
第十一节　《地规》建筑桩基 ·· 1248
　　一、单桩竖向与水平承载力特征值 ··· 1248
　　二、桩基础的承载力计算 ··· 1253
　　三、桩基沉降计算 ··· 1258
　　四、桩基承台 ··· 1262
　　五、综合案例题 ·· 1278
第十二节　《桩规》建筑桩基 ·· 1286
　　一、总则与术语 ·· 1286
　　二、基本设计规定 ··· 1287
　　三、桩基构造 ··· 1292
　　四、单桩竖向极限承载力和单桩、复合基桩竖向承载力特征值 ·············· 1293
　　五、桩顶作用效应和桩基竖向承载力计算 ··· 1302
　　六、特殊条件下桩基竖向承载力验算 ··· 1303
　　七、桩基水平承载力与位移计算 ·· 1316
　　八、桩基沉降计算 ··· 1320
　　九、软土地基减沉复合疏桩基础 ·· 1325
　　十、桩身承载力与裂缝控制计算 ·· 1327
　　十一、承台计算 ·· 1328
　　十二、《桩规》附录的计算 ·· 1332
　　十三、桩基和承台的施工及质量检查验收 ··· 1333
第十三节　建筑基桩检测 ·· 1333
　　一、基本规定 ··· 1333
　　二、单桩竖向抗压静载试验 ·· 1334
　　三、单桩竖向抗拔静载试验 ·· 1335
　　四、单桩水平静载试验 ·· 1335

五、钻芯法 …………………………………………………………… 1335
　　六、低应变法 ………………………………………………………… 1335
　　七、高应变法 ………………………………………………………… 1337
　　八、声波透射法 ……………………………………………………… 1337
第十四节　基坑工程与检测及监测 ………………………………………… 1337
　　一、基坑工程 ………………………………………………………… 1337
　　二、检测与监测 ……………………………………………………… 1340
第十五节　既有建筑地基基础加固 ………………………………………… 1340
第十六节　建筑边坡工程 …………………………………………………… 1343
　　一、基本规定 ………………………………………………………… 1343
　　二、边坡工程勘察 …………………………………………………… 1344
　　三、边坡稳定性评价 ………………………………………………… 1344
　　四、边坡支护结构上的侧向岩土压力 ……………………………… 1346
　　五、坡顶有重要建筑物的边坡工程 ………………………………… 1348
　　六、锚杆（索）和锚杆（索）挡墙 ………………………………… 1348
　　七、岩石锚喷支护 …………………………………………………… 1348
　　八、重力式挡墙 ……………………………………………………… 1348
　　九、悬臂式挡墙和扶壁式挡墙 ……………………………………… 1348
　　十、桩板式挡墙 ……………………………………………………… 1350

第五章 砌体结构与木结构

本章所用规范为《砌体结构通用规范》GB 55007—2011（以下简称《砌通规》）、《砌体结构设计规范》GB 50003—2011（以下简称《砌规》）、《建筑与市政工程抗震通用规范》GB 55002—2011（以下简称《抗震通规》）、《建筑抗震设计规范》GB 50011—2010（2016 年版）（以下简称《抗震规范》）。

第一节 砌体房屋的静力计算

一、规范适用范围

《砌规》规定：

> 1.0.2 本规范适用于建筑工程的下列砌体结构设计，特殊条件下或有特殊要求的应按专门规定进行设计：
> 1 砖砌体：包括烧结普通砖、烧结多孔砖、蒸压灰砂普通砖、蒸压粉煤灰普通砖、混凝土普通砖、混凝土多孔砖的无筋和配筋砌体；
> 2 砌块砌体：包括混凝土砌块、轻集料混凝土砌块的无筋和配筋砌体；
> 3 石砌体：包括各种料石和毛石的砌体。

烧结普通砖、烧结多孔砖、混凝土普通砖等的定义，《砌通规》《砌规》均作了规定。
烧结普通砖、烧结多孔砖的定义，《砌规》规定：

> 2.1.4 烧结普通砖 fired common brick
> 由煤矸石、页岩、粉煤灰或黏土为主要原料，经过焙烧而成的实心砖。分烧结煤矸石砖、烧结页岩砖、烧结粉煤灰砖、烧结黏土砖等。
> 2.1.5 烧结多孔砖 fired perforated brick
> 以煤矸石、页岩、粉煤灰或黏土为主要原料，经焙烧而成、孔洞率不大于 35%，孔的尺寸小而数量多，主要用于承重部位的砖。

混凝土普通砖、混凝土多孔砖的定义，《砌规》规定：

> 2.1.9 混凝土砖 concrete brick
> 以水泥为胶结材料，以砂、石等为主要集料，加水搅拌、成型、养护制成的一种多孔的混凝土半盲孔砖或实心砖。多孔砖的主规格尺寸为 240mm×115mm×90mm、

240mm×190mm×90mm、190mm×190mm×90mm 等；实心砖的主规格尺寸为 240mm×115mm×53mm、240mm×115mm×90mm 等。

混凝土砌块的定义，《砌规》规定：

2.1.8 混凝土小型空心砌块 concrete small hollow block

由普通混凝土或轻集料混凝土制成，主规格尺寸为 390mm×190mm×190mm、空心率为 25%～50% 的空心砌块。简称混凝土砌块或砌块。

其中，轻集料混凝土砌块包括煤矸石混凝土砌块和孔洞率不大于 35% 的火山渣、浮石和陶粒混凝土砌块。

二、设计原则

- 复习《砌通规》4.1.1 条。
- 复习《砌规》4.1.1 条～4.1.7 条。

《砌规》规定：

4.1.5 砌体结构按承载能力极限状态设计时，应按下列公式中最不利组合进行计算：

$$\gamma_0 \left(1.2 S_{Gk} + 1.4 \gamma_L S_{Q1k} + \gamma_L \sum_{i=2}^{n} \gamma_{Qi} \psi_{ci} S_{Qik}\right) \leqslant R(f, a_k \cdots) \quad (4.1.5\text{-}1)$$

$$\gamma_0 \left(1.35 S_{Gk} + 1.4 \gamma_L \sum_{i=1}^{n} \psi_{ci} S_{Qik}\right) \leqslant R(f, a_k \cdots) \quad (4.1.5\text{-}2)$$

式中 γ_0——结构重要性系数。对安全等级为一级或设计使用年限为 50a 以上的结构构件，不应小于 1.1；对安全等级为二级或设计使用年限为 50a 的结构构件，不应小于 1.0；对安全等级为三级或设计使用年限为 1a～5a 的结构构件，不应小于 0.9；

γ_L——结构构件的抗力模型不定性系数。对静力设计，考虑结构设计使用年限的荷载调整系数，设计使用年限为 50a，取 1.0；设计使用年限为 100a，取 1.1；

S_{Gk}——永久荷载标准值的效应；

S_{Q1k}——在基本组合中起控制作用的一个可变荷载标准值的效应；

S_{Qik}——第 i 个可变荷载标准值的效应；

$R(\cdot)$——结构构件的抗力函数；

γ_{Qi}——第 i 个可变荷载的分项系数；

ψ_{ci}——第 i 个可变荷载的组合值系数。一般情况下应取 0.7；对书库、档案库、储藏室或通风机房、电梯机房应取 0.9；

f——砌体的强度设计值，$f = f_k/\gamma_f$；

f_k——砌体的强度标准值，$f_k = f_m - 1.645\sigma_f$；

γ_f——砌体结构的材料性能分项系数，一般情况下，宜按施工质量控制等级为B级考虑，取 $\gamma_f = 1.6$；当为C级时，取 $\gamma_f = 1.8$；当为A级时，取 $\gamma_f = 1.5$；

f_m——砌体的强度平均值，可按本规范附录B的方法确定；

σ_f——砌体强度的标准差；

a_k——几何参数标准值。

注：1 当工业建筑楼面活荷载标准值大于 $4kN/m^2$ 时，式中系数1.4应为1.3；
　　2 施工质量控制等级划分要求，应符合现行国家标准《砌体结构工程施工质量验收规范》GB 50203 的有关规定。

4.1.6 当砌体结构作为一个刚体，需验算整体稳定性时，应按下列公式中最不利组合进行验算：

$$\gamma_0 \left(1.2 S_{G2k} + 1.4\gamma_L S_{Q1k} + \gamma_L \sum_{i=2}^{n} S_{Qik}\right) \leqslant 0.8 S_{G1k} \quad (4.1.6-1)$$

$$\gamma_0 \left(1.35 S_{G2k} + 1.4\gamma_L \sum_{i=1}^{n} \psi_{ci} S_{Qik}\right) \leqslant 0.8 S_{G1k} \quad (4.1.6-2)$$

式中　S_{G1k}——起有利作用的永久荷载标准值的效应；

　　　S_{G2k}——起不利作用的永久荷载标准值的效应。

需注意的是：

（1）《砌规》4.1.5条中 ψ_{ci} 的取值（0.7或0.9）、γ_L 的取值。《砌规》4.1.5条注1与《结通规》3.1.13条是协调的。

（2）《砌规》4.1.6条中 S_{G1k}、S_{G2k} 的计算取值。

（3）《砌规》4.1.5条、4.1.6条，γ_0、荷载组合及分项系数取值，与《结通规》《可靠性标准》不相同，以后面两本规范为准。

【例5.1.1】 某烧结普通砖砌体结构，因特殊需要设计有地下室，如图5.1.1所示。房屋的长度为 L、宽度为 B，抗浮设计水位为 $-1.0m$，水位有变化，基础底面标高为 $-4.0m$；算至基础底的全部恒荷载标准值为 $g=60kN/m^2$，全部活荷载标准值 $p=10kN/m^2$。设计使用年限为50年，$\gamma_0=1.0$。在抗漂浮验算中，漂浮荷载效应 $\gamma_0 S_1$ 与抗漂浮荷载效应 S_2 之比，应与下列何组数值最为接近？

提示：按《工程结构通用规范》作答。

(A) $\gamma_0 S_1/S_2 = 0.85 > 0.8$；不满足漂浮验算

(B) $\gamma_0 S_1/S_2 = 0.75 < 0.8$；满足漂浮验算

(C) $\gamma_0 S_1/S_2 = 0.70 < 0.8$；满足漂浮验算

(D) $\gamma_0 S_1/S_2 = 0.65 < 0.8$；满足漂浮验算

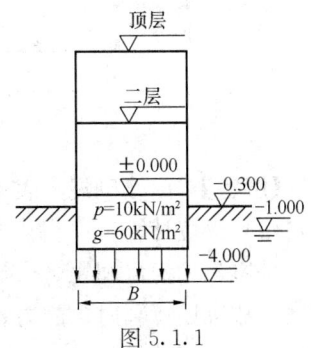

图 5.1.1

【解答】 水位有变化，水的浮力按可变荷载计算，其分项系数取1.5。由《砌规》4.1.6条，设计使用年限为50

年，取 $\gamma_L=1.0$，则：

$$\frac{\gamma_0 S_1}{S_2}=\frac{1.0\times1.5\times1.0\times(4-1)\times10}{60}=0.75<0.8$$

所以应选（B）项。

三、房屋的静力计算方案

1. 静力计算方案的判别

《砌规》规定：

> 4.2.1 房屋的静力计算，根据房屋的空间工作性能分为刚性方案、刚弹性方案和弹性方案。设计时，可按表4.2.1确定静力计算方案。
>
> 房屋的静力计算方案　　　　表 4.2.1
>
> | | 屋盖或楼盖类别 | 刚性方案 | 刚弹性方案 | 弹性方案 |
> |---|---|---|---|---|
> | 1 | 整体式、装配整体和装配式无檩体系钢筋混凝土屋盖或钢筋混凝土楼盖 | $s<32$ | $32\leqslant s\leqslant72$ | $s>72$ |
> | 2 | 装配式有檩体系钢筋混凝土屋盖、轻钢屋盖和有密铺望板的木屋盖或木楼盖 | $s<20$ | $20\leqslant s\leqslant48$ | $s>48$ |
> | 3 | 瓦材屋面的木屋盖和轻钢屋盖 | $s<16$ | $16\leqslant s\leqslant36$ | $s>36$ |
>
> 注：1 表中 s 为房屋横墙间距，其长度单位为"m"；
> 　　2 当屋盖、楼盖类别不同或横墙间距不同时，可按本规范第4.2.7条的规定确定房屋的静力计算方案；
> 　　3 对无山墙或伸缩缝处无横墙的房屋，应按弹性方案考虑。

需注意的是：

(1)《砌规》4.2.1条注1的规定，见下面例题5.1.2。

(2)《砌规》4.2.1条注2、3的规定。

【例5.1.2】 如图5.1.2所示单层单跨砌体结构，装配式无檩体系钢筋混凝土屋盖，两端山墙间距为36m，纵墙间距为15m。

试问：确定其静力计算方案。

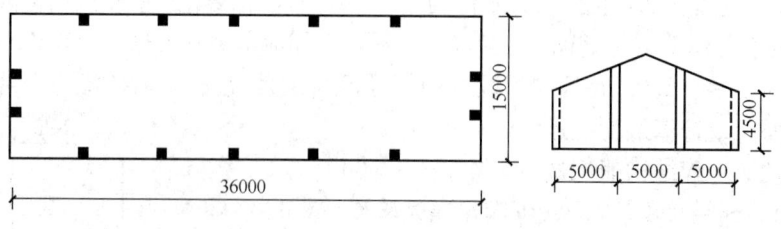

图5.1.2　（单位：mm）

【解答】 由《砌规》表4.2.1，本题的屋盖类别为第1类。

(1) 纵墙计算

房屋最大横墙间距 $s=36$m，由《砌规》表4.2.1的规定，32m$\leqslant s\leqslant72$m，为刚弹性方案，故纵墙计算时，静力计算方案为刚弹性方案。

(2) 横墙（山墙）计算

房屋最大横墙间距 $s=15\mathrm{m}$，由《砌规》表 4.2.1，$s<32\mathrm{m}$，为刚性方案，故横墙（山墙）计算时，静力计算方案为刚性方案。

2. 刚性方案和刚弹性方案房屋的横墙要求

《砌规》规定：

> 4.2.2 刚性和刚弹性方案房屋的横墙，应符合下列规定：
> 1 横墙中开有洞口时，洞口的水平截面面积不应超过横墙截面面积的 50%；
> 2 横墙的厚度不宜小于 180mm；
> 3 单层房屋的横墙长度不宜小于其高度，多层房屋的横墙长度不宜小于 $H/2$（H 为横墙总高度）。
>
> 注：1 当横墙不能同时符合上述要求时，应对横墙的刚度进行验算。如其最大水平位移值 $u_{max} \leq \dfrac{H}{4000}$ 时，仍可视作刚性或刚弹性方案房屋的横墙；
> 2 凡符合注1刚度要求的一段横墙或其他结构构件（如框架等），也可视作刚性或刚弹性方案房屋的横墙。

需注意的是：

《砌规》4.2.2 条注 1 中最大水平位移值的规定。

【例 5.1.3】 如图 5.1.3 所示三层砌体房屋，层高为 3.60m，3.30m，3.30m，开间 3.6m，墙厚为 240mm，进深为 5.1m，采用 MU10 烧结普通砖、M5.0 混合砂浆。风荷载设计值 $w=0.8\mathrm{kN/m^2}$，并且忽略其高度变化的影响。砌体施工质量控制等级为 B 级。$\gamma_0 = 1.0$。

试问： 确定房屋顶点最大水平位移。

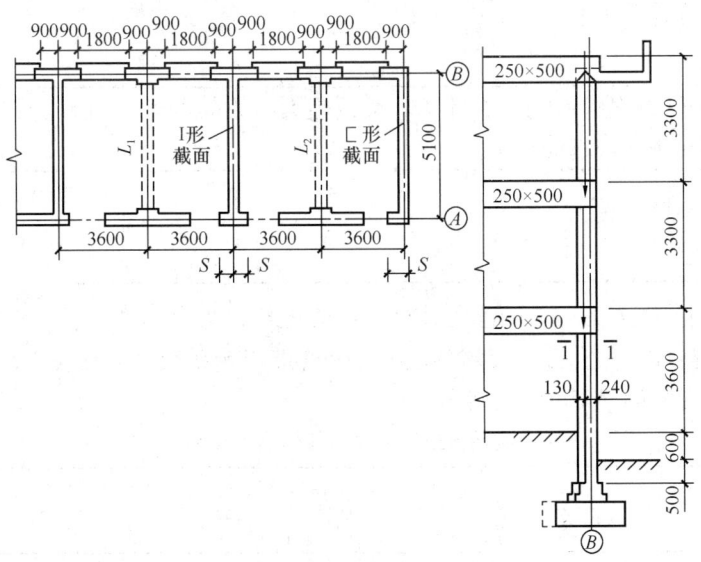

图 5.1.3

提示： ①为简化计算，中间横墙简化为矩形截面；

②均布水平荷载作用下，房屋顶点最大水平位移 $u_{max} = \dfrac{qH^4}{8EI} + \dfrac{\xi qH^2}{2GA}$，矩形截面取 $\xi=1.2$。

【解答】 求房屋顶点最大水平位移 u_{max}。

取中间横墙简化为矩形截面：
$$A = 240 \times (5100+240) = 1.282 \times 10^6 \text{mm}^2$$
$$I = \frac{1}{12} \times 240 \times (5100+240)^3 = 3.045 \times 10^{12} \text{mm}^4$$

查《砌规》表 3.2.1-1，$f = 1.5 \text{N/mm}^2$

查《砌规》表 3.2.5-1，$E = 1600f = 1600 \times 1.5 = 2400 \text{N/mm}^2$

由《砌规》3.2.5 条，$G = 0.4E$

由《砌规》5.1.3 条，$H = 0.5 + 0.6 + 3.6 + 3.3 + 3.3 = 11.3\text{m}$

风荷载 $q = 0.8 \times (3.6+3.6) = 5.76 \text{N/mm}$

$\zeta = 1.2$

$$u_{max} = \frac{qH^4}{8EI} + \frac{\zeta q H^2}{2GA}$$
$$= \frac{5.76 \times 11300^4}{8 \times 2400 \times 3.045 \times 10^{12}} + \frac{1.2 \times 5.76 \times 11300^2}{2 \times 0.4 \times 2400 \times 1.282 \times 10^6}$$
$$= 1.606 + 0.359 = 1.965 \text{mm} < \frac{H}{4000} = \frac{11300}{4000} = 2.825 \text{mm}$$

由《砌规》4.2.2 条注 1，可知该横墙可作为刚性或刚弹性方案房屋的横墙。

思考：（1）在顶点集中水平力 P 作用下，房屋顶点最大水平位移为：

$u_{max} = \frac{PH^3}{3EI} + \frac{\zeta PH}{GA}$，矩形截面取 $\zeta = 1.2$。

（2）横墙的惯性矩 I，当横墙与纵墙连接时可按 I 形截面或 [形截面（图 5.1.3）考虑，与横墙共同工作的纵墙部分的计算长度 S，每边近似取 $S = 0.3H$。

3. 静力计算

- （1）弹性方案

《砌规》规定：

> 4.2.3 弹性方案房屋的静力计算，可按屋架或大梁与墙（柱）为铰接的、不考虑空间工作的平面排架或框架计算。

- （2）刚弹性方案

《砌规》规定：

> 4.2.4 刚弹性方案房屋的静力计算，可按屋架、大梁与墙（柱）铰接并考虑空间工作的平面排架或框架计算。房屋各层的空间性能影响系数，可按表 4.2.4 采用，其计算方法应按本规范附录 C 的规定采用。

房屋各层的空间性能影响系数 η_i　　表 4.2.4

屋盖或楼盖类别	横墙间距 s (m)														
	16	20	24	28	32	36	40	44	48	52	56	60	64	68	72
1	—	—	—	—	0.33	0.39	0.45	0.50	0.55	0.60	0.64	0.68	0.71	0.74	0.77
2	—	0.35	0.45	0.54	0.61	0.68	0.73	0.78	0.82	—	—	—	—	—	—
3	0.37	0.49	0.60	0.68	0.75	0.81	—	—	—	—	—	—	—	—	—

注：i 取 $1 \sim n$，n 为房屋的层数。

附录C 刚弹性方案房屋的静力计算方法

C.0.1 水平荷载（风荷载）作用下，刚弹性方案房屋墙、柱内力分析可按以下方法计算，并将两步结果叠加，得出最后内力：

1 在平面计算简图中，各层横梁与柱连接处加水平铰支杆，计算其在水平荷载（风荷载）作用下无侧移时的内力与各支杆反力 R_i（图C.0.1a）。

2 考虑房屋的空间作用，将各支杆反力 R_i 乘以由表4.2.4查得的相应空间性能影响系数 η_i，并反向施加于节点上，计算其内力（图C.0.1b）。

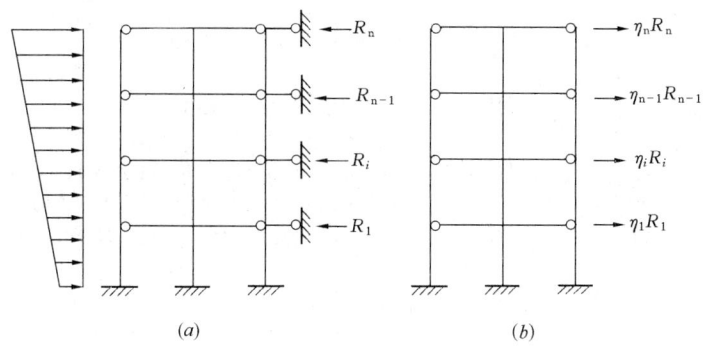

图C.0.1 刚弹性方案房屋的静力计算简图

【例5.1.4】 图5.1.4所示单层厂房的平、剖面示意图，厂房的跨度为15m，长度为36m，采用钢筋混凝土组合屋架、槽瓦檩条屋盖体系，带壁柱砖墙承重。基础顶面到墙顶高度为6.6m。风荷载产生的柱顶集中力设计值 $F_w=4.50$kN，迎风面均布荷载设计值 $w_1=3.60$kN/m，背风面均布荷载设计值 $w_2=2.25$kN/m。$\gamma_0=1.0$。

试问：确定厂房车间在风荷载作用下的带壁柱墙底截面内力。

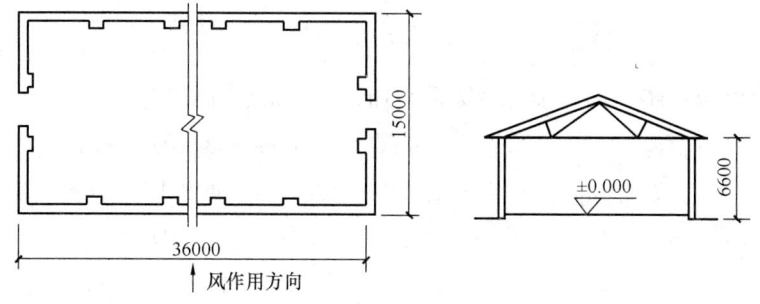

图5.1.4 某15m跨单层厂房示意（单位：mm）

【解答】（1）确定本题的静力计算方案

屋盖体系属于第2类，查《砌规》表4.2.1，房屋横墙间距 $s=36$m，介于20m与48m之间，故应为刚弹性方案。

查《砌规》表4.2.4可知，空间性能影响系数 $\eta=0.68$。

（2）刚弹性方案的静力计算

第一步，由《砌规》4.2.4 条及附录 C 可知，在排架柱上端设水平不动铰支杆，如图 5.1.5 所示，求排架在 w_1、w_2 作用下的柱顶不动铰支座的反力和柱底弯矩及剪力。

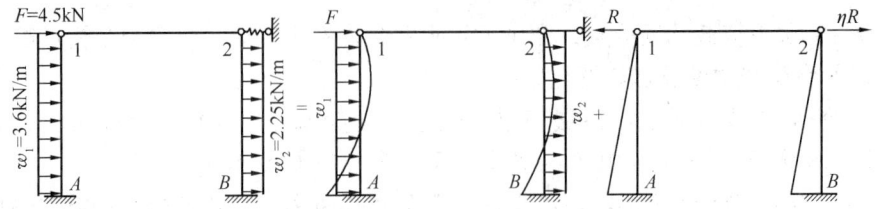

图 5.1.5 $l=36$m 车间排架计算简图及柱底弯矩

$$R_1 = \frac{3}{8}w_1 H = \frac{3}{8} \times 3.6 \times 6.6 = 8.91 \text{kN}$$

$$R_2 = \frac{3}{8}w_2 H = \frac{3}{8} \times 2.25 \times 6.6 = 5.57 \text{kN}$$

$$M_{A1} = \frac{1}{8}w_1 H^2 = \frac{1}{8} \times 3.6 \times 6.6^2 = 19.60 \text{kN} \cdot \text{m}$$

$$M_{B1} = \frac{1}{8}w_2 H^2 = \frac{1}{8} \times 2.25 \times 6.6^2 = 12.25 \text{kN} \cdot \text{m}$$

$$V_{A1} = \frac{5}{8}w_1 H = \frac{5}{8} \times 3.6 \times 6.6 = 14.85 \text{kN}$$

$$V_{B1} = \frac{5}{8}w_2 H = \frac{5}{8} \times 2.25 \times 6.6 = 9.28 \text{kN}$$

第二步，拆除水平不动铰支杆，将柱顶反力乘以空间性能影响系数 η，即 ηR 反向作用于排架柱顶；又因车间对称，两柱刚度相等，其剪力分配系数为 1/2，故求出柱底弯矩和剪力如下：

$$\eta R = 0.68 \times (4.5 + 8.91 + 5.57) = 12.91 \text{kN}$$

$$M_{A2} = M_{B2} = \frac{\eta R}{2} H = \frac{12.91}{2} \times 6.6 = 42.60 \text{kN} \cdot \text{m}$$

$$V_{A2} = V_{B2} = \frac{\eta R}{2} = \frac{12.91}{2} = 6.46 \text{kN}$$

第三步，将第一步、第二步计算结果叠加，即为最后计算结果：

$$M_A = M_{A1} + M_{A2} = 19.60 + 42.60 = 62.20 \text{kN} \cdot \text{m}$$

$$M_B = M_{B1} + M_{B2} = 12.25 + 42.60 = 54.85 \text{kN} \cdot \text{m}$$

$$V_A = V_{A1} + V_{A2} = 14.85 + 6.46 = 21.31 \text{kN}$$

$$V_B = V_{B1} + V_{B2} = 9.28 + 6.46 = 15.74 \text{kN}$$

思考：(1) 当本题中厂房长度为 54m 时，其他条件不变。查《砌规》表 4.2.1 可知，房屋横墙间距 $s=54$m，应为弹性方案。

弹性方案的静力计算步骤同上述刚弹性方案，只是空间性能影响系数 $\eta=1.0$，即 R 反向作用于排架柱顶。

(2) 在计算柱底弯矩、剪力时，除了上述叠加法计算外，也可以求出柱 A、B 的柱顶剪力，根据柱子所受剪力、外荷载（如风荷载）由力学计算方法求出柱底弯矩和剪力。具体如下：

第一步，求出图 5.1.5 中排架在 w_1、w_2 作用下的柱顶剪力：
$$V_{11} = \frac{3}{8} w_1 H = \frac{3}{8} \times 3.6 \times 6.6 = 8.91 \text{kN}(\leftarrow)$$
$$V_{21} = \frac{3}{8} w_2 H = \frac{3}{8} \times 2.25 \times 6.6 = 5.57 \text{kN}(\leftarrow)$$

第二步，求出 ηR 作用下，柱顶剪力：
$$\eta R = 0.68(4.5 + 8.91 + 5.57) = 12.91 \text{kN}$$
$$V_{12} = \frac{\eta R}{2} = -6.46 \text{kN}(\rightarrow)$$
$$V_{22} = \frac{\eta R}{2} = -6.46 \text{kN}(\rightarrow)$$

第三步，求柱底弯矩、剪力：
$$V_1 = V_{11} + V_{12} = 8.91 - 6.46 = 2.45 \text{kN}(\leftarrow)$$
$$V_2 = V_{21} + V_{22} = 5.57 - 6.46 = -0.89 \text{kN}(\leftarrow)$$

对于柱 A（图 5.1.6）
$$M_A = -V_1 H + w_1 \cdot \frac{H^2}{2} = -2.45 \times 6.6 + \frac{3.6}{2} \times 6.6^2 = 62.24 \text{kN} \cdot \text{m}$$
$$V_A = V_1 - w_1 H = 2.45 - 3.6 \times 6.6 = -21.31(\leftarrow)$$

对于柱 B：
$$M_B = -V_2 H + w_2 \frac{H^2}{2} = 0.89 \times 6.6 + \frac{2.25}{2} \times 6.6^2 = 54.88 \text{kN}$$
$$V_B = V_2 - w_2 H = -0.89 - 2.25 \times 6.6 = -15.74(\leftarrow)$$

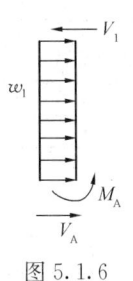

图 5.1.6

- （3）刚性方案

《砌规》规定：

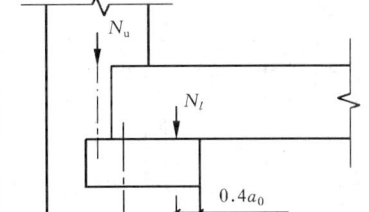

图 4.2.5 梁端支承压力位置

注：当板支撑于墙上时，板端支承压力 N_l 到墙内边的距离可取板的实际支承长度 a 的 0.4 倍。

4.2.5 刚性方案房屋的静力计算，应按下列规定进行：

1 单层房屋：在荷载作用下，墙、柱可视为上端不动铰支承于屋盖，下端嵌固于基础的竖向构件；

2 多层房屋：在竖向荷载作用下，墙、柱在每层高度范围内，可近似地视作两端铰支的竖向构件；在水平荷载作用下，墙、柱可视作竖向连续梁；

3 对本层的竖向荷载，应考虑对墙、柱的实际偏心影响，梁端支承压力 N_l 到墙内边的距离，应取梁端有效支承长度 a_0 的 0.4 倍（图 4.2.5）。由上面楼层传来的荷载 N_u，可视作作用于上一楼层的墙、柱的截面重心处；

4 对于梁跨度大于 9m 的墙承重的多层房屋，按上述方法计算时，应考虑梁端约束弯矩的影响。可按梁两端固结计算梁端弯矩，再将其乘以修正系数 γ 后，按墙体线性刚度分到上层墙底部和下层墙顶部，修正系数 γ 可按下式计算：

$$\gamma = 0.2 \sqrt{\frac{a}{h}} \quad (4.2.5)$$

式中 a——梁端实际支承长度；

h——支承墙体的墙厚，当上下墙厚不同时取下部墙厚，当有壁柱时取 h_T。

4.2.6 刚性方案多层房屋的外墙，计算风荷载时应符合下列要求：

1 风荷载引起的弯矩，可按下式计算：

$$M = \frac{wH_i^2}{12} \qquad (4.2.6)$$

式中 w——沿楼层高均布风荷载设计值（kN/m）；

H_i——层高（m）。

2 当外墙符合下列要求时，静力计算可不考虑风荷载的影响：

1) 洞口水平截面面积不超过全截面面积的 2/3；
2) 层高和总高不超过表 4.2.6 的规定；
3) 屋面自重不小于 $0.8kN/m^2$。

外墙不考虑风荷载影响时的最大高度 表 4.2.6

基本风压值（kN/m^2）	层高（m）	总高（m）
0.4	4.0	28
0.5	4.0	24
0.6	4.0	18
0.7	3.5	18

注：对于多层混凝土砌块房屋，当外墙厚度不小于 190mm、层高不大于 2.8m、总高不大于 19.6m、基本风压不大于 $0.7kN/m^2$ 时，可不考虑风荷载的影响。

需注意的是：

(1) 《砌规》4.2.5 条中图 4.2.5 注的规定。

(2) 《砌规》4.2.5 条第 1 款的规定，其计算简图如图 5.1.7 所示。

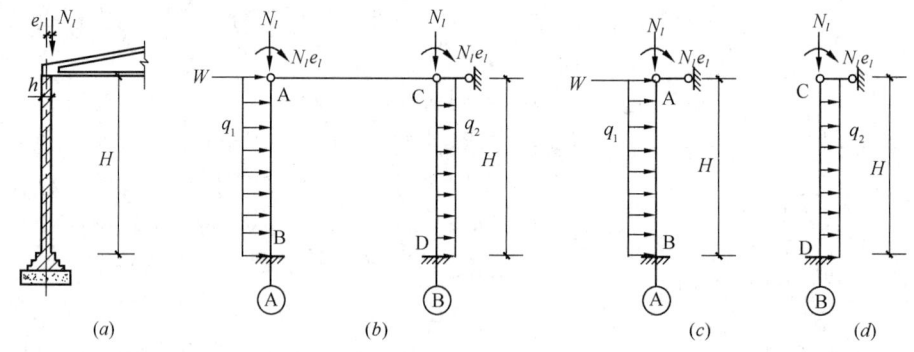

图 5.1.7 刚性方案单层房屋计算简图

(3) 《砌规》4.2.5 条第 2 款的规定，在竖向荷载作用下，其计算简图如图 5.1.8 (b)、(c) 所示；在水平荷载作用下，其计算简图如图 5.1.8 (d)、(e) 所示。

(4) 《砌规》4.2.5 条第 4 款的规定，其内涵是指："一是按梁端铰支计算简图计算墙体的承载力；二是再根据梁端上部条件，考虑一定的约束弯矩计算墙体的承载力，最终按两者中的最不利控制之"。此外，当上、下墙体厚度不相同时，如规范图 4.2.5，还应考虑 N_u（由上部楼层传来的荷载）产生的偏心弯矩的影响。

【例 5.1.5】 已知某刚性方案多层砌体结构房屋，纵墙承重，外墙厚 490mm，进深梁跨度净 9.9m，截面尺寸 $b \times h = 300mm \times 900mm$，梁端支承长度 370mm，梁端下部设有刚性垫块，其厚度为490mm。梁上荷载基本组合的均布荷载设计值（包括梁自重）36.0kN/m，上、下二层墙高和墙厚相同。砌体抗压强度设计值为1.5MPa，梁有效支承长度a_0为245mm。$\gamma_0 = 1.0$。

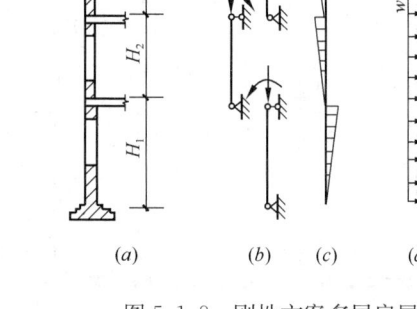

图5.1.8 刚性方案多层房屋计算简图

试问：确定下层墙上端弯矩。

【**解答**】（1）按简支计算简图考虑

梁计算跨度l_0：

$l_0 = \min(l_n + a, 1.05 l_n)$
$= \min(9.9 + 0.37, 1.05 \times 9.9)$
$= \min(10.27, 10.395) = 10.27\text{m}$

梁端支反力N_l：

$N_l = \frac{1}{2} q l_0 = \frac{1}{2} \times 36 \times 10.27 = 184.86\text{kN}$

由《砌规》4.2.5条第3款，墙上端弯矩M：

$M = N_l \left(\frac{h}{2} - 0.4 a_0 \right) = 184.86 \times \left(\frac{0.490}{2} - 0.4 \times 0.245 \right) = 27.17\text{kN} \cdot \text{m}$

（2）按梁端有约束考虑

梁端嵌固时支座弯矩M_0：

$M_0 = \frac{1}{12} q l_0^2 = \frac{1}{12} \times 36 \times 10.27^2 = 316.42\text{kN} \cdot \text{m}$

由《砌规》4.2.5条第4款：

$\gamma = 0.2 \sqrt{\frac{a}{h}} = 0.2 \sqrt{\frac{370}{490}} = 0.1738$

梁端约束弯矩M_1：

$M_1 = \gamma M_0 = 0.1738 \times 316.42 = 54.99\text{kN} \cdot \text{m}$

下层墙上端弯矩M：

$M = \frac{1}{2} M_1 = 27.50\text{kN} \cdot \text{m}$

（3）故按梁端有约束考虑时更为不利，所以取$M = 27.50\text{kN} \cdot \text{m}$。

思考：（1）梁有效支承长度a_0值的计算是依据《砌规》5.2.4条，即：$a_0 = 10\sqrt{h_c/f} = 10\sqrt{900/1.5} = 244.95\text{mm}$。

（2）假若大梁上、下墙体不等厚，如《砌规》4.2.5条图4.2.5所示，则上部传来的N_u会产生弯矩值与大梁分别按简支模型、嵌固模型产生的弯矩值进行叠加，按包络原则进行处理。

【**例5.1.6**】某三层砌体结构房屋局部平面布置图如图5.1.9所示，每层结构布置相同，层高均为3.6m。墙体采用MU10级烧结普通砖、M10级混合砂浆砌筑，砌体施工质量控制等级B级。现浇钢筋混凝土梁（XL）截面为250mm×800mm，支承在壁柱上，梁下刚性垫块尺寸为480mm×360mm×180mm，现浇钢筋混凝土楼板。梁端支承压力设计值为N_l，由上层墙体传来的荷载轴向压力设计值为N_u。$\gamma_0 = 1.0$。

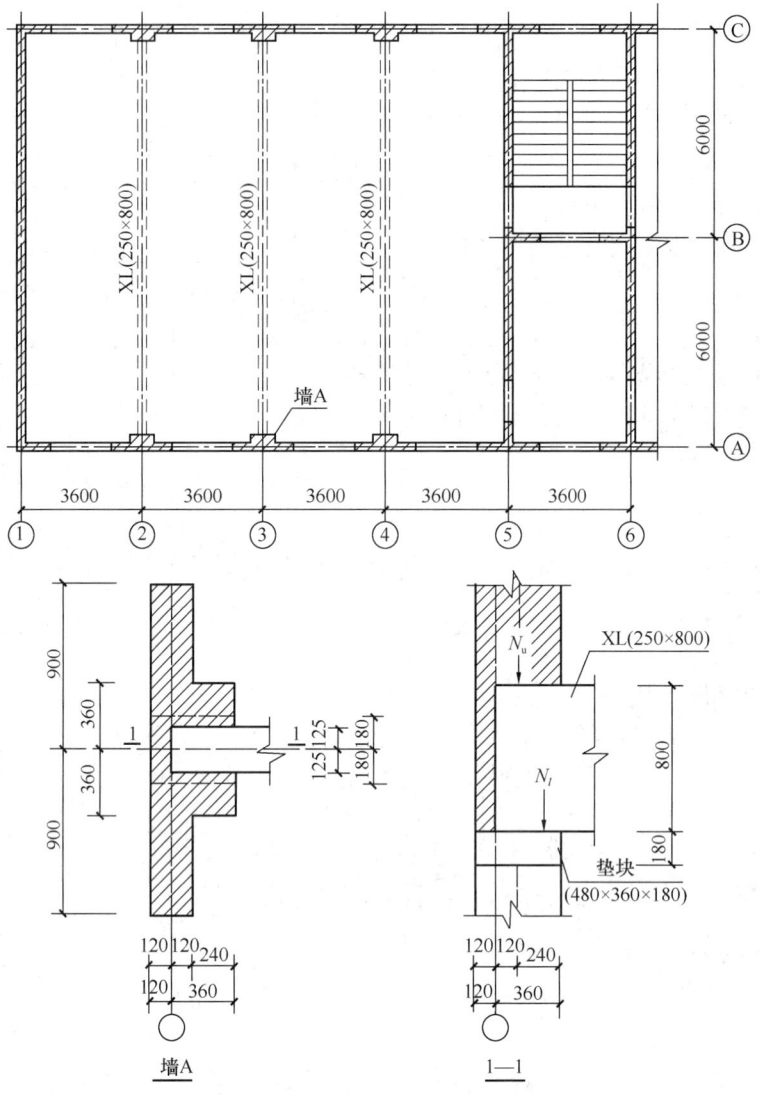

图 5.1.9

假定，墙 A 的截面折算厚度 $h_T=0.4m$，相应于荷载基本组合的作用在 XL 上的荷载设计值（包括恒荷载、梁自重、活荷载）为 30kN/m，梁 XL 计算跨度为 12m。试问，二层 XL 梁端约束弯矩设计值（kN·m），与下列何项数值最为接近？

(A) 70　　　　(B) 90　　　　(C) 180　　　　(D) 360

【解答】 根据《砌规》4.2.5 条：

$$M=\frac{1}{12}ql^2=\frac{1}{12}\times 30\times 12^2=360 \text{kN·m}$$

$$r=0.2\sqrt{\frac{a}{h_T}}=0.2\sqrt{\frac{360}{400}}=0.19$$

梁端约束弯矩 $=rM=0.19\times 360=68.4$ kN·m

故应选 (A) 项。

【例 5.1.7】 某多层砌体结构房屋（刚性方案），如图 5.1.10 所示，图中风荷载为设计值。$\gamma_0=1.0$。

试问： 外墙在二层顶处由风荷载引起的负弯矩设计值（kN/m），应与下列何项数值最为接近？

提示： 按每米墙宽计算。

(A) -0.3 (B) -0.4
(C) -0.5 (D) -0.6

【解答】 由《砌规》4.2.6 条

$$M = -\frac{wH_1^2}{12} = -\frac{0.5 \times 3^2}{12} = -0.375 \text{kN} \cdot \text{m}$$

故应选（B）项。

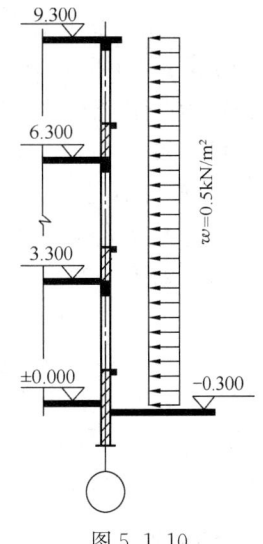

图 5.1.10

- （4）上柔下刚多层房屋

《砌规》规定：

> 4.2.7 计算上柔下刚多层房屋时，顶层可按单层房屋计算，其空间性能影响系数可根据屋盖类别按本规范表 4.2.4 采用。

【例 5.1.8】 如图 5.1.11 所示，某二层砌体结构房屋，墙体采用 MU10 烧结普通砖、M5 混合砂浆，纵墙厚 370mm，横墙厚 240mm，二层为空旷房间，屋盖采用装配式有檩体系屋面、混凝土组合屋架（屋架反力对纵墙截面的偏心距为 50mm）。屋盖恒载（包括屋架）标准值 2.9kN/m²（水平投影），纵墙每开间窗洞尺寸（二层）为 2400mm×2400mm，纵墙自重标准值 6.4kN/m²，窗自重标准值 0.45kN/m²。基本风压标准值为

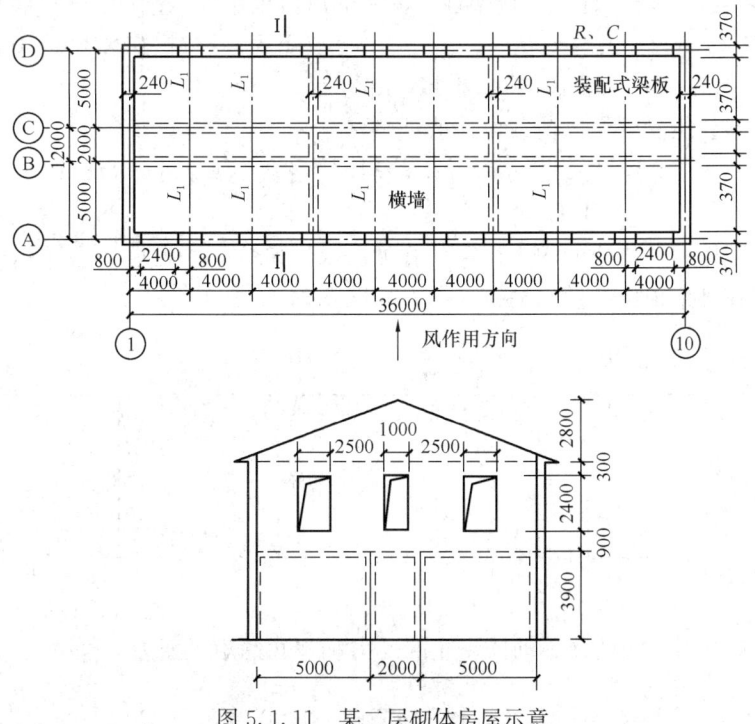

图 5.1.11 某二层砌体房屋示意

0.458kN/m^2,高度变化系数 $\mu_z=1.0$。$\gamma_0=1.0$。

试问:在风荷载作用下的顶层窗间墙底弯矩值、剪力值。

提示:按《工程结构通用规范》作答。

【解答】(1)根据《砌规》4.2.7条,可知顶层可按单层房屋计算

根据《砌规》表4.2.1可知,本题屋盖为第2类,房屋横墙间距 $s=36\text{m}$,故第二层静力计算方案为刚弹性方案。

查《砌规》表4.2.4,可得空间性能影响系数 $\eta=0.68$。

(2)风荷载计算

取计算单元4.0m为一个开间,1600mm的窗间墙垛作为计算截面。由《建筑结构荷载规范》表8.3.1得风荷载体型系数 μ_s,具体数值见图5.1.12,其计算如下:

$$\tan\alpha = \frac{2.8}{6.0} = 0.467, \alpha = 25.02°$$

内插求得:

$$\mu_s = -0.6 + \frac{25.02-15}{30-15}(0.6-0) = -0.199 \approx -0.20$$

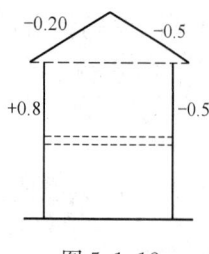

图5.1.12

由《结通规》3.1.13条、4.6.5条,取 $\beta_z=1.2$,则:

每榀屋架下弦受到的柱顶集中力设计值 F_w:

$$F_w = 1.5\beta_z\mu_s\mu_z w_0 BH$$
$$= 1.5 \times 1.2 \times (0.5-0.20) \times 1 \times 0.458 \times 4 \times 2.8$$
$$= 2.77\text{kN}$$

迎风面排架柱所受到的风荷载设计值:

$$w_1 = 1.5\beta_z\mu_s\mu_z w_0 B = 1.5 \times 1.2 \times 0.8 \times 1 \times 0.458 \times 4$$
$$= 2.64\text{kN/m}$$

背风面排架柱所受到的风荷载设计值:

$$w_2 = 1.5\beta_z\mu_s\mu_z w_0 B = 1.5 \times 1.2 \times 0.5 \times 1 \times 0.458 \times 4$$
$$= 1.65\text{kN/m}$$

(3)风荷载作用下排架的内力计算(叠加法求排架柱底弯矩)

第一步,在排架顶面加设不动铰支承,如图5.1.13所示。

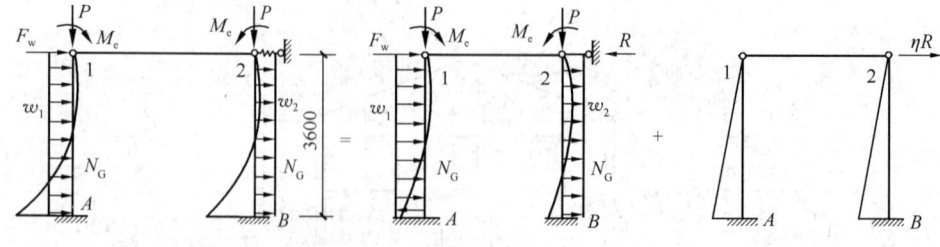

图5.1.13

在 w_1、w_2 作用下的柱顶不动铰支座的反力和柱底弯矩、剪力:

$$R_1 = \frac{3}{8}w_1 H = \frac{3}{8} \times 2.64 \times 3.6 = 3.56\text{kN}$$

$$R_2 = \frac{3}{8}w_2H = \frac{3}{8} \times 1.65 \times 3.6 = 2.23\text{kN}$$

$$M_{A1} = \frac{1}{8}w_1H^2 = \frac{1}{8} \times 2.64 \times 3.6^2 = 4.28\text{kN} \cdot \text{m}$$

$$M_{B1} = \frac{1}{8}w_2H^2 = \frac{1}{8} \times 1.65 \times 3.6^2 = 2.67\text{kN} \cdot \text{m}$$

$$V_{A1} = \frac{5}{8}w_1H = \frac{5}{8} \times 2.64 \times 3.6 = 5.94\text{kN}(\leftarrow)$$

$$V_{B1} = \frac{5}{8}w_2H = \frac{5}{8} \times 1.65 \times 3.6 = 3.71\text{kN}(\leftarrow)$$

第二步，拆除水平不动铰支杆，将 ηR 反向作用于排架，其柱底内力为：

$$\eta R = 0.68 \times (F_w + R_1 + R_2)$$

$$= 0.68 \times (2.77 + 3.56 + 2.23) = 5.82\text{kN}$$

$$M_{A2} = M_{B2} = \frac{\eta R}{2}H = \frac{5.82}{2} \times 3.6 = 10.48\text{kN} \cdot \text{m}$$

$$V_{A2} = V_{B2} = \frac{\eta R}{2} = \frac{5.82}{2} = 2.91\text{kN}(\leftarrow)$$

上述两步结果进行叠加：

$$M_A = M_{A1} + M_{A2} = 4.28 + 10.48 = 14.76\text{kN} \cdot \text{m}$$

$$M_B = M_{B1} + M_{B2} = 2.67 + 10.48 = 13.15\text{kN} \cdot \text{m}$$

$$V_A = V_{A1} + V_{A2} = 5.94 + 2.91 = 8.85(\leftarrow)$$

$$V_B = V_{B1} + V_{B2} = 3.71 + 2.91 = 6.62(\leftarrow)$$

思考：在竖向恒载作用下，顶层纵墙下端截面的内力标准值应为多少？

顶层纵墙上端截面：

$$N_{G\text{上}} = 2.9 \times 4 \times \frac{12}{2} = 69.6\text{kN}$$

$$M_{G\text{上}} = 69.6 \times 0.05 = 3.48\text{kN} \cdot \text{m}$$

顶层纵墙下端截面：

$$N_{G\text{下}} = 69.6 + 6.4 \times (4 \times 3.6 - 2.4 \times 2.4) + 0.45 \times 2.4^2$$

$$= 69.6 + 55.30 + 2.59 = 127.49\text{kN}$$

$$M_{G\text{下}} = 3.48/2 = 1.74\text{kN} \cdot \text{m}$$

4. 其他规定

《砌规》规定：

4.2.8 带壁柱墙的计算截面翼缘宽度 b_f，可按下列规定采用：

1 多层房屋，当有门窗洞口时，可取窗间墙宽度；当无门窗洞口时，每侧翼墙宽度可取壁柱高度（层高）的 1/3，但不应大于相邻壁柱间的距离；

2 单层房屋，可取壁柱宽加 2/3 墙高，但不应大于窗间墙宽度和相邻壁柱间的距离；

3 计算带壁柱墙的条形基础时，可取相邻壁柱间的距离。

4.2.9 当转角墙段角部受竖向集中荷载时，计算截面的长度可从角点算起，每侧宜取层高的 1/3。当上述墙体范围内有门窗洞口时，则计算截面取至洞边，但不宜大于层高的 1/3。当上层的竖向集中荷载传至本层时，可按均布荷载计算，此时转角墙段可按角形截面偏心受压构件进行承载力验算。

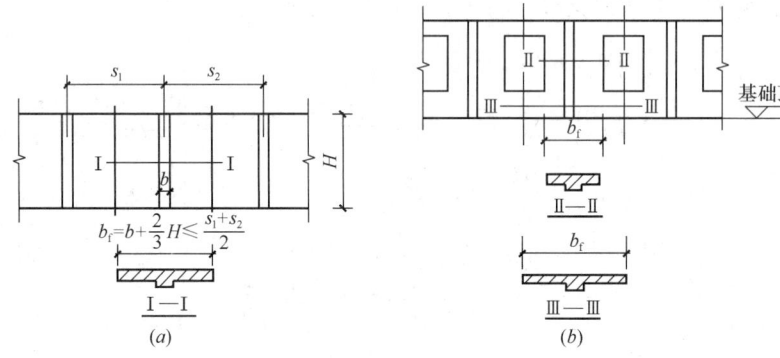

图 5.1.14

需注意的是：

（1）《砌规》4.2.8 条第 1 款、第 2 款规定，如图 5.1.14 所示，其中，Ⅰ-Ⅰ 截面针对无门窗洞口时，b_f 的取值；Ⅱ-Ⅱ 截面针对有门窗洞口时，b_f 的取值。

（2）《砌规》4.2.8 条第 3 款的规定，如图 5.1.14（b）中 Ⅲ-Ⅲ 截面所示。

【例 5.1.9】 某单层砌体结构房屋的山墙如图 5.1.15 所示，纵墙间距为 15m，山墙顶和屋盖系统拉结。带壁柱墙的高度（自基础顶面至壁柱顶面）为 10.5m，壁柱宽 370mm。

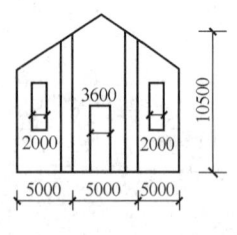

图 5.1.15

试问： 确定截面翼缘宽度。

【解答】 壁柱宽加 2/3 墙高：
$$b_f = 370 + 10500 \times 2/3 = 7370 \text{mm}$$

不大于窗间墙宽度：
$$b_f = \frac{5000+5000}{2} - \frac{3600}{2} - \frac{2000}{2} = 2200 \text{mm}$$

相邻壁柱间距离：$b_f = 5000 \text{mm}$
$$b_f = \min\{7370, 2200, 5000\} = 2200 \text{mm}$$

思考： 若山墙不开窗，只有门洞，则其翼缘宽度为多少？

不大于窗间墙宽度：$b_f = \dfrac{5000-3600}{2} + \dfrac{5000}{2} = 3200 \text{mm}$

$$b_f = \min\{7370, 3200, 5000\} = 3200 \text{mm}$$

右侧壁柱墙截面如图 5.1.16 所示。

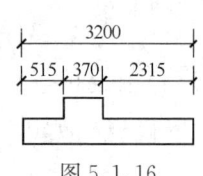

图 5.1.16

第二节 无筋砌体构件的承载力计算

一、材料强度等级

- 复习《砌通规》2.0.1条~2.0.7条。

《砌通规》规定：

2.0.4 砌体强度设计值应通过砌体强度标准值除以砌体结构的材料性能分项系数计算确定，并应按施工质量控制等级确定砌体结构的材料性能分项系数。施工质量控制等级为A级、B级和C级时，材料性能分项系数应分别取1.5、1.6和1.8。

- 复习《砌通规》3.1.1条~3.1.5条。
- 复习《砌通规》3.2.1条~3.2.9条。
- 复习《砌通规》3.3.1条~3.3.5条。

同时，《砌规》3.1.1条、3.1.2条也作了相应规定。

- 复习《砌规》3.1.1条、3.1.2条。

两本规范存在不协调，应执行《砌通规》。

《砌通规》3.3.1条规定：

3.3.1 砌筑砂浆的最低强度等级应符合下列规定：
1 设计工作年限大于和等于25年的烧结普通砖和烧结多孔砖砌体应为M5，设计工作年限小于25年的烧结普通砖和烧结多孔砖砌体应为M2.5；
2 蒸压加气混凝土砌块砌体应为Ma5，蒸压灰砂普通砖和蒸压粉煤灰普通砖砌体应为Ms5；
3 混凝土普通砖、混凝土多孔砖砌体应为Mb5；
4 混凝土砌块、煤矸石混凝土砌块砌体应为Mb7.5；
5 配筋砌块砌体应为Mb10；
6 毛料石、毛石砌体应为M5。

二、耐久性规定

- 复习《砌通规》3.2.4条~3.2.6条。
- 复习《砌规》4.3.1条~4.3.5条。

注意，《砌通规》3.2.4条、3.2.5条规定，与《砌规》4.3.5条不协调，应执行《砌通规》。

三、砌体的计算指标

1. 砌体的抗压强度设计值的计算

《砌规》规定：

3.2.1 龄期为28d的以毛截面计算的砌体抗压强度设计值，当施工质量控制等级为B级时，应根据块体和砂浆的强度等级分别按下列规定采用：

1 烧结普通砖、烧结多孔砖砌体的抗压强度设计值，应按表3.2.1-1采用。

烧结普通砖和烧结多孔砖砌体的抗压强度设计值（MPa） 表3.2.1-1

砖强度等级	砂浆强度等级					砂浆强度
	M15	M10	M7.5	M5	M2.5	0
MU30	3.94	3.27	2.93	2.59	2.26	1.15
MU25	3.60	2.98	2.68	2.37	2.06	1.05
MU20	3.22	2.67	2.39	2.12	1.84	0.94
MU15	2.79	2.31	2.07	1.83	1.60	0.82
MU10	—	1.89	1.69	1.50	1.30	0.67

注：当烧结多孔砖的孔洞率大于30%时，表中数值应乘以0.9。

2 混凝土普通砖和混凝土多孔砖砌体的抗压强度设计值，应按表3.2.1-2采用。

混凝土普通砖和混凝土多孔砖砌体的抗压强度设计值（MPa） 表3.2.1-2

砖强度等级	砂浆强度等级					砂浆强度
	Mb20	Mb15	Mb10	Mb7.5	Mb5	0
MU30	4.61	3.94	3.27	2.93	2.59	1.15
MU25	4.21	3.60	2.98	2.68	2.37	1.05
MU20	3.77	3.22	2.67	2.39	2.12	0.94
MU15	—	2.79	2.31	2.07	1.83	0.82

3 蒸压灰砂普通砖和蒸压粉煤灰普通砖砌体的抗压强度设计值，应按表3.2.1-3采用。

蒸压灰砂普通砖和蒸压粉煤灰普通砖砌体的抗压强度设计值（MPa） 表3.2.1-3

砖强度等级	砂浆强度等级				砂浆强度
	M15	M10	M7.5	M5	0
MU25	3.60	2.98	2.68	2.37	1.05
MU20	3.22	2.67	2.39	2.12	0.94
MU15	2.79	2.31	2.07	1.83	0.82

注：当采用专用砂浆砌筑时，其抗压强度设计值按表中数值采用。

4 单排孔混凝土砌块和轻集料混凝土砌块对孔砌筑砌体的抗压强度设计值，应按表3.2.1-4采用。

单排孔混凝土砌块和轻集料混凝土砌块对孔砌筑砌体的抗压强度设计值（MPa）
表3.2.1-4

砌块强度等级	砂浆强度等级					砂浆强度
	Mb20	Mb15	Mb10	Mb7.5	Mb5	0
MU20	6.30	5.68	4.95	4.44	3.94	2.33
MU15	—	4.61	4.02	3.61	3.20	1.89
MU10	—	—	2.79	2.50	2.22	1.31
MU7.5	—	—	—	1.93	1.71	1.01
MU5	—	—	—	—	1.19	0.70

注：1 对独立柱或厚度为双排组砌的砌块砌体，应按表中数值乘以0.7；
2 对T形截面墙体、柱，应按表中数值乘以0.85。

5 单排孔混凝土砌块对孔砌筑时，灌孔砌体的抗压强度设计值 f_g，应按下列方法确定：

1) 混凝土砌块砌体的灌孔混凝土强度等级不应低于Cb20，且不应低于1.5倍的块体强度等级。灌孔混凝土强度指标取同强度等级的混凝土强度指标。

2) 灌孔混凝土砌块砌体的抗压强度设计值 f_g，应按下列公式计算：

$$f_g = f + 0.6\alpha f_c \quad (3.2.1\text{-}1)$$
$$\alpha = \delta\rho \quad (3.2.1\text{-}2)$$

式中 f_g——灌孔混凝土砌块砌体的抗压强度设计值，该值不应大于未灌孔砌体抗压强度设计值的2倍；

f——未灌孔混凝土砌块砌体的抗压强度设计值，应按表3.2.1-4采用；

f_c——灌孔混凝土的轴心抗压强度设计值；

α——混凝土砌块砌体中灌孔混凝土面积与砌体毛面积的比值；

δ——混凝土砌块的孔洞率；

ρ——混凝土砌块砌体的灌孔率，系截面灌孔混凝土面积与截面孔洞面积的比值，灌孔率应根据受力或施工条件确定，且不应小于33%。

6 双排孔或多排孔轻集料混凝土砌块砌体的抗压强度设计值，应按表3.2.1-5采用。

双排孔或多排孔轻集料混凝土砌块砌体的抗压强度设计值（MPa） 表 3.2.1-5

砌块强度等级	砂浆强度等级			砂浆强度
	Mb10	Mb7.5	Mb5	0
MU10	3.08	2.76	2.45	1.44
MU7.5	—	2.13	1.88	1.12
MU5	—	—	1.31	0.78
MU3.5	—	—	0.95	0.56

注：1 表中的砌块为火山渣、浮石和陶粒轻集料混凝土砌块；
    2 对厚度方向为双排组砌的轻集料混凝土砌块砌体的抗压强度设计值，应按表中数值乘以0.8。

7 块体高度为180mm～350mm的毛料石砌体的抗压强度设计值，应按表3.2.1-6采用（具体见规范，此处略）。

8 毛石砌体的抗压强度设计值，应按表3.2.1-7采用（具体见规范，此处略）。

3.2.3 下列情况的各类砌体，其砌体强度设计值应乘以调整系数 γ_a：

1 对无筋砌体构件，其截面面积小于0.3m²时，γ_a 为其截面面积加0.7；对配筋砌体构件，当其中砌体截面面积小于0.2m²时，γ_a 为其截面面积加0.8；构件截面面积以"m²"计；

2 当砌体用强度等级小于M5.0的水泥砂浆砌筑时，对第3.2.1条各表中的数值，γ_a 为0.9；对第3.2.2条表3.2.2中数值，γ_a 为0.8；

3 当验算施工中房屋的构件时，γ_a 为1.1。

3.2.4 施工阶段砂浆尚未硬化的新砌砌体的强度和稳定性，可按砂浆强度为零进行验算。对于冬期施工采用掺盐砂浆法施工的砌体，砂浆强度等级按常温施工的强度等级提高一级时，砌体强度和稳定性可不验算。配筋砌体不得用掺盐砂浆施工。

《砌通规》3.4.1 条规定，与《砌规》3.2.3 条是相同的。

需注意的是：

(1)《砌规》表 3.2.1-1 的注的规定。

(2)《砌规》表 3.2.1-4 的注 1、2 的规定。其中，"双排组砌"是指在墙体厚度方向采用两排的单排孔混凝土砌块进行砌筑。

(3)《砌规》表 3.2.1-5 的注 1、2 的规定。

(4)《砌规》表 3.2.1-6 的注的规定。

(5) 砌体施工质量控制等级对砌体的强度设计值的影响，《砌规》4.1.1 条~4.1.5 条的条文说明中指出：

> 4.1.1~4.1.5（条文说明）
>
> 当采用 C 级时，砌体强度设计值应乘第 3.2.3 条的 γ_a，$\gamma_a=0.89$；当采用 A 级施工质量控制等级时，可将表中砌体强度设计值提高 5%。施工质量控制等级的选择主要根据设计和建设单位商定，并在工程设计图中明确设计采用的施工质量控制等级。
>
> ……
>
> 但是考虑到我国目前的施工质量水平，对一般多层房屋宜按 B 级控制。对配筋砌体剪力墙高层建筑，设计时宜选用 B 级的砌体强度指标，而在施工时宜采用 A 级的施工质量控制等级。

【例 5.2.1】 一轴心受压砖柱，截面 370mm×490mm，采用 MU10 烧结多孔砖（孔洞率为 32%）和 M5 混合砂浆砌筑，砌体施工质量控制等级为 B 级。试问，其抗压强度设计值为多少？

【解答】 查《砌规》表 3.2.1-1 及注孔洞率 32%>30%，$f=0.9×1.50$，又 $A=0.37×0.49=0.181\text{m}^2<0.3\text{m}^2$，由《砌规》3.2.3 条，故 $\gamma_a=0.7+A=0.881$，则：

$$f=\gamma_a f=0.881×0.9×1.50=1.19\text{N/mm}^2$$

思考： 若题目中 M5 混合砂浆为 M2.5 水泥砂浆，则其抗压强度设计值为多少？

此时由《砌规》3.2.3 条可知，$\gamma_a=(0.7+A)×0.9=0.881×0.9$

MU10、M2.5，查《砌规》表 3.2.1-1 及注，取 $f=0.9×1.30$

$$f=\gamma_a f=0.881×0.9×(0.9×1.30)=0.928\text{N/mm}^2$$

【例 5.2.2】 用 MU10 单排孔混凝土空心砌块对孔砌筑的 T 形截面砌体，采用 Mb5 水泥砂浆，砌体施工质量控制等级为 B 级。试确定该砌体的抗压强度设计值 f。

【解答】 查规范表 3.2.1.4 及注 2：

$$f=2.22×0.85=1.887\text{N/mm}^2$$

Mb5 水泥砂浆，根据《砌规》3.2.3 条，不考虑 f 的调整，则：

$$f=1.887\text{N/mm}^2$$

【例 5.2.3】 某混凝土空心砌块砌筑的截面为 390mm×590mm 的独立柱，用 MU10 单排孔混凝土砌块对孔砌筑，Mb7.5 专用砂浆，砌块的孔洞率为 45%，用 Cb20 细石混凝土灌实，灌孔率为 100%，砌体施工质量控制等级为 B 级。试确定该砌体的抗压强度设计值。

【解答】 查《砌规》表 3.2.1-4 可得：$f=2.50\text{N/mm}^2$。

又根据表 3.2.1-4 注 2 规定，对独立柱应对表中数值乘以 0.7，取 $f=2.50\times0.7=1.75\text{N/mm}^2$。

又因为 $A=0.39\times0.59=0.230\text{m}^2<0.3\text{m}^2$，由《砌规》3.2.3 条：
$$\gamma_a=0.7+A=0.7+0.230=0.930$$
故取 $f=\gamma_a f=0.930\times1.75=1.6275\text{N/mm}^2$

由《砌规》3.2.1 条：$f_g=f+0.6\alpha f_c=f+0.6\delta\rho f_c=1.6275+0.6\times0.45\times1\times9.6=4.2195\text{N/mm}^2>2f=2\times1.6275=3.255\text{N/mm}^2$，故取 $f_g=3.255\text{N/mm}^2$。

【例 5.2.4】 某单层厂房带壁柱的窗间墙，窗间墙截面面积为 0.68m^2，采用 MU15 蒸压灰砂普通砖和 Ms5 水泥砂浆，其上支承有一跨度为 7.2m 的屋面梁，砌体施工质量控制等级为 B 级。试确定砌体的抗压强度设计值 f。

【解答】 查《砌规》表 3.2.1-3 可得：$f=1.83\text{N/mm}^2$。

又 $A=0.67\text{m}^2>0.3\text{m}^2$，根据《砌规》3.2.3 条第 1 款，不调整 f。

Ms5 水泥砂浆，根据《砌规》3.2.3 条第 2 款，不调整 f。

最终取 $f=1.83\text{N/mm}^2$

思考：假定本题目的砌体施工质量控制等级为 C 级，其他条件不变，则砌体的抗压强度设计值 f 为多少？

此时，根据《砌规》4.1.1 条～4.1.5 条的条文说明，取 $\gamma_a=0.89$，则：$f=0.89\times1.83=1.63\text{N/mm}^2$

总结：砌体的强度设计值的确定步骤如下：

第一步，查《砌规》3.2.1 条相应表格，及其相应表的注的规定。

第二步，根据《砌规》3.2.3 条和 4.1.1 条～4.1.5 条的条文说明乘以相应调整系数，如：砌体截面面积、M2.5 水泥砂浆、砌体施工质量控制等级的调整系数。

2. 砌体的轴心抗拉、弯曲抗拉和抗剪强度设计值的计算

- 复习《砌规》3.2.2 条。

需注意的是：

《砌规》表 3.2.2 注 2 的规定，例如：蒸压灰砂普通砖，采用专用砂浆 Ms7.5 时，其 $f_v=0.14\text{MPa}$；当采用普通砂浆 M7.5 时，取 $f_v=0.10\text{MPa}$。

具体计算的示例，见本章后面的轴拉、受弯和受剪构件。

3. 砌体的弹性模量

- 复习《砌规》3.2.5 条。

需注意的是：

(1)《砌规》表 3.2.5-1 中注 1、2、3、4、5 的规定。

(2)《砌规》3.2.5 条的条文说明中指出：

3.2.5（条文说明）

因为弹性模量是材料的基本力学性能，与构件尺寸等无关，而强度调整系数主要是针对构件强度与材料强度的差别进行的调整，故弹性模量中的砌体抗压强度值不需用3.2.3条进行调整。

四、受压构件

1. 一般规定

《砌通规》规定：

4.1.2 砌体结构构件应依据其受力分别计算轴心受压、偏心受压、局部受压、受弯及受剪等承载力，应保证构件有足够的强度，满足安全性要求。

2. 受压构件的计算高度

《砌规》规定：

5.1.3 受压构件的计算高度 H_0，应根据房屋类别和构件支承条件等按表5.1.3采用。表中的构件高度 H，应按下列规定采用：

1 在房屋底层，为楼板顶面到构件下端支点的距离。下端支点的位置，可取在基础顶面。当埋置较深且有刚性地坪时，可取室外地面下 500mm 处；

2 在房屋其他层，为楼板或其他水平支点间的距离；

3 对于无壁柱的山墙，可取层高加山墙尖高度的 1/2；对于带壁柱的山墙可取壁柱处的山墙高度。

受压构件的计算高度 H_0　　　　表5.1.3

房屋类别			柱		带壁柱墙或周边拉接的墙		
			排架方向	垂直排架方向	$s>2H$	$2H \geqslant s > H$	$s \leqslant H$
有吊车的单层房屋	变截面柱上段	弹性方案	$2.5H_u$	$1.25H_u$	$2.5H_u$		
		刚性、刚弹性方案	$2.0H_u$	$1.25H_u$	$2.0H_u$		
	变截面柱下段		$1.0H_l$	$0.8H_l$	$1.0H_l$		
无吊车的单层和多层房屋	单跨	弹性方案	$1.5H$	$1.0H$	$1.5H$		
		刚弹性方案	$1.2H$	$1.0H$	$1.2H$		
	多跨	弹性方案	$1.25H$	$1.0H$	$1.25H$		
		刚弹性方案	$1.10H$	$1.0H$	$1.1H$		
	刚性方案		$1.0H$	$1.0H$	$1.0H$	$0.4s+0.2H$	$0.6s$

注：1 表中 H_u 为变截面柱的上段高度；H_l 为变截面柱的下段高度；
    2 对于上端为自由端的构件，$H_0=2H$；
    3 独立砖柱，当无柱间支撑时，柱在垂直排架方向的 H_0 应按表中数值乘以 1.25 后采用；
    4 s 为房屋横墙间距；
    5 自承重墙的计算高度应根据周边支承或拉接条件确定。

5.1.4 对有吊车的房屋，当荷载组合不考虑吊车作用时，变截面柱上段的计算高度可按本规范表 5.1.3 规定采用；变截面柱下段的计算高度，可按下列规定采用：

1 当 $H_u/H \leqslant 1/3$ 时，取无吊车房屋的 H_0；

2 当 $1/3 < H_u/H < 1/2$ 时，取无吊车房屋的 H_0 乘以修正系数，修正系数 μ 可按下式计算：

$$\mu = 1.3 - 0.3 I_u/I_l \qquad (5.1.4)$$

式中 I_u——变截面柱上段的惯性矩；

I_l——变截面柱下段的惯性矩。

3 当 $H_u/H \geqslant 1/2$ 时，取无吊车房屋的 H_0。但在确定 β 值时，应采用上柱截面。

注：本条规定也适用于无吊车房屋的变截面柱。

需注意的是：

(1)《砌规》表 5.1.3 中注 1、2、3、4 的规定。

(2)《砌规》表 5.1.3 注 5，其内涵是：①当自承重墙（如：隔墙）与相邻墙（横墙或纵墙）同时砌筑时，即由于接槎连接作用，在查规范表 5.1.3 时，s 按该相邻墙的间距进行取值；②当自

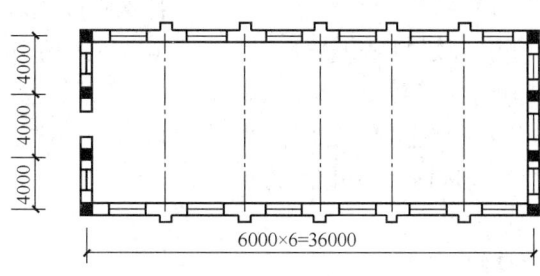

图 5.2.1

承重墙（如：隔墙）后砌筑时，即由于与相邻墙无连接作用，故查规范表 5.1.3 时，s 按 $s > 2H$ 进行取值。

(3)《砌规》5.1.3 条第 1 款的规定。"埋置较深且有刚性地坪"用语表达了埋置较深和同时设有刚性地坪，而后者是必要条件。其中的刚性地坪，按相关规范规定：基础以上墙体两侧的回填土应分层回填压实（回填土和压实密度应符合国家有关规定的规定），在压实土层上铺设的混凝土面层厚度不小于 150mm。这样在基础埋深较深的情况下，设置该刚性地坪能对埋入地下的墙体，在一定程度上起到侧向嵌固或约束作用。其中"可取室外地坪以下 500mm 处"就考虑了这种"刚性地坪"的非刚性约束的影响。

(4)《砌规》5.1.4 条规定："对有吊车的房屋，当荷载组合不考虑吊车作用时，变截面柱上段的计算高度可按本规范表 5.1.3 规定采用"，其内涵是：按规范表 5.1.3 中"有吊车的单层房屋"栏取值。类似的规定，见《混规》表 6.2.20-1 注 2。

【**例 5.2.5**】 某单层砌体结构仓库如图 5.2.1 所示，其纵墙设有壁柱，两端横墙设有钢筋混凝土构造柱，层高 5.1m，装配式无檩体系屋盖。基础埋置较深且设有刚性地坪。试确定纵墙的计算高度。

【**解答**】 查《砌规》表 4.2.1 可知，本题属第 1 类屋盖；又房屋横墙间距 $s=36$m，查《砌规》表 4.2.1 可知，属刚弹性方案。

纵墙为带壁柱墙，其构件高度为：$H = 5.1 + 0.5 = 5.6$m

查《砌规》表 5.1.3，可知其计算高度 $H_0 = 1.2H = 1.2 \times 5.6 = 6.72$m。

思考：若本题的仓库长边方向的墙体间距为 $6000 \times 5 = 30000$mm，其他条件不变，确定纵墙的计算高度。

本题屋盖属第 1 类屋盖，房屋横墙间距 $s = 30$m，查《砌规》表 4.2.1 可知，属于刚

性方案。

带壁柱墙的构件高度 $H=5.1+0.5=5.6m$

$s=30m>2H=2\times5.6=11.2m$,查《砌规》表 5.1.3；计算高度 $H_0=1.0H=5.6m$。

【例 5.2.6】 如图 5.2.2 为某单层房屋的山墙立面，屋盖结构为钢筋混凝土槽形板和钢筋混凝土屋架，刚性方案。基础埋置较深且设有刚性地坪。试确定山墙的计算高度。

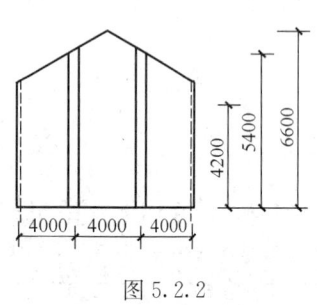

图 5.2.2

【解答】 根据《砌规》5.1.3 条规定：

壁柱处山墙高度 $H=5.4+0.5=5.9m$

刚性方案，$s=12m>2H=2\times5.9=11.8$,查《砌规》表 5.1.3，则：

计算高度 H_0：$H_0=1.0H=1.0\times5.9=5.9m$

【例 5.2.7】 某无吊车单跨单层砌体结构房屋的无壁柱山墙如图 5.2.3 所示。房屋山墙两侧均有外纵墙，采用 MU15 蒸压粉煤灰普通砖，M5 混合砂浆砌筑。山墙、外纵墙墙厚均为 370mm。山墙基础顶面距室外地面 300mm。砌体施工质量控制等级为 B 级。

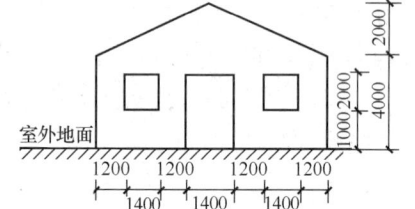

图 5.2.3

试问：

(1) 假定，房屋的静力计算方案为刚性方案，则山墙的计算高度 H_0(m)，应与何项最接近？

(A) 4.5　　(B) 4.7　　(C) 5.3　　(D) 6.4

(2) 假定，房屋的静力计算方案为刚弹性方案，则计算受压构件承载力影响系数时，山墙计算高厚比 β 应与何项接近？

(A) 14　　(B) 16　　(C) 18　　(D) 21

【解答】 (1) $s=9-0.37=8.63m$, $H=0.3+4+\dfrac{2}{2}=5.3m$, 刚性方案, $H=5.3m<s<2H=2\times5.3=10.6m$, 查《砌规》表 5.1.3 知：

$$H_0=0.4s+0.2H$$
$$=0.4\times8.63+0.2\times5.3=4.512m$$

所以应选（A）项。

(2) 查《砌规》表 5.1.2，取 $\gamma_\beta=1.2$；

刚弹性方案，$s=9-0.37=8.63m$，$H=0.3+4+\dfrac{2}{2}=5.3m$，由表 5.1.3：

$$H_0=1.2H=1.2\times5.3=6.36m$$
$$\beta=\gamma_\beta\dfrac{H_0}{h}=1.2\times\dfrac{6360}{370}=20.63$$

所以应选（D）项。

思考：本题因为历年真题，本题目第（2）问题为假定情况，而实际工程中不存在，因为：查《砌规》表 4.2.1，$s=12m$，故一定属于刚性方案。

【例 5.2.8】 某单层单跨变截面砖柱厂房，如图 5.2.4 所示，采用 MU15 烧结普通

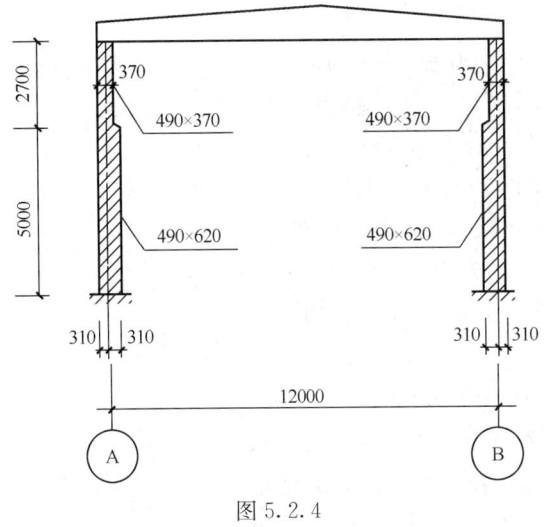

图 5.2.4

砖、M10 混合砂浆砌筑,柱间有支撑,屋盖为装配式无檩体系钢筋混凝土屋盖,静力计算方案为刚弹性方案。

试问:

(1) 有吊车作用时,荷载组合考虑吊车作用,确定柱的计算高度;

(2) 不考虑吊车作用时,确定柱的计算高度。

【解答】 变截面柱上段高度 $H_u = 2700$mm,变截面柱下段高度 $H_l = 5000$mm。

(1) 有吊车作用时,刚弹性方案,查《砌规》表 5.1.3 可知:

排架方向:

上段 $\quad H_{u0} = 2.0 H_u = 2.0 \times 2700 = 5400$mm

下段 $\quad H_{l0} = 1.0 H_l = 1.0 \times 5000 = 5000$mm

垂直排架方向(有柱间支撑)

上段 $\quad H_{u0} = 1.25 H_u = 1.25 \times 2700 = 3375$mm

下段 $\quad H_{l0} = 0.8 H_l = 0.8 \times 5000 = 4000$mm

(2) 不考虑吊车作用时,由《砌规》5.1.4 条规定:

$$H_u/H = 2700/7700 = \frac{1}{2.85}, \text{故 } 1/3 < H_u/H < 1/2$$

排架方向: $\quad I_u = \frac{1}{12}bh^3 = \frac{1}{12} \times 490 \times 370^3, I_l = \frac{1}{12} \times 490 \times 620^3$

$\quad I_u/I_l = (370/620)^3 = 0.6^3 = 0.216$

$\quad \mu = 1.3 - 0.3 I_u/I_l = 1.3 - 0.3 \times 0.216 = 1.235$

垂直排架方向: $I_u = \frac{1}{12}hb^3 = \frac{1}{12} \times 370 \times 490^3, I_l = \frac{1}{12} \times 620 \times 490^3$

$\quad I_u/I_l = 370/620 = 0.597$

$\quad \mu' = 1.3 - 0.3 I_u/I_l = 1.3 - 0.3 \times 0.597 = 1.121$

排架方向:

上段 $\quad H_{u0} = 2.0 H_u = 2 \times 2700 = 5400$mm

下段 $\quad H_{l0} = 1.2 H \mu = 1.2 \times 7700 \mu = 1.2 \times 7700 \times 1.235 = 11411$mm

垂直排架方向(有柱间支撑):

上段 $\quad H_{u0} = 1.25 H_u = 1.25 \times 2700 = 3375$mm

下段 $\quad H_{l0} = 1.0 H \mu' = 1.0 \times 7700 \times 1.121 = 8632$mm

思考: 当本题题目中柱间无支撑,试确定:(1) 有吊车作用时柱的计算高度;(2) 不考虑吊车作用时柱的计算高度。

(1) 有吊车作用时,刚弹性方案

排架方向：
上段 $\quad H_{u0}=2.0H_u=2\times 2700=5400$mm
下段 $\quad H_{l0}=1.0H_l=1.0\times 5000=5000$mm

垂直排架方向（无柱间支撑），由《砌规》表 5.1.3 注 3 的规定：
上段 $\quad H_{u0}=1.25H_u\times 1.25=1.25\times 2700\times 1.25=4219$mm
下段 $\quad H_{l0}=0.8H_l\times 1.25=0.8\times 5000\times 1.25=5000$mm

（2）不考虑吊车作用时，由《砌规》5.1.4 条规定：
$$\mu=1.3-0.3I_u/I_l=1.235;\ \mu'=1.121$$

排架方向：
上段 $\quad H_{u0}=2.0H_u=2\times 2700=5400$mm
下段 $\quad H_{l0}=1.2H\mu=1.2\times 7700\times 1.235=11411$mm

垂直排架方向（无柱间支撑），由《砌规》表 5.1.3 注 3 的规定：
上段 $\quad H_{u0}=1.25H_u\times 1.25=1.25\times 2700\times 1.25=4219$mm
下段 $\quad H_{l0}=1.0H\mu'\times 1.25=1.0\times 7700\times 1.121\times 1.25=10789.6$mm

3. 受压构件的计算

● （1）轴心受压构件的计算

《砌规》规定：

5.1.1 受压构件的承载力，应符合下式的要求：

$$N \leqslant \varphi f A \tag{5.1.1}$$

式中 N——轴向力设计值；
　　　φ——高厚比 β 和轴向力的偏心距 e 对受压构件承载力的影响系数；
　　　f——砌体的抗压强度设计值；
　　　A——截面面积。

注：1 对矩形截面构件，当轴向力偏心方向的截面边长大于另一方向的边长时，除按偏心受压计算外，还应对较小边长方向，按轴心受压进行验算；
　　2 受压构件承载力的影响系数 φ，可按本规范附录 D 的规定采用；
　　3 对带壁柱墙，当考虑翼缘宽度时，可按本规范第 4.2.8 条采用。

5.1.2 确定影响系数 φ 时，构件高厚比 β 应按下列公式计算：

对矩形截面 $\quad\beta=\gamma_\beta\dfrac{H_0}{h}\tag{5.1.2-1}$

对 T 形截面 $\quad\beta=\gamma_\beta\dfrac{H_0}{h_T}\tag{5.1.2-2}$

式中 γ_β——不同材料砌体构件的高厚比修正系数，按表 5.1.2 采用；
　　　H_0——受压构件的计算高度，按本规范表 5.1.3 确定；
　　　h——矩形截面轴向力偏心方向的边长，当轴心受压时为截面较小边长；
　　　h_T——T 形截面的折算厚度，可近似按 $3.5i$ 计算，i 为截面回转半径。

高厚比修正系数 γ_β	表 5.1.2
砌 体 材 料 类 别	γ_β
烧结普通砖、烧结多孔砖	1.0
混凝土普通砖、混凝土多孔砖、混凝土及轻集料混凝土砌块	1.1
蒸压灰砂普通砖、蒸压粉煤灰普通砖、细料石	1.2
粗料石、毛石	1.5

注：对灌孔混凝土砌块砌体，γ_β 取 1.0。

《砌规》附录 D 的规定：

附录 D　影响系数 φ 和 φ_n

D.0.1　无筋砌体矩形截面单向偏心受压构件（图 D.0.1）承载力的影响系数 φ，可按表 D.0.1-1～表 D.0.1-3 采用或按下列公式计算，计算 T 形截面受压构件的 φ 时，应以折算厚度 h_T 代替公式（D.0.1-2）中的 h。$h_T = 3.5i$，i 为 T 形截面的回转半径。

当 $\beta \leqslant 3$ 时：

$$\varphi = \frac{1}{1+12\left(\dfrac{e}{h}\right)^2} \quad (D.0.1-1)$$

当 $\beta > 3$ 时：

$$\varphi = \frac{1}{1+12\left[\dfrac{e}{h}+\sqrt{\dfrac{1}{12}\left(\dfrac{1}{\varphi_0}-1\right)}\right]^2} \quad (D.0.1-2)$$

$$\varphi_0 = \frac{1}{1+\alpha\beta^2} \quad (D.0.1-3)$$

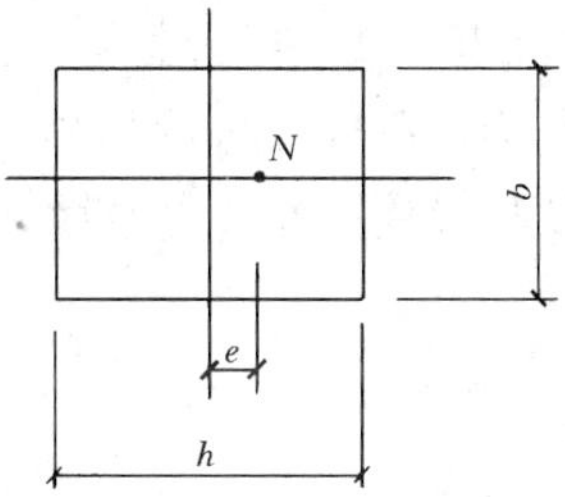

图 D.0.1　单向偏心受压

式中　e——轴向力的偏心距；
　　　h——矩形截面的轴向力偏心方向的边长；
　　　φ_0——轴心受压构件的稳定系数；
　　　α——与砂浆强度等级有关的系数，当砂浆强度等级大于或等于 M5 时，α 等于 0.0015；当砂浆强度等级等于 M2.5 时，α 等于 0.002；当砂浆强度等级 f_2 等于 0 时，α 等于 0.009；
　　　β——构件的高厚比。

需注意的是：

(1) 当 $\beta > 3$，轴心受压时，$\varphi = \varphi_0 = \dfrac{1}{1+\alpha\beta^2}$。

(2) 计算 T 形截面受压构件的 φ，《砌规》表（D.0.1-2）中的 h 应用 $h_T = 3.5i$ 代替。

(3) 对于轴心受压的排架柱，截面尺寸 $b \times h$，其中，h 为排架方向的边长。由于排架柱在排架方向的计算高度 H_{0x}，在垂直于排架方向的计算高度 H_{0y}，两者可能不同，即：$H_{0x} \neq H_{0y}$，此时，应分别计算，$\beta_{0x} = \gamma_\beta H_{0x}/h$，$\beta_{0y} = \gamma_\beta H_{0y}/b$，取较大值计算 φ。

【例 5.2.9】　一无筋砌体砖柱，截面尺寸为 370mm×490mm，柱的计算高度为

3.6m，采用MU10烧结普通砖和M5水泥砂浆砌筑，砌体施工质量控制等级为B级。γ_0 =1.0。试确定该柱轴心受压承载力设计值。

【解答】（1）计算 β，由《砌规》5.1.2条：

$$\beta = \gamma_\beta \frac{H_0}{h} = 1.0 \times \frac{3.6}{0.37} = 9.73$$

查《砌规》附录D：

$$\varphi = \varphi_0 = \frac{1}{1+\alpha\beta^2} = \frac{1}{1+0.0015 \times 9.73^2} = 0.876$$

（2）柱截面面积 $A = 0.37 \times 0.49 = 0.18\text{m}^2 < 0.3\text{m}^2$，由《砌规》3.2.3条知，$\gamma_a = 0.18+0.7=0.88$；

M5水泥砂浆，由《砌规》3.2.3条可知，不调整 f 值。

查《砌规》表3.2.1-1，$f=1.5\text{MPa}$

$$\varphi f A = 0.876 \times (0.88 \times 1.5) \times 370 \times 490 = 209.64\text{kN}$$

思考：若本题施工质量控制等级为C级，试确定该柱轴心受压承载力设计值。由《砌规》4.1.1条~4.1.5条的条文说明，$\gamma_a \approx 0.89$

$$\varphi f A = 0.876 \times (0.88 \times 0.89 \times 1.5) \times 370 \times 490 = 186.58\text{kN}$$

【例5.2.10】 由混凝土小型空心砌块砌成的独立柱截面尺寸390mm×590mm，承受轴心压力，单排孔混凝土砌块的强度等级为MU10，混合砂浆强度等级Mb5对孔砌筑，砌体施工质量控制等级为B级。柱的计算高度为3.3m。$\gamma_0=1.0$。试确定该柱的受压承载力设计值。

【解答】（1）计算 β，由《砌规》5.1.2条及表5.1.2：

$$\beta = \gamma_\beta \frac{H_0}{h} = 1.1 \times \frac{3300}{390} = 9.31$$

查《砌规》表D.0.1-1，或计算取值：

$$\varphi = \varphi_0 = \frac{1}{1+\alpha\beta^2} = \frac{1}{1+0.0015 \times 9.31^2} = 0.885$$

（2）确定抗压强度 f，由《砌规》表3.2.1-4，$f=2.22\text{N/mm}^2$，根据该表3.2.1-4注1的规定，$f=0.7 \times 2.22 = 1.554\text{N/mm}^2$，$A = 0.39 \times 0.59 = 0.230\text{m}^2 < 0.3\text{m}^2$，由《砌规》3.2.3条，$\gamma_a = 0.23+0.7=0.93$，所以 $f=1.554 \times 0.93$。

（3）确定承载能力：

$$\varphi f A = 0.885 \times (1.554 \times 0.93) \times 390 \times 590 = 294.3\text{kN}$$

思考：若本题目中砌块孔洞率为45%，空心部位全部用Cb20细石混凝土灌实，用Mb5水泥砂浆，其他条件不变。试确定该柱的承载能力。

（1）计算 β，由《砌规》5.1.2条，表5.1.2及注的规定：

$$\beta = \gamma_\beta \frac{H_0}{h} = 1.0 \times \frac{3300}{390} = 8.46$$

查《砌规》附录表D.0.1-1，或计算取值：

$$\varphi = \varphi_0 = \frac{1}{1+\alpha\beta^2} = \frac{1}{1+0.0015 \times 8.46^2} = 0.903$$

（2）确定抗压强度 f，由《砌规》3.2.1条表3.2.1-4及注1的规定：

$$f = 0.7 \times 2.22 = 1.554 \text{N/mm}^2$$

又因为 $A = 0.39 \times 0.59 = 0.23\text{m}^2 < 0.3\text{m}^2$，故：

$$\gamma_a = A + 0.7 = 0.23 + 0.7 = 0.93$$
$$f = 0.93 \times 1.554 = 1.445 \text{N/mm}^2$$

由公式（3.2.1-1）、（3.2.1-2）及 Cb20 的 f_c 为 9.6N/mm^2：

$$f_g = f + 0.6\alpha f_c = 1.445 + 0.6 \times 45\% \times 1 \times 9.6$$
$$= 1.445 + 2.592 = 4.037 \text{N/mm}^2 > 2f = 2 \times 1.445 = 2.89 \text{N/mm}^2$$

故取 $f_g = 2.89 \text{N/mm}^2$。

(3) 确定承载能力
$$\varphi f A = 0.903 \times 2.89 \times 390 \times 590 = 600.5 \text{kN}$$

【例 5.2.11】 某三层无筋砌体房屋（无吊车），现浇钢筋混凝土楼（屋）盖，刚性方案，墙体采用 MU20 级蒸压灰砂普通砖，Ms7.5 水泥砂浆砌筑，砌体施工质量控制等级为 B 级，安全等级为二级。各层砖柱截面均为 370mm×490mm，基础埋置较深且底层地面设置刚性地坪，房屋局部剖面示意如图 5.2.5 所示。

试问：
(1) 当计算底层砖柱的轴心受压承载力时，其 φ 值应与下列何项数值最为接近？
(A) 0.91　　　(B) 0.88
(C) 0.83　　　(D) 0.78

(2) 若取 $\varphi = 0.9$，二层砖柱的轴心受压承载力设计值（kN），应与下列何项数值最为接近？
(A) 275　　(B) 309　　(C) 345　　(D) 390

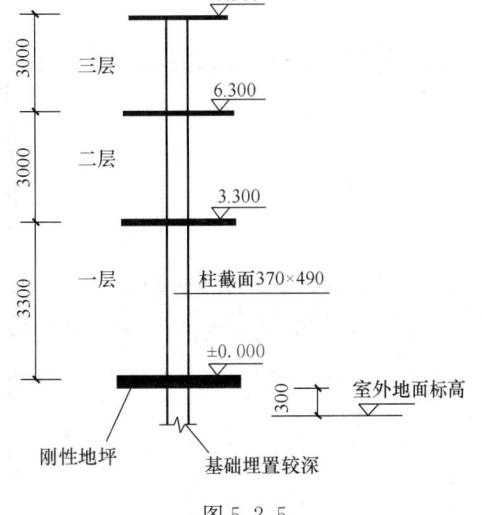

图 5.2.5

【解答】 (1) 由《砌规》5.1.3 条规定，$H = 3.3 + 0.3 + 0.5 = 4.1\text{m}$，刚性方案，查规范表 5.1.3 可知：

$$H_0 = 1.0H = 4.1 \times 1 = 4.1\text{m}$$

由《砌规》5.1.2 条及表 5.1.2：

$$\beta = \gamma_\beta \frac{H_0}{h} = 1.2 \times \frac{4100}{370} = 13.3$$

根据规范附录 D 式（D.0.1-3），Ms7.5 水泥砂浆，$\alpha = 0.0015$

$$\varphi_0 = \frac{1}{1 + \alpha\beta^2} = \frac{1}{1 + 0.0015 \times 13.3^2} = 0.79，故应选(D)项。$$

(2) 由《砌规》表 3.2.1-3，$f = 2.39\text{MPa}$，Ms7.5 水泥砂浆，不调整 f；又 $A = 0.37 \times 0.49 = 0.1813\text{m}^2 < 0.3\text{m}^2$，故 $\gamma_a = 0.1813 + 0.7 = 0.8813$。

$$f = 0.8813 \times 2.39$$

$$N_u = \varphi f A = 0.9 \times (0.8813 \times 2.39) \times 370 \times 490$$
$$= 343.7 \text{kN}$$

故应选（C）项。

【例 5.2.12】 某三层教学楼局部平、剖面如图 5.2.6 所示，各层平面布置相同。各层层高均为 3.60m，楼、屋盖均为现浇钢筋混凝土板，房屋的静力计算方案为刚性方案。纵横墙厚度均为 190mm，采用 MU10 单排孔混凝土砌块、Mb7.5 级混合砂浆砌筑。砌体施工质量控制等级为 B 级。$\gamma_0 = 1.0$。

已知第一层带壁柱墙 A 对截面形心 x 轴的惯性矩 $I = 1.0 \times 10^{10} \text{mm}^4$，采用对孔砌筑，按轴心受压构件计算。

试问：第一层带壁柱墙 A 的轴心受压承载力设计值（kN），与下列何项数值最为接近？

(A) 960　　　　(B) 920　　　　(C) 850　　　　(D) 880

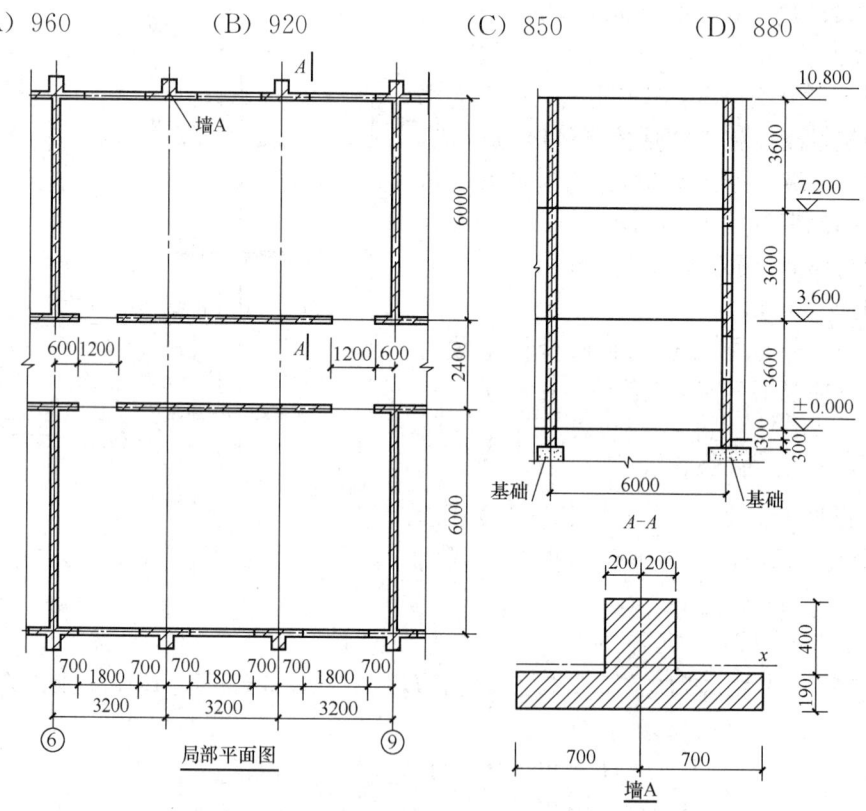

图 5.2.6 教学楼平、剖面图

【解答】（1）确定 f 值

根据《砌规》表 3.2.1-4 及注 2 的规定：

$f = 0.85 \times 2.50 = 2.125 \text{MPa}$；$A = 0.19 \times 1 + 0.59 \times 0.4 = 0.426 \text{m}^2 > 0.3 \text{m}^2$

故取 $f = 2.125 \text{MPa}$

（2）确定 β 和 φ 值

根据《砌规》5.1.2 条：

$$h_T = 3.5i = 3.5\sqrt{I/A} = 3.5 \times \sqrt{\frac{1.0 \times 10^{10}}{190 \times 1000 + 590 \times 400}} = 536.2 \text{mm}$$

根据《砌规》5.1.3 条：$H=3.6+0.3+0.3=4.2$m
横墙间距 $s=3.2\times 3=9.6$m，刚性方案，$s=9.6$m$>2H=8.4$m
查《砌规》表 5.1.3，取 $H_0=1.0H=1.0\times 4.2=4.2$m

$$\beta=\gamma_\mathrm{B}\frac{H_0}{h_\mathrm{T}}=1.1\times\frac{4.2}{0.5362}=8.616$$

由 $e/h_\mathrm{T}=0$，$\beta=8.616$，查规范附录表 D.0.1-1，则：

$$\varphi=0.91-\frac{8.616-8}{10-8}\times(0.91-0.87)=0.898$$

(3) 确定轴心受压承载力

$$N_u=\varphi fA=0.898\times 2.125\times(190\times 1000+590\times 400)=812.91\text{kN}$$

所以应选（C）项。

思考：假定其他条件不变，试确定第二层带壁柱墙 A 的轴心受压承载力设计值。

此时，根据《砌规》5.1.3 条：$H=3.6$m
横墙间距 $s=9.6$m$>2H=7.2$m，刚性方案，查《砌规》表 5.1.3，取 $H_0=1.0H=3.6$m

$$\beta=\gamma_\mathrm{B}\frac{H_0}{h_\mathrm{T}}=1.1\times\frac{3.6}{0.5362}=7.395$$

由 $e/h_\mathrm{T}=0$，$\beta=7.385$，查规范附录表 D.0.1-1，则：

$$\varphi=0.95-\frac{7.385-6}{8-6}\times(0.95-0.91)=0.922$$

$$N_u=\varphi fA=0.922\times 2.125\times(190\times 1000+590\times 400)=834.64\text{kN}$$

- （2）偏心受压构件的计算

《砌规》5.1.1 条注 1 的规定，对矩形截面构件，当轴向力偏心方向的截面边长大于另一方向的边长时，除按偏心受压计算外，还应对较小边长方向，按轴心受压进行验算。

偏心距 e 的限制，《砌通规》4.1.4 条与《砌规》5.1.5 条规定是相同的。

《砌规》5.1.5 规定：

5.1.5 按内力设计值计算的轴向力的偏心距 e 不应超过 $0.6y$。y 为截面重心到轴向力所在偏心方向截面边缘的距离。

【例 5.2.13】 某柱采用 MU10 烧结普通砖及 M5 水泥砂浆砌筑，截面为 490mm×620mm，偏心距 e 沿长边方向为 100mm，柱的计算高度为 5.1m，砌体施工质量控制等级为 B 级。$\gamma_0=1.0$。试确定该柱的受压承载力设计值。

【解答】（1）计算 β，由《砌规》5.1.2 条：

$$\beta=\gamma_\beta\frac{H_0}{h}=1.0\times\frac{5.1}{0.62}=8.23$$

$$\frac{e}{h}=\frac{100}{620}=0.161,\frac{e}{y}=\frac{100}{310}=0.323<0.6$$

故满足《砌规》5.1.5 条规定。

查《砌规》附表 D.0.1-1，或计算取值求 φ：

$$\varphi_0=\frac{1}{1+\alpha\beta^2}=\frac{1}{1+0.0015\times 8.23^2}=0.908$$

$$\varphi = \cfrac{1}{1+12\left[\cfrac{e}{h}+\sqrt{\cfrac{1}{12}\left(\cfrac{1}{\varphi_0}-1\right)}\right]^2}$$

$$= \cfrac{1}{1+12\left[0.161+\sqrt{\cfrac{1}{12}\left(\cfrac{1}{0.908}-1\right)}\right]^2} = 0.566$$

(2) 确定抗压强度 f

查《砌规》表 3.2.1-1，$f=1.5\text{N/mm}^2$，又 $A=0.49\times0.62=0.304\text{m}^2>0.3\text{m}^2$ 不调整 f，采用 M5 水泥砂浆，由《砌规》3.2.3 条规定，不调整 f，故最终取 $f=1.5\text{N/mm}^2$。

(3) 偏心受压承载力

$$N_u = \varphi f A = 0.566\times1.5\times490\times620 = 257.9\text{kN}$$

(4) 短边方向作轴心受压验算

$$\beta = \gamma_\beta \frac{H_0}{b} = 1.0\times\frac{5.1}{0.49} = 10.41$$

查《砌规》附录 D.0.1-1，或计算取值求 φ：

$$\varphi = \varphi_0 = \frac{1}{1+\alpha\beta^2} = \frac{1}{1+0.0015\times10.41^2} = 0.860$$

$$N_u = \varphi f A = 0.860\times1.5\times490\times620 = 391.9\text{kN}$$

所以该柱的受压承载能力为：257.9kN

思考：若砖柱截面为 370mm×620mm，其他条件不变。试确定该柱的受压承载力。

(1) 偏心受压承载力计算

同上述步骤，求出 $\varphi=0.566$

确定抗压强度 f，由于 $A=0.37\times0.62=0.229\text{m}^2<0.3\text{m}^2$，M5 水泥砂浆，由《砌规》3.2.3 条规定，$\gamma_a=0.7+0.229=0.929$，故 $f=0.929\times1.5$

偏心受压承载力 N：

$$N_u = \varphi f A = 0.566\times(0.929\times1.5)\times370\times620 = 180.9\text{kN}$$

(2) 短边方向作轴心受压验算：

$$\beta = \gamma_\beta \frac{H_0}{b} = 1.0\times\frac{5.1}{0.37} = 13.78$$

$$\varphi = \varphi_0 = \frac{1}{1+\alpha\beta^2} = \frac{1}{1+0.0015\times13.78^2} = 0.778$$

$$N_u = \varphi f A = 0.778\times(0.929\times1.5)\times370\times620 = 248.7\text{kN} > 180.9\text{kN}$$

所以柱的受压承载力为 180.9kN。

【例 5.2.14】 一混凝土小型空心砌块墙段，截面尺寸为 190mm×800mm，单排孔混凝土砌块强度等级 MU10，Mb5 混合砂浆对孔砌筑，墙的计算高度为 3.0m，沿墙段长边方向荷载偏心距 e 为 150mm。砌体施工质量控制等级为 B 级。$\gamma_0=1.0$。试确定其受压承载力设计值。

【解答】 (1) 计算 β，查《砌规》表 5.1.2，$\gamma_\beta=1.1$

$$\beta = \gamma_\beta \frac{H_0}{h} = 1.1\times\frac{3.0}{0.8} = 4.125$$

$$\frac{e}{y} = \frac{150}{400} = 0.375 < 0.6, \frac{e}{h} = \frac{150}{800} = 0.188$$

查《砌规》表 D.0.1-1，或计算取值求 φ：

$$\varphi_0 = \frac{1}{1+\alpha\beta^2} = \frac{1}{1+0.0015 \times 4.125^2} = 0.975$$

$$\varphi = \frac{1}{1+12\left[\frac{e}{h}+\sqrt{\frac{1}{12}\left(\frac{1}{\varphi_0}-1\right)}\right]^2}$$

$$= \frac{1}{1+12\left[0.188+\sqrt{\frac{1}{12}\left(\frac{1}{0.975}-1\right)}\right]^2} = 0.603$$

（2）确定抗压强度设计值 f

查《砌规》表 3.2.1-4，$f=2.22\text{N/mm}^2$，$A=0.19\times0.8=0.152\text{m}^2<0.3\text{m}^2$，故 $\gamma_a = A+0.7=0.852$

$$f = \gamma_a f = 0.852 \times 2.22$$

（3）确定偏心受压承载力

$$N_u = \varphi f A = 0.603 \times (0.852 \times 2.22) \times 190 \times 800 = 173.4\text{kN}$$

（4）短边按轴心受压验算

$$\beta = \gamma_\beta \frac{H_0}{h} = 1.1 \times \frac{3}{0.190} = 17.37$$

$$\varphi = \varphi_0 = \frac{1}{1+\alpha\beta^2} = \frac{1}{1+0.0015 \times 17.37^2} = 0.688$$

$$N_u = \varphi f A = 0.688 \times (0.852 \times 2.22) \times 190 \times 800 = 197.8\text{kN}$$

所以该柱的受压承载力设计值为 173.4kN。

【例 5.2.15】 截面尺寸为 1200mm×190mm 的窗间墙用 MU10 单排孔混凝土砌块，Mb5 专用砂浆对孔砌筑（$f=2.22\text{N/mm}^2$），用 Cb20 混凝土每隔 1 孔灌孔（$f_c=9.6\text{N/mm}^2$），砌块孔洞率 $\delta=35\%$。墙的计算高度为 4.5m，轴向力沿短边方向的偏心距 e 为 50mm。砌体施工质量控制等级为 B 级。$\gamma_0=1.0$。试确定该窗间墙的受压承载力设计值。

【解答】（1）计算 β、φ，由《砌规》5.1.2 条表 5.1.2 及注的规定

$$\beta = \gamma_\beta \frac{H_0}{h} = 1.0 \times \frac{4.5}{0.19} = 23.68$$

$$\frac{e}{y} = \frac{50}{190/2} = 0.526 < 0.6, \frac{e}{h} = \frac{50}{190} = 0.263$$

查《砌规》表 D.0.1-1，或计算求 φ：

$$\varphi_0 = \frac{1}{1+\alpha\beta^2} = \frac{1}{1+0.0015 \times 23.68^2} = 0.543$$

$$\varphi = \frac{1}{1+12\left[0.263+\sqrt{\frac{1}{12}\left(\frac{1}{0.543}-1\right)}\right]^2} = 0.230$$

（2）确定抗压强度设计值 f_g：

$A = 1.2 \times 0.19 = 0.228 \mathrm{m}^2 < 0.3 \mathrm{m}^2$,故 $\gamma_a = 0.7 + A = 0.928$,$f = 0.928 \times 2.22 = 2.06 \mathrm{N/mm}^2$
$f_g = f + 0.6\alpha f_c = 2.06 + 0.6 \times 35\% \times 50\% \times 9.6 = 3.068 \mathrm{N/mm}^2 < 2f = 4.12 \mathrm{N/mm}^2$
故取 $f_g = 3.068 \mathrm{N/mm}^2$

(3) 确定受压承载力
$$N_u = \varphi f_g A = 0.230 \times 3.068 \times 1200 \times 190 = 160.9 \mathrm{kN}$$

【例 5.2.16】 已知单排孔混凝土小砌块柱截面尺寸为 390mm×590mm,用 MU10 砌块,Mb7.5 专用砌筑砂浆对孔砌筑($f = 2.50 \mathrm{N/mm}^2$),砌块孔洞率为 35%,空心部位全部用 Cb20 细石混凝土灌实,砌体施工质量控制等级为 B 级。柱的计算高度 $H_0 = 5.6\mathrm{m}$,轴心力沿长边方向的偏心距 $e = 80\mathrm{mm}$。$\gamma_0 = 1.0$。试确定该柱偏心受压承载力设计值。

提示:不考虑轴心受压承载力。

【解答】 (1) 计算 β、φ,由《砌规》表 5.1.2 及注的规定
$$\beta = \gamma_\beta \frac{H_0}{h} = 1.0 \times \frac{5.6}{0.59} = 9.5$$
$$\frac{e}{y} = \frac{80}{590/2} = 0.271 < 0.6,\ \frac{e}{h} = \frac{80}{590} = 0.136$$

查《砌规》附录 D.0.1-1,或计算求 φ
$$\varphi_0 = \frac{1}{1+\alpha\beta^2} = \frac{1}{1+0.0015 \times 9.5^2} = 0.88$$
$$\varphi = \frac{1}{1+12\left[\frac{e}{h}+\sqrt{\frac{1}{12}\left(\frac{1}{\varphi_0}-1\right)}\right]^2} = \frac{1}{1+12\left[0.136+\sqrt{\frac{1}{12}\left(\frac{1}{0.88}-1\right)}\right]^2} = 0.586$$

(2) 确定抗压强度设计值 f_g
查《砌规》表 3.2.1-4 及注 1 的规定:$f = 0.7f = 0.7 \times 2.5 = 1.75 \mathrm{N/mm}^2$
$A = 0.39 \times 0.59 = 0.23 \mathrm{m}^2 < 0.3 \mathrm{m}^2$,取 $f = \gamma_a f = (0.23 + 0.7) \times 1.75 = 1.628 \mathrm{N/mm}^2$

根据规范公式 (3.2.1-1)、(3.2.1-2):$f_g = f + 0.6\alpha f_c$
$f_g = 1.628 + 0.6 \times 35\% \times 1 \times 9.6 = 3.644 \mathrm{N/mm}^2 > 2f = 2 \times 1.628 = 3.256 \mathrm{N/mm}^2$
故取 $f_g = 3.256 \mathrm{N/mm}^2$

(3) 确定偏心受压承载力
$$N = \varphi f_g A = 0.586 \times 3.256 \times 390 \times 590 = 439.0 \mathrm{kN}$$

【例 5.2.17】 某无吊车单层砌体结构房屋,刚性方案,横墙间距 $s > 2H$,墙体采用 MU15 级蒸压灰砂普通砖、Ms5 专用砂浆砌筑。山墙(无壁柱)如图 5.2.7 所示,墙厚 240mm,其基础顶面距室外地面 500mm,屋顶轴向力 N 的偏心距 $e = 12\mathrm{mm}$。砌体施工质量控制等级为 B 级。$\gamma_0 = 1.0$。

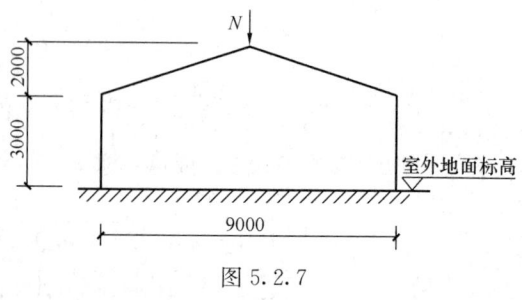

图 5.2.7

试问:当计算山墙的受压承载力时,按计算高厚比 β 和轴向力的偏心距 e,对受压构件承载力的影响系数中,应与下列何项数值最为接近?

(A) 0.48　　　　(B) 0.53　　　　(C) 0.61　　　　(D) 0.64

【解答】 查《砌规》表 5.1.3，无吊车单层，刚性方案，$s>2H$，则 $H_0=1.0H$；由《砌规》5.1.3 条第 3 款，$H_0=1.0H=1\times\left(3.0+\dfrac{1}{2}\times2+0.5\right)=4.5\mathrm{m}$

由规范式（5.1.2-1），求 β：

$$\beta=\gamma_\beta\dfrac{H_0}{h}=1.2\times\dfrac{4.5}{0.240}=22.5$$

$$\dfrac{e}{h}=\dfrac{12}{240}=0.05$$

查规范附录 D 中表 D.0.1-1，$\varphi=0.49+\dfrac{22.5-22}{24-22}\times(0.45-0.49)=0.48$，所以应选（A）项。

思考：具体求 φ 值，采用查附录表或用公式计算，应视题目所给条件。一般地，当题目求解所得 β 或 $\dfrac{e}{h}\left(\text{或}\dfrac{e}{h_\mathrm{T}}\right)$ 与附录表中数据值一致时，采用附录表内插法求解。

【例 5.2.18】 某带壁柱窗间墙如图 5.2.8 所示，采用 MU10 烧结多孔砖（孔洞率为 32%）和 M5 混合砂浆砌筑，砌体施工质量控制等级为 B 级，计算高度为 5m。$\gamma_0=1.0$。

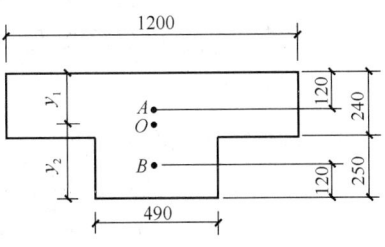

图 5.2.8　某带壁柱窗间墙截面

试问：确定当轴压力作用在该墙截面重心（O 点）、A 点、B 点时的受压承载力。

【解答】 （1）求 h_T

$A=1200\times240+250\times490=4.105\times10^5\mathrm{mm}^2$

$y_1=\dfrac{1200\times240\times120+250\times490\times(240+125)}{A}$

$=193.1\mathrm{mm}\approx193\mathrm{mm}$

$y_2=490-193=297\mathrm{mm}$

$I=\dfrac{1}{3}\times1.2\times0.193^3+\dfrac{1}{3}\times(1.2-0.49)\times(0.24-0.193)^3+\dfrac{1}{3}\times0.49\times0.297^3$

$=0.00288+0.00002+0.00428=0.00718\mathrm{m}^4$

$i=\sqrt{I/A}=\sqrt{\dfrac{0.00718\times10^{12}}{4.105\times10^5}}=132.25\mathrm{mm}$

$h_\mathrm{T}=3.5i=3.5\times132.25=462.88\approx463\mathrm{mm}$

（2）轴向力作用在 O 点时

$$\beta=\gamma_\beta\dfrac{H_0}{h_\mathrm{T}}=1.0\times\dfrac{5.0}{0.463}=10.8$$

$$\varphi=\varphi_0=\dfrac{1}{1+\alpha\beta^2}=\dfrac{1}{1+0.0015\times10.8^2}=0.851$$

由《砌规》表 3.2.1-1 及注的规定（32%>30%，取 $\gamma_a=0.9$）

$$f=0.9\times1.5=1.35\mathrm{N/mm}^2$$

$$N_u = \varphi f A = 0.851 \times 1.35 \times 4.105 \times 10^5 \times 10^{-3} = 471.6 \text{kN}$$

（3）轴向力作用在 A 点时

$$e = 193 - 120 = 73 \text{mm}, \frac{e}{y} = \frac{73}{193} = 0.378 < 0.6$$

$$\frac{e}{h_T} = \frac{73}{463} = 0.158$$

由《砌规》附录 D 查表，或计算求 φ：

$$\varphi_0 = \frac{1}{1+\alpha\beta^2} = \frac{1}{1+0.0015 \times 10.8^2} = 0.851$$

$$\varphi = \frac{1}{1+12\left[\frac{e}{h_T}+\sqrt{\frac{1}{12}\left(\frac{1}{\varphi_0}-1\right)}\right]^2}$$

$$= \frac{1}{1+12\left[0.158+\sqrt{\frac{1}{12}\left(\frac{1}{0.851}-1\right)}\right]^2} = 0.517$$

$$N_u = \varphi f A = 0.517 \times (0.9 \times 1.5) \times 4.105 \times 10^5 \times 10^{-3} = 286.5 \text{kN}$$

（4）轴向力作用在 B 点时

$$e = 297 - 120 = 177 \text{mm}$$

$$\frac{e}{y} = \frac{177}{297} = 0.596 < 0.6, \frac{e}{h_T} = \frac{177}{463} = 0.382$$

只能通过计算求得 φ：

$$\varphi_0 = \frac{1}{1+\alpha\beta^2} = 0.851$$

$$\varphi = \frac{1}{1+12\left[\frac{e}{h_T}+\sqrt{\frac{1}{12}\left(\frac{1}{\varphi_0}-1\right)}\right]^2} = \frac{1}{1+12\left[0.382+\sqrt{\frac{1}{12}\left(\frac{1}{0.851}-1\right)}\right]^2} = 0.248$$

$$N_u = \varphi f A = 0.248 \times (0.9 \times 1.5) \times 4.105 \times 10^5 \times 10^{-3} = 137.4 \text{kN}$$

【例 5.2.19】 某单跨仓库，跨度为 12m，长度为 $6 \times 6 = 36$m，屋面结构为有檩体系钢筋混凝土屋盖，采用 MU10 烧结普通砖，M5 混合砂浆砌筑（$f = 1.50 \text{N/mm}^2$），窗洞宽 3.6m，窗间墙宽 2.4m，壁柱尺寸见图 5.2.9，墙厚为 240mm，檐上标高 6.0m。②轴线柱的柱底承受风荷载产生的弯矩设计值 $M = 30 \text{kN·m}$，柱底轴心压力设计值 $N = 320 \text{kN}$。砌体施工质量控制等级为 B 级。$\gamma_0 = 1.0$。试确定该柱柱底的受压承载力设计值。

【解答】（1）确定 h_T

由《砌规》4.2.8 条规定：

壁柱宽加 $\frac{2}{3}$ 墙高：$b_f = 0.49 + \frac{2}{3} \times (6 + 0.15 + 0.5) = 4.92$m

窗间墙宽：$b_f = 2.4$m

相邻壁柱间距离：$b_f = 6.0$m

取上述最小值，$b_f = 2.4$m，墙体计算截面如图 5.2.10 所示。

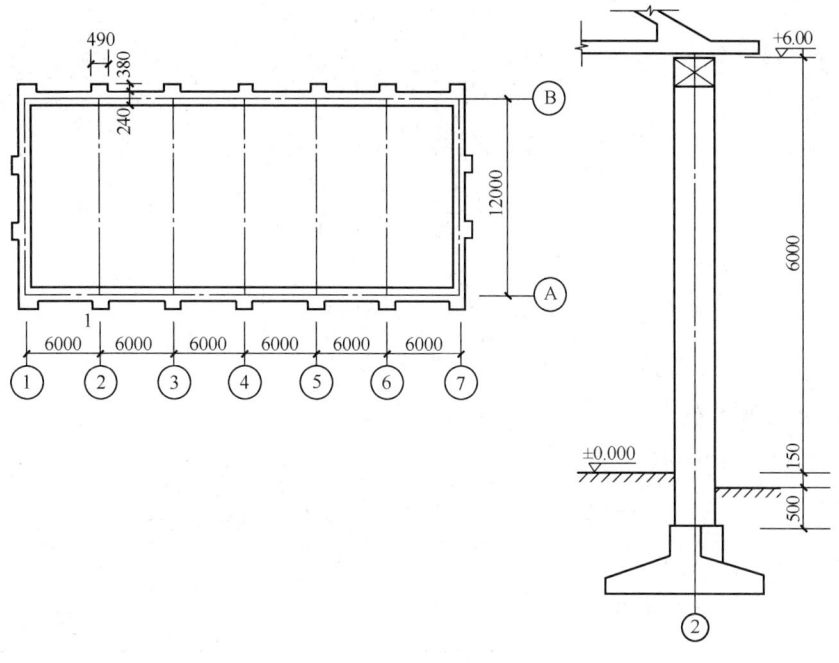

图 5.2.9

$$A = 2400 \times 240 + 490 \times 380 = 762200 \text{mm}^2$$

$$y_1 = \frac{2400 \times 240 \times 120 + 380 \times 490 \times (240 + 190)}{A}$$

$$= 196 \text{mm}$$

$$y_2 = 240 + 380 - 196 = 424 \text{mm}$$

$$I = \frac{1}{3} \times 2400 \times 196^3 + \frac{1}{3} \times (2400 - 490) \times (240 - 196)^3$$

$$+ \frac{1}{3} \times 490 \times 424^3 = 185.28 \times 10^8 \text{mm}^2$$

$$i = \sqrt{I/A} = 156 \text{mm}$$

$$h_T = 3.5i = 3.5 \times 156 = 546 \text{mm}$$

(2) 确定柱的计算高度

屋盖属第 2 类屋盖，房屋横墙间距 $s = 36\text{m}$，查《砌规》表 4.2.1 可知，排架柱的计算方案为刚弹性方案。

查《砌规》表 5.1.3，$H_0 = 1.2H = 1.2 \times (6 + 0.15 + 0.5) = 7.98\text{m}$

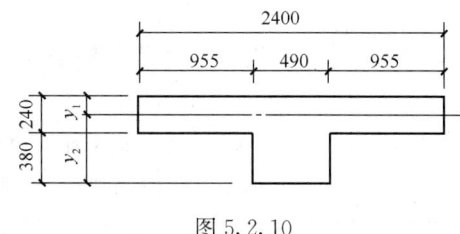

图 5.2.10

(3) 确定 β、φ

$$\beta = \gamma_\beta \frac{H_0}{h_T} = 1.0 \times \frac{7.98}{0.546} = 14.62$$

偏心距 e：

$$e = \frac{M}{N} = \frac{30}{320} = 0.09375\text{m} = 93.75\text{mm}$$

799

$$\frac{e}{y} = \frac{93.75}{196} = 0.478 < 0.6$$

$$\frac{e}{h_T} = \frac{93.75}{546} = 0.172$$

查《砌规》附录 D，表 D.0.1-1，或计算求 φ：

$$\varphi_0 = \frac{1}{1+\alpha\beta^2} = \frac{1}{1+0.0015\times 14.62^2} = 0.757$$

$$\varphi = \frac{1}{1+12\left[\frac{e}{h_T}+\sqrt{\frac{1}{12}\left(\frac{1}{\varphi_0}-1\right)}\right]^2} = 0.425$$

(4) 确定柱底承载力

$A = 0.7622\text{m}^2 > 0.3\text{m}^2$，故 f 不调整：

$$N_u = \varphi f A = 0.425 \times 1.5 \times 762200 = 485.9\text{kN}$$

- (3) 双向偏心受压构件的计算

《砌规》附录 D.0.3 条规定：

D.0.3 无筋砌体矩形截面双向偏心受压构件（图 D.0.3）承载力的影响系数，可按下列公式计算，当一个方向的偏心率（e_b/b 或 e_h/h）不大于另一个方向的偏心率的 5% 时，可简化按另一个方向的单向偏心受压，按本规范第 D.0.1 条的规定确定承载力的影响系数。

$$\varphi = \frac{1}{1+12\left[\left(\frac{e_b+e_{ib}}{b}\right)^2+\left(\frac{e_h+e_{ih}}{h}\right)^2\right]} \quad (\text{D.0.3-1})$$

$$e_{ib} = \frac{b}{\sqrt{12}}\sqrt{\frac{1}{\varphi_0}-1}\left(\frac{\frac{e_b}{b}}{\frac{e_b}{b}+\frac{e_h}{h}}\right) \quad (\text{D.0.3-2})$$

$$e_{ih} = \frac{h}{\sqrt{12}}\sqrt{\frac{1}{\varphi_0}-1}\left(\frac{\frac{e_h}{h}}{\frac{e_b}{b}+\frac{e_h}{h}}\right) \quad (\text{D.0.3-3})$$

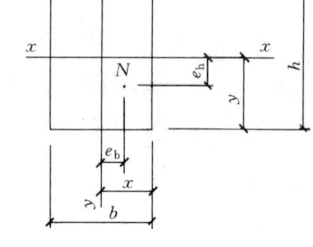

图 D.0.3 双向偏心受压

式中 e_b、e_h——轴向力在截面重心 x 轴、y 轴方向的偏心距，e_b、e_h 宜分别不大于 $0.5x$ 和 $0.5y$；

x、y——自截面重心沿 x 轴、y 轴至轴向力所在偏心方向截面边缘的距离；

e_{ib}、e_{ih}——轴向力在截面重心 x 轴、y 轴方向的附加偏心距。

【例 5.2.20】 某一承受跨度为 6.9m 大梁作用的砖砌体柱，截面尺寸如图 5.2.11 所示，设该两个方向偏心距分别为 $e_b=50\text{mm}$，$e_h=70\text{mm}$。采用 MU15 蒸压灰砂普通砖，Ms10 专用砂浆砌筑，砌体施工质量控制等级为 B 级。柱的计算高度为 4.8m。$\gamma_0=1.0$。试确定该柱的受压承载力。

【解答】 (1) 确定 φ，由《砌规》附录 D.0.3 条

$$\beta = \gamma_\beta \frac{H_0}{b} = 1.2 \times \frac{4800}{490} = 11.76$$

$$\varphi_0 = \frac{1}{1+\alpha\beta^2} = \frac{1}{1+0.0015 \times 11.76^2} = 0.828$$

$$\frac{e_b}{b} = \frac{50}{490} = 0.102 > \frac{e_h}{h} = \frac{70}{620} \times 5\% = 0.0056$$

故按双偏心受压计算。

$$e_{ib} = \frac{b}{\sqrt{12}} \cdot \sqrt{\frac{1}{\varphi_0} - 1} \left[\frac{e_b/b}{e_b/b + e_h/h} \right]$$

$$= \frac{490}{\sqrt{12}} \sqrt{\frac{1}{0.828} - 1} \left[\frac{50/490}{50/490 + 70/620} \right]$$

$$= 30.61 \text{mm}$$

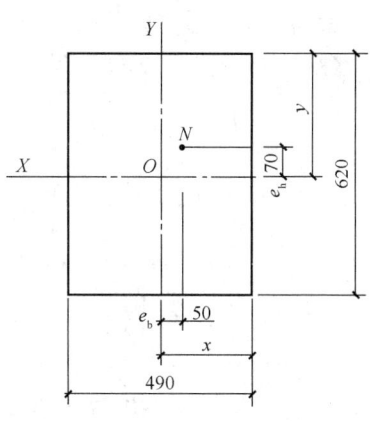

图 5.2.11 双向偏压砖柱

$$e_{ih} = \frac{h}{\sqrt{12}} \sqrt{\frac{1}{\varphi_0} - 1} \left[\frac{e_h/h}{e_b/b + e_h/h} \right]$$

$$= \frac{620}{\sqrt{12}} \sqrt{\frac{1}{0.828} - 1} \left[\frac{70/620}{50/490 + 70/620} \right]$$

$$= 42.85 \text{mm}$$

$$\varphi = \frac{1}{1 + 12\left[\left(\frac{e_b + e_{ib}}{b}\right)^2 + \left(\frac{e_h + e_{ih}}{h}\right)^2 \right]}$$

$$= \frac{1}{1 + 12\left[\left(\frac{50+30.61}{490}\right)^2 + \left(\frac{70+42.85}{620}\right)^2 \right]}$$

$$= \frac{1}{1+12[0.027+0.033]} = 0.581$$

(2) 确定抗压强度设计值 f

查《砌规》表 3.2.1-3，$f = 2.31 \text{N/mm}^2$。

$A = 0.49 \times 0.62 = 0.3038 \text{m}^2 > 0.3 \text{m}^2$，故取 $f = 2.31 \text{N/mm}^2$

(3) 确定柱的承载力

$\varphi f A = 0.581 \times 2.31 \times 490 \times 620 = 407.7 \text{kN}$

【例 5.2.21】 已知某设备支墩高 8m，计算高度 $H_0 = 16\text{m}$，截面几何尺寸如图 5.2.12 所示。采用 MU20 烧结普通砖及 M7.5 水泥砂浆砌筑，砌体施工质量控制等级为 B 级。柱上端截面承受荷载基本组合下的轴压力 $N = 1000\text{kN}$，沿长边方向弯矩设计值 $M_h = 120\text{kN} \cdot \text{m}$，沿短边方向弯矩设计值 $M_b = 20\text{kN} \cdot \text{m}$。$\gamma_0 = 1.0$。

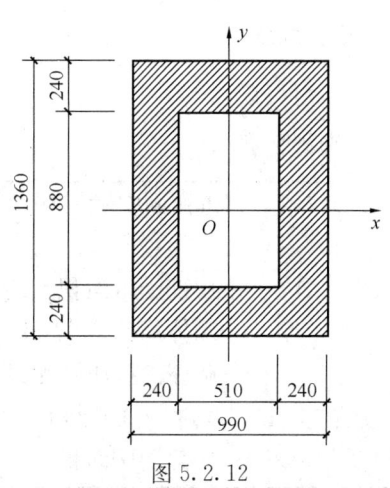

图 5.2.12

试问： 确定该支墩截面的受压承载力。

【解答】 根据《砌规》附录 D.0.3 条：

$$I_h = \frac{1}{12} \times 990 \times 1360^3 - \frac{1}{12} \times 510 \times 880^3 = 1.7856 \times 10^{11} \text{mm}^4$$

$$h_T = 3.5 i_h = 3.5 \sqrt{\frac{I_h}{A}} = 3.5 \times \sqrt{\frac{1.7856 \times 10^{11}}{1360 \times 990 - 880 \times 510}}$$
$$= 1561 \text{mm}$$

$$I_b = \frac{1}{12} \times 1360 \times 990^3 - \frac{1}{12} \times 880 \times 510^3 = 1.0024 \times 10^{11}$$

$$b_T = 3.5 \sqrt{\frac{1.0024 \times 10^{11}}{1360 \times 990 - 880 \times 510}} = 1170 \text{mm}$$

$$e_h = \frac{120}{1000} = 0.12 \text{m}, \quad e_b = \frac{20}{1000} = 0.02 \text{m}$$

$$\frac{e_b}{b_T} = \frac{20}{1170} = 0.0171 > \frac{e_h}{h_T} \times 5\% = \frac{120}{1561} \times 5\% = 0.0769 \times 5\% = 0.0038$$

故按双向偏心受压计算。

$$\beta_b = \gamma_\beta \frac{H_0}{b_T} = 1 \times \frac{16 \times 10^3}{1170} = 13.68$$

$$\varphi_0 = \frac{1}{1 + 0.0015 \times 13.68^2} = 0.781$$

$$e_{ib} = \frac{1170}{\sqrt{12}} \sqrt{\frac{1}{0.781} - 1} \times \left(\frac{0.0171}{0.0171 + 0.0769}\right) = 32.5 \text{mm}$$

$$e_{ih} = \frac{1561}{\sqrt{12}} \sqrt{\frac{1}{0.781} - 1} \times \left(\frac{0.0769}{0.0171 + 0.0769}\right) = 195.2 \text{mm}$$

承载力影响系数 $\varphi = \dfrac{1}{1 + 12 \times \left[\left(\dfrac{20 + 32.5}{1170}\right)^2 + \left(\dfrac{120 + 195.2}{1561}\right)^2\right]} = 0.66$

$A = 1.36 \times 0.99 - 0.88 \times 0.51 = 0.8976 \text{m}^2 > 0.3 \text{m}^2$，$f$ 不用调整。

$$\varphi f A = 0.66 \times 2.39 \times 0.8976 \times 10^3 = 1416 \text{kN}$$

五、局压构件

- （1）局部均匀受压的承载力

《砌规》规定：

> 5.2.1 砌体截面中受局部均匀压力时的承载力，应满足下式的要求：
> $$N_l \leqslant \gamma f A_l \tag{5.2.1}$$
> 式中 N_l——局部受压面积上的轴向力设计值；
> γ——砌体局部抗压强度提高系数；
> f——砌体的抗压强度设计值，局部受压面积小于 0.3m^2，可不考虑强度调整系数 γ_a 的影响；
> A_l——局部受压面积。

5.2.2 砌体局部抗压强度提高系数 γ，应符合下列规定：

1 γ 可按下式计算：

$$\gamma = 1 + 0.35\sqrt{\frac{A_0}{A_l} - 1} \qquad (5.2.2)$$

式中 A_0——影响砌体局部抗压强度的计算面积。

2 计算所得 γ 值，尚应符合下列规定：

1）在图 5.2.2（a）的情况下，$\gamma \leqslant 2.5$；
2）在图 5.2.2（b）的情况下，$\gamma \leqslant 2.0$；
3）在图 5.2.2（c）的情况下，$\gamma \leqslant 1.5$；
4）在图 5.2.2（d）的情况下，$\gamma \leqslant 1.25$；
5）按本规范第6.2.13条的要求灌孔的混凝土砌块砌体，在1)、2)款的情况下，尚应符合 $\gamma \leqslant 1.5$。未灌孔混凝土砌块砌体，$\gamma = 1.0$；
6）对多孔砖砌体孔洞难以灌实时，应按 $\gamma = 1.0$ 取用；当设置混凝土垫块时，按垫块下的砌体局部受压计算。

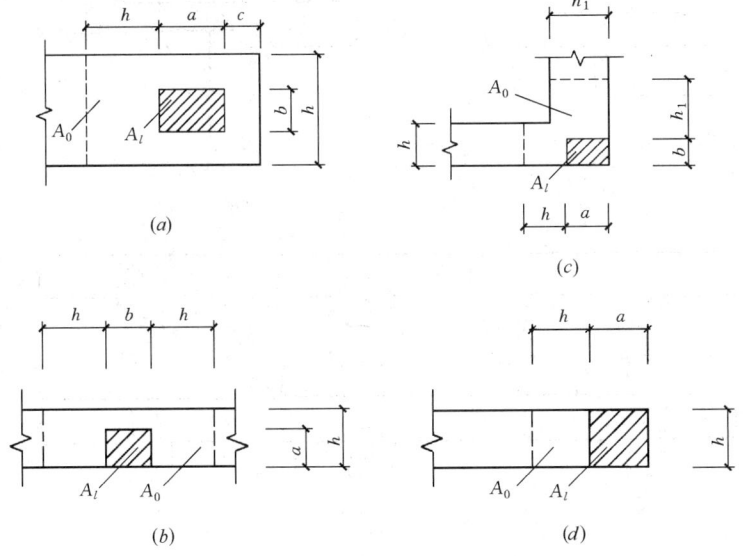

图 5.2.2 影响局部抗压强度的面积 A_0

5.2.3 影响砌体局部抗压强度的计算面积，可按下列规定采用：

1 在图 5.2.2（a）的情况下，$A_0 = (a + c + h)h$；
2 在图 5.2.2（b）的情况下，$A_0 = (b + 2h)h$；
3 在图 5.2.2（c）的情况下，$A_0 = (a + h)h + (b + h_1 - h)h_1$；
4 在图 5.2.2（d）的情况下，$A_0 = (a + h)h$；

式中 a、b——矩形局部受压面积 A_l 的边长；
　　h、h_1——墙厚或柱的较小边长，墙厚；
　　c——矩形局部受压面积的外边缘至构件边缘的较小距离，当大于 h 时，应取为 h。

需注意的是：

(1)《砌规》5.2.1 条中，砌体抗压强度设计值 f，当为 M2.5 水泥砂浆、砌体施工质量控制等级 C 级时，需考虑强度调整系数 γ_a。

(2) 强度提高系数 γ，按《砌规》6.2.13 条要求灌孔的混凝土砌块砌体，在《砌规》图 5.2.2 (a)、(b) 情况下，$\gamma \leqslant 1.5$；未灌孔混凝土砌块砌体，$\gamma=1.0$。

(3)《砌规》式（5.2.2）中 A_0 计算面积的取值，需注意窗间墙情况，即当 $A_0 > A_{实际}$，取 $A_0 = A_{实际}$。

(4) 多孔砖砌体孔洞难以灌实时，取 $\gamma=1.0$。

(5) 砌体局部受压情况：

① 如图 5.2.13 (a) 所示，为一般墙段中部局部受压，其强度提高系数 $\gamma \leqslant 2.0$；

② 如图 5.2.13 (b) 所示，为角部局部受压，其 $\gamma \leqslant 1.5$；

③ 如图 5.2.13 (c) ～ (h) 所示，为梁端下带壁柱墙，其 $\gamma \leqslant 2.0$。

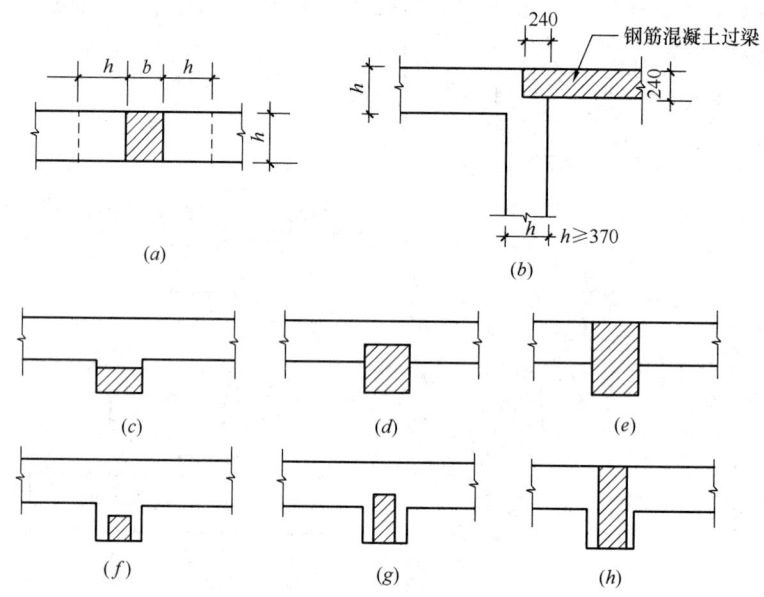

图 5.2.13 砌体局部受压情况

【例 5.2.22】 某截面为 490mm×490mm 的轴心受压砖柱，采用 MU15 烧结普通砖，砖柱支承在顶面尺寸为 620mm×620mm 的独立砖基础上，地基土属稍潮湿程度，按《砌规》表 4.3.5 规定，采用 M5 水泥砂浆。砌体施工质量控制等级为 B 级。$\gamma_0=1.0$。试确定该砖基础的局部受压承载力。

【解答】（1）确定 γ：

$$\gamma = 1 + 0.35\sqrt{\frac{A_0}{A_l} - 1} = 1 + 0.35 \times \sqrt{\frac{620 \times 620}{490 \times 490} - 1} = 1.27 < 2.5$$

（2）确定 N_u：

$$N_u = \gamma f A_l = 1.27 \times 1.83 \times 490 \times 490 = 558\text{kN}$$

思考：假定，本题已知轴向压力设计值 $N_l = 500\text{kN}$，安全等级为一级，试确定该基础应采用的水泥砂浆强度等级。

由上述结果可知：$\gamma = 1.27$，M5 水泥砂浆，故对 f 不调整，则：

$$f \geqslant \frac{\gamma_0 N_l}{\gamma A_l} = \frac{1.1 \times 500 \times 10^3}{1.27 \times 490 \times 490} = 1.80\text{N/mm}^2$$

查《砌规》表 3.2.1-1，可选用 M5 水泥砂浆；但根据《砌规》表 4.3.5 及注 2 的规定，水泥砂浆强度等级应不低于 M7.5，故应选用 M7.5 水泥砂浆。

【例 5.2.23】 某一截面尺寸为 240mm×240mm 的钢筋混凝土小柱支承在厚为 240mm 的砖墙上，如图 5.2.14 所示，墙体采用 MU10 烧结普通砖、M5 混合砂浆砌筑。砌体施工质量控制等级为 B 级。$\gamma_0 = 1.0$。

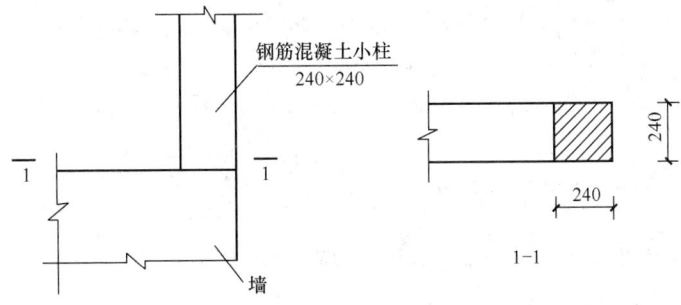

图 5.2.14 （单位：mm）

试问：确定柱下端支承处墙体的局部受压承载力。

【解答】 查《砌规》表 3.2.1-1 得，$f = 1.50\text{N/mm}^2$

$$A_0 = (a+h)h = (240+240) \times 240$$
$$A_l = 240 \times 240$$

$$\gamma = 1 + 0.35\sqrt{\frac{A_0}{A_l} - 1} = 1 + 0.35\sqrt{\frac{480 \times 240}{240 \times 240} - 1} = 1.35$$

根据《砌规》5.2.2 条第 2 款规定：$\gamma \leqslant 1.25$，故取 $\gamma = 1.25$。

$$N_u = \gamma f A_l = 1.25 \times 1.50 \times 240 \times 240 = 108\text{kN}$$

【例 5.2.24】 钢筋混凝土柱截面尺寸如图 5.2.15 所示，支承于砖砌带形基础转角处。该基础由 MU25 蒸压灰砂普通砖和 M15 水泥砂浆砌筑。砌体施工质量控制等级为 B 级。$\gamma_0 = 1.0$。试分别确定基础顶面局部受压承载力。

【解答】 对图 5.2.15 (a) 情况：$A_l = 285 \times 285$

$$A_0 = (370+285) \times 370 + (370+285-370) \times 370 = 940 \times 370$$

$$\gamma = 1 + 0.35\sqrt{\frac{A_0}{A_l} - 1} = 1 + 0.35\sqrt{\frac{940 \times 370}{285 \times 285} - 1} = 1.63$$

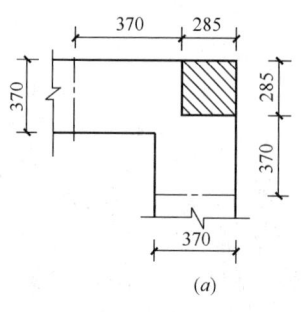
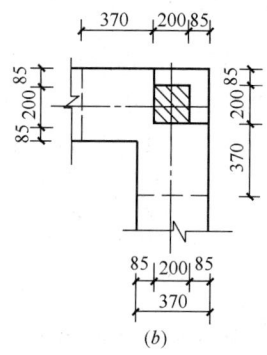

图 5.2.15 （单位：mm）

由《砌规》5.2.2 条第 2 款，$\gamma \leqslant 1.5$，故取 $\gamma = 1.5$，M15 水泥砂浆，不调整 f，故取 $f = 3.6 \text{N/mm}^2$

$$N_l = \gamma f A_l = 1.5 \times 3.6 \times 285 \times 285 = 438.6 \text{kN}$$

对图 5.2.15 (b) 情况： $A_l = 200 \times 200$

$$A_0 = (370 + 200 + 85) \times 370 + (370 + 285 - 370) \times 370 = 940 \times 370$$

$$\gamma = 1 + 0.35 \sqrt{\frac{A_0}{A_l} - 1} = 1 + 0.35 \sqrt{\frac{940 \times 370}{200 \times 200} - 1} = 1.97$$

由《砌规》5.2.2 条第 2 款，$\gamma \leqslant 2.5$，故取 $\gamma = 1.97$

$$N_u = \gamma f A_l = 1.97 \times 3.6 \times 200 \times 200 = 283.7 \text{kN}$$

【例 5.2.25】 方案初期，某四层砌体结构房屋顶层局部平面布置图如图 5.2.16 所示，层高均为 3.6m。墙体采用 MU10 级烧结多孔砖、M5 级混合砂浆砌筑。墙厚 240mm。屋面板为预制预应力空心板上浇钢筋混凝土叠合层，屋面板总厚度 300mm，简支在①轴和②轴墙体上，支承长度 120mm。屋面永久荷载标准值 12kN/m²，活荷载标准值 0.5kN/m²。砌体施工质量控制等级 B 级。$\gamma_0 = 1.0$。

试问：

(1) 顶层①轴每延米墙体的局部受压承载力设计值（kN/m），与下列何项数值最为接近？

提示：多孔砖砌体孔洞未灌实。

(A) 180 (B) 240 (C) 360 (D) 480

(2) 顶层①轴每延米墙体下端受压承载力设计值（kN/m），与下列何项数值最为接近？

提示：不考虑下层弯矩对本层墙体的影响，不考虑风荷载。

(A) 120 (B) 150 (C) 180 (D) 260

【解答】 (1) 查《砌规》表 3.2.1-1，取 $f = 1.50 \text{MPa}$，未灌实，由规范 5.2.2 条，取 $\gamma = 1.0$

$$\gamma f A_l = 1.0 \times 1.50 \times 1000 \times 120 = 180 \text{kN/m}$$

故应选 (A) 项。

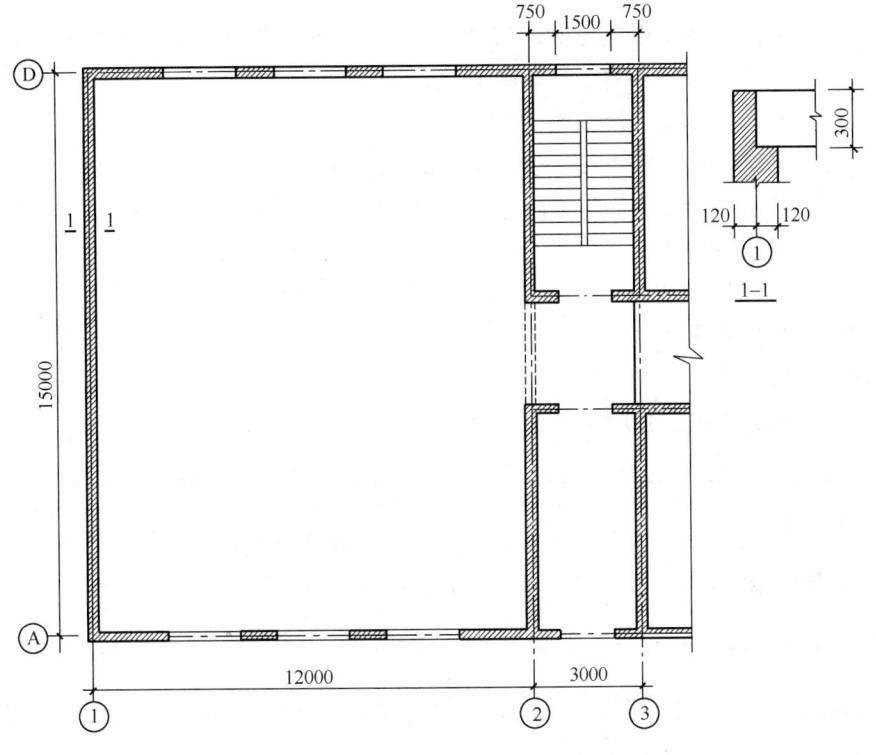

图 5.2.16

(2) 楼盖为第 1 类,房屋横墙间距小于 32m,根据《砌规》4.2.1 条,属于刚性方案。顶层,故 $H_0=1.0H=1.0\times3.6=3.6$m。

$$\beta=\gamma_\beta\frac{H_0}{h}=1.0\times\frac{3600}{240}=15$$

由 $e=0$,$\beta=15$,查规范附录表 D,取 $\varphi=0.745$

$$\varphi fA=0.745\times1.5\times1000\times240=268\text{kN}$$

故应选 (D) 项。

- (2) 梁端支承处的局部受压承载力

《砌规》规定:

> 5.2.4 梁端支承处砌体的局部受压承载力,应按下列公式计算:
> $$\psi N_0+N_l\leqslant\eta\gamma fA_l \quad (5.2.4\text{-}1)$$
> $$\psi=1.5-0.5\frac{A_0}{A_l} \quad (5.2.4\text{-}2)$$
> $$N_0=\sigma_0 A_l \quad (5.2.4\text{-}3)$$
> $$A_l=a_0 b \quad (5.2.4\text{-}4)$$
> $$a_0=10\sqrt{\frac{h_c}{f}} \quad (5.2.4\text{-}5)$$

式中　ψ——上部荷载的折减系数，当 A_0/A_l 大于或等于 3 时，应取 ψ 等于 0；
　　　N_0——局部受压面积内上部轴向力设计值（N）；
　　　N_l——梁端支承压力设计值（N）；
　　　σ_0——上部平均压应力设计值（N/mm²）；
　　　η——梁端底面压应力图形的完整系数，应取 0.7，对于过梁和墙梁应取 1.0；
　　　a_0——梁端有效支承长度（mm）；当 a_0 大于 a 时，应取 a_0 等于 a, a 为梁端实际支承长度（mm）；
　　　b——梁的截面宽度（mm）；
　　　h_c——梁的截面高度（mm）；
　　　f——砌体的抗压强度设计值（MPa）。

需注意的是：

(1) ψ 折减系数取值，当 $\dfrac{A_0}{A_l} \geqslant 3$ 时，取 $\psi = 0$。

(2) a_0 梁端有效支承长度，当 $a_0 > a$ 时，取 $a_0 = a$。

(3)《砌规》式（5.2.4-5），$a_0 = 10\sqrt{\dfrac{h_c}{f}}$ 中 f 取值，应考虑截面尺寸、砌体施工质量控制等级等情况对强度设计值的调整。

(4)《砌规》式（5.2.4-2）中 A_0 计算面积，当为窗间墙时，若 $A_0 > A_{实际}$，取 $A_0 = A_{实际}$。

【例 5.2.26】 某窗间墙截面尺寸为 1200mm×190mm，采用烧结普通砖 MU10，混合砂浆 M5 砌筑，砌体施工质量控制等级为 B 级。墙上支承截面尺寸为 250mm×600mm 的钢筋混凝土梁，在荷载基本组合下，梁端支承压力设计值为 80kN，上部轴向力设计值为 120kN。安全等级为二级。试验算梁端支承处砌体的局部受压承载力。

【解答】 查《砌规》表 3.2.1-1，$f = 1.50\text{N/mm}^2$，
$A = 1.2 \times 0.19 = 0.228\text{m}^2, \gamma_a = 0.7 + 0.228 = 0.928, f = \gamma_a f = 1.39\text{N/mm}^2$

由规范式（5.2.4-5）：$a_0 = 10\sqrt{\dfrac{h_c}{f}} = 10\sqrt{\dfrac{600}{1.39}} = 208\text{mm} > a = 190\text{mm}$，故取 $a_0 = 190\text{mm}$。

$$A_l = a_0 b = 0.19 \times 0.25,$$
$$A_0 = (b + 2h)h = (0.25 + 2 \times 0.19) \times 0.19 = 0.63 \times 0.19$$
$$\dfrac{A_0}{A_l} = \dfrac{0.63 \times 0.19}{0.19 \times 0.25} = 2.52 < 3.0, 故应考虑上部荷载影响。$$
$$\psi = 1.5 - \dfrac{0.5 A_0}{A_l} = 1.5 - 0.5 \times 2.52 = 0.24$$
$$\sigma_0 = \dfrac{120 \times 10^3}{1200 \times 190} = 0.526\text{MPa}$$
$$N_0 = \sigma_0 A_l = 0.526 \times 0.19 \times 0.25 \times 10^3 = 24.99\text{kN}$$

$$\gamma = 1 + 0.35\sqrt{\frac{A_0}{A_l} - 1} = 1 + 0.35\sqrt{2.52 - 1} = 1.43 < 2.0$$

$$\psi N_0 + N_l = 0.24 \times 24.99 + 80 = 86.0 \text{kN} > \eta \gamma f A_l$$
$$= 0.7 \times 1.43 \times 1.39 \times 0.19 \times 0.25 \times 10^3 = 66.09 \text{kN}$$

所以梁端支承处砌体局部受压不满足要求。

思考：(1) 题目窗间墙截面尺寸为 1200mm×240mm，其他条件均不变，试验算梁端支承处砌体的局部受压承载力。

具体解答如下：

$A = 1.2 \times 0.24 = 0.288 \text{m}^2$，$\gamma_a = 0.288 + 0.7 = 0.988$，$f = \gamma_a f = 1.482 \text{N/mm}^2$

$$a_0 = 10\sqrt{\frac{h_c}{f}} = 10\sqrt{\frac{600}{1.482}} = 201 \text{mm} < 240 \text{mm}$$

故取 $a_0 = 201 \text{mm}$，$A_l = a_0 b = 0.201 \times 0.25$

$$A_0 = (b + 2h)h = (0.25 + 2 \times 0.24) \times 0.24 = 0.73 \times 0.24$$

$$\frac{A_0}{A_l} = \frac{0.73 \times 0.24}{0.201 \times 0.25} = 3.49 > 3.0$$

由《砌规》5.2.4 条规定，取 $\psi = 0.0$。

$$\gamma = 1 + 0.35\sqrt{\frac{A_0}{A_l} - 1} = 1 + 0.35\sqrt{3.49 - 1} = 1.55 < 2.0$$

故取 $\gamma = 1.55$。

$$\psi N_0 + N_l = 0 + 80 = 80 \text{kN} < \eta \gamma f A_l = 0.7 \times 1.55 \times 1.482 \times 0.201 \times 0.25 \times 10^3$$
$$= 80.8 \text{kN}$$

所以梁端支承处砌体局部受压满足要求。

(2) 题目窗间墙截面尺寸为 1200mm×240mm，采用 M5 水泥砂浆砌筑，砌体施工质量控制等级为 C 级，其他条件不变。试验算梁端支承处砌体的局部受压承载力。

具体解答如下：

$A = 1.2 \times 0.24 = 0.288 \text{m}^2$，$\gamma_a = 0.7 + 0.288 = 0.988$，砌体施工质量控制等级 C 级，M5 水泥砂浆，故

$$\gamma_a = 0.988 \times 0.89 = 0.879$$
$$f = \gamma_a f = 1.3185 \text{N/mm}^2$$
$$a_0 = 10\sqrt{\frac{h_c}{f}} = 10\sqrt{\frac{600}{1.3185}} = 213 \text{mm} < 240 \text{mm}$$

故取 $a_0 = 213 \text{mm}$，$A_l = a_0 b = 0.213 \times 0.25$

$$A_0 = (b + 2h)h = (0.25 + 2 \times 0.24) \times 0.24 = 0.73 \times 0.24$$

$$\frac{A_0}{A_l} = \frac{0.73 \times 0.24}{0.213 \times 0.25} = 3.29 > 3.0, 故取 \psi = 0.0。$$

$$\gamma = 1 + 0.35\sqrt{\frac{A_0}{A_l} - 1} = 1 + 0.35\sqrt{3.29 - 1} = 1.53 < 2.0$$

故取 $\gamma = 1.53$。

$$\psi N_0 + N_l = 0 + 80 = 80 \text{kN} > \eta \gamma f A_l = 0.7 \times 1.53 \times 1.3185 \times 0.213 \times 0.25 \times 10^3$$
$$= 75.2 \text{kN}$$

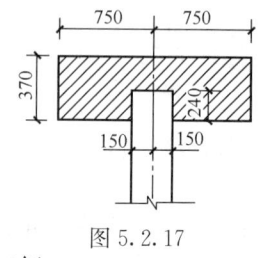

图 5.2.17

所以梁端支承处砌体局部受压不满足要求。

【例 5.2.27】 某窗间墙截面 1500mm×370mm，采用 MU10 烧结多孔砖，M5 混合砂浆砌筑，其孔洞全部灌实。墙上钢筋混凝土梁截面尺寸 $b\times h=300\text{mm}\times 600\text{mm}$，如图 5.2.17 所示。梁端支承压力设计值 $N_l=60\text{kN}$，由上层楼层传来的荷载轴向力设计值 $N_u=90\text{kN}$。砌体施工质量控制等级为 B 级，安全等级为二级。

试问：

(1) 砌体局部抗压强度提高系数 γ，应与下列何项接近？

(A) 1.0 (B) 1.5 (C) 1.8 (D) 2.0

(2) 假设 $A_0/A_l=5$，则梁端支承处砌体局部受压承载力 ψN_0+N_l（kN）应与下列何项接近？

(A) 60 (B) 90 (C) 120 (D) 150

【解答】 (1) 查规范表，$f=1.5\text{N/mm}^2$，$A=1.5\times 0.37=0.555\text{m}^2>0.3\text{m}^2$，由《砌规》5.2.4 条规定：

$$a_0=10\sqrt{h_c/f}$$

$$A_l=a_0 b=10\sqrt{\frac{h_c}{f}}\cdot b=10\sqrt{\frac{600}{1.5}}\times 300=60000\text{mm}^2$$

$$A_0=(b+2h)h=(300+2\times 370)\times 370=384800\text{mm}^2$$

$$\gamma=1+0.35\sqrt{\frac{A_0}{A_l}-1}=1+0.35\sqrt{\frac{384800}{60000}-1}=1.814$$

多孔砖孔洞全部落实时，γ 限值，《砌规》无规定，而 01 年版《砌规》规定，$\gamma\leqslant 1.5$。

故取 $\gamma=1.5$，所以应选 (B)。

(2) 由《砌规》5.2.4 条规定：

由题目条件，$A_0/A_l=5>3.0$，取 $\psi=0$

$\psi N_0+N_l=0+60=60\text{kN}$，所以应选 (A) 项。

【例 5.2.28】 已知某窗间墙截面尺寸 1200mm×190mm，其上放置一根大梁，梁截面尺寸 200mm×500mm，梁支承长度 a 为 190mm，梁端支承反力设计值 $N_l=60\text{kN}$，上部荷载传至窗间墙的设计值为 210kN。窗间墙采用 MU15 单排孔混凝土小型空心砌块，孔洞率为 35%，Mb7.5 专用砂浆对孔砌筑，用 Cb25 混凝土（$f_c=11.9\text{N/mm}^2$），灌孔率为 50%。砌体施工质量控制等级为 B 级，安全等级为二级。试验算局部受压承载力。

【解答】 满足《砌规》6.2.13 条第 2 款的规定要求，按规范 5.2.2 条规定，可以考虑局部抗压强度的提高。

查《砌规》表 3.2.1-4 得：$f=3.61\text{N/mm}^2$；$A=1.2\times 0.19=0.228\text{m}^2$

$$\gamma_a=0.228+0.7=0.928, f=\gamma_a f=3.35\text{N/mm}^2$$

按规范式 (3.2.1-1)：

$$f_g=f+0.6\alpha f_c=3.35+0.6\times 35\%\times 50\%\times 11.9$$

$$=4.60\text{N/mm}^2<2f=2\times 3.35=6.7\text{N/mm}^2$$

故取 $f_g=4.60\text{N/mm}^2$

按规范式（5.2.4-5）求 a_0：

$$a_0=10\sqrt{\frac{h_c}{f}}=10\sqrt{\frac{500}{4.60}}=104\text{mm}<a=190\text{mm}$$

$$A_l=a_0 b=104\times 200$$

$$A_0=(b+2h)h=(200+2\times 190)\times 190=580\times 190$$

$$\frac{A_0}{A_l}=\frac{580\times 190}{104\times 200}=5.3>3.0, 故取 \psi=0.0$$

$$\gamma=1+0.35\sqrt{\frac{A_0}{A_l}-1}=1+0.35\sqrt{5.3-1}=1.726$$

由《砌规》5.2.2 条第 2 款，灌孔砌块砌体，$\gamma\leqslant 1.5$，故取 $\gamma=1.5$。

$\psi N_0+N_l=0+60=60\text{kN}<\eta\gamma f_g A_l=0.7\times 1.5\times 4.60\times 104\times 200=100.5\text{kN}$

故满足要求。

思考： 若该梁为深梁，其截面为 200mm×1200mm，窗间墙截面尺寸变为 1300mm×240mm，梁在墙上的支承长度为 240mm，其他条件不变。试验算局部受压承载力。

具体解答如下：

深梁，取 $f=3.61\text{N/mm}^2$

$f_g=f+0.6\alpha f_c=3.61+0.6\times 35\%\times 50\%\times 11.9=4.86\text{N/mm}^2<2f=7.22\text{N/mm}^2$

故取 $f_g=4.86\text{N/mm}^2$

由于该梁为深梁，其抗弯刚度近似视为无穷大，应力图形完整系数 $\eta=1.0$，偏心距为零。

$$A_l=200\times 240；A_0=(b+2h)h=(200+2\times 240)\times 240=680\times 240$$

$$\frac{A_0}{A_l}=\frac{680\times 240}{200\times 240}=3.4>3.0，故取 \psi=0.0$$

$$\gamma=1+0.35\sqrt{3.4-1}=1.54$$

由《砌规》5.2.2 条第 2 款规定，$\gamma\leqslant 1.5$，故取 $\gamma=1.5$

$$\psi N_0+N_l=0+60=60\text{kN}<\eta\gamma f_g A_l$$
$$=1.0\times 1.5\times 4.86\times 200\times 240=349.9\text{kN}$$

故满足要求。

【例 5.2.29】 如图 5.2.18 所示，梁置于带壁柱的窗间墙上，梁截面尺寸为 250mm×500mm，支承长度 a 为 370mm，墙体采用 MU10 烧结普通砖及 M5 水泥砂浆砌筑，砌体施工质量控制等级为 B 级。已知梁端支承反力设计值 N_l 为 60kN，梁底墙体截面由上部荷载设计值产生的轴向力 N_0 为 210kN。安全等级为二级。试验算局部受压承载力。

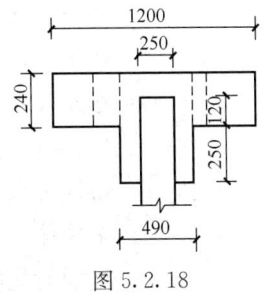

图 5.2.18

【解答】 查《砌规》表 3.2.1-1，$f=1.50\text{MPa}$，M5 水泥砂浆，故：$a_0=10\sqrt{\frac{h_c}{f}}=10\sqrt{\frac{500}{1.5}}=183\text{mm}<250\text{mm}$

故梁端有效支承长度并未伸入到墙体翼缘，则 A_0 只取壁柱范围内的截面面积，$A_0=$

490×490

$$A_l = a_0 \cdot b = 183 \times 250$$

$$\frac{A_0}{A_l} = \frac{490 \times 490}{183 \times 250} = 5.25 > 3.0, 故取 \psi = 0.0。$$

$$\gamma = 1 + 0.35\sqrt{\frac{A_0}{A_l} - 1} = 1 + 0.35\sqrt{5.25 - 1} = 1.72 < 2.0$$

$$\psi N_0 + N_l = 0 + 60 = 60 \text{kN} < \eta \gamma f A_l = 0.7 \times 1.72 \times 1.5 \times 183 \times 250 = 82.6 \text{kN}$$

满足要求。

思考：若梁截面尺寸为250mm×1000mm，其他条件不变。试验算局部受压承载力。

具体解答如下：

$$a_0 = 10\sqrt{\frac{h_c}{f}} = 10\sqrt{\frac{1000}{1.5}} = 258\text{mm} > 250\text{mm}$$

$$A_l = a_0 b = 258 \times 250$$

梁端有效支承长度已伸入到墙体翼缘，则 A_0 应计入墙体翼缘部分面积，即：

$$A_0 = 490 \times 490 + 2 \times (240 - 120) \times 240 = 297700 \text{mm}^2$$

$$\frac{A_0}{A_l} = \frac{297700}{258 \times 250} = 4.62 > 3.0, 故取 \psi = 0.0。$$

$$\gamma = 1 + 0.35\sqrt{\frac{A_0}{A_l} - 1} = 1 + 0.35\sqrt{4.62 - 1} = 1.67 < 2.0$$

$$\psi N_0 + N_l = 60 \text{kN} < \eta \gamma f A_l = 0.7 \times 1.67 \times 1.5 \times 258 \times 250 = 113.1 \text{kN}$$

满足要求。

- （3）梁端有刚性垫块的局部受压承载力

《砌规》规定：

5.2.5 在梁端设有刚性垫块时的砌体局部受压，应符合下列规定：

1 刚性垫块下的砌体局部受压承载力，应按下列公式计算：

$$N_0 + N_l \leqslant \varphi \gamma_1 f A_b \tag{5.2.5-1}$$

$$N_0 = \sigma_0 A_b \tag{5.2.5-2}$$

$$A_b = a_b b_b \tag{5.2.5-3}$$

式中 N_0——垫块面积 A_b 内上部轴向力设计值（N）；

φ——垫块上 N_0 与 N_l 合力的影响系数，应取 β 小于或等于3，按第5.1.1条规定取值；

γ_1——垫块外砌体面积的有利影响系数，γ_1 应为 0.8γ，但不小于1.0。γ 为砌体局部抗压强度提高系数，按公式（5.2.2）以 A_b 代替 A_l 计算得出；

A_b——垫块面积（mm^2）；

a_b——垫块伸入墙内的长度（mm）；

b_b——垫块的宽度（mm）。

2 刚性垫块的构造，应符合下列规定：

1) 刚性垫块的高度不应小于180mm，自梁边算起的垫块挑出长度不应大于垫块高度 t_b；

2) 在带壁柱墙的壁柱内设刚性垫块时（图5.2.5），其计算面积应取壁柱范围内的面积，而不应计算翼缘部分，同时壁柱上垫块伸入翼墙内的长度不应小于120mm；

3) 当现浇垫块与梁端整体浇筑时，垫块可在梁高范围内设置。

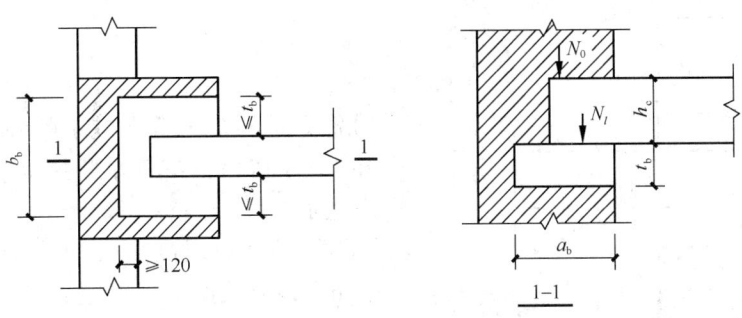

图 5.2.5　壁柱上设有垫块时梁端局部受压

3　梁端设有刚性垫块时，垫块上 N_l 作用点的位置可取梁端有效支承长度 a_0 的0.4倍。a_0 应按下式确定：

$$a_0 = \delta_1 \sqrt{\frac{h_c}{f}} \tag{5.2.5-4}$$

式中　δ_1——刚性垫块的影响系数，可按表5.2.5采用。

系数 δ_1 值表　　　　　　　　　　　　　　　表 5.2.5

σ_0/f	0	0.2	0.4	0.6	0.8
δ_1	5.4	5.7	6.0	6.9	7.8

注：表中其间的数值可采用插入法求得。

需注意的是：

(1) φ 值的计取，它是按 $\beta \leqslant 3$，查附录D表，或按式（D.0.1-1）计算。

(2) γ_1 有利影响系数，$\gamma_1 = 0.8\gamma = 0.8\left(1 + 0.35\sqrt{\frac{A_0}{A_b} - 1}\right) \geqslant 1$，$A_b = a_b b_b$。

(3) a_0 有效支承长度，$a_0 = \delta_1 \sqrt{\frac{h}{f}}$，式中 f 应考虑截面尺寸、砌体施工质量控制等级等情况对强度设计值的调整。

(4)《砌规》表5.2.5中，σ_0/f，式中 f 也应考虑截面尺寸、砌体施工质量控制等级等情况对强度设计值的调整。

(5) 窗间墙上设置刚性垫块，若 $A_0 > A_{实际}$，取 $A_0 = A_{实际}$。

在具体求解 φ 时，其步骤如下：

第一，求得 a_0；

第二，求得 e_l，$e_l = \frac{a_b}{2} - 0.4 a_0$；

第三，求得 N_0，$N_0 = \sigma_0 A_b$；

第四，求 e 及 e/h：$e = \dfrac{N_l \cdot e_l}{N_0 + N_l}$，$\dfrac{e}{h} = \dfrac{N_l \cdot e_l}{(N_0 + N_l) \cdot a_b}$；

第五，求 φ：查规范附录 D，或用式 (D.0.1-1) 计算，即：

$$\varphi = \dfrac{1}{1 + 12\left(\dfrac{e}{h}\right)^2}$$

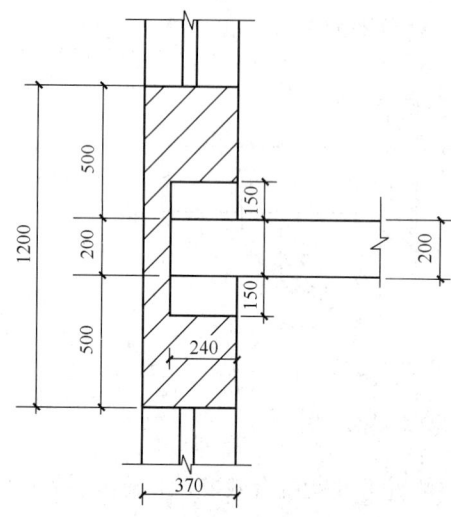

图 5.2.19 （单位：mm）

【例 5.2.30】已知某大梁截面尺寸 200mm× 600mm，梁在墙上的支承长度 $a=240$mm，窗间墙截面为 1200mm×370mm，如图 5.2.19 所示，在梁下设置现浇垫块 500mm×240mm× 240mm，砌体采用 MU10 烧结普通砖和 M5 混合砂浆砌筑。梁端支承反力设计值 $N_l=90$kN，上部传来作用在梁底窗间墙截面上的荷载设计值为 80kN。砌体施工质量控制等级为 B 级，安全等级为二级。

试问：验算梁端墙体的局部受压承载力。

【解答】（1）垫块高度、挑出长度均满足《砌规》5.2.5 条第 2 款规定。

（2）求 γ_1

$$b + 2h = 500 + 2 \times 370 = 1240\text{mm} > 1200\text{mm}（窗间墙宽）$$

故取 $b + 2h = 1200$mm

$$A_0 = (b + 2h) \times h = 1200 \times 370$$

$$A_b = 500 \times 240$$

$$\dfrac{A_0}{A_b} = \dfrac{1200 \times 370}{500 \times 240} = 3.7$$

$$\gamma = 1 + 0.35\sqrt{\dfrac{A_0}{A_b} - 1} = 1 + 0.35\sqrt{3.7 - 1}$$

$$= 1.575 < 2.0，故取 \gamma = 1.575$$

$$\gamma_1 = 0.8\gamma = 0.8 \times 1.575 = 1.26 > 1.0，故取 \gamma_1 = 1.26$$

（3）求 a_0

$$\sigma_0 = \dfrac{80 \times 10^3}{1200 \times 370} = 0.180\text{N/mm}^2$$

$$A = 1.2 \times 0.37 = 0.444\text{m}^2 > 0.3\text{m}^2，不考虑 f 的调整，取 f = 1.5\text{MPa}$$

$$\dfrac{\sigma_0}{f} = \dfrac{0.180}{1.5} = 0.120$$

查《砌规》表 5.2.5，$\delta_1 = 5.4 + \dfrac{0.12 - 0}{0.2 - 0} \cdot (5.7 - 5.4) = 5.58$

$$a_0 = \delta_1 \sqrt{\dfrac{h}{f}} = 5.58\sqrt{\dfrac{600}{1.5}} = 112\text{mm}$$

（4）求 e、φ

根据《砌规》4.2.5 条第 3 款，梁端支承压力对垫块重心的偏心距 e_l：

$$e_l = \frac{a_b}{2} - 0.4 a_0 = \frac{240}{2} - 0.4 \times 112 = 75.2 \text{mm}$$

垫块面积上由上部荷载设计值产生的轴向力 N_0：
$$N_0 = \sigma_0 A_b = 0.18 \times 500 \times 240 = 21.6 \text{kN}$$

N_0 与 N_l 合力的偏心距 e：
$$e = \frac{N_l e_l}{N_0 + N_l} = \frac{90 \times 75.2}{21.6 + 90} = 60.6 \text{mm}$$

$$\frac{e}{h} = \frac{e}{a_b} = \frac{60.6}{240} = 0.253$$

取 $\beta \leq 3$ 时，查《砌规》表 D.0.1-1，或计算取值：
$$\varphi = \frac{1}{1 + 12\left(\dfrac{e}{h}\right)^2} = \frac{1}{1 + 12 \times 0.253^2} = 0.566$$

(5) 验算局部受压承载力
$$N_0 + N_l = 21.6 + 90 = 111.6 \text{kN} < \varphi \gamma_1 f A_b = 0.566 \times 1.26 \times 1.5 \times 240 \times 500$$
$$= 128.4 \text{kN}$$

满足要求。

【例 5.2.31】已知某钢筋混凝土梁 250mm×600mm，支承于带壁柱的窗间墙上，见图 5.2.20 所示，荷载基本组合的内力设计值为：$N_l = 120 \text{kN}$，$N_u = 280 \text{kN}$。墙体采用 MU15 烧结普通砖，M5 水泥砂浆，砌体施工质量控制等级为 B 级。梁垫尺寸 a_b 为 370mm，b_b 为 490mm，t_b 为 180mm。安全等级为二级。

试问：验算局部受压承载力。

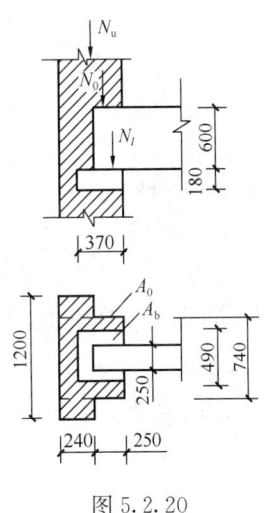

图 5.2.20

【解答】(1) 垫块挑出长度
$$\frac{490 - 250}{2} = 120 \text{mm} < t_b = 180 \text{mm}$$

垫块伸入翼缘内长度为：
$$370 \text{mm} - 250 \text{mm} = 120 \text{mm}$$

满足《砌规》5.2.5 条第 2 款的规定。

(2) 查《砌规》表 3.2.1-1，$f = 1.83 \text{N/mm}^2$，M5 水泥砂浆，故取 $f = 1.83 \text{N/mm}^2$

(3) 求 γ_1
$$A_b = a_b b_b = 370 \times 490$$
$$A_0 = 740 \times 490$$
$$\gamma = 1 + 0.35 \sqrt{\frac{A_0}{A_b} - 1} = 1 + 0.35 \sqrt{\frac{740 \times 490}{370 \times 490} - 1} = 1.35 < 2.0$$
$$\gamma_1 = 0.8 \gamma = 0.8 \times 1.35 = 1.08 > 1.0，故取 \gamma_1 = 1.08$$

(4) 求 e、φ
$$\sigma_0 = \frac{280 \times 10^3}{(240 \times 1200 + 250 \times 740)} = 0.592 \text{N/mm}^2$$

$$\frac{\sigma_0}{f}=\frac{0.592}{1.83}=0.32$$

查《砌规》表 5.2.5，$\delta_1=5.7+\dfrac{0.32-0.2}{0.4-0.2}\times(6.0-5.7)=5.88$

$$a_0=\delta_1\sqrt{\frac{h}{f}}=5.88\sqrt{\frac{600}{1.83}}=106.5\text{mm}$$

$$e_l=\frac{a_b}{2}-0.4a_0=\frac{370}{2}-0.4\times106.5=142.4\text{mm}$$

$$N_0=\sigma_0 A_b=0.592\times370\times490=107.3\text{kN}$$

$$e=\frac{N_l e_l}{N_0+N_l}=\frac{120\times142.4}{107.3+120}=75.2\text{mm}$$

$$\frac{e}{h}=\frac{e}{a_b}=\frac{75.2}{370}=0.203$$

查《砌规》附录 D 表 D.0.1-1，或计算取值：

$$\varphi=\frac{1}{1+12(e/h)^2}=\frac{1}{1+12\times0.203^2}=0.67$$

(5) 验算局部受压承载力

$$N_0+N_l=107.3+120=227.3\text{kN}<\varphi\gamma_1 fA_b$$
$$=0.67\times1.08\times1.83\times370\times490=240.1\text{kN}$$

满足要求。

思考： 若梁垫尺寸为 $a_b=490\text{mm}$，$b_b=740\text{mm}$，$t_b=270\text{mm}$，其他条件不变。试验算局部受压承载力。

具体解答如下：

① 求 γ_1

此时 $A_b=A_0$，$\gamma=1$，$\gamma_1=0.8\gamma=0.8<1$，故取 $\gamma_1=1$。

② 求 φ

由前述结果知，$\sigma_0=0.592$，$\dfrac{\sigma_0}{f}=0.32$，$\delta_1=5.88$，$a_0=106.5\text{mm}$

$$e_l=\frac{a_b}{2}-0.4a_0=\frac{490}{2}-0.4\times106.5=202.4\text{mm}$$

$$N_0=\sigma_0 A_b=0.592\times740\times490=214.7\text{kN}$$

$$e=\frac{N_l e_l}{N_0+N_l}=\frac{120\times202.4}{214.7+120}=72.6\text{mm}$$

$$\frac{e}{h}=\frac{e}{a_b}=\frac{72.6}{490}=0.148$$

查《砌规》表 D.0.1-1，或计算取值：

$$\varphi=\frac{1}{1+12\left(\dfrac{e}{h}\right)^2}=\frac{1}{1+12\times0.148^2}=0.79$$

$$N_0+N_l=214.7+120=334.7\text{kN}<\varphi\gamma_1 fA_b=0.79\times1\times1.83\times740\times490$$
$$=524.2\text{kN}$$

故满足要求。

【例 5.2.32】 某一根钢筋混凝土简支架搁置在外墙壁柱上,如图 5.2.21 梁截面尺寸为 200mm×600mm,壁柱截面尺寸为 390mm×390mm,梁支承长度 $a=200$mm,梁端设预制混凝土垫块,垫块尺寸 $a_b \times b_b \times t_b=320$mm×390mm×190mm。砌体用 MU15 单排孔混凝土砌块,Mb5 专用砂浆对孔砌筑,梁下壁柱用 Cb25 混凝土灌实三皮($f_c=9.6$N/mm²),满足规范构造要求,砌体施工质量控制等级为 B 级。已知梁端支座反力设计值 $N_l=110$kN,上部传至窗间墙的荷载基本组合的压力设计值 $N_0=260$kN。安全等级为二级。

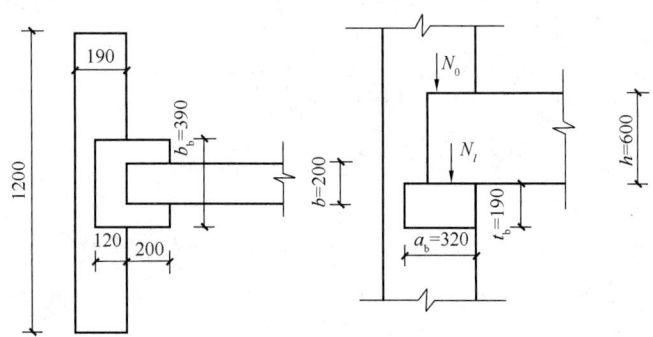

图 5.2.21

试问: 验算垫块下砌体局部受压承载力。

【解答】 (1) 垫块高度 190mm>180mm,挑出长度 $\frac{390-200}{2}=95$mm<190mm,符合《砌规》5.2.5 条第 2 款的规定。

梁下壁柱用混凝土灌实三皮,满足《砌规》6.2.13 条第 3 款规定,故根据《砌规》5.2.2 条规定,可考虑局部抗压强度的提高。

(2) 由《砌规》表 3.2.1-4 及注 2 的规定,$f=0.85 \times 3.20=2.72$N/mm²

又 $A=1.2 \times 0.19+0.2 \times 0.39=0.306$m²>0.3m²,不考虑截面尺寸对 f 的调整,故取 $f=2.72$N/mm²

(3) 求 a_0

$$\sigma_0 = \frac{260000}{1200 \times 190 + 200 \times 390} = 0.85 \text{N/mm}^2$$

$$\frac{\sigma_0}{f} = \frac{0.85}{2.72} = 0.31$$

查《砌规》表 5.2.5,$\delta_1 = 5.7 + \frac{0.31-0.2}{0.4-0.2} \times (6.0-5.7) = 5.87$

$$a_0 = \delta_1 \sqrt{\frac{h}{f}} = 5.87 \sqrt{\frac{600}{2.72}} = 87 \text{mm} < a = 200 \text{mm}$$

(4) 求 e、φ

$$e_l = \frac{a_b}{2} - 0.4 a_0 = \frac{320}{2} - 0.4 \times 87 = 125.2 \text{mm}$$

$$N_0 = \sigma_0 A_b = 0.85 \times 320 \times 390 = 106.1 \text{kN}$$

$$e = \frac{N_l e_l}{N_0 + N_l} = \frac{110 \times 125.2}{106.1 + 110} = 63.7 \text{mm}$$

$$\frac{e}{h}=\frac{e}{a_b}=\frac{63.7}{320}=0.20$$

查《砌规》表 D.0.1-1，或计算求 φ：

$$\varphi=\frac{1}{1+12(e/h)^2}=\frac{1}{1+12\times0.20^2}=0.676$$

（5）求 γ_1

$A_b=a_b b_b=320\times390$

$A_0=390\times390$

$$\gamma=1+0.35\sqrt{\frac{A_0}{A_b}-1}=1+0.35\sqrt{\frac{390\times390}{320\times390}-1}=1.16<1.5$$

$\gamma_1=0.8\gamma=0.8\times1.16=0.93<1.0$，故取 $\gamma_1=1.0$

（6）验算局部受压承载力

$N_0+N_l=106.1+110=216.1\text{kN}<\varphi\gamma_1 fA_b=0.676\times1.0\times2.72\times320\times390$
$=229.5\text{kN}$

故满足要求。

思考：若题目中壁柱的空心部位用 Cb25 混凝土灌实，砌块的孔洞率为 35%，灌孔率为 100%，其他条件不变。试验算垫块下砌体的局部受压承载力。

具体解答如下：

① 求 f_g，由上述结果知，$f=2.72\text{N/mm}^2$

$f_g=f+0.6\alpha f_c=2.72+0.6\times35\%\times1\times11.9=5.219\text{N/mm}^2$
$<2f=2\times2.72=5.44\text{N/mm}^2$，故取 $f_g=5.219\text{N/mm}^2$。

② 求 a_0

$$\frac{\sigma_0}{f}=\frac{0.85}{5.219}=0.163$$

查《砌规》表 5.2.5，$\delta_1=5.64$

$$a_0=\delta_1\sqrt{\frac{h}{f}}=5.64\sqrt{\frac{600}{5.719}}=60.5\text{mm}<a=200\text{mm}$$

③ 求 e、φ

$$e_l=\frac{a_b}{2}-0.4a_0=\frac{320}{2}-0.4\times60.5=135.8\text{mm}$$

$N_0=\sigma_0 A_b=106.1\text{kN}$

$$e=\frac{N_l e_l}{N_0+N_l}=\frac{110\times135.8}{106.1+110}=69\text{mm}$$

$$\frac{e}{h}=\frac{e}{a_b}=\frac{69}{320}=0.216$$

查《砌规》表 D.0.1-1，或计算求 φ：

$$\varphi=\frac{1}{1+12\left(\frac{e}{h}\right)^2}=\frac{1}{1+12\times0.216^2}=0.64$$

④验算承载力

由前述，$\gamma_1=1.0$

$N_0+N_l=216.1\text{kN}<\varphi\gamma_1 fA_b=0.64\times1\times5.219\times320\times390=416.9\text{kN}$

故满足要求。

【例 5.2.33】 某单跨三层房屋如图 5.2.22 所示，按刚性方案计算，各层墙体计算高度 3.6m，梁混凝土强度等级为 C20，截面 $b\times h_b=240\text{mm}\times800\text{mm}$，梁端支承 250mm，梁下刚性垫块尺寸 $370\text{mm}\times370\text{mm}\times180\text{mm}$。墙厚均为 240mm，MU10 烧结普通砖，M5 水泥砂浆，各楼层均布永久荷载、活荷载标准值：$g_k=3.75\text{kN/m}^2$，$q_k=3.25\text{kN/m}^2$，梁自重标准值 4.2kN/m，砌体施工质量控制等级为 B 级，重要性系数为 1.0，活荷载组合系数 $\psi_c=0.7$。设计使用年限为 50 年。

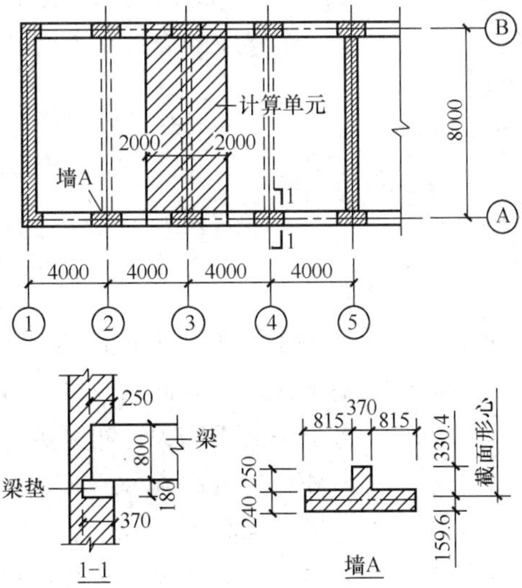

提示：按《工程结构通用规范》作答。

图 5.2.22

试问：

(1) 顶层梁端的有效支承长度 a_0（mm）为下列何项？

(A) 124.7　　(B) 131.5　　(C) 230.9　　(D) 243.4

(2) 假定顶层梁端有效支撑长度 $a_0=150\text{mm}$，顶层梁端支承压力对墙形心线的计算弯矩设计值 M（kN·m），应为下列何项？

(A) 30　　(B) 35　　(C) 44　　(D) 48

【解答】（1）顶层梁，$\sigma_0=0$；$A=0.24\times(2\times0.815+0.37)+0.25\times0.37=0.57\text{m}^2>0.3\text{m}^2$，不考虑对 f 的调整；又 M5 水泥砂浆，也不考虑对 f 的调整，最终取 $f=1.5\text{N/mm}^2$。

查《砌规》表 5.2.5，$\delta_1=5.4$

$$a_0=\delta_1\sqrt{\frac{h}{f}}=5.4\sqrt{\frac{800}{1.5}}=124.7\text{mm}$$

所以应选（A）项。

(2) 求 N、M

由《结通规》3.1.13 条：

$$N=[1.3\times(3.75\times4+4.2)+1.5\times3.25\times4]\times8/2=177.84\text{kN}$$

又由图可知截面形心位置，则：

由《砌规》4.2.5 条：

$M=Ne=N(0.3304-0.4a_0)=177.84\times(0.3304-0.4\times0.15)=48.09\text{kN·m}$

故应选（D）项。

● (4) 垫梁下的砌体局部受压承载力

《砌规》规定：

> 5.2.6 梁下设有长度大于 πh_0 的垫梁时，垫梁上梁端有效支承长度 a_0 可按公式 (5.2.5-4) 计算。垫梁下的砌体局部受压承载力，应按下列公式计算：
>
> $$N_0 + N_l \leqslant 2.4\delta_2 f b_b h_0 \quad (5.2.6\text{-}1)$$
>
> $$N_0 = \pi b_b h_0 \sigma_0 / 2 \quad (5.2.6\text{-}2)$$
>
> $$h_0 = 2\sqrt[3]{\dfrac{E_c I_c}{Eh}} \quad (5.2.6\text{-}3)$$
>
> 式中：N_0——垫梁上部轴向力设计值（N）；
>
> b_b——垫梁在墙厚方向的宽度（mm）；
>
> δ_2——垫梁底面压应力分布系数，当荷载沿墙厚方向均匀分布时可取 1.0，不均匀分布时可取 0.8；
>
> h_0——垫梁折算高度（mm）；
>
> E_c、I_c——分别为垫梁的混凝土弹性模量和截面惯性矩；
>
> E——砌体的弹性模量；
>
> h——墙厚（mm）。

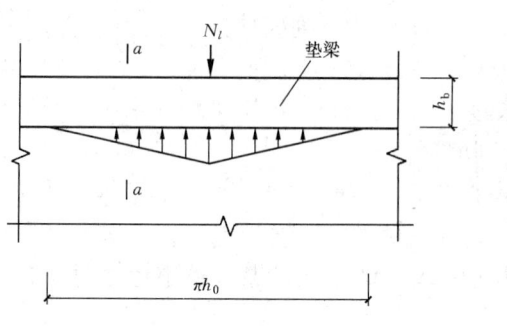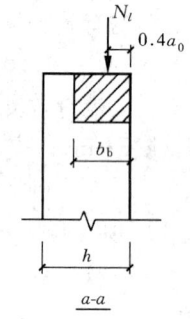

图 5.2.6 垫梁局部受压

需注意的是：

(1)《砌规》式（5.2.6-3）中，h 为墙厚，单位为 mm；E 值应根据规范表 3.2.5-1 及其注的规定进行确定。

(2) a_0 有效支承长度，按《砌规》式（5.2.5-4）计算，即：$a_0 = \delta_1 \sqrt{\dfrac{h}{f}}$；

垫梁上 N_l 作用点的位置仍取为 $0.4a_0$ 处。

(3) 当垫梁下砌体墙体设置有壁柱时，按《砌规》式（5.2.6-3）计算时，h 取砌体的墙体厚度。

【例 5.2.34】 某钢筋混凝土梁搁置在窗间墙上，梁截面尺寸 200mm×500mm，窗间墙截面尺寸 1200mm×370mm，梁的支承长度 $a=240$mm。砌体采用 MU15 蒸压灰砂普通砖，Ms5 专用砂浆。梁下部设置钢筋混凝土垫梁，其截面尺寸为 $b_b \times h_b = 240\text{mm} \times 180\text{mm}$，长为1200mm，混凝土强度等级为C20，$E_b = 2.55 \times 10^4 \text{N/mm}^2$。已知梁端支座反力设计值为100kN，上部传来轴压力设计值为210kN。砌体施工质量控制等级为B级，安全等级为二级。试验算局部受压承载力。

【解答】（1）求垫梁折算高度 h_0

查《砌规》表3.2.1-3，$f = 1.83 \text{N/mm}^2$

查《砌规》表3.2.5-1，$E = 1060f = 1060 \times 1.83 = 1939.8 \text{N/mm}^2$

规范式（5.2.6-3）：

$$h_0 = 2\sqrt[3]{\frac{E_b I_b}{Eh}} = 2\sqrt[3]{\frac{2.55 \times 10^4 \times \frac{1}{12} \times 240 \times 180^3}{1939.8 \times 370}} = 321\text{mm}$$

$\pi h_0 = 3.14 \times 321 = 1008\text{mm} < 1200\text{mm}$（垫梁长）

故可按垫梁计算。

（2）求 N_0

$$\sigma_0 = \frac{210000}{1200 \times 370} = 0.473 \text{N/mm}^2$$

$$N_0 = \pi b_b h_0 \sigma_0 / 2 = 3.14 \times 240 \times 321 \times 0.473 / 2 = 57.2 \text{kN}$$

（3）验算局部受压承载力

$N_0 + N_l = 57.2 + 100 = 157.2\text{kN} < 2.4\delta_2 f b_b h_0 = 2.4 \times 0.8 \times 1.83 \times 240 \times 321$
$= 270.7 \text{kN}$

故满足要求。

思考：若在梁端加设中心垫块，则 δ_2 应取为1.0，上述局部受压承载力为：

$N_0 + N_l = 157.2\text{kN} < 2.4\delta_2 f b_b h_0 = 2.4 \times 1 \times 1.83 \times 240 \times 321 = 338.4\text{kN}$

【例5.2.35】 某房屋外纵墙的窗间墙（1200mm×190mm）上搁有一根简支钢筋混凝土梁，梁截面尺寸 $b \times h = 200\text{mm} \times 550\text{mm}$；外纵墙采用单排孔对孔砌筑的混凝土小型空心砌体，砌块强度等级为MU10，水泥砂浆强度等级为Mb5，用Cb20细石混凝土灌孔。梁的支承长度 $a = 190\text{mm}$，梁端支座反力设计值 N_l 为100kN，上部荷载在梁底墙体截面压力设计值为250kN。砌块孔洞率为35%，灌孔率为50%，在梁端下局部范围内砌块孔洞全部灌实。在梁下放置 $b_b \times h_b = 190\text{mm} \times 200\text{mm}$ 的圈梁，圈梁采用C20混凝土。砌体施工质量控制等级为B级，安全等级为二级。试验算局部受压承载力。

【解答】（1）求 f_g

查《砌规》表3.2.1-4，$f = 2.22 \text{N/mm}^2$。

$A = 1.2 \times 1.9 = 0.228\text{m}^2 < 0.3\text{m}^2$，取 $f = (0.7 + 0.228) \times 2.22 = 2.06 \text{N/mm}^2$

$f_g = f + 0.6 \alpha f_c = 2.06 + 0.6 \times 35\% \times 50\% \times 9.6 = 3.068 \text{N/mm}^2 < 2f = 4.12 \text{N/mm}^2$

当计算受压承载力时，取 $f_g = 3.068 \text{N/mm}^2$。

当计算砌体的弹性模量时，不考虑截面尺寸的影响，取 $f = 2.22 \text{N/mm}^2$

$f_g = f + 0.6 \times f_c = 2.22 + 0.6 \times 35\% \times 50\% \times 9.6 = 3.228 \text{N/mm}^2 < 2f = 4.44 \text{N/mm}^2$

故此时取 $f_g = 3.228 \text{N/mm}^2$。

(2) 求 h_0 及 N_0

查《砌规》3.2.5 条及注的规定，$E=2000f_g=2000\times3.228=6456\text{N/mm}^2$，混凝土 C20，$E_b=2.55\times10^4\text{N/mm}^2$

$$h_0=2\sqrt[3]{\frac{E_bI_b}{Eh}}=2\sqrt[3]{\frac{2.55\times10^4\times\frac{1}{12}\times190\times200^3}{6456\times190}}=276\text{mm}$$

$$\sigma_0=\frac{250000}{1200\times190}=1.096\text{N/mm}^2$$

$$N_0=\pi b_b h_0 \sigma_0/2=3.14\times190\times276\times1.096/2=90.2\text{kN}$$

(3) 验算局部受压承载力

取 $\delta_2=0.8$

$N_0+N_l=90.2+100=190.2\text{kN}<2.4\delta_2 fb_b h_0=2.4\times0.8\times3.068\times190\times276$
$\qquad=308.9\text{kN}$

故满足要求。

思考：若本题不设圈梁，试验算其局部受压承载力。

上述解得：$f_g=3.068\text{N/mm}^2$

$$a_0=10\sqrt{\frac{550}{3.068}}=134\text{mm}<a=190\text{mm}$$

$$A_l=a_0 b=134\times200$$

$$A_0=(b+2h)h=(200+2\times190)\times190=580\times190$$

$$\frac{A_0}{A_l}=\frac{580\times190}{134\times200}=4.11>3.0,\text{故取}\psi=0.0$$

$$\gamma=1+0.35\sqrt{\frac{A_0}{A_l}-1}=1+0.35\sqrt{4.11-1}=1.62$$

查《砌规》5.2.5 条第 2 款，$\gamma\leq1.5$，故取 $\gamma=1.5$

$\qquad\psi N_0+N_l=100\text{kN}>\eta\gamma fA_l=0.7\times1.5\times3.068\times134\times200=86.3\text{kN}$

故不满足要求。

【例 5.2.36】 某房屋顶层，采用 MU10 烧结普通砖、M5 混合砂浆砌筑，砌体施工质量控制等级为 B 级，$\gamma_0=1.0$。钢筋混凝土梁（200mm×500mm）支承在墙顶，如图 5.2.23 所示。

提示：不考虑梁底面以上高度墙体的质量。

试问：

(1) 当梁下不设置梁垫时（见剖面图 A-A），则梁端支承处砌体的局部受压承载力 (kN)，与下列何项数值最为接近？

(A) 66　　　(B) 77　　　(C) 88　　　(D) 99

(2) 假定梁下设置通长的钢筋混凝土圈梁，如剖面图 B-B 所示，圈梁截面尺寸为

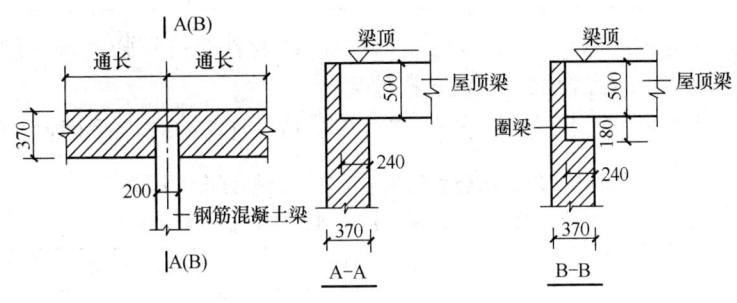

图 5.2.23

240mm×180mm，混凝土强度等级为 C20。梁下（圈梁底）砌体的局部受压承载力（kN），与下列何项数值最为接近？

(A) 192　　　　(B) 207　　　　(C) 223　　　　(D) 246

【解答】（1）查表得，$f=1.5\text{N/mm}^2$；顶层，$N_0=0$；$\eta=0.7$
由《砌规》5.2.4 条：

$$a_0 = 10\sqrt{\frac{h_c}{f}} = 10\sqrt{\frac{500}{1.5}} = 182.6\text{mm}$$

$$A_l = a_0 b = 182.6 \times 200$$

$$A_0 = (b+2h)h = (200+2\times 370)\times 370 = 940\times 370$$

$$\gamma = 1+0.35\sqrt{\frac{A_0}{A_l}-1} = 1+0.35\sqrt{\frac{940\times 370}{182.6\times 200}-1}$$

$$= 2.02 > 2.0$$

故取 $\gamma = 2.0$

$$N_u = \eta\gamma f A_l = 0.7\times 2\times 1.5\times 182.6\times 200 = 76.7\text{kN}$$

故应选（B）项。

（2）由《砌规》3.2.5 条：$E = 1600f = 1600\times 1.5 = 2400\text{N/mm}^2$
《混规》4.1.5 条，C20，$E_b = 2.55\times 10^4\text{N/mm}^2$

$$h_0 = 2\sqrt[3]{\frac{E_b I_b}{Eh}} = 2\sqrt[3]{\frac{2.55\times 10^4\times \frac{1}{12}\times 240\times 180^3}{2400\times 370}}$$

$$= 299.24\text{mm}$$

$$\delta_2 = 0.8$$

$$2.4\delta_2 f b_b h_0 = 2.4\times 0.8\times 1.5\times 240\times 299.24 = 206.8\text{kN}$$

故应选（B）项。

六、轴拉、受弯和受剪构件

1. 强度设计值的计算

《砌规》规定：

3.2.2 龄期为28d的以毛截面计算的各类砌体的轴心抗拉强度设计值、弯曲抗拉强度设计值和抗剪强度设计值，应符合下列规定：

1 当施工质量控制等级为B级时，强度设计值应按表3.2.2采用：

沿砌体灰缝截面破坏时砌体的轴心抗拉强度设计值、弯曲抗拉强度设计值和抗剪强度设计值（MPa） 表3.2.2

强度类别	破坏特征及砌体种类	砂浆强度等级			
		≥M10	M7.5	M5	M2.5
轴心抗拉 沿齿缝	烧结普通砖、烧结多孔砖	0.19	0.16	0.13	0.09
	混凝土普通砖、混凝土多孔砖	0.19	0.16	0.13	—
	蒸压灰砂普通砖、蒸压粉煤灰普通砖	0.12	0.10	0.08	—
	混凝土和轻集料混凝土砌块	0.09	0.08	0.07	—
	毛石	—	0.07	0.06	0.04
弯曲抗拉 沿齿缝	烧结普通砖、烧结多孔砖	0.33	0.29	0.23	0.17
	混凝土普通砖、混凝土多孔砖	0.33	0.29	0.23	—
	蒸压灰砂普通砖、蒸压粉煤灰普通砖	0.24	0.20	0.16	—
	混凝土和轻集料混凝土砌块	0.11	0.09	0.08	—
	毛石	—	0.11	0.09	0.07
弯曲抗拉 沿通缝	烧结普通砖、烧结多孔砖	0.17	0.14	0.11	0.08
	混凝土普通砖、混凝土多孔砖	0.17	0.14	0.11	—
	蒸压灰砂普通砖、蒸压粉煤灰普通砖	0.12	0.10	0.08	—
	混凝土和轻集料混凝土砌块	0.08	0.06	0.05	—
抗剪	烧结普通砖、烧结多孔砖	0.17	0.14	0.11	0.08
	混凝土普通砖、混凝土多孔砖	0.17	0.14	0.11	—
	蒸压灰砂普通砖、蒸压粉煤灰普通砖	0.12	0.10	0.08	—
	混凝土和轻集料混凝土砌块	0.09	0.08	0.06	—
	毛石	—	0.19	0.16	0.11

注：1 对于用形状规则的块体砌筑的砌体，当搭接长度与块体高度的比值小于1时，其轴心抗拉强度设计值f_t和弯曲抗拉强度设计值f_{tm}应按表中数值乘以搭接长度与块体高度比值后采用；

2 表中数值是依据普通砂浆砌筑的砌体确定，采用经研究性试验且通过技术鉴定的专用砂浆砌筑的蒸压灰砂普通砖、蒸压粉煤灰普通砖砌体，其抗剪强度设计值按相应普通砂浆强度等级砌筑的烧结普通砖砌体采用；

3 对混凝土普通砖、混凝土多孔砖、混凝土和轻集料混凝土砌块砌体，表中的砂浆强度等级分别为：≥Mb10、Mb7.5及Mb5。

2 单排孔混凝土砌块对孔砌筑时，灌孔砌体的抗剪强度设计值f_{vg}，应按下式计算：

$$f_{vg}=0.2f_g^{0.55} \tag{3.2.2}$$

式中 f_g——灌孔砌体的抗压强度设计值（MPa）。

f_t、f_{tm}、f_v的调整,《砌规》规定:

> 3.2.3 下列情况的各类砌体,其砌体强度设计值应乘以调整系数 γ_a:
> 1 对无筋砌体构件,其截面面积小于 $0.3m^2$ 时,γ_a 为其截面面积加 0.7;对配筋砌体构件,当其中砌体截面面积小于 $0.2m^2$ 时,γ_a 为其截面面积加 0.8;构件截面面积以"m^2"计;
> 2 当砌体用强度等级小于 M5.0 的水泥砂浆砌筑时,对第 3.2.1 条各表中的数值,γ_a 为 0.9;对第 3.2.2 条表 3.2.2 中数值,γ_a 为 0.8;
> 3 当验算施工中房屋的构件时,γ_a 为 1.1。

施工质量控制等级对 f_t、f_{tm}、f_v 的调整,《砌规》4.1.1 条~4.1.5 条的条文说明中指出,C 级时,取 $\gamma_a = 0.89$。

2. 轴心受拉构件

《砌规》规定:

> 5.3.1 轴心受拉构件的承载力,应满足下式的要求:
> $$N_t \leqslant f_t A \tag{5.3.1}$$
> 式中 N_t——轴心拉力设计值;
> f_t——砌体的轴心抗拉强度设计值,应按表 3.2.2 采用。

【例 5.2.37】 采用 MU10 烧结普通砖、M10 水泥砂浆砌筑的圆形水池,安全等级为二级,砌体施工质量控制等级为 B 级。池壁内环面拉力为 73kN/m,既安全又经济的合理池壁厚度应为多少?

【解答】 查《砌规》表 3.2.2,$f_t = 0.19 N/mm^2$

M10 水泥砂浆,故取 $f_t = 0.19 N/mm^2$

$$h = \frac{\gamma_0 N_t}{f_t} = \frac{1 \times 73}{0.19} = 384 mm$$

思考:若已知池壁厚度为 490mm,其他条件不变。试问,该水池的受拉承载力。

取 1m 宽计算,$N_t = A f_t = 1000 \times 490 \times 0.19 = 93.1 kN$

3. 受弯构件

《砌规》规定:

> 5.4.1 受弯构件的承载力,应满足下式的要求:
> $$M \leqslant f_{tm} W \tag{5.4.1}$$
> 式中 M——弯矩设计值;
> f_{tm}——砌体弯曲抗拉强度设计值,应按表 3.2.2 采用;
> W——截面抵抗矩。
> 5.4.2 受弯构件的受剪承载力,应按下列公式计算:
> $$V \leqslant f_v b z \tag{5.4.2-1}$$
> $$z = I/S \tag{5.4.2-2}$$

式中 V——剪力设计值；

　　　f_v——砌体的抗剪强度设计值，应按表3.2.2采用；

　　　b——截面宽度；

　　　z——内力臂，当截面为矩形时取z等于$2h/3$（h为截面高度）；

　　　I——截面惯性矩；

　　　S——截面面积矩。

需注意的是：

（1）f_{tm}的取值：沿齿缝；沿通缝。

（2）f_{tm}的强度调整系数，见《砌规》3.2.3条。

（3）《砌规》式（5.4.2-2），当为矩形截面时，$z=\dfrac{2h}{3}$。

【例5.2.38】 某挡土墙厚370mm，墙墩间距3m，该墙底部1m高内承受有沿水平方向的土压力设计值q，该墙体采用MU10烧结普通砖、M2.5水泥砂浆砌筑。砌体施工质量控制等级为B级，安全等级为二级。试确定该墙体能承受的最大土压力设计值q值。

【解答】（1）确定最大弯矩、最大剪力（按简支考虑）

$$M=\frac{1}{8}ql^2$$

$$V=\frac{ql}{2}$$

（2）查《砌规》表3.2.2，沿齿缝破坏时，$f_{tm}=0.17\text{N/mm}^2$，$f_v=0.08\text{N/mm}^2$

M2.5水泥砂浆，$\gamma_a=0.8$，$f_{tm}=0.17\times0.8=0.136\text{N/mm}^2$，

$$f_v=0.08\times0.8=0.064\text{N/mm}^2$$

（3）确定q_{max}值：

$$A=bh=1000\times370,W=\frac{bh^2}{6}=\frac{1000\times370^2}{6}$$

$$z=\frac{2}{3}h=\frac{2\times370}{3}$$

规范式（5.4.1）：

$M\leqslant f_{tm}W$，即：$\dfrac{1}{8}ql^2\leqslant 0.136\dfrac{bh^2}{6}$

$$q\leqslant 8\times0.136\times\frac{1000\times370^2}{6}\times\frac{1}{3000^2}=2.76\text{N/mm}=2.76\text{kN/m}$$

规范式（5.4.2-1）：

$V\leqslant f_v bz$，则：

$$\frac{1}{2}ql\leqslant 0.064\times1000\times\frac{2}{3}\times370$$

$$q\leqslant 0.064\times1000\times\frac{2}{3}\times370\times2\times\frac{1}{3000}=10.52\text{N/mm}=10.52\text{kN/m}$$

上述值取较小者，所以$q_{max}=2.76\text{kN/m}$。

思考：若已知 q 值，则可计算该墩间墙体的受弯、受剪承载力。

【例 5.2.39】 某悬壁式水池，如图 5.2.24 所示，壁高 $H=1.5\mathrm{m}$，采用 MU10 烧结普通砖、M7.5 水泥砂浆砌筑。池壁自重产生的垂直压力忽略不计，水压力的荷载分项系数取 1.5。砌体施工质量控制等级为 B 级，安全等级为二级。试验算该池壁最底部的抗弯、抗剪承载力。

【解答】（1）查《砌规》表 3.2.2，沿通缝破坏时，$f_{tm}=0.14\mathrm{N/mm^2}$，$f_v=0.14\mathrm{N/mm^2}$。M7.5 水泥砂浆，不考虑对强度设计值的调整。

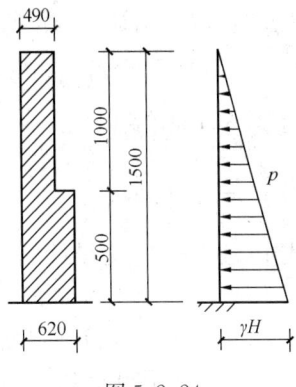

图 5.2.24

（2）取沿池壁竖向 1m 宽的板带进行计算，水的 $\gamma=10\mathrm{kN/m^3}$，水压力的荷载分项系数为 1.5，则池壁底端的弯矩设计值 M、剪力设计值 V：

$$M=\gamma_G \cdot \frac{1}{6}\gamma H^3 = 1.5 \times \frac{1}{6} \times 10 \times 1.5^3 = 8.44\mathrm{kN \cdot m}$$

$$V=\gamma_G \cdot \frac{1}{2}\gamma H^2 = 1.5 \times \frac{1}{2} \times 10 \times 1.5^2 = 16.88\mathrm{kN}$$

$$W=\frac{bh^2}{6}=\frac{1000 \times 620^2}{6}, \quad z=\frac{2h}{3}=\frac{2 \times 620}{3}$$

规范式（5.4.1）：

$$f_{tm}W = 0.14 \times \frac{1000 \times 620^2}{6} = 8.97\mathrm{kN \cdot m} > M = 8.44\mathrm{kN \cdot m}$$

规范式（5.4.2-1）：

$$f_v bz = 0.14 \times 1000 \times \frac{2 \times 620}{3} = 57.87\mathrm{kN} > V = 16.88\mathrm{kN}$$

故满足要求。

思考：假定图 5.2.24 中水池壁厚度均为 620mm，根据池壁竖向的抗弯承载力和池壁底部抗剪承载力（忽略池壁竖向截面中的剪力），试确定池壁能承受的最大水压高度值 H（m）为多少？

此时，由前述计算结果可知，$f_{tm}=0.14\mathrm{N/mm^2}$，$f_v=0.14\mathrm{N/mm^2}$。

由竖向抗弯承载力：$M=\gamma_G \frac{1}{6}\gamma H^3 \leqslant f_{tm}W = f_{tm} \cdot \frac{1}{6}bh^2$

即：$H \leqslant \sqrt[3]{\frac{f_{tm}bh^2}{\gamma_G \gamma}} = \sqrt[3]{\frac{0.14 \times 1.0 \times 0.620^2 \times 10^3}{1.5 \times 10}} = 1.53\mathrm{m}$

由底部抗剪承载力：$V=\gamma_G \frac{1}{2}\gamma H^2 \leqslant f_v bz = f_v b \cdot \frac{2}{3}h$

即：$H \leqslant \sqrt{\frac{4f_v bh}{3\gamma_G \gamma}} = \sqrt{\frac{4 \times 0.14 \times 10^3 \times 1.0 \times 0.62}{3 \times 1.5 \times 10}} = 2.78\mathrm{m}$

所以取 $H \leqslant 1.53\mathrm{m}$。

4. 受剪构件

《砌规》规定：

5.5.1 沿通缝或沿阶梯形截面破坏时受剪构件的承载力，应按下列公式计算：

$$V \leqslant (f_v + \alpha\mu\sigma_0)A \quad (5.5.1\text{-}1)$$

当 $\gamma_G = 1.2$ 时，$\quad \mu = 0.26 - 0.082\dfrac{\sigma_0}{f} \quad (5.5.1\text{-}2)$

当 $\gamma_G = 1.35$ 时，$\quad \mu = 0.23 - 0.065\dfrac{\sigma_0}{f} \quad (5.5.1\text{-}3)$

式中：V——剪力设计值；

A——水平截面面积；

f_v——砌体抗剪强度设计值，对灌孔的混凝土砌块砌体取 f_{vg}；

α——修正系数；当 $\gamma_G=1.2$ 时，砖（含多孔砖）砌体取 0.60，混凝土砌块砌体取 0.64；当 $\gamma_G=1.35$ 时，砖（含多孔砖）砌体取 0.64，混凝土砌块砌体取 0.66；

μ——剪压复合受力影响系数；

f——砌体的抗压强度设计值；

σ_0——永久荷载设计值产生的水平截面平均压应力，其值不应大于 $0.8f$。

需注意的是：

(1) f_v 抗剪强度设计值，对灌孔的混凝土砌块取 f_{vg}，即《砌规》式（3.2.2）：$f_{vg}=0.2f_g^{0.55}$。

(2) α 修正系数的取值，对砖砌体、混凝土砌块砌体的取值是不同的。

(3) σ_0 是指永久荷载设计值产生的，不包括可变载荷，这与《砌规》式（5.2.4-3）、(5.2.5-2) 中的 σ_0 取值是不同的。

(4)《砌规》5.5.1 条中 f_v、f 应取调整后的强度设计值。

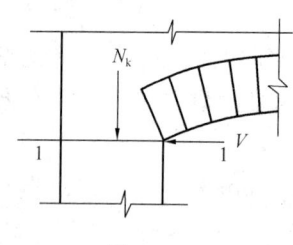

图 5.2.25

【例 5.2.40】拱支座处水平推力 $V=25\text{kN}$，受剪截面面积 $A=370\text{mm}\times490\text{mm}$，作用在 1-1 截面上由永久荷载标准值产生的纵向力 $N_k=20\text{kN}$，如图 5.2.25 所示，采用 MU10 烧结普通砖和 M7.5 水泥砂浆砌筑。砌体施工质量控制等级为 B 级，安全等级为二级。荷载基本组合由永久荷载控制。

试问：验算拱支座截面的抗剪承载力。

提示：按《砌体结构设计规范》作答。

【解答】(1) 查《砌规》表 3.2.2，$f_v=0.14\text{N/mm}^2$，查表 3.2.1-1，$f=1.69\text{N/mm}^2$，M7.5 水泥砂浆，不调整。

又 $\quad A = 0.37 \times 0.49 = 0.1813\text{m}^2 < 0.3\text{m}^2$

根据《砌规》3.2.3 条，$\gamma_a = A + 0.7 = 0.8813$

故 $f_v=0.14\times 0.8813=0.123\text{N/mm}^2$，$f=1.69\times 0.8813=1.489\text{N/mm}^2$

(2) 求 σ_0、μ：

永久荷载控制：$\sigma_0 = \dfrac{1.35\times 20000}{370\times 490}=0.149\text{N/mm}^2$

$$\mu = 0.23 - 0.065\dfrac{\sigma_0}{f} = 0.23 - 0.065\times \dfrac{0.149}{1.489}=0.223$$

$$\gamma_G = 1.35, 砖砌体, 取 \alpha = 0.64$$

(3) 验算：
$$V = 25\text{kN} < (f_v + \alpha\mu\sigma_0)A = (0.123 + 0.64 \times 0.223 \times 0.149) \times 370 \times 490$$
$$= 26.2\text{kN}$$

故满足要求。

【例 5.2.41】 某混凝土小型空心砌块砌体墙长 1.8m，厚 190mm，砌块墙采用 MU10 单排孔混凝土砌块、Mb7.5 混合砂浆对孔砌筑，砌体施工质量控制等级为 B 级。墙上作用正压力标准值 N_k 为 50kN（其中永久荷载包括自重产生的压力标准值为 30kN），作用水平推力标准值 V_k = 20kN（其中可变荷载产生的水平推力标准值 12kN）。结构设计使用年限为 50 年，安全等级为二级。取可变荷载的 $\psi_c = 0.7$。

试问： 验算该墙段的抗剪承载力。

提示： 按《砌体结构设计规范》作答。

【解答】 (1) 查《砌规》表 3.2.2，$f_v = 0.08\text{N/mm}^2$；查表 3.2.1-4，$f = 2.50\text{N/mm}^2$，$A = 1.8 \times 0.19 = 0.342\text{m}^2 > 0.3\text{m}^2$，故强度设计值不予调整。

(2) 永久荷载控制时（$\gamma_G = 1.35$）
$$\sigma_0 = \frac{N}{A} = \frac{1.35 \times 30000}{1800 \times 190} = 0.118\text{N/mm}^2$$
$$\mu = 0.23 - 0.065\frac{\sigma_0}{f} = 0.23 - 0.065 \times \frac{0.118}{2.5} = 0.227$$

取 $\alpha = 0.66$。
$$(f_v + \alpha\mu\sigma_0)A = (0.08 + 0.66 \times 0.227 \times 0.118) \times 1800 \times 190 = 33.4\text{kN}$$
$$V = 1.35 \times 8 + 0.7 \times 1.4 \times 12 = 22.56\text{kN} < 33.4\text{kN}, 满足要求。$$

(3) 可变荷载控制时（$\gamma_G = 1.2$）
$$\sigma_0 = \frac{N}{A} = \frac{1.2 \times 30000}{1800 \times 190} = 0.105\text{N/mm}^2$$
$$\mu = 0.26 - 0.082\frac{\sigma_0}{f} = 0.26 - 0.082 \times \frac{0.105}{2.5} = 0.257$$

取 $\alpha = 0.64$。
$$(f_v + \alpha\mu\sigma_0)A = (0.08 + 0.64 \times 0.257 \times 0.105) \times 1800 \times 190 = 33.3\text{kN}$$
$$V = 1.2 \times 8 + 1.4 \times 12 = 26.4\text{kN} < 33.3\text{kN}, 满足要求。$$

【例 5.2.42】 某混凝土小型空心砌块砌体墙长 3.6m，厚 190mm，砌体墙采用 MU10 单排孔混凝土砌块，Mb5 专用砂浆对孔砌筑，砌体施工质量控制等级为 B 级。所用砌块的孔洞率为 45%，沿砌块孔洞每隔 1 孔灌筑 Cb20 细石混凝土。已知由永久荷载作用于墙顶的正压力标准值 N_k 为 360kN，作用于墙顶的水平剪力设计值为 276kN。安全等级为二级。

试问： 验算墙体的受剪承载力。

提示： 按《砌体结构设计规范》作答。

【解答】 (1) 查《砌规》表 3.2.1-4，$f = 2.22\text{N/mm}^2$，灌孔率 $\rho = 50\%$，
$$f_g = f + 0.6\alpha f_c = 2.22 + 0.6 \times 45\% \times 50\% \times 9.6$$
$$= 3.516\text{N/mm}^2 < 2f = 4.44\text{N/mm}^2, 故取 f_g = 3.516\text{N/mm}^2$$

规范式 (3.2.2)：

$$f_{vg} = 0.2 f_g^{0.55} = 0.2 \times 3.516^{0.55} = 0.399 \text{N/mm}^2$$

(2) 当永久荷载控制（$\gamma_G = 1.35$）

$$\sigma_0 = \frac{N}{A} = \frac{1.35 \times 360000}{3600 \times 190} = 0.711 \text{N/mm}^2$$

$$\frac{\sigma_0}{f} = \frac{\sigma_0}{f_g} = \frac{0.711}{3.516} = 0.202$$

$$\mu = 0.23 - 0.065 \frac{\sigma_0}{f} = 0.23 - 0.065 \times 0.202 = 0.217$$

取 $\alpha = 0.66$。

$$(f_v + \alpha\mu\sigma_0)A = (0.399 + 0.66 \times 0.217 \times 0.711) \times 3600 \times 190$$
$$= 342.6 \text{kN} > 276 \text{kN}，满足要求。$$

(3) 当可变荷载控制（$\gamma_G = 1.2$）

$$\sigma_0 = \frac{N}{A} = \frac{1.2 \times 360000}{3600 \times 190} = 0.632 \text{N/mm}^2$$

$$\frac{\sigma_0}{f} = \frac{\sigma_0}{f_g} = \frac{0.632}{3.516} = 0.180$$

$$\mu = 0.26 - 0.082 \frac{\sigma_0}{f} = 0.26 - 0.082 \times \frac{0.632}{3.516} = 0.245$$

取 $\alpha = 0.64$。

$$(f_v + \alpha\mu\sigma_0)A = (0.399 + 0.64 \times 0.245 \times 0.632) \times 3600 \times 190$$
$$= 340.7 \text{kN} > 276 \text{kN}，满足要求。$$

思考：该砌块砌体墙厚为 390mm，双排组砌，该砌块孔洞率为 30%，灌孔率为 33%，其他条件不变。试验算该墙体的受剪承载力。

具体解答如下：

① 查《砌规》表 3.2.1-4 及注 1 的规定：

$$f = 0.7 \times 2.22 = 1.554 \text{N/mm}^2$$

规范式（3.2.1-1）：

$$f_g = f + 0.6\alpha f_c = 1.554 + 0.6 \times 30\% \times 33\% \times 9.6$$
$$= 2.124 \text{N/mm}^2 < 2f = 2 \times 1.554 = 3.108 \text{N/mm}^2$$

故取 $f_g = 2.124 \text{N/mm}^2$。

根据《砌规》3.2.2 条规定：

$$f_{vg} = 0.2 f_g^{0.55} = 0.2 \times 2.124^{0.55} = 0.303 \text{N/mm}^2$$

② 永久荷载控制（$\gamma_G = 1.35$）

$$\sigma_0 = \frac{N}{A} = \frac{1.35 \times 360000}{3600 \times 390} = 0.346 \text{N/mm}^2$$

$$\mu = 0.23 - 0.065 \times \frac{0.346}{2.124} = 0.219$$

取 $\alpha = 0.66$。

$$(f_v + \alpha\mu\sigma_0)A = (0.303 + 0.66 \times 0.219 \times 0.346) \times 3600 \times 390 = 495.6 \text{kN}$$
$$> 276 \text{kN}，满足要求$$

可变荷载控制（$\gamma_G = 1.2$）

$$\sigma_0 = \frac{N}{A} = \frac{1.2 \times 360000}{3600 \times 390} = 0.308 \text{N/mm}^2$$

$$\mu = 0.26 - 0.082 \frac{\sigma_0}{f} = 0.26 - 0.082 \times \frac{0.308}{2.124} = 0.241$$

取 $\alpha = 0.64$。

$$(f_v + \alpha\mu\sigma_0)A = (0.303 + 0.64 \times 0.241 \times 0.308) \times 3600 \times 390$$
$$= 492.1 \text{kN} > 276 \text{kN}, 满足要求$$

第三节 墙、柱的高厚比与构造要求

一、墙、柱的高厚比验算

《砌通规》规定：

> 4.1.3 砌体结构各种墙、柱构件应进行高厚比验算，应保证构件稳定性。

《砌规》规定：

6.1.1 墙、柱的高厚比应按下式验算：

$$\beta = \frac{H_0}{h} \leqslant \mu_1 \mu_2 [\beta] \tag{6.1.1}$$

式中 H_0——墙、柱的计算高度；

h——墙厚或矩形柱与 H_0 相对应的边长；

μ_1——自承重墙允许高厚比的修正系数；

μ_2——有门窗洞口墙允许高厚比的修正系数；

$[\beta]$——墙、柱的允许高厚比，应按表6.1.1采用。

注：1 墙、柱的计算高度应按本规范第5.1.3条采用；

2 当与墙连接的相邻两墙间的距离 $s \leqslant \mu_1 \mu_2 [\beta]h$ 时，墙的高度可不受本条限制；

3 变截面柱的高厚比可按上、下截面分别验算，其计算高度可按第5.1.4条的规定采用。验算上柱的高厚比时，墙、柱的允许高厚比可按表6.1.1的数值乘以1.3后采用。

墙、柱的允许高厚比 $[\beta]$ 值　　表6.1.1

砌体类型	砂浆强度等级	墙	柱
无筋砌体	M2.5	22	15
	M5.0 或 Mb5.0、Ms5.0	24	16
	≥M7.5 或 Mb7.5、Ms7.5	26	17
配筋砌块砌体	—	30	21

注：1 毛石墙、柱的允许高厚比应按表中数值降低20%；

2 带有混凝土或砂浆面层的组合砖砌体构件的允许高厚比，可按表中数值提高20%，但不得大于28；

3 验算施工阶段砂浆尚未硬化的新砌砌体构件高厚比时，允许高厚比对墙取14，对柱取11。

6.1.3 厚度不大于240mm的自承重墙，允许高厚比修正系数 μ_1，应按下列规定采用：

1 墙厚为240mm时，μ_1 取1.2；墙厚为90mm时，μ_1 取1.5；当墙厚小于240mm且大于90mm时，μ_1 按插入法取值。

> **2** 上端为自由端墙的允许高厚比,除按上述规定提高外,尚可提高30%。
> **3** 对厚度小于90mm的墙,当双面采用不低于M10的水泥砂浆抹面,包括抹面层的墙厚不小于90mm时,可按墙厚等于90mm验算高厚比。
>
> **6.1.4** 对有门窗洞口的墙,允许高厚比修正系数,应符合下列要求:
> **1** 允许高厚比修正系数,应按下式计算:
> $$\mu_2 = 1 - 0.4 \frac{b_s}{s} \tag{6.1.4}$$
> 式中 b_s——在宽度 s 范围内的门窗洞口总宽度;
> s——相邻横墙或壁柱之间的距离。
> **2** 当按公式(6.1.4)计算的 μ_2 的值小于0.7时, μ_2 取0.7;当洞口高度等于或小于墙高的1/5时, μ_2 取1.0。
> **3** 当洞口高度大于或等于墙高的4/5时,可按独立墙段验算高厚比。

需注意的是:

(1)《砌规》表6.1.1注2的规定仅针对表6.1.1中的"无筋砌体"。

(2)《砌规》表6.1.1中"墙"是指有翼墙的墙(即翼墙设置有助于墙体稳定),不包括"独立墙";对于"独立墙"或"独立墙段"应取规范表6.1.1中"柱"的数值。

(3)承重墙时, $\mu_1 = 1$。

(4)自承重墙允许高厚比修正系数 μ_1,当厚度 h 为:240mm> h >90mm, μ_1 可按内插法取值,即: $\mu_1 = 1.2 + \frac{240-h}{240-90}(1.5-1.2)$, $h=180$ 时, $\mu_1 = 1.32$; $h=120$, $\mu_1 = 1.44$。

(5) μ_2 取值: $\mu_2 = 1 - 0.4 \frac{b_s}{s} \geq 0.7$;当洞口高度 $\leq \frac{1}{5}$ 墙高时, $\mu_2 = 1.0$;无洞口时, $\mu_2 = 1.0$。当洞口高度 $\geq \frac{4}{5}$ 墙高时,可按独立墙段验算。

(6)《砌规》6.1.4条中式(6.1.4)的 s 取值:①对于不带壁柱的墙段, s 取该墙段所在的整片墙的相邻横墙的距离;②对于带壁柱的墙,计算其壁柱间的墙时, s 取其相邻壁柱的距离。

(7)变截面柱的高厚比验算,见《砌规》6.1.1条注3的规定。

(8)组合砖砌体构件的允许高厚比,见《砌规》表6.1.1条注2的规定。

【例5.3.1】 某住宅小区的围墙墙高3.6m,墙厚240mm,基础顶面距地面距离为0.5m。墙体采用MU7.5烧结普通砖,M2.5混合砂浆砌筑。试验算其高厚比。

【解答】 查《砌规》表5.1.3注2的规定: $H_0 = 2H$
$$H_0 = 2H = 2 \times (3.6 + 0.5) = 8.2 \text{m}$$

《砌规》6.1.3条规定,自承重墙, $h=240$mm, $\mu_1 = 1.2$,由本条第2款的规定, $\mu_1 = 1.2 \times 1.3 = 1.56$; $\mu_2 = 1.0$。

查《砌规》表6.1.1得,$[\beta] = 22$,
$$\beta = \frac{H_0}{h} = \frac{8.2}{0.24} = 34.17 < \mu_1 \mu_2 [\beta] = 1.56 \times 1.0 \times 22 = 34.32$$

故满足要求。

【例 5.3.2】 图 5.3.1 所示为某刚性方案房屋的底层局部承重横墙，墙体厚 240mm，采用 MU10 烧结普通砖，M5 混合砂浆。横墙有门洞 900mm×2100mm。

试问： 验算该横墙的高厚比。

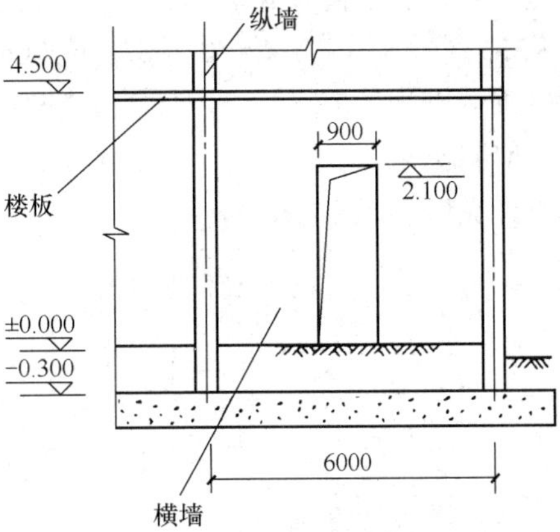

【解答】 横墙高 $H=4.5+0.3=4.8$m，横墙两端纵墙间距 $s=6$m

$2H=9.6$m$>s=6$m$>H=4.8$m

由《砌规》表 5.1.3 规定，刚性方案：

$H_0=0.4s+0.2H=0.4\times 6+0.2\times 4.8$
$=3.36$m

$$\beta=\frac{H_0}{h}=\frac{3.36}{0.24}=14$$

图 5.3.1

查《砌规》表 6.1.1，$[\beta]=24$，横墙为承重墙，$\mu_1=1.0$

《砌规》6.1.4 条：

$$2.1\text{m}<\frac{4}{5}\times 4.8=3.84\text{m}$$

$$\mu_2=1-0.4\frac{b_s}{s}=1-0.4\times\frac{0.9}{6}=0.94>0.7$$

$$\mu_1\mu_2[\beta]=1\times 0.94\times 24=22.56$$

$$\beta=14<\mu_1\mu_2[\beta]=22.56 \quad \text{满足要求。}$$

思考： 当横墙上为窗洞，其截面尺寸为 900mm×500mm。试验算该横墙的高厚比。

由上述结果，$\beta=\frac{H_0}{h}=14$

0.5m$<4.8\times\frac{1}{5}=0.96$m，故根据《砌规》6.1.4 条规定，$\mu_2=1.0$。

$$\beta=14<\mu_1\mu_2[\beta]=1\times 1\times 24=24，满足要求。$$

【例 5.3.3】 某砌体结构办公楼底层的平面尺寸如图 5.3.2 所示，采用装配整体式钢筋混凝土楼层。外墙厚 370mm，内纵墙与横墙厚均为 240mm，隔墙厚 120mm，底层墙高 $H=4.5$m（从基础顶面算起），隔墙高 $H=4.0$m。窗高为 2.1m。承重墙采用 M5 混合砂浆，非承重墙采用 M2.5 混合砂浆。

试问：

（1）验算底层外纵墙高厚比。

（2）验算底层内纵墙高厚比。

（3）验算底层隔墙高厚比。

（4）若该楼层正在施工且砂浆尚未硬化，试验算外纵墙高厚比。

【解答】 查《砌规》表 4.2.1，装配整体式钢筋混凝土楼盖，横墙最大间距 $s=3\times 3.6=10.8$m，故该房屋属于刚性方案。

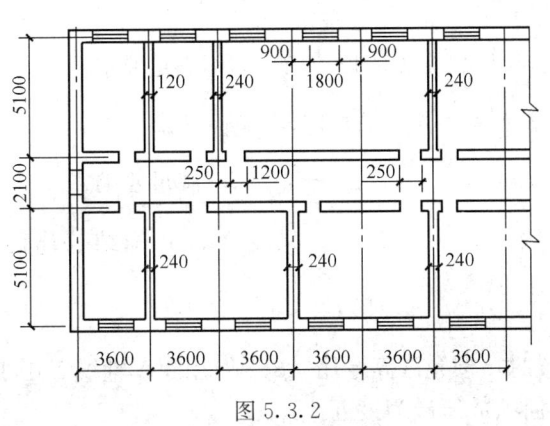

图 5.3.2

(1) 外纵墙高厚比验算

$$s = 3 \times 3.6 = 10.8\text{m} > 2H = 2 \times 4.5 = 9.0\text{m}$$

查《砌规》表5.1.3，$H_0 = 1.0H = 4.5\text{m}$。

M5砂浆，查《砌规》表6.1.1，$[\beta] = 24$

外纵墙为承重墙，$\mu_1 = 1.0$

$\frac{4}{5} \times 4.5 = 3.6\text{m} >$ 窗高 $2.1\text{m} > \frac{1}{5} \times 4.5 = 0.9\text{m}$，应计入窗洞影响。

$$\mu_2 = 1 - 0.4 \frac{b_s}{s} = 1 - 0.4 \times \frac{1.8 \times 3}{10.8} = 0.8 > 0.7$$

$$\beta = \frac{H_0}{h} = \frac{4.5}{0.37} = 12.16 < \mu_1 \mu_2 [\beta] = 1 \times 0.8 \times 24 = 19.2，满足要求。$$

(2) 内纵墙高厚比验算

$$\mu_1 = 1.0$$

$$\mu_2 = 1 - 0.4 \frac{b_s}{s} = 1 - 0.4 \times \frac{2 \times 1.2}{10.8} = 0.91 > 0.7$$

$$\beta = \frac{4.5}{0.24} = 18.75 < \mu_1 \mu_2 [\beta] = 1 \times 0.91 \times 24 = 21.8，满足要求。$$

(3) 隔墙高厚比验算

一般地，隔墙上端用斜放立砖顶紧楼板，故应按顶端为不动铰支承点考虑。

M2.5砂浆，查《砌规》表6.1.1，$[\beta] = 22$

隔墙上未开洞口，$\mu_2 = 1.0$；为非承重墙，厚$h = 120\text{mm}$，由《砌规》6.1.3条，$\mu_1 = 1.2 + \frac{240 - 120}{240 - 90} \times (1.5 - 1.2) = 1.44$。

情况1：当隔墙与纵墙同时砌筑。

$2H = 8.0\text{m} > s = 5.1\text{m} > H = 4.0\text{m}$，查《砌规》表5.1.3知，

$$H_0 = 0.4s + 0.2H = 0.4 \times 5.1 + 0.2 \times 4.0 = 2.84\text{m}$$

$$\beta = \frac{H_0}{h} = \frac{2.84}{0.12} = 23.67 < \mu_1 \mu_2 [\beta] = 1.44 \times 1 \times 22 = 31.68$$

满足要求。

情况2：隔墙为后砌墙，与两端墙无拉结作用。

$s > 2H$，查《砌规》表5.1.3知，$H_0 = 1.0H = 4.0\text{m}$

$[\beta]$按"柱"，取$[\beta] = 15$

$$\beta = \frac{h_0}{h} = \frac{4.0}{0.12} = 33.33 > \mu_1 \mu_2 [\beta] = 1.44 \times 1 \times 15 = 21.6，不满足要求。$$

(4) 施工阶段墙高厚比验算，《砌规》表6.1.1注3的规定，$[\beta] = 14$，

$$\beta = \frac{H_0}{h} = \frac{4.5}{0.37} = 12.16 > \mu_1 \mu_2 [\beta] = 1 \times 0.8 \times 14 = 11.2，不满足要求。$$

【例5.3.4】 某多层仓库，无吊车，墙厚均为240mm，采用MU10烧结普通砖，M7.5混合砂浆砌筑，底层层高为4.5m。

试问：

(1) 当采用如图5.3.3所示的结构布置时，按允许高厚比$[\beta]$确定的A轴线二层承重外纵墙高度的最大值h_2（m），应与下列何项数值最为接近？

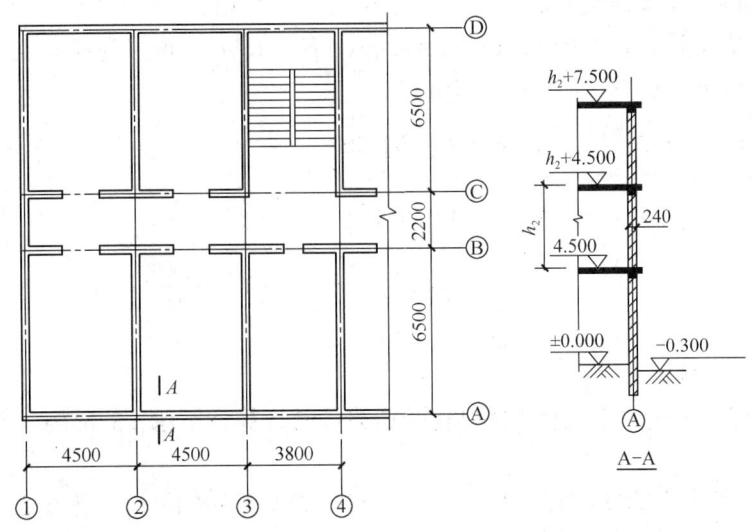

图5.3.3

(A) 5.3 (B) 5.8
(C) 6.3 (D) 外墙高度不受高厚比计算限制

(2) 当采用如图5.3.4所示的结构布置时，二层层高 $h_2=4.5$m，二层窗高 $h=1$m，窗中心距为4m。按允许高厚比 $[\beta]$ 值确定的 A 轴线外纵墙窗洞的最大总宽度 b_s (m)，应与下列何项数值最为接近？

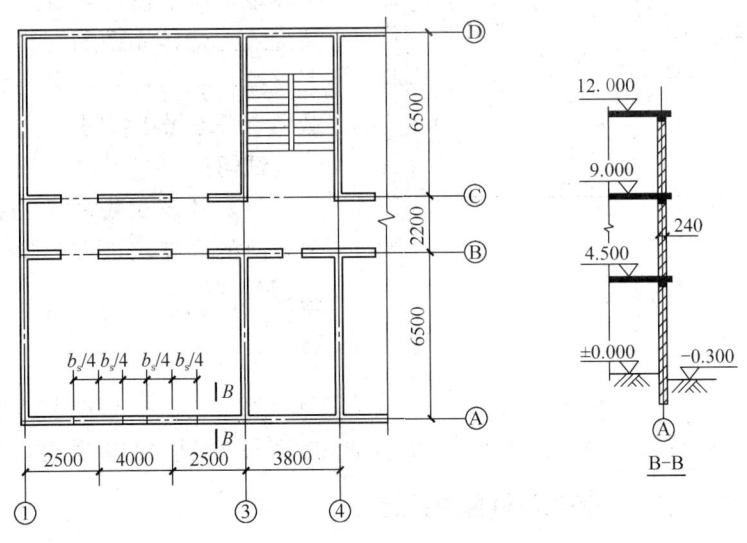

图5.3.4

(A) 1.0 (B) 2.0 (C) 4.0 (D) 6.0

【解答】(1) 由条件，M7.5砂浆，查规范表6.1.1知，$[\beta]=26$，$\mu_1=1$，$\mu_2=1$，$h=0.24$，横墙间距 $s=4.5$m

$$s=4.5\text{m}<\mu_1\mu_2[\beta]h=1\times1\times26\times0.24=6.24\text{m}$$

故根据《砌规》6.1.1条注2的规定，墙的高度可不受本条限制，应选（D）项。

(2) 由条件，横墙最大间距 $s=2.5+4.0+2.5=9.0\mathrm{m}$，查《砌规》表 4.2.1，可知该房屋按刚性方案计算；$2H=9.0\mathrm{m} \geqslant s=9.0\mathrm{m} > H=4.5\mathrm{m}$，查《砌规》表 5.1.3，$H_0=0.4s+0.2H=0.4\times 9+0.2\times 4.5=4.5\mathrm{m}$

窗高 $1\mathrm{m} > \dfrac{1}{5}\times 4.5=0.9\mathrm{m}$，应计入窗洞影响。

$$\mu_2=1-0.4\frac{b_s}{s}=1-0.4\frac{b_s}{9}$$

$$\beta=\frac{H_0}{h}=\frac{4.5}{0.24}\leqslant \mu_1\mu_2[\beta]=1\times\left(1-\frac{0.4b_s}{9}\right)\times 26$$

解之得： $b_s \leqslant 6.27\mathrm{m}$

故应选（D）项。

【例 5.3.5】 下述关于调整砌体结构受压构件的计算高厚比 β 的措施，何项不妥？说明理由。

(A) 改变砌筑砂浆的强度等级　　(B) 改变房屋的静力计算方案
(C) 调整或改变构件支承条件　　(D) 改变砌体材料类别

【解答】 根据《砌规》5.1.2 条、5.1.3 条，（A）项不妥。

【例 5.3.6】 某单层单跨有吊车砖柱厂房，剖面如图 5.3.5 所示。砖柱采用 MU15 烧结普通砖、M10 混合砂浆砌筑，砌体施工质量控制等级为 B 级。屋盖为装配式无檩体系钢筋混凝土结构，柱间无支撑，静力计算方案为弹性方案，荷载组合考虑吊车作用。

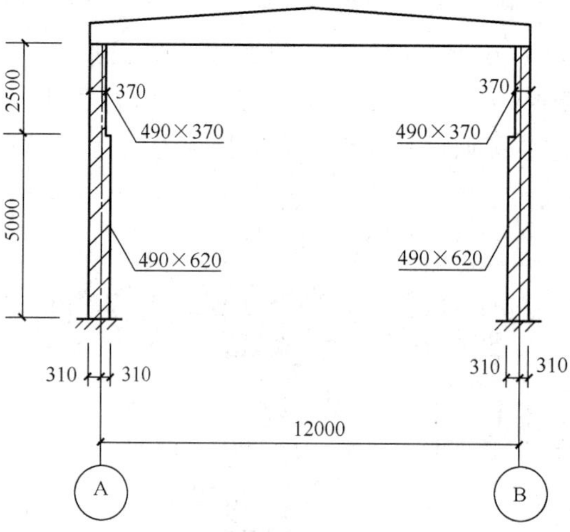

试问：

(1) 对该变截面砖柱上柱在垂直排架方向的高厚比进行验算时，其左右端项 $\left(\dfrac{H_0}{h}\leqslant \mu_1\mu_2[\beta]\right)$，与下列何项数值最为接近？

图 5.3.5

(A) 6<17　　(B) 8<22　　(C) 6<22　　(D) 10<22

(2) 对该变截面砖柱下柱在排架方向的高厚比进行验算时，其左右端项 $\left(\dfrac{H_0}{h}\leqslant \mu_1\mu_2[\beta]\right)$，与下列何项数值最为接近？

(A) 8<17　　(B) 10<17　　(C) 8<22　　(D) 10<22

【解答】 (1) 荷载组合考虑吊车作用，根据《砌规》5.1.3 条规定：

柱间无支撑，上柱垂直排架方向，$H_0=1.25\times 1.25H_u$

$$\frac{H_0}{h}=\frac{1.25\times 1.25H_u}{h}=\frac{1.25\times 1.25\times 2.5}{0.49}=7.972$$

根据《砌规》6.1.1 条注 3 的规定：

$$\mu_1\mu_2[\beta]=1\times 1\times(1.3\times 17)=22.1$$

所以应选（B）项。

(2) 荷载组合考虑吊车作用，根据《砌规》5.1.3条规定：

下柱排架方向，$H_0=1.0H_l=1.0\times5$

$$\frac{H_0}{h}=\frac{1.0\times5}{0.62}=8.06$$

根据《砌规》6.1.1条规定：

$$\mu_1\mu_2[\beta]=1\times1\times17=17$$

所以应选（A）项。

思考： 假定本题目为无吊车的变截面砖柱厂房(或者有吊车的厂房,荷载组合不考虑吊车作用)，此时，应根据《砌规》5.1.4条及注的规定进行变截面柱下段的H_0的计算。

【例 5.3.7】 某单层两跨等高无吊车砖柱厂房，如图 5.3.6 所示，砖柱采用组合砖砌体，MU15 烧结普通砖、M10 混合砂浆。静力计算方案为刚弹性方案，Ⓑ轴设置柱间支撑，基础埋置较深设刚性地坪。

试问： 验算Ⓑ轴砖柱在排架方向的高厚比。

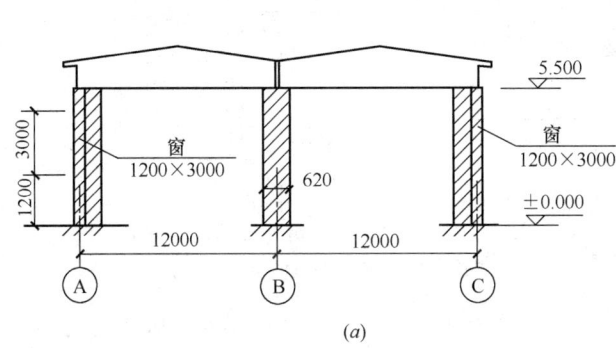

图 5.3.6 无吊车砖柱厂房

【解答】 (1) 根据《砌规》5.1.3条：$H=5.5+0.5=6.0$m

多跨、刚弹性方案，查《砌规》表5.1.3：

排架方向：$H_0=1.1H=1.1\times6.0=6.6$m

$$\frac{H_0}{h}=\frac{6.6}{0.62}=10.645$$

(2) 确定β值，组合砖砌体，查《砌规》表6.1.1及注2的规定：

$$[\beta]=17\times(1+20\%)=20.4<28，取[\beta]=20.4$$

则：$\frac{H_0}{h}=10.645<\mu_1\mu_2[\beta]=1\times1\times20.4=20.4$，满足

【例 5.3.8】 某多层框架结构顶层局部平面布置图如图 5.3.7(a) 所示，层高为 3.6m。外围护墙采用 MU5 级单排孔混凝土小型空心砌块对孔砌筑、Mb5 级砂浆砌筑。外围护墙厚度为 190mm，内隔墙厚度为 90mm，砌体的容重为 12kN/m³（包含墙面粉刷）。砌体施工质量控制等级为 B 级；抗震设防烈度为 7 度，设计基本地震加速度为 0.1g。

试问：

(1) 假定，外围护墙洞口如图 5.3.7(b) 所示。试问，外围护墙修正后的允许高厚

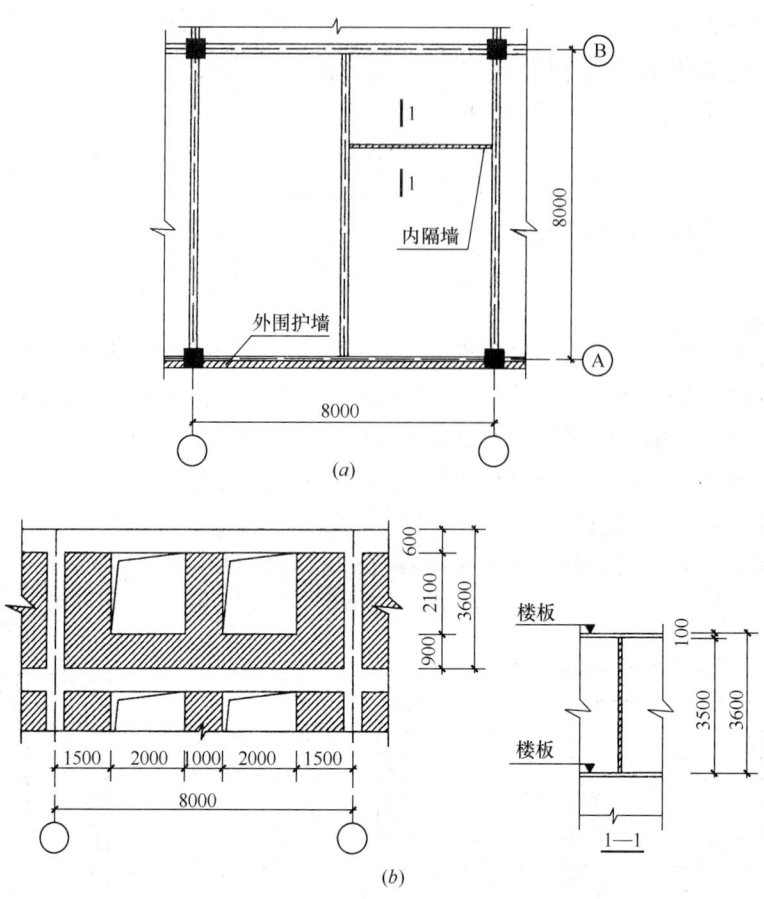

图 5.3.7
(a) 局部平面布置图；(b) 有洞口外围护墙立面图

比 $\mu_1\mu_2[\beta]$，与下列何项数值最为接近？

(A) 22　　　(B) 23　　　(C) 24　　　(D) 25

(2) 假定，内隔墙块体采用 MU10 级单排孔混凝土空心砌块。试问，若满足修正后的允许高厚比 $\mu_1\mu_2[\beta]$ 要求，内隔墙砌筑砂浆的最低强度等级，与下列何项数值最为接近？

(A) Mb10　　(B) Mb7.5　　(C) Mb5　　(D) Mb2.5

【解答】(1) 根据《砌规》6.1.3 条，内插法，取 $\mu_1=1.3$。

由《砌规》6.1.4 条，$h_{洞口}=2.1\text{m}<\dfrac{4}{5}\times3=2.4\text{m}$，则：

$$\mu_2 = 1-0.4\dfrac{b_s}{s} = 1-0.4\times\dfrac{4}{8} = 0.8 > 0.7，为 \mu_2=0.8$$

查《砌规》表 6.1.1，取 $[\beta]=24$，则，
$$\mu_1\mu_2[\beta] = 1.3\times0.8\times24 = 24.96$$

故应选 (D) 项。

(2) 根据《砌规》6.1.3，取 $\mu_1=1.5$

由《砌规》表 6.1.1，$\beta=\dfrac{H_0}{h}=\dfrac{3500}{90}=38.9$

$\beta \leqslant \mu_1 \mu_2 [\beta]$,则：

$38.9 \leqslant 1.5 \times 1 \times [\beta]$,故：$[\beta] \geqslant 25.9$,其对应的砂浆强度等级≥M67.5。

所以应选（B）项。

二、带壁柱墙和带构造柱墙的高厚比验算

需注意两类两种情况高厚比的验算：一是带壁柱墙与壁柱间墙；二是带构造柱墙与构造柱间墙。

1. 带壁柱墙与壁柱间墙

《砌规》规定：

> 6.1.2 带壁柱墙和带构造柱墙的高厚比验算，应按下列规定进行：
>
> 1 按公式（6.1.1）验算带壁柱墙的高厚比，此时公式中 h 应改用带壁柱墙截面的折算厚度 h_T，在确定截面回转半径时，墙截面的翼缘宽度，可按本规范第4.2.8条的规定采用；当确定带壁柱墙的计算高度 H_0 时，s 应取与之相交相邻墙之间的距离。
>
> 2 当构造柱截面宽度不小于墙厚时，可按公式（6.1.1）验算带构造柱墙的高厚比，此时公式中 h 取墙厚；当确定带构造柱墙的计算高度 H_0 时，s 应取相邻横墙间的距离；墙的允许高厚比 $[\beta]$ 可乘以修正系数 μ_c，μ_c 可按下式计算：
>
> $$\mu_c = 1 + \gamma \frac{b_c}{l} \quad (6.1.2)$$
>
> 式中 γ ——系数。对细料石砌体，$\gamma = 0$；对混凝土砌块、混凝土多孔砖、粗料石、毛料石及毛石砌体，$\gamma = 1.0$；其他砌体，$\gamma = 1.5$；
>
> b_c ——构造柱沿墙长方向的宽度；
>
> l ——构造柱的间距。
>
> 当 $b_c/l > 0.25$ 时取 $b_c/l = 0.25$，当 $b_c/l < 0.05$ 时取 $b_c/l = 0$。
>
> 注：考虑构造柱有利作用的高厚比验算不适用于施工阶段。
>
> 3 按公式（6.1.1）验算壁柱间墙或构造柱间墙的高厚比时，s 应取相邻壁间或相邻构造柱间的距离。设有钢筋混凝土圈梁的带壁柱墙或带构造柱墙，当 $b/s \geqslant 1/30$ 时，圈梁可视作壁柱间墙或构造柱间墙的不动铰支点（b 为圈梁宽度）。当不满足上述条件且不允许增加圈梁宽度时，可按墙体平面外等刚度原则增加圈梁高度，此时，圈梁仍可视为壁柱间墙或构造柱间墙的不动铰支点。

需注意的是：

(1) 带壁柱墙高厚比验算公式：$\beta = \dfrac{H_0}{h_T} \leqslant \mu_1 \mu_2 [\beta]$，式中确定 H_0 时，s 应取相邻横墙的距离；

(2) 壁柱间墙高厚比验算公式：$\beta = \dfrac{H_0}{h} \leqslant \mu_1 \mu_2 [\beta]$，式中确定 H_0 时，s 应取相邻壁间的距离；不论壁柱间墙的静力计算采用何种方案，确定 H_0，可一律按刚性方案考虑[①]。

[①] 唐岱新等编著．《砌体结构设计规范理解与应用》（第二版）．北京：中国建筑工业出版社，2012.

【例 5.3.9】 某单层无吊车仓库，如图 5.3.8 所示，全长 24m，宽 15m，层高 5.0m，四周墙体用 MU10 烧结普通砖和 M5 混合砂浆砌筑，屋面采用装配整体式预制钢筋混凝土大型屋面板，其中山墙立面见图 5.3.8（b）所示。基础埋置较深，设刚性地坪。

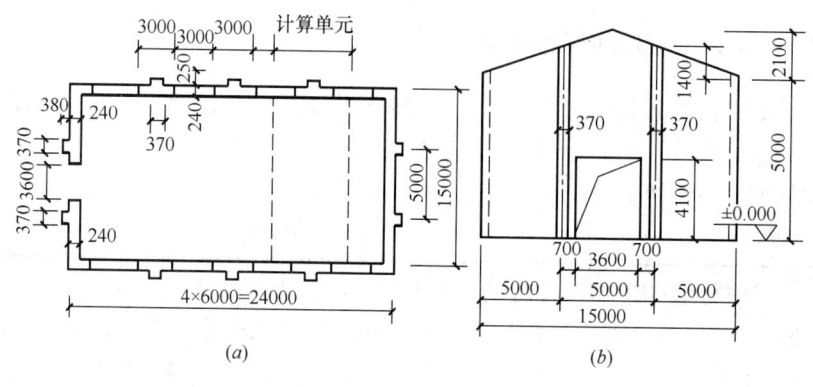

图 5.3.8

试问：

（1）验算带壁柱纵墙及其壁柱间墙的高厚比。

（2）验算带壁柱山墙及其壁柱间墙的高厚比。

【解答】 （1）带壁柱纵墙

本房屋的屋盖属第 1 类屋盖，两端山墙距离 s=24m<32m，查《砌规》表 4.2.1，属刚性方案。

取带壁柱纵墙的计算截面，由《砌规》4.2.8 条确定 b_f：

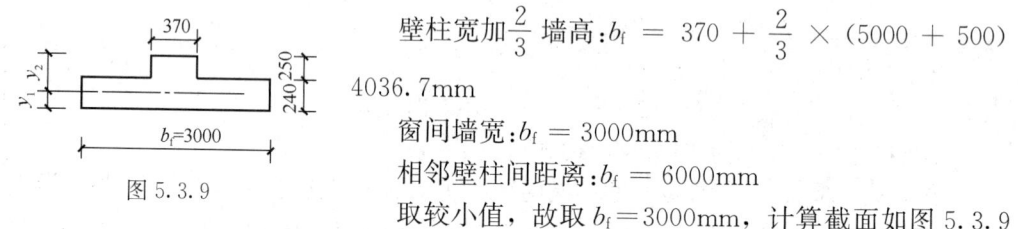

图 5.3.9

壁柱宽加 $\frac{2}{3}$ 墙高：$b_f = 370 + \frac{2}{3} \times (5000 + 500) = 4036.7$mm

窗间墙宽：$b_f = 3000$mm

相邻壁柱间距离：$b_f = 6000$mm

取较小值，故取 $b_f = 3000$mm，计算截面如图 5.3.9 所示，$A = 3000 \times 240 + 370 \times 250 = 8.125 \times 10^5 \text{mm}^2$

形心位置 y_1：

$$y_1 = \frac{3000 \times 240 \times 120 + 370 \times 250 \times (240 + 250/2)}{8.125 \times 10^5}$$

$$= 148\text{mm}$$

$y_2 = 240 + 250 - 148 = 342$mm

$$I = \frac{3000 \times 148^3}{3} + \frac{(3000 - 370) \times (240 - 148)^3}{3} + \frac{370 \times 342^3}{3} = 8.858 \times 10^9 \text{mm}^4$$

$i = \sqrt{I/A} = 104.4$mm

$h_T = 3.5i = 365$mm

1) 带壁柱纵墙的 H_0 及高厚比验算

$H = 5.0 + 0.5 = 5.5$m，$s = 24 - 0.24 = 23.76$m $> 2H = 11$m

查《砌规》表 5.1.3，$H_0 = 1.0H = 5.5$m

M5 砂浆，查表得，$[\beta] = 24$，$\mu_1 = 1.0$

$$\mu_2 = 1 - 0.4 \frac{b_s}{s} = 1 - 0.4 \times \frac{4 \times 3}{24} = 0.8$$

$$\beta = \frac{H_0}{h_T} = \frac{5.5}{0.365} = 15.1 < \mu_1 \mu_2 [\beta] = 1 \times 0.8 \times 24 = 19.2$$

故满足要求。

2) 壁柱间纵墙的 H_0 及高厚比验算

$s = 6.0\text{m}, H = 5.5\text{m}, 2H = 11\text{m} > s = 6\text{m} > H = 5.5\text{m}$,

查《砌规》表 5.1.3，$H_0 = 0.4s + 0.2H = 0.4 \times 6 + 0.2 \times 5.5 = 3.5\text{m}$

$$\mu_1 = 1.0$$

$$\mu_2 = 1 - 0.4 \frac{b_s}{s} = 1 - 0.4 \times \frac{3}{6} = 0.8$$

$$\beta = \frac{H_0}{h} = \frac{3.5}{0.24} = 14.6 < \mu_1 \mu_2 [\beta] = 1 \times 0.8 \times 24 = 19.2$$

故满足要求。

(2) 带壁柱山墙高厚比

屋盖属于第 1 类屋盖，两横墙间距 $s = 15\text{m} < 32\text{m}$，查《砌规》表 4.2.1，属于刚性方案。

带壁柱山墙的计算截面，由《砌规》4.2.8 条规定 b_f：

如图 5.3.10，壁柱左侧 $b_{f1} = \frac{5000}{2} - \frac{3600}{2} - \frac{370}{2} = 515\text{mm}$

壁柱右侧 $b_{f2} = \frac{5000}{2} - \frac{370}{2} = 2315\text{mm}$

$b_{f2} = \frac{1}{3} \times (5000 + 1400 + 500) = 2300\text{mm}$

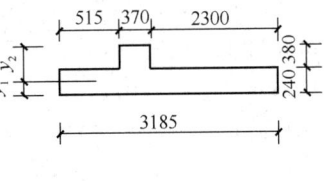

图 5.3.10

故 $b_{f2} = 2300\text{mm}$

$A = 3185 \times 240 + 370 \times 380 = 9.05 \times 10^5 \text{mm}^2$

形心位置 y_1：

$$y_1 = \frac{3185 \times 240 \times 120 + 370 \times 380 \times (240 + 380/2)}{9.05 \times 10^5}$$

$$= 168\text{mm}$$

$$y_2 = 240 + 380 - 168 = 452\text{mm}$$

$$I = \frac{3185 \times 168^3}{3} + \frac{(3185 - 370) \times (240 - 168)^3}{3} + \frac{370 \times 452^3}{3}$$

$$= 16.8 \times 10^9 \text{mm}^4$$

$$i = \sqrt{I/A} = 136\text{mm}$$

$$h_T = 3.5i = 476\text{mm}$$

1) 带壁柱山墙的 H_0 及高厚比验算

壁柱 H：$H = 5.0 + 0.5 + 1.4 = 6.9\text{m}$，其两端纵墙间距 $s = 15\text{m} > 2H = 13.8\text{m}$

查《砌规》表 5.1.3 知，$H_0 = 1.0H = 6.9\text{m}$

$$\mu_1 = 1.0, \mu_2 = 1 - 0.4 \frac{b_s}{s} = 1 - 0.4 \times \frac{3.6}{15} = 0.904 > 0.7$$

$$\beta = \frac{H_0}{h_T} = \frac{6.9}{0.476} = 14.50 < \mu_1\mu_2[\beta] = 1 \times 0.904 \times 24 = 21.696$$

故满足要求。

2）壁柱间山墙的 H_0 及高厚比验算

壁柱间山墙的构件高度 H：$H = 5 + 0.5 + 1.4 + \frac{2.1 - 1.4}{2} = 7.25\text{m}$

$s = 5\text{m} < H = 7.25\text{m}$，刚性方案，查《砌规》表 5.1.3 知，$H_0 = 0.6s = 0.6 \times 5 = 3\text{m}$

$$\mu_1 = 1.0, \mu_2 = 1 - 0.4\frac{b_s}{s} = 1 - 0.4 \times \frac{3.6}{5} = 0.712 > 0.7$$

$$\beta = \frac{H_0}{h} = \frac{3.0}{0.24} = 12.5 < \mu_1\mu_2[\beta] = 1 \times 0.712 \times 24 = 17.09$$

故满足要求。

思考：(1) 本题目中，构件高度（H）应计入基础顶面到±0.00 的距离，见《砌规》5.1.3 条第 1 款规定。

(2) 山墙壁柱高度中 1400mm，可根据图中比例计算得到，即：$\frac{5}{2.5+5} \times 2.1 = 1.4\text{m}$，故题目中 1400mm 可以不用标注。

【例 5.3.10】 多层教学楼局部平面如图 5.3.11 所示，采用装配式钢筋混凝土空心板楼（屋）盖，刚性方案，纵横墙厚均为 240mm，层高均为 3.6m，梁高均为 600mm，墙用 MU10 烧结普通砖，M5 混合砂浆砌筑，基础埋置较深且设刚性地坪，室内外高差 300mm。$\gamma_0 = 1.0$。

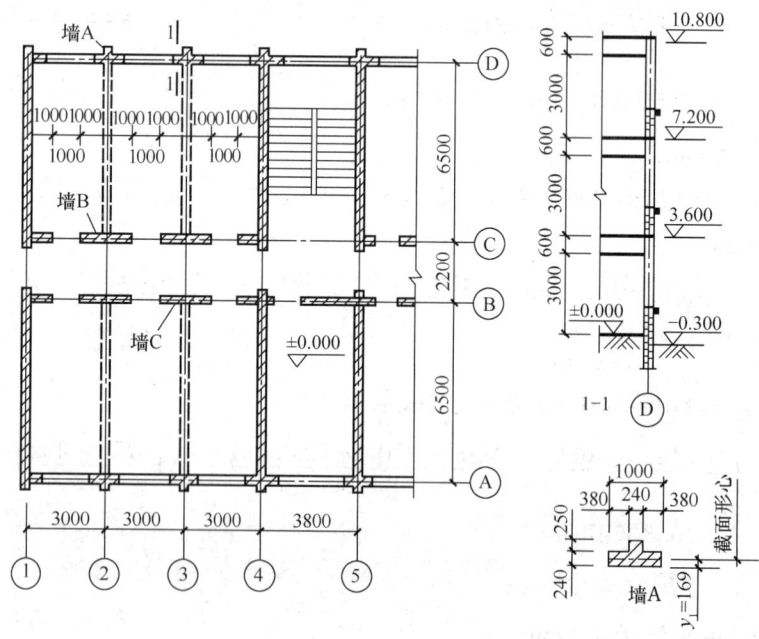

图 5.3.11

试问：

(1) 已知二层外纵横墙 A 截面形心距翼缘边 $y_1 = 169\text{mm}$，则二层外纵墙 A 的高厚比 β，与下列何项数值最接近？

(A) 7.35　　　　(B) 8.57　　　　(C) 12.00　　　　(D) 15.00

(2) ⓒ轴线一层内墙洞宽1000mm，门高2.1m，则墙 B 高厚比验算式中的左右端项（$H_0/h \leqslant \mu_1\mu_2[\beta]$），与下列何项数值最接近？

(A) 16.25≤20.80　　　　(B) 15.00<24.97
(C) 18.33<28.80　　　　(D) 18.33<20.80

(3) 假定二层内墙 C 截面尺寸改为240mm×1000mm，砌体施工质量控制等级为 C 级，若将烧结普通砖改为 MU15 蒸压灰砂普通砖，并按轴心受压构件计算时，其受压承载力设计值（kN）与下列何项数值最接近？

(A) 201.8　　　　(B) 214.7　　　　(C) 246.2　　　　(D) 301.2

【解答】(1) 二层外纵墙 A 的高厚比 β

先确定 h_T：$A = 0.24 \times 1 + 0.25 \times 0.24 = 0.3 \text{m}^2$

$$I = \frac{1}{3} \times 1 \times 0.169^3 + \frac{1}{3} \times (1-0.24) \times (0.24-0.169)^3$$
$$+ \frac{1}{3} \times 0.24 \times (0.49-0.169)^3$$
$$= 0.00161 + 0.00009 + 0.002646 = 0.004346 \text{m}^4$$

$$i = \sqrt{I/A} = 0.120 \text{m}$$

$$h_T = 3.5i = 0.42 \text{m}$$

刚性方案，$s=9\text{m}>2H=2\times3.6=7.2\text{m}$，查《砌规》表5.1.3：

$H_0 = 1.0H = 3.6\text{m}$

$$\beta = H_0/h_T = \frac{3.6}{0.42} = 8.57, 故应选 (B) 项。$$

(2) 墙 B 的高厚比验算

一层内墙 B：$H=3.6+0.3+0.5=4.4\text{m}$，$s=9\text{m}>2H=8.8\text{m}$，查《砌规》表5.1.3，$H_0=1.0H=4.4\text{m}$

$$\mu_1 = 1.0, \mu_2 = 1 - 0.4\frac{b_s}{s} = 1 - 0.4 \times \frac{1 \times 3}{9} = 0.867$$

M5 砂浆，查表得，$[\beta]=24$。

$$H_0/h = \frac{4.4}{0.24} = 18.33 < \mu_1\mu_2[\beta] = 1 \times 0.867 \times 24 = 20.808$$

故应选（D）项。

(3) 求最大轴向力设计值：

查《砌规》表3.2.1-3，$f=1.83\text{N/mm}^2$，

施工质量控制等级 C 级，$\gamma_a = 0.89$；$A = 0.24 \times 1 = 0.24\text{m}^2 < 0.3\text{m}^2$，

故 $\gamma_a = A + 0.7 = 0.94$，所以 $f = 0.89 \times 0.94 \times 1.83$

$$\beta = \gamma_\beta \frac{H_0}{h} = 1.2 \times \frac{3.6}{0.24} = 18$$

查附表 D.0.1-1，$e/h=0$，得到：$\varphi = 0.67$

$$\varphi fA = 0.67 \times (0.89 \times 0.94 \times 1.83) \times 240 \times 1000$$
$$= 246.2 \text{kN}$$

故应选（C）项。

2. 带构造柱墙与构造柱间墙

● 复习《砌规》6.1.2条。

需注意的是：

(1) 带构造柱墙的高厚比验算公式：$\beta=\dfrac{H_0}{h}\leq\mu_1\mu_2\mu_c[\beta]$，确定构造柱墙计算高度 H_0 时，s 应取相邻横墙间的距离。

(2) μ_c 提高系数：$\mu_c=1+\gamma\dfrac{b_c}{l}$，当 $b_c/l>0.25$ 时，取 $b_c/l=0.25$；当 $b_c/l<0.05$ 时，取 $b_c/l=0$。

(3) 构造柱间墙的高厚比验算公式：$\beta=\dfrac{H_0}{h}\leq\mu_1\mu_2[\beta]$，确定构造柱间墙计算高度 H_0 时，s 应取相邻构造柱间的距离。

(4) 圈梁的构造规定，见《砌规》6.1.2条，具体见下面示例。

【例5.3.11】 某单层单跨无吊车厂房采用装配式无檩体系屋盖，其纵横承重墙采用MU10烧结普通砖，M5混合砂浆。车间长27m，两端设有山墙，每边山墙上设有4个240mm×240mm构造柱，如图5.3.12所示，纵墙壁柱为370mm×250mm。墙厚240mm，自基础顶面算起墙高5.4m。

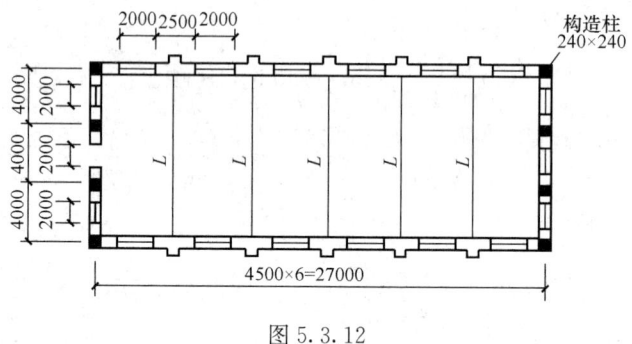

图5.3.12

试问：

(1) 验算带构造柱山墙的高厚比。
(2) 验算构造柱间墙的高厚比。

【解答】 (1) 带构造柱山墙

屋盖属第1类屋盖，房屋横墙间距 $s=12m<32m$，查《砌规》表4.2.1，属刚性方案。

山墙高厚比验算：

$$b_c/l=\dfrac{240}{4000}=0.06>0.05$$

$$\mu_c=1+\gamma\dfrac{b_c}{l}=1+1.5\times\dfrac{240}{4000}=1.09$$

$$\mu_1=1.0, \mu_2=1-0.4\frac{b_s}{s}=1-0.4\times\frac{2\times 3}{12}=0.8>0.7$$

又山墙的两相邻墙 $s=12\text{m}>2H=2\times 5.4=10.8\text{m}$，查《砌规》表 5.1.3 可知，$H_0=1.0H=5.4\text{m}$；M5 砂浆，查表 $[\beta]=24$。

$$\beta=\frac{H_0}{h}=\frac{5.4}{0.24}=22.5>\mu_1\mu_2\mu_c[\beta]=1\times 0.8\times 1.09\times 24=20.928$$

故不满足要求。

(2) 构造柱间墙的高厚比验算：

由 (1) 可知，刚性方案。

构造柱间的距离 $s=4\text{m}<H=5.4\text{m}$，查《砌规》表 5.1.3，$H_0=0.6s=0.6\times 4=2.4\text{m}$。

$$\mu_1=1.0$$
$$\mu_2=1-0.4\frac{b_s}{s}=1-0.4\times\frac{2}{4}=0.8>0.7$$

规范式 (6.1.1) 得：

$$\beta=\frac{H_0}{h}=\frac{2.4}{0.24}=10<\mu_1\mu_2[\beta]=1\times 0.8\times 24=19.2$$

故满足要求。

【例 5.3.12】 非抗震设计时，某砌体结构房屋局部外墙如图 5.3.13 所示，在验算壁柱间墙的高厚比时，圈梁若视作壁柱间墙的不动铰支点，则较为经济合理的圈梁的截面尺寸 ($b\times h$) 应为多少？

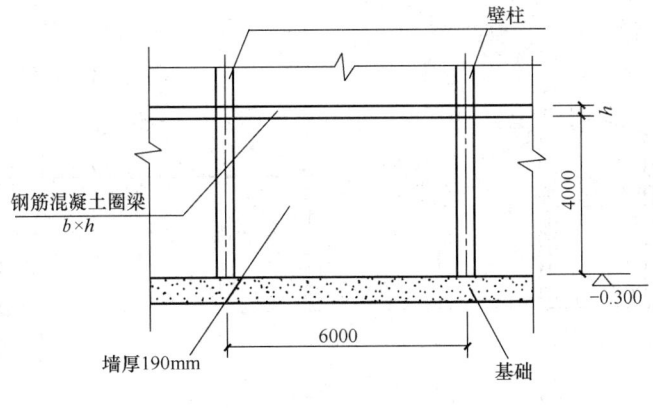

图 5.3.13

【解答】 查《砌规》7.1.5 知，圈梁高度 $h\geqslant 120\text{mm}$。《砌规》6.1.2 条第 3 款规定，则：

$$b/s\geqslant 1/30, \text{又 } s=6000\text{mm}, \text{故 } b\geqslant 6000/30=200\text{mm},$$

圈梁平面外等刚度原则，$I=\frac{1}{12}\times 120\times 200^3=\frac{1}{12}\times h\times 190^3$，

解之得：$h=140\text{mm}$，

所以圈梁截面尺寸 $b\times h$ 至少应为 $190\text{mm}\times 140\text{mm}$。

思考： 抗震设计时，圈梁截面高度应根据《抗规》7.3.4 条规定，截面高度不应小于

120mm；基础圈梁，其截面高度不应小于180mm。

【例 5.3.13】 某单层单跨无吊车仓库，如图 5.3.14 所示，屋面为装配式无檩体系钢筋混凝土结构，墙体采用 MU15 蒸压灰砂普通砖、Ms5 专用砂浆砌筑，砌体施工质量控制等级为 B 级，基础埋置较深，设刚性地坪。外墙 T 形壁柱特征值详见表 5.3.1。结构设计使用年限为 50 年，安全等级为二级。取 $\psi_c=0.7$。

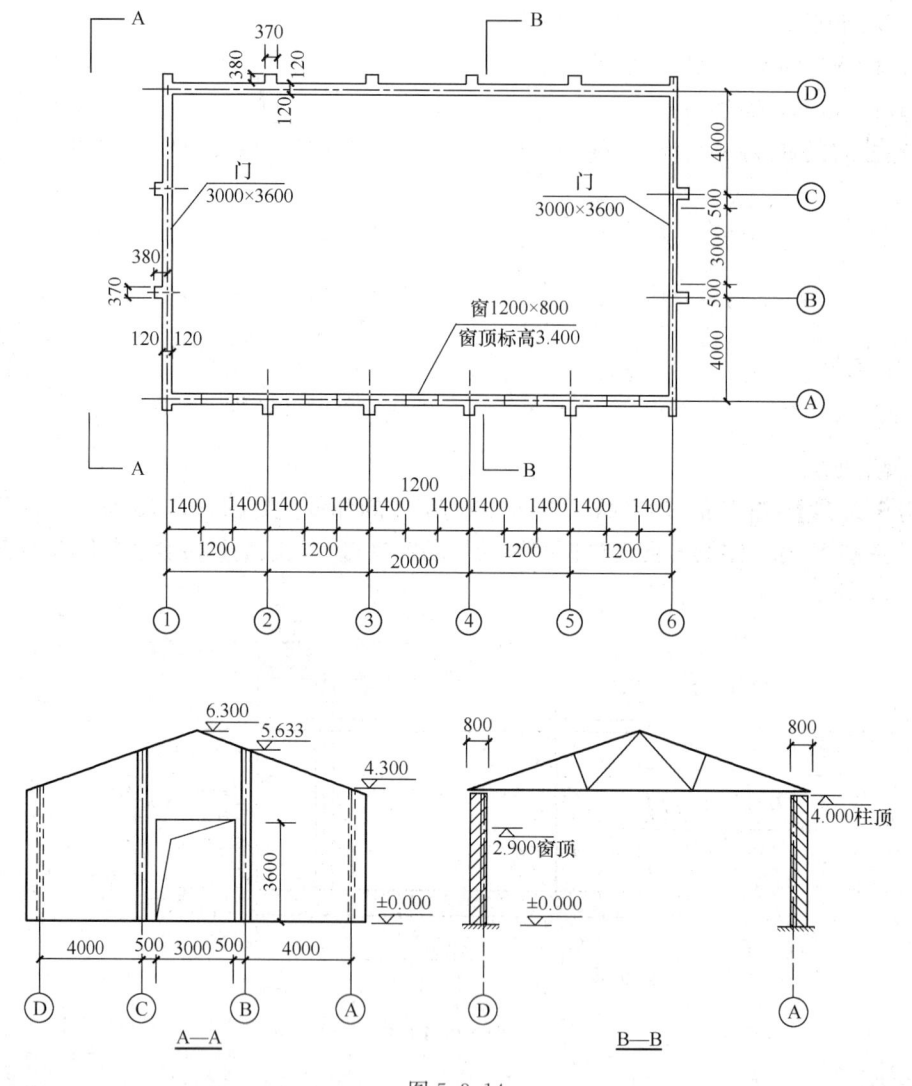

图 5.3.14

表 5.3.1

	B (mm)	y_1 (mm)	y_2 (mm)	h_T (mm)	A (mm^2)
	2500	179	441	507	740600
	2800	174	446	493	812600
	4000	160	460	449	1100600

试问：

(1) 对于带壁柱山墙高厚比的验算 $\left(\beta=\dfrac{H_0}{h_T}\leqslant \mu_1\mu_2\,[\beta]\right)$，下列何组数值正确？

(A) $\beta=\dfrac{H_0}{h_T}=11.9\leqslant \mu_1\mu_2[\beta]=24$　　(B) $\beta=\dfrac{H_0}{h_T}=11.9\leqslant \mu_1\mu_2[\beta]=21.6$

(C) $\beta=\dfrac{H_0}{h_T}=14.3\leqslant \mu_1\mu_2[\beta]=21.6$　　(D) $\beta=\dfrac{H_0}{h_T}=12.8\leqslant \mu_1\mu_2[\beta]=20.4$

(2) 对于Ⓐ Ⓑ轴之间山墙的高厚比验算 $\left(\beta=\dfrac{H_0}{h}\leqslant \mu_1\mu_2\,[\beta]\right)$，下列何项数据正确？

(A) $\beta=\dfrac{H_0}{h}=22.8\leqslant \mu_1\mu_2[\beta]=24$　　(B) $\beta=\dfrac{H_0}{h}=16.7\leqslant \mu_1\mu_2[\beta]=24$

(C) $\beta=\dfrac{H_0}{h}=10\leqslant \mu_1\mu_2[\beta]=24$　　(D) $\beta=\dfrac{H_0}{h}=10\leqslant \mu_1\mu_2[\beta]=20.4$

(3) 假定取消①轴线山墙门洞及壁柱，改为钢筋混凝土构造柱GZ，如图5.3.15所示，则该墙的高厚比验算结果 $\left(\beta=\dfrac{H_0}{h}\leqslant \mu_1\mu_2\,[\beta]\right)$，与下列何组数据最为接近？

(A) $\beta=\dfrac{H_0}{h}=24.17\leqslant \mu_1\mu_2[\beta]=26.16$

(B) $\beta=\dfrac{H_0}{h}=23.47\leqslant \mu_1\mu_2[\beta]=24$

(C) $\beta=\dfrac{H_0}{h}=25.55\leqslant \mu_1\mu_2[\beta]=26.16$

(D) $\beta=\dfrac{H_0}{h}=10\leqslant \mu_1\mu_2[\beta]=26.16$

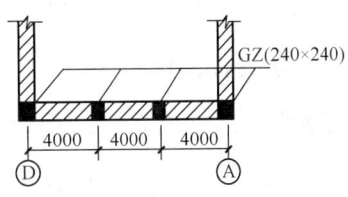

图 5.3.15

(4) 屋面永久荷载（含屋架）标准值为 2.2kN/m²（水平投影），活荷载标准值 0.5kN/m²，挑出的长度见 B-B 剖面，则屋架支座处基本组合时最大压力设计值（kN）与下列何项数值最为接近？

提示：按《工程结构通用规范》作答。

(A) 110　　(B) 100　　(C) 90　　(D) 80

(5) 外纵墙壁柱轴心受压承载力设计值（kN），与下列何项数值最为接近？

(A) 1325　　(B) 1265　　(C) 1137　　(D) 1059

(6) 假定⑤轴线上的一个壁柱底部截面作用的轴向压力标准值 $N_K=179$kN，其基本组合设计值 $N=232$kN，其弯矩标准值 $M_K=6.6$kN·m，其基本组合设计值为 $M=8.58$kN·m，如图5.3.16所示。该壁柱底截面受压承载力验算结果（$N\leqslant \varphi fA$），其左右端项与下列何项数值最为接近？

(A) 232kN＜939kN　　(B) 232kN＜1014kN

(C) 232kN＜916kN　　(D) 232kN＜845kN

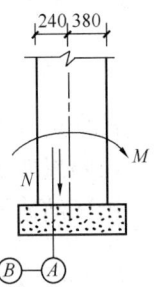

图 5.3.16

【解答】(1) 带壁柱山墙高厚比验算

壁柱山墙的计算截面，翼缘宽度根据《砌规》4.2.8条；

壁柱宽加 2/3 墙高：　　　　　　$b_f = 370 + \dfrac{2}{3} \times (5.633 + 0.5) = 4458.7$mm

窗间墙宽：　　　　　　　　　　$b_f = 500 + \dfrac{4000}{2} = 2500$mm

相邻壁柱间距离：　　　　　　　$b_f = 4000$mm

故取 $b_f = 2500$mm，由题目中表 5.3.1 知，$h_T = 507$mm

本题屋盖属第 1 类，房屋横墙间距 $s = 12$m，查《砌规》表 4.2.1 知，属刚性方案；带壁柱山墙的 $s = 12$m，$2H = 12.266$m $> s = 12$m $> H = 5.633 + 0.5 = 6.133$m，查规范表 5.1.3 知，$H_0 = 0.4s + 0.2H$

$$H_0 = 0.4 \times 12 + 0.2 \times 6.133 = 6.0266\text{m}$$

M5 砂浆，查表得，$[\beta] = 24$

$$\mu_1 = 1, \mu_2 = 1 - 0.4\dfrac{b_s}{s} = 1 - 0.4 \times \dfrac{3}{12} = 0.9$$

$$\beta = \dfrac{H_0}{h_T} = \dfrac{6.0266}{0.507} = 11.89 < \mu_1 \mu_2 [\beta] = 1 \times 0.9 \times 24 = 21.6$$

故应选（B）项。

（2）Ⓐ Ⓑ轴之间山墙的高厚比验算

山墙构件高度 $H = \dfrac{(5.633 + 0.5) + (4.30 + 0.5)}{2} = 5.467$m，$s = 4.0$m，故 $s < H$，查《砌规》表 5.1.3，$H_0 = 0.6s = 0.6 \times 4 = 2.4$m

$$\mu_1 = 1, \mu_2 = 1, [\beta] = 24$$

$$\beta = \dfrac{H_0}{h} = \dfrac{2.4}{0.24} = 10 < \mu_1 \mu_2 [\beta] = 1 \times 1 \times 24 = 24$$

故应选（C）项。

（3）构造柱墙高厚比验算

$\dfrac{b_c}{l} = \dfrac{0.24}{4} = 0.06 > 0.05, \mu_c = 1 + \gamma \dfrac{b_c}{l} = 1 + 1.5 \times \dfrac{0.24}{4} = 1 + 1.5 \times 0.06 = 1.09$

$\mu_1 = 1, \mu_2 = 1, [\beta] = 24$

又 $s = 12$m，$H = \dfrac{(6.3 + 0.5) + (4 + 0.5)}{2} = 5.65$m，$s > 2H = 2 \times 5.65 = 11.3$m，查《砌规》表 5.1.3，$H_0 = 1.0H = 5.65$m

$$\beta = \dfrac{H_0}{h} = \dfrac{5.65}{0.24} = 23.54 < \mu_1 \mu_2 \mu_c [\beta] = 1 \times 1 \times 1.09 \times 24 = 26.16$$

故应选（B）项。

（4）屋架支座反力计算，计算单元为 $4 \times (12 + 0.8 \times 2) = 54.4$m²
由《结通规》3.1.13 条：

$$S = 1.3 S_{Gk} + 1.5 S_{Qk}$$
$$= 1.3 \times 2.2 \times 54.4/2 + 1.5 \times 0.5 \times 54.4/2$$
$$= 98.19 \text{kN}$$

应选（B）项。

(5) 外纵墙壁柱轴心受压承载力

屋盖属于第1类屋盖，房屋横墙间距 $s=20\mathrm{m}$，查《砌规》表 4.2.1，属刚性方案。

查《砌规》表 3.2.1-2，$f=1.83\mathrm{N/mm^2}$。

外纵墙壁柱的计算截面，$b_\mathrm{f}=2800\mathrm{mm}$，查题目表 5.3.1 知，$h_\mathrm{T}=493\mathrm{mm}$，$A=812600\mathrm{mm^2}$。$H=4.0+0.5=4.5\mathrm{m}$，$s=20\mathrm{m}$，故 $s>2H$，刚性方案，查《砌规》表 5.1.3，$H_0=1.0H=4.5\mathrm{m}$

$$\beta=\gamma_\beta\frac{h_0}{h_\mathrm{T}}=1.2\times\frac{4.5}{0.493}=10.95$$

由规范附录 D 公式：

$$\varphi=\varphi_0=\frac{1}{1+\alpha\beta^2}=\frac{1}{1+0.0015\times10.95^2}=0.848$$

$$\varphi fA=0.848\times1.83\times812600=1261.0\mathrm{kN}，故选（B）项。$$

(6) 偏心受压计算

$$e=\frac{M}{N}=\frac{8.58}{232}=0.037\mathrm{m}=37\mathrm{mm}$$

$$\frac{e}{h}=\frac{37}{446}=0.08<0.6,\left(或\frac{e}{h}=\frac{37}{174}=0.21<0.6\right),满足规范 5.1.5 条规定$$

$$\frac{e}{h_\mathrm{T}}=\frac{37}{493}=0.075$$

由上题知：$\beta=\gamma_\beta\dfrac{H_0}{h_\mathrm{T}}=10.95$

查《砌规》附录 D 表 D.0.1-1，或计算求 φ：

$$\varphi_0=\frac{1}{1+\alpha\beta^2}=0.848$$

$$\varphi=\frac{1}{1+12\left[\dfrac{e}{h_\mathrm{T}}+\sqrt{\dfrac{1}{12}\left(\dfrac{1}{\varphi_0}-1\right)}\right]^2}$$

$$=\frac{1}{1+12\left[0.075+\sqrt{\dfrac{1}{12}\left(\dfrac{1}{0.848}-1\right)}\right]^2}=0.682$$

$$N=232\mathrm{kN}<\varphi fA=0.682\times1.83\times812600=1014.2\mathrm{kN}$$

故应选（B）项。

三、构造要求

1. 一般构造要求

> - 复习《砌通规》4.1.5 条、4.1.6 条。
> - 复习《砌规》6.2.1 条~6.2.13 条。

2. 框架填充墙

> - 复习《砌规》6.3.1 条~6.3.4 条。

3. 夹心墙

- 复习《砌通规》3.2.7条。
- 复习《砌规》6.4.1条~6.4.6条。

【例5.3.14】 对夹心墙中连接件或连接钢筋网片作用的理解,以下何项不妥?说明理由。
(A) 协调内外墙叶的变形并为叶墙提供支撑作用
(B) 提高内叶墙的承载力,增大叶墙的稳定性
(C) 防止叶墙在大的变形下失稳,提高叶墙承载力
(D) 确保夹心墙的耐久性

【解答】 根据《砌规》6.4.5条,(D)项不对,应选(D)项。

【例5.3.15】 某多层砌体房屋,采用夹心墙复合保温且采用混凝土小型空心砌块砌体,内叶墙厚度190mm,夹心层厚度120mm,外叶墙厚度90mm,块材强度等级均满足要求。试问,墙B的每延米受压计算有效面积（m²）和计算高厚比的有效厚度（mm），与下列何项数值最为接近?

(A) 0.19, 190　　　　　　(B) 0.28, 210
(C) 0.19, 210　　　　　　(D) 0.28, 280

【解答】 根据《砌规》6.4.3条:
$$0.190 \times 1 = 0.19 \text{m}^2$$
高厚比验算时,墙B的有效厚度:$h_t = \sqrt{h_1^2 + h_2^2} = \sqrt{190^2 + 90^2} = 210\text{mm}$
故应选(C)项。

【例5.3.16】 试分析下列说法中何项不正确?说明理由。
(A) 砌体的抗压强度设计值以龄期为28d的毛截面面积计算
(B) 石材的强度等级以边长为150mm的立方体试块抗压强度表示
(C) 一般情况下,提高砂浆的强度等级比提高砖的强度等级对增大砌体抗压强度的效果好
(D) 在长期荷载作用下,砌体的强度还要有所降低

【解答】 根据《砌规》附录A.2.0条知,石材的强度等级以边长为70mm的立方体试块抗压强度表示,故应选(B)项。

4. 防止墙体开裂的措施

- 复习《砌规》6.5.1条~6.5.8条。

需注意的是:
(1)《砌规》6.5.1条的条文说明:

6.5.1(条文说明)

为防止墙体房屋因长度过大由于温差和砌体干缩引起墙体产生竖向整体裂缝,规定了伸缩缝的最大间距。考虑到石砌体、灰砂砖和混凝土砌块与砌体材料性能的差异,根据国内外有关资料和工程实践经验对上述砌体伸缩缝的最大间距予以折减。

按表6.5.1设置的墙体伸缩缝,一般不能同时防止由于钢筋混凝土屋盖的温度变形和砌体干缩变形引起的墙体局部裂缝。

(2)《砌规》6.5.2条的条文说明:

> 6.5.2(条文说明)
> 1 屋面设置保温、隔热层的规定不仅适用于设计,也适用于施工阶段,调查发现,一些砌体结构工程的混凝土屋面由于未对板材采取应有的防晒(冻)措施,混凝土构件在裸露环境下所产生的温度应力将顶层墙体拉裂现象,故也应对施工期的混凝土屋盖应采取临时的保温、隔热措施。

【例5.3.17】 砌体结构相关的温度应力问题,以下论述哪项不妥?说明理由。
(A) 纵横墙之间的空间作用使墙体的刚度增大,从而使温度应力增加,但增加的幅度不是太大
(B) 温度应力完全取决于建筑物的墙体长度
(C) 门窗洞口处对墙体的温度应力反映最大
(D) 当楼板和墙体之间存在温差时,最大的应力集中在墙体的上部

【解答】 根据《砌规》6.5.1条,6.5.2条,砌体结构的温度应力与多种因素有关,(B) 项不妥,应选(B)项。

【例5.3.18】 对防止或减轻墙体开裂技术措施的理解,哪项不妥?说明理由。
(A) 设置屋顶保温隔热层可防止或减轻房屋顶层墙体开裂
(B) 增大基础圈梁刚度可防止或减轻房屋底层墙体裂缝
(C) 加大屋顶现浇混凝土厚度是防止或减轻房屋顶层墙体开裂的最有效措施
(D) 女儿墙设置贯通其全高的构造柱并与顶部混凝土压顶整浇可防止或减轻房屋顶层墙体裂缝

【解答】 根据《砌规》6.5.2条、6.5.3条,(C) 项不妥,应选(C)项。

第四节 圈梁、过梁、墙梁和挑梁

一、圈梁

> ● 复习《砌通规》4.2.4条~4.2.6条。
> ● 复习《砌规》7.1.1条~7.1.6条。

《砌通规》4.2.6条规定:圈梁宽度 $b \geq 190mm$。

需注意的是:
(1) 抗震设计时,混凝土砌块砌体房屋设置圈梁的规定,见《砌规》10.3.7条,其中基础圈梁高度不宜小于200mm。
(2) 抗震设计时,多层烧结普通砖、烧结多孔砖、蒸压灰砂普通砖、蒸压粉煤灰普通砖房屋设置圈梁的规定,见《抗规》7.3.4条,圈梁截面高度不应小于120mm。

二、过梁

《砌规》规定:

7.2.1 对有较大振动荷载或可能产生不均匀沉降的房屋，应采用混凝土过梁。当过梁的跨度不大于1.5m时，可采用钢筋砖过梁；不大于1.2m时，可采用砖砌平拱过梁。

7.2.2 过梁的荷载，应按下列规定采用：

1 对砖和砌块砌体，当梁、板下的墙体高度 h_w 小于过梁的净跨 l_n 时，过梁应计入梁、板传来的荷载，否则可不考虑梁、板荷载；

2 对砖砌体，当过梁上的墙体高度 h_w 小于 $l_n/3$ 时，墙体荷载应按墙体的均布自重采用，否则应按高度为 $l_n/3$ 墙体的均布自重来采用；

3 对砌块砌体，当过梁上的墙体高度 h_w 小于 $l_n/2$ 时，墙体荷载应按墙体的均布自重采用，否则应按高度为 $l_n/2$ 墙体的均布自重采用。

7.2.3 过梁的计算，宜符合下列规定：

1 砖砌平拱受弯和受剪承载力，可按5.4.1条和5.4.2条计算；

2 钢筋砖过梁的受弯承载力可按式（7.2.3）计算，受剪承载力，可按本规范第5.4.2条计算；

$$M \leqslant 0.85 h_0 f_y A_s \tag{7.2.3}$$

式中 M——按简支梁计算的跨中弯矩设计值；

h_0——过梁截面的有效高度，$h_0 = h - a_s$；

a_s——受拉钢筋重心至截面下边缘的距离；

h——过梁的截面计算高度，取过梁底面以上的墙体高度，但不大于 $l_n/3$；当考虑梁、板传来的荷载时，则按梁、板下的高度采用；

f_y——钢筋的抗拉强度设计值；

A_s——受拉钢筋的截面面积。

3 混凝土过梁的承载力，应按混凝土受弯构件计算。验算过梁下砌体局部受压承载力时，可不考虑上层荷载的影响；梁端底面压应力图形完整系数可取1.0，梁端有效支承长度可取实际支承长度，但不应大于墙厚。

7.2.4 砖砌过梁的构造，应符合下列规定：

1 砖砌过梁截面计算高度内的砂浆不宜低于M5（Mb5、Ms5）；

2 砖砌平拱用竖砖砌筑部分的高度不应小于240mm；

3 钢筋砖过梁底面砂浆层处的钢筋，其直径不应小于5mm，间距不宜大于120mm，钢筋伸入支座砌体内的长度不宜小于240mm，砂浆层的厚度不宜小于30mm。

需注意的是：

（1）砖砌平拱过梁计算：$M \leqslant f_{tm} W$；$V \leqslant f_v bz$（矩形截面 $z = \dfrac{2}{3}h$），式中 $W = \dfrac{1}{6}bh^2$。

砖过梁截面高度 h 自过梁底面起算，h 取值：当 $h_实 < \dfrac{l_n}{3}$ 时，$h = h_实$；$h_实 \geqslant \dfrac{l_n}{3}$ 时，$h = \dfrac{l_n}{3}$；当考虑梁、板传来的荷载时，其截面高度 h 按《砌规》7.2.3条第2款规定，即：按梁、板下的高度采用。计算 M、V 时，取砖砌平拱过梁净跨 l_n 计算。

砖砌过梁进行受弯、受剪承载力计算时，其 f_{tm}、f_v 值应考虑《砌规》3.2.3条规定。此外，f_{tm}按规范表 3.2.2 中"沿齿缝"栏取值。

(2) 钢筋砖过梁计算：$M \leqslant 0.85 h_0 f_y A_s$；$V \leqslant f_v bz \left(矩形截面, z = \frac{2}{3}h\right)$，其中 $h_0 = h - a_s$。

h 取值：取过梁底面以上墙体高度，且 $h \leqslant \frac{l_n}{3}$；当考虑梁板传来的荷载，则按梁、板下的高度采用。

计算 M、V 时，取钢筋砖过梁净跨 l_n 计算。钢筋砖过梁，受剪承载力计算时，其 f_v 值应考虑规范 3.2.3 条规定。

(3) 钢筋混凝土过梁计算：按钢筋混凝土受弯构件计算。

钢筋混凝土梁计算跨度 $l_0 = \min\{1.1 l_n, l_n + a\}$，$a$ 为过梁在墙上的支承长度。

弯矩 M 取 l_0 计算；剪力 V 取 l_n 净跨计算。

过梁下砌体局部受压力 N_l 取 l_0 计算。

过梁下砌体局部受压承载力计算时，可不考虑上层荷载的影响。此外，矩形截面单配筋梁计算公式：

$$x = h_0 - \sqrt{h_0^2 - \frac{2\gamma_0 M}{\alpha_1 f_c b}}, \quad A_s = \frac{\alpha_1 f_c bx}{f_y}$$

【例 5.4.1】已知砖砌平拱过梁净跨 $l_n = 1.2$m，用竖砖砌筑部分高度为 240mm，墙厚为 240mm，墙体两侧抹灰，每侧抹灰厚度 20mm，采用 MU10 烧结普通砖、M5 混合砂浆砌筑，砌体施工质量控制等级 B 级。梁板位于过梁底面以上 1.3m 高度处，梁板传来的均布永久荷载设计值为 8kN/m。墙体自重为 19kN/m³。设计使用年限为 50 年，$\gamma_0 = 1.0$。

提示：按《工程结构通用规范》作答。

试问：

(1) 验算该过梁的受弯和受剪承载力。

(2) 该过梁能承受的最大均布荷载设计值。

(3) 若楼板距过梁底面 0.9m 处，验算该过梁的承载力。

【解答】(1) 根据《砌规》7.2.2 条第 1 款，当 $h_w = 1.3$m $\geqslant l_n = 1.2$m 时，不计梁板荷载；砖砌体，$h_w = 1.3$m $\geqslant \frac{l_n}{3} = 0.4$m 时，取 $h = \frac{l_n}{3} = 0.4$m。

$$q = 1.3 \times (0.24 + 2 \times 0.02) \times \frac{1.2}{3} \times 19 = 2.77 \text{kN/m}$$

$$M = \frac{1}{8} \times 2.77 \times 1.2^2 = 0.499 \text{kN} \cdot \text{m}$$

$$V = \frac{1}{2} \times 2.77 \times 1.2 = 1.66 \text{kN}$$

查《砌规》表 3.2.2，$f_v = 0.11$N/mm²，$f_{tm} = 0.23$N/mm²

$A = bh = 0.24 \times 0.4 = 0.096$m² < 0.3m²，取 $\gamma_a = 0.096 + 0.7 = 0.796$

则：$f_{tm} = 0.23 \times 0.796 = 0.183$N/mm²，$f_v = 0.11 \times 0.796 = 0.0876$N/mm²

$$W = \frac{1}{6} bh^2 = \frac{1}{6} \times 240 \times \left(\frac{1200}{3}\right)^2$$

$$f_{tm} \cdot W = 0.183 \times \frac{1}{6} \times 240 \times 400^2 = 1.171 \text{kN} \cdot \text{m} > 0.499 \text{kN} \cdot \text{m}$$

$$f_v bz = 0.0876 \times 240 \times \frac{2}{3} \times 400 = 5.61 \text{kN} > 1.66 \text{kN}$$

故满足要求。

(2) 最大均布荷载 q_{max}

$$h = \frac{l_n}{3}, M = \frac{ql_n^2}{8}, W = \frac{bh^2}{6} = \frac{bl_n^2}{54}$$

$M \leqslant f_{tm}W$,则:$\frac{ql_n^2}{8} \leqslant f_{tm} \cdot \frac{bl_n^2}{54}$

$$q \leqslant \frac{8bf_{tm}}{54} = \frac{4bf_{tm}}{27}, 故 \ q \leqslant \frac{4 \times 240 \times 0.183}{27} = 6.51 \text{N/mm}^2$$

$$V = \frac{ql_n}{2}, z = \frac{2}{3}h = \frac{2l_n}{9}$$

$V \leqslant f_v bz$,则:$\frac{ql_n}{2} \leqslant f_v b \frac{2l_n}{9}$

$$q \leqslant \frac{4bf_v}{9}, 故 \ q \leqslant \frac{4 \times 240 \times 0.0876}{9} = 9.344 \text{N/mm}$$

上述 q 取较小值,所以 $q_{max} = 6.51 \text{N/mm} = 6.51 \text{kN/m}$。

(3) 此时,$h_w = 0.9\text{m} < l_n = 1.2\text{m}$,应考虑梁板传来的均布荷载。

又 $h_w = 0.9\text{m} > \frac{l_n}{3} = 0.4\text{m}$,取墙体荷载高度 $h = \frac{l_n}{3} = 0.4\text{m}$ 计算。

$$A = 0.9 \times 0.24 = 0.216 \text{m}^2 < 0.3 \text{m}^2, \gamma_a = 0.7 + 0.216 = 0.916$$

$$f_{tm} = 0.23 \times 0.916 = 0.21 \text{MPa}$$

$$f_v = 0.11 \times 0.916 = 0.10 \text{MPa}$$

$$W = \frac{1}{6} \times 240 \times 900^2 = 3.24 \times 10^7 \text{mm}^3$$

$$q = 1.3 \times (0.24 + 2 \times 0.02) \times \frac{1.2}{3} \times 19 + 8$$

$$= 2.77 + 8 = 10.77 \text{kN/m}$$

$$M = \frac{1}{8} \times 10.77 \times 1.2^2 = 1.94 \text{kN} \cdot \text{m} < f_{tm}W = 6.8 \text{kN} \cdot \text{m}(\text{满足})$$

$$V = \frac{1}{2} \times 10.77 \times 1.2 = 6.46 \text{kN} < f_v bz = 14.4 \text{kN}(\text{满足})$$

【例 5.4.2】 已知某窗洞口顶钢筋砖过梁净跨 $l_n = 1.5\text{m}$,墙厚为 240mm,采用 MU15 烧结普通砖和 M10 混合砂浆。在离窗口顶面标高 900mm 处作用有楼板传来的均布恒载标准值 $g_{k1} = 12\text{kN/m}$,均布活荷载标准值 $q_{k1} = 4.5\text{kN/m}$。墙体两侧抹灰,每侧抹灰厚度为 20mm。墙体自重为 19kN/m³。设计使用年限为 50 年,$\gamma_0 = 1.0$。取 $a_s = 15\text{mm}$。砌体施工质量控制等级为 B 级。

试问: 确定该钢筋砖过梁的配筋。

提示: 按《工程结构通用规范》作答。

【解答】 由《砌规》7.2.2 条,$h_w = 900\text{mm} < l_n = 1500\text{mm}$,应考虑楼板传来的荷载。

过梁上墙体高度 $h_w = 900\text{mm} > \frac{l_n}{3} = 500\text{mm}$,取墙体高度 $h = \frac{l_n}{3} = 500\text{mm}$,故过梁自重标

准值 g_{k2} 为：

$$g_{k2} = 0.5 \times (0.24 + 2 \times 0.02) \times 19 = 2.66 \text{kN/m}$$
$$q = 1.3 \times (12 + 2.66) + 1.5 \times 4.5 = 25.81 \text{kN/m}$$
$$M = \frac{1}{8}ql_0^2 = \frac{1}{8} \times 25.81 \times 1.5^2 = 7.26 \text{kN} \cdot \text{m}$$
$$V = \frac{1}{2}ql_n = \frac{1}{2} \times 25.81 \times 1.5 = 19.36 \text{kN}$$

根据《砌规》7.2.3 条规定，当考虑梁板传来的荷载时，h 应按梁板下的高度采用，故取 $h=900$mm，$h_0=900-15=885$mm，采用 HRB 335 钢筋，$f_y=300\text{N/mm}^2$，由规范式（7.2.3）：

$$A_s = \frac{M}{0.85 h_0 f_y} = \frac{7.26 \times 10^6}{0.85 \times 300 \times 885} = 32.2 \text{mm}^2$$

选用 2Φ6（$A_s=57\text{mm}^2$），满足要求。

思考：复核其受剪承载力。查规范表，$f_v=0.17\text{N/mm}^2$，又 $A=bh=0.24\times0.9=0.216\text{m}^2<0.3\text{m}^2$，取 $f_v=0.17\times(0.7+0.216)=0.156\text{N/mm}^2$

$$V = 19.36\text{kN} < f_v bz = 0.156 \times 240 \times \frac{2}{3} \times 900 = 22.46\text{kN}$$

故满足要求。

【例 5.4.3】 某住宅楼的钢筋砖过梁净跨 $l_n=1.50$m，墙厚 240mm，如图 5.4.1 所示，采用 MU10 烧结多孔砖（孔洞率为 33%），M10 混合砂浆砌筑。过梁底面配筋采用 3Φ8 的 HRB335 级钢筋。多孔砖砌体自重 18kN/m³，在离窗口上皮 800mm 处作用有楼板传来的均布恒载标准值 $g_k=10$kN/m，均布活荷载标准值 $q_k=5$kN/m。取 $a_s=20$mm。设计使用年限为 50 年，$\gamma_0=1.0$。砌体施工质量控制等级为 B 级。

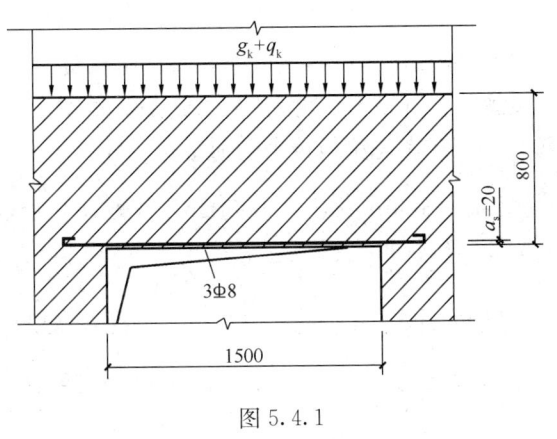

图 5.4.1

提示：按《工程结构通用规范》作答。

试问：

(1) 确定该过梁承受的均布荷载设计值（kN/m）为多少？
(2) 确定该过梁的受弯承载力设计值。
(3) 确定该过梁的受剪承载力设计值。

【解答】 (1) 根据《砌规》7.2.2 条
$h_w=800\text{mm}<l_n=1500\text{mm}$，应计入楼板传来的荷载
$h_w=800\text{mm}>\frac{l_n}{3}=\frac{1500}{3}=500\text{mm}$，应按 500mm 计入砖墙体荷载

$$q = 1.3 \times (18 \times 0.5 \times 0.24 + 10) + 1.5 \times 5 = 23.31\text{kN/m}$$

(2) 根据《砌规》7.2.3 条第 2 款规定：

$$h_0 = h - a_s = 800 - 20 = 780 \text{mm}$$
$$M_u = 0.85 h_0 f_y A_s = 0.85 \times 780 \times 300 \times 151 = 30.03 \text{kN} \cdot \text{m}$$

(3) 根据《砌规》7.2.3 条第 2 款、5.4.2 条规定：

查《砌规》表 3.2.2，$f_v = 0.17 \text{MPa}$

$A = bh = 0.24 \times 0.8 = 0.192 \text{m}^2 < 0.3 \text{m}^2$，取 $\gamma_a = 0.192 + 0.7 = 0.892$

故取 $f_v = 0.892 \times 0.17 = 0.1516 \text{MPa}$

$$V_u = f_v b z = f_v b \frac{2}{3} h = 0.1516 \times 240 \times \frac{2}{3} \times 800 = 19.4 \text{kN}$$

【例 5.4.4】 已知钢筋混凝土过梁净跨 $l_n = 2700 \text{mm}$，在墙上的支承长度 $a = 0.24 \text{m}$。砖墙采用 MU10 烧结普通砖、M5 混合砂浆砌筑，墙厚为 240mm，砌体施工质量控制等级 B 级。在窗顶上方 1200mm 处作用着楼板传来的均布竖向荷载(恒载标准值为 12kN/m，活载标准值为 6kN/m)，砖墙自重取 5.32kN/m^2，钢筋混凝土重力密度取 25kN/m^3，纵筋采用 HRB 400 级钢筋，箍筋采用 HPB 300 级钢筋，混凝土采用 C20，过梁截面取 $b \times h = 240 \text{mm} \times 300 \text{mm}$。取 $a_s = 35 \text{mm}$。设计使用年限为 50 年，$\gamma_0 = 1.0$。

提示：按《工程结构通用规范》作答。

试问：

(1) 确定该过梁的配筋。
(2) 验算过梁梁端支承处局部受压承载力。

【解答】 (1)《砌规》7.2.2 条，过梁上墙体高度 $h_w = 1200 - 300 = 900 \text{mm} < l_n = 2700 \text{mm}$，应考虑梁板传来的荷载。

又 $h_w = 900 \text{mm} \geqslant \frac{l_n}{3} = 900 \text{mm}$，故取 900mm 高的墙体自重。

$$q = 1.3 \times (25 \times 0.24 \times 0.3 + 5.32 \times 0.9 + 12) + 1.5 \times 6 = 33.16 \text{kN/m}$$

过梁的计算跨度 l_0：$1.1 l_n = 1.1 \times 2.7 = 2.97 \text{m}$，$l_n + a = 2.94 \text{m}$

故取 $l_0 = 2.94 \text{m}$；$h_0 = h - a_s = 300 - 35 = 265 \text{mm}$

$$M = \frac{q l_0^2}{8} = \frac{33.16 \times 2.94^2}{8} = 35.83 \text{kN} \cdot \text{m}$$

$$V = \frac{q l_n}{2} = \frac{33.16 \times 2.7}{2} = 44.77 \text{kN}$$

$$x = h_0 - \sqrt{h_0^2 - \frac{2 \gamma_0 M}{\alpha_1 f_c b}} = 265 - \sqrt{265^2 - \frac{2 \times 1 \times 35.83 \times 10^6}{1 \times 9.6 \times 240}}$$

$$= 67 \text{mm} < \xi_b h_0 = 0.518 \times 265 = 137 \text{mm}$$

$$A_s = \frac{\alpha_1 f_c b x}{f_y} = \frac{1 \times 9.6 \times 240 \times 67}{360} = 429 \text{mm}^2$$

纵筋选用 3⏀14（$A_s = 461 \text{mm}^2$）；箍筋按构造配置，通长采用 ⏀6@150。

(2) 局部受压承载力验算

过梁有效支承长度 $a_0 = a = 240 \text{mm}$；$\eta = 1.0$。

$$A_l = a_0 h = 240 \times 240$$

$$A_0 = (a_0 + h)h = (240 + 240) \times 240$$

$$\gamma = 1 + 0.35\sqrt{\frac{A_0}{A_l} - 1} = 1.35 > 1.25, \text{故取 } \gamma = 1.25。$$

根据《砌规》7.2.3 条第 2 款规定，不考虑上层荷载，即 $\psi = 0$。

$$\psi N_0 + N_l = 0 + N_l = 0 + \frac{ql_0}{2} = \frac{33.16 \times 2.94}{2} = 48.75 \text{kN}$$

$$\eta \gamma f A_l = 1 \times 1.25 \times 1.5 \times 240 \times 240 = 108.0 \text{kN} > 48.75 \text{kN}$$

满足要求。

思考：若钢筋混凝土过梁下砌体采用 MU10 混凝土小型空心砌块，Mb5 专用砂浆砌筑，其他条件均不变。试确定其局部受压承载力设计值。

查《砌规》表 3.2.1-4，$f = 2.22 \text{N/mm}^2$；$A_l = a_0 h = 240 \times 240$，$\eta = 1.0$；又根据《砌规》5.2.2 条第 2 款，未灌孔混凝土砌体，$\gamma = 1.0$，则：

$$\eta \gamma f A_l = 1 \times 1 \times 2.22 \times 240 \times 240 = 127.87 \text{kN}。$$

【例 5.4.5】 下列对多层烧结普通砖房中门窗过梁的要求，何项不正确？说明理由。
(A) 钢筋砖过梁的跨度不应超过 1.5m
(B) 砖砌平拱过梁的跨度不应超过 1.2m
(C) 抗震烈度为 7 度的地区，可采用钢筋砖过梁
(D) 抗震裂度为 7 度的地区，过梁的支承长度不应小于 240mm

【解答】 根据《砌规》7.2.1 条，(A)、(B) 项正确。根据 2010 年版《建筑抗震设计规范》7.3.10 条，(C) 项不正确，(D) 项正确，应选 (C) 项。

三、墙梁

1. 墙梁的分类、计算简图和计算荷载

《砌通规》规定：

> 4.2.3 多层砌体结构房屋中的承重墙梁不应采用无筋砌体构件支承。墙梁设计应包括墙体总高度、跨度、墙体及托梁的高跨比、洞口尺寸及洞口位置的构造要求。

《砌规》规定：

> 7.3.1 承重与自承重简支墙梁、连续墙梁和框支墙梁的设计，应符合本节规定。
> 7.3.2 采用烧结普通砖砌体、混凝土普通砖砌体、混凝土多孔砖砌体和混凝土砌块砌体的墙梁设计应符合下列规定：
> 1 墙梁设计应符合表 7.3.2 的规定：

墙梁的一般规定 表 7.3.2

墙梁类别	墙体总高度 (m)	跨度 (m)	墙体高跨比 h_w/l_{0i}	托梁高跨比 h_b/l_{0i}	洞宽比 b_h/l_{0i}	洞高 h_h
承重墙梁	≤18	≤9	≥0.4	≥1/10	≤0.3	≤$5h_w/6$ 且 $h_w - h_h \geq 0.4$m
自承重墙梁	≤18	≤12	≥1/3	≥1/15	≤0.8	—

注：墙体总高度指托梁顶面到檐口的高度，带阁楼的坡屋面应算到山尖墙 1/2 高度处。

2 墙梁计算高度范围内每跨允许设置一个洞口，洞口高度，对窗洞取洞顶至托梁顶面距离。对自承重墙梁，洞口至边支座中心的距离不应小于 $0.1l_{0i}$，门窗洞上口至墙顶的距离不应小于 0.5m。

3 洞口边缘至支座中心的距离，距边支座不应小于墙梁计算跨度的 0.15 倍，距中支座不应小于墙梁计算跨度的 0.07 倍。托梁支座处上部墙体设置混凝土构造柱，且构造柱边缘至洞口边缘的距离不小于 240mm 时，洞口边至支座中心距离的限值可不受本规定限制。

4 托梁高跨比，对无洞口墙梁不宜大于 1/7，对靠近支座有洞口的墙梁不宜大于 1/6。配筋砌块砌体墙梁的托梁高跨比可适当放宽，但不宜小于 1/14；当墙梁结构中的墙体均为配筋砌块砌体时，墙体总高度可不受本规定限制。

7.3.3 墙梁的计算简图，应按图 7.3.3 采用。各计算参数应符合下列规定：

1 墙梁计算跨度，对简支墙梁和连续墙梁取净跨的 1.1 倍或支座中心线距离的较小值；框支墙梁支座中心线距离，取框架柱轴线间的距离；

2 墙体计算高度，取托梁顶面上一层墙体（包括顶梁）高度，当 h_w 大于 l_0 时，取 h_w 等于 l_0（对连续墙梁和多跨框支墙梁，l_0 取各跨的平均值）；

3 墙梁跨中截面计算高度，取 $H_0 = h_w + 0.5h_b$；

4 翼墙计算宽度，取窗间墙宽度或横墙间距的 2/3，且每边不大于 3.5 倍的墙体厚度和墙梁计算跨度的 1/6；

5 框架柱计算高度，取 $H_c = H_{cn} + 0.5h_b$；H_{cn} 为框架柱的净高，取基础顶面至托梁底面的距离。

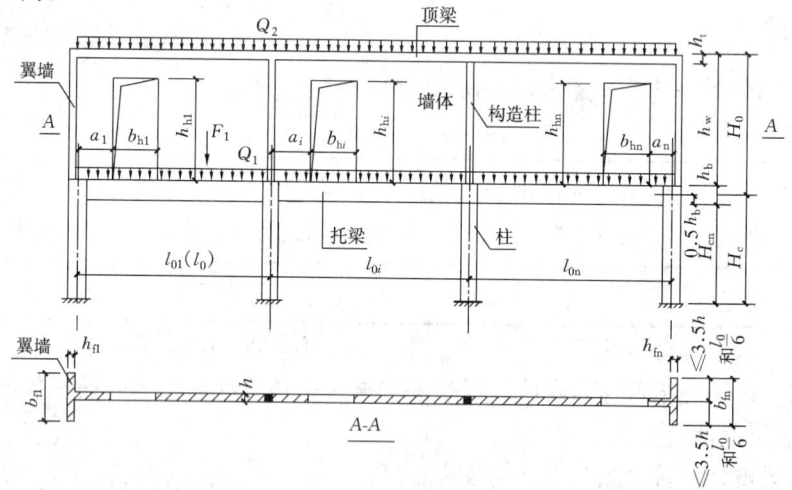

图 7.3.3 墙梁计算简图

$l_0(l_{0i})$—墙梁计算跨度；h_w—墙体计算高度；h—墙体厚度；H_0—墙梁跨中截面计算高度；b_{fl}—翼墙计算宽度；H_c—框架柱计算高度；b_{hi}—洞口宽度；h_{hi}—洞口高度；a_i—洞口边缘至支座中心的距离；Q_1、F_1—承重墙梁的托梁顶面的荷载设计值；Q_2—承重墙梁的墙梁顶面的荷载设计值

7.3.4 墙梁的计算荷载，应按下列规定采用：

1 使用阶段墙梁上的荷载,应按下列规定采用:
  1) 承重墙梁的托梁顶面的荷载设计值,取托梁自重及本层楼盖的恒荷载和活荷载;
  2) 承重墙梁的墙梁顶面的荷载设计值,取托梁以上各层墙体自重,以及墙梁顶面以上各层楼(屋)盖的恒荷载和活荷载;集中荷载可沿作用的跨度近似化为均布荷载;
  3) 自承重墙梁的墙梁顶面的荷载设计值,取托梁自重及托梁以上墙体自重。
2 施工阶段托梁上的荷载,应按下列规定采用:
  1) 托梁自重及本层楼盖的恒荷载;
  2) 本层楼盖的施工荷载;
  3) 墙体自重,可取高度为 $l_{0max}/3$ 的墙体自重,开洞时尚应按洞顶以下实际分布的墙体自重复核;l_{0max} 为各计算跨度的最大值。

需注意的是:

《砌规》7.3.4 条条文说明中指出:"本条不再考虑上部楼面荷载的折减,仅在墙体受剪和局压计算中考虑翼墙的有利作用,以提高墙梁的可靠度,并简化计算。"

【例 5.4.6】 某自承重简支墙梁,柱距 6m,墙高 15m,厚 370mm,墙体及抹灰自重设计值为 $10.5kN/m^2$,墙下设混凝土托梁,托梁自重设计值为 6.2kN/m,托梁高度 0.5m,长度 6m,两端各伸入支座宽 0.3m,纵向钢筋采用 HRB 400 级,箍筋 HPB 300 级,砌体施工质量控制等级 B 级。设计使用年限为 50 年,$\gamma_0=1.0$。取 $\alpha_s=60mm$。

试问: 墙梁跨中截面的计算高度 H_0(m)为多少。

【解答】《砌规》7.3.3 条第 1 款规定:

$$l_n = 6.0 - 0.3 \times 2 = 5.4m, 1.1l_n = 1.1 \times 5.4 = 5.94m$$

$$l_c = l_n + 0.3 = 5.4 + 0.3 = 5.7m$$

取较小者,故 l_0 取为 5.7m,又 $h_w=15.0m>l_0=5.7m$,故取 $h_w=5.7m$。

$$H_0 = h_w + 0.5h_b = 5.7 + 0.5 \times 0.5 = 5.95m$$

2. 墙梁的计算

《砌规》规定:

7.3.5 墙梁应分别进行托梁使用阶段正截面承载力和斜截面受剪承载力计算、墙体受剪承载力和托梁支座上部砌体局部受压承载力计算,以及施工阶段托梁承载力验算。自承重墙梁可不验算墙体受剪承载力和砌体局部受压承载力。

7.3.6 墙梁的托梁正截面承载力,应按下列规定计算:

1 托梁跨中截面应按混凝土偏心受拉构件计算,第 i 跨跨中最大弯矩设计值 M_{bi} 及轴心拉力设计值 N_{bti} 可按下列公式计算:

$$M_{bi} = M_{1i} + \alpha_M M_{2i} \tag{7.3.6-1}$$

$$N_{bti} = \eta_N \frac{M_{2i}}{H_0} \tag{7.3.6-2}$$

1) 当为简支墙梁时:

$$\alpha_M = \psi_M \left(1.7 \frac{h_b}{l_0} - 0.03\right) \tag{7.3.6-3}$$

$$\psi_M = 4.5 - 10\frac{a}{l_0} \qquad (7.3.6\text{-}4)$$

$$\eta_N = 0.44 + 2.1\frac{h_w}{l_0} \qquad (7.3.6\text{-}5)$$

2) 当为连续墙梁和框支墙梁时：

$$\alpha_M = \psi_M \left(2.7\frac{h_b}{l_{0i}} - 0.08\right) \qquad (7.3.6\text{-}6)$$

$$\psi_M = 3.8 - 8.0\frac{a_i}{l_{0i}} \qquad (7.3.6\text{-}7)$$

$$\eta_N = 0.8 + 2.6\frac{h_w}{l_{0i}} \qquad (7.3.6\text{-}8)$$

式中 M_{1i}——荷载设计值 Q_1、F_1 作用下的简支梁跨中弯矩或按连续梁、框架分析的托梁第 i 跨跨中最大弯矩；

M_{2i}——荷载设计值 Q_2 作用下的简支梁跨中弯矩或按连续梁、框架分析的托梁第 i 跨跨中最大弯矩；

α_M——考虑墙梁组合作用的托梁跨中截面弯矩系数，可按公式（7.3.6-3）或（7.3.6-6）计算，但对自承重简支墙梁应乘以折减系数 0.8；当公式（7.3.6-3）中的 $h_b/l_0 > 1/6$ 时，取 $h_b/l_0 = 1/6$；当公式（7.3.6-3）中的 $h_b/l_{0i} > 1/7$ 时，取 $h_b/l_{0i} = 1/7$；当 $\alpha_M > 1.0$ 时，取 $\alpha_M = 1.0$；

η_N——考虑墙梁组合作用的托梁跨中截面轴力系数，可按公式（7.3.6-5）或（7.3.6-8）计算，但对自承重简支墙梁应乘以折减系数 0.8；当 $h_w/l_{0i} > 1$ 时，取 $h_w/l_{0i} = 1$；

ψ_M——洞口对托梁跨中截面弯矩的影响系数，对无洞口墙梁取 1.0，对有洞口墙梁可按公式（7.3.6-4）或（7.3.6-7）计算；

a_i——洞口边缘至墙梁最近支座中心的距离，当 $a_i > 0.35l_{0i}$ 时，取 $a_i = 0.35l_{0i}$。

2 托梁支座截面应按混凝土受弯构件计算，第 j 支座的弯矩设计值 M_{bj} 可按下列公式计算：

$$M_{bj} = M_{1j} + \alpha_M M_{2j} \qquad (7.3.6\text{-}9)$$

$$\alpha_M = 0.75 - \frac{a_i}{l_{0i}} \qquad (7.3.6\text{-}10)$$

式中 M_{1j}——荷载设计值 Q_1、F_1 作用下按连续梁或框架分析的托梁第 j 支座截面的弯矩设计值；

M_{2j}——荷载设计值 Q_2 作用下按连续梁或框架分析的托梁第 j 支座截面的弯矩设计值；

α_M——考虑墙梁组合作用的托梁支座截面弯矩系数，无洞口墙梁取 0.4，有洞口墙梁可按公式（7.3.6-10）计算。

7.3.7 对多跨框支墙梁的框支边柱，当柱的轴向压力增大对承载力不利时，在墙梁荷载设计值 Q_2 作用下的轴向压力值应乘以修正系数 1.2。

需注意的是:
(1)《砌规》7.3.6 条规定了墙梁的托梁正截面承载力计算:

①《砌规》式 (7.3.6-3) 求 α_M 时,对自承重简支墙梁应乘以 0.8,即 $0.8\alpha_M$;当 $\frac{h_b}{l_0}$ >1/6,取 $\frac{h_b}{l_0}=\frac{1}{6}$,故运用式 (7.3.6-3) 时,应先验算 h_b/l_0 的值;ψ_M 洞口的影响系数,无洞口时,$\psi_M=1.0$。

②《砌规》式 (7.3.6-5) 或式 (7.3.6-8),对自承重简支墙梁应乘以 0.8,即 $0.8\eta_N$。

③托梁跨中截面按偏心受拉构件计算,则:

$$e_0=\frac{M_b}{N_{bt}}>\frac{1}{2}h_b-a_s,\text{为大偏拉}。$$

$$e_0=\frac{M_b}{N_{bt}}<\frac{1}{2}h_b-a_s,\text{为小偏拉}。$$

(2)《砌规》7.3.7 条的条文说明:

> 7.3.7(条文说明)
> 框架柱的弯矩计算不考虑墙梁组合作用。

【例 5.4.7】 关于保证墙梁使用阶段安全可靠工作的下述见解,其中何项要求不妥?说明理由。

(A) 一定要进行跨中或洞口边缘处托梁正截面承载力计算

(B) 一定要对自承重墙梁进行墙体受剪承载力、托梁支座上部砌体局部受压承载力计算

(C) 一定要进行托梁斜截面受剪承载力计算

(D) 酌情进行托梁支座上部正截面承载力计算

【解答】 根据《砌规》7.3.5 条,(B) 项不妥,故应选 (B) 项。

【例 5.4.8】 题目条件同例 5.4.6。

试问: 确定使用阶段托梁跨中截面的弯矩设计值 M_b 和轴心拉力设计值 N_{bt}。

【解答】 根据前述计算结果知:$l_0=5.7\text{m}$

根据《砌规》7.3.6 条:

$$M_2=\frac{Q_2 l_0^2}{8}=\frac{(10.5\times 15+6.2)\times 5.7^2}{8}=664.83\text{kN}\cdot\text{m}$$

$$\frac{h_b}{l_0}=\frac{0.5}{5.7}=\frac{1}{11.4}<\frac{1}{6},\text{则:}$$

$$\alpha_M=0.8\psi_M\left(1.7\frac{h_b}{l_0}-0.03\right)$$

$$=0.8\times 1\times\left(1.7\times\frac{0.5}{5.7}-0.03\right)=0.0953$$

$$\eta_N=0.8\left(0.44+2.1\frac{h_w}{l_0}\right)=0.8\times\left(0.44+2.1\times\frac{5.7}{5.7}\right)=2.032$$

(注意:自承重墙梁,α_M、η_N 计算应乘以 0.8)

$$M_b=\alpha_M M_2=0.0953\times 664.83=63.36\text{kN}\cdot\text{m}$$

$$N_{bt} = \eta_N \frac{M_2}{H_0} = 2.032 \times \frac{664.83}{5.95} = 227.05 \text{kN}$$

$$e_0 = \frac{M_b}{N_{bt}} = \frac{63.36}{227.05} = 0.279 \text{m}$$

$\frac{1}{2}h_b - a_s = \frac{1}{2} \times 0.5 - 0.06 = 0.19\text{m} < e_0 = 0.279\text{m}$，故属于大偏拉。

托梁斜截面受剪、墙体受剪承载力计算，《砌规》规定：

7.3.8 墙梁的托梁斜截面受剪承载力应按混凝土受弯构件计算，第 j 支座边缘截面的剪力设计值 V_{bj} 可按下式计算：

$$V_{bj} = V_{1j} + \beta_v V_{2j} \tag{7.3.8}$$

式中 V_{1j} ——荷载设计值 Q_1、F_1 作用下按简支梁、连续梁或框架分析的托梁第 j 支座边缘截面剪力设计值；

V_{2j} ——荷载设计值 Q_2 作用下按简支梁、连续梁或框架分析的托梁第 j 支座边缘截面剪力设计值；

β_v ——考虑墙梁组合作用的托梁剪力系数，无洞口墙梁边支座截面取 0.6，中间支座截面取 0.7；有洞口墙梁边支座截面取 0.7，中间支座截面取 0.8；对自承重墙梁，无洞口时取 0.45，有洞口时取 0.5。

7.3.9 墙梁的墙体受剪承载力，应按公式（7.3.9）验算，当墙梁支座处墙体中设置上、下贯通的落地混凝土构造柱，且其截面不小于 240mm×240mm 时，可不验算墙梁的墙体受剪承载力。

$$V_2 \leqslant \xi_1 \xi_2 \left(0.2 + \frac{h_b}{l_{0i}} + \frac{h_t}{l_{0i}}\right) f h h_w \tag{7.3.9}$$

式中 V_2 ——在荷载设计值 Q_2 作用下墙梁支座边缘截面剪力的最大值；

ξ_1 ——翼墙影响系数，对单层墙梁取 1.0，对多层墙梁，当 $b_f/h = 3$ 时取 1.3，当 $b_f/h = 7$ 时取 1.5，当 $3 < b_f/h < 7$ 时，按线性插入取值；

ξ_2 ——洞口影响系数，无洞口墙梁取 1.0，多层有洞口墙梁取 0.9，单层有洞口墙梁取 0.6；

h_t ——墙梁顶面圈梁截面高度。

7.3.10 托梁支座上部砌体局部受压承载力，应按公式（7.3.10-1）验算，当墙梁的墙体中设置上、下贯通的落地混凝土构造柱，且其截面不小于 240mm×240mm 时，或当 b_f/h 大于等于 5 时，可不验算托梁支座上部砌体局部受压承载力。

$$Q_2 \leqslant \zeta f h \tag{7.3.10-1}$$

$$\zeta = 0.25 + 0.08 \frac{b_f}{h} \tag{7.3.10-2}$$

式中 ζ ——局压系数。

7.3.11 托梁应按混凝土受弯构件进行施工阶段的受弯、受剪承载力验算，作用在托梁上的荷载可按本规范第 7.3.4 条的规定采用。

需注意的是：

(1)《砌规》7.3.8条托梁斜面受剪承载力计算：

①剪力（V_{1j}、V_{2j}）取支座边剪力，即简支墙梁取净跨度。

②β_v取值，应区分无洞口、有洞口；承重墙梁、自承重墙梁。

(2)《砌规》7.3.9条规定墙体受剪承载力计算：

①ξ_1取值，单层墙梁取1.0；多层墙梁，当$\dfrac{b_f}{h}=3$时，$\xi_1=1.3$；当$\dfrac{b_f}{h}=7$或设置构造柱时，取$\xi_1=1.5$；当$3<\dfrac{b_f}{h}<7$时，内插取值，即：$\xi_1=1.3+\dfrac{x-3}{7-3}\times(1.5-1.3)$，式中$x=\dfrac{b_f}{h}$；$h$为墙体厚度；$h_f$为翼墙翼缘厚度。此处，$b_f$取值由《砌规》7.3.3条第4款规定。

②V_2取Q_2作用下墙梁支座边剪力的最大值。

【例5.4.9】 题目条件同【例5.4.6】。

试问： 确定使用阶段托梁梁端剪力设计值。

【解答】 根据前述计算结果知：$l_n=5.4\text{m}$

《砌规》7.3.8条规定，$V_{1j}=0$，$\beta_v=0.45$，$l_n=5.4\text{m}$

$$V_{bj}=V_{1j}+\beta_v V_{2j}=0.45\times\dfrac{1}{2}\times(10.5\times15+6.2)\times5.4=198.9\text{kN}$$

【例5.4.10】 已知柱间基础梁上墙体高15m，双面抹灰，墙厚240mm，采用MU10烧结普通砖、M5混合砂浆，墙上门洞尺寸如图5.4.2所示，柱距6m，基础梁长5.60m，各边伸长支座0.3m。墙体及抹灰自重设计值为6kN/m^2，基础梁截面尺寸$b\times h_b=300\text{mm}\times500\text{mm}$，基础梁自重设计值为5.6kN/m。基础梁混凝土等级为C30，纵筋为HRB 400级，箍筋为HPB 300级。取$a_s=50\text{mm}$。砌体施工质量控制等级为B级，设计使用年限为50年，$\gamma_0=1.0$。基础梁按墙梁考虑。

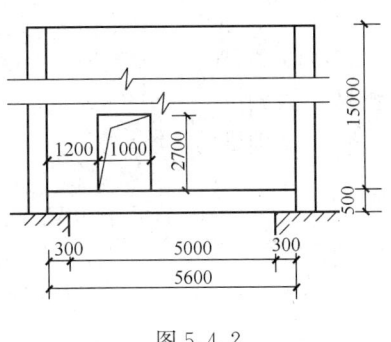

图5.4.2

试问：

(1) 使用阶段基础梁正截面承载力计算时，确定其截面的弯矩和轴向拉力设计值。

(2) 使用阶段基础梁斜截面受剪承载力计算时，确定箍筋配置。

【解答】 (1) 确定计算跨度l_0及墙体计算高度H_w

$$l_n=5600-2\times300=5000\text{mm},\ l_c=5000+300=5300\text{mm}$$

$$1.1l_n=1.1\times5000=5500\text{mm}，取较小值，故\ l_0=l_c=5300\text{mm}。$$

$$h_w=15000\text{mm}>l_0=5300\text{mm}，取\ h_w=l_0=5300\text{mm}$$

$$H_0=h_w+0.5h_b=5300+0.5\times500=5550\text{mm}$$

$$Q_2=\dfrac{6\times(15\times5.3-1\times2.7)}{5.3}+5.6=92.54\text{kN/m}$$

确定洞口边至计算简图支座中心的距离 a：

$$a = \frac{l_0}{2} - 1000 - \left(\frac{5600}{2} - 1200 - 1000\right)$$

$$= \frac{5300}{2} - 1000 - 600 = 1050\text{mm} < 0.35l_0 = 0.35 \times 5300 = 1855\text{mm}$$

故取 $a = 1050\text{mm}$

$$M_2 = \frac{Q_2 l_0^2}{8} = \frac{92.54 \times 5.3^2}{8} = 324.93\text{kN} \cdot \text{m}$$

$$\psi_M = 4.5 - 10\frac{a}{l_0} = 4.5 - 10 \times \frac{1050}{5300} = 2.519$$

$$\frac{h_b}{l_0} = \frac{0.5}{5.3} = \frac{1}{10.6} < \frac{1}{6}，则：$$

$$\alpha_M = 0.8\psi_M\left(1.7\frac{h_b}{l_0} - 0.03\right) = 0.8 \times 2.519 \times \left(1.7 \times \frac{0.5}{5.3} - 0.03\right) = 0.263$$

$$\eta_N = 0.8\left(0.44 + 2.1\frac{h_w}{l_0}\right) = 0.8 \times \left(0.44 + 2.1 \times \frac{5.3}{5.3}\right) = 2.032$$

$$M_b = \alpha_M M_2 = 0.263 \times 324.93 = 85.46\text{kN} \cdot \text{m}$$

$$N_{bt} = \eta_N \frac{M_2}{H_0} = 2.032 \times \frac{324.93}{5.55} = 118.97\text{kN}$$

$$e_0 = \frac{M_b}{N_{bt}} = \frac{85.46}{118.97} = 0.72\text{m} > \frac{1}{2}h_b - a_s = \frac{1}{2} \times 0.5 - 0.05 = 0.20\text{m}$$

故属大偏拉。

（2）基础梁的箍筋计算

$$\beta_v = 0.5, V_b = \beta_v V_2 = 0.5 V_2 = 0.5 \times \frac{Q_2 l_n}{2} = 0.5 \times \frac{92.54 \times 5.0}{2}$$

$$= 115.7\text{kN}$$

由《混凝土结构设计规范》6.3.1条、6.3.7条规定：

$$h_w/b = \frac{500 - 50}{300} = 1.5 < 4，则：0.25\beta_c f_c b h_0 = 0.25 \times 1 \times 14.3 \times 300 \times 450$$

$$= 482.63\text{kN} > V = 115.7\text{kN}，截面尺寸满足。$$

$0.7 f_t b h_0 = 0.7 \times 1.43 \times 300 \times 450 = 135.135\text{kN} > 115.7\text{kN}$

故只需按构造配置箍筋。

【例 5.4.11】 已知某五层商店住宅进深 6m，开间 3.3m，其局部平剖面及楼（屋）盖恒载和活载如图 5.4.3 所示简支墙梁，无门洞。托梁 $b \times h_b = 250\text{mm} \times 600\text{mm}$，混凝土为 C30，纵筋为 HRB 400 级，箍筋为 HPB300 级；墙体厚度 240mm，采用 MU20 烧结普通砖，计算高度范围内为 M10 混合砂浆，其余为 M7.5 混合砂浆，顶梁 $b_t \times h_t = 240\text{mm} \times 180\text{mm}$。托梁自重为 4.0kN/m，每层墙体自重为 12.0kN/m。砌体施工质量控制等级为 B 级。设计使用年限为 50 年，$\gamma_0 = 1.0$。

提示：按《工程结构通用规范》作答。

试问:
(1) 确定墙梁的荷载设计值 Q_1、Q_2。
(2) 使用阶段托梁跨中截面的弯矩和轴向力设计值。
(3) 使用阶段托梁受剪承载力验算时,其剪力 V_b 值。
(4) 验算使用阶段墙体受剪承载力。
(5) 验算托梁支座上部砌体局部受压承载力。

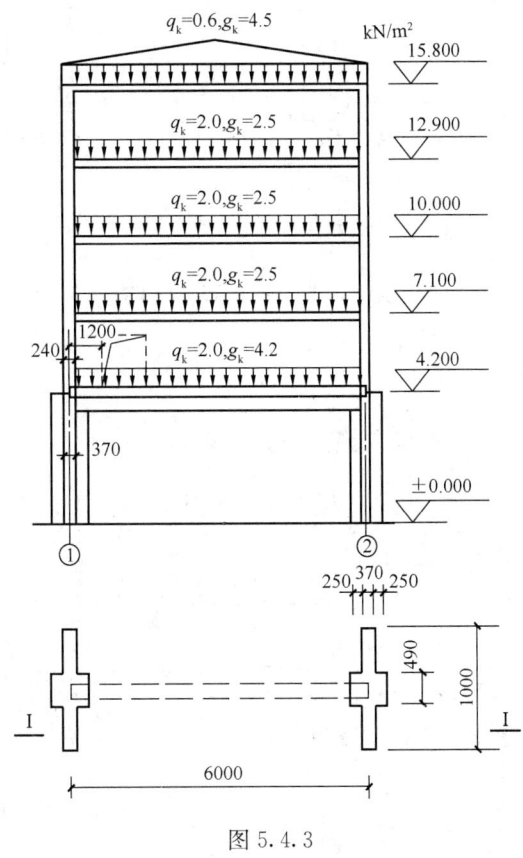

图 5.4.3

【解答】(1) 墙梁荷载设计值

1) 确定计算跨度 l_0

$l_n = 6 - 2 \times \left(0.25 + \dfrac{0.37}{2}\right) = 6 - 0.87 = 5.13\text{m}$

$1.1 l_n = 1.1 \times 5.13 = 5.643\text{m}$

$l_c = 5.13 + 2 \times \dfrac{0.25 + 0.37}{2} = 5.75\text{m}$,

故取 $l_0 = 5.643\text{m}$。

$h_w = 7.1 - 4.2 = 2.9\text{m} < l_0 = 5.643\text{m}$,取 $h_w = 2.9\text{m}$,故 $H_0 = h_w + 0.5 h_b = 2.9 + 0.5 \times 0.6 = 3.2\text{m}$

2) 确定墙梁荷载设计值 Q_1、Q_2

$Q_1 = 1.3 \times (4.0 + 4.2 \times 3.3) + 1.5 \times 2.0 \times 3.3 = 33.12\text{kN/m}$

作用于墙梁顶面上的 Q_2:

墙体自重:$1.3 \times 12.0 \times 4 = 62.4\text{kN/m}$

二层以上楼(屋)盖:

$[(1.3 \times 2.5 + 1.5 \times 2.0) \times 3 + (1.3 \times 4.5 + 1.5 \times 0.7 \times 0.6)] \times 3.3$

$= [18.75 + 6.48] \times 3.3 = 83.26\text{kN/m}$

$Q_2 = 62.4 + 83.26 = 145.66\text{kN/m}$

(2) 由《砌规》7.3.6 条,计算 M_b 和 N_{bt}

$M_1 = \dfrac{Q_1 l_0^2}{8} = \dfrac{33.12 \times 5.643^2}{8} = 131.83\text{kN} \cdot \text{m}$

$M_2 = \dfrac{Q_2 l_0^2}{8} = \dfrac{145.66 \times 5.643^2}{8} = 579.79\text{kN} \cdot \text{m}$

无洞口,$\psi_M = 1.0$;$\dfrac{h_b}{l_0} = \dfrac{0.6}{5.643} = \dfrac{1}{9.4} < \dfrac{1}{6}$,则:

$$\alpha_M = \psi_M \left(1.7 \frac{h_b}{l_0} - 0.03\right) = 1 \times \left(1.7 \times \frac{0.6}{5.643} - 0.03\right) = 0.151$$

$$\eta_N = 0.44 + 2.1 \frac{h_w}{l_0} = 0.44 + 2.1 \times \frac{2.9}{5.643} = 1.519$$

$$H_0 = h_w + \frac{h_b}{2} = 2.9 + 0.6/2 = 3.2 \text{m}$$

$$M_b = M_1 + \alpha_m M_2 = 131.83 + 0.151 \times 579.79 = 219.38 \text{kN} \cdot \text{m}$$

$$N_{bt} = \eta_N \frac{M_2}{H_0} = 1.519 \times \frac{579.79}{3.2} = 275.22 \text{kN}$$

(3) 托梁斜截面受剪承载力

$$V_1 = \frac{Q_1 l_n}{2} = \frac{33.12 \times 5.13}{2} = 84.95 \text{kN}$$

$$V_2 = \frac{Q_2 l_n}{2} = \frac{145.66 \times 5.13}{2} = 373.62 \text{kN}$$

$$\beta_v = 0.6, V_b = V_1 + \beta_v V_2 = 84.95 + 0.6 \times 373.62 = 309.12 \text{kN}$$

(4) 墙体受剪承载力

$$\frac{b_f}{h} = \frac{1.0}{0.24} = 4.17, \xi_1 = 1.3 + \frac{4.17 - 3}{7 - 3} \times (1.5 - 1.3) = 1.359$$

无洞口，$\xi_2 = 1.0$；

查表得，$f = 2.67 \text{N/mm}^2$

$$V_2 = 373.62 \text{kN} < \xi_1 \xi_2 \left(0.2 + \frac{h_b}{l_0} + \frac{h_t}{l_0}\right) f h h_w$$

$$= 1.359 \times 1 \times \left(0.2 + \frac{0.6}{5.643} + \frac{0.18}{5.643}\right) \times 2.67 \times 240 \times 2900 = 854.17 \text{kN}$$

故满足要求。

(5) 托梁支座上部砌体局部受压承载力验算

$$\frac{b_f}{h} = 4.17; \zeta = 0.25 + 0.08 \frac{b_f}{h} = 0.25 + 0.08 \times \frac{1.0}{0.24} = 0.583$$

$$Q_2 = 145.66 \text{kN/m} < \zeta f h = 0.583 \times 2.67 \times 240 = 373.6 \text{kN/m}$$

（注意，若 $\frac{b_f}{h} \geq 5$，由《砌规》7.3.10 条规定，可不验算局部受压承载力）。

思考：假定，在第二层有门洞，其截面尺寸 1500mm×2100mm，门洞边距支座中心线轴线①距离为 1200mm，$Q_1 = 30$kN/m，$Q_2 = 140$kN/m。试确定使用阶段托梁跨中截面的弯矩和轴向力值。

具体解答如下：

作出其计算简图如图 5.4.4 所示。

确定 a：

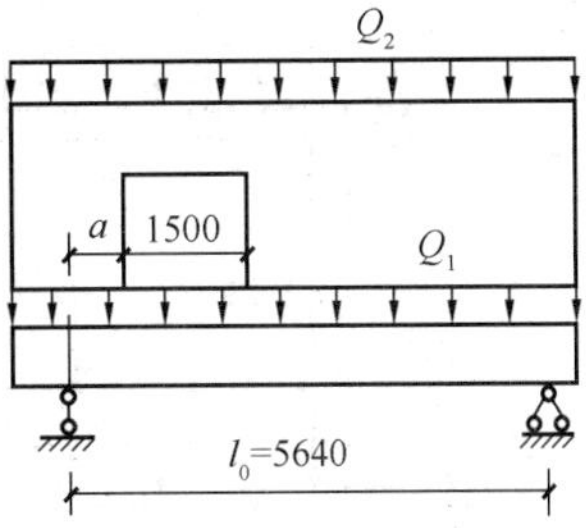

$$a = \frac{l_0}{2} - 1500 - \left(\frac{6000}{2} - 1500 - 1200\right)$$

$$= \frac{5640}{2} - 1500 - 300$$

$$= 1020\text{mm}$$

$$M_1 = \frac{Q_1 l_0^2}{8} = 119.3\text{kN} \cdot \text{m}$$

$$M_2 = \frac{Q_2 l_0^2}{8} = 556.7\text{kN} \cdot \text{m}$$

图 5.4.4

$$\psi_M = 4.5 - 10\frac{a}{l_0} = 4.5 - 10 \times \frac{1020}{5640} = 2.69$$

$$\frac{h_b}{l_0} = \frac{0.6}{5.64} = \frac{1}{9.4} < \frac{1}{6}, \text{故 } \alpha_M = \psi_M \left(1.7\frac{h_b}{l_0} - 0.03\right)$$

$$= 2.69 \times \left(1.7 \times \frac{0.6}{5.64} - 0.03\right) = 0.406$$

$$\eta_N = 0.44 + 2.1\frac{h_w}{l_0} = 0.44 + 2.1 \times \frac{2.9}{5.64} = 1.519$$

$$M_b = M_1 + \alpha_M M_2 = 119.3 + 0.406 \times 556.7 = 367.22\text{kN} \cdot \text{m}$$

$$N_{bt} = \eta_N \frac{M_2}{H_0} = 1.519 \times \frac{556.7}{3.2} = 264.3\text{kN}$$

【例 5.4.12】非抗震设计时，某顶层两跨连续墙梁、支承在下层的砌体墙上，如图 5.4.5 所示。墙体厚度为 240mm，墙梁洞口居墙梁跨中布置，洞口尺寸为 $b \times h$（mm×mm）。托梁截面尺寸为 240mm×500mm。使用阶段墙梁上的荷载分别为托梁顶面的荷载设计值 Q_1 和墙梁顶面的荷载设计值 Q_2。GZ1 为墙体中设置的钢筋混凝土构造柱，墙梁的构造措施满足规范要求。$\gamma_0 = 1.0$。

试问：

(1) 试问，最大洞口尺寸 $b \times h$（mm×mm），与下列何项数值最为接近？
 (A) 1200×2200　　　　　　　(B) 1300×2300
 (C) 1400×2400　　　　　　　(D) 1500×2400

(2) 假定，洞口尺寸 $b \times h = 1000\text{mm} \times 2000\text{mm}$，试问，考虑墙梁组合作用的托梁跨中截面弯矩系数 α_m 值，与下列何项数值最为接近？
 (A) 0.09　　　　　　　　　(B) 0.15
 (C) 0.22　　　　　　　　　(D) 0.27

(3) 假定，$Q_1 = 30\text{kN/m}$，$Q_2 = 90\text{kN/m}$，试问，托梁跨中轴心拉力设计值 N_{bt}（kN），与下列何项数值最为接近？

提示：两跨连续梁在均布荷载作用下跨中弯矩的效应系数为 0.07。
 (A) 50　　　　　　　　　　(B) 100
 (C) 150　　　　　　　　　　(D) 200

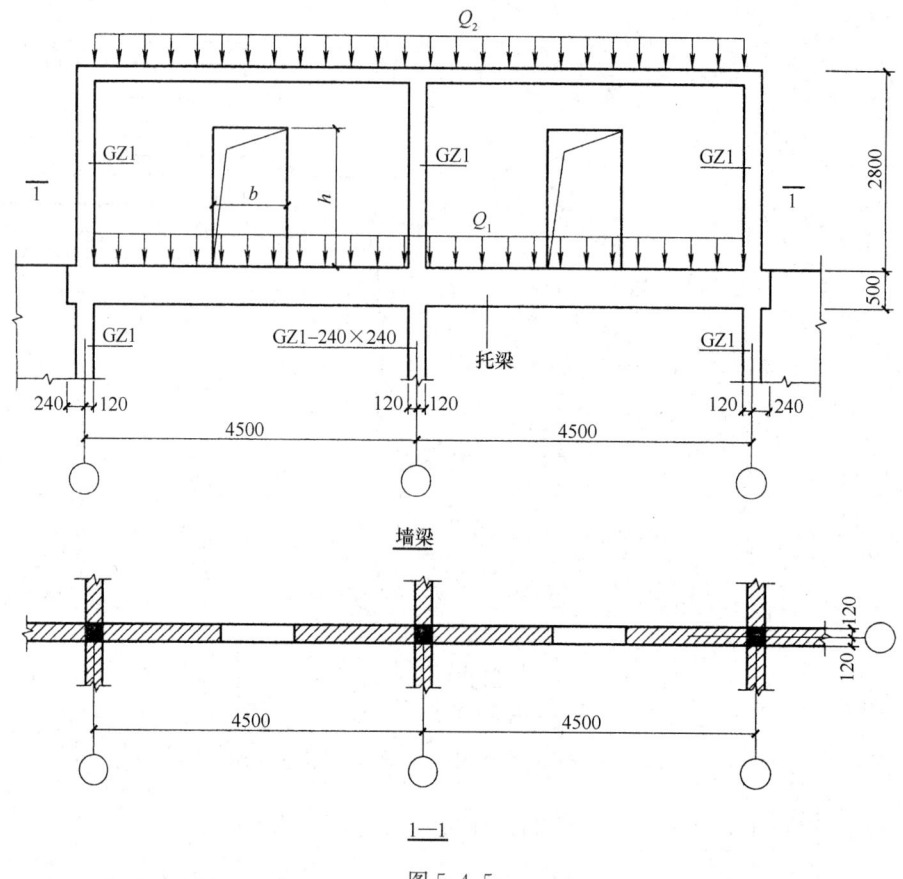

图 5.4.5

【解答】(1) 根据《砌规》7.3.3 条表 7.3.3：

$$l_0 = \min[1.1 \times (4500-240), 4500] = \min[4686, 4500] = 4500 \text{mm}$$

$\dfrac{b}{l_0} \leqslant 0.3$，则：$b \leqslant 0.3 l_0 = 0.3 \times 4500 = 1350 \text{mm}$

$h \leqslant \dfrac{5}{6} h_w = \dfrac{5}{6} \times 2800 = 2333 \text{mm}$，且 $h \leqslant h_w - 0.4 = 2.4 \text{m}$

故选（B）项。

(2) 根据《砌规》7.3.6 条：

由上一题可知，$l_0 = 4.5 \text{m}$

$$a_1 = \frac{1}{2} \times (4.5-1) = 1.75 \text{m} > 0.35 l_0 = 0.35 \times 4.5 = 1.575 \text{m}$$

取 $a_1 = 1.575 \text{m}$

$$\psi_M = 3.8 - 8.0 \times \frac{1.575}{4.5} = 1.0$$

$$\alpha_M = 1.0 \times \left(2.7 \times \frac{0.5}{4.5} - 0.08\right) = 0.22$$

故选（C）项。
(3) 根据《砌规》7.3.6条：

由7.3.3条：$H_0 = h_w + 0.5h_b = 2800 + 0.5 \times 500 = 3050$mm

$$M_2 = 0.07Q_2 l_0^2 = 0.07 \times 90 \times 4.5^2 = 127.575 \text{kN} \cdot \text{m}$$

$$\eta_N = 0.8 + 2.6 \times \frac{2.8}{4.5} = 2.42$$

$$N_{bt} = 2.42 \times \frac{127.575}{3.05} = 101.22 \text{kN}$$

故选（B）项。

3. 墙梁的构造要求

● 复习《砌规》7.3.12条。

四、挑梁

1. 挑梁

《砌规》规定：

7.4.1 砌体墙中混凝土挑梁的抗倾覆，应按下列公式进行验算：

$$M_{ov} \leqslant M_r \qquad (7.4.1)$$

式中 M_{ov}——挑梁的荷载设计值对计算倾覆点产生的倾覆力矩；
M_r——挑梁的抗倾覆力矩设计值。

7.4.2 挑梁计算倾覆点至墙外边缘的距离可按下列规定采用：

1 当l_1不小于$2.2h_b$时（l_1为挑梁埋入砌体墙中的长度，h_b为挑梁的截面高度），梁计算倾覆点到墙外边缘的距离可按式（7.4.2-1）计算，且其结果不应大于$0.13l_1$。

$$x_0 = 0.3h_b \qquad (7.4.2-1)$$

式中 x_0——计算倾覆点至墙外边缘的距离（mm）。

2 当l_1小于$2.2h_b$时，梁计算倾覆点到墙外边缘的距离可按下式计算：

$$x_0 = 0.13l_1 \qquad (7.4.2-2)$$

3 当挑梁下有混凝土构造柱或垫梁时，计算倾覆点到墙外边缘的距离可取$0.5x_0$。

7.4.3 挑梁的抗倾覆力矩设计值，可按下式计算：

$$M_r = 0.8G_r(l_2 - x_0) \qquad (7.4.3)$$

式中 G_r——挑梁的抗倾覆荷载，为挑梁尾端上部45°扩展角的阴影范围（其水平长度为l_3）内本层的砌体与楼面恒荷载标准值之和（图7.4.3）；当上部楼层无挑梁时，抗倾覆荷载中可计及上部楼层的楼面永久荷载；
l_2——G_r作用点至墙外边缘的距离。

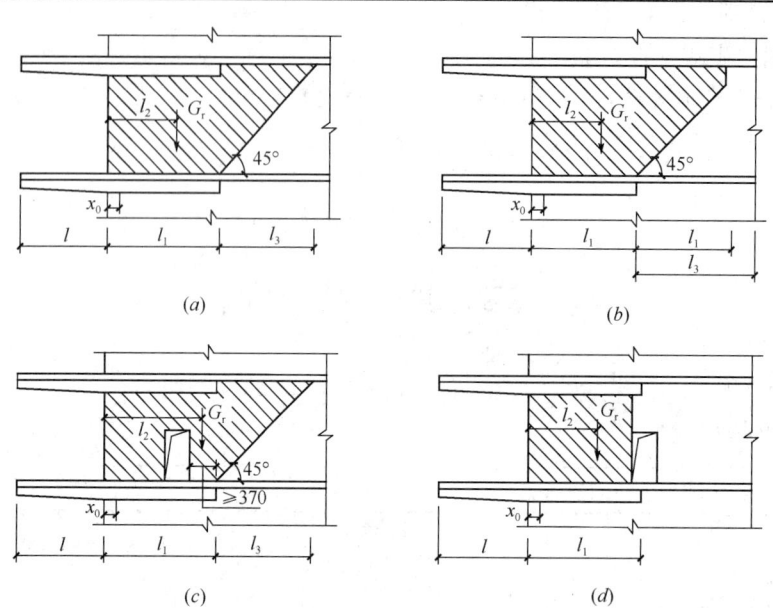

图 7.4.3 挑梁的抗倾覆荷载

(a) $l_3 \leqslant l_1$ 时；(b) $l_3 > l_1$ 时；(c) 洞在 l_1 之内；(d) 洞在 l_1 之外

7.4.4 挑梁下砌体的局部受压承载力，可按下式验算（图 7.4.4）：

$$N_l \leqslant \eta \gamma f A_l \tag{7.4.4}$$

式中　N_l——挑梁下的支承压力，可取 $N_l = 2R$，R 为挑梁的倾覆荷载设计值；

　　　η——梁端底面压应力图形的完整系数，可取 0.7；

　　　γ——砌体局部抗压强度提高系数，对图 7.4.4(a) 可取 1.25；对图 7.4.4(b) 可取 1.5；

　　　A_l——挑梁下砌体局部受压面积，可取 $A_l = 1.2bh_b$，b 为挑梁的截面宽度，h_b 为挑梁的截面高度。

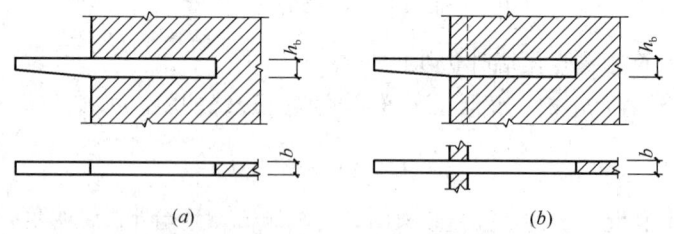

图 7.4.4 挑梁下砌体局部受压

(a) 挑梁支承在一字墙上；(b) 挑梁支承在丁字墙上

7.4.5 挑梁的最大弯矩设计值 $M_{\max}$ 与最大剪力设计值 $V_{\max}$，可按下列公式计算：

$$M_{\max} = M_0 \tag{7.4.5-1}$$

$$V_{\max} = V_0 \tag{7.4.5-2}$$

式中 M_0——挑梁的荷载设计值对计算倾覆点截面产生的弯矩；

V_0——挑梁的荷载设计值在挑梁墙外边缘处截面产生的剪力。

7.4.6 挑梁设计除应符合现行国家标准《混凝土结构设计规范》GB 50010 的有关规定外，尚应满足下列要求：

1 纵向受力钢筋至少应有 1/2 的钢筋面积伸入梁尾端，且不少于 2φ12。其余钢筋伸入支座的长度不应小于 $2l_1/3$；

2 挑梁埋入砌体长度 l_1 与挑出长度 l 之比宜大于 1.2；当挑梁上无砌体时，l_1 与 l 之比宜大于 2。

《砌通规》4.2.7 条规定，与《砌规》7.4.6 条是协调的，即：l_1/l 应大于 1.2，当挑梁上无砌体时，l_1/l 应大于 2。

需注意的是：

(1) x_0 取值：当 $h \geqslant 2.2h_b$ 时，$x_0 = 0.3h_b \leqslant 0.13l_1$。

(2) 挑梁下有构造柱时，计算倾覆点至墙外边缘的距离可取 $0.5x$。

(3)《砌规》7.4.3 条中图 7.4.3（c）中，当门洞边墙体宽度≥370mm，应考虑 45°扩展角部分面积；否则，不考虑 45°扩展角部分面积。其中，G_r 取恒荷载标准值。G_r 应计入挑梁埋入段的自重标准值。

(4)《砌规》7.4.5 条规定挑梁最大弯矩设计值 M_{max}、剪力设计值 V_{max}：$M_{max} = M_{0v}$；$V_{max} = V_0$；其中，V_0 取挑梁墙外边缘处截面，而 M_{0v} 取挑梁的计算倾覆点处。

【例 5.4.13】 某五层砌体结构房屋，层高为 3000mm，开间为 3600mm，如图 5.4.6 所示，纵、横墙厚均为 240mm。悬挑外走廊为现浇钢筋混凝土梁板，其永久荷载标准值为 4.0kN/m²，活荷载标准值为 3.5kN/m²；室内部分采用跨度为 3600mm 的预应力空心板，板厚及抹灰厚共计 130mm，其永久荷载标准值为 4.2kN/m²。外走廊栏杆重量可忽略不计，墙体自重（含粉刷）为 4.5kN/m²。砌体抗压强度设计值为 2.07MPa。

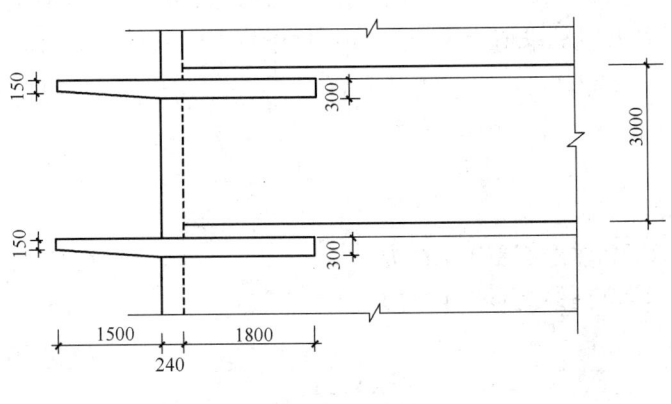

图 5.4.6

假定，挑梁自重及楼面永久荷载标准值为 G_{r5}，墙体荷载如图 5.4.7 所示，计算挑梁的抗倾覆力矩时，挑梁的抗倾覆荷载，下列何项组合是正确的？

(A) $G_{r1}+G_{r4}$ (B) $G_{r1}+G_{r2}+G_{r3}+G_{r5}$
(C) $G_{r1}+G_{r4}+G_{r5}$ (D) $G_{r1}+G_{r2}+G_{r5}$

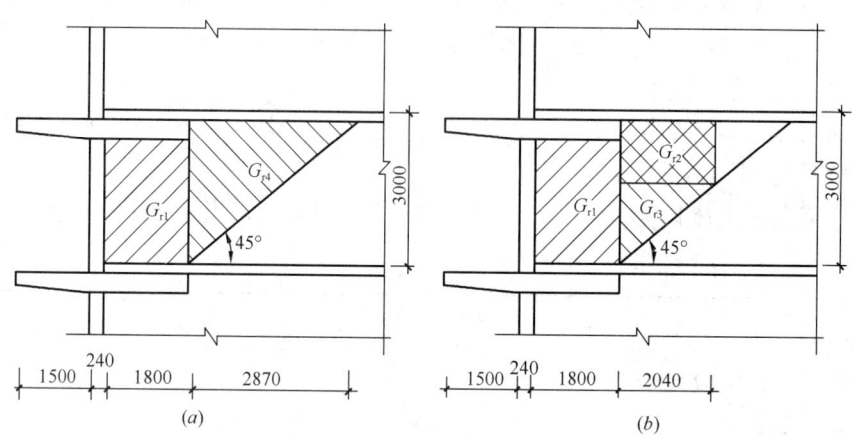

图 5.4.7

【解答】 根据《砌规》7.4.3 条：
$l_3 > l_1$，故按规范图 7.4.3(b) 考虑，即 $G_{r1}+G_{r2}+G_{r3}+G_{r5}$，所以选（B）项。

【例 5.4.14】 某钢筋混凝土挑梁如图 5.4.8 所示，埋置于丁字形（带翼缘）截面的墙体中，房屋开间 3.6m。挑梁采用 C20 混凝土，截面 $b \times h_b = 240\text{mm} \times 300\text{mm}$。挑梁上、下墙厚均为 240mm，采用 MU10 烧结普通砖、M5 混合砂浆砌筑，砌体施工质量控制等级为 B 级。已知墙面荷载标准值为 5.32kN/m^2；楼面恒荷载标准值为 2.8kN/m^2，活荷载标准值为 2kN/m^2；阳台恒荷载标准值为 2.6kN/m^2，活荷载标准值

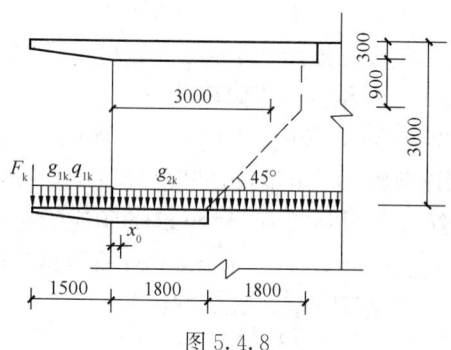

图 5.4.8

为 2.5kN/m^2；挑梁自重标准值为 1.8kN/m；挑梁端部恒载标准值为 3.5kN/m。设计使用年限为 50 年，$\gamma_0=1.0$。

提示：按《工程结构通用规范》作答。

试问：
(1) 验算挑梁抗倾覆承载力。
(2) 验算挑梁下砌体局部受压承载力。

【解答】(1) 验算挑梁抗倾覆承载力
1) 确定荷载值
楼面恒荷载：$g_{2k}=2.8 \times 3.6 = 10.08\text{kN/m}$
阳台恒荷载：$g_{1k}=2.6 \times 3.6 = 9.36\text{kN/m}$
阳台活荷载：$q_{1k}=2.5 \times 3.6 = 9\text{kN/m}$
挑梁自重：$g_k=1.8\text{kN/m}$
挑梁端部集中恒载：$F_k=3.5 \times 3.6 = 12.6\text{kN}$

2) 确定倾覆点

$$l_1 = 1.8\text{m} > 2.2h_b = 2.2 \times 0.3 = 0.66\text{m},$$

取 $x_0 = 0.3h_b = 0.3 \times 0.3 = 0.09\text{m} < 0.13l_1 = 0.13 \times 1.8 = 0.234\text{m}$

3) 倾覆力矩与抗倾覆力矩

$$M_{0v} = [1.3 \times (1.8 + 9.36) + 1.5 \times 9] \times 1.5 \times (1.5/2 + 0.09)$$
$$+ 1.3 \times 12.6 \times (1.5 + 0.09) = 61.33\text{kN} \cdot \text{m}$$

作 45°扩展角，由图可知，墙体高度为 3000−300=2700mm。
$M_r = 0.8G_r(l_2 - x_0)$（可将墙体部分视为矩形减去小三角形部分）

$$M_r = 0.8 \times \left[(10.08 + 1.8) \times 1.8 \times \left(\frac{1.8}{2} - 0.09\right) + 5.32 \times 3.6 \times 2.7 \times \left(\frac{3.6}{2} - 0.09\right) \right.$$
$$\left. - 5.32 \times 1.8 \times 1.8 \times \frac{1}{2} \times \left(1.8 + \frac{2}{3} \times 1.8 - 0.09\right) \right]$$

$$= 0.8 \times [17.32 + 88.42 - 25.08] = 64.52\text{kN} \cdot \text{m} > M_{0v}，满足要求。$$

(2) 验算挑梁下砌体局部受压承载力

$$R = [1.3 \times (1.8 + 9.36) + 1.5 \times 9] \times 1.50 + 1.3 \times 12.6 = 58.39\text{kN}$$

$$N_l = 2R = 2 \times 58.39 = 116.78\text{kN}$$

查《砌规》表 3.2.1-1，$f = 1.5\text{N/mm}^2$；

$$A_l = 1.2bh_b = 1.2 \times 240 \times 300;$$

$$\gamma = 1.5$$

$$N_l = 116.78\text{kN} < \eta\gamma f A_l$$
$$= 0.7 \times 1.5 \times 1.5 \times 1.2 \times 240 \times 300$$
$$= 136.08\text{kN}$$

满足要求。

【例 5.4.15】 某钢筋混凝土挑梁支承于丁字形截面墙段，如图 5.4.9 所示，$l = 1.5\text{m}$，$l_1 = 2.8\text{m}$；挑梁截面 $b \times h_b = 240\text{mm} \times 300\text{mm}$；挑梁上墙体厚度为 240mm，采用 MU10 烧结多孔砖，M5 混合砂浆。距墙边 1.6m 处开门洞。挑梁采用 C20 混凝土。荷载标准值：$F_k = 4.5\text{kN}$；$g_{1k} = 16\text{kN/m}$，$g_{2k} = 17\text{kN/m}$，$q_{1k} = 8.5\text{kN/m}$，$q_{2k} = 5.0\text{kN/m}$；挑梁自重：挑出段为 1.4kN/m，埋入段为 1.8kN/m；墙体自重为 4.6kN/m²。设计使用年限为 50 年，$\gamma_0 = 1.0$。

提示：按《工程结构通用规范》

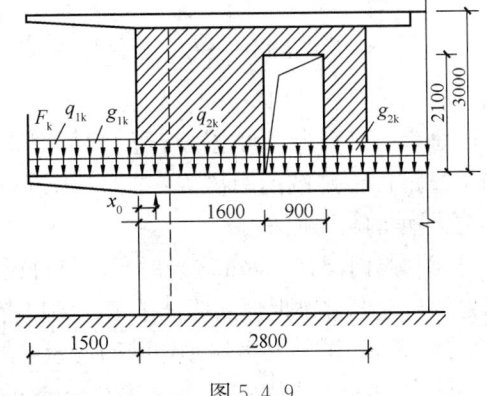

图 5.4.9

试问：

(1) 对挑梁抗倾覆验算。

(2) 当挑梁下设有构造柱（240mm×240mm）时，验算挑梁抗倾覆能力。

【解答】 (1) 对挑梁抗倾覆验算

$$x_0 = 0.3h_b = 0.3 \times 0.3 = 0.09\text{m} < 0.13l_1 = 0.13 \times 2.8 = 0.364\text{m}$$

取 $x_0 = 0.09$m

$$l + x_0 = 1.5 + 0.09 = 1.59\text{m}$$

$$M_{0v} = [1.3 \times (1.4 + 16) + 1.5 \times 8.5] \times 1.5 \times (1.5/2 + 0.09) + 1.3 \times 4.5 \times 1.59$$

$$= 44.57 + 9.30 = 53.87\text{kN} \cdot \text{m}$$

$M_r = 0.8G_r(l - x_0)$，由于洞边 300mm<370mm，故取图中阴影部分墙体面积，墙高为 3000−300=2700mm。

$$M_r = 0.8 \times \left[(1.8 + 17) \times 2.8 \times \left(\frac{2.8}{2} - 0.09\right) + 4.6 \times 2.8 \times 2.7 \times (1.4 - 0.09)\right.$$

$$\left. - 4.6 \times 0.9 \times 2.1 \times (1.6 + 0.45 - 0.09)\right]$$

$$= 0.8 \times [68.96 + 45.56 - 17.04] = 77.98\text{kN} \cdot \text{m} > M_{0v}，满足$$

(2) 挑梁下设有构造柱，挑梁抗倾覆验算

由《砌规》7.4.2 条第 3 款规定，x_0 取一半，则 $x_0 = \frac{0.09}{2} = 0.045$m。

$$l + x_0 = 1.5 + 0.045 = 1.545\text{m}$$

$$M_{0v} = [1.3 \times (1.4 + 16) + 1.5 \times 8.5] \times 1.5 \times (1.5/2 + 0.045) + 1.3 \times 4.5 \times 1.545$$

$$= 42.18 + 9.04 = 51.22\text{kN} \cdot \text{m}$$

$$M_r = 0.8G_r(l - x_0)$$

$$M_r = 0.8 \times \left[(1.8 + 17) \times 2.8 \times \left(\frac{2.8}{2} - 0.045\right) + 4.6 \times 2.8 \times 2.7 \times (1.4 - 0.045)\right.$$

$$\left. - 4.6 \times 0.9 \times 2.1 \times (1.6 + 0.45 - 0.045)\right]$$

$$= 0.8 \times [71.33 + 47.121 - 17.431] = 80.82\text{kN} \cdot \text{m} > M_{0v}$$

故满足要求。

思考：(1) 当门洞边距墙边 1.5m 时，其他条件不变，计算挑梁抗倾覆力矩时，由于门洞边距挑梁尾端的距离为：2.8−1.5−0.9=0.4m>0.37m，故应考虑挑梁尾端上部 45°扩展角的阴影面积。

(2) 当门洞在 2.8m 之外时，计算挑梁抗倾覆力矩时，按《砌规》7.4.3 条规定，只考虑洞口左侧挑梁上部的墙体重量；洞口上部墙体重量不予考虑。

【例 5.4.16】 某多层砌体结构房屋中的钢筋混凝土挑梁，置于丁字形截面（带翼墙）的墙体中，墙端部设有 240mm×240mm 的构造柱，局部剖面如图 5.4.10 所示。挑梁截

面 $b \times h_b = 240mm \times 400mm$,墙体厚度为 240mm。作用于挑梁上的永久荷载标准值为 $F_k = 35kN$,$g_{1k} = 15.6kN/m$,$g_{2k} = 17.0kN/m$,活荷载标准值 $q_{1k} = 9kN/m$,$q_{2k} = 7.2kN/m$,挑梁自重标准值为 2.4kN/m,墙体自重标准值为 $5.24kN/m^2$。砌体采用 MU10 烧结普通砖、M5 混合砂浆砌筑,砌体施工质量控制等级为 B 级。

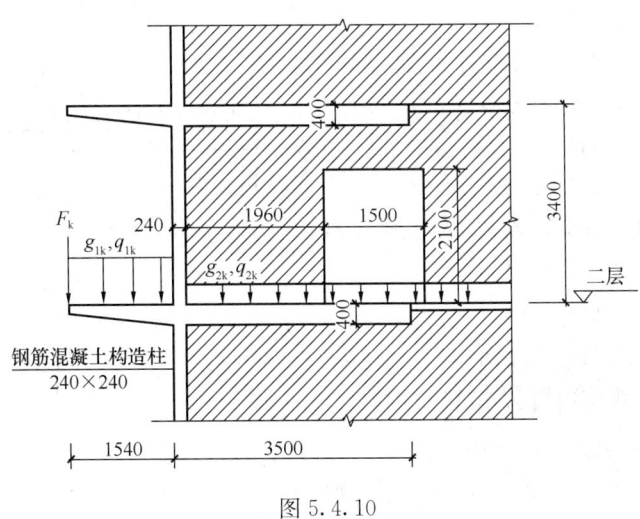

图 5.4.10

试问,二层挑梁的抗倾覆力矩设计值(kN·m),与下列何项数值最为接近?

(A) 100　　　　　　　　　(B) 110
(C) 120　　　　　　　　　(D) 130

【解答】 根据《砌规》7.4.2 条:

$$l_1 = 3500 > 2.2h_b = 2.2 \times 400 = 880mm$$

$$x_0 = 0.3h_b = 0.3 \times 400 = 120mm < 0.13l_1 = 0.13 \times 3500 = 455mm$$

因挑梁下有构造柱,故倾覆点可取为 $0.5x_0 = 60mm$

根据《砌规》7.4.3 条及图 7.4.3 (d),$l_2 = \dfrac{1.96 + 0.24}{2} = 1.1m$

墙体:$M_{r1} = 0.8 \times 5.24 \times 2.2 \times (3.4 - 0.4) \times (1.1 - 0.06) = 28.77kN \cdot m$

楼板、挑梁:$M_{r2} = 0.8 \times (17.0 + 2.4) \times 3.5 \times \left(\dfrac{3.5}{2} - 0.06\right) = 91.80kN \cdot m$

总抗倾覆力矩 $M_r = 28.77 + 91.80 = 120.57kN \cdot m$,故选(C)项。

【例 5.4.17】 二层砌体结构的钢筋混凝土挑梁,如图 5.4.11 所示,埋置于丁字形截面墙体中,墙厚 240mm,MU10 烧结普通砖,M5 水泥砂浆,挑梁混凝土强度等级为 C20,截面 $b \times h_b$ 为 $240mm \times 300mm$,梁下无混凝土构造柱,楼板传递永久荷载 g,活荷载 q,其标准值为:$g_{1k} = 15.5kN/m$,$q_{1k} = 5kN/m$,$g_{2k} = 10kN/m$。挑梁自重标准值 1.35kN/m,砌体施工质量控制等级为 B 级。活荷载组合值系数 $\psi_c = 0.7$。设计使用年限为 50 年,重要性系数 1.0。

提示:按《工程结构通用规范》作答。

试问：

(1) 当 $l_1=1.5$ 时，首层挑梁根部的最大倾覆力矩（kN·m）为多少？

(A) 30.6　　(B) 31.1
(C) 34.4　　(D) 37

(2) 当顶层挑梁的荷载设计值为 28kN/m 时，其最大悬挑长度（m）为多少？

(A) 1.47　　(B) 1.50
(C) 1.56　　(D) 1.60

(3) 首层挑梁下的砌体局部受压承载力 $\eta\gamma f A_l$（kN）为多少？

(A) 102.1　　(B) 113.4
(C) 122.5　　(D) 136.1

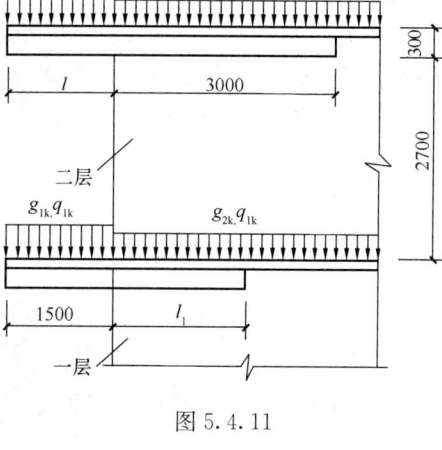

图 5.4.11

【解答】(1) 最大倾覆力矩 M_{0v}

$l_1=1.5\text{m}>2.2h_b=0.66\text{m}$,

$x_0=0.3h_b=0.09\text{m}<0.13l_1=0.195\text{m}$

$M_{ov}=1.3\times(1.35+15.5)\times1.5\times(1.5/2+0.09)+1.5\times5\times1.5\times\left(\dfrac{1.5}{2}+0.09\right)$

$=37.05\text{kN·m}$

故应选（D）项。

(2) 最大悬挑长度

由《砌规》7.4.6 条，

$$l<\dfrac{l_1}{2}=\dfrac{3.0}{2}=1.5\text{m}$$

$$M_{0v}=\dfrac{1}{2}\times28\times(l+0.09)^2$$

$$M_r=0.8G_r\left(\dfrac{l_1}{2}-x_0\right)=0.8\times(10+1.35)\times3\times\left(\dfrac{3.0}{2}-0.09\right)$$

$M_r\geqslant M_{0v}$，解之得：$l\leqslant1.566\text{m}$，故应选（B）项。

(3) 局部受压承载力

$\gamma=1.5$，$f=1.5\text{N/mm}^2$，M5 水泥砂浆，故 $f=1.5\text{N/mm}^2$

$A_l=1.2bh_b=1.2\times240\times300$

$\eta\gamma f A_l=0.7\times1.5\times1.5\times1.2\times240\times300=136.08\text{kN}$

故应选（D）项。

【**例 5.4.18**】某建筑物中部屋面等截面挑梁 L（240mm×300mm），如图 5.4.12 所示，屋面板传来活荷载标准值 $q_k=6.4$kN/m，设计值为 $q=8.96$kN/m；屋面板传来静荷载和梁自重标准值 $g_k=16$kN/m，设计值为 $g=19.2$kN/m。设计使用年限为 50 年，$\gamma_0=1.0$。

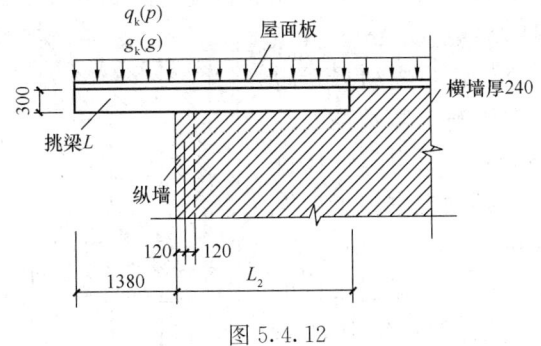

图 5.4.12

试问:

(1) 根据《砌规》抗倾覆要求,挑梁埋入砌体长度 l_1,应满足多大长度?

(A) $l_1 > 2.76\text{m}$ (B) $l_1 > 2.27\text{m}$

(C) $l_1 \geqslant 2.76\text{m}$ (D) $l_1 \geqslant 2.27\text{m}$

(2) 墙体采用 MU15 蒸压粉煤灰普通砖、Ms5 专用砂浆砌筑,砌体施工质量控制等级为 B 级。挑梁 L 下局部受压承载力验算结果 $N_l \leqslant \eta \gamma f A_l$ 时,其左右端项数值与下列何项最为接近?

(A) 41.4kN＜166.02kN   (B) 73.8kN＜136.08kN

(C) 82.8kN＜108.86kN   (D) 82.8kN＜166.02kN

【解答】 (1) 由《砌规》7.4.6 条, $l_1 > 2l = 2 \times 1.38 = 2.76\text{m}$
故应选 (A) 项。

(2) 局部受压承载力验算

$$x_0 = 0.3 h_b = 0.3 \times 0.3 = 0.09\text{m}$$
$$\eta = 0.7, \gamma = 1.5, f = 1.83\text{N/mm}^2$$
$$\eta \gamma f A_l = 0.7 \times 1.5 \times 1.83 \times 1.2 \times 240 \times 300 = 166.02\text{kN}$$
$$R_1 = (8.96 + 19.2) \times (1.38 + 0.09) = 41.395$$
$$N_l = 2R_1 = 82.79\text{kN} < 166.02\text{kN}, 故应选(D)项。$$

2. 雨篷

《砌规》规定:

> 7.4.7 雨篷等悬挑构件可按第 7.4.1 条~7.4.3 条进行抗倾覆验算,其抗倾覆荷载 G_r 可按图 7.4.7 采用,G_r 距墙外边缘的距离为墙厚的 1/2,l_3 为门窗洞口净跨的 1/2。
>
>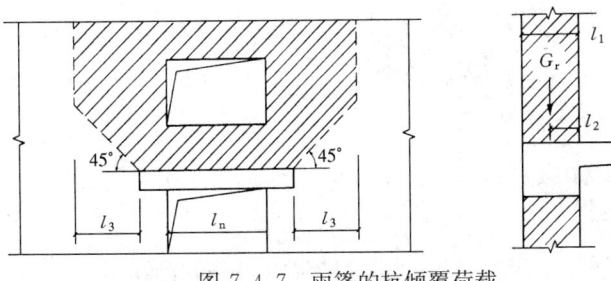
>
> 图 7.4.7 雨篷的抗倾覆荷载
> G_r—抗倾覆荷载;l_1—墙厚;l_2—G_r 距墙外边缘的距离

【例 5.4.19】 雨篷如图 5.4.13 所示，雨篷板挑出长度 $l=1.0\text{m}$，雨篷梁截面 240mm×180mm，雨篷板净距 $l_n=2100\text{mm}$，房屋层高为 3.6m。墙体采用 MU10 烧结多孔砖和 M5 混合砂浆砌筑，砌体施工质量控制等级为 B 级，墙厚 240mm，双面抹灰，墙体自重标准值为 5.32kN/m^2。必须考虑施工检修荷载 F_k。雨篷板自重标准值 $g_k=2.0\text{kN/m}^2$，均布活荷载标准值 $=0.8\text{kN/m}^2$；雨篷梁自重标准值 $g_{kl}=1.2\text{kN/m}$。设计使用年限为 50 年，$\gamma_0=1.0$。已知楼板与外墙体平行。

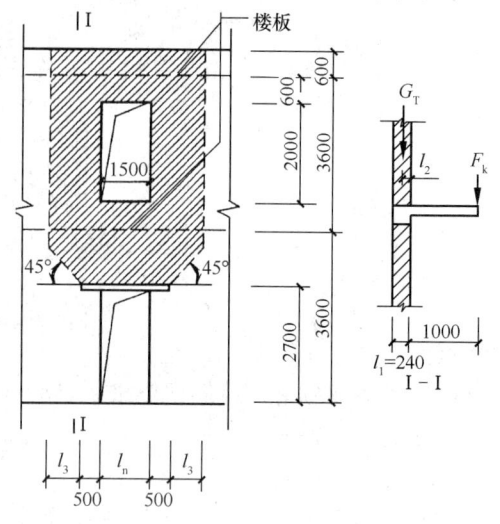

图 5.4.13

试问：验算雨篷的抗倾覆能力。

提示：按《工程结构通用规范》作答。

【解答】 (1) 确定 x_0

$l_1 = 0.24\text{m} < 2.2h_b = 2.2 \times 0.18 = 0.396\text{m}$

取 $x_0 = 0.13l_1 = 0.13 \times 0.24 = 0.0312\text{m}$

(2) 雨篷板跨长：$2.1 + 0.5 \times 2 = 3.1\text{m}$

由《结通规》4.2.12 条规定，应取 2 个 1.0kN 的集中力，即 $F_k=2.0\text{kN}$，此时倾覆力矩为：

$M_{0v1} = 1.3 \times 2.0 \times 3.1 \times 1 \times (1/2 + 0.0312) + 1.5 \times 2.0 \times (1 + 0.0312)$
$= 7.38\text{kN} \cdot \text{m}$

当考虑均布活荷载组合产生的倾覆力矩：

$M_{0v2} = (1.3 \times 2.0 \times 3.1 + 1.5 \times 0.8 \times 3.1) \times 1 \times \left(\frac{1}{2} + 0.0312\right) = 6.26\text{kN} \cdot \text{m}$

故取 $M_{0v} = 7.38\text{kN} \cdot \text{m}$。

(3) 抗倾覆力矩 M_r

墙体部分：$l_3 = \dfrac{l_n}{2} = \dfrac{2.1}{2} = 1.05\text{m}$

$G_r = 5.32 \times \left[5.1 \times (3.1 + 2 \times 1.05) - 1.5 \times 2 - 2 \times \dfrac{1}{2} \times 1.05^2\right]$
$= 119.26\text{kN}$

$M_{r1} = 0.8G_r(l - x_0) = 0.8 \times 119.26 \times (0.12 - 0.0312) = 8.47\text{kN} \cdot \text{m}$

雨篷梁部分：$M_{r2} = 0.8G_r(l - x_0) = 0.8 \times 1.2 \times 3.1 \times (0.12 - 0.0312)$
$= 0.264\text{kN} \cdot \text{m}$

$M_r = M_{r1} + M_{r2} = 8.73\text{kN} \cdot \text{m} > M_{0v}$

故满足要求。

思考：(1) 当雨篷板净跨 $l_n = 1500\text{mm}$，试确定雨篷的倾覆力矩。

此时，$l_n = 1.5\text{m}$，$l_3 = \dfrac{l_n}{2} = 0.75\text{m}$，$x_0 = 0.13l_1 = 0.0312\text{m}$

当考虑检修荷载,查《结通规》4.2.12条规定,应沿板宽每隔2.5～3.0m取一个集中荷载1.0kN,雨篷板跨长为1.5+1=2.5m,故取1个F_k,$F_k=1.0$kN进行计算。此时,倾覆力矩为:

$$M_{0v1} = 1.3 \times 2.0 \times 2.5 \times 1 \times \left(\frac{1}{2} + 0.0312\right) + 1.5 \times 1.0 \times 1.0312 = 5.00 \text{kN} \cdot \text{m}$$

当考虑均布活荷载组合产生的倾覆力矩:

$$M_{0v2} = (1.3 \times 2.0 \times 2.5 + 1.5 \times 0.8 \times 2.5) \times 1 \times \left(\frac{1}{2} + 0.0312\right) = 5.05 \text{kN} \cdot \text{m}$$

故取$M_{0v} = 5.05$kN·m。

(2) 当雨篷梁上受到楼板传来的均布恒荷载标准值8kN/m,均布活荷载标准值4kN/m时,试确定$l_n=2.1$m时雨篷的抗倾覆力矩M_r。此时雨篷的抗倾覆力矩:

$$M_r = M_{r1} + M_{r2} + M_{r3}$$

由上述结果知:

$$M_{r1} + M_{r2} = 8.73 \text{kN} \cdot \text{m}$$

$$M_{r3} = 0.8 G_r (l - x_0)$$

$$= 0.8 \times 8 \times 3.1 \times (0.12 - 0.0312) = 1.76 \text{kN} \cdot \text{m}$$

$$M_r = 8.73 + 1.76 = 10.49 \text{kN} \cdot \text{m}$$

【例5.4.20】 某三层入口雨篷尺寸及做法如图5.4.14所示,砌体施工质量控制等级为B级,雨篷板厚$h=80$mm,雨篷梁$b_b \times h_b = 370\text{mm} \times 300\text{mm}$,雨篷板作用有恒载标准值(包括粉刷)3.6kN/m²,均布活荷载标准值0.8kN/m²,墙体自重标准值7.0kN/m²。支承雨篷的外纵墙内侧为楼梯间。必须考虑检修荷载组合。设计使用年限为50年,$\gamma_0 = 1.0$。

试问:验算该雨篷的抗倾覆能力。

提示:按《工程结构通用规范》作答。

【解答】 (1) 确定x_0
$l_1 = 0.37$m $< 2.2h_b = 2.2 \times 0.3 = 0.66$m
取$x_0 = 0.13 l_1 = 0.13 \times 0.37 = 0.0481$m

(2) 倾覆力矩计算
$l_n = 1.8$m,雨篷长为$1.8+1.0=$

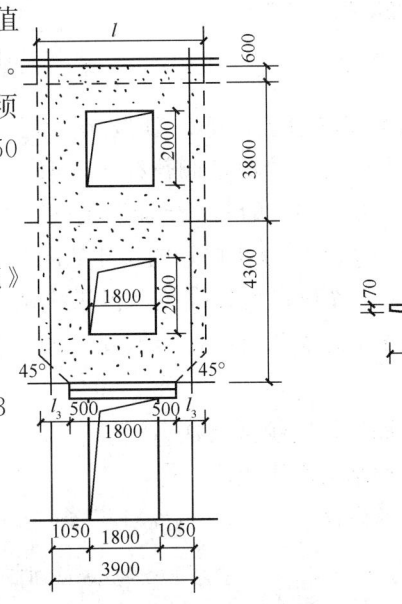
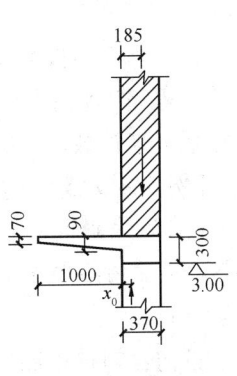

图5.4.14

2.8m，$l_3=\dfrac{l_n}{2}=0.9$m

考虑检修荷载时，由《结通规》4.2.12条规定，雨篷长2.8m，应取1个1.0kN的集中荷载作用在雨篷的端头。

$$M_{0v1}=1.3\times3.6\times2.8\times1\times\left(\dfrac{1}{2}+0.0481\right)+1.5\times1.0\times(1+0.0481)=8.75\text{kN}\cdot\text{m}$$

考虑活荷载时：

$$M_{0v2}=(1.3\times3.6+1.5\times0.8)\times2.8\times1\times\left(\dfrac{1}{2}+0.0481\right)=9.02\text{kN}\cdot\text{m}$$

故取 $M_{0v}=9.02$kN·m

(3) 当雨篷为预制构件时，因施工安装在雨篷下的临时支撑在第二层结构工程完工后即可拆除，故取雨篷板面以上4.3m的墙高进行计算。墙体计算宽度，由《砌规》7.4.6条及规范7.4.6图知：

$$l=l_n+2\times0.5+2\times l_3=1.8+1+2\times0.9=4.6\text{m}$$

墙体部分：

$$\begin{aligned}M_{r1}&=0.8G_r(l_2-x_0)\\&=0.8\times\left(4.3\times4.6-2\times\dfrac{0.9^2}{2}-2\times1.8\right)\times7\times(0.185-0.048)\\&=11.79\text{kN}\cdot\text{m}\end{aligned}$$

雨篷梁部分：

$$\begin{aligned}M_{r2}&=0.8G_r(l_2-x_0)=0.8\times0.3\times0.37\times2.8\times25\times(0.185-0.048)\\&=0.85\text{kN}\cdot\text{m}\end{aligned}$$

$$M_r=M_{r1}+M_{r2}=12.64\text{kN}\cdot\text{m}>M_{0v}，满足抗倾覆要求$$

(4) 当雨篷板为现浇钢筋混凝土板时，施工时安装在雨篷下的临时支撑要在全部主体结构工程完工后才能拆除，这时抗倾覆荷载应取雨篷板面以上8.70m的墙高计算，不考虑楼板传来荷载。因取4.3m的墙高已能满足抗倾覆要求，故不再计算。

【例5.4.21】 某钢筋混凝土雨篷的尺寸如图5.4.15所示，采用MU10烧结普通砖及M5混合砂浆砌筑。雨篷板自重标准值（包括粉刷）为5kN/m，悬臂端集中可变荷载为1kN，楼盖传给雨篷梁的永久荷载标准值 $g_k=8$kN/m。墙体自重标准值（包括粉刷）为19kN/m³。

试问：对该雨篷进行抗倾覆验算。

提示：按《工程结构通用规范》作答。

【解答】 根据《砌体》7.4.7条，7.4.2条：

$l_1=240\text{mm}<2.2h_b=2.2\times180=396\text{mm}$，则：$x_0=0.13l_1=0.13\times240=31$mm

(1) 倾覆力矩

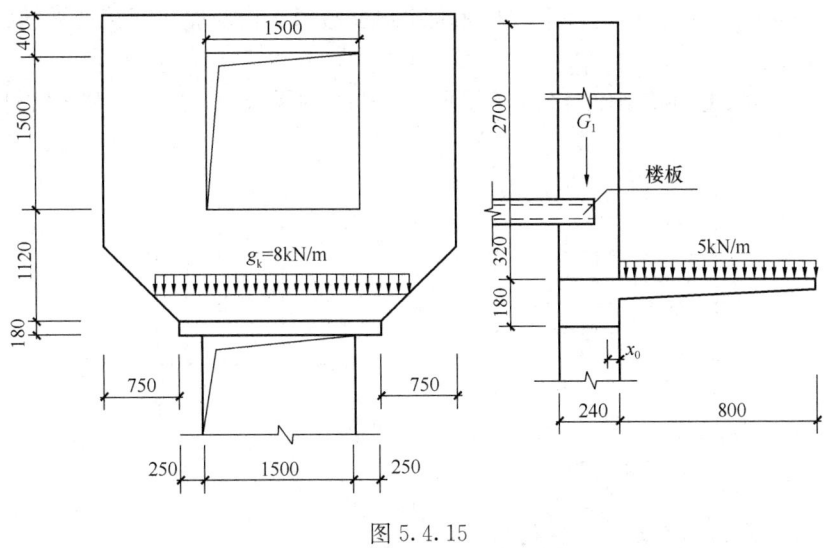

图 5.4.15

$$M_{ov} = 1.3 \times 5 \times 0.8 \times \left(\frac{0.8}{2} + 0.031\right) + 1.5 \times 1 \times (0.8 + 0.031) = 3.49 \text{kN} \cdot \text{m}$$

(2) 抗倾覆力矩

墙体：
$$M_{r1} = 0.8 \times \left[(2.7 + 0.32) \times (1.5 + 2 \times 0.25 + 2 \times 0.75) \right.$$
$$\left. - 1.5 \times 1.5 - \frac{0.75 \times 0.75}{2} \times 2 \right] \times 0.24 \times 19 \times \left(\frac{0.24}{2} - 0.031\right)$$
$$= 2.519 \text{kN} \cdot \text{m}$$

楼板、雨篷：
$$M_{r2} = 0.8 \times [8 \times (2 + 2 \times 0.32) + 0.24 \times 0.18 \times 25 \times 2] \times \left(\frac{0.24}{2} - 0.031\right)$$
$$= 1.658 \text{kN} \cdot \text{m}$$

总抗倾覆力矩：$M_r = 2.519 + 1.658 = 4.177 \text{kN} \cdot \text{m} > 3.49 \text{kN} \cdot \text{m}$，满足。

第五节 配筋砌体构件计算

一、配筋砖砌体构件

1. 网状配筋砖砌体构件

《砌规》规定：

> 8.1.1 网状配筋砖砌体受压构件，应符合下列规定：
> 1 偏心距超过截面核心范围(对于矩形截面即 $e/h > 0.17$)，或构件的高厚比 $\beta > 16$ 时，不宜采用网状配筋砖砌体构件；
> 2 对矩形截面构件，当轴向力偏心方向的截面边长大于另一方向的边长时，除按偏心受压计算外，还应对较小边长方向按轴心受压进行验算；

3 当网状配筋砖砌体构件下端与无筋砌体交接时，尚应验算交接处无筋砌体的局部受压承载力。

8.1.2 网状配筋砖砌体（图8.1.2）受压构件的承载力，应按下列公式计算：

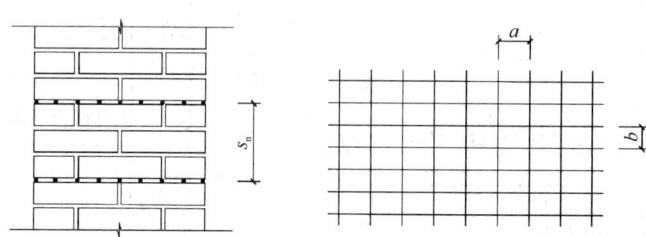

图8.1.2 网状配筋砖砌体

$$N \leqslant \varphi_n f_n A \qquad (8.1.2-1)$$

$$f_n = f + 2\left(1 - \frac{2e}{y}\right)\rho f_y \qquad (8.1.2-2)$$

$$\rho = \frac{(a+b)A_s}{abs_n} \qquad (8.1.2-3)$$

式中 N——轴向力设计值；
φ_n——高厚比和配筋率以及轴向力的偏心距对网状配筋砖砌体受压构件承载力的影响系数，可按附录D.0.2的规定采用；
f_n——网状配筋砖砌体的抗压强度设计值；
A——截面面积；
e——轴向力的偏心距；
y——自截面重心至轴向力所在偏心方向截面边缘的距离；
ρ——体积配筋率；
f_y——钢筋的抗拉强度设计值，当 f_y 大于320MPa时，仍采用320MPa；
a、b——钢筋网的网格尺寸；
A_s——钢筋的截面面积；
s_n——钢筋网的竖向间距。

8.1.3 网状配筋砖砌体构件的构造应符合下列规定：
1 网状配筋砖砌体中的体积配筋率，不应小于0.1%，并不应大于1%；
2 采用钢筋网时，钢筋的直径宜采用3mm～4mm；
3 钢筋网中钢筋的间距，不应大于120mm，并不应小于30mm；
4 钢筋网的间距，不应大于五皮砖，并不应大于400mm；
5 网状配筋砖砌体所用的砂浆强度等级不应低于M7.5；钢筋网应设置在砌体的水平灰缝中，灰缝厚度应保证钢筋上下至少各有2mm厚的砂浆层。

《砌规》附录D的规定。

D.0.2 网状配筋砖砌体矩形截面单向偏心受压构件承载力的影响系数 φ_n，可按表 D.0.2 采用或按下列公式计算：

$$\varphi_n = \cfrac{1}{1+12\left[\cfrac{e}{h}+\sqrt{\cfrac{1}{12}\left(\cfrac{1}{\varphi_{0n}}-1\right)}\right]^2} \quad (D.0.2\text{-}1)$$

$$\varphi_{0n}=\cfrac{1}{1+(0.0015+0.45\rho)\beta^2} \quad (D.0.2\text{-}2)$$

式中 φ_{0n}——网状配筋砖砌体受压构件的稳定系数；
　　ρ——配筋率（体积比）。

需注意的是：

(1) 对偏心距的规定：《砌规》5.1.5 条、8.1.1 条、8.2.1 条分别作了相应规定。

(2) 《砌规》8.1.2 条中，$f_n = f + 2\left(1-\dfrac{2e}{y}\right)\rho f_y$，式中：$f_y \leqslant 320\text{N/mm}^2$；$y$ 为偏心方向截面长度的 1/2。

计算中还应注意的是：

① 截面面积对强度设计值的调整：当 $A < 0.2\text{m}^2$，则 $\gamma_a = A + 0.8$，$f = \gamma_a f$。

② 规范附录 D.0.2 条中，当为 T 形截面时，$\beta = \gamma_\beta \dfrac{H_0}{h_T}$，$h_T = 3.5i$。

【例 5.5.1】 截面尺寸为 370mm×740mm 的砖柱，计算高度为 4.9m，采用 MU10 烧结普通砖、M7.5 水泥砂浆，配置网状钢筋为 $\Phi^b 4$ 冷拔低碳钢丝，$f_y = 430\text{N/mm}^2$，钢筋间距 $a = b = 60\text{mm}$，网距 $s_n = 180\text{mm}$，即三皮砖，承受轴心压力。砌体施工质量控制等级为 B 级。$\gamma_0 = 1.0$。

试问： 确定该柱的受压承载力。

【解答】 查《砌规》表 3.2.1-1，$f = 1.69\text{N/mm}^2$，M7.5 水泥砂浆，不考虑其对 f 的调整。

$A = 0.74 \times 0.37 = 0.27\text{m}^2 > 0.2\text{m}^2$，不考虑截面面积对强度设计值的调整。

$f_y = 430\text{N/mm}^2 > 320\text{N/mm}^2$，故取 $f_y = 320\text{N/mm}^2$

$A_s = \dfrac{\pi d^2}{4} = \dfrac{\pi \times 4 \times 4}{4} = 12.6\text{mm}^2$

$\rho = \dfrac{(a+b)A_s}{abs_n} = \dfrac{(60+60) \times 12.6}{60 \times 60 \times 180} = 0.233\% \begin{array}{l} < 1\% \\ > 0.1\% \end{array}$

故满足规范 8.1.3 条第 1 款规定。

$$f_n = f + 2\left(1-\dfrac{2e}{y}\right)\rho f_y = f + 2\rho f_y$$

$$= 1.69 + 2 \times 0.233\% \times 320 = 3.18\text{N/mm}^2$$

$$\beta = \gamma_\beta \frac{H_0}{h} = 1.0 \times \frac{4.9}{0.37} = 13.24 < 16, 满足 8.1.1 条规定。$$

由规范附录式（D.0.2-2）：

$$\varphi_n = \varphi_{0n} = \frac{1}{1+(0.0015+0.45\rho)\beta^2}$$

$$= \frac{1}{1+(0.0015+0.45 \times 0.233\%) \times 13.24^2}$$

$$= 0.691$$

$$N_u = \varphi_n f_n A = 0.691 \times 3.18 \times 740 \times 370 = 601.6 \text{kN}$$

思考：若本题柱截面尺寸变为 370mm×490mm，其他条件均不变，试确定该砖柱的承载力。

$f = 1.69 \text{N/mm}^2$，M7.5 水泥砂浆，故不考虑其对 f 的调整。

$f_y = 320 \text{N/mm}^2$，$\rho = 0.233\%$

$A = 0.37 \times 0.49 = 0.1813 \text{m}^2 < 0.2 \text{m}^2$，根据《砌体规范》3.2.3 条规定：

$\gamma_a = A + 0.8 = 0.1813 + 0.8 = 0.9813$，$f = 1.69 \times 0.9813 = 1.658 \text{N/mm}^2$

$$f_n = f + 2\left(1-\frac{2e}{y}\right)\rho f_y$$

$$= 1.658 + 2 \times 0.233\% \times 320 = 3.149 \text{N/mm}^2$$

$$\beta = 13.24, \varphi_n = \varphi_{0n} = 0.691$$

$$N_u = \varphi_n f_n A = 0.691 \times 3.149 \times 370 \times 490 = 394.5 \text{kN}$$

【例 5.5.2】 某网状配筋砖柱截面尺寸为 370mm×490mm，柱的计算高度为 4.2m，承受轴向力设计值为 180kN、沿长边方向的弯矩设计值为 10kN·m。采用蒸压灰砂砖 MU15 和水泥砂浆 Ms7.5 砌筑，在水平灰缝内配置冷拔低碳钢丝Φ^b4 焊接而成的方格钢筋网（$f_y = 430 \text{N/mm}^2$），网格尺寸为 50mm，且每三皮砖放置一层钢筋网，$s_n = 195 \text{mm}$，砌体施工质量控制等级为 B 级。$\gamma_0 = 1.0$。

试问：确定该柱的受压承载力。

【解答】（1）偏心受压承载力计算

$$e = \frac{M}{N} = \frac{10}{180} = 0.056 \text{m}, \frac{e}{h} = \frac{0.056}{0.49} = 0.114 < 0.17$$

$$\beta = \gamma_\beta \frac{H_0}{h} = 1.2 \times \frac{4.2}{0.49} = 10.286 < 16$$

$$取 f_y = 320 \text{N/mm}^2; A_s = \frac{\pi}{4}d^2 = \frac{\pi}{4} \times 4^2 = 12.6 \text{mm}^2$$

$$\rho = \frac{(a+b)A_s}{abs_n} = \frac{(50+50) \times 12.6}{50 \times 50 \times 195} = 0.258\% \begin{array}{l} <1\% \\ >0.1\% \end{array}$$

故满足规范 8.1.3 条第 1 款规定。

查规范表，取 $f = 2.07 \text{N/mm}^2$，Ms7.5 水泥砂浆不考虑其对 f 的调整。

$A=0.37\times0.49=0.181\text{m}^2<0.2\text{m}^2$，故 $\gamma_\text{a}=A+0.2=0.981$

最终取 $f=0.981\times2.07=2.031\text{N/mm}^2$

$$f_\text{n}=f+2\left(1-\frac{2e}{y}\right)\rho f_\text{y}=2.031+2\times\left(1-\frac{2\times0.056}{0.49/2}\right)\times0.258\%\times320$$
$$=2.93\text{N/mm}^2$$

由规范附录 D.0.2 条：

$$\varphi_{0\text{n}}=\frac{1}{1+(0.0015+0.45\rho)\beta^2}=\frac{1}{1+(0.0015+0.45\times0.258\%)\times10.286^2}$$
$$=0.780$$

$$\varphi_\text{n}=\frac{1}{1+12\left[\frac{e}{h}+\sqrt{\frac{1}{12}\left(\frac{1}{\varphi_{0\text{n}}}-1\right)}\right]^2}$$
$$=\frac{1}{1+12\left[0.113+\sqrt{\frac{1}{12}\left(\frac{1}{0.780}-1\right)}\right]^2}=0.540$$

$\varphi_\text{n}f_\text{n}A=0.540\times2.93\times370\times490=286.9\text{kN}$

(2) 对短边按轴心受压计算

$$\beta=\gamma_\beta\frac{H_0}{h}=1.2\times\frac{4.2}{0.37}=13.6，\text{取} f=2.031\text{N/mm}^2$$

$$\varphi_\text{n}=\varphi_{0\text{n}}=\frac{1}{1+(0.0015+0.45\times0.258\%)\times13.6^2}=0.670$$

$$f_\text{n}=f+2\rho f_\text{y}=2.031+2\times0.258\%\times320=3.68\text{N/mm}^2$$

$$\varphi_\text{n}f_\text{n}A=0.670\times3.68\times370\times490=447.0\text{kN}$$

【例 5.5.3】 某三层砌体结构教学楼局部平面如图 5.5.1 所示，各层平面布置相同，各层层高均为 3.6m。楼、屋盖均为现浇钢筋混凝土板，静力计算方案为刚性方案，墙体为网状配筋砖砌体，采用 MU10 烧结普通砖，M7.5 混合砂浆砌筑，钢筋网采用乙级冷拔低碳钢丝 $\Phi^\text{b}4$ 焊接而成（$f_\text{y}=430\text{MPa}$），方格钢筋网的钢筋间距为 40mm，网的竖向间距 130mm，纵横墙厚度均为 240mm。砌体施工质量控制等级为 B 级。$\gamma_0=1.0$。

试问：

(1) 若第二层窗间墙 A 的轴向偏心距 $e=24\text{mm}$，则窗间墙 A 的承载力的影响系数 φ_n 应与何项接近？

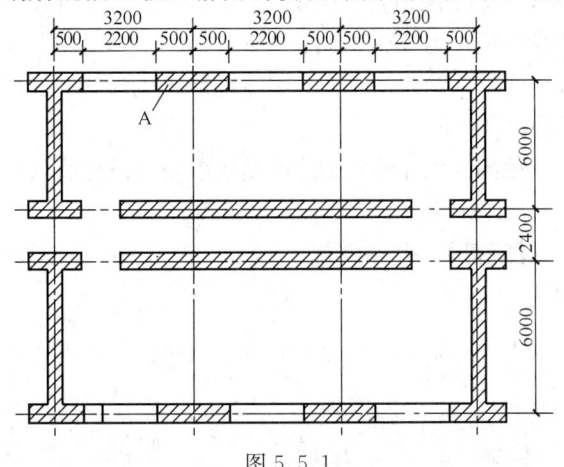

图 5.5.1

提示：查表时按四舍五入原则，可只取小数位之后一位。
(A) 0.40　　　(B) 0.45　　　(C) 0.50　　　(D) 0.55

（2）若第二层窗间墙 A 的轴向偏心距 $e=24$mm，墙体体积配筋率 $\rho=0.3\%$，则窗间墙 A 的受压承载力设计值（kN），应与何项接近？

(A) $450\varphi_n$　　　　　　　　　　(B) $500\varphi_n$
(C) $600\varphi_n$　　　　　　　　　　(D) $700\varphi_n$

【解答】（1）查规范表，$f=1.69$N/mm^2

$$A_s = \frac{\pi d^2}{4} = \frac{\pi \times 4 \times 4}{4} = 12.56 \text{mm}^2, \quad \rho = \frac{(a+b)A_s}{abs_n} = \frac{(40+40) \times 12.56}{40 \times 40 \times 130} = 0.48\%$$

$\approx 0.5\%$

二层墙 A 的横墙间距 $s=9.6$m $>2H=2\times3.6=7.2$m，
刚性方案，查《砌规》表 5.1.3 知，$H_0=1.0H=3.6$m

$$\beta = \gamma_\beta \frac{H_0}{h} = 1.0 \times \frac{3.6}{0.24} = 15, \quad e/h = 24/240 = 0.1$$

查规范附表 D.0.2 知，$\varphi_n = \frac{0.41+0.36}{2} = 0.39$

所以应选（A）项。

（2）$A=1.0\times 0.24 = 0.24$m$^2 > 0.2$m^2，不调整 f

$$f_n = f + 2\left(1 - \frac{2e}{y}\right)\rho f_y$$

$$= 1.69 + 2\left(1 - \frac{2 \times 24}{120}\right) \times 0.3\% \times 320 = 2.842 \text{N/mm}^2$$

$$\varphi_n f_n A = \varphi_n \times 2.842 \times 1000 \times 240 \times 10^{-3} = 682.08\varphi_n \text{(kN)}$$

所以应选（D）项。

【例 5.5.4】某网状配筋砖砌体受压构件如图 5.5.2 所示，截面 370mm×800mm，轴向力偏心距 $e=0.1h$（h 为墙厚），构件高厚比 <16，采用 MU10 烧结普通砖、M10 水泥砂浆砌筑，砌体施工质量控制等级 B 级，$\gamma_0=1.0$。钢筋网竖向间距 $s_n=325$mm，采用冷拔低碳钢丝 $\Phi^b 4$ 制作，其抗拉强度设计值 $f_y=430$MPa，水平间距 @60×60。

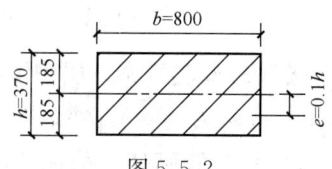

图 5.5.2

试问：该配筋砖砌体的受压承载力设计值（kN），应与下列何项数值最为接近？

(A) $600\varphi_n$　　　(B) $650\varphi_n$　　　(C) $705\varphi_n$　　　(D) $750\varphi_n$

【解答】查《砌规》表 3.2-1-1，$f=1.89$N/mm^2，M10 水泥砂浆，不考虑其对 f 的调整。

$A=0.37\times 0.8 = 0.296$m$^2 > 0.2$m^2，不考虑调整；$A_s = \frac{\pi d^2}{4} = 12.6$mm^2

$$\rho = \frac{(a+b)A_s}{abs_n} = \frac{(60+60) \times 12.6}{60 \times 60 \times 325} = 0.129\% \begin{matrix} <1.0\% \\ >0.1\% \end{matrix}$$

$$f_n = f + 2\left(1-\frac{2e}{y}\right)\rho f_y$$
$$= 1.89 + 2\left(1-\frac{2\times 0.1h}{0.5h}\right)\times 0.129\% \times 320 = 2.385 \text{N/mm}^2$$
$$N = \varphi_n fA = 2.385 \times 370 \times 800 \times 10^{-3}\varphi_n = 706.0\varphi_n(\text{kN})$$

故应选（C）项。

2. 砖砌体和钢筋混凝土面层或钢筋砂浆面层的组合砖砌体

- （1）轴心受压

《砌规》规定：

8.2.1 当轴向力的偏心距超过本规范第 5.1.5 条规定的限值时，宜采用砖砌体和钢筋混凝土面层或钢筋砂浆面层组成的组合砖砌体构件（图 8.2.1）。

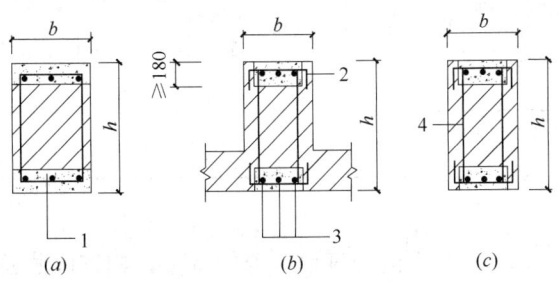

图 8.2.1 组合砖砌体构件截面
1—混凝土或砂浆；2—拉结钢筋；3—纵向钢筋；4—箍筋

8.2.2 对于砖墙与组合砌体一同砌筑的 T 形截面构件（图 8.2.1b），其承载力和高厚比可按矩形截面组合砌体构件计算（图 8.2.1c）。

8.2.3 组合砖砌体轴心受压构件的承载力，应按下式计算：

$$N \leqslant \varphi_{com}(fA + f_c A_c + \eta_s f'_y A'_s) \tag{8.2.3}$$

式中 φ_{com}——组合砖砌体构件的稳定系数，可按表 8.2.3 采用；

    A——砖砌体的截面面积；

    f_c——混凝土或面层水泥砂浆的轴心抗压强度设计值，砂浆的轴心抗压强度设计值可取为同强度等级混凝土的轴心抗压强度设计值的 70%，当砂浆为 M15 时，取 5.0MPa；当砂浆为 M10 时，取 3.4MPa；当砂浆强度为 M7.5 时，取 2.5MPa；

    A_c——混凝土或砂浆面层的截面面积；

    η_s——受压钢筋的强度系数，当为混凝土面层时，可取 1.0；当为砂浆面层时可取 0.9；

    f'_y——钢筋的抗压强度设计值；

    A'_s——受压钢筋的截面面积。

组合砖砌体构件的稳定系数 φ_{com} 表8.2.3

高厚比 β	配筋率 ρ（%）					
	0	0.2	0.4	0.6	0.8	≥1.0
8	0.91	0.93	0.95	0.97	0.99	1.00
10	0.87	0.90	0.92	0.94	0.96	0.98
12	0.82	0.85	0.88	0.91	0.93	0.95
14	0.77	0.80	0.83	0.86	0.89	0.92
16	0.72	0.75	0.78	0.81	0.84	0.87
18	0.67	0.70	0.73	0.76	0.79	0.81
20	0.62	0.65	0.68	0.71	0.73	0.75
22	0.58	0.61	0.64	0.66	0.68	0.70
24	0.54	0.57	0.59	0.61	0.63	0.65
26	0.50	0.52	0.54	0.56	0.58	0.60
28	0.46	0.48	0.50	0.52	0.54	0.56

注：组合砖砌体构件截面的配筋率 $\rho = A'_s/bh$。

需注意的是：

（1）《砌规》式（8.2.3）中 f 的强度设计值的调整，如砌体截面面积对 f 的调整。

（2）配筋率 $\rho = \dfrac{A'_s}{bh}$，其中 b、h 取值如规范图8.2.1所示。

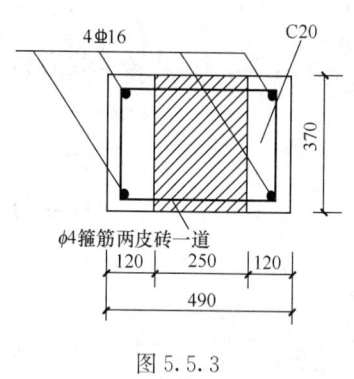

图5.5.3

（3）高厚比 β 取值：$\beta = \gamma_\beta \dfrac{H_0}{h}$（矩形截面，或T形截面，$h$ 均取截面较小边长）。

（4）竖向受力钢筋、箍筋的规定，见《砌规》8.2.6条第3款、第4款。

【**例5.5.5**】 某组合砖柱的截面尺寸为370mm×490mm，柱的计算高度为5.2mm，采用MU10级烧结普通砖、M7.5水泥砂浆、C20混凝土（$f_c = 9.6\text{N/mm}^2$）。HRB400级钢筋、混凝土面层厚度和钢筋配置如图5.5.3所示，承受轴心压力，砌体施工质量控制等级为B级。$\gamma_0 = 1.0$。试确定该柱的受压承载力。

【**解答**】 查《砌规》表3.2.1-1，$f = 1.69\text{N/mm}^2$，M7.5水泥砂浆不考虑对 f 的调整。

$$A = 0.37 \times 0.25 = 0.0925\text{m}^2 < 0.2\text{m}^2$$

$$\gamma_a = 0.8 + A = 0.8925$$

$$f = 0.8925 \times 1.69 = 1.508\text{N/mm}^2$$

$$f_c = 9.6\text{N/mm}^2,\ f_y = 360\text{N/mm}^2$$

$$A_c = 2 \times 120 \times 370$$

$$A'_s = 4 \times 201.1 = 804 \text{mm}^2$$

$$\rho = \frac{A'_s}{bh} = \frac{804}{370 \times 490} = 0.443\%$$

$$\beta = \gamma_\beta \frac{H_0}{h} = 1 \times \frac{5.2}{0.37} = 14.05$$

查《砌规》表8.2.3，$\varphi_{com} = 0.83 + \frac{0.443 - 0.4}{0.6 - 0.4} \times (0.86 - 0.83) = 0.84$，取$\eta_s = 1.0$。

$$N_u = \varphi_{com}(fA + f_c A_c + \eta_s f'_y A'_s)$$
$$= 0.84 \times (1.508 \times 370 \times 250 + 9.6 \times 2 \times 120 \times 370 + 1 \times 360 \times 804)$$
$$= 1076 \text{kN}$$

【例5.5.6】 某组合砖柱的截面尺寸为370mm×680mm，计算高度为5.9m，采用MU10烧结普通砖，M10混合砂浆，面层采用水泥砂浆M10、HRB335级钢筋。面层厚度和钢筋配置如图5.5.4所示，承受轴心压力，砌体施工质量控制等级为B级，$\gamma_0 = 1.0$。试确定该砖柱的受压承载力。

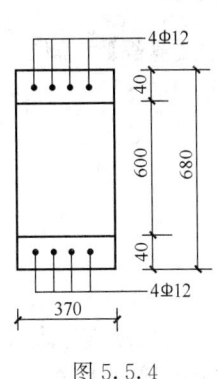

图 5.5.4

【解答】 查《砌规》表3.2.1-1，$f = 1.89 \text{N/mm}^2$，砖砌体面积：$A = 0.37 \times 0.6 = 0.222 \text{m}^2 > 0.2 \text{m}^2$，不考虑调整。

砂浆面积：$A_c = 2 \times 370 \times 40$

$$A'_s = 8 \times 113.1 = 904.8 \text{mm}^2$$

$$f'_y = 300 \text{N/mm}^2;$$

《砌规》8.2.3条规定，M10砂浆，取$f_c = 3.4 \text{N/mm}^2$。

一侧配筋：$\rho_{侧} = \frac{A_s}{bh} = \frac{452.4}{370 \times 680} = 0.18\% > 0.1\%$，满足构造要求。

$$\rho = \frac{A'_s}{bh} = \frac{904.8}{370 \times 680} = 0.360\%$$

$$\beta = \gamma_\beta \frac{H_0}{h} = 1 \times \frac{5.9}{0.37} = 15.9$$

查《砌规》表8.2.3，$\varphi_{com} = 0.777$

$\eta_s = 0.9$

$$N_u = \varphi_{com}(fA + f_c A_c + \eta_s f'_y A'_s)$$
$$= 0.777(1.89 \times 370 \times 600 + 3.4 \times 2 \times 370 \times 40 + 0.9 \times 300 \times 904.8)$$
$$= 594.03 \text{kN}$$

【例5.5.7】 某砌体结构房屋的承重横墙采用双面钢筋水泥砂浆面层组合砖砌体，采用MU15烧结普通砖，M10混合砂浆如图5.5.5所示。横墙厚度为240mm，计算高度为3.6m。钢筋采用HPB300级钢筋，竖向受力钢筋采用Φ10@200，水平分布钢筋采用Φ6@250，并按规范设置拉结钢筋Φ8。面层水泥砂浆采用M10级。砌体施工质量控制等级

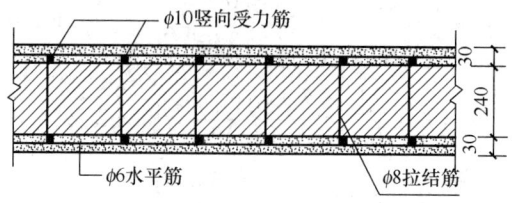

图 5.5.5

为 B 级，$\gamma_0=1.0$。

试问：该组合砖砌体轴心受压时，其单位长度的受压承载力设计值（kN/m）为多少？

【**解答**】 单位长度：$A'_s = \dfrac{1000}{200} \times 2 \times 78.5 = 785 \text{mm}^2$

$$\rho = \dfrac{A'_s}{bh} = \dfrac{785}{1000 \times 300} = 0.262\%$$

$$\rho_{侧} = \dfrac{9.262\%}{2} = 0.131\% > 0.1\%，满足$$

$$\beta = \gamma_\beta \dfrac{H_0}{h} = 1.0 \times \dfrac{3.6}{0.3} = 12$$

查《砌规》表 8.2.3，取 $\varphi_{com} = 0.859$
由规范式（8.2.3）：

$$\begin{aligned} N_u &= \varphi_{com}(fA + f_c A_c + \eta_s f'_y A'_s) \\ &= 0.859 \times (2.31 \times 1000 \times 240 + 3.4 \times 1000 \times 60 + 0.9 \times 270 \times 785) \\ &= 815.3 \text{kN/m} \end{aligned}$$

- （2）偏心受压

《砌规》规定：

8.2.4 组合砖砌体偏心受压构件的承载力，应按下列公式计算：

$$N \leqslant fA' + f_c A'_c + \eta_s f'_y A'_s - \sigma_s A_s \tag{8.2.4-1}$$

或

$$Ne_N \leqslant fS_s + f_c S_{c,s} + \eta_s f'_y A'_s (h_0 - a'_s) \tag{8.2.4-2}$$

此时受压区的高度 x 可按下列公式确定：

$$fS_N + f_c S_{c,N} + \eta_s f'_y A'_s e'_N - \sigma_s A_s e_N = 0 \tag{8.2.4-3}$$

$$e_N = e + e_a + (h/2 - a_s) \tag{8.2.4-4}$$

$$e'_N = e + e_a - (h/2 - a'_s) \tag{8.2.4-5}$$

$$e_a = \dfrac{\beta^2 h}{2200}(1 - 0.022\beta) \tag{8.2.4-6}$$

式中 A'——砖砌体受压部分的面积；

A'_c——混凝土或砂浆面层受压部分的面积；

σ_s——钢筋 A_s 的应力；

A_s——距轴向力 N 较远侧钢筋的截面面积；

S_s——砖砌体受压部分的面积对钢筋 A_s 重心的面积矩；

$S_{c,s}$——混凝土或砂浆面层受压部分的面积对钢筋 A_s 重心的面积矩；

S_N——砖砌体受压部分的面积对轴向力 N 作用点的面积矩；

$S_{c,N}$——混凝土或砂浆面层受压部分的面积对轴向力 N 作用点的面积矩；

e_N、e'_N——分别为钢筋 A_s 和 A'_s 重心至轴向力 N 作用点的距离（图 8.2.4）；

e——轴向力的初始偏心距，按荷载设计值计算，当 e 小于 $0.05h$ 时，应取 e 等于 $0.05h$；

e_a——组合砖砌体构件在轴向力作用下的附加偏心距；

h_0——组合砖砌体构件截面的有效高度，取 $h_0 = h - a_s$；

a_s、a'_s——分别为钢筋 A_s 和 A'_s 重心至截面较近边的距离。

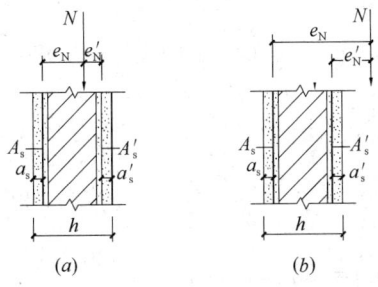

图 8.2.4 组合砖砌体偏心受压构件
(a) 小偏心受压；(b) 大偏心受压

8.2.5 组合砖砌体钢筋 A_s 的应力 σ_s（单位为 MPa，正值为拉应力，负值为压应力）应按下列规定计算：

1 当为小偏心受压，即 $\xi > \xi_b$ 时，

$$\sigma_s = 650 - 800\xi \tag{8.2.5-1}$$

2 当为大偏心受压，即 $\xi \leqslant \xi_b$ 时，

$$\sigma_s = f_y \tag{8.2.5-2}$$

$$\xi = x/h_0 \tag{8.2.5-3}$$

式中 σ_s——钢筋的应力，当 $\sigma_s > f_y$ 时，取 $\sigma_s = f_y$。

当 $\sigma_s < f'_y$ 时，取 $\sigma_s = f'_y$；

ξ——组合砖砌体构件截面的相对受压区高度；

f_y——钢筋的抗拉强度设计值。

3 组合砖砌体构件受压区相对高度的界限值 ξ_b，对于 HRB400 级钢筋，应取 0.36；对于 HRB335 级钢筋，应取 0.44；对于 HPB300 级钢筋，应取 0.47。

组合砖砌体构件的构造，详见《砌规》8.2.6 条。

需注意的是：

(1)《砌规》式 (8.2.4-4)、(8.2.4-5) 中 e 的取值，规范规定了 $e<0.05h$ 时，取 $e=0.05h$。

(2) η_s 取值，对混凝土面层，取 $\eta_s=1.0$；对砂浆面层，取 $\eta_s=0.9$。

(3)《砌规》式 (8.2.4-6) 中 h 应取 mm。

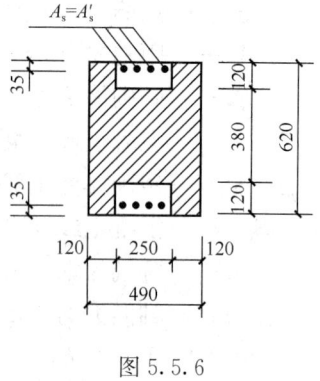

图 5.5.6

【例 5.5.8】 某组合砖柱的截面尺寸为 490mm×620mm，如图 5.5.6 所示，计算高度为 5.0m，承受基本组合时的轴向力设计值 $N=420$kN，沿截面长边方向作用弯矩设计值 $M=150$kN·m。采用 MU10 烧结普通砖、M7.5 混合砂浆和 C20 混凝土，HRB335 级钢筋对称配筋，$a=a'_s=35$mm。砌体施工质量控制等级为 B 级，$\gamma_0=1.0$。

试问：确定 A_s、A'_s 的值。

【解答】 (1) 计算偏心距

$$e=\frac{M}{N}=\frac{150}{420}=0.357\text{m}>0.05h=0.05\times0.620=0.031\text{m}$$

$$\beta=\gamma_\beta\frac{H_0}{h}=1\times\frac{5.0}{0.62}=8.06$$

$$e_a=\frac{\beta^2 h}{2200}(1-0.022\beta)=\frac{8.06^2\times620}{2200}\times(1-0.022\times8.06)=15.06\text{mm}$$

$$e_N=e+e_a+\left(\frac{h}{2}-a_s\right)=357+15.06+\left(\frac{620}{2}-35\right)=647.06\text{mm}$$

$$e'_N=e+e_a-\left(\frac{h}{2}-a'_s\right)=357+15.06-\left(\frac{620}{2}-35\right)=97.06\text{mm}$$

$$h_0=h-a_s=620-35=585\text{mm}$$

(2) 判别大小偏心受压

因上述 e_N 较大，先假定该柱为大偏心受压，又由于 $A_s=A'_s$，$\eta_s=1.0$，则规范式 (8.2.4-1) 变为：$N=fA'+f_c A'_c$

查表知，$f=1.69$N/mm^2，砌体面积 $A=0.62\times0.49-2\times0.25\times0.12=0.2438m^2>0.2$m^2，故不考虑强度设计值的调整。$f_c=9.6$N/mm^2

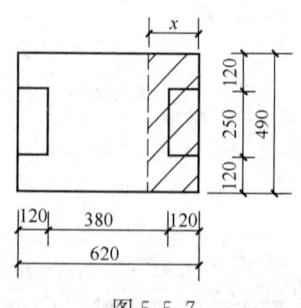

图 5.5.7

设受压区高度为 x（$x>120$mm），如图 5.5.7 所示，砌体受压面积 A'：$A'=490x-120\times250=490x-30000$
混凝土受压面积 A'_c：$A'_c=120\times250=30000$

$$420000=1.69\times(490x-30000)+9.6\times30000$$

解之得：$x=221$mm

由《砌规》8.2.5 条规定，$\xi_b=0.44$，$x_b=\xi_b h_0=0.44\times585=257$mm

$x=221$mm$<x_b=257$mm，假定大偏心受压成立。

$x=221$mm>120mm，假定混凝土面层受压符合。

892

（3）求钢筋截面面积

受压混凝土面层面积对钢筋 A_s 重心的面积矩 $S_{c,s}$：
$$S_{c,s} = 120 \times 250 \times (h_0 - 120/2)$$
$$= 120 \times 250 \times (585 - 60) = 15750000 \text{mm}^2$$

砖砌体受压部分的面积对钢筋 A_s 重心的面积矩 S_s：
$$S_s = x \times 490 \times \left(h_0 - \frac{x}{2}\right) - S_{c,s}$$
$$= 221 \times 490 \times \left(585 - \frac{221}{2}\right) - S_{c,s}$$
$$= 51383605 - 15750000 = 35633605 \text{mm}^2$$

由规范式（8.2.4-2），取 $\eta_s = 1.0$：
$$A_s = A'_s = \frac{Ne_N - fS_s - f_c S_{c,s}}{\eta_s f'_y (h_0 - a'_s)}$$
$$A_s = A'_s = \frac{420000 \times 647.06 - 1.69 \times 35633605 - 9.6 \times 15750000}{1.0 \times 300 \times (585 - 35)}$$
$$= 366 \text{mm}^2$$

$$\rho_{侧} = \frac{A_s}{bh} = \frac{366}{490 \times 620} = 0.12\%$$

查《砌规》8.2.6 条第 3 款，$\rho_{min} \geqslant 0.2\%$，故取 $\rho_{侧} = 0.2\%$
$$A_s = A'_s = 0.2\% \times 490 \times 620 = 607.6 \text{mm}^2。$$

思考： 假定该组合砖柱为轴心受压，配筋同上，确定其轴心受压承载力设计值。
截面短边方向按轴心受压承载力验算：
$$\rho = 2\rho_{侧} = 0.4\%$$
$$\beta = \gamma_\beta \frac{H_0}{h} = 1.0 \times \frac{5.0}{0.49} = 10.2$$

查《砌规》表 8.2.3，$\varphi_{com} = 0.916$
$$A = 490 \times 620 - 2 \times 120 \times 250 = 243800 \text{mm}^2$$
$$A_c = 2 \times 120 \times 250 = 60000 \text{mm}^2$$
$$\Sigma A'_s = 2 \times 607.6 = 1215 \text{mm}^2$$

规范式（8.2.3）：
$$N_u = \varphi_{com}(fA + f_c A_c + \eta_s f'_y A'_s)$$
$$= 0.916 \times (1.69 \times 243800 + 9.6 \times 60000 + 1.0 \times 300 \times 1215)$$
$$= 1238910 \text{N} \approx 1238.91 \text{kN}$$

【例 5.5.9】 一单层单跨有吊车厂房，平面如图 5.5.8 所示。采用轻钢屋盖，屋架下弦标高为 6.0m。变截面砖柱采用 MU10 级烧结普通砖、M10 级混合砂浆砌筑，砌体施工质量控制等级为 B 级。变截面柱采用砖砌体与钢筋混凝土面层的组合砌体，其下段截面如图 2-2 所示。混凝土采用 C20（$f_c = 9.6 \text{N/mm}^2$），纵向受力钢筋采用 HRB335，对称配筋，单侧配筋面积为 763mm²。$\gamma_0 = 1.0$。

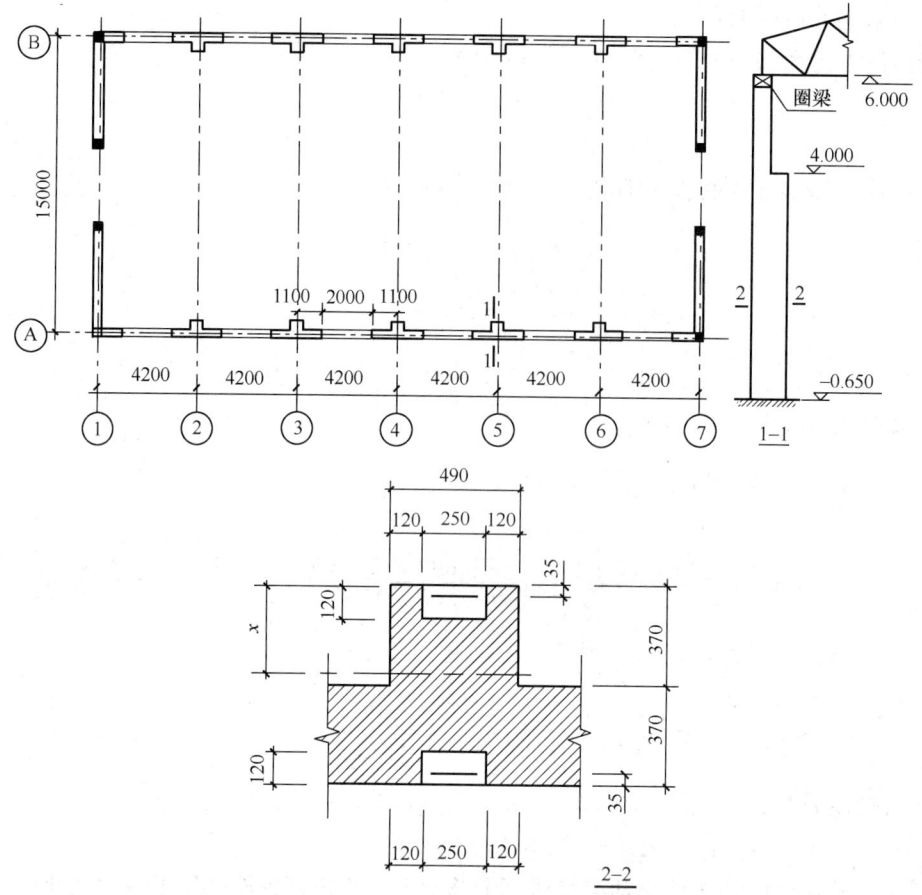

图 5.5.8

试问：其偏心受压承载力设计值（kN），与下列何项数值最为接近？

提示：①不考虑砌体强度调整系数 γ_a 的影响；

②受压区高度 $x=315$mm。

(A) 530　　　　(B) 580　　　　(C) 750　　　　(D) 850

【解答】 根据《砌规》8.2.2 条、8.2.5 条：

$\xi = \dfrac{x}{h_0} = \dfrac{315}{740-35} = 0.447 > \xi_b = 0.44$，为小偏压。

$\sigma_s = 650 - 800\xi = 650 - 800 \times 0.447 = 292.4\text{MPa} < f_y = 300\text{MPa}$

由规范 8.2.4 条：

$$A' = 490 \times 315 - 250 \times 120 = 124350\text{mm}^2$$
$$A'_c = 250 \times 120 = 30000\text{mm}^2$$

则：$N_u = 1.89 \times 124350 + 9.6 \times 30000 + 1.0 \times 300 \times 763 - 292.4 \times 763$

$= 528.82$kN

故应选（A）项。

3. 组合墙

《砌规》规定：

8.2.7 砖砌体和钢筋混凝土构造柱组合墙（图8.2.7）的轴心受压承载力，应按下列公式计算：

$$N \leqslant \varphi_{com}[fA + \eta(f_cA_c + f'_yA'_s)] \quad (8.2.7-1)$$

$$\eta = \left[\cfrac{1}{\cfrac{l}{b_c}-3}\right]^{\frac{1}{4}} \quad (8.2.7-2)$$

式中 φ_{com} ——组合砖墙的稳定系数，可按表8.2.3采用；

η ——强度系数，当 l/b_c 小于4时，取 l/b_c 等于4；

l ——沿墙长方向构造柱的间距；

b_c ——沿墙长方向构造柱的宽度；

A ——扣除孔洞和构造柱的砖砌体截面面积；

A_c ——构造柱的截面面积。

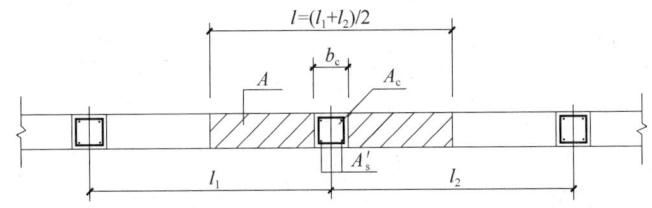

图8.2.7 砖砌体和构造柱组合墙截面

8.2.8 砖砌体和钢筋混凝土构造柱组合墙，平面外的偏心受压承载力，可按下列规定计算：

1 构件的弯矩或偏心距可按本规范第4.2.5条规定的方法确定；

2 可按本规范第8.2.4条和8.2.5条的规定确定构造柱纵向钢筋，但截面宽度应改为构造柱间距 l；大偏心受压时，可不计受压区构造柱混凝土和钢筋的作用，构造柱的计算配筋不应小于第8.2.9条规定的要求。

组合墙构件的构造要求，详见《砌规》8.2.9条。

需注意的是：

(1)《砌规》式（8.2.7-1）中，砖砌体强度设计值 f 的调整，如砖砌体截面尺寸；强度系数 η，当 $l/b_c<4$，取 $l/b_c=4$。

(2) A 取砖砌体的净截面面积，不考虑构造柱截面面积（A_c）和孔洞。

(3) 查《砌规》表8.2.3时，$\rho = \cfrac{A'_s}{h \cdot l}$，式中 h 为墙厚，l 为计算单元长度。

(4)《砌规》8.2.8条第2款，当按规范8.2.4条中式（8.2.4-6）计算时，该公式中 β 值为：$\beta = \gamma_\beta H_0/h$，此时，$h$ 取偏心方向的边长，即组合墙厚度。同样，式（8.2.4-4）~式（8.2.4-6）中 h 取组合墙厚度。

【例5.5.10】 已知某砖砌体和钢筋混凝土构造柱组成的组合墙，如图5.5.9所示，墙厚240mm，构造柱截面尺寸240mm×240mm，构造柱间距为1800mm，计算高度3.1m。配置4Φ12HRB335级钢筋，采用MU10烧结普通砖、M5水泥砂浆、C20混凝土，砌体施工质量控制等级 B 级。$\gamma_0 = 1.0$。试确定该组合墙的轴心受压承载力。

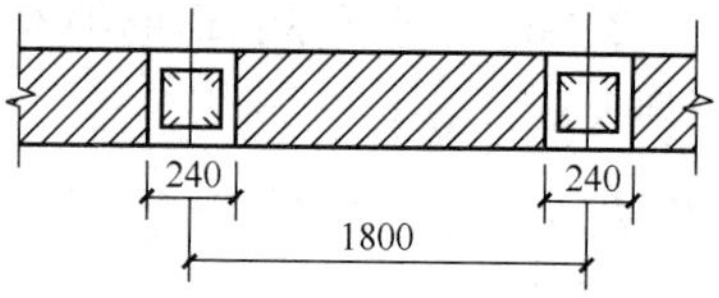

【解答】 查《砌规》表 3.2.1-1，
$f = 1.5 \text{N/mm}^2$，M5 水泥砂浆不考虑对 f 的调整
$f_c = 9.6 \text{N/mm}^2, f'_y = 300 \text{N/mm}^2$
$$A'_s = 4 \times 113.1 = 452 \text{mm}^2$$

图 5.5.9

取计算单元 $l = 1.8$m 计算：

砖砌体面积 $A_n = (1800 - 240) \times 240 = 374400 \text{mm}^2$

构造柱 $A_c = 240 \times 240 = 57600 \text{mm}^2$

$$l/b_c = \frac{1800}{240} = 7.5 > 4$$

$$\eta = \left[\frac{1}{l/b_c - 3}\right]^{\frac{1}{4}} = \left[\frac{1}{7.5 - 3}\right]^{\frac{1}{4}} = 0.687$$

$$\beta = \gamma_\beta \frac{H_0}{h} = 1 \times \frac{3100}{240} = 12.9, \rho = \frac{A'_s}{h \cdot l} = \frac{452}{1800 \times 240} = 0.10\%$$

查《砌规》表 8.2.3 得，$\varphi_{com} = 0.81$

$$N_u = \varphi_{com}[fA_n + \eta(f_c A_c + f'_y A'_s)]$$
$$= 0.81 \times [1.5 \times 374400 + 0.687 \times (9.6 \times 57600 + 300 \times 452)]$$
$$= 838.1 \text{kN}$$

折算成每米长的承载力：$\frac{838.1}{1.8} = 465.6 \text{kN/m}$

【例 5.5.11】 某刚性方案的多层砌体房屋局部承重横墙，如图 5.5.10 所示，采用 MU10 烧结普通砖、M5 混合砂浆砌筑、防潮层以下采用 M10 水泥砂浆砌筑，砌体施工质量控制等级为 B 级。$\gamma_0 = 1.0$。钢筋均采用 HRB335 级。

试问：

(1) 确定该横墙轴心受压承载力。

(2) 假定，该横墙增设构造柱 GZ（240mm×240mm），其局部平面如图 5.5.11 所示，GZ 采用 C25 混凝土，竖向受力钢筋为 4Φ14，箍筋为Φ6@100。已知组合砖墙的稳定系数为 $\varphi_{com} = 0.804$。确定该组合砖墙的轴心受压承载力。

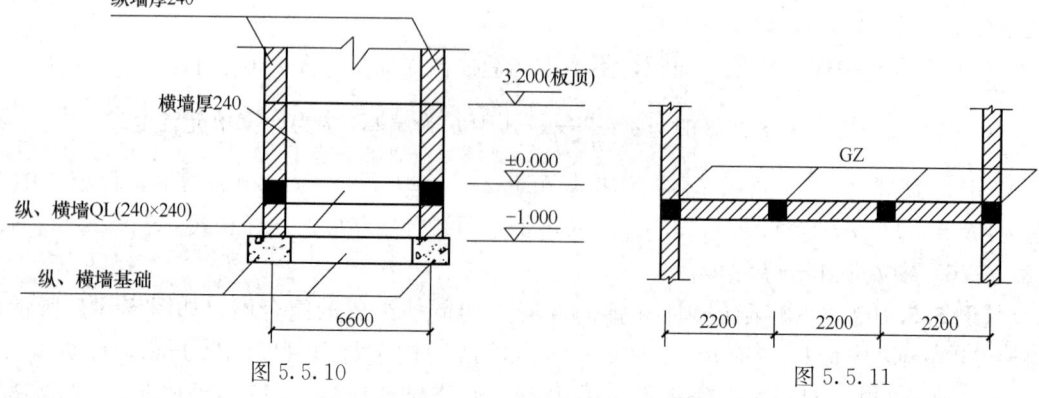

图 5.5.10

图 5.5.11

【解答】 (1) 横墙轴心受压承载力

查《砌规》表 3.2.1-1，$f=1.5\text{N/mm}^2$。由于圈梁 QL 刚度尚不足以视作受压承载力计算竖向杆件不动铰支点，故墙高 $H=4.2\text{m}$；由题目房屋横墙间距 $s=6.6\text{m}$，$2H=8.4\text{m} > s=6.6\text{m} > H=4.2\text{m}$，刚性方案，查《砌规》表 5.1.3 知，

$$H_0 = 0.4s + 0.2H = 0.4 \times 6.6 + 0.2 \times 4.2 = 3.48\text{m}$$

$$\beta = \gamma_\beta \frac{H_0}{h} = 1.0 \times \frac{3.48}{0.24} = 14.5$$

查规范表 D.0.1-1，或计算求 φ：

$$\varphi = \varphi_0 = \frac{1}{1+\alpha\beta^2} = \frac{1}{1+0.0015 \times 14.5^2} = 0.760$$

取单位长度 1 米计算：

$$N_u = \varphi f A = 0.760 \times 1.5 \times 240 \times 1000 = 273600\text{N/mm} = 273.6\text{kN/m}$$

(2) 组合砖墙计算

查《混凝土结构设计规范》表 4.1.4，$f_c = 11.9\text{N/mm}^2$，查《砌规》表 3.2.1-1，$f=1.5\text{N/mm}^2$。

取计算单元长度为 2.2m 计算：

$$A_n = (2200-240) \times 240 = 470400\text{mm}^2$$
$$A_c = 240 \times 240 = 57600\text{mm}^2$$
$$A'_s = 4 \times 153.9 = 615.6; \quad f'_y = 300\text{N/mm}^2; \quad f_c = 11.9\text{N/mm}^2$$
$$l/b_c = 2.2/0.24 = 9.17 > 4, \quad \eta = \left[\frac{1}{l/b_c - 3}\right]^{1/4} = 0.634$$
$$N_u = \varphi_{com}[fA_n + \eta(f_c A_c + f'_y A'_s)]$$
$$= 0.804 \times [1.5 \times 470400 + 0.634 \times (11.9 \times 57600 + 300 \times 615.6)]$$
$$= 1010.83\text{kN}$$

折算成单位长度承载力：$1010.83/2.2 = 459.5\text{kN/m}$。

【例 5.5.12】 有一 6m 大开间多层砌体结构房屋，采用整体式钢筋混凝土楼盖，刚性方案。底层从室外地坪至楼层高度为 5.4m，基础埋置较深，设置刚性地坪。已知其底层某一墙体承受轴心压力，如图 5.5.12 所示，墙厚为 240mm，构造柱截面尺寸为 240mm×240mm。墙体采用 MU10 烧结普通砖，M7.5 混合砂浆（$f=1.69\text{N/mm}^2$），C25 混凝土，边柱、中柱纵向钢筋为 4Φ14 HRB 335 级（$f'_y = 300\text{N/mm}^2$）。砌体施工质量控制等级为 B 级。$\gamma_0 = 1.0$。

试问：
(1) 验算该带构造柱墙的高厚比。
(2) 确定该组合墙的受压承载力。

【解答】 (1) 高厚比验算

房屋横墙间距 $s=2.1 \times 5=10.5\text{m}$，$H=5.4+0.5=5.9\text{m}$，$2H=11.8\text{m} > s=10.5\text{m} > H=5.9\text{m}$，刚性方案，查《砌规》表 5.1.3 知，$H_0 = 0.4s + 0.2H = 0.4 \times 10.5 + 0.2 \times$

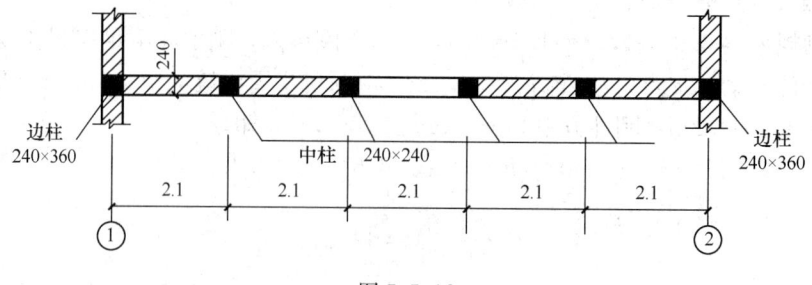

图 5.5.12

$5.9=5.38$m

$$b_c/l = \frac{240}{2100} = 0.11 < 0.25, \mu_c = 1 + \gamma \frac{b_c}{l} = 1 + 1.5 \times \frac{240}{2100} = 1.17$$

$$\mu_1 = 1, \mu_2 = 1 - 0.4 \frac{b_s}{s} = 1 - 0.4 \times \frac{2.1 - 0.24}{10.5} = 0.93 > 0.7$$

M7.5 砂浆，$[\beta] = 26$

$$\beta = \frac{H_0}{h} = \frac{5.38}{0.24} = 22.42 < \mu_1 \mu_2 \mu_c [\beta] = 1 \times 0.93 \times 1.17 \times 26 = 28.29$$

故满足要求。

(2) 取计算单元长度为 2.1m。

$$l/b_c = \frac{2.1}{0.24} = 8.75 > 4,$$

$$\eta = \left[\frac{1}{l/b_c - 3}\right]^{1/4} = \left[\frac{1}{8.75 - 3}\right]^{1/4} = 0.646$$

$$A_n = (2100 - 240) \times 240 = 446400 \text{mm}^2$$

$$A_c = 240 \times 240 = 57600 \text{mm}^2$$

$$A'_s = 4 \times 153.9 = 615.6 \text{mm}^2$$

$$\beta = \gamma_\beta \frac{H_0}{h} = 1 \times \frac{5.38}{0.24} = 22.42$$

$$\rho = \frac{A'_s}{bh} = \frac{615.6}{240 \times 2100} = 0.122\%$$

由 β、ρ 查《砌规》表 8.2.3 得，$\varphi_{com} = 0.59$；查《混凝土结构设计规范》表 4.1.4-1，$f_c = 11.9 \text{N/mm}^2$。

$$N_u = \varphi_{com} [fA_n + \eta (f_c A_c + f'_y A'_s)]$$
$$= 0.59 \times [1.69 \times 446400 + 0.646 \times (11.9 \times 57600 + 615.6 \times 300)]$$

$$=776743\text{N}\approx776.7\text{kN}$$

折合成每延米为：$776.7/2.1=369.9\text{kN/m}$。

思考：若题目的柱距为 2.5m，其他条件不变。试确定该组合墙的受压承载力。

由房屋横墙间距 $s=2.5\times5=12.5\text{m}$，$H=5.4+0.5=5.9\text{m}$，$s>2H=11.8\text{m}$，刚性方案，查《砌规》表 5.1.3 知，$H_0=1.0H=5.9\text{m}$。

取计算单元长度为 2.5m：$l/b_c=\dfrac{2.5}{0.24}=10.42>4$

$$\eta=\left[\dfrac{1}{l/b_c-3}\right]^{1/4}=\left[\dfrac{1}{10.42-3}\right]^{1/4}=0.606$$

$$A_n=(2500-240)\times240=542400\text{mm}^2$$

$$A_c=240\times240=57600\text{mm}^2$$

$$A_s'=4\times153.9=615.6\text{mm}^2$$

$$\beta=\gamma_\beta\dfrac{H_0}{h}=1\times\dfrac{5.9}{0.24}=24.58,$$

$$\rho=\dfrac{A_s'}{bh}=\dfrac{615.6}{240\times2500}=0.103\%$$

查《砌规》表 8.2.3 得，$\varphi_{com}=0.542$

$$N_u=\varphi_{com}[fA_n+\eta(f_cA_c+f_y'A_s')]$$
$$=0.542\times[1.69\times542400+0.606\times(11.9\times57600+300\times615.6)]$$
$$=782620\text{N}\approx782.62\text{kN}$$

【例 5.5.13】 某砖砌体和钢筋混凝土构造柱组合墙，如图 5.5.13 所示，结构安全等级二级。构造柱截面均为 240mm×240mm，混凝土采用 C20（$f_c=9.6\text{MPa}$）。砌体采用 MU10 烧结多孔砖和 M7.5 混合砂浆砌筑，构造措施满足规范要求，施工质量控制等级为 B 级。$\gamma_0=1.0$。承载力验算时不考虑墙体自重。

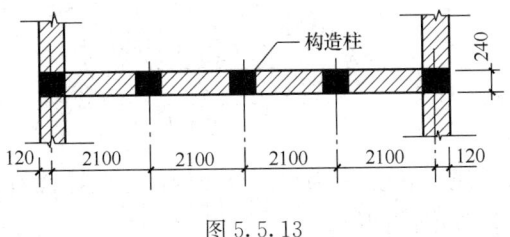

图 5.5.13

假定，组合墙中部构造柱顶作用一偏心荷载，其轴向压力设计值 $N=672\text{kN}$，在墙体平面外方向的砌体截面受压区高度 $x=120\text{mm}$。构造柱纵向受力钢筋为 HPB300 级，采用对称配筋，$a_s=a_s'=35\text{mm}$。

试问：该构造柱计算所需总配筋截面面积（mm^2），与下列何项数值最为接近？

提示：计算截面宽度取构造柱的间距。

(A) 310 (B) 440 (C) 610 (D) 800

【解答】 根据《砌规》8.2.8 条、8.2.4 条、8.2.5 条：

$$\xi=\frac{x}{h_0}=\frac{120}{240-35}=0.585>\xi_b=0.47,为小偏压$$

$$\sigma_s=650-800\times0.585=182\text{MPa}$$

由规范表 3.2.1-1，取 $f=1.69$MPa

由规范式（8.2.4-1），$A_s'=A_s$：

$672\times10^3=1.69\times(2100-240)\times120+9.6\times240\times120+1.0\times270A_s'-182A_s'$

解之得：
$$A_s'=A_s=208.1\text{mm}^2$$
$$A_s'+A_s=416.2\text{mm}^2$$

故应选（B）项。

二、配筋砌块砌体构件

1. 轴心受压配筋砌块砌体构件

《砌规》规定：

> 9.1.1 配筋砌块砌体结构的内力与位移，可按弹性方法计算。各构件应根据结构分析所得的内力，分别按轴心受压、偏心受压或偏心受拉构件进行正截面承载力和斜截面承载力计算，并应根据结构分析所得的位移进行变形验算。
>
> 9.1.2 配筋砌块砌体剪力墙，宜采用全部灌芯砌体。
>
> 9.2.1 配筋砌块砌体构件正截面承载力，应按下列基本假定进行计算：
> 1 截面应变分布保持平面；
> 2 竖向钢筋与其毗邻的砌体、灌孔混凝土的应变相同；
> 3 不考虑砌体、灌孔混凝土的抗拉强度；
> 4 根据材料选择砌体、灌孔混凝土的极限压应变：当轴心受压时不应大于 0.002；偏心受压时的极限压应变不应大于 0.003；
> 5 根据材料选择钢筋的极限拉应变，且不应大于 0.01；
> 6 纵向受拉钢筋屈服与受压区砌体破坏同时发生时的相对界限受压区的高度，应按下式计算：
>
> $$\xi_b=\frac{0.8}{1+\dfrac{f_y}{0.003E_s}} \qquad (9.2.1)$$
>
> 式中 ξ_b——相对界限受压区高度 ξ_b 为界限受压区高度与截面有效高度的比值；
> f_y——钢筋的抗拉强度设计值；
> E_s——钢筋的弹性模量。
>
> 7 大偏心受压时受拉钢筋考虑在 $h_0-1.5x$ 范围内屈服并参与工作。
>
> 9.2.2 轴心受压配筋砌块砌体构件，当配有箍筋或水平分布钢筋时，其正截面受压承载力应按下列公式计算：
>
> $$N\leqslant\varphi_{0g}(f_gA+0.8f_y'A_s') \qquad (9.2.2\text{-}1)$$
>
> $$\varphi_{0g}=\frac{1}{1+0.001\beta^2} \qquad (9.2.2\text{-}2)$$

式中　　N——轴向力设计值；
　　　　f_g——灌孔砌体的抗压强度设计值，应按第 3.2.1 条采用；
　　　　f'_y——钢筋的抗压强度设计值；
　　　　A——构件的截面面积；
　　　　A'_s——全部竖向钢筋的截面面积；
　　　　φ_{0g}——轴心受压构件的稳定系数；
　　　　β——构件的高厚比。

注：1　无箍筋或水平分布钢筋时，仍应按式（9.2.2）计算，但应取 $f'_y A'_s = 0$；
　　2　配筋砌块砌体构件的计算高度 H_0 可取层高。

9.2.3　配筋砌块砌体构件，当竖向钢筋仅配在中间时，其平面外偏心受压承载力可按本规范式（5.1.1）进行计算，但应采用灌孔砌体的抗压强度设计值。

配筋砌块砌体构件的构造要求，详见《砌规》9.4.1 条～9.4.13 条。

需注意的是：

（1）《砌规》9.2.2 条中，$\beta = \gamma_\beta \dfrac{H_0}{h}$，对灌孔混凝土砌块砌体，根据规范表 5.1.2 注的规定，取 $\gamma_\beta = 1.0$。

（2）《砌规》9.2.2 条中注 1、2 的规定。

【**例 5.5.14**】非抗震设计时，某配筋砌体柱高 3.9m，两端为不动铰支座，承受轴心压力。柱截面为 390mm×390mm，采用配筋砌块砌筑，选用 MU15 单排孔混凝土小型空心砌块、Mb7.5 专用砌筑砂浆对孔砌筑；砌块孔洞率为 0.40，灌孔混凝土 Cb30 全灌实。砌体施工质量控制等级为 B 级。$\gamma_0 = 1.0$。

试问：

（1）若配筋为 4Φ14 的 HRB400 级钢筋，箍筋为 HPB300 级钢筋，配置 Φ6@200，确定该柱轴心受压承载力设计值。

（2）若该柱承受轴心压力设计值 $N = 860$kN，采用 HRB400 级钢筋，确定该柱的纵向钢筋配置。

【**解答**】（1）确定柱的承载力

查《砌规》表 3.2.1-4，$f = 3.61$N/mm²，根据表 3.2.1-4 注 1 的规定，$\gamma_a = 0.7$，$f = 0.7 \times 3.61 = 2.527$N/mm²；

$A = 0.39 \times 0.39 = 0.1521$m² < 0.2m²，故 $\gamma_a = 0.1521 + 0.8 = 0.9521$

$f = 0.9521 \times 2.527 = 2.406$N/mm²

$f_g = f + 0.6\alpha f_c = 2.406 + 0.6 \times 0.40 \times 1 \times 14.3 = 5.84$N/mm² $> 2f = 4.812$N/mm²

取 $f_g = 4.812$N/mm²；$f'_y = 360$N/mm²，$A'_s = 615$mm²

$$\rho = \dfrac{A'_s}{bh} = \dfrac{615}{390 \times 390} = 0.404\%$$

查《砌规》9.4.13 条规定，$\rho \geq 0.2\%$，故满足要求。

$$\beta = \gamma_\beta \dfrac{H_0}{h} = 1.0 \times \dfrac{3.9}{0.39} = 10$$

$$\varphi_{0\mathrm{g}}=\frac{1}{1+0.001\beta^2}=\frac{1}{1+0.001\times10^2}=0.909$$

$$N_{\mathrm{u}}=\varphi_{0\mathrm{g}}(f_{\mathrm{g}}A+0.8f'_{\mathrm{y}}A'_{\mathrm{s}})$$
$$=0.909\times(4.812\times390\times390+0.8\times360\times615)$$
$$=826\mathrm{kN}$$

(2) 确定纵向钢筋

由上述结果知，$f_{\mathrm{g}}=4.812\mathrm{N/mm}^2$，$\varphi_{0\mathrm{g}}=0.909$

由规范式（9.2.2-1）得：$A'_{\mathrm{s}}=\dfrac{N/\varphi_{0\mathrm{g}}-f_{\mathrm{g}}A}{0.8f'_{\mathrm{y}}}$

采用 HRB400 级钢筋，$f'_{\mathrm{y}}=360\mathrm{N/mm}^2$，$N=860\mathrm{kN}$

$$A'_{\mathrm{s}}=\frac{860000/0.909-4.812\times390\times390}{0.8\times360}=744\mathrm{mm}^2$$

故选 4Φ16（$A_{\mathrm{s}}=804\mathrm{mm}^2$），可满足要求。配筋复核略。

【例 5.5.15】 非抗震设计时，一开间为 6m 的多层砌块房屋，底层从室外地坪至楼层高度为 4.9m。基础埋置较深，设置刚性地坪。底层墙承受轴向压力，墙体截面尺寸为 190mm×4200mm，竖向钢筋采用 HRB400 级，如图 5.5.14 所示。采用 MU15 单排孔混凝土砌块（孔洞率为 45%），Mb7.5 水泥砂浆对孔砌筑，用 Cb30 混凝土灌孔，灌孔率 100%，砌体施工质量控制等级为 B 级。$\gamma_0=1.0$。

试问：

(1) 该墙肢配置有水平分布钢筋时，其墙肢的受压承载力。

(2) 若该墙肢未配置水平分布钢筋，其墙肢的受压承载力。

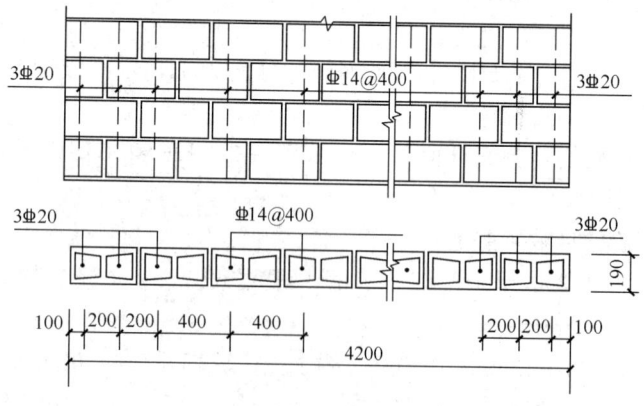

图 5.5.14

【解答】 (1) 配有水平分布钢筋

查《砌规》表 3.2.1-4，$f=3.61\mathrm{N/mm}^2$，Mb7.5 水泥砂浆不考虑对 f 的调整；$f_{\mathrm{c}}=14.3\mathrm{N/mm}^2$

$$f_{\mathrm{g}}=f+0.6\alpha f_{\mathrm{c}}=3.61+0.6\times0.45\times100\%\times14.3$$
$$=7.471\mathrm{N/mm}^2>2f=7.22\mathrm{N/mm}^2$$

取 $f_{\mathrm{g}}=7.22\mathrm{N/mm}^2$。

墙的计算高度 H_0，由《砌规》9.2.2 条注 2 的规定：

$$H_0 = H = 4.9 + 0.5 = 5.4 \text{m}$$

$$\beta = \gamma_\beta \frac{H_0}{h} = 1.0 \times \frac{5.4}{0.19} = 28.42$$

$$\varphi_{0g} = \frac{1}{1+0.001\beta^2} = \frac{1}{1+0.001\times 28.42^2} = 0.553$$

6 ⊈ 20，$A'_s = 1884 \text{mm}^2$；⊈ 14@400，$A'_s = \left(\frac{4.2-2\times 0.5}{0.4}-1\right) \times 153.9 = 1077.3 \text{mm}^2$

$\varphi_{0g}(f_g A + 0.8 f'_y A'_s) = 0.553 \times [7.22 \times 190 \times 4200 + 0.8 \times 360 \times (1884+1077.3)]$
$= 3658 \text{kN}$

（2）未配置水平分布钢筋

由《砌规》9.2.2 条注 1 的规定，取 $f'_y A'_s = 0.0$。

$$\varphi_{0g} f_g A = 0.553 \times 7.22 \times 190 \times 4200 = 3186 \text{kN}$$

【例 5.5.16】 某无吊车单层单跨库房，无柱间支撑，房屋的静力计算方案为弹性方案，其中间一榀排架立面如图 5.5.15 所示。柱采用 MU10 单排孔混凝土小型空心砌块、Mb7.5 混合砂浆，对孔砌筑，砌块的孔洞率为 40%，采用 Cb20 灌孔混凝土灌孔，灌孔率为 100%。砌体施工质量控制等级为 B 级。$\gamma_0 = 1.0$。柱子配筋如图 5.5.15 1-1 剖面图所示，纵筋采用 HRB335 级钢筋、箍筋采用 HPB300 级钢筋。

试问： 假定该柱计算高度为 6.4m，确定柱截面的轴心受压承载力设计值（kN）。

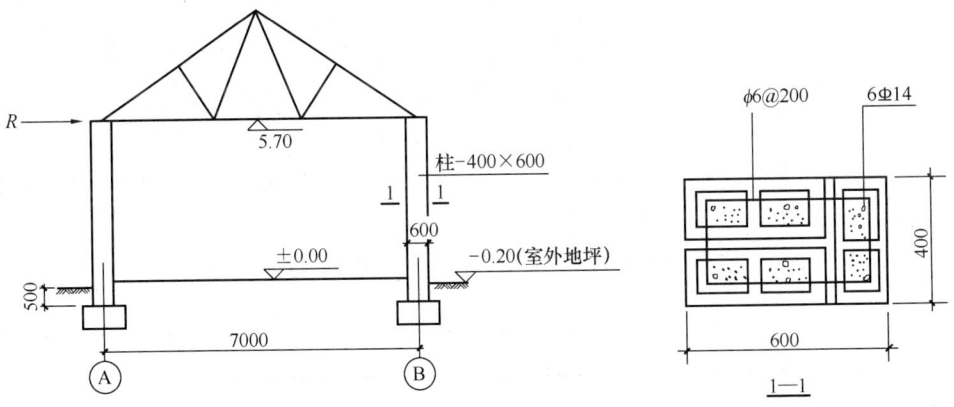

图 5.5.15

【解答】（1）确定 f_g 和 β 值

查《砌规》表 3.2.1-4 及注 1，原 $f = 2.5 \text{MPa}$，$\gamma_a = 0.7$

$A = 0.4 \times 0.6 = 0.24 \text{m}^2 > 0.2 \text{m}^2$，不考虑截面尺寸的调整。

最终取：$f = 0.7 \times 2.5 = 1.75 \text{MPa}$

由《砌规》式（3.2.1-1）：

$f_g = f + 0.6\alpha f_c = 1.75 + 0.6 \times 40\% \times 100\% \times 9.6 = 4.054 \text{MPa} > 2f = 3.5 \text{MPa}$

故取 $f_g = 3.5 \text{MPa}$

已知条件 $H_0 = 6.4\text{m}$，$\beta = \gamma_\beta \frac{H_0}{h} = 1.0 \times \frac{6.4}{0.4} = 16$

（2）确定柱轴心受压承载力

根据《砌规》9.2.2条：

$$\varphi_{0g}=\frac{1}{1+0.001\beta^2}=\frac{1}{1+0.001\times 16^2}=0.796$$

$$N_u=\varphi_{0g}(f_gA+0.8f'_yA'_s)=0.796\times(3.5\times 400\times 600+0.8\times 300\times 923)$$
$$=845.0\text{kN}$$

思考：假定柱子未配置纵向钢筋和箍筋，屋架为刚性杆，其两端与柱铰接，在排架方向由风荷载产生的每榀柱顶水平集中力设计值 $R=3.5\text{kN}$，重力荷载作用下柱底反力设计值 $N=85\text{kN}$。不考虑柱本身受到的风荷载，试确定排架方向柱子受压承载力设计值为多少？

此时，根据《砌规》5.1.3条，$H=5.7+0.2+0.5=6.4\text{m}$

查《砌规》表5.1.3，柱间无支撑，弹性方案：

排架方向：$H_0=1.5H=1.5\times 6.4=9.6\text{m}$

$$\beta=\gamma_\beta\frac{H_0}{h}=1.0\times\frac{9.6}{0.6}=16$$

根据排架计算，弹性方案，柱底弯矩：$M=\frac{1}{2}RH=\frac{1}{2}\times 3.5\times 6.4=11.2\text{kN}\cdot\text{m}$

$$e=\frac{M}{N}=\frac{11.2\times 10^6}{85\times 10^3}=131.76\text{mm}<0.6y=0.6\times 600/2=180\text{mm}，满足$$

$$e/h=131.76/600=0.2196$$

查《砌体规范》附录表D.0.1-1，取 φ 为：

$$\varphi=0.37-\frac{0.2196-0.2}{0.225-0.2}\times(0.37-0.34)=0.331$$

$A=0.24\text{m}^2<0.3\text{m}^2$，故 $\gamma_a=0.7+0.24=0.94$

$$f=0.94\times 0.7\times 2.5=1.645\text{MPa}$$

$f_g=f+0.6\alpha f_c=1.645+0.6\times 40\%\times 100\%\times 9.6=3.949\text{MPa}>2f=3.29\text{MPa}$

故 $f_g=3.29\text{MPa}$

$$\varphi f_gA=0.331\times 3.29\times 400\times 600=261.4\text{kN}$$

2. 偏心受压配筋砌块砌体构件

- 复习《砌体规范》9.2.4条、9.2.5条。

需注意的是：

(1)《砌规》9.2.4条，e_N、e'_N 计算时，当按规范式（8.2.4-6）时，其中的 $\beta=\gamma_\beta H_0/h$，h 取偏心方向的边长，即规范图9.2.4中 h。

(2)《砌规》9.2.4条中，当竖向分布筋的配筋率为 ρ_w，其设计值为 f_{yw}，竖向主筋对称配筋，则：

$$\Sigma f_{si}A_{si}=f_{yw}\rho_w(h_0-1.5x)b$$

$$\Sigma f_{si}S_{si}\approx f_{yw}\frac{1}{2}\rho_wb(h_0-1.5x)^2$$

假定大偏压，由规范式（9.2.4-1），可得：

$$x=\frac{N+f_{yw}\rho_wbh_0}{(f_g+1.5f_{yw}\rho_w)b}$$

1) 当 x 的计算值小于 $\xi_b h_0$，并且大于 $2a'_s$ 时，由规范式（9.2.4-2）可求出 A'_s 值。

2) 当 x 的计算值小于 $2a'_s$ 时，则由规范式（9.2.4-3）可求出 A_s 值。

3) 当 x 的计算值大于 $\xi_b h_0$ 时，原假定不正确，按小偏压重新计算。

(3) 规范 9.2.5 条；e_N、e'_N 计算时，当按规范式（8.2.4-6）时，其中的 $\beta = \gamma_\beta H_0/h$，$h$ 取偏心方向的边长，即规范图 9.2.5 中 h。

【例 5.5.17】 某砌体结构房屋采用配筋混凝土砌块砌体剪力墙承重，其中一墙肢墙高 3.6m，截面尺寸为 190mm×4500mm，混凝土砌块为 MU20（其孔洞率为 45%），采用 Mb15 砂浆，灌孔混凝土为 Cb30。环境类别为 Ⅰ 类，施工质量控制等级为 B 级。已知作用于该墙肢的内力设计值 $M=1770\text{kN}\cdot\text{m}$，$N=1935\text{kN}$（压力），$V=400\text{kN}$。取 $a_s=a'_s=300\text{mm}$。竖向钢筋采用 HRB400 级、水平钢筋采用 HPB300 级。$\gamma_0=1.0$。

当竖向分布筋采用 $\Phi 12@600$。灌孔率 $\rho=33\%$，墙肢的竖向受拉、受压主筋为对称配筋（$A_s=A'_s$）时，试问，确定竖向主筋 $A_s=A'_s$ 为多少？

【解答】 根据《砌规》3.2.1 条：

$$f_g = f + 0.6\alpha f_c = 5.68 + 0.6 \times 45\% \times 33\% \times 14.3$$

$$= 6.97\text{MPa} < 2f = 2 \times 5.68 = 11.36\text{MPa}$$

故取 $f_g = 6.97\text{MPa}$。

由《砌规》9.2.4 条，及 8.2.4 条：

$$e = \frac{M}{N} = \frac{1770 \times 10^3}{1935} = 915\text{mm}, \beta = \frac{\gamma_\beta H_0}{h} = \frac{1 \times 3.6}{4.5} = 0.8$$

$$e_a = \frac{\beta^2 h}{2200}(1 - 0.022\beta) = \frac{0.8^2 \times 4500}{2200} \times (1 - 0.022 \times 0.8)$$

$$= 1.3\text{mm}$$

$$e_N = e + e_a + \left(\frac{h}{2} - a_s\right) = 915 + 1.3 + \left(\frac{4500}{2} - 300\right) = 2866\text{mm}$$

竖向分配筋 $\Phi 12@600$，其配筋率 $\rho_w = \frac{113.1}{190 \times 600} = 0.099\% > 0.07\%$，由规范 9.2.4 条，假定为大偏压，$f'_y A'_s = f_y A_s$，则：

$\Sigma f_{si} A_{si} = f_{yw}\rho_w(h_0 - 1.5x)b$，代入式（9.2.4-1），则：

$$x = \frac{N + f_{yw}\rho_w b h_0}{(f_g + 1.5f_{yw}\rho_w)b}$$

$$= \frac{1935000 + 360 \times 0.099\% \times 190 \times 4200}{(6.97 + 1.5 \times 360 \times 0.099\%) \times 190}$$

$$= 1557\text{mm} < \xi_b h_0 = 0.52 \times 4200 = 2184\text{mm}$$

$$> 2a'_s = 2 \times 300 = 600\text{mm}$$

故属于大偏压。

又由规范式（9.2.4-2）

$$Ne_N = 1935000 \times 2866 = 5545.7 \text{kN} \cdot \text{m}$$

$$f_g bx\left(h_0 - \frac{x}{2}\right) = 6.97 \times 190 \times 1557 \times \left(4200 - \frac{1557}{2}\right) = 7055 \text{kN} \cdot \text{m}$$

$$\Sigma f_{si} S_{si} \approx f_{yw} \cdot \frac{1}{2} \rho_w b (h_0 - 1.5x)^2$$

$$= 360 \times \frac{1}{2} \times 0.099\% \times 190 \times (4200 - 1.5 \times 1557)^2$$

$$= 118 \text{kN} \cdot \text{m}$$

$$A'_s = \frac{Ne_N - f_g b_x (h_0 - x/2) + \Sigma f_{si} S_{si}}{f'_y (h_0 - a'_s)}$$

$$= \frac{5545.7 \times 10^6 - 7055 \times 10^6 + 118 \times 10^6}{300 \times (4200 - 300)} < 0$$

故按构造配筋，由《砌规》9.4.10条，取 $A'_s = 3 \phi 12$。

【例 5.5.18】 某配筋砌块砌体剪力墙结构房屋，标准层有一配置足够水平钢筋、100%全灌芯的配筋砌块砌体受压构件，采用 MU15 级混凝土小型空心砌块，Mb10 级专用砌筑砂浆砌筑，灌孔混凝土强度等级为 Cb30，采用 HRB400 钢筋。截面尺寸、竖向配筋如图 5.5.16 所示。砌体施工质量控制等级为 B 级。$\gamma_0 = 1.0$。

假定，该构件处于大偏心界限受压状态，且取 $a_s = 100$mm。试问，该配筋砌块砌体剪力墙受拉钢筋屈服的数量（根），与下列何项数值最为接近？

(A) 1   (B) 2
(C) 3   (D) 4

【解答】 根据《砌规》9.2.4 条：

$h_0 = 1600 - 100 = 1500$mm

$$x_b = \xi_b h_0 = 0.52 \times 1500 = 780 \text{mm}$$

又根据《砌规》9.2.1 条，大偏压时，受拉钢筋在 $h_0 - 1.5x_b$ 范围内屈服，即：

$$h_0 - 1.5x_b = 1500 - 1.5 \times 780 = 330 \text{mm}$$

距墙端 100+330=430mm 范围内有 2 根钢筋屈服。
故应选 (B) 项。

思考：当计算该标准层剪力墙轴心受压承载力时，其计算高度比 β 为多少？

此时，根据《砌规》9.2.2 条，5.1.2 条：

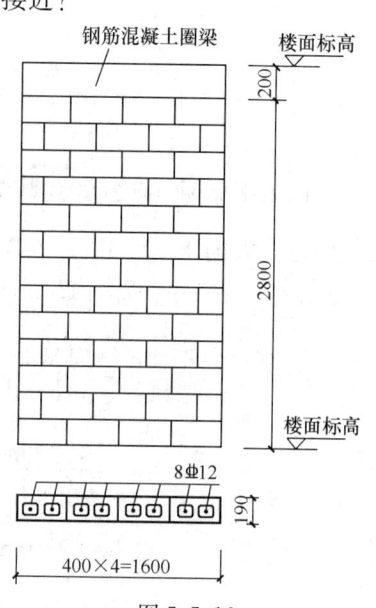

图 5.5.16

取 $H_0=3\text{m}$，$\beta=\gamma_\beta \dfrac{H_0}{h}=1\times\dfrac{3000}{190}=15.79$

3. 斜截面受剪承载力计算

配筋砌块砌体剪力墙的抗剪承载力除材料强度外，主要与垂直正应力、墙体的高宽比或剪跨比，水平和垂直配筋率等因素有关。

《砌规》规定：

9.3.1 偏心受压和偏心受拉配筋砌块砌体剪力墙，其斜截面受剪承载力应根据下列情况进行计算：

1 剪力墙的截面，应满足下式要求：

$$V \leqslant 0.25 f_g b h_0 \qquad (9.3.1\text{-}1)$$

式中 V——剪力墙的剪力设计值；

b——剪力墙截面宽度或 T 形、倒 L 形截面腹板宽度；

h_0——剪力墙截面的有效高度。

2 剪力墙在偏心受压时的斜截面受剪承载力，应按下列公式计算：

$$V \leqslant \dfrac{1}{\lambda-0.5}\left(0.6 f_{vg} b h_0 + 0.12 N \dfrac{A_w}{A}\right) + 0.9 f_{yh}\dfrac{A_{sh}}{s}h_0 \qquad (9.3.1\text{-}2)$$

$$\lambda = M/Vh_0 \qquad (9.3.1\text{-}3)$$

式中 f_{vg}——灌孔砌体的抗剪强度设计值，应按第 3.2.2 条的规定采用；

M、N、V——计算截面的弯矩、轴向力和剪力设计值，当 N 大于 $0.25 f_g b h$ 时取 $N=0.25 f_g b h$；

A——剪力墙的截面面积，其中翼缘的有效面积，可按表 9.2.5 的规定确定；

A_w——T 形或倒 L 形截面腹板的截面面积，对矩形截面取 A_w 等于 A；

λ——计算截面的剪跨比，当 λ 小于 1.5 时取 1.5，当 λ 大于或等于 2.2 时取 2.2；

h_0——剪力墙截面的有效高度；

A_{sh}——配置在同一截面内的水平分布钢筋或网片的全部截面面积；

s——水平分布钢筋的竖向间距；

f_{yh}——水平钢筋的抗拉强度设计值。

3 剪力墙在偏心受拉时的斜截面受剪承载力应按下列公式计算：

$$V \leqslant \dfrac{1}{\lambda-0.5}\left(0.6 f_{vg} b h_0 - 0.22 N \dfrac{A_w}{A}\right) + 0.9 f_{yh}\dfrac{A_{sh}}{s}h_0 \qquad (9.3.1\text{-}4)$$

9.3.2 配筋砌块砌体剪力墙连梁的斜截面受剪承载力，应符合下列规定：

1 当连梁采用钢筋混凝土时，连梁的承载力应按现行国家标准《混凝土结构设计规范》GB 50010 的有关规定进行计算；

2 当连梁采用配筋砌块砌体时，应符合下列规定：

> 1) 连梁的截面，应符合下列规定：
> $$V_b \leqslant 0.25 f_g b h_0 \quad (9.3.2\text{-}1)$$
> 2) 连梁的斜截面受剪承载力应按下列公式计算：
> $$V_b \leqslant 0.8 f_{vg} b h_0 + f_{yv} \frac{A_{sv}}{s} h_0 \quad (9.3.2\text{-}2)$$
> 式中 V_b——连梁的剪力设计值；
> b——连梁的截面宽度；
> h_0——连梁的截面有效高度；
> A_{sv}——配置在同一截面内箍筋各肢的全部截面面积；
> f_{yv}——箍筋的抗拉强度设计值；
> s——沿构件长度方向箍筋的间距。
>
> 注：连梁的正截面受弯承载力应按现行国家标准《混凝土结构设计规范》GB 50010 受弯构件的有关规定进行计算，当采用配筋砌块砌体时，应采用其相应的计算参数和指标。

需注意的是：

(1)《砌规》9.3.1 条中：

①f_{vg}计算，$f_{vg}=0.2 f_g^{0.55}$。

②轴向力 N 在偏心受压时起有利作用，故取分项系数 $\gamma_G=1.0$；但当 $N>0.25 f_g b h$ 时，取 $N=0.25 f_g b h$。

③计算截面的剪跨比 λ 的取值：$\lambda<1.5$，取 $\lambda=1.5$；$\lambda\geqslant2.2$，取 $\lambda=2.2$。

④水平向分布钢筋、竖向分布钢筋的构造配筋率$\geqslant 0.07\%$，其他规定见《砌体规范》9.4.8 条。

⑤轴向力 N 在偏心受拉时起不利作用，按《可靠性标准》，故取分项系数 $\gamma_G=1.3$。

⑥h_0 计算，$h_0=h-a_s$。a_s 计算与剪力墙边缘构件构造有关，边缘构件的构造要求，见规范 9.4.10 条。

(2)《砌规》9.3.2 条中剪力墙连梁的构造要求，见规范 9.4.11 条、9.4.12 条。

【例 5.5.19】 非抗震设计时，某高层房屋采用配筋混凝土砌块砌体剪力墙承重，墙肢墙高为 3.9m，截面尺寸为 190mm×4200mm，采用单排孔混凝土砌块 MU20（孔洞率 45%），Mb15 专用砂浆对孔砌筑和 Cb30 混凝土灌孔，灌孔率为 100%。配筋如图 5.5.17 所示，砌体施工质量控制等级为 B 级。墙肢承受的内力设计值 $N=1250$kN，$M=960$kN·m，$V=450$kN。纵向钢筋与竖向分布筋均采用 HRB400 级钢筋，水平分布钢筋采用 HPB300 级钢筋。安全等级为二级。

试问：

(1) 若水平分布钢筋为 2Φ12@800，验算该墙肢的受剪承载力。

(2) 若墙肢承受的 $N=2000$kN，$M=1250$kN·m，$V=500$kN，试确定水平分布钢筋。

【解答】 (1) 受剪承载力验算

查《砌规》表 3.2.1-4，$f=5.68\text{N/mm}^2$

Cb30，$f_c=14.3\text{N/mm}^2$；$f_y=f_y'=300\text{N/mm}^2$

$f_g=f+0.6\alpha f_c=5.68+0.6\times45\%\times100\%\times14.3=9.54\text{N/mm}^2<2f=11.36\text{N/mm}^2$

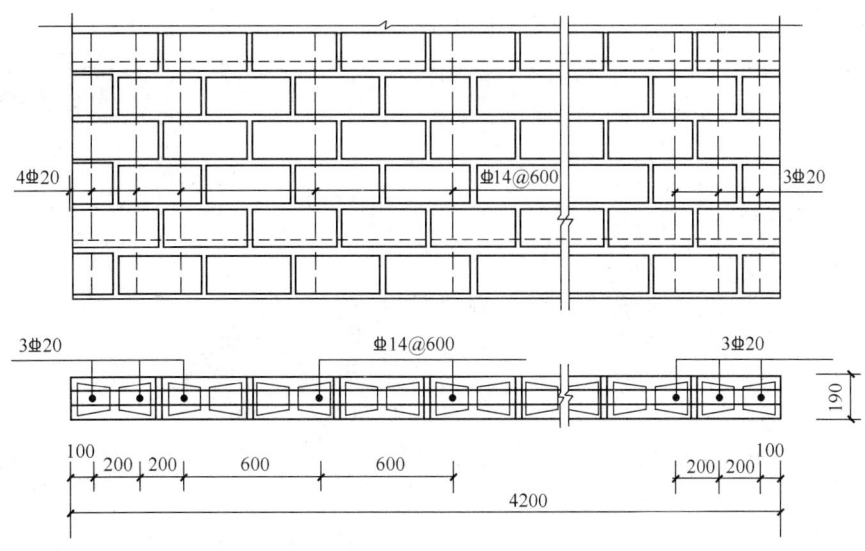

图 5.5.17

故取 $f_g = 9.54 \text{N/mm}^2$

$$h_0 = h - a_s = 4200 - \frac{3 \times (190+10)}{2} = 3900 \text{mm}$$

$$\lambda = \frac{M}{Vh_0} = \frac{960}{450 \times 3.9} = 0.547 < 1.5, 取 \lambda = 1.5$$

$0.25 f_g b h_0 = 0.25 \times 9.54 \times 190 \times 3900 = 1767 \text{kN} > V = 450 \text{kN}$，故截面尺寸满足

$$0.25 f_g b h = 1767 \text{kN} > N = 1250 \text{kN}, 故取 N = 1250 \text{kN}$$

$$f_{vg} = 0.2 fg^{0.55} = 0.2 \times 9.54^{0.55} = 0.69 \text{MPa}$$

由图 5.5.16 可知，剪力墙端设置 3⎯20 竖向受力纵筋，满足《砌规》9.4.10 条构造要求；竖向分布钢筋⎯14@600，配筋率为 $\frac{153.9}{190 \times 600} = 0.135\% > 0.07\%$；当取水平分布钢筋 2Φ12@800 时，配筋率为 $\frac{2 \times 113.1}{190 \times 800} = 0.149\% > 0.07\%$，均满足《砌规》9.4.8 条规定。

由规范式（9.3.1-2）得：

$$\frac{1}{\lambda - 0.5}\left(0.6 f_{vg} b h_0 + 0.12 N \frac{A_w}{A}\right) + 0.9 f_{yh} \frac{A_{sh}}{s} h_0$$

$$= \frac{1}{1.5 - 0.5} \times (0.6 \times 0.69 \times 190 \times 3900 + 0.12 \times 1250 \times 10^3 \times 1)$$

$$+ 0.9 \times 270 \times \frac{2 \times 113.1}{800} \times 3900$$

$$= 724736 \text{N} = 724.7 \text{kN} > 450 \text{kN}$$

故满足要求。

（2）配置水平分布钢筋

由上述计算结果可知：$f_g = 9.54 \text{N/mm}^2$，$f_{vg} = 0.69 \text{N/mm}^2$

$$\lambda = \frac{M}{Vh_0} = \frac{1250}{500 \times 3.9} = 0.64 < 1.5，故取 \lambda = 1.5。$$

$0.25 f_g b h_0 = 1767 \text{kN} > V = 500 \text{kN}$，故截面尺寸满足。

$0.25f_\text{g}bh = 1903\text{kN} < N = 2000\text{kN}$，故取 $N=1903\text{kN}$

由规范式 (9.3.1-2)：

$$\frac{A_\text{sh}}{s} \geqslant \frac{V - \dfrac{1}{\lambda - 0.5}\left(0.6f_\text{vg}bh_0 + 0.12N\dfrac{A_\text{w}}{A}\right)}{0.9f_\text{yh}h_0}$$

$$= \frac{500\times 10^3 - \dfrac{1}{1.5-0.5}\times(0.6\times 0.69\times 190\times 3900 + 0.12\times 1903000\times 1)}{0.9\times 270\times 3900} < 0$$

故按构造配筋，由《砌规》9.4.8 条规定，$\rho = \dfrac{A_\text{sh}}{hb} > 0.07\%$

$\dfrac{A_\text{sh}}{s} > 0.07\% \times 190 = 0.133$，故取 2Φ12@800 $\left(\dfrac{A_\text{sh}}{s} = \dfrac{2\times 113.1}{800} = 0.283\right)$，其实际配筋率为 $\dfrac{2\times 113.1}{190\times 800} = 0.15\% > 0.07\%$，满足构造要求。

第六节 砌体结构构件抗震设计

一、砌体结构抗震设计的一般规定

1. 基本规定

《砌规》规定：

> 10.1.1 抗震设防地区的普通砖（包括烧结普通砖、蒸压灰砂普通砖、蒸压粉煤灰普通砖、混凝土普通砖）、多孔砖（包括烧结多孔砖、混凝土多孔砖）和混凝土砌块等砌体承重的多层房屋，底层或底部两层框架-抗震墙砌体房屋，配筋砌块砌体抗震墙房屋，除应符合本规范第 1 章至第 9 章的要求外，尚应按本章规定进行抗震设计，同时尚应符合现行国家标准《建筑抗震设计规范》GB 50011、《墙体材料应用统一技术规范》GB 50574 的有关规定。甲类设防建筑不宜采用砌体结构，当需采用时，应进行专门研究并采取高于本章规定的抗震措施。
>
> 注：本章中"配筋砌块砌体抗震墙"指全部灌芯配筋砌块砌体。
>
> 10.1.14 砌体结构构件进行抗震设计时，房屋的结构体系、高宽比、抗震横墙的间距、局部尺寸的限值、防震缝的设置及结构构造措施等，除满足本章规定外，尚应符合现行国家标准《建筑抗震设计规范》GB 50011 的有关规定。

2. 房屋最大高度和层高

（1）多层砌体结构房屋

《抗震通规》5.5.1 条作了规定，《砌规》《抗规》规定与《抗震通规》是相同的。

注意的是，《砌规》10.1.2 条的条文说明中关于"嵌固条件好的半地下室"的条件。

（2）配筋砌块砌体结构房屋

《抗震通规》5.5.4 条作了规定，《砌体》《抗规》规定与《抗震通规》是相同的，并且前面两本规范包括部分框支剪力墙结构。

《砌规》规定：

10.1.3 本章适用的配筋砌块砌体抗震墙结构和部分框支抗震墙结构房屋最大高度应符合表10.1.3的规定。

配筋砌块砌体抗震墙房屋适用的最大高度（m） 表10.1.3

结构类型	最小墙厚（mm）	设防烈度和设计基本地震加速度					
		6度	7度		8度		9度
		0.05g	0.10g	0.15g	0.20g	0.30g	0.40g
配筋砌块砌体抗震墙	190mm	60	55	45	40	30	24
部分框支抗震墙		55	49	40	31	24	—

注：1　房屋高度指室外地面到主要屋面板板顶的高度（不包括局部突出屋顶部分）；
　　2　某层或几层开间大于6.0m以上的房间建筑面积占相应层建筑面积40%以上时，表中数据相应减少6m；
　　3　部分框支抗震墙结构指首层或底部两层为框支层的结构，不包括仅个别框支墙的情况；
　　4　房屋的高度超过表内高度时，应根据专门研究，采取有效的加强措施。

10.1.4　砌体结构房屋的层高，应符合下列规定：

1　多层砌体结构房屋的层高，应符合下列规定：

1）多层砌体结构房屋的层高，不应超过3.6m；

注：当使用功能确有需要时，采用约束砌体等加强措施的普通砖房屋，层高不应超过3.9m。

2）底部框架-抗震墙砌体房屋的底部，层高不应超过4.5m；当底层采用约束砌体抗震墙时，底层的层高不应超过4.2m。

2　配筋混凝土空心砌块抗震墙房屋的层高，应符合下列规定：

1）底部加强部位（不小于房屋高度的1/6且不小于底部二层的高度范围）的层高（房屋总高度小于21m时取一层），一、二级不宜大于3.2m，三、四级不应大于3.9m；

2）其他部位的层高，一、二级不应大于3.9m，三、四级不应大于4.8m。

注意的是，规定配筋砌块砌体抗震墙房屋的层高主要是为了保证抗震墙出平面的承载力、刚度和稳定性。

3. 配筋砌块砌体结构房屋的抗震等级、变形计算和平立面设置

《抗震通规》5.5.5条规定了，与《砌规》《抗规》是相同的。

《砌规》规定：

10.1.6　配筋砌块砌体抗震墙结构房屋抗震设计时，结构抗震等级应根据设防烈度和房屋高度按表10.1.6采用。

配筋砌块砌体抗震墙结构房屋的抗震等级 表10.1.6

结构类型		设防烈度						
		6		7		8		9
		≤24	>24	≤24	>24	≤24	>24	≤24
配筋砌块砌体抗震墙	高度（m）							
	抗震墙	四	三	三	二	二	一	一
部分框支抗震墙	非底部加强部位抗震墙	四	三	三	二	二	不应采用	
	底部加强部位抗震墙	三	三	二	二	一		
	框支框架	二	二	一	一			

注：1　对于四级抗震等级，除本章有规定外，均按非抗震设计采用；
　　2　接近或等于高度分界时，可结合房屋不规则程度及场地、地基条件确定抗震等级。

10.1.8 配筋砌块砌体抗震墙结构应进行多遇地震作用下的抗震变形验算，其楼层内最大的层间弹性位移角不宜超过 1/1000。

10.1.10 配筋砌块砌体短肢抗震墙及一般抗震墙设置，应符合下列规定：

1 抗震墙宜沿主轴方向双向布置，各向结构刚度、承载力宜均匀分布。高层建筑不宜采用全部为短肢墙的配筋砌块砌体抗震墙结构，应形成短肢抗震墙与一般抗震墙共同抵抗水平地震作用的抗震墙结构。9度时不宜采用短肢墙；

2 纵横方向的抗震墙宜拉通对齐；较长的抗震墙可采用楼板或弱连梁分为若干个独立的墙段，每个独立墙段的总高度与长度之比不宜小于2，墙肢的截面高度也不宜大于8m；

3 抗震墙的门窗洞口宜上下对齐，成列布置；

4 一般抗震墙承受的第一振型底部地震倾覆力矩不应小于结构总倾覆力矩的50%，且两个主轴方向，短肢抗震墙截面面积与同一层所有抗震墙截面面积比例不宜大于20%；

5 短肢抗震墙宜设翼缘。一字形短肢抗震墙平面外不宜布置与之单侧相交的楼面梁；

6 短肢墙的抗震等级应比表10.1.6的规定提高一级采用；已为一级时，配筋应按9度的要求提高；

7 配筋砌块砌体抗震墙的墙肢截面高度不宜小于墙肢截面宽度的5倍。

注：短肢抗震墙是指墙肢截面高度与宽度之比为5～8的抗震墙，一般抗震墙是指墙肢截面高度与宽度之比大于8的抗震墙。L形，T形，+形等多肢墙截面的长短肢性质应由较长一肢确定。

【例5.6.1】 在多遇地震作用下，配筋砌块砌体抗震墙结构的楼层内最大层间弹性位移角限值应为下列何项数值？

提示：按《砌体结构设计规范》作答。

(A) 1/800　　　　(B) 1/1000　　　　(C) 1/1200　　　　(D) 1/1500

【解答】由《砌规》10.1.8条可知，应选（B）项。

4. 砌体结构的截面抗震验算

《砌规》规定：

10.1.7 结构抗震设计时，地震作用应按现行国家标准《建筑抗震设计规范》GB 50011 的规定计算。结构的截面抗震验算，应符合下列规定：

1 抗震设防烈度为6度时，规则的砌体结构房屋构件，应允许不进行抗震验算，但应有符合现行国家标准《建筑抗震设计规范》GB 50011 和本章规定的抗震措施；

2 抗震设防烈度为7度和7度以上的建筑结构，应进行多遇地震作用下的截面抗震验算。6度时，下列多层砌体结构房屋的构件，应进行多遇地震作用下的截面抗震验算。

1) 平面不规则的建筑；
2) 总层数超过三层的底部框架-抗震墙砌体房屋；
3) 外廊式和单面走廊式底部框架-抗震墙砌体房屋；
4) 托梁等转换构件。

需注意的是：

多层砌体房屋平面规则，或平面不规则的判别，《砌规》10.1.7条的条文说明作了具体说明：

> 10.1.7（条文说明）
>
> 多层砌体房屋不符合下列要求之一时可视为平面不规则，6度时仍要求进行多遇地震作用下的构件截面抗震验算。
>
> 1）平面轮廓凹凸尺寸，不超过典型尺寸的50%；
> 2）纵横向砌体抗震墙的布置均匀对称，沿平面内基本对齐；且同一轴线上的门、窗间墙宽度比较均匀；墙面洞口的面积，6、7度时不宜大于墙面总面积的55%，8、9度时不宜大于50%；
> 3）房屋纵横向抗震墙体的数量相差不大；横墙的间距和内纵墙累计长度满足现行《建筑抗震设计规范》GB 50011的要求；
> 4）有效楼板宽度不小于该层楼板典型宽度的50%，或开洞面积不大于该层楼面面积的30%；
> 5）房屋错层的楼板高差不超过500mm。

5. 承载力抗震调整系数

γ_{RE}的取值，《抗震通规》表4.3.1作了规定与《砌规》《抗规》基本相同。

《砌规》规定：

> 10.1.5 考虑地震作用组合的砌体结构构件，其截面承载力应除以承载力抗震调整系数γ_{RE}，承载力抗震调整系数应按表10.1.5采用。当仅计算竖向地震作用时，各类结构构件承载力抗震调整系数均应采用1.0。

承载力抗震调整系数　　　　　　　　　　　表10.1.5

结构构件类别	受力状态	γ_{RE}
两端均设有构造柱、芯柱的砌体抗震墙	受剪	0.9
组合砖墙	偏压、大偏拉和受剪	0.9
配筋砌块砌体抗震墙	偏压、大偏拉和受剪	0.85
自承重墙	受剪	1.0
其他砌体	受剪和受压	1.0

需注意的是：

（1）《砌规》10.1.5条的条文说明：

> 10.1.5（条文说明）
>
> 对于灌孔率达不到100%的配筋砌块砌体，如果承载力抗震调整系数采用0.85，抗力偏大，因此建议取1.0。

（2）自承重墙的γ_{RE}，《砌规》10.1.5条规定，与《抗震通规》表4.3.1、《抗规》7.2.7条规定不一致。考试时，按提示规范作答。

6. 材料性能指标和钢筋的锚固

- 复习《砌规》10.1.12条、10.1.13条。

二、砖砌体构件

1. 承载力计算

f_{vE}的取值《砌通规》3.4.2条规定了，与《砌规》《抗规》是相同的。

《砌规》规定：

10.2.1 普通砖、多孔砖砌体沿阶梯形截面破坏的抗震抗剪强度设计值，应按下式确定：

$$f_{vE} = \zeta_N f_v \qquad (10.2.1)$$

式中 f_{vE}——砌体沿阶梯形截面破坏的抗震抗剪强度设计值；

f_v——非抗震设计的砌体抗剪强度设计值；

ζ_N——砖砌体抗震抗剪强度的正应力影响系数，应按表10.2.1采用。

砖砌体强度的正应力影响系数　　　　表 10.2.1

砌体类别	σ_0/f_v						
	0.0	1.0	3.0	5.0	7.0	10.0	12.0
普通砖、多孔砖	0.80	0.99	1.25	1.47	1.65	1.90	2.05

注：σ_0为对应于重力荷载代表值的砌体截面平均压应力。

10.2.2 普通砖、多孔砖墙体的截面抗震受剪承载力，应按下列公式验算：

1 一般情况下，应按下式验算：

$$V \leqslant f_{vE} A / \gamma_{RE} \qquad (10.2.2\text{-}1)$$

式中 V——考虑地震作用组合的墙体剪力设计值；

f_{vE}——砖砌体沿阶梯形截面破坏的抗震抗剪强度设计值；

A——墙体横截面面积；

γ_{RE}——承载力抗震调整系数，应按表10.1.5采用。

2 采用水平配筋的墙体，应按下式验算：

$$V \leqslant \frac{1}{\gamma_{RE}}(f_{vE} A + \zeta_s f_{yh} A_{sh}) \qquad (10.2.2\text{-}2)$$

式中 ζ_s——钢筋参与工作系数，可按表10.2.2采用；

f_{yh}——墙体水平纵向钢筋的抗拉强度设计值；

A_{sh}——层间墙体竖向截面的总水平纵向钢筋面积，其配筋率不应小于0.07%且不大于0.17%。

钢筋参与工作系数（ζ_s）　　　　表 10.2.2

墙体高宽比	0.4	0.6	0.8	1.0	1.2
ζ_s	0.10	0.12	0.14	0.15	0.12

3 墙段中部基本均匀的设置构造柱，且构造柱的截面不小于240mm×240mm（当

墙厚 190mm 时，亦可采用 240mm×190mm），构造柱间距不大于 4m 时，可计入墙段中部构造柱对墙体受剪承载力的提高作用，并按下式进行验算：

$$V \leqslant \frac{1}{\gamma_{RE}}[\eta_c f_{vE}(A-A_c) + \zeta_c f_t A_c + 0.08 f_{yc} A_{sc} + \zeta_s f_{yh} A_{sh}] \quad (10.2.2-3)$$

式中　A_c——中部构造柱的横截面面积（对横墙和内纵墙，$A_c>0.15A$ 时，取 $0.15A$；对外纵墙，$A_c>0.25A$ 时，取 $0.25A$）；

　　　f_t——中部构造柱的混凝土轴心抗拉强度设计值；

　　　A_{sc}——中部构造柱的纵向钢筋截面总面积，配筋率不应小于 0.6%，大于 1.4% 时取 1.4%；

　　　f_{yh}、f_{yc}——分别为墙体水平钢筋、构造柱纵向钢筋的抗拉强度设计值；

　　　ζ_c——中部构造柱参与工作系数，居中设一根时取 0.5，多于一根时取 0.4；

　　　η_c——墙体约束修正系数，一般情况取 1.0，构造柱间距不大于 3.0m 时 1.1；

　　　A_{sh}——层间墙体竖向截面的总水平纵向钢筋面积，其配筋率不应小于 0.07% 且不大于 0.17%，水平纵向钢筋配筋率小于 0.07% 时取 0。

10.2.3　无筋砖砌体墙的截面抗震受压承载力，按第 5 章计算的截面非抗震受压承载力除以承载力抗震调整系数进行计算；网状配筋砖墙、组合砖墙的截面抗震受压承载力，按第 8 章计算的截面非抗震受压承载力除以承载力抗震调整系数进行计算。

需注意的是：

（1）《砌规》表 10.2.1 注的理解是：对应于重力荷载代表值的分项系数 $\gamma_G=1.0$ 时，重力荷载代表值的设计值产生的压应力。其理由是：压应力越小，墙段受剪承载力越小、越不利。

（2）《砌规》10.2.2 条的条文说明：

10.2.2（条文说明）

砌体结构体系按照构件配筋率大小分为无筋砌体结构体系和配筋砌体结构体系。无筋砌体结构体系中，因为构造原因，有的墙片四周设置了钢筋混凝土约束构件。对于普通砖、多孔砖砌体构件，当构造柱间距大于 3.0m 时，只考虑周边约束构件对无筋墙体的变形性能提高作用，不考虑其对强度的提高。

当在墙段中部基本均匀设置截面不小于 240mm×240mm（墙厚 190mm 时为 240mm×190mm）且间距不大于 4m 的构造柱时，可考虑构造柱对墙体受剪承载力的提高作用。

【例 5.6.2】 某多层砌体结构承重墙段 A，如图 5.6.1 所示，采用烧结普通砖砌筑，当砌体抗剪强度设计值 $f_v=0.14$ MPa 时，假定对应于重力荷载代表值的砌体上部压应力 $\sigma_0=0.28$ MPa。砌体施工质量控制等级为 B 级。

试问：该墙段截面抗震受剪承载力设计值（kN），应与下列何项数值最为接近？

(A) 150　　　(B) 170

(C) 185　　　(D) 200

图 5.6.1

【解答】 由《砌规》10.2.1 条：

$$\frac{\sigma_0}{f_v} = \frac{0.28}{0.14} = 2.0$$

查《砌规》表 10.2.1 得，$\zeta_N = 1.12$。

$$f_{vE} = \zeta_N f_v = 1.12 \times 0.14 = 0.1568 \text{N/mm}^2$$

查《砌规》表 10.1.5，取 $\gamma_{RE} = 0.9$

$$V_u = \frac{f_{vE} A}{\gamma_{RE}} = \frac{0.1568 \times 240 \times 4000}{0.9} = 167.25 \text{kN}$$

故应选（B）项。

【例 5.6.3】 某墙段长 6.0m，厚 0.24m，层高 3.0m，采用 MU15 烧结多孔砖、M7.5 混合砂浆，每隔三层砖在缝中加两根 Φ6HPB300 级钢筋（$f_y = 270 \text{N/mm}^2$）。该墙段中部截面上每延长米所受重力荷载代表值的设计值为 100.8kN。

试问：确定该墙段的抗震受剪承载力设计值。

【解答】 查《砌规》表 3.2.2，$f_v = 0.14 \text{N/mm}^2$，

$$\sigma_0 = \frac{N_G}{A} = \frac{100.8 \times 10^3}{1 \times 0.24 \times 10^6} = 0.42 \text{N/mm}^2$$

$\frac{\sigma_0}{f} = \frac{0.42}{0.14} = 3.0$，查《砌规》表 10.2.1，$\zeta_N = 1.25$。

$$f_{vE} = \zeta_N f_v = 1.25 \times 0.14 = 0.175 \text{N/mm}^2$$

墙体高宽比 $3.0/6.0 = 0.5$，查《砌规》表 10.2.2，$\zeta_s = 0.11$

$$\rho_s = \left(\frac{3000}{200} - 1\right) \times 28.3 \times 2 \times \frac{1}{3000 \times 240} = 0.0011 = 0.11\% \begin{array}{l} > 0.07\% \\ < 0.17\% \end{array}$$

由规范式（10.2.2-2）：

$$V_u = \frac{1}{\gamma_{RE}} (f_{vE} A + \zeta_s f_{yh} A_{sh})$$

$$= \frac{1}{1.0} \left[0.175 \times 6000 \times 240 + 0.11 \times 270 \times \left(\frac{3000}{200} - 1\right) \times 28.3 \times 2\right]$$

$$= 275.5 \text{kN}$$

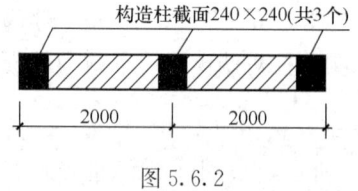

图 5.6.2

【例 5.6.4】 某多层砌体结构承重横墙段 A，如图 5.6.2 所示，构造柱的混凝土强度等级为 C20，每根构造柱均配 4Φ14HRB335 级纵向钢筋（$A_s = 615 \text{mm}^2$）。砌体施工质量控制等级为 B 级。

试问：该墙段的抗震受剪承载力设计值（kN），应与下列何项数值最为接近？

提示：$f_t = 1.1 \text{N/mm}^2$，$f_y = 300 \text{N/mm}^2$，取 $f_{vE} = 0.2 \text{N/mm}^2$ 进行计算。

(A) 255 (B) 275 (C) 285 (D) 315

【解答】 由《砌规》10.2.2 条，$\zeta_c = 0.5$；取 $\xi_s = 0$。

$A_c = 240 \times 240 = 57600 \text{mm}^2$，$A = 4000 \times 240 = 960000$

$A_c / A = 0.06 < 0.15$，取 $A_c = 57600 \text{mm}^2$

构造柱间距 2.0m<3.0m，取 $\eta_c=1.1$。

$A_s=615\text{mm}^2$，$\rho=\dfrac{A_s}{bh}=\dfrac{615}{240\times240}=1.07\%\begin{array}{l}>0.6\%\\<1.4\%\end{array}$

取 $\gamma_{RE}=0.9$，由规范式（10.2.2-3）得：

$$V_u=\dfrac{1}{\gamma_{RE}}[\eta_c f_{VE}(A-A_c)+\zeta_c f_t A_c+0.08 f_{yc}A_{sc}+\zeta_s f_{yh}A_{sh}]$$

$$=\dfrac{1}{0.9}\times[1.1\times0.2\times(4000-240)\times240+0.5$$

$$\times1.1\times240\times240+0.08\times300\times615+0.0]$$

$$=\dfrac{1}{0.9}\times[198528+31680+14760]=272187\text{N}$$

$$\approx272.2\text{kN}$$

故应选（B）项。

思考：若本题承重横墙段变为如图5.6.3所示，其他条件均不变，试确定该墙段的抗震受剪承载力设计值。

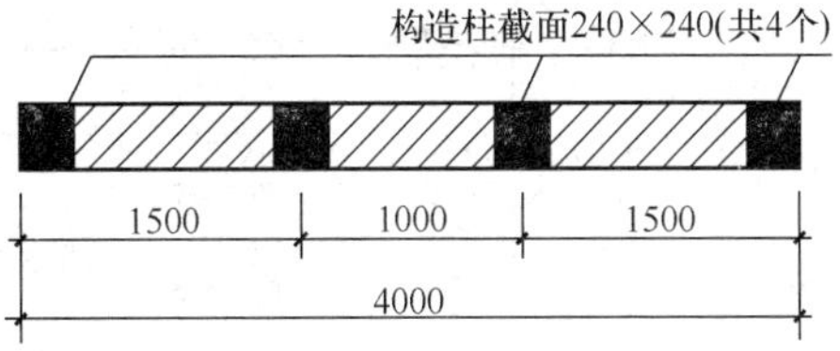

具体解答如下：

由《砌规》10.2.2条，取 $\zeta_c=0.4$。
$A_c=2\times240\times240=115200\text{mm}^2$，$A=4000\times240=960000\text{mm}^2$
$A_c/A=0.12<0.15$，取 $A_c=115200\text{mm}^2$
构造柱间距小于3.0m，$\eta_c=1.1$
构造柱配筋率：$\rho=\dfrac{A_s}{bh}=\dfrac{615}{240\times240}=1.07\%\begin{array}{l}>0.6\%\\<1.4\%\end{array}$

$A_s=2\times615=1230$，$\gamma_{RE}=0.9$

图5.6.3

$$V_u=\dfrac{1}{0.9}\times\Big[1.1\times0.2\times(4000-2\times240)\times240$$

$$+0.4\times1.1\times115200+0.08\times300\times1230+0.0\Big]$$

$$=\dfrac{1}{0.9}\times[185856+50688+29520]=295.6\text{kN}$$

2. 构造措施

- 复习《砌规》10.2.4条～10.2.7条。

【例5.6.5】 方案初期，某四层砌体结构房屋顶层局部平面布置图如图5.6.4所示，层高均为3.9m。墙体采用MU10级烧结多孔砖、M5级混合砂浆砌筑。墙厚240mm。屋面板为预制预应力空心板上浇钢筋混凝土叠合层，屋面板总厚度300mm，简支在①轴和②轴墙体上，支承长度120mm。屋面永久荷载标准值12kN/m²，活荷载标准值0.5kN/m²。砌体施工质量控制等级B级；抗震设防烈度7度，设计基本地震加速度0.1g。

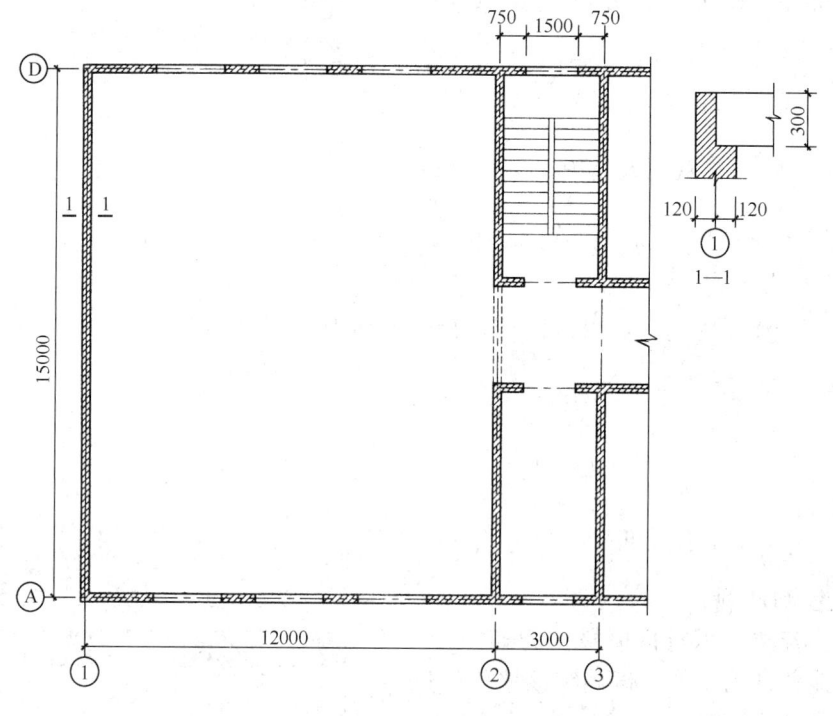

图 5.6.4

假定，将①轴墙体设计为砖砌体和钢筋混凝土构造柱组成的组合墙。

试问： ①轴墙体内最少应设置的构造柱数量（根），与下列何项数值最为接近？

提示： 按《砌体结构设计规范》GB 50003—2011 作答。

(A) 2　　　　　(B) 3　　　　　(C) 5　　　　　(D) 7

【解答】 根据《砌规》10.2.6 条第 1 款，砌体和钢筋混凝土构造柱组成的组合墙，应在纵横墙交接处、墙端部设置构造柱，其间距不宜大于 3m。①墙轴长 15m，端部设置 2 根构造柱，中间至少设置 4 根构造柱，总的构造柱数量至少为 6 根，才能满足《砌规》10.2.6 第 1 款的构造要求。所以应选 (D) 项。

三、混凝土砌块砌体构件

1. 承载力计算

《砌规》规定：

10.3.1 混凝土砌块砌体沿阶梯形截面破坏的抗震抗剪强度设计值，应按下式计算：

$$f_{vE} = \zeta_N f_v \tag{10.3.1}$$

式中　f_{vE}——砌体沿阶梯形截面破坏的抗震抗剪强度设计值；

　　　f_v——非抗震设计的砌体抗剪强度设计值；

　　　ζ_N——砌块砌体抗震抗剪强度的正应力影响系数，应按表 10.3.1 采用。

砌块砌体抗震抗剪强度的正应力影响系数　　　　表 10.3.1

砌体类别	σ_0/f_v						
	1.0	3.0	5.0	7.0	10.0	12.0	≥16.0
混凝土砌块	1.23	1.69	2.15	2.57	3.02	3.32	3.92

注：σ_0 为对应于重力荷载代表值的砌体截面平均压应力。

10.3.2 设置构造柱和芯柱的混凝土砌块墙体的截面抗震受剪承载力，可按下式验算：

$$V \leqslant \frac{1}{\gamma_{RE}}[f_{vE}A + (0.3f_{t1}A_{c1} + 0.3f_{t2}A_{c2} \\ + 0.05f_{y1}A_{s1} + 0.05f_{y2}A_{s2})\zeta_c] \quad (10.3.2)$$

式中　f_{t1}——芯柱混凝土轴心抗拉强度设计值；
　　　f_{t2}——构造柱混凝土轴心抗拉强度设计值；
　　　A_{c1}——墙中部芯柱截面总面积；
　　　A_{c2}——墙中部构造柱截面总面积，$A_{c2}=bh$；
　　　A_{s1}——芯柱钢筋截面总面积；
　　　A_{s2}——构造柱钢筋截面总面积；
　　　f_{y1}——芯柱钢筋抗拉强度设计值；
　　　f_{y2}——构造柱钢筋抗拉强度设计值；
　　　ζ_c——芯柱和构造柱参与工作系数，可按表10.3.2采用。

芯柱和构造柱参与工作系数　　　　表 10.3.2

灌孔率 ρ	$\rho<0.15$	$0.15\leqslant\rho<0.25$	$0.25\leqslant\rho<0.5$	$\rho\geqslant0.5$
ζ_c	0	1.0	1.10	1.15

注：灌孔率指芯柱根数（含构造柱和填实孔洞数量）与孔洞总数之比。

10.3.3 无筋混凝土砌块砌体抗震墙的截面抗震受压承载力，应按本规范第5章计算的截面非抗震受压承载力除以承载力抗震调整系数进行计算。

【**例5.6.6**】 某混凝土小型砌块墙体，截面尺寸为190mm×5600mm，共有孔洞28个，砌体用MU15单排孔混凝土小型砌块、Mb7.5专用砌筑砂浆，对孔砌筑。芯柱截面为120mm×120mm，插筋为1Φ12HRB335级钢筋，混凝土强度等级为C30，假定墙体正应力影响系数 $\zeta_N=1.50$。砌体施工质量控制等级为B级。

提示：按《砌体结构设计规范》作答。

试问：
(1) 两端各灌实一孔芯柱，墙中部芯柱为2根，墙体的抗震受剪承载力设计值。
(2) 两端各灌实一孔芯柱，墙中部芯柱为4根，墙体的抗震受剪承载力设计值。

【**解答**】 (1) 两端灌实一孔，中部芯柱为2根：
查《砌规》表3.2.2，$f_v=0.08N/mm^2$。
$$f_{VE}=\zeta_N f_v=1.50\times0.08=0.12N/mm^2。$$
C20混凝土，$f_t=1.1N/mm^2$；1根Φ12的 $A_s=113.1mm^2$。
查《砌规》表10.1.5，两端均设芯柱，取 $\gamma_{RE}=0.9$。

灌孔率 $\rho=4/28=0.143$，查《砌规》表10.3.2，$\zeta_c=0$
根据规范式（10.3.2）：

$$V_u = \frac{1}{\gamma_{RE}}[f_{vE}A+(0.3f_{t1}A_{c1}+0.3f_{t2}A_{c2}+0.05f_{y1}A_{s1}+0.05f_{y2}A_{s2})\xi_c]$$

$$= \frac{1}{0.9} \times [0.12 \times 190 \times 5600 + 0.0]$$

$$= 141.9 \text{kN}$$

（2）两端各灌实一孔，中部芯柱为4根：

灌孔率 $\rho=\frac{6}{28}=0.214$，查规范表10.3.2，取 $\xi_c=1.0$

$$V_u = \frac{1}{0.9} \times [0.12 \times 190 \times 5600 + (0.3 \times 1.43 \times 120 \times 120 \times 4 + 0.3 \times 0 + 0.05 \times 300 \times 113.1 \times 6 + 0.05 \times 0) \times 1.0]$$

$$= 180.6 \text{kN}$$

2. 构造措施

- 复习《砌规》10.3.4条～10.3.9条。

第七节 《抗震通规》与《抗规》中砌体结构内容

一、砌体房屋抗震设计的一般规定

1. 多层房屋的层数和高度

- 复习《抗震通规》5.5.1条。
- 复习《抗规》7.1.2条

注意的是，《抗震通规》5.5.1条规定：

5.5.1
2 甲、乙类建筑不应采用底部框架-抗震墙砌体结构。

2. 抗震横墙的间距

- 复习《抗震通规》5.5.2条。
- 复习《抗规》7.1.5条。

两本规范的规定是相同的。

3. 其他规定

- 复习《抗规》7.1.3条、7.1.4条、7.1.6条、7.1.7条。

需注意的是：

（1）《抗规》表7.1.2中高度数值是按"有效数字"控制，比如：6度，多层砌体房屋，高度≤21m，其高度是指：高度≤21.4m，小数点后一位按四舍五入原则。

(2)《抗规》7.1.2条表7.1.2注2的规定及其条文说明。

(3)《抗规》7.1.3条中约束砌体抗震墙的定义,在该条条文说明中指出:

> 7.1.3(条文说明)
>
> 约束砌体,大体上指间距接近层高的构造柱与圈梁组成的砌体、同时拉结网片符合相应的构造要求,可参见本规范第7.3.14、7.5.4、7.5.5条等。

(4)《抗规》7.1.6条表7.1.6中外墙尽端的定义,在该条条文说明中进行了解释。

【例5.7.1】 某多层烧结多孔砖砌体中学教学楼,抗震设防烈度为8度(0.20g),其平面布置如图5.7.1所示,各层墙上下对齐,外墙厚370mm,内墙厚240mm。

试问:该砌体结构层数及其总高度H(m)的限值为多少?

提示:按《建筑抗震设计规范》计算。

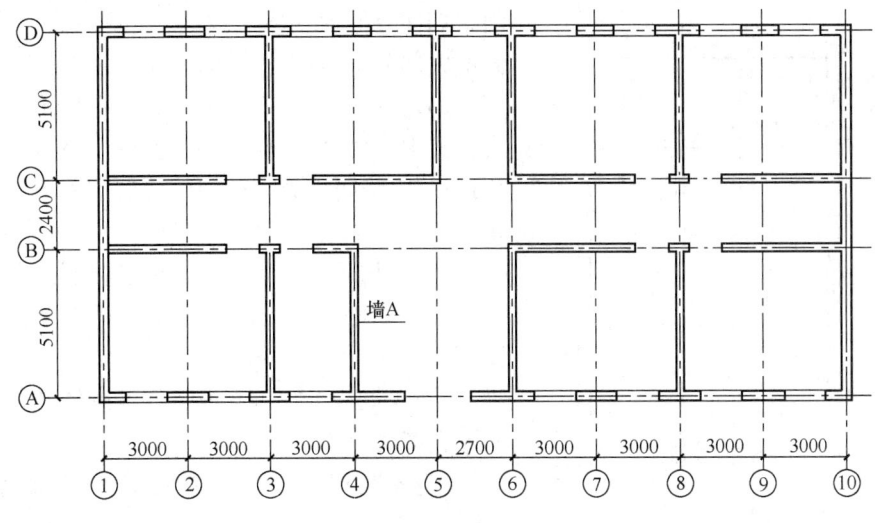

图5.7.1 平面布置图

【解答】 (1)中学教学楼,根据《设防分类标准》6.0.8条,该工程应为乙类建筑。

(2)根据《抗规》表7.1.2,8度(0.20g),烧结多孔砖,取层数为6层、高度为18m。

(3)根据《抗规》表7.1.2注3的规定,乙类建筑,故该工程取层数为6-1=5层,高度为18-3=15m。

(4)根据《抗规》第2款注的规定:

开间大于4.8m的房间占该层总面积为:

$$\frac{5.1 \times 6 \times 7}{(3 \times 8 + 2.7) \times (5.1 \times 2 + 2.4)} = 63.8\% > 50\%$$

开间不大于4.2m的房间占该层总面积为:

$$\frac{5.1 \times 3 + 2.7 \times 5.1}{(3 \times 8 + 2.7) \times (5.1 \times 2 + 2.4)} = 8.6\% < 20\%$$

故属于横墙很少,则该工程取层数为 5-1-1=3 层,高度 $H=15-3-3=9\text{m}$。

二、多层砌体结构的地震作用与结构抗震验算

- 复习《抗规》5.2.1 条~5.2.6 条。
- 复习《抗规》7.2.1 条、7.2.2 条、7.2.3 条。

需注意的是:

(1)《抗规》5.2.1 条明确了 α_1 的计取,即:多层砌体房屋、底部框架砌体房屋,宜取 $\alpha_1 = \alpha_{\max}$。

δ_n 的计取,砌体房屋(包括多层砌体房屋、底部框架砌体房屋)可采用 0.0。

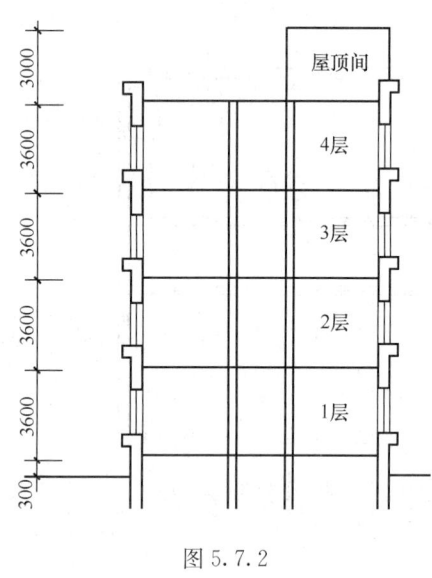

图 5.7.2

(2)《抗规》5.2.4 条规定突出屋面的屋顶间、烟囱等的地震作用效应,宜乘以增大系数 3,此增大部分不应往下传递。

(3)《抗规》5.2.5 条规定了楼层最小地震剪力;其中,对竖向不规则结构的薄弱层,λ 应为 1.15λ;对竖向不规则结构的薄弱层的 V_{EKi} 应乘以相应的增大系数,具体见《抗规》7.2.4 条。

(4)《抗规》5.2.6 条规定了楼层水平地震剪力的分配原则,分为刚性楼盖、柔性楼盖、半刚性楼盖。

(5)《抗规》7.2.1 条明确了砌体结构房屋可采用底部剪力法。

(6)《抗规》7.2.2 条明确了选取墙段的原则。

(7)《抗规》7.2.3 条明确了砌体墙段的层间等效侧向刚度的计算。

- 复习《抗震通规》4.3.1 条、4.3.2 条。

1. 楼层水平地震剪力计算

【例 5.7.2】 某四层砖砌体房屋,尺寸如图 5.7.2 所示,抗震设防烈度为 7 度,场地类别为 Ⅱ 类,设计地震分组为第一组,楼盖及屋盖均采用预应力混凝土空心板,横墙承重,楼梯间突出屋顶。楼面活荷载的组合系数取 0.5,屋面活荷载的组合系数取 0,经计算各层重力荷载代表值为:屋顶层 $G_5=210\text{kN}$;第四层 $G_4=3760\text{kN}$;第三层、第二层 $G_3=G_2=4410\text{kN}$;第一层 $G_1=4840\text{kN}$。基础埋置较深,设刚性地坪。

试问:确定各楼层的水平地震剪力标准值。

【解答】 查《抗规》表 5.1.4-1,$\alpha_{\max}=0.08$

由《抗规》5.2-1 知,$\alpha_1=\alpha_{\max}$

$G_{eq}=0.85\Sigma G_i=0.85\times(4840+4410+4410+3760+210)=14985.5\text{kN}$

由《抗规》5.2.1 条,

$$F_{Ek} = \alpha_1 G_{eq} = 0.08 \times 14985.5 = 1198.8 \approx 1199 \text{kN}$$

由《抗规》5.2.1 条知，$\delta_n = 0$

$$F_i = \frac{G_i H_i}{\sum_{i=1}^{5} G_j H_j} F_{Ek}$$

具体计算过程见表 5.7.1。表中，首层计算高度 H_1：

$$H_1 = 3.6 + 0.3 + 0.5 = 4.4 \text{m}$$

$V_5 = 3 \times F_5$，$V_4 = F_4 + F_5$，$V_3 = F_3 + F_4 + F_5$，$V_2 = F_2 + F_3 + F_4 + F_5$

$V_1 = F_1 + F_2 + F_3 + F_4 + F_5$

楼层地震剪力标准值计算　　　　表 5.7.1

分项 楼 层	G_i (kN)	H_i (m)	$G_i H_i$ (kN·m)	$G_i H_i / \sum_{j=1}^{5} G_j H_j$	F_i (kN)	V_i (kN)
屋顶间	210	18.2	3822	0.023	27.6	27.6×3=82.8
4	3760	15.2	57152	0.339	406.5	434.1
3	4410	11.6	51156	0.303	363.3	797.4
2	4410	8.0	35280	0.209	250.6	1048
1	4840	4.4	21296	0.126	151.1	1199
Σ	17630	—	168706	—	1199	—

思考：若验算楼层最小地震剪力，则：

场地类别为Ⅱ类，设计地震分组为第一组，查《抗规》表 5.1.4-2 知，特征周期 $T_g = 0.35$s，砌体结构的基本自振周期 $T_1 < T_g = 0.35$s，故查《抗规》表 5.2.5 得，$\lambda = 0.016$。

由《抗规》5.2.5 条：

$V_5 = 82.8 \text{kN} > V_5^{\min} = 0.016 \times 210 = 3.36 \text{kN}$

$V_4 = 434.1 \text{kN} > V_4^{\min} = 0.016 \times (210 + 3760) = 63.52 \text{kN}$

$V_3 = 797.4 \text{kN} > V_3^{\min} = 0.016 \times (210 + 3760 + 4410) = 134.08 \text{kN}$

$V_2 = 1048 \text{kN} > V_2^{\min} = 0.016 \times (210 + 3760 + 4410 \times 2) = 204.64 \text{kN}$

$V_1 = 1199 \text{kN} > V_1^{\min} = 0.016 \times (210 + 3760 + 4410 \times 2 + 4840) = 282.08 \text{kN}$

故满足要求。

【例 5.7.3】 对砌体房屋进行截面抗震承载力验算时，就如何确定不利墙段的下述不同见解，其中何项组合的内容是全部正确的？说明理由。

Ⅰ：选择竖向应力较大的墙段；Ⅱ：选择竖向应力较小的墙段；Ⅲ：选择从属面积较大的墙段；Ⅳ：选择从属面积较小的墙段。

　　（A）Ⅰ+Ⅲ　　　　（B）Ⅰ+Ⅳ　　　　（C）Ⅱ+Ⅲ　　　　（D）Ⅱ+Ⅳ

【解答】 查《抗规》7.2.2 条，应选（C）项。

2. 墙体侧向刚度与楼层地震剪力在各墙体间的分配

● (1) 砌体墙体的侧向刚度

在墙体顶端施加一单位力所产生的侧移称为墙体的侧移柔度（δ），侧移柔度的倒数即

为墙体的侧向刚度 $\left(K=\dfrac{1}{\delta}\right)$。墙体在侧向力作用下一般包括弯曲变形、剪切变形两部分。

砌体墙体上端有侧移无转动时的刚度，如图5.7.3所示，下端固定、上端嵌固，墙厚为 t，则：

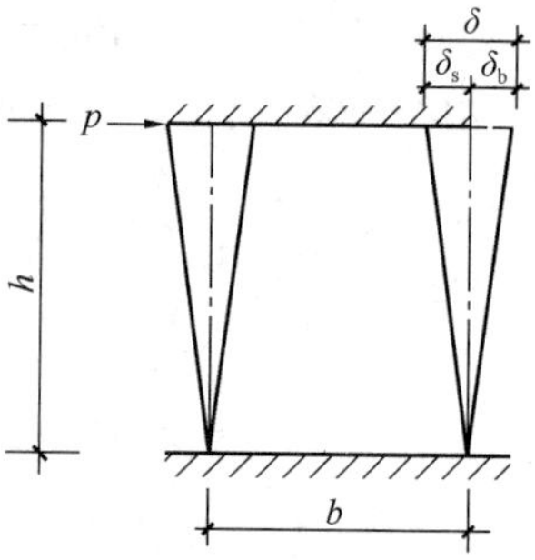

弯曲变形：$\delta_b=\dfrac{h^3}{12EI}=\dfrac{1}{Et}\left(\dfrac{h}{b}\right)^3$

剪切变形：$\delta_s=\dfrac{\zeta h}{AG}=\dfrac{\zeta h}{btG}$

特别是为矩形截面时，取 $\zeta=1.2$，$G=0.4E$，则：

$$\delta_s=\dfrac{3}{Et}\cdot\dfrac{h}{b}$$

图5.7.3

式中 h——砌体墙体高度；

b、t——分别为墙体的宽度和厚度；

I——砌体墙体的水平截面惯性矩，$I=\dfrac{1}{12}b^3 t$；

A——砌体墙体水平截面面积；

ζ——截面剪应力不均匀系数；

E、G——分别为砌体弹性模量、剪变模量，取 $G=0.4E$。

砌体墙体侧向刚度 K：$K=\dfrac{1}{\delta_b+\delta_s}=\dfrac{Et}{\dfrac{h}{b}\left[\left(\dfrac{h}{b}\right)^2+3\right]}$

当忽略弯曲变形时，$K=\dfrac{1}{\delta_s}=\dfrac{Et}{3\dfrac{h}{b}}=\dfrac{GA}{1.2h}$

为此，《抗规》7.2.3条对墙体的层间等效侧向刚度计算作出了具体规定：

> 7.2.3 进行地震剪力分配和截面验算时，砌体墙段的层间等效侧向刚度应按下列原则确定：
>
> 1 刚度的计算应计及高宽比的影响。高宽比小于1时，可只计算剪切变形；高宽比不大于4且不小于1时，应同时计算弯曲和剪切变形；高宽比大于4时，等效侧向刚度可取0.0。
>
> 注：墙段的高宽比指层高与墙长之比，对门窗洞边的小墙段指洞净高与洞侧墙宽之比。
>
> 2 墙段宜按门窗洞口划分；对设置构造柱的小开口墙段按毛墙面计算的刚度，可根据开洞率乘以表7.2.3的墙段洞口影响系数：

墙段洞口影响系数			表7.2.3
开洞率	0.10	0.20	0.30
影响系数	0.98	0.94	0.88

> 注：1 开洞率为洞口水平截面积与墙段水平毛截面积之比，相邻洞口之间净宽小于500mm的墙段视为洞口；
> 2 洞口中线偏离墙段中线大于墙段长度的1/4时，表中影响系数值折减0.9；门洞的洞顶高度大于层高80%时，表中数据不适用；窗洞高度大于50%层高时，按门洞对待。

同时,《底部框架-抗震墙砌体房屋抗震技术规程》JGJ 248—2012 附录 A 规定:

> A.0.2 上部砌体抗震墙、底层框架-抗震墙砌体房屋中的底层约束普通砖砌体抗震墙或约束小砌块砌体抗震墙的层间侧向刚度可采用下列方法进行计算:
> 1 墙片宜按门窗洞口划分为墙段;
> 2 墙段的层间侧向刚度可按下列原则进行计算:
>   1) 对于无洞墙段的层间侧向刚度,当墙段高宽比小于1.0时,可仅考虑其剪切变形,按式(A.0.2-1)计算;当墙段高宽比不小于1.0且不大于4.0时,应同时考虑其剪切和弯曲变形,按式(A.0.2-2)计算;当墙段的高宽比大于4.0时,不考虑其侧向刚度;
>   注:墙段的高宽比指层高与墙段长度之比,对门窗洞边的小墙段指洞净高与洞侧墙段宽之比。
>
> $$K_b = \frac{GA}{1.2h} \quad (A.0.2-1)$$
>
> $$K_b = \frac{1}{\frac{1.2h}{GA} + \frac{h^3}{12EI}} = \frac{GA}{h(1.2 + 0.4h^2/b^2)} = \frac{EA}{h(3 + h^2/b^2)} \quad (A.0.2-2)$$
>
> 式中 K_b——墙段的层间侧向刚度(N/mm);
>
> E、G——分别为砌体墙的弹性模量(N/mm²)和剪变模量(N/mm²);
>
> h——该层的层高(mm),对门窗洞边的小墙段为洞净高;
>
> b——墙段长度(mm),对门窗洞边的小墙段为洞侧墙段宽;
>
> A——墙段的水平截面面积(mm²)。
>
>   2) 对于设置构造柱的小开口墙段,可按无洞墙段计算的刚度,根据开洞率情况乘以表 A.0.2 的洞口影响系数:
>
> 小开口墙段洞口影响系数　　　　　　　　表 A.0.2
>
> | 开洞率 | 0.10 | 0.20 | 0.30 |
> |---|---|---|---|
> | 影响系数 | 0.98 | 0.94 | 0.88 |
>
> 注:1 开洞率为洞口水平截面积与墙段水平毛截面积之比;
>   2 本表中洞口影响系数的适用范围如下:
>   1) 门洞的高度不超过墙段层间计算高度的80%;
>   2) 内墙门、窗洞边离墙段端部净距离不小于500mm;
>   3) 当窗洞高度大于墙段高的50%时,与开门洞同样处理;当小于墙段高的50%时,表中影响系数可乘以1.1;
>   4) 相邻洞口之间净宽小于500mm的墙段视为洞口;
>   5) 洞口中线偏离墙段中线的距离大于墙段长度的1/4时,表中影响系数应乘以0.9。
>
> 3 复杂大开洞墙片的层间侧向刚度可按下列原则进行计算:
>   1) 一般可根据墙体开洞的实际情况,沿高度分段求出各墙段在单位水平力作用下的侧移 δ_n,求和得到整个墙片在单位水平力作用下的顶点侧移值 δ,取其倒数得到该墙片的层间侧向刚度;
>   2) 对于图 A.0.2-1 所示的等高大开洞墙片,可采用式(A.0.2-3)计算;对于图 A.0.2-2 所示的有两个以上高度或位置大开洞的墙片,可采用式(A.0.2-4)~式(A.0.2-7)计算;

$$K_{bj} = \frac{1}{\delta} = \frac{1}{\Sigma \delta_n}(n=1,2; 或 n=1,2,3) \quad (A.0.2\text{-}3)$$

$$K_{bj} = \frac{1}{\delta} \quad (A.0.2\text{-}4)$$

图 A.0.2-2(a)、(b) 中：

$$\delta = \delta_1 + \cfrac{1}{\cfrac{1}{\delta_2+\delta_3}+\cfrac{1}{\delta_4}} \quad (A.0.2\text{-}5)$$

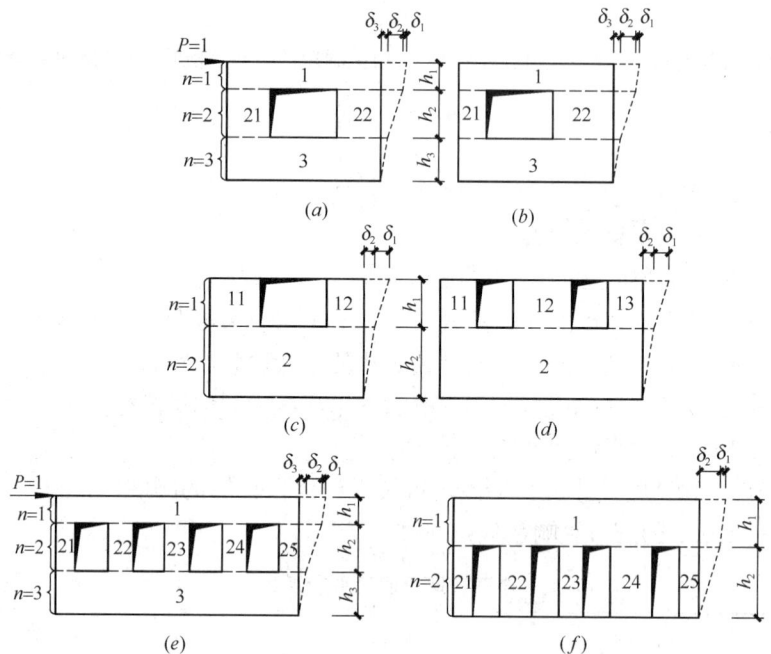

图 A.0.2-1 多个等高大开洞墙片的墙段划分

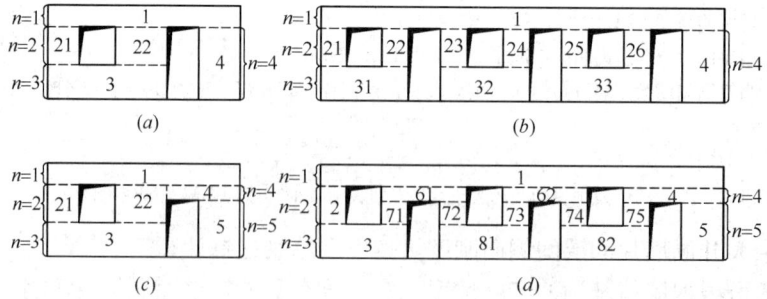

图 A.0.2-2 多个不等高大开洞墙片的墙段划分

图 A.0.2-2(c) 中：

$$\delta = \delta_1 + \cfrac{1}{\cfrac{1}{\delta_2+\delta_3}+\cfrac{1}{\delta_4+\delta_5}} \quad (A.0.2\text{-}6)$$

图 A.0.2-2(d) 中：

$$\delta = \delta_1 + \cfrac{1}{\cfrac{1}{\delta_2+\delta_3}+\cfrac{1}{\delta_4+\delta_5}+\cfrac{1}{\delta_6+\delta_7+\delta_8}} \quad (A.0.2\text{-}7)$$

式中　δ_n（$n=1,2,3,\cdots$）——第 n 墙段在单位水平力作用下的侧移（mm）；
　　　K_{bj}——第 j 片墙的层间侧向刚度（N/mm）。

　　3）在选择开洞墙层间侧向刚度的计算方法时，应对同一种类型墙体（承重墙或自重墙）采用同一种方法。
　　4　计算砌体抗震墙的层间侧向刚度时，可计入其中部构造柱的作用。

- (2) 钢筋混凝土抗震墙和配筋小砌块抗震墙的侧向刚度

《底部框架-抗震墙砌体房屋抗震技术规程》JGJ 248—2012 附录 A 规定：

　　A.0.1　底层框架-抗震墙砌体房屋中，底层钢筋混凝土抗震墙或配筋小砌块砌体抗震墙的层间侧向刚度可采用下列方法进行计算：
　　1　无洞钢筋混凝土抗震墙的层间侧向刚度可按式（A.0.1-1）计算；无洞配筋小砌块砌体抗震墙的层间侧向刚度可按式（A.0.1-2）计算：

$$K_{cwj} = \cfrac{1}{\cfrac{1.2h}{G_c A}+\cfrac{h^3}{6E_c I}} \quad (A.0.1\text{-}1)$$

$$K_{gwj} = \cfrac{1}{\cfrac{1.2h}{G_g A}+\cfrac{h^3}{6E_g I}} \quad (A.0.1\text{-}2)$$

式中　K_{cwj}——底层第 j 片钢筋混凝土抗震墙的层间侧向刚度（N/mm）；
　　　K_{gwj}——底层第 j 片配筋小砌块砌体抗震墙的层间侧向刚度（N/mm）；
　　　E_c、G_c——分别为底层钢筋混凝土抗震墙的混凝土弹性模量（N/mm²）和剪变模量（N/mm²）；
　　　E_g、G_g——分别为底层配筋小砌块砌体抗震墙的弹性模量（N/mm²）和剪变模量（N/mm²）；
　　　I、A——分别为底层钢筋混凝土抗震墙（包括边框柱）或配筋小砌块砌体抗震墙的截面惯性矩（mm⁴）和截面面积（mm²）；
　　　h——底层钢筋混凝土抗震墙或配筋小砌块砌体抗震墙的计算高度（mm）。
　　2　开洞的钢筋混凝土抗震墙或配筋小砌块砌体抗震墙的层间侧向刚度，可按照本附录第 A.0.2 条第 3 款的基本原则进行计算。

【例 5.7.4】 第二层某外墙剖面如图 5.7.4 所示，墙厚 370mm，墙洞宽 0.8m，高 1.5m。窗台高于楼面 0.9m，砌体的弹性模量为 E（MPa）。
　　试问：该外墙层间等效侧向刚度（N/mm）应与下列何项数值最为接近？
　　(A) $235E$　　(B) $285E$　　(C) $345E$　　(D) $222E$

【解答】 洞口高度与层高之比为 $\dfrac{1.5}{3}=0.5$，按窗洞对待。

根据《抗规》表 7.2.3 注 1 的规定：

开洞率 $\rho = \dfrac{2 \times 0.8 \times 0.370}{6 \times 0.370} = 0.267$，查《抗规》表 7.2.3，洞口影响系数 $\mu = 0.94 - \dfrac{0.267 - 0.2}{0.3 - 0.2} \times (0.94 - 0.88) = 0.8998 \approx 0.90$

又 $h/b = 3/6 = 0.5 < 1$，根据《抗规》7.2.3 条第 1 款，只计入剪切变形，则：

$$K = \dfrac{\mu \cdot AG}{\zeta h} = \dfrac{0.90 \times 0.4E \times 370 \times 6000}{1.2 \times 3000} = 222E$$

故应选（D）项。

【例 5.7.5】 某多层砌体结构第一层外墙局部墙段立面如图 5.7.5 所示，当进行地震剪力分配时，试问，计算该砌体墙段层间等效侧向刚度所采用的洞口影响系数，应与下列何项数值最为接近？

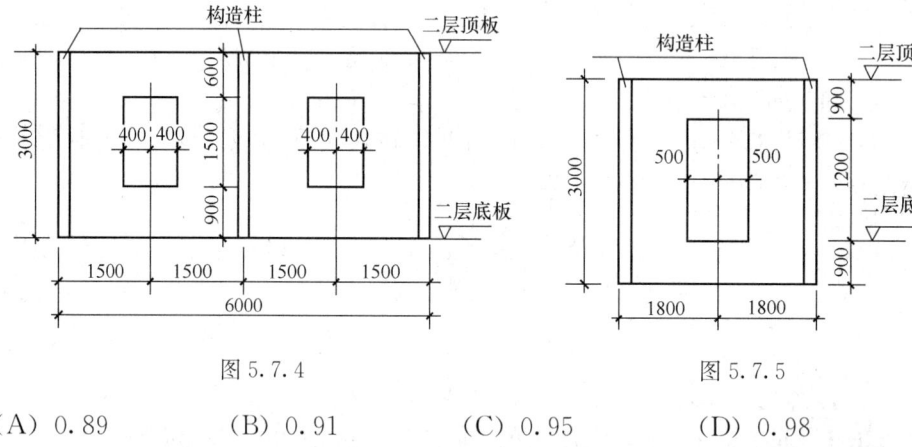

图 5.7.4　　　　　　　　图 5.7.5

(A) 0.89　　(B) 0.91　　(C) 0.95　　(D) 0.98

【解答】 由《抗规》7.2.3 条表 7.2.3 注的规定，洞口高度与层高之比 $\dfrac{1.2}{3.0} = 0.4 < 0.5$，故按窗洞考虑，开洞率 $\rho = \dfrac{1.0 \times 0.37}{3.6 \times 0.37} = 0.278$

查《抗规》表 7.2.3，洞口影响系数为：

$$\mu = 0.94 - \dfrac{0.278 - 0.20}{0.30 - 0.20} \times (0.94 - 0.88) = 0.8932$$

故应选（A）项。

【例 5.7.6】 已知某砌体墙体的截面如图 5.7.6 所示，窗洞尺寸 $b \times h = 1.8 \text{m} \times 1.5 \text{m}$，门洞尺寸 $b \times h = 0.9 \text{m} \times 2.4 \text{m}$。

试问：该墙体的等效侧向刚度为多少？

【解答】 根据《抗规》7.2.3 条第 1 款及其注的规定：

令 $Et = 1.0$，为简化计算采用相对侧向刚度。

(1) 墙段 1

$\dfrac{h}{b} = \dfrac{0.6}{8.7} = 0.069 < 1$，只计算剪切变形

$$K_1 = \dfrac{Et}{3 \dfrac{h}{b}} = \dfrac{1.0}{3 \times 0.069} = 4.831$$

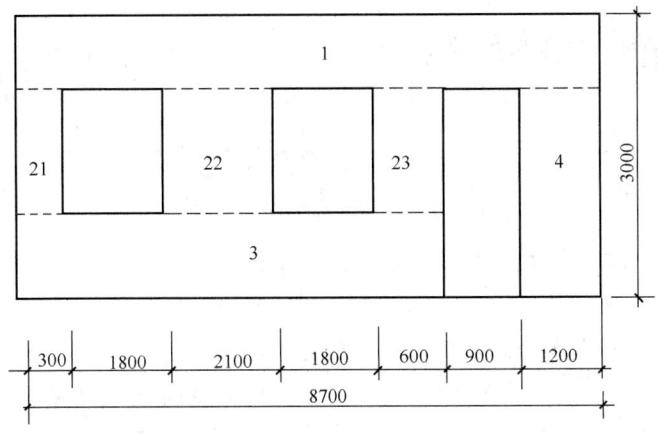

图 5.7.6

$$\delta_1 = \frac{1}{K_1} = 0.207$$

(2) 墙段 2

墙肢 21：$\frac{h}{b} = \frac{1.5}{0.3} = 5 > 4$，其等效侧向刚度为 0.0

墙肢 22：$\frac{h}{b} = \frac{1.5}{2.1} = 0.714 < 1$，只计算剪切变形

$$K_{22} = \frac{Et}{3\frac{h}{b}} = \frac{1.0}{3 \times 0.714} = 0.467$$

$$\delta_{22} = 2.142$$

墙肢 23：$\frac{h}{b} = \frac{1.5}{0.6} = 2.5 \begin{smallmatrix} <4 \\ >1 \end{smallmatrix}$，同时计算剪切变形和弯曲变形

$$K_{23} = \frac{Et}{3\frac{h}{b} + \left(\frac{h}{b}\right)^3} = \frac{1.0}{3 \times 2.5 + 2.5^3} = 0.043$$

$$\delta_{23} = 23.125$$

墙段 2：$K_2 = K_{21} + K_{22} + K_{23} = 0 + 0.467 + 0.043 = 0.51$

$$\delta_2 = 1.961$$

(3) 墙段 3

$\frac{h}{b} = \frac{0.9}{6.6} = 0.136 < 1$，只计算剪切变形

$$K_3 = \frac{Et}{3\frac{h}{b}} = \frac{1.0}{3 \times 0.136} = 2.451$$

$$\delta_3 = 0.408$$

(4) 墙段 4

$\frac{h}{b} = \frac{2.4}{1.2} = 2 \begin{smallmatrix} \leq 4 \\ >1 \end{smallmatrix}$，同时计算剪切变形和弯曲变形

$$K_4 = \frac{Et}{3\frac{h}{b} + \left(\frac{h}{b}\right)^3} = \frac{1.0}{3 \times 2 + 2^3} = 0.071$$

$$\delta_4 = 14.0$$

所以整个墙体的侧向刚度 K_b 为：

$$\delta = \delta_1 + \cfrac{1}{\cfrac{1}{\delta_2+\delta_3}+\cfrac{1}{\delta_4}} = 0.207 + \cfrac{1}{\cfrac{1}{1.961+0.408}+\cfrac{1}{14.0}} = 2.233$$

$$K_b = \frac{1}{\delta} = \frac{1}{2.233} = 0.448$$

上述为相对侧向刚度，$Et=1$，则 K_b 的等效侧向刚度为：

$$K_b = 0.448Et$$

- (3) 楼层水平地震剪力在各墙体之间的分配

楼层水平地震剪力 V_i 一般假定由各层与 V_i 方向一致的各抗震墙体共同承担，即横向水平地震作用全部由横墙承担；纵向水平地震作用全部由纵墙承担。

楼层水平地震剪力 V_i 在各墙体间的分配主要取决于楼盖（屋盖）的水平刚度和各墙体的侧移刚度。为此，《抗规》5.2.6 条规定了分配原则：

> 5.2.6 结构的楼层水平地震剪力，应按下列原则分配：
> 1 现浇和装配整体式混凝土楼、屋盖等刚性楼盖建筑，宜按抗侧力构件等效刚度的比例分配。
> 2 木楼盖、木屋盖等柔性楼盖建筑，宜按抗侧力构件从属面积上重力荷载代表值的比例分配。
> 3 普通的预制装配式混凝土楼、屋盖等半刚性楼、屋盖的建筑，可取上述两种分配结果的平均值。
> 4 计入空间作用、楼盖变形、整体弹塑性变形和扭转的影响时，可按本规范各有关规定对上述分配结果作适当调整。

【例 5.7.7】 某三层砌体结构，采用钢筋混凝土现浇楼层，其第二层纵向各墙段的层间等效侧向刚度值见表 5.7.2，该层纵向水平地震剪力标准值为 $V_E=300kN$。

试问：墙段 3 应承担的水平地震剪力标准值 V_{E3}（kN），应与下列何项数值最为接近？

表 5.7.2

墙段编号	1	2	3	4
每个墙段的层间等效侧向刚度（$kN \cdot m^{-1}$）	0.0025E	0.005E	0.01E	0.15E
各个墙段的总数量（个）	4	2	1	2

(A) 5　　　　(B) 9　　　　(C) 14　　　　(D) 20

【解答】 现浇钢筋混凝土楼盖，根据《抗规》5.2.6 条第 1 款、《抗规》5.1.1 条：

$$V_{E3k} = \frac{1\times 0.01E}{4\times 0.0025E + 2\times 0.005E + 1\times 0.01E + 2\times 0.15E} \times 300$$

$$= 9.1kN$$

故应选（B）项。

(1) 刚性楼盖（横向楼层地震剪力在抗震横墙间分配）（第一次分配）

房屋抗震横墙间距，应符合《抗规》7.1.5条规定。

$$V_{ij} = \frac{K_{ij}}{\sum_{j=1}^{m} K_{ij}} V_i$$

式中 V_{ij}——为第i层楼层中，第j道横墙的地震剪力；

　　　K_{ij}——为第j道横墙的侧向刚度，$j=1,2,\cdots,m$；

　　　m——为第i层的横墙数目；

　　　V_i——为第i层楼层的地震剪力。

若同一层墙体材料、高度均相同，各道横墙的高宽比属于同一范围的情况下，上述计算公式可简化。对于多层砌体房屋，一般可只考虑剪切变形 $\left(K = \frac{AG}{\zeta h}\right)$，故上述公式简化为：

$$V_{ij} = \frac{A_{ij}}{\sum_{j=1}^{m} A_{ij}} V_i$$

式中 A_{ij}——为第i层第j道墙体的净横截面面积。

对刚性楼盖，当各片横墙高度、材料相同，其楼层水平地震剪力可按各片横墙的净横截面面积的比例进行分配。

（2）柔性楼盖（横向楼层地震剪力在抗震横墙间分配）（第一次分配）

$$V_{ij} = \frac{G_{ij}}{G_i} V_i$$

式中 G_{ij}——第i层楼盖上第j道墙与左右两侧相邻横墙之间各一半楼盖面积（从属面积）上承担的重力荷载代表值之和；

　　　G_i——第i层楼盖上所承担的总承力荷载。

当楼层上重力荷载均匀分布时，上式计算可简化为：

$$V_{ij} = \frac{A_{ij}^{f}}{A_i^{f}} V_i$$

式中 A_{ij}^{f}——第i层楼盖上第j道墙体的从属面积；

　　　A_i^{f}——第i层楼盖总面积。

（3）半刚性楼盖（横向楼层地震剪力在抗震横墙间分配）（第一次分配）

$$V_{ij} = \frac{1}{2}\left(\frac{K_{ij}}{\sum_{j=1}^{m} K_{ij}} + \frac{G_{ij}}{G_i}\right) V_i$$

当墙高、材料相同，只计算剪切变形，且楼盖上重力荷载分布均匀时，上式可简化为：

$$V_{ij} = \frac{1}{2}\left(\frac{A_{ij}}{A_i} + \frac{A_{ij}^{f}}{A_i^{f}}\right) V_i$$

运用上述计算公式时，需注意的是：

①A_{ij}取墙体的净横截面面积。

② A_{ij}^f 从属面积的计算，是指墙体所承担地震作用的面积；它与墙体承担竖向荷载的负荷面积有本质区别。两者面积也不完全相等。

③ 同一建筑物，各层采用不同类型楼屋盖时，应按不同楼屋盖类型分别进行计算。

(4) 同一道墙上各墙肢间地震剪力的分配（第二次分配）

在同一道墙上，门窗洞口之间各墙肢所承担的地震剪力可按各墙肢的侧移刚度比例再进行分配，即第二次分配。设第 i 层第 j 道墙上共划分出 s 个墙肢，则第 r 墙肢分配的地震剪力为：

$$V_{jr,i} = \frac{K_{jr,i}}{\sum_{r=1}^{s} K_{jr,i}} V_{ij}$$

式中，$K_{jr,i}$ 为第 i 层第 j 道墙体的第 r 墙肢的侧向刚度。

(5) 纵向楼层地震剪力的分配

《建筑抗震设计手册》建议，对现浇钢筋混凝土楼盖、装配式钢筋混凝土楼层，均可按纵墙的侧向刚度比例进行分配；对柔性楼盖，可按纵向墙体的从属面积比例进行分配。

【例 5.7.8】 某五层烧结普通砖砌体办公楼，装配式钢筋混凝土楼盖，平面如图 5.7.7 所示，外纵墙为 370mm，其余均为 240mm 墙，采用 MU10 烧结普通砖，混合砂浆为 M7.5；经计算，首层横向水平地震剪力标准值为 1600kN。砌体施工质量控制等级为 B 级。

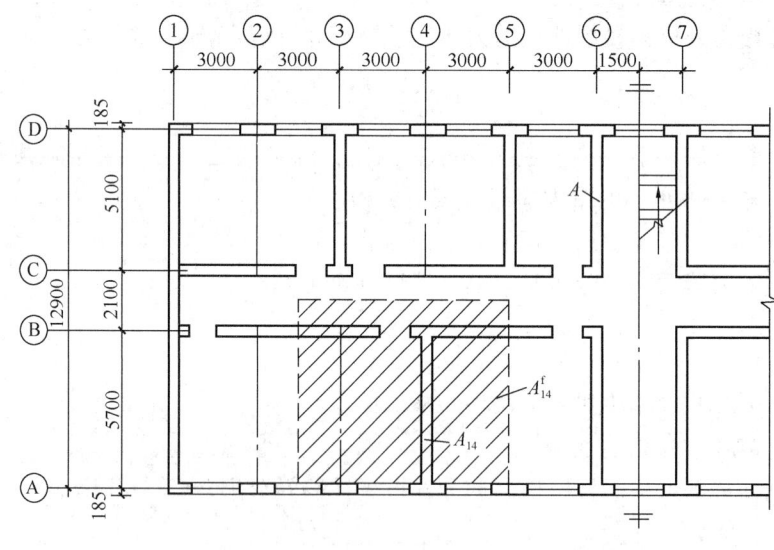

图 5.7.7

试问：

(1) 墙体横向地震剪力验算时，应选择哪一个轴线进行验算？

(2) 若已知首层④轴线横墙每延米长重力荷载代表值作用下的压力值为 250kN，验算该横墙截面抗震承载力。

提示：按《建筑抗震设计规范》计算。

【解答】 (1) 本题目楼盖属半刚性楼盖，由《抗规》5.2.6 条第 3 款规定，应选择承担重力荷载代表值大的横墙，即从属面积大的横墙，即④轴横墙；同时，从墙体截面承载力角度，应选择竖向压应力 σ_0 小的、砌体抗剪强度低的墙段，图中①、③、④、⑤轴四

道墙段受 σ_0 引起的抗剪强度正应力影响系数 ζ_N 相差不大，故选④轴横墙较合理。

(2) 验算抗震承载力

1) 确定首层④轴横墙承受的地震剪力设计值。

④轴横墙净截面面积：$A_{14} = \left(5.7 + \dfrac{0.37}{2} + \dfrac{0.24}{2}\right) \times 0.24 = 1.441 \text{m}^2$

首层横墙净截面面积：

$$A_1 = \left[(12.9 + 0.37) + 3 \times \left(5.1 + \dfrac{0.37}{2} + \dfrac{0.24}{2}\right) + 2 \times \left(5.7 + \dfrac{0.37}{2} + \dfrac{0.24}{2}\right)\right]$$
$$\times 0.24 \times 2$$
$$= [13.27 + 16.215 + 12.01] \times 0.24 \times 2 = 19.918 \text{m}^2$$

④轴横墙分担的重力荷载代表值面积，如图中阴影面积：

$$A_{14}^f = (3 + 4.5) \times \left(5.7 + \dfrac{2.1}{2} + \dfrac{0.37}{2}\right) = 52.01 \text{m}^2$$

$$A_1^f = (12.9 + 0.37) \times (3 \times 5 + 1.5 + 0.12) \times 2 = 441.09 \text{m}^2$$

首层④轴横墙分担的水平地震剪力设计值：

$$V_{14} = \dfrac{1}{2}\left(\dfrac{A_{14}}{A_1} + \dfrac{A_{14}^f}{A_1^f}\right) V_1 \times 1.3$$
$$= \dfrac{1}{2}\left(\dfrac{1.441}{19.918} + \dfrac{52.01}{441.09}\right) \times 1600 \times 1.3$$
$$= 197.87 \text{kN}$$

2) 抗震承载力验算

$$\sigma_0 = \dfrac{250 \times 10^3}{0.24 \times 1 \times 10^6} = 1.042 \text{MPa}$$

M7.5 混合砂浆，查规范表，$f_v = 0.14 \text{N/mm}^2$

$\dfrac{\sigma_0}{f_v} = \dfrac{1.042}{0.14} = 7.44$，查《抗规》表 7.2.6，

$$\zeta_N = 1.65 + \dfrac{7.44 - 7}{10 - 7}(1.90 - 1.65) = 1.69$$

$$f_{VE} = \zeta_N f_v = 1.69 \times 0.14 = 0.2366 \text{N/mm}^2$$

$\dfrac{f_{VE} A}{\gamma_{RE}} = \dfrac{0.2366 \times 1.441 \times 10^6}{1.0} = 340.9 \text{kN} > V_{14} = 197.87 \text{kN}$，故满足要求。

思考：(1) 本题中，假定楼盖为装配整体式钢筋混凝土楼盖，则④轴横墙分担的水平地震剪力设计值为：

$$V_{14} = \dfrac{A_{14}}{A_1} \cdot V_1 \times 1.3 = \dfrac{1.441}{19.918} \times 1600 \times 1.3 = 150.48 \text{kN}$$

(2) ⑥轴～⑦轴为楼梯间，仍为装配式钢筋混凝土楼盖其他条件不变。试确定⑥轴线上ⓒ～Ⓓ间墙段 A 承担的水平地震剪力设计值。

A 横墙的右边为楼梯间，其重力荷载代表值面积，即从属面积应包括楼梯间水平洞口，取洞口宽度一半进行计算，则

$$A_A^f = \left(\dfrac{3.0}{2.0} + 1.5\right) \times \left(5.1 + \dfrac{2.1}{2} + \dfrac{0.37}{2}\right) = 19.005 \text{m}^2$$

$$A_1^f = 441.09 \text{m}^2$$

$$A_A = \left(5.1 + \frac{0.24}{2} + \frac{0.37}{2}\right) \times 0.24 = 1.441 \text{m}^2$$

$A_1 = 19.918\text{m}^2$（前述结果得到）

$$V_A = \frac{1}{2}\left(\frac{A_A}{A_1} + \frac{A_A^f}{A_1^f}\right)V_1 \times 1.3 = \frac{1}{2}\left(\frac{1.441}{19.918} + \frac{19.005}{441.09}\right) \times 1600 \times 1.3$$

$$= 120.05 \text{kN}$$

【例 5.7.9】 某多层砖砌体结构办公楼，其底层平面如图 5.7.8 所示。外墙厚 370mm，内墙厚 240mm，墙均居轴线中。底层层高 3.4m，室内外高差 300mm，基础顶面标高低于室外标高 0.8m。墙体采用 MU10 烧结多孔砖、M10 混合砂浆砌筑，楼屋面板采用现浇钢筋混凝土板。砌体施工质量控制等级为 B 级。

提示：按《建筑抗震设计规范》计算。

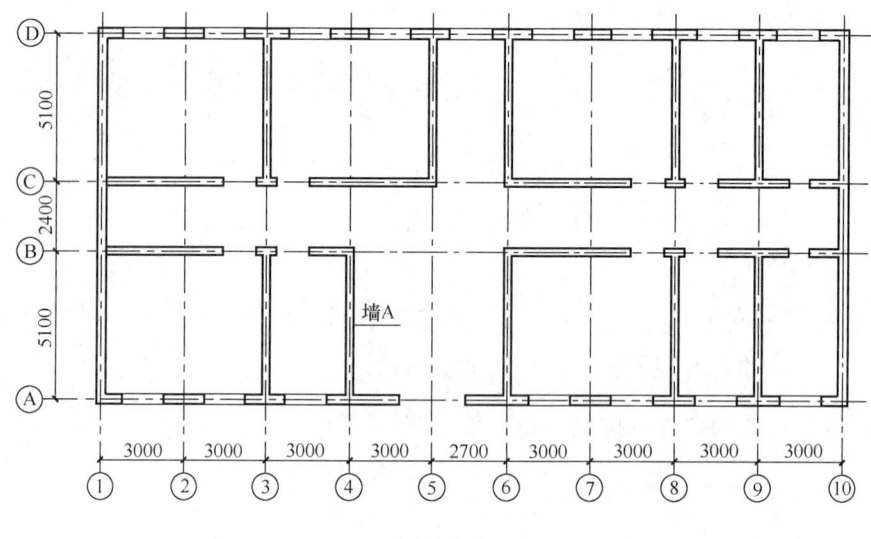

图 5.7.8

试问：

(1) 假定底层横向水平地震剪力设计值 $V_1 = 3500$kN，则由墙 A 承担的水平地震剪力设计值（kN），与下列何项数值最为接近？

(A) 200　　　　(B) 230　　　　(C) 250　　　　(D) 270

(2) 墙 A 两端均有构造柱，假定墙 A 在重力荷载代表值作用下的截面平均压应力 $\sigma_0 = 0.51$MPa，墙体灰缝内水平向配筋采用 HRB335 级钢筋，其总截面面积 $A_s = 1131\text{mm}^2$，则墙 A 的截面抗震受剪承载力设计值（kN），与下列何项数值最为接近？

(A) 280　　　　(B) 320　　　　(C) 360　　　　(D) 400

【解答】(1) 根据《抗规》5.2.6 条，刚性楼盖，楼层水平地震剪力宜按抗侧力构件等效刚度的比例分配

墙 A，其高宽比为：$\dfrac{h}{b} = \dfrac{3.4 + 0.3 + 0.8}{5.1 + 0.12 + 0.185} = 0.83 < 1$

①轴线横墙，其高宽比为：$\dfrac{h}{b} = \dfrac{3.4 + 0.3 + 0.8}{5.1 + 5.1 + 2.4 + 0.37} = 0.35 < 1$

可见，图中所有横墙的高宽比均小于 1.0，根据《抗规》7.2.3 条第 1 款规定，只计算剪切变形，则：

$$V_A = \frac{A_A}{\sum A_i} \cdot V_1$$

墙 A 的净截面面积：$A_A = 0.24 \times (5.1 + 0.12 + 0.185) = 1.2972 \text{m}^2$

横墙的总净截面面积 $\sum A_i$：

$$\sum A_i = 2 \times 0.37 \times (5.1 + 2.4 + 5.1 + 0.37) + 10 \times 1.2972 = 22.570 \text{m}^2$$

则：

$$V_A = \frac{1.2972}{22.570} \times 3500 = 201.2 \text{kN}$$

所以应选（A）项。

(2) 根据《砌规》表 3.2.2，取 $f_v = 0.17 \text{MPa}$

根据《抗规》7.2.6 条：$\sigma_0/f_v = 0.51/0.17 = 3$，取 $\xi_N = 1.25$

$$f_{VE} = \xi_N f_v = 1.25 \times 0.17 = 0.2125 \text{MPa}$$

根据《抗规》7.2.7 条：

墙 A 的高度比，由前述计算结果可知，$h/b = 0.83$，查《抗规》表 7.2.7，则：

$$\xi_s = 0.14 + \frac{0.83 - 0.8}{1.0 - 0.8} \times (0.15 - 0.14) = 0.1415$$

配筋率 $\rho = \frac{1131}{2.40 \times (3400 + 300 + 800)} = 0.104\% \begin{matrix} <0.17\% \\ >0.7\% \end{matrix}$，满足

又由《抗规》表 5.4.2，两端均有构造柱，取 $\gamma_{RE} = 0.9$

由《抗规》式 (7.2.7-2)：

$$V_u = \frac{1}{\gamma_{RE}} (f_{VE} A + \xi_s f_{yh} A_{sh})$$

$$= \frac{1}{0.9} \times (0.2125 \times 1.2972 \times 10^6 + 0.1415 \times 300 \times 1131)$$

$$= 359.63 \text{kN}$$

所以应选（C）项。

三、无筋砌体构件和配筋砌体构件的抗震设计

1. 抗震计算

> ● 复习《砌通规》3.4.2 条。
> ● 复习《抗规》7.2.6 条、7.2.7 条、7.2.8 条。

需注意的是：

(1)《抗规》7.2.6 条表 7.2.6 中注的规定，重力荷载代表值的分项系数取为 1.0。《砌通规》3.4.2 条与《抗规》7.2.6 条相同。

(2)《抗规》7.2.7 条规范式 (7.2.7-3) 中，当无水平钢筋时，A_{sh} 取为 0.0；η_c 取值，构造柱间距不大于 3.0m 时取为 1.1。

【例 5.7.10】 某抗震设防烈度为 6 度的多层砌体结构住宅楼，底层墙体高度为 4.6m，底层某道承重横墙的尺寸和构造柱的布置如图 5.7.9 所示。墙体采用 MU10 烧结普通砖、M7.5 混合砂浆砌筑，构造柱 GZ 截面尺寸为 240mm×240mm，采用 C20 级混凝

土，纵向钢筋为 4Φ12 的 HRB335 级钢筋，箍筋为 HPB300 级钢筋，其设置为Φ6@200。在该墙墙顶作用有竖向恒荷载标准值 200kN/m，竖向活荷载标准值 70kN/m，计算时不另考虑本层墙体自重。砌体施工质量控制等级为 B 级。

提示：按《建筑抗震设计规范》计算。

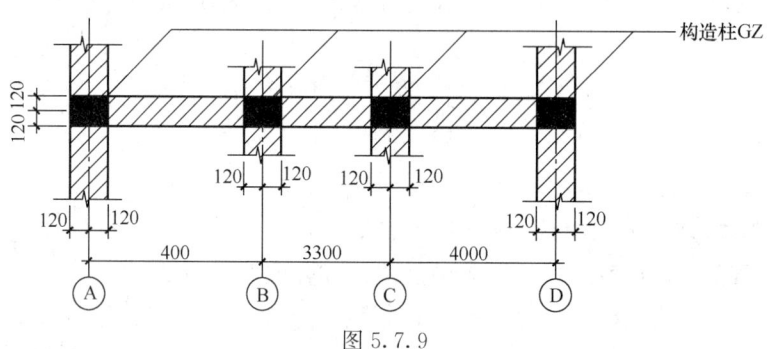

图 5.7.9

试问：

(1) 确定该道墙体的截面抗震受剪承载力设计值（kN）。

(2) 当墙体水平分布钢筋采用 HRB335 级钢筋，其总水平钢筋截面面积为 1131mm²，其他条件均不变。确定该道墙体的截面抗震受剪承载力设计值（kN）。

【解答】 (1) 根据《抗规》7.2.6 条：

重力荷载代表值 $q_G = 200 + 0.5 \times 70 = 235$ kN/m

$$\sigma_0 = \gamma_G q_G / b = 1 \times 235 / 0.24 = 979.17 \text{kN/m}^2 = 0.9792 \text{MPa}$$

查《砌规》表 3.2.2，取 $f_v = 0.14$ MPa

$$\sigma_0 / f_v = 0.9792 / 0.14 = 6.99 \approx 7.0$$

查《抗规》表 7.2.6，取 $\xi_N = 1.65$，则：$f_{VE} = \xi_N f_v = 0.231$ MPa

由《抗规》7.2.7 条：

横墙墙体截面面积 A：$A = (4000 + 3300 + 4000 + 240) \times 240 = 2769600$ mm²

中部构造柱的总截面面积 A_c：$A_c = 2 \times 240 \times 240 = 115200$ mm²

$A_c / A = 115200 / 2769600 = 0.042 < 0.15$，故取 $A_c = 115200$ mm²

取 $\xi_c = 0.4$，$\eta_c = 1.0$，$f_t = 1.10$ N/mm²，$A_{sc} = 2 \times 4 \times 113.1 = 904.8$ mm²

$f_{yc} = 300$ N/mm²；$f_{yh} = 300$ N/mm²，$A_{sh} = 0.0$；两端均设构造柱，取 $\gamma_{RE} = 0.9$

$$V_u = \frac{1}{\gamma_{RE}} [\eta_c f_{VE}(A - A_c) + \xi_c f_t A_c + 0.08 f_{yc} A_{sc} + \xi_s f_{yh} A_{sh}]$$

$$= \frac{1}{0.9} \times [1.0 \times 0.231 \times (2769600 - 115200) + 0.4 \times 1.1$$

$$\times 115200 + 0.08 \times 300 \times 904.8 + 0.0]$$

$$= 761.74 \text{kN}$$

(2) 当设有水平分布钢筋时，$A_{sh} = 1131$ mm²，$f_{yh} = 300$ N/mm²

墙体高宽比：$h/b = 4.6 / (4 + 3.3 + 0.24) = 0.399 \approx 0.4$

查《抗规》表 7.2.7，取 $\xi_s = 0.10$

由《抗规》式 (7.2.7-3)：

$$V_u = \frac{1}{\gamma_{RE}}[\eta_c f_{VE}(A-A_c) + \xi_c f_t A_c + 0.08 f_{yc} A_{sc} + \xi_s f_{yh} A_{sh}]$$

$$= \frac{1}{0.9} \times [1.0 \times 0.231 \times (2769600 - 115200) + 0.4 \times 1.1 \times 115200$$

$$+ 0.08 \times 300 \times 904.8 + 0.10 \times 300 \times 1131]$$

$$= 799.44 \text{kN}$$

思考： 假定墙体中不设置构造柱，不设置水平向分布钢筋，确定该墙体的截面抗震受剪承载力设计值。

此时，墙体无构造柱，查《抗规》表 5.4.2，取 $\gamma_{RE} = 1.0$。

由前述计算结果可知，$f_{VE} = 0.231 \text{MPa}$，$A = 2769600 \text{mm}^2$。

由《抗规》式 (7.2.7-1)：

$$V_u = f_{VE} A / \gamma_{RE} = 0.231 \times 2769600 / 1.0 = 639.78 \text{kN}$$

2. 多层砖砌体房屋抗震及抗震构造措施

- 复习《抗震通规》5.5.8 条~5.5.11 条。
- 复习《抗规》7.3.1 条~7.3.14 条。
- 复习《抗规》3.9.2 节。

【**例 5.7.11**】 某多层砖砌体房屋，底层结构平面布置如图 5.7.10 所示，外墙厚 370mm，内墙厚 240mm，轴线均居墙中。窗洞口均为 1500mm×1500mm（宽×高），门洞口除注明外均为 1000mm×2400mm（宽×高）。室内外高差 0.5m，室外地面距基础顶 0.7m。楼、屋面板采用现浇钢筋混凝土板，砌体施工质量控制等级为 B 级。

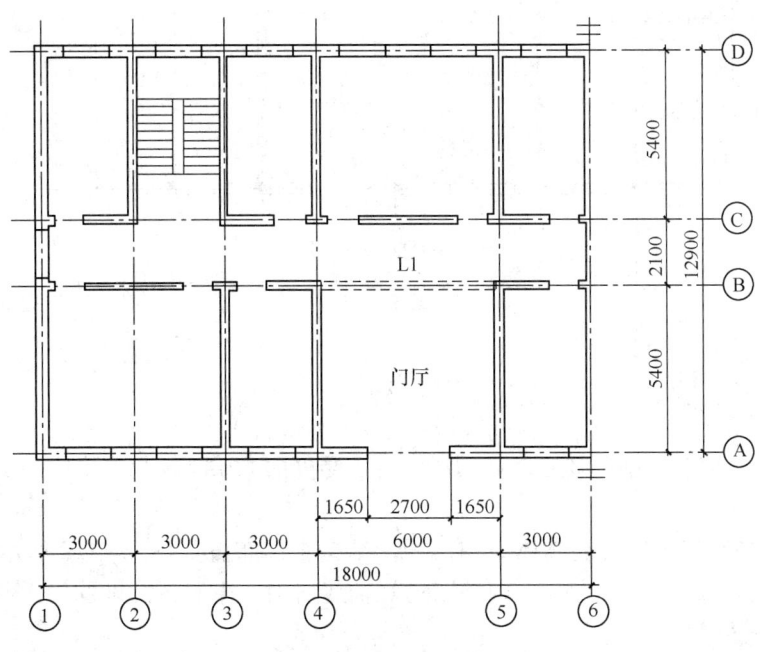

图 5.7.10

试问：

(1) 假定，本工程建筑抗震类别为丙类，抗震设防烈度为7度，设计基本地震加速度值为0.15g。墙体采用MU15级烧结多孔砖、M10级混合砂浆砌筑。各层墙上下连续且洞口对齐。除首层层高为3.0m外，其余五层层高均为2.9m。满足《建筑抗震设计规范》抗震构造措施要求的构造柱最少设置数量（根）与下列何项数值最为接近？

(A) 52   (B) 54   (C) 60   (D) 76

(2) 题目条件同(1)，L1梁在端部砌体墙上的最小支承长度（mm）与下列何项数值最为接近？

(A) 120   (B) 240   (C) 360   (D) 500

【解答】 (1) 本工程横墙较少，且房屋总高度和层数达到《抗规》表7.1.2规定的限值。

根据《抗规》第7.1.2条第3款，当按规定采取加强措施后，其高度和层数应允许按表7.1.2的规定采用。

根据《抗规》第7.3.1条构造柱设置部位要求及第7.3.14条第5款加强措施要求，所有纵横墙中部均应设置构造柱，且间距不宜大于3.0m。

最终构造柱布置，如图5.7.11所示，根数至少为76根，应选(D)项。

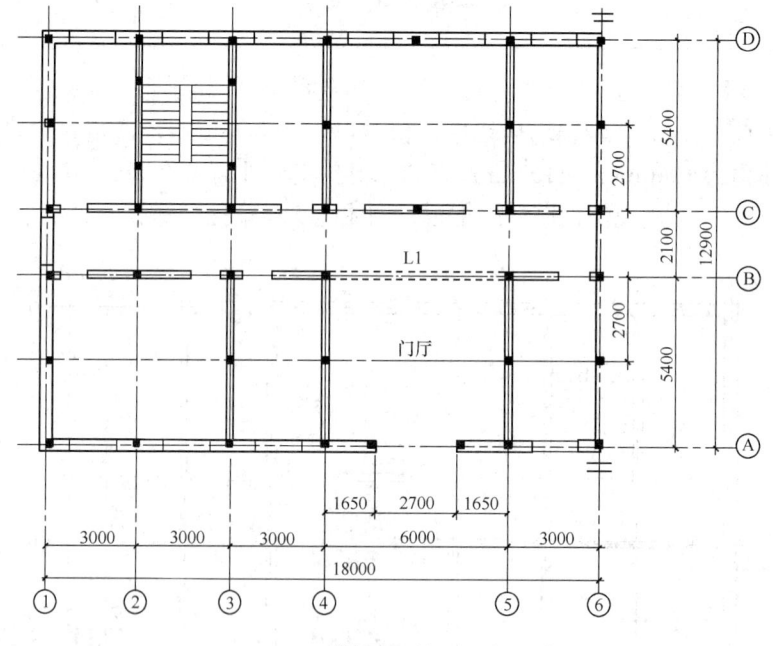

图5.7.11

(2) 根据《抗规》第7.3.8条，门厅内墙阳角处的大梁支承长度不应小于500mm。

所以应选(D)项。

【例5.7.12】 某多层无筋砌体结构房屋，结构平面布置如图5.7.12所示，首层层高3.6m，其他各层层高均为3.3m，内外墙均对轴线居中，窗洞口高度均为1800mm，窗台高度均为900mm。

试问：

(1) 假定，该建筑总层数3层，抗震设防类别为丙类，抗震设防烈度7度（0.10g），

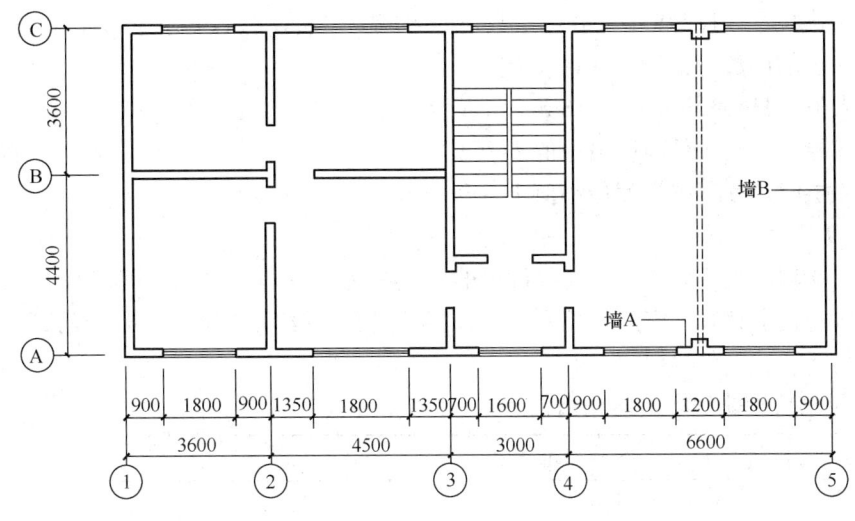

图 5.7.12

采用240mm厚普通砖砌筑。试问,该建筑按照抗震构造措施要求,最少需要设置的构造柱数量(根),与下列何项数值最为接近?

(A) 14　　　　(B) 18　　　　(C) 20　　　　(D) 22

(2) 假定,本工程建筑抗震设防类别为乙类,抗震设防烈度为7度(0.10g),各层墙体上下连续且洞口对齐,采用混凝土小型空心砌块砌筑。试问,按照该结构方案可以建设房屋的最多层数,与下列何项数值最为接近?

【解答】(1) 本工程为横墙较少,应根据房屋增加一层的层数,即四层房屋,按《抗规》7.3.1条构造柱设置要求设置构造柱,见图5.7.13,故选(B)项。

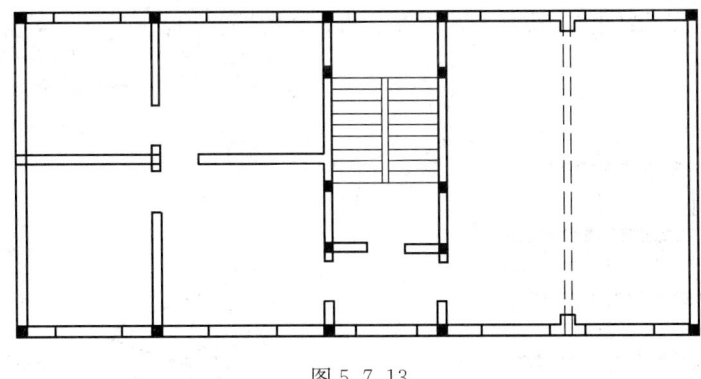

图 5.7.13

(2) 根据《抗规》表7.1.2,层数7层,若室内外高差大于0.6m,总高度限值为21+1<22m。

根据《抗规》表7.1.2注3,乙类,其层数应减少一层且总高度降低3m。

楼层建筑面积 $A=17.7\times 8=141.6\text{m}^2$

开间大于4.2m的房间总面积为 $A_1=(6.6+4.5)\times 8=88.8\text{m}^2$

$\dfrac{A_1}{A}=\dfrac{88.8}{141.6}=0.627>0.4$,属于横墙较少的多层砌体房屋

根据《抗规》7.1.2 条第 2 款,层数还应再减少一层,总高度还应再降低 3m。

可以建设的层数为:7－1－1＝5 层

高度限值　$H<22-3-3=16m$

当为 5 层时,其房屋高度最小值 $H=3.6+4\times3.3+0.6=17.4m>16m$,不满足。

当为 4 层时,其房屋高度最小值 $H=3.6+3\times3.3+0.6=14.1m<16m$,满足,故选 (D) 项。

思考: 本题按规范规定最少需要设置的构造柱为 16 根,考虑实际工程设计时在大跨梁下设置构造柱也具有一定的合理性,所以将正确答案设计成 18 根,这样答案能包容 16 根和 18 根。

3. 多层砌块砌体房屋抗震构造措施

● 复习《抗规》7.4.1 条～7.4.7 条。

第八节　底部框架-抗震墙砌体房屋抗震设计

底部框架-抗震墙砌体房屋包括:①底层框架-抗震墙房屋;②底部两层框架-抗震墙房屋。

底部框架-抗震墙砌体房屋由三部分构成,即:底部、过渡层和上部,如图 5.8.1 所示。

底部框架-抗震墙砌体房屋是由两种不同材料混合承重的房屋,两种材料抗震性能不同(弹性模量差异尤其突出),底部框架-抗震墙为刚柔性结构,主要由框架承担竖向荷载,钢筋混凝土抗震墙或砌体抗震墙承担水平地震作用,上部砌体结构为刚性结构,依靠砌体墙抗剪。上部砌体结构的水平地震剪力要依靠过渡层楼板传递给下部抗震墙,属于侧向刚度变化很大、传力不直接的不规则结构,体系极不合理。在小震、大震时,其层间变形如图 5.8.2 所示。为此,《抗规》7.2.4 条的条文说明指出:

图 5.8.1　底部框架-抗震墙砌体房屋

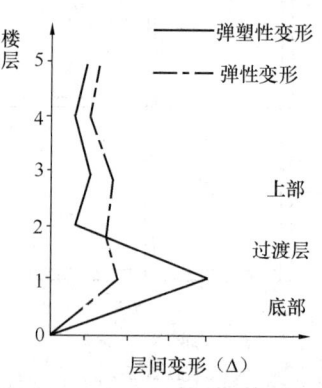

图 5.8.2　底部框架-抗震墙砌体房屋的层间变形

> 7.2.4(条文说明)底部框架-抗震墙砌体房屋是我国现阶段经济条件下特有的一种结构。强烈地震的震害表明,这类房屋设计不合理时,其底部可能发生变形集中,出现较大的侧移而破坏,甚至坍塌。

一、一般规定

1. 房屋的层数、高度和层高

- 复习《抗震通规》5.5.1条。
- 复习《抗规》7.1.2条、7.1.3条。
- 复习《砌规》10.1.2条、10.1.4条。

三本规范的规定是协调的。

2. 抗震横墙的间距

- 复习《抗震通规》5.5.2条。
- 复习《抗规》7.1.5条。

两本规范的规定是相同的。

3. 结构布置

- 复习《抗震通规》5.5.3条。
- 复习《抗规》7.1.8条。

两本规范的规定是相同的。

4. 底部钢筋混凝土结构的抗震等级

- 复习《抗规》7.1.9。
- 复习《砌规》10.1.9条。

两本规范的规定是相同的。

5. 抗震验算

（1）结构的截面抗震验算

- 复习《砌规》10.1.7条第2款。

（2）变形验算

- 复习《抗规》5.5.5条。

二、抗震计算

1. 地震作用的计算

底部框架-抗震墙砌体房屋的抗震计算，可采用底部剪力法，取 $\alpha_1 = \alpha_{max}$，$\delta_n = 0$。

2. 地震作用效应的调整

- 复习《抗震通规》5.5.7条。
- 复习《抗规》7.2.4条、7.2.5条。

两本规范的规定是相同的。

《抗震通规》5.5.7条和《抗规》7.2.4条均规定了地震剪力设计值应乘以增大系数（ζ），即 $V_1(\zeta) = \zeta V_1$，ζ 值取决于第二层与底层侧向刚度之比 r。

对于第一类，即底层框架-抗震墙房屋，其第二层与底层侧向刚度之比 r：

$$r = \frac{K_2}{K_1} = \frac{\Sigma K_{bj}}{\Sigma K_{cfj} + \Sigma K_{cwj} + \Sigma K_{gwj}}$$

式中　K_{bj}——第二层的一片砖抗震墙（横向或纵向）的层间侧向刚度；
　　　K_{cfj}——底层的一榀钢筋混凝土框架（横向或纵向）的层间侧向刚度；
　　　K_{cwj}——底层的一片钢筋混凝土抗震墙（横向或纵向）的层间向移刚度；
　　　K_{gwi}——底层的一片配筋小砌块砌体抗震墙（横向或纵向）的层间侧向刚度。

- （1）底部构件侧向刚度的计算

1) 单根钢筋混凝土柱的侧向刚度 K_c

$$K_c = \frac{12 E_c I_c}{H_1^3}$$

式中　H_1——柱的计算高度；
　　　I_c、E_c——柱的惯性矩、混凝土弹性模量。

2) 框架的侧向刚度 K_{cfj}

$$K_{cfj} = \Sigma K_{cj} = \Sigma \frac{12 E_c I_c}{H_1^3}$$

3) 钢筋混凝土抗震墙的侧向刚度 K_{cwj}

$$K_{cwj} = \frac{1}{\dfrac{1.2h}{G_c A} + \dfrac{h^3}{6 E_c I}}$$

4) 配筋小砌块砌体抗震墙的侧向刚度 k_{gwj}

$$K_{gwj} = \frac{1}{\dfrac{1.2h}{G_g A} + \dfrac{h^3}{6 E_g I}}$$

5) 约束普通砖砌体抗震墙的侧向刚度 K_{bj}

仅计入剪切变形

$$K_{bj} = \frac{GA}{1.2h}$$

同时计入剪切变形和弯曲变形

$$K_{bj} = \frac{1}{\dfrac{1.2h}{GA} + \dfrac{h^3}{12 EI}}$$

- （2）某一层的层间侧向刚度的计算

《底部框架-抗震墙砌体房屋抗震技术规程》JGJ 248—2012 附录 A 规定：

> A.0.3　底层框架-抗震墙砌体房屋的底层层间侧向刚度，为底层横向或纵向各抗侧力构件层间侧向刚度的总和，可按下列公式计算：
>
> $$K(1) = \Sigma K_{cfj} + \Sigma K_{bj} \qquad (A.0.3-1)$$
>
> $$K(1) = \Sigma K_{cfj} + \Sigma K_{cwj} + \Sigma K_{gwj} \qquad (A.0.3-2)$$
>
> 式中　$K(1)$——底层框架-抗震墙砌体房屋的底层横向或纵向层间侧向刚度（N/mm）；底层采用约束砌体抗震墙时按式（A.0.3-1）计算，底层采用混凝土抗震墙或配筋小砌块砌体抗震墙时按式（A.0.3-2）计算；
> 　　　ΣK_{cfj}——底层钢筋混凝土框架的层间侧向刚度总和（N/mm），可采用 D 值法计算；
> 　　　ΣK_{bj}——底层约束砌体抗震墙的层间侧向刚度总和（N/mm）；
> 　　　ΣK_{cwj}——底层钢筋混凝土抗震墙的层间侧向刚度总和（N/mm）；
> 　　　ΣK_{gwj}——底层配筋小砌块砌体抗震墙的层间侧向刚度总和（N/mm）。
>
> A.0.4　上部砌体房屋的层间侧向刚度为该层横向或纵向所有墙片侧向刚度的总和，可按下式计算：

$$K(i) = \Sigma K_{bj} \qquad (A.0.4)$$

式中 $K(i)$——上部砌体房屋第 i 层横向或纵向层间侧向刚度（N/mm）；

ΣK_{bj}——上部砌体房屋某层横向或纵向砌体抗震墙的层间侧向刚度总和（N/mm）。

综上所述，求出底层、第二层的总侧向刚度值，进一步可计算出第二层与底层侧向刚度之比 r，再根据《抗震通规》5.5.7 条或《抗规》7.2.4 条规定，可计算出底层地震剪力增大系数 ζ。

求得 ζ 后，可计算出底层地震剪力 $V_1(\zeta) = \zeta V_1$。

- （3）底层水平地震剪力分配

底层水平地震剪力的分配，《抗规》7.2.4 条第 3 款规定：底层或底部两层的纵向或横向水平地震剪力值应全部由该方向的抗震墙承担，并按各抗震墙侧向刚度比例分配，即：

$$V_{cwj} = \frac{K_{cwj}}{\Sigma K_{cwj} + \Sigma K_{gwj}} \cdot V_1(\zeta); \quad V_{gwj} = \frac{K_{gwj}}{\Sigma K_{cwj} + \Sigma K_{gwj}} \cdot V_1(\zeta)$$

$$V_{bj} = \frac{K_{bj}}{\Sigma K_{bj}} \cdot V_1(\zeta)$$

式中 $V_1(\zeta)$——乘以增大系数后的底层总水平地震剪力值；

K_{cwj}——底层一片混凝土抗震墙的侧向刚度；

K_{gwj}——底层一片配筋小砌块砌体抗震墙的侧向刚度；

K_{bj}——底层一片约束砌体（砖墙或小砌块墙）抗震墙的侧向刚度。

对于底部框架及框架柱承担的水平地震剪力值，《抗规》7.2.5 条第 1 款规定如下：

$$V_{1j} = \frac{K_{cfj}}{\Sigma K_{cfj} + 0.3\Sigma K_{cwj} + 0.3\Sigma K_{gwj}} \cdot V_1(\zeta)$$

或

$$V_{1j} = \frac{K_{cfj}}{\Sigma K_{cfj} + 0.2\Sigma K_{bj}} \cdot V_1(\zeta)$$

式中 V_{1j}——底层第 j 榀框架承担的地震剪力值；

K_{cfj}——底层第 j 榀框架的侧向刚度，$K_{cfj} = \Sigma K_{cj}$。

其他符号意义同前。

水平地震剪力产生的柱端弯矩，《砌规》10.4.2 条规定：计算底部框架地震剪力产生的柱端弯矩时，可取柱的反弯点距柱底为 0.55 倍柱高。

底部框架柱的地震组合内力调整，《抗规》和《砌规》作了相同规定。

- 复习《抗规》7.5.6 条。
- 复习《砌规》10.4.3 条。

【例 5.8.1】某四层商店式住宅采用底层框架-抗震墙砌体房屋，底层计算层高 4.5m，二层的上层高 2.8m，现浇钢筋混凝土楼屋盖结构。底层平面尺寸如图 5.8.3 所示，柱截面尺寸 400mm×500mm，X 方向柱宽 400mm，框架梁截面尺寸为 300mm×700mm，纵横向均设置框架梁，抗震墙截面尺寸如图 5.8.3(b) 所示，框架梁柱和抗震墙的混凝土强度等级为 C30，$E_c = 3.0 \times 10^4 \text{N/mm}^2$；底层配筋小砌块砌体抗震墙采用墙厚 190mm 的 MU15、Mb7.5（$f_g = 6.82 \text{N/mm}^2$，$E_g = 13.64 \times 10^6 \text{kN/m}^2$，$G_g = 0.4E_g = 5.456 \times 10^6 \text{kN/m}^2$）。第二层及以上砖砌体采用 MU20 烧结普通砖、M10 混合砂浆，墙厚 240mm，满足约束砌体构造要求。房屋建造在 6 度抗震设防区，场地类别为Ⅱ类。砌体施工质量控制等级为 B 级。

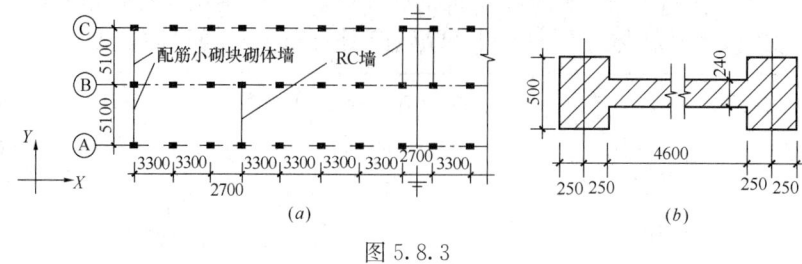

图 5.8.3

试问：

（1）确定底层横向（即：Y 方向）总侧向刚度。

（2）若已知第二层约束砖抗震墙 Y 方向总侧向刚度为 3.16×10^7 kN/m，计算第二层与底层侧向刚度之比值 r。

（3）假定 $r=1.8$，已知底层 Y 方向水平地震剪力标准值为 1500kN，试确定底层一片混凝土抗震墙、一片砖抗震墙、一根柱各自承担的地震剪力设计值。

提示：按《建筑与市政工程抗震通用规范》作答。

【解答】 （1）底层横向总侧向刚度

一根框架柱侧向刚度 K_c：

$$K_{cj}=\frac{12E_cI_c}{H_1^3}=\frac{12\times3\times10^4\times\frac{1}{12}\times400\times500^3}{4500^3}=1.646\times10^4\text{kN/m}$$

框架侧向刚度 K_{cfj}：

$$K_{cfj}=\Sigma K_{cj}=40\times1.646\times10^4=6.584\times10^5\text{kN/m}$$

一片混凝土抗震墙的侧向刚度 K_{cw}：

$$A=0.24\times5.6+2\times0.5\times(0.5-0.24)=1.604\text{m}^2$$

$$I=\frac{1}{12}\times0.5\times5.6^3-\frac{1}{12}\times(0.5-0.24)\times4.6^3=5.208\text{m}^4$$

$$K_{cwj}=\frac{1}{\delta_s+\delta_b}=\frac{1}{\frac{1.2h}{G_cA}+\frac{h^3}{6E_cI}}$$

$$=\frac{1}{\frac{1.2\times(4.5-0.7)}{0.4\times3\times10^4\times10^3\times1.604}+\frac{(4.5-0.7)^3}{6\times3\times10^4\times10^3\times5.208}}$$

$$=3.385\times10^6\text{kN/m}$$

$$\Sigma K_{cwj}=4\times K_{cwj}=13.54\times10^6\text{kN/m}$$

一片配筋小砌块砌体抗震墙的侧向刚度 K_{gwj} 为：

$$A=0.19\times(5.1-0.25\times2)=0.19\times4.6=0.874\text{m}^2$$

$$I=\frac{1}{12}\times0.19\times4.6^3=1.541\text{mm}^3$$

$$K_{gwj}=\frac{1}{\frac{1.2h}{G_gA}+\frac{h^3}{6E_gI}}=\frac{1}{\frac{1.2\times3.8}{5.456\times10^6\times0.874}+\frac{3.8^3}{6\times13.64\times10^6\times1.541}}$$

$$=0.719\times10^6\text{kN/m}$$

$$\Sigma K_{gwj}=4K_{gwj}=2.876\times10^6\text{kN/m}$$

底层横向总侧向刚度：$K_1 = \Sigma K_c + \Sigma K_{cw} + \Sigma K_b$
$$= (0.658 + 13.54 + 2.876) \times 10^6 = 17.074 \times 10^6 \text{kN/m}$$

（2）$r = \dfrac{K_2}{K_1} = \dfrac{3.16 \times 10^7}{17.074 \times 10^6} = 1.85$

查《抗规》7.1.8 条第 3 款规定，6 度时，$r=1.85<2.5$，满足要求。

（3）已知 $V_1 = 1500 \text{kN}$

根据《抗规》7.2.4 条第 1 款：$\zeta = 1.2 + \dfrac{1.8 - 1.0}{2.5 - 1.0} \times (1.5 - 1.2) = 1.36$

由《抗震通规》4.3.2 条：
$$V_1(\zeta) = \zeta V_1 = 1.36 \times 1500 \times 1.4 = 2856 \text{kN}$$

一片混凝土抗震墙承担的地震剪力设计值：
$$V_{cwj} = \dfrac{K_{cwj}}{\Sigma K_{cwj} + \Sigma K_{gwj}} \cdot V_1(\zeta) = \dfrac{3.385 \times 10^6 \times 2856}{13.54 \times 10^6 + 2.876 \times 10^6}$$
$$= 589 \text{kN}$$

一片配筋小砌块砌体抗震墙承担的地震剪力设计值为：
$$V_{gwj} = \dfrac{K_{gwj}}{\Sigma K_{cwj} + \Sigma K_{gwj}} \cdot V_1(\zeta) = \dfrac{0.719 \times 10^6 \times 2856}{13.54 \times 10^6 + 2.876 \times 10^6} = 125 \text{kN}$$

一根框架柱承担的地震剪力设计值：
$$V_{cj} = \dfrac{K_{cj}}{\Sigma K_{cfj} + 0.3 \Sigma K_{cwj} + 0.3 \Sigma K_{gwj}} \cdot V_1(\zeta)$$
$$= \dfrac{1.646 \times 10^4 \times 2856}{6.584 \times 10^5 + 0.3 \times 13.54 \times 10^6 + 0.3 \times 2.876 \times 10^6} = 8.4 \text{kN}$$

【例 5.8.2】 某抗震设防烈度为 7 度的底层框架-抗震墙砌体房屋，其底层框架柱 KZ、钢筋混凝土抗震墙（横向 GQ-1，纵向 GQ-2）、配筋小砌块砌体抗震墙 ZQ 的设置如图 5.8.4 所示。各框架柱 KZ 的横向侧向刚度均为 $K_{KZ}=5.0\times10^4 \text{kN/m}$，横向钢筋混凝土抗震墙 GQ-1（包括端柱）的侧向刚度为 $K_{GQ}=280.0\times10^4 \text{kN/m}$，配筋小砌块砌体抗震墙（不包括端柱）的侧向刚度为 $K_{ZQ}=40.0\times10^4 \text{kN/m}$，水平地震剪力增大系数 $\zeta=1.35$。

提示：按《建筑与市政工程抗震通用规范》作答。

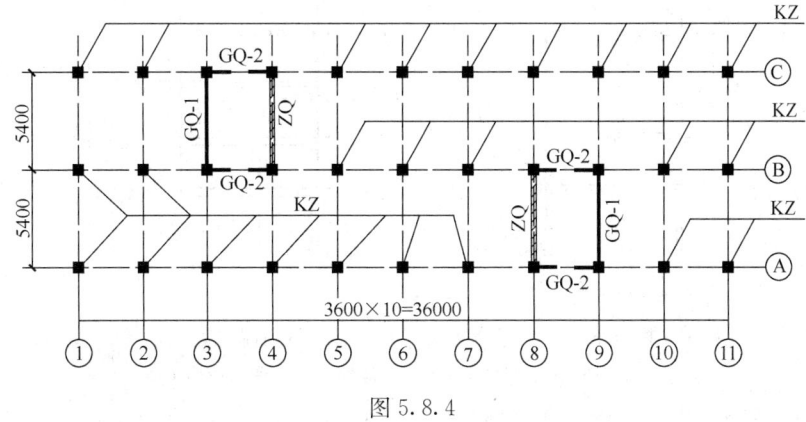

图 5.8.4

试问：

（1）假设作用于底层顶标高处的横向地震剪力标准值 $V_k = 4000 \text{kN}$，则作用于每道横向钢筋混凝土抗震墙 GQ-1 上的地震剪力设计值（kN），应与何项接近？
(A) 3300　　　　(B) 2500　　　　(C) 2000　　　　(D) 1700

(2) 假设作用于底层顶标高处的横向地震剪力标准值 $V_k=4000$kN，则作用于每个框架柱 KZ 上的地震剪力设计值（kN），应与何项接近？
(A) 180　　　　(B) 200　　　　(C) 150　　　　(D) 120

【解答】(1) 根据《抗规》7.2.4 条第 3 款规定，及《抗震通规》4.3.2 条：
$$V(\zeta)=1.4\times1.35\times4000=7560\text{kN}$$
$$V_{01}=\frac{K_{cw}}{\Sigma K_{cw}}\cdot V(\zeta)=\frac{280}{2\times280+2\times40}\times7560=3307.5\text{kN},$$

应选（A）项。

(2) 根据《抗规》7.2.4 条第 3 款规定、7.2.5 条规定：
$$V(\zeta)=1.4\times1.35\times40000=7560\text{kN}$$
$$V_{01}=\frac{K_{cf}}{\Sigma K_{cf}+0.3\Sigma K_{cw}}\cdot V(\zeta)$$
$$=\frac{5}{(33-8)\times5+0.3\times(2\times280+2\times40)}\times7560$$
$$=119\text{kN}$$

所以应选（D）项。

- (4) 底部地震倾覆力矩和框架柱的附加轴力计算

- 复习《抗规》7.2.5 条第 1 款。

需注意的是：

(1)《抗规》7.2.5 条第 1 款 2) 中，地震倾覆力矩可近似按底部抗震墙和框架的有效侧向刚度的比例进行分配。

(2)《抗规》7.2.5 条第 1 款 1) 中，规定了有效侧向刚度的取值。

底层框架-抗震墙房屋的地震倾覆力矩设计值 M_1 [图 5.8.5 (a)]：
$$M_1=1.4\sum_{i=2}^{n}F_i(H_i-H_1)$$

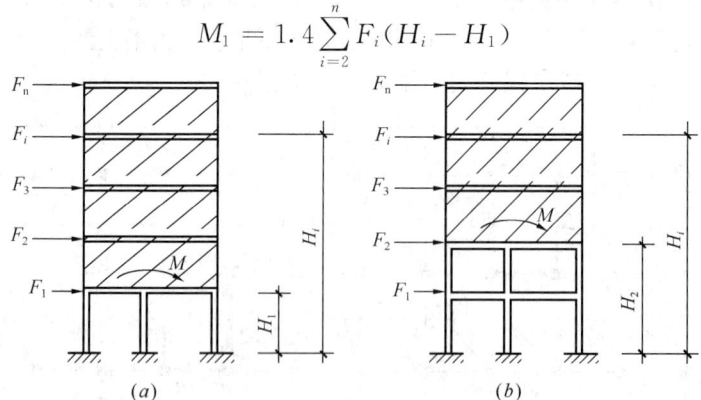

图 5.8.5　上部楼层地震剪力引起的倾覆力矩 M
(a) 底层框架-抗震墙房屋；(b) 底部两层框架-抗震墙房屋

底部两层框架-抗震墙房屋的地震倾覆力矩设计值 M_2 [图 5.8.5 (b)]：
$$M_2=1.4\sum_{i=3}^{n}F_i(H_i-H_2)$$

式中 F_i——i 质点的水平地震作用标准值；
H_i——i 质点的计算高度。

底层框架-抗震墙的地震倾覆力矩设计值 M_1，按《抗规》7.2.5 条规定，分配给框架柱、抗震墙（混凝土墙、砖墙），即：

一榀框架承担的地震倾覆力矩设计值 M_{fj}：

$$M_{fj} = \frac{K_{cfj}}{\Sigma K_{cfj} + 0.30\Sigma K_{cwj} + 0.30\Sigma K_{gwj}} M_1$$

或 $$M_{fj} = \frac{K_{cfj}}{\Sigma K_{cfj} + 0.20\Sigma K_{bj}} M_1$$

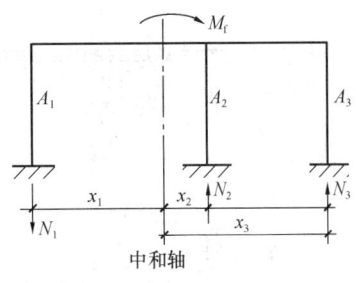

图 5.8.6 框架柱附加轴力计算简图

一片混凝土抗震墙（或配筋混凝土小砌块砌体抗震墙）承担的地震倾覆力矩设计值 M_{cwj}（或 M_{gwj}）：

$$M_{cwj} = \frac{0.30 K_{cwj}}{\Sigma K_{cfj} + 0.30\Sigma K_{cwj} + 0.30\Sigma K_{gwj}} M_1$$

$$M_{gwj} = \frac{0.30 K_{gwj}}{\Sigma K_{cfj} + 0.30\Sigma K_{cwj} + 0.30\Sigma K_{gwj}} M_1$$

一片约束砌体（砖墙或小砌块墙）抗震墙承担的地震倾覆力矩设计值 M_{bj}：

$$M_{bj} = \frac{0.20 K_{bj}}{\Sigma K_{cfj} + 0.20\Sigma K_{bj}} M_1$$

底部框架柱的地震附加轴力，在 M_{fj} 作用下，假定墙梁刚度为无限大，则（图 5.8.6）：

$$N_{ci} = \pm \frac{A_i x_i}{\Sigma A_i x_i^2} M_{fj}$$

当框架柱为等截面时，$N_{ci} = \pm \frac{x_i}{\Sigma x_i^2} M_{fj}$

式中 N_{ci}——由地震倾覆力矩 M_f 产生的框架柱地震附加轴力；

x_i——第 i 根框架柱到所在框架中和轴的距离；

A_i——第 i 根框架柱的截面面积。

其他符号意义见前面。

底层框架柱的附加轴力，还应考虑砖抗震墙（或小砌块墙）引起的附加轴力，《抗规》7.2.9 条有明确规定。

● 复习《抗规》7.2.9 条。

【例 5.8.3】 某底层为商店，上部三层为住宅的建筑物，平面和剖面如图 5.8.7 所示，底层钢筋混凝土柱截面为 400mm×400mm，梁截面为 500mm×240mm，采用 C30 混凝土、HRB400 级钢筋；第二至四层纵、横墙厚度为 240mm，采用 MU20 烧结普通砖、二层采用 M10 混合砂浆，三、四层采用 M7.5 混合砂浆；底层混凝土抗震墙厚度为 370mm，采用 C30 混凝土。抗震设防烈度为 8 度，设计地震分组为第二组，场地类别为 Ⅱ 类，已知各层重力荷载代表值为：$G_1=2270$kN，$G_2=G_3=2150$kN，$G_4=1440$kN。经计算，第二层①⑤轴线横墙的侧向刚度为 450000N/mm，②③④轴线横墙的侧向刚度为 510000N/mm，底层一片 A 混凝土抗震墙的侧向刚度为 320000N/mm，一片 B 混凝土抗

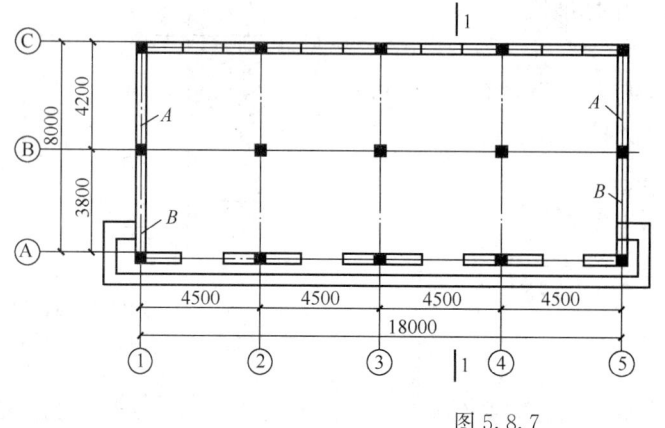
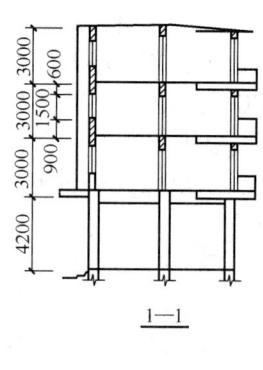

图 5.8.7

震墙的侧向刚度为 280000N/mm，一根框架柱的侧向刚度为 6500N/mm。基础埋置较深，设置刚性地坪。砌体施工质量控制等级为 B 级。

试问：

（1）确定结构底层和第二层的地震剪力设计值。

（2）假定，首层地震剪力设计值（已考虑地震作用增大系数）$V_1=2500$kN，忽略重力荷载代表值产生的内力设计值。确定底层框架柱柱顶端、底端地震组合的弯矩设计值。

（3）一榀框架承担的地震倾覆力矩设计值，以及地震倾覆力矩设计值引起的框架柱附加轴力值。

提示：按《建筑与市政工程抗震通用规范》作答。

【解答】（1）确定底层和第二层地震剪力设计值

抗震设防烈度为 8 度，查《抗规》表 5.1.4-1，$\alpha_{max}=0.16$

$$F_{EK}=\alpha_{max}G_{eq}=\alpha_1 G_{eq}=\alpha_1 \cdot 0.85\Sigma G_i$$
$$=0.16\times 0.85\times(1440+2\times 2150+2270)=1089.4\text{kN}$$

$$F_i=\frac{G_i H_i}{\Sigma G_j H_j}F_{EK}$$

$$F_1=\frac{2270\times 4.7\times 1089.4}{2270\times 4.7+2150\times 7.7+2150\times 10.7+1440\times 13.7}=166.14\text{kN}$$

$F_2=257.80$kN，$F_3=358.24$kN，$F_4=307.21$kN

$$V_{1k}=\sum_{i=1}^{4}F_i=1089.4\text{kN}, V_{2k}=\sum_{i=2}^{4}F_i=923.25\text{kN}$$

二层横墙总侧向刚度 K_2：
$$K_2=2\times 450000+3\times 510000=2.43\times 10^6\text{N/mm}$$

底层总侧向刚度 K_1：
$$K_1=\Sigma K_{cw}+\Sigma K_{cf}=2\times(320000+280000)+9\times 6500$$
$$=1.2585\times 10^6\text{N/mm}$$

$$r=\frac{K_2}{K_1}=1.93 \begin{array}{c}\leqslant 2.0 \\ \geqslant 1\end{array}（满足要求）$$

根据《抗规》7.2.4 条第 1 款：

$$\zeta=1.2+\frac{1.93-1.0}{2.0-1.0}\times(1.5-1.2)=1.479$$

则：$V_{1k}(\xi)=1.479\times 1089.4=1611.2$kN

楼层最小地震剪力验算，由场地条件查《抗规》表5.1.4-2，$T_g=0.40s$，砌体房屋的基本自振周期$T_1<T_g=0.40s$，查《抗规》表5.2.5，8度，取$\lambda=0.032$，并由《抗规》5.2.5条规定，λ应乘以增大系数1.15，即$\lambda=1.15\lambda=1.15\times0.032$。

$V_{1k}(\zeta)=1611.2\text{kN}>\lambda\Sigma G_i=0.032\times1.15\times(1440+2\times2150+2270)=294.8\text{kN}$，满足最小楼层剪力。由《抗震通规》4.3.2条：

$$V_1=1.4V_{1k}(\zeta)=1.4\times1611.2=2255.7\text{kN}$$
$$V_2=1.4V_{2k}=1.4\times923.25=1292.6\text{kN}$$

(2) 确定柱子的杆端弯矩值

由《抗规》7.2.5条第1款规定：

$$V_c=\frac{K_c}{0.3\Sigma K_{cw}+\Sigma K_{cf}}V_1$$
$$=\frac{6500}{0.3\times2\times(320000+280000)+9\times6500}\times2500$$
$$=38.8\text{kN}$$

《砌规》10.4.2条规定，底层框架柱的柱底地震弯矩值：$M_1=V_c\cdot0.55H=38.8\times0.55\times4.7=100.30\text{kN}\cdot\text{m}$

柱顶弯矩值：$M_2=V_c\cdot0.45H=38.8\times0.45\times4.7=82.06\text{kN}\cdot\text{m}$

由《抗规》7.1.9条，8度，故底部混凝土框架的抗震等级为一级。

由《抗规》7.5.6条，抗震一级，增大系数为1.5。

忽略重力荷载代表值产生的内力设计值，则：

柱底：$M_1=100.30\times1.5=150.45\text{kN}\cdot\text{m}$

柱顶：$M_2=82.06\times1.5=123.09\text{kN}\cdot\text{m}$

(3) 一榀框架承担的地震倾覆力矩设计值M_f

底层总地震倾覆力矩M_1：

$$M_1=1.4\sum_{i=2}^{4}F_i(H_i-H_1)$$
$$=1.4\times(257.80\times3+358.24\times6+307.21\times9)=7962.8\text{kN}\cdot\text{m}$$

$$M_f=\frac{K_{cf}}{\Sigma K_{cf}+0.30\Sigma K_{cw}}M_1$$
$$=\frac{3\times6500}{9\times6500+0.30\times2\times(320000+280000)}\times7962.8$$
$$=371\text{kN}\cdot\text{m}$$

求中性轴位置，以ⓒ轴为参考线（图5.8.8）

$$x=\frac{\Sigma A_i x_i}{\Sigma A_i}=\frac{0.4\times0.4\times(4.2+8.0)}{0.4\times0.4\times3}=4.07\text{m}$$

$x_1=4.07\text{m}, x_2=0.13\text{m}, x_3=3.93\text{m}$

$$N_{ci}=\frac{x_i}{\Sigma x_i^2}M_f$$

$$N_A=\frac{4.07}{4.07^2+0.13^2+3.93^2}\times371=47\text{kN}$$

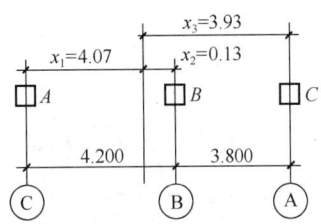

图5.8.8 框架柱附加轴力计算图

$$N_B = \frac{0.13}{4.07^2 + 0.13^2 + 3.93^2} \times 371 = 1.5 \text{kN}$$

$$N_c = \frac{3.93}{4.07^2 + 0.13^2 + 3.93^2} \times 371 = 45.5 \text{kN}$$

【例5.8.4】 某底层框架-抗震墙砌体房屋,底层结构平面布置如图5.8.9所示,柱高度 $H=4.2$m,框架柱截面尺寸均为500mm×500mm,各框架柱的横向侧向刚度 $K_c=2.5\times 10^4$kN/m,各横向钢筋混凝土抗震墙的侧向刚度均为 330×10^4kN/m,纵向钢筋混凝土抗震墙的侧向刚度为 180×10^4kN/m。砌体施工质量控制等级为B级。

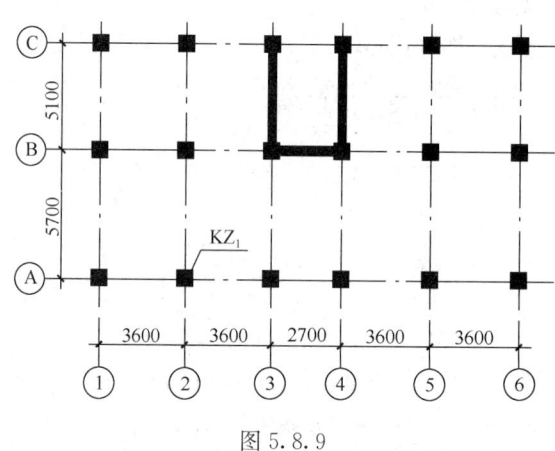

图5.8.9

试问:

(1) 若底层顶的横向地震倾覆力矩标准值 $M_k=12000$kN·m,则由横向地震倾覆力矩引起的框架柱 KZ_1 附加轴力标准值(kN),应与下列何项数值最为接近?

(A) 12 　　　　(B) 18 　　　　(C) 25 　　　　(D) 36

(2) 若底层横向水平地震剪力标准值 $V=2500$kN,则由横向水平地震剪力产生的未经内力调整的框架柱 KZ_1 柱顶弯矩标准值(kN·m),与下列何项数值最为接近?

(A) 40 　　　　(B) 50

(C) 60 　　　　(D) 70

【解答】(1) 根据《抗规》7.8.10条第1款2)的规定:

$$M_f = \frac{K_{cf}}{\Sigma K_{cf} + 0.3\Sigma K_{cw}} \cdot M_k$$

$$= \frac{2.5 \times 10^4 \times 3}{2.5 \times 10^4 \times 14 + 0.3 \times 330 \times 10^4 \times 2} \times 12000$$

$$= 386.27 \text{kN} \cdot \text{m}$$

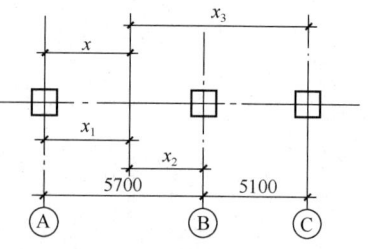

图5.8.10

确定中性轴位置,如图5.8.10所示,从Ⓐ轴为参考线:

$$x = \frac{\Sigma A_i x_i}{\Sigma A_i} = \frac{0.5 \times 0.5 \times [5.7 + (5.7 + 5.1)]}{0.5 \times 0.5 \times 3} = 5.5 \text{m}$$

则有：$x_1=5.5\mathrm{m}$，$x_2=0.2\mathrm{m}$，$x_3=5.3\mathrm{m}$

框架柱 KZ_1 的附加轴力 N_1：

$$N_1=\pm\frac{M_\mathrm{f}x_i}{\sum x_i^2}$$

$$=\pm\frac{5.5\times386.27}{5.5^2+0.2^2+5.3^2}=\pm36.4\mathrm{kN}$$

所以应选（D）项。

(2) 根据《抗规》7.2.5 条：

框架柱 KZ_1 分配的地震剪力标准值 V_{c1} 为：

$$V_{c1}=\frac{K_{c1}}{\sum K_{cf}+0.3\sum K_{cw}}\cdot V$$

$$=\frac{2.5\times10^4}{2.5\times10^4\times14+0.3\times330\times10^4\times2}\times2500$$

$$=26.82\mathrm{kN}$$

根据《砌规》10.4.2 条：

水平地震剪力下，框架柱 KZ_1 的柱顶弯矩标准值 M_{c1}：

$$M_{c1}=V_{c1}\times0.45H=26.82\times0.45\times4.2=50.7\mathrm{kN\cdot m}$$

所以应选（B）项。

思考：假定条件同(1)，确定一榀横向钢筋混凝土抗震墙承担的倾覆力矩。

此时，根据《抗规》7.2.5 条第 1 款 2) 的规定：

$$M_{wc}=\frac{0.30K_{cw}}{\sum K_{cf}+0.30\sum K_{cw}}M_1$$

$$=\frac{0.30\times330\times10^4}{2.5\times10^4\times14+0.3\times330\times10^4\times2}\times12000$$

$$=5098.7\mathrm{kN\cdot m}$$

【**例 5.8.5**】 某底层框架-抗震墙房屋，约束普通砖抗震墙嵌砌于框架之间，如图 5.8.11 所示，其符合抗震构造要求；由于墙上孔洞的影响，两段墙体承担的地震剪力设计值分别为 $V_1=100\mathrm{kN}$ 和 $V_2=150\mathrm{kN}$。

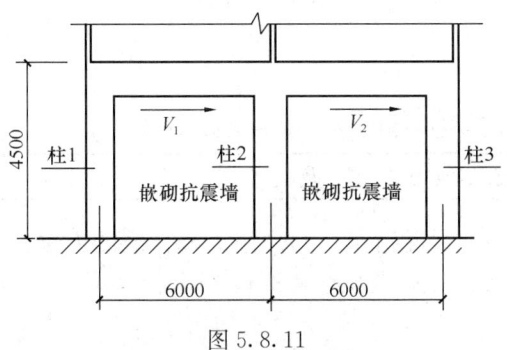

图 5.8.11

试问：地震剪力在框架柱 2 的附加轴力设计值（kN），应与下列何项数值最为接近？
(A) 35　　　　(B) 75　　　　(C) 115　　　　(D) 185

【解答】 根据《抗规》7.2.9条，取 $V_w=150$kN。

$$N_f = \frac{150 \times 4.5}{6} = 112.5 \text{kN}$$

故应选（C）项。

【例 5.8.6】 某底层框架-抗震墙砌体房屋，总层数四层。建筑抗震设防类别为丙类。砌体施工质量控制等级为B级。其中一榀框架立面如图 5.8.12 所示，托墙梁截面尺寸为 300mm×600mm，框架柱截面尺寸均为 500mm×500mm，柱、墙均居轴线中。

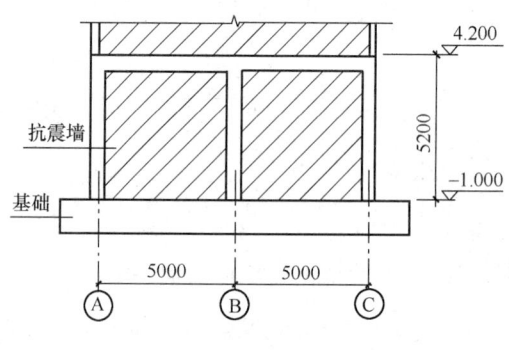

图 5.8.12

假定，抗震设防烈度为7度，抗震墙采用嵌砌于框架之间的配筋小砌块砌体墙，墙厚190mm。抗震构造措施满足规范要求。框架柱上下端正截面受弯承载力设计值均为165kN·m，砌体沿阶梯形截面破坏的抗震抗剪强度设计值 $f_{vE}=0.52$MPa。

试问：其抗震受剪承载力设计值（kN），与下列何项数值最为接近？
(A) 1220　　　　(B) 1250　　　　(C) 1550　　　　(D) 1640

【解答】 根据《抗规》7.2.9条：
砌体水平截面计算面积 $A_{w0}=0.19 \times (10-0.5 \times 2) \times 1.25 = 2.1375 \text{m}^2$，
底层框架柱计算高度 $H_0 = (5.2-0.6) \times \dfrac{2}{3} = 3.07$m 及 $5.2-0.6=4.6$m

$\gamma_{REC}=0.8$，$\gamma_{REW}=0.9$，则：

$$V_u = \frac{1}{0.8} \times (2 \times 165/3.07 + 4 \times 165/4.6) + \frac{1}{0.9} \times 0.52 \times 2.1375 \times 10^3$$

$$= 1548.71 \text{kN}$$

故应选（C）项。

- （5）底部框架-抗震墙房屋的钢筋混凝土托墙梁

> ● 复习《抗规》7.2.5条第2款，及其条文说明。

《抗规》7.2.5条的条文说明指出，可采用折减荷载的方法：①托梁在首层时，如图 5.8.13 所示；②托梁在第2层时，如图 5.8.14 所示。

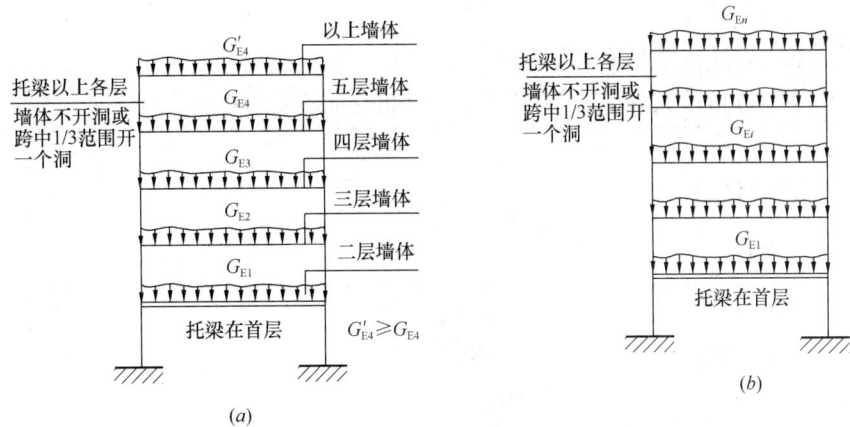

图 5.8.13
(a) 托梁弯矩计算简图；(b) 托梁剪力计算简图

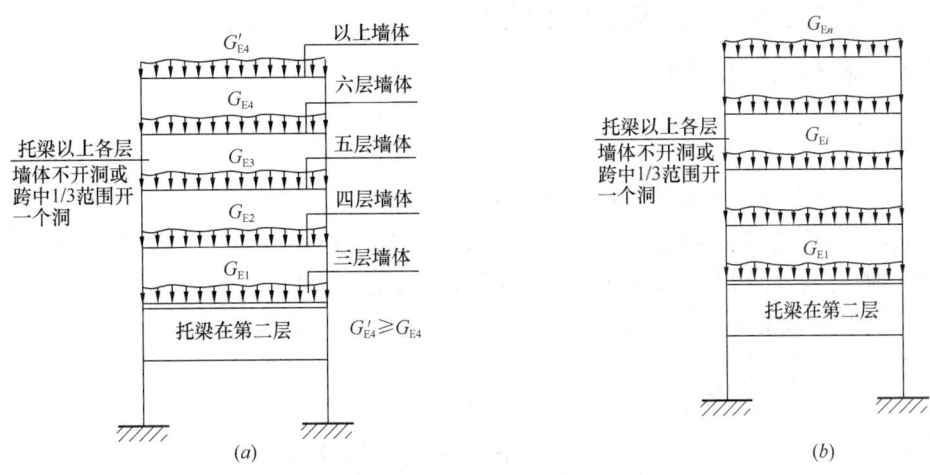

图 5.8.14
(a) 托梁弯矩计算简图；(b) 托梁剪力计算简图

抗震设计时，托墙梁内力的调整系数，《砌规》10.4.3 条、10.4.5 条作了规定。

- 复习《砌规》10.4.3 条、10.4.5 条。

- (6) 底部框架-抗震墙砌体房屋的底部抗震墙

《砌规》10.4.3 条规定：

10.4.3 底部框架-抗震墙砌体房屋中，底部框架、托梁和抗震墙组合的内力设计值尚应按下列要求进行调整：
3 抗震墙墙肢不应出现小偏心受拉。

《砌规》10.4.3 条的条文说明中指出：

10.4.3（条文说明）

考虑底部抗震墙已承担全部地震剪力，不必再按抗震规范对底部加强部位抗震墙的组合弯矩计算值进行放大，因此只建议按一般部位抗震墙进行强剪弱弯的调整。

三、抗震构造措施

1．《抗规》规定

- 复习《砌通规》4.3.1条～4.3.3条。
- 复习《砌通规》5.1.9条。（施工要求）
- 复习《抗规》7.5.1条～7.5.10条。
- 复习《抗规》3.9.6条。

2．《砌规》规定

- 复习《砌规》10.4.6条～10.4.13条。

抗震措施及抗震构造措施的小结：

（一）底部

1. 框架柱

①抗震等级——《抗规》7.1.9条；《砌规》10.1.9条，一致。

②地震组合弯矩值的调整——《抗规》7.5.6条，《砌规》10.4.3条，一致。

③柱轴压比、配筋——《抗规》7.5.6条，《砌规》无。

④材料强度等级——《抗规》7.5.9条，《砌规》10.1.12条，一致。

2. 托墙梁

①截面和构造——《抗规》7.5.8条，《砌规》10.4.9条。

②材料强度等级——《抗规》7.5.9条，《砌规》10.1.12条，一致。

3. 底部抗震墙

3.1 钢筋混凝土抗震墙

①抗震等级——《抗规》7.1.9条，《砌规》10.1.9条，一致。

②截面和构造——《抗规》7.5.3条，《砌规》10.4.6条，一致。

③材料强度等级——《抗规》7.5.9条，《砌规》10.1.12条，一致。

3.2 约束砖砌体抗震墙

构造——《抗规》7.5.4条，《砌规》10.4.6条、10.4.8条。

3.3 配筋砌块砌体抗震墙

厚度、截面和构造——《抗规》无，《砌规》10.4.6条、10.4.7条。

3.4 约束小砌块砌体抗震墙

构造——《抗规》7.5.5条，《砌规》无。

（二）过渡层

①过渡层墙体的构造——《抗规》7.5.2条，《砌规》10.4.11条。

②过渡层墙体的材料强度等级——《抗规》7.5.9条，《砌规》10.4.11条，一致。

③过渡层的底板——《抗规》7.5.7 条,《砌规》10.4.12 条,一致。

(三) 上部

①上部墙体的构造柱或芯柱——《抗规》7.5.1 条,《砌规》10.4.10 条,一致。

②上部的楼盖——《抗规》7.5.7 条,《砌规》10.4.12 条,一致。

【例 5.8.7】 某底层框架-抗震墙砌体房屋,其抗震设防烈度为 6 度,其他条件同例 5.8.6。

试问: 下列说法何项是错误的?

(A) 抗震墙采用嵌砌于框架之间的约束砖砌体墙,先砌墙后浇筑框架。墙厚 240mm,砌筑砂浆等级为 M10,选用 MU10 级烧结普通砖。

(B) 抗震墙采用嵌砌于框架之间的约束小砌块砌体墙,先砌墙后浇筑框架。墙厚 190mm,砌筑砂浆等级为 Mb10,选用 MU10 级单排孔混凝土小型空心砌块。

(C) 抗震墙采用嵌砌于框架之间的约束砖砌体墙,先砌墙后浇筑框架。墙厚 240mm,砌筑砂浆等级为 M10,选用 MU15 级混凝土多孔砖。

(D) 抗震墙采用嵌砌于框架之间的约束小砌块砌体墙。当满足抗震构造措施后,尚应对其进行抗震受剪承载力验算。

【解答】 根据《抗规》7.1.8 条及条文说明,(C) 项错误。

根据《抗规》7.1.8 条、7.5.4 条、7.5.5 条,(A)、(B) 项正确。

根据《抗规》7.2.9 条,(D) 项正确。

所以应选 (C) 项。

【例 5.8.8】 某抗震设防烈度 7 度 (0.1g) 总层数为 6 层的房屋,采用底层框架-抗震墙砌体结构,某一榀框支墙梁剖面简图如图 5.8.15 所示,墙体

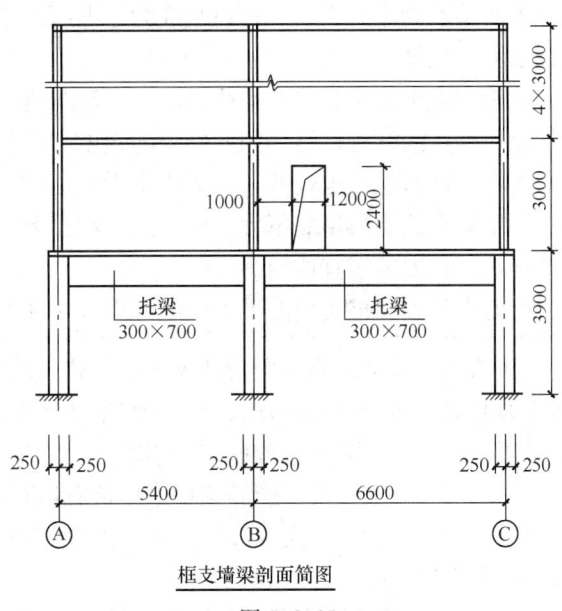

图 5.8.15

采用 240mm 厚烧结普通砖、混合砂浆砌筑,托梁截面尺寸为 300mm×700mm。试问,按《建筑抗震设计规范》GB 50011—2010 要求,该榀框支墙梁二层过渡层墙体内,设置的构造柱最少数量(个),与下列何项数值最为接近?

(A) 9　　(B) 7　　(C) 5　　(D) 3

【解答】 根据《抗规》7.5.2 条:

本条第 5 款,过渡层墙体内宽度不小于 1.2m 的门洞,洞口两侧宜设置构造柱,2 个。

本条第 2 款,过渡层应在底部框架柱对应位置设置构造柱,3 个;

本条第 2 款,墙体内的构造柱间距不宜大于层高,2 个。

共计 7 个,故应选 (B) 项。

第九节　配筋砌块砌体抗震墙房屋抗震设计

配筋配块砌体抗震墙的内涵,《抗规》规定:

> F.3.2 配筋混凝土小型空心砌块抗震墙房屋的抗震墙,应全部用灌孔混凝土灌实。
> F.3.2（条文说明）本条是新增条文。配筋小砌块砌体抗震墙是一个整体,必须全部灌孔。在配筋小砌块砌体抗震墙结构的房屋中,允许有部分墙体不灌孔,但不灌孔的墙体只能按填充墙对待并后砌。

《砌规》规定:

> 10.1.1
> 注:本章中"配筋砌块砌体抗震墙"指全部灌芯配筋砌块砌体。

配筋砌块砌体抗震墙的材料组成为：混凝土空心小砌块、砌筑砂浆、灌孔混凝土、竖向和水平向钢筋。

配筋砌块砌体抗震墙的灌孔混凝土强度与混凝土砌块块材的强度应该匹配,才能充分发挥灌孔砌体的结构性能,因此砌块的强度和灌孔混凝土的强度不应过低,而且低强度的灌孔混凝土其和易性也较差,施工质量无法保证。试验结果表明,砂浆强度对配筋砌块砌体抗震墙的承载能力影响不大,但考虑到浇灌混凝土时砌块砌体应具有一定的强度,因此砌筑砂浆的强度等级宜适当高一些。

配筋砌块砌体抗震墙的受力性能计算方法和变形,《砌规》指出:

> 10.1.3（条文说明）国内外有关试验研究结果表明,配筋砌块砌体抗震墙结构的承载能力明显高于普通砌体,其竖向和水平灰缝使其具有较大的耗能能力,受力性能和计算方法都与钢筋混凝土抗震墙结构相似。
> 10.1.8（条文说明）配筋砌块砌体抗震墙存在水平灰缝和垂直灰缝,在地震作用下具有较好的耗能能力,而且灌孔砌体的强度和弹性模量也要低于相对应的混凝土,其变形比普通钢筋混凝土抗震墙大。

由于配筋砌块砌体与钢筋混凝土受力性能的相似性和这两种材料体系良好的结合和适应能力,配筋砌块砌体抗震墙结构不仅可自成体系,而且可构成底部钢筋混凝土框架-抗震墙上部配筋砌块抗震墙的框支抗震墙结构等。因为无论从"单一"配筋砌块结构还是配筋砌体与钢筋混凝土结合结构,在结构设计中既有相同或相似之处,又有不同之处,这就是这种结构的特点所在。

配筋砌块砌体抗震墙结构主要用于中高层和高层的住宅楼（6～18层住宅楼）。
配筋砌块砌体抗震墙结构的地震作用计算时,宜采用振型分解反应谱法。

一、配筋砌块砌体抗震墙结构

（一）一般规定

1. 房屋最大高度

- 复习《抗震通规》5.5.4条。
- 复习《砌规》10.1.3条。
- 复习《抗规》F.1.1条。

三本规范是协调的。

2. 层高

- 复习《砌规》10.1.4条。
- 复习《抗规》F.1.4条。

3. 结构布置

- 复习《砌规》10.1.10条。
- 复习《抗规》F.1.3条。

4. 抗震横墙的间距

- 复习《抗规》F.1.3条。

5. 房屋高宽比

- 复习《抗规》F.1.1条。

6. 防震缝

- 复习《抗规》F.1.3条。

7. 底部加强部位

- 复习《砌规》10.1.4条。
- 复习《抗规》F.1.4条注。

8. 抗震等级

- 复习《抗震通规》5.5.5条。
- 复习《砌规》10.1.6条。
- 复习《抗规》F.1.2条。

三本规范是协调的。

9. 短肢抗震墙

- 复习《砌规》10.1.10条。
- 复习《抗规》F.1.5条。

【例5.9.1】 某配筋砌块砌体抗震墙结构，如图5.9.1所示，抗震等级为二级，墙厚为190mm，钢筋采用HRB335级。设计时采用了如下三种措施：

Ⅰ. 抗震墙底部加强区高度取7.95m；

Ⅱ. 抗震墙底部加强部位水平分布筋为2Φ8@400；

Ⅲ. 抗震墙底部加强部位竖向分布筋为 2Φ12@600。

试判断下列哪组措施符合规范要求？

(A) Ⅰ、Ⅱ　　　　(B) Ⅰ、Ⅲ
(C) Ⅱ、Ⅲ　　　　(D) Ⅰ、Ⅱ、Ⅲ

【解答】由《砌规》10.1.4 条知，底部加强部位 H_1 为：

$$H_1 \geqslant 50 \times \frac{1}{6} = 8.33\text{m}$$

$H_1 \geqslant 4.0 + 3.5 = 7.5\text{m}$，故取 $H_1 = 8.33\text{m}$，则（A）、（B）、（D）均不对，所以选（C）项。

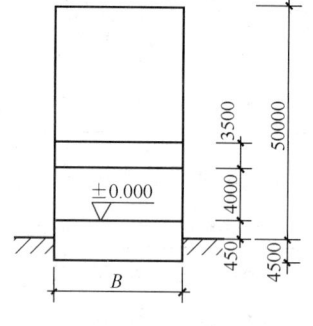

图 5.9.1

思考：抗震墙的水平、竖向分布钢筋的最小配筋率，《砌规》10.5.9 条有规定。

(二) 抗震计算

1. 地震作用的计算

当高度不超过 40m、以剪切变形为主且质量和刚度沿高度分布比较均匀时，可按底部剪力法进行地震作用简化计算。其他情况宜采用振型分解反应谱法计算。高层配筋砌块结构可不作竖向地震作用验算。

2. 层间弹性位移角

《砌规》规定：

10.1.8　配筋砌块砌体抗震墙结构应进行多遇地震作用下的抗震变形验算，其楼层内最大的层间弹性位移角不宜超过 1/1000。

《抗规》规定：

F.2.1　配筋混凝土小砌块抗震墙房屋应进行多遇地震作用下的抗震变形验算，其楼层内最大的弹性层间位移角，底层不宜超过 1/1200，其他楼层不宜超过 1/800。

3. 配筋砌块砌体抗震墙的正截面抗震承载力计算

《砌规》规定：

10.5.1　考虑地震作用组合的配筋砌块砌体抗震墙的正截面承载力应按本规范第 9 章的规定计算，但其抗力应除以承载力抗震调整系数。

4. 配筋砌块砌体抗震墙的斜截面抗震承载力计算

《砌规》规定：

10.5.2　配筋砌块砌体抗震墙承载力计算时，底部加强部位的截面组合剪力设计值 V_w，应按下列规定调整：

1　当抗震等级为一级时，　　$V_w = 1.6V$　　　　(10.5.2-1)

2　当抗震等级为二级时，　　$V_w = 1.4V$　　　　(10.5.2-2)

3　当抗震等级为三级时，　　$V_w = 1.2V$　　　　(10.5.2-3)

4 当抗震等级为四级时，$V_w=1.0V$　　　　　　　　　　　　(10.5.2-4)

式中　V——考虑地震作用组合的抗震墙计算截面的剪力设计值。

10.5.3　配筋砌块砌体抗震墙的截面，应符合下列规定：

1 当剪跨比大于 2 时：

$$V_w \leqslant \frac{1}{\gamma_{RE}} 0.2 f_g b h_0 \qquad (10.5.3\text{-}1)$$

2 当剪跨比小于或等于 2 时：

$$V_w \leqslant \frac{1}{\gamma_{RE}} 0.15 f_g b h_0 \qquad (10.5.3\text{-}2)$$

10.5.4　偏心受压配筋砌块砌体抗震墙的斜截面受剪承载力，应按下列公式计算：

$$V_w \leqslant \frac{1}{\gamma_{RE}} \left[\frac{1}{\lambda - 0.5} \left(0.48 f_{vg} b h_0 + 0.10 N \frac{A_w}{A} \right) + 0.72 f_{yh} \frac{A_{sh}}{s} h_0 \right] \quad (10.5.4\text{-}1)$$

$$\lambda = \frac{M}{V h_0} \qquad (10.5.4\text{-}2)$$

式中　f_{vg}——灌孔砌块砌体的抗剪强度设计值，按本规范第 3.2.2 条的规定采用；

　　　M——考虑地震作用组合的抗震墙计算截面的弯矩设计值；

　　　N——考虑地震作用组合的抗震墙计算截面的轴向力设计值，当时 $N>0.2f_g bh$，取 $N=0.2f_g bh$；

　　　A——抗震墙的截面面积，其中翼缘的有效面积，可按第 9.2.5 条的规定计算；

　　　A_w——T 形或 I 字形截面抗震墙腹板的截面面积，对于矩形截面取 $A_w=A$；

　　　λ——计算截面的剪跨比，当 $\lambda\leqslant1.5$ 时，取 $\lambda=1.5$；当 $\lambda\geqslant2.2$ 时，取 $\lambda=2.2$；

　　　A_{sh}——配置在同一截面内的水平分布钢筋的全部截面面积；

　　　f_{yh}——水平钢筋的抗拉强度设计值；

　　　f_g——灌孔砌体的抗压强度设计值；

　　　s——水平分布钢筋的竖向间距；

　　　γ_{RE}——承载力抗震调整系数。

10.5.5　偏心受拉配筋砌块砌体抗震墙，其斜截面受剪承载力，应按下列公式计算：

$$V_w \leqslant \frac{1}{\gamma_{RE}} \left[\frac{1}{\lambda - 0.5} \left(0.48 f_{vg} b h_0 - 0.17 N \frac{A_w}{A} \right) + 0.72 f_{yh} \frac{A_{sh}}{s} h_0 \right] \quad (10.5.5)$$

注：当 $0.48 f_{vg} b h_0 - 0.17 N \frac{A_w}{A} < 0$ 时，取 $0.48 f_{vg} b h_0 - 0.17 N \frac{A_w}{A} = 0$。

需注意的是：

(1)《砌规》10.5.4 条中：

①规范式（10.5.4-1）中，N 的计取，当 $N>0.2f_g bh$ 时，取 $N=0.2f_g bh$。

②λ 的计取：当 $\lambda = \dfrac{M}{Vh_0} \leqslant 1.5$ 时，取 $\lambda = 1.5$；$\lambda \geqslant 2.2$ 时，取 $\lambda = 2.2$。

(2)《砌规》10.5.5 条中注的规定。

《抗规》规定：

F.2.4　偏心受压配筋混凝土小型空心砌块抗震墙截面受剪承载力，应按下列公式验算：

$$V \leqslant \dfrac{1}{\gamma_{RE}}\left[\dfrac{1}{\lambda-0.5}(0.48f_{vg}bh_0+0.1N)+0.72f_{yh}\dfrac{A_{sh}}{s}h_0\right] \quad \text{(F.2.4-1)}$$

$$0.5V \leqslant \dfrac{1}{\gamma_{RE}}\left(0.72f_{yh}\dfrac{A_{sh}}{s}h_0\right) \quad \text{(F.2.4-2)}$$

式中　N——抗震墙组合的轴向压力设计值；当 $N > 0.2f_g bh$，取 $N = 0.2f_g bh$；

　　　　λ——计算截面处的剪跨比，取 $\lambda = M/Vh_0$；小于 1.5 时取 1.5，大于 2.2 时取 2.2；

　　　　f_{vg}——灌孔小砌块砌体抗剪强度设计值：$f_{vg} = 0.2 f_g^{0.55}$；

　　　　A_{sh}——同一截面的水平钢筋截面面积；

　　　　s——水平分布筋间距；

　　　　f_{yh}——水平分布筋抗拉强度设计值；

　　　　h_0——抗震墙截面有效高度。

F.2.5　在多遇地震作用组合下，配筋混凝土小型空心砌块抗震墙的墙肢不应出现小偏心受拉。大偏心受拉配筋混凝土小型空心砌块抗震墙，其斜截面受剪承载力应按下式计算：

$$V \leqslant \dfrac{1}{\gamma_{RE}}\left[\dfrac{1}{\lambda-0.5}(0.48f_{vg}bh_0-0.17N)+0.72f_{yh}\dfrac{A_{sh}}{s}h_0\right] \quad \text{(F.2.5-1)}$$

$$0.5V \leqslant \dfrac{1}{\gamma_{RE}}\left(0.72f_{yh}\dfrac{A_{sh}}{s}h_0\right) \quad \text{(F.2.5-2)}$$

当 $0.48f_{vg}bh_0 - 0.17N \leqslant 0$ 时，取 $0.48f_{vg}bh_0 - 0.17N = 0$。

式中　N——抗震墙组合的轴向拉力设计值。

可见，按《抗规》规定，水平分布筋应承担一半以上的水平剪力设计值。

【例 5.9.2】某配筋砌块砌体抗震墙房屋的抗震设防烈度为 7 度，抗震等级为三级，层高 3.0m。采用 MU20 单排孔混凝土小型砌块、Mb10 专用砂浆对孔砌筑，砌块孔洞率为 45%；灌孔混凝土强度等级 Cb30（$f_c = 14.3\text{N/mm}^2$），灌孔率为 100%。竖向和水平钢筋均用 HRB335 级钢筋。已知底层某墙段长度为 3m（$h_0 = 2.7\text{m}$），厚度为 0.19m，其地震作用组合未经内力调整的轴压力设计值为 900kN，弯矩值设计值为 250kN·m，剪力值设计值为 60kN。砌体施工质量控制等级为 B 级。

提示：按《砌体结构设计规范》作答。

试问：确定该墙段的水平分布钢筋。

【解答】 (1) 确定材料强度指标

查《砌规》表 3.2.1-4，$f=4.95\text{N/mm}^2$。

$$f_g = f + 0.6\alpha f_c = 4.95 + 0.6 \times 45\% \times 100\% \times 14.3$$

$$= 8.811\text{N/mm}^2 < 2f = 9.9\text{N/mm}^2，故取 f_g = 8.811\text{N/mm}^2$$

$$f_{vg} = 0.2 f_g^{0.55} = 0.2 \times 8.811^{0.55} = 0.662\text{N/mm}^2$$

(2) 确定水平向分布钢筋

由《砌规》10.5.2 条，$V_w = 1.2V = 1.2 \times 60 = 72\text{kN}$

$$\lambda = \frac{M}{Vh_0} = \frac{250}{60 \times 2.7} = 1.54 \begin{array}{l} >1.5 \\ <2.2 \end{array}$$

由《砌规》10.5.3 条：

$$\frac{1}{\gamma_{RE}}(0.15f_g bh_0) = \frac{1}{0.85} \times (0.15 \times 8.811 \times 190 \times 2700) = 797.7\text{kN} > V_w = 72\text{kN}$$

故截面条件满足。

$$0.2 f_g bh = 0.2 \times 8.811 \times 190 \times 3000 = 1004.5\text{kN} > 900\text{kN}$$

故取 $N = 900\text{kN}$

由规范式 (10.5.4-1)，及 $A_w = A$ 得：

$$\frac{A_{sh}}{s} = \frac{\gamma_{RE}V_w - \frac{1}{\lambda - 0.5}(0.48 f_{vg} bh_0 + 0.10N)}{0.72 f_{yh} h_0}$$

$$= \frac{0.85 \times 72000 - \frac{1}{1.54 - 0.5}(0.48 \times 0.662 \times 190 \times 2700 + 0.1 \times 900000)}{0.72 \times 300 \times 2700} < 0$$

故按构造要求配筋。

【例 5.9.3】 某配筋砌块砌体抗震墙房屋，房屋高度 22m，丙类建筑，抗震设防烈度为 8 度。首层剪力墙截面尺寸如图 5.9.2 所示，墙体高度 3900mm，为单排孔混凝土砌块对孔砌筑，采用 MU20 级砌块、Mb15 级水泥砂浆、Cb30 级灌孔混凝土（$f_c = 14.3\text{N/mm}^2$），配筋采用 HRB400 级钢筋，砌体施工质量控制等级为 B 级。

假定，此段砌体剪力墙计算截面地震组合的弯矩设计值 $M = 1050\text{kN·m}$，剪力设计值 $V = 210\text{kN}$。试问，当进行砌体剪力墙截面尺寸校核时，其截面剪力最大设计值

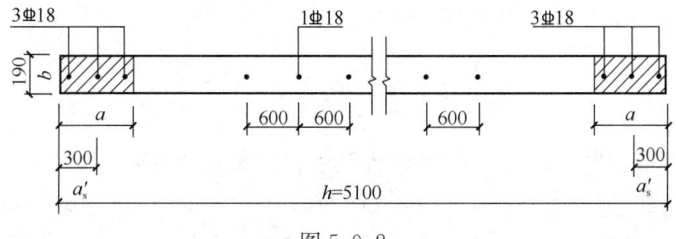

图 5.9.2

（kN），与下列何项数值最为接近？

提示：假定，灌孔砌体的抗压强度设计值 $f_g=7.5\text{N/mm}^2$，按《砌体结构设计规范》作答。

(A) 1710　　　(B) 1450　　　(C) 1210　　　(D) 1090

【解答】 根据《砌规》10.5.3条、10.5.4条：

$$\lambda = \frac{M}{Vh_0} = \frac{1050}{210\times(5.1-0.3)} = 1.04 < 2$$

$$V_u = \frac{1}{\gamma_{RE}}(0.15f_g bh_0) = \frac{1}{0.85}\times(0.15\times7.5\times190\times4800)$$
$$= 1207\text{kN}$$

所以应选（C）项。

5. 连梁

《砌规》规定：

10.5.6 配筋砌块砌体抗震墙跨高比大于2.5的连梁应采用钢筋混凝土连梁，其截面组合的剪力设计值和斜截面承载力，应符合现行国家标准《混凝土结构设计规范》GB 50010对连梁的有关规定；跨高比小于或等于2.5的连梁可采用配筋砌块砌体连梁，采用配筋砌块砌体连梁时，应采用相应的计算参数和指标；连梁的正截面承载力应除以相应的承载力抗震调整系数。

10.5.7 配筋砌块砌体抗震墙连梁的剪力设计值，抗震等级一、二、三级时应按下式调整，四级时可不调整：

$$V_b = \eta_v\frac{M_b^l + M_b^r}{l_n} + V_{Gb} \tag{10.5.7}$$

式中　V_b——连梁的剪力设计值；

　　　η_v——剪力增大系数，一级时取1.3；二级时取1.2；三级时取1.1；

M_b^l、M_b^r——分别为梁左、右端考虑地震作用组合的弯矩设计值；

　　　V_{Gb}——在重力荷载代表值作用下，按简支梁计算的截面剪力设计值；

　　　l_n——连梁净跨。

10.5.8 抗震墙采用配筋混凝土砌块砌体连梁时，应符合下列规定：

1　连梁的截面应满足下式的要求：

$$V_b \leqslant \frac{1}{\gamma_{RE}}(0.15f_g bh_0) \tag{10.5.8-1}$$

2　连梁的斜截面受剪承载力应按下式计算：

$$V_b = \frac{1}{\gamma_{RE}}\left(0.56f_{vg}bh_0 + 0.7f_{yv}\frac{A_{sv}}{s}h_0\right) \tag{10.5.8-2}$$

式中　A_{sv}——配置在同一截面内的箍筋各肢的全部截面面积；

　　　f_{yv}——箍筋的抗拉强度设计值。

《抗规》F.2.7条规定，与《砌规》10.5.8条是一致的。

连梁的构造要求，《砌规》10.5.9条～10.5.15条作了规定；《抗震规范》F.3.8条也作了相应的规定。

（三）抗震措施与抗震构造措施

1. 一般规定

《砌通规》规定：

> **4.4.1** 配筋砌块砌体抗震墙应全部用灌孔混凝土灌实。
> **4.4.2** 配筋砌块砌体抗震墙的水平钢筋应配置在系梁中，同层配置2根钢筋，且钢筋直径不应小于8mm，钢筋净距不应小于60mm；竖向钢筋应配置在砌块孔洞内，在190mm墙厚情况下，同一孔内应配置1根，钢筋直径不应小于10mm。

2. 轴压比

> - 复习《砌规》10.15.12条。
> - 复习《抗规》F.3.4条。

3. 配筋砌块砌体抗震墙的边缘构件

> - 复习《砌规》10.5.10条。
> - 复习《抗规》F.3.5条。

4. 配筋砌块砌体抗震墙的水平和竖向分布钢筋

> - 复习《砌通规》4.4.3条。
> - 复习《砌规》10.5.9条。
> - 复习《抗规》F.3.3条、F.3.7条。

5. 配筋砌块砌体抗震墙的圈梁

> - 复习《砌规》10.5.13条。
> - 复习《抗规》F.3.9条。

【例 5.9.4】 某配筋砌块砌体抗震墙结构，首层为4.2m，其他层均为3.3m，如图5.9.3所示，抗震等级为二级，墙厚为190mm，钢筋采用HRB335级。设计时采用了如下种措施：

Ⅰ. 首层抗震墙水平分布筋为2Φ8@400；
Ⅱ. 首层抗震墙竖向分布筋为2Φ14@600；
Ⅲ. 第5层抗震墙水平分布筋为2Φ8@600；
Ⅳ. 第5层抗震墙竖向分布筋为2Φ12@600。

试问：下列何项符合规范要求？
提示：按《砌体结构设计规范》作答。

(A) Ⅰ、Ⅱ　　(B) Ⅰ、Ⅱ、Ⅲ　　(C) Ⅰ、Ⅱ、Ⅳ　　(D) Ⅰ、Ⅱ、Ⅲ、Ⅳ

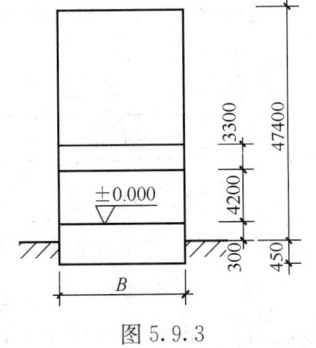

图 5.9.3

【解答】 根据《砌规》10.5.9条：

$$H_{底} = \max\left(47.4 \times \frac{1}{6}, 4.2+3.3\right) = 7.9\text{m}$$

故首层~3层为底部加强区高度。

首层：$\rho_{水平} = \dfrac{2 \times 50.3}{190 \times 400} = 0.132\% > 0.13\%$，故Ⅰ正确。

5层：$\rho_{水平} = \dfrac{2 \times 50.3}{190 \times 600} = 0.088\% < 0.13\%$，故Ⅲ错误。

首层：$\rho_{竖向} = \dfrac{2 \times 153.9}{190 \times 600} = 0.27\% > 0.13\%$，故Ⅱ正确。

5层：$\rho_{竖向} = \dfrac{2 \times 113.1}{190 \times 600} = 0.198\% > 0.13\%$，故Ⅳ错误。

所以应选（C）项。

二、部分框支抗震墙结构

（一）一般规定

1. 房屋最大高度

> ● 复习《砌规》10.1.3条。

2. 结构布置

> ● 复习《砌规》10.1.11条。

3. 底部加强部位与抗震等级

底部加强部位的确定，《砌规》、《抗规》未明确，可依据钢筋混凝土部分框支抗震墙结构，即按，《抗规》6.1.10条进行确定：

$$H_{底部} = \max\left(\frac{1}{10}H, 框支层+框支层以上两层的高度\right)$$

抗震等级，《砌规》10.1.6条作了规定。

> ● 复习《砌规》10.1.6条。

（二）抗震计算

其地震作用的计算，与配筋砌块砌体抗震墙结构的计算方法是一致的。

其框支层为薄弱层，其水平地震剪力计算时，其水平地震剪力应乘以相应的增大系数，多层结构可按《抗规》3.4.4条第2款规定。

其配筋砌块砌体抗震墙的正截面、斜截面抗震承载力计算，与前述的配筋砌块砌体抗震墙结构的计算是一致的。

第十节 单层砖柱厂房抗震设计

《抗规》9.3.1条~9.3.17条、规范附录J和附录K对单层砖柱厂房的抗震设计作出了规定。

一、抗震设计的一般规定

《砌通规》规定：

> 4.2.1 承受吊车荷载的单层砌体结构应采用配筋砌体结构。
> 4.2.2 单层空旷房屋大厅屋盖的承重结构，在下列情况下不应采用砖柱：
> 1 大厅内设有挑台；
> 2 6度时，大厅跨度大于15m或柱顶高度大于8m；
> 3 7度（0.10g）时，大厅跨度大于12m或柱顶高度大于6m；
> 4 7度（0.15g）、8度、9度时的大厅。

砖柱厂房，《抗规》9.3节作了规定。

> ● 复习《抗规》9.3.1条、9.3.2条、9.3.3条。

二、厂房的横向抗震计算

> ● 复习《抗规》9.3.4条、9.3.5条。
> ● 复习《抗规》附录J。

需注意的是：

(1)《抗规》9.3.4条规定了可不进行横向或纵向截面抗震验算的情况。

(2)《抗规》9.3.5条规定了厂房的横向抗震计算。

(3)《抗规》J规定了单层厂房横向平面排架地震作用效应调整，包括：①基本自振周期的调整；②排架柱地震剪力和弯矩的调整系数等。

▲厂房的横向抗震计算内容

(1) 确定计算简图

等高排架可简化为单自由度体系，如图5.10.1（a）所示；不等高排架，可按不同高度处屋盖的数量和屋盖之间的连接方式，简化为多自由度体系，如图5.10.1（b）、（c）所示，需注意

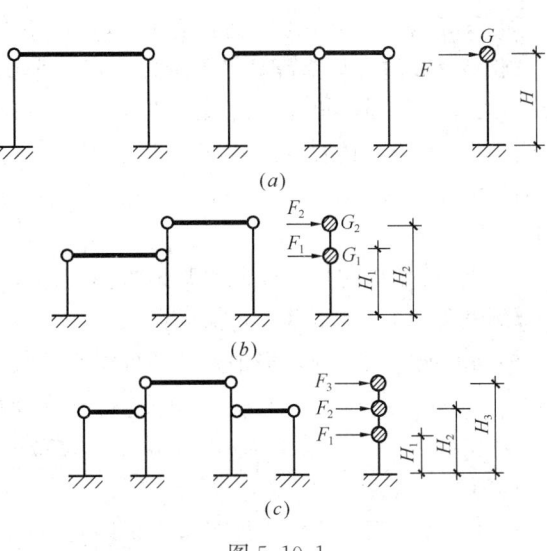

图 5.10.1

(a) 等高排架计算简图；(b) 不等高排架计算简图（二质点体系）；(c) 不等高排架计算简图（三质点体系）

的是当 $H_1=H_2$ 时，仍为三质点体系。

(2) 自振周期的计算

对单自由度体系，基本自振周期 T 的计算公式为：

$$T=2\pi\sqrt{\frac{m}{K}}=2\pi\sqrt{m\delta}=2\pi\sqrt{\frac{\overline{G}\delta}{g}}$$

根据《抗规》附录 J 的规定，砖柱厂房的排架基本自振周期应考虑调整系数 ψ_T，故有：

$$T=2\pi\psi_T\sqrt{\frac{\overline{G}\delta}{g}}\approx 2\psi_T\sqrt{\overline{G}\delta}=2\psi_T\sqrt{\frac{\overline{G}}{K}}$$

式中 $\overline{G}$——按动能等效原则质量集中到柱顶或墙顶处的墙、柱重力荷载代表值，$\overline{G}$ 的具体换算见第一章地震作用部分；

ψ_T——按《抗规》附录 J.1.1 条第 2、3 款规定计取。

对等高单层厂房：

$$\overline{G}_i=1.0G_{屋盖}+0.50G_{吊车梁}+0.25G_{柱}+0.25G_{纵墙}+0.5G_{雪}$$

(3) 排架地震作用的计算

砖柱厂房的横向地震作用一般按底部剪力法计算，即：

$$F_{Ek}=\alpha_1 G_{eq}$$

单层砖柱厂房 $G_{eq}=G_i$

G_i 为重力荷载代表值，其质量集中按柱底弯矩相等原则的计算原则与上面的计算自振周期时取用的 $\overline{G}$ 的计算原则是不同的。G_i 的具体计算见第一章地震作用部分。

对等高单层厂房：$G_i=1.0G_{屋盖}+0.75G_{吊车梁}+0.5G_{柱}+0.5G_{纵墙}+0.5G_{雪}$

(4) 考虑空间工作时，排架柱的地震剪力和弯矩的调整

当单层砖柱厂房符合《抗规》附录 J.2.2 条，并且按 J.1.1 条计算基本自振周期时，应考虑空间工作影响，对排架柱的地震剪力和弯矩，按规范附录 J.2.3 条的规定进行调整。

【例 5.10.1】 某单跨无吊车砖柱厂房，采用钢筋混凝土屋架有檩体系，厂房跨度为 12m，长度为 36m，砖柱计算高度为 5.6m。砖采用 MU10 烧结普通砖、M5 混合砂浆，建筑场地为 Ⅱ 类，抗震设防烈度为 7 度，设计地震分组为第一组。经计算一榀排架的柱截面惯性矩 $I=1.2\times 10^{-2}\text{m}^4$；$G_{柱}=200\text{kN}$、$G_{屋盖}=180\text{kN}$，$G_{纵墙}=50\text{kN}$。砌体施工质量控制等级为 B 级。

试问：确定该砖柱在横向水平地震作用标准值作用下的地震作用效应。

【解答】 (1) 确定基本自振周期

根据动能等效原则，集中到柱顶处重力荷载 $\overline{G}$：

$$\overline{G}=1.0G_{屋盖}+0.25G_{柱}+0.25G_{纵墙}$$
$$=1.0\times 180+0.25\times 200+0.25\times 50=242.5\text{kN}$$

排架柔度 δ：

查《砌规》表 3.2.1-1 及表 3.2.5-1，$f=1.5\text{N/mm}^2$，$E=1600f=2400\text{N/mm}^2=2.4\times 10^6\text{kN/m}^2$

$$\delta=\frac{H^3}{\Sigma 3EI_i}=\frac{5.6^3}{2\times(3\times 2.4\times 10^6\times 1.2\times 10^{-2})}=1.016\times 10^{-3}\text{m/kN}$$

基本自振周期，《抗规》附录 J.1.1 条，取 $\psi_T=0.9$，$T_1=2\psi_T\sqrt{G\delta}=2\times 0.9\sqrt{242.5\times 1.016\times 10^{-3}}=0.893\mathrm{s}$

(2) 排架水平地震作用

根据柱底弯矩相等原则，集中到柱顶处重力荷载代表值 G_i：

$$G_i=1.0G_{屋盖}+0.5G_{柱}+0.5G_{纵墙}$$
$$=1.0\times 180+0.5\times 200+0.5\times 50=305\mathrm{kN}$$

由场地条件，查《抗规》表 5.1.4-1，$\alpha_{\max}=0.08$，$T_g=0.35\mathrm{s}$ $T_g<T_1<5T_g=5\times 0.35=1.75\mathrm{s}$，故有：

$$\alpha_1=\left(\frac{T_g}{T_1}\right)^\gamma \eta_2\alpha_{\max}=\left(\frac{0.35}{0.893}\right)^{0.9}\times 1\times 0.08=0.0344$$

$$F_{Ek}=\alpha_1 G_{eq}=0.0344\times 305=10.5\mathrm{kN}$$

排架柱侧移刚度相等，各柱顶承担的水平地震作用标准值为：

$$F_{1k}=\frac{1}{2}F_{Ek}=5.25\mathrm{kN}$$

(3) 考虑空间工作，柱弯矩和剪力调整

查《抗规》表 J.2.3-2，两端山墙间距为 36m，钢筋混凝土有檩屋盖，调整系数取 $\zeta=0.90$，则：

$$M_{1K}=\pm 0.9\times 5.25\times 5.6=\pm 26.46\mathrm{kN}$$
$$V_{1K}=\pm 0.9\times 5.25=\pm 4.725\mathrm{kN}$$

三、厂房的纵向抗震计算

- 复习《抗规》9.3.6 条。
- 复习《抗规》附录 K.4。

厂房的纵向抗震计算方法：①振型分解反应谱法；②修正刚度法；③柱列法。

1. 修正刚度法

该法适用于钢筋混凝土无檩或有檩屋盖等高多跨单层砖柱厂房的纵向抗震验算。

(1) 基本自振周期 T_1

由规范式（K.4.2）：$T_1=2\psi_T\sqrt{\dfrac{\Sigma\overline{G}_s}{\Sigma K_s}}$

其中，$\overline{G}_s$ 为第 s 柱列的集中重力荷载，按动能等效原则进行质量集中，即：
$\overline{G}_s=1.0G_{屋盖}+0.5G_{雪}+0.5G_{积灰}+0.25G_{柱}+0.25G_{山墙}+0.35G_{纵墙}$

K_s 为第 s 柱列的侧移刚度，其计算公式：

$$K_s=K_{柱}+K_{s柱间支撑}+\psi_K K_{s柱间纵墙}$$

式中 ψ_K——砖墙的刚度降低系数，对抗震设防烈度为 7 度、8 度、9 度，ψ_K 的值可分别取为 0.6、0.4、0.2。

需注意的是： 只有独立砖柱才能作为柱计算其侧移刚度；带壁柱墙作为整体应按墙计算其侧移刚度；砖柱刚度计算时，取相应砌体的弹性模量。

(2) 确定厂房纵向总水平地震作用

规范式（K.4.3）：$F_{Ek}=\alpha_1 \Sigma G_s$

其中，G_s 重力荷载代表值的计算为：

$$G_s=1.0G_{屋盖}+0.5G_{雪}+0.5G_{积灰}+0.5G_{柱}+0.5G_{山墙}+0.7G_{纵墙}$$

(3) 确定厂房纵向第 s 柱列上端的水平地震作用

规范式（K.4.4）：$F_s=\dfrac{\psi_s K_s}{\Sigma \psi_s K_s}F_{Ek}$

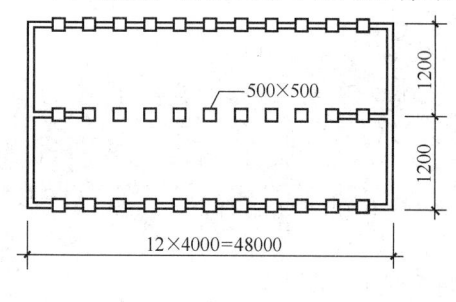

图 5.10.2

【例 5.10.2】 两跨等高钢筋混凝土有檩屋盖砖柱厂房，厂房主要尺寸见图 5.10.2 所示，砖柱计算高度为 5.9m。屋盖自重为 2.6kN/m²，雪荷载为 0.30kN/m²，每根砖柱重 60kN，一片带壁柱墙（4 米长）自重 150kN，每跨一片山墙重 860kN。采用 MU10 烧结普通砖，M5 混合砂浆砌筑。厂房位于抗震设防烈度 7 度区，I_1 类场地，设计地震分组第一组。经计算，一片带壁柱墙（4m 长）的侧移刚度为 3500kN/m；砖砌体的 $f=1.5N/mm^2$，弹性模量 $E=2.40 \times 10^6 kN/m^2$。砌体施工质量控制等级为 B 级。

试问：确定各柱列的纵向水平地震作用标准值。

提示：砌墙的刚度降低系数 ψ_k 取为 0.6。

【解答】 (1) 基本自振周期

边柱列：$\overline{G}_1=1.0G_{屋盖}+0.5G_{雪}+0.25(G_{柱}+G_{山墙})+0.35G_{纵墙}$

$\quad\quad =(1.0\times 2.6+0.5\times 0.3)\times 48\times 12/2+0.25\times(0+860\times 2\times 1/2)$

$\quad\quad\quad +0.35\times 150\times 12$

$\quad\quad =792+215+630=1637kN$

中柱列：$\overline{G}_2=(1.0\times 2.6+0.5\times 0.3)\times 48\times 12+0.25\times(60\times 7+860\times 2)$

$\quad\quad +0.35\times 150\times 4$

$\quad\quad =1584+535+210=2329kN$

$\quad\quad \Sigma \overline{G}_s=2\overline{G}_1+\overline{G}_2=2\times 1637+2329=5603kN$

中柱列的侧移刚度 K_2：

砖柱侧移刚度：

$$K_c=\frac{3EI}{H^3}=\frac{3\times 2.4\times 10^6\times \dfrac{1}{12}\times 0.5^4}{5.9^3}=1.826\times 10^2 kN/m$$

$$\Sigma K_c=7\times K_c=1.278\times 10^3 kN/m$$

$$K_2=\Sigma K_c+\psi_K \Sigma K_{wm}=1278+0.6\times(3500\times 4)=9678kN/m$$

边柱列的侧移刚度 K_1：

$$K_1=\psi_K \Sigma K_{wm}=0.6\times(3500\times 12)=25200kN/m$$

总的侧移刚度 ΣK_s：

$$\Sigma K_s=2K_1+K_2=60078kN/m$$

查《抗规》表 K.4.2，有檩屋盖、边跨无天窗，取 $\psi_T=1.4$。

规范式（K.4.2）：

$$T_1 = 2\psi_T\sqrt{\frac{\Sigma \overline{G}_s}{\Sigma K_s}} = 2 \times 1.4 \times \sqrt{\frac{5603}{60078}} = 0.855\text{s}$$

(2) 确定纵向总水平地震作用标准值

抗震设防烈度 7 度，I_1 类场地、设计地震分组为第一组，查《抗规》表 5.1.4-1，表 5.1.4-2 得，$\alpha_{max} = 0.08$，$T_g = 0.25\text{s}$，$T_g < T_1 < 5T_g = 5 \times 0.25 = 1.25\text{s}$，则：

$$\alpha_1 = \left(\frac{T_g}{T_1}\right)^\gamma \eta_2 \alpha_{max} = \left(\frac{0.25}{0.855}\right)^{0.9} \times 1 \times 0.08 = 0.0265$$

G_s 重力荷载代表值计算如下：

边柱列：$G_1 = 1.0G_{屋盖} + 0.5G_{重} + 0.5(G_{柱} + G_{山墙}) + 0.7G_{纵墙}$

$\quad = (1.0 \times 2.6 + 0.5 \times 0.3) \times 48 \times 12/2 + 0.5(0 + 860 \times 2 \times 1/2)$

$\quad + 0.7 \times 150 \times 12$

$\quad = 792 + 215 + 1260 = 2267\text{kN}$

中柱列：$G_2 = (1.0 \times 2.6 + 0.5 \times 0.3) \times 48 \times 12$

$\quad + 0.5 \times (7 \times 60 + 860 \times 2) + 0.7 \times 150 \times 4$

$\quad = 1584 + 1070 + 420 = 3074\text{kN}$

总的重力荷载代表值 ΣG：$\Sigma G = 2G_1 + G_2 = 2 \times 2267 + 3074 = 7608\text{kN}$

$F_{EK} = \alpha_1 G_{eq} = 0.0265 \times 7608 = 201.61\text{kN}$

(3) 求各柱列上端的纵向地震作用标准值

查《抗规》表 K.4.4，有檩屋盖，边柱列为带壁柱砖墙，中柱列的纵墙不少于 4 开间，取边柱列 $\psi_s = 0.75$，中柱列 $\psi_s = 1.5$。

由规范式（K.4.4），对边柱列 F_1：

$$F_1 = \frac{\psi_s K_s}{\Sigma \psi_s K_s} F_{Ek} = \frac{0.75 \times 25200}{0.75 \times 25200 \times 2 + 1.5 \times 9678} \times 201.61 = 72.83\text{kN}$$

中柱列 F_2：$F_2 = \dfrac{1.5 \times 9678}{0.75 \times 25200 \times 2 + 1.5 \times 9678} \times 201.61 = 55.94\text{kN}$

2. 柱列法

柱列法适用于纵墙对称布置的单跨厂房和轻型屋盖的多跨厂房。计算时，可把厂房沿每跨的纵向中线切开，对每个柱列分别进行抗震计算。

第 i 柱列的纵向自振周期 T_1：$T_1 = 2\pi\sqrt{\dfrac{m_i}{K_i}} \approx 2\sqrt{\dfrac{\overline{G}_i}{K_i}}$

其中 $\overline{G}_i$、K_i 的计算方法与修正刚度法中 $\overline{G}_i$、K_i 的计算相同。

第 i 柱列柱顶的纵向地震作用 F_i 可按底部剪力法计算：

$$F_i = \alpha_i G_i$$

式中，G_i 为重力荷载代表值，与修正刚度法中 G_i 的计算相同。

【例 5.10.3】 某两跨砖柱厂房，瓦木屋盖，平面尺寸如图 5.10.3 所示。屋面恒载 1kN/m^2，雪荷载 0.3kN/m^2，窗自重为 0.4kN/m^2，砌体自重 19kN/m^2。采用 MU10 烧结普通砖、M5 混合砂浆（$E = 2.40 \times 10^6 \text{kN/m}^2$）。建造地区的抗震设防烈度 7 度、Ⅱ 类场地、设计地震分组为第二组。砌体施工质量控制等级为 B 级。

试问：确定柱顶纵向水平地震作用标准值。

【解答】 如图中所示，将纵向水平地震作用分成中柱列、边柱列，按柱列法求解。

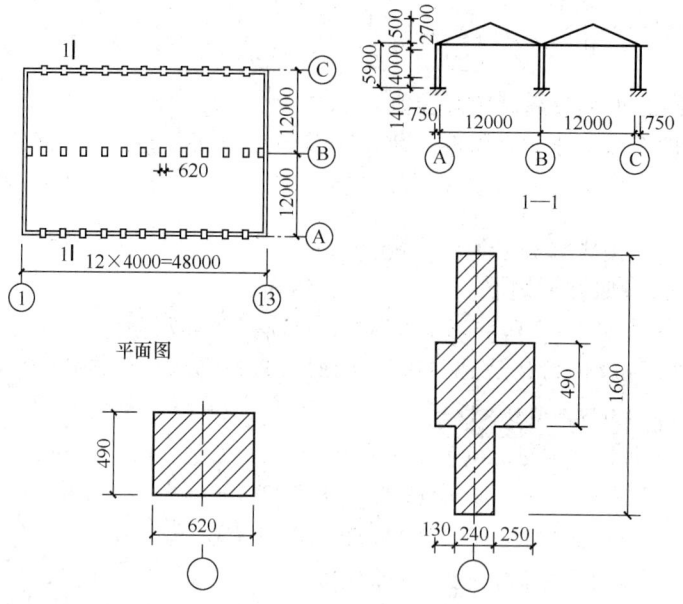

图 5.10.3

(1) 确定基本自振周期

中柱列（B柱列）：

$$K_c = \frac{3EI}{H^3} = \frac{3 \times 2.4 \times 10^6 \times \frac{1}{12} \times 0.49 \times 0.62^3}{5.9^3} = 3.41 \times 10^2 \text{kN/m}$$

$$K_{\text{B}} = \Sigma K_c = 13 K_c = 4.433 \times 10^3 \text{kN/m}$$

边柱列（A、C柱列），因层高小，整片纵墙的刚度很大，其自振周期很小，故可取 $\alpha_1 = \alpha_{\max}$，故不必计算其纵向侧向刚度。

中柱列的重力荷载 $\overline{G}_i$

一端山墙重：$\overline{G}_{\text{山墙}} = (12 \times 5.9 + \frac{1}{2} \times 12 \times 2.7) \times 0.24 \times 19 \times 2 = 793.44 \text{kN}$

一根柱重：$\overline{G}_{\text{柱}} = 0.49 \times 0.62 \times 19 \times 5.9 = 34.06 \text{kN}$

$$\begin{aligned}\overline{G}_{\text{B}} &= (1.0\overline{G}_{\text{屋盖}} + 0.5\overline{G}_{\text{雪}}) + 0.25 G_{\text{柱}} + 0.25 \overline{G}_{\text{山墙}} + 0.35 \overline{G}_{\text{纵墙}}\\ &= (1.0 \times 1 + 0.5 \times 0.3) \times 48 \times 12 + 0.25 \times 34.06 \times 13\\ &\quad + 0.25 \times 793.44 \times 2 \times \frac{1}{2} + 0.35 \times 0\\ &= 971.46 \text{kN}\end{aligned}$$

$$T_{\text{B}} = 2\sqrt{\frac{\overline{G}_{\text{B}}}{K_{\text{B}}}} = 2\sqrt{\frac{971.46}{4.433 \times 10^3}} = 0.936 \text{s}$$

(2) 确定地震作用

查《抗规》表 5.1.4-1、表 5.1.4-2 得：$\alpha_{\max} = 0.08$

$T_g = 0.40\text{s}$，$T_g < T_{\text{B}} < 5 T_g = 2.0\text{s}$，故：

$$\alpha_1 = \left(\frac{T_g}{T_{\text{B}}}\right)^\gamma \eta_2 \alpha_{\max} = \left(\frac{0.40}{0.936}\right)^{0.9} \times 1 \times 0.08 = 0.0372$$

1) 中柱列的重力荷载代表值 $G_{B,eq}$

$$G_{B,eq} = 1.0G_{屋盖} + 0.5G_{雪} + 0.5G_{柱} + 0.5G_{山墙} + 0.7G_{纵墙}$$
$$= (1.0 \times 1 + 0.5 \times 0.3) \times 48 \times 12 + 0.5 \times 34.06$$
$$\times 13 + 0.5 \times 793.44 \times 2 \times \frac{1}{2} + 0.7 \times 0$$
$$= 1280.5 \text{kN}$$
$$F_B = \alpha_1 G_{B,eq} = 0.0372 \times 1280.5 = 47.63 \text{kN}$$

每根柱上的纵向地震作用：$F_0 = \dfrac{F_B}{13} = 3.66 \text{kN}$

2) 边柱列的重力荷载代表值

边柱列一根壁柱重：$G_柱 = [0.49 \times 0.62 + (1.6-0.49) \times 0.24] \times 5.9 \times 19 = 63.9 \text{kN}$

一片壁柱间纵墙重：$G_{纵墙} = 0.24 \times 2.4 \times (1.4+0.5) \times 19 + 2.4 \times 4 \times 0.4 = 24.63 \text{kN}$

$$G_{A,eq} = 1.0G_{屋盖} + 0.5G_{重} + 0.5G_{柱} + 0.5G_{山墙} + 0.7G_{纵墙}$$
$$= (1.0 \times 1 + 0.5 \times 0.3) \times 48 \times 12 \times \frac{1}{2} + 0.5 \times 63.9 \times 11$$
$$+ 0.5 \times 793.44 \times \frac{1}{4} \times 2 + 0.7 \times 24.63 \times 12 = 1087.9 \text{kN}$$

$$\alpha_1 = \alpha_{max} = 0.08$$

作用于 A、C 柱列上的纵向水平地震作用标准值为：
$$F_A = F_C = \alpha_1 G_{A,eq} = 0.08 \times 1087.9 = 87.03 \text{kN}$$

第十一节　木结构的材料选用和设计指标取值

本节和后面第十二节、第十三节所用规范为《木结构通用规范》GB 55005—2021（以下简称《木通规》）、《木结构设计标准》GB 50005—2017（以下简称《木标》）。

一、总则和材料

- 复习《木通规》3.0.1 条～3.0.8 条。
- 复习《木标》3.1.1 条～3.1.13 条。
- 复习《木标》3.2.1 条～3.2.13 条。

【例 5.11.1】 方木圆木结构中承重拉弯的构件，应选择哪一种材质的木材制作？
(A) I_a 级　　(B) II_a 级　　(C) III_a 级　　(D) I_a、II_a、III_a 级均可

【解答】 根据《木标》3.1.3 条，应选 (A) 项。

【例 5.11.2】 井干式木结构构件采用方木制作时，木材的含水率应为下列何项数值？
(A) ≤25%　　(B) ≤20%　　(C) ≤18%　　(D) ≤15%

【解答】 根据《木标》3.1.12 条，应选 (B) 项。

二、基本规定

1. 设计原则

- 复习《木标》4.1.1 条～4.1.15 条。

需注意的是：
(1)《木标》4.1.7条，根据《可靠性标准》，γ_0仅与安全等级挂钩。
(2)《木标》4.1.10条、4.1.11条、4.1.12条、4.1.14条。

2. 抗风设计规定

《木通规》规定：

> 4.4.6 木结构构件进行抗风设计应符合下列规定：
> 1 主体结构计算时，风荷载作用面积应取垂直于风向的最大投影面积；
> 2 对于轻型木结构，在验算屋盖与下部结构连接处的节点连接承载力时，应对风荷载引起的上拔力乘以1.2的放大系数；
> 3 当结构自重不足以抵抗由风荷载产生的倾覆时，应采取抗倾覆措施。

同时，《木标》4.1.12条也作了规定。

- 复习《木标》4.1.2条。

3. 抗震设计规定

《木通规》4.4.1条~4.4.5条作了规定。《木通规》规定：

> 4.4.2 高层木结构及高层木混合结构应考虑重力二阶效应的不利影响。
> 4.4.3 当抗震设防烈度为8度或9度时，木结构设计应同时考虑竖向地震作用的荷载效应组合。
> 4.4.4 当上部木结构、下部为其他结构的木混合结构连接处进行强度、局部承压和抗拉拔作用的抗震计算时，应将地震作用引起的侧向力和倾覆力矩乘以不小于1.2的放大系数。
> 4.4.5 抗震设计时，当木框架支撑结构和木框架剪力墙结构中各层框架总剪力小于底部总剪力的20%时，各层框架所承担的地震剪力的取值不应小于下列规定中的较小值：
> 1 结构底部总剪力的25%；
> 2 框架部分各楼层地震剪力最大值的1.8倍。

γ_{RE}的取值，《抗震通规》表4.3.1、《木标》表4.2.10作了规定，两本规范基本一致。

- 复习《抗震通规》5.6.1条~5.6.3条。

《抗震通规》规定：

> 5.6.2 木结构房屋的地震作用计算应符合下列规定：
> 1 7度及以上的大跨度木结构长悬臂木结构，应计入竖向地震作用。
> 2 计算多遇地震作用时，应考虑非承重墙体的刚度影响对结构自振周期予以折减。

《木标》《抗规》也有相应规定。

- 复习《木标》4.2.1条~4.2.15条。
- 复习《抗规》11.3.1条~11.3.10条。

【例 5.11.3】 轻型木结构建筑中，对地震作用产生的剪力对木基结构板剪力墙进行抗震验算时，承载力抗震调整系数 γ_{RE} 取为下列何项数值？

提示：按《木结构设计标准》作答。
(A) 1.0　　　(B) 0.9　　　(C) 0.85　　　(D) 0.80

【解答】 由《木标》4.2.10 条，取 $\gamma_{RE}=0.85$，故选（C）项。

4. 强度设计指标

- 复习《木标》4.3.1 条～4.3.14 条。

需注意的是：

(1)《木标》表 4.3.1-3 注的规定，其相关内容见 7.1.9 条条文说明。

(2)《木标》4.3.2 条规定：

①原木，当验算部位未经切削，顺纹抗压 f_c、f_m、E 均提高 15%；但在原木两端为铰接且有切削时、原木中部有孔（包括螺栓孔的情况）即有切削时，顺纹抗压 f_c、f_m、E 均不提高。

②矩形截面，短边尺寸≥150mm 时，强度设计值可提高 10%，所以，选用矩形截面方木，首先判断短边尺寸是否大于等于 150mm。

③湿材时，$f_{c,90}$ 和 E、落叶松木材的 f_m 均宜降低 10%。

(3)《木标》4.3.9 条：

①《木标》表 4.3.9-1 注 1、2 的规定。

②《木标》表 4.3.9-2，根据设计使用年限调整"强度设计值和弹性模量"。

(4)《木标》4.3.13 条规定。

【例 5.11.4】 采用湿材的红皮云杉制成的柱子，在露天环境下，设计使用年限为 25 年。

试问：确定其顺纹抗压强度设计值和弹性模量值。

【解答】 红皮云杉，查《木标》表 4.3.1-1，属于 TC13B；再查《木标》表 4.3.1-3，$f_c=10\text{N/mm}^2$、$E=9000\text{N/mm}^2$。湿材，根据《木标》4.3.2 条，$E=90\%\times 9000=8100\text{N/mm}^2$，露天环境下，查表 4.3.9-1，$f_c=0.9f_c=0.9\times 10=9\text{N/mm}^2$；$E=0.85E=0.85\times 8100=6885\text{N/mm}^2$。

使用年限为 25 年，查表 4.3.9-2，$f_c=1.05f_c=1.05\times 9=9.45\text{N/mm}^2$，$E=1.05E=1.05\times 6885=7229.25\text{N/mm}^2$。

所以，该木材计算时的 $f_c=9.45\text{N/mm}^2$；$E=7229.25\text{N/mm}^2$。

思考：(1) 当仅有恒荷载作用于柱子时，其他条件不变。试确定木材的顺纹抗压强度设计值和弹性模量值。

由上述解的结果，再查《木标》表 4.3.9-1，$f_c=0.8f_c=0.8\times 9.45=7.56\text{N/mm}^2$；$E=0.8E=0.8\times 7229.25=5783.4\text{N/mm}^2$。

(2) 当柱子截面为 150mm×200mm 时，其他条件不变。试确定木材的顺纹抗压强度设计值和弹性模量值。

根据《木标》4.3.2 条第 2 款规定，$f_c=1.1\times f_c=1.1\times 9.45=10.395\text{N/mm}^2$，$E$ 不变，仍为 7229.25N/mm^2。

5. 变形值

> ● 复习《木标》4.3.15条~4.3.17条。

6. 其他规定

> ● 复习《木标》4.3.18条~4.3.20条。

【例5.11.5】 采用杉木用于木构筑物的轴心受压柱,长度为3.0m,杉木梢径d为100mm。试确定其中央截面的顺纹抗压强度设计值、弹性模量及截面面积。

【解答】 查《木标》表4.3.1-1,杉木为TC11A;再查表4.3.1-3,$f_c=10\text{N/mm}^2$,$E=9000\text{N/mm}^2$。

木构筑物,查表4.3.9-1,$f_c=0.9f_c=0.9\times10=9\text{N/mm}^2$;$E=1.0E=9000\text{N/mm}^2$;

中央截面未削弱,根据《木标》4.3.2条第1款,$f_c=1.15f_c=1.15\times9=10.35\text{N/mm}^2$;$E=1.15E=1.15\times9000=10350\text{N/mm}^2$。

中央截面面积:$d=100+\dfrac{3000}{2}\times0.9\%=113.5\text{mm}$

$$A=\frac{\pi d^2}{4}=\frac{\pi\times(113.5)^2}{4}=10112.6\text{mm}^2$$

第十二节 木结构构件计算

一、轴心受拉构件

《木通规》规定:

> 4.2.1 轴心受力构件和偏心受力构件应进行强度计算,轴心受压构件和压弯构件尚应进行稳定验算,应保证构件满足强度和稳定性要求

《木标》作了具体规定。

> ● 复习《木标》5.1.1条。

需注意的是:

《木标》式(5.1.1): $\dfrac{N}{A_n}\leqslant f_t$

其中,A_n取值时,应扣除分布在150mm长度上的缺孔投影面积。具体在解题时,应扣除如螺栓孔洞口、削弱洞口等。

【例5.12.1】 木材选用马尾松,孔洞尺寸如图5.12.1所示,孔直径为18mm,受轴心拉力。$\gamma_0=1.0$。试确定该轴心受拉构件的受拉承载力设计值。

【解答】 马尾松,查《木标》表4.3.1-1,TC13A;再查表4.3.1-3,$f_t=8.5\text{N/mm}^2$;截面尺寸160mm>150mm,根据4.3.2条规定:

$f_t=1.1f_t=1.1\times8.5=9.35\text{N/mm}^2$;$A_n=180\times160-3\times18\times160=20160\text{mm}^2$。

《木标》式(5.1.1):$N_u=f_t\cdot A_n=9.35\times20160=188496\text{N}\approx188.5\text{kN}$

思考：(1) 若本题孔洞尺寸变为图 5.12.2 所示，孔直径仍为 18mm；其他条件不变。试确定该轴心受拉构件的承载力设计值。

由上述结果知，f_t 不提高 1.1，$f_t = 8.5\text{N/mm}^2$。

$A_n = 180 \times 160 - 2 \times 20 \times 180 - 1 \times 18 \times (160 - 2 \times 20) = 19440\text{mm}^2$

$N_u = A_n f_t = 8.5 \times 19440 = 165.24\text{kN}$

(2) 某桁架轴心受拉下弦杆（图 5.12.3），确定受拉杆件的净面积 A_n 时，根据《木标》5.1.1 条，1 号孔不应计入 A_n 中，则：

$A_n = 100 \times 200 - 100 \times 18 \times 4 = 12800\text{mm}^2$

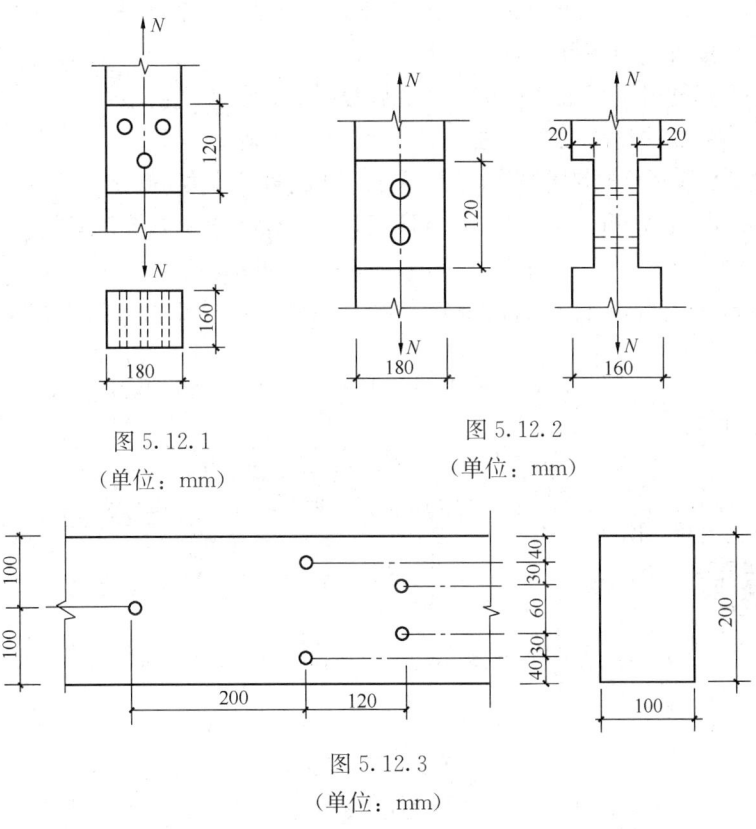

图 5.12.1　　　　　　　图 5.12.2
（单位：mm）　　　　（单位：mm）

图 5.12.3
（单位：mm）

二、轴心受压构件

● 复习《木标》5.1.2 条~5.1.6 条。

需注意的是：

(1)《木标》式 (5.1.2-2) 中，求轴心受压构件稳定系数时，应先求出 l_0，其次求出 $\lambda = \dfrac{l_0}{i}$，再根据《木标》5.1.4 条求 φ 的值。

构件的长细比计算：

《木标》5.1.5 条、7.5.6 条（桁架压杆）、4.3.15 条规定了受压构件的计算长度 l_0 的取值、长细比限值 $[\lambda]$。

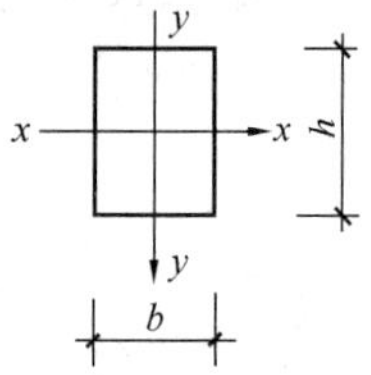

《木标》5.1.4 条中，$\lambda=\dfrac{l_0}{i}$，$i=\sqrt{I/A}$

矩形截面（图 5.12.4）：$i_x=\sqrt{\dfrac{1}{12}bh^3/(bh)}=\dfrac{h}{\sqrt{12}}$

$$i_y=\sqrt{\dfrac{1}{12}hb^3/(bh)}=\dfrac{b}{\sqrt{12}}$$

圆形截面：$i_x=i_y=\dfrac{d}{4}$

图 5.12.4

需注意，A 取毛截面面积。

（2）《木标》式（5.1.2-2）中，A_0 计算面积的计算，应注意 5.1.3 条第 5 款的规定，即验算稳定时，螺栓孔可不作为缺口考虑。

（3）轴心受压构件的承载力应满足：①强度要求；②稳定要求。

（4）缺口宽度、高度的要求，见《木标》7.1.7 条规定。

【**例 5.12.2**】采用油杉制作的轴心受压柱，其截面尺寸为 150mm×200mm，其一端固定，一端铰接，长为 2.8m。$\gamma_0=1.0$。试确定其轴心受压承载力设计值。

【**解答**】油杉，查《木标》表 4.3.1-1，TC15A；查表 4.3.1-3，$f_c=13\text{N/mm}^2$；又截面短边尺寸为 150mm，根据《木标》4.3.2 条第 2 款，$f_c=1.1\times f_c=1.1\times 13=14.3\text{N/mm}^2$。

（1）强度计算

$$N=A_n\cdot f_t=150\times 200\times 14.3=429.0\text{kN}$$

（2）稳定计算

$$l_0=k_l l=0.8\times 2.8=2.24\text{m}$$

$$i_x=\dfrac{h}{\sqrt{12}}=\dfrac{200}{\sqrt{12}}=57.74\text{mm},\ i_y=\dfrac{b}{\sqrt{12}}=\dfrac{150}{\sqrt{12}}=43.3\text{mm}$$

取 i_y 进行计算（最不利）：$\lambda=\dfrac{l_0}{i_y}=\dfrac{2240}{43.3}=51.73<[120]$，满足

$$\lambda_c=c_c\sqrt{\dfrac{\beta E_k}{f_c k}}=4.13\times\sqrt{1\times 330}=75.0>\lambda，则：$$

$$\varphi=\dfrac{1}{1+\dfrac{51.73^2}{1.96\pi^2\times 1\times 330}}=0.704$$

由《木标》5.1.3 条，$A_0=A=150\times 200$

由《木标》式（5.1.2-2）得：$N_u=\varphi A_0 f_c=0.704\times 150\times 200\times 14.3=302.0\text{kN}$

所以该轴心受压柱的受压承载力为 302.0kN。

【**例 5.12.3**】采用西北云杉原木制作轴心受压柱，原木梢径为 100mm，长为 3.0m，两端为有切削的铰接，柱中点有一个 $d=18$mm 的螺栓孔，设计使用年限为 25 年，取 $\gamma_0=0.95$。试确定其最大轴心压力设计值 N。

【**解答**】西北云杉，查《木标》表 4.3.1-1，TC11A；又查表 4.3.1-3，$f_c=10\text{N/mm}^2$。强度计算时，因验算部位在两端，其铰接处有削弱，不执行 4.3.2 条；稳定计算时，在中点处有螺栓孔，不执行 4.3.2 条。

设计使用年限为 25 年，查表 4.3.9-2，$f_c=1.05f_c=1.05\times 10=10.5\text{N/mm}^2$。

原木中点处，$f_c=1.05f_c=1.05\times 10=10.5\text{N/mm}^2$

(1) 强度计算 $\gamma_0 N \leqslant A_n f_c$

小头截面 $N \leqslant \dfrac{A_n f_c}{\gamma_0} = \dfrac{\pi d^2}{4\gamma_0} \cdot f_c = \dfrac{\pi \times 100^2}{4 \times 0.95} \times 10.5 = 86.76 \text{kN}$

中央截面，由《木标》4.3.18 条规定，中央截面直径 d 为：

$$d = 100 + \dfrac{3000}{2} \times 0.9\% = 113.5 \text{mm}$$

$$A_n = \dfrac{\pi d^2}{4} - d \cdot 18 = \dfrac{\pi \times 113.5^2}{4} - 18 \times 113.5 = 8069.6 \text{mm}^2$$

$$N \leqslant \dfrac{A_n f_c}{\gamma_0} = \dfrac{8069.6 \times 10.5}{0.95} = 89.19 \text{kN}$$

(2) 稳定计算

根据《木标》4.3.18 条规定，取构件的中央截面。

$$i = \dfrac{d}{4} = \dfrac{113.5}{4} = 28.375 \text{mm}$$

$$l_0 = k_l l = 1.0 \times 3.0 = 3.0 \text{m}$$

$$\lambda = \dfrac{l_0}{i} = \dfrac{3000}{28.375} = 105.7 < [\lambda] = 120，满足$$

由《木标》5.1.14 条：

$$\lambda_c = c_c \sqrt{\dfrac{\beta E_k}{f_c k}} = 5.28 \times \sqrt{1 \times 300} = 91.5 < \lambda，则：$$

$$\varphi = \dfrac{0.95 \pi^2 \times 1 \times 300}{105.7^2} = 0.252$$

由《木标》5.1.3 条第 5 款知，$A_0 = A = \dfrac{\pi}{4} \times 113.5^2$

由《木标》式（5.1.2-2）得：

$$N \leqslant \dfrac{\varphi A_0 f_c}{\gamma_0} = \dfrac{0.252 \times \pi/4 \times 113.5^2 \times 10.5}{0.95} = 28.2 \text{kN}$$

所以，该柱的最大轴心压力设计值为 28.2kN。

【例 5.12.4】 一粗皮落叶松（TC17A）制作的轴心受压杆件，截面 $b \times h = 100 \text{mm} \times 100 \text{mm}$，其计算长度为 3000mm，杆中间有一个 $30 \text{mm} \times 100 \text{mm}$ 矩形通孔，见图 5.12.5 所示。该受压杆件处于露天环境，完全等级为三级，设计使用年限为 25 年，取 $\gamma_0 = 0.95$。

试问：

(1) 当按强度计算时，该杆件的最大轴心压力设计值为多少 kN？

(2) 已知杆件全截面回转半径 $i = 28.87 \text{mm}$，当按稳定计算时，该杆件的最大轴心压力设计值为多少 kN？

【解答】 (1) 强度验算

TC17A，查《木标》表 4.3.1-3，$f_c = 16 \text{N/mm}^2$，露天环境、设计使用年限为 25 年，查《木标》表 4.3.9-1、表 4.3.9-2，$f_c = 0.9 \times 1.05 f_c = 0.9 \times 1.05 \times 16 = 15.12 \text{N/mm}^2$。

$$N \leqslant \dfrac{A_n f_c}{\gamma_0} = \dfrac{(100 \times 100 - 100 \times 30) \times 15.12}{0.95} = 111.41 \text{kN}$$

(2) 稳定验算

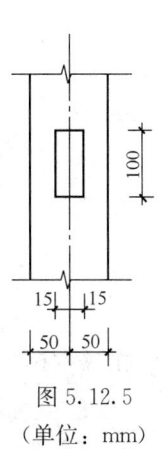

图 5.12.5
（单位：mm）

由《木标》5.1.3条，$A_0=0.9A=0.9\times100\times100$，$i_x=i_y=\dfrac{100}{\sqrt{12}}=28.87$mm

$$\lambda=\dfrac{l_0}{i}=\dfrac{3000}{28.87}=103.9<[\lambda]=120$$

$$\lambda_c=4.13\times\sqrt{1\times330}=75.0<\lambda，则：$$

$$\varphi=\dfrac{0.92\pi^2\times1\times330}{103.9^2}=0.277$$

由《木标》式（5.1.2-2）：

$$N\leqslant\dfrac{\varphi A_0 f_c}{\gamma_0}=\dfrac{0.277\times0.9\times100\times100\times15.12}{0.95}=39.7\text{kN}$$

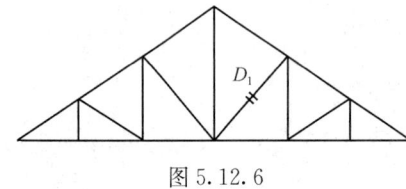

图5.12.6

【例5.12.5】 如图5.12.6所示原木屋架，选用油杉（TC15）制作，腹杆D_1原木梢径d为120mm，腹杆长$l=2800$mm，露天环境、设计使用年限100年以上。屋架节点处原木连接有切削。试确定其最大轴心压力设计值。$\gamma_0=1.1$。

【解答】 油杉为TC15A，查《木标》表4.3.1-3，$f_c=13\text{N/mm}^2$。露天环境、设计使用年限为100年以上，查《木标》表4.3.9-1，表4.3.9-2：

$$f_c=0.9\times0.9f_c=0.9\times0.9\times13=10.53\text{N/mm}^2$$

（1）强度计算，取原木小头截面进行计算

因原木小头有削弱，故f_c不提高，则：

$$N\leqslant\dfrac{A_n f_c}{\gamma_0}=\dfrac{\dfrac{\pi}{4}\times120^2\times10.53}{1.1}=108.21\text{kN}$$

（2）稳定计算，因斜杆中部未削弱，根据《木标》4.3.2条，则：

$$f_c=1.15f_c=1.15\times10.53=12.11\text{N/mm}^2$$

由《木标》7.5.6条，斜杆D_1的计算长度：在平面内，$l_0=2800$m，在平面外，$l_0=2800$mm，所以其稳定计算只需取$l_0=2800$mm。

《木标》4.3.18条，中央截面直径d，$d=120+\dfrac{2800}{2}\times0.9\text{‰}=132.6$mm

$$i=\dfrac{d}{4}=\dfrac{132.6}{4}=33.15\text{mm}$$

$$\lambda=\dfrac{l_0}{i}=\dfrac{2800}{33.15}=84.46$$

$$\lambda_c=4.13\times\sqrt{1\times330}=75.0<\lambda，则：$$

$$\varphi=\dfrac{0.92\pi^2\times1\times330}{84.46^2}=0.420$$

$$A_0=A=\dfrac{\pi d^2}{4}=\dfrac{\pi\times132.6^2}{4}$$

由《木标》式（5.1.2-2）：

$$N\leqslant\dfrac{\varphi A_0 f_c}{\gamma_0}=\dfrac{0.420\times\pi/4\times132.6^2\times12.11}{1.1}=63.8\text{kN}$$

综上可知,该腹杆的最大轴心压力设计值为 63.8kN。

三、受弯构件

1. 单向受弯构件

《木通规》规定:

> 4.2.2 受弯构件应进行抗弯强度、抗剪强度、稳定和变形等计算,对于有切口的受弯构件,尚应进行切口处的强度计算,应满足安全使用的需要。
>
> 4.2.3 受弯构件的集中荷载作用处和构件支承处的横纹受压区,应进行局部承压强度计算,保证安全。

《木标》作了具体规定。

● 复习《木标》5.2.1 条~5.2.9 条。

需注意的是:

(1)《木标》式(5.2.1-2)中 W_n 应为:W 毛截面抵抗矩。

(2) 构件的全截面惯性矩(图 5.12.7):

矩形截面:$I_x = \frac{1}{12}bh^3$,$W_x = \frac{1}{6}bh^2$

最大剪应力:$\tau_{max} = \frac{VS}{I_b} = \frac{V \cdot \frac{1}{2}bh \cdot \frac{h}{4}}{\frac{1}{12}bh^3 \cdot b} = \frac{3V}{2bh} = \frac{3V}{2A}$

圆形截面:$I_x = \frac{1}{64}\pi d^4$,$W_x = \frac{1}{32}\pi d^3$

最大剪应力:$\tau_{max} = \frac{VS}{Ib} = \frac{V \cdot \frac{1}{8}\pi d^2 \cdot \frac{2d}{3\pi}}{\frac{1}{64}\pi d^4 \cdot d} = \frac{16V}{3\pi d^2} = \frac{4V}{3A}$

【例 5.12.6】 选用湿材的东北落叶松制作某楼面简支梁,其跨度 l 为 3.6m,截面尺寸 $b \times h = 100\text{mm} \times 420\text{mm}$,梁顶面作用永久荷载标准值为 10.0kN/m,可变荷载标准值为 2.0kN/m。梁支座处有侧向支撑。设计使用年限为 50 年,$\gamma_0 = 1.0$。不考虑梁自重。试验算该简支梁的受弯承载力和挠度。

提示:按《建筑结构可靠性设计统一标准》作答。

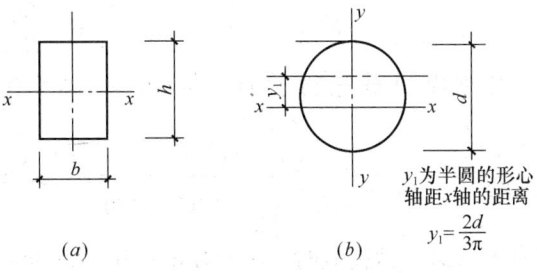

图 5.12.7 图形截面的几何特性
(a) 矩形截面;(b) 圆形截面

【解答】 东北落叶松,查《木标》表 4.3.1-1,TC17B;又查表 4.3.1-3,$f_m = 17\text{N/mm}^2$,$E = 10000\text{N/mm}^2$。

湿材,根据《木标》4.3.2 条第 3 款,$f_m = 0.9 f_m = 0.9 \times 17 = 15.3\text{N/mm}^2$;$E = 0.9E = 0.9 \times 10000 = 9000\text{N/mm}^2$。

(1) 受弯承载力计算

$q = 1.3 \times 10 + 1.5 \times 2 = 16 \text{kN/m}$

$M = \frac{1}{8}ql^2 = \frac{1}{8} \times 16 \times 3.6^2 = 25.92 \text{kN} \cdot \text{m}$

其中恒荷载产生的内力 M_1：$M_1 = \frac{1}{8} \times 1.3 \times 10 \times 3.6^2 = 21.06 \text{kN} \cdot \text{m}$

$$\frac{M_1}{M} = \frac{21.06}{25.92} = 81.25\%$$

根据《木标》表 4.3.9-1 注 1 的规定，应单独以恒荷载进行计算，则取 $f_m = 0.8 f_m = 0.8 \times 15.3 = 12.24 \text{N/mm}^2$；$E = 0.8 E = 0.8 \times 9000 = 7200 \text{N/mm}^2$。

(2) 强度计算

由《木标》式（5.2.1-1）：

$$\frac{M_1}{W_n} = \frac{21.06 \times 10^6}{\frac{1}{6} \times 100 \times 420^2} = 7.16 \text{N/mm}^2 < f_m = 12.24 \text{N/mm}^2，满足要求。$$

(3) 稳定计算

由《木标》5.2.3 条，$h/b = 420/100 = 4.2 > 4$，且无侧向支承，故按 5.2.2 条。

$l_e = 0.95 l_u = 0.95 \times 3.6 = 3.42 \text{m}$，$\lambda_B = \sqrt{\frac{3420 \times 420}{100^2}} = 11.98$

$\lambda_m = 0.9 \sqrt{1 \times 220} = 13.3 > \lambda_B$，则：

$$\varphi_l = \frac{1}{1 + \frac{11.93^2}{4.9 \times 1 \times 220}} = 0.88$$

$$\frac{M_1}{\varphi_l W} = \frac{21.06 \times 10^6}{0.88 \times \frac{1}{6} \times 100 \times 420^2} = 8.14 \text{N/mm}^2 < f_m = 12.24 \text{N/mm}^2，满足要求$$

(4) 验算挠度

$$w = \frac{5 q_k l^4}{384 EI}$$

单独以恒载进行验算，取 $q_k = 10 \text{kN/m}$；$l = 3600 \text{mm}$，查《木标》表 4.3.15，$[w] = l/250$。

$$w = \frac{5 \times 10 \times 3600^4}{384 \times 7200 \times \frac{1}{12} \times 100 \times 420^3} = 4.9 \text{mm} < [w] = \frac{l}{250} = \frac{3600}{250} = 14.4 \text{mm}$$

当考虑恒载、活荷载时，$q_k = 12 \text{kN/m}$，$E = 9000 \text{N/mm}^2$

$$w = \frac{5 \times 12 \times 3600^4}{384 \times 9000 \times \frac{1}{12} \times 100 \times 420^3} = 4.7 \text{mm} < [w] = 14.4 \text{mm}$$

故挠度满足要求。

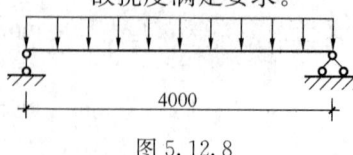

图 5.12.8

【例 5.12.7】 东北落叶松（TC17B）原木檩条（未经切削），标注直径为 162mm，计算简图如图 5.12.8 所示，该檩条处于正常使用条件，其稳定得到保证。安全等级为二级，设计使用年限为50年。

试问：

(1) 若不考虑檩条自重，则该檩条达到最大抗弯承载力，所能承担的最大均布荷载设计值 q（kN/m）为多少？

(A) 6.0　　(B) 5.5　　(C) 5.0　　(D) 4.5

(2) 若不考虑檩条自重，该檩条达到挠度值 $l/250$ 时，其所能承担的最大均布荷载标准值 q_k（kN/m）为多少？

(A) 1.6　　(B) 1.9　　(C) 2.5　　(D) 2.9

【解答】 (1) 查《木标》表 4.3.1-3，原木未经切削，根据《木标》4.3.2 条第 1 款规定：

$f_m = 1.15 \times 17 = 19.55 \text{N/mm}^2$，$f_c = 1.15 \times 15 = 17.25 \text{N/mm}^2$

$$E = 1.15 \times 10000 \text{N/mm}^2 = 1.15 \times 10^4 \text{N/mm}^2$$

$D = 162 + \dfrac{4000}{2} \times 0.9\% = 180\text{mm}$，$W = \dfrac{\pi D^3}{32}$，$I = \dfrac{\pi D^4}{64}$

$$\frac{M}{W} = \frac{\frac{1}{8}ql^2}{\frac{\pi D^3}{32}} \leqslant f_m$$

$$q \leqslant \frac{\frac{\pi}{32}D^3 \cdot f_m}{\frac{1}{8}l^2} = \frac{\pi \times 180^3 \times 19.55}{4 \times 4000^2} = 5.59 \text{N/mm}^2$$

所以应选（B）项。

(2) $w = \dfrac{5q_k l^4}{384EI} \leqslant \dfrac{l}{250}$，$q_k = \dfrac{384EI}{5 \times 250 \times l^3} = \dfrac{384 \times 1.15 \times 10^4 \times \frac{\pi}{64} \times 180^4}{5 \times 250 \times 4000^3}$

$= 2.84 \text{N/mm} = 2.84 \text{kN/m}$

所以应选（D）项。

2. 双向受弯构件

● 复习《木标》5.2.10 条。

【例 5.12.8】 某屋架的局部作法如图 5.12.9 所示，屋面坡度为 $\dfrac{1}{2}$，挂瓦条截面为 50mm×50mm、中距为 400mm；椽条截面为 50mm×80mm，中距为 500mm；檩条截面为 80mm×180mm，中距为 1200mm；檩条为简支，跨度为 3m。木材为云杉。作用在每根檩条上的恒荷载按坡向计算的标准值为 0.3kN/m²，活荷载按水平投影计算的标准值为 0.67kN/m²。设计使用年限为 50 年，$\gamma_0 = 1.0$。

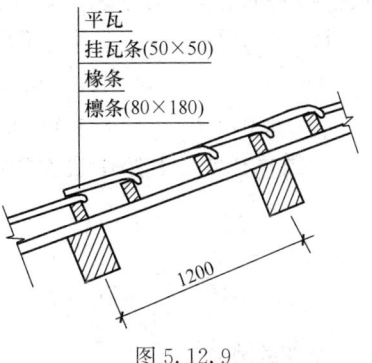

图 5.12.9

试问：验算檩条是否满足抗弯承载力和挠度要求。

提示：按《工程结构通用规范》作答。

【解答】 云杉，查《木标》表 4.3.1-1，TC11A，查表 4.3.1-3，$f_m = 11\text{N/mm}^2$；$E = 9000\text{N/mm}^2$。

屋面坡度为 $\frac{1}{2}$，$\cos\alpha = 0.894$，$\sin\alpha = 0.447$

$$g_k = 0.3 \times 1.2 = 0.36\text{kN/m}, q_{kl} = 0.67 \times 1.2\cos\alpha = 0.72\text{kN/m}$$

$$q = 1.3 \times 0.36 + 1.5 \times 0.72 = 1.548\text{kN/m}$$

$q_k = 0.36 + 0.72 = 1.08\text{kN/m}$ 进行挠度计算。

$$M_x = \frac{1}{8}ql^2\cos\alpha = \frac{1}{8} \times 1.548 \times 3^2 \times 0.894 = 1.557\text{kN/m}$$

$$M_y = \frac{1}{8}ql^2\sin\alpha = \frac{1}{8} \times 1.548 \times 3^2 \times 0.447 = 0.778\text{kN}\cdot\text{m}$$

(1) 强度验算：

$$\frac{M_x}{W_{nx}} + \frac{M_y}{W_{ny}} = \frac{1.548 \times 10^6}{\frac{1}{6} \times 80 \times 180^2} + \frac{0.778 \times 10^6}{\frac{1}{6} \times 180 \times 80^2}$$

$$= 7.66\text{N/mm}^2 < f_m = 11\text{N/mm}^2$$

满足要求。

(2) 挠度验算：

$$w_x = \frac{5q_kl^4\sin\alpha}{384EI_y} = \frac{5 \times 1.08 \times 3000^4 \times 0.447}{384 \times 9000 \times \frac{1}{12} \times 180 \times 80^3} = 7.366\text{mm}$$

$$w_y = \frac{5q_kl^4\cos\alpha}{384EI_x} = \frac{5 \times 1.08 \times 3000^4 \times 0.894}{384 \times 9000 \times \frac{1}{12} \times 80 \times 180^3} = 2.910\text{mm}$$

$$w = \sqrt{w_x^2 + w_y^2} = 7.92\text{mm} < [w] = \frac{3000}{200} = 15\text{mm}，满足$$

思考：若作用于挂瓦条的荷载标准值分别为：$g_{kl} = 0.3\text{kN/m}^2$；$q_{kl} = 0.6\text{kN/m}^2$，且挂瓦条按两跨连续梁考虑。试验算挂瓦条的强度和挠度。

同上述步骤一样，先求出作用于挂瓦条的线荷载值 q 和 q_k：

$$q = 1.3 \times 0.3 \times 0.4 + 1.5 \times 0.6 \times 0.4 = 0.516\text{kN/m}$$

$q_k = (0.3 + 0.6) \times 0.4 = 0.36\text{kN/m}$ 进行挠度验算。

两跨连续梁，其跨中最大弯矩为：

$$M_x = \frac{1}{8}q\cos\alpha \cdot l^2 = \frac{1}{8} \times 0.516 \times 0.894 \times 0.5^2 = 0.0144\text{kN}\cdot\text{m}$$

$$M_y = \frac{1}{8}q\sin\alpha \cdot l^2 = \frac{1}{8} \times 0.516 \times 0.447 \times 0.5^2 = 0.0072\text{kN}\cdot\text{m}$$

强度验算：

$$W_{nx} = W_{ny} = W$$

$$\frac{M_x}{W_{nx}} + \frac{M_y}{W_{ny}} = \frac{M_x + M_y}{W} = \frac{(0.0144 + 0.0072) \times 10^6}{\frac{1}{6} \times 50 \times 50^2}$$

$$= 1.04 \text{N/mm}^2 < f_m = 11 \text{N/mm}^2 \text{（满足要求）}$$

挠度验算：

$$I_x = I_y = \frac{1}{12} \times 50 \times 50^3 = \frac{1}{12} \times 50^4$$

$$w_x = \frac{5q_k \sin\alpha l^4}{384EI_y} = \frac{5 \times 0.36 \times 0.447 \times 500^4}{384 \times 9000 \times \frac{1}{12} \times 50^4} = 0.0279 \text{mm}$$

$$w_y = \frac{5q_k \cos\alpha l^4}{384EI_x} = \frac{5 \times 0.36 \times 0.894 \times 500^4}{384 \times 9000 \times \frac{1}{12} \times 50^4} = 0.0559 \text{mm}$$

$$w = \sqrt{w_x^2 + w_y^2} = 0.0625 \text{mm} < [w] = \frac{500}{150} = 3.3 \text{mm，满足}$$

四、拉弯和压弯构件

1. 拉弯构件

● 复习《木标》5.3.1条。

需注意的是：

《木标》式（5.3.1）中，A_n 取构件净截面面积，按《木标》5.1.1条进行，W_n 取净截面抵抗矩。

2. 压弯构件

● 复习《木标》5.3.2条、5.3.3条。

需注意的是：

(1)《木标》5.3.2条规定适用于两类构件：一是压弯构件；二是偏心受压构件。

《木标》式（5.3.2-2）：$\dfrac{N}{\varphi \varphi_m A_0} \leqslant f_c$

上式是验算弯矩作用平面内的稳定。

(2)《木标》式（5.3.3）：$\dfrac{N}{\varphi_y A_0 f_c} + \left(\dfrac{M}{\varphi_l W f_m}\right)^2 \leqslant 1$

上式是验算弯矩作用平面外的稳定。

① φ_y 为垂直于弯矩作用平面 y-y 方向按长细比 λ_y 确定的轴心压杆稳定系数，即弯矩作用平面为 x-x 方向。

② φ_l 为受弯构件的侧向稳定系数，按《木标》5.2.2条、5.2.3条确定。

③ W 为构件全截面抵抗矩；具体取 M 方向的抵抗矩。矩形截面 $b \times h$，$W = \dfrac{1}{6}bh^2$ 或 $W = \dfrac{1}{6}b^2h$；对圆形截面，$W = \dfrac{\pi d^3}{32}$。

④ M 弯矩设计值的单位取 N·mm。

（3）《木标》5.3.2 条、5.3.3 条中，强度验算时，截面面积取净截面面积 A_n；稳定验算（弯矩作用平面内或平面外）时，取计算面积 A_0，并按《木标》5.1.3 条计算。其中 5.1.3 条中第 5 款规定，验算稳定时，螺栓孔可不作为缺口考虑。

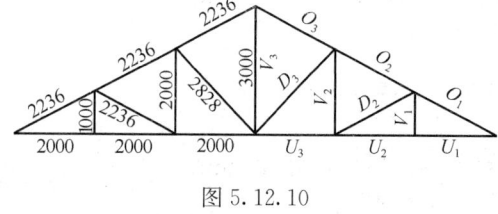

图 5.12.10

【例 5.12.9】 某 12m 跨原木豪式木屋架，屋面坡角 $\alpha = 26.56°$，屋架几何尺寸及杆件编号如图 5.12.10 所示，选用红皮云杉 TC13B 制作。在恒载作用下，上弦杆 O_3 的轴心力设计值 $N = -42\text{kN}$，O_3 杆的节间中央截面弯矩设计值 $M_0 = 1.0\text{kN·m}$。已知 O_3 杆的原木小头直径为 140mm，$e_0 = 7.5\text{mm}$，$\gamma_0 = 1.0$。

试问：

（1）验算在恒载作用下，O_3 杆弯矩作用平面内的稳定性。

（2）假定屋面上檩条位于节点上，验算在恒载作用下，O_3 杆弯矩作用平面外的稳定性。

【解答】（1）红皮云杉 TC13B，查《木标》表 4.3.1-3，$f_m = 13\text{N/mm}^2$，$f_c = 10\text{N/mm}^2$；原木、恒载作用，根据《木标》4.3.2 条、表 4.3.9-1：

$$f_m = 1.15 \times 0.8 f_m = 1.15 \times 0.8 \times 13 = 11.96\text{N/mm}^2$$

$$f_c = 1.15 \times 0.8 f_c = 1.15 \times 0.8 \times 10 = 9.2\text{N/mm}^2$$

1）确定 φ

由《木标》7.5.6 条，$l_0 = l = 2236\text{mm}$

由《木标》4.3.18 条，$d = 140 + \dfrac{2236}{2} \times 0.9\% = 150.06\text{mm} \approx 150\text{mm}$

$$i = \dfrac{d}{4} = 37.5\text{mm}$$

$$\lambda = \dfrac{l_0}{i} = \dfrac{2236}{37.5} = 59.63$$

$$\lambda_c = 5.28\sqrt{1 \times 300} = 91.5 < \lambda，则：$$

$$\varphi = \dfrac{1}{1 + \dfrac{59.63^2}{1.43\pi^2 \times 1 \times 300}} = 0.543$$

2）确定 A_0

由《木标》5.1.3 条，$A_0 = \dfrac{\pi \times 150^2}{4} = 17662.5\text{mm}^2$

3）确定 φ_m

$$e_0 = 7.5\text{mm}$$

$$\sqrt{\dfrac{N}{Af_c}} = \sqrt{\dfrac{42000}{17662.5 \times 9.2}} = 0.508$$

984

$$k_0 = \frac{42000 \times 7.5}{\frac{\pi \times 150^3}{32} \times 11.96 \times (1+0.508)} = 0.053$$

$$k = \frac{42000 \times 7.5 + 1 \times 10^6}{\frac{\pi \times 150^3}{32} \times 11.96 \times (1+0.508)} = 0.220$$

$$\varphi_m = (1-k)^2(1-k_0) = (1-0.220)^2 \times (1-0.053) = 0.576$$

4) 弯矩作用平面内稳定

由《木标》式（5.3.2-2）：

$$\frac{N}{\varphi \varphi_m A_0} = \frac{42000}{0.543 \times 0.576 \times 17662.5} = 7.60 \text{N/mm}^2 < f_c = 9.2 \text{N/mm}^2，满足要求。$$

（2）弯矩作用平面外稳定

由于屋面上檩条位于节点上，根据《木标》7.5.6 条规定，其平面外计算长度取 $l_0 = 2236$mm，则：

$$\lambda_y = \frac{l_0}{i} = \frac{l_0}{d/4} = \frac{2236}{150 \cdot \frac{1}{4}} = 59.63$$

同理，$\lambda_c = 91.5 > \lambda_y$，则：

$$\varphi_y = \frac{1}{1 + \frac{59.63^2}{1.43\pi^2 \times 1 \times 300}} = 0.543$$

由《木标》5.2.3 条，$h/b = 150/150 = 1 < 5$，取 $\varphi_l = 1.0$

由《木标》式（5.3.3）：

$$M = 42 \times 10^3 \times 7.5 + 1 \times 10^6 = 1.315 \times 10^6 \text{N} \cdot \text{mm}$$

$$\frac{N}{\varphi_y A_0 f_c} + \left(\frac{M}{\varphi_l W f_m}\right)^2 = \frac{42000}{0.543 \times 17662.5 \times 9.2} + \left(\frac{1.315 \times 10^6}{1 \times \frac{\pi \cdot 150^3}{32} \times 11.96}\right)^2$$

$$= 0.476 + 0.110 = 0.586 < 1$$

故满足要求。

思考：假定屋面檩条在上弦每一节间等距离布置三根。试验算在恒荷载作用下，O_3 杆弯矩作用平面外的稳定性。由假定条件，根据《木标》7.5.6 条规定，平面外计算长度应取 $l_0 = 2236/2 = 1118$mm，则：

$$\lambda_y = \frac{l_0}{i} = \frac{1118}{\frac{150.1}{4}} = 29.79$$

同理，$\lambda_c = 91.5 > \lambda_y$，则：

$$\varphi_y = \frac{1}{1 + \frac{29.79^2}{1.43\pi^2 \times 1 \times 300}} = 0.827$$

同理，取 $\varphi_l = 1.0$

由《木标》式（5.3.3）：

$$\frac{N}{\varphi_y A_0 f_c} + \left(\frac{M}{\varphi_l W f_m}\right)^2 = \frac{42000}{0.827 \times 17662.5 \times 9.2} + \left(\frac{1.315 \times 10^6}{1 \times \frac{\pi \cdot 150^3}{32} \times 11.96}\right)^2$$

$$= 0.313 + 0.110 = 0.423 < 1$$

满足要求。

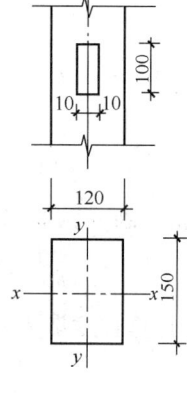

图 5.12.11
(单位：mm)

【例 5.12.10】 一冷杉方木压弯构件，承受轴心压力设计值 $N=20\mathrm{kN}$，横向荷载作用下跨中最大初始弯矩设计值 $M_0=1.8\mathrm{kN\cdot m}$，构件中部有一矩形通孔（图 5.12.11），构件长度 $l=3600\mathrm{mm}$，两端铰接，弯矩作用平面在长边方向。支座处设有侧向支撑，$e_0=7.5\mathrm{mm}$。$\gamma_0=1.0$。

试问：验算该构件的承载力。

【解答】 (1) 强度验算

冷杉 TC11B，查《木标》表 4.3.1-3：
$f_m = 11\mathrm{N/mm^2}$，$f_c = 10\mathrm{N/mm^2}$。

$$A_n = 120 \times 150 - 20 \times 150 = 15000 \mathrm{mm^2}$$

$$e_0 = 7.5\mathrm{mm}$$

$$M = Ne_0 + M_0 = 20 \times 10^3 \times 7.5 + 1.8 \times 10^6 = 1.95 \times 10^6 \mathrm{N\cdot mm}$$

$$W_n = \frac{1}{6} \times 120 \times 150^2 - \frac{1}{6} \times 20 \times 150^2 = \frac{1}{6} \times 100 \times 150^2$$

《木标》式 (5.3.2-1)：

$$\frac{N}{A_n f_c} + \frac{M_0 + Ne_0}{W_n f_m} = \frac{20000}{15000 \times 10} + \frac{1.95 \times 10^6}{\frac{1}{6} \times 100 \times 150^2 \times 11} = 0.13 + 0.47 = 0.60 < 1$$

满足要求。

(2) 弯矩作用平面内稳定验算

$$i = i_x = \frac{h}{\sqrt{12}} = \frac{150}{\sqrt{12}} = 43.3\mathrm{mm}$$

$$\lambda = \frac{l_0}{i} = \frac{3600}{43.3} = 83.1$$

$$\lambda_c = 5.28\sqrt{1 \times 300} = 91.5 > \lambda, \text{则：}$$

$$\varphi = \frac{1}{1 + \frac{83.1^2}{1.43\pi^2 \times 1 \times 300}} = 0.380$$

$$\sqrt{\frac{N}{Af_c}} = \sqrt{\frac{20000}{120 \times 150 \times 10}} = 0.333$$

$$k_0 = \frac{20000 \times 7.5}{\frac{1}{6} \times 120 \times 150^2 \times 11 \times (1 + 0.333)} = 0.023$$

$$k = \frac{20000 \times 7.5 + 1.8 \times 10^6}{\frac{1}{6} \times 120 \times 150^2 \times 11 \times (1 + 0.333)} = 0.296$$

$$\varphi_m = (1-k)^2(1-k_0) = (1-0.296)^2 \times (1-0.023) = 0.484$$

由《木标》5.1.3 条，$A_0 = 0.9A = 0.9 \times 120 \times 150$

由《木标》式（5.3.2-2）：

$$\frac{N}{\varphi \varphi_m A_0} = \frac{20000}{0.380 \times 0.484 \times 0.9 \times 120 \times 150} = 6.71 \text{N/mm}^2 < f_c = 10 \text{N/mm}^2$$

满足。

（3）弯矩作用平面外稳定验算

$$i_y = \frac{b}{\sqrt{12}} = \frac{120}{\sqrt{12}}; \lambda_y = \frac{l_0}{i_y} = \frac{3600}{120/\sqrt{12}} = 103.9$$

同理，$\lambda_c = 91.5 < \lambda_y$，则：

$$\varphi_y = \frac{0.95\pi^2 \times 1 \times 300}{103.9^2} = 0.260$$

又 $\frac{h}{b} = \frac{150}{120} = 1.25 < 4$，根据《木标》5.2.3 条，取 $\varphi_l = 1.0$。

由《木标》式（5.3.3）：

$$\frac{N}{\varphi_y A_0 f_c} + \left(\frac{M}{\varphi_l W f_m}\right)^2 = \frac{20000}{0.260 \times 0.9 \times 120 \times 150 \times 10} + \left[\frac{1.95 \times 10^6}{1 \times \frac{1}{6} \times 120 \times 150^2 \times 11}\right]^2$$

$$= 0.475 + 0.155 = 0.63 < 1,\text{故满足要求。}$$

思考：若将矩形通孔改为 1 个螺栓孔，直径 $\phi 20$，其他条件不变，则有：强度验算时，$A_n = A - 20 \times 150 = 120 \times 150 - 20 \times 150$；$W_n = W - W_孔$。稳定验算时，由《木标》5.1.3 条第 5 款规定，$A_0 = A = 120\text{mm} \times 150\text{mm}$。

第十三节　木结构连接计算及防火

一、齿连接

● 复习《木标》6.1.1 条～6.1.5 条。
● 复习《木标》4.3.3 条。

需注意的是：

（1）《木标》6.1.1 条中，单齿和双齿第一齿的剪面长度 l_v：$l_v \geqslant 4.5h_c$（h_c 为齿深）；采用湿材时，木桁架支座节点齿连接的剪面长度 l_v 应比计算值加长 50mm。

（2）单齿承压计算时，$A_c = A/\cos\alpha$，A 为铅垂面面积。

(3) 单齿抗剪计算时，剪面计算长度 l_v：$l_v \leqslant 8h_c$。
(4) 双齿计算时，《木标》6.1.3 条规定，第二齿的剪面计算长度 l_v：$l_v \leqslant 10h_c$；$l_v \geqslant 6h_c$；全部剪力 V 应由第二齿的剪面承受。

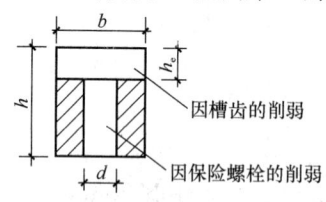

图 5.13.1

(5) 保险螺栓抗拉计算，按《木标》6.1.5 条计算，即：

$$N_b \leqslant 1.25 f_t^b \cdot A_e$$

同时，《木标》6.1.5 条规定，双齿连接的两个直径相同螺栓，不考虑 7.1.12 条的调整系数。

(6) 单齿、双齿的轴心受拉验算时，A_n 应扣除保险螺栓孔面积，如图 5.13.1 所示，则：

$$A_n = (h - h_c)(b - d)$$

【例 5.13.1】 一方木屋架端节点，如图 5.13.2 所示，其上弦杆轴向压力设计值 $N = -120\text{kN}$，木材选用水曲柳。$\gamma_0 = 1.0$。

试问：

(1) 根据承压需要，确定刻槽深度 h_c。
(2) 假定齿度为 50mm，验算其受剪承载力。
(3) 保险螺栓选用 C 级普通螺栓，确定其型号。

【解答】 (1) 水曲柳 TB15，查《木标》表 4.3.1-3，$f_c = 14\text{N/mm}^2$；

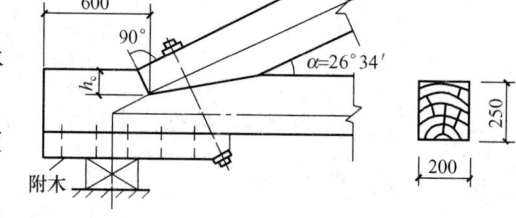

图 5.13.2

$f_v = 2.0\text{N/mm}^2$；$f_{c,90} = 4.7\text{N/mm}^2$。

短边大于 150mm，故 $f_c = 1.1 f_c = 15.4\text{N/mm}^2$，$f_v = 1.1 f_v = 2.2\text{N/mm}^2$，$f_{c,90} = 1.1 f_{c,90} = 5.17\text{N/mm}^2$。

$\alpha = 26°34' = 26.6° > 10°$，由《木标》4.3.3 条：

$$f_{c\alpha} = \frac{f_c}{1 + \left(\dfrac{f_c}{f_{c,90}} - 1\right) \dfrac{\alpha - 10°}{80°} \sin\alpha}$$

$$= \frac{15.4}{1 + \left(\dfrac{15.4}{5.17} - 1\right) \dfrac{26.6° - 10°}{80°} \sin 26.6°} = 13.0\text{N/mm}^2$$

承压面积 A_c：$A_c = \dfrac{bh_c}{\cos\alpha} = \dfrac{200 \times h_c}{\cos 26.6°} = 223.7 h_c$

由《木标》式 (6.1.2-1)：$A_c = \dfrac{N}{f_{c\alpha}}$，$223.7 h_c = \dfrac{120 \times 10^3}{13}$，$h_c = 41.3\text{mm}$，取 42mm。

根据《木标》6.1.1 条，h_c 不应小于 20mm，不应大于 $\dfrac{h}{3} = \dfrac{250}{3} = 83.3\text{mm}$，满足要求。

(2) 抗剪要求

$$V = N\cos\alpha = 120000\cos 26.6° = 107.3 \times 10^3 \text{N}$$

$b_v = 200\text{mm}$，$h_c = 50\text{mm}$；$l_v = 600\text{mm}$，又 $l_v \leqslant 8h_c = 8 \times 50 = 400\text{mm}$，故取 $l_v = 400\text{mm}$。

$$\frac{l_v}{h_c} = \frac{400}{50} = 8$$

查《木标》表 6.1.2，取 $\psi_v = 0.64$。

由《木标》表 (6.1.2-2)：

$$\frac{V}{l_v b_v} = \frac{107.3 \times 10^3}{400 \times 200} = 1.34\text{N/mm}^2 < \psi_v f_v = 0.64 \times 2.2 = 1.408\text{N/mm}^2，满足要求。$$

(3) 保险螺栓

$$N_b = N\tan(60° - \alpha) = 120000\tan(60° - 26.6°) = 79125\text{N}$$

查《钢标》表 4.4.6，C 级普通螺栓：$f_t^b = 170\text{N/mm}^2$，由《木标》6.1.5 条：

$$A_e = \frac{N_b}{1.25 f_t^b} = \frac{79125}{1.25 \times 170} = 372.4\text{mm}^2，取 M27 (A_e = 459\text{mm}^2)。$$

思考：假定图中尺寸 l_v 为 600mm，则 $l_v/h_c = \frac{600}{50} = 12$，由《木标》6.1.2 条第 2 款规定，取 $l_v = 8h_c = 8 \times 50 = 400\text{mm}$，$\psi_v = 0.64$。

【例 5.13.2】 原木桁架支座节点如图 5.13.3 所示，木材为杉木，已知下弦大头直径 220mm，上下弦夹角为 26.6°，b_v 为 200mm，齿深范围内与下弦轴线垂直的弓形面积为 10400mm²。$\gamma_0 = 1.0$。

试问：

(1) 根据齿连接承压要求，确定下弦齿连接的承压承载能力设计值。

(2) 根据齿连接抗剪要求，确定上弦杆最大轴心压力设计值。

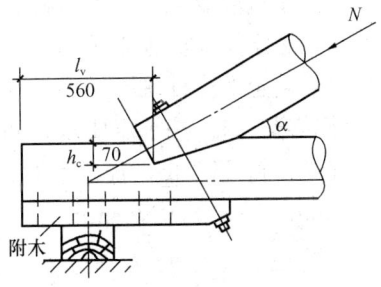

图 5.13.3

【解答】 (1) 承压要求，确定 N_u

杉木为 TC11A，查《木标》表 4.3.1-3，$f_c = 10\text{N/mm}^2$，$f_v = 1.4\text{N/mm}^2$，$f_{c,90} = 2.7\text{N/mm}^2$。因齿连接，原木已经削弱，故强度不能提高。

$\alpha = 26.6° > 10°$，由《木标》4.3.3 条：

$$f_{c\alpha} = \frac{f_c}{1 + \left(\dfrac{f_c}{f_{c,90}} - 1\right)\dfrac{\alpha - 10°}{80°}\sin\alpha}$$

$$= \frac{10}{1 + \left(\dfrac{10}{2.7} - 1\right)\dfrac{26.6° - 10°}{80°}\sin 26.6°}$$

$$= 7.99\text{N/mm}^2 \approx 8\text{N/mm}^2$$

$$A_c = \frac{A}{\cos\alpha} = \frac{10400}{\cos 26.6°} = 11631\text{mm}^2$$

由《木标》式 (6.1.2-1)：

$$N_u = A_c \cdot f_{c\alpha} = 11631 \times 8 = 93.0\text{kN}$$

(2) 抗剪要求，确定 N

$$V = N\cos\alpha = N\cos 26.6°$$

$\dfrac{l_v}{h_c} = \dfrac{560}{70} = 8$，查《木标》表 6.1.2，取 $\psi_v = 0.64$。

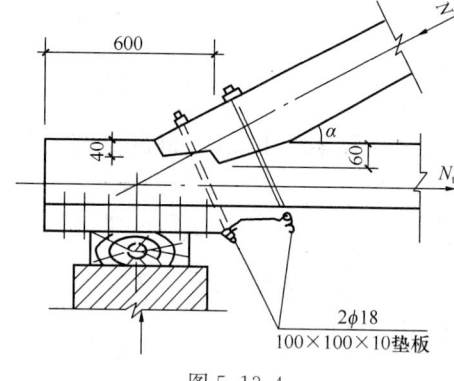

图 5.13.4

由《木标》式（6.1.2-2）：

$$\gamma_0 V \leqslant 1.0 \times N\cos 26.6° = l_v b_v \psi_v f_v$$

$$N \leqslant \dfrac{560 \times 200 \times 0.64 \times 1.4}{1.0 \times \cos 26.6°} = 112.2 \text{kN}$$

【例 5.13.3】 屋架端节点如图 5.13.4 所示，用红皮云杉 TC13B 制作，屋面倾角 $\alpha = 26.56°$，上弦截面为 120mm×120mm，下弦截面为 120mm×200mm，$\cos\alpha = 0.894$，$\sin\alpha = 0.447$，螺栓孔宽为 20mm，结构使用年限为 50 年，$\gamma_0 = 1.0$。

试问：

(1) 按承压要求，求上弦杆的最大轴心压力设计值。

(2) 按抗剪要求，求上弦杆的最大轴心压力设计值。

(3) 假定上弦杆轴心压力 $N = 70$kN，对下弦杆受拉验算。

(4) 假定上弦杆轴心压力 $N = 70$kN，保险螺栓为 C 级普通螺栓，确定其型号。

【**解答**】 (1) 按承压要求，确定 N

红皮云杉 TC13B，查《木标》表 4.3.1-3，$f_c = 10\text{N/mm}^2$，$f_v = 1.4\text{N/mm}^2$，$f_{c,90} = 2.9\text{N/mm}^2$，$f_t = 8.0\text{N/mm}^2$。

$$f_{c\alpha} = \dfrac{f_c}{1 + \left(\dfrac{f_c}{f_{c,90}} - 1\right)\dfrac{\alpha - 10°}{80°}\sin\alpha} = \dfrac{10}{1 + \left(\dfrac{10}{2.9} - 1\right)\dfrac{16.56°}{80°} \times 0.447} = 8.15 \text{N/mm}^2$$

根据《木标》6.1.3 条规定：

$$A_c = \dfrac{(h_{c1} + h_{c2}) \times b}{\cos\alpha} = \dfrac{(40 + 60) \times 120}{0.894} = 13423 \text{mm}^2$$

$$N \leqslant \dfrac{A_c f_{c\alpha}}{\gamma_0} = \dfrac{13423 \times 8.15}{1.0} = 109.4 \text{kN}$$

(2) 按抗剪要求，确定 N

$\dfrac{l_v}{h_c} = \dfrac{600}{60} = 10$，查《木标》表 6.1.3，取 $\psi_v = 0.71$。

$V = N\cos\alpha = N \times 0.894$

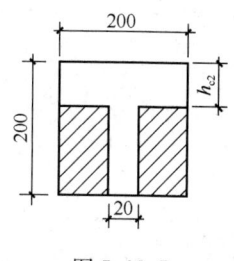

图 5.13.5

由《木标》式（6.1.2-2）得：

$$\dfrac{\gamma_0 N \times 0.894}{l_v b_v} \leqslant \psi_v f_v$$

$$N \leqslant \dfrac{l_v b_v \psi_v f_v}{\gamma_0 \times 0.894} = \dfrac{600 \times 120 \times 0.71 \times 1.4}{1.0 \times 0.894} = 80.1 \text{kN}$$

(3) 验算下弦受拉（如图 5.13.5）

$N_t = N\cos\alpha = 70 \times 0.894 = 62.58 \text{kN}$

$$A_n = (200-60) \times (120-20) = 14000$$

$$\frac{N_t}{A_n} = \frac{62.58 \times 10^3}{14000} = 4.47 \text{N/mm}^2 < f_t = 8 \text{N/mm}^2 \text{ 满足要求。}$$

(4) 保险螺栓计算

由《木标》6.1.5 条：$N_b = N\tan(60° - \alpha)$

采用 C 级普通螺栓，查《钢标》表 4.4.6，$f_t^b = 170 \text{N/mm}^2$，

单个螺栓有效截面面积：
$$\begin{aligned}A_e &= \frac{N\tan(60°-\alpha)}{2 \times 1.25 f_t^b} \\ &= \frac{70000 \times \tan(60°-26.56°)}{2 \times 1.25 \times 170} \\ &= 109 \text{mm}^2\end{aligned}$$

选 $2\phi16$ 的螺栓（$1\phi16$，$A_e = 157 \text{mm}^2$）。

二、销连接

- 复习《木标》6.2.1 条～6.2.15 条。
- 复习《木标》7.1.8 条、7.5.7 条。

【例 5.13.4】 某木桁架的受拉下弦杆件由两端矩形截面干燥的云南松连接而成，顺纹受力，接头采用螺栓木夹板连接，夹板木材与主杆件相同，连接节点处的构造如图 5.13.6 所示。该构件处于室内正常环境，$\gamma_0 = 1.0$，设计使用年限为 50 年，螺栓采用 4.6 级普通螺栓，采用 Q235 钢，$f_{yk} = 235 \text{N/mm}^2$，其排列方式为两纵行齐列。

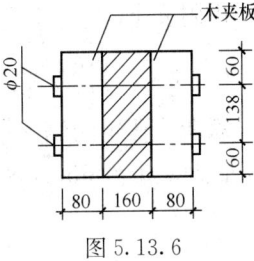

图 5.13.6

试问：
(1) 确定单个螺栓的每个剪面的承载力参考设计值 Z。
(2) 假定受拉下弦杆的拉力设计值 $N = 143 \text{kN}$，确定接头每端所需的最少螺栓数。

【解答】 (1) 根据《木标》6.2.8 条，取 $f_{es} = f_{e,0}$。
查《木标》附表 L.0.1，云南松，取 $G = 0.44$

$$f_{es} = 77 \times 0.44 = 33.88 \text{N/mm}^2$$

由《木标》6.2.6 条、6.2.7 条：

$$R_e = \frac{f_{em}}{f_{es}} = 1, R_t = \frac{t_m}{t_s} = \frac{160}{80} = 2$$

屈服模式 I：双剪，$R_e R_t = 1 \times 2 = 2 \leq 2$，则：

$$k_I = \frac{R_e R_t}{2\gamma_I} = \frac{2}{2 \times 4.38} = 0.228$$

屈服模式 III$_s$：由《木标》式 (6.2.7-8)：
Q235 钢，$f_{yk} = 235 \text{N/mm}^2$，$k_{ep} = 1.0$

$$k_{sIII} = \frac{1}{2+1}\left[\sqrt{\frac{2\times(1+1)}{1} + \frac{1.647 \times (1+2\times 1) \times 1 \times 235 \times 20^2}{3 \times 1 \times 33.88 \times 80^2}} - 1\right] = 0.390$$

$$k_{\text{III}} = \frac{0.390}{2.22} = 0.176$$

屈服模式Ⅳ：由《木标》式（6.2.7-10）：

$$k_{s\text{IV}} = \frac{20}{80}\sqrt{\frac{1.647 \times 1 \times 1 \times 235}{3 \times (1+1) \times 33.88}} = 0.345$$

$$k_{\text{IV}} = \frac{0.345}{1.88} = 0.184$$

$$k_{\min} = \min(0.228, 0.176, 0.184) = 0.176$$

$$Z = k_{\min} t_s d f_{\text{es}} = 0.176 \times 80 \times 20 \times 33.88 = 9.54 \text{kN}$$

（2）确定螺栓数目 n

由《木标》6.2.5 条：

$$Z_d = C_m C_n C_t k_g Z = 1 \times 1 \times 1 \times k_g \times 9.54 = 9.54 k_g$$

不考虑 k_g 时，$n = \frac{143}{2 \times 9.54} = 7.5$ 个，取 8 个。

由《木标》附录 K：

$$A_s = 2 \times 80 \times 258 = 41280 \text{mm}^2, A_s/A_m = \frac{41280}{160 \times 258} = 1$$

由附表 K.2.3，8 个，双排，则取 $k_g = 0.99$

$n' = \frac{143}{2 \times 9.54 \times 0.99} = 7.6$ 个，仍取 8 个，同时也满足《木标》7.5.7 条规定。

思考：假定两侧木夹板尺寸均为 100mm×258mm，确定单个螺栓的每个剪面的 z 值。此时，$f_{\text{es}} = 33.88 \text{N/mm}^2$

$$R_e = \frac{f_{\text{em}}}{f_{\text{es}}} = 1, R_t = \frac{t_m}{t_s} = \frac{160}{100} = 1.6$$

屈服模式Ⅰ：　　$R_e R_t = 1 \times 1.6 = 1.6 < 2.0$，则：

$$k_{\text{I}} = \frac{1.6}{2 \times 4.38} = 0.183$$

屈服模式Ⅲs：

$$k_{s\text{III}} = \frac{1}{2+1}\left[\sqrt{\frac{2 \times (1+1)}{1} + \frac{1.647 \times (1+2 \times 1) \times 1 \times 235 \times 20^2}{3 \times 1 \times 33.88 \times 100^2}} - 1\right]$$
$$= 0.370$$

$$k_{\text{III}} = \frac{0.370}{2.22} = 0.167$$

屈服模式Ⅳ：

$$k_{s\text{IV}} = \frac{20}{100}\sqrt{\frac{1.647 \times 1 \times 1 \times 235}{3 \times (1+1) \times 33.88}} = 0.276$$

$$k_{\text{IV}} = \frac{0.276}{1.88} = 0.147$$

$$k_{\min} = \min(0.183, 0.167, 0.147) = 0.147$$

$$Z = k_{\min} t_s d f_{\text{es}}$$
$$= 0.147 \times 100 \times 20 \times 33.88 = 9.96 \text{kN}$$

【例 5.13.5】 某木桁架的受拉下弦杆由两端矩形截面干燥的西南云杉连接而成，顺纹受力，接头采用螺栓钢夹板连接，连接节点处的构造如图 5.13.7 所示。该构件处于室内正常环境，$\gamma_0=1.0$，设计使用年限为 50 年，螺栓采用 4.6 级 C 级普通螺栓，每侧钢夹板厚度为 16mm，其排列方式为两纵行齐列；已知钢夹板采用 Q235 钢，$f_{yk}=235\text{N/mm}^2$。

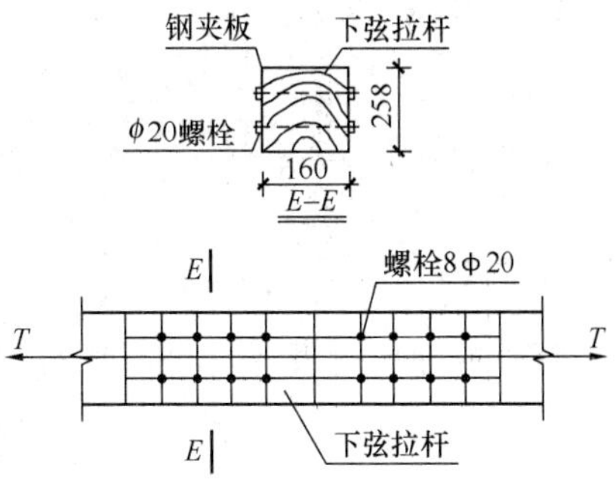

试问：

(1) 确定单个螺栓的每个剪面的承载力参考设计值 Z。

(2) 假定受拉杆的 $T=148\text{kN}$，确定接头每端所需的最少螺栓数。

图 5.13.7

【解答】 (1) 根据《木标》6.2.7 条、6.2.8 条：取 $f_{em}=f_{e,0}$

查《木标》附表 L.0.1，取 $G=0.44$，$f_{em}=77\times0.44=33.88\text{N/mm}^2$

由《钢标》表 4.4.6，$f_c^b=305\text{N/mm}^2$

$$f_{es}=1.1\times305=335.5\text{N/mm}^2$$

由《木标》6.2.7 条：

$$R_e=\frac{f_{em}}{f_{es}}=\frac{33.88}{335.5}=0.101$$

$$R_t=\frac{160}{16}=10$$

屈服模式Ⅰ：

$$R_eR_t=0.101\times10=1.01<2,\text{则}：$$

$$k_{\text{I}}=\frac{1.01}{2\times4.38}=0.115$$

屈服模式Ⅲs：

$$k_{s\text{Ⅲ}}=\frac{0.101}{2+0.101}\left[\sqrt{\frac{2\times(1+0.101)}{0.101}+\frac{1.647\times(1+2\times0.101)\times1\times235\times20^2}{3\times0.101\times335.5\times16^2}}-1\right]$$
$$=0.211$$

$$k_{\text{Ⅲ}}=\frac{0.211}{2.22}=0.095$$

屈服模式Ⅳ：

$$k_{s\text{Ⅳ}}=\frac{20}{16}\sqrt{\frac{1.647\times0.101\times1\times235}{3\times(1+0.101)\times335.5}}=0.235$$

$$k_{\text{Ⅳ}}=\frac{0.235}{1.88}=0.125$$

$$k_{\min}=\min(0.115,0.095,0.125)=0.095$$

$$Z=k_{\min}t_sdf_{es}=0.095\times16\times20\times335.5=10.2\text{kN}$$

(2) 确定螺栓数 n

由《木标》6.2.5条：
$$Z_d = 1 \times 1 \times 1 \times k_g \times 10.2 = 10.2 k_g$$

不考虑 k_g，$n = \dfrac{148}{2 \times 10.2} = 7.3$ 个，取 8 个

$A_m = 160 \times 258 = 41280$，$\dfrac{A_m}{A_s} = \dfrac{41280}{2 \times 16 \times 258} = 5$

查《木标》附表 K.2.4，取 $k_g = 0.98$
$$n' = \dfrac{148}{2 \times 10.2 \times 0.98} = 7.4 \text{ 个，仍取 8 个。}$$

思考：假定每侧钢夹板尺寸为 $10\text{mm} \times 258\text{mm}$，其他均不变，确定单个螺栓的每个剪面的 Z 值。

此时，$R_e = \dfrac{f_{em}}{f_{es}} = 0.101$，$R_t = \dfrac{160}{10} = 16$

屈服模式 I：$R_e R_t = 0.101 \times 16 = 1.616 < 2$，则：
$$k_I = \dfrac{1.616}{2 \times 4.38} = 0.184$$

屈服模式 III_s：
$$k_{sIII} = \dfrac{0.101}{2+0.101}\left[\sqrt{\dfrac{2 \times (1+0.101)}{0.101} + \dfrac{1.647 \times (1+2 \times 0.101) \times 1 \times 235 \times 20^2}{3 \times 0.101 \times 335.5 \times 10^2}} - 1\right]$$
$$= 0.256$$
$$k_{III} = \dfrac{0.256}{2.22} = 0.115$$

屈服模式 IV：
$$k_{sIV} = \dfrac{20}{10}\sqrt{\dfrac{1.647 \times 0.101 \times 1 \times 235}{3 \times (1+0.101) \times 335.5}} = 0.376$$
$$k_{IV} = \dfrac{0.376}{1.88} = 0.20$$

故取 $k_{min} = 0.115$
$$Z = k_{min} t_s d f_{es} = 0.115 \times 10 \times 20 \times 335.5 = 7.72 \text{kN}$$

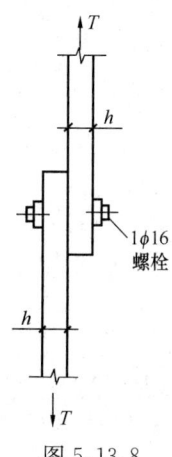

图 5.13.8

【**例 5.13.6**】两段南方松木板，如图 5.13.8 所示，在室内、常温、拉力 T 作用下，采用螺栓连接，顺纹受力。木板截面尺寸均为 $b \times h = 150\text{mm} \times 150\text{mm}$，设计使用年限为 50 年，$\gamma_0 = 1.0$，螺栓采用 4.6 级 C 级普通螺栓，钢材 Q235，$f_{yk} = 235\text{N/mm}^2$。

试问：确定单个螺栓的每个剪面的承载力参考设计值 Z。

【**解答**】根据《木标》6.2.8条，取 $f_{es} = f_{e,0}$
查附录表 L.0.1，取 $G = 0.55$
$$f_{es} = 77 \times 0.55 = 42.35 \text{N/mm}^2$$
$$R_e = \dfrac{f_{em}}{f_{es}} = 1, R_t = \dfrac{t_m}{t_s} = 1$$

屈服模式 I：
$$R_e R_t = 1 \times 1 = 1 \leqslant 1, \text{则：}$$

$$k_{\text{I}} = \frac{1}{4.38} = 0.228$$

屈服模式Ⅱ：
$$k_{s\text{Ⅱ}} = \frac{\sqrt{1+2\times1^2\times(1+1+1^2)+1^2\times1^3}-1\times(1+1)}{1+1} = 0.414$$

$$k_{\text{Ⅱ}} = \frac{0.414}{3.63} = 0.114$$

屈服模式Ⅲ：由《木标》6.2.7条条文说明，可知，不会出现Ⅲ$_{\text{m}}$，按Ⅲ$_{\text{s}}$，则：

$$k_{s\text{Ⅲ}} = \frac{1}{2+1}\left[\sqrt{\frac{2\times(1+1)}{1}+\frac{1.647\times(1+2\times1)\times1\times235\times16^2}{3\times1\times42.35\times150^2}}-1\right]$$
$$= 0.342$$

$$k_{\text{Ⅲ}} = \frac{0.342}{2.22} = 0.154$$

屈服模式Ⅳ：
$$k_{s\text{Ⅳ}} = \frac{16}{150}\sqrt{\frac{1.647\times1\times1\times235}{3\times(1+1)\times42.35}} = 0.132$$

$$k_{\text{Ⅳ}} = \frac{0.132}{1.88} = 0.070$$

$$k_{\min} = \min(0.228, 0.114, 0.154, 0.070) = 0.070$$
$$Z = k_{\min}t_s d f_{\text{es}} = 0.070\times150\times16\times42.35 = 7.11\text{kN}$$

思考：假定木板尺寸 $b\times h$ 分别 150mm×150mm、150mm×75mm，其他条件均不变，确定单个螺栓的 Z 值。

此时，
$$R_e = \frac{f_{\text{em}}}{f_{\text{es}}} = 1, R_t = \frac{t_m}{t_s} = \frac{150}{75} = 2$$

屈服模式Ⅰ：$R_e R_t = 1\times2 = 2 > 1$，取 $R_e R_t = 1$

$$k_{\text{I}} = \frac{1}{4.38} = 0.228$$

同理，可求分别计算出：
$$k_{\text{Ⅱ}} = 0.187, k_{\text{Ⅲ}} = 0.165, k_{\text{Ⅳ}} = 0.140$$
$$k_{\min} = \min(0.228, 0.187, 0.165, 0.140) = 0.140$$
$$Z = k_{\min}t_s d f_{\text{es}} = 0.140\times75\times16\times42.35 = 7.11\text{kN}$$

【**例 5.13.7**】 如图 5.13.9 所示，两段木板采用螺栓连接，横纹受力。南方松木板尺寸 $b\times h = 150\text{mm}\times75\text{mm}$，冷杉木板尺寸 $b\times h = 150\text{mm}\times150\text{mm}$。螺栓采用 C 级普通螺栓，钢材 Q235，$f_{yk}=235\text{N/mm}^2$。$\gamma_0=1.0$。

试问：确定单个螺栓的每个剪面的承载力参考设计值 Z。

【**解答**】 根据《木标》6.2.6条、6.2.8条：

查《木标》附录表 L.0.1，南方松，$G=0.55$；冷杉，$G=0.36$

$$f_{\text{em}} = \frac{212\times0.36^{1.45}}{\sqrt{16}} = 12.05\text{N/mm}^2$$

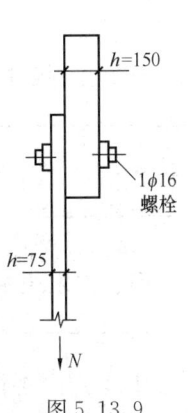

图 5.13.9

$$f_{es} = f_{e,90} = \frac{212 \times 0.55^{1.45}}{\sqrt{16}} = 22.27 \text{N/mm}^2$$

$$R_e = \frac{f_{em}}{f_{es}} = \frac{12.05}{22.27} = 0.54$$

$$R_t = \frac{t_m}{t_s} = \frac{150}{75} = 2$$

屈服模式Ⅰ：
$$R_e R_t = 0.54 \times 2 = 1.08 > 1, \text{取} R_e R_t = 1$$

$$k_{\text{I}} = \frac{1}{4.38} = 0.228$$

屈服模式Ⅱ：
$$k_{s\text{II}} = \frac{\sqrt{0.54 + 2 \times 0.54^2 \times (1 + 2 + 2^2) + 2^2 \times 0.54^3} - 0.54 \times (1+2)}{1 + 0.54}$$
$$= 0.436$$

$$k_{\text{II}} = \frac{0.436}{3.63} = 0.120$$

屈服模式Ⅲ：由《木标》6.2.7条条文说明，可知不会出现Ⅲ$_s$，故为Ⅲ$_m$，则：

$$k_{s\text{III}} = \frac{2 \times 0.54}{1 + 2 \times 0.54}\left[\sqrt{1 \times (1 + 0.54) + \frac{1.647 \times (1 + 2 \times 0.54) \times 1 \times 235 \times 16^2}{3 \times 0.54 \times 2^2 \times 22.27 \times 75^2}} - 1\right]$$
$$= 0.429$$

$$k_{\text{III}} = \frac{0.429}{2.22} = 0.193$$

屈服模式Ⅳ：
$$k_{s\text{IV}} = \frac{16}{75}\sqrt{\frac{1.647 \times 0.54 \times 1 \times 235}{3 \times (1 + 0.54) \times 22.27}} = 0.304$$

$$k_{\text{IV}} = \frac{0.304}{1.88} = 0.162$$

$$k_{\min} = \min(0.228, 0.120, 0.193, 0.162) = 0.120$$

$$Z = k_{\min} t_s d f_{es} = 0.120 \times 75 \times 16 \times 22.27 = 3.21 \text{kN}$$

三、齿板连接

- 复习《木标》6.3.1条～6.3.13条。

四、方木原木结构

- 复习《木标》7.1.1条～7.7.10条。

【例 5.13.8】 木桁架制作中，采用方木作下弦，其跨度不应大于下列何项数值？
(A) 15m　　　(B) 12m　　　(C) 9m　　　(D) 6m

【解答】 根据《木标》7.1.4 条，应选（B）项。

【例 5.13.9】 木桁架跨度为 15m，其起拱值为下列何项数值？
(A) 100mm　　　(B) 75mm　　　(C) 50mm　　　(D) 45mm

【解答】 根据《木标》7.5.4 条，起拱值 $=\dfrac{15000}{200}=75$mm，应选（B）项。

【例 5.13.10】 关于木结构房屋设计，下列说法中何种选择是错误的？
(A) 对于木柱木屋架房屋，可采用贴砌在木柱外侧的烧结普通砖砌体，并应与木柱采取可靠拉结措施
(B) 对于有抗震要求的木柱木屋架房屋，其屋架与木柱连接处均须设置斜撑
(C) 对于木柱木屋架房屋，当有吊车使用功能时，屋盖除应设置上弦横向支撑外，尚应设置垂直支撑
(D) 对于设防烈度为 8 度地震区建造的木柱木屋架房屋，除支撑结构与屋架采用螺栓连接外，椽与檩条、檩条与屋架连接均可采用钉连接

【解答】 根据《木标》7.4.11 条，(D) 项错误，应选（D）项。
此外，根据《木标》7.5.10 条，(B) 项正确。
根据《木标》7.5.2 条，(C) 项正确。
根据《抗规》11.3.10 条，(A) 项正确。

五、胶合木结构和轻型木结构

- 复习《木标》8.0.1 条～8.0.15 条。
- 复习《木标》9.1.1 条～9.6.23 条。

【例 5.13.11】 关于木结构的下述观点：
Ⅰ. 正交胶合木结构各层木板之间的纤维方向应互相叠层正交，截面层板层数不应低于 3 层并且不宜大于 9 层，厚度不大于 500mm。
Ⅱ. 在结构的同一节点或接头中有两种或多种不同的连接方式，计算应只考虑一种连接传递内力，不应考虑几种连接共同作用。
Ⅲ. 矩形木柱截面不宜小于 150mm×150mm，且不应小于柱支承的构件截面宽度。
Ⅳ. 风或多遇地震，木结构水平层间位移不宜超层高 1/100。
下列何项是正确的？
(A) Ⅰ、Ⅱ正确，Ⅲ、Ⅳ错误　　　(B) Ⅱ、Ⅲ正确，Ⅰ、Ⅳ错误
(C) Ⅱ、Ⅳ正确，Ⅰ、Ⅲ错误　　　(D) Ⅰ、Ⅳ正确，Ⅱ、Ⅲ错误

【解答】 Ⅰ. 根据《木标》8.0.3 条，正确，排除 (B)、(C) 项。
Ⅱ. 根据《木标》7.1.6 条，正确，故选（A）项。
[此外，Ⅲ. 根据《木标》7.2.2 条，错误；Ⅳ. 根据《木标》4.1.10 条，错误。]

六、防火设计和防护

- 复习《木标》10.1.1 条~10.2.16 条。
- 复习《木标》11.1.1 条~11.4.9 条。

【例 5.13.12】 下列关于木结构设计的论述,其中何项不妥?
(A) 对原木构件,验算挠度和稳定时,可取构件的中央截面
(B) 对原木构件,验算抗弯强度时,可取最大弯矩处截面
(C) 木桁架制作时应按其跨度的 1/200 起拱
(D) 方木原木结构建筑不应超过五层

【解答】 根据《木标》4.3.18 条,(A)、(B) 项正确。
根据《木标》7.5.4 条,(C) 项正确。
故选 (D) 项。
此外,可根据《建筑设计防火规范》(2018 年版) 11.0.3 条,(D) 项错误,故选 (D) 项。

七、《建筑设计防火规范》规定

对木结构建筑,《建筑设计防火规范》GB 50016—2014(2018 年版)作了如下规定:

11.0.3 甲、乙、丙类厂房(库房)不应采用木结构建筑或木结构组合建筑。丁、戊类厂房(库房)和民用建筑,当采用木结构建筑或木结构组合建筑时,其允许层数和允许建筑高度应符合表 11.0.3-1 的规定,木结构建筑中防火墙间的允许建筑长度和每层最大允许建筑面积应符合表 11.0.3-2 的规定。

木结构建筑或木结构组合建筑的允许层数和允许建筑高度　　表 11.0.3-1

木结构建筑的形式	普通木结构建筑	轻型木结构建筑	胶合木结构建筑	木结构组合建筑
允许层数(层)	2	3	1	3	7
允许建筑高度(m)	10	10	不限	15	24

木结构建筑中防火墙间的允许建筑长度和每层最大允许建筑面积　　表 11.0.3-2

层数(层)	防火墙间的允许建筑长度(m)	防火墙间的每层最大允许建筑面积(m²)
1	100	1800
2	80	900
3	60	600

注:1. 当设置自动喷水灭火系统时,防火墙间的允许建筑长度和每层最大允许建筑面积可按本表的规定增加 1.0 倍,对于丁、戊类地上厂房,防火墙间的每层最大允许建筑面积不限。
　　2. 体育场馆等高大空间建筑,其建筑高度和建筑面积可适当增加。

11.0.4 老年人照料设施,托儿所、幼儿园的儿童用房和活动场所设置在木结构建筑内时,应布置在首层或二层。
商店、体育馆和丁、戊类厂房(库房)应采用单层木结构建筑。

11.0.10 民用木结构建筑之间及其与其他民用建筑的防火间距不应小于表 11.0.10 的规定。

民用木结构建筑与厂房（仓库）等建筑的防火间距、木结构厂房（仓库）之间及其与其他民用建筑的防火间距，应符合本规范第 3、4 章有关四级耐火等级建筑的规定。

民用木结构建筑之间及其与其他民用建筑的防火间距（m）　　表 11.0.10

建筑耐火等级或类别	一、二级	三级	木结构建筑	四级
木结构建筑	8	9	10	11

注：1. 两座木结构建筑之间或木结构建筑与其他民用建筑之间，外墙均无任何门、窗、洞口时，防火间距可为 4m；外墙上的门、窗、洞口不正对且开口面积之和不大于外墙面积的 10% 时，防火间距可按本表的规定减少 25%。
　　2. 当相邻建筑外墙有一面为防火墙，或建筑物之间设置防火墙且墙体截断不燃性屋面或高出难燃性、可燃性屋面不低于 0.5m 时，防火间距不限。

第六章 地基与基础

本章中所用规范为《建筑与市政地基基础通用规范》GB 55003—2021（以下简称《地基通规》），《建筑地基基础设计规范》GB 50007—2011（以下简称《地规》），《建筑地基处理技术规范》JGJ 79—2012（以下简称《地处规》），《建筑桩基技术规范》JGJ 94—2008（以下简称《桩规》），《建筑基桩检测技术规范》JGJ 106—2014（以下简称《基桩检规》），《既有建筑地基基础加固技术规范》JGJ 123—2012（以下简称《既有地规》）。

第一节 基本规定

一、基本要求

1. 基本要求

> ● 复习《地基通规》2.1.1条～2.1.10条。

《地规》规定：

> 1.0.1 为了在地基基础设计中贯彻执行国家的技术经济政策，做到安全适用、技术先进、经济合理、确保质量、保护环境，制定本规范。
> 1.0.2 本规范适用于工业与民用建筑（包括构筑物）的地基基础设计。对于湿陷性黄土、多年冻土、膨胀土以及在地震和机械振动荷载作用下的地基基础设计，尚应符合国家现行相应专业标准的规定。
> 1.0.3 地基基础设计，应坚持因地制宜、就地取材、保护环境和节约资源的原则；根据岩土工程勘察资料，综合考虑结构类型、材料情况与施工条件等因素，精心设计。
> 1.0.4 建筑地基基础的设计除应符合本规范的规定外，尚应符合国家现行有关标准的规定。

需注意的是：
(1)《地规》1.0.1条的条文说明中作了如下说明：

> 1.0.1 （条文说明）
> 按此规定根据地基工作状态，地基设计时应当考虑：
> 1 在长期荷载作用下，地基变形不致造成承重结构的损坏；
> 2 在最不利荷载作用下，地基不出现失稳现象；
> 3 具有足够的耐久性能。
> ……

故在规范中明确规定了按变形设计的原则、方法；对于一部分地基基础设计等级为丙级的建筑物，当按地基承载力设计基础面积及埋深后，其变形亦同时满足要求时可不进行变形计算。

地基基础的设计使用年限应满足上部结构的设计使用年限要求。

(2)《地规》1.0.2条的条文说明中作了如下说明：

1.0.2 （条文说明）

对于湿陷性黄土地基、膨胀土地基、多年冻土地基等，由于这些土类的物理力学性质比较特殊，选用土的承载力、基础埋深、地基处理等应按国家现行标准《湿陷性黄土地区建筑规范》GB 50025、《膨胀土地区建筑技术规范》GBJ 112、《冻土地区建筑地基基础设计规范》JGJ 118的规定进行设计。对于振动荷载作用下的地基设计，由于土的动力性能与静力性能差异较大，应按现行国家标准《动力机器基础设计规范》GB 50040的规定进行设计。但基础设计，仍然可以采用本规范的规定进行设计。

(3)《地规》1.0.4条的条文说明中作了如下说明：

1.0.4 （条文说明）

在地下水位以下时应扣去水的浮力。否则，将使计算结果偏差很大而造成重大失误。在计算土压力、滑坡推力、稳定性时尤应注意。

2. 术语

● 复习《地规》2.1.1条～2.1.15条。

需注意的是：

(1) 地基承载力特征值，规范2.1.3条及其条文说明中规定：

2.1.3 地基承载力特征值 characteristic value of subsoil bearing capacity

由载荷试验测定的地基土压力变形曲线线性变形段内规定的变形所对应的压力值，其最大值为比例界限值。

2.1.3 （条文说明）

本次修订采用"特征值"一词，用以表示正常使用极限状态计算时采用的地基承载力和单桩承载力的值，其涵义即为在发挥正常使用功能时所允许采用的抗力设计值。

(2) 标准冻结深度，规范2.1.6条规定：

2.1.6 标准冻结深度 standard frost penetration

在地面平坦、裸露、城市之外的空旷场地中不少于10年的实测最大冻结深度的平均值。

二、基本规定

建筑地基基础设计内容包括：承载力计算、变形计算和稳定性计算。

1. 地基基础设计等级

《地规》规定：

> 3.0.1 地基基础设计应根据地基复杂程度、建筑物规模和功能特征以及由于地基问题可能造成建筑物破坏或影响正常使用的程度分为三个设计等级，设计时应根据具体情况，按表3.0.1选用。
>
> 地基基础设计等级 表3.0.1
>
> | 设计等级 | 建筑和地基类型 |
> | --- | --- |
> | 甲级 | 重要的工业与民用建筑物
30层以上的高层建筑
体型复杂，层数相差超过10层的高低层连成一体建筑物
大面积的多层地下建筑物（如地下车库、商场、运动场等）
对地基变形有特殊要求的建筑物
复杂地质条件下的坡上建筑物（包括高边坡）
对原有工程影响较大的新建建筑物
场地和地基条件复杂的一般建筑物
位于复杂地质条件及软土地区的二层及二层以上地下室的基坑工程
开挖深度大于15m的基坑工程
周边环境条件复杂、环境保护要求高的基坑工程 |
> | 乙级 | 除甲级、丙级以外的工业与民用建筑物
除甲级、丙级以外的基坑工程 |
> | 丙级 | 场地和地基条件简单、荷载分布均匀的七层及七层以下民用建筑及一般工业建筑；次要的轻型建筑物
非软土地区且场地地质条件简单、基坑周边环境条件简单、环境保护要求不高且开挖深度小于5.0m的基坑工程 |

2. 地基基础设计的一般规定

《地基通规》规定：

> 4.1.1 地基设计应符合下列规定：
> 1 地基计算均应满足承载力计算的要求；
> 2 对地基变形有控制要求的工程结构，均应按地基变形设计；
> 3 对受水平荷载作用的工程结构或位于斜坡上的工程结构，应进行地基稳定性验算。

《地规》规定：

> 3.0.2 根据建筑物地基基础设计等级及长期荷载作用下地基变形对上部结构的影响程度，地基基础设计应符合下列规定：

> 1　所有建筑物的地基计算均应满足承载力计算的有关规定；
> 2　设计等级为甲、乙级的建筑物，均应按地基变形设计；
> 3　设计等级为丙级的建筑物有下列情况之一时应作变形验算：
> 1）地基承载力特征值小于 130kPa，且体型复杂的建筑；
> 2）在基础上及其附近有地面堆载或相邻基础荷载差异较大，可能引起地基产生过大的不均匀沉降时；
> 3）软弱地基上的建筑物存在偏心荷载时；
> 4）相邻建筑距离近，可能发生倾斜时；
> 5）地基内有厚度较大或厚薄不均的填土，其自重固结未完成时。
> 4　对经常受水平荷载作用的高层建筑、高耸结构和挡土墙等，以及建造在斜坡上或边坡附近的建筑物和构筑物，尚应验算其稳定性；
> 5　基坑工程应进行稳定性验算；
> 6　建筑地下室或地下构筑物存在上浮问题时，尚应进行抗浮验算。
> 3.0.2　（条文说明）
> 地基设计的原则如下：
> 1　各类建筑物的地基计算均应满足承载力计算的要求。
> 2　设计等级为甲、乙级的建筑物均应按地基变形设计，这是由于因地基变形造成上部结构的破坏和裂缝的事例很多，因此控制地基变形成为地基设计的主要原则，在满足承载力计算的前提下，应按控制地基变形的正常使用极限状态设计。

对于地基基础设计等级为丙级的建筑物可不作变形验算的规定，《地规》3.0.3 条作了规定。

注意，《地规》3.0.3 条表 3.0.3 注 1、2、3、4 的规定。

【例 6.1.1】下列关于地基设计的一些主张，其中何项是正确的？说明理由。

（A）设计等级为甲级的建筑物，应按地基变形设计，其他设计等级的建筑物可仅作承载力验算

（B）设计等级为甲、乙级的建筑物，应按地基变形设计，丙级的建筑物可仅作承载力验算

（C）设计等级为甲、乙级的建筑物，在满足承载力计算的前提下，应按地基变形设计；丙级的建筑物满足《建筑地基基础设计规范》规定的相关条件时，可仅作承载力验算

（D）所有设计等级的建筑物均应按地基变形设计

【解答】根据《地规》3.0.2 条的规定，应选（C）项。

【例 6.1.2】某多层砖砌体房屋，采用墙下钢筋混凝土条形基础，基础埋深为 1.4m，宽度为 2.0m，地下水位标高为 −3.5m。

试问：该条形基础的地基主要受力层范围应为下列何项数值？

（A）1.4m　　　　（B）3.5m　　　　（C）5m　　　　（D）6m

【解答】根据《地规》表 3.0.3 注 1 的规定，该条形基础的地基主要受力层范围应为：

$\max(3b, 5) = \max(3 \times 2.0, 5) = 6\text{m}$

所以应选（D）项。

【例 6.1.3】 下列关于地基设计的一些主张，其中何项是正确的？说明理由。

① 对原有工程有较大影响的新建 20 层高层建筑物的基础设计等级为甲级

② 单层临时性轻型建筑物的基础设计等级为丙级

③ 建造在地基承载力特征值 $f_{ak}=150\text{kPa}$，土层坡度 $i=8\%$ 的 7 层砌体结构房屋，可不作地基变形验算

④ 28 层的高层建筑应作地基变形验算

(A) ①、②　　　(B) ②、③　　　(C) ②、③、④　　　(D) ①、②、④

【解答】（1）根据《地规》3.0.1 条表 3.0.1，对原有工程有较大影响的新建建筑物，其地基基础设计等级为甲级，故①正确。

（2）根据《地规》3.0.1 条表 3.0.1，次要的轻型建筑物，其地基基础设计等级为丙级，故②正确。

（3）根据《地规》3.0.3 条表 3.0.3，$f_{ak}=150\text{kPa}$，$i=8\%$，≤6 层砌体结构房屋，可不作地基变形验算，故③不正确。

（4）根据《地规》3.0.1 条表 3.0.1，28 层的高层建筑其地基基础设计等级为乙级，根据《地规》3.0.2 条的规定，乙级的建筑应按地基变形设计，故④正确。

所以应选（D）项。

3. 作用组合与抗力限值

《地基通规》2.2.2 条作了规定。《地规》3.0.5 条规定与《地基通规》2.2.2 条规定是相同的。

《地规》3.0.5 条规定：

3.0.5 地基基础设计时，所采用的作用效应与相应的抗力限值应符合下列规定：

1 按地基承载力确定基础底面积及埋深或按单桩承载力确定桩数时，传至基础或承台底面上的作用效应应按正常使用极限状态下作用的标准组合；相应的抗力应采用地基承载力特征值或单桩承载力特征值；

2 计算地基变形时，传至基础底面上的作用效应应按正常使用极限状态下作用的准永久组合，不应计入风荷载和地震作用；相应的限值应为地基变形允许值；

3 计算挡土墙、地基或滑坡稳定以及基础抗浮稳定时，作用效应应按承载能力极限状态下作用的基本组合，但其分项系数均为 1.0；

4 在确定基础或桩基承台高度、支挡结构截面、计算基础或支挡结构内力、确定配筋和验算材料强度时，上部结构传来的作用效应和相应的基底反力、挡土墙土压力以及滑坡推力，应按承载能力极限状态下作用的基本组合，采用相应的分项系数；当需要验算基础裂缝宽度时，应按正常使用极限状态下作用的标准组合；

5 基础设计安全等级、结构设计使用年限、结构重要性系数应按有关规范的规定采用，但结构重要性系数 γ_0 不应小于 1.0。

需注意的是：

① 地基承载力计算，应按正常使用极限状态下作用的标准组合；基础裂缝宽度验算，应采用正常使用极限状态下作用的标准组合。

② 地基变形计算，应采用正常使用极限状态下作用的准永久组合。

③ 挡土墙、地基或滑坡的稳定计算、基础抗浮稳定计算，应采用承载能力极限状态下作用的基本组合，但其分项系数均为1.0，并且《地规》3.0.5条的条文说明指出：

> 3.0.5 （条文说明）
> 在计算挡土墙、地基、斜坡的稳定和基础抗浮稳定时，采用承载能力极限状态作用的基本组合，但规定结构重要性系数 γ_0 不应小于1.0。

④ 在确定基础或桩基承台高度、支挡结构截面、计算基础或支挡结构内力、确定配筋和验算材料强度时，上部结构传来的作用效应和相应的基底反力，挡土墙土压力以及滑坡推力应按承载能力极限状态下作用的基本组合，采用相应的分项系数。

作用组合的效应设计值的计算，《地规》规定：

> 3.0.6 地基基础设计时，作用组合的效应设计值应符合下列规定：
> 1 正常使用极限状态下，标准组合的效应设计值 S_k 应按下式确定：
>
> $$S_k = S_{Gk} + S_{Q1k} + \psi_{c2} S_{Q2k} + \cdots + \psi_{ci} S_{Qik} \qquad (3.0.6\text{-}1)$$
>
> 式中　S_{Gk}——永久作用标准值 G_k 的效应；
> 　　　S_{Qik}——第 i 个可变作用标准值 Q_{ik} 的效应；
> 　　　ψ_{ci}——第 i 个可变作用 Q_i 的组合值系数，按现行国家标准《建筑结构荷载规范》GB 50009 的规定取值。
>
> 2 准永久组合的效应设计值 S_q 应按下式确定：
>
> $$S_q = S_{Gk} + \psi_{q1} S_{Q1k} + \psi_{q2} S_{Q2k} + \cdots + \psi_{qi} S_{Qnk} \qquad (3.0.6\text{-}2)$$
>
> 式中　ψ_{qi}——第 i 个可变作用的准永久值系数，按现行国家标准《建筑结构荷载规范》GB 50009 的规定取值。

需注意的是：根据《工程结构通用规范》3.1.13条或《建筑结构可靠性设计统一标准》8.2.4条规定，《地规》3.0.6条第3款、第4款不适用了。

【例6.1.4】 在进行建筑地基基础设计时，关于所采用的作用最不利组合与相应的抗力限值的下述内容，何项不正确？说明理由。

（A）按地基承载力确定基础底面积时，传至基础的作用组合应按正常使用极限状态下作用的标准组合，相应抗力采用地基承载力特征值

（B）按单桩承载力确定桩数时，传至承台底面上的作用组合应按正常使用极限状态下作用的标准组合，相应抗力采用单桩承载力特征值

（C）计算地基变形时，传至基础底面上的作用组合应按正常使用极限状态下作用的标准组合，相应限值应为相关规范规定的地基变形允许值

（D）计算基础内力，确定其配筋和验算材料强度时，上部结构传来的作用组合及相应的基底反力，应按承载力极限状态下作用的基本组合，采用相应的分项系数

【解答】 根据《地规》3.0.5条第2款规定，（C）项不正确。

4. 地基基础的设计使用年限

《地基通规》2.1.4条第1款作了规定，《地规》3.0.7条也作了相同规定。

《地规》3.0.7 规定：

> 3.0.7 地基基础的设计使用年限不应小于建筑结构的设计使用年限。

5. 岩土工程勘察

> - 复习《地基通规》2.1.2 条、3.1.1 条。
> - 复习《地规》3.0.4 条。

需注意的是：
（1）《地规》3.0.4 条第 1 款 4）的规定。
（2）《地规》3.0.4 条第 2 款的规定，对不同地基基础设计等级的建筑物的地基勘察方法，测试内容提出了不同要求。

第二节　地基岩土的分类及工程特性指标

一、岩土的分类

作为建筑地基的岩土，可分为岩石、碎石土、砂土、粉土、黏性土和人工填土。

1. 岩石的分类

> - 复习《地规》4.1.2 条～4.1.16 条。

需注意的是：
（1）《地规》4.1.5 条表 4.1.5 注的规定，《地规》4.1.7 条表 4.1.7 注的规定，即分类时应根据粒组含量按从上到下以最先符合者确定。
（2）《地规》4.1.8 条的条文说明作了如下说明：

"用 N 值确定砂土密实度，确定这个标准时并未经过修正，故表 4.1.8 中的 N 值为未经过修正的数值。"

（3）《地规》4.1.9 条、4.1.10 条中的塑性指数 I_P、液性指数 I_L 的计算：

塑性指数 I_P：
$$I_P = w_L - w_P$$

液性指数 I_L：
$$I_L = \frac{w - w_P}{w_L - w_P} = \frac{w - w_P}{I_P}$$

式中　w_L——指液限，即黏性土由可塑状态转到流动状态的界限含水率；
　　　w_P——指塑限，即黏性土由半固态转到可塑状态的界限含水率；
　　　w——黏性土的天然含水率。

（4）砂土的相对密实度 D_r

$$D_r = \frac{e_{max} - e}{e_{max} - e_{min}}$$

式中　e_{max}——砂土的最疏松状态孔隙比；
　　　e_{min}——砂土的最密实状态孔隙比；

e——砂土的天然孔隙比。

根据 D_r 值可把砂土的密实状态划分为：

$1 \geqslant D_r > 0.67$　密实；$0.67 \geqslant D_r > 0.33$　中密；$0.33 \geqslant D_r > 0$　松散。

(5) 土的物理性质指标

1) 土的三相关系图，如图 6.2.1 所示。

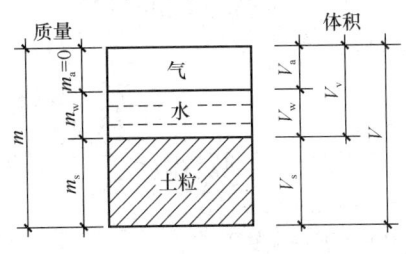

图 6.2.1　土的三相关系图

图中，质量 m 和体积 V 的下标含义是：s 代表土颗粒；w 代表水；a 代表空气；V 代表孔隙。其中，气体的质量可忽略不计，$m_a = 0$：

$$V = V_a + V_w + V_s$$

$$V_v = V_a + V_w$$

$$m = m_s + m_w$$

2) 土的三项基本物理性质指标（ρ、d_s、w）

①土的天然密度 ρ，指单位体积内土的质量：

$$\rho = \frac{m}{V} \quad (\text{g/cm}^3 \text{ 或 t/m}^3)$$

土的天然重度 γ，指单位体积土的重量：

$$\gamma = \rho g \quad (\text{kN/m}^3)$$

g 的取值在实验室试验中取 $g = 9.81 \text{m/s}^2$；在工程设计中取 $g = 10 \text{m/s}^2$。

②土粒相对密度 d_s，指土中固体颗粒的质量与同体积 4℃纯水质量的比值：

$$d_s = \frac{m_s}{V_s \rho_w} = \frac{\rho_s}{\rho_w}$$

式中，ρ_s 为土颗粒密度（g/cm³）；ρ_w 为 4℃纯水的密度，取 $\rho_w = 1.0 \text{g/cm}^3$。

土粒相对密度 d_s 的数值范围：砂土 $d_s = 2.65 \sim 2.69$；粉土 $d_s = 2.70 \sim 2.71$；黏性土 $d_s = 2.72 \sim 2.76$。

③土的含水量 w，指土中水的质量与固体颗粒质量的比值（用百分数表示）：

$$w = \frac{m_w}{m_s} \times 100\%$$

3) 土的其他物理性质指标

①土的孔隙比 e，指土中孔隙体积与固体颗粒体积的比值：

$$e = \frac{V_v}{V_s}$$

②土的孔隙率 n，指土中孔隙体积与土总体积的比值：

$$n = \frac{V_v}{V} \times 100\%$$

③土的饱和度 S_r，指土中水的体积与孔隙体积的比值：

$$S_r = \frac{V_w}{V_v} \times 100\%$$

④土的干密度 ρ_d，指单位体积土中固体颗粒部分的质量：

$$\rho_d = \frac{m_s}{V} \quad (\text{g/cm}^3 \text{ 或 t/m}^3)$$

土的干重度 γ_d，指单位体积土中固体颗粒部分的重量：

$$\gamma_d = \rho_d g = 9.81\rho_d \approx 10\rho_d (\text{kN/m}^3)$$

⑤土的饱和密度 ρ_{sat}，指土的孔隙中全部充满水时，单位体积的质量：

$$\rho_{sat} = \frac{m_s + V_v\rho_w}{V} = \frac{m_s + m_w + V_a\rho_w}{V} \quad (\text{g/cm}^3 \text{ 或 t/m}^3)$$

土的饱和重度 γ_{sat}，指土的孔隙中全部充满水时单位体积的重量：

$$\gamma_{sat} = \rho_{sat} g = 9.81\rho_{sat} \approx 10\rho_{sat} \quad (\text{kN/m}^3)$$

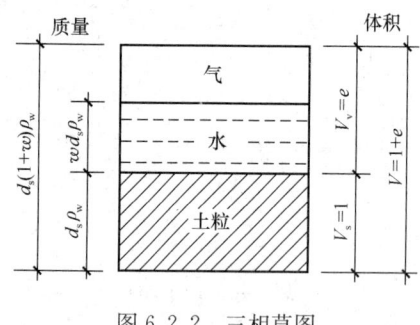

图 6.2.2 三相草图

⑥土的浮重度 γ'（也称为有效重度），指饱和土体在地下水位以下，单位体积土的质量：

$$\gamma' = \rho' g = 9.81\rho' \approx 10\rho' \quad (\text{kN/m}^3)$$

$$\gamma' = \gamma_{sat} - \rho_w g = \gamma_{sat} - \gamma_w$$

式中，γ_w 为水的重度，一般工程设计中取为 10kN/m^3。

4）土的物理性质指标换算

土粒的相对密度 d_s、土的天然密度 ρ、土的含水量 w 三个基本指标是通过试验测定的，当这三个基本指标确定后，可导出其余各个指标，一般常采用三相草图，如图 6.2.2 所示。

从图 6.2.2 可直接得到：

$$\rho = \frac{m}{V} = \frac{d_s(1+w)\rho_w}{1+e}$$

$$\rho_d = \frac{m_s}{V} = \frac{d_s\rho_w}{1+e} = \frac{\rho}{1+w}; \gamma_d = \frac{\gamma}{1+w}$$

$$e = \frac{d_s(1+w)\rho_w}{\rho} - 1; e = \frac{d_s(1+w)\gamma_w}{\gamma} - 1$$

$$\rho_{sat} = \frac{(d_s+e)\rho_w}{1+e}; \gamma_{sat} = \frac{(d_s+e)\gamma_w}{1+e}$$

$$S_r = \frac{wd_s}{e}$$

土的三相比例换算公式见表 6.2.1 所示。

土的三相比例指标换算公式　　　　　　表 6.2.1

名称	符号	三相比例表达式	常用换算公式	常见的取值范围
干密度	ρ_d	$\rho_d = \dfrac{m_s}{V}$	$\rho_d = \dfrac{\rho}{1+w}$ $\rho_d = \dfrac{d_s \rho_w}{1+e}$	$1.3 \sim 1.8 \text{g/cm}^3$
干重度	γ_d	$\gamma_d = \dfrac{m_s}{V}g = \rho_d g$	$\gamma_d = \dfrac{\gamma}{1+w}$ $\gamma_d = \dfrac{d_s \gamma_w}{1+e}$	$13 \sim 18 \text{kN/m}^3$
饱和重度	γ_{sat}	$\gamma_{sat} = \rho_{sat} g$	$\gamma_{sat} = \dfrac{\gamma_w (d_s+e)}{1+e}$ $\gamma_{sat} = \dfrac{\rho_w (d_s+e) g}{1+e}$	$18 \sim 23 \text{kN/m}^3$
浮重度	γ'	$\gamma' = \dfrac{m_s - V_s \rho_w}{V} g$	$\gamma' = \gamma_{sat} - \gamma_w$ $\gamma' = \dfrac{(d_s-1) \gamma_w}{1+e}$	$8 \sim 13 \text{kN/m}^3$
孔隙比	e	$e = \dfrac{V_v}{V_s}$	$e = \dfrac{d_s \rho_w}{\rho_d} - 1$ $e = \dfrac{d_s \gamma_w}{\gamma_d} - 1$ $e = \dfrac{d_s (1+w) \rho_w}{\rho} - 1$ $e = \dfrac{d_s (1+w) \gamma_w}{\gamma} - 1$	黏性土和粉土： $0.40 \sim 1.20$ 砂土： $0.30 \sim 0.90$
孔隙率	n	$n = \dfrac{V_v}{V} \times 100\%$	$n = \dfrac{e}{1+e}$	黏性土和粉土： $30\% \sim 60\%$ 砂土：$25\% \sim 45\%$
饱和度	S_r	$S_r = \dfrac{V_w}{V_v} \times 100\%$	$S_r = \dfrac{w d_s}{e}$ $S_r = \dfrac{w \rho_d}{n \rho_w}$ $S_r = \dfrac{w \gamma_s}{e \gamma_w}$	$0 \sim 100\%$

【例 6.2.1】 一块原状土样，经试验测得土的天然密度 $\rho = 1.67 \text{t/m}^3$，含水量 $w = 12.9\%$，土粒相对密度 $d_s = 2.57$。

试问：该土样的孔隙比 e、孔隙率 n、饱和度 S_r。

【解答】 (1) $e = \dfrac{d_s (1+w) \rho_w}{\rho} - 1 = \dfrac{2.57 \times (1+12.9\%) \times 1}{1.67} - 1 = 0.737$

(2) $n = \dfrac{e}{1+e} = \dfrac{0.737}{1+0.737} = 0.424$

(3) $S_r = \dfrac{w d_s}{e} = \dfrac{12.9\% \times 2.57}{0.737} = 0.450 = 45\%$

【例 6.2.2】 已知土的天然重度 $\gamma = 18 \text{kN/m}^3$，土粒相对密度 $d_s = 2.67$，含水量 $w = 10\%$。

试问：该土样的孔隙比 e、饱和度 S_r、干密度 ρ_d。

【解答】 (1) $\rho = \dfrac{\gamma}{g} = \dfrac{18}{10} = 1.8 \text{t/m}^3$（或 g/cm^3）

$$e = \frac{d_s(1+w)\rho_w}{\rho} - 1 = \frac{2.67 \times (1+10\%) \times 1}{1.8} - 1 = 0.632$$

(2) $S_r = \dfrac{wd_s}{e} = \dfrac{10\% \times 2.67}{0.632} = 42.2\%$

(3) $\rho_d = \dfrac{\rho}{1+w} = \dfrac{1.8}{1+10\%} = 1.636 \text{t/m}^3$（或 g/cm³）

【例 6.2.3】 已知饱和土样 $\gamma_{sat} = 19.2 \text{kN/m}^3$，土粒相对密度 $d_s = 2.8$。

试问：该土样的干密度 γ_d 应为下列何项？

(A) 12.84kN/m³ (B) 13.26kN/m³ (C) 14.31kN/m³ (D) 15.22kN/m³

【解答】 $\gamma_{sat} = \dfrac{\gamma_w(d_s + e)}{1+e}$

$$\gamma_{sat} - \gamma_w = \frac{\gamma_w(d_s + e)}{1+e} - \gamma_w = \frac{\gamma_w(d_s - 1)}{1+e}$$

$$= \frac{d_s \gamma_w}{1+e} \cdot \frac{d_s - 1}{d_s} = \gamma_d \cdot \frac{d_s - 1}{d_s}$$

则有：
$$\gamma_d = \frac{(\gamma_{sat} - \gamma_w) d_s}{d_s - 1}$$

$$= \frac{(19.2 - 10) \times 2.8}{2.8 - 1} = 14.31 \text{kN/m}^3$$

所以应选（C）项。

【例 6.2.4】 某完全饱和土 $\gamma_{sat} = 16.5 \text{kN/m}^3$，土的含水量 $w = 45\%$。

试问：该土的土粒相对密度 d_s 为多少？

【解答】 $\gamma_{sat} = \dfrac{\gamma_w(d_s + e)}{1+e}$

又因为饱和土 $S_r = 100\%$，则：$S_r = \dfrac{wd_s}{e} = 100\%$

$e = wd_s = 0.45d_s$，代入 γ_{sat} 中，即：

$$\frac{(d_s + 0.45d_s) \times 10}{1 + 0.45d_s} = 16.5$$

解之得：$d_s = 2.33$

【例 6.2.5】 已知土样的土粒相对密度 $d_s = 2.7$，孔隙率 $n = 50\%$，$w = 20\%$，假若将 20m³ 土体加水至完全饱和。

试问：需加水多少吨？

【解答】 $n = \dfrac{e}{1+e} = 50\%$，$e = 1.0$

$e = \dfrac{V_v}{V_s}$，则：$V_v = eV_s = 1.0V_s$

$V = V_v + V_s = 20\text{m}^3$，则 $V_v = V_s = 10\text{m}^3$

$S_r = \dfrac{wd_s}{e} = \dfrac{20\% \times 2.7}{1.0} = 0.54$

当 $S_r = 0.54$ 时，$V_w = S_r V_v = 0.54 \times 10 = 5.4 \text{m}^3$

当 $S_r = 1.0$ 时，$V_w = S_r V_v = 1.0 \times 10 = 10 \text{m}^3$

所以加水量 Δm_w：$\Delta m_w = \rho_w \Delta V_w = 1.0 \times (10-5.4) = 4.6$t

【例 6.2.6】 某土的天然含水量 $w=35\%$，塑限含水量 $w_P=26\%$，液限含水量 $w_L=45\%$。

试问：该土的性质和状态。

【解答】（1）$I_P = w_L - w_P = 45 - 26 = 19 > 17$，故该土为黏土。

（2）$I_L = \dfrac{w - w_P}{w_L - w_P} = \dfrac{w - w_P}{I_P} = \dfrac{35-26}{19} = 0.474 \begin{array}{l} >0.25 \\ <0.75 \end{array}$

根据《地规》4.1.10 条规定，该黏土的状态为可塑状态。

【例 6.2.7】 已知某土样的液限 $w_L=42\%$，塑限 $w_P=20\%$，土的饱和度 $S_r=95\%$，孔隙比 $e=1.50$，土粒相对密度 $d_s=2.7$。

试问：该土的性质和状态。

【解答】（1）$S_r = \dfrac{wd_s}{e}$，$w = \dfrac{eS_r}{d_s} = \dfrac{1.50 \times 95\%}{2.7} = 52.8\%$

（2）$I_P = w_L - w_P = 42 - 20 = 22 > 17$，该土为黏土。

（3）$I_L = \dfrac{w - w_P}{w_L - w_P} = \dfrac{52.8 - 20}{22} = 1.49 > 1.0$

根据《地规》4.1.10 条规定，该黏土的状态为流塑状态。

（4）因 $w > w_L$，且 $e=1.50$，根据《地规》4.1.12 条规定，该土样为淤泥。

【例 6.2.8】 已知某土样的天然含水率 $w=45\%$，天然重度 $\gamma=16.2\text{kN/m}^3$，土粒相对密度 $d_s=2.60$，液限 $w_L=41\%$，塑限 $w_P=23\%$。

试问：该土的性质和状态。

【解答】（1）$I_P = w_L - w_P = 41 - 23 = 18 > 17$，初步可确定为黏土。

（2）$I_L = \dfrac{w - w_P}{I_P} = \dfrac{45 - 23}{18} = 1.22 > 1$，可确定为流塑状态。

（3）$e = \dfrac{d_s \gamma_w (1+w)}{\gamma} - 1$

$= \dfrac{2.60 \times 9.8 \times (1+45\%)}{16.2} - 1 = 1.281$

因 $w > w_L$，且 $1 < e < 1.5$，根据《地规》4.1.12 条规定，该土样为淤泥质土。

【例 6.2.9】 某砂土试样，其颗粒分析结果见表 6.2.2。已知试验测得其天然重度 $\gamma=15.8\text{kN/m}^3$，含水量 $w=8.2\%$，土粒相对密度 $d_s=2.7$，处于密实状态时的干重度 $\gamma_{dmax}=15.0\text{kN/m}^3$，最松散状态时的干重度 $\gamma_{dmin}=14.5\text{kN/m}^3$。

试问：确定该砂土的名称，并判别其密实状态。

砂土试样颗粒分析结果　　　　表 6.2.2

粒径（mm）	2～0.5	0.5～0.25	0.25～0.075	0.075～0.05	0.05～0.01	<0.01
含量（g）	7.5	19.0	30.4	26.8	12.4	3.9

【解答】（1）粒径大于 0.5mm 的占全重为：

$$\dfrac{7.5}{7.5+19.0+30.4+26.8+12.4+3.9} = 7.5\%$$

粒径大于 0.25mm 的占全重为：$\frac{7.5+19.0}{100}=26.5\%$

粒径大于 0.075mm 的占全重为：$\frac{7.5+19.0+30.4}{100}=56.9\%>50\%$，根据《地规》4.1.7 条及表 4.1.7 注的规定，该砂土为粉砂。

（2）砂土的 e、e_{max}、e_{min} 及 D_r

$$e=\frac{d_s\gamma_w(1+w)}{\gamma}-1=\frac{2.7\times10\times(1+8.2\%)}{15.8}-1=0.849$$

$$e_{max}=\frac{d_s\gamma_w}{\gamma_{dmin}}-1=\frac{2.7\times10}{14.5}-1=0.862$$

$$e_{min}=\frac{d_s\gamma_w}{\gamma_{dmax}}-1=\frac{2.7\times10}{15.0}-1=0.800$$

$$D_r=\frac{e_{max}-e}{e_{max}-e_{min}}=\frac{0.862-0.849}{0.862-0.800}=0.210<0.33$$

故该砂土处于松散状态。

【例 6.2.10】 某砂土经测得天然重度 $\gamma=15.6\mathrm{kN/m^3}$，土粒相对密度 $d_s=2.65$，含水量 $w=22\%$。将该砂土样放入振动容器中，振动后砂样的质量为 0.420kg，量得体积为 $0.24\times10^{-3}\mathrm{m^3}$；松散时，砂样质量为 0.456kg，量得体积为 $0.38\times10^{-3}\mathrm{m^3}$。取 $\rho_w=1\mathrm{g/cm^3}$。

试问： 该砂土的天然孔隙比和相对密实度。

【解答】（1）$e=\frac{\gamma_w d_s(1+w)}{\gamma}-1=\frac{10\times2.65\times(1+22\%)}{15.6}-1=1.072$

（2）求相对密实度

密实时，最大干密度 ρ_{dmax}：$\rho_{dmax}=\frac{m_{s1}}{V}=\frac{0.420\times10^3}{0.24\times10^{-3}\times10^6}=1.75\mathrm{g/cm^3}$

松散时，最小干密度 ρ_{dmin}：$\rho_{dmin}=\frac{m_{s2}}{V}=\frac{0.456\times10^3}{0.38\times10^{-3}\times10^6}=1.2\mathrm{g/cm^3}$

松散时，最大孔隙比 e_{max}：$e_{max}=\frac{\rho_w d_s}{\rho d_{min}}-1=\frac{1\times2.65}{1.2}-1=1.208$

密实时，最小孔隙比 e_{min}：$e_{min}=\frac{\rho_w d_s}{\rho d_{max}}-1=\frac{1\times2.65}{1.75}-1=0.514$

$$D_r=\frac{e_{max}-e}{e_{max}-e_{min}}=\frac{1.208-1.072}{1.208-0.514}=0.196$$

二、岩土的工程特性指标

《地规》规定：

> 4.2.1　土的工程特性指标可采用强度指标、压缩性指标以及静力触探探头阻力、动力触探锤击数、标准贯入试验锤击数、载荷试验承载力等特性指标表示。
>
> 4.2.2　地基土工程特性指标的代表值应分别为标准值、平均值及特征值。抗剪强度指标应取标准值，压缩性指标应取平均值，载荷试验承载力应取特征值。

4.2.3 载荷试验应采用浅层平板载荷试验或深层平板载荷试验。浅层平板载荷试验适用于浅层地基，深层平板载荷试验适用于深层地基。两种载荷试验的试验要求应分别符合本规范附录 C、D 的规定。

4.2.4 土的抗剪强度指标，可采用原状土室内剪切试验、无侧限抗压强度试验、现场剪切试验、十字板剪切试验等方法测定。当采用室内剪切试验确定时，宜选择三轴压缩试验的自重压力下预固结的不固结不排水试验。经过预压固结的地基可采用固结不排水试验。每层土的试验数量不得少于六组。室内试验抗剪强度指标 c_k、φ_k，可按本规范附录 E 确定。在验算坡体的稳定性时，对于已有剪切破裂面或其他软弱结构面的抗剪强度，应进行野外大型剪切试验。

4.2.5 土的压缩性指标可采用原状土室内压缩试验、原位浅层或深层平板载荷试验、旁压试验确定，并应符合下列规定：

1 当采用室内压缩试验确定压缩模量时，试验所施加的最大压力应超过土自重压力与预计的附加压力之和，试验成果用 e-p 曲线表示；

2 当考虑土的应力历史进行沉降计算时，应进行高压固结试验，确定先期固结压力、压缩指数，试验成果用 e-$\lg p$ 曲线表示；为确定回弹指数，应在估计的先期固结压力之后进行一次卸荷，再继续加荷至预定的最后一级压力；

3 当考虑深基坑开挖卸荷和再加荷时，应进行回弹再压缩试验，其压力的施加应与实际的加卸荷状况一致。

4.2.6 地基土的压缩性可按 p_1 为 100kPa，p_2 为 200kPa 时相对应的压缩系数值 a_{1-2} 划分为低、中、高压缩性，并符合以下规定：

1 当 $a_{1-2} < 0.1 \text{MPa}^{-1}$ 时，为低压缩性土；

2 当 $0.1 \text{MPa}^{-1} \leqslant a_{1-2} < 0.5 \text{MPa}^{-1}$ 时，为中压缩性土；

3 当 $a_{1-2} \geqslant 0.5 \text{MPa}^{-1}$ 时，为高压缩性土。

需注意的是：

(1)《地规》4.2.2 条的条文说明："标准值取其概率分布的 0.05 分位数；地基承载力特征值是指由载荷试验地基土压力变形关系线性变形段内不超过比例界限点的地基压力值，实际即为地基承载力的允许值。"

(2)《地规》4.2.4 条中，土的抗剪强度的计算：

砂土：$\tau_f = \sigma \tan\varphi$

黏性土：$\tau_f = c + \sigma \tan\varphi$

式中 τ_f——土的抗剪强度（kPa）；

σ——作用在剪切面上的法向应力（kPa）；

φ——土的内摩擦角（°）；

c——土的黏聚力。

上述式中 c、φ 为按总应力求得的总应力强度指标；相反，如果考虑孔隙压力 u 对抗剪强度的影响，土的抗剪强度 τ_f 应按有效应力法计算：

$$\tau_f = c' + \sigma' \tan\varphi' = c' + (\sigma - u)\tan\varphi'$$

式中 σ'——作用在剪切面上的有效法向应力（kPa）；

φ'——土的有效内摩擦角（°）；

c'——土的有效黏聚力（kPa）。

有效应力法适用于需要精确评价地基强度和稳定性的工程。

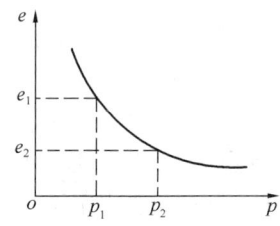

图 6.2.3 e-p 压缩曲线图

(3)《地规》4.2.6 条中，压缩系数 α 的计算（见图 6.2.3）：

$$\alpha = \frac{e_1 - e_2}{p_2 - p_1} \quad (\mathrm{MPa}^{-1})$$

式中，p_1、p_2 分别为固结压力；e_1、e_2 分别为相应于 p_1、p_2 时的孔隙比。

土的压缩模量 E_s，指在完全侧限条件下，土的竖向应力变化量，Δp 与其相应的竖向应变变化量 $\Delta \varepsilon$ 的比值，即：

$$E_s = \frac{\Delta p}{\Delta \varepsilon}(\mathrm{MPa})$$

一般压缩模量 E_s 越大，压缩系数 α 越小，表明土的压缩性越低，即在外荷载作用下发生的变形就越小。E_s 与 α 的相互关系为：

$$E_s = \frac{1+e_1}{\alpha}$$

或

$$\alpha = \frac{1+e_1}{E_s}$$

式中 e_1——地基土自重应力作用下的孔隙比；

α——从土自重应力至土自重应力加附加应力段的压缩系数。

【例 6.2.11】 对于地基土的工程特性指标的一些说法，下列何项是正确的？说明理由。

(A) 应以地基土的特征值作为工程特性指标的代表值

(B) 工程特性指标中抗剪强度指标应取平均值

(C) 采用室内试验测定土的抗剪强度指标，每层土的试验数量不得少于三组

(D) 工程施工速度快，土的抗剪试验应采用不固结不排水试验

【解答】 (1) 根据《地规》4.2.2 条，(A) 项不对；

(2) 根据《地规》4.2.2 条，(B) 项不对；

(3) 根据《地规》4.2.4 条，(C) 项不对；

(4) 根据《地规》4.2.4 条及条文说明，(D) 项正确，故选 (D) 项。

【例 6.2.12】 某土层天然孔隙比 $e=0.85$，进行压缩试验，见表 6.2.3 所示。

孔隙比 e 的取值　　　　　　　　　　　表 6.2.3

p (kPa)	50	100	200	300	400
e	0.842	0.835	0.820	0.790	0.785

试问：该土的压缩系数和压缩模量 E_s。

【解答】 (1) 压缩系数

$$\alpha_{1-2} = \frac{e_1 - e_2}{p_2 - p_1} = \frac{0.835 - 0.820}{200 - 100} = 0.15 \mathrm{MPa}^{-1}$$

根据《地规》4.2.6条规定，$0.1\text{MPa}^{-1} \leqslant \alpha_{1-2} \leqslant 0.5\text{MPa}^{-1}$，该土属于中压缩性土。

(2) $E_{s,1-2}$

$$E_{s,1-2} = \frac{1+e_1}{\alpha_{1-2}} = \frac{1+0.835}{0.15} = 12.2\text{MPa}$$

【例6.2.13】 某土样 $\gamma = 18\text{kN/m}^3$，$d_s = 2.70$，$w = 22\%$，环刀高 2cm，进行室内压缩试验，$p_1 = 100\text{kPa}$，$s_1 = 0.8\text{mm}$，$p_2 = 200\text{kPa}$，$s_2 = 1.2\text{mm}$。

试问： 该土样的 α_{1-2} 和 $E_{s,1-2}$。

【解答】 土样压缩、高度减低相当于孔隙比减小：

$$\frac{H_0}{1+e_0} = \frac{H_0 - s}{1+e}，则：e = e_0 - \frac{s}{H_0}(1+e_0)$$

初始孔隙比 e_0 为：

$$e_0 = \frac{d_s(1+w)\gamma_w}{\gamma} - 1 = \frac{2.7 \times (1+22\%) \times 10}{18} - 1 = 0.83$$

当 $p_1 = 100\text{kPa}$ 时，$e_1 = 0.83 - \frac{0.8}{20} \times (1+0.83) = 0.757$

当 $p_2 = 200\text{kPa}$ 时，$e_2 = 0.83 - \frac{1.2}{20} \times (1+0.83) = 0.720$

$$\alpha_{1-2} = \frac{e_1 - e_2}{p_2 - p_1} = \frac{0.757 - 0.720}{200 - 100} = 0.37\text{MPa}^{-1}$$

$$E_{s,1-2} = \frac{1+e_1}{\alpha_{1-2}} = \frac{1+0.757}{0.37} = 4.75\text{MPa}$$

根据《地规》4.2.6条规定，$0.1\text{MPa}^{-1} \leqslant \alpha_{1-2} < 0.5\text{MPa}^{-1}$，该土为中压缩性土。

【例6.2.14】 某场地的粉土层取6个土样进行直剪试验，测得 $c(\text{kPa}) = 15、13、16、18、23、22$，$\varphi(°) = 25、23、21、20、23、22$。

试问： 该粉土层的 c_k 和 φ_k。

【解答】 根据《地规》附录E的规定，E.0.1条第1款规定：

试验平均值：$c_m = \mu_c = (15+13+16+18+23+22)/6 = 17.83\text{kPa}$

$\varphi_m = \mu_\varphi = (25+23+21+20+23+22)/6 = 22.33°$

标准差：

$$\sigma_c = \sqrt{\frac{\sum_{i=1}^{n}\mu_i^2 - n\mu^2}{n-1}} = \sqrt{\frac{(15^2+13^2+16^2+18^2+23^2+22^2) - 6 \times 17.83^2}{6-1}} = 3.989$$

$$\sigma_\varphi = \sqrt{\frac{(25^2+23^2+21^2+20^2+23^2+22^2) - 6 \times 22.33^2}{6-1}} = 1.801$$

变异系数：

$$\delta_c = \frac{\sigma_c}{\mu_c} = \frac{3.989}{17.83} = 0.224$$

$$\delta_\varphi = \frac{\sigma_\varphi}{\mu_\varphi} = \frac{1.801}{22.33} = 0.081$$

由附录 E.0.1 条第 2 款规定：

$$\psi_c = 1 - \left(\frac{1.704}{\sqrt{n}} + \frac{4.678}{n^2}\right)\delta_c = 1 - \left(\frac{1.704}{\sqrt{6}} + \frac{4.678}{6^2}\right) \times 0.224 = 0.815$$

$$\psi_\varphi = 1 - \left(\frac{1.704}{\sqrt{n}} + \frac{4.678}{n^2}\right)\delta_\varphi = 1 - \left(\frac{1.704}{\sqrt{6}} + \frac{4.678}{6^2}\right) \times 0.081 = 0.933$$

由附录 E.0.1 条第 3 款规定：

$$c_k = \psi_c c_m = 0.815 \times 17.83 = 14.53 \text{kPa}$$
$$\varphi_k = \psi_\varphi \varphi_m = 0.933 \times 22.33 = 20.83°$$

【例 6.2.15】 某土样试验得到土内摩擦角 $\varphi=22°$，黏聚力 $c=8\text{kN/m}^2$，基底有效平均压力 $\sigma'=130\text{kN/m}^2$。

试问：该土的抗剪强度 τ 为多少？

【解答】 $\tau = c + \sigma' \tan\varphi = 8 + 130 \times \tan 22° = 60.5 \text{kN/m}^2$

【例 6.2.16】 在黏土中进行浅层平板载荷试验，方形承压板面积 0.25m^2，各级荷载及相应的累计沉降见表 6.2.4 所示。若按 $s/b=0.015$，所对应荷载为地基承载力特征值。

试问：该载荷试验的地基承载力特征值。

各级荷载和对应的沉降量 表 6.2.4

p（kPa）	5.5	82	109	136	163	170	217	244
s（mm）	2.25	5.01	7.51	14.50	21.05	31.50	40.55	48.65

【解答】 根据《地规》附录 C 中 C.0.7 条规定：

$$s/b = 0.015, \; b = 0.5 \text{m}$$

$s = 0.015 \times 0.5 = 0.0075\text{m} = 7.5\text{mm}$，由表 6.2.4 知 $f_{ak}=109\text{kPa}$，所以该地基承载力特征值为 109kPa。

【例 6.2.17】 在某砂土层中做浅层平板载荷试验，方形承压板面积 0.5m^2，各级荷载和对应的沉降量见表 6.2.5，极限荷载为 275kPa。

各级荷载和对应的沉降量 表 6.2.5

p（kPa）	75	100	125	150	175	200	225	250	275
s（mm）	2.55	3.53	4.45	5.35	6.18	7.05	10.50	15.55	19.51

试问：该砂土的承载力特征值。

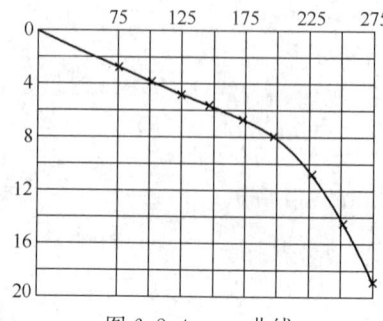

图 6.2.4 $p\text{-}s$ 曲线

【解答】 作出 $p\text{-}s$ 曲线如图 6.2.4 所示，根据《地规》附录 C 中 C.0.7 条规定，当 $p\text{-}s$ 曲线上有比例界限时，取该比例界限所对应的荷载值，即本题图为：

$$f_{ak} = 200 \text{kPa}$$

又当极限荷载小于对应比例界限的荷载值的 2 倍时，取极限荷载值的一半，即本题目为：

$f_u=275\text{kPa}<2\times200=400\text{kPa}$，故 $f_{ak}=\dfrac{1}{2}\times275=138\text{kPa}$，最终砂土的承载力特征值为138kPa。

第三节 地基承载力计算

一、基础埋置深度

1. 一般规定

《地基通规》规定：

> 6.1.1 基础的埋置深度应满足地基承载力、变形和稳定性要求。位于岩石地基上的工程结构，其基础埋深应满足抗滑稳定性要求。

《地规》规定：

> 5.1.1 基础的埋置深度，应按下列条件确定：
> 1 建筑物的用途，有无地下室、设备基础和地下设施，基础的形式和构造；
> 2 作用在地基上的荷载大小和性质；
> 3 工程地质和水文地质条件；
> 4 相邻建筑物的基础埋深；
> 5 地基土冻胀和融陷的影响。
> 5.1.2 在满足地基稳定和变形要求的前提下，当上层地基的承载力大于下层土时，宜利用上层土作持力层。除岩石地基外，基础埋深不宜小于0.5m。
> 5.1.3 高层建筑基础的埋置深度应满足地基承载力、变形和稳定性要求。位于岩石地基上的高层建筑，其基础埋深应满足抗滑稳定性要求。
> 5.1.4 在抗震设防区，除岩石地基外，天然地基上的箱形和筏形基础其埋置深度不宜小于建筑物高度的1/15；桩箱或桩筏基础的埋置深度（不计桩长）不宜小于建筑物高度的1/18。
> 5.1.5 基础宜埋置在地下水位以上，当必须埋在地下水位以下时，应采取地基土在施工时不受扰动的措施。当基础埋置在易风化的岩层上，施工时应在基坑开挖后立即铺筑垫层。
> 5.1.6 当存在相邻建筑物时，新建建筑物的基础埋深不宜大于原有建筑基础。当埋深大于原有建筑基础时，两基础间应保持一定净距，其数值应根据建筑荷载大小、基础形式和土质情况确定。

【例6.3.1】 下列对基础的埋置深度的一些主张，何项是不正确的？说明理由。
(A) 非岩石地基，其基础的埋深不宜小于0.5m
(B) 位于岩石地基上的高层建筑，其基础埋深应满足抗滑要求
(C) 抗震设防区，桩箱基础的埋置深度不宜小于建筑物高度的1/15
(D) 存在相邻建筑物时，新建建筑物的基础埋深不宜大于原有建筑基础

【解答】（1）根据《地规》5.1.2条规定，(A)项正确。

（2）根据《地规》5.1.3条规定，(B)项正确。

（3）根据《地规》5.1.4条，(C)项不正确。

（4）根据《地规》5.1.6条规定，(D)项正确。

所以应选（C）项。

【例6.3.2】 在抗震设防区，非岩石地基上，拟建高度为66m的20层高层建筑，基础采用桩筏基础，设计其基础埋深（不计桩长）不宜小于下列何项？

(A) 0.5m (B) 3.3m (C) 3.7m (D) 4.4m

【解答】 根据《地规》5.1.4条规定，桩筏基础的埋深 d 为：

$$d \geqslant \frac{1}{18} \times 66 = 3.67$$

所以应选（C）项。

2. 季节性冻土场地的基础埋深

《地规》规定：

5.1.7 季节性冻土地基的场地冻结深度应按下式进行计算：

$$z_d = z_0 \cdot \psi_{zs} \cdot \psi_{zw} \cdot \psi_{ze} \tag{5.1.7}$$

式中 z_d——场地冻结深度（m），当有实测资料时按 $z_d = h' - \Delta z$ 计算；

　　h'——最大冻深出现时场地最大冻土层厚度（m）；

　　Δz——最大冻深出现时场地地表冻胀量（m）；

　　z_0——标准冻结深度（m）；当无实测资料时，按本规范附录F采用；

　　ψ_{zs}——土的类别对冻结深度的影响系数，按表5.1.7-1采用；

　　ψ_{zw}——土的冻胀性对冻结深度的影响系数，按表5.1.7-2采用；

　　ψ_{ze}——环境对冻结深度的影响系数，按表5.1.7-3采用。

土的类别对冻结深度的影响系数　　表5.1.7-1

土的类别	影响系数 ψ_{zs}
黏性土	1.00
细砂、粉砂、粉土	1.20
中、粗、砾砂	1.30
大块碎石土	1.40

土的冻胀性对冻结深度的影响系数　　表5.1.7-2

冻胀性	影响系数 ψ_{zw}
不冻胀	1.00
弱冻胀	0.95
冻胀	0.90
强冻胀	0.85
特强冻胀	0.80

环境对冻结深度的影响系数	表5.1.7-3
周围环境	影响系数 ψ_{ze}
村、镇、旷野	1.00
城市近郊	0.95
城市市区	0.90

注：环境影响系数一项，当城市市区人口为20万~50万时，按城市近郊取值；当城市市区人口大于50万小于或等于100万时，只计入市区影响；当城市市区人口超过100万时，除计入市区影响外，尚应考虑5km以内的郊区近郊影响系数。

5.1.8 季节性冻土地区基础埋置深度宜大于场地冻结深度。对于深厚季节冻土地区，当建筑基础底面土层为不冻胀、弱冻胀、冻胀土时，基础埋置深度可以小于场地冻结深度，基础底面下允许冻土层最大厚度应根据当地经验确定。没有地区经验时可按本规范附录G查取。此时，基础最小埋置深度 $d_{\min}$ 可按下式计算：

$$d_{\min} = z_d - h_{\max} \tag{5.1.8}$$

式中 $h_{\max}$——基础底面下允许冻土层最大厚度（m）。

需注意的是：

(1)《地规》5.1.7条的条文说明作了如下说明：

> 5.1.7 （条文说明）
> 附录F《中国季节性冻土标准冻深线图》是在标准条件下取得的，该标准条件即为标准冻结深度的定义：地下水位与冻结锋面之间的距离大于2m，不冻胀黏性土，地表平坦、裸露，城市之外的空旷场地中，多年实测（不少于十年）最大冻深的平均值。由于建设场地通常不具备上述标准条件，所以标准冻结深度一般不直接用于设计中，而是要考虑场地实际条件将标准冻结深度乘以冻深影响系数，使得到的场地冻深更接近实际情况。公式5.1.7中主要考虑了土质系数、湿度系数、环境系数。……
> 冻结深度与冻土层厚度两个概念容易混淆，对不冻胀土二者相同，但对冻胀性土，尤其强冻胀以上的土，二者相差颇大。对于冻胀性土，冬季自然地面是随冻胀量的加大而逐渐上抬的，此时钻探（挖探）量测的冻土层厚度包含了冻胀量，设计基础埋深时所需的冻深值是自冻前自然地面算起的，它等于实测冻土层厚度减去冻胀量，为避免混淆，在公式5.1.7中予以明确。

(2)《地规》5.1.8条的条文说明作了如下说明：

> 5.1.8 （条文说明）
> 鉴于上述情况，本次规范修订提出在浅季节冻土地区、中厚季节冻土地区和深厚季节冻土地区中冻胀性较强的地基不宜实施基础浅埋，在深厚季节冻土地区的不冻胀、弱冻胀、冻胀土地基可以实施基础浅埋，并给出了基底最大允许冻土层厚度表。

【例6.3.3】 某地基土为黏性土，其冻前天然含水量为28%，标准冻深为1.5m，地下水位3.5m,塑限含水量为22%,塑性指数为24。

试问:该黏性土的冻胀性类别。

【解答】 根据《地规》附录表G.0.1规定:

$w_p+5=27\%<w=28\%<w_p+9=31\%$;$h_w=3.5-1.5=2.0\leqslant2.0$m,该黏性土初步确定为强冻胀土。

又根据《地规》表G.0.1注3的规定,塑性指数大于22时,冻胀性降低一级,所以该黏性土为冻胀土。

【例6.3.4】 某地基土为粉土,其含水量为20%,标准冻结深度为2.5m,地下水位3.8m。已知建筑物基底永久作用的标准组合的压力值为150kPa,采用条形基础,不采暖。

试问:该建筑物基底下允许残留冻土层厚度h_{max}为多少?

【解答】 (1)确定地基土的冻胀性类别

查《地规》附录表G.0.1规定,粉土,$w=20\%$

冻结期间地下水位距冻结面的最小距离h_w:$h_w=3.8-2.5=1.3$m<1.5m

故该粉土的冻胀性类别为冻胀土。

(2)确定h_{max}

查《地规》附录表G.0.2及注4的规定:$p=0.9p_k=0.9\times150=135$,冻胀土、条形基础、不采暖,则有:

$$h_{max}=1.35+\frac{135-130}{150-130}\times(1.55-1.35)=1.40\text{m}$$

【例6.3.5】 某建筑物建于城市近郊,场地位于冻胀土地基上,标准冻结深度为2.0m,基础采用矩形基础($b\times l=1.8$m$\times2.5$m),地基土为碎石土,基础底面永久作用的标准组合的压力值为180kPa,不采暖,基础底面下允许有一定厚度的冻土层。

试问:基础最小埋深为多少?

【解答】 (1)确定设计场地冻结深度z_d

根据《地规》5.1.7条规定,查表得:$\psi_{zs}=1.40$,$\psi_{zw}=0.90$,$\psi_{ze}=0.95$

$$z_d=z_0\psi_{zs}\psi_{zw}\psi_{ze}=2\times1.4\times0.9\times0.95=2.394\text{m}$$

(2)确定残留冻土层厚度h_{max}

由《地规》附录表G.0.2注4的规定,取$p=0.9p_k=0.9\times180=162$kPa

$$h_{max}=0.65+\frac{162-150}{170-150}\times(0.70-0.65)=0.68$$

(3)确定d_{min}

由《地规》5.1.8条规定:$d_{min}=z_d-h_{max}=2.394-0.674=1.71$m

冻土地基上的防冻害措施,《地规》5.1.9条作了规定。

二、地基承载力特征值的计算

1. 地基承载力特征值及其修正

《地基通规》规定:

> 4.2.3 天然地基承载力特征值应通过载荷试验或其他原位测试、公式计算,并结合工程实践经验等方法综合确定。

《地规》5.2.3条规定:

> 5.2.3 地基承载力特征值可由载荷试验或其他原位测试、公式计算并结合工程实践经验等方法综合确定。

按载荷试验确定 f_{ak},《地规》附录C、D作了规定。

- 复习《地规》附录C、D。

对于密实砂土、硬塑黏土等低压缩性土,其 p-s 曲线通常有比较明显的起始直线段和极限值,即呈急进破坏的"陡降型",如图6.3.1(a)所示。考虑到低压缩性土的承载力特征值一般由强度安全控制,故规范规定以直线段末点所对应的压力 p_1(比例界限荷载)作为承载力特征值。此时,地基的沉降量很小,强度安全贮备也足够。但是对于少数呈"脆性"破坏的土,p_1 与极限荷载 p_u 很接近,故当 $p_u < 2p_1$ 时,取 $p_u/2$ 作为承载力特征值。

对于松砂、填土、可塑黏土等中、高压缩性土,其 p-s 曲线往往无明显的转折点,呈现渐进破坏的"缓变型",如图6.3.1(b)所示。由于中、高压缩性土的沉降量较大,故其承载力特征值一般受允许沉降量控制。因此,当压板面积为 $0.25\sim0.50\text{m}^2$ 时,规范规定可取沉降 $s=(0.01\sim0.015)b$(b 为承压板宽度或直径)所对应的荷载(此值不应大于最大加载量的一半)作为承载力特征值。

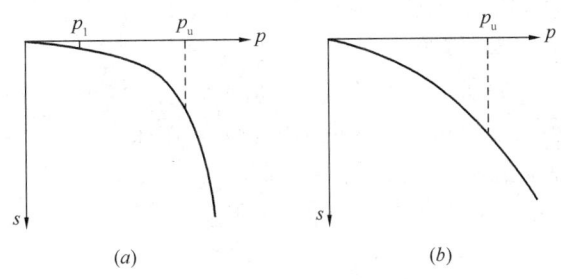

图6.3.1 按载荷试验成果确定地基承载力特征值 f_{ak}
(a) 低压缩性土;(b) 高压缩性土

f_{ak} 的修正,《地规》5.2.4条作了规定。

- 复习《地规》5.2.4条。

需注意的是:
(1)《地规》5.2.4条的条文说明作了如下说明:

> 5.2.4 (条文说明)
> 大面积压实填土地基,是指填土宽度大于基础宽度两倍的质量控制严格的填土地基,质量控制不满足要求的填土地基深度修正系数应取1.0。

> 目前建筑工程大量存在着主裙楼一体的结构，对于主体结构地基承载力的深度修正，宜将基础底面以上范围内的荷载，按基础两侧的超载考虑，当超载宽度大于基础宽度两倍时，可将超载折算成土层厚度作为基础埋深，基础两侧超载不等时，取小值。

(2)《地规》式 (5.2.4)：$f_a = f_{ak} + \eta_b \gamma (b-3) + \eta_d \gamma_m (d-0.5)$

式中，b 的取值：b 为基础底面宽度，指最小边长；$b<3$m，取 $b=3$m，$b>6$m，取 $b=6$m。

γ_m 的取值：γ_m 为基础底面以上土的加权平均值，$\gamma_m = \dfrac{\gamma_1 h_1 + \gamma_2 h_2 + \cdots + \gamma_n h_n}{h_1 + h_2 + \cdots + h_n}$，有地下水时，$\gamma_1, \gamma_2 \cdots \gamma_n$ 取为 $\gamma_1', \gamma_2' \cdots \gamma_n'$。

(3)《地规》表 5.2.4 注 2 的规定，"地基承载力特征值按本规范附录 D 深层平板载荷试验确定时 η_d 取 0。"

【例 6.3.6】 在某一砂土层上进行浅层平板载荷试验，测得三条浅层平板载荷试验 p-s 曲线上的比例界限值分别为 250kPa、270kPa、278kPa。

试问：确定该砂土层的承载力特征值 f_{ak}。

【解答】《地规》附录 C 的规定，砂土层承载力实测值的平均值为：

$$(250+270+278)/3 = 266 \text{kPa}$$

极差为：$278 - 250 = 28$kPa；$28/266 = 10.5\% < 30\%$

根据《地规》附录 C.0.8 条规定，取 $f_{ak} = 266$kPa。

【例 6.3.7】 在对地基承载力特征值进行修正时，下列何项叙述是不正确的？
(A) 静力触探所得的地基承载力应作深、宽修正
(B) 浅层平板载荷试验所得的地基承载力应作深、宽修正
(C) 深层平板载荷试验所得的地基承载力应作深、宽修正
(D) 根据土的抗剪强度指标确定的地基承载力不作深、宽修正

【解答】（1）根据《地规》5.2.4 条的规定，(A)、(B) 项正确。
（2）根据《地规》5.2.4 条表 5.2.4 注 2 的规定，(C) 项不正确。
（3）根据《地规》5.2.5 条的规定，(D) 项正确。
所以应选 (C) 项。

【例 6.3.8】 某高层建筑物的箱形基础，底面尺寸为 12m×40m，埋深为 4.5m，土层分布情况为：第一层为填土，厚度 $h_1 = 0.8$m，$\gamma_1 = 17.0$kN/m³；第二层为黏土，天然含水量 $w = 28\%$，$w_L = 38\%$，$w_p = 18\%$，$d_s = 2.70$，水位以上 $\gamma_2 = 19.0$kN/m³，水位以下 $\gamma_{2sat} = 19.5$kN/m³。已知地下水位线位于地表下 2.5m 处，测得黏土持力层承载力特征值 $f_{ak} = 190$kPa。

试问：确定经修正后的承载力特征值 f_a。

【解答】（1）持力层为黏土，其 e、I_L 为：

$$I_L = \frac{w - w_P}{w_L - w_P} = \frac{28-18}{38-18} = 0.50$$

$$e = \frac{d_s(1+w)\gamma_w}{\gamma} - 1 = \frac{2.7 \times (1+0.28) \times 10}{19.5} - 1 = 0.77$$

查《地规》表 5.2.4 得：$\eta_b = 0.3$，$\eta_d = 1.6$。

(2) 确定 γ_m、γ:

$$\gamma_m = \frac{\gamma_1 h_1 + \gamma_2 h_2 + \gamma'_3 h_3}{h_1 + h_2 + h_3} = \frac{17 \times 0.8 + 19 \times 1.7 + (19.5-10) \times 2}{0.8 + 1.7 + 2} = 14.42 \text{kN/m}^3$$

持力层的 γ 取浮重度：$\gamma' = 19.5 - 10 = 9.5 \text{kN/m}^3$

(3) 确定 f_a:

箱形基础 $b = 12\text{m} > 6\text{m}$，故取 $b = 6\text{m}$。

$$f_a = f_{ak} + \eta_b \gamma'(6-3) + \eta_d \gamma_m (d-0.5)$$
$$= 190 + 0.3 \times 9.5 \times (6-3) + 1.6 \times 14.42 \times (4.5-0.5)$$
$$= 209.8 \text{kPa}$$

【例 6.3.9】 某混合结构外墙条形基础剖面图如图 6.3.2 所示，基础埋深范围内为均质黏土，孔隙比 $e = 0.90$，液性指数 $I_L = 0.86$，地基承载力特征值 $f_{ak} = 180 \text{kPa}$。

试问：确定修正后的地基承载力特征值 f_a。

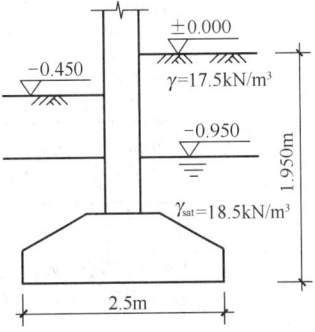

图 6.3.2 条形基础剖面图

【解答】 (1) 因基础宽度 2.5m<3m，故只需进行深度修正。

$e = 0.90$，$I_L = 0.86$，查《地规》表 5.2.4，取 $\eta_d = 1.0$

(2) 确定 γ_m 和 γ

根据《地规》5.2.4 条规定，基础埋深取 $d = 1.95 - 0.45 = 1.5\text{m}$

$$\gamma_m = \frac{17.5 \times 0.5 + (18.5-10) \times 1}{0.5 + 1} = 11.5 \text{kN/m}^3$$

持力层的 γ 取浮重度：$\gamma' = 18.5 - 10 = 8.5 \text{kN/m}^3$

(3) 确定 f_a

$$f_a = f_{ak} + 0 + \eta_d \gamma_m (d-0.5)$$
$$= 180 + 1.0 \times 11.5 \times (1.5-0.5) = 191.5 \text{kPa}$$

思考：题目图示中 $\gamma_{sat} = 18.5 \text{kN/m}^3$，在历年真题中，一般表达为 $\gamma = 18.5 \text{kN/m}^3$，即：土的饱和重度按天然重度取用。

【例 6.3.10】 某多层框架结构带一层地下室，采用柱下矩形钢筋混凝土独立基础，基础底面平面尺寸 3.3m×3.3m，基础底绝对标高 60.000m，天然地面绝对标高 63.000m，设计室外地面绝对标高 65.000m，地下水位绝对标高为 60.000m，回填土在上部结构施工后完成，室内地面绝对标高 61.000m，基础及其上土的加权平均重度为 20kN/m³，地基土层分布及相关参数如图 6.3.3 所示。

试问，柱 A 基础底面修正后的地基承载力特征值 f_a (kPa) 与下列何项数值最为接近？

(A) 270   (B) 350   (C) 440   (D) 600

【解答】 根据《地规》5.2.4 条，取 $d = 1\text{m}$，$b = 3.3\text{m}$；

查表 5.2.4，取 $\eta_b = 3$，$\eta_d = 4.4$，则：

$$f_a = f_{ak} + \eta_b \gamma (b-3) + \eta_d \gamma_m (d-0.5)$$
$$= 220 + 3.0 \times (19.5-10) \times (3.3-3) + 4.4 \times 19.5 \times (1-0.5)$$
$$= 220 + 8.55 + 42.9 = 271.5 \text{kPa}$$

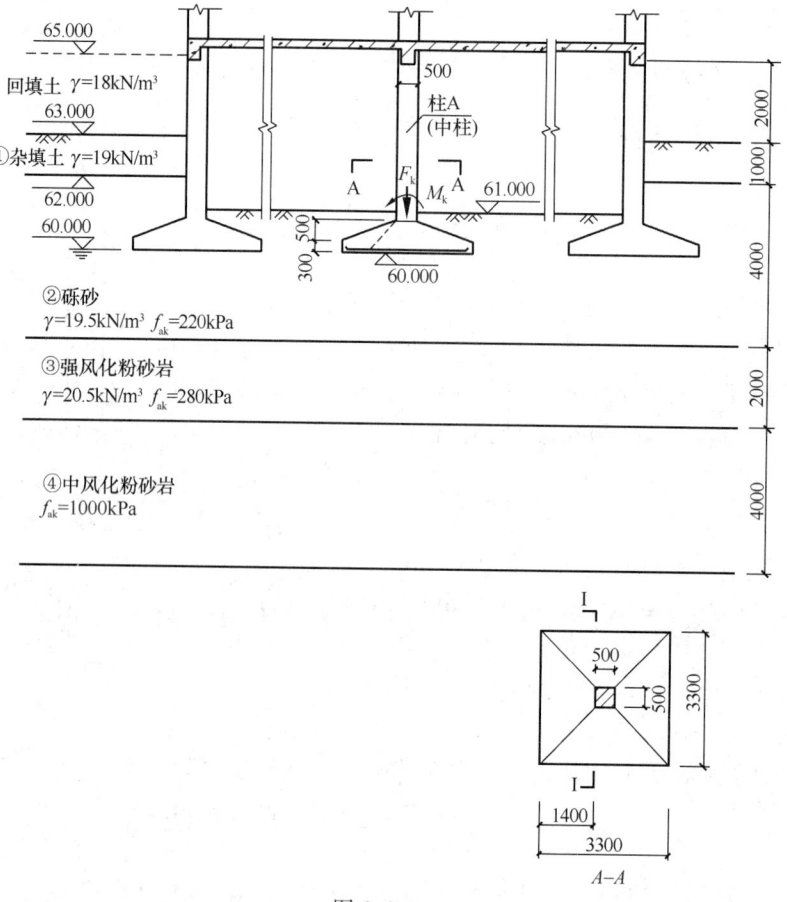

图 6.3.3

故应选（A）项。

【例 6.3.11】 某高层住宅楼与裙楼的地下结构相互连接，均采用筏板基础，基底埋深为室外地面下 10.0m。主楼住宅楼基底平均压力 $p_{k1}=260$ kPa，裙楼基底平均压力 $p_{k2}=90$ kPa，土的重度为 18 kN/m³，地下水位埋深 8.0m，住宅楼与裙楼长度方向均为 50m，其余指标如图 6.3.4 所示。试计算修正后住宅楼地基承载力特征值 f_a（kPa）最接近于下

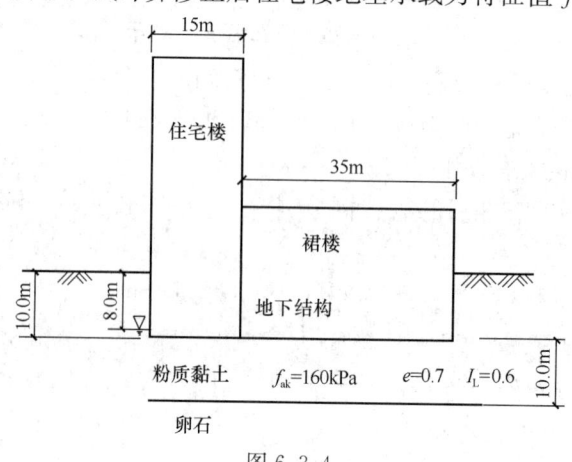

图 6.3.4

列何项?

(A) 299　　　　　(B) 307　　　　　(C) 319　　　　　(D) 410

【解答】 根据《地规》5.2.4 条的条文说明：

基础埋深内，土的平均重度 $\gamma = \dfrac{18 \times 8 + (18-10) \times 2}{10} = 16 \text{kN/m}^3$

主楼住宅楼宽 15m，裙楼宽 35m > 2×15m

裙楼折算成土层厚度 $d_1 = \dfrac{90}{16} = 5.63\text{m}$

住宅楼基础埋深为 10m，取二者小值，计算埋置深度 $d = 5.63\text{m}$。

基础宽度 $b = 15\text{m} > 6\text{m}$，取 $b = 6\text{m}$。查表得 $\eta_b = 0.3$，$\eta_d = 1.6$

$f_a = 160 + 0.3 \times (18-10) \times (6-3) + 1.6 \times 16 \times (5.63-0.5) = 298.53\text{kPa}$

故应选（A）项。

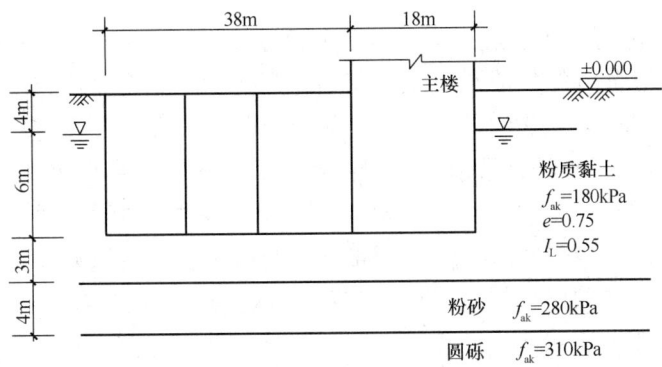

图 6.3.5

【例 6.3.12】 某高层筏板基础住宅楼的一侧设有地下车库，两部分地下结构相互连接，均采用筏基，基础宽 12m，基础埋深在室外地面以下 10m，如图 6.3.5 所示。住宅楼基底平均压力为 240kN/m²，地下车库基底平均压力 $p_k = 60\text{kN/m}^2$，场区地下水位埋深在室外地面以下 4.0m，为解决基础抗浮问题，在地下车库底板以上再回填厚度约 0.5m，重度为 35kN/m³ 的钢渣，场区土层的重度均按 20kN/m³ 考虑，地下水重度按 10kN/m³ 取值。

试问：经深宽修正后的住宅楼地基的承载力特征值（kPa）最接近下列何项？

(A) 240　　　　　(B) 260　　　　　(C) 280　　　　　(D) 300

【解答】 根据《地规》5.2.4 条的条文说明，计算超载的折算土层厚度 $d_{折}$：

10m 以上土的平均重度 γ_m：

$$\gamma_m = \dfrac{4 \times 20 + 6 \times (20-10)}{10} = 14\text{kPa}$$

车库基底总压力 p：$p = p_k + \gamma_G h_G = 60 + 35 \times 0.5 = 77.5\text{kPa}$

车库基底总压力 p 的折算土层厚度 $d_{折}$ 为：

$$d_{折} = \dfrac{p}{\gamma_m} = \dfrac{77.5}{14} = 5.54\text{m} < d = 4 + 6 = 10\text{m}$$

故仍取 $d_{折} = 5.54\text{m}$

查《地规》表 5.2.4，取 $\eta_d=0.3$，$\eta_b=1.6$；又 $b=12m>6m$，故取 $b=6m$

$$f_a = f_{ak} + \eta_b \gamma (b-3) + \eta_d \gamma_m (d-0.5)$$
$$= 180 + 0.3 \times (20-10) \times (6-3) + 1.6 \times 14 \times (5.54-0.5)$$
$$= 301.9 \text{kPa}$$

故应选（D）项。

2. 根据土的抗剪强度指标确定地基承载力特征值

《地规》5.2.5 条作了规定。

需注意的是：

(1)《地规》5.2.5 条的条文说明作了如下说明：

> 5.2.5（条文说明）
> 根据土的抗剪强度指标确定地基承载力的计算公式，条件原为均布压力。当受到较大的水平荷载而使合力的偏心距过大时，地基反力分布将很不均匀，根据规范要求 $p_{kmax} \leq 1.2 f_a$ 的条件，将计算公式增加一个限制条件为：当偏心距 $e \leq 0.033b$ 时，可用该式计算。相应式中的抗剪强度指标 c、φ，要求采用附录 E 求出的标准值。

(2)《地规》5.2.5 条中，c_k、φ_k 的取值为：基底下一倍短边宽度的深度范围内土的黏聚力标准值、内摩擦角标准值。根据 4.2.4 条，c_k、φ_k 当采用室内剪切试验时，应按预固结的不固结不排水试验。

(3) 规范 5.2.5 条中，γ、γ_m、d 的取值同《地规》5.2.4 条规定。

【例 6.3.13】 已知某条形基础为轴心受压，其基础底宽 $b=2.5m$，埋深 $d=1.50m$，地下水距地表 2.5m。基底以上土的加权平均重度为 $20kN/m^3$，基底以下砂土的重度为 $18kN/m^3$，其内摩擦角标准值为 $18°$。

试问：确定该地基的承载力特征值。

【解答】（1）$\varphi_k=18°$，查《地规》表 5.2.5 得：
$M_b=0.43$，$M_d=2.72$，$M_c=5.31$

(2) 因砂土，取 $c_k=0$；宽度 $b=2.5m<3m$，由《地规》5.2.5 条规定，取 $b=3m$。

(3) 确定 f_a

$$f_a = M_b \gamma b + M_d \gamma_m d + M_c c_k$$
$$= 0.43 \times 18 \times 3 + 2.72 \times 20 \times 1.50 + 5.31 \times 0 = 104.82 \text{kPa}$$

【例 6.3.14】 某高层建筑的箱形基础，基底尺寸为 $10m \times 45m$，轴心受压，基础埋深 $d=4.0m$，土层分布情况为：第一层人工填土，厚度 $h_1=1.0m$，$\gamma_1=17kN/m^3$；第二层为黏土，其天然重度 $\gamma_2=19kN/m^2$，其内摩擦角标准值 $\varphi_k=22°$，黏聚力标准值 $c_k=12kPa$。地下水位距地表为 1.0m。

试问：确定该地基的承载力特征值。

【解答】（1）地下水位距地表为 2.0m 时

$\varphi_k=22°$，查《地规》表 5.2.5 得：$M_b=0.61$，$M_d=3.44$，$M_c=6.04$

$$\gamma_\mathrm{m}=\frac{17\times1+(19-10)\times3}{1+3}=11\mathrm{kN/m^3}$$

持力层γ取浮重度：$\gamma'=19-10=9\mathrm{kN/m^3}$

基底宽度$b=10\mathrm{m}>6\mathrm{m}$，取$b=6\mathrm{m}$。

根据《地规》式（5.2.5）：

$$\begin{aligned}f_\mathrm{a}&=M_\mathrm{b}\gamma b+M_\mathrm{d}\gamma_\mathrm{m}d+M_\mathrm{c}c_\mathrm{k}\\&=0.61\times9\times6+3.44\times11\times4+6.04\times12\\&=256.8\mathrm{kPa}\end{aligned}$$

3. 岩石地基承载力特征值

《地规》规定：

> 5.2.6 对于完整、较完整、较破碎的岩石地基承载力特征值可按本规范附录H岩石地基载荷试验方法确定；对破碎、极破碎的岩石地基承载力特征值，可根据平板载荷试验确定。对完整、较完整和较破碎的岩石地基承载力特征值，也可根据室内饱和单轴抗压强度按下式进行计算：
>
> $$f_\mathrm{a}=\psi_\mathrm{r}\cdot f_\mathrm{rk} \tag{5.2.6}$$
>
> 式中 f_a——岩石地基承载力特征值（kPa）；
>
> f_rk——岩石饱和单轴抗压强度标准值（kPa），可按本规范附录J确定；
>
> ψ_r——折减系数。根据岩体完整程度以及结构面的间距、宽度、产状和组合，由地方经验确定。无经验时，对完整岩体可取0.5；对较完整岩体可取0.2～0.5；对较破碎岩体可取0.1～0.2。
>
> 注：1 上述折减系数值未考虑施工因素及建筑物使用后风化作用的继续；
> 2 对于黏土质岩，在确保施工期及使用期不致遭水浸泡时，也可采用天然湿度的试样，不进行饱和处理。

岩石地基载荷试验要求，见《地规》附录H规定。

岩石饱和单轴抗压强度试验要求，见《地规》附录J规定。

需注意的是：

（1）《地规》附录J中，变异系数δ的计算，应按《地规》附录E中式（E.0.1-1）、式（E.0.1-2）、式（E.0.1-3）进行。

（2）岩样尺寸、数量，《地规》附录J.0.2条作了规定，即一般为$\phi50\mathrm{mm}\times100\mathrm{mm}$，数量不应少于六个。

（3）岩体完整程度的确定，可根据《地规》4.1.4条及《地规》附录A.0.2条。

【例6.3.15】 某岩石地基的结构面组数为2组，控制性结构面平均间距为1.6m。取样作单轴抗压强度室内试验，测得6个饱和单轴抗压强度平均值56.6MPa，变异系数为0.32。

试问：

（1）确定该岩石的坚硬程度。

（2）确定该岩石地基承载力特征值。

【解答】 （1）确定 f_{rk}

根据《地规》附录 J 规定：

$$\psi = 1 - \left(\frac{1.704}{\sqrt{n}} + \frac{4.678}{n^2}\right)\delta$$

$$= 1 - \left(\frac{1.704}{\sqrt{6}} + \frac{4.678}{6^2}\right) \times 0.32 = 0.736$$

$$f_{rk} = \psi \cdot f_{rm} = 0.736 \times 56.6 = 41.66 \text{MPa}$$

根据《地规》表 4.1.3，30MPa$<f_{rk}=$41.66MPa$\leqslant$60MPa，该岩石为较硬岩。

（2）确定 f_a

根据《地规》附录表 A.0.2，该岩石地基岩体完整程度为完整；由《地规》5.2.6 条规定，取 $\psi_r=0.5$。

$$f_a = \psi_r f_{rk} = 0.5 \times 41.66 = 20.83 \text{MPa}$$

三、地基承载力计算

1. 基底压力计算

地基承载力计算时，作用组合及其效应，《地规》规定：

> 3.0.5 地基基础设计时，所采用的作用效应与相应的抗力限值应符合下列规定：
> 1 按地基承载力确定基础底面积及埋深或按单桩承载力确定桩数时，传至基础或承台底面上的作用效应应按正常使用极限状态下作用的标准组合；相应的抗力应采用地基承载力特征值或单桩承载力特征值；

地基承载力计算的内容：①地基持力层承载力计算；②有软弱下卧层时，对软弱下卧层承载力验算。

基础底面的压力计算及要求，《地基通规》4.2.1 条、4.2.2 条作了规定。《地规》5.2.1 条作了相同规定。

《地规》规定：

> 5.2.1 基础底面的压力，应符合下列规定：
> 1 当轴心荷载作用时
>
> $$p_k \leqslant f_a \tag{5.2.1-1}$$
>
> 式中 p_k——相应于作用的标准组合时，基础底面处的平均压力值（kPa）；
> f_a——修正后的地基承载力特征值（kPa）。
> 2 当偏心荷载作用时，除符合式（5.2.1-1）要求外，尚应符合下式规定：
>
> $$p_{kmax} \leqslant 1.2 f_a \tag{5.2.1-2}$$
>
> 式中 p_{kmax}——相应于作用的标准组合时，基础底面边缘的最大压力值（kPa）。
> 5.2.2 基础底面的压力，可按下列公式确定：

1 当轴心荷载作用时

$$p_k = \frac{F_k + G_k}{A} \quad (5.2.2\text{-}1)$$

式中 F_k——相应于作用的标准组合时，上部结构传至基础顶面的竖向力值（kN）；

G_k——基础自重和基础上的土重（kN）；

A——基础底面面积（m²）。

2 当偏心荷载作用时

$$p_{kmax} = \frac{F_k + G_k}{A} + \frac{M_k}{W} \quad (5.2.2\text{-}2)$$

$$p_{kmin} = \frac{F_k + G_k}{A} - \frac{M_k}{W} \quad (5.2.2\text{-}3)$$

式中 M_k——相应于作用的标准组合时，作用于基础底面的力矩值（kN·m）；

W——基础底面的抵抗矩（m³）；

p_{kmin}——相应于作用的标准组合时，基础底面边缘的最小压力值（kPa）。

3 当基础底面形状为矩形且偏心距 $e > b/6$ 时（图 5.2.2），p_{kmax} 应按下式计算：

$$p_{kmax} = \frac{2(F_k + G_k)}{3la} \quad (5.2.2\text{-}4)$$

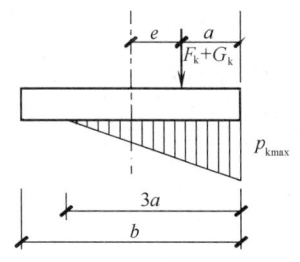

图 5.2.2 偏心荷载（$e > b/6$）下基底压力计算示意

b—力矩作用方向基础底面边长

式中 l——垂直于力矩作用方向的基础底面边长（m）；

a——合力作用点至基础底面最大压力边缘的距离（m）。

需注意的是：

（1）《地规》5.2.2 条中，e 的计算为：

$$e = \frac{M_k}{F_k + G_k}$$

如图 6.3.6 所示（$e > b/6$），可知：

$$a = \frac{b}{2} - e$$

$$3a = 3\left(\frac{b}{2} - e\right)$$

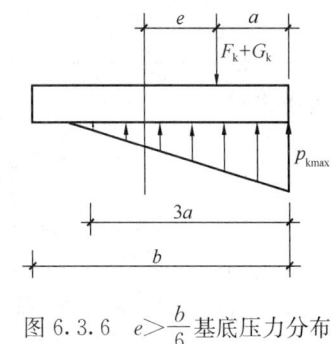

图 6.3.6 $e > \dfrac{b}{6}$ 基底压力分布

无地下水时，$G_k = \gamma_G A d = 20 A d$

式中 γ_G——基础及回填土的平均重度，一般取 20kN/m³；

d——基础埋深（m）；当室内外高差较大时，取平均值，见图 6.3.7（a）；

A——基底面积（m²）。

无地下水时，$G_k = \gamma_G A d$

有地下水时，$G_k = \gamma_G A d - \gamma_w A h_w = 20 A d - 10 A h_w$

式中 h_w——基础底面至地下水位面的距离（m），见图 6.3.7。

根据《地规》5.2.2 条规定，对于轴心荷载：

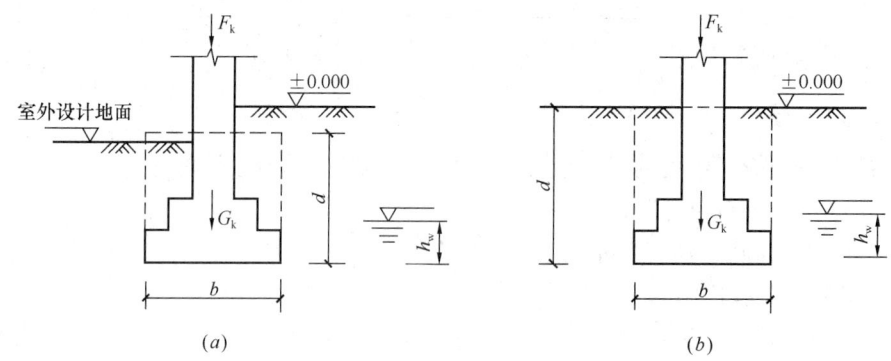

图 6.3.7 轴心荷载作用下基底压力计算示意图
(a) 外墙或外柱基础；(b) 内墙或内柱基础

矩形基础：$p_k = \dfrac{F_k + G_k}{A} = \dfrac{F_k}{A} + 20d$

或 $p_k = \dfrac{F_k + G_k}{A} = \dfrac{F_k}{A} + 20d - 10h_w$（地下水在基底以上）

条形基础：$p_k = \dfrac{F_k + G_k}{b} = \dfrac{F_k}{b} + 20d$

或 $p_k = \dfrac{F_k + G_k}{b} = \dfrac{F_k}{b} + 20d - 10h_w$（地下水在基底以上）

(2) 对于偏心荷载作用，应首先求出 e：

1) 当 $e < \dfrac{b}{6}$ 时，基底压力是梯形分布，运用规范式（5.2.2-2）、式（5.2.2-3）求 p_{kmax}、p_{kmin}。

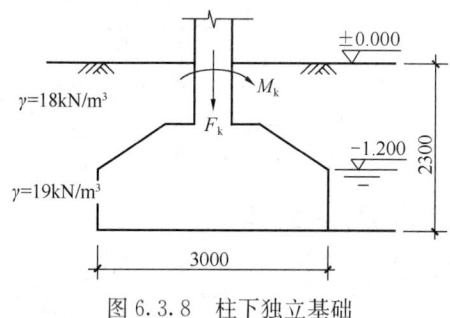

图 6.3.8 柱下独立基础

2) 当 $e = \dfrac{b}{6}$ 时，基底压力是三角形分布，且 $p_{kmin} = 0$。

3) 当 $e > \dfrac{b}{6}$ 时，基底压力是三角形分布，且 $p_{kmax} = \dfrac{2(F_k + G_k)}{3la}$。

【例 6.3.16】 如图 6.3.8 所示柱下独立基础，底面尺寸为 3m×2m，柱传给基础相应于作用的标准组合时的竖向力 $F_k = 1000$kN，弯矩 $M_k = 180$kN·m。基础及其上覆土的加权平均重度为 20kN/m³。

试问：
(1) 确定基底压力。
(2) 确定基底的平均附加压力。

【解答】 (1) 埋深 d：$d = 2.3$m

$G_k = \gamma_G Ad - \gamma_w Ah_w = 20 \times 3 \times 2 \times 2.3 - 10 \times 3 \times 2 \times 1.1$
$\quad = 210$kN

$$e=\frac{M_k}{F_k+G_k}=\frac{180}{1000+210}=0.149\text{m}<\frac{b}{6}=\frac{3}{6}=0.5\text{m}$$，故基底压力呈梯形分布

$$p_k=\frac{F_k+G_k}{A}=\frac{1000+210}{3\times 2}=201.67\text{kN/m}^2$$

$$p_{k\max}=\frac{F_k+G_k}{A}+\frac{M_k}{W}$$

$$=201.67+\frac{6M_k}{lb^2}=201.67+\frac{6\times 180}{2\times 3^2}$$

$$=261.67\text{kN/m}^2$$

$$p_{k\min}=\frac{F_k+G_k}{A}-\frac{M_k}{W}=201.67-\frac{6\times 180}{2\times 3^2}=141.67\text{kN/m}^2$$

(2) 基底的平均附加应力 p_0：

$$p_0=p_k-p_{cz}$$

$$=201.7-[18\times 1.2+(19-10)\times 1.1]=170.2\text{kN/m}^2$$

【例 6.3.17】 某一墙下条形基础，其基底宽为 1.2m，埋深 1.5m，上部承重墙传来相应于作用的标准组合时的竖向力 $F_k=160\text{kN/m}$。基础及其上覆土的加权平均重度为 20kN/m^3。

试问：

(1) 确定基底压力。
(2) 假若地下水位距地表 1.0m，确定基底压力。

【解答】 (1) 无地下水时，轴心受压，由《地规》5.2.2 条规定：

$$G_k=\gamma_G bd=20\times 1.2\times 1.5=36\text{kN/m}$$

$$p_k=\frac{F_k+G_k}{b}=\frac{160+36}{1.2}=163.3\text{kPa}$$

或 $$p_k=\frac{F_k+G_k}{b}=\frac{F_k}{b}+20d=\frac{160}{1.2}+20\times 1.5=163.3\text{kPa}$$

(2) 有地下水时

$$G_k=\gamma_G bd-\gamma_w bh_w=20b\times 1.5-10b\times 0.5$$

$$p_k=\frac{F_k+G_k}{b}=\frac{F_k}{b}+20\times 1.5-10\times 0.5$$

$$=\frac{160}{1.2}+30-5=158.3\text{kPa}$$

2. 基底附加压力和自重应力

土的自重应力，指由土体重力引起的应力，它随深度增加而增大。

土的附加应力，指土在外部荷载（如建筑物荷载、车辆荷载、地震作用等）作用下产生的应力增量，它随深度的增加而减小。

(1) 自重应力

1) 均质土的自重应力计算公式：

$$\sigma_{cz}=\gamma z$$

式中 σ_{cz}——地面下 z 深度处的垂直向下自重应力，kPa；

γ——土的天然重度，kN/m^3；

z——由地面至计算点的高度，m。

2）成层土的自重应力计算公式：

$$\sigma_{cz} = \gamma_1 h_1 + \gamma_2 h_2 + \cdots + \gamma_n h_n = \sum_{i=1}^{n} \gamma_i h_i$$

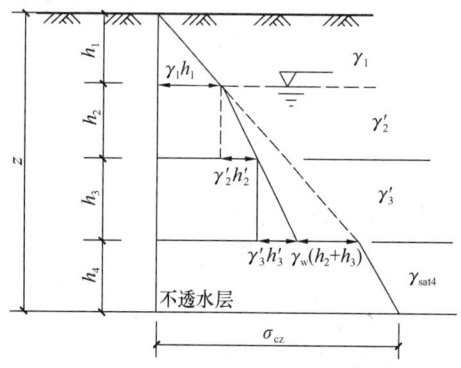

图 6.3.9 不透水层对自重应力的影响

式中 h_i——第 i 层土的厚度，m；
γ_i——第 i 层土的天然重度，对地下水位以下的土层取浮重度 γ'；
n——自天然地面至深度 z 处土的层数。

3）不透水层对自重应力的影响

不透水层一般为岩层或结构紧密的黏土层。不透水层上表面处的自重应力等于全部上覆土和水的自重应力之和。在图 6.3.9 中，不透水层顶面表面处的自重应力 σ_{cz} 为：

$$\sigma_{cz} = \gamma_1 h_1 + \gamma'_2 h_2 + \gamma'_3 h_3 + \gamma_w (h_2 + h_3)$$
$$= \sum_{i=1}^{n} \gamma_i h_i + \gamma_w (h_2 + h_3)$$

不透水层顶面以下的自重应力 σ_{cz} 为：

$$\sigma_{cz} = \gamma_1 h_1 + \gamma'_2 h_2 + \gamma'_3 h_3 + \gamma_w (h_2 + h_3) + \gamma_{sat4} h_4$$

4）满布荷载 q 对自重应力的影响

当地面上满布荷载 q，则在深度为 z 的水平面上的自重应力 σ_{cz} 为：

$$\sigma_{cz} = \gamma z + q = \gamma(z + h) = \gamma(z + q/\gamma)$$

式中 h——换算土层厚度，$h = q/\gamma$。

5）地下水位升降对土中自重应力的影响

如图 6.3.10 所示，当地下水位下降时，自重应力曲线由原来的 $0-1-2$ 变化为 $0-1'-2'$，即使地基中原水位以下的有效自重应力增加，犹如产生了一个由于降水引起的应力增量 $\Delta\sigma_{cz}$，故引起地表大面积沉降。如在高层建筑深基坑工程中，降水会导致地表大面积下沉等。

当地下水位上升时，如图 6.3.10

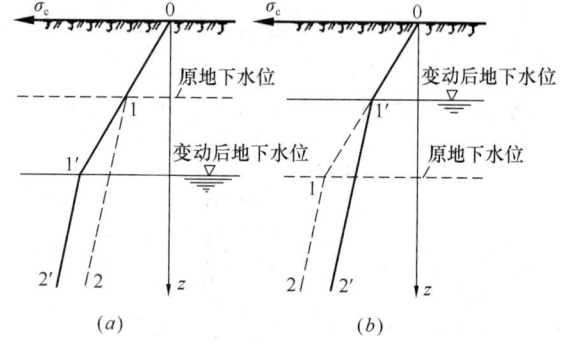

图 6.3.10 地下水位升降对土中自重应力的影响
$0-1-2$ 线为原来自重应力的分布；$0-1'-2'$ 线为地下水位变动后自重应力的分布

(b) 所示，自重应力曲线由原来的 $0-1-2$ 变化为 $0-1'-2'$，即使土中有效自重应力减小，会引起地基承载力降低等。

（2）基底附加压力

基底附加压力的计算公式：

$$p_0 = p - p_{cz} = p - \gamma d$$

式中 p_0——基底处的附加压力，kPa；

p——基底处的接触压力，kPa；

p_{cz}——基底处的自重应力，kPa；有时用 p_{cd} 表示；

d——基础的埋深，m；

γ——土的重度，地下水位以下取浮重度，kN/m^3。

需注意的是，在地基承载力计算中，采用标准组合；在地基变形计算中，采用准永久组合；在确定基础或桩台高度、计算基础或支挡结构内力、确定配筋和验算材料强度时，相应的基底压力，采用基本组合，并且采用相应的分项系数。

【**例 6.3.18**】 某地基的地质剖面如图 6.3.11 所示。

试问：绘出自重应力分布曲线。

【**解答**】 (1) 1 点处，$\sigma_{cz}=17.5\times0.5=8.75$ kPa

(2) 2 点处：$\sigma_{cz}=17.5\times0.5+18.5\times0.5=18$ kPa

(3) 3 点处：$\sigma_{cz}=18+(19.5-10)\times1.5=32.25$ kPa

(4) 4 点处：$\sigma_{cz}=32.25+(16-10)\times2=44.25$ kPa

自重应力分布曲线如图 6.3.11 所示。

【**例 6.3.19**】 某地基的地质剖面如图 6.3.12 所示。基岩为不透水层。

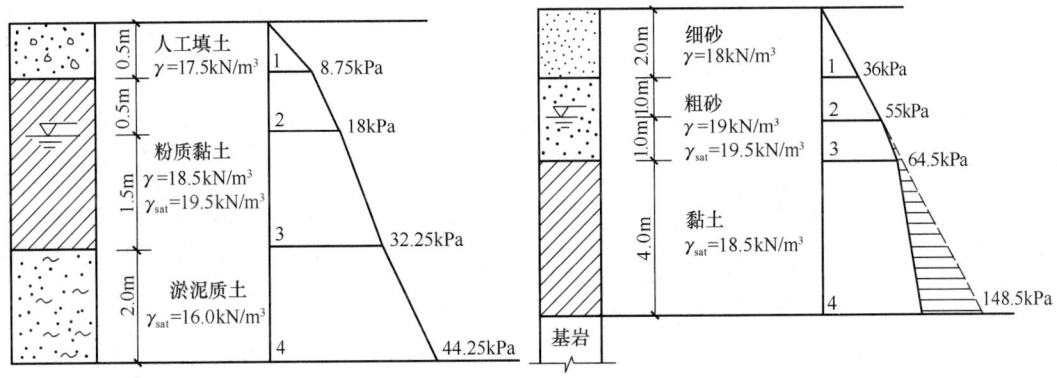

图 6.3.11 某地基地质剖面图　　　图 6.3.12 某地基地质剖面图

试问：绘出自重应力分布曲线。

【**解答**】 (1) 1 点处：$\sigma_{cz}=18\times2=36$ kPa

(2) 2 点处：$\sigma_{cz}=36+19\times1=55$ kPa

(3) 3 点处：$\sigma_{cz}=18\times2+19\times1+(19.5-10)\times1$

$=36+19+9.5=64.5$ kPa

(4) 4 点处：$\sigma_{cz}=18\times2+19\times1+(19.5-10)\times1+(18.5-10)\times4$

$+\gamma_w\times(1+4)$

$=36+19+9.5+34+10\times5=148.5$ kPa

自重应力分布曲线如图 6.3.12 所示。

【**例 6.3.20**】 某矩形基础底面尺寸 $b\times l=2.0\text{m}\times1.6\text{m}$，埋深 $d=2.0\text{m}$，如图 6.3.13 所示，上部结构传来相应于作用的标准组合时的竖向力 $F_k=400$ kN，弯矩 $M_k=$

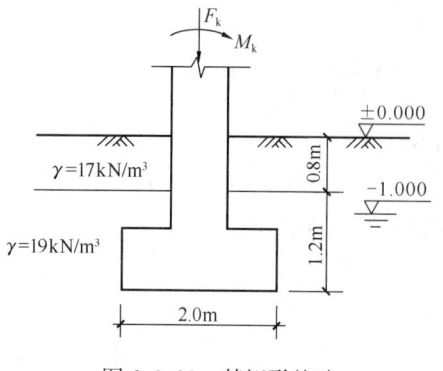

图 6.3.13 某矩形基础

120kN·m，地下水位距地表为 1.0m。基础及其上覆土的加权平均重度为 20kN/m³。

试问：

（1）基底附加压力值。

（2）当 $M_k=180$kN·m，其他条件不变，确定基底最大附加压力值。

【解答】（1）求 e

$$G_k = \gamma_G Ad - \gamma_w Ah_w$$
$$= 20\times 2\times 1.6\times 2 - 10\times 2\times 1.6\times (2-1)$$
$$= 96\text{kN}$$

$$e = \frac{M_k}{F_k+G_k} = \frac{120}{400+96} = 0.242\text{m} < \frac{b}{6} = \frac{2}{6} = 0.33\text{m}$$

故基底压力呈梯形分布，由《地规》式（5.2.2-2）、式（5.2.2-3）得：

$$p_{k\max} = \frac{F_k+G_k}{A} + \frac{M_k}{W} = \frac{400+96}{2\times 1.6} + \frac{6\times 120}{1.6\times 2^2} = 267.5\text{kPa}$$

$$p_{k\min} = \frac{F_k+G_k}{A} - \frac{M_k}{W} = \frac{400+96}{2\times 1.6} - \frac{6\times 120}{1.6\times 2^2} = 42.5\text{kPa}$$

$$p_{cd} = 17\times 0.8 + 19\times 0.2 + (19-10)\times 1 = 26.4\text{kPa}$$

$$p_{0\max} = p_{k\max} - p_{cd} = 267.5 - 26.4 = 241.1\text{kPa}$$

$$p_{0\min} = p_{k\min} - p_{cd} = 42.5 - 26.4 = 16.1\text{kPa}$$

（2）求 e

$$e = \frac{M_k}{F_k+G_k} = \frac{180}{400+96} = 0.363\text{m} > \frac{b}{6} = \frac{2}{6} = 0.33\text{m}$$

故基底压力呈三角形分布，由《地规》式(5.2.2-4)得：

$$a = \frac{b}{2} - e = \frac{2}{2} - 0.363 = 0.637\text{m}$$

$$p_{k\max} = \frac{2(F_k+G_k)}{3la} = \frac{2\times(400+96)}{3\times 1.6\times 0.637} = 324.4\text{kPa}$$

$$p_{0\max} = p_{k\max} - p_{cd} = 324.4 - 26.4 = 298.0\text{kPa}$$

【例 6.3.21】 如图 6.3.14 所示，某柱下独立基础，其基底尺寸 $b\times l = 2\text{m}\times 1.8\text{m}$，上部结构传来相应于作用的标准组合时的弯矩 $M_{1k}=80$kN·m，水平剪力 $V_k=40$kN，竖向力 $F_k=400$kN，$F_{1k}=50$kN。基础及其上覆土的加权平均重度为 20kN/m³。

试问：确定基底压力和基底附加应力。

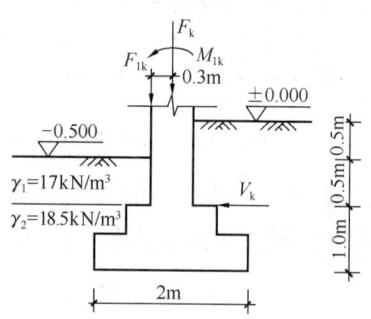

图 6.3.14 某柱下独立基础

【解答】（1）求 e

$$d = \frac{1}{2}(1.5+2) = 1.75\text{m}$$

$$G_k = \gamma_G Ad = 20\times 2\times 1.8\times 1.75 = 126\text{kN}$$

$$\Sigma M_k = M_k + F_{1k}\times 0.3 + V_k\times 1.0$$
$$= 80 + 50\times 0.3 + 40\times 1.0 = 135\text{kN}\cdot\text{m}$$

$$e = \frac{\Sigma M_k}{F_k + F_{1k} + G_k} = \frac{135}{400 + 50 + 126} = 0.234 < \frac{b}{6} = \frac{2}{6} = 0.33\text{m}$$

故基底压力呈梯形分布。

（2）求 p_k 和 p_0

$$p_{kmax} = \frac{F_k + F_{1k} + G_k}{A} + \frac{6\Sigma M_k}{lb^2} = \frac{400 + 50 + 126}{2 \times 1.8} + \frac{6 \times 135}{1.8 \times 2^2}$$
$$= 160 + 112.5 = 272.5\text{kPa}$$

$$p_{kmin} = \frac{F_k + F_{1k} + G_k}{A} - \frac{6\Sigma M_k}{lb^2} = 160 - 112.5 = 47.5\text{kPa}$$

取室外计算：

$$p_{cd} = 17 \times 0.5 + 18.5 \times 1 = 27\text{kPa}$$
$$p_{0max} = p_{kmax} - p_{cd} = 272.5 - 27 = 245.5\text{kPa}$$
$$p_{0min} = p_{kmin} - p_{cd} = 47.5 - 27 = 20.5\text{kPa}$$

【例 6.3.22】 某高层建筑采用筏形基础，基底尺寸为 10m×40m，相应于作用的标准组合时的建筑物（含地下室及基础自重）的总竖向力为 $140 \times 10^3\text{kN}$，相应于作用的基本组合时的总竖向力（含地下室及基础自重）为 $190 \times 10^3\text{kN}$，筏基底板自重 $G_k = 12 \times 10^3\text{kN}$。其基础埋深及工程地质剖面如图 6.3.15 所示。

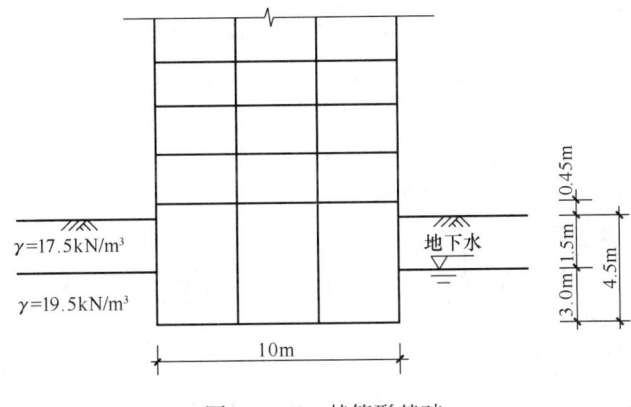

图 6.3.15 某箱形基础

提示：按《工程结构通用规范》作答。

试问：
（1）地基承载力计算时，确定筏基基底附加压力值。
（2）筏基底板配筋计算时，确定底板反力设计值。

【解答】（1）地基承载力计算时，根据《地规》3.0.5 条规定，作用组合取标准组合。

基底压力值 p_k 应扣除水的浮力：

$$p_k = \frac{F_k - \gamma_w A h_w}{A}$$
$$= \frac{F_k}{A} - \gamma_w h_w = \frac{140 \times 10^3}{10 \times 40} - 10 \times 3 = 320\text{kPa}$$

基底附加压力值 p_0：

$$p_0 = p_k - p_{cd} = 320 - [17.5 \times 1.5 + (19.5 - 10) \times 3] = 265.25 \text{kPa}$$

（2）基础底板配筋计算时，根据《地规》3.0.4 条规定，作用组合取基本组合。

由《结通规》3.1.13 条，取 $\gamma_G = 1.3$：

基础底板的板底反力设计值 p：

$$p = \frac{F - 1.3 G_k}{A} = \frac{190 \times 10^3 - 1.3 \times 12 \times 10^3}{10 \times 40} = 436 \text{kPa}$$

【例 6.3.23】 某高层建筑采用箱形基础，如图 6.3.16 所示基底尺寸 $b \times l = 15\text{m} \times 40\text{m}$，承受相应于作用的标准组合时的总竖向力（含地下室）$N_k = 90 \times 10^3 \text{kN}$。工程地质分布情况为：第一层为人工填土，厚度 $h_1 = 0.5\text{m}$，$\gamma_1 = 17 \text{kN/m}^3$；第二层为黏性土，$\gamma = 18.5 \text{kN/m}^3$。地下水位距地表 2.0m。

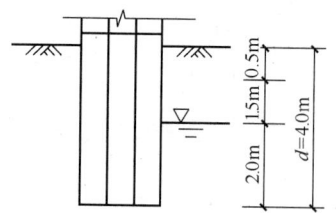

图 6.3.16 某箱形基础

试问：

（1）假若基础埋深 $d = 4.0\text{m}$，确定基底附加压力值。

（2）若使基底附加压力值为零，确定基础的埋深。

【解答】（1）当 $d = 4.0\text{m}$ 时，基底压力值 p_k，应扣除水的浮力：

$$p_k = \frac{N_k - \gamma_w A h_w}{A} = \frac{N_k}{A} - \gamma_w h_w = \frac{90 \times 10^3}{15 \times 40} - 10 \times 2 = 130 \text{kPa}$$

$$p_0 = p_k - p_{cd} = 130 - [17 \times 0.5 + 18.5 \times 1.5 + (18.5 - 10) \times 2] = 76.75 \text{kPa}$$

（2）当使基底附加压力值为零时，基底压力值等于土的自重应力：$p_k = p_{cd}$，假定埋深 d 大于 2m。

$$p_k = \frac{N_k}{A} - \gamma_w h_w = \frac{90 \times 10^3}{15 \times 40} - 10 \times (d - 2) = 170 - 10d$$

$$p_{cd} = 17 \times 0.5 + 18.5 \times 1.5 + (18.5 - 10) \times (d - 2) = 19.25 + 8.5d$$

$170 - 10d = 19.25 + 8.5d$，解之得：$d = 8.15\text{m} > 2\text{m}$

故假定成立，基础埋深为 8.19m。

3. 地基下土中附加应力

地基下土中附加应力是由建筑物荷载引起的应力增量，目前，采用的附加应力计算方法有两种：一种是弹性理论方法；另一种是应力扩散角方法。

地基下土中附加应力分布规律（图 6.3.17）：

第一，在荷载面以下同一深度的水平面上，沿荷载轴线上的附加应力最大，向两边逐渐减小。

第二，在荷载轴线上，离荷载面愈远，附加应力越小。

上述现象正是由于荷载作用在地基上时产生应力扩散的结果。

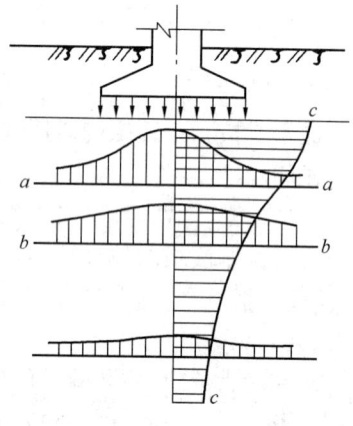

图 6.3.17 土中附加应力分布情况

（1）弹性理论方法及其角点法计算

假定地基为半无限均质弹性体，用弹性力学公式求解土中附加应力的方法，称为弹性理论方法，该法常用角点法进行具体计算土中附加应力：

$$\sigma_{z(M)} = \alpha p_0$$

式中 α——角点的附加应力系数，可查《地规》附录 K 确定；
p_0——基础底面的平均附加压力。

在矩形均布荷载作用下，当 M 点不在角点处时，可通过点 M 作一些辅助线（如图 6.3.18），使 M 成为几个矩形的公共角点，M 点以下 z 深度的应力 σ_z 就等于上述几个矩形在该深度引起的应力之总和。

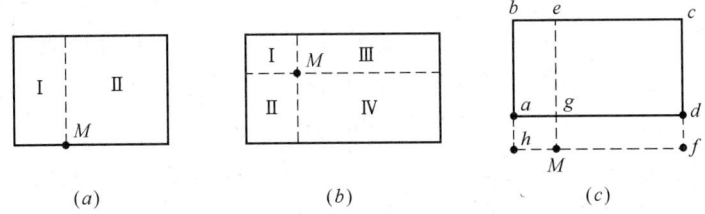

图 6.3.18 按角点法确定土中附加应力
(a) 荷载面边缘；(b) 荷载面内；(c) 荷载面边缘外侧

1) 当 M 点在矩形均布荷载边缘 [图 6.3.18 (a)]
$$\sigma_{z(M)} = (\alpha_{\text{I}} + \alpha_{\text{II}}) p_0$$

2) 当 M 点在矩形均布荷载面以内时 [图 6.3.18 (b)]
$$\sigma_{z(M)} = (\alpha_{\text{I}} + \alpha_{\text{II}} + \alpha_{\text{III}} + \alpha_{\text{IV}}) p_0$$

特别地，当 M 点为矩形均匀荷载面的中点时，只需将荷载面划分为四等分小矩形 I、II、III、IV 均相等，此时 M 点下的 $\sigma_{z(M)}$ 值是小矩形 I 的 σ_z 的 4 倍：
$$\sigma_{z(M)} = 4\alpha_{\text{I}} p_0$$

3) 当 M 点在矩形均匀荷载面边缘外侧 [图 6.3.18 (c)]
$$\sigma_{z(M)} = [\alpha_{(Mebh)} + \alpha_{(Mecf)} - \alpha_{(Mgah)} - \alpha_{(Mgdf)}] p_0$$

上述式中，α_{I}、α_{II}、α_{III}、α_{IV} 分别为小矩形 I、II、III、IV 的角点的附加应力系数，可查《地规》附录 K 表 K.0.1-1。查附录 K 表 K.0.1-1 时，需注意的是：l 为基础长度（m）；b 为基础宽度（短边）（m）；z 为计算点离基础底面垂直距离（m）。

【例 6.3.24】 某矩形基础受到建筑物上部结构传来的轴心压力为 800kN，基础尺寸为 4m×2m，基础埋深 $d=1.5$m，地下水位位于基底下 1.5m 处。已知基底上为人工填土，$\gamma_1=17.5$kN/m³，基底下为黏土，土的饱和重度 $\gamma_{sat}=19.0$kN/m³。基础及其上覆土的加权平均重度为 20kN/m³。

试问：基底中心点下 0.0m、1.5m、2.0m、2.5m 处的附加应力值。

【解答】（1）确定基础底附加压力值 p_0
$$p_0 = p - p_{cz} = \frac{F+G}{A} - \gamma d$$
$$= \frac{800 + 20 \times 4 \times 2 \times 1.5}{4 \times 2} - 17.5 \times 1.5 = 103.75 \text{kPa}$$

（2）确定基础中心点下的附加应力值

用角点法，$l=2$m，$b=1$m，$z=0$m，1.5m，2.0m，2.5m，查《地规》表 K.0.1-1，列表计算如表 6.3.1 所示。

附加应力计算表 表 6.3.1

z (m)	$\dfrac{z}{b}$	$\dfrac{l}{b}$	α	$\sigma_z = 4\alpha p_0$ (kPa)
0.0	0.0	2	0.250	103.75
1.5	1.5	2	0.156	64.74
2.0	2.0	2	0.120	49.80
2.5	2.5	2	0.094	39.01

【例 6.3.25】 某条形基础基宽 2m，埋深 1.5m，基底上下为均质黏土，$\gamma = 18\text{kN/m}^3$，$\gamma_{sat} = 18.5\text{kN/m}^3$。已知作用在基础顶面上的轴心压力为 240kN/m，地下水位距地表 1.0m。基础及其上覆土的加权平均重度为 20kN/m^3。

试问：该条形基础底面中心线下 1.0m，2.0m，3.0m 处的附加应力值。

【解答】（1）确定条形基础的基底附加压力值 p_0。

$$p_0 = p - p_{cz}$$
$$= \dfrac{F + \gamma_G bd - \gamma_w bh_w}{b} - (\gamma_1 d_1 + \gamma_2 d_2)$$
$$= \dfrac{240 + 20 \times 2 \times 1.5 - 10 \times 2 \times (1.5 - 1.0)}{2} - [18 \times 1 + (18.5 - 10) \times 0.5]$$
$$= 122.75\text{kPa}$$

（2）确定基底中心线下的附加应力值

查《地规》附录表 K.0.1-1，取 $b = 1.0\text{m}$：

1）查 $z = 1.0\text{m}$，$z/b = 1.0$，查表得 $\alpha = 0.205$

$$\sigma_z = 4\alpha p_0 = 4 \times 0.205 \times 122.75 = 100.655\text{kPa}$$

2）当 $z = 2.0\text{m}$，$z/b = 2.0$，查表得 $\alpha = 0.137$

$$\sigma_z = 4\alpha p_0 = 4 \times 0.137 \times 122.75 = 67.267\text{kPa}$$

3）当 $z = 3.0\text{m}$，$z/b = 3.0$，查表得 $\alpha = 0.099$

$$\sigma_z = 4\alpha p_0 = 4 \times 0.099 \times 122.75 = 48.609\text{kPa}$$

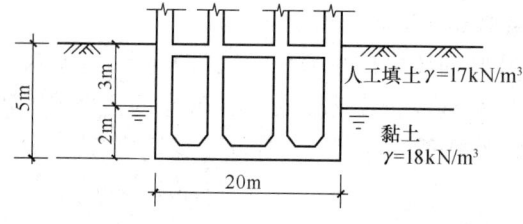

图 6.3.19 某箱形基础

【例 6.3.26】 某高层建筑采用箱形基础，基础尺寸为 20m×40m，上部结构传来的轴心压力（含地下室自重）为 320×10^3 kN。基础埋深及地质剖面如图 6.3.19 所示。

试问：基底中心点以下深度 12m 处的附加应力值。

【解答】（1）确定基底的附加压力值 p_0

基底平均压力值，应扣除水的浮力：

$$p = \dfrac{F}{A} - \gamma_w h_w = \dfrac{320 \times 10^3}{20 \times 40} - 10 \times 2 = 380\text{kPa}$$

基底的附加压力值 p_0：

$$p_0 = p - p_{cz} = 380 - [17 \times 3 + (18 - 10) \times 2] = 313\text{kPa}$$

（2）确定基底中心点下的附加应力值

取 $l=20m$，$b=10m$，$z=12m$，则：
$z/b=12/10=1.2$，$l/b=20/10=2.0$，查《地规》附录 K.0.1-1，取 $\alpha=0.182$
附加应力值：$\sigma_z=4\alpha p_0=4\times 0.182\times 313=227.864kPa$

【例 6.3.27】 某矩形基础受到上部结构传来的轴心压力 1200kN，基础尺寸为 $4m\times 2m$（图 6.3.20），基础埋深 1.5m，土的重度 $\gamma=17.5kN/m^3$。基础及其上覆土的加权平均重度为 $20kN/m^3$。

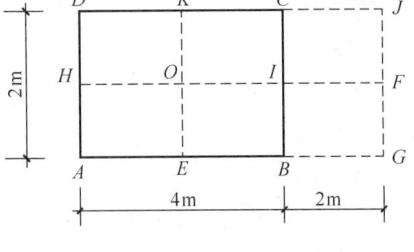

图 6.3.20 某矩形基础

试问：
(1) 基础面上角点 A、边点 E、中心点 O 各点下深度 $z=2m$ 深度处的附加应力值。
(2) 基础面外 G 点和 F 点下 $z=2m$ 深度处的附加应力值。

【解答】 首先确定基底附加压力 p_0

$$p_0 = p - p_{cz} = \frac{F+G}{A} - \gamma d$$
$$= \frac{1200+20\times 4\times 2\times 1.5}{4\times 2} - 17.5\times 1.5$$
$$= 53.75kPa$$

(1) 角点 A、边点 E、中心点 O 各点下附加应力值
角点法计算各点附加应力值，见表 6.3.2 所示。

基底下各点附加应力值　　　　　表 6.3.2

所求点	荷载作用面积	l/b	z/b	α	σ_z (kPa)
A	ABCD	4/2=2	2/2=1	0.200	$0.2\times 153.75=30.75$
E	EBCK	2/2=1	2/2=1	0.175	$2\times 0.175\times 153.75=53.81$
O	OKDH	2/1=2	2/1=2	0.120	$4\times 0.120\times 153.75=73.80$

(2) G 点、F 点各点下附加应力值

G 点：　　　　　　$\sigma_{z(G)}=[\alpha_{(GJDA)}-\alpha_{(GJCB)}]\cdot p_0$

$\alpha_{(GJDA)}$ 为矩形 GJDA 附加应力系数，$l/b=6/2=3$，$z/b=2/2=1$，
查《地规》表 K.0.1-1：$\alpha_{(GJDA)}=0.203$
$\alpha_{(GJCB)}$ 为矩形 GJCB 附加应力系数，$l/b=2/2=1$，$z/b=2/2=1$，
查《地规》表 K.0.1-1：$\alpha_{(GJCB)}=0.175$

$$\sigma_{z(G)}=(0.203-0.175)\times 153.75=4.31kPa$$

F 点：　　　　　　$\sigma_{z(F)}=2[\alpha_{(GFHA)}-\alpha_{(GFIB)}]\cdot p_0$

$\alpha_{(GFHA)}$ 为矩形 GFHA 附加应力系数，$l/b=6/1=6$，$z/b=2/1=2$，查《地规》表 K.0.1-1；$\alpha_{(GFHA)}=0.137$
$\alpha_{(GFIB)}$ 为矩形 GFIB 附加应力系数，$l/b=2/1=2$，$z/b=2/1=2$，查《地规》表 K.0.1-1；$\alpha_{(GFIB)}=0.120$

$$\sigma_{z(F)}=2\times (0.137-0.120)\times 153.75=5.23kPa$$

【例 6.3.28】 某相邻基础如图 6.3.21 所示，作用在基础底面处附加压力：甲基础

$p_{01}=200\text{kPa}$，乙基础 $p_{02}=100\text{kPa}$。

试问：甲基础中点 o、角点 d 下深度 $z=2$ 处的附加应力值。

【解答】 根据应力叠加原理，运用角点法求解。

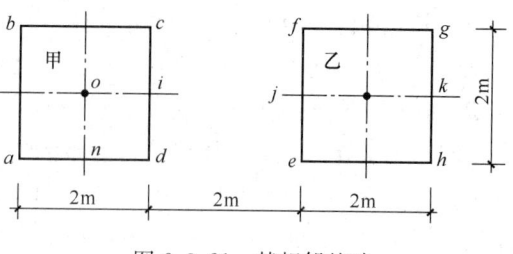

图 6.3.21 某相邻基础

(1) 中点 o 下，甲基础自身的作用，取矩形 $oidn$，$l/b=1/1=1$，$z/b=2/1=2$，$\alpha=0.084$；

乙基础的影响，取矩形 $okhn$、矩形 $ojen$ 计算：

矩形 $okhn$，$l/b=5/1=5$，$z/b=2/1=2$，查表，$\alpha=0.136$

矩形 $ojen$，$l/b=3/1=3$，$z/b=2/1=2$，查表，$\alpha=0.131$

$$\sigma_0 = 4\times0.084\times p_{01} + 2\times(0.136-0.131)\times p_{02}$$
$$= 4\times0.084\times200 + 2\times(0.136-0.131)\times100$$
$$= 68.2\text{kPa}$$

(2) 角点 d 下，甲基础自身的作用，取矩形 $abcd$，$l/b=2/2=1$，$z/b=2/2=1$，查表，$\alpha=0.175$。

乙基础的影响，取矩形 $dcgh$、矩形 $dcfe$ 计算：

矩形 $dcgh$，$l/b=4/2=2$，$z/b=2/2=1$，查表，$\alpha=0.200$

矩形 $dcfe$，$l/b=2/2=1$，$z/b=2/2=1$，查表，$\alpha=0.175$

$$\sigma_d = 0.175 p_{01} + (0.200-0.175)\times p_{02}$$
$$= 0.175\times200 + (0.200-0.175)\times100 = 37.5\text{kPa}$$

【例 6.3.29】 三个宽度相同，长度不同的基础，其基底尺寸分别为 $4\text{m}\times2\text{m}$、$8\text{m}\times2\text{m}$、$24\text{m}\times2\text{m}$，埋深相同，基底平均附加压力相同，均为 150kPa。

试问：基底中点下各点在深度 $z=2\text{m}$ 处的附加应力。

【解答】 (1) 基础 1（$4\text{m}\times2\text{m}$）：

$l=2\text{m}$，$b=1\text{m}$，$l/b=2/1=2$，$z/b=2/1=2$，查附表 K.0.1-1，$\alpha=0.120$

$$\sigma_{z1} = 4\alpha p_0 = 4\times0.120\times150 = 72\text{kPa}$$

(2) 基础 2（$8\text{m}\times2\text{m}$）：

$l=4\text{m}$，$b=1\text{m}$，$l/b=4/1=4$，$z/b=2/1=2$，查附表 K.0.1-1，$\alpha=0.135$

$$\sigma_{z2} = 4\alpha p_0 = 4\times0.135\times150 = 81\text{kPa}$$

(3) 基础 3（$24\text{m}\times2\text{m}$）

$l=24\text{m}$，$b=2\text{m}$，$l/b=24/2=12$，$z/b=2/1=2$，查附表 K.0.1-1，该基础可视为条形基础，故取 $\alpha=0.137$

$$\sigma_{z3} = 4\alpha p_0 = 4\times0.137\times150 = 82.2\text{kPa}$$

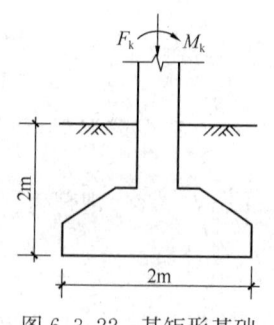

图 6.3.22 某矩形基础

【例 6.3.30】 如图 6.3.22 所示，某矩形基础埋深 2m，基础尺寸 $2\text{m}\times1\text{m}$，基底上下土的重度 $\gamma=18\text{kN/m}^3$，作用在基础顶面处相应于作用的标准组合时的竖向力 $F_k=400\text{kN}$，弯矩 $M_k=100\text{kN}\cdot\text{m}$。基础及其上覆土的加权平均重度为 20kN/m^3。

试问：该基础最大压力角下深度 $z=2\text{m}$ 处的附加应力。

【解答】 （1）确定基底附加压力 p_0

$$e = \frac{M_k}{F_k + G_k} = \frac{100}{400 + 20 \times 2 \times 1 \times 2}$$
$$= 0.208\text{m} < b/6 = 2/6 = 0.33\text{m}$$

故基底压力呈梯形分布。

$$p_{max} = \frac{F_k + G_k}{A} + \frac{6M_k}{b^2 l}$$
$$= \frac{400 + 20 \times 2 \times 1 \times 2}{2 \times 1} + \frac{6 \times 100}{2^2 \times 1}$$
$$= 240 + 150 = 390\text{kPa}$$

$$p_{min} = \frac{F_k + G_k}{A} - \frac{6M_k}{b^2 l} = 240 - 150 = 90\text{kPa}$$

基底最大、最小附加压力为：

$$p_{0max} = p_{max} - \gamma d = 390 - 18 \times 2 = 354\text{kPa}$$
$$p_{0min} = p_{min} - \gamma d = 90 - 18 \times 2 = 54\text{kPa}$$

（2）求 $z=2\text{m}$ 处附加应力

如图 6.3.25 所示，将梯形分成一个矩形（ABCD）加上三角形（BFC）。

矩形：取 $l=2\text{m}$，$b=0.5\text{m}$，$l/b=2/0.5=4$，$z/b=2/0.5=4$，查附表 K.0.1-1，$\alpha_1 = 0.1485$

三角形：取 $b=2\text{m}$，$l=0.5\text{m}$，$l/b=0.5/2=0.25$，$z/b=2/2=1$，查附表 K.0.2，取表中 2 点处，$\alpha_2 = 0.0419$

$$\sigma_z = 2\alpha_1 p_{0min} + 2\alpha_2 (p_{0max} - p_{0min})$$
$$= 2 \times 0.1485 \times 54 + 2 \times 0.0419 \times (354 - 54) = 41.18\text{kPa}$$

思考：①在图 6.3.23 中，也可将梯形分成一个矩形（AEFD）减去三角形（BEC），需注意在查《地规》表 K.0.2 时，应取表中 1 点处的附加应力系数。

②如图 6.3.24 中，求 M 点下深度 z 处的附加应力，可将三角形荷载 ABC 分成三块：均布荷载（DABE）、三角形荷载（AFD）、三角形荷载（CFE），则三角形荷载（ABC）等于均布荷载（DABE）加上三角形荷载（CFE），再减去三角形荷载（AFD）。

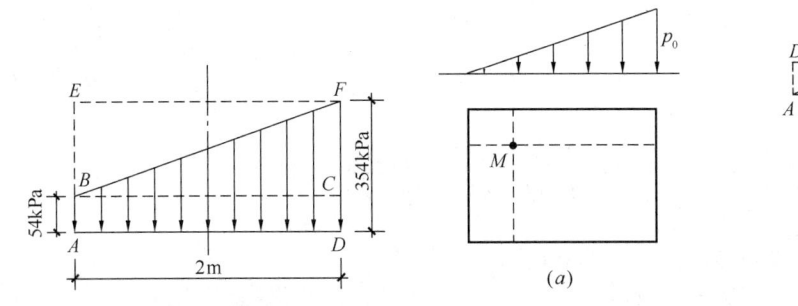

图 6.3.23 梯形荷载下某点附加应力　　图 6.3.24 三角形荷载下某点附加应力

（2）应力扩散角法计算

前面，按弹性力学求解土中附加应力，是假设地基中土作为均质和各向同性的线性变形体，但实际地基中土并非所假设的那样，如双层地基（可分为上软下硬土层情况、上硬下软土层情况），此时应考虑地基土不均匀和各向异性对附加应力计算的影响。

《地基通规》规定：

> 4.2.5 天然地基或经处理后的地基，当在受力层范围内存在软弱下卧层时，应进行软弱下卧层的地基承载力验算。

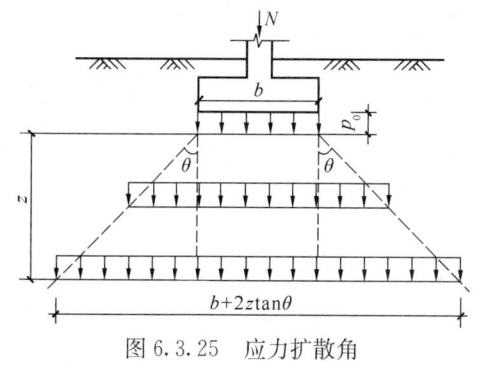

图 6.3.25 应力扩散角

为简化计算，《地规》提出了应力扩散角概念。如图 6.3.25 所示，上部荷载通过土体按某一角度 θ 向深部扩散，在距地表越深的平面上，应力分布范围越大，并假定随着深度 z 的增加，上部荷载按规律 $z\tan\theta$ 扩大的水平面面积上均匀分布。其中，θ 称为应力扩散角。

《地规》5.2.7 条规定了用应力扩散角求软弱下卧层顶面处的附加压力值 p_z；《地规》附录 R.0.3 条规定了用应力扩散角求实体深基础的支承面积。

《地规》5.2.7 条规定：

> 5.2.7 当地基受力层范围内有软弱下卧层时，应符合下列规定：
> 1 应按下式验算软弱下卧层的地基承载力：
>
> $$p_z + p_{cz} \leqslant f_{az} \quad (5.2.7\text{-}1)$$
>
> 式中 p_z——相应于作用的标准组合时，软弱下卧层顶面处的附加压力值（kPa）；
> p_{cz}——软弱下卧层顶面处土的自重压力值（kPa）；
> f_{az}——软弱下卧层顶面处经深度修正后的地基承载力特征值（kPa）。
>
> 2 对条形基础和矩形基础，式（5.2.7-1）中的 p_z 值可按下列公式简化计算：
> 条形基础
>
> $$p_z = \frac{b(p_k - p_c)}{b + 2z\tan\theta} \quad (5.2.7\text{-}2)$$
>
> 矩形基础
>
> $$p_z = \frac{lb(p_k - p_c)}{(b + 2z\tan\theta)(l + 2z\tan\theta)} \quad (5.2.7\text{-}3)$$
>
> 式中 b——矩形基础或条形基础底边的宽度（m）；
> l——矩形基础底边的长度（m）；
> p_c——基础底面处土的自重压力值（kPa）；
> z——基础底面至软弱下卧层顶面的距离（m）；
> θ——地基压力扩散线与垂直线的夹角（°），可按表 5.2.7 采用。

地基压力扩散角 θ 表 5.2.7

E_{s1}/E_{s2}	z/b	
	0.25	0.50
3	6°	23°
5	10°	25°
10	20°	30°

注：1 E_{s1} 为上层土压缩模量；E_{s2} 为下层土压缩模量；
    2 $z/b<0.25$ 时取 $\theta=0°$，必要时，宜由试验确定；$z/b>0.50$ 时 θ 值不变；
    3 z/b 在 0.25 与 0.50 之间可插值使用。

需注意的是：
（1）p_z 的计算，应取作用的标准组合。
（2）f_{az} 的计算，取软弱下卧层顶面处经深度修正后地基承载力特征值：
$$f_{az}=f_{ak}+\eta_d\gamma_m(d-0.5)$$
式中 d——软弱下卧层顶面距室外地坪的深度（m）；
    γ_m——软弱下卧层顶面以上土的加权平均重度，地下水位以下取浮重度。

【例 6.3.31】 某矩形基础，基础埋深为 1.5m，基础尺寸为 4m×2m，基础顶面处由上部结构传来相应于作用的标准组合时的轴心力 $F_k=1200\text{kN}$。已知地基土层分布情况如图 6.3.26 所示。基础及其上覆土的加权平均重度为 20kN/m³。

试问：
（1）该地基土持力层是否满足。
（2）该地基土软弱下卧层顶面处的附加压力值。
（3）验算该软弱下卧层承载力是否满足。

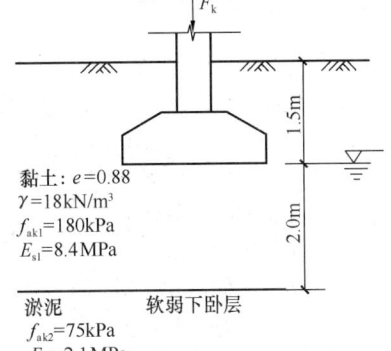

图 6.3.26 某矩形基础

【解答】（1）持力层验算
$$p_k=\frac{F_k+G_k}{A}=\frac{1200+20\times4\times2\times1.5}{4\times2}=180\text{kPa}$$

基础宽度 $b=2.0\text{m}<3.0\text{m}$，$d=1.5\text{m}>0.5\text{m}$，由《地规》5.2.4 条规定，只需深度修正。
查《地规》表 5.2.4，取 $\eta_d=1.0$
$$f_a=f_{ak1}+\eta_d\gamma_m(d-0.5)$$
$$=180+1.0\times18\times(1.5-0.5)$$
$$=198\text{kPa}>p_k=180\text{kPa}，满足。$$

（2）软弱下卧层顶面处的附加压力值 p_z
$E_{s1}/E_{s2}=8.4/2.1=4$，$z/b=2.0/2.0=1>0.50$，根据《地规》表 5.2.7 及注 3 的规定，内插取值，取压力扩散角 $\theta=24°$
由《地规》式（5.2.7-3）：
$$p_z=\frac{lb(p_k-p_c)}{(b+2z\tan\theta)(l+2z\tan\theta)}$$
$$=\frac{4\times2\times(180-18\times1.5)}{(2+2\times2\times\tan24°)\times(4+2\times2\times\tan24°)}=56.0\text{kPa}$$

(3) 验算软弱下卧层承载力

$p_{cz} = 18 \times 1.5 + (18-10) \times 2 = 43 \text{kPa}$

$p_z + p_{cz} = 56.0 + 43 = 99 \text{kPa}$

查《地规》表 5.2.4，淤泥，取 $\eta_d = 1.0$

$$f_{az} = f_{ak2} + \eta_d \gamma_m (d-0.5)$$
$$= 75 + 1.0 \times \frac{18 \times 1.5 + (18-10) \times 2}{3.5} \times (3.5-0.5)$$
$$= 112 \text{kPa} > 99.0 \text{kPa}，满足。$$

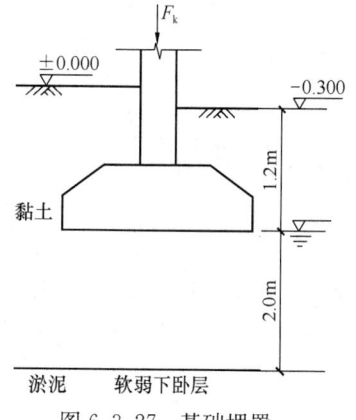

图 6.3.27 基础埋置

思考：当该基础埋置如图 6.3.27 所示，其他条件不变。

试问：该软弱下卧层承载力是否满足。

解答如下：

①持力层验算

取 $\bar{d} = 1.35 \text{m}$，计算 G_k。

$$p_k = \frac{F_k + G_k}{A} = \frac{1200 + 20 \times 4 \times 2 \times 1.35}{4 \times 2} = 177 \text{kPa}$$

$$f_a = f_{ak1} + \eta_b \gamma (b-3) + \eta_d \gamma_m (d-0.5)$$
$$= 180 + 0 + 1.0 \times 18 \times (1.2-0.5)$$
$$= 192.6 \text{kPa} > 177 \text{kPa}，满足。$$

②软弱下卧层承载力验算

$p_c = \gamma d = 18 \times 1.2 = 21.6 \text{kPa}$（注意，取 $d = 1.2\text{m}$）

$$p_z = \frac{lb(p_k - p_c)}{(b+2z\tan\theta)(l+2z\tan\theta)} = \frac{4 \times 2 \times (177-21.6)}{(2+2\times 2\times \tan 24°)(4+2\times 2\times \tan 24°)}$$
$$= 56.88 \text{kPa}$$

$p_{cz} = 18 \times 1.2 + (18-10) \times 2 = 37.6 \text{kPa}$

$p_z + p_{cz} = 56.88 + 37.6 = 94.48 \text{kPa}$

$$f_{az} = f_{ak2} + \eta_d \gamma_m (d-0.5)$$
$$= 75 + 1.0 \times \frac{18 \times 1.2 + (18-10) \times 2}{3.2} \times (3.2-0.5)$$
$$= 106.7 \text{kPa} > p_z + p_{cz} = 94.48 \text{kPa}，满足。$$

【例 6.3.32】 某多层框架结构办公楼采用筏形基础，$\gamma_0 = 1.0$，基础平面尺寸为 39.2m×17.4m。基础埋深为 1.0m，地下水位标高为 −1.0m，地基土层及有关岩土参数见图 6.3.28。初步设计时考虑天然地基方案。假定，相应于作用的标准组合时，上部结构为筏板基础，总的竖向力为 45200kN；相应于作用的基本组合时，上部结构与筏板基础总的竖向力为 59600kN。试问，进行软弱下卧层地基承载力验算时，②层土顶面处的附加压力值 p_z 与自重应力值 p_{cz} 之和（$p_z + p_{cz}$）（kPa），与下列何项数值最为接近？

(A) 65   (B) 75   (C) 90   (D) 100

【解答】 根据《地规》第 5.2.7 条，$E_{s1}/E_{s2} = 6.3/2.1 = 3$，$z/b = 1/17.4 = 0.06 < 0.25$，查表 5.2.7，取 $\theta = 0°$，则：

$$p_z = \frac{lb(p_k - p_c)}{(b+2z\tan\theta)(l+2z\tan\theta)} = \frac{45200}{17.4 \times 39.2} - 19 \times 1 = 66.3 - 19 = 47.3 \text{kPa}$$

$p_{cz} = 1 \times 19 + 1 \times (19-10) = 28 \text{kPa}$

$p_z + p_{cz} = 47.3 + 28 = 75.3 \text{kPa}$

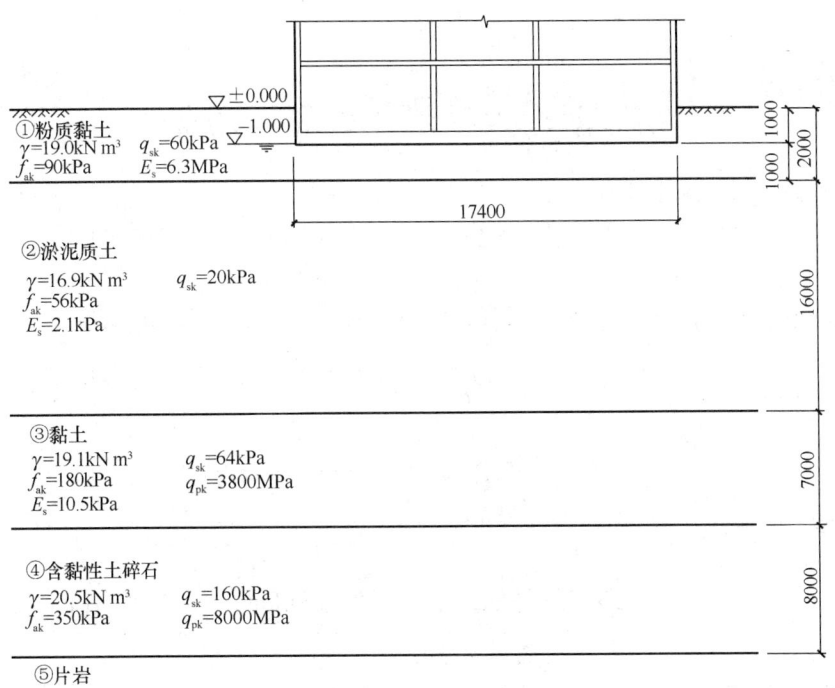

图 6.3.28

故应选（B）项。

四、地基承载力的综合计算

【例 6.3.33】 受建设场地限制，某柱下独立基础如图 6.3.29 所示，基底为梯形，已知持力层修正后的地基承载力特征值 $f_a=220\text{kPa}$，基础顶面处由上部结构传来相应于作用的标准组合时的轴心力 $F_k=1000\text{kN}$。基础及其上覆土的加权平均重度为 20kN/m^3。

试问： 确定基底的压力，并验算其是否满足地基承载力要求。

【解答】 确定形心轴位置：

如图所示，形心至基础外边缘的距离分别为 x_1、x_2

基底面积：$A=\dfrac{(2+4)\times 2.5}{2}=7.5\text{m}^2$

$$x_1=\dfrac{(2\times 2.5)\times \dfrac{1}{2}\times 2.5+\left(\dfrac{1}{2}\times 1\times 2.5\right)\times \dfrac{1}{3}\times 2.5\times 2}{7.5}$$

$$=1.11\text{m}$$

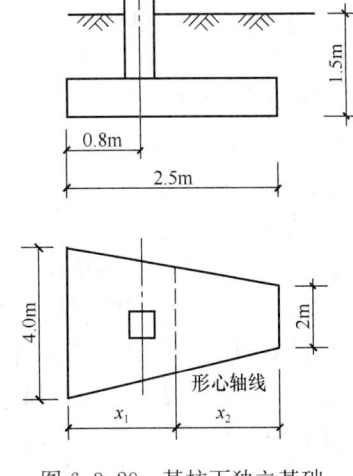

图 6.3.29 某柱下独立基础

或

$$x_1=\dfrac{(4+2\times 2)\times 2.5}{3\times(4+2)}=1.11\text{m}$$

$$x_2=2.5-1.11=1.39\text{m}$$

梯形基底对形心轴线的惯性矩 I：

$$I = \frac{(b^2 + 4bb_1 + b_1^2)h^3}{36(b+b_1)}$$

$$= \frac{(4^2 + 4 \times 4 \times 2 + 2^2) \times 2.5^3}{36 \times (4+2)} = 3.76 \text{m}^4$$

竖向荷载对形心轴线的弯矩 M_k：

$$M_k = (x_1 - 0.8)F_k = (1.11 - 0.8) \times 1000 = 310 \text{kN} \cdot \text{m}$$

$$G_k = \gamma_G dA = 20 \times 1.5 \times 7.5 = 225 \text{kN}$$

基底平均压力：$p_k = \dfrac{F_k + G_k}{A} = \dfrac{1000 + 225}{7.5} = 163.3 \text{kPa} < f_a = 220 \text{kPa}$

基底最小压力：$p_{kmin} = \dfrac{F_k + G_k}{A} - \dfrac{M_k}{I}x_2$

$$= 163.3 - \frac{310}{3.76} \times 1.39 = 48.70 \text{kPa} > 0$$

基底最大压力：$p_{kmax} = \dfrac{F_k + G_k}{A} + \dfrac{M_k}{I}x_1$

$$= 163.3 + \frac{310}{3.76} \times 1.11 = 254.8 \text{kPa} < 1.2 f_a = 264 \text{kPa}$$

故满足要求。

总结：梯形的形心轴位置 y_1、y_2，梯形形心主轴的惯性矩 (I)，如图 6.3.30 所示：

$$y_1 = \frac{(b_1 + 2b)h}{3(b_1 + b)}$$

$$y_2 = \frac{(b + 2b_1)h}{3(b_1 + b)}$$

$$I = \frac{(b^2 + 4bb_1 + b_1^2)h^3}{36(b+b_1)}$$

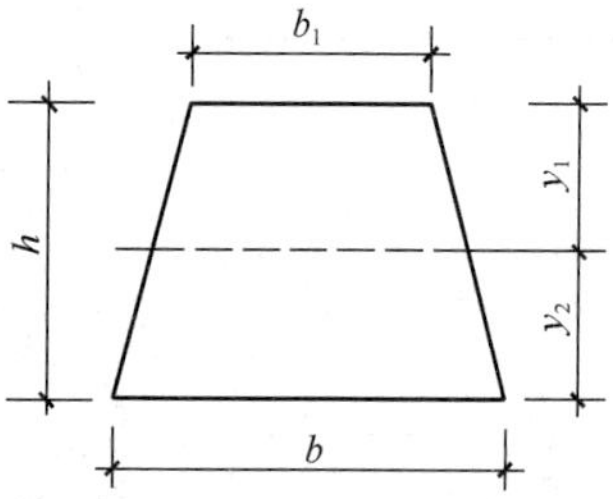

图 6.3.30 梯形的形心轴位置和梯形形心主轴的惯性矩

【**例 6.3.34**】某民用建筑为多层砖砌体结构，底层承重墙厚 240mm，每米长度承重墙传至±0.000 处相应于作用的标准组合时的轴心力 $F_k = 192 \text{kN/m}$。基础及工程地质剖面如图 6.3.31 所示，耕植土厚度为 0.6m，粉土厚度为 2.0m，地基持力层的扩散角 $\theta = 23°$。基础及其上覆土的加权平均重度为 20kN/m^3。

试问：

(1) 确定基础底面宽度 b。

(2) 验算软弱下卧层承载力是否满足规范要求。

【**解答**】(1) 确定 f_a 和基底宽度 b

查《地规》表 5.2.4，取 $\eta_b = 0.3$，$\eta_d = 1.5$；假定 $b < 3.0\text{m}$，只需进行深度修正。

$$f_a = f_{ak} + \eta_d \gamma_m (d - 0.5)$$

$$= 160 + 1.5 \times \frac{17 \times 0.6 + 18.6 \times 0.2}{0.8} \times (0.8 - 0.5)$$

$$= 167.83 \text{kPa}$$

$$p_k = \frac{F_k + G_k}{b} \leqslant f_a$$

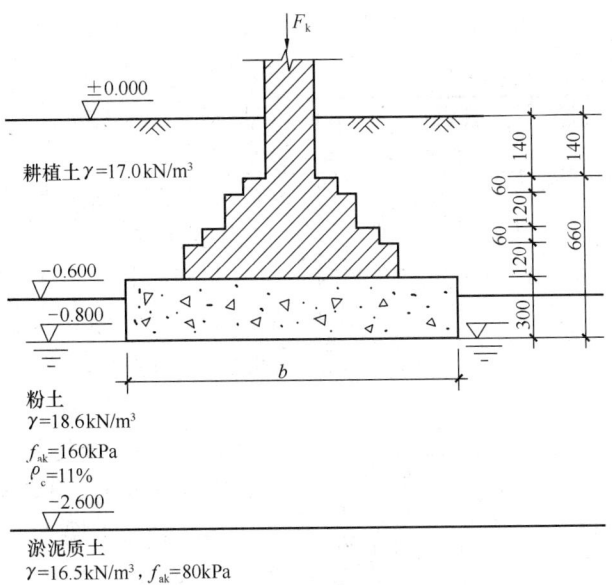

图 6.3.31 多层砖混结构

$$b \geqslant \frac{F_k}{f_a - \gamma_G d} = \frac{192}{167.83 - 20 \times 0.8} = 1.26 \text{m}$$

取 $b=1.30\text{m} < 3.0\text{m}$，故假定成立，故取 $b=1.30\text{m}$。

(2) 验算地基承载力

1) 基底处压力值 p_k：

$$p_k = \frac{F_k + G_k}{b} = \frac{192 + 20 \times 1.3 \times 0.8}{1.3} = 163.69 \text{kPa} < f_a = 167.83 \text{kPa}$$

2) 软弱下卧层顶面处的附加压力值 p_z：

$$p_c = 17 \times 0.6 + 18.6 \times 0.2 = 13.92 \text{kPa}$$

$$p_z = \frac{b(p_k - p_c)}{b + 2z\tan\theta} = \frac{1.3 \times (163.69 - 13.92)}{1.3 + 2 \times 1.8 \times \tan 23°} = 68.84 \text{kPa}$$

$$p_{cz} = 17 \times 0.6 + 18.6 \times 0.2 + (18.6 - 10) \times 1.8 = 29.4 \text{kPa}$$

$$p_z + p_{cz} = 68.84 + 29.4 = 98.24 \text{kPa}$$

3) 淤泥质土的 f_{az}：

查《地规》表 5.2.4，取 $\eta_d = 1.0$。

$$\gamma_m = \frac{17 \times 0.6 + 18.6 \times 0.2 + (18.6 - 10) \times 1.8}{2.6} = 11.3 \text{kN/m}^3$$

$$\begin{aligned}
f_{az} &= f_{ak} + \eta_d \gamma_m (d - 0.5) \\
&= 80 + 1.0 \times 11.3 \times (2.6 - 0.5) \\
&= 103.7 \text{kPa}
\end{aligned}$$

$$p_z + p_{cz} = 98.24 \text{kPa} < f_{az} = 103.7 \text{kPa},$$

故满足要求。

【例 6.3.35】 某柱下钢筋混凝土独立锥形基础，基础底面尺寸为 2.0m×2.5m，持力层为粉土，其下为淤泥质土软弱层。在基础顶面处相应于作用的标准组合时的竖向力为 F_k，

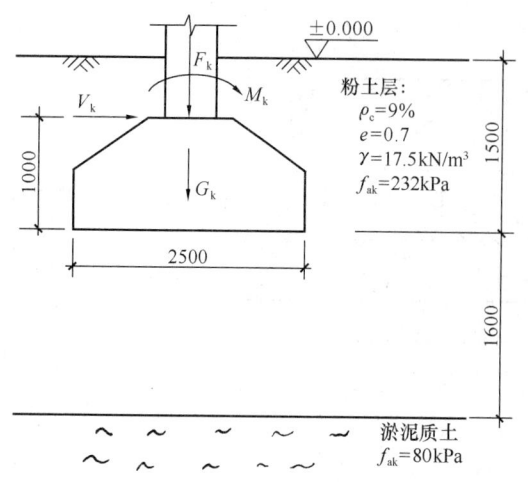

图 6.3.32 某柱下钢筋混凝土独立锥形基础

力矩为 M_k，水平剪力为 V_k，如图 6.3.32所示。计算基础自重和基础上的土重用的平均重度 $\gamma_G = 20 \text{kN/m}^3$。

试问：

（1）基底粉土持力层的承载力特征值 f_a 为多少 kPa？

（2）若当 $F_k = 902\text{kN}$，$M_k = 180 \text{kN} \cdot \text{m}$，$V_k = 50\text{kN}$ 时，确定基底处的平均压力值 p_k 和最大压力值 $p_{k\max}$ 分别为多少 kPa？

（3）若当 $F_k = 605\text{kN}$，$M_k = 250\text{kN} \cdot \text{m}$，$V_k = 102\text{kN}$ 时，确定基底处的平均压力值 p_k 和最大压力值 $p_{k\max}$ 分别为多少 kPa？

（4）若粉土层 $E_{s1} = 8\text{MPa}$，淤泥质土层 $E_{s2} = 2\text{MPa}$，$F_k = 905\text{kN}$，$M_k = V_k = 0$。确定软弱下卧层顶面处的附加压力值 p_z 与自重压力值 p_{cz} 之和为多少 kPa？

（5）软弱下卧层顶面处，经深度修正后的地基承载力特征值 f_{az} 为多少？

【解答】（1）确定持力层的 f_a

查《地规》表 5.2.4，粉土 $\rho_c = 9\%$，取 $\eta_b = 0.5$，$\eta_d = 2.0$

基底宽度 2.0m＜3.0m，只需进行深度修正。

$$f_a = f_{ak} + \eta_d \gamma_m (d - 0.5)$$
$$= 232 + 2.0 \times 17.5 \times (1.5 - 0.5) = 267\text{kPa}$$

（2）确定 p_k、$p_{k\max}$

$$G_k = \gamma_G A d = 20 \times 2 \times 2.5 \times 1.5 = 150\text{kN}$$

$$p_k = \frac{F_k + G_k}{A} = \frac{902 + 150}{2 \times 2.5} = 210.4\text{kPa}$$

$$\Sigma M_k = M_k + V_k h = 180 + 50 \times 1 = 230\text{kN} \cdot \text{m}$$

$$e = \frac{M_k}{F_k + G_k} = \frac{230}{902 + 150} = 0.219\text{m} < \frac{b}{6} = \frac{2.5}{6} = 0.417\text{m}$$

故基底反力呈梯形分布。

$$p_{k\max} = \frac{F_k + G_k}{A} + \frac{6 \Sigma M_k}{b^2 l}$$

$$= 210.4 + \frac{6 \times 230}{2.5^2 \times 2} = 320.8\text{kPa}$$

（3）确定 p_k、$p_{k\max}$

$$p_k = \frac{F_k + G_k}{A} = \frac{605 + 150}{2 \times 2.5} = 151\text{kPa}$$

$$\Sigma M_k = M_k + V_k h = 250 + 102 \times 1 = 352\text{kN} \cdot \text{m}$$

$$e = \frac{\Sigma M_k}{F_k + G_k} = \frac{352}{605 + 150} = 0.466 > \frac{b}{6} = \frac{2.5}{6} = 0.417\text{m}$$

故基底反力呈三角形分布。

$$a = \frac{b}{2} - e = \frac{2.5}{2} - 0.466 = 0.784 \text{m}$$

$$p_{k\max} = \frac{2(F_k + G_k)}{3la} = \frac{2 \times (605 + 150)}{3 \times 2 \times 0.784} = 321.0 \text{kPa}$$

(4) $E_{s1}/E_{s2} = \frac{8}{2} = 4$，$z/b = 1.6/2.0 = 0.8 > 0.50$

查《地规》表 5.2.7 及注的规定，取 $\theta = 24°$。

$$p_k = \frac{F_k + G_k}{A} = \frac{905 + 150}{2 \times 2.5} = 211 \text{kPa}$$

$$p_z = \frac{lb(p_k - p_c)}{(b + 2z\tan\theta)(l + 2z\tan\theta)}$$

$$= \frac{2.5 \times 2 \times (211 - 17.5 \times 1.5)}{(2 + 2 \times 1.6 \times \tan 24°) \times (2.5 + 2 \times 1.6 \times \tan 24°)}$$

$$= 68.725 \text{kPa}$$

$$p_{cz} = 17.5 \times (1.5 + 1.6) = 54.25 \text{kPa}$$

$$p_z + p_{cz} = 68.725 + 54.25 = 122.975 \text{kPa}$$

(5) 查《地规》表 5.2.4，取 $\eta_d = 1.0$。

$$f_{az} = f_{ak} + \eta_d \gamma_m (d - 0.5)$$

$$= 80 + 1.0 \times 17.5 \times (3.1 - 0.5) = 125.5 \text{kPa}$$

$$p_z + p_{cz} = 122.975 \text{kPa} < f_{az} = 125.5 \text{kPa}，满足。$$

【例 6.3.36】 有一底面宽度为 6m 的钢筋混凝土条形基础，其埋置深度为 1.2m，取条形基础长度 1m 计算，上部结构传至基础顶面处相应于作用的标准组合时的竖向力为 F_k，弯矩为 M_k。已知计算 G_k（基础自重和基础上土重）用的加权平均重度 $\gamma_G = 20 \text{kN/m}^3$，基础及施工地质剖面如图 6.3.33 所示。

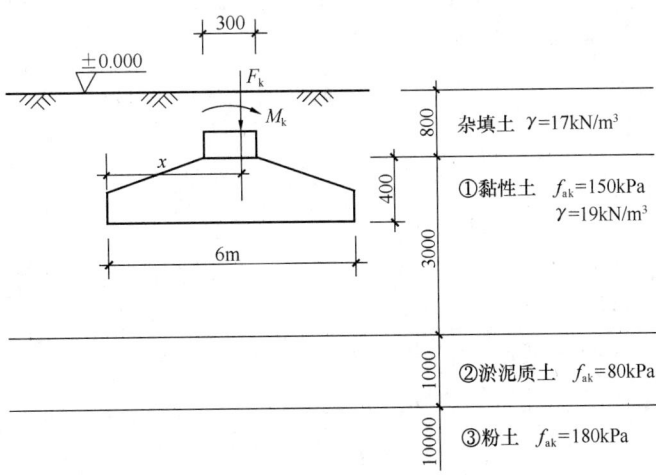

图 6.3.33 钢筋混凝土条形基础

试问：

(1) 黏性土层①的天然孔隙比 $e_0 = 0.84$，当固结压力为 100kPa 和 200kPa 时，其孔隙比分别为 0.83 和 0.81，计算压缩系数 a_{1-2}，并判断该黏性土属于哪类压缩性土？

（2）假定 $M_k \neq 0$，则图中尺寸 x 满足下列何项关系式时，其基底反力呈矩形均匀分布状态？

(A) $x = \dfrac{b}{2} - \dfrac{M_k}{F_k + G_k}$ (B) $x = \dfrac{G_k \cdot b}{2F_k} - \dfrac{M_k}{F_k}$

(C) $x = b - \dfrac{M_k}{F_k}$ (D) $x = \dfrac{b}{2} - \dfrac{M_k}{F_k}$

（3）黏性土层①的天然孔隙比 $e_0 = 0.84$，液性指数 $I_L = 0.83$，则修正后的基底处地基承载力特征值 f_a 应为多少 kPa？（假设基础宽度 $b < 3$m）。

(A) 172.4   (B) 169.8   (C) 168.9   (D) 158.5

（4）假定：$f_a = 165$kPa，$F_k = 300$kN/m，$M_k = 150$kN·m。当 x 值满足题目（2）要求（即基底反力呈矩形均匀分布状态）时，其基础底面最小宽度与下列何项数值最为接近？

(A) $b = 2.07$m   (B) $b = 2.13$m   (C) $b = 2.66$m   (D) $b = 2.97$m

（5）当 $F_k = 300$kN/m，$M_k = 0$，$b = 2.2$m，$x = 1.1$m，并已计算出相应于作用的标准组合时，基础底面处的平均压力值 $p_k = 160.36$kPa。已知黏性土层①的压缩模量 $E_{s1} = 6$MPa，淤泥质土层②的压缩模量 $E_{s2} = 2$MPa，则淤泥质土层②顶面处的附加压力值 p_z 最接近下列何项数值？

(A) 63.20kPa   (B) 64.49kPa   (C) 68.07kPa   (D) 69.41kPa

【解答】（1）压缩系数 α_{1-2}

$$\alpha_{1-2} = \frac{e_1 - e_2}{p_2 - p_1} = \frac{0.83 - 0.81}{200 - 100} = 0.2 \times 10^{-3}\text{kPa}^{-1} = 0.2\text{MPa}^{-1}$$

根据《地规》4.2.6 条规定，$0.1\text{MPa}^{-1} < \alpha_{1-2} = 0.2\text{MPa}^{-1} < 0.5\text{MPa}^{-1}$，该土层属中压缩性土。

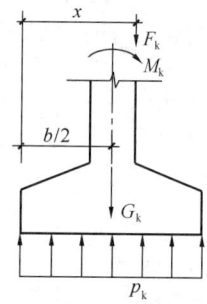

图 6.3.34

（2）如图 6.3.34 所示，基底反力呈矩形均匀分布，对基底中心轴线取矩，则：

$$M_k + F_k\left(x - \frac{b}{2}\right) = 0$$

$$x = \frac{b}{2} - \frac{M_k}{F_k}$$

故选（D）项。

（3）查《地规》表 5.2.4，$e = 0.84 < 0.85$，$I_L = 0.83 < 0.85$，取 $\eta_d = 1.6$。宽度 $b < 3$m，只需进行深度修正。

$$f_a = f_{ak} + \eta_d \gamma_m (d - 0.5)$$

$$= 150 + 1.6 \times \frac{17 \times 0.8 + 19 \times 0.4}{0.8 + 0.4} \times (1.2 - 0.5)$$

$$= 169.79\text{kPa}$$

故应选（B）项。

（4）确定 b，由基底反力呈矩形均匀分布：

$$p_k = \frac{F_k + G_k}{b} \leqslant f_a$$

$$b \geqslant \frac{F_k}{f_a - \gamma_G d} = \frac{300}{165 - 20 \times 1.2} = 2.13 \text{m}$$

故选（B）项。

(5) $\frac{E_{s1}}{E_{s2}} = \frac{6}{2} = 3$，$\frac{z}{b} = \frac{3.0 - 0.4}{2.2} = 1.18 > 0.5$

查《地规》表 5.2.7，取 $\theta = 23°$。

$$p_c = 17 \times 0.8 + 19 \times 0.4 = 21.2 \text{kPa}$$

$$p_z = \frac{b(p_k - p_c)}{b + 2z\tan\theta} = \frac{2.2 \times (160.36 - 21.2)}{2.2 + 2 \times 2.6 \times \tan 23°} = 69.47 \text{kPa}$$

故应选（D）项。

故应选（A）项。

【例 6.3.37】某柱下扩展锥形基础，柱截面尺寸为 $0.4\text{m} \times 0.5\text{m}$，基础尺寸、埋深及地基条件，如图 6.3.35 所示。基础及其上覆土的加权平均重度取 20kN/m^3。

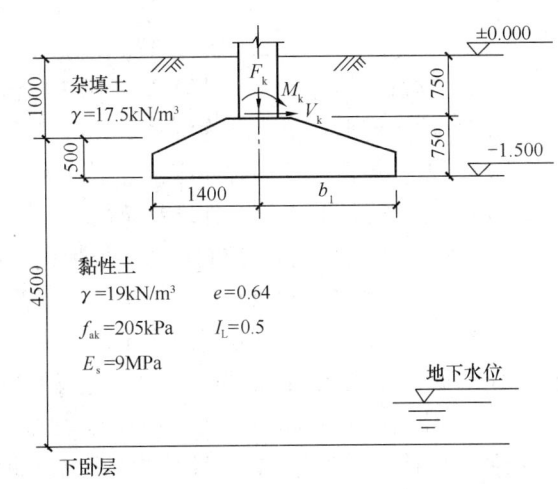

图 6.3.35

试问：

(1) 相应于作用的标准组合时，基础顶面处竖向力 $F_k = 1200\text{kN}$，力矩 $M_k = 155\text{kN} \cdot \text{m}$，水平剪力 $V_k = 30\text{kN}$。为使基底压力在该组合下矩形均匀分布，则该基础时 b_1（m），应与下列何项数值最为接近？

(A) 1.60　　(B) 1.70　　(C) 1.80　　(D) 1.90

(2) 假设 b_1 为 1.5m，则基础底面处土层修正后的天然地基承载力特征值 f_a（kPa），最接近于下列何项数值？

(A) 223　　(B) 234　　(C) 238　　(D) 248

【解答】(1) 根据《地规》5.2.2条，当基底压力呈矩形均匀分布，则所有外力在基底形心处产生的弯矩为零，即：$\Sigma M_k = 0$。

$$\Sigma M_k = 0 = 155 + 30 \times 0.75 - 1200 \times \left(\frac{b_1 + 1.4}{2} - 1.4\right)$$

解之得：$b_1 = 1.70\text{m}$，所以应选（B）项。

(2) 根据《地规》5.2.4 条表 5.2.4：

$e < 0.85$，$I_L < 0.85$，取 $\eta_b = 0.3$，$\eta_d = 1.6$

又 $b = 2.0\text{m} < 3\text{m}$，故仅进行深度修正。

$$\gamma_m = \frac{17.5 \times 1 + 19 \times 0.5}{1.5} = 18 \text{kN/m}^3$$

$$f_a = f_{ak} + \eta_d \gamma_m (d - 0.5)$$
$$= 205 + 1.6 \times 18 \times (1.5 - 0.5) = 233.8 \text{kPa}$$

所以应选（B）项。

第四节 地基的变形计算

一、地基变形的一般规定

《地基通规》规定：

> 4.2.6 地基变形计算值不应大于地基变形允许值。地基变形允许值应根据上部结构对地基变形的适应能力和使用上的要求确定。

《地规》规定：

> 5.3.1 建筑物的地基变形计算值，不应大于地基变形允许值。
> 5.3.2 地基变形特征可分为沉降量、沉降差、倾斜、局部倾斜。
> 5.3.3 在计算地基变形时，应符合下列规定：
> 1 由于建筑地基不均匀、荷载差异很大、体型复杂等因素引起的地基变形，对于砌体承重结构应由局部倾斜值控制；对于框架结构和单层排架结构应由相邻柱基的沉降差控制；对于多层或高层建筑和高耸结构应由倾斜值控制；必要时尚应控制平均沉降量。
> 2 在必要情况下，需要分别预估建筑物在施工期间和使用期间的地基变形值，以便预留建筑物有关部分之间的净空，选择连接方法和施工顺序。
> 5.3.4 建筑物的地基变形允许值应按表 5.3.4 规定采用。对表中未包括的建筑物，其地基变形允许值应根据上部结构对地基变形的适应能力和使用上的要求确定。

建筑物的地基变形允许值　　表 5.3.4

变形特征		地基土类别	
		中、低压缩性土	高压缩性土
砌体承重结构基础的局部倾斜		0.002	0.003
工业与民用建筑相邻柱基的沉降差	框架结构	$0.002l$	$0.003l$
	砌体墙填充的边排柱	$0.0007l$	$0.001l$
	当基础不均匀沉降时不产生附加应力的结构	$0.005l$	$0.005l$
单层排架结构（柱距为 6m）柱基的沉降量（mm）		(120)	200
桥式吊车轨面的倾斜（按不调整轨道考虑）	纵　向	0.004	
	横　向	0.003	
多层和高层建筑的整体倾斜	$H_g \leqslant 24$	0.004	
	$24 < H_g \leqslant 60$	0.003	
	$60 < H_g \leqslant 100$	0.0025	
	$H_g > 100$	0.002	
体型简单的高层建筑基础的平均沉降量（mm）		200	

续表

变形特征		地基土类别	
		中、低压缩性土	高压缩性土
高耸结构基础的倾斜	$H_g \leq 20$	0.008	
	$20 < H_g \leq 50$	0.006	
	$50 < H_g \leq 100$	0.005	
	$100 < H_g \leq 150$	0.004	
	$150 < H_g \leq 200$	0.003	
	$200 < H_g \leq 250$	0.002	
高耸结构基础的沉降量（mm）	$H_g \leq 100$	400	
	$100 < H_g \leq 200$	300	
	$200 < H_g \leq 250$	200	

注：1 本表数值为建筑物地基实际最终变形允许值；
    2 有括号者仅适用于中压缩性土；
    3 l 为相邻柱基的中心距离(mm)；H_g 为自室外地面起算的建筑物高度(m)；
    4 倾斜指基础倾斜方向两端点的沉降差与其距离的比值；
    5 局部倾斜指砌体承重结构沿纵向 6m～10m 内基础两点的沉降差与其距离的比值。

需注意的是：
（1）《地规》5.3.3 条的条文说明作了如下说明：

> 5.3.3（条文说明）
> 　　一般多层建筑物在施工期间完成的沉降量，对于碎石或砂土可认为其最终沉降量已完成 80% 以上，对于其他低压缩性土可认为已完成最终沉降量的 50%～80%，对于中压缩性土可认为已完成 20%～50%，对于高压缩性土可认为已完成 5%～20%。

（2）《地规》5.3.4 条表 5.3.4 注 1、2、3、4、5 的规定。

【例 6.4.1】 对于地基变形计算的下列说法中，何项是正确的？说明理由。
（A）沉降量可以控制独立柱基
（B）局部倾斜值可以控制框架结构
（C）局部倾斜值可以控制高层建筑
（D）相邻柱基的沉降差可以控制单层排架结构

【解答】 根据《地规》5.3.3 条第 1 款规定，（D）项正确。

【例 6.4.2】 对于一般多层建筑物，当地基主要受力层范围内土层的压缩系数 $a_{1-2} < 0.1 \mathrm{MPa}^{-1}$ 时，施工期间完成最终沉降量的百分率应为下列何项？
（A）5%～20%   （B）20%～50%   （C）50%～80%   （D）80% 以上

【解答】（1）根据《地规》4.2.6 条规定，$a_{1-2} < 0.1 \mathrm{MPa}^{-1}$，属低压缩性土。
（2）根据《地规》5.3.3 条的条文说明，低压缩性土，完成最终沉降量的 50%～80%。故应选（C）项。

【例 6.4.3】 影响高烟囱基础倾斜的重要因素是下列何项？说明理由。

(A) 风力　　　　　　　　　　　　　(B) 日照
(C) 地基土不均匀及相邻建筑影响　　(D) 施工误差造成的烟囱基础偏心

【解答】　根据《地规》5.3.4 条的条文说明，应选（C）项。

【例 6.4.4】　在某中压缩性土地基上，某框架结构的某榀框架由三跨组成，两边跨 6m，中跨 9m，其横断面的各柱沉降量如表 6.4.1 所示。

表 6.4.1

测点位置	A 轴边柱	B 轴中柱	C 轴中柱	D 轴边柱
沉降量（mm）	60	120	105	100

试问：各跨变形是否符合规范规定。

【解答】　根据《地规》表 5.3.4 及注 3 的规定：

A-B 跨：沉降差为 $120-60=60$mm，变形允许值 $0.002l=0.002\times 6000=12$mm，故变形不符合规范规定。

B-C 跨：沉降差为 $120-105=15$mm，变形允许值 $0.002l=0.002\times 900=18$mm，故变形符合规范规定。

C-D 跨：沉降差为 $105-100=5$mm，变形允许值 $0.002l=0.002\times 6000=12$mm，故变形符合规范规定。

【例 6.4.5】　已知某地基土的压缩模量 $E_s=8$MPa，天然孔隙比 $e_0=0.6$，其上建造了某多层砌体房屋，房屋高度为 24m，沿基础纵向 8m 测得基础两点的沉降差为 40mm。

试问：该变形是否符合规范规定。

【解答】　（1）确定压缩系数 α：

$$\alpha=(1+e_0)/E_s=\frac{1+0.6}{8}=0.2\text{MPa}^{-1}$$

故该地基土属中压缩性土。

（2）查《地规》表 5.3.4，局部倾斜允许值为 0.002。

根据《地规》表 5.3.4 注 5 的规定：

局部倾斜实测值为 $40/8000=0.005>0.002$，故不满足。

二、分层总和法计算地基变形

1. 可压缩土层为一层

如图 6.4.1 所示覆盖面很大的单一压缩土层，荷载的分布面积也很大。设在压力 p_1

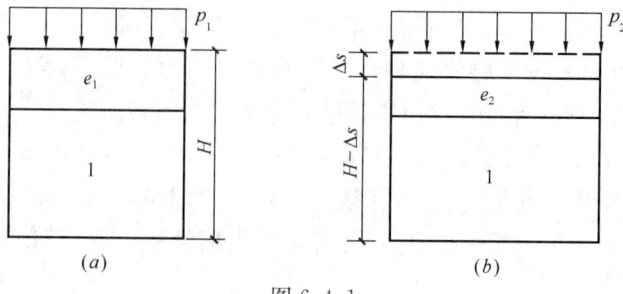

图 6.4.1
(a) 压缩前；(b) 压缩后

作用下土样的高度为 H，孔隙比为 e_1；当压力增大到 p_2 时，产生相应的压缩量 Δs 并达稳定后，孔隙比从 e_1 减少到 e_2。

因为受压前后土粒体积和横截面面积均不改变，则有：

$$\frac{H}{1+e_1}=\frac{H-\Delta s}{1+e_2}$$

整理得：$\Delta s=\dfrac{e_1-e_2}{1+e_1}H$

也可根据 $\Delta s=\varepsilon H=\dfrac{(1+e_1)-(1+e_2)}{1+e_1}H=\dfrac{e_1-e_2}{1+e_1}H$

上式即为在有侧限条件下，土的压缩量的计算公式；又根据压缩系数 a 和压缩模量 E_s 之间的关系式，即：

$$a=\frac{e_1-e_2}{p_2-p_1}=\frac{e_1-e_2}{\Delta p};E_s=\frac{1+e_1}{a}$$

进一步可导出如下公式：

$$\Delta s=\frac{a\cdot\Delta p}{1+e_1}H$$

$$\Delta s=\frac{\Delta p}{E_s}H$$

【例 6.4.6】 某土层厚 6m，原土的自重压力 $p_1=120\text{kPa}$，拟在该土层上建造某建筑物，估计会增加压力 180kPa，取该土样作压缩试验，其试验结果见表 6.4.2 所示。

表 6.4.2

p (kPa)	0	50	100	120	150	200	300	400
e	1.15	1.05	0.95	0.93	0.90	0.85	0.78	0.75

试问：该土层的压缩变形为多少？

【解答】（1）$p_1=120\text{kPa}$，$p_2=120+180=300\text{kPa}$，$H=6\text{m}$，$e_1=0.93$，$e_2=0.78$

（2）确定 Δs

$$\Delta s=\frac{e_1-e_2}{1+e_1}H=\frac{0.93-0.78}{1+0.93}\times 6=0.466\text{m}=466\text{mm}$$

【例 6.4.7】 某矩形基础如图 6.4.2 所示，埋置深度为 1.0m，相应于作用的准永久组合时的基底平均压力为 150kPa。已知地基土为单一的均质黏土层，厚度 4.0m，孔隙比 $e_1=0.85$，压缩系数 $a=0.25\text{MPa}^{-1}$，黏土层下为不可压缩的岩层。

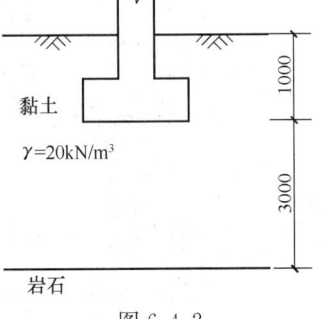

图 6.4.2

试问：该基础的最终沉降量。

【解答】（1）土的自重压力：$p_1=p_{cd}=\gamma d=1\times 20=20\text{kPa}$

$$p_2=150\text{kPa}$$
$$\Delta p=p_2-p_1=150-20=130\text{kPa}$$

（2）确定 Δs

$$\Delta s=\frac{a\cdot\Delta p}{1+e_1}H$$

$$=\frac{0.25\times130\times10^{-3}}{1+0.85}\times3=0.053\text{m}=53\text{mm}$$

2. 可压缩土层为多层

当可压缩土层为多层时，计算第 i 层土的压缩变形是 Δs_i，仍采用前述可压缩土层为一层的相应计算公式。此时，取 $\Delta s=\Delta s_i$，$H=h_i$，即：

$$\Delta s_i=\frac{e_{1i}-e_{2i}}{1+e_{1i}}h_i$$

$$\Delta s_i=\frac{a_i(p_{2i}-p_{1i})}{1+e_{1i}}h_i$$

$$\Delta s_i=\frac{\bar{\sigma}_{zi}}{E_{si}}h_i$$

式中 e_{1i}——第 i 层土的自重应力平均值（即 p_{1i}）所对应的压缩曲线上的孔隙比；

e_{2i}——第 i 层土的自重应力平均值与附加应力平均值之和（即 p_{2i}）对应的压缩曲线上的孔隙比；

p_{1i}——第 i 层土的自重应力平均值，$p_{1i}=\frac{\sigma_{czi}+\sigma_{cz(i-1)}}{2}$。其中，$\sigma_{czi}$、$\sigma_{cz(i-1)}$ 分别为第 i 层土底面、顶面处的自重应力；

p_{2i}——第 i 层土的自重应力平均值与附加应力平均值之和，$p_{2i}=\frac{\sigma_{czi}+\sigma_{cz(i-1)}+\sigma_{zi}+\sigma_{z(i-1)}}{2}$。其中，$\sigma_{zi}$，$\sigma_{z(i-1)}$ 分别为第 i 层土底面、顶面处的附加应力；

$\bar{\sigma}_{zi}$——第 i 层土的平均附加应力值，$\bar{\sigma}_{zi}=\frac{\sigma_{zi}+\sigma_{z(i-1)}}{2}$。

【例 6.4.8】 某矩形基础底面尺寸 $b\times l=3\text{m}\times3\text{m}$，自重应力和附加应力分布图见图 6.4.3 所示，第②层土的室内压缩曲线如图 6.4.3（b）所示。

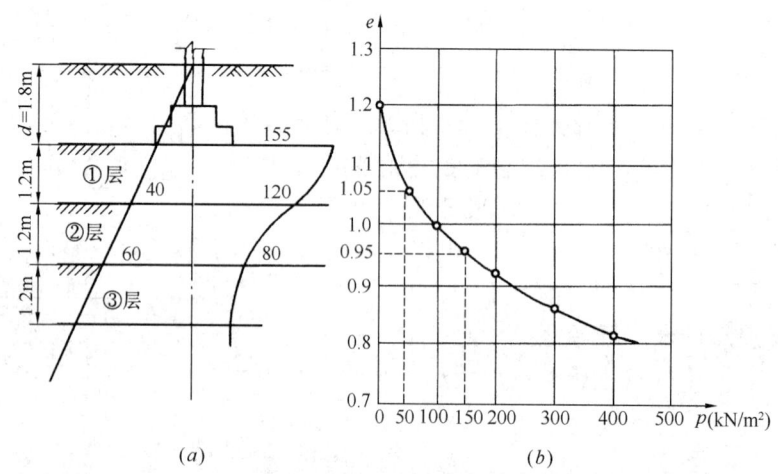

图 6.4.3 某矩形基础

试问：

（1）第②层土的压缩量为多少？

(2) 第②层土的压缩系数 α。

【解答】 (1) 确定第②层土的 e_{12}、e_{22} 值

第②层土的自重应力平均值 p_{12}：$p_{12}=\dfrac{40+60}{2}=50\text{kPa}$

其对应的压缩曲线上的孔隙比为：$e_{12}=1.05$

第②层土的自重应力平均值与附加应力平均值之和 p_{22}：

$$p_{22}=\dfrac{(40+60)+(120+80)}{2}=150\text{kPa}$$

其对应的压缩曲线上的孔隙比为：$e_{22}=0.95$

确定 Δs_2：

$$\Delta s_2=\dfrac{e_{12}-e_{22}}{1+e_{12}}h_2=\dfrac{1.05-0.95}{1+1.05}\times1.2=0.059\text{m}=59\text{mm}$$

(2) 压缩系数 α：

$$\alpha=\dfrac{e_{12}-e_{22}}{p_{22}-p_{12}}=\dfrac{1.05-0.95}{150-50}$$
$$=1.0\text{MPa}^{-1}$$

【例 6.4.9】 某城市新区拟建一所学校，建设场地地势较低，自然地面绝对标高 3.000m，根据规划地面设计标高要求，整个建设场地需大面积填土 2m。地基土层剖面如图 6.4.4 所示，地下水位在自然地面下 2m，填土的重度为 18kN/m³。填土区域的平面尺寸远远大于地基压缩层厚度。假定，不进行地基处理，不考虑填土本身的压缩量。

试问：由大面积填土引起的场地中心区域最终沉降量 s（mm）与下列何项数值最为接近？

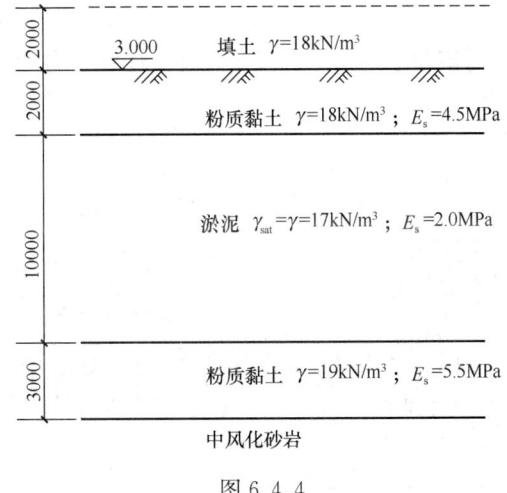

图 6.4.4

提示：①沉降计算经验系数 ψ_s 取 1.0。
②地基变形计算深度取至中风化砂岩顶面。

(A) 150　　　(B) 220　　　(C) 260　　　(D) 350

【解答】 根据分层总和法：

平均附加应力值：$\bar{\sigma}_{zi}=\gamma\cdot h=18\times2=36\text{kPa}$

由条件可知，$\psi_s=1.0$，则：

$$s=\psi_s\left(\dfrac{36}{4.5\times10^3}\times2\times10^3+\dfrac{36}{2\times10^3}\times10\times10^3+\dfrac{36}{5.5\times10^3}\times3\times10^3\right)$$
$$=1.0\times215.6=216\text{mm}$$

所以应选（B）项。

3. 分层总法计算降水产生的地基变形

当地下水位降低会使地基土的自重应力增加，该自重应力增加值对地基土产生压缩变

形，导到地基沉降或地基下沉。

【例 6.4.10】 甲建筑已沉降稳定，其东侧新建乙建筑，开挖基坑时采取降水措施，使甲建筑物东侧潜水地下水位由－5.0m 下降至－10.0m。基底以下地层参数及地下水位见图 6.4.5。估算甲建筑物东侧由降水引起的沉降量接近于下列何值？

(A) 38mm　　　　(B) 41mm　　　　(C) 63mm　　　　(D) 76mm

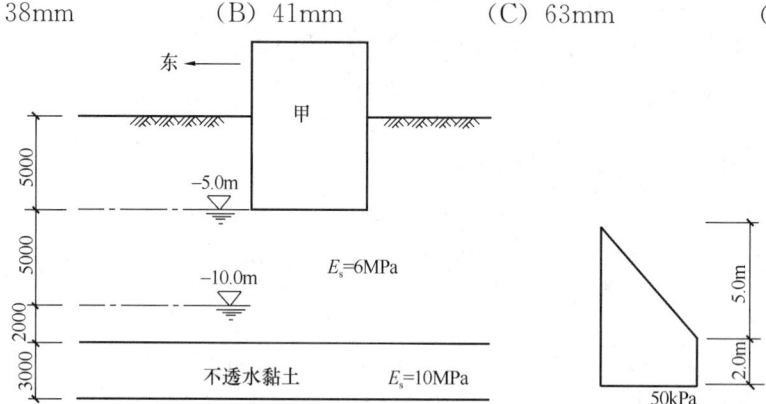

图 6.4.5　地层参数与地下水　　　　图 6.4.6　有效应力的变化

【解答】 如图 6.4.6 所示，有效应力的变化。

$$s=\sum_{i=1}^{n}\frac{p_i}{E_i}\Delta h_i$$

$$=\frac{\frac{1}{2}(0+50)}{6\times 10^3}\times 5000+\frac{50}{6\times 10^3}\times 2000$$

$$=37.5\text{mm}$$

【例 6.4.11】 某市存在大面积地面沉降，其地下水位下降平均速率为 1m/年，现地下水位在地面下 5m 处，主要地层结构及参数见表 6.4.3。按分层总和法计算。

地层参数表　　　　　　　　　　　　　表 6.4.3

层号	地层名称	层厚 h（m）	层底深度（m）	压缩模量 E_c（MPa）
1	粉质黏土	8	8	5.2
2	粉土	7	15	6.7
3	细砂	18	33	12.0
4	不透水岩石			

试问：今后 15 年内地面总沉降量（mm）最接近下列何项？

(A) 270　　　　(B) 290　　　　(C) 310　　　　(D) 330

【解答】 如图 6.4.7 所示水位变化情况、有效应力的变化。

第一层：

$$s_1=\frac{\Delta p_1}{E_{s1}}H_1=\frac{1}{5.2}\times\frac{1}{2}\times(0+30)\times 10^{-3}\times 3\times 10^3=8.65\text{mm}$$

第二层：

$$s_2 = \frac{\Delta p_2}{E_{s2}} H_2$$
$$= \frac{1}{6.7} \times \frac{1}{2} \times (30+100) \times 10^{-3} \times 7 \times 10^3$$
$$= 67.11 \text{mm}$$

第三层：

$$s_3 = \frac{\Delta p_{32}}{E_{s3}} H_{31} + \frac{\Delta p_{32}}{E_{s3}} H_{32}$$
$$= \frac{1}{12.0} \times \frac{1}{2} \times (100+150) \times 10^{-3} \times 5 \times 10^{-3}$$
$$+ \frac{1}{12.0} \times \frac{1}{2} \times (150+150) \times 10^{-3} \times 13 \times 10^3$$
$$= 52.083 + 162.5 = 214.583 \text{mm}$$

总沉降量 $s = s_1 + s_2 + s_3 = 291.14 \text{mm}$

故选（B）项。

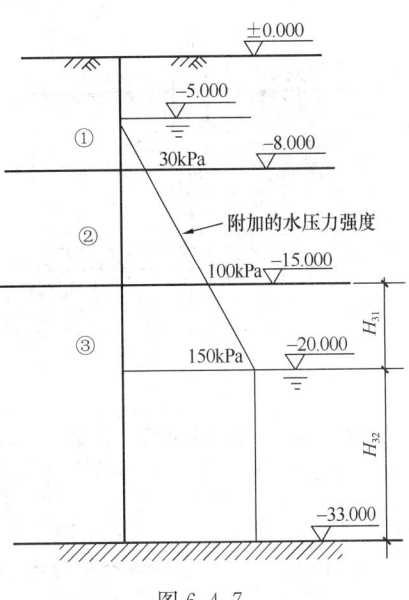

图 6.4.7

三、《地规》法计算地基变形

1. 地基变形计算的作用组合

《地规》规定：

> 3.0.5 地基基础设计时，所采用的作用效应与相应的抗力限值应符合下列规定：
> 2 计算地基变形时，传至基础底面上的作用效应应按正常使用极限状态下作用的准永久组合，不应计入风荷载和地震作用；相应的限值应为地基变形允许值；

《地规》3.0.6 条规定，作用的准永久组合值 S_q：

$$S_q = S_{Gk} + \psi_{q1} S_{Q1k} + \psi_{q2} S_{Q2k} + \cdots + \psi_{qn} S_{Qnk}$$

式中 ψ_{qi} 为准永久值系数。

2. 《地规》规定方法计算地基最终变形量

- 2.1 平均附加应力系数（$\bar{\alpha}_i$）和附加应力面积（Ω_z）

如图 6.4.8 所示，假定为地基土是均质的，从基底 O 点至地基深度 z 范围内的附加应力面积 Ω_z 为：

$$\Omega_z = \int_0^z \sigma_i \mathrm{d}z = \int_0^z \alpha_i p_0 \mathrm{d}z = p_0 \int_0^z \alpha_i \mathrm{d}z$$

（注意，《地规》5.3.6 条规定，将 $\int_0^z \alpha_z \mathrm{d}z = A_z$，即未包括 p_0）

采用附加应力系数直接计算附加应力面积 Ω_z，需进行积分运算，手算不方便，故引入 $\bar{\alpha}_z$，如图中矩形面积值（S'_{0123}）与 Ω_z 相等，即：

$$\bar{\alpha}_z p_0 \cdot z = \Omega_z，则：$$

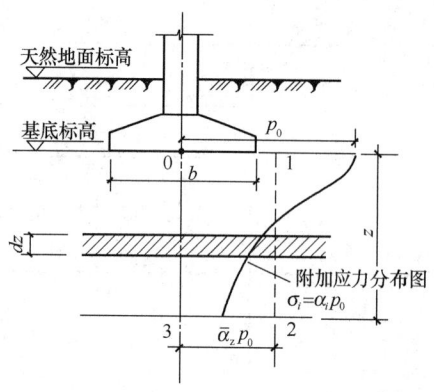

图 6.4.8 平均附加应力系数 $\bar{\alpha}$ 的示意图

$$\bar{\alpha}_z = \frac{\Omega_z}{p_0 z} = \frac{p_0 \int_0^z \alpha_i \mathrm{d}z}{p_0 z} = \frac{\int_0^z \alpha_i \mathrm{d}z}{z}$$

《地规》附录 K.0.1-2 已将 $\bar{\alpha}_z$ 值列出，计算方便，有利于手算，故引入平均附加应力系数 $\bar{\alpha}_z$。

如图 6.4.9 所示，地基土为多层土，现计算任意第 i 层土的附加应力面积（图中 5634 面积），$\Omega_{5634} = \Omega_i - \Omega_{i-1}$，其中，$\Omega_i$ 为图中 1243 面积，Ω_{i-1} 为图中 1265 面积。

Ω_i 的等效矩形面积（图中 $12'4'3$ 面积）$= \bar{\alpha}_i p_0 z_i$

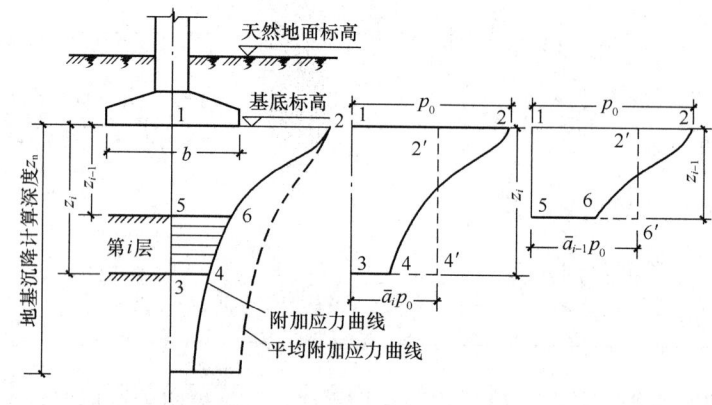

图 6.4.9 分层变形量的计算原理

Ω_{i-1} 的等效矩形面积（图中 $12'6'5$ 面积）$= \bar{\alpha}_{i-1} p_0 z_{i-1}$

故：$\Omega_{5634} = \bar{\alpha}_i p_0 z_i - \bar{\alpha}_{i-1} p_0 z_{i-1} = p_0(\bar{\alpha}_i z_i - \bar{\alpha}_{i-1} z_{i-1})$

若已知第 i 层土的 E_{si}，则第 i 层土的压缩变形为 s_i 为：

$$s'_i = \frac{\Omega_{5634}}{E_{si}} = \frac{p_0(\bar{\alpha}_i z_i - \bar{z}_{i-1} z_{i-1})}{E_{si}}$$

总沉降量：

$$s' = \sum_{i=1}^{n} s'_i$$

- 2.2 《地规》沉降规定

- 复习《地规》5.3.5 条~5.3.8 条。

需注意的是：

(1) p_0 基底处的附加压力值是相应于作用的准永久组合。

(2) $\bar{\alpha}_i$、$\bar{\alpha}_{i-1}$ 应取《地规》附录 K.0.1-2 中平均附加应力系数。

(3)《地规》5.3.5 条的条文说明作了如下说明：

> 5.3.5（条文说明）
> 1 压缩模量的取值，在考虑到地基变形的非线性性质，一律采用固定压力段下的 E_s 值必然会引起沉降计算的误差，因此采用实际压力下的 E_s 值，即
>
> $$E_s = \frac{1+e_0}{a}$$
>
> 式中 e_0——土自重压力下的孔隙比；
> a——从土自重压力至土的自重压力与附加压力之和压力段的压缩系数。

【例 6.4.12】 在同一非岩石地基上，建造相同的埋置深度、相同基础底面宽度和相同基底附加压力的独立基础和条形基础，其地基最终变形量分别为 s_1 和 s_2。

试问：下列判断何项正确？

(A) $s_1 > s_2$ (B) $s_1 = s_2$ (C) $s_1 < s_2$ (D) 无法确定

【解答】 根据《地规》附表 K.0.1-2，当其他条件相同时，可知条形基础的 $\bar{a}$ 值大于独立基础的 $\bar{a}$ 值，故条形基础的沉降量 s_2 大于独立基础的沉降量 s_1，故应选 (C) 项。

【例 6.4.13】 在同一非岩石地基上，建造相同的埋置深度、相同基底附加压力的两个独立基础，甲基础底面积大于乙基础，甲基础宽度大于乙基础宽度，其地基最终变形量分别为甲基础 s_1 和乙基础 s_2。

试问：下列判断何项正确？

提示：两基础 l/b 均相同。

(A) $s_1 > s_2$ (B) $s_1 = s_2$ (C) $s_1 < s_2$ (D) 无法确定

【解答】 当其他条件均相同时，甲基础底面积大，甲基础宽度大，根据《地规》附表 K.0.1-2，b 越大，z/b 越小，则 $\bar{a}$ 值越大，故甲基础的附加应力系数 $\bar{a}$ 越大，其沉降量越大，即 $s_1 > s_2$，故应选 (A) 项。

【例 6.4.14】 某柱下独立基础，如图 6.4.10 所示，基底尺寸为 $2.0m \times 3.6m$，基础埋置深度为 $1.0m$，地下水位距地表 $0.5m$。上部结构传来相应于作用的准永久组合时的轴心力 $F = 900kN$，地基土为均质的粉质黏土，$\gamma = 18kN/m^3$，$e_1 = 1.0$，$a = 0.4MPa^{-1}$，$f_{ak} = 200kPa$。

试问：计算柱基础中心点的最终沉降量。

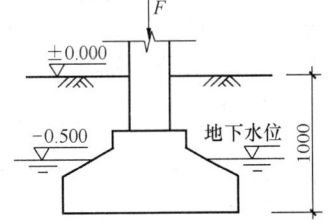

图 6.4.10 某柱下独立基础

【解答】 (1) 确定基底处附加压力 p_0

基底压力：$p = \dfrac{F+G}{A} = \dfrac{900 + 20 \times 2 \times 3.6 \times 1 - 10 \times 2 \times 3.6 \times 0.5}{2 \times 3.6} = 140kPa$

基底处自重应力：$p_{cz} = \Sigma \gamma_i d_i = 18 \times 0.5 + (18-10) \times 0.5 = 13kPa$

基底处附加应力：$p_0 = p - p_{cz} = 140 - 13 = 127kPa$

(2) 确定沉降计算深度 z_n

根据《地规》5.3.8 条规定：

$$z_n = b(2.5 - 0.4\ln b) = 2 \times (2.5 - 0.4 \times \ln 2) = 4.445m \approx 4.5m$$

又根据《地规》表 5.3.7，$b=2m \leqslant 2m$，故取 $\Delta z=0.3m$，故 z_n 划分为三段：$z_i=0m$；$z_i=4.2m$；$z_i=4.5m$。

（3）计算基础中心点的沉降量

$$E_s = \frac{1+e_1}{\alpha} = \frac{1+1.0}{0.4} = 5\text{MPa}$$

将基底划分为四个小矩形，小矩形的长边 $l=1.8$，短边 $b=1m$，查《地规》附录 K.0.1-2，确定 $\bar{\alpha}_i$，具体列表计算见表 6.4.4。

各值列表计算结果 表 6.4.4

z_i (m)	l/b	z/b	$\bar{\alpha}_i$	$z_i\bar{\alpha}_i$ (mm)	$z_i\bar{\alpha}_i - z_{i-1}\bar{\alpha}_{i-1}$ (mm)	E_{si} (kPa)	$\Delta s'_i = \frac{4p_0}{E_{si}} \times (z_i\bar{\alpha}_i - z_{i-1}\bar{\alpha}_{i-1})$ (mm)	$s' = \Sigma \Delta s'_i$ (mm)
0	1.8	0	0.2500	0	541.38	5000	55.00	55.00
4.2	1.8	4.2	0.1289	541.38				
4.5	1.8	4.5	0.1229	553.05	11.67	5000	1.19	56.19

复核沉降计算深度，$\Delta z=0.3m$，$s'_n=1.19\text{mm} < 0.025\Sigma\Delta s'_i = 0.025 \times 56.19 = 1.40\text{mm}$，满足。

（4）最终沉降量

$p_0=127\text{kPa} \leqslant 0.75f_{ak}=0.75 \times 200=150\text{kPa}$，查《地规》表 5.3.5：

$$\psi_s = 1.0 - \frac{5-4}{7-4} \times (1.0-0.7) = 0.9$$

$$s = \psi_s s' = 0.9 \times 56.19 = 50.57\text{mm}$$

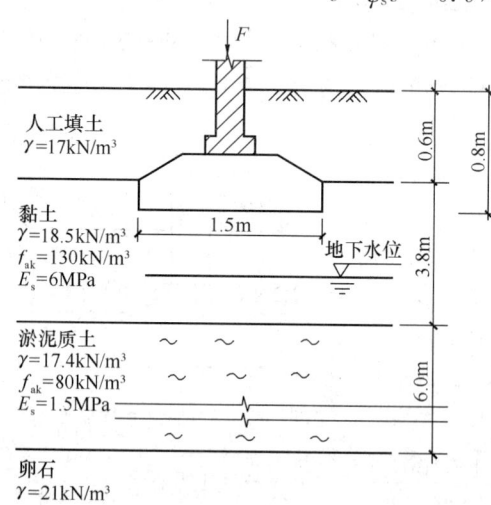

图 6.4.11 某钢筋混凝土条形基础

【例 6.4.15】某钢筋混凝土条形基础，上部结构传来的相应于作用的标准组合和准永久组合的轴向力分别为：$F_k=230\text{kN/m}$，$F=210\text{kN/m}$。基础埋深 $d=0.8m$，工程地质如图 6.4.11 所示。基础及其上覆土的加权平均重度为 20kN/m^3。

试问：该条形基础中心点的沉降量。

【解答】（1）确定基底附加压力，取准永久组合值 $F=210\text{kN/m}$

基底压力：

$$p = \frac{F+G}{b} = \frac{210+20 \times 1.5 \times 0.8}{1.5}$$

$$= 156\text{kPa}$$

基底处附加压力：

$$\begin{aligned} p_0 &= p - \Sigma\gamma_i h_i \\ &= 156 - (17 \times 0.6 + 18.5 \times 0.2) \\ &= 142.1\text{kPa} \end{aligned}$$

（2）确定沉降计算深度 z_n

根据《地规》5.3.8 条规定：

$z_n = b(2.5 - 0.4\ln b)$
$\quad = 1.5 \times (2.5 - 0.4\ln 1.5) = 3.51\text{m}$

从图中知，$z_n = 3.51$ 以下有软弱淤泥质土层，故取 $z_n = 3.6 + 6 = 9.6\text{m}$。

查《地规》表 5.3.7，$b = 1.5\text{m} < 2\text{m}$，取 $\Delta z = 0.3\text{m}$。

（3）计算条形基础中心点的沉降量

将条形基础划分为 4 个小矩形，则小矩形的短边 $b = 1.5/2 = 0.75\text{m}$，查《地规》附录表 K.0.1-2，条形基础，取 $l/b = 10$。

具体列表计算见表 6.4.5。

各值具体列表计算结果　　　　　　　　　　　表 6.4.5

z_i (m)	l/b	z/b	$\bar{\alpha}$	$z_i\bar{\alpha}_i$ (mm)	$z_i\bar{\alpha}_i - z_{i-1}\bar{\alpha}_{i-1}$ (mm)	E_{si} (kPa)	$\Delta s'_i = \dfrac{4p_0}{E_{si}} \times (\alpha_i z_i - \bar{\alpha}_{i-1} z_{i-1})$ (mm)	$s' = \Sigma\Delta s'_i$ (mm)
0	10	0.0	0.25000	0	496.44	6000	47.03	47.03
3.6	10	4.8	0.13790	496.44	207.11	1500	78.48	125.51
9.3	10	12.4	0.07565	703.55	5.89	1500	2.23	127.74
9.6	10	12.8	0.07390	709.44				

复核沉降计算深度 z_n，取 $\Delta z = 0.3$，$\Delta s'_n = 2.23\text{mm} < 0.025\Sigma\Delta s'_i = 0.025 \times 127.74 = 3.19\text{mm}$，满足。

（4）确定最终沉降量

$$\overline{E}_s = \frac{\Sigma A_i}{\Sigma A_i/E_{si}} = \frac{\Sigma(z_i\bar{\alpha}_i - z_{i-1}\bar{\alpha}_{i-1})}{\Sigma[(z_i\bar{\alpha}_i - z_{i-1}\bar{\alpha}_{i-1})/E_{si}]}$$

$$= \frac{709.44}{\dfrac{496.44}{6.0} + \dfrac{207.11}{1.5} + \dfrac{5.89}{1.5}} = 3.16\text{MPa}^{-1}$$

$p_0 = 142.1\text{kPa} > f_{ak} = 130\text{kPa}$，查《地规》表 5.3.5：

$$\psi_s = 1.4 - \frac{3.16 - 2.5}{4 - 2.5} \times (1.4 - 1.3) = 1.356$$

条形基础中心点最终沉降量：$s = \psi_s s' = 1.356 \times 127.74 = 173.2\text{mm}$

【例 6.4.16】 某新建 7 层圆形框架结构建筑，位于北方季节性冻土地区，场地平坦，旷野环境。采用柱下圆形筏板基础，基础边线与场地红线的最近距离为 4m，红线范围外将开发。整个场地红线范围内填高 2.9m 至设计±0.000，填土采用黏粒含量大于 10%的粉土，压实系数大于 0.95。基础平、剖面及土层分布如图 6.4.12 所示。基础及以上土的加权平均重度为 20kN/m^3。

假定，不考虑土的冻胀，基础埋深 d 为 1.5m，在荷载的准永久组合下，基底平均附加应力为100kPa，筏板按无限刚性考虑，沉降计算经验系数$\psi_s=1.0$。试问，不考虑相邻荷载及填土荷载影响，基础中心处第②层土的最终变形量（mm）与下列何项数值最为接近？

(A) 100　　　　(B) 130　　　　(C) 150　　　　(D) 180

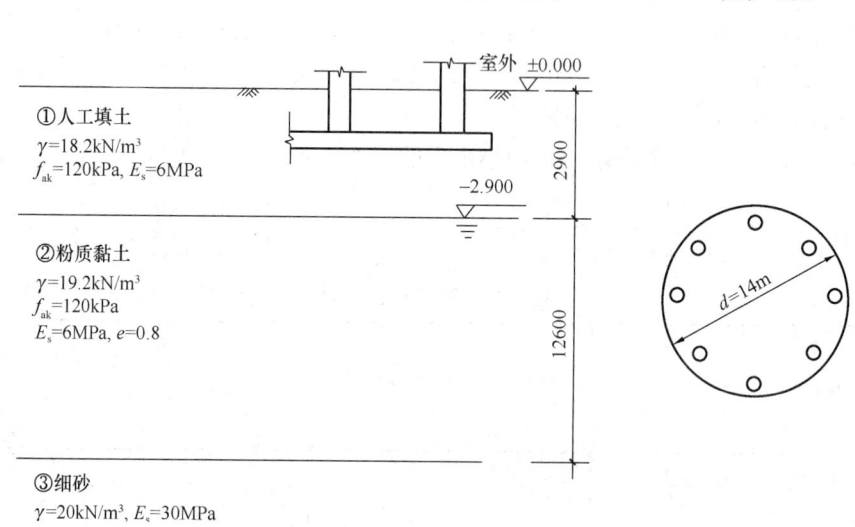

图 6.4.12

【解答】 根据《地规》5.3.5条，查《地规》附表K.0.3：

$z_1=2.9-1.5=1.4\text{m}$，$z_1/r5=1.4/7=0.2$，$\bar{\alpha}_1=0.998$

$z_2=12.6+2.9-1.5=14\text{m}$，$z_2/r=14/7=2$，$\bar{\alpha}_2=0.658$

$s=1.0\times\dfrac{100}{6000}\times(0.658\times14\times10^3-0.998\times1.4\times10^3)$

$=130\text{mm}$

故选（B）项。

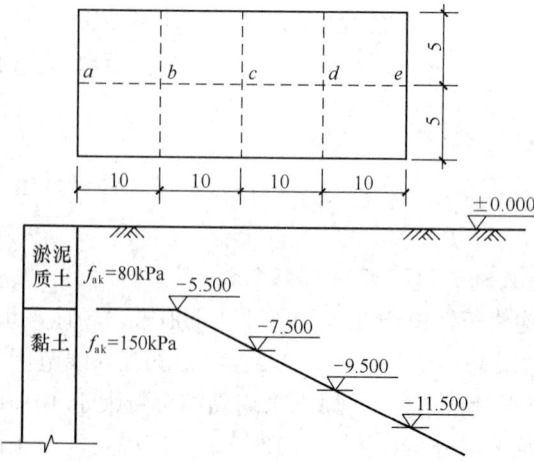

图 6.4.13 某多层砌体结构筏板基础

【例 6.4.17】 某多层砌体结构基础为筏板基础，其埋深为1.5m，上部结构传来相应于作用的准永久组合时的竖向力$F=20\times10^3\text{kN}$，土层为淤泥质土和黏土两层土，第一层淤泥质土不均匀，如图6.4.13所示，$\gamma=17\text{kN/m}^3$，$E_s=3\text{MPa}$；第二层黏土，$\gamma=18\text{kN/m}^3$，$E_s=10\text{MPa}$。基础及其上覆土的加权平均重度为20kN/m^3。

试问：确定该住宅基础的局部倾斜值，并判别其是否符合规范要求。

【解答】（1）从图中可见，该筏板基础的局部倾斜值最大值发生在b、c

两点之间，其间距为10m，根据《地规》表5.3.4注5的规定，符合6～10m规定。

（2）确定基底处附加压力 p_0

基底压力：$p = \dfrac{F+G}{A} = \dfrac{20 \times 10^3 + 20 \times 40 \times 10 \times 1.5}{40 \times 10} = 80\text{kPa}$

基底处附加压力：$p_0 = p - \gamma d = 80 - 17 \times 1.5 = 54.5\text{kPa}$

（3）确定沉降计算深度 z_n

根据《地规》5.3.8条规定：

$z_n = b(2.5 - 0.4\ln b) = 10 \times (2.5 - 0.4\ln 10) = 15.8\text{m}$，取 $z_n = 16\text{m}$。

根据《地规》表5.3.7，$b = 10\text{m} > 8\text{m}$ 取 $\Delta z = 1.0\text{m}$。

（4）计算 b、c 点沉降量

列表计算 c 点的沉降量，基底划分4个小矩形，取小矩形的长边 $l = 20\text{m}$，短边 $b = 5\text{m}$，列表计算过程见表6.4.6。

各值列表计算结果　　　　　　　　　表6.4.6

z_i (m)	l/b	z/b	$\bar{\alpha}_i$	$z_i\bar{\alpha}_i$ (mm)	$z_i\bar{\alpha}_i - z_{i-1}\bar{\alpha}_{i-1}$ (mm)	E_{si} (kPa)	$\Delta s'_i = \dfrac{4p_0}{E_{si}} \times (z_i\bar{\alpha}_i - z_{i-1}\bar{\alpha}_{i-1})$ (mm)	$s' = \Sigma \Delta s'_i$ (mm)
0	4	0	0.2500	0	1372.2	3000	99.71	99.71
6.0	4	1.2	0.2287	1372.2	1200.3	10000	26.17	125.88
15.0	4	3.0	0.1715	2572.5	89.9	10000	1.96	127.84
16.0	4	3.2	0.1664	2662.4				

复核计算深度，$z_n = 16\text{m}$，$\Delta z = 1.0\text{m}$

$\Delta s'_n = 1.96\text{mm} < 0.025\Sigma\Delta s'_i = 0.025 \times 127.84 = 3.196\text{mm}$，满足

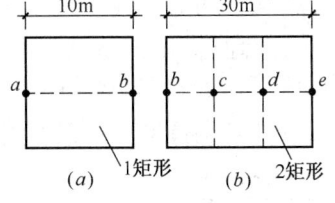

图6.4.14　基底划分图

计算 b 点的沉降量，基底划分为如图6.4.14所示两矩形，查《地规》附录表K.0.1-2时，对图6.4.14(a)，取小矩形的长边 $l = 10\text{m}$，短边 $b = 5\text{m}$，$l/b = 10/5 = 2$，取 $\bar{\alpha}_{i(1)}$。对图6.4.14(b)，取小矩形的长边 $l = 30\text{m}$，短边 $b = 5\text{m}$，$l/b = 30/5 = 6$，取 $\bar{\alpha}_{i(2)}$。$\bar{\alpha}_i = 2 \times [\bar{\alpha}_{i(1)} + \bar{\alpha}_{i(2)}]$，列表计算过程见表6.4.7。

复核计算深度，$z_n = 16\text{m}$，$\Delta z = 1.0\text{m}$

$\Delta s'_n = 1.78\text{mm} < 0.025\Sigma\Delta s'_i = 0.025 \times 105.45 = 2.64\text{mm}$，满足。

（5）计算 b、c 点的最终沉降量及沉降差

各值列表计算结果 表6.4.7

z_i (m)	l/b	z_i/b	$\bar{\alpha}_i$	$z_i\bar{\alpha}_i$ (mm)	$z_i\bar{\alpha}_i - z_{i-1}\bar{\alpha}_{i-1}$ (mm)	E_{si} (kPa)	$\Delta s'_i = \dfrac{p_0}{E_{si}} \times (z_i\bar{\alpha}_i - z_{i-1}\bar{\alpha}_{i-1})$ (mm)	$s' = \Sigma\Delta s'_i$ (mm)
0	2 6	0 0	1.0000	0	3850.4	3000	69.95	69.95
4.0	2 6	0.8 0.8	2×(0.2403+0.2410)=0.9626	3850.4	6187.6	10000	33.72	103.67
15.0	2 6	3.0 3.0	2×(0.1619+0.1727)=0.6692	10038.0	326.8	10000	1.78	105.45
16.0	2 6	3.2 3.2	2×(0.1562+0.1677)=0.6478	10364.8				

b 点：$\overline{E}_s = \dfrac{\Sigma A_i}{\Sigma A_i/E_{si}} = \dfrac{10364.8}{\dfrac{3850.4}{3.0} + \dfrac{6187.6}{10} + \dfrac{326.8}{10}} = 5.36 \text{MPa}^{-1}$

$p_0 = 54.5 \text{kPa} \leqslant 0.75 f_{ak} = 0.75 \times 80 = 60 \text{kPa}$，查《地规》表5.3.5：

$\psi_{s,b} = 1.0 - \dfrac{5.36-4}{7-4} \times (1.0 - 0.7) = 0.864$

c 点：$\overline{E}_s = \dfrac{2662.4}{\dfrac{1372.2}{3.0} + \dfrac{1200.3}{10} + \dfrac{89.9}{10}} = 4.54 \text{MPa}^{-1}$

查《地规》表5.3.5：

$$\psi_{s,c} = 1.0 - \dfrac{4.54-4}{7-4} \times (1.0 - 0.7) = 0.946$$

b 点的最终沉降量：$s_b = \psi_{s,b} \cdot s' = 0.864 \times 105.45 = 91.11 \text{mm}$

c 点的最终沉降量：$s_c = \psi_{s,c} \cdot s' = 0.946 \times 127.84 = 120.94 \text{mm}$

b、c 点的沉降差：$\Delta s_{bc} = 120.94 - 91.11 = 29.83 \text{mm}$

b、c 点局部倾斜值：$\Delta s_{bc}/10000 = 29.83/10000 = 0.00298$

查《地规》表5.3.4，持力层为淤泥质土，$E_s = 3 \text{MPa}$，属高压缩性土，取局部倾斜允许值为0.003，故基本满足。

3. 相邻荷载对地基变形的影响

《地规》规定：

> 5.3.9 当存在相邻荷载时，应计算相邻荷载引起的地基变形，其值可按应力叠加原理，采用角点法计算。

《地规》5.3.9条规定，当考虑相邻荷载的影响时，其值可按应力叠加原理，采用角点法计算。在具体计算时，需注意正确划分矩形，使所求点处于各矩形的角点上，如图6.4.15所示，求甲基础中心点 o 的沉降量时，相邻乙基础对甲基础的影响，可划分为2个小矩形的叠加，其平均附加应力系数 $\bar{\alpha}_{乙对甲}$：

$$\bar{\alpha}_{乙对甲} = 2[\bar{\alpha}_{(ofga)} - \bar{\alpha}_{(oeda)}]$$

甲基础自身作用的平均附加应力系数 $\bar{\alpha}_\text{甲}$：$\bar{\alpha}_\text{甲}=4\alpha_\text{(ocba)}$

甲基础总的平均附加应力为：$\bar{\alpha}_\text{甲} \cdot p_{01} + \bar{\alpha}_\text{乙对甲} \cdot p_{02}$

当 $p_{01}=p_{02}=p_0$ 时，$(\bar{\alpha}_\text{甲}+\bar{\alpha}_\text{乙对甲}) \cdot p_0$

当求图 6.4.15 中，h、c 点之间的倾斜值时，相邻乙基础对甲基础的影响，仍可划分为 2 个小矩形的叠加，其平均附加应力系数 $\bar{\alpha}_\text{乙对甲}$：

对 h 点：$\bar{\alpha}_\text{乙对甲}=2\left[\bar{\alpha}_\text{(hfgi)}-\bar{\alpha}_\text{(hedi)}\right]$

对 c 点：$\alpha_\text{乙对甲}=2\left[\bar{\alpha}_\text{(cfgb)}-\bar{\alpha}_\text{(cedb)}\right]$

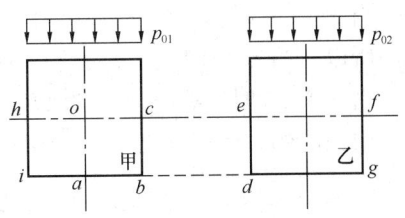

图 6.4.15 基础划分图

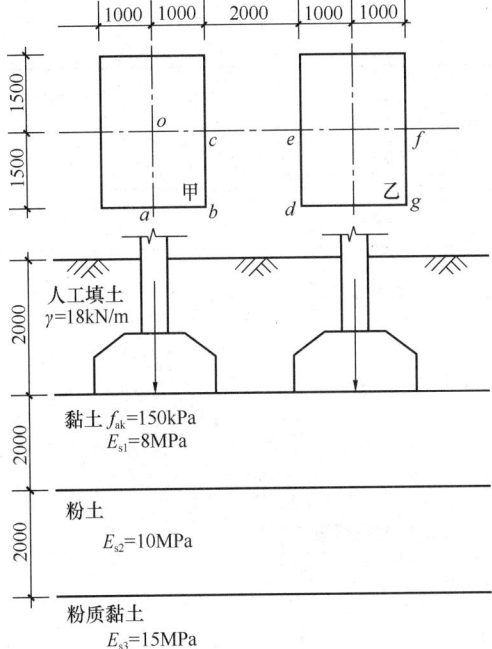

图 6.4.16 基础平面和各层土的压缩模量

【例 6.4.18】 基础平面和各层土的压缩模量如图 6.4.16 所示，上部结构传来相应于作用的准永久组合时的基底处平均压力值为 190kPa，基础埋深 2.0m，基底尺寸为 2m×3m。

试问：考虑相邻基础乙的影响，确定基础甲中心点 o 最终沉降量。

【解答】（1）确定基底处附加压力 p_0
$p_0=p-\gamma d=190-18\times 2=154\text{kPa}$

（2）估计沉降计算深度 z_n

因有相邻荷载影响，故《地规》5.3.8 条不适用，因粉质黏土的 E_{s3} 较大，故取 $z_n=2.0+2.0=4.0\text{m}$。

根据《地规》表 5.3.7，$b=2\text{m}\leqslant 2\text{m}$，取 $\Delta z=0.3\text{m}$。

（3）计算基础甲中心点的沉降量

1) 基础甲自身作用产生的平均附加应力系数 $\bar{\alpha}_1$

取小矩形 $oabc$，$l=1.5\text{m}$，$b=1.0\text{m}$，则：$l/b=1.5$。

当 $z=2.0$ 时，$z/b=2$，查《地规》附录表 K.0.1-2，取 $4\bar{\alpha}_1=4\times 0.1894=0.7576$

当 $z=4.0$ 时，$z/b=4$，查《地规》附录表 K.0.1-2，取 $4\bar{\alpha}_1=4\times 0.1271=0.5084$

2) 基础乙对基础甲中心点 o 产生的平均附加应力系数 $\bar{\alpha}_2$：

由图将其划分为两个小矩形的应力叠加，即：

$$\bar{\alpha}_2=2\left[\bar{\alpha}_\text{(oagf)}-\bar{\alpha}_\text{(oade)}\right]$$

对矩形 $oagf$：$l/b=5/1.5=3.3$。

当 $z=2.0$ 时，$z/b=2/1.5=1.33$，查《地规》附表 K.0.1-2，取 $\bar{\alpha}_\text{(oagf)}=0.2250$，当 $z=4.0$ 时，$z/b=4/1.5=2.67$，查《地规》附表 K.0.1-2，取 $\bar{\alpha}_\text{(oagf)}=0.1785$

对矩形 $oade$：$l/b=3/1.5=2.0$。

当 $z=2.0$ 时，$z/b=2/1.5=1.3$，查《地规》附录表 K.0.1-2，$\bar{\alpha}_\text{(oade)}=0.2230$

当 $z=4.0$ 时，$z/b=4/1.5=2.67$，查《地规》附表 K.0.1-2，$\bar{\alpha}_{(oade)}=0.1713$
所以，当 $z=2.0$ 时，$\bar{\alpha}_2=2\times(0.2250-0.2230)=0.0040$
当 $z=4.0$ 时，$\bar{\alpha}_2=2\times(0.1785-0.1713)=0.0144$
用相同的方法可求出 $z=3.7m$ 时的平均附加应力系数 $\bar{\alpha}_1$、$\bar{\alpha}_2$。
$$\bar{\alpha}_1=4\times 0.1341=0.5364$$
$$\bar{\alpha}_2=2\times(0.1845-0.1779)=0.0132$$
具体列表计算沉降量见表 6.4.8。

列表计算沉降量　　　　表 6.4.8

z_i (m)	$\bar{\alpha}_{1i}$	$\bar{\alpha}_{2i}$	$\bar{\alpha}_i$	$z_i\bar{\alpha}_i$ (mm)	$z_i\bar{\alpha}_i-z_{i-1}\bar{\alpha}_{i-1}$ (mm)	E_{si} (kPa)	$\Delta s'_i=\dfrac{p_0}{E_{si}}\times(z_i\bar{\alpha}_i-z_{i-1}\bar{\alpha}_{i-1})$ (mm)	$s'=\Delta s'_i$ (mm)
0	0	0	0	0	1523	8000	29.32	29.32
2.0	0.7576	0.0040	0.7616	1523	511	10000	7.87	37.19
3.7	0.5364	0.0132	0.5496	2034	57	10000	0.88	38.07
4.0	0.5084	0.0144	0.5228	2091				

复核沉降计算深度 $z_n=4.0$，$\Delta z=0.3m$，$\Delta s'_n=0.88mm<0.025\Sigma\Delta s'_i=0.025\times 38.07=0.952mm$，满足。

（4）确定最终沉降量

$$\bar{E}_s=\frac{\Sigma A_i}{\Sigma A_i/E_{si}}$$

$$=\frac{2091}{\dfrac{1523}{8}+\dfrac{511}{10}+\dfrac{57}{10}}=8.46MPa$$

$p_0=154kPa>f_{ak}=150kPa$，查《地规》表 5.3.5：

$$\psi_s=1.0-\frac{8.46-7}{15-7}\times(1.0-0.4)=0.89$$

$$s=\psi_s s'=0.89\times 38.07=33.88mm$$

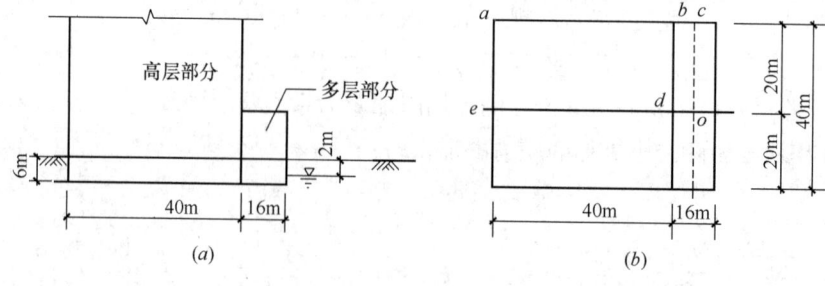

图 6.4.17

【例 6.4.19】 某高低层一体的办公楼，采用整体筏形基础，基础埋深 6m，高层部分基础尺寸为 40m×40m，基底压力 380kPa。多层部分基础尺寸为 40m×16m。土层重度 γ

$=20\text{kN/m}^3$,地下水位埋深为 2.0m,如图 6.4.17(a) 所示。试问,高层部分的荷载在多层部分基底中心点以下深度 12m 处所产生的附加压力为多少?

【解答】 如图 6.4.17(b) 所示,高层部分基底附加应力 p_0 为:

$$p_0 = p - \Sigma\gamma_i h_i$$
$$= 380 - [2\times 20 + 4\times(20-10)]$$
$$= 300\text{kPa}$$

面积 $acoe$:$l/b=48/20=2.4$,$z/b=12/20=0.6$,查《地规》附录表 K.0.1,取 α_1 为:

$$\alpha_1 = 0.233 + \frac{2.4-2}{3-2}\times(0.234-0.233)$$
$$= 0.2334$$

面积 $bcod$:$l/b=20/8=2.5$,$z/b=12/8=1.5$,查《地规》附录表 K.0.1,取 $\alpha_2=0.16$

12m 处 p 为:

$$p = p_0(2\alpha_1 - 2\alpha_2) = 300\times(2\times 0.2334 - 2\times 0.16) = 44.04\text{kPa}$$

4. 开挖基坑地基土的回弹变形量计算

深基坑施工过程中,土方开挖(即地基土卸荷)时,基坑底面地基土产生回弹问题;当基础施工(即地基土重新加载)时,已发生回弹的地基土产生再压缩问题,其回弹-再压缩曲线,如图 6.4.18 所示。土的回弹模量应从回弹曲线上确定。

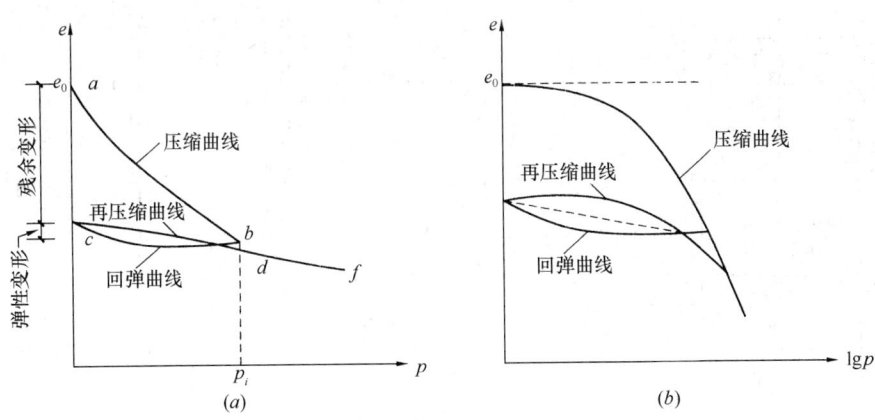

图 6.4.18 土的回弹-再压缩曲线
(a) e-p 曲线;(b) e-$\lg p$ 曲线

《地规》规定:

> 5.3.10 当建筑物地下室基础埋置较深时,地基土的回弹变形量可按下式进行计算:
> $$s_c = \psi_c \sum_{i=1}^{n} \frac{p_c}{E_{ci}}(z_i\bar{\alpha}_i - z_{i-1}\bar{\alpha}_{i-1}) \qquad (5.3.10)$$

> 式中：s_c——地基的回弹变形量（mm）；
> ψ_c——回弹量计算的经验系数，无地区经验时可取 1.0；
> p_c——基坑底面以上土的自重压力（kPa），地下水位以下应扣除浮力；
> E_{ci}——土的回弹模量（kPa），按现行国家标准《土工试验方法标准》GB/T 50123 中土的固结试验回弹曲线的不同应力段计算。

需注意的是：

（1）p_c 的取值，基坑底面以上土的自重压力，地下水位以下应扣除浮力。

（2）E_{ci} 的取值，规范 5.3.10 条的条文说明作了规定："公式（5.3.10）中，E_{ci} 应按《土工试验方法标准》GB/T 50123 进行试验确定，计算时应按回弹曲线上相应的压力段计算。"

【例 6.4.20】 某地下水池采用钢筋混凝土结构，平面尺寸 6m×12m，基坑支护采用直径 600mm 钻孔灌注桩结合一道钢筋混凝土内支撑联合挡土，地下结构平面、剖面及土层分布如图 6.4.19 所示，土的饱和重度按天然重度采用。

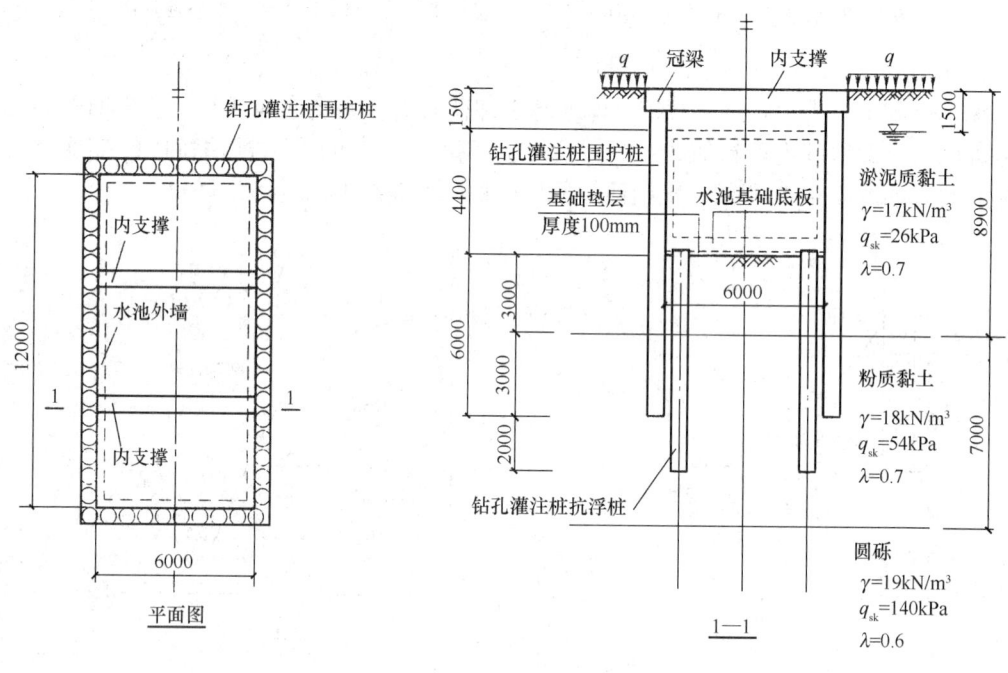

图 6.4.19

假定，坑底以下淤泥质黏土的回弹模量为 10MPa。试问，根据《建筑地基基础设计规范》GB 50007—2011，基坑开挖至底部后，坑底中心部位由淤泥质黏土层回弹产生的变形量 s_c（mm），与下述何项数值最为接近？

提示：① 坑底以下的淤泥质黏土层按一层计算，计算时不考虑工程桩及周边围护桩的有利作用；

② 回弹量计算的经验系数 ψ_c 取 1.0。

(A) 8　　　　　(B) 16　　　　　(C) 25　　　　　(D) 40

【解答】 根据《地规》5.3.10条：

$$p_c = 17 \times 5.9 - 10 \times 4.4 = 56.3 \text{kPa}$$

将基底平面等分为四块，$z=3.0\text{m}$，$b=3.0\text{mm}$，$l=6.0\text{m}$

根据 $z/b=1$，$l/b=2$，查《地规》附录表K.0.1-2，有 $\bar{\alpha}_1 = 0.2340$

$$s_c = 1.0 \times 4 \times \frac{56.3}{10 \times 10^3} \times (0.2340 \times 3000 - 0) = 15.8 \text{mm}$$

应选（B）项。

【例 6.4.21】 某工程采用箱形基础，基础平面尺寸为64.8m×12.8m，基础埋深5.7m，基底以下各土层分布情况如图6.4.20所示，各层土的重度均为 $\gamma = 19\text{kN/m}^3$。由上部结构（含基础自重）传来相应于作用的准永久组合时的基底处压力为316.6kPa，基底处附加压力为108.3kPa。基底以下各土层分别在自重压力下作回弹试验，测得回弹模量如表6.4.9所示。

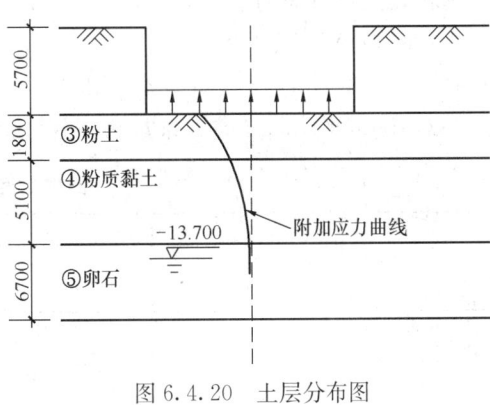

图6.4.20　土层分布图

土 的 回 弹 模 量　　　　　表6.4.9

土层	层厚（m）	回弹（模量）（MPa）			
		$E_{0-0.025}$	$E_{0.025-0.05}$	$E_{0.05-0.1}$	$E_{0.1-0.2}$
③粉土	1.8	28.7	30.2	49.1	570
④粉质黏土	5.1	12.8	14.1	22.3	280
⑤卵石	6.7	100（无试验资料，估算值）			

试问：基础中心点的最大回弹量。

【解答】 (1) 先计算基底以下的各层土的附加应力 p_z 和土自重应力 p_{cz}，并根据其应力情况确定回弹模量的取值。

已知基底处 $p_{01} = 108.3\text{kPa}$

查《地规》附录表K.0.1-1，取 $b = 12.8/2 = 6.4$，$l = 64.8/2 = 32.4\text{m}$，列表计算基础中点下对应的附加应力系数 α_i，见表6.4.10。

基础中点下对应的附加应力系数 α_i 计算　　　　表6.4.10

z_i (m)	α_i	$p_z = 4\alpha_i p_{01}$ (kPa)	$p_{cz} = 19 \times (5.7+z)$ (kPa)	$\bar{p}_z$ (kPa)	$\bar{p}_{cz}$ (kPa)	$\bar{p}_{cz} - \bar{p}_z$ (kPa)	E_{ci} (MPa)
0	0.250	108.3	108.3	—	—	—	—
1.8	0.247	107.0	142.5	107.65	125.4	17.75	28.7
4.9	0.225	97.5	201.4	102.25	171.95	69.7	22.3

续表

z_i (m)	α_i	$p_z=4\alpha_i p_{01}$ (kPa)	$p_{cz}=19\times(5.7+z)$ (kPa)	$\bar{p}_z$ (kPa)	$\bar{p}_{cz}$ (kPa)	$\bar{p}_{cz}-\bar{p}_z$ (kPa)	E_{ci} (MPa)
5.9	0.211	91.4	220.4	94.45	210.9	116.45	280
6.9	0.197	85.3	239.4	88.35	229.9	141.55	280

注：$\bar{p}_z=[p_{z(i-1)}+p_{zi}]/2$；$\bar{p}_{cz}=[p_{cz(i-1)}+p_{czi}]/2$。

基底处土自重应力 $p_c=19\times5.7=108.3\text{kPa}$

(2) 回弹变形量的计算

取小矩形的长边 $l=64.8/2=32.4\text{m}$，短边 $b=12.8/2=6.4\text{m}$，查《地规》附录表 K.0.1-2，确定平均附加应力系数 $\bar{\alpha}_i$，具体计算列表见表 6.4.11。

回弹变形量计算表　　　　　　　　　　　　　　　　表 6.4.11

z_i (m)	l/b	z_i/b	$\bar{\alpha}_i$	$z_i\bar{\alpha}_i$ (mm)	$z_i\bar{\alpha}_i - z_{i-1}\bar{\alpha}_{i-1}$ (mm)	E_{ci} (kPa)	$\Delta s_i = \dfrac{4p_c(z_i\bar{\alpha}_i - z_{i-1}\bar{\alpha}_{i-1})}{E_{ci}}$ (mm)
0		0	0.25	0			
1.8		0.281	0.249	448.2	448.2	28700	6.77
4.9	$\dfrac{32.4}{6.4}=5.06$	0.766	0.242	1185.8	737.6	22300	14.33
5.9		0.922	0.240	1416.0	230.2	280000	0.356
6.9		1.078	0.233	1607.7	191.7	280000	0.297

$s'=\sum\Delta s_i=6.77+14.33+0.356+0.297=21.75\text{mm}$

取 $\psi_c=1.0$，$s_c=\psi_c s'=1.0\times21.75=21.75\text{mm}$。

思考：①本题目中表 6.4.9 中，$E_{0.25-0.5}$ 的内涵是指：当压力为 25~50kPa 的回弹模量，其他类推。

②本题目中表 6.4.10 注的内涵是指：按土层厚度的中点确定回弹模量。表 6.4.10 中土层 z_i 是按《地规》中案例进行取值。

5. 地基土的回弹再压缩变形量计算

(1) 预备知识——地基土回弹再压缩曲线以及再压缩比率与再加荷比

1) 再压缩比率 γ' 的定义为：

① 土的固结回弹再压缩试验

$$r'=\frac{e_{\max}-e_i'}{e_{\max}-e_{\min}}$$

式中：e_i'——再加荷过程中 P_i 级荷载施加后再压缩变形稳定时的土样孔隙比；

$e_{\min}$——回弹变形试验中最大预压荷载或初始上覆荷载下的孔隙比；

$e_{\max}$——回弹变形试验中土样上覆荷载全部卸载后土样回弹稳定时的孔隙比。

② 平板载荷试验卸荷再加荷试验

$$r' = \frac{\Delta s_{rci}}{s_c}$$

式中：Δs_{rci}——载荷试验中再加荷过程中，经第 i 级加荷，土体再压缩变形稳定后产生的再压缩变形量；

s_c——载荷试验中卸荷阶段产生的回弹变形量。

2）再加荷比 R' 定义为：

① 土的固结回弹再压缩试验

$$R' = \frac{P_i}{P_{max}}$$

式中：P_{max}——最大预压荷载，或初始上覆荷载；

P_i——卸荷回弹完成后，再加荷过程中经过第 i 级加荷后作用于土样上的竖向上覆荷载。

② 平板载荷试验卸荷再加荷试验

$$R' = \frac{P_i}{P_0}$$

式中：P_0——卸荷对应的最大压力；

P_i——再加荷过程中，经第 i 级加荷对应的压力。

根据土的固结回弹再压缩试验或平板载荷试验卸荷再加荷试验结果，地基土回弹再压缩曲线在再压缩比率与再加荷比关系中可用两段线性关系模拟。典型试验曲线关系见图 6.4.21，可按图 6.4.21 所示的试验结果按两段线性关系确定 r'_0 和 R'_0。

在图 6.4.21 中，r'_0 和 R'_0 定义为：

r'_0——临界再压缩比率，相应于再压缩比率与再加荷比关系曲线上两段线性交点对应的再压缩比率；

R'_0——临界再加荷比，相应在再压缩比率与再加荷比关系曲线上两段线性交点对应的再加荷比。

回弹变形计算可按回弹变形的二个阶段分别计算：小于临界卸荷比时，其变形很小，可按线性模量关系计算；临界卸荷比至极限卸荷比段，可按 log 曲线分布的模量计算。

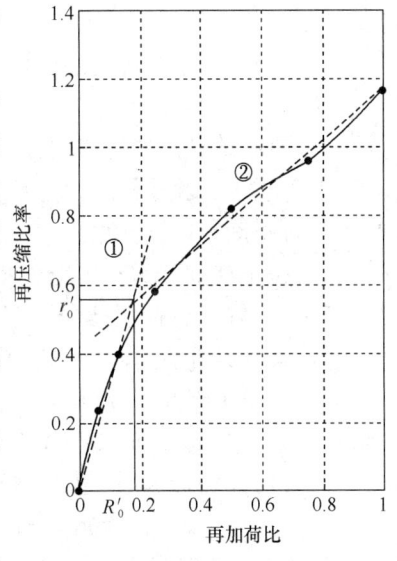

图 6.4.21 再压缩比率与再加荷比关系

工程应用时，回弹变形计算的深度可取至土层的临界卸荷比深度；再压缩变形计算时初始荷载产生的变形不会产生结构内力，应在总压缩量中扣除。

（2）《规范》法计算地基土回弹再压缩变形量

《地规》规定：

5.3.11 回弹再压缩变形量计算可采用再加荷的压力小于卸荷土的自重压力段内再压缩变形线性分布的假定按下式进行计算：

$$s'_c = \begin{cases} r'_0 s_c \dfrac{p}{p_c R'_0} & p < R'_0 p_c \\ s_c \left[r'_0 + \dfrac{r'_{R'=1.0} - r'_0}{1 - R'_0} \left(\dfrac{p}{p_c} - R'_0 \right) \right] & R'_0 p_c \leqslant p \leqslant p_c \end{cases} \quad (5.3.11)$$

式中 s'_c——地基土回弹再压缩变形量（mm）；

s_c——地基的回弹变形量（mm）；

r'_0——临界再压缩比率，相应于再压缩比率与再加荷比关系曲线上两段线性交点对应的再压缩比率，由土的固结回弹再压缩试验确定；

R'_0——临界再加荷比，相应在再压缩比率与再加荷比关系曲线上两段线性交点对应的再加荷比，由土的固结回弹再压缩试验确定；

$r'_{R'=1.0}$——对应于再加荷比 $R'=1.0$ 时的再压缩比率，由土的固结回弹再压缩试验确定，其值等于回弹再压缩变形增大系数；

p——再加荷的基底压力（kPa）。

需注意的是：

《地规》5.3.11条的条文说明作了如下说明：

5.3.11 （条文说明）

工程计算的步骤和方法如下：

1 进行地基土的固结回弹再压缩试验，得到需要进行回弹再压缩计算土层的计算参数。每层土试验土样的数量不得少于6个，按《岩土工程勘察规范》GB 50021的要求统计分析确定计算参数。

2 按本规范第5.3.10条的规定进行地基土回弹变形量计算。

3 绘制再压缩比率与再加荷比关系曲线，确定 r'_0 和 R'_0。

4 按本条计算方法计算回弹再压缩变形量。

5 如果工程在需计算回弹再压缩变形量的土层进行过平板载荷试验，并有卸荷再加荷试验数据，同样可按上述方法计算回弹再压缩变形量。

6 进行回弹再压缩变形量计算，地基内的应力分布，可采用各向同性均质线性变形体理论计算。若再压缩变形计算的最终压力小于卸载压力，$r'_{R'=1.0}$ 可取 $r'_{R'=a}$，a 为工程再压缩变形计算的最大压力对应的再加荷比，$a \leqslant 1.0$。

【例6.4.22】 某高层建筑基础采用箱形基础，为两层地下室，基底标高比室外地面标高低5.650m。深基础开挖，基底总卸荷量 $p_c = 106$ kPa。基坑土的回弹变形量 $s_c = 48.0$ mm。对地基土进行固结回弹再压缩试验，再加荷量分别按15kPa、30kPa、60kPa、78kPa、106kPa进行试验。经固结回弹再压缩试验成果进行分析，求得临界再压缩比率 $\gamma'_0 = 0.64$，临界再加荷比 $R'_0 = 0.32$，以及对应于再加荷比 $R' = 1.0$ 时的再压缩比率 $\gamma'_{R'=1.0} = 1.2$。基础完工后，基坑回填土的加荷量仍为106kPa。

试问： 按《地规》规定，确定该地基土的回弹再压缩变形量 s'_c（mm）。

【解答】 由题目条件可知：$s_c = 48\text{mm}$、$p_c = 106\text{kPa}$

$$\gamma'_0 = 0.64, R'_0 = 0.32, \gamma'_{R'=1.0} = 1.2$$

根据《地规》5.3.11 条，列表计算地基土的回弹再压缩变形量 s'_c，见表 6.4.12。

地基土的回弹再压缩变形量计算表 表 6.4.12

序号	再加载量 p (kPa)	再加荷比 R'	回弹再压缩变形量 s'_c (mm) $p < R'_0 p_c$ $s'_c = \gamma'_0 s_c \dfrac{p}{p_c R'_0}$	回弹再压缩变形量 s'_c (mm) $R'_1 p_c \leq p \leq p_c$ $s'_c = s_c \left[r'_0 + \dfrac{\gamma'_{R'=1.0} - r'_0}{1 - R'_0} \left(\dfrac{p}{p_c} - R'_0 \right) \right]$
1	15	0.1415	13.58	—
2	30	0.2830	27.17	—
3	—	0.3200	—	30.72
4	60	0.5660	—	40.45
5	78	0.7358	—	47.16
6	106	1.0000	—	57.60

在表 6.4.12 中，有关计算结果说明如下：

当 $p = 15\text{kPa}$，则：$R' = \dfrac{15}{106} = 0.1415$

$$s'_c = r'_0 s_c \dfrac{p}{p_c R'_0} = 0.64 \times 48 \times \dfrac{15}{106 \times 0.32} = 13.58\text{mm}$$

当 $p = 30\text{kPa}$，同理，可得 $s'_c = 27.17\text{mm}$

当 $R' = 0.32$ 时，则：

$$s'_c = s_c \left[r'_0 + \dfrac{\gamma'_{R'=1.0} - r'_0}{1 - R'_0} \left(\dfrac{p}{p_c} - R'_0 \right) \right]$$

$$= 48 \times \left[0.64 + \dfrac{1.2 - 0.64}{1 - 0.32} \times \left(\dfrac{p}{106} - 0.32 \right) \right]$$

$$= 48 \times \left[0.64 + 0.8235 \times \left(\dfrac{p}{106} - 0.32 \right) \right]$$

$$= 48 \times [0.64 + 0.8235 \times (0.32 - 0.32)] = 30.72\text{mm}$$

当 $p = 60\text{kPa}$ 时，则：

$$s'_c = 48 \times \left[0.64 + 0.8235 \times \left(\dfrac{60}{106} - 0.32 \right) \right] = 40.45\text{mm}$$

当 $p = 78\text{kPa}$ 时，同理，$s'_c = 47.16\text{mm}$。

当 $p = 106\text{kPa}$ 时，同理，$s'_c = 57.60\text{mm}$。

最终取 $s'_c = 57.60\text{mm}$。

第五节 地基的稳定性计算

一、作用效应的取值

《地规》规定：

> 3.0.5 地基基础设计时，所采用的作用效应与相应的抗力限值应符合下列规定：
> 3 计算挡土墙、地基或滑坡稳定以及基础抗浮稳定时，作用效应应按承载能力极限状态下作用的基本组合，但其分项系数均为1.0；

二、地基稳定性计算

- 复习《地规》5.4.1条、5.4.2条。

需注意的是：

(1)《地规》5.4.1条，土的抗剪强度 $\tau_f = c' + \sigma' \tan\varphi'$，其中 c' 为土的有效黏聚力，σ' 为土的有效应力；φ' 为有效内摩擦角。

(2)《地规》5.4.2条式（5.4.2-1）、式（5.4.2-2）中 a 应大于或等于2.5m。

【例6.5.1】 某均匀黏性土土坡存在如图6.5.1所示圆弧形滑面，滑动半径 $R=12$m，滑面长 $L=30$m，滑带土不排水抗剪强度 $c_u=20$kPa，$\varphi=0°$，下滑土体重 $W_1=1200$kN，抗滑土体重 $W_2=320$kN，下滑土体心至滑动圆弧圆心 O 的距离 $d_1=5.2$m，抗滑土体重心至滑圆弧圆心 O 的距离 $d_2=2.8$m。

试问： 确定其抗滑稳定安全系数 K。

【解答】 根据整体圆弧滑动法，则：

$\varphi=0°$，故：$\tau_f = c_u = 20$kPa

$$K = \frac{W_2 d_2 + c_u LR}{W_1 d_1} = \frac{320 \times 2.8 + 20 \times 30 \times 12}{1200 \times 5.2} = 1.297$$

【例6.5.2】 某饱和软黏土边坡已出现明显变形迹象（可以认为在 $\varphi_u=0°$ 的整体圆弧法计算中，其稳定安全系数 $K_1=1.0$）。假定有关参数为（图6.5.2）：下滑部分 W_1 的截面面积为31.2m²，力臂 $d_1=3.2$m，滑体平均重度为18kN/m³。为确保边坡安全，在坡脚进行了反压，反压体 W_3 的截面面积为10m²，力臂 $d_3=3.0$m，重度为20kN/m³。

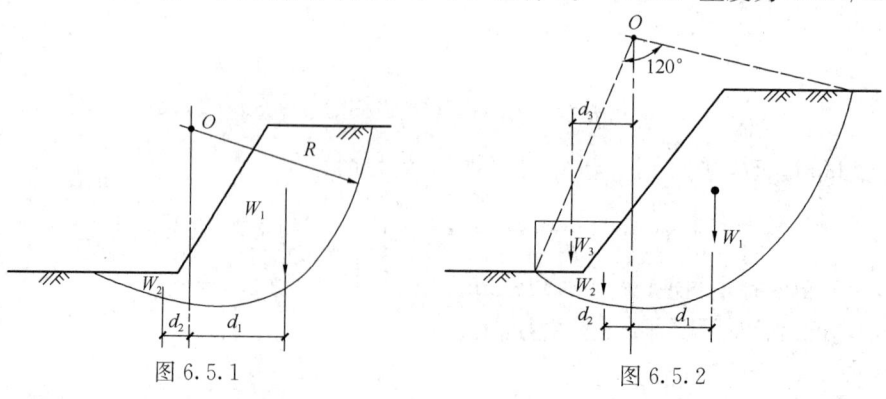

图6.5.1

图6.5.2

试问：在其他参数都不变的情况下，反压后边的稳定安全系数为多少？

【解答】 未增加反压时的稳定安全系数 K_1：

$$K_1 = \frac{M_{\text{抗滑}1}}{W_1 d_1} = 1.0$$

增加反压后的稳定安全系数 K_2：

$$K_2 = \frac{M_{\text{抗滑}1} + W_3 d_3}{W_1 d_1} = \frac{M_{\text{抗滑}1}}{W_1 d_1} + \frac{W_3 d_3}{W_1 d_1}$$
$$= 1.0 + \frac{10 \times 20 \times 3}{31.2 \times 18 \times 3.2} = 1.0 + 0.334 = 1.334$$

【例 6.5.3】 位于土坡坡顶的钢筋混凝土条形基础，如图 6.5.3 所示。

试问：该基础底面外边缘线至稳定土坡坡顶的水平距离 a（m），应不小于下列何项数值？

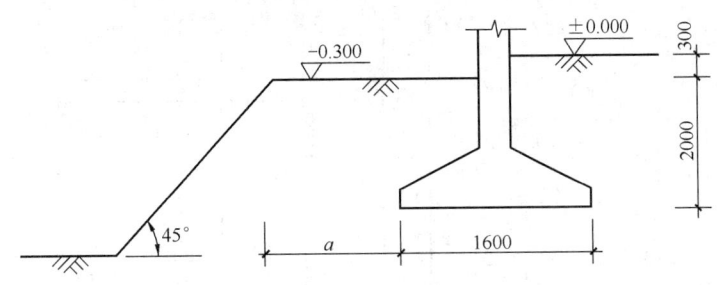

图 6.5.3 钢筋混凝土条形基础

(A) 2.0　　　(B) 2.5　　　(C) 3.0　　　(D) 3.6

【解答】 根据《地规》5.4.2 条规定：

$$a \geqslant 3.5b - \frac{d}{\tan\beta} = 3.5 \times 1.6 - \frac{2.0}{\tan 45°} = 3.6\text{m}，且 a > 2.5\text{m}$$

取 $a \geqslant 3.6\text{m}$

故应选（D）项。

三、基础抗浮稳定性验算

基础稳定性验算包括：抗滑移稳定性；抗倾覆稳定性；抗浮稳定性等。其中，抗滑移稳定性、抗倾覆稳定性，见《高层建筑筏形与箱形基础技术规范》（该规范目前未纳入考试内容）。

《地基通规》规定：

> 6.1.3 受地下水浮力作用的建筑与市政工程应满足抗浮稳定性要求。抗浮结构及构件、抗浮设施的设计工作年限不应低于工程结构的设计工作年限。

《地规》规定：

> 5.4.3 建筑物基础存在浮力作用时应进行抗浮稳定性验算，并应符合下列规定：
> 1 对于简单的浮力作用情况，基础抗浮稳定性应符合下式要求：

$$\frac{G_k}{N_{w,k}} \geqslant K_w \qquad (5.4.3)$$

式中 G_k——建筑物自重及压重之和（kN）；

$N_{w,k}$——浮力作用值（kN）；

K_w——抗浮稳定安全系数，一般情况下可取 1.05。

2 抗浮稳定性不满足设计要求时，可采用增加压重或设置抗浮构件等措施。在整体满足抗浮稳定性要求而局部不满足时，也可采用增加结构刚度的措施。

【例 6.5.4】 某商业楼为五层框架结构，设一层地下室，基础拟采用承台下桩基，预制方桩边长 350mm，桩长 27m，承台厚度 800mm，板厚 600mm。抗浮设计水位+5.000，抗压设计水位+3.500。基础剖面及地质情况见图 6.5.4。

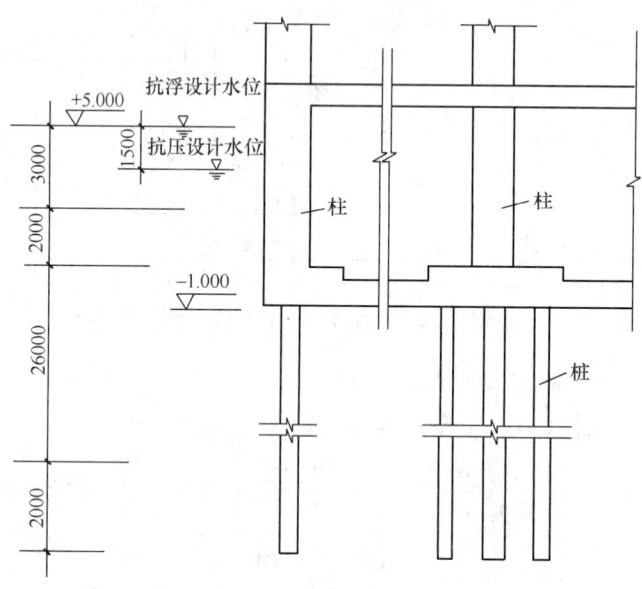

图 6.5.4

地下室底板面积为 1000m²，结构（包括底板）自重及压重之和为 60000kN。

试问： 当仅考虑采用压重措施进行抗浮稳定验算时，为满足《建筑地基基础设计规范》的抗浮要求，还需增加的压重（kN）最小值与下列何项数值最为接近？

提示： 答案中 0 表示不需要另行增加压重。

(A) 3000　　　　　　　　　　　　(B) 2000

(C) 1000　　　　　　　　　　　　(D) 0

【解答】 根据《地规》5.4.3 条：

$$\Delta G \geqslant K_w N_{wk} - G_k = 1.05 \times 10 \times 6 \times 1000 - 60000$$

$$= 3000 \text{kN}$$

所以应选（A）项。

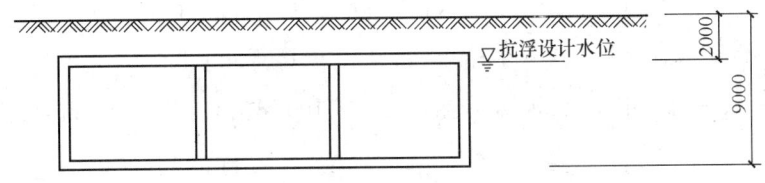

图 6.5.5

【例 6.5.5】 如图 6.5.5 所示某钢筋混凝土地下构筑物，结构物、基础底板及上覆土体的自重传至基底的压力值为 $70kN/m^2$，现拟通过向下加厚结构物基础底板厚度的方法增加其抗浮稳定性及减小底板内力。忽略结构物四周土体约束对抗浮的有利作用，混凝土重度取 $25kN/m^3$。按照《建筑地基基础设计规范》GB 50007—2011，筏板厚度增加量最接近下列哪个选项的数值？

(A) 0.25m　　　(B) 0.40m　　　(C) 0.55m　　　(D) 0.70m

【解答】 根据《地规》5.4.3 条：
假定底板向下增加厚度为 Δh，则：

$$\frac{70+25\Delta h}{10\times 7+10\Delta h}\geqslant 1.05$$

即：$\Delta h \geqslant 0.241m$，故选（A）项。

【例 6.5.6】 某安全等级为二级的长条形坑式设备基础，高出地面 500mm，设备荷载对基础没有偏心。基础的外轮廓及地基土层剖面、地基土参数如图 6.5.6 所示，地下水位在自然地面下 0.5m。

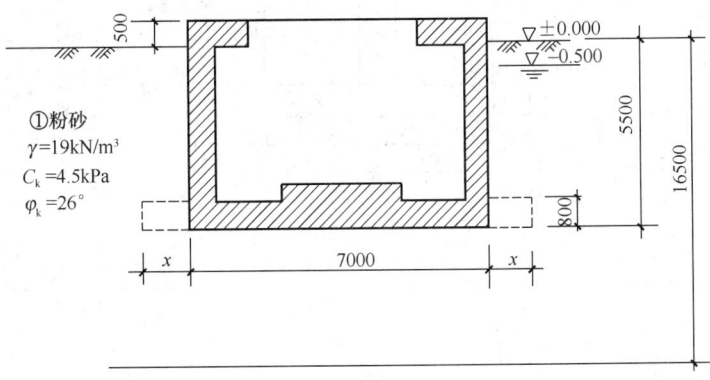

图 6.5.6

已知基础的自重为 280kN/m，基础上设备自重为 60kN/m，设备检修活荷载为 35kN/m，当基础的抗抗浮稳定性不满足要求时，本工程拟采用对称外挑基础底板的抗浮措施。假定，基础底板外挑板厚度取 800mm，抗浮验算时钢筋混凝土的重度取 $23kN/m^3$；设备自重可作为压重，抗浮设计水位取地面下 0.5m。

试问： 为了保证基础抗浮稳定安全系数不小于 1.05，图中虚线所示的底板外挑最小长度 x（mm），与下列何项数值最为接近？

提示： 基础施工时基坑用原状土回填，回填土重度、强度指标与原状土相同。

(A) 0   (B) 250   (C) 500   (D) 800

【解答】 根据《地规》5.4.3条：

$$G_k = 280 + 60 + [0.8 \times 23 + (19-10) \times 4.2 + 19 \times 0.5] \cdot 2x$$
$$= 340 + 131.4x$$
$$N_{w,k} = (7 \times 5 + 2 \times 0.8x) \times 10$$

$\dfrac{G_k}{N_{w,k}} \geqslant 1.05$，则：$x \geqslant 0.24\text{m}$

故应选（B）项。

【例 6.5.7】 某长条形的设备基础，其安全等级为二级。假定，设备的竖向力合力对基础底面没有偏心，基底反力为均匀分布，基础外轮廓及地基土剖面、地基土层参数如图 6.5.7 所示。

假定，设备基础沿纵向每延米自重标准值为 80kN，场地抗浮设计水位标高为 -0.500m。当设备基础施工及基坑土体回填完成后，在没有安装设备的情况下，设备基础的抗浮稳定系数，与下列何项数值最接近？

提示：(1) 土的饱和重度可近似取土的天然重度。

(2) 基坑回填土的重度与①层粉砂相同。

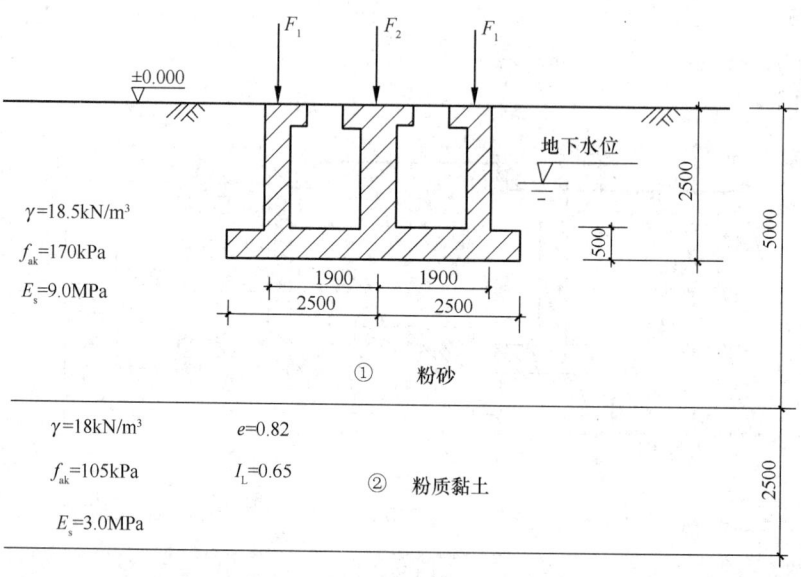

图 6.5.7

(A) 1.00   (B) 1.05   (C) 1.30   (D) 1.45

【解答】 根据《地规》5.4.3条：

$$G_k = 80 + 18.5 \times 0.5 \times 0.6 \times 2 + (18.5 - 10) \times (2 - 0.5) \times 0.6 \times 2 = 106.4\text{kN}$$

$$N_{w,k} = 1.9 \times 2 \times (2.5 - 0.5) \times 10 + (2.5 - 1.9) \times 2 \times 0.5 \times 10 = 82\text{kN}$$

$$G_k/N_{w,k} = 106.4/82 = 1.30$$

故应选（C）项。

【例 6.5.8】 某现浇钢筋混凝土地下管廊，安全等级二级，设计使用年限 50 年，如图 6.5.8 所示。由于地下水位较高，需要考虑抗浮设计。

提示： 回填原状土，物理指标不变，忽略侧壁摩擦，土的饱和重度按天然重度取用。

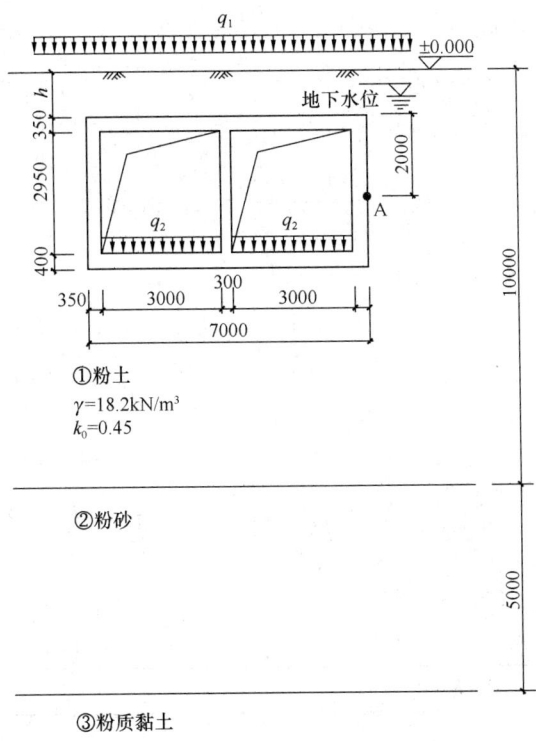

图 6.5.8

(1) 地面超载 $q_1=15\text{kPa}$，结构施工完成且基坑回填三个月后开始安装通廊的设施，廊内设施等效荷载 $q_2=10\text{kN/m}^2$，抗浮水位±0.000，混凝土重度取 23kN/m^3。回填后不采取降水措施，保证施工和使用安全，抗浮系数要求不小于 1.1，计算顶板上覆土 h（m）与下列何项数值最为接近？

提示： 不验算局部抗浮。

(A) 1.2　　　(B) 2.0　　　(C) 2.4　　　(D) 3.0

(2) 假定管廊顶距离地面 $h=2.5\text{m}$，地面超载 $q_1=10\text{kPa}$，廊内设备等效荷载 $q_2=14\text{kN/m}^2$，混凝土重度取 25kN/m^3，地下水标高-1.5m，①层粉土静止土压力系数 0.45，水土分算。进行结构承载力验算时，A 点侧向压力标准值 σ_k（kPa）和底板底面平均压力标准值 p_k（kPa）与下列何项数值最为接近？

(A) 50；80　　(B) 60；80　　(C) 50；100　　(D) 60；100

【解答】 (1) 取纵向长度 1m 计算

$$A = 7 \times 3.7 - 3 \times 2.95 \times 2 = 8.2\text{m}^2, \quad H = 0.35 + 2.95 + 0.4 = 3.7\text{m}$$

$$p_{自重} = \frac{23 \times 8.2}{7} = 26.94\text{kPa}$$

施工阶段：

$$\frac{10h+(18.2-10)\times h+26.94}{(3.7+h)\times 10}\geqslant 1.1$$

可得：$h\geqslant 1.91$m，故选（B）项。

（2）水土分算

A点：　　　$\sigma_{土}=0.45\times(10+18.2\times 1.5+8.2\times 3)=27.855$kPa

$\sigma_{水}=10\times 3=30$kPa

$\sigma_{k}=27.855+30=57.855$kPa

底板处：　　　$p_{自重}=\dfrac{25\times 8.2}{7}=29.29$kPa

$$\begin{aligned}p_{底}&=q_1+q_2+p_{自重}+p_{土重}+p_{水}\\&=10+14+29.29+(18.2\times 1.5+8.2\times 1)+10\times 1\\&=98.79\text{kPa}\end{aligned}$$

故选（D）项。

第六节　山　区　地　基

一、一般规定

● 复习《地规》6.1.1 条～6.1.4 条。

二、土岩组合地基

1. 土岩组合地基的定义及其划分

土岩组合地基的定义，《地规》规定：

> 2.1.8　土岩组合地基　soil-rock composite ground
> 在建筑地基的主要受力层范围内，有下卧基岩表面坡度较大的地基；或石芽密布并有出露的地基；或大块孤石或个别石芽出露的地基。

土岩组合地基的划分，《地规》规定：

> 6.2.1　建筑地基（或被沉降缝分隔区段的建筑地基）的主要受力层范围内，如遇下列情况之一者，属于土岩组合地基：
> 1　下卧基岩表面坡度较大的地基；
> 2　石芽密布并有出露的地基；
> 3　大块孤石或个别石芽出露的地基。

2. 土岩组合地基的设计

(1) 地基变形计算

《地规》规定：

> 6.2.2 当地基中下卧基岩面为单向倾斜、岩面坡度大于10%、基底下的土层厚度大于1.5m时，应按下列规定进行设计：
> 1 当结构类型和地质条件符合表6.2.2-1的要求时，可不作地基变形验算。
>
> 下卧基岩表面允许坡度值　　表 6.2.2-1
>
> | 地基土承载力特征值 f_{ak}(kPa) | 四层及四层以下的砌体承重结构，三层及三层以下的框架结构 | 具有150kN和150kN以下吊车的一般单层排架结构 | |
> |---|---|---|---|
> | | | 带墙的边柱和山墙 | 无墙的中柱 |
> | ≥150 | ≤15% | ≤15% | ≤30% |
> | ≥200 | ≤25% | ≤30% | ≤50% |
> | ≥300 | ≤40% | ≤50% | ≤70% |
>
> 2 不满足上述条件时，应考虑刚性下卧层的影响，按下式计算地基的变形：
>
> $$s_{gz} = \beta_{gz} s_z \qquad (6.2.2)$$
>
> 式中　s_{gz}——具刚性下卧层时，地基土的变形计算值（mm）；
>
> 　　　β_{gz}——刚性下卧层对上覆土层的变形增大系数，按表6.2.2-2采用；
>
> 　　　s_z——变形计算深度相当于实际土层厚度按本规范第5.3.5条计算确定的地基最终变形计算值（mm）。
>
> 具有刚性下卧层时地基变形增大系数 β_{gz}　　表 6.2.2-2
>
> | h/b | 0.5 | 1.0 | 1.5 | 2.0 | 2.5 |
> |---|---|---|---|---|---|
> | β_{gz} | 1.26 | 1.17 | 1.12 | 1.09 | 1.00 |
>
> 注：h—基底下的土层厚度；b—基础底面宽度。
>
> 3 在岩土界面上存在软弱层（如泥化带）时，应验算地基的整体稳定性。
> 4 当土岩组合地基位于山间坡地、山麓洼地或冲沟地带，存在局部软弱土层时，应验算软弱下卧层的强度及不均匀变形。

【例 6.6.1】　某多层砌体结构建筑采用墙下条形基础，荷载的基本组合由永久荷载控制，基础埋深1.5m，地下水位在地面以下2m，其基础剖面及地质条件如图6.6.1所示。基础及其以上土体的加权平均重度为20kN/m³。

已知，相应于荷载的准永久组合时，基础底面的附加压力为100kPa。采用分层总和法计算基础底面中点 A 的沉降量，总土层数按两层考虑，分别为基底以下的黏土层及其下的淤泥质黏土层，层厚均为2.5m。A 点至黏土层底部范围内的平均附加应力系数为0.8，至淤泥质黏土层底部范围内的平均附加应力系数为0.6。基岩以上变形计算深度范

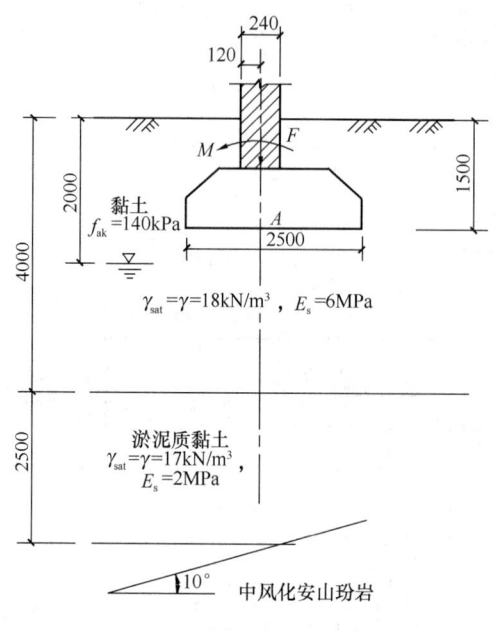

图 6.6.1

围内土层的压缩模量当量值为 3.5MPa。

试问：基础中点 A 的最终沉降量（mm）最接近于下列何项数值？

提示：地基变形计算深度可取至基岩表面。

(A) 75　　　　(B) 86　　　　(C) 94　　　　(D) 105

【解答】 根据《地规》5.3.5 条：

$$p_0 = 100\text{kPa} < 0.75 f_{ak} = 0.75 \times 140 = 105\text{kPa}，查规范表 5.3.5：$$

$$\psi_s = 1.1 - \frac{3.5 - 2.5}{4 - 2.5} \times (1.1 - 1.0) = 1.033$$

$$s = \psi_s s' = 1.033 \times \left[\frac{100}{6 \times 10^3} \times (2500 \times 0.8 - 0 \times 1.0)\right.$$

$$\left. + \frac{100}{2 \times 10^3} \times (5000 \times 0.6 - 2500 \times 0.8)\right]$$

$$= 1.033 \times 83.33 = 86.08\text{mm}$$

由《地规》6.2.2 条：

$$h/b = 5/2.5 = 2，查规范表 6.2.2-2，取 \beta_{gz} = 1.09$$

最终 s 为：$s = 86.08 \times 1.09 = 93.8\text{mm}$

所以应选（C）项。

(2) 地基处理

《地规》规定：

6.2.3 对于石芽密布并有出露的地基,当石芽间距小于 2m,其间为硬塑或坚硬状态的红黏土时,对于房屋为六层和六层以下的砌体承重结构、三层和三层以下的框架结构或具有 150kN 和 150kN 以下吊车的单层排架结构,其基底压力小于 200kPa,可不作地基处理。如不能满足上述要求时,可利用经检验稳定性可靠的石芽作支墩式基础,也可在石芽出露部位作褥垫。当石芽间有较厚的软弱土层时,可用碎石、土夹石等进行置换。

6.2.4 对于大块孤石或个别石芽出露的地基,当土层的承载力特征值大于 150kPa、房屋为单层排架结构或一、二层砌体承重结构时,宜在基础与岩石接触的部位采用褥垫进行处理。对于多层砌体承重结构,应根据土质情况,结合本规范第 6.2.6 条、第 6.2.7 条的规定综合处理。

6.2.5 褥垫可采用炉渣、中砂、粗砂、土夹石等材料,其厚度宜取 300mm～500mm,夯填度应根据试验确定。当无资料时,夯填度可按下列数值进行设计:

中砂、粗砂 0.87 ± 0.05；
土夹石(其中碎石含量为 20%～30%) 0.70 ± 0.05。

注:夯填度为褥垫夯实后的厚度与虚铺厚度的比值。

6.2.6 当建筑物对地基变形要求较高或地质条件比较复杂不宜按本规范第 6.2.3 条、第 6.2.4 条有关规定进行地基处理时,可调整建筑平面位置,或采用桩基或梁、拱跨越等处理措施。

6.2.7 在地基压缩性相差较大的部位,宜结合建筑平面形状、荷载条件设置沉降缝。沉降缝宽度宜取 30mm～50mm,在特殊情况下可适当加宽。

【例 6.6.2】 对于土岩组合地基,当设置褥垫时,其厚度应取下列何项数值?
(A) 100～200mm   (B) 200～300mm
(C) 300～500mm   (D) 400～600mm

【解答】 根据《地规》6.2.5 条规定,褥垫厚度取 300～500mm,故应选(C)项。

三、填土地基

● 复习《地规》6.3.1 条～6.3.11 条。

需注意的是:
(1)《地规》6.3.5 条的条文说明的规定:

6.3.5 (条文说明)
有机质的成分很不稳定且不易压实,其土料中含量大于 5%时不能作为填土的填料。

(2)《地规》6.3.7 条表 6.3.7 注 1、2 的规定。
(3)《地规》6.3.8 条的条文说明的规定:

6.3.8 (条文说明)
压实填土的最大干密度的测定,对于以岩石碎屑为主的粗粒土填料目前存在一些不足,实验室击实试验值偏低而现场小坑灌砂法所得值偏高,导致压实系数偏高较多,应根据地区经验或现场试验确定。

(4)《地规》6.3.11 条的条文说明：

> 6.3.11 （条文说明）
> 位于斜坡上的填土，其稳定性验算应包含两方面的内容：一是填土在自重及建筑物荷载作用下，沿天然坡面滑动；二是由于填土出现新边坡的稳定问题。

【例 6.6.3】 某砌体承重结构，地基持力层为厚度较大的粉质黏土，其承载力特征值不能满足设计要求，拟采用压实填土进行地基处理，现场测得粉质黏土的最优含水量为15%，土粒相对密度为2.7。

试问： 该压实填土在持力层范围内的控制干密度应为多少？

【解答】 （1）确定压实填土的最大干密度

根据《地规》6.3.8 条规定，取 $\eta=0.96$（粉质黏土）。

$$\rho_{d\max} = \eta \frac{\rho_\omega d_s}{1+0.01 w_{op} d_s}$$
$$= 0.96 \times \frac{1000 \times 2.7}{1+0.01 \times 15 \times 2.7} = 1845 \text{kg/m}^3$$

（2）确定压实填土的干密度

$\rho_d = \lambda_c \rho_{d\max}$，查《地规》表 6.3.7，取 $\lambda_c \geqslant 0.97$

$\rho_d \geqslant 0.97 \times 1845 = 1790 \text{kg/m}^3$

四、滑坡防治

《地规》规定：

> 6.4.2 应根据工程地质、水文地质条件以及施工影响等因素，分析滑坡可能发生或发展的主要原因，采取下列防治滑坡的处理措施：
> 1 排水：应设置排水沟以防止地面水浸入滑坡地段，必要时尚应采取防渗措施。在地下水影响较大的情况下，应根据地质条件，设置地下排水系统。
> 2 支挡：根据滑坡推力的大小、方向及作用点，可选用重力式抗滑挡墙、阻滑桩及其他抗滑结构。抗滑挡墙的基底及阻滑桩的桩端应埋置于滑动面以下的稳定土（岩）层中。必要时，应验算墙顶以上的土（岩）体从墙顶滑出的可能性。
> 3 卸载：在保证卸载区上方及两侧岩土稳定的情况下，可在滑体主动区卸载，但不得在滑体被动区卸载。
> 4 反压：在滑体的阻滑区段增加竖向荷载以提高滑体的阻滑安全系数。
>
> 6.4.3 滑坡推力可按下列规定进行计算：
> 1 当滑体有多层滑动面（带）时，可取推力最大的滑动面（带）确定滑坡推力。
> 2 选择平行于滑动方向的几个具有代表性的断面进行计算。计算断面一般不得少于2个，其中应有一个是滑动主轴断面。根据不同断面的推力设计相应的抗滑结构。
> 3 当滑动面为折线形时，滑坡推力可按下列公式进行计算（图6.4.3）。
>
> $$F_n = F_{n-1}\psi + \gamma_t G_{nt} - G_{nn}\tan\varphi_n - c_n l_n \quad (6.4.3\text{-}1)$$
> $$\psi = \cos(\beta_{n-1} - \beta_n) - \sin(\beta_{n-1} - \beta_n)\tan\varphi_n \quad (6.4.3\text{-}2)$$

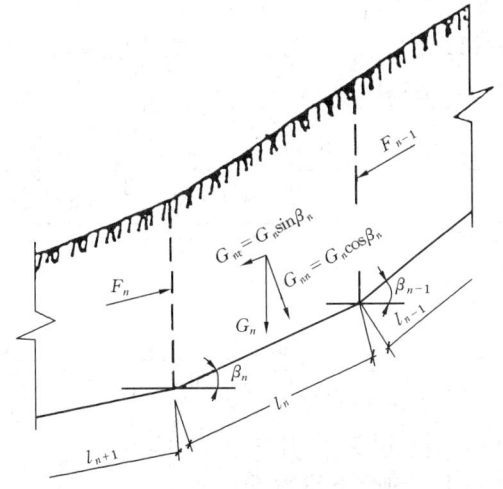

图 6.4.3 滑坡推力计算示意图

式中 F_n、F_{n-1}——第 n 块、第 $n-1$ 块滑体的剩余下滑力（kN）；

ψ——传递系数；

γ_t——滑坡推力安全系数；

G_{nt}、G_{nn}——第 n 块滑体自重沿滑动面、垂直滑动面的分力（kN）；

φ_n——第 n 块滑体沿滑动面土的内摩擦角标准值（°）；

c_n——第 n 块滑体沿滑动面土的黏聚力标准值（kPa）；

l_n——第 n 块滑体沿滑动面的长度（m）；

4 滑坡推力作用点，可取在滑体厚度的 1/2 处。

5 滑坡推力安全系数，应根据滑坡现状及其对工程的影响等因素确定，对地基基础设计等级为甲级的建筑物宜取 1.30，设计等级为乙级的建筑物宜取 1.20，设计等级为丙级的建筑物宜取 1.10。

6 根据土（岩）的性质和当地经验，可采用试验和滑坡反算相结合的方法，合理地确定滑动面上的抗剪强度。

需注意的是：

（1）《地规》6.4.3 条中式（6.4.3-1）、式（6.4.3-2）中，当计算第一块滑体的剩余下滑力 F_1，有：

第一块滑体：$F_1 = \gamma_t G_{1t} - G_{1n}\tan\varphi_1 - c_1 l_1$

第一块对第二块的传递系数：

$\psi_1 = \cos(\beta_1 - \beta_2) - \sin(\beta_1 - \beta_2)\tan\varphi_2$

（2）在计算过程中，当任何一段的剩余下滑力为零或负值时，说明该段以前部分稳定，不存在滑动推力，应从下一段重新开始累计。

（3）《建筑边坡工程技术规范》GB 50330—2013 对折线形滑动面的边坡采用

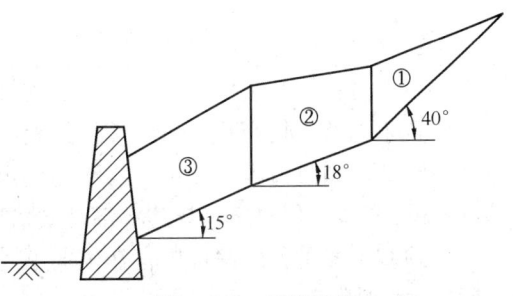

图 6.6.2 某滑坡体

传递系数法隐式解，与《地规》是不相同的。

【例6.6.4】 某一滑坡体如图6.6.2所示，其参数见表6.6.1，滑坡体推力安全系数 $\gamma_t=1.05$。

各滑体系数　　表6.6.1

块号	滑体自重（kN/m）	滑块长度（m）	黏聚力 c（kPa）	内摩擦角 φ（°）
①	12000	50	20	20
②	54000	80	18	15
③	51000	30	18	12

试问： 确定滑块③的剩余下滑力 F_3。

提示： 按《建筑地基基础设计规范》作答。

【解答】（1）确定滑块①的剩余下滑力 F_1

根据《地规》6.4.3条第3款规定：

$$F_1 = \gamma_t G_{nt} - G_{nn}\tan\varphi_n - c_n l_n = \gamma_t G_{1t} - G_{1n}\tan\varphi_1 - c_1 l_1$$
$$= 1.05 \times 12000 \times \sin40° - 12000 \times \cos40° \times \tan20° - 20 \times 50$$
$$= 3753.3 \text{kN/m}$$

$$\psi_1 = \cos(\beta_1 - \beta_2) - \sin(\beta_1 - \beta_2)\tan\varphi_2$$
$$= \cos(40° - 18°) - \sin(40° - 18°)\tan15° = 0.827$$

（2）确定滑块②的剩余下滑力 F_2

$$F_2 = F_1\psi_1 + \gamma_t G_{2t} - G_{2t}\tan\varphi_2 - c_2 l_2$$
$$= 3753.3 \times 0.827 + 1.05 \times 54000 \times \sin18° - 54000 \times \cos18° \times \tan15° - 18 \times 80$$
$$= 5425.2 \text{kN/m}$$

$$\psi_2 = \cos(\beta_2 - \beta_3) - \sin(\beta_2 - \beta_3)\tan\varphi_3$$
$$= \cos(18° - 15°) - \sin(18° - 15°)\tan12° = 0.988$$

（3）确定滑块③的剩余下滑力 F_3

$$F_3 = F_2\psi_2 + \gamma_t G_{3t} - G_{3t}\tan\varphi_3 - c_3 l_3$$
$$= 5425.2 \times 0.988 + 1.05 \times 51000 \times \sin15° - 51000 \times \cos15° \cdot \tan12° - 30 \times 18$$
$$= 8207.9 \text{kN/m}$$

五、岩石地基

《地规》规定：

> 6.5.1 岩石地基基础设计应符合下列规定：
> 1 置于完整、较完整、较破碎岩体上的建筑物可仅进行地基承载力计算。
> 2 地基基础设计等级为甲、乙级的建筑物，同一建筑物的地基存在坚硬程度不同，两种或多种岩体变形模量差异达2倍及2倍以上，应进行地基变形验算。
> 3 地基主要受力层深度内存在软弱下卧岩层时，应考虑软弱下卧岩层的影响进行地基稳定性验算。

  4 桩孔、基底和基坑边坡开挖应采用控制爆破,到达持力层后,对软岩、极软岩表面应及时封闭保护。

  5 当基岩面起伏较大,且都使用岩石地基时,同一建筑物可以使用多种基础形式。

  6 当基础附近有临空面时,应验算向临空面倾覆和滑移稳定性。存在不稳定的临空面时,应将基础埋深加大至下伏稳定基岩;亦可在基础底部设置锚杆,锚杆应进入下伏稳定岩体,并满足抗倾覆和抗滑移要求。同一基础的地基可以放阶处理,但应满足抗倾覆和抗滑移要求。

  7 对于节理、裂隙发育及破碎程度较高的不稳定岩体,可采用注浆加固和清爆填塞等措施。

  6.5.2 对遇水易软化和膨胀、易崩解的岩石,应采取保护措施减少其对岩体承载力的影响。

需注意的是:

《地规》6.5.1 条的条文说明作了如下说明:

  6.5.1 (条文说明)

  岩石一般可视为不可压缩地基,上部荷载通过基础传递到岩石地基上时,基底应力以直接传递为主,应力呈柱形分布,当荷载不断增加使岩石裂缝被压密产生微弱沉降而卸荷时,部分荷载将转移到冲切锥范围以外扩散,基底压力呈钟形分布。验算岩石下卧层强度时,其基底压力扩散角可按 30°~40°考虑。

六、岩溶与土洞

1. 岩溶场地等级

《地规》规定:

  6.6.2 岩溶场地可根据岩溶发育程度划分为三个等级,设计时应根据具体情况,按表 6.6.2 选用。

岩溶发育程度   表 6.6.2

等　级	岩溶场地条件
岩溶强发育	地表有较多岩溶塌陷、漏斗、洼地、泉眼 溶沟、溶槽、石芽密布,相邻钻孔间存在临空面且基岩面高差大于 5m 地下有暗河、伏流 钻孔见洞隙率大于 30%或线岩溶率大于 20% 溶槽或串珠状竖向溶洞发育深度达 20m 以上
岩溶中等发育	介于强发育和微发育之间
岩溶微发育	地表无岩溶塌陷、漏斗 溶沟、溶槽较发育 相邻钻孔间存在临空面且基岩面相对高差小于 2m 钻孔见洞隙率小于 10%或线岩溶率小于 5%

需注意的是：
《地规》6.6.2条的条文说明中规定：

> 6.6.2 （条文说明）
> 基岩面相对高差以相邻钻孔的高差确定。
> 钻孔见洞隙率＝（见洞隙钻孔数量/钻孔总数）×100%。线岩溶率＝（见洞隙的钻探进尺之和/钻探总进尺）×100%。

2. 岩溶与土洞场地的地基设计

● 复习《地规》6.6.3条～6.6.9条。

【例6.6.5】 对地基稳定性有影响的岩溶洞隙，当洞口为较大的洞隙时，采用梁式结构跨越，梁高0.8m。

试问： 梁式结构在岩石上的支承长度至少应为多少？
(A) 0.8m　　　　(B) 1.0m　　　　(C) 1.3m　　　　(D) 1.6m

【解答】 根据《地规》6.6.9条规定，支承长度>1.5×0.8＝1.2m，故应选（C）项。

【例6.6.6】 根据《建筑地基基础设计规范》的规定，下述关于岩溶与土洞对天然地基稳定性的影响论述中，何项是正确的？说明理由。
(A) 基础位于微风化硬质岩石表面时，对于宽度小于1m的竖向溶蚀裂隙和落水洞近旁地段，可不考虑其对地基稳定性的影响
(B) 岩溶地区，当基础底面以下的土层厚度大于三倍独立基础底宽，或大于六倍条形基础底宽时，可不考虑岩溶对地基稳定性的影响
(C) 微风化硬质岩石中，基础底面以下洞体顶板厚度接近或大于洞跨，可不考虑溶洞对地基稳定性的影响
(D) 基础底面以下洞体被密实的沉积物填满，其承载力超过150kPa，且无被水冲蚀的可能性时，可不考虑溶洞对地基稳定性的影响

【解答】 根据《地规》6.6.5条，（C）项正确，故应选（C）项。

七、土质边坡与重力式挡墙

1. 土压力与朗肯、库伦土压力理论

(1) 土压力及分类

土压力通常是指挡土墙（或支挡结构）后土体（或填土和填土面上荷载）对挡土墙产生的侧面压力。根据挡土墙的位移方向、大小及背后土体所处状态，土压力可分为静止、主动和被动三种。

1) 主动土压力，是指当挡土墙向离开土体方向偏移至墙后土体达到主动极限平衡状态时，作用在墙背上的土压力。一般用E_a表示，如图6.6.3(a)所示。

2) 被动土压力，是指当挡土墙在外力作用下，向土体方向偏移至墙后土体达到被动极限平衡状态时，作用在墙背上的土压力。一般用E_p表示，如图6.6.3(b)所示。

3) 静止土压力，是指当挡土墙静止不动，墙后土体处于弹性平衡状态时，作用在墙背上的土压力。一般用E_0表示，如图6.6.3(c)所示。例如：地下室外墙受到的土压力

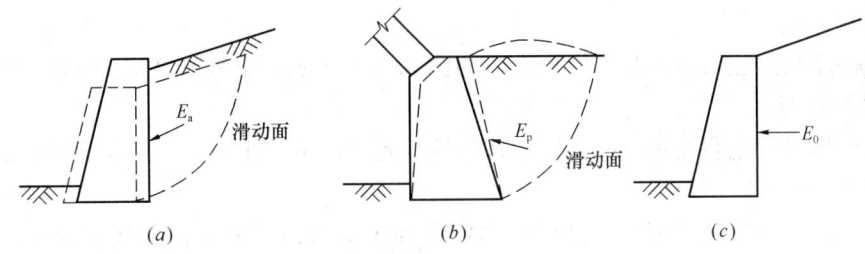

图 6.6.3 土压力及分类

即为静止土压力。

上述三种土压力，在相同条件下，主动土压力最小，被动土压力最大，静止土压力介于两者之间，即：$E_p > E_0 > E_a$，如图 6.6.4 所示。

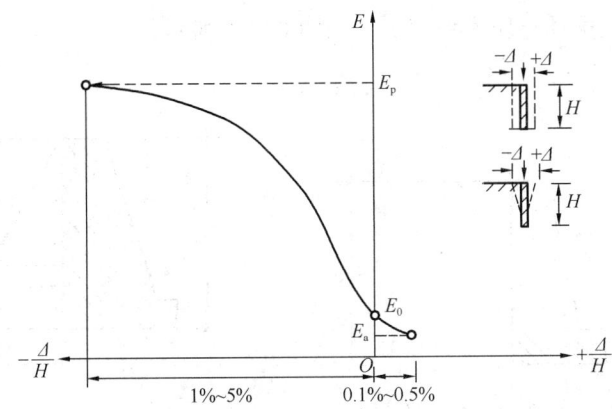

图 6.6.4 墙体位移与土压力关系曲线

(2) 朗肯土压力理论

《地规》6.7.3 条作了如下规定：

> 6.7.3 重力式挡土墙土压力计算应符合下列规定：
> 1 对土质边坡，边坡主动土压力应按式（6.7.3-1）进行计算。当填土为无黏性土时，主动土压力系数可按库伦土压力理论确定。当支挡结构满足朗肯条件时，主动土压力系数可按朗肯土压力理论确定。黏性土或粉土的主动土压力也可采用楔体试算法图解求得。
>
> $$E_a = \frac{1}{2}\psi_a \gamma h^2 k_a \qquad (6.7.3\text{-}1)$$
>
> 式中 E_a——主动土压力（kN）；
> ψ_a——主动土压力增大系数，挡土墙高度小于 5m 时宜取 1.0，高度 5m～8m 时宜取 1.1，高度大于 8m 时宜取 1.2；
> γ——填土的重度（kN/m³）；
> h——挡土结构的高度（m）；
> k_a——主动土压力系数，按本规范附录 L 确定。

需注意的是：

土坡高度与挡土墙高度是不同概念，如图 6.6.5 所示，土坡高度取为 H_0，挡土墙结构的高度取为 H。

朗肯土压力理论假设：①挡土墙墙背竖直、光滑，填土面水平；②墙背与填土之间无摩擦力存在。

朗肯土压力理论是根据半空间的应力状态和土的极限平衡条件而建立的土压力计算方法。

朗肯土压力理论仅局限于填土面水平，墙背垂直光滑的情况，工程中多用于挡土桩、板桩、锚桩，以及沉井和刚性桩的土压力计算。此外，由于忽略了墙背与填土之间的影响，朗肯土压力理论使计算的主动土压力偏大，使计算的被动土压力偏小。

1）无黏性土的主动土压力计算

任意深度 z 处的主动土压力强度 σ_a，如图 6.6.6 所示：

$$\sigma_a = \gamma z k_a$$

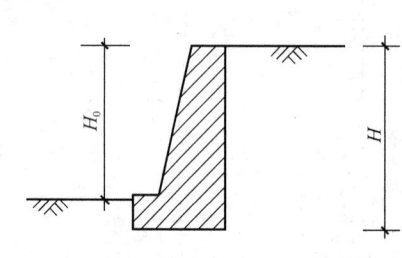

图 6.6.5　土坡高与挡土墙高

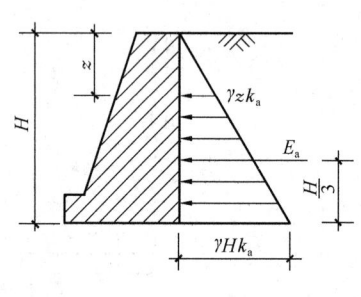

图 6.6.6

式中　k_a——主动土压力系数，$k_a = \tan^2(45° - \varphi/2)$；
　　　φ——填土的内摩擦角。

设挡土墙高度为 H，如图 6.6.6 所示，作用在挡土墙上的总主动土压力大小（E_a）为三角形分布图的面积，即：

$$E_a = \frac{1}{2}\gamma H^2 k_a$$

其中，E_a 的作用点位于墙底面以上 $\dfrac{H}{3}$ 处。

2）黏性土（$c \neq 0$）的主动土压力计算

任意深度 z 处的主动土压力强度 σ_a，如图 6.6.7 所示：

$$\sigma_a = \gamma z k_a - 2c\sqrt{k_a}\,(c \neq 0)$$

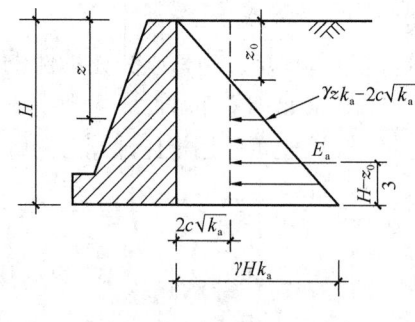

图 6.6.7

临界深度 z_0，即图 6.6.7 中 $\sigma_a = 0$ 处，即有：

$$z_0 = \frac{2c}{\gamma\sqrt{k_a}}$$

式中，k_a 为主动土压力系数，$k_a = \tan^2(45° - \varphi/2)$。

设挡土墙高度为 H，总的主动土压力大小（E_a）为：

$$E_a = \frac{1}{2}\gamma(H-z_0)^2 k_a$$

其中，E_a 的作用点位于墙底面以上（$H-z_0$）/3 处。

(3) 库仑土压力理论

库仑土压力理论假设：①墙后填土为理想的散粒体；②滑动破坏面是通过墙踵的平面。

库仑土压力理论是根据滑动土楔的静力平衡条件而建立的土压力计算方法。

运用库仑土压力理论应注意的是：墙背填土只能是无黏性土。它可用于填土平面形状任意、墙背倾斜情况，并可考虑墙背实际摩擦角。

库仑土压力计算公式为：

$$E_a = \frac{1}{2}\gamma H^2 k_a$$

式中 k_a 为主动土压力系数。

$$k_a = \frac{\cos^2(\varphi-\alpha)}{\cos^2\alpha \cdot \cos(\alpha+\delta)\left[1+\sqrt{\dfrac{\sin(\varphi+\delta)\cdot\sin(\varphi-\beta)}{\cos(\alpha+\delta)\cdot\cos(\alpha-\beta)}}\right]^2}$$

式中 α——墙背与竖直线的夹角，俯斜时取正号，仰斜时取负号；

β——墙后填土面的倾角；

δ——土与墙背材料间的摩擦角；

φ——填土的内摩擦角。

假设填土面水平，墙背竖直光滑，即 $\beta=0$、$\alpha=0$、$\delta=0$，则由公式可求得 $k_a=\tan^2(45°-\varphi/2)$，这与无黏性土朗肯土压力计算公式完全相同，故朗肯土压力理论是库仑土压力理论的一个特例。

此外，计算主动土压力 E_a 时，应考虑增大系数 ψ_c，《地规》6.7.3 条作了规定。

【例 6.6.7】 如图 6.6.8 所示，挡土墙高度为 5m，墙背竖直，填土表面水平，填土为砂土，重度 $\gamma=18\text{kN/m}^3$，内摩擦角 $\varphi=30°$。

试问：

(1) 墙底处的土压力强度。

(2) 挡土墙上的主动土压力 E_a 及其作用点。

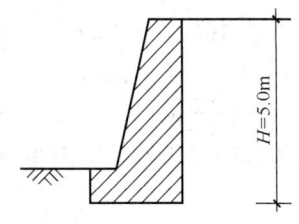

图 6.6.8 某挡土墙

【解答】 (1) 无黏性土，$c=0$，

$$\sigma_a = \gamma H k_a = \gamma H \tan^2(45°-\varphi/2)$$
$$= 18 \times 5 \times \tan^2(45°-30°/2) = 30\text{kN/m}^2$$

(2) 因挡土墙高度为 5m，按《地规》6.7.3 条规定，取 $\psi_c=1.1$

$$E_a = \psi_c \frac{1}{2}\gamma H^2 k_a = 1.1 \times \frac{1}{2} \times 18 \times 5^2 \times \tan^2\left(45°-\frac{30°}{2}\right) = 82.5\text{kN/m}$$

主动土压力作用点距墙底距离 z_f：

$$z_f = \frac{1}{3}H = \frac{1}{3} \times 5 = 1.67 \text{m}$$

【例 6.6.8】 如图 6.6.8 所示，某挡土墙高度为 5.0m，墙背竖直光滑，填土平面水平，填土的黏聚力 $c=12\text{kPa}$，$\varphi=20°$，$\gamma=18\text{kN/m}^3$。

试问：
(1) 墙底处的土压力强度。
(2) 挡土墙背上的主动土压力及其作用点。

【解答】 黏性土，$c \neq 0$，其主动土压力系数 k_a：

$$k_a = \tan^2\left(45° - \frac{20°}{2}\right) = 0.490$$

(1) 墙底处的土压力强度

$$\sigma_a = \gamma H k_a - 2c\sqrt{k_a} = 18 \times 5 \times 0.490 - 2 \times 12 \times \sqrt{0.490} = 27.3 \text{kN/m}^2$$

(2) 先确定临界深度 z_0：

$$z_0 = \frac{2c}{\gamma \sqrt{k_a}} = \frac{2 \times 12}{18 \times \sqrt{0.490}} = 1.90 \text{m}$$

主动土压力 E_a，因挡土墙高度为 5m，由《地规》6.7.3 条规定，取 $\psi_a = 1.1$

$$E_a = \psi_a \frac{1}{2} \gamma (H - z_0)^2 k_a = 1.1 \times \frac{1}{2} \times 18 \times (5-1.90)^2 \times 0.490$$

$$= 46.62 \text{kN/m}$$

主动土压力作用点至墙底距离 z_f：

$$z_f = \frac{1}{3}(H - z_0) = \frac{1}{3} \times (5-1.9) = 1.03 \text{m}$$

2. 其他几种情况下的土压力计算

(1) 填土表面有均布荷载情况

当挡土墙后填土表面有连续均布荷载 q 作用时，一般可将均布荷载 q 换算成位于地表以上的当量土重，即用假想的土重代替均布荷载。当填土面水平时，当量的土层厚度（或换算高度）h 为：

$$h = q/\gamma$$

如图 6.6.9 所示，就把原高为 H 的挡土墙假想成高为 $(H+h)$。

1) 当墙后填土为无黏性土，如图 6.6.9，根据朗肯土压力计算公式，可得墙顶 1 处主动土压力强度为：

$$\sigma_{a1} = \gamma h k_a = q k_a$$

墙底 2 处主动土压力强度为：

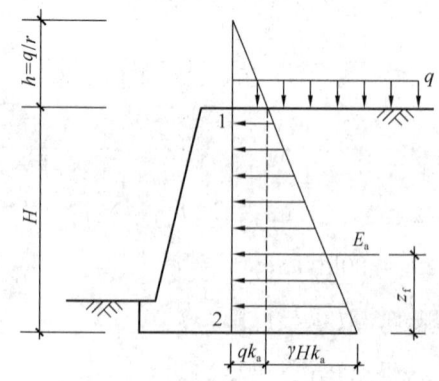

图 6.6.9 无黏性土表面有均布荷载

$$\sigma_{a2} = \gamma(H+h)k_a = \gamma H k_a + q k_a$$

墙背上的总主动土压力 E_a 为图中梯形图形面积，即：

$$E_a = \left(\frac{1}{2}\gamma H^2 k_a + q H k_a\right) \cdot \psi_a$$

主动土压力 E_a 作用点位于梯形面积的形心处 z_f，即：

$$z_f = \frac{(2\sigma_{a1}+\sigma_{a2})H}{3(\sigma_{a1}+\sigma_{a2})}$$

式中，σ_{a1}、σ_{a2} 分别为墙顶 1、墙底 2 处的主动土压力强度。

2）当墙后填土为黏性土，因为土的黏聚力引起的土压力为负值，由均布荷载及土重所引起的土压力为正值，故可能会出现如图 6.6.10 所示三种土压力分布情况。

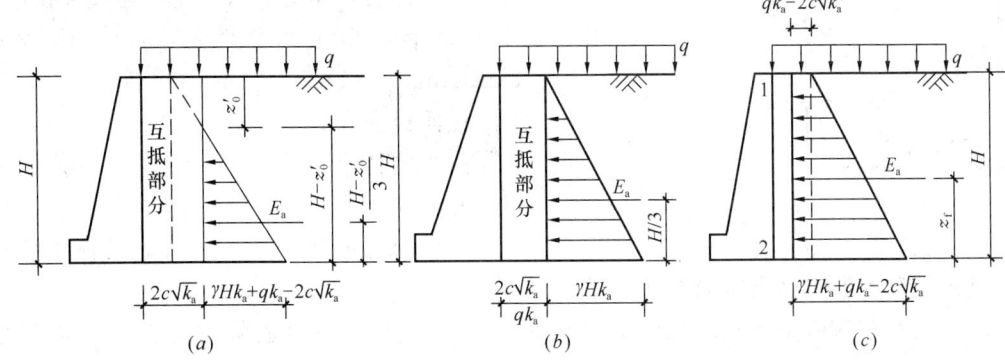

图 6.6.10 黏性土表面有均匀荷载

①第一种情况，如图 6.6.10 (a)，由超载 q 引起的主动土压力小于由黏聚力引起的土压力，即 $qk_a < 2c\sqrt{k_a}$，墙背上的土压力仍有负值出现，有临界高度 z_0'。

②第二种情况，如图 6.6.10 (b)，由超载 q 引起的主动土压力刚好等于黏聚力引起的土压力，即 $qk_a = 2c\sqrt{k_a}$，墙背上的土压力呈三角形分布。

③第三种情况，如图 6.6.10 (c)，由超载 q 引起的主动土压力大于由黏聚力引起的土压力，即 $qk_a > 2c\sqrt{k_a}$，墙背上的土压力呈梯形分布，其中，墙顶 1 处的土压力强度为：$\sigma_{a1} = qk_a - 2c\sqrt{k_a}$；墙底 2 处土压力强度为，$\sigma_{a2} = \gamma H k_a + qk_a - 2c\sqrt{k_a}$。

墙背上总的土压力作用点距墙底距离 z_f 为：

$$z_f = \frac{(2\sigma_{a1}+\sigma_{a2})H}{3(\sigma_{a1}+\sigma_{a2})}$$

【例 6.6.9】 如图 6.6.11，某挡土墙墙高为 5.0m，墙背直立、光滑，填土面水平并有均布荷载 $q=10\text{kPa}$。墙后填土为砂土，$\varphi=20°$，$\gamma=18\text{kN/m}^3$。

试问：主动土压力 E_a 及其作用点。

【解答】（1）墙顶面处主动土压力强度 σ_{a1}：无黏性土，$\sigma_{a1} = qk_a = 10 \times \tan^2\left(45° - \frac{20°}{2}\right) = 4.9\text{kN/m}^2$

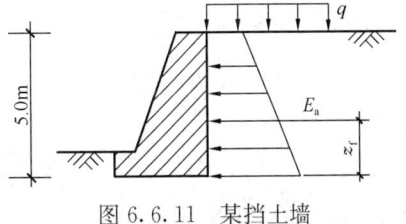

图 6.6.11 某挡土墙

(2) 墙底处主动土压力强度 σ_{a2}：

$$\sigma_{a2} = (\gamma H + q)k_a = (18 \times 5 + 10) \cdot \tan^2\left(45° - \frac{20°}{2}\right) = 49.0 \text{kN/m}^2$$

(3) 总的主动土压力 E_a，因挡土墙高度为 5.0m，取 $\psi_a = 1.1$

$$E_a = \psi_a \frac{H}{2}(\sigma_{a1} + \sigma_{a2}) = 1.1 \times \frac{5}{2} \times (4.9 + 49.0) = 148.23 \text{kN/m}$$

主动土压力 E_a 的作用点距墙底处的距离 z_f：

$$z_f = \frac{(2\sigma_{a1} + \sigma_{a2})H}{3(\sigma_{a1} + \sigma_{a2})} = \frac{(2 \times 4.9 + 49) \times 5}{3 \times (4.9 + 49)} = 1.82\text{m}$$

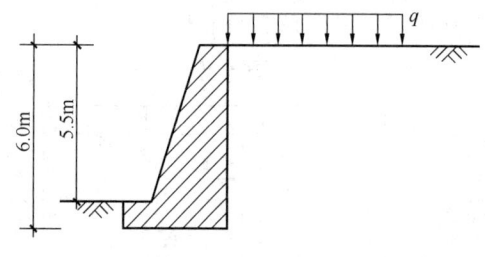

图 6.6.12 某挡土墙

【例 6.6.10】 如图 6.6.12，某挡土墙墙背直立、光滑，填土面水平并有均布荷载 $q = 18$kPa，墙后填土为黏性土，$\varphi = 30°$，$\gamma = 18$kN/m³，$c = 10$kPa。

试问：

(1) 墙背上的主动土压力 E_a 及其作用点，并绘制土压力强度分布图。

(2) 当均布荷载 $q = 45$kPa，其他条件不变，确定墙背上的主动土压力及其作用点。

(3) 当均布荷载 $q = 34.64$kPa，其他条件不变，确定墙背上的主动土压力及其作用点。

【解答】 (1) 当 $q = 18$kPa

对于黏性土，墙顶 1 处的 σ_{a1}：

$$\sigma_{a1} = qk_a - 2c\sqrt{k_a} = 18 \times \tan^2\left(45° - \frac{30°}{2}\right) - 2 \times 10 \times \tan\left(45° - \frac{30°}{2}\right)$$

$$= 6 - 11.55 = -5.55 \text{kN/m}^2$$

故墙顶 1 处出现负值，确定临界高度 z_0'，即：

$$\sigma_a = \gamma z_0' k_a + qk_a - 2c\sqrt{k_a} = 0$$

$$z_0' = \frac{2c\sqrt{k_a} - qk_a}{\gamma k_a} = \frac{2c}{\gamma\sqrt{k_a}} - \frac{q}{\gamma}$$

$$= \frac{2 \times 10}{18 \times \tan\left(45° - \frac{30°}{2}\right)} - \frac{18}{18} = 0.925\text{m}$$

墙底 2 处的 σ_{a2}：

$$\sigma_{a2} = \gamma H k_a + qk_a - 2c\sqrt{k_a}$$

$$= 18 \times 6 \times \tan^2\left(45° - \frac{30°}{2}\right) + 18 \times \tan^2\left(45° - \frac{30°}{2}\right) - 2 \times 10 \times \tan\left(45° - \frac{30°}{2}\right)$$

$$= 30.45 \text{kN/m}^2$$

主动土压力 E_a，由图可知挡土墙高度为 6m，且＜8m，由《地规》6.7.3 条规定，取 $\psi_a=1.1$。

$$E_a = \psi_a \frac{1}{2}\gamma(H-z_0')^2 k_a = 1.1 \times \frac{1}{2} \times 18 \times (6-0.925)^2 \times \tan^2\left(45°-\frac{30°}{2}\right)$$
$$= 84.99\text{kN/m}$$

主动土压力 E_a 作用点距墙底的距离 z_f 为：

$$z_f = \frac{1}{3}(H-z_0') = \frac{1}{3} \times (6-0.925) = 1.69\text{m}$$

绘制其土压力强度分布图如图 6.6.13 所示。

(2) 当 $q=45\text{kPa}$ 时，$k_a = \tan^2\left(45°-\frac{30°}{2}\right) = \frac{1}{3}$

墙顶 1 处的 σ_{a1}：$\sigma_{a1} = qk_a - 2c\sqrt{k_a} = 45 \times \frac{1}{3} - 2 \times 10\sqrt{\frac{1}{3}} = 3.45\text{kN/m}^2$

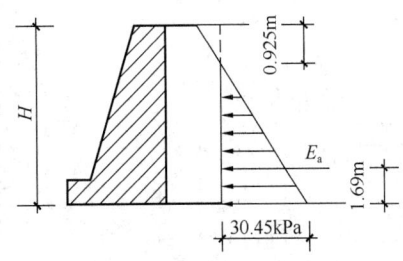

图 6.6.13 土压力强度分布图

墙底 2 处的 σ_{a2}：$\sigma_{a2} = \gamma H k_a + q k_a - 2c\sqrt{k_a}$

$$= 18 \times 6 \times \frac{1}{3} + 45 \times \frac{1}{3} - 2 \times 10\sqrt{\frac{1}{3}} = 39.45\text{kN/m}^2$$

主动土压力强度呈梯形分布，主动土压力 E_a 计算，取 $\psi_a=1.1$：

$$E_a = \psi_a \frac{1}{2}(\sigma_{a1}+\sigma_{a2})H = 1.1 \times \frac{1}{2} \times (3.45+39.45) \times 6 = 141.57\text{kN/m}$$

主动土压力 E_a 距墙底的距离 z_f 为：

$$z_f = \frac{(2\sigma_{a1}+\sigma_{a2})H}{3(\sigma_{a1}+\sigma_{a2})} = \frac{(2 \times 3.45+39.45) \times 6}{3 \times (3.45+39.45)}$$
$$= 2.16\text{m}$$

(3) 当 $q=34.64\text{kPa}$ 时，$k_a = \tan^2\left(45°-\frac{30°}{2}\right) = 1/3$

墙顶 1 处的 σ_{a1}：$\sigma_{a1} = qk_a - 2c\sqrt{k_a} = 34.64 \times \frac{1}{3} - 2 \times 10 \times \sqrt{\frac{1}{3}} = 0$

墙底 2 处的 σ_{a2}：$\sigma_{a2} = \gamma H k_a + qk_a - 2c\sqrt{k_a}$

$$= 18 \times 6 \times \frac{1}{3} + 34.64 \times \frac{1}{3} - 2 \times 10 \times \sqrt{\frac{1}{3}} = 36\text{kN/m}^2$$

主动土压力强度呈三角形分布，主动土压力 E_a 计算，取 $\psi_a=1.1$。

$$E_a = \psi_a \frac{1}{2}\sigma_{a2}H = 1.1 \times \frac{1}{2} \times 36 \times 6 = 118.8\text{kN/m}$$

主动土压力 E_a 距墙底的距离 z_f 为：

$$z_f = \frac{1}{3}H = \frac{1}{3} \times 6 = 2.0\text{m}$$

【例 6.6.11】 某挡土墙如图 6.6.14（a）所示，墙背直立、光滑，填土表面水平并有均布荷载 q 作用。已知填土为黏性土，其重度 $\gamma=18.5\text{kN/m}^3$，$\varphi=30°$，$c=10\text{kPa}$，已计算出墙顶面处的主动土压力强度的计算值 $\sigma_{a1}=-9.25\text{kPa}$，墙底面处的主动土压力强度 $\sigma_{a2}=27.75\text{kPa}$。

试问： 墙背上的主动土压力 E_a 及其作用点。

【解答】 由于墙顶处的主动土压力强度为负值，可作出墙背上的土压力强度分布图如图 6.6.14（b）所示，可见临界高度 z_0' 为：

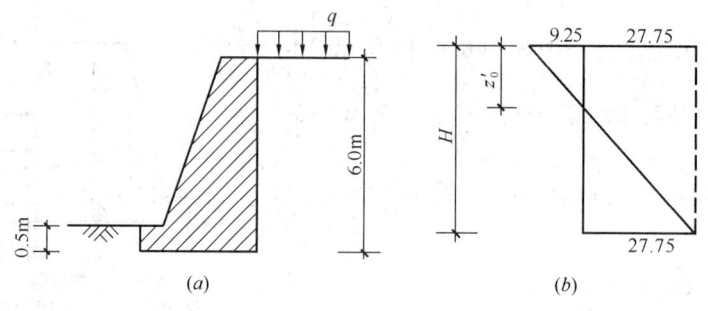

图 6.6.14

$$\frac{z_0'}{H} = \frac{9.25}{9.25 + 27.75}$$

$$z_0' = \frac{9.25}{37} \times 6 = 1.5\text{m}$$

主动土压力 E_a 计算，因挡土墙高度为 5.5m，故取 $\psi_a=1.1$。

$$E_a = \psi_a \frac{1}{2} \cdot \sigma_{a2} \cdot (H - z_0')$$

$$= 1.1 \times \frac{1}{2} \times 27.75 \times (6-1.5) = 68.7\text{kN/m}$$

主动土压力 E_a 距墙底的距离 z_f 为：

$$z_f = \frac{1}{3}(H - z_0') = \frac{1}{3} \times (6-1.5) = 1.5\text{m}$$

（2）分层填土的土压力计算

当挡土墙后的填土分几种不同性质的土料回填时，由于各层土的重度、抗剪强度指标 φ 和 c 均不同，故土压力分布图形不再成直线变形，可能由几段不同坡度的直线或不连续的直线组成土压力图形。在土层分界面处可能出现两个 σ_a 值（因为上、下层的主动压力系数 k_a 可能不相同）。在计算各层土压力强度时，首先应确定计算深度处的土的竖向自重应力（$\Sigma\gamma_i h_i$），然后根据各层土的抗剪强度指标计算出主动土压力系数 k_a，再根据主动土压力强度计算公式求解 σ_a。

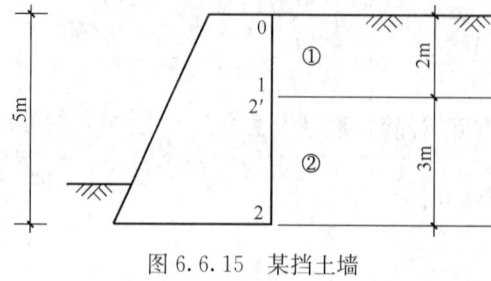

图 6.6.15 某挡土墙

【例 6.6.12】 如图 6.6.15 所示挡土墙高 5m，墙背竖直光滑，墙后填土水平，第①层土的物理力学指标为：$\gamma_1=17\text{kN/m}^3$，$\varphi_1=30°$，$c_1=0$；$h_1=2\text{m}$；第②层土的物理

力学指标为：$\gamma_2=19\text{kN/m}^3$，$\varphi_2=18°$，$c_2=10\text{kPa}$，$h_2=3\text{m}$。

试问：确定主动土压力 E_a，并绘出主动土压力强度分布图。

【解答】（1）第①层土的主动土压力：

图中 0 点处：$\sigma_{a0}=0$

图中 1 点处：$\sigma_{a1}=\gamma_1 h_1 k_{a1}=\gamma_1 h_1 \tan^2(45°-\varphi_1/2)$
$$=17\times 2\times \tan^2\left(45°-\frac{30°}{2}\right)=11.33\text{kN/m}^2$$

因挡土墙高度为 5m，取 $\psi_a=1.1$。

主动土压力 E_{a1}：$E_{a1}=\psi_a\dfrac{1}{2}\sigma_{a1}\cdot h_1=1.1\times\dfrac{1}{2}\times 11.33\times 2=12.46\text{kN/m}$

（2）第②层土的主动土压力，$k_{a2}=\tan^2(45°-\varphi_2/2)=\tan^2(45°-18°/2)=0.528$

图中 2' 点处：$\sigma_{a2'}=\gamma_1 h_1 k_{a2}-2c_2\sqrt{k_{a2}}$
$$=17\times 2\times 0.528-2\times 10\times\sqrt{0.528}=3.42\text{kN/m}^2$$

图中 2 点处：$\sigma_{a2}=(\gamma_1 h_1+\gamma_2 h_2)k_{a2}-2c_2\sqrt{k_{a2}}$
$$=(17\times 2+19\times 3)\times 0.528-2\times 10\times\sqrt{0.528}=33.52\text{kN/m}^2$$

主动土压力 E_{a2}：$E_{a2}=\psi_a\dfrac{1}{2}h_2(\sigma_{a2'}+\sigma_{a2})=1.1\times\dfrac{1}{2}\times 3\times(3.42+33.52)$
$$=60.95\text{kN/m}$$

E_{a2} 距墙底的距离为：
$$z=\frac{2\times 3.42+33.52}{3\times(3.42+33.52)}\times 3=1.09\text{m}$$

总的主动土压力 E_a：$E_a=E_{a1}+E_{a2}=73.41\text{kN/m}$

墙背上的土压力强度分布如图 6.6.16 所示。

总的主动土压力 E_a 距墙底的距离 z_f 为：
$$z_f=\frac{12.46\times\left(3+\dfrac{1}{3}\times 2\right)+60.95\times 1.09}{73.41}=1.527\text{m}$$

【例 6.6.13】 如图 6.6.17 所示挡土墙高 6m，墙背竖直光滑，墙后填土水平，并有均布荷载 $q=15\text{kPa}$。已知第①层土的物理力学指标为：$\gamma_1=18\text{kN/m}^3$，$\varphi_1=20°$，$c_1=10\text{kPa}$；第②层土的物理力学指标为：$\gamma_2=19\text{kN/m}^3$，$\varphi_2=24°$，$c_2=12\text{kPa}$。

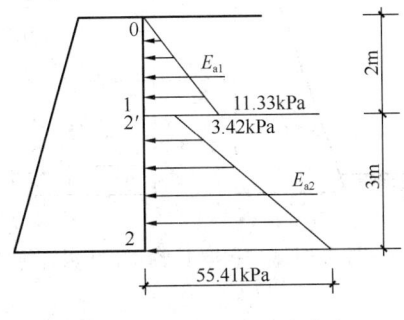

图 6.6.16 土压力强度分布

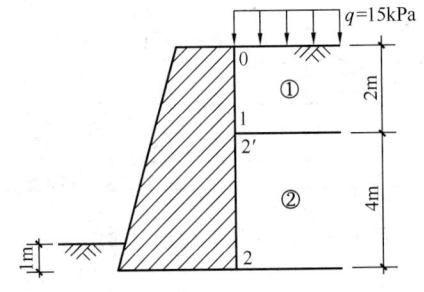

图 6.6.17 挡土墙

试问：确定主动土压力 E_a。

【解答】（1）第①层土的主动土压力，$k_{a1}=\tan^2\left(45°-\dfrac{20°}{2}\right)=0.49$

图中 0 点处：$\sigma_{a0}=qk_{a1}-2c\sqrt{k_{a1}}=15\times0.49-2\times10\sqrt{0.49}=-6.65\text{kPa}$

临界高度 z_0'：$\sigma_a=(q+\gamma_1 z_0')k_{a1}-2c_1\sqrt{k_{a1}}=0$

$z_0'=\dfrac{2c}{\gamma_1\sqrt{k_{a1}}}-\dfrac{q}{\gamma_1}=\dfrac{2\times10}{18\times\sqrt{0.49}}-\dfrac{15}{18}=0.754\text{m}$

图中 1 点处：$\sigma_{a1}=(q+\gamma_1 h_1)k_{a1}-2c_1\sqrt{k_{a1}}$
$\qquad\qquad\quad=(15+18\times2)\times0.49-2\times10\times\sqrt{0.49}=10.99\text{kPa}$

因挡土墙高度为 6m，故取 $\psi_a=1.1$。

$E_{a1}=\psi_a\dfrac{1}{2}\cdot(h_1-z_0')\sigma_{a1}=1.1\times\dfrac{1}{2}\times(2-0.754)\times10.99=7.53\text{kN/m}$

（2）第②层土的主动土压力，$k_{a2}=\tan^2\left(45°-\dfrac{24°}{2}\right)=0.422$

图中 2′ 点处：$\sigma_{a2'}=(q+\gamma_1 h_1)k_{a2}-2c_2\sqrt{k_{a2}}$
$\qquad\qquad\quad=(15+18\times2)\times0.422-2\times12\times\sqrt{0.422}$
$\qquad\qquad\quad=5.93\text{kPa}$

图中 2 点处：$\sigma_{a2}=(q+\gamma_1 h_1+\gamma_2 h_2)k_{a2}-2c_2\sqrt{k_{a2}}$
$\qquad\qquad\quad=(15+18\times2+19\times4)\times0.422-2\times12\times\sqrt{0.422}=38\text{kPa}$

$E_{a2}=\psi_a\cdot\dfrac{1}{2}(\sigma_{a2'}+\sigma_{a2})h_2=1.1\times\dfrac{1}{2}\times(5.93+38)\times4=96.6\text{kN/m}$

其土压力强度分布图如图 6.6.18 所示。

（3）填土层有地下水时土压力计算

在工程上一般忽略水对无黏性土抗剪强度的影响，但对黏性土因其会随含水量增加，其抗剪强度指标有明显降低，导致墙背主动土压力增大，故一般工程上可考虑采取加强排水的方法，对重要工程需考虑适当降低抗剪强度指标 φ 和 c。

实际计算中，常采用"水土分算"，即墙背上的总压力为土的土压力与水的静水压力之和，如图 6.6.19 所示，地下水位下，距墙顶面 h 处的土压力强度 σ_{ah} 为：

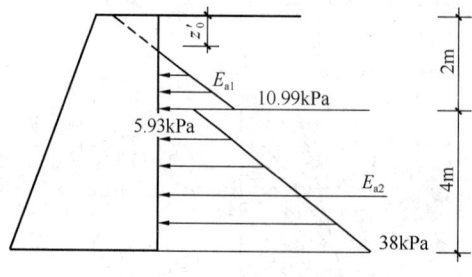
图 6.6.18 土压力强度分布图

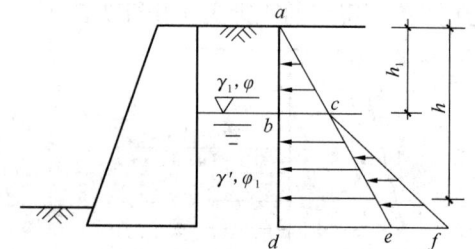
图 6.6.19 有地下水时土压力计算

黏性土：$\sigma_{ah}=[\gamma_1 h_1+\gamma'(h-h_1)]k_a'-2c'\sqrt{k_a'}$
无黏性土：$\sigma_{ah}=[\gamma_1 h_1+\gamma'(h-h_1)]k_a'$

h 处水压力强度：$\sigma_{a\omega}=\gamma_w h_w$

式中 k_a'——按有效应力强度指标计算的主动土压力系数，$k_a'=\tan^2(45°-\varphi'/2)$；

c'、φ'——分别为土的有效黏聚力、有效内摩擦角；

h_w——计算点 h 处距地下水位的距离，m；

γ_1——土的重度，kN/m^3；

γ'——土的浮重度，kN/m^3。

在实际计算时，上述公式中的 c'、φ' 常用总应力强度指标 c、φ 代替。

【例 6.6.14】 如图 6.6.20 所示挡土墙墙高 5m，已知填土为无黏性土，土的物理力学性质指标见图。

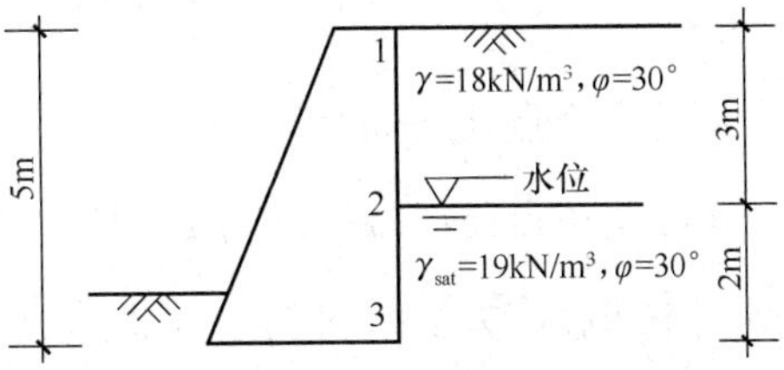

试问： 确定墙背上的总侧压力值。

【解答】（1）确定各点的土压力强度及土的土压力 E_a：

$$k_a=k_a'=\tan^2\left(45°-\frac{30°}{2}\right)=\frac{1}{3}$$；无黏性土，

取 $c=0$。

图 6.6.20 某挡土墙

1 点处：$\sigma_{a1}=\gamma_1 z k_a=0$

2 点处：$\sigma_{a2}=\gamma_1 h_1 k_a=18\times3\times\frac{1}{3}=18kPa$

3 点处：$\sigma_{a3}=(\gamma_1 h_1+\gamma' h_2)k_a=[18\times3+(19-10)\times2]\times\frac{1}{3}=24kPa$

挡土墙高度为 5m，取 $\psi_a=1.1$。

墙背土的土压力 E_a 为：

$$E_a=\psi_a\left[\frac{1}{2}\times18\times3+\frac{1}{2}\times(18+24)\times2\right]=1.1\times69=75.9kN/m$$

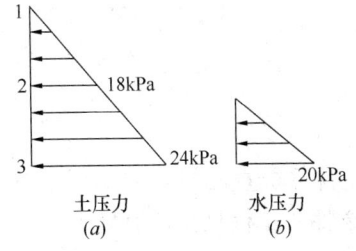

图 6.6.21 计算结果图

(2) 确定水的静水压力：

3 点处：$\sigma_{\omega3}=\gamma_w h_w=10\times2=20kPa$

$$E_\omega=\psi_a\frac{1}{2}\sigma_{\omega3}h_w=1.1\times\frac{1}{2}\times20\times2=22kN/m$$

(3) 墙背上的总压力：

$$E=E_a+E_w=75.9+22=97.9kN/m$$

计算结果如图 6.6.21 中 (a)、(b) 所示。

【例 6.6.15】 如图 6.6.22 所示挡土墙高度 $H=5.0m$，墙背垂直光滑，墙后填土水平。各层填土的物理力学性质指标如图 6.6.22 所示。

试问： 计算墙背上的总侧压力 E。

【解答】（1）确定各层土的主动土压力强度：

$$k_{a1}=\tan^2\left(45°-\frac{\varphi_1}{2}\right)=\tan^2\left(45°-\frac{30°}{2}\right)=\frac{1}{3}$$

$$k_{a2}=\tan^2\left(45°-\frac{\varphi_2}{2}\right)=\tan^2\left(45°-\frac{20°}{2}\right)=0.49$$

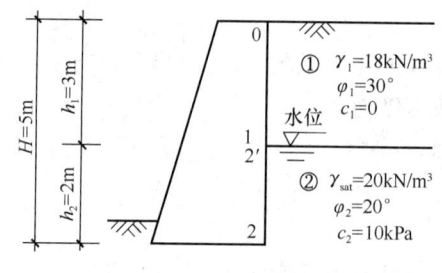
图 6.6.22 某挡土墙

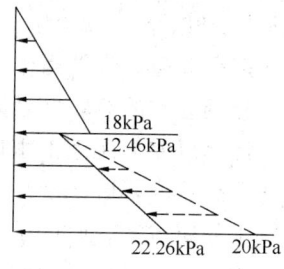
图 6.6.23 土压力强度

第①层 0 点处：$\sigma_{a0}=0$

第①层 1 点处：$\sigma_{a1}=\gamma_1 h_1 k_{a1}=18\times3\times\dfrac{1}{3}=18\text{kPa}$

挡土墙高度为 5m，取 $\psi_a=1.1$。

$$E_{a1}=\psi_a\dfrac{1}{2}\sigma_{a1}\cdot h_1=1.1\times\dfrac{1}{2}\times18\times3=29.7\text{kN/m}$$

第②层 2′ 点处：$\sigma_{a2'}=\gamma_1 h_1 k_{a2}-2c_2\sqrt{k_{a2}}$

$$=18\times3\times0.49-2\times10\times\sqrt{0.49}=12.46\text{kPa}$$

第②层 2 点处：$\sigma_{a2}=(\gamma_1 h_1+\gamma'_2 h_2)k_{a2}-2c_2\sqrt{k_{a2}}$

$$=[18\times3+(20-10)\times2]\times0.49-2\times10\times\sqrt{0.49}=22.26\text{kPa}$$

$$E_{a2}=\psi_a\dfrac{1}{2}(\sigma_{a2'}+\sigma_{a2})h_2=1.1\times\dfrac{1}{2}\times(12.46+22.26)\times2$$

$$=38.19\text{kN/m}$$

（2）土的静水压力：

$$\sigma_\omega=\gamma_\omega h_w=10\times2=20\text{kPa}$$

$$E_w=\psi_a\dfrac{1}{2}\sigma_\omega h_w=1.1\times\dfrac{1}{2}\times20\times2=22\text{kN/m}$$

（3）墙背上总侧压力 E：

$$E=E_{a1}+E_{a2}+E_\omega=89.89\text{kN/m}$$

土压力强度如图 6.6.23 所示。

【例 6.6.16】 如图 6.6.24（a）某挡土墙墙高为 8m，墙背垂直光滑，填土面水平，并作用均布荷载 $q=30\text{kPa}$，填土分两层，各层土的物理力学性质指标见图，有地下水。

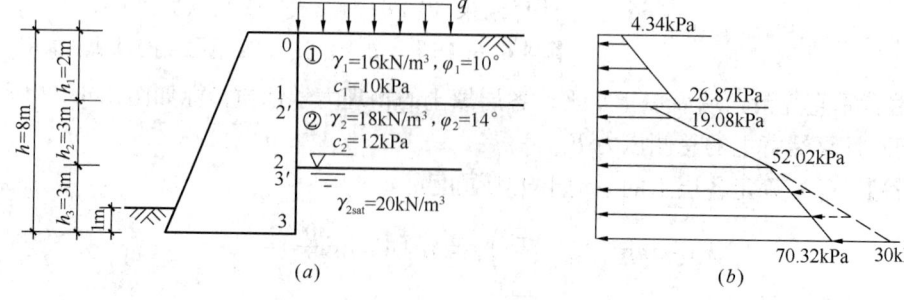
图 6.6.24 某挡土墙

试问：计算墙背上的总侧压力值。

【解答】 (1) 确定各层土的土压力强度：

$$k_{a1} = \tan^2\left(45° - \frac{\varphi_1}{2}\right) = \tan^2\left(45° - \frac{10°}{2}\right) = 0.704$$

$$k_{a2} = \tan^2\left(45° - \frac{\varphi_2}{2}\right) = \tan^2\left(45° - \frac{14°}{2}\right) = 0.610$$

第①层土的 0 点处：$\sigma_{a0} = qk_{a1} - 2c_1\sqrt{k_{a1}}$
$$= 30 \times 0.704 - 2 \times 10 \times \sqrt{0.704} = 4.34\text{kPa}$$

第①层土的 1 点处：$\sigma_{a1} = (q + \gamma_1 h_1) k_{a1} - 2c_1\sqrt{k_{a1}}$
$$= (30 + 16 \times 2) \times 0.704 - 2 \times 10 \times \sqrt{0.704} = 26.87\text{kPa}$$

第②层土的 2′ 点处：$\sigma_{a2'} = (q + \gamma_1 h_1) k_{a2} - 2c_2\sqrt{k_{a2}}$
$$= (30 + 16 \times 2) \times 0.61 - 2 \times 12 \times \sqrt{0.61} = 19.08\text{kPa}$$

第②层土的 2 点处：$\sigma_{a2} = (q + \gamma_1 h_1 + \gamma_2 h_2) k_{a2} - 2c_2\sqrt{k_{a2}}$
$$= (30 + 16 \times 2 + 18 \times 3) \times 0.61 - 2 \times 12 \times \sqrt{0.61} = 52.02\text{kPa}$$

第②层土的 3′ 点处：$\sigma_{a3'} = \sigma_{a2} = 52.02\text{kPa}$

第②层土的 3 点处：$\sigma_{a3} = (q + \gamma_1 h_1 + \gamma_2 h_2 + \gamma_2' h_3) k_{a2} - 2c_2\sqrt{k_{a2}}$
$$= (30 + 16 \times 2 + 18 \times 3 + 10 \times 3) \times 0.61 - 2 \times 12 \times \sqrt{0.61}$$
$$= 70.32\text{kPa}$$

因挡土墙高度为 8m，故取 $\psi_a = 1.1$。

第①层土的土压力 E_{a1}：$E_{a1} = \psi_a \dfrac{1}{2}(\sigma_{a0} + \sigma_{a1})h_1 = 1.1 \times \dfrac{1}{2} \times (4.34 + 26.87) \times 2$
$$= 34.33\text{kN/m}$$

第②层土的土压力 E_{a2}：

$$E_{a2} = \psi_a\left[\frac{1}{2}(\sigma_{a2'} + \sigma_{a2})h_2 + \frac{1}{2}(\sigma_{a3'} + \sigma_{a3})h_3\right]$$

$$= 1.1 \times \left[\frac{1}{2} \times (19.08 + 52.02) \times 3 + \frac{1}{2} \times (52.02 + 70.32) \times 3\right]$$

$$= 319.18\text{kN/m}$$

(2) 确定水的静水压力：

$$\sigma_\omega = \gamma_\omega h_w = 10 \times 3 = 30\text{kPa}$$

$$E_w = \psi_a \frac{1}{2}\sigma_\omega h_w = 1.1 \times \frac{1}{2} \times 30 \times 3 = 49.5 \text{kN/m}$$

（3）墙背上总侧压力 E：

$E = E_{a1} + E_{a2} + E_w = 403.01 \text{kN/m}$

各点的土压力强度、水压力强度如图 6.6.24（b）所示。

【例 6.6.17】 如图 6.6.25（a）所示某挡土墙墙高为 7m，墙背竖直光滑，墙后填土面水平，并作用有均布荷载 $q=20$kPa，各层填土的物理力学性质指标如图所示。

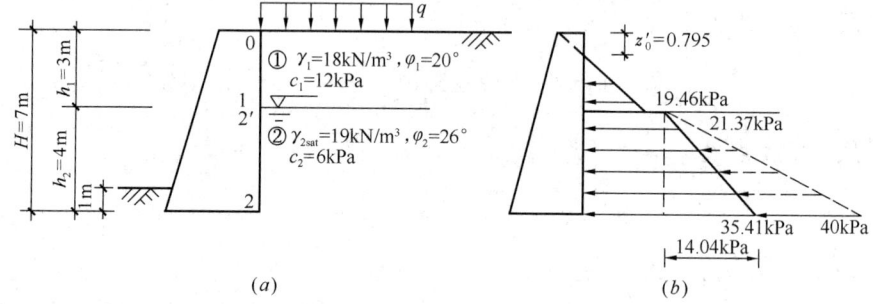

(a)　　　　　　(b)

图 6.6.25

试问：墙背上总侧向压力 E 及其作用点位置。

【**解答**】（1）确定各层土的土压力强度：

$$k_{a1} = \tan^2\left(45° - \frac{\varphi_1}{2}\right) = \tan^2\left(45° - \frac{20°}{2}\right) = 0.490$$

$$k_{a2} = \tan^2\left(45° - \frac{\varphi_2}{2}\right) = \tan^2\left(45° - \frac{26°}{2}\right) = 0.390$$

第①层土的 0 点处：$\sigma_{a0} = qk_{a1} - 2c_1\sqrt{k_{a1}} = 20 \times 0.49 - 2 \times 12 \times \sqrt{0.49} = -7.0$kPa

第①层土的 1 点处：$\sigma_{a1} = (q+\gamma_1 h_1)k_{a1} - 2c\sqrt{k_{a1}}$
$= (20+18\times3) \times 0.49 - 2 \times 12 \times \sqrt{0.49} = 19.46$kPa

第①层土的临界高度 z'_0 为：

$$\sigma_a = (q+\gamma_1 z'_0)k_{a1} - 2c_1\sqrt{k_{a1}} = 0$$

$$z'_0 = \frac{2c_1}{\gamma_1\sqrt{k_{a1}}} - \frac{q}{\gamma_1} = \frac{2 \times 12}{18 \times \sqrt{0.49}} - \frac{20}{18} = 0.794\text{m}$$

第②层土的 2' 点处：$\sigma_{a2'} = (q+\gamma_1 h_1)k_{a2} - 2c_2\sqrt{k_{a2}}$
$= (20+18\times3) \times 0.39 - 2 \times 6 \times \sqrt{0.39} = 21.37$kPa

第②层土的 2 点处：$\sigma_{a2} = (q+\gamma_1 h_1+\gamma'_2 h_2)k_{a2} - 2c_2\sqrt{k_{a2}}$
$= (20+18\times3+9\times4) \times 0.39 - 2 \times 6 \times \sqrt{0.39} = 35.41$kPa

因挡土墙高度为 7m，故取 $\psi_a = 1.1$。

墙背上的土压力 E_a 为：

$$E_a = E_{a1} + E_{a2} = \psi_a\left[\frac{1}{2} \cdot \sigma_{a1} \cdot (h_1 - z'_0) + \frac{1}{2} \cdot (\sigma_{a2'} + \sigma_{a2})h_2\right]$$

$$= 1.1 \times \left[\frac{1}{2} \times 19.46 \times (3-0.794) + \frac{1}{2} \times (21.37+35.41) \times 4\right]$$
$$= 23.61 + 124.92 = 148.53 \text{kN/m}$$

(2) 水的静水压力：
$$\sigma_w = \gamma_w h_w = 10 \times 4 = 40 \text{kPa}$$
$$E_w = \psi_a \frac{1}{2} \sigma_w h_w = 1.1 \times \frac{1}{2} \times 40 \times 4 = 88 \text{kN/m}$$

(3) 墙背上总侧压力及其作用点距墙底的距离 z_f 为：
$$E = E_a + E_w = 236.49 \text{kN/m}$$

将第②层土压力梯形分布等效为一个矩形分布与一个三角形分布，则：

$$z_f = \frac{23.61 \times [4+\frac{(3-0.794)}{3}] + 1.1 \times 21.37 \times 4 \times \frac{4}{2} + \frac{1}{2} \times 1.1 \times 14.04 \times 4 \times \frac{4}{3} + 88 \times \frac{4}{3}}{236.49}$$

$$= \frac{111.801+180.056+41.184+117.333}{236.49} = 1.94\text{m}$$

各点土压力强度、水压力度如图6.6.25（b）所示。

3. 用规范法查表计算主动土压力

- 复习《地规》附录L。

【例6.6.18】 图6.6.26所示挡土墙高为5m，墙背垂直（$\alpha=90°$），表面粗糙 $\delta=7°$，排水条件良好，填土地表倾角 $\beta=10°$，不考虑均布活荷载，填土为粉质黏土，重度 $\gamma=18.5\text{kN/m}^3$，干密度 $\rho_d=1680\text{kg/m}^3$，内摩擦角 $\varphi=14°$。

试问：该墙背上的主动土压力值。

【解答】 查《地规》附录L，该填土属Ⅳ类土，查图L.0.2（d），取 $k_a=0.26$。

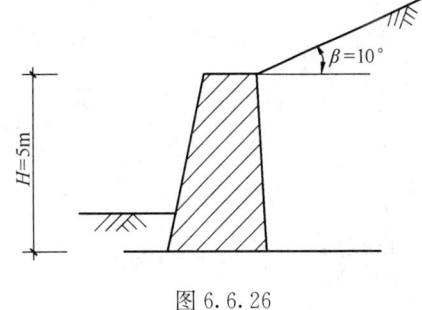

图6.6.26

挡土墙高度为5m，取 $\psi_a=1.1$

$$E_a = \psi_a \frac{1}{2} \gamma h^2 k_a = 1.1 \times \frac{1}{2} \times 18.5 \times 5^2 \times 0.260 = 66.14 \text{kN/m}$$

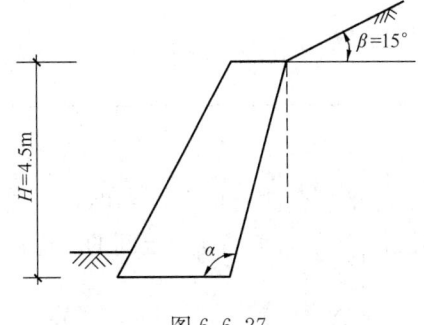

图6.6.27

【例6.6.19】 图6.6.27所示挡土墙高为4.5m，墙背倾斜（$\alpha=106°$），墙背粗糙 $\delta=6°$，排水条件良好，墙后填土倾斜 $\beta=15°$，填土表面无均布荷载，填料为粗砂，土的干密度 $\rho_d=1670\text{kg/m}^3$，$\gamma=18\text{kN/m}^3$，内摩擦角 $\varphi=12°$。

试问：该墙背上的主动土压力值。

【解答】 查《地规》附录L，该填土属Ⅱ类土，查图L.0.2，取 $k_a=0.240$。

挡土墙高度小于5m，取 $\psi_a=1.0$

$$E_a = \psi_a \frac{1}{2}\gamma h^2 k_a = 1.0 \times \frac{1}{2} \times 18 \times 4.5^2 \times 0.24$$

$$=43.74\text{kN/m}$$

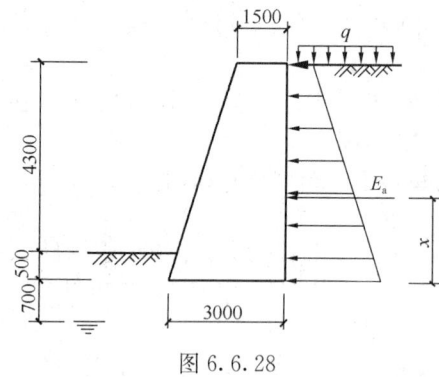

图 6.6.28

【例6.6.20】 某土坡高差4.3m，采用浆砌块石重力式挡土墙支挡，如图6.6.28所示。墙底水平，墙背竖直光滑；墙后填土采用粉砂，土对挡土墙墙背的摩擦角 $\delta=0$，地下水位在挡墙顶部地面以下5.5m。粉砂的重度 $\gamma=18\text{kN/m}^3$，内摩擦角 $\varphi=25°$，黏聚力 $c=0$，地面超载 $q=15\text{kPa}$。

按《建筑地基基础设计规范》GB 50007—2011，计算作用在挡土墙上的主动土压力时，主动土压力系数 k_a 与下列何项数值最为接近？

提示：本题中 $k_a = k_q \cdot \dfrac{1-\sin\varphi}{1+\sin\varphi}$

(A) 0.40　　(B) 0.45　　(C) 0.50　　(D) 0.55

【解答】 根据《地规》附录L：

$$k_q = 1 + \frac{2q}{\gamma h} \cdot \frac{\sin90°\cos0°}{\sin(90°+0°)}$$

$$= 1 + \frac{2\times 15}{18\times 4.8} \times 1 = 1.347$$

由提示，$k_a = k_q \cdot \dfrac{1-\sin\varphi}{1+\sin\varphi} = 1.347 \times \dfrac{1-\sin25°}{1+\sin25°} = 0.547$

故选（D）项。

思考：由于 $\eta=0$，$\alpha=90°$，$\beta=0°$，$\delta=0°$，代入规范式（L.0.1-1），可得到：$k_a = k_q \cdot \dfrac{1-\sin\varphi}{1+\sin\varphi}$。

4. 有稳定岩石坡面的主动土压力计算

《地规》规定：

6.7.3 重力式挡土墙土压力计算应符合下列规定：

2 当支挡结构后缘有较陡峻的稳定岩石坡面，岩坡的坡角 $\theta>(45°+\varphi/2)$ 时，应按有限范围填土计算土压力，取岩石坡面为破裂面。根据稳定岩石坡面与填土间的摩擦角按下式计算主动土压力系数：

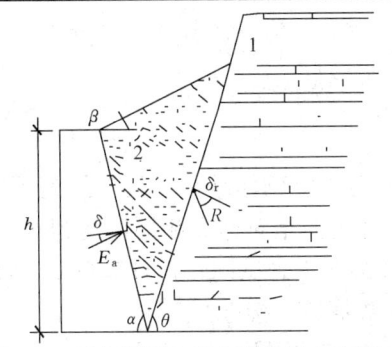

图 6.7.3 有限填土挡土墙土压力计算示意
1—岩石边坡；2—填土

$$k_a = \frac{\sin(\alpha+\theta)\sin(\alpha+\beta)\sin(\theta-\delta_r)}{\sin^2\alpha\sin(\theta-\beta)\sin(\alpha-\delta+\theta-\delta_r)} \quad (6.7.3\text{-}2)$$

式中 θ——稳定岩石坡面倾角（°）；

δ_r——稳定岩石坡面与填土间的摩擦角（°），根据试验确定。当无试验资料时，可取 $\delta_r = 0.33\varphi_k$，φ_k 为填土的内摩擦角标准值（°）。

【例 6.6.21】 某混凝土挡土墙墙高 5.2m，墙背倾角 $\alpha = 60°$，挡土墙基础持力层为中风化较硬岩。挡土墙剖面如图 6.6.29 所示，其后有较陡峻的稳定岩体，岩坡的坡角 $\theta = 75°$，填土对挡土墙墙背的摩擦角 $\delta = 10°$。挡土墙后填土的重度 $\gamma = 19\text{kN/m}^3$，内摩擦角标准值 $\varphi = 30°$，内聚力标准值 $c = 0\text{kPa}$，填土与岩坡坡面间的摩擦角 $\delta_r = 10°$。

试问：作用于挡土墙上的主动土压力合力 E_a（kN/m）与下列何项数值最为接近？

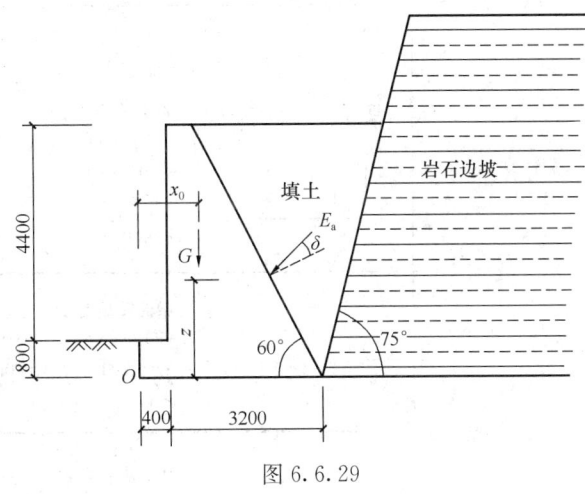

图 6.6.29

(A) 200   (B) 215   (C) 240   (D) 260

【解答】 根据《地规》6.7.3 条，$H = 5.2\text{m} \begin{matrix} <8\text{m} \\ >5\text{m} \end{matrix}$，取 $\psi_a = 1.1$，则：

$$\theta = 75° > \left(45° + \frac{\varphi}{2}\right) = 60°$$

$$k_a = \frac{\sin(\alpha+\theta)\sin(\alpha+\beta)\sin(\theta-\delta_r)}{\sin^2\alpha\sin(\theta-\beta)\sin(\alpha-\delta+\theta-\delta_r)}$$

$$= \frac{\sin(60°+75°)\sin(60°+0°)\sin(75°-10°)}{\sin^2 60°\sin(75°-0°)\sin(60°-10°+75°-10°)} = 0.845$$

$$E_a = \psi_a \frac{1}{2}\gamma h^2 k_a = 1.1 \times \frac{1}{2} \times 19 \times 5.2^2 \times 0.845 = 239 \text{kN/m}$$

故应选（C）项。

5. 静止土压力计算

【例 6.6.22】 某新建房屋为四层砌体结构，设一层地下室，采用墙下条形基础。设计室外地面绝对标高与场地自然地面绝对标高相同，均为 8.000m。基础剖面及地质情况见图 6.6.30。不考虑地面超载的作用。试问，设计基础 A 顶部的挡土墙时，O 点处土压力强度（kN/m²）与下列何项数值最为接近？

提示：① 使用时对地下室外墙水平位移有严格限制；

② 主动土压力系数 $k_a = \tan^2\left(45° - \frac{\varphi}{2}\right)$；被动土压力系数 $k_p = \tan^2\left(45° + \frac{\varphi}{2}\right)$；

静止土压力系数 $k_0 = 1 - \sin\varphi$。

(A) 15　　　　(B) 20　　　　(C) 30　　　　(D) 60

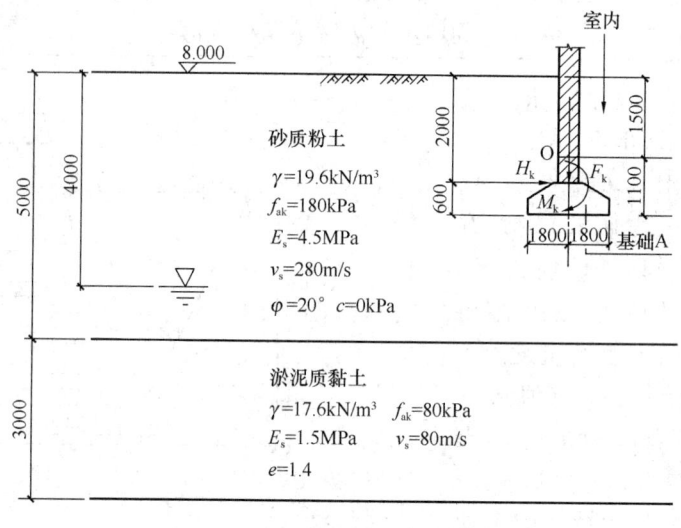

图 6.6.30

【解答】 根据《地规》9.3.2 条，永久结构地下室外墙对变形有严格限制，应采用静止土压力。

$$k_0 = 1 - \sin\varphi = 1 - \sin 20° = 0.658$$

$$\sigma_0 = 19.6 \times 1.5 \times 0.658 = 19.3 \text{kN/m}^2$$

故选（B）项。

【例 6.6.23】 某工程现浇混凝土地下通道，其剖面如图 6.6.31 所示。作用在填土地面上的活荷载为 $q = 10\text{kN/m}^2$，通道四周填土为砂土，其容重为 20kN/m³，静止土压力系

数为 $k_0=0.5$，地下水位在自然地面下 10m 处。

试问：

（1）作用在通道侧墙顶点（图中 A 点）处的水平侧压力强度值（kN/m²），与何项接近？

(A) 5　　　　　(B) 10
(C) 15　　　　 (D) 20

（2）假定作用在图中 A 点处的水平侧压力强度值为 15kN/m²，则作用在单位长度（1m）侧墙上总的土压力（kN），与何项接近？

(A) 150　　(B) 200　　(C) 250　　(D) 300

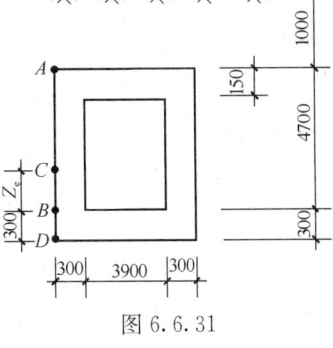

图 6.6.31

（3）假定作用在单位长度（1m）侧墙上总的土压力标准值为 $E_{ak}=180$kN，其作用点 C 位于 B 点以上 1.8m 处，则单位长度（1m）侧墙根部截面（图中 B 处）的弯矩标准值（kN·m）与何项接近？

提示：顶板对侧墙在 A 点的支座反力近似按 $R_A=\dfrac{E_a \cdot Z_e^2 \left(3-\dfrac{Z_e}{h}\right)}{2h^2}$ 计算，其中 h 为 AB 两点间高度。

(A) 160　　(B) 220　　(C) 320　　(D) 430

【解答】（1）按静止土压力计算，$k_0=0.5$

$\sigma_A = (q+\gamma z)k_0 = (10+20\times 1)\times 0.5 = 15$kN/m²

所以应选（C）项。

（2）由已知：$\sigma_A=15$kN/m²

$\sigma_D = (q+\gamma z)k_0 = (10+20\times 6)\times 0.5 = 65$kN/m²

$E_a = \dfrac{1}{2}(\sigma_A+\sigma_D)\cdot H = \dfrac{1}{2}\times(15+65)\times 5 = 200$kN/m

取 1m 时，总的土压力为 200kN，所以应选（B）项。

（3）$Z_e=1.8$，$h=4.7$

$$R_A = \dfrac{E_a \cdot Z_e^2 \cdot \left(3-\dfrac{Z_e}{h}\right)}{2h^2} = \dfrac{180\times 1.8^2 \times \left(3-\dfrac{1.8}{4.7}\right)}{2\times 4.7^2} = 34.55\text{kN}$$

$M_{Bk} = E_a \cdot Z_e - R_A \cdot h = 180\times 1.8 - 34.55\times 4.7 = 161.6$kN·m

所以应选（A）项。

6. 挡土墙的稳定性计算

《地规》规定：

6.7.5 挡土墙的稳定性验算应符合下列规定：

1 抗滑移稳定性应按下列公式进行验算（图 6.7.5-1）：

$$\frac{(G_n+E_{an})\mu}{E_{at}-G_t} \geqslant 1.3 \quad (6.7.5\text{-}1)$$

$$G_n = G\cos\alpha_0 \quad (6.7.5\text{-}2)$$

$$G_t = G\sin\alpha_0 \quad (6.7.5\text{-}3)$$

$$E_{at} = E_a\sin(\alpha-\alpha_0-\delta) \quad (6.7.5\text{-}4)$$

$$E_{an} = E_a\cos(\alpha-\alpha_0-\delta) \quad (6.7.5\text{-}5)$$

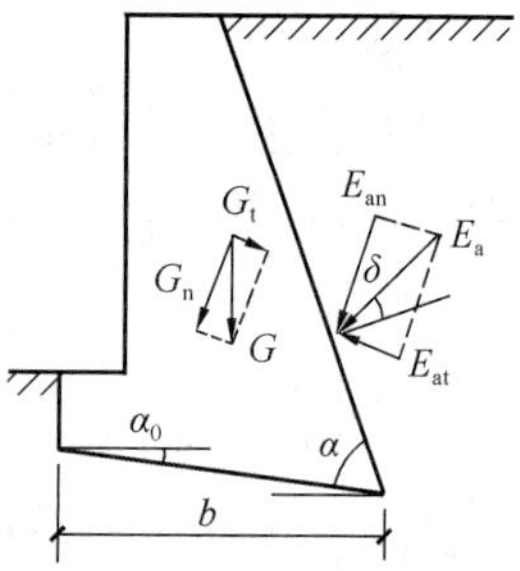

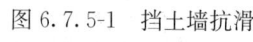

图 6.7.5-1 挡土墙抗滑稳定验算示意

式中 G——挡土墙每延米自重（kN）；
α_0——挡土墙基底的倾角（°）；
α——挡土墙墙背的倾角（°）；
δ——土对挡土墙墙背的摩擦角（°），可按表 6.7.5-1 选用；
μ——土对挡土墙基底的摩擦系数，由试验确定，也可按表 6.7.5-2 选用。

土对挡土墙墙背的摩擦角 δ 表 6.7.5-1

挡土墙情况	摩擦角 δ
墙背平滑、排水不良	$(0\sim0.33)\varphi_k$
墙背粗糙、排水良好	$(0.33\sim0.50)\varphi_k$
墙背很粗糙、排水良好	$(0.50\sim0.67)\varphi_k$
墙背与填土间不可能滑动	$(0.67\sim1.00)\varphi_k$

注：φ_k 为墙背填土的内摩擦角。

土对挡土墙基底的摩擦系数 μ 表 6.7.5-2

土的类别		摩擦系数 μ
黏性土	可塑	0.25～0.30
	硬塑	0.30～0.35
	坚硬	0.35～0.45
粉土		0.30～0.40
中砂、粗砂、砾砂		0.40～0.50
碎石土		0.40～0.60
软质岩		0.40～0.60
表面粗糙的硬质岩		0.65～0.75

注：1 对易风化的软质岩和塑性指数 I_p 大于 22 的黏性土，基底摩擦系数应通过试验确定；
2 对碎石土，可根据其密实程度、填充物状况、风化程度等确定。

2 抗倾覆稳定性应按下列公式进行验算（图 6.7.5-2）：

$$\frac{Gx_0+E_{az}x_f}{E_{ax}z_f} \geqslant 1.6 \quad (6.7.5\text{-}6)$$

$$E_{ax} = E_a\sin(\alpha-\delta) \quad (6.7.5\text{-}7)$$

$$E_{az} = E_a \cos(\alpha - \delta) \qquad (6.7.5\text{-}8)$$

$$x_f = b - z \cot \alpha \qquad (6.7.5\text{-}9)$$

$$z_f = z - b \tan \alpha_0 \qquad (6.7.5\text{-}10)$$

式中 z——土压力作用点至墙踵的高度（m）；

x_0——挡土墙重心至墙趾的水平距离（m）；

b——基底的水平投影宽度（m）。

3 整体滑动稳定性可采用圆弧滑动面法进行验算。

4 地基承载力计算，除应符合本规范第 5.2 节的规定外，基底合力的偏心距不应大于 0.25 倍基础的宽度。当基底下有软弱下卧层时，尚应进行软弱下卧层的承载力验算。

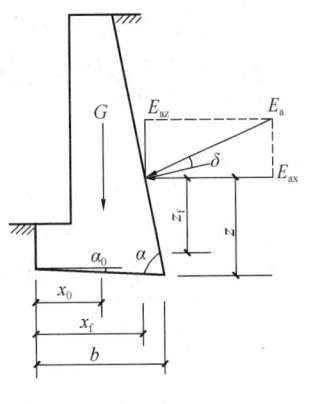

图 6.7.5-2 挡土墙抗倾覆稳定验算示意

需注意的是：

（1）《地规》6.7.5 条第 4 款规定，基底合力的偏心距不应大于 0.25 倍基础宽度。

（2）《地规》3.0.5 条第 4 款规定，计算支挡结构内力，挡土墙土压力应取作用的基本组合，采用相应的分项系数。

【例 6.6.24】 如图 6.6.32 所示某浆砌块石挡土墙，墙高为 5.0m，墙后采用黏土夹块石回填，填土表面水平，其干密度 $\rho_c = 1920 \text{kg/m}^3$，土的重度 $\gamma = 20 \text{kN/m}^3$，土对墙背的摩擦角 $\delta = 15°$，对基底的摩擦系数 $\mu = 0.40$。墙背直立、粗糙，排水条件良好，土的内摩擦角 $\varphi = 30°$。已知墙体基底水平，其重度 $\gamma_1 = 22 \text{kN/m}^3$。不考虑挡土墙前面基础以上填土重度的影响。

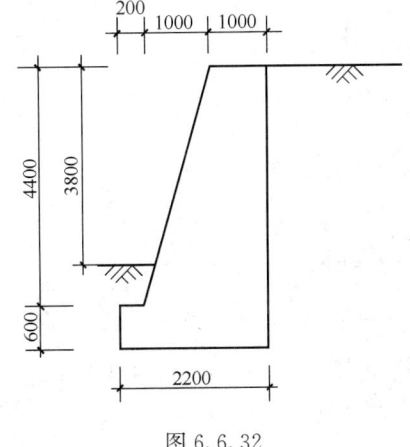

图 6.6.32

试问：

(1) 该挡土墙抗滑稳定性符合下列何项关系式？

(A) $k_s = 1.42 > 1.3$，满足 (B) $k_s = 1.20 < 1.3$，不满足

(C) $k_s = 1.55 > 1.3$，满足 (D) $k_s = 1.28 < 1.3$，不满足

(2) 该挡土墙抗倾覆稳定性符合下列何项关系式？

(A) $k_t = 3.04 > 1.60$，满足 (B) $k_t = 1.31 < 1.60$，不满足

(C) $k_t = 2.31 > 1.60$，满足 (D) $k_t = 1.50 < 1.60$，不满足

【解答】 确定主动土压力 E_a 和 G（kN/m）

查《地规》附录 L，该墙土属Ⅲ类土，$\alpha = 90°$，$\beta = 0°$，$\delta = \frac{1}{2}\varphi = 15°$，$H = 5\text{m}$，查图 L.0.2（c），取 $k_a = 0.20$。

挡土墙高度大于 5m，取 $\psi_a = 1.1$。

$$E_a = \psi_a \cdot \frac{1}{2}\gamma h^2 k_a = 1.1 \times \frac{1}{2} \times 20 \times 5^2 \times 0.2 = 55 \text{kN/m}$$

如图 6.6.33，$G = G_1 + G_2 + G_3$
$$= \left(1 \times 5 + \frac{1}{2} \times 1 \times 4.4 + 1.2 \times 0.6\right) \times 22$$
$$= 110 + 48.4 + 15.84$$
$$= 174.24 \text{kN/m}$$

$G_n = G\cos 0° = 174.24 \text{kN/m}$, $G_t = G\sin 0° = 0$

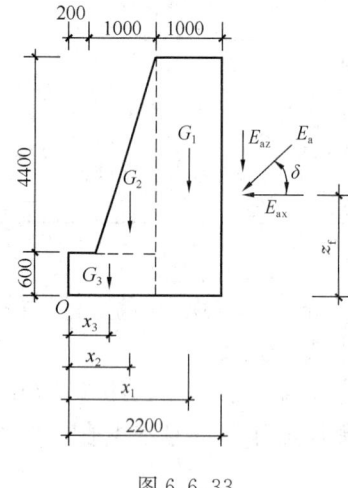

图 6.6.33

(1) 抗滑稳定性计算：
$$E_{at} = E_a \sin(\alpha - \delta)$$
$$= 55\sin(90° - 15°) = 53.13 \text{kN/m}$$
$$E_{an} = E_a \cos(\alpha - \delta)$$
$$= 55\cos(90° - 15°) = 14.24 \text{kN/m}$$

由《地规》6.7.5 条第 1 款规定：
$$k_s = \frac{(G_n + E_{an})\mu}{E_{at} - G_t}$$
$$= \frac{(174.24 + 14.24) \times 0.4}{53.13 - 0}$$
$$= 1.42 > 1.3, 满足$$

故应选（A）项。

(2) 抗倾覆稳定性计算：

$x_3 = \frac{1.2}{2} = 0.6 \text{m}; x_2 = 0.2 + \frac{2}{3} \times 1 = 0.87 \text{m}, x_1 = 1.2 + \frac{1.0}{2} = 1.7 \text{m}; z_f = \frac{H}{3} = \frac{5}{3} = 1.67 \text{m}; E_{az} = E_a\cos(90° - 15°) = 14.24 \text{kN/m}; E_{ax} = E_a\sin(90° - 15°) = 53.13 \text{kN/m}$

对图 6.6.33 中 O 点取矩；由《地规》6.7.5 条第 2 款规定：
$$k_t = \frac{Gx_0 + E_{az}x_f}{E_{ax}z_f} = \frac{110 \times 1.7 + 48.4 \times 0.87 + 15.84 \times 0.6 + 14.24 \times 2.2}{53.13 \times 1.67}$$
$$= 3.04 > 1.60, 满足$$

故应选（A）项。

【例 6.6.25】 有一毛石混凝土重力式挡墙如图 6.6.34 所示，墙高为 5.5m，墙顶宽度为 1.2m，墙底宽度为 2.7m。墙后填土表面水平并与墙齐高，填土的干密度为 1900 kg/m³。墙背粗糙，排水良好，土对墙背的摩擦角为 $\delta = 10°$。已知主动土压力系数为 $k_a = 0.2$，挡土墙埋置深度为 0.5m，土对挡土墙基底的摩擦系数 $\mu = 0.45$。

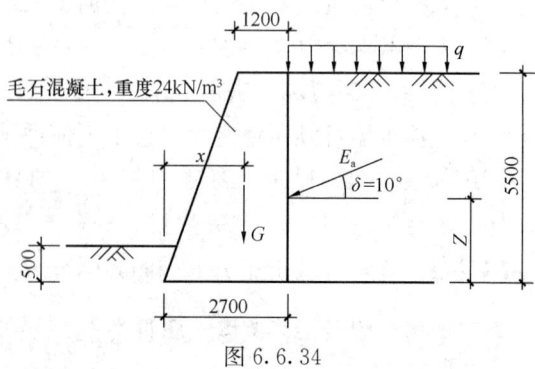

图 6.6.34

试问：

(1) 挡土墙后填土的重度 $\gamma = 20 \text{kN/m}^3$，当填土表面无连续均布荷载作用时，即 $q = 0$

时，主动土压力 E_a 应为下列何项数值？

(A) 60.50kN/m　　(B) 66.55kN/m　　(C) 90.75kN/m　　(D) 99.83kN/m

(2) 假定填土表面有连续均布荷载 $q=20$kPa 作用，确定由均布荷载作用产生的主动土压力 E_{aq} 最接近下列何项数值？

(A) 24.2kN/m　　(B) 39.6kN/m　　(C) 79.2kN/m　　(D) 120.0kN/m

(3) 假定主动土压力 $E_a=93$kN/m，作用在距基底 $z=2.10$m 处，确定挡土墙抗滑移稳定性安全系数 k_s 最接近下列何项数值？

(A) 1.25　　(B) 1.34　　(C) 1.42　　(D) 9.73

(4) 题目条件同(3)，确定挡土墙抗倾覆稳定性安全系数 k_t 最接近下列何项数值？

(A) 1.50　　(B) 2.22　　(C) 2.47　　(D) 2.58

(5) 题目条件同(3)，且假定挡土墙重心离墙趾的水平距离 $x_0=1.677$m，挡土墙按延米自重 $G=257.4$kN/m。已知每米长挡土墙底面的抵抗矩 $W=1.215$m^3，确定其基础底面边缘的最大压力 p_{kmax}，与下列何项数值最接近？

(A) 134.67kPa　　(B) 157.86kPa　　(C) 165.42kPa　　(D) 172.40kPa

(6) 假定挡土墙重心离墙趾的水平距离 $x_0=1.677$m，挡土墙每延米自重 $G=257.4$kN/m，每米长挡土墙底面的抵抗矩 $W=1.215$m^3。已知主动土压力 $E_a=140$kN/m，作用在距基底 $z=2.10$m 处。确定其基底边缘的最大压力 p_{kmax}，与下列何项数值最接近？

(A) 235.40kPa　　(B) 241.30kPa　　(C) 254.30kPa　　(D) 264.50kPa

【解答】(1) 因挡土墙高度为5.5m，根据《地规》6.7.3条规定，取 $\psi_a=1.1$。

$$E_a = \psi_a \cdot \frac{1}{2}\gamma h^2 k_a = 1.1 \times \frac{1}{2} \times 20 \times 5.5^2 \times 0.20 = 66.55 \text{kN/m}$$

故应选(B)项。

(2) 由均布荷载 q 产生的土压力强度为均匀矩形分布，$\sigma_a = qk_a$

$$E_{aq} = \psi_a \cdot \sigma_a \cdot H = \psi_c \cdot qk_a \cdot H = 1.1 \times 20 \times 0.2 \times 5.5 = 24.2 \text{kN/m}$$

故应选(A)项。

(3) $G = \frac{1}{2}(1.2+2.7) \times 5.5 \times 24 = 257.4$kN/m；$G_n = 257.4$kN/m；$G_t = 0.0$

$$E_{at} = E_a \sin(90°-10°) = 93\sin 80° = 91.59 \text{kN/m}$$
$$E_{an} = E_a \cos(90°-10°) = 93\cos 80° = 16.15 \text{kN/m}$$

由《地规》6.7.5条第1款规定：

$$k_s = \frac{(G_n + E_{an})\mu}{E_{at} - G_t} = \frac{(257.4+16.15) \times 0.45}{91.59-0} = 1.344 > 1.3$$

故应选(B)项。

(4) 如图6.6.35所示：

$$G_1 = \frac{1}{2} \times 5.5 \times (2.7-1.2) \times 24 = 99 \text{kN/m}$$
$$G_2 = 1.2 \times 5.5 \times 24 = 158.4 \text{kN/m}$$
$$x_1 = \frac{2}{3} \times 1.5 = 1.0\text{m}, \quad x_2 = 1.5 + \frac{1.2}{2} = 2.1\text{m}$$

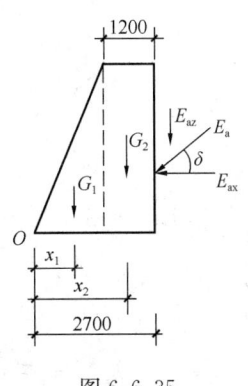

图 6.6.35

$$E_{ax} = E_a \sin(90° - 10°) = 93\sin 80° = 91.59 \text{kN/m}$$

$$E_{az} = E_a \cos(90° - 10°) = 93\cos 80° = 16.15 \text{kN/m}$$

$$k_t = \frac{Gx_0 + E_{az}x_f}{E_{ax}z_f} = \frac{99 \times 1 + 158.4 \times 2.1 + 16.15 \times 2.70}{91.59 \times 2.1}$$

$$= 2.47 > 1.6$$

故应选（C）项。

(5) 先确定对基底形心的弯矩 M_k，重心 G 在基底形心轴的右侧：

$$M_k = G \cdot \left(x_0 - \frac{2.7}{2}\right) + E_{az} \times \frac{2.7}{2} - E_{ax} \times 2.1$$

$$= 257.4 \times (1.677 - 1.35) + 16.15 \times 1.35 - 91.59 \times 2.1$$

$$= -86.367 \text{kN} \cdot \text{m/m}，左侧受压最大$$

$$e = \frac{M_k}{G + E_{az}} = \frac{86.367}{257.4 + 16.15} = 0.316\text{m} < \frac{b}{6} = \frac{2.7}{6} = 0.45\text{m}，基底反力呈梯形分布$$

$$e = 0.316\text{m} < \frac{b}{4} = \frac{2.7}{4} = 0.675\text{m}，满足《地规》要求。$$

$$p_{k\max} = \frac{G + E_{az}}{b} + \frac{M_k}{W}$$

$$= \frac{257.4 + 16.15}{2.7} + \frac{86.367}{1.215} = 173.0 \text{kPa}$$

故应选（D）项。

(6) 对基底形心的弯矩 M，重心 G 在基底形心轴的右侧：

$$E_{ax} = E_a \sin(90° - 10°) = 140\sin 80° = 137.87 \text{kN/m}$$

$$E_{az} = E_a \cos(90° - 10°) = 140\cos 80° = 24.31 \text{kN/m}$$

$$M_k = G \cdot \left(x_0 - \frac{2.7}{2}\right) + E_{az} \times \frac{2.7}{2} - E_{ax} \times 2.1$$

$$= 257.4 \times (1.677 - 1.35) + 24.31 \times 1.35 - 137.87 \times 2.1$$

$$= -172.54 \text{kN} \cdot \text{m}，左侧受压最大$$

$$e = \frac{M_k}{G + E_{az}} = \frac{172.54}{257.4 + 24.31}$$

$$= 0.612\text{m} > \frac{b}{6} = \frac{2.7}{6} = 0.45\text{m}，基底反力呈三角形分布$$

$$e = 0.612\text{m} < \frac{b}{4} = \frac{2.7}{4} = 0.675\text{m}，满足《地规》要求。$$

根据《地规》5.2.2 条规定：

$$a = \frac{b}{2} - e = \frac{2.7}{2} - 0.612 = 0.738 \text{m}$$

$$p_{k\max} = \frac{2(F_k + G_k)}{3la} = \frac{2 \times (257.4 \times 1 + 24.31 \times 1)}{3 \times 1 \times 0.738} = 254.48 \text{kPa}$$

故应选（C）项。

【例 6.6.26】 某毛面砌体挡土墙，其剖面尺寸如图 6.6.36 所示，墙背直立，排水良好。墙后填土与墙齐高，其表面倾角为 β，填土表面的均布荷载为 q。

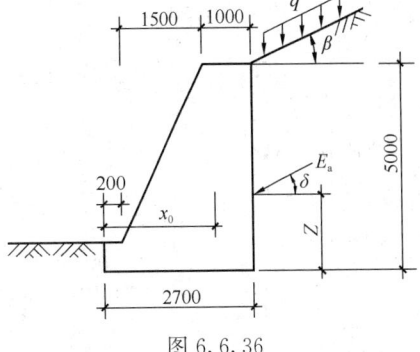

图 6.6.36

试问：

（1）假定填土采用粉质黏土，其重度为 19kN/m^3（干密度大于 1650kg/m^3），土对挡土墙墙背的摩擦角 $\delta=\varphi/2$（φ 为墙背填土的内摩擦角），填土的表面倾角 $\beta=10°$，$q=0$，确定主动土压力 E_a（kN/m）最接近下列何项数值？

(A) 60　　(B) 62　　(C) 68　　(D) 74

（2）假定挡土墙的主动土压力 $E_a=70\text{kN/m}$，土对挡土墙底的摩擦系数 $\mu=0.4$，$\delta=13°$，挡土墙每延米自重 $G=209.22\text{kN/m}$，确定挡土墙抗滑稳定性安全度 k_s，最接近于下列何项数值？

(A) 1.29　　(B) 1.32　　(C) 1.45　　(D) 1.56

（3）条件同（2），已求得挡土墙重心与墙趾的水平距离 $x_0=1.68\text{m}$，E_a 作用点距墙底 $\dfrac{H}{3}\text{m}$ 处，确定挡土墙抗倾覆稳定性安全度 k_t，最接近于下列何项数值？

(A) 2.3　　(B) 2.9　　(C) 3.5　　(D) 4.1

（4）假定 $\delta=0$，$q=0$，$E_a=70\text{kN/m}$，挡土墙每延米自重为 209.22kN/m，挡土墙重心与墙趾的水平距离 $x_0=1.68\text{m}$，确定挡土墙基础底面边缘的最大压力值 $p_{k\max}$（kPa），最接近于下列何项数值？

(A) 117　　(B) 126　　(C) 134　　(D) 154

（5）假定填土采用粗砂，其重度为 18kN/m^3，$\delta=0$，$\beta=0$，$q=15\text{kN/m}^2$，$k_a=0.23$，确定主动土压力 E_a（kN/m），最接近于下列何项数值？

(A) 83　　(B) 76　　(C) 72　　(D) 69

（6）假定 $\delta=0$，已计算出墙顶面处的土压力强度 $\sigma_1=3.8\text{kN/m}$，墙底面处的土压力强度 $\sigma_2=27.83\text{kN/m}$，主动土压力 $E_a=79\text{kN/m}$，确定主动土压力 E_a 作用点距离挡土墙地面的高度 z（m），最接近于下列何项数值？

(A) 1.6　　(B) 1.9　　(C) 2.2　　(D) 2.5

【解答】（1）查《地规》附录 L，该填土属 IV 类土，查图 L.0.2 (d)，$\alpha=90°$，$\beta=10°$，取 $k_a=0.26$；又挡土墙高度为 5m，取 $\psi_a=1.1$。

$$E_a=\psi_a \cdot \frac{1}{2}\gamma h^2 k_a=1.1\times\frac{1}{2}\times 19\times 5^2\times 0.26=67.93\text{kN/m}$$

故应选（C）项。

（2）根据《地规》6.7.5 条规定：

$$G_n=G\cos 0°=209.22\text{kN/m},\ G_t=0$$

$$E_{an}=E_a\cos(\alpha-\alpha_0-\delta)=70\cos(90°-0°-13°)=15.75\text{kN/m}$$

$$E_{at} = E_a \sin(\alpha - \alpha_0 - \delta) = 70\sin(90° - 0° - 13°) = 68.21 \text{kN/m}$$

$$k_s = \frac{(G_n + E_{an})\mu}{E_{at} - G_t} = \frac{(209.22 + 15.75) \times 0.4}{68.21} = 1.32$$

故应选（B）项。

(3) $E_{ax} = E_a \sin(\alpha - \delta) = 70\sin 77° = 68.21 \text{kN/m}$

$$E_{az} = E_a \cos(\alpha - \delta) = 70\cos 77° = 15.75 \text{kN/m}$$

$$x_f = 2.7\text{m}; \quad z_f = \frac{H}{3} = \frac{5}{3} = 1.67\text{m}$$

$$k_t = \frac{Gx_0 + E_{az}x_f}{E_{ax}z_f} = \frac{209.22 \times 1.68 + 15.75 \times 2.7}{68.21 \times 1.67} = 3.46$$

故应选（C）项。

(4) 确定所有力对基底形心轴的弯矩 M_k，由图 6.6.37 可知，重心 G 在形心轴的右侧：

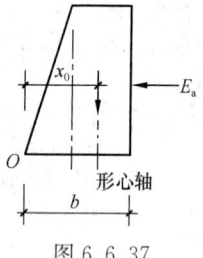

图 6.6.37

$$M_k = G\left(x_0 - \frac{b}{2}\right) - E_a \cdot \frac{H}{3}$$

$$= 209.22 \times \left(1.68 - \frac{2.7}{2}\right) - 70 \times \frac{5}{3}$$

$$= -47.62, \text{左侧受压最大}$$

$$e = \frac{M_k}{G} = \frac{47.62}{209.22} = 0.228\text{m} < \frac{b}{6} = \frac{2.7}{6} = 0.45\text{m}$$

故基底反力呈梯形分布。

$$p_{kmax} = \frac{G_k}{b} + \frac{6M_k}{b^2 l} = \frac{209.22}{2.7} + \frac{6 \times 47.62}{2.7^2 \times 1}$$

$$= 116.68 \text{kN/m}$$

故应选（A）项。

(5) 墙背顶面处的土压力强度：$\sigma_{a0} = qk_a + 0 = 15 \times 0.23 = 3.45 \text{kPa}$

底面 1 处的土压力强度：$\sigma_{a1} = (q + \gamma h)k_a = (15 + 18 \times 5) \times 0.23 = 24.15 \text{kPa}$

挡土墙高度为 5m，取 $\psi_a = 1.1$

主动土压力：$E_a = \psi_a \frac{1}{2}(\sigma_{a0} + \sigma_{a1})H$

$$= 1.1 \times \frac{1}{2} \times (3.45 + 24.15) \times 5 = 75.9 \text{kN/m}$$

故应选（B）项。

(6) 根据梯形图形形心位置求解公式：

$$z = \frac{(2\sigma_1 + \sigma_2)H}{3(\sigma_1 + \sigma_2)} = \frac{(2 \times 3.8 + 27.83) \times 5}{3(3.8 + 27.83)} = 1.87\text{m}$$

故应选（B）项。

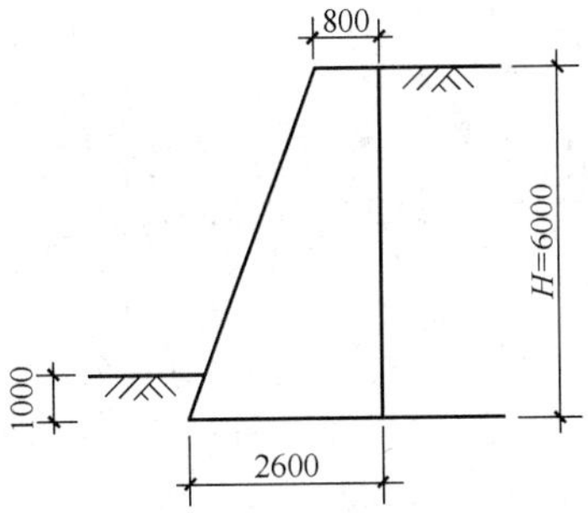

【例 6.6.27】 某挡土墙墙高为 6.0m，墙背直立、光滑，$\delta=0$，填土表面水平，用毛面混凝土砌筑，重度为 $\gamma=24\text{kN/m}^3$，如图 6.6.38 所示。墙后填土为粗砂，其内摩擦角 $\varphi=38°$，$c=0$，$\gamma=18\text{kN/m}^3$，基底摩擦系数 $\mu=0.5$。

试问：
(1) 该挡土墙抗滑稳定性安全系数 k_s 值应为多少？
(2) 该挡土墙抗倾覆稳定性安全系数 k_t 值应为多少？
(3) 墙底边缘的最大压力 $p_{k\max}$ 为多少？
(4) 假定 $E_a=100\text{kN/m}$，作用点距墙底距离为 2.0m，确定墙底边缘的最大压力 $p_{k\max}$ 为多少？

图 6.6.38

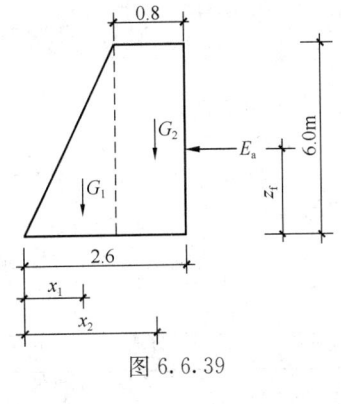

图 6.6.39

【解答】 (1) 确定主动土压力 E_a：

因挡土墙高度为 6m，故 $\psi_a=1.1$。

$$k_a=\tan^2\left(45°-\frac{\varphi}{2}\right)=\tan^2\left(45°-\frac{38°}{2}\right)=0.238$$

$$E_a=\psi_a\frac{1}{2}\gamma h^2 k_a=1.1\times\frac{1}{2}\times 18\times 6^2\times 0.238=84.82\text{kN/m}$$

E_a 作用点距墙底的距离 z_f：$z_f=\dfrac{H}{3}=\dfrac{6}{3}=2.0\text{m}$

将挡土墙划分为一个矩形和一个三角形，如图 6.6.39 所示：

$$G=G_1+G_2=\frac{1}{2}\times 6\times(2.6-0.8)\times 24+0.8\times 6\times 24$$

$$=129.6+115.2=244.8\text{kN/m}$$

$$k_s=\frac{(E_{an}+G_n)\mu}{E_{at}}=\frac{(0+244.8)\times 0.5}{84.82}$$

$$=1.44>1.3,\text{满足}$$

(2) 确定 G_1、G_2 的重心距墙趾的距离：

$$x_1=\frac{2\times(2.6-0.8)}{3}=1.2\text{m}$$

$$x_2=1.8+\frac{0.8}{2}=2.2\text{m}$$

$$k_t=\frac{Gx_0+E_{az}x_f}{E_{ax}z_f}=\frac{129.6\times 1.2+115.2\times 2.210}{84.82\times 2}=2.41>1.6,\text{满足}$$

(3) 外力对基底形心轴的弯矩 M_k：

$$M_k=G_1\cdot\left(\frac{b}{2}-x_1\right)+E_a\cdot z_f-G_2\cdot\left(\frac{b}{2}-\frac{0.8}{2}\right)$$

$$=129.6\times\left(\frac{2.6}{2}-1.2\right)+84.82\times 2-115.2\times\left(\frac{2.6}{2}-0.4\right)$$

$$=12.96+169.64-103.68=78.92\text{kN}\cdot\text{m/m},左侧受压最大$$

$$e=\frac{M_k}{G_k}=\frac{78.92}{244.8}=0.322\text{m}<\frac{b}{6}=\frac{2.6}{6}=0.433\text{m}$$

故基底反力呈梯形分布。

$$p_{kmax}=\frac{G_k}{b\times1}+\frac{6M_k}{b^2\times1}=\frac{244.8}{2.6\times1}+\frac{6\times78.92}{2.6^2\times1}=164.20\text{kPa}$$

（4）确定外力对基底形心轴的弯矩 M_k：

$$M_k=G_1\left(\frac{b}{2}-x_1\right)+E_a\cdot z_f-G_2\left(\frac{b}{2}-0.4\right)$$

$$=129.6\times\left(\frac{2.6}{2}-1.2\right)+100\times2-115.2\times\left(\frac{2.6}{2}-0.4\right)$$

$$=109.28\text{kN}\cdot\text{m/m}$$

$$e=\frac{M_k}{G_k}=\frac{109.28}{244.8}=0.446\text{m}>\frac{b}{6}=\frac{2.6}{6}=0.433\text{m}$$

$e=0.446\text{m}<\frac{b}{4}=\frac{2.6}{4}=0.65\text{m}$，满足规范规定。

故基底反力呈三角形分布，由《地规》5.2.2 条规定：

$$a=\frac{b}{2}-e=\frac{2.6}{2}-0.446=0.854\text{m}$$

$$p_{kmax}=\frac{2(F_k+G_k)}{3la}=\frac{2\times(0+244.8)}{3\times1\times0.854}=191.1\text{kPa}$$

挡土墙的构造规定，《地规》6.7.4 条规定：

> 6.7.4 重力式挡土墙的构造应符合下列规定：
> 1 重力式挡土墙适用于高度小于 8m、地层稳定、开挖土石方时不会危及相邻建筑物的地段。
> 2 重力式挡土墙可在基底设置逆坡。对于土质地基，基底逆坡坡度不宜大于 1：10；对于岩石地基，基底逆坡坡度不宜大于 1：5。
> 3 毛石挡土墙的墙顶宽度不宜小于 400mm；混凝土挡土墙的墙顶宽度不宜小于 200mm。
> 4 重力式挡墙的基础埋置深度，应根据地基承载力、水流冲刷、岩石裂隙发育及风化程度等因素进行确定。在特强冻涨、强冻涨地区应考虑冻涨的影响。在土质地基中，基础埋置深度不宜小于 0.5m；在软质岩地基中，基础埋置深度不宜小于 0.3m。
> 5 重力式挡土墙应每间隔 10m～20m 设置一道伸缩缝。当地基有变化时宜加设沉降缝。在挡土结构的拐角处，应采取加强的构造措施。

【例 6.6.28】 重力式挡土墙应每隔一定距离设置伸缩缝，其间距一般可取下列何项数值？

（A）5～10m　　（B）8～15m　　（C）10～20m　　（D）20～40m

【解答】 根据《地规》6.7.4 条规定，伸缩缝间距为 10～20m，故应选（C）项。

八、岩石边坡与岩石锚杆挡墙

1. 岩石边坡

> ● 复习《地规》6.8.1 条、6.8.2 条、6.8.3 条。

需注意的是：
《地规》6.8.2 条的条文说明作了如下说明：

> 6.8.2 （条文说明）
> 　　边坡的顶部裂隙比较发育，必须采用强有力的锚杆进行支护，在顶部(0.2～0.3)h高度处，至少布置一排结构锚杆，锚杆的横向间距不应大于 3m，长度不应小于 6m。结构锚杆直径不宜小于 130mm，钢筋不宜小于 3ϕ22。其余部分为防止风化剥落，可采用锚杆进行构造防护。防护锚杆的孔径宜采用 50～100mm，锚杆长度宜采用 2～4m，锚杆的间距宜采用 1.5～2.0m

2. 岩石锚杆挡墙

《地规》规定：

> 6.8.4　岩石锚杆挡土结构设计，应符合下列规定：
> 1　岩石锚杆挡土结构的荷载，宜采用主动土压力乘以 1.1～1.2 的增大系数；
> 2　挡板计算时，其荷载的取值可考虑支承挡板的两立柱间土体的卸荷拱作用；
> 3　立柱端部应嵌入稳定岩层内，并应根据端部的实际情况假定为固定支承或铰支承，当立柱插入岩层中的深度大于 3 倍立柱长边时，可按固定支承计算；
> 4　岩石锚杆应与立柱牢固连接，并应验算连接处立柱的抗剪切强度。
>
> 6.8.5　岩石锚杆的构造应符合下列规定：
> 1　岩石锚杆由锚固段和非锚固段组成。锚固段应嵌入稳定的基岩中，嵌入基岩深度应大于 40 倍锚杆筋体直径，且不得小于 3 倍锚杆的孔径。非锚固段的主筋必须进行防护处理。
> 2　作支护用的岩石锚杆，锚杆孔径不宜小于 100mm；作防护用的锚杆，其孔径可小于 100mm，但不应小于 60mm。
> 3　岩石锚杆的间距，不应小于锚杆孔径的 6 倍。
> 4　岩石锚杆与水平面的夹角宜为 15°～25°。
> 5　锚杆筋体宜采用热轧带肋钢筋，水泥砂浆强度不宜低于 25MPa，细石混凝土强度不宜低于 C25。
>
> 6.8.6　岩石锚杆锚固段的抗拔承载力，应按照本规范附录 M 的试验方法经现场原位试验确定。对于永久性锚杆的初步设计或对于临时性锚杆的施工阶段设计，可按下式计算：
>
> $$R_\mathrm{t} = \xi f u_\mathrm{r} h_\mathrm{r} \qquad (6.8.6)$$
>
> 式中　R_t——锚杆抗拔承载力特征值（kN）；

ξ ——经验系数,对于永久性锚杆取 0.8,对于临时性锚杆取 1.0;

f ——砂浆与岩石间的粘结强度特征值(kPa),由试验确定,当缺乏试验资料时,可按表 6.8.6 取用;

u_r ——锚杆的周长(m);

h_r ——锚杆锚固段嵌入岩层中的长度(m),当长度超过 13 倍锚杆直径时,按 13 倍直径计算。

砂浆与岩石间的粘结强度特征值(MPa) 表 6.8.6

岩石坚硬程度	软岩	较软岩	硬质岩
粘结强度	<0.2	0.2～0.4	0.4～0.6

注:水泥砂浆强度为 30MPa 或细石混凝土强度等级为 C30。

【例 6.6.29】 某岩石锚杆挡土结构,经计算作用于该结构上的主动土压力为 300kN/m。

试问:对该岩石锚杆进行设计时,其动土压力取值最接近于下列何项数值?

(A) 300kN/m (B) 315kN/m (C) 330kN/m (D) 370kN/m

【解答】 根据《地规》6.8.4 条第 1 款的规定,锚杆设计时,主动土压力应乘以增大系数 1.1～1.2,则主动土压力为 330～360kN/m,故应选 (C) 项。

【例 6.6.30】 某岩石锚杆挡土结构,对其支护用的永久性岩石锚杆进行设计,锚杆直径为 120mm,用 HRB335 级钢筋,直径为 14mm。锚杆嵌入未风化的泥质砂岩中的有效锚固长度 650mm,用 M30 水泥砂浆灌孔。

试问:单根锚杆抗拔承载力特征值最接近于下列何项数值?

(A) 36.1 (B) 39.2 (C) 45.3 (D) 48.6

【解答】 (1) 有效锚固长度 $h_r=650mm>40d=40×14=560mm$,$h_r=650mm>3d_1=3×120=360mm$;$d_1=120mm>100mm$,满足《地规》6.8.5 条第 1 款、第 2 款的规定。

(2) 永久性锚杆,根据《地规》6.8.6 条规定,取 $\xi=0.8$。未风化的泥质砂岩,查《地规》附录表 A.0.1,属软岩;查《地规》表 6.8.6,取 $f<0.2$MPa。

又 $h_r=650mm<13d_1=13×120=1560mm$,故取 $h_r=650mm$

$$R_t=\xi f u_r h_r=0.8×0.2×\pi×120×650=39.19kN$$

故应选 (B) 项。

第七节 软 弱 地 基

一、一般规定

• 复习《地规》7.1.1 条～7.1.5 条。

二、利用与处理

1. 一般要求

- 复习《地规》7.2.1条～7.2.6条。

2. 复合地基设计

《地规》规定：

> **7.2.7** 复合地基设计应满足建筑物承载力和变形要求。当地基土为欠固结土、膨胀土、湿陷性黄土、可液化土等特殊性土时，设计采用的增强体和施工工艺应满足处理后地基土和增强体共同承担荷载的技术要求。
>
> **7.2.8** 复合地基承载力特征值应通过现场复合地基载荷试验确定，或采用增强体载荷试验结果和其周边土的承载力特征值结合经验确定。
>
> **7.2.9** 复合地基基础底面的压力除应满足本规范公式（5.2.1-1）的要求外，还应满足本规范公式（5.2.1-2）的要求。
>
> **7.2.10** 复合地基的最终变形量可按式（7.2.10）计算：
>
> $$s = \psi_{sp} s' \tag{7.2.10}$$
>
> 式中 s——复合地基最终变形量（mm）；
>
> ψ_{sp}——复合地基沉降计算经验系数，根据地区沉降观测资料经验确定，无地区经验时可根据变形计算深度范围内压缩模量的当量值（$\overline{E}_s$）按表7.2.10取值；
>
> s'——复合地基计算变形量（mm），可按本规范公式（5.3.5）计算；加固土层的压缩模量可取复合土层的压缩模量，按本规范第7.2.12条确定；地基变形计算深度应大于加固土层的厚度，并应符合本规范第5.3.7条的规定。
>
> **复合地基沉降计算经验系数ψ_{sp}** 表7.2.10
>
> | $\overline{E}_s$ (MPa) | 4.0 | 7.0 | 15.0 | 20.0 | 35.0 |
> |---|---|---|---|---|---|
> | ψ_{sp} | 1.0 | 0.7 | 0.4 | 0.25 | 0.2 |
>
> **7.2.11** 变形计算深度范围内压缩模量的当量值（$\overline{E}_s$），应按下式计算：
>
> $$\overline{E}_s = \frac{\sum_{i=1}^{n} A_i + \sum_{j=1}^{m} A_j}{\sum_{i=1}^{n} \dfrac{A_i}{E_{spi}} + \sum_{j=1}^{m} \dfrac{A_j}{E_{sj}}} \tag{7.2.11}$$
>
> 式中 E_{spi}——第i层复合土层的压缩模量（MPa）；
>
> E_{sj}——加固土层以下的第j层土的压缩模量（MPa）。
>
> **7.2.12** 复合地基变形计算时，复合土层的压缩模量可按下列公式计算：
>
> $$E_{spi} = \xi \cdot E_{si} \tag{7.2.12-1}$$
>
> $$\xi = f_{spk}/f_{ak} \tag{7.2.12-2}$$
>
> 式中 E_{spi}——第i层复合土层的压缩模量（MPa）；
>
> ξ——复合土层的压缩模量提高系数；
>
> f_{spk}——复合地基承载力特征值（kPa）；
>
> f_{ak}——基础底面下天然地基承载力特征值（kPa）。

7.2.13 增强体顶部应设褥垫层。褥垫层可采用中砂、粗砂、砾砂、碎石、卵石等散体材料。碎石、卵石宜掺入 20%～30% 的砂。

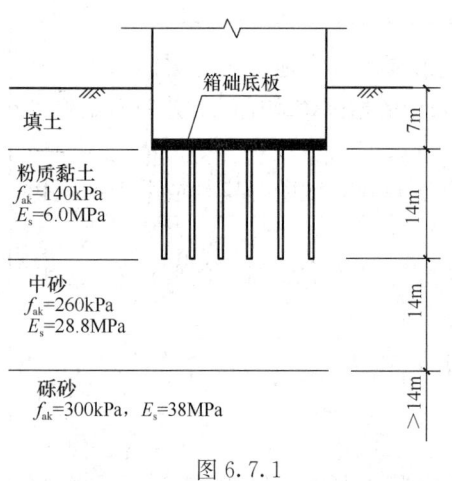

图 6.7.1

【例 6.7.1】 某高层建筑基础采用箱形基础，基础底板尺寸为 28m×33.6m，基础的埋置深度为 7m，上部结构传来相应于作用的准永久组合时的基底处附加压力 p_0 为 300kPa。地基处理采用 CFG 桩复合地基，桩径为 0.4m，桩长为 14m，工程地质土层分布如图 6.7.1 所示。已知复合地基的承载力特征值为 336kPa。地基沉降计算深度为 28m。

试问：确定该基础中点的最终沉降量 s。

【解答】 根据《地规》表 5.3.7，$b=28\text{m}>8\text{m}$，取 $\Delta z=1.0\text{m}$

将基底划分为 4 个小矩形，$l=33.6/2=16.8\text{m}$，$b=28/2=14\text{m}$，$l/b=\dfrac{16.8}{14}=1.2$

根据《地规》7.2.12 条，取 $f_{ak}=140\text{kPa}$

$$\xi=\frac{f_{spk}}{f_{ak}}=\frac{336}{140}=2.4$$

故复合土层的压缩模量为：

$$E_{spi}=\xi\cdot E_{si}=2.4\times 6=14.4\text{MPa}$$

根据《地规》7.2.10 条、5.3.5 条，列表计算沉降量，见表 6.7.1。

沉降量计算表 表 6.7.1

Z_i (m)	l/b	Z_i/b	$\bar{\alpha}_i$	$Z_i\bar{\alpha}_i$ (mm)	$Z_i\bar{\alpha}_i - Z_{i-1}\bar{\alpha}_{i-1}$ (mm)	$E_{si}(E_{spi})$ (kPa)	$\Delta S'_i = \dfrac{4p_0}{E_{si}}(Z_i\bar{\alpha}_i - Z_{i-1}\bar{\alpha}_{i-1})$ (mm)	$s' = \Sigma\Delta s'_i$ (mm)
0	1.2	0.0	0.2500	0.0	0.0	14400	—	—
14	1.2	1.00	0.2291	3207.4	3207.4	14400	267.28	267.28
27	1.2	1.93	0.1854	5005.8	1798.4	28800	74.93	342.21
28	1.2	2.00	0.1822	5101.6	95.8	28800	3.99	346.20

复核沉降计算深度，$\Delta z=1\text{m}$：

$\Delta s'_n=3.99\text{mm}<0.025\Sigma\Delta s'_i=0.025\times 346.20=8.655\text{mm}$，满足。

确定 ψ_{sp}，由《地规》7.2.10 条、7.2.11 条：

$$\bar{E}_s=\frac{(3207.4-0)+(5005.8-3207.4)+(5101.6-5005.8)}{\dfrac{3207.4-0}{14.4}+\dfrac{5005.8-3207.4}{28.8}+\dfrac{5101.6-5005.8}{28.8}}$$

$$=17.68\text{MPa}$$

$$\psi_{sp} = 0.4 - \frac{17.68-15}{20-15} \times (0.4-0.25) = 0.3196 = 0.32$$

最终沉降量为：$s = \psi_{sp} s' = 0.32 \times 346.20 = 110.78 \text{mm}$

三、建筑措施和结构措施

> ● 复习《地规》7.3.1 条～7.3.5 条。
> ● 复习《地规》7.4.1 条～7.4.4 条。

【例 6.7.2】 某拟建房屋的邻边有已建高层建筑物。该高层建筑物室内±0.000 至屋顶的高度为 82m，平面长度为 255m，箱形基础底面标高为－4.50m。预计拟建房屋平均沉降量为 200mm。

试问：拟建房屋与已建高层建筑物的基础间的最小净距应为下列何项数值？
(A) 2m　　　　(B) 3m　　　　(C) 6m　　　　(D) 9m

【解答】 根据《地规》表 7.3.3 注 1 的规定，$H_f = 82 + 4.5 = 86.5$m

$L/H_f = 255/86.5 = 2.95$，查《地规》表 7.3.3，且 $s = 200$mm，取净距为 3～6m，故最小值为 3m，应选（B）项。

【例 6.7.3】 砌体结构纵墙等距离布置了 8 个沉降观测点，测点布置、砌体纵墙可能出现裂缝的形态等如图 6.7.2 所示。

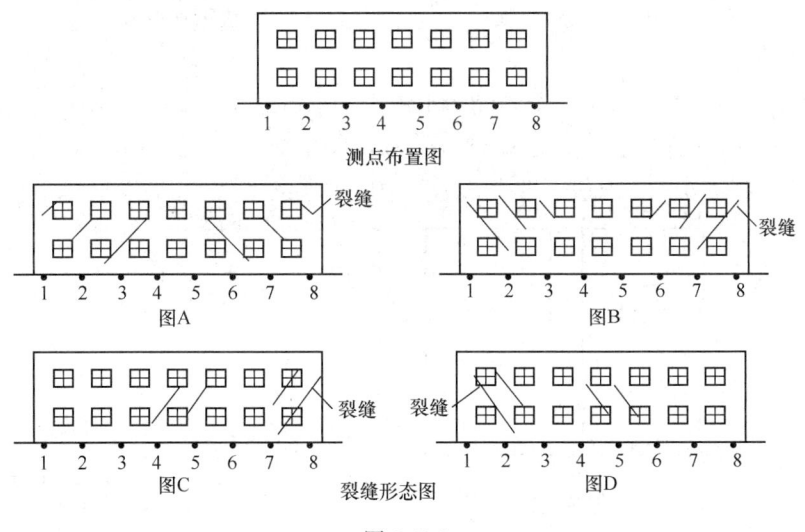

图 6.7.2

各点的沉降量见表 6.7.2。

表 6.7.2

观测点	1	2	3	4	5	6	7	8
沉降量（mm）	102.2	116.4	130.8	157.3	177.5	180.6	190.9	210.5

试问，根据沉降量的分布规律，砌体结构纵墙最可能出现的裂缝形态，为下列何项？
(A) 图 A　　　　(B) 图 B　　　　(C) 图 C　　　　(D) 图 D

【解答】 根据沉降量实测值,图 C 斜裂缝产生的原因是:右端沉降大、左端小,应选 (C) 项。

此外,图 A 正八字缝的产生原因是沉降中部大,两端小。

图 B 倒八字缝的产生原因是沉降中部小,两端大。

图 D 斜裂缝的原因是左端沉降大,右端小。

四、大面积地面荷载

● 复习《地规》7.5.1 条~7.5.7 条。

需注意的是:

《地规》7.5.5 条的条文说明中的计算例题,其中该条条文说明中表 1.8 注的内容,根据地面荷载宽度 $b'=17.5$m,由 5.3.7 条条文说明中 $0.3(1+\ln b)=0.3\times(1+\ln 17.5)=1.2$m,由地基变形计算深度 z 处向上取计算层厚度 z 应为 1.2m。

【例 6.7.4】 如图 6.7.3 所示某条形基础,其宽度×长度=1.5m×30m,埋深 1.5m,基础底面下土层为黏土,$\gamma_2=18$kN/m³,$E_s=6$MPa,相应于作用的准永久组合时的基底压力为 140kPa。现在基础两侧大面积填土,填土高 1.0m,$\gamma_1=17$kN/m³。

试问: 假定沉降计算深度 z_n 取基底下 15m,$\Delta z=1.0$m,$\psi_s=1.0$,确定填土引起的基础中心点的附加沉降量。

【解答】 确定填土引起的基础中心点 A 的附加沉降量填土产生的压力 p_c:$p_c=1.0\times 17=17$kPa。

将图 6.7.4 中平面划分为 4 个相同的小矩形,小矩形 $oabc$ 的 $b\times l=15$m×30m,如图 6.7.3;小矩形 $oedc$ 的 $b\times l=0.25$m×15m,$l/b=15/0.25=60>10$,查《地规》附录表 K.0.1-2,可知按 $l/b=10$ 取值,即表 6.7.3 中取 10。

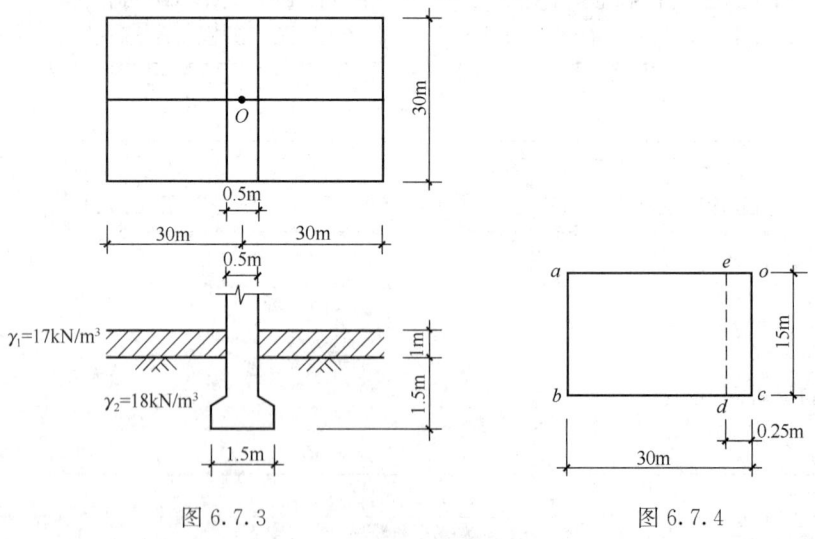

图 6.7.3　　　　　　　　图 6.7.4

需注意表 6.7.3 中,基础沉降从基底起算(即从 $z'_i=0$ 开始),计算填土引起的平均附加应力系数 $\bar{\alpha}_i$,应从原地面处起算,故 z_i 取为 $z'_i+1.5$。

沉 降 量 计 算 表　　　　　　　　表 6.7.3

z_i' (m)	$z_i'+1.5$ $=z_i$	$\dfrac{l}{b}$	$\dfrac{z_i'+1.5}{b}$	$\bar{a}_i$	$z_i\bar{a}_i$ (mm)	$z_i\bar{a}_i-z_{i-1}\bar{a}_{i-1}$ (mm)	E_{si} (kPa)	$\Delta s_i'=\dfrac{4p_c}{E_{si}}$ $\times(z_i\bar{a}_i-z_{i-1}\bar{a}_{i-1})$ (mm)
0	1.5	$\dfrac{2}{10}$	0.16	0.2499−0.1216 =0.1283	192.45	2622.35	6000	29.72
14	15.5	$\dfrac{2}{10}$	1.062	0.2340−0.0524 =0.1816	2814.8			
15	16.5	$\dfrac{2}{10}$	1.166	0.2304−0.0524 =0.178	2937.0	122.2	6000	1.38

$s=\psi_s s'=1.0\times(29.72+1.38)=31.1\text{mm}$

第八节　浅　基　础

一、基础设计的采用的作用组合和地基净反力

基础设计所采用的作用组合和抗力限值，《地规》规定：

> 3.0.5　地基基础设计时，所采用的作用效应与相应的抗力限值应符合下列规定：
> 4　在确定基础或桩基承台高度、支挡结构截面、计算基础或支挡结构内力、确定配筋和验算材料强度时，上部结构传来的作用效应和相应的基底反力、挡土墙土压力以及滑坡推力，应按承载能力极限状态下作用的基本组合，采用相应的分项系数；当需要验算基础裂缝宽度时，应按正常使用极限状态下作用的标准组合；
> 5　基础设计安全等级、结构设计使用年限、结构重要性系数应按有关规范的规定采用，但结构重要性系数 γ_0 不应小于1.0。

需注意的是：作用的基本组合应按《工程结构通用规范》3.1.13条或《建筑结构可靠性设计统一标准》8.2.4条规定进行计算，故 $G=1.3G_k$。

地基净反力（p_j），指仅由基础顶面标高以上部分传下的荷载所产生的地基反力。而地基反力（p），指由基础顶面标高以上部分传下的荷载与基础自重共同产生的地基反力，即：

$$p_j=\dfrac{F}{A},\ p=\dfrac{F+G}{A},(G=1.3G_k)$$

当地基净反力呈梯形分布时，则：

$$p_{j\min}^{j\max}=\dfrac{F}{A}\pm\dfrac{M}{W},\ p_{\min}^{\max}=\dfrac{F+G}{A}\pm\dfrac{M}{W}=p_{j\min}^{j\max}+\dfrac{G}{A}$$

在基础的结构设计时，常用地基净反力 p_j。

二、无筋扩展基础

1. 无筋扩展基础的定义

《地规》规定：

2.1.12 无筋扩展基础 non-reinforced spread foundation
由砖、毛石、混凝土或毛石混凝土、灰土和三合土等材料组成的,且不需配置钢筋的墙下条形基础或柱下独立基础。

2. 无筋扩展基础的设计

● 复习《地规》8.1.1条~8.1.2条。

需注意的是:
《地规》8.1.2条表8.1.2注4的规定,该条的条文说明如下:

8.1.2（条文说明）
计算结果表明,当基础单侧扩展范围内基础底面处的平均压力值超过300kPa时,应按下式验算墙（柱）边缘或变阶处的受剪承载力:
$$V_s \leqslant 0.366 f_t A$$
式中 V_s——相应于作用的基本组合时的地基土平均净反力产生的沿墙（柱）边缘或变阶处的剪力设计值（kN）;
A——沿墙（柱）边缘或变阶处基础的垂直截面面积（m²）。当验算截面为阶形时其截面折算宽度按附录U计算。
上式是根据材料力学、素混凝土抗拉强度设计值以及基底反力为直线分布的条件下确定的,适用于除岩石以外的地基。

【例6.8.1】 下列关于无筋扩展基础设计的见解,其中何项是不正确的?
(A) 当基础由不同材料叠合组成时,应对接触部分作抗压验算
(B) 基础底面处的平均压力值不超过350kPa的混凝土无筋扩展基础,可不进行抗剪验算
(C) 无筋扩展基础适用于多层民用建筑和轻型厂房
(D) 采用无筋扩展基础的钢筋混凝土柱,其柱脚高度不应小于300mm,且不小于20d

【解答】 根据《地规》表8.1.1注4的规定,(B)项不正确,应选(B)项。

【例6.8.2】 某底层承重墙厚240mm,每米长度承重墙传至±0.000处相应于作用的标准组合时的轴心力$F_k=210$kN/m,经修正后的地基承载力特征值$f_a=180$kPa,基础埋置深度为0.8m;基础做法采用MU10砖、M10水泥砂浆砌筑,"二一间隔收"砖基础。基础及其上覆土的加权平均重度为20kN/m³。$\gamma_0=1.0$。

试问:
(1) 确定基础宽度。
(2) 假定基础宽度为1.3m,基础下层采用300mm厚的C15素混凝土,确定该砖基础剖面尺寸。

【解答】 (1) 确定基础宽度
$$p_k = \frac{F_k + G_k}{b} \leqslant f_a$$

$$b \geqslant \frac{F_k}{f_a - \gamma_G d} = \frac{210}{180 - 20 \times 0.8} = 1.28\text{m}$$

(2) 基础宽度 $b = 1.3$m

$$p_k = \frac{F_k + G_k}{b} = \frac{210}{1.3} + 20 \times 0.8 = 177.5\text{kPa}$$

查《地规》表 8.1.1，混凝土基础，$p_k = 177.5$kPa，取台阶宽高比允许值 $= 1/1$。故混凝土层收进值 $\leqslant 300$mm。

砖基础所需台阶数 n：$n = \frac{1300 - 240 - 2 \times 300}{2 \times 60} = 3.83$

故取 $n = 4$ 阶，则基础剖面尺寸如图 6.8.1 所示。

验算台阶宽高比：
C15 混凝土收进值为 $(1300 - 240 - 2 \times 4 \times 60)/2 = 290$mm

$\frac{b_2}{H_0} = \frac{290}{300} = \frac{1}{1.03} < \frac{1}{1}$，满足。

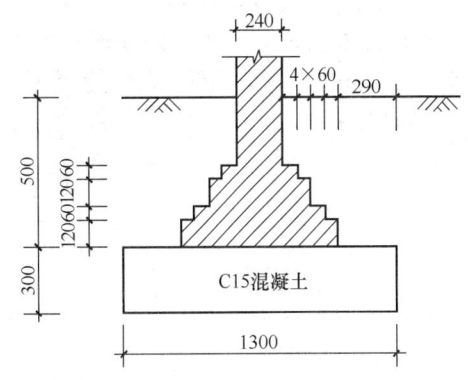

图 6.8.1

【例 6.8.3】 某多层砌体结构，其底层承重墙厚 240mm，上部结构传至基础顶面处相应于作用的标准组合时的轴心力 $F_k = 250$kN/m，基础埋深 $d = 1.5$m，基础做法采用毛石砌筑。已知经深度修正后的地基承载力特征值 $f_a = 230$kPa。基础及其上覆土的加权平均重度为 20kN/m³。$\gamma_0 = 1.0$。

试问：

(1) 确定基础宽度。

(2) 假定基础宽度为 1.3m，确定其基础剖面尺寸。

【解答】 (1) 确定基础宽度

$$b \geqslant \frac{F_k}{f_a - \gamma_G d} = \frac{250}{230 - 20 \times 1.5} = 1.25$$

(2) 确定毛石混凝土基础所需台阶数，$b = 1.3$m

$$p_k = \frac{F_k + G_k}{A} = \frac{250}{1.3} + 20 \times 1.5 = 222.3\text{kPa}$$

查《地规》表 8.1.1，$200\text{kPa} < p_k = 222.3\text{kPa} \leqslant 300\text{kPa}$，取台阶宽高比允许值为 $\frac{1}{1.5}$。

根据《地规》表 8.1.1 注 2 的规定，毛石基础台阶每阶宽度 $\leqslant 200$mm。

台阶阶数 n：$n = \frac{1300 - 240}{2 \times 200} = 2.65$

故需设三步台阶，其基础剖面尺寸如图 6.8.2 所示。

验算台阶宽高比：

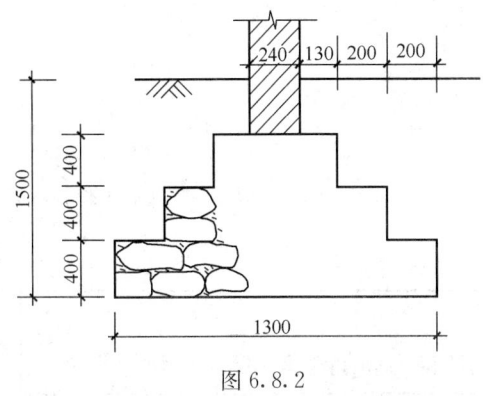

图 6.8.2

每台阶宽高比：$\dfrac{b_2}{H_0}=\dfrac{200}{400}=\dfrac{1}{2}<\dfrac{1}{1.5}$，满足。

基础宽高比：

$\dfrac{b_2}{H_0}=\dfrac{530}{1200}=\dfrac{1}{2.26}<\dfrac{1}{1.5}$，满足。

【例 6.8.4】 某砌体结构建筑采用墙下钢筋混凝土条形基础，以强风化粉砂质泥岩为持力层，底层墙体剖面及地质情况如图 6.8.3 所示。相应于荷载的基本组合时，作用于钢筋混凝土扩展基础顶面处的轴心竖向力 $N=526\text{kN/m}$。$\gamma_0=1.0$。

方案阶段，若考虑将墙下钢筋混凝土条形基础调整为等强度为 C25（$f_\text{t}=1.27\text{N/mm}^2$）素混凝土基础，在保持基础底面宽度不变的情况下，试问，满足抗剪要求所需基础最小高度（mm）与下列何项数值最为接近？

(A) 300　　　　(B) 400　　　　(C) 500　　　　(D) 600

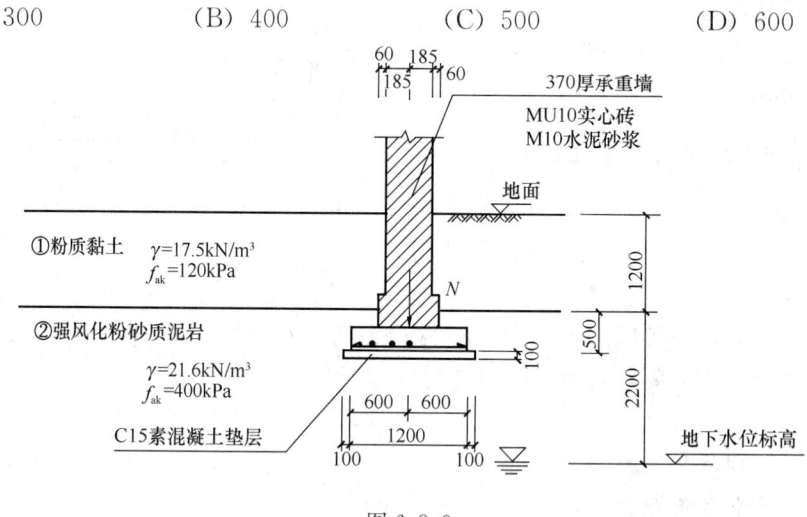

图 6.8.3

【解答】 基底净反力为：$p_j=\dfrac{526}{1.2}=438.3\text{kPa}$

抗剪截面位置取墙边缘处，则由《地规》表 8.1.2 注 4：

$$V_\text{s}=p_j\times 1.0\times\dfrac{1.2-0.49}{2}=438.3\times 1\times 0.355=155.6\text{kN/m}$$

$$V_\text{s}\leqslant 0.366 f_\text{t} A=0.366\times 1.27\times 10^3\times(1.0\times h)$$

解之得：$h\geqslant 0.335\text{m}$

所以应选（B）项。

思考：满足构造要求时，基础的最小高度 h 应为多少？

三、扩展基础

1. 扩展基础的定义和一般规定

《地规》规定：

> 2.1.11 扩展基础　spread foundation
> 为扩散上部结构传来的荷载，使作用在基底的压应力满足地基承载力的设计要求，

> 且基础内部的应力满足材料强度的设计要求,通过向侧边扩展一定底面积的基础。

《地基通规》规定:

> 6.1.2 混凝土基础应进行受冲切承载力、受剪切承载力、受弯承载力和局部受压承载力计算。

2. 扩展基础的构造要求

《地基通规》规定:

> 6.2.4 扩展基础的混凝土强度等级不应低于C25,受力钢筋最小配筋率不应小于0.15%。钢筋混凝土基础设置混凝土垫层时,其纵向受力钢筋的混凝土保护层厚度应从基础底面算起,且不应小于40mm;当未设置混凝土垫层时,其纵向受力钢筋的混凝土保护层厚度不应小于70mm。

《地规》8.2.1条也作了规定。

> ● 复习《地规》8.2.1条。

注意的是,《地基通规》6.2.4条规定:扩展基础的混凝土强度等级不应低于C25。

【例6.8.5】 下列关于扩展基础的构造的说法,何项是不正确的?
(A) 阶梯形基础的每阶高度宜为300~500mm
(B) 扩展基础底板受力钢筋的最小直径不宜小于10mm,间距不宜大于200mm
(C) 墙下条形基础的宽度大于或等于2.5m时,底板受力钢筋的长度可取宽度的0.9倍
(D) 垫层混凝土强度等级应为C10;混凝土强度等级不应低于C15

【解答】 根据《地规》8.2.1条第4款规定,(D)项不正确。

【例6.8.6】 某预制钢筋混凝土柱,柱截面尺寸为600mm×800mm。
试问:插入杯口基础的插入深度h_1最接近下列何项?
(A) 600mm (B) 720mm (C) 800mm (D) 960mm

【解答】 根据《地规》表8.2.4-1,$h_1=0.9h=0.9\times800=720$mm,且$h_1 \geqslant 800$mm,故取$h_1=800$mm,应选(C)项。

3. 柱下独立基础

柱下独立基础、墙下条形基础的计算内容,《地基通规》6.2.1条作了规定。《地规》8.2.7条规定与《地基通规》6.2.1条是相同的。

《地规》规定:

> 8.2.6 扩展基础的基础底面积,应按本规范第5章有关规定确定。在条形基础相交处,不应重复计入基础面积。
>
> 8.2.7 扩展基础的计算应符合下列规定:
> 1 对柱下独立基础,当冲切破坏锥体落在基础底面以内时,应验算柱与基础交接处以及基础变阶处的受冲切承载力;
> 2 对基础底面短边尺寸小于或等于柱宽加两倍基础有效高度的柱下独立基础,以及墙下条形基础,应验算柱(墙)与基础交接处的基础受剪切承载力;

3 基础底板的配筋,应按抗弯计算确定;

4 当基础的混凝土强度等级小于柱的混凝土强度等级时,尚应验算柱下基础顶面的局部受压承载力。

(1) 受冲切承载力计算

《地规》规定:

8.2.8 柱下独立基础的受冲切承载力应按下列公式验算:

$$F_l \leqslant 0.7\beta_{hp} f_t a_m h_0 \quad (8.2.8\text{-}1)$$

$$a_m = (a_t + a_b)/2 \quad (8.2.8\text{-}2)$$

$$F_l = p_j A_l \quad (8.2.8\text{-}3)$$

式中 β_{hp}——受冲切承载力截面高度影响系数,当 h 不大于 800mm 时,β_{hp} 取 1.0;当 h 大于或等于 2000mm 时,β_{hp} 取 0.9,其间按线性内插法取用;

f_t——混凝土轴心抗拉强度设计值(kPa);

h_0——基础冲切破坏锥体的有效高度(m);

a_m——冲切破坏锥体最不利一侧计算长度(m);

a_t——冲切破坏锥体最不利一侧斜截面的上边长(m),当计算柱与基础交接处的受冲切承载力时,取柱宽;当计算基础变阶处的受冲切承载力时,取上阶宽;

a_b——冲切破坏锥体最不利一侧斜截面在基础底面积范围内的下边长(m),当冲切破坏锥体的底面落在基础底面以内(图 8.2.8a、b),计算柱与基础交接处的受冲切承载力时,取柱宽加两倍基础有效高度;当计算基础变阶处的受冲切承载力时,取上阶宽加两倍该处的基础有效高度;

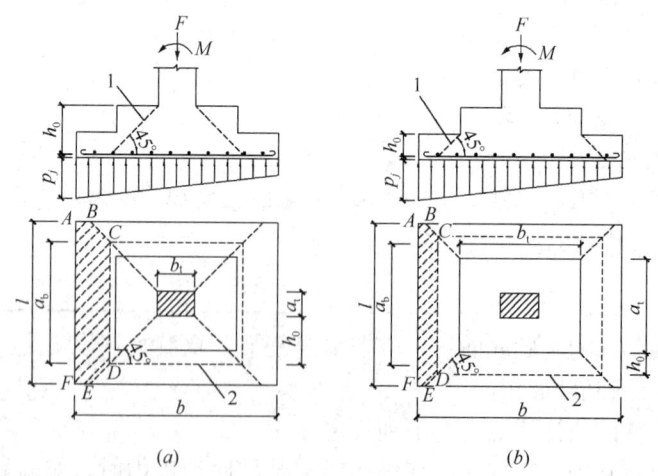

图 8.2.8 计算阶形基础的受冲切承载力截面位置
(a) 柱与基础交接处;(b) 基础变阶处
1—冲切破坏锥体最不利一侧的斜截面;2—冲切破坏锥体的底面线

> p_j——扣除基础自重及其上土重后相应于作用的基本组合时的地基土单位面积净反力（kPa），对偏心受压基础可取基础边缘处最大地基土单位面积净反力；
>
> A_l——冲切验算时取用的部分基底面积（m²）（图 8.2.8a、b 中的阴影面积 ABCDEF）；
>
> F_l——相应于作用的基本组合时作用在 A_l 上的地基土净反力设计值（kPa）。

需注意的是：

《地规》8.2.8 条中受冲切承载力计算的阴影面积计算，如图 6.8.4 所示。

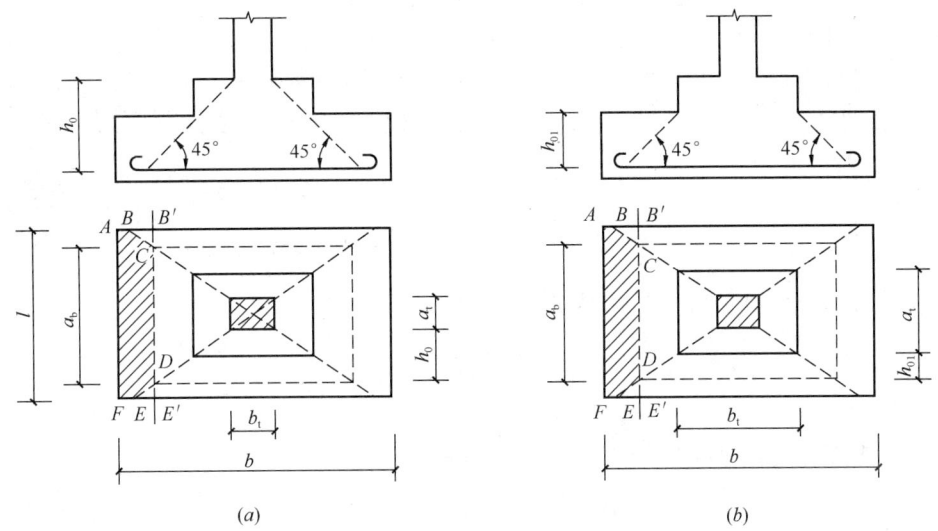

图 6.8.4 柱下独立基础

图 6.8.4（a）中，阴影面积 ABCDEF，即 A_l 的计算为：

$$A_l = S_{\text{矩形}AB'E'F} - S_{\text{三角形}BB'C} - S_{\text{三角形}DE'E}$$

$$= S_{\text{矩形}AB'E'F} - 2S_{\text{三角形}BB'C}$$

$$= l \cdot \left(\frac{b}{2} - \frac{b_t}{2} - h_0\right) - 2 \times \frac{1}{2} \times \left(\frac{l}{2} - \frac{a_t}{2} - h_0\right)^2$$

图 6.8.4（b）中，阴影面积 ABCDEF，即 A_l 的计算为：

$$A_l = l \cdot \left(\frac{b}{2} - \frac{b_t}{2} - h_{01}\right) - 2 \times \frac{1}{2} \times \left(\frac{l}{2} - \frac{a_t}{2} - h_{01}\right)^2$$

规范式（8.2.8-3）：$F_l = p_j A_l$

式中，p_j、F_l 均为地基净反力值。

规范式（8.2.8-1）：$F_l \leqslant 0.7\beta_{hp} f_t a_m h_0$

式中，β_{hp} 的取值：$h \leqslant 800\text{mm}$，β_{hp} 取为 1.0；$h \geqslant 2000\text{mm}$，$\beta_{hp}$ 取为 0.9；其间内插，$\beta_{hp} = 1 - \dfrac{h - 800}{2000 - 800} \cdot (1 - 0.9)$

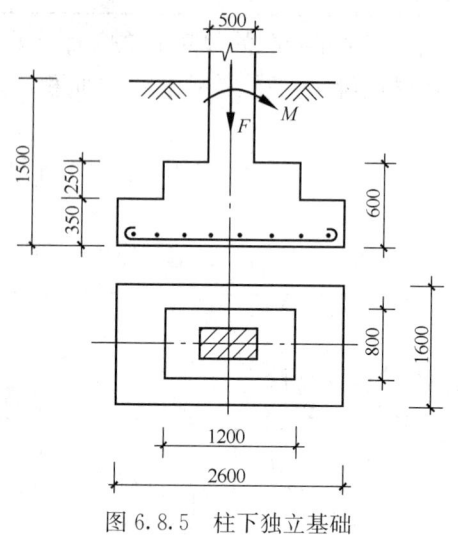

图 6.8.5 柱下独立基础

【例 6.8.7】 某柱下独立基础，如图 6.8.5 所示，为阶梯形基础，基底尺寸 $b \times l = 2.6\text{m} \times 1.6\text{m}$。基础高度为 $h = 600\text{mm}$，设 100mm 厚 C10 素混凝土垫层，钢筋保护层厚度为 40mm，取 $a_s = 50\text{mm}$。柱截面尺寸为 500mm×400mm，基础混凝土采用 C25（$f_t = 1.27\text{N/mm}^2$）。基础顶面处相应于作用的基本组合时的弯矩值 $M = 100\text{kN·m}$，轴压力值 $F = 650\text{kN}$。$\gamma_0 = 1.0$。

试问：
(1) 确定基底净反力值。
(2) 对柱与基础交接处进行抗冲切验算。
(3) 对基础变阶处进行抗冲切验算。

【解答】 (1) 确定地基净反力值

$$e_j = \frac{M}{F} = \frac{100}{650}$$

$$= 0.154\text{m} < \frac{b}{6} = \frac{2.6}{6} = 0.43\text{m}$$

故地基净反力呈梯形分布，地基最大净反力为：

$$p_{j\max} = \frac{F}{A} + \frac{6M}{b^2 l} = \frac{650}{2.6 \times 1.6} + \frac{6 \times 100}{2.6^2 \times 1.6}$$

$$= 211.72\text{kPa}$$

(2) 柱与基础交接处抗冲切验算（$h_0 = 600 - 50 = 550\text{mm}$）

$a_t + 2h_0 = 400 + 2 \times (600 - 50) = 1500\text{mm} < l = 1600\text{mm}$

$$A_l = l \cdot \left(\frac{b}{2} - \frac{b_t}{2} - h_0\right) - 2 \times \frac{1}{2} \times \left(\frac{l}{2} - \frac{a_t}{2} - h_0\right)^2$$

$$= 1.6 \times \left(\frac{2.6}{2} - \frac{0.5}{2} - 0.55\right) - 1 \times \left(\frac{1.6}{2} - \frac{0.4}{2} - 0.55\right)^2 = 0.7975\text{m}^2$$

$F_l = p_{j\max} A_l = 211.72 \times 0.7975 = 168.85\text{kN}$

因 $h = 600\text{mm} < 800\text{mm}$，取 $\beta_{hp} = 1.0$

$$a_m = \frac{a_t + a_b}{2} = \frac{a_t + a_t + 2h_0}{2} = a_t + h_0$$

$$= 0.4 + 0.55 = 0.95\text{m}$$

$0.7\beta_{hp} f_t a_m h_0 = 0.7 \times 1.0 \times 1.27 \times 950 \times 550 = 465\text{kN} > F_l = 168.85\text{kN}$，故满足。

(3) 基础变阶处抗冲切验算（$h_{01} = 350 - 50 = 300\text{mm}$）

$$a_t + 2h_{01} = 0.8 + 2 \times (0.35 - 0.05) = 1.4\text{m} < l = 1.6\text{m}$$

$$A_l = l \cdot \left(\frac{b}{2} - \frac{b_t}{2} - h_{01}\right) - 2 \times \frac{1}{2} \times \left(\frac{l}{2} - \frac{a_t}{2} - h_{01}\right)^2$$

$$= 1.6 \times \left(\frac{2.6}{2} - \frac{1.2}{2} - 0.3\right) - 1 \times \left(\frac{1.6}{2} - \frac{0.8}{2} - 0.3\right)^2$$

$$= 0.63\text{m}^2$$

$$F_l = p_{j\max} A_l = 211.72 \times 0.63 = 133.38 \text{kN}$$

因 $h = 350\text{mm} < 800\text{mm}$，取 $\beta_{hp} = 1.0$

$$a_m = \frac{(a_t + a_b)}{2} = a_t + h_{01} = 0.8 + 0.3 = 1.1\text{m}$$

$0.7\beta_{hp} f_t a_m h_{01} = 0.7 \times 1.0 \times 1.27 \times 1100 \times 300 = 293\text{kN} > F_l = 133.38\text{kN}$，故满足。

【例 6.8.8】 某柱下独立锥形基础，如图 6.8.6 所示，基础底面尺寸为 3m×4m，柱子截面尺寸为 0.8m×1.0m，基础埋深 2m，基础采用 C25 混凝土（$f_t = 1.27\text{N/mm}^2$），基础顶面处相应于作用的基本组合时的轴压力 $F = 1800\text{kN}$。基础底面设 100mm 厚 C15 素混凝土垫层，取 $a_s = 50\text{mm}$。$\gamma_0 = 1.0$。

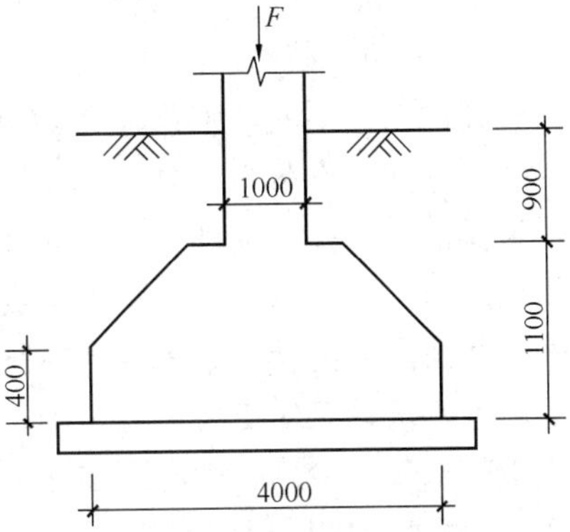

试问：

(1) 确定该柱与基础交接处的冲切力和受冲切承载力值。

图 6.8.6

(2) 假定，该柱基础顶面处还有基本组合下的弯矩值 $M = 360\text{kN}\cdot\text{m}$（沿长边方向），其他条件不变，确定该柱与基础交接处的冲切力和受冲切承载力值。

【解答】 (1) 当 $F = 1800\text{kN}$ 时

1) 冲切力 F_l

$$p_j = \frac{F}{A} = \frac{1800}{3 \times 4} = 150\text{kPa}$$

$$a_t + 2h_0 = 0.8 + 2 \times (1.1 - 0.05) = 2.9\text{m} < 3\text{m}$$

故冲切破坏锥体在基底平面内。

$$A_l = l \cdot \left(\frac{b}{2} - \frac{b_t}{2} - h_0\right) - 2 \times \frac{1}{2} \times \left(\frac{l}{2} - \frac{a_t}{2} - h_0\right)^2$$

$$= 3 \times \left(\frac{4}{2} - \frac{1}{2} - 1.05\right) - 1 \times \left(\frac{3}{2} - \frac{0.8}{2} - 1.05\right)^2 = 1.3475\text{m}^2$$

$$F_l = A_l p_j = 1.3475 \times 150 = 202.13\text{kN}$$

2) 受冲切承载力

$$\beta_{hp} = 1 - \frac{h - 800}{2000 - 800} \times (1 - 0.9) = 1 - \frac{1100 - 800}{1200} \times 0.1 = 0.975$$

因 $a_t + 2h_0 = 2.9\text{m} < 3\text{m}$，故 $a_b = a_t + 2h_0 = 2.9\text{m}$

$$a_m = \frac{1}{2}(a_b + a_t) = \frac{1}{2}(2.9 + 0.8) = 1.85\text{m}$$

$0.7\beta_{hp} f_t a_m h_0 = 0.7 \times 0.975 \times 1.27 \times 1850 \times 1050 = 1683.7\text{kN}$

(2) 当 $F = 1800\text{kN}$，$M = 360\text{kN}\cdot\text{m}$ 时

$$e_j = \frac{M}{F} = \frac{360}{1800} = 0.2\text{m} < \frac{b}{6} = \frac{4}{6} = 0.67\text{m}$$

故地基净反力呈梯形分布，地基最大净反力为：

$$p_{j\max}=\frac{F}{A}+\frac{6M}{b^2l}=\frac{1800}{3\times 4}+\frac{6\times 360}{4^2\times 3}=195\text{kPa}$$

1) 冲切力 F_l

因 $a_t+2h_0=2.9\text{m}<3\text{m}$，由前述结果知，$A_l=1.3475\text{m}^2$

$F_l=A_l p_{j\max}=1.3475\times 195=262.76\text{kN}$

2) 受冲切承载力

因其他条件不变，则：$0.7\beta_{hp}f_t a_m h_0=0.7\times 0.975\times 1.27\times 1850\times 1050=1683.7\text{kN}$

（2）受剪切承载力计算

为保证柱下独立基础双向受力状态，基础底面两个方向的边长一般都保持在相同或相近的范围内，试验结果和大量工程实践表明，当冲切破坏锥体落在基础底面以内时，此类基础的截面高度由受冲切承载力控制。《地规》编制时所作的计算分析和比较也表明，符合本规范要求的双向受力独立基础，其剪切所需的截面有效面积一般都能满足要求，无需进行受剪承载力验算。考虑到实际工作中柱下独立基础底面两个方向的边长比值有可能大于2，此时基础的受力状态接近于单向受力，柱与基础交接处不存在受冲切的问题，仅需对基础进行斜截面受剪承载力验算。

为此，《地规》规定：

> 8.2.9 当基础底面短边尺寸小于或等于柱宽加两倍基础有效高度时，应按下列公式验算柱与基础交接处截面受剪承载力：
>
> $$V_s\leqslant 0.7\beta_{hs}f_t A_0 \quad (8.2.9\text{-}1)$$
>
> $$\beta_{hs}=(800/h_0)^{1/4} \quad (8.2.9\text{-}2)$$
>
> 式中 V_s——相应于作用的基本组合时，柱与基础交接处的剪力设计值（kN），图8.2.9中的阴影面积乘以基底平均净反力；
>
> β_{hs}——受剪切承载力截面高度影响系数，当 $h_0<800\text{mm}$ 时，取 $h_0=800\text{mm}$；当 $h_0>2000\text{mm}$ 时，取 $h_0=2000\text{mm}$；
>
> A_0——验算截面处基础的有效截面面积（m^2）。当验算截面为阶形或锥形时，可将其截面折算成矩形截面，截面的折算宽度和截面的有效高度按本规范附录U计算。

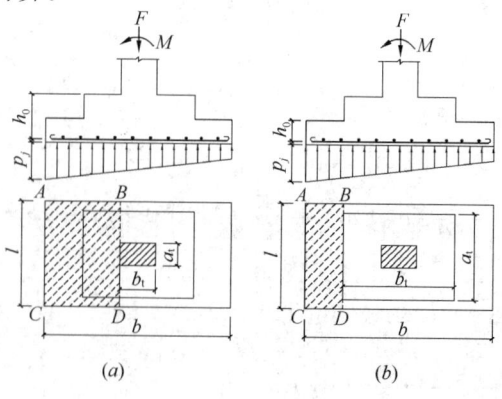

图 8.2.9 验算阶形基础受剪切承载力示意
（a）柱与基础交接处；（b）基础变阶处

需注意的是：
《地规》8.2.9条的条文说明中指出：

> 8.2.9（条文说明）
> 本条文中所说的"短边尺寸"是指垂直于力矩作用方向的基础底边尺寸。

【例6.8.9】 某阶梯形柱下独立基础，如图6.8.7所示，柱子截面尺寸为0.8m×0.6m，基础底面尺寸为3m×2.2m，基础上阶截面尺寸为1.8m×1.0m，经计算，相应于作用的基本组合时的地基平均净反力 $p_j=300$ kPa。基础混凝土采用C25（$f_t=1.27$N/mm²）。取 $a_s=50$mm。$\gamma_0=1.0$。

试问：
(1) 验算变阶处截面Ⅰ-Ⅰ的受剪承载力。
(2) 验算柱边截面Ⅱ-Ⅱ的受剪承载力。

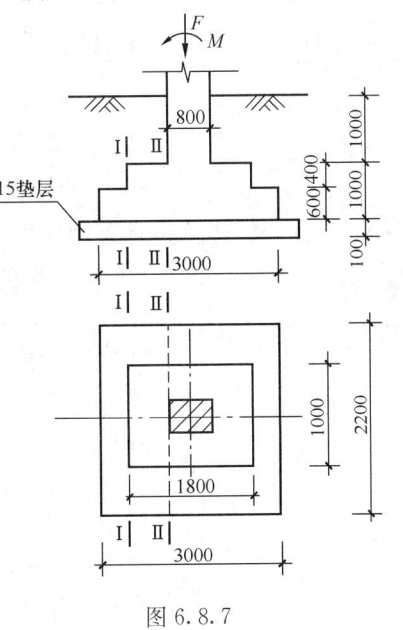

图 6.8.7

【解答】 垂直于力矩方向，$l_{短}=2.2\text{m}<a_t+2h_0=0.6+2\times(1.0-0.05)=2.5$m

故应按《地规》8.2.9条进行计算。

(1) 截面Ⅰ-Ⅰ处：

剪力：$V_\text{Ⅰ}=p_j A_\text{Ⅰ}=300\times\dfrac{3-1.8}{2}\times 2.2$

$\qquad\qquad =396$ kN

根据《地规》附录U规定：

$h_{01}=600-50=550$mm，$b=b_{y1}=2200$mm

$h=600$mm<800mm，故取 $\beta_{hs}=1.0$

规范式（8.2.9）：

$V_\text{Ⅰ}=396\text{kN}<0.7\beta_{hs}f_t A_0=0.7\times 1.0\times 1.27\times 2200\times 550=1077$ kN

(2) 截面Ⅱ-Ⅱ处：

$h_{01}=550$mm，$h_{02}=400$mm，$h_{01}+h_{02}=950$mm

$b_{y1}=2200$mm，$b_{y2}=1000$mm

由《地规》式（U.0.1-1）：

$b_{y0}=\dfrac{b_{y1}h_{01}+b_{y2}h_{02}}{h_{01}+h_{02}}=\dfrac{2200\times 550+1000\times 400}{950}$

$\qquad =1695$mm

$\beta_{hs}=\left(\dfrac{800}{h_0}\right)^{1/4}=\left(\dfrac{800}{950}\right)^{1/4}=0.958$

$0.7\beta_{hs}f_t bh_0=0.7\times 0.958\times 1.27\times 1695\times 950=1371$ kN

剪力值：$V_\text{Ⅱ}=p_j A_\text{Ⅱ}=300\times\dfrac{3-0.8}{2}\times 2.2=726\text{kN}<1371$ kN，满足。

(3) 基础底板弯矩和配筋

《地规》规定：

8.2.11 在轴心荷载或单向偏心荷载作用下，当台阶的宽高比小于或等于2.5且偏心距小于或等于1/6基础宽度时，柱下矩形独立基础任意截面的底板弯矩可按下列简化方法进行计算（图8.2.11）：

$$M_{\mathrm{I}} = \frac{1}{12}a_1^2\left[(2l+a')\left(p_{\max}+p-\frac{2G}{A}\right)+(p_{\max}-p)l\right]$$
(8.2.11-1)

$$M_{\mathrm{II}} = \frac{1}{48}(l-a')^2(2b+b')\left(p_{\max}+p_{\min}-\frac{2G}{A}\right)$$
(8.2.11-2)

式中 M_{I}、M_{II}——相应于作用的基本组合时，任意截面 I-I、II-II 处的弯矩设计值（kN·m）；

a_1——任意截面 I-I 至基底边缘最大反力处的距离（m）；

l、b——基础底面的边长（m）；

$p_{\max}$、$p_{\min}$——相应于作用的基本组合时的基础底面边缘最大和最小地基反力设计值（kPa）；

p——相应于作用的基本组合时在任意截面 I-I 处基础底面地基反力设计值（kPa）；

G——考虑作用分项系数的基础自重及其上的土自重（kN）；当组合值由永久作用控制时，作用分项系数可取1.35。

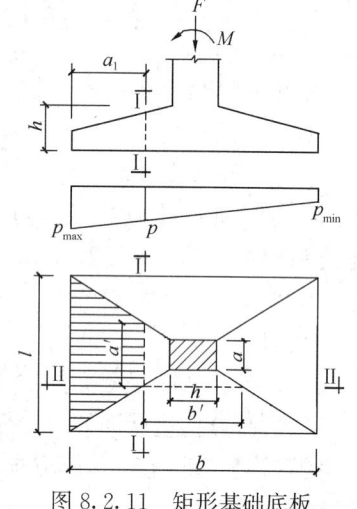

图8.2.11 矩形基础底板的计算示意

8.2.12 基础底板配筋除满足计算和最小配筋率要求外，尚应符合本规范第8.2.1条第3款的构造要求。计算最小配筋率时，对阶形或锥形基础截面，可将其截面折算成矩形截面，截面的折算宽度和截面的有效高度，按附录U计算。基础底板钢筋可按式（8.2.12）计算。

$$A_s = \frac{M}{0.9f_y h_0}$$ (8.2.12)

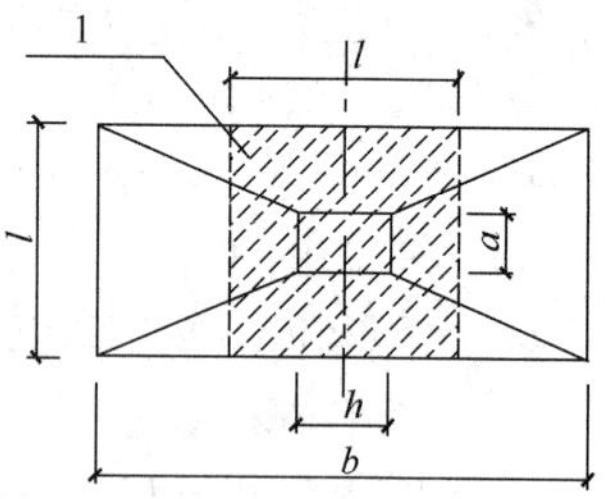

8.2.13 当柱下独立柱基底面长短边之比 ω 在大于或等于2、小于或等于3的范围时，基础底板短向钢筋应按下述方法布置：将短向全部钢筋面积乘以 λ 后求得的钢筋，均匀分布在与柱中心线重合的宽度等于基础短边的中间带宽范围内（图8.2.13），其余的短向钢筋则均匀分布在中间带宽的两侧。长向配筋应均匀分布在基础全宽范围内。λ 按下式计算：

$$\lambda = 1 - \frac{\omega}{6}$$ (8.2.13)

图8.2.13 基础底板短向钢筋布置示意
1—λ 倍短向全部钢筋面积均匀配置在阴影范围内

需注意的是：

根据《地规》8.2.11条及其条文说明，对于柱下矩形基础，当台阶的宽高比小于或等于2.5（即：保证基底反力呈直线分布）且偏心距小于或等于$\frac{1}{6}$基础宽度（即：基底不出现零应力区）时，任意截面的弯矩才能按规范式（8.2.11-1）、规范式（8.2.11-2）计算，式中 p 的计算为：

$$p = p_{\min} + \frac{b-a_1}{b}(p_{\max} - p_{\min})$$

地基反力的偏心距 e：

$e = \frac{M}{F+G} < \frac{b}{6}$（$b$ 为基础宽度）时，基底反力呈梯形分布，此时，规范式（8.2.11-1）和规范式（8.2.11-2）才成立。

上述式中，p、$p_{\min}$、$p_{\max}$ 均为地基反力值。

【例6.8.10】 如图6.8.8所示某柱下独立基础，基础底面尺寸为 2.0m×2.5m。在基础顶面处相应于作用的基本组合时的竖向力 $F=1015\text{kN}$，弯矩 $M=80\text{kN}\cdot\text{m}$，水平剪力 $V=27\text{kN}$。基础及其上覆土的加权平均重度取 $\gamma_G=20\text{kN/m}^3$。$\gamma_0=1.0$。

提示：按《工程结构通用规范》作答。

试问：（1）确定柱边截面Ⅰ-Ⅰ处的弯矩设计值。

（2）确定柱边截面Ⅱ-Ⅱ处的弯矩设计值。

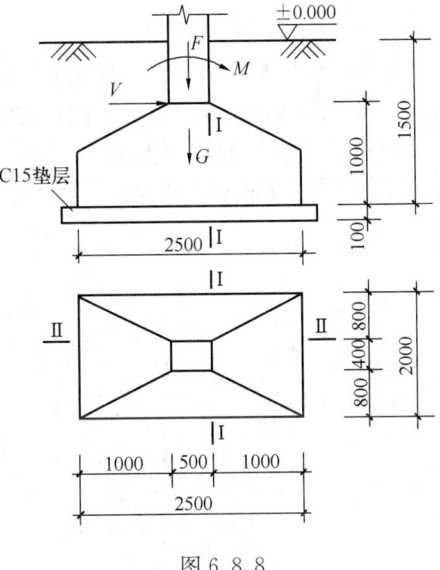

图6.8.8

【解答】 （1）确定地基反力

$G = 1.3G_k = 1.3 \times 20 \times 2.5 \times 2 \times 1.5$
$ = 195\text{kN}$

$F+G = 1015 + 195 = 1210\text{kN}$

$M = M + V \times 1.0$
$ = 80 + 27 \times 1.0 = 107\text{kN}\cdot\text{m}$

$e = \frac{M}{F+G} = \frac{107}{1210} = 0.088\text{m} < \frac{b}{6} = \frac{2.5}{6} = 0.42\text{m}$

故基底反力呈梯形分布。

$$p^{\max}_{\min} = \frac{F+G}{A} \pm \frac{6M}{b^2l} = \frac{1210}{2.5\times 2} \pm \frac{6\times 107}{2.5^2 \times 2} = \frac{293.36\text{kPa}}{190.64\text{kPa}}$$

Ⅰ-Ⅰ截面处的地基反力 p：$a_1 = \frac{2.5-0.5}{2} = 1.0\text{m}$

$p = p_{\min} + \frac{b-a_1}{b}(p_{\max} - p_{\min})$

$ = 190.64 + \frac{2.5-1.0}{2.5} \times (293.36 - 190.64) = 252.27\text{kPa}$

（2）确定截面处弯矩值

Ⅰ-Ⅰ截面处：$a' = 0.4$，$b' = 0.5$

$$M_{\text{I}} = \frac{1}{12}a_1^2\left[(2l+a')(p_{\max}+p-\frac{2G}{A})+(p_{\max}-p)l\right]$$

$$=\frac{1}{12}\times 1^2 \times\Big[(2\times 2+0.4)\times(293.36+252.27$$

$$-\frac{2\times 195}{2.5\times 2})+(293.36-252.27)\times 2\Big]$$

$$=178.31\text{kN}\cdot\text{m}$$

$$M_{\text{II}} = \frac{1}{48}(l-a')^2\cdot(2b+b')\cdot\left(p_{\max}+p_{\min}-\frac{2G}{A}\right)$$

$$=\frac{1}{48}\times(2-0.4)^2\times(2\times 2.5+0.5)\times\left(293.36+190.64-\frac{2\times 195}{2.5\times 2}\right)$$

$$=119.1\text{kN}\cdot\text{m}$$

【例 6.8.11】 某厂房基础采用钢筋混凝土独立基础，如图 6.8.9 所示，混凝土短柱截面 500mm×500mm，与水平作用方向垂直的基础底边长 $l=1.6$m，相应于作用的标准组合时短柱顶面处的竖向力为 F_k，水平力为 H_k，基础采用混凝土等级为 C25，基础底面以上土与基础的加权平均重度为 20kN/m³，其他参数如图 6.8.9 所示。$\gamma_0=1.0$。

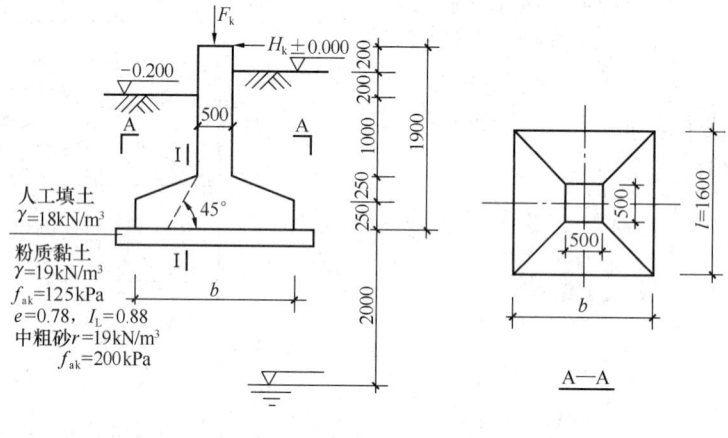

图 6.8.9

提示：按《工程结构通用规范》作答。

试问：

(1) 基础底面处修正后的地基承载力特征值 f_a（kPa），与以下何项最为接近？

(A) 125　　　(B) 143　　　(C) 154　　　(D) 165

(2) 假定修正后的地基承载力特征值为 145kPa，$F_k=200$kN，$H_k=70$kN，在此条件下满足承载力要求的基础底面边长 $b=2.4$m，则基础底面边缘处的最大压力标准值 $p_{k\max}$（kPa），与下列何项数值最为接近？

(A) 140　　　(B) 150　　　(C) 160　　　(D) 170

(3) 假设 $b=2.4$m，基础冲切破坏锥体的有效高度 $h_0=450$mm，冲切面（图中虚线处）的抗冲切承载力（kN），与下列何项数据最接近？

(A) 380　　　(B) 400　　　(C) 420　　　(D) 450

(4) 假设基础底面边长 $b=2.2\text{m}$，若按承载力极限状态下，相应于作用的基本组合时基础底面边缘处的最大基底反力值为 260kPa，已求得冲切验算时取用的部分基础底面积 $A_l=0.609\text{m}^2$，则图中冲切面承受的冲切力设计值（kN），与下列何项数值最为接近？

(A) 60　　　　(B) 100　　　　(C) 130　　　　(D) 160

(5) 假设 $F_k=200\text{kN}$，$H_k=50\text{kN}$，基底面边长 $b=2.2\text{m}$，已求出基底面积 $A=3.52\text{m}^2$，基底面的抵抗矩 $W=1.29\text{m}^3$，则基底面边缘处的最大压力标准值 $p_{k\max}$（kPa），与下列何项数值最为接近？

(A) 130　　　　(B) 150　　　　(C) 160　　　　(D) 180

(6) 假设基本组合下，基底边缘最小地基反力设计值为 20.5kPa，最大地基反力设计值为 219.3kPa，基底边长 $b=2.2\text{m}$，则基础 Ⅰ-Ⅰ 剖面处的弯矩设计值（kN·m），与下列何项数值最为接近？

(A) 60　　　　(B) 65　　　　(C) 70　　　　(D) 75

【解答】(1) 查《地规》表 5.2.4，$e=0.78<0.85$，取 $\eta_b=0.0$；$\eta_d=1.0$。
基础埋深取 $d=1.5\text{m}$。

$$f_a = f_{ak} + \eta_b\gamma(b-3) + \eta_d\gamma_m(d-0.5)$$
$$= 125 + 0 + 1.0 \times 18 \times (1.5-0.5) = 143\text{kPa}，故应选（B）项。$$

(2) 确定 $p_{k\max}$

$$M_k = H_k d = 70 \times 1.9 = 133\text{kN·m}$$

$$F_k + G_k = 200 + 20 \times 1.6 \times 2.4 \times \left(1.5 + \frac{0.2}{2}\right) = 322.88\text{kN}$$

$$e = \frac{M_k}{F_k+G_k} = \frac{133}{322.88} = 0.412\text{m} > \frac{b}{6} = \frac{2.4}{6} = 0.4\text{m}$$

故基底反力呈三角形分布。

$$a = \frac{b}{2} - e = \frac{2.4}{2} - 0.412 = 0.788\text{m}$$

由《地规》5.2.2 条规定：$p_{k\max} = \dfrac{2(F_k+G_k)}{3la} = \dfrac{2 \times 322.88}{3 \times 1.6 \times 0.788} = 170.7\text{kPa}$

故应选（D）项。

(3) $h<800\text{mm}$，取 $\beta_{hp}=1.0$。

$a_t + 2h_0 = 0.5 + 2 \times 0.45 = 1.4\text{m} < l = 1.6\text{m}$，取 $a_b = 1.4\text{m}$

$$a_m = \frac{a_t + a_b}{2} = \frac{0.5 + 1.4}{2} = 0.95\text{m}$$

$0.7\beta_{hp}f_t a_m h_0 = 0.7 \times 1.0 \times 1.27 \times 950 \times 450 = 380.05\text{kN}$

故应选（A）项。

(4) $p_j = p_{\max} - 1.3\gamma_G d = 260 - 1.3 \times 20 \times \left(1.5 + \dfrac{0.2}{2}\right) = 218.4\text{kPa}$

$F_l = p_j A_l = 218.4 \times 0.609 = 133.0\text{kN}$

故应选（C）项。

(5) $F_k+G_k=200+20\times3.52\times\left(1.5+\dfrac{0.2}{2}\right)=312.64\text{kN}$

$M_k=H_k d=50\times1.9=95\text{kN}\cdot\text{m}$

$e=\dfrac{M_k}{F_k+G_k}=\dfrac{95}{312.64}=0.304\text{m}<\dfrac{b}{6}=\dfrac{2.2}{6}=0.367\text{m}$

故地基反力呈梯形分布。

$p_{k\max}=\dfrac{F_k+G_k}{A}+\dfrac{M_k}{W}=\dfrac{312.64}{3.52}+\dfrac{95}{1.29}=162.46\text{kPa}$

故应选（C）项。

(6) Ⅰ-Ⅰ剖面处：$a_1=\dfrac{2.2-0.5}{2}=0.85\text{m}$

$p=p_{\min}+\dfrac{2.2-0.85}{2.2}\times(p_{\max}-p_{\min})$

$=20.5+\dfrac{2.2-0.85}{2.2}\times(219.3-20.5)=142.49\text{kPa}$

$M_\text{I}=\dfrac{1}{12}a_1^2\left[(2l+a')\left(p_{\max}+p-\dfrac{2G}{A}\right)+(p_{\max}-p)l\right]$

$=\dfrac{1}{12}\times0.85^2\times[(2\times1.6+0.5)\times(219.3+142.49-2\times1.3\times20\times1.6)$

$+(219.3-142.49)\times1.6]$

$=69.5\text{kN}\cdot\text{m}$

故应选（C）项。

(4) 基础顶面的局部受压承载力计算

《地规》规定：

> 8.2.7 扩展基础的计算应符合下列规定：
> 4 当基础的混凝土强度等级小于柱的混凝土强度等级时，尚应验算柱下基础顶面的局部受压承载力。

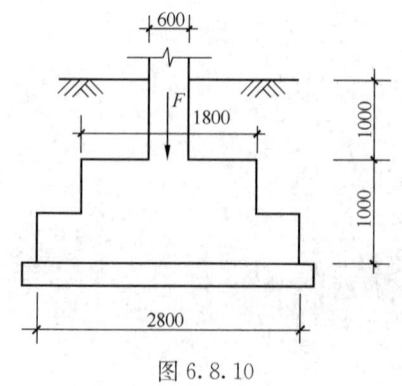

图 6.8.10

【例 6.8.12】 某独立柱基如图 6.8.10 所示，柱子截面尺寸为 0.6m×0.4m，基础底面尺寸为2.8m×1.6m，基础上阶截面尺寸为 1.8m×1.5m。柱子混凝土用 C30 级，基础混凝土用 C25，基础顶面处由上部结构传来相应于作用的基本组合时的轴心力 $F=2000\text{kN}$。$\gamma_0=1.0$。

试问：

(1) 验算柱下基础顶面的局部受压承载力。

(2) 假定基础上阶截面尺寸为 1.5m×1.1m。验算柱下基础顶面的局部受压承载力。

【解答】 (1) C25，$f_c=11.9\text{N/mm}^2$

$f_{cc}=0.85f_c=10.115\text{N/mm}^2$

柱下基础局部受压面积 A_l：

$$A_l=0.6\times0.4=0.24\text{m}^2$$

局部受压的计算面积，根据《混凝土结构设计规范》6.6.2 条规定：

$$A_b=(3\times0.4)\times(2\times0.4+0.6)=1.68\text{m}^2$$

局部受压时的强度提高系数 β_l：$\beta_l=\sqrt{\dfrac{A_b}{A_l}}=\sqrt{\dfrac{1.68}{0.24}}=2.646$

由《混凝土结构设计规范》式（D.5.1-1），取 $\omega=1.0$

$\omega\beta_l f_{cc} A_l=1.0\times2.646\times10.115\times0.24\times10^6=6423\text{kN}>F=2000\text{kN}$，满足

(2) $f_{cc}=0.85f_c=10.115\text{N/mm}^2$

$A_l=0.4\times0.6=0.24\text{m}^2$

因 $3\times0.4=1.2\text{m}>l_2=1.1\text{m}$，取 1.1m 计算。

$2\times0.4+0.6=1.4\text{m}<b_2=1.5\text{m}$，仍按 1.4m 计算。

$A_b=1.1\times1.4=1.54\text{m}^2$

$\beta_l=\sqrt{\dfrac{A_b}{A_l}}=\sqrt{\dfrac{1.54}{0.24}}=2.533$

$\omega\beta_l f_{cc} A_l=1.0\times2.533\times10.115\times0.24\times10^6=6149\text{kN}>F=2000\text{kN}$，满足。

4. 墙下条形基础

《地规》规定：

8.2.10 墙下条形基础底板应按本规范公式（8.2.9-1）验算墙与基础底板交接处截面受剪承载力，其中 A_0 为验算截面处基础底板的单位长度垂直截面有效面积，V_s 为墙与基础交接处由基底平均净反力产生的单位长度剪力设计值。

8.2.14 墙下条形基础（图 8.2.14）的受弯计算和配筋应符合下列规定：

1 任意截面每延米宽度的弯矩，可按下式进行计算。

$$M_{\text{I}}=\dfrac{1}{6}a_1^2\left(2p_{\max}+p-\dfrac{3G}{A}\right) \quad (8.2.14)$$

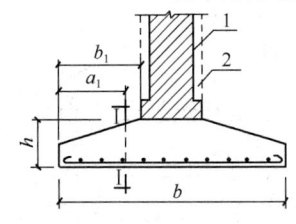

图 8.2.14 墙下条形基础的计算示意
1—砖墙；2—混凝土墙

2 其最大弯矩截面的位置，应符合下列规定：
1）当墙体材料为混凝土时，取 $a_1=b_1$；
2）如为砖墙且放脚不大于 1/4 砖长时，取 $a_1=b_1+1/4$ 砖长。

3 墙下条形基础底板每延米宽度的配筋除满足计算和最小配筋率要求外，尚应符合本规范第 8.2.1 条第 3 款的构造要求。

(1) 轴心荷载作用

地基净反力 p_j：$p_j = \dfrac{F}{b}$

基础任意截面 I-I 处的内力值（图 6.8.11）：

$$M = \frac{1}{2} p_j a_1^2$$

$$V = p_j a_1$$

式中　F——上部结构传至基础顶面处的荷载基本组合时轴压力设计值（kN/m）；

　　　b——墙下条形基础宽度（m）；

　　　M——每延米长基础底板根部的基本组合下弯矩设计值（kN·m/m）；

　　　V——每延米长基础底板根部的基本组合下剪力设计值（kN/m）。

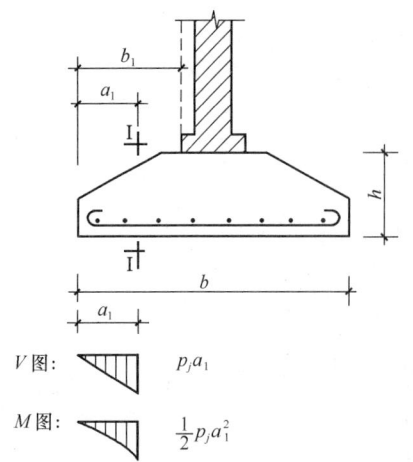

图 6.8.11　墙下条形基础的计算示意

为防止因 M、V 作用而使基础底板发生剪切破坏和弯曲破坏，底板应有足够的厚度和配筋。

1）底板厚度。底板厚度应满足混凝土的抗剪条件，根据《地规》8.2.10 条，按规范式（8.2.9-1），即：

$$V \leqslant 0.7 \beta_{hs} f_t b h_0, \text{ 或 } h_0 \geqslant \frac{V}{0.7 \beta_{hs} f_t b}$$

式中　β_{hs}——受剪切承载力截面高度影响系数，按下式计算：

$$\beta_{hs} = \left(\frac{800}{h_0}\right)^{1/4}$$

当 h_0 小于 800mm 时，h_0 取 800mm；h_0 大于 2000mm 时，h_0 取 2000mm。

基础底板厚度 h：

设垫层：$h = h_0 + \dfrac{d}{2} + 40$

无垫层：$h = h_0 + \dfrac{d}{2} + 70$

式中　d——底板受力钢筋直径（mm）。

2）底板配筋，按规范式（8.2.12）计算，即：

$$A_s = \frac{M}{0.9 f_y h_0}$$

式中　A_s——墙下条形基础每延米长基础底板受力钢筋截面面积（mm²/m）；

　　　f_y——钢筋抗拉强度设计值（N/mm²）。

(2) 偏心荷载作用

基底偏心距 e：$e = \dfrac{M}{F+G}$

一般基底反力 p 呈梯形分布，如图 6.8.12 所示，故应使 $e \leqslant \dfrac{b}{6}$，任意截面每延米宽度的弯矩，按规范

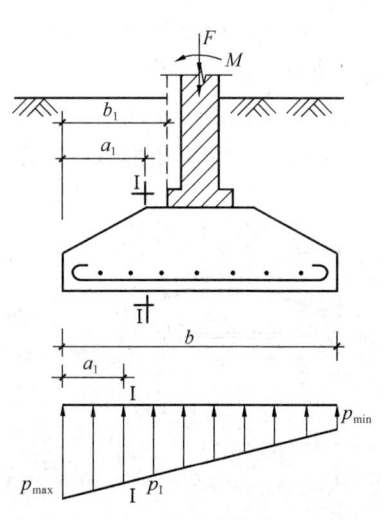

图 6.8.12　偏心荷载作用下的墙下条形基础

式（8.2.14）计算，即：

$$M_{\mathrm{I}} = \frac{1}{6}a_1^2\left(2p_{\max} + p - \frac{3G}{A}\right)$$

此外，当地基反力呈梯形分布，并且地基净反力也呈梯形分布时，则：
基底边缘处的最大、最小净反力：

$$p_{j\max} = \frac{F}{b} + \frac{6M}{b^2}$$

$$p_{j\min} = \frac{F}{b} - \frac{6M}{b^2}$$

基础任意截面 I-I 处的净反力 $p_{j\mathrm{I}}$：

$$p_{j\mathrm{I}} = p_{j\min} + \frac{b-a_1}{b}(p_{j\max} - p_{j\min})$$

基础任意截面 I-I 处的弯矩和剪力：

$$M = \frac{1}{6}(2p_{j\max} + p_{j\mathrm{I}})a_1^2$$

$$V = \frac{1}{2}(p_{j\max} + p_{j\mathrm{I}})a_1$$

上述弯矩计算公式与《地规》8.2.14 条规范式（8.2.14）是一致的。

【例 6.8.13】 某砖砌体结构建筑物的地基基础设计等级为丙级，采用墙下钢筋混凝土条形基础，基础尺寸如图 6.8.13 所示，基础顶面处作用的标准值为：永久作用轴心力 $F_{\mathrm{Gk}} = 300\mathrm{kN/m}$，可变作用轴心力 $F_{\mathrm{Qk}} = 136\mathrm{kN/m}$。可变荷载的组合值系数为 0.7，基底以上基础与土的平均重度为 $20\mathrm{kN/m^3}$。

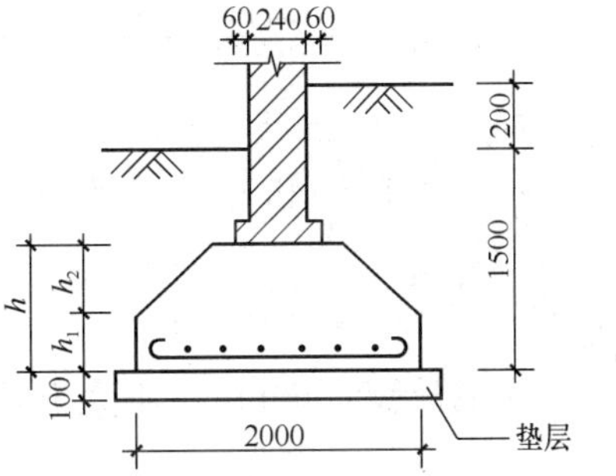

提示：按《工程结构通用规范》作答。

图 6.8.13

试问：

(1) 基础的边缘高度 h_1（mm），最小不宜小于下列何项数值？

(A) 150　　(B) 200　　(C) 250　　(D) 300

(2) 基础的混凝土强度等级，最小不应小于下列何项数值？

提示：按《建筑与市政地基基础通用规范》作答。

(A) C10　　(B) C15　　(C) C20　　(D) C25

(3) 满足承载力要求的修正后的天然地基承载力特征值 f_a（kPa），最小不应小于下列何项数值？

(A) 220　　(B) 230　　(C) 240　　(D) 250

(4) 确定作用的基本组合下该地基净反力设计值（kPa），最接近下列何项数值？

(A) 270　　(B) 275　　(C) 300　　(D) 305

(5) 假定作用的基本组合下地基净反力设计值为 280kPa，确定基础底板单位长度的最大剪力设计值、最大弯矩设计值，最接近下列何项数值？

(A) 214；90　　(B) 228；94　　(C) 246；94　　(D) 280；90

(6) 假定基础混凝土强度等级为 C25，钢筋的混凝土保护层厚度为 40mm，基础高度 $h=500$ mm，采用 HRB335 级钢筋，底板单位长度在作用的基本组合下弯矩设计值为 100kN·m，确定底板单位长度的抗剪承载力设计值、受力主筋截面面积，最接近于下列何项数值？

  (A) 405kN；805mm²　　　　　　(B) 350kN；805mm²
  (C) 405kN；814mm²　　　　　　(D) 350kN；814mm²

(7) 假定底板单位长度在作用的基本组合下弯矩设计值为 80kN·m，其他条件同题目(6)，分布筋采用 HPB300 级（$f_y=270$N/mm²），确定基础底板的配筋（主筋/分布筋），最合理的是下列何项？

  (A) Φ 8@80/ϕ 8@200　　　　　　(B) Φ 10@100/ϕ 8@250
  (C) Φ 12@150/ϕ 8@300　　　　　(D) Φ 14@200/ϕ 8@350

【解答】 (1) 根据《地规》8.2.1 条第 1 款规定，$h_1 \geqslant 200$mm，应选 (B) 项。

(2) 根据《地基通规》6.2.4 条规定，应选 (D) 项。

(3) 确定 f_a，即：$p_k \leqslant f_a$

$$p_k = \frac{F_k + G_k}{b} = \frac{300 + 136}{2.0} + 20 \times \left(1.5 + \frac{0.2}{2}\right) = 250\text{kPa}$$

$f_a \geqslant p_k = 250$kPa，故应选 (D) 项。

(4) $p_j = \dfrac{1.3F_{Gk} + 1.5F_{Qk}}{b} = \dfrac{1.3 \times 300 + 1.5 \times 136}{2} = 297$kPa

故应选 (C) 项。

(5) 确定 M 和 V

$$b_1 = \frac{2 - 0.24 - 2 \times 0.06}{2} = 0.82\text{m}$$

砖墙放脚为 60mm，不大于 $\dfrac{1}{4}$ 砖长 $\left(= \dfrac{1}{4} \times 240\right)$，故取 $a_1 = b_1 + \dfrac{1}{4}$ 砖长

$$a_1 = b_1 + \frac{1}{4} \times 0.24 = 0.88\text{m}$$

$$M = \frac{1}{2} p_j b_1^2 = \frac{1}{2} \times 280 \times 1 \times 0.82^2 = 94.1\text{kN·m/m}$$

$$V = p_j a_1 = 280 \times 1 \times 0.88 = 246.4\text{kN/m}$$

故应选 (C) 项。

(6) 确定 V_u 和 A_s

因基础高度 $h=500$mm<800mm，取 $\beta_{hs}=1.0$。

$h_0 = h - a_s = 500 - 45 = 455$mm

$V_u = 0.7\beta_{hs} f_t b h_0 = 0.7 \times 1.0 \times 1.27 \times 10^3 \times 455 = 404.5 \times 10^3$N

$$A_s = \frac{M}{0.9 f_y h_0} = \frac{100 \times 10^6}{0.9 \times 300 \times 455} = 814\text{mm}^2/\text{m}$$

故应选 (C) 项。

(7) 确定主筋、分布筋

$$A_s = \frac{M}{0.9f_y h_0} = \frac{80 \times 10^6}{0.9 \times 300 \times 455} = 651\text{mm}^2$$

根据《地规》8.2.1条第3款规定，主筋直径≥10mm，间距 s：100m≤s≤200mm

$$A_{s,\min} = 0.15\%bh = 0.15\% \times 1000 \times 500 = 750\text{mm}^2 > 651\text{mm}^2$$

最终取 $A_{s,\min} = 750\text{mm}^2$

Φ10@100：$A_s = \dfrac{1000}{100} \times 78.5 = 785\text{mm}^2 > A_{s,\min} = 750\text{mm}^2$

Φ12@150：$A_s = \dfrac{1000}{150} \times 113.1 = 754\text{mm}^2 > A_{s,\min} = 750\text{mm}^2$

分布筋：Φ8@300，$A_s = \dfrac{1000}{300} \times 50.3 = 168\text{mm}^2 > 15\% \times 754 = 113.1\text{mm}^2$

故Φ12@150/Φ8@300最为合理，应选（C）项。

【例6.8.14】 已知某砖砌体结构的墙下钢筋混凝土条形基础，如图6.8.14所示，基础埋深为1.0m。相应于作用的基本组合时基础顶面处的轴心力 $F = 250\text{kN/m}$，弯矩 $M = 10\text{kN}\cdot\text{m/m}$。基础底板受力钢筋采用HRB400级，分布筋采用HPB300级钢筋（$f_y = 270\text{N/mm}^2$）。基础及其上覆土的加权平均重度为20kN/mm²。$\gamma_0 = 1.0$。

提示：按《工程结构通用规范》作答。

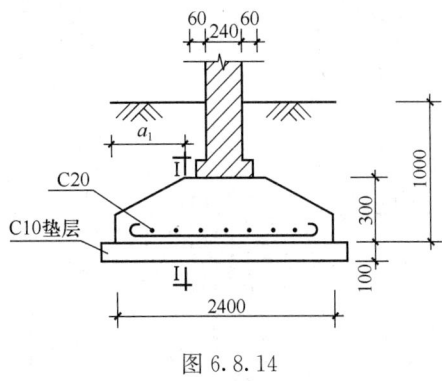

图6.8.14

试问：
(1) 验算底板厚度是否满足要求。
(2) 确定基础底板的配筋。

【解答】 (1) 偏心作用，先确定偏心距 e

$$G = 1.3G_k = 1.3 \times 2.4 \times 1 \times 20 = 62.4\text{kN/m}$$

$$e = \frac{M}{F+G} = \frac{10}{250+62.4} = 0.032\text{m} < \frac{b}{6} = \frac{2.4}{6} = 0.4\text{m},\text{满足}$$

故基底反力呈梯形分布。

$$p_{\min}^{\max} = \frac{F+G}{b} \pm \frac{6M}{b^2} = \frac{250+62.4}{2.4} \pm \frac{6 \times 10}{2.4^2} = \frac{140.58\text{kPa}}{119.75\text{kPa}}$$

受剪计算位置距基础边缘的距离 a_1：

$$a_1 = b_1 = \frac{2400 - 240 - 2 \times 60}{2} = 1020\text{mm}$$

$$p = p_{\min} + \frac{b-a_1}{b}(p_{\max} - p_{\min}) = 119.75 + \frac{2.4-1.02}{2.4} \times (140.58 - 119.75)$$

$$= 131.73\text{kPa}$$

$$V_I = \frac{1}{2}\left(p_{max} - \frac{G}{A} + p - \frac{G}{A}\right)a_1$$

$$= \frac{1}{2} \times \left(140.58 - \frac{62.4}{2.4 \times 1} + 131.73 - \frac{62.4}{2.4 \times 1}\right) \times 1.02 = 112.36 \text{kN/m}$$

$h_0 = h - a_s = 300 - 45 = 255\text{mm}$,取 $\beta_{hs} = 1.0$。

$V_I = 112.36 \text{kN/m} < 0.7\beta_{hs}f_t bh_0 = 0.7 \times 1.0 \times 1.27 \times 10^3 \times 255 = 227 \text{kN/m}$

故抗剪条件满足。

(2) 确定基础底板配筋

由前述可知基底反力呈梯形分布,则:

砖墙放脚 60mm 不大于 1/4 砖长,故取 a_1 为:

$$a_1 = b_1 + \frac{1}{4} \times 240 = 1.02 + 0.06 = 108\text{m}$$

$$p = p_{min} + \frac{b - a_1}{b}(p_{max} - p_{min}) = 119.75 + \frac{2.4 - 1.08}{2.4} \times (140.58 - 119.75)$$

$$= 131.2 \text{kPa}$$

由规范式 (8.2.14):

$$M_I = \frac{1}{6}a_1^2\left(2p_{max} + p - \frac{3G}{A}\right)$$

$$= \frac{1}{6} \times 1.08^2 \times \left(2 \times 140.58 + 131.2 - \frac{3 \times 1.3 \times 20 \times 2.4 \times 1}{2.4 \times 1}\right)$$

$$= 65.0 \text{kN} \cdot \text{m/m}$$

$$A_s = \frac{M_I}{0.9 f_y h_0} = \frac{65.0 \times 10^6}{0.9 \times 360 \times 255} = 787 \text{mm}^2$$

$$A_{s,min} = 15\% bh = 0.15\% \times 1000 \times 300 = 450 \text{mm}^2$$

故可取受力钢筋配筋为 $\Phi 12@100$ ($A_s = 1131\text{mm}^2$);

分布钢筋配筋为 $\Phi 8@250$ ($A_s = 201.2 \text{mm}^2$)。

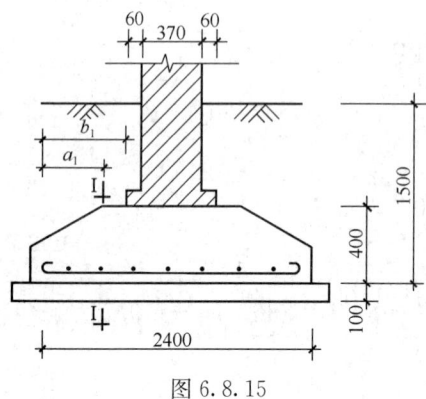

图 6.8.15

【例 6.8.15】 某承重砖砌体墙下钢筋混凝土条形基础,如图 6.8.15 所示,其埋深为 1.5m,基础底宽为 2.4m,底板厚度 h 为 400mm,经计算知相应于作用的基本组合时的基底边缘处的最小、最大净反力分别为:96kPa,136kPa。$\gamma_0 = 1.0$。

试问:确定在作用的基本组合下该基础最大弯矩设计值、剪力设计值。

【解答】 (1) 确定最大弯矩值截面 I-I 处的 a_1 值:

$$b_1 = \frac{2400-370-2\times 60}{2}=955\text{mm}$$

砖墙放脚为60mm，不大于1/4砖长$\left(\frac{1}{4}\times 240=60\text{mm}\right)$，由《地规》8.2.14条规定：

$$a_1=b_1+\frac{1}{4}\times 240=955+60=1015\text{mm}=1.015\text{m}$$

截面Ⅰ-Ⅰ处的净反力$p_{jⅠ}$：

$$p_{jⅠ}=p_{j\min}+\frac{b-a_1}{b}(p_{j\max}-p_{j\min})$$

$$=96+\frac{2.4-1.015}{2.4}\times(136-96)=119.08\text{kPa}$$

$$M_{Ⅰ}=\frac{a_1^2}{6}(2p_{j\max}+p_{jⅠ})$$

$$=\frac{1.015^2}{6}\times(2\times 136+119.08)=67.15\text{kN}\cdot\text{m/m}$$

(2) 确定最大剪力值截面处的a_1值：$a_1=b_1=0.955\text{m}$

$$p_{jⅠ}=p_{j\min}+\frac{b-a_1}{b}(p_{j\max}-p_{j\min})$$

$$=96+\frac{2.4-0.955}{2.4}\times(136-96)$$

$$=120.08\text{kPa}$$

$$V_{Ⅰ}=\frac{a_1}{2}(p_{j\max}+p_{jⅠ})$$

$$=\frac{0.955}{2}\times(136+120.08)=122.28\text{kN/m}$$

四、柱下条形基础

《地规》规定：

> 8.3.1 柱下条形基础的构造，除应符合本规范第8.2.1条的要求外，尚应符合下列规定：
> 1 柱下条形基础梁的高度宜为柱距的1/4～1/8。翼板厚度不应小于200mm。当翼板厚度大于250mm时，宜采用变厚度翼板，其顶面坡度宜小于或等于1:3。
> 2 条形基础的端部宜向外伸出，其长度宜为第一跨距的0.25倍。
> 3 现浇柱与条形基础梁的交接处，基础梁的平面尺寸应大于柱的平面尺寸，且柱的边缘至基础梁边缘的距离不得小于50mm（图8.3.1）。
> 4 条形基础梁顶部和底部的纵向受力钢筋除应满足计算要求外，顶部钢筋应按计算配筋全部贯通，底部通长钢筋不应少于底部受力钢筋截面总面积的1/3。

5 柱下条形基础的混凝土强度等级，不应低于C20。

8.3.2 柱下条形基础的计算，除应符合本规范第8.2.6条的要求外，尚应符合下列规定：

1 在比较均匀的地基上，上部结构刚度较好，荷载分布较均匀，且条形基础梁的高度不小于1/6柱距时，地基反力可按直线分布，条形基础梁的内力可按连续梁计算，此时边跨跨中弯矩及第一内支座的弯矩值宜乘以1.2的系数。

2 当不满足本条第1款的要求时，宜按弹性地基梁计算。

3 对交叉条形基础，交点上的柱荷载，可按静力平衡条件及变形协调条件，进行分配。其内力可按本条上述规定，分别进行计算。

4 应验算柱边缘处基础梁的受剪承载力。

5 当存在扭矩时，尚应作抗扭计算。

6 当条形基础的混凝土强度等级小于柱的混凝土强度等级时，应验算柱下条形基础梁顶面的局部受压承载力。

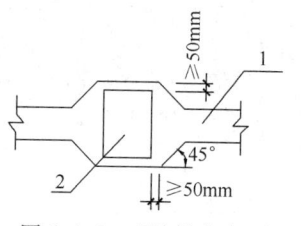

图8.3.1 现浇柱与条形基础梁交接处平面尺寸
1—基础梁；2—柱

按连续梁计算的步骤：

1) 根据柱传至梁上的荷载，按偏心受压（图6.8.16）计算基础梁边缘处最大、最小地基净反力：

$$p_{j\min}^{j\max} = \frac{\Sigma F_i}{A} \pm \frac{\Sigma M_i}{W}$$

式中 ΣF_i——上部结构作用在基础梁上的竖向荷载设计值之和，不计基础及回填土重量；

ΣM_i——外部荷载对基底形心弯矩设计值之和；

A——基础底面的面积；

W——基础底面的抵抗矩。

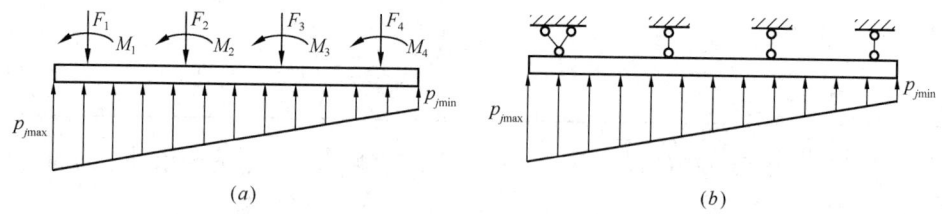

图6.8.16
(a) 基底净反力分布；(b) 按连续梁求内力

2) 将柱底视为不动铰支座，以地基净反力为荷载，按多跨连续梁求得梁的内力，采用结构力学中的弯矩分配法或弯矩系数法求解。

需注意的是：上述求解得的支座反力可能会不等于原先用于基底净反力的竖向柱荷载。这正是按连续梁法求基础梁的内力的主要缺点。

此外，柱下条形基础在满足基础具有足够的相对刚度时，可采用静力平衡法求解基础梁的内力。假定地基净反力呈直线分布，其值按下式计算：

$$p_{j\min}^{j\max} = \frac{\Sigma F_i}{A} \pm \frac{\Sigma M_i}{W}$$

求出净反力分布后，基础上所有的作用力都已确定，可按静力平衡条件计算出任意截面上的弯矩设计值和剪力设计值。需注意的是：静力平衡法只适用于上部为柔性结构，且自身刚度较大的柱下条形基础、柱下联合基础。

【例6.8.16】 某柱网布置如图6.8.17（a）所示，B轴线的边柱相应于作用的标准组合时竖向力F_{1k}=800kN，基本组合时竖向力F_1=1080kN；中柱相应于作用的标准组合时竖向力F_{2k}=950kN，基本组合时竖向力F_2=1282.5kN。基础埋深1.5m，经修正后的地基承载力特征值f_a=120kPa。基础及其上覆土的加权平均重度为20kN/m³。γ_0=1.0。

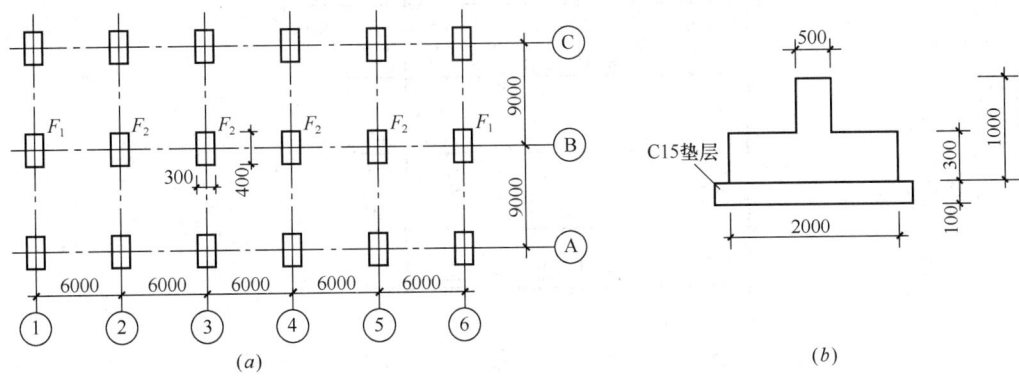

图6.8.17

试问：

(1) 确定Ⓑ轴柱下条形基础底面尺寸。

(2) 假定Ⓑ轴柱下条形基础底面宽度b=2m，长度l=33m（两端挑出1.5m），确定Ⓑ轴柱下条形基础的内力。

(3) 假定基础梁、翼板尺寸如图6.8.17（b）所示，其他条件同（2），基础采用C25混凝土，钢筋为HPB300级。验算翼板抗剪承载力，并确定翼板的配筋。

【解答】 (1) 确定基底面尺寸

根据《地规》8.3.1条第2款规定：

条形基础两端挑出长度为：$\dfrac{l_1}{4} = \dfrac{6}{4} = 1.5\text{m}$

Ⓑ轴上基础总长度为：$l = 6 \times 5 + 2 \times 1.5 = 33\text{m}$

基础底面宽度b，由《地规》5.2.1条规定：$p_k \leqslant f_a$

$$p_k = \frac{\Sigma F_{ik} + G_k}{bl} \leqslant f_a$$

$$b \geqslant \frac{\Sigma F_{ik}}{(f_a - \gamma_G d)l} = \frac{2 \times 800 + 4 \times 950}{(120 - 20 \times 1.5) \times 33} = 1.82\text{m}$$

(2) 当b=2.0m

1) 在对称荷载作用下，基底净反力呈均匀分布，单位长度的基底净反力q_j（kN/m）：

$$q_j = \frac{\Sigma F_i}{l} = \frac{2 \times 1080 + 4 \times 1282.5}{33} = 221\text{kN/m}$$

2) 取对称结构，如图 6.8.18 所示，A 截面处的固端弯矩为：

$$M_A^G = -\frac{1}{2} q_j l_1^2 = -\frac{1}{2} \times 221 \times 1.5^2 = -248.6 \text{kN} \cdot \text{m}$$

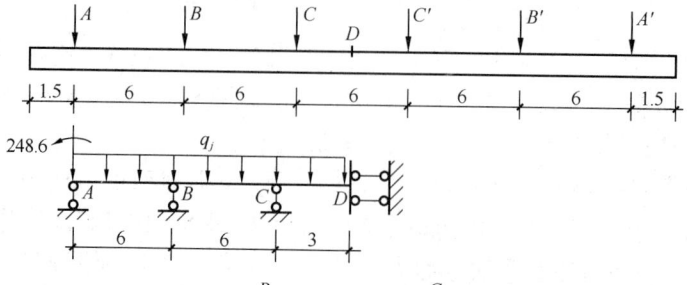

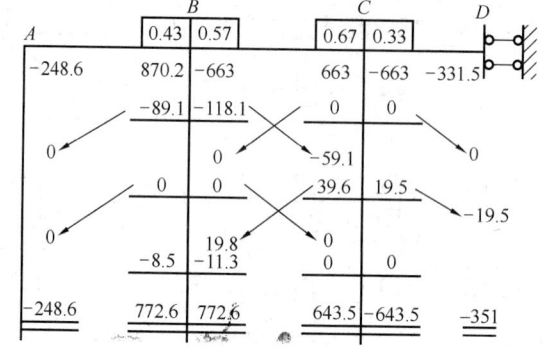

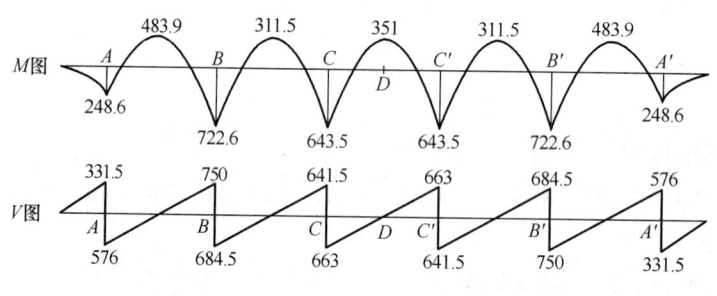

图 6.8.18

$$M_{BA} = \frac{q_j l_0^2}{8} - \frac{|M_A^G|}{2} = \frac{1 \times 221 \times 6^2}{8} - \frac{248.6}{2} = 870.2 \text{kN} \cdot \text{m}$$

$$M_{BC} = -M_{CB} = -\frac{q_j l_0^2}{12} = -\frac{1 \times 221 \times 6^2}{12} = -663 \text{kN} \cdot \text{m}$$

$$M_{CD} = -\frac{q_j l_{01}^2}{3} = -\frac{221 \times 3^2}{3} = -663 \text{kN} \cdot \text{m}$$

$$M_{DC} = -\frac{q_j l_{01}^2}{6} = -\frac{221 \times 3^2}{6} = -331.5 \text{kN} \cdot \text{m}$$

确定弯矩分配系数，取 $\frac{EI}{6} = i$，则：$\frac{EI}{3} = 2i$。

B 节点：$\mu_{BA} = \frac{3i}{3i + 4i} = 0.43$

$$\mu_{BC} = \frac{4i}{3i + 4i} = 0.57$$

C 节点：$\mu_{CB} = \dfrac{4i}{4i+2i} = 0.67$

$$\mu_{CD} = \dfrac{2i}{4i+2i} = 0.33$$

AB 跨中弯矩 $M_{中}$：$M_{中} = \dfrac{1}{8}p_j l_0^2 - \dfrac{1}{2}\times(248.6+772.6)$

$$= \dfrac{1}{8}\times 221\times 6^2 - 510.6 = 483.9 \text{kN}\cdot\text{m}$$

同理，可求出其他跨中弯矩值，如图所示。

3）确定基础梁的剪力：

$$V_{A左} = 221\times 1.5 = 331.5\text{kN}$$

$$V_{A右} = -\dfrac{q_j l_0}{2} + \dfrac{M_B - M_A}{l_0} = -\dfrac{221\times 6}{2} + \dfrac{772.6-248.6}{6} = -576\text{kN}$$

$$V_{B左} = \dfrac{q_j l_0}{2} + \dfrac{M_B - M_A}{l_0} = \dfrac{221\times 6}{2} + \dfrac{772.6-248.6}{6} = 750\text{kN}$$

$$V_{B右} = -\dfrac{221\times 6}{2} + \dfrac{643.5-772.6}{6} = -684.5\text{kN}$$

$$V_{C左} = \dfrac{221\times 6}{2} + \dfrac{643.5-772.6}{6} = 641.5\text{kN}$$

$$V_{C右} = -\dfrac{221\times 6}{2} + 0 = -663\text{kN}$$

4）基础梁内力调整

根据《地规》8.3.2 条第 1 款规定，边跨跨中弯矩及第一内支座的弯矩值宜乘以 1.2 的系数，则：

边跨跨中弯矩设计值：$M = 483.9\times 1.2 = 580.7\text{kN}\cdot\text{m}$

第一内支座弯矩设计值：$M = 772.6\times 1.2 = 927.1\text{kN}\cdot\text{m}$

（3）基底净反力值：$p_j = \dfrac{q_j}{b} = \dfrac{221}{2.0} = 110.5\text{kPa}$

取单位长计算：$V = p_j\times 0.75\times 1.0 = 82.875\text{kN/m}$

$h = 300$，取 $\beta_{hs} = 1.0$；$h_0 = h - a_s = 300 - 50 = 250\text{mm}$

$0.7\beta_{hs}f_t b h_0 = 0.7\times 1\times 1.27\times 10^3 \times 250 = 222.3\text{kN/m} > V = 82.875\text{kN/m}$，满足。

$$M = \dfrac{1}{2}p_j a_1^2 = \dfrac{1}{2}\times 110.5\times \left(\dfrac{2-0.5}{2}\right)^2 = 31.1\text{kN}\cdot\text{m/m}$$

$$A_s = \dfrac{M}{0.9 f_y h_0} = \dfrac{31.1\times 10^6}{0.9\times 270\times 250} = 512\text{mm}^2/\text{m}$$

选 $\phi 12@150$（$A_s = 754\text{mm}^2$）。

思考：①当柱网布置为偶数跨，如六跨时，运用弯矩分配法，取半边对称结构，如图 6.8.19 所示。

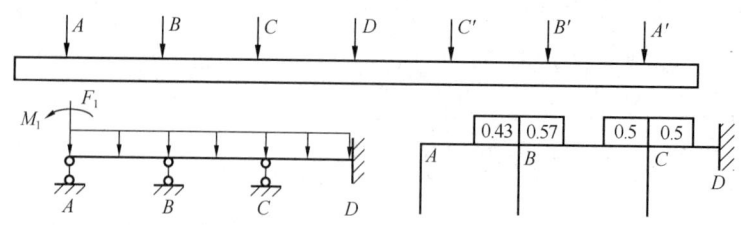

图 6.8.19 偶数跨简图

此时，弯矩分配系数，取 $\frac{EI}{6}=i$，则：

节点 B：$\mu_{BA}=\frac{3i}{3i+4i}=0.43$，$\mu_{BC}=\frac{4i}{3i+4i}=0.57$

节点 C：$\mu_{CB}=\mu_{CD}=\frac{4i}{4i+4i}=0.5$

②无论柱网布置为奇数跨，还是偶数跨，运用弯矩分配法时，可将边支座视为固定支座，边支座 A 的弯矩分配系数为 1.0 和 0，如图 6.8.20 所示，此时不用计算 A 截面处的固端弯矩 M_A^G。

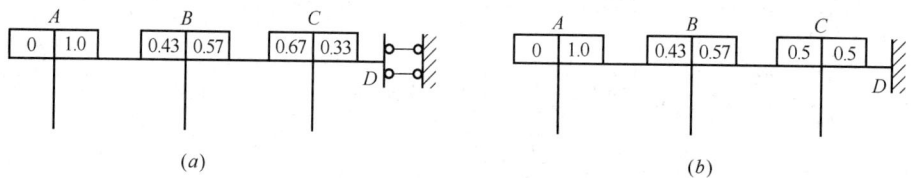

图 6.8.20
(a) 奇数跨简图；(b) 偶数跨简图

【例 6.8.17】 某柱下条形基础如图 6.8.21 所示，基础埋深 1.5m，基础顶面处由上部结构传来相应于作用的标准组合时的竖向力值分别为：$F_{1k}=400$kN，$F_{2k}=1200$kN，$F_{3k}=1300$kN，$F_{4k}=700$kN，其相应的基本组合值分别为：$F_1=540$kN，$F_2=1620$kN，$F_3=1755$kN，$F_4=945$kN。各柱子截面尺寸为 500mm×500mm。经修正后的地基承载力特征值 $f_a=120$kPa。基础及其上覆土的加权平均重度为 20kN/m³。$\gamma_0=1.0$。

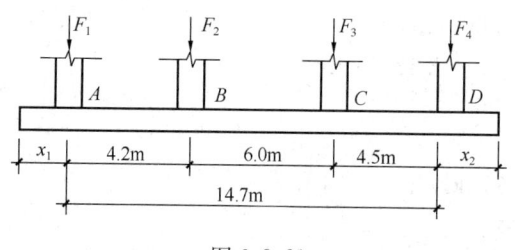

图 6.8.21

试问：

(1) 按荷载基本组合设计，当 $x_1=0.5$m 时，柱 D 端的悬挑长度 x_2 为多少 m 时，基底反力呈均匀分布。

(2) 假定当基底反力呈均匀分布时，条形基础全长 $l=16.88$m，确定基础底板宽度为多少 m？

(3) 假定基底反力呈均匀分布，条形基础全长 $l=16.88$m，基础底板宽度 $b=2.5$m，确定地基净反力设计值。

(4) 同问题目条件（3），用静力平衡法确定条形基础在 AB 跨内的最大弯矩设计值。
(5) 同问题目条件（3），用静力平衡法确定条形基础的剪力设计值，绘制剪力图。

【解答】 (1) 确定 x_2

各柱的竖向力的合力距柱 A 中心的距离为：

$$x = \frac{1620 \times 4.2 + 1755 \times 10.2 + 945 \times 14.7}{540 + 1620 + 1755 + 945} = 7.942\text{m}$$

各柱的合力位于基础底板形心，基底反力呈均匀分布：

$$2(x + x_1) = x_1 + 14.7 + x_2 = 0.5 + 14.7 + x_2$$

$$x_2 = 2 \times (7.942 + 0.5) - 0.5 - 14.7 = 1.684\text{m}, 取 x_2 = 1.68\text{m}$$

$$l = 2 \times (7.942 + 0.5) = 16.88\text{m}$$

(2) $p_k = \dfrac{\Sigma F_{ik} + G_k}{bl} = \dfrac{\Sigma F_{ik}}{bl} + \gamma_G d \leqslant f_a$

$$b \geqslant \frac{\Sigma F_{ik}}{(f_a - \gamma_G d) \, l} = \frac{400 + 1200 + 1300 + 700}{(120 - 20 \times 1.5) \times 16.88} = 2.37\text{m}$$

(3) 当 $b = 2.5$m 时，确定 p_j：

$$p_j = \frac{540 + 1620 + 1755 + 945}{2.5 \times 16.88} = 115.2\text{kPa}$$

(4) 当截面的弯矩最大时，其剪力值为零。设剪力为零时，其距柱 A 形心为 x_0：

$$q_j = 115.2 \times 2.5 = 288\text{kN/m}; q_j(x_1 + x_0) = 540; x_0 = \frac{540}{288} - 0.5 = 1.375\text{m}$$

$$M_{\max} = \frac{1}{2} q_j (x_1 + x_0)^2 - F_A x_0$$

$$= \frac{1}{2} \times 288 \times (0.5 + 1.375)^2 - 540 \times 1.375 = -236.25\text{kN} \cdot \text{m}$$

(5) 确定剪力设计值：

$$V_A^{左} = q_j x_1 = 288 \times 0.5 = 144\text{kN}$$

$$V_A^{右} = 144 - 540 = -396\text{kN}$$

$$V_B^{左} = q_j \times (0.5 + 4.2) - 540 = 813.6\text{kN}$$

$$V_B^{右} = 813.6 - 1620 = -806.4\text{kN}$$

$$V_C^{左} = 288 \times (0.5 + 4.2 + 6.0) - 540 - 1620 = 921.6\text{kN}$$

$$V_C^{右} = 921.6 - 1755 = -833.4\text{kN}$$

$$V_D^{右} = -288 \times 1.68 = -483.8\text{kN}$$

$$V_D^{左} = -483.8 + 945 = 461.2\text{kN}$$

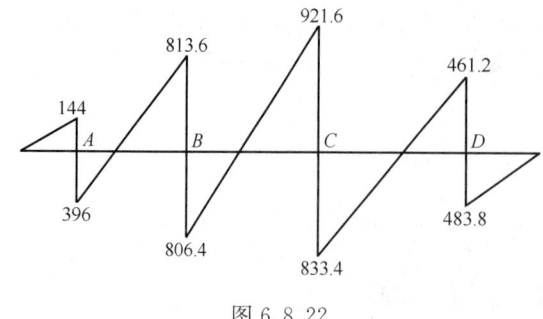

剪力值图见图 6.8.22。

联合基础的计算，一般按地基净反力线性分布假定求解基底净反力设计值，采用静力平衡法求解基础内力（弯矩值和剪力值）。基础高度的确定可根据受冲切、受剪切承载力进行求解；基础纵向配筋可根据弯矩图中的最大正、负弯矩设计值进行求解。

图 6.8.22

【例 6.8.18】 某双柱联合基础，由柱传至基础梁顶面处的作用效应设计值分别为 F_1 和 F_2。基础梁尺寸及工程地质剖面如图 6.8.23 所示，假定基础梁为无限刚度，地基反力按直线分布。基础及其上覆土的加权平均重度为 $20 kN/m^3$。$\gamma_0 = 1.0$。

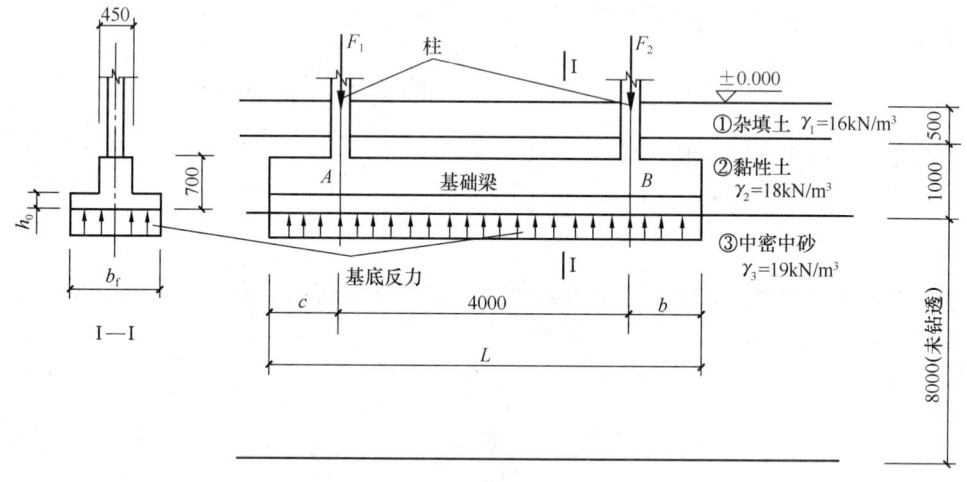

图 6.8.23

试问：

(1) 假定，相应于作用的基本组合时竖向力分别为：$F_1 = 1100 kN$，$F_2 = 900 kN$，右边支座悬挑尺寸 $b = 1000 mm$，确定基础梁左边支座悬挑尺寸 c 为下列何项尺寸时，地基反力才呈均匀分布状态？

(A) 1100mm (B) 1200mm (C) 1300mm (D) 1400mm

(2) 已知中密中砂层地基承载力特征值 $f_{ak} = 250 kPa$，确定基底地基承载力特征值 f_a 最接近下列何项数值？（提示：假定基础宽度 $b_f < 3m$）。

(A) 278kPa (B) 288kPa (C) 302kPa (D) 326kPa

(3) 假定，相应于作用的标准组合时竖向力分别为：$F_{1k} = 1206 kN$，$F_{2k} = 804 kN$，$c = 1800 mm$，$b = 1000 mm$，地基承载力特征值 $f_a = 300 kPa$，计算基础梁自重和基础梁上土重标准值采用平均重度 $\gamma_G = 20 kN/m^3$，地基反力可按均匀分布考虑，确定基础梁翼板的最小宽度 b_f 最接近下列何项数值？

(A) 1000mm (B) 1100mm (C) 1200mm (D) 1300mm

(4) 假定，相应于作用的基本组合时竖向力分别为：$F_1 = 1206 kN$，$F_2 = 804 kN$，$c = 1800 mm$，$b = 1000 mm$，混凝土强度等级为 C25，钢筋中心至混凝土下边缘的距离 $a =$

40mm。当基础梁翼板宽度 $b_f=1250$mm 时，其翼板最小厚度 h_f 应为下列何项尺寸？

(A) 200mm　　(B) 250mm　　(C) 300mm　　(D) 350mm

(5) F_1、F_2、c 和 b 值同题目 (4)。当柱支座宽度的影响略去不计时，其基础梁支座处最大弯矩设计值，最接近下列何项数值？

(A) 147.80kN·m　(B) 123.16kN·m　(C) 478.86kN·m　(D) 399.05kN·m

(6) 题目条件同 (5)，确定基础梁的最大剪力设计值最接近下列何项数值？

(A) 673.95kN　　(B) 591.18kN　　(C) 561.63kN　　(D) 493.03kN

(7) 题目条件同 (5)，确定基础梁的跨内最大弯矩设计值最接近下列何项数值？

(A) 289.30kN·m　(B) 231.56kN·m　(C) 205.85kN·m　(D) 519.18kN·m

(8) 假定基础梁翼板厚度 $h_f=400$mm，采用 HPB300 级钢筋（$f_y=270$N/mm²），其他条件同 (4)，确定翼板的配筋为下列何项数值最合理。

(A) $\Phi 8@100$　　(B) $\Phi 10@100$　　(C) $\Phi 12@150$　　(D) $\Phi 14@150$

【解答】(1) 力 F_1 和 F_2 的合力应为基础梁的中心

力 F_1 和 F_2 的合力距柱 A 中心的距离：$\dfrac{4F_2}{F_1+F_2}=\dfrac{4\times 900}{1100+900}=1.8$m

$c+1.8=(4-1.8)+b=2.2+1.0=3.2$

$c=1.4$m，故应选 (D) 项。

(2) 查《地规》表 5.2.4，$\eta_d=4.4$，因 $b<3$m，只需进行深度修正。

$f_a=f_{ak}+\eta_d\gamma_m(d-0.5)$

$=250+4.4\times\dfrac{16\times 0.5+18\times 1}{1.5}\times(1.5-0.5)=326.27$kPa

故应选 (D) 项。

(3) $\Sigma F_{ik}=1206+804=2010$kN，$l=1.8+4.0+1.0=6.8$m

$$p_k=\dfrac{\Sigma F_{ik}}{bl}+\gamma_G d\leqslant f_a$$

$$b\geqslant\dfrac{\Sigma F_{ik}}{(f_a-\gamma_G d)l}=\dfrac{2010}{(300-20\times 1.5)\times 6.8}=1.095\text{m}$$

取 $b=1.1$m，故应选 (B) 项。

(4) 根据翼板受剪承载力求解：

地基净反力：$p_j=\dfrac{F_1+F_2}{bl}=\dfrac{1206+804}{1.25\times 6.8}=236.5$kPa

取单位长度求剪力值：$V=p_j\cdot\dfrac{b_f-0.45}{2}=236.5\times 0.4=94.6$kN·m

因梁高 h 小于 800mm，取翼板的 $\beta_{hs}=1.0$。

$V\leqslant 0.7\beta_{hs}f_t bh_0$

$h_0\geqslant\dfrac{V}{0.7\beta_{hs}f_t b}=\dfrac{94.6\times 10^3}{0.7\times 1\times 1.27\times 1\times 10^3}=106$mm

$h_f\geqslant h_0+40=146$mm，取 $h_f=200$mm，并且满足构造规定。

故应选（A）项。

(5) 由条件知，$p_j=236.5\text{kPa}$，$q_j=b_f p_j=1.25\times236.5=295.63\text{kN/m}$

A 支座处为最大弯矩设计值：

$$M_A=\frac{1}{2}q_j c^2=\frac{1}{2}\times295.63\times1.8^2=478.9\text{kN}\cdot\text{m}$$

故应选（C）项。

(6) A 点剪力：$V_A^{\text{左}}=q_j\times1.8=295.63\times1.8=532.13\text{kN}$

$V_A^{\text{右}}=532.13-1206=-673.87\text{kN}$

B 点剪力：$V_B^{\text{右}}=-q_j\times1.0=-295.63\text{kN}$

$V_B^{\text{左}}=-295.63+804=508.37\text{kN}$

故应选（A）项。

(7) 因弯矩最大值处剪力为零，该点距左端距离为：$\dfrac{1206}{295.63}=4.08\text{m}$

$$\begin{aligned}M_{\max}&=\frac{1}{2}\times295.63\times4.08^2-1206\times(4.08-1.8)\\&=-289.09\text{kN}\cdot\text{m}\end{aligned}$$

故应选（A）项。

(8) $q_j=bp_j=1.0\times236.5=236.5\text{kN/m}$

$$M=\frac{1}{2}q_j\left(\frac{b-0.45}{2}\right)^2=\frac{1}{2}\times236.5\times\left(\frac{1.25-0.45}{2}\right)^2=18.92\text{kN}\cdot\text{m/m}$$

$$A_s=\frac{M}{0.9f_y h_0}=\frac{18.92\times10^6}{0.9\times270\times(400-40)}=216\text{mm}^2/\text{m}$$

Φ12@150（$A_s=754\text{mm}^2/\text{m}$）。

验算最小配筋率：$\rho=\dfrac{A_s}{bh}=\dfrac{754}{1000\times400}=0.189\%>\rho_{\min}=0.15\%$

故满足要求，应选（C）项。

【例 6.8.19】 某双柱矩形联合基础，如图 6.8.24 所示，基底尺寸为 $2.0\text{m}\times5.5\text{m}$。

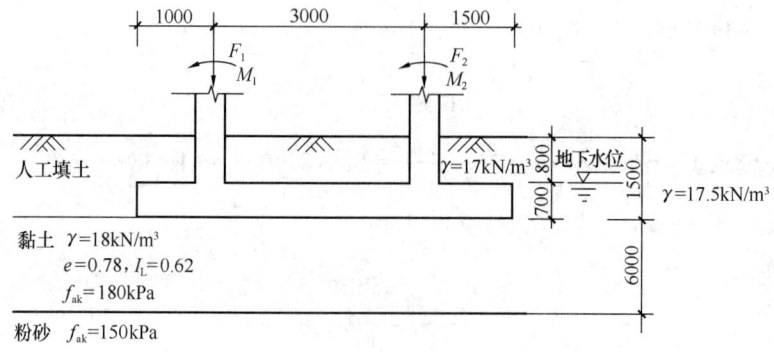

图 6.8.24

基础顶面处由上部结构传来相应于作用的标准组合的竖向力 $F_{1k}=800$kN，弯矩 $M_{1k}=60$kN·m，竖向力 $F_{2k}=900$kN，弯矩 $M_{2k}=40$kN·m。基础及其上覆土的加权平均重度为 20kN/m³。$\gamma_0=1.0$。

试问：
(1) 确定修正后的基底地基承载力特征值。
(2) 确定基底的最大、最小压力标准值。

【解答】(1) 查《地规》表 5.2.4，$e=0.78<0.85$，$I_L=0.42<0.85$，取 $\eta_b=0.3$，$\eta_d=1.6$。

宽度 $b=2.0$m<3m，只需对深度进行修正。

$$f_a = f_{ak} + \eta_d \gamma_m (d-0.5)$$

$$= 180 + 1.6 \times \frac{17\times 0.8 + (17.5-10)\times 0.7}{1.5} \times (1.5-0.5)$$

$$= 200.1\text{kPa}$$

(2) 矩形底板的形心位置距左端为：$\dfrac{1+3+1.5}{2}=2.75$m

基础自重和基础上土重 G_k：

$$G_k = 20\times 1.5\times 5.5\times 2 - \gamma_w A h_w = 330 - 10\times 5.5\times 2\times 0.7 = 253\text{kN}$$

$$F_k + G_k = F_{1k} + F_{2k} + G_k = 800 + 900 + 253 = 1953\text{kN}$$

外荷载对基底形心的弯矩 M_k：

$$M_k = M_{1k} + M_{2k} + F_{1k} \times (2.75-1.0) - F_{2k} \times (2.75-1.5)$$

$$= 60 + 40 + 800\times 1.75 - 900\times 1.25 = 375\text{kN}\cdot\text{m}$$

$$e = \frac{M_k}{F_k + G_k} = \frac{375}{1953} = 0.19\text{m} < \frac{b}{6} = \frac{5.5}{6} = 0.92\text{m}$$

$$p_k = \frac{F_k + G_k}{bl} = \frac{1953}{5.5\times 2} = 177.5\text{kPa}$$

$$p_{k\max} = \frac{F_k + G_k}{bl} + \frac{6M_k}{b^2 l} = 177.5 + \frac{6\times 375}{5.5^2 \times 2} = 214.7\text{kPa}$$

$$p_{k\min} = \frac{F_k + G_k}{bl} - \frac{6M_k}{b^2 l} = 177.5 - \frac{6\times 375}{5.5^2 \times 2} = 140.3\text{kPa}$$

$$p_k = 177.5\text{kPa} < f_a = 200.1\text{kPa}$$

$$p_{k\max} = 214.7\text{kPa} < 1.2f_a = 240.1\text{kPa}，满足。$$

思考：当基底为梯形时，如图 6.8.25 所示，则梯形的形心位置距左端距离 x_1 为：

$$x_1 = \frac{(b_1 + 2b_2)\cdot L}{3(b_1 + b_2)}$$

各柱竖向力、弯矩，基础重度 G_k 向形心轴简化，求出 F_k+G_k、M_k，则基底压力值：

$$p_{kmin}^{kmax}=\frac{F_k+G_k}{A}\pm\frac{M_k}{I}\cdot x$$

式中，x 为基底边缘距形心轴的距离，取 x_1 或 x_2。

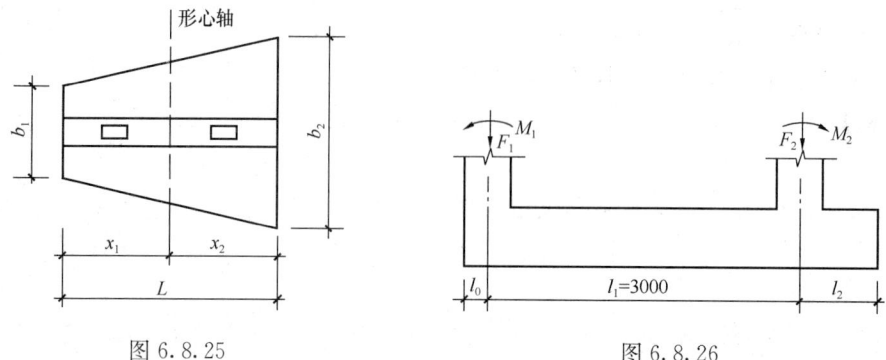

图 6.8.25　　　　　　　　　　　　图 6.8.26

【例 6.8.20】　某双柱矩形联合基础，如图 6.8.26 所示，柱 1、柱 2 截面尺寸均为 $b_c\times h_c=400\text{mm}\times400\text{mm}$，基础左端与柱 1 处侧面对齐，基础埋深为 1.20m，基础宽 $b=1000\text{mm}$，高 $h=500\text{mm}$。基础混凝土采用 C25，柱子混凝土采用 C30，基底下设 100mm 厚 C15 素混凝土垫层，取 $a_s=50\text{mm}$。基础顶面处由上部结构传来相应于作用的基本组合时的竖向力 $F_1=250\text{kN}$，弯矩 $M_1=45\text{kN}\cdot\text{m}$，竖向力 $F_2=350\text{kN}$，弯矩 $M_2=10\text{kN}\cdot\text{m}$。$\gamma_0=1.0$。

试问：

(1) 为使基础底面均匀受压，基础向右的悬挑长度 l_2（mm），与下列何项数值最为接近？
(A) 580　　　(B) 550　　　(C) 520　　　(D) 490

(2) 基底均匀受压时，相应的基底净反力设计值 p_j（kPa），与下列何项数值最为接近？
(A) 155　　　(B) 159　　　(C) 164　　　(D) 170

(3) 基底均匀受压时，基础受到的最大剪力设计值 V（kN），与下列何项数值最为接近？
(A) 207　　　(B) 218　　　(C) 235　　　(D) 258

(4) 两柱之间基础受到的最大负弯矩设计值 M（kN·m），与下列何项数值最为接近？
(A) 177　　　(B) 185　　　(C) 192　　　(D) 202

(5) 柱 2 与基础交接处的局部受压承载力设计值（kN），最接近下列何项数值？
(A) 3100　　　(B) 3650　　　(C) 4100　　　(D) 4350

(6) 柱 1 与基础交接处的局部受压承载力设计值（kN），最接近下列何项数值？
(A) 3000　　　(B) 2800　　　(C) 2500　　　(D) 2100

【解答】　(1) 基底均匀受压，应使上部结构传来的合力位于基础的形心处
上部结构传来的合力到柱 1 的形心的距离 x

$$x=\frac{F_2l_1+M_2-M_1}{F_1+F_2}=\frac{350\times3.0+10-45}{350+250}=1.69\text{m}$$

$$2(l_0+x)=l_0+3.0+l_2$$

$$l_2=2\times(0.2+1.69)-0.2-3=0.58\text{m}=580\text{mm}$$

故应选 (A) 项。

(2) 地基净反力值 p_j

$$p_j = \frac{F_1+F_2}{bl} = \frac{250+350}{3.78 \times 1.0} = 158.7\text{kPa}$$

故应选（B）项。

(3) 剪力值 V

$$q_j = bp_j = 1.0 \times 158.7 = 158.7\text{kN/m}$$

$$V_1^{左} = q_j l_0 = 158.7 \times 0.2 = 31.74\text{kN}$$

$$V_1^{右} = 31.74 - 250 = -218.26\text{kN}$$

$$V_2^{右} = -q_j l_2 = -158.7 \times 0.58 = -92.05\text{kN}$$

$$V_2^{左} = -92.05 + 350 = 257.95\text{kN}$$

故 $V_2^{左}$ 为最大值，选（D）项。

(4) 弯矩最大处的剪力为零，设剪力为零处距基础的左端为 x：

$$x = \frac{F_1}{q_j} = \frac{250}{158.7} = 1.58\text{m}$$

$$M_{\max} = \frac{1}{2}q_j x^2 - F_1(x-l_0) - M_1$$

$$= \frac{1}{2} \times 158.7 \times 1.58^2 - 250 \times (1.58-0.20) - 45$$

$$= -191.9\text{kN} \cdot \text{m}$$

故应选（C）项。

(5) 柱 2 的局部受压面积：$A_l = 0.4 \times 0.4 = 0.16\text{m}^2$

局部受压计算面积按同心、对称的原则（图 6.8.27）：$A_b = (0.4+0.38+0.38) \times 1 = 1.16\text{m}^2$

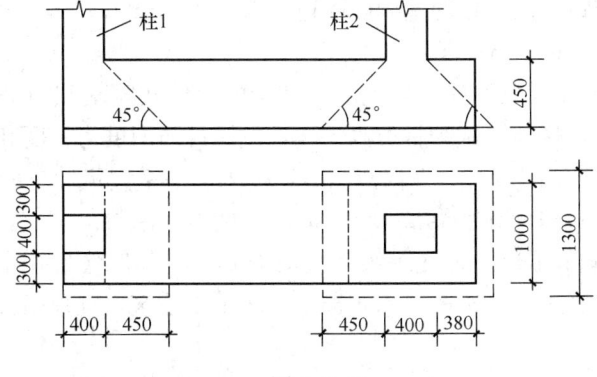

图 6.8.27

$$\beta_l = \sqrt{\frac{A_b}{A_l}} = \sqrt{\frac{1.16}{0.16}} = 2.693$$

$$f_{cc} = 0.85 f_c = 0.85 \times 11.9 = 10.115\text{N/mm}^2$$

$$\omega = 1.0$$

由《混凝土结构设计规范》式（D.5.1-1）：

$\omega \beta_l f_{cc} A_l = 1 \times 2.693 \times 10.115 \times 0.16 \times 10^6 = 4358 \text{kN}$

故应选（C）项。

(6) 柱1的局部受压面积（图6.8.29）：

$A_l = 0.4 \times 0.4 = 0.16 \text{m}^2$

$A_b = 0.4 \times 1 = 0.4 \text{m}^2$

$\beta_l = \sqrt{\dfrac{A_b}{A_l}} = \sqrt{\dfrac{0.4}{0.16}} = 1.581$

$\omega \beta_l f_{cc} A_l = 1 \times 1.581 \times 10.115 \times 0.16 \times 10^6 = 2559 \text{kN}$

故应选（C）项。

五、筏形基础

1. 一般规定

《地规》规定：

8.4.1 筏形基础分为梁板式和平板式两种类型，其选型应根据地基土质、上部结构体系、柱距、荷载大小、使用要求以及施工条件等因素确定。框架-核心筒结构和筒中筒结构宜采用平板式筏形基础。

8.4.2 筏形基础的平面尺寸，应根据工程地质条件、上部结构的布置、地下结构底层平面以及荷载分布等因素按本规范第5章有关规定确定。对单幢建筑物，在地基土比较均匀的条件下，基底平面形心宜与结构竖向永久荷载重心重合。当不能重合时，在作用的准永久组合下，偏心距e宜符合下式规定：

$$e \leqslant 0.1 W/A \tag{8.4.2}$$

式中 W——与偏心距方向一致的基础底面边缘抵抗矩（m^3）；

A——基础底面积（m^2）。

8.4.3 对四周与土层紧密接触带地下室外墙的整体式筏基和箱基，当地基持力层为非密实的土和岩石，场地类别为Ⅲ类和Ⅳ类，抗震设防烈度为8度和9度，结构基本自振周期处于特征周期的1.2倍～5倍范围时，按刚性地基假定计算的基底水平地震剪力、倾覆力矩可按设防烈度分别乘以0.90和0.85的折减系数。

8.4.4 筏形基础的混凝土强度等级不应低于C30，当有地下室时应采用防水混凝土。防水混凝土的抗渗等级应按表8.4.4选用。对重要建筑，宜采用自防水并设置架空排水层。

防水混凝土抗渗等级　　　　表8.4.4

埋置深度 d （m）	设计抗渗等级	埋置深度 d （m）	设计抗渗等级
$d<10$	P6	$20 \leqslant d<30$	P10
$10 \leqslant d<20$	P8	$30 \leqslant d$	P12

8.4.5 采用筏形基础的地下室,钢筋混凝土外墙厚度不应小于250mm,内墙厚度不宜小于200mm。墙的截面设计除满足承载力要求外,尚应考虑变形、抗裂及外墙防渗等要求。墙体内应设置双面钢筋,钢筋不宜采用光面圆钢筋,水平钢筋的直径不应小于12mm,竖向钢筋的直径不应小于10mm,间距不应大于200mm。

【例 6.8.21】 下列关于高层建筑筏形基础的见解,何项是不正确的?
(A) 在荷载效应准永久组合下,高层建筑筏形基础的偏心距 e 应满足:$e \leqslant 0.1W/A$
(B) 筏形基础的混凝土强度等级不应低于C30
(C) 地下室钢筋混凝土内墙厚度不宜小于250mm
(D) 地下室钢筋混凝土的竖向、水平钢筋间距不应大于200mm

【解答】 根据《地规》8.4.5条规定,(C)项不正确。

【例 6.8.22】 某安全等级二级的高层建筑采用钢筋混凝土框架结构体系,框架柱截面尺寸均为900mm×900mm,基础采用平板式筏形基础,板厚1.4m,均匀地基,如图6.8.28所示。

假定,在荷载准永久组合作用下,当结构竖向荷载重心与筏板平面重心不能重合时,试问,按《建筑地基基础设计规范》,荷载重心左右侧偏离筏板形心的距离限值(m),与下列何项数值最为接近?(已知筏板形心坐标为:$x=23.57\mathrm{m}$,$y=18.4\mathrm{m}$)

(A) 0.710,0.580　　　　　　(B) 0.800,0.580
(C) 0.800,0.710　　　　　　(D) 0.880,0.690

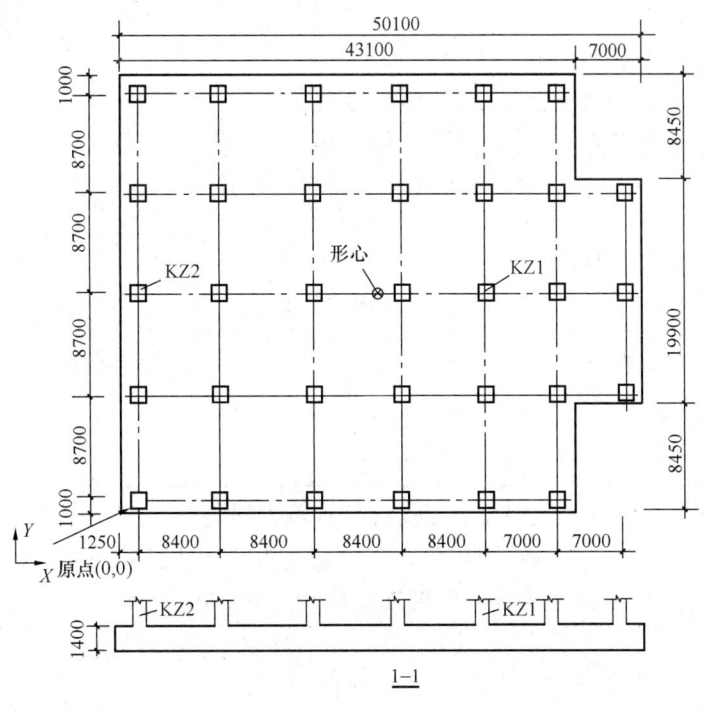

图 6.8.28

【解答】 根据《地规》8.4.2 条：

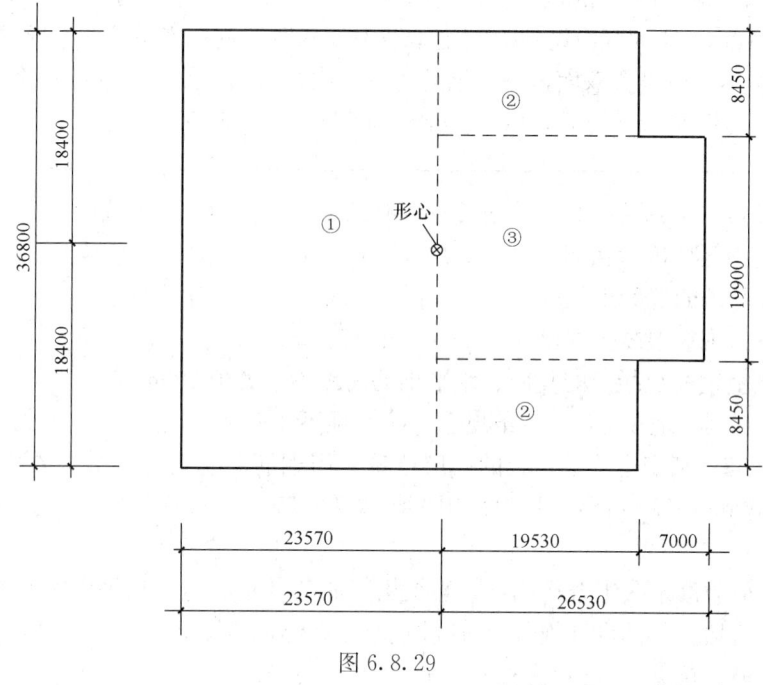

图 6.8.29

将筏板划分为 4 块，如图 6.8.29 所示，各块对形心的 I_y，由平行移轴公式：

$$I_y = \frac{1}{3} \times 36.8 \times 23.57^3 + 2 \times \frac{1}{3} \times 8.45 \times 19.53^3 + \frac{1}{3} \times 19.9 \times 26.53^3$$

$$= 326449 \text{m}^4$$

$$A = 36.8 \times 50.1 - 2 \times 8.45 \times 7 = 1725 \text{m}^2$$

偏离形心左侧的限值：

$$e \leqslant \frac{0.1W}{A} = \frac{0.1 \times 326449/23.57}{1725} = 0.803 \text{m}$$

偏离形心右侧的限值：

$$e \leqslant \frac{0.1 \times 326449/26.53}{1725} = 0.713 \text{m}$$

故应选（C）项。

2. 平板式筏基

《地基通规》规定：

> 6.3.1 平板式筏基的板厚应满足受冲切承载力的要求。
>
> 6.3.2 平板式筏基应验算距内筒和柱边缘筏板的截面有效高度处截面的受剪承载力。当筏板变厚度时，尚应验算变厚度处筏板的受剪承载力。

● (1) 板厚受冲切承载力计算

《地规》规定：

> 8.4.6 平板式筏基的板厚应满足受冲切承载力的要求。

8.4.7 平板式筏基柱下冲切验算应符合下列规定：

1 平板式筏基柱下冲切验算时应考虑作用在冲切临界截面重心上的不平衡弯矩产生的附加剪力。对基础边柱和角柱冲切验算时，其冲切力应分别乘以1.1和1.2的增大系数。距柱边$h_0/2$处冲切临界截面的最大剪应力τ_{max}应按式（8.4.7-1）、式（8.4.7-2）进行计算（图8.4.7）。板的最小厚度不应小于500mm。

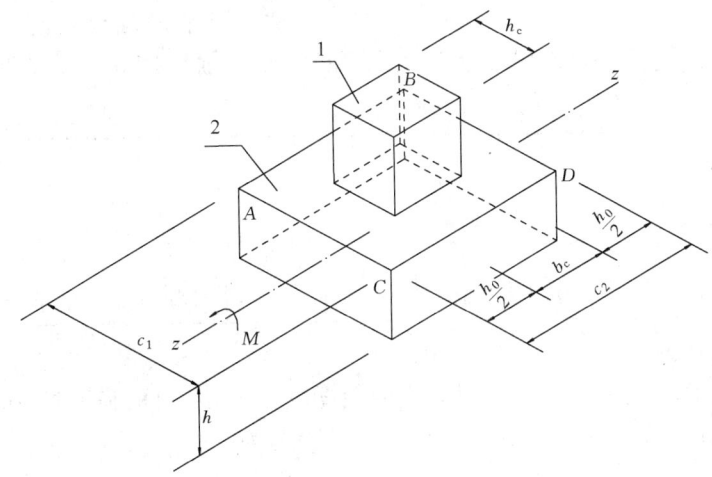

图8.4.7 内柱冲切临界截面示意
1—筏板；2—柱

$$\tau_{max} = \frac{F_l}{u_m h_0} + \alpha_s \frac{M_{unb} c_{AB}}{I_s} \quad (8.4.7\text{-}1)$$

$$\tau_{max} \leqslant 0.7(0.4 + 1.2/\beta_s)\beta_{hp} f_t \quad (8.4.7\text{-}2)$$

$$\alpha_s = 1 - \frac{1}{1 + \frac{2}{3}\sqrt{\left(\frac{c_1}{c_2}\right)}} \quad (8.4.7\text{-}3)$$

式中 F_l——相应于作用的基本组合时的冲切力（kN），对内柱取轴力设计值减去筏板冲切破坏锥体内的基底净反力设计值；对边柱和角柱，取轴力设计值减去筏板冲切临界截面范围内的基底净反力设计值；

u_m——距柱边缘不小于$h_0/2$处冲切临界截面的最小周长（m），按本规范附录P计算；

h_0——筏板的有效高度（m）；

M_{unb}——作用在冲切临界截面重心上的不平衡弯矩设计值（kN·m）；

c_{AB}——沿弯矩作用方向，冲切临界截面重心至冲切临界截面最大剪应力点的距离（m），按附录P计算；

I_s——冲切临界截面对其重心的极惯性矩（m⁴），按本规范附录P计算；

β_s——柱截面长边与短边的比值，当$\beta_s<2$时，β_s取2，当$\beta_s>4$时，β_s取4；

β_{hp}——受冲切承载力截面高度影响系数，当$h\leqslant 800$mm时，取$\beta_{hp}=1.0$；当$h\geqslant 2000$mm时，取$\beta_{hp}=0.9$，其间按线性内插法取值；

f_t——混凝土轴心抗拉强度设计值（kPa）；

c_1——与弯矩作用方向一致的冲切临界截面的边长（m），按本规范附录P计算；

c_2——垂直于c_1的冲切临界截面的边长（m），按本规范附录P计算；

α_s——不平衡弯矩通过冲切临界截面上的偏心剪力来传递的分配系数。

2 当柱荷载较大，等厚度筏板的受冲切承载力不能满足要求时，可在筏板上面增设柱墩或在筏板下局部增加板厚或采用抗冲切钢筋等措施满足受冲切承载能力要求。

需注意的是：

（1）《地规》8.4.7条式（8.4.7-1）中，当$M_{unb}=0$时，则：$\tau_{max}=\dfrac{F_l}{u_m h_0}$

（2）对有抗震设防要求的平板式筏基，《地规》8.4.7条的条文说明作了如下规定：

8.4.7（条文说明）

对有抗震设防要求的平板式筏基，尚应验算地震作用组合的临界截面的最大剪应力$\tau_{E,max}$，此时公式（8.4.7-1）和式（8.4.7-2）应改写为：

$$\tau_{E,max}=\frac{V_{sE}}{A_s}+\alpha_s\frac{M_E}{I_s}c_{AB}$$

$$\tau_{E,max}\leqslant\frac{0.7}{\gamma_{RE}}\left(0.4+\frac{1.2}{\beta_s}\right)\beta_{hp}f_t$$

式中 V_{sE}——作用的地震组合的集中反力设计值（kN）；

M_E——作用的地震组合的冲切临界截面重心上的弯矩设计值（kN·m）；

A_s——距柱边$h_0/2$处的冲切临界截面的筏板有效面积（m²）；

γ_{RE}——抗震调整系数，取0.85。

【例6.8.23】 某高层建筑的平板式筏基，如图6.8.30所示，柱为底层内柱，其截面尺寸为600mm×1650mm，柱采用C60级混凝土；筏板采用C30混凝土，相应于作用的基本组合时的地基净反力为326.7kPa。相应于作用的基本组合时的柱轴压力为21600kN，弯矩为270kN·m。筏板厚度为1.2m，局部板厚为1.8m，取$a_s=50$mm。$\gamma_0=1.0$。

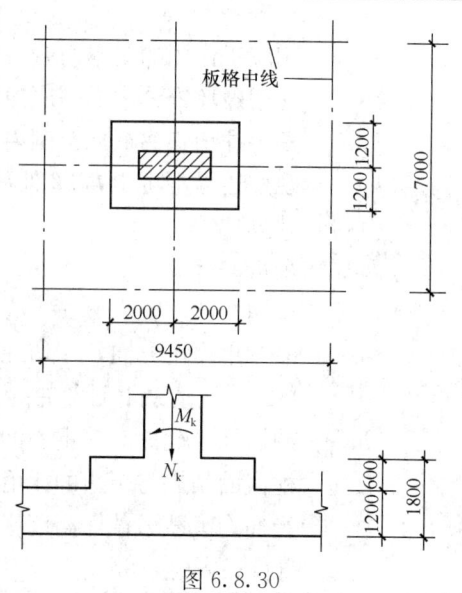

图6.8.30

试问：

（1）柱边$h_0/2$处冲切临界截面上的最大剪应力τ_{max}（kPa），最接近下列何项数值？

(A) 706　　　　　(B) 736

(C) 756　　　　　(D) 786

（2）柱边$h_0/2$处筏板抗冲切剪应力设计值

（kPa），最接近下列何项数值？

(A) 768　　　　　(B) 782　　　　　(C) 868　　　　　(D) 882

（3）忽略柱根弯矩影响，筏板变厚度处的冲切临界截面上的最大剪应力 $\tau_{\max}$（kPa），最接近下列何项数值？

(A) 446　　　　　(B) 496　　　　　(C) 546　　　　　(D) 596

【解答】（1）根据《地规》8.4.7条规定：

$$\tau_{\max} = \frac{F_l}{u_m h_0} + \frac{\alpha_s M_{unb} c_{AB}}{I_s}$$

式中，各值的计算，按《地规》附录P计算。

内柱与弯矩作用方向一致的冲切临界截面的边长 c_1：

$$c_1 = h_c + h_0 = 1.65 + (1.8 - 0.05) = 3.4\text{m}$$

$$c_2 = b_c + h_0 = 0.6 + (1.8 - 0.05) = 2.35\text{m}$$

$$u_m = 2(c_1 + c_2) = 2 \times (3.4 + 2.35) = 11.5\text{m}$$

$$I_s = \frac{c_1 h_0^3}{6} + \frac{c_1^3 h_0}{6} + \frac{c_2 h_0 c_1^2}{2}$$

$$= \frac{3.4 \times 1.75^3}{6} + \frac{3.4^3 \times 1.75}{6} + \frac{2.35 \times 1.75 \times 3.4^2}{2} = 38.27\text{m}^4$$

$$c_{AB} = \frac{c_1}{2} = \frac{3.4}{2} = 1.7\text{m}$$

由规范式（8.4.7-3）求 α_s：

$$\alpha_s = 1 - \frac{1}{1 + \frac{2}{3}\sqrt{\frac{c_1}{c_2}}} = 1 - \frac{1}{1 + \frac{2}{3}\sqrt{\frac{3.4}{2.35}}} = 0.445$$

由《地规》8.4.7条的条文说明：$M_{unb} = 270\text{kN} \cdot \text{m}$

相应于作用的基本组合时的集中力设计值 F_l：

$$F_l = N - p_j(h_c + 2h_0)(b_c + 2h_0)$$

$$= 21600 - 326.7 \times (1.65 + 2 \times 1.75) \times (0.6 + 2 \times 1.75) = 14702\text{kN}$$

$$\tau_{\max} = \frac{14702}{11.5 \times 1.75} + \frac{0.445 \times 270 \times 1.7}{38.27} = 735.9\text{kPa}$$

故应选（B）项。

（2）根据《地规》8.4.7条规定：

$$\beta_s = \frac{h_c}{b_c} = \frac{1.65}{0.6} = 2.75 \begin{matrix} > 2 \\ < 4 \end{matrix}, \text{取} \beta_s = 2.75$$

$$\beta_{hp} = 1 - \frac{1800 - 800}{2000 - 800} \times (1 - 0.9) = 0.917$$

$$0.7\left(0.4 + \frac{1.2}{\beta_s}\right)\beta_{hp} f_t = 0.7 \times \left(0.4 + \frac{1.2}{2.75}\right) \times 0.917 \times 1.43 \times 10^6 = 767.7\text{kPa}$$

故应选（A）项。

（3）根据《地规》8.4.7 条规定，当不计弯矩影响时：

$$h_0 = 1.2 - 0.05 = 1.15\text{m}, b = 4.0\text{m}, l = 2.4\text{m}$$
$$u_m = 2(b + h_0 + l + h_0) = 2 \times (4 + 1.15 + 2.4 + 1.15) = 17.4\text{m}$$
$$F_l = N - p_j(l + 2h_0)(b + 2h_0)$$
$$= 21600 - 326.7 \times (2.4 + 2 \times 1.15) \times (4.0 + 2 \times 1.15) = 11926\text{kN}$$
$$\tau_{max} = \frac{F_l}{u_m h_0} = \frac{11926}{17.4 \times 1.15} = 596\text{kPa}$$

故应选（D）项。

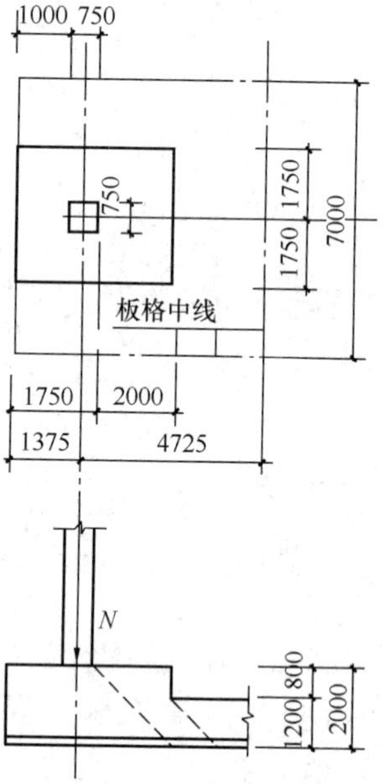

【例 6.8.24】 某高层框架-核心筒结构，柱网尺寸为 7m × 9.45m，基础采用平板式筏基，板厚为 1.20m，局部板厚为 2.0m，边柱外侧筏板的悬挑长度 $a_1 = 1.0$m。筏板混凝土强度等级为 C30（$f_t = 1.43\text{N/mm}^2$）。框架边柱的横截面尺寸为 750mm×750mm。其他尺寸见图 6.8.31。

边柱按荷载的基本组合产生的轴向力 $N = 8775$kN，筏基按荷载的基本组合产生的地基净反力为 324kPa。取 $a_s = 100$mm。$\gamma_0 = 1.0$。

图 6.8.31

试问：

(1) 柱边 $\dfrac{h_0}{2} = \dfrac{1.9}{2}$ m 处冲切验算时，冲切为设计值 F_l (kN)，最接近于下列何项？

(A) 6500 (B) 7100
(C) 7800 (D) 8400

(2) 题目条件同题目(1) 作用在冲切临界截面重心上的不平衡弯矩设计值 M_{unb}(kN·m)，最接近于下列何项？

(A) 2010 (B) 2350 (C) 2650 (D) 2910

(3) 题目条件同题目 (1) 假定：$F_l = 8100$kN，$M_{unb} = 2400$kN·m，$I_s = 15$m，作用在冲切临界截面上的最大剪应力设计值 τ_{max} (kPa)，最接近于下列何项？

(A) 600 (B) 650 (C) 700 (D) 750

(4) 题目条件同题目 (1)，冲切临界截面上的受剪承载力中最大抗冲切剪应力设计值 (kPa)，最接近于下列何项？

(A) 800 (B) 850 (C) 900 (D) 950

(5) 柱下筏板变阶处冲切承载力验算时，冲切力设计值 F_l (kN)，最接近于下列何项？

(A) 2400 (B) 2600 (C) 3000 (D) 3300

(6) 题目条件同题目 (5)，作用在冲切临界截面重心上的不平衡弯矩设计值 M_{unb} (kN·m)，最接近于下列何项？

(A) 7600　　　　(B) 8100　　　　(C) 8500　　　　(D) 9430

(7) 题目条件同题目（5）。假定，$F_l=3000$kN，$M_{unb}=9000$kN·m，$I_s=30$m^4，作用在冲切临界截面上的最大剪应力设计值 τ_{max}（kPa），最接近下列何项？

(A) 550　　　　(B) 600　　　　(C) 650　　　　(D) 700

【解答】(1) 根据《地规》附录 P.0.1 条第 2 款：

$$l_{挑} = 1\text{m} < h_0 + 0.5b_c = 1.9 + 0.5 \times 0.75 = 2.275\text{m}$$

故按有悬挑的边柱计算。

$$c_1 = l_{挑} + h_c + \frac{h_0}{2} = 1 + 0.75 + \frac{1.9}{2} = 2.7\text{m}$$

$$c_2 = b_c + h_0 = 0.75 + 1.9 = 2.65\text{m}$$

$$F_l = 1.1 \times (N - pc_1c_2)$$
$$= 1.1 \times (8775 - 324 \times 2.7 \times 2.65)$$
$$= 7102\text{kN}$$

故选（B）项。

(2) 根据《地规》附录 P.0.1 条、《地规》8.4.7 条条文说明：

$$u_m = 2c_1 + c_2 = 2 \times 2.7 + 2.65 = 8.05\text{m}$$

$$\overline{x} = \frac{c_1^2}{2c_1 + c_2} = \frac{2.7^2}{2 \times 2.7 + 2.65} = 0.906$$

$$I_s = \frac{c_1 h_0^3}{6} + \frac{c_1^3 h_0}{6} + 2h_0 c_1 \left(\frac{c_1}{2} - \overline{x}\right)^2 + c_2 h_0 \overline{x}^2$$

$$= \frac{2.7 \times 1.9^3}{6} + \frac{2.7^3 \times 1.9}{6} + 2 \times 1.9 \times 2.7 \times \left(\frac{2.7}{2} - 0.906\right)^2$$

$$+ 2.65 \times 1.9 \times 0.906^2$$

$$= 15.475\text{m}^4$$

$$c_{AB} = c_1 - \overline{x} = 2.7 - 0.906 = 1.794\text{m}$$

$$M_{unb} = 8775 \times \left(2.7 - 1 - \frac{0.75}{2} - 0.906\right) - 324 \times 2.7 \times 2.65 \times \left(\frac{2.7}{2} - 0.906\right)$$

$$= 2647.4\text{kN·m}$$

故选（C）项。

(3) 根据《地规》8.4.7 条：

$$\alpha_s = 1 - \frac{1}{1 + \frac{2}{3}\sqrt{\frac{2.7}{2.65}}} = 0.402$$

$$\tau_{\max} = \frac{F_l}{u_m h_0} + \alpha_s \frac{M_{\text{unb}} c_{AB}}{I_s}$$

$$= \frac{8100}{8.05 \times 1.9} + 0.402 \times \frac{2400 \times 1.794}{15}$$

$$= 645 \text{kPa}$$

故选（B）项。

（4）根据《地规》8.4.7条：

$$h = 2\text{m}, 取 \beta_{\text{hp}} = 0.9$$

$$[\tau] = 0.7(0.4 + 1.2/\beta_s)\beta_{\text{hp}} f_t$$

$$= 0.7 \times \left(0.4 + \frac{1.2}{2}\right) \times 0.9 \times 1.43 = 0.9009 \text{MPa}$$

$$= 900.9 \text{kPa}$$

故选（C）项。

（5）根据《地规》附录 P.0.1 条第 2 款：

$$c_1 = l_{\text{挑}} + h_c + 2 + \frac{1.1}{2}$$

$$= 1 + 0.75 + 2 + \frac{1.1}{2} = 4.3 \text{m}$$

$$c_2 = 1.75 \times 2 + 1.1 = 4.6 \text{m}$$

$$F_l = 1.1 \times (8775 - 324 \times 4.3 \times 4.6)$$

$$= 2602.9 \text{kN}$$

故选（B）项。

（6）根据《地规》附录 P.0.1 条第 2 款：

$$u_m = 2c_1 + c_2 = 2 \times 4.3 + 4.6 = 13.2 \text{m}$$

$$\bar{x} = \frac{c_1^2}{2c_1 + c_2} = \frac{4.3^2}{2 \times 4.3 + 4.6} = 1.40 \text{m}$$

$$I_s = \frac{c_1 h_0^3}{6} + \frac{c_1^3 h_0}{6} + 2h_0 c_1 \left(\frac{c_1}{2} - \bar{x}\right)^2 + c_2 h_0 \bar{x}^2$$

$$= \frac{4.3 \times 1.1^3}{6} + \frac{4.3^3 \times 1.1}{6} + 2 \times 1.1 \times 4.3 \times \left(\frac{4.3}{2} - 1.4\right)^2 + 4.6 \times 1.1 \times 1.4^2$$

$$= 30.77 \text{m}^4$$

$$c_{AB} = c_1 - \bar{x} = 4.3 - 1.4 = 2.9 \text{m}$$

$$M_{\text{unb}} = 8775 \times \left(4.3 - 1 - \frac{0.75}{2} - 1.4\right) - 324 \times 4.3 \times 4.6 \times \left(\frac{4.3}{2} - 1.4\right)$$

$$= 8575 \text{kN} \cdot \text{m}$$

故选（C）项。

（7）根据《地规》8.4.7条：

$$\alpha_s = 1 - \frac{1}{1 + \frac{2}{3}\sqrt{\frac{4.3}{4.6}}} = 0.392$$

$$\tau_{\max} = \frac{3000}{13.2 \times 1.1} + 0.392 \times \frac{9000 \times 2.9}{30}$$

$$= 584 \text{kPa}$$

故选（A）项。

平板式筏基内筒下的板厚受冲切承载力计算，《地规》规定：

> 8.4.8 平板式筏基内筒下的板厚应满足受冲切承载力的要求，并应符合下列规定：
> 1 受冲切承载力应按下式进行计算：
> $$F_l / u_m h_0 \leqslant 0.7 \beta_{\mathrm{hp}} f_\mathrm{t} / \eta \tag{8.4.8}$$
>
> 式中 F_l——相应于作用的基本组合时，内筒所承受的轴力设计值减去内筒下筏板冲切破坏锥体内的基底净反力设计值（kN）；
>
> u_m——距内筒外表面 $h_0/2$ 处冲切临界截面的周长（m）（图 8.4.8）；
>
> h_0——距内筒外表面 $h_0/2$ 处筏板的截面有效高度（m）；
>
> η——内筒冲切临界截面周长影响系数，取 1.25。
>
> 2 当需要考虑内筒根部弯矩的影响时，距内筒外表面 $h_0/2$ 处冲切临界截面的最大剪应力可按公式（8.4.7-1）计算，此时 $\tau_{\max} \leqslant 0.7\beta_{\mathrm{hp}} f_\mathrm{t}/\eta$。

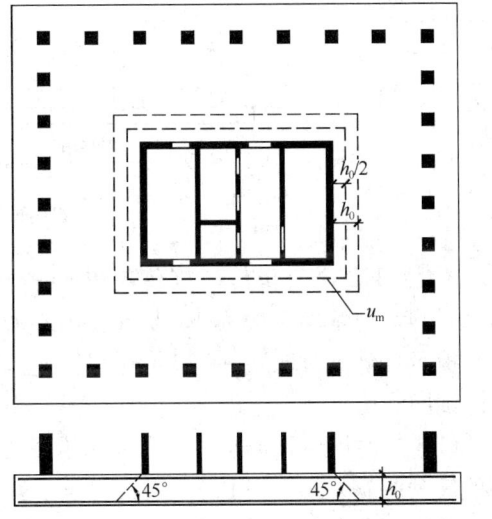

图 8.4.8 筏板受内筒冲切的临界截面位置

需注意的是：

根据《地规》8.4.8条，当需要考虑内筒根部弯矩影响，则有：

$$\tau_{\max} = \frac{F_l}{u_m h_0} + \frac{\alpha_s M_{\mathrm{unb}} c_{\mathrm{AB}}}{I_s}$$

$$\tau_{\max} \leqslant 0.7 \beta_{\mathrm{hp}} f_\mathrm{t} / \eta$$

【例 6.8.25】 某安全等级为二级的高层建筑采用钢筋混凝土框架—核心筒结构体系，框架柱截面尺寸均为 900mm×900mm，筒体平面尺寸为 11.4m×11.8m，如图 6.8.32所示。基础采用平板式筏形基础，板厚1.4m，筏形基础的混凝土强度等级为

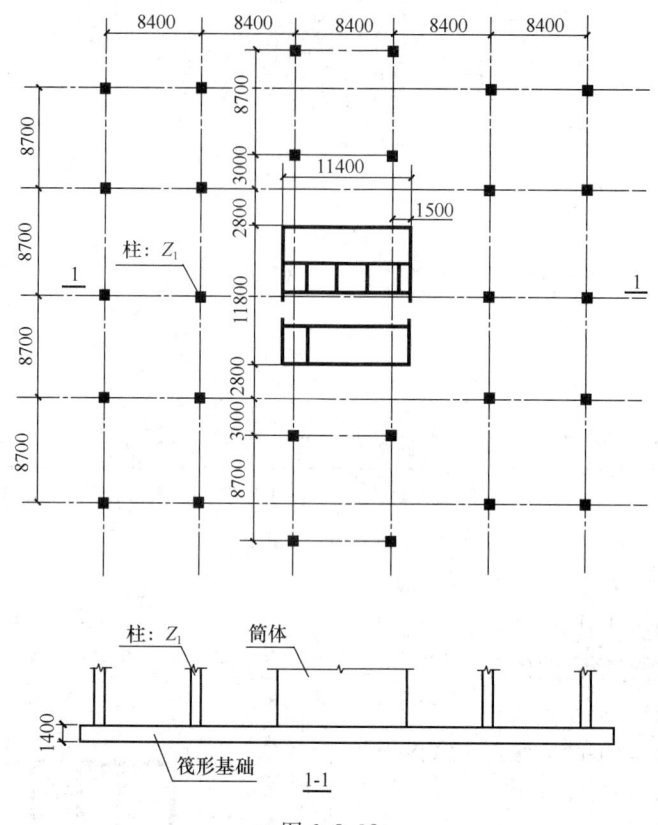

图 6.8.32

C30（$f_t = 1.43\text{N/mm}^2$）。柱传至基础顶面处相应于作用的基本组合时的内筒轴力为51300kN，地基净反力为162kPa（已扣除筏形基础自重）。

提示：计算时取 $h_0 = 1.35\text{m}$。

试问：

(1) 当对筒体下板厚进行受冲切承载力验算时，距内筒外表面 $h_0/2$ 处的冲切临界截面的最大剪应力 $\tau_{\max}$（kPa），最接近于下列何项数值？

提示：不考虑内筒根部弯矩的影响。

(A) 250　　　　(B) 260　　　　(C) 270　　　　(D) 280

(2) 当对筒体下板厚进行受冲切承载力验算时，距内筒外表面 $h_0/2$ 处的冲切混凝土的最大抗冲切剪应力设计值（kPa），最接近于下列何项数值？

(A) 660　　　　(B) 700　　　　(C) 760　　　　(D) 810

【解答】(1) 根据《地规》8.4.8条：

$$u_m = 2 \times (l_1 + h_0 + l_2 + h_0) = 2 \times (11.4 + 1.35 + 11.8 + 1.35) = 51.8\text{m}$$

$$F_l = 51300 - 162 \times (11.4 + 2 \times 1.35) \times (11.8 + 2 \times 1.35) = 18179.1\text{kN}$$

$$\tau_{\max} = \frac{F_l}{u_m h_0} = \frac{18179.1}{51.8 \times 1.35} = 260\text{kPa}$$

所以应选 (B) 项。

(2) 根据《地规》8.4.8 条：

$$\beta_{hp} = 1 - \frac{1400-800}{2000-800} \times (1-0.9) = 0.95, \eta = 1.25$$

$$0.7\beta_{hp}f_t/\eta = 0.7 \times 0.95 \times 1.43/1.25 = 0.761\text{MPa} = 761\text{kPa}$$

所以应选（C）项。

- (2) 平板式筏基的板厚受剪承载力计算

《地规》规定：

> 8.4.9 平板式筏基应验算距内筒和柱边缘 h_0 处截面的受剪承载力。当筏板变厚度时，尚应验算变厚度处筏板的受剪承载力。
>
> 8.4.10 平板式筏基受剪承载力应按式（8.4.10）验算，当筏板的厚度大于 2000mm 时，宜在板厚中间部位设置直径不小于 12mm、间距不大于 300mm 的双向钢筋网。
>
> $$V_s \leqslant 0.7\beta_{hs}f_t b_w h_0 \qquad (8.4.10)$$
>
> 式中 V_s——相应于作用的基本组合时，基底净反力平均值产生的距内筒或柱边缘 h_0 处筏板单位宽度的剪力设计值（kN）；
>
> b_w——筏板计算截面单位宽度（m）；
>
> h_0——距内筒或柱边缘 h_0 处筏板的截面有效高度（m）。

需注意的是：

《地规》8.4.10 条的条文说明规定：

> 8.4.10（条文说明）
>
> 本规范明确了取距内柱和内筒边缘 h_0 处作为验算筏板受剪的部位，如图 35 所示；角柱下验算筏板受剪的部位取距柱角 h_0 处，如图 36 所示。式（8.4.10）中的 V_s 即作用在图 35 或图 36 中阴影面积上的地基平均净反力设计值除以验算截面处的板格中至中的长度（内柱）、或距角柱角点 h_0 处 45°斜线的长度（角柱）。国内筏板试验报告表明：筏板的裂缝首先出现在板的角部，设计中当采用简化计算方法时，需适当考虑角点附近土反力的集中效应，乘以 1.2 的增大系数。

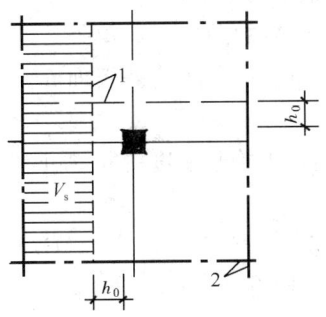 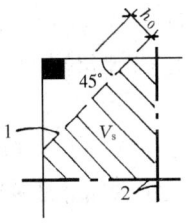

图 35　内柱（筒）下筏板验算剪切部位示意　　图 36　角柱（筒）下筏板验算剪切部位示意
　　1—验算剪切部位；2—板格中线　　　　　　　1—验算剪切部位；2—板格中线

【例 6.8.26】 某高层建筑结构采用平板式筏基，如图 6.8.33 所示，柱为底层内柱，其截面尺寸为600mm×1650mm，柱采用C60级混凝土，筏板采用C30混凝土。相应于作用的基本组合时的地基净反力为326.7kPa；相应于作用的基本组合时的柱的轴压力为21600kN，弯矩为270kN·m。筏板厚度为1.2m，局部板厚为1.8m，取$a_s=50$mm。$\gamma_0=1.0$。

试问：

(1) 筏板变厚度处，单位宽度的地基净反力平均值产生的剪力设计值（kN），最接近下列何项数值？

(A) 665　　　　(B) 625

(C) 515　　　　(D) 500

(2) 筏板变厚度处，单位宽度的抗剪承载力设计值（kN），最接近下列何项数值？

(A) 1050　　(B) 1080　　(C) 1150　　(D) 1200

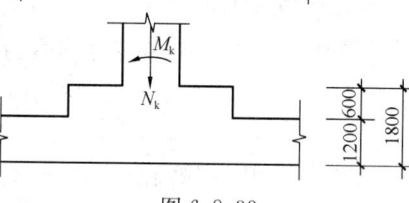

图 6.8.33

【解答】(1) 根据《地规》8.4.10条条文说明，单位宽度的剪力设计值V_s：

$$V_s=326.7\times\frac{9.45-4.0-2\times(1.2-0.05)}{2}=514.55\text{kN/m}$$

故应选（C）项。

(2) 根据《地规》8.4.10条：

$$\beta_{hs}=\left(\frac{800}{h_0}\right)^{1/4}=\left(\frac{800}{1150}\right)^{1/4}=0.913$$

$0.7\beta_{hs}f_t b_w h_0=0.7\times0.913\times1.43\times10^3\times1150=1051\text{kN/m}$

故应选（A）项。

【例6.8.27】 抗震设防烈度为6度的某高层钢筋混凝土框架-核心筒结构，风荷载起控制作用，采用天然地基上的平板式筏板基础，基础平面如图6.8.34所示，核心筒的外轮廓平面尺寸为9.4m×9.4m，基础板厚2.6m（基础板有效高度按2.5m计）。

相应于荷载的基本组合时，地基土净反力平均值产生的距内筒右侧外边缘h_0处的筏板单位宽度的剪力设计值最大，其最大值为2400kN/m；距离内筒外表面$h_0/2$处冲切临界截面的最大剪应力$\tau_{max}=0.90$N/mm²。$\gamma_0=1.0$。

试问：满足抗剪和抗冲切承载力要求的筏板最低混凝土强度等级为下列何项最为合理？

(A) C40　　　(B) C45　　　(C) C50　　　(D) C60

【解答】 抗剪要求，根据《地规》8.4.9条、8.4.10条：

$$\beta_{hs}=\left(\frac{800}{2000}\right)^{1/4}=0.795$$

$$0.7\beta_{hs}f_t b_w h_0 \geqslant V_s$$

$0.7\times0.795\times f_t\times1000\times1.0\times2.5\geqslant2400$，则：$f_t\geqslant1.73\text{N/mm}^2$

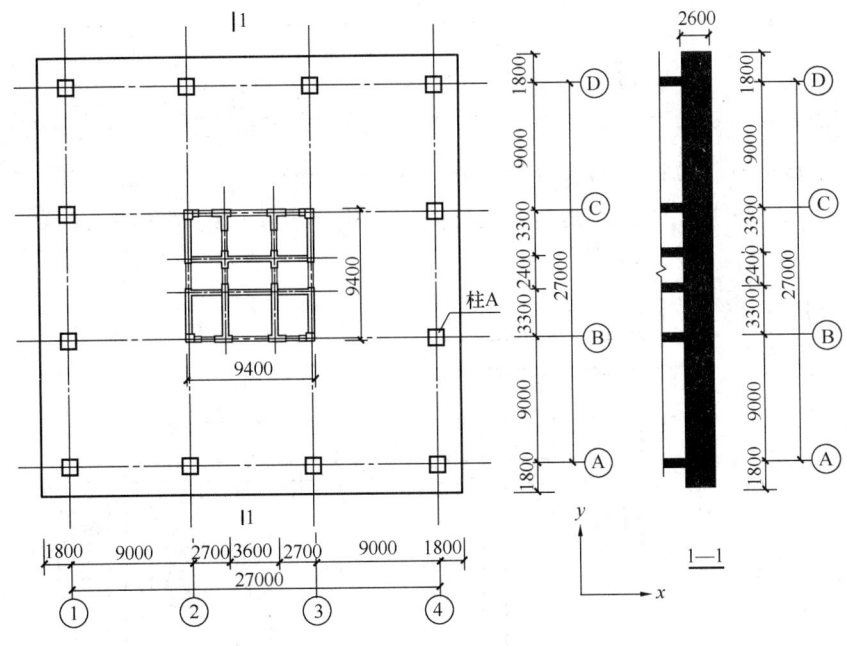

图 6.8.34

抗冲切要求,由《地规》8.4.8条。

$$\tau_{max}=0.90 \leqslant \frac{0.7\beta_{hp}f_t}{\eta}=\frac{0.7\times 0.9\times f_t}{1.25}$$

则:
$$f_t \geqslant 1.79 \text{N/mm}^2$$

所以应取 C45($f_t=1.80\text{N/mm}^2$),**应选(B)项**。

3. 梁板式筏基

《地基通规》规定:

> 6.3.3 梁板式筏基底板应计算正截面受弯承载力,其厚度尚应满足受冲切承载力、受剪切承载力的要求。

《地规》规定:

> 8.4.11 梁板式筏基底板应计算正截面受弯承载力,其厚度尚应满足受冲切承载力、受剪切承载力的要求。
>
> 8.4.12 梁板式筏基底板受冲切、受剪切承载力计算应符合下列规定:
>
> 1 梁板式筏基底板受冲切承载力应按下式进行计算:
>
> $$F_l \leqslant 0.7\beta_{hp}f_t u_m h_0 \quad (8.4.12\text{-}1)$$
>
> 式中 F_l——作用的基本组合时,图 8.4.12-1 中阴影部分面积上的基底平均净反力设计值(kN);
>
> u_m——距基础梁边 $h_0/2$ 处冲切临界截面的周长(m)(图 8.4.12-1)。
>
> 2 当底板区格为矩形双向板时,底板受冲切所需的厚度 h_0 应按式(8.4.12-2)进行计算,其底板厚度与最大双向板格的短边净跨之比不应小于 1/14,且板厚不应小于 400mm。

$$h_0 = \frac{(l_{n1}+l_{n2}) - \sqrt{(l_{n1}+l_{n2})^2 - \frac{4p_n l_{n1} l_{n2}}{p_n + 0.7\beta_{hp} f_t}}}{4} \quad (8.4.12\text{-}2)$$

式中 l_{n1}、l_{n2}——计算板格的短边和长边的净长度（m）；
　　　p_n——扣除底板及其上填土自重后，相应于作用的基本组合时的基底平均净反力设计值（kPa）。

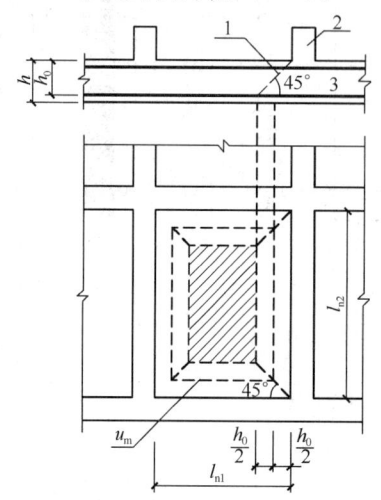

图 8.4.12-1 底板的冲切计算示意
1—冲切破坏锥体的斜截面；2—梁；3—底板

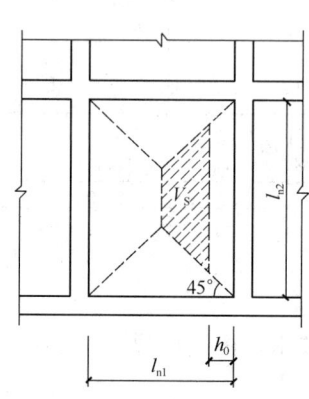

图 8.4.12-2 底板剪切计算示意

3 梁板式筏基双向底板斜截面受剪承载力应按下式进行计算：

$$V_s \leqslant 0.7\beta_{hs} f_t (l_{n2} - 2h_0) h_0 \quad (8.4.12\text{-}3)$$

式中 V_s——距梁边缘 h_0 处，作用在图 8.4.12-2 中阴影部分面积上的基底平均净反力产生的剪力设计值（kN）。

4 当底板板格为单向板时，其斜截面受剪承载力应按本规范第 8.2.10 条验算，其底板厚度不应小于 400mm。

需注意的是：

(1)《地规》式(8.4.12-1)中，β_{hp} 的取值：$h \leqslant 800\text{mm}$，取 $\beta_{hp}=1.0$；$h=2000\text{mm}$，取 $\beta_{hp}=0.9$；其间内插，$\beta_{hp}=1-\frac{h-800}{2000-800} \cdot (1-0.9)$。

(2)《地规》8.4.12 条中图 8.4.12-1，即如图 6.8.35 所示。

$$u_m = 2\left(l_{n1} - 2\times\frac{h_0}{2} + l_{n2} - 2\times\frac{h_0}{2}\right)$$

图中阴影部分面积 A_l：

$$A_l = (l_{n1} - 2h_0) \cdot (l_{n2} - 2h_0)$$

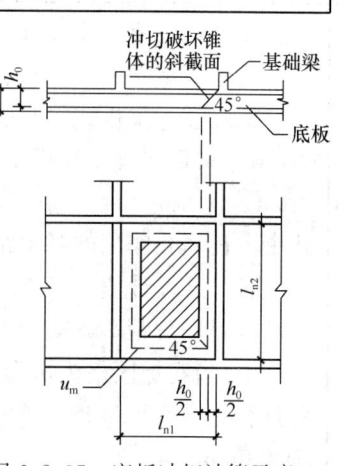

图 6.8.35 底板冲切计算示意

(3)《地规》式（8.4.12-2）中，p_n 为平均净反力值；

(4)《地规》8.4.12 条中图 8.4.12-2，即如图 6.8.36 所示。

图中阴影部分梯形面积 A_l：

底边长度 $= l_{n2} - 2h_0$，顶边长度 $= l_{n2} - l_{n1}$（l_{n1} 为板格短边）

梯形高度 $= \dfrac{l_{n1}}{2} - h_0$

$$A_l = \dfrac{1}{2} \cdot (l_{n2} - 2h_0 + l_{n2} - l_{n1}) \cdot \left(\dfrac{l_{n1}}{2} - h_0\right)$$

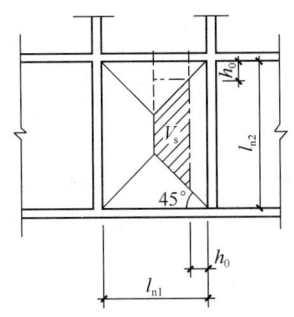
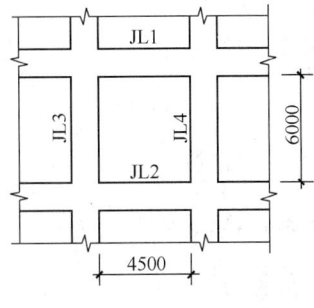

图 6.8.36　底板剪切计算示意　　　　图 6.8.37

【例 6.8.28】　某 15 层高层建筑结构采用梁板式筏基，如图 6.8.37 所示，采用 C35 混凝土，$f_t = 1.57 \text{N/mm}^2$，筏基底面处相应于作用的基本组合时的平均净反力设计值 $p_j = 280 \text{kPa}$。取 $a_s = 60\text{mm}$。$\gamma_0 = 1.0$。

试问：

(1) 设计时初步估算得到的筏板厚度 h（mm），应与下列何项数值最为接近？

(A) 320　　　(B) 360　　　(C) 380　　　(D) 400

(2) 假定筏板厚度取 450mm，对图示区格内的筏板作冲切承载力验算时，作用在冲切角上的最大冲切力设计值 F_l（kN）、抗冲切承载力（kN），应与下列何项数值最为接近？

(A) 5438；8332　　　　　　(B) 5842；8332

(C) 5438；7332　　　　　　(D) 5842；7332

(3) 假定底板厚度未知，按受冲切验算确定所需底板厚度 h（mm），应与下列何项数值最为接近？

(A) 350　　　(B) 400　　　(C) 450　　　(D) 500

(4) 筏板厚度取为 450mm，进行筏板斜截面受剪切承载力计算时，平行于 JL4 的剪切面上（一侧）的最大剪力设计值 V_s（kN）、抗剪承载力设计值（kN），应与下列何项数值最为接近？

(A) 1750；2237　　　　　　(B) 1950；2237

(C) 1750；2537　　　　　　(D) 1950；2537

(5) 假定筏板厚度为 850mm，采用 HRB335 级钢筋（$f_y = 300 \text{N/mm}^2$），已计算出每米宽区格板的长跨支座及跨中在作用的基本组合下弯矩设计值，均为 $M = 240 \text{kN} \cdot \text{m}$。筏板在长跨方向的底部配筋，采用下列何项才最为合理？

(A) $\Phi 12@200$ 通长筋 + $\Phi 12@200$ 支座短筋

(B) $\Phi 12@100$ 通长筋

(C) $\Phi 12@200$ 通长筋 + $\Phi 14@200$ 支座短筋

(D) $\Phi 14@100$ 通长筋

【解答】 (1) 根据《地规》8.4.12 条规定：

$$h \geqslant \frac{1}{14} l_{n1} = \frac{1}{14} \times 4500 = 321 \text{mm}, \text{且} \ h \geqslant 400 \text{mm}$$

故应选 (D) 项。

(2) 根据《地规》8.4.12 条规定，$l_{n1}=4.5\text{m}$，$l_{n2}=6.0\text{m}$，$p_j=280\text{kPa}$

$h_0 = h - a_s = 450 - 60 = 390 \text{mm}$

$A_l = (l_{n1} - 2h_0)(l_{n2} - 2h_0) = (4.5 - 2 \times 0.39) \times (6.0 - 2 \times 0.39) = 19.42 \text{m}^2$

$F_l = p_j A_l = 280 \times 19.42 = 5437.6 \text{kN}$

受冲切承载力计算：$h = 450\text{mm} < 800\text{mm}$，取 $\beta_{hp} = 1.0$。

$u_m = 2(l_{n1} - h_0 + l_{n2} - h_0) = 2 \times (4.5 - 0.39 + 6.0 - 0.39) = 19.44 \text{m}$

$0.7\beta_{hp} f_t u_m h_0 = 0.7 \times 1.0 \times 1.57 \times 19440 \times 390 = 8332.2 \text{kN}$

故应选 (A) 项。

(3) 根据《地规》式 (8.4.12-2)，假定 $h \leqslant 800\text{mm}$，取 $\beta_{hp} = 1.0$，取 $f_t = 1.57 \times 10^3 \text{kN/m}^2$

$$h_0 = \frac{(l_{n1} + l_{n2}) - \sqrt{(l_{n1} + l_{n2})^2 - \frac{4 p_n l_{n1} l_{n2}}{p_n + 0.7\beta_{hp} f_t}}}{4}$$

$$= \frac{(4.5 + 6) - \sqrt{(4.5 + 6)^2 - \frac{4 \times 280 \times 4.5 \times 6}{280 + 0.7 \times 1 \times 1.57 \times 10^3}}}{4} = 0.276 \text{m}$$

$h = h_0 + b_0 = 276 + 60 = 336 \text{mm}$，故应选 (A) 项。

(4) 阴影部分面积 A_l：

底边长度 $= l_{n2} - 2h_0 = 6 - 2 \times 0.39 = 5.22 \text{m}$

顶边长度 $= l_{n2} - l_{n1} = 6 - 4.5 = 1.5 \text{m}$，高度 $= \frac{l_{n1}}{2} - h_0 = \frac{4.5}{2} - 0.39 = 1.86 \text{m}$

$A_l = \frac{1}{2} \times (5.22 + 1.5) \times 1.86 = 6.2496 \text{m}^2$

$V_s = p_j A_l = 280 \times 6.2496 = 1749.9 \text{kN}$

受剪承载力计算：$h = 390\text{mm} < 800\text{mm}$，取 $\beta_{hs} = 1.0$。

由《地规》式 (8.4.12-3)：

$0.7\beta_{hs} f_t (l_{n2} - 2h_0) h_0 = 0.7 \times 1.0 \times 1.57 \times (6 - 2 \times 0.39) \times 0.39 \times 10^6 = 2237 \text{kN}$

故应选 (A) 项。

(5) 先求出 A_s：$h_0=h-a_s=850-60=790$mm

$$A_s=\frac{M}{0.9f_yh_0}=\frac{240\times10^6}{0.9\times300\times790}=1125\text{mm}^2/\text{m}$$

又根据《地规》8.4.15 条规定，底板上部通长钢筋，$\rho_{min}\geqslant 0.15\%$，则 $A_{s,min}=850\times 1000\times 0.15\%=1275\text{mm}^2/\text{m}$

（A）项：跨中钢筋，$A_s=113.1\times1000/200=566\text{mm}^2/\text{m}$，不满足。

（B）项：$A_s=113.1\times1000/100=1131\text{mm}^2/\text{m}$，不满足。

（C）项：跨中钢筋，$A_s=113.1\times1000/200=566\text{mm}^2/\text{m}$，不满足

（D）项：$A_s=153.9\times1000/100=1539\text{mm}^2/\text{m}$，满足，应选（D）项。

4. 内力计算与配筋

《地基通规》规定：

> 6.3.4 梁板式筏基基础梁和平板式筏基的顶面应满足底层柱下局部受压承载力的要求。对抗震设防烈度为 9 度的高层建筑，验算柱下基础梁、筏板局部受压承载力时，应计入竖向地震作用对柱轴力的影响。
>
> 6.3.5 筏形基础、桩筏基础的混凝土强度等级不应低于 C30；筏形基础、桩筏基础底板上下贯通钢筋的配筋率不应小于 0.15%；筏形基础、桩筏基础设置混凝土垫层时，其纵向受力钢筋的混凝土保护层厚度应从筏板底面算起，且不应小于 40mm；当未设置混凝土垫层时，其纵向受力钢筋的混凝土保护层厚度不应小于 70mm。筏形基础、桩筏基础防水混凝土应满足抗渗要求。

《地规》8.4.14 条～8.4.18 条也作了相应规定。

《地规》规定：

> 8.4.14 当地基土比较均匀、地基压缩层范围内无软弱土层或可液化土层、上部结构刚度较好，柱网和荷载较均匀、相邻柱荷载及柱间距的变化不超过 20%，且梁板式筏基梁的高跨比或平板式筏基板的厚跨比不小于 1/6 时，筏形基础可仅考虑局部弯曲作用。筏形基础的内力，可按基底反力直线分布进行计算，计算时基底反力应扣除底板自重及其上填土的自重。当不满足上述要求时，筏基内力可按弹性地基梁板方法进行分析计算。
>
> 8.4.15 按基底反力直线分布计算的梁板式筏基，其基础梁的内力可按连续梁分析，边跨跨中弯矩以及第一内支座的弯矩值宜乘以 1.2 的系数。梁板式筏基的底板和基础梁的配筋除满足计算要求外，纵横方向的底部钢筋尚应有不少于 1/3 贯通全跨，顶部钢筋按计算配筋全部连通，底板上下贯通钢筋的配筋率不应小于 0.15%。
>
> 8.4.16 按基底反力直线分布计算的平板式筏基，可按柱下板带和跨中板带分别进行内力分析。柱下板带中，柱宽及其两侧各 0.5 倍板厚且不大于 1/4 板跨的有效宽度范围内，其钢筋配置量不应小于柱下板带钢筋数量的一半，且应能承受部分不平衡弯矩 $\alpha_m M_{unb}$。M_{unb} 为作用在冲切临界截面重心上的不平衡弯矩，α_m 应按式（8.4.16）进行计算。平板式筏基柱下板带和跨中板带的底部支座钢筋应有不少于 1/3 贯通全跨，顶部钢筋应按计算配筋全部连通，上下贯通钢筋的配筋率不应小于 0.15%。

$$\alpha_m = 1 - \alpha_s \tag{8.4.16}$$

式中 α_m——不平衡弯矩通过弯曲来传递的分配系数；

α_s——按公式（8.4.7-3）计算。

需注意的是：

《地规》8.4.16条的条文说明中，有效宽度范围的示意图。

5. 筏基的施工及地下室设计

● 复习《地规》8.4.19条～8.4.26条。

六、岩石锚杆基础

《地规》规定：

8.6.1 岩石锚杆基础适用于直接建在基岩上的柱基，以及承受拉力或水平力较大的建筑物基础。锚杆基础应与基岩连成整体，并应符合下列要求：

1 锚杆孔直径，宜取锚杆筋体直径的3倍，但不应小于一倍锚杆筋体直径加50mm。锚杆基础的构造要求，可按图8.6.1采用。

2 锚杆筋体插入上部结构的长度，应符合钢筋的锚固长度要求。

3 锚杆筋体宜采用热轧带肋钢筋，水泥砂浆强度不宜低于30MPa，细石混凝土强度不宜低于C30。灌浆前，应将锚杆孔清理干净。

8.6.2 锚杆基础中单根锚杆所承受的拔力，应按下列公式验算：

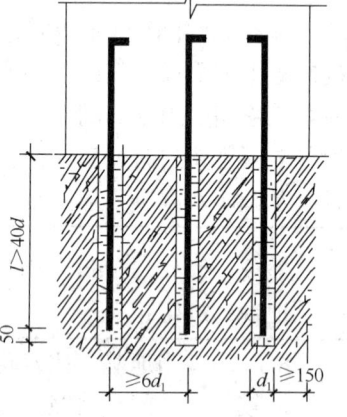

图 8.6.1 锚杆基础
d_1—锚杆孔直径；l—锚杆的有效锚固长度；d—锚杆筋体直径

$$N_{ti} = \frac{F_k + G_k}{n} - \frac{M_{xk}y_i}{\sum y_i^2} - \frac{M_{yk}x_i}{\sum x_i^2} \tag{8.6.2-1}$$

$$N_{t\max} \leqslant R_t \tag{8.6.2-2}$$

式中 F_k——相应于作用的标准组合时，作用在基础顶面上的竖向力（kN）；

G_k——基础自重及其上的土自重（kN）；

M_{xk}、M_{yk}——按作用的标准组合计算作用在基础底面形心的力矩值（kN·m）；

x_i、y_i——第i根锚杆至基础底面形心的y、x轴线的距离（m）；

N_{ti}——相应于作用的标准组合时，第i根锚杆所承受的拔力值（kN）；

R_t——单根锚杆抗拔承载力特征值（kN）。

8.6.3 对设计等级为甲级的建筑物，单根锚杆抗拔承载力特征值R_t应通过现场试验确定；对于其他建筑物应符合下式规定：

$$R_t \leqslant 0.8\pi d_1 l f \tag{8.6.3}$$

式中 f——砂浆与岩石间的粘结强度特征值（kPa），可按本规范表6.8.6选用。

【例 6.8.29】 某岩石锚杆基础如图 6.8.38 所示，基础顶面处由上部结构传来相应于作用的标准组合时的竖向力 $F_k=325$kN，力矩 $M_k=160$kN·m，水平力 $V_k=30$kN。锚杆孔用 M30 水泥砂浆灌孔。已测得未风化页岩层的饱和单轴抗压强度标准值 $f_{rk}=10$MPa。锚杆采用 HRB335 级钢筋（$f_y=300$N/mm^2）。

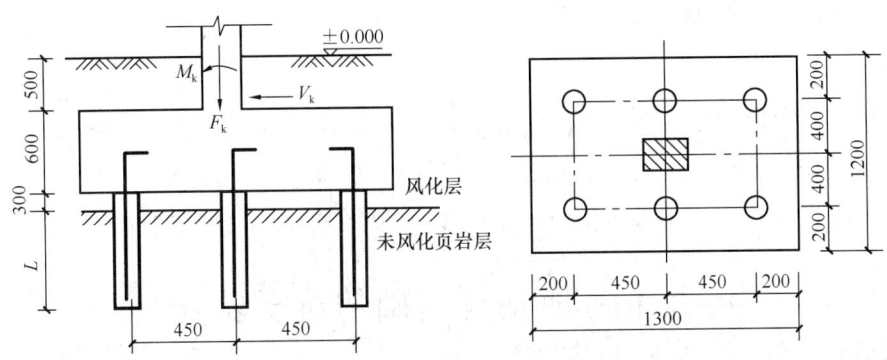

图 6.8.38

试问：(1) 在荷载的标准组合下，锚杆基础中单根锚杆所承受的最大拔力值 N_{tmax}（kN），与下列何项数值最为接近？

(A) 35　　　　　(B) 39　　　　　(C) 45　　　　　(D) 49

(2) 假定，单根锚杆所承受的最大拔力设计值为 40kN，试问，锚杆孔直径 d_1（mm），取下列何项数值最合理？

(A) 42　　　　　(B) 56　　　　　(C) 64　　　　　(D) 68

(3) 假定图中 $L=1400$mm，锚杆孔直径 $d_1=65$mm，则单根锚杆抗拔承载力特征值 R_t（kN），与下列何项数值最为接近？

(A) 44　　　　　(B) 32　　　　　(C) 28　　　　　(D) 22

(4) 假定锚杆孔直径 $d_1=85$mm，锚杆直径 $d=14$mm，则图中 L（mm）值，与下列何项数值最为接近？

(A) 1000　　　　(B) 1100　　　　(C) 1200　　　　(D) 1300

【解答】 (1) 根据《地规》8.6.2 条规定：

$$G_k = \gamma_G A d = 20 \times 1.3 \times 1.2 \times (0.5+0.6) = 34.32\text{kN}$$

$$N_{ti} = \frac{F_k+G_k}{n} - \frac{M_{yk}x_i}{\sum x_i^2}$$

$$N_{tmax} = \frac{325+34.32}{6} - \frac{(160+30\times 0.6)\times 0.45}{4\times 0.45^2} = -39.0\text{kN}$$

故应选（B）项。

(2) 单根锚杆面积：$A_s \geq \dfrac{N}{f_y} = \dfrac{40000}{300} = 133\text{mm}^2$

选 Φ14（$A_s=153.9\text{mm}^2$）。

根据《地规》8.6.1 条第 1 款规定：

锚杆孔直径 d_1：$d_1=3d=3\times 14=42$mm，$d_1 \geq d+50=14+50=64$mm

故应选（C）项。

(3) 因为 $f_{rk}=10$MPa，查《地规》表 4.1.3 知，属软岩；
查《地规》表 6.8.6，取 $f<0.2$MPa。
根据《地规》8.6.3 条、6.8.6 条规定：
$l=L-50=1400-50=1350$mm
$R_t=0.8\pi d_1 l f=0.8\pi\times 65\times 1350\times 0.2=44.1$kN
故应选（A）项。

(4) $l=\dfrac{R_t}{0.8\pi d_1 f}=\dfrac{N_{tmax}}{0.8\pi d_1 f}=\dfrac{39000}{0.8\pi\times 85\times 0.2}=913$mm
$l=913$mm$>40d=40\times 14=560$mm
故由《地规》图 8.6.1 知，$L=l+50=913+50=963$mm，所以应选（A）项。

第九节　地基与基础的抗震验算

本节所用规范为《抗震通规》和《抗规》。

一、场地

- 复习《抗震通规》3.1.1 条～3.1.3 条。
- 复习《抗震通规》4.1.1 条。

《抗规》也作了相同的规定。

- 复习《抗规》4.1.1 条～4.1.9 条。

需注意的是：
(1)《抗规》4.1.4 条第 2、3、4 款的规定。
《抗规》4.1.4 条第 4 款规定："土层中的火山岩硬夹层，应视为刚体，其厚度应从覆盖土层中扣除。"
(2)《抗规》4.1.5 条中，d_0 的取值，$d_0=\min\{d_{0v}, 20\}$，其中，d_{0v} 为场地覆盖层厚度。
(3)《抗规》4.1.8 条条文说明的内容。

【例 6.9.1】 某工程抗震设防烈度为 7 度，对工程场地进行土层剪切波速测量，测量成果如表 6.9.1 所示。

试问： 该场地应判别为下列何项场地？
(A) I_1 类场地　(B) II 类场地　(C) III 类场地　(D) IV 类场地

表 6.9.1

层序	岩土名称	层厚（m）	层底深度（m）	土(岩)层平均剪切波速（m/s）
1	杂填土	1.20	1.20	116
2	淤泥质黏土	10.50	11.70	135
3	黏　土	14.30	26.00	158
4	粉质黏土	3.90	29.90	189
5	粉质黏土混碎石	2.70	32.60	250
6	全风化流纹凝灰岩	14.60	47.20	365
7	强风化流纹凝灰岩	4.20	51.40	454
8	中风化流纹凝灰岩	揭露厚度 11.30	62.70	550

【解答】 (1)确定场地覆盖层厚度 d_{0v},根据《抗规》4.1.4条规定,结合题目表中数据,取 $d_{0v}=51.40\text{m}$。

(2)确定土层的等效剪切波速 v_{se},根据《抗规》4.1.5条规定:计算深度 $d_0=\min\{d_{0v}, 20\}=\min\{51.40, 20\}=20\text{m}$。

$$v_{se}=\frac{20}{\frac{1.20}{116}+\frac{10.5}{135}+\frac{8.3}{158}}=142.19\text{m/s}$$

(3)查《抗规》表4.1.6,$v_{se}=142.19\text{m/s}$,$d_{0v}=51.40\text{m}$,故该场地属Ⅲ类场地,应选(C)项。

【例6.9.2】 已知某工程场地地基土抗震计算参数见表6.9.2。

试问:该场地应判别为下列何项场地?

(A) I_1 类场地　　(B) Ⅱ类场地　　(C) Ⅲ类场地　　(D) Ⅳ类场地

表6.9.2

层序	岩土名称	层厚(m)	层底深度(m)	土(岩)层平均剪切波速(m/s)
1	杂填土	1.10	1.10	92
2	黏性土	1.20	2.30	92
3	中　砂	3.0	5.30	210
4	粗　砂	1.50	6.80	340
5	砾　石	4.70	11.50	520

【解答】 (1)确定场地覆盖层厚度 d_{0v},根据《抗规》4.1.4条规定,题目所给数据,取 $d_{0v}=6.80\text{m}$。

(2)确定 v_{se},根据《抗规》4.1.5条规定:

计算深度 d_0: $d_0=\min\{d_{0v}, 20\}=\min\{6.80, 20\}=6.80\text{m}$

$$v_{se}=\frac{6.80}{\frac{1.1}{92}+\frac{1.2}{92}+\frac{3}{210}+\frac{1.5}{340}}=155.62\text{m/s}$$

(3)查《抗规》表4.1.6,$v_{se}=155.62\text{m/s}$,$d_{0v}=6.80\text{m}$,故该场地属Ⅱ类场地,应选(B)项。

【例6.9.3】 已知某工程场地地基土抗震计算参数见表6.9.3。

试问:该场地应判别为下列何项场地?

(A) I_1 类场地　　(B) Ⅱ类场地　　(C) Ⅲ类场地　　(D) Ⅳ类场地

表6.9.3

层序	土层名称	层底深度(m)	平均剪切波速(m/s)
1	填　土	5.0	120
2	淤　泥	10.0	90
3	粉　土	16.0	180
4	卵　石	22.0	470
5	基　岩	—	850

【解答】 (1)确定 d_{0v},根据《抗规》4.1.4条第2款规定:

$v_4/v_3=470/180=2.61>2.5$，卵石层底 22.0m>5.0m，$v_4 \geqslant 400$m/s，$v_5 \geqslant 400$m/s，故取 $d_{0v}=16.0$m。

(2) 确定 v_{se}，根据《抗规》4.1.5 条规定：

$$d_0 = \min\{d_{0v}, 20\} = \min\{16, 20\} = 16\text{m}$$

$$v_{se} = \frac{16}{\dfrac{5}{120}+\dfrac{5}{90}+\dfrac{6}{180}} = 122.55\text{m/s}$$

(3) 查《抗规》表 4.1.6，$d_{0v}=16$m，$v_{se}=122.55$m/s，该场地属Ⅲ类场地，应选 (C) 项。

思考： 当第 4 层卵石的平均剪切波速变为 380m/s 时，该场地属于几类场地？

①d_{0v}，根据《抗规》4.1.4 条规定，$d_{0v}=22.0$m。

②v_{se}，根据《抗规》4.1.5 条规定，$d_0=\min\{d_{0v}, 20\}=20$m。

$$v_{se} = \frac{20}{\dfrac{5}{120}+\dfrac{5}{90}+\dfrac{6}{180}+\dfrac{4}{380}} = 141.76\text{m/s}$$

③查《抗规》表 4.1.6，该场地属Ⅲ类场地。

【例 6.9.4】 某场地的钻孔资料和剪切波速测试结果见表 6.9.4。按照《建筑抗震设计规范》GB 50011—2010，确定的场地覆盖层厚度和计算得出的土层等效剪切波速 v_{se} 与下列哪个选项最为接近。

波速测试结果　　　　　　　　　　　　　　　　　　　　表 6.9.4

土层序号	土层名称	层底深度（m）	剪切波速（m/s）
①	粉质黏土	2.5	160
②	粉细砂	7.0	200
③-1	残积土	10.5	260
③-2	孤石	12.0	700
③-3	残积土	15.0	420
④	强风化基岩	20.0	550
⑤	中风化基岩	—	—

(A) 10.5m，200m/s　　　　(B) 13.5m，225m/s
(C) 15.0m，235m/s　　　　(D) 15.0m，250m/s

【解答】 按《抗规》4.1.4 条规定，取土层①、②、③-1、③-2、③-3 为覆盖层，厚度为 15.0m。

将孤石③-2 视同残积土③-1 计算等效剪切波速 $v_{se}=15.0/(2.5/160+4.5/200+5.0/260+3.0/420)=232$m/s

将孤石③-2 视同残积土③-3 计算等效剪切波速，$v_{se}=15.0/(2.5/160+4.5/200+3.5/260+4.5/420)=240$m/s

取最接近选项 (C)。

【例 6.9.5】 在一般建筑物场地内存在发展断裂时，试问，对于下列何项情况应考虑发展断裂错动对地面建筑的影响？
(A) 抗震设防烈度小于 8 度
(B) 全新世以前的断裂活动
(C) 抗震设防烈度为 8 度，隐伏断裂的土层覆盖厚度大于 60m 时
(D) 抗震设防烈度为 9 度，隐伏断裂的土层覆盖厚度大于 80m 时

【解答】 根据《抗规》4.1.7 条规定，应选（D）项。

【例 6.9.6】 某临近岩质边坡的建筑场地，所处地区抗震设防烈度为 8 度，设计基本地震加速度为 0.30g，设计地震分组为第一组。岩石剪切波速及有关尺寸如图 6.9.1 所示。建筑采用框架结构，抗震设防分类属丙类建筑，结构自振周期 $T=0.40s$，阻尼比 $\xi=0.05$。按《建筑抗震设计规范》GB 50011—2010 进行多遇地震作用下的截面抗震验算时，相应于结构自振周期的水平地震影响系数值最接近下列哪项？

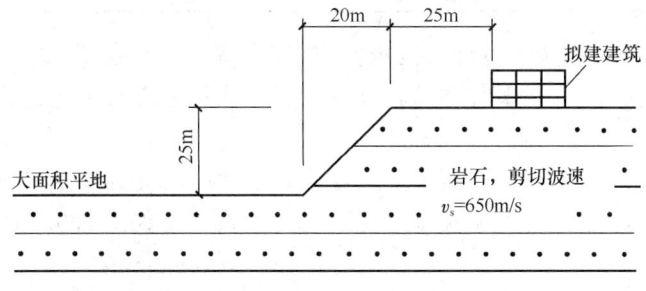

图 6.9.1

(A) 0.13　　　(B) 0.16　　　(C) 0.18　　　(D) 0.22

【解答】 根据《抗规》4.1.8 条及其条文说明：

$$\frac{H}{L} = \frac{25}{20} = 1.25 > 1，取 \alpha = 0.4$$

$$\frac{L_1}{H} = \frac{25}{25} = 1 < 2.5，取 \xi = 1.0$$

$$\lambda = 1 + \xi\alpha = 1 + 1 \times 0.4 = 1.4$$

由题目条件，查规范表 4.1.6，为 I_1 类场地；查规范表 5.1.4-2，取 $T_g=0.25s$；8 度（0.30g），查规范表 5.1.4-1，取 $\alpha_{max}=0.24$

$T_g < T = 0.40s < 5T_g = 1.25s$，则：

$$\alpha = \lambda \left(\frac{T_g}{T}\right)^{\gamma} \eta_2 \alpha_{max} = 1.4 \times \left(\frac{0.25}{0.4}\right)^{0.9} \times 1.0 \times 0.24 = 0.22$$

故应选（D）项。

二、天然地基和基础的抗震验算

- 《抗震通规》3.2.1 条。
- 复习《抗规》4.2.1 条～4.2.4 条。

需注意的是:

(1)《抗规》4.2.1条的条文说明对地基主要受力层的规定:

> 4.2.1(条文说明)
> 条文中主要受力层包括地基中的所有压缩层。

(2)《抗规》4.2.2条、4.2.4条中的地震作用效应标准组合的计算,《抗规》4.2.4条的条文说明作了如下说明:

> 4.2.4(条文说明)
> 地基基础的抗震验算,一般采用所谓"拟静力法",此法假定地震作用如同静力,然后在这种条件下验算地基和基础的承载力和稳定性。所列的公式主要是参考相关规范的规定提出的,压力的计算应采用地震作用效应标准组合,即各作用分项系数均取1.0的组合。

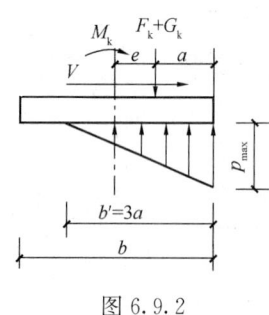

图 6.9.2

(3)《抗规》4.2.4条规定,除高宽比大于4的高层建筑外的其他建筑,基础底面与地基土之间零应力区面积不应超过基础底面面积的15%。

根据上述规定,对于基础底面为矩形的基础,其受压宽度与基础宽度之比则应大于85%,如图6.9.2所示:

$$b' \geqslant 0.85b$$

根据《地规》5.2.2条第2款规定:

当 $e > b/6$ 时:

$$p_{\max} = \frac{2(F_k + G_k)}{3al} = \frac{2(F_k + G_k)}{b'l}$$

式中,l 为垂直于力矩作用方向的基底边长,$b' = 3a$,且 $b' \geqslant 0.85b$,则有:

$$p_{\max} = \frac{2(F_k + G_k)}{b'l} \leqslant \frac{2(F_k + G_k)}{0.85bl}$$

上式反映了 $p_{\max}$ 值有上界。

【例 6.9.7】 某建造在抗震设防区的多层框架房屋,其柱下独立基础尺寸为2.8m×3.2m,如图6.9.3所示。作用在基础顶面处的地震作用参与的标准组合值分别为:$F_k = 1200$kN,$V_k = 180$kN,$M_k = 200$kN·m。基础及其底面以上土的加权平均重度 $\gamma_G = 20$kN/m³。

试问:

(1) 该地基抗震承载力特征值 f_{aE}(kPa),最接近于下列何项数值?

(A) 345 (B) 355
(C) 266 (D) 260

(2) 在地震作用参与的标准组合下,

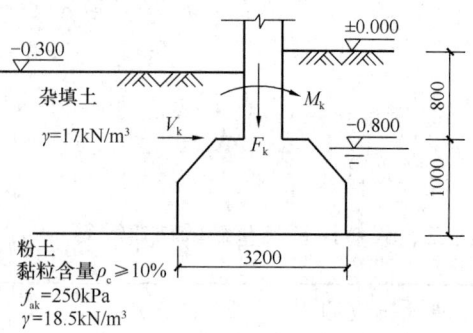

图 6.9.3

该地基基底平均压力 p（kPa），基底最大压力 p_{max}（kPa），最接近于下列何项数值？

(A) $p=157$；$p_{max}=235$　　　　(B) $p=146$；$p_{max}=235$

(C) $p=157$；$p_{max}=224$　　　　(D) $p=146$；$p_{max}=224$

(3) 假定 $M_k=600$kN·m，该地基基底与地基土之间零应力区的长度（m），最接近于下列何项数值？

(A) 0.056　　　(B) 0.065　　　(C) 0.085　　　(D) 0.135

(4) 已知 $f_{aE}=350$kN/m^2，在地震作用参与的标准组合下，该地基基底最大压力值 p_{max}（kPa），不应大于下列何项数值？

(A) 305.8　　　(B) 315.1　　　(C) 369.2　　　(D) 414.4

【解答】（1）查《地规》表 5.2.4，粉土、黏粒含量 $\rho_c \geqslant 10\%$，取 $\eta_b=0.3$；$\eta_d=1.5$。因基底宽度 $b=2.8$m<3.0m，只需进行深度修正。

$$f_a = f_{ak} + \eta_d \gamma_m (d-0.5)$$

$$=250+1.5\times\frac{17\times 0.5+(17-10)\times 1}{1.5}\times(1.5-0.5)=260.3\text{kPa}$$

查《抗规》表 4.2.3，$f_{ak}=250$kPa 的粉土，取 $\zeta_a=1.3$。

$$f_{aE}=\zeta_a f_a=1.3\times 260.3=338.4\text{kPa}$$

故应选（A）项。

(2) 基础自重 G_k：$G_k=20\times 2.8\times 3.2\times\left(1.5+\frac{0.3}{2}\right)-10\times 2.8\times 3.2\times 1=206.08$kN

$$F_k+G_k=1200+206.08=1406.08\text{kN}$$

$$M_k=200+V_k h=200+180\times 1.0=380\text{kN·m}$$

$$e=\frac{M_k}{F_k+G_k}=\frac{380}{1406.08}=0.270\text{m}<\frac{b}{6}=\frac{3.2}{6}=0.533\text{m}$$

故基底压力呈梯形分布。

$$p=\frac{F_k+G_k}{A}=\frac{1406.08}{2.8\times 3.2}=156.9\text{kPa}<f_{aE}=338.4\text{kPa}$$

$$p_{max}=\frac{F_k+G_k}{A}+\frac{6M_k}{b^2 l}=156.9+\frac{6\times 380}{3.2^2\times 2.8}=236.42\text{kPa}$$

$$<1.2f_{aE}=1.2\times 338.4=406\text{kPa}$$

故应选（A）项。

(3) $$M_k=600+V_k h=600+180\times 1=780\text{kN·m}$$

$$e=\frac{M_k}{F_k+G_k}=\frac{780}{1406.08}=0.555\text{m}>\frac{b}{6}=\frac{3.2}{6}=0.533\text{m}$$

故基底压力呈三角形分布。

根据《地规》5.2.2 条规定：

$$a = \frac{b}{2} - e = \frac{3.2}{2} - 0.555 = 1.045$$

零应力区长度为：$b - 3a = 3.2 - 3 \times 1.045 = 0.065$m

故应选（B）项。

(4) 根据《抗规》4.2.4条规定，基底受压宽度要求 $a \geqslant 0.85b$。

$$p_{max} = \frac{2(F_k + G_k)}{3la} \leqslant \frac{2(F_k + G_k)}{0.85bl} = \frac{2 \times 1406.08}{0.85 \times 3.2 \times 2.8} = 369.24 \text{kPa}$$

$$p_{max} \leqslant 1.2 f_{aE} = 1.2 \times 350 = 420 \text{kPa}$$

上述取较小值，$p_{max} = 369.2$kPa，故应选（C）项。

【例6.9.8】 某多层钢筋混凝土框架结构厂房柱于矩形独立基础，柱截面为1.2m×1.0m，基础宽度为3.6m，抗震设防烈度为7度（0.15g）。基础平面、剖面见图6.9.4所示。假定基础及其上土自重标准值 G_k 为600kN，基础底面处的地基抗震承载力 f_{aE} 为250kPa。在地震作用参与的标准组合下传至柱基础顶面处的竖向力 $F_k = 1200$kN，弯矩 $M_k = 1548$kN·m。

试问：按地基抗震要求确定的基础底面力矩作用方向的最小边长 b（m），与下列何项数值最为接近？

(A) 3.6　　　(B) 4.0　　　(C) 4.6　　　(D) 5

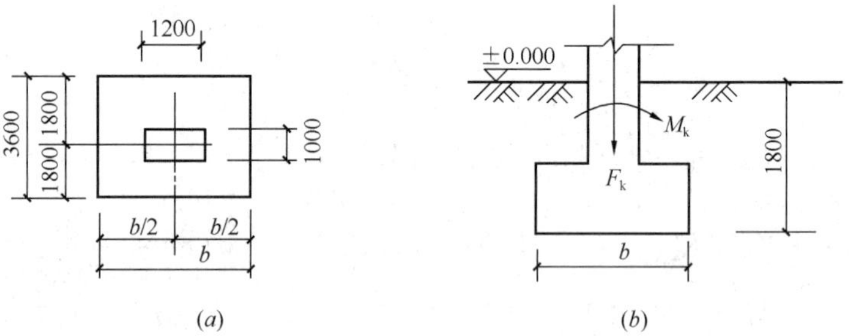

图6.9.4

【解答】 确定偏心距 e：

$$e = \frac{M_k}{F_k + G_k} = \frac{1548}{1200 + 600} = 0.86\text{m}$$

由题目条件可知，应使 b 值最小，则当 $e > \frac{b}{6}$ 时，基底反力呈三角形分布，即：$b < 6e = 6 \times 0.86 = 5.16$m

根据《抗规》4.2.4条、《地规》5.2.2条，$l = 3.6$m：

$$p_{kmax} = \frac{2(F_k + G_k)}{3a \cdot l} \leqslant \frac{2(F_k + G_k)}{0.85b \times 3.6}$$

由《抗规》4.2.4条规范式（4.2.4-2）：

$$p_{kmax} \leqslant 1.2 f_{aE} = 1.2 \times 250 = 300\text{kPa}$$

则：$\quad \dfrac{2(F_k + G_k)}{0.85b \times 3.6} \leqslant 300$

即：$\dfrac{2 \times (1200 + 600)}{0.85b \times 3.6} \leqslant 300$ 则：$b \geqslant 3.92$m

同时，$3a = 3 \times \left(\dfrac{b}{2} - e\right) \geqslant 0.85b$，即：

$3 \times \left(\dfrac{b}{2} - 0.86\right) \geqslant 0.85b$，则：$b \geqslant 3.97\text{m}$

故 $b = \max(3.92, 3.97) = 3.97\text{m}$

最终取 $b = 4.0\text{m}$，并且小于 5.16m，满足。

所以应选（B）项。

【例 6.9.9】 某抗震设防区多层砌体房屋，其基础采用墙下钢筋混凝土条形基础，基础埋深为 1.8m，地下水位距地表 1.2m，基础及工程地质剖面如图 6.9.5 所示。基础及其底面以上土的加权平均重度 $\gamma_G = 20\text{kN/m}^3$。在基础顶面处作用有地震作用参与的标准组合下的竖向力 F_k、剪力 V_k、弯矩 M_k。

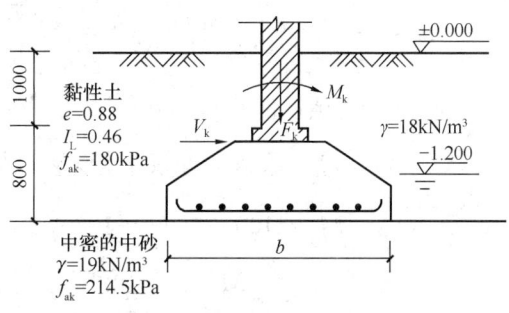

图 6.9.5

试问：

(1) 假定条形基础宽度 $b \leqslant 3\text{m}$，该地基抗震承载力特征值 f_{aE}（kPa），最接近于下列何项数值？

(A) 260　　　　(B) 300　　　　(C) 350　　　　(D) 390

(2) 假定 $F_k = 390\text{kN/m}$，$M_k = 0$、$V_k = 0$，按抗震要求，基础底面宽度 b（m），最接近于下列何项数值？

(A) 1.0　　　　(B) 1.1　　　　(C) 1.2　　　　(D) 1.3

(3) 假定基础宽度 $b = 2.0\text{m}$，$F_k = 350\text{kN/m}$，$M_k = 100\text{kN·m}$，$V_k = 10\text{kN}$，按抗震要求验算地震承载力时，基底边缘的最大压力 $p_{\max}$（kPa），最接近于下列何项数值？

(A) 211　　　　(B) 337　　　　(C) 367　　　　(D) 392

(4) 假定基础宽度 $b = 2.0\text{m}$，$F_k = 350\text{kN/m}$，$M_k = 150\text{kN·m}$，$V_k = 10\text{kN}$，按抗震要求验算地基承载力时，基底边缘的最大压力 $p_{\max}$（kPa），最接近于下列何项数值？

(A) 336　　　　(B) 376　　　　(C) 444　　　　(D) 467

(5) 题目条件同（4），基底与地基土之间零应力区的长度（m），最接近于下列何项数值？

(A) 0.150　　　(B) 0.155　　　(C) 0.160　　　(D) 0.165

(6) 题目条件同（4），按抗震要求验算地基承载力时，基底边缘的最大压力值 $p_{\max}$（kPa），不应大于下列何项数值？

(A) 415　　　　(B) 425　　　　(C) 465　　　　(D) 480

【解答】（1）查《地规》表 5.2.4，中砂，取 $\eta_b = 3.0$，$\eta_d = 4.4$。

基底宽度 $b \leqslant 3\text{m}$，只需进行深度修正。

$$f_a = f_{ak} + \eta_d \gamma_m (d - 0.5)$$
$$= 214.5 + 4.4 \times \dfrac{18 \times 1.2 + (18-10) \times 0.6}{1.8} \times (1.8 - 0.5) = 298.4\text{kPa}$$

查《抗规》表 4.2.3，中砂 $f_{ak} = 280\text{kPa}$，取 $\zeta_a = 1.3$。

$$f_{aE} = \zeta_a f_a = 1.3 \times 298.4 = 388\text{kPa}$$

故应选（D）项。

(2) 假定 $b \leqslant 3\text{m}$，根据《抗规》4.2.4条规定：

$$p = \frac{F_k + G_k}{b} \leqslant f_{aE}$$

$$b \geqslant \frac{F_k}{f_{aE} - (\gamma_G d - \gamma_w h_w)} = \frac{390}{389.15 - (20 \times 1.8 - 10 \times 0.6)}$$

$$b \geqslant 1.09\text{m}$$

故应选（B）项。

(3) $\quad F_k + G_k = 350 + 20 \times 1.8 \times 2 \times 1 - 10 \times 0.6 \times 2 \times 1 = 410\text{kN/m}$

$$M_k = 100 + V_k h = 100 + 10 \times 0.8 = 108\text{kN} \cdot \text{m}$$

$$e = \frac{M_k}{F_k + G_k} = \frac{108}{410} = 0.263\text{m} < \frac{b}{6} = \frac{2.0}{6} = 0.33\text{m}$$

$$p_{\max} = \frac{F_k + G_k}{b} + \frac{6M_k}{b^2 l} = \frac{410}{2.0} + \frac{6 \times 108}{2^2 \times 1}$$

$$= 367\text{kPa} < 1.2 f_{aE} = 465.6\text{kPa}$$

故应选（C）项。

(4) $\quad F_k + G_k = 410\text{kN/m}$

$$M_k = 150 + V_{kh} = 150 + 10 \times 0.8 = 158\text{kN} \cdot \text{m}$$

$$e = \frac{M_k}{F_k + G_k} = \frac{158}{410} = 0.385\text{m} > \frac{b}{6} = \frac{2.0}{6} = 0.33\text{m}$$

故基底压力呈三角形分布。

根据《地规》5.2.2条规定：

$$a = \frac{b}{2} - e = \frac{2}{2} - 0.385 = 0.615\text{m}$$

$$p_{\max} = \frac{2(F_k + G_k)}{3la} = \frac{2 \times 410}{3 \times 1 \times 0.615} = 444.4\text{kPa} < 1.2 f_{aE} = 465.6\text{kPa}$$

并且 $b' = 3a = 3 \times 0.615 = 1.845\text{m} > 0.85b = 0.85 \times 2 = 1.7\text{m}$

故可取 $p_{\max} = 444.4\text{kPa}$，应选（C）项。

(5) 基底与地基土零应力区长度 B：

$$B = b - 3a = 2.0 - 3 \times 0.615 = 0.155\text{m}$$

故应选（B）项。

(6) $\quad p_{\max} = \frac{2(F_k + G_k)}{3la} \leqslant \frac{2(F_k + G_k)}{0.85bl} = \frac{2 \times 410}{0.85 \times 2 \times 1} = 482.35$

$$p_{\max} \leqslant 1.2 f_{aE} = 465.6\text{kPa}$$

取上述较小值，$p_{\max} = 466.98\text{kPa}$，应选（C）项。

三、液化土

1. 一般规定

《抗震通规》规定：

> 3.2.2 对抗震设防烈度不低于7度的建筑与市政工程，当地面下20m范围内存在饱和砂土和饱和粉土时，应进行液化判别；存在液化土层的地基，应根据工程的抗震设防类别、地基的液化等级，结合具体情况采取相应的抗液化措施。

2. 土的液化初步判别法

- 复习《抗规》4.3.1条、4.3.2条、4.3.3条。

需注意的是：

(1)《抗规》4.3.3条中，上覆盖非液化土层厚度d_u计算时，宜扣除淤泥和淤泥质土层。

(2) 基础埋置深度d_b计算时，不超过2m时应采用$d_b=2m$。

(3) 同一场地有饱和粉土、饱和砂土时，根据《抗规》表4.3.3可知，液化土特征深度d_0取较大值。

【例 6.9.10】 某建设场地，其地质条件从地表向下依次为：0.5m厚淤泥；5.5m厚粉质黏土，其下为砂土。地下水位距地表面为6.0m，基础埋深为2m。

试问：

(1) 假定该场地为7度抗震设防区，判别该地基是否会产生液化？

(2) 假定该场地为8度抗震设防区，基础埋深为2.5m，判别该地基是否会产生液化？

【解答】 (1) 基础埋深：$d_b=2m$；不考虑淤泥，上覆盖非液化土层$d_u=5.5m$。

$d_w=6.0m$；7度区，查《抗规》表4.3.3，砂土，取$d_0=7m$。

根据《抗规》4.3.3条规定：

$$d_u = 5.5m < d_0 + d_b - 2 = 7 + 2 - 2 = 7m$$

$$d_w = 6.0m = d_0 + d_b - 3 = 7 + 2 - 3 = 6m$$

$$d_u + d_w = 5.5 + 6 = 11.5m > 1.5d_0 + 2d_b - 4.5 = 1.5 \times 7 + 2 \times 2 - 4.5 = 10m$$

所以该地基可不考虑液化影响。

(2) $d_b=2.5m$；8度区，查《抗规》表4.3.3，砂土，取$d_0=8m$。

根据《抗规》4.3.3条规定：

$$d_u = 5.5m < d_0 + d_b - 2 = 8 + 2.5 - 2 = 8.5m$$

$$d_w = 6.0m < d_0 + d_b - 3 = 8 + 2.5 - 3 = 7.5m$$

$$d_u + d_w = 5.5 + 6 = 11.5m < 1.5d_0 + 2d_b - 4.5 = 1.5 \times 8 + 2 \times 2.5 - 4.5 = 12.5m$$

所以该地基是否液化需进一步进行标准判别。

【例 6.9.11】 某建筑场地，位于8度抗震设防区，地层为第四纪全新世冲积层及新近沉积层，地下水位深度为2.8m，钻孔地质资料见表6.9.5所示，基础埋深为1.8m。

试问：判别该地基是否会产生液化？

表 6.9.5

层序	土层名称	黏粒含量 ρ_c（%）	厚度（m）	层底深度（m）
1	粉细砂		3.0	3.0
2	细砂		1.5	4.5
3	粗砂		3.1	7.6
4	粉土	10	3.0	10.6
5	粉质黏土		5.2	15.8
6	黏土		9.2	25.0

【**解答**】（1）根据《抗规》4.3.3条第1款，第四纪全新世冲积层，不能判别为不液化。

（2）根据《抗规》4.3.3条第2款，第4层粉土，$\rho_c = 10\%$，8度区，不能判别为不液化。

（3）$d_w = 2.8$，$d_u = 2.8$；基础埋深1.8m小于2m，取$d_b = 2.0\text{m}$。

8度区，查《抗规》表4.3.3，$d_0 = 7\text{m}$ 或 8m，取 $d_0 = 8\text{m}$。

$$d_u = 2.8\text{m} < d_0 + d_b - 2 = 8 + 2 - 2 = 8\text{m}$$

$$d_w = 2.8\text{m} < d_0 + d_b - 3 = 8 + 2 - 3 = 7\text{m}$$

$$d_u + d_w = 5.6\text{m} < 1.5d_0 + 2d_b - 4.5 = 1.5 \times 8 + 2 \times 2 - 4.5 = 11.5\text{m}$$

所以，该场地不能判别为不液化，需进一步作标准判别。

3. 土的液化细判法——标准贯入试验判别

- 复习《抗规》4.3.4条。

需注意的是：

(1)《抗规》4.3.4条中，"当饱和土标准贯入锤击数（未经杆长修正）小于或等于液化判别标准贯入锤击数临界值时，应判为液化土"。

(2)《抗规》式（4.3.4）中，ρ_c 黏粒含量百分率，其 $\rho_c\% < 3\%$，取 $\rho_c = 3$；当为砂土时，取 $\rho_c = 3$。

【**例6.9.12**】某建筑场地位于抗震设防烈度8度（0.20g），设计地震分组为第一组，地下水位深度 $d_w = 4.0\text{m}$，土层名称、深度、黏粒含量及标贯试验值见表6.9.6。

表 6.9.6

测点	土层名称	标准贯入深度（m）	实测值 N_i	黏粒含量 ρ_c（%）
1	③粉土	6.0～8.0	5	12
2	③粉土	8.0～10.0	8	10
3	④粉砂	10.0～12.0	10	8
4	④粉砂	13.0～15.0	21	5

试问：判别各测点是否液化。

【解答】 查《抗规》表4.3.4，0.20g，取标准贯入锤击数基准值$N_0=12$；设计地震分组为第一组，取$\beta=0.80$，根据规范式（4.3.4）计算。

测点1：粉土，标准贯入点深度d_s取标准贯入深度的平均值，$d_s=\dfrac{6.0+8.0}{2}=7.0\text{m}$，$d_w=4.0\text{m}$

$$N_{cr1}=N_0\beta[\ln(0.6d_s+1.5)-0.1d_w]\sqrt{3/\rho_c}$$
$$=12\times0.80\times[\ln(0.6\times7+1.5)-0.1\times4]\times\sqrt{3/12}=6.4>N_1=5，液化$$

测点2：$d_s=\dfrac{8.0+10.0}{2}=9.0\text{m}$

$$N_{cr2}=N_0\beta[\ln(0.6d_s+1.5)-0.1d_w]\sqrt{3/\rho_c}$$
$$=12\times0.80\times[\ln(0.6\times9+1.5)-0.1\times4]\times\sqrt{3/10}=8.05>N_2=8，液化$$

测点3：$d_s=\dfrac{10+12}{2}=11\text{m}$，粉砂，取$\rho_c=3$。

$$N_{cr3}=12\times0.80\times[\ln(0.6\times11+1.5)-0.1\times4]\times\sqrt{3/3}=16.2>N_3=10，液化$$

测点4：$d_s=\dfrac{13+15}{2}=14\text{m}$，粉砂，取$\rho_c=3$。

$$N_{cr4}=12\times0.80\times[\ln(0.6\times14+1.5)-0.1\times4]\times\sqrt{3/3}$$
$$=18.2<N_4=21，不会液化$$

4. 液化指数与液化等级

- 复习《抗规》4.3.5条。

需注意的是：

（1）当只需要判别15m范围以内的液化时，15m以下的实测值可按临界值采用，为此，《抗规》4.3.5条的条文说明规定：

4.3.5条（条文说明）

对本规范第4.2.1条规定可不进行天然地基及基础的抗震承载力验算的各类建筑，计算液化指数时15m地面下的土层均视为不液化。

（2）层位影响权函数值$W_i(\text{m}^{-1})$的计算：

当该层中点深度$z_i\leqslant5\text{m}$时，取$W_i=10$；该层中点深度$z_i=20\text{m}$时，取$W_i=0$；其间内插取值，$W_i=\dfrac{20-z_i}{20-5}(10-0)=\dfrac{10}{15}(20-z_i)$。

（3）i点土层厚度d_i的计算，《抗规》4.3.5条规定，可按下式计算：

$$d_i=\dfrac{d_{s,i+1}-d_{s,i-1}}{2}\quad(\text{m})$$

式中，$d_{s,i+1}$、$d_{s,i-1}$ 分别为该标准贯入试验点相邻的上、下标准贯入试验点深度，但上界不高于地下水位深度，下界不深于液化深度。

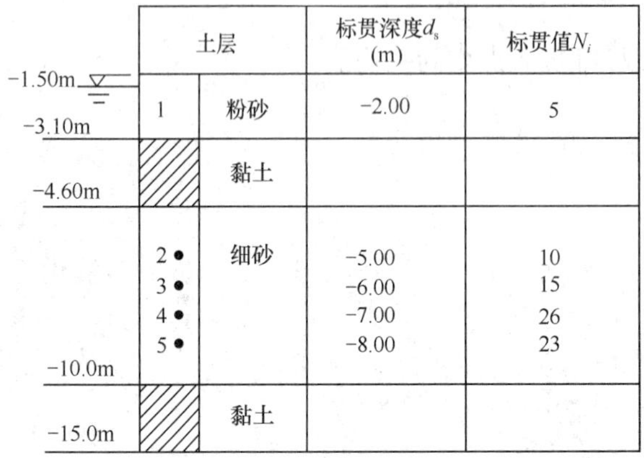

土层	标贯深度d_s (m)	标贯值N_i
1 粉砂	−2.00	5
黏土		
2● 细砂	−5.00	10
3●	−6.00	15
4●	−7.00	26
5●	−8.00	23
黏土		

水位 −1.50m；土层深度 −3.10m、−4.60m、−10.0m、−15.0m

图 6.9.6

【例 6.9.13】 某建筑场地位于 8 度抗震设防区，设计地震分组为第二组，设计基本地震加速度为 0.30g。工程地质分布和钻孔资料如图 6.9.6 所示，只需判别地表下 15m 范围内的液化。

试问：判定该场地土的液化等级。

【解答】（1）求 N_i

查《抗规》表 4.3.4，0.30g，取 $N_0=16$；设计地震分组为第二组，取 $\beta=0.95$。

砂土，取 $\rho_c=3$；$d_w=1.50$m。

1 点（−2.0m）处：$N_{cr1} = N_0\beta[\ln(0.6d_s+1.5)-0.1d_w]\sqrt{3/\rho_c} = 16\times0.95\times[\ln(0.6\times2+1.5)-0.1\times1.5]\times\sqrt{3/3} = 12.8 > N_1 = 5$，液化

2 点（−5.0m）处：$N_{cr2} = 16\times0.95\times[\ln(0.6\times5+1.5)-0.1\times1.5]\times\sqrt{3/3} = 20.6 > N_2 = 10$，液化

3 点（−6.0m）处：$N_{cr3} = 16\times0.95\times[\ln(0.6\times6+1.5)-0.1\times1.5]\times\sqrt{3/3} = 22.5 > N_3 = 15$，液化

4 点（−7.0m）处：$N_{cr4} = 16\times0.95\times[\ln(0.6\times7+1.5)-0.1\times1.5]\times\sqrt{3/3} = 24.2 < N_4 = 26$，不会液化

5 点（−8.0m）处：$N_{cr5} = 16\times0.95\times[\ln(0.6\times8+1.5)-0.1\times1.5]\times\sqrt{3/3} = 25.7 > N_5 = 23$，液化

(2) 确定测点土层厚度 d_i 及其中点深度 z_i、W_i

只需计算液化点 1、2、3、5 的 d_i、z_i 和 W_i。

1 点：地下水位为 1.5m，故上界为 1.5m，$d_1 = 3.1-1.5 = 1.6$m，$z_1 = 1.5+\dfrac{1.6}{2} = 2.3$m，$W_1 = 10\text{m}^{-1}$

2 点：上界为黏土层，层底深为 4.60m，$d_2 = 5.5-4.60 = 0.9$m，$z_2 = 4.6+\dfrac{0.9}{2} = 5.05$m，$W_2 = \dfrac{10}{15}(20-z_2) = 9.97\text{m}^{-1}$

3 点：$d_3 = \dfrac{7-5}{2} = 1$m，$z_3 = 5.5+\dfrac{1}{2} = 6.0$m，$W_3 = \dfrac{10}{15}(20-z_3) = 9.33\text{m}^{-1}$

5 点：$d_5 = 10-7.5 = 2.5$m，$z_5 = 7.5+\dfrac{2.5}{2} = 8.75$m，$W_5 = \dfrac{10}{15}(20-z_5) = 7.5\text{m}^{-1}$

(3) 确定 I_{lE}：

只需判别地表下 15m 范围内的液化，故 15m 以下土层视为不液化。

$$I_{lE} = \sum_{i=1}^{n}\left(1-\frac{N_i}{N_{cri}}\right)d_i W_i$$
$$= \left(1-\frac{5}{12.8}\right)\times 1.6\times 10 + \left(1-\frac{10}{20.6}\right)\times 0.9\times 9.97$$
$$+ \left(1-\frac{15}{22.5}\right)\times 1\times 9.33 + \left(1-\frac{23}{25.7}\right)\times 2.5\times 7.5$$
$$=19.4$$

查《抗规》表 4.3.5 可知，该场地土液化等级为严重。

【例 6.9.14】 某多层住宅基础为天然地基，基础埋深为 2.0m，抗震设防烈度为 7 度，设计基本地震加速度为 $0.15g$，设计地震分组为第二组，地下水位深度为 1.0m，地层分布和钻孔资料见表 6.9.7。

试问：判别该场地土的液化等级。

地基土层分布及钻孔资料表　　　　　表 6.9.7

土层序号	岩土名称	层底深度（m）	标贯点深度 d_s(m)	标贯值 N_i	黏粒含量 ρ_c（%）
1	粉质黏土	1.5	1.0	4	16
2	粉土	3.0	2.5	10	12
3	粉砂	6.0	4	6	2.0
			5.5	8	1.5
4	黏土	18.0	—	—	—

【解答】（1）第 2 层土的 $\rho_c\% > 10\%$，根据《抗规》4.3.3 条第 2 款规定，属于不液化土。

（2）查《抗规》表 4.3.4，7 度，$0.15g$，取 $N_0=10$；设计地震第二组，取 $\beta=0.95$。$d_w=1.0$m；砂土，取 $\rho_c=3$。

第 3 层的 4m 处：$N_{cr4}=N_0\beta[\ln(0.6d_s+1.5)-0.1d_w]\sqrt{3/\rho_c}$

$$=10\times 0.95\times[\ln(0.6\times 4+1.5)-0.1\times 1]\times\sqrt{3/3}=12>N_{cr}$$
$$=6, 液化$$

第 3 层的 5.5m 处：$N_{cr5.5}=10\times 0.95\times[\ln(0.6\times 5.5+1.5)-0.1\times 1]\times\sqrt{3/3}=14$ $>N_{cr}=8$，液化

（3）确定土层厚度 d_i 及其中点深度 z_i、W_i、I_{lE}

第 3 层的 4m 处：上界粉土层底深度为 3.0m，$d_4=4-3+\dfrac{5.5-4}{2}=1.75$m

$z_4=3+\dfrac{1.75}{2}=3.875$m，$W_4=10\text{m}^{-1}$

第 3 层的 5.5m 处：下界黏土层层顶深度为 6.0m，$d_{5.5}=\dfrac{5.5-4}{2}+6-5.5=1.25$m

$z_{5.5}=(3+1.75)+\dfrac{1.25}{2}=5.375$，$W_{5.5}=\dfrac{10}{15}(20-z_{5.5})=9.75\text{m}^{-1}$

$$I_{lE} = \sum_{i=1}^{n}\left(1-\frac{N_i}{N_{\text{cri}}}\right)d_i W_i$$
$$=\left(1-\frac{6}{12}\right)\times 1.75\times 10+\left(1-\frac{8}{14}\right)\times 1.25\times 9.75=13.97$$

查《抗规》表 4.3.5，该场地土液化等级为中等。

【例 6.9.15】 某建筑场地位于抗震设防烈度 8 度（0.20g），设计地震分组为第一组，该场地的某多层砌体房屋墙下条形基础埋深为 2.0m，地下水位为－5.0m，工程地质及标贯实验数值如图 6.9.7 所示。

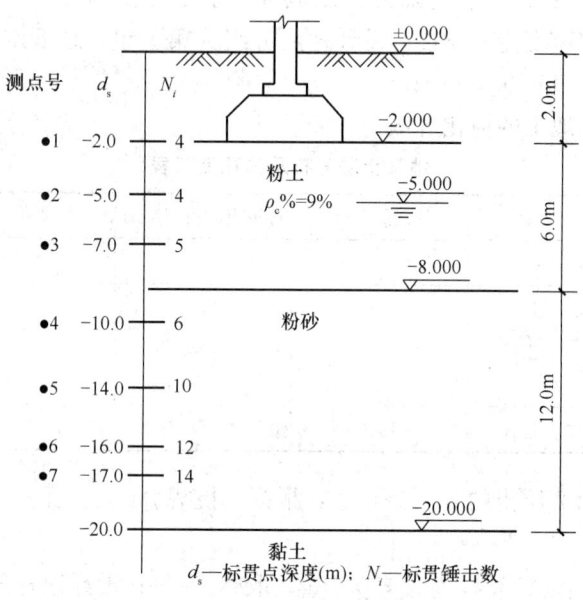

图 6.9.7

试问：判定该场地土的液化等级。

【解答】 (1) 查《抗规》表 4.3.4，0.20g，取 $N_0=12$；设计地震第一组，取 $\beta=0.80$；$d_w=-5.0\text{m}$。

1 点（－2m 处）在地下水位上，不会液化。

2 点（－5m 处）：$\rho_c\%=9\%<13\%$；

$$N_{\text{cr2}}=N_0\beta[\ln(0.6d_s+1.5)-0.1d_w]\sqrt{3/\rho_c}$$
$$=12\times 0.80\times[\ln(0.6\times 5+1.5)-0.1\times 5]\sqrt{3/9}=5.57>N_2=4,\text{液化}$$

3 点（－7m 处）：$N_{\text{cr3}}=12\times 0.80\times[\ln(0.6\times 7+1.5)-0.1\times 5]\times\sqrt{3/9}=6.88>N_3=5$，液化

粉砂，取 $\rho_c=3$。

4 点（－10m 处）：$N_{\text{cr4}}=12\times 0.8\times[\ln(0.6\times 10+1.5)-0.1\times 5]\times\sqrt{3/3}=14.54>N_4=6$，液化

5 点（－14m 处）：$N_{\text{cr5}}=12\times 0.8\times[\ln(0.6\times 14+1.5)-0.1\times 5]\times\sqrt{3/3}=17.21>$

$N_5=10$,液化

根据《抗规》4.3.5条及其条文说明，故15m以下的实测值可按临界值采用（或视为不液化）。

(2) 确定各点土厚度 d_i 及其中点深度 z_i、W_i

2点：上界深度为5.0m，$d_2=\dfrac{7-5}{2}=1\text{m}$，$z_2=5+\dfrac{1}{2}=5.5\text{m}$

$$W_2=\dfrac{10}{15}(20-z_2)=9.67\text{m}^{-1}$$

3点：下界深度为8.0m，$d_3=\dfrac{7-5}{2}+8-7=2\text{m}$，$z_3=6+\dfrac{2}{2}=7.0\text{m}$

$$W_3=\dfrac{10}{15}(20-z_3)=8.67\text{m}^{-1}$$

4点：上界深度为8.0m，$d_4=10-8+\dfrac{14-10}{2}=4\text{m}$，$z_4=8+\dfrac{4}{2}=10\text{m}$

$$W_4=\dfrac{10}{15}(20-z_4)=6.67\text{m}^{-1}$$

5点：下界深度为15.0m，$d_5=\dfrac{14-10}{2}+15-14=3\text{m}$，$z_5=(8+4)+\dfrac{3}{2}=13.5\text{m}$，

$W_5=\dfrac{10}{15}(20-z_5)=4.33\text{m}$。

$$I_{lE}=\sum_{i=1}^{n}\left(1-\dfrac{N_i}{N_{cri}}\right)d_iW_i$$

$$=\left(1-\dfrac{4}{5.57}\right)\times 1\times 9.67+\left(1-\dfrac{5}{6.88}\right)\times 2\times 8.67$$

$$+\left(1-\dfrac{6}{14.54}\right)\times 4\times 6.67+\left(1-\dfrac{10}{17.21}\right)\times 3\times 4.33$$

$$=28.6$$

查《抗规》表4.3.5，该场地土液化等级为严重。

【例6.9.16】 某建筑场地设计基本地震加速度0.30g，设计地震分组为第二组，基础埋深小于2m。某钻孔揭示地层结构如图6.9.8所示；勘察期间地下水位埋深5.5m，近期内年最高水位埋深4.0m；在地面下3.0m和5.0m处实测标准贯入试验锤击数均为3击，经初步判别认为需对细砂土进一步进行液化判别。若标准贯入锤击数不随土的含水率变化而变化，试按《建筑抗震设计规范》GB 50011—2010计算该钻孔的液化指数最接近下列哪项数值（只需判别15m深度范围以内的液化）？

(A) 3.9　　　　(B) 8.2
(C) 16.4　　　(D) 31.5

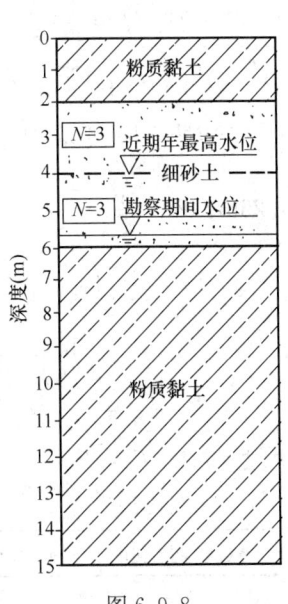

图6.9.8

【解答】 地下水位应取近期年最高水位 $d_w=4\mathrm{m}$，液化土层范围为 $4.0\sim6.0\mathrm{m}$。
按照《抗规》4.3.5 条：

取 $N_0=16$，$\beta=0.95$；砂土，即 $\rho_c=3$

5.0m 处的 N_{cr1}：

$$N_{cr1}=N_0\beta[\ln(0.6d_s+1.5)-0.1d_w]\sqrt{\frac{3}{\rho_c}}$$

$$=16\times0.95\times[\ln(0.6\times5+1.5)-0.1\times4]\times\sqrt{\frac{3}{3}}=16.8\,\text{击}$$

5.0m 处（$d_s=5$）的标贯恰好代表液化土层范围，土层厚度 $d_1=2\mathrm{m}$，且处于该层中点，对应层位影响权函数值 $W_1=10\mathrm{m}^{-1}$。液化指数为：

$$I_{lE}=\sum_{i=1}^{1}\left[1-\frac{N_i}{N_{cri}}\right]d_iW_i=\left(1-\frac{3}{16.8}\right)\times2\times10=16.4$$

故应选（C）项。

【例 6.9.17】 某 7 层高度 23m 的一般民用框架结构房屋，其柱下独立基础的基础埋深为 2.0m，地下水位距地表 1.0m，建于 8 度抗震设防区（0.20g），设计地震分组为第一组。工程地质分布情况：地下 $0\sim8\mathrm{m}$ 粉土，黏粒含量为 13.2%；$8\sim22\mathrm{m}$ 细砂。现场标准贯入实验测得：深度 10m 处，$N_i=14$（临界值 $N_{cr}=18$）；深度 12m 处，$N_i=16$（临界值 $N_{cr}=20$），深度 15m 处，$N_i=18$（临界值 $N_{cr}=23$）。

试问：该场地土的液化指数 I_{lE}，最接近于下列何项数值？

(A) 6.5 (B) 7.5 (C) 8.5 (D) 9.5

【解答】 (1) 因粉土 $\rho_c=13.2\%>13\%$，故粉土为不液化土层。

(2) 计算液化点的 d_i 及其 z_i、W_i

10m 处：$d_i=10-8+\frac{12-10}{2}=3\mathrm{m}$，$z_i=8+\frac{3}{2}=9.5\mathrm{m}$，$W_i=\frac{10}{15}(20-z_i)=7\mathrm{m}^{-1}$

12m 处：$d_i=\frac{12-10}{2}+\frac{15-12}{2}=2.5\mathrm{m}$，$z_i=(8+3)+\frac{2.5}{2}=12.25\mathrm{m}$，$W_i=\frac{10}{15}(20-z_i)=5.17\mathrm{m}^{-1}$

15m 处：因浅基础，计算深度为 15m，$d_i=\frac{15-12}{2}=1.5\mathrm{m}$，$z_i=13.5+\frac{1.5}{2}=14.25\mathrm{m}$；$W_i=\frac{10}{15}(20-z_i)=3.83\mathrm{m}^{-1}$

$$I_{lE}=\sum_{i=1}^{n}\left(1-\frac{N_i}{N_{cri}}\right)d_iW_i$$

$$=\left(1-\frac{14}{18}\right)\times3\times7+\left(1-\frac{16}{20}\right)\times2.5\times5.17+\left(1-\frac{18}{23}\right)\times1.5\times3.83$$

$$=8.50$$

故应选（C）项。

5. 抗液化措施

• 复习《抗规》4.3.6 条～4.3.10 条。

【例 6.9.18】 某建筑物按抗震要求为乙类建筑，基础为墙下钢筋混凝土条形基础，基础埋深2m，土层分布及土性指标如图6.9.9所示，由标准贯入试验计算得到液化指数 $I_{lE}=20$。基础顶面处由上部结构传来相应于地震作用的标准组合的轴心压力 $F_k=600$kN/m。基础及其上覆土的加权平均重度为20kN/m³。

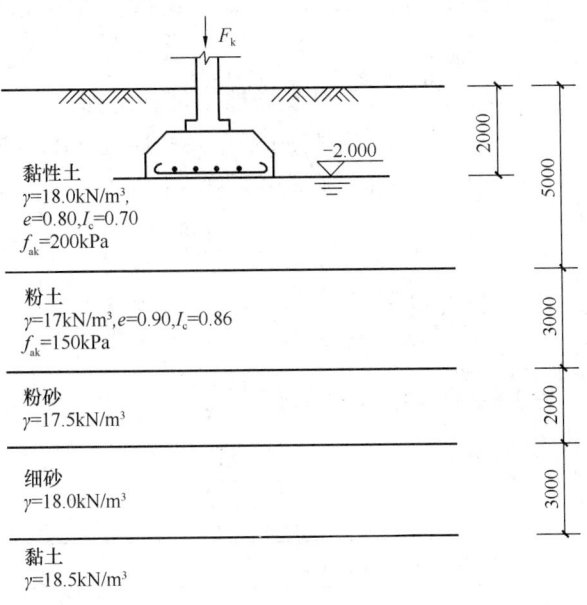

图 6.9.9

试问：

(1) 假定基底宽度 $b \leqslant 3$m，该地基土的抗震承载力 f_{aE}（kPa），最接近于下列何项数值？

  (A) 234   (B) 243   (C) 316   (D) 336

(2) 根据地基抗震验算要求，基础宽度 b（m），最接近于下列何项数值？

  (A) 1.90   (B) 2.00   (C) 2.10   (D) 2.20

(3) 该建筑地基的抗液化措施，下列何项最合理？

  (A) 全部消除液化   (B) 部分消除液化沉陷

  (C) 不采取措施   (D) 无法确定

(4) 采用砂石桩法处理液化土层，砂石桩直径为0.4m，等边三角形布桩，要求将孔隙比从0.9减少到0.75，取 $\zeta=1.1$，桩间距 s（m），最接近于下列何项数值？

  (A) 1.30   (B) 1.40   (C) 1.50   (D) 1.60

【解答】(1) 持力层为黏性土，$e=0.80$，$I_L=0.70$，查《地规》表5.2.4，取 $\eta_b=0.3$，$\eta_d=1.6$。因 $b \leqslant 3$m，只需进行深度修正。

$$f_a = f_{ak} + \eta_d \gamma_m (d-0.5) = 200 + 1.6 \times 18 \times (2-0.5) = 243.2 \text{kPa}$$

查《抗规》表4.2.3，取 $\zeta_a=1.3$。

$$f_{aE} = \zeta_a f_a = 1.3 \times 243.2 = 316.16 \text{kPa}$$

故应选 (C) 项。

(2) 根据《抗规》4.2.4条规定：

$$p = \frac{F_k + G_k}{b} = \frac{F_k}{b} + \gamma_G d \leqslant f_{aE}$$

$$b \geqslant \frac{F_k}{f_{aE} - \gamma_G d} = \frac{600}{316.16 - 20 \times 2} = 2.17\text{m}$$

故应选（D）项。

(3) $I_{lE}=20$，查《抗规》表 4.3.5 知该场地土液化等级为严重，再查《抗规》表 4.3.6，乙类，严重液化等级，应全部消除液化沉陷，故应选（A）项。

(4) 根据《建筑地基处理技术规范》7.2.2 条规定：

等边三角形布置：

$$s = 0.95 \xi d \sqrt{\frac{1+e_0}{e_0 - e_1}}$$

$$= 0.95 \times 1.1 \times 0.4 \times \sqrt{\frac{1+0.90}{0.90 - 0.75}} = 1.49\text{m}$$

故应选（C）项。

6. 软土震陷

● 复习《抗规》4.3.11 条、4.3.12 条、4.4.5 条。

【例 6.9.19】 某扩建工程的边柱紧邻既有地下结构，抗震设防烈度 8 度，设计基本地震加速度值为 0.3g，设计地震分组第一组，基础采用直径 800mm 泥浆护壁旋挖成孔灌注桩，图 6.9.10 为某边柱等边三桩承台基础图，柱截面尺寸为 500mm×1000mm，基础及其以上土体的加权平均重度为 20kN/m³。

假定，地下水位以下的各层土处于饱和状态，②层粉砂 A 点处的标准贯入锤击数（未经杆长修正）为 16 击，图 6.10.10 给出了①、③层粉质黏土的液限 W_L、塑限 W_P 及含水量 W_S。

试问：下列关于各地基土层的描述中，何项是正确的？

(A) ①层粉质黏土可判别为震陷性软土
(B) A 点处的粉砂为液化土
(C) ③层粉质黏土可判别为震陷性软土
(D) 该地基上埋深小于 2m 的天然地基的建筑可不考虑②层粉砂液化的影响

【解答】 根据《抗规》第 4.3.11 条，对①层土，$W_S = 28\% < 0.9 W_L = 0.9 \times 35.1\% = 31.6\%$，排除（A）项。

对③层土，$W_S = 26.4\% < 0.9 W_L = 0.9 \times 34.1\% = 30.7\%$，排除（C）项。

对②层粉砂中的 A 点，根据《抗规》式（4.3.4）：

$N_{cr} = 16 \times 0.8 \times [\ln(0.6 \times 6 + 1.5) - 0.1 \times 2] \times \sqrt{3}/3 = 18.3 > N = 16$，故（B）项正确。

所以应选（B）项。

思考： 假若按《抗规》式（4.3.11-2），①层土 $I_L = 6/13.1 = 0.46 < 0.75$；②层土 $I_L = 0.43 < 0.75$，也可以排除（A）、（C）项。

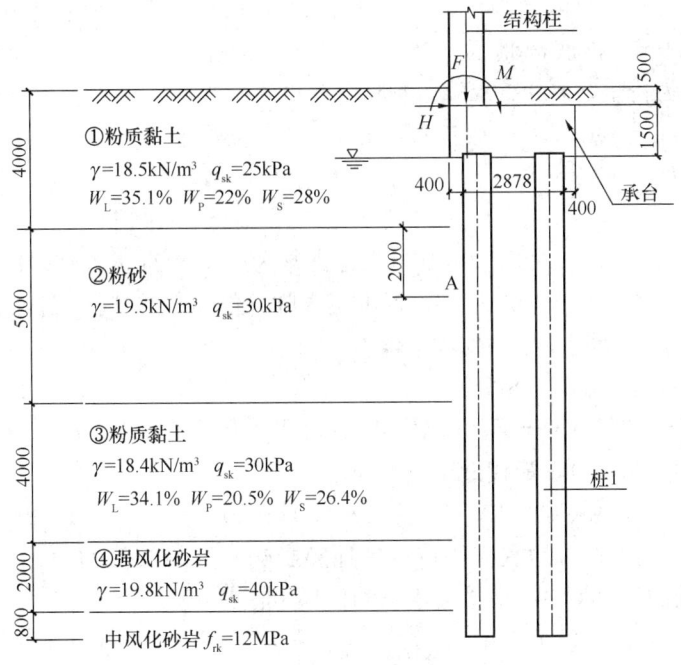

图 6.9.10

四、低承台桩基的抗震承载力计算

《抗震通规》规定。

> 3.2.3 液化土和震陷软土中配筋范围，应取桩顶至液化土层或震陷软土层底面埋深以下不小于1.0m的范围，且其纵向钢筋应与桩顶截面相同，箍筋应进行加强。

《抗规》作了具体规定。

- 复习《抗规》4.4.1条～4.4.6条。

需注意的是：

(1)《抗规》4.4.2条第1款中，非抗震设计时，桩竖向承载力特征值 R_a 的计算为：

$$R_a = q_{pa}A_p + u_p \Sigma q_{sia} l_i$$

抗震设计时，$R_{aE} = 1.25 R_a$

(2)《抗规》4.4.2条第2款规定："但不应计入承台底面与地面土间的摩擦力。"该规定不适用于疏桩基础，《抗规》4.4.2条的条文说明作了解释。

> 4.4.2（条文说明）
> 对于疏桩基础，如果桩的设计承载力按桩极限荷载取用则可以考虑承台与土间的摩阻力。因为此时承台与土不会脱空，且桩、土的竖向荷载分担比也比较明确。

【例6.9.20】 某建筑基础采用桩基承台，位于8度抗震设防区（0.20g），设计地震分组为第一组，承台底面标高为 -3.0m。预制圆桩截面尺寸 d 为 0.35m，桩长 16.0m，桩顶离地表面 3.0m，桩底离地面 19m。土层分布情况为：$0\sim 8.0$m 粉质黏土，$q_{sia}=25$kPa；$8\sim 15$m 为粉土，$q_{sia}=30$kPa，黏粒含量 3%；$15\sim 18$m 为黏土，$q_{sia}=35$kPa，$18\sim 19$m 为砾砂，$q_{sia}=50$kPa，$q_{pa}=3000$kPa。地下水位距地表 3m，静载荷试验，单桩水平承载力特征值 $R_{Ha}=80$kN。

试问：

(1) 当地表下 -10.0m 处实际标准贯入锤击数为 18，标准贯入临界值 $N_{cr}=17$；地表 -17.0m 处实际标准贯入锤击数为 13，标准贯入临界值 $N_{cr}=7$ 时，单桩竖向抗震承载力特征值 R_{aE}（kN），最接近于下列何项数值？

(A) 835   (B) 877   (C) 1034   (D) 1078

(2) 当地表下 -9.0m，-12.0m 处实际标准贯入锤击数分别为 11、19，单桩竖向抗震承载力特征值 R_{aE}（kN），最接近于下列何项数值？

(A) 1200   (B) 1100   (C) 1000   (D) 900

(3) 题目条件同 (2)，地震作用按水平地震影响系数最大值的 10% 采用，单桩竖向抗震承载力特征值 R_{aE}（kN），最接近于下列何项数值？

(A) 677   (B) 686   (C) 810   (D) 860

(4) 题目条件同 (2)，单桩水平向抗震承载力特征值 R_{HaE}（kN），最接近于下列何项数值？

(A) 86   (B) 91   (C) 97   (D) 103

【解答】 (1) $N_i > N_{cr}$，根据《抗规》4.3.4 条规定，粉土层、粉砂层均不会液化。

$$R_a = u_p \sum_{i=1}^{n} q_{sia} l_i + q_{pa} A_p$$

$$= \pi \times 0.35 \times (5 \times 25 + 7 \times 30 + 3 \times 35 + 1 \times 50) + \frac{\pi}{4} \times 0.35^2 \times 3000$$

$$= 827.00 \text{kN}$$

根据《抗规》4.4.2 条规定，R_a 提高 25%：

$$R_{aE} = 1.25 \times 827.00 = 1033.75 \text{kN}$$

故应选 (C) 项。

(2) 8 度区，0.20g，查《抗规》表 4.3.4，取 $N_0=12$；设计地震第一组，取 $\beta=0.80$；粉土，$\rho_c=3$。

-9.0m 处：$N_{cr} = N_0 \beta [\ln(0.6 d_s + 1.5) - 0.1 d_w] \sqrt{3/\rho_c} = 12 \times 0.80 \times [\ln(0.6 \times 9 + 1.5) - 0.1 \times 3] \times \sqrt{3/3} = 15.66$

$N_{cr}=15 > N_i = 11$，该粉土层会液化；$N_i/N_{cr} = 11/15.66 = 0.70$，查《抗规》表 4.4.3，取粉土 $8\sim 10$m，其折减系数为 $1/3$。

-12.0m 处：$N_{cr} = N_0 \beta [\ln(0.6 d_s + 1.5) - 0.1 d_w] \sqrt{3/\rho_c}$

$$= 12 \times 0.80 \times [\ln(0.6 \times 12 + 1.5) - 0.1 \times 3] \times \sqrt{3/3} = 17.89$$

$N_{cr} = 17.89 < N_i = 19$，该粉土层不会液化。

根据《抗规》4.4.3 条第 2 款规定确定 R_{aE}：

$$R_a = \pi \times 0.35 \times (5 \times 25 + 2 \times 30 \times 1/3 + 0.5 \times 30 \times 2/3$$
$$+ 4.5 \times 30 + 3 \times 35 + 1 \times 50) + \frac{\pi}{4} \times 0.35^2 \times 3000$$
$$= 722.6 \text{kN}$$
$$R_{aE} = 1.25 \times 722.6 = 903.3 \text{kN}$$

故应选（D）项。

（3）根据《抗规》4.4.3 条第 2 款规定：

$$R_a = \pi \times 0.35 \times (2 \times 0 + 3 \times 25 + 2.5 \times 0 + 4.5 \times 30 + 3 \times 35 + 1 \times 50)$$
$$+ \frac{\pi}{4} \times 0.35^2 \times 3000$$
$$= 689.97 \text{kN}$$

$R_{aE} = 1.25 R_a = 862.5 \text{kN}$，故应选（D）项。

（4）由上述结果知，地基土液化时，单桩竖向力抗震承载力折减系数为：

$$\eta_{折} = \frac{1033.75 - 903.3}{1033.75} \times 100\% = 12.6\%$$
$$R_{Ha} = (1 - \eta_{折}) R_{Ha} = (1 - 12.6\%) \times 80 = 69.9$$
$$R_{HaE} = 1.25 R_{Ha} = 1.25 \times 69.9 = 87.4 \text{kN}$$

故应选（A）项。

【例 6.9.21】 某柱下桩基承台，承台底面标高为 -2.0m，承台下布置了沉管灌注桩，桩径 0.5m，桩长 12m，位于 7 度抗震设防区（0.15g），设计地震分组为第一组，工程地质及工程土质性质指标及测点 1、2 的深度 d_s，如图 6.9.11 所示。

试问：

（1）当地基土层不会产生液化时，单桩竖向抗震承载力特征值 R_{aE}（kN），最接近于下列何项数值？

（A）1299　　　（B）1350
（C）1508　　　（D）1624

（2）当测点 1 的实际标准贯入锤击数为 9；测点 2 的实际标准贯入锤击数为 13 时，单桩竖向抗震承载力特征值 R_{aE}（kN），最接近于下列何项数值？

（A）1174　　　（B）1467　　　（C）1528　　　（D）1580

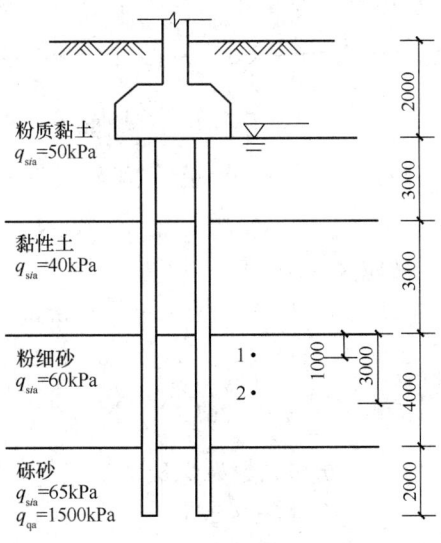

图 6.9.11

（3）当测点 1 的实际标准贯入锤击数为 17，测点 2 的标准贯入锤击数为 11 时，单桩竖向抗震承载力特征值 R_{aE}（kN），最接近于下列何项数值？

(A) 1403　　　(B) 1452　　　(C) 1545　　　(D) 1602

(4) 已知饱和粉细砂层为液化土层，当地震作用按水平地震影响系数最大值的10%采用时，单桩竖向抗震承载力特征值 R_{aE}（kN），最接近于下列何项数值？

(A) 770　　　(B) 840　　　(C) 960　　　(D) 1200

【解答】（1）根据《抗规》4.4.2条规定：

$$R_a = u_p \sum_{i=1}^{n} q_{sia} l_i + q_{pa} A_p$$

$$= \pi \times 0.5 \times (50 \times 3 + 40 \times 3 + 60 \times 4 + 65 \times 2) + \frac{\pi}{4} \times 0.5^2 \times 1500$$

$$= 1299.175 \text{kN}$$

$$R_{aE} = 1.25 R_a = 1623.97 \text{kN}$$

故应选（D）项。

(2) $0.15g$ 查《抗规》表4.3.4，取 $N_0 = 10$；设计地震第一组，取 $\beta = 0.80$；砂土，$\rho_c = 3$；$d_w = 2.0 \text{m}$

1点（-9.0m）：$N_{cr1} = N_0 \beta [\ln(0.6 d_s + 1.5) - 0.1 d_w] \sqrt{3/\rho_c}$

$$= 10 \times 0.80 \times [\ln(0.6 \times 9 + 1.5) - 0.1 \times 2] \times \sqrt{3/3} = 13.85 > N_1 = 10, 液化$$

$N_1/N_{cr1} = 9/13.85 = 0.65$，查《抗规》表4.4.3，粉细砂层8～10m，取折减系数为1/3。

2点（-11.0m）：$N_{cr2} = 10 \times 0.80 \times [\ln(0.6 \times 11 + 1.5) - 0.1 \times 2] \times \sqrt{3/3} = 15.13 > N_2 = 13, 液化$

$N_2/N_{cr2} = 13/15.13 = 0.859$，查《抗规》表4.4.3，粉细砂层10～12m，取折减系数为1。

$$R_a = \pi \times 0.5 \times \left(50 \times 3 + 40 \times 3 + 60 \times 2 \times \frac{1}{3} + 60 \times 2 \times 1 + 65 \times 2\right)$$

$$+ \frac{\pi}{4} \times 0.5^2 \times 1500$$

$$= 1173.575$$

$$R_{aE} = 1.25 R_a = 1466.97 \text{kN}$$

故应选（B）项。

(3) 1点（-9.0m）：$N_{cr1} = 13.85 < N_1 = 17$，不会液化；

2点（-11.0m）：$N_{cr2} = 15.13 > N_2 = 11$，液化；2点液化土层厚度为：

$d_2 = \frac{3-1}{2} + 1 = 2\text{m}$。$N_2/N_{cr2} = 11/15.13 = 0.73$，查《抗规》表4.4.3，取粉细砂层10～12m，折减系数为2/3。

$$R_a = \pi \times 0.5 \times (50 \times 3 + 40 \times 3 + 60 \times 2 + 60 \times 2 \times 2/3 + 65 \times 2)$$

$$+ \frac{\pi}{4} \times 0.5^2 \times 1500$$

$$= 1236.375 \text{kN}$$

$$R_{aE} = 1.25 R_a = 1545.47 \text{kN}$$

故应选（C）项。

(4) 根据《抗规》4.4.3 条第 2 款规定：

$$R_a = \pi \times 0.5 \times (2 \times 0 + 1 \times 50 + 3 \times 40 + 4 \times 0 + 2 \times 65)$$
$$+ \frac{\pi}{4} \times 0.5^2 \times 1500$$
$$= 765.375 \text{kN}$$

$$R_{aE} = 1.25 R_a = 956.72 \text{kN}$$

故应选（C）项。

【例 6.9.22】 某建筑的低承台群桩基础存在液化土层，若打桩前该液化土层的标准贯入锤击数为 10 击，打入击式预制桩的面积置换率为 4.3%。试问，打桩后桩间土的标准贯入试验锤击鼓（击）最接近下列何项？

(A) 12   (B) 14   (C) 18   (D) 25

【解答】 根据《抗规》4.4.3 条：

$$N_1 = N_p + 100\rho(1 - e^{-0.3N_p})$$
$$= 10 + 100 \times 4.3\% \times (1 - e^{-0.3 \times 10})$$
$$= 14.09 \text{ 击}$$

故应选（B）项。

第十节 软 弱 地 基 处 理

一、基本规定

- 复习《地基通规》4.1.3 条。
- 复习《地基通规》4.2.5 条。

《地处规》也作了相同规定。

- 复习《地处规》3.0.1 条～3.0.12 条。
- 复习《地处规》附录 A、附录 B、附录 C。

需注意的是：

(1)《地处规》3.0.4 条规定：

> 3.0.4 经处理后的地基，当按地基承载力确定基础底面积及埋深而需要对本规范确定的地基承载力特征值进行修正时，应符合下列规定：
> 1 大面积压实填土地基，基础宽度的地基承载力修正系数应取零；基础埋深的地基承载力修正系数，对于压实系数大于 0.95、黏粒含量 $\rho_c \geqslant 10\%$ 的粉土，可取 1.5，对于干密度大于 2.1t/m^3 的级配砂石可取 2.0；
> 2 其他处理地基，基础宽度的地基承载力修正系数应取零，基础埋深的地基承载力修正系数应取 1.0。

(2) 换填垫层、预压地基、压实地基、夯实地基、注浆加固、微型桩加固不属于复合地基。

(3)《地处规》3.0.5条及条文说明规定：

> 3.0.5 处理后的地基应满足建筑物地基承载力、变形和稳定性要求，地基处理的设计尚应符合下列规定：
> 1 经处理后的地基，当在受力层范围内仍存在软弱下卧层时，应进行软弱下卧层地基承载力验算；
> 2 按地基变形设计或应作变形验算且需进行地基处理的建筑物或构筑物，应对处理后的地基进行变形验算；
> 3 对建造在处理后的地基上受较大水平荷载或位于斜坡上的建筑物及构筑物，应进行地基稳定性验算。
>
> 3.0.5（条文说明）
> 处理地基的软弱下卧层验算，对压实、夯实、注浆加固地基及散体材料增强体复合地基等应按压力扩散角，按现行国家标准《建筑地基基础设计规范》GB 50007的方法验算，对有粘结强度的增强体复合地基，按其荷载传递特性，可按实体深基础法验算。

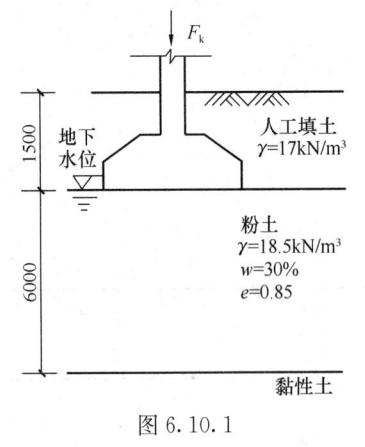

图 6.10.1

【例 6.10.1】 某砌体墙下钢筋混凝土条形基础，基础埋置深度 $d=1.5$m，地下水位距地表 1.5m，工程地层分布情况如图 6.10.1 所示。经采用振冲碎石桩进行地基处理后，其粉土层顶面处的复合地基承载力特征值 $f_{spk}=150$kPa。基础顶面处相应于上部结构荷载的标准组合的轴压力 $F_k=300$kN/m。

试问：
(1) 确定修正后的地基承载力特征值 f_{spa}。
(2) 确定条形基础的宽度。

【解答】 (1) 根据《地处规》3.0.4 条规定，取 $\eta_d=1.0$。

$$f_{spa}=f_{spk}+\eta_d\gamma_m(d-0.5)$$
$$=150+1\times 17\times(1.5-0.5)=167\text{kPa}$$

(2) 根据《地规》5.2.1 条规定：

$$p_k=\frac{F_k+G_k}{A}\leqslant f_a=f_{spa}$$

$$b\geqslant\frac{F_k}{f_{spa}-\gamma_G d}=\frac{300}{167-20\times 1.5}=2.19\text{m}$$

取 $b=2.2$m。

【例 6.10.2】 某新建 7 层圆形框架结构建筑，位于北方季节性冻土地区，场地平坦，旷野环境。采用柱下圆形筏板基础，基础边线与场地红线的最近距离为 4m，红线范围外将开发。整个场地红线范围内填高 2.9m 至设计 ±0.000，填土采用黏粒含量大于 10%的粉土，压实系数大于 0.95。基础平、剖面及土层分布如图 6.10.2 所示。基础及其上覆土的加权平均重度为 20kN/m²。

假定，不考虑土的冻胀基础埋深 d 为 1.5m。试问：该基础底面下修正后的地基承载力特征值 f_a（kPa）与下列何项数值最为接近？

(A) 125　　　　(B) 135　　　　(C) 145　　　　(D) 155

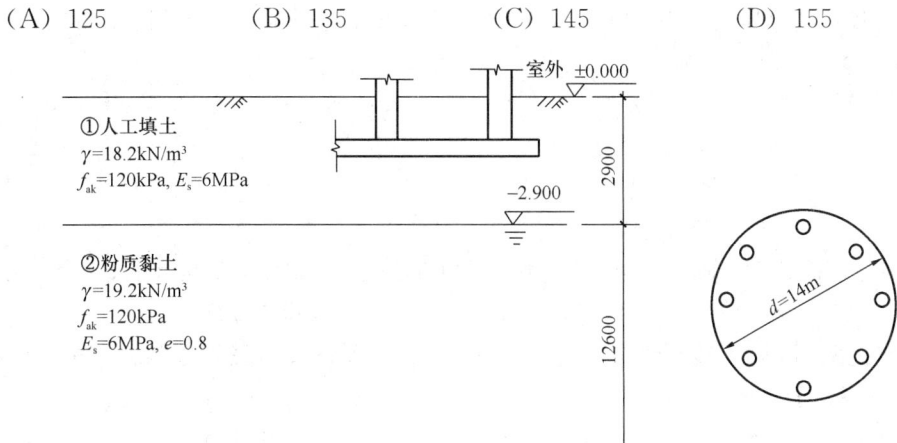

图 6.10.2

【解答】 根据《地规》表 5.2.4 注 4：

$b = \sqrt{\dfrac{\pi}{4} \times 14^2} = 12.4\text{m}$，$14 + 2 \times 4 = 22\text{m} < 26 = 24.8\text{m}$ 故不属于大面积填土。

由《地处规》3.0.4 条：

$f_\text{a} = f_\text{ak} + \eta_\text{d} \gamma_\text{m} (d - 0.5) = 120 + 1.0 \times 18.2 \times (1.5 - 0.5) = 138.2\text{kPa}$

故选（B）项。

二、换填垫层

- 复习《地处规》4.1.1 条~4.1.4 条。
- 复习《地处规》4.2.1 条~4.2.9 条。

需注意的是：

《地处规》4.2.1 条中，p_{cz} 的计算与《地规》5.2.7 条中 p_{cz} 的计算是不同的，此处的 p_{cz} 计算时，垫层厚度范围的土层的重度取垫层材料的重度。

f_{az} 的计算与《地规》5.2.7 条中 f_{az} 的计算是相同的，即取未处理时土层的重度进行计算。

z 指基础底面下垫层的厚度（m），$0.5\text{m} \leqslant z \leqslant 3\text{m}$。

【例 6.10.3】 某砌体结构建筑物，地基基础设计等级为丙级，采用墙下钢筋混凝土条形基础，并采用换填垫层法进行地基处理，假定垫层材料容重为 18kN/m^3，

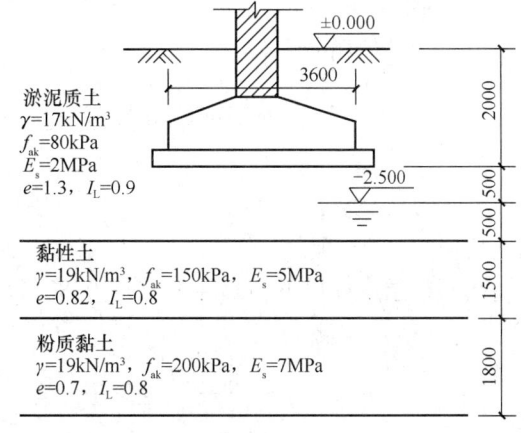

图 6.10.3

土层分布及基础尺寸如图 6.10.3 所示，基础底面处相应于荷载的标准组合时的平均压力值为 280kPa。

试问：

(1) 采用下列何项垫层最为合理?
    (A) 砂石   (B) 素土
    (C) 灰土   (D) A、B、C 均可

(2) 基础底面处土层修正后的天然地基承载力特征值 f_a (kPa)，最接近于下列何项数值?
    (A) 80   (B) 105   (C) 115   (D) 121

(3) 假定做 2m 厚的砂石垫层，垫层沿宽度方向，基底面从基础边缘外放所需最小尺寸（m），最接近于下列何项数值?
    (A) 0.3   (B) 0.9   (C) 1.2   (D) 1.5

(4) 条件同题目（3），相应于荷载的标准组合时，垫层底面处的附加压力值 p_{cz} (kPa)，最接近于下列何项数值?
    (A) 130   (B) 150   (C) 170   (D) 190

(5) 条件同题目（3），垫层底面处的自重压力值 p_{cz} (kPa)，最接近于下列何项数值?
    (A) 20   (B) 34   (C) 40   (D) 55

(6) 条件同题目（3），垫层底面处土层经深度修正后的地基承载力特征值 f_{az} (kPa)，最接近于下列何项数值?
    (A) 210   (B) 230   (C) 250   (D) 270

【解答】(1) 根据《地处规》4.2.1 条规定，基础下 0.5m 处为地下水位，素土和灰土垫层均不宜用于地下水位以下，故应选（A）项，砂石垫层。

(2) 根据《地规》表 5.2.4，淤泥质土，取 $\eta_b=0$、$\eta_d=1.0$。
$$f_a = f_{ak} + \eta_d \gamma_m (d-0.5)$$
$$=80+1\times17\times(2.0-0.5)=105.5\text{kPa}$$
故应选（B）项。

(3) 根据《地处规》4.2.3 条规定，取压力扩散角 $\theta=30°$，垫层顶面每边超出基础底边不宜小于 300mm，并且大于 $2000\tan30°=1155$mm，故应选（C）项。

(4) 根据《地处规》4.2.2 条规定
$z=2$m，$b=3.6$m，$z/b=2/3.6=0.56>0.50$，
取压力扩散角 $\theta=30°$
$$p_z = \frac{b(p_k-p_c)}{b+2z\tan\theta} = \frac{3.6\times(280-17\times2)}{3.6+2\times2\times\tan30°} = 149.86\text{kN}$$
故应选（B）项。

(5) $p_{cz} = \Sigma\gamma_i d_i = 17\times2+18\times0.5+(18-10)\times(2-0.5)=55\text{kPa}$
故应选（D）项。

(6) 垫层底面以下为黏性土，$e=0.82$，$I_L=0.8$，查《地规》表 5.2.4，取 $\eta_d=1.6$。
$$f_{az} = f_{ak} + \eta_d \gamma_m (d-0.5)$$
$$=150+1.6\times\frac{17\times2.5+(17-10)\times0.5+(19-10)\times1}{4}\times(4-0.5)$$
$$=227\text{kPa}$$

故应选（B）项。

【例 6.10.4】 某多层砌体结构房屋，采用墙下钢筋混凝土条形基础，承重墙在标高±0.000处相应于荷载的标准组合时的轴心力$F_k=220$kN/m，基础埋置深度及工程地质情况如图 6.10.4所示，基底下采用中砂垫层，中砂垫层承载力特征值$f_{ak}=150$kPa，其填筑后重度$\gamma=18.2$kN/m³，$w=7\%$。

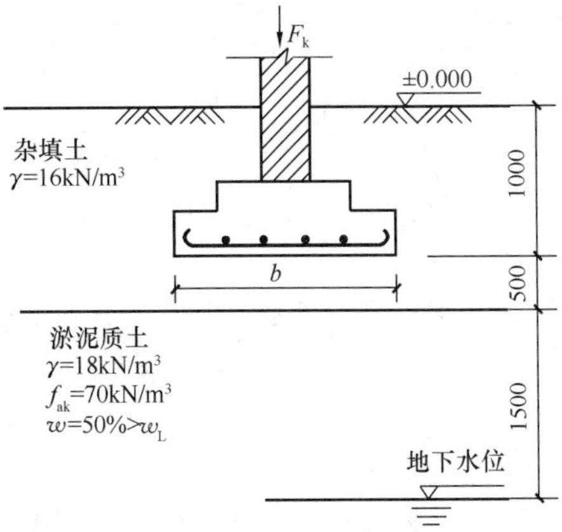

试问：

(1) 中砂垫层顶面处经深度修正后的地基承载力特征值f_a（kPa），最接近于下列何项数值？

(A) 150　　　　(B) 158
(C) 168　　　　(D) 172

图 6.10.4

(2) 确定条形基础的最小宽度b（m），最接近于下列何项数值？

(A) 1.50　　(B) 1.60　　(C) 1.70　　(D) 1.80

(3) 假定条形基础宽度$b=1.8$m，砂垫层厚度$z=2.0$m，砂垫层底面处的总压力p_z+p_{cz}之值（kN），最接近于下列何项数值？

(A) 110　　(B) 124　　(C) 136　　(D) 142

(4) 条件同题目（3），砂垫层的底面宽度（m），最接近于下列何项数值？

(A) 3.9　　(B) 4.1　　(C) 4.3　　(D) 4.5

(5) 假定中砂按轻型击实试验测得最大干重度$\rho_{dmax}=1.58$t/m³，分层压实的每层最小控制干密度(t/m³)，最接近于下列何项数值？

(A) 1.58　　(B) 1.54　　(C) 1.49　　(D) 1.48

【解答】 (1) 根据《地处规》3.0.4 条规定，取$\eta_d=1.0$。

$$f_a = f_{ak} + \eta_d \gamma_m (d-0.5)$$
$$= 150 + 1.0 \times 16 \times (1-0.5) = 158\text{kPa}$$

故应选（B）项。

(2) 根据《地规》5.2.1 条规定：

$$p_k = \frac{F_k + G_k}{b} \leqslant f_a$$

$$b \geqslant \frac{F_k}{f_a - \gamma_G d} = \frac{220}{158 - 20 \times 1} = 1.59\text{m}$$

故应选（B）项。

(3) 根据《地处规》4.2.2 条规定：

$$p_k = \frac{F_k + G_k}{b} = \frac{220}{1.8} + 20 \times 1.0 = 142.2\text{kPa}$$

$$p_c = \gamma d = 16 \times 1 = 16\text{kPa}$$

$$z/b = \frac{2}{1.8} = 1.11 > 0.50,查《地处规》表 4.2.2,取 \theta = 30°$$

$$p_z = \frac{b(p_k - p_c)}{b + 2z\tan\theta} = \frac{1.8 \times (142.2 - 16)}{1.8 + 2 \times 2 \times \tan30°} = 55.3\text{kPa}$$

$$p_{cz} = \Sigma\gamma_i h_i = 16 \times 1 + 18.2 \times 2 = 52.4\text{kPa}$$

$$p_z + p_{cz} = 55.3 + 52.4 = 107.7\text{kPa}$$

故应选（A）项。

(4) 根据《地处规》4.2.3 条规定：

$$b' \geqslant b + 2z\tan\theta = 1.8 + 2 \times 2 \times \tan30° = 4.1\text{m}$$

$$b' \geqslant b + 2 \times 0.3 = 1.8 + 2 \times 0.3 = 2.4\text{m}$$

故应选（B）项。

(5) 根据《地处规》4.2.4 条表 4.2.4，取压实系数 $\lambda_c \geqslant 0.97$

$$\lambda_c = \frac{\rho_d}{\rho_{d\max}}$$

$$\rho_d = \lambda_c \rho_{d\max} \geqslant 0.97 \times 1.58 = 1.533\text{t/m}^3,故应选（B）项。$$

【例 6.10.5】 某柱下独立矩形基础，如图 6.10.5 所示，基础底面尺寸为 2.4m×3.6m，埋深为 1.5m，基础顶面处由上部结构传来相应于荷载的标准组合的轴压力 F_k=1200kN。基础与地基土的平均重度 γ_G=20kN/m³。基底采用砾砂垫层。

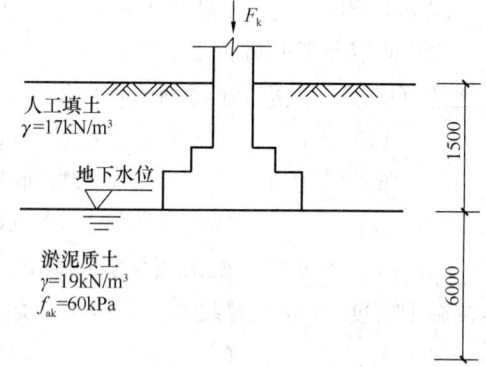

图 6.10.5

试问：

(1) 静载试验时，要求砾砂垫层处理地基的最小承载力特征值 f_{ak}（kPa），最接近下列何项数值？

(A) 145   (B) 149
(C) 152   (D) 155

(2) 假定垫层厚度 z=2.0m，砾砂的重度 γ=18.5kN/m³，垫层底面处的总压力 $p_z + p_{cz}$ 之值（kPa），最接近下列何项数值？

(A) 81   (B) 83   (C) 85   (D) 87

【解答】 (1) 根据《地处规》3.0.4 条规定，取 η_d=1.0。

$$f_a = f_{ak} + \eta_d \gamma_m (d - 0.5) = f_{ak} + 1 \times 17 \times (1.5 - 0.5)$$

$$= f_{ak} + 17$$

$$p_k = \frac{F_k + G_k}{A} \leqslant f_a$$

$$f_{ak} \geqslant \frac{F_k + G_k}{A} - 17 = \frac{1200 + 20 \times 2.4 \times 3.6 \times 1.5}{2.4 \times 3.6} - 17 = 151.9\text{kPa}$$

故应选（C）项。

(2) $$p_k = \frac{F_k + G_k}{A} = \frac{1200}{2.4 \times 3.6} + 20 \times 1.5 = 168.9\text{kPa}$$

$$p_c = \gamma d = 17 \times 1.5 = 25.5 \text{kPa}$$

$z=2.0\text{m}$，$b=2.4\text{m}$，$z/b=2/2.4=0.83>0.50$，查《地处规》表 4.2.2，取 $\theta=30°$
由规范式（4.2.2-3）：

$$\begin{aligned}
p_z &= \frac{bl(p_k - p_c)}{(b+2z\tan\theta)(l+2z\tan\theta)} \\
&= \frac{2.4 \times 3.6 \times (168.9 - 25.5)}{(2.4 + 2 \times 2 \times \tan30°) \times (3.6 + 2 \times 2 \times \tan30°)} \\
&= 44.52 \text{kPa}
\end{aligned}$$

$$p_{cz} = \Sigma\gamma_i h_i = 17 \times 1.5 + (18.5 - 10) \times 2 = 42.5 \text{kPa}$$

$$p_z + p_{cz} = 44.52 + 42.5 = 87.02 \text{kPa}$$

故应选（D）项。

三、预压地基

- 复习《地处规》5.1.1 条～5.1.9 条。
- 复习《地处规》5.2.1 条～5.2.16 条。

需注意的是：

(1)《地处规》表 5.2.7 中，α、β 值的确定：

$$\beta = \frac{8c_h}{F_n d_e^2} + \frac{\pi^2 c_v}{4H^2}$$

式中，H 的单位应与 c_v 的单位一致，表 5.2.7 中 c_v（cm²/s），故取 H 的单位为 cm；同样，d_e 的单位应与 c_h 的单位一致，表中 5.2.7 中 c_h（cm²/s），故取 d_e 的单位为 cm。

上式中 β 计算结果的单位为 1/s，需转化为 1/d。

(2)《地处规》表 5.2.7 中，H 的取值，当底层为不透水层，取 H 为土层竖向排水距离（cm）；当底层为透水层（如砂层），取 H 为土层竖向排水距离的一半（cm）。

【例 6.10.6】 某 20m 厚淤泥质土，$c_v = 1.8 \times 10^{-3}$ cm²/s，$c_h = 2.8 \times 10^{-3}$ cm²/s，采用砂井和堆载预压加固，砂井直径 $d_w = 70$mm，等边三角形布置，间距 1.4m，深度 20m，砂井底部为不透水层，预压荷载分 2 级施加，第一级 60kPa，10d 内加完，预压 20d；第二级 40kPa，10d 内加完，预压 80d，如图 6.10.6 所示。

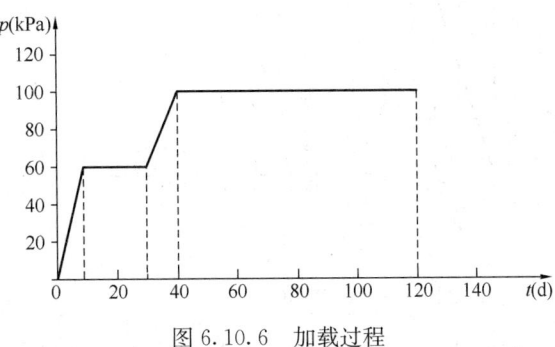

图 6.10.6 加载过程

试问：不考虑竖直井阻和涂抹影响，加载 120d 时受压土层的平均固结度。

【解答】（1）根据《地处规》5.2.4 条、5.2.5 条规定：

$$d_e = 1.05l = 1.05 \times 140 = 147 \text{cm}$$
$$n = d_e / d_w = 147 / 7 = 21$$

根据《地处规》表 5.2.7 规定，取 $H=2000$cm。

$$\alpha = \frac{8}{\pi^2} = 0.811$$

$$F_n = \frac{n^2}{n^2-1}\ln(n) - \frac{3n^2-1}{4n^2} = \frac{21^2}{21^2-1}\ln 21 - \frac{3 \times 21^2 - 1}{4 \times 21^2}$$

$$= 2.30$$

$$\beta = \frac{8c_h}{F_n d_e^2} + \frac{\pi^2 c_v}{4H^2} = \frac{8 \times 2.8 \times 10^{-3}}{2.30 \times 147^2} + \frac{\pi^2 \times 1.8 \times 10^{-3}}{4 \times 2000^2}$$

$$= 4.517 \times 10^{-7}/\text{s} = 0.0390/\text{d}$$

第一级加载速率：$\dot{q}_1 = 60/10 = 6\text{kPa/d}$

第二级加载速率：$\dot{q}_2 = 40/10 = 4\text{kPa/d}$

（2）求固结度 $\overline{U}_t$：

$$\overline{U}_t = \sum_{i=1}^{n} \frac{\dot{q}_i}{\Sigma \Delta p}\left[(T_i - T_{i-1}) - \frac{\alpha}{\beta}e^{-\beta t}(e^{\beta T_i} - e^{\beta T_{i-1}})\right]$$

$$= \frac{\dot{q}_1}{\Sigma \Delta p}\left[(T_1 - T_0) - \frac{\alpha}{\beta}e^{-\beta t}(e^{\beta T_1} - e^{\beta T_0})\right]$$

$$+ \frac{\dot{q}_2}{\Sigma \Delta p}\left[(T_3 - T_2) - \frac{\alpha}{\beta}e^{-\beta t}(e^{\beta T_3} - e^{\beta T_2})\right]$$

$$= \frac{6}{100}\left[(10-0) - \frac{0.811}{0.039}e^{-0.039 \times 120}(e^{0.039 \times 10} - e^0)\right]$$

$$+ \frac{4}{100}\left[(40-30) - \frac{0.811}{0.039}e^{-0.039 \times 120}(e^{0.039 \times 40} - e^{0.039 \times 30})\right]$$

$$= 0.975 = 97.5\%$$

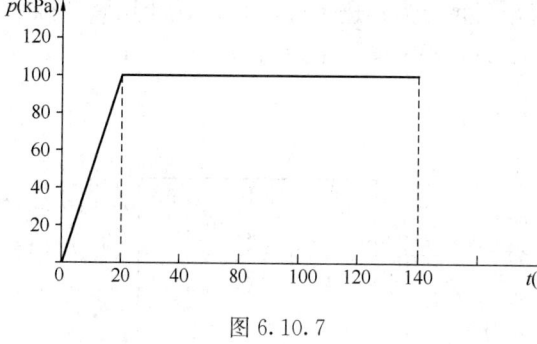

图 6.10.7

【例 6.10.7】 题目条件同例 6.10.6，预压加荷载一次施加，总压力为 100kPa，加载 20d，预压 120d，如图 6.10.7 所示。不考虑竖直井阻和涂抹影响。

试问：加载 120d 时受压土层的平均固结度。

【解答】 由上题求解结果知，取 $H = 2000\text{cm}$；

$\alpha = 0.811$，$\beta = 0.0390/\text{d}$

加载速率 $\dot{q}_i = \dfrac{100}{20} = 5\text{kPa/d}$，$T_i = 20\text{d}$，$T_o = 0\text{d}$

$$\overline{U}_t = \sum_{i=1}^{n} \frac{\dot{q}_i}{\Sigma \Delta p}\left[(T_i - T_{i-1}) - \frac{\alpha}{\beta}e^{-\beta t}(e^{\beta T_i} - e^{\beta T_{i-1}})\right]$$

$$= \frac{\dot{q}_1}{\Sigma \Delta p}\left[(T_1 - T_0) - \frac{\alpha}{\beta}e^{-\beta t}(e^{\beta T_1} - e^{\beta T_0})\right]$$

$$= \frac{5}{100}\left[(20-0) - \frac{0.811}{0.039}e^{-0.039\times 120}(e^{0.039\times 20} - e^0)\right]$$
$$= 0.9886 = 98.86\%$$

【例 6.10.8】 某 20m 厚淤泥质土层，$k_h = 1.0\times 10^{-7}$ cm/s，$c_v = c_h = 1.8\times 10^{-3}$ cm²/s，采用袋装砂井预压固结加固地基，砂井直径 $d_w = 70$mm，砂料渗透系数 $k_w = 2\times 10^{-2}$ cm/s，涂抹区土的渗透系数 $k_s = \frac{1}{5}k_h = 0.2\times 10^{-7}$ cm/s，涂抹区直径 d_s 与竖井直径 d_w 之比值 $s=2$，砂井等边三角形布置，间距 1.4m，深度 20m，砂井底部为不透水层。预压堆载为一级等速加载总预压力 100kPa，加载 20d，总历时 100d（含加载时间）。

提示：砂井纵向通水量 $q_w = k_w \cdot \frac{\pi d_w^2}{4}$。

试问：加载 100d 时该土层的平均固结度。

【解答】 确定参数 F

$$q_w = k_w \frac{\pi d_w^2}{4} = 2\times 10^{-2} \times 3.14\times 7^2/4 = 0.769 \text{cm}^3/\text{s}$$

$$d_e = 1.05\times 140 = 147\text{cm}, n = d_e/d_w = 147/7 = 21$$

由《地处规》5.2.8 条规定：

$n = 21 > 5$，则：

$$F_n = \ln(n) - \frac{3}{4} = \ln 21 - \frac{3}{4} = 2.295$$

$$F_s = \left(\frac{k_h}{k_s} - 1\right)\ln s = (5-1)\times \ln 2 = 2.773$$

$$F_r = \frac{\pi^2 L^2 k_h}{4q_w} = \frac{\pi^2 \times 2000^2 \times 1.0\times 10^{-7}}{4\times 0.769} = 1.282$$

$$F = F_n + F_s + F_r = 6.35$$

$$\alpha = \frac{8}{\pi^2} = 0.811$$

$$\beta = \frac{8c_h}{Fd_e^2} + \frac{\pi^2 c_v}{4H^2} = \frac{8\times 1.8\times 10^{-3}}{6.35\times 147^2} + \frac{\pi^2\times 1.8\times 10^{-3}}{4\times 2000^2}$$

$$= 1.060\times 10^{-7}/\text{s} = 0.00916/\text{d}$$

由《地处规》5.2.8 条规定，一级等速加载条件下，可按规范式（5.2.7）计算：

$$\overline{U}_t = \sum \frac{\dot{q}_i}{\sum \Delta p}\left[(T_i - T_{i-1}) - \frac{\alpha}{\beta}e^{-\beta t}(e^{\beta T_i} - e^{\beta T_{i-1}})\right]$$

$$= \frac{100/20}{100}\left[(20-0) - \frac{0.811}{0.00916}e^{-0.00916\times 100}(e^{0.00916\times 20} - e^0)\right]$$

$$= 0.644 = 64.4\%$$

【例 6.10.9】 已知某地基土中的淤泥质黏土的天然抗剪强度为 15kPa，三轴固结不排水压缩试验求得的土的内摩擦角为 10°。由上部预压荷载引起的地基土中 A 点（位于淤泥质黏土层）的附加竖向应力 $\Delta\sigma_z = 18$kPa。当上部预压荷载五个月时，地基土中 A 点土的固结度 U_t 为 50%。

试问：上部预压荷载五个月时，地基土中A点土体的抗剪强度（kPa），最接近于下列何项数值？

(A) 15.6　　　(B) 16.1　　　(C) 16.6　　　(D) 16.9

【解答】 根据《地处规》5.2.11条：

$$\tau_{ft} = \tau_{f0} + \Delta\sigma_z \cdot U_t \tan\varphi_{cu}$$
$$= 15 + 18 \times 50\% \times \tan10° = 16.59 \text{kPa}$$

所以应选（C）项。

四、压实地基和夯实地基

（一）一般规定

《地处规》规定：

> 6.1.1 压实地基适用于处理大面积填土地基。浅层软弱地基以及局部不均匀地基的换填处理应符合本规范第4章的有关规定。
>
> 6.1.2 夯实地基可分为强夯和强夯置换处理地基。强夯处理地基适用于碎石土、砂土、低饱和度的粉土与黏性土、湿陷性黄土、素填土和杂填土等地基；强夯置换适用于高饱和度的粉土与软塑～流塑的黏性土地基上对变形要求不严格的工程。
>
> 6.1.3 压实和夯实处理后的地基承载力应按本规范附录A确定。

（二）压实地基

压实填土地基包括压实填土及其下部天然土层两部分，压实填土地基的变形也包括压实填土及其下部天然土层的变形。压实填土需通过设计，按设计要求进行分层压实，对其填料性质和施工质量有严格控制，其承载力和变形需满足地基设计要求。

> ● 复习《地处规》6.2.1条～6.2.5条。

（三）夯实地基

> ● 复习《地处规》6.3.1条～6.3.14条。

【例6.10.10】 某建筑场地表层为碎石土，厚度为6.5m，拟用强夯法处理，现有重量为15t的夯锤。

试问：符合强夯法处理要求的夯锤起吊高度（m）最接近于下列何项数值？

(A) 15　　　(B) 18　　　(C) 20　　　(D) 22

【解答】 查《地处规》表6.3.3-1规定，有效加固深度6.0～7.0m的单击夯击能为3000kN·m，则起吊高度为：3000/(15×10)=20m。

故应选（C）项。

【例6.10.11】 某建筑场地地表为粉土，厚度为7.5m，拟用强夯法处理，现有重量为30t的夯锤，落距20m。

试问：

(1) 该强夯法的有效加固深度（m）最接近于下列何项数值？

(A) 6.0~7.0　　　(B) 7.0~7.5　　　(C) 7.5~8.0　　　(D) 8.0~8.5

(2) 现场测得的最后两击的平均夯沉量（mm）不宜大于下列何项数值。

(A) 50　　　(B) 100　　　(C) 150　　　(D) 200

【解答】（1）单击夯击能：$G \cdot h = (30 \times 10) \times 20 = 6000 \text{kN} \cdot \text{m}$

查《地处规》表6.3.3-1，粉土，最有效加固深度：7.5~8.0m。

故应选（C）项。

（2）根据《地处规》6.3.3-2条规定，单击夯击能为6000kN·m时为150mm，故应选（C）项。

【例6.10.12】 某多层办公楼拟建造于大面积填土地基上，采用钢筋混凝土筏形基础；填土厚度7.2m，采用强夯地基处理措施。建筑基础、土层分布及地下水位等如图6.10.8所示。该工程抗震设防烈度为7度，设计基本地震加速度为0.15g，设计地震分组为第三组。

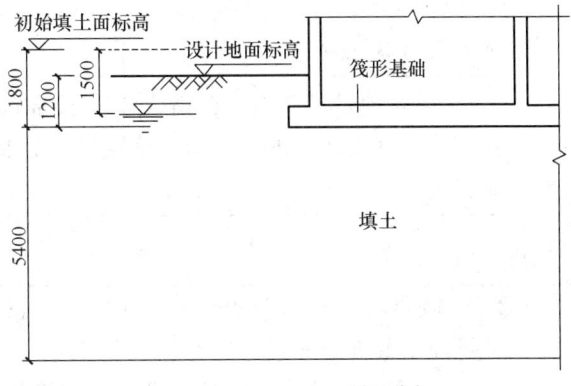

图6.10.8

试问：

(1) 设计要求对填土整个深度范围内进行有效加固处理，强夯前勘察查明填土的物理指标见表6.10.1。试问，按《建筑地基处理技术规范》JGJ 79—2012预估的最小单击夯击能E（kN·m），与下列何项数值最为接近？

(A) 3000　　　　　　　　(B) 4000

(C) 5000　　　　　　　　(D) 6000

(2) 假定，填土为粉土，本工程强夯处理后间隔一定时间进行地基承载力检验。试问，下列关于间隔时间（d）和平板静载荷试验压板面积（m²）的选项中，何项较为合理？

(A) 10，1.0　　　(B) 10，2.0　　　(C) 20，1.0　　　(D) 20，2.0

表6.10.1

含水量	土的重度	孔隙比	塑性指数	水平渗透	粒径范围					
					>20 (mm)	20~0.5 (mm)	0.5~0.25 (mm)	0.25~0.075 (mm)	0.075~0.005 (mm)	<0.005 (mm)
w_0 (%)	γ (kN/m³)	e_0 (%)	I_P (%)	K_h (cm/s)	(%)	(%)	(%)	(%)	(%)	(%)
27.0	19.04	0.765	7.5	5.40×10^{-4}	0.0	0.0	5.0	18.0	69.5	7.5

【解答】（1）由题目条件，根据《地规》4.1.7条、4.1.11条，可知，填土为粉土。

查《地处规》表6.3.3-1，加固深度7.2m，粉土，则E为5000kN·m，应选(C)项。

（2）根据《地处规》6.3.14条，间隔时间为14~28d；由《地处规》附录A.0.2条，压板面积≥2m²。故应选（D）项。

五、复合地基的一般规定

1. 复合地基与桩基础

复合地基属于地基范畴，故复合地基的承载力特征值应进行深度和宽度的修正。

桩基础属于基础范畴，同时，桩基础承载力不存在深度和宽度修正。

2. 复合地基承载力特征值的确定

《地基通规》规定：

> 4.2.4 复合地基承载力特征值应通过现场复合地基载荷试验确定，或采用增强体载荷试验结果和其周边土的承载力特征值结合经验确定。复合地基静载荷试验应采用慢速维持荷载法。

《地处规》规范：

> 7.1.2 对散体材料复合地基增强体应进行密实度检验；对有粘结强度复合地基增强体应进行强度及桩身完整性检验。
>
> 7.1.3 复合地基承载力的验收检验应采用复合地基静载荷试验，对有粘结强度的复合地基增强体尚应进行单桩静载荷试验。
>
> 7.1.5 复合地基承载力特征值应通过复合地基静载荷试验或采用增强体静载荷试验结果和其周边土的承载力特征值结合经验确定，初步设计时，可按下列公式估算：
>
> **1** 对散体材料增强体复合地基应按下式计算：
>
> $$f_{spk} = [1 + m(n-1)]f_{sk} \quad (7.1.5\text{-}1)$$
>
> 式中：f_{spk}——复合地基承载力特征值（kPa）；
>
> f_{sk}——处理后桩间土承载力特征值（kPa），可按地区经验确定；
>
> n——复合地基桩土应力比，可按地区经验确定；
>
> m——面积置换率，$m = d^2/d_e^2$；d 为桩身平均直径（m），d_e 为一根桩分担的处理地基面积的等效圆直径（m）；等边三角形布桩 $d_e = 1.05s$，正方形布桩 $d_e = 1.13s$，矩形布桩 $d_e = 1.13\sqrt{s_1 s_2}$，s、s_1、s_2 分别为桩间距、纵向桩间距和横向桩间距。
>
> **2** 对有粘结强度增强体复合地基应按下式计算：
>
> $$f_{spk} = \lambda m \frac{R_a}{A_p} + \beta(1-m)f_{sk} \quad (7.1.5\text{-}2)$$
>
> 式中：λ——单桩承载力发挥系数，可按地区经验取值；
>
> R_a——单桩竖向承载力特征值（kN）；
>
> A_p——桩的截面积（m²）；
>
> β——桩间土承载力发挥系数，可按地区经验取值。
>
> **3** 增强体单桩竖向承载力特征值可按下式估算：
>
> $$R_a = u_p \sum_{i=1}^{n} q_{si} l_{pi} + \alpha_p q_p A_p \quad (7.1.5\text{-}3)$$

式中：u_p ——桩的周长（m）；

q_{si} ——桩周第 i 层土的侧阻力特征值（kPa），可按地区经验确定；

l_{pi} ——桩长范围内第 i 层土的厚度（m）；

α_p ——桩端端阻力发挥系数，应按地区经验确定；

q_p ——桩端端阻力特征值（kPa），可按地区经验确定；对于水泥搅拌桩、旋喷桩应取未经修正的桩端地基土承载力特征值。

7.1.6 有粘结强度复合地基增强体桩身强度应满足式(7.1.6-1)的要求。当复合地基承载力进行基础埋深的深度修正时，增强体桩身强度应满足式（7.1.6-2）的要求。

$$f_{cu} \geqslant 4\frac{\lambda R_a}{A_p} \quad (7.1.6-1)$$

$$f_{cu} \geqslant 4\frac{\lambda R_a}{A_p}\left[1+\frac{\gamma_m(d-0.5)}{f_{spa}}\right] \quad (7.1.6-2)$$

式中：f_{cu} ——桩体试块（边长 150mm 立方体）标准养护 28d 的立方体抗压强度平均值（kPa），对水泥土搅拌桩应符合本规范第 7.3.3 条的规定；

γ_m ——基础底面以上土的加权平均重度（kN/m³），地下水位以下取有效重度；

d ——基础埋置深度（m）；

f_{spa} ——深度修正后的复合地基承载力特征值（kPa）。

7.1.9 处理后的复合地基承载力，应按本规范附录 B 的方法确定；复合地基增强体的单桩承载力，应按本规范附录 C 的方法确定。

需注意的是：

面积置换率 m 的计算：①单桩型复合地基，按《地处规》7.1.5 条；②多桩型复合地基，按《地处规》7.9.7 条。

【例 6.10.13】 试问复合地基的承载力特征值应按下述何种方法确定？
(A) 桩间土的荷载试验结果　　(B) 增强体的荷载试验结果
(C) 复合地基的荷载试验结果　(D) 本场地的工程地质勘察报告

【解答】 根据《地处规》7.1.3 条规定，应选（C）项。

【例 6.10.14】 对某处理的复合地基进行现场载荷试验，实测得三个测点的复合地基承载力特征值分别为 160kPa、170kPa、175kPa。

试问： 确定该复合地基承载力特征值。

【解答】 根据《地处规》附录 B.0.11 条规定：

$$\overline{R} = \frac{1}{3}(160+170+175) = 168.3\text{kPa}$$

极差：175－160＝15kPa＜168.3×30%＝50.5kPa

故取 $f_{spk} = \overline{R} = 168.3$kPa。

3. 复合地基变形计算

《地处规》规范：

7.1.7 复合地基变形计算应符合现行国家标准《建筑地基基础设计规范》GB 50007 的有关规定,地基变形计算深度应大于复合土层的深度。复合土层的分层与天然地基相同,各复合土层的压缩模量等于该层天然地基压缩模量的 ζ 倍,ζ 值可按下式确定:

$$\zeta = \frac{f_{spk}}{f_{ak}} \tag{7.1.7}$$

式中:f_{ak}——基础底面下天然地基承载力特征值(kPa)。

7.1.8 复合地基的沉降计算经验系数 ψ_s 可根据地区沉降观测资料统计值确定,无经验取值时,可采用表 7.1.8 的数值。

沉降计算经验系数 ψ_s 表 7.1.8

$\overline{E}_s$ (MPa)	4.0	7.0	15.0	20.0	35.0
ψ_s	1.0	0.7	0.4	0.25	0.2

注:$\overline{E}_s$ 为变形计算深度范围内压缩模量的当量值,应按下式计算:

$$\overline{E}_s = \frac{\sum_{i=1}^{n} A_i + \sum_{j=1}^{m} A_j}{\sum_{i=1}^{n} \frac{A_i}{E_{spi}} + \sum_{j=1}^{m} \frac{A_j}{E_{sj}}} \tag{7.1.8}$$

式中:A_i——加固土层第 i 层土附加应力系数沿土层厚度的积分值;

A_j——加固土层下第 j 层土附加应力系数沿土层厚度的积分值。

复合地基变形计算时,土层计算深度 z_n,各土层的压缩模量的取值,如图 6.10.9 所示,$\xi = f_{spk}/f_{ak}$。

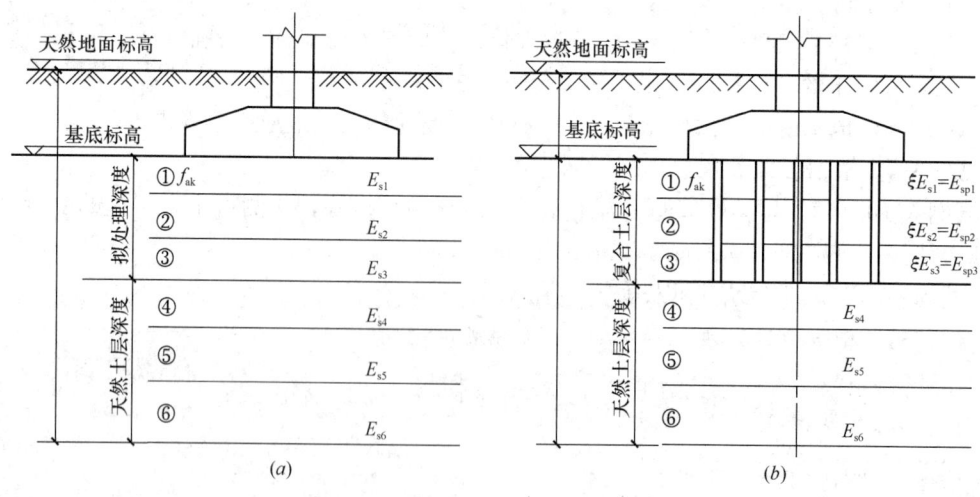

图 6.10.9 复合地基变形计算示意图
(a) 地基处理前;(b) 地基处理后(复合地基)

六、振冲碎石桩和沉管砂石桩复合地基

《地处规》规范：

> **7.2.2** 振冲碎石桩、沉管砂石桩复合地基设计应符合下列规定：
>
> **1** 地基处理范围应根据建筑物的重要性和场地条件确定，宜在基础外缘扩大（1～3）排桩。对可液化地基，在基础外缘扩大宽度不应小于基底下可液化土层厚度的1/2，且不应小于5m。
>
> **2** 桩位布置，对大面积满堂基础和独立基础，可采用三角形、正方形、矩形布桩；对条形基础，可沿基础轴线采用单排布桩或对称轴线多排布桩。
>
> **3** 桩径可根据地基土质情况、成桩方式和成桩设备等因素确定，桩的平均直径可按每根桩所用填料量计算。振冲碎石桩桩径宜为800mm～1200mm；沉管砂石桩桩径宜为300mm～800mm。
>
> **4** 桩间距应通过现场试验确定，并应符合下列规定：
>
> 1）振冲碎石桩的桩间距应根据上部结构荷载大小和场地土层情况，并结合所采用的振冲器功率大小综合考虑；30kW振冲器布桩间距可采用1.3m～2.0m；55kW振冲器布桩间距可采用1.4m～2.5m；75kW振冲器布桩间距可采用1.5m～3.0m；不加填料振冲挤密孔距可为2m～3m；
>
> 2）沉管砂石桩的桩间距，不宜大于砂石桩直径的4.5倍；
> 初步设计时，对松散粉土和砂土地基，应根据挤密后要求达到的孔隙比确定，可按下列公式估算：
> 等边三角形布置
>
> $$s = 0.95\xi d\sqrt{\frac{1+e_0}{e_0-e_1}} \quad (7.2.2\text{-}1)$$
>
> 正方形布置
>
> $$s = 0.89\xi d\sqrt{\frac{1+e_0}{e_0-e_1}} \quad (7.2.2\text{-}2)$$
>
> $$e_1 = e_{\max} - D_{r1}(e_{\max} - e_{\min}) \quad (7.2.2\text{-}3)$$
>
> 式中：s——砂石桩间距（m）；
> d——砂石桩直径（m）；
> ξ——修正系数，当考虑振动下沉密实作用时，可取1.1～1.2；不考虑振动下沉密实作用时，可取1.0；
> e_0——地基处理前砂土的孔隙比，可按原状土样试验确定，也可根据动力或静力触探等对比试验确定；
> e_1——地基挤密后要求达到的孔隙比；
> $e_{\max}$、$e_{\min}$——砂土的最大、最小孔隙比，可按现行国家标准《土工试验方法标准》GB/T 50123的有关规定确定；
> D_{r1}——地基挤密后要求砂土达到的相对密实度，可取0.70～0.85。
>
> ……

7 桩顶和基础之间宜铺设厚度为 300mm～500mm 的垫层，垫层材料宜用中砂、粗砂、级配砂石和碎石等，最大粒径不宜大于 30mm，其夯填度（夯实后的厚度与虚铺厚度的比值）不应大于 0.9。

8 复合地基的承载力初步设计可按本规范式（7.1.5-1）估算，处理后桩间土承载力特征值，可按地区经验确定，如无经验时，对于一般黏性土地基，可取天然地基承载力特征值，松散的砂土、粉土可取原天然地基承载力特征值的（1.2～1.5）倍；复合地基桩土应力比 n，宜采用实测值确定，如无实测资料时，对于黏性土可取 2.0～4.0，对于砂土、粉土可取 1.5～3.0。

9 复合地基变形计算应符合本规范第 7.1.7 条和第 7.1.8 条的规定。

10 对处理堆载场地地基，应进行稳定性验算。

需注意的是：

(1) 相对密实度 D_{r1} 的计算为：

$$D_{r1} = \frac{e_{\max} - e_1}{e_{\max} - e_{\min}}$$

(2)《地处规》7.2.2 条的条文说明：

7.2.2（条文说明）

7 振冲碎石桩、沉管砂石桩桩身材料是散体材料，由于施工的影响，施工后的表层土需挖除或密实处理，所以碎（砂）石桩复合地基设置垫层是有益的。同时垫层起水平排水的作用，有利于施工后加快土层固结；对独立基础等小基础碎石垫层还可以起到明显的应力扩散作用，降低碎（砂）石桩和桩周围土的附加应力，减少桩体的侧向变形，从而提高复合地基承载力，减少地基变形量。

垫层铺设后需压实，可分层进行，夯填度（夯实后的垫层厚度与虚铺厚度的比值）不得大于 0.9。

9 由于碎（砂）石桩向深层传递荷载的能力有限，当桩长较大时，复合地基的变形计算，不宜全桩长范围加固土层压缩模量采用统一的放大系数。桩长超过 12d 以上的加固土层压缩模量的提高，对于砂土粉土宜按挤密后桩间土的模量取值；对于黏性土不宜考虑挤密效果，但有经验时可按排水固结后经检验的桩间土的模量取值。

【例 6.10.15】 某松散砂土场地地基采用振冲碎石桩法处理，等边三角形布桩，桩间距为 1.4m，桩径 0.90m，处理后桩间土的承载力特征值为 85kPa。取桩土应力比 $n=3.0$。

试问：

(1) 处理后复合地基承载力特征值 f_{spk}(kPa)，最接近于下列何项数值？

(A) 135　　　(B) 138　　　(C) 143　　　(D) 148

(2) 假定横向桩距为 1.4m，纵向桩距为 1.6m，处理后复合地基承载力特征值 f_{spk}(kPa)，最接近于下列何项数值？

(A) 120　　　(B) 135　　　(C) 143　　　(D) 150

【解答】（1）根据《地处规》7.2.2 条、7.1.5 条：

$$d_e = 1.05s; m = \frac{d^2}{d_e^2} = \frac{d^2}{(1.05s)^2} = \left(\frac{0.9}{1.05 \times 1.4}\right)^2 = 37.5\%$$

由规范式 (7.1.5-1)：
$$\begin{aligned}f_{spk} &= [1+m(n-1)]f_{sk}\\&=[1+37.5\% \times (3-1)] \times 85\\&=148.75\text{kPa}\end{aligned}$$

故应选（D）项。

(2) 根据《地处规》7.1.5条：
$$d_e = 1.13\sqrt{s_1 s_2}$$
$$m = \frac{d^2}{d_e^2} = \left(\frac{d}{1.13\sqrt{s_1 s_2}}\right)^2 = \left(\frac{0.9}{1.13\sqrt{1.4 \times 1.6}}\right)^2 = 28.3\%$$

由规范式 (7.1.5-1)：
$$f_{spk} = [1+28.3\% \times (3-1)] \times 85 = 133.1\text{kPa}$$

故应选（B）项。

【例6.10.16】 某松散砂土地基采用直径为0.8m的振冲碎石桩，处理后的桩间土承载力特征值为90kPa，复合地基桩土应力比为3.0，要求处理后的复合地基承载力特征值达到150kPa。

试问：

(1) 假定采用等边三角形满堂布桩，碎石桩间距 s（m），最接近于下列何项数值？

(A) 1.10　　(B) 1.20　　(C) 1.30　　(D) 1.40

(2) 假定采用正方形满堂布桩，碎石桩间距 s（m），最接近于下列何项数值？

(A) 1.10　　(B) 1.20　　(C) 1.30　　(D) 1.40

(3) 假定采用正方形满堂布桩，单根碎石桩的处理面积 A_e（m²），最接近于下列何项数值？

(A) 1.20　　(B) 1.30　　(C) 1.40　　(D) 1.50

【解答】(1) 根据《地处规》7.2.2条、7.1.5条：
$$\begin{aligned}m &= \left(\frac{f_{spk}}{f_{sk}} - 1\right) \cdot \frac{1}{n-1}\\&= \left(\frac{150}{90} - 1\right) \cdot \frac{1}{3-1} = 33.3\%\end{aligned}$$

$$m = \frac{d^2}{d_e^2}, d_e = 1.05s, 则：$$

$$m = \frac{d^2}{(1.05s)^2}$$

$$s = \frac{d}{1.05\sqrt{m}} = \frac{0.8}{1.05 \times \sqrt{0.333}} = 1.32\text{m}$$

故应选（C）项。

(2) $m = 33.3\%$，$d_e = 1.13s$，则：
$$m = \frac{d^2}{(1.13s)^2}$$

$$s = \frac{d}{1.13 \times \sqrt{m}} = \frac{0.8}{1.13 \times \sqrt{0.333}} = 1.23\text{m}$$

故应选（B）项。

(3) $$A_e = \frac{\pi d_e^2}{4} = \frac{\pi}{4} \cdot (1.13 \times 1.23)^2 = 1.52\text{m}^2$$

故应选（D）项。

【例 6.10.17】 某均质松散砂土地基采用沉管砂石桩处理。砂土地基的天然地基承载力为130kPa，砂土地基的天然孔隙比 $e_0=0.79$，最大孔隙比 $e_{max}=0.8$，最小孔隙比 $e_{min}=0.65$，要求处理后砂土的相对密实度达到 $D_r=0.82$。初步设计时，按等边三角形布桩砂石桩直径为 0.6m。处理后桩间土承载力特征值为 160kPa。

试问：

(1) 考虑振动下沉密实作用，取 $\xi=1.1$，沉管砂石桩间距 s（m），最接近于下列何项数值？

(A) 2.4　　(B) 2.5　　(C) 2.6　　(D) 2.7

(2) 假定不考虑振动下沉密实作用，按正方形布桩，沉管砂石桩间距 s（m），最接近于下列何项数值？

(A) 2.05　　(B) 2.15　　(C) 2.35　　(D) 2.55

(3) 假定等边三角形布桩，$s=2.0$m，桩土应力比为2.0，处理后的复合地基承载力特征值 f_{spk}（kPa），最接近于下列何项数值？

(A) 165　　(B) 173　　(C) 187　　(D) 192

【解答】 (1) 根据《地处规》7.2.2条规定：

$$e_1 = e_{max} - D_{r1}(e_{max} - e_{min})$$
$$= 0.8 - 0.82 \times (0.8 - 0.65) = 0.677$$

$\xi=1.1$，等边三角形布桩：

$$s = 0.95\xi d \sqrt{\frac{1+e_0}{e_0-e_1}} = 0.95 \times 1.1 \times 0.6 \sqrt{\frac{1+0.79}{0.79-0.677}}$$
$$= 2.495\text{m} \approx 2.5\text{m}$$

故应选（B）项。

(2) $\xi=1.0$，正方形布桩，$e_1=0.677$：

$$s = 0.89\xi d \sqrt{\frac{1+e_0}{e_0-e_1}} = 0.89 \times 1.0 \times 0.6 \sqrt{\frac{1+0.79}{0.79-0.677}} = 2.13\text{m}$$

故应选（B）项。

(3) 根据《地处规》7.2.2条、7.1.5条：

$$d_e = 1.05s = 1.05 \times 2.0$$

$$m = \frac{d^2}{d_e^2} = \left(\frac{0.6}{1.05 \times 2.0}\right)^2 = 0.0816$$

$$f_{spk} = [1+m(n-1)]f_{sk}$$
$$= [1+0.0816 \times (2-1)] \times 160 = 173.1\text{kPa}$$

故应选（B）项。

【例 6.10.18】 某松散砂土地基采用沉管砂石桩处理，天然地基承载力特征值为 120kPa，天然孔隙比为 0.83，最大孔隙比为 0.88，最小孔隙比为 0.60。初步设计时，砂桩直径为 0.5m，考虑振动下沉密实作用，取 $\xi=1.1$。

试问：

(1) 按等边三角形布桩，桩间距为 1.75m，确定处理后土体的相对密度 D_{r1}，最接近下列何项数值？

(A) 0.76　　　(B) 0.77　　　(C) 0.78　　　(D) 0.79

(2) 假定处理后的相对密度 $D_{r1}=0.85$，按正方形布桩，桩间距 s（m），最接近于下列何项数值？

(A) 1.50　　　(B) 1.55　　　(C) 1.60　　　(D) 1.65

(3) 按正方形布桩，桩间距 $s=1.50$m，当 $D_{r1}=0.85$ 时，处理后桩间土承载力特征值为 180kPa，要使复合地基承载力特征值达到 200kPa，则复合地基桩土应力比，不应低于下列何项数值？

(A) 1.8　　　(B) 2.0　　　(C) 2.3　　　(D) 2.5

【解答】 (1) 根据《地处规》7.2.2 条规定：

等边三角形布桩：$\xi=1.1$

$$s=0.95\xi d\sqrt{\frac{1+e_0}{e_0-e_1}}=0.95\times1.1\times0.5\sqrt{\frac{1+0.83}{0.83-e_1}}=1.75$$

$$e_1=0.667$$

$$D_{r1}=\frac{e_{max}-e_1}{e_{max}-e_{min}}=\frac{0.88-0.667}{0.88-0.60}\doteq0.7607$$

故应选（A）项。

(2)　　$e_1=e_{max}-D_{r1}(e_{max}-e_{min})$
$$=0.88-0.85\times(0.88-0.60)=0.642$$

正方形布桩：$s=0.89\xi d\sqrt{\frac{1+e_0}{e_0-e_1}}$

$$=0.89\times1.1\times0.5\sqrt{\frac{1+0.83}{0.83-0.642}}=1.527\text{m}$$

故应选（B）项。

(3)　　$d_e=1.13s=1.13\times1.5$

$$m=\frac{d^2}{d_e^2}=\left(\frac{0.5}{1.13\times1.5}\right)^2=0.087$$

$$n=\left(\frac{f_{spk}}{f_{sk}}-1\right)\cdot\frac{1}{m}+1=\left(\frac{200}{180}-1\right)\cdot\frac{1}{0.087}+1$$

$$=2.28$$

故应选（C）项。

七、水泥土搅拌桩复合地基

《地处规》规范：

7.3.3 水泥土搅拌桩复合地基设计应符合下列规定：

1 搅拌桩的长度，应根据上部结构对地基承载力和变形的要求确定，并应穿透软弱土层到达地基承载力相对较高的土层；当设置的搅拌桩同时为提高地基稳定性时，其桩长应超过危险滑弧以下不少于2.0m；干法的加固深度不宜大于15m，湿法加固深度不宜大于20m。

2 复合地基的承载力特征值，应通过现场单桩或多桩复合地基静载荷试验确定。初步设计时可按本规范式（7.1.5-2）估算，处理后桩间土承载力特征值 f_{sk}(kPa) 可取天然地基承载力特征值；桩间土承载力发挥系数 β，对淤泥、淤泥质土和流塑状软土等处理土层，可取 0.1～0.4，对其他土层可取 0.4～0.8；单桩承载力发挥系数 λ 可取 1.0。

3 单桩承载力特征值，应通过现场静载荷试验确定。初步设计时可按本规范式（7.1.5-3）估算，桩端端阻力发挥系数可取 0.4～0.6；桩端端阻力特征值，可取桩端土未修正的地基承载力特征值，并应满足式（7.3.3）的要求，应使由桩身材料强度确定的单桩承载力不小于由桩周土和桩端土的抗力所提供的单桩承载力。

$$R_a = \eta f_{cu} A_p \tag{7.3.3}$$

式中：f_{cu}——与搅拌桩桩身水泥土配比相同的室内加固土试块，边长为 70.7mm 的立方体在标准养护条件下 90d 龄期的立方体抗压强度平均值（kPa）；

η——桩身强度折减系数，干法可取 0.20～0.25；湿法可取 0.25。

4 桩长超过 10m 时，可采用固化剂变掺量设计。在全长桩身水泥总掺量不变的前提下，桩身上部 1/3 桩长范围内，可适当增加水泥掺量及搅拌次数。

5 桩的平面布置可根据上部结构特点及对地基承载力和变形的要求，采用柱状、壁状、格栅状或块状等加固形式。独立基础下的桩数不宜少于 4 根。

6 当搅拌桩处理范围以下存在软弱下卧层时，应按现行国家标准《建筑地基基础设计规范》GB 50007 的有关规定进行软弱下卧层地基承载力验算。

7 复合地基的变形计算应符合本规范第 7.1.7 条和第 7.1.8 条的规定。

【例 6.10.19】某多层砌体房屋，地基土层为正常固结的均质淤泥质土，$f_{sk}=70$kPa，房屋基础底面积 $A=240$m²。采用水泥土搅拌桩法处理地基，用直径 0.7m 的单孔搅拌桩（$A_p=0.38$m²），桩身水泥土 $f_{cu}=1.5$MPa，现场单桩载荷试验测得 $R_a=114$kN，取桩身强度折减系数 $\eta=0.25$，桩间土承载力发挥系数 $\beta=0.4$。

试问：

(1) 要使处理后的复合地基承载力特征值 $f_{spk}=140$kPa，置换率 m，最接近于下列何项数值？

(A) 0.28　　(B) 0.25　　(C) 0.41　　(D) 0.48

(2) 条件同（1），按等边三角形布桩，桩间距 s(m)，最接近于下列何项数值？

(A) 1.2　　(B) 1.3　　(C) 1.0　　(D) 1.5

(3) 假定置换率 $m=0.30$，桩数 n（根），最接近于下列何项数值？

(A) 187　　(B) 188　　(C) 189　　(D) 190

(4) 假定按正方形布桩，桩间距 $s=1.4\mathrm{m}$，处理后的复合地基承载力特征值 f_{spk} (kPa)，最接近于下列何项数值？

(A) 80　　　　(B) 88　　　　(C) 100　　　　(D) 108

【解答】（1）先确定 R_{a} 值：

根据《地处规》7.3.3 条、7.1.5 条规定：

$$R_{\mathrm{a}} = \eta f_{\mathrm{cu}} A_{\mathrm{p}} = 0.25 \times 1500 \times 0.38 = 142.5 \mathrm{kN}$$

$$R_{\mathrm{a}} = 114 \mathrm{kN}$$

取上述较小值，$R_{\mathrm{a}} = 114 \mathrm{kN}$。

$$f_{\mathrm{spk}} = \lambda m \frac{R_{\mathrm{a}}}{A_{\mathrm{p}}} + \beta(1-m) f_{\mathrm{sk}}$$

$$m = \frac{f_{\mathrm{spk}} - \beta f_{\mathrm{sk}}}{\frac{\lambda R_{\mathrm{a}}}{A_{\mathrm{p}}} - \beta f_{\mathrm{sk}}} = \frac{140 - 0.4 \times 70}{\frac{1 \times 114}{0.38} - 0.4 \times 70} = 0.412$$

故应选（C）项。

(2) $\quad d_{\mathrm{e}} = 1.05s$

$$m = \frac{d^2}{d_{\mathrm{e}}^2} = \frac{d^2}{(1.05s)^2}$$

$$s = \frac{d}{1.05 \sqrt{m}} = \frac{0.7}{1.05 \sqrt{0.412}} = 1.04 \mathrm{m}$$

故应选（C）项。

(3) 桩根数 n：

$$n = \frac{A_{处}}{A_{\mathrm{e}}}; m = \frac{A_{\mathrm{p}}}{A_{\mathrm{e}}}$$

$$n = \frac{A_{处}}{A_{\mathrm{p}}/m} = \frac{240}{0.38/0.3} = 189.5$$

取 $n = 190$ 根，故选（D）项。

(4) 正方形布桩：$d_{\mathrm{e}} = 1.13s = 1.13 \times 1.4$

$$m = \frac{d^2}{d_{\mathrm{e}}^2} = \left(\frac{0.7}{1.13 \times 1.4}\right)^2 = 0.196$$

$$f_{\mathrm{spk}} = \lambda m \frac{R_{\mathrm{a}}}{A_{\mathrm{p}}} + \beta(1-m) f_{\mathrm{sk}}$$

$$= 1 \times 0.196 \times \frac{114}{0.38} + 0.4 \times (1-0.196) \times 70$$

$$= 81.3 \mathrm{kPa}$$

故应选（A）项。

【例 6.10.20】 某独立基础底面尺寸 $3.6\mathrm{m} \times 3.6\mathrm{m}$，埋深 2.5m，地下水位距地表面 1.5m。地表下 0～2.5m 为素填土，$\gamma = 18 \mathrm{kN/m^3}$，$\gamma_{\mathrm{sat}} = 19 \mathrm{kN/m^3}$。基础顶面处相应于荷载的标准组合时的轴压力 $F_{\mathrm{k}} = 1500 \mathrm{kN}$。该地基采用水泥土搅拌桩处理，桩径 $d = 0.5\mathrm{m}$，桩长 8m。已知搅拌桩的水泥土试块的 $f_{\mathrm{cu}} = 2.4 \mathrm{MPa}$，桩身强度折减系数 $\eta = 0.25$，桩间土承载力发挥系数 $\beta = 0.4$，现场载荷实际测得单桩承载力特征值为 98.1kN，桩间土的承载力特征值 $f_{\mathrm{sk}} = 80 \mathrm{kPa}$。

试问：独立基础所需桩数 n（根），最接近于下列何项数值？
(A) 12　　　　(B) 14　　　　(C) 16　　　　(D) 18

【解答】（1）确定单桩承载力特征值 R_a

根据《地处规》7.3.3 条规定：

$$R_a = \eta f_{cu} A_p = 0.25 \times 2.4 \times 10^3 \times \frac{\pi}{4} \times 0.5^2 = 118\text{kN} > 98.1\text{kN}$$

故取 $R_a = 98.1\text{kN}$

（2）确定复合地基承载力特征值和置换率 m

$$p_k = \frac{F_k + G_k}{A} = \frac{1500}{3.6 \times 3.6} + 20 \times 2.5 - 10 \times (2.5 - 1.5) = 155.7\text{kPa}$$

根据《地处规》7.3.3 条、7.1.5 条规定：

$$f_{spk} = \lambda m \frac{R_a}{A_p} + \beta(1-m)f_{sk} = 1 \times m \times \frac{98.1 \times 4}{\pi \times 0.5^2} + 0.4 \times (1-m) \times 80 = 32 + 467.9m$$

深度修正后的 f_{sp}，根据《地处规》3.0.4 条规定，取 $\eta_d = 1.0$：

$$f_{spa} = f_{spk} + \eta_d \gamma_m (d - 0.5)$$

$$= 32 + 467.9m + 1.0 \times \frac{18 \times 1.5 + (19-10) \times 1}{2.5} \times (2.5 - 0.5)$$

$$= 60.8 + 467.9m$$

根据《地规》5.2.1 条规定：

$$p_k \leqslant f_a = f_{spa}$$

即：　　　$155.7 \leqslant f_a = f_{spa} = 60.8 + 467.9m$

$$m \geqslant 0.203$$

（3）确定根数 n

$$n = A/A_e, \quad m = \frac{A_p}{A_e} = \frac{A_p}{A/n}$$

$$n = \frac{mA}{A_p} = \frac{0.203 \times 3.6 \times 3.6}{\frac{1}{4}\pi \times 0.5^2} = 13.4$$

取 $n = 14$ 根。

故选（B）项。

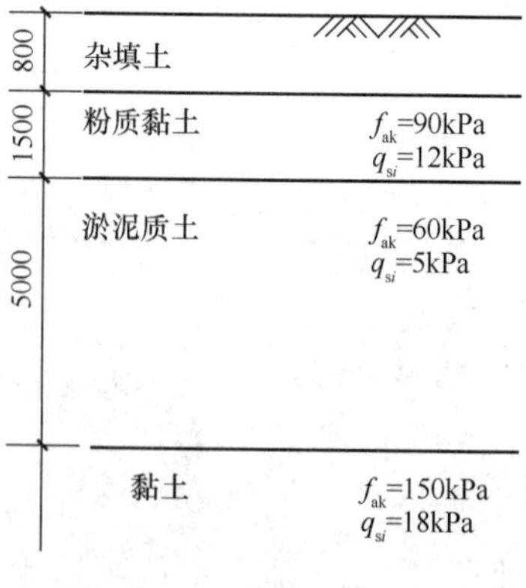

【例 6.10.21】 某工程地质条件如图 6.10.10 所示，季节性冻土地基的设计冻结深度为 0.8m，采用水泥土搅拌桩法进行地基处理。

试问：

(1) 水泥土搅拌桩的直径为 600mm，有效桩顶面位于地面下 1100mm 处，桩端伸入黏土层 300mm。初步设计时，按《建筑地基处理技术规范》规定估算，并取 $\alpha_p = 0.5$，则单桩竖向承载力特征值 R_a（kN），最接近于下列何项数值？

图 6.10.10
（杂填土 800；粉质黏土 1500，f_{ak}=90kPa，q_{si}=12kPa；淤泥质土 5000，f_{ak}=60kPa，q_{si}=5kPa；黏土 f_{ak}=150kPa，q_{si}=18kPa）

(A) 85 　　　　(B) 105 　　　　(C) 112 　　　　(D) 120

(2) 采用水泥土搅拌桩处理后的复合地基承载力特征值 f_{spk} 为100kPa，桩间土承载力发挥系数 β 为0.3，单桩竖向承载力特征值 R_a 为155kN，桩径为600mm，则面积置换率 m，最接近于下列何项数值？

(A) 0.14 　　　　(B) 0.16 　　　　(C) 0.18 　　　　(D) 0.20

【解答】 (1) 根据《地处规》7.3.3条、7.1.5条规定：

$$R_a = u_p \sum_{i=1}^{n} q_{si} l_{pi} + \alpha_p q_p A_p$$

$$= \pi \times 0.6 \times (12 \times 1.20 + 5 \times 5 + 18 \times 0.3) + 0.5 \times \frac{\pi}{4} \times 0.6^2 \times 150$$

$$= 105.6 \text{kN}$$

故应选 (B) 项。

(2) 根据《地处规》7.3.3条、7.1.5条规定，取 $f_{sk} = 60$kPa。

$$f_{spk} = \lambda m \frac{R_a}{A_p} + \beta(1-m)f_{sk}$$

$$m = \frac{f_{spk} - \beta f_{sk}}{\frac{\lambda R_a}{A_p} - \beta f_{sk}} = \frac{100 - 0.3 \times 60}{\frac{1 \times 155 \times 4}{\pi \times 0.6^2} - 0.3 \times 60} = 0.155$$

故应选 (B) 项。

【例6.10.22】 某独立基础，基础埋深2.5m，基底尺寸为3.6m×3.6m，工程地质剖面见图6.10.11。基础顶面处由上部结构传来相应于荷载的标准组合的竖向力 $F_k = 1500$kN。拟采用水泥搅拌桩法处理该地基，桩直径 $d = 0.6$m，桩长8m，桩体强度平均值 $f_{cu} = 2.6$MPa，桩间土承载力发挥系数 $\beta = 0.40$，桩端端阻力发挥系数 $\alpha_p = 0.50$；桩身强度折减系数 $\eta = 0.25$。

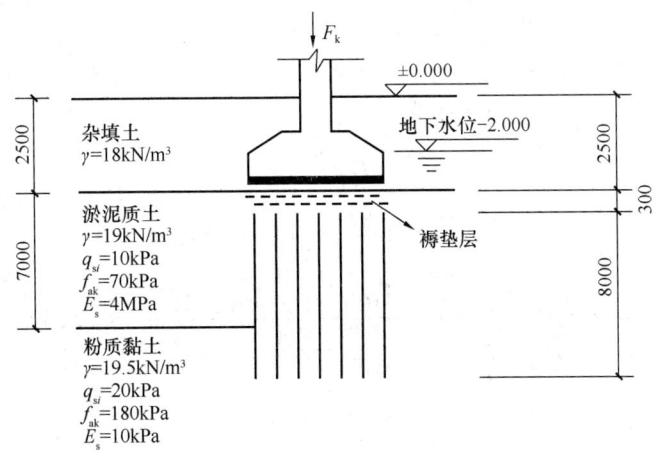

图6.10.11 工程地质剖面图

试问：

(1) 确定单桩承载力特征值 R_a (kN)，最接近于下列何项数值？

(A) 210　　　　(B) 200　　　　(C) 195　　　　(D) 185

(2) 要满足地基承载力要求，现场实测的复合地基承载力特征值 f_{spk}（kPa），不宜小于下列何项数值？

(A) 129　　　　(B) 135　　　　(C) 139　　　　(D) 145

(3) 已知 $R_a=185$kN，$f_{spk}=128.74$kPa，按等边三角形布桩，桩间距 s（m），最接近于下列何项数值？

(A) 1.20　　　　(B) 1.30　　　　(C) 1.40　　　　(D) 1.50

【解答】(1) 根据《地处规》7.3.3 条、7.1.5 条规定

$$R_a = u_p \sum_{i=1}^{n} q_{si} l_{pi} + \alpha_p q_p A_p$$

$$= \pi \times 0.6 \times (10 \times 6.7 + 20 \times 1.3) + 0.5 \times 180 \times \frac{\pi \times 0.6^2}{4} = 200.65 \text{kN}$$

$$R_a = \eta f_{cu} A_p$$

$$= 0.25 \times 2.6 \times 10^3 \times \frac{\pi \times 0.6^2}{4} = 183.7 \text{kN}$$

取较小值，$R_a = 183.7$kN，故应选（D）项。

(2) 根据《地规》5.2.1 条规定：

$$p_k \leqslant f_a = f_{spa}$$

$$p_k = \frac{F_k + G_k}{A} = \frac{1500}{3.6 \times 3.6} + 20 \times 2.5 - 10 \times (2.5 - 2) = 160.74 \text{kPa}$$

根据《地处规》3.0.4 条规定，取 $\eta_d = 1.0$

$$f_{spa} = f_{spk} + \eta_d \gamma_m (d - 0.5)$$

$$= f_{spk} + 1.0 \times \frac{18 \times 2 + (18-10) \times 0.5}{2.5} \times (2.5 - 0.5)$$

$$= f_{spk} + 32$$

$$160.74 \leqslant f_a = f_{spk} + 32$$

$$f_{spk} \geqslant 128.74 \text{kPa}$$

故应选（A）项。

(3)

$$f_{spk} = \lambda m \frac{R_a}{A_p} + \beta(1-m) f_{sk}$$

$$m = \frac{f_{spk} - \beta f_{sk}}{\frac{\lambda R_a}{A_p} - \beta f_{sk}} = \frac{128.74 - 0.4 \times 70}{\frac{1 \times 185 \times 4}{\pi \times 0.6^2} - 0.4 \times 70} = 0.160$$

$$d_e = 1.05s$$

$$m = \frac{d^2}{d_e^2} = \frac{d^2}{(1.05s)^2}$$

$$s = \frac{d}{1.05\sqrt{m}} = \frac{0.6}{1.05\sqrt{0.160}} = 1.43 \text{m}$$

故应选（C）项。

【例 6.10.23】 某住宅采用筏板基础，埋深 2.5m，基底尺寸 12m×38.4m，地下水位在地面下 1.5m，基础顶面处相应于荷载的准永久组合时的竖向压力 $F=37600$kN。筏板下采用水泥土搅拌桩复合地基，桩径 $d=0.5$m，桩长 6m，正方形布桩，间距 1.2m。工程地质剖面如图 6.10.12所示。已知复合地基承载力特征值 $f_{spk}=280$kPa。基础及其上覆土的平均重度为 20kN/m³。

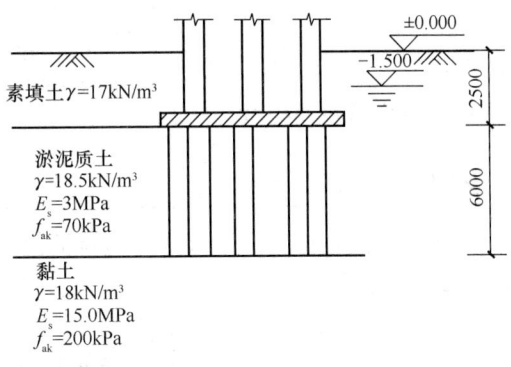

图 6.10.12

试问：筏板基础中心点 O 的最终沉降量。

【解答】 根据《地处规》7.3.3 条、7.1.7 条：

$$p=\frac{F+G}{A}=\frac{37600}{12\times 38.4}+20\times 2.5-10\times(2.5-1.5)=121.6\text{kPa}$$

$$p_0=p-p_{cz}=121.6-(17\times 1.5+7\times 1)=89.1\text{kPa}$$

$$\xi=\frac{f_{spk}}{f_{ak}}=\frac{280}{70}=4$$

根据《地规》5.3.8 条规定，沉降计算深度 z_n：

$$z_n=b(2.5-0.4\ln b)=12\times(2.5-0.4\ln 12)=18.07\text{m}$$

取 $z_n=18$m，查《地规》表 5.3.7，$b=12$m>8m，取 $\Delta z=1$m，列表计算见表 6.10.2。其中，0~6m，取 $E_{sp}=3\times 4=12$MPa。基底划分为 4 个小矩形，小矩形 $l\times b=19.2$m×6m。

地基沉降计算表　　　　表 6.10.2

z_i (m)	l/b	z_i/b	$\bar{\alpha}_i$	$z_i\bar{\alpha}_i$ (mm)	$z_i\bar{\alpha}_i-z_{i-1}\bar{\alpha}_{i-1}$ (mm)	E_{si} (kPa)	$\Delta s'_i=\frac{4p_0}{E_{si}}(z_i\bar{\alpha}_i-z_{i-1}\bar{\alpha}_{i-1})$ (mm)	$s'=\Sigma\Delta s'_i$ (mm)
0	3.2	0.0	0.2500	0.0	—	12000	—	—
6	3.2	1.0	0.2351	1410.6	1410.6	12000	41.89	41.89
17	3.2	2.8	0.1753	2980.1	1569.5	15000	37.29	79.18
18	3.2	3.0	0.1698	3056.4	76.3	15000	1.81	80.99

$\Delta s'_i/\Sigma\Delta s'_i=1.81/80.99=0.022<0.025$，满足。

由《地处规》7.1.8 条：

$$\bar{E}_s=\frac{(1410.6-0)+(2980.1-1410.6)+(3056.4-2980.1)}{\dfrac{1410.6-0}{12}+\dfrac{2980.1-1410.6}{15}+\dfrac{3056.4-2980.1}{15}}$$

$$=13.45\text{MPa}$$

$$\psi_s = 0.7 - \frac{13.45-7}{15-7} \times (0.7-0.4) = 0.46$$

$$s = \psi_s s' = 0.46 \times 80.99 = 37.3\text{mm}$$

八、旋喷桩复合地基

《地处规》规定：

> 7.4.3 旋喷桩复合地基承载力特征值和单桩竖向承载力特征值应通过现场静载荷试验确定。初步设计时，可按本规范式（7.1.5-2）和式（7.1.5-3）估算，其桩身材料强度尚应满足式（7.1.6-1）和式（7.1.6-2）要求。
>
> 7.4.4 旋喷桩复合地基的地基变形计算应符合本规范第7.1.7条和第7.1.8条的规定。
>
> 7.4.5 当旋喷桩处理地基范围以下存在软弱下卧层时，应按现行国家标准《建筑地基基础设计规范》GB 50007的有关规定进行软弱下卧层地基承载力验算。
>
> 7.4.6 旋喷桩复合地基宜在基础和桩顶之间设置褥垫层。褥垫层厚度宜为150mm～300mm，褥垫层材料可选用中砂、粗砂和级配砂石等，褥垫层最大粒径不宜大于20mm。褥垫层的夯填度不应大于0.9。
>
> 7.4.7 旋喷桩的平面布置可根据上部结构和基础特点确定，独立基础下的桩数不应少于4根。

【例6.10.24】 某均质土层地基，第一层为软塑黏性土，厚度6m，$q_{s1}=15\text{kPa}$，$f_{ak}=140\text{kPa}$；第二层为砂土层，厚度8m，$q_{s2}=30\text{kPa}$，$f_{ak}=300\text{kPa}$，采用旋喷桩处理，桩径为0.6m，桩体抗压强度平均值$f_{cu}=4.0\text{MPa}$，正方形布桩。单桩承载力发挥系数$\lambda=0.8$，桩间土承载力发挥系数$\beta=0.9$，桩端端阻力发挥系数$\alpha_p=1.0$。增强体桩身强度不考虑基础埋深的深度修正的影响。

试问：

(1) 当桩长设计为6m时，单桩竖向承载力特征值R_a（kN），最接近于下列何项数值？

(A) 245　　(B) 255　　(C) 286　　(D) 353

(2) 当桩长设计为8m时，单桩竖向承载力特征值R_a（kN），最接近于下列何项数值？

(A) 342　　(B) 350　　(C) 368　　(D) 373

(3) 当桩长设计为8m，桩间距$s=1.2\text{m}$时，处理后的复合地基承载力特征值f_{spk}（kPa），最接近于下列何项数值？

(A) 300　　(B) 308　　(C) 312　　(D) 316

(4) 当桩长设计为8m，要求处理后的复合地基承载力特征值$f_{spk}=330\text{kPa}$，则桩间距s（m），最接近于下列何项数值？

(A) 1.20　　(B) 1.10　　(C) 1.00　　(D) 0.90

【解答】(1) 根据《地处规》7.4.3条、7.1.5条规定：

$$R_a = \frac{f_{cu} A_p}{4\lambda} = \frac{4.0 \times 10^3 \times \frac{\pi}{4} \times 0.6^2}{4 \times 0.8} = 353.25\text{kN}$$

$$R_a = u_p \sum_{i=1}^{n} q_{si} l_{pi} + \alpha_p q_p A_p$$

$$= \pi \times 0.6 \times 15 \times 6 + 1 \times \frac{\pi}{4} \times 0.6^2 \times 300 = 254.34 \text{kN}$$

取较小值，$R_a = 254.34$kN，故应选（B）项。

(2) 根据《地处规》7.4.3条、7.1.5条规定：

$$R_a = u_p \sum_{i=1}^{n} q_{si} l_{pi} + \alpha_p q_p A_p$$

$$= \pi \times 0.6 \times (15 \times 6 + 30 \times 2) + 1 \times \frac{\pi}{4} \times 0.6^2 \times 300 = 367.38 \text{kN}$$

$$R_a = \frac{f_{cu} A_p}{4\lambda} = 353.25 \text{kN}$$

取较小值，$R_a = 353.25$kN，故应选（B）项。

(3) 正方形布桩：$d_e = 1.13s = 1.13 \times 1.2$

$$m = \frac{d^2}{d_e^2} = \left(\frac{0.6}{1.13 \times 1.2}\right)^2 = 0.196$$

根据《地处规》7.1.5条规定：

$$f_{spk} = \lambda m \frac{R_a}{A_p} + \beta(1-m) f_{sk}$$

$$= 0.8 \times 0.196 \times \frac{353.25}{\frac{1}{4} \pi \times 0.6^2} + 0.9 \times (1-0.196) \times 140$$

$$= 297.3 \text{kPa}$$

故应选（A）项。

(4) $$f_{spk} = \lambda m \frac{R_a}{A_p} + \beta(1-m) f_{sk}$$

$$m = \frac{f_{spk} - \beta f_{sk}}{\frac{\lambda R_a}{A_p} - \beta f_{sk}} = \frac{330 - 0.9 \times 140}{\frac{0.8 \times 353.25 \times 4}{\pi \times 0.6^2} - 0.9 \times 140}$$

$$= 0.233$$

$$d_e = 1.13s, m = \frac{d^2}{d_e^2} = \frac{d^2}{(1.13s)^2}$$

$$s = \frac{d}{1.13\sqrt{m}} = \frac{0.6}{1.13\sqrt{0.233}} = 1.10 \text{m}$$

故应选（B）项。

九、灰土挤密桩和土挤密桩复合地基

《地处规》规范：

7.5.2 灰土挤密桩、土挤密桩复合地基设计应符合下列规定：

1 地基处理的面积：当采用整片处理时，应大于基础或建筑物底层平面的面积，超出建筑物外墙基础底面外缘的宽度，每边不宜小于处理土层厚度的1/2，且不应小于2m；当采用局部处理时，对非自重湿陷性黄土、素填土和杂填土等地基，每边不应小于基础底面宽度的25%，且不应小于0.5m；对自重湿陷性黄土地基，每边不应小于基础底面宽度的75%，且不应小于1.0m。

2 处理地基的深度，应根据建筑场地的土质情况、工程要求和成孔及夯实设备等综合因素确定。对湿陷性黄土地基，应符合现行国家标准《湿陷性黄土地区建筑规范》GB 50025的有关规定。

3 桩孔直径宜为300mm～600mm。桩孔宜按等边三角形布置，桩孔之间的中心距离，可为桩孔直径的（2.0～3.0）倍，也可按下式估算：

$$s = 0.95d\sqrt{\frac{\bar{\eta}_c \rho_{dmax}}{\bar{\eta}_c \rho_{dmax} - \bar{\rho}_d}} \tag{7.5.2-1}$$

式中：s——桩孔之间的中心距离（m）；

d——桩孔直径（m）；

ρ_{dmax}——桩间土的最大干密度（t/m³）；

$\bar{\rho}_d$——地基处理前土的平均干密度（t/m³）；

$\bar{\eta}_c$——桩间土经成孔挤密后的平均挤密系数，不宜小于0.93。

4 桩间土的平均挤密系数 $\bar{\eta}_c$，应按下式计算：

$$\bar{\eta}_c = \frac{\bar{\rho}_{d1}}{\rho_{dmax}} \tag{7.5.2-2}$$

式中：$\bar{\rho}_{d1}$——在成孔挤密深度内，桩间土的平均干密度（t/m³），平均试样数不应少于6组。

5 桩孔的数量可按下式估算：

$$n = \frac{A}{A_e} \tag{7.5.2-3}$$

式中：n——桩孔的数量；

A——拟处理地基的面积（m²）；

A_e——单根土或灰土挤密桩所承担的处理地基面积（m²），即：

$$A_e = \frac{\pi d_e^2}{4} \tag{7.5.2-4}$$

式中：d_e——单根桩分担的处理地基面积的等效圆直径（m）。

6 桩孔内的灰土填料，其消石灰与土的体积配合比，宜为2∶8或3∶7。土料宜选用粉质黏土，土料中的有机质含量不应超过5%，且不得含有冻土，渣土垃圾粒径不应超过15mm。石灰可选用新鲜的消石灰或生石灰粉，粒径不应大于5mm。消石灰的质量应合格，有效 $CaO+MgO$ 含量不得低于60%。

7 孔内填料应分层回填夯实，填料的平均压实系数 $\bar{\lambda}_c$ 不应低于 0.97，其中压实系数最小值不应低于 0.93。

8 桩顶标高以上应设置 300mm～600mm 厚的褥垫层。垫层材料可根据工程要求采用 2∶8 或 3∶7 灰土、水泥土等。其压实系数均不应低于 0.95。

9 复合地基承载力特征值，应按本规范第 7.1.5 条确定。初步设计时，可按本规范式（7.1.5-1）进行估算。桩土应力比应按试验或地区经验确定。灰土挤密桩复合地基承载力特征值，不宜大于处理前天然地基承载力特征值的 2.0 倍，且不宜大于 250kPa；对土挤密桩复合地基承载力特征值，不宜大于处理前天然地基承载力特征值的 1.4 倍，且不宜大于 180kPa。

10 复合地基的变形计算应符合本规范第 7.1.7 条和第 7.1.8 条的规定。

【例 6.10.25】 某素填土地基上建造 5 层砌体房屋，天然地基承载力特征值为 85kPa。房屋基础底面边缘尺寸为 15m×42m，采用灰土挤密桩处理整片地基，处理厚度 5m，桩径 $d=0.4$m。已知桩间土的最大干密度 $\rho_{dmax}=1.75$t/m³，处理前土的平均干密度 $\bar{\rho}_d=1.34$t/m³，要求桩间土径成孔挤密后的平均挤密系数 $\bar{\eta}_c=0.93$。

试问：

（1）桩孔按等边三角形布桩，经济且合理的桩孔的数量 n（根），最接近于下列何项数值？

（A）1000　　　（B）1200　　　（C）1400　　　（D）1600

（2）假定桩孔按正方形布桩，桩间距 $s=0.95$m，桩孔的数量 n（根），最接近于下列何项数值？

（A）1000　　　（B）1050　　　（C）1100　　　（D）1200

（3）处理后的复合地基承载力特征值 f_{spk}（kPa），不宜大于下列何项数值？

（A）170　　　（B）180　　　（C）240　　　（D）250

【解答】（1）根据《地处规》7.5.2 条规定：

$$s=0.95d\sqrt{\frac{\bar{\eta}_c\rho_{dmax}}{\bar{\eta}_c\rho_{dmax}-\bar{\rho}_d}}=0.95\times0.4\times\sqrt{\frac{0.93\times1.75}{0.93\times1.75-1.34}}$$
$$=0.904\text{m}$$

根据《地处规》7.5.2 条规定：

等边三角形布桩：$s=(2.0\sim3.0)\times0.4=0.8\sim1.2$m，故满足。

取 $s=0.9$m 计算。

$$d_e=1.05s=1.05\times0.9=0.945\text{m}$$

$$A_e=\frac{\pi}{4}d_e^2=\frac{\pi}{4}\times0.945^2=0.701\text{m}^2$$

根据《地处规》7.5.2 条第 1 款规定：

$\frac{1}{2}$ 处理厚度 $=\frac{1}{2}\times5=2.5$m>2m，取 2.5m 计算。

$$A=(42+2\times2.5)\times(15+2\times2.5)=940\text{m}^2$$

$$n = \frac{A}{A_e} = \frac{940}{0.701} = 1340 \text{ 根}$$

取 $n = 1340$ 根，故应选（C）项。

(2) $$d_e = 1.13s = 1.13 \times 0.95$$

$$A_e = \frac{\pi}{4} d_e^2 = \frac{\pi}{4} \times (1.13 \times 0.95)^2 = 0.905 \text{m}^2$$

$$A = (42 + 2 \times 2.5) \times (15 + 2 \times 2.5) = 940 \text{m}^2$$

$$n = \frac{A}{A_e} = \frac{940}{0.905} = 1038.7 \text{ 根}$$

取 $n = 1039$ 根，故应选（B）项。

(3) 根据《地处规》7.5.2 条规定：

$$f_{spk} \leqslant 2f_{ak} = 2 \times 85 = 170 \text{kPa}, \text{且 } f_{spk} \leqslant 250 \text{kPa}$$

故取 $f_{spk} \leqslant 170 \text{kPa}$，应选（A）项。

【例 6.10.26】 某杂填土地基采用灰土挤密桩处理，已知天然土的平均干密度 $\overline{\rho}_d = 1250 \text{kg/m}^3$，$\overline{w} = 10\%$，处理地基土厚度 5m，处理面积为 400m²，成孔时，需对拟处理地基土加水增湿。测得地基土最优含水量 $w_{op} = 18\%$，损耗系数 $k = 1.10$。

试问： 需加水量多少 t？

【解答】 根据《地处规》7.5.3 条规定：

$\overline{\rho}_d = 1250 \text{kg/m}^3 = 1.25 \text{t/m}^3$

$$Q = v\overline{\rho}_d(w_{op} - \overline{w})k = 5 \times 400 \times 1.25 \times (18\% - 10\%) \times 1.1 = 220 \text{t}$$

【例 6.10.27】 某住宅楼采用灰土挤密桩法处理湿陷性黄土地基，桩径为 0.4m，桩长为 6.0m，桩中心距为 0.9m，呈正三角形布压，如图 6.10.13 所示。通过击实实验，桩间土在最优含水率 $w_{op} = 17.0\%$ 时的湿密度 $\rho = 2.00 \text{g/cm}^3$。检测时在 A、B、C 三处分别测得的干密度 ρ_d（g/cm³）见表 6.10.3。试问，桩间土的平均挤密系数 η_c 为下列哪一选项？

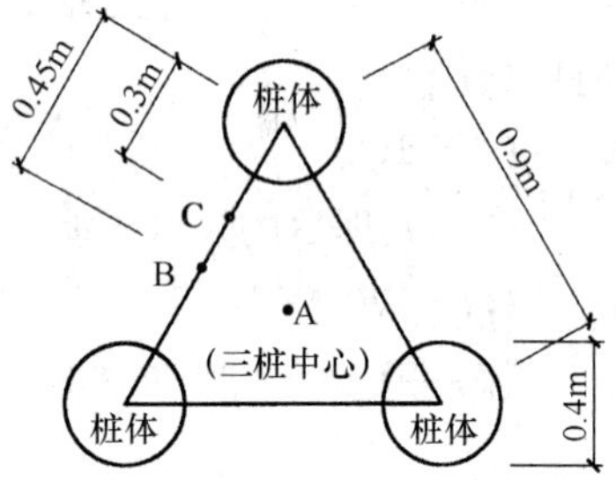

(A) 0.894　　　(B) 0.910
(C) 0.927　　　(D) 0.944

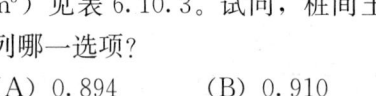

图 6.10.13

表 6.10.3

取样深度 (m)	取样位置		
	A	B	C
0.5	1.52	1.58	1.63
1.5	1.54	1.60	1.67
2.5	1.55	1.57	1.65
3.5	1.51	1.58	1.66
4.5	1.53	1.59	1.64
5.5	1.52	1.57	1.62

【解答】 桩间土的 ρ_{dmax}：

$$\rho_{dmax} = \frac{\rho}{1+0.01\omega} = \frac{2.90}{1+0.01\times 17} = 1.709 \text{g/cm}^3$$

由《地处规》7.5.2 条的条文说明：

桩间土的平均干密度为 B、C 两处所有土样干密度的平均值，即：

$$\overline{\rho}_{d1} = \frac{1.58+1.60+1.57+1.58+1.59+1.57+1.63+1.67+1.65+1.66+1.64+1.62}{12}$$

$$= 1.613 \text{g/cm}^3$$

平均挤密系数 $\overline{\eta}_c$

$$\overline{\eta}_c = \frac{\overline{\rho}_{d1}}{\rho_{dmax}} = \frac{1.613}{1.709} = 0.944$$

故应选（D）项。

十、夯实水泥土桩复合地基

《地处规》规范：

> 7.6.2 夯实水泥土桩复合地基设计应符合下列规定：
> 1 夯实水泥土桩宜在建筑物基础范围内布置；基础边缘距离最外一排桩中心的距离不宜小于 1.0 倍桩径；
> 2 桩长的确定：当相对硬土层埋藏较浅时，应按相对硬土层的埋藏深度确定；当相对硬土层的埋藏较深时，可按建筑物地基的变形允许值确定；
> 3 桩孔直径宜为 300mm～600mm；桩孔宜按等边三角形或方形布置，桩间距可为桩孔直径的（2～4）倍；
> 4 桩孔内的填料，应根据工程要求进行配比试验，并应符合本规范第 7.1.6 条的规定；水泥与土的体积配合比宜为 1:5～1:8；
> 5 孔内填料应分层回填夯实，填料的平均压实系数 $\overline{\lambda}_c$ 不应低于 0.97，压实系数最小值不应低于 0.93；
> 6 桩顶标高以上应设置厚度为 100mm～300mm 的褥垫层；垫层材料可采用粗砂、中砂或碎石等，垫层材料最大粒径不宜大于 20mm；褥垫层的夯填度不应大于 0.9；
> 7 复合地基承载力特征值应按本规范第 7.1.5 条规定确定；初步设计时可按公式 (7.1.5-2) 进行估算；桩间土承载力发挥系数 β 可取 0.9～1.0；单桩承载力发挥系数 λ 可取 1.0；
> 8 复合地基的变形计算应符合本规范第 7.1.7 条和第 7.1.8 条的有关规定。

【例 6.10.28】 某素填土地基，地下水位埋深 15m，拟采用夯实水泥土桩法处理地基。初步设计时，桩直径为 0.4m，按正方形布桩，水泥土桩单桩承载力特征值为 500kPa，桩间土承载力特征值为 120kPa，桩间土承载力发挥系数 $\beta=0.9$。

试问：

(1) 要使处理后的复合地基承载力达到 350kPa，桩间距 s (m)，最接近于下列何项数值?

(A) 1.30   (B) 1.40   (C) 1.50   (D) 1.60

(2) 若桩间距 $s=1.60\mathrm{m}$，则处理后的复合地基承载力 f_{spk}（kPa），最接近于下列何项数值?

(A) 265   (B) 278   (C) 285   (D) 298

【解答】(1) 根据《地处规》7.6.2 条、7.1.5 条规定：

$$f_{\mathrm{spk}} = \lambda m \frac{R_{\mathrm{a}}}{A_{\mathrm{p}}} + \beta(1-m)f_{\mathrm{sk}}$$

$$m = \frac{f_{\mathrm{spk}} - \beta f_{\mathrm{sk}}}{\lambda R_{\mathrm{a}}/A_{\mathrm{p}} - \beta f_{\mathrm{sk}}} = \frac{350 - 0.9 \times 120}{\frac{1 \times 500 \times 4}{\pi \times 0.4^2} - 0.9 \times 120} = 0.0625$$

$$d_{\mathrm{e}} = 1.13s$$

$$m = \frac{d^2}{d_{\mathrm{e}}^2} = \frac{d^2}{(1.13s)^2}$$

$$s = \frac{d}{1.13\sqrt{m}} = \frac{0.4}{1.13 \times \sqrt{0.0625}} = 1.416\mathrm{m}$$

故应选 (B) 项。

(2) 根据《地处规》7.6.2 条、7.1.5 条规定：

$$d_{\mathrm{e}} = 1.13s = 1.13 \times 1.6$$

$$m = \frac{d^2}{d_{\mathrm{e}}^2} = \left(\frac{0.4}{1.13 \times 1.6}\right)^2 = 0.049$$

$$\begin{aligned}f_{\mathrm{spk}} &= \lambda m \frac{R_{\mathrm{a}}}{A_{\mathrm{p}}} + \beta(1-m)f_{\mathrm{sk}}\\&= 1 \times 0.049 \times \frac{500}{\frac{1}{4} \times \pi \times 0.4^2} + 0.9 \times (1-0.049) \times 120\\&= 297.8\mathrm{kPa}\end{aligned}$$

故应选 (D) 项。

十一、水泥粉煤灰碎石桩复合地基

《地处规》规范：

> 7.7.2 水泥粉煤灰碎石桩复合地基设计应符合下列规定：
> 1 水泥粉煤灰碎石桩，应选择承载力和压缩模量相对较高的土层作为桩端持力层。
> 2 桩径：长螺旋钻中心压灌、干成孔和振动沉管成桩宜为350mm～600mm；泥浆护壁钻孔成桩宜为600mm～800mm；钢筋混凝土预制桩宜为300mm～600mm。
> 3 桩间距应根据基础形式、设计要求的复合地基承载力和变形、土性及施工工艺确定：
>   1) 采用非挤土成桩工艺和部分挤土成桩工艺，桩间距宜为 (3～5) 倍桩径；

2) 采用挤土成桩工艺和墙下条形基础单排布桩的桩间距宜为（3~6）倍桩径；
  3) 桩长范围内有饱和粉土、粉细砂、淤泥、淤泥质土层，采用长螺旋钻中心压灌成桩施工中可能发生窜孔时宜采用较大桩距。
4 桩顶和基础之间应设置褥垫层，褥垫层厚度宜为桩径的40%~60%。褥垫材料宜采用中砂、粗砂、级配砂石和碎石等，最大粒径不宜大于30mm。
5 水泥粉煤灰碎石桩可只在基础范围内布桩，并可根据建筑物荷载分布、基础形式和地基土性状，合理确定布桩参数：
  1) 内筒外框结构内筒部位可采用减小桩距、增大桩长或桩径布桩；
  2) 对相邻柱荷载水平相差较大的独立基础，应按变形控制确定桩长和桩距；
  3) 筏板厚度与跨距之比小于1/6的平板式筏基、梁的高跨比大于1/6且板的厚跨比（筏板厚度与梁的中心距之比）小于1/6的梁板式筏基，应在柱（平板式筏基）和梁（梁板式筏基）边缘每边外扩2.5倍板厚的面积范围内布桩；
  4) 对荷载水平不高的墙下条形基础可采用墙下单排布桩。
6 复合地基承载力特征值应按本规范第7.1.5条规定确定。初步设计时，可按式(7.1.5-2)估算，其中单桩承载力发挥系数 λ 和桩间土承载力发挥系数 β 应按地区经验取值，无经验时 λ 可取 0.8~0.9，β 可取 0.9~1.0。处理后桩间土的承载力特征值 f_{sk}，对非挤土成桩工艺，可取天然地基承载力特征值；对挤土成桩工艺，一般黏性土可取天然地基承载力特征值；松散砂土、粉土可取天然地基承载力特征值的(1.2~1.5)倍，原土强度低的取大值。按式(7.1.5-3)估算单桩承载力时，桩端端阻力发挥系数 α_p 可取 1.0；桩身强度应满足本规范第7.1.6条的规定。
7 处理后的地基变形计算应符合本规范第7.1.7条和第7.1.8条的规定。

【例6.10.29】 某高层住宅带地下室，地基基础设计等级为乙级，基础底面处相应于荷载的标准组合时的平均压力值为390kPa，地基土层分布、土层厚度及相关参数如图6.10.14所示，采用CFG桩复合地基，桩径为400mm。

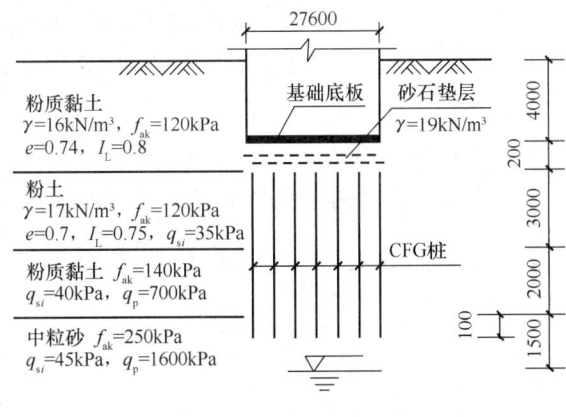

图6.10.14

试问：

（1）试验得到CFG单桩竖向极限承载力为1500kN，确定单桩竖向承载力特征值R_a（kN），最接近于下列何项数值？

(A) 700　　　　(B) 750
(C) 898　　　　(D) 926

（2）假定有效桩长为6m，确定单桩承载力特征值 R_a（kN），最接近于下列何项数值？

(A) 430　　(B) 490　　(C) 550　　(D) 580

（3）当满足承载力要求时，复合地基承载力特征值f_{spk}（kPa）的实测结果最小值应接近于以下何项数值？

(A) 248　　　　(B) 300　　　　(C) 430　　　　(D) 335

(4) 假定 $R_a=450\text{kN}$，$f_{spk}=350\text{kPa}$，桩间土承载力发挥系数 $\beta=0.9$，单桩承载力发挥系数 $\lambda=0.8$，则适合于本工程的 CFG 桩面积置换率 m，与下列何值接近？

(A) 7.2%　　　(B) 8.8%　　　(C) 10.4%　　　(D) 12.6%

(5) 题目条件同 (4)，则桩身强度 f_{cu}（kPa）应选何项数值最合理？

提示：基础埋深修正取 $d=4.0\text{m}$。

(A) 11.5×10^3　　(B) 12.0×10^3　　(C) 13.0×10^3　　(D) 14.0×10^3

(6) 假定 CFG 桩面积置换率 $m=5\%$，桩孔按等边三角形均匀布于基底范围，则 CFG 桩的间距 s（m），与下列何项数值最为接近？

(A) 1.5　　　　(B) 1.7　　　　(C) 1.9　　　　(D) 2.1

【解答】 (1) 根据《地处规》附录 C.0.11 条规定：
$$R_a = Q_u/2 = 1500/2 = 750\text{kN}$$

故应选 (B) 项。

(2) 根据《地处规》7.7.2 条、7.1.5 条规定：

$$R_a = u_p \sum_{i=1}^{n} q_{si} l_{pi} + \alpha_p q_p A_p$$

$$= \pi \times 0.4 \times (35\times3 + 40\times2 + 45\times1) + 1\times1600\times\frac{\pi}{4}\times0.4^2$$

$$= 489.94\text{kN}$$

故应选 (B) 项。

(3) 根据《地处规》3.0.4 条规定，取 $\eta_d=1.0$。

$$p_k \leqslant f_{spa} = f_{spk} + \eta_d \gamma_m (d-0.5)$$

$$390 \leqslant f_{spk} + 1.0\times16\times(4-0.5)$$

$$f_{spk} \geqslant 334\text{kPa}$$

故应选 (D) 项。

(4) 根据《地处规》7.7.2 条、7.1.5 条规定：

f_{sk} 取天然地基承载力特征值，本题取低值 120kPa。

$$f_{spk} = \lambda m \frac{R_a}{A_p} + \beta(1-m)f_{sk}$$

$$m = \frac{f_{spk}-\beta f_{sk}}{\lambda R_a/A_p - \beta f_{sk}} = \frac{350-0.9\times120}{\dfrac{0.8\times450}{\dfrac{1}{4}\pi\times0.4^2}-0.9\times120}$$

$$=8.8\%$$

故应选 (B) 项。

(5) 根据《地处规》7.7.2 条、7.1.6 条规定：

$$f_{cu} \geqslant 4\frac{\lambda R_a}{A_p} = 4\times\frac{0.8\times450}{\dfrac{1}{4}\times\pi\times0.4^2} = 11.5\times10^3\text{kPa}$$

$$f_{\text{spa}} = f_{\text{spk}} + \eta_{\text{d}} \gamma_{\text{m}}(d - 0.5)$$
$$= 350 + 1.0 \times 16 \times (4 - 0.5) = 406 \text{kPa}$$

由规范式 (7.1.6-2)：

$$f_{\text{cu}} \geqslant \frac{4\lambda R_{\text{a}}}{A_{\text{p}}} \left[1 + \frac{\gamma_{\text{m}}(d - 0.5)}{f_{\text{spa}}} \right]$$
$$= \frac{4 \times 0.8 \times 450}{\pi \times 0.2^2} \left[1 + \frac{16 \times (4 - 0.5)}{406} \right]$$
$$= 13.0 \times 10^3 \text{kPa}$$

最终取 $f_{\text{cu}} = 13.0 \times 10^3 \text{kPa}$

所以应选 (C) 项。

(6)
$$d_{\text{e}} = 1.05s$$
$$m = \frac{d^2}{d_{\text{e}}^2} = \frac{d^2}{(1.05s)^2}$$
$$s = \frac{d}{1.05\sqrt{m}} = \frac{0.4}{1.05 \times \sqrt{0.05}} = 1.704\text{m}$$

故应选 (B) 项。

【例 6.10.30】 某冶金厂改扩建工程地基处理。采用水泥粉煤灰碎石桩（CFG）复合地基，CFG桩采用长螺旋钻中心压灌工艺成桩，正方形布桩，双向间距均为2m，桩长17m，桩径400mm。其中一组单桩复合地基载荷试验的桩，载荷板布置及土层分布如图6.10.15所示。

试问：

(1) 假定，计算的单桩承载力特征值与实测的单桩承载力特征值相等，测得该组

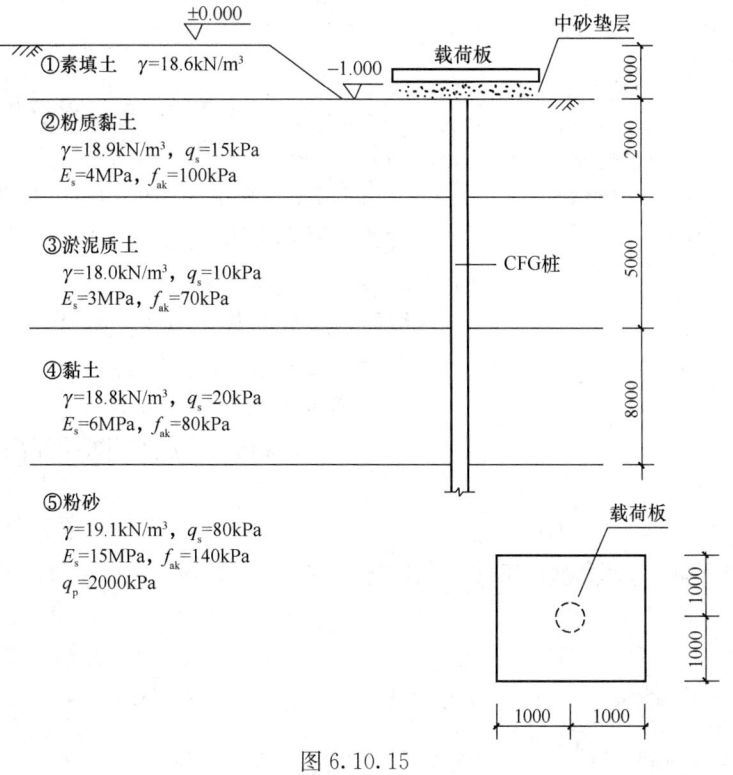

图 6.10.15

CFG 桩复合地基承载力特征值为 230kPa，相应的单桩分担的荷载为 570kN。试问，根据该组试验反推的单桩承载力发挥系数 λ 与下列何项数值最为接近？

(A) 0.7　　　(B) 0.8　　　(C) 0.9　　　(D) 1.0

(2) 题目条件同题 (1)，试问，根据该组试验反推的桩间土承载力发挥系数 β 为：

(A) 0.75　　　(B) 0.85　　　(C) 0.90　　　(D) 0.95

【解答】(1) 根据《地处规》7.1.5 条：

$$R_a = \pi \times 0.4 \times (2 \times 15 + 5 \times 10 + 8 \times 20 + 2 \times 80) + 1 \times \frac{\pi}{4} \times 0.4^2 \times 2000$$

$$= 753.6 \text{kN}$$

$$m = \frac{0.42}{(1.13 \times 2)^2} = 0.031$$

$$\lambda m \frac{R_a}{A_p} A = 570$$

$$\lambda \times 0.031 \times \frac{753.6}{\frac{\pi}{4} \times 0.4^2} \times (2 \times 2) = 570$$

可得：$\lambda = 0.77$

故选 (B) 项。

(2) 根据《地处规》7.1.5 条：

$$\beta(1-m)f_{sk} \times (2 \times 2) = 230 \times 2 \times 2 - 570$$

当取 $f_{sk} = 100\text{kPa}$ 时：

$$\beta \times (1 - 0.031) \times 100 \times 2 \times 2 = 230 \times 2 \times 2 - 570$$

可得：$\beta = 0.90$

故选 (C) 项。

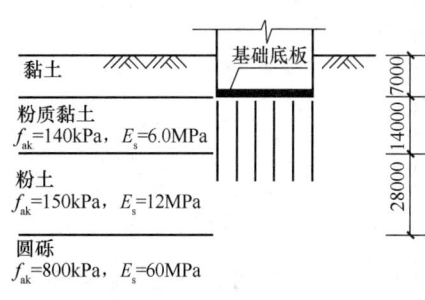

图 6.10.16

【例 6.10.31】 某高层建筑物带地下室，基础为筏形基础，基底尺寸为 28m×33.6m，基础埋深为 7m，基础底面处相应于荷载的准永久组合时的基底附加压力 $p_0 = 300\text{kPa}$，地基处理采用 CFG 桩复合地基，桩径 0.4m，桩长 21m。工程地质土层分布如图 6.10.16 所示，复合地基承载力特征值为 336kPa。

试问：

(1) 基础中心点的沉降计算深度 z_n (m)，最接近于下列何项数值？

(A) 28.0　　　(B) 28.5　　　(C) 29.0　　　(D) 32.7

(2) 假定沉降计算深度取 28m，基础中心点的最终沉降量 s (mm)，最接近于下列何项数值？

(A) 170　　　(B) 150　　　(C) 130　　　(D) 100

【解答】(1) 根据《地处规》7.1.7 条、《地规》5.3.8 条规定：

$$z_n = b(2.5 - 0.4\ln b) = 28 \times (2.5 - 0.4\ln 28) = 32.7\text{m}$$

故应选（D）项。

(2) 查《地规》表 5.3.7，$b=28m>8m$，取 $\Delta z=1.0m$

将基底划为 4 个小矩形，$l=33.6/2=16.8m$，$b=28/2=14m$，$l/b=16.8/14=1.2$

根据《地处规》7.1.7 条规定，取 $f_{ak}=140kPa$

$$\zeta = f_{spk}/f_{ak} = 336/140 = 2.4$$

故各复合土层的压缩模量分别为：$E_{s1}=6.0\times2.4=14.4MPa$

$$E_{s2} = 12\times2.4 = 28.8MPa$$

列表计算沉降量，见表 6.10.4。

沉 降 量 计 算 表　　　　　　　　　　　表 6.10.4

z_i (m)	l/b	z/b	$\bar{a}_i$	$z_i\bar{a}_i$ (mm)	$z_i\bar{a}_i-z_{i-1}\bar{a}_{i-1}$ (mm)	ζE_{si} (kPa)	$\Delta s'_i = \frac{4p_0}{\zeta E_{si}}(z_i\bar{a}_i-z_{i-1}\bar{a}_{i-1})$ (mm)	$s'=\Sigma\Delta s'_i$ (mm)
0	1.2	0	0.2500	0	0	—	—	—
14	1.2	1.0	0.2291	3207.4	3207.4	14400	267.28	267.28
21	1.2	1.5	0.2054	4313.4	1106.0	28800	46.08	313.36
27	1.2	1.93	0.1854	5005.8	692.4	12000	69.24	382.60
28	1.2	2.0	0.1822	5101.6	95.8	12000	9.58	392.18

复核沉降计算深度，$\Delta z=1.0m$

$$\Delta s'_n = 9.58mm < 0.025\Sigma\Delta s'_i = 0.025\times392.18 = 9.80mm，满足。$$

确定 ψ_s，根据《地处规》7.1.8 条规定：

$$\overline{E}_s = \frac{5101.6}{\frac{3207.4}{14.4}+\frac{1106}{28.8}+\frac{692.4}{12}+\frac{95.8}{12}} = 15.6kPa$$

查《地处规》表 7.1.8：

$$\psi_s = 0.4 - \frac{15.6-15}{20-15}\cdot(0.4-0.2) = 0.382$$

$$s = \psi_s s' = 0.382\times392.18 = 149.8mm$$

故应选（B）项。

【例 6.10.32】 某高层住宅带地下室，采用筏板基础，基底尺寸为 $24m\times38m$，地基基础设计等级为乙级。地基处理采用水泥粉煤灰碎石桩（CFG 桩），桩直径为 400mm。地基土层分布及相关参数，如图 6.10.17 所示。

假定该工程沉降计算不考虑基坑回弹影响，采用天然地基时，基础中心计算的地基最终变形量为 180mm，其中基底下 7.5m 深范围土的地基变形量 s_1 为 120mm，其下土层的地基变形量 s_2 为 60mm。已知 CFG 桩复合地基的承载力特征值 f_{spk} 为 340kPa，并且褥垫层和粉质黏土复合土层的压缩模

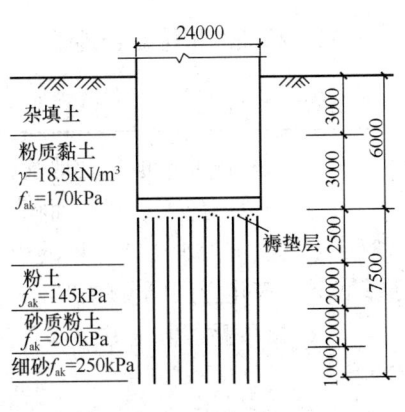

图 6.10.17

量相同。

试问：

当天然地基和复合地基沉降计算经验系数分别为 $\psi_{s,天}$、$\psi_{s,复}$，并且 $\psi_{s,天}=1.2\psi_{s,复}$，地基处理后，基础中心的地基最终变形量 s（mm），最接近于下列何项数值？

(A) 100　　　　(B) 110　　　　(C) 120　　　　(D) 130

【解答】 根据《地处规》7.1.7 条：

$$\xi = \frac{f_{spk}}{f_{ak}} = \frac{340}{170} = 2$$

则：

$$E_{si,复} = \xi \cdot E_{si,天} = 2E_{si,天}$$

又由《地规》5.3.5 条可知：$s'_复 = \frac{1}{2}s'_天$

$$s_天 = \psi_{s,天}(s'_{1,天} + s'_{2,天}) = 120 + 60 = 180\text{mm}$$

$$s_复 = \psi_{s,复}(s'_{1,复} + s'_{2,天})$$

$$= \frac{\psi_{s,天}}{1.2} \cdot \left(\frac{1}{2}s'_{1,天} + s'_{2,天}\right)$$

$$= \frac{1}{1.2}\left(\frac{1}{2} \cdot \psi'_{s,天} \cdot s'_{1,天} + \psi_{s,天} \cdot s'_{2,天}\right)$$

$$= \frac{1}{1.2} \times \left(\frac{1}{2} \times 120 + 60\right)$$

$$= 100\text{mm}$$

故应选（A）项。

思考： 假定 $\psi_{s,天} = \psi_{s,复}$，则基础中心的最终沉降量 $s_复$ 为：

$$s_复 = \psi_{s,复}(s'_{1,复} + s'_{2,天})$$

$$= \psi_{s,天}\left(\frac{1}{2}s'_{1,天} + s'_{2,天}\right)$$

$$= \frac{1}{2} \times 120 + 60 = 120\text{mm}$$

十二、柱锤冲扩桩复合地基

《地处规》规范：

> 7.8.4 柱锤冲扩桩复合地基设计应符合下列规定：
> 1 处理范围应大于基底面积。对一般地基，在基础外缘应扩大（1~3）排桩，且不应小于基底下处理土层厚度的 1/2；对可液化地基，在基础外缘扩大的宽度，不应小于基底下可液化土层厚度的 1/2，且不应小于 5m；
> 2 桩位布置宜为正方形和等边三角形，桩距宜为 1.2m~2.5m 或取桩径的（2~3）倍；
> 3 桩径宜为 500mm~800mm，桩孔内填料量应通过现场试验确定；

4 地基处理深度：对相对硬土层埋藏较浅地基，应达到相对硬土层深度；对相对硬土层埋藏较深地基，应按下卧层地基承载力及建筑物地基的变形允许值确定；对可液化地基，应按现行国家标准《建筑抗震设计规范》GB 50011 的有关规定确定；

5 桩顶部应铺设 200mm～300mm 厚砂石垫层，垫层的夯填度不应大于 0.9；对湿陷性黄土，垫层材料应采用灰土，满足本规范第 7.5.2 条第 8 款的规定。

6 桩体材料可采用碎砖三合土、级配砂石、矿渣、灰土、水泥混合土等，当采用碎砖三合土时，其体积比可采用生石灰∶碎砖∶黏性土为 1∶2∶4，当采用其他材料时，应通过试验确定其适用性和配合比；

7 承载力特征值应通过现场复合地基静载荷试验确定；初步设计时，可按式（7.1.5-1）估算，置换率 m 宜取 0.2～0.5；桩土应力比 n 应通过试验确定或按地区经验确定；无经验值时，可取 2～4；

8 处理后地基变形计算应符合本规范第 7.1.7 条和第 7.1.8 条的规定；

9 当柱锤冲扩桩处理深度以下存在软弱下卧层时，应按现行国家标准《建筑地基基础设计规范》GB 50007 的有关规定进行软弱下卧层地基承载力验算。

【例 6.10.33】 用柱锤冲扩桩法处理粉土地基，天然地基承载力特征值为 80kPa。桩体直径 $d=0.6$m，处理后桩土应力比 $n=3$，处理后桩间土承载力特征值为 95kPa。

试问：

(1) 按等边三角形布桩，桩间径 $s=1.2$m，复合地基承载力特征值 f_{spk}（kPa），最接近于下列何项数值？

(A) 132　　　　(B) 135　　　　(C) 138　　　　(D) 140

(2) 按正方形布桩，要使处理后的复合地基承载力特征值 $f_{spk}=120$kPa，桩间距 s（m），最接近于下列何项数值？

(A) 1.55　　　(B) 1.45　　　(C) 1.35　　　(D) 1.20

【解答】 (1) 根据《地处规》7.8.4 条、7.1.5 条规定：

$$d_e = 1.05s = 1.05 \times 1.2$$

$$m = \frac{d^2}{d_e^2} = \left(\frac{0.6}{1.05 \times 1.2}\right)^2 = 0.227$$

$$f_{spk} = [1+m(n-1)]f_{sk}$$
$$= [1+0.227 \times (3-1)] \times 95 = 138.13 \text{kPa}$$

故应选 (C) 项。

(2)
$$f_{spk} = [1+m(n-1)]f_{sk}$$
$$m = \frac{f_{spk}/f_{sk}-1}{n-1} = \frac{120/95-1}{3-1} = 0.132$$

$$d_e = 1.13s, \quad m = \frac{d^2}{d_e^2} = \frac{d^2}{(1.13s)^2}$$

$$s = \frac{d}{1.13\sqrt{m}} = \frac{0.6}{1.13\sqrt{0.132}} = 1.46\text{m}$$

故应选 (B) 项。

十三、多桩型复合地基

1. 多桩型复合地基承载力特征值的确定

《地处规》规定：

7.9.6 多桩型复合地基承载力特征值，应采用多桩复合地基静载荷试验确定，初步设计时，可采用下列公式估算：

1 对具有粘结强度的两种桩组合形成的多桩型复合地基承载力特征值：

$$f_{spk} = m_1 \frac{\lambda_1 R_{a1}}{A_{p1}} + m_2 \frac{\lambda_2 R_{a2}}{A_{p2}} + \beta(1 - m_1 - m_2)f_{sk} \quad (7.9.6-1)$$

式中：m_1、m_2——分别为桩1、桩2的面积置换率；

λ_1、λ_2——分别为桩1、桩2的单桩承载力发挥系数；应由单桩复合地基试验按等变形准则或多桩复合地基静载荷试验确定，有地区经验时也可按地区经验确定；

R_{a1}、R_{a2}——分别为桩1、桩2的单桩承载力特征值（kN）；

A_{p1}、A_{p2}——分别为桩1、桩2的截面面积（m²）；

β——桩间土承载力发挥系数；无经验时可取0.9～1.0；

f_{sk}——处理后复合地基桩间土承载力特征值（kPa）。

2 对具有粘结强度的桩与散体材料桩组合形成的复合地基承载力特征值：

$$f_{spk} = m_1 \frac{\lambda_1 R_{a1}}{A_{p1}} + \beta[1 - m_1 + m_2(n-1)]f_{sk} \quad (7.9.6-2)$$

式中：β——仅由散体材料桩加固处理形成的复合地基承载力发挥系数；

n——仅由散体材料桩加固处理形成复合地基的桩土应力比；

f_{sk}——仅由散体材料桩加固处理后桩间土承载力特征值（kPa）。

7.9.7 多桩型复合地基面积置换率，应根据基础面积与该面积范围内实际的布桩数量进行计算，当基础面积较大或条形基础较长时，可用单元面积置换率替代。

1 当按图7.9.7（a）矩形布桩时，$m_1 = \frac{A_{p1}}{2s_1 s_2}$，$m_2 = \frac{A_{p2}}{2s_1 s_2}$；

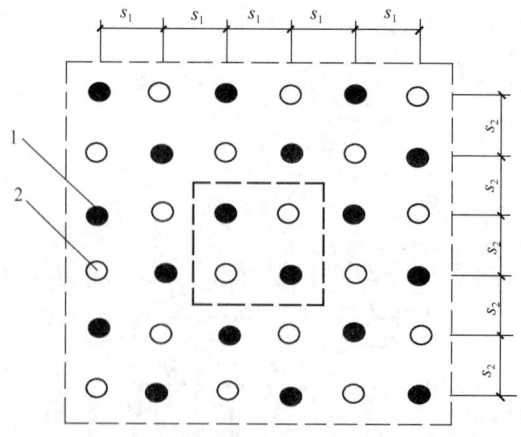

图7.9.7（a） 多桩型复合地基矩形布桩单元面积计算模型
1—桩1；2—桩2

2 当按图 7.9.7（b）三角形布桩且 $s_1 = s_2$ 时，$m_1 = \dfrac{A_{p1}}{2s_1^2}$，$m_2 = \dfrac{A_{p2}}{2s_1^2}$。

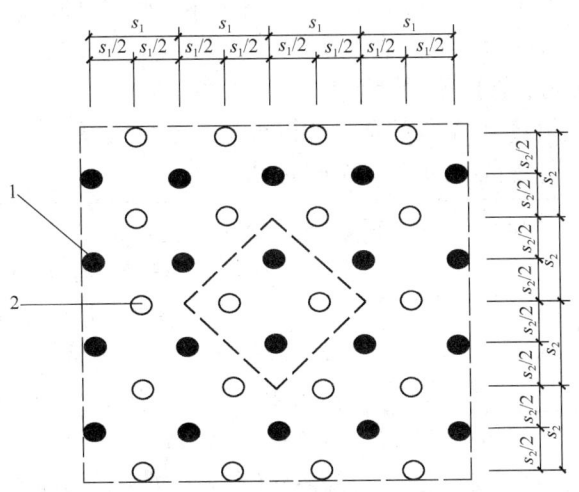

图 7.9.7(b) 多桩型复合地基三角形布桩单元面积计算模型
1—桩 1；2—桩 2

注意的是，三角形布桩且 $s_1 = s_2$ 时，《地处规》中 m_1、m_2 的计算公式有错误，应为：$m_1 = \dfrac{A_{p1}}{s_1^2}$，$m_2 = \dfrac{A_{p2}}{s_1^2}$。

2. 多桩型复合地基的变形计算

《地处规》规定：

> 7.9.8 多桩型复合地基变形计算可按本规范第 7.1.7 条和第 7.1.8 条的规定，复合土层的压缩模量可按下列公式计算：
>
> 1 有粘结强度增强体的长短桩复合加固区、仅长桩加固区土层压缩模量提高系数分别按下列公式计算：
>
> $$\zeta_1 = \frac{f_{\text{spk}}}{f_{\text{ak}}} \qquad (7.9.8\text{-}1)$$
>
> $$\zeta_2 = \frac{f_{\text{spk1}}}{f_{\text{ak}}} \qquad (7.9.8\text{-}2)$$
>
> 式中：f_{spk1}、f_{spk} ——分别为仅由长桩处理形成复合地基承载力特征值和长短桩复合地基承载力特征值（kPa）；
>
> ζ_1、ζ_2 ——分别为长短桩复合地基加固土层压缩模量提高系数和仅由长桩处理形成复合地基加固土层压缩模量提高系数。
>
> 2 对由有粘结强度的桩与散体材料桩组合形成的复合地基加固区土层压缩模量提高系数可按式（7.9.8-3）或式（7.9.8-4）计算：
>
> $$\zeta_1 = \frac{f_{\text{spk}}}{f_{\text{spk2}}}[1 + m(n-1)]\alpha \qquad (7.9.8\text{-}3)$$

$$\zeta_1 = \frac{f_{spk}}{f_{ak}} \qquad (7.9.8\text{-}4)$$

式中：f_{spk2}——仅由散体材料桩加固处理后复合地基承载力特征值（kPa）；

α——处理后桩间土地基承载力的调整系数，$\alpha = f_{sk}/f_{ak}$；

m——散体材料桩的面积置换率。

7.9.9 复合地基变形计算深度应大于复合地基土层的厚度，且应满足现行国家标准《建筑地基基础设计规范》GB 50007 的有关规定。

【例 6.10.34】 某住宅楼基础底面以下地层主要为：①中砂～砾砂，厚度为 8.0m，承载力特征值 200kPa，桩侧阻力特征值为 25kPa；②粉质黏土，厚度 16m，承载力特征值为 250kPa，桩侧阻力特征值为 30kPa，其下卧为微风化大理岩。拟采用 CFG 桩+水泥土搅拌桩复合地基，承台尺寸 3.0m×3.0m，如图 6.10.18 所示；CFG 桩桩径为 450mm，桩长为 20m，单桩抗压承载力特征值为 850kN；水泥土搅拌桩桩径为 600mm，桩长为 10m，桩身强度为 2.0MPa，桩身强度折减系数 $\eta=0.25$，桩端阻力发挥系数 $\alpha_p = 0.5$。根据《建筑地基处理技术规范》JGJ 79—2012，该承台可承受的最大上部荷载（标准组合）最接近以下哪个选项？（单桩承载力发挥系数 $\lambda_1 = \lambda_2 = 1.0$，桩间土承载力发挥系数 $\beta = 0.9$；取 $f_{sk} = 200$kPa；复合地基承载力不考虑深度修正；不考虑承台及其上覆土的重量）

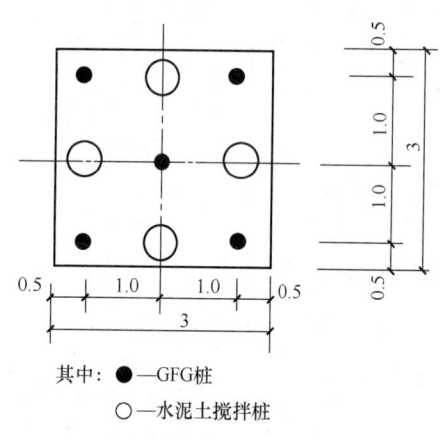

图 6.10.18（单位：m）

(A) 4400kN　　(B) 5200kN　　(C) 6080kN　　(D) 7760kN

【解答】 根据《地处规》7.9.6 条：

CFG 桩置换率 m_1：$m_1 = \dfrac{A_{p1}}{A_{处}} = \dfrac{5 \times \dfrac{\pi}{4} \times 0.45^2}{3 \times 3} = 0.0883$

水泥土搅拌桩 m_2：$m_2 = \dfrac{4 \times \dfrac{\pi}{4} \times 0.6^2}{3 \times 3} = 0.1256$

水泥土搅拌桩的 R_a：

$$R_{a2} = u_p \sum_{i=1}^{n} q_{si} l_{pi} + \alpha_p q_p A_p$$

$$= 3.14 \times 0.6 \times (8 \times 25 + 2 \times 30) + 0.5 \times 250 \times \frac{\pi}{4} \times 0.6^2$$

$$= 525.17 \text{kN}$$

$$R_{a2} = \eta f_{cu} A_p = 0.25 \times 2 \times 10^3 \times \frac{\pi}{4} \times 0.6^2 = 141.3 \text{kN}$$

取较小值，故取 $R_{a2}=141.3\text{kN}$。

$$f_{spk}=m_1\frac{\lambda_1 R_{a1}}{A_{p1}}+m_2\frac{\lambda_2 R_{a2}}{A_{p2}}+\beta(1-m_1-m_2)f_{sk}$$

$$=0.0883\times\frac{1\times 850}{\frac{\pi}{4}\times 0.45^2}+0.1256\times\frac{1\times 141.3}{\frac{\pi}{4}\times 0.6^2}+0.9\times(1-0.0883-0.1256)\times 200$$

$$=676.45\text{kPa}$$

又由：$\dfrac{F_k+G_k}{A}=\dfrac{F_k+0}{A}\leqslant f_{sp}\approx f_{spk}=676.45$，则：

$$F_k\leqslant 676.45A=676.45\times 3\times 3=6088\text{kN}$$

所以应选（C）项。

【例 6.10.35】 某多层住宅采用筏板基础，基底尺寸为 24m×50m，地基基础设计等级为乙级。地基处理采用水泥粉煤灰碎石桩（CFG 桩）和水泥土搅拌桩两种桩型的复合地基，CFG 桩和水泥土搅拌桩的桩径均采用 500mm。桩的布置、地基土层分布、土层厚度及相关参数如图 6.10.19 所示。

试问：

（1）假定，CFG 桩的单桩承载力特征值 $R_{a1}=680\text{kN}$，单桩承载力发挥系数 $\lambda_1=0.9$；水泥土搅拌桩单桩的承载力特征值为 $R_{a2}=90\text{kN}$，单桩承载力发挥系数 $\lambda_2=1$；桩间土承载力发挥系数 $\beta=0.9$；处理后桩间土的承载力特征值可取天然地基承载力特征值。基础底面以上土的加权平均重度 $\gamma_m=17\text{kN/m}^3$。试问，初步设计时，当设计要求经深度修正后的②层淤泥质黏土复合地基承载力特征值不小于 300kPa，复合地基中桩的最大间距 s（m），与下列何项数值最为接近？

(A) 0.9　　　(B) 1.0　　　(C) 1.1　　　(D) 1.2

（2）假定，基础底面处多桩型复合地基的承载力特征值 $f_{spk}=252\text{kPa}$。当对基础进行地基变形计算时，试问，第②层淤泥质黏土层的复合压缩模量 E_s（MPa），与下列何项数值最为接近？

(A) 11　　　(B) 15　　　(C) 18　　　(D) 20

【解答】（1）根据《地处规》3.0.4 条、《地规》5.2.4 条：

$$f_{spk}=300-1\times 17\times(4-0.5)=240.5\text{kPa}$$

根据《地处规》7.9.6 条：

$$m_1=\frac{A_{p1}}{(2s)^2},\quad m_2=\frac{4A_{p2}}{(2s)^2},\quad A_{p1}=A_{p2}=3.14\times 0.25^2=0.1963\text{m}^2$$

$$240.5=\frac{0.9\times 680}{4s^2}+\frac{4\times 1\times 90}{4s^2}+0.9\times\left(1-\frac{0.1963}{4s^2}-\frac{4\times 0.1963}{4s^2}\right)\times 70$$

解之得：$s=\sqrt{910.2/(4\times 177.5)}=1.13\text{m}$

故选（C）项。

（2）根据《地处规》7.9.8 条及 7.1.7 条

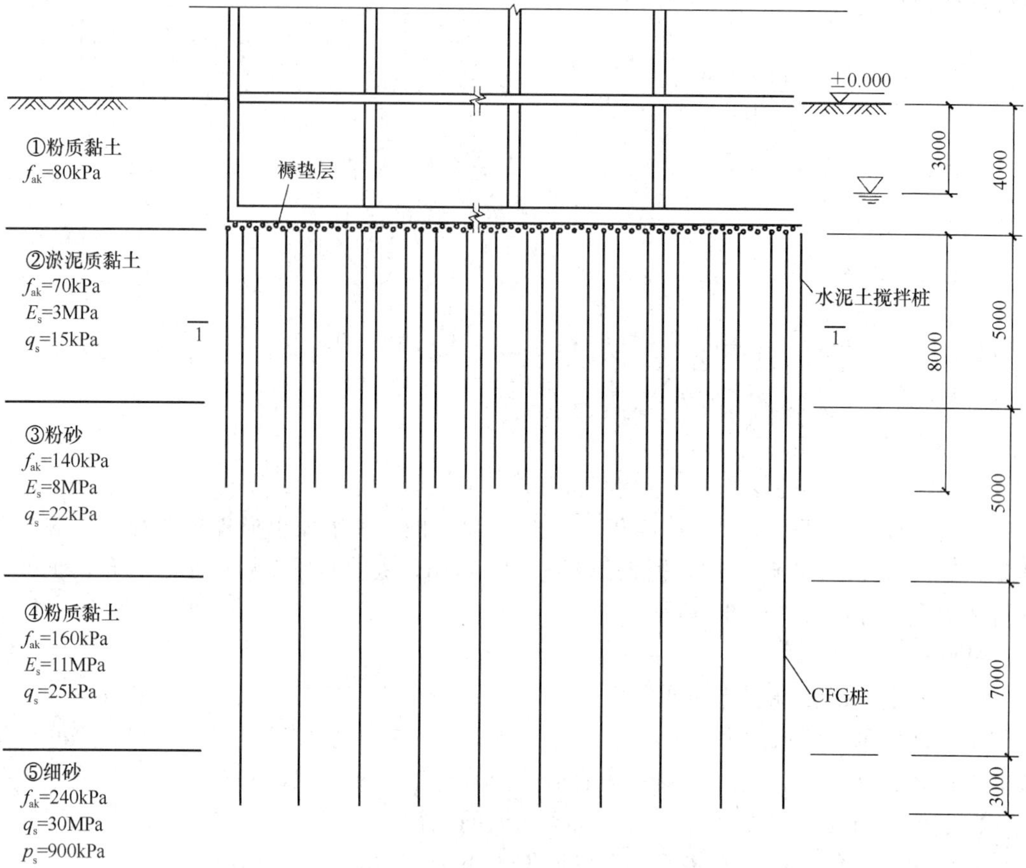

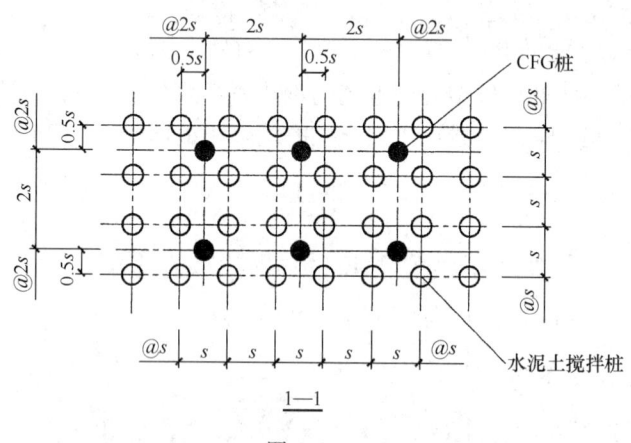

图 6.10.19

$$\xi = f_{spk}/f_{ak} = 252/70 = 3.6$$
$$E_s = 3 \times 3.6 = 10.8 \text{MPa}$$

故选（A）项。

【例 6.10.36】 某住宅楼一独立承台，相应于上部结构作用的准永久组合时，作用于基底的附加压力 $p_0 = 600\text{kPa}$。基底以下土层主要为：① 中砂～砾砂，厚度为 8m，承载力特征值为200kPa，压缩模量为10MPa；② 含砂粉质黏土，厚度为16m，压缩模量8MPa，下卧为微风化大理岩。拟采用CFG桩+水泥土搅拌桩复合地基承台尺寸3.0m×3.0m，布桩如前图6.11.16所示，CFG桩桩径为450mm，桩长为20m，设计单桩承载力特征值$R_a = 700$kN；水泥土搅拌桩桩径为600mm，桩长为10m，设计单桩承载力特征值$R_a = 300$kN。假定复合地基的沉降计算地区经验系数$\psi_s = 0.4$。根据《建筑地基处理技术规范》JGJ 79—2012，试问，该独立承台复合地基在中砂～砾砂层中的沉降量（mm）最接近下列哪个选项？（单桩承载力发挥系数：CFG桩$\lambda_1 = 0.8$，水泥土搅拌桩$\lambda_2 = 1.0$；桩间土承载力发挥系数$\beta = 1.0$；取$f_{sk} = 200$kPa。）

(A) 68 　　　　　(B) 45 　　　　　(C) 34 　　　　　(D) 23

【解答】 根据《地处规》7.9.8条、7.9.6条：

CFG桩：$m_1 = \dfrac{5 \times \dfrac{\pi}{4} \times 0.45^2}{3 \times 3} = 0.0883$

水泥土搅拌桩：$m_2 = \dfrac{4 \times \dfrac{\pi}{4} \times 0.6^2}{3 \times 3} = 0.1256$

$$f_{spk} = \lambda_1 m_1 \frac{R_{a1}}{A_{p1}} + \lambda_2 m_2 \frac{R_{a2}}{A_{p2}} + \beta(1 - m_1 - m_2) f_{sk}$$

$$= 0.8 \times 0.0883 \times \frac{700}{\frac{\pi}{4} \times 0.45^2} + 1 \times 0.1256 \times \frac{300}{\frac{\pi}{4} \times 0.6^2} + 1.0$$

$$\times (1 - 0.0883 - 0.1256) \times 200$$

$$= 601.6 \text{kPa}$$

$$\xi_1 = \frac{f_{spk}}{f_{ak}} = \frac{601.6}{200} = 3.01$$

$$E_{sp1} = E_s \xi_1 = 10 \times 3.01 = 30.1 \text{MPa}$$

取小矩形 $b \times l = 1.5\text{m} \times 1.5\text{m}$，则：

$z_1 = 8$m，$z_1/b = 8/1.5 = 5.33$，$l/b = 1.5/1.5 = 1$，查《地规》附录表K.0.1-2：

$$\bar{\alpha}_1 = 0.0906 - \frac{5.33 - 5.2}{5.4 - 5.2} \times (0.0906 - 0.0878) = 0.0888$$

$$s = \psi_s p_0 \frac{4(z_1 \bar{\alpha}_1 - z_0 \cdot \bar{\alpha}_0)}{E_{sp1}} = 0.4 \times 600 \times \frac{4 \times (8 \times 10^3 \times 0.0888 - 0)}{30.1 \times 10^3} = 22.66 \text{mm}$$

所以应选（D）项。

十四、注浆加固

● 复习《地处规》8.1.1条～8.4.5条。

十五、微型桩加固

● 复习《地处规》9.1.1条～9.5.4条。

第十一节 《地规》建筑桩基

一、单桩竖向与水平承载力特征值

（一）一般规定

1. 桩的分类

《地规》规定：

> 8.5.1 本节包括混凝土预制桩和混凝土灌注桩低桩承台基础。竖向受压桩按桩身竖向受力情况可分为摩擦型桩和端承型桩。摩擦型桩的桩顶竖向荷载主要由桩侧阻力承受；端承型桩的桩顶竖向荷载主要由桩端阻力承受。

2. 设计规定

《地基通规》规定：

> 5.1.1 桩基设计计算或验算，应包括下列内容：
> 1 桩基竖向承载力和水平承载力计算；
> 2 桩身强度、桩身压屈、钢管桩局部压屈验算；
> 3 桩端平面下的软弱下卧层承载力验算；
> 4 位于坡地、岸边的桩基整体稳定性验算；
> 5 混凝土预制桩运输、吊装和沉桩时桩身承载力验算；
> 6 抗浮桩、抗拔桩的抗拔承载力计算；
> 7 桩基抗震承载力验算；
> 8 摩擦型桩基，对桩基沉降有控制要求的非嵌岩桩和非深厚坚硬持力层的桩基，对结构体形复杂、荷载分布不均匀或桩端平面下存在软弱土层的桩基等，应进行沉降计算。
> 5.1.2 桩基所用的材料、桩段之间的连接，桩基构造等应满足其所处场地环境类别中的耐久性要求。
> 5.1.3 工程桩应进行承载力与桩身质量检验。

《地基》8.5.2条作了相同规定。

- 复习《地规》8.5.2规定。

3. 桩和桩基的构造要求

《地基通规》规定：

> 5.2.11 灌注桩的桩身混凝土强度等级不应低于C25；桩的纵向受力钢筋的混凝土保护层厚度不应小于50mm，腐蚀环境中桩的纵向受力钢筋的混凝土保护层厚度不应小于55mm。
> 5.2.12 预制桩的桩身混凝土强度等级不应低于C30；预制桩的纵向受力钢筋混凝土保护层厚度不应小于45mm；预应力混凝土桩的钢筋保护层厚度不应小于35mm，地基处理和临时性建筑用预应力混凝土桩的钢筋保护层厚度不应小于25mm。
> 5.2.13 钢桩焊接接头应采用等强度连接。

《地规》8.5.3条作了细化规定。

- 复习《地规》8.5.3规定。

【例6.11.1】 有关桩基主筋配筋长度有下列四种见解,哪种说法是不全面的?说明理由。

(A) 受水平荷载和弯矩较大的桩,配筋长度应通过计算确定

(B) 桩基承台下存在淤泥、淤泥质土或液化土层时,配筋长度应穿过淤泥、淤泥质土或液化土层

(C) 坡地岸边的桩、地震区的桩、抗拔桩、嵌岩端承桩应通长配筋

(D) 桩径大于600mm的钻孔灌注桩,构造钢筋的长度不应小于桩长的2/3

【解答】 根据《地规》8.5.3条第8款3)的规定,8度及8度以上地震区的桩、抗拔桩、嵌岩端承桩应通长配筋。故(C)项不对。

(二)单桩竖向承载力特征值的确定

《地基通规》规定:

> 5.2.4 单桩竖向承载力特征值R_a应按下式确定:
> $$R_a = \frac{1}{K}Q_{uk} \tag{5.2.4}$$
> 式中 Q_{uk}——单桩竖向极限承载力标准值(kN);
> 　　　K——安全系数。
>
> 5.2.5 单桩竖向极限承载力标准值应通过单桩静载荷试验确定。单桩竖向抗压静载荷试验应采用慢速维持荷载法。
>
> 5.2.8 桩身混凝土强度应满足桩的承载力设计要求。

《地规》8.5.6条、8.5.10条、8.5.11条作了规定。

应注意的是,《地规》中q_{sia}、q_{pa}为特征值,故计算R_a时不再除以安全系数K($K=2$)。

《地规》附录Q的规定为:

> **附录Q　单桩竖向静载荷试验要点**
>
> ……
>
> Q.0.8 符合下列条件之一时可终止加载:
>
> 1 当荷载-沉降(Q-s)曲线上有可判定极限承载力的陡降段,且桩顶总沉降量超过40mm;
>
> 2 $\frac{\Delta s_{n+1}}{\Delta s_n} \geqslant 2$,且经24h尚未达到稳定;
>
> 3 25m以上的非嵌岩桩,Q-s曲线呈缓变型时,桩顶总沉降量大于60mm~80mm;
>
> 4 在特殊条件下,可根据具体要求加载至桩顶总沉降量大于100mm。
>
> 注:1 Δs_n——第n级荷载的沉降量;Δs_{n+1}——第$n+1$级荷载的沉降量;
>
> 　　2 桩底支承在坚硬岩(土)层上,桩的沉降量很小时,最大加载量不应小于设计荷载的两倍。
>
> Q.0.9 卸载及卸载观测应符合下列规定:
>
> 1 每级卸载值为加载值的两倍;

2 卸载后隔 15min 测读一次，读两次后，隔半小时再读一次，即可卸下一级荷载；

3 全部卸载后，隔 3h 再测读一次。

Q.0.10 单桩竖向极限承载力应按下列方法确定：

1 作荷载-沉降（Q-s）曲线和其他辅助分析所需的曲线。

2 当陡降段明显时，取相应于陡降段起点的荷载值。

3 当出现本附录 Q.0.8 第 2 款的情况时，取前一级荷载值。

4 Q-s 曲线呈缓变型时，取桩顶总沉降量 $s=40$mm 所对应的荷载值，当桩长大于 40m 时，宜考虑桩身的弹性压缩。

5 按上述方法判断有困难时，可结合其他辅助分析方法综合判定。对桩基沉降有特殊要求者，应根据具体情况选取。

6 参加统计的试桩，当满足其极差不超过平均值的 30% 时，可取其平均值为单桩竖向极限承载力；极差超过平均值的 30% 时，宜增加试桩数量并分析极差过大的原因，结合工程具体情况确定极限承载力。对桩数为 3 根及 3 根以下的柱下桩台，取最小值。

Q.0.11 将单桩竖向极限承载力除以安全系数 2，为单桩竖向承载力特征值（R_a）。

单桩竖向极限承载力 Q_u 确定，如图 6.11.1 所示。

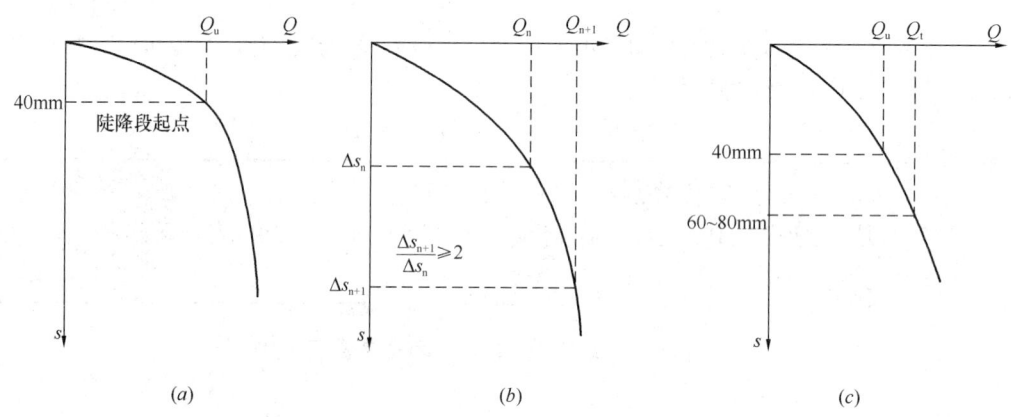

图 6.11.1 单桩的荷载-沉降（Q-s）曲线图与 Q_u 取值
(a) 明显陡降段型；(b) 沉降比型；(c) 缓变型

【例 6.11.2】 对直径为 1.2m 的单桩嵌岩桩，当检验桩底有无空洞、破碎带、软弱夹层等不良地质现象时，应在桩底下的下述何项深度（m）范围进行？

(A) 3.6　　　(B) 5　　　(C) 8　　　(D) 9

【解答】 根据《地规》8.5.6 条第 6 款规定：

$3d=3\times1.2=3.6$m<5m，故取 5m。

所以应选（B）项。

【例 6.11.3】 某柱下桩基础采用 9 根灌注桩，桩身直径为 $d=377$mm，现场静载荷试验，三根试桩的单桩竖向极限承载力实测值分别为 $Q_1=930\text{kN}$、$Q_2=950\text{kN}$、$Q_3=940\text{kN}$。

试问：（1）确定单桩竖向承载力特征值 R_a。

（2）假定整个桩基础的灌注桩总根数为 200 根，确定其最少试桩数量。

（3）桩身混凝土采用 C25，地下水位较高，确定在轴心受压时单桩的承载力。

【解答】（1）根据《地规》附录 Q.0.10 条第 6 款、Q.0.11 条规定：

单桩竖向极限承载力平均值：$\dfrac{930+950+940}{3}=940\text{kN}$

极差：$950-930=20\text{kN}<940\times30\%=282\text{kN}$

故取 $R_u=940\text{kN}$

$R_a=\dfrac{R_u}{2}=470\text{kN}$

（2）根据《地规》8.5.6 条第 1 款规定：

试桩数量 n：$n=200\times1\%=2$；$n\geqslant3$

故 $n=3$ 根。

（3）根据《地规》8.5.11 条规定：地下水位较高，取 $\psi_c=0.6$。

$Q=A_p f_c \psi_c=\dfrac{\pi}{4}\times377^2\times11.9\times0.6=796.6\text{kN}$

【例 6.11.4】 某柱下等腰三桩承台基础，采用水下灌注桩。现场静载荷试验，测得三根试桩的单桩竖向极限承载力实测值分别为 $Q_1=830\text{kN}$、$Q_2=850\text{kN}$、$Q_3=860\text{kN}$。

试问： 其单桩竖向承载力特征值 R_a 为多少 kN？

【解答】 根据《地规》附录 Q.0.10 条第 6 款的规定，对桩数为 3 根及 3 根以下的柱下桩台，取最小值。

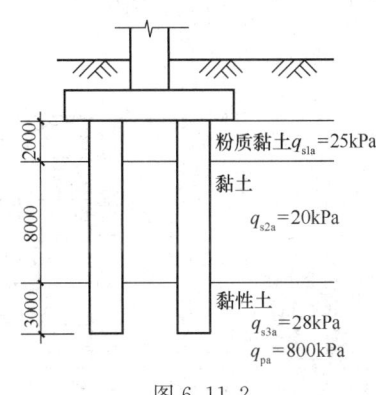

图 6.11.2

$Q_u=830\text{kN}$，$R_a=\dfrac{Q_u}{2}=\dfrac{830}{2}=415\text{kN}$

【例 6.11.5】 某桩基础采用水下钻孔灌注桩，桩身直径为 0.8m，桩长为 13m。桩基剖面及工程地质条件如图 6.11.2 所示。

试问： 该桩的单桩竖向承载力特征值 R_a 为多少 kN？

【解答】 根据《地规》8.5.6 条规定：

$$\begin{aligned}R_a&=q_{pa}A_p+u_p\Sigma q_{sia}l_i\\&=800\times\dfrac{\pi\times0.8^2}{4}+\pi\times0.8\\&\quad\times(25\times2+20\times8+28\times3)\\&=1140.4\text{kN}\end{aligned}$$

【例 6.11.6】 某建筑物地基基础设计等级为乙级，采用两桩和三桩承台基础，桩长约 30m，三根试桩的竖向抗压静载试验结果如图 6.11.3 所示，试桩 3 加载至 4000kN，24

小时后变形尚未稳定。试问，桩的竖向抗压承载力特征值（kN），取下列何项数值最为合理？

(A) 1750　　　　　(B) 2000　　　　　(C) 3500　　　　　(D) 8000

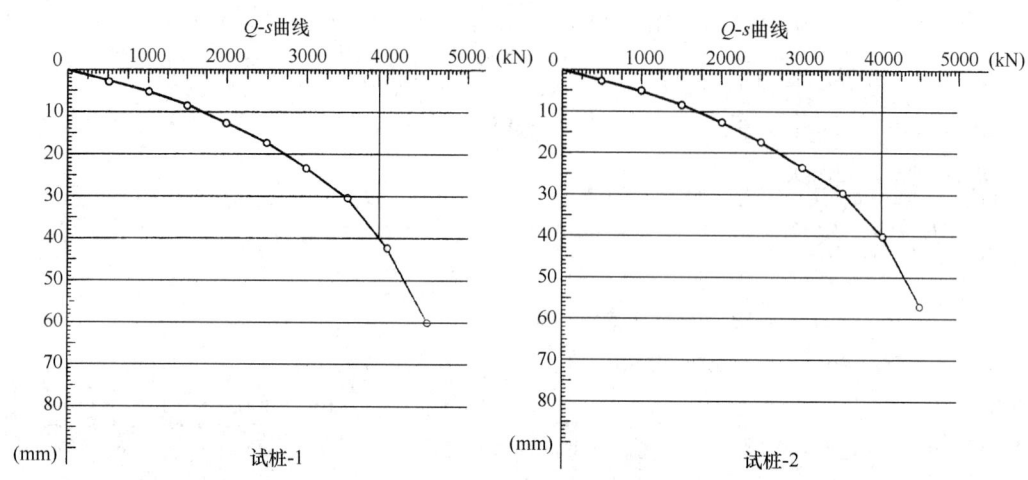

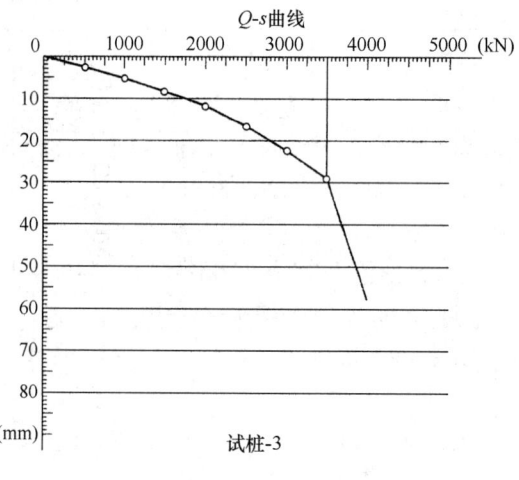

图 6.11.3

【解答】 根据《地规》附录Q：

试桩1的 $Q\text{-}s$ 曲线为缓变型，对应40mm沉降量的荷载作为桩承载力极限值，为3900kN；试桩2的 $Q\text{-}s$ 曲线为缓变型，对应40mm沉降量的荷载作为桩承载力极限值，为4000kN；试桩3的 $Q\text{-}s$ 曲线为陡降型，桩承载力极限值为3500kN。

两桩和三桩承台，取最小值3500kN。

单桩承载力特征值 $R_a=3500/2=1750$kN，选（A）项。

（三）单桩水平承载力特征值和单桩抗拔承载力特征值的确定

《地基通规》5.2.6条、5.2.7条规定与《地规》8.5.8条、8.5.9条相同。

《地规》规定：

8.5.8 单桩水平承载力特征值应通过现场水平载荷试验确定。必要时可进行带承台桩的载荷试验。单桩水平载荷试验，应按本规范附录S进行。

8.5.9 当桩基承受拔力时，应对桩基进行抗拔验算。单桩抗拔承载力特征值应通过单桩竖向抗拔载荷试验确定，并应加载至破坏。单桩竖向抗拔载荷试验，应按本规范附录T进行。

二、桩基础的承载力计算

《地基通规》5.2.1条～5.2.3条规定与《地规》8.5.5条相同。

《地规》规定：

8.5.4 群桩中单桩桩顶竖向力应按下列公式进行计算：

1 轴心竖向力作用下：

$$Q_k = \frac{F_k + G_k}{n} \tag{8.5.4-1}$$

式中 F_k——相应于作用的标准组合时，作用于桩基承台顶面的竖向力（kN）；

G_k——桩基承台自重及承台上土自重标准值（kN）；

Q_k——相应于作用的标准组合时，轴心竖向力作用下任一单桩的竖向力（kN）；

n——桩基中的桩数。

2 偏心竖向力作用下：

$$Q_{ik} = \frac{F_k + G_k}{n} \pm \frac{M_{xk} y_i}{\sum y_i^2} \pm \frac{M_{yk} x_i}{\sum x_i^2} \tag{8.5.4-2}$$

式中 Q_{ik}——相应于作用的标准组合时，偏心竖向力作用下第i根桩的竖向力（kN）；

M_{xk}、M_{yk}——相应于作用的标准组合时，作用于承台底面通过桩群形心的x、y轴的力矩（kN·m）；

x_i、y_i——第i根桩至桩群形心的y、x轴线的距离（m）。

3 水平力作用下：

$$H_{ik} = \frac{H_k}{n} \tag{8.5.4-3}$$

式中 H_k——相应于作用的标准组合时，作用于承台底面的水平力（kN）；

H_{ik}——相应于作用的标准组合时，作用于任一单桩的水平力（kN）。

8.5.5 单桩承载力计算应符合下列规定：

1 轴心竖向力作用下：

$$Q_k \leqslant R_a \tag{8.5.5-1}$$

式中 R_a——单桩竖向承载力特征值（kN）。

2 偏心竖向力作用下,除满足公式(8.5.5-1)外,尚应满足下列要求:

$$Q_{ik\max} \leqslant 1.2R_a \quad (8.5.5\text{-}2)$$

3 水平荷载作用下:

$$H_{ik} \leqslant R_{Ha} \quad (8.5.5\text{-}3)$$

式中 R_{Ha}——单桩水平承载力特征值(kN)。

8.5.7 当作用于桩基上的外力主要为水平力或高层建筑承台下为软弱土层、液化土层时,应根据使用要求对桩顶变位的限制,对桩基的水平承载力进行验算。当外力作用面的桩距较大时,桩基的水平承载力可视为各单桩的水平承载力的总和。当承台侧面的土未经扰动或回填密实时,可计算土抗力的作用。当水平推力较大时,宜设置斜桩。

需注意的是:
(1) 在计算单桩桩顶竖向力 Q_k、Q_{ik},水平力 H_{ik},其相应的荷载组合为标准组合。

(2) 偏心荷载作用下,确定各桩的 x_i、y_i 值时,应先确定出群桩桩截面的形心(或重心)。如图6.11.4所示:

形心位置 x_0:

$$x_0 = \frac{2A_0 x_1 + 2A_0 x_2 + 2A_0 x_3}{6A_0} = \frac{2(x_1 + x_2 + x_3)}{6}$$

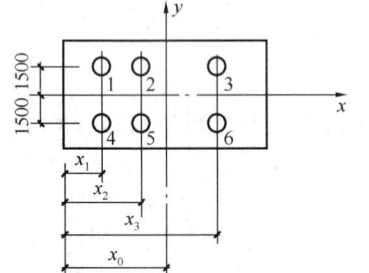

图 6.11.4

式中 A_0——桩截面面积。

【**例 6.11.7**】 某柱下桩基承台,其底面尺寸为2m×3m,承台埋深为2.0m,地下水位距地表2.0m。上部结构传至基础顶面处相应于作用的标准组合的竖向力为3400kN。单桩静载荷试验实测得单桩竖向极限承载力为650kN。

试问:
(1) 确定该桩基承台下最少应布置多少根桩?
(2) 假定地下水位距地表0.5m,确定该桩基承台下最少应布置多少根桩?

【**解答**】 (1) $R_a = \dfrac{R_u}{2} = \dfrac{650}{2} = 325\text{kN}$

$F_k + G_k = 3400 + 20 \times 2 \times 3 \times 2 = 3640\text{kN}$

$n = \dfrac{F_k + G_k}{R_a} = \dfrac{3640}{325} = 11.2$,取 $n = 12$ 根

(2) $F_k + G_k = 3400 + 20 \times 2 \times 3 \times 2 - 10 \times 2 \times 3 \times (2-0.5) = 3550\text{kN}$

$n = \dfrac{F_k + G_k}{R_a} = \dfrac{3550}{325} = 10.9$,取 $n = 11$ 根

【**例 6.11.8**】 某柱下桩基承台,其承台底面尺寸为2m×3m,拟布置4根预制桩,上部结构传至桩基顶面处相应于作用的标准组合的竖向力为1500kN,承台及其上覆土的重量的标准值为240kN。

试问：
(1) 试桩时，单桩极限承载力平均值应不低于多少 kN？
(2) 假定实测的单桩极限承载力为 900kN，确定桩基承台的埋置深度最大值为多少 m？

【解答】 (1) $Q_k = \dfrac{F_k + G_k}{n} = \dfrac{1500 + 240}{4} = 435 \text{kN}$

根据《地规》附录 Q.0.10 条：

$$Q_k \leqslant R_a, \quad R_a = \dfrac{\overline{Q_u}}{2}$$

则有：

$$\overline{Q}_u \geqslant 2Q_k = 2 \times 435 = 870 \text{kN}$$

(2) $Q_k = \dfrac{F_k + G_k}{n} = \dfrac{1500 + 20 \times 2 \times 3 \times d}{4}$

$$Q_k \leqslant R_a = \dfrac{Q_u}{2}$$

$$\dfrac{1500 + 20 \times 2 \times 3 \times d}{4} \leqslant \dfrac{900}{2}$$

$$d \leqslant 2.5 \text{m}$$

【例 6.11.9】 某柱下桩基础采用 6 根灌注桩，桩位布置及承台平面尺寸见图 6.11.5，承台顶面处相应于作用的标准组合时的竖向力 $F_k = 3300 \text{kN}$、弯矩 $M_k = 570 \text{kN} \cdot \text{m}$、水平剪力 $V_k = 310 \text{kN}$。承台及其上覆土的加权平均重度为 20kN/m^3。

试问：桩基中单桩承受的最大竖向力 $Q_{k,\max}$ 应为多少 kN？

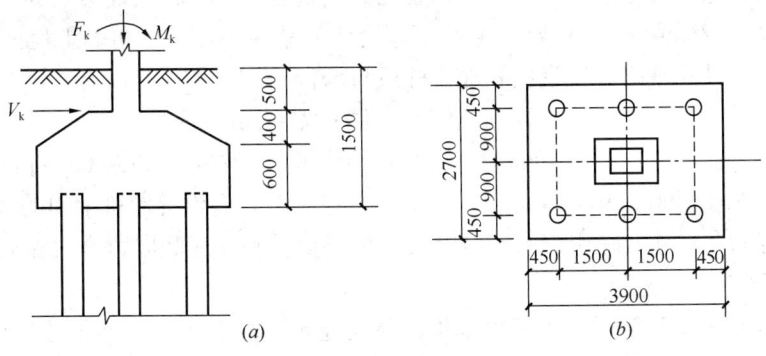

图 6.11.5

【解答】 (1) 确定 M_k、$F_k + G_k$

$$M_k = 570 + V_k h = 570 + 310 \times 1 = 880 \text{kN} \cdot \text{m}$$

$$F_k + G_k = 3300 + 20 \times 2.7 \times 3.9 \times 1.5 = 3615.9 \text{kN}$$

(2) 确定 $Q_{k,\max}$

$$Q_{ik} = \dfrac{F_k + G_k}{n} \pm \dfrac{M_{yk} x_i}{\sum x_i^2}$$

$$Q_{k,\max} = \frac{3615.9}{6} + \frac{880 \times 1.5}{4 \times 1.5^2} = 749.32\text{kN}$$

【例 6.11.10】 如图 6.11.6 所示为某等边三角形承台基础，采用沉管灌注桩。承台顶面处相应于作用的标准组合时的竖向力 $F_k=1400\text{kN}$，力矩 $M_k=160\text{kN·m}$，水平力 $H_k=45\text{kN}$，承台自重及承台上土自重标准值 $G_k=87.3\text{kN}$。

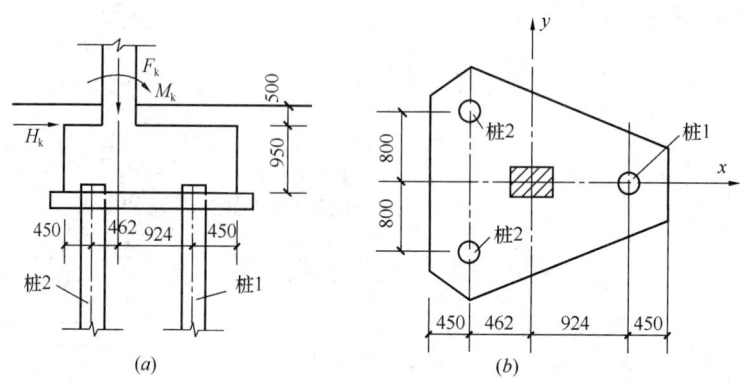

图 6.11.6

试问：桩 1 桩顶竖向力 Q_k 应为多少 kN？

【解答】 $M_{yk} = M_k + H_k h = 160 + 45 \times 0.95 = 202.75\text{kN·m}$

$$Q_{1k} = \frac{F_k + G_k}{n} + \frac{M_{yk} x_1}{\sum x_i^2}$$

$$= \frac{1400 + 87.3}{3} + \frac{202.75 \times 0.924}{0.924^2 + 2 \times 0.462^2} = 642.05\text{kN}$$

【例 6.11.11】 某工程采用打入式钢筋混凝土预制方桩，桩截面边长为 400mm，单桩竖向抗压承载力特征值 $R_a=750\text{kN}$。某柱下原设计布置 A、B、C 三桩，工程桩施工完毕后，检测发现 B 桩有严重缺陷，按废桩处理（桩顶与承台始终保持脱开状态），需要补打 D 桩，补桩后的桩基承台如图 6.11.7 所示。承台高度为 1100mm，混凝土强度等级为 C35（$f_t=1.57\text{N/mm}^2$），柱截面尺寸为 600mm×600mm。承台的有效高度 h_0 按 1050mm 取用。

假定，柱只受轴心作用，相应于作用的标准组合时，原设计单桩承担的竖向压力均为 745kN，假定承台尺寸变化引起的承台及其上覆土重量和基底竖向力合力作用点的变化可忽略不计。

试问：补桩后此三桩承台下单桩承担的最大竖向压力值（kN）与下述何项最为接近？
(A) 750　　　　(B) 790　　　　(C) 850　　　　(D) 900

【解答】 设图中 A、D 点处单桩承担的作用的标准组合值分别为 N_a 和 N_d，又三桩承担的总竖向力为：$N=745 \times 3 = 2235\text{kN}$

对 AC 轴取矩：

$$(0.577 + 1.155 + 0.7)N_d - 0.577 \times 2235 = 0$$

则：　　　　　　　　　　$N_d = 530.3\text{kN}$

$$N_a = N_c = \frac{2235 - 530.3}{2} = 852.4\text{kN} < 1.2R_a = 1.2 \times 750 = 900\text{kN}$$

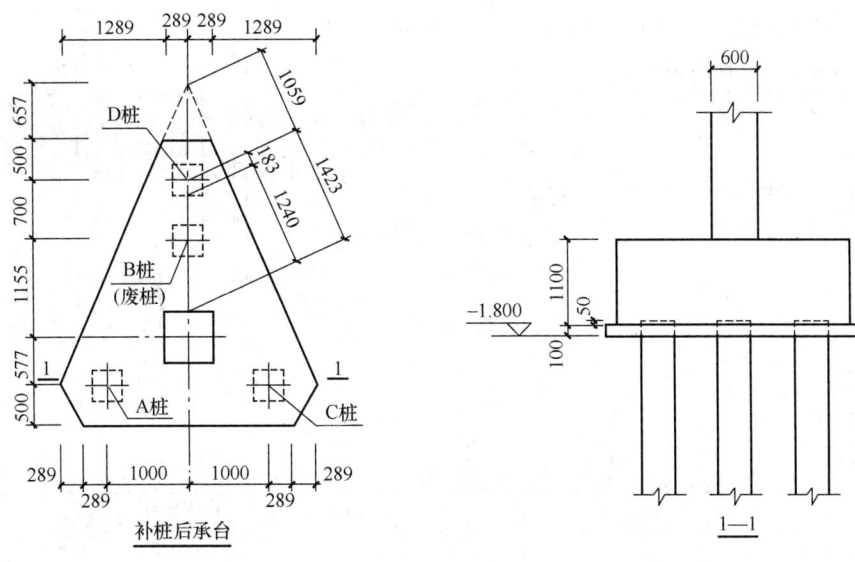

图 6.11.7

故应选（C）项。

【例 6.11.12】 某安全等级为二级的办公楼，框架柱截面尺寸 $b \times h = 1250\text{mm} \times 1000\text{mm}$。如图 6.11.8 所示，柱下设 8 桩承台基础，采用预应力高强混凝土管桩（PHC 管桩），外径 600mm，壁厚 110mm，桩长 30m，设计为摩擦桩。承台及其上覆土的加权平均重度 $\gamma_G = 20\text{kN/m}^3$，地下水标高 -4.000m，不考虑抗震。

假定，桩 A 为废桩，在荷载标准组合下，上部结构传至承台顶面的内力设计值：$F_k = 10500\text{kN}$，$M_k = 360\text{kN·m}$，$V_k = 60\text{kN}$。

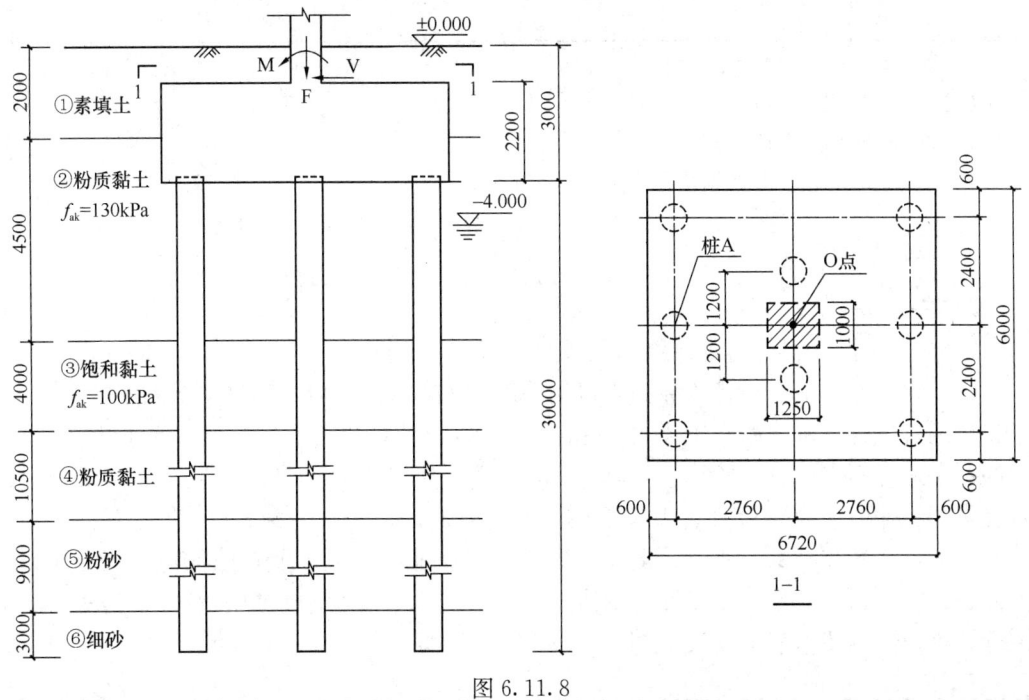

图 6.11.8

按七桩承台核算，基桩承受的最大压力标准值 N_{kmax}（kN），与下列何项数值最为接近？

(A) 2000   (B) 2300
(C) 2500   (D) 2800

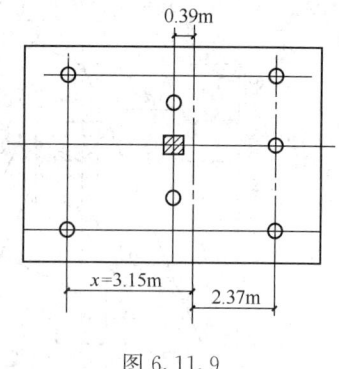

图 6.11.9

【解答】 根据《地规》8.5.4 条：

按 7 桩设计时，如图 6.11.9 所示，确定新的形心位置 x：

$$x = \frac{2A_1 \times 2.76 + 3A_1 \times 5.52}{7A_1} = 3.15\text{m}$$

其他位置见图。

$$Q_{kmax} = \frac{10500 + 6.72 \times 6 \times 3 \times 20}{7} + \frac{(360 + 60 \times 2.2 + 10500 \times 0.39) \times 3.15}{2 \times 3.15^2 + 2 \times 0.39^2 + 3 \times 2.37^2}$$

$$= 1845.6 + \frac{4587 \times 3.15}{36.9999} = 2236\text{kN}$$

故应选（B）项。

三、桩基沉降计算

《地基通规》规定：

> **5.2.10** 桩基沉降变形计算值不应大于桩基沉降变形允许值。桩基沉降变形允许值应根据上部结构对桩基沉降变形的适应能力和使用上的要求确定。

《地规》规定：

> 8.5.13 桩基沉降计算应符合下列规定：
> 1 对以下建筑物的桩基应进行沉降验算；
> 　1）地基基础设计等级为甲级的建筑物桩基；
> 　2）体形复杂、荷载不均匀或桩端以下存在软弱土层的设计等级为乙级的建筑物桩基；
> 　3）摩擦型桩基。
> 2 桩基沉降不得超过建筑物的沉降允许值，并应符合本规范表 5.3.4 的规定。
>
> 8.5.14 嵌岩桩、设计等级为丙级的建筑物桩基、对沉降无特殊要求的条形基础下不超过两排桩的桩基、吊车工作级别 A5 及 A5 以下的单层工业厂房且桩端下为密实土层的桩基，可不进行沉降验算。当有可靠地区经验时，对地质条件不复杂、荷载均匀、对沉降无特殊要求的端承型桩基也可不进行沉降验算。
>
> 8.5.15 计算桩基沉降时，最终沉降量宜按单向压缩分层总和法计算。地基内的应力分布宜采用各向同性均质线性变形体理论，按实体深基础方法或明德林应力公式方法进行计算，计算按本规范附录 R 进行。

8.5.16 以控制沉降为目的设置桩基时，应结合地区经验，并满足下列要求：
1 桩身强度应按桩顶荷载设计值验算；
2 桩、土荷载分配应按上部结构与地基共同作用分析确定；
3 桩端进入较好的土层，桩端平面处土层应满足下卧层承载力设计要求；
4 桩距可采用4倍~6倍桩身直径。

《地规》附录R的规定：

附录R 桩基础最终沉降量计算

R.0.1 桩基础最终沉降量的计算采用单向压缩分层总和法：

$$s = \psi_p \sum_{j=1}^{m} \sum_{i=1}^{n_j} \frac{\sigma_{j,i} \Delta h_{j,i}}{E_{sj,i}} \quad (R.0.1)$$

式中 s——桩基最终计算沉降量（mm）；
m——桩端平面以下压缩层范围内土层总数；
$E_{sj,i}$——桩端平面下第j层土第i个分层在自重应力至自重应力加附加应力作用段的压缩模量（MPa）；
n_j——桩端平面下第j层土的计算分层数；
$\Delta h_{j,i}$——桩端平面下第j层土的第i个分层厚度（m）；
$\sigma_{j,i}$——桩端平面下第j层土第i个分层的竖向附加应力（kPa），可分别按本附录第R.0.2条或第R.0.4条的规定计算；
ψ_p——桩基沉降计算经验系数，各地区应根据当地的工程实测资料统计对比确定。

R.0.2 采用实体深基础计算桩基础最终沉降量时，采用单向压缩分层总和法按本规范第5.3.5条~第5.3.8条的有关公式计算。

R.0.3 本规范公式（5.3.5）中附加压力计算，应为桩底平面处的附加压力。

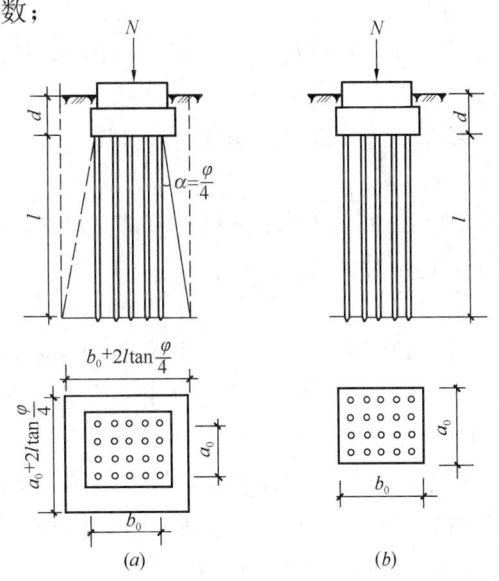

图R.0.3 实体深基础的底面积

实体基础的支承面积可按图R.0.3采用。实体深基础桩基沉降计算经验系数ψ_{ps}应根据地区桩基础沉降观测资料及经验统计确定。在不具备条件时，ψ_{ps}值可按表R.0.3选用。

实体深基础计算桩基沉降经验系数ψ_{ps} 表R.0.3

$\overline{E}_s$（MPa）	≤15	25	35	≥45
ψ_{ps}	0.5	0.4	0.35	0.25

注：表内数值可以内插。

【例 6.11.13】 某高层建筑采用的满堂布桩的钢筋混凝土桩筏基础及地基的分层，如图 6.11.10 所示。桩为摩擦桩，桩距为 $4d$（d 为桩的直径）。由上部荷载（不包括筏板自重）产生的筏板底面处相应于作用的准永久组合时的平均压力值为 600kPa；不计其他相邻荷载的影响。筏板基础宽度 $B=28.8$m，长度 $a=51.2$m；群桩外缘尺寸的宽度 $b_0=28$m，长度 $a_0=50.4$，钢筋混凝土桩有效长度取 36m，即按桩端计算平面在筏板底面下 36m 处。

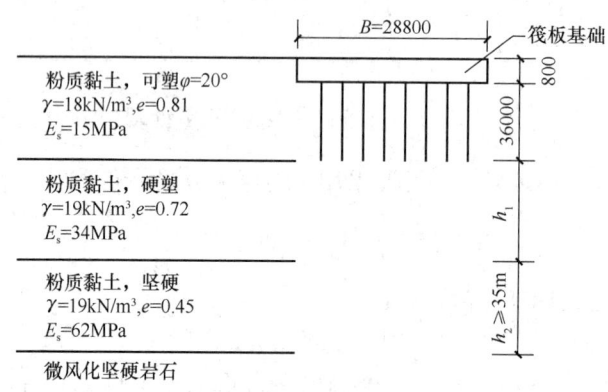

图 6.11.10

试问：

(1) 假定桩端持力层厚度 $h_1=40$m，桩间土的内摩擦角 $\varphi=20°$，则计算桩基础中点的地基变形时，其地基变形计算深度 (m) 应与下列何项数值最为接近？

提示： 按《地规》简化公式计算。

(A) 33   (B) 37   (C) 40   (D) 44

(2) 当采用实体深基础计算桩基最终沉降量时，则实体深基础的支承面积 (m^2)，应与下列何项数值最为接近？

(A) 1411   (B) 1588   (C) 1729   (D) 1945

(3) 筏板厚 800mm，采用实体深基础计算桩基最终沉降时，假定实体深基础的支承面积为 $2000m^2$，则桩底平面处相应于作用的准永久组合时的附加压力 (kPa)，应与下列何项数值最为接近？

提示： 采用实体深基础计算桩基础沉降时，在实体基础的支承面积范围内，筏板桩、土的混合重度（或称平均重度），可近似取 $20kN/m^3$。

(A) 460   (B) 520   (C) 580   (D) 700

(4) 假若桩端持力层土层厚度 $h_1=30$m，在桩底平面实体深基础的支承面积内，相应于作用的准永久组合时的附加压力为 750kPa，且在计算变形量时，取 $\psi_{ps}=0.3$。已知矩形面积土层上均匀荷载作用下交点的平均附加应力系数，依次分别为：在持力层顶面处，$\bar{\alpha}_0=0.25$，在持力层底面处，$\bar{\alpha}_1=0.237$。确定在通过桩筏基础平面中心点竖线上，该持力层的最终变形量 (mm)，应与下列何项数值最为接近？

(A) 93   (B) 114   (C) 126   (D) 188

【解答】 (1) 由提示，按《地规》5.3.8 条及条文说明：

由《地规》附录 R：

实体深基础宽度 $b=28+2\times36\tan\dfrac{20°}{4}=34.3\text{m}$

$$Z_n=b(2.5-0.4\ln b)=34.3\times(2.5-0.4\ln34.3)=37.3\text{m}$$

故选（B）项。

思考：假定无提示，解法一：根据《地规》5.3.7条表5.3.7，$b>8\text{m}$，取 $\Delta z=1\text{m}$

假定计算深度在桩端持力层土层范围内，对于单一土层，z_n 与 z_{n-1} 处 $\bar{\alpha}_n\approx\bar{\alpha}_{n-1}$，由《地规》5.3.5条：

$$\Delta s'_n=4\dfrac{p_0}{E_{s1}}\Delta z\bar{\alpha}_n=4\dfrac{p_0}{E_{s1}}\times1\times\bar{\alpha}_n$$

$$\sum_{i=1}^{n}\Delta s'_i=4\dfrac{p_0}{E_{s1}}z_n\bar{\alpha}_n$$

又由规范式（5.3.7）：

$$\dfrac{\Delta s'_n}{\sum\limits_{i=1}^{n}\Delta s'_i}\leqslant0.025$$

则有：

$$\dfrac{4\dfrac{p_0}{E_{s1}}\bar{\alpha}_n}{4\dfrac{p_0}{E_{s1}}\bar{\alpha}_n z_n}\leqslant0.025$$

即：$z_n\geqslant40\text{m}$。

由于假定 $\bar{\alpha}_n=\bar{\alpha}_{n-1}$，与实际情况存在较大差异，故该方法不可取。

假定无提示，解法二：验证法，对于（A）项：33m，取 $b=b_0+zl\tan\dfrac{\varphi}{4}=28+2\times36\times\tan\dfrac{20°}{4}=34.3\text{m}$，$l=a_0+2l\tan\dfrac{\varphi}{4}=50.4+2\times36\times\tan\dfrac{20°}{4}=56.7\text{m}$，取 $z_n=33\text{m}$，$z_{n-1}=32\text{m}$，查表求出 $\bar{\alpha}_n$、$\bar{\alpha}_{n-1}$ 值，再代入《地规》式（5.3.7）验算，可得：当 $z_n=33\text{m}$，满足要求。

（2）根据《地规》附录R.0.3条规定，由前述结果，则：

$$b=b_0+2l\tan\dfrac{\varphi}{4}=34.30\text{m}$$

$$l=a_0+2l\tan\dfrac{\varphi}{4}=56.70\text{m}$$

$$A=bl=34.3\times56.7=1944.81\text{m}^2$$

故应选（D）项。

（3）根据《地规》附录R.0.2条、5.3.5条规定：

$$p_0=p-p_{cd}$$

$$p=\dfrac{F+G}{A}=\dfrac{600\times28.8\times51.2+2000\times20\times(36+0.8)}{2000}=1178.37\text{kPa}$$

$$p_{cd}=18\times(36+0.8)=662.4\text{kPa}$$

$$p_0=1178.37-662.4=515.97\text{kPa},故应选（B）项。$$

（4）根据《地规》附录R.0.2条、5.3.5条规定：

$$\Delta s=\psi_s\dfrac{4p_0}{E_{si}}(z_i\bar{\alpha}_i-z_{i-1}\bar{\alpha}_{i-1})$$

$$=0.3\times\frac{4\times750}{34\times10^3}\times(30\times0.237-0\times0.25)=188.2\text{mm}$$

故应选（D）项。

思考：持力层顶面处、底面处，矩形面积土层上均匀荷载作用下角点（O点）的平均附加应力系数的求解，如图6.11.11所示，取$b=34.3/2=17.15$m，$l=56.7/2=28.35$m；$l/b=28.35/17.15=1.65$

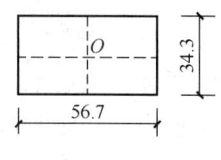

图 6.11.11

当$z_i=0$m，$z/b=0$，查《地规》附录K.0.1-2得，$\bar{\alpha}_i=0.250$；当$z_i=30$m，$z/b=30/17.15=1.75$，查《地规》附表K.0.1-2得，$\bar{\alpha}_i=0.20$。

四、桩基承台

1. 桩基承台的一般构造规定

《地规》规定：

> 8.5.17 桩基承台的构造，除满足受冲切、受剪切、受弯承载力和上部结构的要求外，尚应符合下列要求：
>
> 1 承台的宽度不应小于500mm。边桩中心至承台边缘的距离不宜小于桩的直径或边长，且桩的外边缘至承台边缘的距离不小于150mm。对于条形承台梁，桩的外边缘至承台梁边缘的距离不小于75mm。
>
>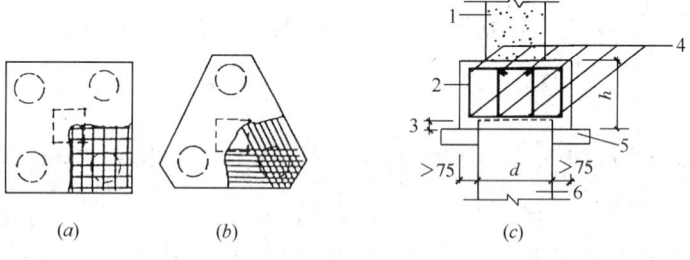
>
> 图 8.5.17 承台配筋
> 1—墙；2—箍筋直径≥6mm；3—桩顶入承台≥50mm；4—承台梁内主筋除须按计算配筋外尚应满足最小配筋率；5—垫层100mm厚C10混凝土
>
> 2 承台的最小厚度不应小于300mm。
> 3 承台的配筋，对于矩形承台，其钢筋应按双向均匀通长布置（图8.5.17a），钢筋直径不宜小于10mm，间距不宜大于200mm；对于三桩承台，钢筋应按三向板带均匀布置，且最里面的三根钢筋围成的三角形应在柱截面范围内（图8.5.17b）。承台梁的主筋除满足计算要求外，尚应符合现行国家标准《混凝土结构设计规范》GB 50010关于最小配筋率的规定，主筋直径不宜小于12mm，架立筋不宜小于10mm，箍筋直径不宜小于6mm（图8.5.17c）；柱下独立桩基承台的最小配筋率不应小于0.15%。钢筋锚固长度自边桩内侧（当为圆桩时，应将其直径乘以0.886等效为方桩）算起，锚固长度不应小于35倍钢筋直径，当不满足时应将钢筋向上弯折，此时钢筋水平段的长度不应小于25倍钢筋直径，弯折段的长度不应小于10倍钢筋直径。

4 承台混凝土强度等级不应低于C20；纵向钢筋的混凝土保护层厚度不应小于70mm，当有混凝土垫层时，不应小于50mm；且不应小于桩头嵌入承台内的长度。

8.5.23 承台之间的连接应符合下列要求：

1 单桩承台，应在两个互相垂直的方向上设置连系梁。

2 两桩承台，应在其短向设置连系梁。

3 有抗震要求的柱下独立承台，宜在两个主轴方向设置连系梁。

4 连系梁顶面宜与承台位于同一标高。连系梁的宽度不应小于250mm，梁的高度可取承台中心距的1/10～1/15，且不小于400mm。

5 连系梁的主筋应按计算要求确定。连系梁内上下纵向钢筋直径不应小于12mm且不应少于2根，并应按受拉要求锚入承台。

2. 桩基承台的弯矩值与配筋

《地规》规定：

8.5.18 柱下桩基承台的弯矩可按以下简化计算方法确定：

1 多桩矩形承台计算截面取在柱边和承台高度变化处（杯口外侧或台阶边缘，图8.5.18a）：

$$M_x = \sum N_i y_i \tag{8.5.18-1}$$

$$M_y = \sum N_i x_i \tag{8.5.18-2}$$

式中 M_x、M_y——分别为垂直y轴和x轴方向计算截面处的弯矩设计值（kN·m）；

x_i、y_i——垂直y轴和x轴方向自桩轴线到相应计算截面的距离（m）；

N_i——扣除承台和其上填土自重后相应于作用的基本组合时的第i桩竖向力设计值（kN）。

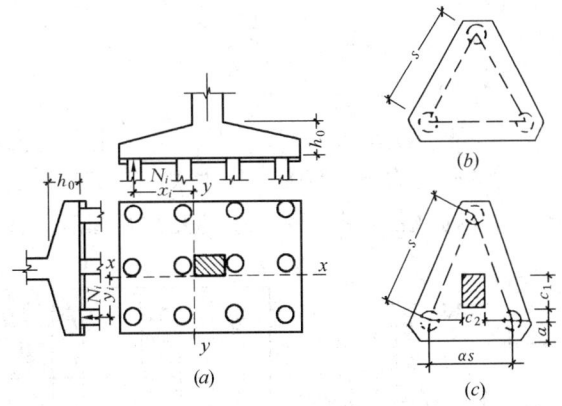

图8.5.18 承台弯矩计算

2 三桩承台

1）等边三桩承台（图8.5.18b）。

$$M = \frac{N_{\max}}{3}\left(s - \frac{\sqrt{3}}{4}c\right) \tag{8.5.18-3}$$

式中 M——由承台形心至承台边缘距离范围内板带的弯矩设计值（kN·m）；

N_{max}——扣除承台和其上填土自重后的三桩中相应于作用的基本组合时的最大单桩竖向力设计值（kN）；

s——桩距（m）；

c——方柱边长（m），圆柱时 $c=0.886d$（d 为圆柱直径）。

2）等腰三桩承台（图 8.5.18c）。

$$M_1 = \frac{N_{max}}{3}\left(s - \frac{0.75}{\sqrt{4-\alpha^2}}c_1\right) \quad (8.5.18\text{-}4)$$

$$M_2 = \frac{N_{max}}{3}\left(\alpha s - \frac{0.75}{\sqrt{4-\alpha^2}}c_2\right) \quad (8.5.18\text{-}5)$$

式中 M_1、M_2——分别为由承台形心到承台两腰和底边的距离范围内板带的弯矩设计值（kN·m）；

s——长向桩距（m）；

α——短向桩距与长向桩距之比，当 α 小于 0.5 时，应按变截面的二桩承台设计；

c_1、c_2——分别为垂直于、平行于承台底边的柱截面边长（m）。

需注意的是：

（1）《地规》式（8.5.18-3）：$M = \frac{N_{max}}{3}\left(s - \frac{\sqrt{3}}{4}c\right)$

式中，c 为方柱边长，当为圆柱时，$c=0.886d$（d 为圆柱直径）。

（2）《地规》式（8.5.18-4）、式（8.5.18-5）中，α 为短向桩距与长向桩距之比，当 $\alpha<0.5$ 时，等腰三桩承台应按变截面的二桩承台设计。

（3）承台截面的配筋计算为：

$$A_s = \frac{M}{0.9 f_y h_0}$$

式中，h_0 为承台的有效高度。

【例 6.11.14】 某柱下桩基平台如图 6.11.12 所示，采用六根沉管灌注桩。承台顶面处相应于作用的基本组合时的竖向力 $F=3000$kN，弯矩 $M=0$，水平剪力 $V=0$。

试问：（1）承台正截面在荷载基本组合下最大弯矩设计值应为多少 kN·m？

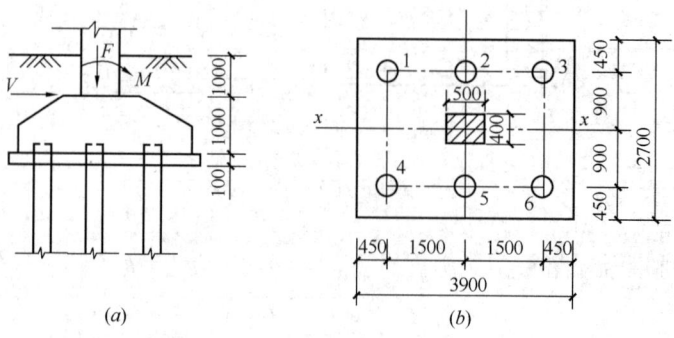

图 6.11.12

(2) 假定 $F=3000\text{kN}$，$M=200\text{kN·m}$，$V=100\text{kN}$，承台正截面基本组合的最大弯矩设计值应为多少 kN·m？

【解答】 (1) $N_i = \dfrac{F}{n} = \dfrac{3000}{6} = 500\text{kN}$

$$M_y = \Sigma N_i x_i = 2 \times 500 \times \left(1.5 - \dfrac{0.5}{2}\right) = 1250\text{kN·m}$$

$$M_x = \Sigma N_i y_i = 3 \times 500 \times \left(0.9 - \dfrac{0.4}{2}\right) = 1050\text{kN·m}$$

$$M_{\max} = M_y = 1250\text{kN·m}$$

(2) $M = 200 + Vh = 200 + 100 \times 1 = 300\text{kN·m}$

$$N_i = \dfrac{F}{n} \pm \dfrac{M \cdot x_i}{\Sigma x_i^2}$$

$$N_1 = N_4 = \dfrac{3000}{6} - \dfrac{300 \times 1.5}{4 \times 1.5^2} = 450\text{kN}$$

$$N_3 = N_6 = \dfrac{3000}{6} + \dfrac{300 \times 1.5}{4 \times 1.5^2} = 550\text{kN}$$

$$N_2 = N_5 = \dfrac{3000}{6} = 500\text{kN}$$

$$M_y = 2N_3 \times \left(1.5 - \dfrac{0.5}{2}\right) = 2 \times 550 \times (1.5 - 0.25) = 1375\text{kN·m}$$

$$M_x = (N_1 + N_2 + N_3) \times \left(0.9 - \dfrac{0.4}{2}\right) = (450 + 500 + 550) \times 0.7 = 1050\text{kN·m}$$

$M_{\max} = M_y = 1375\text{kN·m}$

【例 6.11.15】 某等边三桩承台基础，如图 6.11.13 所示，柱子截面为 $400\text{mm} \times 400\text{mm}$，位于承台形心位置。

提示：按《工程结构通用规范》作答。

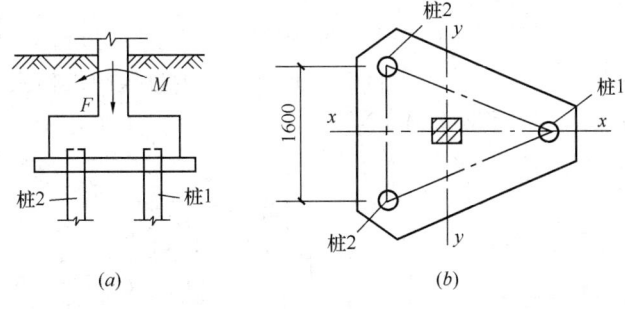

图 6.11.13

试问：

(1) 承台自重和承台上的土重 $G_k = 90\text{kN}$；在偏心竖向作用的基本组合作用下，最大单桩（桩 1）竖向力 $Q_1 = 810\text{kN}$，由承台形心到承台边缘距离范围内板带的弯矩设计值 M_1 为多少 kN·m？

(2) 假定相应于作用的基本组合时，作用于承台顶面处的竖向力 $F=1500\text{kN}$，弯矩 $M=200\text{kN·m}$，则由承台形心到承台边缘距离范围内板带的弯矩设计值 M_1 为多少

kN·m?

【解答】（1）最大单桩竖向力设计值 $N_{\max}$：

$$N_{\max} = N_1 = Q_1 - \frac{1.3G_k}{3}$$

$$= 810 - \frac{1.3 \times 90}{3} = 771 \text{kN} \cdot \text{m}$$

根据《地规》式（8.5.18-3）：

$$M_1 = \frac{N_{\max}}{3}\left(s - \frac{\sqrt{3}}{4}c\right)$$

$$= \frac{771}{3} \times \left(1.6 - \frac{\sqrt{3}}{4} \times 0.4\right) = 366.7 \text{kN} \cdot \text{m}$$

（2）桩 2 距柱子的距离 x_2：$x_2 = \frac{1}{3}h = \frac{1}{3} \times 1.6\cos 30° = \frac{1.6\sqrt{3}}{6}$

桩 1 距柱子的距离 x_1：$x_1 = \frac{2}{3}h = \frac{2}{3} \times 1.6\cos 30° = \frac{3.2\sqrt{3}}{6}$

$$N_{\max} = N_2 = \frac{F}{n} + \frac{M \cdot x_2}{x_1^2 + 2x_2^2}$$

$$= \frac{1500}{3} + \frac{200 \times \frac{1.6\sqrt{3}}{6}}{2 \times \left(\frac{1.6\sqrt{3}}{6}\right)^2 + \left(\frac{3.2\sqrt{3}}{6}\right)^2} = 572.17 \text{kN}$$

根据《地规》式（8.5.18-3）：

$$M_1 = \frac{N_{\max}}{3}\left(s - \frac{\sqrt{3}}{4}c\right)$$

$$= \frac{572.17}{3} \times \left(1.6 - \frac{\sqrt{3}}{4} \times 0.4\right) = 272.1 \text{kN} \cdot \text{m}$$

【例 6.11.16】某柱下等腰三桩承台，柱子截面尺寸为 400mm×600mm，桩布置及承台尺寸如图 6.11.14 所示，柱位于承台的形心位置。承台顶面处相应于作用的基本组合时的竖向力 $F=1500$kN，弯矩 $M=300$kN·m。

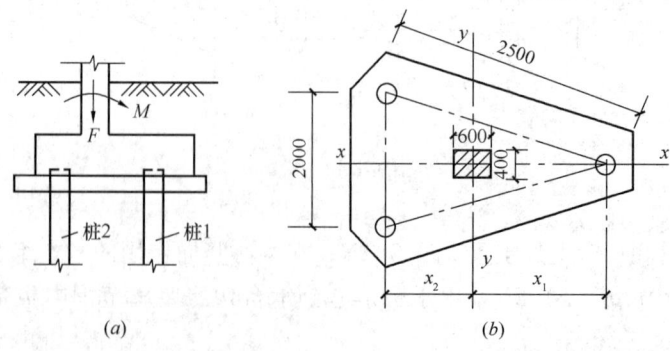

图 6.11.14

试问：由承台形心到承台两腰和底边距离范围内板带的弯矩设计值 M_1、M_2 分别应为多少 kN·m？

【解答】 短向桩距与长向桩距之比 $\alpha：\alpha=2.0/2.5=0.8>0.5$，故可按规范式 (8.5.18-4)、式 (8.5.18-5) 计算。

$$x_1 = \frac{2}{3}h = \frac{2}{3} \times 2.5\cos23.6° = 1.53$$

$$x_2 = \frac{h}{3} = \frac{1}{3} \times 2.5\cos23.6° = 0.76$$

$$N_{\max} = N_1 = \frac{F}{n} + \frac{Mx_1}{\Sigma x_i^2}$$

$$= \frac{1500}{3} + \frac{300 \times 1.53}{(1.53)^2 + 2 \times (0.76)^2} = 631.3\text{kN}$$

又 $c_1=0.6\text{m}$，$c_2=0.4\text{m}$，$\alpha=0.8$，$s'=2.5\text{m}$

由《地规》式 (8.5.18-4)、式 (8.5.18-5)：

承台形心到两腰的板带弯矩值 M_1：

$$M_1 = \frac{N_{\max}}{3}\left(s - \frac{0.75}{\sqrt{4-\alpha^2}}c_1\right)$$

$$= \frac{631.3}{3} \times \left(2.5 - \frac{0.75}{\sqrt{4-0.8^2}} \times 0.6\right) = 474.4\text{kN·m}$$

承台形心到底边的板带弯矩值 M_2：

$$M_2 = \frac{N_{\max}}{3}\left(\alpha s - \frac{0.75}{\sqrt{4-\alpha^2}}c_2\right)$$

$$= \frac{631.3}{3} \times \left(0.8 \times 2.5 - \frac{0.75}{\sqrt{4-0.8^2}} \times 0.4\right)$$

$$= 386.4\text{kN·m}$$

3. 承台的抗冲切计算

承台的受冲切计算包括：①柱对承台的冲切计算；②角桩对承台的冲切计算。

《地基通规》规定：

> 6.2.2 柱（墙）下桩基承台厚度应满足柱（墙）对承台的冲切和基桩对承台的冲切承载力要求。

《地规》规定：

> 8.5.19 柱下桩基础独立承台受冲切承载力的计算，应符合下列规定：
> 1 柱对承台的冲切，可按下列公式计算（图 8.5.19-1）：
>
> $$F_l \leqslant 2[\alpha_{ox}(b_c + a_{oy}) + \alpha_{oy}(h_c + a_{ox})]\beta_{hp}f_t h_0 \quad (8.5.19\text{-}1)$$
>
> $$F_l = F - \Sigma N_i \quad (8.5.19\text{-}2)$$
>
> $$\alpha_{ox} = 0.84/(\lambda_{ox} + 0.2) \quad (8.5.19\text{-}3)$$
>
> $$\alpha_{oy} = 0.84/(\lambda_{oy} + 0.2) \quad (8.5.19\text{-}4)$$

式中 F_l——扣除承台及其上填土自重,作用在冲切破坏锥体上相应于作用的基本组合时的冲切力设计值(kN),冲切破坏锥体应采用自柱边或承台变阶处至相应桩顶边缘连线构成的锥体,锥体与承台底面的夹角不小于45°(图8.5.19-1);

h_0——冲切破坏锥体的有效高度(m);

β_{hp}——受冲切承载力截面高度影响系数,其值按本规范第8.2.8条的规定取用;

α_{ox}、α_{oy}——冲切系数;

λ_{ox}、λ_{oy}——冲跨比,$\lambda_{ox}=a_{ox}/h_0$、$\lambda_{oy}=a_{oy}/h_0$,a_{ox}、a_{oy}为柱边或变阶处至桩边的水平距离;当$a_{ox}(a_{oy})<0.25h_0$时,$a_{ox}(a_{oy})=0.25h_0$;当$a_{ox}(a_{oy})>h_0$时,$a_{ox}(a_{oy})=h_0$;

F——柱根部轴力设计值(kN);

ΣN_i——冲切破坏锥体范围内各桩的净反力设计值之和(kN)。

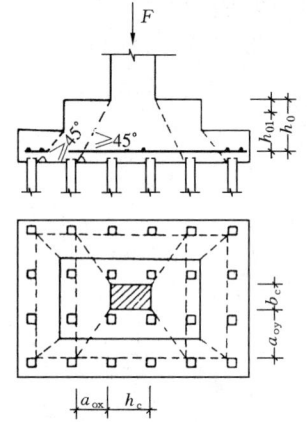

图 8.5.19-1 柱对承台冲切

对中低压缩性土上的承台,当承台与地基土之间没有脱空现象时,可根据地区经验适当减小柱下桩基础独立承台受冲切计算的承台厚度。

2 角桩对承台的冲切,可按下列公式计算:

1) 多桩矩形承台受角桩冲切的承载力应按下列公式计算(图8.5.19-2):

$$N_l \leqslant \left[\alpha_{1x}\left(c_2+\frac{a_{1y}}{2}\right)+\alpha_{1y}\left(c_1+\frac{a_{1x}}{2}\right)\right]\beta_{hp}f_t h_0 \qquad (8.5.19-5)$$

$$\alpha_{1x}=\frac{0.56}{\lambda_{1x}+0.2} \qquad (8.5.19-6)$$

$$\alpha_{1y}=\frac{0.56}{\lambda_{1y}+0.2} \qquad (8.5.19-7)$$

式中 N_l——扣除承台和其上填土自重后的角桩桩顶相应于作用的基本组合时的竖向力设计值(kN);

α_{1x}、α_{1y}——角桩冲切系数;

λ_{1x}、λ_{1y}——角桩冲跨比,其值满足0.25~1.0,$\lambda_{1x}=a_{1x}/h_0$,$\lambda_{1y}=a_{1y}/h_0$;

c_1、c_2——从角桩内边缘至承台外边缘的距离(m);

a_{1x}、a_{1y}——从承台底角桩内边缘引45°冲切线与承台顶面或承台变阶处相交点至角桩内边缘的水平距离(m);

h_0——承台外边缘的有效高度(m)。

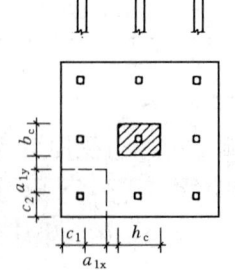 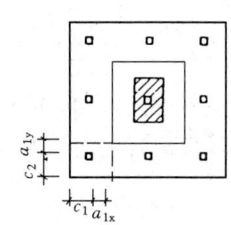

图 8.5.19-2 矩形承台角桩冲切验算

2) 三桩三角形承台受角桩冲切的承载力可按下列公式计算（图8.5.19-3）。对圆柱及圆桩，计算时可将圆形截面换算成正方形截面。

底部角桩

$$N_l \leqslant \alpha_{11}(2c_1 + a_{11})\tan\frac{\theta_1}{2}\beta_{hp}f_t h_0 \quad (8.5.19\text{-}8)$$

$$\alpha_{11} = \frac{0.56}{\lambda_{11} + 0.2} \quad (8.5.19\text{-}9)$$

顶部角桩

$$N_l \leqslant \alpha_{12}(2c_2 + a_{12})\tan\frac{\theta_2}{2}\beta_{hp}f_t h_0 \quad (8.5.19\text{-}10)$$

$$\alpha_{12} = \frac{0.56}{\lambda_{12} + 0.2} \quad (8.5.19\text{-}11)$$

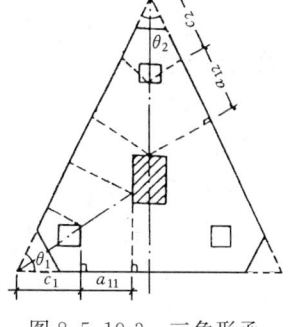

图8.5.19-3 三角形承台角桩冲切验算

式中 λ_{11}、λ_{12}——角桩冲跨比，其值满足 0.25～1.0，$\lambda_{11}=\frac{a_{11}}{h_0}$，$\lambda_{12}=\frac{a_{12}}{h_0}$；

a_{11}、a_{12}——从承台底角桩内边缘向相邻承台边引45°冲切线与承台顶面相交点至角桩内边缘的水平距离（m）；当柱位于该45°线以内时则取柱边与桩内边缘连线为冲切锥体的锥线。

需注意的是：

（1）《地规》式（8.5.19-1）中，β_{hp}受冲切承载力截面高度影响系数，其取值为：$h \leqslant 800mm$ 时，取 $\beta_{hp}=1.0$；$h \geqslant 2000mm$ 时，取 $\beta_{hp}=0.9$；其间内插取值，$\beta_{hp}=1-\frac{h-800}{2000-800}\cdot(1-0.9)$。

冲跨比 λ_{0x}、λ_{0y} 的取值：$\lambda_{0x}=a_{0x}/h_0 \begin{matrix}\geqslant 0.25 \\ \leqslant 1.0\end{matrix}$；$\lambda_{0y}=a_{0y}/h_0 \begin{matrix}\geqslant 0.25 \\ \leqslant 1.0\end{matrix}$

规范图8.5.19-1中 h_0、h_{01} 的取值，如图6.11.15所示：$h_0=h-a_s$；$h_{01}=h_1-a_s$

（2）《地规》式（8.5.19-5）中，角桩冲跨比 λ_{1x}、λ_{1y} 的取值：

$\lambda_{1x}=a_{1x}/h_0 \begin{matrix}\geqslant 0.25 \\ \leqslant 1.0\end{matrix}$；$\lambda_{1y}=a_{1y}/h_0 \begin{matrix}\geqslant 0.25 \\ \leqslant 1.0\end{matrix}$

规范式（8.5.19-5）中，h_0 取承台外边缘的有效高度。

（3）《地规》第8.5.18条规定，柱为圆柱（直径为d）时，应换算成正方形截面柱 $b_c \times h_c$，即：$b_c=h_c=0.886d$。

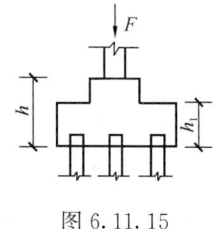

图6.11.15

桩为圆桩（直径为 d_0）时，应换算成正方形截面桩，《地规》第8.5.19条未明确取值，一般地，取 $b_c=h_c=0.8d_0$。

《建筑桩基技术规范》5.9.7条规定：

5.9.7

对于圆柱及圆桩，计算时应将其截面换算成方柱及方桩，即取换算柱截面边长 $b_c=0.8d_c$（d_c 为圆柱直径），换算桩截面边长 $b_p=0.8d$（d 为圆桩直径）。

【例 6.11.17】 某桩基承台如图 6.11.16 所示,桩基承台顶面处相应于作用的基本组合时的竖向力 $F=2500$kN,弯矩 $M=200$kN·m,承台的混凝土强度等级为 C25,承台受力钢筋截面重心至承台底面边缘的距离为 60mm。柱子截面尺寸为 600mm×400mm,桩的直径 $d=400$mm。$\gamma_0=1.0$。

试问:
(1) 验算柱对承台的冲切承载力。
(2) 验算角桩对承台的冲切承载力。

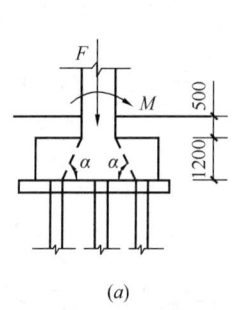
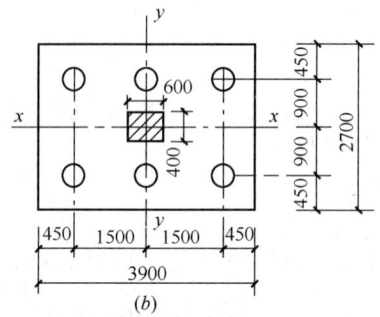

图 6.11.16

【解答】 (1) $\phi 400$ 的圆桩换算为方桩:$b=h=0.8d=0.8\times 400=320$mm

冲切锥体的夹角 $\alpha=\arctan\dfrac{1.2}{1.5-0.3-0.32/2}=49°>45°$,满足规定。

$$\beta_{hp}=1-\dfrac{1200-800}{2000-800}\times(1-0.9)=0.967$$

$$h_0=h-a_s=1200-60=1140\text{mm}$$

$$a_{0x}=1500-\left(\dfrac{600}{2}+\dfrac{320}{2}\right)=1040\text{mm}$$

$$a_{0y}=900-\left(\dfrac{400}{2}+\dfrac{320}{2}\right)=540\text{mm}$$

$$\lambda_{0x}=a_{0x}/h_0=1040/1140=0.912\begin{matrix}\geqslant 0.25\\ \leqslant 1\end{matrix}$$

$$\lambda_{0y}=a_{0y}/h_0=540/1140=0.47\begin{matrix}\geqslant 0.25\\ \leqslant 1\end{matrix}$$

$$\alpha_{0x}=\dfrac{0.84}{\lambda_{0x}+0.2}=\dfrac{0.84}{0.912+0.2}=0.755$$

$$\alpha_{0y}=\dfrac{0.84}{\lambda_{0y}+0.2}=\dfrac{0.84}{0.47+0.2}=1.25$$

C25,取 $f_t=1.27\text{N/mm}^2$。由规范式 (8.5.19-1):

$$2[\alpha_{0x}(b_c+a_{0y})+\alpha_{0y}(h_c+a_{0x})]\beta_{hp}f_th_0=2\times[0.755\times(0.4+0.54)+1.25$$
$$\times(0.6+1.04)]\times 0.967\times 1.27\times 10^3\times 1.14$$
$$=7727.3\text{kN}>F_l=2500-0=2500\text{kN,满足。}$$

(2) 圆桩 ($d=400$mm) 换算为方桩:$b=h=0.8d=320$mm

角桩内边缘引45°冲切线与承（台）顶面相交点至角桩内边缘的距离a_{1x}、a_{1y}为：

$$a_{1x} = 1500 - \left(\frac{600}{2} + \frac{320}{2}\right) = 1040\text{mm}$$

$$a_{1y} = 900 - \left(\frac{450}{2} + \frac{320}{2}\right) = 540\text{mm}$$

角桩内缘到承台外边缘的距离c_1、c_2：

$$c_1 = c_2 = 450 + \frac{320}{2} = 610\text{mm}$$

$$h_0 = 1200 - 60 = 1140\text{mm}; \beta_{hp} = 0.967$$

角桩冲跨比：$\lambda_{1x} = a_{1x}/h_0 = 1040/1140 = 0.912 \begin{array}{l} \geqslant 0.25 \\ \leqslant 1.0 \end{array}$

$$\lambda_{1y} = a_{1y}/h_0 = 540/1140 = 0.47 \begin{array}{l} \geqslant 0.25 \\ \leqslant 1.0 \end{array}$$

角桩冲切系数：$\alpha_{1x} = \dfrac{0.56}{\lambda_{1x} + 0.2} = \dfrac{0.56}{0.912 + 0.2} = 0.504$

$$\alpha_{1y} = \frac{0.56}{\lambda_{1y} + 0.2} = \frac{0.56}{0.47 + 0.2} = 0.836$$

$$\left[\alpha_{1x}\left(c_2 + \frac{a_{1y}}{2}\right) + \alpha_{1y}\left(c_1 + \frac{a_{1x}}{2}\right)\right]\beta_{hp}f_t h_0 = \left[0.504 \times \left(610 + \frac{540}{2}\right) + 0.836 \times \left(610 + \frac{1040}{2}\right)\right]$$
$$\times 0.967 \times 1.27 \times 1140$$
$$= 1943.5\text{kN}$$

角桩的冲切力设计值N_l：

$$N_l = N_{\max} = \frac{F}{n} + \frac{Mx_{\max}}{\sum x_i^2} = \frac{2500}{6} + \frac{200 \times 1.5}{4 \times 1.5^2} = 450\text{kN} < 1943.5\text{kN}，满足。$$

【例6.11.18】 某柱下桩基承台，布置5根沉管灌注桩，如图6.11.17所示，桩直径$d=500\text{mm}$，承台高$h=1000\text{mm}$，采用C25混凝土（$f_t=1.27\text{N/mm}^2$）。柱子截面尺寸为500mm×500mm，承台顶面处由上部结构传来相应于作用的基本组合时的竖向力$F=2500\text{kN}$，弯矩$M=200\text{kN}\cdot\text{m}$。取$a_s=100\text{mm}$。$\gamma_0=1.0$。

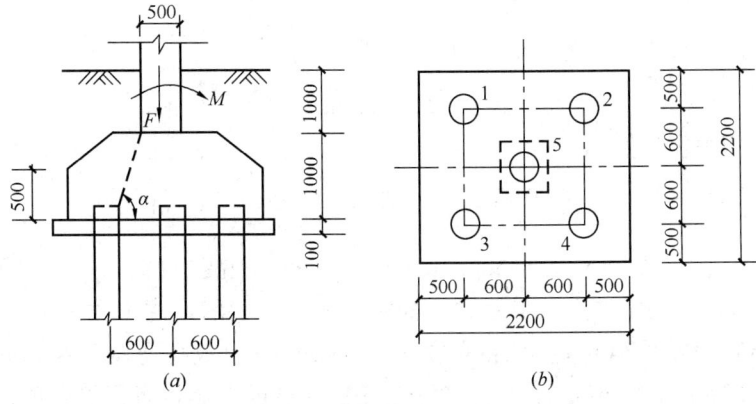

图 6.11.17

试问：

（1）验算柱对承台的冲切承载力。

（2）验算角桩对承台的冲切承载力。

【解答】 （1）将圆桩换算成方桩：$b=h=0.8d=0.8\times 500=400$mm

冲切破坏锥体的夹角 α：$\alpha=\arctan\dfrac{1.0}{0.6-0.2-0.25}=81.5°>45°$

$$\beta_{hp}=1-\dfrac{1000-800}{2000-800}\times(1-0.9)=0.983$$

$$a_{0x}=a_{0y}=600-\left(\dfrac{400}{2}+\dfrac{500}{2}\right)=150\text{mm}$$

$$\lambda_{0x}=\lambda_{0y}=\dfrac{a_{0x}}{h_0}=\dfrac{150}{900}=0.167<0.25,\text{取}\lambda_{0x}=\lambda_{0y}=0.25。$$

$$\alpha_{0x}=\alpha_{0y}=\dfrac{0.84}{\lambda_{0x}+0.2}=\dfrac{0.84}{0.25+0.2}=1.87$$

由规范式（8.5.19-1），$b_c=h_c=500$mm

$$2[\alpha_{0x}(b_c+a_{0y})+\alpha_{0y}(h_c+a_{0x})]\beta_{hp}f_th_0=2\times[1.87\times(500+150)+1.87\\\times(500+150)]\times 0.983\times 1.27\times 900\\=5462.8\text{kN}$$

$$N_i=\dfrac{F}{n}=\dfrac{2500}{5}=500\text{kN}$$

$$F_l=F-\Sigma N_i=2500-500=2000\text{kN}<5462.8\text{kN},\text{满足}。$$

（2）角桩对承台的冲切验算

$$a_{1x}=a_{1y}=600-\left(\dfrac{500}{2}+\dfrac{400}{2}\right)=150\text{mm}$$

$$c_1=c_2=500+\dfrac{400}{2}=700\text{mm}$$

$$h_0=400\text{mm},\ \beta_{hp}=1.0$$

角桩冲跨比：$\lambda_{1x}=\lambda_{1y}=\dfrac{a_{1x}}{h_0}=\dfrac{150}{400}=0.375>0.2$，取 $\lambda_{1x}=\lambda_{1y}=0.375$

$$\alpha_{1x}=\alpha_{1y}=\dfrac{0.56}{\lambda_{1x}+0.2}=\dfrac{0.56}{0.375+0.2}=0.974$$

$$\left[\alpha_{1x}\left(c_2+\dfrac{a_{1y}}{2}\right)+\alpha_{1y}\left(c_1+\dfrac{a_{1x}}{2}\right)\right]\beta_{hp}f_th_0=0.974\times\left(700+\dfrac{150}{2}\right)\times 2\times 1.0\times 1.27\times 400\\=766.9\text{kN}$$

角桩的冲切力设计值 N_l：

$$N_{max}=\dfrac{F}{n}+\dfrac{Mx_{max}}{\Sigma x_i^2}=\dfrac{2500}{5}+\dfrac{200\times 0.6}{4\times 0.6^2}=583.3\text{kN}$$

$$N_l=N_{max}=583.3\text{kN}<766.9\text{kN},\text{满足}。$$

【例 6.11.19】 某三桩三角形承台，如图 6.11.18 所示，柱子截面尺寸为 600mm×400mm，桩直径为 $d=500$mm，承台高度 $h=1000$mm，有效高度 $h_0=900$mm，承台采用 C25 混凝土（$f_t=1.27\text{N/mm}^2$）。柱子位于三角形承台的形心位置。承台顶面处由上部结构传来相应于作用的基本组合时的竖向力 $F=1200$kN，弯矩 $M=300$kN·m。$\gamma_0=1.0$。

试问：（1）验算底部角桩对承台的冲切承载力。

（2）验算顶部角桩对承台的冲切承载力。

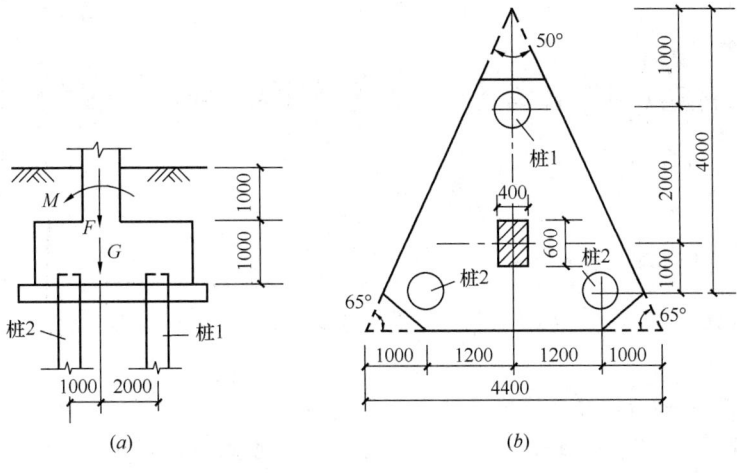

图 6.11.18

【解答】 (1) 将圆桩换算为方桩：$b=h=0.8d=0.8\times500=400$mm

$$a_{11}=1200-(200+200)=800\text{mm}$$

$$c_1=1000+200=1200\text{mm}$$

$$\lambda_{11}=\frac{a_{11}}{h_0}=\frac{800}{900}=0.89$$

$$\alpha_{11}=\frac{0.56}{\lambda_{11}+0.2}=\frac{0.56}{0.89+0.2}=0.514$$

$$\beta_{hp}=1-\frac{1000-800}{2000-800}\times(1-0.9)=0.983$$

$$\alpha_{11}(2c_1+a_{11})\tan\frac{\theta_1}{2}\beta_{hp}f_th_0=0.514\times(2\times1200+800)\times\tan\frac{65°}{2}$$

$$\times 0.983\times1.27\times900=1177.3\text{kN}$$

角桩 2 的冲切力设计值：

$$N_2=\frac{F}{n}+\frac{Mx_2}{\sum x_i^2}$$

$$=\frac{1200}{3}+\frac{300\times1.0}{2\times1.0^2+1\times2^2}=450\text{kN}<1177.3\text{kN}，满足。$$

(2) $$c_2=\left(1000+\frac{400}{2}\right)\cos25°=1088\text{mm}$$

$$a_{12}=\left(2000-\frac{600}{2}-\frac{400}{2}\right)\cos25°=1359\text{mm}$$

$$\lambda_{12}=\frac{a_{12}}{h_0}=\frac{1359}{900}=1.51$$

$\lambda_{12}=1.51>1$，根据《地规》8.5.19 条规定，取 $\lambda_{12}=1.0$（此外，《建筑桩基规范》5.9.8 条第 2 款也作了相应规定）

$$\alpha_{12} = \frac{0.56}{\lambda_{12}+0.2} = \frac{0.56}{1.0+0.2} = 0.467$$

$$\alpha_{12}(2c_2+a_{12})\tan\frac{\theta_2}{2}\beta_{hp}f_t h_0 = 0.467 \times (2\times1088+900)$$

$$\times \tan\frac{50°}{2} \times 0.983 \times 1.27 \times 900 = 752.6 \text{kN}$$

角桩1的冲切力设计值：

$$N_1 = \frac{F}{n} - \frac{Mx_1}{\Sigma x_i^2} = \frac{1200}{3} - \frac{300\times 2}{2\times 1^2 + 1\times 2^2} = 300\text{kN} < 752.6\text{kN,满足}。$$

4. 承台受剪承载力计算和局部受压承载力计算

《地基通规》6.2.3条、6.2.1条第4款规定与《地规》8.5.20条、8.5.22条相同。
《地规》规定：

> 8.5.20 柱下桩基础独立承台应分别对柱边和桩边、变阶处和桩边连线形成的斜截面进行受剪计算。当柱边外有多排桩形成多个剪切斜截面时，尚应对每个斜截面进行验算。
>
> 8.5.21 柱下桩基独立承台斜截面受剪承载力可按下列公式进行计算（图8.5.21）：
>
> $$V \leqslant \beta_{hs}\beta f_t b_0 h_0 \qquad (8.5.21\text{-}1)$$
>
> $$\beta = \frac{1.75}{\lambda+1.0} \qquad (8.5.21\text{-}2)$$
>
> 式中 V——扣除承台及其上填土自重后相应于作用的基本组合时的斜截面的最大剪力设计值（kN）；
>
> b_0——承台计算截面处的计算宽度（m）；阶梯形承台变阶处的计算宽度、锥形承台的计算宽度应按本规范附录U确定；
>
> h_0——计算宽度处的承台有效高度（m）；
>
> β——剪切系数；
>
> β_{hs}——受剪切承载力截面高度影响系数，按公式（8.2.9-2）计算；
>
> λ——计算截面的剪跨比，$\lambda_x = \frac{a_x}{h_0}$，$\lambda_y = \frac{a_y}{h_0}$；$a_x$、$a_y$为柱边或承台变阶处至x、y方向计算一排桩的桩边的水平距离，当 $\lambda < 0.25$ 时，取 $\lambda = 0.25$；当 $\lambda > 3$ 时，取 $\lambda = 3$。

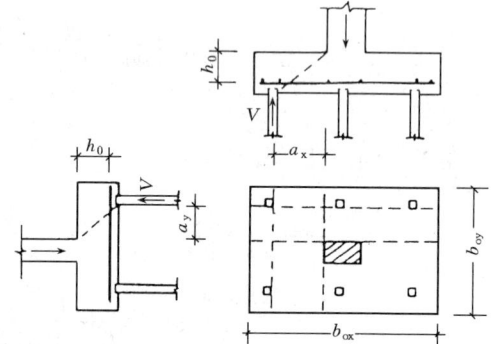

图 8.5.21 承台斜截面受剪计算

> 8.5.22 当承台的混凝土强度等级低于柱或桩的混凝土强度等级时，尚应验算柱下或桩上承台的局部受压承载力。

需注意的是：

(1)《地规》式（8.5.21-1）中，β_{hs} 的计算为：

$$\beta_{hs} = \left(\frac{800}{h_0}\right)^{1/4}$$

当 $h_0<800$mm 时，取 $h_0=800$mm；当 $h_0>2000$mm 时，取 $h_0=2000$mm。

(2)《地规》式（8.5.21-2）中，λ 的取值：

$\lambda_x = \dfrac{a_x}{h_0} \begin{matrix}\geqslant 0.25 \\ \leqslant 3\end{matrix}$；$\lambda_y = \dfrac{a_y}{h_0} \begin{matrix}\geqslant 0.25 \\ \leqslant 3\end{matrix}$

【例 6.11.20】 柱下钢筋混凝土承台，为 9 桩承台，柱及承台相关尺寸如图 6.11.19 所示，柱位于承台中心，柱截面尺寸为 700mm×600mm，承台顶面处相应于作用的基本组合时的轴压力 $F=3600$kN，承台高为 1.2m，承台采用 C25 混凝土，取 $h_0=1.1$m。桩截面尺寸为 400mm×400mm。

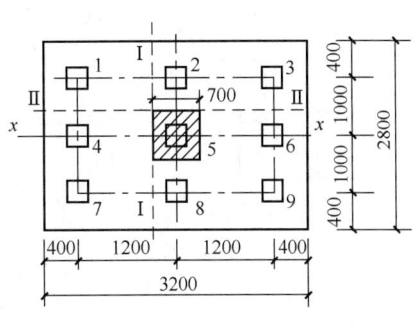

图 6.11.19

试问：（1）承台Ⅰ-Ⅰ截面的斜截面抗剪承载力设计值为多少？其相应的剪力设计值为多少？

（2）承台Ⅱ-Ⅱ截面的斜截面抗剪承载力设计值为多少？其相应的剪力设计值为多少？

【解答】（1）根据《地规》8.5.21 条规定：

$$a_x = 1200 - 200 - 350 = 650\text{mm}$$

$$\lambda_x = a_x/h_0 = 650/1100 = 0.59 \begin{matrix}\geqslant 0.25 \\ \leqslant 3.0\end{matrix}$$

$$\beta = \frac{1.75}{\lambda_x + 1.0} = \frac{1.75}{0.59 + 1.0} = 1.10$$

$$\beta_{hs} = \left(\frac{800}{h_0}\right)^{1/4} = \left(\frac{800}{1100}\right)^{1/4} = 0.923$$

C25，取 $f_t = 1.27\text{N/mm}^2$

$$\beta_{hs}\beta f_t b_0 h_0 = 0.923 \times 1.1 \times 1.27 \times 2800 \times 1100 = 3971.4\text{kN}$$

剪力设计值 V：

$$N_i = \frac{F}{n} = \frac{3600}{9} = 400\text{kN}$$

$$V = N_1 + N_4 + N_7 = 3 \times 400 = 1200\text{kN}$$

（2）同理，$a_y = 1000 - 200 - 300 = 500\text{mm}$

$$\lambda_y = \frac{a_y}{h_0} = 500/1100 = 0.455 \begin{matrix}\geqslant 0.25 \\ \leqslant 3.0\end{matrix}$$

$$\beta = \frac{1.75}{\lambda_y + 1.0} = \frac{1.75}{0.455 + 1} = 1.20$$

$$\beta_{hs}\beta f_t b_0 h_0 = 0.923 \times 1.2 \times 1.27 \times 3200 \times 1100 = 4951.4\text{kN}$$

剪力设计值 V：

$$N_i = \frac{F}{n} = \frac{3600}{9} = 400\text{kN}$$

$$V = N_1 + N_2 + N_3 = 3 \times 400 = 1200\text{kN}$$

【例 6.11.21】 某柱下桩基承台，为 5 桩承台，柱及承台相关尺寸如图 6.11.20 所示。柱截面尺寸为 600mm×400mm，柱采用 C40 混凝土，承台采用 C30 混凝土，取 h_0=1.0m。桩截面尺寸为 400mm×400mm，桩采用 C50 级混凝土的柱。承台顶面处相应于作用的基本组合时的轴力设计值 F=2500kN，弯矩设计值 M=330kN·m。γ_0=1.0。

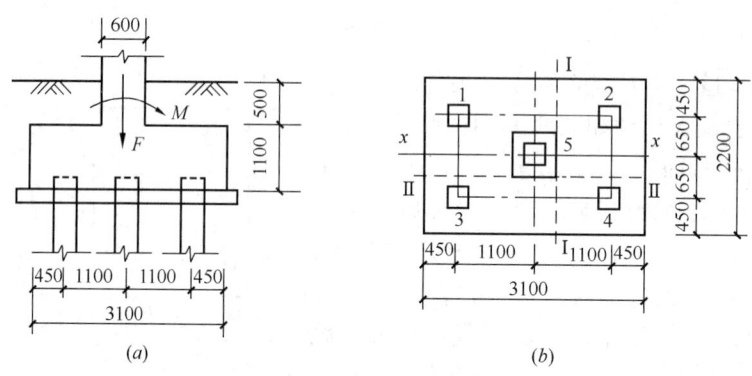

图 6.11.20

试问：（1）验算承台Ⅰ-Ⅰ截面的斜截面抗剪承载力。
（2）验算承台Ⅱ-Ⅱ截面的斜截面抗剪承载力。
（3）验算柱下混凝土的局部受压承载力。
（4）验算角桩 4 桩顶处承台局部受压承载力。

【解答】 (1) $a_x = 1100 - 200 - 300 = 600$mm

$$\lambda_x = a_x/h_0 = 600/1000 = 0.6 \begin{matrix}\geqslant 0.25\\ \leqslant 3\end{matrix}$$

$$\beta = \frac{1.75}{\lambda_x + 1} = \frac{1.75}{0.6 + 1} = 1.094$$

$$\beta_{hs} = \left(\frac{800}{h_0}\right)^{1/4} = \left(\frac{800}{1000}\right)^{1/4} = 0.946; \text{C30，取} f_t = 1.43\text{N/mm}^2$$

$$\beta_{hs}\beta f_t b_0 h_0 = 0.946 \times 1.094 \times 1.43 \times 2200 \times 1000 = 3255.9\text{kN}$$

计算各桩轴力设计值：

$$N_i = \frac{F}{n} \pm \frac{M_y x_i}{\Sigma x_i^2}$$

$$N_1 = N_3 = \frac{2500}{5} - \frac{330 \times 1.1}{4 \times 1.1^2} = 425\text{kN}$$

$$N_2 = N_4 = \frac{2500}{5} + \frac{330 \times 1.1}{4 \times 1.1^2} = 575\text{kN}$$

$$N_5 = \frac{2500}{5} + 0 = 500\text{kN}$$

承台Ⅰ-Ⅰ截面处的剪力设计值 V：

$$V = N_2 + N_4 = 2 \times 575 = 1150\text{kN} < 3255.9\text{kN，满足}$$

(2)
$$a_y = 650 - 200 - 200 = 250 \text{mm}$$
$$\lambda_y = a_y/h_0 = 250/1000 = 0.25 \leqslant 0.25$$
$$\beta = \frac{1.75}{\lambda_y + 1} = \frac{1.75}{0.25 + 1} = 1.4$$
$$\beta_{hs}\beta f_t b_0 h_0 = 0.946 \times 1.4 \times 1.43 \times 3100 \times 1000 = 5871.1 \text{kN}$$

承台Ⅱ-Ⅱ截面处的剪力设计值 V：
$$V = N_3 + N_4 = 425 + 575 = 1000\text{kN} < 5871.1\text{kN}, 满足$$

(3) 根据《混凝土结构设计规范》附录 D 规定：
$$f_{cc} = 0.85 f_c = 0.85 \times 14.3 = 12.155 \text{N/mm}^2$$
承台局部受压面积：$A_l = 0.6 \times 0.4 = 0.24 \text{m}^2$
局部受压的计算面积：$A_b = (0.4 \times 3) \times (0.4 \times 2 + 0.6) = 1.68 \text{m}^2$
局部受压时的强度提高系数 β_l：$\beta_l = \sqrt{A_b/A_l} = \sqrt{1.68/0.24} = 2.65$
取 $\omega = 1.0$，由《混规》式（D.5.1-1）：
$$\omega \beta_l f_{cc} A_l = 1.0 \times 2.65 \times 12.155 \times 0.24 \times 10^6 = 7730.6 \text{kN} > F_1 = 2500 \text{kN}, 满足$$

(4) 如图 6.11.21 所示局部受压计算面积
根据同心对称的原则计算 A_b，则：
$$A_l = 0.4 \times 0.4 = 0.16 \text{m}^2$$
$$A_b = (0.45 + 0.45)^2 = 0.81 \text{m}^2$$
$$\beta_l = \sqrt{A_b/A_l} = \sqrt{0.81/0.16} = 2.25$$

由《混规》附录 D.5.1 条：
$$\omega \beta_l f_{cc} A_{ln} = 1 \times 2.25 \times 0.85 \times 14.3 \times 400 \times 400 = 4376 \text{kN} > N_4 = 575 \text{kN}$$
满足。

思考：假定矩形承台变为锥形承台，其上口截面尺寸为 800mm×600mm，如图 6.11.22 所示，其他条件均不变。

试问：锥形承台上口的Ⅰ-Ⅰ截面、Ⅱ-Ⅱ截面的斜截面抗剪承载力值分别为多少？

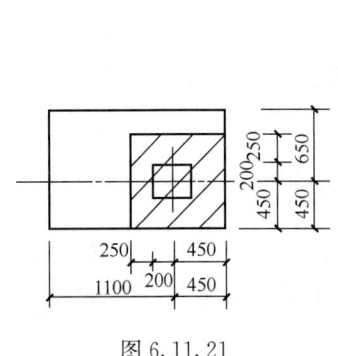

图 6.11.21

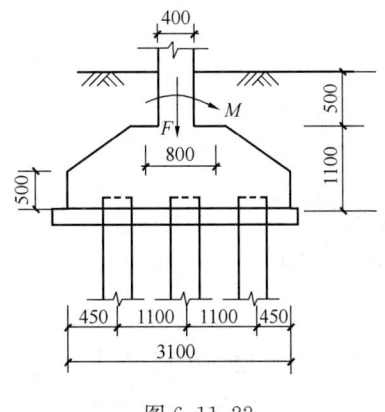

图 6.11.22

解答如下：
① 根据《地规》附录 U.0.2 条规定：

$$h_1 = 1100 - 500 = 600\text{mm}$$
$$b_{x1} = 3100\text{mm}, b_{x2} = 800\text{mm}$$
$$b_{y1} = 2200\text{mm}, b_{y2} = 600\text{mm}$$

对 I-I 截面，计算宽度：

$$b_{y0} = \left[1 - 0.5\frac{h_1}{h_0}\left(1 - \frac{b_{y2}}{b_{y1}}\right)\right]b_{y1}$$

$$= \left[1 - 0.5 \times \frac{600}{1000} \times \left(1 - \frac{600}{2200}\right)\right] \times 2200$$

$$= 1720\text{mm}$$

对 II-II 截面，计算宽度：

$$b_{x0} = \left[1 - 0.5\frac{h_1}{h_0}\left(1 - \frac{b_{x2}}{b_{x1}}\right)\right]h_{x1}$$

$$= \left[1 - 0.5 \times \frac{600}{1000} \times \left(1 - \frac{800}{3100}\right)\right] \times 3100 = 2410\text{mm}$$

② 对 I-I 截面，确定 β 和抗剪承载力：

$$a_x = 1100 - 200 - \frac{800}{2} = 500\text{mm}$$

$$\lambda_x = a_x/h_0 = 0.5$$

$$\beta = \frac{1.75}{\lambda_x + 1} = \frac{1.75}{0.5 + 1} = 1.17; \beta_{hs} = 0.946$$

$$\beta_{hs}\beta f_t b_{y0} h_0 = 0.946 \times 1.17 \times 1.43 \times 1720 \times 1000 = 2722.3\text{kN}$$

③ 对 II-II 截面，确定 β 和抗剪承载力

$$a_y = 650 - 200 - \frac{600}{2} = 150\text{mm}$$

$$\lambda_y = \frac{a_y}{h_0} = \frac{150}{1000} = 0.15 < 0.25, 取 \lambda_y = 0.25$$

$$\beta = \frac{1.75}{\lambda_y + 1} = \frac{1.75}{0.25 + 1} = 1.4$$

$$\beta_{hs}\beta f_t b_{x0} h_0 = 0.946 \times 1.4 \times 1.43 \times 2410 \times 1000 = 4564.3\text{kN}$$

五、综合案例题

【例 6.11.22】 某承重桩下采用干作业钻孔灌注桩 9 桩独立基础，桩直径 $d = 400\text{mm}$，其桩及工程地质情况如图 6.11.23 所示。桩和承台混凝土强度等级为 C25，桩基承台和承台上土自重标准值 $G_k = 415\text{kN}$。$\gamma_0 = 1.0$。

试问：

(1) 当桩身采用构造配筋时，取 $\psi_c = 0.7$，按桩身强度确定的桩顶轴向力设计值 N (kN)，最接近下列何项数值？

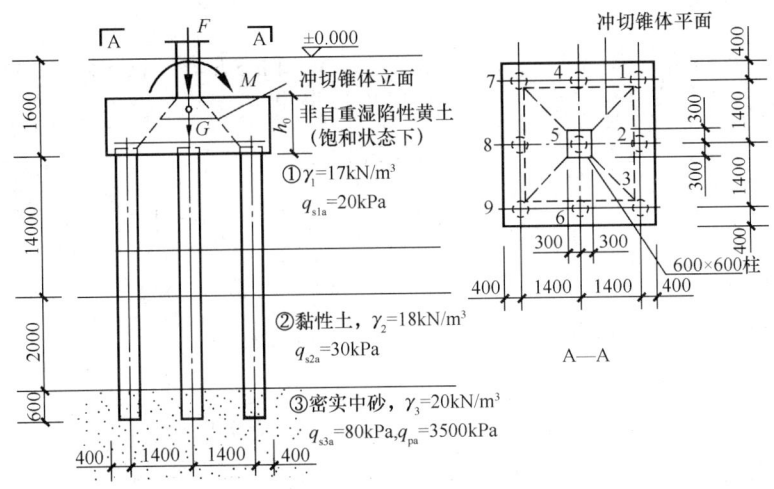

图 6.11.23

 (A) 844   (B) 1050   (C) 1440   (D) 1600

（2）假定承台顶面处相应于作用的标准组合时的竖向力 $F_k=3792\text{kN}$，弯矩 $M_k=700\text{kN}\cdot\text{m}$，确定单桩的最大竖向力标准值 $Q_{k\max}$（kN），最接近下列何项数值？

 (A) 634   (B) 584   (C) 551   (D) 527

（3）桩基中单桩的竖向承载力特征值 R_a（kN），最接近下列何项数值？

 (A) 970   (B) 930   (C) 860   (D) 830

（4）假定在图中的桩底传力作用下，相应于作用的基本组合时，求得基桩的竖向总反力设计值 $N_1=N_2=N_3=701\text{kN}$，$N_4=N_5=N_6=584\text{kN}$，$N_7=N_8=N_9=467\text{kN}$，扣除承台和承台上土自重后，基桩的竖向净反力设计值为 $N_1=N_2=N_3=643\text{kN}$，$N_4=N_5=N_6=526\text{kN}$，$N_7=N_8=N_9=409\text{kN}$。确定矩形承台不利截面的最大弯矩设计值（kN·m），最接近下列何项数值？

 (A) 1736   (B) 1927   (C) 2122   (D) 2526

（5）假定承台顶面处相应于作用的基本组合时的竖向力 $F=3100\text{kN}$，弯矩 $M=0$。取 $a_s=50\text{mm}$，按抗冲切破坏条件，确定承台的最小高度 h（mm），最接近下列何项数值？

 (A) 680   (B) 750   (C) 450   (D) 560

【解答】（1）根据《地规》8.5.11 条规定，取 $\psi_c=0.7$。

$$N=A_pf_c\psi_c=\frac{\pi}{4}\times 0.4^2\times 11.9\times 0.7\times 10^6=1046\text{kN}$$

故应选（B）项。

（2）根据《地规》8.5.4 条规定：

$$Q_{i,\max}=\frac{F_k+G_k}{n}+\frac{M_{yk}x_i}{\sum x_i^2}$$

$$=\frac{3792+415}{9}+\frac{700\times 1.4}{6\times 1.4^2}=550.8\text{kN}$$

故应选（C）项。

（3）根据《地规》8.5.6 条规定：

$$R_a = q_{pa}A_p + u_p \Sigma q_{sia}l_i$$
$$= 3500 \times \frac{\pi}{4} \times 0.4^2 + \pi \times 0.4 \times (20 \times 14 + 30 \times 2 + 80 \times 0.6)$$
$$= 926.93 \text{kN}$$

故应选（B）项。

(4) $M_{max} = (N_1 + N_2 + N_3) \times (1.4 - 0.3) = 3 \times 643 \times 1.1 = 2121.9 \text{kN}$

故应选（C）项。

(5) 确定 h_0：

圆桩（$d=0.4$m）换算成方桩：$b=h=0.8d=0.32$m。

由《地规》8.5.19 条：

$$a_{0x} = a_{0y} = 1400 - \frac{320}{2} - 300 = 940 \text{mm}$$

假定 $h \leqslant 800$mm，则：$\lambda_{0x} = \lambda_{0y} = 940/h_0 > 1.0$，取 $\lambda_{0x} = \lambda_{0y} = 1.0$

$$\alpha_{0x} = \alpha_{0y} = \frac{0.84}{\lambda_{0x} + 0.2} = \frac{0.84}{1 + 0.2} = 0.7$$

$$F_l = F - \frac{F}{9} = 3100 - \frac{3100}{9} = 2755.6 \text{kN}$$

由《地规》式（8.5.19-1），假定 $h \leqslant 800$mm，取 $\beta_{hp} = 1.0$。

$$F_l \leqslant 2[\alpha_{0x}(b_c + a_{0y}) + \alpha_{0y}(h_c + a_{0x})]\beta_{hp}f_t h_0$$

$$2755.6 \times 10^3 \leqslant 2 \times 2 \times 0.7 \times (600 + h_0) \times 1 \times 1.27 \times h_0$$

解之得：$h_0 \geqslant 630$mm；取 $a_s = 50$mm，则：$h \geqslant 680$mm

假定成立，取 $h \geqslant 680$mm，故应选（A）项。

【例 6.11.23】 某柱下桩基承台，采用 6 根沉管灌注桩，桩身直径 $d=426$mm，桩端进入持力层的深度为 2500mm。桩基承台顶面处作用有竖向力 F、力矩 M 和水平剪力 V，承台和承台上的土的平均重度 $\gamma_G = 20$kN/m³。承台平面尺寸和桩位布置、桩基础剖面和地基土层分布情况如图 6.11.24 所示。$\gamma_0 = 1.0$。

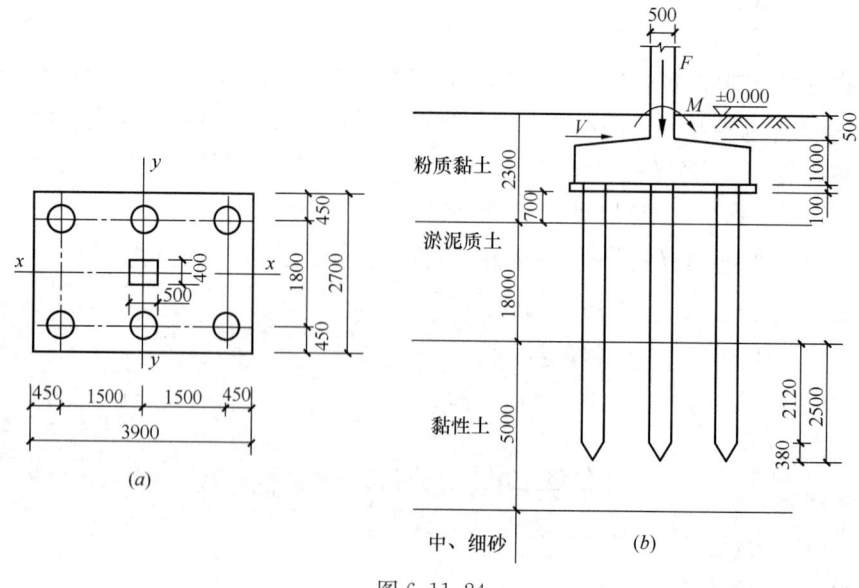

图 6.11.24

试问:

(1) 已知粉质黏土、淤泥质土和黏性土的桩周摩擦力特征值 q_{sia} 依次分别为 15kPa、10kPa 和 30kPa,黏性土的桩端土承载力特征值 q_{pa} 为 1120kPa。单桩竖向承载力特征值 R_a(kN),应与下列何项数据最为接近?

(A) 499.4　　(B) 552.7　　(C) 602.9　　(D) 621.2

(2) 根据静载荷试验,已知三根试桩的单桩竖向极限承载力实测值分别为 $Q_1=1020kN$,$Q_2=1120kN$,$Q_3=1210kN$,其单桩竖向承载力特征值(kN),最接近于下列何项数值?

(A) 626.41　　(B) 558.35　　(C) 642.09　　(D) 658.82

(3) 由静载试验确定在轴心竖向力作用下的单桩竖向承载力特征值为 610kN,在地震作用效应标准组合下,单桩的竖向承载力特征值(kN),最接近于下列何项数值?

提示:按《建筑桩基技术规范》计算。

(A) 610　　(B) 732　　(C) 762.5　　(D) 823.5

(4) 已知单桩的竖向承载力特征值为 610kN,在地震作用的标准组合下对桩基产生偏心,该平桩能承受的最大竖向力标准值(kN),最接近于下列何项数值?

提示:按《建筑桩基技术规范》计算。

(A) 610　　(B) 762.5　　(C) 915kN　　(D) 1029.4

(5) 假定承台顶面处相应于作用的标准组合时的竖向力 $F_k=3300kN$,弯矩 $M_k=570kN·m$,水平剪力 $V_k=310kN$,则桩基中单桩承受的最大竖向力标准值 $Q_{k,max}$(kN),最接近于下列何项数值?

(A) 695　　(B) 697.65　　(C) 730.1　　(D) 749.32

(6) 假定承台顶面处相应于作用的基本组合时的竖向力 $F=3030kN$,弯矩 $M=0$,水平剪力 $V=0$,则承台正截面最大弯矩设计值(kN·m),最接近于下列何项数值?

(A) 1262.5　　(B) 1381.63　　(C) 1500　　(D) 1657.95

(7) 当计算该承台受冲切承载力时,已知承台受力钢筋截面重心至承台底面边缘的距离为 60mm,则该承台的冲跨比 λ_{0x} 和 λ_{0y} 值,最接近于下列何项数值?

(A) $\lambda_{0x}=1.0$,$\lambda_{0y}=0.56$　　(B) $\lambda_{0x}=1.0$,$\lambda_{0y}=0.36$

(C) $\lambda_{0x}=1.15$,$\lambda_{0y}=0.56$　　(D) $\lambda_{0x}=1.15$,$\lambda_{0y}=0.36$

(8) 已知该承台的混凝土强度等级为 C25,承台受力钢筋截面重心至承台底面边缘的距离为 60mm,假定承台的冲切系数 $\alpha_{0x}=0.7$,$\alpha_{0y}=1.10$,该承台受柱冲切承载力设计值(kN),最接近于下列何项数值?

(A) 5250　　(B) 5663　　(C) 5831　　(D) 5962

【解答】(1) 根据《地规》8.5.6 条规定:

$$R_a = q_{pa}A_p + u_p\Sigma q_{sia}l_i$$

$$= 1120 \times \frac{\pi}{4} \times 0.426^2 + \pi \times 0.426 \times (15 \times 0.7 + 10 \times 18 + 30 \times 2.12)$$

$$= 499.4kN$$

故应选(A)项。

(2) 根据《地规》附录 Q.0.9 条、Q.0.10 条规定:

$$Q = \frac{1}{3}(Q_1 + Q_2 + Q_3) = \frac{1}{3} \times (1020 + 1120 + 1210) = 1116.7 \text{kN}$$

极差：$1210 - 1020 = 190 \text{kN} < 1116.7 \times 30\% = 335.01 \text{kN}$

故取 $R_u = Q = 1116.7 \text{kN}$

$R_a = \dfrac{R_u}{2} = 558.35 \text{kN}$，故应选（B）项。

(3) 根据《建筑桩基技术规范》5.2.1 条规定：

$$f_{aE} = 1.25R = 1.25 \times 610 = 762.5 \text{kN}$$

故应选（C）项。

(4) 根据《建筑桩基技术规范》5.2.1 条第 2 款规定：

$$N_{Ekmax} \leqslant 1.5R = 1.5 \times 610 = 915 \text{kN}$$

故应选（C）项。

(5) $G_k = \gamma_G A d = 20 \times 3.9 \times 2.7 \times 1.5 = 315.9 \text{kN}$

$M_k = 570 + V_k h = 570 + 310 \times 1.0 = 880 \text{kN} \cdot \text{m}$

根据《地规》8.5.4 条规定：

$$Q_{ik} = \frac{F_k + G_k}{n} + \frac{M_x x_i}{\sum x_i^2}$$

$$Q_{k,max} = \frac{3300 + 315.9}{6} + \frac{880 \times 1.5}{4 \times 1.5^2} = 749.32 \text{kN}$$

故应选（D）项。

(6) $$N_i = \frac{F}{n} = \frac{3030}{6} = 505 \text{kN}$$

$M_x = \sum N_i y_i = 3 \times 505 \times (0.9 - 0.2) = 1060.5 \text{kN} \cdot \text{m}$

$M_y = \sum N_i x_i = 2 \times 505 \times (1.5 - 0.25) = 1262.5 \text{kN} \cdot \text{m}$

$M_{max} = M_y = 1262.5 \text{kN} \cdot \text{m}$，故应选（A）项。

(7) 将圆桩换算成方桩：$b = h = 0.8d = 0.8 \times 426 = 341 \text{mm}$

由《地规》8.5.19 条规定：

$$a_{0x} = 1.5 - \left(0.25 + \frac{0.341}{2}\right) = 1.08 \text{m}$$

$$a_{0y} = 0.9 - \left(0.2 + \frac{0.341}{2}\right) = 0.53 \text{m}$$

$$h_0 = 1000 - 60 = 940 \text{mm}$$

$\lambda_{0x} = a_{0x}/h_0 = 1.08/0.94 = 1.15 > 1.0$，取 $\lambda_{0x} = 1.00$

$\lambda_{0y} = a_{0y}/h_0 = 0.53/0.94 = 0.56$

故应选（A）项。

（8）根据《地规》8.5.19 条规定：

$$\beta_{hp} = 1 - \frac{1000-800}{2000-800} \times (1.0 - 0.9) = 0.983$$

$$a_{0x} = 1.5 - \left(0.25 + \frac{0.341}{2}\right) = 1.08\text{m}; a_{0y} = 0.9 - \left(0.2 + \frac{0.341}{2}\right) = 0.53\text{m}$$

$$h_0 = 940\text{mm}, \lambda_{ox} = \frac{a_{ox}}{h_0} = \frac{1080}{940} = 1.149 > 1.0, 故取 a_{ox} = 940\text{mm}$$

$$\lambda_{oy} = \frac{a_{oy}}{h_0} = \frac{530}{940} = 0.563 > 0.25, 且 < 1.0, 故取 a_{oy} = 530\text{mm}$$

$$2[\alpha_{0x}(b_c + a_{0y}) + \alpha_{0y}(h_c + a_{0x})]\beta_{hp}f_t h_0 = 2 \times [0.7 \times (400 + 530) + 1.10$$
$$\times (500 + 940)] \times 0.983 \times 1.27 \times 940$$
$$= 5245.6\text{kN}$$

故应选（B）项。

【例 6.11.24】 有一等边三角形承台基础，采用沉管灌注桩，桩径为 426mm，有效桩长为 24m。有关地基各土层分布情况、桩端阻力特征值 q_{pa}、桩侧阻力特征值 q_{sia} 及桩的布置、承台尺寸等如图 6.11.25 所示。$\gamma_0 = 1.0$。

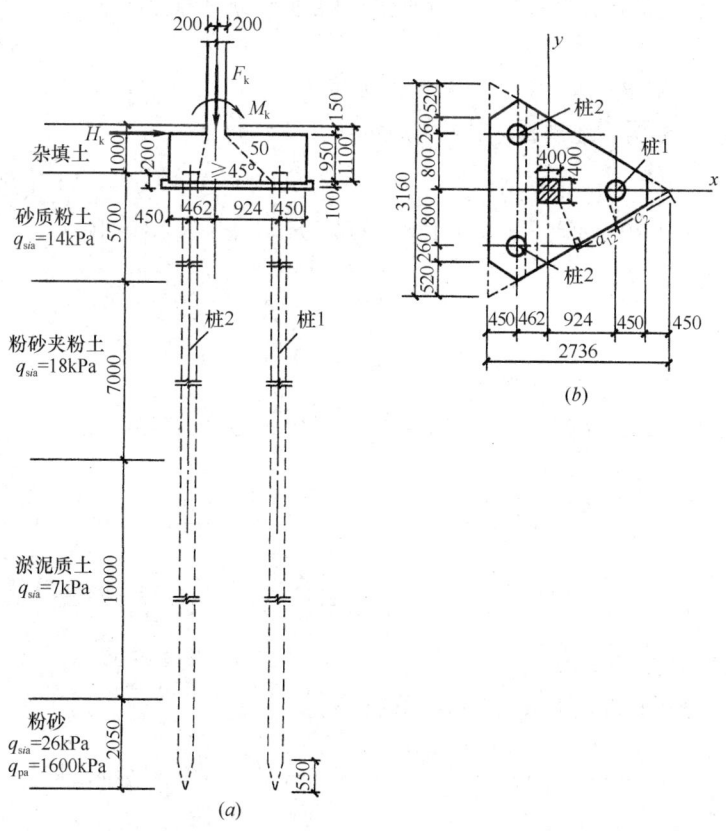

图 6.11.25

提示：按《工程结构通用规范》作答。

试问：

(1) 在初步设计时，估算该桩基础的单桩竖向承载力特征值 R_a (kN)，最接近于下列何项数值？

(A) 361　　(B) 645　　(C) 750　　(D) 820

(2) 假定钢筋混凝土柱传至承台顶面处相应于作用的标准组合时的竖向力 F_k =1400kN，力矩 M_k=160kN·m，水平力 H_k=45kN，承台自重及承台上土自重标准值 G_k=87.34kN，则桩1桩顶竖向力 Q_k (kN)，最接近于下列何项数值？

(A) 590　　(B) 610　　(C) 620　　(D) 640

(3) 假定，承台自重和承台上的土重 G_k=85kN；在偏心竖向力基本组合作用下，最大单桩（桩1）竖向力 Q_1=825kN。由承台形心到承台边缘（两腰）距离范围内板带的弯矩设计值 M_1 (kN·m)，最接近于下列何项数值？

(A) 275　　(B) 335　　(C) 375　　(D) 390

(4) 已知 c_2=927mm，a_{12}=479mm，h_0=890mm，角桩冲跨比 $\lambda_{12}=a_{12}/h_0=0.538$，承台采用混凝土强度等级C25。承台受桩冲切的承载力设计值 (kN)，最接近于下列何项数值？

(A) 740　　(B) 810　　(C) 850　　(D) 1141

(5) 已知 b_0=2338mm，h_0=890mm，剪跨比 $\lambda_{12}=a_x/h_0=0.103$；承台采用混凝土强度等级C25。承台对底部角桩（桩2）形成的斜截面受剪承载力设计值 (kN)，最接近于下列何项数值？

(A) 2990　　(B) 3460　　(C) 3620　　(D) 3770

【解答】 (1) 根据《地规》8.5.6条规定：

$$R_a = q_{pa}A_p + u_p\Sigma q_{sia}l_i$$

$$=1600\times\frac{\pi}{4}\times 0.426^2+\pi\times 0.426\times(5.5\times 14+7\times 18+10\times 7+1.5\times 26)$$

$$=645.3\text{kN}$$

故应选（B）项。

(2) 根据《地规》8.5.4条规定：

$$M_{yk}=160+V\cdot h=160+45\times 0.95=202.75\text{kN}\cdot\text{m}$$

$$Q_k=\frac{F_k+G_k}{n}+\frac{M_{yk}x_1}{\Sigma x_i^2}$$

$$=\frac{1400+87.34}{3}+\frac{202.75\times 0.924}{2\times 0.462^2+1\times 0.924^2}=642.06\text{kN}$$

故应选（D）项。

(3) 根据《地规》8.5.4条、3.0.6条规定：

$$N_{\max}=N_1=Q_1-\frac{1.3G_k}{3}=825-\frac{1.3\times 85}{3}=788.2\text{kN}$$

根据《地规》8.5.18条规定：

$$c = 0.4\text{m}, s = 1.6\text{m}$$

$$M_1 = \frac{N_{\max}}{3}\left(s - \frac{\sqrt{3}}{4}c\right) = \frac{788.2}{3} \times \left(1.6 - \frac{\sqrt{3}}{4} \times 0.4\right) = 375\text{kN}$$

故应选（C）项。

(4) 根据《地规》8.5.19 条规定：

$$\alpha_{12} = \frac{0.56}{\lambda_{12} + 0.2} = \frac{0.56}{0.538 + 0.2} = 0.759$$

$$\beta_{hp} = 1 - \frac{950 - 800}{2000 - 800} \times (1 - 0.9) = 0.9875$$

$$\alpha_{12}(2c_2 + a_{12})\tan\frac{\theta_2}{2}\beta_{hp}f_t h_0$$

$$= 0.759 \times (2 \times 927 + 479) \times \tan\frac{60°}{2} \times 0.9875 \times 1.27 \times 890$$

$$= 1141.1\text{kN}$$

故应选（D）项。

(5) 根据《地规》8.5.21 条规定：

$$\lambda_{12} = 0.103 < 0.25, 取 \lambda_{12} = 0.25$$

$$\beta = \frac{1.75}{\lambda_{12} + 1.0} = \frac{1.75}{0.25 + 1} = 1.4$$

$$\beta_{hs} = \left(\frac{800}{h_0}\right)^{1/4} = \left(\frac{800}{890}\right)^{1/4} = 0.974$$

$$\beta_{hs}\beta f_t b_0 h_0 = 0.974 \times 1.4 \times 1.27 \times 2338 \times 890 = 3603.5\text{kN}$$

故应选（C）项。

思考：本题目第（4）中，c_2、a_{12} 值的求解如下：

圆桩换算成方桩取 $0.8d$。

$$c_2 = \left(900 + \frac{0.8d}{2}\right)\cos 30° = \left(900 + \frac{0.8 \times 426}{2}\right)\cos 30° = 927\text{mm}$$

$$a_{12} = \left(924 - \frac{400}{2} - \frac{0.8d}{2}\right)\cos 30° = \left(924 - 200 - \frac{0.8 \times 426}{2}\right)\cos 30° = 479\text{mm}$$

题目第（5）中，a_x 值的求解如下：

$$a_x = 462 - \frac{400}{2} - \frac{0.8d}{2} = 462 - 200 - \frac{0.8 \times 426}{2} = 91.6\text{mm}$$

故 $\lambda_{12} = a_x/h_0 = 91.6/890 = 0.103$

第十二节 《桩规》建筑桩基

一、总则与术语

> - 复习《桩规》1.0.1 条、1.0.2 条、1.0.3 条、1.0.4 条。
> - 复习《桩规》2.1.1 条~2.1.16 条。

需注意的是:
(1)《桩规》1.0.1 条~1.0.3 条的条文说明作了如下说明:

> 1.0.1~1.0.3（条文说明）
> 1 地质条件。
> 2 上部结构类型、使用功能与荷载特征。不同的上部结构类型对于抵抗或适应桩基差异沉降的性能不同，如剪力墙结构抵抗差异沉降的能力优于框架、框架-剪力墙、框架-核心筒结构；排架结构适应差异沉降的性能优于框架、框架-剪力墙、框架-核心筒结构。建筑物使用功能的特殊性和重要性是决定桩基设计等级的依据之一；荷载大小与分布是确定桩型、桩的几何参数与布桩所应考虑的主要因素。地震作用在一定条件下制约桩的设计。
> 3 施工技术条件与环境。
> 4 注重概念设计。桩基概念设计的内涵是指综合上述诸因素制定该工程桩基设计的总体构思。包括桩型、成桩工艺、桩端持力层、桩径、桩长、单桩承载力、布桩、承台形式、是否设置后浇带等，它是施工图设计的基础。概念设计应在规范框架内，考虑桩、土、承台、上部结构相互作用对于承载力和变形的影响，既满足荷载与抗力的整体平衡，又兼顾荷载与抗力的局部平衡，以优化桩型选择和布桩为重点，力求减小差异变形，降低承台内力和上部结构次内力，实现节约资源、增强可靠性和耐久性。可以说，概念设计是桩基设计的核心。

(2)《桩规》2.1.1 条~2.1.4 条对桩基、复合桩基、基桩、复合基桩等基本概念作了具体定义。

桩基础可以是单桩基础、群桩基础，而复合桩基是由基桩和承台下地基土共同承担荷载的桩基础。

基桩与复合基桩是不同概念，前者是指桩基础中的单桩，后者是指单桩及其对应面积的承台下地基土组成的复合承载基桩。

(3)《桩规》2.1.6 条、2.1.9 条对单桩竖向极限承载力、单桩竖向承载力特征值作了如下规定:

> 2.1.6 单桩竖向极限承载力
> 单桩在竖向荷载作用下到达破坏状态前或出现不适于继续承载的变形时所对应的最大荷载，它取决于土对桩的支承阻力和桩身承载力。
> 2.1.9 单桩竖向承载力特征值
> 单桩竖向极限承载力标准值除以安全系数后的承载力值。

为此,《桩基》5.2.2 条规定单桩竖向承载力特征值的计算公式如下:

> 5.2.2 单桩竖向承载力特征值 R_a 应按下式确定:
> $$R_a = \frac{1}{K} Q_{uk} \tag{5.2.2}$$
> 式中 Q_{uk}——单桩竖向极限承载力标准值;
> K——安全系数,取 $K=2$。

【例 6.12.1】 下列关于桩基的见解,其中何项不妥?说明理由。
(A) 建筑物使用功能的特殊性和重要性是决定桩基设计等级的重要依据
(B) 上部结构荷载大小与分布是确定桩型、桩径、桩长、布桩的主要因素
(C) 概念设计时应考虑桩、土、承台相互作用对承载力和变形的影响
(D) 地震设防区桩基设计在一定条件下受地震作用制约

【解答】 根据《桩规》1.0.1 条~1.0.3 条条文说明,(A)、(B)、(D) 项正确,而 (C) 项不妥,应为:概念设计时应考虑桩、土、承台、上部结构相互作用对承载力和变形的影响。

【例 6.12.2】 下列钢筋混凝土建筑结构中,最能抵抗差异沉降的是下列何项?
(A) 框架结构 (B) 框架-剪力墙结构
(C) 剪力墙结构 (D) 框架-核心筒结构

【解答】 根据《桩规》1.0.1 条~1.0.3 条条文说明,应选剪力墙结构,故选 (C) 项。

二、基本设计规定

1. 桩基设计等级

● 复习《桩规》3.1.2 条。

桩基设计等级分为甲级、乙级和丙级,其划分目的是旨在界定桩基设计的复杂程度、计算内容和应采取的相应技术措施。

【例 6.12.3】 下列甲级桩基钢筋混凝土建筑物中,何项必须严格控制差异变形及沉降量?
(A) 重要的建筑 (B) 32 层的剪力墙结构
(C) 25 层的框架-核心筒结构 (D) 28 层的框架-剪力墙结构

【解答】 根据《桩规》3.1.2 条条文说明,20 层以上的框架-核心筒结构必须严格控制差异变形及沉降量,故应选 (C) 项。

2. 桩基础两类极限状态设计

桩基础应按两类极限状态设计:承载能力极限状态和正常使用极限状态。《桩规》3.1.1 条作了如下规定:

> 3.1.1 桩基础应按下列两类极限状态设计:
> 1 承载能力极限状态:桩基达到最大承载能力、整体失稳或发生不适于继续承载的变形;
> 2 正常使用极限状态:桩基达到建筑物正常使用所规定的变形限值或达到耐久性要求的某项限值。

- 承载能力极限状态——对桩基承载力计算和稳定性验算

《桩规》3.1.3条对桩基承载能力计算和稳定性验算作了如下规定：

> 3.1.3 桩基应根据具体条件分别进行下列承载能力计算和稳定性验算：
> 1 应根据桩基的使用功能和受力特征分别进行桩基的竖向承载力计算和水平承载力计算；
> 2 应对桩身和承台结构承载力进行计算；对于桩侧土不排水抗剪强度小于10kPa且长径比大于50的桩，应进行桩身压屈验算；对于混凝土预制桩，应按吊装、运输和锤击作用进行桩身承载力验算；对于钢管桩，应进行局部压屈验算；
> 3 当桩端平面以下存在软弱下卧层时，应进行软弱下卧层承载力验算；
> 4 对位于坡地、岸边的桩基，应进行整体稳定性验算；
> 5 对于抗浮、抗拔桩基，应进行基桩和群桩的抗拔承载力计算；
> 6 对于抗震设防区的桩基，应进行抗震承载力验算。

《桩规》3.1.3条的条文说明作了如下说明：

> 3.1.3（条文说明） 关于桩基承载力计算和稳定性验算，是承载能力极限状态设计的具体内容，应结合工程具体条件有针对性地进行计算或验算，条文所列6项内容中有的为必算项，有的为可算项。

- 正常使用极限状态——对桩基沉降、水平位移和桩身裂缝验算

《桩规》3.1.4条、3.1.5条、3.1.6条作了如下规定：

> 3.1.4 下列建筑桩基应进行沉降计算：
> 1 设计等级为甲级的非嵌岩桩和非深厚坚硬持力层的建筑桩基；
> 2 设计等级为乙级的体形复杂、荷载分布显著不均匀或桩端平面以下存在软弱土层的建筑桩基；
> 3 软土地基多层建筑减沉复合疏桩基础。
> 3.1.5 对受水平荷载较大，或对水平位移有严格限制的建筑桩基，应计算其水平位移。
> 3.1.6 应根据桩基所处的环境类别和相应的裂缝控制等级，验算桩和承台正截面的抗裂和裂缝宽度。

- 桩基按两类极限状态设计所采用的作用组合与抗力

《桩规》3.1.7条作了如下规定：

> 3.1.7 桩基设计时，所采用的作用效应组合与相应的抗力应符合下列规定：
> 1 确定桩数和布桩时，应采用传至承台底面荷载效应标准组合；相应的抗力应采用基桩或复合基桩承载力特征值。
> 2 计算荷载作用下的桩基沉降和水平位移时，应采用荷载效应准永久组合；计算水平地震作用、风载作用下的桩基水平位移时，应采用水平地震作用、风载效应标准组合。
> 3 验算坡地、岸边建筑桩基的整体稳定性时，应采用荷载效应标准组合；抗震设防区，应采用地震作用效应和荷载效应的标准组合。

4 在计算桩基结构承载力、确定尺寸和配筋时,应采用传至承台顶面的荷载效应基本组合。当进行承台和桩身裂缝控制验算时,应分别采用荷载效应标准组合和荷载效应准永久组合。

5 桩基结构安全等级、结构设计使用年限和结构重要性系数 γ_0 应按现行有关建筑结构规范的规定采用,除临时性建筑外,重要性系数 γ_0 应不小于1.0。

6 对桩基结构进行抗震验算时,其承载力调整系数 γ_{RE} 应按现行国家标准《建筑抗震设计规范》GB 50011 的规定采用。

注意的是:《桩规》3.1.7 条第 3 款规定,与《建筑地基基础设计规范》3.0.5 条第 3 款规定不一致,后者规定为:

3.0.5
3 计算挡土墙、地基或滑坡稳定以及基础抗浮稳定时,作用效应应按承载能力极限状态下作用的基本组合,但其分项系数均为1.0。

此外,《桩规》3.1.7 条第 2 款规定,计算水平地震作用、风载作用下的桩基水平位移时,应采用水平地震作用、风载效应标准组合。

【例 6.12.4】 依据《建筑桩基技术规范》(JGJ 94—2008)规定,下列说法中何项不妥?说明理由。

(A) 桩基沉降计算应采用荷载效应准永久组合,桩基水平位移计算应采用荷载效应准永久组合

(B) 确定桩基桩身结构时应采用荷载效应基本组合

(C) 确定桩基桩数时应采用荷载效应标准组合

(D) 对桩基桩身裂缝控制验算时应采用荷载效应标准组合和荷载效应准永久组合

【解答】 根据《桩规》3.1.7 条第 2 款,(A) 项不妥,当在荷载作用下桩基水平位移计算时采用荷载的准永久组合,但在水平地震作用、风载作用下时,应采用水平地震作用、风荷载的标准组合。

3. 变刚度调平设计

变刚度调平设计,是指考虑上部结构形式、荷载和地层分布以及相互作用效应,通过调整桩径、桩长、桩距等改变基桩支承刚度分布,以使建筑物沉降趋于均匀、承台内力降低的设计方法。

- 复习《桩规》3.1.8 条。

4. 桩基基本资料与桩的选型及布置

- 复习《桩规》3.2.1 条、3.2.2 条。
- 复习《桩规》3.3.1 条、3.3.2 条、3.3.3 条。

需注意的是:

(1)《桩规》3.3.1 条、3.3.2 条的条文说明,指出了应避免基桩选型常见误区的几种情况。

(2)《桩规》3.3.3条表3.3.3注3的规定；当为端承桩时，非挤土灌注桩的"其他情况"一栏可减小至2.5d。

(3)《桩规》3.3.3条第5款规定：当存在软弱下卧层时，桩端以下硬持力层厚度不宜小于3d。

(4)《桩规》3.3.3条第6款的条文说明中，关于嵌岩桩的嵌岩深度原则上应按计算确定，计算中综合反映荷载、上覆土层、基岩性质、桩径、桩长诸因素。

【例6.12.5】 某高层框架-核心筒结构办公用房，地上22层，大屋面高度96.8m，结构平面尺寸见图6.12.1。拟采用端承型桩基础，采用直径800mm混凝土灌注桩，桩端进入中风化片麻岩（$f_{rk}=10$MPa）。

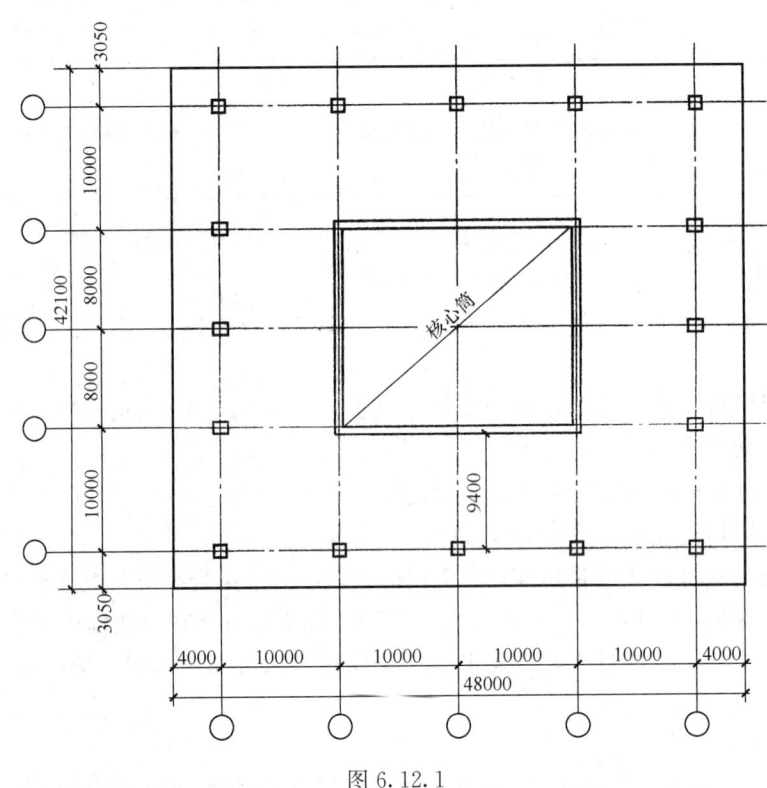

图6.12.1

试问：

(1) 相邻建筑勘察资料表明，该地区地基土层分布较均匀平坦。试问，根据《建筑桩基技术规范》JGJ 94—2008，详细勘察时勘探孔（个）及控制性勘探孔（个）的最少数量，下列何项最为合理？

(A) 9，3　　　　(B) 6，3　　　　(C) 12，4　　　　(D) 4，2

(2) 试问，下列选项中的成桩施工方法，何项不适宜用于本工程？

(A) 正循环钻成孔灌注桩　　　　(B) 反循环钻成孔灌注桩
(C) 潜水钻成孔灌注桩　　　　　(D) 旋挖成孔灌注桩

【解答】 (1) 根据《桩规》表3.1.2，该桩基设计等级应为甲级。

根据《桩规》3.2.2条，本工程角柱间距离分别为40m、36m，应布设不少于9个勘探孔。甲级建筑桩基，控制性孔不少于3个，且数量不宜少于勘探孔的1/3～1/2，故控制性勘探孔为3个。故应选（A）项。

(2) $f_{rk}=10$MPa，查《地规》表4.1.3，为软岩，属于软质岩；由《桩规》附录表A.0.1，应选（C）项。

【例6.12.6】 某嵌岩桩基桩径为800mm，桩底端嵌入倾斜的完整岩的全断面最小深度l（m）应为下列何项？

(A) 0.16　　　　　　　　　　(B) 0.32
(C) 0.5　　　　　　　　　　　(D) 0.8

【解答】 根据《桩规》3.3.3条第6款规定：
$$l \geq 0.4d = 0.4 \times 0.8 = 0.32\text{m}，且 l \geq 0.5\text{m}$$

故取$l \geq 0.5$m，所以应选（C）项。

5. 特殊条件下的桩基

●复习《桩规》3.4.1条～3.4.8条。

需注意的是：

(1)《桩规》3.4.1条第4款的条文说明，软土场地在已成桩的条件下开挖基坑，必须严格实行均衡开挖，高差不应超过1m，不得在坑边弃土。

(2)《桩规》3.4.2条规定，湿陷性黄土分为自重湿陷性黄土和非自重湿陷性黄土。

(3)《桩规》3.4.6条第1款，桩进入液化土层以下稳定土层的长度的要求。

(4)《桩规》3.4.7条第1款的条文说明，对低水位场地应分层填土，分层辗压或分层强夯，压实系数不应小于0.94。

(5)《桩规》3.4.8条的条文说明，抗浮桩可采用的几种形式。

6. 耐久性规定

●复习《桩规》3.5.1条～3.5.5条。

【例6.12.7】 某办公楼柱下桩基础采用等边三桩承台，桩采用泥浆护壁钻孔灌注桩，桩直径$d=600$mm。框架柱为圆柱，直径为800mm，承台及其上覆土的加权平均重度$\gamma_G=20$kN/m³。桩基的环境类别为二a，建筑所在地对桩基混凝土耐久性无可靠工程经验。

假定，在作用的基本组合下，单桩桩顶最大的轴心压力设计值$N_{max}=1900$kN。桩全长螺旋式箍筋直径为6mm、间距为150mm，基桩成桩工艺系数$\psi_c=0.75$。$\gamma_0=1.0$。试问，根据《建筑桩基技术规范》JGJ 94—2008的规定，满足设计要求的桩身混凝土的最低强度等级，为下列何项？

(A) C20　　　　　　　　　　(B) C25
(C) C30　　　　　　　　　　(D) C35

【解答】 根据《桩规》5.8.2条：
$$f_c = \frac{N}{\psi_c A_{ps}} = \frac{1900 \times 10^3}{0.75 \times 3.14 \times 300^2} = 8.96\text{N/mm}^2$$

C20（$f_c=9.6$N/mm²），又由《桩规》表3.5.2，≥C25。

最终取≥C25，故应选（B）项。

三、桩基构造

1. 基桩的构造

> ● 复习《桩规》4.1.1条～4.1.18条。

需注意的是：

（1）《桩规》4.1.1条的条文说明，对于抗压桩和抗拔桩，为保证桩身钢筋笼的成型刚度以及桩身承载力的可靠性，主筋不应小于 $6\phi10$；$d \leqslant 400mm$ 时，不应小于 $4\phi10$。

（2）《桩规》4.1.1条第2款及其条文说明，区分了灌注桩的通长配筋和非通长配筋的情况。

【例6.12.8】 根据《建筑桩基技术规范》，灌注桩的配筋长度，下列何项不妥？
（A）位于坡地、岸边的基桩应沿桩身等截面或变截面通长配筋
（B）摩擦型灌注桩配筋长度不应小于2/3桩长
（C）抗拔桩应沿桩身等截面或变截面通长配筋
（D）端承型桩应沿桩身等截面或变截面通长配筋

【解答】 根据《桩规》4.1.1条的条文说明，端承桩应通长等截面配筋，所以（D）项不妥。

2. 承台构造

> ● 复习《桩规》4.2.1条～4.2.7条。

需注意的是：

（1）《桩规》4.2.3条第3款的条文说明，条形承台梁纵向主筋应满足现行《混凝土结构设计规范》关于最小配筋率0.2%的要求。

（2）《桩规》4.2.3条第5款规定，承台底面钢筋的混凝土保护层厚度，有混凝土垫层时不应小于50mm，无垫层时不应小于70mm，此外，尚不应小于桩头嵌入承台内的长度。

（3）《桩规》4.2.6条第5款的条文说明对连系梁的截面尺寸和配筋作了如下规定：

> 4.2.6（条文说明）
> 4 连系梁的截面尺寸及配筋一般按下述方法确定：以柱剪力作用于梁端，按轴心受压构件确定其截面尺寸，配筋则取与轴心受压相同的轴力（绝对值），按轴心受拉构件确定。在抗震设防区也可取柱轴力的1/10为梁端拉压力的粗略方法确定截面尺寸及配筋。

【例6.12.9】 下列关于桩基构造要求的一些主张，其中何项是不正确？说明理由。
（A）对于墙下条形承台梁，桩的外边缘至承台梁边缘的距离不应小于75mm
（B）承台底面钢筋的混凝土保护层厚度，当有混凝土垫层时，不应小于50mm，尚不应小于桩头嵌入承台内的长度
（C）桩承台之间的连系梁宽度不宜小于250mm，梁的高度可取承台间净距的1/10～1/15，且不宜小于400mm
（D）承台和地下室外墙与基坑侧壁间隙可采用级配砂石、压实性较好的素土分层夯实，其压实系数不宜小于0.94

【解答】 根据《桩规》4.2.1条第1款，(A)项正确。

根据《桩规》4.2.3条第5款，(B)项正确。

根据《桩规》4.2.6条第4款，(C)项不正确，应选(C)项。

此外，根据《桩规》4.2.7条，(D)项正确。

四、单桩竖向极限承载力和单桩、复合基桩竖向承载力特征值

1. 原位测试法

- 复习《桩规》5.3.1条、5.3.2条、5.3.3条、5.3.4条。
- 复习《桩规》5.2.2条。

需注意的是：

(1)《桩规》5.3.1条的条文说明，单桩竖向极限承载力的确定，要把握两点，一是以单桩静载试验为主要依据；二是要重视综合判定的思想。

(2)《桩规》5.3.3条表5.3.3-2系数C，根据表5.3.3-3中注的规定，系数C可按表5.3.3-2内插取值，建议在表5.3.3-2下加上该注。

(3)《桩规》5.3.2条，计算R_a时，采用q_{sik}、q_{pk}，故应除以安全系数K（$K=2$）。而《地规》8.5.5条式（8.5.6-1）中，计算R_a时，采用q_{sia}、q_{pa}，故不再除以安全系数。

【例6.12.10】 某建筑桩基承台如图6.12.2所示，采用混凝土预制圆桩，桩径为0.4m，桩长为10m，采用单桥静力触探，其数据见图中所示。

试问：该单桩竖向极限承载力标准值Q_{uk}为多少？

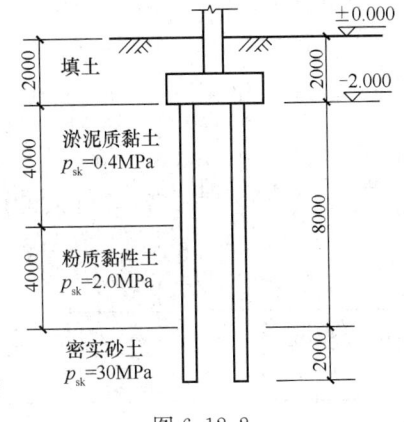

图6.12.2

【解答】 根据《桩规》5.3.3条：

桩端截面以上$8d=8\times 0.4=3.2$m，比贯入阻力平均值为 $p_{sk1}=\dfrac{2.0+30}{2}=16$MPa

桩端截面以下$4d=4\times 0.4=1.6$m，比贯入阻力平均值$=30$MPa>20MPa，查《桩规》表5.3.3-2，取$C=5/6$，故 $p_{sk2}=5/6\times 30=25$MPa

$p_{sk2}/p_{sk1}=25/16=1.5625<5$，查规范表5.3.3-3，取$\beta=1$

由规范式（5.3.3-2）：

$$p_{sk}=\frac{1}{2}(p_{sk1}+\beta p_{sk2})=\frac{1}{2}\times(16+1\times 25)=20.5\text{MPa}$$

桩长$l=10$m<15m，查规范表5.3.3-1，取$\alpha=0.75$

$$A_p=\frac{\pi}{4}d^2=\frac{\pi}{4}\times 0.4^2=0.1256\text{m}^2$$

根据《桩规》图5.3.3注1的规定，0~6m，取$q_{sik}=15$kPa；

粉质黏性土，取q_{sik}为：$0.025p_{sk}+25$

密实砂土，取q_{sik}为：100kPa

由《桩规》式（5.3.3-1）：

$Q_{uk}=u\Sigma q_{sik}l_i+\alpha p_{sk}A_p=\pi\times 0.4\times[15\times 4+(0.025\times 2.0\times 10^3+25)\times 4+100\times 2]$

$$+0.75 \times 20.5 \times 10^3 \times 0.1256$$
$$=703.36+1931.1=2634.46 \text{kN}$$

【例 6.12.11】 某建筑桩基承台，采用混凝土预制方桩，桩截面尺寸为 400mm×400mm，桩长为 10m，如图 6.12.3 所示，采用双桥静探，探头平均侧阻力 f_{si}、探头阻力 q_c 如图中所注数据。

试问：该单桩竖向极限承载力标准值 Q_{uk} 为多少？

【解答】 根据《桩规》5.3.4 条：

桩端以上 $4d=4 \times 0.4 = 1.6$m，探头阻力加权平均值取为：

$$q_c^{\pm} = \frac{1.1 \times 700 + 0.5 \times 11000}{1.6} = 3918.75 \text{kPa}$$

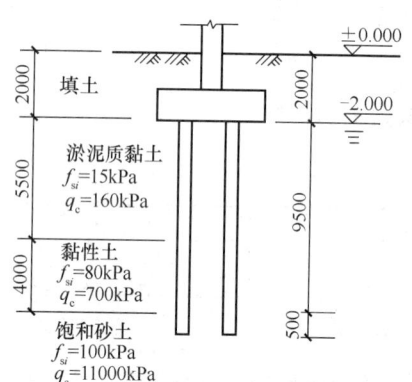

图 6.12.3

桩端以下 $1d = 1 \times 0.4 = 0.4$m，探头阻力取为 11000kPa；

$$q_c = \frac{3918.75 + 11000}{2} = 7459.4 \text{kPa}$$

淤泥质黏土：$\beta_i = 10.04(f_{si})^{-0.55} = 10.04 \times (15)^{-0.55} = 2.264$

黏性土：$\beta_i = 10.04 \times (80)^{-0.55} = 0.902$

饱和砂土：$\beta_i = 5.05 \times (100)^{-0.45} = 0.636$

取 $\alpha = 1/2$，$A_p = 0.4 \times 0.4 = 0.16 \text{m}^2$

$$\begin{aligned} Q_{uk} &= u\Sigma l_i \cdot \beta_i \cdot f_{si} + \alpha \cdot q_c \cdot A_p \\ &= 0.4 \times 4 \times (5.5 \times 2.264 \times 15 + 4 \times 0.902 \times 80 + 0.5 \times 0.636 \times 100) \\ &\quad + \frac{1}{2} \times 7459.4 \times 0.16 \\ &= 811.552 + 596.752 = 1408.3 \text{kN} \end{aligned}$$

2. 经验参数法

- 复习《桩规》5.3.5 条、5.3.6 条。
- 复习《桩规》5.2.2 条。

需注意的是：

(1)《桩规》5.3.5 条表 5.3.5-1 中注 1 的规定，对尚未完成自重固结的填土和以生活垃圾为主的杂填土，不计算其侧阻力。

(2)《桩规》5.3.6 条中，q_{sik} 取值，对于扩底桩的扩大头斜面及变截面以上 $2d$ 长度范围不计侧阻力。

【例 6.12.12】 某柱下桩基承台，采用混凝土预制桩，桩顶标高为 −3.640m，桩长 16.5m，桩径 600mm，桩端进入持力层中砂 1.50m。土层参数如图 6.12.4 所示，地下水位标高为 −3.310m。

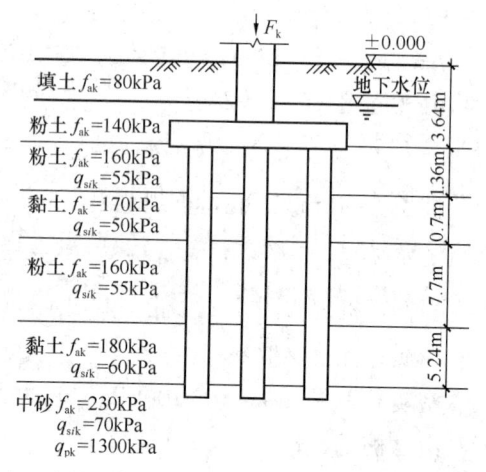

图 6.12.4

试问：

(1) 单桩竖向承载力特征值 R_a（kN），与下列何项数值最为接近？

(A) 1050　　　　(B) 1080　　　　(C) 1100　　　　(D) 1150

(2) 假若桩径变为1000mm，其他条件不变，则单桩竖向承载力特征值 R_a（kN），与下列何项数值最为接近？

(A) 1800　　　　(B) 1850　　　　(C) 1900　　　　(D) 1950

【解答】 (1) 桩径 $d=0.6$m，根据《桩规》5.3.5条：

$$Q_{uk} = u\Sigma q_{sik}l_i + q_{pk}A_p$$

$$= \pi \times 0.6 \times (55 \times 1.36 + 50 \times 0.7 + 55 \times 7.7 + 60 \times 5.24 + 1.5 \times 70) + 1300 \times \frac{\pi}{4} \times 0.6^2$$

$$= 2162.27 \text{kN}$$

根据《桩规》5.2.2条：

$$R_a = \frac{1}{K}Q_{uk} = \frac{1}{2} \times 2162.27 = 1081.1 \text{kN}$$

所以应选（B）项。

(2) 桩径 $D=1.0$m>0.8m，根据《桩规》3.3.1条第3款，属于大直径桩。

根据《桩规》5.3.6条，查表5.3.6-2及注的规定：

粉土、黏性土：$\psi_{si} = \left(\frac{0.8}{d}\right)^{1/5} = \left(\frac{0.8}{1.0}\right)^{1/5} = 0.956$

中砂：$\psi_{si} = \left(\frac{0.8}{d}\right)^{1/3} = \left(\frac{0.8}{1.0}\right)^{1/3} = 0.928$

中砂：$\psi_p = \left(\frac{0.8}{D}\right)^{1/3} = \left(\frac{0.8}{1.0}\right)^{1/3} = 0.928$

由《桩规》规范式（5.3.6）：

$$Q_{uk} = u\Sigma\psi_{si}q_{sik}l_i + \psi_p q_{pk}A_p$$

$$= \pi \times 1.0 \times (0.956 \times 55 \times 1.36 + 0.956 \times 50 \times 0.7 + 0.956 \times 55 \times 7.7 + 0.956 \times 60 \times 5.24 + 0.928 \times 1.5 \times 70) + 0.928 \times 1300 \times \frac{\pi}{4} \times 1^2$$

$$= 3797.65 \text{kN}$$

根据《桩规》5.2.2条：

$$R_a = \frac{1}{K}Q_{uk} = \frac{1}{2} \times 3797.65 = 1898.83 \text{kN}$$

所以应选（C）项。

【例6.12.13】 某多层框架结构，拟采用一柱一桩人工挖孔桩基础ZJ-1，桩身内径 $d=1.0$m，护壁采用振捣密实的混凝土，厚度为150mm，以⑤层硬塑状黏土为桩端持力层，基础剖面及地基土层相关参数见图 6.12.5（图中 E_s 为土的自重压力至土的自重压力与附加压力之和的压力段的压缩模量）。

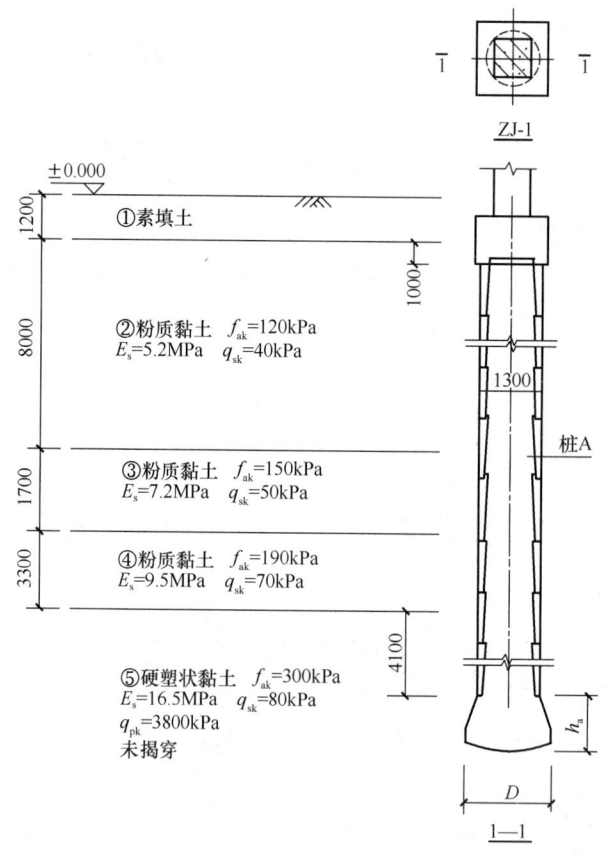

图 6.12.5

提示： 根据《建筑桩基技术规范》作答；粉质黏土可按黏土考虑。

试问：

（1）根据土的物理指标与承载力参数之间的经验关系，确定单桩极限承载力标准值时，该人工挖孔桩能提供的极限桩侧阻力标准值（kN），与下述何项数值最为接近？

提示： 桩周周长按护壁外直径计算。

(A) 2050　　　　(B) 2300　　　　(C) 2650　　　　(D) 3000

（2）假定，桩 A 的桩端扩大头直径 $D=1.6\text{m}$，试问，当根据土的物理指标与承载力参数之间的经验关系，确定单桩极限承载力标准值时，该桩提供的桩端承载力特征值（kN），与下列何项数值最为接近？

(A) 3000　　　　(B) 3200　　　　(C) 3500　　　　(D) 3750

【解答】（1）根据《桩规》5.3.6 条，由提示可知，护壁计入桩身直径。

$$d = 1.0 + 2 \times 0.15 = 1.30\text{m}。$$

$$\psi_{si} = (0.8/d)^{1/5} = 0.907$$

$$Q_{sk} = u\Sigma\psi_{si}q_{sik}l_i$$
$$= \pi \times 1.30 \times 0.907 \times [40 \times 7 + 50 \times 1.7 + 70 \times 3.3 + 80 \times (4.1 - 2 \times 1.3)]$$
$$= 2650.9\text{kN}$$

故选（C）项。

(2) 根据《桩规》5.3.6条：
$$\psi_p = \left(\frac{0.8}{D}\right)^{1/4} = \left(\frac{0.8}{1.6}\right)^{1/4} = 0.841$$

$$Q_{pk} = \psi_p q_{pk} A_p = 0.841 \times 3800 \times \frac{\pi}{4} \times 1.6^2 = 6422.3\text{kN}$$

$$Q_p = \frac{Q_{pk}}{2} = 3211.15\text{kV}$$

故选（B）项。

3. 钢管桩和混凝土空心桩

● 复习《桩规》5.3.7条、5.3.8条。

需注意的是：

(1) 钢管桩，《桩规》5.3.7条规定，对带隔板的半敞口钢管桩，计算 λ_p 时，应用 $d_e = d/\sqrt{n}$ 代替 d 确定，即：

当 $h_b/d_e < 5$ 时，$\lambda_p = 0.16 h_b/d_e$；

当 $h_b/d_e \geq 5$ 时，$\lambda_p = 0.8$。

(2) 敞口预应力混凝土空心桩，由《桩规》5.3.8条规定，根据规范勘误表，计算 λ_p 为：

当 $h_b/d_1 < 5$ 时，$\lambda_p = 0.16 h_b/d_1$；

当 $h_b/d_1 \geq 5$ 时，$\lambda_p = 0.8$。

【例 6.12.14】 某柱下桩基承台，采用半敞口钢管桩，其隔板 $n=2$，外径 $d=0.6\text{m}$，其他条件同【例 6.12.12】。

试问：

(1) 钢管桩单桩承载力特征值 R_a（kN），与下列何项数值最为接近？

(A) 900　　　(B) 1000　　　(C) 1100　　　(D) 1200

(2) 若采用敞口预应力混凝土空心管桩，其外径为600mm，内径为340mm，其他条件不变，该混凝土空心桩单桩承载力特征值 R_a（kN），与下列何项数值最为接近？

(A) 1010　　　(B) 1060　　　(C) 1100　　　(D) 1160

【解答】 (1) 钢管桩，根据《桩规》5.3.7条规定：
$$d_e = d/\sqrt{n} = 0.6/\sqrt{2} = 0.424\text{m}$$
$$h_b/d_e = 1.5/0.424 = 3.538 < 5$$

由规范式（5.3.7-2）：
$$\lambda_p = 0.16 h_b/d_e = 0.16 \times 1.5/0.424 = 0.5660$$

由规范式（5.3.7-1）：

$$Q_{uk} = u\Sigma q_{sik}l_i + \lambda_p q_{pk} A_p$$
$$= \pi \times 0.6 \times (55 \times 1.36 + 50 \times 0.7 + 55 \times 7.7 + 60 \times 5.24 + 1.5 \times 70) + 0.5660$$
$$\times 1300 \times \frac{\pi}{4} \times 0.6^2$$
$$= 1794.89 + 207.94 = 2002.83 \text{kN}$$

根据《桩规》5.2.2条：
$$R_a = \frac{1}{K} Q_{uk} = \frac{1}{2} \times 2002.83 = 1001.415 \text{kN}$$

所以应选（B）项。

(2) 混凝土空心管桩，根据《桩规》5.3.8条：
$$A_j = \frac{\pi}{4}(d^2 - d_1^2) = \frac{\pi}{4} \times (0.6^2 - 0.34^2) = 0.192 \text{m}^2$$
$$A_{p1} = \frac{\pi}{4} d_1^2 = \frac{\pi}{4} \times 0.34^2 = 0.091 \text{m}^2$$

$h_b/d_1 = 1.5/0.34 = 4.41 < 5$，由规范式（5.3.8-2）：
$\lambda_p = 0.16 h_b/d_1 = 0.16 \times 1.5/0.34 = 0.706$

由规范式（5.3.8-1）：
$$Q_{uk} = u\Sigma q_{sik}l_i + q_{pk}(A_j + \lambda_p A_{p1})$$
$$= 3.14 \times 0.6 \times (55 \times 1.36 + 50 \times 0.7 + 55 \times 7.7 + 60 \times 5.24 + 1.5 \times 70) + 1300$$
$$\times (0.192 + 0.706 \times 0.091)$$
$$= 1794.89 + 333.12 = 2128.01 \text{kN}$$

根据《桩规》5.2.2条：
$$R_a = \frac{1}{K} Q_{uk} = \frac{1}{2} \times 2128.01 = 1064.005 \text{kN}$$

所以应选（B）项。

4. 后注浆灌注桩

● 复习《桩规》5.3.10条、5.3.11条。

需注意的是：

(1)《桩规》5.3.10条中 β_{si}、β_p 的取值，当桩径 $d > 800$m 时，应按《桩规》表5.3.6-2进行侧阻、端阻尺寸效应修正；当为干作业钻、挖孔桩时，根据《桩规》表5.3.10条注的规定，应对 β_p 乘以小于1.0 的折减系数。

(2)《桩规》5.3.10条中 l_{gi} 的取值，重叠部分应扣除。

【例6.12.15】 某柱下桩基承台，桩采用泥浆护壁成孔灌注桩，桩径 $d = 0.6$m，并为单一桩端后注浆施工，其他条件同【例6.12.12】。后注浆的 β_{si}、β_p 取规范表中的低值。试问，其单桩竖向承载力特征值 R_a（kN），与下列何项数值最为接近？

(A) 1500　　　　(B) 1700　　　　(C) 1900　　　　(D) 2100

【解答】 (1) 确定后注浆侧阻力增强系数 β_{si}、端阻力增强系数 β_p，由规范表5.3.10取低值：

粉土，$\beta_{si}=1.4$；

黏土，$\beta_{si}=1.4$；

中砂，$\beta_{si}=1.7$，$\beta_p=2.6$；

桩径 $d=0.6m<0.8m$，不计侧阻和端阻尺寸效应修正；泥浆护壁成孔灌注桩，不计端阻力 β_p 的折减。

(2) l_{gi} 取值，单一桩端后注浆，取 $l_{gi}=12m$（桩端以上 12m），非竖向增强段 $l_j=16.5-12=4.5m$。

(3) 确定 Q_{uk}、R_a，由规范式（5.3.10）

$$\begin{aligned}Q_{uk}&=u\Sigma q_{sik}l_j+u\Sigma\beta_{si}q_{sik}l_i+\beta_p q_{pk}A_p\\&=3.14\times0.6\times(55\times1.36+50\times0.7+55\times2.44)+3.14\times0.6\times(1.4\times55\times\\&\quad5.26+1.4\times60\times5.24+1.7\times70\times1.5)+2.6\times1300\times\frac{\pi}{4}\times0.6^2\\&=459.70+1928.61+955.19=3343.5kN\end{aligned}$$

由《桩规》5.2.2 条：

$$R_a=\frac{1}{K}Q_{uk}=\frac{1}{2}\times3343.5=1671.8kN$$

所以应选（B）项。

5. 液化效应单桩竖向承载力

● 复习《桩规》5.3.12 条。

土层液化影响折减系数 ψ_c 值，与《建筑抗震设计规范》表 4.4.3 是一致的。

【例 6.12.16】某建筑物地基基础设计等级为乙级，柱下桩基采用预应力高强度混凝土管桩（PHC桩），桩外径 400mm，壁厚 95mm，桩尖为敞口形式。有关地基各土层分布及地下水位情况，如图 6.12.6 所示。该工程场地位于抗震设防烈度为 7 度（0.15g），设计地震分组为第一组。对细中砂层进行标贯试验，土层厚度中心 A 点、B 点、C 点的标准贯入锤击数实测值 N_i 分别为 5、9、12。

试问：在水平地震作用下，单桩竖向极限承载力标准值（kN），与下列何项数值最为接近？

(A) 1900　　　　(B) 1950

(C) 2050　　　　(D) 2150

【解答】根据《抗规》4.3.4 条：

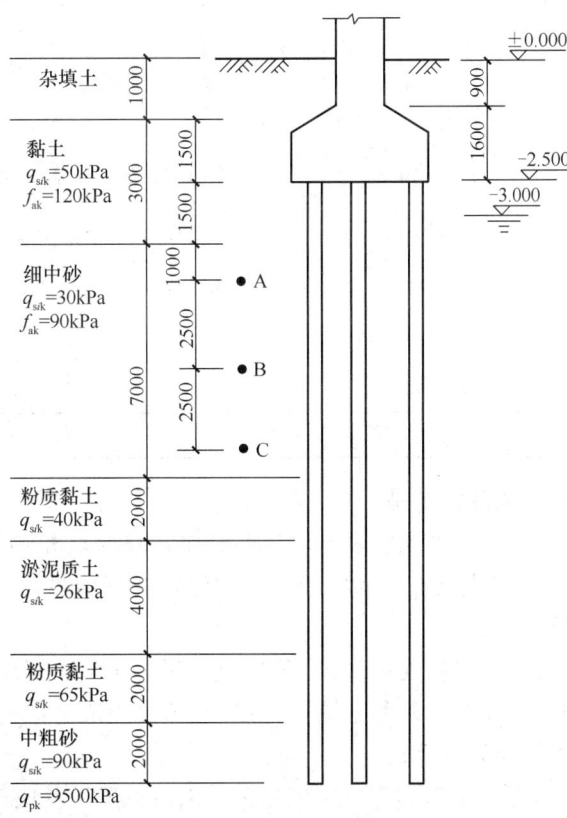

图 6.12.6

7度（0.15g），查《抗规》表4.3.4，取 $N_0=10$，设计地震第一组取 $\beta=0.80$

由图可知，$d_w=3.0\text{m}$；饱和砂土，取 $\rho_c=3$

A点：$N_{cr} = N_0\beta[\ln(0.6d_s+1.5)-0.1d_w]\sqrt{3/\rho_c}$

$\qquad = 10\times 0.80\times[\ln(0.6\times 5+1.5)-0.1\times 3]\times\sqrt{3/3}=9.63$

$\qquad \lambda=\dfrac{N}{N_{cr}}=\dfrac{5}{9.63}=0.52<0.6$，查《桩规》表5.3.12，取 $\psi_l=0$

B点：$N_{cr}=10\times 0.80\times[\ln(0.6\times 7.5+1.5)-0.1\times 3]\times\sqrt{3/3}=11.93$

$\qquad \lambda=\dfrac{N}{N_{cr}}=\dfrac{9}{11.93}=0.75$，查《桩规》表5.3.12，取 $\psi_l=1/3$

C点：$N_{cr}=10\times 0.80\times[\ln(0.6\times 10+1.5)-0.1\times 3]\times\sqrt{3/3}=13.72$

$\qquad \lambda=\dfrac{N}{N_{cr}}=\dfrac{12}{13.72}=0.87$，查《桩规》表5.3.12，$-9\text{m}\sim-10\text{m}$，取 $\psi_l=2/3$；

$-10\text{m}\sim-11\text{m}$，取 $\psi_l=1.0$

桩径 $d=0.4\text{m}$，根据《桩规》5.3.8条、5.3.12条：

$\qquad d_1=0.4-2\times 0.095=0.21\text{m}, h_b=2\text{m}, h_b/d_1=9.5>5,\text{取}\lambda_p=0.8$

$A_j=\dfrac{\pi}{4}(0.4^2-0.21^2)=0.091\text{m}^2, A_{pl}=\dfrac{\pi}{4}\times 0.21^2=0.035\text{m}^2$

$Q_{uk}=u\Sigma q_{sik}l_i+q_{pk}(A_j+\lambda_p A_{pl})$

$\quad =\pi\times 0.4\times[50\times 1.5+30\times 2.25\times 0.0+30\times 2.5\times 1/3+30\times 1.25\times 2/3$

$\quad\quad +30\times 1\times 1.0+40\times 2+26\times 4+65\times 2+90\times 2]+9500\times(0.091+0.8\times 0.035)$

$\quad =815.14+1130.5=1945.64\text{kN}$

所以应选（B）项。

6. 嵌岩桩

● 复习《桩规》5.3.9条。

需注意的是：

(1)《桩规》表5.3.9中桩嵌岩段侧阻和端阻综合系数 ζ_r 适用于泥浆护壁成桩；当为干作业成桩（清底干净）和泥浆护壁成桩后注浆时，ζ_r 值应取表5.3.9中数值的1.2倍。

(2)《桩规》5.3.9条的条文说明中，嵌岩桩极限承载力是由桩周土总阻力 Q_{sk}、嵌岩段总侧阻力 Q_{rk} 和总端阻力 Q_{pk} 三部分组成。同时，指出规范式（5.3.9-3）：$Q_{rk}=\zeta_r f_{rk} A_p$ 为简化计算公式。

【**例6.12.17**】某嵌岩桩，采用泥浆护壁成桩。桩长17.5m，桩径600mm，进入较完整的中风化斜长片麻岩1.2m。桩的岩土层性质状况为：粉质黏土厚度6.03m，$q_{sik}=$

60kPa；残积土厚度 2.8m，$q_{sik}=80$kPa；全风化斜长片麻岩厚度 0.9m，$q_{sik}=90$kPa；强风化斜长片麻岩厚度 6.57m，$q_{sik}=170$kPa，$q_{pk}=2100$kPa；中风化斜长片麻岩 1.2m，$q_{sik}=200$kPa，$f_{rk}=10800$kPa。试问，该嵌岩桩单桩竖向承载力特征值 R_a（kN），与下列何项数值最为接近？

(A) 3500　　　　(B) 3600　　　　(C) 3700　　　　(D) 3800

【解答】 $h_r/d=1.2/0.6=2.0$，$f_{rk}=10800$kPa$=10.8$MPa<15MPa，属于软岩，查《桩规》表 5.3.9，取 $\zeta_r=1.18$。

泥浆护壁成桩，故 $\zeta_r=1.18$
由规范式（5.3.9-1）：

$$Q_{uk}=Q_{sk}+Q_{rk}=u\Sigma q_{sik}l_i+\zeta_r f_{rk}A_p$$
$$=3.14\times0.6\times(6.03\times60+2.8\times80+0.9\times90$$
$$+6.57\times170)+1.18\times10800\times\frac{\pi}{4}\times0.6^2$$
$$=3360.49+3601.45=6962\ kN$$

由《桩规》5.2.2 条：

$$R_a=\frac{1}{K}Q_{uk}=\frac{1}{2}\times6962=3481kN$$

所以应选（A）项。

7. 复合基桩竖向承载力特征值 R

● 复习《桩规》5.2.3 条、5.2.4 条、5.2.5 条。

需注意的是：

（1）不考虑承台效应，取 $\eta_c=0.0$ 的情况有两类：第一类是《桩规》5.2.3 条中的情况；第二类是《桩规》5.2.5 条中当承台底为可液化土、湿陷性土、高灵敏度软土、欠固结土、新填土、沉桩引起超孔隙水压力和土体隆起的情况。

（2）承台计算域面积 A，《桩规》5.2.5 条的条文说明作了如下规定：

> 5.2.5（条文说明）
> 关于承台计算域 A、基桩对应的承台面积 A_c 和承台效应系数 η_c，具体规定如下：
> 1）柱下独立桩基：A 为全承台面积。
> 2）桩筏、桩箱基础：按柱、墙侧 1/2 跨距，悬臂边取 2.5 倍板厚处确定计算域，桩距、桩径、桩长不同，采用上式分区计算，或取平均 s_a、B_c/l 计算 η_c。
> 3）桩集中布置于墙下的剪力墙高层建筑桩筏基础：计算域自墙两边外扩各 1/2 跨距，对于悬臂板自墙边外扩 2.5 倍板厚，按条基计算 η_c。
> 4）对于按变刚度调平原则布桩的核心筒外围平板式和梁板式筏形承台复合桩基：计算域为自柱侧 1/2 跨，悬臂板边取 2.5 倍板厚处围成。

（3）《桩规》表 5.2.5 中注 1、2、3、4、5 的规定。

【例 6.12.18】 某柱下矩形桩基承台，承台尺寸及桩位如图 6.12.7 所示，采用混凝

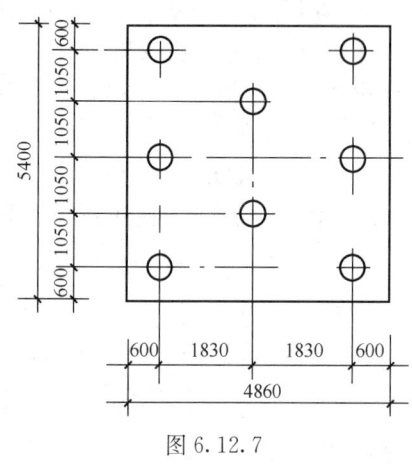

图 6.12.7

土预制桩,桩径 600mm,其他条件(含土层参数)同例 6.12.12。经计算知,单桩竖向承载力特征值 $R_a=1081.1$kN。承台效应系数 η_c 查表时取低值。

试问:

(1) 其复合基桩竖向承载力特征值 R（kN）为多少?

(2) 若该桩基处于抗震设防区,其复合基桩竖向承载力特征值 R（kN）为多少?

【解答】(1) 不考虑地震作用

根据《桩规》表 5.2.5 注 1 的规定:

$$S_a=\sqrt{A/n}=\sqrt{5.4\times 4.86/8}=1.811\text{m}$$

$S_a/d=1.811/0.6=3.02$；$B_c/l=4.86/16.5=0.2945$

查《桩规》表 5.2.5,取低值,故 $\eta_c=0.06$

由《桩规》5.2.5 条对 f_{ak} 的规定:$B_c/2=4.86/2=2.43$m

$$f_{ak}=\frac{1.36\times 160+0.7\times 170+(2.43-1.36-0.7)\times 160}{2.43}=162.88\text{kPa}$$

由规范式 (5.2.5-3)、式 (5.2.5-1):

$$A_c=(A-nA_{ps})/n=(5.4\times 4.86-8\times \pi \times 0.3^2)/8=2.998\text{m}^2$$

$$R=R_a+\eta_c f_{ak} A_c$$
$$=1081.1+0.06\times 162.88\times 2.998=1110.40\text{kN}$$

(2) 考虑地震作用

由场地土层参数知,$150\text{kPa}<f_{ak}<300\text{kPa}$,粉土、黏土,查《建筑抗震设计规范》表 4.2.3,取 $\zeta_a=1.3$。

由《桩规》式 (5.2.5-2):

$$R=R_a+\frac{\zeta_a}{1.25}\eta_c f_{ak} A_c=1081.1+\frac{1.3}{1.25}\times 0.06\times 162.88\times 2.998=1111.57\text{kN}$$

五、桩顶作用效应和桩基竖向承载力计算

- 复习《桩规》5.1.1 条、5.1.2 条、5.1.3 条。
- 复习《桩规》5.2.1 条。

【例 6.12.19】某扩建工程的边柱紧邻既有地下结构,抗震设防烈度为 8 度,设计基本地震加速度值为 0.3g,设计地震分组第一组,基础采用直径 800mm 泥浆护壁旋挖成孔灌注桩,图 6.12.8 为某边柱等边三桩承台基础图,柱截面尺寸为 500mm×1000mm,基础及以上土体的加权平均重度为 20kN/m³。地震作用与荷载的标准组合时,上部结构柱作用于基础顶面的竖向力 $F=6000$kN,力矩 $M=1500$kN·m,水平力为 800kN。

试问：作用于桩 1 的竖向力（kN）最接近于下列何项数值？

提示：① 承台平面形心与三桩形心重合；
② 等边三角形承台的平面面积为 $10.6m^2$。

(A) 570　　　　(B) 2100
(C) 2900　　　(D) 3500

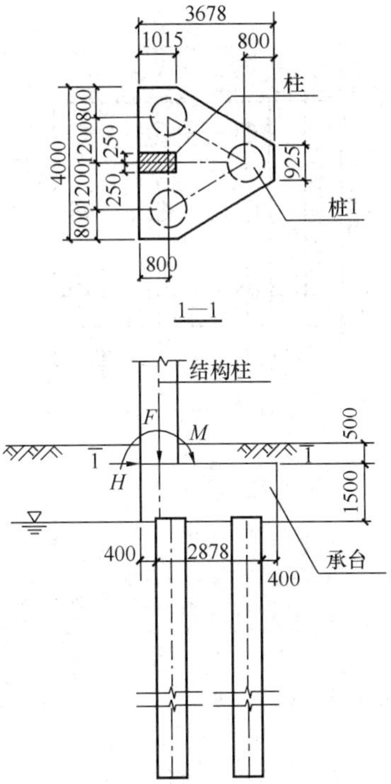

【解答】 将基础顶部的作用换算为作用于基础底部形心的作用：

竖向力 $= 6000 + 10.6 \times 2 \times 20 = 6424$ kN

力矩 $= 1500 + 800 \times 1.5 - 6000$
$\times \left[\left(0.8 - \dfrac{1.0}{2}\right) + \dfrac{1}{3} \times 1.2\tan60° \right]$
$= -3256.2$ kN

根据《桩规》5.1.1 条及式（5.1.1-2）：

$$N_1 = \dfrac{6424}{3} - \dfrac{3256.2 \times \left(\dfrac{2}{3} \times 1.2\tan60°\right)}{\left(\dfrac{2}{3} \times 1.2\tan60°\right)^2 + 2 \times \left(\dfrac{1}{3} \times 1.2\tan60°\right)^2}$$

$= 574.7$ kN

图 6.12.8

所以应选（A）项。

六、特殊条件下桩基竖向承载力验算

1. 软弱下卧层验算

● 复习《桩规》5.4.1 条。

需注意的是：

(1) f_{az} 的计算，其修正深度 z 是从承台底部计算至软弱土层顶面，深度修正系数取 1.0，《桩规》5.4.1 条条文说明中第 4) 款作了此规定。

(2)《桩规》5.4.1 的图 5.4.1 中硬持力层厚度 t，《桩规》3.3.3 条第 5 款规定，$t \geqslant 3d$（d 为桩径）。

【例 6.12.20】 某建筑群桩基础采用灌注桩，桩径 $d = 400$mm 的平面、剖面和地基土层分布情况如图 6.12.9 所示。桩基承台顶面相应于荷载的标准组合的竖向力 $F_k = 3600$kN，桩基承台和承台上土自重 $G_k = 480$kN。地下水位以上 1.0m 范围内淤泥质土 $\gamma = 17.5$kN/m³。土的饱和重度按天然重度采用。

试问：验算桩基桩端软弱下卧层的承载力是否满足。

【解答】（1）确定 σ_z，由《桩规》5.4.1 条：

$A_0 = B_0 = 1.6 + 1.6 + 0.2 + 0.2 = 3.60$m

$t = 2.0$m，$t/B_0 = 2.0/3.60 = 0.56 > 0.50$

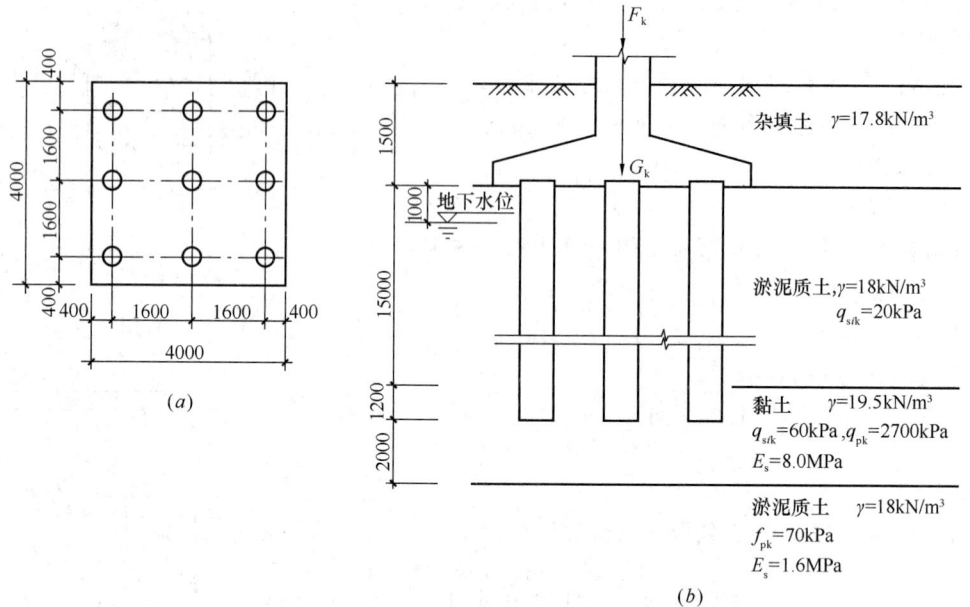

图 6.12.9
(a) 平面图；(b) 剖面图

$E_{s1}/E_{s2}=8/1.6=5$，查《桩规》表 5.4.1，取 $\theta=25°$

$$\Sigma q_{sik}l_i = 20\times15+60\times1.2=372\text{kN/m}$$

由《桩规》式（5.4.1-2）：

$$\sigma_z = \frac{(F_k+G_k)-\frac{3}{2}(A_0+B_0)\cdot \Sigma q_{sik}l_i}{(A_0+2t\cdot\tan\theta)\cdot(B_0+2t\cdot\tan\theta)}$$

$$=\frac{(3600+480)-\frac{3}{2}\times(3.6+3.6)\times372}{(3.6+2\times2\times\tan25°)\times(3.6+2\times2\times\tan25°)}$$

$$=\frac{4080-4017.6}{5.465\times5.465}=2.09\text{kPa}$$

(2) 确定 $\gamma_m z$ 值

$$\gamma_m = \frac{1.0\times18+(15-1)\times(18-10)+3.2\times(19.5-10)}{1.0+14+3.2}=\frac{159.9}{18.2}$$

$$=8.81\text{kN/m}^3$$

$$\gamma_m z = 8.81\times(15+1.2+2)=160.4\text{kPa}$$

(3) 确定 f_{az}

取 $d=z=15+3.2=18.2\text{m}$

$$f_{az} = f_{ak} + \eta_d \gamma_m (d - 0.5) = 70 + 1.0 \times 8.81 \times (18.2 - 0.5)$$
$$= 225.9 \text{kPa}$$

(4) 验算软弱下卧层，由规范式 (5.4.1-1)：

$$\sigma_z + \gamma_m z = 2.09 + 160.4 = 162.5 \text{kPa} < f_{az} = 225.9 \text{kPa}, 满足$$

思考：假定，承台下 15.0m 范围为粉土，$\gamma = 19 \text{kN/m}^3$，$q_{sik} = 50 \text{kPa}$，其他条件不变，重新验算下卧层承载力是否满足。

首先确定 $\Sigma q_{sik} l_i$：

$$\Sigma q_{sik} l_i = 50 \times 15 + 60 \times 1.2 = 822 \text{kN/m}$$

$$\sigma_z = \frac{(F_k + G_k) - \frac{3}{2}(A_0 + B_0) \cdot \Sigma q_{sik} l_i}{(A_0 + 2t \cdot \tan\theta) \cdot (B_0 + 2t \cdot \tan\theta)}$$

$$= \frac{(3600 + 480) - \frac{3}{2} \times (3.6 + 3.6) \times 822}{(3.6 + 2 \times 2 \times \tan 25°) \times (3.6 + 2 \times 2 \times \tan 25°)}$$

$$= \frac{4080 - 8877.6}{5.465 \times 5.465} = -160.64 \text{kPa} < 0.0$$

所以取 $\sigma_z = 0.0$。

$$\gamma_m = \frac{1 \times 19 + (15-1) \times (19-10) + 3.2 \times (19.5-10)}{1.0 + 14 + 3.2}$$

$$= \frac{175.4}{18.2} = 9.64 \text{kN/m}^3$$

$$\gamma_m z = 9.64 \times (15 + 1.2 + 2) = 175.4 \text{kPa}$$

$$f_{az} = f_{ak} + \eta_d \gamma_m (d - 0.5) = 70 + 1.0 \times 9.64 \times (18.2 - 0.5)$$

$$= 240.6 \text{kPa} > \sigma_z + \gamma_m z = 175.4 \text{kPa}, 满足$$

2. 负摩阻力计算

桩负摩阻力的定义，《桩规》2.1.12 条规定：

> **2.1.12 负摩擦阻力**
> 桩周土由于自重固结、湿陷、地面荷载作用等原因而产生大于基桩的沉降所引起的对桩表面的向下摩阻力。

可见，负摩阻力产生的条件是：基桩周围的土体下沉量大于基桩的沉降量。

如图 6.12.10 (a) 所示，单桩桩身穿过欠固结土层而达到坚实土层。在图 6.12.10 (b) 中，曲线 1 表示土层不同深度处的位移，曲线 2 为桩的截面位移曲线，曲线 1 和曲线 2 之间的位移差（图中画上横线部分）为桩土之间的相对位移，曲线 1 和曲线 2 的交点（O_1 点）为桩土之间不产生相对位移的截面位置，称为中性点。图 6.12.10 (c)、(d) 分别为桩侧摩阻力和桩身轴力曲线，其中 Q_g^n 为负摩阻力的累计值（又称为下拉荷载）；Q_s

为中性点以下正摩阻力的累计值。中性点是摩阻力、桩土之间的相对位移和桩身轴力沿桩身变化的特征点。从图中可知，在中性点 O_1 点之上，土层产生相对于桩身的向下位移，出现负摩阻力 q_{si}^n，桩身轴力随深度递增；在中性点 O_1 点之下的土层相对向上位移，因而在桩侧产生正摩阻力 q_{si}，桩身轴力随深度递减。在中性点处桩身轴力达到最大值（$N_k+Q_g^n$），而桩端总阻力则等于 $N_k+Q_g^n-Q_s$。可见，桩侧负摩阻力的发生，将使桩侧土的部分重力和地面荷载通过负摩阻力传递给桩。

由于桩侧负摩阻力是由桩周土层的固结沉降引起的，因此负摩阻力的产生和发展要经历一定的时间过程，因此中性点的位置、摩阻力以及桩身轴力都将随时间而有所变化。

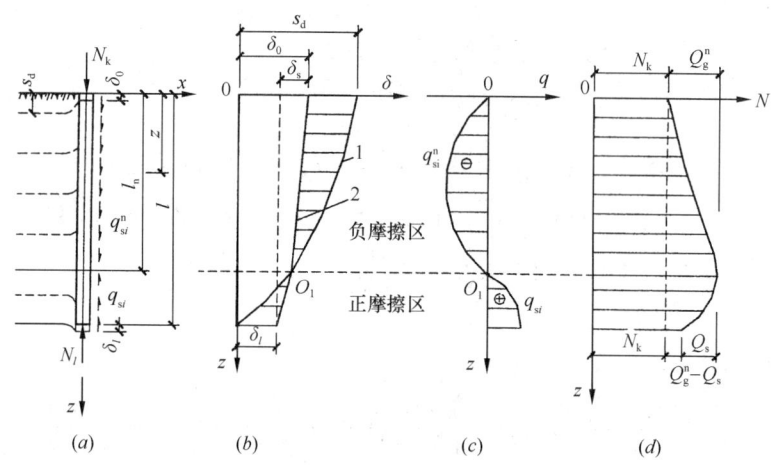

图 6.12.10 单桩在产生负摩阻力时的荷载传递
(a) 单桩；(b) 位移曲线；(c) 桩侧摩阻力分布曲线；(d) 桩身轴力分布曲线
1—土层竖向位移曲线；2—桩的截面位移曲线
δ_l—桩尖处桩下沉量；δ_s—桩身压缩量；s_d—地面处土层下沉量。

● 复习《桩规》5.4.2 条～5.4.4 条。

需注意的是：

(1)《桩规》5.4.3 条注的规定。

(2)《桩规》5.4.4 条中 q_{si}^n 的计算及取值规定，该条条文说明第 1 款指出，当计算负摩阻力 q_{si}^n 超过极限侧摩阻力时，取极限侧摩阻力值。

《桩规》5.4.4 条条文说明第 2 款指出，中性点截面桩身的轴力最大。

【例 6.12.21】某端承桩，采用泥浆护壁灌注桩，桩径 1.0m，桩长 16m，桩周土性参数如图 6.12.11 所示，地面大面积堆载 $p=70$kPa。试问，由于负摩阻力产生的下拉荷载值 Q_g^n（kN）为多少？黏土 $\xi_n=0.25$；粉土 $\xi_n=0.30$。土的饱和重度按天然重度采用。

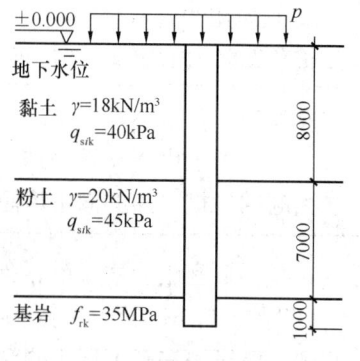

图 6.12.11

【解答】 (1) 中性点深度 l_n

查《桩规》表5.4.4-2，取 $l_n/l_0 = 1.0$
$$l_n = 1.0 l_0 = 1.0 \times (8+7) = 15\text{m}$$

(2) 确定 q_{si}^n

由《桩规》5.4.4 条第1款规定：

$$\sigma'_1 = p + \sigma'_{ri} = 70 + \frac{1}{2}\gamma_1 \Delta z_1$$

$$= 70 + \frac{1}{2} \times (18-10) \times 8 = 102\text{kPa}$$

$$\sigma'_2 = p + \sum_{e=1}^{i-1} \gamma_e \Delta z_e + \frac{1}{2} \gamma_i \Delta z_i$$

$$= 70 + (18-10) \times 8 + \frac{1}{2} \times (20-10) \times 7$$

$$= 169\text{kPa}$$

由规范式（5.4.4-1）：

$$q_{s1}^n = \xi_{n1} \sigma'_1 = 0.25 \times 102 = 25.5\text{kPa} < q_{s1k} = 40\text{kPa}$$

$$q_{s2}^n = \xi_{n2} \sigma'_2 = 0.30 \times 169 = 50.7\text{kPa} > q_{s2k} = 45\text{kPa}，故取 q_{si}^n = 45\text{kPa}$$

由规范式（5.4.4-3），取 $\eta_n = 1.0$（单桩基础）：

$$Q_n^g = \eta_n \cdot u \sum_{i=1}^{n} q_{si}^n l_i = 1.0 \times 3.14 \times 1.0 \times (25.5 \times 8 + 45 \times 7)$$

$$= 1629.66\text{kN}$$

【例 6.12.22】 某柱下独立桩基承台，修建在新近填土地基上，如图 6.12.12 所示。采用直径 0.45m 的预应力混凝土管桩，桩长为 8.5m，地下水位为 -2.000m。填土 ξ_n 为 0.20，黏性土 ξ_n 为 0.30。

试问：当考虑群桩效应时，该承台桩群内部桩由于填土沉降引起的桩侧负摩阻力所产生的基桩的下拉荷载值（kN），与下列何项数值最为接近？

(A) 80　　　　　(B) 90　　　　　(C) 110　　　　　(D) 130

【解答】 确定中性点位置，根据《桩规》表 5.4.4-2，取 $l_n/l_0 = 0.9$

$$l_n = 0.9 l_0 = 0.9 \times 8 = 7.2\text{m}$$

根据《桩规》5.4.4 条，群桩内部桩自承台底计算 σ'_{ri}：

新近填土：$\sigma'_1 = \sigma'_{r1} = \sum_{e=1}^{i-1} \gamma_e \Delta z_e + \frac{1}{2}\gamma_i \Delta z_i = 0 + \frac{1}{2} \times (19-10) \times 4 = 18\text{kPa}$

$$q_{s1}^n = \xi_{n1} \sigma'_1 = 0.20 \times 18 = 3.6\text{kPa} < 25\text{kPa}，取 q_{s1}^n = 3.6\text{kPa}$$

黏性土：$\sigma'_2 = (19-10) \times 4 + \frac{1}{2} \times (19.5-10) \times (7.2-4) = 51.2\text{kPa}$

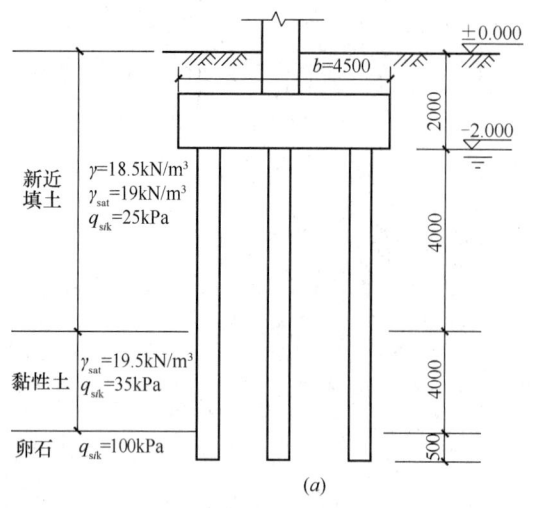
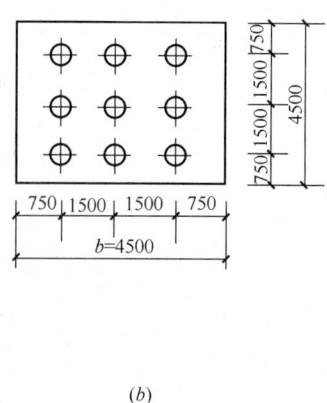

图 6.12.12

$$q_{s2}^n = \xi_{n2}\sigma_2' = 0.30 \times 51.2 = 15.36\text{kPa} < 35\text{kPa},\text{取 } q_{s2}^n = 15.36\text{kPa}$$

确定 η_n，由《桩规》5.4.4 条第 2 款：

$$q_s^n = \frac{3.6 \times 4 + 15.36 \times 3.2}{7.2} = 8.83\text{kPa}$$

$$\gamma_m = \frac{(19-10) \times 4 + (19.5-10) \times 3.2}{7.2} = 9.22\text{kN/m}^3$$

$$s_{ax} = s_{ay} = 1.5\text{m}$$

$$\eta_n = s_{ax} \cdot s_{ay} \Big/ \Big[\pi d\Big(\frac{q_s^n}{\gamma_m} + \frac{d}{4}\Big)\Big]$$

$$= 1.5 \times 1.5 \Big/ \Big[\pi \times 0.45 \times \Big(\frac{8.83}{9.22} + \frac{0.45}{4}\Big)\Big] = 1.49 > 1.0$$

故取 $\eta_n = 1.0$，由《桩规》规范式 (5.4.4-3)：

$$Q_g^n = \eta_n \cdot u \sum_{i=1}^n q_{sik}^n l_i$$

$$= 1.0 \times \pi \times 0.45 \times (3.6 \times 4 + 15.36 \times 3.2) = 89.8\text{kN}$$

所以应选（B）项。

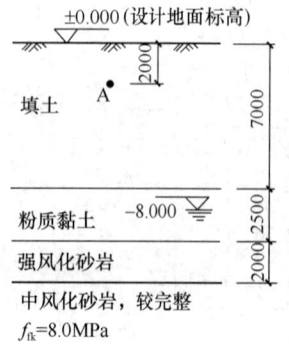

图 6.12.13

【例 6.12.23】 某山区工程，场平设计地面标高±0.000m 比现状地面高 7m，需进行大面积填土回填至场平设计地面标高，如图 6.12.13 所示。填土上建单层仓库，其柱基拟用一柱一桩的混凝土灌注桩，桩直径 800mm，桩顶标高 −2.000m，以中风化层为持力层，桩嵌入持力层 1200mm。

假定，桩基础周围存在 20kPa 的大面积堆载，新近填土重度为 18kN/m³。负摩阻力系数 $\xi_{n1} = 0.35$，正摩阻力标准值 $q_{sik} = 40$kPa。试问，依据《建筑桩基技术规范》，估算单桩在填土层中承受的负摩阻力产生的下拉荷载标准值 Q_{gk}^n，与何项数值最为接近?

(A) 300　　　　　(B) 350　　　　　(C) 450　　　　　(D) 500

【解答】 根据《桩规》5.4.4 条:

填土层:$\sigma'_i = 20 + 18 \times 2 + \frac{1}{2} \times 18 \times 5$

$= 101 \text{kPa}$

$q_{si}^n = 0.35 \times 101 = 35.35 \text{kPa} < 40 \text{kPa}$

取 $q_{si}^n = 35.35 \text{kPa}$

$Q_g^n = \pi \times 0.8 \times 35.35 \times 5 = 444 \text{kPa}$

故选(C)项。

【例 6.12.24】 某城市新区拟建一栋 5 层教学楼,建设场地地势较低,自然地面绝对标高为 3.000m,根据规划地面设计标高要求,整个建设场地需大面积填土 2m。地基土层剖面如图 6.12.14 所示,地下水位在自然地面下 2m,填土的重度为 18kN/m^3,填土区域的平面尺寸远远大于地基压缩层厚度。

该教学楼采用钻孔灌注桩基础,桩顶绝对标高 3.000m,桩端持力层为中风化砂岩,按嵌岩桩设计。根据项目建设的总体部署,工程桩和主体结构完成后进行填土施工,桩基设计需考虑桩侧土的负摩阻力影响,中性点位于粉质黏土层,为安全计,取中风化砂岩顶面深度为中性点深度。假定,淤泥层的桩侧正摩阻力标准值为 12kPa,负摩阻力系数为 0.15。

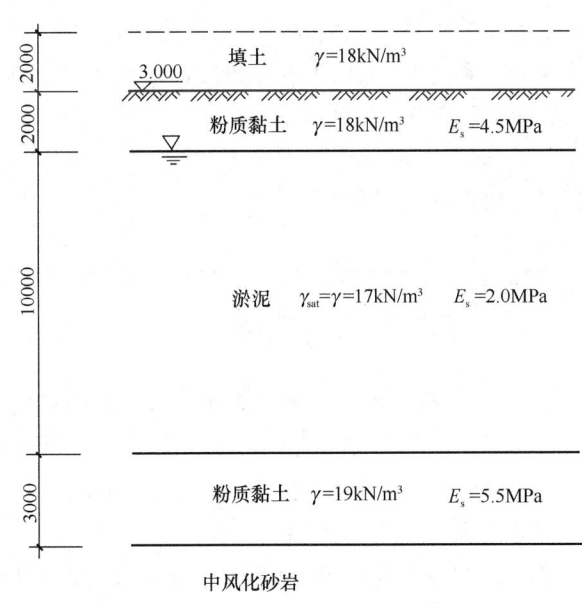

图 6.12.14

试问:

(1) 根据《建筑桩基技术规范》,淤泥层的桩侧负摩阻力标准值 q_s^n (kPa) 取下列何项数值最为合理?

(A) 10　　　　　(B) 12　　　　　(C) 16　　　　　(D) 23

(2) 为安全计,取中风化砂岩顶面深度为中性点深度。根据《建筑桩基技术规范》、《建筑地基基础设计规范》和地质报告对某柱下桩基进行设计,荷载的标准组合时,结构柱作用于承台顶面中心的竖向力为5500kN,钻孔灌注桩直径800mm,经计算,考虑负摩阻力作用时,中性点以上土层由负摩阻力引起的下拉荷载标准值为350kN,负摩阻力群桩效应系数取1.0。该工程对三根试桩进行了竖向抗压静载荷试验,试验结果见表6.12.1。试问,不考虑承台及其上土的重量,根据计算和静载荷试验结果,该柱下基础的布桩数量(根)取下列何项数值最为合理?

(A) 1 (B) 2 (C) 3 (D) 4

表 6.12.1

编号	桩周土极限侧阻力(kN)	嵌岩段总极限阻力(kN)	单桩竖向极限承载力(kN)
试桩1	1700	4800	6500
试桩2	1600	4600	6200
试桩3	1800	4900	6700

【解答】 (1) 根据《桩规》5.4.4条:

$$q_{si}^n = \xi_{ni}\sigma_i' = 0.15 \times \left(18 \times 2 + 18 \times 2 + \frac{1}{2} \times (17-10) \times 10\right) = 16.1\text{kPa} > 12\text{kPa}$$

故取12kPa,应选(B)项。

(2) 根据《地规》附录Q.0.10第6款,假定该柱下桩数≤3,对桩数为三根及三根以下的柱下承台,取最小值作为单桩竖向极限承载力。考虑长期负摩阻力的影响,只考虑嵌岩段的总极限阻力即4600kN,中性点以下的单桩竖向承载力特征值为2300kN。

根据《桩规》5.4.3条第2款及式(5.4.3-2):

$5500 \leq (2300-350) \times n, n \geq 2.8$

取3根,与假定相符,故选(C)项。

3. 抗拔桩基承载力验算

● 复习《桩规》5.4.5条~5.4.8条。

需注意的是:

(1)《桩规》5.4.5条、5.4.6条对《桩规》表5.4.6-1扩底桩破坏表面周长u_i的取值,规范5.4.6条的条文说明中指出,桩底以上长度约4~10d范围内,破坏桩体直径增大至扩底直径D;超过该范围以上部分,破裂面缩小至桩土界面。

(2)《桩规》表5.4.6-1、表5.4.6-2中注的规定。

(3)《桩规》5.4.7条中计算T_{gk}、T_{uk}时,应取标准冻深线以下桩长l_i进行计算。

(4)《桩规》5.4.8条中计算T_{gk}、T_{uk}时,应取大气影响急剧层下稳定土层的桩长l_i进行计算。

【例6.12.25】 某柱下桩基承台,桩长11.5m,桩径600mm,桩端进入中砂层1.5m。桩基承台及土层分布如图6.12.15所示,地下水位-1.000。基桩拔力N_k=400kN。

试问:

(1) 群桩呈非整体破坏时,验算基桩的抗拔承载力。

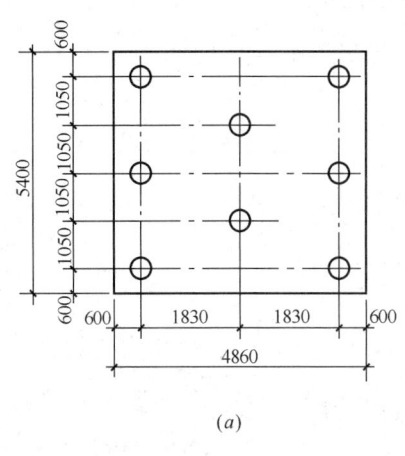
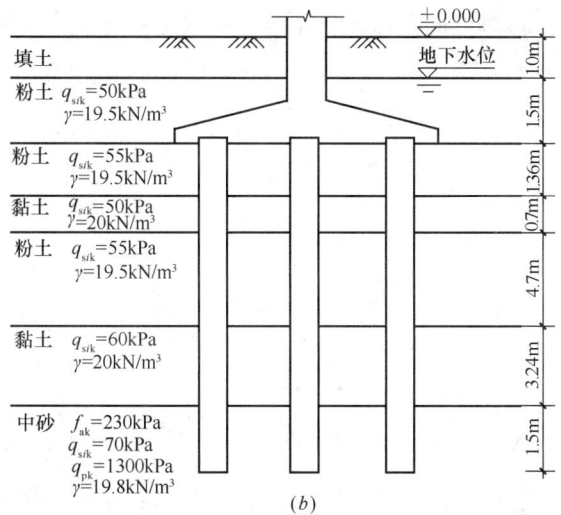

图 6.12.15

(2) 群桩呈整体破坏时，验算基桩的抗拔承载力。

【解答】 (1) 群桩呈非整体破坏时

$l/d=11.5/0.6=19.17<20$，查《桩规》表 5.4.6-2 及注的规定：

砂土，$\lambda=0.50$；粉土，$\lambda=0.70$

黏土，$\lambda=0.70$

由《桩规》式 (5.4.6-1)：

$$\begin{aligned} T_{uk} &= \Sigma \lambda_i q_{sik} u_i l_i \\ &= 3.14 \times 0.6 \times (0.70 \times 55 \times 1.36 + 0.70 \times 50 \times 0.7 + 0.70 \times 55 \\ &\quad \times 4.7 + 0.70 \times 60 \times 3.24 + 0.50 \times 70 \times 1.5) \\ &= 841 \text{kN} \end{aligned}$$

由《桩规》5.4.5 条规定，确定 G_p 值：

$$G_p = \frac{\pi}{4} \times 0.6^2 \times (25-10) \times 11.5 = 48.75 \text{kN}$$

$$N_k = 400 \text{kN} < \frac{T_{uk}}{2} + G_p = \frac{841}{2} + 48.75 = 469.3 \text{kN}，满足$$

(2) 群桩呈整体破坏时

根据《桩规》5.4.6 条第 2 款规定，确定 u_l 值：

$$A_0 = 1.05 \times 4 + 0.6 = 4.8 \text{m}, B_0 = 1.83 \times 2 + 0.6 = 4.26 \text{m}$$
$$u_l = 2 \times (A_0 + B_0) = 2 \times (4.8 + 4.26) = 18.12 \text{m}$$

由规范式 (5.4.6-2)：

$$\begin{aligned} T_{gk} &= \frac{1}{n} u_l \Sigma \lambda_i q_{sik} l_i \\ &= \frac{1}{8} \times 18.12 \times (0.70 \times 55 \times 1.36 + 0.70 \times 50 \times 0.7 + 0.70 \times 55 \times 4.7 \\ &\quad + 0.70 \times 60 \times 3.24 + 0.50 \times 70 \times 1.5) \\ &= 1011.1 \text{kN} \end{aligned}$$

确定 G_{gp} 值，G_{gp} 由土重量 G_t 和桩重量 G_z 组成。

桩群桩间土面积：$A_t = 4.8 \times 4.26 - 8 \times \dfrac{\pi}{4} \times 0.6^2 = 18.187 \text{m}^2$

$$G_t = A_t \cdot \Sigma \gamma_i h_i = 18.187 \times (1.36 \times 9.5 + 0.7 \times 10 + 4.7 \times 9.5 \\ + 3.24 \times 10 + 1.5 \times 9.8) \\ = 2030.94 \text{kN}$$

$$G_z = 8 \times \dfrac{\pi}{4} \times 0.6^2 \times (25 \times 11.5 - 10 \times 11.5) = 390 \text{kN}$$

所以 $G_{gp} = \dfrac{G_t + G_z}{n} = \dfrac{2030.94 + 390}{8} = 302.62 \text{kN}$

由《桩规》式（5.4.5-1）：

$$N_k = 400 \text{kN} < \dfrac{T_{gk}}{2} + G_{gp} = \dfrac{1011.1}{2} + 302.62 = 808.2 \text{kN}，满足。$$

【例 6.12.26】 某地下车库作用有 $180 \times 10^3 \text{kN}$ 的浮力，基础及上部结构和土重为 $145 \times 10^3 \text{kN}$。拟采用抗拔桩，桩径为 0.6m，桩身重度为 25kN/m^3，基础底面以下 15m 内均为粉质黏土，其桩侧极限摩阻力为 38kPa，不考虑车库结构侧面与土的摩阻力。粉质黏土的抗拔系数取为 0.70。

试问：

(1) 假若群桩布置根数为 120 根，群桩呈非整体破坏时，抗拔桩的最小桩长（m），与下列何项数值最小接近？

(A) 9　　　　(B) 10　　　　(C) 11　　　　(D) 12

(2) 假若桩长为 12m，采用扩底桩，桩径 $d = 0.6$m，扩底直径 $D = 1.0$m，扩底高度为 0.8m，群桩呈非整体破坏时，所需设置抗拔桩的最少根数 n（根），应与下列何项数值最为接近？

提示： 按《桩规》查表时 l_i 取 $4d$。桩、土的加权平均重度取为 20kN/m^3。

(A) 98　　　　(B) 92　　　　(C) 88　　　　(D) 80

【解答】 (1) 根据《桩规》5.4.6 条：

$$T_{uk} = \Sigma \lambda_i q_{sik} u_i l_i = 0.70 \times 38 \times (\pi \times 0.6) \times l = 50.114l \text{(kN)}$$

由《桩规》5.4.5 条：

非整体性破坏：$N_k \leqslant \dfrac{T_{uk}}{2} + G_p$

$$\dfrac{(180 - 145) \times 10^3}{120} \leqslant \dfrac{50.114l}{2} + \dfrac{\pi}{4} \times 0.6^2 \times l \times (25 - 10)$$

解之得：$l \geqslant 9.95$m

所以应选（B）项。

(2) 根据《桩规》5.4.6 条表 5.4.6-1，取自桩底起算的扩底桩的 l_i 为 $4d$：

$$l_i = 4d = 4 \times 0.6 = 2.4 \text{m}, u_i = \pi D = \pi \times 1.0 = 3.14 \text{m}$$

其余桩体：$l_i' = 12 - 2.4 = 9.6$m，$u_i' = \pi d = \pi \times 0.6 = 1.884$m

$$T_{uk} = \Sigma \lambda_i q_{sik} u_i l_i = 0.7 \times 38 \times 3.14 \times 2.4 + 0.7 \times 38 \times 1.884 \times 9.6 = 681.556 \text{kN}$$

$$N_{\mathrm{k}} \leqslant \frac{T_{\mathrm{uk}}}{2} + G_{\mathrm{p}}$$

$$\frac{(180-145) \times 10^3}{n} \leqslant \frac{681.556}{2} + \frac{\pi}{4} \times 0.6^2 \times 9.6 \times (25-10) + \frac{\pi}{4}$$
$$\times 1.0^2 \times 2.4 \times (20-10)$$

解之得：$n \geqslant 87.4$ 根

所以应选（C）项。

【例 6.12.27】 某建筑物基础采用扩底抗拔灌注桩，桩径 $d=1.0$m，扩底直径 $D=1.6$m，扩底段高度 $h_c=1.2$m，桩周土层分布及参数如图 6.12.16 所示。粉质黏土 $\lambda=0.6$，砂土 $\lambda=0.4$。

试问：确定该基桩的抗拔极限承载力标准值。

【解答】 根据《桩规》5.4.6 条表 5.4.6-1，由桩底起算的扩底桩破坏长度 l_i，取 $l_i = 10d = 10 \times 1 = 10$m，其直径为 $D = 1.6$m；其他桩长取直径为 $d = 1.0$m

$T_{\mathrm{uk}} = \Sigma \lambda_i q_{sik} u_i l_i = 0.6 \times 40\pi d \times 4 + 0.4 \times 60\pi d \times 1.7$
$+ (0.4 \times 60\pi D \times 4.3 + 0.4 \times 80\pi D \times 5.7)$
$= 1864.4$kN

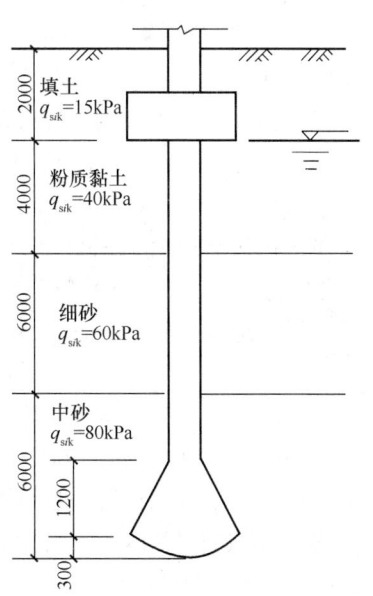

图 6.12.16

【例 6.12.28】 某地下水池采用钢筋混凝土结构，平面尺寸 6m×12m，基坑支护采用直径 600mm 钻孔灌注桩结合一道钢筋混凝土内支撑联合挡土，地下结构平面、剖面及土层分布如图 6.12.17 所示，土的饱和重度按天然重度采用。

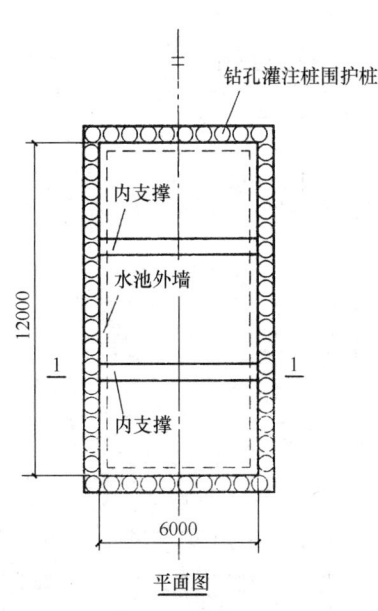

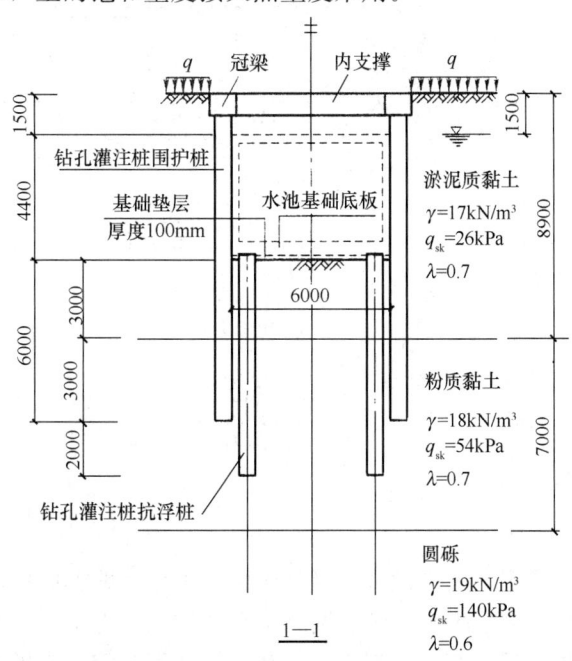

图 6.12.17

假定，地下结构顶板施工完成后，降水工作停止，水池自重 G_k 为 1600kN，设计拟采用直径 600mm 钻孔灌注桩作为抗浮桩，各层地基土的承载力参数及抗拔系数 λ 见图 6.2.16 所示。

试问： 为满足地下结构抗浮，按群桩呈非整体破坏考虑，需要布置的抗拔桩最少数量（根），与下列何项数值最为接近？

提示： ① 桩的重度取 $25kN/m^3$；
② 不考虑围护桩的作用。

(A) 4　　　　(B) 5　　　　(C) 7　　　　(D) 10

【解答】 根据《桩规》5.4.5 条、5.4.6 条：
$$T_{uk} = \Sigma\lambda_i q_{sik} u_i l_i = 3.14 \times 0.6 \times (0.7 \times 26 \times 3.1 + 0.7 \times 54 \times 5) = 462.4 kN$$
$$G_p = 3.14 \times 0.3^2 \times 8.1 \times (25 - 10) = 34.3 kN$$

单桩抗拔承载力 = 462.4/2 + 34.3 = 265.5kN。
地下水池的浮力 = 6×12×4.3×10 = 3096kN。
根据《地规》5.4.3 条：
$$265 \times n + 1600 \geqslant 3096 \times 1.05$$

$n \geqslant 6.2$，取 7 根，应选（C）项。

【例 6.12.29】 某位于抗震设防烈度 7 度（0.10g）的房屋建筑，其上部结构采用钢筋混凝土框架结构，设置一层地下室，采用预应力高强混凝土空心管桩基础，承台下布桩 3～5 根，桩径为 400mm，壁厚为 95mm，无桩尖。桩基环境类别为三类，场地地下潜水水位标高为 -0.500～-1.500m，③层粉土中承压水水位标高为 -5.000m，②层粉质黏土为不透水层，局部的桩基剖面及场地土层分布情况如图 6.12.18 所示。

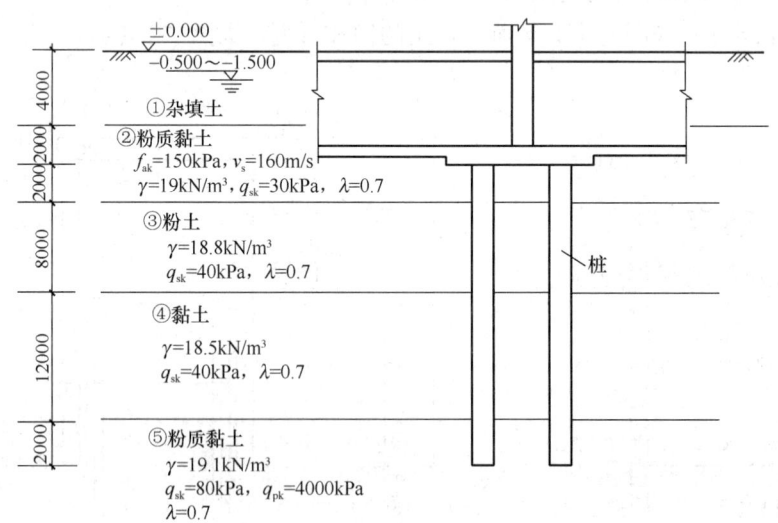

图 6.12.18

假定，桩基设计等级为丙级，不考虑地震作用，各土层抗拔系数 λ 如图所示。扣除全部预应力损失后的管桩混凝土有效预压应力 σ_{pc} = 4.9MPa，桩每米自重为 2.49kN。试问，结构抗浮验算时，相应于荷载的标准组合下的基桩允许拔力最大值（kN），与下列何项数值最接近？

提示：①不考虑群桩整体破坏；
②不计桩与桩之间的连接、桩与承台的连接的影响；不计各预应力主筋的作用。

(A) 400　　　　(B) 440　　　　(C) 480　　　　(D) 520

【解答】 根据《桩规》5.4.5条、5.4.4条，桩长＝2+8+12+2=24m：

$T_{uk}=0.7\times3.14\times0.4\times(30\times2+40\times8+40\times12+80\times2)=896.8\text{kN}$

$G_p=\left[2.49-10\times\dfrac{3.14}{4}\times(0.4^2-0.21^2)\right]\times24=37.9\text{kN}$

$N_k\leqslant\dfrac{896.8}{2}+37.9=486.3\text{kN}$

查表3.5.3，三类，裂缝控制等级为一级；由5.8.8条：

$\sigma_{ck}-\sigma_{pc}\leqslant0$，取桩顶处最不利位置，则：

$\dfrac{N_k}{\dfrac{3.14}{4}\times(0.4^2-0.21^2)}-4.9\times10^3\leqslant0$，可得：$N_k\leqslant445.8\text{kN}$

最终取$N_k\leqslant445.8\text{kN}$，故选（B）项。

【例6.12.30】 某柱下桩基承台，桩长7.5m，桩径400mm，桩基承台及土层分布如图6.12.19所示，地下水位-1.000，标准冻结深度-3.000。已知承台高度500mm，建筑物自重标准值$W_k=800\text{kN}$，承台底粉土为强冻胀土，查表时取高值。承台的重度为25kN/m³。

试问：验算该桩基础呈非整体破坏时，基桩的抗冻拔稳定性。

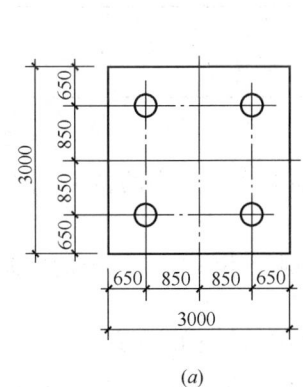
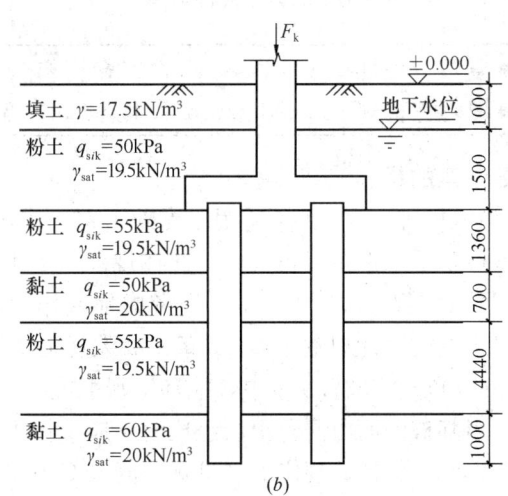

图6.12.19

【解答】 （1）群桩呈非整体破坏，确定T_{uk}

由《桩规》5.4.7条、5.4.6条规定：

$l/d=7.5/0.4=18.75<20$，查《桩规》表5.4.6-2及注的规定：

粉土，$\lambda=0.70$；黏土，$\lambda=0.70$

标准冻深 $z_0=3.0m$（地面以下），则：

$$T_{uk}=\Sigma\lambda_i q_{sik}u_i l_i=3.14\times 0.4\times[0.70\times 55\times(1+1.5+1.36-3)+0.70\times 50\times 0.7$$
$$+0.70\times 55\times 4.44+0.70\times 60\times 1.0]=339.81kN$$

$$G_p=\frac{\pi}{4}\times 0.4^2\times(25\times 7.5-10\times 7.5)=14.13kN$$

由《桩规》5.4.7 条规定，确定 N_G 值：

$$N_G=3\times 3\times[0.5\times(25-10)+1.0\times 17.5+(1.5-0.5)\times(19.5-10)]\times\frac{1}{4}+$$
$$800\times\frac{1}{4}$$
$$=277.625kN$$

$$\frac{T_{uk}}{2}+N_G+G_p=\frac{339.81}{2}+277.625+14.13=461.66kN$$

（2）确定冻胀力

标准冻深 $z_0=3.0m$，粉土为强冻胀土，查《桩规》表 5.4.7-1、表 5.4.7-2，且取高值，故取 $\eta_f=0.9$，$q_f=120kPa$

由《桩规》式（5.4.7-2）：

$\eta_f q_f u z_0=0.9\times 120\times 3.14\times 0.4\times 3.0=406.94kN<T_{uk}/2+N_G+G_p=461.66kN$，满足。

七、桩基水平承载力与位移计算

- 复习《桩规》5.7.1 条、5.7.2 条。
- 复习《桩规》5.7.3 条、5.7.4 条、5.7.5 条。

需注意的是：

（1）《桩规》5.7.1 条适用于无地下室，作用于承台顶面的弯矩较小的情况；对于带地下室桩基受水平荷载较大时，应按规范 5.7.4 条进行计算。

（2）《桩规》5.7.3 条中，当考虑地震作用且 $S_a/d\leqslant 6$ 时，不计承台底土的摩阻力，与《建筑抗震设计规范》4.4.2 条第 2 款规定是一致的。

（3）《桩规》5.7.5 条中，地基土水平抗力系数的比例系数 m，应按《桩规》表 5.7.5 取值。当基桩侧面由几种土层组成时，应求得主要影响深度 $h_m=2(d+1)$ 范围内的 m 值作为计算值，其计算规定见《桩规》附录 C.0.2 条。

（4）《桩规》5.7.5 条表 5.7.5 的注 1、2、3 的规定。

【例 6.12.31】 某受压灌注桩桩径为 1.2m，混凝土保护层厚度为 40mm，桩端入土深度（即桩长）为 15m，桩身配筋为 HRB335 级钢筋（$E_s=2.0\times 10^5 MPa$），配筋率为 0.60%，混凝土强度等级为 C30（$f_t=1.43N/mm^2$，$E_c=3.0\times 10^4 MPa$）。桩顶铰接，相应于荷载的标准组合的桩顶竖向力 $N_k=4000kN$，地基土水平抗力系数的比例系数 m 为 $4.0MN/m^4$。

试问：该单桩水平承载力特征值 R_{ha} 为多少？

【解答】 （1）确定 α 值和 V_m 值

根据《桩规》5.7.2 条，$\rho_g=0.60\%<0.65\%$，可按规范式（5.7.2-1）确定 R_{ha}。

首先确定 α 值，由《桩规》5.7.5 条、5.7.2 条：

$$\alpha_E=\frac{E_s}{E_c}=\frac{2.0\times10^5}{3.0\times10^4}=6.667;d_0=1.2-2\times0.04=1.12\text{m}$$

$$W_0=\frac{\pi d}{32}[d^2+2(\alpha_E-1)\rho_g d_0^2]$$

$$=\frac{\pi\times1.2}{32}[1.2^2+2\times(6.667-1)\times0.60\%\times1.12^2]=0.1796\text{m}^3$$

$$A_n=\frac{\pi d^2}{4}[1+(\alpha_E-1)\rho_g]$$

$$=\frac{\pi\times1.2^2}{4}[1+(6.667-1)\times0.60\%]=1.1688\text{m}^2$$

$$EI=0.85E_cI_0=0.85E_c\cdot\frac{W_0d_0}{2}$$

$$=0.85\times3.0\times10^4\times10^3\times\frac{0.1796\times1.12}{2}=0.2565\times10^7\text{kN}\cdot\text{m}^2$$

由《桩规》5.7.5 条第 1 款规定：

$$d=1.2\text{m}>1\text{m},\text{取 }b_0=0.9(d+1)=0.9\times(1.2+1)=1.98\text{m}$$

$$\alpha=\sqrt[5]{\frac{mb_0}{EI}}=\sqrt[5]{\frac{4.0\times10^3\times1.98}{0.2565\times10^7}}=0.3147\text{m}^{-1}$$

$\alpha h=0.3147\times15=4.7205>4$，查《桩规》表 5.7.2，取 $v_M=0.768$

（2）确定 R_{ha}

根据《桩规》5.7.2 条第 4 款规定：

受压桩，取 $\xi_N=0.5$；$\gamma_m=2$

$$R_{ha}=\frac{0.75\alpha\gamma_mf_tW_0}{v_M}(1.25+22\rho_g)\left(1+\frac{\xi_NN_k}{\gamma_mf_tA_n}\right)$$

$$=\frac{0.75\times0.3147\times2\times1.43\times10^3\times0.1796}{0.768}(1.25+22\times0.60\%)$$

$$\left(1+\frac{0.5\times4000}{2\times1.43\times10^3\times1.1688}\right)$$

$$=348.7\text{kN}$$

【例 6.12.32】 某桩基工程采用直径为 2.0m 的灌注桩，桩身配筋率为 0.66%，桩长 25m，桩顶铰接，桩顶允许水平位移 0.005m，桩侧土水平抗力系数的比例系数 $m=2.5\times10^3\text{kN/m}^4$，钢筋混凝土桩桩身抗弯刚度 $EI=2.149\times10^7\text{kN}\cdot\text{m}^2$。

试问：该单桩水平承载力特征值 R_{ha}（kN）为多少？

【解答】$\rho_g = 0.66\% > 0.65\%$，故可按《桩规》式（5.7.2-2）计算。

确定 α 值，由《桩规》式（5.7.5）：

$$b_0 = 0.9(d+1) = 0.9 \times (2+1) = 2.7\text{m}$$

$$\alpha = \sqrt[5]{\frac{mb_0}{EI}} = \sqrt[5]{\frac{2.5 \times 10^3 \times 2.7}{2.149 \times 10^7}} = 0.1993 \text{ (m}^{-1}\text{)}$$

$\alpha h = 0.1993 \times 25 = 4.98 > 4.0$，柱顶铰接，查《桩规》表 5.7.2 及注 2 规定，取 $v_x = 2.441$

由《桩规》式（5.7.2-2）：

$$R_{ha} = 0.75 \frac{\alpha^3 EI}{v_x} \chi_{0a} = 0.75$$

$$\times \frac{0.1993^3 \times 2.149 \times 10^7}{2.441} \times 0.005$$

$$= 261.35\text{kN}$$

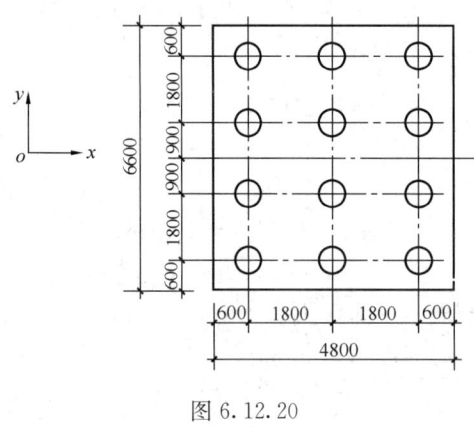

图 6.12.20

【例 6.12.33】 某群桩基础，单桩桩径 $d = 0.6$m，桩长 12m，桩的换算埋深 $\alpha h > 4.0$，单桩水平承载力特征值 $R_{ha} = 50$kN，由位移控制。桩基承台平面布置如图 6.12.20 所示，承台位于地面下 1.5m，承台高度 0.5m，水平力作用方向沿 y 轴方向。承台下地基土的地基承载力特征值按厚度加权的平均值为 $f_{ak} = 120$kPa。承台效应系数 η_c 查表时取低值。桩侧土水平抗力系数的比例系数 $m = 12 \times 10^3$kN/m^4。承台底与地基土间的摩擦系数 $\mu = 0.30$。

试问：

(1) 确定群桩中复合基桩水平承载力特征值（kN）为多少？
(2) 假若承台底位于地面上，则群桩中复合基桩水平承载力特征值（kN）为多少？
(3) 该桩基位于抗震设防区，则群桩中复合基桩水平承载力特征值（kN）为多少？

【解答】(1) 根据《桩规》5.7.3 条规定：

$$s_a/d = 1.8/0.6 = 3，n_1 = 4，n_2 = 3$$

由规范式（5.7.3-3）：

$$\eta_i = \frac{(s_a/d)^{0.015n_3+0.45}}{0.15n_1 + 0.10n_2 + 1.9} = \frac{3^{0.015 \times 3 + 0.45}}{0.15 \times 4 + 0.10 \times 3 + 1.9} = 0.6152$$

位移控制，$\alpha h > 4.0$，查《桩规》表 5.7.3-1，取 $\eta_r = 2.05$

由位移控制，取 $\chi_{oa} = 10\text{mm} = 0.01\text{m}$

$$B'_c = B_c + 1 = 4.8 + 1 = 5.8\text{m}；h_c = 0.5\text{m}，m = 12 \times 10^3 \text{kN/m}^4$$

由规范式 (5.7.3-4):

$$\eta_l = \frac{m\chi_{oa}B'_c h_c^2}{2n_1 n_2 R_{ha}} = \frac{12\times 10^3 \times 0.01 \times 5.8 \times 0.5^2}{2\times 4\times 3\times 50} = 0.145$$

$s_a/d = 1.8/0.6 = 3$，$B_c/l = 4.8/12 = 0.4$，查《桩规》表 5.2.5，取低值，故取 $\eta_c = 0.06$
由规范式 (5.7.3-9)、式 (5.7.3-7):

$$P_c = \eta_c f_{ak}(A - nA_{ps}) = 0.06 \times 120 \times (6.6\times 4.8 - 12\times \frac{\pi}{4}\times 0.6^2) = 203.68\text{kN}$$

$$\eta_b = \frac{\mu P_c}{n_1 n_2 R_{ha}} = \frac{0.30 \times 203.68}{4\times 3\times 50} = 0.1018$$

确定 R_h，由规范式 (5.7.3-6)、式 (5.7.3-1):

$$\eta_h = \eta_i \eta_r + \eta_l + \eta_b = 0.6152 \times 2.05 + 0.145 + 0.1018 = 1.510$$

$$R_h = \eta_h R_{ha} = 1.510 \times 50 = 75.5\text{kN}$$

(2) 当承台底位于地面上时，$P_c = 0.0$
所以 $\eta_b = 0.0$，$\eta_l = 0.0$

$$\eta_h = \eta_i \eta_r + \eta_l + \eta_b = 0.6152 \times 2.05 + 0.0 + 0.0 = 1.261$$

$$R_h = \eta_h R_{ha} = 1.261 \times 50 = 63.05\text{kN}$$

(3) $s_a/d = 3 < 6.0$，且考虑地震作用，满足《桩规》式 (5.7.3-2):

$$\eta_h = \eta_i \eta_r + \eta_l = 0.6152 \times 2.05 + 0.145 = 1.406$$

$$R_h = \eta_h R_{ha} = 1.406 \times 50 = 70.3\text{kN}$$

【例 6.12.34】 某建筑桩基采用预制桩，桩截面直径 d 为 0.5m，桩长为 12m，其地基土土层分布为：0～3m 杂填土；3～5m 可塑状黏性土；5～7m 松散粉细砂；7m 以下为中粗砂。桩基承台标高距地面标高的距离为 3.0m，地下水位标高为 −2.500m。对饱和松散粉细砂进行标贯试验，测得 $N = 12$ 击，已知 $N_{cr} = 16$ 击。桩的水平承载力由水平位移控制，桩顶铰接，$x_{oa} = 10$mm，已知桩的 $EI = 56$MN·m^2。在确定地基土水平抗力系数的比例系数 m 值时，按规范表取小值。

试问： 考虑土层液化时，单桩的水平承载力特征值 R_{ha}（kN），与下列何项数值最为接近？

(A) 38.5　　　(B) 35.0　　　(C) 26.5　　　(D) 28.5

【解答】（1）确定液化土层的 ψ_c

$$\lambda_N = \frac{N}{N_{cr}} = \frac{12}{16} = 0.75，查《桩规》表 5.3.12，取 \psi_l = 1/3$$

(2) 确定 m 值

$$h_m = 2(d+1) = 2\times(0.5+1) = 3\text{m}$$

查《桩规》表 5.7.5，可塑状黏性土，取小值，取 $m_1 = 6.0$MN/m^4；松散粉细砂，取小值，$m_2 = 4.5$MN/m^4，又由《桩规》表 5.7.5 注 3 的规定，取 $m_2 = 4.5\psi_c = 4.5\times 1/3 =$

$1.5MN/m^4$

由 $h_m=3m$，并且土层分布取 $h_1=2m$，$h_2=1m$，则：

$$m=\frac{m_1 h_1^2+m_2(2h_1+h_2)h_2}{h_m^2}=\frac{6.0\times 2^2+1.5\times(2\times 2+1)\times 1}{3.0^2}$$
$$=3.5MN/m^4$$

(3) 确定 R_{ha}

由《桩规》5.7.5 条：

$d=0.5m<1m$，则：$b_0=0.9(1.5d+0.5)=0.9\times(1.5\times 0.5+0.5)=1.125m$

$$\alpha=\sqrt[5]{\frac{mb_0}{EI}}=\sqrt[5]{\frac{3.5\times 1.125}{56}}=0.588m^{-1}$$

$$\alpha h=0.588\times 12=7.056m$$

桩顶铰接，查《桩规》表 5.7.2，取 $v_x=2.441$

由《桩规》规范式（5.7.2-2）：

$$R_{ha}=0.75\frac{\alpha^3 EI}{v_x}x_{oa}=0.75\times\frac{0.588^3\times 56\times 10^3}{2.441}\times 10\times 10^{-3}$$
$$=34.98kN$$

所以应选（B）项。

八、桩基沉降计算

1. 桩中心距不大于 6 倍桩径的桩基

- 复习《桩规》5.5.1 条～5.5.13 条。

需注意的是：

(1)《桩规》5.5.6 条运用时，等效作用附加应力近似取承台底平均附加压力；等效作用面为桩承台投影面积，这与《建筑地基基础设计规范》附录 R 实体深基础计算规定是不同的。

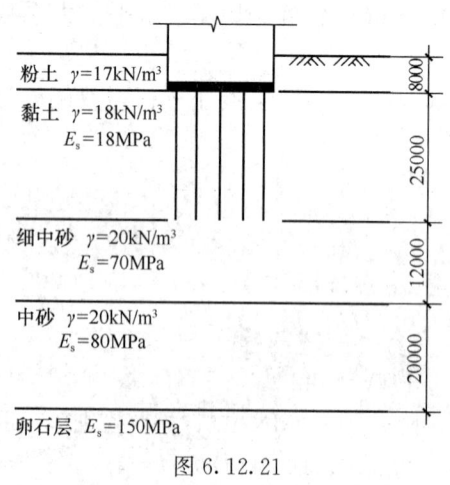

图 6.12.21

(2)《桩规》5.5.7 条中，p_0 的取值为承台底的平均附加压力。

(3)《桩规》5.5.11 条中，系数 ψ 应考虑施工工艺情况对表 5.5.11 中数值进行修正。

《桩规》等效作用附加分层总和法，与《建筑地基基础设计规范》5.3.5 条分层总和法的计算区别是：①z_i 定义和取值不同；②《桩规》中增加了桩基等效沉降系数 ψ_e；③沉降计算深度取值不同；④沉降计算经验系数 ψ 取值不同。

【例 6.12.35】 某高层建筑采用满堂布桩的钢筋混凝土桩筏基础，地基的土层分布如图 6.12.21 所示。桩采用后注浆施工工艺的灌注桩，桩径 $d=1.0$m，桩长 $=25$m，桩距 $s_a=3$m，桩距径比 $s_a/d=3$，布桩不规则，总桩数 $n=48$ 根。筏板基础长 $L_c=24$m，宽 $B_c=24$m。相应于荷载的准永久组合的筏板底平均附加压力 $p_0=630$kPa。无地下水。

试问：矩形桩基中点沉降量 s（mm）为多少？

【解答】 （1）确定桩基沉降计算深度 z_n

根据《桩规》5.5.8 条规定：

当取 $z_n=12$m，$0.2\sigma_c=0.2\times(17\times8+18\times25+20\times12)=165.2$kPa

划分小矩形长 $a=12$m，$b=12$m，

$a/b=12/12=1.0$，$z_n/b=12/12=1.0$，查《桩规》附录表 D.0.1-1。

取附加应力系数 $\bar\alpha_j=0.175$

由《桩规》5.5.8 条式（5.5.8-2）：$\sigma_z=\sum_{j=1}^{m}\alpha_j p_{0j}=4\times0.175\times630=441$kPa

$>0.2\sigma_c=165.2$kPa，不满足

当取 $z_n=24$m，$0.2\sigma_c=0.2\times(17\times8+18\times25+12\times20+12\times20)=213.2$kPa

$a/b=1.0$，$z_n/b=24/12=2.0$，查《桩规》附录表 D.0.1-1，取 $\bar\alpha_j=0.084$

由《桩规》式（5.5.8-2）：

$\sigma_z=\sum_{j=1}^{m}\alpha_j p_{0j}=4\times0.084\times630=211.68kPa<0.2\sigma_c=213.2$kPa，满足

所以取 $z_n=24$m

（2）确定桩基等效沉降系数 ψ_e

布桩不规则，由《桩规》式（5.5.9-2）：

$$n_b=\sqrt{n\cdot B_c/L_c}=\sqrt{48\times24/24}=6.928>1$$

$s_a/d=3/1=3$，$l/d=25/1=25$，$L_c/B_c=1$，查《桩规》附录 E，

取 $C_0=0.063$，$C_1=1.500$，$C_2=7.822$

由《桩规》式（5.5.9-1）：

$$\psi_e=C_0+\frac{n_b-1}{C_1(n_b-1)+C_2}=0.063+\frac{6.928-1}{1.50\times(6.928-1)+7.822}=0.418$$

（3）确定 ψ 和 s'

取小矩形 $a/b=1.0$，$z_i/b=z_i/12$，查《桩规》附录表 D.0.1-2，列表计算 s'，见表 6.12.2。

计算桩基沉降量 s' 表 6.12.2

z_i (m)	a/b	z_i/b	$\bar\alpha_i$	$z_i\bar\alpha_i$ (mm)	$z_i\bar\alpha_i-z_{i-1}\bar\alpha_{i-1}$ (mm)	E_{si} (MPa)	$s'=4p_0\dfrac{(z_i\bar\alpha_i-z_{i-1}\bar\alpha_{i-1})}{E_{si}}$ (mm)
0	1	0	0.2500	0	—	70	—
12	1	1.0	0.2252	2702.4	2702.4	70	97.286
24	1	2.0	0.1746	4190.4	1488.0	80	46.872

确定 ψ 值,由《规桩》5.5.11 条表 5.5.11 注 1 的规定:

$$\overline{E}_s = \frac{\Sigma A_i}{\Sigma \dfrac{A_i}{E_{si}}} = \frac{4 \times 2702.4 + 4 \times 1488}{\dfrac{4 \times 2702.4}{70} + \dfrac{4 \times 1488}{80}} = 73.25 \text{MPa}$$

查《桩规》表 5.5.11,取 $\psi = 0.40$;由规范 5.5.11 条规定,后注浆施工灌注桩,持力层为中砂,取折减系数 0.7,所以 $\psi = 0.40 \times 0.7 = 0.28$

(4) 确定矩形桩基中点沉降 s

由《桩规》5.5.7 条:

$$s = \psi \cdot \psi_e \cdot s' = 0.28 \times 0.418 \times (97.286 + 46.872) = 16.87 \text{mm}$$

上式中,s' 为 4 个小矩形的总沉降量。

2. 单桩、单排桩、疏桩基础

- 复习《桩规》5.5.14 条、5.5.15 条。

【例 6.12.36】 某墙下单排桩基础,桩径 0.6m,桩长 12m,桩的混凝土强度等级为 C30,桩间距为 4.0m,如图 6.12.22 所示。地基土层分布情况如图中所示。相应于荷载的准永久组合的每根桩桩顶荷载准永久组合值 $Q_j = 1940$kN。单桩极限承载力 $R_a = 2400$kN,其极限总端阻力 $R_p = 1440$kN。C30 混凝土的 $E_c = 3.0 \times 10^4$MPa。桩侧阻力沿桩身均匀分布。

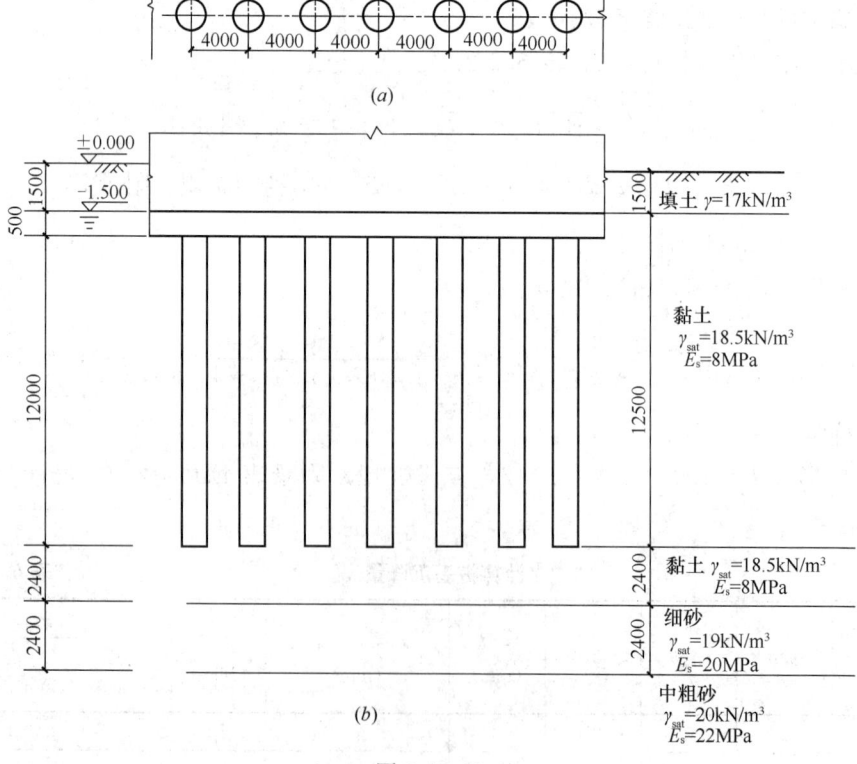

图 6.12.22
(a) 平面图;(b) 地基土层分布情况

试问：0号桩的沉降量s（mm），与下列何项数值最为接近？
提示：沉降计算经验系数$\psi=1.0$；仅考虑桩端平面下2.4m黏土层和2.4m细砂层。
(A) 45　　　　(B) 50　　　　(C) 55　　　　(D) 65

【解答】　桩间距$s_a=4\text{m}>6d=6\times0.6=3.6\text{m}$，属疏桩基础。

单排桩、疏桩基础，根据《桩规》5.5.14条及其条文说明，取$p_{c,k}=0.0$，即承台底地基土不分担荷载，按《桩规》5.5.14条第1款计算。

$0.6l=0.6\times12=7.2\text{m}$，故应考虑1号桩、$1'$号桩对0号桩沉降量的影响。

$\dfrac{R_p}{R_a}=\dfrac{1440}{2400}=0.6$，故取$\alpha_j=0.6$，$1-\alpha_j=0.4$

$l/d=12/0.6=20<30$，取$\xi_e=2/3$

由规范式（5.5.14-3）：

$$s_e=\xi_e\dfrac{Q_j l_j}{E_c A_{ps}}=\dfrac{2}{3}\times\dfrac{1940\times12\times10^3}{3\times10^7\times\dfrac{\pi}{4}\times0.6^2}=1.831\text{mm}$$

$$\dfrac{Q_j}{l_j^2}=\dfrac{1940}{12^2}=13.47\text{kN/m}^2$$

各基桩对应力计算点（0号桩）产生的附加应力的计算，以及土层的沉降量计算，$l/d=12/0.6=20$，见表6.12.3。其中，表中$0.2\sigma_c$的计算为：

$z_i=13.2\text{m}$，$0.2\sigma_c=0.2\times(17\times1.5+8.5\times0.5+8.5\times12+8.5\times1.2)=28.39\text{kPa}$

$z_i=15.6\text{m}$，$0.2\sigma_c=0.2\times(17\times1.5+8.5\times14.9+9.0\times1.2)=32.59\text{kPa}$

0号桩$\sigma_{z,0}$：$z_i=13.2\text{m}$，$\sigma_{z,0}=\dfrac{Q_j}{l_j^2}(0.6\times18.875+0.4\times1.904)=13.47\times12.0866=162.81\text{kPa}$

1号桩、$1'$号桩对0号桩的应力，$z_i=13.2\text{m}$处，

$$\sigma_{z,1}=2\dfrac{Q_j}{l_j^2}(0.6\times0.180+0.4\times0.395)=2\times13.47\times0.266=7.17\text{kPa}$$

桩端平面下附加应力和沉降量计算表　　　　　　　　　　　表6.12.3

z (m)	Δz_i (m)	$m=z/l$	0号			1号（$1'$号）			$\Sigma\sigma_{zi}$ (kPa)	$0.2\sigma_c$ (kPa)	E_{si} (MPa)	$\Delta s_i'$ (mm)	$\Sigma\Delta s_i'$ (mm)
			I_p	I_s	$\sigma_{z,0}$ (kPa)	I_p	I_s	$\sigma_{z,1}$ (kPa)					
13.2	2.4	1.10	18.875	1.904	162.81	0.180	0.395	7.17	169.98	28.39	8	50.994	50.994
15.6	2.4	1.30	2.306	0.639	22.08	0.432	0.341	10.66	32.74	32.59	20	3.929	54.923

由《桩规》5.5.14条第1款规定，取$\psi=1.0$；

$s=1.0\times54.923+s_e=54.923+1.831=56.754\text{mm}$

所以应选（C）项。

【例6.12.37】　某多层框架结构，拟采用桩基础。基础剖面及地基土层相关参数如图6.12.23所示（其中图中E_s为土的自重压力至土的自重压力与附加压力之和的压力段的压缩模量）。

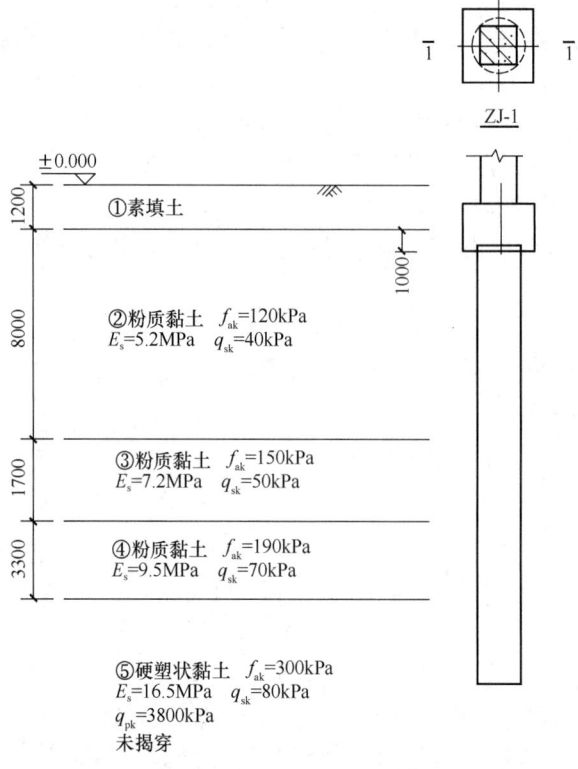

图 6.12.23

桩 ZJ-1 采用直径为 1.5m、有效桩长为 15m 的等截面旋挖桩。在荷载效应准永久组合作用下,桩顶附加荷载为 4000kN。不计桩身压缩变形,不考虑相邻桩的影响,承台底地基土不分担荷载。试问,当基桩的总桩端阻力与桩顶荷载之比 $\alpha_j=0.6$ 时,基桩的桩身中心轴线上、桩端平面以下 3.0m 厚压缩层(按一层考虑)产生的沉降量 s(mm),与下列何项数值最为接近?

提示:①根据《建筑桩基技术规范》作答;
②沉降计算经验系数 $\psi=0.45$,$I_{p,11}=15.575$,$I_{s,11}=2.599$。

(A) 10.0　　　　(B) 12.5　　　　(C) 15.0　　　　(D) 17.5

【解答】 根据《桩规》5.5.14 条,

$$\sigma_{zl}=\frac{Q_j}{l_j^2}[\alpha_j I_{p,11}+(1-\alpha_j)I_{s,11}]$$

$$=\frac{4000}{15^2}\times[0.6\times15.575+(1-0.6)\times2.599]$$

$$=184.62\text{kPa}$$

$$s=\psi\frac{\sigma_{zl}}{E_{s1}}\Delta_{zl}=0.45\times\frac{184.62}{16500}\times3\times1000=15.11\text{mm}$$

故选(C)项。

九、软土地基减沉复合疏桩基础

● 复习《桩规》5.6.1条、5.6.2条。

软土地基减沉复合疏桩基础的设计原则,《桩规》5.6.1条的条文说明作了阐述。

对于减沉复合疏桩基础应用中应注意把握的三个关键技术,《桩规》3.1.9条的条文说明作了具体介绍。

减沉复合疏桩基础中点沉降中的 s_s,即由承台底地基土附加压力作用下产生的中点沉降,其计算方法同浅基础分层总和法是一致的。须注意的是,承台等效宽度 B_c 的计算,$B_c = B\sqrt{A_c}/L$。

【例6.12.38】 某软土地基上的多层建筑基础拟采用减沉复合疏桩基础,其基础形式为桩筏形式,用筏形承台,如图6.12.24所示,地基土层分布情况如图所示。筏形承台 $B \times L = 30.16\text{m} \times 30.16\text{m}$,桩截面尺寸 $0.2\text{m} \times 0.2\text{m}$,桩长为9m,桩间距 $s_a = 1.2\text{m}$,规则布桩。单桩承载力特征值 R_a 为100kN。

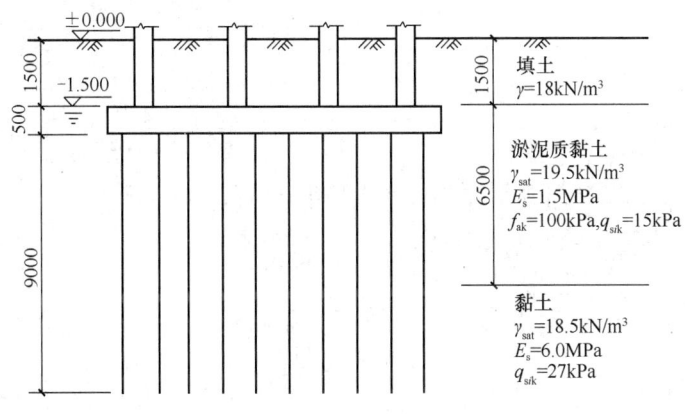

图6.12.24

试问:

(1) 筏形承台顶面处由上部结构传来相应于荷载的标准组合的轴向力 $F_k = 64000\text{kN}$,承台及其上土的自重标准值 $G_k = 36000\text{kN}$,承台面积控制系数 $\xi = 0.8$,承台效应系数 $\eta_c = 0.6$,确定所需设置的桩数 n(根),与下列何项数值最为接近?

(A) 500 (B) 510 (C) 520 (D) 530

(2) 由上部结构荷载和承台基础及其上土的自重作用在承台底的总附加荷载的准永久组合值 $F = 58760\text{kN}$,现布置500根桩,确定该基础中点沉降 s(mm),与下列何项数值最为接近?

提示:计算深度 $z_n = 9\text{m}$;沉降计算经验系数 $\psi = 1.0$。

(A) 65 (B) 75 (C) 85 (D) 95

【解答】 (1) 复核地基承载力

淤泥质黏土,查《地规》表5.2.4,取 $\eta_b = 0.0$,$\eta_d = 1.0$

$$f_a = f_{ak} + \eta_b \gamma(b-3) + \eta_d \gamma_m (d-0.5)$$
$$= 100 + 0 + 1.0 \times \frac{18 \times 1.5 + 9.5 \times 0.5}{2} \times (2-0.5)$$

$$= 123.81 \text{kPa}$$

$$p_k = \frac{F_k + G_k}{A} = \frac{64000 + 36000}{30.16 \times 30.16} = 109.9 \text{kPa} < 123.81 \text{kPa}，满足$$

根据《桩规》5.6.1 条：

$$A_c = \xi \frac{F_k + G_k}{f_{ak}} = 0.8 \times \frac{64000 + 36000}{100} = 800 \text{m}^2$$

$$n \geqslant \frac{F_k + G_k - \eta_c f_{ak} A_c}{R_a} = \frac{64000 + 36000 - 0.6 \times 100 \times 800}{100} = 520 \text{ 根}$$

所以应选（C）项。

(2) 此时布桩 500 根，$A_c = A - nA_{ps} = 30.16 \times 30.16 - 500 \times 0.2 \times 0.2 = 889.63 \text{m}^2$

1) 由桩土相互作用产生的沉降 s_{sp}

由《桩规》5.6.2 条：

$$\bar{q}_{su} = \frac{6 \times 15 + 3 \times 27}{9} = 19 \text{kPa}$$

$$\bar{E}_s = \frac{6 \times 1.5 + 3 \times 6.0}{9} = 3 \text{MPa}; d = 1.27b = 1.27 \times 200 = 254 \text{mm}$$

$$s_{sp} = 280 \frac{\bar{q}_{su}}{\bar{E}_s} \cdot \frac{d}{(s_a/d)^2} = 280 \times \frac{19}{3 \times 10^3} \times \frac{1.27 \times 200}{(1.2/0.254)^2} = 20.18 \text{mm}$$

2) 由承台底地基土附加压力作用下产生的中点沉降 s_s

由《桩规》5.6.2 条，取 $\eta_p = 1.30$：

$$p_0 = \eta_p \frac{F - nR_a}{A_c} = 1.30 \times \frac{58760 - 500 \times 100}{889.63} = 12.80 \text{kPa}$$

承台等效宽度：$B_c = B\sqrt{A_c/L} = 30.16 \times \sqrt{889.63}/30.16 = 29.83 \text{m}$，$L_c = A_c/B_c = 29.83 \text{m}$；将承台划分为 4 个小矩形 $b \times l = \frac{29.83\text{m}}{2} \times \frac{29.83\text{m}}{2} = 14.92 \text{m} \times 14.92 \text{m}$。

列表计算沉降量 s_s，见表 6.12.4。其中，$0.1\sigma_c$ 的计算为：

$z_i = 0\text{m}$， $0.1\sigma_c = 0.1 \times (18 \times 1.5 + 9.5 \times 0.5) = 3.175 \text{kPa}$

$z_i = 6\text{m}$， $0.1\sigma_c = 0.1 \times (18 \times 1.5 + 9.5 \times 6.5) = 8.875 \text{kPa}$

$z_i = 9\text{m}$， $0.1\sigma_c = 0.1 \times (18 \times 1.5 + 9.5 \times 6.5 + 8.5 \times 3) = 11.425 \text{kPa}$

沉降量 s_s 的计算表   表 6.12.4

z_i (m)	l/b	z_i/b	$\bar{\alpha}_i$	$\sigma_{zc} = p_0\bar{\alpha}_i$ (kPa)	$0.1\sigma_c$ (kPa)	$z_i\bar{\alpha}_i$ (mm)	$z_i\bar{\alpha}_i - z_{i-1}\bar{\alpha}_{i-1}$ (mm)	E_{si} (MPa)	$\Delta s_i'$ (mm)	$\Sigma\Delta s_i'$ (mm)
0	1	0	0.025×4 $= 1.0$	$0.025 \times 4 p_0$ $= 12.80$	3.175	0	—	1.5	—	—
6	1	0.4	0.2474×4 $= 0.9896$	$0.240 \times 4 p_0$ $= 12.29$	8.875	5937.6	5937.6	1.5	50.67	50.67
9	1	0.6	0.2423×4 $= 0.9692$	$0.223 \times 4 p_0$ $= 11.42$	11.425	8722.8	2785.2	6.0	5.94	56.61

由已知条件，$\psi=1.0$，最终沉降量 s 为：
$$s = \psi(s_s + s_{sp}) = 1.0 \times (56.61 + 20.18) = 76.79\text{mm}$$
所以应选（B）项。

思考：本题目（2）中，根据《桩规》5.6.2 条规定，沉降计算深度按 $\sigma_z=0.1\sigma_c$ 确定。对本题目而言，当 $z_i=9\text{m}$ 时，$\sigma_z=0.1\sigma_c=11.42\text{kPa}$，故沉降计算深度应取为 9m。

十、桩身承载力与裂缝控制计算

● 复习《桩规》5.8.1 条~5.8.6 条。

需注意的是：
(1)《桩规》5.8.2 条第 1 款规定，在《建筑地基基础设计规范》中未定量规定。
(2) 计算桩身压屈计算长度 l_c 查《桩规》表 5.8.4-1 时应对注 2、3、4 的内容进行修正 l_0。
(3)《桩规》5.8.6 条中，式（5.8.6-1）、式（5.8.6-2）应为：
$$t/d \geqslant f'_y/(0.388E)$$
$$t/d \geqslant \sqrt{f'_y/(14.5E)}$$

【例 6.12.39】 某柱下低承台桩基，桩采用泥浆护壁钻孔灌注桩（$\psi_c=0.7$），桩径 0.6m，桩长 12m，桩主筋用 HRB400 级、箍筋用 HPB300 级，配置主筋 6⚫14（$\rho_g=0.327\%$），桩顶以下 3.0m 范围内为Φ6@100。桩身混凝土强度等级为 C25（$f_c=11.9\text{N/mm}^2$，$E_c=2.8\times10^4\text{N/mm}^2$）。

试问：桩身轴心受压承载力设计值（kN）为多少？

【解答】 本题目主筋、箍筋配置满足《桩规》5.8.2 条第 1 款要求。
6⚫14（$A'_s=923\text{mm}^2$），$f'_y=300\text{N/mm}^2$
$$\psi_c f_c A_{ps} + 0.9 f'_y A'_s = 0.7 \times 11.9 \times \frac{\pi}{4} \times 600^2 + 0.9 \times 360 \times 923 = 2653.1\text{kN}$$

【例 6.12.40】 某柱下低承台桩基，桩采用泥浆护壁钻孔灌注桩（$\psi_c=0.7$），水下灌注桩的主筋混凝土保护层厚度为 50mm，其他条件同例 6.12.37。

已知纵向钢筋 $E_s=2.0\times10^5\text{N/mm}^2$，桩侧土水平抗力系数的比例系数 $m=14\times10^3\text{kN/m}^4$。桩身穿越了不排水抗剪强度小于 10kPa 的软弱土层，软弱土层厚度 $d_l=4\text{m}$，其 $\psi_l=0.0$，桩底嵌于岩石内。桩顶固接。

试问：桩身轴心受压承载力设计值（kN）为多少？

【解答】 本题目条件满足《桩规》5.8.4 条规定，应计入 φ。
(1) 确定 α 值
由《桩规》式（5.7.5）及规范 5.7.2 条：
$$b_0 = 0.9(1.5d+0.5) = 0.9 \times (1.5 \times 0.6 + 0.5) = 1.26\text{m}$$
$$\alpha_E = \frac{E_s}{E_c} = \frac{2.0 \times 10^5}{2.8 \times 10^4} = 7.143$$
$$W_0 = \frac{\pi d}{32}[d^2 + 2(\alpha_E-1)\rho_g d_0^2]$$

$$=\frac{\pi \times 0.6}{32} \times [0.6^2 + 2 \times (7.143-1) \times 0.327\% \times (0.6-2\times0.05)^2]$$

$$=0.021786 \text{m}^3$$

$$EI = 0.85E_c I_0 = 0.85E_c \frac{W_0 d_0}{2}$$

$$=0.85 \times 2.8 \times 10^4 \times 10^3 \times \frac{0.021786 \times 0.5}{2} = 0.01296 \times 10^7 \text{kN} \cdot \text{m}^3$$

$$\alpha = \sqrt[5]{\frac{mb_0}{EI}} = \sqrt[5]{\frac{14\times10^3 \times 1.26}{0.01296 \times 10^7}} = 0.6711 \text{m}^{-1}$$

(2) 确定 l_c

由《桩规》表 5.8.4-1 及注的规定：

$$l'_0 = l_0 + (1-\psi_l)d_l = 0 + (1-0)\times 4 = 4\text{m}$$
$$h' = h - (1-\psi_l)d_l = 12 - (1-0)\times 4 = 8\text{m}$$

取 $h = h' = 8\text{m} > 4/\alpha = 4/0.6711 = 5.96\text{m}$

则：$l_c = 0.5(l_0 + 4/\alpha) = 0.5\times(4+5.96) = 4.98\text{m}$

(3) 确定 φ 和 N_u

$l_c/d = 4.98/0.6 = 8.3$，查《桩规》表 5.8.4-2，取 $\varphi = 0.983$

$$N_u = \varphi(\psi_c f_c A_{ps} + 0.9 f'_y A'_s) = 0.983 \times (0.7 \times 11.9 \times \frac{\pi}{4} \times 600^2 + 0.9 \times 360 \times 923)$$

$$=2608\text{kN}$$

【例 6.12.41】 某建筑物桩基拟采用打入式钢管桩，其直径 ϕ1200mm，用 Q235B 钢，桩身壁厚 t 在 16～40mm。试问：在验算桩身局部压屈时，桩周的壁厚与其外径之比 t/d 的限值应为多少？

【解答】 Q235B 钢，t 在 16～40mm，查《钢规》表 3.4.1，取 $f'_y = 205\text{N/mm}^2$

查《钢标》表 4.4.8，取钢材的弹性模量：$E = 206 \times 10^3 \text{N/mm}^2$

根据《桩规》5.8.6 条：

$$t/d \geqslant f'_y/(0.388E) = 205/(0.388\times 206\times 10^3) = 2.565 \times 10^{-3}$$
$$t/d \geqslant \sqrt{f'_y/(14.5E)} = \sqrt{205/(14.5\times 206\times 10^3)} = 8.28 \times 10^{-3}$$

取较大值，最终取 $t/d \geqslant 8.28 \times 10^{-3}$

● 复习《桩规》5.8.7 条～5.8.12 条。

十一、承台计算

● 复习《桩规》5.9.1 条～5.9.16 条。

对于承台受弯、受冲切、受剪计算，以及局部受压计算的内容，与《建筑地基基础设计规范》规定的内容是一致的。

需注意的是：

(1)《桩规》5.9.3 条、5.9.4 条、5.9.5 条，《建筑地基基础设计规范》未规定。

(2)《桩规》5.9.7条中计算参数 λ_{0x}（或 λ_{0y}）应满足 $0.25\sim1.0$；λ_{1x}（或 λ_{1y}）应满足 $0.25\sim1.0$，与《建筑地基基础设计规范》规定是一致的。

(3)《桩规》5.9.8条中计算参数 λ_{1x}（或 λ_{1y}）应满足 $0.25\sim1.0$；λ_{11}（或 λ_{12}）应满足 $0.25\sim1.0$；与《建筑地基基础设计规范》规定是一致的。

(4)《桩规》5.9.8条第3款，对于箱形、筏形承台应验算承台受内部基桩冲切承载力，而《建筑地基基础设计规范》未规定。

(5)《桩规》5.9.10条第1款中，剪跨比 λ <0.25 时，取 $\lambda=0.25$，与《建筑地基基础设计规范》规定是一致的。

(6)《桩规》5.9.10条图5.9.10-3中 b_{x2}、b_{y2} 的取值的规定有误，应按《地规》附录U规定进行取值。

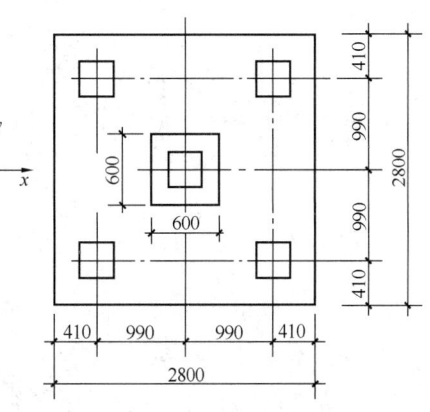

图 6.12.25

【例 6.12.42】 某柱下五桩矩形承台，如图 6.12.25 所示，在承台顶部 x、y 方向均设有连续的连系梁，承台顶面处由柱传来相应于荷载的基本组合的轴压力 $F=3150\text{kN}$。桩截面尺寸为 $400\text{mm}\times400\text{mm}$，承台埋深为地面下 1.5m，承台高度 600mm，承台底板钢筋保护层厚度 50mm，取 $h_0=540\text{mm}$。柱截面尺寸为 $600\text{mm}\times600\text{mm}$，承台混凝土强度等级为 C30。承台及其上土重取 $\gamma_G=20\text{kN/m}^3$。

提示：按《工程结构通用规范》作答。

试问：
(1) 验算柱对承台冲切承载力。
(2) 验算角桩对承台冲切承载力。
(3) 验算承台抗剪承载力。

【解答】 (1) 柱对承台冲切承载力验算

$G=1.3G_k=1.3\times2.8\times2.8\times20\times1.5=305.76\text{kN}$

冲切破坏锥体内各基桩反力，$\Sigma Q_i = \dfrac{3150}{5}\times1 = 630\text{kN}$

$$N_i = \dfrac{3150}{5} = 630\text{kN}$$

由《桩规》5.9.7条第3款规定：

$$a_{0x}=0.99-\dfrac{0.4}{2}-\dfrac{0.6}{2}=0.49\text{m}, \quad a_{0y}=a_{0x}=0.49\text{m}$$

$$\lambda_{0x}=a_{0x}/h_0=0.49/0.54=0.907 \begin{matrix}<1\\>0.25\end{matrix}$$

$$\lambda_{0y}=\lambda_{0x}=0.907$$

由规范式 (5.9.7-3)：

$$\beta_{0x}=\beta_{0y}=\dfrac{0.84}{\lambda+0.2}=\dfrac{0.84}{0.907+0.2}=0.7588$$

承台高度 $h=600\text{mm}<800\text{mm}$，取 $\beta_{hp}=1.0$；$f_t=1.43\text{N/mm}^2$

$2[\beta_{0x}(b_c+a_{0y})+\beta_{0y}(h_c+a_{0x})]\beta_{hp}f_th_0$

$$= 2 \times [0.7588 \times (600+490) + 0.7588 \times (600+490)] \times 1.0 \times 1.43 \times 540$$
$$= 2554.72 \text{kN} > F_l = F - \Sigma Q_i = 3150 - 630 = 2520 \text{kN}，满足$$

（2）承台受角桩冲切验算

由《桩规》5.9.8 条第 1 款规定：

$$c_1 = c_2 = 0.41 + \frac{0.40}{2} = 0.61 \text{m}$$

$$a_{1x} = a_{1y} = 0.99 - \frac{0.40}{2} - \frac{0.6}{2} = 0.49 \text{m}$$

$$\lambda_{1x} = \lambda_{1y} = \frac{a_{1x}}{h_0} = \frac{0.49}{0.54} = 0.907$$

由规范式（5.9.8-2）、式（5.9.8-3）：

$$\beta_{1x} = \beta_{1y} = \frac{0.56}{\lambda_{1x} + 0.2} = \frac{0.56}{0.907 + 0.2} = 0.506$$

由规范式（5.9.8-1）：

$$N_l = \frac{3150}{5} = 630 \text{kN} < [\beta_{1x}(c_2 + a_{1y}/2) + \beta_{1y}(c_1 + a_{1x}/2)]\beta_{hp} f_t h_0$$
$$= [0.506 \times (610 + 490/2) + 0.506 \times (610 + 490/2)] \times 1.0 \times 1.43 \times 540$$
$$= 668.15 \text{kN}，满足$$

（3）承台受剪验算

垂直于 y 方向截面的抗剪验算，由《桩规》5.9.10 条第 1 款规定：

$$a_x = 0.49 \text{m}, \quad \lambda_x = \frac{a_x}{h_0} = \frac{0.49}{0.54} = 0.907 \begin{matrix} <3 \\ >0.25 \end{matrix}$$

$$\alpha = \frac{1.75}{\lambda + 1} = \frac{1.75}{0.907 + 1} = 0.9177$$

$$b_0 = 2.8 \text{m}$$

$h_0 = 540 \text{mm} < 800 \text{mm}$，取 $h_0 = 800 \text{mm}$ 计算 β_{hs}，故 $\beta_{hs} = 1.0$。

由《桩规》式（5.9.10-1）：

$$V_x = 2N_i = 2 \times 630 = 1260 \text{kN} < \beta_{hs} \alpha f_t b_0 h_0 = 1.0 \times 0.9177 \times 1.43 \times 2800 \times 540 = 1984.21 \text{kN}，满足。$$

同理，$V_y = 1260 \text{kN} < \beta_{hs} \alpha f_t b_0 h_0 = 1984.21 \text{kN}$，满足。

【例 6.12.43】 某公共建筑地基基础设计等级为乙级，其联合柱下桩基采用边长为 400mm 预制方桩，承台及其上土的加权平均重度为 20kN/m^3。柱及承台下桩的布置、地下水位、地基土层分布及相关参数如图 6.12.26 所示。该工程抗震设防烈度为 7 度，设计地震分组为第三组，设计基本地震加速度值为 $0.15g$。

试问：

（1）假定，在荷载的基本组合下，柱 1 传给承台顶面的内力值为：$M_1 = 276.75 \text{kN} \cdot \text{m}$，$F_1 = 3915 \text{kN}$，$H_1 = 67.5 \text{kN}$，柱 2 传给承台顶面的内力值为：$M_2 = 486 \text{kN} \cdot \text{m}$，$F_2 = 5400 \text{kN}$，$H_2 = 108 \text{kN}$。试问，承台在柱 2 柱边 A-A 截面的弯矩设计值 M（kN·m），与下列何项数值最为接近？

(A) 1400　　　　(B) 2000　　　　(C) 3600　　　　(D) 4400

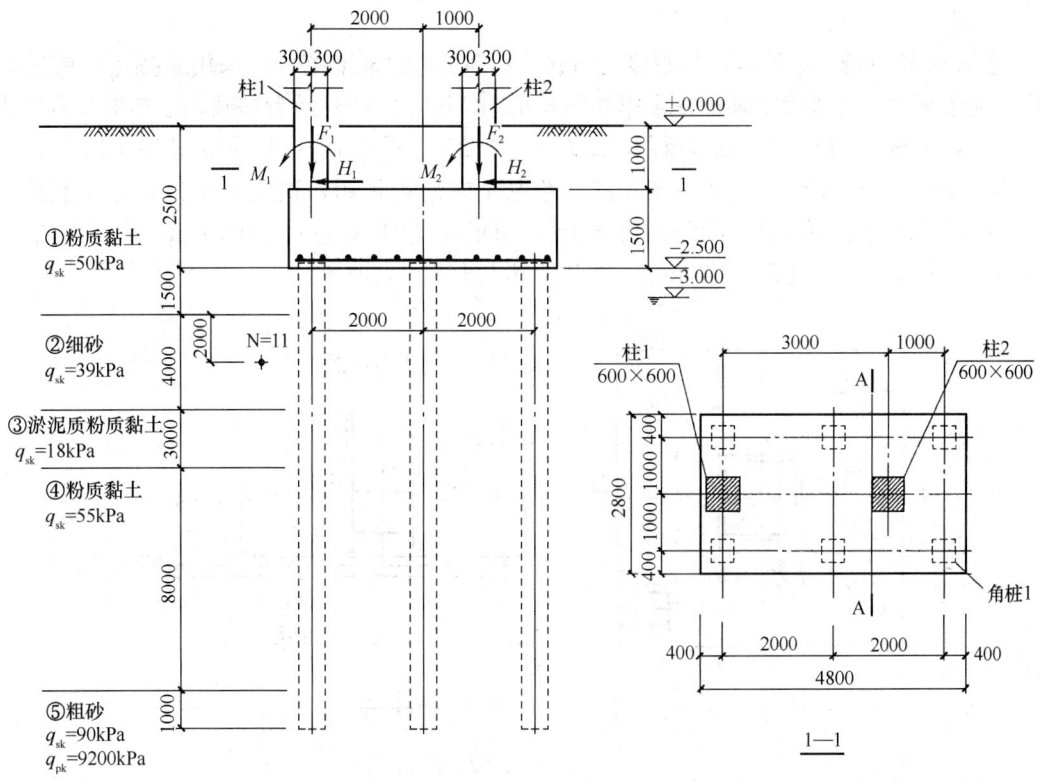

图 6.12.26

(2) 假定，承台的混凝土强度等级为 C30，承台的有效高度 $h_0=1400\text{mm}$。试问，承台受角桩 1 冲切的承载力设计值（kN），与下列何项数值最为接近？

(A) 3200　　　　　(B) 3600　　　　　(C) 4000　　　　　(D) 4400

【解答】(1) $F=3915+5400=9315\text{kN}$

$M=276.75+486+(67.5+108)\times 1.5+3915\times 2-5400\times 1$

$=3456\text{kN}\cdot\text{m}$

角桩 1 的净反力为：$N=\dfrac{9315}{6}-\dfrac{3456\times 2}{4\times 2^2}=1120.5\text{kN}$

$M_A=1120.5\times 2\times 1.3-5400\times 0.3+486+108\times 1.5$

$=1941.3\text{kN}\cdot\text{m}$

故选（B）项。

(2) 根据《桩规》5.9.8 条，$a_{1x}=a_{1y}=1-0.3-0.2=0.5\text{m}$

$\lambda_{1y}=\lambda_{1x}=a_{1x}/h_0=0.5/1.4=0.357$

$\beta_{1y}=\beta_{1x}=\dfrac{0.56}{\lambda_{1x}+0.2}=\dfrac{0.56}{0.357+0.2}=1.0$

$\beta_{hp}=0.9+\dfrac{2-1.5}{2-0.8}\times(1-0.9)=0.94$

$[\beta_{1x}(c_2+a_{1y}/2)+\beta_{1y}(c_1+a_{1x}/2)]\beta_{hp}f_t h_0=2\times 1.0\times(0.6+0.5/2)\times 0.94\times 1.43\times 1400$

$=3199\text{kN}$

故选（A）项。

【例 6.12.44】 某抗震设防烈度为 8 度（0.30g）的框架结构，采用摩擦型长螺旋钻孔灌注柱基础，初步确定某中柱采用如图 6.12.27 所示的四桩承台基础，已知桩身直径为 400mm，单桩竖向抗压承载力特征值 $R_a = 700$kN，承台混凝土强度等级 C30（$f_t = 1.43$N/mm²），桩间距有待进一步复核。考虑 x 向地震作用，相应于荷载效应标准组合时，作用于承台底面标高处的竖向力 $F_{Ek} = 3341$kN，弯矩 $M_{Ek} = 920$kN·m，水平力 $V_{Ek} = 320$kN，承台有效高度 $h_0 = 730$mm，承台及其上土重可忽略不计。

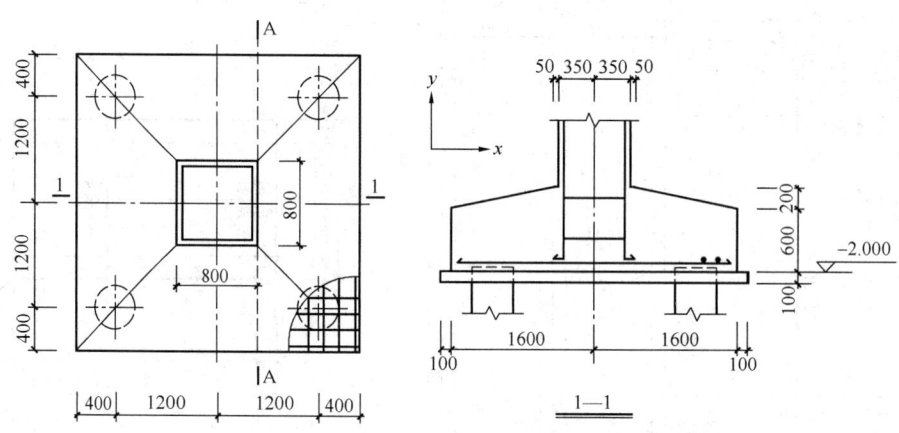

图 6.12.27

试问：在地震组合下，承台 A-A 剖面处的抗震抗剪承载力设计值（kN），与下列何项最接近？

(A) 3500　　　　(B) 3300　　　　(C) 2800　　　　(D) 2400

【解答】 根据《桩规》5.9.10 条：

$h_0 = 730$mm，取 $\beta_{hs} = 1.0$

$$\lambda_x = \frac{a_x}{h_0} = \frac{1200 - 400 - 200 \times 0.8}{730} = 0.88$$

$$\alpha = \frac{1.75}{\lambda_x + 1} = \frac{1.75}{0.88 + 1} = 0.93$$

由《地规》附录 U 规定：

$$b_{y0} = \left[1 - 0.5 \frac{h_{20}}{h_0} \left(1 - \frac{b_{y2}}{b_{y1}}\right)\right] b_{y1}$$

$$= \left[1 - 0.5 \times \frac{200}{730} \times \left(1 - \frac{800}{3200}\right)\right] \times 3200 = 2871.2 \text{mm}$$

由《抗规》表 5.4.2，取 $\gamma_{RE} = 0.85$

$$V_u = \frac{\beta_{hs} \alpha f_t b_{y0} h_0}{\gamma_{RE}} = \frac{1 \times 0.93 \times 1.43 \times 2871.2 \times 730}{0.85}$$

$$= 3279 \text{kN}$$

故应选（B）项。

十二、《桩规》附录的计算

砌体墙下条形桩基承台梁

- 复习《桩规》G.0.1条。

【例6.12.45】 某砌体墙下条形桩基多跨连续承台梁的跨距均为7.2m，桩径均为0.40m，承台梁承受均布荷载设计值86kN/m。

试问： 该承台梁中跨支座处弯矩设计值为多少？

【解答】 根据《桩规》附录G.0.1条：

$$L = 7.2 - \left(\frac{0.40}{2} + \frac{0.40}{2}\right) = 6.8\text{m}$$

$$L_c = 1.05L = 1.05 \times 6.8 = 7.14\text{m}$$

$$M_{支} = -q\frac{L_c^2}{12} = -86 \times \frac{7.14^2}{12} = -365.35\text{kN} \cdot \text{m}$$

十三、桩基和承台的施工及质量检查验收

- 复习《桩规》第6节～第9节。

【例6.12.46】 下列与桩基相关的4点主张：

Ⅰ．液压式压桩机的机架重量和配重之和为4000kN时，设计最大压桩力不应大于3600kN；

Ⅱ．静压桩的最大送桩长度不宜超过8m，且送桩的最大压桩力不宜大于允许抱压压桩力，场地地基承载力不应小于压桩机接地压强的1.2倍；

Ⅲ．在单桩竖向静荷载试验中采用堆载进行加载时，堆载加于地基的压应力不宜大于地基承载力特征值；

Ⅳ．抗拔桩设计时，对于严格要求不出现裂缝的一级裂缝控制等级，当配置足够数量的受拉钢筋时，可不设置预应力钢筋。

试问： 针对上述主张正确性的判断，下列何项正确？

(A) Ⅰ、Ⅲ正确，Ⅱ、Ⅳ错误　　　　(B) Ⅱ、Ⅳ正确，Ⅰ、Ⅲ错误
(C) Ⅱ、Ⅲ正确，Ⅰ、Ⅳ错误　　　　(D) Ⅱ、Ⅲ、Ⅳ正确，Ⅰ错误

【解答】 根据《桩规》7.5.4条，Ⅰ正确。

根据《桩规》7.5.1条、7.5.13条第5款，Ⅱ不正确。

根据《地规》附录Q.0.2，Ⅲ正确。

根据《桩规》3.4.8条，Ⅳ错误。

所以应选（A）项。

第十三节　建筑基桩检测

本节所用规范为《建筑基桩检测技术规范》JGJ 106—2014（以下简称《基桩检规》）。

一、基本规定

- 复习《基桩检规》1.0.1条～1.0.4条。
- 复习《基桩检规》2.0.1条～2.1.9条。
- 复习《基桩检规》3.1.1条～3.5.3条。

二、单桩竖向抗压静载试验

• 复习《基桩检规》4.1.1条~4.4.5条。

【例6.13.1】 某工程采用灌注桩基础，灌注桩桩径为800mm，桩长30m，设计要求单桩竖向抗压承载力特征值为3000kN，已知桩间土的地基承载力特征值为200kPa，按照《建筑基桩检测技术规范》采用压重平台反力装置对工程桩进行单桩竖向抗压承载力检测时，若压重平台的支座只能设置在桩间土上，则支座底面积不宜小于以下哪个选项？

(A) 20m²   (B) 24m²   (C) 30m²   (D) 36m²

【解答】 根据《基桩检规》4.1.3条、4.2.2条：

最大加载量=3000×2=6000kN

故反力装置需要提供的反力最小值为6000×1.2=7200kN

地基承载力特征值可以放大1.5倍，则

$$A = \frac{7200}{200 \times 1.5} = 24 \text{m}^2$$

故选(B)项。

【例6.13.2】 某桩基工程设计要求单桩竖向抗压承载力特征值为7000kN，静载试验利用邻近4根工程桩作为锚桩，锚桩主筋直径25mm，钢筋抗拉强度设计值为360N/mm²。根据《建筑基桩检测技术规范》，试计算每根锚桩提供上拔力所需的主筋根数至少为几根？

(A) 18   (B) 20   (C) 22   (D) 24

【解答】 根据《基桩检规》4.1.3条、4.2.2条：

$$7000 \times 10^3 \times 1.2 \times 2.0 = 4 \times n \times \frac{3.14 \times 25^2}{4} \times 360$$

可得：$n=23.8$，取24根。

故选(D)项。

【例16.13.3】 某自重湿陷性黄土场地的建筑工程，灌注桩桩径为1.0m，桩长37m，桩顶出露地面1.0m，自重湿陷性土层厚度为18m。从地面处开始每2m设置一个桩身应变量测断面，将电阻应变计粘贴在主筋上。在3000kN荷载作用下，进行单桩竖向浸水载荷试验，实测应变值见表6.13.1，此时该桩在桩顶下9~11m处的桩侧平均摩阻力值最接近下列哪个选项？（假定桩身变形均为弹性变形，桩身直径、弹性模量为定值）

表6.13.1

从桩顶起算深度(m)	1	3	5	7	9	11	13
应变ε(×10⁻⁵)	12.439	12.691	13.01	13.504	13.751	14.273	14.631
从桩顶起算深度(m)	17	21	25	29	33	37	
应变ε(×10⁻⁵)	14.089	11.495	9.504	6.312	3.112	0.966	

(A) 15kPa   (B) 20kPa   (C) −15kPa   (D) −20kPa

【解答】 根据《基桩检规》4.2.7条及附录A：

从桩顶起算1m处，$Q_0 = \varepsilon_1 EA$，则：

$$3000 = 12.439 \times 10^{-3} \times EA,\ 可得：EA = 2.412 \times 10^7 \text{kPa} \cdot \text{m}^2$$

从桩顶起算 9m 处：$Q_9 = \varepsilon_9 EA = 13.751 \times 10^{-5} \times 2.412 \times 10^7 = 3316.7\text{kN}$

从桩顶起算 11m 处：$Q_{11} = \varepsilon_{11} EA = 14.273 \times 10^{-5} \times 2.412 \times 10^7 = 3442.65\text{kN}$

$$q_{si} = \frac{Q_i - Q_{i+1}}{u_i l_i} = \frac{3316.74 - 3442.65}{3.14 \times 1.0 \times (11 - 9)} = -20\text{kPa}$$

故选（D）项。

三、单桩竖向抗拔静载试验

● 复习《基桩检规》5.1.1 条～5.4.6 条。

四、单桩水平静载试验

● 复习《基桩检规》6.1.1 条～6.4.8 条。

【例 6.13.4】 对某建筑场地钻孔灌注桩进行单桩水平静载试验，桩径 800mm，桩身抗弯刚度 $EI = 600000\text{kN} \cdot \text{m}^2$，桩顶自由且水平力作用于地面处。根据 H-t-Y_0（水平力—时间—作用点位移）曲线判定，水平临界荷载为 150kN，相应水平位移为 3.5mm。根据《建筑基桩检测技术规范》的规定，计算对应水平临界荷载的地基土水平抗力系数的比例系数 m 最接近下列哪个选项？（桩顶水平位移系数 ν_y 为 2.441）

(A) 15.0MN/m^4　　(B) 21.3MN/m^4　　(C) 30.5MN/m^4　　(D) 40.8MN/m^4

【解答】 根据《基桩检规》6.4.2 条：

$$b_0 = 0.9 \times (1.5D + 0.5) = 0.9 \times (1.5 \times 0.8 + 0.5) = 1.53\text{m}$$

$$m = \frac{(\nu_y \cdot H)^{\frac{5}{3}}}{b_0 Y_0^{\frac{5}{3}} (EI)^{\frac{2}{3}}} = \frac{(2.441 \times 150)^{\frac{5}{3}}}{1.53 \times (3.5 \times 10^{-3})^{\frac{5}{3}} \times (6 \times 10^5)^{\frac{2}{3}}}$$

$$= \frac{18739.8}{0.878} = 21344\text{kN/m}^4 = 21.3\text{MN/m}^4$$

故选（B）项。

五、钻芯法

● 复习《基桩检规》7.1.1 条～7.6.5 条。

六、低应变法

● 复习《基桩检规》8.1.1 条～8.4.9 条。

【例 6.13.5】 某钻孔灌注桩，桩长 20m，用低应变法进行桩身完整性检测时，发现速度时域曲线上有三个峰值，第一、第三峰值对应的时间刻度分别为 0.2ms 和 10.3ms，初步分析认为该桩存在缺陷。在速度幅频曲线上，发现正常频差为 100Hz，缺陷引起的相邻谐振峰间频差为 180Hz，计算缺陷位置最接近下列哪个选项？

(A) 7.1m　　(B) 10.8m　　(C) 11.0m　　(D) 12.5m

【解答】 根据《基桩检规》8.4.4条：

根据速度时域曲线计算桩身平均波速：

$$c = \frac{2000L}{\Delta T} = \frac{2000 \times 20}{10.3 - 0.2} = 3960.4 \text{m/s}$$

根据速度幅频曲线计算缺陷位置：

$$x = \frac{1}{2} \cdot \frac{c}{\Delta f'} = \frac{1}{2} \times \frac{3960.4}{180} = 11.0 \text{m}$$

故选（C）项。

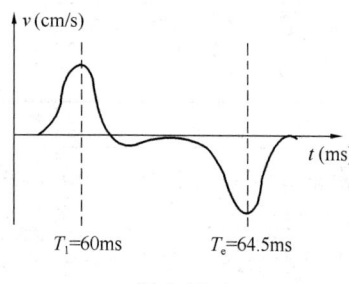

图 6.13.1

【例 6.13.6】 某人工挖孔嵌岩灌注桩桩长为 8m，其低应变反射波动力测试曲线如图 6.13.1 所示，试问，该桩桩身完整性类别及桩身波速值应为下列何项？

(A) Ⅰ类桩，$c = 1777.8 \text{m/s}$
(B) Ⅱ类桩，$c = 1777.8 \text{m/s}$
(C) Ⅰ类桩，$c = 3555.6 \text{m/s}$
(D) Ⅱ类桩，$c = 3555.6 \text{m/s}$

【解答】 根据《基桩检规》8.4.1条：

桩底为嵌岩桩，故桩底反射波质点的运动方向与入射波质点的运动方向相反，即反相，可知，为Ⅰ类桩。

$$c = \frac{2000 \times 8}{64.5 - 60} = 3555.6 \text{m/s}$$

故应选（C）项。

【例 6.13.7】 某场地钻孔灌注桩桩身平均波速值为 3555.6m/s，其中某根桩低应变反射波动力测试曲线如图 6.13.2 所示，对应图中时间 t_1、t_2 和 t_3 的数值分别为 60.0ms、66.0ms 和 73.5ms。试问，在混凝土强度变化不大的情况下，该桩桩长（m）最接近下列何项？

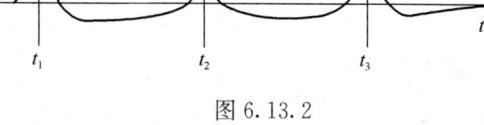

图 6.13.2

(A) 10.7　　(B) 21.3　　(C) 24.0　　(D) 48.0

【解答】 根据《基桩检规》8.4.1条：

t_2 为缺陷反射波波峰对应的时刻，故取 $\Delta T = t_3 - t_1 = 73.5 - 60 = 13.5$ms 计算桩长：

$$L = \frac{c\Delta T}{2000} = \frac{3555.6 \times 13.5}{2000} = 24 \text{m}$$

应选（C）项。

思考：桩身缺陷位置 x 为：

$$x = \frac{1}{2000}\Delta t_x \cdot c = \frac{1}{2000} \times (66 - 60) \times 3555.6 = 10.67 \text{m}$$

七、高应变法

> ●复习《基桩检规》9.1.1条~9.4.15条。

【例6.13.8】 某高强混凝土管桩,外径为500mm,壁厚为125mm,桩身混凝土强度等级为C80,弹性模量为3.8×10^4MPa,进行高应变动力检测,在桩顶下1.0m处两侧安装应变式力传感器,锤重40kN,锤落高1.2m,某次锤击,由传感器测得的峰值应变为350$\mu\varepsilon$,作用在桩顶处的峰值锤击力最接近下列哪个选项?

(A) 1755kN (B) 1955kN (C) 2155kN (D) 2355kN

【解答】 根据《基桩检规》9.3.2条条文说明:

$F=A\cdot E\cdot\varepsilon=3.14\times(0.25^2-0.125^2)\times3.8\times10^7\times350\times10^{-6}$
$=1957.6$kN

故选(B)项。

八、声波透射法

> ●复习《基桩检规》10.1.1条~10.5.12条。

第十四节 基坑工程与检测及监测

一、基坑工程

1. 基本规定

> ●复习《地基通规》2.2.3条、2.2.5条。
> ●复习《地基通规》7.1.1条~7.1.5条。

《地规》也作了相应的规定。

> ●复习《地规》9.1.1条~9.2.6条。

2. 支护结构设计

> ●复习《地基通规》7.2.1条~7.2.8条。

《地规》作了细化规定。

> ●复习《地规》9.3.1条~9.6.9条。
> ●复习《地规》附录V、W和Y。

【例6.14.1】 关于基坑支护有下列主张:

Ⅰ.验算软黏土地基基坑隆起稳定性时,可采用十字板剪切强度或三轴不固结不排水抗剪强度指标;

Ⅱ.位于复杂地质条件及软土地区的一层地下室基坑工程,可不进行因土方开挖、降水引起的基坑内外土体的变形计算;

Ⅲ.作用于支护结构的土压力和水压力,对黏性土宜按水分计算,也可按地区经验确定;

Ⅳ.当巨基坑内外存在水头差,粉土应进行抗渗流稳定验算,渗流的水力梯度不应超过临界水力梯度。

试问,依据《建筑地基基础设计规范》的有关规定,针对上述主张正确性的判断,下列何项正确?

(A) Ⅰ、Ⅱ、Ⅲ、Ⅳ正确　　　　　(B) Ⅰ、Ⅲ正确;Ⅱ、Ⅳ错误

(C) Ⅰ、Ⅳ正确;Ⅱ、Ⅲ错误　　　(D) Ⅰ、Ⅱ、Ⅳ正确;Ⅲ错误

【解答】 根据《地规》3.0.1条、9.1.5条,Ⅱ错误,故排除(A)、(D)项。

根据《地规》9.3.3条,Ⅲ错误,故排除(B)项,应选(C)项。

此外,根据《地规》9.1.6条,Ⅰ正确;

根据《地规》9.4.7条附录W,Ⅳ正确。

【例 6.14.2】 某地下水池采用钢筋混凝土结构,平面尺寸 6m×12m,基坑支护采用直径 600mm 钻孔灌注桩结合一道钢筋混凝土内支撑联合挡土,地下结构平面、剖面及土层分布如图 6.14.1 所示,土的饱和重度按天然重度采用。

提示:不考虑主动土压力增大系数。

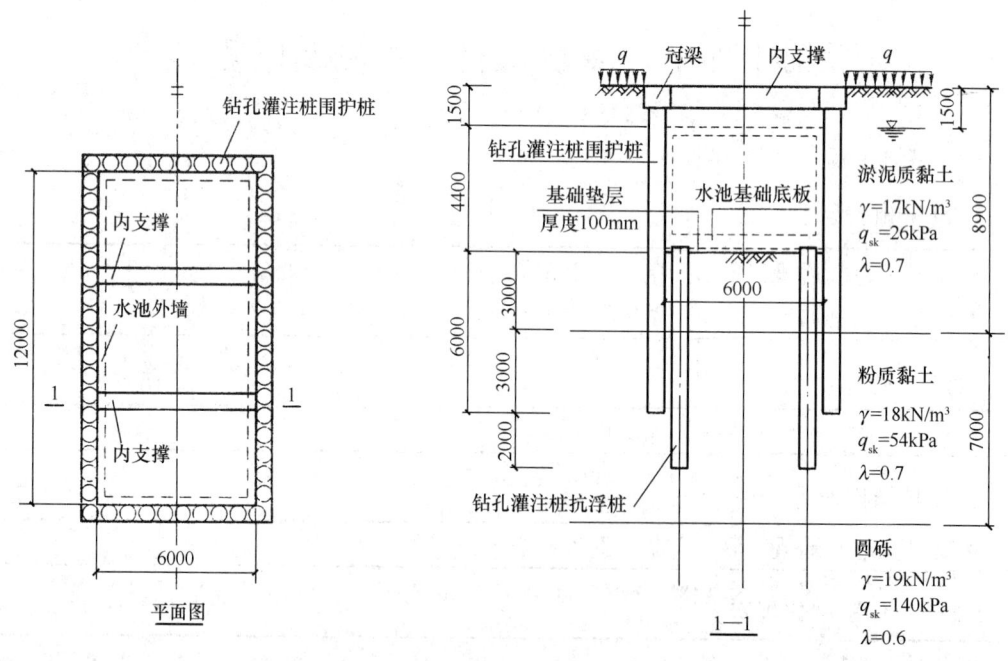

图 6.14.1

试问:

(1)假定,坑外地下水位稳定在地面以下 1.5m,粉质黏土处于正常固结状态,勘察报告提供的粉质黏土抗剪强度指标见表 6.14.1,地面超载 q 为 20kPa。试问,基坑施工以较快的速度开挖至水池底部标高后,作用于围护桩底端的主动土压力强度(kPa),与下列何项数值最为接近?

表 6.14.1

抗剪强度指标	三轴不固结不排水试验		土的有效自重应力下预固结的三轴不固结不排水试验		三轴固结不排水试验	
	c(kPa)	φ(°)	c(kPa)	φ(°)	c(kPa)	φ(°)
粉质黏土	22	5	10	15	5	20

提示：① 主动土压力按朗肯土压力理论计算，$p_a=(q+\Sigma\gamma_i h_i)k_a-2c\sqrt{k_a}$，水土合算；
② 按《建筑地基基础设计规范》GB 50007—2011 作答。

(A) 80　　　　　(B) 100　　　　　(C) 120　　　　　(D) 140

(2) 假定，在作用的标准组合下，作用于单根围护桩的最大弯矩为 260kN·m，作用于内支撑的最大轴力为 2500kN。试问，分别采用简化规则对围护桩和内支撑构件进行强度验算时，围护桩的弯矩设计值（kN·m）和内支撑构件的轴力设计值（kN），分别取下列何项数值最为合理？

提示：根据《建筑地基基础设计规范》作答。

(A) 260，2500　　　　　(B) 260，3125
(C) 350，3375　　　　　(D) 325，3375

(3) 假定，粉质黏土为不透水层，圆砾层赋存承压水，承压水水头在地面以下 4m。试问，基坑开挖至基底后，基坑底抗承压水渗流稳定安全系数，与下列何项数值最为接近？

(A) 0.9　　　　　(B) 1.1　　　　　(C) 1.3　　　　　(D) 1.5

【解答】 (1) 根据《地规》9.1.6 条第 2 款：

应取 $c=10$kPa，$\varphi=15°$

$$k_a=\tan^2\left(45°-\frac{15°}{2}\right)=0.589$$

$$p_a=(20+17\times 8.9+18\times 3)\times 0.589-2\times 10\sqrt{0.589}$$

$$=117\text{kPa}$$

故选 (C) 项。

(2) 根据《地规》9.4.1 条：

$$M_d=1.25\times 260=325\text{kN·m}$$

$$N_d=1.35\times 2500=3375\text{kN·m}$$

故选 (D) 项。

(3) 根据《地规》附录 W.0.1 条，取不透水层底面分析：

$$K_{安}=\frac{17\times 3+18\times 7}{(15.9-4)\times 10}=1.49$$

故选 (D) 项。

二、检测与监测

- 复习《地基通规》4.1.2条、4.4.5条、4.4.6条、4.4.7条。
- 复习《地基通规》5.4.2条、5.4.3条。

《地规》作了细化规定。

- 复习《地规》10.1.1条～10.3.9条。

第十五节　既有建筑地基基础加固

本节所用规范为《既有建筑地基基础加固技术规范》JGJ 123—2012（以下简称《既有地规》）。

【例6.15.1】　关于既有建筑地基基础设计有下列主张，其中何项不正确？

（A）当场地地基无软弱下卧层时，测定的既有建筑基础再增加荷载时，变形模量的试验压板尺寸不宜小于2.0m²

（B）在低层或建筑荷载不大的既有建筑地基基础加固设计中，应进行地基承载力验算和地基变形计算

（C）测定地下水位以上的既有建筑地基的承载力时，应使试验土层处于干燥状态，试验板的面积宜取0.25～0.50m²

（D）基础补强注浆加固适用于因不均匀沉降、冻胀或其他原因引起的基础裂损的加固

【解答】　根据《既有地规》附录A.0.1条、A.0.2条，（C）项错误，应选（C）项。

此外，根据《既有地规》附录B.0.1和B.0.2条，（A）正确。

根据《既有地规》3.0.4条第1和2款，（B）正确。

根据《既有地规》11.2.1条，（D）正确。

【例6.15.2】　某框架结构柱下设置两桩承台，工程桩采用先张法预应力混凝土管桩，桩径500mm；桩基施工完成后，由于建筑加层，柱竖向力增加，设计采用锚杆静压桩基础加固方案。基础横剖面、场地土分层情况如图6.15.1所示。

上部结构施工过程中，该加固部位的结构自重荷载变化如表6.15.1所示。假定，锚杆静压钢管桩单桩承载力特征值为300kN，压桩力系数取2.0，最大压桩力即为设计最终压桩力。

表6.15.1

上部结构施工完成的层数	1	2	3	4	5	6
加固部位结构自重荷载（kN）	500	800	1050	1300	1550	1700

试问：为满足两根锚杆静压桩的同时正常施工和结构安全，上部结构需完成施工的最小层数，与下列何项数值最为接近？

提示：① 本题按《既有建筑地基基础加固技术规范》JGJ 123—2012作答；
② 不考虑工程桩的抗拔作用。

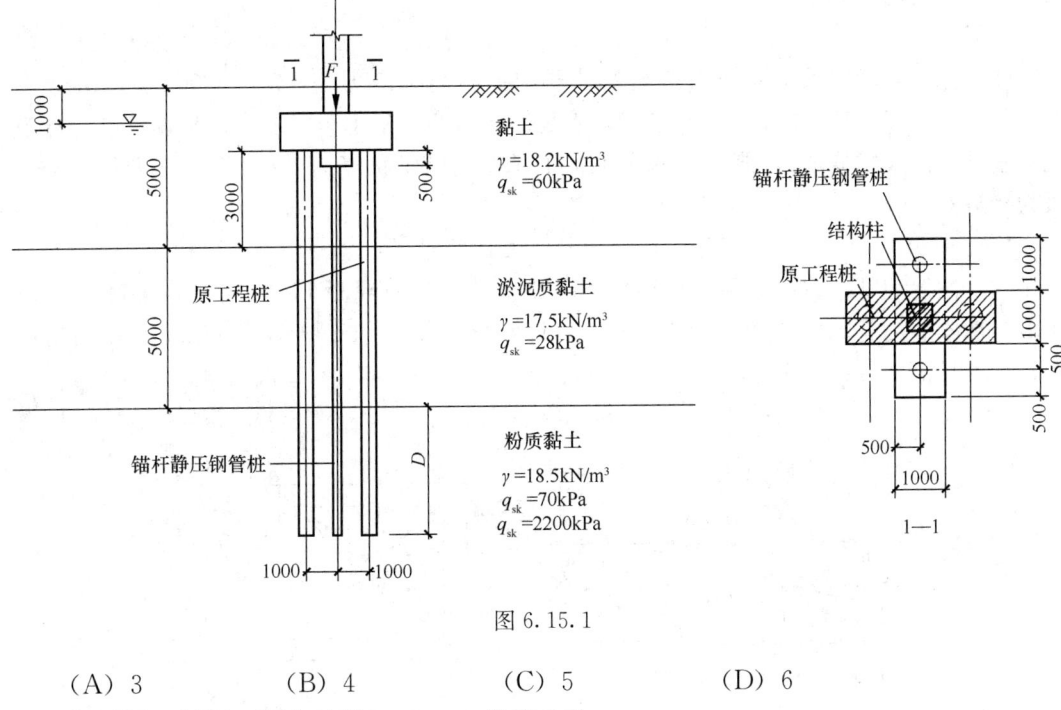

图 6.15.1

(A) 3　　　　(B) 4　　　　(C) 5　　　　(D) 6

【解答】 根据《既有地规》11.4.3 条第 7 款：

设计最终压桩力为 $300 \times 2 \times 2 = 1200$kN

根据《既有地规》11.4.2 条第 2 款：

施工时，压桩力不得大于该加固部分的结构自重荷载，根据题目表格，4 层施工结束后，加固部位结构自重荷载为 1300kN，大于 1200kN，满足要求。

故选（B）项。

【例 6.15.3】 某多层办公楼，安全等级为二级，为钢筋混凝土框架结构，采用柱下独立扩展基础，如图 6.15.2 所示。基础及其上覆土加权平均重度按 20kN/m³ 考虑。现拟

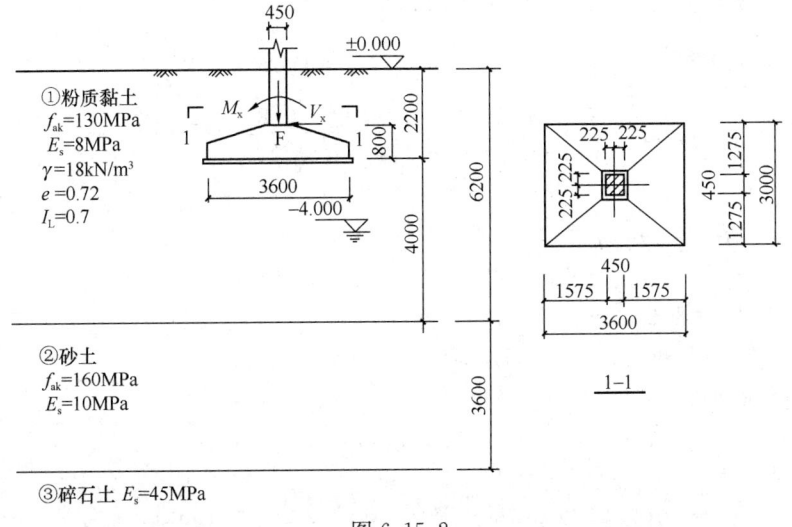

图 6.15.2

对该建筑进行增层。

试问：

(1) 假定，增层后上部结构传至基础顶的标准组合内力为：$M_x=300$kN·m，$F=1620$kN，$V_x=60$kN，原基础尺寸恰好能满足增层后的地基承载力要求。根据《既有建筑地基基础加固技术规范》，既有地基再加荷的承载力特征值 f_{ak}（kPa），与下列何项数值最为接近？

(A) 145　　　　(B) 160　　　　(C) 175　　　　(D) 200

(2) 假定地基承载力不足，采用扩大基础加固，新旧混凝土形成整体，如图 6.15.3 所示。加固后为基础单向偏心受力，$p_{jmax}=160$kPa，$p_{jmin}=120$kPa，$h=1250$mm。试问，A-A（新旧相交）截面的弯矩设计值 M（kN·m）与下列何项数值最为接近？

(A) 100　　　　(B) 150　　　　(C) 200　　　　(D) 250

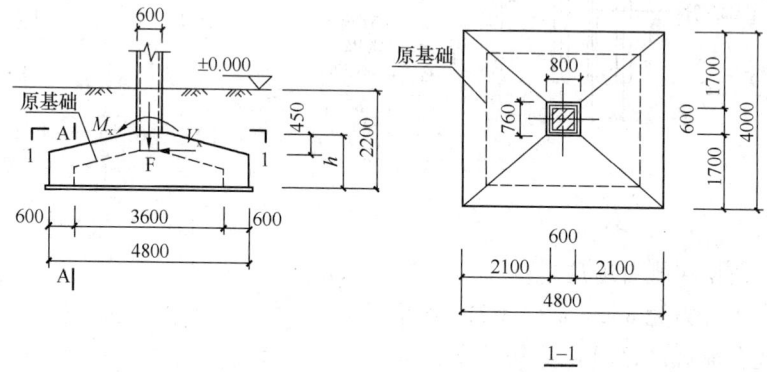

图 6.15.3

【解答】 (1) 根据《既有地规》5.2.2 条、5.2.1 条：

$$G_k=3.6\times 3\times 2.2\times 20=475.2\text{kN}$$

$$e=\frac{\sum M_k}{F_k+G_k}=\frac{300+60\times 0.8}{1620+475.2}=0.166\text{m}<\frac{3.6}{6}=0.6\text{m}$$

基底反力为梯形分布。

$$p_{kmax}=\frac{1620+475.2}{3.6\times 3}+\frac{300+60\times 0.8}{\frac{1}{6}\times 3\times 3.6^2}=247.7\text{kPa}$$

由《地规》表 5.2.4，$\eta_d=1.6$，则：

$$f_a=f_{ak}+0+1.6\times 18\times(2.2-0.5)$$

$247.7=1.2f_a=1.2f_{ak}+1.2\times 1.6\times 18\times 1.7$

可得：$f_{ak}=157.5$kPa，故选（B）项。

(2) 根据《地规》8.2.11 条：

A-A 处的 p_j 为：　　　　　　　　$a_1=0.6$m

$$p_j=120+(160-120)\times\frac{4.8-0.6}{4.8}=155\text{kPa}$$

$$M_A = \frac{1}{12} \times 0.6^2 \times [(2\times 4+3) \times (160+155) + (160-155) \times 4]$$

$$= 104.55 \text{kN} \cdot \text{m}$$

故选（A）项。

第十六节 建筑边坡工程

一、基本规定

1. 一般规定

- 复习《地基通规》2.2.3条、2.2.6条。
- 复习《地基通规》8.1.1条～8.1.5条。

《边坡规范》作了细化规定。

- 复习《边坡规范》2.1.1条～2.1.26条。
- 复习《边坡规范》3.1.1条～3.2.3条。

2. 设计原则

- 复习《地基通规》8.2.1条～8.2.4条。

《边坡规范》作了细化规定。

- 复习《边坡规范》3.3.1条～3.3.7条。

【例6.16.1】 关于建筑边坡有下列主张：

Ⅰ．边坡塌滑区内有重要建筑物、稳定性较差的边坡工程，其设计及施工应进行专门论证；

Ⅱ．计算锚杆面积，传至锚杆的作用效应应采用荷载效应基本组合；

Ⅲ．对安全等级为一级的临时边坡，边坡稳定安全系数应不小于1.20；

Ⅳ．采用重力式挡墙时，土质边坡高度不宜大于10m。

试问，依据《建筑边坡工程技术规范》的有关规定，针对上述主张的判断，下列何项正确？

(A) Ⅰ、Ⅱ、Ⅳ正确 (B) Ⅰ、Ⅳ正确
(C) Ⅰ、Ⅱ正确 (D) Ⅰ、Ⅱ、Ⅲ正确

【解答】 根据《边坡规范》3.3.2条，Ⅱ错误，应选（B）项。

【例6.16.2】 某新建5层建筑位于边坡坡顶，坡面与水平面夹角$\beta=45°$，该建筑的上部结构采用钢筋混凝土框架结构，采用柱下独立基础，基础底面中心线与柱截面中心线重合。方案设计时，靠近边坡的柱截面尺寸为500mm×500mm，基础底面形状为正方形，基础剖面及土层分布如图6.16.1所示。基础及其上部覆土的加权平均重度取20kN/m³，场地内无地下水。不考虑地震作用。

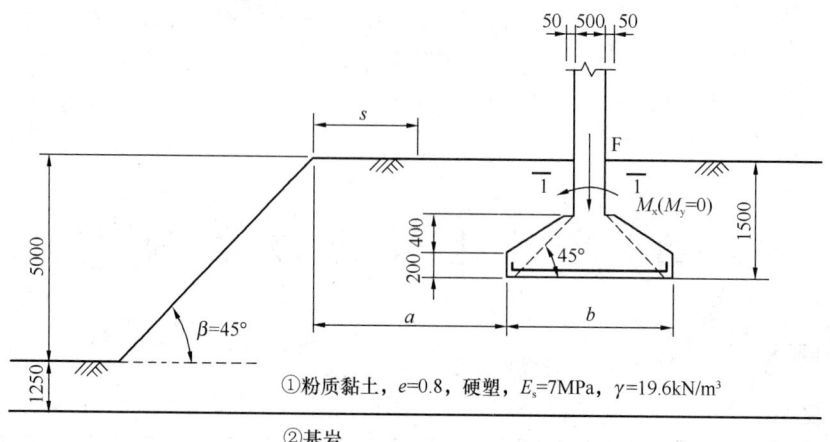

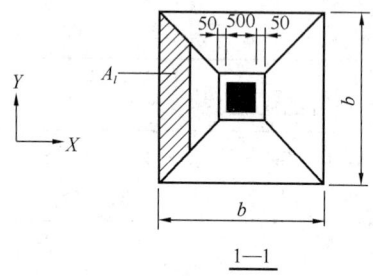

图 6.16.1

假定，①层粉质黏土 $c_k=25kPa$，$\varphi_k=20°$，当坡顶无荷载，不计新建建筑影响，边坡坡顶塌滑区外边缘至坡顶边缘的水平投影距离估算值 s（m），与下列何项数值最接近？

(A) 2.20　　　　(B) 2.85　　　　(C) 3.55　　　　(D) 7.85

【解答】 根据《边坡规范》3.2.3 条：

$$\theta=\frac{45°+20°}{2}=32.5°$$

$$L=\frac{5}{\tan32.5°}=7.85m$$

$$s=7.85-\frac{5}{\tan45°}=2.85m$$

故选（B）项。

二、边坡工程勘察

- 复习《边坡规范》4.1.1 条～4.3.7 条。

三、边坡稳定性评价

- 复习《边坡规范》5.1.1 条～5.3.2 条。
- 复习《边坡规范》附录 A。

【例 6.16.3】 某建筑岩石边坡代表性剖面如图 6.16.2 所示，由于暴雨使其后缘垂直张裂缝瞬间充满水，经测算滑面长度 $L=50\text{m}$，张裂缝深度 $h_\text{w}=12\text{m}$，每延米滑体自重为 15500kN/m，滑面倾角为 $28°$，滑面的内摩擦角 $\varphi=25°$，黏聚力 $c=50\text{kPa}$，取 $\gamma_\text{w}=10\text{kN/m}^3$。滑动面充满水。试问，该边坡稳定系数 F_s 最接近下列何项数值？

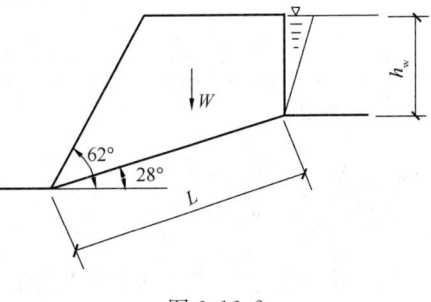

图 6.16.2

(A) 0.95　　　　(B) 1.10
(C) 1.15　　　　(D) 1.20

【解答】 根据《边坡规范》附录 A.0.2 条：

$$V=\frac{1}{2}\gamma_\text{w}h_\text{w}^2=\frac{1}{2}\times 10\times 12^2=720\text{kN/m}$$

$$U=\frac{1}{2}\gamma_\text{w}h_\text{w}L=\frac{1}{2}\times 10\times 12\times 50=3000\text{kN/m}$$

$$R=[G\cos\theta-V\sin\theta-U]\tan\varphi+cL$$
$$=[15500\cos28°-720\sin28°-3000]\tan25°+50\times 50$$
$$=7325.2\text{kN/m}$$

$$T=G\sin\theta+V\cos\theta$$
$$=15500\sin28°+720\sin28°=7912.53\text{kN/m}$$

$$F_\text{s}=\frac{R}{T}=\frac{7325.2}{7912.53}=0.93$$

应选（A）项。

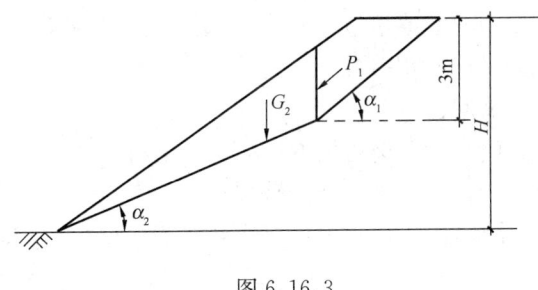

图 6.16.3

【例 6.16.4】 某建筑砂土边坡工程，如图 6.16.3 所示，坡率为 1:1.5，坡高为 $H=6\text{m}$，砂土的内摩擦角为 $\varphi=32°$，砂土重度 $\gamma=18\text{kN/m}^3$。在图 6.16.3 中，经计算知，第一块传递到第二块上的推力 $P_1=600\text{kN}$，第二块自重 $G_2=1200\text{kN}$，$\alpha_1=36°$，$\alpha_2=14°$。试问，沿图示的折线形滑动面滑动的稳定性系数最接近下列何项数值？

提示：按《建筑边坡工程技术规范》GB 50330—2013 作答。

(A) 1.03　　　　(B) 1.22
(C) 1.31　　　　(D) 1.38

【解答】 根据《边坡规范》附录 A.0.3 条：

$$\varphi_1=\cos(36°-14°)-\sin(36°-14°)\tan\varphi_1/F_\text{s}$$
$$=\cos22°-\sin22°\tan32°/F_\text{s}$$
$$=0.927-0.234/F_\text{s}$$

$$T_2=G\sin\theta_2=1200\sin14°=290.31\text{kN}$$

$$R_2=G_2\cos\theta_2\tan\varphi_2$$

1345

$$= 1200\cos14°\tan32°$$
$$= 727.57\text{kN}$$
$$P_2 = P_1\varphi_1 + T_2 - R_2/F_s, \text{且 } P_2 = 0.0, \text{则}:$$
$$0 = 600 \times (0.927 - 0.234/F_s) + 290.31 - 727.57/F_s$$

解之得：$F_s = 1.025$

应选（A）项。

四、边坡支护结构上的侧向岩土压力

- 复习《边坡规范》6.1.1条～6.3.5条。

需注意的是：

（1）《边坡规范》6.2.3条式（6.2.3-2）中：

$$K_q[\sin(\alpha+\delta)\sin(\alpha-\delta)] \text{ 应为}: K_q[\sin(\alpha+\beta)\sin(\alpha-\delta)]$$

（2）《边坡规范》6.2.9条式（6.2.10-1）中：

$$E_a = \frac{1}{2}\gamma H^2 k_a \quad \text{应为}: E_a = \frac{1}{2}\gamma h^2 k_a$$

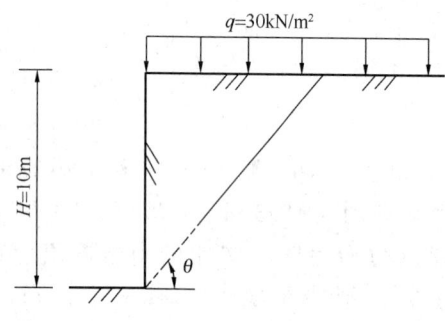

图 6.16.4

【**例 6.16.5**】 某一建筑岩质边坡，如图6.16.4所示，中风化砂岩，$\gamma = 24\text{kN/m}^2$，岩体的内摩擦角 $\varphi = 36°$，岩体的等效内摩擦角 $\varphi_e = 45°$。外倾硬性结构面的倾角 $\theta = 70°$，外倾结构面的内摩擦角 $\varphi_s = 18°$，黏聚力 $c_s = 50\text{kN/m}^2$。计算时，取 $\delta = 0°$。

试问：

（1）确定该边坡的侧向主动岩石压力 E_a 值。
（2）确定该边坡的破裂角。

【**解答**】 （1）根据《边坡规范》6.3.3条：

① 按岩体等效内摩擦角计算 E_a

由6.2.3条，取 $\alpha = 90°$，$\beta = 0°$，$c = 0$，$\sigma = 0$

$$\eta = \frac{2c}{\gamma H} = 0$$

$$K_q = 1 + \frac{2 \times 30\sin90°\cos0°}{2.4 \times 10\sin(90°+0°)} = 1.25$$

$$k_a = \frac{\sin90°}{\sin^2 90°\sin^2(90°+0°-45°-0°)} \cdot \Big\{1.25 \times [\sin(90°+0°)\sin(90°-0°)$$
$$+ \sin(45°+0°)\sin(45°-0°)] + 2 \times 0 - 2\sqrt{1.25\sin(90°+0°)\sin(45°-0°)+0}$$
$$\times \sqrt{1.25\sin(90°-0°)\sin(45°+0°)+0}\Big\}$$

$$= \frac{1}{0.5} \times \{1.25 \times [1+0.5] - 2 \times 0.8839\}$$

$$= 0.2144$$

$$E_a = \frac{1}{2}\gamma H^2 k_a = \frac{1}{2} \times 24 \times 10^2 \times 0.2144$$

$$= 257.3 \text{kN/m}$$

② 按外倾结构面计算 E_a

由 6.3.1 条：

$$\eta = \frac{2c_s}{\gamma H} = \frac{2 \times 50}{24 \times 10} = 0.417, \quad k_q = 1.25 \text{（同前）}$$

$$k_a = \frac{\sin(90°+0°)}{\sin^2 90° \sin(90°-0°+70°-18°)\sin(70°-0°)}$$

$$\times [1.25 \times \sin(90°+70°)\sin(70°-18°) - 0.417\sin 90°\cos 18°]$$

$$= \frac{1}{\sin 142° \sin 70°} \times [0.3369 - 0.3966]$$

$$= -0.103$$

故最终取 $E_a = 257.3 \text{kN/m}$

(2) 由《边坡规范》6.3.3 条：

$$\text{破裂角} = \min\left(45° + \frac{36°}{2}, 70°\right) \approx 63°$$

【例 6.16.6】 某一建筑岩质边坡同【例 6.16.5】，已知按岩体等效内摩擦角计算的 $E_a = 280 \text{kN/m}$，其外倾结构面的倾角 $\theta = 60°$，外倾结构面的内摩擦角 $\varphi_s = 26°$，黏聚力 $c_s = 50 \text{kN/m}^2$。其他条件同【例 6.16.5】。计算取 $\delta = 0°$。

试问：

(1) 确定该边坡的侧向主动岩石压力 E_a 值。

(2) 确定该边坡的破裂角。

【解答】 (1) 确定 E_a

按岩体等效内摩擦角计算 E_a，$E_a = 280 \text{kN/m}$

按外倾结构面计算 E_a，由 6.3.1 条：

$$\eta = \frac{2 \times 50}{24 \times 10} = 0.417$$

$$k_a = \frac{\sin 90°}{\sin^2 90° \sin(90°-0°+60°-26°)\sin(60°-0°)}$$

$$\times [1.25\sin(90°+60°)\sin(90°-26°) - 0.417\sin 90°\cos 26°]$$

$$= \frac{1}{0.829 \times 0.866} \times [0.5617 - 0.3748]$$

$$= 0.260$$

$$E_a = \frac{1}{2} \times 24 \times 10^2 \times 0.260 = 312 \text{kN/m}$$

故最终取 $E_a = \max(280, 312) = 312 \text{kN/m}$

(2) 确定破裂角，由《边坡规范》6.3.3条：

$$破裂角 = \min\left(45° + \frac{36°}{2}, 60°\right) = 60°$$

五、坡顶有重要建筑物的边坡工程

- 复习《边坡规范》7.1.1条～7.4.4条。

六、锚杆（索）和锚杆（索）挡墙

- 复习《边坡规范》8.1.1条～8.5.6条。
- 复习《边坡规范》9.1.1条～9.4.2条。

【例6.16.7】 题目条件同【例6.16.5】，已知按岩体等效内摩擦角计算的 $E_a = 257.3 \text{kN/m}$，采用锚杆挡墙进行边坡支护，锚杆采用预应力锚杆。采用逆作法施工，设置多层锚杆，锚杆的水平、垂直间距均为2m，锚杆倾角 $\alpha = 20°$。试问，确定该挡墙中部处单根锚杆的轴向拉力 N_{ak}。

【解答】 根据《边坡规范》9.2.2条：

$$E_{ah} = E_a \cos(90° - \alpha + \delta) = 257.3\cos(90° - 90° + 0°)$$
$$= 257.3 \text{kN/m}$$

查表9.2.2，取 $\beta_2 = 1.1$

$$E'_{ah} = 257.3 \times 1.1 = 283.03 \text{kN/m}$$

由9.2.5条：

$$e'_{ah} = \frac{E'_{ah}}{0.9H} = \frac{283.03}{0.9 \times 10} = 31.45 \text{kN/m}^2$$

$$N_{ak} = \frac{e'_{ah} s_{xj} s_{yj}}{\cos\alpha} = \frac{31.45 \times 2 \times 2}{\cos 20°}$$

$$= 133.9 \text{kN}$$

七、岩石锚喷支护

- 复习《边坡规范》10.1.1条～10.4.3条。

八、重力式挡墙

- 复习《边坡规范》11.1.1条～11.4.6条。

九、悬臂式挡墙和扶壁式挡墙

- 复习《边坡规范》12.1.1条～12.4.4条。

【例6.16.8】 某悬臂式挡土墙如图6.16.5所示，墙后填土为密砂，$\varphi = 40°$，$c = 0$，γ

$=18\mathrm{kN/m^3}$。挡墙钢筋混凝土重度 $\gamma=25\mathrm{kN/m^3}$，挡墙底与地基土的摩擦系数 $\mu=0.56$。经计算，挡墙墙后土体不能形成第二破裂面。

试问：

(1) 按《边坡规范》12.2.3 条采用墙踵下缘与墙顶内缘的连线作为假想墙背计算，确定该挡墙的滑移稳定系数。

(2) 按《边坡规范》12.2.3 条采用通过墙踵的竖向面作为假想墙背计算，确定该挡墙的滑移稳定系数。

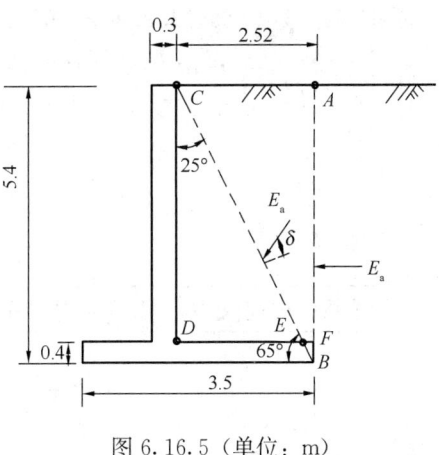

图 6.16.5（单位：m）

【解答】(1) 根据《边坡规范》6.2.3 条：
$\alpha=65°$，$\beta=0°$，$c=0$，$q=0$，则：$\eta=0$，$k_q=1$，

此时，取 $\delta=\varphi=40°$

$$k_a = \frac{\sin 65°}{\sin^2 65° \sin^2(65°+0°-40°-40°)} \{1 \times [\sin(65°+0°)\sin(65°-40°) + \sin(40°+40°)\sin(40°-0°)]$$

$$+ 0 - 2\sqrt{1 \times \sin(65°+0°)\sin(40°+0°)+0}\sqrt{1 \times \sin(65°-45°)\sin(40°+40°)+0}\}$$

$$= \frac{1}{0.06071} \times \{0.3830 + 0.6330 - 0.9848\}$$

$$= 0.514$$

$$E_a = \frac{1}{2}\gamma H^2 k_a = \frac{1}{2} \times 18 \times 5.4^2 \times 0.514 = 135\mathrm{kN/m}$$

由《边坡规范》12.2.9 条、11.2.3 条：

$$E_{at} = E_a \sin(65°-0°-40°) = 57\mathrm{kN/m}$$

$$E_{an} = E_a \cos(65°-0°-40°) = 122.4\mathrm{kN/m}$$

$$W_{土体} = W_{CDE} = \frac{1}{2} \times (2.52 - 0.4\tan 25°) \times 5.0 \times 18$$

$$= 105\mathrm{kN/m}$$

$$W_{挡墙} = (0.3 \times 5.0 + 3.5 \times 0.4) \times 25 = 72.5\mathrm{kN/m}$$

$$F_s = \frac{(105 + 72.5 + 122.4) \times 0.56}{57} = 2.95$$

(2) 根据朗金公式：

$$K_a = \tan^2\left(45° - \frac{40°}{2}\right) = 0.217$$

$$E_a = \frac{1}{2}\gamma H^2 K_a = \frac{1}{2} \times 18 \times 5.4^2 \times 0.217 = 57\mathrm{kN/m}$$

根据《边坡规范》12.2.9条、11.2.3条：

$$W_{土体} = W_{ACDF} = 2.52 \times 5.0 \times 18 = 226.8 \text{kN/m}$$

$$W_{挡墙} = (0.3 \times 5.0 + 3.5 \times 0.4) \times 25 = 72.5 \text{kN/m}$$

$$F_s = \frac{(226.8 + 72.5) \times 0.56}{57} = 2.94$$

十、桩板式挡墙

- 复习《边坡规范》13.1.1条～13.4.6条。

2022 注册结构工程师考试用书

一、二级注册结构工程师专业考试应试技巧与题解（第十四版）

（下册）

兰定筠　主编

中国建筑工业出版社

目　　录

（下册）

第七章　高层建筑结构和高耸结构 ··· 1351
第一节　荷载和地震作用 ··· 1351
　　一、总则和术语 ··· 1351
　　二、竖向荷载 ·· 1352
　　三、风荷载 ··· 1352
　　四、地震作用 ·· 1374
　　五、时程分析法 ··· 1394
第二节　结构设计的基本规定 ·· 1405
　　一、一般规定 ·· 1405
　　二、材料 ·· 1407
　　三、房屋适用高度及高宽比 ·· 1408
　　四、结构平面布置、竖向布置和结构规则性 ································· 1412
　　五、防震缝和伸缩缝 ·· 1429
　　六、楼盖结构 ·· 1430
　　七、水平位移限值和舒适度要求 ··· 1432
　　八、构件承载力设计 ·· 1433
　　九、抗震等级 ·· 1434
　　十、特一级构件设计规定 ··· 1443
　　十一、结构抗震性能设计 ··· 1444
　　十二、抗连续倒塌设计 ··· 1452
第三节　结构计算分析 ·· 1452
　　一、一般规定 ·· 1452
　　二、计算参数与计算简图处理 ·· 1454
　　三、重力二阶效应与结构整体稳定性 ·· 1462
　　四、荷载和地震作用组合 ··· 1468
　　五、抗震变形计算 ··· 1474
　　六、地下室与基础设计 ··· 1479
第四节　框架结构 ··· 1483
　　一、一般规定 ·· 1483

二、框架梁 ·· 1484
　　三、框架柱 ·· 1499
　　四、梁柱节点 ·· 1515
　　五、钢筋的连接和锚固 ·· 1522
第五节　剪力墙结构 ·· 1523
　　一、一般规定 ·· 1523
　　二、截面设计 ·· 1527
　　三、连梁 ·· 1556
第六节　框架-剪力墙结构与板柱-剪力墙结构 ······················ 1569
　　一、框架-剪力墙结构 ·· 1569
　　二、板柱-剪力墙结构 ·· 1580
第七节　筒体结构 ·· 1584
　　一、一般规定 ·· 1584
　　二、框架-核心筒结构 ·· 1590
　　三、筒中筒结构 ·· 1595
第八节　复杂高层建筑结构 ·· 1599
　　一、一般规定 ·· 1599
　　二、带转换层高层建筑结构 ·· 1600
　　三、其他复杂高层建筑结构 ·· 1630
第九节　高层建筑混凝土结构的内力调整 ·························· 1637
　　一、框架结构的内力调整 ·· 1637
　　二、其他结构的框架内力调整 ·· 1637
　　三、普通高层结构的剪力墙的内力调整 ························ 1638
　　四、部分框支剪力墙结构的内力调整 ···························· 1639
第十节　高层建筑混凝土结构的构造措施 ·························· 1640
　　一、框架梁的构造措施 ·· 1640
　　二、框架柱的构造措施 ·· 1642
　　三、普通剪力墙结构的构造措施 ···································· 1645
　　四、框架-剪力墙结构和板柱-剪力墙结构的构造措施 ··· 1646
　　五、筒体结构的核心筒和内筒的构造措施 ···················· 1646
　　六、部分框支剪力墙结构的剪力墙的构造措施 ············ 1647
　　七、约束边缘构件和构造边缘构件的抗震构造措施 ···· 1648
　　八、普通连梁的构造措施 ·· 1649
第十一节　混合结构 ·· 1650
　　一、《高规》混合结构 ·· 1650
　　二、《抗震通规》和《抗规》钢支撑-混凝土框架结构 ······ 1664
第十二节　高层钢结构 ·· 1665
　　一、总则和术语 ·· 1665

二、材料 …… 1665
　　三、荷载 …… 1666
　　四、地震作用 …… 1667
　　五、结构设计基本规定 …… 1668
　　六、结构计算分析 …… 1670
　　七、钢构件设计 …… 1673
　　八、连接设计 …… 1689
　　九、制作、涂装和安装 …… 1696
　　十、抗火设计 …… 1697
　第十三节 《抗规》多高层钢结构 …… 1697
　　一、一般规定 …… 1697
　　二、计算要点 …… 1698
　　三、抗震构造措施 …… 1700
　第十四节 组合结构 …… 1702
　　一、基本规定 …… 1702
　　二、型钢混凝土框架梁和转换梁 …… 1703
　　三、型钢混凝土框架柱和转换柱 …… 1705
　　四、矩形钢管混凝土框架柱和转换柱 …… 1708
　　五、圆形钢管混凝土框架柱和转换柱 …… 1708
　　六、型钢混凝土剪力墙 …… 1709
　第十五节 烟囱结构 …… 1711
　　一、基本规定 …… 1711
　　二、材料 …… 1711
　　三、风荷载 …… 1711
　　四、地震作用 …… 1715
　第十六节 高耸结构 …… 1720
　　一、基本规定 …… 1720
　　二、风荷载 …… 1721
　　三、覆冰荷载 …… 1722
　　四、地震作用 …… 1723
　　五、混凝土圆筒形塔 …… 1723
　第十七节 高层建筑结构施工 …… 1724

第八章 桥梁结构 …… 1725

　第一节 桥梁的基本组成与分类 …… 1725
　　一、桥梁的基本组成 …… 1725
　　二、桥梁的分类 …… 1729
　第二节 桥梁总体设计 …… 1730

一、桥梁的平面布置 …………………………………………………… 1730
　　二、桥梁的纵断面设计 ………………………………………………… 1732
　　三、桥梁的横断面设计 ………………………………………………… 1737
　　四、桥面构造 …………………………………………………………… 1739
第三节　桥梁上的作用和作用组合 ………………………………………… 1743
　　一、总则和术语 ………………………………………………………… 1743
　　二、作用（永久作用、可变作用、偶然作用和地震作用） ………… 1746
　　三、作用组合 …………………………………………………………… 1763
第四节　行车道板的计算 …………………………………………………… 1773
　　一、概述 ………………………………………………………………… 1773
　　二、行车道板的内力计算 ……………………………………………… 1776
　　三、悬臂板的计算 ……………………………………………………… 1785
　　四、斜板桥 ……………………………………………………………… 1792
第五节　梁桥的计算 ………………………………………………………… 1794
　　一、荷载横向分布计算 ………………………………………………… 1794
　　二、主梁的设计内力计算 ……………………………………………… 1811
　　三、箱形截面梁 ………………………………………………………… 1821
第六节　桥梁支座和其他构件计算 ………………………………………… 1830
　　一、桥梁支座 …………………………………………………………… 1830
　　二、桥梁伸缩装置 ……………………………………………………… 1837
第七节　拱桥 ………………………………………………………………… 1838
　　一、拱桥的基本组成 …………………………………………………… 1838
　　二、拱桥的分类及其构造 ……………………………………………… 1839
　　三、拱桥的基本特点 …………………………………………………… 1843
　　四、拱桥的总体设计 …………………………………………………… 1844
　　五、拱桥计算 …………………………………………………………… 1847
　　六、拱桥的强度与稳定性验算 ………………………………………… 1854
第八节　桥墩台的作用与作用组合 ………………………………………… 1856
　　一、概述 ………………………………………………………………… 1856
　　二、梁式桥墩台 ………………………………………………………… 1856
　　三、拱桥墩台 …………………………………………………………… 1862
　　四、桥梁墩台上的作用 ………………………………………………… 1863
　　五、桥梁墩台的作用组合 ……………………………………………… 1868
第九节　桥墩台的计算 ……………………………………………………… 1876
　　一、重力式桥墩台 ……………………………………………………… 1877
　　二、桩柱式桥墩 ………………………………………………………… 1879
　　三、柔性墩 ……………………………………………………………… 1885
　　四、梁式桥轻型桥台 …………………………………………………… 1900

五、拱桥桥台 ··· 1901
第十节　桥梁钢筋混凝土结构 ·· 1901
　　一、基本原则和基本规定 ··· 1901
　　二、持久状况承载力极限状态计算 ·· 1903
　　三、持久状况正常使用极限状态计算 ·· 1912
第十一节　桥梁预应力混凝土结构 ·· 1916
　　一、持久状况承载力极限状态计算 ·· 1916
　　二、持久状况正常使用极限状态计算 ·· 1917
　　三、持久状况和短暂状况构件的应力计算 ·· 1922
　　四、构造要求 ·· 1924
第十二节　城市桥梁抗震设计 ·· 1926
　　一、桥梁抗震设计的基本要求 ·· 1926
　　二、场地、地基与基础 ·· 1931
　　三、桥梁结构的地震作用 ·· 1932
　　四、桥梁抗震分析 ·· 1936
　　五、规则桥梁抗震分析 ·· 1937
　　六、能力保护构件计算 ·· 1939
　　七、桩基承台和桥台的水平地震力计算 ·· 1941
　　八、抗震验算 ·· 1941
　　九、抗震构造细节设计 ·· 1943
　　十、桥梁的抗震措施 ·· 1945
第十三节　公路桥梁抗震设计 ·· 1947
　　一、总则和术语 ·· 1947
　　二、基本要求 ·· 1947
　　三、场地和地基 ·· 1947
　　四、地震作用 ·· 1947
　　五、抗震分析 ·· 1949
　　六、强度和变形验算 ·· 1949
　　七、延性构造细节设计 ·· 1952
　　八、抗震措施 ·· 1952
第十四节　城市人行天桥 ·· 1953
　　一、一般规定 ·· 1953
　　二、天桥设计 ·· 1954
　　三、地道设计 ·· 1954

第九章　结构力学 ·· 1955

第一节　静力学 ·· 1955
　　一、静力基本概念与公理 ·· 1955

  二、约束与约束力及物体的受力分析 ……………………………………………………… 1959
  三、平面力系 ……………………………………………………………………………… 1962
 第二节 材料力学 ……………………………………………………………………………… 1965
  一、轴向拉伸与压缩 ……………………………………………………………………… 1966
  二、剪切 …………………………………………………………………………………… 1966
  三、扭转 …………………………………………………………………………………… 1967
  四、平面弯曲 ……………………………………………………………………………… 1969
  五、组合变形 ……………………………………………………………………………… 1972
 第三节 静定梁 ………………………………………………………………………………… 1972
  一、单跨静定梁 …………………………………………………………………………… 1973
  二、简支斜梁 ……………………………………………………………………………… 1977
  三、多跨静定梁 …………………………………………………………………………… 1979
 第四节 静定平面刚架和三铰拱 ……………………………………………………………… 1980
  一、静定平面刚架 ………………………………………………………………………… 1980
  二、三铰拱 ………………………………………………………………………………… 1985
 第五节 静定平面桁架 ………………………………………………………………………… 1986
  一、节点法和截面法 ……………………………………………………………………… 1987
  二、零杆及其运用 ………………………………………………………………………… 1989
  三、对称性的利用 ………………………………………………………………………… 1990
 第六节 静定结构位移计算和一般性质 ……………………………………………………… 1992
  一、静定结构位移计算的一般公式 ……………………………………………………… 1992
  二、荷载作用下的静定结构位移计算 …………………………………………………… 1993
  三、非荷载因素作用下的静定结构位移计算 …………………………………………… 1996
  四、静定结构的一般性质 ………………………………………………………………… 1997
 第七节 超静定结构的力法 …………………………………………………………………… 1997
  一、超静力结构的超静定次数 …………………………………………………………… 1997
  二、力法 …………………………………………………………………………………… 1999
  三、对称性的利用 ………………………………………………………………………… 2004
 第八节 超静定结构的位移法 ………………………………………………………………… 2007
  一、位移法 ………………………………………………………………………………… 2007
  二、超静定结构的特性 …………………………………………………………………… 2010
 第九节 习题与解答 …………………………………………………………………………… 2012
  一、习题 …………………………………………………………………………………… 2012
  二、解答 …………………………………………………………………………………… 2018

第十章 常用结构的静力计算方法 ……………………………………………………………… 2023
 第一节 竖向荷载作用下结构的内力计算 …………………………………………………… 2023
  一、杆件刚度 ……………………………………………………………………………… 2023

二、力矩分配法 ·· 2024
　　三、分层法 ··· 2030
　第二节　水平荷载作用下结构的内力计算 ···································· 2037
　　一、反弯点法 ·· 2037
　　二、D 值法 ··· 2040
　　三、排架计算 ·· 2046

附录一　影响线 ··· 2051

附录二　梁和板的计算跨度 ·· 2055

附录三　考虑活荷载在梁上最不利的布置方法 ································ 2057

附录四　梁的内力与变形 ··· 2058

附录五　截面的几何特性 ··· 2060

附录六　《桩规》勘误 ··· 2064

附录七　《抗震通规》的见解与勘误 ·· 2067

附录八　常用表格 ·· 2068

附录九　《钢标》的见解与勘误 ·· 2073

附录十　建筑结构加固施工图设计表示方法 ····································· 2076

参考文献 ·· 2088

增值服务说明 ·· 2090

第七章　高层建筑结构和高耸结构

第一节　荷载和地震作用

本章所用规范为《工程结构通用规范》GB 55001—2021（以下简称《结通规》）、《建筑与市政工程抗震通用规范》GB 55002—2021（以下简称《抗震通规》）、《高层建筑混凝土结构技术规程》JGJ 3—2010（以下简称《高规》）、《高层民用建筑钢结构技术规程》JGJ 99—2015（以下简称《高钢规》）、《建筑抗震设计规范》GB 50011—2010（2016年版）（以下简称《抗规》）、《建筑结构荷载规范》GB 50009—2012（以下简称《荷规》）等。

一、总则和术语

- 复习《高规》1.0.1条～1.0.5条。
- 复习《高规》2.1.1条～2.1.18条。

需注意的是：
(1)《高规》1.0.2条规定了《高规》的适用范围。

> 1.0.2　本规程适用于10层及10层以上或房屋高度大于28m的住宅建筑以及房屋高度大于24m的其他高层民用建筑混凝土结构。非抗震设计和抗震设防烈度为6至9度抗震设计的高层民用建筑结构，其适用的房屋最大高度和结构类型应符合本规程的有关规定。
> 本规程不适用于建造在危险地段以及发震断裂最小避让距离内的高层建筑结构。

《高规》1.0.2条的条文说明进一步明确了其适用范围的内涵：

> 1.0.2（条文说明）
> 1　有的住宅建筑的层高较大或底部布置层高较大的商场等公共服务设施，其层数虽然不到10层，但房屋高度已超过28m，这些住宅建筑仍应按本规程进行结构设计。
> 2　高度大于24m的其他高层民用建筑结构是指办公楼、酒店、综合楼、商场、会议中心、博物馆等高层民用建筑，这些建筑中有的层数虽然不到10层，但层高比较高，建筑内部的空间比较大，变化也多，为适应结构设计的需要，有必要将这类高度大于24m的结构纳入到本规程的适用范围。至于高度大于24m的体育场馆、航站楼、大型火车站等大跨度空间结构，其结构设计应符合国家现行有关标准的规定，本规程的有关规定仅供参考。

(2)《高规》1.0.4条中，注重高层建筑结构的概念设计，概念设计及结构整体性能是决定高层建筑结构抗震、抗风性能的重要因素。

二、竖向荷载

- 复习《高规》4.1.1条~4.1.5条。

三、风荷载

1. 顺风向风荷载

- 复习《高规》4.2.1条~4.2.4条。
- 复习《高规》4.2.7条~4.2.9条。

需注意的是：

(1) 基本风压 w_0 的取值，《高规》规定：

> 4.2.2 基本风压应按照现行国家标准《建筑结构荷载规范》GB 50009 的规定采用。对风荷载比较敏感的高层建筑，承载力设计时应按基本风压的1.1倍采用。
>
> 4.2.2（条文说明）
>
> 按照现行国家标准《建筑结构荷载规范》GB 50009 的规定，对风荷载比较敏感的高层建筑，其基本风压应适当提高。因此，本条明确了承载力设计时应按基本风压的1.1倍采用。相对于02规程，本次修订：1) 取消了对"特别重要"的高层建筑的风荷载增大要求，主要因为对重要的建筑结构，其重要性已经通过结构重要性系数 γ_0 体现在结构作用效应的设计值中，见本规程第3.8.1条；2) 对于正常使用极限状态设计（如位移计算），其要求可比承载力设计适当降低，一般仍可采用基本风压值或由设计人员根据实际情况确定，不再作为强制性要求；3) 对风荷载比较敏感的高层建筑结构，风荷载计算时不再强调按100年重现期的风压值采用，而是直接按基本风压值增大10%采用。
>
> 对风荷载是否敏感，主要与高层建筑的体型、结构体系和自振特性有关，目前尚无实用的划分标准。一般情况下，对于房屋高度大于60m的高层建筑，承载力设计时风荷载计算可按基本风压的1.1倍采用；对于房屋高度不超过60m的高层建筑，风荷载取值是否提高，可由设计人员根据实际情况确定。
>
> 本条的规定，对设计使用年限为50年和100年的高层建筑结构都是适用的。

特别应注意，当结构设计使用年限为100年的高层建筑结构，其基本风压 w_0 应取100年重现期的风压值计算，《高规》5.6.1~5.6.4条的条文说明中规定：

> 5.6.1~5.6.4（条文说明）
>
> 结构设计使用年限为100年时，本条公式（5.6.1）中参与组合的风荷载效应应按现行国家标准《建筑结构荷载规范》GB 50009规定的100年重现期的风压值计算；当高层建筑对风荷载比较敏感时，风荷载效应计算尚应符合本规程第4.2.2条的规定。

对于重现期为100年的风压值，《荷规》附录E.3.3条、E.3.4条规定：

E.3.3 重现期为 R 的最大雪压和最大风速 x_R 可按下式确定：

$$x_R = u - \frac{1}{\alpha}\ln\left[\ln\left(\frac{R}{R-1}\right)\right] \tag{E.3.3}$$

E.3.4 全国各城市重现期为 10 年、50 年和 100 年的雪压和风压值可按表 E.5 采用，其他重现期 R 的相应值可根据 10 年和 100 年的雪压和风压值按下式确定：

$$x_R = x_{10} + (x_{100} - x_{10})(\ln R / \ln 10 - 1) \tag{E.3.4}$$

(2) 风荷载体型系数 μ_s，《高规》规定：

4.2.3 计算主体结构的风荷载效应时，风荷载体型系数 μ_s 可按下列规定采用：
1 圆形平面建筑取 0.8；
2 正多边形及截角三角形平面建筑，由下式计算：

$$\mu_s = 0.8 + 1.2/\sqrt{n} \tag{4.2.3}$$

式中 n——多边形的边数。
3 高宽比 H/B 不大于 4 的矩形、方形、十字形平面建筑取 1.3；
4 下列建筑取 1.4：
   1) V 形、Y 形、弧形、双十字形、井字形平面建筑；
   2) L 形、槽形和高宽比 H/B 大于 4 的十字形平面建筑；
   3) 高宽比 H/B 大于 4，长宽比 L/B 不大于 1.5 的矩形、鼓形平面建筑。
5 在需要更细致进行风荷载计算的场合，风荷载体型系数可按本规程附录 B 采用，或由风洞试验确定。

需注意的是：

(1)《荷载》中 μ_s 为各表面的风荷载体型系数，而《高规》中 μ_s 为总风荷载体型系数（或平均风荷载体型系数）。

(2) 对于矩形平面的结构，其 μ_s 取值有三种情况，即：4.2.3 条第 3 款；4.2.3 条第 4 款 3)；《高规》附录 B 中 B.0.1 条第 1 款。

(3) 风振系数 β_z 和风压高度变化系数 μ_z，《高规》规定：

4.2.1 主体结构计算时，风荷载作用面积应取垂直于风向的最大投影面积，垂直于建筑物表面的单位面积风荷载标准值应按下式计算：

$$w_k = \beta_z \mu_s \mu_z w_0 \tag{4.2.1}$$

式中 w_k——风荷载标准值（kN/m^2）；
    w_0——基本风压（kN/m^2），应按本规程第 4.2.2 条的规定采用；
    μ_z——风压高度变化系数，应按现行国家标准《建筑结构荷载规范》GB 50009 的有关规定采用；
    μ_s——风荷载体型系数，应按本规程第 4.2.3 条的规定采用；
    β_z——z 高度处的风振系数，应按现行国家标准《建筑结构荷载规范》GB 50009 的有关规定采用。

对于风振系数 β_z 的计算，《荷规》8.4.1 条作了规定。

《结通规》规定：

> **4.6.5** 当采用风荷载放大系数的方法考虑风荷载脉动的增大效应时，风荷载放大系数应按下列规定采用：
> **1** 主要受力结构的风荷载放大系数应根据地形特征、脉动风特性、结构周期、阻尼比等因素确定，其值不应小于1.2；

【例7.1.1】 某10层现浇钢筋混凝土框架结构办公楼，其平面及剖面见图7.1.1所示，各层楼面荷载及质量、竖向侧向刚度沿高度变化比较均匀。当地50年重现期的基本风压为 0.7kN/m^2，地面粗糙度为C类。设计使用年限为50年，风荷载按承载能力设计。

试问： 在图示风向作用下，确定各楼层的风荷载标准值。

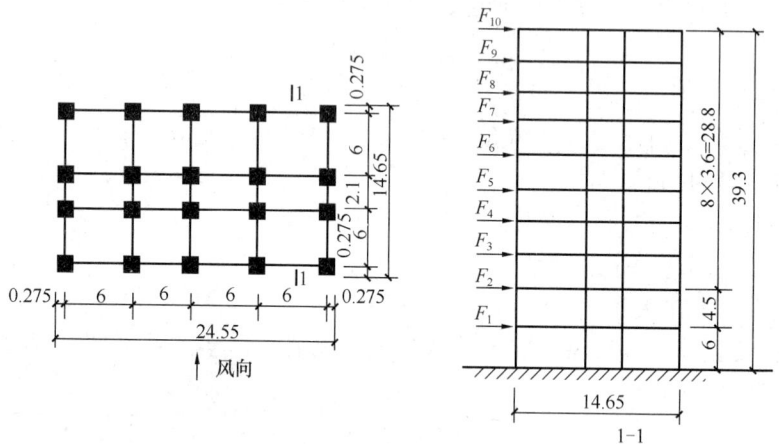

图 7.1.1　（单位：m）

【解答】（1）房屋高度 $H=39.3\text{m}>30\text{m}$，且高宽比 $39.3/14.65=2.68>1.5$，故根据《荷规》8.4.1条，应考虑 β_z。

根据《高规》4.2.2条及其条文说明，$H=39.3\text{m}<60\text{m}$，故取 $w_0=0.7\text{kN/m}^2$，并且大于 0.3kN/m^2，满足要求。

根据《荷规》附录F.2条，$n=10$ 层，由规范式（F.2.1-2）：
$$T_1=(0.05\sim0.10)\cdot n=0.5\sim1.0\text{s}，故取 T_1=0.6\text{s}$$

（2）确定各楼层处的风振系数

根据《荷规》8.4.3条～8.4.6条规定：

1）共振分量因子 R

$$x_1=\frac{30f_1}{\sqrt{k_w w_0}}=\frac{30\times1/0.6}{\sqrt{0.54\times0.7}}=81.325$$

$$R=\sqrt{\frac{\pi}{6\xi_1}\frac{x_1^2}{(1+x_1^2)^{4/3}}}=\sqrt{\frac{\pi}{6\times0.05}\frac{81.325^2}{(1+81.325^2)^{4/3}}}=0.747$$

2）背景分量因子 β_z

竖直方向的相关系数 ρ_z

$$\rho_z = \frac{10\sqrt{H+60\mathrm{e}^{-H/60}-60}}{H} = \frac{10\sqrt{39.3+60\mathrm{e}^{-39.3/60}-60}}{39.3} = 0.823$$

水平方向的相关系数 ρ_x：

$$\rho_x = \frac{10\sqrt{B+50\mathrm{e}^{-B/50}-50}}{B} = \frac{10\sqrt{24.55+50\mathrm{e}^{-24.55/50}-50}}{24.55} = 0.924$$

$\phi_1(z)$ 查《荷规》附录表 G.0.3 确定，见表 7.1.1。μ_z，查《荷规》表 8.2.1 确定，见表 7.1.1。

$$B_z = kH^{a_1}\rho_x\rho_z\frac{\phi_1(z)}{\mu_z} = 0.295 \times 39.3^{0.261} \cdot \rho_x \cdot \rho_z \cdot \frac{\phi_1(z)}{\mu_z}$$

B_z 列表计算结果，见表 7.1.1；又 $\beta_z = 1+2gI_{10}B_z\sqrt{1+R^2} = 1+2\times2.5\times0.23 \cdot B_z \cdot \sqrt{1+0.747^2}$，其结果见表 7.1.1。

各楼层 β_z 值　　　　　　　　　　　表 7.1.1

楼层编号	$z(m)$	z/H	$\phi_1(z)$	μ_z	ρ_z	ρ_x	B_z	β_z
1	6.0	0.153	0.05	0.65	0.823	0.924	0.045	1.2 (1.065)
2	10.5	0.267	0.14	0.65	0.823	0.924	0.126	1.2 (1.181)
3	14.1	0.359	0.23	0.65	0.823	0.924	0.207	1.297
4	17.7	0.450	0.33	0.70	0.823	0.924	0.276	1.396
5	21.3	0.542	0.41	0.76	0.823	0.924	0.316	1.454
6	24.9	0.634	0.52	0.81	0.823	0.924	0.375	1.538
7	28.5	0.725	0.69	0.86	0.823	0.924	0.469	1.673
8	32.1	0.817	0.76	0.91	0.823	0.924	0.488	1.700
9	35.7	0.908	0.87	0.95	0.823	0.924	0.536	1.769
10	39.3	1.000	1.00	0.99	0.823	0.924	0.591	1.848

根据《结通规》4.6.5 条：

1 层：$\beta_z = 1.065 < 1.2$，取 $\beta_z = 1.2$。

2 层：$\beta_z = 1.181 < 1.2$，取 $\beta_z = 1.2$。

见表 7.1.1。

(3) 确定各楼层的风力标准值

根据《高规》4.2.3 条，$H/B = 39.3/14.65 = 2.68 < 4$，故取 $\mu_s = 1.3$

假定按《荷规》计算 μ_s，则查《荷规》表 8.3.1 项次 30，取迎风面 $\mu_{s1} = 0.8$，背风面 $\mu_{s1} = -0.5$，故 $\mu_s = 0.8 - (-0.5) = 1.3$。

各楼层的受风面积 A_i 为：

$$A_i = 房屋迎风面宽度 \times 相邻楼层平均层高（顶层取层高的一半）$$

$$F_{ik} = \beta_z\mu_s\mu_z w_0 \cdot A_i$$

第 1 层：$F_{1k} = 1.065 \times 1.3 \times 0.65 \times 0.7 \times 24.55 \times \frac{(6+4.5)}{2} = 81.19\mathrm{kN}$

同理，可求得其他楼层位置处的风力标准值，见表 7.1.2。

各楼层位置处的风力标准值 F_{ik}　　　　表 7.1.2

楼层编号	β_z	μ_s	μ_z	w_0(kN/m²)	A_i (m²)	F_{ik} (kN)
1	1.2	1.3	0.65	0.7	24.55×5.25	91.48
2	1.2	1.3	0.65	0.7	24.55×4.05	70.57
3	1.297	1.3	0.65	0.7	24.55×3.60	67.80
4	1.396	1.3	0.70	0.7	24.55×3.60	78.59
5	1.454	1.3	0.76	0.7	24.55×3.60	88.87
6	1.538	1.3	0.81	0.7	24.55×3.60	100.19
7	1.673	1.3	0.86	0.7	24.55×3.60	115.72
8	1.700	1.3	0.91	0.7	24.55×3.60	124.42
9	1.769	1.3	0.95	0.7	24.55×3.60	135.16
10	1.848	1.3	0.99	0.7	24.55×1.80	73.57

（4）风力的群体效应，《高规》规定：

> 4.2.4 当多栋或群集的高层建筑相互间距较近时，宜考虑风力相互干扰的群体效应。一般可将单栋建筑的体型系数 μ_s 乘以相互干扰增大系数，该系数可参考类似条件的试验资料确定；必要时宜通过风洞试验确定。

《荷规》8.3.2 条规定：

> 8.3.2 当多个建筑物，特别是群集的高层建筑，相互间距较近时，宜考虑风力相互干扰的群体效应；一般可将单独建筑物的体型系数 μ_s 乘以相互干扰系数。相互干扰系数可按下列规定确定：
>
> 1 对矩形平面高层建筑，当单个施扰建筑与受扰建筑高度相近时，根据施扰建筑的位置，对顺风向风荷载可在 1.00～1.10 范围内选取，对横风向风荷载可在 1.00～1.20 范围内选取；
>
> 2 其他情况可比照类似条件的风洞试验资料确定，必要时宜通过风洞试验确定。

（5）围护结构的风荷载，《高规》规定：

> 4.2.8 檐口、雨篷、遮阳板、阳台等水平构件，计算局部上浮风荷载时，风荷载体型系数 μ_s 不宜小于 2.0。
>
> 4.2.9 设计高层建筑的幕墙结构时，风荷载应按国家现行标准《建筑结构荷载规范》GB 50009、《玻璃幕墙工程技术规范》JGJ 102、《金属与石材幕墙工程技术规范》JGJ 133 的有关规定采用。

围护结构的风荷载计算，《荷规》式（8.1.1-2）为：

$$w_k = \beta_{gz}\mu_{sl}\mu_z w_0$$

围护结构的基本风压 w_0 的重现期的取值，《荷规》8.1.2 条的条文说明作了如下规定：

> 8.1.2（条文说明）
> 对风荷载比较敏感的高层建筑和高耸结构，……对于此类结构物中的围护结构，其重要性与主体结构相比要低些，可仍取 50 年重现期的基本风压。

围护结构的局部体型系数 μ_{sl}，《荷规》8.3.3 条作了规定。
围护结构的阵风系数 β_{gz}，《荷载》8.6.1 条作了规定。
《结通规》4.6.5 条规定：

> 4.6.5
> 2 围护结构的风荷载放大系数应根据地形特征、脉动风特性和流场特征等因素确定，且不应小于 $1+\dfrac{0.7}{\sqrt{\mu_z}}$，其中 μ_z 为风压高度变化系数。

(6) 风洞试验，《高规》规定：

> 4.2.7 房屋高度大于 200m 或有下列情况之一时，宜进行风洞试验判断确定建筑物的风荷载：
> 1 平面形状或立面形状复杂；
> 2 立面开洞或连体建筑；
> 3 周围地形和环境较复杂。

为此，《荷规》8.3.6 条及其条文说明也作了相应规定。

【例 7.1.2】 某 28 层的一般钢筋混凝土高层建筑，地面粗糙度为 B 类，如图 7.1.2 所示，地面以上高度为 90m，平面为一外径 26m 的圆形。根据《全国基本风压分布图》查得的 50 年一遇的基本风压数值为 0.454kN/m²。设计使用年限为 50 年，按承载能力设计。

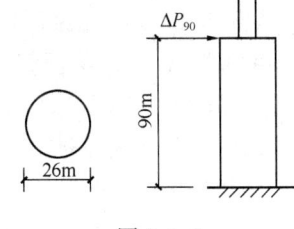

图 7.1.2

提示：按《工程结构通用规范》作答。
试问：
(1) 当结构基本自振周期 $T_1=1.6s$ 时，脉动风荷载的共振分量因子 R 为多少？
(2) 已知屋面高度处的风振系数 $\beta_{90}=1.68$，屋面高度处的风荷载标准值 w_k（kN/m²）的值为多少？
(3) 已知作用于 90m 高度屋面处的风荷载标准值 $w_k=1.50\text{kN/m}^2$，作用于 90m 高度屋面处的突出屋面水塔楼风荷载标准值 $\Delta P_{90}=600\text{kN}$。假定风荷载沿高度呈倒三角形分布（地面处为 0），在高度 $z=30\text{m}$ 处风荷载产生的倾覆力矩设计值为多少？

【解答】 (1) $H=90\text{m}>60\text{m}$，根据《高规》4.2.2 条及其条文说明，$w_0=1.1\times 0.454=0.499\text{kN/m}^2\approx 0.50\text{kN/m}^2$

B 类，根据《荷规》8.4.4 条：

$$x_1=\frac{30f_1}{\sqrt{k_w w_0}}=\frac{30/1.6}{\sqrt{1.0\times 0.5}}=26.517$$

$$R=\sqrt{\frac{\pi}{6\zeta_1}\frac{x_1^2}{(1+x_1^2)^{4/3}}}=\sqrt{\frac{\pi}{6\times0.05}\cdot\frac{26.517^2}{(1+26.517^2)^{4/3}}}=1.084$$

(2) 确定 w_k 值

查《荷规》表 8.2.1，B 类，高度 $H=90\text{m}$，取 $\mu_z=1.93$

根据《高规》4.2.3 条，圆形平面建筑，取 $\mu_s=0.8$

由《结通规》4.6.5 条：$\beta_z=1.68>1.2$，取 $\beta_z=1.68$

由规程式 (4.2.1) 得：

$$w_k=\beta_z\mu_s\mu_z w_0=1.68\times0.8\times1.93\times0.5=1.297\text{kN/m}^2$$

(3) 确定 M 值

高度 90m 处，$q_{k90}=1.50\times26=39\text{kN/m}$

高度 30m 处，$q_{k30}=\dfrac{30}{90}\times q_{k90}=\dfrac{1}{3}\times39=13\text{kN/m}$

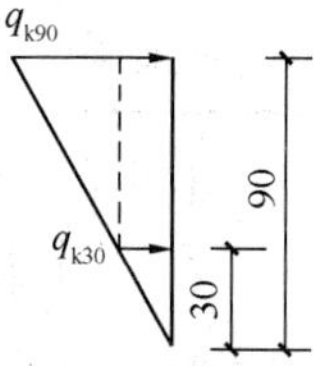

如图 7.1.3 所示。

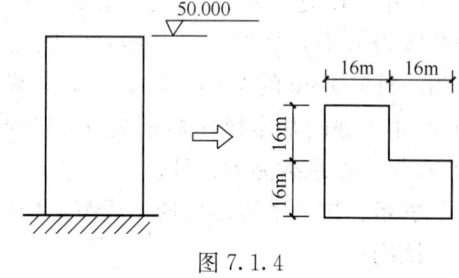

图 7.1.3

$$\begin{aligned}M_k&=\Delta P_{90}\cdot(H-30)+\frac{1}{2}(q_{k90}-q_{k30})\cdot(H-30)\cdot\frac{2}{3}(H-30)\\&\quad+q_{k30}(H-30)\cdot\frac{1}{2}(H-30)\\&=600\times(90-30)+\frac{1}{2}\times(39-13)\times(90-30)\times\frac{2(90-30)}{3}\\&\quad+13\times(90-30)\times\frac{1}{2}\times(90-30)\\&=90600\text{kN}\cdot\text{m}\end{aligned}$$

$$M=\gamma_w M_k=1.5\times90600=135900\text{kN}\cdot\text{m}$$

【例 7.1.3】 如图 7.1.4 所示，某一建于乡村的钢筋混凝土高层框架-剪力墙结构，已知基本风压 $w_0=0.65\text{kN/m}^2$，$T_1=1.2\text{s}$，已知脉动风荷载的空间相关系数 $\rho_z=0.80$，$\rho_x=0.86$。设计使用年限为 50 年，按承载能力设计。

提示：按《工程结构通用规范》作答。

试问：

(1) 50m 高度处的风振系数值为多少？

(2) 假定 $\beta_z=1.45$，50m 高度处垂直于建筑物表面的迎风面、背风面风荷载标准值 (kN/m^2) 为多少？（提示：按《高规》附录 B 确定风荷载体型系数，此时 $\alpha=0$。）

图 7.1.4

【解答】 (1) 确定风振系数，$H=50\text{m}<60\text{m}$，由《高规》4.2.2 条及其条文说明，取 $w_0=0.65\text{kN/m}^2$。

根据《荷规》8.2.1 条规定，地面粗糙度类别为 B 类。

B 类，50m，查《荷规》表 8.2.1，取 $\mu_z=1.62$；$z/H=1.0$，查《荷规》附录表 G.0.3，取 $\phi_1(z)=1.0$。

根据《荷规》8.4.4 条、8.4.5 条、8.4.3 条：

$$x_1=\frac{30/1.2}{\sqrt{1.0\times0.65}}=31.0$$

$$R = \sqrt{\frac{\pi}{6 \times 0.05} \cdot \frac{31.0^2}{(1+31.0^2)^{4/3}}} = 1.029$$

$$B_z = kH^{a1}\rho_x\rho_z \frac{\phi_1(z)}{\mu_z} = 0.670 \times 50^{0.187} \times 0.80 \times 0.86 \times \frac{1.0}{1.62} = 0.591$$

$$\beta_z = 1 + 2gI_{10}B_z\sqrt{1+R^2} = 1 + 2 \times 2.5 \times 0.14 \times 0.591 \times \sqrt{1+1.029^2} = 1.594$$

>1.2（《结通规》4.6.5 条）

故取 $\beta_z = 1.594$。

(2) 确定 w_k

根据《高规》附录 B.0.1 条第 2 款规定，μ_s 分布如图 7.1.5 所示。又 $\beta_z = 1.45 > 1.2$，故取 $\beta_z = 1.2$。

迎风面（AB 面）：$w_k = \beta_z\mu_s\mu_zw_0$
$= 1.45 \times 0.8 \times 1.62 \times 0.65$
$= 1.221\text{kN/m}^2$

背风面（CD 面）：$w_k = \beta_z\mu_s\mu_zw_0$
$= 1.45 \times (-0.6) \times 1.62 \times 0.65$
$= -0.916\text{kN/m}^2$

背风面（EF 面）：$w_k = \beta_z\mu_s\mu_zw_0$
$= 1.45 \times (-0.5) \times 1.62 \times 0.65$
$= -0.763\text{kN/m}^2$

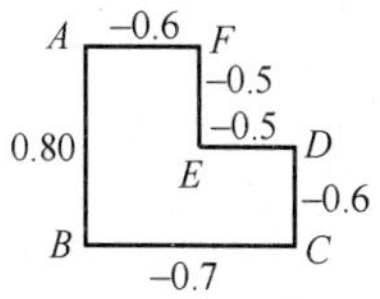

图 7.1.5

【例 7.1.4】 某建造于大城市市区的 28 层公寓，采用钢筋混凝土剪力墙结构体系，平面为矩形（40.6m×18.1m），房屋高度为 84.0m，横向剪力墙宽度为 18.1m。地面粗糙度为 C 类。外形和质量沿高度方向基本呈均匀分布。设计使用年限为 100 年，按承载能力设计。结构基本自振周期 $T_1 = 1.7$s。

提示：按《工程结构通用规范》作答。

试问：

(1) 若该地区 100 年一遇的基本风压为 0.42kN/m^2，风垂直作用于矩形长边，已知脉动风荷载共振分量因子 $R = 0.986$。该建筑物顶点处的风振系数 β_z 的值为多少？

(2) 若该地区 100 年一遇的基本风压为 0.35kN/m^2，已知离地面高度 40m 处的风振系数 $\beta_z = 1.4$，该剪力墙离地面 40m 处的风荷载设计值（kN/m^2）为多少？

【解答】 (1) 确定 β_z

由《高规》5.6.1 条、4.2.2 条，$H = 84\text{m} > 60\text{m}$，故取 $w_0 = 1.1 \times 0.42 = 0.462\text{kN/m}^2$。

地面粗糙度类别为 C 类，查《荷规》表 8.2.1，高度 84m：

$$\mu_z = 1.36 + \frac{84-80}{90-80} \times (1.43-1.36) = 1.388$$

$z/H = 84/84 = 1.0$，查《荷规》附录表 G.0.3，取 $\phi_1(z) = 1.0$。

由《荷规》8.4.5 条、8.4.3 条：

$$\rho_z = \frac{10\sqrt{H+60\text{e}^{-H/60}-60}}{H} = \frac{10\sqrt{84+60\text{e}^{-84/60}-60}}{84} = 0.742$$

$$\rho_x = \frac{10\sqrt{B+50\mathrm{e}^{-B/50}-50}}{B} = \frac{10\sqrt{40.6+50\mathrm{e}^{-40.6/50}-50}}{40.6} = 0.881$$

$$B_z = 0.295 \times 84^{0.261} \times 0.881 \times 0.742 \times \frac{1.0}{1.388} = 0.442$$

$$\beta_z = 1 + 2 \times 2.5 \times 0.23 \times 0.442 \times \sqrt{1+0.986^2} = 1.714 > 1.2 \quad (《结通规》4.6.5 条)$$

故取 $\beta_z = 1.714$。

（2）确定 w

$$\frac{H}{B} = \frac{84}{18.1} = 4.64 > 4, \quad \frac{L}{B} = \frac{48.6}{18.1} = 2.685 > 1.5$$

《高规》4.2.3 条第 3、第 4 款均不适合，故应根据《高规》附录 B.0.1 条第 1 款计算：

$$\mu_{s2} = -\left(0.48 + 0.03\frac{H}{L}\right) = -\left(0.48 + 0.03 \times \frac{84}{40.6}\right) = -0.542$$

$$\mu_s = \mu_{s1} + \mu_{s2} = 0.80 + 0.542 = 1.342$$

查《荷规》表 8.2.1，C 类，高度 40m，取 $\mu_z = 1.00$。又 $\beta_z = 1.4 > 1.2$，取 $\beta_z = 1.4$。

由《高规》5.6.1 条、4.2.2 条，由规程式（4.2.1）得：

$$w_k = \beta_z \mu_s \mu_z w_0 = 1.4 \times 1.342 \times 1.00 \times (1.1 \times 0.35)$$
$$= 0.723 \mathrm{kN/m^2}$$

$$w = \gamma_w w_k = 1.5 \times 0.723 = 1.085 \mathrm{kN/m^2}$$

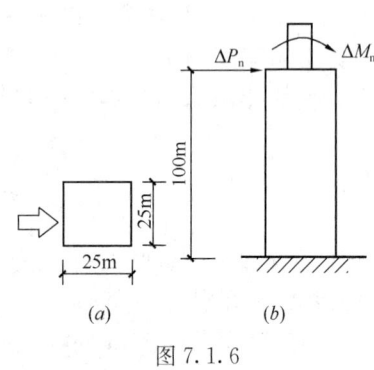

图 7.1.6
(a) 建筑平面图；(b) 建筑立面图

【例 7.1.5】 某一 30 层的一般钢筋混凝土高层建筑，如图 7.1.6 所示，地面粗糙度为 B 类。地面以上高度为 100m，迎风面宽度为 25m，按 50 年重现期的基本风压 $w_0 = 0.50 \mathrm{kN/m^2}$，风荷载体型系数为 1.3。设计使用年限为 50 年，按承载能力设计。

提示：按《工程结构通用规范》作答。

试问：

（1）假定结构基本自振周期 $T_1 = 1.8\mathrm{s}$，高度为 80m 处的风振系数为多少？

（2）确定高度 100m 处迎风面幕墙骨架围护结构（从属面积大于 $25\mathrm{m}^2$）的风荷载标准值（$\mathrm{kN/m^2}$）为多少？

（3）假定作用于 100m 高度处的风荷载标准值 $w_k = 2\mathrm{kN/m^2}$，又已知突出屋面小塔楼风荷载剪力标准值 $\Delta P_n = 500\mathrm{kN}$，风荷载弯矩标准值 $\Delta M_n = 2000\mathrm{kN \cdot m}$，作用于 100m 高度的屋面处。设风压沿高度的变化为倒三角形（地面处为 0）。试问，在地面（$z=0$）处，风荷载产生倾覆力矩的设计值（$\mathrm{kN \cdot m}$）为多少？

（4）若建筑物位于一高度为 45m 的山坡顶部，如图 7.1.7 所示，则建筑屋面 D 处的风压高度变化系数 μ_z 为多少？

【解答】（1）确定 β_z

根据《高规》5.6.1 条、4.2.2 条，$H = 100\mathrm{m} > 60\mathrm{m}$，取 $w_0 = 1.1 \times 0.5 =$

0.55kN/m^2。

根据《荷规》8.2.1条，属于B类地面粗糙度。

B类，$z=80\text{m}$，查《荷规》表8.2.1，取$\mu_z=1.87$；$z/H=80/100=0.8$，查《荷规》附录表G.0.3，取$\phi_1(z)=0.74$。

由《荷规》8.4.3条~8.4.6条：

$$x_1=\frac{30/1.8}{\sqrt{1.0\times 0.55}}=22.47$$

$$R=\sqrt{\frac{\pi}{6\times 0.05}\cdot\frac{22.47^2}{(1+22.47^2)^{4/3}}}=1.145$$

$$\rho_z=\frac{10\sqrt{100+60\text{e}^{-100/60}-60}}{100}=0.716$$

$$\rho_x=\frac{10\sqrt{25+50\text{e}^{-25/50}-50}}{25}=0.923$$

$$B_z=0.670\times 100^{0.187}\times 0.923\times 0.716\times\frac{0.74}{1.87}=0.415$$

$\beta_z=1+2\times 2.5\times 0.14\times 0.415\times\sqrt{1+1.145^2}=1.442>1.2$（《结通规》4.6.5条）
故取$\beta_z=1.442$。

（2）确定围护结构的w_k

根据《荷规》8.1.2条条文说明，取$w_0=0.40\text{kN/m}^2$。

B类、高度100m，查《荷规》表8.2.1，取$\mu_z=2.00$；查《荷规》表8.6.1，取$\beta_{gz}=1.50$；由《结通规》4.6.5条，$\beta_{gz}\geq 1+\frac{0.7}{\sqrt{2}}=1.495$，故取$\beta_{gz}=1.50$。

根据《荷规》8.3.3条第1款，矩形平面，迎风面处表面$\mu_{s1}=1.0$。

根据《荷规》8.3.5条，内表面$\mu_{s2}=-0.2$。

从属面积大于25m^2的幕墙骨架，由《荷规》8.3.4条，取折减系数0.8。

$$\mu_{s1}=0.8\times 1.0-(-0.2)=1.0$$

$$w_k=\beta_{gz}\mu_{s1}\mu_z w_0=1.50\times 1.0\times 2.00\times 0.40=1.20\text{kN/m}^2$$

（3）确定M

$$M_k=\Delta M_n+\Delta P_n\cdot H+\frac{1}{2}\cdot(w_k\cdot B)\cdot H\cdot\frac{2}{3}H$$

$$=2000+500\times 100+\frac{1}{2}\times(2\times 25)\times 100\times\left(\frac{2}{3}\times 100\right)$$

$$=218666.7\text{kN}\cdot\text{m}$$

$$M=\gamma_w M_k=1.5\times 218666.7=328000\text{kN}\cdot\text{m}$$

（4）确定μ_z

根据《荷规》8.2.2条第1款规定：

$$\tan\alpha=0.45>0.3,\text{故取}\tan\alpha=0.3$$

$$\frac{z}{H}=\frac{100}{45}=2.22<2.5,\kappa=1.4$$

由规范式（8.2.2）得：
$$\eta_B = \left[1 + \kappa\tan\alpha\left(1 - \frac{z}{2.5H}\right)\right]^2 = \left[1 + 1.4 \times 0.3 \times \left(1 - \frac{100}{2.5 \times 45}\right)\right]^2$$
$$= 1.0955$$

由（2）可知，$\mu_z = 2.00$，则在山坡顶 μ_z 为：
$$\mu_z = \eta_B \mu_z = 1.0955 \times 2.00 = 2.191$$

【例 7.1.6】 有密集建筑群的城市市区中的某高层建筑，地上 28 层，地下 1 层，为一般钢筋混凝土框架-核心筒高层建筑，抗震设防烈度为 7 度，该建筑质量沿高度比较均匀，平面为切角三角形，如图 7.1.8 所示。设计使用年限为 50 年，按承载能力设计。

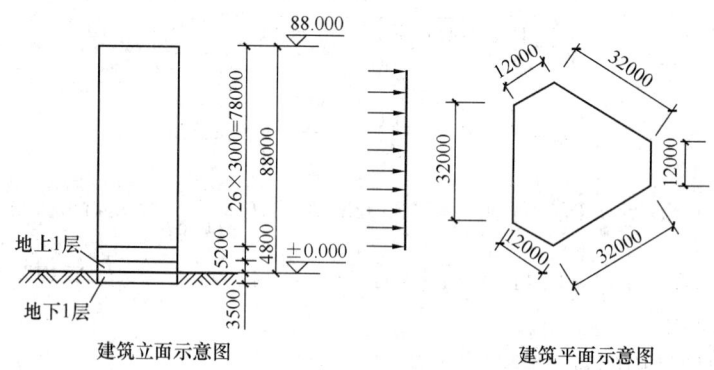

图 7.1.8

试问：

(1) 假设基本风压，当重现期为 10 年时，$w_0 = 0.40\text{kN/m}^2$；当为 50 年时，$w_0 = 0.55\text{kN/m}^2$；100 年时，$w_0 = 0.65\text{kN/m}^2$。结构基本自振周期 $T = 2.9\text{s}$，试确定该建筑脉动风荷载的共振分量因子 R 为多少？

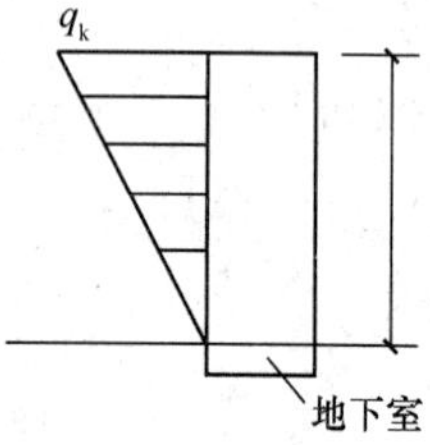

(2) 试确定屋面处脉动风荷载的背景分量因子为多少？

(3) 风荷载作用方向如图 7.1.9 所示，竖向风荷载 q_k 呈倒三角形分布，$q_k = \Sigma(\mu_{si}B_i)\beta_z\mu_z w_0$，式中 i 为 6 个风作用面的序号，B_i 为每个面宽度在风荷载作用方向的投影。试问，$\Sigma(\mu_{si}B_i)$ 值为多少？

图 7.1.9

【解答】（1）根据《高规》4.2.2 条及条文说明，高度 $H = 88\text{m} > 60\text{m}$，则：$w_0 = 1.1 \times 0.55 = 0.605\text{kN/m}^2$；密集建筑群的城市市区，由《荷规》8.2.1 条，故属于 C 类。

C 类，根据《荷规》8.4.4 条：
$$x_1 = \frac{30/2.9}{\sqrt{0.54 \times 0.605}} = 18.099$$

$$R = \sqrt{\frac{\pi}{6 \times 0.05} \cdot \frac{18.099^2}{(1 + 18.099^2)^{4/3}}} = 1.23$$

(2) C 类，$z = 88\text{m}$，查《荷规》表 8.2.1：
$$\mu_z = 1.36 + \frac{88 - 80}{90 - 80} \times (1.43 - 1.36) = 1.416$$

$z/H=1.0$，查《荷规》附录表 G.0.3，取 $\phi_z(z)=1.0$
根据《荷规》8.4.5 条、8.4.6 条：

$$\rho_z = \frac{10\sqrt{88+60e^{-88/60}-60}}{88} = 0.735$$

$$B = 32 + 2 \times 12\cos 60° = 44\text{m}$$

$$\rho_x = \frac{10\sqrt{44+50e^{-44/50}-50}}{44} = 0.873$$

$$\beta_z = 0.295 \times 88^{0.261} \times 0.873 \times 0.735 \times \frac{1.0}{1.416} = 0.430$$

(3) 确定 $\Sigma(\mu_{si}B_i)$
根据《荷规》表 8.3.1 第 30 项，即如图 7.1.10 所示。

$\Sigma\mu_{si}B_i = 0.8 \times 32 + 0.5 \times 12 + 2 \times 0.5 \times 32\cos 60° -$
$\qquad 2 \times 0.45 \times 12\cos 60°$
$\qquad = 42.2\text{m}$

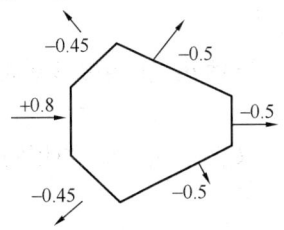

图 7.1.10

思考： 设某建筑平面为 n 个边的多边形，确定其 z 高度处的总风荷载标准值，即：

$$w_z = \Sigma\mu_{si}B_i \cdot \beta_z\mu_z w_0 = (\mu_{s1}B_1\cos\alpha_1 + \mu_{s2}B_2\cos\alpha_2 + \cdots + \mu_{sn}B_n\cos\alpha_n) \cdot \beta_z\mu_z w_0$$

式中 α_1、α_2、$\cdots$、α_n 为第 i 个表面法线与风荷载作用方向的夹角。

注意的是：①应区别每个表面是风压力还是风吸力，以便正确计算出 w_z；②w_z 的单位是 kN/m，计算风荷载作用效应时，应换算成集中作用在各楼层位置的集中荷载。

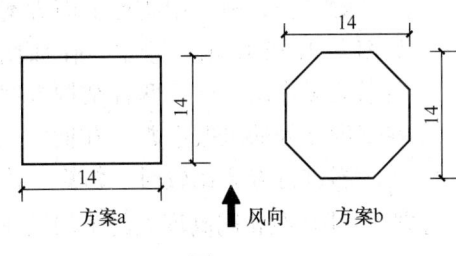

图 7.1.11

【例 7.1.7】 某拟建的高度为 59m 的 16 层现浇钢筋混凝土框架-剪力墙结构，质量和刚度沿高度分布比较均匀，对风荷载不敏感，其两种平面方案如图 7.1.11 所示，单位为 m。假设在如图所示的风荷载作用方向 F 两种结构方案的基本自振周期相同。

试问：

(1) 当估算主体结构的风荷载效应时，方案 a 与方案 b 的风荷载标准值(kN/m²)之比应为多少？

提示：按《高层建筑混凝土结构技术规程》确定 μ_s 值。

(2) 当估算墙面围护结构风荷载时，方案 a 和方案 b 相同高度迎风面中点处单位面积风荷载比值为多少？

【解答】 (1) 确定 w_{ak}/w_{bk}

根据《高规》4.2.1 条，$w_k = \beta_z\mu_s\mu_z w_0$

由已知条件可知，T_1 相同，根据《荷规》8.4.4 条，故 R 相同。又迎风面宽度 B 相同，高度 H 相同，根据《荷规》8.4.5 条、8.4.6 条，故 B_z 相同；又根据《荷规》8.4.3 条，故 β_z 相同，则有：

$$\frac{w_{ak}}{w_{bk}} = \frac{\mu_{sa}}{\mu_{sb}}$$

矩形，$H/B=59/14=4.2>4$，$L/B=14/14=1.0<1.5$，故取 $\mu_{sa}=1.40$

正八边形，由《高规》式（4.2.3）得：$\mu_{sb}=0.8+\dfrac{1.2}{\sqrt{8}}=1.224$

$$\dfrac{w_{ak}}{w_{bk}}=\dfrac{\mu_{sa}}{\mu_{sb}}=\dfrac{1.40}{1.224}=1.144$$

（2）确定围护结构 $\dfrac{w_{ak}}{w_{bk}}$

由《荷规》式（8.1.1-2）得：

$$w_k=\beta_{gz}\mu_{sl}\mu_z w_0$$

方案 a：矩形平面，根据《荷规》8.3.3 条第 1 款、8.3.5 条：

$$\mu_{sla}=1.0-(-0.2)=1.2$$

方案 b：正多边形平面，根据《荷规》8.3.3 条第 3 款、8.3.5 条：

$$\mu_{slb}=0.8\times1.25-(-0.2)=1.2$$

又 β_{gz}、μ_z、w_0 均相同，则：

$$\dfrac{w_{ak}}{w_{bk}}=\dfrac{\mu_{sla}}{\mu_{slb}}=\dfrac{1.2}{1.2}=1.0$$

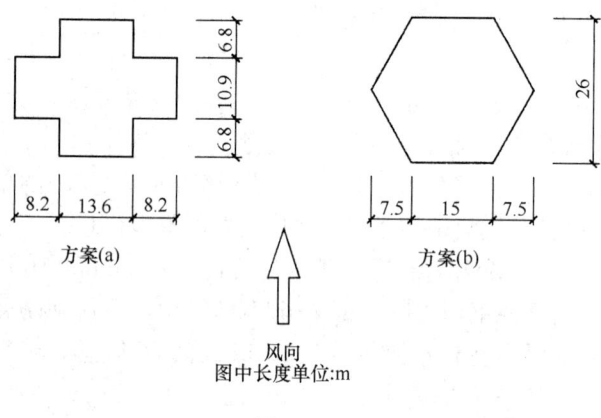

图 7.1.12

【例 7.1.8】某 12 层办公楼，房屋高度为 46m，采用现浇钢筋混凝土框架-剪力墙结构，质量和刚度沿高度分布均匀且对风荷载不敏感，地面粗糙度 B 类，所在地区 50 年重现期的基本风压为 $0.65kN/m^2$，拟采用两种平面方案如图 7.1.12 所示。假定，在如图所示的风作用方向，两种结构方案在高度 z 处的风振系数 β_z 相同。

当进行方案比较时，估算主体结构在图示风向的顺风向风荷载，试问，方案（a）与方案（b）在相同高度处的平均风荷载标准值（kN/m^2）之比，最接近于下列何项比值？

提示：按《建筑结构荷载规范》作答。

(A) 1∶1　　(B) 1.15∶1　　(C) 1.2∶1　　(D) 1.32∶1

【解答】根据《荷规》8.1.1 条：方案（a）、（b）中的 β_z、μ_z、w_0 均相同，仅 μ_s 不同。

由《荷规》表 8.3.1 项次 30，总风荷载体型系数分别为：

$$\mu_{sa}=\dfrac{0.8\times13.6+0.6\times8.2\times2+0.5\times(13.6+8.2\times2)}{13.6+8.2\times2}=1.19$$

$$\mu_{sb}=\dfrac{0.8\times15+0.5\times(15+7.5\times2)}{15+7.5\times2}=0.9$$

w_{ak}：$w_{bk}=\mu_{sa}/\mu_{sb}=1.19/0.9=1.32/1$，故应选（D）项。

【例 7.1.9】某 30 层钢筋混凝土框架-核心筒高层建筑，为普通办公楼，如图 7.1.13

(a) 所示，图形平面、直径 30m，房屋地面以上高度为 120m，质量和刚度沿竖向分布均匀，可忽略扭转影响。按 50 年重现期的基本风压为 $0.4kN/m^2$，按 100 年重现期的基本风压为 $0.6kN/m^2$，地面粗糙度为 B 类，结构基本自振周期 $T_1=2.75s$。设计使用年限为 100 年，按承载能力设计。

提示：按《工程结构通用规范》作答。

试问：
(1) 设计 100m 高度处的遮阳板时，所采用的风荷载标准值为多少？
(2) 假定该建筑物 A 平面为矩形 30m×30m，在该建筑物 A 旁拟建一同样的矩形平面建筑物 B，如图 7.1.13（b）所示，不考虑其他因素的影响，在图示风向作用下，对建筑物 A 顺风向风荷载的风力干扰最大的应为下列何项？

(A) $x=60m$，$y=30m$　　　　(B) $x=0m$，$y=60m$
(C) $x=60m$，$y=0m$　　　　 (D) $x=0m$，$y=90m$

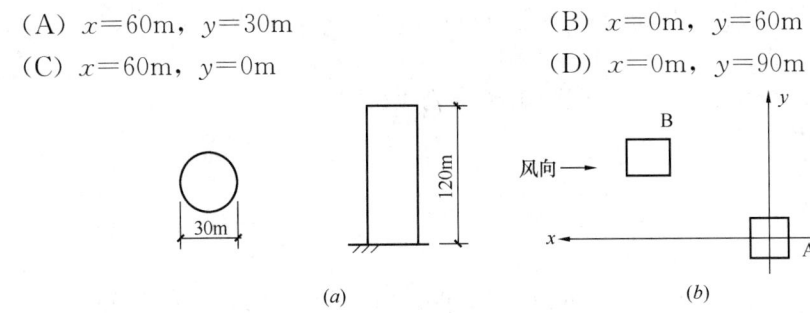

图 7.1.13

【解答】 (1) 根据《荷规》8.1.2 条的条文说明，可按 50 年重现期的基本风压采用，$w_0=0.4kN/m^2$。

B 类，$z=100m$，查《荷规》表 8.2.1，则：
$$\mu_z=2.0$$

查《荷规》8.6.1，则：$\beta_{gz}=1.50$；由《结通规》4.6.5 条，$\beta_{gz} \geq 1+\dfrac{0.7}{\sqrt{2}}=1.495$，故取 $\beta_{gz}=1.50$。

根据《高规》4.2.9 条，取 $\mu_{sl}=-2.0$。

根据《荷规》8.1.1 条：
$$w_k=\beta_{gz}\mu_{sl}\mu_z w_0=1.50\times(-2.0)\times2.0\times0.40=-2.40kN/m^2$$

(2) 根据《荷规》8.3.2 条条文说明，最不利情况为：
$$x=0m, \ y=3b=3\times30=90m$$

故应选 (D) 项。

【例 7.1.10】 某 28 层钢筋混凝土框架-剪力墙高层建筑，普通办公楼，如图 7.1.14 所示，槽形平面，房屋高度 100m，质量和刚度沿竖向分布均匀，50 年重现期的基本风压为 $0.6kN/m^2$，地面粗糙度为 B 类。

假定，风荷载沿竖向呈倒三角形分布，地面（±0.000）处为 0，高度 100m 处风振系数取 1.50，试问，按承载力设计时，估算的±0.000 处沿 Y 方向风荷载作用下的倾覆弯矩标准值（kN·m），与下列何项数值最为接近？

提示：按《工程结构通用规范》作答。

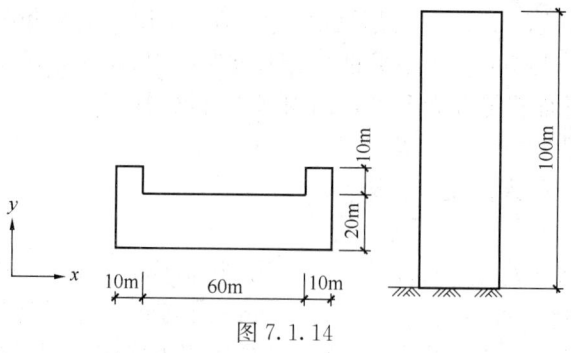

图 7.1.14

(A) 637000   (B) 660000   (C) 700000   (D) 726000

【解答】《高规》4.2.2 条及其条文说明，$w_0=1.1\times 0.6=0.66\text{kN/m}^2$

根据《荷规》表 8.2.1，$\mu_z=2.0$

$\beta_z=1.50>1.2$（《结通规》4.6.5 条），故取 $\beta_z=1.50$。

根据《高规》附录 B：

Y 轴正向：
$$W_k=1.5\times(0.8\times 80+0.6\times 20+0.5\times 60)\times 2.0\times 0.66=210.0\text{kN/m}$$

Y 轴反向：
$$W_k=1.5\times(0.8\times 20+0.9\times 60+0.5\times 80)\times 2.0\times 0.66=217.8\text{kN/m}$$

根据《高规》5.1.10 条，取较大值，$W_k=217.8\text{kN/m}$

$$M_{0k}=\frac{1}{2}\times 217.8\times 100\times \frac{2}{3}\times 100=726000\text{kN}\cdot\text{m}$$

故选 (D) 项。

2. 横风向振动效应

《高规》4.2.5 条、4.2.6 条规定：

> 4.2.5　横风向振动效应或扭转风振效应明显的高层建筑，应考虑横风向风振或扭转风振的影响。横风向风振或扭转风振的计算范围、方法以及顺风向与横风向效应的组合方法应符合现行国家标准《建筑结构荷载规范》GB 50009 的有关规定。
>
> 4.2.6　考虑横风向风振或扭转风振影响时，结构顺风向及横风向的侧向位移应分别符合本规程第 3.7.3 条的规定。

为此，《荷规》规定：

> 8.5.1　对于横风向风振作用效应明显的高层建筑以及细长圆形截面构筑物，宜考虑横风向风振的影响。
>
> 8.5.1（条文说明）
> 　　判断高层建筑是否需要考虑横风向风振的影响这一问题比较复杂，一般要考虑建筑的高度、高宽比、结构自振频率及阻尼比等多种因素，并要借鉴工程经验及有关资料来判断。一般而言，建筑高度超过 150m 或高宽比大于 5 的高层建筑可出现较为明显的横风向风振效应，并且效应随着建筑高度或建筑高宽比增加而增加。细长圆形截面构筑物一般指高度超过 30m 且高宽比大于 4 的构筑物。

横风向风振的校核与等效风荷载计算，《荷规》规定：

> 8.5.2 横风向风振的等效风荷载可按下列规定采用：
> 1 对于平面或立面体型较复杂的高层建筑和高耸结构，横风向风振的等效风荷载 w_{Lk} 宜通过风洞试验确定，也可比照有关资料确定；
> 2 对于圆形截面高层建筑及构筑物，其由跨临界强风共振（旋涡脱落）引起的横风向风振等效风荷载 w_{Lk} 可按本规范附录 H.1 确定；
> 3 对于矩形截面及凹角或削角矩形截面的高层建筑，其横风向风振等效风荷载 w_{Lk} 可按本规范附录 H.2 确定。
> 注：高层建筑横风向风振加速度可按本规范附录 J 计算。
>
> 8.5.3 对圆形截面的结构，应按下列规定对不同雷诺数 Re 的情况进行横风向风振（旋涡脱落）的校核：
> 1 当 $Re<3\times10^5$ 且结构顶部风速 v_H 大于 v_{cr} 时，可发生亚临界的微风共振。此时，可在构造上采取防振措施，或控制结构的临界风速 v_{cr} 不小于 15m/s。
> 2 当 $Re\geqslant3.5\times10^6$ 且结构顶部风速 v_H 的 1.2 倍大于 v_{cr} 时，可发生跨临界的强风共振，此时应考虑横风向风振的等效风荷载。
> 3 当雷诺数为 $3\times10^5\leqslant Re<3.5\times10^6$ 时，则发生超临界范围的风振，可不作处理。
> 4 雷诺数 Re 可按下列公式确定：
>
> $$Re = 69000vD \qquad (8.5.3\text{-}1)$$
>
> 式中 v——计算所用风速，可取临界风速值 v_{cr}；
> D——结构截面的直径（m），当结构的截面沿高度缩小时（倾斜度不大于 0.02），可近似取 2/3 结构高度处的直径。
>
> 5 临界风速 v_{cr} 和结构顶部风速 v_H 可按下列公式确定：
>
> $$v_{cr} = \frac{D}{T_i St} \qquad (8.5.3\text{-}2)$$
>
> $$v_H = \sqrt{\frac{2000\mu_H w_0}{\rho}} \qquad (8.5.3\text{-}3)$$
>
> 式中 T_i——结构第 i 振型的自振周期，验算亚临界微风共振时取基本自振周期 T_1；
> St——斯脱罗哈数，对圆截面结构取 0.2；
> μ_H——结构顶部风压高度变化系数；
> w_0——基本风压（kN/m²）；
> ρ——空气密度（kg/m³）。

注意的是，《荷规》8.5.2 条、8.5.3 条条文说明中指出：

> 8.5.2、8.5.3（条文说明）
> 规范附录 H.1 给出了发生跨临界强风共振时的圆形截面横风向风振等效风荷载计算方法。公式（H.1.1-1）中的计算系数 λ_j 是对 j 振型情况下考虑与共振区分布有关

> 的折算系数。此外，应注意公式中的临界风速 v_{cr} 与结构自振周期有关，也即对同一结构不同振型的强风共振，v_{cr} 是不同的。

圆形截面结构，当旋涡脱落频率 $\left(f_s=\dfrac{1}{T_s}\right)$ 与结构横风向自振频率 $\left(f_i=\dfrac{1}{T_i}\right)$ 一致时，将在结构横风向发生共振，这是最危险的状态，结构将发生强风共振。试验表明，当与风速有关的旋涡脱落频率与结构某一自振频率一致后，即使增大风速，旋涡脱落频率亦不改变，而在增大风速范围一个区域内，都处于共振状态，此区域称为"锁住区域"。

对于圆形截面结构，该锁住区域为对应风速 $v=1.0v_{cr}\sim 1.3v_{cr}$ 的高度区。

任一结构最多出现的横风向风力图，如图 7.1.15（b）所示，包含全部三个临界范围，在跨临界范围又最多可分三个区域，其中锁住区域为 $f_s=f_i$。由于非共振区域与共振区域（即锁住区域）相比影响较小，因而也可只考虑跨临界范围共振区域的横风向风力图，如图 7.1.15（c）所示。在房屋建筑物中，为了简化计算，偏于安全，取锁住区域的高度范围为 $H_1\sim H$，如图 7.1.15（d）所示。

在烟囱设计中，锁住区域的高度范围为 $H_1\sim H_2$，如图 7.1.15（c）所示。

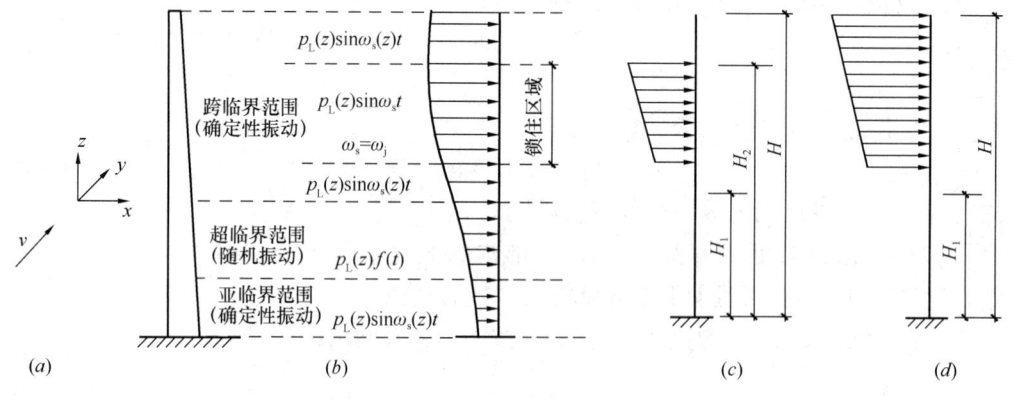

图 7.1.15 横向风力图

举例：某钢筋混凝土圆形截面结构房屋，其发生横风向共振时，其前两个振型的横风向等效风荷载值 $w_{LK,1}$、$w_{LK,2}$ 沿高度的变化，分别如图 7.1.16（a）、（b）所示。

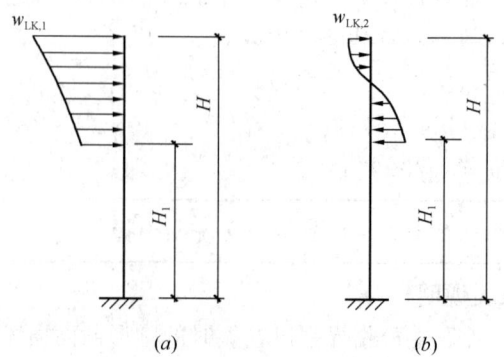

图 7.1.16 横风向等效风荷载值示意图
(a) T_{L1}；(b) T_{L2}

- （1）圆形截面结构横风向风振等效风荷载《荷规》附录 H.1.1 条作了规定。
- 复习《荷规》附录 H.1.1。

【例 7.1.11】 某 43 层钢筋混凝土框架-核心筒高层建筑建于非地震区，为普通办公楼，设计使用年限为 100 年，如图 7.1.17 所示，图形平面，直径为 30m，房屋地面以上高度为 180m，质量和刚度沿竖向分布均匀，可忽略扭转影响。按 50 年重现期的基本风压为 0.4kN/m^2，按 100 年重现期的基本风压为 0.6kN/m^2，地面粗糙度为 B 类，结构顺风向、横风向基本自振周期均为 2.75s。取空气密度 $\rho = 1.25 \text{kg/m}^3$。

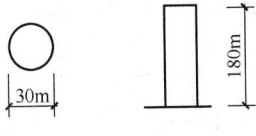

图 7.1.17

试问：当验算由第一振型横风向风振产生的位移时，其临界风速起始点高度为多少？

【解答】 根据《荷规》8.5.3 条：
$$v_{cr} = \frac{D}{T_i S_t} = \frac{30}{2.75 \times 0.2} = 54.545 \text{m/s}$$

B 类地面，$z = 180\text{m}$，查《荷规》表 8.2.1，取 $\mu_H = 2.38$，取 $w_0 = 0.60 \text{kN/m}^2$

$$v_H = \sqrt{\frac{2000 \mu_H w_0}{\rho}} = \sqrt{\frac{2000 \times 2.38 \times 0.6}{1.25}} = 47.800 \text{m/s}$$

由《荷规》附录 H.1.1 条，临界风速起点高度 H_1：
$$H_1 = H \times \left(\frac{v_{cr}}{1.2 v_H}\right)^{1/\alpha} = 180 \times \left(\frac{54.545}{1.2 \times 47.800}\right)^{1/0.15} = 128.7 \text{m}$$

【例 7.1.12】 某 60 层高层钢筋混凝土筒体结构，总高度 $H = 200\text{m}$，平面为圆形，其直径为 40m。该结构顺风向第一自振周期 $T_1 = 4.80\text{s}$，横风向第一自振周期 $T_{L1} = 4.60\text{s}$，地面粗糙度为 D 类。100 年重现期的基本风压 $w_0 = 0.80 \text{kN/m}^2$，空气密度 $\rho = 1.25 \text{kg/m}^3$，风载体型系数 $\mu_s = 0.80$。结构设计使用年限为 100 年。

试问：当对结构位移进行验算时，其横风向第一自振周期的结构顶部处横风向等效风荷载 $w_{Lk,j}$（kN/m^2）为多少？

【解答】 根据《荷规》8.5.3 条，取 $S_t = 0.2$；$\mu_z = 1.58$

$$v_{cr} = \frac{D}{T_i S_t} = \frac{40}{4.60 \times 0.2} = 43.478 \text{m/s}$$

$$v_H = \sqrt{\frac{2000 \times 1.58 \times 0.8}{1.25}} = 44.971 \text{m/s}$$

$$Re = 69000 v D = 69000 \times 43.478 \times 40 = 119.99 \times 10^6 > 3.5 \times 10^6$$

故发生横风向强风共振。

由《荷规》附录 H.2 条：
$$H_1 = 200 \times \left(\frac{43.478}{1.2 \times 44.971}\right)^{1/0.30} = 97.32 \text{m}$$

$H_1/H = 0.4866$，查《荷规》附录表 H.1.1：
$$\lambda_1 = 1.41 - \frac{0.4866 - 0.4}{0.5 - 0.4} \times (1.41 - 1.28) = 1.297$$

$z/H = 200/200 = 1$，查《荷规》附录表 G.0.3，取 $\phi_1(z) = 1.0$

$$w_{Lk,j} = 1.297 \times 43.478^2 \times 1.0 \times \frac{1}{12800 \times 0.05}$$
$$= 3.83 \text{kN/m}^2$$

- **(2) 矩形截面结构横风向风振等效风荷载**

- 复习《荷规》H.2.1条~H.2.4条。

3. 扭转风振效应

《荷规》规定：

> 8.5.4、8.5.5（条文说明）
> 扭转风荷载是由于建筑各个立面风压的非对称作用产生的，受截面形状和湍流度等因素的影响较大。判断高层建筑是否需要考虑扭转风振的影响，主要考虑建筑的高度、高宽比、深宽比、结构自振频率、结构刚度与质量的偏心等因素。
>
> 建筑高度超过150m，同时满足 $H/\sqrt{BD} \geq 3$、$D/B \geq 1.5$、$\frac{T_{T1}v_H}{\sqrt{BD}} \geq 0.4$ 的高层建筑 [T_{T1} 为第1阶扭转周期（s）]，扭转风振效应明显，宜考虑扭转风振的影响。
>
> 8.5.4 对于扭转风振作用效应明显的高层建筑及高耸结构，宜考虑扭转风振的影响。
> 8.5.5 扭转风振等效风荷载可按下列规定采用：
> 1 对于体型较复杂以及质量或刚度有显著偏心的高层建筑，扭转风振等效风荷载 w_{Tk} 宜通过风洞试验确定，也可比照有关资料确定；
> 2 对于质量和刚度较对称的矩形截面高层建筑，其扭转风振等效风荷载 w_{Tk} 可按本规范附录H.3确定。

矩形截面结构扭转风振等效风荷载计算，《荷规》附录H.3.1条~H.3.4条作了规定。

4. 风荷载组合工况

《荷规》规定：

> 8.5.6 顺风向风荷载、横风向风振及扭转风振等效风荷载宜按表8.5.6考虑风荷载组合工况。表8.5.6中的单位高度风力 F_{Dk}、F_{Lk} 及扭矩 T_{Tk} 标准值应按下列公式计算：
>
> $$F_{Dk} = (w_{k1} - w_{k2})B \quad (8.5.6\text{-}1)$$
> $$F_{Lk} = w_{Lk}B \quad (8.5.6\text{-}2)$$
> $$T_{Tk} = w_{Tk}B^2 \quad (8.5.6\text{-}3)$$
>
> 式中 F_{Dk}——顺风向单位高度风力标准值（kN/m）；
> F_{Lk}——横风向单位高度风力标准值（kN/m）；
> T_{Tk}——单位高度风致扭矩标准值（kN·m/m）；
> w_{k1}、w_{k2}——迎风面、背风面风荷载标准值（kN/m²）；
> w_{Lk}、w_{Tk}——横风向风振和扭转风振等效风荷载标准值（kN/m²）；
> B——迎风面宽度（m）。

风荷载组合工况 表 8.5.6

工况	顺风向风荷载	横风向风振等效风荷载	扭转风振等效风荷载
1	F_{Dk}	—	—
2	$0.6F_{Dk}$	F_{Lk}	—
3	—	—	T_{Tk}

5. 舒适度验算

(1)《高规》规定

《高规》3.7.6 条规定：

> 3.7.6 房屋高度不小于150m的高层混凝土建筑结构应满足风振舒适度要求。在现行国家标准《建筑结构荷载规范》GB 50009 规定的10年一遇的风荷载标准值作用下，结构顶点的顺风向和横风向振动最大加速度计算值不应超过表3.7.6 的限值。结构顶点的顺风向和横风向振动最大加速度可按现行行业标准《高层民用建筑钢结构技术规程》JGJ 99 的有关规定计算，也可通过风洞试验结果判断确定，计算时结构阻尼比宜取 0.01～0.02。
>
> **结构顶点风振加速度限值 $a_{\lim}$** 表 3.7.6
>
> | 使用功能 | $a_{\lim}$ (m/s²) |
> |---|---|
> | 住宅、公寓 | 0.15 |
> | 办公、旅馆 | 0.25 |

(2)《高钢规》规定

《高钢规》3.5.5 规定：

> 3.5.5 房屋高度不小于150m的高层民用建筑钢结构应满足风振舒适度要求。在现行国家标准《建筑结构荷载规范》GB 50009 规定的10年一遇的风荷载标准值作用下，结构顶点的顺风向和横风向振动最大加速度计算值不应大于表3.5.5 的限值。结构顶点的顺风向和横风向振动最大加速度，可按现行国家标准《建筑结构荷载规范》GB 50009 的有关规定计算，也可通过风洞试验结果判断确定。计算时钢结构阻尼比宜取 0.01～0.015。
>
> **结构顶点的顺风向和横风向风振加速度限值** 表 3.5.5
>
> | 使用功能 | $a_{\lim}$ |
> |---|---|
> | 住宅、公寓 | 0.20m/s² |
> | 办公、旅馆 | 0.28m/s² |

(3)《荷规》规定

为此,《荷规》附录 J 规定：

J.1 顺风向风振加速度计算

J.1.1 体型和质量沿高度均匀分布的高层建筑,顺风向风振加速度可按下式计算:

$$a_{D,z} = \frac{2gI_{10}w_R\mu_s\mu_z B_z\eta_a B}{m} \quad (J.1.1)$$

式中 $a_{D,z}$——高层建筑 z 高度顺风向风振加速度（m/s²）；

g——峰值因子，可取 2.5；

I_{10}——10m 高度名义湍流度，对应 A、B、C 和 D 类地面粗糙度，可分别取 0.12、0.14、0.23 和 0.39；

w_R——重现期为 R 年的风压（kN/m²），可按本规范附录 E 公式（E.3.3）计算；

B——迎风面宽度（m）；

m——结构单位高度质量（t/m）；

μ_z——风压高度变化系数；

μ_s——风荷载体型系数；

B_z——脉动风荷载的背景分量因子，按本规范公式（8.4.5）计算；

η_a——顺风向风振加速度的脉动系数。

J.1.2 顺风向风振加速度的脉动系数 η_a 可根据结构阻尼比 ζ_1 和系数 x_1，按表 J.1.2 确定。系数 x_1 按本规范公式（8.4.4-2）计算。

顺风向风振加速度的脉动系数 η_a（仅局部示出） 表 J.1.2

x_1	$\zeta_1=0.01$	$\zeta_1=0.02$	$\zeta_1=0.03$	$\zeta_1=0.04$	$\zeta_1=0.05$
5	4.14	2.94	2.41	2.10	1.88
6	3.93	2.79	2.28	1.99	1.78
7	3.75	2.66	2.18	1.90	1.70
8	3.59	2.55	2.09	1.82	1.63
9	3.46	2.46	2.02	1.75	1.57
10	3.35	2.38	1.95	1.69	1.52
20	2.67	1.90	1.55	1.35	1.21
30	2.34	1.66	1.36	1.18	1.06
40	2.12	1.51	1.23	1.07	0.96
50	1.97	1.40	1.15	1.00	0.89

J.2 横风向风振加速度计算

J.2.1 体型和质量沿高度均匀分布的矩形截面高层建筑,横风向风振加速度可按下式计算:

$$a_{L,z} = \frac{2.8gw_R\mu_H B}{m}\phi_{L1}(z)\sqrt{\frac{\pi S_{F_L}C_{sm}}{4(\zeta_1+\zeta_{a1})}} \quad (J.2.1)$$

式中 $a_{L,z}$——高层建筑 z 高度横风向风振加速度（m/s²）；

g——峰值因子，可取 2.5；

w_R——重现期为 R 年的风压（kN/m²），可按本规范附录 E 第 E.3.3 条的规定计算；

B——迎风面宽度（m）；

m——结构单位高度质量（t/m）；

μ_H——结构顶部风压高度变化系数；

S_{F_L}——无量纲横风向广义风力功率谱，可按本规范附录 H 第 H.2.4 条确定；

C_{sm}——横风向风力谱的角沿修正系数，可按本规范附录 H 第 H.2.5 条的规定采用；

$\phi_{L1}(z)$——结构横风向第 1 阶振型系数；

ζ_1——结构横风向第 1 阶振型阻尼比；

ζ_{a1}——结构横风向第 1 阶振型气动阻尼比，可按本规范附录 H 公式（H.2.4-3）计算。

【**例 7.1.13**】 某 40 层钢筋混凝土结构高层办公楼，如图 7.1.18 所示，结构的基本自振周期为：顺风向 $T_1=4.0s$，横风向 $T_{L1}=3.80s$。地面粗糙度为 B 类。10 年重现期的基本风压为 $0.36kN/m^2$，50 年重现期的基本风压为 $0.65kN/m^2$。设计使用年限为 50 年。已知该结构单位高度质量 $m=540t/m$，风荷载体型系数 $\mu_z=1.4$。

试问：确定其顶部的顺风向风振加速度 $a_{D,180}$（m/s²）为多少？

【**解答**】 根据《高规》3.7.6 条：

取 $w_0=0.65kN/m^2$，$w_R=0.36kN/m^2$，$z=180m$，B 类，查《荷规》表 8.2.1，取 $\mu_H=2.376$

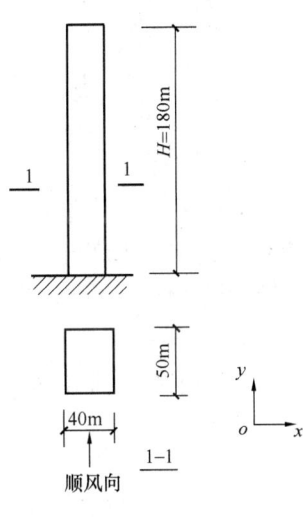

图 7.1.18

由《荷规》8.4.5 条，附录 J：

$$\rho_z = \frac{10\sqrt{180+60e^{-180/60}-60}}{180} = 0.616$$

$$\rho_x = \frac{10\sqrt{40+50e^{-40/50}-50}}{40} = 0.883$$

$$\phi_1(z) = 1.0$$

$$B_z = 0.670 \times 180^{0.187} \times 0.883 \times 0.616 \times \frac{1.0}{2.376} = 0.405$$

确定 η_a 值，由《荷规》附录表 J.1.2，按 $\xi_1=0.05$，则：

$$x_1 = \frac{30f_1}{\sqrt{k_w w_0}} = \frac{30 \times \frac{1}{4}}{\sqrt{1.0 \times 0.65}} = 9.3 > 5$$

$$\eta_a = 1.57 - \frac{9.3-9}{10-9} \times (1.57-1.21) = 1.555$$

由《荷规》式（J.1.1）：

$$a_{D,180} = \frac{2gI_{10}w_R\mu_s\mu_z B_z\eta_a B}{m}$$

$$= \frac{2 \times 2.5 \times 0.14 \times 0.36 \times 1.4 \times 2.376 \times 0.405 \times 1.555 \times 40}{540}$$

$$= 0.039 \text{m/s}^2$$

思考：(1) 假定为高层钢结构办公楼，其他条件不变，试确定其顶部的顺风向风振加速度值。

此时，根据《高钢规》3.5.5 条：

取 $w_0=0.65\text{kN/m}^2$，$w_R=0.36\text{kN/m}^2$

同理，$\mu_H=2.376$，$\rho_z=0.616$，$\rho_x=0.883$，$\phi_1(z)=1.0$，$B_z=0.405$

确定 η_a 值，由《荷规》附录表 J.1.2，按 $\xi_1=0.02$，则：

$$x_1 = \frac{30 \times \frac{1}{4}}{\sqrt{1.0 \times 0.65}} = 9.3 > 5$$

$$\eta_a = 2.416 - \frac{9.3-10}{10-9} \times (2.46-2.38) = 2.436$$

$$a_{D,180} = \frac{2 \times 2.5 \times 0.14 \times 0.36 \times 1.4 \times 2.376 \times 0.405 \times 2.436 \times 40}{540}$$

$$= 0.061 \text{m/s}^2$$

(2) 假定仍为高层钢筋混凝土结构办公楼，其他条件不变。已知结构顶部风速 $v_H=37\text{m/s}$，横风向广义风力功率谱 $S_{FL}=0.002$，试确定其顶部横风向风振加速度 $a_{L,z}$（m/s²）为多少？

此时，根据《荷规》附录 J.2.1 条：

$$T^*_{L1} = \frac{v_H T_{L1}}{9.8B} = \frac{37 \times 3.80}{9.8 \times 40} = 0.36\text{s}$$

$z/H=1.0$，故取 $\phi_{L1}(z)=1.0$

由《荷规》式（H.2.4-3）：

$$\xi_{a1} = \frac{0.0025 \times (1-0.36^2) \times 0.36 + 0.000125 \times 0.36^2}{(1-0.36^2)^2 + 0.0291 \times 0.36^2}$$

$$= 0.00105$$

由《荷规》式（J.2.1）：

$$a_{L,z} = \frac{2.8 \times 2.5 \times 0.36 \times 2.376 \times 40}{540} \times 1.0 \times \sqrt{\frac{\pi \times 0.002 \times 1.0}{4 \times (0.05+0.00105)}}$$

$$= 0.078 \text{m/s}^2$$

四、地震作用

1. 地震作用计算原则

- 复习《抗震通规》4.1.2条第1款~第3款。
- 复习《高规》4.3.1条、4.3.2条。
- 复习《高规》4.3.3条（偶然偏心）。

需注意的是：
(1)《高规》4.3.1条规定：

> 4.3.1 各抗震设防类别高层建筑的地震作用，应符合下列规定：
> 1 甲类建筑：应按批准的地震安全性评价结果且高于本地区抗震设防烈度的要求确定；
> 2 乙、丙类建筑：应按本地区抗震设防烈度计算。

特别注意，《高规》4.3.1条所采用的本地区的抗震设防烈度是指未经抗震设防标准调整的本地区抗震设防烈度，而规程3.9.1所采用的确定抗震措施时的抗震设防烈度是指经抗震设防标准调整后的设防烈度。

此外，《高规》4.3.1条的条文说明中规定：

> 4.3.1（条文说明）
> 鉴于高层建筑比较重要且结构计算分析软件应用已经较为普遍，因此02版规程规定6度抗震设防时也应进行地震作用计算，本次修订未作调整。通过地震作用效应计算，可与无地震作用组合的效应进行比较，并可采用有地震作用组合的柱轴压力设计值控制柱的轴压比。

(2)《高规》4.3.2条规定：

> 4.3.2 高层建筑结构的地震作用计算应符合下列规定：
> 1 一般情况下，应至少在结构两个主轴方向分别计算水平地震作用；有斜交抗侧力构件的结构，当相交角度大于15°时，应分别计算各抗侧力构件方向的水平地震作用。
> 2 质量与刚度分布明显不对称的结构，应计算双向水平地震作用下的扭转影响；其他情况，应计算单向水平地震作用下的扭转影响。
> 3 高层建筑中的大跨度、长悬臂结构，7度（0.15g）、8度抗震设计时应计入竖向地震作用。
> 4 9度抗震设计时应计算竖向地震作用。

大跨度、长悬臂结构的内涵，《高规》4.3.2条的条文说明中规定：

> 4.3.2（条文说明）
> 大跨度指跨度大于24m的楼盖结构、跨度大于8m的转换结构、悬挑长度大于2m的悬挑结构。大跨度、长悬臂结构应验算其自身及其支承部位结构的竖向地震效应。

注意，大跨度和长悬臂结构的界定，《抗震通规》4.1.2条条文说明表5作了规定。
此外，应考虑竖向地震作用的情况还包括：

① 《高规》3.5.5 条及其条文说明中，规范图 3.5.5 (c)、(d) 情况。
② 《高规》10.5.2 条规定中，7 度（0.15g）和 8 度时，连体结构的连接体。
③ 《高规》10.6.4 条规定中，悬挑结构情况。

(3) 《高规》4.3.3 条规定：

> 4.3.3 计算单向地震作用时应考虑偶然偏心的影响。每层质心沿垂直于地震作用方向的偏移值可按下式采用：
> $$e_i = \pm 0.05 L_i \tag{4.3.3}$$
> 式中 e_i ——第 i 层质心偏移值（m），各楼层质心偏移方向相同；
> L_i ——第 i 层垂直于地震作用方向的建筑物总长度（m）。

同时，《高规》4.3.3 条的条文说明中规定：

> 4.3.3（条文说明）
> 对于平面规则（包括对称）的建筑结构需附加偶然偏心；对于平面布置不规则的结构，除其自身已存在的偏心外，还需附加偶然偏心。
> 采用底部剪力法计算地震作用时，也应考虑偶然偏心的不利影响。
> 当计算双向地震作用时，可不考虑偶然偏心的影响，但应与单向地震作用考虑偶然偏心的计算结果进行比较，取不利的情况进行设计。
> 关于各楼层垂直于地震作用方向的建筑物总长度 L_i 的取值，当楼层平面有局部突出时，可按回转半径相等的原则，简化为无局部突出的规则平面，以近似确定垂直于地震计算方向的建筑物边长 L_i。如图 3 所示平面，当计算 y 向地震作用时，若 b/B 及 h/H 均不大于 1/4，可认为是局部突出；此时用于确定偶然偏心的边长可近似按下式计算：
> $$L_i = B + \frac{bh}{H}\left(1 + \frac{3b}{B}\right) \tag{4}$$

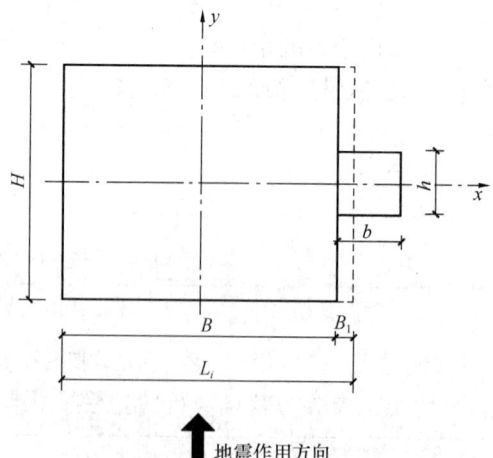

图 3　平面局部突出示例

此外,《高规》3.7.3 条注的规定:

> 3.7.3
> 注:抗震设计时,本条规定的楼层位移计算可不考虑偶然偏心的影响。

【例 7.1.14】 图 7.1.19 所示为一个 10 层钢筋混凝土框架结构的平面图。该建筑抗震烈度为 8 度,为抗震等级二级。下列几种结构动力分析中,正确的是何项?

(A) 只要作横向的平动振型抗震验算就行了,因为横向(Y 向)的抗侧刚度较弱

(B) 不仅要作横向的抗震验算,还要作纵向的抗震验算

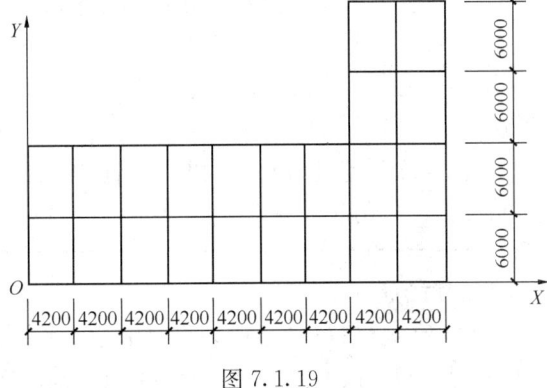

图 7.1.19

(C) 除作 X、Y 向的平动振型的抗震验算外,还要作扭转振型的耦联计算

(D) 该结构属于简单的纯框架,高度又不高,用基底剪力法计算其横向的水平地震力,并按各榀框架的抗侧刚度进行分配就行了

【解答】 根据《高规》4.3.2 条第 1 款、第 2 款的规定,应选(C)项。

【例 7.1.15】 下列关于高层建筑结构中是否考虑竖向地震作用的几种观点,其中下列何项超出了规程的规定。

(A) 9 度抗震设计时,应计算竖向地震作用

(B) 8 度抗震设计时,大跨度和长悬臂结构应考虑竖向地震作用

(C) 8 度抗震设计时,带转换层高层结构中的转换构件应考虑竖向地震的影响

(D) 8 度抗震设计时,B 级高度的高层建筑应考虑竖向地震的影响

【解答】 根据《高规》4.3.2 条第 3、4 款规定,(A)、(B) 均为规程规定;根据《高规》10.2.4 条及 4.3.2 条规定,(C) 为规程规定;所以应选(D)项。

【例 7.1.16】 对于质量和刚度均对称的高层结构进行地震作用分析时,下述意见正确的是何项?说明理由。

(A) 可不考虑偶然偏心影响

(B) 考虑偶然偏心影响,结构总地震作用标准值应增大 5%~30%

(C) 采用振型分解反应谱法计算时考虑偶然偏心影响;采用底部剪力法时则不考虑

(D) 计算双向地震作用时不考虑偶然偏心影响

【解答】 根据《高规》4.3.3 条及条文说明,应选(D)项。

【例 7.1.17】 对高层混凝土结构进行地震作用分析时,下列何项说法不正确?

(A) 计算单向地震作用时,应考虑偶然偏心影响

(B) 采用底部剪力法计算地震作用时,可不考虑质量偶然偏心不利影响

(C) 考虑偶然偏心影响实际计算时,可将高层质心沿主轴同一方向(正向或负向)偏移一定值

(D) 计算双向地震作用时,可不考虑质量偶然偏心影响

【解答】 根据《高规》4.3.3 条及其条文说明，(B) 项不正确。
2. 地震作用的计算方法
《高规》4.3.4 条作了如下规定：

> 4.3.4 高层建筑结构应根据不同情况，分别采用下列地震作用计算方法：
> 1 高层建筑结构宜采用振型分解反应谱法；对质量和刚度不对称、不均匀的结构以及高度超过 100m 的高层建筑结构应采用考虑扭转耦联振动影响的振型分解反应谱法。
> 2 高度不超过 40m、以剪切变形为主且质量和刚度沿高度分布比较均匀的高层建筑结构，可采用底部剪力法。

需注意的是：
(1)《高规》4.3.4 条中，振型分解反应谱法可分为两类：一类是不考虑扭转耦联振动影响的结构，按《高规》4.3.9 条规定进行计算；另一类是考虑扭转耦联振动影响的结构，按《高规》4.3.10 条规定进行计算。
(2) 时程分析法见后面内容。
3. 重力荷载代表值

> ● 复习《抗震通规》4.1.3 条。

《高规》4.3.6 条规定：

> 4.3.6 计算地震作用时，建筑结构的重力荷载代表值应取永久荷载标准值和可变荷载组合值之和。可变荷载的组合值系数应按下列规定采用：
> 1 雪荷载取 0.5；
> 2 楼面活荷载按实际情况计算时取 1.0；按等效均布活荷载计算时，藏书库、档案库、库房取 0.8，一般民用建筑取 0.5。

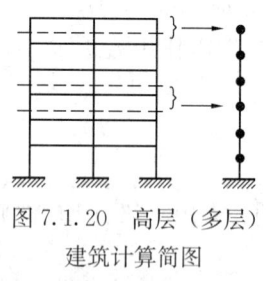

图 7.1.20 高层（多层）建筑计算简图

两本规范是一致的。
需注意的是：
在确定高层建筑（含多层建筑）的楼层重力荷载代表值时，采用集中化即集中质量，如图 7.1.20 所示，确定顶层重力荷载代表值时，其墙重只计算半层墙重；其他各楼层重力荷载代表值，取上、下层墙重的一半计入本层重力荷载代表值。

4. 水平地震影响系数的计算

> ● 复习《抗震通规》4.2.2 条。

《高规》4.3.7 条、4.3.8 条规定：

> 4.3.7 建筑结构的地震影响系数应根据烈度、场地类别、设计地震分组和结构自

振周期及阻尼比确定。其水平地震影响系数最大值$\alpha_{\max}$应按表4.3.7-1采用；特征周期应根据场地类别和设计地震分组按表4.3.7-2采用，计算罕遇地震作用时，特征周期应增加0.05s。

注：周期大于6.0s的高层建筑结构所采用的地震影响系数应作专门研究。

水平地震影响系数最大值 $\alpha_{\max}$ 表4.3.7-1

地震影响	6度	7度	8度	9度
多遇地震	0.04	0.08（0.12）	0.16（0.24）	0.32
设防地震	0.12	0.23（0.34）	0.45（0.68）	0.90
罕遇地震	0.28	0.50（0.72）	0.90（1.20）	1.40

注：7、8度时括号内数值分别用于设计基本地震加速度为0.15g和0.30g的地区。

特征周期值 T_g (s)   表4.3.7-2

场地类别 设计地震分组	I_0	I_1	II	III	IV
第一组	0.20	0.25	0.35	0.45	0.65
第二组	0.25	0.30	0.40	0.55	0.75
第三组	0.30	0.35	0.45	0.65	0.90

4.3.8 高层建筑结构地震影响系数曲线（图4.3.8）的形状参数和阻尼调整应符合下列规定：

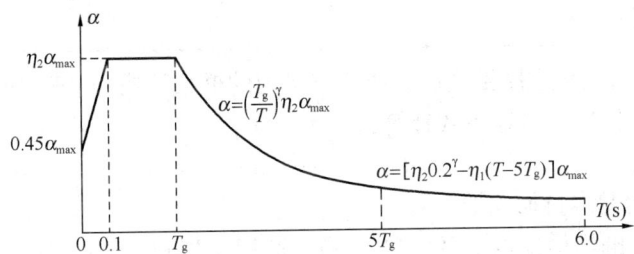

图4.3.8 地震影响系数曲线

α—地震影响系数；$\alpha_{\max}$—地震影响系数最大值；T—结构自振周期；T_g—特征周期；γ—衰减指数；η_1—直线下降段下降斜率调整系数；η_2—阻尼调整系数

1 除有专门规定外，钢筋混凝土高层建筑结构的阻尼比应取0.05，此时阻尼调整系数η_2应取1.0，形状参数应符合下列规定：

1) 直线上升段，周期小于0.1s的区段；
2) 水平段，自0.1s至特征周期T_g的区段，地震影响系数应取最大值$\alpha_{\max}$；
3) 曲线下降段，自特征周期至5倍特征周期的区段，衰减指数γ应取0.9；
4) 直线下降段，自5倍特征周期至6.0s的区段，下降斜率调整系数η_1应取0.02。

2 当建筑结构的阻尼比不等于0.05时，地震影响系数曲线的分段情况与本条第1款相同，但其形状参数和阻尼调整系数η_2应符合下列规定：

> 1) 曲线下降段的衰减指数应按下式确定：
>
> $$\gamma = 0.9 + \frac{0.05 - \zeta}{0.3 + 6\zeta} \quad (4.3.8\text{-}1)$$
>
> 式中 　γ——曲线下降段的衰减指数；
> 　　　ζ——阻尼比。
>
> 2) 直线下降段的下降斜率调整系数应按下式确定：
>
> $$\eta_1 = 0.02 + \frac{0.05 - \zeta}{4 + 32\zeta} \quad (4.3.8\text{-}2)$$
>
> 式中 　η_1——直线下降段的斜率调整系数，小于 0 时应取 0。
>
> 3) 阻尼调整系数应按下式确定：
>
> $$\eta_2 = 1 + \frac{0.05 - \zeta}{0.08 + 1.6\zeta} \quad (4.3.8\text{-}3)$$
>
> 式中 　η_2——阻尼调整系数，当 η_2 小于 0.55 时，应取 0.55。

两本规范是一致的。

需注意的是：

(1)《高规》4.3.7 条表 4.3.7-1 注的规定。

(2)《高规》4.3.7 条中，计算 6 度、7 度、8 度、9 度罕遇地震作用时，表 4.3.7-2 中的特征周期应增加 0.05s。

(3) 结构基本自振周期的计算，《高规》附录 C.0.2 条、4.3.16 条、4.3.17 条作出了如下规定：

> **C.0.2** 对于质量和刚度沿高度分布比较均匀的框架结构、框架-剪力墙结构和剪力墙结构，其基本自振周期可按下式计算：
>
> $$T_1 = 1.7\psi_T \sqrt{u_T} \quad (C.0.2)$$
>
> 式中 　T_1——结构基本自振周期（s）；
> 　　　u_T——假想的结构顶点水平位移（m），即假想把集中在各楼层处的重力荷载代表值 G_i 作为该楼层水平荷载，并按本规程第 5.1 节的有关规定计算的结构顶点弹性水平位移；
> 　　　ψ_T——考虑非承重墙刚度对结构自振周期影响的折减系数，可按本规程第 4.3.17 条确定。
>
> 注：结构基本自振周期也可采用根据实测资料并考虑地震作用影响的经验公式确定。

对于高层建筑（多层建筑）框架结构体系，求结构顶点水平位移 u_T 可用 D 值法近似计算，即：

$$u_T = \delta_1 + \delta_2 + \cdots + \delta_n = \frac{\sum_{i=1}^{n} G_i}{D_1} + \frac{\sum_{i=2}^{n} G_i}{D_2} + \cdots + \frac{G_n}{D_n}$$

式中 　δ_1、δ_2、…、δ_n——分别为第 1 层、2 层、…、n 层的相对位移；
　　　D_1、D_2、…、D_n——分别为第 1 层、2 层、…、n 层的侧移刚度；
　　　G_1、G_2、…、G_n——分别为第 1 层、2 层、…、n 层的重力荷载代表值；

$\sum\limits_{i=1}^{n} G_i$ ——第 1 层至第 n 层重力荷载代表值的累加值；

$\sum\limits_{i=2}^{n} G_i$ ——第 2 层至第 n 层重力荷载代表值的累加值。

在运用《高规》式（C.0.2）时，即：$T_1 = 1.7\psi_T\sqrt{u_T}$，$u_T$ 的单位取为 m。

【例 7.1.18】 某高层钢筋混凝土剪力墙结构，层数 28 层，高度 84m，经计算其顶点假想位移 u_T 为 383mm，剪力墙结构中采用砖墙作为非承重墙体，取折减系数为 0.95。

【试问】：该高层建筑的基本自振周期为多少？

【解答】 $u_T = 383\text{mm} = 0.383\text{m}$，$\psi_T = 0.95$

由《高规》式（C.0.2）：$T_1 = 1.7\psi_T\sqrt{u_T} = 1.7 \times 0.95 \times \sqrt{0.383} = 1.0\text{s}$

【例 7.1.19】 某一建于 7 度抗震设防区的 12 层钢筋混凝土框架结构，抗震设防类别为丙类，设计地震分组为第一组，设计基本地震加速度为 $0.15g$，场地类别为 Ⅱ 类。结构自振周期 $T_1 = 1.0\text{s}$。

提示：按《高层建筑混凝土结构技术规程》作答。

试问：

(1) 当计算多遇地震作用时，该结构的水平地震影响系数 α 为多少？

(2) 当计算罕遇地震作用时，该结构的水平地震影响系数 α 为多少？

【解答】 （1）多遇地震作用

查《高规》表 4.3.7-1 及注的规定，取 $\alpha_{\max} = 0.12$

查《高规》表 4.3.7-2，取 $T_g = 0.35\text{s}$

根据《高规》4.3.8 条规定，取 $\zeta = 0.05$，$\eta_2 = 1$，$\gamma = 0.9$，$\eta_1 = 0.02$，$T_g = 0.35\text{s} < T_1 = 1\text{s} < 5T_g = 5 \times 0.35 = 1.75\text{s}$，故根据《高规》图 4.3.8 得：

$$\alpha = \left(\frac{T_g}{T}\right)^\gamma \eta_2 \alpha_{\max} = \left(\frac{0.35}{1}\right)^{0.9} \times 1 \times 0.12 = 0.0466$$

（2）罕遇地震作用

查《高规》表 4.3.7-1 及注的规定，取 $\alpha_{\max} = 0.72$

查《高规》表 4.3.7-2 及《高规》3.3.7 条规定，取 $T_g = 0.35 + 0.05 = 0.40\text{s}$

根据《高规》4.3.8 条规定，取 $\zeta = 0.05$，$\eta_2 = 1$，$\gamma = 0.9$，$\eta_1 = 0.02$

$T_g = 0.40\text{s} < T = 1\text{s} < 5T_g = 2.0\text{s}$，故根据《高规》图 4.3.8 得：

$$\alpha = \left(\frac{T_g}{T}\right)^\gamma \eta_2 \alpha_{\max} = \left(\frac{0.40}{1}\right)^{0.9} \times 1 \times 0.72 = 0.316$$

【例 7.1.20】 在北京市海淀区有一幢十四层的钢筋混凝土框架-剪力墙结构，场地类别为 I_1 类，结构自振周期 $T = 1.8\text{s}$。

提示：按《高层建筑混凝土结构技术规程》作答。

试问：当计算多遇地震作用时，该结构的水平地震影响系数 α 为多少？

【解答】 北京海淀区，查《抗规》附录 A 规定：抗震设防烈度为 8 度，设计基本地震加速度值为 $0.20g$，设计地震分组为第二组。

查《高规》表 4.3.7-1，取 $\alpha_{\max} = 0.16$

查《高规》表 4.3.7-2，取 $T_g = 0.30\text{s}$

根据《高规》4.3.8 条规定，取 $\zeta = 0.05$，$\eta_2 = 1$，$\gamma = 0.9$，$\eta_1 = 0.02$

$T=1.8s>5T_g=5\times0.30=1.5s$,故根据《高规》图 4.3.8 得:

$$\alpha = [0.2^{\gamma}\eta_2 - \eta_1(T-5T_g)]\alpha_{max}$$
$$= [0.2^{0.9}\times 1 - 0.02(1.8-1.5)]\times 0.16 = 0.0366$$

5. 底部剪力法

• 复习《高规》C.0.1 条、C.0.2 条、C.0.3 条。

需注意的是:

(1)《高规》C.0.1 条规定,与《抗规》5.2.1 条规定是协调的。

(2)《高规》C.0.3 条,规定了突出屋面房屋地震作用增大系数 β_n 的取值;而《抗规》5.2.4 条规定,增大系数取 3。

【例 7.1.21】 某十层现浇钢筋混凝土框架结构房屋,丙类建筑,剖面如图 7.1.21 所示。其抗震设防烈度为 7 度,设计地震分组为第二组,Ⅱ类场地。质量和刚度沿高度分布较均匀,但屋面有局部突出的小塔楼。

已知结构的基本自振周期 $T_1=1.0s$。各层的重力荷载代表值分别为:$G_1=15000kN$,$G_{10}=0.8G_1$,$G_n=0.08G_1$,第二层至第九层各层重力荷载代表值为 $0.9G_1$。小塔楼的侧向刚度与主体结构的层侧向刚度之比 $K_n/K=0.010$。

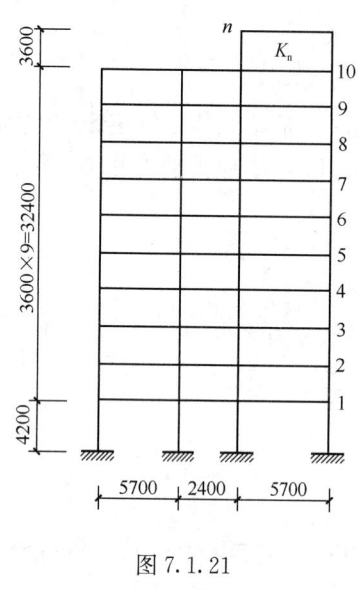

图 7.1.21

试问:

(1) 确定各层水平地震作用标准值 F_{ik}。
(2) 确定各层水平地震剪力标准值 V_{ik}。
(3) 确定小塔楼底部的地震弯矩标准值。

【解答】 (1) 确定总水平地震作用标准值

该结构高度为 $4.2+3.6\times 9=36.6m<40m$,且质量和刚度沿高度分布较均匀,符合《高规》4.3.4 条第 2 款规定,可用底部剪力法。

由已知条件,查《高规》表 4.3.7-1,取 $\alpha_{max}=0.08$;查《高规》表 4.3.7-2,取 $T_g=0.40s$。

$T_g=0.4s<T_1=1s<5T_g=2.0s$,则:

$$\alpha = \left(\frac{T_g}{T}\right)^{\gamma}\eta_2\alpha_{max} = \left(\frac{0.4}{1}\right)^{0.9}\times 1\times 0.08$$
$$=0.0351$$

$$G_E = \sum_{i=1}^{n}G_i = G_1 + 8\times 0.9G_1 + 0.8G_1 + 0.08G_1 = 9.08G_1$$
$$= 9.08\times 15000 = 136200kN$$

由《高规》式(C.0.1-1)、式(C.0.1-2)得:

$$F_{Ek} = \alpha G_{eq} = \alpha \times 0.85 G_E = 0.0351 \times 0.85 \times 136200 = 4063.53 \text{kN}$$

（2）顶部附加水平地震作用系数 δ_n：

由 $T_1=1\text{s}>1.4T_g=1.4\times 0.4=0.56\text{s}$，$T_g=0.4\text{s}$，查《高规》表 C.0.1 得：

$$\delta_n = 0.08 T_1 + 0.01 = 0.08 \times 1 + 0.01 = 0.09$$

$$\Delta F_n = \delta_n F_{Ek} = 0.09 \times 4063.53 = 365.72 \text{kN} \approx 366 \text{kN}$$

（3）各楼层的水平地震作用标准值 F_i，由《高规》式（C.0.1-3）得：

$$F_i = \frac{G_i H_i}{\sum_{j=1}^{n} G_j H_j} F_{Ek}(1-\delta_n)$$

$$\sum_{j=1}^{n} G_j H_j = G_1 \times 4.2 + 0.9 G_1 \times (7.8+11.4+15+18.6+22.2+25.8+29.4+33)$$
$$+ 0.8 G_1 \times 36.6 + 0.08 G_1 \times 40.2 = 183.58 G_1$$

$$F_i = \frac{G_i H_i}{183.58 G_1} \times 4063.53 \times (1-0.09) = \frac{20.14 G_i H_i}{G_1}$$

列表计算见表 7.1.3，计算简图如图 7.1.22 所示，在计算第 10 层的 F_{10} 时应计入顶部附加水平地震作用 ΔF_n。第 11 层的 F_{11} 应计入增大系数 β_n。

各层水平地震作用标准值 F_{ik} 与水平地震剪力标准值 V_{ik}　　表 7.1.3

层数	H_i (m)	$G_i H_i$	F_{ik} (kN)	V_{ik} (kN)
11	40.2	3.22G_1	65	269.36
10	36.6	29.28G_1	590+366=956	1021
9	33.0	29.7G_1	598	1619
8	29.4	26.46G_1	533	2152
7	25.8	23.22G_1	468	2620
6	22.2	19.98G_1	402	3022
5	18.6	16.74G_1	337	3359
4	15.0	13.5G_1	272	3631
3	11.4	10.26G_1	207	3838
2	7.8	7.02G_1	141	3979
1	4.2	4.20G_1	85	4064

（4）小塔楼的增大系数 β_n：

主体结构层重力荷载代表值 G：

$$G = \frac{G_1 + 8 \times 0.9 G_1 + 0.8 G_1}{10} = 0.9 G_1$$

$G_n/G = 0.08 G_1/0.9 G_1 = 0.089, K_n/K = 0.010$，查《高规》表 C.0.3 得：

$$\beta_n = 4.3 - \frac{0.089-0.05}{0.10-0.05} \times (4.3-4.1) = 4.144$$

放大后的小塔楼水平地震剪力标准值：$\beta_n F_{1k} = 4.144 \times 65 = 269.36 \text{kN} \approx 270 \text{kN}$

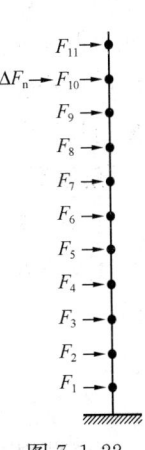

图 7.1.22

(5) 小塔楼底部地震弯矩标准值 M_n

$$M_n = 270 \times 3.6 = 972 \text{kN} \cdot \text{m}$$

6. 振型分解反应谱法

* 复习《高规》4.3.9 条、4.3.10 条。
* 复习《高规》5.1.12 条、5.1.13 条。

需注意的是：

(1)《高规》5.1.12 条、5.1.13 条对 B 级高度的高层建筑和复杂高层建筑计算考虑扭转效应时，提出了更严格的规定。

(2)《高规》式（4.3.9-3）中，S、S_j 取地震作用标准值产生的效应，如楼层剪力、弯矩、位移等。

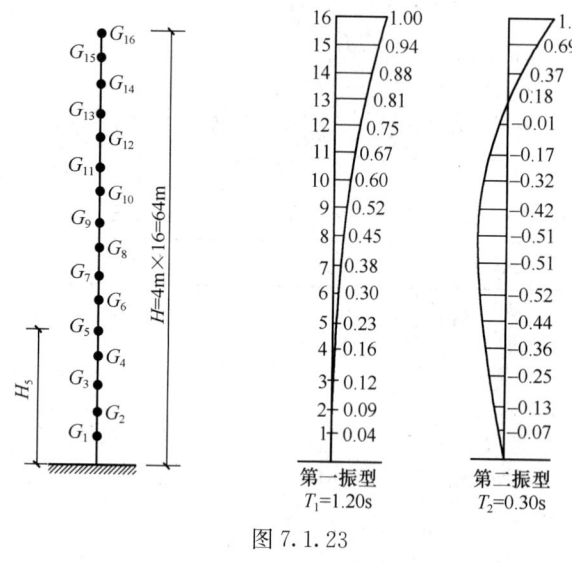

图 7.1.23

【例 7.1.22】某 16 层的钢筋混凝土框架-剪力墙结构办公楼，层高 4m，平面对称，结构布置匀称、规则，质量和侧向刚度沿高度分布均匀，抗震设防烈度为 8 度，设计基本地震加速度值为 $0.20g$，设计地震分组为第一组，场地为第Ⅱ类。结构自振周期为 $T_1 = 1.20\text{s}$，$T_2 = 0.30\text{s}$。

已知各楼层的重力荷载代表值 $G_i = 10000\text{kN}$，结构的第一及第二振型，如图 7.1.23 所示。

试问：

(1) 第一振型时的基底剪力标准值为多少？

(2) 第一振型时的基底弯矩标准值为多少？

(3) 确定第二振型的参与系数 γ_2 为多少？

(4) 若已知第二振型时的基底剪力标准值 $V_{2k} = 1560\text{kN}$，确定由水平地震作用产生的基底剪力标准值 V_{Ek} 为多少？

(5) 若已知第二振型时的基底弯矩标准值 $M_{2k} = -3800\text{kN} \cdot \text{m}$，确定由水平地震作用产生的基底弯矩标准值 M_E 为多少？

【解答】(1) 确定第一振型时的基底剪力标准值 V_{1k}

查《高规》表 4.3.7-1，8 度，多遇地震，取 $\alpha_{\max} = 0.16$

查《高规》表 4.3.7-2，设计地震分组为第一组，场地Ⅱ类，取 $T_g = 0.35\text{s}$，$T_g = 0.35\text{s} < T_1 = 1.2\text{s} < 5T_g = 5 \times 0.35 = 1.75\text{s}$，则有：

$$\alpha_1 = \left(\frac{T_g}{T}\right)^\gamma \eta_2 \alpha_{\max} = \left(\frac{0.35}{1.2}\right)^{0.9} \times 1 \times 0.16 = 0.0528$$

由《高规》式（4.3.9-2）得：

$$\gamma_1 = \frac{\sum_{i=1}^{16} X_{1i} G_i}{\sum_{i=1}^{16} X_{1i}^2 G_i}$$

$\sum_{i=1}^{16} X_{1i} G_i = 10000 \times (0.04 + 0.09 + 0.12 + 0.16 + 0.23 + 0.30 + 0.38 + 0.45 +$

$\qquad 0.52 + 0.60 + 0.67 + 0.75 + 0.81 + 0.88 + 0.94 + 1.0)$

$\qquad = 10000 \times 7.94$

$\sum_{i=1}^{16} X_{1i}^2 G_i = 10000 \times (0.04^2 + 0.09^2 + 0.12^2 + 0.16^2 + 0.23^2 + 0.30^2 + 0.38^2 + 0.45^2$

$\qquad + 0.52^2 + 0.60^2 + 0.67^2 + 0.75^2 + 0.81^2 + 0.88^2 + 0.94^2 + 1.0^2)$

$\qquad = 10000 \times 5.4954$

$\gamma_1 = \dfrac{10000 \times 7.94}{10000 \times 5.4954} = 1.445$

由《高规》式（4.3.9-1）得：

$\qquad F_{ji} = \alpha_j \gamma_j X_{ji} G_i$

$\qquad V_{1k} = \sum_{i=1}^{16} F_{1i} = \alpha_1 \gamma_1 \sum_{i=1}^{16} X_{1i} G_i = 0.0528 \times 1.445 \times (10000 \times 7.94)$

$\qquad = 6057.9 \mathrm{kN}$

（2）确定基底弯矩标准值 M_{1k}

$M_{1k} = \sum_{i=1}^{16} F_{1i} H_i = \sum_{i=1}^{16} \alpha_1 \gamma_1 X_{1i} G_i H_i = \alpha_1 \gamma_1 G_i \sum_{i=1}^{16} X_{1i} H_i$

$\quad = 0.0528 \times 1.445 \times 10000 \times (0.04 \times 4 + 0.09 \times 8 + 0.12 \times 12 + 0.16 \times 16$

$\quad + 0.23 \times 20 + 0.30 \times 24 + 0.38 \times 28 + 0.45 \times 32 + 0.52 \times 36 + 0.60 \times 40$

$\quad + 0.67 \times 44 + 0.75 \times 48 + 0.81 \times 52 + 0.88 \times 56 + 0.94 \times 60 + 1 \times 64)$

$\quad = 0.0528 \times 1.445 \times 10000 \times 361.72 = 275978 \mathrm{kN \cdot m}$

（3）确定第二振型的参与系数 γ_2

$T_2 = 0.30 \mathrm{s} < T_g = 0.35 \mathrm{s}$，根据《高规》图 4.3.8 规定：取 $\alpha_2 = \alpha_{\max} = 0.16$

由《高规》式（4.3.9-2）得：

$$\gamma_2 = \frac{\sum_{i=1}^{16} X_{2i} G_i}{\sum_{i=1}^{16} X_{2i}^2 G_i}$$

$\sum_{i=1}^{16} X_{2i} G_i = 10000 \times (-0.07 - 0.13 - 0.25 - 0.36 - 0.44 - 0.52 - 0.51$

$\qquad - 0.51 - 0.42 - 0.32 - 0.17 - 0.01 + 0.18 + 0.37 + 0.69 + 1.0)$

$\qquad = 10000 \times (-1.47)$

$$\sum_{i=1}^{16} X_{2i}G_i = 10000 \times (0.07^2 + 0.13^2 + 0.25^2 + 0.36^2 + 0.44^2 + 0.52^2 + 0.51^2$$
$$+ 0.51^2 + 0.42^2 + 0.32^2 + 0.17^2 + 0.01^2 + 0.18^2 + 0.37^2 + 0.69^2 + 1.0^2)$$
$$= 10000 \times 3.1513$$
$$\gamma_2 = \frac{10000 \times (-1.47)}{10000 \times 3.1513} = -0.4665$$

(4) 确定 V_{Ek}

$$T_2/T_1 = 0.3/1.2 = 0.25 < 0.85,则:$$

由《高规》式（4.3.9-3）得：

$$V_{Ek} = \sqrt{\sum_{j=1}^{2} V_k^2} = \sqrt{6057.9^2 + 1560^2} = 6255.5 \text{kN}$$

(5) 确定 M_E

$$T_2/T_1 = 0.3/1.2 = 0.25 < 0.85,则:$$

由《高规》式（4.3.9-3）得：

$$M_{Ek} = \sqrt{\sum_{j=1}^{2} M_k^2} = \sqrt{275978^2 + (-3800)^2} = 276004 \text{kN·m}$$

【例 7.1.23】 某22层钢筋混凝土框架-剪力墙结构房屋，丙类建筑，抗震设防烈度为7度，Ⅲ类场地。该结构采用振型分解反应谱法进行多遇地震作用下的弹性分析，单向水平地震作用下不考虑偶然偏心影响的某框架柱轴力标准值：不考虑扭转耦联时 X 向地震作用下为 5800kN，Y 向地震作用下为 6500kN；考虑扭转耦联时 X 向地震作用下为 5300kN，Y 向地震作用下为 5700kN。试问，该框架柱考虑双向水平地震作用的轴力标准值（kN）与下列何项数值最为接近？

(A) 7180　　　　　(B) 7260　　　　　(C) 8010　　　　　(D) 8160

【解答】 由《高规》4.3.10条第3款，取单向水平地震作用下考虑扭转时的轴力标准值进行计算：

$$N_{xk} = 5300 \text{kN}, \quad N_{yk} = 5700 \text{kN}$$
$$N_{Ek} = \sqrt{5300^2 + (0.85 \times 5700)^2} = 7181 \text{kN}$$
$$N_{Ek} = \sqrt{5700^2 + (0.85 \times 5300)^2} = 7265 \text{kN}$$

故取 $N_{Ek} = 7265 \text{kN}$，应选（B）项。

【例 7.1.24】 某 A 级高度现浇钢筋混凝土框架-剪力墙结构办公楼，各楼层层高 4.0m，质量和刚度分布明显不对称，相邻振型的周期比大于 0.85。

假定，采用振型分解反应谱法计算多遇地震作用下结构弹性位移分析，由计算得知，某层框架中柱在单向水平地震作用下的轴力标准值如表 7.1.4 所示。

表 7.1.4

情　况	N_{xk} (kN)	N_{yk} (kN)
考虑偶然偏心，考虑扭转耦连	8000	12000
不考虑偶然偏心，考虑扭转耦连	7500	9000
考虑偶然偏心，不考虑扭转耦连	9000	11000

试问：该框架柱进行截面设计时，水平地震作用下的最大轴压力标准值 N（kN），与下列何项数值最为接近？

(A) 13000　　　　(B) 12000　　　　(C) 11000　　　　(D) 9000

【解答】 根据《高规》4.3.3条及条文说明、4.3.10条：

单向水平地震时应考虑偶然偏心，$N_{k,\max}=12000\text{kN}$，故（C）、（D）项错误。

双向水平地震时，不考虑偶然偏心：

$$N_k=\sqrt{(7500\times0.85)^2+9000^2}=11029\text{kN}$$

$$N_k=\sqrt{7500^2+(9000\times0.85)^2}=10713\text{kN}$$

此时，取 $N_{k,\max}=11029\text{kN}$

最终取上述较大值，$N_k=\max(12000,11029)=12000\text{kN}$

所以应选（B）项。

7. 楼层最小地震剪力

《抗震通规》规定：

4.2.3 多遇地震下，各类建筑与市政工程结构的水平地震剪力标准值应符合下列规定：

1 建筑结构抗震验算时，各楼层水平地震剪力标准值应符合下式规定：

$$V_{Eki}\geqslant\lambda\sum_{j=i}^{n}G_j \quad (4.2.3\text{-}1)$$

式中　V_{Eki}——第 i 层水平地震剪力标准值；

　　　λ——最小地震剪力系数，应按本条第3款的规定取值，对竖向不规则结构的薄弱层，尚应乘以1.15的增大系数；

　　　G_j——第 j 层的重力荷载代表值。

3 多遇地震下，建筑与市政工程结构的最小地震剪力系数取值应符合下列规定：

1) 对扭转不规则或基本周期小于3.5s的结构，最小地震剪力系数不应小于表4.2.3的基准值；

2) 对基本周期大于5.0s的结构，最小地震剪力系数不应小于表4.2.3的基准值的0.75倍；

3) 对基本周期介于3.5s和5s之间的结构，最小地震剪力系数不应小于表4.2.3的基准值的 $(9.5-T_1)/6$ 倍（T_1 为结构计算方向的基本周期）。

最小地震剪力系数基准值 λ_0　　　　　表4.2.3

设防烈度	6度	7度	7度(0.15g)	8度	8度(0.30g)	9度
λ_0	0.008	0.016	0.024	0.032	0.048	0.064

《高规》4.3.12条规定：

> 4.3.12 多遇地震水平地震作用计算时，结构各楼层对应于地震作用标准值的剪力应符合下式要求：
>
> $$V_{Eki} \geq \lambda \sum_{j=i}^{n} G_j \qquad (4.3.12)$$
>
> 式中 V_{Eki}——第 i 层对应于水平地震作用标准值的剪力；
> 　　　λ——水平地震剪力系数，不应小于表4.3.12规定的值；对于竖向不规则结构的薄弱层，尚应乘以1.15的增大系数；
> 　　　G_j——第 j 层的重力荷载代表值；
> 　　　n——结构计算总层数。
>
> 楼层最小地震剪力系数值　　　　表4.3.12
>
> | 类　别 | 6度 | 7度 | 8度 | 9度 |
> |---|---|---|---|---|
> | 扭转效应明显或基本周期小于3.5s的结构 | 0.008 | 0.016(0.024) | 0.032(0.048) | 0.064 |
> | 基本周期大于5.0s的结构 | 0.006 | 0.012(0.018) | 0.024(0.036) | 0.048 |
>
> 注：1 基本周期介于3.5s和5.0s之间的结构，应允许线性插入取值；
> 　　2 7、8度时括号内数值分别用于设计基本地震加速度为0.15g和0.30g的地区。

两本规范是一致的。

需注意的是：

（1）当为竖向不规则结构的薄弱层时，λ还应乘以1.15的增大系数；同时，根据《高规》3.5.8条规定，此时的 V_{Eki} 还应乘以1.25的增大系数：

> 3.5.8 侧向刚度变化、承载力变化、竖向抗侧力构件连续性不符合本规程第3.5.2、3.5.3、3.5.4条要求的楼层，其对应于地震作用标准值的剪力应乘以1.25的增大系数。

该楼层地震剪力乘以1.25后仍需要满足本条的规定，即该层的地震剪力系数不应小于表4.3.12中数值的1.15倍。

（2）《高规》4.3.12条规定，与《抗规》5.2.5条是协调的，并且，《抗规》5.2.5条的条文说明中对不满足楼层最小地震剪力的调整作了具体规定。

> 5.2.5（条文说明）
> 　　由于地震影响系数在长周期段下降较快，对于基本周期大于3.5s的结构，由此计算所得的水平地震作用下的结构效应可能太小。而对于长周期结构，地震动态作用中的地面运动速度和位移可能对结构的破坏具有更大影响，但是规范所采用的振型分解反应谱法尚无法对此作出估计。出于结构安全的考虑，提出了对结构总水平地震剪力及各楼层水平地震剪力最小值的要求，规定了不同烈度下的剪力系数，当不满足时，需改变结构布置或调整结构总剪力和各楼层的水平地震剪力使之满足要求。例如，当

结构底部的总地震剪力略小于本条规定而中、上部楼层均满足最小值时，可采用下列方法调整：若结构基本周期位于设计反应谱的加速度控制段时，则各楼层均需乘以同样大小的增大系数；若结构基本周期位于反应谱的位移控制段时，则各楼层 i 均需按底部的剪力系数的差值 $\Delta\lambda_0$ 增加该层的地震剪力——$\Delta F_{Eki} = \Delta\lambda_0 G_{Ei}$；若结构基本周期位于反应谱的速度控制段时，则增加值应大于 $\Delta\lambda_0 G_{Ei}$，顶部增加值可取动位移作用和加速度作用二者的平均值，中间各层的增加值可近似按线性分布。

需要注意：①当底部总剪力相差较多时，结构的选型和总体布置需重新调整，不能仅采用乘以增大系数方法处理。②只要底部总剪力不满足要求，则结构各楼层的剪力均需要调整，不能仅调整不满足的楼层。③满足最小地震剪力是结构后续抗震计算的前提，只有调整到符合最小剪力要求才能进行相应的地震倾覆力矩、构件内力、位移等等的计算分析；即意味着，当各层的地震剪力需要调整时，原先计算的倾覆力矩、内力和位移均需要相应调整。④采用时程分析法时，其计算的总剪力也需符合最小地震剪力的要求。⑤本条规定不考虑阻尼比的不同，是最低要求，各类结构，包括钢结构、隔震和消能减震结构均需一律遵守。

在《高规》4.3.8 条图 4.3.8 中，$0.1s\sim T_g$ 段为加速度控制段；$T_g\sim 5T_g$ 为速度控制段；$5T_g\sim 6.0s$ 为位移控制段。

【例 7.1.25】 某地上 18 层钢筋混凝土商住楼，地下 2 层，系底层大空间剪力墙结构，2~18 层均布置有剪力墙。该建筑位于 7 度抗震设防区，抗震设防类别丙类，设计基本地震加速度为 $0.15g$，场地类别为Ⅱ类。结构基本自振周期 1s。该建筑物底层为薄弱层，1~18 层总重力荷载代表值为 32000kN。

假定地震作用分析计算出的对应于水平地震作用标准值的底层水平地震剪力为 $V_{Ek}=5000$kN。

试问： 该结构底层承受的水平地震剪力标准值为多少？

【解答】 由 $T_1=1s<3.5s$，7 度，$0.15g$，查《高规》表 4.3.12 及注 2 的规定：$\lambda=0.024$，对薄弱层，根据《高规》4.3.12 条规定，取 $\lambda=0.024\times 1.15=0.0276$

由《高规》3.5.8 条及《高规》式（4.3.12）得：$V_{Eki} = 1.25 \times 5000 = 6250\text{kN} > \lambda\sum\limits_{j=1}^{18}G_j = 0.0276 \times 32000 = 883.2\text{kN}$

故取 $V_{Eki}=6250$kN

【例 7.1.26】 某地上 35 层的现浇钢筋混凝土框架-核心筒公寓，质量和刚度沿高度分布均匀，平面为矩形，房屋高度为 150m。基本风压 $w_0=0.65$kN/m²，地面粗糙度为 A 类。抗震设防烈度为 7 度，设计基本地震加速度为 $0.10g$，设计地震分组为第一组，建筑场地类别为Ⅱ类，抗震设防类别为标准设防类，安全等级二级。

假定，结构基本自振周期 $T_1=4.0$s（Y 向平动），$T_2=3.5$s（X 向平动），各楼层考虑偶然偏心的最大扭转位移比为 1.18，结构总恒载标准值为 600000kN，按等效均布活荷载计算的总楼面活荷载标准值为 80000kN。试问，多遇水平地震作用计算时，按最小剪重比控制对应于水平地震作用标准值的 Y 向底部剪力（kN），不应小于下列何项数值？

(A) 7700　　　(B) 8400　　　(C) 9500　　　(D) 10500

【解答】 根据《高规》4.3.6条：

$$\sum_{j=1}^{n} G_j = 600000 + 0.5 \times 80000 = 640000 \text{kN}$$

由《高规》4.3.12条及条文说明，最大扭转位移比1.18<1.2，故扭转效应不明显，按表4.3.12，内插法，则：

Y向： $\lambda = 0.012 + \dfrac{5-4.0}{5-3.5} \times (0.016 - 0.012) = 0.0147$

$$V_{Ek} \geqslant \lambda \sum_{j=1}^{n} G_j = 0.0147 \times 640000 = 9408 \text{kN}$$

故应选（C）项。

【例7.1.27】 某11层办公楼，无特殊库房，采用钢筋混凝土框架-剪力墙结构，丙类建筑。首层室内外地面高差0.45m，房屋高度39.45m，质量和刚度沿竖向分布均匀，抗震设防烈度为9度，Ⅱ类建筑场地，设计地震分组为第一组。假定该结构基本自振周期 $T_1 \leqslant 2.0\text{s}$，若采用底部剪力法进行方案比较。已知 $\sum_{i=1}^{n} G_i = 142500 \text{kN}$。

试问：本工程 T_1 最大为何值时，底层水平地震剪力能满足规范、规程规定的剪重比（底层剪力与重力荷载代表值之比）的要求。

【解答】 （1）根据《高规》4.3.12条表4.3.12：

9度，$T_1 \leqslant 2.0\text{s}$，取 $\lambda = 0.064$

查《高规》表4.3.7-1，取 $\alpha_{\max} = 0.32$

Ⅱ类场地，设计地震分组为第一组，查《高规》表4.3.7-2，取 $T_g = 0.35\text{s}$

（2）假定 $T_1 \leqslant 1.75\text{s}$，则：$T_g \leqslant T_1 \leqslant 5T_g = 5 \times 0.35 = 1.75\text{s}$

$$V_{Ek0} = \alpha_1 G_{eq} = \left(\dfrac{T_g}{T_1}\right)^r \eta_2 \alpha_{\max} \cdot 0.85 \sum_{i=1}^{n} G_i$$

由《高规》4.3.12条：

$$\dfrac{V_{Ek0}}{\sum_{i=1}^{n} G_i} = 0.85 \left(\dfrac{T_g}{T_1}\right)^r \eta_2 \alpha_{\max} \geqslant \lambda = 0.064$$

即：$0.85 \times \left(\dfrac{0.35}{T_1}\right)^{0.9} \times 1.0 \times 0.32 \geqslant 0.064$

解之得：$T_1 \leqslant 1.747\text{s}$，故原假定成立，即取 $T_1 \leqslant 1.747\text{s}$。

8. 刚性地基假定时楼层水平地震剪力的折减

《抗规》5.2.7条规定：

> 5.2.7 结构抗震计算，一般情况下可不计入地基与结构相互作用的影响；8度和9度时建造于Ⅲ、Ⅳ类场地，采用箱基、刚性较好的筏基和桩箱联合基础的钢筋混凝土高层建筑，当结构基本自振周期处于特征周期的1.2倍至5倍范围时，若计入地基与结构动力相互作用的影响，对刚性地基假定计算的水平地震剪力可按下列规定折减，其层间变形可按折减后的楼层剪力计算。

1 高宽比小于3的结构，各楼层水平地震剪力的折减系数，可按下式计算：

$$\psi = \left(\frac{T_1}{T_1 + \Delta T}\right)^{0.9} \tag{5.2.7}$$

式中 ψ——计入地基与结构动力相互作用后的地震剪力折减系数；

T_1——按刚性地基假定确定的结构基本自振周期（s）；

ΔT——计入地基与结构动力相互作用的附加周期（s），可按表5.2.7采用。

附加周期（s） 表5.2.7

烈 度	场 地 类 别	
	Ⅲ类	Ⅳ类
8	0.08	0.20
9	0.10	0.25

2 高宽比不小于3的结构，底部的地震剪力按第1款规定折减，顶部不折减，中间各层按线性插入值折减。

3 折减后各楼层的水平地震剪力，应符合本规范第5.2.5条的规定。

需注意的是：

（1）当房屋高宽比 $H/B<3$ 时，各楼层水平地震剪力的折减系数相同；

当房屋高宽比 $H/B \geq 3$ 时，顶部剪力不折减，底部剪力折减，其中间各层按线性插入值折减。

（2）折减后的各楼层水平地震剪力应符合楼层最小地震剪力规定。

【例7.1.28】 某现浇钢筋混凝土高层建筑，丙类建筑，抗震设防烈度8度，建于Ⅲ类场地，设计地震分组为第一组，平面尺寸为24m×50m，房屋高度为100m，质量和刚度沿竖向分布均匀，如图7.1.24所示。采用刚性好的筏形基础，地下室顶板（±0.000）作为上部结构的嵌固端。按刚性地基假定确定的结构基本自振周期 $T_1=1.8$s。该建筑物横向（短向）水平地震作用分析时，高度50m处中间楼层的水平地震剪力为 F。

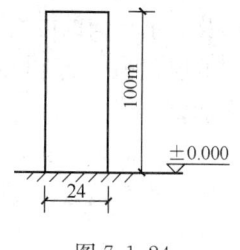

图7.1.24

试问： 当计入地基与上部结构的相互作用影响后，该中间楼层的水平地震剪力应为多少？

提示： 各楼层的水平地震剪力折减后满足规范时各楼层地震剪力最小值的要求。

【解答】 根据《抗规》5.2.7条：

$$\frac{H}{B} = \frac{100}{24} = 4.167 > 3, T_1 = 1.8\text{s}$$

查《抗规》表5.1.4-2，取 $T_g = 0.45$s

$T_1 = 1.8\text{s} > 1.2T_g = 1.2 \times 0.45 = 0.54$s，满足

$T_1 = 1.8\text{s} < 5T_g = 5 \times 0.45 = 2.25$s，满足

查《抗规》表5.2.7，取 $\Delta T = 0.08$s

$$\psi = \left(\frac{T_1}{T_1+\Delta T}\right)^{0.9} = \left(\frac{1.8}{1.8+0.08}\right)^{0.9} = 0.962$$

中部折减系数为：

$$\psi = \frac{1+0.962}{2} = 0.981$$

故：$F' = \psi F = 0.981F$

9. 竖向地震作用计算

《高规》4.3.13 条、4.3.14 条、4.3.15 条作了规定。

需注意的是：

(1)《高规》4.3.13 条第 3 款的规定。

(2)《高规》4.3.14 条规定的情况，与规程 4.3.2 条第 3 款中"大跨度、长悬臂结构"的对应关系。此外，4.3.14 条的条文说明中规定：

> 4.3.14（条文说明）
>
> 反应谱采用水平反应谱的 65%，包括最大值和形状参数，但认为竖向反应谱的特征周期与水平反应谱相比，尤其在远震中距时，明显小于水平反应谱，故本条规定，设计特征周期均按第一组采用。对处于发震断裂 10km 以内的场地，其最大值可能接近于水平谱，特征周期小于水平谱。

(3)《高规》4.3.15 条的适用范围，在其条文说明中规定：

> 4.3.15（条文说明）
>
> 高层建筑中的大跨度、悬挑、转换、连体结构的竖向地震作用大小与其所处的位置以及支承结构的刚度都有一定关系，因此对于跨度较大、所处位置较高的情况，建议采用本规程第 4.3.13、4.3.14 条的规定进行竖向地震作用计算，并且计算结果不宜小于本条规定。
>
> 为了简化计算，跨度或悬挑长度不大于本规程第 4.3.14 条规定的大跨结构和悬挑结构，可直接按本条规定的地震作用系数乘以相应的重力荷载代表值作为竖向地震作用标准值。

【例 7.1.29】 某办公大楼地上 10 层，高 40m，为钢筋混凝土框架结构，该楼的结构布置、侧向刚度及质量等均匀对称、规则，其处于 9 度抗震设防区，设计地震分组为第一组，场地属 II 类，其剖面和平面图见图 7.1.25 所示。已知每层楼面的永久荷载标准值为 G_0（$G_0 = 10000$kN），每层楼面的活荷载标准值为 $0.2G_0$；屋面的永久荷载标准值为 $1.1G_0$，屋面的活荷载标准值为 $0.2G_0$。经动力分析，考虑了填充墙的刚度后的结构基本自振周期 $T_1 = 0.9$s。

试问：

(1) 该结构的总竖向地震作用标准值 F_{Evk} 为多少？

(2) 底层中柱 A 的竖向地震产生的轴向力标准值 N_{Evk} 为多少？

(3) 第二层中柱 A 的竖向地震产生的轴向力标准值 N_{Evk} 为多少？

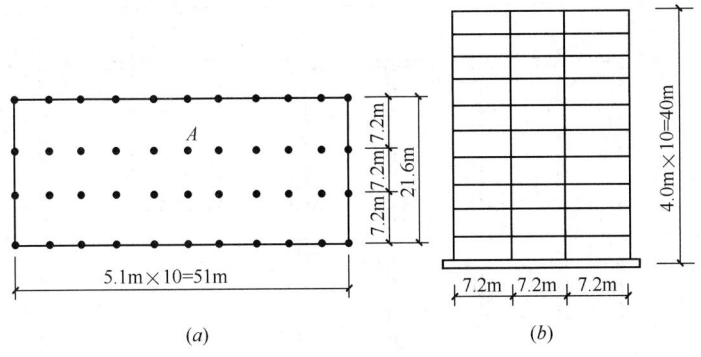

图 7.1.25 办公楼的平面与剖面

【解答】 (1) 确定 F_{Evk}

9 度区，查《高规》表 4.3.7-1，多遇地震时，$\alpha_{\max}=0.32$。

由《高规》式 (4.3.13-3) 得：$\alpha_{\text{vmax}}=0.65\alpha_{\max}=0.65\times 0.32=0.208$

1~9 层的重力荷载代表值 G_i：$G_i=1.0G_0+0.5\times 0.2G_0=1.1G_0 (i=1,\cdots,9)$

顶层的重力荷载代表值 G_{10}：$G_{10}=1.1G_0+0\times 0.2G_0=1.1G_0$

由《高规》式 (4.3.13-2) 得：
$$G_{\text{eq}}=0.75G_{\text{E}}=0.75\times(10\times 1.1G_0)=8.25G_0$$

由《高规》式 (4.3.13-1) 得：
$$F_{\text{Evk}}=\alpha_{\text{vmax}}G_{\text{eq}}=0.208\times 8.25G_0=0.208\times 8.25\times 10000$$
$$=17160\text{kN}$$

(2) 确定底层中柱 A 的 N_{Evk}

根据《高规》4.3.13 条第 3 款规定，底层中柱 A 分担的竖向地震作用效应可按重力代表值比例分配，由已知条件知该高层框架属规则框架，即可按面积分担：

$$N_{\text{Evk}}=1.5\times\frac{5.1\times 7.2}{21.6\times 51}\times F_{\text{Evk}}$$

$$=1.5\times\frac{5.1\times 7.2}{21.6\times 51}\times 17160=858\text{kN}$$

(3) 确定第二层中柱 A 的 N_{Evk}

第二层总的竖向地震作用效应可按结构整体总的竖向地震作用效应 F_{Evk} 减去首层的竖向地震作用效应 F_{v1} 求得。

由《高规》式 (4.3.13-4) 得：

$$F_{\text{v1}}=\frac{G_i H_i}{\sum_{j=1}^{10}G_j H_j}\cdot F_{\text{Evk}}$$

$$=\frac{1.1G_0\times 4}{1.1G_0\times(4+8+12+16+20+24+28+32+36+40)}\times 17160$$

$$=\frac{1.1G_0\times 4}{1.1G_0\times 220}\times 17160=312\text{kN}$$

$$N_{\text{Evk2}}=1.5\times\frac{5.1\times 7.2}{21.6\times 51}(F_{\text{Evk}}-F_{\text{v1}})=1.5\times\frac{5.1\times 7.2}{21.6\times 51}\times(17160-312)$$

$$=842.4\text{kN}$$

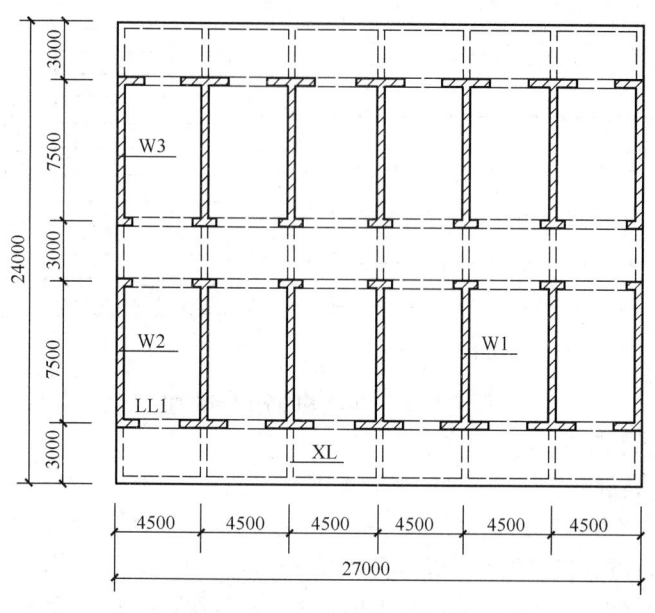

图 7.1.26

【例 7.1.30】 某 10 层现浇钢筋混凝土剪力墙结构住宅，如图 7.1.26 所示，各层层高均为 4m，房屋高度为 40.3m。抗震设防烈度为 9 度，设计基本地震加速度为 0.40g，设计地震分组为第三组，建筑场地类别为 II 类，安全等级二级。

假定，对悬臂梁 XL 根部进行截面设计时，应考虑重力荷载效应及竖向地震作用效应，在永久荷载作用下梁端负弯矩标准值 $M_{Gk}=263$ kN·m，按等效均布活荷载计算的梁端负弯矩标准值 $M_{Qk}=40$ kN·m。试问，进行悬臂梁截面配筋设计时，起控制作用的梁端负弯矩设计值（kN·m），与下列何项数值最为接近？

提示：按《建筑与市政工程抗震通用规范》作答。

(A) 325 (B) 355 (C) 400 (D) 450

【解答】 基本组合时，由《结通规》3.1.13 条：

$$M_A=1.3\times(-263)+1.5\times(-40)=-402\text{kN}\cdot\text{m}$$

地震组合，由《高规》4.3.15 条、5.6.4 条及《抗震通规》4.3.2 条：

$$M_{AE}=-[1.3\times(263+0.5\times40)+1.4\times0.2\times(263+0.5\times40)]=-447.14\text{kN}\cdot\text{m}$$

由《高规》3.8.2 条，取 $\gamma_{RE}=1.0$，则：

$$\gamma_{RE}M_{AE}=1\times447.14=447.14\text{kN}\cdot\text{m}>M_A=402\text{kN}\cdot\text{m}$$

故应选 (D) 项。

五、时程分析法

1. 时程分析法的基本概念

在结构分析中，从建筑结构的基本运动方程出发，直接输入对应于建筑场地的若干条实际地震加速度记录或人工模拟的加速度时程曲线，通过积分运算求得在地面加速度随时间变化期间内结构的各种反应值,这种计算方法称为结构的时程分析法,亦称直接动力法、数值积分法等。

任一多层或高层结构在地震作用下的振动方程为:

$$M\ddot{x}+C\dot{x}+Kx=-M\ddot{x}_g$$

式中　$x,\dot{x},\ddot{x}$ ——体系的水平位移、速度和加速度向量;

　　　$\ddot{x}_g$ ——地震地面运动加速度波;

　　　M,C,K ——体系的质量矩阵、阻尼矩阵和刚度矩阵。

时程分析法又分为弹性时程分析法和弹塑性时程分析法两类:

(1) 弹性时程分析法。小震弹性阶段,《高规》规定了用时程分析法进行补充计算,这时的计算所采用的刚度矩阵 K 和阻尼矩阵 C 保持不变,称为弹性时程分析。其中,线弹性时程分析法因材料是线弹性,是线性振动问题,叠加原理仍适用,故能采用振型分解法。

(2) 弹塑性时程分析法。强震弹塑性阶段,《高规》规定采用时程分析法进行弹塑性变形计算,这时结构的刚度矩阵 K 及阻尼矩阵 C 随结构及其构件所处的变形状态,在不同时刻可能取不同的数值,称为弹塑性时程分析。弹塑性时程分析法因考虑材料的非线性,是非线性振动问题,叠加原理已不适用,故不能采用振型分解法。弹塑性时程分析法是抗震设计时估计结构薄弱层、结构弹塑性层间变形的最基本的方法。

2. 弹性时程分析法

- (1) 适用对象

《高规》规定:

> 4.3.4 高层建筑结构应根据不同情况,分别采用下列地震作用计算方法:
>
> 3　7~9度抗震设防的高层建筑,下列情况应采用弹性时程分析法进行多遇地震下的补充计算:
>
> 1) 甲类高层建筑结构;
> 2) 表4.3.4所列的乙、丙类高层建筑结构;
> 3) 不满足本规程第3.5.2~3.5.6条规定的高层建筑结构;
> 4) 本规程第10章规定的复杂高层建筑结构。
>
> 采用时程分析法的高层建筑结构　　　　表4.3.4
>
> | 设防烈度、场地类别 | 建筑高度范围 |
> |---|---|
> | 8度Ⅰ、Ⅱ类场地和7度 | >100m |
> | 8度Ⅲ、Ⅳ类场地 | >80m |
> | 9度 | >60m |
>
> 注:场地类别应按现行国家标准《建筑抗震设计规范》GB 50011的规定采用。

所谓"补充",《高规》4.3.4条条文说明中指出,"主要指对计算的底部剪力、楼层剪力和层间位移进行比较,当时程法分析结果大于振型分解反应谱法分析结果时,相关部位的构件内力和配筋作相应的调整。"

● (2) 输入地震波的"选波"原则

"选波"原则是:①数量要求;②频谱特性要求"靠谱";③持续时间要求;④计算结果要求"靠谱"。《抗震通规》4.2.1条第2款作了原则规定。

《高规》细化规定:

> 4.3.5 进行结构时程分析时,应符合下列要求:
>
> 1 应按建筑场地类别和设计地震分组选取实际地震记录和人工模拟的加速度时程曲线,其中实际地震记录的数量不应少于总数量的2/3,多组时程曲线的平均地震影响系数曲线应与振型分解反应谱法所采用的地震影响系数曲线在统计意义上相符;弹性时程分析时,每条时程曲线计算所得结构底部剪力不应小于振型分解反应谱法计算结果的65%,多条时程曲线计算所得结构底部剪力的平均值不应小于振型分解反应谱法计算结果的80%。
>
> 2 地震波的持续时间不宜小于建筑结构基本自振周期的5倍和15s,地震波的时间间距可取0.01s或0.02s。
>
> 3 输入地震加速度的最大值可按表4.3.5采用。
>
> **时程分析时输入地震加速度的最大值(cm/s²)** 表4.3.5
>
> | 设防烈度 | 6度 | 7度 | 8度 | 9度 |
> |---|---|---|---|---|
> | 多遇地震 | 18 | 35(55) | 70(110) | 140 |
> | 设防地震 | 50 | 100(150) | 200(300) | 400 |
> | 罕遇地震 | 125 | 220(310) | 400(510) | 620 |
>
> 注:7、8度时括号内数值分别用于设计基本地震加速度为0.15g和0.30g的地区,此处g为重力加速度。

《高规》4.3.5条文说明中规定:

> 4.3.5(条文说明)
>
> 正确选择输入的地震加速度时程曲线,要满足地震动三要素的要求,即频谱特性、有效峰值和持续时间均要符合规定。频谱特性可用地震影响系数曲线表征,依据所处的场地类别和设计地震分组确定;加速度的有效峰值按表4.3.5采用,即以地震影响系数最大值除以放大系数(约2.25)得到;输入地震加速度时程曲线的有效持续时间,一般从首次达到该时程曲线最大峰值的10%那一点算起,到最后一点达到最大峰值的10%为止,约为结构基本周期的5~10倍。

可见,弹性时程分析法属于小样本计算,反应谱法属于大样本计算。弹性时程分析法采用加速度时程曲线,即全面考虑了地震动强度、频谱特性和持续时程,故可以得到结构从静止到振动直至振动终止整个随时间变化的地震反应(位移、速度和加速度)。反应谱法只考虑了地震动强度和平均频谱特性,未考虑持续时程,故只能分析最大地震反应。

根据《抗规》5.2.5条条文说明,"对于长周期结构,地震动态作用中的地面运动速度和位移可能对结构的破坏具有更大影响,但是规范所采用的振型分解反应谱法尚无法对比作出估计"，弹性时程分析法，则可弥补反应谱法的不足。

此外，反应谱法对结构高振型考虑不足，弹性时程分析法考虑了高振型响应。

计算结果要求"靠谱"，《高规》4.3.5条条文说明中规定：

> 4.3.5（条文说明）
> 所谓"在统计意义上相符"是指，多组时程波的平均地震影响系数曲线与振型分解反应谱法所用的地震影响系数曲线相比，在对应于结构主要振型的周期点上相差不大于20%。计算结果的平均底部剪力一般不会小于振型分解反应谱法计算结果的80%，每条地震波输入的计算结果不会小于65%；从工程应用角度考虑，可以保证时程分析结果满足最低安全要求。但时程法计算结果也不必过大，每条地震波输入的计算结果不大于135%，多条地震波输入的计算结果平均值不大于120%，以体现安全性和经济性的平衡。

上述对基底剪力的要求，不要求结构主、次两个方向的基底剪力同时满足这个要求。一组地震波的两个水平方向记录数据无法区分主、次向，通常可取加速度峰值较大者为主方向。

图7.1.27为一组3分量天然地震波，其中编号US2569为竖向，US2570和US2571为水平两向分量，需要按设防烈度所对应的最大加速度峰值进行调整。通常取峰值较大者为主向，主向与次向之比例为1.00：0.85。从波形和反应谱可以看到，竖向分量的短周期成分十分显著，水平分量在短周期部分的波动明显。但是，各向分量的反应谱曲线相差十分明显。图7.1.28为另一组3分量天然地震波，其中编号US186为竖向，US184和US185为水平两向分量。同样可以看到，竖向分量的短周期成分十分显著，水平分量在短周期部分的波动明显。但是，两个水平分量的反应谱曲线比较一致。图7.1.27和图7.1.28反映了天然地震波特征的不确定性，用于结构时程分析时，很难做到两向水平输入的地震波均能满足规范要求，一般只要求结构主方向的底部总剪力满足规范要求即可。

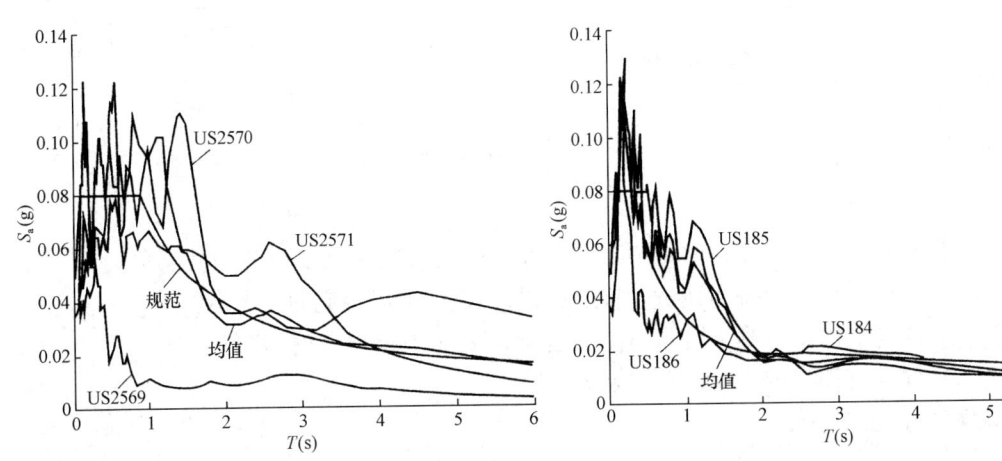

图7.1.27 天然地震波的反应谱（1）　　图7.1.28 天然地震波的反应谱（2）

当需要考虑二向或三向地震作用时，弹性时程分析应同时输入二向或三向地震地面加速度分量。

- (3) 弹性时程分析法计算结果的分析

弹性时程分析法的主要计算结果有：楼层水平地震剪力、弹性层间位移角、层间位移、楼层地震弯矩等。

采用弹性时程分析法的计算结果时，根据《抗规》5.2.5 条条文说明，其计算的水平地震剪力也需符合最小地震剪力的要求。

1) 从楼层水平地震剪力及其剪力图中，可发现楼层剪力的突变位置及其大小，由此可判定是否存在高振型响应。高层、超高层建筑结构由于高振型响应，其弹性时程分析法得到的顶部区域的水平地震剪力常大于振型分解反应谱的地震剪力，此时，应对结构上部相关楼层地震剪力加以调整放大。

图 7.1.29 为某栋高层建筑结构弹性时程分析得到的楼层剪力分布，2 组天然波和 1 组人工波，可以看出：输入 3 组地震波进行弹性时程分析，结构底部总剪力与反应谱结果相比，符合规范的要求，地震波选用合适；结构高振型响应明显，上部楼层地震剪力应放大。

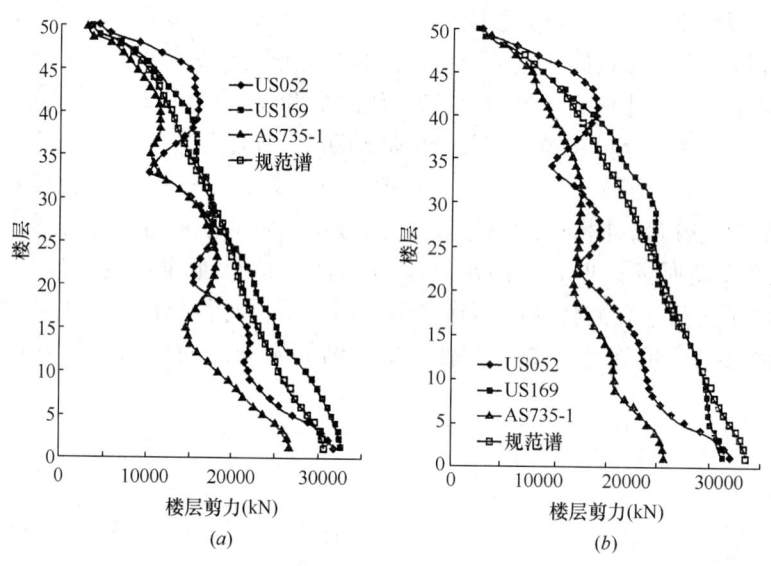

图 7.1.29 楼层地震剪力分布
(a) X 向；(b) Y 向

2) 从弹性层间位移角及其位移角图中，可发现结果侧向刚度突变的楼层位置及突变程度，由此可判定出结构的软弱层。当存在软弱层，应采用相应的抗震措施。

图 7.1.30 为某栋高层建筑结构弹性时程分析得到的弹性层间位移角图。

- (4) 弹性时程分析法的计算结果的取值

《高规》规定：

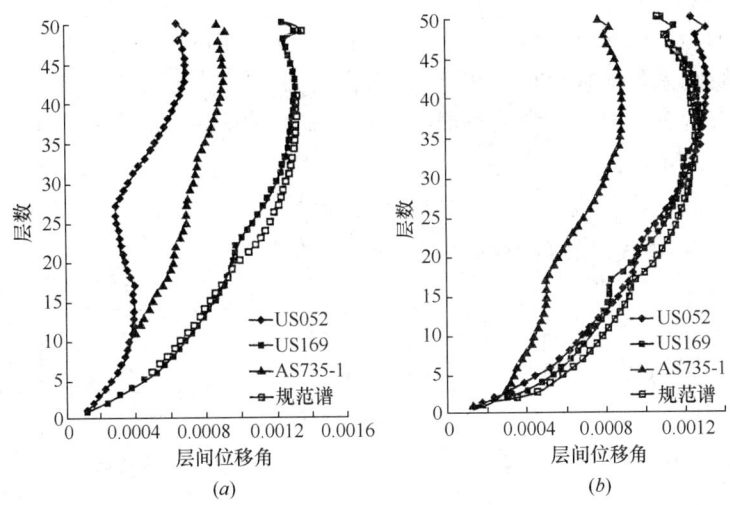

图 7.1.30 楼层位移角分布
(a) X 向；(b) Y 向

> 4.3.5 进行结构时程分析时，应符合下列要求：
> 4 当取三组时程曲线进行计算时，结构地震作用效应宜取时程法计算结果的包络值与振型分解反应谱法计算结果的较大值；当取七组及七组以上时程曲线进行计算时，结构地震作用效应可取时程法计算结果的平均值与振型分解反应谱法计算结果的较大值。

目前，多数设计软件中弹性时程分析法的计算结果不具备后续配筋设计功能，故当按时程分析法计算的结构底部剪力 $V_{0,时程法}$（三组时程曲线时，$V_{0,时程法}$ 取其计算结果的包络值；七组及七组以上时程曲线时，$V_{0,时程法}$ 取其计算结果的平均值）大于振型分解反应谱法计算的结构底部剪力 $V_{0,反应谱法}$（并且满足每条地震波输入的计算结果不大于 135%，多条地震波输入的计算结果平均值不大于 120%）时，则取放大系数 $K=V_{0,时程法}/V_{0,反应谱法}$，将振型反应谱法计算结果乘以该放大系数 K，再将已考虑了放大系数 K 的振型反应谱法最终计算结果进行配筋设计，即包络设计。

当 $V_{0,时程法}$ 小于 $V_{0,反应谱法}$ 时，直接取振型分解反应谱法的计算结果进行配筋设计。

【例 7.1.31】 在下列高层建筑中进行多遇地震作用计算时，下列何项宜采用弹性时程分析法进行补充计算？说明理由。
① 高柔的高层建筑
② 沿竖向刚度略有变化的 52m 高的乙类高层建筑结构
③ 设防烈度为 7 度，高度大于 100m 的丙类高层建筑结构
④ 甲类高层建筑结构
(A) ③、④ (B) ①、② (C) ①、③ (D) ②、④

【解答】 根据《高规》4.3.4 条第 3 款的规定，应选（A）项。

【例 7.1.32】 下列对于带转换层高层建筑结构动力时程分析的几种观点，其中何项相对准确？说明理由。

(A) 可不采用弹性时程分析法进行补充计算

(B) 选用的加速度时程曲线，其平均地震影响系数曲线与振型分解反应谱法所用的地震影响系数曲线相比，在各个周期点上相差不大于20%

(C) 弹性时程分析时，每条时程曲线计算所得的结构底部剪力不应小于振型分解反应谱法求得的底部剪力的80%

(D) 结构地震作用效应，可取多条时程曲线计算结果及振型分解反应谱法计算结果中的最大值

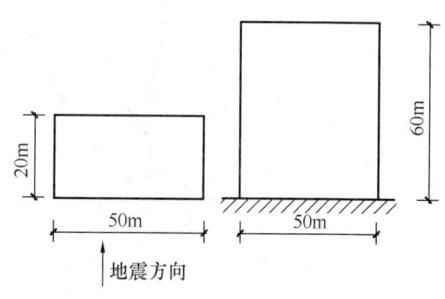

图 7.1.31

【解答】 （A）选项不符合《高规》4.3.4条第3款3)的规定，故（A）项不对；

根据《高规》4.3.5条规定，（C）、（D）项均不对；

根据《高规》4.3.5条条文说明，（B）项相对准确，故应选（B）项。

【例7.1.33】 某12层现浇钢筋混凝土框架-剪力墙结构，抗震设防烈度8度，丙类建筑，设计地震分组为第一组，Ⅱ类场地。建筑物平、立面如图7.1.31所示。已知振型分解反应谱法求得的底部剪力为6000kN，需进行弹性动力时程分析补充计算。现有四组实际地震记录加速度时程曲线 $p_1 \sim p_4$ 和一组人工模拟加速度时程曲线 RP_1。各类时程曲线计算所得的结构底部剪力见表7.1.5。

底部剪力 V_0 （kN） 表7.1.5

	p_1	p_2	p_3	p_4	RP_1
V_0	5300	3800	4700	5600	4000

试问：进行弹性动力时程分析时，选用下列何项才最为合理？

(A) p_1，p_2，p_3 (B) p_1，p_2，RP_1

(C) p_1，p_3，RP_1 (D) p_1，p_4，RP_1

【解答】 根据《高规》4.3.5条：

每条时程曲线计算所得的结构底部剪力最小值为：$6000 \times 65\% = 3900$kN

故 p_2 波不能选用。所以（A）、（B）项不满足。

各条曲线计算所得的剪力的平均最小值为：$6000 \times 80\% = 4800$kN

对于(C)项：$(5300+4700+4000) \times \frac{1}{3} = 4666.7$kN < 4800kN，不满足。

对于(D)项：$(5300+5600+4000) \times \frac{1}{3} = 4966.7$kN > 4800kN，满足。

所以应选(D)项。

【例7.1.34】 以下关于采用时程分析法进行多遇地震补充计算的说法，何项不妥？

(A) 特别不规则的建筑，应采用时程分析的方法进行多遇地震下的补充计算

(B) 采用七组时程曲线进行时程分析时，应按建筑场地类别和设计地震分组选用不少于五组实际强震记录的加速度时程曲线

(C) 每条时程曲线计算所得结构各楼层剪力不应小于振型分解反应谱法计算结果的65%

(D) 多条时程曲线计算所得结构底部剪力的平均值不应小于振型分解反应谱法计算结果的80%

【解答】 根据《高规》4.3.5条条文说明，应选（C）项。

此外，也可根据《抗规》5.1.2条条文说明，应选（C）项。

注意区分：结构底部剪力、结构各楼层剪力。

3. 弹塑性时程分析法

实际结构受到材料强度规格、构件尺寸模数、构造和使用要求等的限制，必然在某些部位存在抗震承载力比相邻部位相对薄弱的环节。于是，强烈地震时该部位会率先破坏而发展塑性变形，甚至形成塑性变形集中的现象（图7.1.32）。防止结构抗震薄弱层塑性变形集中的概念，也是抗震设计中的重要概念，具体如下：

按多遇地震进行弹性设计的结构，在强烈地震下不存在承载力的安全储备，构件的实际承载力分析（而不是承载力设计值的分析）是判断薄弱层（部位）的基础。

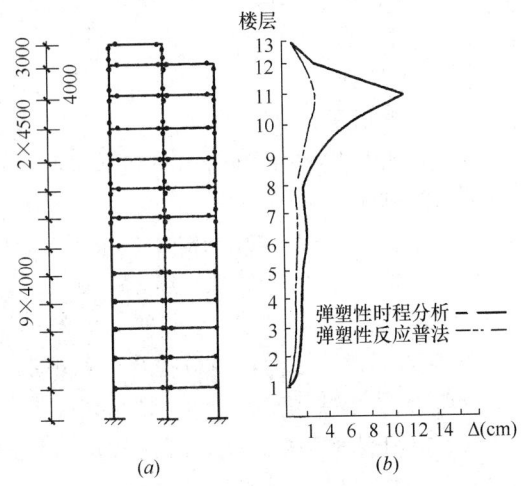

图7.1.32 反应谱法与弹塑性时程分析法的计算比较
（a）震害分布；（b）最大层间位移

要使楼层（部位）的实际承载力和设计计算的弹性受力之比在总体上保持一个相对均匀的变化，一旦楼层（或部位）的这个比例有突变时，会由于塑性内力重分布导致薄弱部位出现塑性变形的集中。

要防止在局部上加强而忽视整个结构各部位刚度、强度的协调。

在抗震设计中有意识、有目的地控制薄弱层（部位），采取措施（如采用约束混凝土、约束边缘构件、消能梁段等）使之有足够的变形能力又不使薄弱层发生转移，是提高结构总体抗震性能的有效手段。

基于弹性假定的振型分解反应谱法所确定的薄弱层、仅是简单的初判，不能找出真正的薄弱层，这是因为：薄弱层问题实质是结构弹塑性问题，故应采用弹塑性分析法进行深入分析，才能正确地找出结构的薄弱层、薄弱部位，从而控制结构在强震作用下的弹塑性反应，防止房屋倒塌。

振型分解反应谱法判别结构薄弱层位置仅适用于规则结构或不规则程度较轻的结构，对其他结构应采用弹塑性分析法进行补充分析。

弹塑性时程分析法是结构弹塑性分析的重要方法。此外，静力弹塑性方法也是结构弹塑性分析的方法。两种方法的各自适用对象，《高规》3.11.4条作了具体规定。

● (1) 进行弹塑性变形验算的结构

《高规》规定：

> 3.7.4 高层建筑结构在罕遇地震作用下的薄弱层弹塑性变形验算，应符合下列规定：
>
> 1 下列结构应进行弹塑性变形验算：
>
> 1) 7～9度时楼层屈服强度系数小于0.5的框架结构；

2) 甲类建筑和9度抗震设防的乙类建筑结构；
3) 采用隔震和消能减震设计的建筑结构；
4) 房屋高度大于150m的结构。

2 下列结构宜进行弹塑性变形验算：
1) 本规程表4.3.4所列高度范围且不满足本规程第3.5.2~3.5.6条规定的竖向不规则高层建筑结构；
2) 7度Ⅲ、Ⅳ类场地和8度抗震设防的乙类建筑结构；
3) 板柱-剪力墙结构。

注：楼层屈服强度系数为按构件实际配筋和材料强度标准值计算的楼层受剪承载力与按罕遇地震作用计算的楼层弹性地震剪力的比值。

5.1.13 抗震设计时，B级高度的高层建筑结构、混合结构和本规程第10章规定的复杂高层建筑结构，尚应符合下列规定：

1 宜考虑平扭耦联计算结构的扭转效应，振型数不应小于15，对多塔楼结构的振型数不应小于塔楼数的9倍，且计算振型数应使各振型参与质量之和不小于总质量的90%；
2 应采用弹性时程分析法进行补充计算；
3 宜采用弹塑性静力或弹塑性动力分析方法补充计算。

- （2）弹塑性位移角限值

《高规》规定：

3.7.5 结构薄弱层（部位）层间弹塑性位移应符合下式规定：
$$\Delta u_p \leqslant [\theta_p]h \tag{3.7.5}$$

式中　Δu_p——层间弹塑性位移；

　　　$[\theta_p]$——层间弹塑性位移角限值，可按表3.7.5采用；对框架结构，当轴压比小于0.40时，可提高10%；当柱子全高的箍筋构造采用比本规程中框架柱箍筋最小配箍特征值大30%时，可提高20%，但累计提高不宜超过25%；

　　　h——层高。

层间弹塑性位移角限值　　　　表3.7.5

结构体系	$[\theta_p]$
框架结构	1/50
框架-剪力墙结构、框架-核心筒结构、板柱-剪力墙结构	1/100
剪力墙结构和筒中筒结构	1/120
除框架结构外的转换层	1/120

- （3）计算规定及地震波"选波"原则

《高规》规定：

5.5.1 高层建筑混凝土结构进行弹塑性计算分析时，可根据实际工程情况采用静力或动力时程分析方法，并应符合下列规定：

1 当采用结构抗震性能设计时，应按本规程第3.11节的有关规定预定结构的抗震性能目标；
2 梁、柱、斜撑、剪力墙、楼板等结构构件，应根据实际情况和分析精度要求采用合适的简化模型；

    3 构件的几何尺寸、混凝土构件所配的钢筋和型钢、混合结构的钢构件应按实际情况参与计算；

    4 应根据预定的结构抗震性能目标，合理取用钢筋、钢材、混凝土材料的力学性能指标以及本构关系。钢筋和混凝土材料的本构关系可按现行国家标准《混凝土结构设计规范》GB 50010 的有关规定采用；

    5 应考虑几何非线性影响；

    6 进行动力弹塑性计算时，地面运动加速度时程的选取、预估罕遇地震作用时的峰值加速度取值以及计算结果的选用应符合本规程第 4.3.5 条的规定；

    7 应对计算结果的合理性进行分析和判断。

【例 7.1.35】 某高层钢筋混凝土筒中筒结构，平、立面如图 7.1.33 所示，抗震设防烈度为 7 度、丙类建筑，Ⅱ类场地，质量和刚度沿竖向分布均匀。小震弹性计算时，振型分解反应谱法求得的底部地震剪力为 16000kN。

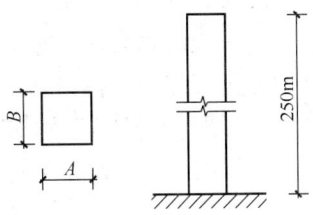

图 7.1.33

该结构性能化设计时，需要进行弹塑性动力时程分析补充计算，现有 7 条实际地震加速度时程曲线 P1～P7 和 4 条人工模拟加速度时程曲线 RP1～RP4。假定，任意 7 条实际记录地震波及人工波的平均地震影响系数曲线与振型分解反应谱法所采用的地震影响系数曲线在设计意义上相符，各条时程曲线同一软件计算所得的结构底部剪力见表 7.1.6。

表 7.1.6

	P1	P2	P3	P4	P5	P6	P7	RP1	RP2	RP3	RP4
V（kN）（小震弹性）	14000	13000	9600	13500	11000	9700	12000	14500	10700	14000	12000
V（kN）（大震）	72000	66000	60000	69000	63500	60000	62000	70000	58000	72000	63500

试问： 进行弹塑性动力时程分析时，选用下列哪一组地震波最为合理？

（A）P1、P2、P4、P5、RP1、RP2、RP4
（B）P1、P2、P4、P5、P7、RP1、RP4
（C）P1、P2、P4、P5、P7、RP2、RP4
（D）P1、P2、P3、P4、P5、RP1、RP4

【解答】 根据《高规》4.3.5 条：
每条时程曲线计算所得的结构底部剪力最小值：$16000 \times 65\% = 10400$ kN
故 P3 不合理，排除（D）项。
各条时程曲线计算所得的底部剪力的平均值的最小值：$16000 \times 80\% = 12800$ kN
（A）项：实际地震波的数量 $\geq \dfrac{2}{3}$ 总数量 $= \dfrac{2}{3} \times 7 = 4.6$，故取 5 条。
        不满足。
（B）项：$V_\text{平}=(14000+13000+13500+11000+12000+14500+12000)/7$
               $=12857$ kN>12800 kN
        满足。

所以应选（B）项。

● (4) 弹塑性时程分析法的计算结果的分析

《高规》3.11.3条条文说明中指出:"结构的抗震性能必须通过弹塑性计算加以深入分析,例如:弹塑性层间位移角、构件屈服的次序及塑性铰分布、塑性铰部位钢材受拉塑性应变及混凝土受压损伤程度、结构的薄弱部位、整体结构的承载力不发生下降等"。

弹塑性时程分析法的计算结果有:楼层水平位移、层间弹塑性位移角、层间地震剪力、结构基底剪力的包络值(最大值),以及塑性铰分布情况、材料(钢材、混凝土)损伤情况等。其中,层间弹塑性位移角的包络值是主要衡量指标。鉴于目前的弹塑性参数、分析软件对构件裂缝的闭合状态和残余变形、结构自身阻尼系数、施工图中构件实际截面、配筋与计算书取值的差异等的处理,还需要进一步研究和改进。

为此,《抗规》3.10.4条条文说明中指出:

3.10.4(条文说明)

为了判断弹塑性计算结果的可靠程度,可借助于理想弹性假定的计算结果,从下列几方面进行综合分析:

1 结构弹塑性模型一般要比多遇地震下反应谱计算时的分析模型有所简化,但在弹性阶段的主要计算结果应与多遇地震分析模型的计算结果基本相同,两种模型的嵌固端、主要振动周期、振型和总地震作用应一致。弹塑性阶段,结构构件和整个结构实际具有的抵抗地震作用的承载力是客观存在的,在计算模型合理时,不因计算方法、输入地震波形的不同而改变。若计算得到的承载力明显异常,则计算方法或参数存在问题,需仔细复核、排除。

2 整个结构客观存在的、实际具有的最大受剪承载力(底部总剪力)应控制在合理的、经济上可接受的范围,不需要接近更不可能超过按同样阻尼比的理想弹性假定计算的大震剪力,如果弹塑性计算的结果超过,则该计算的承载力数据需认真检查、复核,判断其合理性。

3 进入弹塑性变形阶段的薄弱部位会出现一定程度的塑性变形集中,该楼层的层间位移(以弯曲变形为主的结构宜扣除整体弯曲变形)应大于按同样阻尼比的理想弹性假定计算的该部位大震的层间位移;如果明显小于此值,则该位移数据需认真检查、复核,判断其合理性。

4 薄弱部位可借助于上下相邻楼层或主要竖向构件的屈服强度系数(其计算方法参见本规范第5.5.2条的说明)的比较予以复核,不同的方法、不同的波形,尽管彼此计算的承载力、位移、进入塑性变形的程度差别较大,但发现的薄弱部位一般相同。

5 影响弹塑性位移计算结果的因素很多,现阶段,其计算值的离散性,与承载力计算的离散性相比较大。注意到常规设计中,考虑到小震弹性时程分析的波形数量较少,而且计算的位移多数明显小于反应谱法的计算结果,需要以反应谱法为基础进行对比分析;大震弹塑性时程分析时,由于阻尼的处理方法不够完善,波形数量也较少(建议尽可能增加数量,如不少于7条;数量较少时宜取包络),不宜直接把计算的弹塑性位移值视为结构实际弹塑性位移,同样需要借助小震的反应谱法计算结果进行分析。建议按下列方法确定其层间位移参考数值:用同一软件、同一波形进行弹性和弹塑性计算,得到同一波形、同一部位弹塑性位移(层间位移)与小震弹性位移(层间位移)的比值，然后将此比值取平均或包络值，再乘以反应谱法计算的该部位小震位移（层间位移），从而得到大震下该部位的弹塑性位移（层间位移）的参考值。

某超限高层建筑结构，高度 530m，楼层 120 层，基本自振周期大于 8.0s，选用 5 组天然波和 2 组人工波进行弹塑性时程分析，其 X 向层间弹塑性位移角的包络值分布图，如图 7.1.34 所示。

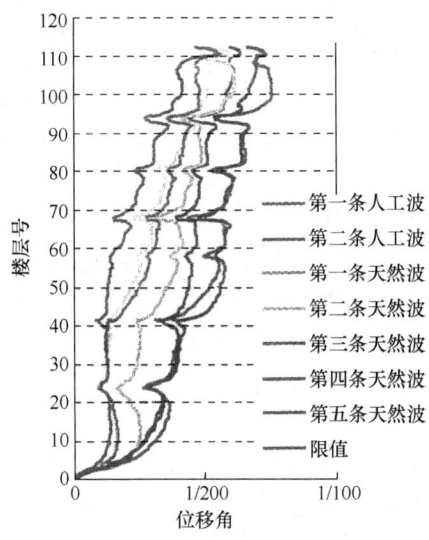

图 7.1.34　X 向层间弹塑性位移角分布

案例，参见本书第二章第八节【例 2.8.1】。

第二节　结构设计的基本规定

一、一般规定

1. 抗震设防烈度和抗震设防类别

《高规》规定：

> 3.1.1　高层建筑的抗震设防烈度必须按照国家规定的权限审批、颁发的文件（图件）确定。一般情况下，抗震设防烈度应采用根据中国地震动参数区划图确定的地震基本烈度。
>
> 3.1.2　抗震设计的高层混凝土建筑应按现行国家标准《建筑工程抗震设防分类标准》GB 50223 的规定确定其抗震设防类别。
>
> 注：本规程中甲类建筑、乙类建筑、丙类建筑分别为现行国家标准《建筑工程抗震设防分类标准》GB 50223 中特殊设防类、重点设防类、标准设防类的简称。

需注意的是：

（1）《高规》3.1.1 条的条文说明中明确了抗震设防烈度与设计基本地震加速度值的对应关系：

3.1.1（条文说明）

抗震设防烈度是按国家规定权限批准作为一个地区抗震设防依据的地震烈度，一般情况下取50年内超越概率为10%的地震烈度，我国目前分为6、7、8、9度，与设计基本地震加速度一一对应，见表1。

抗震设防烈度和设计基本地震加速度值的对应关系　　　　　表1

抗震设防烈度	6	7	8	9
设计基本地震加速度值	0.05g	0.10(0.15)g	0.20(0.30)g	0.40g

注：g为重力加速度。

（2）《高规》3.1.2条规定了甲类、乙类、丙类建筑，而《抗规》划分为四类：甲类、乙类、丙类、丁类建筑。

2. 结构体系与结构体系的规则性

- 复习《抗震通规》2.4.1条、2.4.2条、2.4.4条。

《高规》规定：

3.1.3　高层建筑混凝土结构可采用框架、剪力墙、框架-剪力墙、板柱-剪力墙和筒体结构等结构体系。

3.1.4　高层建筑不应采用严重不规则的结构体系，并应符合下列规定：

1　应具有必要的承载能力、刚度和延性；

2　应避免因部分结构或构件的破坏而导致整个结构丧失承受重力荷载、风荷载和地震作用的能力；

3　对可能出现的薄弱部位，应采取有效的加强措施。

3.1.5　高层建筑的结构体系尚宜符合下列规定：

1　结构的竖向和水平布置宜使结构具有合理的刚度和承载力分布，避免因刚度和承载力局部突变或结构扭转效应而形成薄弱部位；

2　抗震设计时宜具有多道防线。

需注意的是：

（1）《高规》3.1.3条的条文说明中，结构体系的选用应考虑的因素，以及剪力墙结构的类型等。

3.1.3（条文说明）

高层建筑结构应根据房屋高度和高宽比、抗震设防类别、抗震设防烈度、场地类别、结构材料和施工技术条件等因素考虑其适宜的结构体系。

剪力墙结构包括部分框支剪力墙结构（有部分框支柱及转换结构构件）、具有较多短肢剪力墙且带有筒体或一般剪力墙的剪力墙结构。

板柱-剪力墙结构的板柱指无内部纵梁和横梁的无梁楼盖结构。由于在板柱框架体系中加入了剪力墙或筒体，主要由剪力墙构件承受侧向力，侧向刚度也有很大的提高。这种结构目前在国内外高层建筑中有较多的应用，但其适用高度宜低于框架-剪力墙结构。有震害表明，板柱结构的板柱节点破坏较严重，包括板的冲切破坏或柱端破坏。

(2)《高规》3.1.4条、3.1.5条的条文说明中,解释了规则结构、不规则结构、特别不规则结构、严重不规则结构的内涵。

> 3.1.4、3.1.5（条文说明）
> 规则结构一般指：体型（平面和立面）规则，结构平面布置均匀、对称并具有较好的抗扭刚度；结构竖向布置均匀，结构的刚度、承载力和质量分布均匀、无突变。
> 实际工程设计中，要使结构方案规则往往比较困难，有时会出现平面或竖向布置不规则的情况。本规程第3.4.3～3.4.7条和第3.5.2～3.5.6条分别对结构平面布置及竖向布置的不规则性提出了限制条件。若结构方案中仅有个别项目超过了条款中规定的"不宜"的限制条件，此结构属不规则结构，但仍可按本规程有关规定进行计算和采取相应的构造措施；若结构方案中有多项超过了条款中规定的"不宜"的限制条件或某一项超过"不宜"的限制条件较多，此结构属特别不规则结构，应尽量避免；若结构方案中有多项超过了条款中规定的"不宜"的限制条件，而且超过较多，或者有一项超过了条款中规定的"不应"的限制条件，则此结构属严重不规则结构，这种结构方案不应采用，必须对结构方案进行调整。

3. 非荷载效应的影响与非结构构件

《高规》规定：

> 3.1.6 高层建筑混凝土结构宜采取措施减小混凝土收缩、徐变、温度变化、基础差异沉降等非荷载效应的不利影响。房屋高度不低于150m的高层建筑外墙宜采用各类建筑幕墙。
> 3.1.7 高层建筑的填充墙、隔墙等非结构构件宜采用各类轻质材料，构造上应与主体结构可靠连接，并应满足承载力、稳定和变形要求。

二、材料

1. 高层建筑混凝土结构的材料

- 复习《抗震通规》5.1.2条。
- 复习《混通规》2.0.2条、3.2.3条。

《高规》规定：

> 3.2.1 高层建筑混凝土结构宜采用高强高性能混凝土和高强钢筋；构件内力较大或抗震性能有较高要求时，宜采用型钢混凝土、钢管混凝土构件。
> 3.2.2 各类结构用混凝土的强度等级均不应低于C20，并应符合下列规定：
> 1 抗震设计时，一级抗震等级框架梁、柱及其节点的混凝土强度等级不应低于C30；
> 2 筒体结构的混凝土强度等级不宜低于C30；
> 3 作为上部结构嵌固部位的地下室楼盖的混凝土强度等级不宜低于C30；
> 4 转换层楼板、转换梁、转换柱、箱形转换结构以及转换厚板的混凝土强度等级均不应低于C30；
> 5 预应力混凝土结构的混凝土强度等级不宜低于C40、不应低于C30；
> 6 型钢混凝土梁、柱的混凝土强度等级不宜低于C30；

> 7 现浇非预应力混凝土楼盖结构的混凝土强度等级不宜高于C40；
>
> 8 抗震设计时，框架柱的混凝土强度等级，9度时不宜高于C60，8度时不宜高于C70；剪力墙的混凝土强度等级不宜高于C60。
>
> 3.2.3 高层建筑混凝土结构的受力钢筋及其性能应符合现行国家标准《混凝土结构设计规范》GB 50010的有关规定。按一、二、三级抗震等级设计的框架和斜撑构件，其纵向受力钢筋尚应符合下列规定：
>
> 1 钢筋的抗拉强度实测值与屈服强度实测值的比值不应小于1.25；
> 2 钢筋的屈服强度实测值与屈服强度标准值的比值不应大于1.30；
> 3 钢筋最大拉力下的总伸长率实测值不应小于9%。

《抗震通规》《混通规》比《高规》要求更严。
需注意的是：
(1)《高规》3.2.2条，与《抗规》3.9.2条是协调的。
(2)《高规》3.2.3条，与《抗规》3.9.2条是协调的。
(3) 其他特殊情况，《高规》相关条文作了补充规定。如：《高规》11.1.8条规定。
2. 混合结构中的钢材及钢管
《高规》规定：

> 3.2.4 抗震设计时混合结构中钢材应符合下列规定：
>
> 1 钢材的屈服强度实测值与抗拉强度实测值的比值不应大于0.85；
> 2 钢材应有明显的屈服台阶，且伸长率不应小于20%；
> 3 钢材应有良好的焊接性和合格的冲击韧性。
>
> 3.2.5 混合结构中的型钢混凝土竖向构件的型钢及钢管混凝土的钢管宜采用Q345和Q235等级的钢材，也可采用Q390、Q420等级或符合结构性能要求的其他钢材；型钢梁宜采用Q235和Q345等级的钢材。

三、房屋适用高度及高宽比

《高规》规定：

> 3.3.1 钢筋混凝土高层建筑结构的最大适用高度应区分为A级和B级。A级高度钢筋混凝土乙类和丙类高层建筑的最大适用高度应符合表3.3.1-1的规定，B级高度钢筋混凝土乙类和丙类高层建筑的最大适用高度应符合表3.3.1-2的规定。
> 平面和竖向均不规则的高层建筑结构，其最大适用高度宜适当降低。

A级高度钢筋混凝土高层建筑的最大适用高度（m）　　表3.3.1-1

结构体系		非抗震设计	抗震设防烈度				
			6度	7度	8度		9度
					0.20g	0.30g	
框架		70	60	50	40	35	—
框架-剪力墙		150	130	120	100	80	50
剪力墙	全部落地剪力墙	150	140	120	100	80	60
	部分框支剪力墙	130	120	100	80	50	不应采用

续表

结构体系		非抗震设计	抗震设防烈度				
			6度	7度	8度		9度
					0.20g	0.30g	
筒体	框架-核心筒	160	150	130	100	90	70
	筒中筒	200	180	150	120	100	80
板柱-剪力墙		110	80	70	55	40	不应采用

注：1 表中框架不含异形柱框架；
2 部分框支剪力墙结构指地面以上有部分框支剪力墙的剪力墙结构；
3 甲类建筑，6、7、8度时宜按本地区抗震设防烈度提高一度后符合本表的要求，9度时应专门研究；
4 框架结构、板柱-剪力墙结构以及9度抗震设防的表列其他结构，当房屋高度超过本表数值时，结构设计应有可靠依据，并采取有效的加强措施。

B级高度钢筋混凝土高层建筑的最大适用高度（m） 表3.3.1-2

结构体系		非抗震设计	抗震设防烈度			
			6度	7度	8度	
					0.20g	0.30g
框架-剪力墙		170	160	140	120	100
剪力墙	全部落地剪力墙	180	170	150	130	110
	部分框支剪力墙	150	140	120	100	80
筒体	框架-核心筒	220	210	180	140	120
	筒中筒	300	280	230	170	150

注：1 部分框支剪力墙结构指地面以上有部分框支剪力墙的剪力墙结构；
2 甲类建筑，6、7度时宜按本地区设防烈度提高一度后符合本表的要求，8度时应专门研究；
3 当房屋高度超过表中数值时，结构设计应有可靠依据，并采取有效的加强措施。

3.3.2 钢筋混凝土高层建筑结构的高宽比不宜超过表3.3.2的规定。

钢筋混凝土高层建筑结构适用的最大高宽比 表3.3.2

结构体系	非抗震设计	抗震设防烈度		
		6度、7度	8度	9度
框架	5	4	3	—
板柱-剪力墙	6	5	4	—
框架-剪力墙、剪力墙	7	6	5	4
框架-核心筒	8	7	6	4
筒中筒	8	8	7	5

需注意的是：

（1）《高规》3.3.1条表3.3.1-1、表3.3.1-2中，房屋高度的确定规定：

> 2.1.2 房屋高度 building height
> 自室外地面至房屋主要屋面的高度，不包括突出屋面的电梯机房、水箱、构架等高度。

(2)《高规》3.3.1条表3.3.1-1、表3.3.1-2中抗震设防烈度6度、7度、8度、9度是指本地区的抗震设防烈度（或基本烈度）。

(3)《高规》3.3.1条中："平面和竖向均不规则的高层建筑结构，其最大适用高度宜适当降低"。降低多少？《抗规》6.1.1条及其条文说明作了如下规定：

> 6.1.1（条文说明）
> 与2001规范相比，本章对适用最大高度的修改如下：
> 1 补充了8度（0.3g）时的最大适用高度，按8度和9度之间内插且偏于8度。
> 2 框架结构的适用最大高度，除6度外有所降低。
> 3 板柱-抗震墙结构的适用最大高度，有所增加。
> 4 删除了在Ⅳ类场地适用的最大高度应适当降低的规定。
> 5 对于平面和竖向均不规则的结构，适用的最大高度适当降低的规范用词，由"应"改为"宜"，一般减少10%左右。对于部分框支结构，表7.1.1的适用高度已经考虑框支的不规则而比全落地抗震墙结构降低，故对于框支结构的"竖向和平面均不规则"，指框支层以上的结构同时存在竖向和平面不规则的情况。

(4)《高规》3.3.1条的条文说明中，对部分框支剪力墙结构的规定：

> 3.3.1（条文说明）
> 对于部分框支剪力墙结构，本条表中规定的最大适用高度已经考虑框支层的不规则性而比全落地剪力墙结构降低，故对于"竖向和平面均不规则"，可指框支层以上的结构同时存在竖向和平面不规则的情况；仅有个别墙体不落地，只要框支部分的设计安全合理，其适用的最大高度可按一般剪力墙结构确定。

(5) 对于高宽比的作用，《高规》3.3.2条的条文说明中指出：

> 3.3.2（条文说明）
> 高层建筑的高宽比，是对结构刚度、整体稳定、承载能力和经济合理性的宏观控制；在结构设计满足本规程规定的承载力、稳定、抗倾覆、变形和舒适度等基本要求后，仅从结构安全角度讲高宽比限值不是必须满足的，主要影响结构设计的经济性。因此，本次修订不再区分A级高度和B级高度高层建筑的最大高宽比限值，而统一为表3.3.2。
> 在复杂体型的高层建筑中，如何计算高宽比是比较难以确定的问题。一般情况下，可按所考虑方向的最小宽度计算高宽比，但对突出建筑物平面很小的局部结构（如楼梯间、电梯间等），一般不应包含在计算宽度内；对于不宜采用最小宽度计算高宽比的情况，应由设计人员根据实际情况确定合理的计算方法；对带有裙房的高层建筑，当裙房的面积和刚度相对于其上部塔楼的面积和刚度较大时，计算高宽比的房屋高度和宽度可按裙房以上塔楼结构考虑。

【例7.2.1】 一座10层的钢筋混凝土框架结构房屋，各层层高均为4.2m，局部突出屋面的水箱、楼电梯间高5m，房屋室内外高差0.45m。

试问：该房屋高度H为多少？

【解答】 根据《高规》2.1.2条的规定：
$$H = 10 \times 4.2 + 0.45 = 42.45\text{m}$$

【例7.2.2】 拟建某高层钢筋混凝土剪力墙房屋，采用A级高度、全部落地剪力墙，矩形平面的宽度为25m，长度为30m，平面和竖向均不规则，建造地区抗震设防烈度为7度，Ⅳ类场地。

试问：该拟建高层建筑的最大高度H为多少？

【解答】 根据《高规》表3.3.2得：
$$\frac{H}{B} = 6, H = 6B = 6 \times 25 = 150\text{m}$$

查《高规》表3.3.1-1得，全部落地剪力墙、7度，$H_{max}=120\text{m}<150\text{m}$

故取$H=120\text{m}$。

根据《高规》3.3.1条的规定，平面和竖向均不规则，其高度宜适当降低；根据《抗规》6.1.1条及条文说明，则：
$$H = 120 \times (1 - 10\%) = 108\text{m}$$

所以该高层剪力墙结构的最大高度H为108m。

【例7.2.3】 某大底盘单塔楼高层建筑，主楼为钢筋混凝土框架-核心筒，与主楼连为整体的裙房为钢筋混凝土框架结构，如图7.2.1所示。本地区抗震设防烈度为7度，建筑场地为Ⅱ类。假定裙房的面积、刚度相对于其上部塔楼的面积和刚度较大。

试问：该房屋主楼的高宽比应为多少？

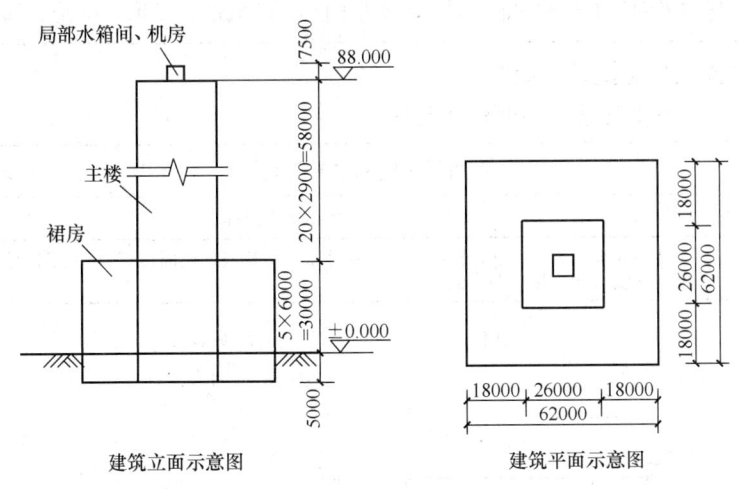

图7.2.1

【解答】 根据《高规》3.3.2条的条文说明，则：

房屋高楼的高宽比：$\dfrac{H}{B} = \dfrac{58}{26} = 2.23$

四、结构平面布置、竖向布置和结构规则性

1. 结构平面布置

结构平面布置主要关注的是：①结构的扭转问题；②水平荷载（或水平地震作用）传力途径的有效性问题。

- （1）一般要求

《高规》规定：

> 3.4.1 在高层建筑的一个独立结构单元内，结构平面形状宜简单、规则，质量、刚度和承载力分布宜均匀。不应采用严重不规则的平面布置。
> 3.4.2 高层建筑宜选用风作用效应较小的平面形状。
> 3.4.3 抗震设计的混凝土高层建筑，其平面布置宜符合下列规定：
> 1 平面宜简单、规则、对称，减少偏心；
> 3.4.4 抗震设计时，B级高度钢筋混凝土高层建筑、混合结构高层建筑及本规程第10章所指的复杂高层建筑结构，其平面布置应简单、规则，减少偏心。

《高规》3.4.1条、3.4.2条的条文说明中指出：

> 3.4.1（条文说明）结构平面布置应力求简单、规则，避免刚度、质量和承载力分布不均匀，是抗震概念设计的基本要求。结构规则性解释参见本规程第3.1.4、3.1.5条。
> 3.4.2（条文说明）高层建筑承受较大的风力。在沿海地区，风力成为高层建筑的控制性荷载，采用风压较小的平面形状有利于抗风设计。
> 对抗风有利的平面形状是简单规则的凸平面，如圆形、正多边形、椭圆形、鼓形等平面。
> 对抗风不利的平面是有较多凹凸的复杂形状平面，如V形、Y形、H形、弧形等平面。

- （2）扭转规则与扭转不规则

《抗规》3.4.3条及其条文说明作了规定：

平面不规则的主要类型　　　　表3.4.3-1

不规则类型	定义和参考指标
扭转不规则	在规定的水平力作用下，楼层的最大弹性水平位移或（层间位移），大于该楼层两端弹性水平位移（或层间位移）平均值的1.2倍

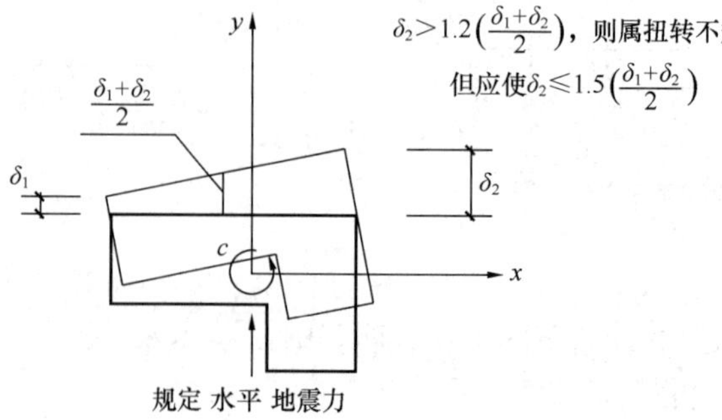

$\delta_2 > 1.2\left(\dfrac{\delta_1+\delta_2}{2}\right)$，则属扭转不规则，但应使 $\delta_2 \leqslant 1.5\left(\dfrac{\delta_1+\delta_2}{2}\right)$

图1 建筑结构平面的扭转不规则示例

需注意的是，上述图1中"规定水平地震力"（或称为"规定水平力"）已代替了《抗规》条文说明中"水平地震作用"。

楼层扭转位移比 $\mu = \delta_2 / \bar{\delta}$，$\bar{\delta} = (\delta_1 + \delta_2)/2$。

"扭转规则"是指 $\mu \leqslant 1.2$ 的情况；"扭转不规则"是指 $\mu > 1.2$ 的情况。

《高规》规定：

> 3.4.5 结构平面布置应减少扭转的影响。在考虑偶然偏心影响的规定水平地震力作用下，楼层竖向构件最大的水平位移和层间位移，A级高度高层建筑不宜大于该楼层平均值的1.2倍，不应大于该楼层平均值的1.5倍；B级高度高层建筑、超过A级高度的混合结构及本规程第10章所指的复杂高层建筑不宜大于该楼层平均值的1.2倍，不应大于该楼层平均值的1.4倍。
>
> 注：当楼层的最大层间位移角不大于本规程第3.7.3条规定的限值的40%时，该楼层竖向构件的最大水平位移和层间位移与该楼层平均值的比值可适当放松，但不应大于1.6。

扭转不规则判别时，楼层弹性水平位移（或层间位移）及扭转位移比的计算假定是：

1) 采用单向水平地震作用下的规定水平地震力；
2) 采用刚性楼板假定；
3) 考虑偶然偏心的影响，以及扭转耦联地震效应。

对于"规定水平地震力"的计算，《高规》规定：

> 3.4.5（条文说明）
> "规定水平地震力"一般可采用振型组合后的楼层地震剪力换算的水平作用力，并考虑偶然偏心。水平作用力的换算原则：每一楼面处的水平作用力取该楼面上、下两个楼层的地震剪力差的绝对值；连体下一层各塔楼的水平作用力，可由总水平作用力按该层各塔楼的地震剪力大小进行分配计算。

如图7.2.2所示，规定水平地震力 $F_i = |V_i - V_{i+1}|$，可见，规定水平地震力实质是：第 i 层楼面处的规定水平地震力 F_i 取第 i 层与其相邻上一楼层（即：第 $i+1$ 楼层）的地震剪力差的绝对值。

此外，《高规》3.4.5条注的规定中，楼层的最大层间位移角（即对应于《高规》表3.7.3）验算时，按单向水平地震作用，并且不考虑偶然偏心的影响，但应考虑扭转耦联，采用刚性楼板假定，并采用CQC组合。

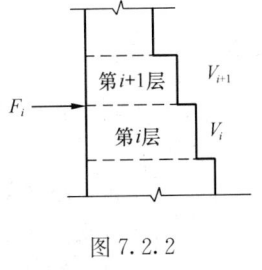

图7.2.2

【例7.2.4】某现浇高层钢筋混凝土框架-剪力墙结构，柱网为9m×9m，抗震设防烈度8度（0.30g），设计地层分组为第二组，Ⅲ类场地，丙类建筑。各楼层重力荷载代表值均为8000kN。假定水平地震作用的CQC组合后的第1层至第5层的水平地震作用 F_i（kN）和水平地震剪力 V_i（kN），如表7.2.1所示。

水平地震作用 F_i 和 V_i 表 7.2.1

楼 层	一	二	三	四	五
F_i (kN)	702	1140	1440	1824	2385
V_i (kN)	6552	6150	5370	4140	2385

试问：当计算结构扭转位移比对其平面规则性进行判断时，采用的第2层顶楼面的规定水平地震力为多少？

【解答】 根据《高规》3.4.5条的条文说明：

第2层顶楼面的规定水平地震力 $=V_2-V_3=6150-5370=780$ kN

【例7.2.5】 某20层现浇钢筋混凝土框架-剪力墙结构办公楼，某层层高3.5m，楼板自外围竖向构件外挑，多遇水平地震标准值作用下，楼层平面位移如图7.2.3所示。该层层间位移采用各振型位移的CQC组合值，如表7.2.2所示；整体分析时采用刚性楼盖假定，在振型组合后的楼层地震剪力换算的水平力作用下楼层层间位移，如表7.2.3所示。

试问：该楼层扭转位移比控制值验算时，其扭转位移比应取下列何组数值？

表 7.2.2

	Δu_A (mm)	Δu_B (mm)	Δu_C (mm)	Δu_D (mm)	Δu_E (mm)
不考虑偶然偏心	2.9	2.7	2.2	2.1	2.4
考虑偶然偏心	3.5	3.3	2.0	1.8	2.5
考虑双向地震作用	3.8	3.6	2.1	2.0	2.7

表 7.2.3

	Δu_A (mm)	Δu_B (mm)	Δu_C (mm)	Δu_D (mm)	Δu_E (mm)
不考虑偶然偏心	3.0	2.8	2.3	2.2	2.5
考虑偶然偏心	3.5	3.4	2.0	1.9	2.5
考虑双向地震作用	4.0	3.8	2.2	2.0	2.8

Δu_A——同一侧楼层角点（挑板）处最大层间位移；

Δu_B——同一侧楼层角点处竖向构件最大层间位移；

Δu_C——同一侧楼层角点（挑板）处最小层间位移；

Δu_D——同一侧楼层角点处竖向构件最小层间位移；

Δu_E——楼层所有竖向构件平均层间位移。

(A) 1.25　　　　(B) 1.28

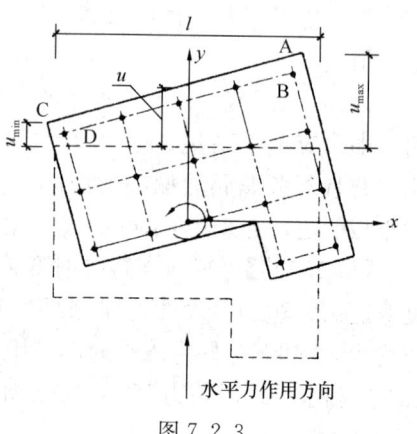

图 7.2.3

(C) 1.31 　　　　(D) 1.36

【解答】 根据《高规》3.4.5条及其条文说明，应按表7.2.3进行计算；又根据《抗规》3.4.3条条文说明：

$$\text{扭转位移比} = \frac{3.4}{(3.4+1.9)/2} = 1.28$$

所以应选（B）项。

【例7.2.6】 某A级高度现浇钢筋混凝土框架-剪力墙结构办公楼，各楼层层高4.0m，质量和刚度分布明显不对称，相邻振型的周期比大于0.85。

试问：采用振型分解反应谱法计算多遇地震作用下结构弹性位移分析，由计算得知，在水平地震作用下，某楼层竖向构件层间最大水平位移 Δu 见表7.2.4。

表7.2.4

情　　况	Δu (mm)
弹性楼板假定，不考虑偶然偏心	2.2
刚性楼板假定，不考虑偶然偏心	2.0
弹性楼板假定，考虑偶然偏心	2.4
刚性楼板假定，考虑偶然偏心	2.3

该楼层符合《高层建筑混凝土结构技术规程》要求的扭转位移比最大值为下列何项数值？

(A) 1.2　　(B) 1.4　　(C) 1.5　　(D) 1.6

【解答】 根据《高规》3.7.3条，取 $\Delta u = 2.0$ mm

$$\frac{\Delta u}{h} = \frac{2.0}{4000} = \frac{1}{2000} < \left[\frac{\Delta u}{h}\right] = \frac{1}{800}$$

由《高规》3.4.5条及其注：

$$\frac{\Delta u}{h} = \frac{1}{2000} \leqslant \left[\frac{\Delta u}{h}\right] \times 40\% = \frac{1}{2000}$$

A级高度，故扭转位移比≤1.6，应选（D）项。

【例7.2.7】 某高层钢筋混凝土框架-剪力墙结构，房屋高度80m，层高5m，Y向水平地震作用下，结构平面变形如图7.2.4所示，假定Y向多遇水平地震下楼层层间最大水平位移为 Δu，Y向规定水平地震力作用下第3层的楼层角点竖向构件中的最小水平层间位移为 δ_1，同一侧的楼层角点竖向构件中的最大水平层间位移为 δ_2，Δu、δ_1 的数值见表7.2.5。试问，第3层的扭转效应控制时，为满足《高层建筑混凝土结构技术规程》对扭转位移比的要求，δ_2 (mm) 不应超过下列何项数值？

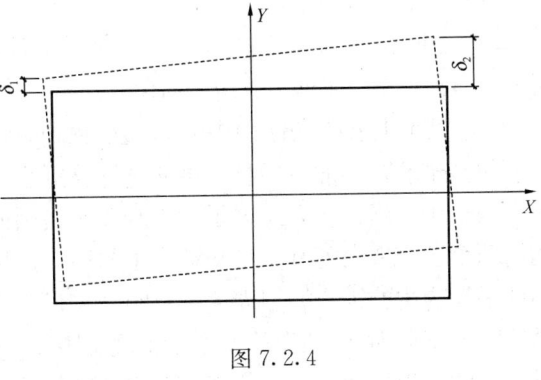

图7.2.4

(A) 3.0　　　　(B) 3.8　　　　(C) 4.5　　　　(D) 5.1

表 7.2.5

	Δu (mm)	δ_1 (mm)
不考虑偶然偏心	2.49	1.28
考虑偶然偏心	2.70	1.14

【解答】　根据《高规》3.7.3条、3.4.5条及注：

$$\frac{2.49}{5000}=0.000498<\frac{1}{800}\times 40\%=0.0005$$

$$\delta_2\leqslant 1.6\times\frac{\delta_1+\delta_2}{2}，即：\delta_2\leqslant 4\delta_1$$

考虑偶然偏心：　　　　$\delta_2\leqslant 4\times 1.14=4.56$mm

不考虑偶然偏心：　　　$\delta_2\leqslant 4\times 1.28=5.12$mm

故较小值，$\delta_2\leqslant 4.56$mm，应选（C）项。

- (3) 结构的抗扭刚度

《高规》3.4.5条及其条文说明中规定：

> 3.4.5
> 　　结构扭转为主的第一自振周期 T_t 与平动为主的第一自振周期 T_1 之比，A级高度高层建筑不应大于 0.9，B级高度高层建筑、超过A级高度的混合结构及本规程第 10 章所指的复杂高层建筑不应大于 0.85。
>
> 3.4.5（条文说明）
> 　　2　限制结构的抗扭刚度不能太弱。关键是限制结构扭转为主的第一自振周期 T_t 与平动为主的第一自振周期 T_1 之比。当两者接近时，由于振动耦联的影响，结构的扭转效应明显增大。若周期比 T_t/T_1 小于 0.5，则相对扭转振动效应 $\theta r/u$ 一般较小。（θ、r 分别为扭转角和结构的回转半径，θr 表示由于扭转产生的离质心距离为回转半径处的位移，u 为质心位移），即使结构的刚度偏心很大，偏心距 e 达到 $0.7r$，其相对扭转变形 $\theta r/u$ 值亦仅为 0.2。而当周期比 T_t/T_1 大于 0.85 以后，相对扭振效应 $\theta r/u$ 值急剧增加。即使刚度偏心很小，偏心距 e 仅为 $0.1r$，当周期比 T_t/T_1 等于 0.85 时，相对扭转变形 $\theta r/u$ 值可达 0.25；当周期比 T_t/T_1 接近 1 时，相对扭转变形 $\theta r/u$ 值可达 0.5。由此可见，抗震设计中应采取措施减小周期比 T_t/T_1 值，使结构具有必要的抗扭刚度。如周期比 T_t/T_1 不满足本条规定的上限值时，应调整抗侧力结构的布置，增大结构的抗扭刚度。
> 　　扭转耦联振动的主振型，可通过计算振型方向因子来判断。在两个平动和一个扭转方向因子中，当扭转方向因子大于 0.5 时，则该振型可认为是扭转为主的振型。高层结构沿两个正交方向各有一个平动为主的第一振型周期，本条规定的 T_1 是指刚度较弱方向的平动为主的第一振型周期，对刚度较强方向的平动为主的第一振型周期与扭转为主的第一振型周期 T_t 的比值，本条未规定限值，主要考虑对抗扭刚度的控制不致过于严格。有的工程如两个方向的第一振型周期与 T_t 的比值均能满足限值要求，其抗扭刚度更为理想。周期比计算时，可直接计算结构的固有自振特征，不必附加偶然偏心。

> 高层建筑结构当偏心率较小时，结构扭转位移比一般能满足本条规定的限值，但其周期比有的会超过限值，必须使位移比和周期比都满足限值，使结构具有必要的抗扭刚度，保证结构的扭转效应较小。当结构的偏心率较大时，如结构扭转位移比能满足本条规定的上限值，则周期比一般都能满足限值。

同时，《抗规》5.2.3条的条文说明中规定：

5.2.3（条文说明）

3 扭转刚度较小的结构，例如某些核心筒-外稀柱框架结构或类似的结构，第一振型周期为 T_θ，或满足 $T_\theta > 0.75T_{x1}$，或 $T_\theta > 0.75T_{y1}$，对较高的高层建筑，$0.75T_\theta > T_{x2}$，或 $0.75T_\theta > T_{y2}$，均需考虑地震扭转效应。但如果考虑扭转影响的地震作用效应小于考虑偶然偏心引起的地震效应时，应取后者以策安全。但现阶段，偶然偏心与扭转二者不需要同时参与计算。

需注意的是，《抗规》5.2.3条条文说明中，"偶然偏心与扭转二者不需要同时参与计算"的内涵是指：单向水平地震作用考虑偶然偏心的计算结果，应与双向水平地震作用但不考虑偶然偏心的计算结果进行比较，取最不利的情况进行设计，即包络设计。

【例7.2.8】 某平面不规则的现浇钢筋混凝土高层结构，整体分析时采用刚性楼盖假定计算，结构自振周期如表7.2.6所示。试问，对结构扭转不规则判断时，扭转为主的第一自振周期 T_t 与平动为主的第一自振周期 T_1 之比值最接近下列何项数值？

表7.2.6

	不考虑偶然偏心	考虑偶然偏心	扭转方向因子
T_1（s）	2.8	3.0（2.5）	0.0
T_2（s）	2.7	2.8（2.3）	0.1
T_3（s）	2.6	2.8（2.3）	0.3
T_4（s）	2.3	2.6（2.1）	0.6
T_5（s）	2.0	2.2（1.9）	0.7

(A) 0.71　　　(B) 0.82　　　(C) 0.87　　　(D) 0.92

【解答】 根据《高规》第3.4.5条及条文说明：

T_1 取刚度较弱方向的平动为主的第一自振周期，即：$T_1 = 2.8$s

T_t 取扭转方向因子大于0.5且周期较长的扭转主振型周期，即：$T_t = T_4 = 2.3$s

$$\frac{T_t}{T_1} = \frac{2.3}{2.8} = 0.82$$

故应选（B）项。

【例7.2.9】 某拟建18层现浇钢筋混凝土框架-剪力墙结构办公楼，房屋高度为72.3m，抗震设防烈度为7度，丙类建筑，Ⅱ类建筑场地。方案设计时，有四种结构方案，多遇地震作用下的主要计算结果见表7.2.7。

表 7.2.7

	T_x (s)	T_y (s)	T_t (s)	M_F/M (%)	$\Delta u/h$ (X向)	$\Delta u/h$ (Y向)
方案A	1.20	1.60	1.30	55	1/950	1/830
方案B	1.40	1.50	1.20	35	1/870	1/855
方案C	1.50	1.52	1.40	40	1/860	1/850
方案D	1.20	1.30	1.10	25	1/970	1/950

注：M_F/M——在规定水平力作用下，结构底层框架部分承受的地震倾覆力矩与结构总地震倾覆力矩的比值，表中取 X、Y 两方向的较大值。

假定，剪力墙布置的其他要求满足规范、规程规定。

试问：如果仅从结构规则性及合理性方面考虑，四种方案中哪种方案最优？

(A) 方案A　　　(B) 方案B　　　(C) 方案C　　　(D) 方案D

【**解答**】方案A：$M_F/M=55\%>50\%$，根据《高规》8.1.3 条第 3 款，剪力墙较少，不合理。

方案C：$T_t/T_1=1.4/1.52=0.92>0.9$，根据《高规》3.4.5 条及其条文说明，不合理。

方案B：$T_t/T_1=1.2/1.5=0.8$，满足；方案D：$T_t/T_1=1.1/1.3=0.85$，满足。

方案B、D中，方案D的侧向刚度较大，存在优化空间。

所以应选（B）项。

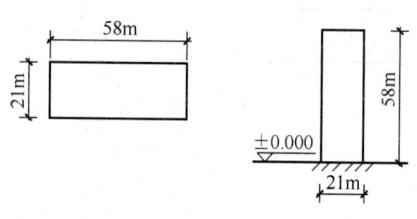

图 7.2.5

【**例 7.2.10**】某 12 层现浇钢筋混凝土框架-剪力墙结构，丙类建筑，抗震设防烈度 8 度，设计地震分组为第一组，Ⅱ 类场地，建筑物平、立面如图 7.2.5 所示。由于结构布置不同，形成四个不同的结构抗震方案。水平地震作用分析时，四种方案中与限制结构扭转效应有关的主要数据见表 7.2.8 所示，其中，T_t 为结构扭转为主的第一自振周期，T_1 为平动为主的第一自振周期，u_1 为最不利楼层竖向构件的最大水平位移，u_2 为相应于 u_1 的楼层水平位移平均值。

与扭转效应有关的数据　　　　表 7.2.8

	T_t (s)	T_1 (s)	u_1 (mm)	u_2 (mm)
方案1	0.6	0.8	34	26
方案2	0.9	0.8	30	26
方案3	0.6	0.7	32	28
方案4	0.8	0.7	32	30

试问：在抗震设计中，如果仅以限制结构的扭转效应考虑，下列哪一种方案对抗震最为有利？

(A) 方案1　　　　(B) 方案2　　　　(C) 方案3　　　　(D) 方案4

【解答】 根据《高规》3.4.5条及其条文说明：

方案1：$\dfrac{u_1}{u_2} = \dfrac{34}{26} = 1.308 > 1.2$，不合理。

方案2：$\dfrac{T_t}{T_1} = \dfrac{0.9}{0.8} = 1.125 > 0.9$，不合理。

方案3：$\dfrac{u_1}{u_2} = \dfrac{32}{28} = 1.14 < 1.2$，$T_t/T_1 = 0.6/0.7 = 0.857 < 0.9$，合理。

方案4：$T_t/T_1 = \dfrac{0.8}{0.7} = 1.14 > 0.9$，不合理。

所以应选（C）项。

- （4）凹凸不规则

《高规》3.4.3条规定：

> 3.4.3 抗震设计的混凝土高层建筑，其平面布置宜符合下列规定：
> 1 平面宜简单、规则、对称，减少偏心；
> 2 平面长度不宜过长（图3.4.3），L/B 宜符合表3.4.3的要求；

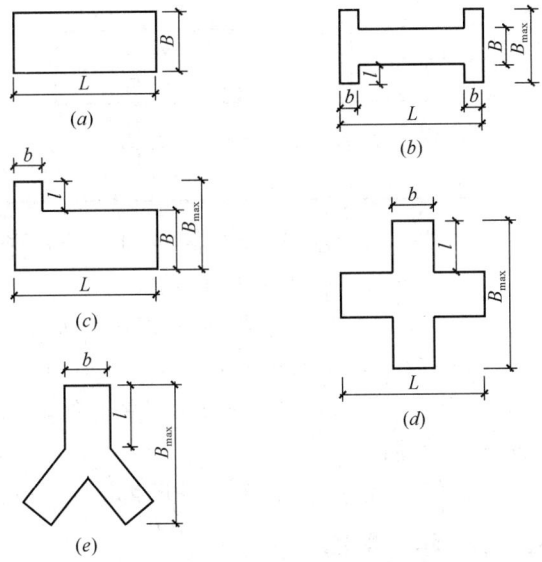

图3.4.3 建筑平面示意

平面尺寸及突出部位尺寸的比值限值			表3.4.3
设防烈度	L/B	l/B_{max}	l/b
6、7度	≤6.0	≤0.35	≤2.0
8、9度	≤5.0	≤0.30	≤1.5

3　平面突出部分的长度 l 不宜过大、宽度 b 不宜过小（图3.4.3），l/B_{max}、l/b 宜符合表3.4.3的要求；

4　建筑平面不宜采用角部重叠或细腰形平面布置。

同时，《高规》3.4.3条条文说明指出：

3.4.3（条文说明）　平面过于狭长的建筑物在地震时由于两端地震波输入有位相差而容易产生不规则振动，产生较大的震害，表3.4.3给出了 L/B 的最大限值。在实际工程中，L/B 在6、7度抗震设计时最好不超过4；在8、9度抗震设计时最好不超过3。

平面有较长的外伸时，外伸段容易产生局部振动而引发凹角处应力集中和破坏，外伸部分 l/b 的限值在表3.4.3中已列出，但在实际工程设计中最好控制 l/b 不大于1。

角部重叠和细腰形的平面图形（图1），在中央部位形成狭窄部分，在地震中容易产生震害，尤其在凹角部位，因为应力集中容易使楼板开裂、破坏，不宜采用。如采用，这些部位应采取加大楼板厚度、增加板内配筋、设置集中配筋的边梁、配置45°斜向钢筋等方法予以加强。

需要说明的是，表3.4.3中，三项尺寸的比例关系是独立的规定，一般不具有关联性。

图1　角部重叠和细腰形平面示意

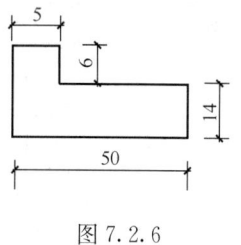

图7.2.6

此外，《抗规》3.4.3条、3.4.4条的条文说明中图2也给出了平面突出部位尺寸的比值限值。

显然，《高规》根据设防烈度进行细分，更合理。

【例7.2.11】拟建于7度区、Ⅱ类场地的某高层钢筋混凝土框架-剪力墙结构（高度65m），其平面如图7.2.6所示，该建筑竖向体型无变化。

试问：该建筑平面是否满足《高规》规定。

【解答】根据《高规》表3.4.3规定：

$$\frac{L}{B} = \frac{50}{14} = 3.57 < 6.0,满足。$$

$$\frac{l}{B_{max}} = \frac{6}{14+6} = 0.3 < 0.35,满足。$$

$$\frac{l}{b} = \frac{6}{5} = 1.2 < 2.0,满足。$$

所以拟建房屋平面方案符合《高规》要求。

【例7.2.12】拟建于抗震设防烈度8度区、Ⅱ类场地上，高度为60m的钢筋混凝土框架-剪力墙结构，丙类建筑，其平面布置有四个方案。各平面示意如图7.2.7所示（长度单位：m）。该建筑竖向体型无变化。

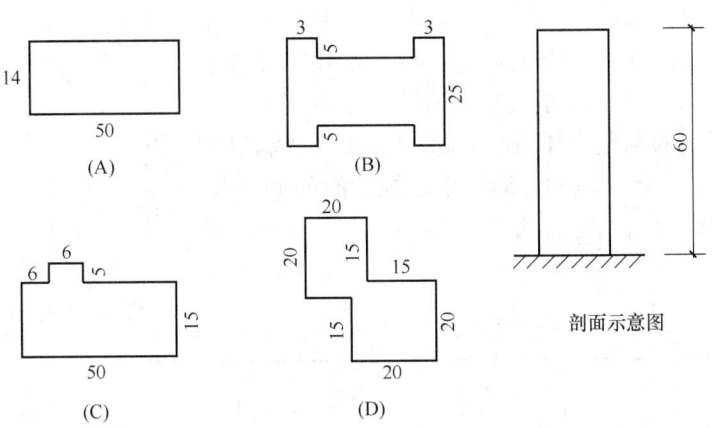

图7.2.7 平面示意图

试问，如果仅仅从结构布置方面考虑，其中哪一个方案相对比较合理？

【解答】根据《高规》3.4.3条第2~4款：

方案A：$L/B=50/14=3.57<5$，$\dfrac{H}{B}=\dfrac{60}{14}=4.37<5$，可以。

方案B：$l/b=5/3=1.67>1.5$，不合理。

方案C：$l/B=50/15=3.33<5$，$l/B_{max}=5/20=0.25<0.3$，$l/b=5/6=0.83<1.5$，可以。

方案D：角部重叠，不合理。

由《高规》3.4.3条第1款，方案A比方案C更合理。

故选（A）项。

● （5）楼板局部不连续

"有效楼板宽度"的内涵，见本书第二章第二节。

"开洞面积"计算时，当楼梯间、管井、电梯井等周围有混凝土抗震墙（或抗震墙与连梁围合）时，其无楼板部分可不按楼板开洞考虑。但是，当楼梯间、管井、电梯井等周围的混凝土抗震墙分散布置，或其整体性较差（单片抗震墙式抗震墙与连梁没有封闭围合）时，其无楼板部分应按楼板开洞考虑并计算洞口面积。

▲楼板局部不连续的情况包括：①楼板开洞；②较大的楼层错层。

《高规》规定：

3.4.6 当楼板平面比较狭长、有较大的凹入或开洞时，应在设计中考虑其对结构产生的不利影响。有效楼板宽度不宜小于该层楼面宽度的50%；楼板开洞总面积不宜超过楼面面积的30%；在扣除凹入或开洞后，楼板在任一方向的最小净宽度不宜小于5m，且开洞后每一边的楼板净宽度不应小于2m。

同时,《高规》3.4.6条条文说明中指出:

> 3.4.6（条文说明）但当楼板平面比较狭长、有较大的凹入和开洞而使楼板有较大削弱时,楼板可能产生显著的面内变形,这时宜采用考虑楼板变形影响的计算方法,并应采取相应的加强措施。
>
> 楼板有较大凹入或开有大面积洞口后,被凹口或洞口划分开的各部分之间的连接较为薄弱,在地震中容易相对振动而使削弱部位产生震害,因此对凹入或洞口的大小加以限制。设计中应同时满足本条规定的各项要求。以图2所示平面为例,L_2不宜小于$0.5L_1$,a_1与a_2之和不宜小于$0.5L_2$且不宜小于5m,a_1和a_2均不应小于2m,开洞面积不宜大于楼面面积的30%。

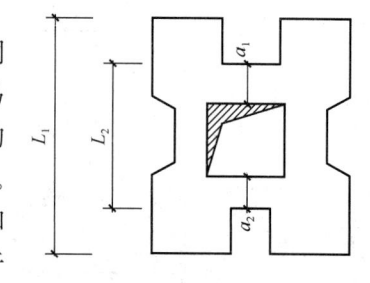

图2 楼板净宽度要求示意

此外,《抗规》3.4.3条、3.4.4条条文说明中给出了楼板局部不连续的示例,即:

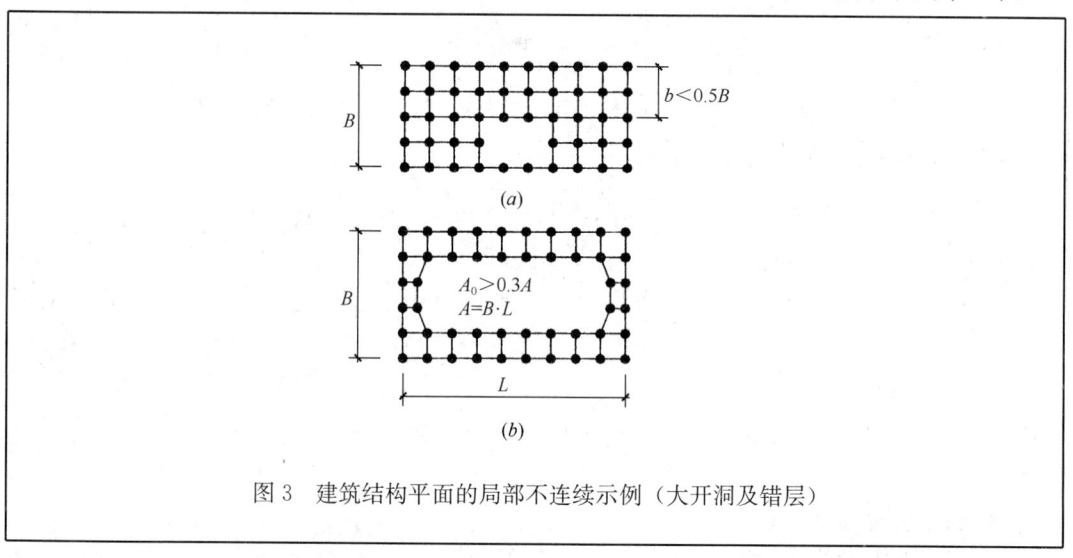

图3 建筑结构平面的局部不连续示例（大开洞及错层）

需注意的是,《抗规》图3（a）情况:"在单根框架梁处无论是否设置有效宽度不小于2m的楼板,都属于楼板开大洞情况（不属于凹凸不规则）"。

楼板开大洞一般是指平面尺寸≥800mm×800mm的情况,其加强措施,《高规》3.4.8条规定:

> 3.4.8 楼板开大洞削弱后,宜采取下列措施:
> 1 加厚洞口附近楼板,提高楼板的配筋率,采用双层双向配筋;
> 2 洞口边缘设置边梁、暗梁;
> 3 在楼板洞口角部集中配置斜向钢筋。

加厚洞口附近楼板,每层、每向配筋率不宜少于0.25%。
暗梁宽度可取板厚的2倍,纵向钢筋配筋率不宜小于1.0%。

【例 7.2.13】 某高层建筑的楼板平面布置，如图 7.2.8 所示，$a_1 = a_2$。

试问：该楼板平面布置是否符合《高规》要求。

【解答】 根据《高规》3.4.6 条规定：

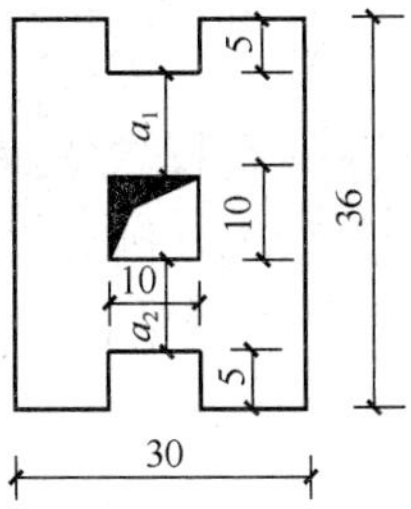

$L_2 = 36 - 5 - 5 = 26\text{m} > 0.5L_1 = 0.5 \times 36 = 18\text{m}$，满足。

$a_1 + a_2 = 36 - 5 - 5 - 10 = 16\text{m} > 0.5L_2 = 0.5 \times 26 = 13\text{m}$，

且 $\geq 5\text{m}$，满足。

图 7.2.8（单位：m）

$a_1 = a_2 = \dfrac{16}{2} = 8\text{m} > 2\text{m}$，满足。

$A_{洞口} = 10 \times 10 = 100\text{m}^2 < 30\%A = 30\% \times (30 \times 36 - 2 \times 10 \times 5) = 294\text{m}^2$，满足。

所以该楼板平面满足《高规》要求。

▲ ╫字形、井字形平面建筑

《高规》规定：

> 3.4.7 ╫字形、井字形等外伸长度较大的建筑，当中央部分楼板有较大削弱时，应加强楼板以及连接部位墙体的构造措施，必要时可在外伸段凹槽处设置连接梁或连接板。

如图 7.2.9(a) 所示，在外伸段凹口处设置连接梁 a（即拉梁），或连接板 a（即拉板）。通常该拉梁（或拉板）刚度较小不能有效地协调两侧楼板的变形（即：不符合刚性楼板的假定，需要按弹性楼板计算），仍属于楼板局部不连续的楼板开大洞情况。

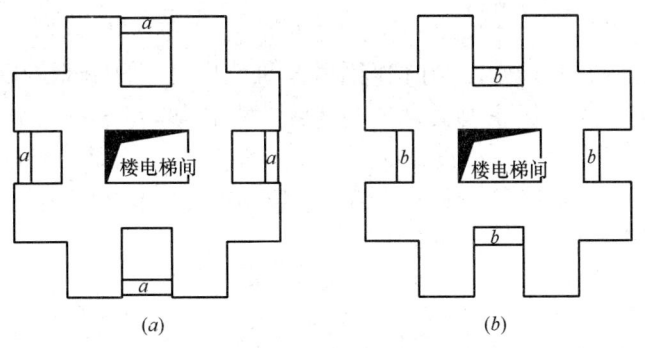

图 7.2.9 井字形平面建筑

如图 7.2.9(b) 所示，在深凹口内侧设置阳台板或不上人的外挑板 b，采取加强措施，即：板厚不宜小于 180mm，双层双向配筋，每层每向配筋率不宜少于 0.25%，并按受拉钢筋锚固在支座内。此时，平面突出部分的长度减小。

▲ 较大的楼层错层

较大的楼层错层，《高规》无相应的规定，《抗规》3.4.3 条及其条文说明中规定：

3.4.3（条文说明）

对于较大错层，如超过梁高的错层，需按楼板开洞对待；当错层面积大于该层总面积30%时，则属于楼板局部不连续。

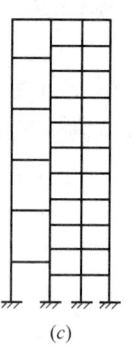

(c)

图3 建筑结构平面的局部不连续示例（大开洞及错层）

2. 结构竖向布置

● (1) 楼层的侧向刚度、层间受剪承载力与竖向抗侧力构件

《高规》规定：

3.5.1 高层建筑的竖向体型宜规则、均匀，避免有过大的外挑和收进。结构的侧向刚度宜下大上小，逐渐均匀变化。

3.5.2 抗震设计时，高层建筑相邻楼层的侧向刚度变化应符合下列规定：

1 对框架结构，楼层与其相邻上层的侧向刚度比 γ_1 可按式（3.5.2-1）计算，且本层与相邻上层的比值不宜小于0.7，与相邻上部三层刚度平均值的比值不宜小于0.8。

$$\gamma_1 = \frac{V_i \Delta_{i+1}}{V_{i+1} \Delta_i} \quad (3.5.2\text{-}1)$$

式中 γ_1——楼层侧向刚度比；

V_i、V_{i+1}——第 i 层和第 $i+1$ 层的地震剪力标准值（kN）；

Δ_i、Δ_{i+1}——第 i 层和第 $i+1$ 层在地震作用标准值作用下的层间位移（m）。

2 对框架-剪力墙、板柱-剪力墙结构、剪力墙结构、框架-核心筒结构、筒中筒结构，楼层与其相邻上层的侧向刚度比 γ_2 可按式（3.5.2-2）计算，且本层与相邻上层的比值不宜小于0.9；当本层层高大于相邻上层层高的1.5倍时，该比值不宜小于1.1；对结构底部嵌固层，该比值不宜小于1.5。

$$\gamma_2 = \frac{V_i \Delta_{i+1}}{V_{i+1} \Delta_i} \frac{h_i}{h_{i+1}} \quad (3.5.2\text{-}2)$$

式中 γ_2——考虑层高修正的楼层侧向刚度比。

3.5.3 A级高度高层建筑的楼层抗侧力结构的层间受剪承载力不宜小于其相邻上一层受剪承载力的80%，不应小于其相邻上一层受剪承载力的65%；B级高度高层建筑的楼层抗侧力结构的层间受剪承载力不应小于其相邻上一层受剪承载力的75%。

注：楼层抗侧力结构的层间受剪承载力是指在所考虑的水平地震作用方向上，该层全部柱、剪力墙、斜撑的受剪承载力之和。

3.5.4 抗震设计时，结构竖向抗侧力构件宜上、下连续贯通。

> **3.5.7** 不宜采用同一楼层刚度和承载力变化同时不满足本规程第 3.5.2 条和 3.5.3 条规定的高层建筑结构。
> **3.5.8** 侧向刚度变化、承载力变化、竖向抗侧力构件连续性不符合本规程第 3.5.2、3.5.3、3.5.4 条要求的楼层,其对应于地震作用标准值的剪力应乘以 1.25 的增大系数。

需注意的是:

(1)《高规》3.5.2 条规定明确了框架结构及其他结构的侧向刚度比值的计算,而《抗规》3.4.3 条表 3.4.3-2 未细化不同结构体系的侧向刚度比值的规定。

(2)《高规》3.5.3 条注的规定。《高规》3.5.3 条条文说明规定:

> **3.5.3(条文说明)**
> 柱的受剪承载力可根据柱两端实配的受弯承载力按两端同时屈服的假定失效模式反算;剪力墙可根据实配钢筋按抗剪设计公式反算;斜撑的受剪承载力可计及轴力的贡献,应考虑受压屈服的影响。

需注意的是,柱、剪力墙、斜撑的受剪承载力计算时,考虑承载力抗震调整系数 γ_{RE}。

(3)《高规》3.5.8 条的条文说明中指出:

> **3.5.8(条文说明)**
> 本条是 02 规程第 5.1.14 条修改而成。刚度变化不符合本规程第 3.5.2 条要求的楼层,一般称作软弱层;承载力变化不符合本规程第 3.5.3 条要求的楼层,一般可称作薄弱层。为了方便,本规程把软弱层、薄弱层以及竖向抗侧力构件不连续的楼层统称为结构薄弱层。结构薄弱层在地震作用标准值作用下的剪力应适当增大,增大系数由 02 规程的 1.15 调整为 1.25,适当提高安全度要求。

(4)有关楼层的侧向刚度比的计算,《高规》3.5.2 条、附录 E、5.3.7 条分别作了规定,见表 7.2.9。

侧向刚度比的计算方法　　　　　　　　　　　　　　　表 7.2.9

项　目		计算方法	计算公式	来　源
上部结构的一般楼层	框架结构	楼层剪力与层间位移的比值法	$\gamma_1 = \dfrac{V_i \Delta_{i+1}}{V_{i+1} \Delta_i}$	《高规》3.5.2 条
	其他结构	考虑层高修正的楼层侧向刚度比值法	$\gamma_2 = \dfrac{V_i \Delta_{i+1}}{V_{i+1} \Delta_i} \dfrac{h_i}{h_{i+1}}$	《高规》3.5.2 条
转换层上、下(转换层所在楼层 n)	$n=1$,或 2	等效剪切刚度比值法	$\gamma_{e1} = \dfrac{G_1 A_1}{G_2 A_2} \times \dfrac{h_2}{h_1}$	《高规》E.0.1 条
	$n \geq 3$	楼层剪力与层间位移的比值法	$\gamma_1 = \dfrac{V_i \Delta_{i+1}}{V_{i+1} \Delta_i}$	《高规》E.0.2 条
		等效侧向刚度比值法	$\gamma_{e2} = \dfrac{\Delta_2 H_1}{\Delta_1 H_2}$	《高规》E.0.3 条
上部结构的嵌固部位		详见本章第三节的嵌固部位	—	《高规》5.3.7 条

【例 7.2.14】 某 A 级高度钢筋混凝土高层建筑,采用框架-剪力墙结构,部分楼层初步计算的 X 向地震剪力,楼层抗侧力结构的层间受剪承载力及多遇地震标准值作用下的层间位移见表 7.2.10。试问,根据《高层建筑混凝土结构技术规程》JGJ 3—2010 的有关规定,仅就 14 层(中部楼层)与相邻层 X 向计算数据进行比较与判定,下列关于第 14 层的判别表述何项正确?

表 7.2.10

楼层	层高 (mm)	地震剪力标准值 (kN)	层间位移 (mm)	楼层抗侧力结构的层间受剪承载力 (kN)
15	3900	4000	3.32	160000
14	6000	4300	5.48	132000
13	3900	4500	3.38	166000

(A)侧向刚度比满足要求,层间受剪承载力比满足要求
(B)侧向刚度比不满足要求,层间受剪承载力比满足要求
(C)侧向刚度比满足要求,层间受剪承载力比不满足要求
(D)侧向刚度比不满足要求,层间受剪承载力比不满足要求

【解答】 根据《高规》3.5.2 条:
$$\gamma = \frac{V_i \Delta_{i+1} h_i}{V_{i+1} \Delta_i h_{i+1}} = \frac{4300 \times 3.32}{4000 \times 5.48} \times \frac{6000}{3900} = 1.0 < 1.1,\ \text{不满足}$$

根据《高规》3.5.3 条:
$$\frac{132000}{160000} = 82.5\% > 80\%,\ \text{满足}$$

故应选(B)项。

● (2)结构竖向收进和外挑

《高规》规定:

3.5.5 抗震设计时,当结构上部楼层收进部位到室外地面的高度 H_1 与房屋高度 H 之比大于 0.2 时,上部楼层收进后的水平尺寸 B_1 不宜小于下部楼层水平尺寸 B 的 75%(图 3.5.5a、b);当上部结构楼层相对于下部楼层外挑时,上部楼层水平尺寸 B_1 不宜大于下部楼层的水平尺寸 B 的 1.1 倍,且水平外挑尺寸 a 不宜大于 4m(图 3.5.5c、d)。

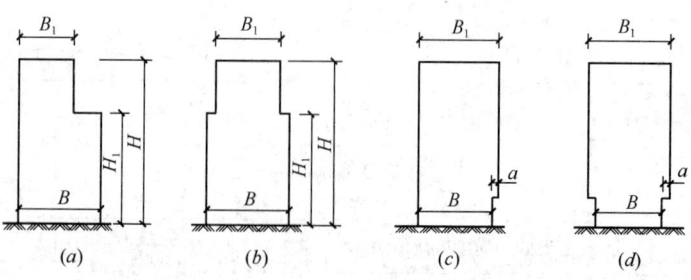

图 3.5.5 结构竖向收进和外挑示意

需注意的是:

(1)《高规》3.5.5 条的条文说明中,本条所说的悬挑结构,一般指悬挑结构中有竖向结构构件的情况。

(2)《高规》3.5.5 条规范图 3.5.5(c)、(d)情况,应考虑竖向地震作用影响。

● (3) 其他要求

《高规》规定:

> 3.5.6 楼层质量沿高度宜均匀分布,楼层质量不宜大于相邻下部楼层质量的 1.5 倍。
>
> 3.5.9 结构顶层取消部分墙、柱形成空旷房间时,宜进行弹性或弹塑性时程分析补充计算并采取有效的构造措施。

【例 7.2.15】 某一拟建于 8 度抗震设防区,Ⅱ类场地的钢筋混凝土框剪结构房屋,高度为 72m,其平面为矩形,长 40m,在建筑物的宽度方向有 3 个方案,如图 7.2.10 所示,单位为 m。仅从结构布置相对合理角度考虑。

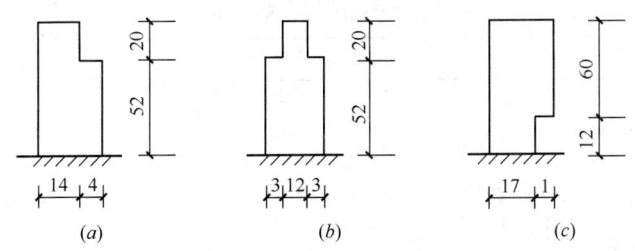

图 7.2.10

试问: 其最合理的方案应为下列何项?说明理由。

(A) 方案 a (B) 方案 b (C) 方案 c (D) 三个方案均不合理

【解答】 根据《高规》3.5.5 条规定:

$$\frac{H_1}{H} = \frac{52}{72} = 0.722 > 0.2$$

方案 a: $\frac{B_1}{B} = \frac{14}{18} = 0.78 > 0.75$,满足。

方案 b: $\frac{B_1}{B} = \frac{12}{18} = 0.67 < 0.75$,不满足。

方案 c: $\frac{B}{B_1} = \frac{17}{18} = 0.94 > 0.9$,且 $a = 1\text{m} < 4\text{m}$,满足,但应考虑竖向地震作用。

所以最合理方案为方案 a,故选(A)项。

3. 结构规则性

● (1) 结构平面布置的不规则类型

《高规》《抗规》分别作了相应的规定,见表 7.2.11。

平面不规则的主要类型 表 7.2.11

序号	不规则类型	定义和参考指标	《高规》	《抗规》
1	扭转不规则	考虑偶然偏心的扭转位移比大于 1.2	3.4.5 条	表 3.4.3-1
2a	凹凸不规则	平面凹凸尺寸大于相应边长 30%等	3.4.3 条	表 3.4.3-1
2b	组合平面	细腰形式或角部重叠形	3.4.3 条	—
3	楼板局部不连续	有效宽度小于 50%，开洞面积大于 30%	3.4.6 条	表 3.4.3-1
		较大的楼层错层	—	表 3.4.3-1

注：序号 a、b 不重复计算不规则项。

此外，《高规》3.4.8 条中，扭转周期比大于 0.9，超过 A 级高度的结构扭转周期比大于 0.98，属于"抗扭刚度弱"。根据《超限高层建筑工程抗震设防专项审查技术要点》（建质〔2015〕67 号），它属于特别不规则类型。

- (2) 结构竖向布置的不规则类型

《高规》《抗规》分别作了相应的规定，见表 7.2.12。

竖向不规则的主要类型 表 7.2.12

序号	不规则类型	定义和参考指标	《高规》	《抗规》
4a	刚度突变	相邻层刚度变化大于 70%，或连续三层变化大于 80%	3.5.2 条	表 3.4.3-2
4b	尺寸突变	竖向构件收进位置高于结构高度 20%且收进大于 25%，或外挑大于 10%和 4m	3.5.5 条	表 3.4.3-2
5	竖向构件间断	上下墙、柱、支撑不连续	3.5.4 条	表 3.4.3-2
6	承载力突变	相邻层受剪承载力之比小于 80%	3.5.3 条	表 3.4.3-2

注：序号 a、b 不重复计算不规则项。

- (3) 规则结构、不规则结构、特别不规则结构和严重不规则结构

《高规》3.1.4 条、3.1.5 条的条文说明规定：

> 3.1.4、3.1.5（条文说明）
>
> 规则结构一般指：体型（平面和立面）规则，结构平面布置均匀、对称并具有较好的抗扭刚度；结构竖向布置均匀，结构的刚度、承载力和质量分布均匀、无突变。
>
> 实际工程设计中，要使结构方案规则往往比较困难，有时会出现平面或竖向布置不规则的情况。本规程第 3.4.3~3.4.7 条和第 3.5.2~3.5.6 条分别对结构平面布置及竖向布置的不规则性提出了限制条件。若结构方案中仅有个别项目超过了条款中规定的"不宜"的限制条件，此结构属不规则结构，但仍可按本规程有关规定进行计算和采取相应的构造措施；若结构方案中有多项超过了条款中规定的"不宜"的限制条件或某一项超过"不宜"的限制条件较多，此结构属特别不规则结构，应尽量避免；若结构方案中有多项超过了条款中规定的"不宜"的限制条件，而且超过较多，或者有一项超过了条款中规定的"不应"的限制条件，则此结构属严重不规则结构，这种结构方案不应采用，必须对结构方案进行调整。

五、防震缝和伸缩缝

1. 防震缝

《高规》3.4.9 条、3.4.10 条、3.4.11 条作了规定。《高规》与《抗规》规定是相同的。此外,《抗规》6.1.4 条条文说明中对抗撞墙作了细化、补充。

> 6.1.4（条文说明）震害表明，本条规定的防震缝宽度的最小值，在强烈地震下相邻结构仍可能局部碰撞而损坏，但宽度过大会给立面处理造成困难。因此，是否设置防震缝应按本规范第 3.4.5 条的要求判断。
>
> 防震缝可以结合沉降缝要求贯通到地基，当无沉降问题时也可以从基础或地下室以上贯通。当有多层地下室，上部结构为带裙房的单塔或多塔结构时，可将裙房用防震缝自地下室以上分隔，地下室顶板应有良好的整体性和刚度，能将地震剪力分布到整个地下室结构。
>
> 8、9 度框架结构房屋防震缝两侧层高相差较大时，可在防震缝两侧房屋的尽端沿全高设置垂直于防震缝的抗撞墙，通过抗撞墙的损坏减少防震缝两侧碰撞时框架的破坏。本次修订，抗撞墙的长度由 2001 规范的可不大于一个柱距，修改为"可不大于层高的 1/2"。结构单元较长时，抗撞墙可能引起较大温度内力，也可能有较大扭转效应，故设置时应综合分析（图 12）。

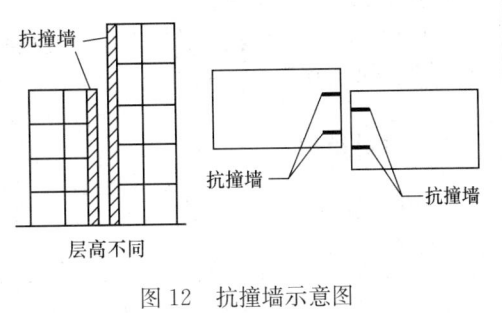

图 12 抗撞墙示意图

【例 7.2.16】 两幢相邻高层建筑，按 8 度抗震设防，一幢为钢筋混凝土框架-筒体结构，高度为 80m，另一幢为钢筋混凝土框架结构，高为 30m，若设抗震缝，试确定最小抗震缝宽度。

提示：按《高层建筑混凝土结构技术规程》JGJ 3—2010 作答。

【解答】 根据《高规》3.4.10 条第 2 款规定，按较低房屋高度即 30m，确定抗震缝宽度，根据本条第 1 款规定，则：

$$\delta = 100 + \frac{30-15}{3} \times 20 = 200 \text{mm}$$

【例 7.2.17】 图 7.2.11 所示为设有防震缝的高层建筑，按 7 度抗震设防，两个结构单元均为钢筋混凝土框架-剪力墙。试确定其最小抗震宽度。

提示：按《高层建筑混凝土结构技术规程》JGJ 3—2010 作答。

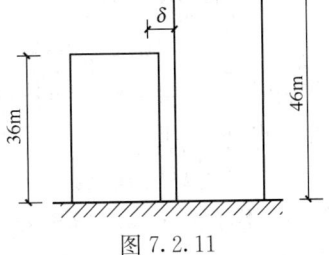

图 7.2.11

【解答】 根据《高规》3.4.10 条第 1、第 2 款规定，按高度为 36m 的框-剪结构计算：

$$\delta = 70\% \times \left(100 + \frac{36-15}{4} \times 20\right) = 143.5 \text{mm} > 100 \text{mm}$$

2. 伸缩缝

《高规》3.4.12条、3.4.13条作了规定。

需注意的是：

（1）《高规》3.4.12条规定，与《混规》8.1.1条规定是协调的。

（2）《高规》3.4.13条规定，与《混规》8.1.3条规定是协调的。

【例7.2.18】 对钢筋混凝土建筑欲增大其伸缩缝间距时，可采用下列何项措施？说明理由。

①顶层加强保温隔热措施；②屋面结构采用高强混凝土；③适当部位提高配筋率；④增加施工缝；⑤设施工后浇带。

(A) ①、②、③　　　　　　　　　　(B) ①、③、⑤

(C) ①、④、⑤　　　　　　　　　　(D) ①、②、④、⑤

【解答】 根据《高规》3.4.13条第2款规定，①正确；

《高规》3.4.13条第1款规定，③正确；

《高规》3.4.13条第3款规定，⑤正确；

所以应选 (B) 项。

六、楼盖结构

1. 楼盖结构的选用规定

《高规》规定：

> 3.6.1 房屋高度超过50m时，框架-剪力墙结构、筒体结构及本规程第10章所指的复杂高层建筑结构应采用现浇楼盖结构，剪力墙结构和框架结构宜采用现浇楼盖结构。
>
> 3.6.2 房屋高度不超过50m时，8、9度抗震设计时宜采用现浇楼盖结构；6、7度抗震设计时可采用装配整体式楼盖，且应符合下列要求：
>
> 1 无现浇叠合层的预制板，板端搁置在梁上的长度不宜小于50mm。
>
> 2 预制板板端宜预留胡子筋，其长度不宜小于100mm。
>
> 3 预制空心板孔端应有堵头，堵头深度不宜小于60mm，并应采用强度等级不低于C20的混凝土浇灌密实。
>
> 4 楼盖的预制板板缝上缘宽度不宜小于40mm，板缝大于40mm时应在板缝内配置钢筋，并宜贯通整个结构单元。现浇板缝、板缝梁的混凝土强度等级宜高于预制板的混凝土强度等级。
>
> 5 楼盖每层宜设置钢筋混凝土现浇层。现浇层厚度不应小于50mm，并应双向配置直径不小于6mm、间距不大于200mm的钢筋网，钢筋应锚固在梁或剪力墙内。

需注意的是：

（1）《高规》3.6.1条规定，适用于非抗震设计、抗震设计的高层建筑结构。

（2）《高规》3.6.2条规定，适用于 $H \leqslant 60m$ 且6、7度抗震设计时，或 $H \leqslant 60m$ 且非抗震设计时，可采用装配整体式楼盖。

2. 特殊部位的楼板要求

《高规》规定：

> 3.6.3 房屋的顶层、结构转换层、大底盘多塔楼结构的底盘顶层、平面复杂或开洞过大的楼层、作为上部结构嵌固部位的地下室楼层应采用现浇楼盖结构。一般楼层现浇楼板厚度不应小于 80mm，当板内预埋暗管时不宜小于 100mm；顶层楼板厚度不宜小于 120mm，宜双层双向配筋；转换层楼板应符合本规程第 10 章的有关规定；普通地下室顶板厚度不宜小于 160mm；作为上部结构嵌固部位的地下室楼层的顶楼盖应采用梁板结构，楼板厚度不宜小于 180mm，应采用双层双向配筋，且每层每个方向的配筋率不宜小于 0.25%。

需注意的是：

(1)《高规》3.6.3 条中，相应楼板的混凝土强度要求，见《高规》3.2.2 条第 4 款。

(2) 地下室顶板（或顶楼盖）的相关规定，《高规》5.3.7 条、3.9.5 条、12.2.1 条分别作了规定。

(3) 转换层楼板的相关规定，《高规》10.2.23 条、10.2.24 条分别作了规定。

3. 预应力混凝土楼板

《高规》规定：

> 3.6.4 现浇预应力混凝土楼板厚度可按跨度的 1/45～1/50 采用，且不宜小于 150mm。
>
> 3.6.5 现浇预应力混凝土板设计中应采取措施防止或减小主体结构对楼板施加预应力的阻碍作用。

【例 7.2.19】 某现浇钢筋混凝土结构，地上 10 层，第 8～10 层平板部分采用现浇预应力混凝土无梁板，不设柱帽，柱网尺寸为 6m×6m。

试问： 该楼板的最小厚度。

【解答】 根据《高规》3.6.4 条规定：

板厚 h： $h = \dfrac{l}{45} \sim \dfrac{l}{50} = \dfrac{6000}{45} \sim \dfrac{6000}{50} = 133 \sim 120\text{mm} < 150\text{mm}$

所以该楼板最小厚度为 150mm。

【例 7.2.20】 某现浇混凝土框架结构，抗震设防烈度为 7 度，丙类建筑，房屋高度 40m，抗震等级二级。采用刚性好的筏板基础，地下室 2 层，地下室顶板（±0.000）作为上部结构的嵌固端，采用 C35 混凝土，纵筋均采用 HRB400 级钢筋。

试问：

(1) 假定地下室顶板采用梁板结构，X 向主梁间距 8.4m，Y 向次梁间距 3m，顶板的 X 向 Y 向配筋分别为：上层为 A_{sxt}、A_{syt}，下层为 A_{sxb}、A_{syb}，则顶板板厚 h（mm）及板上、下层的配筋取下列何组数值时，才能满足规范、规程的最低构造要求？

(A) $h=160$mm,$A_{sxt}=A_{sxb}=\Phi 8@150$,$A_{syt}=A_{syb}=\Phi 8@150$

(B) $h=160$mm,$A_{sxt}=A_{sxb}=\Phi 10@150$,$A_{syt}=A_{syb}=\Phi 10@150$

(C) $h=180$mm,$A_{sxt}=A_{sxb}=\Phi 10@150$,$A_{syt}=A_{syb}=\Phi 10@150$

(D) $h=180$mm,$A_{sxt}=A_{sxb}=\Phi 8@150$,$A_{syt}=A_{syb}=\Phi 10@150$

(2) 假定地上一层框架某中柱的纵向钢筋的配置如图 7.2.12 所示,每侧纵筋计算面积 $A_s=985$mm^2,实配 4Φ18,满足构造要求。现将其延伸至地下一层,截面尺寸不变,每侧纵筋的计算面积为地上一层柱每侧纵筋计算面积的 0.9 倍。试问,延伸至地下一层后的中柱,其截面中全部纵向钢筋的数量,应最接近于下列何项所示?

(A) 12Φ25　　　　　　　(B) 12Φ22

(C) 12Φ20　　　　　　　(D) 12Φ18

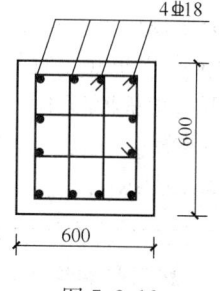

图 7.2.12

【解答】(1) 根据《高规》3.6.3 条:

取 $h=180$mm,故(A)、(B)项不满足。

双层双向配筋,每层每向最小配筋为:

$$A_s = 0.25\% \times 180 \times 150 = 67.5 \text{mm}^2$$

选用 Φ10($A_s=78.5$mm^2)满足,故配筋为 Φ10@150,应选(C)项。

(2) 根据《高规》12.2.1 条:

4Φ18,$A_s=1017$mm^2

地下一层:$A_s \geq 3\times985\times0.9=2659.5$mm^2

$A_s \geq 3\times1017\times1.1=3356.1$mm^2

故 $A_s \geq 3356.1$mm^2,选用 12Φ20($A_s=3770.4$mm^2)

应选(C)项。

七、水平位移限值和舒适度要求

1. 一般规定

《高规》规定:

> 3.7.1 在正常使用条件下,高层建筑结构应具有足够的刚度,避免产生过大的位移而影响结构的承载力、稳定性和使用要求。
>
> 3.7.2 正常使用条件下,结构的水平位移应按本规程第 4 章规定的风荷载、地震作用和第 5 章规定的弹性方法计算。

需注意的是:

(1)《高规》3.7.2 条的条文说明中,目前,在正常使用条件下的结构水平位移按弹性阶段进行设计。地震按小震(即多遇地震)进行考虑;结构构件的刚度采用弹性阶段的刚度;内力与位移分析不考虑弹塑性变形。

(2) 对楼层层间弹性位移角限值($\Delta u/h$)、层间弹塑性位移角限值 $[\theta_p]$,《高规》3.7.3 条~3.7.5 条分别作了规定。

- 复习《高规》3.7.3条、3.7.4条、3.7.5条。

有关计算在本章第三节中抗震变形计算部分进行详细阐述。

2. 舒适度

风振舒适度的要求,见前面本章第一节风荷载部分。

楼盖(结构)舒适度的要求,《高规》3.7.7条及附录A作了规定。

【例7.2.21】 某高层建筑裙房商场内人行天桥,采用钢-混凝土组合结构,如图7.2.13所示,天桥跨度28m。假定,天桥竖向自振频率为$f_w=3.5Hz$,结构阻尼比$\beta=0.02$,单位面积有效重量$(\overline{w})=5kN/m^2$,试问:满足楼盖舒适度要求的最小天桥宽度B(m),与下列何项数值最为接近?

提示:① 按《高层建筑混凝土结构技术规程》作答;
② 接近楼盖自振频率时,人行走产生的作用力$F_p=0.12kN$。

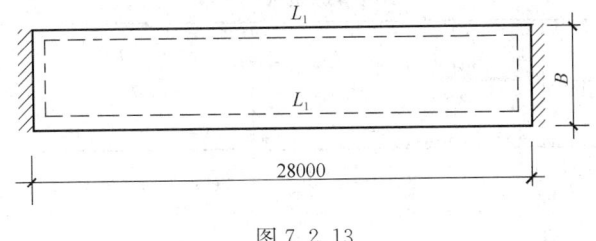

图 7.2.13

(A) 1.80 (B) 2.60 (C) 3.30 (D) 5.00

【解答】 根据《高规》3.7.7条:

$$a_p = 0.22 - \frac{3.5-2}{4-2} \times (0.22-0.15) = 0.1675$$

《高规》附录A:

$$w = \overline{w}BL = 5 \times B \times 28$$

$$a_p = 0.1675 = \frac{0.12}{0.02 \times 5 \times B \times 28} \times 9.8$$

则:$B=2.507$m,故应选(B)项。

八、构件承载力设计

结构构件设计按四种设计状况进行设计,即:持久设计状况、短暂设计状况、地震设计状况、偶然设计状况进行设计,其各自的内涵及适用情况见本书第三章钢筋混凝土结构第一节中的三、极限状态设计与设计状况。

《高规》规定:

3.8.1 高层建筑结构构件的承载力应按下列公式验算:
持久设计状况、短暂设计状况

$$\gamma_0 S_d \leqslant R_d \tag{3.8.1-1}$$

| 地震设计状况 | $S_d \leqslant R_d/\gamma_{RE}$ | (3.8.1-2) |

式中 γ_0——结构重要性系数,对安全等级为一级的结构构件不应小于1.1,对安全等级为二级的结构构件不应小于1.0;

S_d——作用组合的效应设计值,应符合本规程第5.6.1~5.6.4条的规定;

R_d——构件承载力设计值;

γ_{RE}——构件承载力抗震调整系数。

3.8.2 抗震设计时,钢筋混凝土构件的承载力抗震调整系数应按表3.8.2采用;型钢混凝土构件和钢构件的承载力抗震调整系数应按本规程第11.1.7条的规定采用。当仅考虑竖向地震作用组合时,各类结构构件的承载力抗震调整系数均应取为1.0。

承载力抗震调整系数   表3.8.2

构件类别	梁	轴压比小于0.15的柱	轴压比不小于0.15的柱	剪力墙		各类构件	节点
受力状态	受弯	偏压	偏压	偏压	局部承压	受剪、偏拉	受剪
γ_{RE}	0.75	0.75	0.80	0.85	1.0	0.85	0.85

需注意的是:

(1) 对于高层建筑结构,取 $\gamma_0 \geqslant 1.0$,《高规》3.8.1条作了规定。

(2)《高规》表3.8.2,与《抗震通规》表4.3.1、《抗规》表5.4.2是协调的。

九、抗震等级

1. 抗震措施与抗震等级

《抗规》2.1.10条、2.1.11条定义了抗震措施、抗震构造措施概念。

> 2.1.10 抗震措施
> 除地震作用计算和抗力计算以外的抗震设计内容,包括抗震构造措施。
> 2.1.11 抗震构造措施
> 根据抗震概念设计原则,一般不需计算而对结构和非结构各部分必须采取的各种细部要求。

《抗规》6.1.2条的条文说明解释了抗震等级划分的理由:

> 6.1.2(条文说明)
> 钢筋混凝土房屋的抗震等级是重要的设计参数,89规范就明确规定应根据设防类别、结构类型、烈度和房屋高度四个因素确定。抗震等级的划分,体现了对不同抗震

设防类别、不同结构类型、不同烈度、同一烈度但不同高度的钢筋混凝土房屋结构延性要求的不同,以及同一种构件在不同结构类型中的延性要求的不同。

钢筋混凝土房屋结构应根据抗震等级采取相应的抗震措施。这里,抗震措施包括抗震计算时的内力调整措施和各种抗震构造措施。因此,乙类建筑应提高一度查表7.1.2确定其抗震等级。

本章条文中,"×级框架"包括框架结构、框架-抗震墙结构、框支层和框架-核心筒结构、板柱-抗震墙结构中的框架,"×级框架结构"仅指框架结构的框架,"×级抗震墙"包括抗震墙结构、框架-抗震墙结构、筒体结构和板柱-抗震墙结构中的抗震墙。

需注意的是:

(1) 内力调整措施所采用的抗震等级,与抗震构造措施所采用的抗震等级,两者可能不相同。这是因为:抗震构造措施受建筑场地的影响以及设计基本地震加速度的影响。为此,《抗震通规》2.3.2条第5款作了规定,它与《高规》3.9.1条相同。

《高规》规定:

> 3.9.1 各抗震设防类别的高层建筑结构,其抗震措施应符合下列要求:
> 1 甲类、乙类建筑:应按本地区抗震设防烈度提高一度的要求加强其抗震措施,但抗震设防烈度为9度时应按比9度更高的要求采取抗震措施;当建筑场地为Ⅰ类时,应允许仍按本地区抗震设防烈度的要求采取抗震构造措施。
> 2 丙类建筑:应按本地区抗震设防烈度确定其抗震措施;当建筑场地为Ⅰ类时,除6度外,应允许按本地区抗震设防烈度降低一度的要求采取抗震构造措施。
> 3.9.2 当建筑场地为Ⅲ、Ⅳ类时,对设计基本地震加速度为0.15g和0.30g的地区,宜分别按抗震设防烈度8度(0.20g)和9度(0.40g)时各类建筑的要求采取抗震构造措施。
>
> 3.9.2(条文说明)
> 历次大地震的经验表明,同样或相近的建筑,建造于Ⅰ类场地时震害较轻,建造于Ⅲ、Ⅳ类场地震害较重。对Ⅲ、Ⅳ类场地,本条规定对7度设计基本地震加速度为0.15g以及8度设计基本地震加速度0.30g的地区,宜分别按抗震设防烈度8度(0.20g)和9度(0.40g)时各类建筑的要求采取抗震构造措施,而不提高抗震措施中的其他要求,如按概念设计要求的内力调整措施等。
>
> 同样,本规程第3.9.1条对建造在Ⅰ类场地的甲、乙、丙类建筑,允许降低抗震构造措施,但不降低其他抗震措施要求,如按概念设计要求的内力调整措施等。

综上所述,甲、乙、丙类建筑的抗震措施和抗震构造措施的抗震等级查《高规》表3.9.3(A级高度)和表3.9.4(B级高度)所采用的烈度,应按表7.2.13采用,即:采用经设防标准调整后的设防烈度。

确定结构抗震措施和抗震构造措施时的抗震设防标准 表7.2.13

抗震设防类别	本地区抗震设防烈度		确定抗震措施和抗震构造措施时的设防标准					
			Ⅰ类场地		Ⅱ类场地		Ⅲ、Ⅳ类场地	
			抗震措施	构造措施	抗震措施	构造措施	抗震措施	构造措施
甲类乙类	6度	0.05g	7	6	7	7	7	7
	7度	0.10g	8	7	8	8	8	8
		0.15g	8	7	8	8	8	8⁺
	8度	0.20g	9	8	9	9	9	9
		0.30g	9	8	9	9	9	9⁺
	9度	0.40g	9⁺	9	9⁺	9⁺	9⁺	9⁺
丙类	6度	0.05g	6	6	6	6	6	6
	7度	0.10g	7	6	7	7	7	7
		0.15g	7	6	7	7	7	8
	8度	0.20g	8	7	8	8	8	8
		0.30g	8	7	8	8	8	9
	9度	0.40g	9	8	9	9	9	9

注：8⁺、9⁺表示适当提高而不是提高一度的要求。

(2) 房屋高度超过提高一度后对应的房屋最大适用高度，此时，内力调整措施所采用的抗震等级，与抗震构造措施所采用的抗震等级，两者不相同。为此，《抗震通规》5.2.1条第2款作了规定，《高规》作了相同规定。

《高规》规定：

> 3.9.7 甲、乙类建筑按本规程第3.9.1条提高一度确定抗震措施时，或Ⅲ、Ⅳ类场地且设计基本地震加速度为0.15g和0.30g的丙类建筑按本规程第3.9.2条提高一度确定抗震构造措施时，如果房屋高度超过提高一度后对应的房屋最大适用高度，则应采取比对应抗震等级更有效的抗震构造措施。
>
> 3.9.7（条文说明）
>
> 此时，内力调整不提高，只要求抗震构造措施适当提高即可。

对于甲、乙类建筑，《高规》3.9.7条作了规定，同样，《抗规》6.1.3条第4款也作了相应的规定。两本规范是不相同的，《高规》比《抗规》更合理。例如：某钢筋混凝土框架结构，乙类建筑，位于6度抗震设防烈度区、Ⅱ类场地。

按《高规》3.9.7条，查表3.3.1-1，7度，$H=55m$大于50m，再查表3.9.3，其抗震构造措施的抗震等级应采用比二级更有效的构造措施。（合理）

按《抗规》6.1.3条第4款，查表6.1.1，7度，$H=55m$大于50m，其抗震构造措施的抗震等级应采用比一级更有效的构造措施。（不合理）

2. 主体结构的抗震等级

高层建筑结构主体结构的抗震等级的确定，《高规》规定：

3.9.3 抗震设计时，高层建筑钢筋混凝土结构构件应根据抗震设防分类、烈度、结构类型和房屋高度采用不同的抗震等级，并应符合相应的计算和构造措施要求。A级高度丙类建筑钢筋混凝土结构的抗震等级应按表3.9.3确定。当本地区的设防烈度为9度时，A级高度乙类建筑的抗震等级应按特一级采用，甲类建筑应采取更有效的抗震措施。

注：本规程"特一级和一、二、三、四级"即"抗震等级为特一级和一、二、三、四级"的简称。

A级高度的高层建筑结构抗震等级　　　表3.9.3

结构类型			烈　　度					
			6度		7度		8度		9度
框架结构			三		二		一		一
框架-剪力墙结构	高度（m）		≤60	>60	≤60	>60	≤60	>60	≤50
	框架		四	三	三	二	二	一	一
	剪力墙		三		二		一		一
剪力墙结构	高度（m）		≤80	>80	≤80	>80	≤80	>80	≤60
	剪力墙		四	三	三	二	二	一	一
部分框支剪力墙结构	非底部加强部位的剪力墙		四	三	三	二	二	一	
	底部加强部位的剪力墙		三	二	二	一	一		
	框支框架		二		二		一		
筒体结构	框架-核心筒	框架	三		二		一		一
		核心筒	二		二		一		一
	筒中筒	内筒	三		二		一		一
		外筒	三		二		一		一
板柱-剪力墙结构	高度		≤35	>35	≤35	>35	≤35	>35	
	框架、板柱及柱上板带		三	二	二	二	一	一	
	剪力墙		二	二	二	二	二	一	

注：1　接近或等于高度分界时，应结合房屋不规则程度及场地、地基条件适当确定抗震等级；
　　2　底部带转换层的筒体结构，其转换框架的抗震等级应按表中部分框支剪力墙结构的规定采用；
　　3　当框架-核心筒结构的高度不超过60m时，其抗震等级应允许按框架-剪力墙结构采用。

3.9.4 抗震设计时，B级高度丙类建筑钢筋混凝土结构的抗震等级应按表3.9.4确定。

B级高度的高层建筑结构抗震等级				表3.9.4
结构类型		烈　　度		
		6度	7度	8度
框架-剪力墙	框架	二	一	一
	剪力墙	二	一	特一
剪力墙	剪力墙	二	一	一
部分框支剪力墙	非底部加强部位剪力墙	二	一	一
	底部加强部位剪力墙	一	一	特一
	框支框架	一	特一	特一
框架-核心筒	框架	二	一	一
	筒体	二	一	特一
筒中筒	外筒	二	一	特一
	内筒	二	一	特一

注：底部带转换层的筒体结构，其转换框架和底部加强部位筒体的抗震等级应按表中部分框支剪力墙结构的规定采用。

需注意的是：

(1)《高规》表3.9.3、表3.9.4中的高度数值是按"有效数字"控制，比如：6度剪力墙结构，高度≤80m，其实质是：高度≤80.4m，小数点后一位按四舍五入原则。

(2) 当剪力墙或框架相对较少时，框架-剪力墙结构的抗震等级的确定应按《高规》8.1.3条规定。

(3)《高规》3.9.3条表3.9.3中注3的规定，其条文说明中指出

> 3.9.3（条文说明）
> 对于房屋高度不超过60m的框架-核心筒结构，其作为筒体结构的空间作用已不明显，总体上更接近于框架-剪力墙结构，因此其抗震等级允许按框架-剪力墙结构采用。

(4)《高规》3.9.3条表3.9.3中注2的规定，与规程3.9.4条表3.9.4中注的规定，两者内容是不同的。

【例7.2.22】 已知某高层钢筋混凝土框架结构，丙类建筑，总高度为45m，7度抗震设防，场地Ⅲ类，设计基本地震加速度为0.15g。

试问： 该框架内力调整抗震措施所采用的抗震等级，以及该框架抗震构造措施所采用的抗震等级。

【解答】 (1) 查《高规》表3.3.1-1，本结构属A级高度。

(2) 根据《高规》3.9.1条第2款的规定，应按设防烈度7度考虑内力调整抗震措施所采用的抗震等级；查《高规》表3.9.3，内力调整抗震措施的抗震等级为二级。

(3) 根据《高规》3.9.2条，场地为Ⅲ类，设计地震加速度为0.15g，应按设防烈度8度考虑抗震构造措施所采用的抗震等级。

(4) 按8度考虑，查《高规》表3.9.3，此框架抗震构造措施所采用的抗震等级为一级。

(5) $H=45m>40m$，根据《高规》3.9.7条及《高规》表3.3.1-1，框架抗震构造措施所采用的抗震等级为：比一级更高，但未达到特一级。

【例7.2.23】 某幢50m的钢筋混凝土框架-剪力墙结构，6度抗震设防，Ⅱ类场地，乙类建筑。在规定的水平力作用下，框架部分承受的地震倾覆力矩大于结构总地震倾覆力矩的50%但不大于80%。

试问：确定该框架、剪力墙的抗震等级。

【解答】 (1) 根据《高规》表3.3.1-1，该结构属A级高度。

(2) 根据《高规》3.9.1条第1款，应按设防烈度7度考虑抗震措施所采用的抗震等级。

(3) 根据《高规》8.1.3条第3款规定，该结构的框架部分的抗震等级应按框架结构采用。

(4) 查《高规》表3.9.3，该框架的抗震等级为二级；剪力墙的抗震等级为二级。

【例7.2.24】 某18层钢筋混凝土框架-剪力墙结构，高度为58m，7度抗震设防，丙类建筑，Ⅱ类场地。在规定的水平力作用下，框架部分承受的地震倾覆力矩大于结构总地震倾覆力矩的10%但不大于50%。

试问：确定该框架、剪力墙的抗震等级。

【解答】 (1) 根据《高规》表3.3.1-1，该结构属于A级高度

(2) 根据《高规》3.9.1条第2款，应按设防烈度7度考虑抗震措施所采用的抗震等级。

(3) 根据《高规》8.1.3条第2款，该框架部分的抗震等级应按框架-剪力墙结构采用。

(4) 查《高规》表3.9.3，该框架的抗震等级为三级；剪力墙的抗震等级为二级。

总结：高层建筑结构主体结构的抗震等级的确定，其步骤为：

(1) 确定该高层建筑结构属于A级高度，或B级高度（《高规》3.3.1条）；

(2) 确定抗震措施（内力调整措施、抗震构造措施）所采用的设防烈度（《高规》3.9.1条、3.9.2条）；

(3) 确定抗震措施的抗震等级（《高规》3.9.3条、3.9.4条）；

在确定抗震等级时，存在下列需调整主体结构抗震措施（内力调整措施、抗震构造措施）的抗震等级的特殊情况：

① 建筑场地Ⅰ类，或Ⅲ类$(0.15g)$，或Ⅱ类$(0.30g)$(《高规》3.9.1条、3.9.2条)；

② 底部带转换层的筒体结构(《高规》表3.9.3注2、表3.9.4注)；

③ $H\leqslant 60m$的框架-核心筒结构(《高规》表3.9.3注1)；

④ 框架-剪力墙结构，其中框架承受地震倾覆力矩>50%结构总地震倾覆力矩(《高程》8.1.3条第3、第4款)；

⑤ 转换层在3层及3层以上的部分框支剪力墙结构(《高规》10.2.6条及条文说明)；

⑥ 带托柱转换层的筒体结构(《高规》10.2.6条及条文说明)；

⑦ 带加强层的高层建筑结构(《高规》10.3.3条)；

⑧ 带错层的高层建筑结构(《高规》10.4.4条、10.4.6条)；

⑨ 连体结构的高层建筑结构(《高规》10.5.6 条);

⑩ 悬挑结构的高层建筑结构(《高规》10.6.4 条第 5 款);

⑪ 体型收进的高层建筑结构(《高规》10.6.4 条第 6 款)。

3. 裙房与地下室的抗震等级

(1) 裙房的抗震等级

裙房的抗震等级的确定,《高规》规定:

> 3.9.6　抗震设计时,与主楼连为整体的裙房的抗震等级,除应按裙房本身确定外,相关范围不应低于主楼的抗震等级;主楼结构在裙房顶板上、下各一层应适当加强抗震构造措施。裙房与主楼分离时,应按裙房本身确定抗震等级。
>
> 3.9.6 (条文说明)
>
> 当裙楼与主楼相连时,相关范围内裙楼的抗震等级不应低于主楼;主楼结构在裙房顶板对应的上、下各一层受刚度与承载力突变影响较大,抗震构造措施需要适当加强。本条中的"相关范围",一般指主楼周边外延不少于三跨的裙房结构,相关范围以外的裙房可按裙房自身的结构类型确定抗震等级。裙房偏置时,其端部有较大扭转效应,也需要适当加强。

主楼与裙房的相关范围,如图 7.2.14 所示。

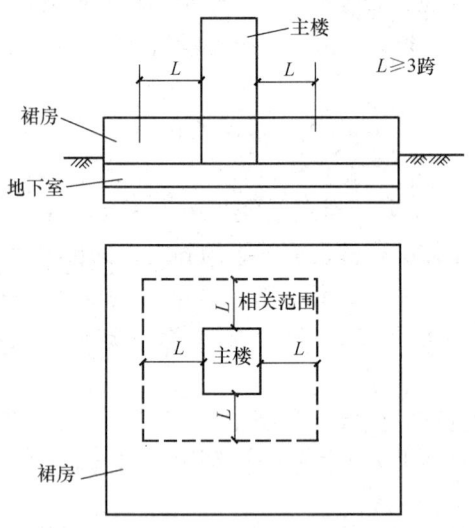

图 7.2.14　主楼与裙房的抗震等级的相关范围

注意,《高规》3.9.6 条及其条文说明中对"相关范围"的定义,与《抗规》6.1.3 条及其条文说明中的"相关范围"的定义的不同点,《抗规》6.1.3 条条文说明为:

> 6.1.3 (条文说明)
>
> 2　关于裙房的抗震等级。裙房与主楼相连,主楼结构在裙房顶板对应的上下各一层受刚度与承载力突变影响较大,抗震构造措施需要适当加强。裙房与主楼之间设防震缝,在大震作用下可能发生碰撞,该部位也需要采取加强措施。

> 裙房与主楼相连的相关范围,一般可从主楼周边外延3跨且不小于20m,相关范围以外的区域可按裙房自身的结构类型确定其抗震等级。裙房偏置时,其端部有较大扭转效应,也需要加强。

此外,《混规》11.1.4条及其条文说明中对"相关范围"的规定:

> 11.1.4(条文说明)
> 第2款中裙房与主楼相连时的"相关范围",一般是指主楼周边外扩不少于三跨的裙房范围。该范围内结构的抗震等级不应低于按主楼结构确定的抗震等级,该范围以外裙房结构的抗震等级可按裙房自身结构。

(2)地下室的抗震等级

地下室的抗震等级的确定,《高规》规定:

> 3.9.5 抗震设计的高层建筑,当地下室顶层作为上部结构的嵌固端时,地下一层相关范围的抗震等级应按上部结构采用,地下一层以下抗震构造措施的抗震等级可逐层降低一级,但不应低于四级;地下室中超出上部主楼相关范围且无上部结构的部分,其抗震等级可根据具体情况采用三级或四级。
>
> 3.9.5(条文说明)
> 带地下室的高层建筑,当地下室顶板可视作结构的嵌固部位时,地震作用下结构的屈服部位将发生在地上楼层,同时将影响到地下一层;地面以下结构的地震响应逐渐减小。因此,规定地下一层的抗震等级不能降低,而地下一层以下不要求计算地震作用,其抗震构造措施的抗震等级可逐层降低。第3.9.5条中"相关范围"一般指主楼周边外延1~2跨的地下室范围。

注意,上述《高规》3.9.5条及其条文说明中明确了"相关范围"的定义,而《抗规》、《混规》无此相关的规定。

此外,对于地下室和裙房的抗震等级,《抗规》6.1.3条的条文说明中指出:

> 6.1.3(条文说明)
> 3 关于地下室的抗震等级。带地下室的多层和高层建筑,当地下室结构的刚度和受剪承载力比上部楼层相对较大时(参见本规范第6.1.14条),地下室顶板可视作嵌固部位,在地震作用下的屈服部位将发生在地上楼层,同时将影响到地下一层。地面以下地震响应逐渐减小,规定地下一层的抗震等级不能降低;而地下一层以下不要求计算地震作用,规定其抗震构造措施的抗震等级可逐层降低(图11)。

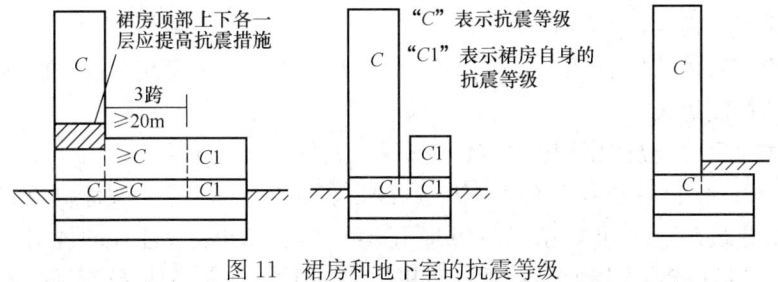

图11 裙房和地下室的抗震等级

注意的是，上述《抗规》图11中"裙房顶部上下各一层应提高抗震措施"应是：裙房顶部上下各一层应提高抗震构造措施。

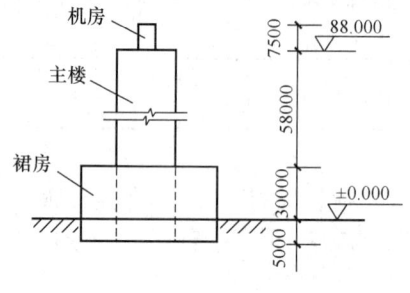

图 7.2.15

【例 7.2.25】 某大底盘单塔楼高层建筑，主楼为钢筋混凝土框架-核心筒，与主楼连为整体的裙房为钢筋混凝土框架结构，如图 7.2.15 所示。本地区抗震设防烈度为 7 度，场地为 Ⅱ 类。假定该房屋为乙类建筑。

试问：裙房框架的抗震等级。

【解答】（1）房屋主楼高度为 88m，查《高规》表 3.3.1-1，属于 A 级高度。

（2）根据《高规》3.9.1 条第 1 款，7 度、Ⅱ类场地、乙类建筑，按 8 度考虑抗震等级。

（3）根据《高规》表 3.9.3，主楼，8 度，主体结构高度 88m，核心筒的抗震等级为一级；裙房，8 度，框架结构高度 30m，抗震等级为一级。

（4）根据《高规》3.9.6 条，与主楼连为整体的裙楼的抗震等级不应低于主楼的抗震等级，故裙房框架的抗震等级为一级。

【例 7.2.26】 有一座 10 层办公楼，丙类建筑，结构总高 32m，现浇钢筋混凝土框架结构，建于 8 度抗震设防区，Ⅱ类场地，二层箱形地下室，地下第一层顶板可作为上部结构的嵌固端。

试问：地下一层、二层的抗震等级。

【解答】（1）查《高规》表 3.3.1-1，该结构属于 A 级高度。

（2）根据《高规》3.9.1 条第 2 款，丙类建筑，8 度，Ⅱ类场地，按 8 度考虑抗震等级。

（3）根据《高规》表 3.9.3，主楼框架的抗震等级为一级。

（4）根据《高规》3.9.5 条，地下一层的抗震等级按上部结构采用，故抗震等级为一级；地下二层的抗震等级应采用二级。

思考：假定本工程地下第一层底板（地下第二层顶板）作为上部结构的嵌固部位，试问，地下室结构第一层、第二层采用的抗震等级为多少？

此时，主楼框架的抗震等级仍为一级；

根据《高规》3.9.5 条，地下第一层的抗震等级同上部结构，为抗震一级；地下第二层的抗震等级应按上部结构采用，故地下第二层的抗震等级为抗震一级。

【例 7.2.27】 某底部带转换层的钢筋混凝土框架-核心筒结构，抗震设防烈度为 7 度，丙类建筑，Ⅱ类场地。该建筑物地下 2 层，地上 31 层，地下室在主楼平面以外部分，无上部结构，地下室顶板（±0.000）处可作为上部结构的嵌固部位，纵向两边榀框架在第三层转换层设置转换梁，如图 7.2.16 所示。

试问：确定主体结构的第三层核心筒，转换柱，以及无上部结构部位的地下室中地下第一层框架的抗震等级。

提示：按《高层建筑混凝土结构技术规程》JGJ 3—2010 作答。

【解答】（1）7 度，高度 116m，查《高规》表 3.3.1-1，属于 A 级高度。

（2）丙类建筑，7 度，Ⅱ类场地，116m，查《高规》表 3.9.3 及注 2 的规定，核心筒抗震等级为二级，转换框架抗震等级为一级，外围框架柱（即：非转换柱）抗震等级为二级。

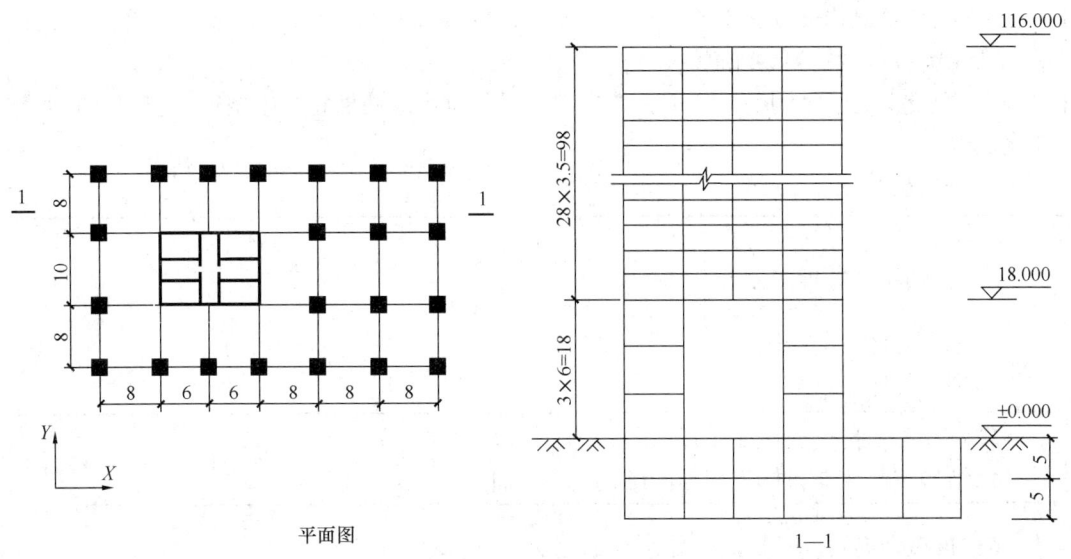

图 7.2.16 (单位:m)

(3) 转换层在第3层,根据《高规》10.2.6条及其条文说明,抗震等级不提高,即:第3层核心筒抗震等级为二级,转换柱抗震等级为一级。

(4) 根据《高规》3.9.5条及其条文说明,本题目中,地下第一层无上部结构部位的地下室部分属于"地下一层相关范围",故其框架的抗震等级同外围框架柱抗震等级,即为抗震二级。

十、特一级构件设计规定

- 复习《高规》3.10.1条~3.10.5条。

需注意的是:

(1)《高规》3.10.1条规定,该条条文说明中指出:"没有特别规定的,应按一级的规定执行。"

(2)《高规》3.10.2条~3.10.4条的条文说明中指出,特一级框架角柱的弯矩和剪力设计值仍应按本规程第6.2.4条的规定,乘以不小于1.1的增大系数。此外,特一级框支角柱也应按第6.2.4条的规定。

(3)《高规》3.10.5条的规定:

> 3.10.5 特一级剪力墙、筒体墙应符合下列规定:
> 1 底部加强部位的弯矩设计值应乘以1.1的增大系数,其他部位的弯矩设计值应乘以1.3的增大系数;底部加强部位的剪力设计值,应按考虑地震作用组合的剪力计算值的1.9倍采用,其他部位的剪力设计值,应按考虑地震作用组合的剪力计算值的1.4倍采用。
> 2 一般部位的水平和竖向分布钢筋最小配筋率应取为0.35%,底部加强部位的水平和竖向分布钢筋的最小配筋率应取为0.40%。

> 3 约束边缘构件纵向钢筋最小构造配筋率应取为1.4%，配箍特征值宜增大20%；构造边缘构件纵向钢筋的配筋率不应小于1.2%。
> 4 框支剪力墙结构的落地剪力墙底部加强部位边缘构件宜配置型钢，型钢宜向上、下各延伸一层。
> 5 连梁的要求同一级。

十一、结构抗震性能设计

1. 抗震性能设计的概念

《高规》规定：

> 2.1.16 结构抗震性能设计
> 以结构抗震性能目标为基准的结构抗震设计。

结构抗震性能目标、抗震性能水准的定义，《高规》规定：

> 2.1.17 结构抗震性能目标
> 针对不同的地震地面运动水准设定的结构抗震性能水准。
> 2.1.18 结构抗震性能水准
> 对结构震后损坏状况及继续使用可能性等抗震性能的界定。

(1) 结构抗震性能水准

结构抗震性能水准，《高规》3.11.2条将其划分为五个水准，即：性能水准1~性能水准5，其对应为：完好、无损坏；基本完好、轻微损伤；轻度损坏；中度损坏；比较严重损坏。

结构抗震性能水准，《抗规》3.10.3条条文说明中将其划分为五级，即：基本完好（含完好）；轻微损伤；中等破坏；严重破坏；倒塌。

(2) 结构抗震性能目标

结构抗震性能目标，《高规》3.11.1条将其划分为四个等级，即：A、B、C、D级。
结构抗震性能目标，《抗规》3.10.3条将其划分为四个等级，即：性能1~性能4。

2. 结构抗震性能设计的主要工作

主要工作，根据《高规》3.11.1条规定：

> 3.11.1 结构抗震性能设计应分析结构方案的特殊性、选用适宜的结构抗震性能目标，并采取满足预期的抗震性能目标的措施。

主要工作的具体内容，见《高规》3.11.1条条文说明。

(1) 抗震性能目标的选用

《高规》3.11.1条条文说明给出了选用抗震性能目标的一般原则，即：

① 特别不规则的、房屋高度超过B级高度很多的高层建筑或处于不利地段的特别不规则结构，可考虑选用A级性能目标；

② 房屋高度超过B级高度较多或不规则性超过本规程适用范围很多时，可考虑选用

B级或C级性能目标；

③ 房屋高度超过B级高度或不规则性超过适用范围较多时，可考虑选用C级性能目标；

④ 房屋高度超过A级高度或不规则性超过适用范围较少时，可考虑选用C级或D级性能目标；

⑤ 结构方案中仅有部分区域结构布置比较复杂或结构的设防标准、场地条件等特殊性，使设计人员难以直接按本规程规定的常规方法进行设计时，可考虑选用C级或D级性能目标。

此外，《抗规》规定：

> 3.10.3 建筑结构的抗震性能化设计应符合下列要求：
> 2 选定性能目标，即对应于不同地震动水准的预期损坏状态或使用功能，应不低于本规范第1.0.1条对基本设防目标的规定。

(2) 抗震性能设计的选定对象

《抗规》规定：

> 3.10.2 建筑结构的抗震性能化设计，应根据实际需要和可能，具有针对性：可分别选定针对整个结构、结构的局部部位或关键部位、结构的关键部件、重要构件、次要构件以及建筑构件和机电设备支座的性能目标。
>
> 3.10.2（条文说明）建筑的抗震性能化设计，立足于承载力和变形能力的综合考虑，具有很强的针对性和灵活性。针对具体工程的需要和可能，可以对整个结构，也可以对某些部位或关键构件，灵活运用各种措施达到预期的性能目标——着重提高抗震安全性或满足使用功能的专门要求。

高层建筑结构的关键构件的定义，《高规》3.11.2条表3.11.2注的规定：

> 注："关键构件"是指该构件的失效可能引起结构的连续破坏或危及生命安全的严重破坏。

同时《高规》3.11.2条的条文说明中列举了"关键构件"，即：
① 底部加强部位的重要竖向构件；
② 水平转换构件及与其相连竖向支承构件；
③ 大跨连体结构的连接体及与其相连的竖向支承构件；
④ 大悬挑结构的主要悬挑构件；
⑤ 加强层伸臂和周边环带结构的竖向支承构件；
⑥ 承托上部多个楼层框架柱的腰桁架；
⑦ 长短柱在同一楼层且数量相当时该层各个长短柱；
⑧ 扭转变形很大部位的竖向（斜向）构件；
⑨ 重要的斜撑构件等。

(3) 抗震性能设计指标

《抗规》3.10.3条条文说明指出：

> 3.10.3（条文说明）
>
> 3 实现上述性能目标，需要落实到具体设计指标，即各个地震水准下构件的承载力、变形和细部构造的指标。仅提高承载力时，安全性有相应提高，但使用上的变形要求不一定满足；仅提高变形能力，则结构在小震、中震下的损坏情况大致没有改变，但抵御大震倒塌的能力提高。因此，性能设计目标往往侧重于通过提高承载力推迟结构进入塑性工作阶段并减少塑性变形，必要时还需同时提高刚度以满足使用功能的变形要求，而变形能力的要求可根据结构及其构件在中震、大震下进入弹塑性的程度加以调整。

性能设计指标的选用原则，《抗规》规定：

> 3.10.3
>
> 3 选定性能设计指标。设计应选定分别提高结构或其关键部位的抗震承载力、变形能力或同时提高抗震承载力和变形能力的具体指标，尚应计及不同水准地震作用取值的不确定性而留有余地。设计宜确定在不同地震动水准下结构不同部位的水平和竖向构件承载力的要求（含不发生脆性剪切破坏、形成塑性铰、达到屈服值或保持弹性等）；宜选择在不同地震动水准下结构不同部位的预期弹性或弹塑性变形状态，以及相应的构件延性构造的高、中或低要求。当构件的承载力明显提高时，相应的延性构造可适当降低。

《抗规》附录 M.1.1 条给出了承载力、层间位移、细部构造的参考指标。
《高规》3.11.3 条给出了承载力、层间位移的参考指标。
3.《高规》实现性能设计指标的要求
《高规》3.11.3 条及其条文说明作了具体规定。
A、B、C、D 四级性能目标的结构需满足的性能设计指标的要求见表 7.2.14-1～表 7.2.14-4。

性能目标 A 的性能设计指标 表 7.2.14-1

地震水准		小震	中震	大震
性能水准		1	1	2
层间位移指标		满足弹性层间位移限值	—	未规定
构件的承载力设计指标	关键构件	弹性	弹性	弹性
	普通竖向构件	弹性	弹性	弹性
	耗能构件	弹性	弹性	正截面：不屈服；斜截面：弹性

性能目标 B 的性能设计指标 表 7.2.14-2

地震水准	小震	中震	大震
性能水准	1	2	3
层间位移指标	满足弹性层间位移限值	—	满足弹塑性层间位移限值

续表

地震水准		小震	中震	大震
构件的承载力设计指标	关键构件	弹性	弹性	正截面：不屈服；斜截面：弹性
	普通竖向构件	弹性	弹性	正截面：不屈服；斜截面：弹性
	耗能构件	弹性	正截面：不屈服；斜截面：弹性	部分能耗构件进入屈服阶段，但斜截面满足不屈服

性能目标 C 的性能设计指标　　　　　　　　　　　　　表 7.2.14-3

地震水准		小震	中震	大震
性能水准		1	3	4
层间位移指标		满足弹性层间位移限值	—	满足弹塑性层间位移限值
构件的承载力设计指标	关键构件	弹性	正截面：不屈服；斜截面：弹性	正截面：不屈服；斜截面：不屈服
	普通竖向构件	弹性	正截面：不屈服；斜截面：弹性	部分竖向构件进入屈服阶段，但受剪截面满足截面控制条件
	耗能构件	弹性	部分耗能构件进入屈服阶段，但斜截面满足不屈服	大部分耗能构件进入屈服阶段

性能目标 D 的性能设计指标　　　　　　　　　　　　　表 7.2.14-4

地震水准		小震	中震	大震
性能水准		1	4	5
层间位移指标		满足弹性层间位移限值	—	满足弹塑性层间位移限值
构件的承载力设计指标	关键构件	弹性	正截面：不屈服；斜截面：不屈服	正截面：宜满足不屈服；斜截面：宜满足不屈服
	普通竖向构件	弹性	部分竖向构件进入屈服阶段，但受剪截面满足截面控制条件	较多竖向构件进入屈服阶段，但受剪截面满足截面控制条件
	耗能构件	弹性	大部分能耗构件进入屈服阶段	部分耗能构件发生较严重的破坏

【例 7.2.28】 下列关于高层建筑混凝土结构的抗震性能化设计的 4 种观点：

Ⅰ. 达到 A 级性能目标的结构在大震作用下仍处于基本弹性状态；

Ⅱ. 建筑结构抗震性能化设计的性能目标，应不低于《建筑抗震设计规范》GB 50011—2010 规定的基本设防目标；

Ⅲ. 严重不规则的建筑结构，其结构抗震性能目标应为 A 级；

Ⅳ. 结构抗震性能目标应综合考虑抗震设防类别、设防烈度、场地条件、结构的特殊性、建造费用、震后损失和修复难易程度等各项因素选定。

试问：针对上述观点正确性的判断，下列何项正确？

(A) Ⅰ、Ⅱ、Ⅲ正确，Ⅳ错误　　　　(B) Ⅱ、Ⅲ、Ⅳ正确，Ⅰ错误

(C) Ⅰ、Ⅱ、Ⅳ正确，Ⅲ错误　　　　(D) Ⅰ、Ⅲ、Ⅳ正确，Ⅱ错误

【解答】 根据《高规》第 3.11.1 条条文说明第 2 款，Ⅰ正确；

根据《高规》第 3.10.3 条第 2 款，Ⅱ正确；

根据《高规》第 3.1.4 条及 3.11.1 条条文说明，Ⅲ错误；

根据《高规》第 3.1.1 条，Ⅳ正确。

所以应选（C）项。

【例 7.2.29】 某现浇钢筋混凝土剪力墙结构，房屋高度 180m，基本自振周期为 4.5s，抗震设防类别为标准设防类，安全等级二级。假定，结构抗震性能设计时，抗震性能目标为 C 级，下列关于该结构设计的叙述，其中何项相对准确？

(A) 结构在设防烈度地震作用下，允许采用等效弹性方法计算剪力墙的组合内力，底部加强部位剪力墙受剪承载力应满足屈服承载力设计要求

(B) 结构在罕遇地震作用下，允许部分竖向构件及大部分耗能构件屈服，但竖向构件的受剪截面应满足截面限制条件

(C) 结构在多遇地震标准值作用下的楼层弹性层间位移角限值为 1/1000，罕遇地震作用下层间弹塑性位移角限值为 1/120

(D) 结构弹塑性分析可采用静力弹塑性分析方法或弹塑性时程分析方法，弹塑性时程分析宜采用双向或三向地震输入

【解答】 根据《高规》3.11.1 条、3.11.3 条，(B) 项准确，应选（B）项。

思考：(A) 项：《高规》3.11.3 条条文说明，第 3 性能水准在中震作用下竖向构件抗剪宜满足弹性设计要求，故（A）项不准确。

(C) 项：《高规》3.7.3 条第 3 款，高度在 150～250m 之间的剪力墙结构，层间位移角限值可在 1/1000～1/500 之间插值，故（C）项不准确。

(D) 项：《高规》3.11.4 条条文说明，高度在 150～200m 的基本自振周期大于 4s 的房屋，应采用弹塑性时程分析，故（D）项不准确。

【例 7.2.30】 某 38 层现浇钢筋混凝土框架-核心筒结构，普通办公楼，如图 7.2.17 所示，房屋高度为 160m，1～4 层层高 6.0m，5～38 层层高 4.0m。抗震设防烈度为 7 度 (0.10g)，抗震设防类别为标准设防类，无薄弱层。

假定，主体结构抗震性能目标定为 C 级，抗震性能设计时，在设防烈度地震作用下，主要构件的抗震性能指标有下列 4 组，如表 7.2.15-1～7.2.15-4 所示。试问，设防烈度地震作用下构件抗震性能设计时，采用哪一组符合《高层建筑混凝土结构技术规程》JGJ 3—2010 的基本要求？

注：构件承载力满足弹性设计要求简称"弹性"；满足屈服承载力要求简称"不屈服"。

(A) 表 7.2.14-1　　　　(B) 表 7.2.14-2

(C) 表 7.2.14-3　　　　(D) 表 7.2.14-4

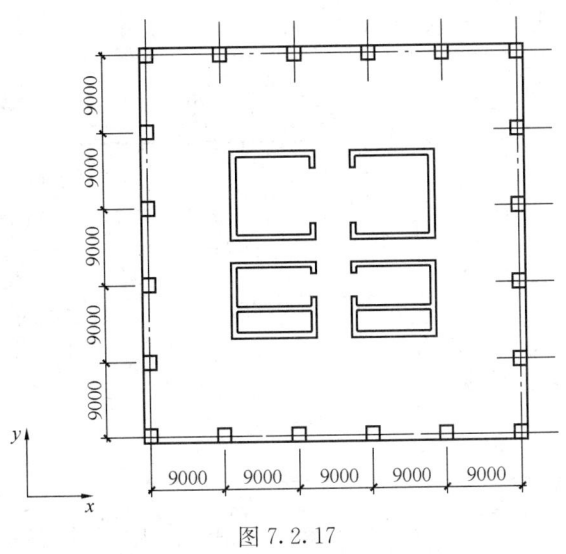

图 7.2.17

结构主要构件的抗震性能指标 A 表 7.2.15-1

		设防烈度
核心筒墙肢	抗弯	底部加强部位：不屈服 一般楼层：不屈服
	抗剪	底部加强部位：弹性 一般楼层：不屈服
核心筒连梁		允许进入塑性，抗剪不屈服
外框梁		允许进入塑性，抗剪不屈服

结构主要构件的抗震性能指标 B 表 7.2.15-2

		设防烈度
核心筒墙肢	抗弯	底部加强部位：不屈服 一般楼层：不屈服
	抗剪	底部加强部位：弹性 一般楼层：弹性
核心筒连梁		允许进入塑性，抗剪不屈服
外框梁		允许进入塑性，抗剪不屈服

结构主要构件的抗震性能指标 C 表 7.2.15-3

		设防烈度
核心筒墙肢	抗弯	底部加强部位：不屈服 一般楼层：不屈服
	抗剪	底部加强部位：弹性 一般楼层：不屈服
核心筒连梁		抗弯、抗剪不屈服
外框梁		抗弯、抗剪不屈服

结构主要构件的抗震性能指标 D　　　表 7.2.15-4

		设防烈度
核心筒墙肢	抗弯	底部加强部位：不屈服 一般楼层：不屈服
核心筒墙肢	抗剪	底部加强部位：弹性 一般楼层：弹性
核心筒连梁		抗弯、抗剪不屈服
外框梁		抗弯、抗剪不屈服

【解答】 性能目标 C 级，由《高规》3.11.1 条，设防烈度地震（即"中震"），其对应的性能水准为 3。

根据《高规》3.11.2 条及条文说明：

底部加强部位：核心筒墙肢为关键构件

一般楼层：核心筒墙肢为普通竖向构件

核心筒连梁、外框梁为"耗能构件"

根据《高规》3.11.3 条第 3 款

部分"耗能构件"：允许进入屈服阶段，即"塑性阶段"，故排除（C）、（D）项。

普通竖向构件受剪承载力宜符合式（3.11.3-1），即"中震弹性"，故选（B）项。

【例 7.2.31】 某普通办公楼，采用现浇钢筋混凝土框架-核心筒结构，房屋高度 116.3m，地上 31 层，地下 2 层，3 层设转换层，采用桁架转换构件。抗震设防烈度为 7 度（0.1g），丙类建筑，设计地震分组第二组，Ⅱ类建筑场地，地下室顶板±0.000 处作为上部结构嵌固部位。

该结构需控制罕遇地震作用下薄弱层的层间位移。假定，主体结构采用等效弹性方法进行罕遇地震作用下弹塑性计算分析时，结构总体上刚刚进入屈服阶段。电算程序需输入的计算参数分别为：连梁刚度折减系数 S1；结构阻尼比 S2；特征周期值 S3。

试问：下列各组参数中（依次为 S1、S2、S3），其中哪一组相对准确？

(A) 0.4、0.06、0.45　　　　　(B) 0.4、0.06、0.40
(C) 0.5、0.05、0.45　　　　　(D) 0.2、0.06、0.40

【解答】 根据《高规》3.11.3 条的条文说明，（C）、（D）项不准确。

根据《高规》4.3.7 条，查规程表 4.3.7.2，则：

$T_g = 0.40 + 0.05 = 0.45$s，故（B）项不准确。

所以应选（A）项。

【例 7.2.32】 某地上 38 层的现浇钢筋混凝土框架-核心筒办公楼，房屋高度为 155.4m，该建筑物地上第 1 层至地上第 4 层的层高均为 5.1m，第 24 层的层高 6m，其余楼层层高均为 3.9m，抗震设防烈度 7 度，设计基本地震加速度 0.10g，设计地震分组为第一组，建筑场地类别为Ⅱ类，抗震设防类别为丙类，安全等级二级。

假定，核心筒某耗能连梁 LL1 在设防烈度地震作用下，左右两端的弯矩标准值 $M_b^l = M_b^r = 1355 \text{kN·m}$（同时针方向），截面为 $600\text{mm} \times 1000\text{mm}$，净跨 $L_n = 3.0\text{m}$，混凝土强度等级为 C40，纵向受力钢筋为 HRB400（Φ），对称配筋，$a_s = a_s' = 40\text{mm}$。

试问：该连梁进行抗震性能化设计时，下列何项纵向钢筋配置符合第 2 性能水准的要求并且配筋最小？

提示：忽略重力荷载作用下的弯矩。

(A) 7Φ25　　(B) 6Φ28　　(C) 7Φ28　　(D) 6Φ32

【解答】 根据《高规》3.11.3 条，对称配筋，则：

$$A_s = \frac{M_{b,k}^r}{f_{yk}(h_0 - a_s')} = \frac{1355 \times 10^6}{400 \times (1000 - 40 - 40)}$$

$$= 3682 \text{mm}^2$$

选 6Φ28（$A_s = 3695\text{mm}^2$），满足，故选（B）项。

【例 7.2.33】 题目条件同例 7.2.31。

假定，某层核心筒耗能连梁 LL2（$500\text{mm} \times 900\text{mm}$），混凝土强度等级 C40，风荷载作用下剪力 $V_{wk} = 220\text{kN}$，在设防烈度地震作用下剪力 $V_{Ehk} = 1200\text{kN}$，钢筋采用 HRB400，连梁截面有效高度 $h_{b0} = 850\text{mm}$，跨高比为 2.2。试问，设防烈度地震作用下，该连梁进行抗震性能设计时，下列何项箍筋配置符合第 2 性能水准的要求且配筋最小？

提示：忽略重力荷载及竖向地震作用下连梁的剪力。

(A) Φ10@100（4）　　　　　　　(B) Φ120@100（4）
(C) Φ14@100（4）　　　　　　　(D) Φ16@100（4）

【解答】 根据《高规》3.11.3 条：

由提示：$V = 1.3 \times 1200 = 1560\text{kN}$

跨高比为 2.2，由《高规》7.2.23 条：

$$V \leqslant \frac{1}{\gamma_{RE}}\left(0.38 f_t b_b h_{b0} + 0.9 f_{yv} \frac{A_{sv}}{s} h_{b0}\right)$$

$$1560 \times 10^3 \leqslant \frac{1}{0.85} \cdot \left(0.38 \times 1.71 \times 500 \times 850 + 0.9 \times 360 \times \frac{A_{sv}}{100} \times 850\right)$$

解之得：　　$A_{sv} \geqslant 381\text{mm}^2$

选用Φ12@400（4）（$A_{sv} = 452\text{mm}^2$），满足。

故应选（B）项。

4.《抗规》实现性能设计指标的要求

承载力指标，《抗规》附录 M.1.2 条及其条文说明作了规定。

层间位移指标，《抗规》附录 M.1.3 条及其条文说明作了规定。

细部构件指标，《抗规》附录 M.1.1 条第 3 款作了规定。

5. 抗震性能设计的计算特点及要求

《高规》3.11.4 条及其条文说明作了规定。

《抗规》3.10.4 条及其条文说明作了相应规定。

十二、抗连续倒塌设计

> ● 复习《高规》3.12.1条~3.12.6条。

【例7.2.34】 关于高层混凝土结构抗连续倒塌设计的观点，下列何项符合《高层建筑混凝土结构技术规程》JGJ 3—2010 的要求？

(A) 采用在关键结构构件的表面附加侧向偶然作用的方法验算结构的抗倒塌能力时，侧向偶然作用只作用在该构件表面

(B) 抗连续倒塌设计时，活荷载应采用准永久值，不考虑竖向荷载动力放大系数

(C) 抗连续倒塌设计时，地震作用应采用标准值，不考虑竖向荷载动力放大系数

(D) 安全等级为一级的高层建筑结构应采用拆除构件的方法进行抗连续倒塌设计

【解答】 根据《高规》3.12.6条及条文说明，(A)项符合应选(A)项。

思考：根据《高规》3.12.4条，(B)、(C)项不准确；

根据《高规》3.12.1条及条文说明，(D)项不准确。

第三节 结 构 计 算 分 析

一、一般规定

> ● 复习《高规》5.1.1条~5.1.16条。

需注意的是：

(1)《高规》5.1.8条及其条文说明。

> 5.1.8 高层建筑结构内力计算中，当楼面活荷载大于4kN/m² 时，应考虑楼面活荷载不利布置引起的结构内力的增大；当整体计算中未考虑楼面活荷载不利布置时，应适当增大楼面梁的计算弯矩。
>
> 5.1.8（条文说明）
>
> 如果活荷载较大，其不利分布对梁弯矩的影响会比较明显，计算时应予考虑。除进行活荷载不利分布的详细计算分析外，也可将未考虑活荷载不利分布计算的框架梁弯矩乘以放大系数予以近似考虑，该放大系数通常可取为1.1~1.3，活载大时可选用较大数值。近似考虑活荷载不利分布影响时，梁正、负弯矩应同时予以放大。

(2)《高规》5.1.13条规定中，"各振型参与质量之和不少于总质量的90%"。如何计算各振型参与质量之和？现介绍如下：某高层建筑结构，n 个楼层，刚性楼盖，每个楼层3个自由度，总振型数为 $3n$。由《高规》4.3.10条式 (4.3.10-2)，并且令 $\widetilde{G}_j = \sum_{i=1}^{n}(x_{ji}^2 + y_{ji}^2 + \varphi_{ji}^2 r_i^2)G_i$（即第 j 振型的广义重量），则：

$$\gamma_{xj} = \frac{\sum_{i=1}^{n}X_{ji}G_i}{\widetilde{G}_j}, \gamma_{yj} = \frac{\sum_{i=1}^{n}Y_{ji}G_i}{\widetilde{G}_j}$$

1) X 方向的第 j 振型 i 质点的参与重量为：
$$G_{ij} = \gamma_{xj} X_{ji} G_i$$

第 j 振型总参与重量（即：所有楼层质点 1, 2, ⋯, n）为：
$$G_j = \sum_{i=1}^{n} G_{ij} = \sum_{i=1}^{n} \gamma_{xj} X_{ji} G_i = \gamma_{xj} \sum_{i=1}^{n} X_{ji} G_i = \gamma_{xj} \cdot \gamma_{xj} \widetilde{G}_j = \gamma_{xj}^2 \widetilde{G}_j$$

2) 结构前 m 个振型（1, 2, ⋯, j, ⋯, m）的参与重量之和为：
$$\sum_{i=1}^{n} G_j = \sum_{i=1}^{m} \gamma_{xj}^2 \widetilde{G}_j$$

3) 所有楼层的总重量为：

$\sum_{i=1}^{n} G_i =$ 全部楼层质点的重力荷载代表值之和（可以证明得到：$\sum_{i=1}^{n} G_i = \sum_{j=1}^{3n} G_j$）

4) X 方向的前 m 个振型参与质量之和与总质量之比（即为重量之比）为：
$$K_x = \frac{\sum_{i=1}^{n} \gamma_{xj}^2 \widetilde{G}_j}{\sum_{i=1}^{n} G_i}$$

同理，Y 方向的 K_y 为：$K_y = \dfrac{\sum_{i=1}^{m} \gamma_{yj}^2 \widetilde{G}_j}{\sum_{i=1}^{n} G_i}$

(3)《高规》5.1.14 条规定。

> 5.1.14 对多塔楼结构，宜按整体模型和各塔楼分开的模型分别计算，并采用较不利的结果进行结构设计。当塔楼周边的裙楼超过两跨时，分塔楼模型宜至少附带两跨的裙楼结构。

但是，对于在地下室连为整体的多塔楼结构的计算与设计，《高规》中 2. 术语和符号的条文说明中指出：

> "多塔楼结构"是在裙楼或大底盘上有两个或两个以上塔楼的结构，是体型收进结构的一种常见例子。一般情况下，在地下室连为整体的多塔楼结构可不作为本规程第 10.6 节规定的复杂结构，但地下室顶板设计宜符合本规程 10.6 节多塔楼结构设计的有关规定。

【例 7.3.1】下列关于高层混凝土结构抗震分析的一些观点，其中何项相对准确？说明理由？

(A) B 级高度的高层建筑结构计算中应采用至少二个三维空间分析软件进行整体内力位移计算

(B) 对带转换层的高层建筑结构，必须采用强塑性时程分析方法补充计算

(C) 规则结构控制结构水平位移限值时，楼层位移计算也应考虑偶然偏心的影响

(D) 体型复杂结构在多遇地震作用下的内力和变形应采用不少于两个合适的不同力学模型

【解答】 (1)(A)项，根据《高规》5.1.12条规定，不正确。

(2)(B)项，根据《高规》5.1.13条第3款，不正确。

(3)(C)项，根据《高规》3.7.3条注的规定，不正确。

(4)(D)项，根据《抗规》3.6.6条，正确。

所以应选(D)项。

二、计算参数与计算简图处理

1. 计算参数

(1) 剪力墙连梁刚度的折减，《高规》5.2.1条及其条文说明：

> 5.2.1 高层建筑结构地震作用效应计算时，可对剪力墙连梁刚度予以折减，折减系数不宜小于0.5。
>
> 5.2.1（条文说明）
>
> 高层建筑结构构件均采用弹性刚度参与整体分析，但抗震设计的框架-剪力墙或剪力墙结构中的连梁刚度相对墙体较小，而承受的弯矩和剪力很大，配筋设计困难。因此，可考虑在不影响承受竖向荷载能力的前提下，允许其适当开裂（降低刚度）而把内力转移到墙体上。通常，设防烈度低时可少折减一些（6、7度时可取0.7），设防烈度高时可多折减一些（8、9度时可取0.5）。折减系数不宜小于0.5，以保证连梁承受竖向荷载的能力。
>
> 对框架-剪力墙结构中一端与柱连接、一端与墙连接的梁以及剪力墙结构中的某些连梁，如果跨高比较大（比如大于5）、重力作用效应比水平风或水平地震作用效应更为明显，此时应慎重考虑梁刚度的折减问题，必要时可不进行梁刚度折减，以控制正常使用阶段梁裂缝的发生和发展。
>
> 本次修订进一步明确了仅在计算地震作用效应时可以对连梁刚度进行折减，对如重力荷载、风荷载作用效应计算不宜考虑连梁刚度折减。有地震作用效应组合工况，均可按考虑连梁刚度折减后计算的地震作用效应参与组合。

(2) 框架梁的刚度增大系数，《高规》规定：

> 5.2.2 在结构内力与位移计算中，现浇楼盖和装配整体式楼盖中，梁的刚度可考虑翼缘的作用予以增大。近似考虑时，楼面梁刚度增大系数可根据翼缘情况取1.3～2.0。
>
> 对于无现浇面层的装配式楼盖，不宜考虑楼面梁刚度的增大。
>
> 5.2.2（条文说明）
>
> 现浇楼面和装配整体式楼面的楼板作为梁的有效翼缘形成T形截面，提高了楼面梁的刚度，结构计算时应予考虑。当近似其影响时，应根据梁翼缘尺寸与梁截面尺寸的比例关系确定增大系数的取值。通常现浇楼面的边框架梁可取1.5，中框架梁可取2.0；有现浇面层的装配式楼面梁的刚度增大系数可适当减小。

(3) 框架梁梁端负弯矩调幅法，《高规》规定：

> 5.2.3 在竖向荷载作用下，可考虑框架梁端塑性变形内力重分布对梁端负弯矩乘以调幅系数进行调幅，并应符合下列规定：
> 1 装配整体式框架梁端负弯矩调幅系数可取为 0.7~0.8，现浇框架梁端负弯矩调幅系数可取为 0.8~0.9；
> 2 框架梁端负弯矩调幅后，梁跨中弯矩应按平衡条件相应增大；
> 3 应先对竖向荷载作用下框架梁的弯矩进行调幅，再与水平作用产生的框架梁弯矩进行组合；
> 4 截面设计时，框架梁跨中截面正弯矩设计值不应小于竖向荷载作用下按简支梁计算的跨中弯矩设计值的 50%。

此外，《高规》5.2.4 条规定了楼面梁受扭计算时，其计算扭矩折减，即：

> 5.2.4 高层建筑结构楼面梁受扭计算时应考虑现浇楼盖对梁的约束作用。当计算中未考虑现浇楼盖对梁扭转的约束作用时，可对梁的计算扭矩予以折减。梁扭矩折减系数应根据梁周围楼盖的约束情况确定。

【例 7.3.2】 在现浇钢筋混凝土框架结构内力与位移计算中，可以考虑现浇楼面对梁刚度的影响。今有一截面尺寸为 300mm×600mm 的中框架梁。

试问：其惯性矩 I 为多少？

【解答】 根据《高规》5.2.2 条及条文说明，中框架梁的刚度增大系数为 2.0：

$$2I = 2 \times \frac{1}{12} \times 300 \times 600^3 = 108 \times 10^8 \text{mm}^4$$

【例 7.3.3】 某一高 46m、三跨、十层的钢筋混凝土框架结构，经计算已求得第五层横梁边跨边端的弯矩标准值：由永久荷载产生 $M_{Gk}=-80$kN·m，由楼面活载产生 $M_{qk}=-30$kN·m，由风荷载产生 $M_{wk}=\pm20$kN·m，由水平地震作用产生 $M_{Ehk}=\pm50$kN·m。梁端负弯矩调幅系数为 0.8。

试问：考虑地震组合时，该梁 B 端最大组合弯矩设计值 M_B 为多少？
提示：按《建筑与市政工程抗震通用规范》作答。

【解答】（1）因总高 $H=46$m<60m，根据《高规》表 5.6.4 规定，不考虑风荷载参与组合。

（2）竖向荷载作用下梁端弯矩设计值，由《抗震通规》4.3.2 条：

$$1.3 \times [(-80) + 0.5 \times (-30)] = -123.5 \text{kN·m}$$

梁端负弯矩调幅后，弯矩设计值为：$-123.5 \times 0.8 = -98.8$kN·m

（3）由《高规》5.2.3 条第 3 款规定：

地震组合时，弯矩设计值为：

$$-98.8 + 1.4 \times (-50) = -168.8 \text{kN·m}$$

【例 7.3.4】 某一高 50m、三跨、十二层的钢筋混凝土框架结构，中间跨 BC 的跨度为 6.0m，梁上永久荷载标准值为 35kN/m，楼面活荷载标准值为 8kN/m，经计算梁中间跨 BC

的内力标准值如表 7.3.1 所示，由左边方向的水平地震作用产生的梁端弯矩标准值：$M^{左}_{Ehk}=46\text{kN}\cdot\text{m}$，$M^{右}_{Ehk}=-46\text{kN}\cdot\text{m}$，沿梁长呈直线分布。梁端负弯矩调幅系数为 0.85。

梁中间跨 BC 内力标准值 表 7.3.1

荷 载	左端弯矩（kN·m）	右端弯矩（kN·m）
永久荷载	−50	−70
可变荷载	−26	−28

试问：考虑地震组合时，梁中间跨 BC 的梁端弯矩设计值为多少？

提示：按《建筑与市政工程抗震通用规范》作答。

【解答】 确定梁左、右端弯矩标准值：
$$M_{左k}=-50+0.5\times(-26)=-63\text{kN}\cdot\text{m}$$
$$M_{右k}=-70+0.5\times(-28)=-84\text{kN}\cdot\text{m}$$

梁端负弯矩调幅系数为 0.85，梁端弯矩标准值：
$$M_{左k}=-63\times0.85=-53.55\text{kN}\cdot\text{m}$$
$$M_{右k}=-84\times0.85=-71.4\text{kN}\cdot\text{m}$$

根据《高规》5.2.3 条第 3 款规定，在地震组合时，BC 梁端弯矩设计值：
$$M_{左}=1.3\times(-53.55)+1.4\times46=-5.22\text{kN}\cdot\text{m}$$
$$M_{右}=1.3\times(-71.4)+1.4\times(-46)=-157.22\text{kN}\cdot\text{m}$$

【例 7.3.5】 某现浇钢筋混凝土框架结构办公楼，抗震等级为一级，某一框架梁局部平面如图 7.3.1 所示。梁截面 $350\text{mm}\times600\text{mm}$，$h_0=540\text{mm}$，$a'_s=40\text{mm}$，混凝土强度等级 C30，纵筋采用 HRB400 钢筋。该梁在各效应下截面 A（梁顶）弯矩标准值分别为：

恒荷载：$M_A=-440\text{kN}\cdot\text{m}$；活荷载：$M_A=-240\text{kN}\cdot\text{m}$；

水平地震作用：$M_A=-234\text{kN}\cdot\text{m}$；

假定，A 截面处梁底纵筋面积按梁顶纵筋面积的二分之一配置，试问，为满足梁端 A（顶面）极限承载力要求，梁端弯矩调幅系数至少应取下列何项数值？

提示：按《建筑与市政工程抗震通用规范》作答。

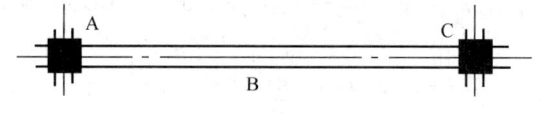

图 7.3.1

(A) 0.75 (B) 0.85
(C) 0.90 (D) 1.00

【解答】 根据《高规》6.3.2 条：
$$x=0.25h_0=0.25\times540=135\text{mm},A_s=0.5A'_s$$
$$\frac{x}{h_0}=\frac{f_yA_s-f'_yA'_s}{\alpha_1bh_0f_c}=\frac{360\times0.5A_s}{1\times350\times540\times14.3}=0.25$$
$$A_s=3754\text{mm}^2,A'_s=1877\text{mm}^2$$

截面抗震抗弯承载力为：

$$M = \frac{1}{\gamma_{RE}}\left[\alpha_1 f_c bx\left(h_0 - \frac{x}{2}\right) + f'_y A'_s(h_0 - a'_s)\right]$$

$$= \frac{1}{0.75} \times \left[1 \times 14.3 \times 350 \times 135 \times \left(540 - \frac{135}{2}\right) + 360 \times 1877 \times (540 - 40)\right]$$

$$= \frac{1}{0.75} \times 657 \times 10^6 \text{N} \cdot \text{mm}$$

由《高规》5.2.3条，弯矩调幅系数β：

$$1.3 \times \beta(440 + 0.5 \times 240) + 1.4 \times 234 = M = \frac{1}{0.75} \times 657$$

解之得：$\beta = 0.75$，故选（A）项。

【例7.3.6】 某钢筋混凝土框架结构办公楼，高度为42mm，抗震等级为二级，框架梁的混凝土强度等级为C35，梁纵向钢筋及箍筋均采用HRB400。取某中间榀框架（C点处为框架端柱）的一段框架梁，梁截面：$b \times h = 400\text{mm} \times 900\text{mm}$，梁上线荷载标准值分布图、简化的弯矩标准值如图7.3.2所示，其中框架梁计算跨度为8.4m。假定，永久荷载标准值$g_k = 83\text{kN/m}$，等效均布可变荷载标准值$q_k = 55\text{kN/m}$。

已知框架梁的梁端负弯矩调幅系数为0.8。不考虑楼面活荷载标准值的折减。

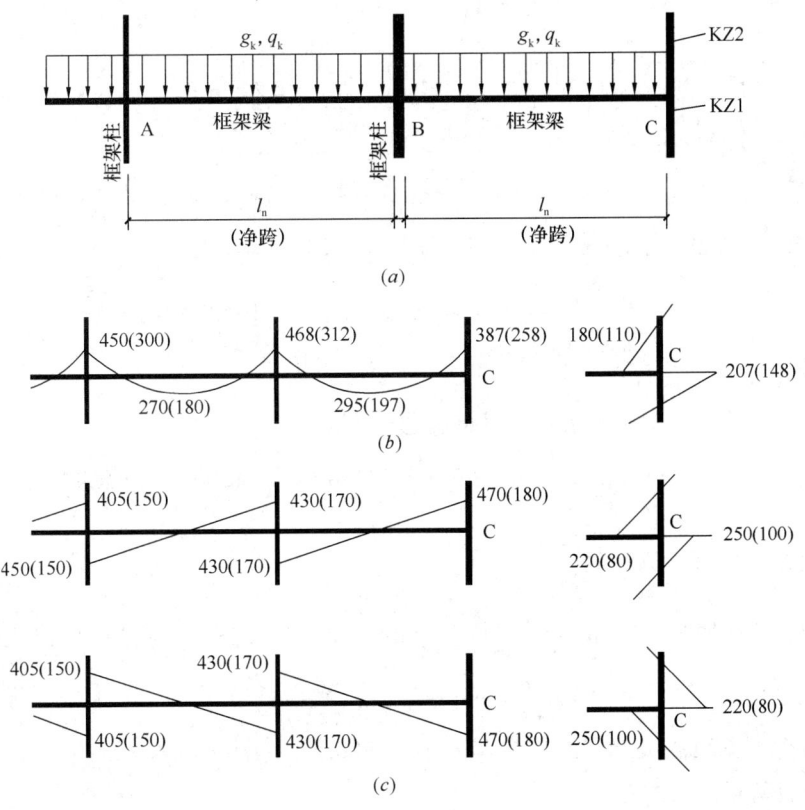

图7.3.2

(a) 梁上线荷载分布图；(b) 永久荷载（等效均布可变荷载）作用下梁端、柱端弯矩标准值（kN·m）；(c) 水平地震（风）作用下梁端、柱端弯矩标准值（kN·m）

提示：按《建筑与市政工程抗震通用规范》作答。

试问：

（1）在地震组合下，内力调整后，框架柱 KZ1 的顶部弯矩设计值（kN·m），与下列何项数值最接近？

(A) 1050　　　　(B) 900　　　　(C) 850　　　　(D) 800

（2）在地震组合下，框架梁 BC 考虑弯矩调幅后的 C 处负弯矩设计值（kN·m），与下列何项数值最接近？

(A) 950　　　　(B) 1100　　　　(C) 1200　　　　(D) 1350

（3）框架梁 BC 的跨中底部纵筋计算时，其采用的跨中底部的正弯矩设计值（kN·m），与下列何项数值最接近？

提示：不考虑风荷载。

(A) 800　　　　(B) 840　　　　(C) 875　　　　(D) 935

【解答】(1) 根据《高规》6.2.1 条，取 $\eta_c=1.5$。

由《抗震通规》4.3.2 条：

梁端弯矩 M_b：

$$M_b = 1.3\times(387+0.5\times258)+1.4\times470 = 1328.8 \text{kN·m}$$

KZ2 的底部 $M_c^{\text{上}}$：

$$M_c^{\text{上}} = 1.3\times(180+0.5\times110)+1.4\times220 = 613.5 \text{kN·m}$$

KZ1 的顶部 $M_c^{\text{下}}$：

$$M_c^{\text{下}} = 1.3\times(207+0.5\times148)+1.4\times250 = 715.3 \text{kN·m}$$

$M_c^{\text{上}}+M_c^{\text{下}}=1328.8 \text{kN·m} < \eta_c \sum M_b = 1.5\times1328.8$，则：

$$M_c^{\text{下}} = \frac{715.3}{1328.8}\times(1.5\times1328.8) = 1073 \text{kN·m}$$

故选 (A) 项。

(2) 根据《高规》5.6.4 条，及《抗震通规》4.3.2 条：

$$M = 1.3\times(387+0.5\times258)\times0.8+1.4\times470 = 1195 \text{kN·m}$$

故选 (C) 项。

(3) 根据《高规》5.2.3 条：

跨中的底部增加弯矩：$\Delta M = 1.3\times\frac{1}{2}\times(468+387)\times0.2+1.5\times\frac{1}{2}\times(312+258)\times0.2$

$$= 196.65 \text{kN·m}$$

基本组合下：$M_{\text{中}}=1.3\times295+1.5\times197+196.65=875.65 \text{kN·m}$

按简支计算的 50%：

$$50\%M_{\text{中}0}=50\%\times\frac{1}{8}\times(1.3\times83+1.5\times55)\times8.4^2$$

$$=839.66 \text{kN·m} < 875.65 \text{kN·m}$$

故 $M_{中}=875.65$ kN,选(C)项。

2. 计算简图处理

> 复习《高规》5.3.1 条~5.3.6 条。

需注意的是:

(1)《高规》5.3.3 条及其条文说明。

> 5.3.3 在结构整体计算中,密肋板楼盖宜按实际情况进行计算。当不能按实际情况计算时,可按等刚度原则对密肋梁进行适当简化后再行计算。
>
> 对平板无梁楼盖,在计算中应考虑板的面外刚度影响,其面外刚度可按有限元方法计算或近似将柱上板带等效为框架梁计算。
>
> 5.3.3(条文说明)
>
> 密肋板楼盖简化计算时,可将密肋梁均匀等效为柱上框架梁,其截面宽度可取被等效的密肋梁截面宽度之和。
>
> 平板无梁楼盖的面外刚度由楼板提供,计算时必须考虑。当采用近似方法考虑时,其柱上板带可等效为框架梁计算,等效框架梁的截面宽度可取等代框架方向板跨的 3/4 及垂直于等代框架方向板跨的 1/2 两者的较小值。

(2)《高规》5.3.4 条及其条文说明。

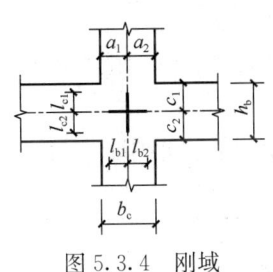

图 5.3.4 刚域

> 5.3.4 在结构整体计算中,宜考虑框架或壁式框架梁、柱节点区的刚域(图 5.3.4)影响,梁端截面弯矩可取刚域端截面的弯矩计算值。刚域的长度可按下列公式计算:
>
> $$l_{b1} = a_1 - 0.25 h_b \quad (5.3.4\text{-}1)$$
>
> $$l_{b2} = a_2 - 0.25 h_b \quad (5.3.4\text{-}2)$$
>
> $$l_{c1} = c_1 - 0.25 b_c \quad (5.3.4\text{-}3)$$
>
> $$l_{c2} = c_2 - 0.25 b_c \quad (5.3.4\text{-}4)$$
>
> 当计算的刚域长度为负值时,应取为零。
>
> 5.3.4(条文说明)
>
> 确定计算模型时,壁式框架梁、柱轴线可取为剪力墙连梁和墙肢的形心线。
>
> 本条规定,考虑刚域后梁端截面计算弯矩可以取刚域端截面的弯矩值,而不再取轴线截面的弯矩值,在保证安全的前提下,可以适当减小梁端截面的弯矩值,从而减少配筋量。

3. 上部结构的嵌固部位

《高规》5.3.7 条及其条文说明:

5.3.7 高层建筑结构整体计算中,当地下室顶板作为上部结构嵌固部位时,地下一层与首层侧向刚度比不宜小于2。

5.3.7（条文说明）

本条给出作为结构分析模型嵌固部位的刚度要求。计算地下室结构楼层侧向刚度时,可考虑地上结构以外的地下室相关部位的结构,"相关部位"一般指地上结构外扩不超过三跨的地下室范围。楼层侧向刚度比可按本规程附录E.0.1条公式计算。

《高规》5.3.7条中"相关部位"的示意图,如图7.3.3所示;侧向刚度比,如图7.3.4所示。

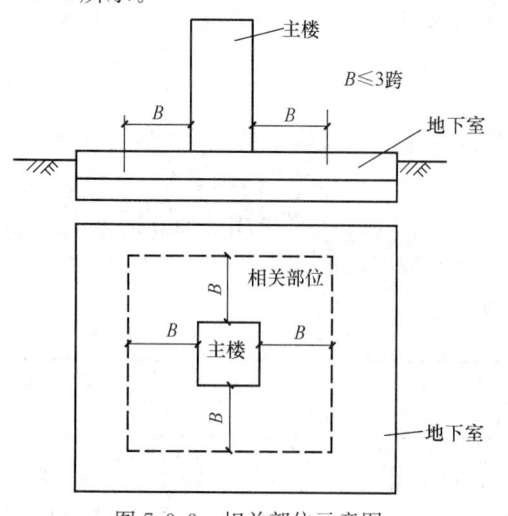
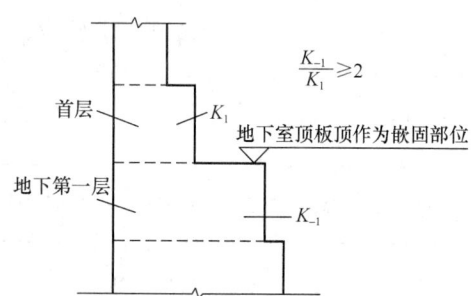

图7.3.3 相关部位示意图　　　图7.3.4 上部结构的嵌固部位的侧向刚度比

对于《高规》5.3.7条的条文说明中,应计入"相关部位"的结构侧向刚度,而《抗规》6.1.14条及其条文说明中规定：

6.1.14 地下室顶板作为上部结构的嵌固部位,应符合下列要求：

2 结构地上一层的侧向刚度,不宜大于相关范围地下一层侧向刚度的0.5倍。

6.1.14（条文说明）

"相关范围"一般可从地上结构（主楼、有裙房时含裙房）周边外延不大于20m。

需特别注意的是,《高规》3.5.2条规定了结构底部嵌固层的侧向刚度比要求,即：

3.5.2 抗震设计时,高层建筑相邻楼层的侧向刚度变化应符合下列规定：

……

2 对框架-剪力墙、板柱-剪力墙结构、剪力墙结构、框架-核心筒结构、筒中筒结构,楼层与其相邻上层的侧向刚度比γ_2可按式（3.5.2-2）计算,且本层与相邻上层的比值不宜小于0.9；当本层层高大于相邻上层层高的1.5倍时,该比值不宜小于1.1；对结构底部嵌固层,该比值不宜小于1.5。

$$\gamma_2 = \frac{V_i \Delta_{i+1}}{V_{i+1} \Delta_i} \frac{h_i}{h_{i+1}} \tag{3.5.2-2}$$

式中 γ_2——考虑层高修正的楼层侧向刚度比。

3.5.2（条文说明）

底部嵌固楼层层间位移角结果较小，因此对底部嵌固楼层与上一层侧向刚度变化作了更严格的规定，按1.5控制。

结构底部嵌固层的侧向刚度比示意图，如图7.3.5所示。

【例7.3.7】下列关于高层建筑结构的几组计算参数，其中何项相对准确？说明理由。

提示：按《工程结构通用规范》作答。

(A) 剪力墙结构，当非承重墙采用空心砖填充墙时，结构自振周期折减系数可取0.7～0.8

(B) 现浇框架结构可对框架梁组合弯矩调幅，《高规》规定梁端负弯矩调幅系数取0.8～0.9，跨中弯矩相应增大

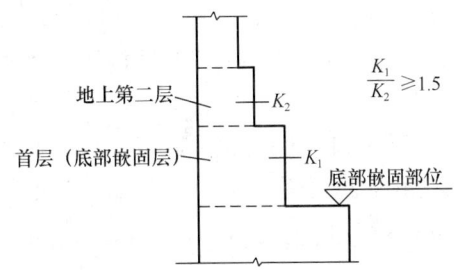

图7.3.5 结构底部嵌固层的侧向刚度比

(C) 现浇框架结构其楼面活荷载$4.5kN/m^2$，当设计时未考虑楼面活荷载不利布置，对框架梁正负弯矩可以同时乘以放大系数1.1～1.3

(D) 当对9～20层高层住宅的墙、柱、基础计算时，其活荷载楼层折减系数取0.8

【解答】 根据《高规》4.3.16条、4.3.17条，取折减系数为0.8～1.0，(A) 不对。

根据《高规》5.2.3条，应是竖向荷载作用下弯矩调幅，(B) 不对。

根据《高规》5.1.8条及条文说明，(C) 相对准确。

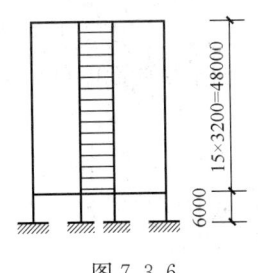

图7.3.6

根据《结通规》表4.2.5，折减系数为0.60，故 (D) 不对。所以应选 (C) 项。

【例7.3.8】 某地上16层商住楼，地下2层（未示出），系底层大空间剪力墙结构，如图7.3.6所示。假定该建筑的两层地下室采用箱形基础。地下室及地上一层的折算受剪面积之比$A_0/A_1 = n$，其混凝土强度等级同地上1层。地下室顶板设有较大洞口，可作为上部结构的嵌固部位。

试问：方案设计时，估算的地下室层高最大高度（m），应与下列何项数值最为接近。

(A) $3n$　　　(B) $3.2n$　　　(C) $3.4n$　　　(D) $3.6n$

【解答】 根据《高规》5.3.7条规定：

$$K_0/K_1 \geq 2，即：\frac{G_0 A_0}{G_1 A_1} \cdot \frac{h_1}{h_0} \geq 2$$

又$G_0 = G_1, A_0/A_1 = n, h_1 = 6m$，则：

$$h_0 \leq \frac{h_1}{2} \cdot \frac{A_0}{A_1} = 3n(m)$$

所以应选（A）项。

【例 7.3.9】 有密集建筑群的城市市区中的某建筑，地上 28 层，地下 1 层，为一般框架-核心筒钢筋混凝土高层建筑，抗震设防烈度为 7 度，该建筑质量沿高度比较均匀，平面为切角三角形。

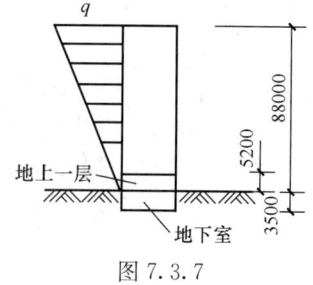

图 7.3.7

假定风荷载沿高度呈倒三角形分布，地面处为零，屋顶处风荷载设计值 $q=134.7$kN/m，如图 7.3.7 所示，地下室混凝土剪变模量与折算受剪截面面积乘积 $G_0A_0=19.76\times10^6$kN，地上 1 层 $G_1A_1=17.176\times10^6$kN。

试问： 风荷载在该建筑结构计算模型的嵌固端产生的倾覆力矩设计值（kN·m）为多少？

提示： 侧向刚度比可近似按楼层等效剪切刚度比计算。

【解答】 根据《高规》5.3.7 条及其条文说明，由《高规》附录 E 规定：

$$\gamma = K_{-1}/K_1 = \frac{G_0A_0}{G_1A_1}\times\frac{h_1}{h_0} = \frac{19.76\times10^6}{17.176\times10^6}\times\frac{5.2}{3.5} = 1.71 < 2$$

故根据《高规》5.3.7 条规定，应以地下室底板为嵌固端。

$$M = \frac{1}{2}qH\left(\frac{2}{3}H+3.5\right) = \frac{1}{2}\times134.7\times88\times\left(\frac{2}{3}\times88+3.5\right)$$
$$=368449.4\text{kN}\cdot\text{m}$$

三、重力二阶效应与结构整体稳定性

（一）影响重力二阶效应和结构整体稳定性的主要因素

结构的重力二阶效应（$P\text{-}\Delta$ 效应）和结构整体稳定性属于结构整体层面的问题，一般在结构整体分析中考虑。

只要有水平侧移，高层建筑结构便会引起重力荷载作用下的 $P\text{-}\Delta$ 效应，其大小与结构侧移和重力荷载自身大小直接相关，而结构侧移又与结构的刚度（即结构侧向刚度）密切相关，也受外界的水平力作用大小有关。

控制结构有足够的刚度（或侧向刚度），宏观上有两个容易判断的指标：①结构侧移应满足《高规》的位移限值条件；②楼层剪力与该层及其以上各层的重力荷载代表值之比（简称楼层剪重比）应满足最小值规定。

一般情况下，满足了上述规定，即可基本保证结构的整体稳定性，并且 $P\text{-}\Delta$ 效应的影响较小。非抗震设计时，由于未规定楼层最小地震剪力要求（即楼层剪重比的要求），当水平力较小时，尽管侧移能满足位移限制条件，但其刚度（或侧向刚度）可能缩小，可能不满足结构的整体稳定性或 $P\text{-}\Delta$ 效应不能忽略。

可见，影响结构的重力二阶效应的内在因素是：结构的刚度（或侧向刚度）、重力荷载，因此，《高规》5.4.4 条的条文说明中指出：

5.4.4（条文说明）
结构的刚度和重力荷载之比（简称刚重比）是影响重力 $P\text{-}\Delta$ 效应的主要参数。

（二）重力二阶效应的计算

1.《高规》规定

- 复习《高规》5.4.1条～5.4.3条。

需注意的是：

（1）《高规》5.4.1条及其条文说明。

> 5.4.1 当高层建筑结构满足下列规定时，弹性计算分析时可不考虑重力二阶效应的不利影响。
>
> 1 剪力墙结构、框架-剪力墙结构、板柱剪力墙结构、筒体结构：
>
> $$EJ_d \geqslant 2.7H^2 \sum_{i=1}^{n} G_i \qquad (5.4.1\text{-}1)$$
>
> 2 框架结构：
>
> $$D_i \geqslant 20 \sum_{j=i}^{n} G_j / h_i \quad (i=1,2,\cdots,n) \qquad (5.4.1\text{-}2)$$
>
> 式中 EJ_d——结构一个主轴方向的弹性等效侧向刚度，可按倒三角形分布荷载作用下结构顶点位移相等的原则，将结构的侧向刚度折算为竖向悬臂受弯构件的等效侧向刚度；
>
> H——房屋高度；
>
> G_i、G_j——分别为第 i、j 楼层重力荷载设计值，取1.2倍的永久荷载标准值与1.4倍的楼面可变荷载标准值的组合值；
>
> h_i——第 i 楼层层高；
>
> D_i——第 i 楼层的弹性等效侧向刚度，可取该层剪力与层间位移的比值；
>
> n——结构计算总层数。
>
> 5.4.1（条文说明）
>
> 在水平力作用下，带有剪力墙或筒体的高层建筑结构的变形形态为弯剪型，框架结构的变形形态为剪切型。计算分析表明，重力荷载在水平作用位移效应上引起的二阶效应（以下简称重力 P-Δ 效应）有时比较严重。对混凝土结构，随着结构刚度的降低，重力二阶效应的不利影响呈非线性增长。因此，对结构的弹性刚度和重力荷载作用的关系应加以限制。本条公式使结构按弹性分析的二阶效应对结构内力、位移的增量控制在5%左右；考虑实际刚度折减50%时，结构内力增量控制在10%以内。
>
> 结构的弹性等效侧向刚度 EJ_d，可近似按倒三角形分布荷载作用下结构顶点位移相等的原则，将结构的侧向刚度折算为竖向悬臂受弯构件的等效侧向刚度。假定倒三角形分布荷载的最大值为 q，在该荷载作用下结构顶点质心的弹性水平位移为 u，房屋高度为 H，则结构的弹性等效侧向刚度 EJ_d 可按下式计算：
>
> $$EJ_d = \frac{11qH^4}{120u} \qquad (5)$$

（2）《高规》5.4.2条及其条文说明。

5.4.2 当高层建筑结构不满足本规程第 5.4.1 条的规定时，结构弹性计算时应考虑重力二阶效应对水平力作用下结构内力和位移的不利影响。

5.4.2（条文说明）

考虑二阶效应后计算的位移仍应满足本规程第 3.7.3 条的规定。

(3)《高规》5.4.3 条及其条文说明。

5.4.3 高层建筑结构的重力二阶效应可采用有限元方法进行计算；也可采用对未考虑重力二阶效应的计算结果乘以增大系数的方法近似考虑。近似考虑时，结构位移增大系数 F_1、F_{1i} 以及结构构件弯矩和剪力增大系数 F_2、F_{2i} 可分别按下列规定计算，位移计算结果仍应满足本规程第 3.7.3 条的规定。

对框架结构，可按下列公式计算：

$$F_{1i} = \frac{1}{1-\sum_{j=i}^{n} G_j/(D_i h_i)} \quad (i=1,2,\cdots,n) \tag{5.4.3-1}$$

$$F_{2i} = \frac{1}{1-2\sum_{j=i}^{n} G_j/(D_i h_i)} \quad (i=1,2,\cdots,n) \tag{5.4.3-2}$$

对剪力墙结构、框架-剪力墙结构、筒体结构，可按下列公式计算：

$$F_1 = \frac{1}{1-0.14H^2 \sum_{i=1}^{n} G_i/(EJ_d)} \tag{5.4.3-3}$$

$$F_2 = \frac{1}{1-0.28H^2 \sum_{i=1}^{n} G_i/(EJ_d)} \tag{5.4.3-4}$$

5.4.3（条文说明）

增大系数法是一种简单近似的考虑重力 $P\text{-}\Delta$ 效应的方法。考虑重力 $P\text{-}\Delta$ 效应的结构位移可采用未考虑重力二阶效应的位移乘以位移增大系数，但位移限制条件不变。本规程第 3.7.3 条规定按弹性方法计算的位移宜满足规定的位移限值，因此结构位移增大系数计算时，不考虑结构刚度的折减。考虑重力 $P\text{-}\Delta$ 效应的结构构件（梁、柱、剪力墙）内力可采用未考虑重力二阶效应的内力乘以内力增大系数，内力增大系数计算时，考虑结构刚度的折减，为简化计算，折减系数近似取 0.5，以适当提高结构构件承载力的安全储备。

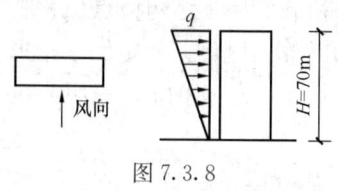

图 7.3.8

【例 7.3.10】 某建于非地震区的 20 层框架-剪力墙结构，房屋高度 $H=70$m，如图 7.3.8 所示。屋面层重力荷载设计值为 0.8×10^4kN，其他楼层的每层重力荷载设计值均为 1.2×10^4kN。倒三角形分布荷载最大标准值 $q=85$kN/m，在该荷载作用下，结构顶点质心的弹性水平位移为 u。

试问：

(1) 在水平力作用下，计算该高层建筑结构内力、位移时，其顶点质心的弹性水平位

移 u（mm）的最大值为多少时，才可以不考虑重力二阶效应的不利影响？

（2）假定结构纵向主轴方向的弹性等效侧向刚度 $EJ_d = 3.5 \times 10^9 \text{kN} \cdot \text{m}^2$，底层某中柱按弹性方法计算但未考虑重力二阶效应的纵向水平剪力标准值为160kN。按有关规范、规程要求，试确定其是否需要考虑重力二阶效应的不利影响，该柱的纵向水平剪力标准值（kN）的取值为多少？

（3）假定该结构在横向主轴方向的弹性等效侧向刚度 $EJ_d = 1.80 \times 10^9 \text{kN} \cdot \text{m}^2$，小于 $2.7H^2 \sum_{i=1}^{n} G_i$，并且假定外部水平力不变。已知某楼层未考虑重力二阶效应的楼层相对侧移 $\dfrac{\Delta u}{h} = \dfrac{1}{850}$，若以增大系数法近似考虑重力二阶效应，增大后的 $\dfrac{\Delta u}{h}$ 不满足规范、规程所规定的限值，如果仅考虑再增大 EJ_d 值的办法来满足变形。试问结构在该主轴方向的 EJ_d 最少需增大到原来的几倍时，考虑重力二阶效应后该层的 $\dfrac{\Delta u}{h}$ 比值才能满足规范、规程要求？

【解答】（1）根据《高规》5.4.1条及条文说明：

$$EJ_d \geqslant 2.7H^2 \sum_{i=1}^{n} G_i = 2.7 \times 70^2 \times (0.8 + 19 \times 1.2) \times 10^4 = 3.122 \times 10^9 \text{kN} \cdot \text{m}^2$$

$$EJ_d = \frac{11qH^4}{120u} = 3.122 \times 10^9 \text{kN} \cdot \text{m}^2$$

$$u = \frac{11qH^4}{120} \cdot \frac{1}{3.122 \times 10^9} = \frac{11 \times 85 \times 70^4}{120 \times 3.122 \times 10^9} = 0.05992\text{m} = 59.92\text{mm}$$

（2）根据《高规》5.4.1条规定：

$$EJ_d = 3.5 \times 10^9 \text{kN} \cdot \text{m}^2 > 2.7H^2 \sum_{i=1}^{n} G_i = 3.122 \times 10^9 \text{kN} \cdot \text{m}$$

故可不考虑重力二阶效应的不利影响，不需调整内力。

所以该柱的纵向水平剪力标准值仍为160kN。

（3）根据《高规》5.4.1条，$EJ_d = 1.80 \times 10^9 \text{kN} \cdot \text{m}^2 < 2.7H^2 \sum_{i=1}^{n} G_i$，应考虑重力二阶效应的不利影响；假定 EJ_d 值增大到 α 倍，即 $\alpha EJ_d = 1.80 \times 10^9 \alpha \text{kN} \cdot \text{m}^2$

此时，外部水平力不变，EJ_d 值增大，则未考虑二阶效应的相对侧移减小至原来的 $\dfrac{1}{\alpha}$，即为：$\dfrac{1}{850\alpha}$

又根据《高规》5.4.3条规定，位移增大系数 F_1，由规范式（5.4.3-3）得：

$$F_1 = \frac{1}{1 - 0.14H^2 \sum_{i=1}^{n} G_i / (\alpha EJ_d)}$$

$$= \frac{1}{1 - 0.14 \times 70^2 \times (0.8 + 19 \times 1.2) \times 10^4 / (\alpha \times 1.80 \times 10^9)}$$

$$= \frac{1}{1 - \dfrac{0.1619}{1.80\alpha}}$$

故考虑重力二阶效应相对侧移仍应满足《高规》3.7.3条规定，即：

$$F_1 \cdot \frac{1}{850\alpha} \leqslant \left[\frac{\Delta u}{h}\right] = \frac{1}{800} \qquad \text{（《高规》表3.7.3）}$$

$$\frac{1}{1-\dfrac{0.1619}{1.80\alpha}} \times \frac{1}{850\alpha} \leqslant \frac{1}{800}$$

解之得：$\alpha = 1.031$

思考： 当 $EJ_d = 1.80 \times 10^9 \text{kN} \cdot \text{m}^2$ 时，底层某中柱按弹性方法计算但未考虑重力二阶效应的纵向水平剪力标准值为 260kN。试确定该柱的纵向水平剪力标准值。

解答如下：

$$EJ_d = 1.80 \times 10^9 \text{kN} \cdot \text{m}^2 < 2.7 H^2 \sum_{i=1}^{n} G_i = 3.122 \times 10^9 \text{kN} \cdot \text{m}^2$$

故应考虑重力二阶效应的不利影响，考虑内力增大系数后，由规范式（5.4.3-4）：

$$F_2 = \frac{1}{1 - 0.28 H^2 \sum_{i=1}^{n} G_i / (EJ_d)}$$

$$= \frac{1}{1 - 0.28 \times 70^2 \times (0.8 + 19 \times 1.2) \times 10^4 / (1.80 \times 10^9)} = 1.219$$

柱子水平剪力标准值 V_k：

$$V_k = F_2 \cdot V_{k0} = 1.219 \times 260 = 317 \text{kN}$$

【例 7.3.11】 下列一些主张中何项不符合现行国家规范、规程的有关规定或力学计算原理？说明理由。

（A）带转换层的高层建筑钢筋混凝土结构，8 度抗震设计时，跨度大于 8m 的转换构件应考虑竖向地震作用影响

（B）钢筋混凝土高层建筑结构，在水平力作用下，只要结构的弹性等效抗侧刚度和重力荷载之间的关系满足一定的限制，可不考虑重力二阶效应的不利影响

（C）高层建筑的水平力是设计的主要因素。随着高度的增加，一般可以认为轴力与高度成正比；水平力所产生的弯矩与高度的二次方成正比；水平力产生的侧面顶点位移与高度的三次方成正比

（D）建筑结构抗震设计，不宜将某一部分构件超强，否则可能造成构件的相对薄弱部件

【解答】 根据《高规》4.3.2 条及其条文说明，（A）正确。

根据《高规》5.4.1 条规定，（B）正确。

根据《高规》3.5.3 条及其条文说明，（D）正确。

所以应选（C）项。

2.《抗规》规定

对于重力二阶效应的影响，《抗规》3.6.3 条及其条文说明规定：

> 3.6.3 当结构在地震作用下的重力附加弯矩大于初始弯矩的 10% 时，应计入重力二阶效应的影响。
>
> 注：重力附加弯矩指任一楼层以上全部重力荷载与该楼层地震平均层间位移的乘积；初始弯矩指该楼层地震剪力与楼层层高的乘积。
>
> 3.6.3（条文说明）
>
> 本条规定，框架结构和框架-抗震墙（支撑）结构在重力附加弯矩 M_a 与初始弯矩 M_0 之比符合下式条件下，应考虑几何非线性，即重力二阶效应的影响。

$$\theta_i = \frac{M_a}{M_0} = \frac{\Sigma G_i \cdot \Delta u_i}{V_i h_i} > 0.1 \qquad (3.6.3)$$

式中 θ_i——稳定系数；

ΣG_i——i 层以上全部重力荷载计算值；

Δu_i——第 i 层楼层质心处的弹性或弹塑性层间位移；

V_i——第 i 层地震剪力计算值；

h_i——第 i 层楼层高度。

上式规定是考虑重力二阶效应影响的下限，其上限则受弹性层间位移角限值控制。对混凝土结构，墙体弹性位移角限值较小，上述稳定系数一般均在 0.1 以下，可不考虑弹性阶段重力二阶效应影响。

当在弹性分析时，作为简化方法，二阶效应的内力增大系数可取 $1/(1-\theta)$。

当在弹塑性分析时，宜采用考虑所有受轴向力的结构和构件的几何刚度的计算机程序进行重力二阶效应分析，亦可采用其他简化方法。

混凝土柱考虑多遇地震作用产生的重力二阶效应的内力时，不应与混凝土规范承载力计算时考虑的重力二阶效应重复。

砌体结构和混凝土墙结构，通常不需要考虑重力二阶效应。

【例 7.3.12】 某 6 层中学教学楼采用钢筋混凝土框架结构，平面及竖向均规则，各层层高均为 3.5m，Ⅱ 类场地。该结构在 y 方向地震作用下，底层 y 方向的剪力系数（剪重比）为 0.065，层间弹性位移角为 1/660。

试问：当判断是否考虑重力二阶效应影响时，底层 y 方向的稳定系数 θ_{1y} 为多少？

【解答】 根据《抗规》3.6.3 条及其条文说明：

$$\theta_{1y} = \frac{\Sigma G_i \cdot \Delta u_i}{V_i h_i} = \frac{1}{0.065} \times \frac{1}{660} = 0.0233 < 0.1$$

故不考虑重力二阶效应的影响。

【例 7.3.13】 下列关于高层混凝土结构重力二阶效应的观点，哪一项相对准确？

（A）当结构满足规范要求的顶点位移和层间位移限值时，高度较低的结构重力二阶效应的影响较小

（B）当结构在地震作用下的重力附加弯矩大于初始弯矩的 10% 时，应计入重力二阶效应的影响，风荷载作用时，可不计入

（C）框架柱考虑多遇地震作用产生的重力二阶效应的内力时，尚应考虑《混凝土结构规范》GB 50010—2010 承载力计算时需要考虑的重力二阶效应

（D）重力二阶效应影响的相对大小主要与结构的侧向刚度和自重有关，随着结构侧向刚度的降低，重力二阶效应的不利影响呈非线性关系急剧增长，结构侧向刚度满足水平位移限值要求，有可能不满足结构的整体稳定要求

【解答】 根据《高规》第 5.4.1 条，重力二阶效应主要与结构的刚重比有关，结构满足规范位移要求时，结构高度较低，并不意味重力二阶效应小，（A）不准确；

根据《高规》第 5.4.1、5.4.4 条及条文说明，重力二阶效应影响是指水平力作用下的重力二阶效应影响，包括地震作用及风荷载作用，（B）不准确；

根据《抗规》第 3.6.3 条及条文说明，（C）不准确；

根据《高规》第 5.4.1、5.4.4 条及条文说明，(D) 准确。
所以，应选（D）项。

3. 《混规》规定

> ● 复习《混规》附录 B 近似计算偏压构件侧移二阶效应的增大系数法。

需注意的是：

(1)《混规》附录 B.0.5 条规定，当计算位移的增大系数时，不对刚度折减，与《高规》规定是一致的。

(2)《混规》附录 B.0.5 条规定，当计算弯矩的增大系数时，宜对构件的弹性抗弯刚度 EI 乘以折减系数：对梁，取 0.4；对柱，取 0.6。《高规》5.4.3 条的条文说明中指出，内力的增大系数计算时，结构刚度的折减系数近似取 0.5，它针对高层框架结构、剪力墙结构、框架-剪力墙结构、筒体结构。可见，两本规范的规定是不协调的。

（三）结构整体稳定性

《高规》5.4.4 条及其条文说明的规定：

5.4.4 高层建筑结构的整体稳定性应符合下列规定：

1 剪力墙结构、框架-剪力墙结构、筒体结构应符合下式要求：

$$EJ_d \geqslant 1.4H^2 \sum_{i=1}^{n} G_i \quad (5.4.4\text{-}1)$$

2 框架结构应符合下式要求：

$$D_i \geqslant 10 \sum_{j=i}^{n} G_j / h_i \quad (i=1,2,\cdots,n) \quad (5.4.4\text{-}2)$$

5.4.4（条文说明）

结构整体稳定性是高层建筑结构设计的基本要求。研究表明，高层建筑混凝土结构仅在竖向重力荷载作用下产生整体失稳的可能性很小。高层建筑结构的稳定设计主要是控制在风荷载或水平地震作用下，重力荷载产生的二阶效应不致过大，以免引起结构的失稳、倒塌。结构的刚度和重力荷载之比（简称刚重比）是影响重力 $P\text{-}\Delta$ 效应的主要参数。如果结构的刚重比满足本条公式（5.4.4-1）或（5.4.4-2）的规定，则在考虑结构弹性刚度折减 50% 的情况下，重力 $P\text{-}\Delta$ 效应仍可控制在 20% 之内，结构的稳定具有适宜的安全储备。若结构的刚重比进一步减小，则重力 $P\text{-}\Delta$ 效应将会呈非线性关系急剧增长，直至引起结构的整体失稳。在水平作用下，高层建筑结构的稳定应满足本条的规定，不应再放松要求。如不满足本条的规定，应调整并增大结构的侧向刚度。

当结构的设计水平力较小，如计算的楼层剪重比（楼层剪力与其上各层重力荷载代表值之和的比值）小于 0.02 时，结构刚度虽能满足水平位移限值要求，但有可能不满足本条规定的稳定要求。

四、荷载和地震作用组合

1. 非抗震设计，荷载组合

> - 复习《结通规》3.1.13 条。
> - 复习《高规》5.6.1 条。

需注意的是:
(1) 风荷载,《高规》5.6.1 条的条文说明中指出:

> 5.6.1（条文说明）
> 结构设计使用年限为 100 年时,本条公式（5.6.1）中条与组合的风荷载效应应按现行国家标准《建筑结构荷载规范》GB 50009 规定的 100 年重现期的风压值计算;当高层建筑对风荷载比较敏感时,风荷载效应计算尚应符合本规程第 4.2.2 条的规定。

(2)《高规》5.6.1 条中分项系数、组合值系数的规定,与《结通规》《建筑结构可靠性设计统一标准》规定不相同,应执行后两本规范计算。

【例 7.3.14】 有一高 42m、三跨、10 层的钢筋混凝土框架大楼。经计算得到在永久荷载、楼面活荷载、风荷载作用下,第三层横梁边跨跨端 A 弯矩标准值分别为: $M_{Gk} = -25\text{kN} \cdot \text{m}$, $M_{Qk} = -14\text{kN} \cdot \text{m}$, $M_{wk} = \pm 45\text{kN} \cdot \text{m}$。取楼面可变活载组合值系数为 0.7。设计使用年限为 50 年。

试问: 在荷载基本组合下,第三层横梁边跨跨端 A 弯矩设计值为多少?
提示: 按《工程结构通用规范》作答。

【解答】 根据《结通规》3.1.13 条:
风组合值系数为 0.6。
(1) 当 $M_{wk} = -45\text{kN} \cdot \text{m}$ 时

$$M_A = 1.3 \times (-25) + 1.5 \times (-14) + 0.6 \times 1.5 \times (-45) = -94\text{kN} \cdot \text{m}$$

$$M_A = 1.3 \times (-25) + 1.5 \times (-45) + 0.7 \times 1.5 \times (-14) = -114.7\text{kN} \cdot \text{m}$$

(2) 当 $M_{wk} = +45\text{kN} \cdot \text{m}$ 时, 当永久荷载效应有利, 取 $\gamma_G = 1.0$

$$M_A = 1.0 \times (-25) + 1.5 \times (+45) + 0.7 \times 0 \times (-14) = +42.5\text{kN} \cdot \text{m}$$

2. 抗震设计时,荷载和地震作用的地震组合
《抗震通规》规定:

> 4.3.2 结构构件抗震验算的组合内力设计值应采用地震作用效应和其他作用效应的基本组合值,并应符合下式规定:
>
> $$S = \gamma_G S_{GE} + \gamma_{Eh} S_{Ehk} + \gamma_{Ev} S_{Evk} + \sum \gamma_{Di} S_{Dik} + \sum \psi_i \gamma_i S_{ik} \quad (4.3.2)$$
>
> 式中 S——结构构件地震组合内力设计值,包括组合的弯矩、轴向力和剪力设计值等;
> γ_G——重力荷载分项系数,按表 4.3.2-1 采用;

γ_{Eh}、γ_{Ev}——分别为水平、竖向地震作用分项系数，其取值不应低于表 4.3.2-2 的规定；

γ_{Di}——不包括在重力荷载内的第 i 个永久荷载的分项系数，应按表 4.3.2-1 采用；

γ_i——不包括在重力荷载内的第 i 个可变荷载的分项系数，不应小于 1.5；

S_{GE}——重力荷载代表值的效应，有吊车时，尚应包括悬吊物重力标准值的效应；

S_{Ehk}——水平地震作用标准值的效应；

S_{Evk}——竖向地震作用标准值的效应；

S_{Dik}——不包括在重力荷载内的第 i 个永久荷载标准值的效应；

S_{ik}——不包括在重力荷载内的第 i 个可变荷载标准值的效应；

ψ_i——不包括在重力荷载内的第 i 个可变荷载的组合值系数，应按表 4.3.2-1 采用。

各荷载分项系数及组合系数　　　　表 4.3.2-1

荷载类别、分项系数、组合系数			对承载力不利	对承载力有利	适用对象
永久荷载	重力荷载	γ_G	≥1.3	≤1.0	所有工程
	预应力	γ_{Dy}			
	土压力	γ_{Ds}	≥1.3	≤1.0	市政工程、地下结构
	水压力	γ_{Dw}			
可变荷载	风荷载	ψ_w	0.0		一般的建筑结构
			0.2		风荷载起控制作用的建筑结构
	温度作用	ψ_t	0.65		市政工程

地震作用分项系数　　　　表 4.3.2-2

地震作用	γ_{Eh}	γ_{Ev}
仅计算水平地震作用	1.4	0.0
仅计算竖向地震作用	0.0	1.4
同时计算水平与竖向地震作用（水平地震为主）	1.4	0.5
同时计算水平与竖向地震作用（竖向地震为主）	0.5	1.4

《高规》规定：

5.6.4 地震设计状况下，荷载和地震作用基本组合的分项系数应按表 5.6.4 采用。当重力荷载效应对结构的承载力有利时，表 5.6.4 中 γ_G 不应大于 1.0。

地震设计状况时荷载和作用的分项系数　　　　表 5.6.4

参与组合的荷载和作用	γ_G	γ_{Eh}	γ_{Ev}	γ_w	说　　明
重力荷载及水平地震作用	1.2	1.3	—	—	抗震设计的高层建筑结构均应考虑
重力荷载及竖向地震作用	1.2	—	1.3	—	9度抗震设计时考虑；水平长悬臂和大跨度结构7度（0.15g）、8度、9度抗震设计时考虑
重力荷载、水平地震及竖向地震作用	1.2	1.3	0.5	—	9度抗震设计时考虑；水平长悬臂和大跨度结构7度（0.15g）、8度、9度抗震设计时考虑
重力荷载、水平地震作用及风荷载	1.2	1.3	—	1.4	60m以上的高层建筑考虑
重力荷载、水平地震作用、竖向地震作用及风荷载	1.2	1.3	0.5	1.4	60m以上的高层建筑，9度抗震设计时考虑；水平长悬臂和大跨度结构7度（0.15g）、8度、9度抗震设计时考虑
	1.2	0.5	1.3	1.4	水平长悬臂结构和大跨度结构，7度（0.15g）、8度、9度抗震设计时考虑

注：1　g 为重力加速度；
　　2　"—"表示组合中不考虑该项荷载或作用效应。

5.6.5　非抗震设计时，应按本规程第5.6.1条的规定进行荷载组合的效应计算。抗震设计时，应同时按本规程第5.6.1条和5.6.3条的规定进行荷载和地震作用组合的效应计算；按本规程第5.6.3条计算的组合内力设计值，尚应按本规程的有关规定进行调整。

需注意的是：

（1）抗震设计时，当 $H \leqslant 60\text{m}$ 的结构，不考虑风荷载参与地震作用的地震组合。当 $H > 60\text{m}$ 的结构，属于对风荷载比较敏感的高层建筑，根据《高规》4.2.2条规定："承载力设计时应按基本风压的1.1倍采用"。

（2）《高规》5.6.3条的条文说明中的规定：

> 5.6.3（条文说明）
> 地震设计状况作用基本组合的效应，当本规程有规定时，地震作用效应标准值应首先乘以相应的调整系数、增大系数，然后再进行效应组合。如薄弱层剪力增大、楼层最小地震剪力系数（剪重比）调整、框支柱地震轴力的调整、转换构件地震内力放大、框架-剪力墙结构和筒体结构有关地震剪力调整等。

（3）结构侧向位移的设计规定，应按《高规》3.7.3条规定。
总结：（1）高层建筑结构，水平地震作用效应标准值在地震组合前的调整情况有：
① 楼层最小地震剪力系数；（《高规》4.3.12条）
② 薄弱层剪力增大；（《高规》3.5.8条）
③ 考虑非承重墙的刚度影响，结构自振周期的折减；（《高规》4.3.16条）
④ 框架-剪力墙结构中框架剪力调整；（《高规》8.1.4条）
⑤ 板柱-抗震墙结构的水平地震剪力调整；（《高规》8.1.10条）

⑥ 筒体结构中的框架柱的剪力;(《高规》9.1.11 条)
⑦ 转换层构件地震内力调整;(《高规》10.2.4 条)
⑧ 框支剪力墙结构中框支柱剪力调整;(《高规》10.2.17 条)
⑨ 转换柱地震轴力调整;(《高规》10.2.11 条第 2 款)
⑩ 混合结构中钢框架柱剪力调整;(《高规》11.1.6 条)
⑪ 发震断裂附近的地震动参数的增大;(《抗规》3.10.3 条)
⑫ 不利地段的水平地震影响系数最大值的放大;(《抗规》4.1.8 条)
⑬ 刚性地基假定时,高层建筑各楼层水平地震剪力的折减;(《抗规》5.2.7 条)
⑭ 隔震设计时各楼层的水平地震剪力应满足楼层最小地震剪力系数。(《抗规》12.2.5 条第 3 款)

(2) 竖向地震作用效应标准值在地震组合前的调整情况有:
① 各楼层构件的竖向地震作用标准值乘以 1.5 增大系数;(《高规》4.3.13 条第 3 款)
② 大跨度结构、悬挑结构、转换结构、连体结构的连接体的竖向地震作用标准值不宜小于其重力荷载代表值与相应的竖向地震作用系数的乘积。(《高规》4.3.15 条)

【例 7.3.15】 某一高 42m、三跨、10 层的钢筋混凝土框架结构,为一般民用建筑。经计算已求得第 8 层框架梁边跨跨端的弯矩标准值为:$M_{Gk} = -25 \text{kN} \cdot \text{m}$,$M_{Qk} = -10 \text{kN} \cdot \text{m}$,$M_{wk} = \pm 20 \text{kN} \cdot \text{m}$,$M_{Ehk} = \pm 50 \text{kN} \cdot \text{m}$。

试问:在地震组合下该框架梁边跨跨端弯矩设计值。
提示:按《建筑与市政工程抗震通用规范》作答。

【解答】 $H = 42\text{m} < 60\text{m}$,由《高规》表 5.6.4,不考虑风荷载效应参与组合。
$$-25 + 0.5 \times (-10) = -30 \text{kN} \cdot \text{m}$$
《高规》5.6.4 条,及《抗震通规》4.3.2 条:
重力荷载效应有利时,取 $\gamma_G = 1.0$;不利时,取 $\gamma_G = 1.3$。
$$M = 1.3 \times (-30) + 1.4 \times (-50) = -109 \text{kN} \cdot \text{m}$$
$$M = 1.0 \times (-30) + 1.4 \times (+50) = +40 \text{kN} \cdot \text{m}$$

【例 7.3.16】 某一高 62m,三跨 15 层的钢筋混凝土框架结构,为一般民用建筑。经计算已求得第十层框架梁边跨跨端的弯矩标准值为:$M_{Gk} = -25 \text{kN} \cdot \text{m}$,$M_{Gk} = -12 \text{kN} \cdot \text{m}$,$M_{wk} = \pm 26 \text{kN} \cdot \text{m}$,$M_{Ehk} = \pm 60 \text{kN} \cdot \text{m}$。

试问:在地震组合下该框架梁边跨跨端弯矩设计值。
提示:按《建筑与市政工程抗震通用规范》作答。

【解答】 $H = 62\text{m} > 60\text{m}$,由《高规》表 5.6.4 知,应考虑风荷载效应参与组合。
$$-25 + 0.5 \times (-12) = -31 \text{kN} \cdot \text{m}$$
《高规》5.6.4 条,及《抗震通规》4.3.2 条:
重力荷载效应有利时,取 $\gamma_G = 1.0$;不利时,取 $\gamma_G = 1.3$。
$$M = 1.3 \times (-31) + 1.4 \times (-60) + 0.2 \times 1.5 \times (-26) = -132.1 \text{kN} \cdot \text{m}$$
$$M = 1.0 \times (-31) + 1.4 \times (+60) + 0.2 \times 1.5 \times (+26) = +60.8 \text{kN} \cdot \text{m}$$

【例 7.3.17】 有一座 10 层办公楼,无库房,结构总高为 32m,为现浇混凝土框架-剪力墙结构,建于 9 度抗震设防区,框架部分见图 7.3.9 所示。
提示:按《建筑与市政工程抗震通用规范》作答。

试问：

(1) 首层框架梁 AB，由荷载、地震作用在该梁 A 端产生的弯矩标准值为：$M_{Gk}=-90$kN·m，$M_{Qk}=-40$kN·m，$M_{wk}=\pm20$kN·m；$M_{Ehk}=\pm145$kN·m，$M_{Evk}=\pm16$kN·m。当考虑地震组合时，AB 梁 A 端地震组合的弯矩设计值 M_A 为多少？

(2) 首层框架柱 CA，由荷载、地震作用在柱底截面产生的内力标准值为：$N_{Gk}=3000$kN，$N_{Qk}=500$kN，$N_{Ehk}=\pm900$kN，$N_{Evk}=\pm200$kN。当考虑地震组合时，该柱底截面地震组合的轴力设计值为多少？

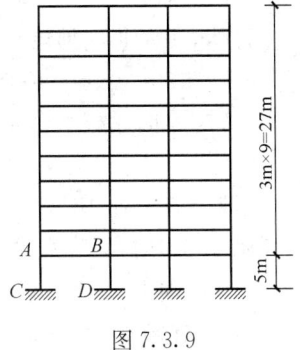

图 7.3.9

【解答】(1) 高度 $H=32$m <60m，由《高规》表 5.6.4 知风荷载不参与效应组合。

9 度区，竖向地震效应应参与效应组合，$\gamma_{Ev}=0.5$。

重力荷载代表值的效应标准值为：$-90+0.5\times(-40)=-110$kN·m

水平地震为主，则：

$$M=1.3\times(-110)+1.4\times(-145)+0.5\times(-16)=-354\text{kN·m}$$
$$M=1.0\times(-110)+1.4\times(+145)+0.5\times(+16)=+101\text{kN·m}$$

(2) 重力荷载代表值的效应标准值为：$3000+0.5\times500=3250$kN

$$N_{\max}=1.3\times3250+1.4\times(+900)+0.5\times(200)=5585\text{kN}$$
$$N_{\min}=1.0\times3250+1.4\times(-900)+0.5\times(-200)=1890\text{kN}$$

【例 7.3.18】 某 10 层现浇钢筋混凝土框架-剪力墙结构房屋，如图 7.3.10 所示，质量和刚度沿竖向分布均匀，高度 40m，丙类建筑，抗震设防烈度为 9 度，Ⅲ类场地，设计地震分组为第一组，结构基本自振周期为 0.8s。各楼层重力荷载代表值相同，均为 6500kN。框架部

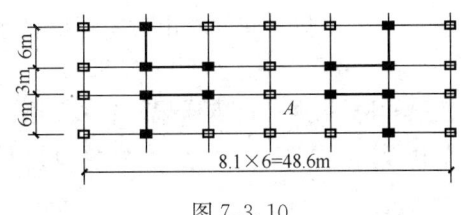

图 7.3.10

分底层某一中柱 A 承担的重力荷载代表值占全部重力荷载代表值的 1/20。

经计算得到在重力荷载代表值、水平地震作用、风荷载作用下，该底层中柱 A 的柱底截面产生的轴压力标准值分别为：3000kN、680kN 和 100kN。

试问，在计算该首层框架柱 A 的柱底截面轴压比时，采用的轴压力设计值 N（kN）为多少？

提示：按《建筑与市政工程抗震通用规范》作答。

【解答】9 度，根据《高规》4.3.2 条，应考虑竖向地震作用。

9 度，查《高规》表 4.3.7-1，取 $\alpha_{\max}=0.32$

根据《高规》4.3.13 条：

$$F_{Evk}=\alpha_{wmax}G_{eq}=0.65\alpha_{\max}\times0.75G_E$$
$$=0.65\times0.32\times0.75\times(10\times6500)=101400\text{kN}$$

根据《高规》4.3.13 条，中柱 A 分担的竖向地震作用标准值：

$$N_{Evk}=1.5\times101400\times\frac{1}{20}=760.5\text{kN}$$

根据《高规》5.6.4条，40m＜60m，风荷载不参与地震组合：

考虑水平及竖向地震组合时：
$$N_A = 3000 \times 1.3 + 680 \times 1.4 + 760.5 \times 0.5 = 5232.3 \text{kN}$$

只考虑竖向地震组合时：
$$N_A = 3000 \times 1.3 + 760.5 \times 1.4 = 4964.7 \text{kN}$$

取较大值，故 $N_A = 5232.3 \text{kN}$

【例7.3.19】某高层现浇钢筋混凝土框架结构普通办公楼，结构设计使用年限50年，抗震等级一级，安全等级二级。其中五层某框架梁局部平面如图7.3.11所示。进行梁截面设计时，需考虑重力荷载、水平地震作用效应组合。

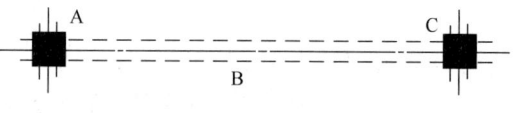

图7.3.11

已知，该梁截面A处由重力荷载、水平地震作用产生的负弯矩标准值分别为：

恒荷载： $M_{Gk} = -500 \text{kN} \cdot \text{m}$；

活荷载： $M_{Qk} = -100 \text{kN} \cdot \text{m}$；

水平地震作用： $M_{Ehk} = -260 \text{kN} \cdot \text{m}$；

试问，进行截面A梁顶配筋设计时，起控制作用的梁端负弯矩设计值（kN·m），与下列何项数值最为接近？

提示：① 活荷载按等效均布计算，不考虑梁楼面活荷载标准值折减，重力荷载效应已考虑支座负弯矩调幅，不考虑风荷载组合。

② 按《建筑与市政工程抗震通用规范》作答。

(A) －740　　　(B) －780　　　(C) －810　　　(D) －1000

【解答】根据《抗震通规》4.3.2条：

基本组合 $M_A = -(1.3 \times 500 + 1.5 \times 100) = -800 \text{kN} \cdot \text{m}$

地震组合：$M_{AE} = -[1.3 \times (500 + 0.5 \times 100) + 1.4 \times 260] = -1079 \text{kN} \cdot \text{m}$

由《高规》3.8.2条，取 $\gamma_{RE} = 0.75$

$$\gamma_{RE} M_{AE} = -0.75 \times 1079 = -809.25 \text{kN} \cdot \text{m}$$

故最终配筋按809.25kN·m设计，应选（C）项。

五、抗震变形计算

抗震变形计算分为：多遇地震作用下的层间弹性变形计算；罕遇地震作用下的层间弹塑性变形计算。

1. 层间弹性变形计算

《高规》3.7.1条、3.7.2条、3.7.3条作了具体规定。

> 3.7.3 按弹性方法计算的风荷载或多遇地震标准值作用下的楼层层间最大水平位移与层高之比 $\Delta u/h$ 宜符合下列规定：
>
> 1 高度不大于150m的高层建筑，其楼层层间最大位移与层高之比 $\Delta u/h$ 不宜大于表3.7.3的限值。

楼层层间最大位移与层高之比的限值	表 3.7.3
结构体系	$\Delta u/h$ 限值
框架	1/550
框架-剪力墙、框架-核心筒、板柱-剪力墙	1/800
筒中筒、剪力墙	1/1000
除框架结构外的转换层	1/1000

  2 高度不小于 250m 的高层建筑，其楼层层间最大位移与层高之比 $\Delta u/h$ 不宜大于 1/500。

  3 高度在 150m～250m 之间的高层建筑，其楼层层间最大位移与层高之比 $\Delta u/h$ 的限值可按本条第 1 款和第 2 款的限值线性插入取用。

  注：楼层层间最大位移 Δu 以楼层竖向构件最大的水平位移差计算，不扣除整体弯曲变形。抗震设计时，本条规定的楼层位移计算可不考虑偶然偏心的影响。

需注意的是：

(1)《高规》3.7.3 条注的规定。

(2)《高规》3.7.3 条的条文说明中指出：

> 3.7.3（条文说明）
>
> 本条层间位移角 $\Delta u/h$ 的限值指最大层间位移与层高之比，第 i 层的 $\Delta u/h$ 指第 i 层和第 $i-1$ 层在楼层平面各处位移差 $\Delta u_i = u_i - u_{i-1}$ 中的最大值。由于高层建筑结构在水平力作用下几乎都会产生扭转，所以 Δu 的最大值一般在结构单元的尽端处。
>
> 本次修订，表 3.7.3 中将"框支层"改为"除框架外的转换层"，包括了框架-剪力墙结构和筒体结构的托柱或托墙转换以及部分框支剪力墙结构的框支层；明确了水平位移限值针对的是风荷载或多遇地震作用标准值作用下结构分析所得到的位移计算值。

【例 7.3.20】 在正常使用条件下的下列结构中，下列钢筋混凝土结构中，何项对于层间最大位移与层高之比限值的要求最严格？

  (A) 高度不大于 50m 的框架结构   (B) 高度为 180m 的剪力墙结构

  (C) 高度为 160m 的框架-核心筒结构   (D) 高度为 175m 的筒中筒结构

【解答】 根据《高规》3.7.3 条规定：

(A) 项，$H \leqslant 50$ 的框架结构，$\left[\dfrac{\Delta u}{h}\right] = \dfrac{1}{550}$

(B) 项，$H=180$ 的剪力墙结构，$\left[\dfrac{\Delta u}{h}\right] = \dfrac{1}{1000} + \dfrac{180-150}{250-150} \times \left(\dfrac{1}{500} - \dfrac{1}{1000}\right) = \dfrac{1}{769}$

(C) 项，$H=160$ 的框架-核心筒结构，$\left[\dfrac{\Delta u}{h}\right] = \dfrac{1}{800} + \dfrac{160-150}{250-150} \times \left(\dfrac{1}{500} - \dfrac{1}{800}\right) = \dfrac{1}{754}$

(D) 项，$H=175$ 的筒中筒结构，$\left[\dfrac{\Delta u}{h}\right] = \dfrac{1}{1000} + \dfrac{175-150}{250-150} \times \left(\dfrac{1}{500} - \dfrac{1}{1000}\right) = \dfrac{1}{800}$

所以应选（D）项。

2. 层间弹塑性变形计算

(1) 弹塑性位移角限值和需进行弹塑性变形计算的结构

《高规》3.7.4条、3.7.5条、5.1.13条作了规定。

(2) 薄弱层弹塑性变形的计算规定和方法。

《高规》5.5.1条～5.5.3条作了规定。

【例 7.3.21】 下列有关高层建筑结构计算的见解，何项是不正确的？说明理由。

(A) 在正常使用条件下，限制高层建筑结构层间位移的主要目的之一是保证主结构基本处于弹性受力状态

(B) 对于框架结构，框架柱的轴压比大小是影响结构薄弱层层间弹塑性位移角 $[\theta_p]$ 限值的因素之一

(C) 验算弹性层间位移角 $\Delta u/h$ 限值时，第 i 层层间最大位移差 Δu_i 是指第 i 层与第 $i-1$ 层在楼层平面各处位移的最大值之差，即 $\Delta u_i = u_{i,\max} - u_{i-1,\max}$

(D) 高层建筑结构在水平力作用下层间位移 Δu 的最大值一般在结构单元的尽端处

【解答】 (A) 项，根据《高规》3.7.1条条文说明，正确。

(B) 项，根据《高规》3.7.5条，正确。

(C) 项，根据《高规》3.7.3条条文说明，不正确。

(D) 项，根据《高规》3.7.3条条文说明，正确。

所以应选 (C) 项。

【例 7.3.22】 某 11 层现浇钢筋混凝土框架结构，抗震设防烈度为 8 度，层高均为 4.0m，刚度较均匀，按弹性方法计算罕遇地震作用下底层层间位移 $\Delta u_e = 6.5$mm，楼层屈服强度系数 $\xi_y = 0.4$，楼层屈服强度系数是相邻上层该系数的 80%。

试问：在罕遇地震作用下按弹性分析的层间弹塑性位移 Δu_p 为多少？

【解答】 (1) 8度，$\xi_y = 0.4 < 0.5$，符合《高规》3.7.4条规定，应进行弹塑性变形计算。

(2) 11层<12层，且刚度较均匀，符合《高规》5.5.2条规定，可进行简化计算。

(3) 查《高规》表5.5.3得，$\eta_p = 2.0$。

由《高规》式 (5.5.3-1)：$\Delta u_p = \eta_p \Delta u_e = 2 \times 6.5 = 13$mm

(4) 查《高规》表3.7.5，可知：$[\theta_p] = \dfrac{1}{50}$

$$\frac{\Delta u_p}{h} = \frac{13}{4000} = \frac{1}{308} < [\theta_p] = \frac{1}{50}，满足。$$

【例 7.3.23】 某一建于 8 度抗震设防区的 12 层钢筋混凝土框架结构，刚度较均匀，底层层高 $h = 5.6$m，其楼层屈服强度系数 $\xi_y = 0.35$，楼层屈服强度系数是相邻上层该系数的 0.40 倍。

试问：在罕遇地震作用下按弹性分析的层间位移 Δu_e 的最大值为多少？

【解答】 (1) 8度，$\xi_y = 0.35 < 0.5$，符合《高规》3.7.4条规定，应进行弹塑性变形计算。

(2) 12层，且刚度较均匀，符合《高规》5.5.2条规定，可按5.5.3条简化计算。

(3) 根据《高规》表5.5.3得：

当 $\xi_y = 0.35$ 时，$\eta_p = 2 + \dfrac{0.35 - 0.3}{0.4 - 0.3} \times (2.2 - 2.0) = 2.1$

因 $\xi_y = 0.35$ 是相邻上层该系数的 0.4 倍，故取 $\eta_p = 1.5 \times 2.1 = 3.15$

(4) 查《高规》表3.7.5得：$[\theta_p] = \dfrac{1}{50}$，$\Delta u_p = [\theta_p] \cdot h = \dfrac{h}{50}$

由《高规》式（5.5.3-1）得：$\Delta u_p = \eta_p \Delta u_e$

$$\frac{h}{50} = 3.15 \Delta u_e$$

$$\Delta u_e = \frac{h}{50 \times 3.15} = \frac{5600}{50 \times 3.15} = 35.56 \text{mm}$$

思考：在多遇地震作用下，按弹性分析的层间位移 Δu 的最大值，查《高规》表 3.7.3 得：$\Delta u = \frac{1}{550} \cdot h = \frac{5600}{550} = 10.18 \text{mm}$

【例 7.3.24】 某高层办公楼，采用现浇钢筋混凝土框架结构，顶层为多功能厅，层高 5m，取消部分柱，形成顶层空旷房间，其下部结构刚度、质量沿竖向分布均匀。假定，该结构顶层框架抗震等级为一级，柱截面 500mm×500mm，轴压比为 0.20，混凝土强度等级 C30，纵筋直径为 Φ25，箍筋采用 HRB400 普通复合箍筋（体积配筋率满足规范要求）。通过静力弹塑性分析发现顶层为薄弱部位，在预估的罕遇地震作用下，层间弹塑性位移为 120mm。试问，仅从满足层间位移限值方面考虑，下列对顶层框架柱的四种调整方案中哪种方案既满足规范、规程的最低要求且经济合理？

(A) 箍筋加密区 4Φ8@100，非加密区 4Φ8@100
(B) 箍筋加密区 4Φ10@100，非加密区 4Φ10@200
(C) 箍筋加密区 4Φ10@100，非加密区 4Φ10@100
(D) 箍筋加密区 4Φ12@100，非加密区 4Φ12@100

【解答】根据《高规》表 6.4.3-2，抗震一级，箍筋最小直径为 10，故（A）项错误。
根据《高规》3.5.9 条及条文说明，（B）项错误。
根据《高规》3.7.5 条：

$$\Delta u_p = 120 \text{mm}, \quad [\Delta u_p] = [\theta_p] h = \frac{1}{50} \times 5000 = 100 \text{mm}$$

$\frac{120-100}{100} = 20\%$，故可通过提高柱的箍筋配置来满足要求；$\mu_N = 0.20 < 0.48$，$[\theta_p]$ 可提高 10%；箍筋配箍特征值提高为 $1.3[\lambda_v]$，

即：由表 6.4.7，取 $[\lambda_v] = 0.10$，则：$\lambda_v = 1.3 \times 0.10 = 0.13$

$$\rho_v \geq \lambda_v \frac{f_c}{f_{yv}} = 0.13 \times \frac{16.7}{360} = 0.60\%$$

抗震一级，由《高规》6.4.7 条，$\rho_v \geq 0.80\%$，最终取 $\rho_v \geq 0.80\%$
对于（C）项，4Φ10@100：

$$\rho_v = \frac{(500-2\times30+10)\times 8 \times 78.5}{(500-2\times30)^2 \times 100} = 1.46\% > 0.80\%，满足。$$

故选（C）项。

【例 7.3.25】 某 12 层现浇钢筋混凝土框架结构，如图 7.3.12 所示，质量及侧向刚度沿竖向比较均匀，其地震设防烈度为 8 度，丙类建筑，Ⅱ类场地，设计地震分组为第一组。底层屈服强度系数 ξ_y 为 0.4，且不小于上层该系数平均值的 0.8 倍；柱轴压比大于 0.4。已知框架底层总抗侧刚度为 8×10^5 kN/m，结构基本自振周期 $T_1 = 1.0$s。不考虑重力二阶效应。

试问：为满足结构层间弹塑性位移限值，在多遇地震作用下，按弹性分析的底层水平

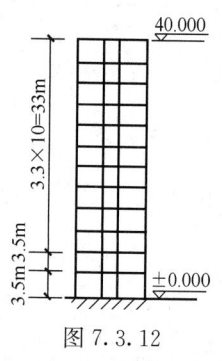

图 7.3.12

剪力最大标准值 $V_{0,多}$（kN）为多少？

【解答】 （1）根据《高规》3.7.5 条及表 3.7.5：

$$\Delta u_p \leqslant [\theta_p]h = \frac{1}{50} \times 3500 = 70\text{mm}$$

罕遇地震，由《高规》5.5.3 条：

$$\Delta u_e = \frac{\Delta u_p}{\eta_p}, \text{又} \xi_y = 0.4, \text{查《高规》表 5.5.3，取} \eta_p = 2.0$$

则：$\Delta u_e = \dfrac{\Delta u_p}{\eta_p} = \dfrac{70}{2.0} = 35\text{mm}$

$$V_{0,罕} \leqslant \Delta u_e \cdot \Sigma D = 35 \times 10^{-3} \times 8 \times 10^5 = 2.8 \times 10^4 \text{kN}$$

（2）8 度抗震，查《高规》表 4.3.7-1，多遇地震，取 $\alpha_{\max,多} = 0.16$；罕遇地震，取 $\alpha_{\max,罕} = 0.90$。

由 Ⅱ 类场地，设计地震分组为第一组，查《高规》表 4.3.7-2，取 $T_g = 0.35\text{s}$，多遇地震，$T_{g,多} = 0.35\text{s}$；8 度，罕遇地震，$T_{g,罕} = 0.35 + 0.05 = 0.40\text{s}$

又 $T_1 = 1.0\text{s}$，则：$T_{g,多} < T_1 = 1.0\text{s} < 5T_{g,多} = 5 \times 0.35 = 1.75\text{s}$

$T_{g,罕} < T_1 = 1.0\text{s} < 5T_{g,罕} = 5 \times 0.4 = 2.0\text{s}$

$$V_{0,多} = \alpha_{1,多} G_{eq} = \left(\frac{T_{g,多}}{T_1}\right)^\gamma \eta_2 \alpha_{\max,多}$$

$$V_{0,罕} = \alpha_{1,罕} G_{eq} = \left(\frac{T_{g,罕}}{T_1}\right)^\gamma \eta_2 \alpha_{\max,罕}$$

$$\frac{V_{0,多}}{V_{0,罕}} = \left(\frac{T_{g,多}}{T_{g,罕}}\right)^\gamma \cdot \frac{\alpha_{\max,多}}{\alpha_{\max,罕}} = \left(\frac{0.35}{0.40}\right)^{0.9} \times \frac{0.16}{0.90} = 0.1576$$

故：$V_{0,多} = 0.1576 V_{0,罕} = 0.1576 \times 2.8 \times 10^4 = 4.413 \times 10^3 \text{kN}$

思考： 已知 $\sum\limits_{j=1}^{12} G_j = 3 \times 10^5 \text{kN}$，应当考虑重力二阶效应的影响。当满足层间弹塑性位移角限值时，在多遇地震作用下的底层水平剪力最大标准值 $V_{0,多}$ 为多少？

解答如下：

根据《高规》5.4.3 条，位移增大系数 F_{11} 为：

$$F_{11} = \frac{1}{1 - \sum\limits_{j=1}^{12} G_j/(D_1 h_1)} = \frac{1}{1 - \dfrac{3 \times 10^5}{8 \times 10^5 \times 3.5}} = 1.12$$

$$F_{11} \cdot \Delta u_p \leqslant [\theta_p]h = \frac{1}{50} \times 3500 = 70\text{mm}$$

则：$\Delta u_p \leqslant \dfrac{70}{F_{11}} = \dfrac{70}{1.12} = 62.5\text{mm}$；$\Delta u_e = \dfrac{\Delta u_p}{\eta_p} = \dfrac{62.5}{2} = 31.25\text{mm}$

$$V_{0,罕} = \Delta u_e \cdot \Sigma D = 31.25 \times 10^{-3} \times 8 \times 10^5 = 2.5 \times 10^4 \text{kN}$$

同理，上述计算结果可知：

$$\frac{V_{0,多}}{V_{0,罕}} = 0.1576, \text{则：}$$

$$V_{0,多} = 0.1576 V_{0,罕} = 0.1576 \times 2.5 \times 10^4 = 3.94 \times 10^3 \text{kN}$$

六、地下室与基础设计

1. 一般规定

- 复习《高规》12.1.1 条～12.1.12 条。
- 复习《抗规》4.2.4 条。

【例 7.3.26】某高层建筑，地下一层形基础顶板为上部结构的嵌固墙，建筑俯视平面和剖面如图 7.3.13 所示。抗震设计时，不计入地基与结构相互作用的影响。相应于荷载的标准组合时，上部结构和基础传下来的竖向力值 $N_k = 165900 \text{kN}$，且作用于基础底面形心位置。结构总水平地震作用标准值 $F_{Ek} = 9600 \text{kN}$，其在地下一层顶板产生的倾覆力矩 $M_{Ek} = 396000 \text{kN} \cdot \text{m}$。

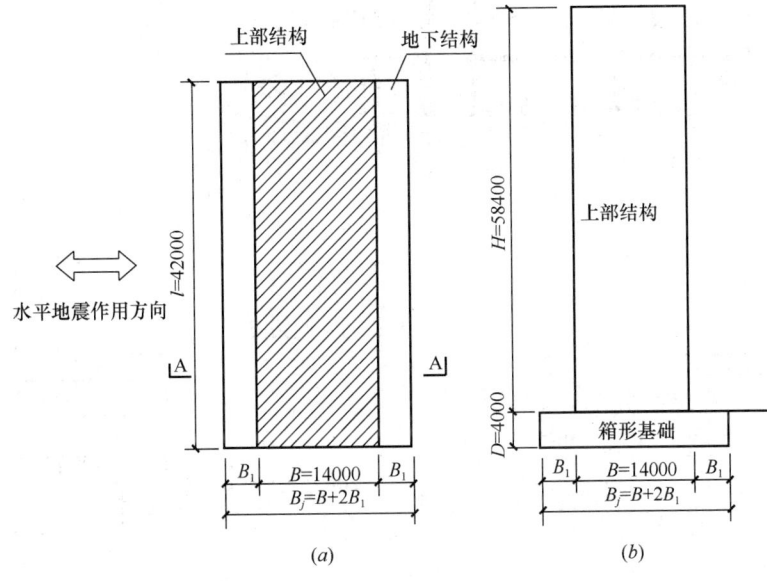

图 7.3.13
(a) 平面图；(b) A-A 剖面图

确定基础宽度时，若不考虑地下室周围土的侧压力，基底反力呈直线分布，地基承载力验算满足规范要求。试问，在图示水平地震作用下，满足规范规程关于地基应力状态限制要求的基础最小宽度 B_j（m），与下列何项数值最为接近？

(A) 15   (B) 16   (C) 17   (D) 18

【解答】根据《高规》12.1.7 条：

$H/B = 58.4/14 = 4.2 > 4$，则：

$$\frac{N_k}{A} - \frac{M_{Ek}}{W} \geq 0$$

$$\frac{165900}{42B_j} - \frac{396000 + 9600 \times 4}{\frac{1}{6} \cdot 42B_j^2} \geq 0$$

解之得： $B_j \geq 15.7 \text{m}$

故应选（B）项。

【例 7.3.27】 某 11 层办公楼，无特殊库房，采用钢筋混凝土框架-剪力墙结构，丙类建筑、首层室内外地面高差 0.45m，房屋高度为 39.45m，质量和刚度沿竖向分布均匀，抗震设防烈度为 9 度，建于 II 类场地，设计地震分组为第一组，其标准层平面和剖面如图 7.3.14 所示。

假定本工程设有两层地下室，如图 7.3.15 所示，总重力荷载合力作用点与基础底面形心重合，基础底面反力呈线性分布，上部及地下室基础总重力荷载标准值为 G_k，水平荷载与竖向荷载共同作用下基底反力的合力点到基础中心的距离为 e_0。试问，当满足规程对基础底面与地基之间压应力区面积限值时，抗倾覆力矩 M_R 与倾覆力矩 M_{ov} 的最小比值，与下列何项数值最为接近？

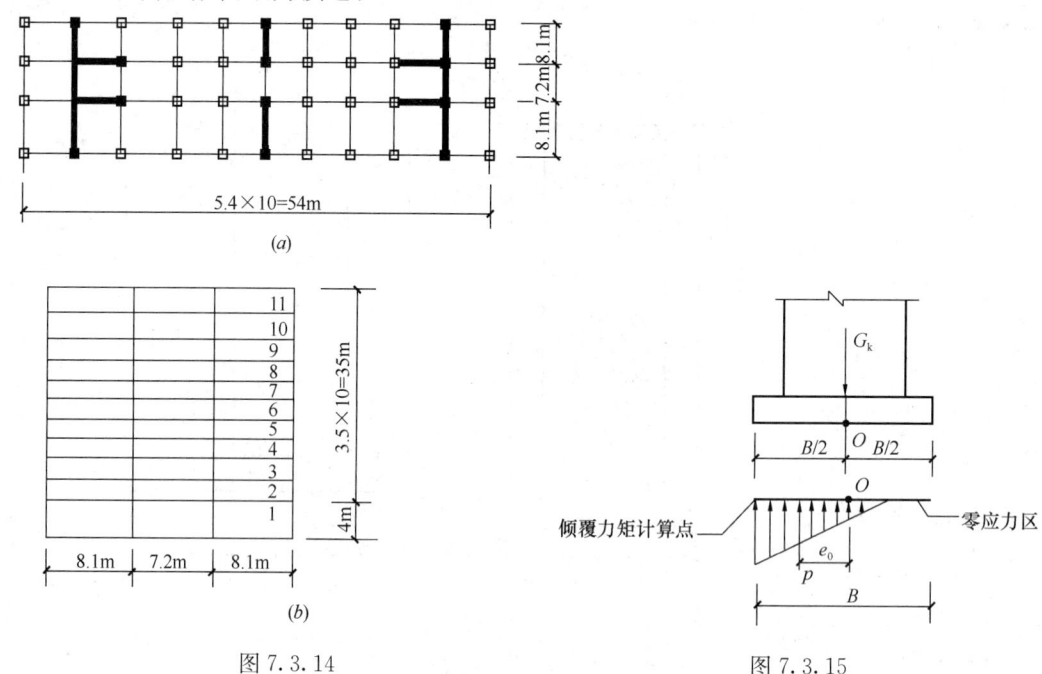

图 7.3.14　　　　　　　　　图 7.3.15

提示：地基承载力符合要求，不考虑侧土压力，不考虑重力二阶效应。

【解答】 根据《高规》12.1.7 条：

$$H/B = \frac{35+4}{8.1 \times 2 + 7.2} = 2.3 < 4$$

基底反力呈三角形分布的长度 L 为：$L \leqslant 0.85B$；基底反力的合力 $p = \Sigma p = G_k$。

外部水平力对基底形心 O 总的力矩为 M_{ov}，基底反力的合力对基底形心的力矩为：

$$\Sigma p \cdot e_0 = G_k \cdot e_0 = M_{ov}；\text{又 } e_0 = \frac{B}{2} - \frac{L}{3} = \frac{B}{2} - \frac{0.85B}{3}$$

对于倾覆点，则：

$$\frac{M_R}{M_{ov}} = \frac{G_k \cdot \dfrac{B}{2}}{G_k e_0} = \frac{G_k \cdot \dfrac{B}{2}}{G_k \cdot \left(\dfrac{B}{2} - \dfrac{0.85B}{3}\right)} = 2.308$$

【例 7.3.28】 某高层钢筋混凝土框架-核心筒结构,房屋高度为100m,位于抗震设防烈度7度(0.10g),建筑场地为Ⅱ类,丙类建筑。该结构的立面、基础平面如图7.3.16所示,采用筏形基础。同一荷载工况下,作用在基础顶面、基础底面的内力标准值,见表7.3.2,其中,弯矩标准值M_k作用在基础底面的形心处;上部结构的永久荷载、楼面活荷载产生的轴压力N_{k1}作用在基础顶面;基础自重产生的轴压力N_{k2}作用在基础底面。轴压力N_{k1}、N_{k2}通过基础形心。已知楼面活荷载的组合值系数取0.7。

内力标准值　　　　　　　　　　　　　表7.3.2

荷载工况	轴压力 N_k (kN)	弯矩 M_{yk} (kN·m)
上部结构永久荷载	5.2×10^5	2.6×10^5
上部结构楼面活荷载	9×10^4	4.5×10^4
基础永久荷载	2.4×10^4	0
风荷载	0	3.3×10^6
水平地震作用	0	3.4×10^6

对结构整体倾覆验算时,沿短边方向(即宽度方向),基础底面的零应力区面积与基础底面面积的最大比值,与下列何项数值最接近?

(A) 0　　　　　　　(B) 6.9%
(C) 12.5%　　　　 (D) 23.7%

【解答】 根据《高规》12.1.7条:
$$H/B = 100/30 = 3.3 < 4$$

(1) 荷载的标准组合下

$\Sigma M_{ki} = 2.6 \times 10^5 + 0 + 3.3 \times 10^6 + 0.7 \times 4.5 \times 10^4 = 359.15 \times 10^4 \text{kN·m}$

$\Sigma N_{ki} = 5.2 \times 10^5 + 2.4 \times 10^4 + 0 + 0.7 \times 9 \times 10^4 = 60.7 \times 10^4 \text{kN}$

$$e = \frac{\Sigma M_{ki}}{\Sigma N_{ki}} = \frac{359.15 \times 10^4}{60.7 \times 10^4} = 5.917 \text{m} > \frac{30}{6} = 5\text{m}$$

零应力区面积A_0为:

$$3a = 3 \cdot \left(\frac{b}{2} - e\right)$$

$$\frac{A_0}{A} = \frac{b - 3a}{b} = 1 - \frac{3\left(\frac{b}{2} - e\right)}{b} = 1 - \frac{3 \times \left(\frac{30}{2} - 5.917\right)}{30}$$

$$= 9.17\%$$

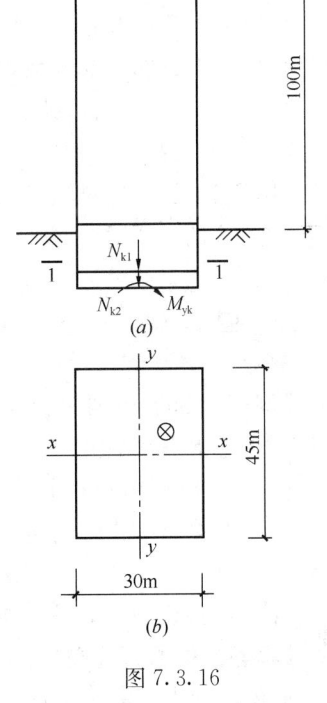

图7.3.16

(2) 重力荷载代表值与地震作用的标准组合下

$\Sigma M_{ki} = (2.6 \times 10^5 + 0.5 \times 4.5 \times 10^4) + 3.4 \times 10^6 + 0.2 \times 3.3 \times 10^6$

$= 434.25 \times 10^4 \text{kN·m}$

$\Sigma N_{ki} = 5.2 \times 10^5 + 0.5 \times 9 \times 10^4 + 2.4 \times 10^4 = 58.9 \times 10^4 \text{kN}$

$$e = \frac{\sum M_{ki}}{\sum N_{ki}} = \frac{434.25 \times 10^4}{58.9 \times 10^4} = 7.373 \mathrm{m} > \frac{30}{6} = 5\mathrm{m}$$

零应力区面积 A_0 为：

$$\frac{A_0}{A} = 1 - \frac{3 \times \left(\frac{30}{2} - 7.373\right)}{30} = 23.73\%$$

故取大值，$A_0/A = 23.73\%$，应选（D）项。

2. 地下室设计

• 复习《高规》12.2.1 条～12.2.7 条。

【例 7.3.29】某现浇钢筋混凝土框架结构，地下2层，地上12层，抗震设防烈度为7度，抗震等级二级，地下室顶板为嵌固端。混凝土采用C35，纵筋采用HRB400，箍筋采用HPB300。

假定地上一层框架某中柱的纵向钢筋配置如图 7.3.17 所示，每侧纵筋计算面积 $A_s = 985 \mathrm{mm}^2$，实配 4Φ18，满足构造要求。现将其延伸至地下一层，截面尺寸不变，每侧纵筋的计算面积为地上一层柱每侧纵筋计算面积的 0.90 倍。试问，延伸至地下一层后的中柱，其截面中全部纵向钢筋的数量，应最接近于下列何项？

(A) 12Φ25　　　　(B) 12Φ22
(C) 12Φ20　　　　(D) 12Φ18

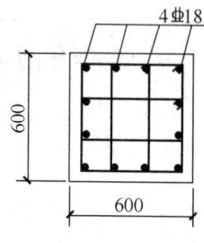

图 7.3.17

【解答】根据《高规》12.2.1 条：

4Φ18 的面积 $A_s = 1018 \mathrm{mm}^2 > A_s = 985 \mathrm{mm}^2$，取 $A_s = 1018 \mathrm{mm}^2$

$$A_s \geqslant 1.1 \times 1018 = 1120 \mathrm{mm}^2$$

选 4Φ20（$A_s = 1256 \mathrm{mm}^2$），满足。

故应选（C）项。

【例 7.3.30】下列关于高层混凝土结构地下室及基础的设计观点，哪一项相对准确？
(A) 基础埋置深度，无论采用天然地基还是桩基，都不应小于房屋高度的1/18
(B) 上部结构的嵌固部位尽量设在地下室顶板以下或基础顶，减小底部加强区高度，提高结构设计的经济性
(C) 建于8度、Ⅲ类场地的高层建筑，宜采用刚度好的基础
(D) 高层建筑应调整基础尺寸，基础底面不应出现零应力区

【解答】根据《抗规》5.2.7 条及条文说明，（C）项正确，应选（C）项。

此外，根据《高规》12.1.8 条及条文说明，（A）项错误。

根据《高规》7.1.4 条及条文说明，（B）项错误。

根据《高规》12.1.7 条及条文说明，（D）项错误。

3. 基础设计

• 复习《高规》12.3.1 条～12.3.23 条。

第四节 框 架 结 构

一、一般规定

> - 复习《抗震通规》5.1.3条。
> - 复习《高规》6.1.1条~6.1.8条。

需注意的是：
(1)《高规》6.1.2条及其条文说明。

> 6.1.2 抗震设计的框架结构不应采用单跨框架。
>
> 6.1.2（条文说明）
>
> 单跨框架结构是指整栋建筑全部或绝大部分采用单跨框架的结构，不包括仅局部为单跨框架的框架结构。本规程第8.1.3条第1、2款规定的框架-剪力墙结构可局部采用单跨框架结构；其他情况应根据具体情况进行分析、判断。

对此，《抗规》6.1.5条及其条文说明也作了相关的规定。

(2)《高规》6.1.4条规定了楼梯间的设计要求。《抗规》3.6.6条、6.1.15条及条文说明也作了相应规定。

(3)《高规》6.1.5条规定了砌体填充墙及隔墙的设计要求，《抗规》13.3.4条也作了相关的规定，但《高规》6.1.5条控制更严。

(4)《高规》6.1.8条及其条文说明。

> 6.1.8 不与框架柱相连的次梁，可按非抗震要求进行设计。
>
> 6.1.8（条文说明）
>
> 不与框架柱（包括框架-剪力墙结构中的柱）相连的次梁，可按非抗震设计。
>
> 图4为框架楼层平面中的一个区格。图中梁 L_1 两端不与框架柱相连，因而不参与抗震，所以梁 L_1 的构造可按非抗震要求。例如，梁端箍筋不需要按抗震要求加密，仅需满足抗剪强度的要求，其间距也可按非抗震构件的要求；箍筋无需弯135°钩，90°钩即可；纵筋的锚固、搭接等都可按非抗震要求。图中梁 L_2 与 L_1 不同，其一端与框架柱相连，另一端与梁相连；与框架柱相连端应按抗震设计，其要求应与框架梁相同，与梁相连端构造可同 L_1 梁。
>
>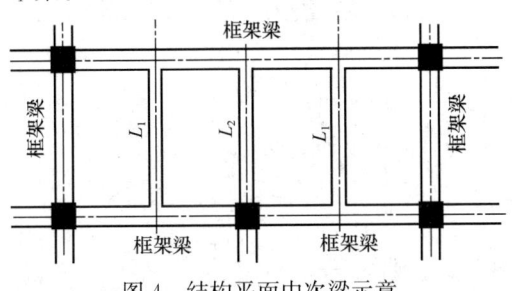
>
> 图4 结构平面中次梁示意

【例 7.4.1】 下列关于高层混凝土结构计算的叙述，其中何项是不正确的？
(A)、(B)、(C) 略
(D) 对于框架-剪力墙结构，楼梯构件与主体结构整体连接时，不计入楼梯构件对地震作用及其效应的影响

【解答】《抗规》3.6.6 条、6.1.15 条及条文说明，对于楼梯间设置刚度足够大的抗震墙的结构，楼梯构件对结构刚度的影响较小，才可不参与整体抗震计算。

故选 (D) 项。

【例 7.4.2】 框架梁、柱中心线宜重合在同一平面内，当梁、柱中心线间有偏心时，下列何项偏心距要求符合《高规》的规定？
(A) 9 度抗震设计时不应大于柱截面在该方向宽度的 2/3
(B) 6～8 度抗震设计时不宜大于柱截面在该方向宽度的 1/4
(C) 非抗震设计时不应大于柱截面在该方向宽度的 1/4
(D) 不宜大于柱截面垂直方向宽度的 1/4

【解答】 根据《高规》6.1.7 条的规定，(B) 项符合规定。

二、框架梁

框架梁设计内容：

(1) 梁的正截面承载力计算；(《高规》6.2.10 条)
(2) 梁的剪力设计值、梁的斜截面受剪承载力计算；(《高规》6.2.5 条；6.2.10 条)
(3) 梁的构造规定；梁截面尺寸、梁端截面混凝土受压高度、梁纵筋、梁箍筋。

▲1. 梁的正截面承载力计算与梁纵筋配置

框架梁纵筋的要求，《混通规》4.4.8 条作了规定，《高规》也作了相同规定。

- 复习《高规》6.2.10 条。
- 复习《高规》6.3.1 条、6.3.2 条、6.3.3 条。

需注意的是：

(1) 根据《高规》6.2.10 条规定，应按《混规》规定。《混规》11.1.6 条、6.2.10 条规定：

地震组合时：

由《混规》式 (6.2.10-2)：$x = \dfrac{f_y A_s - f'_y A'_s}{\alpha_1 f_c b}$

① 当 $x \geqslant 2a'_s$，且 $x \leqslant 0.25h_0$（一级）；或 $x \leqslant 0.35h_0$（二、三级），由《混规》式 (6.2.10-1)：

$$M_b \leqslant \dfrac{1}{\gamma_{RE}}\left[\alpha_1 f_c bx\left(h_0 - \dfrac{x}{2}\right) + f'_y A'_s(h_0 - a'_s)\right]$$

② 当 $x < 2a'_s$，由《混规》6.2.14 条：

$$M_b \leqslant \dfrac{1}{\gamma_{RE}} \cdot f_y A_s(h_0 - a'_s)$$

基本组合时，上述两公式右端无 $\dfrac{1}{\gamma_{RE}}$。

(2)《高规》6.3.2 条第 1 款的规定：

一级：$x/h_{b0} \leqslant 0.25$

二、三级：$x/h_{b0} \leqslant 0.35$

其他情况：$x/h_{b0} \leqslant \xi_b$

(3)《高规》6.3.3 条第 1 款、6.3.2 条第 2 款的规定，分别规定了纵向受拉钢筋的最大配筋率、最小配筋率：梁端纵向受拉钢筋配筋率 $\rho_纵 \leqslant \rho_{max} = 2.75\%$；$\rho_纵 \geqslant \rho_{min}$（$\rho_{min}$ 查《高规》表 7.3.2-1）。

当 $\rho_纵 > 2.5\%$ 时，$\rho_{A'_s} \geqslant \dfrac{1}{2}\rho_{As}$。

(4)《高规》6.3.2 条第 3 款的规定：

一级抗震：$\dfrac{A_{s底}}{A_{s顶}} \geqslant 0.5$

二、三级抗震：$\dfrac{A_{s底}}{A_{s顶}} \geqslant 0.3$

(5)《高规》6.3.2 条第 4 款的规定：

$\rho_纵 > 2\%$，箍筋最小直径应增大 2mm

(6)《高规》6.3.3 条，规定了梁纵筋的构造要求。

【例 7.4.3】 某高层框架结构抗震等级为一级，混凝土强度等级为 C30，钢筋采用 HRB400 及 HPB300。框架梁 $h_0 = 340$mm，其局部配筋如图 7.4.1 所示。根据梁端截面底面和顶面钢筋截面面积的比值和截面的受压区高度。试判断关于梁端纵向钢筋的配置，并指出其中何项是正确的配置？

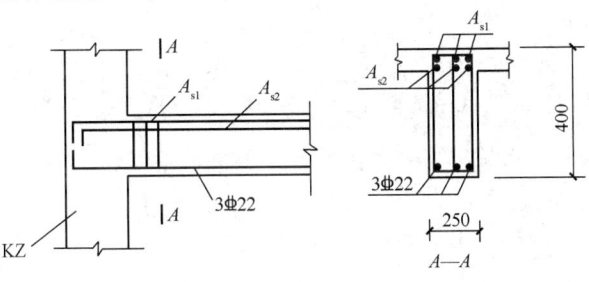

图 7.4.1

(A) $A_{s1} = 3 \underline{\Phi} 25$，$A_{s2} = 2 \underline{\Phi} 25$ (B) $A_{s1} = 3 \underline{\Phi} 25$，$A_{s2} = 3 \underline{\Phi} 20$

(C) $A_{s1} = A_{s2} = 3 \underline{\Phi} 22$ (D) 前三项均非正确配置

【解答】 (1) 根据《高规》6.3.2 条第 3 款规定：

$$\dfrac{A_{s底}}{A_{s顶}} \geqslant 0.5, A_{s顶} \leqslant \dfrac{A_{s底}}{0.5} = \dfrac{1140}{0.5} = 2280 \text{mm}^2$$

(A) 项：$A_{s顶} = 2454 \text{mm}^2 > 2280 \text{mm}^2$，不满足。

(B) 项：$A_{s顶} = 2415 \text{mm}^2 > 2280 \text{mm}^2$，不满足。

(2) 根据《高规》6.3.2 条第 1 款规定：$x/h_0 \leqslant 0.25$

$$\alpha_1 f_c b x = \alpha_1 f_c b \xi h_0 = f_y A_s - f'_y A'_s$$

$$\xi = \dfrac{x}{h_0} = \dfrac{f_y A_s - f'_y A'_s}{\alpha_1 f_c b h_0}$$

(C) 项：$\xi = \dfrac{360 \times (2281 - 1140)}{1 \times 14.3 \times 250 \times 340} = 0.34 > 0.25$，不满足。

所以应选（D）项。

【例 7.4.4】 18 层一般现浇钢筋混凝土框架，结构环境类别为一类，抗震等级为二级，框架局部梁柱配筋见图 7.4.2 所示，梁柱混凝土强度等级为 C50，钢筋 HRB400、HPB300。取纵筋的混凝土保护层厚度为 25mm。

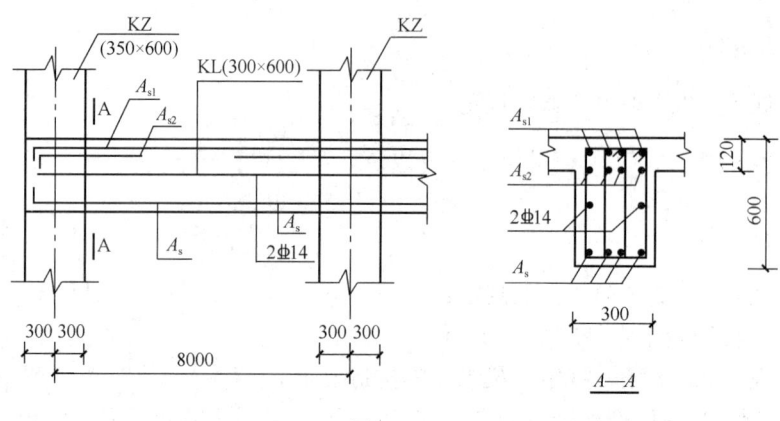

图 7.4.2

试问：关于梁端纵向钢筋的设置，下列何组配筋最符合相关规定要求？

提示：①不要求验算计入受压筋作用的梁端截面混凝土受压区高度与有效高度之比；②双排取 $a_s = a'_s = 55\text{mm}$。

(A) $A_{s1} = A_{s2} = 4 \underline{\Phi} 25$，$A_s = 4 \underline{\Phi} 20$ (B) $A_{s1} = A_{s2} = 4 \underline{\Phi} 25$，$A_s = 4 \underline{\Phi} 18$

(C) $A_{s1} = A_{s2} = 4 \underline{\Phi} 25$，$A_s = 4 \underline{\Phi} 16$ (D) $A_{s1} = A_{s2} = 4 \underline{\Phi} 28$，$A_s = 4 \underline{\Phi} 28$

【解答】 (1) 根据《高规》6.3.2 条第 3 款规定：$\dfrac{A_{s底}}{A_{s顶}} \geq 0.3$

(A) 项：$\dfrac{A_{s底}}{A_{s顶}} = \dfrac{1256}{3927} = 0.32 > 0.3$，可以。

(B) 项：$\dfrac{A_{s底}}{A_{s顶}} = \dfrac{1017}{3927} = 0.26 < 0.3$，不满足。

(C) 项：$\dfrac{A_{s底}}{A_{s顶}} = \dfrac{804}{3927} = 0.20 < 0.3$，不满足。

(D) 项：$\dfrac{A_{s底}}{A_{s顶}} = \dfrac{2463}{2 \times 2463} = 0.50 > 0.3$，可以。

(2) 根据《高规》6.3.3 条第 1 款规定，$\rho \leq \rho_{max} = 2.75\%$，且 ρ 不宜大于 2.5%。纵筋的 $c = 25\text{mm}$；双排钢筋，取 $a_s = 55\text{mm}$；$A_{s,max} = 2.5\% bh_0 = 2.5\% \times 300 \times 545 = 4088\text{mm}^2$

(D) 项：$A_s = 2 \times 2463 = 4926\text{mm}^2 > 4088\text{mm}^2$，不满足。

(A) 项：$A_s = 3927\text{mm}^2 < 4088\text{mm}^2$，满足。

所以应选（A）项。

【例 7.4.5】 某钢筋混凝土框架-剪力墙结构，丙类建筑，房屋高度 50m，抗震设防烈度为 8 度（0.2g），I_1 类场地，各构件的混凝土强度等级均为 C40。其中，与截面为

700mm×700mm 的框架柱相连的某截面为 400mm×600mm 的框架梁，其纵筋采用 HRB400 级（Φ），箍筋采用 HPB300 级（ϕ）钢筋，某梁端上部纵向钢筋系按截面计算配置。

试问：该梁端上部和下部纵筋截面面积及箍筋按下列何项配置时，才能满足《高层建筑混凝土结构技术规程》的构造要求？

提示：①下列各项纵筋配筋率和箍筋配箍率均满足规程最小配筋率要求；②梁纵筋直径均不小于 Φ18。

(A) $A_{s\pm} = 6680\text{mm}^2$（$\rho_{\pm} = 2.78\%$），$A_{s\mp} = 4826\text{mm}^2$（$\rho_{\mp} = 2.30\%$），四肢箍筋 ϕ10@100

(B) $A_{s\pm} = 3695\text{mm}^2$（$\rho_{\pm} = 1.76\%$），$A_{s\mp} = 1017\text{mm}^2$（$\rho_{\mp} = 0.48\%$），四肢箍筋 ϕ8@100

(C) $A_{s\pm} = 5180\text{mm}^2$（$\rho_{\pm} = 2.47\%$），$A_{s\mp} = 3079\text{mm}^2$（$\rho_{\mp} = 1.47\%$），四肢箍筋 ϕ8@100

(D) $A_{s\pm} = 5180\text{mm}^2$（$\rho_{\pm} = 2.47\%$），$A_{s\mp} = 3927\text{mm}^2$（$\rho_{\mp} = 1.87\%$），四肢箍筋 ϕ10@100

【解答】 8度，I_1 类场地，应按 7 度考虑抗震构造措施所采用抗震等级；丙类建筑，7 度，高度 50m，查《高规》表 3.9.3，框架抗震等级为三级。

对于（A）项：$\rho_{\pm} = 2.78\% > 2.75\%$，不满足《高规》6.3.3 条第 1 款。

对于（B）项：$\dfrac{A_{s\mp}}{A_{s\pm}} = \dfrac{1018}{3695} = 0.276 < 0.3$，不满足《高规》6.3.2 条第 3 款。

对于（C）项：$\rho_{\pm} = 2.47\% > 2\%$，箍筋最小直径应增大 2mm，$\phi$8 不满足。

对于（D）项：$\rho_{\pm} = 2.47\% \begin{matrix}<2.5\%\\>2\%\end{matrix}$

箍筋最小直径应增大 2mm，故选用 ϕ10；$\dfrac{A_{s\mp}}{A_{s\pm}} = \dfrac{3927}{5180} = 0.758 > 0.3$，满足。

所以应选（D）项。

【例 7.4.6】 某框架梁，$b \times h = 300\text{mm} \times 600\text{mm}$，抗震等级为二级，采用 C25 混凝土，纵筋 HRB400，箍筋 HPB300，支柱柱边梁端截面配筋为顶部 5Φ25，底部 3Φ25，取 $a_s = a_s' = 35\text{mm}$

试问：
(1) 验算配筋是否满足《高规》规定。
(2) 确定梁端受弯承载力。

【解答】 (1) 验算配筋

1) 最小配筋率，由《高规》6.3.2 条第 2 款，二级抗震，支座的最小配筋率：
$$\rho_{\min} = \max(0.30\%, 0.65 f_t/f_y) = \max(0.30\%, 0.65 \times 1.27/360) = 0.30\%$$

3Φ25（$A_s = 1473\text{mm}^2$），$\rho = \dfrac{A_s}{bh} = \dfrac{1473}{300 \times 600} = 0.82\% > \rho_{\min}$，满足。

2) 最大配筋率，由《高规》6.3.3 条第 1 款，$\rho_{\max} = 2.75\%$

5Φ25（$A_s = 2454\text{mm}^2$），$\rho = \dfrac{A_s}{bh_0} = \dfrac{2454}{300 \times 565} = 1.45\% < \rho_{\max}$，满足。

3)《高规》6.3.2条第3款规定：

$$\frac{A_{s顶底}}{A_{s顶}} = \frac{1473}{2454} = 0.6 > 0.3，满足。$$

(2) 受弯承载力计算

1) 梁底部受拉时，$A_s = 1473\text{mm}^2$，$A_s' = 2454\text{mm}^2$，按双筋梁计算 $\xi = \dfrac{f_y(A_s - A_s')}{\alpha_1 f_c b h_0} < 0$，则：

$$M_u = \frac{1}{\gamma_{RE}} \cdot f_y A_s (h_0 - a_s') = \frac{1}{0.75} \times 360 \times 1473 \times (565 - 35)$$
$$= 374.73 \text{kN} \cdot \text{m}$$

2) 梁顶部受拉时，$A_s = 2454\text{mm}^2$，$A_s' = 1473\text{mm}^2$，按双筋梁计算

$$x = \frac{f_y(A_s - A_s')}{\alpha_1 f_c b} = \frac{360 \times (2454 - 1473)}{1 \times 11.9 \times 300} = 98.9\text{mm} < \xi_b h_0 = 293\text{mm}$$
$$> 2a_s' = 70\text{mm}$$

$$M_u = \frac{1}{\gamma_{RE}} \left[\alpha_1 f_c b x \left(h_0 - \frac{x}{2} \right) + f_y' A_s' (h_0 - a_s') \right]$$
$$= \frac{1}{0.75} \left[1 \times 11.9 \times 300 \times 98.9 \times \left(565 - \frac{98.9}{2} \right) + 360 \times 1473 \times (565 - 35) \right]$$
$$= 617.4 \text{kN} \cdot \text{m}$$

【例7.4.7】 某12层现浇钢筋混凝土框架结构，乙类建筑，高度38.0m，抗震设防烈度7度（0.1g），Ⅱ类场地，采用C30混凝土，纵筋采用HRB400级（⊕）和箍筋采用HPB300级（Φ）钢筋（$f_{yv} = 270\text{N/mm}^2$）。某中间层边框架局部节点如图7.4.3所示，梁端由重力荷载产生的弯矩设计值 $M_G =$

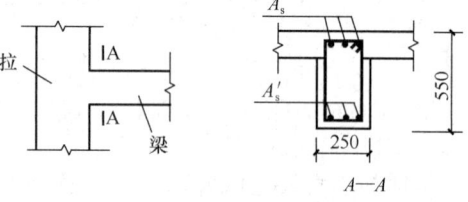

图7.4.3

$-80\text{kN} \cdot \text{m}$，水平地震作用产生的弯矩设计值 $M_E = \pm 244\text{kN} \cdot \text{m}$，风荷载产生的弯矩设计值 $M_W = \pm 70\text{kN} \cdot \text{m}$。抗震设计时，梁上、下部纵筋对称配置（$A_s = A_s'$），满足承载力要求的梁纵向受力钢筋 A_s（mm^2），应最接近于下列何项数值？

提示：$a_s = a_s' = 35\text{mm}$。

(A) 1980　　　　(B) 1870　　　　(C) 1500　　　　(D) 1410

【解答】 乙类建筑，Ⅱ类场地，7度，应按8度考虑抗震等级。

8度，高度38.0m，查《高规》表3.9.3，框架抗震等级一级。高度38m<60m，根据《高规》表5.6.4，不考虑风荷载参与组合。

$$M = -80 - 244 = -324\text{kN} \cdot \text{m}$$

$$M \leq \frac{1}{\gamma_{RE}} f_y A_s (h_0 - a_s')，则：$$

$$A_s \geq \frac{\gamma_{RE} M}{f_y (h_0 - a_s')} = \frac{0.75 \times 324 \times 10^6}{360 \times (550 - 35 - 35)} = 1406.25\text{mm}^2$$

抗震一级，由《高规》表6.3.2-1：

$$\rho_{min} = \max(0.40\%, 0.80 f_t/f_y) = \max(0.40\%, 0.80 \times 1.43/360)$$
$$= 0.4\%$$
$$A_{s,min} = \rho_{min} bh = 0.4\% \times 250 \times 550 = 550 \text{mm}^2 < 1406.25 \text{mm}^2，满足$$

故应选（D）项。

【例 7.4.8】 某高层钢筋混凝土框架结构，一类环境，抗震等级为二级，混凝土C30，箍筋直径为8mm，纵筋采用HRB400级钢筋，中间层中间节点配筋如图7.4.4所示。取 $a_s = a_s'$ =35mm。

试问：哪项梁截面纵筋符合有关规范规程要求？

(A) 3⊕25   (B) 3⊕22

(C) 3⊕20   (D) 以上三种均符合要求

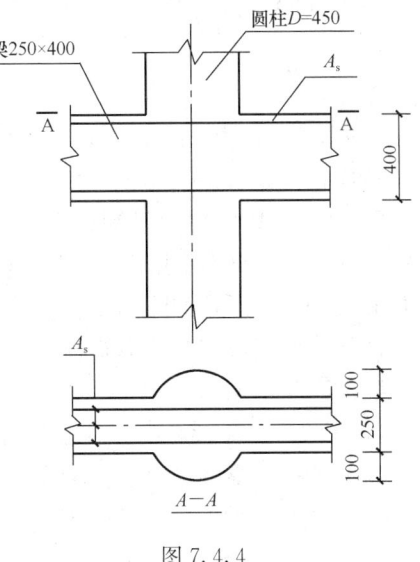

图 7.4.4

【解答】 根据《高规》6.3.3 条第 3 款的规定，钢筋直径 $d < \dfrac{\text{弦长}}{20}$

一类，C30 的梁，查《混规》表 8.2.1，箍筋的混凝土保护层厚度 $c=20$mm。假定纵筋为⊕22，则 $a_s = 20 + 8 + \dfrac{22}{2} = 39$mm

弦长为：$2\sqrt{225^2 - 86^2} = 415.8$mm

$$d < \frac{415.8}{20} = 20.79 \text{mm}$$

故钢筋直径 d 应小于22mm，选 3⊕20。

配筋率：$\rho = \dfrac{A_s}{bh} = \dfrac{942}{250 \times 365} = 1.03\% < 2.75\%$，满足。

$\rho_{min} = 0.65 f_t/f_y = 0.65 \times 1.43/360 = 0.26\% < 0.30\%$，取 $\rho_{min} = 0.30\%$

$\rho > \rho_{min} = 0.30\%$，满足。

所以选（C）项。

【例 7.4.9】 某10层现浇钢筋混凝土框架结构，房屋高度36m，丙类建筑，抗震设防烈度8度（0.20g），框架抗震等级为一级。其中，与截面为600mm×600mm的框架中柱相连的某截面为350mm×600mm的框架梁，其纵向受力钢筋采用HRB400级（⊕）钢筋。

试问：该梁端上部和下部纵向钢筋按下列何项配置时，才能全部满足《高层建筑混凝土结构技术规程》的构造要求？

提示：下列各项纵筋配筋率均满足《高规》6.3.2条第1、第2款要求。

(A) 上部纵筋 4⊕32+2⊕28（$\rho_\text{上}=2.38\%$），下部纵筋 4⊕28（$\rho_\text{下}=1.26\%$）

(B) 上部纵筋 9⊕25（$\rho_\text{上}=2.34\%$），下部纵筋 4⊕25（$\rho_\text{下}=1.0\%$）

(C) 上部纵筋 7⊕28（$\rho_\text{上}=2.31\%$），下部纵筋 4⊕28（$\rho_\text{下}=1.26\%$）

(D) 上列选项均不满足

【解答】 对于（A）项：纵筋直径 $d=32\text{mm}>\dfrac{600}{20}=30\text{mm}$，不满足《高规》6.3.3 条第 3 款。

对于（B）项：$\dfrac{A_{s下}}{A_{s上}}=\dfrac{4}{9}=0.44<0.5$，不满足《高规》6.3.2 条第 3 款。

对于（C）项：$\rho_上=2.31\%<2.75\%$，$\dfrac{A_{s下}}{A_{s上}}=\dfrac{4}{7}=0.57>0.5$

纵筋直径 $d=28\text{mm}<600/20=30\text{mm}$，满足

故应选（C）项。

【例 7.4.10】 某高层钢筋混凝土框架结构，抗震等级为一级，纵筋受力钢筋采用 HRB400 钢筋，箍筋采用 HRB335 钢筋，混凝土强度等级为 C40。取 $a_s=60\text{mm}$。其中一榀框架梁的配筋形式如图 7.4.5 所示。

试问：仅从抗震构造措施合理考虑，应为下列何项？

(A) $A_{s1}=4\Phi28$，$A_{s2}=4\Phi25$，$A_s=4\Phi25$
(B) $A_{s1}=4\Phi28$，$A_{s2}=4\Phi25$，$A_s=4\Phi28$
(C) $A_{s1}=4\Phi28$，$A_{s2}=4\Phi28$，$A_s=4\Phi28$
(D) $A_{s1}=4\Phi28$，$A_{s2}=4\Phi28$，$A_s=4\Phi25$

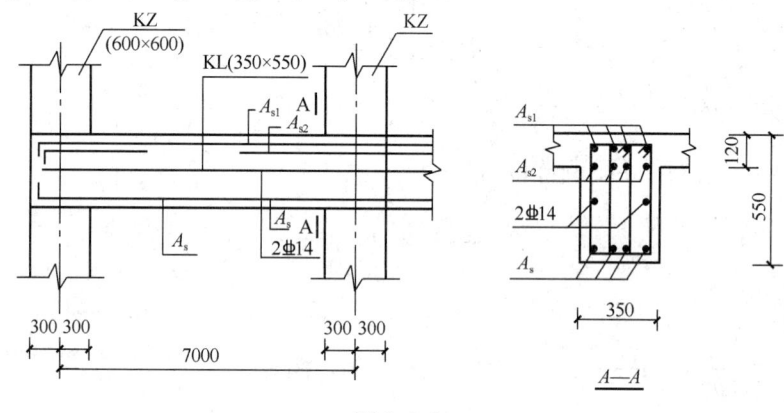

图 7.4.5

【解答】 根据《高规》6.3.3 条、6.3.2 条：

(A) 项：$\rho_{纵}=\dfrac{1964+2463}{350\times(550-60)}=2.58\%>2.5\%$

$A_s=1964\text{mm}^2<\dfrac{1}{2}(A_{s1}+A_{s2})=\dfrac{1}{2}(1964+2463)=2213.5\text{mm}^2$，不满足

(B) 项：$\rho_{纵}=\dfrac{1964+2463}{350\times(550-60)}=2.58\%>2.5\%$

$A_s=2463\text{mm}^2>\dfrac{1}{2}(A_{s1}+A_{s2})=2213.5\text{m}^2$，满足

(C)、(D) 项：$\rho_{纵}=\dfrac{2463+2463}{350\times(550-60)}=2.87\%>2.75\%$，不满足

所以应选（B）项。

【例 7.4.11】 某高层现浇钢筋混凝土框架结构普通办公楼，结构设计使用年限 50

年，抗震等级一级，安全等级二级。其中五层某框架梁局部平面如图7.4.6所示。进行梁截面设计时，需考虑重力荷载、水平地震作用效应组合。

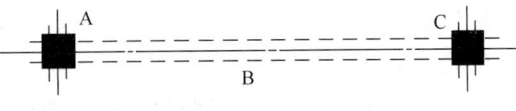

图 7.4.6

框架梁截面 350mm×600mm，$h_0=540$mm，框架柱截面 600mm×600mm，混凝土强度等级 C35（$f_c=16.7$N/mm²），纵筋采用 HRB400（Φ）（$f_y=360$N/mm²）。假定，该框架梁配筋设计时，梁端截面 A 处的顶、底部受拉纵筋面积计算值分别为：$A_s^t=3900$mm²，$A_s^b=1100$mm²；梁跨中底部受拉纵筋为 6Φ25。梁端截面 A 处顶、底纵筋（锚入柱内）有以下 4 组配置。试问，下列哪组配置满足规范、规程的设计要求且最为合理？

(A) 梁顶：8Φ25；梁底：4Φ25　　(B) 梁顶：8Φ25；梁底：6Φ25
(C) 梁顶：7Φ28；梁底：4Φ25　　(D) 梁顶：5Φ32；梁底：6Φ25

【解答】 根据《高规》6.3.3 条第 3 款：

$$d \leqslant \frac{1}{20}h = \frac{1}{20} \times 600 = 30\text{mm}，故（D）项错误。$$

根据《高规》6.3.2 条第 3 款，$A_s^b \geqslant 0.5 A_s^t$，故（C）项错误。

对于（A）项：$\dfrac{x}{h_0} = \dfrac{f_y A_s - f_y' A_s'}{\alpha_1 b h_0 f_c} = \dfrac{360 \times (3927 - 1964)}{1 \times 350 \times 540 \times 16.7} = 0.22 < 0.25$

满足《高规》6.3.2 条第 1 款。

对于（B）项：跨中正弯矩钢筋（6Φ25）全部锚入柱内，也满足《高规》6.3.2 条第 1 款，但是，不经济，也不利于实现"强柱弱梁"，故不合理。

故选（A）项。

【例 7.4.12】 某现浇钢筋混凝土框架结构，抗震等级为一级，梁局部平面图如图 7.4.7 所示。梁 L1 截面 300×500（$h_0=440$mm），混凝土强度等级 C30（$f_c=14.3$N/mm²），纵筋采用 HRB400（Φ）（$f_y=360$N/mm²），箍筋采用 HRB335（Φ）。关于梁 L1 两端截面 A、C 梁顶配筋及跨中截面 B 梁底配筋（通长，伸入两端梁、柱内，且满足锚固要求），有以下 4 组配置。试问，哪一组配置与规范、规程的最低构造要求最为接近？

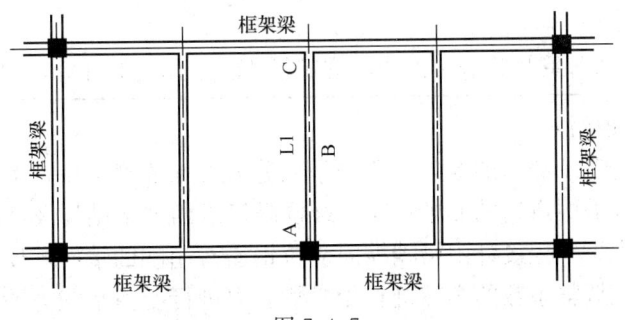

图 7.4.7

提示：不必验算梁抗弯、抗剪承载力。

(A) A 截面：4Φ20+4Φ20；　　Φ10@100；
　　B 截面：4Φ20；　　　　　　Φ10@200；
　　C 截面：4Φ20+2Φ20；　　Φ10@100；
(B) A 截面：4Φ22+4Φ22；　　Φ10@100；

B 截面：4Φ22；　　　　　　　　Φ10@200；
　　　C 截面：2Φ22；　　　　　　　　Φ10@200
　(C) A 截面：2Φ22+6Φ20；　　　　　Φ10@100；
　　　B 截面：4Φ18；　　　　　　　　Φ10@200；
　　　C 截面：2Φ20；　　　　　　　　Φ10@200
　(D) A 截面：4Φ22+2Φ22；　　　　　Φ10@100；
　　　B 截面：4Φ22；　　　　　　　　Φ10@200；
　　　C 截面：2Φ22；　　　　　　　　Φ10@200

【解答】 根据《高规》6.1.8 条及条文说明，梁 L1 与框架柱相连的 A 端按框架梁抗震要求设计，与框架梁相连的 C 端，可按次梁非抗震要求设计，(A) 不合理。

对于 (B)，截面 A：$\rho = \dfrac{3041}{300 \times 440} = 2.30\% > 2.0\%$

根据《高规》6.3.2 条第 4 款，箍筋直径应为 12mm，(B) 不合理。

对于 (C)，截面 A：$\dfrac{A_{s2}}{A_{s1}} = \dfrac{1017}{2644} = 0.38 < 0.50$，

根据《高规》6.3.2 条第 3 款，(C) 不合理。

对于 (D)，截面 A：$\rho = \dfrac{2281}{300 \times 440} = 1.73\% < 2.5\%$

$$\frac{x}{h_0} = \frac{f_y A_s - f'_y A'_s}{\alpha_1 b h_0 f_c} = \frac{360 \times (2 \times 380.1)}{1 \times 300 \times 440 \times 14.3} = 0.15 < 0.25$$

$$\frac{A_{s2}}{A_{s1}} = \frac{4}{6} = 0.67 > 0.5$$

故应选 (D) 项。

▲2. 梁的剪力设计值与斜截面受剪承载力计算及梁的箍筋配置

- 复习《高规》6.2.5 条。
- 复习《高规》6.2.10 条、6.2.6 条。

需注意的是：
(1)《高规》6.2.5 条及其条文说明，规定了 M_{bua}^l、M_{bua}^r 的计算，即：

　　6.2.5（条文说明）
　　梁端斜截面受剪承载力的提高，首先是在剪力设计值确定中，考虑了梁端弯矩的增大，以体现"强剪弱弯"的要求。对一级抗震等级的框架结构及 9 度时的其他结构中的框架，还考虑了工程设计中梁端纵向受拉钢筋有超配的情况，要求梁左、右端取用考虑承载力抗震调整系数的实际抗震受弯承载力进行受剪承载力验算。梁端实际抗震受弯承载力可按下式计算：

$$M_{bua} = f_{yk} A_s^a (h_0 - a'_s) / \gamma_{RE} \tag{6}$$

　　式中　f_{yk}——纵向钢筋的抗拉强度标准值；
　　　　　A_s^a——梁纵向钢筋实际配筋面积。当楼板与梁整体现浇时，应计入有效翼缘宽度范围内的纵筋，有效翼缘宽度可取梁两侧各 6 倍板厚。

有关"有效翼缘宽度范围内的楼板钢筋"的规定，如图7.4.8所示，《混规》11.3.2条的条文说明中规定：

> 11.3.2（条文说明）
> M_{bua} 可按下列公式计算：
> $$M_{bua}=\frac{M_{buk}}{\gamma_{RE}}\approx\frac{1}{\gamma_{RE}}f_{yk}A_s^a\ (h_0-a_s')$$
>
> 与02版规范相比，本次修订规定在计算 M_{bua} 的 A_s^a 中考虑受压钢筋及有效板宽范围内的板筋。这里的板筋指有效板宽范围内平行框架梁方向的板内实配钢筋。对于这里使用的有效板宽，美国 ACI 318-08 规范规定取为与非抗震设计时相同的等效翼缘宽度，这就相当于取梁每侧6倍板厚作为有效板宽范围。这一规定是根据进入接近罕遇地震水准侧向变形状态的缩尺框架结构试验中对参与抵抗梁端负弯矩的板筋应力的实测结果确定的。欧洲规范 EN 1998 则建议取用较小的有效板宽，即每侧2倍板厚。这大致相当于梁端屈服后不久的受力状态。本规范建议，取用每侧6倍板厚的范围作为"有效板宽"，是偏于安全的。

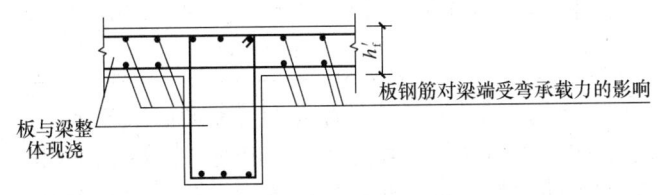

图 7.4.8

《抗规》6.2.4条规定了应计入"相关楼板钢筋"，但未明确规定其相关范围。

（2）《高规》6.2.10条规定，框架梁斜截面受剪承载力计算按《混规》。《混规》11.3.4条(抗震设计时)和6.3.4条(非抗震设计时)分别作了规定，即：

> 11.3.4 考虑地震组合的矩形、T形和I形截面的框架梁，其斜截面受剪承载力应符合下列规定：
> $$V_b=\frac{1}{\gamma_{RE}}\left[0.6\alpha_{cv}f_tbh_0+f_{yv}\frac{A_{sv}}{s}h_0\right] \quad (11.3.4)$$
> 式中 α_{cv} ——截面混凝土受剪承载力系数，按本规范第6.3.4条取值。
>
> 6.3.4 当仅配置箍筋时，矩形、T形和I形截面受弯构件的斜截面受剪承载力应符合下列规定：
> $$V\leqslant V_{cs}'+V_p \quad (6.3.4-1)$$
> $$V_{cs}=\alpha_{cv}f_tbh_0+f_{yv}\frac{A_{sv}}{s}h_0 \quad (6.3.4-2)$$
> $$V_p=0.05N_{p0} \quad (6.3.4-3)$$
> 式中 V_{cs} ——构件斜截面上混凝土和箍筋的受剪承载力设计值；
> V_p ——由预加力所提高的构件受剪承载力设计值；

> α_{cv}——斜截面混凝土受剪承载力系数，对于一般受弯构件取 0.7；对集中荷载作用下（包括作用有多种荷载，其中集中荷载对支座截面或节点边缘所产生的剪力值占总剪力的 75% 以上的情况）的独立梁，取 α_{cv} 为 $\frac{1.75}{\lambda+1}$，λ 为计算截面的剪跨比，可取 λ 等于 a/h_0，当 λ 小于 1.5 时，取 1.5，当 λ 大于 3 时，取 3，a 取集中荷载作用点至支座截面或节点边缘的距离；
>
> A_{sv}——配置在同一截面内箍筋各肢的全部截面面积，即 nA_{sv1}，此处，n 为在同一个截面内箍筋的肢数，A_{sv1} 为单肢箍筋的截面面积；
>
> s——沿构件长度方向的箍筋间距；
>
> f_{yv}——箍筋的抗拉强度设计值，按本规范第 4.2.3 条的规定采用；
>
> N_{p0}——计算截面上混凝土法向预应力等于零时的预加力，按本规范第 10.1.13 条计算；当 N_{p0} 大于 $0.3f_cA_0$ 时，取 $0.3f_cA_0$，此处，A_0 为构件的换算截面面积。
>
> 注：1 对预加力 N_{p0} 引起的截面弯矩与外弯矩方向相同的情况，以及预应力混凝土连续梁和允许出现裂缝的预应力混凝土简支梁，均应取 V_p 为 0；
>
> 2 先张法预应力混凝土构件，在计算预加力 N_{p0} 时，应按本规范第 7.1.9 条的规定考虑预应力筋传递长度的影响。

(3)《高规》6.2.6 条，跨高比是指梁的净跨与梁截面高度之比。

框架梁的箍筋除应按斜截面受剪承载力计算确定配箍量外，尚需满足《高规》的构造规定，包括：一是面积配筋率规定；二是箍筋直径、间距、加密区长度和肢距的规定。框架梁梁端箍筋的要求，《混通规》4.4.8 条作了规定。《高规》6.3.5 条、6.3.2 条、6.3.4 条分别作出了规定。两本规范是一致的。

- 复习《高规》6.3.5 条。
- 复习《高规》6.3.2 条第 4 款。
- 复习《高规》6.3.4 条。（非抗震设计时）

需注意的是：

(1)《高规》6.3.2 条第 4 款规定，"当梁端纵向钢筋配筋率大于 2% 时，表中箍筋最小直径应增大 2mm"。

(2)《高规》6.3.5 条，规定梁全长箍筋的面积配箍率要求：$\rho_{sv}=\dfrac{A_s}{bs}=\dfrac{nA_{sv1}}{bs}$

一级：$\rho_{sv} \geqslant 0.30 f_t/f_{yv}$；二级：$\rho_{sv} \geqslant 0.28 f_t/f_{yv}$

三、四级：$\rho_{sv} \geqslant 0.26 f_t/f_{yv}$

非抗震设计，$V > 0.7 f_t b h_0$ 时，$\rho_{sv} \geqslant 0.24 f_t/f_{yv}$（《高规》6.3.4 条第 4 款）

【例 7.4.13】 某位于抗震设防地区的高层钢筋混凝土框架结构办公楼，抗震等级为二级，梁、板、柱混凝土强度等级均为 C30，梁、柱纵向钢筋为 HRB400 钢筋，楼板纵向钢筋及梁、柱箍筋为 HRB335 钢筋。某一榀框架的中间跨框架梁 KL3（跨度为 9.0m），梁截面尺寸为 400mm×700mm，其左端支座边缘截面在重力荷载代表值、水平地震作用下的负弯矩标准值分别为 300kN·m，350kN·m，梁底、梁顶纵向受力钢筋分别为 4 Φ 25、5 Φ 25。截面抗弯设计时，考虑了有效翼缘内楼板钢筋及梁底受压钢筋的作用。当梁端负弯矩考虑调幅时，调幅系数取为 0.80。

提示： ①考虑板受拉钢筋截面面积为 628mm²；②近似取 $a_s = a'_s = 50$mm。
②按《建筑与市政工程抗震通用规范》作答。

试问：
(1) 该截面考虑承载力抗震调整系数的受弯承载力设计值 M_u 为多少？
(2) 考虑调幅后的截面弯矩设计值 M 为多少？

【解答】 (1) 根据《高规》6.2.5 条条文说明，应计入楼板受拉钢筋。

$$x = \frac{f_y A_s - f'_y A'_s}{\alpha_1 f_c b}$$

$$= \frac{360 \times 2454 + 300 \times 628 - 360 \times 1964}{1 \times 14.3 \times 400}$$

$$= 64\text{mm} < 2a'_s = 100\text{mm}$$

由《混规》6.2.14 条：

$$M_u = \frac{1}{\gamma_{RE}} f_y A_s (h - a_s - a'_s)$$

$$= \frac{1}{0.75} \times [360 \times 2454 \times (700-50-50) + 300 \times 628 \times (700-50-50)]$$

$$= 857.47\text{kN·m}$$

(2) 根据《高规》5.2.3 条、《抗震通规》4.3.2 条：

$$M = 1.3 \times 300 \times 0.8 + 1.4 \times 350 = 802\text{kN·m}$$

思考： 假定抗震等级为一级，其他不变，确定 M_u 值。

【例 7.4.14】 图 7.4.9 所示为某钢筋混凝土高层框架结构的一榀框架，抗震等级为二级，底部一、二层梁截面高度为 0.6m，柱截面为 0.6m×0.6m。已知在地震组合下，内力调整前梁 BC 的弯矩设计值（kN·m）如图中所示。

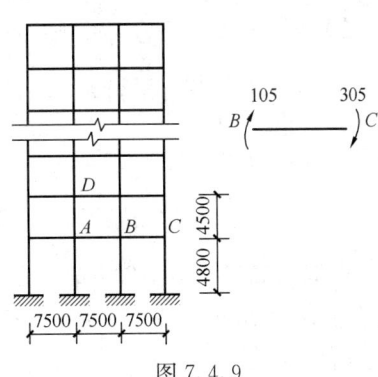

图 7.4.9

试问：
(1) 假定框架梁 BC 在重力荷载代表值作用下，按简支梁分析的梁端截面剪力设计值 $V_{Gb} = 135$kN，该框架梁端部截面在地震组合下的剪力设计值（kN）为多少？
(2) 假定框架梁的混凝土强度等级为 C40，梁箍筋采用 HPB300 级钢筋。沿梁全长箍筋的面积配筋率的下限值为多少？

【解答】 (1) $l_n = 7.5 - 0.6 = 6.9$m
根据《高规》6.2.5 条规定：

$$V_b = \eta_{vb}(M_b^l + M_b^r)/l_n + V_{Gb}$$

$$= 1.2 \times \frac{105 + 305}{6.9} + 135 = 206.3\text{kN}$$

(2) 查规范表，$f_t=1.71\text{N}/\text{mm}^2$，$f_{yv}=270\text{N}/\text{mm}^2$

根据《高规》6.3.5 条规定：

$$\rho_{sv} \geqslant 0.28 f_t / f_{yv} = 0.28 \times 1.71/270 = 0.177\%$$

【例 7.4.15】某 18 层一般钢筋混凝土框架结构，结构环境类别为一类，抗震等级为二级，框架局部梁柱配筋见图 7.4.10 所示，梁柱混凝土强度等级 C30，纵筋 HRB400、箍筋 HPB300。假设梁端上部纵筋为 8Φ25，下部为 4Φ25。单排，取 $a_s=a_s'=40\text{mm}$；双排，取 $a_s=a_s'=60\text{mm}$。

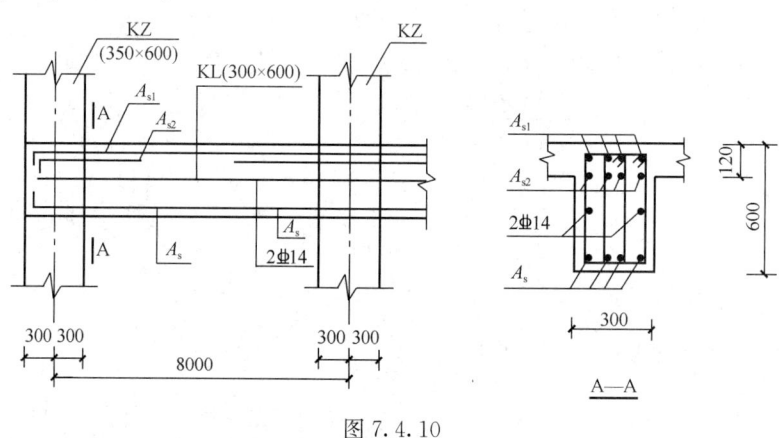

图 7.4.10

试问：关于箍筋设置，以下何组接近规范、规程要求？

(A) A_{sv1} 4Φ10@100，A_{sv2} 4Φ10@200 (B) A_{sv1} 4Φ10@150，A_{sv2} 4Φ10@200

(C) A_{sv1} 4Φ8@100，A_{sv2} 4Φ10@200 (D) A_{sv1} 4Φ8@150，A_{sv2} 4Φ8@200

【解答】(1) 根据《高规》表 6.3.2-2，梁端箍筋加密区的最大间距 s 为：

$$s = \min\left(\frac{h_b}{4}, 8d, 100\right) = \min\left(\frac{600}{4}, 8 \times 25, 100\right) = 100\text{mm}，故（B）、（D）项不满足。$$

(2) 梁顶面纵筋配筋率 ρ：

$$\rho = \frac{A_s}{bh_0} = \frac{3927}{300 \times 540} = 2.42\% > 2\%$$

根据《高规》6.3.2 条第 4 款规定，加密区箍筋最小直径应增大 2mm，故取为：8+2=10mm，故（C）不满足，所以应选（A）项。

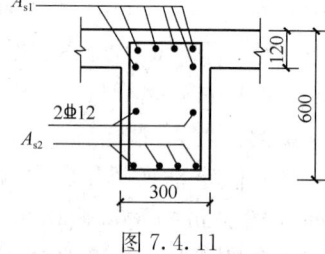

图 7.4.11

【例 7.4.16】某高层钢筋混凝土框架梁的配筋如图 7.4.11 所示，抗震等级为二级，混凝土采用 C30、钢筋采用 HRB400 和 HPB300，框架梁顶部钢筋 A_{s1} 为 6Φ20；梁底部钢筋 A_{s2} 为 4Φ20。单排，取 $a_s=a_s'=40\text{mm}$，双排，取 $a_s=a_s'=60\text{mm}$。

试问：确定该梁端加密区箍筋的配置。

【解答】(1) 箍筋最小直径

根据《高规》6.3.2 条第 4 款的规定：梁端纵向钢筋配箍率 $\rho=\frac{A_s}{bh}=\frac{1885}{300 \times (600-60)}=$ 1.16%<2%；

故查《高规》表 6.3.2-2 得，箍筋最小直径 8mm。

（2）梁端箍筋最大间距 s，查《高规》表 7.3.2-2：
$$s = \min\left(\frac{h_b}{4}, 8d, 100\right) = \min\left(\frac{600}{4}, 8\times 20, 100\right) = 100\text{mm}$$

（3）梁端箍筋加密区长度，查《高规》表 7.3.2-2：
$$\max(1.5h_b, 500) = \max(1.5\times 600, 500) = 900\text{mm}$$

（4）梁端箍筋的肢距，根据《高规》6.3.5 条第 2 款规定：
$\max(250, 20d) = \max(250, 20\times 8) = 250\text{mm}$，故加密区取 4 肢箍，4Φ8@100。

（5）验算梁全长配箍率，由《高规》6.3.5 条第 1 款规定：
$$\rho_{sv} = \frac{A_s}{bs} = \frac{4\times 50.3}{300\times 200} = 0.34\% > 0.28f_t/f_{yv} = 0.28\times 1.43/270 = 0.15\%，满足，$$
所以加密区配置 4Φ8@100。

【**例 7.4.17**】 某三跨 10 层钢筋混凝土框架结构，抗震等级为二级，边跨跨长为 6.3m，柱宽 0.6m，梁 $b\times h = 250\text{mm}\times 600\text{mm}$，采用 C30 混凝土，纵筋 HRB400 级，箍筋 HPB300 级，作用于梁上的重力荷载代表值的设计值

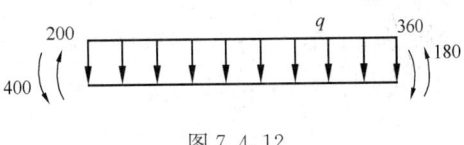

图 7.4.12

$q=30\text{kN/m}$。在地震组合下，内力调整前作用于第三层边跨梁上的弯矩设计值如图 7.4.12 所示。经计算知该梁跨中的基本组合最大剪力 $V_{\max}=200\text{kN}$。已知梁支座截面顶部配筋为 4Φ20，底部配筋 3Φ20，一类环境。取 $a_s=a_s'=35\text{mm}$。

试问：

（1）梁支座配箍筋时的剪力设计值（kN）为多少？

（2）假定梁支座地震组合剪力设计值为 265kN，确定该梁端部加密区箍筋配置。

（3）假定梁非加密区箍筋配置为双肢 2Φ8@200，验算其是否符合抗剪承载力要求？

【**解答**】（1）确定 V

边梁净跨：$l_n = l - 0.6 = 6.3 - 0.6 = 5.7\text{m}$

$$V_{Gb} = \frac{1}{2}q\cdot l_n = \frac{1}{2}\times 30\times 5.7 = 85.5\text{kN}$$

逆时针方向：$M_b^l = -400\text{kN}\cdot\text{m}$，$M_b^r = 180\text{kN}\cdot\text{m}$，$M_b^l + M_b^r = 400+180 = 580\text{kN}\cdot\text{m}$

顺时针方向：$M_b^l = 200\text{kN}\cdot\text{m}$，$M_b^r = -360\text{kN}\cdot\text{m}$，$M_b^l + M_b^r = 200+360 = 560\text{kN}\cdot\text{m}$

故取较大者 580kN·m 计算，根据《高规》6.2.5 条规定：
$$V = \eta_{vb}(M_b^l + M_b^r)/l_n + V_{Gb} = 1.2\times\frac{580}{5.7} + 85.5 = 207.6\text{kN}$$

（2）确定加密区箍筋配置

验算受剪截面条件，根据《高规》6.2.6 条规定

$h_0 = h - a_s = 565\text{mm}$；$l_n/h_b = \frac{5.7}{0.6} = 9.5 > 2.5$，由规范式（6.2.6-2）得：

$$\frac{1}{\gamma_{RE}}(0.2\beta_c f_c b h_0) = \frac{1}{0.85}\times 0.2\times 1\times 14.3\times 250\times 565 = 475.3\text{kN} > V_b = 265\text{kN}，满足$$

由《高规》6.2.10 条规定，按《混规》11.3.4 条计算：

$$V_{\mathrm{b}} = \frac{1}{\gamma_{\mathrm{RE}}}\left[0.6\alpha_{\mathrm{cv}}f_{\mathrm{t}}bh_0 + f_{\mathrm{yv}}\frac{A_{\mathrm{sv}}}{s}h_0\right]$$

$$\frac{A_{\mathrm{sv}}}{s} = \frac{V_{\mathrm{b}}\gamma_{\mathrm{RE}} - 0.6\alpha_{\mathrm{cv}}f_{\mathrm{t}}bh_0}{f_{\mathrm{yv}}h_0} = \frac{265\times 10^3 \times 0.85 - 0.6\times 0.7\times 1.43\times 250\times 565}{270\times 565}$$

$$= 0.920 \mathrm{mm^2/mm}$$

查《高规》表6.3.2-2得，箍筋最小直径为8mm；

梁截面纵向钢筋配筋率：$\rho = \dfrac{A_{\mathrm{s}}}{bh_0} = \dfrac{1256}{250\times 565} = 0.89\% < 2\%$，故可取$\phi 8$

$$s = \frac{A_{\mathrm{sv}}}{0.920} = \frac{2\times 50.3}{0.920} = 109.3\mathrm{mm}，故取 s = 100\mathrm{mm}，且满足《高规》表6.3.2-2箍$$

筋最大间距规定。

所以梁端加密区箍筋配置为双肢$2\phi 8@100$。

(3) 验算非加密区箍筋的抗剪承载力

跨中抗剪承载力，由《混规》6.3.4条：

$$V_{\mathrm{u}} = \alpha_{\mathrm{cv}}f_{\mathrm{t}}bh_0 + f_{\mathrm{yv}}\frac{A_{\mathrm{sv}}}{s}h_0$$

$$= 0.7\times 1.43\times 250\times 565 + 270\times \frac{2\times 50.3}{200}\times 565$$

$$= 218\mathrm{kN} > V_{\mathrm{max}} = 200\mathrm{kN\cdot m}，故满足$$

【例7.4.18】 某高层钢筋混凝土框架结构，抗震等级为一级，框架梁截面尺寸$b\times h = 250\mathrm{mm}\times 600\mathrm{mm}$，采用C30混凝土，纵筋采用HRB400级，箍筋用HPB300级，已知梁的两端截面配筋均为：梁顶$4\Phi 22$，梁底$3\Phi 22$，梁净跨$l_{\mathrm{n}} = 5.6\mathrm{m}$，重力荷载代表值为30kN/m。在地震组合下，内力调整前的梁端弯矩设计值如图7.4.13所示。环境类别为一类。

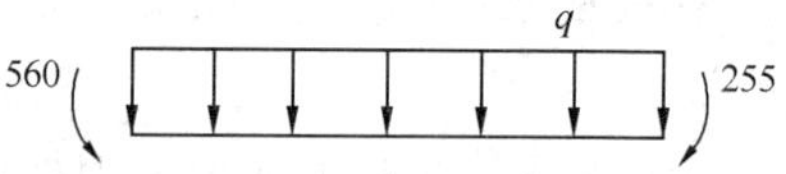

图7.4.13（单位：kN·m）

试问：该框架梁的梁端剪力设计值（kN）为多少？

提示：按《建筑与市政工程抗震通用规范》作答。

【解答】(1) 重力荷载代表值引起的梁端支座边缘剪力设计值：

$$V_{\mathrm{Gb}} = 1.3\times\left(\frac{1}{2}ql_{\mathrm{n}}\right) = 1.3\times\frac{1}{2}\times 30\times 5.6 = 109.2\mathrm{kN}$$

(2) 根据《高规》6.2.5条及条文说明规定：

逆时针方向：$M_{\mathrm{bua}}^l = \dfrac{1}{\gamma_{RE}}f_{\mathrm{yk}}A_{\mathrm{s}}^{\mathrm{a}}(h_0 - a_{\mathrm{s}}') = \dfrac{1}{0.75}\times 400\times 1520\times(565 - 35)$

$$= 429.65\mathrm{kN\cdot m}(\circlearrowleft)$$

$M_{\mathrm{bua}}^r = \dfrac{1}{\gamma_{RE}}f_{\mathrm{yk}}A_{\mathrm{s}}^{\mathrm{a}}(h_0 - a_{\mathrm{s}}') = \dfrac{1}{0.75}\times 400\times 1140\times(565 - 35)$

$$= 322.24\mathrm{kN\cdot m}(\circlearrowleft)$$

$$M_{\mathrm{bua}}^l + M_{\mathrm{bua}}^r = 429.65 + 322.24 = 751.89\mathrm{kN\cdot m}$$

顺时针方向，同理：$M_{\mathrm{bua}}^l = 322.24\mathrm{kN\cdot m}$；$M_{\mathrm{bua}}^r = 429.65\mathrm{kN\cdot m}$

$$M_{\mathrm{bua}}^l + M_{\mathrm{bua}}^r = 751.89\mathrm{kN\cdot m}$$

由《高规》式(6.2.5-2)得：

$$V = 1.1(M^l_{bua} + M^r_{bua})/l_n + V_{Gb} = 1.1 \times 751.89/5.6 + 109.2$$
$$= 257 \text{kN}$$

【例 7.4.19】 某高层钢筋混凝土框架结构，抗震等级为一级，框架梁截面尺寸 $b \times h$ = 250mm × 700mm，混凝土强度等级为 C30，纵筋采用 HRB400 级，箍筋用 HPB300 级。已知梁左端截面配筋为：梁顶 6 Φ 20，梁底 4 Φ 20；梁右端截面配筋为梁顶 8 Φ 20，梁底 4 Φ 20。在地震组合下，内力调整前的梁端弯矩设

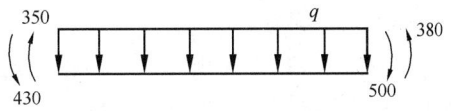

图 7.4.14（单位：kN·m）

计值如图 7.4.14 所示。按简支梁计算的梁端剪力设计值 V_{Gb} = 85kN，梁净跨 l_n = 5.6m。单排钢筋时，取 $a_s = a'_s$ = 35mm；双排钢筋时，取 $a_s = a'_s$ = 60mm。

试问：该框架梁端部剪力设计值为多少？

【解答】 由《高规》6.2.5 条规定，抗震等级一级，按实配钢筋求 V

$$M_{bua} = \frac{1}{\gamma_{RE}} f_{yk} A^a_s (h_0 - a'_s)$$

逆时针方向：$M^l_{bua} = \frac{1}{0.75} \times 400 \times 1884 \times [(700-60)-35] = 607.9 \text{kN} \cdot \text{m}$

$M^r_{bua} = \frac{1}{0.75} \times 400 \times 1256 \times [(700-35)-60] = 405.3 \text{kN} \cdot \text{m}$

$M^l_{bua} + M^r_{bua} = 607.9 + 405.3 = 1013.2 \text{kN} \cdot \text{m}$

顺时针方向：$M^l_{bua} = \frac{1}{0.75} \times 400 \times 1256 \times [(700-35)-60] = 405.3 \text{kN} \cdot \text{m}$

$M^r_{bua} = \frac{1}{0.75} \times 400 \times 2513 \times [(700-60)-35] = 810.9 \text{kN} \cdot \text{m}$

$M^l_{bua} + M^r_{bua} = 405.3 + 810.9 = 1216.2 \text{kN} \cdot \text{m}$

取较大者，$M^l_{bua} + M^r_{bua}$ 为 1216.2kN·m，由规范式（6.2.5-1）得：

$$V = 1.1(M^l_{bua} + M^r_{bua})/l_n + V_{Gb}$$
$$= 1.1 \times \frac{1216.2}{5.6} + 85 = 323.9 \text{kN}$$

三、框架柱

框架柱的设计内容包括：柱内力调整（弯矩、剪力调整）；柱轴压比；柱斜截面受剪承载力计算；柱配筋（纵向受力钢筋、箍筋配置）。

▲1. 柱端弯矩调整

- 复习《高规》6.2.1 条、6.2.2 条、6.2.4 条。

需注意的是：

（1）《高规》6.2.1 条中，柱端弯矩增大系数：对框架结构，二、三级分别取 1.5 和

1.3；对其他结构中的框架，一、二、三、四级分别取1.4、1.2、1.1和1.1。

此外，节点左、右梁端弯矩值 M_{bua}^l、M_{bua}^r 的计算中，《高规》6.2.1条的条文说明中指出：

> 6.2.1（条文说明）
>
> 当楼板与梁整体现浇时，板内配筋对梁的受弯承载力有相当影响，因此本次修订增加了在计算梁端实际配筋面积时，应计入梁有效翼缘宽度范围内楼板钢筋的要求。梁的有效翼缘宽度取值，各国规范也不尽相同，建议一般情况可取梁两侧各6倍板厚的范围。

（2）《高规》6.2.2条及其条文说明。

> 6.2.2 抗震设计时，一、二、三级框架结构的底层柱底截面的弯矩设计值，应分别采用考虑地震作用组合的弯矩值与增大系数1.7、1.5、1.3的乘积。底层框架柱纵向钢筋应按上、下端的不利情况配置。
>
> 6.2.2（条文说明）
> 增大系数只适用于框架结构，对其他类型结构中的框架，不作此要求。

▲2. 柱端剪力调整

● 复习《高规》6.2.3条、6.2.4条。

需注意的是：

（1）《高规》6.2.3条中，柱端剪力增大系数：对框架结构，二、三级分别取1.3、1.2；对其他结构类型的框架，一、二级分别取1.4、1.2，三、四级均取1.1。

（2）《高规》6.2.3条中，框支柱的柱端剪力值与《高规》10.2.11条第4款是一致的，同时，与《高规》10.2.17条对应。

（3）《高规》6.2.4条，框架角柱包括：框架结构的框架角柱；其他结构类型的框架角柱。

【例7.4.20】 图7.4.15所示为某钢筋混凝土高层框架结构的一榀框架，抗震等级为二级，底部一、二层梁截面高度为0.6m，柱截面为0.6m×0.6m。已知在地震组合下，内力调整前节点 B 和柱 DB 的弯矩设计值（kN·m）如图7.4.15所示。

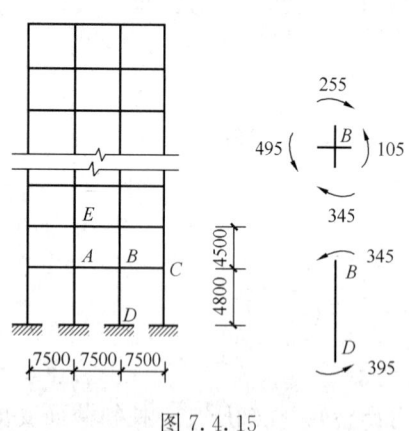

图7.4.15

试问：

（1）抗震设计时，在地震组合下柱 DB 的柱端 B 的弯矩设计值（kN·m）为多少？

（2）假定柱 EA 在地震组合下，柱上、下端的弯矩设计值分别为 $M_c^t=298$kN·m（↶），$M_c^b=306$kN·m（↷）。抗震设计时，在地震组合下柱 EA 端部截面的剪力设计值（kN）应为多少？

【解答】（1）根据《高规》6.2.1条得：

$$\Sigma M_c = \eta_c \Sigma M_b$$
$$= 1.5 \times (495 + 105)$$
$$= 900 \text{kN} \cdot \text{m}$$

B 节点上、下柱端弯矩分配按内力调整前的弯矩比值进行,即:

$$M_{BD} = \frac{345}{345 + 255} \cdot \Sigma M_c$$
$$= \frac{345}{345 + 255} \times 900$$
$$= 517.5 \text{kN} \cdot \text{m}$$

(2) 根据《高规》6.2.3 条规定:

$$H_n = H - 0.6 = 4.5 - 0.6 = 3.9 \text{m}$$
$$V = \eta_{vc}(M_c^t + M_c^b)/H_n$$
$$= 1.3 \times (298 + 306)/3.9 = 201.3 \text{kN}$$

【例 7.4.21】 一幢 8 层中学教学楼,采用全现浇钢筋混凝土框架结构体系,抗震设防烈度为 7 度,0.15g,设计地震分组为一组,Ⅱ类场地。在重力荷载代表值作用下,中间横向框架的计算简图如图 7.4.16 所示。混凝土强度等级采用 C30(柱)及 C30(梁、板),梁、柱的纵向钢筋采用 HRB400 级。

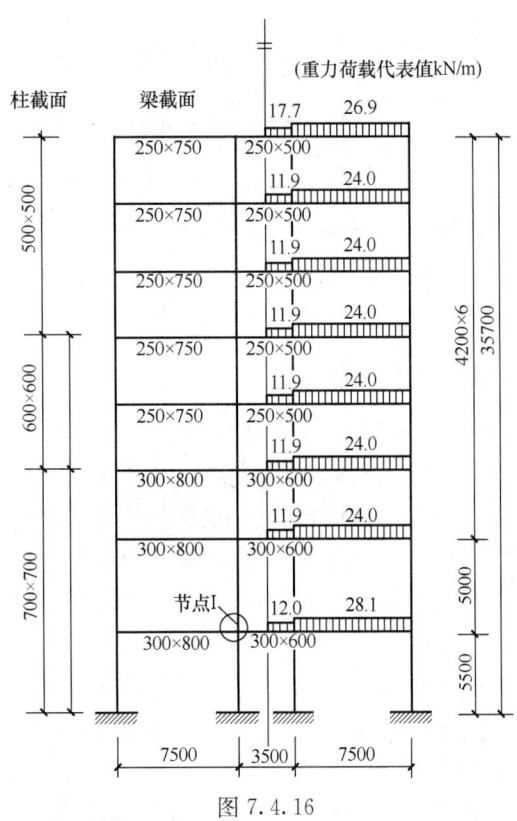

图 7.4.16

如图中节点Ⅰ处在地震组合下的梁端弯矩设计值 $M_b = \pm 360 \text{kN} \cdot \text{m}$,并设该节点上、下柱端弯矩相等。已知节点处横梁配筋上部为 4⊕25,下部为 4⊕20;$a_s = a_s' = 50 \text{mm}$。

试问: 在地震组合下,该节点上、下柱端弯矩设计值 M_c(kN·m)应为多少?

【解答】 (1) $H = 35.7 \text{m}$、7 度、教学楼为乙类建筑,Ⅱ类场地,按 8 度考虑抗震措施,查《高规》表 3.9.3 知,该框架抗震等级为一级。

(2) 根据《高规》6.2.1 条,由梁端 M_{bua} 确定柱端 M_c

4⊕25($A_s = 1964 \text{mm}^2$),4⊕20($A_s = 1256 \text{mm}^2$),$h_{01} = h - a_s = 750 \text{mm}$,$h_{02} = 600 - 50 = 550 \text{mm}$。

逆时针:
$$M_{bua}^l = \frac{1}{\gamma_{RE}} f_{yk} A_s^a (h_{01} - a_s') = \frac{1}{0.75} \times 400 \times 1964 \times (750 - 50)$$
$$= 733.2 \text{kN} \cdot \text{m}$$

$$M_{bua}^r = \frac{1}{\gamma_{RE}} f_{yk} A_s^a (h_{02} - a_s') = \frac{1}{0.75} \times 400 \times 1256 \times (550 - 50)$$
$$= 334.9 \text{kN} \cdot \text{m}$$

$$M_{bua}^l + M_{bua}^r = 733.2 + 334.9 = 1068.1 \text{kN} \cdot \text{m}$$

顺时针： $M_{bua}^l = \dfrac{1}{0.75} \times 400 \times 1256 \times (750-50) = 468.9 \text{kN} \cdot \text{m}$

$M_{bua}^r = \dfrac{1}{0.75} \times 400 \times 1964 \times (550-50) = 523.7 \text{kN} \cdot \text{m}$

$M_{bua}^l + M_{bua}^r = 468.9 + 523.7 = 992.6 \text{kN} \cdot \text{m}$

故取 $M_{bua}^l + M_{bua}^r = 1068.1 \text{kN} \cdot \text{m}$

由《高规》式（6.2.1-1）得：

$$\Sigma M_c = 1.2 \Sigma M_{bua} = 1.2 \times 1068.1 = 1281.72 \text{kN} \cdot \text{m}$$

上、下柱端弯矩相等，$M_c^t = M_t^b = \dfrac{1}{2} \times 1281.72 = 640.86 \text{kN} \cdot \text{m}$。

【例 7.4.22】 某现浇钢筋混凝土高层框架结构房屋，高度 50m，抗震等级为二级。作用在结构上的活载仅为按等效均布荷载计算的楼面活载；水平地震作用已考虑相应增大系数。已知其底层边柱的底端受各种荷载或作用产生的标准值（单位：kN·m, kN）如下：

恒载：$M=32.5$　$V=18.7$　　活荷载：$M=21.5$　$V=14.3$

左风：$M=28.6$　$V=-16.4$　　右风：$M=-26.8$　$V=15.8$

左地震：$M=-53.7$　$V=-27.0$　　右地震：$M=47.6$　$V=32.0$

该底层边柱的顶端弯矩（内力调整后弯矩）为 138kN·m，底层边柱净高为 3.9m。

试问：当对该底层边柱的底端进行截面配筋设计时，地震组合时的 M、V 的最大设计值为多少？

提示：按《建筑与市政工程抗震通用规范》作答。

【解答】（1）高度 50m<60m，根据《高规》表 5.6.4 知，风荷载不参与效应组合。

（2）重力荷载代表值产生的 M_k、V_k 为：

$$M_k = 32.5 + 0.5 \times 21.5 = 43.25 \text{kN} \cdot \text{m}$$
$$V_k = 18.7 + 0.5 \times 14.3 = 25.85 \text{kN}$$

（3）地震组合下的 M、V，由《高规》5.6.4 条、《抗震通规》4.3.2 条：

取右地震为最不利组合：

$$M = 1.3 \times 43.25 + 1.4 \times 47.6 = 122.865 \text{kN} \cdot \text{m}$$
$$V = 1.3 \times 25.85 + 1.4 \times 32 = 78.405 \text{kN}$$

（4）内力调整后的柱端 M、V

根据《高规》6.2.2 条规定：$M = 1.5 \times 122.865 = 184.3 \text{kN} \cdot \text{m}$

根据《高规》6.2.3 条规定，柱端剪力应在柱端弯矩调整后，再乘以增大系数（η_{vc}），则：

$$V = (M_c^t + M_c^b)/H_n \times \eta_{vc} = (138 + 184.3)/3.9 \times 1.3$$
$$= 107.4 \text{kN}$$

上述 V 取较大者，所以取 $V=107.4 \text{kN}$

思考： 若题目为某底层角柱的底端受各种荷载产生的标准值，其顶端弯矩 $=1.1 \times 138 = 151.8 \text{kN} \cdot \text{m}$，其他条件不变。试问，该底层角柱截面设计时，其 M、V 的最大地震组合设计值为多少？

解答如下：

内力调整前：$M=122.865 \text{kN} \cdot \text{m}$，$V=78.405 \text{kN}$

内力调整，根据《高规》6.2.2 条、6.2.4 条规定，柱端弯矩 M 为：

$$M = (1.5 \times 122.865) \times 1.1 = 202.73 \text{kN} \cdot \text{m}$$

根据《高规》6.2.2条、6.2.3条、6.2.4条规定，底层角柱的柱端剪力V为柱端弯矩调整后，再乘以增大系数（η_{VC}），则：

$$V = 1.3 \times (151.8 + 202.73)/3.9 = 118.2 \text{kN}$$

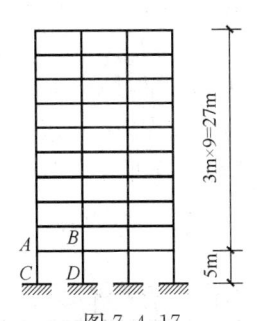

图 7.4.17

【例 7.4.23】 有一座10层办公楼为现浇混凝土框架结构，如图 7.4.17 所示，结构总高32m，建于8度抗震设防区，设计地震分组为第一组，Ⅱ类场地，框架的抗震等级为一级。二层箱形地下室，可作为上部结构的嵌固端。

首层框架柱CA在某一荷载效应组合中，由荷载、水平地震作用在柱底截面产生的内力标准值如下：

永久荷载：$M_{Gk} = -20 \text{kN} \cdot \text{m}$　　$N_{Gk} = 3000 \text{kN}$

楼面活荷载：$M_{Qk} = -10 \text{kN} \cdot \text{m}$　　$N_{Qk} = 500 \text{kN}$

水平地震作用：$M_{Ehk} = \pm 266 \text{kN} \cdot \text{m}$　　$N_{Ehk} = \pm 910 \text{kN}$

提示：按《建筑与市政工程抗震通用规范》作答。

试问：

(1) 当考虑地震组合时，该柱底截面最大组合轴力设计值(kN)为多少？

(2) 假如该榀框架为边榀框架，考虑地震组合时，柱CA底截面最大地震组合弯矩设计值为多少？

(3) 假定边榀框架CA柱净高4.4m，柱截面经内力调整后的地震组合弯矩设计值为：柱上端弯矩$M_c^t = 490 \text{kN} \cdot \text{m}$（↻），下端$M_c^b = 330 \text{kN} \cdot \text{m}$（↻），对称配筋。此外，该柱上、下端实配的正截面抗震受弯承载力所对应的弯矩值$M_{cua}^t = M_{cua}^b = 725 \text{kN} \cdot \text{m}$（已考虑增大系数1.1），当对柱截面进行抗震设计时，柱CA端部截面的地震组合时剪力设计值（kN）为多少？

【解答】 (1) 根据《高规》5.6.4条、《抗震通规》4.3.2条：

$$N = 1.3 \times (3000 + 0.5 \times 500) + 1.4 \times 910 = 5499 \text{kN}$$

(2) 根据《高规》6.2.2条、6.2.4条。

$$M = 1.7 \times 1.1 \times [-1.3 \times (20 + 0.5 \times 10) - 1.4 \times 266] = -757.2 \text{kN} \cdot \text{m}$$

(3) 根据《高规》6.2.3条规定

抗震等级为一级，由规范式（6.2.3-1）得：

$$V = 1.2(M_{cua}^t + M_{cua}^b)/H_n = 1.2 \times \frac{(725 + 725)}{4.4} = 395.45 \text{kN}$$

▲3. 地下室顶板的梁柱节点内力调整

《建筑抗震设计规范》GB 50011—2010 6.1.14条作了如下规定：

> 6.1.14 地下室顶板作为上部结构的嵌固部位时，应符合下列要求：
>
> 1 地下室顶板应避免开设大洞口；地下室在地上结构相关范围的顶板应采用现浇梁板结构，相关范围以外的地下室顶板宜采用现浇梁板结构；其楼板厚度不宜小于180mm，混凝土强度等级不宜小于C30，应采用双层双向配筋，且每层每个方向的配筋率不宜小于0.25%。
>
> 2 结构地上一层的侧向刚度，不宜大于相关范围地下一层侧向刚度的0.5倍；地下室周边宜有与其顶板相连的抗震墙。

3 地下室顶板对应于地上框架柱的梁柱节点除应满足抗震计算要求外，尚应符合下列规定之一：

　　1）地下一层柱截面每侧纵向钢筋不应小于地上一层柱对应纵向钢筋的1.1倍，且地下一层柱上端和节点左右梁端实配的抗震受弯承载力之和应大于地上一层柱下端实配的抗震受弯承载力的1.3倍。

　　2）地下一层梁刚度较大时，柱截面每侧的纵向钢筋面积应大于地上一层对应柱每侧纵向钢筋面积的1.1倍；同时梁端顶面和底面的纵向钢筋面积均应比计算增大10%以上；

4 地下一层抗震墙墙肢端部边缘构件纵向钢筋的截面面积，不应少于地上一层对应墙肢端部边缘构件纵向钢筋的截面积。

其中，《建筑抗震设计规范》GB 50011—2010 6.2.3条、6.2.6条作了如下规定：

6.2.3　一、二、三、四级框架结构的底层，柱下端截面组合的弯矩设计值，应分别乘以增大系数1.7、1.5、1.3和1.2。底层柱纵向钢筋宜按上下端的不利情况配置。

6.2.6　一、二、三、四级框架的角柱，经本节第6.2.2、6.2.3、6.2.5、6.2.10条调整后的组合弯矩设计值、剪力设计值尚应乘以不小于1.10的增大系数。

▲4. 柱轴压比

● 复习《高规》6.4.2条。

需注意的是：

(1)《高规》6.4.2条中，"对于Ⅳ类场地上较高的高层建筑，其轴压比限值应适当减小"。对此，本条的条文说明中规定：较高的高层建筑，是指高于40m的框架结构或高于60m的其他结构体系的混凝土房屋建筑。

(2)《高规》表6.4.2中注1、2、3、4、5、6的规定。

《高规》注5的运用，可查《混凝土结构剪力墙边缘构件和框架柱构造钢筋选用》(14G330-1、14G330-2)中表，具体举例见本书上册第三章钢筋混凝土结构第十四节内容。

(3) 柱轴压比限值属于抗震构造措施，应按抗震构造措施所对应的抗震等级确定其值。

【例7.4.24】　有一高层钢筋混凝土框架结构的角柱，柱断面为400mm×600mm，抗震等级为二级，环境类别为一类，采用C35混凝土；各种荷载在该角柱控制截面产生内力标准值如下：永久荷载$M=280.5$kN·m，$N=860.00$kN，活荷载$M=130.8$kN·m，$N=580.0$kN，水平地震作用$M=\pm 200.6$kN·m，$N=\pm 480.0$kN。

试问：该柱轴压比与柱轴压比限值的比值为多少？

提示：按《建筑与市政工程抗震通用规范》作答。

【解答】　根据《高规》6.4.2条注1的规定：

$$\mu_N = \frac{[1.3\times(860+0.5\times 580)+1.4\times 480.0]\times 10^3}{16.7\times 400\times 600} = 0.54$$

抗震等级二级，查《高规》表6.4.2得：$[\mu_N]=0.75$

$$\frac{\mu_N}{[\mu_N]} = \frac{0.54}{0.75} = 0.72$$

【例 7.4.25】 某一座 10 层办公楼，如图 7.4.18 所示，为现浇钢筋混凝土框架结构，抗震等级为一级，柱混凝土采用 C45，柱 DB 断面为 550mm×550mm，假定 D 截面轴压力设计值 $N=4910$kN；剪跨比 $\lambda>2$。

试问：根据轴压比调整柱 DB 的断面尺寸。

【解答】 查《高规》表 6.4.2 得，$[\mu_N]=0.65$

$$\mu_N = \frac{4910 \times 10^3}{21.1 \times 550 \times 550} = 0.769 > [\mu_N] = 0.65$$

故需调整柱截面尺寸。

$$\frac{N}{f_c A} \leqslant [\mu_N], A \geqslant \frac{N}{f_c[\mu_N]} = \frac{4910 \times 10^3}{21.1 \times 0.65} = 358002 \text{mm}^2$$

$h \geqslant \sqrt{A} = 598.3$mm，故取 $h=600$mm。

思考：当题目中剪跨比 $\lambda=1.8$，其他条件不变。试根据轴压比重新调整柱 DB 的断面尺寸。

解答如下：剪跨比 $\lambda=1.8$，由《高规》表 6.4.2 注 3 的规定，$[\mu_N]=0.65-0.05=0.60$

$$A \geqslant \frac{N}{f_c[\mu_N]} = \frac{4910 \times 10^3}{21.1 \times 0.60} = 387836 \text{mm}^2$$

$h \geqslant \sqrt{A} = 623$mm，故取 $h=650$mm。

【例 7.4.26】 某高层钢筋混凝土框架结构，抗震设防烈度为 7 度，设计基本地震加速度值为 $0.15g$，房屋高度为 45m 的丙类建筑，修建于Ⅲ类场地上。已知某层边柱承受的轴向力标准值为：重力荷载代表值作用下 $N_{Gk}=3500$kN，水平风荷载作用下 $N_{wk}=650$kN，水平地震作用下 $N_{Ehk}=1000$kN。该边柱截面尺寸为 700mm×700mm，柱净高 $H_n=3.3$m，采用 C40 混凝土，环境类别一类。

试问：该柱轴压比与柱轴压比限值的比值为多少？

提示：按《建筑与市政工程抗震通用规范》作答。

【解答】 (1) $H=45$m<50m，查《高规》表 3.3.1-1，属 A 级高度；丙类建筑，7 度，Ⅲ类场地，由《高规》3.9.1 条第 2 款知，按 7 度考虑抗震措施的抗震等级。

(2) Ⅲ类场地，7 度，设计地震加速度为 $0.15g$，根据《高规》3.9.2 条规定，按 8 度考虑抗震构造措施的抗震等级。

(3) 最终确定按 8 度考虑抗震构造措施的抗震等级，查《高规》表 3.9.3 知，抗震等级为一级。

(4) 确定 λ，由《高规》6.2.6 条知，$\lambda = \frac{H_n}{2h_0} = \frac{3300}{2 \times (700-40)} = 2.5$，查《高规》表 6.4.2 得：$[\mu_N]=0.65$。

(5) 确定 μ_N，$H=45$m<60m，不考虑风荷载参与组合。

$$\mu_N = \frac{(1.3 \times 3500 + 1.4 \times 1000) \times 10^3}{19.1 \times 700 \times 700} = 0.636$$

(6) 确定比值：

$$\frac{\mu_N}{[\mu_N]} = \frac{0.636}{0.65} = 0.98$$

【例 7.4.27】 某高层钢筋混凝土框架结构,房屋高度 38m,抗震设防烈度为 7 度 (0.15g),丙类建筑,Ⅲ类建筑场地。第三层某框架柱截面尺寸为 750mm×750mm,混凝土强度等级为 C40,箍筋采用 HRB335 级钢筋,配置Ф12 井字复合箍,沿全高箍筋间距为 100mm,筋肢为 200mm。柱净高 2.7m,反弯点位于柱子高度中部。取 $a_s = a_s' = 45mm$。

试问: 该柱的轴压比限值为多少?

【解答】 7 度,丙类建筑,Ⅲ类场地,根据《高规》3.9.1 条,应按 7 度考虑抗震措施;Ⅲ类场地,7 度,0.15g,根据《高规》3.9.2 条,应按 8 度考虑抗震构造措施的抗震等级,故最终按 8 度考虑抗震构造措施的抗震等级。

8 度,38m,查《高规》表 3.9.3,框架抗震等级为一级。抗震一级,查《高规》表 7.4.2,取 $[\mu_M]=0.65$。

$$\lambda = \frac{H_n}{2h_0} = \frac{2.7}{2 \times (0.75-0.045)} = 1.91 < 2.0$$

根据《高规》表 6.4.2 注 3 的规定:

$$[\mu_N] = 0.65 - 0.05 = 0.60$$

井字复合箍Ф12@100,箍距 200mm,根据《高规》表 7.4.2 注 4:

$$[\mu_N] = 0.60 + 0.10 = 0.70$$

▲5. 框架柱中纵向钢筋的配置

框架柱纵筋的要求,《混通规》4.4.9 条作了规定。《高规》作了相同规定。

- 复习《高规》6.4.3 条第 1 款、6.4.4 条、6.4.5 条。

需注意的是:

(1)《高规》6.4.3 条,规定了柱全部纵向钢筋最小配筋率;注意表 7.4.3-1 注 1、2、3 的规定;

规程 6.4.3 条规定,"抗震设计时,对Ⅳ类场地上较高的高层建筑,表中数值应增加 0.1"。

(2)《高规》6.4.4 条,规定了柱全部纵向钢筋最大配筋率:

抗震设计:$\rho = \frac{A_s}{bh} \leqslant \rho_{max} = 5\%$

非抗震设计:$\rho = \frac{A_s}{bh} \leqslant \rho_{max} = 6\%$(不宜大于 5%)

(3)《高规》6.4.4 条第 4 款、第 5 款的特殊情况规定。

(4)对带地下室的高层建筑,地下室柱截面纵向钢筋规定,《高规》12.2.1 条第 3 款作了如下规定:

12.2.1 高层建筑地下室顶板作为上部结构的嵌固部位时,应符合下列规定:

3 地下室顶板对应于地上框架柱的梁柱节点设计应符合下列要求之一:

1) 地下一层柱截面每侧的纵向钢筋面积除应符合计算要求外,不应少于地上一层对应柱每侧纵向钢筋面积的 1.1 倍;地下一层梁端顶面和底面的纵向钢筋应比计算值增大 10% 采用。

2) 地下一层柱每侧的纵向钢筋面积不小于地上一层对应柱每侧纵向钢筋面积的1.1倍且地下室顶板梁柱节点左右梁端截面与下柱上端同一方向实配的受弯承载力之和不小于地上一层对应柱下端实配的受弯承载力的1.3倍。

地下室柱截面纵向钢筋规定,《建筑抗震设计规范》6.1.14 条规定与《高规》12.2.1 条是协调的。

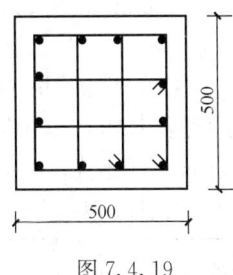

图 7.4.19

【例 7.4.28】 某高层钢筋混凝土框架结构,抗震等级为一级,混凝土强度等级采用 C35,纵筋采用 HRB400 及箍筋采用 HPB300;某中柱纵向钢筋的配置如图 7.4.19 所示,若采用等直径纵向钢筋为 12 根,试确定其配筋为下列何项数值时,才能满足、最接近规程中规定的对全截面纵向钢筋配筋的构造要求?

(A) 12⌀14   (B) 12⌀16   (C) 12⌀18   (D) 12⌀20

【解答】 查《高规》表 6.4.3-1 及注 2 的规定:
$$\rho_{min} = 1.0\% + 0.05\% = 1.05\%$$
$$A_{s,min} = \rho_{min}bh = 1.05\% \times 500 \times 500 = 2625 mm^2$$
$$12 \cdot \frac{\pi d^2}{4} \geqslant A_{s,min} = 2625,故 d \geqslant 16.7mm,选 12⌀18。$$

故选(C)项。

【例 7.4.29】 某高层钢筋混凝土框架结构,建筑高度较高,位于Ⅳ类场地,抗震等级为二级,纵向受力钢筋采用 HRB400 钢筋。其中,某角柱的横截面尺寸为 600mm×600mm,为小偏心受拉,其计算配置纵向受力钢筋截面面积 $A_s = 3600mm^2$。

试问:该角柱的纵向受力钢筋配置下列何项满足规范规程要求?

(A) 12⌀25   (B) 4⌀25(角筋)+8⌀20
(C) 12⌀22   (D) 12⌀20

【解答】 根据《高规》6.4.3 条:
$$\rho_{min} = (0.9+0.1+0.05)\% = 1.05\%$$
$$A_s \geqslant A_{s,min} = \rho_{min}bh = 1.05\% \times 600 \times 600 = 3780 mm^2$$

故(D)项不满足。

又根据《高规》6.4.4 条:
$$A_s = 1.25 \times 3600 = 4500 mm^2$$

故(B)项不满足;(A)、(C)项满足,且(C)项最接近。
所以应选(C)项。

▲6. 框架柱中箍筋的配置

框架柱加密区箍筋的要求,《混通规》4.4.9 条了规定。《高规》规定与《混通规》基本一致。

- 复习《高规》6.4.6 条。(柱箍筋加密区范围)
- 复习《高规》6.4.7 条。(柱箍筋体积配箍率)
- 复习《高规》6.4.3 条第 2 款、6.4.8 条。(箍筋加密区的箍筋直径、间距、肢距)

需注意的是:

(1)《高规》6.4.6 条,与《抗规》6.3.9 条是协调的,并且《抗规》6.3.9 条还规定了:"框支柱,取全高"。

《抗规》6.1.4 条第 2 款还作了如下规定:

> 6.1.4
> 2 8、9 度框架结构房屋防震缝两侧结构层高相差较大时,防震缝两侧框架柱的箍筋应沿房屋全高加密,并可根据需要在缝两侧沿房屋全高各设置不少于两道垂直于防震缝的抗撞墙。抗撞墙的布置宜避免加大扭转效应,其长度可不大于 1/2 层高,抗震等级可同框架结构;框架构件的内力应按设置和不设置抗撞墙两种计算模型的不利情况取值。

对此,《高规》3.4.10 条第 4 款也有相同的规定。

(2)《高规》6.4.7 条,《高规》式 (6.4.7) 中 ρ_v 的计算:

$$\rho_v = \frac{\sum n_i A_{si} l_i}{A_{cor} s}$$

$$\rho_v \geqslant \lambda_v f_c / f_{yv}$$

f_c 的取值:当≤C35 时,f_c 按 C35 计算,即:$f_c = 16.7 \text{N/mm}^2$;

f_{yv} 的取值:按实际情况取值,无限制条件。

(3)《高规》6.4.3 条第 2 款规定中,除一般情况外,需注意本条第 2 款第 2)、3) 条中的特殊情况。

【例 7.4.30】 某现浇钢筋混凝土高层框架结构,抗震等级二级,其底层中柱截面为 600mm×800mm,梁截面为 350mm×600mm,层高为 4500mm,地坪为刚性,地坪以下 1.5m 为基础顶面。

试问: 该柱箍筋加密区的范围。

【解答】 (1)柱上端,根据《高规》6.4.6 条第 1 款规定:

$$\max(\text{截面长边}; H_n/6; 500) = \max\left(800; \frac{4500+1500-600}{6}; 500\right) = 900\text{mm}$$

(2)柱下端,《高规》6.4.6 条第 2 款:地坪上、下各 500mm

又由《高规》6.4.6 条第 3 款:$\frac{4500+1500-600}{3} = 1800\text{mm}$

最终取为:$1800 - (1800 - 1500) + 500 = 2000\text{mm}$

所以取柱下端箍筋加密区为 2000mm。

【例 7.4.31】 某现浇钢筋混凝土高层框架结构,抗震等级为三级,第二层某中柱截面为 600mm×800mm,梁截面为 350mm×600mm,层高为 3600mm,柱间为填充墙。

试问: 该柱箍筋加密区的范围。

【解答】 (1)柱上、下端:根据《高规》6.4.6 条第 1 款规定:

$$\max(\text{截面长边}; H_n/6; 500) = \max\left(800; \frac{3600-600}{6}; 500\right) = 800\text{mm}$$

(2)$H_n/h = \frac{3600-600}{800} = 3.75 < 4$

根据《高规》6.4.6 条第 4 款规定,取柱全高加密。

【例 7.4.32】 某钢筋混凝土框架-剪力墙高层结构,框架抗震等级为二级,某一框架柱在有地震组合时的轴压比为 0.6，该柱截面配筋见图 7.4.20 所示，其纵向受力钢筋为 HRB400 级，箍筋为 HPB300 级，混凝土强度等级为 C30，箍筋的混凝土保护层厚度为 20mm。

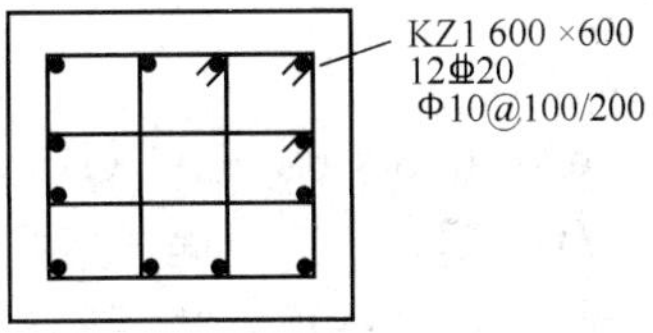

图 7.4.20
KZ1 600×600
12Φ20
Φ10@100/200

试问：该柱在加密区的体积配箍率 $[\rho_v]$ 与实际体积配箍率 ρ_v 的比值为多少？

【解答】（1）$\mu_N = 0.6$，查《高规》表 6.4.7 知，$\lambda_v = 0.13$。

又 C30＜C35，故 f_c 按 C35 计算，取 $f_c = 16.7\text{N/mm}^2$

由《高规》式（6.4.7）：

$[\rho_v] = \lambda_v f_c/f_{yv} = 0.13 \times 16.7/270 = 0.804\% > 0.6\%$（《高规》6.4.7 条第 2 款）

（2）求 ρ_v：$l_1 = l_2 = 600 - 2 \times 25 = 550\text{mm}$，$s = 100\text{mm}$

$$\rho_v = \frac{\sum n_i A_{si} l_i}{A_{cor} s} = \frac{2 \times 4 \times 78.5 \times 550}{540 \times 540 \times 100} = 1.184\%$$

（3）求 $[\rho_v]/\rho_v$：

$$[\rho_v]/\rho_v = \frac{0.804\%}{1.184\%} = 0.679$$

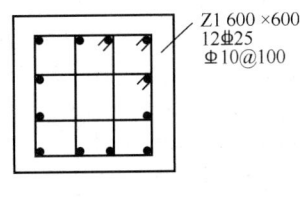

图 7.4.21

【例 7.4.33】 某高层现浇钢筋混凝土框架结构，抗震等级为二级，梁柱混凝土强度等级均为 C30。纵筋采用 HRB400 级、箍筋采用 HRB335 级钢筋。已知某柱 Z_1 的轴力设计值 $N = 3600\text{kN}$，箍筋配置如图 7.4.21 所示。箍筋的混凝土保护层厚度取为 20mm。

试问：该柱的体积配箍率与规范规定的最小体积配箍率的比值为多少？

【解答】（1）求 λ_v

$f_{yv} = 300\text{N/mm}^2$，$f_c = 14.3\text{N/mm}^2$

$$\mu_N = \frac{N}{f_c A} = \frac{3600 \times 10^3}{14.3 \times 600 \times 600} = 0.7$$

查《高规》表 6.4.7，抗震二级，μ_N 为 0.7，复合箍，取 $\lambda_v = 0.15$。

（2）求 $\rho_{v,min}$

C30＜C35，按 C35 计算，取 $f_c = 16.7\text{N/mm}^2$

$\rho_{v,min} = \lambda_v f_c/f_{yv} = 0.15 \times 16.7/300 = 0.835\% > 0.6\%$，满足

（3）求 ρ_v：$l_i = 600 - 2 \times 25 = 550\text{mm}$

$$\rho_v = \frac{\sum n_i A_{si} l_i}{A_{cor} s} = \frac{2 \times 4 \times 78.5 \times 550}{540 \times 540 \times 100} = 1.184\% > 0.6\%，满足$$

$$\frac{\rho_v}{\rho_{v,min}} = \frac{1.184\%}{0.835\%} = 1.42$$

【例 7.4.34】 某现浇钢筋混凝土高层框架-剪力墙结构，抗震等级为一级，柱配筋方式如图 7.4.22 所示，12Φ22，假定柱剪跨比 $\lambda \geq 2$，柱轴压比为 0.7，钢筋采用 HRB400 级和 HPB300 级，混凝土为 C35，箍筋的混凝土保护层厚度为 20mm。

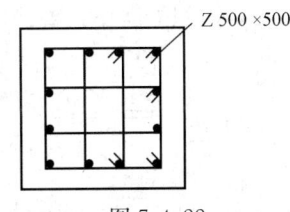

图 7.4.22

试问: 当柱加密区配置的复合箍筋直径、间距为下列何项数值时,才最满足规程中的构造要求?

(A) Φ8@100   (B) Φ10@100   (C) Φ12@100   (D) Φ14@100

【解答】(1) 根据《高规》表 6.4.3-2 知,箍筋直径 $d \geq 10$mm,(A) 项不对。

(2) 由《高规》6.4.7 条规定,假定箍筋直径为 10mm,$l_i = 500 - 2 \times 25 = 450$mm

$$\rho_v = \frac{\sum n_i A_{s1} l_i}{A_{cor} s} = \frac{2 \times 4 \times 450 \times A_{s1}}{440 \times 440 \times 100} \geq \lambda_v f_c / f_{yv} = 0.17 \times 16.7 / 270$$
$$= 1.05\% > 0.8\%$$

解之得:$A_{s1} \geq 56.5$mm²,选 Φ10 ($A_{s1} = 78.5$mm²)

箍筋配置为 Φ10@100,所以选 (B) 项。

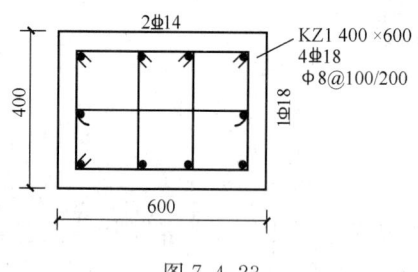

图 7.4.23

【例 7.4.35】 某现浇钢筋混凝土高层框架结构,抗震等级为二级,其某层角柱截面配筋如图 7.4.23 所示,该角柱的轴压比 $\mu_N = 0.50$,混凝土强度等级为 C35;钢筋采用 HRB400 级和 HPB300 级,环境类别为一类。

试问: 对该角柱施工图进行校审时,有几处违反规范要求?

【解答】(1) 纵向钢筋校审

全部纵筋最小配筋率、最大配筋率由《高规》表 6.4.3-1 得,$\rho_{min} = 0.95\%$

$$\rho = \frac{A_s}{bh} = \frac{615 + 1527}{400 \times 600} = 0.89\% < 0.95\%,\text{违规}。$$

由《高规》6.4.3 条第 1 款规定,$\rho_{侧,min} = 0.2\%$

实际每侧配 3Φ18($A_s = 763$mm²),$\rho_{侧} = \frac{763}{400 \times 600} = 0.32\% > \rho_{侧,min} = 0.2\%$,满足

全部纵筋最大配筋率,由《高规》6.4.4 条第 3 款规定;$\rho_{max} = 5\% > \rho = 0.89\%$,满足。

纵向钢筋间距,由《高规》6.4.4 条第 2 款规定,纵筋间距 ≤ 200mm,满足。

(2) 加密区箍筋

1) 最大间距,由《高规》表 6.4.3-2,min(8d, 100) = min(8×14, 100) = 100mm,满足。

2) 最小箍筋直径,由《高规》表 6.4.3-2,$d \geq 8$mm,满足。

3) 加密区范围,由《高规》6.4.6 条第 5 款规定,取全高,违规。

4) 箍筋肢距,由《高规》6.4.8 条规定,max(250, 20d) = max(250, 20×8) = 250mm,实际肢距:$\frac{552}{3} = 184$mm < 250mm,满足。

5) 体积配筋率:箍筋混凝土保护层 $c = 20$mm,纵筋的 $c = 28$mm,$l_1 = 600 - 2 \times 24 = 552$mm,$l_2 = 400 - 2 \times 24 = 352$mm

$$\rho_v = \frac{\sum n_i A_{s1} l_i}{A_{cor} s} = \frac{3 \times 552 \times 50.3 + 4 \times 352 \times 50.3}{544 \times 344 \times 100} = 0.824\% > 0.6\%$$

$\lambda_v f_c / f_{yv} = 0.11 \times 16.7 / 270 = 0.68\% < \rho_v = 0.824\%$,满足。

所以,该角柱配筋有两处违规(纵筋最小配筋率、箍筋加密区范围)。

非抗震设计，高层框架结构框架柱中配筋，《高规》6.4.9条作了规定。

● 复习《高规》6.4.9条。

需注意的是：

(1) 纵向钢筋最小配筋率，按《高规》表6.4.3-1取值，且柱截面每一侧纵向钢筋配筋率不应小于0.2%；注意表6.4.3-1中注2、3的规定。

(2) 纵向钢筋最大配筋率，按《高规》6.4.4条第3款规定，ρ_{max}不宜大于5%，不应大于6%。

(3)《高规》6.4.9条中，当纵筋$\rho>3\%$时，箍筋直径、间距的规定。

【例7.4.36】 某一建造于Ⅱ类场地上的钢筋混凝土高层框架结构，抗震等级为二级，其中某柱的轴压比为0.7，采用C30混凝土，纵筋采用HRB400级，箍筋采用HPB300级。箍筋保护层厚度取20mm。剪跨比$\lambda=1.8$，柱截面尺寸及配筋形式如图7.4.24所示。

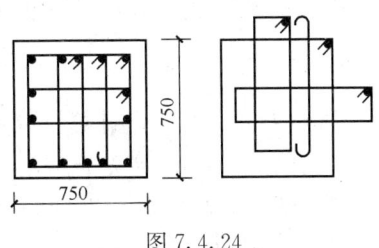

图7.4.24

试问：

(1) 当该柱为角柱时，按构造配筋要求，其最小配筋面积为多少mm^2？

(2) 当该柱为中柱时，按构造配筋要求，其加密区箍筋配置为下列何项？

(A) $\phi 10@100$　　　(B) $\phi 8@100$　　　(C) $\phi 10@90$　　　(D) $\phi 10@80$

【解答】 (1) 查《高规》表6.4.3-1及注2的规定：
$$\rho_{min}=0.9\%+0.05\%=0.95\%$$
$$A_{s,min}=\rho_{min}bh=0.95\%\times750\times750=5344mm^2$$

(2) 查《高规》表6.4.7，二级抗震，复合箍，$\mu_N=0.7$，取$\lambda_v=0.15$
C30<C35，按C35计算，取$f_c=16.7N/mm^2$，假定箍筋直径为10mm，$l_i=750-2\times25=700mm$

$$\rho_v=\frac{\sum n_i A_{si}l_i}{A_{cor}s}=\frac{9\times700\times A_{s1}}{690\times690\times s}$$

$$\rho_v\geqslant\lambda_v f_c/f_{yv}=0.15\times16.7/270=0.928\%$$

又因$\lambda=1.8<2$，根据《高规》6.4.7条第3款规定，$\rho_{v,min}=1.2\%$。

$$\frac{9\times700\times A_{s1}}{690\times690\times s}\geqslant1.2\%$$

$$\frac{A_{s1}}{s}\geqslant0.91mm^2/mm$$

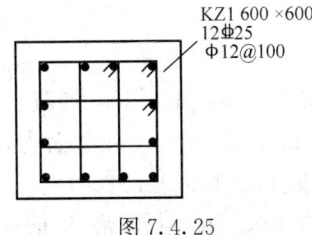

图7.4.25

选箍筋为ϕ8时，$s\leqslant55mm$，故（B）项不对。

选箍筋为ϕ10时，$s\leqslant86mm$，故（A）、（C）项不对。

所以应配置$\phi10@80mm$，选（D）项。

【例7.4.37】 某一10层现浇钢筋混凝土框架结构，抗震等级为一级，若第三层某中柱在重力荷载代表值作用下$N_{Gk}=2800kN$，在水平地震力作用下$N_{Ehk}=\pm250kN$，截面为 600mm×600mm，采用 C30 混凝土，纵筋采用 HRB400 级，箍筋采用 HPB300 级，其配筋形式如图 7.4.25 所示，井字复合箍，剪跨比 $\lambda=2.2$，柱箍筋保护层厚度为 20mm。

试问：该柱在加密区的体积配箍率 $[\rho_v]$ 与实际体积配箍率 ρ_v 的比值为多少？

【**解答**】 (1) 求 $[\rho_v]$

$$\mu_N = \frac{N}{f_c A} = \frac{(1.2 \times 2800 + 1.3 \times 250) \times 10^3}{14.3 \times 600 \times 600} = 0.716$$

查《高规》表 6.4.2 及注 4 的规定：$[\mu_N] = 0.65 + 0.1 = 0.75$，$\mu_N < [\mu_N] = 0.75$，满足。

查《高规》表 6.4.7，抗震一级，复合箍，$\mu_N = 0.716$。

$$\lambda_v = 0.17 + \frac{0.716 - 0.7}{0.8 - 0.7} \cdot (0.20 - 0.17) = 0.175$$

C30＜C35，按 C35 计算，取 $f_c = 16.7 \text{N/mm}^2$

$$[\rho_v] = \lambda_v f_c / f_{yv} = 0.175 \times 16.7 / 270 = 1.08\% > 0.8\%$$

(2) 求 ρ_v，$l_i = 600 - 2 \times 26 = 548\text{mm}$

$$\rho_v = \frac{\sum n_i A_{si} l_i}{A_{cor} s} = \frac{2 \times 4 \times 113.1 \times 548}{536 \times 536 \times 100} = 1.73\% > 0.8\%$$

(3) 求 $[\rho_v]/\rho_v$

$$[\rho_v]/\rho_v = \frac{1.08\%}{1.73\%} = 0.624$$

▲7. 斜截面受剪承载力计算

斜截面受剪承载力计算包括：偏心受压情况；偏心受拉情况。

- 复习《高规》6.2.6 条。（受剪截面条件）。
- 复习《高规》6.2.8 条、6.2.9 条。

需注意的是：

(1)《高规》6.2.6 条中，λ 的计算：$\lambda = \dfrac{M^c}{V^c h_0}$；当反弯点位于柱高中部时，$\lambda = \dfrac{H_n}{2h_0}$，式中 H_n 为框架柱净高。

β_c 的取值：$\leqslant$ C50 时，取 $\beta_c = 1.0$；C80 时，取 $\beta_c = 0.8$；其间内插，$\beta_c = 1 - \dfrac{x - 50}{80 - 50}(1 - 0.8)$，式中 x 为混凝土强度等级。

受剪时：$\gamma_{RE} = 0.85$（《高规》表 3.8.2）

(2)《高规》6.2.8 条，λ 的取值为：$\lambda \substack{\geqslant 1 \\ \leqslant 3}$；

N 的取值：$N > 0.3 f_c A$ 时，取 $N = 0.3 f_c A$

(3)《高规》6.2.9 条，λ 的取值为：$\lambda \substack{\geqslant 1 \\ \leqslant 3}$；

注意规范式（6.2.9-1）、式（6.2.9-2）中右端项取值规定。

【**例 7.4.38**】 某高层钢筋混凝土框架结构框架柱，抗震等级为二级，采用 C40 混凝土，该柱的中间层边柱的反弯点在柱层高范围内，柱截面 $b \times h = 600\text{mm} \times 600\text{mm}$，柱截面有效高度 $h_0 = 550\text{mm}$，柱净高 $H_n = 4000\text{mm}$。已知该边柱箍筋为 4 肢箍 $\Phi 10@100/200$，$f_{yv} = 300\text{N/mm}^2$，考虑地震作用组合的柱轴压力设计值为 3500kN，柱中部最大剪力

$V_{\max}=500\text{kN}$。

试问：该柱箍筋非加密区斜截面抗剪承载力为多少？

【解答】 (1) 由《高规》6.2.6 条规定

$$\lambda = \frac{H_n}{2h_0} = \frac{4000}{2\times 550} = 3.64 > 3,\text{取}\lambda=3$$

(2) 验算受剪截面条件，由《高规》式（6.2.6-2）得：

$$\frac{1}{\gamma_{RE}}(0.2\beta_c f_c b h_0) = \frac{1}{0.85}\times 0.2\times 1\times 19.1\times 600\times 550 = 1483.1\text{kN}$$
$$> V_{\max}=500\text{kN},\text{满足}$$

(3) 计算抗剪承载力 V_u

$$0.3 f_c A = 0.3\times 19.1\times 600\times 600 = 2062.8\text{kN} < N = 3500\text{kN}$$

故取 $N=2062.8\text{kN}$

$4\Phi 10$（$A_s=4\times 78.5=314\text{mm}^2$），$s=200$

由《高规》式（6.2.8-2）得：

$$V_u = \frac{1}{\gamma_{RE}}\left(\frac{1.05}{\lambda+1}f_t b h_0 + f_{yv}\frac{A_{sv}}{s}h_0 + 0.056N\right)$$
$$= \frac{1}{0.85}\times\left(\frac{1.05}{3+1}\times 1.71\times 600\times 550 + 300\times\frac{314}{200}\times 550 + 0.056\times 2062.8\times 10^3\right)$$
$$= 614936\text{N} = 614.9\text{kN}$$

【例 7.4.39】 某钢筋混凝土高层框架结构，抗震等级为二级，采用 C40 混凝土，柱纵筋采用 HRB400 级，箍筋采用 HPB300 级。柱为中间层角柱，柱高为 4.5m，截面尺寸 $b\times h=600\text{mm}\times 600\text{mm}$，柱纵筋每侧为 $4\Phi 22$。取 $a_s=a_s'=40\text{mm}$。柱的反弯点在柱层高范围内，框架梁截面为 $300\text{mm}\times 500\text{mm}$。

已知该角柱考虑地震组合的弯矩设计值分别为 $M_c^t=750\text{kN}\cdot\text{m}$，$M_c^b=850\text{kN}\cdot\text{m}$。

试问：

(1) 该柱端截面考虑地震组合的剪力设计值为多少？

(2) 假定考虑地震组合的柱轴压力设计值为 $N=2500\text{kN}$，柱箍筋混凝土保护层为 20mm，确定该柱加密区、非加密区箍筋配置。

【解答】 (1) 求 V

由《高规》6.2.3 条、6.2.4 条规定：

$$V = 1.1\times\eta_{vc}(M_c^t+M_c^b)/H_n = 1.1\times 1.3\times\frac{750+850}{4.5-0.5} = 572\text{kN}$$

(2) 柱箍筋配置

$$\lambda = \frac{H_n}{2h_0} = \frac{4.5-0.5}{2\times 0.560} = 3.57>3,\text{取}\lambda=3$$

1) 验算受剪截面条件，由《高规》式（6.2.6-2）得：

$$\frac{1}{\gamma_{RE}}(0.2\beta_c f_c b h_0) = \frac{1}{0.85}\times 0.2\times 1\times 19.1\times 600\times 560 = 1510\text{kN}$$
$$> V=572\text{kN},\text{满足}$$

2) 加密区斜截面受剪计算

$$0.3 f_c A = 0.3\times 19.1\times 600\times 600 = 2062.8\text{kN} < N = 2500\text{kN}$$

故取 $N=2062.8\text{kN}$

由《高规》式（6.2.8-2）得：

$$V \leqslant \frac{1}{\gamma_{RE}}\left(\frac{1.05}{\lambda+1}f_t bh_0 + f_{yv}\frac{A_{sv}}{s}h_0 + 0.056N\right)$$

$$\frac{A_{sv}}{s} = \frac{\gamma_{RE}V - \left(\frac{1.05}{\lambda+1}f_t bh_0 + 0.056N\right)}{f_{yv}h_0}$$

$$= \frac{0.85 \times 572 \times 10^3 - \left(\frac{1.05}{3+1} \times 1.71 \times 600 \times 560 + 0.056 \times 2062.8 \times 10^3\right)}{270 \times 560}$$

$$= 1.45 \text{mm}^2/\text{mm}$$

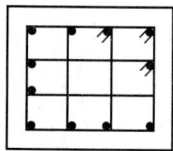

图 7.4.26

又柱端加密区箍筋最大间距，查《高规》表 6.4.3-2 得：
$$s = \min(8d, 100) = \min(8 \times 22, 100) = 100 \text{mm}$$

故取 $s=100$mm，则：$A_{sv} = 1.45 \times 100 = 145$mm^2

若取 4 肢，单肢面积 $A_{sv1} = 145/4 = 36.3$mm^2，故选 $\Phi 8$（$A_s = 50.3$mm^2），且满足《高规》表 6.4.3-2 规定，即 4Φ8@100，如图 7.4.26 所示。

非加密区箍筋配置为 4Φ8@200。

3）验算柱轴压比

$$\mu_N = \frac{2500 \times 10^3}{f_c A} = \frac{2500 \times 10^3}{19.1 \times 600 \times 600} = 0.36 < [\mu_N] = 0.75，满足$$

4）验算体积配箍率

$\mu_N = 0.36$，查《高规》表 6.4.7 得，$\lambda_v = 0.086$

$$\rho_v = \frac{\sum n_i A_{si} l_i}{A_{cor}s} = \frac{2 \times 4 \times 50.3 \times (600 - 2 \times 24)}{(600 - 2 \times 28) \times (600 - 2 \times 28) \times 100} = 0.75\% > 0.6\%$$

$$\lambda_v f_c / f_{yv} = 0.086 \times \frac{19.1}{270} = 0.608\% > 0.6\%$$

$\rho_v = 0.75\% > \lambda_v f_c / f_{yv} = 0.608\%$，满足，故柱端加密区箍筋配置为 4$\Phi$8@100。

5）柱端加密区范围 l

抗震等级二级、角柱，根据《高规》6.4.6 条第 5 款规定，沿全高加密箍筋。

【例 7.4.40】 某 10 层现浇钢筋混凝土框架结构，房屋高度 36m，丙类建筑，抗震设防烈度为 8 度（0.20g），框架抗震等级为一级。其中，某框架柱截面为 600mm×600mm，$h_0=550$mm，采用 C40 混凝土，箍筋采用 HRB335 级钢筋，非加密区箍筋间距为 200mm。抗震设计时，剪跨比 $\lambda=2.5$，剪力设计值 $V=600$kN，对应的轴向拉力设计值，$N=350$kN。

试问：计算非加密区箍筋截面面积 A_{sv}（mm^2）的计算值。

【解答】 偏心受拉，根据《高规》6.2.9 条：

$$V \leqslant \frac{1}{\gamma_{RE}}\left(\frac{1.05}{\lambda+1}f_t bh_0 + f_{yv}\frac{A_{sv}}{s}h_0 - 0.2N\right)$$

$$f_{yv}\frac{A_{sv}}{s}h_0 \geqslant \gamma_{RE}V - \frac{1.05}{\lambda+1}f_t bh_0 + 0.2N$$

即：$f_{yv}\dfrac{A_{sv}}{s}h_0 \geqslant 0.85 \times 600 \times 10^3 - \dfrac{1.05}{2.5+1} \times 1.71 \times 600 \times 550 + 0.2 \times 350 \times 10^3$

$= 410.71\text{kN} > 0.3f_t bh_0 = 0.36 \times 1.71 \times 600 \times 550 = 203.1\text{kN}$

故：$A_{sv} \geqslant \dfrac{410.71 \times 10^3 \times 200}{300 \times 550} = 498\text{mm}^2$

四、梁柱节点

- 复习《高规》6.2.7条。
- 复习《高规》6.4.10条。（节点核心区水平箍筋的构造规定）

需注意的是：
(1)《高规》6.2.7条的条文说明中指出，框架节点核心区抗震验算按《混规》规定。一般框架梁柱节点核心区，《混规》规定：

11.6.2 一、二、三级抗震等级的框架梁柱节点核心区的剪力设计值 V_j，应按下列规定计算：

1 顶层中间节点和端节点

1）一级抗震等级的框架结构和9度设防烈度的一级抗震等级框架：

$$V_j = \frac{1.15\sum M_{bua}}{h_{b0}-a'_s} \tag{11.6.2-1}$$

2）其他情况：

$$V_j = \frac{\eta_{jb}\sum M_b}{h_{b0}-a'_s} \tag{11.6.2-2}$$

2 其他层中间节点和端节点

1）一级抗震等级的框架结构和9度设防烈度的一级抗震等级框架：

$$V_j = \frac{1.15\sum M_{bua}}{h_{b0}-a'_s}\left(1-\frac{h_{b0}-a'_s}{H_c-h_b}\right) \tag{11.6.2-3}$$

2）其他情况：

$$V_j = \frac{\eta_{jb}\sum M_b}{h_{b0}-a'_s}\left(1-\frac{h_{b0}-a'_s}{H_c-h_b}\right) \tag{11.6.2-4}$$

式中 $\sum M_{bua}$——节点左、右两侧的梁端反时针或顺时针方向实配的正截面抗震受弯承载力所对应的弯矩值之和，可根据实配钢筋面积（计入纵向受压钢筋）和材料强度标准值确定；

$\sum M_b$——节点左、右两侧的梁端反时针或顺时针方向组合弯矩设计值之和，一级抗震等级框架节点左右梁端均为负弯矩时，绝对值较小的弯矩应取零；

η_{jb}——节点剪力增大系数,对于框架结构,一级取1.50,二级取1.35,三级取1.20;对于其他结构中的框架,一级取1.35,二级取1.20,三级取1.10;

h_{b0}、h_b——分别为梁的截面有效高度、截面高度,当节点两侧梁高不相同时,取其平均值;

H_c——节点上柱和下柱反弯点之间的距离;

a'_s——梁纵向受压钢筋合力点至截面近边的距离。

11.6.3 框架梁柱节点核心区的受剪水平截面应符合下列条件:

$$V_j \leqslant \frac{1}{\gamma_{RE}}(0.3\eta_j\beta_c f_c b_j h_j) \tag{11.6.3}$$

式中 h_j——框架节点核心区的截面高度,可取验算方向的柱截面高度 h_c;

b_j——框架节点核心区的截面有效验算宽度,当 b_b 不小于 $b_c/2$ 时,可取 b_c;当 b_b 小于 $b_c/2$ 时,可取$(b_b+0.5h_c)$和 b_c 中的较小值;当梁与柱的中线不重合且偏心距 e_0 不大于 $b_c/4$ 时,可取$(b_b+0.5h_c)$、$(0.5b_b+0.5b_c+0.25h_c-e_0)$ 和 b_c 三者中的最小值。此处,b_b 为验算方向梁截面宽度,b_c 为该侧柱截面宽度;

η_j——正交梁对节点的约束影响系数:当楼板为现浇、梁柱中线重合、四侧各梁截面宽度不小于该侧柱截面宽度1/2,且正交方向梁高度不小于较高框架梁高度的3/4时,可取 η_j 为1.50,但对9度设防烈度宜取 η_j 为1.25;当不满足上述条件时,应取 η_j 为1.00。

11.6.4 框架梁柱节点的抗震受剪承载力应符合下列规定:

1 9度设防烈度的一级抗震等级框架

$$V_j \leqslant \frac{1}{\gamma_{RE}}\left(0.9\eta_j f_t b_j h_j + f_{yv} A_{svj} \frac{h_{b0}-a'_s}{s}\right) \tag{11.6.4-1}$$

2 其他情况

$$V_j \leqslant \frac{1}{\gamma_{RE}}\left(1.1\eta_j f_t b_j h_j + 0.05\eta_j N \frac{b_j}{b_c} + f_{yv} A_{svj} \frac{h_{b0}-a'_s}{s}\right) \tag{11.6.4-2}$$

式中 N——对应于考虑地震组合剪力设计值的节点上柱底部的轴向力设计值;当 N 为压力时,取轴向压力设计值的较小值,且当 N 大于 $0.5f_cb_ch_c$ 时,取 $0.5f_cb_ch_c$;当 N 为拉力时,取为0;

A_{svj}——核心区有效验算宽度范围内同一截面验算方向箍筋各肢的全部截面面积;

h_{b0}——框架梁截面有效高度,节点两侧梁截面高度不等时取平均值。

对上述规定,《抗规》附录D.1节也有相同的规定。

(2)《高规》6.4.10条第2款的规定。

【例7.4.41】 某一10层现浇混凝土框架结构,抗震等级为一级,中间层中间框架节点 B 处左右两梁端面尺寸均为350mm×600mm,$a_s=a'_s=40$mm,节点左、右端实配抗震受弯设计值之和 $\Sigma M_{bua}=915$kN·m,柱断面550mm×550mm,柱的计算高度 H_c 近似取

3.2m，梁柱中线无偏心。

试问： 该节点核心区地震组合的剪力设计值 V_j 为多少？

【解答】 根据《高规》6.2.7 条规定，由《混规》11.6.2 条：

$$V_j = \frac{1.15\sum M_{bua}}{h_{b0} - a'_s}\left(1 - \frac{h_{b0} - a'_s}{H_c - h_b}\right)$$

$$= \frac{1.15 \times 915 \times 10^6}{560 - 40} \times \left(1 - \frac{560 - 40}{3200 - 600}\right) = 1618.8\text{kN}$$

【例 7.4.42】 某高层钢筋混凝土框架结构，抗震等级为二级，已知在地震组合下中间层中间框架节点左侧梁端的弯矩设计值 $M_b^l = 150$kN·m（↓），右侧梁端的弯矩设计值 $M_b^r = 30$kN·m（↓），左侧梁高为 800mm，右侧梁高为 600mm，$a_s = a'_s = 40$mm，柱计算高度 $H_c = 3.6$m。

试问： 该节点剪力设计值 V_j 为多少？

【解答】 (1) 节点左右梁高不等，取平均值：

$$h_b = \frac{800 + 600}{2} = 700\text{mm}, h_{b0} = \frac{800 - 40 + 600 - 40}{2} = 660\text{mm}$$

(2) 根据《高规》6.2.7 条规定，由《混规》11.6.2 条：

$$V_j = \frac{\eta_{jb}\sum M_b}{h_{b0} - a'_s}\left(1 - \frac{h_{b0} - a'_s}{H_c - h_b}\right)$$

$$= \frac{1.35 \times (150 - 30) \times 10^6}{660 - 40} \times \left(1 - \frac{660 - 40}{3600 - 700}\right)$$

$$= 205.4\text{kN}$$

思考： 若题目条件为框架-剪力墙结构中框架，其抗震等级为二级，其他条件不变，试确定其节点剪力设计值 V_j 为多少？

解答如下：

此时，$\sum M_b = 150 - 30 = 120$kN·m；$\eta_{jb} = 1.2$。

$$V_j = \frac{\eta_{jb}\sum M_b}{h_{b0} - a'_s}\left(1 - \frac{h_{b0} - a'_s}{H_c - h_b}\right)$$

$$= \frac{1.2 \times 120 \times 10^6}{660 - 40} \times \left(1 - \frac{660 - 40}{3600 - 700}\right)$$

$$= 182.6\text{kN}$$

【例 7.4.43】 抗震等级为二级的高层钢筋混凝土框架结构，其节点核心区的尺寸及配筋如图 7.4.27 所示，混凝土强度等级为 C40（$f_c = 19.1\text{N/mm}^2$），纵筋及箍筋分别采用 HRB400（$f_y = 360\text{N/mm}^2$）和 HPB300（$f_y = 270\text{N/mm}^2$），箍筋混凝土保护层厚 20mm。已知柱的剪跨比大于 2。

试问： 节点核心区箍筋的配置，为下列何项时，才最接近又满足规程中的最低构造要求？

(A) ϕ10@150   (B) ϕ10@100
(C) ϕ8@100   (D) ϕ8@80

【解答】《高规》6.4.10 条第 2 款规定，$\lambda_v \geq 0.10$，$\rho_v \geq 0.5\%$。

$$\rho_v \geq \lambda_v f_c / f_{yv}$$

对 (A) 项：$\rho_v = \frac{\sum n_i A_{si} l_i}{A_{cor} \cdot s} = \frac{2 \times 4 \times 600 \times 78.5}{590 \times 590 \times 150} =$

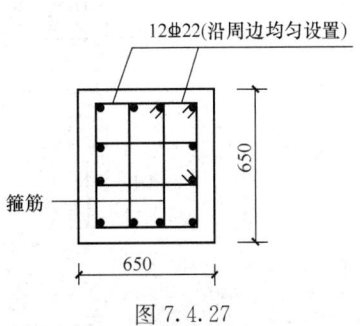

图 7.4.27

0.72%

$$[\rho_v] = \lambda_v f_c/f_{yv} = 0.1 \times \frac{19.1}{270} = 0.707\% < \rho_v,满足。$$

对（B）项：$\rho_v = \frac{2 \times 4 \times 600 \times 78.5}{590 \times 590 \times 100} = 1.08\% > 0.707\%$，满足。

对（C）项：$\rho_v = \frac{2 \times 4 \times 602 \times 50.3}{594 \times 594 \times 100} = 0.69\% < [\rho_v]$，不满足。

对（D）项：$\rho_v = \frac{2 \times 4 \times 602 \times 50.3}{594 \times 594 \times 80} = 0.85\% > [\rho_v]$，满足。

比较（A）、（B）、（D）项，应选（A）项为最低构造要求。

【例7.4.44】 某10层现浇混凝土框架结构，抗震等级为二级，其中间层中间框架节点处左右两端梁截面尺寸均为350mm×600mm，柱断面为550mm×550mm，梁柱中线无偏心。假定已求得梁柱节点核心区地震组合的剪力设计值 $V_j = 1550$kN，柱四侧各梁截面宽度均大于该侧柱截面宽度的1/2，且正交方向梁高度不小于框架梁高度的3/4。

试问：根据节点核心区受剪截面承载力的要求，所采用的核心区混凝土轴心受压强度 f_c 的计算值为多少？

【**解答**】 根据《高规》6.2.7条，由《混规》11.6.3条，取 $b_j = b_c = 550$mm。《混规》11.6.3条规定，$\eta_j = 1.5$、$\beta_c = 1.0$；

$$V_j \leq \frac{1}{\gamma_{RE}}(0.3\eta_j\beta_c f_c b_j h_j)$$

$$f_c \geq \frac{V_j \gamma_{RE}}{0.3\eta_j\beta_c b_j h_j} = \frac{1550 \times 10^3 \times 0.85}{0.3 \times 1.5 \times 1 \times 550 \times 550}$$

$$f_c \geq 9.679 \text{N/mm}^2$$

【例7.4.45】 某现浇混凝土高层框架结构，抗震等级为三级，其中间层梁柱节点如图7.4.28所示，横向左侧梁截面尺寸为300mm×800mm，右侧梁截面尺寸为300mm×600mm，纵向梁截面尺寸均为300mm×700mm，柱截面尺寸为600mm×600mm。采用C30混凝土，纵筋采用HRB400级、箍筋采用HPB300级。已知在地震组合下该节点左侧梁端弯矩设计值 $M_b^l = 450$kN·m，右侧梁端弯矩设计值 $M_b^r = 280$kN·m，上柱底部考虑地震组合的轴向压力设计值 $N = 3000$kN，节点上下层柱反弯点之间距离 $H_c = 4.5$m，$a_s = a_s' = 60$mm。柱箍筋的混凝土保护层厚度取20mm。

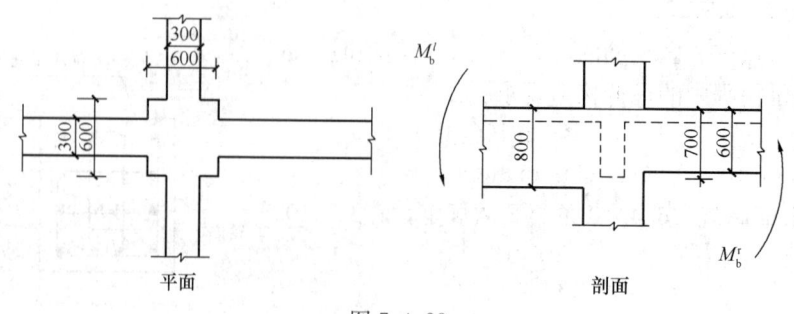

图7.4.28

1518

试问：
(1) 该节点的剪力设计值 V_j 为多少？
(2) 验算该节点的受剪截面条件是否满足。
(3) 确定该节点核心区的箍筋配置。

【解答】 (1) 确定 V_j

根据《高规》6.2.7 条规定，由《混规》11.6.2 条，$h_b = \dfrac{800+600}{2} = 700\text{mm}$，$h_{b0} = \dfrac{800-60+600-60}{2} = 640\text{mm}$；抗震等级三级，取 $\eta_{jb} = 1.20$：

$$V_j = \frac{1.2 \sum M_b}{h_{b0} - a'_s}\left(1 - \frac{h_{b0} - a'_s}{H_c - h_b}\right)$$

$$= \frac{1.2 \times (450 + 280) \times 10^6}{640 - 60} \times \left(1 - \frac{640 - 60}{4500 - 700}\right)$$

$$= 1279.8 \text{kN}$$

(2) 验算节点的受剪截面条件

根据《混规》11.6.3 条规定，$b_j = b_c = 600\text{mm}$，$h_j = h_c = 600\text{mm}$。

正交方向梁高 700mm，与框架梁高的比值分别为：$\dfrac{700}{800} = 0.875$，$\dfrac{700}{600} = 1.167$，均大于 $\dfrac{3}{4} = 0.75$，且现浇楼板，故取 $\eta_j = 1.5$。

$\gamma_{RE} = 0.85$，$\beta_c = 1.0$，由《混规》11.6.3 条：

$$\frac{1}{\gamma_{RE}}(0.3\eta_j\beta_c f_c b_j h_j) = \frac{1}{0.85} \times 0.3 \times 1.5 \times 1.0 \times 14.3 \times 600 \times 600$$

$$= 2725 \text{kN} > V_j = 1279.8 \text{kN}, \text{满足}$$

(3) 确定节点核心区的箍筋配置

$$0.5 f_c b_c h_c = 0.5 \times 14.3 \times 600 \times 600 = 2574\text{kN} < N = 3000\text{kN}$$

故取 $N = 2574\text{kN}$

由《混规》11.6.4 条规定：

$$V_j \leqslant \frac{1}{\gamma_{RE}}\left(1.1\eta_j f_t b_j h_j + 0.05 \eta_j N \frac{b_j}{b_c} + f_{yv} A_{svj} \frac{h_{b0} - a'_s}{s}\right)$$

$$\frac{A_{svj}}{s} \geqslant \frac{\gamma_{RE} V_j - \left(1.1\eta_j f_t b_j h_j + 0.05\eta_j N \dfrac{b_j}{b_c}\right)}{f_{yv} \cdot (h_{b0} - a'_s)}$$

$$\frac{A_{svj}}{s} \geqslant \frac{0.85 \times 1279.8 \times 10^3 - \left(1.1 \times 1.5 \times 1.43 \times 600 \times 600 + 0.05 \times 1.5 \times 2574 \times 10^3 \times \dfrac{600}{600}\right)}{270 \times (640 - 60)}$$

$$= 0.290 \text{mm}^2/\text{mm}$$

根据《高规》6.4.10 条及 6.4.3 条规定：
节点核心区箍筋的最大间距为：$\max(8d, 150)$
最小直径为：$d \geqslant 8\text{mm}$，$\rho_v \geqslant 0.4\%$，$\lambda_v = 0.08$。

选用 4 肢Φ8@150：$\dfrac{A_{svj}}{s} = \dfrac{4 \times 50.3}{150} = 1.34 \text{mm}^2/\text{mm} > 0.290 \text{mm}^2/\text{mm}$

验算配箍率：
$$\rho_v = \dfrac{\sum n_i A_{si} l_i}{A_{cor} s}$$
$$= \dfrac{2 \times 4 \times 50.3 \times (600 - 2 \times 24)}{544 \times 544 \times 150} = 0.5\% > 0.4\%$$
$$[\rho_v] = \lambda_v f_c / f_{yv} = 0.08 \times 16.7 / 270 = 0.49\% > 0.4\%$$
$$\rho_v > [\rho_v]，满足。$$

实配节点核心区箍筋为 4Φ8@150。

思考：当横向梁轴线与柱轴线的偏心距 $e_0 = 100 \text{mm}$，梁宽 $b_b = 250 \text{mm}$，其他条件均不变。试确定核心区截面有效计算宽度 b_j 为多少？验算节点核心区受剪截面条件。

解答如下：

根据《混规》11.6.3 条规定：
$$e_0 = 100 \text{mm} \leqslant \dfrac{b_c}{4} = \dfrac{600}{4} = 150 \text{mm};$$
$$b_b = 250 \text{mm} < \dfrac{h_c}{2} = \dfrac{1}{2} \times 600 = 300 \text{mm}$$

故 b_j 按下列三者中取较小值：
$b_j = b_b + 0.5 h_c = 250 + 0.5 \times 600 = 550 \text{mm}$
$b_j = b_c = 600 \text{mm}$
$b_j = 0.5(b_b + b_c) + 0.25 h_c - e_0 = 0.5(250 + 600) + 0.25 \times 600 - 100 = 475 \text{mm}$
故取 $b_j = 475 \text{mm}$。
节点核心区的截面高度：$h_j = h_c = 600 \text{mm}$
$\gamma_{RE} = 0.85$，$\beta_c = 1.0$，取 $\eta_j = 1.0$。
根据《混规》11.6.3 条规定：
$$\dfrac{1}{\gamma_{RE}}(0.3 \eta_j \beta_c f_c b_j h_j) = \dfrac{1}{0.85} \times 0.3 \times 1.0 \times 1 \times 14.3 \times 475 \times 600 = 1438.4 \text{kN}$$
$$> V_j = 1279.8 \text{kN}，满足$$

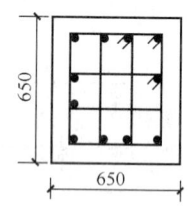

图 7.4.29

【例 7.4.46】 某 10 层钢筋混凝土框架结构，框架抗震等级为一级，框架梁、柱混凝土强度等级为 C30（$f_c = 14.3 \text{N/mm}^2$）。

该框架柱中某柱截面尺寸为 650mm×650mm，剪跨比为 1.8，节点核心区上柱轴压比 0.65，下柱轴压比 0.70，柱纵筋直径为 28mm，其混凝土保护层厚度为 30mm。节点核心区的箍筋配置，如图 7.4.29 所示，采用 HPB300 级钢筋（$f_y = 270 \text{N/mm}^2$）。

试问：满足规程构造要求的节点核心区箍筋体积配箍率的取值应与何项接近？

(A) $\rho_v = 1.05\%$　　(B) $\rho_v = 1.15\%$　　(C) $\rho_v = 1.20\%$　　(D) $\rho_v = 1.25\%$

【解答】 根据《高规》6.4.10 条第 2 款规定：λ 不大于 2 时，ρ_v 取上、下柱端的较大值。查《高规》表 6.4.7，取 $\lambda_v = 0.17$；由《高规》式（6.4.7），取 C35 计算：
$$\rho_v = \lambda_v f_c / f_{yv} = 0.17 \times 16.7 / 270 = 1.05\% < 1.2\%（《高规》6.4.7 条第 3 款）$$
故取 $\rho_v = 1.2\%$，应选（C）项。

对于圆柱框架的梁柱节点核心区的抗震验算，《混规》规定：

11.6.5 圆柱框架的梁柱节点，当梁中线与柱中线重合时，其受剪水平截面应符合下列条件：

$$V_j \leqslant \frac{1}{\gamma_{RE}}(0.3\eta_j\beta_c f_c A_j) \quad (11.6.5)$$

式中 A_j——节点核心区有效截面面积：当梁宽 $b_b \geqslant 0.5D$ 时，取 $A_j=0.8D^2$；当 $0.4D \leqslant b_b < 0.5D$ 时，取 $A_j=0.8D(b_b+0.5D)$；

D——圆柱截面直径；

b_b——梁的截面宽度；

η_j——正交梁对节点的约束影响系数，按本规范第11.6.3条取用。

11.6.6 圆柱框架的梁柱节点，当梁中线与柱中线重合时，其抗震受剪承载力应符合下列规定：

1 9度设防烈度的一级抗震等级框架

$$V_j \leqslant \frac{1}{\gamma_{RE}}\left(1.2\eta_j f_t A_j + 1.57 f_{yv} A_{sh}\frac{h_{b0}-a'_s}{s} + f_{yv} A_{svj}\frac{h_{b0}-a'_s}{s}\right) \quad (11.6.6\text{-}1)$$

2 其他情况

$$V_j \leqslant \frac{1}{\gamma_{RE}}\left(1.5\eta_j f_t A_j + 0.05\eta_j \frac{N}{D^2}A_j + 1.57 f_{yv} A_{sh}\frac{h_{b0}-a'_s}{s} \right.$$
$$\left. + f_{yv} A_{svj}\frac{h_{b0}-a'_s}{s}\right) \quad (11.6.6\text{-}2)$$

式中 h_{b0}——梁截面有效高度；

A_{sh}——单根圆形箍筋的截面面积；

A_{svj}——同一截面验算方向的拉筋和非圆形箍筋各肢的全部截面面积。

对上述规定，《抗规》附录D.3节有相同的规定。

对于扁梁框架的梁柱节点的核心区抗震验算，《抗规》附录D.2节规定：

D.2.1 扁梁框架的梁宽大于柱宽时，梁柱节点应符合本段的规定。

D.2.2 扁梁框架的梁柱节点核心区应根据梁纵筋在柱宽范围内、外的截面面积比例，对柱宽以内和柱宽以外的范围分别验算受剪承载力。

D.2.3 核芯区验算方法除应符合一般框架梁柱节点的要求外，尚应符合下列要求：

1 按本规范式（D.1.3）验算核芯区剪力限值时，核芯区有效宽度可取梁宽与柱宽之和的平均值；

2 四边有梁的约束影响系数，验算柱宽范围内核芯区的受剪承载力时可取1.5；验算柱宽范围以外核芯区的受剪承载力时宜取1.0；

3 验算核芯区受剪承载力时，在柱宽范围内的核芯区，轴向力的取值可与一般梁柱节点相同；柱宽以外的核芯区，可不考虑轴力对受剪承载力的有利作用；

4 锚入柱内的梁上部钢筋宜大于其全部截面面积的60%。

五、钢筋的连接和锚固

● 复习《高规》6.5.1条、6.5.2条、6.5.3条。

需注意的是：

(1)《高规》6.5.2条，《高规》式（6.5.2）：$l_l = \zeta l_a$；

$$l_a = \xi_a \alpha \frac{f_y}{f_t} d$$

(2)《高规》6.5.3条，最小锚固长度为：

一、二级抗震等级：$l_{aE} = 1.15 l_a$

三级抗震等级：$l_{aE} = 1.05 l_a$

四级抗震等级：$l_{aE} = 1.00 l_a$

绑扎搭接接头时：$l_{lE} = \zeta l_{aE}$

【例7.4.47】 某现浇钢筋混凝土高层框架，抗震等级为二级，柱混凝土强度等级为C40，纵筋采用HRB400钢筋；在柱受拉钢筋$\Phi 22$与$\Phi 25$接头处，采用绑扎搭接连接，且同一连接区段接头面积为50%。

试问：该钢筋搭接接头处的最小搭接长度为多少？

【解答】 根据《混凝土结构设计规范》8.4.3条及其条文说明，取细钢筋计算搭接长度；查《高规》表6.5.2，取$\zeta = 1.4$

$$l_{lE} = \zeta l_{aE} = \zeta \cdot 1.15 l_a = \zeta \cdot 1.15 \cdot \xi_a \alpha \frac{f_y}{f_t} d$$

$$= 1.4 \times 1.15 \times 1.0 \times 0.14 \times \frac{360}{1.71} \times 22 = 1044 \text{mm}$$

● 复习《高规》6.5.4条、6.5.5条。

需注意的是：

(1) 非抗震设计，顶层端节点处，柱纵筋的锚固和连接。

(2) 抗震设计，顶层端节点处，柱纵筋的锚固和连接。

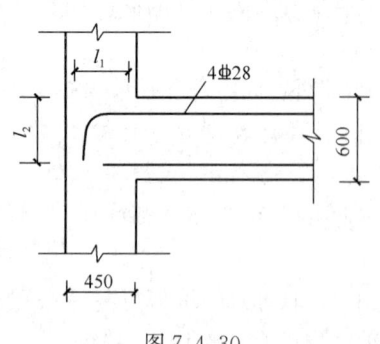

图7.4.30

【例7.4.48】 有一现浇钢筋混凝土高层框架结构，抗震等级为二级，其边柱的中间层节点，如图7.4.30所示，计算时按刚接考虑；梁上部受拉钢筋采用HRB400级，$4 \Phi 28$混凝土。混凝土强度等级为C45，梁、柱纵筋的混凝土保护层厚度$c = 30$mm。柱纵筋直径为25mm。

试问：$l_1 + l_2$的最合理的长度应为多少？

【解答】 (1) 确定l_{ab}

根据《混凝土结构设计规范》8.3.1条规定：

当 C45＜C60 时，按 C45 计算，$f_t=1.80\text{N/mm}^2$

$$l_{ab}=\alpha\frac{f_y}{f_t}d=0.14\times\frac{360}{1.80}\times28=784\text{mm}$$

（2）确定 l_{aE}

根据《高规》6.5.5 条第 1 款规定：$l_1\geqslant 0.4 l_{abE}=0.4\times1.15\times784=361\text{mm}<450-30-25=395\text{mm}$，满足构造要求，取 $l_1=395\text{mm}$

$$l_2=15d=15\times28=420\text{mm}$$

（3）确定 l_1+l_2

$$l_1+l_2\geqslant 395+420=815\text{mm}$$

思考： 假若未给出柱截面高度时，可根据 l_1 的数值和钢筋保护层厚度，从而确定柱的截面高度。

第五节 剪 力 墙 结 构

一、一般规定

1. 剪力墙结构的布置

剪力墙结构是以剪力墙及因剪力墙开洞形成的连梁组成的结构，其变形特点是弯曲型变形；它是由剪力墙组成的承受竖向和水平作用的结构。

剪力墙结构的布置，《高规》规定：

> 7.1.1 剪力墙结构应具有适宜的侧向刚度，其布置应符合下列规定：
> 1 平面布置宜简单、规则，宜沿两个主轴方向或其他方向双向布置，两个方向的侧向刚度不宜相差过大。抗震设计时，不应采用仅单向有墙的结构布置。
> 2 宜自下到上连续布置，避免刚度突变。
> 3 门窗洞口宜上下对齐、成列布置，形成明确的墙肢和连梁；宜避免造成墙肢宽度相差悬殊的洞口设置；抗震设计时，一、二、三级剪力墙的底部加强部位不宜采用上下洞口不对齐的错洞墙，全高均不宜采用洞口局部重叠的叠合错洞墙。
> 7.1.2 剪力墙不宜过长，较长剪力墙宜设置跨高比较大的连梁将其分成长度较均匀的若干墙段，各墙段的高度与墙段长度之比不宜小于 3，墙段长度不宜大于 8m。
> 7.1.5 楼面梁不宜支承在剪力墙或核心筒的连梁上。
> 7.1.6 当剪力墙或核心筒墙肢与其平面外相交的楼面梁刚接时，可沿楼面梁轴线方向设置与梁相连的剪力墙、扶壁柱或在墙内设置暗柱，并应符合下列规定：
> 1 设置沿楼面梁轴线方向与梁相连的剪力墙时，墙的厚度不宜小于梁的截面宽度；
> 2 设置扶壁柱时，其截面宽度不应小于梁宽，其截面高度可计入墙厚；
> 3 墙内设置暗柱时，暗柱的截面高度可取墙的厚度，暗柱的截面宽度可取梁宽加 2 倍墙厚；
> 4 应通过计算确定暗柱或扶壁柱的纵向钢筋（或型钢），纵向钢筋的总配筋率不宜小于表 7.1.6 的规定。

设计状况	抗 震 设 计				非抗震设计
	一级	二级	三级	四级	
配筋率（%）	0.9	0.7	0.6	0.5	0.5

暗柱、扶壁柱纵向钢筋的构造配筋率　　表 7.1.6

注：采用 400MPa、335MPa 级钢筋时，表中数值宜分别增加 0.05 和 0.10。

5 楼面梁的水平钢筋应伸入剪力墙或扶壁柱，伸入长度应符合钢筋锚固要求。钢筋锚固段的水平投影长度，非抗震设计时不宜小于 $0.4l_{ab}$，抗震设计时不宜小于 $0.4l_{abE}$；当锚固段的水平投影长度不满足要求时，可将楼面梁伸出墙面形成梁头，梁的纵筋伸入梁头后弯折锚固（图 7.1.6），也可采取其他可靠的锚固措施。

6 暗柱或扶壁柱应设置箍筋，箍筋直径，一、二、三级时不应小于 8mm，四级及非抗震时不应小于 6mm，且均不应小于纵向钢筋直径的 1/4；箍筋间距，一、二、三级时不应大于 150mm，四级及非抗震时不应大于 200mm。

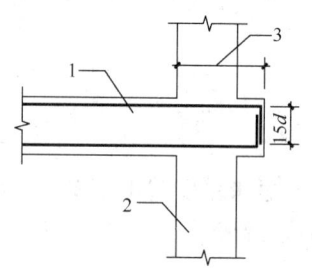

图 7.1.6　楼面梁伸出墙面形成梁头
1—楼面梁；2—剪力墙；3—楼面梁钢筋锚固水平投影长度

2. 剪力墙连梁
《高规》规定：

> 7.1.3 跨高比小于 5 的连梁应按本章的有关规定设计，跨高比不小于 5 的连梁宜按框架梁设计。

对于连梁的抗震等级，《高规》7.1.3 条的条文说明和 7.2.21 条的条文说明中指出：

> 7.1.3（条文说明）
> 　　两端与剪力墙在平面内相连的梁为连梁。如果连梁以水平荷载作用下产生的弯矩和剪力为主，竖向荷载下的弯矩对连梁影响不大（两端弯矩仍然反号），那么该连梁对剪切变形十分敏感，容易出现剪切裂缝，则应按本章有关连梁设计的规定进行设计，一般是跨度较小的连梁；反之，则宜按框架梁进行设计，其抗震等级与所连接的剪力墙的抗震等级相同。
> 7.2.21（条文说明）
> 　　连梁应与剪力墙取相同的抗震等级。

3. 剪力墙底部加强部位
《高规》规定：

> 7.1.4 抗震设计时，剪力墙底部加强部位的范围，应符合下列规定：
> 1 底部加强部位的高度，应从地下室顶板算起；
> 2 底部加强部位的高度可取底部两层和墙体总高度的 1/10 二者的较大值，部分框支剪力墙结构底部加强部位的高度应符合本规程第 10.2.2 条的规定；
> 3 当结构计算嵌固端位于地下一层底板或以下时，底部加强部位宜延伸到计算嵌固端。

需注意的是:

(1) 底部加强部位的高度,与底部加强部位的范围,两者是不同的内涵。

(2)《高规》7.1.4 条的规定,与《抗规》和《混规》的规定是一致的,《抗规》6.1.10 条及其条文说明中规定:

> 6.1.10 抗震墙底部加强部位的范围,应符合下列规定:
> 1 底部加强部位的高度,应从地下室顶板算起。
> 2 部分框支抗震墙结构的抗震墙,其底部加强部位的高度,可取框支层加框支层以上两层的高度及落地抗震墙总高度的 1/10 二者的较大值。其他结构的抗震墙,房屋高度大于 24m 时,底部加强部位的高度可取底部两层和墙体总高度的 1/10 二者的较大值;房屋高度不大于 24m 时,底部加强部位可取底部一层。
> 3 当结构计算嵌固端位于地下一层的底板或以下时,底部加强部位尚宜向下延伸到计算嵌固端。
>
> 6.1.10(条文说明)
> 明确加强部位的高度一律从地下室顶板算起,当计算嵌固端位于地面以下时,还需向下延伸,但加强部位的高度仍从地下室顶板算起。

《混规》11.1.5 条及其条文说明中规定:

> 11.1.5 剪力墙底部加强部位的范围,应符合下列规定:
> 1 底部加强部位的高度应从地下室顶板算起。
> 2 部分框支剪力墙结构的剪力墙,底部加强部位的高度可取框支层加框支层以上两层的高度和落地剪力墙总高度的 1/10 二者的较大值。其他结构的剪力墙,房屋高度大于 24m 时,底部加强部位的高度可取底部两层和墙肢总高度的 1/10 二者的较大值;房屋高度不大于 24m 时,底部加强部位可取底部一层。
> 3 当结构计算嵌固端位于地下一层的底板或以下时,按本条第 1、2 款确定的底部加强部位的范围尚宜向下延伸到计算嵌固端。
>
> 11.1.5(条文说明)
> 当墙肢嵌固端设置在地下室顶板以下时,底部加强部位的高度仍从地下室顶板算起,但相应抗震构造措施应向下延伸到设定的嵌固端处。

(3) 有裙房的情况,《抗规》6.1.10 条的条文说明中规定:

> 6.1.3
> 2 裙房与主楼相连,除应按裙房本身确定抗震等级外,相关范围不应低于主楼的抗震等级;主楼结构在裙房顶板对应的相邻上下各一层应适当加强抗震构造措施。裙房与主楼分离时,应按裙房本身确定抗震等级。
>
> 6.1.10(条文说明)
> 有裙房时,按本规范第 6.1.3 条的要求,主楼与裙房顶对应的相邻上下层需要加强。此时,加强部位的高度也可以延伸至裙房以上一层。

【例 7.5.1】 某现浇钢筋混凝土一般剪力墙结构，抗震等级为二级，房屋总高 88m，其中，底层层高为 4.5m，第二层层高为 4.2m，标准层层高为 3.3m。

试问： 该剪力墙结构底部加强部位的高度为多少 m？

【解答】 根据《高规》7.1.4 条规定，底部加强部位高度 H 为：
$$H = \max(88/10, 4.5+4.2) = 8.8 \text{m}$$

4. 较多短肢剪力墙的剪力墙结构的规定

《高规》规定：

> 7.1.8 抗震设计时，高层建筑结构不应全部采用短肢剪力墙；B 级高度高层建筑以及抗震设防烈度为 9 度的 A 级高度高层建筑，不宜布置短肢剪力墙，不应采用具有较多短肢剪力墙的剪力墙结构。当采用具有较多短肢剪力墙的剪力墙结构时，应符合下列规定：
>
> 1 在规定的水平地震作用下，短肢剪力墙承担的底部倾覆力矩不宜大于结构底部总地震倾覆力矩的 50%；
>
> 2 房屋适用高度应比本规程表 3.3.1-1 规定的剪力墙结构的最大适用高度适当降低，7 度、8 度（0.2g）和 8 度（0.3g）时分别不应大于 100m、80m 和 60m。
>
> 注：1 短肢剪力墙是指截面厚度不大于 300mm、各肢截面高度与厚度之比的最大值大于 4 但不大于 8 的剪力墙；
>
> 2 具有较多短肢剪力墙的剪力墙结构是指，在规定的水平地震作用下，短肢剪力墙承担的底部倾覆力矩不小于结构底部总地震倾覆力矩的 30% 的剪力墙结构。

需注意的是：

(1)《高规》7.1.8 条中注 1、2 的规定。

(2) 剪力墙的分类，一般可分为：①一般剪力墙；②短肢剪力墙；③柱形墙肢。其中，短肢剪力墙，规程 7.1.8 条中注 1 进行了定义。

一般剪力墙是指墙肢截面高度与其厚度之比大于 8 的剪力墙，即：$h_w/b_w > 8$。

柱形墙肢是指按《高规》7.1.7 条规定的墙肢，即：

> 7.1.7 当墙肢的截面高度与厚度之比不大于 4 时，宜按框架柱进行截面设计。

柱形墙肢，《抗规》和《混规》也作了如下规定。

《抗规》规定：

> 6.4.6 抗震墙的墙肢长度不大于墙厚的 3 倍时，应按柱的有关要求进行设计；矩形墙肢的厚度不大于 300mm 时，尚宜全高加密箍筋。

《混规》9.4.1 条的条文说明中规定：

> 9.4.1（条文说明）
> 根据工程经验并参考国外有关的规范，长短边比例大于 4 的竖向构件定义为墙，比例不大于 4 的则应按柱进行设计。

在具体判别剪力墙的类型时，还应注意《高规》7.1.8 条条文说明的规定：

7.1.8（条文说明）

对于 L 形、T 形、十字形剪力墙，其各肢的肢长与截面厚度之比的最大值大于 4 且不大于 8 时，才划分为短肢剪力墙。对于采用刚度较大的连梁与墙肢形成的开洞剪力墙，不宜按单独墙肢判断其是否属于短肢剪力墙。

5. 剪力墙计算内容

《高规》规定：

7.1.9 剪力墙应进行平面内的斜截面受剪、偏心受压或偏心受拉、平面外轴心受压承载力验算。在集中荷载作用下，墙内无暗柱时还应进行局部受压承载力验算。

二、截面设计

1. 一般剪力墙的截面厚度设计

《高规》规定：

7.2.1 剪力墙的截面厚度应符合下列规定：
1 应符合本规程附录 D 的墙体稳定验算要求。
2 一、二级剪力墙：底部加强部位不应小于 200mm，其他部位不应小于 160mm；一字形独立剪力墙底部加强部位不应小于 220mm，其他部位不应小于 180mm。
3 三、四级剪力墙：不应小于 160mm，一字形独立剪力墙的底部加强部位尚不应小于 180mm。
4 非抗震设计时不应小于 160mm。
5 剪力墙井筒中，分隔电梯井或管道井的墙肢截面厚度可适当减小，但不宜小于 160mm。

附录 D 墙体稳定验算

D.0.1 剪力墙墙肢应满足下式的稳定要求：

$$q \leqslant \frac{E_c t^3}{10 l_0^2} \tag{D.0.1}$$

式中 q——作用于墙顶组合的等效竖向均布荷载设计值；
E_c——剪力墙混凝土的弹性模量；
t——剪力墙墙肢截面厚度；
l_0——剪力墙墙肢计算长度，应按本附录第 D.0.2 条确定。

D.0.2 剪力墙墙肢计算长度应按下式计算：

$$l_0 = \beta h \tag{D.0.2}$$

式中 β——墙肢计算长度系数，应按本附录第 D.0.3 条确定；
h——墙肢所在楼层的层高。

D.0.3 墙肢计算长度系数 β 应根据墙肢的支承条件按下列规定采用：

1 单片独立墙肢按两边支承板计算，取 β 等于 1.0。

2 T形、L形、槽形和工字形剪力墙的翼缘（图D），采用三边支承板按式（D.0.3-1）计算；当 β 计算值小于 0.25 时，取 0.25。

$$\beta = \frac{1}{\sqrt{1+\left(\dfrac{h}{2b_f}\right)^2}} \tag{D.0.3-1}$$

式中 b_f——T形、L形、槽形、工字形剪力墙的单侧翼缘截面高度，取图D中各 b_{fi} 的较大值或最大值。

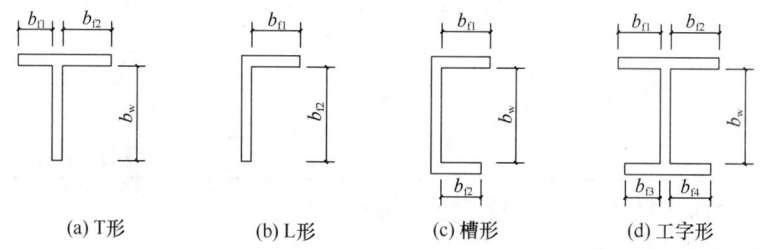

(a) T形   (b) L形   (c) 槽形   (d) 工字形

图D 剪力墙腹板与单侧翼缘截面高度示意

3 T形剪力墙的腹板（图D）也按三边支承板计算，但应将公式（D.0.3-1）中的 b_f 代以 b_w。

4 槽形和工字形剪力墙的腹板（图D），采用四边支承板按式（D.0.3-2）计算；当 β 计算值小于 0.2 时，取 0.2。

$$\beta = \frac{1}{\sqrt{1+\left(\dfrac{3h}{2b_w}\right)^2}} \tag{D.0.3-2}$$

式中 b_w——槽形、工字形剪力墙的腹板截面高度。

D.0.4 当T形、L形、槽形、工字形剪力墙的翼缘截面高度或T形、L形剪力墙的腹板截面高度与翼缘截面厚度之和小于截面厚度的2倍和800mm时，尚宜按下式验算剪力墙的整体稳定：

$$N \leqslant \frac{1.2 E_c I}{h^2} \tag{D.0.4}$$

式中 N——作用于墙顶组合的竖向荷载设计值；

I——剪力墙整体截面的惯性矩，取两个方向的较小值。

需注意的是：

(1)《高规》7.2.1条的条文说明中指出了剪力墙的截面厚度应满足的几个要求。其中，无支长度是指墙肢沿水平方向上无支撑约束的最大长度。

7.2.1（条文说明）

本条强调了剪力墙的截面厚度应符合本规程附录 D 的墙体稳定验算要求，并应满足剪力墙截面最小厚度的规定，其目的是为了保证剪力墙平面外的刚度和稳定性能，也是高层建筑剪力墙截面厚度的最低要求。按本规程的规定，剪力墙截面厚度除应满足本条规定的稳定要求外，尚应满足剪力墙受剪截面限制条件、剪力墙正截面受压承载力要求以及剪力墙轴压比限值要求。

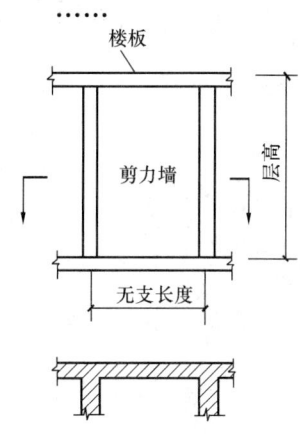

图 7　剪力墙的层高与无支长度示意

本次修订对原规程第 7.2.2 条作了修改，不再规定墙厚与层高或剪力墙无支长度比值的限制要求。主要原因是：1) 本条第 2、3、4 款规定的剪力墙截面的最小厚度是高层建筑的基本要求；2) 剪力墙平面外稳定与该层墙体顶部所受的轴向压力的大小密切相关，如不考虑墙体顶部轴向压力的影响，单一限制墙厚与层高或无支长度的比值，则会形成高度相差很大的房屋其底部楼层墙厚的限制条件相同，或一幢高层建筑中底部楼层墙厚与顶部楼层墙厚的限制条件相近等不够合理的情况；3) 本规程附录 D 的墙体稳定验算公式能合理地反映楼层墙体顶部轴向压力以及层高或无支长度对墙体平面外稳定的影响，并具有适宜的安全储备。

设计人员可利用计算机软件进行墙体稳定验算，可按设计经验、轴压比限值及本条 2、3、4 款初步选定剪力墙的厚度，也可参考 02 规程的规定进行初选：一、二级剪力墙底部加强部位可选层高或无支长度（图 7）二者较小值的 1/16，其他部位为层高或剪力墙无支长度二者较小值的 1/20；三、四级剪力墙底部加强部位可选层高或无支长度二者较小值的 1/20，其他部位为层高或剪力墙无支长度二者较小值的 1/25。

(2) 根据《高规》表 7.2.15 注 2，无翼墙、无端柱的剪力墙，是指剪力墙的翼缘长度小于翼墙厚度的 3 倍，或端柱截面边长小于 2 倍墙厚的剪力墙；也是指墙的两端（不包括洞口两侧）为一字形的矩形截面的剪力墙。

【例 7.5.2】　假设某一字形剪力墙如图 7.5.1 所示，层高 5m，C35 混凝土，顶部作用的垂直荷载设计值 $q=3400\text{kN/m}$。

试问：满足墙体稳定所需的厚度 t 为多少 mm？

【解答】　取单位长度 1m 计算，根据《高规》D.0.1 条规定：

$$q \leqslant \frac{E_c t^3}{10 l_0^2}$$

根据《高规》D.0.2 条及 D.0.3 条规定：$l_0 = \beta h$

一字墙（两边支承），取 $\beta = 1.0$，$l_0 = 1 \times h = h$

查《混凝土结构设计规范》表 4.1.5，取 $E_c = 3.15 \times 10^4 \text{N/mm}^2$

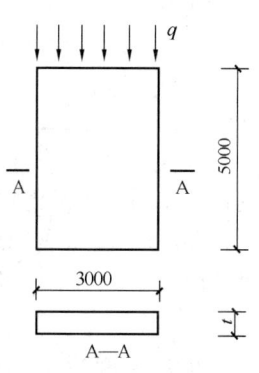

图 7.5.1

$$t \geqslant \sqrt[3]{10h^2q/E_c} = \sqrt[3]{10 \times 5000^2 \times 3400/(3.15 \times 10^4)} = 300\text{mm}$$

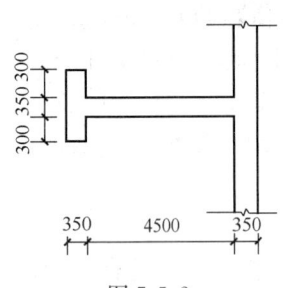

图 7.5.2

【例 7.5.3】 某高层建筑采用全部落地的现浇钢筋混凝土剪力墙结构，乙类建筑，抗震设防烈度 7 度，高度 82m，Ⅱ 类场地。其底层某剪力墙截面如图 7.5.2 所示，墙厚为 350mm，采用 C40 混凝土，纵筋和箍筋均采用 HRB335 级钢筋，底层层高为 5.0m。

试问：满足剪力墙墙肢稳定要求时，作用于墙顶作用组合的等效竖向均布荷载最大设计值 q（kN/m）为多少？

【解答】 该片剪力墙左边翼缘长度 $<3 \times 350 = 1050$mm，根据《高规》表 7.2.15 注 2 的规定，故左端为无翼墙，应视为三边支承剪力墙，取 $b_w = 350 + 4500 = 4850$mm。

由《高规》附录 D：

$$\beta = \frac{1}{\sqrt{1+\left(\frac{h}{2b_w}\right)^2}} = \frac{1}{\sqrt{1+\left(\frac{5000}{2 \times 4850}\right)^2}} = 0.889 > 0.25$$

故取 $\beta = 0.889$，$l_0 = \beta h = 0.889 \times 5000 = 4445$mm

$$q \leqslant \frac{E_c t^3}{10 l_0^2} = \frac{3.25 \times 10^4 \times 350^3}{10 \times 4445^2} = 7.05 \times 10^3 \text{kN/m}$$

【例 7.5.4】 某现浇钢筋混凝土剪力墙结构，丙类建筑，位于 7 度抗震设防区，建筑场地为 Ⅱ 类，房屋总高 84m，底层层高为 5.6m，其余各层层高均为 3.2m。

试问：该结构底部加强部位和第四层部位 T 形截面墙肢的最小厚度 b_w 分别为多少？

【解答】 丙类、7 度、总高 84m，Ⅱ 类场地，查《高规》表 3.9.3，剪力墙抗震等级为二级。

根据《高规》7.1.4 条，其底部加强部位的高度 H 为：

$$H = \max(84/10, 5.6+3.2) = 8.8\text{m}$$

故第四层属于一般部位。

由《高规》7.2.1 条规定，T 形截面墙肢：

底部加强部位：$b_w \geqslant 200$mm；

第四层部位：$b_w \geqslant 160$mm。

2. 一般剪力墙的剪力设计值和弯矩设计值

《高规》规定：

> 7.2.4 抗震设计的双肢剪力墙，其墙肢不宜出现小偏心受拉；当任一墙肢为偏心受拉时，另一墙肢的弯矩设计值及剪力设计值应乘以增大系数 1.25。
>
> 7.2.5 一级剪力墙的底部加强部位以上部位，墙肢的组合弯矩设计值和组合剪力设计值应乘以增大系数，弯矩增大系数可取为 1.2，剪力增大系数可取为 1.3。
>
> 7.2.6 底部加强部位剪力墙截面的剪力设计值、一、二、三级时应按式（7.2.6-1）调整，9 度一级剪力墙应按式（7.2.6-2）调整；二、三级的其他部位及四级时可不调整。

$$V = \eta_{vw}V_w \quad (7.2.6\text{-}1)$$
$$V = 1.1\frac{M_{wua}}{M_w}V_w \quad (7.2.6\text{-}2)$$

式中 V——底部加强部位剪力墙截面剪力设计值;
　　V_w——底部加强部位剪力墙截面考虑地震作用组合的剪力计算值;
　　M_{wua}——剪力墙正截面抗震受弯承载力,应考虑承载力抗震调整系数γ_{RE}、采用实配纵筋面积、材料强度标准值和组合的轴力设计值等计算,有翼墙时应计入墙两侧各一倍翼墙厚度范围内的纵向钢筋;
　　M_w——底部加强部位剪力墙底截面弯矩的组合计算值;
　　η_{vw}——剪力增大系数,一级取1.6,二级取1.4,三级取1.2。

需注意的是:
(1)《高规》7.2.5条规定,其目的是为了实现强剪弱弯设计要求,弯矩增大部位剪力墙的剪力设计值也应相应增大。
(2)《高规》7.2.6条中,9度是指未经调整的本地区的抗震设防烈度。
(3)《高规》7.2.4条中,在地震作用的反复作用下,两个墙肢都要增大设计剪力。

3. 一般剪力墙墙肢的轴压比限值
《高规》规定:

> 7.2.13 重力荷载代表值作用下,一、二、三级剪力墙墙肢的轴压比不宜超过表7.2.13的限值。

剪力墙墙肢轴压比限值　　　表7.2.13

抗震等级	一级（9度）	一级（6、7、8度）	二、三级
轴压比限值	0.4	0.5	0.6

> 注:墙肢轴压比是指重力荷载代表值作用下墙肢承受的轴压力设计值与墙肢的全截面面积和混凝土轴心抗压强度设计值乘积之比值。

需注意的是:
(1)《高规》7.2.13条规定适用于结构全高。
(2)《高规》7.2.13条表7.2-13中注的规定,墙肢轴压比是取重力荷载代表值产生的轴压力设计值进行计算,根据《抗震通规》4.3.2条,故取$\gamma_G=1.3$。

【例7.5.5】某高层钢筋混凝土剪力墙结构,抗震等级为二级,其一矩形截面剪力墙墙肢截面为$b_w \times h_w = 250\text{mm} \times 5700\text{mm}$。采用C30混凝土,在重力荷载代表值作用下的轴压力标准值$N_k = 3500\text{kN}$。

试问:该墙肢的轴压比与轴压比限值的比值为多少?
提示:按《建筑与市政工程抗震通用规范》作答。
【解答】 根据《高规》7.2.13条,抗震等级二级,$[\mu_N]=0.6$
$$\mu_N = \frac{N}{f_c A} = \frac{1.3 \times 3500 \times 10^3}{14.3 \times 250 \times 5700} = 0.223$$

$$\frac{\mu_N}{[\mu_N]} = \frac{0.223}{0.6} = 0.37$$

【例 7.5.6】 某 18 层现浇钢筋混凝土剪力墙结构,房屋高度 54m,抗震设防烈度为 7 度,抗震等级为二级。底层一双肢剪力墙,如图 7.5.3 所示,墙厚均为 200mm,采用 C30 混凝土。考虑地震作用组合时,墙肢 1 在横向水平地震作用下的反向组合内力设计值为:$M_1 = 3000$kN·m,$V_1 = 616$kN,$N_1 = -2000$kN(拉力),墙肢 2 相应于墙肢 1 的反向组合内力设计值(未考虑偏心受拉因素)为:$M_2 = 31000$kN·m,$V_2 = 2100$kN,$N_2 = 10000$kN。取 $a_s = a'_s = 200$mm。

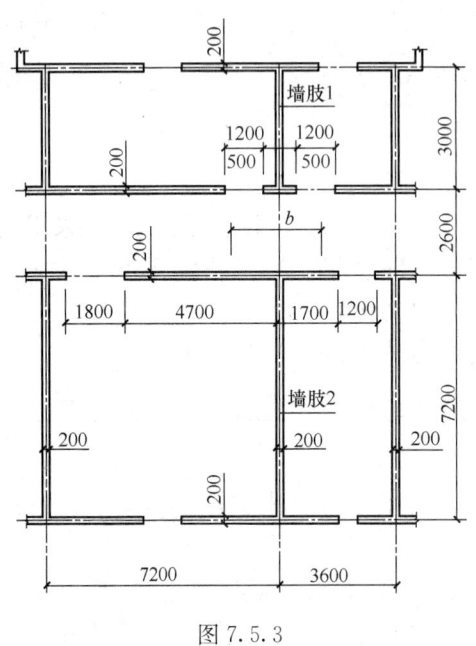

图 7.5.3

试问:墙肢 2 进行截面配筋计算时,其相应于反向地震作用的组合内力设计值 M_{w2}、V_{w2}、N_{w2} 为多少?

【解答】 墙肢 1 反向地震作用组合时:

$$e_0 = \frac{3000}{2000} = 1.5\text{m} > \frac{h_w}{2} - a_s$$
$$= \frac{3.2}{2} - 0.2 = 1.4\text{m},\text{为大偏拉}。$$

根据《高规》7.2.4 条:
$$M_{w2} = 1.25 \times 31000 = 38750\text{kN·m}$$
底部加强部位,抗震二级,根据《高规》7.2.4 条、7.2.6 条:
$$V_{w2} = 1.4 \times 1.25 \times 2100 = 3675\text{kN}$$
此外,$N_{w2} = N_2 = 16000$kN

4. 短肢剪力墙的截面设计

《高规》规定:

> 7.2.2 抗震设计时,短肢剪力墙的设计应符合下列规定:
>
> 1 短肢剪力墙截面厚度除应符合本规程第 7.2.1 条的要求外,底部加强部位尚不应小于 200mm,其他部位尚不应小于 180mm。
>
> 2 一、二、三级短肢剪力墙的轴压比,分别不宜大于 0.45、0.50、0.55,一字形截面短肢剪力墙的轴压比限值应相应减少 0.1。
>
> 3 短肢剪力墙的底部加强部位应按本节 7.2.6 条调整剪力设计值,其他各层一、二、三级时剪力设计值应分别乘以增大系数 1.4、1.2 和 1.1。
>
> 4 短肢剪力墙边缘构件的设置应符合本规程第 7.2.14 条的规定。
>
> 5 短肢剪力墙的全部竖向钢筋的配筋率,底部加强部位一、二级不宜小于 1.2%,三、四级不宜小于 1.0%;其他部位一、二级不宜小于 1.0%,三、四级不宜小于 0.8%。
>
> 6 不宜采用一字形短肢剪力墙,不宜在一字形短肢剪力墙上布置平面外与之相交的单侧楼面梁。

需注意的是：

(1)《高规》7.2.2 条规定，不论是否短肢剪力墙较多，所有短肢剪力墙都要求满足它。

(2)《高规》7.2.2 条第 3 款规定。

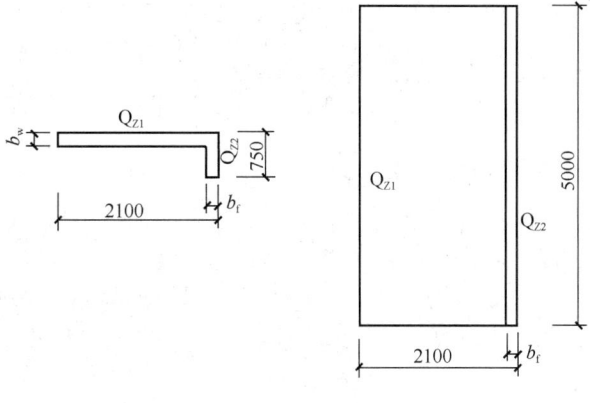

图 7.5.4

【**例 7.5.7**】 某钢筋混凝土底部加强部位剪力墙，抗震设防烈度 7 度，抗震等级一级，平、立面如图 7.5.4 所示，混凝土强度等级 C30（$f_c = 14.3\text{N/mm}^2$，$E_c = 3.0 \times 10^4 \text{N/mm}^2$）。

假定，墙肢 Q_{Z1} 底部考虑地震作用组合的轴力设计值 $N = 4800\text{kN}$，重力荷载代表值作用下墙肢承受的轴压力设计值 $N_{GE} = 3900\text{kN}$，$b_f = b_w$。试问，满足 Q_{Z1} 轴压比要求的最小墙厚 b_w（mm），与下列何项数值最为接近？

(A) 300 (B) 350 (C) 400 (D) 450

【**解答**】 (1) 假定，$b_w = 300\text{mm}$，$\dfrac{h_f}{b_w} = \dfrac{750}{300} = 2.5 < 3$，根据《高规》表 7.2.15 注 2，属于"无翼墙"；$\dfrac{h_w}{b_w} = \dfrac{2100}{300} = 7$，根据《高规》7.1.8 条注 1，为短肢剪力墙，最终为：一字形短肢剪力墙。

由《高规》7.2.2 条，$[\mu_N] \leq 0.45 - 0.1 = 0.35$

Q_{Z1}：$N \leq 0.35 b_w h_w f_c = 0.35 \times 300 \times 2100 \times 14.3 = 3153\text{kN} < 3900\text{kN}$，不满足。

(2) 假定，$b_w = 350\text{mm}$，$\dfrac{h_f}{b_w} = \dfrac{750}{350} = 2.14 < 3$，由《高规》表 7.2.15 注 2，属于"无翼墙"；$b_w = 350\text{mm}$，由《高规》7.1.8 条注 1，不属于短肢剪力墙，最终为：一字形普通剪力墙。

由《高规》7.2.13 条：$[\mu_N] \leq 0.5$

Q_{Z1}：$N \leq 0.5 b_w h_w f_c = 0.5 \times 350 \times 2100 \times 14.3 = 5255\text{kN} > 3900\text{kN}$，满足。

故选 (B) 项。

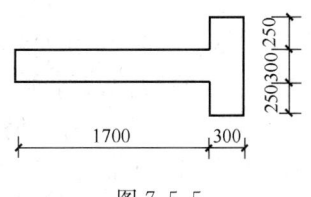

图 7.5.5

【**例 7.5.8**】 某现浇钢筋混凝土剪力墙结构，抗震设防烈度为 7 度，丙类房屋，Ⅱ类建筑场地，房屋高度为 88m，结构布置了较多的短肢剪力墙。某一片剪力墙截面如图 7.5.5 所示，墙厚 300mm。采用 C30 混凝土。

试问：

(1) 该片剪力墙在重力荷载代表值作用下所能承担的最大轴压力设计值为多少？

(2) 若该片剪力墙位于底部加强部位，确定其竖向钢筋截面面积为多少？

【**解答**】 (1) 丙类，7 度，Ⅱ类场地，高度为 88m，查《高规》表 3.9.3 知，剪力墙的抗震等级为二级。

该片剪力墙的翼缘长度$=2\times250+300=800\mathrm{mm}<3\times300=900\mathrm{mm}$，根据《高规》表 7.2.15 注 2 的规定，属于无翼墙，且 $h_\mathrm{w}/b_\mathrm{w}=\dfrac{1700+300}{300}=6.67\genfrac{}{}{0pt}{}{\leqslant 8}{>4}$，故属于一字形截面短肢剪力墙。

由《高规》7.2.2 条：
$$[\mu_\mathrm{N}]=0.50-0.1=0.40$$

由《高规》7.2.13 条：
$$N\leqslant f_\mathrm{c}A[\mu_\mathrm{N}]=14.3\times(1700\times300+800\times300)\times0.40=4290\mathrm{kN}$$

(2) 由《高规》7.2.2 条：
$$A_\mathrm{s}\geqslant1.2\%b_\mathrm{w}h_\mathrm{w}=1.2\%\times(1700\times300+800\times300)=9000\mathrm{mm}^2$$

5. 剪力墙正截面偏心受压和偏心受拉计算

- 复习《高规》7.2.8 条。（偏心受压）
- 复习《高规》7.2.9 条。（偏心受拉）

需注意的是：

(1)《高规》7.2.8 条，当有地震作用组合时，规范式（7.2.8-1）、式（7.2.8-2）右端均应除以 γ_RE（$\gamma_\mathrm{RE}=0.85$）。

当 $x\leqslant\xi_\mathrm{b}h_\mathrm{w0}$ 时，为大偏压，$\sigma_\mathrm{s}=f_\mathrm{y}$；

当 $x>\xi_\mathrm{b}h_\mathrm{w0}$ 时，为小偏压，$\sigma_\mathrm{s}=\dfrac{f_\mathrm{y}}{\xi_\mathrm{b}-0.8}\left(\dfrac{x}{h_\mathrm{w0}}-\beta_1\right)$

β_1 的取值：$\leqslant$C50 时，取 $\beta_1=0.8$；C80 时，取 $\beta_1=0.74$；

其间内插，$\beta_1=0.8-\dfrac{x-50}{80-50}\cdot(0.8-0.74)$，式中 x 为混凝土强度等级

ξ_b 的取值，当混凝土强度等级不超过 C50 时：

HRB335 级钢筋，$\xi_\mathrm{b}=0.550$；

HRB400 级钢筋，$\xi_\mathrm{b}=0.518$；

HRB500 级钢筋，$\xi_\mathrm{b}=0.482$。

(2)《高规》7.2.8 条中的 a'_s，可根据《高规》7.2.15 条或 7.2.16 条中的边缘构件构造要求进行确定。如对于暗柱，暗柱长度 h_c 可取：当为约束边缘构件时，$h_\mathrm{c}=\max(b_\mathrm{w},l_\mathrm{c}/2,400)$。

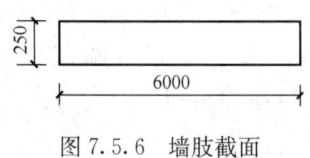

图 7.5.6 墙肢截面

【例 7.5.9】 某高度为 50m 的高层钢筋混凝土剪力墙结构，抗震等级为二级，其中一底部墙肢的截面尺寸如图 7.5.6 所示。混凝土强度等级为 C30，剪力墙采用对称配筋，纵向钢筋为 HRB400 级，竖向和水平分布钢筋为 HPB300 级。

已知某一组考虑地震组合的弯矩设计值为 20000kN·m，轴向压力设计值为 3205kN，墙体竖向分布筋为双排 2Φ10@200。该墙肢轴压比为 0.45。

试问：

(1) 确定受压区高度为多少？

(2) 该墙肢端部纵向钢筋截面面积为多少?

【解答】 (1) 确定受压区高度 x

1) 确定 a'_s，根据《高规》7.2.11 条，$\mu_N=0.45>0.3$，应设置约束边缘构件。

由《高规》表 7.2.15 及注的规定：

$$l_c = \max(0.20h_w, b_w, 400) = \max(0.20\times 6000, 250, 400) = 1200\text{mm}$$

暗柱长度 h_c：$h_c = \max(b_w, l_c/2, 400) = \max(250, 1200/2, 400) = 600\text{mm}$

则：
$$a'_s = \frac{600}{2} = 300\text{mm}$$

$$h_{w0} = h_w - a'_s = 5700\text{mm}$$

2) 确定 x 值，$\rho_w = \frac{nA_{sv1}}{b_w s} = \frac{2\times 78.5}{250\times 200} = 0.314\% > 0.25\%$，满足构造要求。

假定为大偏压，由式（7.2.8-1）：

$$N = \frac{1}{\gamma_{RE}}[\alpha_1 f_c b_w x - (h_{w0} - 1.5x)b_w f_{yw}\rho_w]$$

$$3205\times 10^3 = \frac{1}{0.85}\times[1\times 14.3\times 250x - (5700-1.5x)\times 250\times 270\times 0.314\%]$$

解之得： $x = 1010\text{mm} < \xi_b h_{w0} = 0.52\times 5700 = 2964\text{mm}$

假定成立，故为大偏压，取 $x=1010\text{mm}$。

(2) 确定纵向钢筋截面面积

先确定出 M_c、M_{sw}：

由《高规》式（7.2.8-4）得：

$$M_c = \alpha_1 f_c b_w x\left(h_{w0} - \frac{x}{2}\right) + 0$$

$$= 1\times 14.3\times 250\times 1010\times\left(5700 - \frac{1010}{2}\right) = 1.88\times 10^{10}\text{N}\cdot\text{mm}$$

由《高规》式（7.2.8-9）得：

$$M_{sw} = \frac{1}{2}(h_{w0} - 1.5x)^2 b_w f_{yw}\rho_w$$

$$= \frac{1}{2}\times(5700-1.5\times 1010)^2\times 250\times 270\times 0.314\%$$

$$= 0.1856\times 10^{10}\text{N}\cdot\text{mm}$$

$$e_0 = \frac{M}{N} = \frac{20000\times 10^6}{3205\times 10^3} = 6240\text{mm}$$

确定 $A_s = A'_s$ 值，由《高规》式（7.2.8-2）得：

$$A_s = A'_s = \frac{\gamma_{RE}N(e_0 + h_{w0} - h_w/2) + M_{sw} - M_c}{f'_y(h_{w0} - a'_s)}$$

$$= \frac{0.85\times 3205\times 10^3\times(6240+5700-6000/2) + 0.1856\times 10^{10} - 1.88\times 10^{10}}{360\times(5700-300)}$$

$$= 3812 \text{mm}^2$$

根据《高规》7.2.15 条第 2 款规定：

$$A_{s,\min} = 1\% \times 250 \times 600 = 1500\text{mm}^2, 且 \geqslant 6 \, \Phi \, 16 (A_s = 1206\text{mm}^2)$$

故选用 $8 \, \Phi \, 25$（$A_s = 3927\text{mm}^2$）。

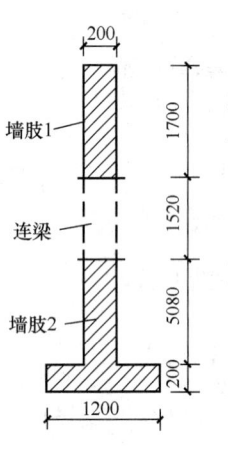

图 7.5.7

【例 7.5.10】 某 12 层钢筋混凝土剪力墙结构的某底层双肢墙，如图 7.5.7 所示，该建筑物建于 8 度抗震设防区，抗震等级二级。结构总高 36m，层高 3.0m，门洞 1520mm×240mm，采用 C30 混凝土，纵向钢筋为 HRB400 级，分布筋为 HPB300 级。

已知墙肢 1 正向地震作用组合的内力值为：$M = 1800$kN·m，$V = 320$kN，$N = 2200$kN（压力）。该墙肢 1 的轴压比为 0.48。对称配筋；竖向分布筋采用 2 排 $2 \, \Phi \, 12@200$。

试问：

(1) 墙肢 1 受压区高度 x 为多少？

(2) 墙肢 1 端部纵向钢筋截面面积为多少？

【解答】 (1) 墙肢 1 受压区高度 x

$\mu_N = 0.48 > 0.3$，由《高规》7.2.14 条，应设置约束边缘构件。

根据《高规》7.2.15 条及表 7.2.15 规定：

墙肢 1 约束边缘构件长度 l_c：

$$l_c = \max(0.20h_w, b_w, 400) = \max(0.2 \times 1700, 200, 400) = 400\text{mm}$$

暗柱长度为：

$$h_c = \max\left(b_w, \frac{l_c}{2}, 400\right) = \max\left(200, \frac{400}{2}, 400\right) = 400\text{mm}$$

故取 $a_s = a'_s = h_c/2 = 200$mm

$$h_{w0} = h_w - a'_s = 1700 - 200 = 1500\text{mm}$$

竖向分布筋配筋率 ρ_w：

$$\rho_w = \frac{A_{sv}}{b_w s} = \frac{2 \times 113.1}{200 \times 200} = 0.5655\%$$

假定为大偏压，由式（7.2.8-1）：

$$N = \frac{1}{\gamma_{RE}} [\alpha_1 f_c b_w x - (h_{w0} - 1.5x) b_w f_{yw} \rho_w]$$

$$2200 \times 10^3 = \frac{1}{0.85} \times [1 \times 14.3 \times 200x - (1500 - 1.5x) \times 200 \times 270 \times 0.5655\%]$$

解之得： $x = 702\text{mm} < \xi_b h_{w0} = 0.518 \times 1500 = 777\text{mm}$

假定成立，故为大偏压。

(2) 确定墙肢 1 端部纵向钢筋截面面积

由《高规》式（7.2.8-4）得：

$$M_c = \alpha_1 f_c b_w x \left(h_{w0} - \frac{x}{2}\right) = 1 \times 14.3 \times 200 \times 702 \times \left(1500 - \frac{702}{2}\right)$$

$$= 2306.9 \times 10^6 \text{N} \cdot \text{mm}$$

由《高规》式（7.2.8-9）得：

$$M_{sw} = \frac{1}{2}(h_{w0} - 1.5x)^2 b_w f_{yw} \rho_w$$

$$= \frac{1}{2}(1500 - 1.5 \times 702)^2 \times 200 \times 270 \times 0.5655\%$$

$$= 30.51 \times 10^6 \text{N} \cdot \text{mm}$$

$$e_0 = \frac{M}{N} = \frac{1800 \times 10^6}{2200 \times 10^3} = 818 \text{mm}$$

由《高规》式（7.2.8-2）得：

$$A_s = A'_s = \frac{\gamma_{RE} N(e_0 + h_{w0} - h_w/2) + M_{sw} - M_c}{f'_y (h_{w0} - a'_s)}$$

$$= \frac{0.85 \times 2200 \times 10^3 (818 + 1500 - 1700/2) + 30.51 \times 10^6 - 2306.9 \times 10^6}{360 \times (1500 - 200)}$$

$$= 1002 \text{mm}^2$$

根据《高规》7.2.15 条第 2 款规定：
$A_{s,min} = 1\% \times (200 \times 400) = 800 \text{mm}^2$，且不应小于 6 Φ 16（$A_s = 1206 \text{mm}^2$）
故选 6 Φ 16（$A_s = 1206 \text{mm}^2$）。

6. 斜截面抗剪承载力计算
- （1）斜截面抗剪的截面条件

《高规》规定：

7.2.7 剪力墙墙肢截面剪力设计值应符合下列规定：
1 永久、短暂设计状况

$$V \leqslant 0.25 \beta_c f_c b_w h_{w0} \tag{7.2.7-1}$$

2 地震设计状况
剪跨比 λ 大于 2.5 时

$$V \leqslant \frac{1}{\gamma_{RE}}(0.20 \beta_c f_c b_w h_{w0}) \tag{7.2.7-2}$$

剪跨比 λ 不大于 2.5 时

$$V \leqslant \frac{1}{\gamma_{RE}}(0.15 \beta_c f_c b_w h_{w0}) \tag{7.2.7-3}$$

> 剪跨比可按下式计算：
> $$\lambda = M^c/(V^c h_{w0}) \qquad (7.2.7\text{-}4)$$
> 式中 V——剪力墙墙肢截面的剪力设计值；
> $\quad h_{w0}$——剪力墙截面有效高度；
> $\quad \beta_c$——混凝土强度影响系数，应按本规程第 6.2.6 条采用；
> $\quad \lambda$——剪跨比，其中 M^c、V^c 应取同一组合的、未按本规程有关规定调整的墙肢截面弯矩、剪力计算值，并取墙肢上、下端截面计算的剪跨比的较大值。

需注意的是：

(1)《高规》7.2.7 条中：

β_c 取值：$\leqslant$C50 时，取 $\beta_c=1.0$；C80 时，取 $\beta_c=0.8$，其间内插：

$$\beta_c = 1 - \frac{x-50}{80-50} \cdot (1.0-0.8), x \text{ 为混凝土强度等级}$$

h_{w0} 取值：$h_{w0} = h_w - a'_s$

λ 取值：$\lambda = \dfrac{M^c}{V^c h_{w0}}$

(2)《高规》7.2.7 条中，V 为经内力调整后的剪力设计值，即按《高规》7.2.4 条、7.2.5 条、7.2.6 条，以及 7.2.2 条第 3 款（短肢剪力墙）、3.10.5 条第 1 款（特一级情况）调整后的设计值。

【例 7.5.11】 某高层钢筋混凝土剪力墙结构，抗震等级为一级，其底部加强部位某一墙肢截面为 $b_w \times h_w = 250\text{mm} \times 3000\text{mm}$，在地震组合下（未经内力调整）的剪力设计值 $V=1950\text{kN}$，弯矩设计值 $M=8500\text{kN} \cdot \text{m}$，采用 C35 混凝土。取 $h_{w0}=2750\text{mm}$。

试问：

(1) 确定该墙肢的剪力设计值。

(2) 验算该墙肢的截面条件是否满足。

【解答】 (1) 根据《高规》7.2.6 条规定，$\eta_{vw}=1.6$

$$V = \eta_{vw} V_w = 1.6 \times 1950 = 3120\text{kN}$$

(2) 验算墙肢截面条件

根据《高规》7.2.7 条规定：

$$\lambda = \frac{M^c}{V^c h_{w0}} = \frac{8500 \times 10^6}{1950 \times 10^3 \times 2750} = 1.59 < 2.5$$

由《高规》式（7.2.7-3）得：

$$V = 3120 \times 10^3 > \frac{1}{\gamma_{RE}}(0.15 \beta_c f_c b_w h_{w0}) = \frac{0.15 \times 1 \times 16.7 \times 250 \times 2750}{0.85} = 2026\text{kN}$$

故不满足。

思考： 若该墙体为一般部位，由《高规》7.2.5 条，则墙肢截面条件验算如下：

$$V = 1.3 \times 1950 = 2535\text{kN} > \frac{1}{\gamma_{RE}}(0.15 \beta_c f_c b_w h_{w0}) = 2026\text{kN}, \text{不满足。}$$

【例 7.5.12】 某现浇钢筋混凝土剪力墙结构，设置有较多短肢剪力墙，某一偏心受压单肢剪力墙,位于非底部加强部位,其截面尺寸为 200mm×1500mm,$h_{w0}=1300$mm,抗震等级为一级,剪距比 λ 不大于 2.5,采用 C40 混凝土。

试问:该墙肢允许承受的考虑地震组合的最大剪力计算值 V_w(kN)为多少?

【解答】 根据《高规》7.2.7 条,λ≤2.5:

$$V \leqslant \frac{1}{\gamma_{RE}}(0.15\beta_c f_c b_w h_{w0}) = \frac{1}{0.85} \times (0.15 \times 1.0 \times 19.1 \times 200 \times 1300) = 876.35 \text{kN}$$

$$h_w/b_w = 1500/200 = 7.5 \genfrac{}{}{0pt}{}{\leqslant 8}{\geqslant 4}, 属于短肢剪力墙$$

根据《高规》7.2.2 条第 3 款,非底部加强部位:

$$V = 1.4 V_w$$

故:

$$V_w = \frac{V}{1.4} \leqslant \frac{876.35}{1.4} = 625.96 \text{kN}$$

● (2)剪力墙偏心受压和偏心受拉斜截面受剪承载力计算

《高规》规定:

> 7.2.10 偏心受压剪力墙的斜截面受剪承载力应符合下列规定:
> 1 永久、短暂设计状况
>
> $$V \leqslant \frac{1}{\lambda - 0.5}\left(0.5 f_t b_w h_{w0} + 0.13 N \frac{A_w}{A}\right) + f_{yh} \frac{A_{sh}}{s} h_{w0} \quad (7.2.10\text{-}1)$$
>
> 2 地震设计状况
>
> $$V \leqslant \frac{1}{\gamma_{RE}}\left[\frac{1}{\lambda - 0.5}\left(0.4 f_t b_w h_{w0} + 0.1 N \frac{A_w}{A}\right) + 0.8 f_{yh} \frac{A_{sh}}{s} h_{w0}\right] \quad (7.2.10\text{-}2)$$
>
> 式中 N——剪力墙截面轴向压力设计值,N 大于 $0.2 f_c b_w h_w$ 时,应取 $0.2 f_c b_w h_w$;
> A——剪力墙全截面面积;
> A_w——T 形或 I 形截面剪力墙腹板的面积,矩形截面时应取 A;
> λ——计算截面的剪跨比,λ 小于 1.5 时应取 1.5,λ 大于 2.2 时应取 2.2,计算截面与墙底之间的距离小于 $0.5 h_{w0}$ 时,λ 应按距墙底 $0.5 h_{w0}$ 处的弯矩值与剪力值计算;
> s——剪力墙水平分布钢筋间距。
>
> 7.2.11 偏心受拉剪力墙的斜截面受剪承载力应符合下列规定:
> 1 永久、短暂设计状况
>
> $$V \leqslant \frac{1}{\lambda - 0.5}\left(0.5 f_t b_w h_{w0} - 0.13 N \frac{A_w}{A}\right) + f_{yh} \frac{A_{sh}}{s} h_{w0} \quad (7.2.11\text{-}1)$$
>
> 上式右端的计算值小于 $f_{yh} \frac{A_{sh}}{s} h_{w0}$ 时,应取等于 $f_{yh} \frac{A_{sh}}{s} h_{w0}$。
>
> 2 地震设计状况
>
> $$V \leqslant \frac{1}{\gamma_{RE}}\left[\frac{1}{\lambda - 0.5}\left(0.4 f_t b_w h_{w0} - 0.1 N \frac{A_w}{A}\right) + 0.8 f_{yh} \frac{A_{sh}}{s} h_{w0}\right] \quad (7.2.11\text{-}2)$$
>
> 上式右端方括号内的计算值小于 $0.8 f_{yh} \frac{A_{sh}}{s} h_{w0}$ 时,应取等于 $0.8 f_{yh} \frac{A_{sh}}{s} h_{w0}$。

【例 7.5.13】 某高度为 50m 的高层钢筋混凝土剪力墙结构,抗震等级为二级,其中一底部墙肢的截面尺寸为矩形截面 $b_w \times h_w = 250\text{mm} \times 6000\text{mm}$。混凝土采用 C30,剪力墙采用对称配筋,纵向钢筋采用 HRB400 级,竖向和水平分布钢筋采用 HPB300 级。

地震组合下,距墙底 $0.5h_{w0}$ 处的内力未调整前设计值分别为:剪力 $V_w = 2200\text{kN}$,轴向压力 $N_w = 3000\text{kN}$,弯矩 $M_w = 16000\text{kN} \cdot \text{m}$。该墙肢轴压比为 0.50。

试问:确定抗剪承载力所需的水平分布钢筋。

【解答】 (1) 求 λ、V

该墙肢的 $\mu_N = 0.50 > 0.3$,由《高规》7.2.14 条,应设约束边缘构件。

根据《高规》7.2.15 条及表 7.2.15 规定:

$$l_c = \max(0.20h_w, b_w, 400) = \max(0.2 \times 6000, 250, 400) = 1200\text{mm}$$

$$h_c = \max(b_w, l_c/2, 400) = \max(250, 1200/2, 400) = 600\text{mm}$$

故取 $a_s = a'_s = h_c/2 = 300\text{mm}$

$$h_{w0} = h_w - a'_s = 6000 - 300 = 5700\text{mm}$$

根据《高规》7.2.7 条第 2 款规定:

$$\lambda = \frac{M^c}{V^c h_{w0}} = \frac{16000 \times 10^6}{2200 \times 10^3 \times 5700} = 1.28$$

根据《高规》7.2.6 条规定:$V = 1.4 V_w = 1.4 \times 2200 = 3080\text{kN}$

根据《高规》7.2.7 条第 2 款规定:$\lambda = 1.28 < 2.5$,则按截面条件复核:

$$V = 3080\text{kN} < \frac{1}{\gamma_{RE}}(0.15\beta_c f_c b_w h_{w0}) = \frac{0.15 \times 1 \times 14.3 \times 250 \times 5700}{0.85} = 3596\text{kN}$$

故满足。

(2) 确定水平分布筋

根据《高规》7.2.10 条规定:

因 $\lambda = 1.28 < 1.5$,故取 $\lambda = 1.5$;又 $A_w = A$,故 $\frac{A_w}{A} = 1.0$

$$0.2 f_c b_w h_w = 0.2 \times 14.3 \times 250 \times 6000 = 4290\text{kN} > N = 3000\text{kN}$$

故取 $N = 3000\text{kN}$。

由《高规》式(7.2.10-2)得:

$$V \leqslant \frac{1}{\gamma_{RE}}\left[\frac{1}{\lambda - 0.5}\left(0.4 f_t b_w h_{w0} + 0.1 N \frac{A_w}{A}\right) + 0.8 f_{yh} \frac{A_{sh}}{s} h_{w0}\right]$$

$$0.85 \times 3080 \times 10^3 \leqslant \frac{1}{1.5 - 0.5}(0.4 \times 1.43 \times 250 \times 5700 + 0.1$$

$$\times 3000 \times 10^3 \times 1) + 0.8 \times 270 \cdot \frac{A_{sh}}{s} \cdot 5700$$

$$\frac{A_{sh}}{s} \geqslant 1.22\text{mm}^2/\text{mm}$$

取双排Φ10 钢筋:$s \leqslant \frac{2 \times 78.5}{1.22} = 129\text{mm}$,故取 $s = 100\text{mm}$。

配置水平分布钢筋为:双排Φ10@100。

验算配筋率:$\rho_{sh} = \frac{A_{sv}}{b_w s} = \frac{2 \times 78.5}{250 \times 100} = 0.628\%$

根据《高规》7.2.17条规定：$\rho_{sh}=0.628\% > 0.25\%$，满足。

(3) 水平施工缝的抗滑移验算

《高规》规定：

> 7.2.12 抗震等级为一级的剪力墙，水平施工缝的抗滑移应符合下式要求：
> $$V_{wj} \leqslant \frac{1}{\gamma_{RE}}(0.6f_y A_s + 0.8N) \qquad (7.2.12)$$
> 式中 V_{wj}——剪力墙水平施工缝处剪力设计值；
> 　　　A_s——水平施工缝处剪力墙腹板内竖向分布钢筋和边缘构件中的竖向钢筋总面积（不包括两侧翼墙），以及在墙体中有足够锚固长度的附加竖向插筋面积；
> 　　　f_y——竖向钢筋抗拉强度设计值；
> 　　　N——水平施工缝处考虑地震作用组合的轴向力设计值，压力取正值，拉力取负值。

对此，《抗规》3.9.7条的条文说明中有相同的规定，并且规定：

> 3.9.7（条文说明）
> $$V_{wj} \leqslant \frac{1}{\gamma_{RE}}(0.6f_y A_s + 0.8N)$$
> 式中 V_{wj}——抗震墙施工缝处组合的剪力设计值；
> 　　　f_y——竖向钢筋抗拉强度设计值；
> 　　　A_s——施工缝处抗震墙的竖向分布钢筋、竖向插筋和边缘构件（不包括边缘构件以外的两侧翼墙）纵向钢筋的总截面面积；
> 　　　N——施工缝处不利组合的轴向力设计值，压力取正值，拉力取负值。其中，重力荷载的分项系数，受压时为有利，取1.0；受拉时取1.2。

【例 7.5.14】某88m的高层钢筋混凝土剪力墙结构，抗震等级一级，其底部加强部位的某一矩形截面墙肢截面为 $b_w \times h_w = 300\text{mm} \times 6000\text{mm}$，已知墙肢两端各配置了 10Φ25 的 HRB400 级钢筋，每侧暗柱长度为 600mm；竖向分布钢筋为 HPB300 级，配置双排 2Φ12@200mm。该墙肢在地震组合下的水平施工缝处剪力计算值 $V=3200\text{kN}$；重力荷载代表值作用下的轴向压力标准值 $N_{Gk}=3000\text{kN}$；水平地震作用下的轴向压力标准值 $N_{Ehk}=500\text{kN}$。

试问：验算水平施工缝处的抗滑移能力。

提示：按《建筑与市政工程抗震通用规范》作答。

【解答】(1) 确定 V_{wj}、N

根据《高规》7.2.6条规定，$V_{wj}=1.6 \times V = 1.6 \times 3200 = 5120\text{kN}$

墙肢受压，取 $\gamma_G=1.0$，$\gamma_{Ehk}=1.4$，则：
$$N = 1.0 \times 3000 + 1.4 \times 500 = 3700\text{kN}$$

（2）验算水平施工缝处的抗滑移能力

墙肢两端钢筋面积：$A_{s1}=2\times10\times490.9=9818\text{mm}^2$

墙肢竖向分布钢筋面积：$A_{s2}=2\times113.1\times\dfrac{6000-2\times600-200}{200}=5203\text{mm}^2$

由《高规》式（7.2.12）得：

$$\dfrac{1}{\gamma_{RE}}(0.6f_yA_s+0.8N)=\dfrac{1}{0.85}[0.6\times(360\times9818+270\times5203)+0.8\times3700\times10^3]$$
$$=6969\text{kN}>V_{wj}=5120\text{kN}，\text{故满足}。$$

思考：当水平施工缝为一般部位时，其他条件不变，验算其抗滑移能力。

根据《高规》7.2.5条：

$$V_{wj}=1.3V=1.3\times3200=4160\text{kN}$$

$$\dfrac{1}{\gamma_{RE}}(0.6f_yA_s+0.8N)=6969\text{kN}>V_{wj}=4160\text{kN}，\text{满足}。$$

7. 墙肢轴压比与边缘构件的构造规定

《高规》7.2.14条规定了剪力墙墙肢的轴压比限值。

墙肢边缘构件根据其轴压比的大小可分为：构造边缘构件和约束边缘构件。

7.2.14　剪力墙两端和洞口两侧应设置边缘构件，并应符合下列规定：

1　一、二、三级剪力墙底层墙肢底截面的轴压比大于表7.2.14的规定值时，以及部分框支剪力墙结构的剪力墙，应在底部加强部位及相邻的上一层设置约束边缘构件，约束边缘构件应符合本规程第7.2.15条的规定；

2　除本条第1款所列部位外，剪力墙应按本规程第7.2.16条设置构造边缘构件；

3　B级高度高层建筑的剪力墙，宜在约束边缘构件层与构造边缘构件层之间设置1～2层过渡层，过渡层边缘构件的箍筋配置要求可低于约束边缘构件的要求，但应高于构造边缘构件的要求。

剪力墙可不设约束边缘构件的最大轴压比　　表7.2.14

等级或烈度	一级（9度）	一级（6、7、8度）	二、三级
轴压比	0.1	0.2	0.3

需注意的是：

（1）《高规》7.2.14条第1款中，一般剪力墙结构、框架-剪力墙结构等，与部分框支剪力墙结构，各自设置约束边缘构件的条件及范围是不同的。

（2）当满足《高规》7.2.14条第1款规定，底部加强部位相邻的上一层应设置约束边缘构件。对于一般剪力墙结构，当轴压比变化不大时，该约束边缘构件为下部（即剪力墙底部加强部位）约束边缘构件向上的延伸，即：纵向钢筋、箍筋均应与下层相同。

（3）《高规》7.2.14条第3款中，"过渡层"的设置范围，与《抗规》6.4.5条的条文说明中的"过渡层"的设置范围是不协调的，《抗规》6.4.5条的条文说明中规定：

6.4.5（条文说明）

在加强部位与一般部位的过渡区（可大体取加强部位以上与加强部位的高度相同的范围），边缘构件的长度需逐步过渡。

▲（1）墙肢约束边缘构件

《高规》规定：

7.2.15 剪力墙的约束边缘构件可为暗柱、端柱和翼墙（图7.2.15），并应符合下列规定：

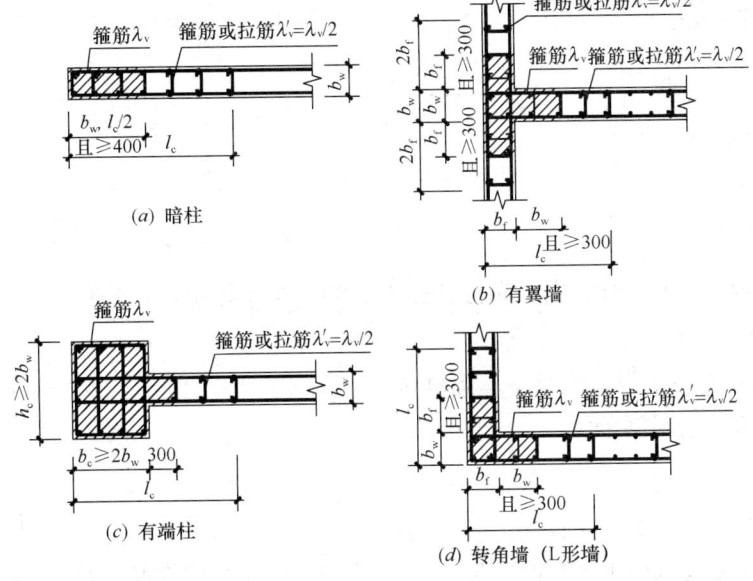

图7.2.15 剪力墙的约束边缘构件

1 约束边缘构件沿墙肢的长度 l_c 和箍筋配箍特征值 λ_v 应符合表7.2.15的要求，其体积配箍率 ρ_v 应按下式计算：

$$\rho_v = \lambda_v \frac{f_c}{f_{yv}} \tag{7.2.15}$$

式中 ρ_v——箍筋体积配箍率。可计入箍筋、拉筋以及符合构造要求的水平分布钢筋，计入的水平分布钢筋的体积配箍率不应大于总体积配箍率的30%；

λ_v——约束边缘构件配箍特征值；

f_c——混凝土轴心抗压强度设计值；混凝土强度等级低于C35时，应取C35的混凝土轴心抗压强度设计值；

f_{yv}——箍筋、拉筋或水平分布钢筋的抗拉强度设计值。

约束边缘构件沿墙肢的长度 l_c 及其配箍特征值 λ_v　　表7.2.15

项目	一级（9度）		一级（6、7、8度）		二、三级	
	$\mu_N \leq 0.2$	$\mu_N > 0.2$	$\mu_N \leq 0.3$	$\mu_N > 0.3$	$\mu_N \leq 0.4$	$\mu_N > 0.4$
l_c（暗柱）	$0.20h_w$	$0.25h_w$	$0.15h_w$	$0.20h_w$	$0.15h_w$	$0.20h_w$
l_c（翼墙或端柱）	$0.15h_w$	$0.20h_w$	$0.10h_w$	$0.15h_w$	$0.10h_w$	$0.15h_w$
λ_v	0.12	0.20	0.12	0.20	0.12	0.20

注：1 μ_N 为墙肢在重力荷载代表值作用下的轴压比，h_w 为墙肢的长度；
2 剪力墙的翼墙长度小于翼墙厚度的3倍或端柱截面边长小于2倍墙厚时，按无翼墙、无端柱查表；
3 l_c 为约束边缘构件沿墙肢的长度（图7.2.15）。对暗柱不应小于墙厚和400mm的较大值；有翼墙或端柱时，不应小于翼墙厚度或端柱沿墙肢方向截面高度加300mm。

2 剪力墙约束边缘构件阴影部分（图 7.2.15）的竖向钢筋除应满足正截面受压（受拉）承载力计算要求外，其配筋率一、二、三级时分别不应小于 1.2%、1.0% 和 1.0%，并分别不应少于 8ϕ16、6ϕ16 和 6ϕ14 的钢筋（ϕ 表示钢筋直径）；

3 约束边缘构件内箍筋或拉筋沿竖向的间距，一级不宜大于 100mm，二、三级不宜大于 150mm；箍筋、拉筋沿水平方向的肢距不宜大于 300mm，不应大于竖向钢筋间距的 2 倍。

需注意的是：

(1)《高规》7.2.15 条中，约束边缘构件的箍筋体积配箍率 ρ_v 的计算：

《高规》式 (7.2.15)：$\rho_v = \lambda_v \dfrac{f_c}{f_{yv}}$，$f_{yv}$ 的取值：按实际情况取值，无限制条件。

对比《高规》6.4.7 条中柱子箍筋加密区箍筋的体积配箍率，即规程式 (6.4.7)：

$$\rho_v \geqslant \lambda_v \dfrac{f_c}{f_{yv}}$$

《高规》6.4.7 条规定，当混凝土强度等级低于 C35 时，应按 C35 计算；f_{yv} 的取值，按实际情况取值，无限制条件。

$$\rho_v = \dfrac{\sum n_i A_{si} l_i}{A_{cor} s}$$

(2)《高规》表 7.2.15 中注 1、2、3 的规定。

l_c 的计算：无翼缘或无端柱时，$l_c = \max$(《高规》表 7.2.15 数值，b_w，400)

有翼墙时，$l_c = \max$(《高规》表 7.2.15 数值，$b_f + b_w$，$b_f + 300$)

有端柱时，$l_c = \max$(《高规》表 7.2.15 数值，$b_c + 300$)，且 $b_c \geqslant 2b_w$

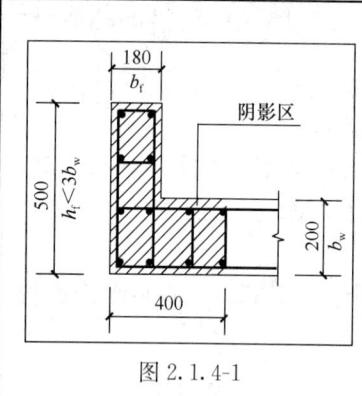

图 2.1.4-1

特别注意的是，《高规》表 7.2.15 注 2 的规定，"翼墙长度小于翼缘厚度的 3 倍"，在图集 14G330-1《混凝土结构剪力墙边缘构件和框架柱构造钢筋选用》中，是按"翼墙长度小于墙体厚度的 3 倍"进行比较，如图集中图 2.1.4-1 所示。

图 2.1.4-1 属于"无翼墙"，按"暗柱"查《高规》表 7.2.15 确定 l_c。但是在确定"暗柱"纵筋的最小构造配筋时，取图中阴影部分面积（包括无效翼墙部分面积），即：$A_c = 180 \times 300 + 200 \times 400 = 13400 \text{mm}^2$。

【例 7.5.15】某现浇高层钢筋混凝土剪力墙结构，高度为 88m，处于 8 度抗震设防烈度，抗震等级为一级，首层层高为 5.4m，标准层为 3.2m，其底部加强部位有一单片一字形独立墙肢，墙肢长度为 3000mm。采用 C40 混凝土，该墙肢的墙顶处的荷载效应和地震作用的标准值分别为：永久荷载作用下为 2300kN/m；楼面活荷载作用下为 600kN/m；水平地震作用下为 1200kN/m。忽略墙肢自重。该底层墙肢部位轴压比为 0.35。

提示：按《建筑与市政工程抗震通用规范》作答。

试问：

(1) 既能满足剪力墙截面尺寸构造要求，又能满足墙肢轴压比限值的墙肢最小厚度为多少?

(2) 该剪力墙墙肢的约束边缘构件的设置高度为多少?

【解答】 (1) 根据《高规》7.2.1 条第 2 款规定,墙肢厚度 t:

$$b_w \geqslant 220\text{mm}$$

由《高规》表 7.2-13,取 $[\mu_N]=0.5$;又 $N=1.3\times(2300+0.5\times600)=3380$kN/m。

$\mu_N = \dfrac{N}{f_c A} \leqslant [\mu_N]$,则:

$$b_w \geqslant \frac{N}{[\mu_N]f_c h_w} = \frac{3380\times3\times10^3}{0.5\times19.1\times3000} = 354\text{mm}$$

故取 $b_w \geqslant 354$mm

$$\frac{h_w}{b_w} = \frac{3000}{354} = 8.5 > 8.0,\text{故不属于短肢剪力墙}$$

所以最终取墙肢的最小厚度为 355mm。

(2) 由墙肢轴压比 $\mu_N=0.35>0.2$,故满足《高规》7.2.14 条第 1 款。

底部加强部位高度 H,根据《高规》7.1.4 条:

$$H = \max(88/10, 5.4+3.2) = 8.8\text{m},\text{故取为底部三层}$$

由《高规》7.1.14 条第 1 款规定。

墙肢约束边缘构件的设置高度为:$(5.4+3.2+3.2)+3.2=15$m

【例 7.5.16】 某高层现浇钢筋混凝土框架-剪力墙结构的 L 形底部加强区剪力墙,如图 7.5.8 所示,抗震设防烈度为 8 度,抗震等级为二级,混凝土强度等级为 C40,暗柱(配有纵向钢筋部分)的受力钢筋采用 HRB400,暗柱的箍筋和墙身的分布筋均采用 HPB300,该剪力墙的竖向和水平向的双向分布钢筋均为 Φ12@200,剪力墙承受的重力荷载代表值产生的轴压力设计值 $N=5860.5$kN。

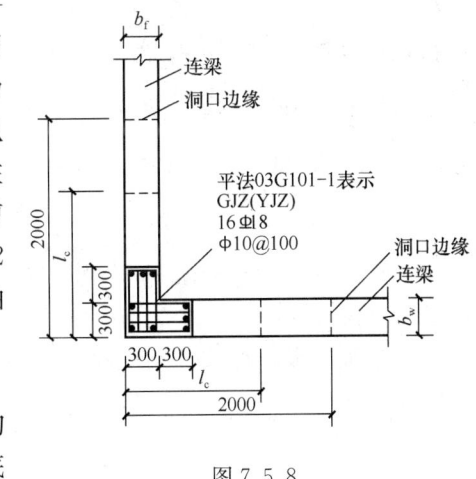

图 7.5.8

试问:

(1) 当该剪力墙底部加强部位允许设置构造边缘构件,其在重力荷载代表值作用下的底截面最大轴压比限值为 $\mu_{N\text{max}}$,与该墙的实际轴压比 μ_N 的比值 $(\mu_{N\text{max}}/\mu_N)$ 应为多少?

(2) 假定重力荷载代表值产生的轴压力设计值修改为 $N=8480.4$kN,其他条件不变,则剪力墙约束边缘构件沿墙肢的长度 l_c 应为多少?

【解答】 (1) 根据《高规》表 7.2.14,取 $[\mu_N]=0.3$。

$$\mu_N = \frac{N}{f_c A} = \frac{5860.5\times10^3}{19.1\times(2000\times300\times2-300\times300)} = 0.276$$

$$\mu_{N,\text{max}} \leqslant [\mu_N] = 0.3$$

$$\frac{\mu_{N,\text{max}}}{\mu_N} = \frac{0.3}{0.276} = 1.09$$

(2) 根据《高规》7.2.14条

$$\mu_N = \frac{N}{f_c A} = \frac{8480.4 \times 10^3}{19.1 \times (2000 \times 300 \times 2 - 300 \times 300)} = 0.4 > 0.3$$

故应设置约束边缘构件，由《高规》表7.2.15及注：

$$l_c = \max(0.10 h_w, b_f + b_w, b_f + 300)$$
$$= \max(0.10 \times 2000, 300 + 300, 300 + 300) = 600 \text{mm}$$

【例7.5.17】某现浇高层钢筋混凝土剪力墙结构，房屋高度为68m，处于8度抗震设防烈度区，Ⅱ类场地、丙类建筑。已知其底层某一墙肢截面尺寸 $b_w \times h_w = 350\text{mm} \times 4500\text{mm}$，经计算知其暗柱的纵向钢筋为构造配置，纵筋采用HRB400级，箍筋采用HPB300级。采用C30混凝土。该墙肢轴压比为0.45。

试问：
(1) 该暗柱纵向钢筋的配置。
(2) 该边缘构件的最小体积配箍率。

【解答】(1) 丙类建筑、8度，Ⅱ类场地，按8度考虑抗震等级，查《高规》表3.9.3知，抗震等级为二级。

根据《高规》7.1.4条，其底层为底部加强部位。

根据《高规》7.2.14条，$\mu_N = 0.45 > 0.30$，底层剪力墙墙肢端部应设约束边缘构件。

根据《高规》7.2.15条规定：

$$l_c = \max(0.2 h_w, b_w, 400) = \max(0.2 \times 4500, 350, 400) = 900\text{mm}$$

暗柱长度 $h_c = \max(b_w, l_c/2, 400) = \max(350, 900/2, 400) = 450\text{mm}$

$$A_{s,\min} = 1.0\% b_w h_c = 1.0\% \times 350 \times 450 = 1575\text{mm}^2$$

选6Φ20（$A_s = 1884\text{mm}^2$），其配筋面积大于6Φ16，满足要求。

(2) 确定 ρ_v

抗震等级二级，查《高规》表7.2.15知，$\lambda_v = 0.20$。

C30＜C35，故取 $f_c = 16.7\text{N/mm}^2$。

$$\rho_v = \lambda_v f_c / f_{yv} = 0.20 \times \frac{16.7}{270} = 1.237\%$$

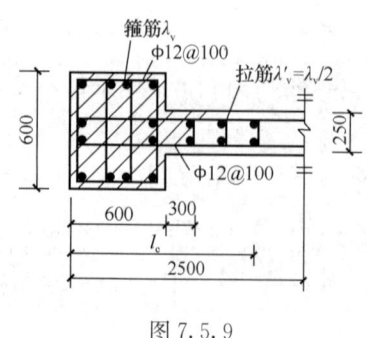

图7.5.9

【例7.5.18】某现浇高层钢筋混凝土剪力墙结构，抗震等级为二级，其底部加强部位某一墙肢截面如图7.5.9所示，混凝土采用C35，端柱纵向钢筋采用HRB400级，分布筋和箍筋采用HPB300级。该墙肢轴压比为0.48。环境类别为一类。

试问：
(1) 该墙肢的边缘构件沿墙肢方向长度 l_c 为多少？
(2) 该墙肢的边缘构件的纵向钢筋按构造配置，其钢筋面积为多少？

(3) 该边缘构件箍筋的最小体积配箍率 $[\rho_v]$ 为多少？

(4) 若边缘构件实际箍筋如图中所示，箍筋的混凝土保护层厚度为 15mm，则其体积配箍率 ρ_v 为多少？

【解答】 因 $h_c=600\text{mm}>2b_w=2\times250=500\text{mm}$，根据《高规》表 7.2.15 中注 2 规定，为有端柱。$\mu_N=0.48>0.3$，根据《高规》7.2.14 条，应设置为约束边缘构件。

(1) 根据《高规》表 7.2.15 及注的规定：

有端柱时：
$$l_c=\max(0.15h_w, b_c+300)$$
$$=\max(0.15\times2\times2500, 600+300)$$
$$=900\text{mm}$$

(2) 根据《高规》7.2.15 条第 2 款规定

$$A_{s,\min}=1.0\%(b_ch_c+300b_w)$$
$$=1.0\%(600\times600+300\times250)=4350\text{mm}^2>6\ \Phi\ 16(A_s=1206\text{mm}^2)$$

(3) 查《高规》表 7.2.15，取 $\lambda_v=0.20$；C35，取 $f_c=16.7\text{N/mm}^2$：

$$[\rho_v]=\lambda_v\frac{f_c}{f_{yv}}=0.20\times\frac{16.7}{270}=1.24\%$$

(4) 实配箍筋的 ρ_v，箍筋混凝土保护层厚度取 $c=15\text{mm}$

$$\rho_v=\frac{\sum n_iA_{si}l_i}{A_{cor}s}$$

$$=\frac{6\times558\times113.1+2\times873\times113.1+1\times208\times113.1}{100\times[546\times546+(250-54)\times(300+15)]}$$

$$=1.666\%>[\rho_v]=1.24\%，满足。$$

【例 7.5.19】 某 12 层钢筋混凝土剪力墙结构底层的双肢墙，如图 7.5.10 所示，该建筑物建于 8 度抗震设防区，抗震等级为二级。结构总高为 36m，层高为 3.0m，门洞为 1520mm×2400mm。采用的混凝土强度等级为 C30。墙肢 2 的轴压比为 0.50。

试问：墙肢 2 在 T 端（有翼墙端）边缘构件中，纵向钢筋配筋范围的面积最小值应为多少？

【解答】 根据《高规》7.2.14 条，将 T 端分为两片简单墙肢进行计算。又 $\mu_N=0.50>0.30$，应设置为约束边缘构件。

翼柱沿翼缘方向的长度 h_{c1}：

$$h_{c1}=\max(b_w+2b_f, b_w+2\times300)$$
$$=\max(200+2\times200, 200+2\times300)=800\text{mm}$$

翼柱沿腹板方向的长度 h_{c2}：

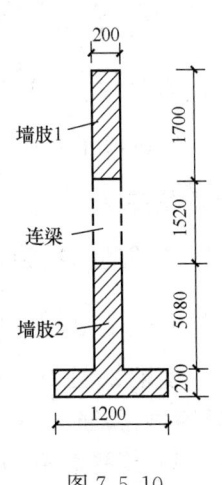

图 7.5.10

$$h_{c2} = \max(b_f + b_w, b_f + 300) = \max(200+200, 200+300)$$
$$= 500\text{mm}$$

翼缘方向墙肢的端部应设约束边缘构件，由《高规》7.2.15 条表 7.2.15，其长度 l_c 为：

$$l_c = \max(0.2h_w, b_w, 400) = \max(0.2 \times 1200, 200, 400) = 400\text{mm}$$

翼缘方向暗柱长度 h_c 为：

$$h_c = \max(b_w, l_c/2, 400) = \max(200, 400/2, 400) = 400\text{mm}$$

则翼缘方向纵向钢筋配筋范围的最小长度为：

$$l = h_{c1} + 2h_c = 800 + 2 \times 400 = 1600\text{mm} > 1200\text{mm}，取 l = 1200\text{mm}$$

T 端纵向钢筋配筋范围的面积最小值为：

$$A = lb_f + h_{c2} \cdot b_w = 1200 \times 200 + (500-200) \times 200 = 300000\text{mm}^2$$

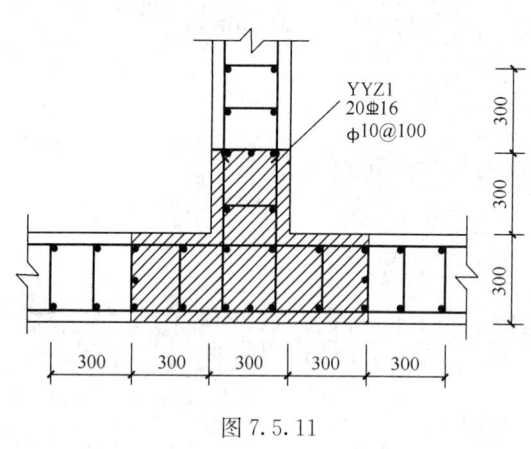

图 7.5.11

【例 7.5.20】 某现浇高层钢筋混凝土剪力墙结构，经验算底层剪力墙应设约束边缘构件（有翼墙），该剪力墙抗震等级为二级，其轴压比为 0.45。环境类别为二 a 类，混凝土 C40，钢筋 HPB300 级、HRB400 级。该约束边缘翼墙设置箍筋范围（图中阴影）的尺寸及配筋见图 7.5.11。

试问：对该翼墙审核时，有几处违规？

提示：非阴影部分无问题。

【解答】 (1) 纵向钢筋配筋范围，根据《高规》7.2.15 条第 1 款规定：

翼柱尺寸：$\max(b_f + b_w, b_f + 300) = \max(300+300, 300+300) = 600\text{mm}$

翼缘尺寸：$\max(b_f + 2b_f, b_w + 2 \times 300) = \max(300 + 2 \times 300, 300 + 2 \times 300) = 900\text{mm}$，均满足要求。

纵筋最小截面面积，根据《高规》7.2.15 条第 2 款规定：

$$A_{s,\min} = 1\% \times (300 \times 600 + 600 \times 300) = 3600\text{mm}^2$$

实配 20Φ16，$A_s = 4020\text{mm}^2 > 3600\text{mm}^2$，满足。

(2) 箍筋

1) 箍筋直径、间距，根据《高规》7.2.15 条第 3 款规定，$s \leq 150\text{mm}$；实配 $\Phi10@100$，满足。

2) 箍筋体积配箍率：二 a 类环境，C40 的墙，查《混凝土结构设计规范》表 8.2.1，

箍筋保护层厚度 $c=20$mm

$$\rho_v = \frac{\sum n_i A_{si} l_i}{A_{cor} s} = \frac{[6 \times 250 + (600-30) \times 2 + 890 \times 2] \times 78.5}{[240 \times 880 + (300+20) \times 240] \times 100} = 1.20\%$$

C40，$f_c = 19.1\text{N/mm}^2$，$f_{yv} = 270\text{N/mm}^2$

$\rho_v < [\rho_v] = \lambda_v f_c / f_{yv} = 0.2 \times 19.1/270 = 1.41\%$，违规。

【例 7.5.21】 某高层建筑采用 12 层钢筋混凝土-剪力墙结构，房屋高度 48m，抗震设防烈度 8 度，框架抗震等级二级，剪力墙抗震等级一级。混凝土强度等级：梁、板均为 C30；框架柱和剪力墙均为 C40（$f_t = 1.71\text{N/mm}^2$）。

试问：

(1) 该结构中的某矩形截面剪力墙，墙厚 250mm，墙长 $h_w = 6500$mm，$h_{w0} = 6200$mm，总高度 48m，无洞口，距首层墙底 $0.5 h_{w0}$ 处的截面，考虑地震作用组合未按有关规定调整的内力计算值 $M^c = 21600$kN·m，$V^c = 3240$kN；该截面考虑地震作用组合并按有关规定进行调整后的剪力设计值 $V = 5184$kN，该截面的轴向压力值 $N = 3840$kN。该底层墙肢轴压比为 0.35。已知该剪力墙截面的剪力设计值小于规程规定的最大限值；水平分布钢筋采用 HPB300 级；则根据受剪承载力要求求得的该截面水平分布钢筋 $\dfrac{A_{sh}}{s}$（mm²/mm），应与下列何项最接近？（已知：$0.2 f_c b_w h_w = 6207.5$kN）

(A) 1.3　　(B) 1.8　　(C) 2.2　　(D) 2.9

(2) 题目条件同（1），箍筋的混凝土保护层厚度为 20mm，约束边缘构件内规程要求配置纵向钢筋的最小范围（阴影部分）及其箍筋的配置如图 7.5.12 所示，则图中阴影部分的长度 a_c 和箍筋，最经济合理的应按下列何项选用？

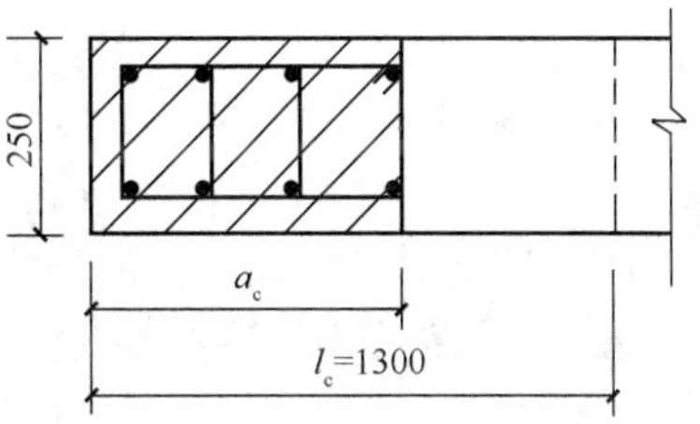

(A) $a_c = 650$mm，箍筋Φ10@100（HPB300）
(B) $a_c = 650$mm，箍筋⊥10@100（HRB335）
(C) $a_c = 500$mm，箍筋⊥8@100（HRB335）
(D) $a_c = 500$mm，箍筋⊥10@100（HRB335）

图 7.5.12

(3) 该结构首层某双肢剪力墙中的墙肢 2 在同一方向水平地震作用下，内力组合后墙肢 1 出现大偏拉，墙肢已在水平地震作用下的剪力标准值为 500kN；若墙肢 2 在其他荷载作用下产生的剪力忽略不计，则考虑地震作用组合的墙肢 2 首层剪力设计值（kN），与下列何项接近？

(A) 650　　(B) 800　　(C) 1000　　(D) 1300

【解答】 (1) $\lambda = \dfrac{M^c}{V^c h_{w0}} = \dfrac{21600}{3240 \times 6.2} = 1.0753 < 1.5$，取 $\lambda = 1.5$。

由《高规》式（7.2.10-2）：

$$N = 3840\text{kN} < 0.2 f_c b_w h_w = 6207.5\text{kN}, \text{取} N = 3840\text{kN}$$

$$V \leqslant \frac{1}{\gamma_{RE}} \left[\frac{1}{\lambda - 0.5} \left(0.40 f_t b_w h_{w0} + 0.1 N \frac{A_w}{A} \right) + 0.8 f_{yh} \frac{A_{sh}}{s} h_{w0} \right]$$

$$0.85 \times 5184 \times 10^3 \leqslant \frac{1}{1.5-0.5} \cdot (0.4 \times 1.71 \times 250 \times 6200 + 0.1$$

$$\times 3840 \times 10^3 \times 1) + 0.8 \times 270 \times \frac{A_{sh}}{s} \times 6200$$

$$A_{sh}/s \geqslant 2.21 \text{mm}^2/\text{mm}$$

解之得：所以应选（C）项。

(2) 该底层墙肢 $\mu_N = 0.35 > 0.2$，应设置约束边缘构件。根据《高规》7.2.15 条及图 7.2.15 规定：

$$a_c = \max(b_w, 400, l_c/2) = \max(250, 400, 650) = 650 \text{mm}$$

故（C）、（D）项不满足。

取箍筋直径 $d=10$mm 计算；又剪力墙抗震一级、8度，$\mu_N=0.35$，查表 7.2.15，取 $\lambda_v = 0.2$。

取箍筋间距 $s=100$mm，则：

$$\rho_v = \lambda_v f_c / f_{yv} = 0.2 \times \frac{19.1}{f_{yv}} < \frac{\Sigma n_i A_{si} l_i}{A_{cor} s} = \frac{4 \times 78.5 \times 200 + 2 \times 78.5 \times 620}{190 \times 610 \times 100}$$

解之得：$f_{yv} > 276$N/mm^2，故应选（B）项。

(3) 剪力墙抗震等级二级，由《高规》7.2.4 条、7.2.6 条规定：

$$V_{2k} = 1.6 \times 1.25 \times 500 = 1000 \text{kN}$$

$$V = 1.3 \times 1000 = 1300 \text{kN}，$$

所以应选（D）项。

▲（2）墙肢构造边缘构件

《高规》规定：

> 7.2.16 剪力墙构造边缘构件的范围宜按图 7.2.16 中阴影部分采用，其最小配筋应满足表 7.2.16 的规定，并应符合下列规定：
> 1 竖向配筋应满足正截面受压（受拉）承载力的要求；
> 2 当端柱承受集中荷载时，其竖向钢筋、箍筋直径和间距应满足框架柱的相应要求；
> 3 箍筋、拉筋沿水平方向的肢距不宜大于 300mm，不应大于竖向钢筋间距的 2 倍；
> 4 抗震设计时，对于连体结构、错层结构以及 B 级高度高层建筑结构中的剪力墙（筒体），其构造边缘构件的最小配筋应符合下列要求：
> 　1）竖向钢筋最小量应比表 7.2.16 中的数值提高 $0.001A_c$ 采用；
> 　2）箍筋的配筋范围宜取图 7.2.16 中阴影部分，其配箍特征值 λ_v 不宜小于 0.1。
> 5 非抗震设计的剪力墙，墙肢端部应配置不少于 4ϕ12 的纵向钢筋，箍筋直径不应小于 6mm、间距不宜大于 250mm。

抗震等级	底部加强部位			其他部位		
	竖向钢筋最小量（取较大值）	箍筋		竖向钢筋最小量（取较大值）	拉筋	
		最小直径（mm）	沿竖向最大间距（mm）		最小直径（mm）	沿竖向最大间距（mm）
一	$0.010A_c$，$6\phi16$	8	100	$0.008A_c$，$6\phi14$	8	150
二	$0.008A_c$，$6\phi14$	8	150	$0.006A_c$，$6\phi12$	8	200
三	$0.006A_c$，$6\phi12$	6	150	$0.005A_c$，$4\phi12$	6	200
四	$0.005A_c$，$4\phi12$	6	200	$0.004A_c$，$4\phi12$	6	250

剪力墙构造边缘构件的最小配筋要求　　　　表 7.2.16

注：1　A_c 为构造边缘构件的截面面积，即图 7.2.16 剪力墙截面的阴影部分；
　　2　符号 ϕ 表示钢筋直径；
　　3　其他部位的转角处宜采用箍筋。

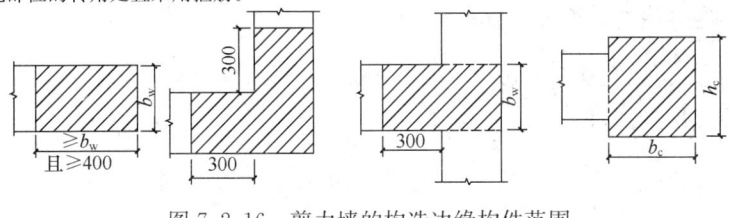

图 7.2.16　剪力墙的构造边缘构件范围

需注意的是：
(1)《高规》7.2.16 条的条文说明中指出：

> 7.2.16（条文说明）
> 剪力墙构造边缘构件中的纵向钢筋按承载力计算和构造要求二者中的较大值设置。设计时需注意计算边缘构件竖向最小配筋所用的面积 A_c 的取法和配筋范围。承受集中荷载的端柱还要符合框架柱的配筋要求。构造边缘构件中的纵向钢筋宜采用高强钢筋。构造边缘构件可配置箍筋与拉筋相结合的横向钢筋。

(2)《高规》7.2.16 条第 2 款规定，对于框架柱的规定，《高规》6.4.4 条、7.1.7 条分别规定：

> 6.4.4
> 5　边柱、角柱及剪力墙端柱考虑地震作用组合产生小偏心受拉时，柱内纵筋总截面面积应比计算值增加 25%。
> 7.1.7　当墙肢的截面高度与厚度之比不大于 4 时，宜按框架柱进行截面设计。

(3)《高规》7.2.16 条第 4 款规定，$\lambda_v \geq 0.1$。

【例 7.5.22】 某现浇 B 级高度的钢筋混凝土剪力墙结构，40 层，其抗震等级为一级，环境类别为一类，纵向受力钢筋用 HRB400 级。经计算其第十层（为一般部位）中部位置某一片剪力墙应设构造边缘构件，其截面尺寸如图 7.5.13 所示，端柱承受集中荷

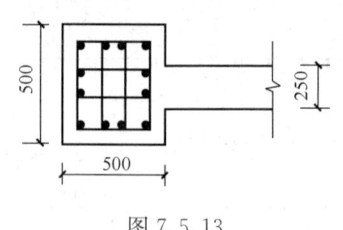

图 7.5.13

载，端柱为小偏心受拉，混凝土采用 C40 箍筋采用 HPB300 级，配置 Φ10@100，箍筋的混凝土保护层厚度为 20mm。

试问：

（1）该墙肢的构造边缘构件的纵向钢筋最小截面面积应为多少？

（2）验算箍筋的配置是否满足构造规定。

【解答】（1）因 $h_c = 500\text{mm} \geqslant 2b_w = 2 \times 250\text{mm}$，根据《高规》表 7.2.15 注 3 规定，为有端柱。

根据《高规》7.2.16 条规定，纵向钢筋配筋范围的面积 A_c：

$$A_c = b_c h_c = 500 \times 500 \text{mm}^2$$

根据《高规》7.2.16 条第 4 款：

$$A_{s,\min} = (0.008 + 0.001)A_c = 0.009 \times 500 \times 500 = 2250 \text{mm}^2$$

又根据《高规》7.2.16 条第 2 款，由《高规》表 6.4.3-1 及注 2，抗震一级：

$$A_{s,\min} = \rho_{\min} A_c = 0.95\% \times 500 \times 500 = 2375 \text{mm}^2$$

故最终取 $A_{s,\min}$ 为 2375mm^2。

（2）根据《高规》7.2.16 条第 4 款，取 $\lambda_v = 0.1$。

$$[\rho_v] = \lambda_v f_c / f_{yv} = 0.1 \times \frac{19.1}{270} = 0.707\%$$

$$\rho_v = \frac{\sum n_i A_{si} l_i}{A_{cor} s} = \frac{2 \times 4 \times (500 - 2 \times 25) \times 78.5}{440 \times 440 \times 100} = 1.46\%$$

$$> [\rho_v]，满足$$

思考： 假定由小偏心受拉内力设计值计算出的该端柱纵筋截面面积计算值为 2800mm^2，试确定该端柱的纵筋实际配筋。

解答如下：

$$A_{s,\text{计}} = 1.25 \times 2800 = 3500\text{mm}^2 > A_{s,\min} = 2375\text{mm}^2$$

故取纵筋实际配筋截面面积为 3500mm^2。

▲（3）B 级高层的过渡层的边缘构件

根据《高规》第 7.2.14 条，B 级高层宜设过渡层，过渡层边缘构件的箍筋配置要求可低于约束边缘构件的要求，但应高于构造边缘构件的要求。对过渡层边缘构件的竖向钢筋配置《高规》未作规定，不低于构造边缘构件的要求。

【例 7.5.23】 某 42 层高层住宅，采用现浇混凝土剪力墙结构，层高为 3.2m，房屋高度 134.7m，地下室顶板作为上部结构的嵌固部位。抗震设防烈度 7 度、Ⅱ类场地，丙类建筑。采用 C40 混凝土，纵向钢筋和箍筋分别采用 HRB400（Φ）和 HRB335（Φ）钢筋。

7 层某剪力墙（非短肢墙）边缘构件如图 7.5.14 所示，阴影部分为纵向钢筋配筋范围，墙肢轴压比 $\mu_N = 0.4$，纵筋混凝土保护层厚度为 30mm。试问，该

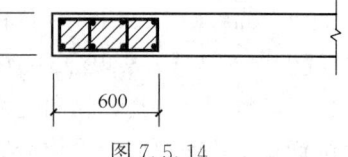

图 7.5.14

边缘构件阴影部分的纵筋及箍筋选用下列何项,能满足规范、规程的最低抗震构造要求?

提示:①计算体积配箍率时,不计入墙的水平分布钢筋;
②箍筋体积配箍率计算时,扣除重叠部分箍筋。
③构造边缘构件的箍筋为Φ8@100。

(A) 8Φ18;Φ8@100 (B) 8Φ20;Φ8@100
(C) 8Φ18;Φ10@100 (D) 8Φ20;Φ10@100

【解答】 根据《高规》表 3.3.1-2,该结构为 B 级高层,查表 3.9.4,剪力墙抗震等级为一级;

根据《高规》第 7.1.4 条,底部加强部位高度:

$$H_1 = 2 \times 3.2 = 6.4\text{m}, \quad H_2 = \frac{1}{10} \times 134.4 = 13.44\text{m}$$

取大者 13.44mm,1~5 层为底部加强部位。
由《高规》7.2.14 条,1~6 层设置约束边缘构件,7 层为过渡层。
构造边缘构件配筋:
根据《高规》第 7.2.16 条第 4 款及表 7.2.16,阴影范围竖向钢筋:

$$A_c = 300 \times 600 = 1.8 \times 10^5 \text{mm}^2, \quad A_s = 0.9\% A_c = 1620 \text{mm}^2$$

$8Φ18$, $A'_s = 2036\text{mm}^2 > A_s$

阴影范围箍筋:
由提示,过渡边缘构件的箍筋配置应比构造边缘构件适当加大,配Φ10@100

$$[\rho_v] = \lambda_v \frac{f_c}{f_{yv}} = 0.1 \times \frac{19.1}{300} = 0.64\%$$

$$A_{cor} = (600 - 30 - 5) \times (300 - 30 - 30) = 135600 \text{mm}^2$$

$$\sum n_i l_i = (300 - 30 - 30 + 10) \times 4 + (600 - 30 + 5) \times 2 = 2150\text{mm}$$

$$\rho_v = \frac{\sum n_i l_i \times A_{si}}{A_{cor} \times s} = \frac{2150 \times 78.5}{135600 \times 100} = 1.24\% > 0.64\%, \text{满足}$$

所以应选(C)项。

思考:通常,结构软件处理时,过渡层 $\lambda_v = \frac{1}{2}(\lambda_{v,\text{底部}} + \lambda_{v,\text{一般}})$。

▲(4)短肢剪力墙的边缘构件
《高规》规定:

> 7.2.2 抗震设计时,短肢剪力墙的设计应符合下列规定:
> 4 短肢剪力墙边缘构件的设置应符合本规程 7.2.14 条的规定。

【例 7.5.24】 某高层钢筋混凝土剪力墙结构住宅,地上 25 层,地下一层,嵌固部位为地下室顶板,房屋高度 75.3m,抗震设防烈度为 7 度(0.15g),设计地震分组第一组,丙类建筑,建筑场地类别为Ⅲ类,建筑层高均为 3m,第 5 层某墙肢配筋如图 7.5.15 所示,墙肢轴压比为 0.35。试问,边缘构件 JZ1 纵筋 A_s(mm²)取下列何项才能满足规范、规程的最低抗震构造要求?

(A) 12Φ14　　　(B) 12Φ16　　　(C) 12Φ18　　　(D) 12Φ20

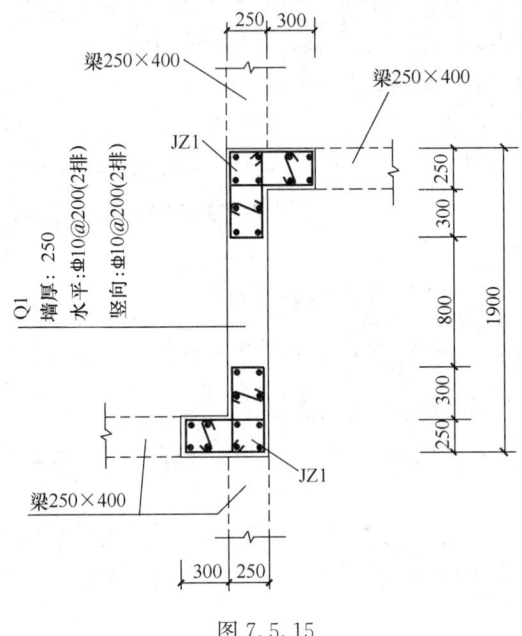

图 7.5.15

【解答】 根据《高规》7.1.8 条，4<1900/250=7.6<8，为短肢剪力墙。

根据《高规》3.9.2 条，宜按 8 度（0.20g）的要求采取抗震构造措施，高度 75.3m，查《高规》表 3.9.3，抗震构造措施抗震等级按二级。

根据《高规》7.1.4 条，底部加强部位为 75.3/10=7.53m>3×2=6m，即 1~3 层为底部加强部位；5 层属其他部位，根据《高规》7.2.2 条：

$$\rho_{全}=\frac{2A_s+\left(\frac{800}{200}-1\right)\times 2\times 78.5}{(1900+300\times 2)\times 250}\geqslant 1\%$$

解之得：$A_s \geqslant 2890\text{mm}^2$

选用 12Φ18（$A_s=3048\text{mm}^2$），满足，故应选（C）项。

【例 7.5.25】 某钢筋混凝土现浇剪力墙结构，抗震设防烈度为 8 度，丙类建筑，房屋高度 72m，Ⅱ类建筑场地，布置较多短肢剪力墙，其中，底层某剪力墙截面如图 7.5.16（a）所示，混凝土强度等级为 C40，纵筋采用 HRB400 级钢筋。该底层剪力墙双排配筋，在翼缘部分各配置 8 根纵向钢筋，如图 7.5.16（b）所示，其轴压比为 0.35。

试问： 当竖向纵筋的配筋间距为 200mm 时，确定整个墙肢竖向纵筋的配置。

【解答】 左边及右边翼缘部分长度<3×300=900mm，根据《高规》表 7.2.15 注 3 的规定，应视为无翼墙，$h_w=1700+300+300=2300$mm

$h_w/b_w=2300/300=7.6\begin{smallmatrix}<8\\>4\end{smallmatrix}$，故属于短肢剪力墙

丙类建筑，7 度，高度 72m，Ⅱ类场地，查《高规》表 3.9.3，剪力墙抗震等级为二级。

底层属于底部加强部位，根据《高规》7.2.14 条，$\mu_N=0.35>0.3$，应设置约束边缘构件；又由《高规》7.2.15 条，$\rho_{纵}\geqslant 1.0\%$；短肢剪力墙，根据《高规》7.2.2 条第 5

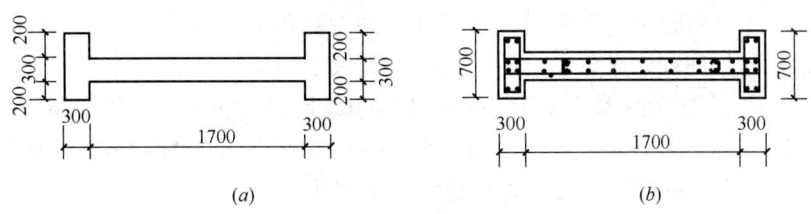

图 7.5.16

款，$\rho_{纵} \geqslant 1.2\%$，则：

$$A_s = [2300 \times 300 + 2 \times (200+200) \times 300] \times 1.2\% = 11160 \text{mm}^2$$

由题目图可知，1700 范围内一侧竖向纵筋根数为：$\dfrac{1700}{200} - 1 = 7.5$ 根，取 8 根。

总根数：$n = 8 + 8 + 8 \times 2 = 32$

单根竖向纵筋截面面积 A_{s1}：$A_{s1} = A_s/n = 11160/32 = 349 \text{mm}^2$，选用 Φ22（$A_{s1} = 380.1 \text{mm}^2$）。

最终配筋为：Φ22@200。

思考：假定翼缘部分配筋未知，其他条件不变，试确定各侧翼缘部分配筋面积。

解答如下：

底层短肢剪力墙，根据《高规》7.2.14 条，$\mu_N = 0.35 > 0.3$，应设约束边缘构件。

该片剪力墙两端无翼缘，也无端柱，根据《高规》7.2.15 条，抗震二级。

约束边缘构件范围 l_c：$l_c = \max(0.15h_w, b_w, 400)$

$$l_c = \max(0.15 \times 2300, 300, 400) = 400 \text{mm}$$

阴影部分截面长度为：

$$h_c = \max(l_c/2, b_w, 400) = \max(400/2, 300, 400) = 400 \text{mm}$$

抗震二级，短肢剪力墙，根据《高规》7.2.2 条第 5 款：

$$A_s \geqslant 1.2\% \times [700 \times 300 + (400-300) \times 300] = 2880 \text{mm}^2$$

8. 剪力墙分布筋的构造规定

《混通规》4.4.7 条作了规定，《高规》作了相同规定。

《高规》规定：

> 7.2.3 高层剪力墙结构的竖向和水平分布钢筋不应单排配置。剪力墙截面厚度不大于 400mm 时，可采用双排配筋；大于 400mm、但不大于 700mm 时，宜采用三排配筋；大于 700mm 时，宜采用四排配筋。各排分布钢筋之间拉筋的间距不应大于 600mm，直径不应小于 6mm。
>
> 7.2.17 剪力墙竖向和水平分布钢筋的配筋率，一、二、三级时均不应小于 0.25%，四级和非抗震设计时均不应小于 0.20%。

7.2.18 剪力墙的竖向和水平分布钢筋的间距均不宜大于300mm，直径不应小于8mm。剪力墙的竖向和水平分布钢筋的直径不宜大于墙厚的1/10。

7.2.19 房屋顶层剪力墙、长矩形平面房屋的楼梯间和电梯间剪力墙、端开间纵向剪力墙以及端山墙的水平和竖向分布钢筋的配筋率均不应小于0.25%，间距均不应大于200mm。

7.2.20 剪力墙的钢筋锚固和连接应符合下列规定：

1 非抗震设计时，剪力墙纵向钢筋最小锚固长度应取 l_a；抗震设计时，剪力墙纵向钢筋最小锚固长度应取 l_{aE}。l_a、l_{aE} 的取值应符合本规程第6.5节的有关规定。

2 剪力墙竖向及水平分布钢筋采用搭接连接时（图7.2.20），一、二级剪力墙的底部加强部位，接头位置应错开，同一截面连接的钢筋数量不宜超过总数量的50%，错开净距不宜小于500mm；其他情况剪力墙的钢筋可在同一截面连接。分布钢筋的搭接长度，非抗震设计时不应小于 $1.2 l_a$，抗震设计时不应小于 $1.2 l_{aE}$。

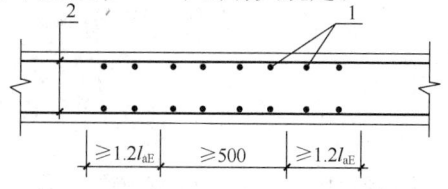

图7.2.20 剪力墙分布钢筋的搭接连接
1—竖向分布钢筋；2—水平分布钢筋；
非抗震设计时图中 l_{aE} 取 l_a

3 暗柱及端柱内纵向钢筋连接和锚固要求宜与框架柱相同，宜符合本规程第6.5节的有关规定。

需注意的是：

(1)《高规》7.2.17条的条文说明中指出：

> 7.2.17（条文说明）
> 本条所指剪力墙不包括部分框支剪力墙，后者比全部落地剪力墙更为重要，其分布钢筋最小配筋率应符合本规程第10章的有关规定。

(2)《高规》7.2.18条的条文说明中指出：

> 7.2.18（条文说明）
> 剪力墙中配置直径过大的分布钢筋，容易产生墙面裂缝，一般宜配置直径小而间距较密的分布钢筋。

三、连梁

1. 连梁的计算规定

《高规》规定：

> 7.1.3 跨高比小于5的连梁应按本章的有关规定设计，跨高比不小于5的连梁宜按框架梁设计。

2. 连梁的剪力设计值

《高规》规定：

> 7.2.21 连梁两端截面的剪力设计值 V 应按下列规定确定：
> 1 非抗震设计以及四级剪力墙的连梁，应分别取考虑水平风荷载、水平地震作用组合的剪力设计值。
> 2 一、二、三级剪力墙的连梁，其梁端截面组合的剪力设计值应按式（7.2.21-1）确定，9度时一级剪力墙的连梁应按式（7.2.21-2）确定。
>
> $$V = \eta_{vb}\frac{M_b^l + M_b^r}{l_n} + V_{Gb} \qquad (7.2.21\text{-}1)$$
>
> $$V = 1.1(M_{bua}^l + M_{bua}^r)/l_n + V_{Gb} \qquad (7.2.21\text{-}2)$$
>
> 式中 M_b^l、M_b^r——分别为连梁左右端截面顺时针或逆时针方向的弯矩设计值；
> M_{bua}^l、M_{bua}^r——分别为连梁左右端截面顺时针或逆时针方向实配的抗震受弯承载力所对应的弯矩值，应按实配钢筋面积（计入受压钢筋）和材料强度标准值并考虑承载力抗震调整系数计算；
> l_n——连梁的净跨；
> V_{Gb}——在重力荷载代表值作用下按简支梁计算的梁端截面剪力设计值；
> η_{vb}——连梁剪力增大系数，一级取 1.3，二级取 1.2，三级取 1.1。

需注意的是：

(1)《高规》7.2.21 条的条文说明中规定："连梁应与剪力墙取相同的抗震等级。"

(2)《高规》7.2.21 条第 1 款的规定，非抗震设计时，仅考虑风荷载作用的剪力设计值。但是，当为抗震设计时，根据《高规》5.6.5 条规定，应同时考虑非抗震设计、抗震设计，取两者最不利情况。

(3)《混规》11.7.8 条规定，对于 M_b^l、M_b^r，当为一级抗震等级，当两端弯矩均为负弯矩时，绝对值较小的弯矩值应取零。同时，《抗规》6.2.4 条也作了相同规定。

【例 7.5.26】 某现浇高层钢筋混凝土剪力墙结构，抗震设防烈度为 8 度，抗震等级为一级，底层某一连梁的截面有效高度 $h_{b0}=1000\text{mm}$，连梁净跨为 2m，采用 C40 混凝土。考虑水平地震作用地震组合的连梁剪力设计值 $V_b=620\text{kN}$，其左、右端考虑地震组合的弯矩设计值分别为 $M_b^l=-1400\text{kN}\cdot\text{m}$，$M_b^r=-450\text{kN}\cdot\text{m}$。在重力荷载代表值作用下，按简支梁计算的梁端截面剪力设计值为 60kN。

试问： 该连梁的剪力设计值 V_b 为多少？

【解答】 根据《高规》7.2.21 条规定，抗震等级一级，取 $\eta_{vb}=1.3$。

由《高规》式（7.2.21-1）得：

$$V_b = \eta_{vb}\frac{M_b^l + M_b^r}{l_n} + V_{Gb} = 1.3 \times \frac{1400+0}{2.0} + 60 = 970\text{kN}$$

3. 连梁的正截面受弯承载力和斜截面受剪承载力计算

受弯力计算，《混规》11.7.7 条规定：

> 11.7.7 筒体及剪力墙洞口连梁，当采用对称配筋时，其正截面受弯承载力应符合下列规定：

$$M_{\mathrm{b}} \leqslant \frac{1}{\gamma_{\mathrm{RE}}} [f_{\mathrm{y}} A_{\mathrm{s}} (h_0 - a'_{\mathrm{s}}) + f_{\mathrm{yd}} A_{\mathrm{sd}} z_{\mathrm{sd}} \cos\alpha] \quad (11.7.7)$$

式中 M_{b}——考虑地震组合的剪力墙连梁梁端弯矩设计值；
f_{y}——纵向钢筋抗拉强度设计值；
f_{yd}——对角斜筋抗拉强度设计值；
A_{s}——单侧受拉纵向钢筋截面面积；
A_{sd}——单向对角斜筋截面面积，无斜筋时取 0；
z_{sd}——计算截面对角斜筋至截面受压区合力点的距离；
α——对角斜筋与梁纵轴线夹角；
h_0——连梁截面有效高度。

斜截面受剪承载力计算，《高规》规定：

7.2.22 连梁截面剪力设计值应符合下列规定：
1 永久、短暂设计状况
$$V \leqslant 0.25\beta_{\mathrm{c}} f_{\mathrm{c}} b_{\mathrm{b}} h_{\mathrm{b0}} \quad (7.2.22\text{-}1)$$

2 地震设计状况
跨高比大于 2.5 的连梁
$$V \leqslant \frac{1}{\gamma_{\mathrm{RE}}} (0.20\beta_{\mathrm{c}} f_{\mathrm{c}} b_{\mathrm{b}} h_{\mathrm{b0}}) \quad (7.2.22\text{-}2)$$

跨高比不大于 2.5 的连梁
$$V \leqslant \frac{1}{\gamma_{\mathrm{RE}}} (0.15\beta_{\mathrm{c}} f_{\mathrm{c}} b_{\mathrm{b}} h_{\mathrm{b0}}) \quad (7.2.22\text{-}3)$$

式中 V——按本规程第 7.2.21 条调整后的连梁截面剪力设计值；
b_{b}——连梁截面宽度；
h_{b0}——连梁截面有效高度；
β_{c}——混凝土强度影响系数，见本规程第 6.2.6 条。

7.2.23 连梁的斜截面受剪承载力应符合下列规定：
1 永久、短暂设计状况
$$V \leqslant 0.7 f_{\mathrm{t}} b_{\mathrm{b}} h_{\mathrm{b0}} + f_{\mathrm{yv}} \frac{A_{\mathrm{sv}}}{s} h_{\mathrm{b0}} \quad (7.2.23\text{-}1)$$

2 地震设计状况
跨高比大于 2.5 的连梁
$$V \leqslant \frac{1}{\gamma_{\mathrm{RE}}} \left(0.42 f_{\mathrm{t}} b_{\mathrm{b}} h_{\mathrm{b0}} + f_{\mathrm{yv}} \frac{A_{\mathrm{sv}}}{s} h_{\mathrm{b0}}\right) \quad (7.2.23\text{-}2)$$

跨高比不大于 2.5 的连梁
$$V \leqslant \frac{1}{\gamma_{\mathrm{RE}}} \left(0.38 f_{\mathrm{t}} b_{\mathrm{b}} h_{\mathrm{b0}} + 0.9 f_{\mathrm{yv}} \frac{A_{\mathrm{sv}}}{s} h_{\mathrm{b0}}\right) \quad (7.2.23\text{-}3)$$

式中 V——按 7.2.21 条调整后的连梁截面剪力设计值。

需注意的是：
(1) 连梁纵向钢筋的最小配筋率和最大配筋率的要求

《高规》规定：

> 7.2.24 跨高比（l/h_b）不大于 1.5 的连梁，非抗震设计时，其纵向钢筋的最小配筋率可取为 0.2%；抗震设计时，其纵向钢筋的最小配筋率宜符合表 7.2.24 的要求；跨高比大于 1.5 的连梁，其纵向钢筋的最小配筋率可按框架梁的要求采用。
>
> **跨高比不大于 1.5 的连梁纵向钢筋的最小配筋率（%）** 表 7.2.24
>
> | 跨高比 | 最小配筋率（采用较大值） |
> |---|---|
> | $l/h_b \leqslant 0.5$ | $0.20, 45 f_t / f_y$ |
> | $0.5 < l/h_b \leqslant 1.5$ | $0.25, 55 f_t / f_y$ |
>
> 7.2.25 剪力墙结构连梁中，非抗震设计时，顶面及底面单侧纵向钢筋的最大配筋率不宜大于 2.5%；抗震设计时，顶面及底面单侧纵向钢筋的最大配筋率宜符合表 7.2.25 的要求。如不满足，则应按实配钢筋进行连梁强剪弱弯的验算。
>
> **连梁纵向钢筋的最大配筋率（%）** 表 7.2.25
>
> | 跨 高 比 | 最大配筋率 |
> |---|---|
> | $l/h_b \leqslant 1.0$ | 0.6 |
> | $1.0 < l/h_b \leqslant 2.0$ | 1.2 |
> | $2.0 < l/h_b \leqslant 2.5$ | 1.5 |

《高规》7.2.25 条的条文说明中规定："跨高比超过 2.5 的连梁，其最大配筋率限值可按一般框架梁采用，即不宜大于 2.5%"。

对此，《混规》11.7.11 条第 1 款中，单侧纵向钢筋的最小配筋率不应小于 0.15%，且配筋不宜少于 2Φ12。可见，两本规范是不协调的。

(2) 连梁的箍筋和腰筋的构造要求

《高规》规定：

> 7.2.27 连梁的配筋构造（图 7.2.27）应符合下列规定：
>
> 1 连梁顶面、底面纵向水平钢筋伸入墙肢的长度，抗震设计时不应小于 l_{aE}，非抗震设计时不应小于 l_a，且均不应小于 600mm。
>
> 2 抗震设计时，沿连梁全长箍筋的构造应符合本规程第 6.3.2 条框架梁梁端箍筋加密区的箍筋构造要求；非抗震设计时，沿连梁全长的箍筋直径不应小于 6mm，间距不应大于 150mm。
>
> 3 顶层连梁纵向水平钢筋伸入墙肢的长度范围内应配置箍筋，箍筋间距不宜大于 150mm，直径应与该连梁的箍筋直径相同。

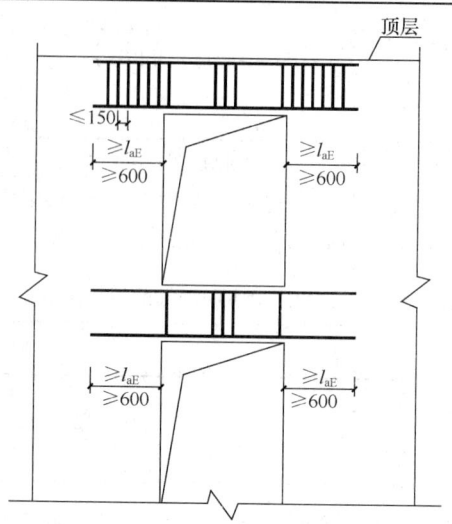

图 7.2.27 连梁配筋构造示意
注：非抗震设计时图中 l_{aE} 取 l_a。

4 连梁高度范围内的墙肢水平分布钢筋应在连梁内拉通作为连梁的腰筋。连梁截面高度大于 700mm 时，其两侧面腰筋的直径不应小于 8mm，间距不应大于 200mm；跨高比不大于 2.5 的连梁，其两侧腰筋的总面积配筋率不应小于 0.3%。

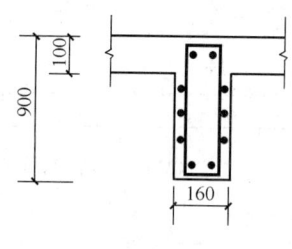

图 7.5.17

需注意的是：

连梁的腰筋的最小直径，根据《混规》11.7.11 条第 5 款，取 8mm；《高规》7.2.27 条，取 8mm。两本规范是相同的。

【例 7.5.27】 某高层钢筋混凝土剪力墙结构，抗震等级为二级，某根门洞连梁的截面尺寸 $b_b \times h_b = 160\text{mm} \times 900\text{mm}$，净跨 $l_n = 1500\text{mm}$，连梁的纵向受力钢筋为对称配筋，如图 7.5.17 所示。采用 C30 混凝土，纵筋和腰筋用 HRB400 级、箍筋用 HPB300 级。由地震组合的连梁弯矩设计值 $M_b = M_b^t = 112.5\text{kN} \cdot \text{m}$；重力荷载代表值作用下按简支梁计算的梁端剪力设计值 $V_{Gb} = 50\text{kN}$。$a_s = a_s' = 35\text{mm}$。

试问：

(1) 该连梁截面的纵向受力钢筋配置。
(2) 该连梁的箍筋配置。
(3) 该连梁两侧的腰筋配置。

【解答】 (1) 确定纵向钢筋截面面积，跨高比 $1500/900 = 1.67 < 5$，根据《高规》7.1.3 条，按连梁计算。

对称配筋，由《混规》11.7.7 条：$M_b = \dfrac{1}{\gamma_{RE}} f_y A_s (h_0 - a_s')$，取 $\gamma_{RE} = 0.75$。

$$A_s = A_s' = \frac{\gamma_{RE} M_b}{f_y (h_0 - a_s')} = \frac{0.75 \times 112.5 \times 10^6}{360 \times (865 - 35)} = 282\text{mm}^2$$

选 $2\Phi 18$ $(A_s=509\text{mm}^2)$，$\rho=\dfrac{A_s}{bh}=\dfrac{509}{160\times 900}=0.353\%$

复核纵筋的最大、最小配筋率，由《高规》7.2.24 条、7.2.25 条

最小配筋率，$\dfrac{l}{h_b}=1.67>1.5$，由《高规》表 6.3.2-1。

$\rho_{\min}=\max\left(0.30,0.65\dfrac{f_t}{f_y}\right)=\max\left(0.30,0.65\times\dfrac{1.43}{360}\right)=0.30\%<\rho$，满足。

最大配筋率，由《高规》表 7.2.25，$\rho_{\max}=1.2\%>\rho=0.353\%$，满足。

(2) 确定箍筋配置

$$V_b=\dfrac{\eta_{vw}(M_b^l+M_b^r)}{l_n}+V_{Gb}=\dfrac{1.2\times(112.5+112.5)\times 10^6}{1500}+50\times 10^3=230\text{kN}$$

$\dfrac{l_n}{h}=\dfrac{1500}{900}=1.67<2.5$

$$\dfrac{1}{\gamma_{RE}}(0.15\beta_c f_c b_b h_{b0})=\dfrac{1}{0.85}\times 0.15\times 1\times 14.3\times 160\times 865$$
$$=349.3\text{kN}>V_b=230\text{kN}，满足$$

由《高规》式（7.2.23-3）：

$$V_b\leqslant\dfrac{1}{\gamma_{RE}}\left(0.38f_t b_b h_{b0}+0.9f_{yv}\dfrac{A_{sv}}{s}h_{b0}\right)$$

$$\dfrac{A_{sv}}{s}\geqslant\dfrac{\gamma_{RE}V_b-0.38f_t b_b h_{b0}}{0.9f_{yv}h_{b0}}=\dfrac{0.85\times 230\times 10^3-0.38\times 1.43\times 160\times 865}{0.9\times 270\times 865}$$

$$=0.572\text{mm}^2/\text{mm}$$

根据《高规》7.2.27 条规定，查《高规》表 6.3.2-2 得：

箍筋直径 $\geqslant 8\text{mm}$；$s\leqslant\min\left(\dfrac{h_b}{4},8d,100\right)=\min\left(\dfrac{900}{4},8\times 16,100\right)=100\text{mm}$

故取 $s=100\text{mm}$，$A_{sv1}=28.6\text{mm}^2$，选 $\Phi 8$ $(A_{sv}=50.3\text{mm}^2)$。

故箍筋配置为双肢 $\Phi 8@100$。

验算配箍率：$\rho_{sv}=\dfrac{A_{sv}}{bs}=\dfrac{2\times 50.3}{160\times 100}=0.629\%$

$$\rho_{sv,\min}=\dfrac{0.28f_t}{f_{yv}}=\dfrac{0.28\times 1.43}{270}=0.15\%<\rho_{sv}，满足$$

(3) 确定腰筋

根据《高规》7.2.27 条第 4 款规定：

$\dfrac{900-100-35}{200}-1=2.8$，故需布置 3 排腰筋。

每侧：$A_s=0.3\%b_b h_w/2=0.3\%\times 160\times(900-100-35)/2=184\text{mm}^2$

$A_{s1}=184/3=61\text{mm}^2$，选腰筋 $\Phi 10$ $(A_s=78.5\text{mm}^2)$，并且满足《混规》11.7.11 条第 5 款。

故配置腰筋为 3 排，每排 $2\Phi 10$。

【例 7.5.28】某现浇钢筋混凝土剪力墙结构高层建筑，抗震设防烈度为 8 度，抗震等级为一级。其剪力墙连梁截面尺寸为 $b_b\times h_b=300\text{mm}\times 700\text{mm}$，$h_{b0}=660\text{mm}$，净跨为 1500mm，采用 C30 混凝土，纵筋和箍筋均采用 HRB400 级钢筋。连梁上、下部纵向钢筋

配筋相同，即连梁两端弯矩值（相同时针方向）相等 $M_b^l = M_b^r$，假定作用在连梁上的竖向荷载产生的内力忽略不计。取 $a_s = a_s' = 40\text{mm}$

试问：抗震设计时，当该连梁所能承担的考虑地震组合的弯矩设计值最大时，连梁上、下部纵筋截面面积（$A_s = A_s'$）的计算值为多少？

提示：①假定调整后的连梁剪力设计值达到按其截面尺寸控制所允许承担的斜截面受剪承载力最大值；
②不考虑纵筋的最大、最小配筋率。

【解答】 跨高比 $l/h_b = 1500/700 = 2.14 < 2.5$，根据《高规》7.1.3 条，按连梁计算。
根据《高规》7.2.22 条：

$$V_b \leqslant \frac{1}{\gamma_{RE}}(0.15\beta_c f_c b_b h_{b0}) = \frac{1}{0.85} \times (0.15 \times 1.0 \times 14.3 \times 300 \times 660)$$

$$= 499.66\text{kN}$$

抗震一级，$V_{Gb} = 0$，由《高规》7.2.21 条，$\eta_{vb} = 1.3$：

$$V_b = \eta_{vb}\frac{M_b^l + M_b^r}{l_n} + V_{Gb}$$

$$= 1.3 \times \frac{2M_b}{1.5} + 0$$

即： $M_b = 0.5769V_b \leqslant 0.5769 \times 499.6 = 288.22\text{kN} \cdot \text{m}$

由《混规》11.7.7 条：

$$M_b = \frac{1}{\gamma_{RE}}f_y A_s(h_{b0} - a_s')$$

$$A_s = \frac{\gamma_{RE}M_b}{f_y(h_{b0} - a_s')} = \frac{0.75 \times 288.2 \times 10^6}{360 \times (660 - 40)} = 968\text{mm}^2$$

【例 7.5.29】 某现浇钢筋混凝土剪力墙结构，抗震设防烈度为 9 度，Ⅱ类建筑场地，抗震等级为一级。其中一剪力墙连梁截面尺寸为：$b_b \times h_b = 350\text{mm} \times 300\text{mm}$，净跨 3000mm，采用 C40 混凝土，纵筋及箍筋均采用 HRB400 级（Φ）钢筋（$f_{yk} = 400\text{N/mm}^2$；$f_y = f_y' = 360\text{N/mm}^2$）。在考虑地震组合时，该连梁端部起控制作用且相同时针方向的弯矩值相等 $M_b^l = M_b^r = 180\text{kN} \cdot \text{m}$，同一组合的重力荷载代表值和竖向地震作用下按简支梁分析的梁端截面剪力设计值 $V_{Gb} = 25\text{kN}$。该连梁实配纵筋上、下部均为 5Φ22，箍筋配置为 Φ8@100，取 $a_s = a_s' = 35\text{mm}$。

试问：确定该连梁在抗震设计时的端部剪力设计值 V_b（kN）。

【解答】 跨高比 $l/h = 3/0.3 = 10 > 5$，根据《高规》7.1.3 条，应按框架梁计算。
9 度，由《高规》6.2.5 条：

$$M_{bua}^l = M_{bua}^r = \frac{1}{\gamma_{RE}}f_{yk}A_s^k(h_0 - a_s')$$

$$= \frac{1}{0.75} \times 400 \times 1900 \times (300 - 35 - 35)$$

$$= 233.07 \text{kN} \cdot \text{m}$$

$$V_b = 1.1 \times \frac{M_{bua}^l + M_{bua}^r}{l_n} + V_{Gb}$$

$$= 1.1 \times \frac{(233.07 + 233.07)}{3} + 25 = 195.92 \text{kN}$$

最终取 $V_b = 195.92 \text{kN}$。

【例 7.5.30】 某 12 层钢筋混凝土剪力墙结构底层的双肢墙,其连梁断面为 200mm× 600mm。该建筑物建于 8 度抗震设防区,抗震等级为二级。结构总高 36m,层高 3.0m,连梁下门洞尺寸为 1520mm×2400mm,采用 C30 混凝土,连梁箍筋用 HPB300 级,a_s = 40mm。经计算知该连梁的剪力设计值 $V = 350 \text{kN}$。

试问:该连梁的箍筋配置。

【解答】 (1) 验算连梁的受剪截面条件

$\dfrac{l_n}{h} = \dfrac{1520}{600} = 2.53 \begin{smallmatrix} \leqslant 5 \\ \geqslant 2.5 \end{smallmatrix}$,故按连梁计算,并根据《高规》7.2.22 条规定:

$$\frac{1}{\gamma_{RE}}(0.2\beta_c f_c b_b h_{b0}) = \frac{1}{0.85} \times 0.2 \times 1 \times 14.3 \times 200 \times (600-40)$$

$$= 376.85 \text{kN} > V_b = 350 \text{kN},满足$$

(2) 箍筋计算

$\dfrac{l_n}{h} = 2.53 > 2.5$,根据《高规》7.2.23 条规定,

$$V_b \leqslant \frac{1}{\gamma_{RE}}\left(0.42 f_t b_b h_{b0} + f_{yv} \frac{A_{sv}}{s} h_{b0}\right)$$

$$\frac{A_{sv}}{s} \geqslant \frac{\gamma_{RE} V_b - 0.42 f_t b_b h_{b0}}{f_{yv} h_{b0}} = \frac{0.85 \times 350 \times 10^3 - 0.42 \times 1.43 \times 200 \times 560}{270 \times 560}$$

$$= 1.52 \text{mm}^2/\text{mm}$$

根据《高规》7.2.27 条第 2 款规定,查《高规》表 6.3.2-2,箍筋间距 $s \leqslant 100 \text{mm}$,箍筋直径 $d \geqslant 8 \text{mm}$。取 $s = 100 \text{mm}$,则 $A_{sv1} = 152/2 = 76 \text{mm}^2$

选 $\Phi 10$ ($A_s = 78.5 \text{mm}^2$),实配双肢 $\Phi 10@100$,满足要求。

【例 7.5.31】 某建造于大城市市区的 28 层公寓,采用钢筋混凝土剪力墙结构。平面为矩形,共 6 个开间,横向剪力墙间距为 8.1m,其中间的剪力墙的计算简图如图 7.5.18 (a) 所示,连梁截面尺寸为 $b \times h = 250 \text{mm} \times 500 \text{mm}$。混凝土强度等级采用 C30,纵向钢筋采用 HRB400 级,箍筋采用 HPB300 级,$a_s = a_s' = 35 \text{mm}$。

在如图 7.5.18 (b) 所示风荷载(标准值)作用下,采用近似分析方法(将两个墙肢视为一拉一压,且其合力作用在墙肢的中心线上)。

提示:按《工程结构通用规范》作答。

试问:

(1) 按上述近似方法,估算在风荷载作用下每根连梁的平均支座弯矩设计值 M_b 为

多少？

（2）非抗震设计时，在风荷载作用下，若连梁的荷载基本组合剪力设计值 $V_b=155\text{kN}$，确定中间层连梁的箍筋配置。

【解答】（1）确定 M_b

剪力墙底部的总弯矩设计值 M_0：

$$M_0 = \gamma_w \cdot \sum_{i=1}^{4} F_{ki} H_i = 1.5 \times 21 \times (4.4 \times 10.5$$
$$+ 5.8 \times 31.5 + 7.4 \times 52.5 + 8.7 \times 73.5) = 39591\text{kN} \cdot \text{m}$$

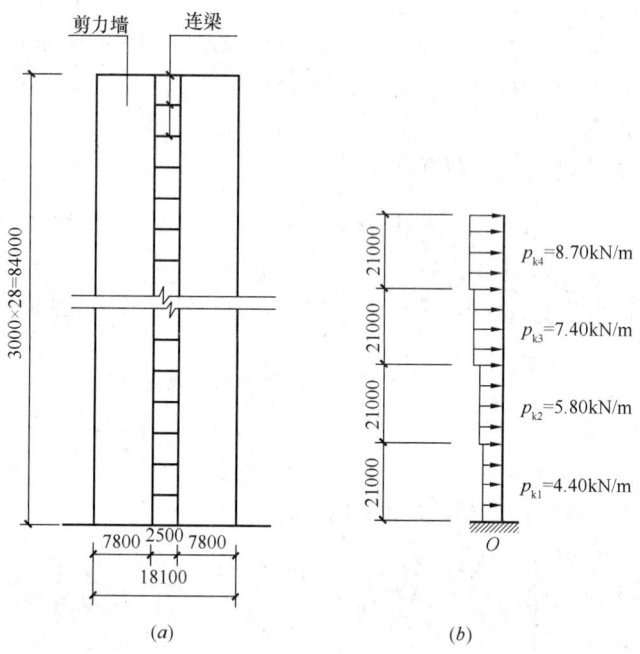

图 7.5.18

剪力墙底部轴力设计值 N_0：

两墙肢中心距离 L：$L = 2.5 + 7.8 = 10.3\text{m}$，$N_0 = \dfrac{M_0}{L} = \dfrac{39591 \times 10^6}{10.3 \times 10^3} = 3844\text{kN}$

每根连梁平均分担的剪力设计值 V_b：

$$V_b = \frac{N_0}{28} = \frac{3844}{28} = 137.3\text{kN}$$

每根连梁平均承受的弯矩值 M_b：

$$M_b = \pm V_b \cdot \frac{l_b}{2} = \pm 137.3 \times \frac{2.5}{2} = \pm 171.6\text{kN} \cdot \text{m}$$

（2）箍筋计算

跨高比 $l/h_b = 2.5/5 = 5$，根据《高规》7.1.3 条规定，按框架梁计算。

根据《高规》6.2.10 条，由《混规》6.3.4 条规定，且 $V_b = 155\text{kN}$：

$$V_b = \alpha_{cv} f_t b h_{b0} + f_{yv} \frac{A_{sv}}{s} h_{b0}$$

$$\frac{A_{sv}}{s} = \frac{V_b - \alpha_{cv}f_t bh_{b0}}{f_{yv}h_{b0}} = \frac{155000 - 0.7 \times 1.43 \times 250 \times 465}{270 \times 465}$$

$$= 0.308 \text{mm}^2/\text{mm}$$

非抗震设计，由《高规》6.3.4条，箍筋直径≥6mm，s≤250mm，故取ϕ6（A_{s1}=28.3mm^2），则：s≤2×28.3/0.308=184mm，故取s=150mm，选用ϕ6@150。

复核配筋率，由《高规》6.3.4条：

$$\rho_{sv} = \frac{A_{sv}}{bs} = \frac{2 \times 28.3}{250 \times 150} = 0.151\%$$

$$\rho_{sv,min} = 0.24f_t/f_{yv} = 0.24 \times 1.43/270 = 0.127\% < 0.15\%，满足。$$

思考： 若连梁截面$b_b \times h_b$=250mm×550mm，其他条件不变。试确定连梁的箍筋配置。

解答如下：

$\frac{l_n}{l_b} = \frac{2500}{550} = 4.55 < 5$，由《高规》7.1.3条，应按连梁计算，且不考虑地震作用。由《高规》7.2.22条：

$V_b = 155\text{kN} < 0.25\beta_c f_c b_b h_{b0} = 0.25 \times 1 \times 14.3 \times 250 \times 515 = 460.28\text{kN}$，故受剪截面条件满足。

根据《高规》7.2.23条规定：

$$V_b \leq 0.7f_t b_b h_{b0} + f_{yv}\frac{A_{sv}}{s}h_{b0}$$

$$\frac{A_{sv}}{s} \geq \frac{V - 0.7f_t b_b h_{b0}}{f_{yv}h_{b0}} = \frac{155 \times 10^3 - 0.7 \times 1.43 \times 250 \times 515}{270 \times 515}$$

$$= 0.188\text{mm}^2/\text{mm}$$

选用ϕ6双肢箍筋，A_{sv}=2×28.3mm^2，s≤2×28.3/0.188=301mm

根据《高规》7.2.27条第2款规定，故取s=150mm

实配箍筋ϕ6@150。

验算配箍率：$\rho_{sv} = \frac{A_{sv}}{bs} = \frac{2 \times 28.3}{250 \times 150} = 0.151\%$

$\rho_{sv,min} = 0.24f_t/f_{yv} = 0.24 \times 1.43/270 = 0.127\% < 0.151\%$，故满足。

4. 剪力墙开小洞口和连梁开洞的构造要求

《高规》规定：

> 7.2.28 剪力墙开小洞口和连梁开洞应符合下列规定：
> 1 剪力墙开有边长小于800mm的小洞口且在结构整体计算中不考虑其影响时，应在洞口上、下和左、右配置补强钢筋，补强钢筋的直径不应小于12 mm，截面面积应分别不小于被截断的水平分布钢筋和竖向分布钢筋的面积（图7.2.28a）；

2 穿过连梁的管道宜预埋套管,洞口上、下的截面有效高度不宜小于梁高的1/3,且不宜小于200mm;被洞口削弱的截面应进行承载力验算,洞口处应配置补强纵向钢筋和箍筋(图7.2.28b),补强纵向钢筋的直径不应小于12mm。

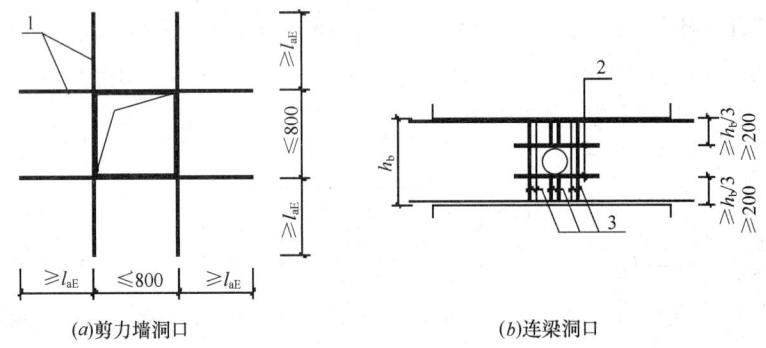

图 7.2.28 洞口补强配筋示意
1—墙洞口周边补强钢筋;2—连梁洞口上、下补强纵向箍筋;
3—连梁洞口补强箍筋;非抗震设计时图中 l_{aE} 取 l_a

5. 剪力墙连梁的塑性调幅
《高规》规定:

7.2.26 剪力墙的连梁不满足本规程第7.2.22条的要求时,可采取下列措施:
1 减小连梁截面高度或采取其他减小连梁刚度的措施。
2 抗震设计剪力墙连梁的弯矩可塑性调幅;内力计算时已经按本规程第5.2.1条的规定降低了刚度的连梁,其弯矩值不宜再调幅,或限制再调幅范围。此时,应取弯矩调幅后相应的剪力设计值校核其是否满足本规程第7.2.22条的规定;剪力墙中其他连梁和墙肢的弯矩设计值宜视调幅连梁数量的多少而相应适当增大。
3 当连梁破坏对承受竖向荷载无明显影响时,可按独立墙肢的计算简图进行第二次多遇地震作用下的内力分析,墙肢截面应按两次计算的较大值计算配筋。

7.2.26(条文说明)
对第2款提出的塑性调幅作一些说明。连梁塑性调幅可采用两种方法,一是按照本规程第5.2.1条的方法,在内力计算前就将连梁刚度进行折减;二是在内力计算之后,将连梁弯矩和剪力组合值乘以折减系数。两种方法的效果都是减小连梁内力和配筋。无论用什么方法,连梁调幅后的弯矩、剪力设计值不应低于使用状况下的值,也不宜低于比设防烈度低一度的地震作用组合所得的弯矩、剪力设计值,其目的是避免在正常使用条件下或较小的地震作用下在连梁上出现裂缝。因此建议一般情况下,可掌握调幅后的弯矩不小于调幅前按刚度不折减计算的弯矩(完全弹性)的80%(6~7度)和50%(8~9度),并不小于风荷载作用下的连梁弯矩。

需注意,是否"超限",必须用弯矩调幅后对应的剪力代入第7.2.22条公式进行验算。

> 当第1、2款的措施不能解决问题时，允许采用第3款的方法处理，即假定连梁在大震下剪切破坏，不再能约束墙肢，因此可考虑连梁不参与工作，而按独立墙肢进行第二次结构内力分析，它相当于剪力墙的第二道防线，这种情况往往使墙肢的内力及配筋加大，可保证墙肢的安全。第二道防线的计算没有了连梁的约束，位移会加大，但是大震作用下就不必按小震作用要求限制其位移。

《高规》5.2.1条及其条文说明的规定：

> 5.2.1 高层建筑结构地震作用效应计算时，可对剪力墙连梁刚度予以折减，折减系数不宜小于0.5。
>
> 5.2.1（条文说明）
>
> 高层建筑结构构件均采用弹性刚度参与整体分析，但抗震设计的框架-剪力墙或剪力墙结构中的连梁刚度相对墙体较小，而承受的弯矩和剪力很大，配筋设计困难。因此，可考虑在不影响承受竖向荷载能力的前提下，允许其适当开裂（降低刚度）而把内力转移到墙体上。通常，设防烈度低时可少折减一些（6、7度时可取0.7），设防烈度高时可多折减一些（8、9度时可取0.5）。折减系数不宜小于0.5，以保证连梁承受竖向荷载的能力。
>
> 对框架-剪力墙结构中一端与柱连接、一端与墙连接的梁以及剪力墙结构中的某些连梁，如果跨高比较大（比如大于5），重力作用效应比水平风或水平地震作用效应更为明显，此时应慎重考虑梁刚度的折减问题，必要时可不进行梁刚度折减，以控制正常使用阶段梁裂缝的发生和发展。
>
> 本次修订进一步明确了仅在计算地震作用效应时可以对连梁刚度进行折减，对如重力荷载、风荷载作用效应计算不宜考虑连梁刚度折减。有地震作用效应组合工况，均可按考虑连梁刚度折减后计算的地震作用效应参与组合。

《建筑抗震设计规范》GB 50011—2010 6.2.13条及其条文说明规定：

> 6.2.13
>
> 2 抗震墙地震内力计算时，连梁的刚度可折减，折减系数不宜小于0.50。
>
> 6.2.13（条文说明）
>
> 2 计算地震内力时，抗震墙连梁刚度可折减；计算位移时，连梁刚度可不折减。

【例7.5.32】 某31层普通办公楼，采用现浇钢筋混凝土框架-核心筒结构，标准层平面如图7.5.19所示，首层层高6m，其余各层层高3.8m，结构高度120m。基本风压w_0 = 0.80kN/m²，地面粗糙度为C类。抗震设防烈度为8度（0.20g），标准设防类建筑，设计地震分组第一组，建筑场地类别为Ⅱ类，安全等级二级。

假定，结构按连梁刚度不折减计算时，某层连梁LL1在8度（0.20g）水平地震作用下梁端负弯矩标准值$M_{Ehk}=-660$kN·m，在7度（0.10g）水平地震作用下梁端负弯矩标准值$M_{Ehk}=-330$kN·m，风荷载作用下梁端负弯矩标准值$M_{wk}=-400$kN·m。试问，对弹性计算的连梁弯矩M进行调幅后，连梁的弯矩设计值M'（kN·m），不应小于下列

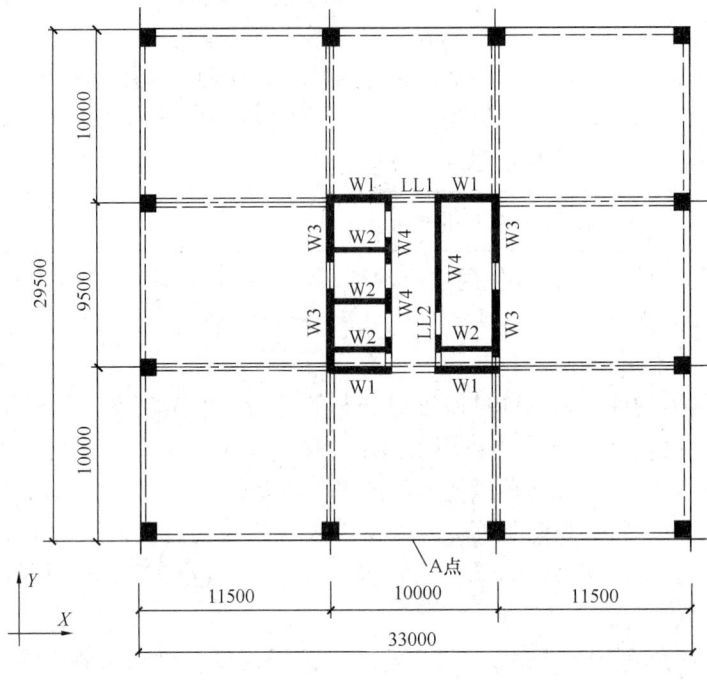

图 7.5.19

何项数值？

  提示：① 忽略重力荷载及竖向地震作用产生的梁端弯矩。
     ② 按《建筑与市政工程抗震通用规范》作答。

(A) -490 (B) -560
(C) -600 (D) -770

【解答】 根据《高规》7.2.26 条条文说明，及《抗震通规》4.3.2 条：

8 度时：$M = -(1.4 \times 660 + 0.2 \times 1.5 \times 400) \times 0.5 = -522 \text{kN} \cdot \text{m}$

7 度时：$M = -(1.4 \times 330 + 0.2 \times 1.5 \times 400) = -582 \text{kN} \cdot \text{m}$

仅风荷载时：$M = -1.5 \times 400 = -600 \text{kN} \cdot \text{m}$

故取 $M = -600 \text{kN} \cdot \text{m}$，选（C）项。

6. 剪力墙翼缘的有效宽度

剪力墙翼缘的有效宽度，《高规》对此未作规定，《建筑抗震设计规范》6.2.13 条条文说明作了如下规定：

> 6.2.13（条文说明）
>
>   3 抗震墙应计入腹板与翼墙共同工作。对于翼墙的有效长度，89 规范和 2001 规范有不同的具体规定，本次修订不再给出具体规定。2001 规范规定："每侧由墙面算起可取相邻抗震墙净间距的一半、至门窗洞口的墙长度及抗震墙总高度的 15% 三者的最小值"，可供参考。

《混凝土结构设计规范》9.4.3 条规定：

> 9.4.3
> 在承载力计算中,剪力墙的翼缘计算宽度可取剪力墙的间距、门窗洞间翼墙的宽度、剪力墙厚度加两侧各 6 倍翼墙厚度、剪力墙墙肢总高度的 1/10 四者中的最小值。

第六节 框架-剪力墙结构与板柱-剪力墙结构

一、框架-剪力墙结构

1. 基本规定

《高规》规定:

> 8.1.1 框架-剪力墙结构、板柱-剪力墙结构的结构布置、计算分析、截面设计及构造要求除应符合本章的规定外,尚应分别符合本规程第 3、5、6 和 7 章的有关规定。
> 8.1.2 框架-剪力墙结构可采用下列形式:
> 1 框架与剪力墙(单片墙、联肢墙或较小井筒)分开布置;
> 2 在框架结构的若干跨内嵌入剪力墙(带边框剪力墙);
> 3 在单片抗侧力结构内连续分别布置框架和剪力墙;
> 4 上述两种或三种形式的混合。

2. 框架-剪力墙结构的类型与计算规定

《高规》规定:

> 8.1.3 抗震设计的框架-剪力墙结构,应根据在规定的水平力作用下结构底层框架部分承受的地震倾覆力矩与结构总地震倾覆力矩的比值,确定相应的设计方法,并应符合下列规定:
> 1 框架部分承受的地震倾覆力矩不大于结构总地震倾覆力矩的 10% 时,按剪力墙结构进行设计,其中的框架部分应按框架-剪力墙结构的框架进行设计;
> 2 当框架部分承受的地震倾覆力矩大于结构总地震倾覆力矩的 10% 但不大于 50% 时,按框架-剪力墙结构进行设计;
> 3 当框架部分承受的地震倾覆力矩大于结构总地震倾覆力矩的 50% 但不大于 80% 时,按框架-剪力墙结构进行设计,其最大适用高度可比框架结构适当增加,框架部分的抗震等级和轴压比限值宜按框架结构的规定采用;
> 4 当框架部分承受的地震倾覆力矩大于结构总地震倾覆力矩的 80% 时,按框架-剪力墙结构进行设计,但其最大适用高度宜按框架结构采用,框架部分的抗震等级和轴压比限值应按框架结构的规定采用。当结构的层间位移角不满足框架-剪力墙结构的规定时,可按本规程第 3.11 节的有关规定进行结构抗震性能分析和论证。

> 8.1.3（条文说明）
>
> 框架-剪力墙结构在规定的水平力作用下，结构底层框架部分承受的地震倾覆力矩与结构总地震倾覆力矩的比值不尽相同，结构性能有较大的差别。本次修订对此作了较为具体的规定。在结构设计时，应据此比值确定该结构相应的适用高度和构造措施，计算模型及分析均按框架-剪力墙结构进行实际输入和计算分析。
>
> 1 当框架部分承担的倾覆力矩不大于结构总倾覆力矩的10%时，意味着结构中框架承担的地震作用较小，绝大部分均由剪力墙承担，工作性能接近于纯剪力墙结构，此时结构中的剪力墙抗震等级可按剪力墙结构的规定执行；其最大适用高度仍按框架-剪力墙结构的要求执行；其中的框架部分应按框架-剪力墙结构的框架进行设计，也就是说需要进行本规程8.1.4条的剪力调整，其侧向位移控制指标按剪力墙结构采用。
>
> 2 当框架部分承受的地震倾覆力矩大于结构总地震倾覆力矩的10%但不大于50%时，属于典型的框架-剪力墙结构，按本章有关规定进行设计。
>
> 3 当框架部分承受的倾覆力矩大于结构总倾覆力矩的50%但不大于80%时，意味着结构中剪力墙的数量偏少，框架承担较大的地震作用，此时框架部分的抗震等级和轴压比宜按框架结构的规定执行，剪力墙部分的抗震等级和轴压比按框架-剪力墙结构的规定采用；其最大适用高度不宜再按框架-剪力墙结构的要求执行，但可比框架结构的要求适当提高，提高的幅度可视剪力墙承担的地震倾覆力矩来确定。
>
> 4 当框架部分承受的倾覆力矩大于结构总倾覆力矩的80%时，意味着结构中剪力墙的数量极少，此时框架部分的抗震等级和轴压比应按框架结构的规定执行，剪力墙部分的抗震等级和轴压比按框架-剪力墙结构的规定采用；其最大适用高度宜按框架结构采用。
>
> 在条文第3、4款规定的情况下，为避免剪力墙过早开裂或破坏，其位移相关控制指标按框架-剪力墙结构的规定采用。

需注意的是：

（1）《高规》8.1.3条中"规定的水平力作用"的内涵，与《高规》3.4.5条及其条文说明中的"规定水平地震力"的内涵是一致的。

《混规》11.1.4条及其条文说明中规定：

> 11.1.4 确定钢筋混凝土房屋结构构件的抗震等级时，尚应符合下列要求：
> 1 对框架-剪力墙结构，在规定的水平地震作用下，框架底部所承担的倾覆力矩大于结构底部总倾覆力矩的50%时，其框架的抗震等级应按框架结构确定。
>
> 11.1.4（条文说明）
>
> 其中第1款中的"结构底部的总倾覆力矩"一般是指在多遇地震作用下通过振型组合求得楼层地震剪力并换算出各楼层

框架部分承受的地震倾覆力矩的计算，《抗规》6.1.3条的条文说明中规定：

> 6.1.3（条文说明）
> 框架部分按刚度分配的地震倾覆力矩的计算公式，保持2001规范的规定不变：
> $$M_c = \sum_{i=1}^{n} \sum_{j=1}^{m} V_{ij} h_i$$
> 式中　M_c——框架-抗震墙结构在规定的侧向力作用下框架部分分配的地震倾覆力矩；
> 　　　n——结构层数；
> 　　　m——框架i层的柱根数；
> 　　　V_{ij}——第i层j根框架柱的计算地震剪力；
> 　　　h_i——第i层层高。

（2）在《高规》8.1.3条及其条文说明中，框架-剪力墙结构的分类，最大适用高度，抗震措施等的具体内容，归纳为表7.6.1所示。

框架-剪力墙结构的分类与最大适用高度、抗震措施　　　表7.6.1

分类	判别	最大适用高度	抗震构造措施	层间位移控制
少框的框-剪结构	$\dfrac{M_f}{M} \leqslant 10\%$	按框-剪结构	·剪力墙的抗震等级和轴压比按剪力墙结构； ·框架的抗震等级和轴压比按框-剪结构； ·框架的剪力调整按框-剪结构	按剪力墙结构
典型的框-剪结构	$10\% < \dfrac{M_f}{M} \leqslant 50\%$	按框-剪结构	·剪力墙的抗震等级和轴压比按框-剪结构； ·框架的抗震等级和轴压比按框-剪结构； ·框架的剪力调整按框-剪结构	按框-剪结构
少墙的框-剪结构	$50\% < \dfrac{M_f}{M} \leqslant 80\%$	比框架结构适当提高	·剪力墙的抗震等级和轴压比按框-剪结构； ·框架的抗震等级和轴压比按框架结构	按框-剪结构
极少墙的框-剪结构	$80\% < \dfrac{M_f}{M}$	按框架结构	·剪力墙的抗震等级和轴压比按框-剪结构； ·框架的抗震等级和轴压比按框架结构	按框-剪结构

注：1. M—结构底层总地震倾覆力矩；M_f—框架部分承受的地震倾覆力矩。
　　2. 框-剪结构是框架-剪力墙结构的简称。

（3）《抗规》对于少墙的框架-剪力墙的结构相关规定。

《抗规》规定：

> 6.1.3 钢筋混凝土房屋抗震等级的确定，尚应符合下列要求：
> 1 设置少量抗震墙的框架结构，在规定的水平力作用下，底层框架部分所承担的地震倾覆力矩大于结构总地震倾覆力矩的50%时，其框架的抗震等级应按框架结构确定，抗震墙的抗震等级可与其框架的抗震等级相同。
> 注：底层指计算嵌固端所在的层。
>
> 6.1.3（条文说明）
> 在框架结构中设置少量抗震墙，往往是为了增大框架结构的刚度、满足层间位移角限值的要求，仍然属于框架结构范畴，但层间位移角限值需按底层框架部分承担倾覆力矩的大小，在框架结构和框架-抗震墙结构两者的层间位移角限值之间偏于安全内插。
>
> 6.2.13 钢筋混凝土结构抗震计算时，尚应符合下列要求：
> ……
> 4 设置少量抗震墙的框架结构，其框架部分的地震剪力值，宜采用框架结构模型和框架-抗震墙结构模型二者计算结果的较大值。
>
> 6.5.4 框架-抗震墙结构的其他抗震构造措施，应符合本规范第6.3节、第6.4节的有关要求。
> 注：设置少量抗震墙的框架结构，其抗震墙的抗震构造措施，可仍按本规范第6.4节对抗震墙的规定执行。

上述《抗规》6.5.4条注中，"第6.4节"是指《抗规》的"抗震墙结构的基本抗震构造措施"。

【例7.6.1】某高58m钢筋混凝土框架-剪力墙结构，抗震设防烈度为7度，丙类建筑，Ⅱ类建筑场地，框架部分承受的地震倾覆力矩大于结构总地震倾覆力矩的50%但不大于80%。

试问：框架、剪力墙抗震等级各为几级？

【解答】（1）根据《高规》表3.3.1-1知，该结构属于A级高度。

（2）丙类、Ⅱ类场地，7度，由《高规》3.9.1条规定，应按7度考虑抗震构造措施。

（3）根据《高规》8.1.3条第3款规定，框架部分的抗震等级应按框架结构考虑；查《高规》表3.9.3知：

框架的抗震等级为二级；剪力墙的抗震等级为二级。

【例7.6.2】某高45m钢筋混凝土框架-剪力墙结构，抗震设防烈度为7度，丙类建筑，Ⅲ类建筑场地，设计基本地震加速度为0.15g。框架部分承受的地震倾覆力矩大于结构总地震倾覆力矩的50%但不大于80%。

试问：框架、剪力墙抗震构造措施的抗震等级各为几级？

【解答】（1）根据《高规》表3.3.1-1知，该结构属于A级高度。

（2）丙类、Ⅲ类场地，7度，由《高规》3.9.1条规定，应按7度考虑抗震措施的抗震等级。

（3）Ⅲ类场地，7度，设计基本地震加速度为0.15g，根据《高规》3.9.2条规定，应按8度考虑抗震构造措施的抗震等级。

（4）综上可知，按8度考虑抗震构造措施的抗震等级；根据《高规》8.1.3条第3款规定，框架部分的抗震等级应按框架结构考虑。

(5) 查《高规》表 3.9.3 知：

框架抗震构造措施的抗震等级为一级；剪力墙抗震构造措施的抗震等级为一级。

【例 7.6.3】 假定，某 6 层新建钢筋混凝土框架结构，房屋高度 36m，建成后拟由重载仓库（丙类）改变用途作为人流密集的大型商场，商场营业面积 $10000m^2$，抗震设防烈度为 7 度，设计基本地震加速度为 0.10g，结构设计针对建筑功能的变化及抗震设计的要求提出了以下主体结构加固改造方案：

Ⅰ．按《抗规》性能 3 的要求进行抗震性能化设计，维持框架结构体系，框架构件承载力按 8 度抗震要求复核，对不满足的构件进行加固补强以提高承载力；

Ⅱ．在楼梯间等位置增设剪力墙，形成框架-剪力墙结构体系，框架部分不加固，剪力墙承担倾覆弯矩为结构总地震倾覆弯矩的 40%；

Ⅲ．在结构中增加消能部件，提高结构抗震性能，使消能减震结构的地震影响系数为原结构地震影响系数的 40%，同时对不满足的构件进行加固。

试问，针对以上结构方案的可行性，下列何项判断正确？

(A) Ⅰ，Ⅱ可行，Ⅲ不可行　　(B) Ⅰ，Ⅲ可行，Ⅱ不可行
(C) Ⅱ，Ⅲ可行，Ⅰ不可行　　(D) Ⅰ，Ⅱ，Ⅲ均可行

【解答】 根据《设防分类标准》6.0.5 条条文说明，大型商场为乙类，抗震措施应按提高一度即 8 度考虑，如常规设计，框架抗震措施应为一级。原框架抗震措施为二级。

Ⅱ方案：根据《高规》8.1.3 条第 3 款，框架承受倾覆弯矩大于 50% 时，框架部分抗震等级宜按框架确定，即应为一级，原结构抗震措施为二级，故不可行，应选（B）项。

此外，《抗规》表 M.1.1-3，当构件承载力高于多遇地震提高一度的要求，构造抗震等级可降低一度，即维持二级，方案Ⅰ可行；

《抗规》12.3.8 条及条文说明，当消能减震结构的地震影响系数小于原结构地震影响系数的 50% 时，构造抗震等级可降低一度，即维持二级，方案Ⅲ可行。

【例 7.6.4】 某高 57.6m 的钢筋混凝土框架-剪力墙结构，层高为 3.20m，丙类建筑，场地Ⅱ类，抗震设防烈度为 8 度。在重力荷载代表值，水平风荷载和水平地震作用下，该结构第五层边柱的轴向力标准值分别为：$N_{Gk}=3500kN$，$N_{wk}=1000kN$，$N_{Ehk}=600kN$。经计算知框架部分承受的地震倾覆力矩大于结构总地震倾覆力矩的 50% 但不大于 80%，柱反弯点位于柱高中部，该柱截面为 700mm×700mm，框架梁高 600mm。采用 C40 混凝土。取 $a_s=35mm$。

试问： 确定该边柱轴压比 μ_N 与轴压比限值 $[\mu_N]$ 的比值。

【解答】 (1) 该结构为 A 级高度，丙类、Ⅱ类场地，8 度，根据《高规》3.9.1 条规定，应按 8 度考虑抗震构造措施的抗震等级。

(2) 根据《高规》8.1.3 条第 3 款规定，该框架部分的抗震等级应按框架结构考虑；查《高规》表 3.9.3 知，该框架的抗震等级为一级。

(3) 查《高规》表 6.4.2 知，抗震一级，$[\mu_N]=0.65$

又该柱剪跨比 $\lambda：\lambda=\dfrac{H_n}{2h_0}=\dfrac{3200-600}{2\times(700-35)}=1.95\begin{matrix}>1.5\\<2\end{matrix}$

根据《高规》表 6.4.2 注 3 的规定：$[\mu_N]=0.65-0.05=0.60$

(4) 确定 μ_N，因房屋高度小于 60m，不考虑风荷载参与地震组合：

$$\mu_N = \frac{N}{f_c A} = \frac{1.2 \times 3500 \times 10^3 + 1.3 \times 600 \times 10^3}{19.1 \times 700 \times 700} = 0.532$$

(5) 确定 $\mu_N / [\mu_N]$：

$$\frac{\mu_N}{[\mu_N]} = \frac{0.532}{0.60} = 0.887$$

【例 7.6.5】 某高 68m 的钢筋混凝土框架-剪力墙结构，丙类建筑，抗震设防烈度为 8 度，I_1 类场地，在重力荷载代表值、水平风荷载和水平地震作用下，该结构第六层框架边柱的轴向力标准值分别为 $N_{Gk}=3000kN$，$N_{wk}=1100kN$，$N_{Ehk}=500kN$。经计算知剪力墙部分承受的地震倾覆力矩小于结构总地震倾覆力矩的 50% 但不小于 20%。该柱截面尺寸为 600mm×800mm，采用 C40 混凝土。

试问：确定该边柱轴压比 μ_N 与轴压比限值 $[\mu_N]$ 的比值。

【解答】 (1) 该结构属 A 级高度，丙类、8 度、I_1 类场地，根据《高规》3.9.1 条规定，应按 7 度考虑抗震构造措施的抗震等级。

(2) 根据《高规》8.1.3 条第 3 款规定，该框架部分的抗震等级应按框架结构考虑；查《高规》表 3.9.3 知，该框架的抗震等级为二级。

(3) 查《高规》表 6.4.2 知，抗震等级为二级，$[\mu_N]=0.75$。

(4) 确定 μ_N，因房屋高度大于 60m，应考虑风荷载效应参与组合：

$$\mu_N = \frac{N}{f_c A} = \frac{(1.2 \times 3000 + 1.3 \times 500 + 0.2 \times 1.4 \times 1100) \times 10^3}{19.1 \times 600 \times 800} = 0.497$$

(5) 确定 $\mu_N / [\mu_N]$：

$$\frac{\mu_N}{[\mu_N]} = \frac{0.497}{0.75} = 0.663$$

【例 7.6.6】 某 52m 的钢筋混凝土框架-剪力墙结构，乙类建筑，Ⅱ类场地，抗震设防烈度为 7 度，设计基本地震加速度值为 0.15g。该结构底层框架柱考虑地震组合的最大轴压力设计值为 8000kN，采用 C40 混凝土。已知剪力墙部分承受的地震倾覆力矩大于结构总地震倾覆力矩的 50% 但不大于 90%。

试问：确定该底层柱的截面尺寸（$b=h$）为多少？

【解答】 (1) 该结构属 A 级高度；乙类、7 度抗震设防、Ⅱ类场地，根据《高规》3.9.1 条规定，按 8 度考虑抗震构造措施的抗震等级。

(2) 8 度，根据《高规》8.1.3 条第 2 款规定，框架部分的抗震等级应按框架-剪力墙结构确定；查《高规》表 3.9.3 知，该框架抗震等级为二级。

(3) 查《高规》表 6.4.2 知，$[\mu_N]=0.85$。

(4) 确定柱截面尺寸（$b=h$）

$$[\mu_N] = \frac{N}{f_c A}, A = \frac{N}{[\mu_N] f_c}$$

$$b = h = \sqrt{\frac{N}{[\mu_N] f_c}} = \sqrt{\frac{8000 \times 10^3}{0.85 \times 19.1}} = 702mm$$

取 $b=h=750mm$。

3. 框架-剪力墙结构中各楼层框架总剪力调整

《高规》规定：

> 8.1.4 抗震设计时，框架-剪力墙结构对应于地震作用标准值的各层框架总剪力应符合下列规定：
>
> 1 满足式（8.1.4）要求的楼层，其框架总剪力不必调整；不满足式（8.1.4）要求的楼层，其框架总剪力应按 $0.2V_0$ 和 $1.5V_{f,max}$ 二者的较小值采用；
>
> $$V_f \geqslant 0.2V_0 \tag{8.1.4}$$
>
> 式中 V_0——对框架柱数量从下至上基本不变的结构，应取对应于地震作用标准值的结构底层总剪力；对框架柱数量从下至上分段有规律变化的结构，应取每段底层结构对应于地震作用标准值的总剪力；
>
> V_f——对应于地震作用标准值且未经调整的各层（或某一段内各层）框架承担的地震总剪力；
>
> $V_{f,max}$——对框架柱数量从下至上基本不变的结构，应取对应于地震作用标准值且未经调整的各层框架承担的地震总剪力中的最大值；对框架柱数量从下至上分段有规律变化的结构，应取每段中对应于地震作用标准值且未经调整的各层框架承担的地震总剪力中的最大值。
>
> 2 各层框架所承担的地震总剪力按本条第 1 款调整后，应按调整前、后总剪力的比值调整每根框架柱和与之相连框架梁的剪力及端部弯矩标准值，框架柱的轴力标准值可不予调整；
>
> 3 按振型分解反应谱法计算地震作用时，本条第 1 款所规定的调整可在振型组合之后、并满足本规程第 4.3.12 条关于楼层最小地震剪力系数的前提下进行。

需注意的是：

（1）《高规》8.1.4 条第 3 款规定，框架剪力的调整应在楼层满足楼层最小地震剪力系数的前提下进行。

当存在薄弱层时，首先按《高规》3.5.8 条规定，对弹性计算结果 V_f、$V_{f,max}$ 乘以增大系数 1.25，与楼层最小地震剪力（中震层最小地震剪力应乘以增大系数 1.15）进行比较，即满足楼层最小地震剪力的要求，最后，按 8.1.4 条规定进行框架剪力的调整。

（2）《高规》8.1.4 条的（条文说明）中指出："对有加强层的结构，框架承担的最大剪力不包含加强层及相邻上下层的剪力"。

（3）《高规》8.1.4 条规定：

当 $V_f \geqslant 0.2V_0$ 时，V_f 不用调整，按 V_f 计算。

当 $V_f < 0.2V_0$ 时，V_f 需调整，按 $\min(0.2V_0, 1.5V_{f,max})$ 计算。

调整后的内力不再满足平衡条件，也不需满足平衡条件。

【例 7.6.7】 某 18 层规则钢筋混凝土框架-剪力墙高层建筑，在地震作用下该结构的底部总水平地震作用标准值 $F_{Ek}=7000$ kN，各层框架分配的未经调整的水平地震作用最大剪力值 $V_{f,max}=1600$ kN。第六楼层框架分配的总剪力值 $V_f=1500$ kN。

试问：

（1）第六层楼层框架分配的总剪力标准值应为多少？

（2）假若第五层楼层框架分配的总剪力值为 $V_f=1200\text{kN}$，确定第五层框架分配的总剪力标准值为多少？

【解答】（1）根据《高规》8.1.4条规定，对于第六层：
$$V_0 = F_{Ek} = 7000\text{kN},$$
$$V_f = 1500\text{kN} > 0.2V_0 = 0.2 \times 7000 = 1400\text{kN}$$

故 V_f 不需调整，第六层框架部分分配的总剪力值为1500kN。

（2）根据《高规》8.1.4条规定，对于第五层：
$$V_f = 1200\text{kN} < 0.2V_0 = 0.2 \times 7000 = 1400\text{kN}$$

故 V_f 需调整，$V_f = \min(0.2V_0, 1.5V_{f,\max})$
$$= \min(0.2 \times 7000, 1.5 \times 1600) = 1400\text{kN}$$

故第五层框架部分分配的总剪力值为1400kN。

【例7.6.8】 某高层建筑采用12层钢筋混凝土框架-剪力墙结构，房屋高度48m，抗震烈度8度，框架抗震等级二级，剪力墙抗震等级一级。该结构中框架柱数量各层基本不变，对应于水平作用标准值，结构基底总剪力 $V_0=14000\text{kN}$，各层框架梁所承担的未经调整的地震总剪力中的最大值 $V_{f,\max}=2100\text{kN}$，某楼层框架承担的未经调整的地震总剪力 $V_f=1600\text{kN}$，该楼层某根柱调整前的柱底内力标准值：弯矩 $M=\pm 283\text{kN}\cdot\text{m}$，剪力 $V=\pm 74.5\text{kN}$。

试问：在水平地震作用下，该柱应采用的内力标准值与下列何项接近？

(A) $M=\pm 283\text{kN}\cdot\text{m}$，$V=\pm 74.5\text{kN}$ (B) $M=\pm 380\text{kN}\cdot\text{m}$，$V=\pm 100\text{kN}$

(C) $M=\pm 500\text{kN}\cdot\text{m}$，$V=\pm 130\text{kN}$ (D) $M=\pm 560\text{kN}\cdot\text{m}$，$V=\pm 150\text{kN}$

【解答】 根据《高规》8.1.4条第1款规定：
$$V_f = 1600\text{kN} < 0.2V_0 = 0.2 \times 14000 = 2800\text{kN}$$

故需调整 V_f，取 $V_f = \min(0.2V_0, 1.5V_{f,\max}) = \min(2800, 1.5 \times 2100) = 2800\text{kN}$

调整系数：
$$\eta = \frac{2800}{1600} = 1.75$$

调整 M_k： $M_k = \eta M_0 = 1.75 \times 283 = 495.25\text{kN}\cdot\text{m}$

调整 V_k： $V_k = \eta V_0 = 1.75 \times 74.5 = 130.38\text{kN}\cdot\text{m}$

所以应选（C）项。

【例7.6.9】 某15层钢筋混凝土框架-剪力墙结构，结构比较规则，抗震设防烈度为7度。在水平地震作用下结构的总基底剪力 $V_0=15000\text{kN}$，各层框架承担的地震总剪力的最大值为3000kN，第六层框架承担的地震总剪力值为2400kN，该层框架中某根边柱在水平地震作用下的内力标准值为：剪力 $V=\pm 140\text{kN}$；轴力 $N=-500\text{kN}$；柱上端弯矩 $M_上=\pm 150\text{kN}\cdot\text{m}$；柱下端弯矩 $M_下=\pm 300\text{kN}\cdot\text{m}$。

试问：确定第六层边柱应采用的内力值。

【解答】（1）根据《高规》8.1.4条第1款规定：
$$V_f = 2400\text{kN} < 0.2V_0 = 0.2 \times 15000 = 3000\text{kN}$$

故 V_f 需调整，$V_f = \min(0.2V_0, 1.5V_{f,\max}) = \min(0.2 \times 15000, 1.5 \times 3000) = 3000\text{kN}$

(2) 内力调整系数，根据《高规》8.1.4条第2款规定

$$\eta = \frac{3000}{2400} = 1.25$$

(3) 确定内力值

剪力　　　　　　$V = \pm 1.25 \times 140 = \pm 175 \text{kN}$

弯矩　　　　　　$M_\text{上} = \pm 1.25 \times 150 = \pm 187.5 \text{kN} \cdot \text{m}$

　　　　　　　　$M_\text{下} = \pm 1.25 \times 300 = \pm 375 \text{kN} \cdot \text{m}$

轴力不调整，$N = -500 \text{kN}$

4. 框架-剪力墙结构中框架柱的弯矩调整

《高规》6.2.2条的条文说明中规定，底层框架柱底截面的弯矩增大系数只适用框架结构，对其他类型结构中的框架，不作此要求。

对此，《抗规》6.2.3条的条文说明中也有相同的规定。

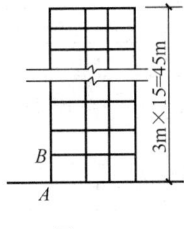

图 7.6.1

【例7.6.10】 某15层钢筋混凝土框架-剪力墙结构，丙类建筑，抗震设防烈度7度（0.15g），房屋高度45m，Ⅱ类建筑场地，横向地震作用时，基本振型地震作用下结构总地震倾覆力矩 $M_0 = 3.6 \times 10^5 \text{kN} \cdot \text{m}$，剪力墙承担的地震倾覆弯矩值为 $M_w = 2.0 \times 10^5 \text{kN} \cdot \text{m}$。该结构中未加剪力墙的某一榀框架如图7.6.1所示，底层边柱AB柱底截面考虑地震组合的弯矩值（未经调整）为 $M_A = 380 \text{kN} \cdot \text{m}$。

试问：柱AB底部截面进行配筋设计时，其弯矩设计值为多少？

【解答】 框架分配的倾覆力矩占总倾覆力矩为：

$$\frac{M_F}{M_0} = \frac{(3.6 - 2.0) \times 10^5}{3.6 \times 10^5} = 44\% \begin{matrix} <50\% \\ >10\% \end{matrix}$$

故为普通框架-剪力墙结构。

7度，丙类建筑，Ⅱ类场地，45m，查《高规》表3.9.3，框架抗震等级为三级。

根据《高规》6.2.2条条文说明，柱AB底部弯矩值不增大：

$$M_A = 380 \text{kN} \cdot \text{m}$$

5. 框架-剪力墙结构中结构布置

《高规》规定：

8.1.5　框架-剪力墙结构应设计成双向抗侧力体系；抗震设计时，结构两主轴方向均应布置剪力墙。

8.1.6　框架-剪力墙结构中，主体结构构件之间除个别节点外不应采用铰接；梁与柱或柱与剪力墙的中线宜重合；框架梁、柱中心线之间有偏离时，应符合本规程第6.1.7条的有关规定。

8.1.7　框架-剪力墙结构中剪力墙的布置宜符合下列规定：

1　剪力墙宜均匀布置在建筑物的周边附近、楼梯间、电梯间、平面形状变化及恒载较大的部位，剪力墙间距不宜过大；

2　平面形状凹凸较大时，宜在凸出部分的端部附近布置剪力墙；

3　纵、横剪力墙宜组成L形、T形和〔形等形式；

4　单片剪力墙底部承担的水平剪力不应超过结构底部总水平剪力的30%；

5 剪力墙宜贯通建筑物的全高，宜避免刚度突变；剪力墙开洞时，洞口宜上下对齐；
6 楼、电梯间等竖井宜尽量与靠近的抗侧力结构结合布置；
7 抗震设计时，剪力墙的布置宜使结构各主轴方向的侧向刚度接近。

8.1.8 长矩形平面或平面有一部分较长的建筑中，其剪力墙的布置尚宜符合下列规定：

1 横向剪力墙沿长方向的间距宜满足表 8.1.8 的要求，当这些剪力墙之间的楼盖有较大开洞时，剪力墙的间距应适当减小；
2 纵向剪力墙不宜集中布置在房屋的两尽端。

剪力墙间距（m） 表 8.1.8

楼盖形式	非抗震设计（取较小值）	抗震设防烈度		
		6度、7度（取较小值）	8度（取较小值）	9度（取较小值）
现浇	5.0B, 60	4.0B, 50	3.0B, 40	2.0B, 30
装配整体	3.5B, 50	3.0B, 40	2.5B, 30	—

注：1 表中 B 为剪力墙之间的楼盖宽度（m）；
2 装配整体式楼盖的现浇层应符合本规程第 3.6.2 条的有关规定；
3 现浇层厚度大于 60mm 的叠合楼板可作为现浇板考虑；
4 当房屋端部未布置剪力墙时，第一片剪力墙与房屋端部的距离，不宜大于表中剪力墙间距的 1/2。

需注意的是：

(1)《高规》8.1.7 条第 4 款规定。

(2)《高规》8.1.8 条表 8.1.8 中注 1、2、3、4 的规定。

【**例 7.6.11**】 某现浇钢筋混凝土框架-剪力墙结构，抗震设防烈度为 8 度，楼面横向宽度为 18m。

试问：在布置横向剪力墙时，其剪力墙间距应为多少？

【**解答**】 根据《高规》8.1.8 条规定，查《高规》表 8.1.8：

剪力墙间距 s：$s = \min(3.0B, 40) = \min(3.0 \times 18, 40) = 40$m

【**例 7.6.12**】 某 16 层现浇钢筋混凝土框架-剪力墙结构办公楼，房屋高度为 64.3m，如图 7.6.2 所示，楼板无削弱。抗震设防烈度为 8 度，丙类建筑，Ⅱ类建筑场地。假定，方案比较时，发现 X、Y 方向每向可以减少两片剪力墙（减墙后结构承载力及刚度满足规范要求）。试问，如果仅从结构布置合理性考虑，下列四种减墙方案中哪种方案相对合理？

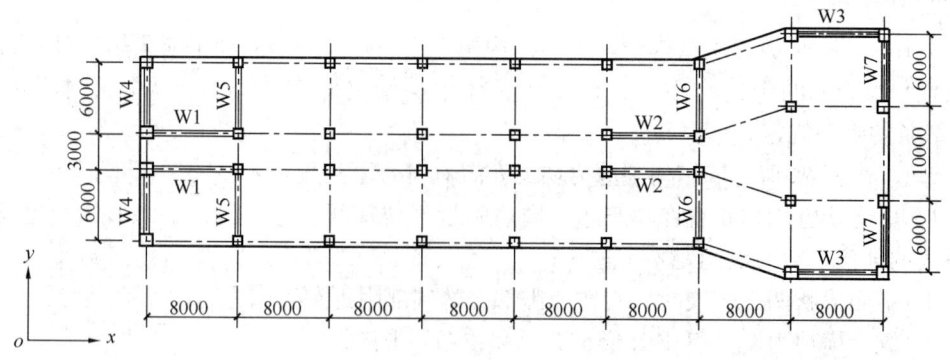

图 7.6.2

(A) X 向：W_1；Y 向：W_5 　　　　　(B) X 向：W_2；Y 向：W_6
(C) X 向：W_3；Y 向：W_4 　　　　　(D) X 向：W_2；Y 向：W_7

【解答】 该结构为长矩形平面，根据《高规》8.1.8 条第 2 款，X 向剪力墙不宜集中布置在房屋的两尽端，宜减 W_1 或 W_3；

根据《高规》8.1.8 条第 1 款，Y 向剪力墙间距不宜大于 $3B=45m$ 及 40m 之较小者 40m，宜减 W_4 或 W_7；

综合上述原因，同时考虑框架-剪力墙结构中剪力墙的布置原则，应选（C）项。

6. 框架-剪力墙结构的截面设计及构造

框架-剪力墙结构中剪力墙的配筋要求，《混通规》4.4.7 条作了规定，《高规》作了相同规定。

《高规》规定：

> 8.2.1 框架-剪力墙结构、板柱-剪力墙结构中，剪力墙的竖向、水平分布钢筋的配筋率，抗震设计时均不应小于 0.25%，非抗震设计时均不应小于 0.20%，并应至少双排布置。各排分布筋之间应设置拉筋，拉筋的直径不应小于 6mm、间距不应大于 600mm。
>
> 8.2.2 带边框剪力墙的构造应符合下列规定：
> 1 带边框剪力墙的截面厚度应符合本规程附录 D 的墙体稳定计算要求，且应符合下列规定：
> 　1）抗震设计时，一、二级剪力墙的底部加强部位不应小于 200mm；
> 　2）除本款 1）项以外的其他情况下不应小于 160mm。
> 2 剪力墙的水平钢筋应全部锚入边框柱内，锚固长度不应小于 l_a（非抗震设计）或 l_{aE}（抗震设计）；
> 3 与剪力墙重合的框架梁可保留，亦可做成宽度与墙厚相同的暗梁，暗梁截面高度可取墙厚的 2 倍或与该榀框架梁截面等高，暗梁的配筋可按构造配置且应符合一般框架梁相应抗震等级的最小配筋要求；
> 4 剪力墙截面宜按工字形设计，其端部的纵向受力钢筋应配置在边框柱截面内；
> 5 边框柱截面宜与该榀框架其他柱的截面相同，边框柱应符合本规程第 6 章有关框架柱构造配筋规定；剪力墙底部加强部位边框柱的箍筋宜沿全高加密；当带边框剪力墙上的洞口紧邻边框柱时，边框柱的箍筋宜沿全高加密。

带边框剪力墙，是指在框架结构的若干跨内嵌入剪力墙。

需注意的是：

(1)《高规》8.2.2 条第 5 款中，"边框柱应符合本规程第 6 章有关框架柱构造配筋规定"。《高规》未明确"框架柱"是框架结构中的框架柱，还是框架-剪力墙结构中的框架柱。笔者建议按"框架-剪力墙结构中的框架柱"。

(2) 带边框剪力墙的边框柱的轴压比限制和配筋构造，应同时满足《高规》中框架柱和剪力墙端柱的要求，实施"双控"。

【例 7.6.13】 某高层钢筋混凝土框架-剪力墙结构，抗震等级为一级，第四层剪力墙墙厚 250mm，该楼面处墙内设置暗梁（与剪力墙重合的框架梁），剪力墙（包括暗梁）采用 C35 混凝土（$f_t=1.57\text{N}/\text{mm}^2$），纵向钢筋采用 HRB400（$f_y=360\text{N}/\text{mm}^2$）。

试问：暗梁截面上、下的纵向钢筋，采用下列何组配置时，才最接近又满足规程中最低的构造要求？

(A) 上、下均配 2⌀25　　　　　　　　(B) 上、下均配 2⌀22

(C) 上、下均配 2⌀20　　　　　　　　(D) 上、下均配 2⌀18

【解答】　根据《高规》8.2.2 条第 3 款规定，暗梁高度取 $2\times250=500\text{mm}$

查《高规》表 6.3.2-1 知，抗震等级一级。

$$\rho_{\min}=0.8f_t/f_y=0.8\times1.57/360=0.349\%<0.40\%$$
$$A_{s,\min}=0.4\%\times250\times500=500\text{mm}^2$$

选 2⌀18（$A_s=509\text{mm}^2$），满足，故应选（D）项。

【例 7.6.14】　某 20 层现浇钢筋混凝土框架-剪力墙结构办公楼，质量和刚度沿竖向分布均匀，丙类建筑，抗震设防烈度为 7 度，Ⅱ类建筑场地，高度 68m，各层层高为 3.3m。在规定水平力作用下，底层框架部分承受的地震倾覆力矩为总地震倾覆力矩的 30%。第五层的中间楣带边框剪力墙边框柱断面如图 7.6.3 所示，其截面尺寸为 600mm×600mm，纵筋采用 HRB400 级钢筋，混凝土强度等级为 C40。

试问：该边框柱纵筋的配置，下列何项满足规程规定的最低构造要求？

(A) 12⌀16　　　(B) 12⌀18　　　(C) 12⌀20　　　(D) 12⌀22

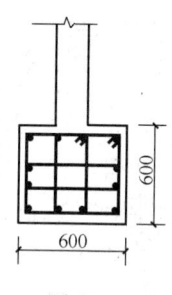

图 7.6.3

【解答】　(1) 确定抗震等级

丙类建筑，7 度，Ⅱ类场地，高度 68m，为典型的框架-剪力墙结构，查《高规》表 3.9.3，框架抗震等级为二级，剪力墙抗震等级为二级。

(2) 根据《高规》7.1.4 条：底部加强区高度：$\max\left(\dfrac{68}{10},3.3\times2\right)=6.8\text{m}$ 故第 5 层为非底部加强区范围，根据《高规》7.2.14 条，应设置构造边缘构件；由《高规》7.2.16 条及表 7.2.16：

抗震二级：$A_s\geq0.6\%A_c=2160\text{mm}^2>678\text{m}^2$（6⌀12）

(3) 根据《高规》8.2.2 条第 5 款规定，按框架-剪力墙结构中框架柱取值，由 6.4.3 条表 6.4.3-1：

抗震二级：$A_s\geq0.75\%A_c=0.75\%\times600\times600=2700\text{mm}^2>2160\text{mm}^2$

选用 12⌀18（$A_s=3054\text{mm}^2$），满足，应选（B）项。

二、板柱-剪力墙结构

1. 一般规定

《抗震通规》规定：

> 5.2.4　板柱-抗震墙结构抗震应符合下列规定：
>
> 1　板柱-抗震墙结构的抗震墙应具备承担结构全部地震作用的能力；其余抗侧力构件的抗剪承载能力设计值不应低于本层地震剪力设计值的 20%。
>
> 2　板柱节点处，沿两个主轴方向在柱截面范围内应设置足够的板底连续钢筋，包含可能的预应力筋，防止节点失效后楼板跌落导致的连续性倒塌。

《高规》规定:

> 8.1.9 板柱-剪力墙结构的布置应符合下列规定：
> 1 应同时布置筒体或两主轴方向的剪力墙以形成双向抗侧力体系，并应避免结构刚度偏心，其中剪力墙或筒体应分别符合本规程第7章和第9章的有关规定，且宜在对应剪力墙或筒体的各楼层处设置暗梁。
> 2 抗震设计时，房屋的周边应设置边梁形成周边框架，房屋的顶层及地下室顶板宜采用梁板结构。
> 3 有楼、电梯间等较大开洞时，洞口周围宜设置框架梁或边梁。
> 4 无梁板可根据承载力和变形要求采用无柱帽（柱托）板或有柱帽（柱托）板形式。柱托板的长度和厚度应按计算确定，且每方向长度不宜小于板跨度的1/6，其厚度不宜小于板厚度的1/4。7度时宜采用有柱托板，8度时应采用有柱托板，此时托板每方向长度尚不宜小于同方向柱截面宽度和4倍板厚之和，托板总厚度尚不应小于柱纵向钢筋直径的16倍。当无柱托板且无梁板受冲切承载力不足时，可采用型钢剪力架（键），此时板的厚度并不应小于200mm。
> 5 双向无梁板厚度与长跨之比，不宜小于表8.1.9的规定。
>
> **双向无梁板厚度与长跨的最小比值** 表8.1.9
>
> | 非预应力楼板 | | 预应力楼板 | |
> |---|---|---|---|
> | 无柱托板 | 有柱托板 | 无柱托板 | 有柱托板 |
> | 1/30 | 1/35 | 1/40 | 1/45 |
>
> 8.1.10 抗风设计时，板柱-剪力墙结构中各层筒体或剪力墙应能承担不小于80%相应方向该层承担的风荷载作用下的剪力；抗震设计时，应能承担各层全部相应方向该层承担的地震剪力，而各层板柱部分尚应能承担不小于20%相应方向该层承担的地震剪力，且应符合有关抗震构造要求。

需注意的是：

(1)《高规》8.1.9条第4、第5款的规定，对比规程3.6.4条的规定。

> 3.6.4 现浇预应力混凝土楼板厚度可按跨度的1/45~1/50采用，且不宜小于150mm。

(2)《高规》3.1.3条的条文说明中对板柱-剪力墙结构的定义为：

> 3.1.3（条文说明）
> 板柱-剪力墙结构的板柱指无内部纵梁和横梁的无梁楼盖结构。由于在板柱框架体系中加入了剪力墙或井筒，主要由剪力墙构件承受侧向力，侧向刚度也有很大的提高。
> 这种结构目前在国内外高层建筑中有较多的应用，但其适用高度宜低于框架-剪力墙结构。有震害表明，板柱结构的板柱节点破坏较严重，包括板的冲切破坏或柱端破坏。

(3)《高规》8.1.10条的规定，与《抗规》6.6.3条第1款是不协调的。

【例7.6.15】 某钢筋混凝土板柱-剪力墙结构，高度24m，丙类建筑，抗震设防烈度为7度（0.1g），Ⅱ类场地。假定横向水平地震作用下该结构总水平地震作用为2800kN，底层对应于水平地震作用剪力标准值满足最小剪重比的要求。

试问： 在横向水平地震作用下，底层柱分担的横向水平地震作用标准值最小值为多少？

【解答】 根据《高规》8.1.10 条：

板柱分担的地震剪力：$V_c \geqslant 2800 \times 20\% = 560 \mathrm{kN}$

2. 板柱-剪力墙结构的截面设计及构造

《高规》规定：

> 8.2.3 板柱-剪力墙结构设计应符合下列规定：
>
> 1 结构分析中规则的板柱结构可用等代框架法，其等代梁的宽度宜采用垂直于等代框架方向两侧柱距各 1/4；宜采用连续体有限元空间模型进行更准确的计算分析。
>
> 2 楼板在柱周边临界截面的冲切应力，不宜超过 $0.7f_t$，超过时应配置抗冲切钢筋或抗剪栓钉，当地震作用导致柱上板带支座弯矩反号时还应对反向作复核。板柱节点冲切承载力可按现行国家标准《混凝土结构设计规范》GB 50010 的相关规定进行验算，并应考虑节点不平衡弯矩作用下产生的剪力影响。
>
> 3 沿两个主轴方向均应布置通过柱截面的板底连续钢筋，且钢筋的总截面面积应符合下式要求：
>
> $$A_s \geqslant N_G / f_y \qquad (8.2.3)$$
>
> 式中 A_s——通过柱截面的板底连续钢筋的总截面面积；
>
> N_G——该层楼面重力荷载代表值作用下的柱轴向压力设计值，8 度时尚宜计入竖向地震影响；
>
> f_y——通过柱截面的板底连续钢筋的抗拉强度设计值。
>
> 8.2.4 板柱-剪力墙结构中，板的构造设计应符合下列规定：
>
> 1 抗震设计时，应在柱上板带中设置构造暗梁，暗梁宽度取柱宽及两侧各 1.5 倍板厚之和，暗梁支座上部钢筋截面积不宜小于柱上板带钢筋截面积的 50%，并应全跨拉通，暗梁下部钢筋应不小于上部钢筋的 1/2。暗梁箍筋的布置，当计算不需要时，直径不应小于 8mm，间距不宜大于 $3h_0/4$，肢距不宜大于 $2h_0$；当计算需要时应按计算确定，且直径不应小于 10mm，间距不宜大于 $h_0/2$，肢距不宜大于 $1.5h_0$。
>
> 2 设置柱托板时，非抗震设计时托板底部宜布置构造钢筋；抗震设计时托板底部钢筋应按计算确定，并应满足抗震锚固要求。计算柱上板带的支座钢筋时，可考虑托板厚度的有利影响。
>
> 3 无梁楼板开局部洞口时，应验算承载力及刚度要求。当未作专门分析时，在板的不同部位开单个洞的大小应符合图 8.2.4 的要求。若在同一部位开多个洞时，则在同一截面上各个洞宽之和不应大于该部位单个洞的允许宽度。所有洞边均应设置补强钢筋。

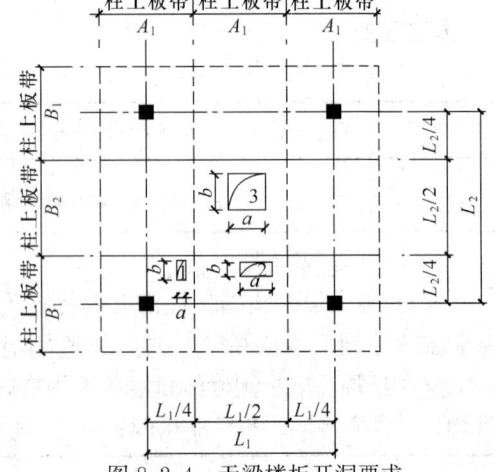

图 8.2.4 无梁楼板开洞要求

注：洞 1：$a \leqslant a_c/4$ 且 $a \leqslant t/2$，$b \leqslant b_c/4$ 且 $b \leqslant t/2$，其中，a 为洞口短边尺寸，b 为洞口长边尺寸，a_c 为相应于洞口短边方向的柱宽，b_c 为相应于洞口长边方向的柱宽，t 为板厚；洞 2：$a \leqslant A_2/4$ 且 $b \leqslant B_1/4$；洞 3：$a \leqslant A_2/4$ 且 $b \leqslant B_2/4$

需注意的是：

(1)《高规》8.2.3 条第 2 款规定，而《混规》11.9.3 条规定及《抗规》6.6.3 条规定，明确了由地震组合的不平衡弯矩在板柱节点处引起的等效集中反力设计值应乘以增大系数，即：

> 11.9.3 在地震组合下，当考虑板柱节点临界截面上的剪应力传递不平衡弯矩时，其考虑抗震等级的等效集中反力设计值 $F_{l,eq}$ 可按本规范附录 F 的规定计算，此时，F_l 为板柱节点临界截面所承受的竖向力设计值。由地震组合的不平衡弯矩在板柱节点处引起的等效集中反力设计值应乘以增大系数，对一、二、三级抗震等级板柱结构的节点，该增大系数可分别取 1.7、1.5、1.3。
>
> 11.9.4 在地震组合下，配置箍筋或栓钉的板柱节点，受冲切截面及受冲切承载力应符合下列要求：
>
> 1 受冲切截面
>
> $$F_{l,eq} \leqslant \frac{1}{\gamma_{RE}}(1.2f_t \eta u_m h_0) \tag{11.9.4-1}$$
>
> 2 受冲切承载力
>
> $$F_{l,eq} \leqslant \frac{1}{\gamma_{RE}}[(0.3f_t + 0.15\sigma_{pc\cdot m})\eta u_m h_0 + 0.8f_{yv}A_{svu}] \tag{11.9.4-2}$$
>
> 3 对配置抗冲切钢筋的冲切破坏锥体以外的截面，尚应按下式进行受冲切承载力验算：
>
> $$F_{l,eq} \leqslant \frac{1}{\gamma_{RE}}(0.42f_t + 0.15\sigma_{pc\cdot m})\eta u_m h_0 \tag{11.9.4-3}$$
>
> 式中：u_m——临界截面的周长，公式（11.9.4-1）、公式（11.9.4-2）中的 u_m，按本规范第 6.5.1 条的规定采用；公式（11.9.4-3）中的 u_m，应取最外排抗冲切钢筋周边以外 $0.5h_0$ 处的最不利周长。

(2)《高规》8.2.3 条第 3 款中对 A_s 的定义。

(3)《高规》8.2.4 条中，暗梁箍筋的构造规定分两类情况。

【例 7.6.16】 某钢筋混凝土板柱-剪力墙结构，采用非预应力楼板，板厚 200mm。柱截面为 500mm×500mm。在柱上板带处设暗梁，其宽度为 1100mm。已知某一楼层在重力荷载代表值作用下柱的轴向压力设计值为 N_G。经计算知，柱上板带配筋上部为 4000mm²，其下部为 3100mm²，钢筋采用 HRB400 级。

试问：若纵横向暗梁配筋相同，确定暗梁上、下部纵向钢筋截面面积。

【解答】 根据《高规》8.2.4 条规定：

暗梁宽度 1100mm≤500+2×1.5×200=1100mm，满足要求

暗梁配筋面积：$A_{s上}$=50%×4000=2000mm²

$$A_{s下} \geqslant \frac{1}{2}A_{s上} = 1000\text{mm}^2$$

故暗梁上部纵筋截面面积可选 10 Φ 16（A_s=2011mm²）；

暗梁下部纵筋截面面积可选 6 Φ 16（A_s=1206mm²）。

思考：假定 N_G=2240kN，确定一个主轴方向的板底纵向钢筋截面面积。

此时，根据《高规》8.2.3 条，通过柱截面的板底钢筋面积 A_s 为：

$$A_s \geqslant \frac{N_G}{f_y} = \frac{2240 \times 10^3}{360} = 6222 \text{mm}^2$$

一个主轴方向：$\frac{A_s}{2} = 3111 \text{mm}^2$。

板柱-剪力墙结构中，剪力墙的边缘构件设置要求，《建筑抗震设计规范》6.6.1条作了如下规定：

> 6.6.1 板柱-抗震墙结构的抗震墙，其抗震构造措施应符合本节规定，尚应符合本规范第6.5节的有关规定；柱（包括抗震墙端柱）和梁的抗震构造措施应符合本规范第6.3节的有关规定。

第七节 筒 体 结 构

本节筒体结构是指钢筋混凝土框架-核心筒结构和筒中筒结构。

一、一般规定

1. 结构布置

《抗震通规》规定：

> 5.2.3 框架-核心筒结构、筒中筒结构等筒体结构，外框架应有足够刚度，确保结构具有明显的双重抗侧力体系特征。

《高规》规定：

> 9.1.1 本章适用于钢筋混凝土框架-核心筒结构和筒中筒结构，其他类型的筒体结构可参照使用。筒体结构各种构件的截面设计和构造措施除应遵守本章规定外，尚应符合本规程第6~8章的有关规定。

9.1.2 筒中筒结构的高度不宜低于80m，高宽比不宜小于3。对高度不超过60m的框架-核心筒结构，可按框架-剪力墙结构设计。

9.1.3 当相邻层的柱不贯通时，应设置转换梁等构件。转换构件的结构设计应符合本规程第10章的有关规定。

9.1.4 筒体结构的楼盖外角宜设置双层双向钢筋（图9.1.4），单层单向配筋率不宜小于0.3%，钢筋的直径不应小于8mm，间距不应大于150mm，配筋范围不宜小于外框架（或外

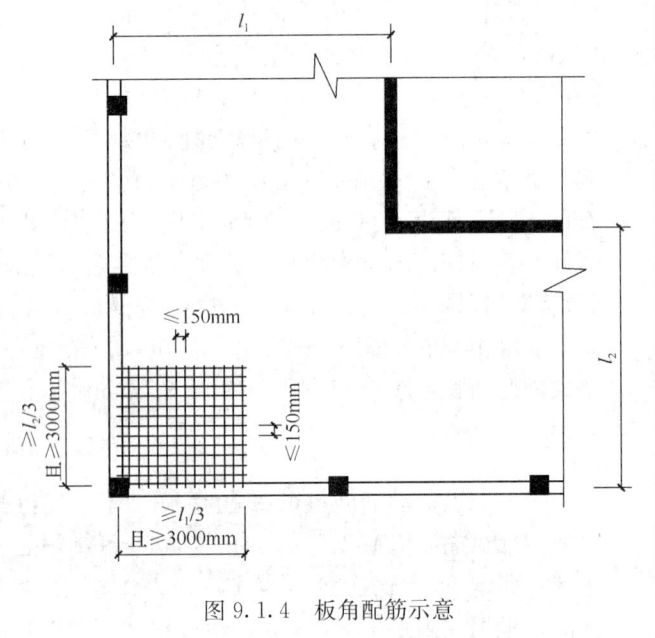

图 9.1.4 板角配筋示意

筒）至内筒外墙中距的 1/3 和 3m。

  9.1.5 核心筒或内筒的外墙与外框柱间的中距，非抗震设计大于 15m、抗震设计大于 12m 时，宜采取增设内柱等措施。

  9.1.6 核心筒或内筒中剪力墙截面形状宜简单；截面形状复杂的墙体可按应力进行截面设计校核。

  9.1.7 筒体结构核心筒或内筒设计应符合下列规定：

  1 墙肢宜均匀、对称布置；

  2 筒体角部附近不宜开洞，当不可避免时，筒角内壁至洞口的距离不应小于 500mm 和开洞墙截面厚度的较大值；

  3 筒体墙应按本规程附录 D 验算墙体稳定，且外墙厚度不应小于 200mm，内墙厚度不应小于 160mm，必要时可设置扶壁柱或扶壁墙；

  4 筒体墙的水平、竖向配筋不应少于两排，其最小配筋率应符合本规程第 7.2.17 条的规定；

  5 抗震设计时，核心筒、内筒的连梁宜配置对角斜向钢筋或交叉暗撑；

  6 筒体墙的加强部位高度、轴压比限值、边缘构件设置以及截面设计，应符合本规程第 7 章的有关规定。

  9.1.8 核心筒或内筒的外墙不宜在水平方向连续开洞，洞间墙肢的截面高度不宜小于 1.2m；当洞间墙肢的截面高度与厚度之比小于 4 时，宜按框架柱进行截面设计。

  9.1.9 抗震设计时，框筒柱和框架柱的轴压比限值可按框架-剪力墙结构的规定采用。

  9.1.10 楼盖主梁不宜搁置在核心筒或内筒的连梁上。

需注意的是：

(1)《高规》9.1.2 条规定及其条文说明，与之对应的《高规》表 3.9.3 注 3 的规定。

(2)《高规》9.1.7 条第 6 款规定，筒体墙的底部加强部位高度按《高规》7.1.4 条采用。

(3)《高规》9.1.8 条规定，$h_w/b_w<4$，按框架柱进行截面设计；《高规》7.1.7 条也有相同的规定。

  【例 7.7.1】 某拟建现浇钢筋混凝土高层办公楼，抗震设防烈度为 8 度（0.2g），丙类建筑，Ⅱ类建筑场地，平、剖面如图 7.7.1 所示。地上 18 层，地下 2 层，地下室顶板 ±0.000 处可作为上部结构嵌固部位。房屋高度受限，最高不超过 60.3m，室内结构构件（梁或板）底净高不小于 2.6m，建筑面层厚 50mm。方案比较时，假定 ±0.000 以上标准层平面构件截面满足要求，如果从结构体系、净高要求及楼层结构混凝土用量考虑，下列四种方案中哪种方案相对合理？

  (A) 方案一：室内无柱，外框架 L1（500×800），室内无梁，400 厚混凝土平板楼盖

  (B) 方案二：室内 A、B 处设柱，外框梁 L1（400×700），梁板结构，沿柱中轴线设框架梁 L2（400×700），无次梁，300 厚混凝土楼板

  (C) 方案三：室内 A、B 处设柱，外框梁 L1（400×700），梁板结构，沿柱中轴线设框架梁 L2（800×450）；无次梁，200 厚混凝土板楼盖

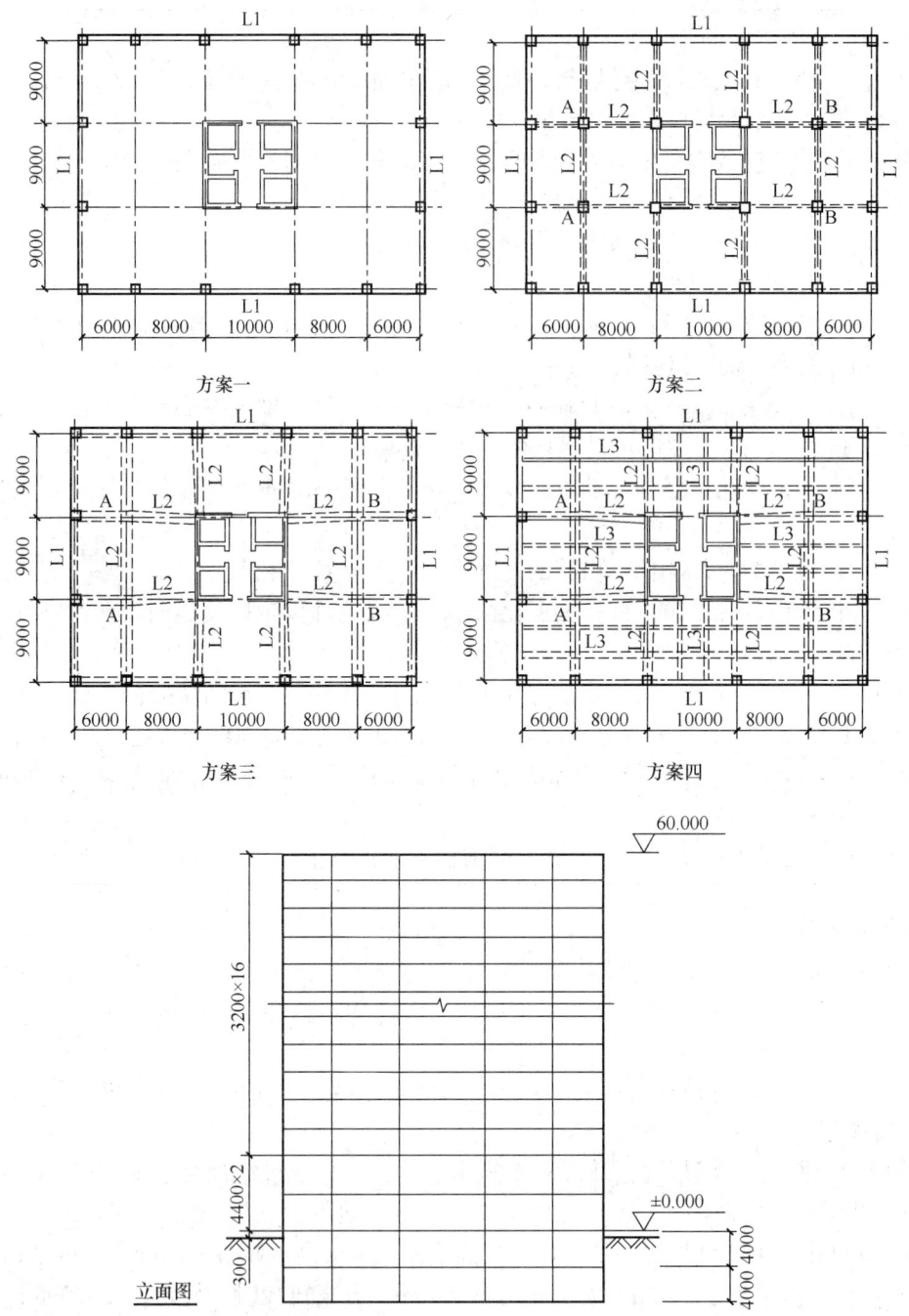

图 7.7.1

(D) 方案四：室内 A、B 处设柱，外框梁 L1，沿柱中轴线设框架梁 L2，L1、L2 同方案三，梁板结构，次梁 L3（200×400），100 厚混凝土楼板

【解答】 根据《高规》第 9.1.5 条，核心筒与外框架中距大于 12m，宜采取增设内柱的措施，(A) 不合理。

根据《高规》第 9.1.5 条，室内增设内柱，根据《抗规》第 6.1.1 条条文说明，该结构不属于板柱-剪力墙结构,(B)、(C)、(D)结构体系合理。

(B) 结构布置合理,室内净高:$3.2-0.7-0.05=2.45m$,不满足净高 2.6m 要求,故(B)不合理。

(C)、(D) 结构体系合理,净高满足要求,比较其混凝土用量。

(D) 电梯厅两侧梁板折算厚度较大,次梁折算厚度约为:
$200\times(400-100)\times(10000\times2+9000\times2)\div(9000\times10000)=25mm$,电梯厅两侧梁板折算板厚约为:$100+25=125mm$。

(C) 楼板厚度约为 200mm,故(D)项相对合理。

所以应选(D)项。

【例 7.7.2】 某 31 层普通办公楼,采用现浇钢筋混凝土框架-核心筒结构,标准层平面如图 7.7.2 所示,首层层高 6m,其余各层层高 3.8m,结构高度 120m。基本风压 $w_0=0.80kN/m^2$,地面粗糙度为 C 类。抗震设防烈度为 8 度(0.20g),标准设防类建筑,设计地震分组第一组,建筑场地类别为 II 类,安全等级二级。

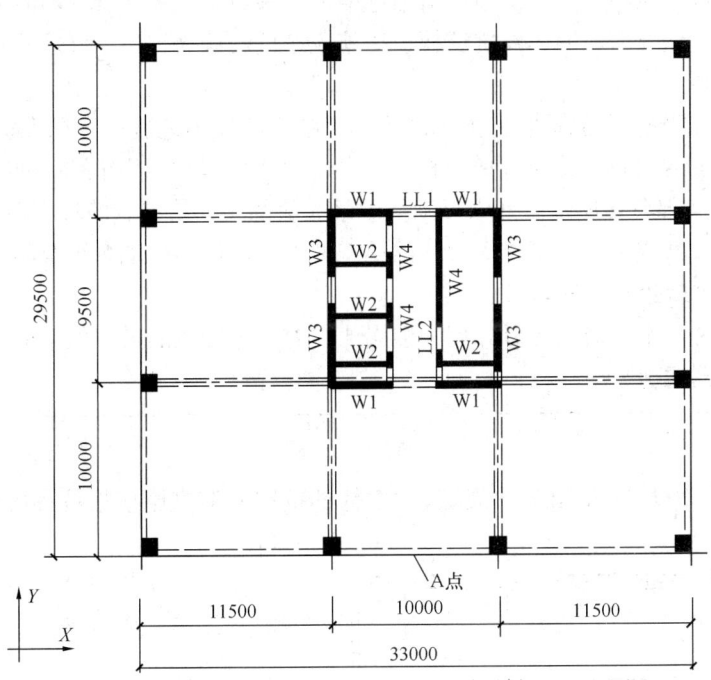

图 7.7.2

在初步设计阶段,发现需要采取措施才能满足规范对 Y 向层间位移角、层受剪承载力的要求。假定,增加墙厚后均能满足上述要求,如果 W1、W2、W3、W4 分别增加相同的厚度、不考虑钢筋变化的影响。试问,下列四组增加墙厚的组合方案,哪一组分别对减小层间位移角、增大层受剪承载力更有效?

(A) W2,W1   (B) W3,W4
(C) W1,W4   (D) W1,W3

【解答】 工字形或田字形截面的翼缘比腹板对抗弯刚度贡献更大,且越靠近外侧越有效,框架-核心筒的刚度主要由核心筒提供,核心筒主要是弯曲变形,增加 Y 向抗弯刚度,

W1更加有效。

楼层受剪承载力与剪力墙受剪承载力相关，根据《高规》式（7.2.10-2），可知，增加W3更加有效。

故应选（D）项。

2. 筒体结构的框架部分剪力调整

《高规》规定：

> 9.1.11 抗震设计时，筒体结构的框架部分按侧向刚度分配的楼层地震剪力标准值应符合下列规定：
>
> 1 框架部分分配的楼层地震剪力标准值的最大值不宜小于结构底部总地震剪力标准值的10%。
>
> 2 当框架部分分配的地震剪力标准值的最大值小于结构底部总地震剪力标准值的10%时，各层框架部分承担的地震剪力标准值应增大到结构底部总地震剪力标准值的15%；此时，各层核心筒墙体的地震剪力标准值宜乘以增大系数1.1，但可不大于结构底部总地震剪力标准值，墙体的抗震构造措施应按抗震等级提高一级后采用，已为特一级的可不再提高。
>
> 3 当框架部分分配的地震剪力标准值小于结构底部总地震剪力标准值的20%，但其最大值不小于结构底部总地震剪力标准值的10%时，应按结构底部总地震剪力标准值的20%和框架部分楼层地震剪力标准值中最大值的1.5倍二者的较小值进行调整。
>
> 按本条第2款或第3款调整框架柱的地震剪力后，框架柱端弯矩及与之相连的框架梁端弯矩、剪力应进行相应调整。
>
> 有加强层时，本条框架部分分配的楼层地震剪力标准值的最大值不应包括加强层及其上、下层的框架剪力。

需注意的是：

(1)《高规》9.1.11条第2款规定，"墙体的抗震构造措施应按抗震等级提高一级后采用"。

(2)《高规》9.1.11条规定，与《抗规》6.2.13条第1款、6.7.1条第2款是一致的。

【例7.7.3】 某38层现浇钢筋混凝土框架-核心筒结构，普通办公楼，如图7.7.3所示，房屋高度为160m，1～4层层高6.0m，5～38层层高4.0m。抗震设防烈度为7度（0.10g），抗震设防类别为标准设防类，无薄弱层。

试问：

(1)假定，楼盖结构方案调整后，

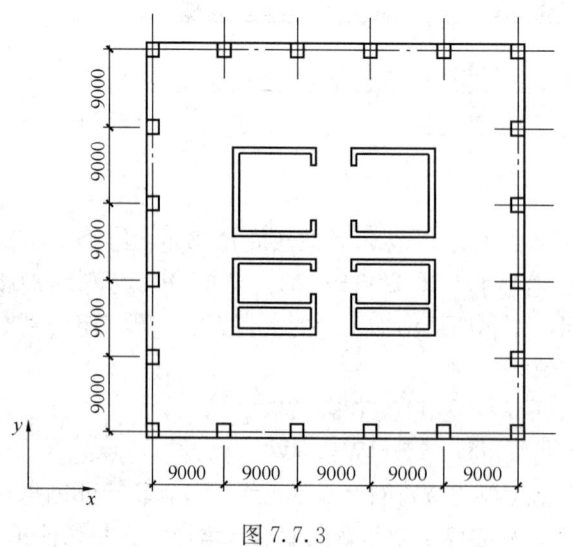

图7.7.3

重力荷载代表值为 1×10^6 kN，底部地震总剪力标准值为 12500kN，基本周期为 4.3s。多遇地震标准值作用下，Y 向框架部分分配的剪力与结构总剪力比例如图 7.7.4 所示。对应于地震作用标准值，Y 向框架部分按侧向刚度分配且未经调整的楼层地震剪力标准值：首层 $V=600$kN；各层最大值 $V_{f,max}=2000$kN。试问，抗震设计时，首层 Y 向框架部分按侧向刚度分配的楼层地震剪力标准值（kN），与下列何项数值最为接近？

(A) 2500 (B) 2800 (C) 3000 (D) 3300

（2）假定，多遇地震标准值作用下，X 向框架部分分配的剪力与结构总剪力比例如图 7.7.5 所示。第 3 层核心筒墙肢 W1，在 X 向水平地震作用下剪力标准值 $V_{Ehk}=2200$kN，在 X 向风荷载作用下剪力 $V_{wk}=1600$kN。试问，该墙肢的剪力设计值 V（kN），与下列何项数值最为接近？

提示：①忽略墙肢在重力荷载代表值下及竖向地震作用下的剪力。
②按《建筑与市政工程抗震通用规范》作答。

(A) 6200 (B) 5800 (C) 5300 (D) 4600

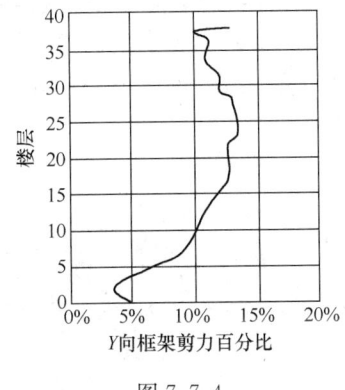
图 7.7.4

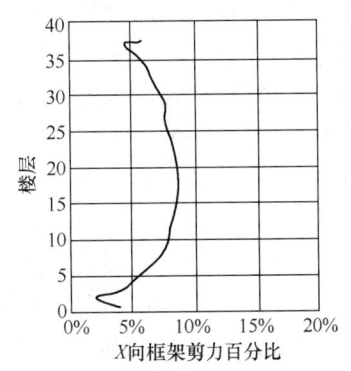
图 7.7.5

（3）假定，多遇地震标准值作用下，X 向框架部分分配的剪力与结构总剪力比例如图 7.7.5 所示［见题（2）］。首层核心筒墙肢 W2 轴压比 0.4。该墙肢及框架柱混凝土强度等级 C60，钢筋采用 HRB400，试问，在进行抗震设计时，下列关于该墙肢及框架柱的抗震构造措施，其中何项不符合《高层建筑混凝土结构技术规程》的要求？

(A) 墙体水平分布钢筋配率不应小于 0.4%
(B) 约束边缘构件纵向钢筋构造配筋率不应小于 1.4%
(C) 框架角柱纵向钢筋配筋率不应小于 1.15%
(D) 约束边缘构件箍筋体积配箍率不应小于 1.6%

【解答】（1）根据《高规》4.3.12 条：

$$\lambda \geqslant 0.016 - \frac{4.3-3.5}{5-3.5} \times (0.016-0.012) = 0.0139$$

$$\lambda = \frac{V_{Eki}}{\sum_{i=1}^{n} G_j} = \frac{12500}{1 \times 10^6} = 0.0125 < 0.0139$$

故需增大：$\eta = \dfrac{0.0139}{0.0125} = 1.112$

由题目图示，根据《高规》9.1.11 条：
$$V = \min(20\%V_0, 1.5V_{f,\max})$$
$$= \min(20\% \times 12500 \times 1.112, 1.5 \times 2000 \times 1.112)$$
$$= \min(2780, 3336) = 2780 \text{kN}$$

故选（B）项。

(2) 由题目图示，及提示，根据《高规》9.1.11 条，及《抗震通规》4.3.2 条：
$$V_w = 1.4 \times (1.1 \times 2200) + 0.2 \times 1.5 \times 1600 = 3868 \text{kN}$$

查《高规》表 3.3.1-2，属于 B 级高度；查表 3.9.4，筒体的抗震等级为一级；由《高规》9.1.11 条，筒体的内力调整的抗震等级为一级。

由《高规》7.1.4 条、7.2.6 条：
$$V = \gamma_{vw} V_w = 1.6 \times 3868 = 6189 \text{kN}$$

故选（A）项。

(3) 同上述题（2），查《高规》表 3.9.4，筒体的抗震等级为一级，框架抗震等级为一级。由《高规》9.1.11 条：

筒体的抗震构造措施的抗震等级提高一级，故为特一级。框架仍为一级。

根据《高规》3.10.5 条，(A)、(B) 项正确。

根据《高规》6.4.3 条，(C) 项正确。

故应选（D）项。

思考：对于（D）项，由《高规》3.10.5 条、7.2.15 条：
$$\lambda_v = 0.20 \times 1.2 = 0.24$$
$$\rho_v \geqslant \lambda_v \dfrac{f_c}{f_{yv}} = 0.24 \times \dfrac{27.5}{360} = 1.83\%$$

二、框架-核心筒结构

钢筋混凝土框架-核心筒结构，《高规》规定：

> 9.2.1 核心筒宜贯通建筑物全高。核心筒的宽度不宜小于筒体总高的 1/12，当筒体结构设置角筒、剪力墙或增强结构整体刚度的构件时，核心筒的宽度可适当减小。
>
> 9.2.2 抗震设计时，核心筒墙体设计尚应符合下列规定：
>
> 1 底部加强部位主要墙体的水平和竖向分布钢筋的配筋率均不宜小于 0.30%；
>
> 2 底部加强部位约束边缘构件沿墙肢的长度宜取墙肢截面高度的 1/4，约束边缘构件范围内应主要采用箍筋；
>
> 3 底部加强部位以上宜按本规程 7.2.15 条的规定设置约束边缘构件。
>
> 9.2.3 框架-核心筒结构的周边柱间必须设置框架梁。
>
> 9.2.4 核心筒连梁的受剪截面应符合本规程第 9.3.6 条的要求，其构造设计应符合本规程第 9.3.7、第 9.3.8 条的有关规定。
>
> 9.2.5 对内筒偏置的框架-筒体结构，应控制结构在考虑偶然偏心影响的规定地震力作用下，最大楼层水平位移和层间位移不应大于该楼层平均值的 1.4 倍，结构扭转为主的第一自振周期 T_t 与平动为主的第一自振周期 T_1 之比不应大于 0.85，且 T_1 的扭转

> 成分不宜大于30%。
> 9.2.6 当内筒偏置、长宽比大于2时，宜采用框架-双筒结构。
> 9.2.7 当框架-双筒结构的双筒间楼板开洞时，其有效楼板宽度不宜小于楼板典型宽度的50%，洞口附近楼板应加厚，并应采用双层双向配筋，每层单向配筋率不应小于0.25%；双筒间楼板宜按弹性板进行细化分析。

需注意的是：
(1)《高规》9.2.1条的条文说明中指出："一般来讲，当核心筒的宽度不小于筒体总高度的1/12时，筒体结构的层间位移就能满足规定。"
(2) 核心筒墙体设计比一般剪力墙墙体提出了更高的要求，为此，规程9.2.2条作了规定。

【例7.7.4】 某88m的钢筋混凝土框架-核心筒结构，第1～5层层高为6.0m，第6～25层层高为2.9m，该建筑建于7度抗震设防烈度，建筑场地为Ⅱ类，丙类建筑。

第13层（标高50.3m至53.2m）采用的混凝土强度等级为C30，纵向钢筋采用HRB400及箍筋用HPB300。核心筒角部边缘构件需配置纵向钢筋范围内配置12根某直径的纵向钢筋，如图7.7.6所示，其底层墙体轴压比为0.45。环境类别为一类。

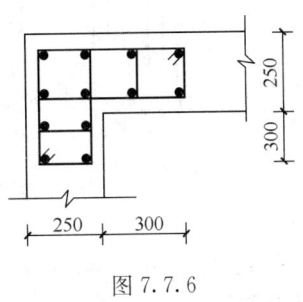

图7.7.6

试问：
(1) 下列何项中的纵向钢筋最接近且最符合规程中的构造要求？
(A) 12Φ12　　(B) 12Φ14　　(C) 12Φ16　　(D) 12Φ18
(2) 按构造要求配置箍筋，确定箍筋的配置。

【解答】 (1) 确定纵向钢筋
1) 丙类、Ⅱ类场地、7度，按7度考虑抗震措施的抗震等级。
2) 查《高规》表3.9.3知，核心筒的抗震等级为二级。
3) 根据《高规》9.1.7条规定：

筒体墙的加强部位高度为：$\max\left(6+6,\ 88\times\dfrac{1}{10}\right)=12\text{m}$

故第13层层高范围属于非加强部位，根据《高规》9.2.2条规定，"其底部加强部位以上宜按本规程第7.2.15条的规定设置约束边缘构件"。
4) 根据《高规》7.2.15条规定，抗震二级时，$\rho_{\min}=1\%$，且$\geq 6\Phi 16$。

$$A_s \geq 1\% \times (250\times 300 + 250\times 550) = 2125\text{mm}^2$$

单根纵筋面积：$\dfrac{A_s}{12}=\dfrac{2125}{12}=177.1\text{mm}^2$

选用$\Phi 16$（$A_s=201.1\text{mm}^2$），配置12Φ16，所以应选（C）项。

(2) 确定箍筋的配置
根据《高规》表7.2.15，抗震等级二级，$\mu_N=0.45>0.4$，取$\lambda_v=0.20$。

$$\rho_V = \lambda_v f_c / f_{yv} = 0.20 \times 16.7 / 270 = 1.24\%$$

一类环境,箍筋混凝土保护层厚度为 15mm;假定箍筋直径为 10mm:

$$\rho_V = \frac{\sum n_i A_{si} l_i}{A_{cor} \cdot s} = \frac{(6 \times 210 + 2 \times 525 + 2 \times 310) A_{sl}}{200 \times (515 + 315) \cdot s} \geq 1.24\%$$

$$\frac{A_{sl}}{s} = 0.70 \text{mm}^2/\text{mm}$$

取 $s=100$mm,$A_{sl}=70$mm^2,选 Φ10($A_{sl}=78.5$mm^2),满足。

箍筋实配 Φ10@100,并且满足直径 $d \leq 8$mm,$s \leq 150$mm。

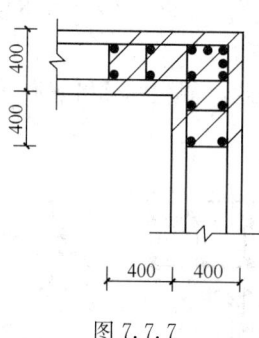

图 7.7.7

【例 7.7.5】 某 102m 的现浇钢筋混凝土框架-核心筒高层建筑,内筒为钢筋混凝土筒体,外周边为钢筋混凝土框架。该建筑物的抗震设防烈度为 7 度,丙类建筑,建筑场地为 II 类,设计基本地震加速度为 0.1g。

该结构的内筒非底部加强部位四角暗柱,如图 7.7.7 所示,抗震设计时,采用约束边缘构件的方法加强,图中的阴影部分即为暗柱(约束边缘构件)的外轮廓线,纵筋采用 HRB400,箍筋采用 HPB300。该墙肢轴压比为 0.48,采用 C40 混凝土。环境类别一类。

试问:按规范、规程中的最低构造要求配置纵筋、箍筋。

【解答】 (1)高度 102m,由《高规》3.3.1 条,属 A 级高度。

(2)丙类、7 度、II 类场地,根据《高规》3.9.1 条规定,按 7 度考虑抗震等级。

(3)查《高规》表 3.9.3 知,核心筒的抗震等级为二级。

(4)根据《高规》9.2.2 条规定,按《高规》7.2.15 条规定:

抗震二级:$\rho \geq 1\%$,且 ≥ 6 Φ14。

$$A_s \geq 1\% \times 400 \times (400+800) = 4800 \text{mm}^2, \quad \frac{A_s}{14} = \frac{4800}{14} = 342.9 \text{mm}^2$$

选用 Φ22($A_s=380.1$mm^2),配置 14 Φ22。

又查《高规》表 7.2.15,抗震二级,$\mu_N = 0.48 > 0.4$,取 $\lambda_v = 0.2$,箍筋直径 ≥ 8mm,$s \leq 150$mm:

$$\rho_v = \lambda_v f_c / f_{yv} = 0.20 \times 19.1 / 270 = 1.41\%$$

一类环境,箍筋混凝土保护层厚度为 15mm,假定箍筋直径为 12mm:

$$\rho_v = \frac{\sum n_i A_{si} l_i}{A_{cor} \cdot s} = \frac{(6 \times 358 + 2 \times 773 + 2 \times 409) \cdot A_{si}}{346 \times (761+415) \cdot s} \geq 1.41\%$$

$$\frac{A_{si}}{s} = 1.27 \text{mm}^2/\text{mm}$$

取 $s=100$mm,则 $A_{sl} \geq 127$mm^2,故选 Φ14($A_{sl}=153.9$mm^2)。

所以实配为 Φ14@100,满足要求。

【例 7.7.6】 某钢筋混凝土框架-核心筒结构,丙类建筑,房屋高度 88m,首层层高

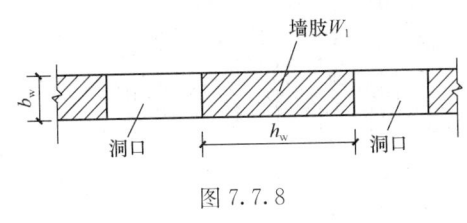

图 7.7.8

4.6m，抗震设防烈度为 8 度，Ⅱ类建筑场地，采用 C50 混凝土。首层核心筒外墙的某一字形墙肢 W_1，如图 7.7.8 所示，位于两个高度为 3800mm 的墙洞之间，墙厚 $b_w=450$mm。纵筋采用 HRB400 级钢筋。

试问：当满足规范、规程最低构造要求时，W_1 墙肢截面高度 h_w 和该墙肢的全部纵向钢筋截面面积 A_s（mm²）为多少？

【解答】 8 度，88m，由《高规》3.3.1 条，属于 A 级高度。

丙类建筑，88m，8 度，Ⅱ类场地，查《高规》表 3.9.3，核心筒抗震等级为一级。

根据《高规》9.1.8 条，取 $h_w \geq 1200$mm

$$h_w/b_w = 1200/450 = 2.67 < 4.0$$

由《高规》9.1.8 条、6.4.3 条表 6.4.3-1 及注的规定，抗震一级：

$$A_s \geq 0.95\% b_w h_w = 0.95\% \times 1200 \times 450 = 5130 \text{mm}^2$$

【例 7.7.7】 某地上 38 层的现浇钢筋混凝土框架-核心筒办公楼，如图 7.7.9 所示，房屋高度为 155.4m，该建筑物地上第 1 层至地上第 4 层的层高均为 5.1m，第 24 层的层高 6m，其余楼层层高均为 3.9m，抗震设防烈度 7 度，设计基本地震加速度 0.10g，设计地震分组为第一组，建筑场地类别为Ⅱ类，抗震设防类别为丙类，安全等级二级。

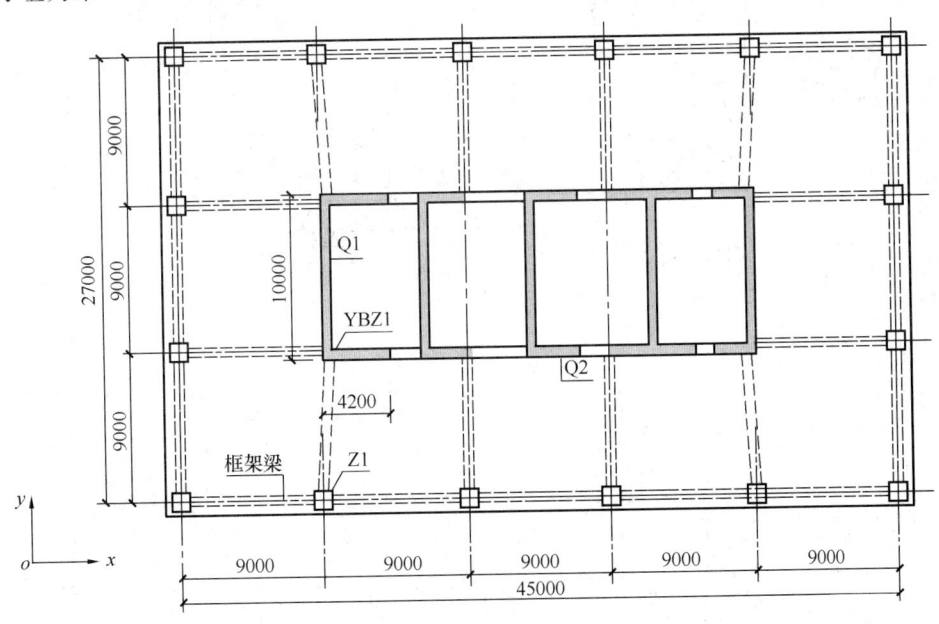

图 7.7.9

假定，第 3 层核心筒墙肢 Q1 在 Y 向水平地震作用按《高层建筑混凝土结构技术规程》第 9.1.11 条调整后的剪力标准值为 $V_{Ehk}=1900$kN，Y 向风荷载作用下剪力标准值为 $V_{wk}=1400$kN。

试问：该片墙肢考虑地震组合的剪力设计值 V（kN），与下列何项数值最为接近？

提示：①忽略墙肢在重力荷载代表值及竖向地震作用下的剪力。
②按《建筑与市政工程抗震通用规范》作答。

(A) 2900   (B) 4000   (C) 4600   (D) 5000

【解答】 根据《高规》3.3.1 条，属于 B 级高度。

查表 3.9.4，核心筒抗震一级。

由《高规》7.1.4 条：$H_{底} = \max\left(5.1+5.1, \dfrac{1}{10} \times 155.4\right) = 15.54\text{m}$，故地上第 3 层属于底部加强部位。

根据《高规》7.2.6 条、《抗震通规》4.3.2 条：
$$V = 1.6 \times (1.4 \times 1900 + 1.5 \times 0.2 \times 1400) = 4928\text{kN}$$

故应选（D）项。

【例 7.7.8】 题目条件同例 7.7.7。

假定，核心筒剪力墙墙肢 Q1 混凝土强度等级 C60（$f_c = 27.5\text{N/mm}^2$），钢筋均采用 HRB400（Φ）（$f_y = 360\text{N/mm}^2$），墙肢有重力荷载代表值下的轴压比 μ_N 大于 0.3。试问，关于首层墙肢 Q1 的分布筋、边缘构件尺寸 l_c 及阴影部分竖向配筋设计，下列何项符合规程、规范的最低构造要求？

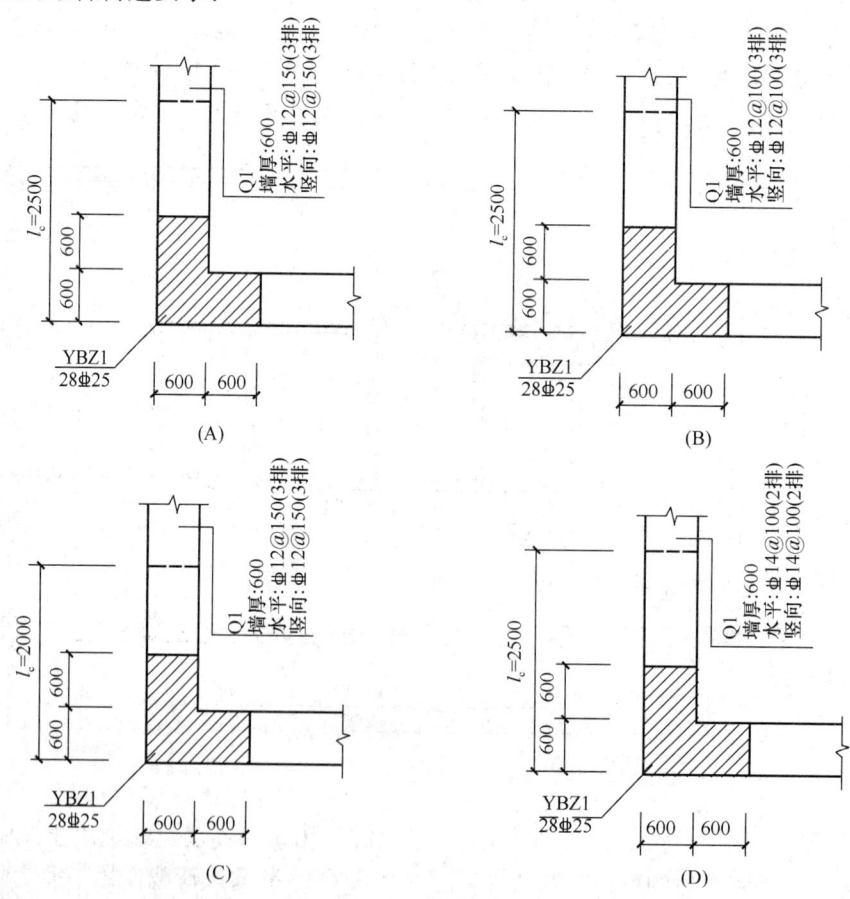

【解答】 根据《高规》7.2.3 条，墙厚大于 400mm、但不大于 70mm 时，宜采用 3 排分布筋，(D) 项不满足。

《高规》9.2.2 条，约束边缘构件沿墙肢长度取截面高度的 1/4，即 10000/4＝2500mm，(C) 不满足。

《高规》7.2.15 条，抗震等级一级时，约束边缘构件阴影部分配筋率不应小于 1.2%，配筋面积不小于 600×1800×0.012＝12960mm²，28 Φ 25 可满足要求，28 Φ 22 不满足要求。

故应选（A）项。

三、筒中筒结构

钢筋混凝土筒中筒结构，《高规》规定：

> 9.3.1 筒中筒结构的平面外形宜选用圆形、正多边形、椭圆形或矩形等，内筒宜居中。
>
> 9.3.2 矩形平面的长宽比不宜大于 2。
>
> 9.3.3 内筒的宽度可为高度的 1/12～1/15，如有另外的角筒或剪力墙时，内筒平面尺寸可适当减小。内筒宜贯通建筑物全高，竖向刚度宜均匀变化。
>
> 9.3.4 三角形平面宜切角，外筒的切角长度不宜小于相应边长的 1/8，其角部可设置刚度较大的角柱或角筒；内筒的切角长度不宜小于相应边长的 1/10，切角处的筒壁宜适当加厚。
>
> 9.3.5 外框筒应符合下列规定：
> 1 柱距不宜大于 4m，框筒柱的截面长边应沿筒壁方向布置，必要时可采用 T 形截面；
> 2 洞口面积不宜大于墙面面积的 60%，洞口高宽比宜与层高和柱距之比值相近；
> 3 外框筒梁的截面高度可取柱净距的 1/4；
> 4 角柱截面面积可取中柱的 1～2 倍。
>
> 9.3.6 外框筒梁和内筒连梁的截面尺寸应符合下列规定：
> 1 持久、短暂设计状况
>
> $$V_b \leq 0.25\beta_c f_c b_b h_{b0} \qquad (9.3.6\text{-}1)$$
>
> 2 地震设计状况
> 1）跨高比大于 2.5 时
>
> $$V_b \leq \frac{1}{\gamma_{RE}}(0.20\beta_c f_c b_b h_{b0}) \qquad (9.3.6\text{-}2)$$
>
> 2）跨高比不大于 2.5 时
>
> $$V_b \leq \frac{1}{\gamma_{RE}}(0.15\beta_c f_c b_b h_{b0}) \qquad (9.3.6\text{-}3)$$
>
> 式中 V_b——外框筒梁或内筒连梁剪力设计值；
> b_b——外框筒梁或内筒连梁截面宽度；
> h_{b0}——外框筒梁或内筒连梁截面的有效高度；
> β_c——混凝土强度影响系数，应按本规程第 6.2.6 条规定采用。
>
> 9.3.7 外框筒梁和内筒连梁的构造配筋应符合下列要求：

1 非抗震设计时,箍筋直径不应小于8mm;抗震设计时,箍筋直径不应小于10mm。

2 非抗震设计时,箍筋间距不应大于150mm;抗震设计时,箍筋间距沿梁长不变,且不应大于100mm,当梁内设置交叉暗撑时,箍筋间距不应大于200mm。

3 框筒梁上、下纵向钢筋的直径均不应小于16mm,腰筋的直径不应小于10mm,腰筋间距不应大于200mm。

9.3.8 跨高比不大于2的框筒梁和内筒连梁宜增配对角斜向钢筋。跨高比不大于1的框筒梁和内筒连梁宜采用交叉暗撑(图9.3.8),且应符合下列规定:

1 梁的截面宽度不宜小于400mm;

2 全部剪力应由暗撑承担,每根暗撑应由不少于4根纵向钢筋组成,纵筋直径不应小于14mm,其总面积A_s应按下列公式计算:

1)持久、短暂设计状况

$$A_s \geqslant \frac{V_b}{2f_y \sin\alpha} \quad (9.3.8-1)$$

2)地震设计状况

$$A_s \geqslant \frac{\gamma_{RE} V_b}{2f_y \sin\alpha} \quad (9.3.8-2)$$

式中 α——暗撑与水平线的夹角;

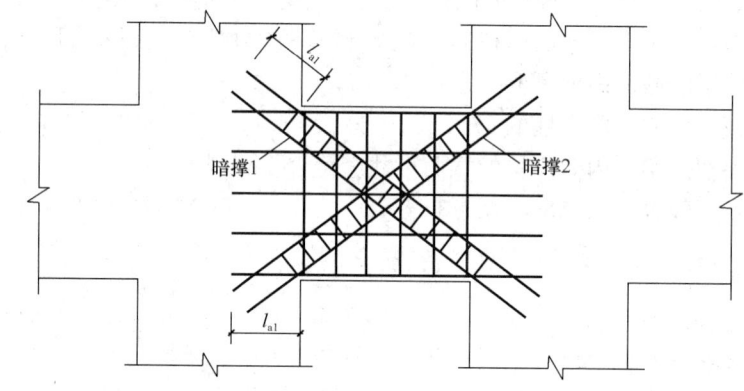

图9.3.8 梁内交叉暗撑的配筋

3 两个方向暗撑的纵向钢筋应采用矩形箍筋或螺旋箍筋绑成一体,箍筋直径不应小于8mm,箍筋间距不应大于150mm;

4 纵筋伸入竖向构件的长度不应小于l_{a1},非抗震设计时l_{a1}可取l_a,抗震设计时l_{a1}宜取$1.15l_a$;

5 梁内普通箍筋的配置应符合本规程第9.3.7条的构造要求。

需注意的是:

(1)《高规》9.3.8条中,当$l/h \leqslant 2$的连梁宜增配对角斜向钢筋。对此,《混规》11.7.10条规定:

11.7.10 对于一、二级抗震等级的连梁,当跨高比不大于2.5时,除普通箍筋外宜另配置斜向交叉钢筋,其截面限制条件及斜截面受剪承载力可按下列规定计算:

1 当洞口连梁截面宽度不小于250mm时,可采用交叉斜筋配筋(图11.7.10-1),其截面限制条件及斜截面受剪承载力应符合下列规定:

   1) 受剪截面应符合下列要求:

$$V_{wb} \leqslant \frac{1}{\gamma_{RE}}(0.25\beta_c f_c bh_0) \qquad (11.7.10-1)$$

   2) 斜截面受剪承载力应符合下列要求:

$$V_{wb} \leqslant \frac{1}{\gamma_{RE}}[0.4 f_t bh_0 + (2.0\sin\alpha + 0.6\eta) f_{yd} A_{sd}] \qquad (11.7.10-2)$$

$$\eta = (f_{sv} A_{sv} h_0)/(sf_{yd} A_{sd}) \qquad (11.7.10-3)$$

式中 η——箍筋与对角斜筋的配筋强度比,当小于0.6时取0.6,当大于1.2时取1.2;

α——对角斜筋与梁纵轴的夹角;

f_{yd}——对角斜筋的抗拉强度设计值;

A_{sd}——单向对角斜筋的截面面积;

A_{sv}——同一截面内箍筋各肢的全部截面面积。

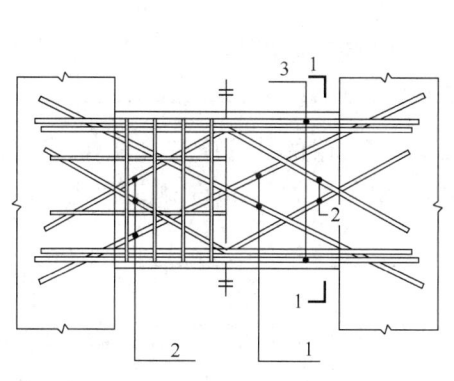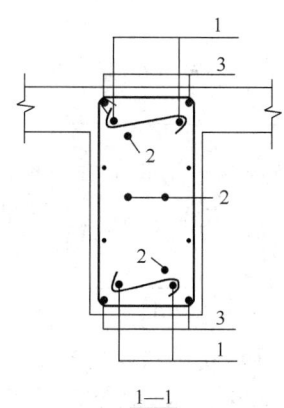

图 11.7.10-1 交叉斜筋配筋连梁
1—对角斜筋;2—折线筋;3—纵向钢筋

2 当连梁截面宽度不小于400mm时,可采用集中对角斜筋配筋(图11.7.10-2)或对角暗撑配筋(图11.7.10-3),其截面限制条件及斜截面受剪承载力应符合下列规定:

   1) 受剪截面应符合式(11.7.10-1)的要求。

   2) 斜截面受剪承载力应符合下列要求:

$$V_{wb} \leqslant \frac{2}{\gamma_{RE}} f_{yd} A_{sd} \sin\alpha \qquad (11.7.10-4)$$

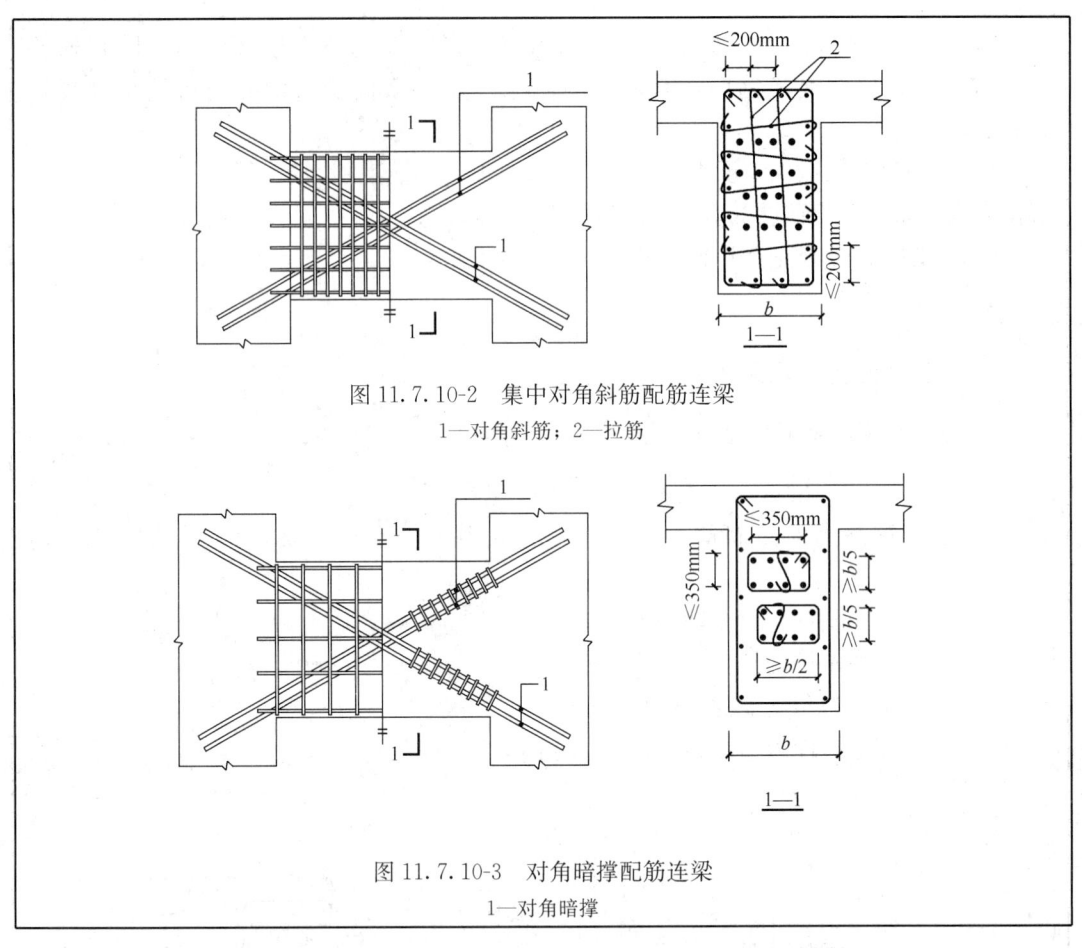

图11.7.10-2 集中对角斜筋配筋连梁
1—对角斜筋；2—拉筋

图11.7.10-3 对角暗撑配筋连梁
1—对角暗撑

(2)《高规》9.3.8条中，抗震设计时，V_b值的计算应按《高规》7.2.21条进行计算；但是，对配置有对角斜筋的连梁，《混规》11.7.8条规定：连梁剪力增大系数η_{vb}取1.0。

11.7.8（条文说明）

为了实现强剪弱弯，使连梁具有一定的延性，对于普通配筋连梁给出了连梁剪力设计值的增大系数。对于配置斜筋的连梁，由于斜筋的水平分量会提高梁的抗弯能力，而竖向分量会提高梁的抗剪能力，因此对配置斜筋的连梁，不能通过增加斜筋数量单纯提高梁的抗剪能力，形成强剪弱弯。考虑到满足本规范第11.7.10条规定的连梁已具有必要的延性，故对这几种配置斜筋连梁的剪力增大系数。可取为1.0。

【例7.7.9】 某现浇钢筋混凝土框架-核心筒高层结构，抗震等级为二级。核心筒底层某一连梁，如图7.7.10所示，连梁截面的有效高度$h_{b0}=1940mm$，筒体部分混凝土强度等级为C35（$f_c=16.7N/mm^2$）。考虑水平地震作用组合的连梁剪力设计值$V_b=600kN$，其左、右端考虑地震作用组合的弯矩设计值分别为$M_b^l=850kN·m$（↑），$M_b^r=500kN·m$（↑）。在重力荷载代表值作用下，按简支梁计算的梁端截面剪力设计值为60kN。连梁中交叉暗撑与水平线的夹角$\alpha=37°$，暗撑纵筋采用HRB400级。

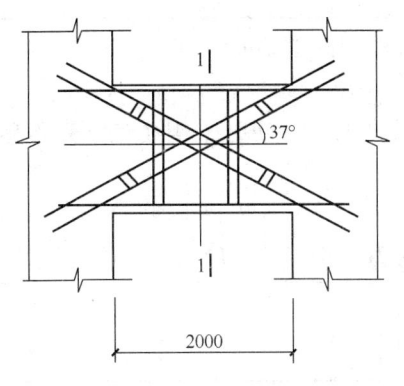 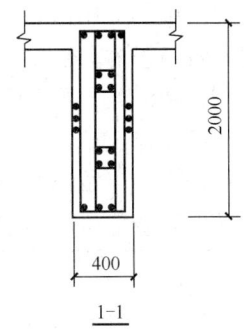

图 7.7.10

试问：交叉暗撑的纵向钢筋的配置。

提示：连梁剪力增大系数按《混凝土结构设计规范》确定。

【解答】 (1) 确定 V_b

$l/h_b=2/2=1.0$，根据《高规》9.3.8 条条文说明，由《混规》11.7.8 条及其条文说明，取 $\eta_{vb}=1.0$。

$$V_b=\eta_{vb}\frac{M_b^l+M_b^r}{l_n}+V_{Gb}=1.0\times\frac{850+500}{2.0}+60=735\mathrm{kN}>600\mathrm{kN}$$

由 $l/h_b=1.0$，由《高规》9.3.6 条：

$$V_b=735\mathrm{kN}<\frac{1}{\gamma_{RE}}(0.15\beta_c f_c b_h h_{b0})=\frac{1}{0.85}\times0.15\times1\times16.7\times400\times1940=2286.9\mathrm{kN}$$

故受剪截面条件满足。

(2) 确定 A_s

由《高规》9.3.8 条，取 $\gamma_{RE}=0.85$：

$$A_s\geqslant\frac{\gamma_{RE}V_b}{2f_y\sin\alpha}=\frac{0.85\times735000}{2\times360\sin37°}=1442\mathrm{mm}^2$$

选 4 Φ 22（$A_s=1520\mathrm{mm}^2$），并且大于 4 Φ 14，满足。

第八节 复杂高层建筑结构

一、一般规定

《高规》规定：

> 10.1.1 本章对复杂高层建筑结构的规定适用于带转换层的结构、带加强层的结构、错层结构、连体结构以及竖向体型收进、悬挑结构。
>
> 10.1.2 9 度抗震设计时不应采用带转换层的结构、带加强层的结构、错层结构和连体结构。
>
> 10.1.3 7 度和 8 度抗震设计时，剪力墙结构错层高层建筑的房屋高度分别不宜大于 80m 和 60m；框架-剪力墙结构错层高层建筑的房屋高度分别不应大于 80m 和 60m。抗震设计时，B 级高度高层建筑不宜采用连体结构；底部带转换层的 B 级高度筒中筒结

构,当外筒框支层以上采用由剪力墙构成的壁式框架时,其最大适用高度应比本规程表3.3.1-2规定的数值适当降低。

10.1.4 7度和8度抗震设计的高层建筑不宜同时采用超过两种本规程第10.1.1条所规定的复杂高层建筑结构。

10.1.5 复杂高层建筑结构的计算分析应符合本规程第5章的有关规定。复杂高层建筑结构中的受力复杂部位,尚宜进行应力分析,并按应力进行配筋设计校核。

需注意的是:
(1)《高规》10.1.2条的条文说明中指出:

> **10.1.2(条文说明)**
> 带转换层的结构、带加强层的结构、错层结构、连体结构等,在地震作用下受力复杂,容易形成抗震薄弱部位。9度抗震设计时,这些结构目前尚缺乏研究和工程实践经验,为了确保安全,因此规定不应采用。

(2)《高规》10.1.3条的条文说明中指出。

> **10.1.3(条文说明)**
> 本规程涉及的错层结构,一般包含框架结构、框架-剪力墙结构和剪力墙结构。筒体结构因建筑上一般无错层要求,本规程也没有对其作出相应的规定。
> ……
> 抗震设计时,底部带转换层的筒中筒结构B级高度高层建筑,当外筒框支层以上采用壁式框架时,其抗震性能比密柱框架更为不利,因此其最大适用高度应比本规程表3.3.1-2规定的数值适当降低。

二、带转换层高层建筑结构

一般将带转换高层建筑分为两类:一类是带托墙转换层的剪力墙结构(即部分框支剪力结构);另一类是带托柱转换层的筒体结构,即:框架-核心筒、筒中筒结构中的外框架(外筒体)密柱在房屋底部通过托柱转换层转变为稀柱框架的筒体结构。

1. 底部加强部位和转换层的抗震等级

《高规》规定:

> **10.2.2** 带转换层的高层建筑结构,其剪力墙底部加强部位的高度应从地下室顶板算起,宜取至转换层以上两层且不宜小于房屋高度的1/10。
> **10.2.3** 转换层上部结构与下部结构的侧向刚度变化应符合本规程附录E的规定。
> **10.2.4** 转换结构构件可采用转换梁、桁架、空腹桁架、箱形结构、斜撑等,非抗震设计和6度抗震设计时可采用厚板,7、8度抗震设计时地下室的转换结构构件可采用厚板。特一、一、二级转换结构构件的水平地震作用计算内力应分别乘以增大系数1.9、1.6、1.3;转换结构构件应按本规程第4.3.2条的规定考虑竖向地震作用。
> **10.2.5** 部分框支剪力墙结构在地面以上设置转换层的位置,8度时不宜超过3层,7度时不宜超过5层,6度时可适当提高。

10.2.6 带转换层的高层建筑结构,其抗震等级应符合本规程第 3.9 节的有关规定,带托柱转换层的筒体结构,其转换柱和转换梁的抗震等级按部分框支剪力墙结构中的框支框架采纳。对部分框支剪力墙结构,当转换层的位置设置在 3 层及 3 层以上时,其框支柱、剪力墙底部加强部位的抗震等级宜按本规程表 3.9.3 和表 3.9.4 的规定提高一级采用,已为特一级时可不提高。

需注意的是:
(1)《高规》10.2.2 条规定,与《抗规》和《混规》的规定是一致的,同时,《抗规》第 6.1.10 条的条文说明中指出:

6.1.10(条文说明)

明确加强部位的高度一律从地下室顶板算起;当计算嵌固端位于地面以下时,还需向下延伸,但加强部位的高度仍从地下室顶板算起。

有裙房时,按本规范第 6.1.3 条的要求,主楼与裙房顶对应的相邻上下层需要加强。此时,加强部位的高度也可以延伸至裙房以上一层。

本次修订,增加纵横向墙体互为翼墙或设置端柱的要求。

部分框支抗震墙属于抗震不利的结构体系,本规范的抗震措施只限于框支层不超过两层的情况。本次修订,明确部分框支抗震墙结构的底层框架应满足框架-抗震墙结构对框架部分承担地震倾覆力矩的限值——框支层不应设计为少墙框架体系(图 13)。

为提高较长抗震墙的延性,分段后各墙段的总高度与墙宽之比,由不应小于 2 改为不宜小于 3(图 14)。

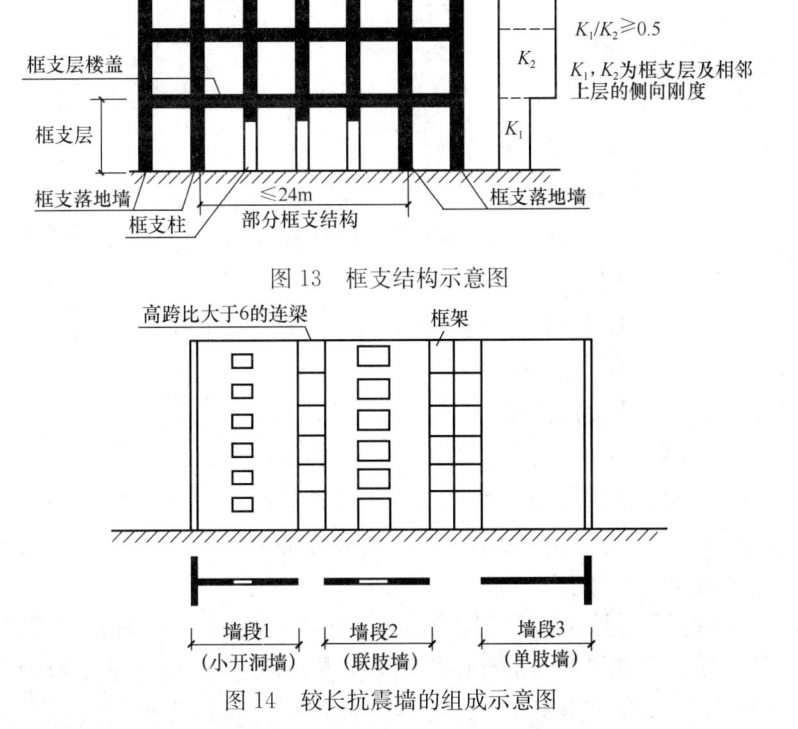

图 13 框支结构示意图

图 14 较长抗震墙的组成示意图

可见,《建筑抗震设计规范》适用于框支层为1~2层情况。

(2)《高规》10.2.4条的条文说明中指出,薄弱层的地震剪力应按规程3.5.8条规定,应乘以1.25的增大系数。

(3)《高规》10.2.6条的条文说明中指出:

> 10.2.6（条文说明）
>
> 对部分框支剪力墙结构,高位转换对结构抗震不利,因此规定部分框支剪力墙结构转换层的位置设置在3层及3层以上时,其框支柱、落地剪力墙的底部加强部位的抗震等级宜按本规程表3.9.3、表3.9.4的规定提高一级采用（已经为特一级时可不再提高）,提高其抗震构造措施。而对于托柱转换结构,因其受力情况和抗震性能比部分框支剪力墙结构有利,故未要求根据转换层设置高度采取更严格的措施。

(4)《高规》10.2.3条的规定,转换层上、下结构侧向刚度计算按《高规》附录E,与《高规》3.5.2条规定是不同的。

附录E 转换层上、下结构侧向刚度规定

E.0.1 当转换层设置在1、2层时,可近似采用转换层与其相邻上层结构的等效剪切刚度比γ_{e1}表示转换层上、下层结构刚度的变化,γ_{e1}宜接近1,非抗震设计时γ_{e1}不应小于0.4,抗震设计时γ_{e1}不应小于0.5。γ_{e1}可按下列公式计算:

$$\gamma_{e1} = \frac{G_1 A_1}{G_2 A_2} \times \frac{h_2}{h_1} \quad (E.0.1-1)$$

$$A_i = A_{w,i} + \sum_j C_{i,j} A_{ci,j} \quad (i=1,2) \quad (E.0.1-2)$$

$$C_{i,j} = 2.5 \left(\frac{h_{ci,j}}{h_i}\right)^2 \quad (i=1,2) \quad (E.0.1-3)$$

式中 G_1、G_2——分别为转换层和转换层上层的混凝土剪变模量;

A_1、A_2——分别为转换层和转换层上层的折算抗剪截面面积,可按式(E.0.1-2)计算;

$A_{w,i}$——第i层全部剪力墙在计算方向的有效截面面积（不包括翼缘面积）;

$A_{ci,j}$——第i层第j根柱的截面面积;

h_i——第i层的层高;

$h_{ci,j}$——第i层第j根柱沿计算方向的截面高度;

$C_{i,j}$——第i层第j根柱截面面积折算系数,当计算值大于1时取1。

E.0.2 当转换层设置在第2层以上时,按本规程式(3.5.2-1)计算的转换层与其相邻上层的侧向刚度比不应小于0.6。

E.0.3 当转换层设置在第2层以上时,尚宜采用图E所示的计算模型按公式(E.0.3)计算转换层下部结构与上部结构的等效侧向刚度比γ_{e2}。γ_{e2}宜接近1,非抗震设计时γ_{e2}不应小于0.5,抗震设计时γ_{e2}不应小于0.8。

$$\gamma_{e2} = \frac{\Delta_2 H_1}{\Delta_1 H_2} \tag{E.0.3}$$

式中 γ_{e2}——转换层下部结构与上部结构的等效侧向刚度比；

H_1——转换层及其下部结构（计算模型1）的高度；

Δ_1——转换层及其下部结构（计算模型1）的顶部在单位水平力作用下的侧向位移；

H_2——转换层上部若干层结构（计算模型2）的高度，其值应等于或接近计算模型1的高度H_1，且不大于H_1；

Δ_2——转换层上部若干层结构（计算模型2）的顶部在单位水平力作用下的侧向位移。

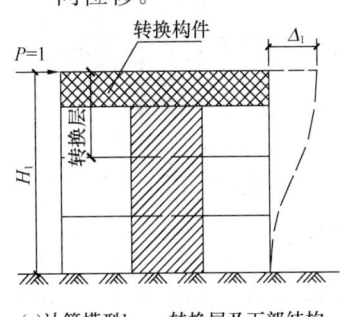

(a)计算模型1——转换层及下部结构　　(b)计算模型2——转换层上部结构

图 E 转换层上、下等效侧向刚度计算模型

【例 7.8.1】 某底层大空间剪力墙结构，为钢筋混凝土结构，抗震设防烈度为7度。转换层以上楼层高为3.0m，横向剪力墙有效截面面积$A_{w2}=29.2m^2$；框支层层高3.6m，横向落地剪力墙有效截面面积$A_{w1}=21.4m^2$，框支柱截面尺寸为800mm×800mm，共8根，全部柱截面面积$A_{ci}=5.12m^2$。混凝土强度等级框支层为C40，上层为C35。

试问： 该转换层上下层刚度比为多少？

【解答】 查《混规》表4.1.5及4.1.5条规定：

C35的弹性模量为$3.15\times10^4 N/mm^2$；C40的弹性模量为$3.25\times10^4 N/mm^2$

C35的剪变模量为$3.15\times0.4\times10^4 N/mm^2$；C40的剪变模量为$3.25\times0.4\times10^4 N/mm^2$

根据《高规》附录E.0.1条规定：

$$C_i = 2.5\left(\frac{h_{ci}}{h_i}\right)^2 = 2.5\times\left(\frac{0.8}{3.6}\right)^2 = 0.1235$$

框支层：$A_1 = A_{wi} + C_i A_{ci} = 21.4 + 0.1235\times5.12 = 22.032m^2$

上一层：$A_2 = A_{w2} = 29.2m^2$

$$\gamma_{e1} = \frac{G_1 A_1}{G_2 A_2}\cdot\frac{h_2}{h_1} = \frac{0.4\times3.25\times10^4\times22.032}{0.4\times3.15\times10^4\times29.2}\times\frac{3}{3.6}$$

$$=0.649 > 0.5，满足要求$$

【例 7.8.2】 某普通办公楼，采用现浇钢筋混凝土框架-核心筒结构，房屋高度116.3m，地上31层，地下2层，3层设转换层，采用桁架转换构件，平、剖面如图7.8.1所示。抗震设防烈度为7度（0.1g），丙类建筑，设计地震分组第二组，Ⅱ类建筑场地,地下室顶板±0.000处作为上部结构嵌固部位。

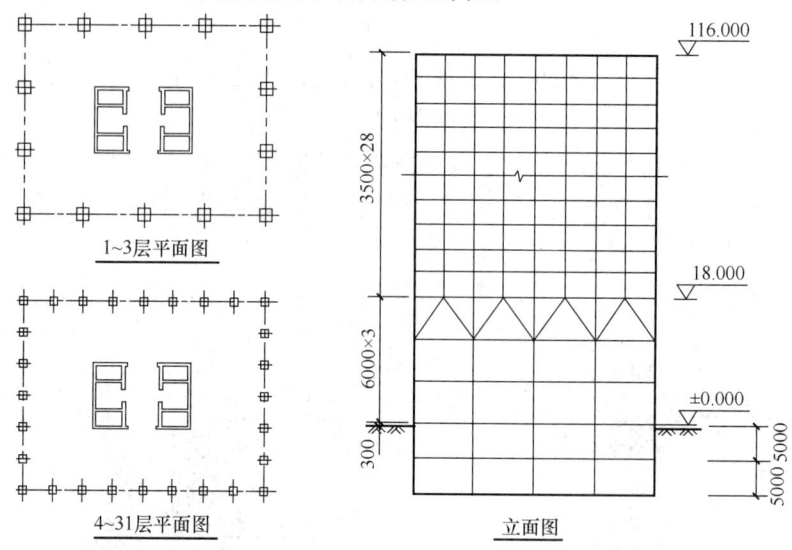

图 7.8.1

假定,振型分解反应谱法求得的2~4层的水平地震剪力标准值（V_i）及相应层间位移值（Δ_i）见表 7.8.1。在 $P=1000\mathrm{kN}$ 水平力作用下,按图 7.8.2 模型计算的位移分别为:

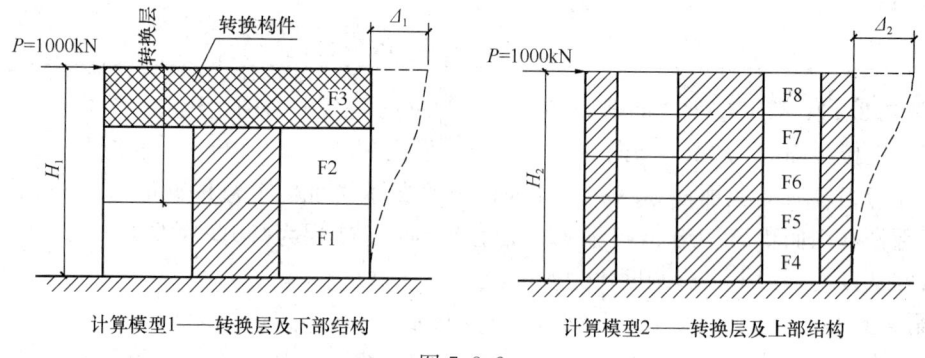

图 7.8.2

$\Delta_1=7.8$mm；$\Delta_2=6.2$mm。

试问：进行结构竖向规则性判断时,宜取下列哪种方法及结果作为结构竖向不规则的判断依据？

提示：3层转换层按整层计。

表 7.8.1

	2层	3层	4层
V_i (kN)	900	1500	900
Δ_i (mm)	3.5	3.0	2.1

（A）等效剪切刚度比验算方法,侧向刚度比不满足要求
（B）楼层侧向刚度比验算方法,侧向刚度比不满足规范要求
（C）考虑层高修正的楼层侧向刚度比验算方法,侧向刚度比不满足规范要求
（D）等效侧向刚度比验算方法,等效刚度比不满足规范要求

【解答】 根据《高规》E.0.1条,转换层设置在3层时,等效剪切刚度比验算方法不

是规范规定的适用于本题的方法,故(A)项不妥。

侧向刚度比验算,根据《高规》E.0.2 条,按《高规》式(3.5.2-1)计算:

第 2、3 层串联后的侧向刚度 K_{23}:

$$K_{23} = \frac{1}{\frac{\Delta_2}{V_2} + \frac{\Delta_3}{V_3}} = \frac{1}{\frac{3.5}{900} + \frac{3}{1500}} = 170 \text{kN/mm}$$

$$K_4 = \frac{V_4}{\Delta_4} = \frac{900}{2.1} = 428.6 \text{kN/mm}$$

$$\frac{K_{23}}{K_4} = \frac{170}{428.6} = 0.4 < 0.6, \text{不满足,故选(B)项}。$$

此外,等效侧向刚度比,按式(E.0.3):

$$\gamma_{e2} = \frac{6.2 \times 18}{7.8 \times 17.5} = 0.82 > 0.8, \text{满足,故(D)项不妥}。$$

【例 7.8.3】 某地上 16 层商住楼,地下 2 层(未示出)的钢筋混凝土结构,系底层大空间剪力墙结构,如图 7.8.3 所示。2~16 层均布置有剪力墙,其中第①、④、⑦轴线剪力墙落地,第②、③、⑤、⑥轴线为框支剪力墙。该建筑位于 7 度抗震设防区,丙类建筑,设计基本地震加速度为 0.15g,场地类别Ⅱ类,结构基本自振周期 1s。混凝土强度等级,底层及地下室为 C50,其他层为 C30,框支柱断面为 800mm×900mm。

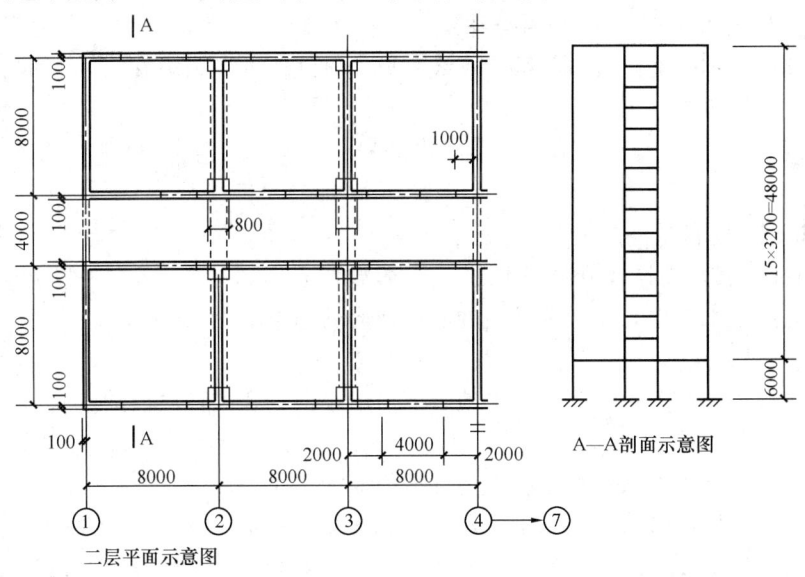

图 7.8.3

假定承载力满足要求,第 1 层各轴线墙厚度相同,第 2 层各轴线横向剪力墙厚度皆为 200mm。

试问: 在 1 层的最小墙厚 b_w(mm)应为多少时,才能满足《高规》有关要求?

【解答】 根据《高规》附录 E.0.1 条规定:

1 层与 2 层混凝土剪变模量之比:$\dfrac{G_1}{G_2} = \dfrac{0.4E_1}{0.4E_2} = \dfrac{0.4 \times 3.45 \times 10^4}{0.4 \times 3 \times 10^4} = 1.15$

$$C_1 = 2.5 \left(\frac{h_{c1}}{h_1}\right)^2 = 2.5 \times \left(\frac{900}{6000}\right)^2 = 0.056$$

$$A_1 = A_{w1} + C_1 A_{c1} = A_{w1} + 0.056 \times (16 \times 0.8 \times 0.9) = A_{w1} + 0.645$$
$$A_2 = A_{w2} = 14 \times 0.2 \times 8.2 = 22.96 \text{m}^2$$
$$\gamma_{e1} = \frac{G_1 A_1}{G_2 A_2} \cdot \frac{h_2}{h_1} > 0.5$$

即：
$$\frac{(A_{w1} + 0.645) \times 1.15}{22.96} \times \frac{3.2}{6.0} \geqslant 0.5$$

解之得：
$$A_{w1} \geqslant 18.07 \text{m}^2$$
$$b_w \geqslant \frac{18.07}{6 \times 8.2} = 0.367 \text{m} = 367 \text{mm}$$

【例 7.8.4】 题目条件同例 7.8.3。

试问：

(1) 剪力墙底部需加强部位的高度为多少？

(2) 假定承载力满足要求，试判断第④轴线落地剪力墙在第 3 层时墙的最小厚度 b_w（mm）应为多少时，才能满足《高规》要求？

【解答】 (1) 根据《高规》10.2.2 条规定：

剪力墙底部需加强部位的高度 H：
$$H = \max\left(6 + 2 \times 3.2, \frac{1}{10} \times 54\right) = \max(12.4, 5.4) = 12.4 \text{m}$$

(2) 确定最小墙厚 b_w

查《高规》表 3.9.3，7 度、丙类建筑，Ⅱ类场地，$H = 54$m，底部加强部位抗震等级为二级；非底部加强部位抗震等级为三级。第④轴线落地剪力墙在第 3 层属于底部加强部位，故其抗震等级为二级。

由《高规》10.2.16 条、7.2.1 条第 2 款：
$$b_w \geqslant 200 \text{mm}$$

【例 7.8.5】 题目条件同例 7.8.3。

该建筑物底层为薄弱层，1~16 层总重力荷载代表值为 231000kN，假定地震作用分析计算出的对应于水平地震作用标准值的底层地震剪力 $V_{Ek1,j} = 5000$kN。

试问：

(1) 根据规程中有关对各楼层水平地震剪力最小值的要求，底层的基底地震剪力标准值应为多少？

(2) 底部全部框支柱承受的地震剪力标准值应为多少？

【解答】 (1) 根据《高规》10.2.4 条规定和 3.5.8 条规定，及 4.3.12 条规定：$T = 1$s < 3.5s，7 度，查《高规》表 4.3.12 及注 2 的规定，取 $\lambda = 0.024$，由规范式(4.3.12)得：
$$V_{Ek1,j} = 1.25 \times 5000 = 6250 \text{kN} < 1.15 \times 0.024 \sum_{j=1}^{n} G_i$$
$$= 1.15 \times 0.024 \times 231000 = 6375.6 \text{kN}$$

故取
$$V_{Ek1,j} = 6375.6 \text{kN}$$

(2) 底层全部框架支柱承受的地震剪力标准值 V_{kc}

根据《高规》10.2.17 条第 2 款规定：
$$V_{kc} = 20\% \times 6375.6 = 1275.12 \text{kN}$$

【例 7.8.6】 某住宅建筑为地下 2 层，地上 26 层的含有部分框支剪力墙的钢筋混凝土剪力墙结构，总高为 95.4m，第一层层高为 5.4m，其余各层层高为 3.6m。转换梁顶面标高为 5.400m,剪力墙抗震等级为二级,其底层墙肢轴压比为 0.40。

试问:
(1) 确定剪力墙底部加强部位的高度为多少?
(2) 剪力墙的约束边缘构件至少应做到第几层楼面?

【解答】 (1) 根据《高规》10.2.2 条规定:
底部加强部位的高度 H:
$$H = \max\left(5.4+3.6\times 2, \frac{1}{10}\times 95.4\right) = \max(12.6, 9.54) = 12.6\text{m}$$

(2) 根据《高规》7.2.14 条规定,应设约束边缘构件。
该约束边缘构件的范围:$12.6+3.6=16.2\text{m}$
故应做到第五层楼面处,即标高 16.2m 处。

【例 7.8.7】 有密集建筑群的城市市区中的某建筑,地上 28 层,地下 1 层,为一般钢筋混凝土框架-核心筒高层建筑,丙类建筑,抗震设防烈度为 7 度,场地Ⅱ类。该建筑质量沿高度比较均匀,平面为切角三角形,如图 7.8.4 所示。

假设外围框架结构的部分柱在底层不连续,形成带转换层的结构,且该建筑的结构计算模型底部嵌固端在±0.000 处。

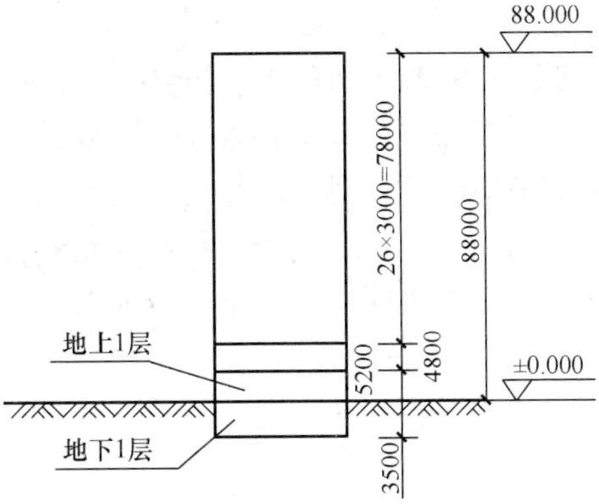

图 7.8.4

试问:
(1) 剪力墙底部需加强部位的高度为多少?
(2) 假设外围框架结构的部分柱在第 3 层不连续,形成带转换层的结构,其他条件不变。确定剪力墙底部加强部位的高度,以及该结构的抗震等级。

【解答】 (1) 根据《高规》10.2.2 条规定:
底部加强部位的高度 H:
$$H = \max\left(5.2+4.8+3.0, \frac{1}{10}\times 88\right) = \max(13, 8.8) = 13\text{m}$$

(2) 根据《高规》10.2.2 条规定:
1) 底部加强部位的高度 H
$$H = \max\left(5.2+4.8+3.0+3.0\times 2, \frac{1}{10}\times 88\right) = 19\text{m}$$

2) 查《高规》表 3.3.1-1 知,高度 88m,该结构为 A 级高度,丙类建筑、7 度、Ⅱ类场地,按 7 度考虑抗震等级。

查《高规》表 3.9.3 及注 2 的规定,框支框架的抗震等级为一级,核心筒的抗震等级为二级。

转换层在第三层,根据《高规》10.2.6 条及其条文说明,底部带有转换层的框架-核心筒的抗震等级不必提高,则:框支框架的抗震等级为一级;核心筒的抗震等级为二级。

【例 7.8.8】 某 60m 的钢筋混凝土框支剪力墙结构,丙类建筑,抗震设防烈度为 8 度,建筑场地为Ⅱ类,转换层在第三层。

试问:该结构抗震构造措施所采用的抗震等级。

【解答】 (1) 60m，查《高规》表 3.3.1-1 知，该结构属 A 级高度。

(2) 丙类、8度、Ⅱ类场地，按8度考虑抗震构造措施的抗震等级；

查《高规》表 3.9.3 知：

框支框架的抗震等级为一级；

剪力墙底部加强部位的抗震等级为一级；

剪力墙其他部位的抗震等级为二级。

(3) 转换层在第三层，根据《高规》10.2.6 条规定，框支柱、剪力墙底部加强部位的抗震等级宜提高一级，即：

框支柱的抗震等级为特一级；框支梁的抗震等级仍为一级。

剪力墙底部加强部位的抗震等级为特一级。

剪力墙其他部位的抗震等级仍为二级。

【例 7.8.9】 某现浇钢筋混凝土大底盘双塔结构，地上 37 层，地下 2 层，如图 7.8.5 所示。大底盘 5 层均为商场（乙类建筑），高度 23.5m，塔楼为部分框支剪力墙结构，转换层设在 5 层顶板处，塔楼之间为长度 36m（4 跨）的框架结构。6 至 37 层为住宅（丙类建筑），层高 3.0m，剪力墙结构。抗震设防烈度为 6 度，Ⅲ类建筑场地，混凝土强度等级为 C40。分析表明地下一层顶板（±0.000 处）可作为上部结构嵌固部位。

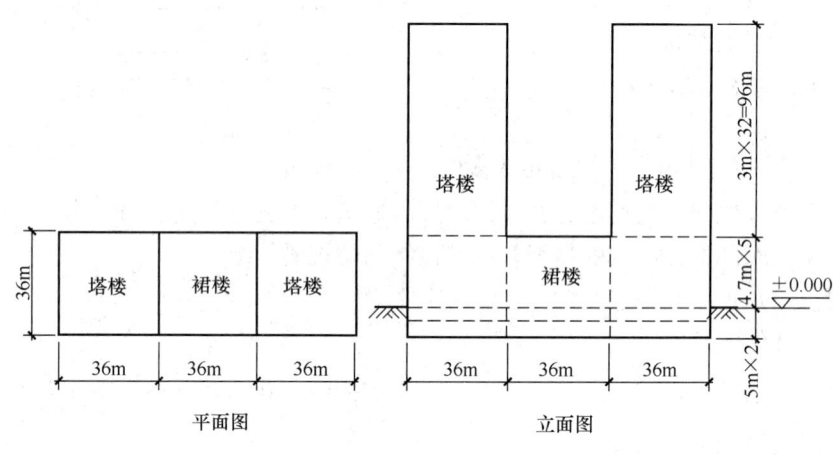

图 7.8.5

试问：

(1) 针对上述结构，剪力墙抗震等级有下列 4 组，见表 7.8.2-1～表 7.8.2-4。试问，下列何组符合《高层建筑混凝土结构技术规程》JGJ 3—2010 的规定？

(A) 表 7.8.2-1　　　(B) 表 7.8.2-2　　　(C) 表 7.8.2-3　　　(D) 表 7.8.2-4

剪力墙的抗震等级 A　　　　　　　　　　　　　　　表 7.8.2-1

	抗震措施	抗震构造措施
地下二层	二级	二级
1 至 5 层	一级	特一级
7 层	二级	一级
20 层	三级	三级

剪力墙的抗震等级 B   表 7.8.2-2

	抗震措施	抗震构造措施
地下二层		一级
1至5层	特一级	特一级
7层	一级	一级
20层	三级	三级

剪力墙的抗震等级 C   表 7.8.2-3

	抗震措施	抗震构造措施
地下二层		二级
1至5层	一级	一级
7层	二级	一级
20层	三级	三级

剪力墙的抗震等级 D   表 7.8.2-4

	抗震措施	抗震构造措施
地下二层		一级
1至5层	一级	特一级
7层	三级	三级
20层	三级	三级

（2）针对上述结构，其1～5层框架、框支框架抗震等级有下列4组，见表7.8.3-1～表7.8.3-4。试问，采用哪一组符合《高层建筑混凝土结构技术规程》JGJ 3—2010 的规定？

(A) 表 7.8.3-1　　(B) 表 7.8.3-2　　(C) 表 7.8.3-3　　(D) 表 7.8.3-4

1-5层框架、框支框架抗震等级 A   表 7.8.3-1

	抗震措施	抗震构造措施
框架	一级	一级
框支框架梁	一级	特一级
框支框架柱	特一级	特一级

1-5层框架、框支框架抗震等级 B   表 7.8.3-2

	抗震措施	抗震构造措施
框架	二级	二级
框支框架梁	一级	一级
框支框架柱	特一级	特一级

1-5层框架、框支框架抗震等级 C   表 7.8.3-3

	抗震措施	抗震构造措施
框架	二级	二级
框支框架梁	一级	特一级
框支框架柱	一级	特一级

1-5层框架、框支框架抗震等级 D   表 7.8.3-4

	抗震措施	抗震构造措施
框架	二级	二级
框支框架梁	一级	一级
框支框架柱	一级	特一级

【解答】(1) 6度，$H=4.7\times5+96=119.5$m，查《高规》表 3.3.1-1，属于 A 级高度。

由《高规》10.2.2条，$\frac{1}{10}\times119.5=11.95$m，故 1~7 层为底部加强部位。

1) 大底盘（1~5层）为乙类，由《高规》表 3.9.3，及《高规》10.2.6 条及条文说明：剪力墙的抗震构造措施提高一级，为特一级，排除（C）项。

2) 由《高规》3.9.5 条；地下一层抗震等级同地上一层；地下二层不计算地震作用，抗震构造措施比地下一层降低一级，排除（A）项。

3) 第 7 层，丙类，由《高规》表 3.9.3，10.2.6 条及条文说明：剪力墙的抗震构造措施提高一级，为一级，排除（D）项。

故应选（B）项。

(2) 1~5 层为乙类

主楼、乙类，查《高规》表 3.9.3：

框支框架（框支梁、框支柱）抗震措施为一级，其抗震构造措施为一级，排除（A）、（C）项。

由《高规》10.2.6 条及条文说明：

框支柱抗震构造措施提高一级，为特一级，排除（D）项。

故选（B）项。

此外，裙楼、乙类，查《高规》表 3.9.3：

裙楼自身框架的抗震措施为二级，其抗震构造措施为二级。

主楼相关范围框架，乙类，按框架-剪力墙结构，$H=119.5m$ 考虑，查《高规》表 3.9.3，框架抗震等级为二级。

由《高规》3.9.6 条，主楼相关范围框架的抗震措施仍为二级，抗震构造措施仍为二级。

思考：此外，中国建筑设计院有限公司编的《结构设计统一技术措施》4.8.9 条规定：转换层位置在 3 层及 3 层以上的高位转换复杂结构，其框支柱及底部加强部位的剪力墙的抗震等级，应按提高一级采用，已为特一级时不再提高。同时，规定抗震措施和抗震构造措施同步提高。可供实际工程参考。

【例 7.8.10】 某底层带托柱转换层的钢筋混凝土框架-筒体结构办公楼，地下 1 层，地上 25 层，地下 1 层层高 6.0m，地上 1 层至 2 层的层高均为 4.5m，其余各层层高均为 3.3m，房屋高度为 85.2m，转换层位于地上 2 层，如图 7.8.6 所示。抗震设防烈度为 7 度，设计基本地震加速度为 0.10g，设计分组为第一组，丙类建筑，Ⅲ类场地，混凝土强度等级：地上 2 层及以下均为 C50，地上 3 层至 5 层为 C40，其余各层均为 C35。

提示：按《建筑与市政工程抗震通用规范》作答。

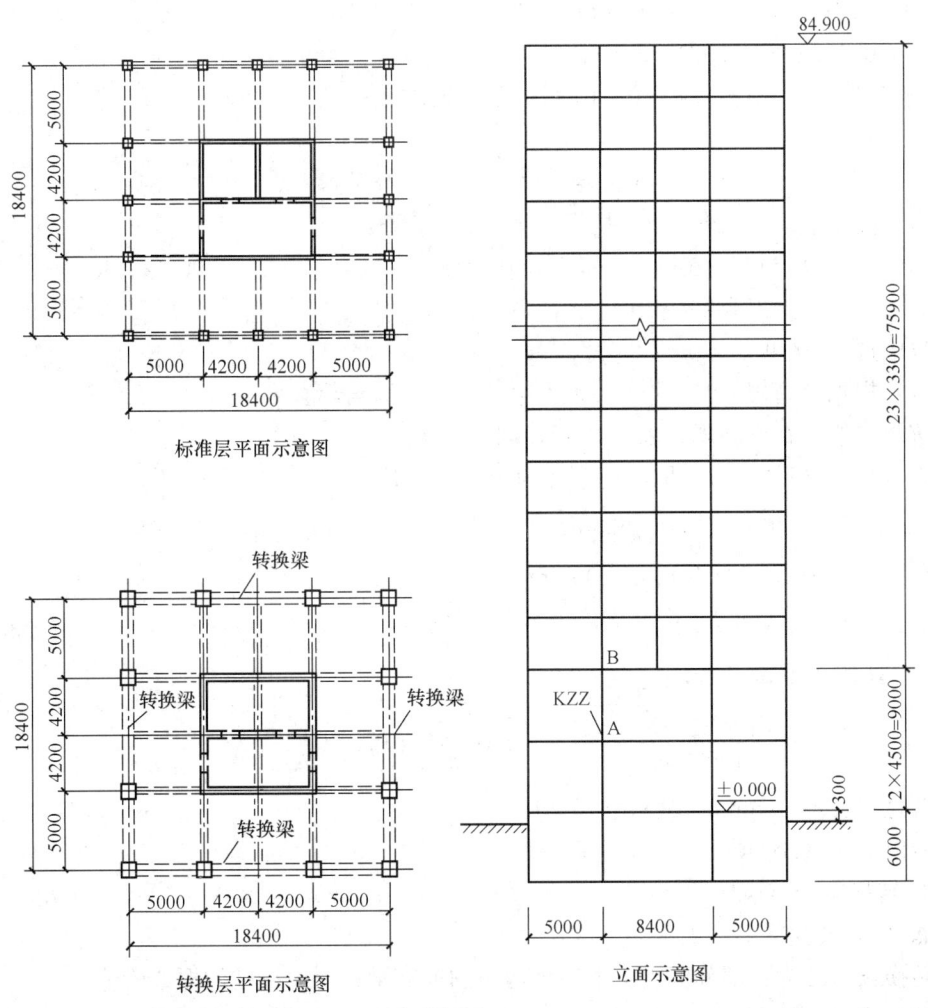

图 7.8.6

试问:

(1) 假定,地上第 2 层转换梁的抗震等级为一级,某转换梁截面尺寸为 700mm× 1400mm,经计算求得梁端截面弯矩标准值(kN·m)如下:恒载 $M_{gk}=1304$;活载(按等效均布荷载计)$M_{qk}=169$;风载 $M_{wk}=135$;水平地震作用 $M_{Ehk}=300$。试问,在进行梁端截面设计时,梁端考虑水平地震作用地震组合时的弯矩设计值 M(kN·m)与下列何项数值最为接近?

(A) 2100　　　　(B) 2200　　　　(C) 2350　　　　(D) 2520

(2) 假定,地面以上第 6 层核心筒的抗震等级为二级,混凝土强度等级为 C35(f_c= 16.7N/mm², f_t=1.57N/mm²),筒体转角处剪力墙的边缘构件的配筋形式如图 7.8.7 所示,墙肢底截面的轴压比为 0.42,箍筋采用 HPB300(f_{yv}=270N/mm²)级钢筋,纵筋保护层厚为 30mm。试问,转角处边缘构件中的箍筋最小采用下列何项配置时,才能满足规范、规程的最低构造要求?

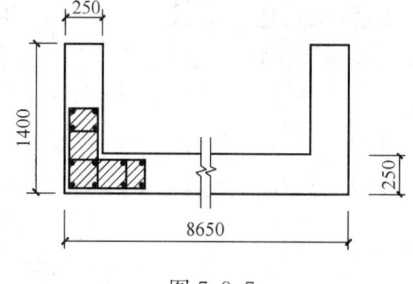

图 7.8.7

(A) ϕ10@80　　　　(B) ϕ10@100
(C) ϕ10@125　　　(D) ϕ10@150

【解答】(1) 根据《高规》10.2.4 条,取增大系数为 1.6。

$$M_{Ehk}=300\times 1.6=480\text{kN}\cdot\text{m}$$

由《高规》5.6.4 条,及《抗震通规》4.3.2 条:

$$M=1.3\times(1304+0.5\times 169)+1.4\times 480+1.4\times 0.2\times 135$$
$$=2518\text{kN}\cdot\text{m}$$

故应选 (D) 项。

(2) 根据《高规》9.2.2 条,地上第 6 层核心筒角部宜采用约束边缘构件。

抗震二级,查《高规》表 7.2.15,取 $\lambda_v=0.2$

由规程式 (7.2.15),取箍筋直径为 10mm,则:

$l_{i1}=550-30+10/2=525\text{mm}$

$l_{i2}=250-2\times 30+10=200\text{mm}$

$A_{cor}=(250+300-30-5)\times(250-2\times 30)+(300+30-5)\times(250-2\times 30)$

$=159600\text{mm}^2$

$$\rho_v=\frac{78.5\times(4\times 525+4\times 200)}{159600s}\geq \lambda_v\frac{f_c}{f_{yv}}=0.2\times\frac{16.7}{270}$$

解之得:$s\leq 115\text{mm}$,故取 ϕ10@100

所以应选 (B) 项。

2. 转换梁和转换柱

▲(1) 转换梁

转换梁可分为:部分框支剪力墙结构中的框支梁;上面托柱的框架梁。

转换梁设计要求,《混通规》4.4.10 条作了规定,《高规》作了细化规定。

《高规》规定：

10.2.7 转换梁设计应符合下列要求：

1 转换梁上、下部纵向钢筋的最小配筋率，非抗震设计时均不应小于0.30%；抗震设计时，特一、一和二级分别不应小于0.60%、0.50%和0.40%。

2 离柱边1.5倍梁截面高度范围内的梁箍筋应加密，加密区箍筋直径不应小于10mm、间距不应大于100mm。加密区箍筋的最小面积配筋率，非抗震设计时不应小于$0.9f_t/f_{yv}$；抗震设计时，特一、一和二级分别不应小于$1.3f_t/f_{yv}$、$1.2f_t/f_{yv}$和$1.1f_t/f_{yv}$。

3 偏心受拉的转换梁的支座上部纵向钢筋至少应有50%沿梁全长贯通，下部纵向钢筋应全部直通到柱内；沿梁腹板高度应配置间距不大于200mm、直径不小于16mm的腰筋。

10.2.8 转换梁设计尚应符合下列规定：

1 转换梁与转换柱截面中线宜重合。

2 转换梁截面高度不宜小于计算跨度的1/8。托柱转换梁截面宽度不应小于其上所托柱在梁宽方向的截面宽度。框支梁截面宽度不宜大于框支柱相应方向的截面宽度，且不宜小于其上墙体截面厚度的2倍和400mm的较大值。

3 转换梁截面组合的剪力设计值应符合下列规定：

持久、短暂设计状况 $V \leqslant 0.20\beta_c f_c bh_0$ (10.2.8-1)

地震设计状况 $V \leqslant \dfrac{1}{\gamma_{RE}}(0.15\beta_c f_c bh_0)$ (10.2.8-2)

4 托柱转换梁应沿腹板高度配置腰筋，其直径不宜小于12mm、间距不宜大于200mm。

5 转换梁纵向钢筋接头宜采用机械连接，同一连接区段内接头钢筋截面面积不宜超过全部纵筋截面面积的50%，接头位置应避开上部墙体开洞部位、梁上托柱部位及受力较大部位。

6 转换梁不宜开洞。若必须开洞时，洞口边离开支座柱边的距离不宜小于梁截面高度；被洞口削弱的截面应进行承载力计算，因开洞形成的上、下弦杆应加强纵向钢筋和抗剪箍筋的配置。

7 对托柱转换梁的托柱部位和框支梁上部的墙体开洞部位，梁的箍筋应加密配置，加密区范围可取梁上托柱边或墙边两侧各1.5倍转换梁高度；箍筋直径、间距及面积配筋率应符合本规程第10.2.7条第2款的规定。

8 框支剪力墙结构中的框支梁上、下纵向钢筋和腰筋（图10.2.8）应在节点区可靠锚固，水平段应伸至柱边，且非抗震设计时不应小于$0.4l_{ab}$，抗震设计时不应小于$0.4l_{abE}$，梁上部第一排纵向钢筋应向柱内弯折锚固，且应延伸过梁底不小于l_a（非抗震设计）或l_{aE}（抗震设计）；当梁上部

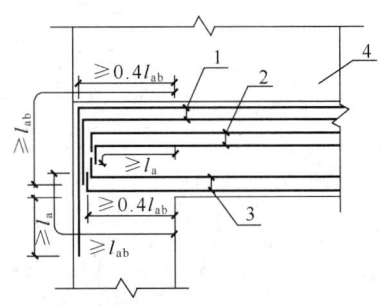

图10.2.8 框支梁主筋和腰筋的锚固
1—梁上部纵向钢筋；2—梁腰筋；
3—梁下部纵向钢筋；4—上部剪力墙；抗震设计时图中l_a、l_{ab}分别取为l_{aE}、l_{abE}

配置多排纵向钢筋时，其内排钢筋锚入柱内的长度可适当减小，但水平段长度和弯下段长度之和不应小于钢筋锚固长度 l_a（非抗震设计）或 l_{aE}（抗震设计）。

9 托柱转换梁在转换层宜在托柱位置设置正交方向的框架梁或楼面梁。

10.2.9 转换层上部的竖向抗侧力构件（墙、柱）宜直接落在转换层的主要转换构件上。

需注意的是：

(1) 特一级框架梁的规定，见《高规》3.10.3 条规定，梁端剪力增大系数 η_{vb} 应比一级增大 20%。

(2)《高规》10.2.7 条的条文说明中指出：

10.2.7（条文说明）

本条第 3 款针对偏心受拉的转换梁（一般为框支梁）顶面纵向钢筋及腰筋的配置提出了更高要求。研究表明，偏心受拉的转换梁（如框支梁），截面受拉区域较大，甚至全截面受拉，因此除了按结构分析配置钢筋外，加强梁跨中区段顶面纵向钢筋以及两侧面腰筋的最低构造配筋要求是非常必要的。非偏心受拉转换梁的腰筋设置应符合本规程第 10.2.8 条的有关规定。

(3)《高规》10.2.8 条的条文说明中指出：

10.2.8（条文说明）

研究表明，托柱转换梁在托柱部位承受较大的剪力和弯矩，其箍筋应加密配置（图 12a）。框支梁多数情况下为偏心受拉构件，并承受较大的剪力；框支梁上墙体开有边门洞时，往往形成小墙肢，此小墙肢的应力集中尤为突出，而边门洞部位框支梁应力急剧加大。在水平荷载作用下，上部有边门洞框支梁的弯矩约为上部无边门洞框支梁弯矩的 3 倍，剪力也约为 3 倍，因此除小墙肢应加强外，边门洞墙边部位对应的框支梁的抗剪能力也应加强，箍筋应加密配置（图 12b）。当洞口靠近梁端且剪压比不满足规定时，也可采用梁端加腋提高其抗剪承载力，并加密配箍。

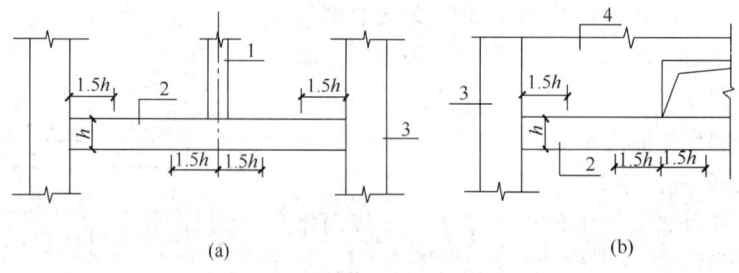

图 12 托柱转换梁、框支梁箍筋加密区示意
1—梁上托柱；2—转换梁；3—转换柱；4—框支剪力墙

需要注意的是，对托柱转换梁，在转换层尚宜设置承担正交方向柱底弯矩的楼面梁或框架梁，避免转换梁承受过大的扭矩作用。

【例 7.8.11】 某部分框支剪力墙结构房屋，丙类建筑，位于抗震设防烈度 7 度 (0.10g) 地区，设计使用年限 100 年，环境类别为一类，钢筋均采用 HRB400 级钢筋，框支柱采用 C50 混凝土，框支梁采用 C40 混凝土，其截面尺寸如图 7.8.8 所示。已知框支柱的纵向受力钢筋采用直径 28mm，框支梁上、下纵向受力钢筋均采用直径 32mm 钢筋，框支柱、框支梁的箍筋均采用直径 12mm 钢筋。框支柱的抗震等级为一级，框支梁的抗震等级为二级。

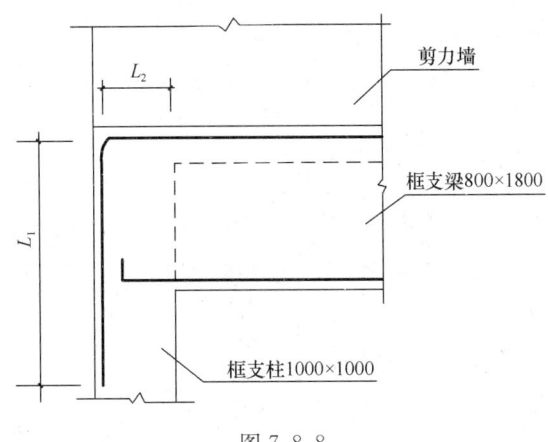

图 7.8.8

试问：

(1) 该框支梁上部第一排纵向受力钢筋在框支柱内的水平锚固长度 L_2（mm），应为下列何项数值且经济合理？

(A) 925　　　　(B) 935　　　　(C) 945　　　　(D) 955

(2) 该框支梁上部第一排纵向受力钢筋在框支柱内的竖直锚固长度 L_1（mm），应取下列何项数值且经济合理？

(A) 2630　　　(B) 2710　　　(C) 2850　　　(D) 2920

(3) 假定，设计使用年限为 50 年，框支梁纵向受力钢筋采用直径 40mm 钢筋，其他条件不变，试问，锚固长度 L_1（mm），应取下列何项且经济合理？

(A) 3210　　　(B) 3150　　　(C) 2950　　　(D) 2810

【解答】 (1) 根据《高规》10.2.8 条、6.5.5 条：

抗震二级，取 $1.15l_{ab}$，则：$0.4l_{abE}=0.4\times1.15l_{ab}$

由《混规》8.3.1 条：

$$l_{ab}=0.14\times\frac{360}{1.89}\times32=853.3\text{mm}$$

$$0.4l_{abE}=0.4\times1.15\times853.3=393\text{mm}$$

由《混规》8.2.1 条：

100 年，一类，最外层钢筋的 $c=1.4\times20=28\text{mm}$

柱受力纵筋的 $c=28+12=40\text{mm}>d=28\text{mm}$，满足。

$$L_2=1000-28-12-28=932\text{mm}$$

故最终取 $L_2=932\text{mm}$，选（B）项。

(2) 根据《高规》10.2.8 条、6.5.3 条：

抗震二级： $l_{aE}=1.15l_a$

由《混规》8.3.1条、8.3.2条：
$$l_{aE}=1.15 \cdot \xi_a l_{ab}=1.15\times1.10\times0.14\times\frac{360}{1.89}\times32$$
$$=1079.5\text{mm}$$

由《混规》8.2.1条：

100年、一类，最外层钢筋的 $c=1.4\times20=28\text{mm}$

梁受力纵筋的 $c=28+12=40\text{mm}>d=32\text{mm}$，满足。
$$L_1=1800-28-12+1079.5=2839.5\text{mm}$$

应选（C）项。

(3) 根据《高规》10.2.8条、6.5.3条：
$$l_{aE}=1.15l_a$$

由《混规》8.3.1条、8.3.2条：
$$l_{aE}=1.15l_a=1.15\cdot\xi_a l_{ab}=1.15\times1.10\times0.14\times\frac{360}{1.89}\times40=1349.3\text{mm}$$

由《混规》8.2.1条：

50年，一类，最外层钢筋的 $c=20\text{mm}$

梁受力纵筋的 $c=20+12=32\text{mm}<d=40\text{mm}$

故取梁受力纵筋的 $c=40\text{mm}$
$$L_1=1800-40+1349.3=3109.3\text{mm}$$

应选（B）项。

▲ **(2) 转换柱**

转换柱可分为两类：一类是框支剪力墙结构中的框支柱；另一类是框架-核心筒、筒中筒结构中支承托柱转换梁的柱。转换柱设计要求，《混通规》4.4.11条作了规定，《高规》作了相同规定。

《高规》规定：

10.2.10 转换柱设计应符合下列要求：

1 柱内全部纵向钢筋配筋率应符合本规程第6.4.3条中框支柱的规定；

2 抗震设计时，转换柱箍筋应采用复合螺旋箍或井字复合箍，并应沿柱全高加密，箍筋直径不应小于10mm，箍筋间距不应大于100mm和6倍纵向钢筋直径的较小值；

3 抗震设计时，转换柱的箍筋配箍特征值应比普通框架柱要求的数值增加0.02采用，且箍筋体积配箍率不应小于1.5%。

10.2.11 转换柱设计尚应符合下列规定：

1 柱截面宽度，非抗震设计时不宜小于400mm，抗震设计时不应小于450mm；柱截面高度，非抗震设计时不宜小于转换梁跨度的1/15，抗震设计时不宜小于转换梁跨度的1/12。

2 一、二级转换柱由地震作用产生的轴力应分别乘以增大系数1.5、1.2，但计算柱轴压比时可不考虑该增大系数。

3 与转换构件相连的一、二级转换柱的上端和底层柱下端截面的弯矩组合值应分别乘以增大系数1.5、1.3，其他层转换柱柱端弯矩设计值应符合本规程第6.2.1条的规定。

4 一、二级柱端截面的剪力设计值应符合本规程第6.2.3条的有关规定。

5 转换角柱的弯矩设计值和剪力设计值应分别在本条第 3、4 款的基础上乘以增大系数 1.1。

6 柱截面的组合剪力设计值应符合下列规定：

持久、短暂设计状况 $\quad V \leqslant 0.20\beta_c f_c bh_0 \quad\quad$ (10.2.11-1)

地震设计状况 $\quad V \leqslant \dfrac{1}{\gamma_{RE}}(0.15\beta_c f_c bh_0) \quad\quad$ (10.2.11-2)

7 纵向钢筋间距均不应小于 80mm，且抗震设计时不宜大于 200mm，非抗震设计时不宜大于 250mm；抗震设计时，柱内全部纵向钢筋配筋率不宜大于 4.0%。

8 非抗震设计时，转换柱宜采用复合螺旋箍或井字复合箍，其箍筋体积配箍率不宜小于 0.8%，箍筋直径不宜小于 10mm，箍筋间距不宜大于 150mm。

9 部分框支剪力墙结构中的框支柱在上部墙体范围内的纵向钢筋应伸入上部墙体内不少于一层，其余柱纵筋应锚入转换层梁内或板内；从柱边算起，锚入梁内、板内的钢筋长度，抗震设计时不应小于 l_{aE}，非抗震设计时不应小于 l_a。

10.2.12 抗震设计时，转换梁、柱的节点核心区应进行抗震验算，节点应符合构造措施的要求。转换梁、柱的节点核心区应按本规程第 6.4.10 条的规定设置水平箍筋。

需注意的是：

(1)《高规》10.2.11 条第 3 款规定，同时，该条的条文说明中指出：

> 10.2.11（条文说明）
> 同时为推迟转换柱的屈服，以免影响整个结构的变形能力，规定一、二级转换柱与转换构件相连的柱上端和底层柱下端截面的弯矩组合值应分别乘以 1.5、1.3，剪力设计值也应按规定调整。

(2) 特一级框支柱还应满足《高规》3.10.4 条规定：

> 3.10.4 特一级框支柱应符合下列规定：
> 1 宜采用型钢混凝土柱、钢管混凝土柱。
> 2 底层柱下端及与转换层相连的柱上端的弯矩增大系数取 1.8，其余层柱端弯矩增大系数 η_c 应增大 20%；柱端剪力增大系数 η_{vc} 应增大 20%；地震作用产生的柱轴力增大系数取 1.8，但计算柱轴压比时可不计该项增大。
> 3 钢筋混凝土柱柱端加密区最大配箍特征值 λ_v 应按本规程表 6.4.7 的数值增大 0.03 采用，且箍筋体积配箍率不应小于 1.6%；全部纵向钢筋最小构造配筋百分率取 1.6%。

【例 7.8.12】 某底部带转换层的钢筋混凝土框架-核心筒结构，抗震设防烈度为 7 度，丙类建筑，Ⅱ类建筑场地。地上 31 层，地下 2 层，地下室顶板±0.000 处可作为上部结构的嵌固端，纵向两榀框架在第 3 层转换层设置转换梁，如图 7.8.9 所示。某根转换中柱，X 方向考虑地震组合的第二、三层 B、A 节点处的梁、柱弯矩组合值分别为：节点

A，上柱柱底弯矩 $M_c^b=600\text{kN}\cdot\text{m}$，下柱柱顶弯矩 $M_c^t=1800\text{kN}\cdot\text{m}$，节点左侧梁端弯矩 $M_b^l=480\text{kN}\cdot\text{m}$，节点右侧梁端弯矩 $M_b^r=1200\text{kN}\cdot\text{m}$；节点 B，上柱柱底弯矩 $M_c^b=600\text{kN}\cdot\text{m}$，下柱柱顶弯矩 $M_c^t=500\text{kN}\cdot\text{m}$，节点左侧梁端弯矩 $M_c^l=520\text{kN}\cdot\text{m}$。底层柱底弯矩组合值 $M_c=400\text{kN}\cdot\text{m}$。

试问： 该转换柱配筋设计时，节点 A、B 下柱柱顶，以及底层柱柱底的考虑地震组合的弯矩设计值 M_A、M_B、M_C 应为多少？

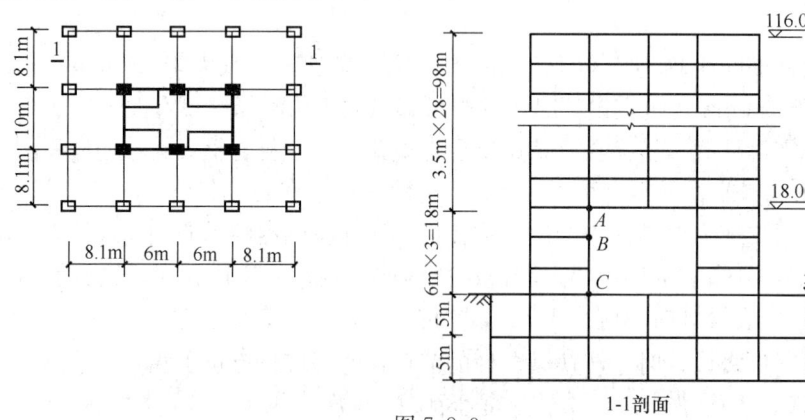

图 7.8.9

【解答】 7 度，116m，由《高规》3.3.1 条，属于 A 级高度。

丙类建筑，7 度，Ⅱ类场地，116m，查《高规》表 3.9.3 及注 2 的规定，核心筒抗震等级为二级，框支框架抗震等级为一级。

转换层在第 3 层，根据《高规》10.2.6 条及其条文说明，抗震等级不提高，仍取核心筒抗震等级为二级，框支框架抗震等级为一级。

A 节点，根据《高规》10.2.11 条第 3 款，抗震一级，则：
$$M_A=1.5\times1800=2700\text{kN}\cdot\text{m}$$

同理，C 节点，取 $M_c=1.5\times400=600\text{kN}\cdot\text{m}$

B 节点，根据《高规》10.2.11 条、6.2.1 条：
$$M_{B0}=\frac{500}{600+500}\times1.4\times520=331\text{kN}\cdot\text{m}<500\text{kN}\cdot\text{m}$$

故仍取 M_B 为 $500\text{kN}\cdot\text{m}$。

思考： 假定 B 节点，节点左侧梁端弯矩 $M_b^l=900\text{kN}\cdot\text{m}$，试确定 M_B 值。此时，根据《高规》6.2.1 条：
$$M_{B0}=\frac{500}{600+500}\times1.4\times900=572.73\text{kN}\cdot\text{m}>500\text{kN}\cdot\text{m}$$

故取 M_B 为 $572.73\text{kN}\cdot\text{m}$

【例 7.8.13】 某钢筋混凝土部分框支剪力墙结构，房屋高度 88m，丙类建筑，抗震设防烈度为 7 度，Ⅱ类场地，转换层设在第 2 层，纵横向均有落地剪力墙。首层某根框支柱角柱 C_1，抗震等级为一级，对应于地震作用标准值作用下，其柱底轴力 $N_{Ek}=1200\text{kN}$；重力荷载代表值作用下，其柱底轴力标准值为 $N_{Gk}=1900\text{kN}$，不考虑风荷载。

试问： 柱 C_1 配筋计算时所采用的地震组合的柱底轴力设计值为多少？

提示： 按《建筑与市政工程抗震通用规范》作答。

【解答】 根据《高规》10.2.11条第2款：
$$N_{GE} = 1.5 \times 1200 = 1800 \text{kN}$$
根据《高规》5.6.4条、《抗震通规》4.3.2条：
$$N = 1.3 \times 1900 + 1.4 \times 1800 = 4990 \text{kN}$$

【例7.8.14】 某带转换层的钢筋混凝土框架-核心筒结构，抗震等级为一级，其局部外框架柱不落地，采用转换梁托柱的方式使下层柱距变大，如图7.8.10所示。梁柱混凝土强度等级采用C40（$f_t = 1.71\text{N/mm}^2$），纵筋采用HRB400（$f_y = 360\text{N/mm}^2$），箍筋采用HRB335纵钢筋。

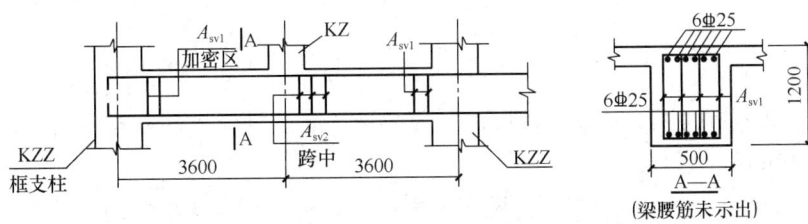

图7.8.10

试问：下列对转换梁箍筋的不同配置中，其中何项最符合相关规范、规程的最低要求？

(A) $A_{sv1} = 4 \underline{\Phi} 10@100$；$A_{sv2} = 4 \underline{\Phi} 10@200$
(B) $A_{sv1} = A_{sv2} = 4 \underline{\Phi} 10@100$
(C) $A_{sv1} = 4 \underline{\Phi} 12@100$；$A_{sv2} = 4 \underline{\Phi} 12@200$
(D) $A_{sv1} = A_{sv2} = 4 \underline{\Phi} 12@100$

【解答】 对于A_{sv1}，根据《高规》10.2.7条第2款的规定：
$$\rho_{sv,min} = 1.2 f_t / f_{yv} = 1.2 \times 1.71/300 = 0.684\%$$

图示4肢箍，单肢箍面积：$\dfrac{A_{sv1}}{4} = \dfrac{\rho_{sv1,min} bs}{4} = \dfrac{0.684\% \times 500 \times 100}{4} = 85.5 \text{mm}^2$

选$\underline{\Phi}12$（$A_s = 113.1 \text{mm}^2$），且满足箍筋直径$\geqslant 10\text{mm}$，故配置 $4 \underline{\Phi} 12@100$。

对于A_{sv2}，根据《高规》10.2.8条第7款规定及10.2.7条第2款规定，A_{sv2}同A_{sv1}的配置相同，故为$4 \underline{\Phi} 12@100$。

所以应选（D）项。

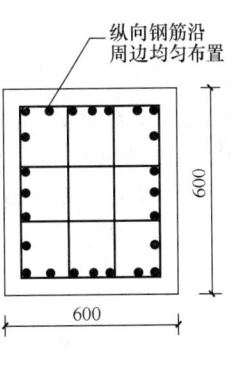

图7.8.11

【例7.8.15】 题目条件同例7.8.14。
试问：转换梁下转换柱配筋如图7.8.11所示，纵向钢筋混凝土保护层厚30mm，则关于纵向钢筋的配置，下列何项才符合有关规范、规程的构造规定？

(A) $24 \underline{\Phi} 28$ (B) $28 \underline{\Phi} 25$
(C) $24 \underline{\Phi} 25$ (D) 前三项均符合

【解答】 根据《高规》10.2.10条第1款规定及6.4.3条第1款规定：
抗震一级：$\rho \geqslant 1.15\%$，$\rho_{单侧} \geqslant 0.2\%$

$$A_{s,\min} \geqslant 1.15\% bh = 1.15\% \times 600 \times 600 = 4140 \mathrm{mm}^2$$

$$A_{s,单侧} \geqslant 0.2\% bh = 0.2\% \times 600 \times 600 = 720 \mathrm{mm}^2$$

根据《高规》10.2.11 条第 7 款的规定：$\rho \leqslant 4\%$

$$A_{s,\max} = 4\% bh = 4\% \times 600 \times 600 = 14400 \mathrm{mm}^2$$

（A）项：24 Φ 28，$A_s = 14778.05 \mathrm{mm}^2 > 14400 \mathrm{mm}^2$，排除（A）、（D）项。

（B）项：28 Φ 25，$A_s = 13744.47 \mathrm{mm}^2 \begin{array}{l}<14400 \mathrm{mm}^2 \\ >4140 \mathrm{mm}^2\end{array}$

（C）项：24 Φ 25，$A_s = 11780.97 \mathrm{mm}^2 \begin{array}{l}<14400 \mathrm{mm}^2 \\ >4140 \mathrm{mm}^2\end{array}$

根据《高规》10.2.11 条第 7 款规定，抗震设计时，纵向钢筋间距不宜大于 200mm，且不应小于 80mm，则：

600－2×30＝540mm，每侧至少配置 4 根纵筋，最多配置 7 根纵筋

故全截面至少配置 12 根纵筋，最多配置 24 根纵筋，所以（B）项不符合，应排除。

对于（C）项，每侧 7 根，$A_{s,侧} = 3436.1 \mathrm{mm}^2 > 720 \mathrm{mm}^2$，满足。

所以应选（C）项。

【例 7.8.16】 某 54m 钢筋混凝土结构为底层大空间剪力墙结构，底层采用 C50 混凝土，其他层采用 C30 混凝土，框支柱截面为 800mm×900mm。该建筑位于 7 度抗震设防区，抗震设防类别为丙类，设计基本地震加速度为 0.15g，场地类别Ⅱ类。框支柱考虑地震组合的轴压力设计值 $N = 13300 \mathrm{kN}$，沿柱全高配复合螺旋箍，采用 HPB300 级，直径 12mm，间距 100mm，肢距 200mm；柱剪跨比 $\lambda > 2.0$。

试问：

(1) 框支柱箍筋加密区最小配筋特征值 λ_v 应为多少？

(2) 框支柱箍筋加密区的最小体积配箍率应为多少？

【解答】 (1) 确定 λ_v。

1）54m，查《高规》表 3.3.1-1 知，该结构属 A 级高度。

2）丙类、7 度、Ⅱ类场地，根据《高规》3.9.1 条规定，按 7 度考虑抗震等级。

3）Ⅱ类场地，设计基本地震加速度 0.15g，根据《高规》3.9.2 规定，不考虑调整，仍按 7 度考虑抗震等级。

4）查《高规》表 3.9.3 知，框支柱的抗震等级为二级。

5）根据《高规》表 6.4.2 及注 4 的规定：

$$[\mu_N] = 0.70 + 0.10 = 0.80$$

$$\mu_N = \frac{N}{f_c A} = \frac{13300 \times 10^3}{23.1 \times 800 \times 900} = 0.7997 \leqslant [\mu_N] = 0.80，满足。$$

根据《高规》10.2.10 条及表 6.4.7 的规定：

抗震二级：$\lambda_v = 0.15 + 0.02 = 0.17$

(2) 确定 $\rho_{v,\min}$。

$$\rho_{v,\min} = \lambda_v \frac{f_c}{f_{yv}} = 0.17 \times \frac{23.1}{270} = 1.45\% < 1.5\%$$

所以最小体积配箍率为1.5%。

【例7.8.17】 假定,某转换柱的抗震等级为一级,其截面尺寸为800mm×900mm,采用C50混凝土,地震组合轴压力设计值N=10810kN,沿柱全高配井字复合箍。箍筋采用HRB400钢筋,箍筋直径为12,其间距为100mm,肢距为200mm。柱剪跨比λ=1.95。试问,该柱满足箍筋构造配置要求的最小配箍特征值λ_v,与下列何项数值最接近?

(A) 0.16   (B) 0.18   (C) 0.20   (D) 0.24

【解答】 根据《高规》6.4.2条:

$$\mu_N = \frac{10810 \times 10^3}{23.1 \times 800 \times 900} = 0.65$$

查表6.4.7,$\lambda_v = 0.16$

《高规》10.2.10条,$\lambda_v = 0.16 + 0.02 = 0.18$,同时,$\rho_v \geq 1.5\%$

$\rho_v = \lambda_v \dfrac{f_c}{f_{yv}} = \lambda_v \dfrac{23.1}{360} \geq 1.5\%$,则:$\lambda_v \geq 0.234$

最终取$\lambda_v \geq 0.234$,故选(D)项。

3. 箱形转换结构、厚板及空腹桁架转换层

《高规》规定:

> 10.2.13 箱形转换结构上、下楼板厚度均不宜小于180mm,应根据转换柱的布置和建筑功能要求设置双向横隔板;上、下板配筋设计应同时考虑板局部弯曲和箱形转换层整体弯曲的影响,横隔板宜按深梁设计。
>
> 10.2.14 厚板设计应符合下列规定:
> 1 转换厚板的厚度可由抗弯、抗剪、抗冲切截面验算确定。
> 2 转换厚板可局部做成薄板,薄板与厚板交界处可加腋;转换厚板亦可局部做成夹心板。
> 3 转换厚板宜按整体计算时所划分的主要交叉梁系的剪力和弯矩设计值进行截面设计并按有限元法分析结果进行配筋校核;受弯纵向钢筋可沿转换板上、下部双层双向配置,每一方向总配筋率不宜小于0.6%;转换板内暗梁的抗剪箍筋面积配筋率不宜小于0.45%。
> 4 厚板外周边宜配置钢筋骨架网。
> 5 转换厚板上、下部的剪力墙、柱的纵向钢筋均应在转换厚板内可靠锚固。
> 6 转换厚板上、下一层的楼板应适当加强,楼板厚度不宜小于150mm。
>
> 10.2.15 采用空腹桁架转换层时,空腹桁架宜满层设置,应有足够的刚度。空腹桁架的上、下弦杆宜考虑楼板作用,并应加强上、下弦杆与框架柱的锚固连接构造;竖腹杆应按强剪弱弯进行配筋设计,并加强箍筋配置以及与上、下弦杆的连接构造措施。

4. 部分框支剪力墙结构的设计要求

▲(1) 结构布置

《高规》规定:

10.2.16 部分框支剪力墙结构的布置应符合下列规定：

1 落地剪力墙和筒体底部墙体应加厚；
2 框支柱周围楼板不应错层布置；
3 落地剪力墙和筒体的洞口宜布置在墙体的中部；
4 框支梁上一层墙体内不宜设置边门洞，也不宜在框支中柱上方设置门洞；
5 落地剪力墙的间距 l 应符合下列规定：

   1) 非抗震设计时，l 不宜大于 $3B$ 和 36m；
   2) 抗震设计时，当底部框支层为 1～2 层时，l 不宜大于 $2B$ 和 24m；当底部框支层为 3 层及 3 层以上时，l 不宜大于 $1.5B$ 和 20m；此处，B 为落地墙之间楼盖的平均宽度。

6 框支柱与相邻落地剪力墙的距离，1～2 层框支层时不宜大于 12m，3 层及 3 层以上框支层时不宜大于 10m；
7 框支框架承担的地震倾覆力矩应小于结构总地震倾覆力矩的 50%；
8 当框支梁承托剪力墙并承托转换次梁及其上剪力墙时，应进行应力分析，按应力校核配筋，并加强构造措施。B 级高度部分框支剪力墙高层建筑的结构转换层，不宜采用框支主、次梁方案。

▲（2）框支柱地震剪力的调整和剪力墙底部加强部位的内力调整

《高规》规定：

10.2.17 部分框支剪力墙结构框支柱承受的水平地震剪力标准值应按下列规定采用：

1 每层框支柱的数目不多于 10 根时，当底部框支层为 1～2 层时，每根柱所受的剪力应至少取结构基底剪力的 2%；当底部框支层为 3 层及 3 层以上时，每根柱所受的剪力应至少取结构基底剪力的 3%。
2 每层框支柱的数目多于 10 根时，当底部框支层为 1～2 层时，每层框支柱承受剪力之和应至少取结构基底剪力的 20%；当框支层为 3 层及 3 层以上时，每层框支柱承受剪力之和应至少取结构基底剪力的 30%。

框支柱剪力调整后，应相应调整框支柱的弯矩及柱端框架梁的剪力和弯矩，但框支梁的剪力、弯矩、框支柱的轴力可不调整。

10.2.18 部分框支剪力墙结构中，特一、一、二、三级落地剪力墙底部加强部位的弯矩设计值应按墙底截面有地震作用组合的弯矩值乘以增大系数 1.8、1.5、1.3、1.1 采用；其剪力设计值应按本规程第 3.10.5 条、第 7.2.6 条的规定进行调整。落地剪力墙墙肢不宜出现偏心受拉。

需注意的是：

(1)《高规》10.2.17 条规定，与《抗规》6.2.10 条第 1 款是协调的。
(2)《高规》10.2.18 条规定，对其剪力设计值相应地进行调整，其目的是实现"强剪弱弯"。

【例 7.8.18】 某底部大空间剪力墙高层钢筋混凝土建筑，转换层在首层，底层的抗侧刚度小于其上一层抗侧刚度的70%。经计算知底部框支层楼层水平地震剪力标准值V_k=8600kN，框支层有框支柱8根。

试问：确定每根框支柱所分配的水平地震剪力标准值。

【**解答**】(1) 根据《高规》10.2.4条及3.5.8条规定，对竖向不规则，存在薄弱层，薄弱层的地震剪力应乘1.25的增大系数。

$$V_k = 1.25 \times 8600 = 10750\text{kN}$$

(2) 根据《高规》10.2.17条第1款规定：

每根框支柱的剪力值V_c：$V_c = 2\% \cdot V_k = 2\% \times 10750 = 215\text{kN}$

【**例7.8.19**】某底部大空间剪力墙高层钢筋混凝土建筑，底部首层为大空间，第2层至18层为标准层，1~18层总重力荷载代表值为28000kN。底部框支柱12根。该结构基本自振周期为1.20s。该建筑位于7度抗震设防区，丙类建筑，场地类别为Ⅱ类。

经计算知底层为薄弱层，对应于水平地震作用的底层地震剪力标准值V_{Ek1}=4000kN。

试问：底部全部框支柱承受的水平地震剪力标准值为多少？

【**解答**】(1) 根据《高规》4.3.12条和3.5.8条规定，必须满足楼层最小地震剪力要求：

查《高规》表4.3.12知，λ=0.016，同时，应考虑1.15的增大系数。

$$\lambda = 1.15 \times 0.016 = 0.0184$$

$$V_{Ek} = 1.25 \times 4000 = 5000\text{kN} > \lambda \sum_{j=1}^{n} G_j = 0.0184 \times 28000 = 515.2\text{kN}$$

故取V_{Ek}=5000kN。

(2) 根据《高规》10.2.17条第2款规定

底层全部框支柱承受的水平地震剪力值V_{kc}，取上述V_{Ek}较大值计算：

$$V_{kc} = 20\% V_{Ek} = 20\% \times 5000 = 1000\text{kN}$$

【**例7.8.20**】某部分框支剪力墙结构房屋，高度为86m，丙类建筑，抗震设防裂度7度(0.10g)、建筑场地Ⅱ类。如图7.8.12所示，转换层设置在第二层楼顶处，首层、二层框支柱数量均为10根。已知框支柱、框支梁的抗震等级均为一级，水平地震作用下，基底总地震剪力标准值V_0=42000kN（已考虑薄弱层的调整），满足最小地震剪力要求。经计算，框支梁KZL1、框支柱KZZ1、框架梁KL1和KL2在同一荷载工况下弹性计算的弯矩标准值，见表7.8.4。已知框支柱KZ1的首层、二层的水平地震剪力标准值分别为：700kN、600kN。

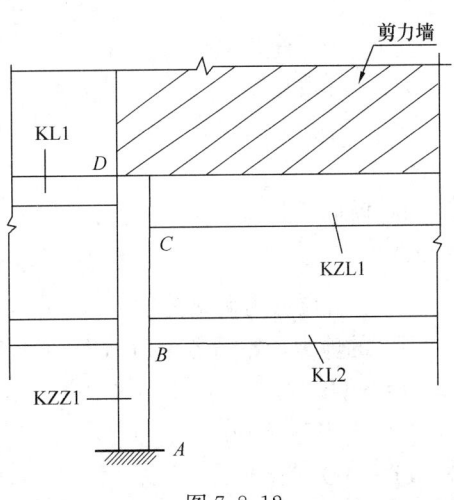

图7.8.12

弯矩标准值 表7.8.4

荷载工况	KZL1 的 C 端弯矩	KZZ1 的 C 端弯矩	KL1 的 D 端弯矩	KL2 的 B 端弯矩
永久荷载	−450	600	−150	−200
活荷载	−200	300	−100	−100
风	±300	450	±150	±180
水平地震作用	±550	800	±250	±300

注：梁顶部弯矩值为负。

提示：按《建筑与市政工程抗震通用规范》作答。

试问：

(1) 在地震组合下，框支梁 KZL1 的 C 端负弯矩设计值（kN·m）的绝对值，与下列何项最接近？

(A) 1600　　　(B) 1800　　　(C) 1900　　　(D) 2050

(2) 在地震组合下，框架梁 KL1 的 D 端负弯矩设计值（kN·m）的绝对值，与下列何项最接近？

(A) 800　　　(B) 750　　　(C) 700　　　(D) 650

(3) 在地震组合下，框架梁 KL2 的 B 端负弯矩设计值（kN·m）的绝对值，与下列何项最接近？

(A) 800　　　(B) 850　　　(C) 930　　　(D) 980

(4) 在地震组合下，框支柱 KZZ1 的柱顶 C 处的弯矩设计值（kN·m），与下列何项最接近？

(A) 4050　　　(B) 3750　　　(C) 3400　　　(D) 3100

【解答】 (1) 根据《高规》10.2.4 条，取 1.6；《高规》10.2.17 条，及《抗震通规》4.3.2 条：

$$M = -1.3 \times (450 + 0.5 \times 200) + 1.4 \times 1.6 \times (-550) + 1.5 \times 0.2 \times (-300)$$
$$= -2037 \text{kN} \cdot \text{m}$$

故选 (D) 项。

(2) 根据《高规》10.2.17 条：

$$2\%V_0 = 2\% \times 42000 = 840 \text{kN}$$

二层剪力调整：840/600 = 1.4

$$M = -1.3 \times (150 + 0.5 \times 100) + 1.4 \times 1.4 \times (-250) + 1.5 \times 0.2 \times (-150)$$
$$= -795 \text{kN} \cdot \text{m}$$

故选 (A) 项。

(3) 根据《高规》10.2.17 条：

$$2\%V_0 = 2\% \times 42000 = 840 \text{kN}$$

二层、首层剪力调整分别为：840/600 = 1.4，840/700 = 1.2

KL2 的剪力调整系数 = (1.4 + 1.2)/2 = 1.3

$$M = -1.3 \times (200 + 0.5 \times 100) + 1.4 \times 1.3 \times (-300) + 1.5 \times 0.2 \times (-180)$$
$$= -925 \text{kN} \cdot \text{m}$$

故选 (C) 项。

(4) 根据《高规》10.2.17 条：

二层的剪力调整系数：$0.2V_0=840\text{kN}$，$840/600=1.4$

由《高规》10.2.16 条：

$M=[1.3\times(600+0.5\times300)+1.4\times1.4\times800+1.5\times0.2\times450]\times1.5$
$=4017\text{kN}\cdot\text{m}$

故选（A）项。

【例 7.8.21】 某普通住宅，采用现浇钢筋混凝土部分框支剪力墙结构，房屋高度 40.9m。地下 1 层，地上 13 层，首层～三层层高分别为 4.5m、4.2m、3.9m，其余各层层高均为 2.8m，抗震设防烈度为 7 度，Ⅱ类建筑场地。第 3 层设转换层，纵横向均有落地剪力墙，地下一层顶板可作为上部结构的嵌固部位。

首层某剪力墙墙肢 W1，抗震措施的抗震等级为一级，墙肢底部截面考虑地震组合的内力计算值为：弯矩 $M_w=3500\text{kN}\cdot\text{m}$，剪力 $V_w=850\text{kN}$。

试问：W1 墙肢底部截面的内力设计值最接近于下列何项数值？

(A) $M=3500\text{kN}\cdot\text{m}$、$V=1360\text{kN}$
(B) $M=4500\text{kN}\cdot\text{m}$、$V=1190\text{kN}$
(C) $M=5250\text{kN}\cdot\text{m}$、$V=1360\text{kN}$
(D) $M=6300\text{kN}\cdot\text{m}$、$V=1615\text{kN}$

【解答】 由《高规》10.2.18 条，$M=1.5\times3500=5250\text{kN}\cdot\text{m}$

由《高规》7.2.6 条，$\eta_{vw}=1.6$：
$$V=\eta_{vw}V_w=1.6\times850=1360\text{kN}$$

所以应选（C）项。

▲（3）剪力墙墙体和框支梁上部墙体的构造要求

墙体配筋要求，《混通规》4.4.7 条第 4 款作了规定，《高规》作了相同规定。

《高规》规定：

> 10.2.19　部分框支剪力墙结构中，剪力墙底部加强部位墙体的水平和竖向分布钢筋的最小配筋率，抗震设计时不应小于 0.3%，非抗震设计时不应小于 0.25%；抗震设计时钢筋间距不应大于 200mm，钢筋直径不应小于 8mm。
>
> 10.2.20　部分框支剪力墙结构的剪力墙底部加强部位，墙体两端宜设置翼墙或端柱，抗震设计时尚应按本规程第 7.2.15 条的规定设置约束边缘构件。
>
> 10.2.21　部分框支剪力墙结构的落地剪力墙基础应有良好的整体性和抗转动的能力。
>
> 10.2.22　部分框支剪力墙结构框支梁上部墙体的构造应符合下列规定：
>
> 1　当梁上部的墙体开有边门洞时（图 10.2.22），洞边墙体宜设置翼墙、端柱或加厚，并应按本规程第 7.2.15 条约束边缘构件的要求进行配筋设计；当洞口靠近梁端部且梁的受剪承载力不满足要求时，可采取框支梁加腋或增大框支墙洞口连梁刚度等措施。
>
> 2　框支梁上部墙体竖向钢筋在梁内的锚固长度，抗震设计时不应小于 l_{aE}，非抗震设计时不应小于 l_a。
>
> 3　框支梁上部一层墙体的配筋宜按下列规定进行校核：

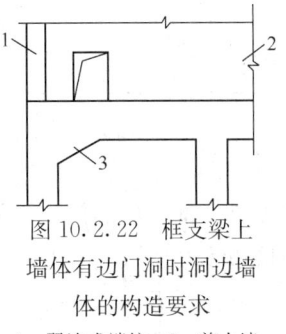

图 10.2.22　框支梁上部墙体有边门洞时洞边墙体的构造要求
1—翼墙或端柱；2—剪力墙；
3—框支梁加腋

1) 柱上墙体的端部竖向钢筋面积 A_s:
$$A_s = h_c b_w (\sigma_{01} - f_c) / f_y \qquad (10.2.22\text{-}1)$$
2) 柱边 $0.2l_n$ 宽度范围内竖向分布钢筋面积 A_{sw}:
$$A_{sw} = 0.2 l_n b_w (\sigma_{02} - f_c) / f_{yw} \qquad (10.2.22\text{-}2)$$
3) 框支梁上部 $0.2l_n$ 高度范围内墙体水平分布筋面积 A_{sh}:
$$A_{sh} = 0.2 l_n b_w \sigma_{xmax} / f_{yh} \qquad (10.2.22\text{-}3)$$

式中 l_n——框支梁净跨度（mm）;

h_c——框支柱截面高度（mm）;

b_w——墙肢截面厚度（mm）;

σ_{01}——柱上墙体 h_c 范围内考虑风荷载、地震作用组合的平均压应力设计值（N/mm²）;

σ_{02}——柱边墙体 $0.2 l_n$ 范围内考虑风荷载、地震作用组合的平均压应力设计值（N/mm²）;

σ_{xmax}——框支梁与墙体交接面上考虑风荷载、地震作用组合的水平拉应力设计值（N/mm²）。

有地震作用组合时，公式（10.2.22-1）～（10.2.22-3）中 σ_{01}、σ_{02}、σ_{xmax} 均应乘以 γ_{RE}，γ_{RE} 取 0.85。

4 框支梁与其上部墙体的水平施工缝处宜按本规程第 7.2.12 条的规定验算抗滑移能力。

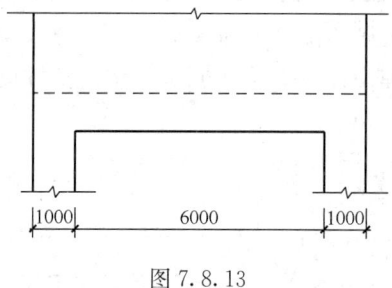

图 7.8.13

【例 7.8.22】 某现浇钢筋混凝土部分框支剪力墙结构，其中底层框支框架及上部墙体如图 7.8.13 所示，抗震等级为一级。框支柱截面为 1000mm×1000mm，上部墙体厚度 250mm，混凝土强度等级 C40，钢筋采用 HRB400。

提示：墙体施工缝处抗滑移能力满足要求。

试问：

(1) 假定，进行有限元应力分析校核时发现，框支梁上部一层墙体水平及竖向分布钢筋均大于整体模型计算结果。由应力分析得知，框支柱边 1200mm 范围内墙体考虑风荷载、地震作用的地震组合的平均压应力设计值为 25N/mm²，框支梁与墙体交接面上考虑风荷载、地震作用的地震组合的水平拉应力设计值为 2.5N/mm²。试问，该层墙体的水平分布筋及竖向分布筋，宜采用下列何项配置才能满足《高层建筑混凝土结构技术规程》JGJ 3—2010 的最低构造要求？

(A) 2⌀10@200；2⌀10@200　　(B) 2⌀12@200；2⌀12@200
(C) 2⌀12@200；2⌀14@200　　(D) 2⌀14@200；2⌀14@200

(2) 假定，进行有限元应力分析校核时发现，框支梁上部一层墙体在柱顶范围竖向钢筋大于整体模型计算结果，由应力分析得知，柱顶范围墙体考虑风荷载、地震作用地震组合的平均压应力设计值为 32N/mm²。框支柱纵筋配置 40⌀28，沿四周均布，见

图 7.8.14。试问，框支梁方向框支柱顶范围墙体的纵向配筋采用下列何项配置，才能满足《高层建筑混凝土结构技术规程》JGJ 3—2010 的最低构造要求？

(A) 12 Φ 18
(B) 12 Φ 20
(C) 8 Φ 18＋6 Φ 28
(D) 8 Φ 20＋6 Φ 28

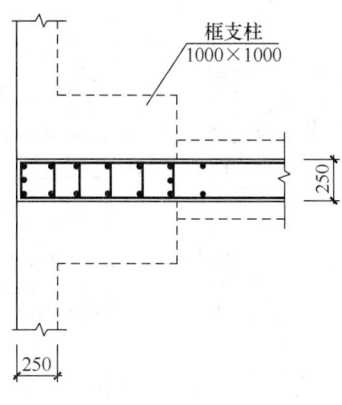

图 7.8.14

【解答】 (1) 根据《高规》10.2.2 条，框支梁上部一层墙体位于底部加强部位。根据《高规》10.2.19 条，墙体在柱边 $0.2l_n=0.2\times6000=1200\text{mm}$ 范围内：
$$A_{sh}=A_{sv}\geqslant 0.3\%b_wh_w=0.3\%\times250\times1200=900\text{mm}^2$$

又根据《高规》10.2.22 条 3 款：
$$A_{sw}=0.2l_nb_w(\gamma_{RE}\sigma_{02}-f_c)/f_{yw}$$
$$=0.2\times6000\times250\times(0.85\times25-19.1)/360=1792\text{mm}^2>900\text{mm}^2$$

配 2 Φ 14@200　$A_s=2\times\dfrac{1200}{200}\times153.9=1847\text{mm}^2$，满足。

$$A_{sh}=0.2l_nb_w\gamma_{RE}\sigma_{xmax}/f_{yh}$$
$$=0.2\times6000\times250\times0.85\times2.5/360=1771\text{mm}^2>900\text{mm}^2$$

配 2 Φ 14@200　　$A_s=2\times\dfrac{1200}{200}\times153.9=1847\text{m}^2$，满足。

故选 (D) 项。

(2) 根据《高规》10.2.22 条 3 款：
$$A_s=h_cb_w(\gamma_{RE}\sigma_{01}-f_c)/f_y$$
$$=1000\times250\times(0.85\times32-19.1)/360=5625\text{mm}^2>1.2\%A$$
$$=1.2\%\times1000\times250=3000\text{mm}^2$$

根据《高规》10.2.11 条 9 款：
已配置了 6 Φ 28，$A_s=3695\text{mm}^2$
剩余钢筋面积：$A_s=5625-3695=1930\text{mm}^2$
配置 8 Φ 18，$A_s=2036\text{mm}^2$
故应选 (C) 项。

▲ (4) 框支楼板的设计
《高规》规定：

10.2.23　部分框支剪力墙结构中，框支转换层楼板厚度不宜小于 180mm，应双层双向配筋，且每层每方向的配筋率不宜小于 0.25%，楼板中钢筋应锚固在边梁或墙体内；落地剪力墙和筒体外围的楼板不宜开洞。楼板边缘和较大洞口周边应设置边梁，其宽度不宜小于板厚的 2 倍，全截面纵向钢筋配筋率不应小于 1.0%。与转换层相邻楼层的楼板也应适当加强。

10.2.24　部分框支剪力墙结构中，抗震设计的矩形平面建筑框支转换层楼板，其截面剪力设计值应符合下列要求：

$$V_{\mathrm{f}} \leqslant \frac{1}{\gamma_{\mathrm{RE}}}(0.1\beta_{\mathrm{c}} f_{\mathrm{c}} b_{\mathrm{f}} t_{\mathrm{f}}) \qquad (10.2.24\text{-}1)$$

$$V_{\mathrm{f}} \leqslant \frac{1}{\gamma_{\mathrm{RE}}}(f_{\mathrm{y}} A_{\mathrm{s}}) \qquad (10.2.24\text{-}2)$$

式中 b_{f}、t_{f} ——分别为框支转换层楼板的验算截面宽度和厚度；

V_{f} ——由不落地剪力墙传到落地剪力墙处按刚性楼板计算的框支层楼板组合的剪力设计值，8度时应乘以增大系数 2.0，7度时应乘以增大系数 1.5。验算落地剪力墙时可不考虑此增大系数；

A_{s} ——穿过落地剪力墙的框支转换层楼盖（包括梁和板）的全部钢筋的截面面积；

γ_{RE} ——承载力抗震调整系数，可取 0.85。

10.2.25 部分框支剪力墙结构中，抗震设计的矩形平面建筑框支转换层楼板，当平面较长或不规则以及各剪力墙内力相差较大时，可采用简化方法验算楼板平面内受弯承载力。

需注意的是：

《高规》10.2.23 条和 10.2.24 条的规定，与《抗规》附录 E 是协调的。

【例 7.8.23】 对于钢筋混凝土部分框支剪力墙结构，其转换层楼板采用现浇楼板且双层双向配筋，下列何项符合有关规范、规程的相关构造要求？

(A) 混凝土强度等级不应低于 C25，每层每向的配筋率不宜小于 0.25%

(B) 混凝土强度等级不应低于 C30，每层每向的配筋率不宜小于 0.25%

(C) 混凝土强度等级不宜低于 C30，每层每向的配筋率不宜小于 0.20%

(D) 混凝土强度等级不应低于 C25，每层每向的配筋率不宜小于 0.20%

【解答】 根据《高规》10.2.23 条，3.2.2 条，应选 (B) 项。

【例 7.8.24】 某 24 层商住楼，现浇钢筋混凝土部分框支剪力墙结构，如图 7.8.15 所示。一层为框支层，层高 6.0m，二至二十四层布置剪力墙，层高 3.0m，首层室内外地面高差 0.45m，房屋总高度 75.45m。抗震设防烈度 8 度，建筑抗震设防类别为丙类，设计基本地震加速度 0.20g，场地类别Ⅱ类，结构基本自振周期 $T_1=1.6\mathrm{s}$。混凝土强度等级：底层墙、柱为 C40（$f_{\mathrm{c}}=19.1\mathrm{N/mm^2}$，$f_{\mathrm{t}}=1.71\mathrm{N/mm^2}$），板 C35（$f_{\mathrm{c}}=16.7\mathrm{N/mm^2}$，$f_{\mathrm{t}}=1.57\mathrm{N/mm^2}$），其他层墙、板为 C30（$f_{\mathrm{c}}=14.3\mathrm{N/mm^2}$）。钢筋均采用 HRB400 级（Φ，$f_{\mathrm{y}}=360\mathrm{N/mm^2}$）。

在第③轴底层落地剪力墙处，由不落地剪力墙传来按刚性楼板计算的框支层楼板地震组合的剪力设计值为 3300kN（未经调整）。②～⑦轴处楼板无洞口，宽度 15400mm。假定剪力沿③轴墙均布，穿过③轴墙的梁纵筋面积 $A_{\mathrm{s1}}=10000\mathrm{mm^2}$，穿墙楼板配筋宽度 10800mm（不包括梁宽）。

试问：③轴右侧楼板的最小厚度 t_{f}（mm）及穿过墙的楼板双层配筋中每层配筋的最小值为下列何项时，才能满足规范、规程的最低抗震要求？

提示：框支层楼板按构造配筋时满足楼板竖向承载力和水平平面内抗弯要求。

(A) $t_{\mathrm{f}}=220$；Φ12@200 (B) $t_{\mathrm{f}}=220$；Φ12@100

(C) $t_{\mathrm{f}}=200$；Φ12@200 (D) $t_{\mathrm{f}}=200$；Φ12@100

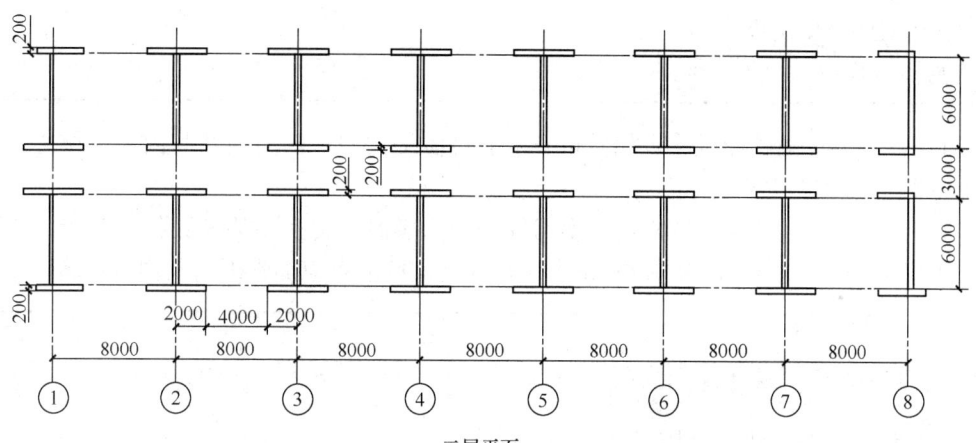

图 7.8.15

【答案】（C）

【解答】 据《高规》10.2.24 条，$V_f = 2V_0$

$$V_f \leqslant \frac{1}{\gamma_{RE}}(0.1\beta_c f_c b_f t_f) = \frac{1}{0.85} \times (0.1 \times 1 \times 16.7 \times 15400 \times t_f)$$

$$t_f \geqslant \frac{0.85 \times 2 \times 3300 \times 10^3}{0.1 \times 1 \times 16.7 \times 15400} = 218\text{mm}，取 220\text{mm} > 180\text{mm}$$

根据《高规》10.2.23 条，$\rho \geqslant 0.25\%$

$t_f = 220$mm 时，间距 200mm 范围内钢筋面积 $A_s = 220 \times 200 \times 0.25\% = 110\text{mm}^2$

采用 $\Phi 12$，$A_s = 113.1\text{mm}^2$

根据《高规》10.2.24 条，$V_f \leqslant \frac{1}{\gamma_{RE}}(f_y A_s)$，$A_s \geqslant \frac{0.85 \times 2 \times 3300 \times 10^3}{360} = 15583\text{mm}^2$

穿过每片墙处的梁纵筋 $A_{sl} = 10000\text{mm}^2$

$$A_{sb} = A_s - A_{sl} = 15583 - 10000 = 5583\text{mm}^2$$

间距 200mm 范围内钢筋面积为 $\frac{5583 \times 200}{10.8 \times 1000} = 103\text{mm}^2$

上下层相同，每层为 $\frac{1}{2} \times 103 = 52\text{mm}^2 < 113.1\text{mm}^2$

故应选（A）项。

5. 托柱转换层结构

《高规》规定：

> 10.2.26 抗震设计时，带托柱转换层的筒体结构的外围转换柱与内筒、核心筒外墙的中距不宜大于12m。
>
> 10.2.27 托柱转换层结构，转换构件采用桁架时，转换桁架斜腹杆的交点、空腹桁架的竖腹杆宜与上部密柱的位置重合；转换桁架的节点应加强配筋及构造措施。

三、其他复杂高层建筑结构

1. 带加强层高层建筑结构

> - 复习《混通规》4.4.12条。
> - 复习《高规》10.3.1条～10.3.3条。

两本规范是协调的。

2. 错层结构

> - 复习《混通规》4.4.13条。
> - 复习《高规》10.4.1条～10.4.6条。

两本规范是协调的。

3. 连体结构

> - 复习《混通规》4.4.14条。
> - 复习《高规》10.5.1条～10.5.7条。

两本规范是协调的。

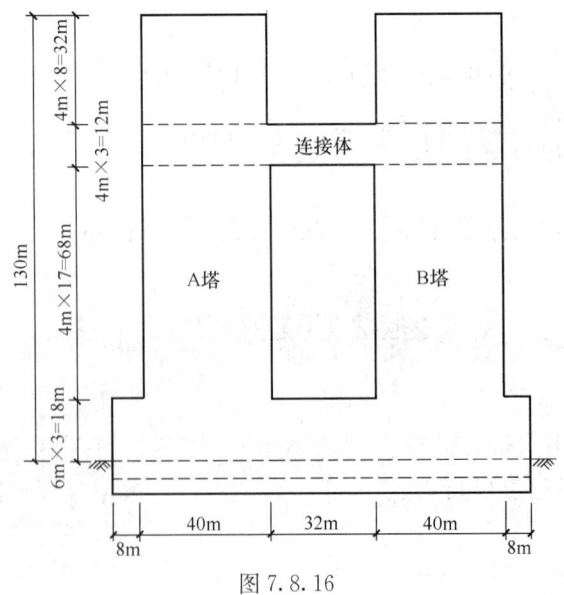

图 7.8.16

【例 7.8.25】 某现浇钢筋混凝土双塔连体结构，塔楼为办公楼，A 塔和 B 塔地上 31 层，房屋高度 130m、21～23 层连体，连体与主体结构采用刚性连接，地下 2 层，如图 7.8.16 所示。抗震设防烈度为 6 度，设计地震分组第一组，建筑场地类别为 II 类，安全等级为二级。塔楼均为框架-核心筒结构，分析表明地下一层顶板（±0.000处）可作为上部结构嵌固部位。

假定，A 塔经常使用人数为 3700 人，B 塔（含连体）经常使用人数为 3900 人，A 塔楼周边框架柱 KZ1 与连接体相连。试问，KZ1 第 23 层的抗震等级为下列何项?

(A) 一级　　　　(B) 二级　　　　(C) 三级　　　　(D) 四级

【解答】　连体结构双塔楼为同一结构单元,根据《设防分类标准》6.0.11条,塔楼经常使用人数3700+3900=7600<8000人,抗震设防类别为丙类。

《高规》3.3.1条,A、B塔楼均为A级高度。查表3.9.3,框架抗震等级为三级。

《高规》10.5.6条,KZ1抗震等级提高一级,为二级。故应选(B)项。

4. 竖向体型改进、悬挑结构

(1) 多塔楼结构

《高规》规定：

> 10.6.1　多塔楼结构以及体型收进、悬挑程度超过本规程第3.5.5条限值的竖向不规则高层建筑结构应遵守本节的规定。
>
> 10.6.2　多塔楼结构以及体型收进、悬挑结构,竖向体型突变部位的楼板宜加强,楼板厚度不宜小于150mm,宜双层双向配筋,每层每方向钢筋网的配筋率不宜小于0.25%。体型突变部位上、下层结构的楼板也应加强构造措施。
>
> 10.6.3　抗震设计时,多塔楼高层建筑结构应符合下列规定：
>
> 1　各塔楼的层数、平面和刚度宜接近；塔楼对底盘宜对称布置；上部塔楼结构的综合质心与底盘结构质心的距离不宜大于底盘相应边长的20%。
>
> 2　转换层不宜设置在底盘屋面的上层塔楼内。
>
> 3　塔楼中与裙房相连的外围柱、剪力墙,从固定端至裙房屋面上一层的高度范围内,柱纵向钢筋的最小配筋率宜适当提高,剪力墙宜按本规程第7.2.15条的规定设置约束边缘构件,柱箍筋宜在裙楼屋面上、下层的范围内全高加密；当塔楼结构相对于底盘结构偏心收进时,应加强底盘周边竖向构件的配筋构造措施。
>
> 4　大底盘多塔楼结构,可按本规程第5.1.14条规定的整体和分塔楼计算模型分别验算整体结构和各塔楼结构扭转为主的第一周期与平动为主的第一周期的比值,并应符合本规程第3.4.5条的有关要求。

注意的是,《高规》10.6.3条的条文说明中指出：

> 10.6.3 (条文说明)
>
> 大底盘单塔楼结构的设计,也应符合本条关于塔楼与底盘的规定。

【例7.8.26】　某大底盘单塔楼高层建筑,主楼为钢筋混凝土框架-核心筒,裙房为混凝土框架-剪力墙结构,主楼与裙楼连为整体,如图7.8.17所示。抗震设防烈度7度,建筑抗震设防类别为丙类,设计基本地震加速度为0.15g,场地Ⅲ类,采用桩筏形基础。

假定,该建筑物塔楼质心偏心距为e_1,大底盘质心偏心距为e_2,见图7.8.17。如果仅从抗震概念设计方面考虑。

试问：偏心距(e_1；e_2,单位为m)选用下列哪一组数值时结构不规则程度相对最小?

(A) 0.0；0.0　　　　　　　　　(B) 0.1；5.0

(C) 0.2；7.2　　　　　　　　　(D) 1.0；8.0

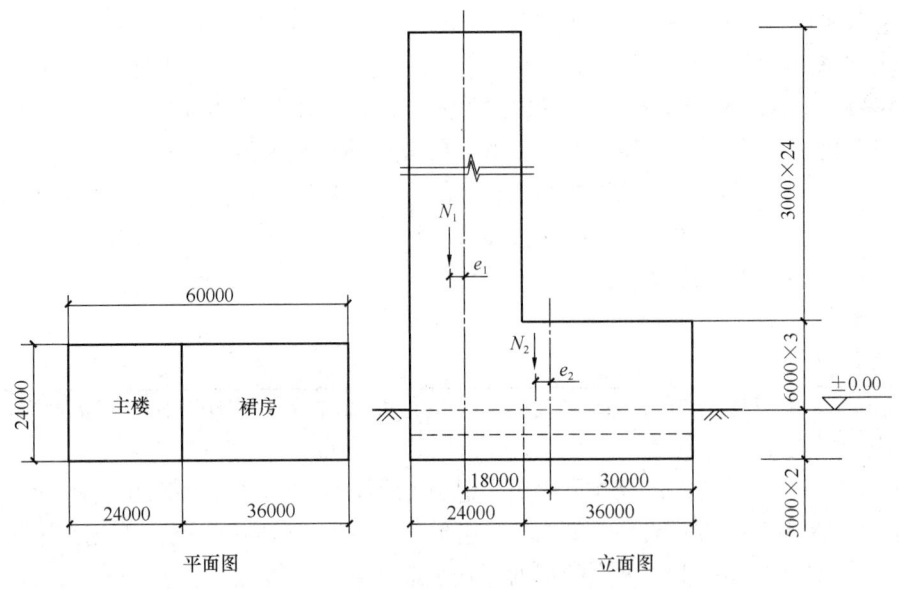

图 7.8.17

【解答】 根据《高规》10.6.3 条及条文说明：
$$e_1 + (18 - e_2) \leqslant 20\%B = 20\% \times (24 + 36) = 12\text{m}$$
对于选项（A），（B）：偏心距皆大于 $20\%B$；
对于选项（C）：$0.2 + 18 - 7.2 = 11.0 < 20\%B$；
对于选项（D）：$1.0 + 18 - 8.0 = 11.0 < 20\%B$
偏心距相同时，e_1 对主楼抗震影响更大，e_1 越小对主楼抗震越有利。
故应优先选（C）项。

【例 7.8.27】 某现浇钢筋混凝土大底盘双塔结构，地上 37 层，地下 2 层，如图 7.8.18 所示。大底盘 5 层均为商场（乙类建筑），高度 23.5m，塔楼为部分框支剪力墙结构，转换层设在 5 层顶板处，塔楼之间为长度 36m（4 跨）的框架结构。6 至 37 层为住宅（丙类建筑），层高 3.0m，剪力墙结构。抗震设防烈度为 6 度，Ⅲ类建筑场地，混凝土强度等级为 C40。分析表明地下一层顶板（±0.000 处）可作为上部结构嵌固部位。

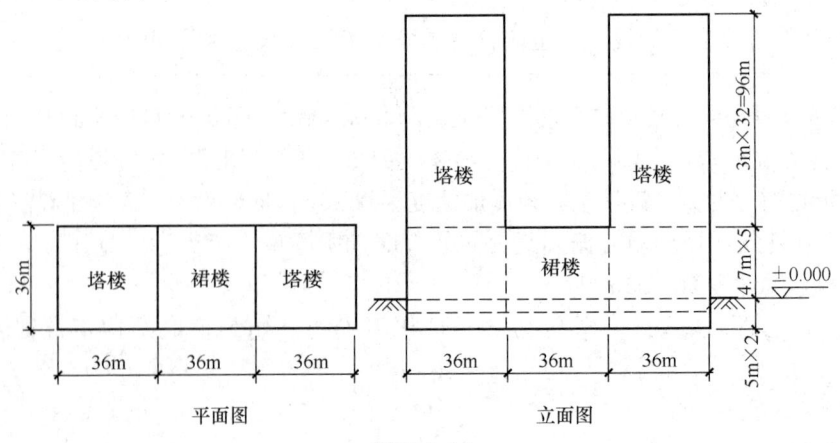

图 7.8.18

试问：

(1) 假定，该结构多塔整体模型计算的平动为主的第一自振周期 T_x、T_y、扭转耦联振动周期 T_t 如表 7.8.5-1 所示；分塔模型计算的平均为主的第一自振周期 T_x、T_y、扭转耦联振动周期 T_t 如表 7.8.5-2 所示；试问，对结构扭转不规则判断时，扭转为主的第一自振周期 T_t 与平动为主的第一自振周期 T_1 之比值，与下列何项数值最为接近？

多塔整体计算周期　　　　　　　　　　　　　表 7.8.5-1

	不考虑偶然偏心	考虑偶然偏心	扭转方向因子
T_x (s)	1.4	1.6	
T_y (s)	1.7	1.8	
T_{t1} (s)	1.2	1.8	0.6
T_{t2} (s)	1.0	1.2	0.7

分塔计算周期　　　　　　　　　　　　　　　表 7.8.5-2

	不考虑偶然偏心	考虑偶然偏心	扭转方向因子
T_x (s)	1.9	2.3	
T_y (s)	2.1	2.6	
T_{t1} (s)	1.7	2.1	0.6
T_{t2} (s)	1.5	1.8	0.7

(A) 0.7　　　(B) 0.8　　　(C) 0.9　　　(D) 1.0

(2) 假定，裙楼右侧沿塔楼边设防震缝与塔楼分开（1～5层），左侧与塔楼整体连接。防震缝两侧结构在进行控制扭转位移比计算分析时，有 4 种计算模型，如图 7.8.19 所示。如果不考虑地下室对上部结构的影响，试问，采用下列哪一组计算模型，最符合

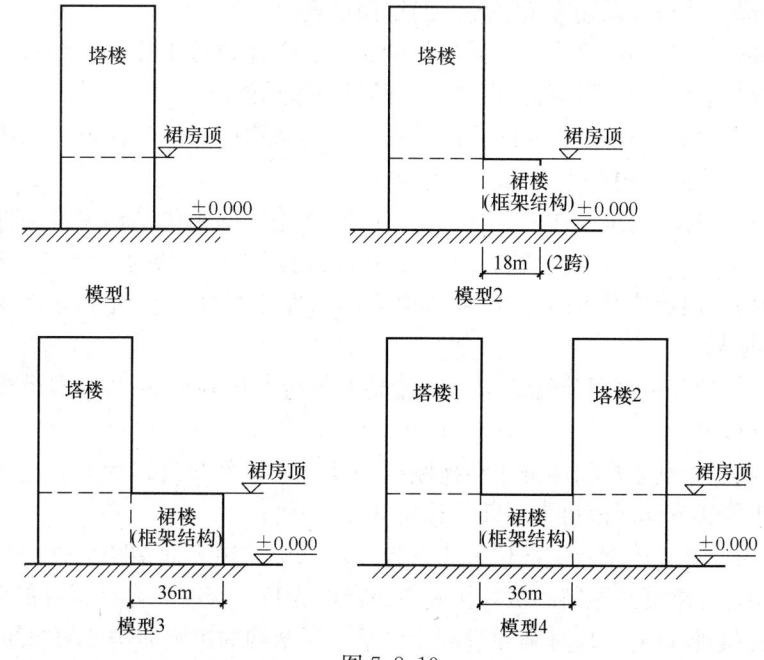

图 7.8.19

《高层建筑混凝土结构技术规程》JGJ 3—2010 的要求？
(A) 模型 1；模型 3   (B) 模型 2；模型 3
(C) 模型 1；模型 2；模型 4   (D) 模型 2；模型 3；模型 4

【解答】 (1) 根据《高规》10.6.3 条、5.1.14 条，取最不利值：
由《高规》3.4.5 条条文说明，周期比计算时，不必附加偶然偏心
分塔模型：$T_y=2.1s$，$T_t=1.7s$

$$\frac{T_t}{T_1}=\frac{1.7}{2.1}=0.81$$

多塔模型：$T_1=1.7s$，$T_t=1.2s$

$$\frac{T_t}{T_1}=\frac{1.2}{1.7}=0.7$$

最终取较大值，$T_t/T_1=0.81$，应选（B）项。

(2) 裙楼与塔楼设缝脱开后，不再属于大底盘多塔楼复杂结构，在进行控制扭转位移比计算分析时，不能按《高规》10.6.3 条第 4 款要求建模。

整体模型 4 不再适用，C、D 不准确。

非大底盘多塔楼复杂结构，裙楼的"相关范围"也不适用，模型 2 不再适用，B 不准确。

故选（A）项。

(2) 悬挑结构与体型收进结构
《高规》规定：

10.6.4 悬挑结构设计应符合下列规定：
1 悬挑部位应采取降低结构自重的措施。
2 悬挑部位结构宜采用冗余度较高的结构形式。
3 结构内力和位移计算中，悬挑部位的楼层宜考虑楼板平面内的变形，结构分析模型应能反映水平地震对悬挑部位可能产生的竖向振动效应。
4 7 度（0.15g）和 8、9 度抗震设计时，悬挑结构应考虑竖向地震的影响；6、7 度抗震设计时，悬挑结构宜考虑竖向地震的影响。
5 抗震设计时，悬挑结构的关键构件以及与之相邻的主体结构关键构件的抗震等级宜提高一级采用，一级提高至特一级，抗震等级已经为特一级时，允许不再提高。
6 在预估罕遇地震作用下，悬挑结构关键构件的截面承载力宜符合本规程公式（3.11.3-3）的要求。

10.6.5 体型收进高层建筑结构、底盘高度超过房屋高度 20% 的多塔楼结构的设计应符合下列规定：
1 体型收进处宜采取措施减小结构刚度的变化，上部收进结构的底部楼层层间位移角不宜大于相邻下部区段最大层间位移角的 1.15 倍；
2 抗震设计时，体型收进部位上、下各 2 层塔楼周边竖向结构构件的抗震等级宜提高一级采用，一级提高至特一级，抗震等级已经为特一级时，允许不再提高；
3 结构偏心收进时，应加强收进部位以下 2 层结构周边竖向构件的配筋构造措施。

【例 7.8.28】 某钢筋混凝土框架-剪力墙结构办公楼，14层，高度 58.5m，标准设防类，抗震设防烈度 8 度（0.20g），设计地震分组为第二组，建筑场地 Ⅱ 类。安全等级为二级。自第十二层起立面单向收紧，如图 7.8.20 所示。

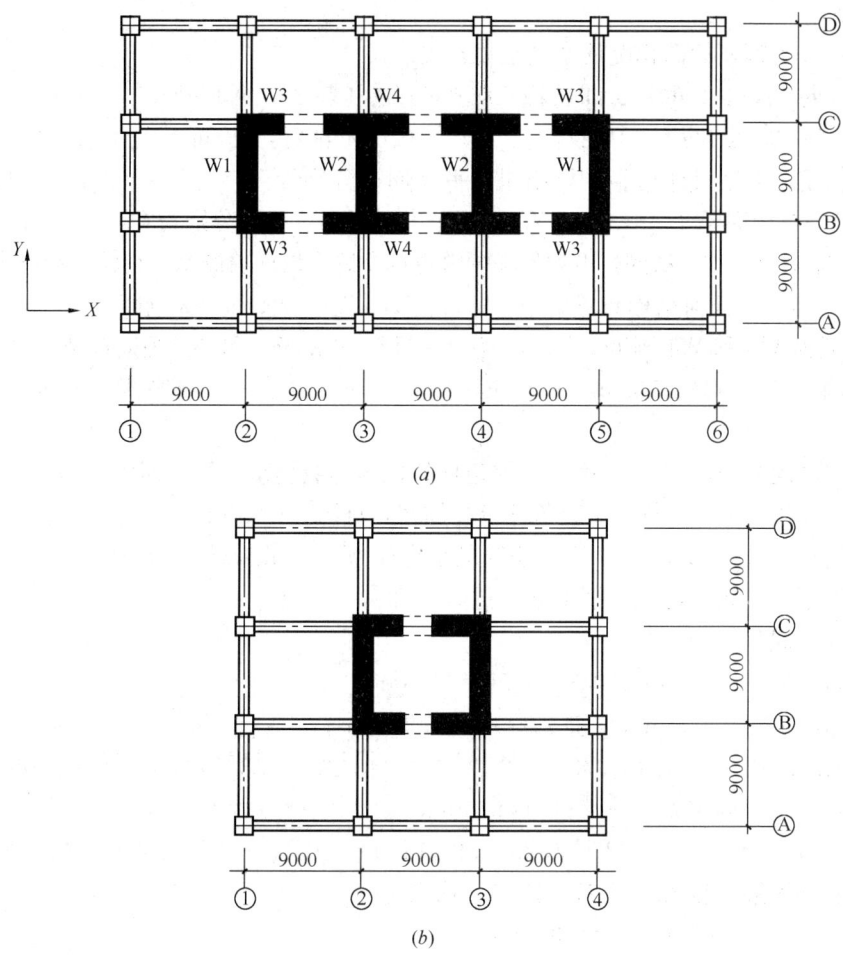

图 7.8.20
(a) 首层～十一层结构平面图；(b) 十二～十四层结构平面图

试问：

(1) 假定，第十二层角柱的截面尺寸为 800mm×800mm，如图 7.8.21 所示，混凝土强度等级为 C40（$f_c=19.1\text{N/mm}^2$），柱纵向钢筋为 HRB400，纵筋直径为 25mm，箍筋为 HRB335（$f_y=300\text{N/mm}^2$），柱剪跨比为 2.3，轴压比为 0.6。试问，该柱箍筋构造配置应为下列何项？

提示： 柱箍筋的体积配筋率满足规程要求。

(A) ⌀8@100　　　(B) ⌀8@100/200

(C) ⌀10@100　　(D) ⌀10@100/200

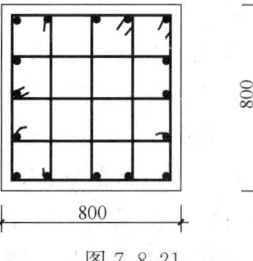

图 7.8.21

(2) 假定，与第十二层角柱相连的外框架梁截面尺寸为 400mm×900mm，混凝土强度等级为 C30（$f_c=14.3\text{N/}$

mm²），梁纵向受力钢筋为 HRB400，箍筋为 HRB335。梁上承受竖向均布荷载，经计算梁支座顶面需配纵向受力钢筋 8$\underline{\Phi}$25，支座底面纵向受力钢筋及箍筋为构造配置。试问，该框架梁的支座底面纵向受力钢筋及跨中箍筋的构造配置，下列何项最为符合抗震设计要求且经济？

提示：该梁箍筋的面积配筋率满足规程要求。

(A) 4$\underline{\Phi}$25，$\underline{\Phi}$10@100（4 肢箍） (B) 4$\underline{\Phi}$25，$\underline{\Phi}$10@200（4 肢箍）

(C) 4$\underline{\Phi}$22，$\underline{\Phi}$8@100（4 肢箍）   (D) 4$\underline{\Phi}$22，$\underline{\Phi}$8@200（4 肢箍）

(3) 假定，方案设计初步计算结果：平动周期分别为 $T_1=1.56s$（X 向）、$T_2=1.12s$（Y 向），第一扭转周期 $T_t=0.85s$，X、Y 两个方向层间位移角分别为 1/825、1/1100，楼层最大扭转位移比约 1.7。试问，下列何项调整更符合抗震设计的概念并且较为经济合理？

(A) 不需要作任何结构布置调整   (B) 提高 W1 和 W2 刚度

(C) 减少 W3 和 W4 刚度   (D) 提高 W1 和平面短向框架刚度

【解答】 (1) 丙类、58.5m、8 度（0.20g），场地 II 类，查《高规》表 3.9.3，框架为抗震二级。

根据《高规》10.6.5 条，第十二层角柱的抗震等级提高一级，即抗震一级。

根据《高规》6.4.6 条，一级角柱全高加密，排除 (B)、(D) 项。

查《高规》表 6.4.3-2，一级，箍筋最小直径为 10，故应选 (C) 项。

(2) 根据上一题，可知，框架梁为抗震二级。

根据《高规》6.3.2 条：

8$\underline{\Phi}$25，$A_s=3927mm^2$；$0.3\times3927=1178mm^2$；

4$\underline{\Phi}$25，$A_s=1963mm^2$；4$\underline{\Phi}$22，$A_s=1520mm^2$；

$0.65f_t/f_y=0.65\times1.43/360=0.25\%<0.3\%$，$A_s\geqslant 0.3\%\times400\times900=1080mm^2$

复核：x/h_0，假定 $h_0=900-70=830mm$

$$x/h_0=360\times(3927-1520)/(1\times14.3\times400\times830)=0.183<0.35$$

故梁底部纵筋 4$\underline{\Phi}$22，或者 4$\underline{\Phi}$25，均满足。

梁的 $\rho_{纵}$，取 $h_0=900-70=830mm$

$$\rho_{纵}=3927/(400\times830)=1.18\%<2\%$$

查《高规》表 6.3.2-2，箍筋加密区，箍筋最小直径取 8mm，加密区箍筋间距：

$$\min(900/4,8\times22,100)=100mm$$

根据《高规》6.3.5 条，非加密区，箍筋间距取 200mm，即：$\underline{\Phi}$8@200（4 肢箍）

所以应选 (D) 项。

(3) 扭转位移比为 1.7，根据《高规》3.4.5 条，扭转不规则不满足，故 (A) 项错误。

周期比：$T_t/T_1=0.85/1.56=0.54<0.9$，满足，并且抗扭刚度较强。

根据《高规》表 3.7.3，弹性层间位移角的限值 $=1/800$

X 方向，$1/825<1/800$，满足；

Y 方向，$1/1100<1/800$，满足，并且富裕较多，即：该 Y 向平动刚度可以适当减小。

(B) 项，提高 W1 和 W2 刚度，则 X 向平动刚度增大较多，Y 向平动刚度有少量增大。

(D) 项，提高 W1 和平面短向框架刚度，则：X 向平动刚度增大较多，Y 向平动刚度有很少量增大、抗扭刚度有增大。

(C)项，减少W3和W4刚度，则：X向平动刚度少量减少，Y向平动刚度在大量减少。可见，(C)项最合理经济。

第九节　高层建筑混凝土结构的内力调整

一、框架结构的内力调整

框架结构的内力调整，见表7.9.1。

框架结构的内力调整　　　　　　　　　　　　　　　表7.9.1

构件类型	部位（规范条文）	抗震等级	地震作用组合的内力调整系数			备注
			M	V	V的最终调整系数	
框架梁	全部部位（3.10.3条、6.2.5条）	特一级	1.0	1.2【一级V_b】	1.2【一级V_b】	
框架梁	全部部位（3.10.3条、6.2.5条）	一级	1.0	按实配计算V_b，式(6.2.5-1)	按实配计算V_b，式(6.2.5-1)	公式为《高规》式，下同
		二级	1.0	1.2	1.2×1.0	
		三级	1.0	1.1	1.1×1.0	
		四级	1.0	1.0	1.0×1.0	注1
框架柱	底层柱柱底截面（3.10.2条、6.2.2条、6.2.3条）	特一级	1.2×1.7	1.2【一级V_c】	1.2【一级V_c】	
		一级	1.7	按实配计算V_c，式(6.2.3-1)	按实配计算V_c，式(6.2.3-1)	注2
		二级	1.5	1.3	1.3×1.5	
		三级	1.3	1.2	1.2×1.3	
		四级	1.2	1.1	1.1×1.2	注1
框架柱	其他层框架柱柱端截面（3.10.2条、6.2.1条、6.2.3条）	特一级	1.2【一级M_c】	1.2【一级V_c】	1.2【一级V_c】	
		一级	按实配计算M_c，式(6.2.1-1)	按实配计算V_c，式(6.2.3-1)	按实配计算V_c，式(6.2.3-1)	注2
		二级	1.5	1.3	1.3×1.5	
		三级	1.3	1.2	1.2×1.3	
		四级	1.2	1.1	1.1×1.2	注1

注：1　抗震四级的框架梁，见《混规》11.3.2条；抗震四级的框架柱，见《抗规》6.2.2条、6.2.3条、6.2.5条。
　　2　抗震一级的框架柱，当采用按增大系数时，见《抗规》6.2.2条、6.2.5条。
　　3　框架角柱，根据《高规》6.2.4条，M乘以1.1，V乘以1.1并且仅考虑一次。
　　4　高层框架结构中无"9度一级框架"。

二、其他结构的框架内力调整

其他结构(是指框架-剪力墙、框架-核心筒、筒中筒结构)的框架内力调整，见表7.9.2。

其他结构的框架内力调整　　　　　　　　　　　　　　　　表 7.9.2

构件类型	部位（规范条文）	抗震等级	地震作用组合的内力调整系数			备注
			M	V	V 的最终调整系数	
框架梁	全部部位（3.10.3 条、6.2.5 条）	特一级	1.0	1.2【一级 V_b】	1.2【一级 V_b】	
		9度的一级	1.0	按实配计算 V_b，式（6.2.5-1）	按实配计算 V_b，式（6.2.5-1）	
		一级	1.0	1.3	1.3×1.0	
		二级	1.0	1.2	1.2×1.0	
		三级	1.0	1.1	1.1×1.0	
		四级	1.0	1.0	1.0×1.0	
框架柱	底层柱柱底截面（3.10.2 条、6.2.1 条、6.2.3 条、6.2.2 条条文说明）	特一级	1.2【一级 M_c】	1.2【一级 V_c】	1.2【一级 V_c】	
		9度的一级	1.0	按实配计算 V_c，式（6.2.3-1）	按实配计算 V_c，式（6.2.3-1）	
		一级	1.0	1.4	1.4×1.0	
		二级	1.0	1.2	1.2×1.0	
		三、四级	1.0	1.1	1.1×1.0	
	其他层框架柱柱端截面（3.10.2 条、6.2.1 条、6.2.3 条）	特一级	1.2【一级 M_c】	1.2【一级 V_c】	1.2【一级 V_c】	
		9度的一级	按实配计算 M_c，式（6.2.1-1）	按实配计算 V_c，式（6.2.3-1）	按实配计算 V_c，式（6.2.3-1）	
		一级	1.4	1.4	1.4×1.4	
		二级	1.2	1.2	1.2×1.2	
		三、四级	1.1	1.1	1.1×1.1	

注：框架角柱，根据《高规》6.2.4 条，M 乘以 1.1，V 乘以 1.1 并且仅考虑一次。

三、普通高层结构的剪力墙的内力调整

普通高层结构（是指剪力墙结构、框架-剪力墙、框架-核心筒、筒中筒结构）的剪力墙的内力调整，见表 7.9.3。

普通高层结构的剪力墙的内力调整　　　　　　　　　　　　表 7.9.3

构件类型	部位（规范条文）	抗震等级	地震作用组合的内力调整系数		备注
			M	V	
一般剪力墙	底部加强部位（3.10.5 条、7.2.6 条）	特一级	1.1	1.9	注1
		9度的一级	1.0	按实配计算 V，式（7.2.6-2）	
		一级	1.0	1.6	
		二级	1.0	1.4	
		三级	1.0	1.2	
		四级	1.0	1.0	
	其他部位（3.10.5 条、7.2.5 条、7.2.6 条）	特一级	1.3	1.4	
		一级	1.2	1.3	注2
		二、三、四级	1.0	1.0	

续表

构件类型	部位（规范条文）	抗震等级	地震作用组合的内力调整系数		备注
			M	V	
短肢剪力墙	底部加强部位	同一般剪力墙的底部加强部位			
	其他部位（3.10.5条、7.2.2条）	特一级	1.3	1.2×1.4	注3
		一级	1.2	1.4	
		二级	1.0	1.2	
		三级	1.0	1.1	
		四级	1.0	1.0	注4

注：1 无"9度的特一级"，见《高规》3.9.3条、3.9.4条。
2 此处的"一级"包括"9度的一级"。
3 为实现"强剪弱弯"可取调整系数≥1.4，此时取1.2×1.4，这与朱炳寅总工的《高层建筑混凝土结构技术规程应用与分析》一致。
4 此处的四级的调整系数，笔者依据《高规》7.2.6条。

四、部分框支剪力墙结构的内力调整

部分框支剪力墙结构的内力调整，见表7.9.4～表7.9.6。

部分框支剪力墙结构的转换梁与框架梁的内力调整系数 表7.9.4

构件类型	部位（规范条文）	抗震等级	水平地震作用的内力调整系数			备注
			M	V	N	
转换梁（框支梁）	全部部位（10.2.4条）	特一级	1.9	1.9	1.9	
		一级	1.6	1.6	1.6	
		二级	1.3	1.3	1.3	
框架梁	全部(6.2.5条)		同"其他结构"的框架梁			

部分框支剪力墙结构的转换柱与框架柱的内力调整系数 表7.9.5

构件类型	部位（规范条文）	抗震等级	地震作用组合的内力调整系数			备注
			M	V	V最终调整系数	
转换柱（框支柱）	转换柱上端截面和底层柱柱底截面（3.10.4条、10.2.11条）	特一级	1.8	1.2×1.4	1.2×1.4×1.5	注1
		一级	1.5	1.4	1.4×1.5	
		二级	1.3	1.2	1.2×1.3	
	转换柱的其余层柱端截面（3.10.4条、10.2.11条）	特一级	1.2×1.4	1.2×1.4	1.2×1.4×1.4	注2
		一级	1.4	1.4	1.4×1.4	
		二级	1.2	1.2	1.2×1.2	
框架柱	全部部位		同"其他结构"的框架柱			

注：1 假定，取1.2×1.4×1.8＝1.2×1.4×（1.2×1.5），则1.2考虑了两次，但1.2应仅考虑一次，所以V的最终调整系数为1.2×1.4×1.5，这与《高层建筑混凝土结构技术规程应用与分析》一致。
2 同上述注1，系数1.2应仅考虑一次，所以V的最终调整系数为1.2×1.4×1.4。
3 转换角柱、框架角柱，根据《高规》10.2.11条、6.2.4条，M乘以1.1，V乘以1.1并且仅考虑一次。

部分框支剪力墙结构的剪力墙的内力调整　　　　表 7.9.6

构件类型	部位（规范条文）	抗震等级	地震作用组合的内力调整系数 M	地震作用组合的内力调整系数 V	备注
落地剪力墙	底部加强部位（3.10.5条、7.2.6条、10.2.18条）	特一级	1.8	1.9	
		一级	1.5	1.6	
		二级	1.3	1.4	
		三级	1.1	1.2	
	其他部位	同"普通高层结构"的一般剪力墙的"其他部位"			注1
不落地剪力墙	全部部位	同"普通高层结构"的一般剪力墙			注1
短肢剪力墙	全部部位	同"普通高层结构"的短肢剪力墙			注1

注："普通高层结构"的一般剪力墙、短肢剪力墙的内力调整，见前面表 7.9.3。

第十节　高层建筑混凝土结构的构造措施

一、框架梁的构造措施

抗震设计框架梁的纵向受力钢筋和箍筋的抗震构造措施，见表 7.10.1、表 7.10.2。
非抗震设计框架梁的纵向受力钢筋和箍筋的构造措施，见表 7.10.3、表 7.10.4。

抗震设计框架梁纵向受力钢筋的抗震构造措施　　　　表 7.10.1

项目	规　定 《高规》	规　定 《混规》	规　定 《抗规》
最小配筋率	6.3.2条； 表 6.3.2-1	11.3.6条： 同《高规》	—
最大配筋率	6.3.3条： $\rho_{纵}$ 不宜大于 2.5%； $\rho_{纵}$ 不应大于 2.75%	11.3.7条： $\rho_{纵}$ 不宜大于 2.5%	6.3.4条： $\rho_{纵}$ 不宜大于 2.5%
梁端梁底、顶纵筋面积比 A'_s/A_s	6.3.2条： 一级：$A'_s/A_s \geq 0.5$ 二、三级：$A'_s/A_s \geq 0.3$； 6.3.3第1款： $\rho_{纵} \geq 2.5\%$，$\rho_{受压} \geq 0.5 \rho_{受拉}$	11.3.6条： 一级：$A'_s/A_s \geq 0.5$ 二、三级：$A'_s/A_s \geq 0.3$	6.3.3条： 一级：$A'_s/A_s \geq 0.5$ 二、三级：$A'_s/A_s \geq 0.3$
相对受压区高度 $\xi = x/h_0$	6.3.2条： 一级：$x/h_0 \leq 0.25$ 二、三级：$x/h_0 \leq 0.35$	11.3.1条： 同《高规》	6.3.3条： 同《高规》

续表

项目	规定		
	《高规》	《混规》	《抗规》
沿梁全长的通长纵筋	6.3.3条	11.3.7条：同《高规》	6.3.4条：同《高规》
贯通中柱的纵筋直径 $d_纵$	6.3.3条：一、二、三级框架：$d_纵$不宜大于 $B/20$	11.6.7条： 1) 9度各类框架和一级框架结构：$d_纵$不宜大于 $B/25$ 2) 一、二、三级框架：$d_纵$不宜大于 $B/20$	6.3.4条： 1) 一、二、三级框架结构：$d_纵$不应大于 $B/20$ 2) 一、二、三级框架：$d_纵$不宜大于 $B/20$

注：1 B是指为矩形截面柱，柱在该方向截面尺寸为圆截面柱，纵筋所在位置柱截面弦长。$d_纵$是指纵向受力钢筋的直径。

2 梁的最小配筋率，取 bh 计算；其最大配筋率，取 bh_0 计算。

抗震设计框架梁箍筋的抗震构造措施　　　　　　　　　　　表 7.10.2

项目		规定		
		《高规》	《混规》	《抗规》
箍筋加密区	加密区长度	6.3.2条：表6.3.2-2	11.3.6条：同《高规》	6.3.3条：同《高规》
	箍筋最大间距（s）	6.3.2条：表6.3.2-2	11.3.6条：同《高规》	6.3.3条：同《高规》
	箍筋最小直径（ϕ）	6.3.2条：表6.3.2-2 $\rho_纵>2\%$时，箍筋最小直径+2	11.3.6条：同《高规》	6.3.3条：同《高规》
	箍筋最大肢距（a）	6.3.5条： 一级：$a \leqslant \max(200, 20\phi)$； 二、三级：$a \leqslant \max(250, 20\phi)$； 四级：$a \leqslant 300$	11.3.8条： 一、二、三级：同《高规》； 一级~四级：$a \leqslant 300$	6.3.4条： 一、二、三级：同《高规》
箍筋非加密区	箍筋间距（$s_非$）	6.3.5条：$s_非 \leqslant 2s$	11.3.9条：同《高规》	—
沿梁全长箍筋的最小面积配筋率 ρ_{sv}		6.3.5条： 一级：$\rho_{sv} \geqslant 0.30 f_t/f_{yv}$ 二级：$\rho_{sv} \geqslant 0.28 f_t/f_{yv}$ 三、四级：$\rho_{sv} \geqslant 0.26 f_t/f_{yv}$	11.3.9条：同《高规》	—

注：1 特一级，《高规》3.10.3条，加密区箍筋最小面积配筋率增大10%。

2 $\rho_{sv}=A_{sv}/(bs)$。

1641

非抗震设计框架梁纵向受力钢筋的构造措施　　　　　表7.10.3

项目	规定	
	《高规》	《混规》
最大配筋率	—	—
最小配筋率	6.3.2条：$\rho_{min}=\max(0.20, 45 f_t/f_{yv})\%$	8.5.1条：$\rho_{min}=\max(0.20, 45 f_t/f_{yv})\%$
纵筋直径（d）	—	9.2.1条第2款：$h\geqslant 300$，$d\geqslant 10$；$h<300$，$d\geqslant 8$
纵筋水平净间距（h）	—	顶筋 $h\geqslant\max(30, 1.5d_{最大})$；底筋 $h\geqslant\max(25, d_{最大})$；底筋>2层，其2层以上纵筋中距比下面2层纵筋中距增大1倍
纵筋竖向净间距（v）	—	各层纵筋 $v\geqslant\max(25, d_{最大})$
框架顶层端节点梁顶纵筋面积	—	9.3.8条：满足式（9.3.8）

注：1　梁纵向受力钢筋的最小配筋率，取 bh 计算；其最大配筋率，取 bh_0 计算。
　　2　$d_{最大}$ 是指纵向受力钢筋的最大直径。

非抗震设计框架梁箍筋的构造措施　　　　　表7.10.4

项目	规　定	
	《高规》	《混规》
箍筋最小直径（ϕ）	6.3.4条第2、6款：$h>800$，$\phi\geqslant 8$；$h\leqslant 800$，$\phi\geqslant 6$；配置计算需要的纵向受压钢筋时，$\phi\geqslant d_{最大}/4$；受力钢筋搭接长度范围内，$\phi\geqslant d_{最大}/4$	9.2.9条：同《高规》；8.4.6条：受力钢筋搭接长度范围内，$\phi\geqslant d_{最大}/4$
箍筋最大间距（s）	6.3.4条、表6.3.4 配置计算需要的纵向受压钢筋时：1）$s\leqslant\max(15d_{最小}, 400)$；2）一层内纵向受压钢筋>5根且直径>18时，$s\leqslant 10d_{最小}$	9.2.9条：同《高规》；8.4.6条：受力钢筋搭接长度范围内，$s\leqslant 5d_{最小}$
箍筋肢距	配置计算需要的纵向受压钢筋时，按6.3.4条第6款	9.2.9条：同《高规》
箍筋的面积配筋率	6.3.4条：当 $V>0.7f_t bh_0$ 时，$\rho_{sv}=A_{sv}/(bs)\geqslant 0.24 f_t/f_{yv}$	9.2.9条：同《高规》

注：$d_{最大}$ 和 $d_{最小}$ 分别是指纵向受力钢筋的最大直径、最小直径。

二、框架柱的构造措施

抗震设计框架柱的纵向受力钢筋和箍筋的抗震构造措施，见表7.10.5、表7.10.6。
非抗震设计框架柱的纵向受力钢筋和箍筋的构造措施，见表7.10.7、表7.10.8。

抗震设计框架柱纵向受力钢筋的抗震构造措施　　　　表 7.10.5

项目	规　　定		
	《高规》	《混规》	《抗规》
最大配筋率	6.4.4条： $\rho_全$不应大于5%； 一级且$\lambda \leqslant 2$柱，其$\rho_{一侧}$不宜大于1.2%	11.4.13条： 同《高规》	6.3.8条： 同《高规》
最小配筋率	6.4.3条第1款： $\rho_全$，查表6.4.3-1（Ⅳ类场地较高高层，表中值加0.1）； $\rho_{一侧}$，不应小于0.2%； 特一级：中、边柱$\rho_全 \geqslant 1.4\%$，角柱$\rho_全 \geqslant 1.6\%$（3.10.2条）	11.4.12条： 无特一级，其他同《高规》	6.3.7条： 无特一级，其他同《高规》
纵筋直径	—	—	—
纵筋间距	6.4.4条第2款：当$B>400$时：一、二、三级：纵筋间距$\leqslant 200$； 四级：纵筋间距$\leqslant 300$ 纵筋净距$\geqslant 50$	11.4.13条： $B>400$，纵筋间距$\leqslant 200$	6.3.8条： 同《混规》

注：1　Ⅳ类场地较高高层，是指高于40m的框架结构，或高于60m的其他结构，见《高规》6.4.2条条文说明。
　　2　B是指柱截面尺寸。

抗震设计框架柱箍筋的抗震构造措施　　　　表 7.10.6

项目		规　　定		
		《高规》	《混规》	《抗规》
箍筋加密区	体积配箍率（ρ_v）	6.4.7条： 一级：$\rho_v \geqslant \max(\lambda_v f_c/f_{yv}, 0.8\%)$； 二级：$\rho_v \geqslant \max(\lambda_v f_c/f_{yv}, 0.6\%)$； 三、四级：$\rho_v \geqslant \max(\lambda_v f_c/f_{yv}, 0.4\%)$； $\lambda \leqslant 2$柱：$\rho_v \geqslant \max(\lambda_v f_c/f_{yv}, 1.2\%)$； $\lambda \leqslant 2$且9度一级：$\rho_v \geqslant \max(\lambda_v f_c/f_{yv}, 1.5\%)$； 特一级：取$\lambda_v + 0.02$（3.10.2条）	11.4.17条： 无特一级；其他同《高规》	6.3.9条： 无特一级；其他同《高规》
	加密区范围	6.4.6条： 柱两端：$\max(H_n/6, h_c, 500)$； 底层柱：刚性地面上下各500； 底层柱：柱根以上$H_n/3$； $\lambda \leqslant 2$柱，$H_n/h_c \leqslant 4$柱，全高加密； 一、二级框架角柱，全高加密	11.4.14条、11.4.12条： 未涉及"$H_n/h_c \leqslant 4$柱"；其他同《高规》	6.3.9条： 同《高规》

续表

项目		规　定		
		《高规》	《混规》	《抗规》
箍筋加密区	箍筋最大间距（s）	6.4.3条：表6.4.3-2 1) 一级柱 Φ>12且a≤150，除柱根外，可取s=150； 2) 二级柱 Φ>10且a≤200，除柱根外，可取s=150； 3) λ≤2柱，s≤100	11.4.12条： λ≤2柱，s≤min$(6d_{纵}, 100)$；其他同《高规》	6.3.7条： λ≤2柱，s≤100；其他同《高规》
	箍筋最小直径（ϕ）	6.4.3条：表6.4.3-2 1) 三级b_c≤400，ϕ可取6； 2) 四级λ≤2，或$\rho_{全}$>3%，ϕ≥8	11.4.12条：未涉及"三级b_c≤400"，"$\rho_{全}$>3%"；其他同《高规》	6.3.7条：未涉及"$\rho_{全}$>3%"；其他同《高规》
	箍筋最大肢距（a）	6.4.8条：一级：a≤200 二、三级：a≤max$(250, 20\phi)$ 四级：a≤400 每隔1根纵筋双向约束	11.4.15条： 同《高规》	6.3.9条： 二、三级：a≤250；其他同《高规》
箍筋非加密区	体积配筋率	6.4.8条： $\rho_{v非加密}$≥0.5ρ_v	11.4.18条： 同《高规》	6.3.9条： 同《高规》
	箍筋间距（$s_{非}$）	6.4.8条： 一、二级 $s_{非}$≤10$d_{纵}$，$s_{非}$≤2s 三、四级 $s_{非}$≤15$d_{纵}$，$s_{非}$≤2s	11.4.18条： 一、二级 $s_{非}$≤10$d_{纵}$ 三、四级 $s_{非}$≤15$d_{纵}$	6.3.9条： 同《混规》

注：1　表中柱是指框架柱，不包括转换柱（框支柱和托柱转换柱）。
　　2　h_c是指柱截面高度（或圆柱直径），b_c是指柱截面宽度；H_n是指柱净高度；$d_{纵}$是指纵向受力钢筋的直径。

非抗震设计框架柱纵向受力钢筋的构造措施　　　　表7.10.7

项目	规定	
	《高规》	《混规》
最大配筋率	6.4.4条： $\rho_{全}$不宜大于5%；$\rho_{全}$不应大于6%	9.3.1条： $\rho_{全}$不宜大于5%
最小配筋率	6.4.3条：表6.4.3 $\rho_{一侧}$，不应小于0.2%	8.5.1条： 同《高规》
纵筋直径	—	9.3.1条：$d_{纵}$≥12
纵筋间距	6.4.4条：纵筋间距≤300；纵筋净间距≥50	9.3.1条：同《高规》

非抗震设计框架柱箍筋的构造措施　　　　表7.10.8

项目	规　定	
	《高规》	《混规》
箍筋最大间距（s）	6.4.9条： s≤max$(400, b_c, 15d_{最小})$； $\rho_{全}$>3%时，s≤max$(200, 10d_{最小})$	9.3.2条： 同《高规》

续表

项目	规定	
	《高规》	《混规》
箍筋最小直径 (ϕ)	6.4.9条： $\phi \geq \max(6, d_{最大}/4)$； $\rho_全 > 3\%$时，$\phi \geq 8$	9.3.2条： 同《高规》
箍筋肢距	6.4.9条： 柱各边纵筋多于3根，应设置复合箍筋	9.3.2条： $b_c > 400$且各边纵筋多于3根，应设置复合箍筋

注：b_c是指柱截面的短边尺寸；$d_{最大}$和$d_{最小}$分别是指柱纵向受力钢筋的最大直径、最小直径。

三、普通剪力墙结构的构造措施

普通剪力墙结构的构造措施，见表7.10.9。

普通剪力墙结构的构造措施　　表 **7.10.9**

项目	规定		
	《高规》	《抗规》	《混规》
竖向和水平分布筋的排数	7.2.3条：不应单排； $b_w \leq 400$，双排； $400 < b_w \leq 700$，三排； $b_w \leq 700$，四排	6.4.4条： $140 < b_w$，双排	11.7.13条： $140 < b_w$，双排
各排分布筋间的拉筋	7.2.3条： 拉筋直径≥ 6，间距≤ 600	6.4.4条： 同《高规》	—
分布筋的配筋率	7.2.17条： 一、二、三级：$\rho_{sh} \geq 0.25\%$；$\rho_{sv} \geq 0.25\%$； 四级：$\rho_{sh} \geq 0.20\%$；$\rho_{sv} \geq 0.20\%$	6.4.3条： 同《高规》	11.7.14条： 同《高规》
分布筋的间距、直径ϕ	7.2.18条： $s_v \leq 300$，$s_h \leq 300$； $\phi \geq 8$，$\phi \leq b_w/10$	6.4.4条： 同《高规》； 竖向钢筋直径≥ 10	11.7.15条： 同《高规》； 竖向分布钢筋直径≥ 10
短肢剪力墙	7.2.2条： 底部加强部位：$\rho_全 \geq 1.2\%$（一、二级）；$\rho_全 \geq 1\%$（三、四级） 其他部位：$\rho_全 \geq 1\%$（一、二级）；$\rho_全 \geq 0.8\%$（三、四级）	—	—
温度应力可能较大位置	7.2.19条： $\rho_{sh} \geq 0.25\%$；$\rho_{sv} \geq 0.25\%$； $s_v \leq 200$，$s_h \leq 200$	—	—

续表

项目	规定		
	《高规》	《抗规》	《混规》
特一级剪力墙	3.10.5条： 底部加强部位：$\rho_{sh} \geq 0.40\%$；$\rho_{sv} \geq 0.40\%$ 其他部位：$\rho_{sh} \geq 0.35\%$；$\rho_{sv} \geq 0.35\%$	—	—
$H<24m$且剪压比很小的四级	—	6.4.3条： $\rho_{sh} \geq 0.20\%$； $\rho_{sv} \geq 0.15\%$	11.7.14条： 同《抗规》

注：1 b_w是指剪力墙的截面厚度。
  2 ρ_{sh}和ρ_{sv}分别是墙体的水平分布钢筋的配筋率、竖向分布钢筋的配筋率。
  3 s_v和s_h分别是水平分布钢筋的竖向间距、竖向分布钢筋的水平间距。
  4 $\rho_全$是指全部竖向钢筋。

四、框架-剪力墙结构和板柱-剪力墙结构的构造措施

框架-剪力墙结构和板柱-剪力墙结构的构造措施，见表7.10.10。

框架-剪力墙结构和板柱-剪力墙结构的构造措施   表7.10.10

项目		规定	
		《高规》	《抗规》
框架-剪力墙结构、板柱-剪力墙结构	竖向和水平分布筋的排数	8.2.1条： 至少双排布置	6.5.2条： 应双排布置
	各排分布筋间的拉筋	8.2.1条： 拉筋直径≥6，间距≤600	6.5.2条： 应设置拉筋
	分布筋的配筋率	8.2.1条： 抗震，$\rho_{sh} \geq 0.25\%$；$\rho_{sv} \geq 0.25\%$ 非抗震，$\rho_{sh} \geq 0.20\%$；$\rho_{sv} \geq 0.20\%$	6.5.2条： 抗震，$\rho_{sh} \geq 0.25\%$；$\rho_{sv} \geq 0.25\%$
框架-剪力墙结构	少量抗震墙的框架结构	—	6.5.4条注：其抗震墙的抗震构造措施，可按6.4抗震墙的规定
	特一级	底部加强部位： $\rho_{sh} \geq 0.40\%$；$\rho_{sv} \geq 0.40\%$ 其他部位： $\rho_{sh} \geq 0.35\%$；$\rho_{sv} \geq 0.35\%$	—

五、筒体结构的核心筒和内筒的构造措施

筒体结构的核心筒和内筒的构造措施，见表7.10.11。

筒体结构的核心筒和内筒的构造措施 表 7.10.11

项目	规定	
	《高规》	《抗规》
底部加强部位及其上一层的墙体厚度	—	6.7.2条：侧向刚度无突变时，不宜改变墙体厚度
墙体厚度	9.1.7条：外墙厚度≥200；内墙厚度≥160	—
分布筋的排数	9.1.7条：不应少于2排	—
底部加强部位的分布筋配筋率	9.2.2条：ρ_{sh}≥0.30%；ρ_{sv}≥0.30% 特一级：ρ_{sh}≥0.40%；ρ_{sv}≥0.40% (3.10.5条)	6.7.2条： ρ_{sh}≥0.25%；ρ_{sv}≥0.25%
一般部位的分布筋配筋率	9.1.7条：一、二、三级：ρ_{sh}≥0.25%；ρ_{sv}≥0.25% 四级：ρ_{sh}≥0.20%；ρ_{sv}≥0.20% 特一级：ρ_{sh}≥0.35%；ρ_{sv}≥0.35% (3.10.5条)	6.7.2条： ρ_{sh}≥0.25%；ρ_{sv}≥0.25%
底部加强部位的筒体角部设置约束边缘构件	9.2.2条： 约束边缘构件沿墙肢的长度宜取墙肢截面高度的1/4； 约束边缘构件范围内应主要采用箍筋	6.7.2条： 同《高规》； 约束边缘构件范围内宜全部采用箍筋
一般部位的筒体角部设置约束边缘构件	9.2.2条： 按7.2.15条普通剪力墙结构	6.7.2条： 宜按转角墙设置

六、部分框支剪力墙结构的剪力墙的构造措施

部分框支剪力墙结构的剪力墙的构造措施，见表7.10.12。

部分框支剪力墙结构的剪力墙的构造措施 表 7.10.12

项目	规定		
	《高规》	《抗规》	《混规》
底部加强部位的分布筋配筋率	10.2.19条： 抗震，ρ_{sh}≥0.30%；ρ_{sv}≥0.30% 非抗震，ρ_{sh}≥0.25%；ρ_{sv}≥0.25% 特一级：ρ_{sh}≥0.40%；ρ_{sv}≥0.40% (3.10.5条)	6.4.3条： 落地墙底部加强部位，抗震，ρ_{sh}≥0.30%；ρ_{sv}≥0.30%； 无"特一级"	11.7.14条： 抗震，ρ_{sh}≥0.30%；ρ_{sv}≥0.30%； 无"特一级"
底部加强部位分布筋的间距、直径	10.2.19条： 间距≤200，直径≥8	—	11.7.15条： 间距≤200
底部加强部位墙体	10.2.20条： 墙体两端宜设置翼墙或端柱，抗震设计应设置约束边缘构件按7.2.15条	—	11.7.17条： 一～三级落地剪力墙的底部加强部位及其上一层，墙肢两端宜设置翼墙或端柱，应设置约束边缘构件

续表

项目	规定		
	《高规》	《抗规》	《混规》
一级落地抗震墙底部加强部位的拉结筋和交叉防滑斜筋	—	6.2.11条： 1) 拉结筋直径≥8，间距≤200时，可计入混凝土的抗剪； 2) 防滑斜筋承担30%墙肢剪力设计值	—
框支梁上部一层墙体	10.2.22条： 抗震，应力设计值γ_{RE}	—	—

七、约束边缘构件和构造边缘构件的抗震构造措施

约束边缘构件和构造边缘构件的抗震构造措施，见表7.10.13和表7.10.14。

约束边缘构件的抗震构造措施　　　　　　表7.10.13

项目	规定		
	《高规》7.2.15条	《混规》11.7.18条	《抗规》6.4.5条
沿墙肢的长度l_c	表7.2.15及注1、2、3	同《高规》	同《高规》
阴影部分面积的竖向纵筋面积	一级：≥max (1.2%A_c, 8ϕ16) 二级：≥max (1.0%A_c, 6ϕ16) 三级：≥max (1.0%A_c, 6ϕ14) 特一级：≥1.4%A_c (3.10.5条)	一级：≥1.2%A_c 二级：≥1.0%A_c 三级：≥1.0%A_c	无"特一级"；其他同《高规》
阴影部分面面积的配箍特征值λ_v	表7.2.15确定λ_v 特一级：1.2λ_v (3.10.5条)	无"特一级"；其他同《高规》	无"特一级"；其他同《高规》
阴影部分面面积的箍筋体积配筋率ρ_v	$\rho_v \geq \lambda_v f_c / f_{yv}$	同《高规》	同《高规》
非阴影部分面面积的配箍特征值λ'_v	图7.2.15，$\lambda'_v = \lambda_v / 2$ 特一级：$\lambda'_v = 1.2\lambda_v / 2$	无"特一级"；其他同《高规》	无"特一级"；其他同《高规》
非阴影部分面面积的箍筋体积配筋率ρ'_v	$\rho'_v \geq 0.5\lambda_v f_c / f_{yv}$	同《高规》	同《高规》
箍筋、拉筋沿竖向间距s	一级：$s \leq 100$ 二、三级：$s \leq 150$	同《高规》	同《高规》
箍筋、拉筋的水平向肢距a	$a \leq 300$，$a \leq$竖向钢筋间距的2倍	—	—
端柱有集中荷载	—	—	其配筋构造满足框架柱的要求

注：A_c是指约束边缘构件的阴影部分面积。

构造边缘构件的抗震构造措施　　　　　　　　表 7.10.14

项目	规　定		
	《高规》7.2.16 条	《混规》11.7.19 条	《抗规》6.4.5 条
构造边缘构件的范围	图 7.2.16	图 11.7.19，与《高规》不同	图 6.4.5-1，与《高规》不同
竖向钢筋面积	表 7.2.16；特一级：$\geqslant 1.2\% A_c$（3.10.5 条）	无"特一级"，其他与《高规》相同	无"特一级"，其他与《高规》相同
箍筋、拉筋最小直径	表 7.2.16	同《高规》	同《高规》
箍筋、拉筋沿竖向间距	表 7.2.16	同《高规》	同《高规》
箍筋、拉筋的水平方向肢距 a	$a \leqslant 300$，$a \leqslant$ 竖向钢筋间距的 2 倍	拉筋 $a \leqslant$ 竖向钢筋间距的 2 倍	同《混规》
端柱有集中荷载	其竖向钢筋、箍筋直径和间距应满足框架柱要求	同《高规》	同《高规》
B 级高度、连体、错层结构的构造边缘构件的竖向面积、箍筋范围、配箍特征值 λ_v	按表 7.2.16 值+0.001A_c 图 7.2.16 中阴影部分 $\lambda_v \geqslant 0.1$	—	—

注：1　A_c 是指构造边缘构件的截面面积。
　　2　非抗震设计时，依据《高规》7.2.16 条，墙肢端部竖向纵筋$\geqslant 4\phi 12$，箍筋直径$\geqslant 6$，其间距$\geqslant 250$。

八、普通连梁的构造措施

普通连梁的构造措施，见表 7.10.15 和表 7.10.16。

抗震设计普通连梁的抗震构造措施　　　　　　　　表 7.10.15

项目	规定	
	《高规》	《混规》
纵筋最小配筋率	7.2.24 条；表 7.2.24 $l/h_b \leqslant 0.5$，$\rho_{纵} \geqslant \max(0.20, 45f_t/f_{yv})\%$ $0.5 < l/h_b \leqslant 1.5$，$\rho_{纵} \geqslant \max(0.25, 55f_t/f_{yv})\%$ $l/h_b > 1.5$，按框架梁，表 6.3.2-1 的支座列	11.7.11 条：$\rho_{纵} \geqslant 0.15\%$，$A_s \geqslant 2\phi 12$
纵筋最大配筋率	7.2.25 条；表 7.2.25 $l/h_b \leqslant 1.0$，$\rho_{纵} \leqslant 0.6\%$ $1.0 < l/h_b \leqslant 2.0$，$\rho_{纵} \leqslant 1.2\%$ $2.0 < l/h_b \leqslant 2.5$，$\rho_{纵} \leqslant 1.5\%$ $2.5 < l/h_b$，$\rho_{纵} \leqslant 2.5\%$（见本条条文说明）	—
纵筋的锚固长度	7.2.27 条：$\geqslant 600$，$\geqslant l_{aE}$	同《高规》
沿连梁全长箍筋的直径、间距	符合 6.3.2 条框架梁梁端箍筋加密区的箍筋最小直径、最大间距	同《高规》
箍筋肢距	—	符合 11.3.8 条
顶层连梁纵筋伸入墙肢长度内的箍筋	7.2.27 条：箍筋间距$\leqslant 150$，箍筋直径与该连梁的箍筋直径相同	同《高规》
腰筋	7.2.27 条：$h_b > 700$，腰筋直径$\geqslant 8$，间距$\leqslant 200$；$l/h_b \leqslant 2.5$，两侧腰筋总面积$\geqslant 0.3\% bh_w$	11.7.11 条：$h_b > 450$，腰筋直径$\geqslant 8$，间距$\leqslant 200$；其他与《高规》相同

注：1　普通连梁是指仅配普通箍筋未配斜向交叉钢筋的剪力墙洞口连梁。
　　2　h_w 是指连梁腹板高度，按《混规》6.3.1 条采用。

非抗震设计普通连梁的抗震构造措施　　　　表7.10.16

项目	规定	
	《高规》	《混规》
纵筋最小配筋率	7.2.24条；表7.2.24 $l/h_b \leqslant 1.5$，$\rho_{纵} \geqslant 0.20\%$ $l/h_b > 1.5$，按框架梁，6.3.2条： $\rho_{纵} \geqslant \max(0.2, 45f_t/f_{yv})\%$	9.4.7条： $A_s \geqslant 2\phi12$
纵筋最大配筋率	7.2.25条：$\rho_{纵} \leqslant 2.5\%$	—
纵筋的锚固长度	7.2.27条：$\geqslant 600$，$\geqslant l_a$	9.4.7条：$\geqslant l_a$
沿连梁全长箍筋的直径、间距	箍筋直径≥6，箍筋间距≤150	同《高规》
顶层连梁纵筋伸入墙肢长度内的箍筋	7.2.27条： 箍筋间距≤150，箍筋直径与该连梁的箍筋直径相同	同《高规》
腰筋	7.2.27条： $h_b > 700$，腰筋直径≥8，间距≤200； $l/h_b \leqslant 2.5$，两侧腰筋总面积≥$0.3\%bh_w$	11.7.11条： $h_b > 450$，腰筋直径≥8，间距≤200； 其他与《高规》相同

注：1　普通连梁是指仅配普通箍筋未配斜向交叉钢筋的剪力墙洞口连梁。
　　2　h_w是指连梁腹板高度，按《混规》6.3.1条采用。

第十一节　混　合　结　构

一、《高规》混合结构

（一）一般规定
1. 抗震等级和混合结构框架剪力的调整
《高规》规定：

> 11.1.1　本章规定的混合结构，系指由外围钢框架或型钢混凝土、钢管混凝土框架与钢筋混凝土核心筒所组成的框架-核心筒结构，以及由外围钢框筒或型钢混凝土、钢管混凝土框筒与钢筋混凝土核心筒所组成的筒中筒结构。
> 11.1.2　混合结构高层建筑适用的最大高度应符合表11.1.2的规定。

混合结构高层建筑适用的最大高度（m）　　　表11.1.2

结构体系		非抗震设计	抗震设防烈度				
			6度	7度	8度		9度
					0.2g	0.3g	
框架-核心筒	钢框架-钢筋混凝土核心筒	210	200	160	120	100	70
	型钢（钢管）混凝土框架-钢筋混凝土核心筒	240	220	190	150	130	70
筒中筒	钢外筒-钢筋混凝土核心筒	280	260	210	160	140	80
	型钢（钢管）混凝土外筒-钢筋混凝土核心筒	300	280	230	170	150	90

注：平面和竖向均不规则的结构，最大适用高度应当降低。

> 11.1.3　混合结构高层建筑的高宽比不宜大于表11.1.3的规定。

混合结构高层建筑适用的最大高宽比　　　　表11.1.3

结构体系	非抗震设计	抗震设防烈度		
		6度、7度	8度	9度
框架-核心筒	8	7	6	4
筒中筒	8	8	7	5

11.1.4 抗震设计时，混合结构房屋应根据设防类别、烈度、结构类型和房屋高度采用不同的抗震等级，并应符合相应的计算和构造措施要求。丙类建筑混合结构的抗震等级应按表11.1.4确定。

钢-混凝土混合结构抗震等级　　　　表11.1.4

结构类型		抗震设防烈度						
		6度		7度		8度		9度
房屋高度（m）		≤150	>150	≤130	>130	≤100	>100	≤70
钢框架-钢筋混凝土核心筒	钢筋混凝土核心筒	二	一	一	特一	一	特一	特一
型钢（钢管）混凝土框架-钢筋混凝土核心筒	钢筋混凝土核心筒	二	二	二	一	一	特一	特一
	型钢（钢管）混凝土框架	三	二	二	一	一	一	一
房屋高度（m）		≤180	>180	≤150	>150	≤120	>120	≤90
钢外筒-钢筋混凝土核心筒	钢筋混凝土核心筒	二	一	一	特一	一	特一	特一
型钢（钢管）混凝土外筒-钢筋混凝土核心筒	钢筋混凝土核心筒	二	二	二	一	一	特一	特一
	型钢（钢管）混凝土外筒	三	二	二	一	一	一	一

注：钢结构构件抗震等级，抗震设防烈度为6、7、8、9度时应分别取四、三、二、一级。

11.1.5 混合结构在风荷载及多遇地震作用下，按弹性方法计算的最大层间位移与层高的比值应符合本规程第3.7.3条的有关规定；在罕遇地震作用下，结构的弹塑性层间位移应符合本规程第3.7.5条的有关规定。

11.1.6 混合结构框架所承担的地震剪力应符合本规程第9.1.11条的规定。

11.1.7 地震设计状况下，型钢（钢管）混凝土构件和钢构件的承载力抗震调整系数 γ_{RE} 可分别按表11.1.7-1和表11.1.7-2采用。

型钢（钢管）混凝土构件承载力抗震调整系数 γ_{RE}　　　　表11.1.7-1

正截面承载力计算				斜截面承载力计算
型钢混凝土梁	型钢混凝土柱及钢管混凝土柱	剪力墙	支撑	各类构件及节点
0.75	0.80	0.85	0.80	0.85

钢构件承载力抗震调整系数 γ_{RE}	表11.1.7-2
强度破坏（梁，柱，支撑，节点板件，螺栓，焊缝）	屈曲稳定（柱，支撑）
0.75	0.80

11.1.8 当采用压型钢板混凝土组合楼板时，楼板混凝土可采用轻质混凝土，其强度等级不应低于LC25；高层建筑钢-混凝土混合结构的内部隔墙应采用轻质隔墙。

此外，《抗规》附录G对钢框架-钢筋混凝土核心筒结构作了规定。

2. 结构布置与结构计算

> ● 复习《高规》11.2.1条～12.2.7条。
> ● 复习《高规》11.3.1条～11.3.6条。

需注意的是：

(1)《高规》11.3.1条、11.3.2条的规定。

(2)《高规》11.3.5条、11.3.6条的规定：

> 11.3.5 混合结构在多遇地震作用下的阻尼比可取为0.04。风荷载作用下楼层位移验算和构件设计时，阻尼比可取为0.02～0.04。
>
> 11.3.6 结构内力和位移计算时，设置伸臂桁架的楼层以及楼板开大洞的楼层应考虑楼板平面内变形的不利影响。

(3)《高规》11.4.18条对混合结构中钢筋混凝土核心筒和内筒设计要求。

【例7.11.1】 某高层办公楼，地上33层，地下2层，如图7.11.1所示，房屋高度为128.0m，内筒采用钢筋混凝土核心筒，外围为钢框架。钢框架柱距：1～5层，为9m；6～33层，为4.5m。5层设转换行架。抗震设防烈度为7度（0.10g），设计地震分组为第一组，丙类建筑，Ⅲ类建筑场地。地下一层顶板（±0.000）处作为上部结构嵌固部位。

提示：本题"抗震措施等级"指用于确定抗震内力调整措施的抗震等级；"抗震构造措施等级"指用于确定构造措施的抗震等级。

试问：

(1) 针对上述结构，部分楼层核心筒的抗震等级有下列四组，见表7.11.1A～表7.11.1D。试问，下列何项符合《高层建筑混凝土结构技术规程》规定的抗震等级？

表7.11.1A

楼层	抗震措施等级	抗震构造措施等级
地下二层	不计算地震作用	一级
20层	特一级	特一级

表7.11.1B

楼层	抗震措施等级	抗震构造措施等级
地下二层	不计算地震作用	二级
20层	一级	一级

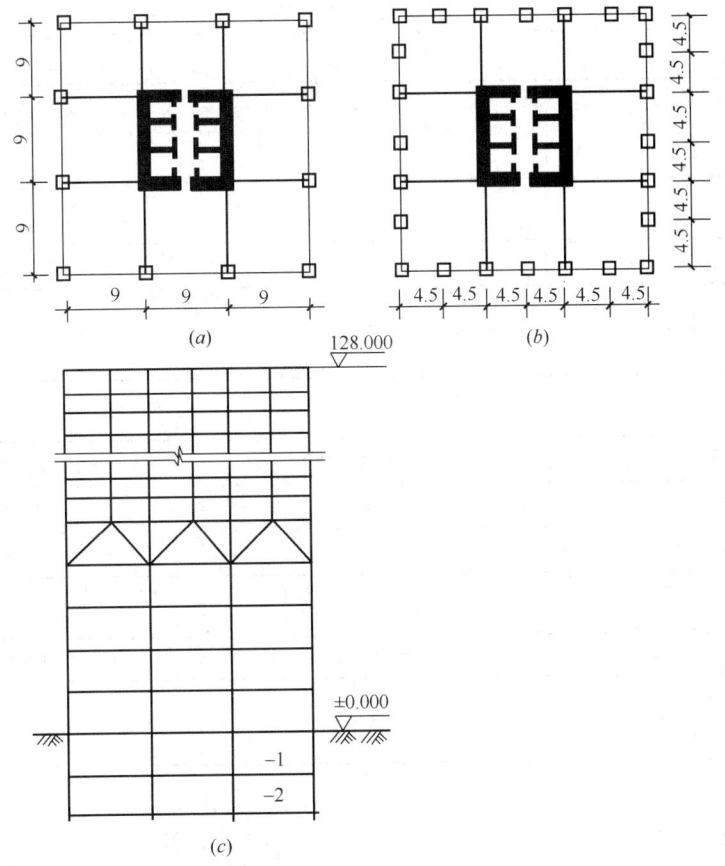

图 7.11.1（单位：m）
(a) 1～5 层平面图；(b) 6～33 层平面图；(c) 剖面图

表 7.11.1C

楼层	抗震措施等级	抗震构造措施等级
地下二层	一级	二级
20层	一级	一级

表 7.11.1D

楼层	抗震措施等级	抗震构造措施等级
地下二层	二级	二级
20层	二级	二级

(A) 表 7.11.1A   (B) 表 7.11.1B
(C) 表 7.11.1C   (D) 表 7.11.1D

（2）针对上述结构，外围钢框架的抗震等级有下列四组，如表 7.11.2A～表 7.11.2D 所示。试问，下列何项符合《建筑抗震设计规范》及《高层建筑混凝土结构技术规程》的抗震等级最低要求？

表 7.11.2A

楼层	抗震措施等级	抗震构造措施等级
1～5层	三级	三级
6～33层	三级	三级

表 7.11.2B

楼层	抗震措施等级	抗震构造措施等级
1～5层	二级	二级
6～33层	三级	三级

表 7.11.2C

楼层	抗震措施等级	抗震构造措施等级
1～5层	二级	三级
6～33层	二级	三级

表 7.11.2D

楼层	抗震措施等级	抗震构造措施等级
1～5层	二级	二级
6～33层	二级	三级

(A) 表 7.11.2A (B) 表 7.11.2B
(C) 表 7.11.2C (D) 表 7.11.2D

(3) 因方案调整，取消5层转换行架，6～33层外围钢框架柱距由4.5m改为9.0m，与15层贯通，结构沿竖向层刚度均匀分布，扭转效应不明显，无薄弱层。假定，重力荷载代表值为1×10^6kN，底部对应于Y向水平地震作用标准值的剪力为12800kN，基本周期为4.0s。在多遇地震标准值作用下，Y向框架部分按侧向刚度分配且未经调整的楼层地震剪力标准值为：首层$V_{f1}=900$kN，各层最大值$V_{fmax}=2000$kN。试问，抗震设计时，首层Y向框架部分的楼层地震剪力标准值（kN），与下列何项数值最为接近？

提示：假定，各层地震剪力调整系数均按底层地震剪力调整系数取值。

(A) 900 (B) 2560 (C) 2940 (D) 3450

【解答】 (1) 查《高规》表11.1.4：
地上核心筒的抗震等级为一级，排除（D）项。
由《高规》3.9.5条及条文说明：
地下二层：不计算地震作用，其抗震构造措施的抗震等级可取二级（地下一层为抗震一级）。
故选（B）项。

(2) 由《高规》表11.1.4注：钢框架抗震等级为三级。
根据《抗规》附录G.2.2条，查表8.1.3，钢框架抗震等级为三级。
最终取钢框架的抗震等级为三级，故选（A）项。

(3) 根据《高规》4.3.12条：

$$\lambda = 0.016 - \frac{4-3.5}{5-3.5} \times (0.016 - 0.012) = 0.0147$$

$$V_{0k} = 12800\text{kN} < \lambda \Sigma G_j = 0.0147 \times 1 \times 10^6 = 14700\text{kN}$$

故取 $V_{0k} = 14700\text{kN}$。

$$V_{f,max} = \frac{14700}{12800} \times 2000 = 2297\text{kN}$$

由《高规》11.1.6 条、9.1.11 条：

$V_{f,max} = 2297\text{kN} > 10\% V_{0k} = 1470\text{kN}$，故按 9.1.11 条第 3 款：

$$V = \min(20\% V_{0k}, 1.5 V_{f,max})$$

$$= \min(20\% \times 14700, 1.5 \times 2297)$$

$$= \min(2940, 3446) = 2940\text{kN}$$

故选（C）项。

【例 7.11.2】 某钢框架-钢筋混凝土核心筒结构房屋，高度为 120m，丙类建筑，抗震设防烈度为 7 度，Ⅱ类场地，在水平地震作用下，对应于地震作用的结构底部总剪力标准值为 8000kN，各层框架柱总水平地震剪力（未经调整）中第 10 层水平地震剪力标准值最大值为 750kN。

试问： 经调整后的各层框架柱的水平地震剪力标准值应为多少？

【解答】 根据《高规》11.1.6 条、9.1.11 条：

$$V_{f,max} = 750\text{kV} < 10\% V_0 = 10\% \times 8000 = 800\text{kN}$$

故：
$$V_{后} = 15\% V_0 = 15\% \times 8000 = 1200\text{kN}$$

【例 7.11.3】 某 40 层高层办公楼，建筑物总高度 152m，采用型钢混凝土框架-钢筋混凝土核心筒结构体系，楼面梁采用钢梁，核心筒采用普通钢筋混凝土，经计算地下室顶板可作为上部结构的嵌固部位。该建筑抗震设防类别为标准设防类（丙类），抗震设防烈度为 7 度，设计基本地震加速度为 0.10g，设计地震分组为第一组，建筑场地类别为Ⅱ类。

该结构中框架柱数量各层保持不变，按侧向刚度分配的水平地震作用标准值如下：结构基底总剪力标准值 $V_0 = 29000\text{kN}$，各层框架承担的地震剪力标准值最大值 $V_{f,max} = 3828\text{kN}$，某楼层框架承担的地震剪力标准值 $V_f = 3400\text{kN}$，该楼层某柱的柱底弯矩标准值 $M = 596\text{kN} \cdot \text{m}$，剪力标准值为 $V = 156\text{kN}$。试问，该柱进行抗震设计时，相应于水平地震作用的内力标准值 M（kN·m）、V（kN）最小取下列何项数值时，才能满足规范、规程对框架部分多道防线概念设计的最低要求？

(A) 600、160　　(B) 670、180　　(C) 1010、265　　(D) 1100、270

【解答】 根据《高规》11.1.6 条、9.1.11 条：

$$V_f = 3400\text{kN} < 20\% V_0 = 20\% \times 29000 = 5800\text{kN}$$

$$V_{f,max} = 3828\text{kN} > 10\% V_0 = 10\% \times 29000 = 2900\text{kN}$$

则： $V_f = \min(20\% V_0, 1.5 V_{f,\max})$

$= \min(5800, 1.5 \times 3828)$

$= 5742 \text{kN}$

内力调整系数 β：$\beta = \dfrac{5742}{3400} = 1.69$

$M = 596 \times 1.69 = 1007.24 \text{kN} \cdot \text{m}$，$V = 156 \times 1.69 = 263.64 \text{kN}$

故应选（C）项。

【例 7.11.4】 下列关于钢框架-钢筋混凝土核心筒结构设计的见解，其中何项是不正确的？说明理由。

（A）水平力主要由核心筒承受

（B）当框架边柱采用 H 形截面钢柱时，宜将钢柱强轴方向布置在外围框架平面内

（C）进行加强层水平伸臂桁架内力计算时，应假定加强层楼板的平面内刚度无限大

（D）当采用外伸桁架加强层时，外伸桁架宜伸入并贯通抗侧力墙体

【解答】 根据《高规》11.3.6 条及其条文说明，应选（C）项。

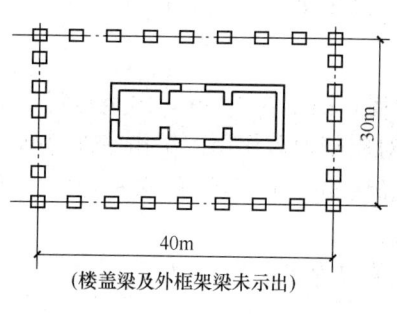

图 7.11.2

【例 7.11.5】 某 42 层现浇框架-核心筒高层建筑，如图 7.11.2 所示，内筒为钢筋混凝土筒体，外周边为型钢混凝土框架，房屋高度 132m，建筑物的竖向体型比较规则、均匀。该建筑物抗震设防烈度为 7 度、丙类建筑，设计地震分组为第一组，设计地震加速度为 0.1g，场地类别为Ⅱ类。结构的计算基本自振周期 $T_1 = 3.0\text{s}$，周期折减系数取 0.8。

提示：按《高层建筑混凝土结构技术规程》JGJ 3—2010 作答。

试问：

（1）计算多遇地震作用时，该结构的水平地震作用影响系数应为多少？

（2）该建筑物总重力荷载代表值为 $6 \times 10^5 \text{kN}$。抗震设计时，在水平地震作用下，对应于地震作用标准值的结构底部总剪力计算值为 10600kN；对应于地震作用标准值且未经调整的各层框架总剪力中，底层最大，其计算值为 1500kN。当抗震设计时，对应于地震作用标准值的底层框架总剪力的取值应为多少？

（3）核心筒底层某一连梁，如图 7.11.3 所示，连梁截面的有效高度 $h_b = 1040 \text{mm}$，筒体部分混凝土强度等级均为 C35（$f_c = 16.7 \text{N/mm}^2$）。考虑水平地震作用组合的连梁剪力设计值 $V_b = 620 \text{kN}$，其左、右两端考虑地震组合的弯矩设计值分别为 $M_b^l = -1400 \text{kN} \cdot \text{m}$，$M_b^r = -400 \text{kN} \cdot \text{m}$。在重力荷载代表值作用下，按简支梁计算的梁端截面剪力设计值为 60kN。连梁中交叉暗撑与水平线的夹角 $\alpha = 37°$，纵筋采用 HRB400 级。确定交叉暗撑中计算所需的纵向钢筋应为多少？

提示：连梁增大系数按《混凝土结构设计规范》确定。

（4）该结构的内筒非底部加强部位四角暗柱，如图 7.11.4 所示，抗震设计时采用约

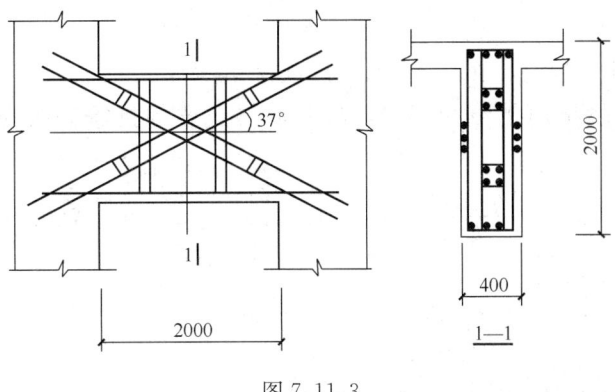

图 7.11.3

束边缘构件的办法加强,图中的阴影部分即为暗柱(约束边缘构件)的外轮廓线,纵筋采用 HRB400,箍筋采用 HPB300。确定该约束边缘构件的纵筋配置。

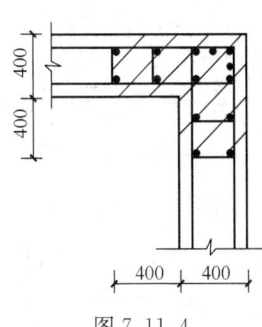

图 7.11.4

【解答】 (1)确定 α

根据《高规》11.3.5 条,混合结构阻尼比 $\zeta=0.04$

查《高规》表 4.3.7-1,7 度,多遇地震,取 $\alpha_{max}=0.08$

查《高规》表 4.3.7-2,设计地震分组为第一组、Ⅱ 类场地,取 $T_g=0.35s$

根据《高规》4.3.8 条第 2 款规定:

$$\gamma = 0.9 + \frac{0.05-\xi}{0.3+6\xi} = 0.9 + \frac{0.05-0.04}{0.3+6\times0.04} = 0.9185$$

$$\eta_1 = 0.02 + \frac{0.05-\xi}{4+32\xi} = 0.02 + \frac{0.05-0.04}{4+32\times0.04} = 0.02189$$

$$\eta_2 = 1 + \frac{0.05-\xi}{0.08+16\xi} = 1 + \frac{0.05-0.04}{0.08+1.6\times0.04} = 1.0694$$

又 $T_1=2.4s>5T_g=1.75s$,则:

$$\alpha = [0.2^\gamma \eta_2 - \eta_1(T-5T_g)]\alpha_{max}$$
$$= [0.2^{0.9185}\times1.0694 - 0.02189\times(2.4-1.75)]\times0.08$$
$$= 0.01837$$

(2)根据《高规》4.3.12 条规定,查表 4.3.12,$T_1=2.4s$,7 度(0.1g),取 $\lambda=0.016$

$$V_{Ek0} \geq \lambda \sum_{j=i}^{n} G_i = 0.016\times6\times10^5 = 9600\text{kN} < 10600\text{kN}$$

故结构底部总剪力值最小值为 10600kN。

由《高规》11.1.6 条、9.1.11 条:

$$V_{f,max} = 1500\text{kN} > 10\% V_{EK0} = 10\%\times10600 = 1060\text{kN},满足。$$

$$V_{f,max} = 1500\text{kN} < 20\% V_{Ek0} = 2120\text{kN},则:$$

$$V_{后} = \min(1.5V_{f,max}, 20\% V_{Ek0}) = \min(1.5\times1500, 2120)$$

$$= \min(2250, 2120) = 2120 \text{kN}$$

(3) 根据《高规》表 11.1.4，7 度，$H=132\text{m}$，则：

钢筋混凝土筒体抗震等级为一级，故其底层连梁的抗震等级为一级。由《混规》11.7.8 条，取 $\eta_{vb}=1.0$。

$$V_b = \eta_{vb}\frac{M_b^l + M_b^r}{l_n} + V_{Gb} = 1.0 \times \frac{1400+0}{2} + 60 = 760\text{kN}$$

由《高规》9.3.8 条：

$$A_s \geq \frac{\gamma_{RE} V_b}{2 f_y \sin\alpha} = \frac{0.85 \times 760000}{2 \times 360 \times \sin 37°} = 1491 \text{mm}^2$$

选 4Φ22（$A_s=1520\text{mm}^2$），且大于 4Φ14，满足要求。

(4) 由上一题可知，钢筋混凝土筒体抗震等级为一级；由《高规》11.4.18 条、9.2.2 条、7.2.15 条：

纵向钢筋：$\rho \geq 1.2\%$，且 $\geq 8\Phi16$。

$$A_{s,\min} = 1.2\% \times 400 \times (400+800) = 5760 \text{mm}^2$$

由图示为 14 根纵筋，$\dfrac{A_{s,\min}}{14} = 411.4 \text{mm}^2$，故选$\Phi$25（$A_s = 490.9\text{mm}^2$），实配为 14$\Phi$25，大于 8$\Phi$16，满足要求。

(二) 构件设计

1. 型钢混凝土梁

- 复习《高规》11.4.2 条、11.4.3 条。

2. 型钢混凝土柱

《高规》规定：

11.4.4 抗震设计时，混合结构中型钢混凝土柱的轴压比不宜大于表 11.4.4 的限值，轴压比可按下式计算：

$$\mu_N = N/(f_c A_c + f_a A_a) \tag{11.4.4}$$

式中　μ_N——型钢混凝土柱的轴压比；

　　　N——考虑地震组合的柱轴向力设计值；

　　　A_c——扣除型钢后的混凝土截面面积；

　　　f_c——混凝土的轴心抗压强度设计值；

　　　f_a——型钢的抗压强度设计值；

　　　A_a——型钢的截面面积。

型钢混凝土柱的轴压比限值　　　　表 11.4.4

抗震等级	一	二	三
轴压比限值	0.70	0.80	0.90

注：1　转换柱的轴压比应比表中数值减少 0.10 采用；
　　2　剪跨比不大于 2 的柱，其轴压比应比表中数值减少 0.05 采用；
　　3　当采用 C60 以上混凝土时，轴压比宜减少 0.05。

11.4.5 型钢混凝土柱设计应符合下列构造要求：

1 型钢混凝土柱的长细比不宜大于80。

2 房屋的底层、顶层以及型钢混凝土与钢筋混凝土交接层的型钢混凝土柱宜设置栓钉，型钢截面为箱形的柱子也宜设置栓钉，栓钉水平间距不宜大于250mm。

3 混凝土粗骨料的最大直径不宜大于25mm。型钢柱中型钢的保护厚度不宜小于150mm；柱纵向钢筋净间距不宜小于50mm，且不应小于柱纵向钢筋直径的1.5倍；柱纵向钢筋与型钢的最小净距不应小于30mm，且不应小于粗骨料最大粒径的1.5倍。

4 型钢混凝土柱的纵向钢筋最小配筋率不宜小于0.8%，且在四角应各配置一根直径不小于16mm的纵向钢筋。

5 柱中纵向受力钢筋的间距不宜大于300mm；当间距大于300mm时，宜附加配置直径不小于14mm的纵向构造钢筋。

6 型钢混凝土柱的型钢含钢率不宜小于4%。

11.4.6 型钢混凝土柱箍筋的构造设计应符合下列规定：

1 非抗震设计时，箍筋直径不应小于8mm，箍筋间距不应大于200mm。

2 抗震设计时，箍筋应做成135°弯钩，箍筋弯钩直段长度不应小于10倍箍筋直径。

3 抗震设计时，柱端箍筋应加密，加密区范围应取矩形截面柱长边尺寸（或圆形截面柱直径）、柱净高的1/6和500mm三者的最大值；对剪跨比不大于2的柱，其箍筋均应全高加密，箍筋间距不应大于100mm。

4 抗震设计时，柱箍筋的直径和间距应符合表11.4.6的规定，加密区箍筋最小体积配箍率尚应符合式（11.4.6）的要求，非加密区箍筋最小体积配箍率不应小于加密区箍筋最小体积配箍率的一半；对剪跨比不大于2的柱，其箍筋体积配箍率尚不应小于1.0%，9度抗震设计时尚不应小于1.3%。

$$\rho_v \geq 0.85\lambda_v f_c/f_y \tag{11.4.6}$$

式中 λ_v——柱最小配箍特征值，宜按本规程表11.4.6采用。

型钢混凝土柱箍筋直径和间距（mm） 表11.4.6

抗震等级	箍筋直径	非加密区箍筋间距	加密区箍筋间距
一	≥12	≤150	≤100
二	≥10	≤200	≤100
三、四	≥8	≤200	≤150

注：箍筋直径除应符合表中要求外，尚不应小于纵向钢筋直径的1/4。

3. 钢筋混凝土核心筒和内筒

《高规》规定：

11.4.18 钢筋混凝土核心筒、内筒的设计，除应符合本规程第 9.1.7 条的规定外，尚应符合下列规定：

1 抗震设计时，钢框架-钢筋混凝土核心筒结构的筒体底部加强部位分布钢筋的最小配筋率不宜小于 0.35%，筒体其他部位的分布筋不宜小于 0.30%；

2 抗震设计时，框架-钢筋混凝土核心筒混合结构的筒体底部加强部位约束边缘构件沿墙肢的长度宜取墙肢截面高度的 1/4，筒体底部加强部位以上墙体宜按本规程第 7.2.15 条的规定设置约束边缘构件；

3 当连梁抗剪截面不足时，可采取在连梁中设置型钢或钢板等措施。

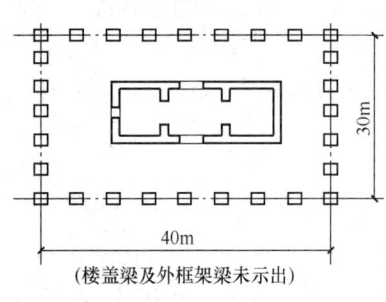

图 7.11.5

【例 7.11.6】 某 42 层现浇框架-核心筒高层建筑，如图 7.11.5 所示，内筒为钢筋混凝土筒体，外周边为型钢混凝土框架，房屋高度 132m，建筑物的竖向体型比较规则、均匀。设建筑物抗震设防烈度为 7 度，丙类建筑，设计基本地震加速度为 0.1g。

外周边框架底层某中柱，截面 $b \times h = 700\text{mm} \times 700\text{mm}$，混凝土强度等级为 C50（$f_c = 23.1\text{N/mm}^2$），内置 Q345 型钢（$f_c = 295\text{N/mm}^2$），考虑地震作用组合的轴向压力设计值 $N = 18000\text{kN}$，剪跨比 $\lambda = 2.5$，纵筋采用 HRB400 级，箍筋采用 HPB300 级钢筋。环境类别一类。

提示：按《高层建筑混凝土结构技术规程》JGJ 3—2010 作答。

试问：

(1) 采用的型钢截面面积的最小值应为多少？

(2) 假定轴压比为 0.60，采用复合箍，该柱在箍筋加密区的下列四组配筋中，何组满足且最接近于相关规范、规程中的最低构造要求？

(A) 12$\underline{\Phi}$20，4Φ12@100（每向各四肢）

(B) 12$\underline{\Phi}$22，4Φ12@100（每向各四肢）

(C) 12$\underline{\Phi}$20，4Φ14@100（每向各四肢）

(D) 12$\underline{\Phi}$22，4Φ14@100（每向各四肢）

【解答】(1) 根据《高规》表 11.1.14，高度 132m＞130m，故型钢混凝土框架的抗震等级为一级。

根据《高规》表 11.4.4，$\lambda = 2.5$，抗震等级一级，C50，故取 $[\mu_N] = 0.70$。

$$\mu_N = \frac{N}{f_c A + f_a A_a} \leqslant [\mu_N]$$

$$\frac{18000 \times 10^3}{23.1 \times (700 \times 700 - A_a) + 295 \times A_a} \leqslant 0.7$$

解之得：$A_a \geqslant 52943\text{mm}^2$

验算含钢率：$\dfrac{A_a}{700 \times 700} = 10.8\% > 4\%$

(2) 根据《高规》11.4.6 条第 4 款，查《高规》表 6.4.7：

抗震一级、复合箍，取 $\lambda_v=0.15$

$$\rho_v \geqslant 0.85\lambda_v f_c/f_y = 0.85 \times 0.15 \times 23.1/270 = 1.09\%$$

一类环境，由《混规》8.2.1，箍筋的混凝土保护层厚度为 20mm；假定箍筋直径为 12mm，则

$$\rho_v = \frac{\sum n_i A_{si} l_i}{A_{cor} s} = \frac{2 \times 4 A_{si} \times 648}{636 \times 636 \times s} \geqslant 1.09\%$$

$$\frac{A_{si}}{s} \geqslant 0.85 \text{mm}^2/\text{mm}$$

取 $s=100$mm，$A_{si} \geqslant 85$mm^2，故选 Φ12（$A_s=113.1$mm^2），实配为 Φ12@100，满足要求。

根据《高程》11.4.5 条第 2 款，取 $\rho_{min}=0.8\%$

$$\rho = \frac{A_s}{bh} = \frac{A_s}{700 \times 700} \geqslant 0.8\%$$

则：$A_s \geqslant 3920$mm^2，$\frac{A_{sl}}{12} \geqslant 327$mm^2，故选 Φ22（$A_{sl}=380.1$mm^2），实配为 12Φ22。

所以应选（B）项。

【例 7.11.7】 某型钢混凝土框架-核心筒混合结构房屋，为 40 层，总高度为 152m，楼面梁为钢梁，丙类建筑，抗震设防烈度为 7 度（0.10g），设计地震分组为第一组，Ⅱ类场地，地下室顶板为嵌固端。

首层型钢混凝土柱的剪跨比 $\lambda \leqslant 2.0$，如图 7.11.6 所示，采用混凝土强度等级为 C65（$f_c=29.7$N/mm^2），柱内型钢面积 $A=51875$mm^2，$f_a=295$N/mm^2。当考虑地震作用组合时，该柱承受的最大轴向力设计值（kN），应为下列何项？

(A) 34900　　　　　　　(B) 34780
(C) 32300　　　　　　　(D) 29800

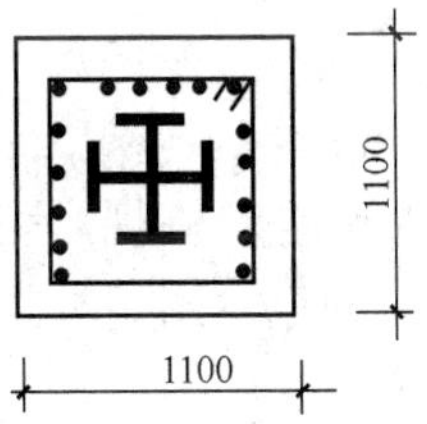

图 7.11.6

【解答】 $H=152$m，丙类建筑，7 度，Ⅱ类场地，查《高规》表 11.1.4，型钢混凝土框架为抗震一级。查《高规》表 11.4.4 及注 2、3 的规定：

$$[\mu_N] = 0.70 - 0.05 - 0.05 = 0.60$$

则：$N = [\mu_N](f_c A_c + f_a A_a) = 0.60 \times [29.7 \times (1100^2 - 51875) + 295 \times 51875]$

$$= 29819.6 \text{kN}$$

所以应选（D）项。

4. 钢管（圆形或矩形）混凝土柱

- 复习《高规》11.4.8 条及附录 F、11.4.9 条。
- 复习《高规》11.4.10 条。

【例 7.11.8】 某现浇混凝土框架-剪力墙结构，角柱为穿层柱，柱顶支承托柱转换

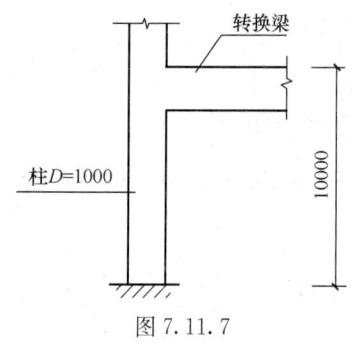

图 7.11.7

梁，如图 7.11.7 所示。该穿层柱抗震等级为一级，实际高度 $L=10\text{m}$，考虑柱端约束条件的计算长度系数 $\mu=1.3$，采用钢管混凝土柱，钢管钢材 Q345（$f_a=300\text{N/mm}^2$），外径 $D=1000\text{mm}$，壁厚 20mm；核心混凝土强度等级 C50（$f_c=23.1\text{N/mm}^2$）。

提示：①按《高层建筑混凝土结构技术规程》作答；②按有侧移框架计算。

试问：

(1) 该穿层柱按轴心受压短柱计算的承载力设计值 N_0 (kN) 与下列何项数值最为接近？

(A) 24000　　(B) 26000　　(C) 28000　　(D) 47500

(2) 假定，考虑地震组合时，轴向压力设计值 $N=25900\text{kN}$，按弹性分析的柱顶、柱底截面的弯矩组合值分别为：$M^t=1100\text{kN}\cdot\text{m}$；$M^b=1350\text{kN}\cdot\text{m}$。试问，该穿层柱考虑偏心率影响的承载力折减系数 φ_e 与下列何项数值最为接近？

(A) 0.55　　(B) 0.65　　(C) 0.75　　(D) 0.85

(3) 假定，该穿层柱考虑偏心率影响的承载力折减系数 $\varphi_e=0.60$，$e_0/r_c=0.20$。试问，该穿层柱轴向受压承载力设计值（N_{ub}）与按轴心受压短柱计算的承载力设计值 N_0 之比值（N_u/N_0），与下列何项数值最为接近？

(A) 0.32　　(B) 0.41　　(C) 0.53　　(D) 0.61

【解答】(1) $A_a=\frac{1}{4}\pi(D_1^2-D_2^2)=\frac{1}{4}\times\pi\times(1000^2-960^2)=61575\text{mm}^2$

$$A_c=\frac{1}{4}\pi D_c^2=\frac{1}{4}\times\pi\times 960^2=723823\text{mm}^2$$

根据《高规》表 F.1.2，$[\theta]=1.0$

根据《高规》式（F.1.2-4）：

$$\theta=\frac{A_a\cdot f_a}{A_c\cdot f_c}=\frac{61575\times 300}{723823\times 23.1}=1.105>[\theta]=1.0$$

根据《高规》式（F.1.2-3），

$N_0=0.9A_cf_c(1+\sqrt{\theta}+\theta)=0.9\times 723823\times 23.1\times(1+\sqrt{1.105}+1.105)=47495228\text{N}=47500\text{kN}$

所以应选 (D) 项。

(2) 根据《高规》第 10.2.11 条，$M^t=1100\times 1.5\times 1.1=1815\text{kN}\cdot\text{m}$

$M^b=1350\times 1.5\times 1.1=2228\text{kN}\cdot\text{m}$，取较大值 $M_2=2228\text{kN}\cdot\text{m}$

$$e_0=\frac{2228\times 1000}{25900}=86\text{mm}，\frac{e_0}{r_c}=\frac{86}{480}=0.18<1.55$$

按《高规》式（F.1.3-1）：

$$\varphi_e=\frac{1}{1+1.85\times\frac{e_0}{r_c}}=\frac{1}{1+1.85\times 0.18}=0.75$$

所以应选 (C) 项。

(3) 根据《高规》式（F.1.2-1）：

按有侧移柱计算，根据《高规》式（F.1.6-3）：$k=1-0.625\times0.20=0.875$

式（F.1.5）：$L_e=\mu kL=1.3\times0.875\times10=11.375\text{m}$

$\dfrac{L_e}{D}=11.375>4$，按《高规》式（F.1.4-1）：

$$\varphi_l=1-0.115\sqrt{\dfrac{L_e}{D}-4}=1-0.115\sqrt{\dfrac{11.375}{1}-4}=0.688$$

按轴心受压柱 $L_e=1.3\times10=13\text{m}$

$$\varphi_0=1-0.115\sqrt{\dfrac{L_e}{D}-4}=1-0.115\sqrt{\dfrac{13}{1}-4}=0.655$$

$\varphi_e\cdot\varphi_l=0.6\times0.688=0.413<\varphi_0=0.655$，则：

$$N_u/N_0=\varphi_e\varphi_l=0.413$$

所以应选（B）项。

5. 钢板混凝土剪力墙

> ● 复习《高规》11.4.11 条～11.4.15 条。

6. 钢筋混凝土核心筒、内筒的设计

> ● 复习《高规》11.4.18 条。

需注意的是：

《高规》11.4.18 条中，钢框架是指钢框架柱、钢框架梁组成的框架。

型钢混凝土框架是指两类情况：①类，型钢混凝土柱和型钢混凝土梁组成的框架；②类，型钢混凝土柱和钢框架梁组成的框架。

【例 7.11.9】 某 40 层高层办公楼，建筑物总高度 152m，采用型钢混凝土框架-钢筋混凝土核心筒结构体系，楼面梁采用钢梁，核心筒采用普通钢筋混凝土，经计算地下室顶板可作为上部结构的嵌固部位。该建筑抗震设防类别为标准设防类（丙类），抗震设防烈度为 7 度，设计基本地震加速度为 0.10g，设计地震分组为第一组，建筑场地类别为Ⅱ类。

首层核心筒某偏心受压墙肢截面如图 7.11.8 所示，墙肢1考虑地震组合的内力设计值（已按规范、规程要求作了相应调整）如下：$N=32000\text{kN}$，$V=9260\text{kN}$，计算截面的剪跨比 $\lambda=1.91$，$h_{w0}=5400\text{mm}$，墙体采用 C60 混凝土（$f_c=27.5\text{N/mm}^2$，$f_t=2.04\text{N/mm}^2$），HRB400 级钢筋（$f_y=360\text{N/mm}^2$）。试问，其水平分布钢筋最小选用下列何项配筋时，才能满足《高层建筑混凝土结构技术规程》的最低构造要求？

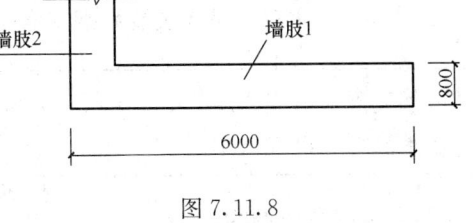

图 7.11.8

提示：假定 $A_w=A$。

(A) Φ 10@200（4）

(B) Φ 12@200 (4)

(C) Φ 14@200 (4)

(D) Φ 16@200 (4)

【解答】 根据《高规》7.2.10条第2款：

$0.2 f_c b_w h_w = 0.2 \times 27.5 \times 800 \times 6000 = 2.64 \times 10^7 \mathrm{N} = 2.64 \times 10^4 \mathrm{kN} < N = 32000 \mathrm{kN}$

取 $N = 2.64 \times 10^4 \mathrm{kN}, A_w = A$

查《高规》表3.8.2，$\gamma_{RE} = 0.85$

$$V = \frac{1}{\gamma_{RE}} \left[\frac{1}{\lambda - 0.5} \left(0.4 f_t b_w h_{w0} + 0.1 N \frac{A_w}{A} \right) + 0.8 f_{yh} \frac{A_{sh}}{s} h_{w0} \right]$$

$$9260 \times 10^3 \leqslant \frac{1}{0.85} \Big[\frac{1}{1.91 - 0.5} (0.4 \times 2.04 \times 800 \times 5400 + 0.1 \times 2.64 \times 10^7)$$

$$+ 0.8 \times 360 \frac{A_{sh}}{s} \times 5400 \Big]$$

解之得： $\dfrac{A_{sh}}{s} \geqslant 2.25 \mathrm{mm^2/mm}$

(A) 项：$\dfrac{78.5 \times 4}{200} = 1.57$，不满足；

(B) 项：$\dfrac{113.1 \times 4}{200} = 2.26$，满足。

可知，(C)、(D) 项也满足。

根据《高规》第11.4.18条第1款：

(B) 项：$\rho = \dfrac{113 \times 4}{800 \times 200} = 0.28\% > 0.25\%$，满足。

故应选 (B) 项。

7. 构件的连接要求

- 复习《高规》11.4.16条、11.4.17条。
- 复习《高规》11.4.19条。

二、《抗震通规》和《抗规》钢支撑-混凝土框架结构

- 复习《抗震通规》5.8.1条～5.8.3条。
- 复习《抗规》附录G。

两本规范是协调的。

【例7.11.10】 某拟建12层办公楼，采用钢支撑-混凝土框架结构，房屋高度为43.3m，框架柱截面700m×700mm，混凝土强度等级为C50。抗震设防烈度为7度，丙类建筑，建筑场地为Ⅱ类。在进行方案比较时，有四种支撑布置方案。假定，多遇地震作用下起控制作用的主要计算结果，见表7.11.3。

表 7.11.3

	M_{xf}/M (%)	M_{yf}/M (%)	N (kN)	N_G (kN)
方案 A	51	52	8300	7300
方案 B	46	48	8000	7200
方案 C	52	51	8250	7250
方案 D	42	43	7800	7600

M_f——底层框架部分按刚度分配的地震倾覆力矩；M——结构总地震倾覆力矩；N——普通框架柱最大轴压力设计值；N_G——支撑框架柱最大轴压力设计值。

假定，该结构刚度、支撑间距等其他方面均满足规范规定。如果仅从支撑布置及柱抗震构造方面考虑。试问，哪种方案最为合理？

提示：① 按《建筑抗震设计规范》作答；
② 柱不采取提高轴压比限值的措施。

(A) 方案 A　　　(B) 方案 B　　　(C) 方案 C　　　(D) 方案 D

【解答】 根据《抗规》附录 G.1.3 条，故排除（A）、（C）项

由 6.1.2 条：钢支撑框架部分框架的抗震等级为一级。

由《抗规》表 6.3.6，$[\mu_N] = 0.65$

(D) 项：$\mu_N = \dfrac{N_G}{f_c A} = \dfrac{7600 \times 10^3}{23.1 \times 700 \times 700} = 0.67 > 0.65$，不满足

故选（B）项。

第十二节　高层钢结构

本节所用的规范是《抗震通规》《钢通规》《高钢规》和《抗规》。

一、总则和术语

- 复习《高钢规》1.0.1 条～1.0.5 条。
- 复习《高钢规》2.1.1 条～2.1.16 条。

需注意的是：

(1)《高钢规》1.0.2 条规定了《高钢规》的适用范围。
(2)《高钢规》1.0.4 条，注重高层钢结构的概念设计。

二、材料

- 复习《高钢规》4.1.1 条～4.1.11 条。
- 复习《高钢规》4.2.1 条～4.2.5 条。

【例 7.12.1】 北方地区某高层钢结构建筑，其 1～10 层外框柱采用焊接箱形截面，

板厚为 60~80mm，工作温度低于 $-20℃$，初步确定选用 Q345 国产钢材。试问，以下何种质量等级的钢材是最合适的选择？

(A) Q345D
(B) Q345GJC
(C) Q345GJD-Z15
(D) Q345C

【解答】根据《高钢规》4.1.2条、4.1.5条：
低于 $-20℃$，其对应的钢材质量等级为 D 级，故选（C）项。

【例 7.12.2】下列关于高层民用建筑钢结构设计的一些观点，其中何项不准确？
(A) 房屋高度不超过 50m 的高层民用建筑可采用框架、框架-中心支撑或其他体系的结构
(B) 高层民用建筑钢结构不应采用单跨框架结构
(C) 偏心支撑框架中的消能梁段所用钢材的屈服强度不应大于 $345N/mm^2$，屈强比不应大于 0.8
(D) 两种强度级别的钢材焊接时，宜选用与强度较高钢材相匹配的焊接材料

【解答】根据《高钢规》4.1.10条，（D）项错误，应选（D）项。
此外，根据《高钢规》3.2.4条，（A）、（B）项正确。
根据《高钢规》4.1.7条，（C）项正确。

三、荷载

（一）竖向荷载和温度作用

- 复习《高钢规》5.1.1条~5.1.7条。

（二）风荷载

- 复习《高钢规》5.2.1条~5.2.9条。

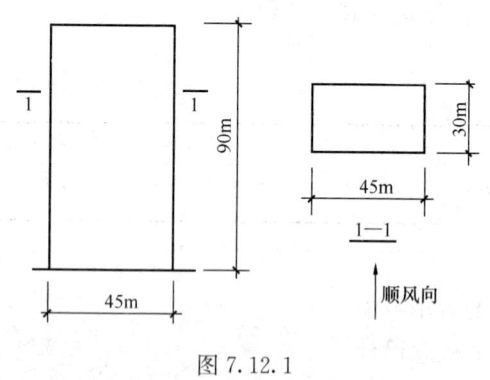

图 7.12.1

需注意的是：
（1）基本风压的确定，《高钢规》5.2.4条规定，与《高规》规定是一致的。
（2）《高钢规》5.2.2条的规定及其条文说明。

▲1. 顺风向风振效应

【例 7.12.3】某带填充墙的高层钢结构办公楼，外形和质量沿房屋高度方向均基本呈均匀分布，房屋高度 $H=90m$，28 层，房屋平面 $L×B=45m×30m$，如图 7.12.1 所示，已知 50 年重现期的基本风压为 $0.70kN/m^2$，结构基本自振周期 $T_1=3.20s$，地面粗糙度 C 类。结构设计使用年限为 50 年。
试问：当进行位移计算时，该楼顶点处的风荷载标准值 w_k。
提示：① 风荷载体型系数按《建筑结构荷载规范》作答。
② 按《工程结构通用规范》作答。

【解答】 根据《高钢规》5.2.4 条，取 $w_0=0.70\mathrm{kN/m^2}$。

根据《荷规》8.4.4 条：

$$x_1=\frac{30f_1}{\sqrt{0.54\times 0.70}}=15.248$$

$$R=\sqrt{\frac{\pi}{6\times 0.02}\cdot\frac{15.248^2}{(1+15.248^2)^{4/3}}}=2.057$$

C 类地面，$z=90\mathrm{m}$，查《荷规》表 8.2.1，取 $\mu_z=1.43$
$z/H=1.0$，查《荷规》附录表 G.0.3，取 $\phi_1(z)=1.0$
根据《荷规》8.4.5 条、8.4.6 条：

$$\rho_z=\frac{10\sqrt{90+60\mathrm{e}^{-90/60}-60}}{90}=0.732$$

$$\rho_x=\frac{10\sqrt{45+50\mathrm{e}^{-45/50}-50}}{45}=0.870$$

$$B_z=0.295\times 90^{0.261}\times 0.870\times 0.732\times\frac{1.0}{1.43}=0.425$$

根据《荷规》8.4.3 条：
$\beta_z=1+2\times 2.5\times 0.23\times 0.425\times\sqrt{1+2.057^2}=2.118>1.2$（《结通规》4.6.5 条）
故取 $\beta_z=2.118$
查《荷规》表 8.3.1 项次 31，$D/B=30/45<1$，故取 $\mu_s=0.8+0.6=1.4$

$$w_k=\beta_z\mu_s\mu_z w_0=2.118\times 1.4\times 1.43\times 0.70=2.97\mathrm{kN/m^2}$$

2. 横风向风振效应

- 复习《高钢规》3.5.6 条。
- 复习《高钢规》5.2.2 条、5.2.3 条。

3. 风振舒适度验算

- 复习《高钢规》3.5.5 条。

四、地震作用

（一）基本要求

- 复习《高钢规》5.3.1 条～5.3.7 条。

需注意的是：
(1)《高钢规》5.3.1 条的条文说明中对大跨度、长悬臂结构的定义。
(2)《高钢规》5.3.7 条规定。其中，r_i 实质是：第 i 层楼层平面平行地震作用方向的回转半径，$r_i=\sqrt{\dfrac{J_{M_i}}{M_i}}$，$J_{M_i}$ 为惯性矩，M_i 为质量。

(3) 高层钢结构的阻尼比的取值，《高钢规》5.4.6条作了规定，与《抗规》规定是一致的。

(二) 水平地震作用

- 复习《高钢规》5.4.1条～5.4.6条。

【例7.12.4】 某10层钢结构，高度38m，位于7度抗震设防烈度区，设计地震加速度为0.10g，场地类别为Ⅱ类，设计地震分组为第一组。结构基本自振周期$T_1=1.0s$，结构阻尼比为0.04，总重力荷载代表值$\Sigma G_i=4\times 10^5 kN$。

提示：按《高层民用建筑钢结构技术规程》(JGJ 99—2015)计算。

试问：多遇地震作用下，按底部剪力法计算，确定房屋顶部附加水平地震作用标准值ΔF_n (kN)。

【解答】 查《高钢规》表5.3.5-1，取$\alpha_{max}=0.08$

查《高钢规》表5.3.5-2，取$T_g=0.35s$

根据《高钢规》5.3.6条，$\xi=0.04$，则：

$$r = 0.9 + \frac{0.05-0.04}{0.3+6\times 0.04} = 0.919$$

$$\eta_2 = 1 + \frac{0.05-0.04}{0.08+1.6\times 0.04} = 1.069$$

$T_g=0.35s < T_1=1.0s < 5T_g=1.75s$，则：

$$\alpha_1 = \left(\frac{0.35}{1.0}\right)^{0.919} \times 1.069 \times 0.08 = 0.0326$$

根据《高钢规》5.4.3条：

$T_1=1.0s > 1.4T_g=1.4\times 0.35=0.49s$，则：

$$\delta_n = 0.08T_1 + 0.07 = 0.08\times 1.0 + 0.07 = 0.15$$

$$F_{Ek} = \alpha_1 G_{eq} = 0.0326\times 0.85\times 4\times 10^5 = 11084 kN$$

$$\Delta F_n = \delta_n F_{Ek} = 0.15\times 11084 = 1662.6 kN$$

(三) 竖向地震作用

- 复习《高钢规》5.5.1条～5.5.3条。

五、结构设计基本规定

(一) 结构体系与选型

- 复习《钢通规》5.2.1条。
- 复习《高钢规》3.1.1条～3.1.6条。
- 复习《高钢规》3.2.1条～3.2.4条。

需注意的是：

(1)《高钢规》3.1.6条规定。

(2)《高钢规》3.2.2条表3.2.2中6度～9度的最大高度，与《抗规》8.1.1条规定是一致的。同时《抗规》8.1.1条规定：平面和竖向均不规则的钢结构，适用的最大高度宜适当降低。

(3)《高钢规》3.2.4条规定："高层民用建筑钢结构不应采用单跨框架结构"，但是，《抗规》8.1.5条规定："采用框架结构时，甲、乙类建筑和高层的丙类建筑不应采用单跨框架，多层的丙类建筑不宜采用单跨框架"。两本规范是不相同的。

（二）规则性

●复习《高钢规》3.3.1条～3.3.10条。

需注意的是：

(1)《高钢规》表3.3.2-1中偏心布置的定义与判别。

(2)《高钢规》3.3.3条第2款的情况，分别见《高钢规》7.1.6条、7.3.1条。

(3)《高钢规》3.3.5条规定，与《抗规》8.1.4条规定是不相同的，即：《高钢规》取钢筋混凝土框架结构缝宽的1.5倍，而《抗规》取相应钢筋混凝土结构房屋的1.5倍。

(4)《高钢规》3.3.10条规定，与《高规》规定是一致的。

【**例7.12.5**】 既有办公楼，高度为82m，钢筋混凝土框架—剪力墙结构，抗震设防烈度为8度（0.20g），设计地震分组为第二组，建筑场地为Ⅱ类。现在该楼旁扩建一栋新办公楼，拟采用钢框架结构，高度45m。新老建筑均为标准设防类。试问，新老建筑之间防震缝的最小宽度（mm），应为下列何项数值？

(A) 550　　　　　(B) 500　　　　　(C) 450　　　　　(D) 350

【解答】 方法一：

根据《抗规》8.1.4条、6.1.4条：

按$H=45$m，框架结构计算防震缝宽度：

防震缝宽度$=1.5\times[100+(45-15)\times 20/3]=450$mm，应选（C）项。

方法二：按《高钢规》解答时，《高钢规》3.3.5条，由《抗规》6.1.4条：

防震缝宽度$=1.5\times[100+(45-15)\times 20/3]=450$mm，应选（C）项。

（三）地基基础和地下室

●复习《高钢规》3.4.1条～3.4.6条。

需注意的是：

(1)《高钢规》3.4.2条规定。

(2)《高钢规》3.4.3条，与《抗规》规定是相同的。

(3)《高钢规》3.4.6条，与《抗规》规定是相同的。

（四）水平位移限值和舒适度

●复习《钢通规》5.2.6条。

●复习《高钢规》3.5.1条～3.5.7条。

（五）构件承载力设计

●复习《高钢规》3.6.1条。

(六) 抗震等级

* 复习《高钢规》3.7.1条~3.7.3条。

需注意的是：

(1) 抗震等级的确定，《抗规》8.1.3条作了规定。

(2)《高钢规》3.7.2条规定，建筑场地会影响抗震构造措施的抗震等级。

(3)《高钢规》3.7.3条的条文说明，即：为了确保结构安全，应按构件受力情况采取相应构造措施，对50m以下房屋，表列等级偏宽。

(七) 抗震性能化设计

* 复习《高钢规》3.8.1条~3.8.3条。

需注意的是：

《高钢规》与《高规》的异同点。

【例7.12.6】 某高层钢结构房屋采用钢框架—偏心支撑结构体系，位于抗震设防烈度8度（0.20g）地区、建筑场地Ⅱ类。现高度超限，采用抗震性能化设计，采用抗震性能目标C级。关于该结构在设防烈度地震下的下列说法，正确的是何项？

Ⅰ. 框架柱发生轻微损坏

Ⅱ. 部分偏心支撑的消能梁段发生中度损坏

Ⅲ. 框架柱的正截面承载力应满足不屈服

Ⅳ. 框架梁的受剪承载力均应满足不屈服

Ⅴ. 部分偏心支撑的支撑进入屈服阶段，但不发生破坏

(A) Ⅰ、Ⅱ、Ⅲ、Ⅳ、Ⅴ (B) Ⅰ、Ⅱ、Ⅴ
(C) Ⅰ、Ⅱ (D) Ⅱ、Ⅲ、Ⅳ

【解答】 根据《高钢规》3.8.2条，Ⅰ. 正确；Ⅱ. 正确。

由《高钢规》3.8.3条：

Ⅲ. 错误，应为：正截面、斜截面承载力均不屈服。

Ⅳ. 错误，框架梁为耗能构件，部分框架梁进入屈服

Ⅴ. 错误，应为：部分偏心支撑的消能梁段进入屈服阶段

故选（C）项。

(八) 抗连续倒塌设计

* 复习《高钢规》3.9.1条~3.9.6条。

需注意的是：

(1)《高钢规》3.9.5条规定。

(2)《高钢规》3.9节规定，与《高规》3.12节规定是基本一致的。

六、结构计算分析

(一) 一般规定

* 复习《高钢规》6.1.1条~6.1.7条。

需注意的是：

(1)《高钢规》6.1.3 条的条文说明。

(2)《高钢规》6.1.7 条规定是针对高层钢结构，而《高规》5.4.4 条规定是针对钢筋混凝土结构。

【例 7.12.7】 某 40m 高层钢框架结构办公楼（无库房），剖面如图 7.12.2 所示，各层层高 4m，钢框架梁采用 H500×250×12×16（全塑性截面模量 $W_p = 2.6 \times 10^6 \text{mm}^3$，$A = 13808 \text{mm}^2$），钢材采用 Q345，抗震设防烈度为 7 度（0.10g），设计地震分组第一组，建筑场地类别为Ⅲ类，安全等级二级。

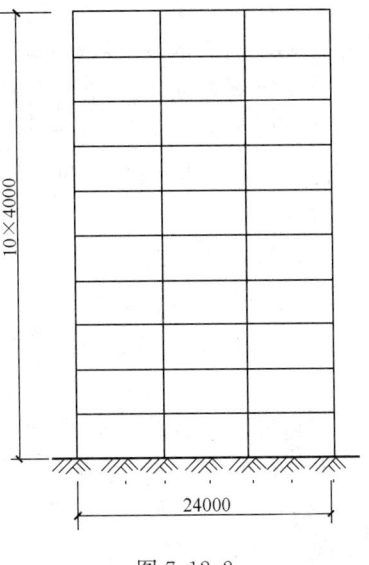

图 7.12.2

假定，结构质量、刚度沿高度基本均匀，相应于结构基本自振周期的水平地震影响系数值为 0.038，各层楼（屋）盖处永久荷载标准值为 5300kN，等效活荷载标准值为 800kN（上人屋面兼作其他用途），顶层重力荷载代表值为 5700kN。试问，多遇地震标准值作用下，满足结构整体稳定要求且按弹性方法计算的首层最大层间位移（mm），与下列何项数值最为接近？

提示： 按《高层民用建筑钢结构技术规程》作答。

(A) 12　　　　(B) 16　　　　(C) 20　　　　(D) 24

【解答】 根据《高钢规》6.1.7 条：

$$D_1 \geqslant 5 \times [10 \times (1.2 \times 5300 + 1.4 \times 800)]/4 = 93500 \text{kN/m}$$

$$V_1 = 0.038 \times 0.85 \times [9 \times (5300 + 0.5 \times 800) + 5700]$$

$$= 1841 \text{kN}$$

$$\Delta_1 = \frac{V_1}{D_1} \leqslant \frac{1841}{93500} = 19.7 \text{mm}$$

故选（C）项。

(二) 弹性分析

●复习《高钢规》6.2.1 条～6.2.7 条。

需注意的是：

(1)《高钢规》6.2.2 条规定，应计入 $P-\Delta$ 效应。

(2)《高钢规》6.2.4 条、6.2.6 条规定，与《抗规》8.2.3 条第 3 款规定是相同的。

(3)《高钢规》6.2.5 条中，对于箱形截面框架柱的计算规定，与《抗规》8.2.3 条规定是不相同的。

(4)《高钢规》式（6.2.5），与《抗规》8.2.3 条条文说明是一致的。《高钢规》式（6.2.5）适用于未考虑节点的剪切变形时的箱形截面柱框架、H 形截面柱框架等。

【例 7.12.8】 某高层钢结构办公楼，采用钢框架—中心支撑体系，房屋高度为 96m，丙类建筑，抗震设防烈度为8度（0.20g）、场地类别为Ⅱ类。结构的计算基本自振周期$T_1=3.6s$，周期折减系数取0.9。框架柱采用焊接箱形截面，钢材采用Q345GJ。

该建筑物总重力荷载代表值为5×10^5kN。在水平地震作用下，结构底部总水平地震剪力计算值为18000kN。相应于地震作用标准值且未经内力调整的框架部分楼层地震剪力标准值：首层$V=1200$kN，各层最大值$V_{f,max}=2200$kN。

试问：

（1）抗震设计时，相应于水平地震作用标准值的首层框架水平地震剪力标准值（kN），与下列何项最接近？

提示：按《高层民用建筑钢结构技术规程》作答。

(A) 2150　　　　(B) 2850　　　　(C) 3950　　　　(D) 4500

（2）某楼层框架柱采用箱形截面，试问，下列何项满足规范规程要求且经济合理？

提示：框架柱截面均满足承载力要求，按《建筑抗震设计规范》作答。

(A) □450×450×20×20　　　　(B) □450×450×16×16

(C) □450×450×14×14　　　　(D) □450×450×12×12

【解答】（1）根据《高钢规》5.4.5条、《抗规》5.2.5条：

$T_1=3.6\times0.9=3.24$s，则：

$\lambda\Sigma G_j=0.032\times5\times10^5=16000$kN<18000kN

根据《高钢规》6.2.6条：

$V_f=\min(25\%\times18000,1.8\times2200)$

$=\min(4500,3960)=3960$kN

故$V_{首}=3960$kN

故选（C）项。

（2）根据《抗规》8.1.3条：

框架为抗震二级

由《抗规》8.4.3条：

$V_{f,max}=2200$kN<$25\%V_0=25\%\times18000=4500$kN

故框架的抗震构造措施采用抗震三级。

由《抗规》表8.3.2及注：

三级：$38\varepsilon_k=31.4$

(A) 项：$\dfrac{b_0}{t}=\dfrac{450-2\times20}{20}=20.5$，满足。

(B) 项：$\dfrac{b_0}{t}=\dfrac{450-2\times16}{16}=26$，满足。

(C) 项：$\dfrac{b_0}{t}=\dfrac{450-2\times14}{14}=30$，满足。

(D) 项：$\dfrac{b_0}{t}=\dfrac{450-2\times12}{12}=35.5$，不满足。

故选（C）项。

【例7.12.9】某高层钢结构办公楼，采用钢框架—偏心支撑结构体系，房屋高度为136m，丙类建筑，位于抗震设防烈度7度（0.10g），建筑场地为Ⅱ类。结构的计算基本

自振周期 $T_1=3.2s$。钢材采用 Q345 钢。

该建筑物总重力荷载代表值为 6×10^5 kN。在水平地震作用下,结构底部总水平地震剪力计算值为 8500kN。相应于地震作用标准值且未经内力调整的框架部分楼层地震剪力标准值:

首层 $V=800$ kN,各层最大值 $V_{f,max}=1300$ kN。经计算,首层框架和支撑的层间受剪承载力为第二层的 0.75。

试问,抗震设计时,相应于水平地震作用标准值的首层框架水平地震剪力标准值(kN),与下列何项最接近?

(A) 3040　　　(B) 2750　　　(C) 2230　　　(D) 1870

【解答】 根据《高钢规》5.4.5 条、《抗规》5.2.5 条:

$$1.15\lambda\Sigma G_j = 1.15\times0.016\times6\times10^5 = 11040\text{kN} > 1.15\times8500 = 9775\text{kN}$$

取 $V_0=11040$ kN,$\eta_{放}=\dfrac{11040}{8500}=1.30$

$$V_{f,max}^{后}=1300\times1.30=1690\text{kN}$$

由《抗规》8.2.3 条(或《高钢规》6.2.6 条):

$$V_{f,max}=\min(25\%V_0,\ 1.8V_{f,max}^{后})$$
$$=\min(25\%\times11040,\ 1.8\times1690)$$
$$=\min(2760,\ 3042)$$
$$=2760\text{kN}$$

故 $V_{首}=2760$ kN

故选(B)项。

【例 7.12.10】 某高层钢结构房屋,位于 7 度抗震设防烈度区,某一根框架柱采用箱形截面□500×25,其框架梁采用 H 形截面 H750×250×14×25。当计算时采用不考虑节点域的剪切变形的近似计算。

试问:确定其梁柱刚域的总长度。

【解答】 根据《高钢规》6.2.5 条:

$$刚域的总长度=\min\{500,\ 750/2\}=375\text{mm}$$

(三)弹塑性分析

- 复习《高钢规》6.3.1 条~6.3.6 条。

(四)基本组合和地震组合

- 复习《高钢规》6.4.1 条~6.4.6 条。

七、钢构件设计

(一)梁和轴心受压柱

- 复习《高钢规》7.1.1 条~7.1.6 条。
- 复习《高钢规》7.2.1 条~7.2.2 条。

需注意的是：
(1)《高钢规》7.1.4 条规定。
(2)《高钢规》7.1.6 条规定，而《抗规》无此规定。

(二) 框架柱

《钢通规》规定：

> 5.2.3 结构稳定性验算应符合下列规定：
> 1 二阶效应计算中，重力荷载应取设计值；
> 2 高层钢结构的二阶效应系数不应大于 0.2，多层钢结构不应大于 0.25；
> 3 一阶分析时，框架结构应根据抗侧刚度按照有侧移屈曲或无侧移屈曲的模式确定框架柱的计算长度系数；
> 4 二阶分析时应考虑假想水平荷载，框架柱的计算长度系数应取 1.0；
> 5 假想水平荷载的方向与风荷载或地震作用的方向应一致，假想水平荷载的荷载分项系数应取 1.0，风荷载参与组合的工况，组合系数应取 1.0，地震作用参与组合的工况，组合系数应取 0.5。

▲1. 稳定性的计算

● 复习《高钢规》7.3.1 条～7.3.2 条。

【例 7.12.11】 某高层钢结构办公楼，采用框架结构，结构布置如图 7.12.3(a) 所示。框架梁、柱采用 Q345 钢，次梁、加劲板采用 Q235 钢，楼面采用 150mm 厚 C30 混凝土楼板，钢梁顶采用抗剪栓钉与楼板连接。ⓒ轴线局部如图 7.12.3(b) 所示。已知箱形柱 □500×25 的惯性矩 $I_x = 1.79 \times 10^9 \text{mm}^4$，箱形柱 □500×28 的惯性矩 $I_x = 1.97 \times 10^9 \text{mm}^4$，框架梁 H750×250×14×25 的惯性矩 $I_x = 2.04 \times 10^9 \text{mm}^4$。

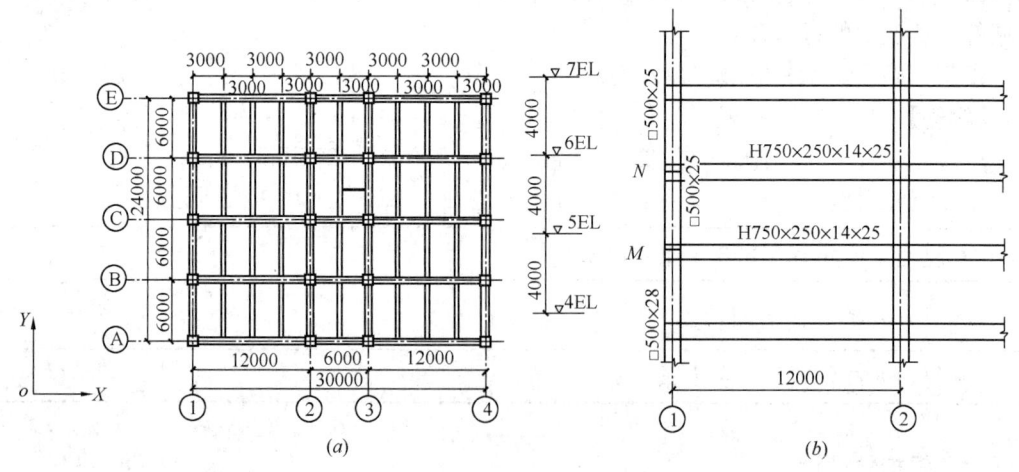

图 7.12.3
(a) 平面布置图；(b) ⓒ轴线局部

提示： 按《高层民用建筑钢结构技术规程》作答。

试问： 按一阶线弹性分析时，沿 X 向的框架柱 MN 的计算长度系数为多少？

【解答】 根据《高钢规》7.3.2条第3款：

柱上端：梁线刚度之和为：

$$\frac{2.04 \times 10^9 E}{12000} = 1.7 \times 10^5 E$$

柱线刚度之和为：

$$\frac{1.79 \times 10^9 E}{4000} + \frac{1.79 \times 10^9 E}{4000} = 8.95 \times 10^5 E$$

$$K_1 = \frac{1.7 \times 10^5 E}{8.95 \times 10^5 E} = 0.19$$

柱下端：梁线刚度之和为：

$$\frac{2.04 \times 10^9 E}{12000} = 1.7 \times 10^5 E$$

柱线刚度之和为：$\dfrac{1.79 \times 10^9 E}{4000} + \dfrac{1.97 \times 10^9 E}{4000} = 9.4 \times 10^5 E$

$$K_2 = \frac{1.7 \times 10^5 E}{9.4 \times 10^5 E} = 0.18$$

由《高钢规》式（7.3.2-4）：

$$\mu = \sqrt{\frac{7.5 \times 0.19 \times 0.18 + 4 \times (0.19 + 0.18) + 1.6}{7.5 \times 0.19 \times 0.18 + 0.19 + 0.18}}$$

$$= \sqrt{\frac{3.3365}{0.6265}} = 2.31$$

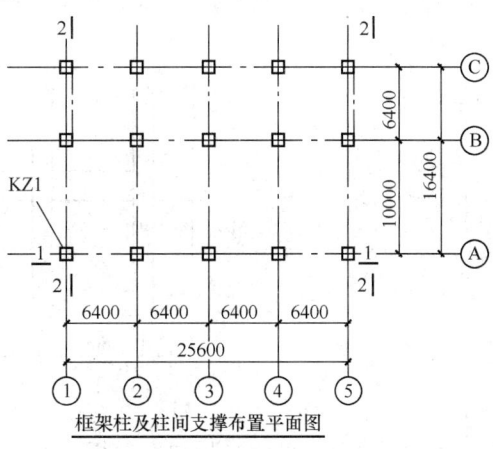

图 7.12.4

【例 7.12.12】 某9层钢结构办公建筑，房屋高度 $H = 34.9\text{m}$，抗震设防烈度为8度，采用框架-中心支撑布置如图7.12.4所示，所有连接均采用刚接。各层均满足刚性平面假定。框架梁柱采用Q345。框架梁采用焊接截面，除跨度为10m的框架梁截面采用H700×200×12×22外，其他框架梁截面均采用H500×200×12×16，柱采用焊接箱形截面B500×22。梁柱截面特性见表7.12.1。

表 7.12.1

截面	面积 A (mm^2)	惯性矩 I_x (mm^4)	回转半径 i_x (mm)	弹性截面模量 W_x (mm^3)	塑性截面模量 W_{px} (mm^3)
H500×200×12×16	12016	4.77×10^8	199	1.91×10^6	2.21×10^6
H700×200×12×22	16672	1.29×10^9	279	3.70×10^6	4.27×10^6
B500×22	42064	1.61×10^6	195	6.42×10^6	

已知第2层层高为3.8m，其中一根框架柱KZ1在Ⓐ轴框架平面内计算长度系数取为

2.4，平面外计算长度系数取为 1.0，试问，当按公式 $\dfrac{N}{\varphi_x A} + \dfrac{\beta_{mx} M_x}{\gamma_x W_x\left(1-0.8\dfrac{N}{N'_{Ex}}\right)} + \eta\dfrac{\beta_{ty} M_y}{\varphi_{by} W_y}$

进行平面内（M_x 方向）稳定性计算时，N'_{Ex} 的计算值（N）与下列何项数值最为接近？

(A) 2.40×10^7　　　　　　　　(B) 3.50×10^7

(C) 1.40×10^8　　　　　　　　(D) 2.20×10^8

【解答】框架柱平面内长细比：

$$\lambda_x = \dfrac{2.4\times3800}{195} = 47$$

根据《钢标》式（8.2.1-2）：

$$N'_{Ex} = \dfrac{\pi^2 EA}{1.1\lambda_x^2} = \dfrac{\pi^2\times2.06\times10^5\times42064}{1.1\times47^2}$$

$$= 3.52\times10^7 \text{N}$$

故选（B）项。

【例 7.12.13】① 某钢框架结构房屋，丙类建筑，高度为 52m，钢材采用 Q345GJ 钢。框架柱采用箱形截面，框架梁采用焊接 H 形截面。该建筑位于 7 度（0.15g）地区，建筑场地为Ⅱ类，该结构局部立面如图 7.12.5 所示。结构设计使用年限 50 年，安全等级为二级。

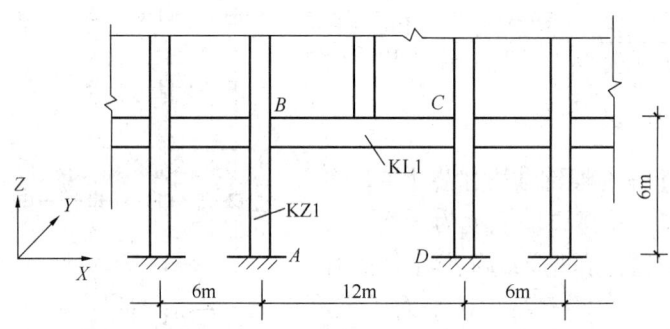

图 7.12.5

该结构内力采用二阶弹性分析，考虑假想水平力。

KL1 采用焊接截面 H1000×250×18×30，其截面特性：$I_x = 4.78\times10^9 \text{mm}^4$，$S_x = 5.63\times10^6 \text{mm}^3$。

KZ1 采用焊接□600×30，其截面特性为：

$I_x = I_y = 3.71\times10^9 \text{mm}^4$，$i_x = i_y = 233 \text{mm}$，

$W_x = W_y = 1.24\times10^7 \text{mm}^3$，$A = 68400 \text{mm}^2$。

提示：按《建筑与市政工程抗震通用规范》和《钢结构通用规范》作答。

试问：

(1) 该框架梁 KL1 在假想水平力作用下在其梁端 B 处产生的剪力设计值为 30kN，同一荷载工况下梁端 B 处的剪力标准值，见表 7.12.2。已知 $f_v = 190 \text{N/mm}^2$。

---

① 本题目较难，二级考生可以不关注。

梁端的剪力标准值 表 7.12.2

荷载工况	永久荷载	楼面活荷载	风	水平地震作用
V_k（kN）	600	200	150	700

KL1 与 KZ1 采用栓焊连接，框架梁腹板扣除焊接孔和螺栓孔后的腹板受剪面积为 12600mm²。

在地震组合下，该 KL1 梁端 B 处进行梁的抗剪强度计算，其剪应力最大值（N/mm³），最接近于下列何项？

(A) 155　　　(B) 165　　　(C) 175　　　(D) 190

（2）已知框架柱 KZ1 在假想水平力作用下的内力设计值见表 7.12.3，同一荷载工况下的内力标准值见表 7.12.4，逆时针方向弯矩值为正。已知 $f=325\text{N/mm}^2$。

KZ1 在假想水平力下内力设计值 表 7.12.3

轴压力 N (kN)	弯矩 M_x（X 方向，kN·m）		弯矩 M_y（Y 方向，kN·m）	
	上端 B	下端 A	上端 B	下端 A
50	20	30	15	20

KZ1 在各工况下的内力标准值 表 7.12.4

荷载工况	轴压力 N (kN)	弯矩 M_x（X 方向，kN·m）		弯矩 M_y（Y 方向，kN·m）	
		上端 B	下端 A	上端 B	下端 A
永久荷载	800	650	700	350	450
楼面活荷载	300	250	300	150	200
风	300	300	350	250	300
水平地震	1100	800	900	450	650

在地震组合下，KZ1 按双向压弯构件进行整体稳定性验算，$\dfrac{N}{\varphi_x A f/\gamma_{RE}}$ 的值，最接近于下列何项？

提示：$\varphi_x=0.896$。

(A) 0.08　　　(B) 0.14　　　(C) 0.18　　　(D) 0.23

（3）题目条件同问题（2），KZ1 按双向压弯构件进行整体稳定性验算，当仅考虑水平地震作用时，$\dfrac{\beta_{mx}M_x}{\gamma_x W_x\left(1-0.8\dfrac{N}{N'_{Ex}}\right)f/\gamma_{RE}}$ 的值，最接近于下列何项？

提示：$N'_{Ex}=190474\text{kN}$，$N=3400\text{kN}$，$\gamma_x=1.0$。

(A) 0.42　　　(B) 0.38　　　(C) 0.33　　　(D) 0.28

（4）题目条件同问题（2），在地震组合下，KZ1 按双向压弯构件进行整体稳定性验算，$\dfrac{\beta_{mx}M_x}{\gamma_x W_x\left(1-0.8\dfrac{N}{N'_{Ex}}\right)f/\gamma_{RE}}$ 的值，最接近于下列何项？

提示：$N'_{Ex}=190474\text{kN}$，$N=3400\text{kN}$，$\gamma_x=1.0$。

(A) 0.58   (B) 0.52   (C) 0.43   (D) 0.38

(5) 题目条件同题（2），假定 Y 向无侧移，在地震组合下，KZ1 按双向压弯构件进行整体稳定性验算，$\eta\dfrac{\beta_{ty}M_y}{\varphi_{by}W_y f/\gamma_{RE}}$ 的值，最接近于下列何项？

提示：$\varphi_{by}=1.0$，$\eta=0.7$。

(A) 0.10   (B) 0.15   (C) 0.20   (D) 0.25

【解答】(1) 根据《高钢规》7.1.5条、7.1.6条，及《钢通规》5.2.3条：

$$V = 30\times 1\times 0.5 + 1.3\times(600+0.5\times 200) + 1.4\times 1.5\times 700$$
$$= 2395\text{kN}$$

$$\tau = \frac{V}{A_{wn}} = \frac{2395\times 10^3}{12600} = 190\text{N/mm}^2$$

$$\tau = \frac{VS}{It_w} = \frac{2395\times 10^3 \times 5.63\times 10^6}{4.78\times 10^9 \times 18} = 157\text{N/mm}^2$$

故取 $\tau=190\text{N/mm}^2$，应选（D）项。

(2) 根据《高钢规》7.3.10条，及《钢通规》5.2.3条：

$$N = 50\times 1\times 0.5 + 1.3\times(800+0.5\times 300) + 1.4\times 1.5\times 1100$$
$$= 3570\text{kN}$$

$$\frac{N}{\varphi_x A f/\gamma_{RE}} = \frac{3570\times 10^3}{0.896\times 68400\times 325/0.8} = 0.143$$

故选（B）项。

(3) 根据《高钢规》7.3.10条：

$$M_{地} = 1.4\times 1.5\times 900 = 1890\text{kN}\cdot\text{m}$$

由《钢标》8.2.1条：

$$\beta_{mx} = 1 - 0.36\frac{N}{N_{cr}} = 1 - 0.36\times\frac{3400}{1.1\times 190474} = 0.994$$

$$\frac{\beta_{mx}M_x}{\gamma_x W_x\left(1-0.8\dfrac{N}{N'_{Ex}}\right)f/\gamma_{RE}} = \frac{0.994\times 1890\times 10^6}{1.0\times 1.24\times 10^7\times\left(1-0.8\times\dfrac{3400}{190474}\right)\times 325/0.8}$$
$$= 0.38$$

故选（B）项。

(4) 根据《高钢规》7.3.10条、《钢标》8.2.1条：

X 向、无侧移：$M_1 = 1.3\times(700+0.5\times 300) = 1105\text{kN}\cdot\text{m}(\uparrow)$

$$M_2 = 1.3\times(650+0.5\times 250) = 1007.5\text{kN}\cdot\text{m}(\uparrow)$$

$$\beta_{mx1} = 0.6 + 0.4\times\left(\frac{-1007.5}{1105}\right) = 0.235$$

X 向、有侧移：$M_有 = 30\times 1\times 0.5 + 1.4\times 1.5\times 900 = 1905\text{kN}\cdot\text{m}$

$$\beta_{mx2} = 1 - 0.36\frac{N}{N_{cr}} = 1 - 0.36\times\frac{3400}{1.1\times 190474} = 0.994$$

$$\beta_{mx}M_x = \beta_{mx1}M_1 + \beta_{mx2}M_有$$
$$= 0.235\times 1105 + 0.994\times 1905 = 2153\text{kN}\cdot\text{m}$$

$$\frac{\beta_{mx}M_x}{\gamma_x W_x\left(1-0.8\dfrac{N}{N'_{Ex}}\right)f/\gamma_{RE}}=\frac{2153\times10^6}{1.0\times1.24\times10^7\times\left(1-0.8\times\dfrac{3400}{190474}\right)\times325/0.8}$$
$$=0.43$$

故选（C）项。

(5) 根据《高钢标》7.3.10 条、《钢标》8.2.1 条：
$$M_y=20\times1\times0.5+1.3\times(450+0.5\times200)+1.4\times1.5\times650$$
$$=2090\text{kN}\cdot\text{m}$$

Y 向、无侧移：$M_1=1.3\times(450+0.5\times200)=715\text{kN}\cdot\text{m}(\uparrow)$
$$M_2=1.3\times(350+0.5\times150)=552.5\text{kN}\cdot\text{m}(\uparrow)$$
$$\beta_{ty}=0.65+0.35\times\left(\frac{-552.5}{715}\right)=0.38$$
$$\eta\frac{\beta_{ty}M_y}{\varphi_{by}W_yf/\gamma_{RE}}=0.7\times\frac{0.38\times2090\times10^6}{1.0\times1.24\times10^7\times325/0.8}$$
$$=0.11$$

故选（A）项。

▲2. 钢框架柱的抗震承载计算

- 复习《钢通规》5.2.4 条。
- 复习《高钢规》7.3.3 条~7.3.10 条。
- 复习《高钢规》7.4.1 条~7.4.2 条。

需注意的是：

(1)《高钢规》7.3.3 条规定，与《抗规》规定是一致的。

(2)《高钢规》7.3.5 条式（7.3.5）针对非抗震设计；

抗震设计时，按《抗规》式（8.2.5-8），即：

$(M_{b1}+M_{b2})/V_p\leqslant\dfrac{4}{3}f_v/\gamma_{RE}$，取 $\gamma_{RE}=0.75$

(3)《高钢规》7.3.7 条规定，与《抗规》中 h_{ob}、h_{oc} 取值不相同。

(4)《高钢规》7.3.8 条规定，ϕ 取值：三、四级时取 0.75，一、二级时取 0.85；而《抗规》规定，三、四级取 0.6，一、二级取 0.7。

(5)《高钢规》7.3.9 条，与《抗规》8.3.1 条是一致的。

(6)《高钢规》7.3.10 条，与《抗规》8.2.3 条是一致的。

(7)《高钢规》7.4.1 条，与《抗规》8.3.2 条是一致的。

【例 7.12.14】 某高层钢框架结构房屋，按震设防烈度为 7 度，抗震等级为三级。其边柱顶层刚性节点，梁为工字形截面，梁 $h_{b1}=600\text{mm}$，柱 $h_{c1}=400\text{mm}$。钢材为 Q345 钢。

提示：按《高层民用建筑钢结构技术规程》作答。

试问：

(1) 柱为工字形截面，绕强轴时，节点端地震组合弯矩设计值为 620kN·m，柱节点

域柱腹板厚度 t_w（mm），与下列何项数值最接近？

提示：不考虑节点域的屈服承载力。

(A) 14　　　　(B) 12　　　　(C) 10　　　　(D) 16

(2) 假定柱为箱形截面，柱节点域柱腹板厚为14mm，该节点域能承受的地震组合弯矩设计值（kN·m），与下列何项数值最接近？

(A) 1858　　　(B) 1650　　　(C) 1420　　　(D) 1310

【解答】（1）根据《高钢规》表4.2.1，Q345，$t \leq 16$mm，取 $f_v = 175$N/mm²。

由《高钢规》7.3.5条～7.3.7条：

工字形截面柱：$V_p = h_{b1} h_{c1} t_w = 600 \times 400 t_w$

$$\frac{M_{b1} + M_{b2}}{V_p} \leq \frac{4}{3} f_v \cdot \frac{1}{\gamma_{RE}} = \frac{4}{3} \times 175 \times \frac{1}{0.75}$$

则：$t_w \geq \dfrac{M_{b1} + M_{b2}}{h_{b1} h_{c1}} \cdot \dfrac{3\gamma_{RE}}{4 f_v} = \dfrac{620 \times 10^6}{600 \times 400} \cdot \dfrac{3 \times 0.75}{4 \times 175} = 8.3$mm

又：$t_w \geq \dfrac{h_{b1} + h_{c1}}{90} = \dfrac{600 + 400}{90} = 11.1$mm

所以取 $t_w = 12$mm，且满足 $f_v = 175$N/mm²。

故应选（B）项。

(2) 根据《高钢规》7.3.5条、7.3.6条：

$$V_p = 1.8 h_{b1} h_{c1} t_w$$

$$\frac{M_{b1} + M_{b2}}{V_p} \leq \frac{4}{3} f_v \cdot \frac{1}{\gamma_{RE}}$$

则：$M_{b1} + M_{b2} \leq \dfrac{16}{9} h_{b1} h_{c1} t_w \cdot \dfrac{4}{3} f_v \cdot \dfrac{1}{\gamma_{RE}}$

$$= \frac{16}{9} \times 600 \times 400 \times 14 \times \frac{4}{3} \times 175 \times \frac{1}{0.75}$$

$$= 1858 \text{kN·m}$$

故应选（A）项。

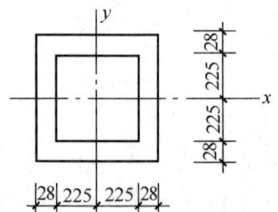

图 7.12.6（单位：mm）

【例7.12.15】某13层钢框架结构房屋，位于8度抗震设防烈度区，抗震等级为一级，箱形方柱截面如图7.12.6所示，回转半径 $i_x = i_y = 173$mm，钢材采用Q390。

试问：满足规程要求的最大层高 h（mm），应与下列何项最接近？柱子的计算长度取层高 h。

提示：按《高层民用建筑钢结构技术规程》JGJ 99—2015 计算。

(A) 8000　　　　　　　　(B) 8700
(C) 9200　　　　　　　　(D) 10000

【解答】根据《高钢规》7.3.9条规定：

$$\lambda_x = \lambda_y = \frac{h}{i_x} \leqslant 60\varepsilon_k = 60\sqrt{235/f_y}$$

$$h \leqslant 60\sqrt{235/f_y} \cdot i_x$$
$$= 60\sqrt{235/390} \times 173 = 8057\text{mm}$$

故应选（A）项。

【例7.12.16】 某高层钢结构房屋采用框架结构，位于7度抗震设防烈度区，抗震等级为三级，钢材采用Q345，某梁柱节点构造如图7.12.7所示。试问，柱在节点域满足规程要求的腹板最小厚度 t_w（mm），与下列何项相近？

提示：按《高层民用建筑钢结构技术规程》作答。

(A) 10　　　　　(B) 13
(C) 15　　　　　(D) 17

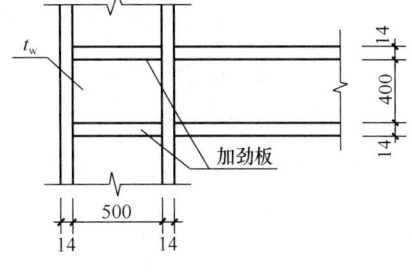

图7.12.7

【解答】 根据《高钢规》7.3.7条规定：

$$t_w \geqslant \frac{h_{0b}+h_{0c}}{90} = \frac{414+515}{90} = 10.3\text{mm}$$

由《高钢规》7.4.1条：

$$\frac{h_w}{t_w} \leqslant 48\varepsilon_k = 48\sqrt{235/345}，则：t_w \geqslant 12.6\text{mm}$$

最终取 $t_w \geqslant 12.6$mm，故应选（B）项。

【例7.12.17】 某高层钢结构办公楼，位于8度抗震设防烈度区，采用框架结构。框架梁、框架柱均采用Q345钢。其中，某一中间框架梁柱节点的左、右两侧框架梁截面均为H形截面H750×300×16×24（t_w=16mm），柱采用箱形截面□600×600×28×28。框架抗震等级为三级。

提示：按《高层民用建筑钢结构技术规程》作答。

试问：
(1) 验算该节点域腹板的稳定性。
(2) 验算该节点域的屈服承载力。
(3) 在基本组合下，该节点域左、右梁端作用的最大弯矩设计值（同一顺时针方向或逆时针方向）$M_{b1}+M_{b2}=729.44$kN·m，试验算节点域腹板的抗剪承载力。
(4) 在地震组合下，该节点域左、右梁端作用的最大弯矩设计值 $M_{b1}+M_{b2}=1722.74$kN·m，按《建筑抗震设计规范》规定，试验算节点域腹板的抗剪承载力。

【解答】（1）根据《高钢规》7.3.7条：

$$h_{0b}=750-24=726\text{mm}，h_{0c}=600-28=572\text{mm}$$

$$t_p=28\text{mm} > (h_{0b}+h_{0c})/90 = (726+572)/90 = 14.4\text{mm}$$

故满足。

(2) 根据《高钢规》4.2.1条：

Q345，取 $f_y=335\text{N/mm}^2$，$f_v=170\text{N/mm}^2$

由《高钢规》7.3.6 条：

$$V_p = \frac{16}{9}h_{b1}h_{c1}t_p = \frac{16}{9}\times(750-24)\times(600-28)\times 28 = 20.67\times 10^6 \text{mm}^3$$

框架梁的 W_{pb} 为：

$$W_{pb} = \left[300\times 24\times(351+12)+16\times 351\times\frac{351}{2}\right]\times 2 = 7.198\times 10^6 \text{mm}^3$$

$$M_{pb1}=M_{pb2}=W_{pb}\cdot f_y = 7.198\times 10^6\times 335 = 2411.3\times 10^6 \text{N}\cdot\text{mm}$$

由《高钢规》7.3.8 条，抗震三级，则：

$$\psi(M_{pb1}+M_{pb2})/V_p = 0.75\times\frac{2411.3\times 10^6 + 2411.3\times 10^6}{20.67\times 10^6}$$

$$= 175.0\text{N/mm}^2 < \frac{4}{3}f_{yv} = \frac{4}{3}\times 0.58\times 335 = 259\text{N/mm}^2$$

故满足。

(3) 根据《高钢规》7.3.5 条：

$$(M_{b1}+M_{b2})/V_p = 729.44\times 10^6/(20.67\times 10^6)$$

$$= 35.3\text{N/mm}^2 < \frac{4}{3}f_v = \frac{4}{3}\times 170 = 227\text{N/mm}^2$$

故满足。

(4) 根据《抗规》式（8.2.5-8）：

$$(M_{b1}+M_{b2})/V_p = 1722.74\times 10^6/(20.67\times 10^6)$$

$$= 83.3\text{N/mm}^2 < \frac{4}{3}f_v\frac{1}{\gamma_{RE}} = \frac{4}{3}\times 170\times\frac{1}{0.75} = 302\text{N/mm}^2$$

故满足。

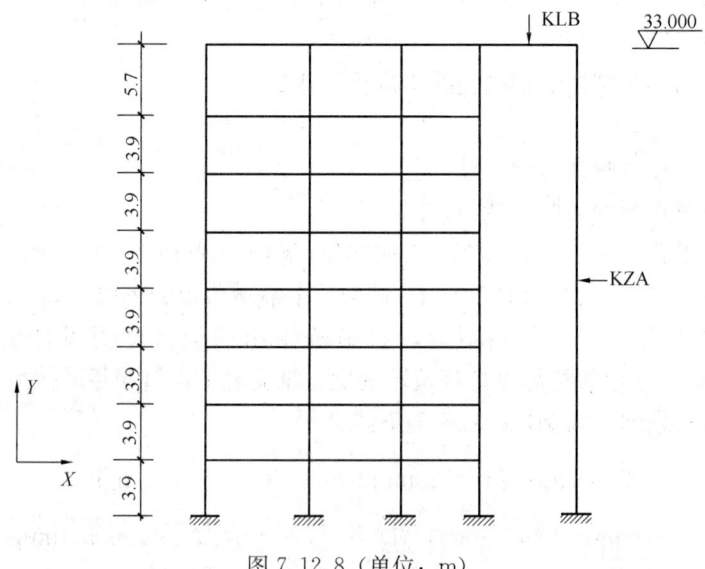

图 7.12.8（单位：m）

【例 7.12.18】 某 8 层钢结构民用建筑，采用钢框架-中心支撑（有侧移，无摇摆柱），房屋高度为 33m，外围局部设通高大空间，其中某一榀钢框架如图 7.12.8 所示。抗震设防烈度为 8 度（0.20g），乙类建筑，Ⅱ类建筑场地，钢材采用 Q345（$f_y = 345\text{N/mm}^2$）。结构内力采用一阶弹性分析，框架柱 KZA 与柱顶框架梁 KLB 的承载力满足 2 倍多遇地震作用组合下的内力要求。假定，框架柱 KZA 平面外稳定及构造满足规范要求，在 XY 平面内框架柱 KZA 线刚度 i_c 与框架梁 KLB 的线刚度 i_b 相等。试问，框架柱 KZA 在 XY 平面内的回转半径 r_c（mm）最小为下列何项才能满足规范对构件长细比的要求？

提示：按《高层民用建筑钢结构技术规程》作答，不考虑框架梁 KLB 的轴力影响，$\lambda = \mu H / r_c$。

(A) 610　　　　(B) 625　　　　(C) 870　　　　(D) 1010

【解答】 根据《抗规》表 8.1.3：

乙类，按 9 度考虑：由表 8.1.3 注 2，可按 8 度考虑，故框架抗震等级为三级。

根据《高钢规》7.3.2 条：

$$K_1 = \frac{\sum i_b}{i_c} = 1, \quad K_2 = 10$$

$$\mu = \sqrt{\frac{7.5 \times 1 \times 10 + 4 \times (1 + 10) + 1.6}{7.5 \times 1 \times 10 + 1 + 10}} = 1.18$$

由《高钢规》7.3.9 条：

$$\lambda = \frac{\mu H}{r_c} \leqslant 80\sqrt{235/345}$$

即：

$$\frac{1.18 \times 33000}{r_c} \leqslant 80\sqrt{235/345}$$

则：

$$r_c \geqslant 590\text{mm}$$

故选（A）项。

【例 7.12.19】 某高层钢结构房屋采用钢框筒结构体系，位于抗震设防烈度 7 度（0.10g），建筑场地为Ⅰ类，该建筑为丙类，高度为 160m，钢材采用 Q345GJ 钢。

首层框筒结构柱采用焊接 H 形截面，其强轴方向位于筒体平面内。某根框筒结构柱在荷载和地震作用下的轴压力标准值分别为：永久荷载产生 $N_k = 6000\text{kN}$，楼面活荷载产生 $N_k = 2000\text{kN}$，风荷载产生 $N_k = 7000\text{kN}$，水平地震作用产生 $N_k = 12000\text{kN}$。

试问，该根框筒结构柱的截面面积（mm^2），与下列何项最接近？

提示：取 $f = 325\text{N/mm}^2$；按《建筑与市政工程抗震通用规范》作答。

(A) 86000　　　　(B) 95000　　　　(C) 101000　　　　(D) 108000

【解答】 根据《抗规》8.1.3 条：

丙类，7 度（0.10g），Ⅰ类场地，$H = 160\text{m}$，该柱的抗震措施为抗震三级，其抗震构造措施为抗震四级。

由《高钢规》7.3.4 条：

$$N_c = 1.3 \times (6000 + 0.5 \times 2000) + 1.4 \times 12000 + 1.5 \times 0.2 \times 7000$$
$$= 28000\text{kN}$$

$$A_c \geqslant \frac{N_c}{f\beta} = \frac{28000 \times 10^3}{325 \times 0.80} = 107692 \text{mm}^2$$

故选（D）项。

（三）中心支撑框架

中心支撑框架的定义，见《高钢规》2.1.4条。

中心支撑的常用形式，见图7.12.9所示。

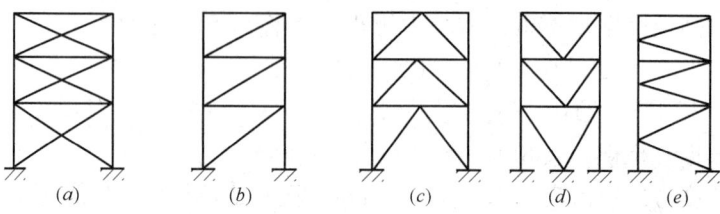

图7.12.9

(a) 交叉形（十字形）；(b) 单斜杆；(c) 人字形；(d) V字形；(e) K形（抗震，不采用）

● 复习《高钢规》7.5.1条~7.5.8条。

需注意的是：

(1)《高钢规》7.5.2条、7.5.3条，与《抗规》8.4.1条是一致的。

(2)《高钢规》7.5.5条、7.5.6条第1、2款，与《抗规》8.2.6条是一致的。

(3)《高钢规》7.5.6条第3款、7.5.7条、7.5.8条的规定，《抗规》无相应的规定。

【**例7.12.20**】 某高层钢框架-中心支撑结构办公楼，位于抗震设防烈度区，结构布置如图7.12.10所示。框架梁、柱采用Q345钢，次梁、中心支撑、加劲板采用Q235钢，楼面采用150mm厚C30混凝土楼板，钢梁顶采用抗剪栓钉与楼板连接。

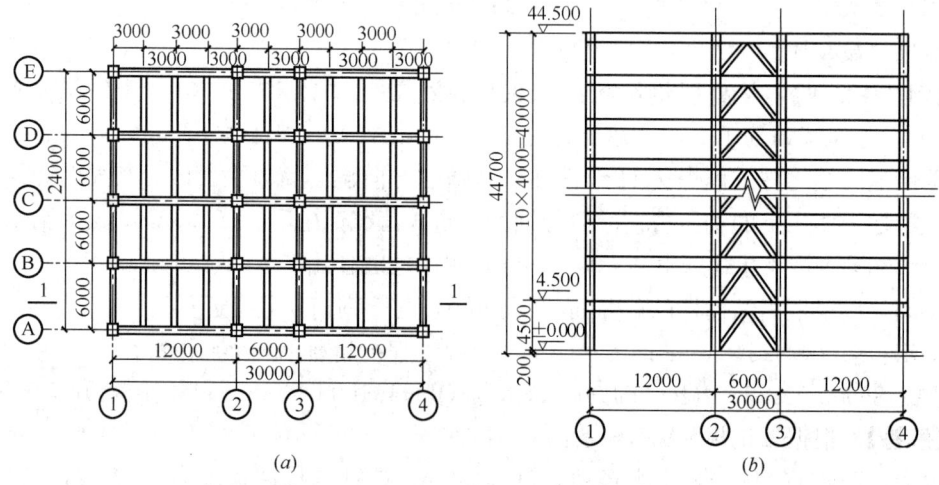

图7.12.10

(a) 标准层平面布置图；(b) 1-1剖面图

已知中心支撑选用H型钢 H250×250×9×14（$A_{br} = 91.43 \times 10^2 \text{mm}^2$，$i_x = 108.1$mm，$i_y = 63.2$mm），$f_y = 235 \text{N/mm}^2$，$E = 2.06 \times 10^5 \text{N/mm}^2$，支撑的计算长度系数

为 1.0。

提示：按《高层民用建筑钢结构技术规程》作答。

试问：在地震作用下，不考虑楼层框架梁尺寸对支撑斜杆几何长度的影响，第2层支撑斜杆的受压承载力设计值 N_u（kN）为多少？

【解答】 第2层支撑斜杆的几何长度 l：$l = \sqrt{4^2 + 3^2} = 5\text{m}$

其计算长度 l_0：$l_0 = \mu l = 1.0 \times 5 = 5\text{m}$

由《高钢规》7.5.5 条：

$\lambda_x = \dfrac{5000}{108.1} = 46.3$，$\lambda_y = \dfrac{5000}{63.2} = 79$

H 型钢，$b/h = 1.0 > 0.8$，查《钢标》表 7.2.1-1 及注，对 x 轴为 b 类，对 y 轴为 c 类，故取 λ_y 计算，$\lambda_y/\varepsilon_k = 79$，查《钢标》附录 D.0.3，取 $\varphi = \varphi_y = 0.584$

$$\lambda_n = \frac{\lambda}{\pi}\sqrt{\frac{f_y}{E}} = \frac{79}{3.14}\sqrt{\frac{235}{2.06 \times 10^5}} = 0.850$$

$$N_u = \psi f \varphi A_{br} \cdot \frac{1}{\gamma_{RE}}$$

$$= \frac{1}{1 + 0.35 \times 0.850} \times 215 \times 0.584 \times 91.43 \times 10^2 \times \frac{1}{0.8}$$

$$= 1106.4\text{kN}$$

【例 7.12.21】 某高层钢框架-中心支撑结构房屋，位于 8 度抗震设防区，抗震等级为二级，支撑斜杆采用 Q345 钢，构件截面如图 7.12.11 所示。

试问：满足该支撑腹板宽厚比要求的腹板厚度 t_w（mm），应与下列何项数值最接近？

提示：按《高层民用建筑钢结构技术规程》计算。

(A) 22
(B) 25
(C) 28
(D) 30

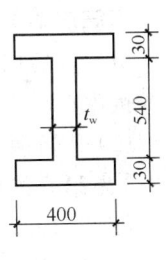

图 7.12.11

【解答】 根据《高钢规》7.5.3 条规定：

$$\frac{540}{t_w} \leqslant 26\sqrt{235/f_y} = 26\sqrt{235/345}$$

$t_w \geqslant 21.5\text{mm}$，故应选（A）项。

【例 7.12.22】 某高层钢结构房屋采用框架-中心支撑结构，其某一方向的剖面图如图 7.12.12 所示。假定，支撑均采用 Q235，截面采用 P299×10 焊接钢管，截面面积为 9079mm²，回转半径为 102mm。当框架梁 EG 按不计入支撑支点作用的梁，验算重力荷载和支撑屈曲时不平衡力作用下的承载力，试问，计算此不平衡力时，受压支撑提供的竖向力计算值（kN），与下列何项最为接近？

(A) 430
(B) 550
(C) 1400
(D) 1650

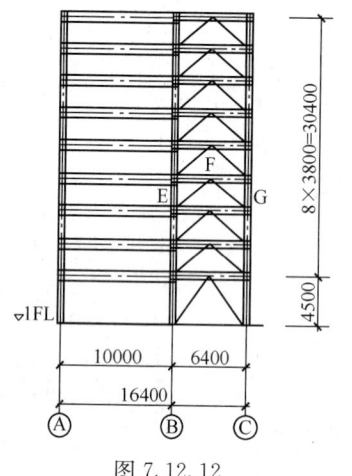

图 7.12.12

【解答】$l_{br}=\sqrt{3.2^2+3.8^2}=4.968$m

$$\lambda=\frac{4.968}{0.102}=49$$

查《钢标》表 7.2.1-1，为 b 类截面；查附录表 D.0.2，取 $\varphi=0.861$。

根据《高钢规》7.5.6 条：

受压支撑提供的竖向力为：

$$0.3\times0.861\times9079\times235\times\frac{3.8}{4.968}=422\text{kN}$$

故应选（A）项。

（四）偏心支撑框架

偏心支撑框架是指支撑框架构件的杆件工作线不交汇于一点，支撑连接点的偏心距大于连接点处最小构件的宽度，可通过消能梁段耗能。

偏心支撑框架的每根支撑，至少应有一端交在梁上，而不是交在梁与柱的交点或相对方向的另一支撑节点上。这样，在支撑与柱之间或支撑与支撑之间，有一段梁，称为消能梁段。消能梁段是偏心支撑框架的"保险丝"，在大震作用下通过消能梁段的非弹性变形耗能，而支撑不屈曲。因此，每根支撑至少一端必须与消能梁段连接。

- 复习《高钢规》7.6.1 条～7.6.7 条。

需注意的是：

（1）《高钢规》7.6.2 条、7.6.3 条，与《抗规》8.2.7 条是一致的。

（2）《高钢规》7.6.5 条，与《抗规》8.2.3 条第 5 款是一致的。

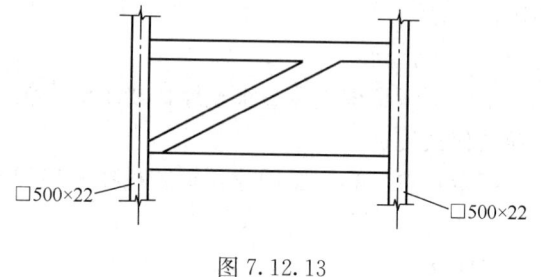

图 7.12.13

【例 7.12.23】 某高层钢结构办公楼，丙类建筑，位于 8 度（0.20g）地区，高度为 76m，采用钢框架—偏心支撑结构。已知中部楼层某边榀的偏心支撑结构如图 7.12.13 所示，消能梁及同一跨内的非消能梁段均采用焊接等截面的 H 形截面。钢材采用 Q345 钢。

试问：

（1）在地震组合下，该消能梁段的弯矩设计值 $M=1600$kN·m，轴力设计值 $N=1800$kN。已知 $N>0.15Af$，$f=295\text{N/mm}^2$，消能梁的截面特性见表 7.12.5。试问，下列何项满足规程要求且经济合理？

消能梁的截面特性　　　　表 7.12.5

编号	截面	A（mm²）	编号	截面	A（mm²）
①	H700×300×14×25	24100	③	H800×300×14×25	25500
②	H750×350×14×25	27300	④	H900×300×14×25	26900

(A) ①　　　　(B) ②　　　　(C) ③　　　　(D) ④

(2) 假定，在地震组合下，该偏心支撑的轴力设计值 $N_{br}=3900$kN，支撑的计算长度 $l_{0x}=l_{0y}=10.5$m，支撑截面采用焊接箱形，支撑截面特性见表7.12.6。试问，下列何项满足规程且经济合理？

支撑的截面特性　　　　　　　　　　　　表 7.12.6

编号	截面	A（mm²）	$i_x=i_y$（mm）	f（N/mm²）
①	□250×250×14×14	13216	97	305
②	□300×300×16×16	18176	116	305
③	□350×350×16×16	21376	137	305
④	□400×400×18×18	27504	156	295

(A) ①　　　　(B) ②　　　　(C) ③　　　　(D) ④

【解答】(1) 根据《高钢规》8.8.1条：

$$\left[\frac{b}{t}\right]=8\sqrt{235/345}=6.6$$

$300\times14\times25$：$\frac{b}{t}=\frac{300-14}{2\times25}=5.72<6.6$

$350\times14\times25$：$\frac{b}{t}=\frac{350-14}{2\times25}=6.72>6.6$，故排除（B）项。

①号：$\frac{h_0}{t_w}=\frac{700-2\times25}{14}=46<33\times\left(2.3-\frac{1800\times10^3}{24100\times295}\right)\sqrt{235/345}=55.7$

满足。

③号：$\frac{h_0}{t_w}=\frac{800-2\times25}{14}=54<33\times\left(2.3-\frac{1800\times10^3}{25500\times295}\right)\sqrt{235/345}=56$

满足。

④号：$\frac{h_0}{t_w}=\frac{900-2\times25}{14}=60.7>33\times\left(2.3-\frac{1800\times10^3}{26900\times295}\right)\sqrt{235/345}=56.5$

不满足，排除（D）项。

根据《高钢规》7.6.4条：

①号：$\left(\frac{M}{h}+\frac{N}{2}\right)\frac{1}{b_f t_f}=\left(\frac{1600\times10^6}{700}+\frac{1800\times10^3}{2}\right)\frac{1}{300\times25}$

$$=425\text{N/mm}^2>f/\gamma_{RE}=295/0.75=393\text{N/mm}^2$$

不满足，排除（A）项。

故应选（C）项。

(2) 根据《高钢规》8.8.2条：

①号：$\lambda=\frac{10500}{97}=108>120\sqrt{235/345}=99$，不满足，排除（A）项。

②号：$\lambda=\frac{10500}{116}=90.5<99$

查《钢标》表 7.2.1-1，C 类，$\lambda/\varepsilon_k=109.7$，查附表 D.0.3，$\varphi=0.420$
$$N_u = \varphi A f/\gamma_{RE} = 0.420 \times 18176 \times 305/0.8 = 2910\text{kN} < 3800\text{kN}$$
不满足，排除（B）项。

③号：$\lambda = \dfrac{10500}{137} = 76.6 < 99$

查《钢标》表 7.2.1-1，C 类，$\lambda/\varepsilon_k=92.8$，查附表 D.0.3，$\varphi=0.500$
$$N_u = \varphi A f/\gamma_{RE} = 0.50 \times 21376 \times 305/0.8 = 4074.8\text{kN} > 3800\text{kN}$$
满足，故应选（C）项。

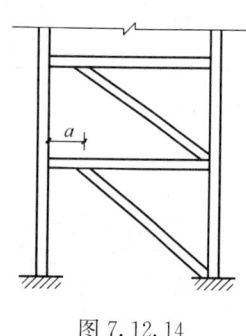

图 7.12.14

【例 7.12.24】 某民用建筑钢结构建筑，主体采用框架—支撑结构体系，安全等级为二级，首层一榀偏心支撑框架立面如图 7.12.14 所示。消能梁段截面为 $H500 \times b_f \times t_w \times 16\text{mm}$（$W_{np}=2.2\times 10^6 \text{mm}^3$），消能梁端净长度 $a=700\text{mm}$，框架梁采用 Q235 钢，框架柱采用 Q345 钢。假定，消能梁段考虑多遇地震组合的剪力设计值 $V=905\text{kN}$，轴力设计值小于 $0.15Af$。试问，消能梁段腹板厚度 t_w（mm）最小取下列何项数值，才能满足规程对消能梁段抗震受剪承载力的要求？

提示：①按《高层民用建筑钢结构技术规程》作答；
② $f=215\text{N/mm}^2$，$f_y=235\text{N/mm}^2$；
③不需要验算腹板构造和局部稳定是否满足构造要求。

(A) 8　　　　(B) 10　　　　(C) 12　　　　(D) 14

【解答】 根据《高钢规》7.6.2 条、7.6.3 条：
$$V_l = 0.58 \times (500 - 16 \times 2)t_w \times 235$$
$$= 63788.4 t_w$$
$$V_l = \dfrac{2M_{lp}}{a} = \dfrac{2 \times 215 \times 2.2 \times 10^6}{700}$$
$$= 1351\text{kN}$$
$$V \leqslant \dfrac{\phi V_l}{\gamma_{RE}}$$

$905 \times 10^3 \leqslant \dfrac{0.9}{0.75} \times 63788.4 t_w$，可得：$t_w \geqslant 11.8\text{mm}$，取 $t_w = 12\text{mm}$

复核：$V_l = 63788.4 \times 12 = 765.5\text{kN} < 1351\text{kN}$

故上述取 V_l 较小值正确，应选（C）项。

【例 7.12.25】 某 20 层钢结构办公楼，房屋高度为 80m，采用钢框架-偏心支撑体系，如图 7.12.15 所示。该工程为丙类建筑，抗震设防烈度 8 度，设计基本地震加速度为 0.2g，设计地震分组为第一组，Ⅱ类场地。结构基本自振周期 $T=3.0\text{s}$。钢材采用 Q345。

已知第 10 层④轴线支撑系统如图 7.12.14(b) 所示。支撑斜杆采用 H 型钢，其调整前的轴力设计值 $N_1=2100\text{kN}$。与支撑斜杆相连的消能梁段断面为 $H600\times 300\times 12\times 20$；该梁段的受剪承载力 $V_l=1100\text{kN}$、剪力设计值 $V=840\text{kN}$、轴力设计值 $N<0.15Af$。

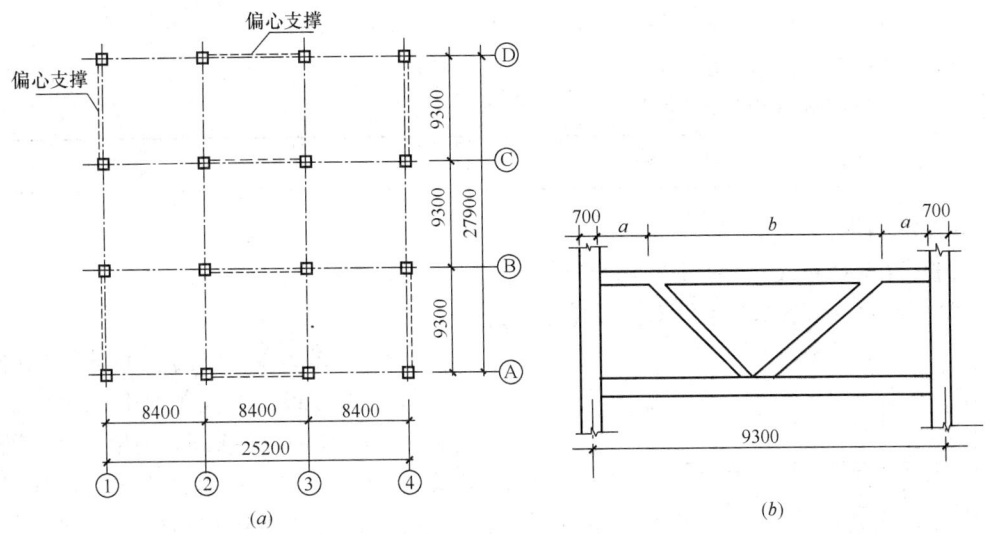

图 7.12.15
(a) 平面图；(b) 偏心支撑形状

提示：按《高层民用建筑钢结构技术规程》作答
试问：该支撑斜杆在地震作用下的轴力设计值为多少 kN？

【解答】 根据《高钢规》3.7.3 条，由《抗规》8.1.3 条：
丙类建筑，8 度（0.20g）、Ⅱ类场地，$H=80\text{m}$，故抗震等级为二级。
由《高钢规》7.6.5 条：

$$N_{br} = \eta_{br} \frac{V_l}{V} N_{br,com}$$

$$\geqslant 1.3 \times \frac{1100}{840} \times 2100 = 3575 \text{kN}$$

（五）屈曲约束支撑

- 复习《高钢规》附录 E。

（六）伸臂桁架和腰桁架及其他抗侧力构件

- 复习《钢通规》5.2.5 条。
- 复习《高钢规》7.7.1 条~7.7.2 条。
- 复习《高钢规》7.8.1 条~7.8.3 条。

八、连接设计

（一）一般规定

- 复习《高钢规》8.1.1 条~8.1.7 条。
- 复习《高钢规》附录 F。

需注意的是：
(1)《高钢规》8.1.2 条规定。

(2)《高钢规》8.1.3条,与《抗规》表8.2.8是不一致的。

(3)《高钢规》8.1.5条中,$N_y = f_y A_n$。

(二)梁与柱刚性连接的计算

● 复习《高钢规》8.2.1条~8.2.5条。

需注意的是:

(1)《高钢规》式(8.2.1-2),与《抗规》式(8.2.8-2)是不一致的。

(2)《高钢规》8.2.2条针对弹性阶段设计。

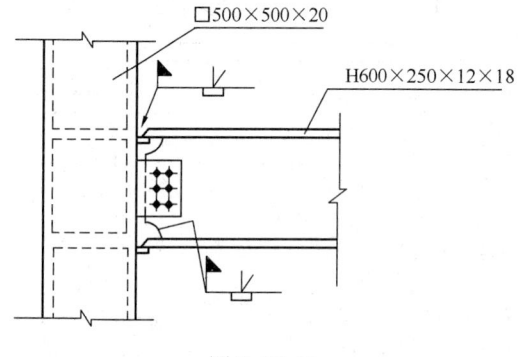

图 7.12.16

【例 7.12.26】 某高层钢框架结构,抗震等级为三级,安全等级为二级,梁柱均采用Q345钢,柱截面采用箱形,梁截面采用H形。梁与柱为骨式连接,其翼缘等强焊接,腹板采用高强度螺栓连接。柱的水平隔板厚度均为20mm,梁腹板过焊孔高度为65mm。假定,底部边跨梁柱节点如图7.12.16所示,梁腹板连接的受弯承载力系数 $m=0.9$。试问,抗震设计时,该节点梁端连接的极限受弯承载力(kN·m),与下列何项数值最接近?

(A)1200　　(B)1250　　(C)1400　　(D)1500

【解答】 根据《高钢规》8.2.4条:

$$M_{uf}^j = 250 \times 18 \times (600 - 18) \times 470 = 1230.93 \text{kN} \cdot \text{m}$$

$$M_{uw}^j = 0.9 \times \frac{1}{4} \times (600 - 2 \times 18 - 2 \times 65)^2 \times 12 \times 345 = 175.45 \text{kN} \cdot \text{m}$$

$$M_u^j = 1230.93 + 175.45 = 1406.38 \text{kN}$$

故应选(C)项。

(三)梁与柱连接的形式和构造要求

● 复习《高钢规》8.3.1条~8.3.9条。

(四)柱与柱的连接

● 复习《高钢规》8.4.1条~8.4.8条。

(五)梁与梁的连接及梁腹板设孔的补强

● 复习《高钢规》8.5.1条~8.5.6条。

需注意的是:

(1)《高钢规》8.5.2条规定比《抗规》8.2.8条第4款更加细化了。

(2)《高钢规》8.5.6条规定。

【例7.12.27】 高层民用建筑钢结构中,以下为关于钢梁开孔的描述:
Ⅰ.框架梁腹板不允许开孔;
Ⅱ.距梁端相当于梁高范围的框架梁腹板不允许开孔;
Ⅲ.次梁腹板不允许开孔;
Ⅳ.所有腹板开孔的孔洞均应补强。
试问,上述说法有几项正确?
(A) 1　　　　　　(B) 2　　　　　　(C) 3　　　　　　(D) 4

【解答】 根据《高钢规》8.5.6条规定,可知Ⅰ、Ⅲ、Ⅳ不正确,Ⅱ正确。
故选（A）项。

(六) 钢柱脚

● 复习《高钢规》8.6.1条~8.6.4条。

【例7.12.28】 某高层民用建筑,地上采用钢框架结构,地下一层,层高5.1m,钢柱采用埋入式柱脚,钢柱反弯点在地下一层范围内,钢柱截面H600mm×400mm×16mm×20mm,采用Q345钢,基础混凝土抗压强度标准值$f_{ck}=20.1$N/mm²。假定,钢柱考虑轴力影响时,强轴方向的全塑性受弯承载力$M_{pc}=1186$kN·m,与弯矩作用方向垂直的柱身等效宽度$b_c=400$mm,钢柱脚计算时连接系数$\alpha=1.2$。试问,基础顶面可能出现塑性铰时,钢柱柱脚埋置深度h_B（mm）最小取下列何项数值时,才能满足规程对钢柱脚埋置深度的计算要求?

提示:①按《高层民用建筑钢结构技术规程》作答;
②混凝土基础承载力满足要求,不考虑柱底局部承压计算。
(A) 800　　　　　(B) 1000　　　　　(C) 1200　　　　　(D) 1400

【解答】 根据《高钢规》8.6.1条第3款:
$h_B \geq 2 \times 600 = 1200$mm,排除（A）、（B）项。
由《高钢规》8.6.4条:
$$l = \frac{2}{3} \times 5.1 = 3.4\text{m}$$
(C) 项:$M_u = 20.1 \times 400 \times 3400 \times [\sqrt{(2 \times 1400+1200)^2+1200^2}$
$\qquad - (2 \times 3400+1200)]$
$\qquad = 2446$kN·m $> \alpha M_{pc} = 1.2 \times 1186 = 1423.2$kN·m
满足,故选（C）项。

(七) 中心支撑与框架连接

● 复习《高钢规》8.7.1条~8.7.2条。

(八) 偏心支撑框架的构造要求

● 复习《高钢规》8.8.1条~8.8.9条。

需注意的是:
(1)《高钢规》8.8.1条、8.8.2条,与《抗规》8.5.1条、8.5.2条是一致的。
(2)《高钢规》8.8.3条、8.8.5条,与《抗规》8.5.3条是一致的。

(3)《高钢规》8.8.8 条中取 f_y 计算，而《抗规》8.5.5 条中取 f 计算，两本规范是不一致的。

(4)《抗规》8.5.3 条的条文说明中指出：

> 8.5.3（条文说明）
>
> 偏心支撑的斜杆中心线与梁中心线的交点，一般在消能梁段的端部，也允许在消能梁段内，此时将产生与消能梁段端部弯矩方向相反的附加弯矩，从而减少消能梁段和支撑杆的弯矩，对抗震有利；但交点不应在消能梁段以外，因此时将增大支撑和消能梁段的弯矩，于抗震不利（图 26）。

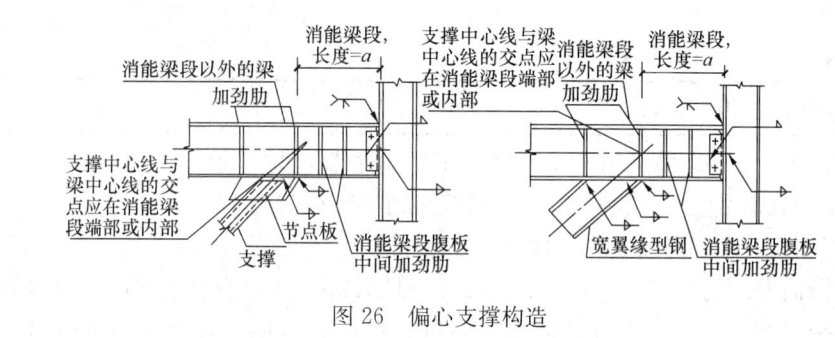

图 26 偏心支撑构造

【例 7.12.29】 某 20 层钢结构办公楼，房屋高度为 80m，采用钢框架-偏心支撑体系，如图 7.12.17 所示。该工程为丙类建筑，抗震设防烈度 8 度，设计基本地震加速度为 0.2g，设计地震分组为第一组，Ⅱ类场地。结构基本自振周期 $T=3.0s$。钢材采用 Q345。

已知Ⓐ轴线第 5 层支撑结构的局部如图 7.12.17(b) 所示，箱形柱断面尺寸为 700×700×40，轴线中分；等截面框架梁断面为 H600×300×12×32；$N=0.18Af$，ρ（A_w/A）<0.3。假定取梁腹板和翼缘的 f_y 均为 335N/·mm²，f 均为 295N/mm²。

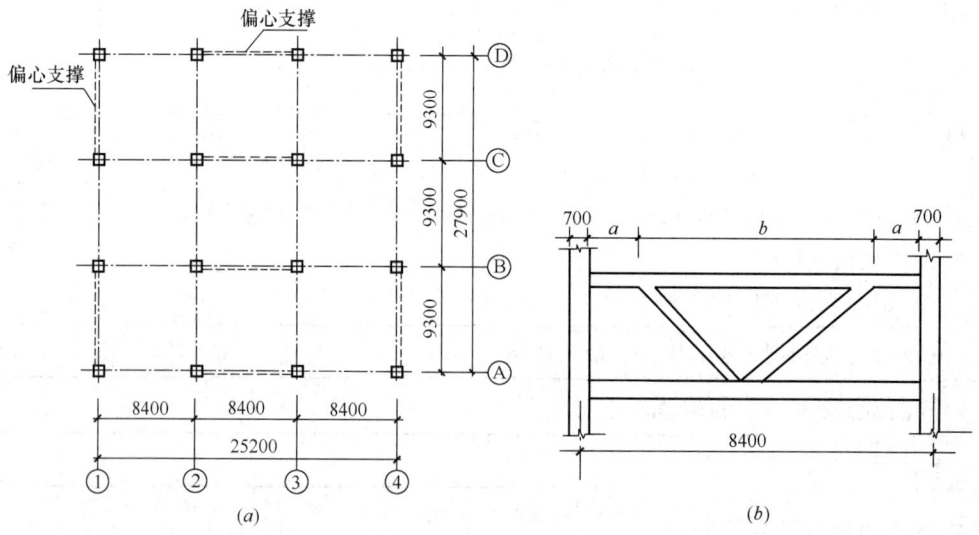

图 7.12.17

(a) 平面图；(b) 偏心支撑形状

提示：按《高层民用建筑钢结构技术规程》作答。

试问：该支撑中 b 梁段长度的最小值为多少 m？

【解答】 根据《高钢规》8.8.3 条、7.6.3 条：

$$M_{lp} = fW_p = 295 \times 2 \times \left[300 \times 32 \times \left(268 + \frac{32}{2}\right) + 268 \times 12 \times \frac{268}{2}\right]$$

$$= 1862.83 \text{kN} \cdot \text{m}$$

$$V_l = 0.58 A_w f_y$$

$$= 0.58 \times 536 \times 12 \times 335 = 1249.7 \text{kN}$$

$$a \leqslant 1.6 M_{lp}/V_l = 1.6 \times 1862.83/1249.7 = 2.4 \text{m}$$

复核 V_l：　　$V_l = 2M_{lp}/a$

$$= 2 \times 1862.83/2.4$$

$$= 1552 \text{kN}$$

故上述 V_l 取值正确。

$$b \geqslant 8.4 - 0.7 - 2 \times 2.4 = 2.9 \text{m}$$

【例 7.12.30】 某 26 层钢结构办公楼，采用钢框架-支撑结构体系，如图 7.12.18 所示，位于 8 度（0.20g）抗震设防烈度区，丙类建筑，设计地震分组为第一组，Ⅲ类场地。安全等级为二级。采用 Q345 钢，为简化计算，取 $f = 305 \text{N/mm}^2$，$f_y = 345 \text{N/mm}^2$。

提示：按《高层民用建筑钢结构技术规程》JGJ 99—2015 作答。

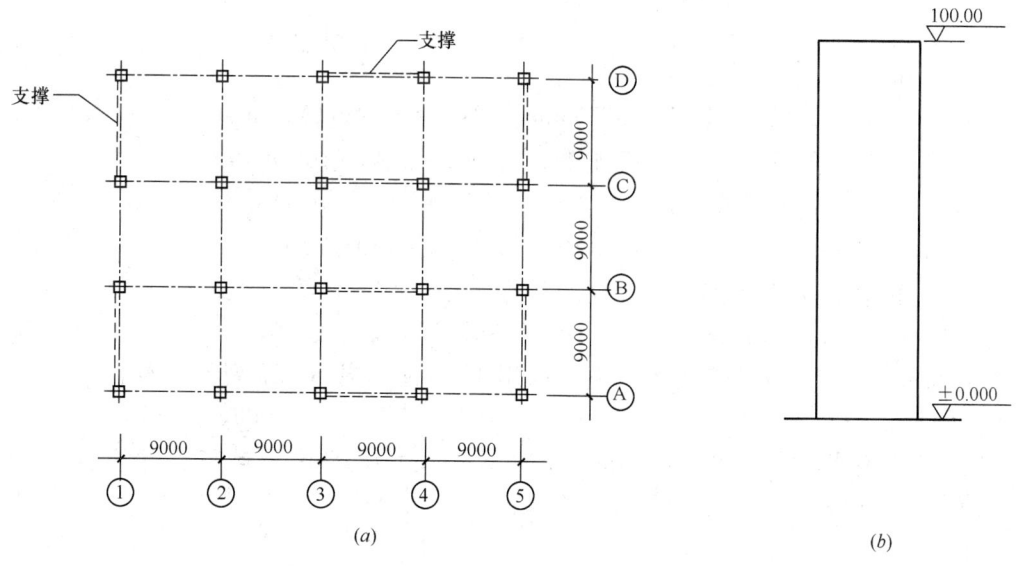

图 7.12.18
(a) 平面图；(b) 立面图

试问：

（1）假定①轴第 12 层支撑如图 7.12.19 所示，梁截面 H600×300×12×20，$W_{pb} = 4.42 \times 10^6 \text{mm}^3$。已知消能梁段剪力设计值 $V = 1190 \text{kN}$，相应于消能梁段剪力设计值 V 的支撑组合的轴力设计值为 2000kN。支撑斜杆用 H 型钢，抗震等级为二级且满足其他构造要求。试问,支撑斜杆设计值 N_{br}(kN),最小应接近于下列何项才能满足规范要求?

(A) 2940　　　　　　　　　　　(B) 3170

(C) 3350　　　　　　　　　　　(D) 3470

(2) 中部楼层某一根框架中柱 KZA 如图 7.12.20 所示,楼层受剪承载力与上一层基本相同,所有框架梁均为等截面,承载力及位移等所需的柱左右两端框架梁 KLB 截面均为 H600×300×14×24,$W_{pb}=5.21\times10^6\text{mm}^3$,上、下柱截面均相同,均为箱形截面柱。假定,柱 KZA 为抗震一级,轴压力设计值 N 为 8500kN,2 倍多遇地震作用下的组合轴力设计值为 12000kN,结构的二阶效应系数小于 0.1,$\varphi=0.6$。试问,柱 KZA 截面尺寸最小取下列何项满足规范关于"强柱弱梁"的抗震要求?

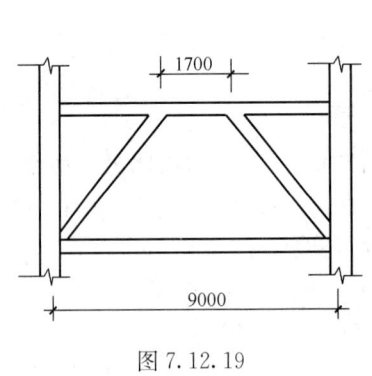
图 7.12.19

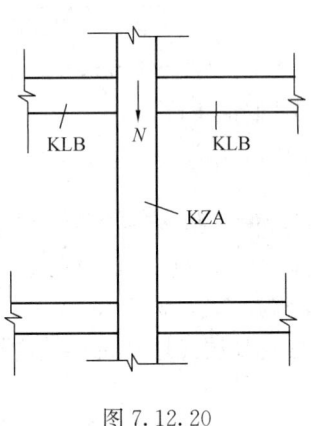
图 7.12.20

(A) 550×550×24×24 ($A_c=50496\text{mm}^2$,$W_{pc}=9.97\times10^6\text{mm}^3$)

(B) 550×550×28×28 ($A_c=58464\text{mm}^2$,$W_{pc}=1.15\times10^7\text{mm}^3$)

(C) 550×550×30×30 ($A_c=62460\text{mm}^2$,$W_{pc}=1.22\times10^7\text{mm}^3$)

(D) 550×550×32×32 ($A_c=66304\text{mm}^2$,$W_{pc}=1.40\times10^7\text{mm}^3$)

(3) Ⓑ轴第 20 层消能梁段的腹板加劲肋设置,假定,消能梁段净长 $a=1700\text{mm}$,其截面为 H600×300×12×20($0.15A_f=839\text{kN}$,$W_{pb}=4.42\times10^6\text{mm}^3$),轴压力设计值为 800kN,剪力设计值为 850kN,采用 H 型钢。试问,下列何项符合规范最低要求?

提示:该消能梁段不计轴力影响的受剪承载力 $V_l=1345\text{kN}$。

【解答】 (1) 根据《高钢规》7.6.5 条:

由式(7.6.3-1)计算 V_l

$$V_l = 0.58 A_w f_y = 0.58\times(600-2\times12)\times12\times345 = 1345\text{kN}$$

$$V_l = \frac{2M_{lp}}{a} = \frac{2\times305\times4.42\times10^6}{1700} = 1586\text{kN}$$

故取　$V_l = 1586\text{kN}$

$$N_{br} \geq 1.3\times\frac{1586}{1190}\times2000 = 3465\text{kN}$$

故选（D）项。

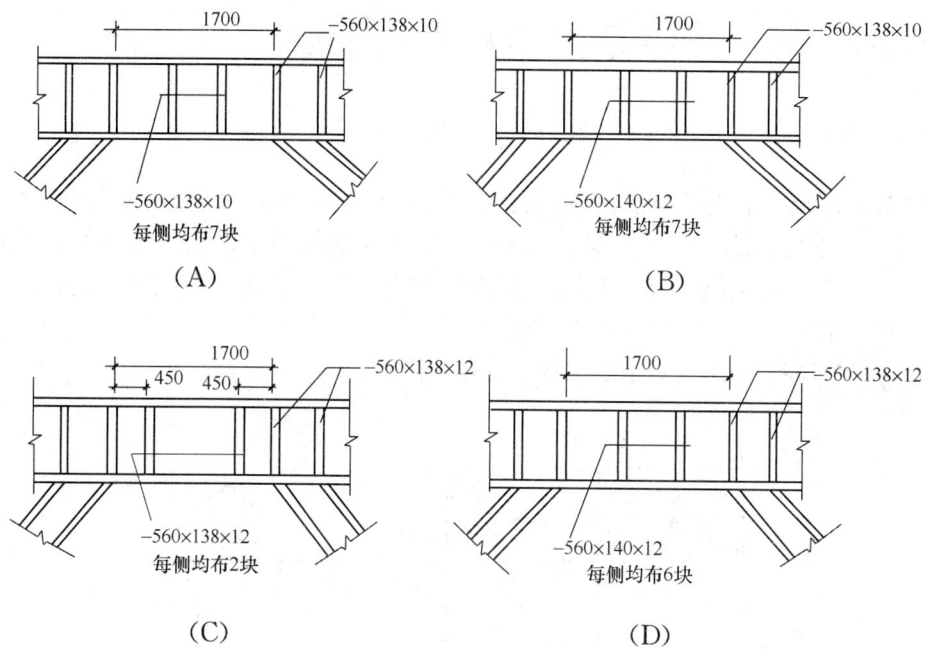

(2) 根据《高钢规》7.3.3条：

(A)项：$2 \times 9.97 \times 10^6 \times \left(345 - \dfrac{8500 \times 10^3}{50496}\right) = 3523 \times 10^6 \text{N} \cdot \text{mm}$

$\Sigma(\eta f_{yb} W_{pb}) = 2 \times 1.15 \times 345 \times 5.21 \times 10^6 = 4134 \times 10^6 \text{N} \cdot \text{mm}$

不满足。

(B)项：$2 \times 1.15 \times 10^7 \times \left(345 - \dfrac{8500 \times 10^3}{58464}\right) = 4591 \times 10^6 \text{N} \cdot \text{mm}$

满足，故选（B）项。

(3) 根据《高钢规》8.8.5条：

中间加劲肋：$\dfrac{b_f}{2} - t_w = \dfrac{300}{2} - 12 = 138 \text{mm}$

$\max(t_w, 10) = \max(12, 10) = 12 \text{mm}$

故（A）项错误。

$a = 1700 \text{mm} > \dfrac{1.6 M_p}{V_l} = \dfrac{1.6 \times 305 \times 4.42 \times 10^6}{1345 \times 10^3} = 1604 \text{mm}$

$< \dfrac{2.6 M_p}{V_l} = \dfrac{2.6 \times 305 \times 4.42 \times 10^6}{1345 \times 10^3} = 2606 \text{mm}$

$30 t_w - \dfrac{h}{5} = 30 \times 12 - \dfrac{600}{5} = 240 \text{mm}$

$$52t_w - \frac{h}{5} = 52 \times 12 - \frac{600}{5} = 504\text{mm}$$

内插法，$s = 240 + \frac{1700-1604}{2606-1604} \times (504-240) = 266\text{mm}$

每侧个数 $= \frac{1700}{266} - 1 = 5.4$，故取 6 个，故选（D）项。

【例 7.12.31】 某 18 层钢结构办公楼，采用钢框架—偏心支撑体系，高度为 72m，丙类建筑，位于抗震设防烈度 8 度（0.20g）。中部楼层的局部平面、支撑结构的局部，如图 7.12.21 所示，消能梁段及其同一跨内的非消能梁段采用等截面 H 形截面，采用 H600×300×18×25，钢材采用 Q235 钢。

提示：按《高层民用建筑钢结构技术规程》作答。

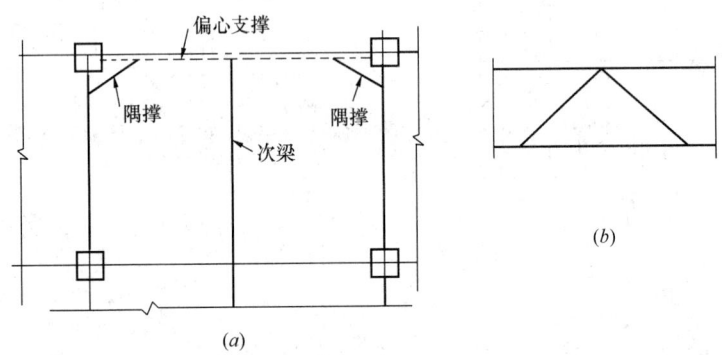

图 7.12.21
(a) 平面图；(b) 偏心支撑形状

试问：
(1) 该隅撑的轴力设计值（kN），与下列何项最接近？
(A) 92　　　　(B) 96　　　　(C) 100　　　　(D) 105
(2) 假定，次梁作为非消能梁段的侧向支撑，试问，该次梁承受的轴力设计值（kN），与下列何项最接近？
(A) 45　　　　(B) 40　　　　(C) 35　　　　(D) 30

【解答】 (1) 根据《高钢规》8.8.8 条：
$$N = 0.06 f_y b_f t_f = 0.06 \times 225 \times 300 \times 25 = 101.25\text{kN}$$
故选（C）项。

(2) 根据《高钢规》8.8.9 条：
$$N = 0.02 f_y b_f t_f = 0.02 \times 205 \times 300 \times 25 = 30.75\text{kN}$$
故选（D）项。

九、制作、涂装和安装

● 复习《高钢规》9.1.1 条～10.11.3 条。

【例7.12.32】 某办公楼采用钢框架-中心支撑结构,高度68m,地上16层,下列有关施工方法的叙述何项符合《高层民用建筑钢结构技术规程》JGJ 99—2015?

(A) 钢结构构件安装顺序,平面上应根据施工作业面从四周向中间扩展,竖向应由下向上逐渐安装
(B) 钢结构的安装应划分安装流水段,一个流水段内上下节柱的安装可交叉完成
(C) 钢结构主体安装完毕后,铺设楼面压型钢板和安装楼梯,从下到上逐层施工
(D) 一节柱安装时,应在就位并临时固定后,立即进行校正井永久固定

【解答】 根据《高钢规》10.6.3条及其条文说明,(D)项符合,应选(D)项。
此外,(A)项:根据《高钢规》10.5.3条,错误;
(B)项:根据《高钢规》10.6.9条及其条文说明,错误;
(C)项:根据《高钢规》10.6.7条及其条文说明,错误。

十、抗火设计

- 复习《高钢规》11.1.1条~11.3.3条。

第十三节 《抗规》多高层钢结构

本节所用的规范是《抗震通规》《钢通规》《抗规》和《高钢规》。

一、一般规定

(一) 房屋适用高度与高宽比及抗震等级

- 复习《抗震通规》5.3.1条。
- 复习《抗规》8.1.1条~8.1.3条。

需注意的是:

(1)《抗规》表8.1.1、表8.1.2中的6度~9度是指本地区的抗震设防烈度。
(2)《抗规》表8.1.1注1、2的规定。
(3)《抗规》表8.1.2注的规定。
(4)《抗规》8.1.3条,钢结构抗震等级的确定与结构类型无关,与设防分类、烈度、房屋高度、建筑场地有关。
(5)《抗规》表8.1.3注2的规定中"2倍地震作用组合下的内力要求"的内涵,是指"2倍的小震地震作用下的地震组合下的内力要求",具体见《抗规》9.2.14条的条文说明。
(6) 钢结构抗震等级的内涵包括:①内力调整的抗震等级;②抗震构造措施的抗震等级。

(二) 结构体系

- 复习《抗规》8.1.5条~8.1.7条。

(三) 防震缝、楼盖结构和地下室

- 复习《抗规》8.1.4条。
- 复习《抗规》8.1.8条、8.1.9条。

二、计算要点

(一) 阻尼比、内力与变形分析的规定

- 复习《抗规》8.2.1条~8.2.3条。

需注意的是

(1)《抗规》8.2.2条的条文说明。

(2)《抗规》8.2.3条，与《高钢规》规定是一致的。相关的题目，见本章第十二节内容。

【例7.13.1】 某钢结构房屋高度为40m，抗震设防烈度为8度，设计基本地震加速度为0.20g，场地类别为Ⅱ类，设计地震分组为第二组，结构总重力荷载代表值为1×10^5kN。

提示：按《建筑抗震设计规范》GB 50011—2010计算。

试问：

(1) 当该结构基本自振周期$T_1=0.35s$时，多遇地震作用下，其结构底部水平地震剪力标准值（kN），与下列何项最接近？

(A) 14535　　　　　　　　　　(B) 15300
(C) 16100　　　　　　　　　　(D) 16800

(2) 假定该结构基本自振周期$T_1=2.1s$时，多遇地震作用下，其结构底部总水平地震剪力标准值（kN），与下列何项最接近？

(A) 3290　　　　　　　　　　(B) 3650
(C) 3810　　　　　　　　　　(D) 3940

【解答】 (1) 查《抗规》表5.1.4-1，8度，0.20g，取$\alpha_{max}=0.16$

查《抗规》表5.1.4-2，设计地震分组为第二组、Ⅱ类场地，取$T_g=0.40s$

$0.1s<T_1=0.35s<T_g=0.40s$，根据《抗规》5.1.5条规定：$\alpha_1=\eta_2\alpha_{max}$

根据《抗规》8.2.2条规定，高度40m<50m，取$\xi=0.04$

$$\eta_2=1+\frac{0.05-\xi}{0.08+1.6\xi}=1+\frac{0.05-0.04}{0.08+1.6\times0.04}=1.0694>0.55$$

$$\alpha_1=\eta_2\alpha_{max}=1.0694\times0.16=0.171$$

$$F_{Ek}=\alpha_1 G_{eq}=0.171\times0.85\times1\times10^5=14535\text{kN}$$

故应选 (A) 项。

(2) $T_1=2.1s>5T_g=5\times0.40=2s$，则：

$$\alpha_1=[\eta_2 0.2^\gamma-\eta_1(T-5T_g)]\alpha_{max}$$

$$\gamma = 0.9 + \frac{0.05-\xi}{0.3+6\xi} = 0.9 + \frac{0.05-0.04}{0.3+6\times 0.04} = 0.9185$$

$$\eta_1 = 0.02 + \frac{0.05-\xi}{4+32\xi} = 0.02 + \frac{0.05-0.04}{4+32\times 0.04} = 0.02189 \approx 0.0219$$

由前述结果，$\eta_2 = 1.0694$

$$\alpha_1 = [1.0694 \times 0.2^{0.9185} - 0.0219 \times (2.1-5\times 0.4)] \times 0.16 = 0.0387$$

$$F_{Ek} = \alpha_1 G_{eq} = 0.0387 \times 0.85 \times 1 \times 10^5 = 3289.5 \text{kN}$$

故应选（A）项。

（二）钢框架节点的抗震承载力计算

- 复习《抗规》8.2.5 条。

注意的是，《抗规》8.2.5 条规定，与《高钢规》规定是一致的。相关的题目见本章第十二节内容。

（三）中心支撑框架和偏心支撑框架的抗震计算

- 复习《抗规》8.2.6 条、8.2.7 条。

注意的是，《抗规》8.2.6 条、8.2.7 条规定，与《高钢规》规定是一致的。相关的题目见本章第十二节的内容。

（四）构件的连接计算

- 复习《抗规》8.2.8 条。

注意，《抗规》8.2.8 条规定，与《高钢规》规定是不一致的，并且《高钢规》详细规定了连接计算。

【例 7.13.2】　某多层民用建筑采用钢框架结构体系，假定，结构满足强柱弱梁要求，比较如图 7.13.1 所示的栓焊连接。试问，下列说法何项正确？

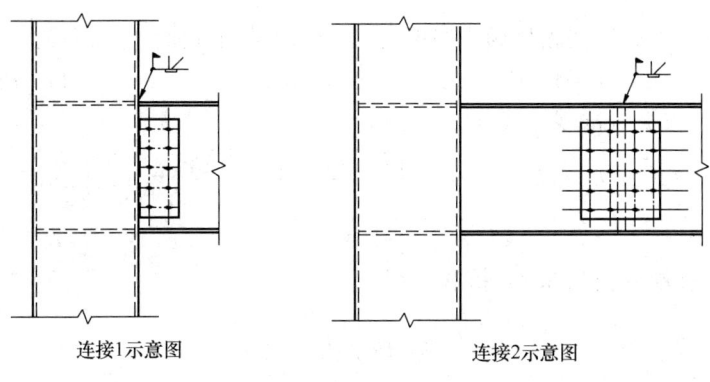

图 7.13.1

(A) 满足规范最低设计要求时，连接 1 比连接 2 极限承载力要求高
(B) 满足规范最低设计要求时，连接 1 比连接 2 极限承载力要求低

(C) 满足规范最低设计要求时，连接1与连接2极限承载力要求相同
(D) 梁柱连接按内力计算，与承载力无关

【解答】 梁柱连接应根据《抗规》8.2.8条计算，连接1根据式（8.2.8-1），连接2根据式（8.2.8-4）进行连接计算。其中连接系数根据《抗规》表8.2.8取值，可知连接1比连接2极限承载力要求高。故应选（A）项。

三、抗震构造措施

（一）钢框架的抗震构造措施

> ● 复习《抗震通规》5.3.2条。
> ● 复习《抗规》8.3.1条～8.3.8条。

需注意的是：

(1)《抗规》8.3.3条规定，即梁的侧向支撑体系，与《高钢规》7.1.4条规定不一致的。《高钢规》细化了一、二、三级抗震等级的要求。

(2)《抗规》8.3.4条中框架梁采用悬臂梁段与柱刚性连接，该种连接方式在《高钢规》8.1.2条及其条文说明中指出，其不宜作为主要连接形式。

【例7.13.3】 某12层钢框架结构，抗震设防烈度为7度，抗震等级为三级，钢材为Q345钢，其梁柱节点构造如图7.13.2所示。按《建筑抗震设计规范》GB 50011—2010作答。

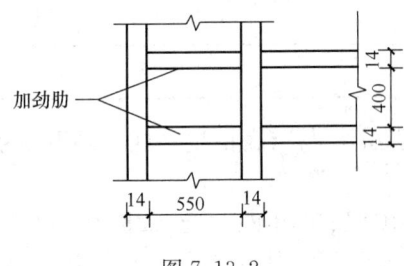

图 7.13.2

试问： 柱在节点域的柱腹板最小厚度 t_w（mm），与下列何项数值最接近？
(A) 11 　　　　(B) 12 　　　　(C) 14 　　　　(D) 16

【解答】（1）根据《抗规》式（8.2.5-7）：

$$t_w \geqslant (h_b + h_c)/90 = \frac{550+14+400+14}{90} = 10.9 \text{mm}$$

取 $t_w = 11$mm。

（2）根据《抗规》表8.3.2，抗震三级：

$$\frac{h_c}{t_w} \leqslant 48\sqrt{235/f_{ay}}$$

$$t_w \geqslant \frac{h_c}{48}\sqrt{f_{ay}/235} = \frac{550}{48}\sqrt{345/235} = 13.9 \text{mm}$$

取 $t_w = 14$mm

故应选（C）项。

【例7.13.4】 某6层钢结构商业建筑，层高5m，房屋高度30m，抗震设防烈度为8度，采用框架结构，框架梁柱均采用Q345钢。梁截面采用焊接H形截面H600×200×8×12，柱采用箱形截面□450×450×20，试问，下列何项说法正确？

提示：①不考虑梁轴压比。
②按《建筑抗震设计规范》作答。

(A) 框架梁柱截面板件宽厚比均符合设计规定
(B) 框架梁柱截面板件宽厚比均不符合设计规定
(C) 框架梁截面板件宽厚比不符合设计规定
(D) 框架柱截面板件宽厚比不符合设计规定

【解答】 根据《抗规》表8.1.3，该结构抗震等级为三级。由《抗规》表8.3.2，则：

柱板件宽厚比：$\dfrac{450-40}{20}=20.5<38\sqrt{235/345}=31.4$

梁翼缘板件宽厚比：$\dfrac{(200-8)/2}{12}=8<10\sqrt{235/345}=8.3$

梁腹板板件高厚比：$\dfrac{600-2\times12}{8}=72>70\sqrt{235/345}=57.8$

因此，框架梁板件宽厚比不符合设计要求，故应选（C）项。

(二) 钢框架-中心支撑结构的抗震构造措施

> ● 复习《抗震通规》5.3.2条。
> ● 复习《抗规》8.4.1条～8.4.3条。

两本规范是协调的。

需注意的是：

(1)《抗规》8.4.1条、8.4.2条，与《高钢规》规定是一致的。

(2)《抗规》8.4.3条规定，但《高钢规》无此规定。

相关的题目，见本章第十二节内容。

(三) 钢框架-偏心支撑结构的抗震构造措施

> ● 复习《抗震通规》5.3.2条。
> ● 复习《抗规》8.5.1条～8.5.7条。

两本规范是协调的。

需注意的是：

(1)《抗规》8.5.1条、8.5.2条、8.5.3条、8.5.4条，与《高钢规》规定是一致的。

(2)《抗规》8.5.5条中取f计算，而《高钢规》8.8.8条中取f_y计算。

(3)《抗规》8.5.7条规定，而《高钢规》无此规定。

相关的题目，见本章第十二节内容。

第十四节 组 合 结 构

本节所用的规范是《组合结构通用规范》GB 55004—2021（以下简称《组通规》）、《组合结构设计规范》JGJ 138—2016（以下简称《组合规范》）。

一、基本规定

（一）一般规定

- 复习《组通规》2.0.1条～2.0.6条。

（二）材料

1. 钢材与钢筋

- 复习《组通规》3.1.1条～3.1.3条。
- 复习《组合规范》3.1.1条～3.2.2条。

2. 混凝土

- 复习《组通规》3.2.1条～3.2.2条。
- 复习《组合规范》3.3.1条～3.3.4条。

（三）设计基本规定

1. 组合楼盖体系

- 复习《组通规》4.2.1条。

2. 变形、裂缝和挠度验算

- 复习《组通规》4.2.2条、4.2.3条、4.2.6条。
- 复习《组合规范》4.3.9条、4.3.10条、4.3.11条。

3. 舒适度验算

- 复合《组通规》4.2.4条、4.2.5条。

4. 抗震等级

- 复习《抗震通规》5.4.1条。
- 复习《组合规范》4.3.8条。

【例7.14.1】下列四项观点：

Ⅰ. 有端柱型钢混凝土剪力墙、其截面刚度可按端柱中混凝土截面面积加工型钢按弹性模量比折算的等效混凝土面积计算其抗弯刚度和轴向刚度；墙的抗剪刚度可不计入型钢影响；

Ⅱ. 型钢混凝土框架-钢筋混凝土剪力墙结构，当楼盖梁采用型钢混凝土梁时，结构在多遇地震作用下的结构阻尼比可取为0.05；

Ⅲ. 不考虑地震作用组合的型钢混凝土柱可采用埋入式柱脚，也可采用非埋入式柱脚；

Ⅳ. 结构局部部位为钢板混凝土剪力墙的竖向规则剪力墙结构在7度区的最大适用高

度为 120m。

试问：依据《组合结构设计规范》，针对上述观点准确性的判断，下列何项正确？

(A) Ⅰ、Ⅳ准确　　(B) Ⅱ、Ⅲ准确　　(C) Ⅰ、Ⅱ准确　　(D) Ⅲ、Ⅳ准确

【解答】根据《组合规范》4.3.4条，Ⅰ准确，排除（B）、（D）项。

根据《组合规范》4.3.6条，Ⅱ不准确，故选（A）项。

此外，根据《组合规范》6.5.1条，Ⅲ不准确。

根据《组合规范》4.3.5条，Ⅳ准确。

二、型钢混凝土框架梁和转换梁

- 复习《组通规》5.5.1条。
- 复习《组合规范》5.1.1条～5.5.16条。

【例 7.14.2】某框架梁采用型钢混凝土梁，型钢采用 Q345 钢，混凝土强度等级为 C35（$f_c=16.7\text{N/mm}^2$，$f_{tk}=2.20\text{N/mm}^2$、$f_t=1.57\text{N/mm}^2$，$E_c=3.15\times10^4\text{N/mm}^2$），钢筋均采用 HRB400 级钢筋。该框架梁抗震等级为二级。框架梁在支座 A 处 1-1 的配筋如图 7.14.1 所示，梁截面尺寸 $b\times h=450\text{mm}\times800\text{mm}$，型钢采用焊接 H 形截面 H600×300×16×20。梁纵向受力钢筋的混凝土保护层厚度均为 30mm。已知 $\xi_b=0.518$。环境等级为一类。

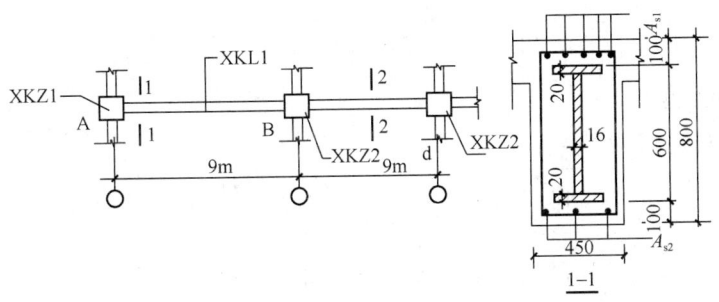

图 7.14.1

提示：按《组合结构设计规范》作答。

试问：

(1) 假定 1-1 处的配筋为：$A_{s1}=5 \Phi 25$（$A_s=2454\text{mm}^2$），$A_{s2}=3 \Phi 25$（$A_s=1473\text{mm}^2$），则支座 A 处 H 截面的正截面抗震受弯承载力设计值（kN·m），最接近下列何项？

(A) 2900　　(B) 3100　　(C) 3400　　(D) 3700

(2) 假定 1-1 处的地震组合剪力设计值（已考虑内力调整）$V_b=2150\text{kN}$，则梁端 1-1 处的箍筋配置，经济合理的是下列何项？

(A) $\Phi 8@100$　　(B) $\Phi 10@150$　　(C) $\Phi 10@100$　　(D) $\Phi 12@100$

【解答】(1) 型钢翼缘：$f_a=f'_a=295\text{N/mm}^2$，$A_{af}=A'_{af}=300\times20=6000\text{mm}^2$

型钢腹板：$f_a=310\text{N/mm}^2$，$t_w h_w=16\times560=8960\text{mm}^2$

根据《组合规范》5.2.1条：

$$a = \frac{f_a A_{af} \times 110 + f_y A_s \times \left(30 + \frac{25}{2}\right)}{f_a A_{af} + f_y A_s} = \frac{295 \times 6000 \times 110 + 360 \times 2454 \times 42.5}{295 \times 6000 + 360 \times 2454}$$
$$= 87.5 \text{mm} \approx 88 \text{mm}$$
$$h_0 = h - a = 712 \text{mm}$$

$\delta_1 = 120/h_0 = 120/712 = 0.169$，$\delta_2 = (120+560)/712 = 0.955$

假定 $\delta_1 h_0 < 1.25x$、$\delta_2 h_0 > 1.25x$，又由于 $f'_a A'_{af} = f_a A_{af}$，则由《组合规范》式 (5.2.1-7)、式 (5.2.1-4)，则：

$$\alpha_1 f_c b x + f'_y A'_s - f_y A_s + \left[2.5 \frac{x}{h_0} - (\delta_1 + \delta_2)\right] t_w h_0 f_a = 0，即：$$

$$x = \frac{f_y A_s - f'_y A'_s + (\delta_1 + \delta_2) t_w h_0 f_a}{\alpha_1 f_c b + 2.5 t_w f_a}$$

$$= \frac{360 \times 2454 - 360 \times 1473 + (0.169 + 0.955) \times 16 \times 712 \times 310}{1 \times 16.7 \times 450 + 2.5 \times 16 \times 310}$$

$$= 217 \text{mm} < \xi_b h_0 = 0.518 \times 712 = 369 \text{mm}$$

复核：$\delta_1 h_0 = 120 \text{mm} < 1.25x = 1.25 \times 217 = 271 \text{mm} < \delta_2 h_0 = 680 \text{mm}$

$x = 217 \text{mm} > a'_a + t'_f = 110 + 20 = 130 \text{mm}$，故满足，假定正确。

由规范式 (5.2.1-6)：

$$M_{aw} = \left[0.5(0.169^2 + 0.955^2) - (0.169 + 0.955) + 2.5 \times \frac{217}{712} - \right.$$
$$\left. \left(1.25 \times \frac{217}{712}\right)^2 \right] \times 16 \times 712^2 \times 310$$
$$= -92.8 \text{kN} \cdot \text{m}$$

由规范式 (5.2.1-3)：

$$M_u = \frac{1}{0.75} \times \left[1 \times 16.7 \times 450 \times 217 \times \left(712 - \frac{217}{2}\right)\right.$$
$$+ 360 \times 1473 \times (712 - 42.5) + 295 \times 6000 \times (712 - 110)$$
$$\left. + (-92.8 \times 10^6)\right]$$
$$= 3082.6 \text{kN} \cdot \text{m}$$

故选（B）项。

(2) 根据《组合规范》5.2.3 条：

$$\frac{1}{\gamma_{RE}}(0.36 \beta_c f_c b h_0) = \frac{1}{0.85} \times (0.36 \times 1 \times 16.7 \times 450 \times 712)$$
$$= 2266.2 \text{kN} > V_b = 2150 \text{kN}$$

$$\frac{f_a t_w h_w}{\beta_c f_c b h_0} = \frac{310 \times 16 \times 560}{1 \times 16.7 \times 450 \times 712} = 0.52 > 0.10，满足。$$

由《组合规范》5.2.5 条：

$$2150 \times 10^3 \leq \frac{1}{0.85} \times \left(0.5 \times 1.57 \times 450 \times 712 + 360 \frac{A_{sv}}{s} \times 712 + 0.58 \times 310 \times 16 \times 560\right)$$

解之得：
$$\frac{A_{sv}}{s} < 0$$

故按构造配箍筋。

抗震二级，由《组合规范》表5.5.5，配置Φ10@100，故选（C）项。

三、型钢混凝土框架柱和转换柱

- 复习《组通规》5.5.1条。
- 复习《组合规范》6.1.1条～6.6.16条。

【例7.14.3】某型钢混凝土框架柱，抗震等级为二级，为框架-核心筒结构中框架柱，柱截面尺寸如图7.14.2所示，型钢为Q345钢，采用H形截面H500×400×20×30，钢筋均采用HRB400级。混凝土强度等级为C40（$f_c = 19.1\text{N/mm}^2$，$E_c = 3.25 \times 10^4 \text{N/mm}^2$）。受力纵筋的混凝土保护层厚度为30mm，受力纵筋采用对称配筋（$A_s = A_s'$）。计算时，取$a = 185\text{mm}$，$a_s = a_s' = 42.5\text{mm}$。已知$\xi_b = 0.518$。

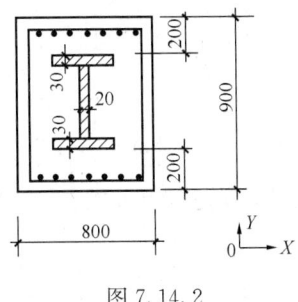

图7.14.2

提示：按《组合结构设计规范》作答。

试问：

(1) 假定，沿Y方向柱承受的地震组合下内力设计值：$N = 6400\text{kN}$，$M = 3200\text{kN} \cdot \text{m}$，取$\gamma_{RE} = 0.80$。试问，柱的受力纵筋（$A_s'$）配置，满足经济合理，最接近于下列何项？

(A) 4Φ18　　(B) 4Φ20　　(C) 4Φ22　　(D) 4Φ25

(2) 假定，柱的顶部、底部截面地震组合下弯矩设计值分别为：$M_c^t = 3200\text{kN} \cdot \text{m}$、$M_c^b = 3800\text{kN} \cdot \text{m}$。柱轴压力$N = 7100\text{kN}$。柱净高为5m。经计算，剪跨比$\lambda = 4.2$。试问，其柱端加密区箍筋配置，最合理的是下列何项？

提示：体积配筋率不用验算。

(A) Φ10@100　　(B) Φ12@100　　(C) Φ14@100　　(D) Φ8@100

【解答】(1) 根据《组合规范》6.2.2条：

$$h_0 = h - a = 900 - 185 = 715\text{mm}$$

$\delta_1 h_0 = 230$，即$\delta_1 = 230/715 = 0.322$；$\delta_2 h_0 = 670$，即$\delta_2 = 670/715 = 0.937$

假定为大偏压，即由规范式（6.2.2-9）、式（6.2.2-3），则：

$$\gamma_{RE} N = \alpha_1 f_c bx + N_{aw} = \alpha_1 f_c bx + \left[\frac{2x}{\beta_1 h_0} - (\delta_1 + \delta_2)\right] t_w h_0 f_a$$

即：$x = \dfrac{\gamma_{RE} N + (\delta_1 + \delta_2) t_w h_0 f_a}{\alpha_1 f_c b + \dfrac{2}{\beta_1} t_w f_a}$

$$= \frac{0.80 \times 6400 \times 10^3 + (0.322 + 0.937) \times 20 \times 715 \times 295}{1 \times 19.1 \times 800 + \dfrac{2}{0.8} \times 20 \times 295}$$

$$= 347\text{mm} < \xi_b h_0 = 0.518 \times 715 = 370\text{mm}$$

$$> \delta_1 h_0 \beta_1 = 230 \times 0.8 = 184\text{mm}$$

$$< \delta_2 h_0 \beta_1 = 670 \times 0.8 = 536\text{mm}$$

故假定正确，为大偏压柱。

由《组合规范》6.2.4条：$e_a = \max\left(20, \dfrac{900}{30}\right) = 30\text{mm}$

$$e_0 = \dfrac{M}{N} = \dfrac{3200}{6400} = 0.5\text{m} = 500\text{mm}$$

$$e_i = e_0 + e_a = 530\text{mm}$$

$$e = e_i + \dfrac{h}{2} - a = 530 + \dfrac{900}{2} - 185 = 795\text{mm}$$

由规范式（6.2.2-10）：

$$M_{aw} = \left[0.5 \times (0.322^2 + 0.937^2) - (0.322 + 0.937) + \dfrac{2 \times 347}{0.8 \times 715} - \left(\dfrac{347}{0.8 \times 715}\right)^2\right]$$
$$\times 20 \times 715^2 \times 295 = 232.5 \times 10^6 \text{N} \cdot \text{mm}$$

由规范式（6.2.2-4），则：

$$a'_a = 200 + \dfrac{30}{2} = 215\text{mm}$$

$$0.80 \times 6400 \times 10^3 \times 795 \leqslant 1 \times 19.1 \times 800 \times 347 \times \left(715 - \dfrac{347}{2}\right) + 360 \cdot A'_s \cdot (715 - 42.5)$$
$$+ 295 \times 400 \times 30 \times (715 - 215) + 232.5 \times 10^6$$

解之得：$A'_s < 0$，故构造配筋。

由《组合规范》6.1.3条：

$$A'_s = A_s \geqslant 0.2\% \times 800 \times 900 = 1440\text{mm}^2$$

选 4 Φ 22 ($A_s = 1520\text{mm}^2$)，满足，故选（C）项。

(2) 根据《组合规范》6.2.12条、6.2.13条：

抗震二级：$V_c = 1.2 \times \dfrac{3200 + 3800}{5} = 1680\text{kN}$

$$\dfrac{1}{\gamma_{RE}}(0.36\beta_c f_c b h_0) = \dfrac{1}{0.85} \cdot (0.36 \times 1 \times 19.1 \times 800 \times 715) = 4627\text{kN}，满足$$

$$\dfrac{f_a t_w h_w}{\beta_c f_c b h_0} = \dfrac{295 \times 20 \times 440}{1 \times 19.1 \times 800 \times 715} = 0.24 > 0.10，满足$$

由规范式（6.2.16-2）：

$$A_a = 2 \times 400 \times 30 + 440 \times 20 = 32800\text{mm}^2$$

$N = 7100\text{kN} > 0.3 f_c A_c = 0.3 \times 19.1 \times (800 \times 900 - 32800) = 3978\text{kN}$，故取 $N = 3978\text{kN}$

$$1680 \times 10^3 \leqslant \dfrac{1}{0.85} \cdot \left[\dfrac{1.05}{3+1} \times 1.71 \times 800 \times 715 + 360 \cdot \dfrac{A_{sv}}{s} \cdot 715 + \dfrac{0.58}{3} \times 295\right.$$
$$\left. \times 20 \times 440 + 0.056 \times 3978 \times 10^3\right]$$

解之得：$A_{sv}/s \geqslant 1.74 \text{mm}^2/\text{mm}$

(A) 项，Φ10@100；$A_{sv}/s = 2 \times 78.5/100 = 1.57\text{mm}^2/\text{mm}$，不满足

(B) 项，Φ12@100；$A_{sv}/s = 2 \times 113.1/100 = 2.26\text{mm}^2/\text{mm}$，满足

故选（B）项。

【例 7.14.4】 某型钢混凝土框架—钢筋混凝土核心筒结构，层高为 4.2m，中部楼层

型钢混凝土柱（非转换柱）配筋示意如图 7.14.3 所示。假定，柱抗震等级为一级，考虑地震作用组合的柱轴压力设计值 $N=21000\text{kN}$，钢筋采用 HRB400，型钢采用 Q345B，钢板厚度 30mm（$f_a=295\text{N/mm}^2$），型钢截面积 $A_a=61500\text{mm}^2$，混凝土强度等级为 C50（$f_c=23.1\text{N/mm}^2$，$f_t=1.89\text{N/mm}^2$），剪跨比 $\lambda=1.6$。取 $a_s=a_s'=50\text{mm}$。试问，该柱的抗震受剪承载力设计值（kN），与下列何项数值最接近？

提示：① 按《组合结构设计规范》作答。

② $\dfrac{1}{\gamma_{RE}}(0.36\beta_c f_c b h_0)=11300\text{kN}$，$\dfrac{f_a t_w h_w}{\beta_c f_c b h_0}=0.26$。

(A) 7400　　　(B) 8300　　　(C) 8900　　　(D) 9800

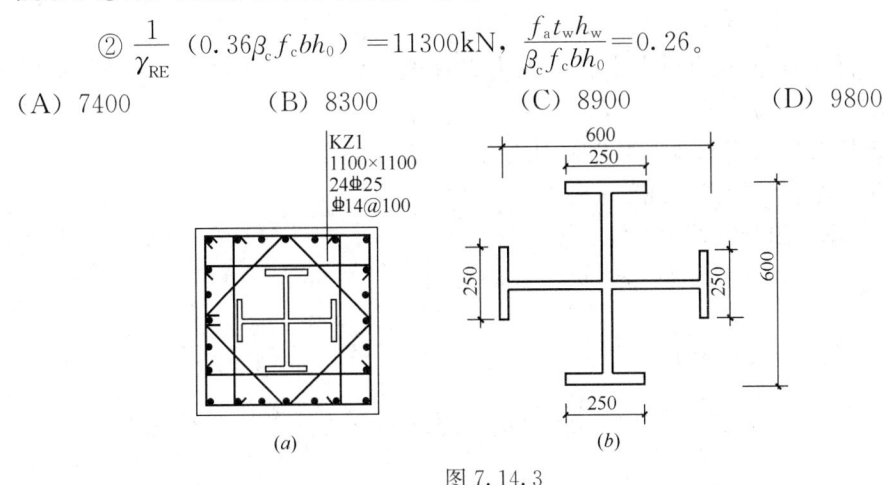

图 7.14.3

【解答】 根据《组合规范》6.2.15 条：

$$h_w = 600 - 2\times 30 = 540\text{mm}$$

$$t_w' = 30 + \dfrac{0.5\times 250\times 30\times 2}{540} = 43.9\text{mm}$$

由 6.2.18 条：

$$0.3 f_c A_c = 0.3\times 23.1\times(1100^2-61500)=7959.105\text{kN} < N=21000\text{kN}$$

故取 $N=7959.105\text{kN}$；$h_0=1100-50=1050\text{mm}$

$$V_{u1}=\dfrac{1}{0.85}\times\left[\dfrac{1.05}{1.6+1}\times 1.89\times 1100\times 1050+360\times\dfrac{(4\times 153.9+2\cos 45°\times 153.9)}{100}\times 1050\right.$$

$$\left.+\dfrac{0.58}{1.6}\times 295\times 43.9\times 540+0.056\times 7959105\right]$$

$$=8249\text{kN}<11300\text{kN}$$

$$V_{u2}=\dfrac{1}{0.85}\times\left[\dfrac{4.2}{1.6+1.4}\times 1.89\times(1100-250)\times 1050+360\times\dfrac{(4\times 153.9+2\cos 45°\times 153.9)}{100}\right.$$

$$\left.\times 1050+\dfrac{0.58}{1.6-0.2}\times 295\times 43.9\times 540\right]$$

$$=9892\text{kN}<11300\text{kN}$$

故取 $V_u=8249\text{kN}$

应选（B）项。

四、矩形钢管混凝土框架柱和转换柱

> ● 复习《组合规范》7.1.1 条～7.5.13 条。

【例 7.14.5】 抗震设计的某框架—核心筒结构房屋，其框架柱采用矩形钢管混凝土柱，其截面尺寸为 800mm×800mm，钢管壁厚 $t=24$mm，采用 Q345 钢。混凝土强度等级为 C50（$f_c=23.1$N/mm²）。已知 $\xi_b=0.542$。

假定，该框架柱承担的地震组合下内力设计值（已经内力调整）为：轴压力 $N=9000$kN、弯矩 $M=6000$kN·m。取 $\gamma_{RE}=0.80$。

试问：该框架柱承担的地震组合时的最大弯矩设计值为多少？

提示：按《组合结构设计规范》作答。

【解答】 根据《组合规范》7.2.3 条：

$$x_b = \xi_b h_c = 0.542 \times 752 = 407.6 \text{mm}$$

$$N_b = \alpha_1 f_c b_c x_b + 2 f_a t \left(\frac{2x_b}{\beta_1} - h_c\right)$$

$$= 1 \times 23.1 \times 752 \times 407.6 + 2 \times 295 \times 24 \times \left(\frac{2 \times 407.6}{0.8} - 752\right)$$

$$= 10861 \text{kN}$$

$\gamma_{RE} N = 0.80 \times 9000 = 7200 \text{kN} < N_b$，故为大偏压

由规范式（7.2.3-3）：

$$0.80 \times 9000 \times 10^3 = 1 \times 23.1 \times 752 x + 2 \times 295 \times 24 \times \left(\frac{2x}{0.8} - 752\right)$$

解之得：$x=338$mm

$$M_{aw} = 295 \times 24 \times \frac{338}{0.8} \times \left(2 \times 752 + 24 - \frac{338}{0.8}\right) - 295 \times 24 \times \left(752 - \frac{338}{0.8}\right)$$

$$\times \left(752 + 24 - \frac{338}{0.8}\right) = 2482.2 \times 10^6 \text{N·mm}$$

$$e_a = \max\left(20, \frac{800}{30}\right) = 26.7 \text{mm}$$

由规范式（7.2.3-4）：

$0.80 \times 9000 \times 10^3 \cdot e = 1 \times 23.1 \times 752 \times 338 \times (752 + 0.5$

$\times 24 - 0.5 \times 338) + 295 \times 800 \times 24 \times (752 + 24) + 2482.2 \times 10^6$

解之得：$e=1440$mm

由 $e = e_0 + 26.7 + \frac{800}{2} - \frac{24}{2}$，则：$e_0 = 1025.7$mm

$$M = N e_0 = 9000 \times 1.0257 = 9231 \text{kN·m}$$

五、圆形钢管混凝土框架柱和转换柱

> ● 复习《组合规范》8.1.1 条～8.5.4 条。

相关的题目,见本章第九节内容。

六、型钢混凝土剪力墙

● 复习《组合规范》9.1.1条~9.2.11条。

【例7.14.6】 某高层建筑的底部加强区的剪力墙墙段,如图7.14.4所示,采用型钢混凝土剪力墙,型钢为Q345钢,H形截面H200×100×8×12(f_a=310N/mm²),混凝土强度等级C40,钢筋均采用HRB400级,抗震等级为二级。水平、竖向分布筋采用3排,竖向分布筋配置3Φ10@200。已知ξ_b=0.513,取$a_s=a'_s$=250mm,$a=a'$=250mm。墙段端部采用对称配筋$A'_s=A_s$,设置约束边缘构件,取$l_c/2$=500mm。

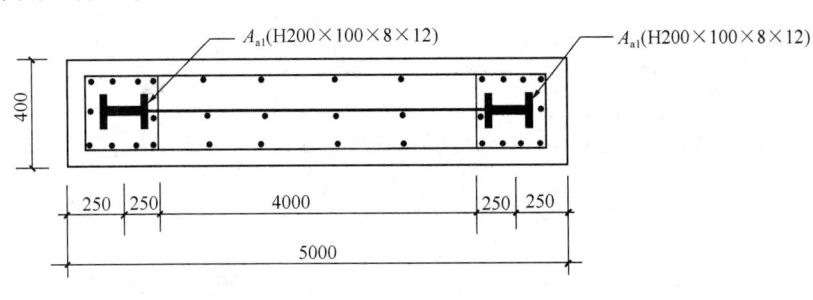

图7.14.4

经计算,该剪力墙墙段的地震组合下内力设计值(已经内力调整)为:轴压力N=16520kN,弯矩M=4130kN·m,剪力V=5260kN。计算截面处的剪跨比λ=0.30。

提示:按《组合结构设计规范》作答。

试问:

(1) 端部约束边缘构件暗柱内纵向受力钢筋(A_s)的配置,经济合理的是下列何项?

(A) 10Φ14   (B) 10Φ16   (C) 12Φ14   (D) 12Φ16

(2) 该墙段的水平分布筋的配置,经济合理的是下列何项?

(A) 3Φ8@200   (B) 3Φ10@200

(C) 3Φ12@200   (D) 3Φ14@200

【解答】(1) 根据《组合规范》9.1.1条:

$$h_{w0} = h - a = 5000 - 250 = 4750\text{mm}, h_{sw} = 5000 - 2 \times 500 = 4000\text{mm}$$

$$A_{sw} = 3 \times 78.5 \times \left(\frac{4000}{200} - 1\right) = 4475\text{mm}^2$$

假定为大偏压,由规范式(9.1.1-8)、式(9.1.1-3),则:

$$\gamma_{RE}N = \alpha_1 f_c b_w x + f_{yw}A_{sw} + \frac{x}{0.5\beta_1 h_{sw}} \cdot f_{yw}A_{sw} - \frac{h_{w0}f_{0w}A_{sw}}{h_{sw}}$$

即:$x = \dfrac{\gamma_{RE}N + \dfrac{h_{w0}f_{yw}A_{sw}}{0.5h_{sw}} - f_{yw}A_{sw}}{\alpha_1 f_c b_w + \dfrac{f_{yw}A_{sw}}{0.5\beta_1 h_{sw}}}$

$$= \frac{0.85 \times 16520 \times 10^3 + \frac{4750 \times 360 \times 4475}{0.5 \times 4000} - 360 \times 4475}{1 \times 19.1 \times 400 + \frac{360 \times 4475}{0.5 \times 0.8 \times 4000}}$$

$$= 1880 \text{mm} < \xi_b h_{w0} = 0.513 \times 4750 = 2437 \text{mm}$$

故假定正确，为大偏压。

$$e = \frac{M}{N} + \frac{h_w}{2} - a = \frac{4130}{16520} \times 10^3 + \frac{5000}{2} - 250 = 2500 \text{mm}$$

$$M_{sw} = \left[0.5 - \left(\frac{1880 - 0.8 \times 4750}{0.8 \times 4000}\right)^2\right] \times 360 \times 4475 \times 4000$$

$$= 902.16 \times 10^6 \text{N} \cdot \text{mm}$$

由规范式（9.1.1-4）：

$$A_{a1} = 2 \times 100 \times 12 + (200 - 2 \times 12) \times 8 = 3808 \text{mm}^2$$

$$0.85 \times 16520 \times 10^3 \times 2500 \leqslant 1 \times 19.1 \times 400 \times 1880 \times \left(4750 - \frac{1880}{2}\right)$$

$$+ 360 A'_s \cdot (4750 - 250) + 310 \times 3808 \times (4750 - 256) + 902.16 \times 10^6$$

解之得：$A'_s < 0$，故按构造配置。

由《组合规范》9.2.4条：

$$A_s \geqslant 1.0\% \times 500 \times 400 = 2000 \text{mm}^2$$

选 10 ⏀ 16（$A_s = 2011 \text{mm}^2$），满足，故选（B）项。

（2）根据《组合规范》9.1.5条：

$$\lambda = 0.30 < 2.5, 则：$$

$$V_{aN} = V - \frac{0.32}{1.5} \times 310 \times 3808 = 5008 \text{kN}$$

$$\frac{1}{\gamma_{RE}}(0.15 \beta_c f_c b_w h_{w0}) = \frac{1}{0.85} \times (0.15 \times 1 \times 19.1 \times 400 \times 4750) = 6404 \text{kN}, 故满足$$

由规范式（9.1.6-2）：

$$N = 16520 \text{kN} > 0.2 f_c b_w h_w = 0.2 \times 19.1 \times 400 \times 5000 = 7640 \text{kN}$$

故取 $N = 7640 \text{kN}$

$$0.85 \times 5260 \times 10^3 \leqslant \frac{1}{1.5 - 0.5} \times (0.4 \times 1.71 \times 400 \times 4750 + 0.1 \times 7640 \times 10^3 \times 1)$$

$$+ 0.8 \times 360 \frac{A_{sh}}{s} \times 4750 + \frac{0.32}{1.5} \times 310 \times 3808$$

解之得：$A_{sh}/s \geqslant 1.58 \text{mm}^2/\text{mm}$

选 3 ⏀ 10@200：$A_{sh}/s = 3 \times 78.5/200 = 1.18 \text{mm}^2/\text{mm}$，不满足。

选 3 ⏀ 12@200：$A_{sh}/s = 3 \times 113.1/200 = 1.697 \text{mm}^2/\text{mm}$，满足。

最小配筋率，由规范表9.2.8：$\rho = \dfrac{A_{sh}}{b_w s} = \dfrac{1.697}{400} = 0.42\% > 0.25\%$，满足。

故应选（C）项。

第十五节 烟 囱 结 构

本节所用的规范是《烟囱工程技术标准》GB/T 50051—2021（以下简称《烟标》）。

一、基本规定

- 复习《烟标》3.1.1条~3.1.31条。

二、材料

- 复习《烟标》4.1.1条~4.4.2条。

三、风荷载

- 复习《烟标》5.1.1条~5.1.3条。
- 复习《烟标》5.2.1条~5.2.8条。

【例7.15.1】 如图7.15.1所示，在B类粗糙度场地上建一座高为125m的钢筋混凝土烟囱。50年一遇的风荷载标准值 $w_0 = 0.65 \text{kN/m}^2$，烟囱自重标准值 $g_k = 18738.8 \text{kN}$，筒身的重心C距基础顶面 $H_0 = 37.7 \text{m}$。

提示：按《烟囱工程技术标准》作答。

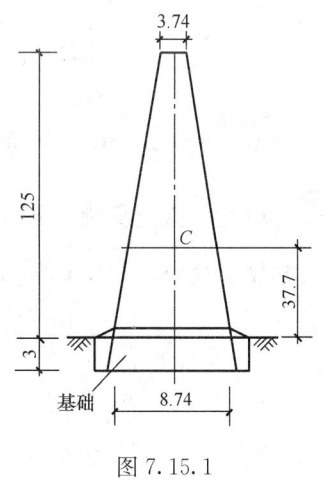

图7.15.1

试问：

(1) 烟囱的第一周期 T_1 (s)，最接近于下列何项数值？

提示：按《建筑结构荷载规范》作答。

(A) 2.213　　　　(B) 2.914
(C) 3.756　　　　(D) 4.106

(2) 该烟囱高度80m处的风荷载体型系数 μ_s，最接近于下列何项数值？

(A) 0.65　　(B) 0.75　　(C) 0.85　　(D) 1.00

(3) 假定结构基本自振周期 $T_1 = 3.20$s，62.50m处该烟囱的风振系数 β_z，最接近于下列何项数值？

提示：按《工程结构通用规范》作答。

(A) 1.32　　(B) 1.47　　(C) 1.51　　(D) 1.66

(4) 假定沿烟囱高度三角形分布的风荷载作用标准值顶部为 $q_{wk} = 8.8 \text{kN/m}$，底部为

0，风荷载在烟囱底部产生的剪力标准值（kN），与下列何项最接近？

(A) 616   (B) 523   (C) 782   (D) 550

【解答】 （1）根据《荷规》附录 F.1.2 条规定：

烟囱 1/2 高度处的外径 d：

$$d = \frac{1}{2} \times (3.74 + 8.74) = 6.24\text{m}$$

由《荷规》式（F.1.2-2）：

$$T_1 = 0.41 + 0.10 \times 10^{-2} \frac{H^2}{d} = 0.41 + 0.10 \times 10^{-2} \frac{125^2}{6.24} = 2.914\text{s} > 0.25\text{s}$$

故应考虑风振影响。

故应选（B）项。

(2) 根据《烟标》5.2.1 条：

$$H - 1.5d_H = 125 - 1.5 \times 3.74 = 119.39\text{m}$$

$$80\text{m} < 119.39\text{m}，取 \mu_s = 0.65$$

故应选（A）项。

(3) B 类地面粗糙度，$T_1 = 3.20$s，根据《荷规》8.4.4 条：

$$x_1 = \frac{30/3.20}{\sqrt{1.0 \times 0.65}} = 11.628$$

由《烟标》3.1.31 条，$\xi = 0.04$，则：

$$R = \sqrt{\frac{\pi}{6 \times 0.04} \cdot \frac{11.628^2}{(1 + 11.628^2)^{4/3}}} = 1.589$$

B 类，$z = 62.5$m，查《荷规》表 8.2.1，取 $\mu_z = 1.73$；$z/H = 62.5/125 = 0.5$，$\frac{B_H}{B_0} = \frac{3.74}{8.74} = 0.43$，查《荷规》附录表 G.0.4，取 $\phi_1(z) = 0.265$

根据《荷规》8.4.5 条，8.4.6 条、8.4.3 条：

$$\rho_z = \frac{10\sqrt{125 + 60^{-125/60} - 60}}{125} = 0.681$$

$$\rho_x = 1.0$$

$$B_z = 0.910 \times 125^{0.218} \times 1.0 \times 0.681 \times \frac{0.265}{1.73} = 0.272$$

$\frac{B(H)}{B(0)} = \frac{3.74}{8.74} = 0.43$，查《荷规》表 8.4.5-2，取 $\theta_v = 1.981$

$z = 62.5$m 处，$B(z) = 6.24$m，取 $\theta_B = 6.24/8.74 = 0.714$

故：$B_z = 0.272\theta_v\theta_B = 0.272 \times 1.981 \times 0.714 = 0.385$

$$\beta_z = 1 + 2 \times 2.5 \times 0.14 \times 0.385 \times \sqrt{1 + 1.589^2} = 1.51 > 1.2（《结通规》4.6.5 条）$$

故取 $\beta_z = 1.51$。

故应选（C）项。

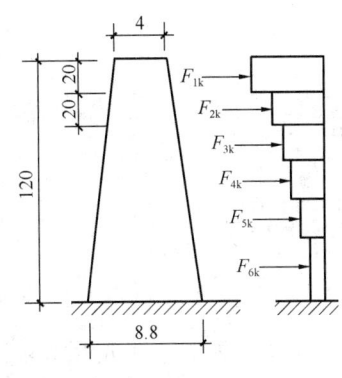

图 7.15.2

(4) $V_{kw} = \frac{1}{2} q_{kw} \cdot H = \frac{1}{2} \times 8.8 \times 125 = 550 \text{kN}$

故应选 (D) 项。

【例 7.15.2】 如图 7.15.2 所示，在 B 类粗糙度场地上拟建高度为 120m 的钢筋混凝土烟囱，当地基本风压 $w_0 = 0.45 \text{kN/m}^2$，烟囱坡度为 2%。计算风荷载时，将烟囱划分为 6 段，每段 20m。结构基本自振周期 $T_1 = 2.66 \text{s}$。

提示：按《烟囱工程技术标准》作答。

试问：

(1) 假定风压高度变化系数按 100m 处计算，烟囱顶部第二段（80~100m）的风荷载集中力标准值（kN），与下列何项数值最接近？

提示：$\phi_1(z) = 0.70$。

(A) 105　　(B) 125　　(C) 135　　(D) 145

(2) 假定计算得到 $F_{1k} = 80 \text{kN}$，$F_{2k} = 74 \text{kN}$，$F_{3k} = 66 \text{kN}$，$F_{4k} = 60 \text{kN}$，$F_{5k} = 52 \text{kN}$，$F_{6k} = 36 \text{kN}$，则风荷载对烟囱底部产生的倾覆弯矩标准值（kN·m），与下列何项最接近？

(A) 24915　　(B) 22345　　(C) 23050　　(D) 23751

【解答】 (1) 确定 80~100m 段截面参数，如图 7.15.3 所示：

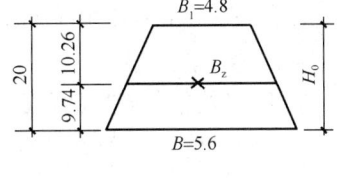

图 7.15.3

形心位置距地面高度 h：

$$h = 80 + \frac{H_0(B + 2B_1)}{3 \times (B + B_1)}$$

$$= 80 + \frac{20 \times (5.6 + 2 \times 4.8)}{3 \times (5.6 + 4.8)} = 89.74 \text{m}$$

形心位置处的外径 $B(z)$：

$$B(z) = 4.8 + \frac{10.26}{20} \times 0.4 \times 2 = 5.21 \text{m}$$

风荷载作用面积 A_i：　$A_i = \frac{(5.6 + 4.8) \times 20}{2} = 104 \text{m}^2$

1) 确定 μ_z，$z = 100$m，B 类，查《荷规》表 8.2.1 知，$\mu_z = 2.00$

2) 确定 β_z，根据《荷规》8.4.4 条：

$$x_1 = \frac{30/2.66}{\sqrt{1.0 \times 0.45}} = 16.81$$

由《烟标》3.1.31 条，$\xi = 0.04$，则：

$$R = \sqrt{\frac{\pi}{6 \times 0.04} \cdot \frac{16.81^2}{(1 + 16.81^2)^{4/3}}} = 1.409$$

由提示，$\phi_1(z) = 0.70$。

根据《荷规》8.4.5 条、8.4.6 条、8.4.3 条：

$$\rho_z = \frac{10\sqrt{120 + 60^{-120/60} - 60}}{120} = 0.688$$

$$\rho_x = 1.0$$

$$B_z = 0.910 \times 120^{0.218} \times 1.0 \times 0.688 \times \frac{1.0}{2.00} = 0.889$$

$\frac{B(H)}{B(0)} = \frac{4}{8.8} = 0.45$，查《荷规》表8.4.5-2，取 $\theta_v = 1.915$

$B(z) = 5.21\text{m}$，故 $\theta_B = 5.21/8.8 = 0.592$

故：$B_z = 0.889 \times 1.915 \times 0.592 = 1.008$

$\beta_z = 1 + 2 \times 2.5 \times 0.14 \times 1.008 \times \sqrt{1 + 1.409^2} = 2.22 > 1.2$（《结通规》4.6.5 条）

3）确定 μ_s，由《烟标》5.2.1 条：

$$H - 1.5 d_H = 120 - 1.5 \times 4 = 114\text{m}$$

故 80m～100m，取 $\mu_s = 0.65$

4）确定 w_k 和集中力 F_{1w}：

$$w_k = \beta_z \mu_s \mu_z w_0$$
$$= 2.22 \times 0.65 \times 2.00 \times 0.45 = 1.30\text{kN/m}^2$$
$$F_{1w} = w_k A_i = 1.30 \times 104 = 135.2\text{kN}$$

故应选（C）项。

（2）求出集中力作用点距地面的距离：

由前述计算结果，$z_2 = 89.74\text{m}$

同理，求出其他各段的 z_i：$z_1 = 109.7\text{m}$

$z_3 = 69.78\text{m}$，$z_4 = 49.80\text{m}$，$z_5 = 29.82\text{m}$，$z_6 = 9.84\text{m}$

$$M_{wk} = \sum_{i=1}^{n} F_{ik} \cdot z_i = 109.7 \times 80 + 89.74 \times 74 + 69.78 \times 66$$
$$+ 49.80 \times 60 + 29.82 \times 52 + 9.84 \times 36 = 24915.12\text{kN} \cdot \text{m}$$

故应选（A）项。

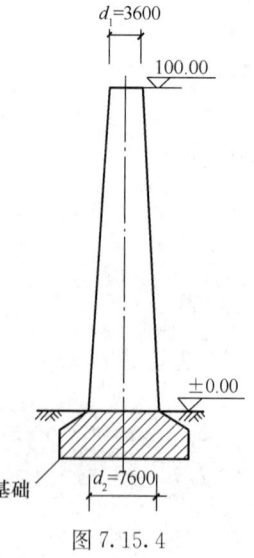

图 7.15.4

【例 7.15.3】 某环形截面钢筋混凝土烟囱，如图 7.15.4 所示，烟囱基础顶面以上总重力荷载代表值为 18000kN，烟囱基本自振周期 $T_1 = 2.5$s。如果烟囱建于非地震区，基本风压 $w_0 = 0.5\text{kN/m}^2$，地面粗糙度为 B 类。试问，烟囱承载能力极限状态设计时，风荷载第 1 振型是否会发生涡激共振？

提示：① 假定烟囱第 2 及以上振型，不出现涡激共振；
$S_t = 0.2$。

② 按《烟囱工程技术标准》作答。

【解答】 根据《烟标》5.2.2 条：

烟囱坡度 = 2%

$$d = 3.6 + \frac{2}{3} \times 100 \times 0.02 = 4.933\text{m}$$

$$v_{cr,1} = \frac{4.933}{2.5 \times 0.2} = 9.866\text{m/s}$$

B类，查《荷规》表 8.7.1，$\mu_H=2.00$
$$v_H=40\times\sqrt{2.00\times 0.5}=40\text{m/s}>9.866/1.2=8.22\text{m/s}$$
故应验算涡激共振响应。

四、地震作用

1. 水平地震作用

● 复习《烟标》5.5.1 条~5.5.3 条。

【例 7.15.4】 某钢筋混凝土烟囱，如图 7.15.5 所示，抗震设防烈度为 8 度，设计基本地震加速度为 0.20g，设计地震分组为第一组，场地类别为Ⅱ类。

试问：相应于烟囱基本自振周期的水平地震影响系数，与下列何项最接近？

提示：按《烟囱工程技术标准》作答。

(A) 0.059　　　　(B) 0.054
(C) 0.047　　　　(D) 0.035

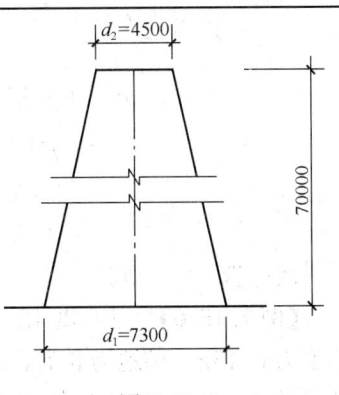

图 7.15.5

【解答】 (1) 查《抗规》表 5.1.4-1，8 度，0.20g，取 $\alpha_{\max}=0.16$

查《抗规》表 5.1.4-2，设计地震分组为第一组、Ⅱ类场地，取 $T_g=0.35\text{s}$

(2) 根据《荷规》附录式 (F.1.2-2)，$d=\dfrac{4.5+7.3}{2}=5.9\text{m}$

$T_1=0.41+0.10\times 10^{-2}\times H^2/d=0.41+0.10\times 10^{-2}\times 70^2/5.9=1.241\text{s}$

$T_g=0.35\text{s}<T_1=1.241\text{s}<5T_g=5\times 0.35\text{s}=1.75\text{s}$，则：

由《烟标》3.1.31 条，$\xi=0.04$

$$\gamma=0.9+\frac{0.05-0.04}{0.3+6\times 0.04}=0.918$$

$$\eta_2=1+\frac{0.05-0.04}{0.08+1.6\times 0.04}=1.069$$

$$\alpha_1=\left(\frac{T_g}{T}\right)^{\gamma}\eta_2\alpha_{\max}=\left(\frac{0.35}{1.241}\right)^{0.918}\times 1.069\times 0.16=0.054$$

故应选 (B) 项。

【例 7.15.5】 某圆形截面钢筋混凝土烟囱，如图 7.15.6 所示，抗震设防烈度为 8 度，设计基本地震加速度为 0.20g，设计地震分组为第一组，场地类别为Ⅱ类。假定烟囱的基本自振周期 $T_1=2\text{s}$，其总重力荷载代表值 $G_E=750\text{kN}$。

试问：相应于烟囱的基本自振周期的水平地震影响系数，与下列何项最接近？

提示：① d_1、d_2 分别为烟囱顶部和底部的外径。
② 按《烟囱工程技术标准》作答。

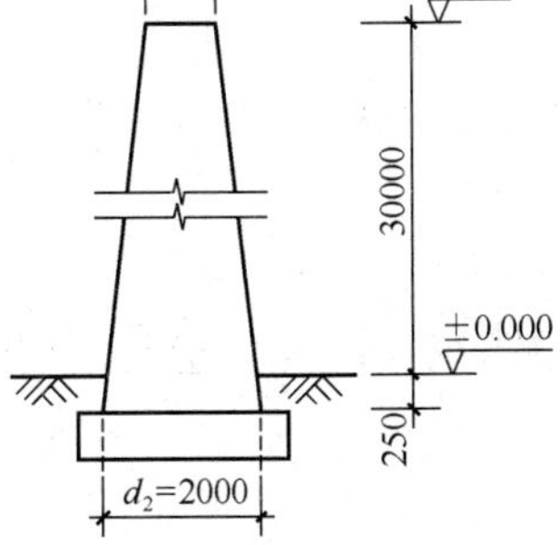

图 7.15.6

(A) 0.0368　　　(B) 0.0376　　　(C) 0.0382　　　(D) 0.0396

【解答】 查《抗规》表 5.1.4-1，8 度，0.20g，取 $\alpha_{max}=0.16$

查《抗规》表 5.1.4-2，设计地震分组为第一组，Ⅱ类场地，取 $T_g=0.35s$

$T_1=2s>5T_g=1.75s$，由《抗规》5.1.5 条：

由《烟标》3.1.31 条，$\xi=0.04$

$$\gamma=0.9+\frac{0.05-0.04}{0.3+6\times0.04}=0.918$$

$$\eta_1=0.02+\frac{0.05-0.04}{4+32\times0.04}=0.022$$

$$\eta_2=1+\frac{0.05-0.04}{0.08+1.6\times0.04}=1.069$$

$$\alpha_1=[\eta_2 0.2^\gamma-\eta_1(T-5T_g)]\alpha_{max}$$
$$=[1.069\times0.2^{0.918}-0.022\times(2-1.75)]\times0.16$$
$$=0.0382$$

故应选（C）项。

【例 7.15.6】 某高度 120m 钢筋混凝土烟囱，位于 7 度抗震设防区，设计基本地震加速度为 0.15g，场地为Ⅱ类，设计地震分组为第二组。烟囱尺寸如图 7.15.7 所示，上口外直径 $d_1=4.0m$，下口外直径 $d_2=8.8m$，筒身坡度为 0.2%，烟囱划分为 6 段，自上而下各段重量分别为：5000kN、5600kN、6000kN、6600kN、7000kN、7800kN。烟囱的自振周期 $T_1=2.95s$，$T_2=0.85s$，$T_3=0.35s$，烟囱的第一、第二、第三振型如图 7.15.7（c）～（e）所示。

提示：① $\gamma=0.918$，$\eta_1=0.022$，$\eta_2=1.069$。

② 按《烟囱工程技术标准》作答。

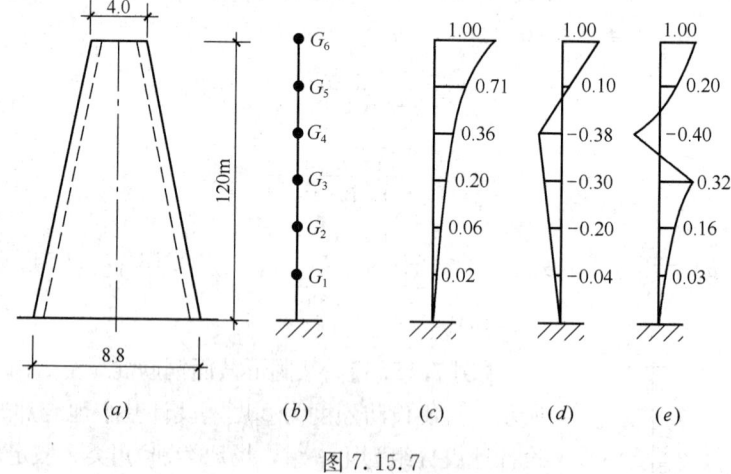

图 7.15.7

试问：

(1) 相应于第一、第二、第三振型自振周期的地震影响系数 α_1、α_2、α_3，应与下列何项最接近？

(A) $\alpha_1=0.027$，$\alpha_2=0.064$，$\alpha_3=0.128$

(B) $\alpha_1=0.064$，$\alpha_2=0.027$，$\alpha_3=0.128$

(C) $\alpha_1=0.027$,$\alpha_2=0.064$,$\alpha_3=0.135$
(D) $\alpha_1=0.064$,$\alpha_2=0.027$,$\alpha_3=0.135$

(2) 已知$\alpha_2=0.06$,相应于第二振型的烟囱第一段（0～20m,从地面开始计算）、第二段（20～40m）的水平地震作用标准值F_{21k}（kN）、F_{22k}（kN）,与下列何项最接近?

(A) 15,65　　　　　　　　　　(B) 10;52
(C) 15,－65　　　　　　　　　(D) 10;－52

(3) 假定经计算知相应于第一、第二、第三振型的烟囱底部总水平剪力标准值分别为:$\sum_{i=1}^{6}F_{1ik}=650\text{kN}$、$\sum_{i=1}^{6}F_{2ik}=-730\text{kN}$、$\sum_{i=1}^{6}F_{3ik}=610\text{kN}$,烟囱底部总水平剪力标准值（kN）,与下列何项最接近?

(A) 665　　　(B) 730　　　(C) 1495　　　(D) 1150

(4) 假定经计算知相应于第一、第二、第三振型的烟囱底部弯矩标准值分别为:$M_{10k}=8\times10^4\text{kN}\cdot\text{m}$,$M_{20k}=8.8\times10^4\text{kN}\cdot\text{m}$,$M_{30k}=8.2\times10^4\text{kN}\cdot\text{m}$,烟囱底部弯矩设计值（kN·m）,与下列何项最接近?

(A) 8.3×10^4　　(B) 1.44×10^5　　(C) 1.87×10^5　　(D) 1.96×10^5

【解答】(1) 查《抗规》表5.1.4-1,7度,0.15g,取$\alpha_{\max}=0.12$
查《抗规》表5.1.4-2,设计地震分组为第二组、Ⅱ类场地,取$T_g=0.40\text{s}$
第一振型:$T_1=2.95\text{s}>5T_g=5\times0.40=2.0\text{s}$
$$\alpha_1=[\eta_2 0.2^\gamma-\eta_1(T-5T_g)]\alpha_{\max}=[1.069\times0.2^{0.918}-0.022\times(2.95-5\times0.4)]\times0.12$$
$$=0.027$$
第二振型:$T_g=0.40\text{s}<T_2=0.85\text{s}<5T_g=2.0\text{s}$
$$\alpha_2=\left(\frac{T_g}{T_2}\right)^\gamma\eta_2\alpha_{\max}=\left(\frac{0.40}{0.85}\right)^{0.918}\times1.69\times0.12=0.064$$
第三振型:$0.1\text{s}<T_3=0.35\text{s}<T_g=0.40\text{s}$
$$\alpha_3=\eta_2\alpha_{\max}=1.069\times0.12=0.128$$
故应选（A）项。

(2) 根据《抗规》式（5.2.2-2）：
$$\gamma_j=\sum_{i=1}^{n}X_{ji}G_i/\sum_{i=1}^{n}X_{ji}^2G_i$$

各段重力荷载代表值为:
$G_6=2500\text{kN}$、$G_5=(5000+5600)/2=5300\text{kN}$、$G_4=(5600+6000)/2=5800\text{kN}$
$G_3=(6000+6600)/2=6300\text{kN}$、$G_2=(6600+7000)/2=6800\text{kN}$、
$G_1=(7000+7800)/2=7400\text{kN}$

$$\sum_{i=1}^{6}X_{ji}G_i=1\times2500+0.10\times5300+(-0.38)\times5800+(-0.30)\times6300+$$
$$(-0.20)\times6800+(-0.04)\times7400=-2720$$
$$\sum_{i=1}^{6}X_{ji}^2G_i=1^2\times2500+0.10^2\times5300+(-0.38)^2\times5800+(-0.30)^2\times6300+$$
$$(-0.20)^2\times6800+(-0.04)^2\times7400=4241.36$$
$$\gamma_2=-2720/4241.36=-0.64$$

根据《抗规》式（5.2.2-1）：
$$F_{2j} = \alpha_2 \gamma_2 X_{2t} G_i$$
$$F_{21k} = 0.06 \times (-0.64) \times (-0.04) \times 7400 = 11.37 \text{kN}$$
$$F_{22k} = 0.06 \times (-0.64) \times (-0.20) \times 6800 = 52.22 \text{kN}$$
故应选（B）项。

(3) 根据《抗规》式（5.2.2-3）：
$$V_{Ek} = \sqrt{\Sigma V_j^2} = \sqrt{650^2 + (-730)^2 + 610^2} = 1152.2 \text{kN}$$
故应选（D）项。

(4) 根据《抗规》式（5.2.2-3）：
$$M_{Ek} = \sqrt{\Sigma M_j^2} = \sqrt{(8^2 + 8.8^2 + 8.2^2) \times 10^8} = 1.44 \times 10^5 \text{kN} \cdot \text{m}$$
由《烟标》3.1.9 条：
$$M_E = \gamma_{Eh} \cdot M_{Ek} = 1.3 \times 1.44 \times 10^5 = 1.87 \times 10^5 \text{kN} \cdot \text{m}$$
故应选（C）项。

2. 竖向地震作用计算

● 复习《烟标》5.5.4 条、5.5.5 条。

【例 7.15.7】 某钢筋混凝土圆形烟囱，如图 7.15.8 所示，抗震设防烈度为 8 度，设计基本地震加速度为 $0.2g$，设计地震分组为第一组，场地类别为 Ⅱ 类，基本自振周期 $T_1 = 1.25$s，50 年一遇的基本风压 $w_0 = 0.45 \text{kN/m}^2$，地面粗糙度为 B 类，安全等级为二级。已知该烟囱基础顶面以上各节（共分 6 节，每节竖向高度 10m）重力荷载代表值见表 7.15.1。

表 7.15.1

节号	6	5	4	3	2	1
每节底截面以上该节的重力荷载代表值 G_{iE}（kN）	950	1050	1200	1450	1630	2050

提示：按《烟囱工程技术标准》作答。

试问：

(1) 距地面 10m 处（即第 1 节）截面的竖向地震作用标准值（kN），与下列何项数值最为接近？

(A) 1840   (B) 1720

(C) 1370   (D) 1120

(2) 烟囱最大竖向地震作用标准值（kN）与下列何项数值最为接近？

(A) 650   (B) 870

(C) 1740   (D) 1840

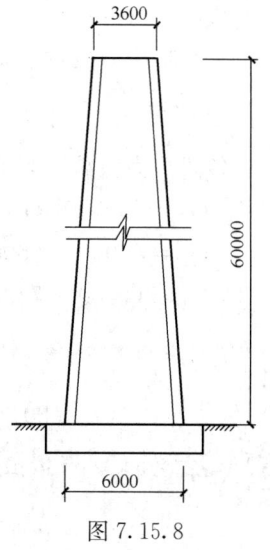

图 7.15.8

【解答】 (1) 根据《烟标》5.5.4 条：
$$G_E = 950 + 1050 + 1200 + 1450 + 1630 + 2050$$
$$= 8330 \text{kN}$$
$$G_{1E} = 8330 - 2050 = 6280 \text{kN}$$

$$F_{\text{EV,k}} = \pm 4(1+C)K_v\left(G_{iE} - \frac{G_{iE}^2}{G_E}\right)$$

$$= \pm 4 \times (1+0.7) \times 0.13 \times \left(6280 - \frac{6280^2}{8330}\right)$$

$$= \pm 1366 \text{kN}$$

故应选（C）项。

(2) 根据《烟标》5.5.4 条：

$$G_{2E} = 6280 - 1630 = 4650 \text{kN}, \quad G_{3E} = 4650 - 1450 = 3200 \text{kN}$$

由 (1) 可知，$F_{\text{Ev1k}} = \pm 1366 \text{kN}$

$$F_{\text{Ev2k}} = \pm 4 \times (1+0.7) \times 0.13 \times \left(4650 - \frac{4650^2}{8330}\right) = \pm 1816 \text{kN}$$

$$F_{\text{Ev3k}} = \pm 4 \times (1+0.7) \times 0.13 \times \left(3200 - \frac{3200^2}{8330}\right) = \pm 1742 \text{kN}$$

故最大值为 $\pm 1816 \text{kN}$，应选（D）项。

思考：烟囱根部的竖向地震作用标准值为多少？

解答如下：

查《抗规》表 5.1.4-1，可得：$\alpha_{\text{vmax}} = 0.16 \times 0.65$

$$F_{\text{Ev0}} = \pm 0.75 \alpha_{\text{vmax}} G_E$$

$$= \pm 0.75 \times 0.16 \times 0.65 \times 8330$$

$$= \pm 650 \text{kN}$$

【例 7.15.8】 某环形截面钢筋混凝土烟囱，如图 7.15.9 所示，抗震设防烈度为 8 度，设计基本地震加速度为 $0.2g$，设计地震分组第一组，场地类别Ⅱ类，基本风压 $w_0 = 0.40 \text{kN}/\text{m}^2$。烟囱基础顶面以上总重力荷载代表值为 15000kN，烟囱基本自振周期为 $T_1 = 2.5 \text{s}$。

提示：按《烟囱工程技术标准》作答。

试问：

(1) 已知，烟囱底部（基础顶面处）由风荷载标准值产生的弯矩 $M = 11000 \text{kN·m}$，由水平地震作用标准值产生的弯矩 $M = 18000 \text{kN·m}$，由地震作用、风荷载、日照和基础倾斜引起的附加弯矩 $M = 1800 \text{kN·m}$。试问，烟囱底部截面进行抗震极限承载能力设计时，烟囱抗弯承载力设计值最小值 R_d(kN·m)，与下列何项数值最为接近？

(A) 28700   (B) 25500
(C) 25000   (D) 22500

(2) 烟囱底部（基础顶面处）截面筒壁竖向配筋设计时，需要考虑地震作用并按大、小偏心受压包络设计。已知，小偏心受压时重力荷载代表值的轴压力对烟囱承载能力不利，大偏心受压时重力荷载代表值的轴压力对烟囱承载能力有利。假定，小偏心受压时轴压力设计值为 N_1(kN)，大偏心受压时轴压力设计值为 N_2(kN)。试问，N_1、N_2 与下列何项数值最为接近？

(A) 18000、15660   (B) 20340、15660

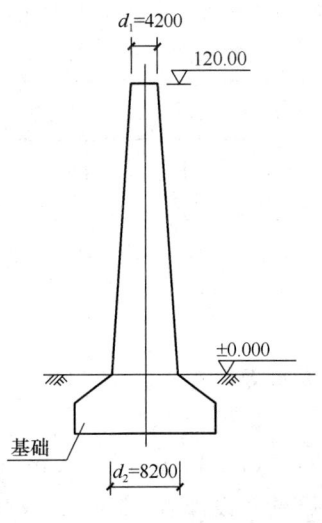

图 7.15.9

(C) 18900、12660   (D) 19500、13500

【解答】 (1) 根据《烟标》3.1.8条：

$$R_d \geqslant \gamma_{RE}(\gamma_{GE}S_{GE} + \gamma_{Eh}S_{Ehk} + \psi_{WE}\gamma_W S_{WK} + \psi_{MaE}S_{MaE})$$

$$= 0.90 \times (1.3 \times 18000 + 0.2 \times 1.6 \times 11000 + 1.0 \times 1800)$$

$$= 28720 \text{kN} \cdot \text{m}$$

故应选 (B) 项。

(2) 根据《烟标》5.5.4条：

多遇地震、8度 (0.20g)，查《抗规》表 5.1.4-1，取 $\alpha_{max} = 0.16$。

$$F_{EV0} = \pm 0.75\alpha_{Vmax}G_E = \pm 0.75 \times (0.65 \times 0.16) \times 15000$$

$$= \pm 1170 \text{kN}$$

由《烟标》3.1.8条、3.1.9条：

小偏压：$N = 1.2 \times 15000 + 1.3 \times 1170 = 19521 \text{kN}$

大偏压：$N = 1.0 \times 15000 - 1.3 \times 1170 = 13479 \text{kN}$

故应选 (D) 项。

第十六节 高 耸 结 构

本节所用的规范是《高耸结构设计标准》GB 50135—2019（以下简称《高耸标准》）。

一、基本规定

- 复习《高耸标准》1.0.1条～1.0.4条。
- 复习《高耸标准》3.0.1条～3.0.18条。

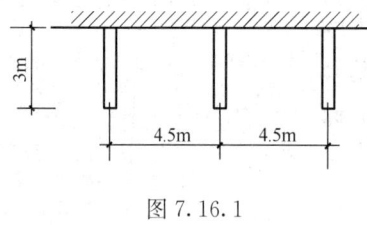

图 7.16.1

【例 7.16.1】 带外平台的钢筋混凝土电视塔，为一般的高耸结构，其外平台的悬挑梁如图 7.16.1 所示，悬挑梁的间距为 4.5m，其上的荷载标准值（单位：kN/m^2）分别为：恒载 q_G；外平台活荷载 q_L；雪荷载 q_S，为地区 I。已知风荷载在悬挑梁根部产生的弯矩设计值 $M_w = 200 \text{kN} \cdot \text{m}$。荷载基本组合由可变荷载效应控制。$\gamma_0 = 1.0$。

试问：

(1) 当 $q_G = 12 \text{kN/m}^2$，$q_L = 3.5 \text{kN/m}^2$，$q_S = 0.6 \text{kN/m}^2$，在荷载基本组合下悬挑梁根部的弯设计值（$kN \cdot m$），与下列何项数值最接近？

(A) 565   (B) 575   (C) 585   (D) 595

(2) 当 $q_G = 12 \text{kN/m}^2$，$q_L = 2.0 \text{kN/m}^2$，$q_S = 1.20 \text{kN/m}^2$，在荷载基本组合下的弯矩设计值（$kN \cdot m$），与下列何项数值最接近？

(A) 570   (B) 560   (C) 550   (D) 540

【解答】 （1）根据《高耸标准》表3.0.7-2注2：

由表3.0.9，则：

$$3.5 \times 0.4 + 0.6 \times 0.7 = 1.82 \text{kN/m}^2 < 3.5 \times 0.7 = 2.45 \text{kN/m}^2$$

$$M_G = 1.2 \times \frac{1}{2} \times (12 \times 4.5) \times 3^2 = 291.6 \text{kN} \cdot \text{m}$$

$$M_W = 200 \text{kN} \cdot \text{m}$$

$$M_L = 1.4 \times 0.7 \times \frac{1}{2} \times (3.5 \times 4.5) \times 3^2 = 69.46 \text{kN} \cdot \text{m}$$

$$M_S = 1.4 \times 0.7 \times \frac{1}{2} \times (0.6 \times 4.5) \times 3^2 = 11.91 \text{kN} \cdot \text{m}$$

$$M = M_G + M_W + M_L + M_S = 572.97 \text{kN} \cdot \text{m}$$

应选（B）项。

（2）由《高耸标准》表3.0.7-2注2：

$$2 \times 0.4 + 1.2 \times 0.7 = 1.64 \text{kN/m}^2 > 2 \times 0.7 = 1.4 \text{kN/m}^2$$

故取外平台活荷载准永久值计算。

同理，$M_G = 291.6 \text{kN} \cdot \text{m}$，$M_W = 200 \text{kN} \cdot \text{m}$

$$M_L = 1.4 \times 0.4 \times \frac{1}{2} \times (2 \times 4.5) \times 3^2 = 22.68 \text{kN} \cdot \text{m}$$

$$M_S = 1.4 \times 0.7 \times \frac{1}{2} \times (1.2 \times 4.5) \times 3^2 = 23.81 \text{kN} \cdot \text{m}$$

$$M = M_G + M_W + M_L + M_S = 538.1 \text{kN} \cdot \text{m}$$

应选（D）项。

二、风荷载

- 复习《高耸标准》4.1.1条、4.1.2条。
- 复习《高耸标准》4.2.1条～4.2.16条。

需注意的是：

《高耸标准》表4.2.9-2注2是针对表4.2.9-1的，即：表4.2.9-2注2为表4.2.9-1的注3。

【例7.16.2】 如图7.16.2所示，某钢筋混凝土电视塔，总高度$H=200$m，结构第一自振周期$T_1=3.0$s，基本风压$w_0=0.40 \text{kN/m}^2$。值班塔楼高度$h=160$m。地面粗糙度为C类。按阻尼比查得脉动增大系数$\xi=1.63$。

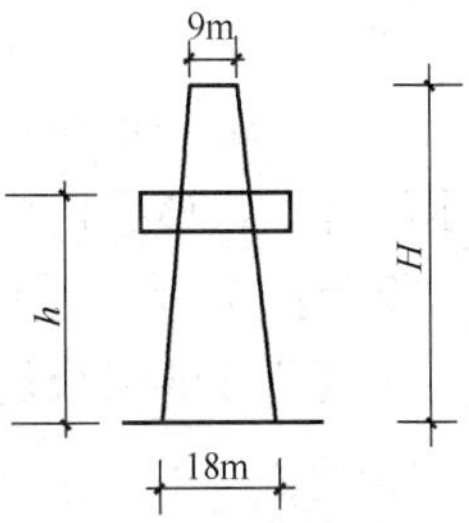

试问：

（1）值班塔楼高度160m处的风荷载标准值w_k（kN/m^2），与下列何项数值最接近？

提示：$\mu_s=0.70$；按《工程结构通用规范》作答。

(A) 1.05　　(B) 0.95　　(C) 0.85　　(D) 0.75

图7.16.2

（2）假定，值班塔楼处在风荷载标准值w_k作用下的水平位移为0.48m，在风荷载$0.4\mu_z\mu_s w_0$作用下的水平位移为0.152m，塔楼处的振动加速度幅值（mm），与下列何项数值最接近？

(A) 195   (B) 185   (C) 175   (D) 165

【解答】(1) 根据《高耸标准》4.2.1条：

$h=160\text{m}$，C类，查表4.2.6，则：$\mu_z=1.79+\dfrac{160-150}{200-180}\times(2.03-1.79)=1.838$

$H=200\text{m}$，查表4.2.9-2，取 $\varepsilon_1=0.64$

$Z/H=160/200=0.8$，$l_x(H)/l_x(0)=9/18=0.5$，查表4.2.9-3及注2：

$$\varepsilon_2=\dfrac{1}{2}\times(0.72+0.82)=0.77$$

$\beta_z=1+1.63\times0.64\times0.77=1.80>1.2$（《结通规》4.6.5条）

故取 $\beta_z=1.80$

$$w_k=1.80\times0.70\times1.838\times0.40=0.926\text{kN/m}^2$$

故应选 (B) 项。

(2) 根据《高耸标准》3.0.11条第3款：

$$A_f=0.4\times0.48-0.152=0.04\text{m}=40\text{mm}$$

$$a=A_f\omega_1^2=40\times\left(\dfrac{2\pi}{3}\right)^2=175.3\text{mm}<200\text{mm}$$

故应选 (C) 项。

三、覆冰荷载

• 复习《高耸标准》4.3.1条～4.3.3条。

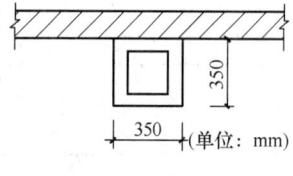

图 7.16.3

【例7.16.3】 某钢筋混凝土观光塔，为一般的高耸结构，高度为 $H=150\text{m}$。该塔顶部有一根钢结构悬挑构件，其悬挑长度为 L，其基本覆冰厚度为40mm。$\gamma_0=1.0$。

试问：

(1) 假定，$L=1.5\text{m}$，该悬挑构件的横截面为圆形（$d=100\text{mm}$），则覆冰重力荷载标准值 q_1（kN/m），与下列何项最接近？

(A) 0.38   (B) 0.32   (C) 0.23   (D) 0.19

(2) 假定，$L=3\text{m}$，如图7.16.3所示，该悬挑构件的横截面为箱形，自重线荷载为1.0kN/m，其上的风荷载标准值为0.40kN/m，楼面活荷载标准值为0.45kN/m。在荷载基本组合下，该悬挑构件根部的弯矩设计值（kN·m），与下列何项最接近？

提示：①荷载基本组合由可变荷载效应控制。

②风荷载的组合值系数为0.50。

(A) 9   (B) 12   (C) 16   (D) 20

【解答】(1) 根据《高耸标准》4.3.3条：

$d=100\text{mm}$，查表4.3.3-1，$\alpha_1=0.60$

$H=150\text{m}$，查表4.3.3-2，$\alpha_2=2.2$

$$q_1=\pi\times40\times0.60\times2.2\times(100+40\times0.60\times2.2)\times9\times10^{-6}$$
$$=0.228\text{kN/m}$$

故应选（C）项。

（2）根据《高耸标准》4.3.3条：
$$\alpha_2 = 2.2, \quad q_a = 0.6 \times 40 \times 2.2 \times 9 \times 10^{-3} = 0.4752 \text{kN/m}^2$$

覆冰线荷载：$q_1 = (0.35 \times 3) \times 0.4752 = 0.50 \text{kN/m}$

由表3.0.7-2：
$$M_G = 1.2 \times \frac{1}{2} \times 1.0 \times 3^2 = 5.4 \text{kN} \cdot \text{m}$$
$$M_I = 1.4 \times 1 \times \frac{1}{2} \times 0.50 \times 3^2 = 3.15 \text{kN} \cdot \text{m}$$
$$M_W = 1.4 \times 0.5 \times \frac{1}{2} \times 0.4 \times 3^2 = 1.86 \text{kN} \cdot \text{m}$$
$$M_L = 1.4 \times 0.7 \times \frac{1}{2} \times 0.45 \times 3^2 = 1.98 \text{kN} \cdot \text{m}$$
$$M = M_G + M_I + M_W + M_L = 11.79 \text{kN} \cdot \text{m}$$

故应选（B）项。

四、地震作用

- 复习《高耸标准》4.4.1条～4.4.7条。

五、混凝土圆筒形塔

- 复习《高耸标准》6.1.1条～6.5.12条。

【例7.16.4】 某钢筋混凝土通信塔，塔高度$H = 180$m（不包括天线高度），在风荷载标准值、多遇地震作用标准值的作用下，按线性分析时，塔顶的水平位移值，见表7.16.1。已知基础倾斜$\tan\theta = 0.001$。

塔顶水平位移值（m）　　　　　　　　　　　　　　表7.16.1

作用类型	截面刚度$0.85E_cI_c$	截面刚度$0.65E_cI_c$
风荷载	0.66	0.86
多遇地震作用	0.32	0.42

试问：

（1）以风为主的荷载的标准组合下，塔顶的水平位移角，与下列何项数值最为接近？

(A) $\frac{1}{273}$　　　(B) $\frac{1}{214}$　　　(C) $\frac{1}{209}$　　　(D) $\frac{1}{175}$

（2）以多遇地震为主的标准组合下，塔顶的水平位移角，与下列何项数值最为接近？

(A) $\frac{1}{123}$　　　(B) $\frac{1}{141}$　　　(C) $\frac{1}{195}$　　　(D) $\frac{1}{233}$

【解答】（1）根据《高耸标准》6.2.2条，截面刚度取为$0.65E_cI_c$。

由3.0.11条、3.0.9条：
$$\Delta u = H\tan\theta + 0.86 = 180 \times 0.001 + 0.86 = 1.04 \text{m}$$
$$\Delta u/H = 1.04/180 = 1/173 < 1/150$$

应选（D）项。

(2) 根据《高耸标准》6.2.2条，截面刚度取为 $0.65E_c I_c$。

由 3.0.11 条、3.0.9 条：

$$\Delta u = H\tan\theta + \Delta u_{地} + 0.2\Delta_{风}$$
$$= 180 \times 0.001 + 0.42 + 0.2 \times 0.86 = 0.772\text{m}$$
$$\Delta u/H = 0.772/180 = 1/233 < 1/150$$

应选（D）项。

第十七节　高层建筑结构施工

● 复习《高规》第13节。

【例 7.17.1】 以下关于高层建筑混凝土结构设计与施工的4种观点：

Ⅰ．分段搭设的悬挑脚手架，每段高度不得超过25m；

Ⅱ．大体积混凝土浇筑体的里表温差不宜大于25℃，混凝土浇筑表面与大气温差不宜大于20℃；

Ⅲ．混合结构核心筒应先于钢框架或型钢混凝土框架施工，高差宜控制在4~8层，并应满足施工工序的穿插要求；

Ⅳ．常温施工时，柱、墙体拆模混凝土强度不应低于1.2MPa。

试问：针对上述观点是否符合《高层建筑混凝土结构技术规程》相关要求的判断，下列何项正确？

(A) Ⅰ、Ⅱ符合，Ⅲ、Ⅳ不符合　　　　(B) Ⅰ、Ⅲ符合，Ⅱ、Ⅳ不符合

(C) Ⅱ、Ⅲ符合，Ⅰ、Ⅳ不符合　　　　(D) Ⅲ、Ⅳ符合，Ⅰ、Ⅱ不符合

【解答】 根据《高规》13.9.6条第1款、13.10.5条，Ⅱ、Ⅲ符合规程要求。

根据《高规》13.5.5条第2款、13.6.9条第1款，Ⅰ、Ⅳ不符合规程要求。

所以应选（C）项。

第八章 桥 梁 结 构

本章所用规范为《公路桥涵设计通用规范》JTG D60—2015（以下简称《公桥通规》），《公路钢筋混凝土及预应力混凝土桥涵设计规范》JTG 3362—2018（以下简称《公桥混规》），《城市桥梁设计规范》CJJ 11—2011（2019 年版）（以下简称《城市桥规》），《建筑与市政工程抗震通用规范》GB 55002—2021（以下简称《抗震通规》），《城市桥梁抗震设计规范》CJJ 166—2011（以下简称《城桥抗规》），《公路桥梁抗震设计规范》JTG/T 2231—01—2020（以下简称《公桥抗规》）。

第一节 桥梁的基本组成与分类

一、桥梁的基本组成

一般地，桥梁由上部结构（也称桥跨结构）、下部结构、支座和基本附属设施等组成，如图 8.1.1 所示。

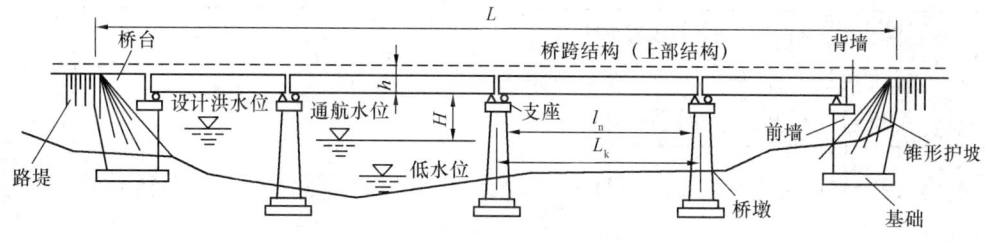

图 8.1.1 桥梁的基本组成

1. 上部结构

上部结构（桥跨结构）是在线路中断时跨越的主要承重结构，是桥梁支座以上跨越桥孔的总称。

2. 下部结构

下部结构包括桥墩、桥台和基础。

桥墩是支承上部结构并将其传来的恒载和车辆等活载再传至基础的结构物，设置在桥中间部分。单孔桥没有中间桥墩。

桥台也是支承上部结构并将其传来的荷载再传至基础的结构物，设置在桥两端；同时，它与路堤相衔接，并抵御路堤土压力，防止路堤填土的坍落。

墩台基础是保证桥梁墩台并将从桥墩和桥台传来的荷载传至地基的结构部分。

3. 支座

支座是设在桥墩（桥台）顶，用于支承上部结构的传力装置，支座不仅要传递很大的荷载，并且要保证桥跨结构按设计要求能产生一定的变位。

- 下面介绍一些与桥梁布置有关的主要尺寸和术语。

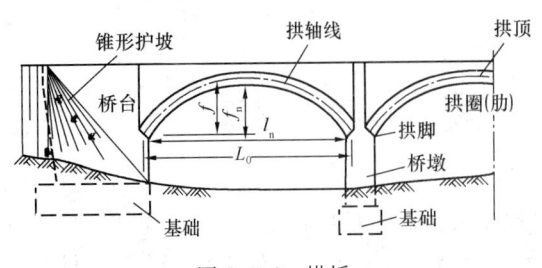

图 8.1.2 拱桥

净跨径用 l_n 表示,对于设支座的桥梁,是指相邻两桥墩、台身顶内缘之间的水平净距如图 8.1.1 所示;对于不设支座的桥梁(如拱桥、刚构桥等),是指桥梁上、下部结构相交处内缘间的水平净距,如图 8.1.2 所示。

总跨径(也称为桥梁孔径),是指多孔桥梁中各孔净跨径的总和(Σl_n),它反映了桥下宣泄洪水的能力。

桥梁跨径是指桥墩中线之间的距离,或者桥墩中线与桥台台背前缘伸缩缝中线的距离。当跨径在 50m 及以下时,应尽量采用标准跨径。标准跨径用 L_K 表示,对于梁式桥、板式桥,是以两桥墩中线间距离为准,或者以桥墩中线与桥台台背前缘间距为准,见图 8.1.1;对于拱式桥,是以净跨径为准,见图 8.1.2。

计算跨径用 L_0 表示,对于设支座的桥梁,为相邻两支座中心间的水平距离;对于不设支座的桥梁,为桥梁上、下部结构相交面中心间的水平距离,如图 8.1.2 所示的拱桥,其计算跨径是两相邻拱脚截面形心点之间的水平距离。注意的是,桥梁结构的力学计算是以计算跨径 L_0 为准的。

桥梁全长用 L 表示,《公桥通规》3.3.5 条定义为:

> 3.3.5 桥梁全长应按下列规定计算:
> 1 有桥台的桥梁为两岸桥台侧墙或八字墙尾端间的距离。
> 2 无桥台的桥梁为桥面系长度。

重力式桥台侧墙或八字墙,如图 8.1.3 所示,背墙也称为雉墙。有关桥台的详细构造见本章第八节。

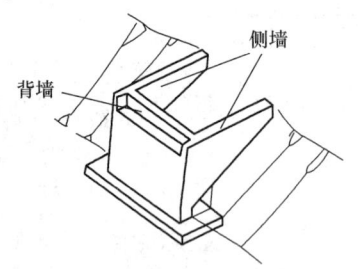 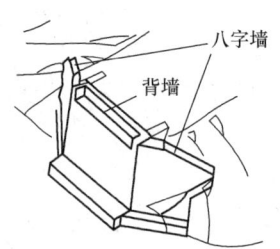

图 8.1.3 重力式桥台侧墙及八字墙

桥面系是指桥梁上部结构中供车辆和行人直接行走的部分,即桥面部分。

低水位和高水位,由于河流中的水位是变动的,枯水季节的最低水位称为低水位,洪峰季节河流中的最高水位称为高水位。

设计洪水位,是指按规定的设计洪水频率计算所得的高水位(很多情况下是推算水位)。通航水位,是指在各级航道中,能保持船自由正常航行时的水位。

桥下净空高度,是指设计洪水位或设计通航水位与桥跨结构最小缘的距离,用 H 表示,它应保证能安全排泄,并不得小于对该河流通航所规定的净空高度。

桥梁高度(简称桥高),是指桥面与低水位之间的距离,或为桥面与桥下线路路面之间的距离。桥高在某种程度上反映了桥梁施工的难易性。

桥梁的建筑高度,是指桥上行车路面(或轨顶)高程至桥跨结构最小缘之间的距离(图8.1.1中的h),它不仅与桥跨结构的体系和跨径大小有关,并且还随行车部分在桥上布置的高度位置而异。

桥面净空,是指桥梁行车道、人行道上方应保持的空间界限。

对于拱桥(图8.1.2所示)还存在净矢高(f_n)、计算矢高(f)、矢跨比(f/l)。净矢高(f_n),是从拱顶截面下缘至相邻两拱脚截面下缘最低点之连线的垂直距离。计算矢高(f),是从拱顶截面形心至相邻两拱脚截面形心之连线的垂直距离。矢跨比(f/l),也称为拱矢度,是拱桥中拱圈(或拱肋)的计算矢高f与计算跨径之比。

- 桥梁按跨径分类

(1)《公桥通规》规定

桥梁按单孔标准跨径或多孔标准跨径总长分类为特大桥、大桥、中桥和小桥,《公桥通规》1.0.5条作了如下规定:

> 1.0.5 特大、大、中、小桥及涵洞按单孔跨径或多孔跨径总长分类规定见表1.0.5。
>
> **桥梁涵洞分类** 表1.0.5
>
> | 桥涵分类 | 多孔跨径总长L(m) | 单孔跨径L_K(m) |
> |---|---|---|
> | 特大桥 | $L>1000$ | $L_K>150$ |
> | 大 桥 | $100 \leq L \leq 1000$ | $40 \leq L_K \leq 150$ |
> | 中 桥 | $30<L<100$ | $20 \leq L_K<40$ |
> | 小 桥 | $8 \leq L \leq 30$ | $5 \leq L_K<20$ |
> | 涵 洞 | — | $L_K<5$ |
>
> 注:1. 单孔跨径系指标准跨径。
> 2. 梁式桥、板式桥的多孔跨径总长为多孔标准跨径的总长;拱式桥为两岸桥台内起拱线间的距离;其他形式桥梁为桥面系行车道长度。
> 3. 管涵及箱涵不论管径或跨径大小、孔数多少,均称为涵洞。
> 4. 标准跨径:梁式桥、板式桥以两桥墩中线间距离或桥墩中线与台背前缘间距为准;拱式桥和涵洞以净跨径为准。

需注意的是:

1) 规范表1.0.5中,单孔跨径L_K是指标准跨径。

2) 规范表1.0.5中,多孔跨径总长L:对于梁式桥、板式桥是以多孔标准跨径的总长(ΣL_{ki});对于拱式桥是为两岸桥台内起拱线间的距离;对于其他形式桥梁是为桥面系行车道长度。为此,《公桥通规》1.0.5条条文说明指出:

> 1.0.5 (条文说明)本条中的桥涵分类标准采用了两个指标:一个是单孔跨径L_K,用以反映桥涵的技术复杂程度;另一个是多孔跨径总长L,用以反映建设规模。本条与《公路工程技术标准》JTG B01—2014保持一致。

> 在确定桥涵分类时，符合其中一个指标即可归类，存在差异时，可采取"就高不就低"的原则。
> 在计算桥梁长度时，曲线桥宜按弧长计，斜桥宜按斜长计。

(2)《城市桥规》规定

《城市桥规》3.0.2条规定：

> 3.0.2 桥梁按其多孔跨径总长或单孔跨径的长度，可分为特大桥、大桥、中桥和小桥等四类，桥梁分类应符合表3.0.2的规定。
>
> 桥梁按总长或跨径分类　　　　　　　　　　　　表3.0.2
>
> | 桥梁分类 | 多孔跨径总长 L (m) | 单孔跨径 L_0 (m) |
> |---|---|---|
> | 特大桥 | $L>1000$ | $L_0>150$ |
> | 大　桥 | $1000 \geqslant L \geqslant 100$ | $150 \geqslant L_0 \geqslant 40$ |
> | 中　桥 | $100 > L > 30$ | $40 > L_0 \geqslant 20$ |
> | 小　桥 | $30 \geqslant L \geqslant 8$ | $20 > L_0 \geqslant 5$ |
>
> 注：1 单孔跨径系指标准跨径。梁式桥、板式桥以两桥墩中线之间桥中心线长度或桥墩中线与桥台台背前缘线之间桥中心线长度为标准跨径；拱式桥以净跨径为标准跨径。
> 2 梁式桥、板式桥的多孔跨径总长为多孔标准跨径的总长；拱式桥为两岸桥台起拱线间的距离；其他形式的桥梁为桥面系的行车道长度。

4. 桥梁的基本附属设施

桥梁的基本附属设防包括桥面系、伸缩缝、桥梁与路堤衔接处的桥头搭板、锥形护坡等。

桥头搭板（如图8.1.4所示）在许多情况下为简单实用且有效的治理桥头跳车的方法，《公桥通规》3.5.5条作了如下规定：

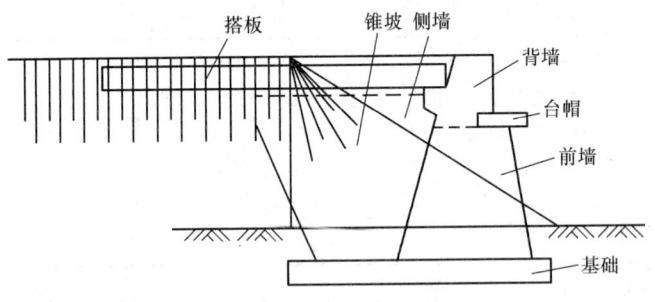

图8.1.4 桥头搭板

> 3.5.5 高速公路、一级公路、二级公路和三级公路的桥头宜设置搭板，搭板设置应符合下列规定：
> 1 搭板长度不宜小于5m；桥台高度不小于5m时，搭板长度不宜小于8m。
> 2 搭板宽度宜与桥台侧墙内缘相齐，并用柔性材料隔离，最小宽度不应小于行车道宽度。
> 3 搭板厚度不宜小于0.25m；长度不小于6m的搭板，其厚度不宜小于0.30m。

《城市桥规》7.0.7 条规定：

> 7.0.7 桥台侧墙后端深入桥头锥坡顶点以内的长度不应小于 0.75m。
> 位于城市快速路、主干路和次干路上的桥梁，桥头宜设置搭板，搭板长度不宜小于 6m。

【例 8.1.1】 某公路高架桥，主桥为三跨变截面连续钢-混凝土组合箱形桥，跨径布置为 45m+60m+45m，两端引桥各为 3 孔 40m 的预应力混凝土 T 型梁，桥台为 U 型结构，前墙厚度为 0.90m，侧墙长 3.0m，主桥和引桥的两端伸缩缝宽度均为 160mm。
试问：该桥全长为多少米？
【解答】 根据《公桥通规》3.3.5 条规定：
桥梁全长：$L = 45 + 60 + 45 + 3 \times 40 \times 2 + 3 \times 2 + 2 \times \dfrac{0.16}{2} = 396.16 \text{m}$

二、桥梁的分类

1. 按受力体系分类

按受力体系分类，桥梁有梁、拱、索三大基本体系，其中，梁桥以受弯为主，拱桥以受压为主，悬索桥以受拉为主。另外，由上述三大基本体系的相互组合，派生出刚架桥、斜拉桥，以及组合体系桥（其承重结构由两种结构组合而成的）。

2. 按上部结构的行车道位置分类

按上部结构的行车道位置，桥梁可分为上承式桥、中承式桥、下承式桥。一般地，车辆在主要承重结构（拱或梁）之上行驶的称为上承式桥梁，如图 8.1.5（a）所示；车辆在主要承重结构之下行驶的称为下承式桥梁，如图 8.1.5（b）所示；车辆在主要承重结构中间行驶的称为中承式桥梁，如图 8.1.5（c）所示。

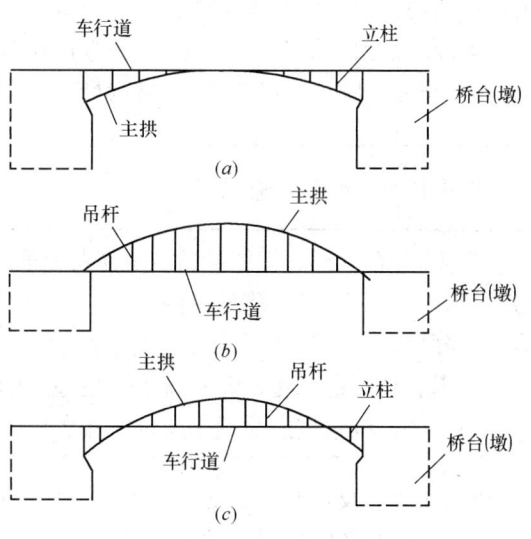

图 8.1.5 拱桥示意图
(a) 上承式拱桥；(b) 下承式拱桥；(c) 中承式拱桥

3. 其他分类

（1）按用途分类，桥梁可分为公路桥、铁路桥、公铁两用桥、农桥、人行桥、水运桥（或渡槽）、管线桥等。

（2）按主要承重结构所用的材料分类，桥梁可分为圬工桥（包括砖、石、混凝土桥）、钢筋混凝土桥、预应力混凝土桥、钢桥、钢-混凝土组合桥、木桥等。其中，木桥一般不用于永久性桥梁。

（3）按跨越障碍的性质，桥梁可分为跨河桥、跨海桥、跨线桥、立交桥、高架桥等。

（4）按桥跨结构的平面位置，桥梁可分为正交桥、斜交桥、弯桥等。

（5）按跨径的不同，桥梁可分为特大桥、大桥、中桥、小桥。

第二节 桥梁总体设计

桥梁设计中必须考虑下述各项要求：使用、经济、结构尺寸和构造、施工、美观等要求。

桥梁设计的一般步骤为：通过概念设计确定结构方案，确定计算模型，确定结构的详细尺寸和细节构造。

桥梁设计应根据公路功能（或城市道路功能）、等级、通行能力及抗洪防灾要求，结合水文、地质、通航、环境等条件进行综合设计。

一、桥梁的平面布置

桥梁设计首先要确定桥位，《公桥通规》3.2.1条规定：

> 3.2.1 桥梁应根据公路功能、等级、通行能力及抗洪防灾要求，结合水文、地质、通航、环境等条件进行综合设计，并应符合下列规定：
> 1 特大、大桥桥位应选择河道顺直稳定、河床地质良好、河槽能通过大部分设计流量的河段。桥位应避开断层、岩溶、滑坡、泥石流等不良地质的河段，不宜选择在河汊、沙洲、古河道、急弯、汇合口、港口作业区及易形成流水、流木阻塞的河段。
> 2 高速公路、一级公路上的桥梁宜设计为上、下行分离的独立桥梁。

《城市桥规》4.0.2条规定：

> 4.0.2 特大桥、大桥的桥位应选择在河道顺直、河床稳定、河滩较窄、河槽能通过大部分设计流量且地质良好的河段。桥位不宜选择在河滩、沙洲、古河道、急弯、汇合口、渡口、港口作业区及易形成流冰、流木阻塞的河段以及活动性断层、强岩溶、滑坡、崩塌、地震易液化、泥石流等不良地质的河段。
> 中小桥桥位宜按道路的走向进行布置。

桥梁的线形及桥头引道要保持平顺，使车辆能平稳地通过。高速公路和一级公路上的大、中桥，以及各级公路上的小桥的线形及其与公路的衔接，应符合路线布设的规定。

二、三、四级公路上的大、中桥线形一般为直线，如必须设成曲线时，其各项指标应符合路线布设的规定。

从桥梁的经济性和施工方便来说，应尽可能避免桥梁与河流或桥下路线斜交，《公桥通规》3.2.3条规定：

> 3.2.3 桥梁纵轴线宜与洪水主流流向正交。对通航河流上的桥梁，其墩台沿水流方向的轴线应与最高通航水位时的主流方向一致。当斜交不能避免时，交角不宜大于5°；当交角大于5°且斜桥正做时，墩（台）边缘净距宜按式（3.2.3）计算，其计算简图如图3.2.3所示。

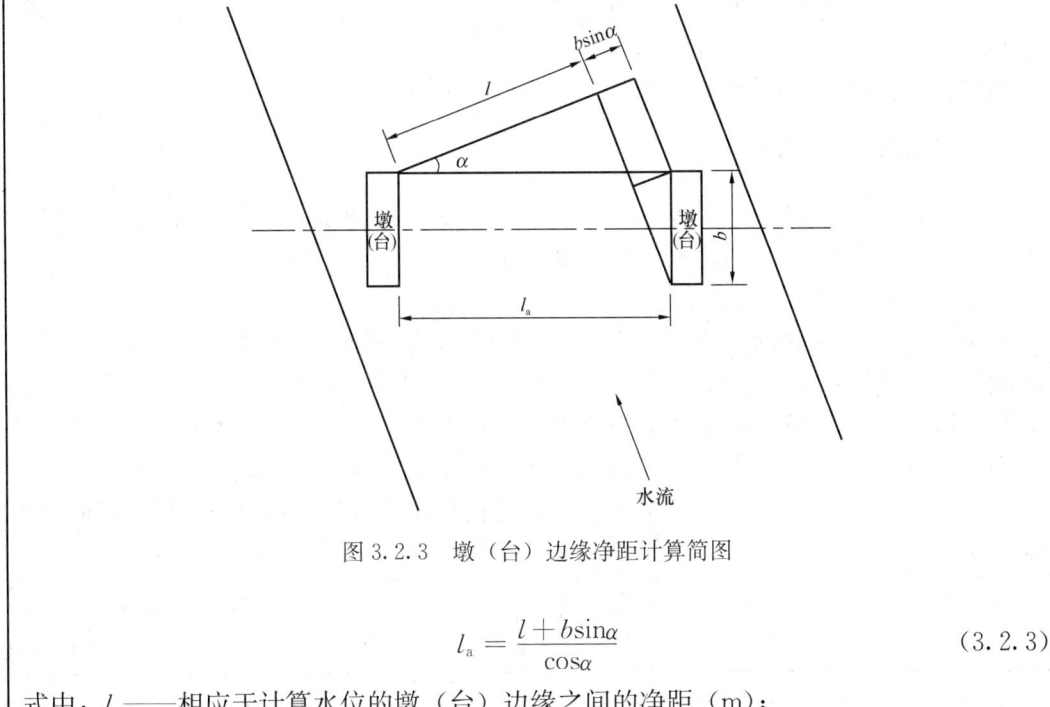

图 3.2.3 墩（台）边缘净距计算简图

$$l_a = \frac{l + b\sin\alpha}{\cos\alpha} \tag{3.2.3}$$

式中：l_a——相应于计算水位的墩（台）边缘之间的净距（m）；
　　　l——通航要求的有效跨径（m）；
　　　b——墩（台）的长度（m）；
　　　α——垂直于水流方向与桥纵轴线间的交角（°）。

《城市桥规》规定：

4.0.3 桥梁纵轴线宜与洪水主流流向正交；当不能正交时，对中小桥宜采用斜交或弯桥。

4.0.4 通航河流上桥梁的桥位选择，除应符合城乡规划，选择在河道顺直、河床稳定、水深充裕、水流条件良好的航段上外，还应符合下列规定：

1 桥梁墩台沿水流方向的轴线，应与最高通航水位的主流方向一致，当为斜交时，其交角不宜大于5°；当交角大于5°时，应加大通航孔净宽。对变迁性河流，应考虑河床变迁对通航孔的影响。

2 位于内河航道上的桥梁，尚应符合现行国家标准《内河通航标准》GB 50139 中关于水上过河建筑物选址的要求。

3 通航海轮的桥梁、桥位选择应符合现行行业标准《通航海轮桥梁通航标准》JTJ 311 的规定。

【例 8.2.1】 某高速公路一座特大桥要跨越一条天然河道。
试问：下列可供选择的桥位方案中，何项方案最为经济合理？
（A）河道宽而浅，但有两个河汊
（B）河道正处于急弯上

(C) 河道窄而深，且两岸岩石露头较多

(D) 河流一侧有泥石流汇入

【解答】 根据《公桥通规》3.2.1条，应选（C）项。

二、桥梁的纵断面设计

桥梁纵断面设计包括确定桥梁的总跨径、桥梁的分孔、桥道的高程、桥下净空、桥上和桥头引道的纵坡布置，以及基础的埋置深度等。

1. 桥梁总跨径的确定

桥梁总跨径一般根据水文计算确定。由于桥梁墩台和桥头路堤压缩了河床，使桥下过水断面减小，流速加大，引起河床冲刷，因此，桥梁总跨径必须保证桥下有足够的排泄面积，使河床不产生过大的冲刷。平面宽滩河流（流速较小）虽然可允许压缩，但必须注意壅水对河滩路堤以及附近农田、建筑物可能产生的危害。

正如第一节所讲，设计洪水位是桥梁设计中按规定的设计洪水频率计算所得的高水位。对于桥涵设计洪水频率，《公桥通规》3.2.9条作了如下规定：

3.2.9 公路桥涵的设计洪水频率应符合表3.2.9的规定，并应符合下列规定：

桥涵设计洪水频率 表3.2.9

公路等级	设计洪水频率				
	特大桥	大 桥	中 桥	小 桥	涵洞及小型排水构造物
高速公路	1/300	1/100	1/100	1/100	1/100
一级公路	1/300	1/100	1/100	1/100	1/100
二级公路	1/100	1/100	1/100	1/50	1/50
三级公路	1/100	1/50	1/50	1/25	1/25
四级公路	1/100	1/50	1/50	1/25	不作规定

1 二级公路上的特大桥及三、四级公路上的大桥，在河床比降大、易于冲刷的情况下，宜提高一级洪水频率验算基础冲刷深度。

2 沿河纵向高架桥和桥头引道的设计洪水频率应符合《公路工程技术标准》JTG B01中路基设计洪水频率的有关规定。

3 对由多孔中小跨径桥梁组成的特大桥，其设计洪水频率可采用大桥标准。

4 三、四级公路，在交通容许有限度的中断时，可修建漫水桥和过水路面。漫水桥和过水路面的设计洪水频率，应根据容许阻断交通的时间长短和对上下游农田、城镇、村庄的影响以及泥沙淤塞桥孔、上游河床的淤高等因素确定。

《城市桥规》规定：

3.0.3 城市桥梁设计宜采用百年一遇的洪水频率，对特别重要的桥梁可提高到三百年一遇。

城市中防洪标准较低的地区，当按百年一遇或三百年一遇的洪水频率设计，导致桥面高程较高而引起困难时，可按相交河道或排洪沟渠的规划洪水频率设计，但应确保桥梁结构在百年一遇或三百年一遇洪水频率下的安全。

2. 桥梁的分孔

对于一座较长的桥梁，应当分成几孔，各孔的跨径应当多大，这不仅影响到使用效果、施工难易、美观要求等，并且在很大程度上关系到桥梁的总造价。最经济的分孔（或最经济的跨径）就是使上、下部结构的总造价趋于最低。一般需要考虑下列主要因素：

(1) 对于通航河流，在分孔时首先应考虑桥下通航的要求。桥梁的通航孔应布置在航行最方便的河流。对变迁性河流，鉴于航道位置可能发生变化，就需要多设几个通航孔。

(2) 对于平原区宽阔河流上的桥梁，通常在主河槽部分按需要布置较大的通航孔，而在两侧浅滩部分按经济跨径进行分孔。在山区深谷上、水深流急的江河上，或需在水库上修桥时，为了减少中间桥墩，应加大跨径，甚至可以采用特大跨径的单孔跨径。当河流中存在不利的地质段（如岩石破碎带、裂隙、溶洞等），在分孔时，为了使桥基础避开这些区段，可以适当加大跨径。

(3) 对于连续体系的多孔桥梁，应从结构的受力特性、合理使用材料考虑，使边跨与中跨的跨中最大弯矩接近相等，合理确定相邻跨之间的比例。例如，钢筋混凝土连续梁桥，为三跨连续者，其中间跨与边跨的跨径比值为：1.00∶0.80；为五跨连续者，其中间跨、相邻跨、边跨的跨径比值为：1.00∶0.90∶0.65。对于多孔悬臂梁桥，为了使其结构对称，最好布置成奇数跨。

此外，跨径的选择还与施工能力、美观要求等有关。可见，大、中桥的分孔是一个相当复杂的问题，必须根据使用任务，桥位处的地形和环境，河床地质、水文等具体情况，通过技术经济等方面的分析比较，才能作出较完美的设计方案。

对于桥梁的孔径，《公桥通规》3.3.1 条～3.3.4 条作了如下规定：

3.3.1 桥涵孔径的设计必须保证设计洪水以内的各级洪水及流冰、泥石流、漂流物等安全通过，并应考虑壅水、冲刷对上下游的影响，确保桥涵附近路堤的稳定。

桥涵孔径的设计应考虑桥位上下游已建或拟建桥涵和水工建筑物的状况及其对河床演变的影响。

桥涵孔径设计尚应注意河床地形，不宜过分压缩河道、改变水流的天然状态。

3.3.2 小桥、涵洞的孔径，应根据设计洪水流量、河床地质、河床和锥坡加固形式等条件确定。

当小桥、涵洞的上游条件许可积水时，依暴雨径流计算的流量可考虑减少，但减少的流量不宜大于总流量的 1/4。

3.3.3 特大、大、中桥的孔径布置应按设计洪水流量和桥位河段的特性进行设计计算，并对孔径大小、结构形式、墩台基础埋置深度、桥头引道及调治构造物的布置等进行综合比较。

3.3.4 计算桥下冲刷时，应考虑桥孔压缩后设计洪水过水断面所产生的桥下一般冲刷、墩台阻水引起的局部冲刷、河床自然演变冲刷以及调治构造物和桥位其他冲刷因素的影响。

《城市桥规》规定：

> 3.0.4 桥梁孔径应按批准的城乡规划中的河道及（或）航道整治规划，结合现状布设。当无规划时，应根据现状按设计洪水流量满足泄洪要求和通航要求布置。不宜过大改变水流的天然状态。
>
> 设计洪水流量可按国家现行标准的规定进行分析、计算。

3. 桥道高程的确定

对于跨河桥梁，桥道高程应保证桥下排洪和通航的需要；对于跨线桥，则应确保桥下安全行车。因此，确定合理的桥道高程必须根据设计洪水位、桥下通航（或通车）净空等需要，并结合桥型、跨径等。在有些情况下，桥道高程在路线纵断面设计中已作规定。

（1）不通航河流上的桥下净空

《公桥通规》3.4.3 条作了如下规定：

> 3.4.3 桥下净空应根据计算水位（设计水位计入壅水、浪高等）或最高流冰水位加安全高度确定，并应符合下列规定：
>
> 1 当河流有形成流冰阻塞的危险或有漂浮物通过时，应按实际调查的数据，在计算水位的基础上，结合当地具体情况酌留一定富余量，作为确定桥下净空的依据。对于有淤积的河流，桥下净空应适当增加。
>
> 2 通航或流放木筏的河流，桥下净空应符合通航标准或流放木筏的要求。
>
> 3 在不通航或无流放木筏河流上及通航河流的不通航桥孔内，桥下净空不应小于表3.4.3 的规定。
>
> **非通航河流桥下最小净空** 表3.4.3
>
> | 桥梁的部位 | | 高出计算水位（m） | 高出最高流冰面（m） |
> |---|---|---|---|
> | 梁底 | 洪水期无大漂流物 | 0.50 | 0.75 |
> | | 洪水期有大漂流物 | 1.50 | — |
> | | 有泥石流 | 1.00 | — |
> | 支承垫石顶面 | | 0.25 | 0.50 |
> | 拱脚 | | 0.25 | 0.25 |
>
> 4 无铰拱的拱脚允许被设计洪水淹没，但不宜超过拱圈高度的2/3，且拱顶底面至计算水位的净高不得小于1.0m。
>
> 5 在不通航和无流筏的水库区域内，梁底面或拱顶底面离开水面的高度不应小于计算浪高的0.75倍加上0.25m。

《城市桥规》规定：

> 3.0.5 桥梁的桥下净空应符合下列规定：
>
> 2 不通航河流的桥下净空应根据计算水位或最高流冰面加安全高度确定。
>
> 当河流有形成流冰阻塞的危险或有漂浮物通过时，应按实际调查的数据，在计算水位的基础上，结合当地具体情况酌留一定富余量，作为确定桥下净空的依据。对淤积的河流，桥下净空应适当增加。

在不通航或无流放木筏河流上及通航河流的不通航桥孔内,桥下净空不应小于表3.0.5的规定。

非通航河流桥下最小净空表　　　　表3.0.5

桥梁的部位		高出计算水位（m）	高出最高流冰面（m）
梁底	洪水期无大漂流物	0.50	0.75
	洪水期有大漂流物	1.50	—
	有泥石流	1.00	
支承垫石顶面		0.25	0.50
拱脚		0.25	0.25

3　无铰拱的拱脚被设计洪水淹没时,水位不宜超过拱圈高度的2/3,且拱顶底面至计算水位的净高不得小于1.0m。

4　在不通航和无流筏的水库区域内,梁底面或拱顶底面离开水面的高度不应小于计算浪高的0.75倍加0.25m。

对于梁式桥,如图8.2.1所示;对于无铰拱桥,如图8.2.2所示。

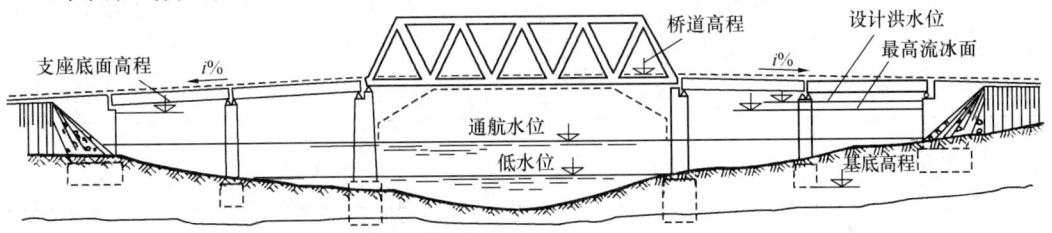

图8.2.1　梁式桥桥下净空示意图

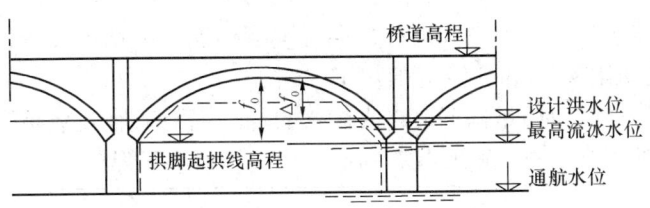

图8.2.2　拱桥桥下净空示意图

（2）通航河流上的桥下净空

此时,桥跨结构下缘的高程应高出自设计通航水位算起的通航净空高度。所谓通航净空,就是在桥孔中垂直于流水方向所规定的空间界限（如图8.2.1和图8.2.2中虚线所示的多边形）,任何结构构件或航运设施均不得伸入其内。《公桥通规》3.2.5条作了如下规定：

3.2.5　通航海轮的桥梁布置应满足《通航海轮桥梁通航标准》JTJ 311的规定。通航内河桥梁的布置应满足《内河通航标准》GB 50139的规定,并应充分考虑河床演变和不同通航水位航迹线的变化。

《城市桥规》3.0.5条第1款作了相同的规定。

（3）跨线桥的桥下净空

在设计跨线桥的立体交叉时，桥跨结构底缘的高程应高出规定的车辆净空高度，《公桥通规》3.4.5条作了如下规定：

> 3.4.5 立体交叉跨线桥桥下净空应符合下列规定：
> 1 公路与公路立体交叉的跨线桥桥下净空及布孔除应符合本规范第3.4.1条桥涵净空的规定外，尚应满足桥下公路的视距和前方信息识别的要求，其结构形式应与周围环境相协调。
> 2 铁路从公路上跨越通过时，其跨线桥桥下净空及布孔除应符合本规范第3.4.1条桥涵净空的规定外，还应满足桥下公路的视距和前方信息识别的要求。
> 3 农村道路与公路立体交叉的跨线桥桥下净空为：
>   1）当农村道路从公路上面跨越时，跨线桥桥下净空应符合本规范第3.4.1条建筑限界的规定；
>   2）当农村道路从公路下面穿过时，其净空可根据当地通行的车辆和交叉情况而定，人行通道的净高应大于或等于2.2m，净宽应大于或等于4.0m；
>   3）畜力车及拖拉机通道的净高应大于或等于2.7m，净宽应大于或等于4.0m；
>   4）农用汽车通道的净高应大于或等于3.2m，净宽应根据交通量和通行农业机械的类型选用，且应大于或等于4.0m；
>   5）汽车通道的净高应大于或等于3.5m；净宽应大于或等于6.0m。

《城市桥规》3.0.5条第5款规定：

> 5 跨越道路或公路的城市跨线桥梁，桥下净空应分别符合现行行业标准《城市道路设计规范》CJJ 37、《公路工程技术标准》JTG B01的建筑限界规定。跨越城市轨道交通或铁路的桥梁，桥下净空应分别符合现行国家标准《地铁设计规范》GB 50157和《标准轨距铁路建筑限界》GB 146.2的规定。
> 桥梁墩位布置同时应满足桥下道路或铁路的行车视距和前方交通信息识别的要求，并应按相关规范的规定要求，避开既有的地下构筑物和地下管线。

4. 桥梁的纵断面线形

桥道高程确定后，就可根据两端桥头的地形和线路要求来设计桥梁的纵断面线形，《公桥通规》3.5.1条、3.5.2条作了如下规定：

> 3.5.1 桥梁纵坡设计应符合下列规定：
> 1 桥上纵坡不宜大于4%，桥头引道纵坡不宜大于5%；桥头两端引道的线形应与桥梁的线形相匹配。
> 2 位于城镇混合交通繁忙处的桥梁，桥上纵坡及桥头引道纵坡均不得大于3%。
> 3 对易结冰、积雪的桥梁，桥上纵坡不宜大于3%。
> 3.5.2 在洪水泛滥区域以内，特大、大、中桥桥头引道的路肩高程应高出桥梁设计洪水频率的水位加壅水高、波浪爬高、河弯超高、河床淤积等影响0.5m以上；小桥涵引道的路肩高程宜高出桥涵前壅水水位（不计浪高）0.5m以上；压力式或半压力式涵洞的路肩高程宜高出涵前壅水水位1.0m以上。

《城市桥规》规定：

> 6.0.6　桥面最小纵坡不宜小于 0.3%。桥面最大纵坡、坡度长度与竖曲线布设应符合现行行业标准《城市道路设计规范》CJJ 37 的规定。
>
> 桥梁纵断面设计时，应考虑到长期荷载作用下的构件挠曲和墩台沉降的影响。

【例 8.2.2】　某桥为一座位于高速公路上的特大桥梁，跨越国内内河四级通航河道。

试问：该桥的设计洪水频率应取多少？

【解答】　根据《公桥通规》3.2.9 条表 3.2.9，高速公路上的特大桥，取设计洪水频率为 1/300。

【例 8.2.3】　某高速公路上的一座跨越非通航河道的桥梁，洪水期有大漂浮物通过。该桥的计算水位为 3.50m（高程），支座高度为 0.30m。

试问：该桥的梁底最小高程为多少？

【解答】　根据《公桥通规》3.4.3 条表 3.4.3：

梁底最小高程为：3.50+1.50=5.00m

三、桥梁的横断面设计

桥梁的横断面设计包括确定桥面布置、桥面的宽度（行车道宽度和人行道宽度），桥跨结构的横断面布置。

（1）桥面的布置

桥面的布置应根据道路等级、桥梁宽度、行车要求等条件确定。桥面布置主要有双向车道布置、分车道布置、双桥面布置等。

双向车道布置（如图 8.2.3 所示）是指行车道的上、下行交通布置在同一桥面上。在桥面上，上下行交通由画线分隔，因此，没有明显的界线。桥梁上也可允许机动车与非机动车同时通过，同样采用画线分隔。由于在桥梁上同时存在上下行机动车与非机动车，因此，车辆在桥梁上行驶的速度只能是中速或低速，对交通量较大的道路，桥梁往往会形成交通滞流状态。

分车道布置，即桥面上设置分隔带[如图 8.2.4(a)所示]，或分离式主梁布置[如图 8.2.4(b)所示]，使上下行交通分隔，甚至机动车与非机动车分隔、行车道与人行道分隔设置。这种布置方式可提高行车速度，便于交通管理。

双层桥面布置（如图 8.2.5 所示）是指桥梁结构在空间上提供两个不在同一平面上的桥面构造。双层桥面布置可以使不同的交通严格分道行驶，提高了车辆和行人的通行能力，便于交通管理。同时，在满足同样交通要求时，可充分利用桥梁净空，减小桥梁宽度，缩短引桥长度。

《公桥通规》3.2.1 条规定：

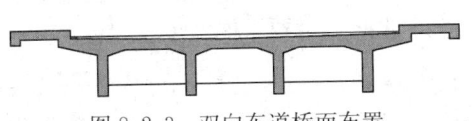

图 8.2.3　双向车道桥面布置

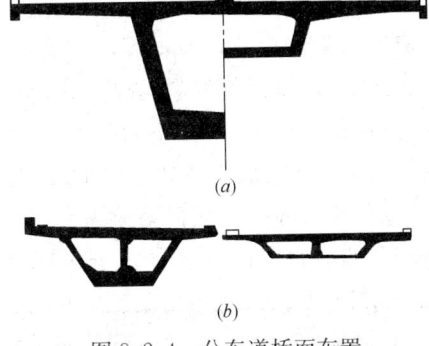

图 8.2.4　分车道桥面布置

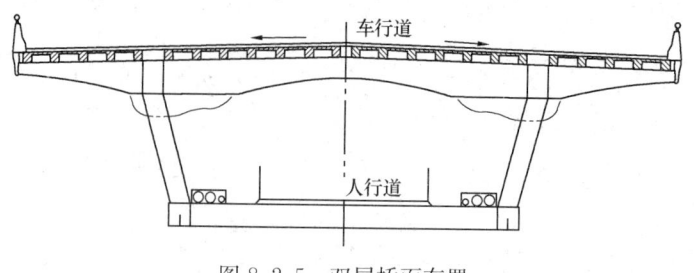

图 8.2.5 双层桥面布置

> 3.2.1
> 2 高速公路、一级公路上的桥梁宜设计为上、下行分离的独立桥梁。

(2) 桥面的宽度

桥面的宽度决定于行车和行人的交通需要。公路桥梁桥面的行车道宽度主要取决于每条行车道的宽度和车道数，而每条行车道的宽度（或标准宽）与设计速度有关。

桥面的宽度应满足桥面净空规定，《公桥通规》3.4.1条对桥面净空的规定：

> 3.4.1 桥涵净空应符合现行《公路工程技术标准》JTG B01 中的公路建筑限界规定，并应符合下列规定：
> 1 确定桥面净宽时，应首先考虑与桥梁相连的公路路段的距基宽度，保持桥面净宽与不含土路肩的路基宽度相同。
> 2 多车道公路上的特大桥为整体式上部结构时，中央分隔带宽度应根据所采用的护栏形式确定，路肩宽度经论证后可采用现行《公路工程技术标准》JTG B01 有关规定的"最小值"。
> 3 高速公路和作为干线功能的一级公路上特大桥的右侧路肩宽宽小于 2.50m 且桥长超过 1000m 时，宜设置紧急停车带和过渡段，紧急停车带宽度包括路肩在内应为 3.50m，有效长度不应小于 40m，间距不宜大于 500m。
> 4 桥上设置的各种安全设施及标志等不得侵入桥涵净空限界。

公路桥梁桥面上的人行道、自行车道的宽度，《公桥通规》3.4.2条作了如下规定：

> 3.4.2 桥面人行道、自行车道和拦护设施的布置应符合下列规定：
> 1 高速公路上的桥梁不宜设人行道。一、二、三、四级公路上桥梁的桥上人行道和自行车道的设置，应根据需要而定，并应与前后路线布置协调。人行道、自行车道与行车道之间，应设护栏或路缘石等分隔设施。一个自行车道的宽度应为 1.0m；当单独设置自行车道时，不宜小于两个自行车道的宽度。人行道的宽度宜为 1.0m；大于 1.0m 时，按 0.5m 的级差增加。漫水桥和过水路面可不设人行道。
> 2 通行拖拉机或畜力车为主的慢行道，其宽度应根据当地行驶拖拉机或畜力车车型及交通量而定；当沿桥梁一侧设置时，不应小于双向行驶要求的宽度。

车行天桥桥面净宽、人行天桥桥面净宽的要求，《公桥通规》3.4.6条作了如下规定：

> 3.4.6 车行天桥桥面净宽按交通量和通行农业机械类型可选用 4.5m 或 7.0m，其汽车荷载应符合本规范第 4.3.1 条有关四级公路汽车荷载的规定。人行天桥桥面净宽应大于或等于 3.0m，其人群荷载应符合本规范第 4.3.6 条的规定。

(3) 桥跨结构的横截面布置

对于相同桥面净宽的上承式桥和下承式桥，其横截面布置如图 8.2.6 所示，显然，由于结构布置上的需要，下承式桥承重结构的宽度 B 要比上承式桥的大，而其建筑高度 h 却比上承式桥的小。

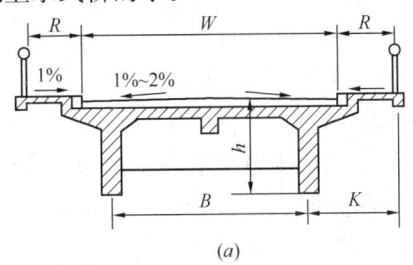 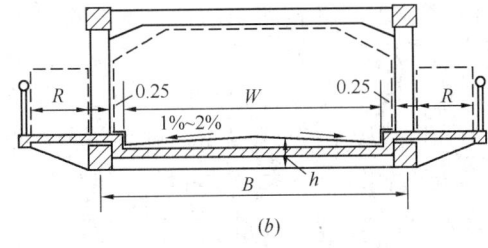

图 8.2.6 横截面布置
(a) 上承式桥；(b) 下承式桥

《城市桥规》规定：

> 6.0.8 桥面车行道应按现行行业标准《城市道路设计规范》CJJ 37 的规定设置横坡，在快速路和主干路桥上，横坡宜为 2%；在次干路和支路桥上横坡宜为 1.5%～2.0%，人行道上宜设置 1%～2% 向车行道的单向横坡。在路缘石或防撞护栏旁应设置足够数量的排水孔。在排水孔之间的纵坡不宜小于 0.3%～0.5%。

四、桥面构造

桥面构造包括桥面铺装、排水防水系统、人行道（安全带）、缘石、栏杆、护栏、照明灯具和伸缩缝等，如图 8.2.7 所示。

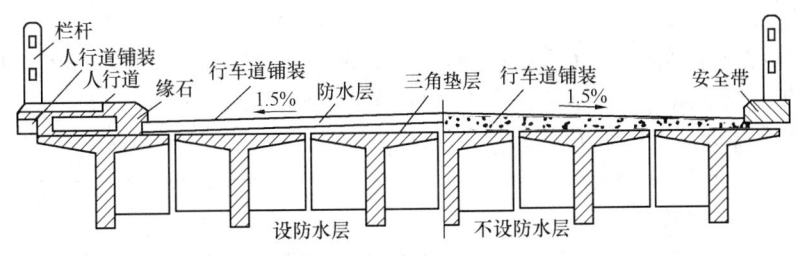

图 8.2.7 桥面构造

1. 桥面铺装

桥面铺装，也称为行车道铺装、桥面保护层，它是车轮直接作用的部分。对桥面铺装要求是：抗车辙、行车舒适、抗滑、不透水（和桥面板一起作用时）、刚度好等。《公桥通规》3.7.1 条～3.7.5 条作了规定：

> 3.7.1 桥面铺装应符合下列规定：
> 1 桥面铺装宜与公路路面相协调。
> 2 桥面铺装应有完善的桥面防水、排水系统。
> 3 桥面铺装应与桥梁的上部结构综合考虑、协调设计。
> 4 高速公路和一级公路上特大桥、大桥的桥面铺装宜采用沥青混凝土桥面铺装。
> 3.7.2 桥面铺装应设防水层。圬工桥台背面及拱桥拱圈与填料间应设置防水层，并设盲沟排水。
> 3.7.3 高速公路和一、二级公路上桥梁的沥青混凝土桥面铺装层厚度不宜小于70mm；二级以下公路桥梁的沥青混凝土桥面铺装层厚度不宜小于50mm。沥青混凝土桥面铺装尚应符合现行《公路沥青路面设计规范》JTG D50 的有关规定。
> 3.7.4 水泥混凝土桥面铺装面层（不含整平层和垫层）的厚度不宜小于80mm，混凝土强度等级不应低于C40。水泥混凝土桥面铺装层内应配置钢筋网。钢筋直径不应小于8mm，间距不宜大于100mm。水泥混凝土桥面铺装尚应符合现行《公路水泥混凝土路面设计规范》JTG D40 的有关规定。
> 3.7.5 正交异性板钢桥面沥青混凝土铺装结构应根据桥梁纵面线形、桥梁结构受力状态、桥面系的实际情况、当地气象与环境条件、铺装材料的性能等综合研究选用。

《城市桥规》规定：

> 9.1.1 桥面铺装的结构形式宜与所衔接的道路路面相协调，可采用沥青混凝土或水泥混凝土材料。
> 9.1.2 桥面铺装层材料、构造与厚度应符合下列规定：
> 1 当为快速路、主干路桥梁和次干路上的特大桥、大桥时，桥面铺装宜采用沥青混凝土材料，铺装层厚度不宜小于80mm，粒料宜与桥头引道上的沥青面层一致。水泥混凝土整平层强度等级不应低于C30，厚度宜为70mm～100mm，并应配有钢筋网或焊接钢筋网。
> 当为次干路、支路时，桥梁沥青混凝土铺装层和水泥混凝土整平层的厚度均不宜小于60mm。
> 2 水泥混凝土铺装层的面层厚度不应小于80mm，混凝土强度等级不应低于C40，铺装层内应配有钢筋网或焊接钢筋网，钢筋直径不应小于10mm，间距不宜大于100mm，必要时可采用纤维混凝土。

2. 伸缩缝与伸缩装置

为适应桥梁上部结构在气温变化、活载作用、混凝土收缩与徐变等因素的影响下变形的需要，并保证车辆通过桥面时平稳，应设置伸缩缝，在伸缩缝处设置一定的伸缩装置。一般它设在两梁端之间以及梁端与桥台背墙之间，特别注意的是，在伸缩缝附近的栏杆、人行道结构也应断开，以满足梁体自由变形。

伸缩缝的要求，《公桥通规》3.6.2 条规定：

3.6.2 桥涵的上、下部构造应视需要设置变形缝或伸缩缝，并配置适用的伸缩装置。高速公路、一级公路上的多孔梁（板）桥宜分联采用结构连续，也可分联采用桥面连续。

《城市桥规》规定：

9.3.1 桥面伸缩装置，应满足梁端自由伸缩、转角变形及使车辆平稳通过的要求。伸缩装置应根据桥梁长度、结构形式采用经久耐用、防渗、防滑等性能良好，且易于清洁、检修、更换的材料和构造形式。材料及其成品的技术要求应符合国家现行相关标准的规定。

在多跨简支梁间，可采用连续桥面。连续桥面的长度不宜大于100m，连续桥面的构造应完善、牢固和耐用。

9.3.2 对变形量较大的桥面伸缩缝，宜采用梳板式或模数式伸缩装置。伸缩装置应与梁端牢固锚固。

城市快速路、主干路桥梁不得采用浅埋的伸缩装置。

9.3.3 当设计伸缩装置时，应考虑其安装的时间，伸缩量应根据温度变化及混凝土收缩、徐变、受荷转角、梁体纵坡及伸缩装置更换所需的间隙量等因素确定。

对异型桥的伸缩装置，必须检算其纵横向的错位量。

9.3.4 在使用除冰盐地区，对栏杆底座、混凝土铺装以及桥梁伸缩装置以下的盖梁、墩台帽等处，应进行耐久性处理。

9.3.5 地下通道的沉降缝、伸缩缝必须满足防水要求。

3. 缘石、护栏和栏杆

《公桥通规》3.4.2条、3.6.7条作了如下规定：

3.4.2 桥面人行道、自行车道和拦护设防的布置应符合下列规定：

3 桥梁护栏设置应符合现行《公路交通安全设施设计规范》JTG D81的相关规定。

4 路缘石高度可取用0.25～0.35m。当跨越急流、大河、深谷、重要道路、铁路、主要航道，或桥面常有积雪、结冰时，其路缘石高度宜取用较大值。

3.6.7 设置栏杆的桥梁，其栏杆的设计，除应满足受力要求外，尚应注意美观，栏杆高度不应小于1.1m。

《城市桥规》规定：

6.0.7 桥梁横断面布置除桥面净空应符合本规范第5章规定外，尚应符合下列规定：

1 桥梁人行道临空侧应设置人行道栏杆。

2 对主干路和次干路的桥梁，当两侧无人行道时，应设置保证检修人员及车辆安全的措施。设置检修道时，检修道临空侧应设防撞护栏或人行道栏杆。

3 桥梁上路缘石与护栏的设置要求应符合表6.0.7的规定。

路缘石与护栏的设置要求 表 6.0.7

等级	条件	设置要求
一	符合下列设计与环境条件之一时： 1. 城市快速路； 2. 临空高度大于 6.0m 或水深大于 5.0m； 3. 跨越急流、重要道路、铁路、主要航道、轨道交通、水源保护区、人员密集区和人员通道等； 4. 特大悬索桥、斜拉桥、拱桥等缆索承重桥梁或跨海大桥	车行道外侧必须设置防撞护栏
二	符合下列设计与环境条件之一时： 1. 设计速度大于或等于 50km/h 的城市主干路或次干路； 2. 临空高度大于 3.0m 小于 6.0m 或水深大于 2.0m 小于 5.0m； 3. 跨越道路、桥梁等人工构筑物时； 4. 桥面常有积冰、积雪时	车行道外侧宜设置防撞护栏，当仅采用路缘石与人行道分隔时，路缘石高度不得小于 40cm，且人行道宽度不得小于 2m
三	其他有机动车行驶的城市桥梁	可采用路缘石与人行道、检修道分隔，路缘石高度宜取 2.5～35cm

注：路缘石高度不小于 40cm 时宜进行行人防跌落设计。

4 城市快速路上的桥梁应设置中央分隔带防撞护栏。设计速度为 60km/h 的城市主干路上的桥梁应设置中央分隔带防撞护栏或 25cm 以上高路缘石，设置高路缘石时，中央分隔带宽度不得小于 2.0m，路缘石高度宜为 25cm～35cm。

5 防撞护栏应符合本规范第 9.5.2 条规定。

9.5.1 人行道或安全带外侧的栏杆高度不应小于 1.10m。栏杆构件间的最大净间距不得大于 140mm，且不宜采用横线条栏杆。栏杆结构设计必须安全可靠，栏杆底座应设置锚筋，其强度应满足本规范第 10.0.7 条的要求。

9.5.4 当桥梁跨越快速路、城市轨道交通、高速公路、铁路干线等重要交通通道时，桥面人行道栏杆上应加设护网，护网高度不应小于 2m，护网长度宜为下穿道路的宽度并各向路外延长 10m。

【例 8.2.4】 公路桥梁需设置栏杆，除应满足受力要求外，其高度不应小于下列何项数值？
(A) 0.9m　　　(B) 1.0m　　　(C) 1.1m　　　(D) 1.5m

【解答】 根据《公桥通规》3.6.7 条规定，应选（C）项。

【例 8.2.5】 高速公路上桥梁的沥青混凝土桥面铺装层厚度不宜小于下列何项数值？
(A) 50mm　　　(B) 70mm　　　(C) 80mm　　　(D) 90mm

【解答】 根据《公桥通规》3.7.3 条规定，应选（B）项。

【例 8.2.6】 某公路桥梁采用水泥混凝土作铺装层，厚度为 90mm，其混凝土强度等级不应低于下列何项数值？
(A) C20　　　(B) C30　　　(C) C40　　　(D) C45

【解答】 根据《公桥通规》3.7.4 条规定，应选（C）项。

【例 8.2.7】 对于橡胶支座的选择，公路桥梁不宜选用下列何项橡胶支座？
(A) 矩形板式橡胶支座　　　(B) 盆式橡胶支座
(C) 四氟滑板橡胶支座　　　(D) 带球冠板式橡胶支座

【解答】 根据《公桥通规》3.6.8条规定，应选（D）项。

【例8.2.8】 某城市一座主干路上的跨河桥，为五孔单跨各为25m的预应力混凝土小箱梁（先简支后连续）结构，全长125.8m，横向由24m宽的行车道和两侧各为3.0m的人行道组成，全宽30.5m。桥面单向纵坡1‰；横坡：行车道1.5%，人行道1.0%。试问，该桥每孔桥面要设置泄水管时，下列泄水管截面积F（mm^2）和个数（n），哪项数值较为合理？

提示： 每个泄水管的内径采用150mm。

(A) $F=75000$，$n=4.0$ (B) $F=45000$，$n=2.0$

(C) $F=18750$，$n=1.0$ (D) $F=0$，$n=0$

【解答】 根据《城市桥规》9.2.3条：

(A) 项：$$F=25\times30\times100=75000 mm^2$$

$$n=\frac{75000}{\frac{1}{4}\pi\times150^2}=4.24$$，(A) 项较合理。

故应选（A）项。

第三节　桥梁上的作用和作用组合

本节所用规范为《公路桥涵设计通用规范》JTG D60—2015（以下简称《公桥通规》），《城市桥梁设计规范》CJJ 11—2011（2019年版）（以下简称《城市桥规》），《公路钢筋混凝土及预应力混凝土桥涵设计规范》JTG 3362—2018（以下简称《公桥混规》）。

一、总则和术语

1. 总则

公路桥涵结构的设计基准期和设计使用年限，《公桥通规》规定：

1.0.3　公路桥涵结构的设计基准期为100年。

1.0.4　公路桥涵主体结构和可更换部件的设计使用年限不应低于表1.0.4的规定。

桥涵设计使用年限（年） 表1.0.4

公路等级	主体结构			可更换部件	
	特大桥 大桥	中桥	小桥 涵洞	斜拉索 吊索 系杆等	栏杆 伸缩装置 支座等
高速公路 一级公路	100	100	50	20	15
二级公路 三级公路	100	50	30		
四级公路	100	50	30		

城市桥梁结构的设计基准期和设计使用年限，《城市桥规》规定：

3.0.8 桥梁结构的设计基准期为100年。

3.0.9 桥梁结构的设计使用年限应按表3.0.9的规定采用。

桥梁结构的设计使用年限　　　　　　表3.0.9

类　别	设计使用年限（年）	类　别
1	30	小桥
2	50	中桥、重要小桥
3	100	特大桥、大桥、重要中桥

注：对有特殊要求结构的设计使用年限，可在上述规定基础上经技术经济论证后予以调整。

● 桥梁结构按两类极限状态设计

(1) 公路桥梁

《公桥通规》规定：

> 3.1.3 公路桥涵结构应按承载能力极限状态和正常使用极限状态进行设计。
>
> 3.1.4 公路桥涵应根据不同种类的作用及其对桥涵的影响、桥涵所处的环境条件，考虑以下四种设计状况，进行极限状态设计：
> 1 持久状况应进行承载能力极限状态和正常使用极限状态设计。
> 2 短暂状况应作承载能力极限状态设计，可根据需要进行正常使用极限状态设计。
> 3 偶然状况应作承载能力极限状态设计。
> 4 地震状况应作承载能力极限状态设计。

(2) 城市桥梁

《城市桥规》规定：

> 3.0.11 桥梁结构应按承载能力极限状态和正常使用极限状态进行设计，并应同时满足构造和工艺方面的要求。
>
> 3.0.12 根据桥梁结构在施工和使用中的环境条件和影响，应按下列四种状况进行设计：
> 1 持久状况：在桥梁使用过程中一定出现，且持续期很长的设计状况。
> 2 短暂状况：在桥梁施工和使用过程中出现概率较大而持续期较短的状况。
> 3 偶然状况：在桥梁使用过程中出现概率很小，且持续期极短的状况。
> 4 地震状况：在桥梁使用过程中可能经历地震作用的状况。
>
> 3.0.13 桥梁结构或其构件，对3.0.12条所述四种设计状况，应分别进行下述极限状态设计：
> 1 持久状况应进行承载能力极限状态和正常使用极限状态设计。
> 2 短暂状况应进行承载能力极限状态设计，可根据需要进行正常使用极限状态设计。
> 3 偶然状况应进行承载能力极限状态设计。
> 4 地震状况应进行承载能力极限状态设计。
>
> 当进行承载能力极限状态设计时，应采用作用效应的基本组合和作用效应的偶然组合；当按正常使用极限状态设计时，应采用作用效应的标准组合、作用短期效应组合（频遇组合）和作用长期效应组合（准永久组合）。

● 桥梁结构的安全等级
(1) 公路桥梁
《公桥通规》4.1.5 条规定：

> 4.1.5
> γ_0——结构重要性系数，按表 4.1.5-1 规定的结构设计安全等级采用，按持久状况和短暂状况承载能力极限状态设计时，公路桥涵结构设计安全等级应不低于表 4.1.5-1 的规定，对应于设计安全等级一级、二级和三级分别取 1.1、1.0 和 0.9；

公路桥涵结构设计安全等级　　　　　　　表 4.1.5-1

设计安全等级	破坏后果	适用对象
一级	很严重	(1) 各等级公路上的特大桥、大桥、中桥； (2) 高速公路、一级公路、二级公路、国防公路及城市附近交通繁忙公路上的小桥
二级	严重	(1) 三、四级公路上的小桥； (2) 高速公路、一级公路、二级公路、国防公路及城市附近交通繁忙公路上的涵洞
三级	不严重	三、四级公路上的涵洞

注：本表所列特大、大、中桥等系按本规范表 1.0.5 中的单孔跨径确定，对多跨不等跨桥梁，以其最大跨径为准。

注意的是，《公桥通规》表 4.1.5-1 注的规定。
(2) 城市桥梁
《城市桥规》规定：

> 3.0.14 当桥梁按持久状况承载能力极限状态设计时，根据结构的重要性、结构破坏可能产生后果的严重性，应采用不低于表 3.0.14 规定的设计安全等级。

桥梁设计安全等级　　　　　　　表 3.0.14

安全等级	结构类型	类　别
一级	重要结构	特大桥、大桥、中桥、重要小桥
二级	一般结构	小桥、重要挡土墙
三级	次要结构	挡土墙、防撞护栏

注：1 表中所列特大、大、中桥等系按本规范表 3.0.2 中单孔跨径确定，对多跨不等跨桥梁，以其最大跨径为准；冠以"重要"的小桥、挡土墙系指城市快速路、主干路及交通特别繁忙的城市次干路上的桥梁、挡土墙。
2 对有特殊要求的桥梁，其设计安全等级可根据具体情况另行确定。

注意的是，《城市桥规》表 3.0.14 注的规定。
2. 术语
作用的定义，《公桥通规》规定：

> 2.1.8 作用　Action
> 施加在结构上的一组集中力或分布力（直接作用，也称为荷载）和引起结构外加变形或约束变形的原因（间接作用）。

【例 8.3.1】 对于公路桥涵的设计基准期的取值，应为下列何项数值？
(A) 25 年　　　(B) 50 年　　　(C) 60 年　　　(D) 100 年

【解答】 根据《公桥通规》1.0.3条规定,应选(D)项。

【例8.3.2】 某跨越一条650m宽河面的高速公路桥梁,设计方案中其主跨为145m的系杆拱桥,边跨为30m的简支梁桥。试问,该桥梁结构的设计安全等级,应为下列何项?

(A) 一级　　　　(B) 二级　　　　(C) 三级　　　　(D) 由业主确定

【解答】 根据《公桥通规》表4.1.5-1中注的规定,查规范表1.0.5中的单孔跨径,$40m < L_K = 145m < 150m$,属大桥;又根据《公桥通规》表4.1.5-1,该桥梁结构的设计安全等级为一级,故应选(A)项。

【例8.3.3】 题目条件同例8.3.2,该桥梁结构按承载能力极限状况设计时,其结构重要性系数γ_0应取下列何项?

(A) 0.9　　　　(B) 1.0　　　　(C) 1.1　　　　(D) 1.2

【解答】 根据《公桥通规》4.1.5条规定,一级时取γ_0为1.1,故应选(C)项。

二、作用(永久作用、可变作用、偶然作用和地震作用)

公路桥梁,《公桥通规》规定:

4.1.1 公路桥涵设计采用的作用分为永久作用、可变作用、偶然作用和地震作用四类,规定于表4.1.1。

作 用 分 类　　　　　　　　　　　　　　　表4.1.1

序号	分类	名称
1	永久作用	结构重力(包括结构附加重力)
2		预加力
3		土的重力
4		土侧压力
5		混凝土收缩、徐变作用
6		水浮力
7		基础变位作用
8	可变作用	汽车荷载
9		汽车冲击力
10		汽车离心力
11		汽车引起的土侧压力
12		汽车制动力
13		人群荷载
14		疲劳荷载
15		风荷载
16		流水压力
17		冰压力
18		波浪力
19		温度(均匀温度和梯度温度)作用
20		支座摩阻力
21	偶然作用	船舶的撞击作用
22		漂流物的撞击作用
23		汽车撞击作用
24	地震作用	地震作用

城市桥梁结构,《城市桥规》规定:

> 10.0.1 桥梁设计采用的作用应按永久作用、可变作用、偶然作用分类。除可变作用中的设计汽车荷载与人群荷载外,作用与作用效应组合均应按现行行业标准《公路桥涵设计通用规范》JTG D60 的有关规定执行。

1. 永久作用
(1) 结构重力(包括结构附加重力)
结构重力的计算可按结构的体积乘以材料的重度。《公桥通规》4.2.1 条规定如下:

> 4.2.1 结构重力包括结构自重及桥面铺装、附属设备等附加重力。结构重力标准值可按表 4.2.1 所列常用材料的重度根据式(4.2.1)计算。
> $$G_k = \gamma V \tag{4.2.1}$$
> 式中:G_k——结构重力标准值(kN);
> γ——材料的重度(kN/m³);
> V——体积(m³)。

常用材料的重度 表 4.2.1

材料种类	重度(kN/m³)	材料种类	重度(kN/m³)
钢、铸钢	78.5	浆砌片石	23.0
铸铁	72.5	干砌块石或片石	21.0
锌	70.5	沥青混凝土	23.0~24.0
铅	114.0	沥青碎石	22.0
黄铜	81.1	碎(砾)石	21.0
青铜	87.4	填土	17.0~18.0
钢筋混凝土或预应力混凝土	25.0~26.0	填石	19.0~20.0
混凝土或片石混凝土	24.0	石灰三合土、石灰土	17.5
浆砌块石或料石	24.0~25.0		

《公桥通规》4.2.1 条条文说明指出:"本条表 4.2.1 中规定钢筋混凝土或预应力混凝土的重度采用 25~26kN/m³。当按体积计算的含筋量小于 2% 时,采用 25kN/m³;大于或等于 2% 时,可采用 26kN/m³"。

(2) 预加力
- 复习《公桥通规》4.2.2 条。

(3) 土的重力与土侧压力
- 复习《公桥通规》4.2.3 条。

土的重力与土侧压力的计算,见本章第八节中桥梁墩台上的作用。
(4) 混凝土收缩及徐变作用
《公桥通规》规定:

4.2.4 混凝土收缩及徐变作用可按下述规定取用：
1 外部超静定的混凝土结构、钢和混凝土的组合结构等应考虑混凝土收缩及徐变的作用。
2 混凝土的收缩应变终极值可按现行《公路钢筋混凝土及预应力混凝土桥涵设计规范》JTG D62 的规定计算。
3 混凝土徐变的计算，可假定徐变与混凝土应力呈线性关系。
4 计算混凝土圬工拱圈的收缩作用效应时，如考虑徐变影响，作用效应可乘以折减系数 0.45。

(5) 水的浮力

《公桥通规》规定：

4.2.5 水的浮力可按下列规定采用：
1 基础底面位于透水性地基上的桥梁墩台，当验算稳定性时，应考虑设计水位的浮力；当验算地基承载力时，可仅考虑低水位的浮力，或不考虑水的浮力。
2 基础嵌入不透水性地基的桥梁墩台可不考虑水的浮力。
3 作用在桩基承台底面的浮力，应考虑全部底面积。对桩嵌入不透水地基并灌注混凝土封闭者，不应考虑桩的浮力，在计算承台底面浮力时应扣除桩的截面面积。
4 当不能确定地基是否透水时，应以透水或不透水两种情况与其他作用组合，取其最不利者。
5 水的浮力标准值可按下式计算：

$$F = \gamma V_w \quad (4.2.5)$$

式中　F——水的浮力标准值（kN）；
　　　γ——水的重度（kN/m³）；
　　　V_w——结构排开水的体积（m³）。

(6) 基础变位作用

《公桥通规》规定：

4.2.6 超静定结构当考虑由于地基压密等引起的长期变形影响时，应根据最终位移量计算构件的效应。

【例 8.3.4】下列关于公路桥梁上的作用的说法，不正确的是何项？
(A) 在结构进行使用阶段构件应力计算时，预加力应作为永久作用
(B) 在超静定结构进行承载力极限状态设计时，需考虑预加力引起的次效应
(C) 桥墩基础底面位于透水性地基上，验算地基承载力时应考虑设计水位的浮力
(D) 桥墩桩基承台底面的浮力应考虑全部底面积

【解答】(1) 根据《公桥通规》4.2.2 条规定，(A)、(B) 项正确；
(2) 根据《公桥通规》4.2.5 条规定，(C) 项不正确；(D) 项正确；所以应选 (C) 项。

2. 可变作用

▲(1) 汽车荷载

● ● 公路桥梁的汽车荷载

公路桥梁的汽车荷载分为公路—Ⅰ级和公路—Ⅱ级两个等级,它由车道荷载和车辆荷载组成,其标准值及计算图式,《公桥通规》4.3.1条作了如下规定:

> 4.3.1 公路桥涵设计时,汽车荷载的计算图式、荷载等级及其标准值、加载方法和纵横向折减等应符合下列规定:
>
> 1 汽车荷载分为公路—Ⅰ级和公路—Ⅱ级两个等级。
>
> 2 汽车荷载由车道荷载和车辆荷载组成。桥梁结构的整体计算采用车道荷载;桥梁结构的局部加载、涵洞、桥台和挡土墙土压力等的计算采用车辆荷载。车辆荷载与车辆荷载的作用不得叠加。
>
> 3 各级公路桥涵设计的汽车荷载等级应符合表4.3.1-1的规定。
>
> **各级公路桥涵的汽车荷载等级** 表4.3.1-1
>
> | 公路等级 | 高速公路 | 一级公路 | 二级公路 | 三级公路 | 四级公路 |
> |---|---|---|---|---|---|
> | 汽车荷载等级 | 公路—Ⅰ级 | 公路—Ⅰ级 | 公路—Ⅱ级 | 公路—Ⅱ级 | 公路—Ⅱ级 |
>
> 1) 二级公路作为集散公路且交通量小、重型车辆少时,其桥涵的设计可采用公路—Ⅱ级汽车荷载。
>
> 2) 对交通组成中重载交通比重较大的公路桥涵,宜采用与该公路交通组成相适应的汽车荷载模式进行结构整体和局部验算。
>
> 4 车道荷载的计算图示如图4.3.1-1所示。
>
>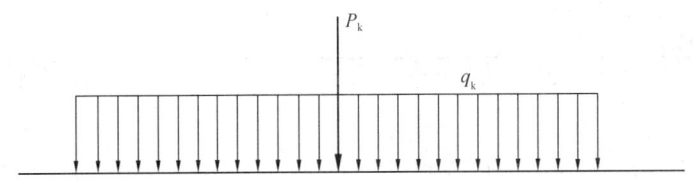
>
> 图4.3.1-1 车道荷载
>
> 1) 公路—Ⅰ级车道荷载均布荷载标准值为$q_k=10.5\text{kN/m}$;集中荷载标准值P_k取值见表4.3.1-2。计算剪力效应时,上述集中荷载标准值应乘以系数1.2。
>
> **集中载P_k取值** 表4.3.1-2
>
> | 计算跨径L_0(m) | $L_0 \leqslant 5$ | $5 < L_0 < 50$ | $L_0 \geqslant 50$ |
> |---|---|---|---|
> | P_k(kN) | 270 | $2(L_0+130)$ | 360 |
>
> 注:计算跨径L_0,设支座的为相邻两支座中心间的水平距离;不设支座的为上、下部结构相交面中心间的水平距离。
>
> 2) 公路—Ⅱ级车道荷载的均布荷载标准值q_k和集中荷载标准值P_k按公路—Ⅰ级车道荷载的0.75倍采用。
>
> 3) 车道荷载的均布荷载标准值应满布于使结构产生最不利效应的同号影响线上;集中荷载标准值只作用于相应影响线中一个影响线峰值处。
>
> 5 车辆荷载的立面、平面尺寸如图4.3.1-2所示,主要技术指标规定见表4.3.1-3。

公路—Ⅰ级和公路—Ⅱ级汽车荷载采用相同的车辆荷载标准值。

车辆荷载的主要技术指标　　　　　　表4.3.1-3

项　目	单位	技术指标	项　目	单位	技术指标
车辆重力标准值	kN	550	轮距	m	1.8
前轴重力标准值	kN	30	前轮着地宽度及长度	m	0.3×0.2
中轴重力标准值	kN	2×120	中、后轮着地宽度及长度	m	0.6×0.2
后轴重力标准值	kN	2×140	车辆外形尺寸（长×宽）	m	15×2.5
轴距	m	3+1.4+7+1.4	—	—	—

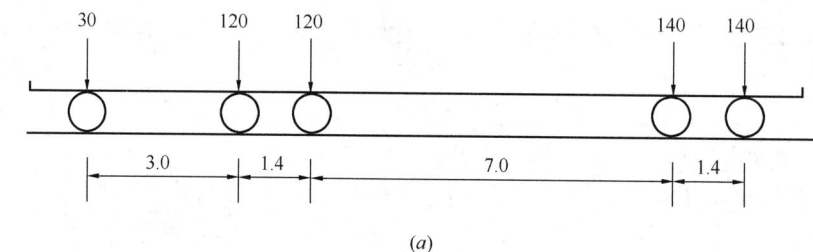

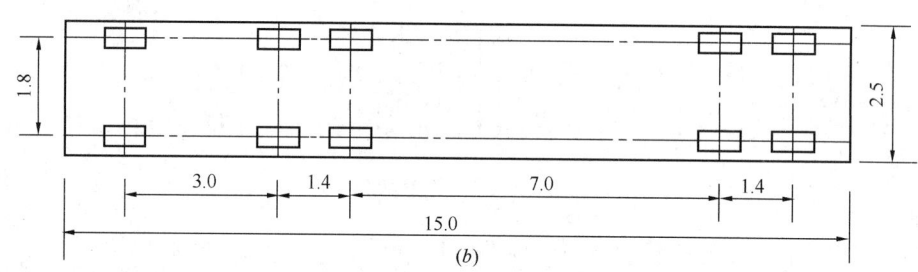

图4.3.1-2　车辆荷载的立面、平面尺寸
（尺寸单位：m；荷载单位：kN）
（a）立面布置；（b）平面尺寸

对于汽车荷载中车道荷载横向分布系数、横向车道布载系数、纵向折减系数，《公桥通规》4.3.1条第6、7、8款作了如下规定：

　　6　车道荷载横向分布系数应按图4.3.1-3所示布置车道荷载进行计算。
　　7　桥涵设计车道数应符合表4.3.1-4的规定。横桥向布置多车道汽车荷载时，应考虑汽车荷载的折减；布置一条车道汽车荷载时，应考虑汽车荷载的提高。横向车道布载系数应符合表4.3.1-5的规定。多车道布载的荷载效应不得小于两条车道布载的荷载效应。

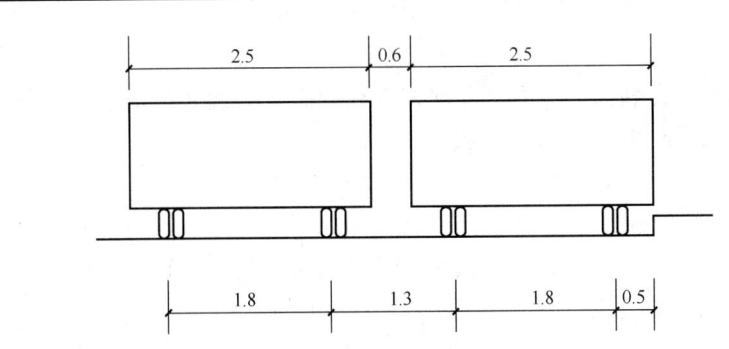

图 4.3.1-3 车辆荷载横向布置（尺寸单位：m）

桥涵设计车道数 表 4.3.1-4

桥面宽度 W (m)		桥涵设计车道数	桥面宽度 W (m)		桥涵设计车道数
车辆单向行驶时	车辆双向行驶时		车辆单向行驶时	车辆双向行驶时	
W<7.0	—	1	17.5≤W<21.0	—	5
7.0≤W<10.5	6.0≤W<14.0	2	21.0≤W<24.5	21.0≤W<28.0	6
10.5≤W<14.0	—	3	24.5≤W<28.0	—	7
14.0≤W<17.5	14.0≤W<21.0	4	28.0≤W<31.5	28.0≤W<35.0	8

横向车道布载系数 表 4.3.1-5

横向布载车道数（条）	1	2	3	4	5	6	7	8
横向车道布载系数	1.20	1.00	0.78	0.67	0.60	0.55	0.52	0.50

8 大跨径桥梁上的汽车荷载应考虑纵向折减。当桥梁计算跨径大于150m时，应按表4.3.1-6规定的纵向折减系数进行折减。当为多跨连续结构时，整个结构应按最大的计算跨径考虑汽车荷载效应的纵向折减。

纵向折减系数 表 4.3.1-6

计算跨径 L_0 (m)	纵向折减系数	计算跨径 L_0 (m)	纵向折减系数
150<L_0<400	0.97	800≤L_0<1000	0.94
400≤L_0<600	0.96	L_0≥1000	0.93
600≤L_0<800	0.95	—	—

需注意的是：

（1）车道荷载是个虚拟荷载，它的标准值 q_k 和 P_k 是由对汽车车队（车重和车间距）的测定和效应分析得到的。车道荷载用于桥梁结构的整体计算，如桥梁主梁的计算。

（2）车辆荷载，为一种单车的计算图式，如规范图4.3.1-2所示，它用于桥梁结构的局部加载、涵洞、桥台和挡土墙土压力等的计算。如桥梁的行车道板、横隔桥的计算。

在车辆荷载中，车辆布置的各轴的排列间距和重力标准值，不得改动。

（3）多跨不等跨连续桥梁，P_k 值按最大跨径进行取值。

（4）计算剪力效应时，车道荷载中集中荷载标准值 P_k 应在原规定值的基础上提高1.2倍，即应乘以1.2的系数，其主要用于验算下部结构或上部结构腹板。

（5）桥涵的设车车道数与车道数是两个不同概念。设车车道数用于桥梁结构内力计算；车道数用于桥面车行道宽度的确定。

(6) 当布置一条车道汽车荷载即单车道时,横向车道布载系数为1.2,即:考虑汽车荷载的提高。

【例8.3.5】 在公路桥梁中,各级汽车荷载横向布置为两车道的情况下,汽车之间两轮最小间距(m),与下列何项数值最为接近?

(A) 0.5 (B) 0.6 (C) 1.0 (D) 1.3

【解答】 根据《公桥通规》4.3.1条及规范图4.3.1-3的规定,应选(D)项。

【例8.3.6】 在公路桥梁中,各级汽车荷载横向布置时,边轮中心距桥梁缘石的间距(m),与下列何项数值最为接近?

(A) 0.6 (B) 0.75 (C) 0.5 (D) 0.3

【解答】 根据《公桥通规》4.3.1条及规范图4.3.1-3的规定,应选(C)项。

【例8.3.7】 某七孔一联等跨装配式公路钢筋混凝土T形梁桥,标准跨径20m,计算跨径19.50m。汽车荷载为公路-Ⅱ级。

试问:

(1) 车道荷载的均布荷载标准值(kN/m),与下列何项最接近?

(A) 7.875 (B) 10.500 (C) 9.450 (D) 8.575

(2) 车道荷载的集中荷载标准值(kN),与下列何项最接近?

(A) 214.2 (B) 238.1 (C) 224.3 (D) 285.6

(3) 当计算T型梁桥支座处剪力值时,该车道荷载的集中荷载标准值(kN),与下列何项最接近?

(A) 285.6 (B) 269.1 (C) 244.3 (D) 214.2

【解答】 (1) 根据《公桥通规》4.3.1条第4款1)、2)的规定:
$$q_k = 0.75 \times 10.5 = 7.875 \text{kN/m}$$
故应选(A)项。

(2) 根据《公桥通规》4.3.1条第4款1)、2)的规定:
$$P_k = 0.75 \times 2(L_0 + 130) = 0.75 \times 2 \times (19.5 + 130) = 224.25 \text{kN}$$
故应选(C)项。

(3) 根据《公桥通规》4.3.1条第4款1)、2)的规定:
$$1.2 P_k = 1.2 \times 224.25 = 269.1 \text{kN}$$
故应选(B)项。

【例8.3.8】 某公路桥梁桥面车道宽度为15m,双向行驶,由汽车荷载产生的效应应考虑横向车道布载系数,其值与下列何项数值最接近?

(A) 1.00 (B) 0.78 (C) 0.67 (D) 0.60

【解答】 根据《公桥通规》表4.3.1-4,$W=15m$,设计车道数为4,查《公桥通规》表4.3.1-5,取横向车道布载系数为$\zeta=0.67$。

故应选(C)项。

【例8.3.9】 公路桥涵设计时,采用的汽车荷载由车道荷载和车辆荷载组成,分别用于计算不同的桥梁构件。现需进行以下几种桥梁构件计算:①主梁整体计算;②主梁桥面板计算;③涵洞计算;④桥台计算。

试问:这四种构件应采用下列何项汽车荷载模式,才符合《公路桥涵设计通用规范》

的要求?

(A) ①、③采用车道荷载;②、④采用车辆荷载

(B) ①、②采用车道荷载;③、④采用车辆荷载

(C) ①采用车道荷载;②、③、④采用车辆荷载

(D) ①、②、③、④均采用车道荷载

【解答】 根据《公桥通规》4.3.1 条第 2 款,应选(C)项。

• • 城市桥梁的汽车荷载

城市桥梁的汽车荷载分为城—A 级和城—B 级两个等级,它也由车道荷载和车辆荷载组成,《城市桥规》规定:

10.0.2 桥梁设计时,汽车荷载的计算图式、荷载等级及其标准值、加载方法和纵横向折减等应符合下列规定:

1 汽车荷载应分为城—A 级和城—B 级两个等级。

2 汽车荷载应由车道荷载和车辆荷载组成。车道荷载应由均布荷载和集中荷载组成。桥梁结构的整体计算应采用车道荷载,桥梁结构的局部加载、桥台和挡土墙压力等的计算应采用车辆荷载。车道荷载与车辆荷载的作用不得叠加。

3 车道荷载的计算(图 10.0.2-1)应符合下列规定:

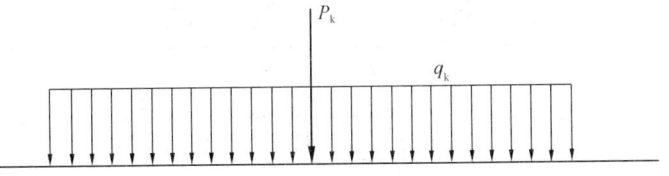

图 10.0.2-1 车道荷载

1) 城—A 级车道荷载的均布荷载标准值(q_k)应为 10.5kN/m。集中荷载标准值(P_k)的选取:当桥梁计算跨径小于或等于 5m 时,$P_k=270$kN;当桥梁计算跨径等于或大于 50m 时,$P_k=360$kN;当桥梁计算跨径在 5m~50m 之间时,P_k 值应采用直线内插求得。当计算剪力效应时,集中荷载标准值(P_k)应乘以 1.2 的系数。

2) 城—B 级车道荷载的均布荷载标准值(q_k)和集中荷载标准值(P_k)应按城—A 级车道荷载的 75% 采用;

3) 车道荷载的均布荷载标准值应满布于使结构产生最不利效应的同号影响线上;集中荷载标准值应只作用于相应影响线中一个最大影响线峰值处。

4 车辆荷载的立面、平面布置及标准值应符合下列规定:

1) 城—A 级车辆荷载的立面、平面、横桥向布置(图 10.0.2-2)及标准值应符合表 10.0.2 的规定:

城—A 级车辆荷载   表 10.0.2

车轴编号	单位	1	2	3	4	5
轴重	kN	60	140	140	200	160
轮重	kN	30	70	70	100	80
纵向轴距	m		3.6	1.2	6	7.2
每组车轮的横向中距	m	1.8	1.8	1.8	1.8	1.8
车轮着地的宽度×长度	m	0.25×0.25	0.6×0.25	0.6×0.25	0.6×0.25	0.6×0.25

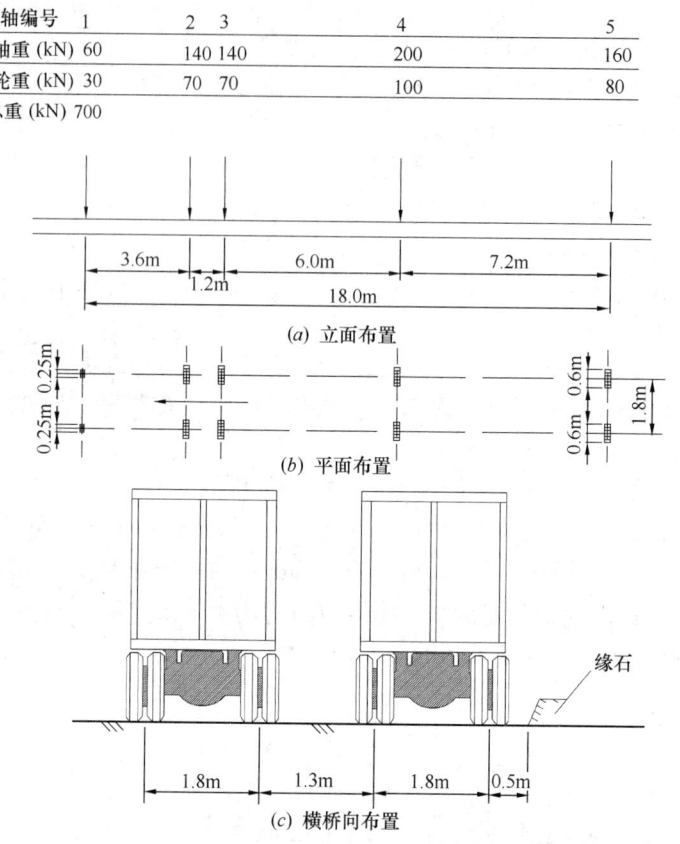

图 10.0.2-2 城—A级车辆荷载立面、平面、横桥向布置

2）城—B级车辆荷载的立面、平面布置及标准值应采用现行行业标准《公路桥涵设计通用规范》JTG D60车辆荷载的规定值。

5 车道荷载横向分布系数、多车道的横向折减系数、大跨径桥梁的纵向折减系数、汽车荷载的冲击力、离心力、制动力及车辆荷载在桥台或挡土墙后填土的破坏棱体上引起的土侧压力等均应按现行行业标准《公路桥涵设计通用规范》JTG D60的规定计算。

10.0.3 应根据道路的功能、等级和发展要求等具体情况选用设计汽车荷载。桥梁的设计汽车荷载应根据表10.0.3选用，并应符合下列规定：

桥梁设计汽车荷载等级　　　　　　　　　　　　表10.0.3

城市道路等级	快速路	主干路	次干路	支路
设计汽车荷载等级	城—A级或城—B级	城—A级	城—A级或城—B级	城—B级

1 快速路、次干路上如重型车辆行驶频繁时，设计汽车荷载应选用城—A级汽车荷载；

2 小城市中的支路上如重型车辆较少时，设计汽车荷载采用城—B级车道荷载的效应乘以0.8的折减系数，车辆荷载的效应乘以0.7的折减系数；

3 小型车专用道路，设计汽车荷载可采用城—B级车道荷载的效应乘以0.6的折减系数，车辆荷载的效应乘以0.5的折减系数。

思考： 城—A级车道荷载的集中荷载（P_k）的取值，与《公桥通规》是一致的，即：当计算跨径 l_0 为：$5m < L_0 < 50m$ 时，$P_k = 2(L_0 + 130)$ kN。

【例8.3.10】 某城市快速路上的桥梁为五孔一联等跨钢筋混凝土T形梁桥，标准跨径30m，计算跨径29.50m。该快速路上重型车辆行驶频繁。

试问：

(1) 车道荷载的均布荷载标准值（kN/m），与下列何项最接近？

(A) 11.55　　　(B) 10.50　　　(C) 8.615　　　(D) 7.875

(2) 车道荷载的集中荷载标准值（kN），与下列何项最接近？

(A) 278　　　(B) 285　　　(C) 319　　　(D) 382

【解答】 (1) 根据《城市桥规》10.0.3条，设计汽车荷载应选用城—A级。由《城市桥规》10.0.2条：

$$q_k = 10.5 \text{kN/m}$$

故应选（B）项。

(2) 由《城市桥规》10.0.2条：

$$P_k = 2(L_0 + 130) = 2 \times (29.5 + 130) = 319 \text{kN}$$

故应选（C）项。

▲（2）人群荷载

●● 公路桥梁的人群荷载

《公桥通规》4.3.6条对人群荷载作了如下规定：

> 4.3.6 人群荷载标准值应按下列规定采用：
>
> 1 人群荷载标准值应根据表4.3.6采用，对跨径不等的连续结构，以最大计算跨径为准。
>
> 人群荷载标准值　　　　表4.3.6
>
> | 计算跨径 L_0（m） | $L_0 \leq 50$ | $50 < L_0 < 105$ | $L_0 \geq 150$ |
> | --- | --- | --- | --- |
> | 人群荷载（kN/m²） | 3.0 | $3.25 - 0.005L_0$ | 2.5 |
>
> 1) 非机动车、行人密集的公路桥梁，人群荷载标准值取上述标准值的1.15倍。
>
> 2) 专用人行桥梁，人群荷载标准值为3.5kN/m²。
>
> 2 人群荷载在横向应布置在人行道的净宽度内，在纵向施加于使结构产生最不利荷载效应的区段内。
>
> 3 人行道板（局部构件）可以一块板为单元，按标准值4.0kN/m² 的均布荷载计算。
>
> 4 计算人行道栏杆时，作用在栏杆立柱顶上的水平推力标准值取0.75kN/m，作用在栏杆扶手上的竖向力标准值取1.0kN/m。

●● 城市桥梁的人群荷载

《城市桥范》规定：

10.0.5 桥梁人行道的设计人群荷载应符合下列规定:
1 人行道板的人群荷载按 5kPa 或 1.5kN 的竖向集中力作用在一块构件上,分别计算,取其不利者。
2 梁、桁架、拱及其他大跨结构的人群荷载(W)可采用下列公式计算,且 W 值在任何情况下不得小于 2.4kPa:

当加载长度 $L<20\mathrm{m}$ 时:
$$W = 4.5 \times \frac{20-w_\mathrm{p}}{20} \qquad (10.0.5-1)$$

当加载长度 $L \geqslant 20\mathrm{m}$ 时:
$$W = \left(4.5 - 2 \times \frac{L-20}{80}\right)\left(\frac{20-w_\mathrm{p}}{20}\right) \qquad (10.0.5-2)$$

式中:W——单位面积的人群荷载,(kPa);
L——加载长度,(m);
w_p——单边人行道宽度,(m);在专用非机动车桥上为1/2桥宽,大于4m时仍按4m计。

3 检修道上设计人群荷载应按 2kPa 或 1.2kN 的竖向集中荷载,作用在短跨小构件上,可分别计算,取其不利者。计算与检修道相连构件,当计入车辆荷载或人群荷载时,可不计检修道上的人群荷载。
4 专用人行桥和人行地道的人群荷载应按现行行业标准《城市人行天桥与人行地道技术规范》CJJ 69 的有关规定执行。

10.0.7 作用在桥上人行道栏杆扶手上竖向荷载应为 1.2kN/m;水平向外荷载应为 2.5kN/m。两者应分别计算。

【例 8.3.11】 某公路桥梁的计算跨径为 58m,标准跨径为 60m,位于城镇郊区行人密集地区,其人群荷载标准值(kN/m²),与下列何项最接近?
(A) 3.50   (B) 3.40   (C) 3.45   (D) 2.96

【解答】 根据《公桥通规》4.3.6 条规定:
$$q = 3.25 - 0.005 \times 58 = 2.96 \mathrm{kN/m^2}$$
$$q = 1.15 \times 2.96 = 3.404 \mathrm{kN/m^2}$$
故应选(B)项。

【例 8.3.12】 对公路桥梁的人行道栏杆计算时,作用在栏杆立柱顶上的水平推力标准值(kN/m)和作用在栏杆扶手上的竖向力标准值(kN/m),应与下列何项数值最接近?
(A) 0.75,1.0   (B) 1.0,0.75   (C) 1.0,1.5   (D) 1.5,1.0

【解答】 根据《公桥通规》4.3.6 条规定,应选(A)项。

▲(3)汽车冲击力

《公桥通规》4.3.2 条对汽车荷载冲击力作了如下规定:

4.3.2 汽车荷载冲击力应按下列规定计算:
1 钢桥、钢筋混凝土及预应力混凝土桥、圬工拱桥等上部构造和钢支座、板式橡胶支座、盆式橡胶支座及钢筋混凝土柱式墩台,应计算汽车的冲击作用。

2 填料厚度（包括路面厚度）等于或大于 0.5m 的拱桥、涵洞以及重力式墩台不计冲击力。

3 支座的冲击力，按相应的桥梁取用。

4 汽车荷载的冲击力标准值为汽车荷载标准值乘以冲击系数 μ。

5 冲击系数 μ 可按下式计算：

当 $f<1.5\text{Hz}$ 时，$\mu=0.05$

当 $1.5\text{Hz}\leqslant f\leqslant 14\text{Hz}$ 时，$\mu=0.1767\ln f-0.0157$ (4.3.2)

当 $f>14\text{Hz}$ 时，$\mu=0.45$

式中 f——结构基频（Hz）。

6 汽车荷载的局部加载及在 T 梁、箱梁悬臂板上的冲击系数采用 0.3。

需注意的是：

(1)《公桥通规》4.3.2 条第 1 款规定了应计入汽车冲击力的对象。

(2)《公桥通规》4.3.2 条第 6 款规定了汽车荷载的局部加载及在 T 梁、箱梁悬臂板上的冲击系数采用 0.3。

(3)《公桥通规》4.3.2 条的条文说明作了如下说明：

4.3.2（条文说明）

桥梁的自振频率（基频）宜采用有限元方法计算，对于如下常规结构，当无更精确方法计算时，也可采用下列公式估算：

1 简支梁桥：

$$f_1 = \frac{\pi}{2l^2}\sqrt{\frac{EI_c}{m_c}} \quad (4\text{-}3)$$

$$m_c = G/g \quad (4\text{-}4)$$

式中 l——结构的计算跨径（m）；

E——结构材料的弹性模量（N/m²）；

I_c——结构跨中截面的截面惯性矩（m⁴）；

m_c——结构跨中处的单位长度质量（kg/m），当换算为重力计算时，其单位应为（Ns²/m²）；

G——结构跨中处延米结构重力（N/m）；

g——重力加速度，$g=9.81$（m/s²）。

【例 8.3.13】 设计安全等级为二级的某公路桥梁，由多跨简支箱梁组成，每孔跨径 25m，计算跨径为 24m，桥梁总宽 10.5m，行车道宽度为 8.0m。混凝土的重力密度按 25kN/m³ 计算，箱梁混凝土强度等级采用 C40，弹性模量 $E_c=3.25\times10^4$ MPa，箱梁跨中横截面面积 $A=5.3\text{m}^2$，惯性矩 $I_c=1.5\text{m}^4$。取 $g=10\text{m/s}^2$。

试问： 公路—Ⅰ级汽车车道荷载的冲击系数 μ，与下列何项数值最为接近？

(A) 0.08　　　(B) 0.18　　　(C) 0.28　　　(D) 0.38

【解答】 根据《公桥通规》4.3.2 条条文说明，简支梁桥自振频率为：

$$f=\frac{\pi}{2l^2}\sqrt{\frac{E_c I_c}{m_c}}$$

$$m_c=G/g=5.3\times25\times10^3/10=1.325\times10^4\,\mathrm{Ns^2/m}$$

$$E_c I_c=3.25\times10^4\times10^6\times1.5=4.875\times10^{10}\,\mathrm{N\cdot m^2}$$

$$f=\frac{\pi}{2\times24^2}\cdot\sqrt{\frac{4.875\times10^{10}}{1.325\times10^4}}=5.23\,\mathrm{Hz}$$

由规范式（4.3.2）：

$$\mu=0.1767\ln f-0.0157=0.1767\ln 5.23-0.0157=0.277$$

故应选（C）项。

【例 8.3.14】某公路桥梁为多跨简支桥梁，其标准跨径为20.0m，计算跨径为19.50m，桥梁横截面由5片钢筋混凝土主梁组成，主梁断面如图8.3.1所示，混凝土重力密度取为25kN/m³，主梁跨中截面的截面惯性矩 $I_c=0.06627\,\mathrm{m^4}$，$E=3.0\times10^{10}\,\mathrm{N/m^2}$。$g=9.81\,\mathrm{m/s^2}$。

试问：汽车荷载的冲击系数 μ，与下列何项最接近？
(A) 0.23　　(B) 0.30　　(C) 0.35　　(D) 0.39

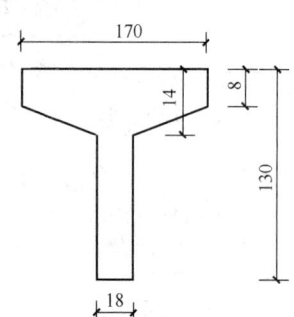

图8.3.1　T形主梁（单位：cm）

【解答】根据《公桥通规》4.3.2条条文说明：

$$m_c=G/g,\ G=A\cdot\gamma$$

$$G=\left[0.18\times1.30+2\times\frac{1}{2}\times(0.08+0.14)\times\frac{(1.7-0.18)}{2}\right]\times25$$

$$=10.03\,\mathrm{kN/m}=10.03\times10^3\,\mathrm{N/m}$$

$$m_c=10.03\times10^3/9.81=1.0224\times10^3\,\mathrm{Ns^2/m^2}$$

$$E_c I_c=3.0\times10^{10}\times0.06627=0.19881\times10^{10}\,\mathrm{N/m^2}$$

$$f=\frac{\pi}{2l^2}\sqrt{\frac{E_c I_c}{m_c}}=\frac{\pi}{2\times19.5^2}\cdot\sqrt{\frac{0.19881\times10^{10}}{1.0224\times10^3}}=5.760$$

由规范式（4.3.2）：

$$\mu=0.1767\ln f-0.0157=0.1767\ln 5.760-0.0157=0.294$$

故应选（B）项。

▲（4）汽车离心力

《公桥通规》4.3.3条对汽车荷载离心力作了如下规定：

> 4.3.3　汽车荷载离心力可按下列规定计算：
> 1　曲线桥应计算汽车荷载引起的离心力。汽车荷载离心力标准值为按本规范第4.3.1条规定的车辆荷载（不计冲击力）标准值乘以离心力系数 C 计算。离心力系数按下式计算：

$$C = \frac{v^2}{127R} \tag{4.3.3}$$

式中 v——设计速度（km/h），应按桥梁所在路线设计速度采用；
R——曲线半径（m）。

2 计算多车道桥梁的汽车荷载离心力时，车辆荷载标准值应乘以本规范表4.3.1-5规定的横向折减系数。

3 离心力的着力点在桥面以上 1.2m 处；为计算简便也可移至桥面上，不计由此引起的作用效应。

对于汽车荷载离心力是一种伴随着车辆在弯道行驶时所产生的惯性力，其以水平力的形式作用于桥梁结构，是弯桥横向受力与抗扭设计计算所考虑的主要因素。

【例8.3.15】 某一级公路上弯道桥为单跨简支桥，桥面宽为 12.0m，车辆单向行驶，其桥梁曲率半径为 200m。一级公路的设计速度为 80km/h。

试问：当弯道桥的曲线长度为 120m 时，汽车荷载离心力标准值（kN），与下列何项数值最接近？

(A) 415.8　　　(B) 399.2　　　(C) 243.2　　　(D) 324.3

【解答】 根据《公桥通规》式（4.3.3）：
$$C = \frac{v^2}{127R} = \frac{80^2}{127 \times 200} = 0.252$$

根据《公桥通规》4.3.1 条规定，车辆荷载为 550kN；查《公桥通规》表4.3.1-4，桥宽 12.0m，单向行驶，取设计车道数为 3；根据《公桥通规》4.3.1 条，取多车道横向折减系数为 0.78。

汽车荷载离心力 F：
$$F = 0.78 \times 3 \times 550 \times 0.252 = 324.324 \text{kN}$$

故应选（D）项。

【例8.3.16】 某公路立交桥中的一单车道匝道弯桥，设计行车速度为 40km/h，平曲线半径为 65m。为计算桥梁下部结构和桥梁总体稳定的需要，需要计算汽车荷载引起的离心力。假定，该匝道桥车辆荷载标准值为 550kN，汽车荷载冲击系数为 0.15。试问，该匝道桥的汽车荷载离心力标准值（kN），与下列荷项数值接近？

(A) 108　　　(B) 118　　　(C) 128　　　(D) 148

【解答】 根据《公桥通规》4.3.3 条：查表 4.3.1-5，单车道，$\zeta = 1.2$

汽车荷载离心力：$F = 1.2 \times 550 \times \frac{40^2}{127 \times 65} = 127.9 \text{kN}$

故选（C）项。

【例8.3.17】 某城市桥梁，桥面宽 9.0m，平面曲线半径为 100m，上部由三孔混凝土连续箱梁组合，箱形梁横断面均对称于桥梁中心线，如图 8.3.2 所示。试问，在汽车荷载作用下，边跨横桥面 A_1、A_2 支座的反力大小关系，应是下列何项？

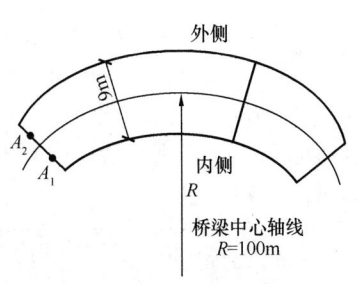

图 8.3.2 曲线桥梁

(A) $A_1 > A_2$　　　(B) $A_1 = A_2$　　　(C) $A_1 < A_2$　　　(D) 无法确定

【解答】 根据弯梁桥的受力特点，对于两端均有抗扭支座的情况，其外弧侧的支座反力一般大于内弧侧，故应选（C）项。

▲（5）汽车引起的土侧压力

• 复习《公桥通规》4.3.4条。

【例8.3.18】 某二级公路上的一座单跨30m的跨线桥梁，可通过双向两列车，重车较多，抗震设防烈度为7度，地震动峰值加速度为0.15g，设计荷载为公路—Ⅰ级，人群荷载3.5kPa，桥面宽度与路基宽度都为12m。上部结构：横向五片各30m的预应力混凝土T型梁，梁高1.8m，混凝土强度等级C40；桥台为等厚度的U型结构，桥台台身计算高度4.0m，基础为双排1.2m的钻孔灌注桩。整体结构的安全等级为一级。

假定，计算该桥桥台台背土压力时，汽车在台背土体破坏棱体上的作用可近似用换算等代均布土层厚度计算。试问，其换算土层厚度（m）与下列何项数值最为接近？

提示：台背竖直、跨基水平，土壤内摩擦角30°，假定土体破坏棱体的上口长度L_0为2.31m，土的重力密度γ为18kN/m³。

(A) 0.8　　　(B) 1.1　　　(C) 1.3　　　(D) 1.8

【解答】 根据《公桥通规》4.3.4条：

$$\Sigma G = 2 \times 2 \times 140 = 560\text{kN}$$

$$h_0 = \frac{\Sigma G}{\gamma B L_0} = \frac{560}{18 \times 12 \times 2.31} = 1.1\text{m}$$

故应选（B）项。

▲（6）汽车荷载制动力

《公桥通规》4.3.5条对汽车荷载制动力作了如下规定：

> 4.3.5 汽车荷载制动力应按下列规定计算和分配：
> 1 汽车荷载制动力按同向行驶的汽车荷载（不计冲击力）计算，并应按表4.3.1-6的规定，以使桥梁墩台产生最不利纵向力的加载长度进行纵向折减。
> 　1) 一个设计车道上由汽车荷载产生的制动力标准值按本规范第4.3.1条规定的车道荷载标准值在加载长度上计算的总重力的10%计算，但公路—Ⅰ级汽车荷载的制动力标准值不得小于165kN；公路—Ⅱ级汽车荷载的制动力标准值不得小于90kN；
> 　2) 同向行驶双车道的汽车荷载制动力标准值应为一个设计车道制动力标准值的2倍；同向行驶三车道应为一个设计车道的2.34倍；同向行驶四车道应为一个设计车道的2.68倍。
> 2 制动力的着力点在桥面以上1.2m处，计算墩台时，可移至支座铰中心或支座底座面上。计算刚构桥、拱桥时，制动力的着力点可移至桥面上，但不应计因此而产生的竖向力和力矩。

需注意的是：

(1) 计算汽车制动力时，P_k值不乘以增大系数1.2。

(2) 汽车荷载产生的制动力只有同向行驶的汽车才能叠加；对多车道同向行驶汽车荷载的制动力由单车道制动力叠加，但要进行多车道折减。

(3) 规范 4.3.5 条中，"同向行驶三车道为一个设计车道的 2.34 倍"，其中，2.34 已经考虑了规范表 4.3.1-5 横向车道布载系数，即：0.78×3＝2.34。

同向行驶仅为 1 条车道汽车荷载时，根据规范 4.3.1 条第 7 款，应考虑汽车荷载的提高，其横向车道布载系数为 1.20。

(4) 对于弯桥，《公桥通规》4.1.5 条规定，当离心力与制动力同时参与组合时，制动力标准值或设计值按 70% 取用。

(5)《公桥通规》4.3.5 条第 3 款、4 款规定内容，见本章第九节桥墩台计算部分。

【例 8.3.19】 某设计车道数为六车道双向行驶的一级公路上桥梁，汽车荷载为公路—Ⅰ级，顺桥向为 25m 等跨简支 T 梁桥，4 孔一联桥面连续，固定支座设在桥台上。试问，桥台承受的汽车水平制动力标准值（kN），与下列何项最接近？

(A) 131.0   (B) 306.5   (C) 386.1   (D) 495.0

【解答】 根据《公桥通规》4.3.5 条规定，最不利加载长度取为 4×25＝100m。

根据《公桥通规》4.3.1 条规定：

公路—Ⅰ级：车道荷载的均布荷载标准值 q_k＝10.5kN/m；车道荷载的集中荷载标准值 P_K 为：

$$P_k = 2 \times (25 + 130) = 310 \text{kN}$$

一个车道的汽车制动力 F_{bk}：F_{bk}＝（10.5×4×25＋310）×10%＝136kN＜165kN，取 F_{bk}＝165kN。

六车道双向行驶即为同向行驶三车道，根据《公桥通规》4.3.5 条规定：

三车道的汽车制动力 ΣF_{bk}：ΣF_{bk}＝2.34×165＝386.1kN

故应选 (C) 项。

▲ (7) 风荷载

- 复习《公桥通规》4.3.8 条。

▲ (8) 流水压力、冰压力和波浪力

- 复习《公桥通规》4.3.9 条、4.3.10 条、4.3.11 条。

▲ (9) 温度（均匀温度和梯度温度）作用

- 复习《公桥通规》4.3.12 条。

梯度温度作用分为：竖向梯度温度作用和横向梯度温度作用。

【例 8.3.20】 某一级公路上，一座多跨连续梁桥，梁截面为等截面单箱形预应力混凝土箱梁，采用 C50 混凝土，箱梁高度为 2.8m，桥梁面层采用 50mm 沥青混凝土铺装。试问，竖向日照降温（即反温差）时，桥梁上部结构竖向梯度温度规范图 4.3.12 中的 T_1（℃）、T_2（℃），与下列何项数值最接近？

(A) T_1＝−10℃；T_2＝−3.35℃   (B) T_1＝−7℃；T_2＝−2.75℃
(C) T_1＝−20℃；T_2＝−6.7℃   (D) T_1＝−14℃；T_2＝−5.5℃

【解答】 根据《公桥通规》4.3.12 条规定；查表 4.3.12-3，取竖向日照正温差为：

$T_1=20℃$，$T_2=6.7℃$。

根据《公桥通规》4.3.12 条第 3 款规定，上部结构竖向日照反温差为正温差乘以 -0.5，则：

$T_1=-20×0.5=-10℃$，$T_2=-6.7×0.5=-3.35℃$

故应选（A）项。

【例 8.3.21】 某桥位于气温区域为寒冷地区，当地历年最高日平均温度 34℃，最低日平均温度 $-10℃$，历年最高温度 46℃，历年最低温度 $-21℃$，该桥为正在建设的 $3×50m$ 墩身固结的刚构式公路钢桥，施工中采用中跨跨中嵌补段完成全桥合拢。假定，该桥预计合拢温度在 15~20℃ 之间。试问，计算结构均匀温度作用效应时，温度升高和温度降低数值（℃）最接近下列何项？

(A) 14，25　　　　(B) 19，30　　　　(C) 31，41　　　　(D) 26，36

【解答】 根据《公桥通规》4.3.12 条及条文说明：

钢桥：温升＝46℃－15℃＝31℃

温降＝－21℃－20℃＝－41℃

故选（C）项。

▲（10）支座摩阻力

● 复习《公桥通规》4.3.13 条。

活动支座承受的纵向力（如制动力、温度作用、混凝土收缩作用），不得超过支座与混凝土或其他结构材料之间的摩擦力。

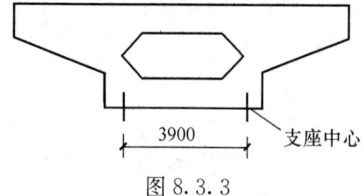

图 8.3.3

【例 8.3.22】 某多跨简支箱形公路桥梁，箱梁截面如图 8.3.3 所示，其中间跨梁端为双向活动支座布置，支座选用板式橡胶支座，并与混凝土面接触。经计算该桥梁一跨（或一孔）上部结构自重为 6500kN。

试问：

(1) 该梁端一个支座摩阻力标准值（kN），与下列何项最接近？

(A) 975　　　　(B) 937　　　　(C) 487.5　　　　(D) 438.5

(2) 该桥梁桥台处梁端支座设两支座板式橡胶支座，1 个为固定支座。桥台处一个支座摩擦力标准值（kN），与下列何项最接近？

(A) 975　　　　(B) 937　　　　(C) 487.5　　　　(D) 478.5

【解答】（1）根据《公桥通规》4.3.13 条规定，查表 4.3.13，取 $\mu=0.30$。

一个支座摩阻力：$F=\mu W=\dfrac{1}{4}×0.30×6500=487.5kN$

故应选（C）项。

(2) 根据《公桥通规》4.3.13 条规定，查表 4.3.13，取 $\mu=0.30$，桥台处只有 1 个活动支座，则：

$$F=\mu W=\dfrac{1}{2}×0.30×6500/2=487.5kN$$

故应选（C）项。

▲（11）疲劳荷载

- 复习《公桥通规》4.3.7条。

3. 偶然作用

（1）船舶的撞击作用

- 复习《公桥通规》4.4.1条。

（2）漂流物的撞击作用

- 复习《公桥通规》4.4.2条。

（3）汽车撞击作用

- 复习《公桥通规》4.4.3条。

4. 地震作用

- 复习《公桥通规》4.5.1条。

三、作用组合

1. 作用组合的原则

《公桥通规》规定：

> 4.1.4 公路桥涵结构设计应考虑结构上可能同时出现的作用，按承载能力极限状态、正常使用极限状态进行作用组合，均应按下列原则取其最不利组合效应进行设计：
>
> 1 只有在结构上可能同时出现的作用，才进行组合。当结构或结构构件需做不同受力方向的验算时，则应以不同方向的最不利的作用组合效应进行计算。
>
> 2 当可变作用的出现对结构或结构构件产生有利影响时，该作用不应参与组合。实际不可能同时出现的作用或同时参与组合概率很小的作用，按表4.1.4规定不考虑其参与组合。

可变作用不同时组合表　　　　　　　　　　　　表4.1.4

作用名称	不与该作用同时参与组合的作用
汽车制动力	流水压力、冰压力、波浪力、支座摩阻力
流水压力	汽车制动力、冰压力、波浪力
波浪力	汽车制动力、流水压力、冰压力
冰压力	汽车制动力、流水压力、波浪力
支座摩阻力	汽车制动力

> 3 施工阶段的作用组合，应按计算需要及结构所处条件而定，结构上的施工人员和施工机具设备均应作为可变作用加以考虑。组合式桥梁，当把底梁作为施工支撑时，作用组合效应宜分两个阶段计算，底梁受荷为第一个阶段，组合梁受荷为第二个阶段。
>
> 4 多个偶然作用不同时参与组合。
>
> 5 地震作用不与偶然作用同时参与组合。

2. 承载能力极限状态设计时的作用组合

承载能力极限状态设计时的作用组合包括基本组合、偶然组合和地震组合。其中，基本组合是所有公路桥涵结构设计应该考虑的。偶然组合和地震组合用于结构在特殊情况下的设计，所以不是所有桥涵结构都要采用的，一些结构也可采取构造或其他预防措施来解决。

▲（1）基本组合

《公桥通规》规定：

> 4.1.5 公路桥涵结构按承载能力极限状态设计时，对持久设计状况和短暂设计状况应采用作用的基本组合，对偶然设计状况应采用作用的偶然组合，对地震设计状况应采用作用的地震组合，并应符合下列规定：
>
> 1 基本组合：永久作用设计值与可变作用设计值相组合。
> 1) 作用基本组合的效应设计值可按下式计算：
>
> $$S_{ud} = \gamma_0 S(\sum_{i=1}^{m} \gamma_{Gi} G_{ik}, \gamma_{L1} \gamma_{Q1} Q_{1k}, \psi_c \sum_{j=2}^{n} \gamma_{Lj} \gamma_{Q_j} Q_{j_k}) \quad (4.1.5\text{-}1)$$
>
> 或
>
> $$S_{ud} = \gamma_0 S(\sum_{i=1}^{m} G_{id}, Q_{1d}, \sum_{j=2}^{n} Q_{jd}) \quad (4.1.5\text{-}2)$$
>
> 式中 S_{ud}——承载能力极限状态下作用基本组合的效应设计值。
>
> $S(\ )$——作用组合的效应函数。
>
> γ_0——结构重要性系数，按表 4.1.5-1 规定的结构设计安全等级采用，按持久状况和短暂状况承载能力极限状态设计时，公路桥涵结构设计安全等级应不低于表 4.1.5-1 的规定，对应于设计安全等级一级、二级和三级分别取 1.1、1.0 和 0.9。
>
> γ_{Gi}——第 i 个永久作用的分项系数，应按表 4.1.5-2 的规定采用。
>
> G_{ik}、G_{id}——第 i 个永久作用的标准值和设计值。
>
> γ_{Q1}——汽车荷载（含汽车冲击力、离心力）的分项系数。采用车道荷载计算时取 $\gamma_{Q1}=1.4$；采用车辆荷载计算时，其分项系数取 $\gamma_{Q1}=1.8$。当某个可变作用在组合中其效应值超过汽车荷载效应时，则该作用取代汽车荷载，其分项系数取 $\gamma_{Q1}=1.4$；对专为承受某作用而设置的结构或装置，设计时该作用的分项系数取 $\gamma_{Q1}=1.4$；计算人行道板和人行道栏杆的局部荷载，其分项系数也取 $\gamma_{Q1}=1.4$。
>
> Q_{1k}、Q_{1d}——汽车荷载（含汽车冲击力、离心力）的标准值和设计值。
>
> γ_{Qj}——在作用组合中除汽车荷载（含汽车冲击力、离心力）、风荷载外的其他第 j 个可变作用的分项系数，取 $\gamma_{Qj}=1.4$，但风荷载的分项系数取 $\gamma_{Qj}=1.1$。
>
> Q_{jk}、Q_{jd}——在作用组合中除汽车荷载（含汽车冲击力、离心力）外的其他第 j 个可变作用的标准值和设计值。
>
> ψ_c——在作用组合中除汽车荷载（含汽车冲击力、离心力）外的其他可变作用的组合值系数，取 $\psi_c=0.75$。

$\psi_c Q_{jk}$——在作用组合中除汽车荷载（含汽车冲击力、离心力）外的第 j 个可变作用的组合值。

γ_{Lj}——第 j 个可变作用的结构设计使用年限荷载调整系数。公路桥涵结构的设计使用年限按现行《公路工程技术标准》JTG B01 取值时，可变作用的设计使用年限荷载调整系数取 $\gamma_{Lj}=1.0$；否则，γ_{Lj} 取值应按专题研究确定。

2）当作用与作用效应可按线性关系考虑时，作用基本组合的效应设计值 S_{ud} 可通过作用效应代数相加计算。

3）设计弯桥时，当离心力与制动力同时参与组合时，制动力标准值或设计值按70%取用。

公路桥涵结构设计安全等级　　　　　表 4.1.5-1

设计安全等级	破坏后果	适用对象
一级	很严重	（1）各等级公路上的特大桥、大桥、中桥； （2）高速公路、一级公路、二级公路、国防公路及城市附近交通繁忙公路上的小桥
二级	严重	（1）三、四级公路上的小桥； （2）高速公路、一级公路、二级公路、国防公路及城市附近交通繁忙公路上的涵洞
三级	不严重	三、四级公路上的涵洞

注：本表所列特大、大、中桥等系按本规范表 1.0.5 中的单孔跨径确定，对多跨不等跨桥梁，以其中最大跨径为准。

永久作用的分项系数　　　　　表 4.1.5-2

序号	作用类别		永久作用分项系数	
			对结构的承载能力不利时	对结构的承载能力有利时
1	混凝土和圬工结构重力（包括结构附加重力）		1.2	1.0
	钢结构重力（包括结构附加重力）		1.1 或 1.2	
2	预加力		1.2	1.0
3	土的重力		1.2	1.0
4	混凝土的收缩及徐变作用		1.0	1.0
5	土侧压力		1.4	1.0
6	水的浮力		1.0	1.0
7	基础变位作用	混凝土和圬工结构	0.5	0.5
		钢结构	1.0	1.0

注：本表序号 1 中，当钢桥采用钢桥面板时，永久作用分项系数取 1.1；当采用混凝土桥面板时，取 1.2。

▲（2）偶然组合

《公桥通规》4.1.5 条规定：

> 4.1.5
>
> 2 偶然组合：永久作用标准值与可变作用某种代表值、一种偶然作用设计值相组合；与偶然作用同时出现的可变作用，可根据观测资料和工程经验取用频遇值或准永久值。
>
> 1）作用偶然组合的效应设计值可按下式计算：
>
> $$S_{ad} = S(\sum_{i=1}^{m} G_{ik}, A_d, (\psi_{f1} \text{ 或 } \psi_{q1})Q_{1k}, \sum_{j=2}^{n} \psi_{qj}Q_{jk}) \quad (4.1.5\text{-}3)$$
>
> 式中　S_{ad}——承载能力极限状态下作用偶然组合的效应设计值；
>
> 　　　A_d——偶然作用的设计值；
>
> 　　　ψ_{f1}——汽车荷载（含汽车冲击力、离心力）的频遇值系数，取 $\psi_{f1}=0.7$；当某个可变作用在组合中其效应值超过汽车荷载效应时，则该作用取代汽车荷载，人群荷载 $\psi_f=1.0$，风荷载 $\psi_f=0.75$，温度梯度作用 $\psi_f=0.8$，其他作用 $\psi_f=1.0$；
>
> 　　　$\psi_{f1}Q_{1k}$——汽车荷载的频遇值；
>
> 　　　ψ_{q1}、ψ_{qj}——第1个和第 j 个可变作用的准永久值系数，汽车荷载（含汽车冲击力、离心力）$\psi_q=0.4$，人群荷载 $\psi_q=0.4$，风荷载 $\psi_q=0.75$，温度梯度作用 $\psi_q=0.8$，其他作用 $\psi_q=1.0$；
>
> 　　　$\psi_{q1}Q_{1k}$、$\psi_{qj}Q_{jk}$——第1个和第 j 个可变作用的准永久值。
>
> 2）当作用与作用效应可按线性关系考虑时，作用偶然组合的效应设计值 S_{ad} 可通过作用效应代数相加计算。

《公桥通规》4.1.5 条条文说明指出："作用的偶然组合是指永久作用标准值、可变作用代表值和一种偶然作用设计值的组合，视具体情况，也可不考虑可变作用参与组合。"

▲（3）地震组合

《公桥通规》4.1.5 条规定：

> 4.1.5
>
> 3 作用地震组合的效应设计值应按现行《公路工程抗震规范》JTG B02 的有关规定计算。

3. 正常使用极限状态设计的作用组合

《公桥通规》规定：

> 4.1.6 公路桥涵结构按正常使用极限状态设计时，应根据不同的设计要求，采用作用的频遇组合或准永久组合，并应符合下列规定：
>
> 1 频遇组合：永久作用标准值与汽车荷载频遇值、其他可变作用准永久值相组合。
>
> 1）作用频遇组合的效应设计值可按下式计算：
>
> $$S_{fd} = S(\sum_{i=1}^{m} G_{ik}, \psi_{f1}Q_{1k}, \sum_{j=2}^{n} \psi_{qj}Q_{jk}) \quad (4.1.6\text{-}1)$$

式中 S_{fd}——作用频遇组合的效应设计值；

ψ_{fl}——汽车荷载（不计汽车冲击力）频遇值系数，取 $\psi_{fl}=0.7$；当某个可变作用在组合中其效应值超过汽车荷载效应时，则该作用取代汽车荷载，人群荷载 $\psi_f=1.0$，风荷载 $\psi_f=0.75$，温度梯度作用 $\psi_f=0.8$，其他作用 $\psi_f=1.0$。

2) 当作用与作用效应可按线性关系考虑时，作用频遇组合的效应设计值 S_{fd} 可通过作用效应代数相加计算。

2 准永久组合：永久作用标准值与可变作用准永久值相组合。

1) 作用准永久组合的效应设计值可按下式计算：

$$S_{qd} = S(\sum_{i=1}^{m}G_{ik}, \sum_{j=1}^{n}\psi_{qj}Q_{jk}) \tag{4.1.6-2}$$

式中：S_{qd}——作用准永久组合的效应设计值；

ψ_{qj}——第 j 个可变作用的准永久值系数，汽车荷载（不计汽车冲击力）$\psi_q=0.4$，人群荷载 $\psi_q=0.4$，风荷载 $\psi_q=0.75$，温度梯度作用 $\psi_q=0.8$，其他作用 $\psi_q=1.0$。

2) 当作用与作用效应可按线性关系考虑时，作用准永久组合的效应设计值 S_{qd} 可通过作用效应代数相加计算。

4. 其他的一般规定

《公桥通规》规定：

4.1.7 钢结构构件抗疲劳设计时，除特别指明外，各作用应采用标准值，作用分项系数应取为1.0。

4.1.8 结构构件当需进行弹性阶段截面应力计算时，除特别指明外，各作用应采用标准值，作用分项系数应取为1.0，各项应力限值应按各设计规范规定采用。

4.1.9 验算结构的抗倾覆、滑动稳定时，稳定系数、各作用的分项系数及摩擦系数，应根据不同结构按各有关桥涵设计规范的规定确定。支座的摩擦系数可按表4.3.13规定采用。

4.1.10 构件在吊装、运输时，构件重力应乘以动力系数1.2（对结构不利时）或0.85（对结构有利时），并可视构件具体情况作适当增减。

需注意的是：

《公桥通规》4.1.7条、4.1.8条中，分项系数均取为1.0，组合值系数也取为1.0。

【**例8.3.23**】公路桥涵设计，在设计钢筋混凝土柱式桥墩中永久作用需与下列可变作用进行组合：①汽车荷载；②汽车冲击力；③汽车制动力；④温度作用；⑤支座摩阻力；⑥流水压力；⑦冰压力。

试问：下列四种组合中，其中何项组合符合《公路桥涵设计通用规范》的要求？

(A) ①+②+③+④+⑤+⑥+⑦+永久作用

(B) ①+②+③+④+⑤+⑥+永久作用

(C) ①+②+③+④+⑤+永久作用

(D) ①+②+③+④+永久作用

【解答】 根据《公桥通规》4.1.4条表4.1.4，流水压力、冰压力、支座摩阻力不能与汽车制动力同时参与组合，应选（D）项。

【例8.3.24】 某重要大型城市桥梁为等高度预应力混凝土箱形梁结构，其设计安全等级为一级。该梁某截面的结构重力弯矩标准值为M_g，汽车作用的弯矩标准值为M_k。

试问：该桥在承载能力极限状态下的作用基本组合的效应设计值，应为下列何项所示？

(A) $\gamma_0 M_设 = 1.1 (1.2 M_g + 1.4 M_k)$
(B) $\gamma_0 M_设 = 1.0 (1.2 M_g + 1.4 M_k)$
(C) $\gamma_0 M_设 = 0.9 (1.2 M_g + 1.4 M_k)$
(D) $\gamma_0 M_设 = 1.1 (M_g + M_k)$

【解答】 根据《公桥通规》10.0.1条和《公桥通规》4.1.5条，设计安全等级为一级，取$\gamma_0 = 1.1$；M_g的分项系数取为1.2，M_k的分项系数取为1.4，所以应选（A）项。

【例8.3.25】 某城市次干路上一座标准跨径为16m的单孔预应力钢筋混凝土简支桥梁，经计算知其跨中截面的弯矩标准值为：上部永久作用为$S_{1k}=240\text{kN}\cdot\text{m}$，汽车荷载（含汽车冲击力）为$S_{Q1k}=95\text{kN}\cdot\text{m}$，人群荷载为$S_{Q2k}=2.4\text{kN}\cdot\text{m}$。汽车荷载冲击系数$\mu=0.28$。结构重要性系数$\gamma_0=1.0$。

试问：

(1) 在持久状况下按承载力极限状态计算，该桥跨中截面由永久作用、汽车荷载及人群荷载作用的基本组合的弯矩设计值（kN·m），与下列何项数值最接近？

(A) 436.2　　(B) 423.5　　(C) 381.3　　(D) 372.6

(2) 在持久状况下按正常使用极限状态计算，该桥跨中截面由永久作用、汽车荷载及人群荷载作用的频遇组合的效应设计值（kN·m）、准永久组合的效应设计值（kN·m），与下列何项数值最接近？

(A) 292.9；270.7
(B) 308.9；278.9
(C) 278.2；264.5
(D) 316.5；281.2

【解答】 (1) 确定作用的分项系数及组合值系数，根据《城市桥规》10.0.1条和《公桥通规》4.1.5条规定：

永久作用，取$\gamma_G = 1.2$；汽车荷载，取$\gamma_{Q1} = 1.4$；

人群荷载，取$\gamma_{Q2} = 1.4$，组合值系数取$\psi_c = 0.75$。

$$S_{ud} = \gamma_0 \left(\sum_{i=1}^{m} \gamma_{Gi} S_{Gik} + \gamma_{Q1} S_{Q1k} + \psi_c \sum_{j=2}^{n} \gamma_{Qj} S_{Qjk} \right)$$

$$= 1.0 \times (1.2 \times 240 + 1.4 \times 95 + 0.75 \times 1.4 \times 2.4)$$

$$= 423.52 \text{kN} \cdot \text{m}$$

故应选（B）项。

(2) 频遇组合，根据《城市桥规》10.0.1条和《公桥通规》4.1.6条规定：

汽车荷载（不计冲击力）$\psi_{f1} = 0.7$，人群荷载$\psi_{q2} = 0.4$

$$S_{fd} = \sum_{i=1}^{m} S_{Gik} + \psi_{f1} S_{Q1k} + \psi_{q2} S_{Q2k}$$

$$M_{fd} = 240 + 0.7 \times \frac{95}{1+0.28} + 0.4 \times 2.4 = 292.91 \text{kN} \cdot \text{m}$$

准永久组合，根据《公桥通规》4.1.6 条规定：

汽车荷载（不计冲击力）$\psi_{q1} = 0.4$，人群荷载 $\psi_{q2} = 0.4$。

$$S_{qd} = \sum_{i=1}^{m} S_{Gik} + \sum_{j=1}^{n} \psi_{qj} S_{Qjk}$$

$$M_{qd} = 240 + 0.4 \times \frac{95}{1+0.28} + 0.4 \times 2.4 = 270.65 \text{kN} \cdot \text{m}$$

故应选（A）项。

【例 8.3.26】 某二级公路上一座多跨简支梁桥，其标准跨径为 18m，计算跨径为 17.95m，支座反力的标准值经计算知：永久作用为 $V_{Gk} = 180$kN，汽车荷载（含冲击系数 0.25）作用为 $V_{Q1k} = 140$kN，人群荷载作用为 $V_{Q2k} = 12$kN。

试问：

(1) 在持久状况下按承载力极限状态计算，该桥支座截面由永久作用、汽车荷载及人群荷载作用的基本组合的反力设计值（kN），与下列何项数值最接近？

(A) 467.1 (B) 425.4 (C) 415.1 (D) 386.2

(2) 在持久状况下按正常使用极限状态计算，该桥支座截面由永久作用、汽车荷载及人群荷载作用的频遇组合的反力设计值（kN）、准永久组合的反力设计值（kN），与下列何项数值最接近？

(A) 263.2；229.6 (B) 290.0；240.8
(C) 282.4；236.2 (D) 332.0；260.4

(3) 假定公路为三级公路，其他条件不变，该桥梁的结构重要性系数 γ_0，应为下列何项数值？

(A) 0.9 (B) 1.0 (C) 1.1 (D) 由业主确定

【解答】 (1) 确定 γ_0，按单孔跨径查《公桥通规》表 1.0.5，该桥梁为小桥。查《公桥通规》表 4.1.5-1，二级公路上的小桥，安全等级为一级，故取 $\gamma_0 = 1.1$。

确定 γ、ψ_c，根据《公桥通规》4.1.5 条规定：

永久作用，取 $\gamma_G = 1.2$；汽车荷载，取 $\gamma_{Q1} = 1.4$；

人群荷载，取 $\gamma_{Q2} = 1.4$，组合值系数，取 $\psi_c = 0.75$。

$$\gamma_0 R = 1.1 \times (1.2 \times 180 + 1.4 \times 140 + 0.75 \times 1.4 \times 12) = 467.06 \text{kN}$$

故应选（A）项。

(2) 频遇组合，根据《公桥通规》4.1.6 条规定：

汽车荷载（不计冲击力）$\psi_{f1} = 0.7$；人群荷载 $\psi_{q2} = 0.4$。

$$S_{fd} = \sum_{i=1}^{m} S_{Gik} + \psi_{f1} S_{Q1k} + \psi_{q2} S_{Q2k}$$

$$= 180 + 0.7 \times \frac{140}{1+0.25} + 0.4 \times 12 = 263.2 \text{kN}$$

准永久组合,根据《公桥通规》4.1.6 条规定:

汽车荷载(不计冲击力)$\psi_{q1}=0.4$;人群荷载 $\psi_{q2}=0.4$

$$S_{qd} = \sum_{i=1}^{m} S_{Gik} + \sum_{j=1}^{n} \psi_{qj} S_{Qjk}$$

$$= 180 + 0.4 \times \frac{140}{1+0.25} + 0.4 \times 12 = 229.6 \text{kN}$$

故应选(A)项。

(3) 按单孔跨径查《公桥通规》表 1.0.5,该桥为小桥。

查《公桥通规》表 4.1.5-1,三级公路上的小桥,安全等级为二级,取 $\gamma_0 = 1.0$。

故应选(B)项。

【**例 8.3.27**】 某城市附近交通繁忙的公路桥梁,其中一联为五孔连续梁桥,每孔跨径 40m,桥梁总宽为 10.5m,行车道宽度为 8.0m,双向行驶两列汽车,两侧各 1m 宽人行道,上部结构采用预应力混凝土箱梁,桥墩上设立两个支座。计算荷载:公路—Ⅰ级,人群荷载 3.45N/m^2,混凝土重度取 25kN/m^3。

试问:

(1) 假定在该桥墩处主梁支点截面,由全部恒载产生的剪力标准值 $V_{恒}=4400 \text{kN}$;汽车荷载产生的剪力标准值 $V_{汽}=1414 \text{kN}$;步道人群荷载产生的剪力标准值 $V_{人}=138 \text{kN}$。已知汽车冲击系数 $\mu=0.2$。在持久状况下按承载能力极限状态计算,主梁支点截面由恒载、汽车荷载及人群荷载作用的基本组合的剪力设计值(kN),应与下列何项最接近?

(A) 8150   (B) 7400   (C) 6750   (D) 7980

(2) 假定在该桥主梁某一跨中最大弯矩截面,由全部恒载产生的弯矩标准值 $M_{Gk}=43000 \text{kN} \cdot \text{m}$;汽车荷载产生的弯矩标准值 $M_{Q1k}=14700 \text{kN} \cdot \text{m}$(已计入冲击系数 $\mu=0.2$);人群荷载产生的弯矩标准值 $M_{Q2k}=1300 \text{kN} \cdot \text{m}$。当对该主梁按全预应力混凝土构件设计时,按正常使用极限状态设计时频遇组合的弯矩设计值(kN·m)(不计预加力作用)应与何项接近?

(A) 51200   (B) 52100   (C) 54600   (D) 56500

【**解答**】 (1) 每孔跨径 40m,按单孔跨径查《公桥通规》表 1.0.5,该桥属大桥。查《公桥通规》表 4.1.5-1,安全等级为一级,取 $\gamma_0=1.1$。

$$\gamma_0 V_d = \gamma_0 (\gamma_G V_{Gk} + \gamma_{Q1} V_{Q1k} + \psi_c \gamma_{Q2} V_{Q2k})$$

$$= 1.1 \times (1.2 \times 4400 + 1.4 \times 1414 + 0.75 \times 1.4 \times 138) = 8145 \text{kN}$$

故应选(A)项。

(2) 根据《公桥通规》4.1.6 条规定:

$$M_{fd} = 43000 + 0.7 \times \frac{14700}{1+0.2} + 0.4 \times 1300 = 52095 \text{kN} \cdot \text{m}$$

故应选(B)项。

【例 8.3.28】 某高速公路上一座预应力混凝土连续箱体桥，其跨径组合为 35m+45m+35m，混凝土强度等级为 C50，桥体临近城镇居住区，需增设声屏障，如图 8.3.4 所示，不计挡板尺寸，主悬臂跨径为 1880mm，悬臂根部为 350mm。设计时需考虑风荷载、汽车撞击效应，又需分别对防护栏根部和主梁悬臂根部进行极限承载力和正常使用性能分析。

试问：

(1) 在进行主梁悬臂根部抗弯极限承载力状态设计时，假定，已知如下各作用在主梁悬臂梁根部的每延米弯矩标准值：悬臂板自重、铺设屏障和护栏引起的弯矩标准值为 45kN·m，按百年一遇基本风压计算的声屏障风荷载引起的弯矩标准值为 30kN·m，汽车车辆荷载（含冲击力）引起的弯矩标准值为 32kN·m。试问，主梁悬臂根部弯矩在不考虑汽车撞击力下的承载能力极限状态下每延米的基本组合效应设计值（kN·m），最接近下列何项？

(A) 123   (B) 136   (C) 144   (D) 150

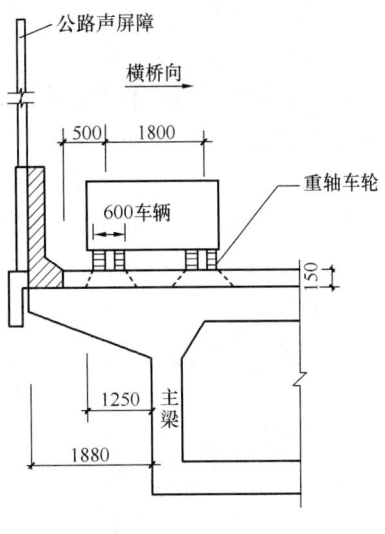

图 8.3.4

(2) 考虑汽车撞击力下的主梁悬臂根部抗弯承载性能设计时，假定，已知汽车撞击力引起的每延米弯矩标准值为 126kN·m，利用题目 (1) 中的已知条件，并利用与偶然作用同时出现的可变作用的频遇值。试问，主梁悬臂根部每延米弯矩在承载力极限状态下的偶然组合效应设计值（kN·m），最接近下列何项？

(A) 194   (B) 206   (C) 216   (D) 227

【解答】 (1) 根据《公桥通规》4.1.5 条及表 4.1.5-1，取 $\gamma_0=1.1$。

$$M_d = 1.1 \times (1.2 \times 45 + 1.0 \times 1.8 \times 32 + 0.75 \times 1 \times 1.1 \times 30)$$

$$= 150 \text{kN·m}$$

故选 (D) 项。

(2) 根据《公桥通规》4.1.5 条：

$$M_d = 45 + 126 + 0.7 \times 32 + 0.75 \times 30 = 215.9 \text{kN·m}$$

故选 (C) 项。

【例 8.3.29】 当对某公路预应力混凝土连续梁桥进行持久状况下承载能力极限状态计算时，下列关于作用效应是否计入汽车车道荷载冲击系数和预应力次效应的不同意见，其中何项正确，简述理由。

(A) 二者均计入   (B) 前者计入，后者不计入
(C) 前者不计入，后者计入   (D) 二者均不计入

【解答】 方法一：根据《公桥通规》4.1.5 条、4.2.2 条规定，应选 (A) 项。

方法二：根据《公桥混规》5.1.2 条规定，应选 (A) 项。

【例 8.3.30】 某公路预应力混凝土简支梁桥，计算跨径 $l_0=19.5$m，由 5 片主梁组

成，设计荷载为公路—Ⅱ级，人群荷载为3.0kN/m²。

试问：

(1) 主梁若需要进行弹性阶段截面应力计算时，结构自重的分项系数γ_G，汽车荷载的分项系数γ_{Q1}，应为下列何项数值？

(A) 1.2；1.4　　(B) 1.0；1.0　　(C) 1.2；1.0　　(D) 1.0；1.4

(2) 主梁若需要进行弹性阶段截面应力计算时，人群荷载的分项系数γ_{Qi}，应为下列何项数值？

(A) 0.5　　(B) 0.7　　(C) 0.8　　(D) 1.0

【解答】(1) 根据《公桥通规》4.1.8条规定：

$\gamma_G=\gamma_{Q1}=1.0$，故应选 (B) 项。

(2) 根据《公桥通规》4.1.8条规定：

$\gamma_{Qi}=1.0$，故应选 (D) 项。

【例8.3.31】 某二级公路立交桥上的一座直线匝道桥，为钢筋混凝土连续箱梁结构（单箱单室）净宽6.0m，全宽7.0m。其中一联为三孔，每孔跨径各25m，梁高1.3m，中墩处为单支点，边墩为双支点抗扭支座。中墩支点采用550mm×1200mm的氯丁橡胶支座。设计荷载为公路—Ⅰ级，结构安全等级一级。

假定，上述匝道桥的边支点采用双支座（抗扭支座），梁的重力密度为158kN/m，汽车居中行驶，其冲击系数按1.15计。若双支座平均承担反力，试问，在重力和车道荷载作用时，每个支座的组合力值R_A(kN)与下列何项数值最为接近？

提示： 反力影响线的面积：第一孔$w_1=+0.433L$；第二孔$w_2=-0.05L$；第三孔$w_3=+0.017L$。

(A) 1147　　(B) 1334　　(C) 1378　　(D) 1422

【解答】 根据《公桥通规》4.3.1条：

公路—Ⅰ级，$L=25$m，则：$q_k=10.5$kN/m

$$P_k=2\times(25+130)=310\text{kN}$$

安全等级一级，取$\gamma_0=1.1$。

重力产生反力：

$$R_G=q_{自重}(w_1-w_2+w_3)=158\times(0.433-0.05+0.017)\times25$$
$$=1580\text{kN}$$

汽车荷载产生反力：

q_k产生：　$R_{Q1}=q_k(w_1+w_3)=10.5\times(0.433+0.017)\times25$
$$=118\text{kN}$$

P_K产生：　　　　$R_{Q2}=310\times1.0=310\text{kN}$

$$R_Q=1.15\times(118+310)=492.2\text{kN}$$

1条车道，查表4.3.1-5，取$\zeta=1.2$

$$R_a = 1.2 \times 492.2 = 590.64 \text{kN}$$

$$R_q = \gamma_0 \times (1.2 \times 1580 + 1.4 \times 590.64) = 2995.2 \text{kN}$$

每个支座的反力: $\dfrac{R_d}{2} = 1498 \text{kN}$

故应选（D）项。

第四节 行车道板的计算

《公路钢筋混凝土及预应力混凝土桥涵设计规范》JTG 3362—2018（以下简称《公桥混规》）规定了行车道板（也称为桥面板）的计算。

一、概述

公路梁桥结构设计的计算包括内力、变形计算及结构强度、刚度验算和配筋计算等。梁桥计算分为上、下部结构计算。其中，上部结构计算包括主梁、横梁、桥面板以及其他构造细部，同时，还要考虑结构变形、施工验算或其他特殊项目的验算。下部结构计算则包括支座、墩、台和基础的计算。本节主要讲述行车道板（或桥面板）的计算。

1. 行车道板的类型

钢筋混凝土和预应力混凝土肋梁桥的行车道板，是直接承受车辆轮压的承重结构，在构造上它通常与主梁的梁肋和横隔梁（或横隔板）整体相连，这样既能将车辆活载传给主梁，又是构成主梁截面的组成部分，并保证主梁的整体作用。

从结构形式上看，对具有主梁和横隔梁的简单梁格系[图 8.4.1(a)]，及对具有主梁、横梁和内纵梁的复杂梁格系[图 8.4.1(b)]，行车道板实际上都是周边支承的板。

从承受荷载的特点来看，当板中央作用一竖向荷载 P 时，虽然此荷载会向相互垂直的两对支承边传递，但当支承跨径 l_a 和 l_b 不相同时，因板沿 l_a 和 l_b 路径的相对刚度不同，将使向两个方向所传递的荷载也不相等，对此，《公桥混规》4.2.1 条作了如下规定：

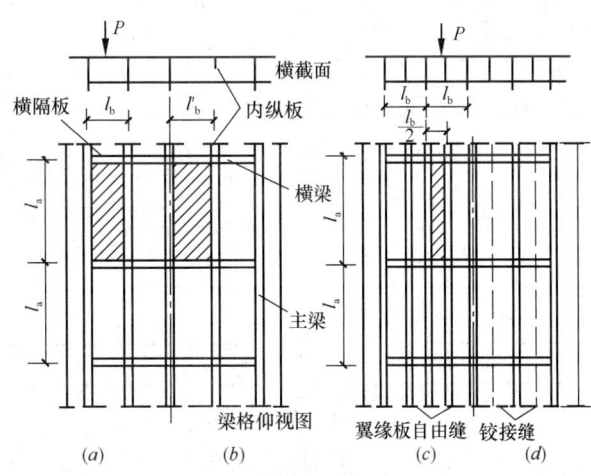

图 8.4.1 梁格系构造和桥面板的支承形式

> 4.2.1 四边支承的板，当长边长度与短边长度之比等于或大于 2 时，可按短边计算跨径的单向板计算；否则，应按双向板计算。

需注意的是：

上述规定与《混凝土结构设计规范》9.1.1 条规定是不一致的。

对于常见的 $l_a/l_b \geqslant 2$ 的 T 形梁桥，还可能遇见下述两种情况：

(1) 当翼缘板的端边为自由边，如图 8.4.1(c) 所示，它实际是三边支承的板，沿短跨一端嵌固，而另一端为自由端的悬臂板。

(2) 相邻翼缘板在端部互相做成铰接接缝的构造，如图 8.4.1(d) 所示，此时板应按一端嵌固一端铰接的铰接悬臂板计算。

可见，梁桥行车道板受力图分为：梁式单向板、悬臂板、铰接悬臂板和双向板等。

2. 车轮荷载在板上的分布

作用在桥面上的车轮压力通过桥面铺装层扩散分布在行车道板上，由于板的计算跨径相对于

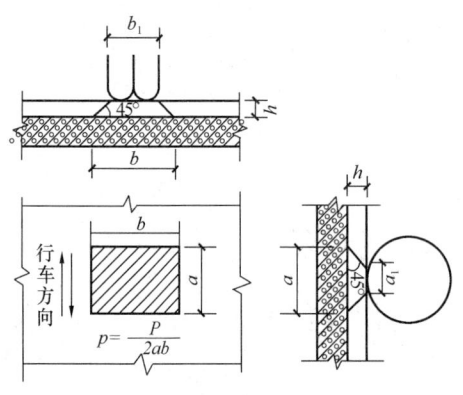

图 8.4.2 车辆荷载在板面上的分布

车轮的分布宽度来说不是相差很大，故计算时应较精确地将轮压作为分布荷载来处理。

弹性充气的车轮与桥面的接触面实际上接近于椭圆，而荷载又要通过铺装层扩散分布，如图 8.4.2 所示，可见车轮压力在行车道板上的实际分布形状是很复杂的，为简化计算，通常近似地将车轮与桥面的接触面视为 $a_1 \times b_1$ 的矩形，此处 a_1 是车轮沿行车方向的着地长度，b_1 是车轮沿垂直行车方向的着地宽度。a_1、b_1 的取值，《公桥通规》4.3.1 条表 4.3.1-3 作了如下规定：

车辆荷载的主要技术指标　　　　　　　　　　　　　　表 4.3.1-3

项　目	单　位	技术指标	项　目	单　位	技术指标
车辆重力标准值	kN	550	轮　距	m	1.8
前轴重力标准值	kN	30	前轮着地宽度及长度	m	0.3×0.2
中轴重力标准值	kN	2×120	中、后轮着地宽度及长度	m	0.6×0.2
后轴重力标准值	kN	2×140	车辆外形尺寸（长×宽）	m	15×2.5
轴　距	m	3+1.4+7+1.4			

试验研究表明，对于混凝土或沥青面层，荷载可以偏安全地假定沿 45° 角扩散。因此，作用于钢筋混凝土板上的矩形压力面的宽度为：

垂直于板跨径方向：$a = a_1 + 2h$

平行于板跨径方向：$b = b_1 + 2h$

式中　h——铺装层的厚度。

当取车辆荷载的一个后轮为计算荷载作用于行车道板上时，其局部分布的荷载强度 p 为：

$$p = \frac{P}{2ab}$$

式中 P——车辆荷载后轴的轴重（kN）。

3. 板的有效工作宽度（或板的有效分布宽度）

如图 8.4.3 所示为一跨径 l、宽度较大的梁式桥面板，板中央作用着局部分布荷载，从图中可知，板除了沿计算跨径 x 方向产生挠曲变形 w_x 外，在 y 方向也发生挠曲变形，这说明了相邻局部荷载的板也参与了工作，共同承受车轮荷载所产生的弯矩。正如图中所示，沿 y 方向板条所分担弯矩 m_x 的分布图形，它在局部荷载中心处板条负担的弯矩最大，达到 $m_{x\max}$，离局部荷载越远的板条所承受的弯矩就越小。

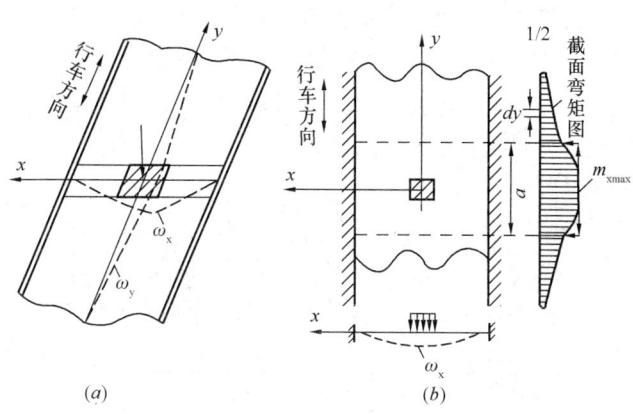

图 8.4.3 行车道板的受力状态

车轮荷载产生的跨中总弯矩为 M，即图中的实际曲线分布图形面积，现设想以 $a \times m_{x\max}$ 的矩形来替代图中的实际曲线分布图形面积，即：

$$a \times m_{x\max} = M$$

则得弯矩图形的换算宽度为：

$$a = \frac{M}{m_{x\max}}$$

式中 $m_{x\max}$——按弹性薄板理论求得的荷载中心处的最大单位宽度弯矩值。

《公桥混规》4.2.3 条规定了单向板的有效分布宽度为：

> 4.2.3 整体单向板计算时，通过车轮传递到板上的荷载分布宽度宜按下列规定计算：
> 1 平行于板的跨径方向的荷载分布宽度
> $$b = b_1 + 2h \tag{4.2.3-1}$$
> 2 垂直于板的跨径方向的荷载分布宽度
> 1) 单个车轮在板的跨径中部时：
> $$a = (a_1 + 2h) + \frac{l}{3} \geq \frac{2}{3}l \tag{4.2.3-2}$$
> 2) 多个相同车轮在板的跨径中部时，当各单个车轮按公式（4.2.3-2）计算的荷载分布宽度有重叠时：

$$a = (a_1 + 2h) + d + \frac{l}{3} \geqslant \frac{2}{3}l + d \qquad (4.2.3\text{-}3)$$

3) 车轮在板的支承处时：

$$a = (a_1 + 2h) + t \qquad (4.2.3\text{-}4)$$

4) 车轮在板的支承附近，距支点的距离为 x 时：

$$a = (a_1 + 2h) + t + 2x \qquad (4.2.3\text{-}5)$$

但不大于车轮在板的跨径中部的分布宽度；

5) 按本条算得的所有分布宽度，均不得大于板的全宽度；

6) 彼此不相连的预制板，车轮在板内分布宽度不得大于预制板宽度。

以上式中　　l——板的计算跨径；

h——铺装层厚度；

t——板的跨中厚度；

d——多个车轮时外轮之间的中距；

a_1、b_1——垂直于板跨和平行于板跨方向的车轮着地尺寸。

二、行车道板的内力计算

常见的行车道板实质上是一个支承在一系列弹性支撑上的多跨连续板，并且板与梁肋系整体相连。当前，采用近似方法进行计算，对于弯矩，先算出一个跨度相同的简支板在恒载和活载作用下的跨中弯矩 M_0，再乘以修正系数，以求得支点处和跨中截面的设计弯矩。《公桥混规》4.2.2 条作了如下规定：

4.2.2 简支板的计算跨径应为两支承中心之间的距离。与梁肋整体连接的板，计算弯矩时其计算跨径可取为两肋间的净距加板厚，但不大于两肋中心之间的距离。此时，弯矩可按下列简化方法计算：

1　支点弯矩

$$M = -0.7M_0 \qquad (4.2.2\text{-}1)$$

2　跨中弯矩

1) 板厚与梁肋高度比等于或大于 1/4 时

$$M = +0.7M_0 \qquad (4.2.2\text{-}2)$$

2) 板厚与梁肋高度比小于 1/4 时

$$M = +0.5M_0 \qquad (4.2.2\text{-}3)$$

式中　　M_0——与计算跨径相同的简支板跨中弯矩。

与梁肋整体连接的板，计算剪力时其计算跨径可取两肋间净距，剪力按该计算跨径的简支板计算。

注意的是，与梁肋整体连接的板，计算其剪力时，计算跨径取梁肋间净距。

如图8.4.4（a）所示，简支板单位宽度的跨中弯矩 M_0（kN·m/m）为：

跨中弯矩基本组合值：$\gamma_0 M_0 = \gamma_0 (\gamma_G M_{0g} + \gamma_{Q1} M_{0p})$

跨中恒载弯矩标准值：$M_{0g} = \dfrac{1}{8} g l^2$

跨中车辆荷载弯矩标准值：$M_{0p} = (1+\mu) \cdot \dfrac{P}{4a}\left(\dfrac{l}{2} - \dfrac{b}{4}\right) = (1+\mu) \cdot \dfrac{P}{8a}(l - \dfrac{b}{2})$

式中 P——轴重，取车辆荷载后轴的轴重，kN；

a——板的有效工作宽度，m；

l——板的计算跨径，m；

$(1+\mu)$——冲击影响的增大系数，根据《公桥通规》4.3.2条规定取1.3。

计算跨中汽车弯矩 M_{0p} 应考虑轮压 $P/2$ 均匀分布的影响，故上式中含 $\left(\dfrac{-P}{4a} \cdot \dfrac{b}{4}\right)$。

当板的跨径较大，可能还有第二个车轮进入跨径内，可将车轮荷载布置或使跨中弯矩为最大，作出内力计算图式进行计算。

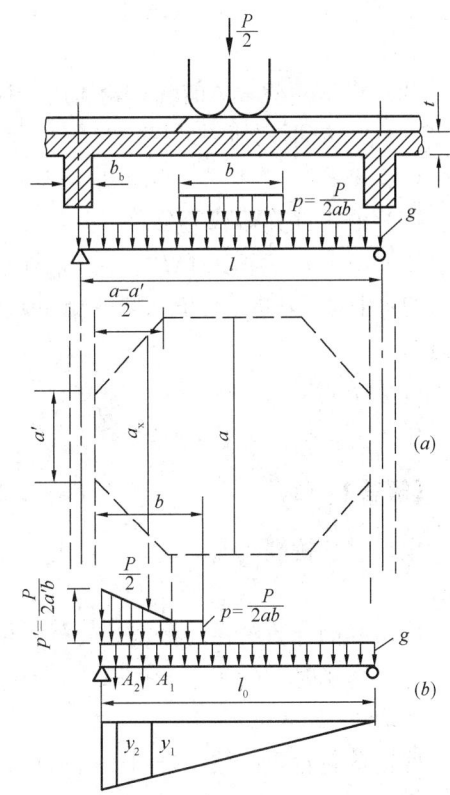

图8.4.4 单向板内力计算图式
(a) 求跨中弯矩；(b) 求支点剪力

如图8.4.4（b）所示，求跨径内只有1个车轮荷载时，支点剪力 V_s 为：

$$V_s = \dfrac{1}{2} g l_0 + (1+\mu)(A_1 \cdot y_1 + A_2 \cdot y_2)$$

其中，矩形部分荷载的合力：$A_1 = p \cdot b = \dfrac{P}{2ab} \cdot b = \dfrac{P}{2a}$

三角形部分荷载的合力：$A_2 = \dfrac{1}{2}(p' - p) \cdot \dfrac{a - a'}{2} = \dfrac{1}{2}\left(\dfrac{P}{2a'b} - \dfrac{P}{2ab}\right) \cdot \dfrac{a - a'}{2}$

$= \dfrac{P}{8aa'b} \cdot (a - a')^2$

式中 p、p'——对应于有效工作宽度 a 和 a' 处的荷载强度；

y_1、y_2——对应于荷载合力 A_1 和 A_2 的支点剪力影响线竖标值；

l_0——板的计算跨径，与梁肋整体连接的板，l_0 取两肋间净距。

同样，当跨径内不止一个车轮进入时，支点剪力还应考虑其他车轮的影响。

【例8.4.1】 某公路梁桥标准跨径为20m，计算跨径为19.5m，桥面横截面由5片T形梁组成，其间距为1.6m，T梁宽度为180mm，高1200mm。横隔梁间距4.5m。桥面铺装层为沥青面层厚0.08m，行车道板厚120mm。

试问：

(1) 当车辆荷载的前轴车轮作用于板的跨径中部时，垂直于板跨径方向的车轮荷载分布宽度（m），与下列何项最接近？

(A) 0.87　　　　(B) 0.96　　　　(C) 1.03　　　　(D) 1.10

(2) 当车辆荷载的前轴车轮作用于板的支承处时，垂直于板跨径方向的车轮荷载分布宽度（m），与下列何项最接近？

(A) 0.36　　　　(B) 0.48　　　　(C) 0.68　　　　(D) 0.87

(3) 假定计算荷载为公路—Ⅱ级，经计算知每米宽度上恒载产生的板跨中弯矩标准值 $M_{0g}=2.0$ kN·m，确定在恒载、汽车前轴车轮荷载共同作用下按承载能力极限状态计算每米宽度板的跨中弯矩基本组合值（kN·m/m）、支座弯矩基本组合值（kN·m/m），与下列何项最接近？

(A) 7.48；－7.8　　　　　　　　(B) 6.1；－7.8
(C) 7.48；－10.47　　　　　　　(D) 6.1；－8.6

【解答】 (1) $l_a/l_b = \dfrac{4.5}{1.6} = 2.8125 > 2.0$

根据《公桥混规》4.2.1 条规定，行车道板按单向板计算，取单位宽度（1m）进行设计。

确定板的计算跨径，根据《公桥混规》4.2.2 条规定：

计算弯矩时：$l = L_0 + t = 1600 - 180 + 120 = 1540$ mm < 1600 mm（两肋中心距离）

故取 $l = 1540$ mm。

确定前轮轮压区域，查《公桥通规》表 4.3.1-3，取前轮的着地长度 a_1 为 0.20m，着地宽度 b_1 为 0.30m。同时，铺装层厚 $h = 0.08$ m。

$$a = a_1 + 2h = 0.20 + 2 \times 0.08 = 0.36 \text{m}$$

$$b = b_1 + 2h = 0.30 + 2 \times 0.08 = 0.46 \text{m}$$

因横桥向车轮轮距为 1.8m，而梁桥主梁间距为 1.6m，故每一跨板内仅有一个车轮，其车轮轮压为 $P/2$。

根据《公桥混规》4.2.3 条规定，前车轮在板跨中部时：

$$a = a_1 + 2h + \dfrac{l}{3} = 0.36 + \dfrac{1.54}{3} = 0.873 \text{m} < \dfrac{2l}{3} = \dfrac{2 \times 1.54}{3} = 1.027 \text{m}$$

故取 $a = 1.027$ m，应选 (C) 项。

(2) 根据《公桥混规》4.2.3 条规定，前车轮在板的支承处时：

$$a = a_1 + 2h + t = 0.36 + 0.12 = 0.48 \text{m}$$

故应选 (B) 项。

(3) 车辆荷载在板跨中的内力计算图式，如图 8.4.5 所示。

汽车荷载产生的跨中弯矩标准值

$$M_{0p} = (1+\mu)\dfrac{P}{4a}\cdot\left(\dfrac{l}{2}-\dfrac{b}{4}\right) = (1+\mu)\dfrac{P}{8a}\left(l-\dfrac{b}{2}\right)$$

$$= 1.3 \times \dfrac{30}{8 \times 1.027} \times \left(1.54 - \dfrac{0.46}{2}\right) = 6.22 \text{kN} \cdot \text{m}$$

由条件知，$M_{0g}=2.0\text{kN}\cdot\text{m}$。

标准跨径为 20m，按单孔跨径查《公桥通规》表 1.0.5，属中桥。

查《公桥通规》表 4.1.5-1，安全等级为一级，故取结构重要性系数 $\gamma_0=1.1$

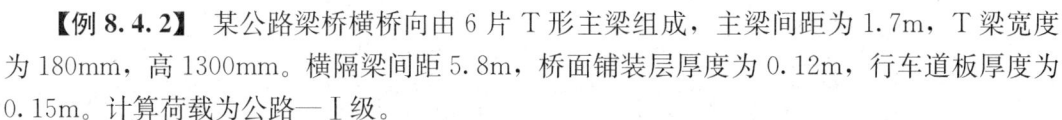

图 8.4.5

$$M_0=\gamma_0(\gamma_G M_{0g}+\gamma_{Q1}M_{0p})$$
$$=1.1\times(1.2\times2+1.8\times6.22)$$
$$=14.96\text{kN}\cdot\text{m}$$

确定最终内力值，根据《公桥混规》4.2.2 条规定：

$t/h_b=\dfrac{0.12}{1.2}=\dfrac{1}{10}<1/4$，由规范式（4.2.2-3）：

$M_{\text{中}}=0.5M_0=0.5\times14.96=7.48\text{kN}\cdot\text{m/m}$

$M_{\text{支}}=-0.7M_0=-0.7\times14.96=-10.47\text{kN}\cdot\text{m/m}$

故应选（C）项。

【例 8.4.2】某公路梁桥横桥向由 6 片 T 形主梁组成，主梁间距为 1.7m，T 梁宽度为 180mm，高 1300mm。横隔梁间距 5.8m，桥面铺装层厚度为 0.12m，行车道板厚度为 0.15m。计算荷载为公路—Ⅰ级。

试问：

（1）当车辆荷载的后轴车轮作用于板的跨径中部时，垂直于板跨径方向的车轮荷载分布宽度（m），与下列何项最接近？

(A) 2.40   (B) 2.51   (C) 1.10   (D) 1.00

（2）当车辆荷载的后轴车轮作用于板的支承处时，垂直于板跨径方向的车轮荷载分布宽度（m），与下列何项最接近？

(A) 0.59   (B) 0.76   (C) 1.18   (D) 1.25

【解答】（1）$l_a/l_b=5.8/1.7=3.41>2$

根据《公桥混规》4.2.1 条规定，行车道板按单向板计算，确定板的计算跨径，根据《公桥混规》4.2.2 条规定：

计算弯矩时：$l=L_0+t=1700-180+150=1670\text{mm}<1700\text{mm}$

故取 $l=1670\text{mm}$。

确定轮压区域，查《公桥通规》表 4.3.1-3，取后轮的着地长度 a_1 为 0.2m，着地宽度 b_1 为 0.6m。

$$a=a_1+2h=0.2+2\times0.12=0.44\text{m}$$
$$b=b_1+2h=0.6+2\times0.12=0.84\text{m}$$

根据《公桥混规》4.2.3 条规定，后车轮在板跨中部时：

单个车轮时：$a=a_1+2h+\dfrac{l}{3}=0.44+\dfrac{1.67}{3}=0.997\text{m}<\dfrac{2l}{3}=1.113\text{m}$

取 $a=1.113$m，并且 $a=1.113$m$<d=1.4$m（后轮轴距），故两后轮的有效工作宽度无重叠，如图 8.4.6 所示。

所以应选（C）项。

(2) 后轮在板的支承处时：

由《公桥混规》式（4.2.3-4）：

单个车轮：$a'=a_1+2h+t=0.44+0.15=0.59$m

$a'=0.59$m$<d=1.4$m，故有效工作宽度在支承处不重叠，以单轮计，如图 8.4.6 所示。

应选（A）项。

此外，图 8.4.6 中 y_1 值计算如下：

$$y_1=\frac{2.513-d-a'}{2}=\frac{2.513-1.4-0.59}{2}=0.2615\text{m}$$

【例 8.4.3】 某公路桥梁，其中一联为五孔连续梁桥，采用预应力混凝土箱梁，如图 8.4.7 所示。桥梁总宽为 10.5m，行车道宽度为 8.0m。假定箱形主梁顶板跨径 $L=500$cm，桥面铺装厚度 $h=15$cm，且车辆荷载的后轮车轮作用于该桥箱形主梁顶板的跨径中部时，试问，垂直于顶板跨径方向的车轮荷载分布宽度（cm），与下列何项最接近？

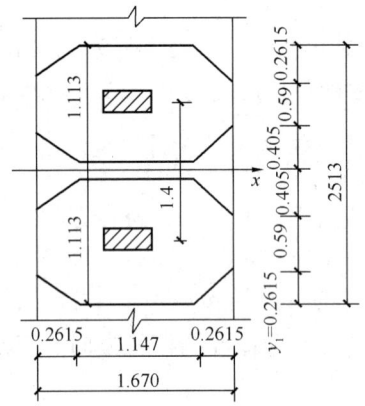

图 8.4.6 两车轮有效分布宽度无重叠

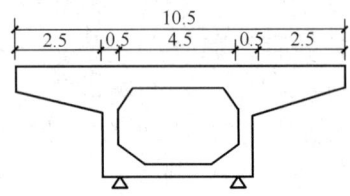

图 8.4.7 某箱梁

(A) 217   (B) 333   (C) 357   (D) 473

【解答】 确定轮压区域，查《公桥通规》表 4.3.1-3，取后轮的着地长度 a_1 为 0.2m，着地宽度 b_1 为 0.6m。

$$a=a_1+2h=20+2\times15=50\text{cm}$$

$$b=b_1+2h=60+2\times15=90\text{cm}$$

根据《公桥混规》4.2.3 条规定：

单个车轮时：$a=a_1+2h+\dfrac{l}{3}=50+\dfrac{500}{3}=216.7\text{cm}<\dfrac{2l}{3}=\dfrac{2\times500}{3}=333.3\text{cm}$

取 $a=333.3$cm，但 $a=333.3$cm$>d=140$cm，表明后轮的有效工作宽度相互重叠。

由《公桥混规》式（4.2.3-3）：

两个车轮：$a=a_1+2h+d+\dfrac{l}{3}=50+140+\dfrac{500}{3}=356.7\text{cm}<\dfrac{2l}{3}+d=\dfrac{2\times500}{3}+140=473.3\text{cm}$

故取 $a=473.3\text{cm}$。

所以应选（D）项。

【例 8.4.4】 某城市附近交通繁忙公路上的桥梁，汽车荷载为公路—Ⅱ级，桥面净宽为 8.5m，如图 8.4.8 所示，横桥向由 4 片 T 形主梁组成，主梁标准跨径为 18m，主梁间距 2.4m，主梁肋宽为 200mm，高度为 1300mm，横隔梁间距为 4.8m。桥面铺装层平均厚度为 80mm，铺装层的重力密度为 23kN/m³，桥面板的重力密度为 25kN/m³，防撞栏杆每侧为 4.5kN/m。

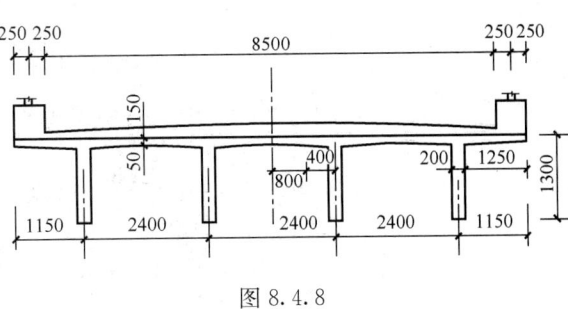

图 8.4.8

试问：

(1) 行车道板按简支板计算时，在恒载作用下的单位宽度跨中弯矩标准值 M_{0g}（kN·m/m），与下列何项最接近？

(A) 3.0　　(B) 3.4　　(C) 3.7　　(D) 4.1

(2) 后轴车轮位于板跨中时，垂直于板跨径方向的有效工作宽度（m），与下列何项最接近？

(A) 2.97　　(B) 2.55　　(C) 1.57　　(D) 1.15

(3) 假定行车道板按简支板计算时恒载产生的跨中弯矩标准值 $M_{0g}=4.07\text{kN}\cdot\text{m}$，试问，在恒载、汽车荷载共同作用下，在持久状况下按承载力极限状态下基本组合的跨中弯矩设计值（kN·m）、支点弯矩设计值（kN·m），与下列何项数值最接近？

(A) 26.02；−45.76　　　　(B) 32.69；−45.76
(C) 26.02；−36.42　　　　(D) 32.69；−36.42

【解答】 (1) $l_a/l_b=4.8/2.4=2.0\geqslant 2.0$，故行车道板可按单向板计算。计算弯矩时，板的计算跨径 l，根据《公桥混规》4.2.2 条规定：

$$l=L_0+t=2.4-0.2+t=2.2+t\quad(t\text{为板厚})$$

由图可知板的平均厚度 t 为：

$$t=\frac{0.15\times 1.1+\frac{1}{2}\times 0.4\times 0.05}{1.1}=0.16\text{m}$$

$$l=2.2+t=2.36\text{m}<2.4\text{m}（两肋中心距离）$$

故取 $l=2.36\text{m}$。

铺装层自重：$g_1=1\times 0.08\times 23=1.84\text{kN/m}$

板自重：$g_2=1\times 0.16\times 25=4.0\text{kN/m}$

$$g=g_1+g_2=5.84\text{kN/m}$$

$$M_{0g}=\frac{1}{8}gl^2=\frac{1}{8}\times 5.84\times 2.36^2=4.07\text{kN}\cdot\text{m/m}$$

故应选（D）项。

(2) 查《公桥通规》表 4.3.1-3，可知，对于后车轮：$a_1=0.2\mathrm{m}$，$b_1=0.6\mathrm{m}$

$$a=a_1+2h=0.2+2\times 0.08=0.36\mathrm{m}$$

$$b=b_1+2h=0.6+2\times 0.08=0.76\mathrm{m}$$

单个后车轮居板的跨中时，由《公桥混规》4.2.3 条规定：

$$a=a_1+2h+\frac{l}{3}=0.36+\frac{2.36}{3}=1.147\mathrm{m}<\frac{2}{3}l=\frac{2\times 2.36}{3}=1.573\mathrm{m}$$

故取 $a=1.573\mathrm{m}>d=1.4\mathrm{m}$，则后车轮有重叠。

由《公桥混规》4.2.3 条规定：

$$a=a_1+2h+d+\frac{l}{3}=0.36+1.4+\frac{2.36}{3}=2.547\mathrm{m}<\frac{2l}{3}+d=2.973\mathrm{m}$$

故取 $a=2.973\mathrm{m}$，所以应选（A）项。

(3) 确定后车轮荷载集度，此时为 2 个后车轮：

$$M_{0p}=(1+\mu)\cdot\frac{2\times P}{4a}\left(\frac{l}{2}-\frac{b}{4}\right)$$

$$=1.3\times\frac{2\times 140}{4\times 2.973}\times\left(\frac{2.36}{2}-\frac{0.76}{4}\right)=30.30\mathrm{kN\cdot m}$$

$L_k=18\mathrm{m}$，按单孔跨径查《公桥通规》表 1.0.5，属小桥；

查《公桥通规》表 4.1.5-1，其安全等级为一级，取 $\gamma_0=1.1$。

$$\gamma_0 M_0=\gamma_0\times(\gamma_G M_{0g}+\gamma_{Q1}M_{0p})$$

$$=1.1\times(1.2\times 4.07+1.8\times 30.30)=65.37\mathrm{kN\cdot m}$$

因板厚与梁高之比 $t/h_b=0.16/1.4=1/8.75<1/4$，根据《公桥混规》4.2.2 条规定：

$$M_{\mathrm{中}}=0.5M_0=0.5\times 65.37=32.69\mathrm{kN\cdot m}$$

$$M_{\mathrm{支}}=-0.7M_0=-0.7\times 65.37=-45.76\mathrm{kN\cdot m}$$

故应选（B）项。

此外，本题后轮轮压作用下，板的有效工作宽度，如图 8.4.9 所示。

后车轮位于板的支承处时：

单个车轮：$a'=a_1+2h+t=0.36+0.16=0.52\mathrm{m}<d=1.4\mathrm{m}$，故在支点处有效工作宽度不重叠。

【例 8.4.5】 某安全等级为一级的公路梁桥，梁桥横桥向由工字形主梁组成，如图 8.4.10 所示，工字形主梁的肋高为 1.5m，肋宽为 0.35m，桥面铺装层厚度为 0.08m，桥面板跨中板厚 0.25m，与主梁相交处加腋，板厚 0.4m，经计算知板的平均厚度为 0.30m，板的净跨 $L_0=3.90\mathrm{m}$，横隔梁的间距为主梁间距的 2.4 倍。计算荷载为公路—Ⅰ级。如图中所示，两辆汽车并排行驶，此时汽车后轮压在板的跨中产生最大弯矩。

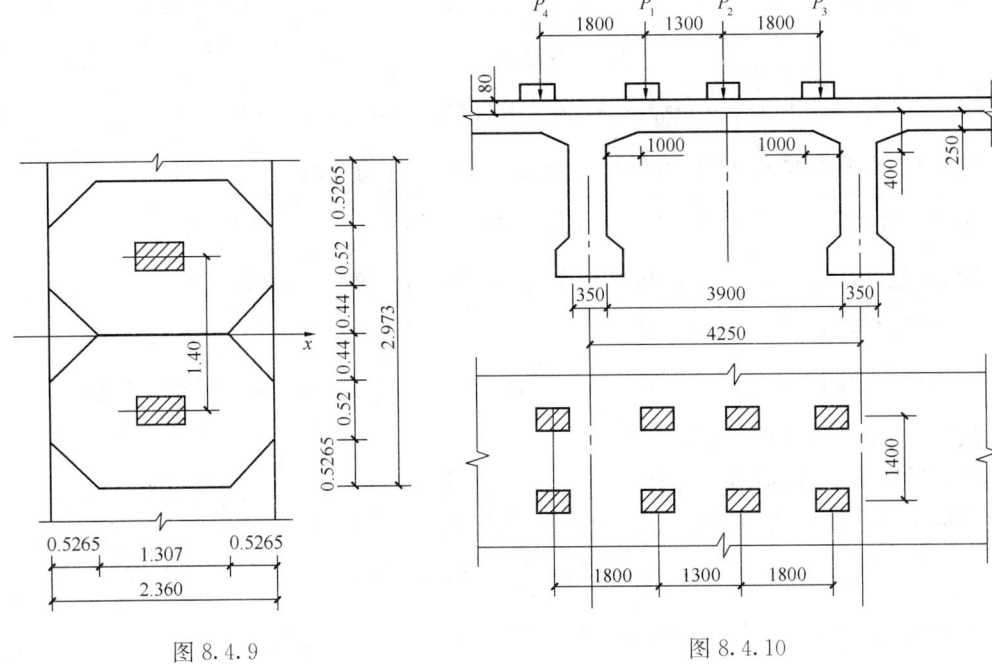

图 8.4.9　　　　　　　　　　图 8.4.10

试问：

(1) 图中后车轮 P_2（2个轮）沿垂直于板跨径方向的有效工作宽度 a (mm)，与下列何项最接近？

(A) 1.78　　　(B) 2.83　　　(C) 3.17　　　(D) 4.20

(2) 图中后车轮 P_1（2个轮）沿垂直于板跨径方向的有效工作宽度 a (mm)，与下列何项最接近？

(A) 2.06　　　(B) 2.56　　　(C) 3.31　　　(D) 3.62

(3) 图中后车轮 P_3（2个轮）沿垂直于板跨径方向的有效工作宽度 a (mm)，与下列何项最接近？

提示： 取板厚 $t=0.4$m。

(A) 1.06　　　(B) 1.58　　　(C) 2.12　　　(D) 2.44

(4) 按简支板计算，汽车荷载在板跨中产生的最大弯矩标准值 M_{0p} (kN·m)，与下列何项最接近？

(A) 85　　　(B) 80　　　(C) 75　　　(D) 70

(5) 假定按简支板计算时，由汽车荷载在板的跨中产生的弯矩标准值 $M_{0p}=75.0$ kN·m，由上部结构恒载在板的跨中产生的弯矩标准值 $M_{0g}=20.0$ kN·m，则持久状况按承载能力极限状态下基本组合的板的跨中弯矩设计值 (kN·m)、支点弯矩设计值 (kN·m)，与下列何项最接近？

(A) 175；87　　　(B) 175；75　　　(C) 142；87　　　(D) 142；75

【解答】 (1) $l_a/l_b=2.4>2.0$，故马蹄形（或 T 形）主梁上板可按单向板计算。

板的计算跨径 l：根据《公桥混规》4.2.2 条规定：

$$l=L_0+t=3.9+0.3=4.2\text{m}<L_0+b_b=3.9+0.35=4.25\text{m}$$

故取 $l=4.2$m。

查《公桥通规》表 4.3.1-3 知，后车轮着地长度 $a_1=0.2\text{m}$，着地宽度 $b_1=0.6\text{m}$。

$$a=a_1+2h=0.2+2\times 0.08=0.36\text{m}$$
$$b=b_1+2h=0.6+2\times 0.08=0.76\text{m}$$

后车轮 P_2 在板的跨中时，根据《公桥混规》4.2.3 条规定：

单个车轮时：$a=a_1+2h+\dfrac{l}{3}=0.36+\dfrac{4.2}{3}=1.76\text{m}<\dfrac{2l}{3}=\dfrac{2\times 4.2}{3}=2.8\text{m}$

取 $a=2.8\text{m}>d=1.4\text{m}$，故后车轮 P_2 的两个车轮工作宽度重叠。

由《公桥混规》式（4.2.3-3）：

$$a=a_1+2h+d+\dfrac{l}{3}=0.36+1.4+\dfrac{4.2}{3}=3.16\text{m}<\dfrac{2l}{3}+d=2.8+1.4=4.2\text{m}$$

故取 $a=4.2\text{m}$，所以应选（D）项。

（2）后车轮 P_1 的有效分布宽度

当后车轮在板的支承处时，由《公桥混规》式（4.2.3-4）：

$$a'=a_1+2h+t=0.36+0.25=0.61\text{m}$$

先确定出后车轮 P_1 到支承边的距离，按净跨计算，如图 8.4.11 所示。

$$x_1=3900/2-1300=650\text{mm}$$

同理，后车轮 P_3 到支承边的距离为：

$$x_2=\dfrac{3900}{2}-1800=150\text{mm}$$

一个后车轮 P_1 在板的支承附近时，由规范式（4.2.3-5）：

$$a=a_1+2h+t+2x_1=0.61+2\times 0.65=1.91\text{m}>d=1.4\text{m}$$

故后车轮 P_1 在板的支承附近的分布宽度有重叠。两个后车轮 P_1 的有效分布宽度（图 8.4.12）：

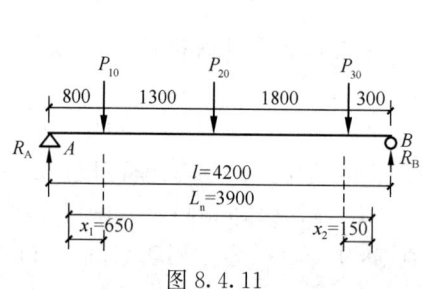

图 8.4.11

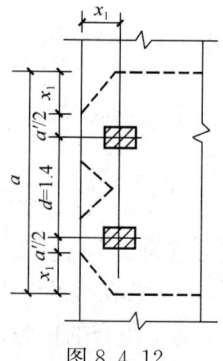

图 8.4.12

$$a=d+a'+2x_1=1.4+0.61+2\times 0.65=3.31\text{m}$$

故应选（C）项。

（3）由上述结果知，$x_2=150\text{mm}$。

一个后车轮 P_3 在板的支承附近时，由《公桥混规》式（4.2.3-5）：

$$a=a_1+2h+t+2x_2=0.76+2\times 0.15=1.06\text{m}<d=1.4\text{m}$$

故两个后车轮 P_3 的有效分布宽度不重叠,则:
两个后车轮 P_3,$a=2\times1.06=2.12\text{m}$
所以应选(C)项。

(4) 如前图 8.4.11 所示,计算后车轮 P_1、P_2、P_3 的单位宽度板内的集中力:

$$P_{10}=\frac{2\times P/2}{a_1}=\frac{140}{3.31}=42.296\text{kN}$$

$$P_{20}=\frac{2\times P/2}{a_2}=\frac{140}{4.2}=33.333\text{kN}$$

$$P_{30}=\frac{2\times P/2}{a_3}=\frac{140}{2.12}=66.038\text{kN}$$

支座反力 R_A 为:

$$R_A=\frac{1}{4.2}\times(42.296\times3.4+33.333\times2.1+66.038\times0.3)$$
$$=55.62\text{kN}$$

确定汽车荷载产生的 M_{0p},计算 P_2 时应作为均布荷载考虑,2个设计车道,取 $\zeta=1.0$;$1+\mu=1.3$;$b=0.76$。

$$M_{0p}=(1+\mu)\cdot\zeta\cdot\left(R_A\times4.2/2-42.296\times1.3-\frac{33.333}{2}\times\frac{b}{4}\right)$$
$$=1.3\times1\times\left(55.62\times4.2/2-42.296\times1.3-\frac{33.333}{2}\times\frac{0.76}{4}\right)$$
$$=76.25\text{kN}\cdot\text{m}$$

故应选(C)项。

(5) 由题目条件,安全等级为一级,取 $\gamma_0=1.1$

$$M_0=\gamma_0(\gamma_G M_{0g}+\gamma_{Q1}M_{0p})$$
$$=1.1\times(1.2\times20+1.8\times75)=174.9\text{kN}\cdot\text{m}$$

$$M_{支}=-0.7M_0=-0.7\times174.9=-122.43\text{kN}\cdot\text{m}$$

$t/h_b=0.3/1.5=1/5<1/4$,由《公桥混规》4.2.2 条规定:

$M_{中}=0.5M_0=0.5\times174.9=87.45\text{kN}\cdot\text{m}$,故应选(A)项。

三、悬臂板的计算

1. 悬臂板的车轮荷载分布宽度与内力计算

《公桥混规》4.2.5 条作了如下规定:

4.2.5 当 $l_c\leq2.5\text{m}$ 时,悬臂板垂直于其跨径方向的车轮荷载分布宽度可按下列规定计算:

$$a=(a_1+2h)+2l_c \quad (4.2.5)$$

式中:a——垂直于悬臂板跨径的车轮荷载分布宽度;

a_1——垂直于悬臂板跨径的车轮着地尺寸;

l_c——平行于悬臂板跨径的车轮着地尺寸的外缘,通过铺装层 45°分布线的外边线至腹板外边缘的距离(图 4.2.5);

h——铺装层厚度。

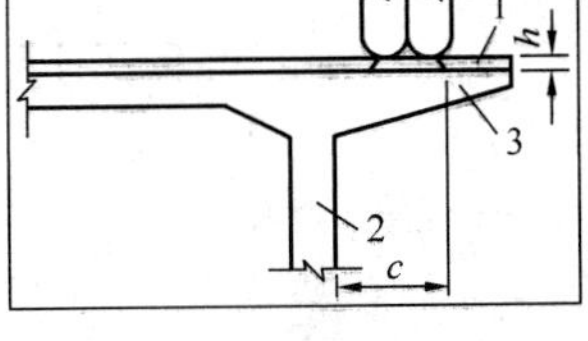

图 4.2.5 车轮荷载在悬臂板上的分布
1—桥面铺装;2—腹板;3—悬臂板

当几个靠近的车轮作用的分布宽度发生重叠时，如图 8.4.13 所示，即：$a=a_1+2h+2l_c>d=1.4m$（车轮轮距），车轮的分布宽度发生重叠，悬臂板的有效分布宽度 a 为：
$$a=a_1+2h+d+2l_c$$
特别地，当车轮荷载靠近板边的最不利情况时，即 $l_c=l_0$，则上式变为：
$$a=a_1+2h+d+2l_0$$
对于沿纵缝不相连接的悬臂板，在计算根部最大弯矩时，应将车轮荷载靠板的边缘布置，此时，$b=b_1+h$，如图 8.4.14 所示，弯矩值计算如下：

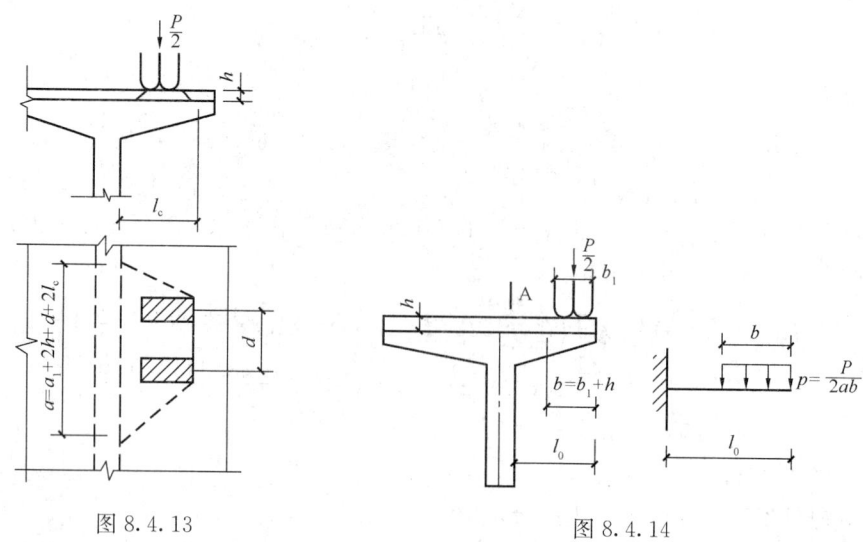

图 8.4.13　　　　　　　　　　图 8.4.14

基本组合的弯矩设计值：$\gamma_0 M_A = \gamma_0(\gamma_G M_{Ag}+\gamma_{Q1} M_{Ap})$

恒载产生的弯矩标准值：$M_{Ag}=-\dfrac{1}{2}gl_0^2$

车辆荷载产生的弯矩标准值：

当 $b\geqslant l_0$ 时，$M_{Ap}=-(1+\mu)\cdot\dfrac{1}{2}pl_0^2=-(1+\mu)\cdot\dfrac{P}{4ab}l_0^2$

当 $b<l_0$ 时，$M_{Ap}=-(1+\mu)\cdot pb\left(l_0-\dfrac{b}{2}\right)=-(1+\mu)\dfrac{P}{2a}\left(l_0-\dfrac{b}{2}\right)$

式中 $p=\dfrac{P}{2ab}=\dfrac{P}{2a(b_1+h)}$。

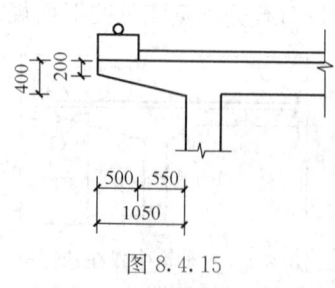

图 8.4.15

悬臂板根部的剪力值可偏安全地按一般悬臂板的计算图式进行计算。

【例 8.4.6】 某公路梁桥横桥向两侧为悬臂结构，如图 8.4.15 所示，桥面铺装层厚度为 0.07m，其重力密度为 23kN/m³，桥面板的重力密度为 25kN/m³，防护栏杆重每侧为 4.5kN/m。汽车计算荷载为公路—Ⅱ级。取结构重要性系数 $\gamma_0=0.9$。

试问：

（1）由汽车荷载在悬臂板根部产生的弯矩标准值 M_{Ap}（kN·m），剪力标准值 V_{Ap}（kN）与下列何项最接近？

(A) 9.2；43.8　　　(B) 9.6；45.6　　　(C) 10.8；47.1　　　(D) 7.1；33.7

（2）假定汽车荷载在悬臂板根部产生的弯矩标准值为 10kN·m，剪力标准值为 50kN，在持久状态下按承载力极限状态下基本组合的悬臂板根部的弯矩设计值（kN·m）、剪力设计值（kN），与下列何项最接近？

(A) 25.5；96.2　　　(B) 21.9；78.2　　　(C) 24.3；86.9　　　(D) 26.4；89.5

【解答】（1）根据《公桥通规》4.3.1 条中图 4.3.1-3 知，汽车车轮轮压 $P/2$ 到护栏边缘的最小距离为 0.5m，如图 8.4.16 所示。确定 c 值，后车轮轮压 $P/2$ 距悬臂板根部的距离 x：

$$x = 550 - 500 = 50 \text{mm}$$

查《公桥通规》表 4.3.1-3 知，后车轮着地长度 $a_1 = 0.2$m，着地宽度 $b_1 = 0.6$m。

$$a = a_1 + 2h = 0.2 + 2 \times 0.07 = 0.34 \text{m}$$
$$b = b_1 + 2h = 0.6 + 2 \times 0.07 = 0.74 \text{m}$$
$$c = \frac{b}{2} + x = \frac{0.74}{2} + 0.05 = 0.42 \text{m} < 2.5 \text{m}$$

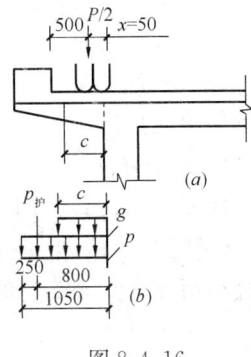

图 8.4.16

由《公桥混规》式（4.2.5）：

$$a = a_1 + 2h + 2l_c = 0.34 + 2 \times 0.42 = 1.18 \text{m} < d = 1.4 \text{m}$$

故后车轮轮压的分布宽度不会重叠。

车轮荷载集度为：

$$p = \frac{P/2}{ab} = \frac{140/2}{1.18 \times 0.74} = 80.165 \text{kN/m}^2$$

取 1 米宽板计算 $p = 80.165$ kN/m。

$$M_{Ap} = (1+\mu) \cdot p \cdot \frac{l_c^2}{2} = 1.3 \times 80.165 \times \frac{0.42^2}{2} = 9.19 \text{kN} \cdot \text{m}$$

$$V_{Ap} = (1+\mu) \cdot p l_c = 1.3 \times 80.165 \times 0.42 = 43.77 \text{kN}$$

故应选（A）项。

（2）恒载作用下的 M_{Ag}、V_{Ag}，取 $l = 1050$mm，如图 8.4.16 所示。

铺装层自重：$g_1 = 1 \times 0.07 \times 23 = 1.61$ kN/m

板的自重：$g_2 = 1 \times \frac{(0.2+0.4)}{2} \times 25 = 7.5$ kN/m

$$g = g_1 + g_2 = 9.11 \text{ kN/m}$$

防护栏自重：$P_{护} = 4.5 \times 1 = 4.5$ kN

$$M_{Ag} = \frac{1}{2} g l^2 + P_{护} \cdot l_{护} = \frac{1}{2} \times 9.11 \times 1.05^2 + 4.5 \times 0.8 = 8.62 \text{kN} \cdot \text{m}$$

$$V_{Ag} = gl + P_{护} = 9.11 \times 1.05 + 4.5 = 14.066 \text{kN}$$

由条件知，$\gamma_0 = 0.9$

$$\gamma_0 M_A = \gamma_0 (\gamma_G M_{Ag} + \gamma_{Q1} M_{Ap}) = 0.9 \times (1.2 \times 8.62 + 1.8 \times 10) = 25.51 \text{kN} \cdot \text{m}$$

$$\gamma_0 V_A = 0.9 \times (1.2 \times 14.066 + 1.8 \times 50) = 96.19 \text{kN}$$

故应选（A）项。

【例 8.4.7】 某公路梁桥横桥向两侧为悬臂结构，如图 8.4.17 所示，桥面铺装层厚度为 0.07m，其重力密度为 23kN/m³，桥面板的重力密度为 25kN/m³，防护栏杆重量每侧为 5.5kN/m。汽车计算荷载为公路—Ⅱ级。结构重要性系数 $\gamma_0=1.0$。

试问：

(1) 由汽车荷载在悬臂板上作用的有效工作宽度（m），与下列何项最接近？

(A) 3.68　　　(B) 4.02　　　(C) 4.66　　　(D) 5.08

(2) 由汽车荷载在悬臂板根部产生的弯矩标准值（kN·m）、剪力标准值（kN），与下列何项最接近？

(A) −46.6；35.8　　　　　　(B) −43.2；32.4
(C) −38.2；29.4　　　　　　(D) −35.8；27.5

【解答】 (1) 根据《公桥通规》4.3.1 条中图 4.3.1-3 知，车轮轮压 P/2 到护栏边缘的最小距离为 0.5m，如图 8.4.18 所示，确定 l_c 值：

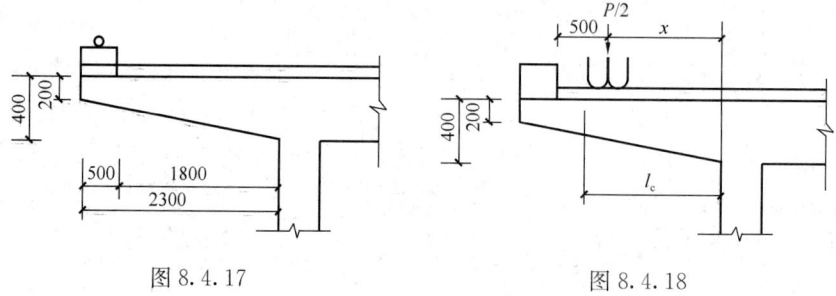

图 8.4.17　　　　　　　　图 8.4.18

后车轮轮压 P/2 距悬臂板根部的距离为 x：

$$x=1800-500=1300\text{mm}$$

查《公桥通规》表 4.3.1-3 知，后车轮着地长度 $a_1=0.2$m，着地宽度 $b_1=0.6$m：

$$a=a_1+2h=0.2+2\times0.07=0.34\text{m}$$
$$b=b_1+2h=0.6+2\times0.07=0.74\text{m}$$
$$c=\frac{b}{2}+x=\frac{0.74}{2}+1.3=1.67\text{m}$$

一个后车轮的分布宽度，由《公桥混规》式（4.2.5）：

$a=a_1+2h+2l_c=0.34+2\times1.67=3.68\text{m}>d=1.4\text{m}$，故车轮分布宽度有重叠。

两个后车轮的分布宽度为：

$$a=a_1+2h+d+2l_c=0.34+1.4+2\times1.67=5.08\text{m}$$

故应选（D）项。

(2) 车轮荷载集度，取两个车轮计算，按单位宽度：

$$p=\frac{2\times P/2}{ab}\times1=\frac{140}{5.08\times0.74}\times1$$

$$M_{Ap}=(1+\mu)\cdot pb\cdot x=-1.3\times\left(\frac{140}{5.08\times0.74}\times1\times0.74\right)\times1.3=-46.57\text{kN}\cdot\text{m}$$

$$V_{Ap}=(1+\mu)\cdot pb=1.3\times\left(\frac{140}{5.08\times0.74}\times1\times0.74\right)=35.83\text{kN}$$

故应选（A）项。

2. 铰接悬臂板的内力计算

对于相邻翼缘板沿板互相做成铰接的行车道板，计算悬臂板根部车辆活载弯矩 M_{Ap} 时，最不利的加载位置是把车轮荷载对中布置在铰接处，此时铰内的剪力为零，两相邻悬臂板各承受半个车轮荷载，即 $P/4$。每米宽悬臂板在其根部的弯矩值（图 8.4.19）为：

基本组合弯矩设计值：$\gamma_0 M_A = \gamma_0 (\gamma_G M_{Ag} + \gamma_{Q1} M_{Ap})$

恒载弯矩标准值：$M_{Ag} = -\dfrac{1}{2} g l_0^2$

车辆荷载弯矩标准值：$M_{Ap} = -(1+\mu)\dfrac{P}{4a}\left(l_0 - \dfrac{b}{4}\right)$

式中，$1+\mu=1.3$。

【例 8.4.8】 某公路桥梁的 T 形梁翼板所构成的铰接悬臂板，如图 8.4.20 所示，桥面铺装层为 2cm 的沥青混凝土面层（重力密度为 23kN/m³）和平均为 9cm 厚的 C25 混凝土垫层（重力密度为 24kN/m³），T 形梁翼板的重力密度为 25kN/m³。计算荷载为公路-I 级。结构重要性系数 $\gamma_0=1.0$。

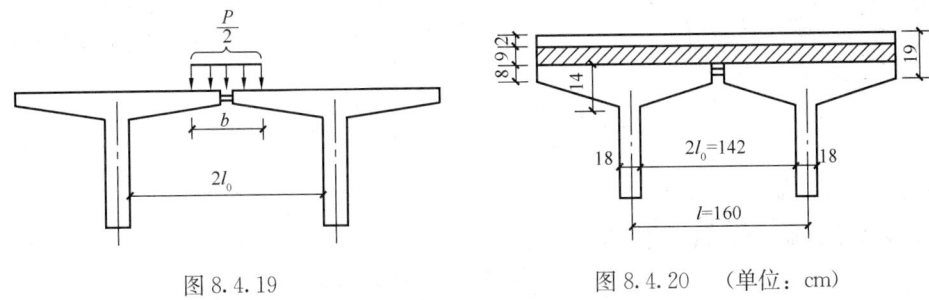

图 8.4.19　　　　　图 8.4.20 （单位：cm）

试问：

(1) 每米宽铰接悬臂板的根部由恒载作用产生的弯矩标准值 M_{Ag}（kN·m），与下列何项最接近？

(A) -1.35　　(B) -1.39　　(C) -1.45　　(D) -1.49

(2) 每米宽铰接悬臂板的根部由车辆荷载产生的弯矩标准值 M_{Ap}（kN·m）、剪力标准值 V_{Ap}（kN），与下列何项最接近？

(A) -14.2；28.1　　　　(B) -15.8；29.0

(C) -10.9；21.6　　　　(D) -12.4；24.5

(3) 持久状况下按承载力极限状态下基本组合的悬臂板根部弯矩设计值（kN·m），剪力设计值（kN），与下列何项最接近？

(A) -21.5；43.9　　　　(B) -24.2；45.1

(C) -25.6；46.8　　　　(D) -27.2；55.1

【解答】 (1) 每米板上的恒载集度：

沥青混凝土面层：$g_1 = 0.02 \times 1 \times 23 = 0.46$ kN/m

混凝土垫层：$g_2 = 0.09 \times 1 \times 24 = 2.16$ kN/m

T 形梁翼板的自重：$g_3 = \dfrac{0.08+0.14}{2} \times 1 \times 25 = 2.75$ kN/m

合计: $g=0.46+2.16+2.75=5.37\text{kN/m}$

每米宽悬臂板由恒载产生的内力标准值为:

弯矩: $M_{Ag}=-\dfrac{1}{2}gl_0^2=-\dfrac{1}{2}\times 5.37\times\left(\dfrac{1.42}{2}\right)^2=-1.354\text{kN}\cdot\text{m}$

剪力: $V_{Ag}=gl_0=5.37\times 1.42/2=3.813\text{kN}$

故应选（A）项。

(2) 查《公桥通规》表 4.3.1-3，后车轮着地长度为 $a_1=0.2\text{m}$，着地宽度 $b_1=0.6\text{m}$:

$$a=a_1+2h=0.2+2\times 0.11=0.42\text{m}$$
$$b=b_1+2h=0.6+2\times 0.11=0.82\text{m}$$

由《公桥混规》4.2.5 条规定，垂直于悬臂板跨径方向的车轮荷载分布宽度（$l_c=1.42/2=0.71\text{m}<2.5\text{m}$）:

$$a=a_1+2h+2l_c=0.42+2\times 0.71=1.84\text{m}>d=1.4\text{m}$$

故后车轮的有效分布宽度有重叠，则:

$$a=a_1+2h+d+2l_c=0.42+1.4+2\times 0.71=3.24\text{m}$$

作用于每米宽板条上的弯矩、剪力标准值，按 2 个车轮轴重计算:

$$M_{Ap}=-(1+\mu)\dfrac{2\times P}{4a}\left(l_0-\dfrac{b}{4}\right)=-1.3\times\dfrac{2\times 140}{4\times 3.24}\times\left(0.71-\dfrac{0.82}{4}\right)=-14.184\text{kN}\cdot\text{m}$$

$$V_{Ap}=(1+\mu)\dfrac{2\times P}{4a}=1.3\times\dfrac{2\times 140}{4\times 3.24}=28.086\text{kN}$$

故应选（A）项。

(3) $\gamma_0 M_A=\gamma_0(\gamma_G M_{Ag}+\gamma_{Q1}M_{Ap})$
$\qquad =-1.0\times(1.2\times 1.354+1.8\times 14.184)=-27.16\text{kN}\cdot\text{m}$

$\gamma_0 V_A=\gamma_0(\gamma_G V_{Ag}+\gamma_{Q1}V_{Ap})$
$\qquad =1.0\times 1.2\times 3.813+1.8\times 28.086=55.13\text{kN}$

故应选（D）项。

此外，本题目的车辆荷载两个后车轮在铰接缝上的分布宽度，如图 8.4.21 所示。

其中，重叠长度 x 为:

$$x=\left(\dfrac{0.42}{2}+0.71\right)\times 2-1.4=0.44\text{m}$$

或 $x=2\times 1.84-3.24=0.44\text{m}$

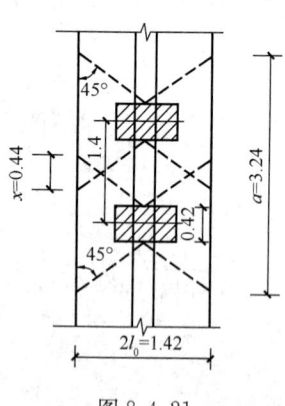

图 8.4.21

【例 8.4.9】 某公路桥梁的 T 形梁翼板所构成的铰接悬臂板，如图 8.4.22 所示，桥面铺装层为 2cm 的沥青混凝土面层和平均为 9cm 厚的 C25 混凝土垫层。计算荷载为公路—Ⅱ级。结构重要性系数 $\gamma_0=1.0$。

试问:

(1) 假定车辆荷载的前车轴作用于铰接处，其板的有效分布宽度（m），与下列何项数值最接近?

(A) 1.62　　　(B) 1.84　　　(C) 2.84　　　(D) 3.02

(2) 若前车轴作用于铰接处，每米宽板条悬臂根部由车辆荷载产生的弯矩标准值（kN·m），与下列何项数值最接近？

(A) -2.15　　(B) -2.83
(C) -3.05　　(D) -3.42

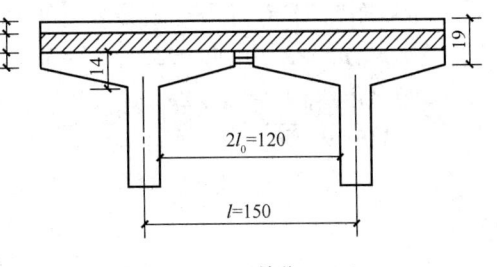

图 8.4.22　（单位：cm）

【解答】（1）查《公桥通规》表 4.3.1-3 知，前车轮着地长度为 $a_1=0.2$m，着地宽度为 $b_1=0.3$m：

$$a=a_1+2h=0.2+2\times(0.09+0.02)=0.42\text{m}$$
$$b=b_1+2h=0.3+2\times(0.09+0.02)=0.52\text{m}$$

根据《公桥混规》4.2.5 条，前车轮的有效分布宽度为：

$$a=a_1+2h+2l_c=0.42+2\times1.2/2=1.62\text{m}$$

因为是前车轮，其有效分布宽度不重叠，取 $a=1.62$m。
故应选（A）项。

(2) $M_{Ap}=-(1+\mu)\dfrac{P}{4a}\left(l_0-\dfrac{b}{4}\right)$

$=-1.3\times\dfrac{30}{4\times1.62}\times\left(0.6-\dfrac{0.52}{4}\right)=-2.829\text{kN}\cdot\text{m}$

故应选（B）项。

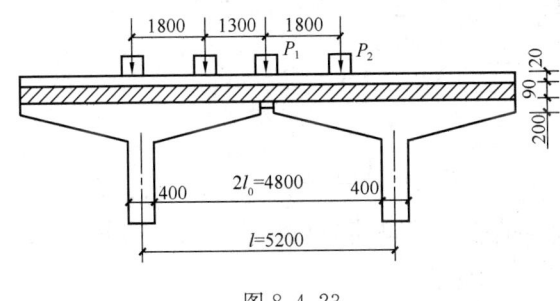

图 8.4.23

【例 8.4.10】 某公路桥梁的 T 形梁翼板所构成的铰接悬臂板，如图 8.4.23 所示，桥面铺装层为 2cm 的沥青混凝土面层和平均为 9cm 厚的 C25 混凝土垫层。计算荷载为公路—Ⅰ级。结构重要性系数 $\gamma_0=1.0$。

试问：

(1) 如图中所示两汽车并排车轮轮压布置，后车轮 P_1 作用下板的有效工作宽度（m），与下列何项数值最接近？

(A) 6.84　　(B) 5.02　　(C) 5.22　　(D) 6.62

(2) 如图中所示，后车轮 P_2 作用的板的有效工作宽度（m），与下列何项数值最接近？

(A) 2.44　　(B) 2.64　　(C) 3.84　　(D) 3.26

(3) 如图中所示，后车轮 P_1、P_2 产生的悬臂板根部单位宽度的弯矩标准值（kN·m），与下列何项数值最接近？

(A) -58.6　　(B) -52.4　　(C) -60.5　　(D) -63.8

【解答】（1）后车轮 P_1，此时 $l_c=4.8/2=2.4$m<2.5m。

查《公桥通规》表 4.3.1-3，后车轮着地长度 $a_1=0.2$m，着地宽度 $b_1=0.6$m。

$$a=a_1+2h=0.2+2\times0.11=0.42\text{m}$$
$$b=b_1+2h=0.6+2\times0.11=0.82\text{m}$$

一个后车轮 P_1 在板上有效分布宽度为：

$a=a_1+2h+2l_c=0.42+2\times 2.4=5.22\text{m}>d=1.4\text{m}$，故工作宽度有重叠。

两个后轮 P_1：$a=a_1+2h+d+2l_c=0.42+1.4+2\times 2.4=6.62\text{m}$

故应选（D）项。

（2）后车轮 P_2，此时，后车轮轴 P_2 距 T 梁梁肋边缘距离 x 为：

$$x=4.8/2-1.8=0.6\text{m}$$

$$l_c=\frac{b}{2}+0.6=\frac{0.82}{2}+0.6=1.01\text{m}$$

一个后车轮 P_2 在板上的有效分布宽度为：

$$a=a_1+2h+2l_c=0.42+2\times 1.01=2.44\text{m}>d=1.4\text{m}$$

故工作宽度有重叠。

两个后车轮 P_2 的分布宽度为：

$$a'=a_1+2h+d+2c=0.42+1.4+2\times 1.01=3.84\text{m}$$

故应选（C）项。

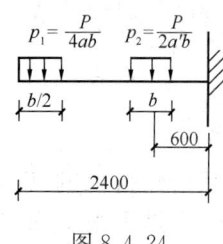

图 8.4.24

（3）计算简图如图 8.4.24 所示，后车轮 P_1 应考虑均匀荷载的影响，车轮 P_1、P_2 轴重均为 2 个车轮重。

$$M_{Ap}=-(1+\mu)\left[\frac{2\times P}{4ab}\cdot b\cdot\left(2.4-\frac{b}{4}\right)+\frac{2\times P}{2a'b}\cdot b\times 0.6\right]$$

$$=-1.3\times\left[\frac{2\times 140}{4\times 6.62}\times\left(2.4-\frac{0.82}{4}\right)+\frac{2\times 140}{2\times 3.84}\times 0.6\right]$$

$$=-58.61\text{kN}\cdot\text{m}$$

故应选（A）项。

四、斜板桥

斜板桥中斜交角 φ，是指板的支承轴线的垂直线与桥纵轴线的夹角，如图 8.4.25 所示。

1. 影响斜板桥受力的因素

（1）斜交角 φ

斜交角大小直接关系到斜桥的受力特性，φ 越大，斜桥的特点越明显。《公桥混规》4.2.4 条规定，当 $\varphi\leqslant 15°$ 时，斜板桥可按正交板桥计算。

（2）宽跨比 b/l

如图 8.4.25 所示中的 b、l，当宽跨比 b/l 越大，斜板相对宽度越大，斜桥的特点越明显；宽跨比较小的斜板，其跨中受力特点比较接近于正桥，只是在支承线附近的断面才显示出斜桥的特性。

（3）支承形式

支座个数的多少、支承形式的变化，包括横桥向是否可以转动或移动，是否采用弹性支承，对斜板的内力

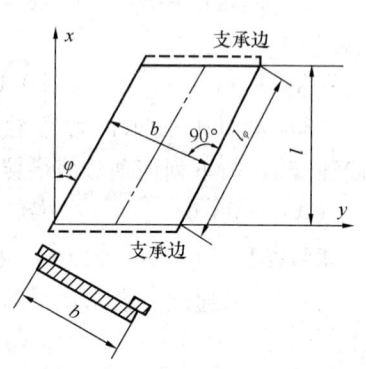

图 8.4.25

分布均有明显的影响。

因此,《公桥混规》4.2.4 条对斜板桥的计算规定如下:

> 4.2.4 当支承轴线的垂直线与桥纵轴线的夹角即斜交角不大于 15°时,整体式斜板桥的斜交板可按正交板计算;当 $l/b \leqslant 1.3$ 时,其计算跨径取两支承轴线间的垂直距离;当 $l/b > 1.3$ 时,其计算跨径取斜跨径长度。以上 l 为斜跨径,b 为垂直于桥纵轴线的板宽。
>
> 装配式铰接斜板桥的预制板块,可按宽为两板边间的垂直距离、计算跨径为斜跨径的正交板计算。

2. 斜板桥的受力特点

(1) 支承边反力

支承边的反力很不均匀,钝角处的反力最大,而锐角处的反力最小,甚至出现负反力,使锐角向上翘。对于斜板,支座的个数越多,反力越集中于钝角处。

(2) 纵向主弯矩

1) 简支斜板的纵向主弯矩比跨径为斜跨长 l_φ (图 8.4.26)、宽度为 b 的矩形板要小,并随斜交角 φ 的增大而减小。

2) 斜板的荷载一般有向支承边的最短距离传递分配的趋势。宽跨比小的情况下,主弯矩方向朝支承边的垂直方向偏转;宽跨比较大的情况下,板中央的主弯矩几乎垂直于支承边,边缘的主弯矩平行于自由边,如图 8.4.26 所示。

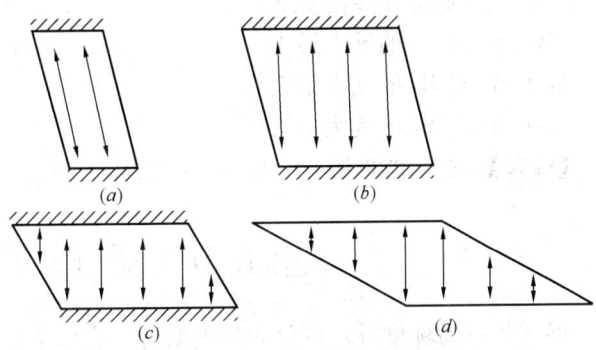

图 8.4.26 斜板中的主弯矩方向

3) 纵向最大弯矩的位置,随 φ 角的增大从跨中向钝角部位移动。

(3) 横向主弯矩

斜板的最大纵向弯矩虽比相应的正板小,可是横向弯矩都比正板大得多,尤其是跨中部分的横向弯矩;横向弯矩的增加量大致上可以视为等于纵向弯矩的减少量。

(4) 钝角处负弯矩

在斜板的钝角部位的角平分线垂直方向上,将产生接近于跨中弯矩值的相当大的负弯矩,其值随 φ 角的增大而增加,但分布范围较小,并迅速削减。

(5) 扭矩

斜板的扭矩分布很复杂,板边存在着较大的扭矩,抗扭刚度对扭矩的影响与正桥有很大的区别。

综上所述,斜板的受力可以用图 8.4.27 所示的以 ABCD 为支点的 Z 字形连续梁来比拟:跨中点 E 处的弯矩,大致在 BC 方向上最大;在钝角点 B 和 C 处产生较大的负弯矩和支点反力;在锐角点 A 和 D 处产生相当于连续梁边支承处的较小的反力;在支承线 AB 和 CD 上增加支座,对支承边的横向弯矩有较大影响,而对跨中点 E 处的弯矩影响不大。

此外,《公桥混规》9.2.6 条对斜板桥钢筋的配置作了具体规定。

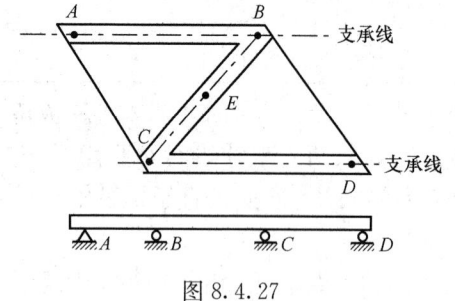

图 8.4.27

【例 8.4.11】 关于影响斜板桥受力的因素的说法中，下列何项是正确的？

(A) 斜交角、板的横截面形式及宽跨比
(B) 斜交角、板的横截面形式及支承形式
(C) 斜交角、宽跨比及支承形式
(D) 宽跨比、支承形式及板的横截面形式

【解答】 影响斜板桥受力最重要的影响因素是斜交角、宽跨比、支承形式，故应选（C）项。

【例 8.4.12】 某公路桥梁由整体钢筋混凝土板梁组成，计算跨径为 12.0m，斜交角 30°，总宽度为 9m，梁高为 0.7m。在支承处每端各设三个支座。其中一端用活动橡胶支座（A_1、A_2、A_3），另一端用固定橡胶支座（B_1、B_2、B_3），其平面布置如图 8.4.28 所示。试问，在恒载（均布荷载）条件下各支座垂直受力的正确判断，应为下列何项所述？

(A) A_2 与 B_2 的反力最大
(B) A_2 与 B_2 的反力最小
(C) A_1 与 B_3 的反力最大
(D) A_3 与 B_1 的反力最大

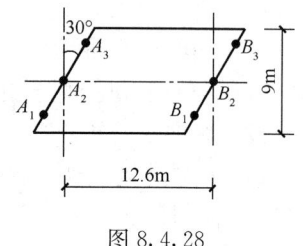

图 8.4.28

【解答】 根据斜板桥受力特点，应选（D）项。

第五节 梁桥的计算

梁式桥（简称梁桥）可分为简支梁桥、连续梁桥、悬臂梁桥。本节内容讲述简支梁桥主梁的内力计算。

梁桥主梁的内力计算可分为设计内力计算和施工内力计算，本节主梁的内力计算只介绍主梁的设计内力计算。主梁设计内力包括恒载内力、活载内力。对于超静定梁桥，还应包括由于预加力、混凝土徐变、收缩和温度变化等引起的结构次内力。其中，恒载、活载内力是主要的，一般占整个桥梁设计最大内力的 80%～90%。

一、荷载横向分布计算

1. 横向分布系数与杠杆原理法

梁桥由承重结构（主梁）及传力结构（横梁、桥面板等）两大部分组成。多片主梁（截面形式有 T 形、工形或箱形板）依靠横梁和桥面板连成空间整体结构。由于结构的空间整体性，当桥上作用荷载 P 时，各片主梁将共同参与工作，形成了各片主梁之间的内力分布。具体每片主梁分布得到的内力大小，随桥梁横截面的构造形式、荷载类型及荷载在横向作用的位置的不同而不同。

如图 8.5.1（a）所示为桥面板直接搁在工字形主梁上的装配式梁桥。当桥上有车辆荷载作用时，显然，作用在左边悬臂板上的轮重 $P_1/2$ 只传递至 1 号和 2 号梁，而作用在中间简支板上的轮重 $P_1/2$ 只传给 2 号和 3 号梁，也就是板上的轮重 $P_1/2$ 各按简支梁反力的方式分配给左右两片主梁，而反力 R_i 的大小只要利用简支板的静力平衡条件即可求

得，这就是通常所谓的"杠杆原理"。如果主梁所支承的相邻两块板上都有荷载，则该梁所受的荷载是两个支承压力之和，图 8.5.1（a）中 2 号梁所受的荷载为 $R_2 = R'_2 + R''_2$。

按杠杆原理法进行荷载横向分布计算的基本假定是：忽略主梁之间横向结构的联系作用，即假设桥面板在主梁梁肋处断开，而当作沿横向支承在主梁上的简支梁或悬臂梁来考虑，如图 8.5.1（b）所示。

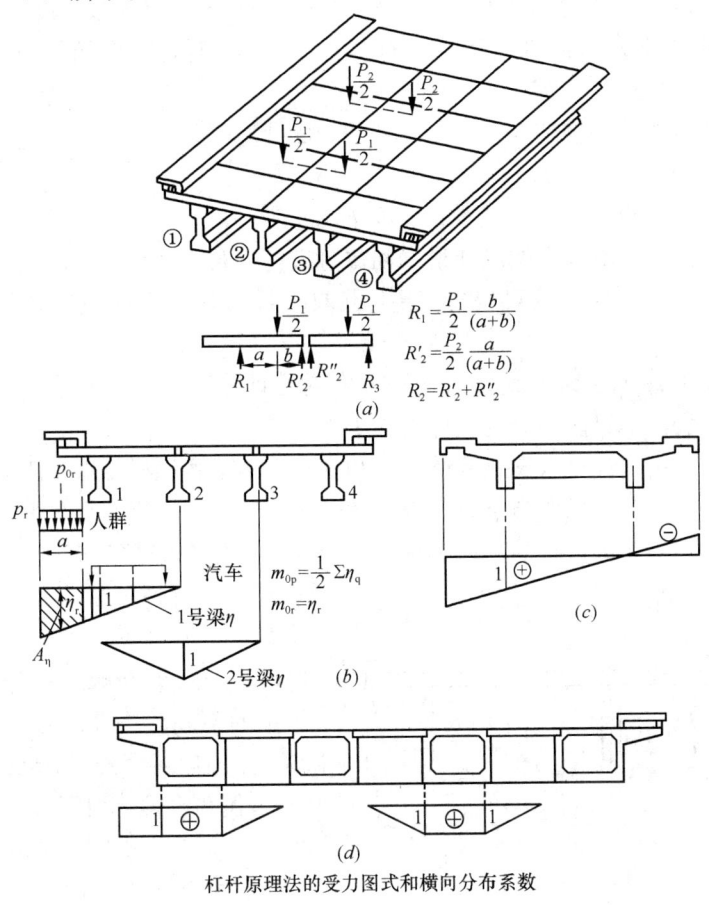

杠杆原理法的受力图式和横向分布系数

图 8.5.1

为了求得主梁在横向分配得到的最大荷载，首先应求得各片主梁的荷载横向影响线，此情况即为简支梁反力影响线，如图 8.5.1（b）所示。

有了各片主梁的荷载横向影响线，就可根据不同活载按横向最不利位置排列，求得各片主梁分配到的横向荷载最大值。

如图 8.5.1（b）所示，设 η_q 为该简支梁反力影响线上相应于所布置的各个车轮位置的竖向坐标值，则对该主梁而言，在车辆荷载作用下，其横向分布系数 m_q（一个轴重 P 的乘积）为：

$$m_q P = \Sigma \frac{P}{2} \cdot \eta_q$$

即：

$$m_q = \frac{\Sigma \frac{P}{2} \cdot \eta_q}{P} = \frac{1}{2} \Sigma \eta_q$$

同样，设 η_r 为该简支梁反力影响线上相应于所布置的人群荷载位置的竖向坐标值，则对该主梁而言[图 8.5.1(b) 中 1 号梁]，在人群荷载（$P_{0r} = P_r \cdot a$）作用下，其横向分布系数 m_r 为：

$$m_r \cdot P_{0r} = \Sigma P_{0r} \cdot \eta_r$$

即：
$$m_r = \Sigma \eta_r$$

式中 P_{0r}——为人群荷载等效集中力，表示顺桥向每延米人群荷载强度（kN/m）。

对于用杠杆原理法计算荷载横向分布系数 m_q、m_r 时，一般用加下角标 0 来表示，即：m_{0q}、m_{0r}。

由于横向传力系统的构造在全跨是相同的，因此对于某一片主梁而言，其荷载横向分布系数的值在全跨是一个常值。

有了荷载横向分布系数 m，主梁就可以按承受外荷载为 $m \cdot P$ 的单梁进行设计计算，即把荷载在单梁内力影响线上按纵向最不利位置进行加载，计算最大的设计内力值。

对于图 8.5.1(c) 所示的双梁式梁桥，用杠杆原理法计算荷载横向分布系数是足够精确的。

对于图 8.5.1(d) 为装配式箱形梁桥无横隔梁时主梁横向分布系数，即假定箱形截面是不变形的，故箱形梁内的竖向坐标值均为 1。

杠杆原理法适用于计算双梁式梁桥跨中和支点、多梁式梁桥支点（刚性支座）的横向分布系数。在车辆荷载横桥向布置时，应注意的是：①每一辆汽车自身的轮数、轮距和轴距是不可以改变的，无论汽车的某一轮重是否压在横向影响线的负值区上。②多车道时，根据《公桥通规》4.3.1 条规定，荷载计算应考虑多车道横向分布系数。特别地，对于两车道情况，若横向布置的两辆车的不利状态还不如一辆车的不利状态，则取后者为最不利状态进行计算。

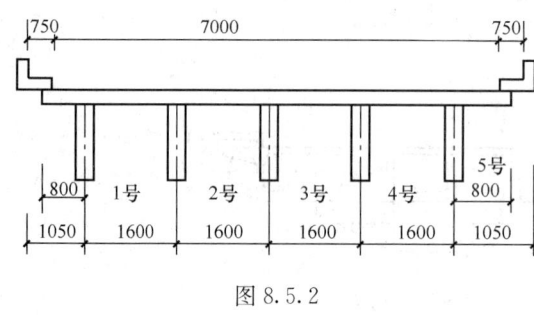

图 8.5.2

【例 8.5.1】 如图 8.5.2 所示桥面净宽为：净 7m+2×0.75m 人行道的简支钢筋混凝土 T 形梁桥。

试问：

(1) 荷载位于支点处时，1 号、2 号、3 号梁的汽车荷载横向分布系数 m_{0q1}、m_{0q2}、m_{0q3}，与下列何项数值最接近？

(A) 0.438；0.5；0.594　　(B) 0.418；0.5；0.568
(C) 0.452；0.5；0.582　　(D) 0.471；0.5；0.594

(2) 荷载位于支点处时，1 号、2 号、3 号梁的人群荷载横向分布系数 m_{0r1}、m_{0r2}、m_{0r3}，与下列何项数值最接近？

(A) 1.422；−0.422；0　　(B) 1.521；−0.432；0
(C) 1.622；−0.445；0　　(D) 1.651；−0.456；0

【解答】 (1) 荷载位于支点处时，可用杠杆原理法求荷载横向分布系数。

首先，绘制出 1 号、2 号、3 号梁的荷载横向影响线，如图 8.5.3 所示。

其次，将汽车荷载横向布置，如图 8.5.3 所示，轮压距路边缘石的最小距离为 0.5m。

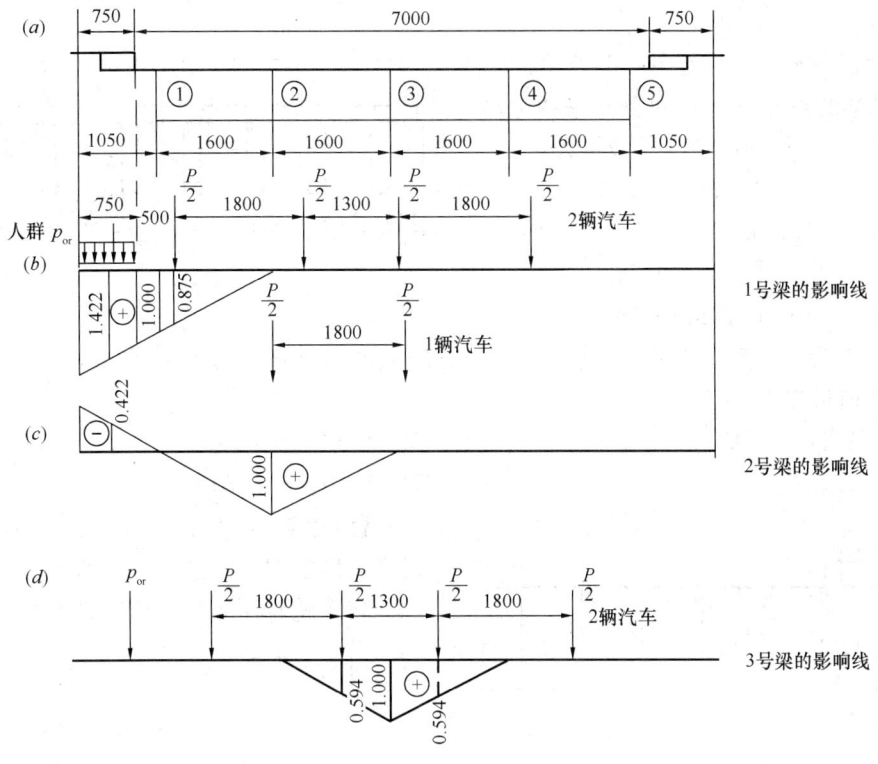

图 8.5.3

对于 1 号梁，左边第一个轮压 $P/2$ 相应的影响线竖坐标为：
$$\eta_1 = \frac{1050 + 1600 - (750 + 500)}{1600} \times 1 = 0.875$$

$$m_{0q1} = \frac{1}{2}\Sigma\eta_q = \frac{1}{2} \times 0.875 = 0.4375$$

对于 2 号梁，轮压 $P/2$ 位于 2 号梁上时相应的影响线竖坐标为：$\eta_2 = 1.0$

$$m_{0q2} = \frac{1}{2}\Sigma\eta_q = \frac{1}{2} \times 1.0 = 0.5$$

对于 3 号梁，轮压 $P/2$ 相应的影响线竖坐标为：$\eta_1 = \eta_2 = \frac{1600 - 1300/2}{1600} \times 1 = 0.594$

$$m_{0q3} = \frac{1}{2}\Sigma\eta_q = \frac{1}{2} \times (0.594 + 0.594) = 0.594$$

故应选（A）项。

(2) 将人群荷载布置在 1、2、3 号梁的横向影响线上，见图 8.5.3 所示，取等效集中力 $P_{0r} = p_r a$ 进行计算，即取 P_{0r} 对应的横向影响线的竖坐标值：

对于 1 号梁，$m_{0r1} = \eta_r = \frac{1600 + 1050 - 750/2}{1600} = 1.4219$

对于 2 号梁，$m_{0r2} = \eta_r = -\frac{1050 - 750/2}{1600} \times 1 = -0.4219$

对于 3 号梁，$m_{0r3} = \eta_r = 0$

故应选（A）项。

【例 8.5.2】 如图 8.5.4 所示，某 7 片钢筋混凝土 T 形简支梁桥，桥宽 16.5m，车道宽 15m，人行道每侧为 0.75m。人群荷载为 3.0kN/m。汽车荷载为公路—Ⅰ级。

试问：

(1) 当荷载位于支点处，1号梁、2号梁、3号梁的汽车载荷横向分布系数 m_{0q1}、m_{0q2}、m_{0q3}，与下列何项数值最接近？

(A) 0.773；0.795；0.795
(B) 0.763；0.780；0.780
(C) 0.752；0.782；0.782
(D) 0.740；0.768；0.768

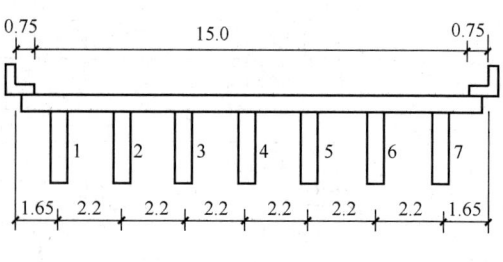

图 8.5.4

(2) 当荷载位于支点处，1号梁、2号梁的人群荷载横向分布系数 m_{0r1}、m_{0r2}，与下列何项数值最接近？

(A) 1.58；−0.58 (B) 1.68；−0.62
(C) 1.72；−0.68 (D) 1.79；−0.70

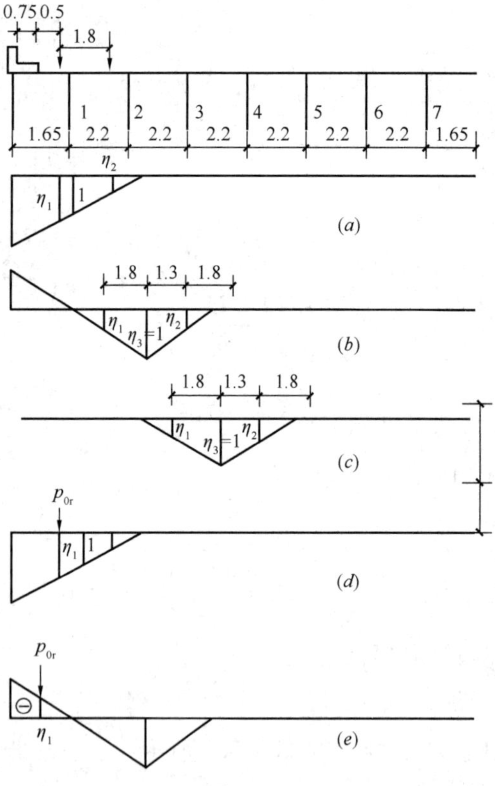

【解答】 (1) 作出 1、2、3 号梁的荷载横向影响线，如图 8.5.5 所示。

将车轮轮压布置在横向影响线上。

对于 1 号梁，$\eta_1 = \dfrac{2.2+1.65-0.75-0.5}{2.2} \times 1 = 1.1818$

$\eta_2 = \dfrac{2.2+1.65-0.75-0.5-1.8}{2.2} \times 1 = 0.3636$

$m_{0q1} = \dfrac{1}{2}\Sigma\eta_q = \dfrac{1}{2}(1.1818+0.3636) = 0.7727$

对于 2 号梁，$\eta_1 = \dfrac{2.2-1.8}{2.2} \times 1 = 0.1818$

$\eta_2 = \dfrac{2.2-1.3}{2.2} \times 1 = 0.4091$

$\eta_3 = 1.0$

图 8.5.5

$m_{0q2} = \dfrac{1}{2}\Sigma\eta_q = \dfrac{1}{2}(0.1818+0.4091+1.0) = 0.79545$

对于 3 号梁，轮压布置与 2 号梁相同，故：

$m_{0q3} = 0.79545$

所以应选 (A) 项。

(2) 人群荷载布置如图 8.5.5 (d)、(e) 所示。

对于 1 号梁：

$$m_{0r1}=\eta_1=\frac{1.65-0.75/2+2.2}{2.2}\times 1=1.5795$$

对于 2 号梁：

$$M_{0r2}=\eta_1=-\frac{1.65-0.75/2}{2.2}\times 1=-0.5795$$

故应选（A）项。

【**例 8.5.3**】 如图 8.5.6 所示由 8 块预制板拼装而成的简支梁桥，桥面为净 8.0m+2×1.5m 人行道。预制板宽 1150mm，中部留有孔洞。

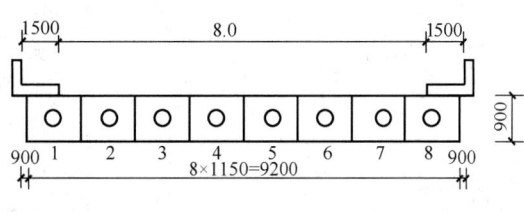

图 8.5.6

试问：

(1) 支座处 1 号、2 号、3 号板的汽车荷载横向分布系数 m_{0q1}、m_{0q2}、m_{0q3}，与下列何项数值最接近？

(A) 0.272；0.5；0.5　　　　(B) 0.272；0.8；0.8

(C) 0.044；0.5；0.5　　　　(D) 0.044；0.8；0.8

(2) 支座处 1 号、2 号板的人群荷载横向分布系数 m_{0r1}、m_{0r2}，与下列何项数值最接近？

(A) 1.63；−0.63　　　　(B) 1.52；−0.58

(C) 1.75；−0.75　　　　(D) 1.48；−0.51

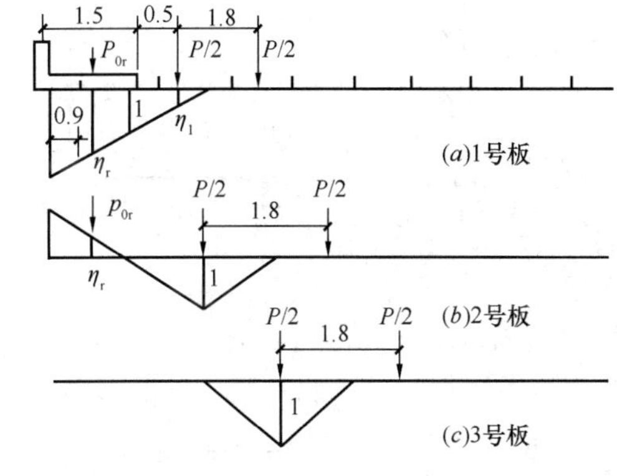

【**解答**】 (1) 作出 1 号、2 号、3 号板的横向影响线如图 8.5.7 所示。

对于 1 号板：

$$\eta_1=\frac{900+1150+1150/2-1500-500}{1150}\times 1$$

$$=0.5435$$

$$m_{0q1}=\frac{1}{2}\Sigma\eta_q=0.272$$

对于 2 号板：$\eta_1=1.0$

$$m_{0q2}=\frac{1}{2}\Sigma\eta_q=0.5$$

同样，对于 3 号板，$m_{0q3}=0.5$。

图 8.5.7

故应选（A）项。

(2) 对于人群荷载，求 $P_{0r}=p_r a$ 相对应的影响线竖坐标值，见图 8.5.7 (a)、(b)。

对于 1 号板：$m_{0r1}=\Sigma\eta_r=\frac{900+1150+1150/2-1500/2}{1150}=1.630$

对于 2 号板：$m_{0r2}=\Sigma\eta_r=-\frac{900+1150/2-1500/2}{1150}\times 1=-0.630$

故应选（A）项。

2. 刚性横梁法（偏心压力法）

刚性横梁法是把梁桥视作由主梁和横梁组成的梁格系，荷载通过横梁由一片主梁传到其他主梁上去，同时主梁只对横梁起弹性支承作用。研究表明，在具有可靠横向联结的桥上，且在桥的宽跨比 B/l 小于或接近于 0.5 的情况时（一般称为窄桥），车辆荷载作用下中间横梁的弹性挠曲变形同主梁的挠曲变形相比微不足道，也即中间横梁像一片刚度无穷大的刚性梁一样保持直线形状，如图 8.5.8 所示。这种把横梁当作支承在各片主梁上的连续刚体计算荷载横向分布系数的方法称为"刚性横梁法"，或称"偏心受压法"。

下面分析荷载在各片主梁上的横向分布情况，如图 8.5.9 所示为一座由四片主梁组成的梁桥的跨中截面，各片主梁的抗弯刚度 I_i、主梁的间距 a_i 都各不相等，集中荷载 P 作用在离截面扭转中心 o 的距离为 e 处。由于假定横梁是刚体，可按刚体力学关于力的平移原理将荷载 P 移到 o 点，用一个作用在扭转中心 o 上的竖向力 P 和一个作用于刚体上的偏心力矩 $M=Pe$ 代替，如图 8.5.9 所示，偏心荷载 P 的作用应为 P 和 M 作用的叠加。

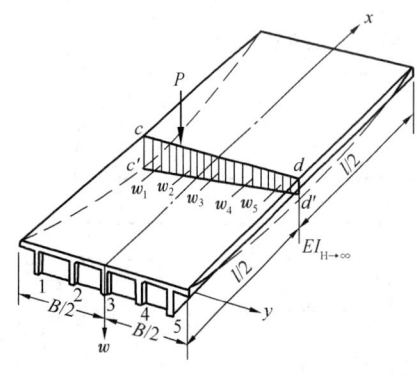

图 8.5.8　梁桥挠曲变形（刚性横梁法）

（1）中心竖向力 P 的作用

在竖向荷载 P 的作用下，由于作用力通过扭转中心，而且假定横梁是刚性的，故横梁只作平行下挠，各片主梁的挠度相等，即：$w'_1=w'_2=\cdots=w'_n$，又根据材料力学简支梁荷载与挠度的关系式，即 $w'_i=R'_i l^3/(48EI)$，同时根据竖向静力平衡条件，可得到下式：

$$R'_i = \frac{I_i}{\sum_{i=1}^{n} I_i} \cdot P$$

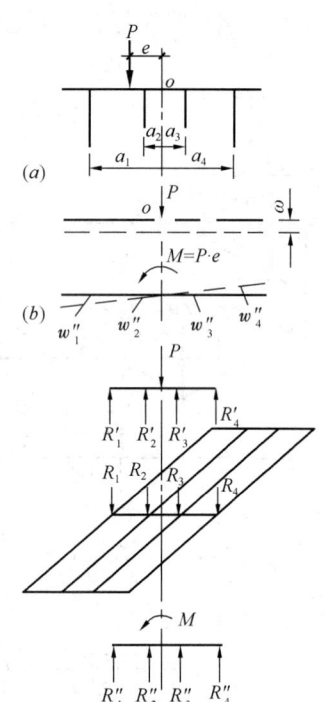

（2）偏心力矩 M 作用

在偏心力矩 $M=Pe$ 的作用下，横梁绕扭转中心 o 转动一微小的角度 θ，因此各片主梁产生的竖向挠度 $w''_i = a_i \cdot \tan\theta$；同样，根据主梁所受荷载与挠度的关系和力矩的平衡条件，可得到下式：

$$R''_i = \frac{a_i I_i}{\sum_{i=1}^{n} a_i^2 I_i} \cdot Pe$$

注意的是，上式中的荷载位置 e 和梁位 a_i 是具有共同原点 o 的横坐标值，故在取值时应计入正、负号，也即：当 e 和 a_i 位于同一侧时两者的乘积取正号，反之取负号。故对于 1 号边梁为：

图 8.5.9　偏心荷载对各片主梁的荷载分布图

$$R''_1 = \frac{a_1 I_1}{\sum_{i=1}^{n} a_i^2 I_i} \cdot Pe$$

当荷载 P 作用在 1 号边梁时，即：$e=a_1$，则有：

$$R''_{11} = \frac{a_1 I_1}{\sum_{i=1}^{n} a_i^2 I_i} \cdot Pa_1$$

式中，R''_{11} 的第二个脚标表示荷载作用位置，第一个脚标则表示由于该荷载引起反力的梁号。

(3) 偏心荷载产生的总作用力

偏心荷载 P 对各主梁产生的总作用力，即各片主梁所分配到的荷载，等于上述两种情况的叠加，即：

$$R_{ik} = R'_i + R''_i = \frac{I_i}{\sum_{i=1}^{n} I_i} \cdot P \pm \frac{a_i I_i}{\sum_{i=1}^{n} a_i^2 I_i} \cdot Pe$$

当梁桥主梁为等间距（$a_1=a_2=\cdots=a_i$），等刚度（$I_1=I_2=\cdots=I_i$）时，上式变为：

$$R_{ik} = R'_i + R''_i = \frac{P}{n} \pm \frac{a_i}{\sum_{i=1}^{n} a_i^2} \cdot Pe \quad (8.5.1)$$

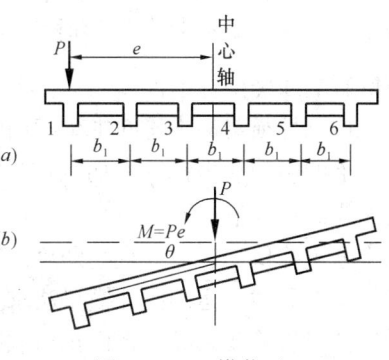

图 8.5.10 横截面

如图 8.5.10 所示为六片等间距 b_1 布置的主梁，各主梁刚度相等，用刚性横梁连成整体，当 P 作用在左侧边梁（1号梁），即 $e=2.5b_1$ 时，求分配给各片主梁的荷载。

从图中可知，$a_1=a_6=2.5b_1$，$a_2=a_5=1.5b_1$，$a_3=a_4=0.5b_1$，$\sum_{1}^{6} a_i^2 = 2\times(2.5^2+1.5^2+0.5^2)\times b_1^2 = 17.5b_1^2$，$n=6$，代入上式 (8.5.1)，得：

$$R_{11} = \frac{P}{6} + \frac{P\times 2.5b_1}{17.5b_1^2} \times 2.5b_1 = \left(\frac{1}{6}+\frac{5}{14}\right)P = 0.524P$$

$$R_{21} = \left(\frac{1}{6}+\frac{3}{14}\right)P = 0.381P$$

$$R_{31} = \left(\frac{1}{6}+\frac{1}{14}\right)P = 0.238P, \quad R_4 = 0.095P$$

$$R_{51} = -0.048P, \quad R_{61} = -0.190P$$

将各片主梁所分配到的荷载值绘于其主梁之下，将各点纵坐标相连，这条连线称为荷载 P 作用在左侧边梁（1号梁）时各主梁的荷载分布曲线，显然，这条荷载分布曲线肯定是直线，同时 $\sum_{i}^{6} R_{i1} = P$，即主梁对横梁的反力的代数和应与外荷载 P 相等，常以此作为校核条件。

令式 (8.5.1) 中的 $P=1$，即单位集中荷载，则第 i 号主梁所受的反力用 η_{ik} 表示，则有：

$$\eta_{ik} = \frac{1}{n} \pm \frac{ea_i}{\sum_{i=1}^{n} a_i^2} \tag{8.5.2}$$

式中 η_{ik} 的第二个脚标表示单位荷载（$P=1$）的作用位置，其第一个脚标表示由于荷载 $P=1$ 引起反力的梁号。

此时，将第 i 号主梁所分配到的荷载值即 η_{ik} 分别绘于各主梁梁位之下，将各点纵坐标相连，这条连线为一条直线，被称为第 i 号主梁的荷载横向分布影响线。

有了第 i 号主梁的荷载横向分布影响线，就可以在桥的横桥向布置最不利的车辆位置，计算第 i 号主梁的最大影响量，即第 i 号主梁受荷载 R_i 的最大值：

$$\max R_i = \frac{P}{2}(\eta_{q1} + \eta_{q2} + \cdots + \eta_{qn}) = \frac{P}{2}\Sigma\eta_q = m_{cq} \cdot P \tag{8.5.3}$$

式中 $m_{cq} = \frac{1}{2}\Sigma\eta_q$ 是在汽车荷载作用时第 i 根主梁的荷载横向分布系数，η_q 为车辆轮压下的影响线竖坐标值。

按刚性横梁法求得的主梁横向影响线是直线，因此没有必要按式（8.5.3）去求每个轮压下的影响线坐标 η_q，而只需要把所有轮重的合力 R 求出来，再乘以合力作用位置下影响线纵坐标值 $\bar{\eta}$ 即可。此外，在绘制第 i 号主梁的横向影响线时，只需要定出主梁下某两个纵坐标值，连线为直线即可。

综上所述，运用刚性横梁法求主梁的荷载横向分布系数 m_{cq}，首先应绘制主梁的荷载横向分布影响线，其次将汽车荷载横向布置在横梁上的最不利位置处，求出轮压相应的横向影响线纵坐标值，最后根据 $m_{cq} = \frac{1}{2}\Sigma\eta_q$ 求得 m_{cq}。

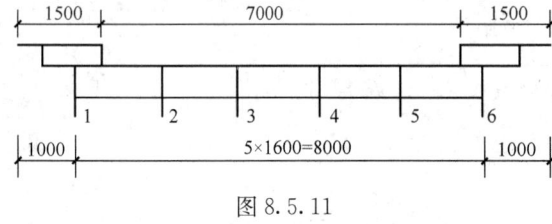

图 8.5.11

【例 8.5.4】 如图 8.5.11 所示为某公路梁桥横桥向的六片主梁，双向行驶，车道净宽 7m，两侧各有 1.5m 宽的人行道，人群荷载集度 $q_r = 2.5 \text{kN/m}^2$。

试问：用刚性横梁法求 1 号梁、2 号梁、3 号梁的汽车荷载横向分布系数 m_{cq} 和人群荷载横向分布系数 m_{cr}。

【解答】 $\eta_{ik} = \frac{1}{n} \pm \frac{ea_i}{\sum_{i=1}^{n} a_i^2}$

$$\sum_{i=1}^{6} a_i^2 = a_1^2 + a_2^2 + a_3^2 + a_4^2 + a_5^2 + a_6^2$$

$$= 2 \times (2.5^2 + 1.5^2 + 0.5^2) \times 1.6^2 = 17.5 \times 1.6^2 = 44.8 \text{m}^2$$

(1) 确定 1 号梁的 m_{cq}、m_{cr}

首先，确定 1 号梁的横向分布影响线，此时 $a_1 = 2.5 \times 1.6 = 4$m 固定不变。

当 $P=1$ 作用于 1 号梁上时，$e_1 = 2.5 \times 1.6 = 4$m

1号梁反力 η_{11}：$\eta_{11}=\dfrac{1}{n}+\dfrac{e_1 a_1}{\sum\limits_{i=1}^{n} a_i^2}=\dfrac{1}{6}+\dfrac{4\times 4}{44.8}=0.524$

当 $P=1$ 作用于6号梁时，$e_6=2.5\times(-1.6)=-4\text{m}$

1号梁反力 η_{16}：$\eta_{16}=\dfrac{1}{n}+\dfrac{e_1 a_1}{\sum\limits_{i=1}^{n} a_i^2}$

$=\dfrac{1}{6}-\dfrac{4\times 4}{44.8}=-0.190$

根据 η_{11}、η_{16} 作出1号梁的横向分布影响线如图8.5.12所示，根据 η_{11}、η_{16} 计算横向影响线的零点位置，设零点至1号梁位的距离为 x，则：

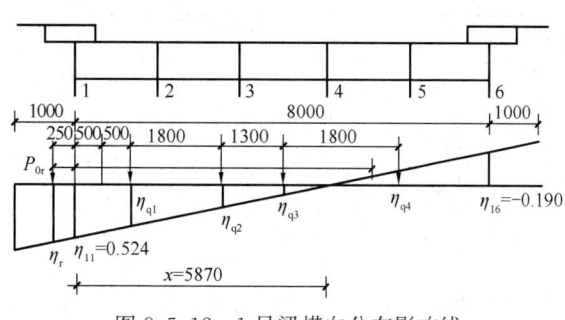

图8.5.12　1号梁横向分布影响线

$\dfrac{x}{1.6\times 5}=\dfrac{0.524}{0.524+0.190}$，$x=5.871\text{m}$，取5.870m计算。

双向行驶，$W=7.0\text{m}$，查《公桥通规》表4.3.1-4，取设计车道数为2。

将两列汽车荷载横向最不利布置如图8.5.12所示，则由比例关系求出 $\eta_{q1}\sim\eta_{q4}$：

$$m_{cq}=\dfrac{1}{2}\Sigma\eta_q=\dfrac{1}{2}\times(\eta_{q1}+\eta_{q2}+\eta_{q3}+\eta_{q4})$$

$$=\dfrac{1}{2}\cdot\eta_{11}\cdot\left(\dfrac{x_{q1}}{x}+\dfrac{x_{q2}}{x}+\dfrac{x_{q3}}{x}+\dfrac{x_{q4}}{x}\right)$$

$$=\dfrac{1}{2}\times 0.524\times\left(\dfrac{5.87-1.0}{5.87}+\dfrac{5.87-2.8}{5.87}+\dfrac{5.87-4.1}{5.87}+\dfrac{5.87-5.9}{5.87}\right)$$

$$=0.432$$

人群荷载等效集中力 P_{0r} 的位置及相应的影响线竖坐标值 η_r，如图8.5.12所示。

$$m_{cr}=\Sigma\eta=\eta_r=\dfrac{(5.87+0.25)}{5.87}\times 0.524=0.546$$

(2) 确定2号梁的 m_{cq}、m_{cr}

首先确定2号梁的横向分布影响线，此时 $a_2=1.5\times 1.6=2.4\text{m}$，固定不变。

当 $P=1$ 作用于1号梁时，$e_1=2.5\times 1.6=4\text{m}$

2号梁反力 η_{21}：$\eta_{21}=\dfrac{1}{n}+\dfrac{e_1 a_2}{\sum\limits_{i=1}^{n} a_i^2}=\dfrac{1}{6}+\dfrac{4\times 2.4}{44.8}=0.381$

当 $P=1$ 作用于6号梁时，$e_6=-2.5\times 1.6=-4\text{m}$

2号梁反力 η_{26}：$\eta_{26}=\dfrac{1}{6}-\dfrac{4\times 2.4}{44.8}=-0.048$

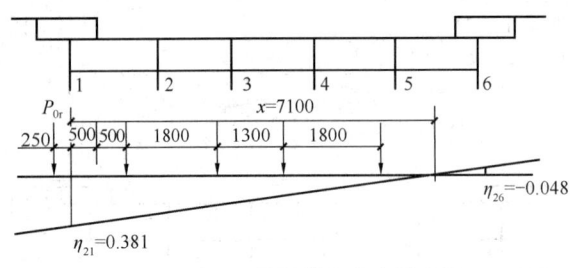

图 8.5.13 2 号梁横向分布影响线

由 η_{21}，η_{26} 绘出 2 号梁的横向分布影响线见图 8.5.13，零点到 1 号梁的距离 x 为。

$$x=\frac{0.381}{0.381+0.048}\times 1.6\times 5=7.10\text{m}$$

将汽车荷载横向最不利布置如图 8.5.13 所示，则：

$$m_{cq}=\frac{1}{2}\Sigma\eta_q=\frac{1}{2}\cdot\eta_{21}\cdot\frac{1}{x}(x_{q1}+x_{q2}+x_{q3}+x_{q4})$$

$$=\frac{1}{2}\times 0.381\times\frac{1}{7.10}\times(7.1-1.0+7.1-2.8+7.1-4.1+7.1-5.9)$$

$$=0.3917$$

人群荷载等效集中力 P_{0r} 的位置及相应的影响线竖坐标值 η_r，见图 8.5.13。

$$m_{cr}=\eta_r=\frac{(7.1+0.25)}{7.10}\times 0.381=0.3944$$

(3) 确定 3 号梁的 m_{cq}、m_{cr}

首先确定 3 号梁的横向分布影响线，$a_3=0.5\times 1.6=0.8\text{m}$，固定不变。

当 $P=1$ 作用于 1 号梁时，$e_1=2.5\times 1.6=4\text{m}$

3 号梁反力 η_{31}：$\eta_{31}=\frac{1}{n}+\frac{e_1 a_3}{\sum_{i=1}^{n}a_i^2}=\frac{1}{6}+\frac{4\times 0.8}{44.8}=0.238$

当 $P=1$ 作用于 6 号梁时，$e_6=-2.5\times 1.6=-4\text{m}$

3 号梁反力 η_{36}：$\eta_{36}=\frac{1}{6}-\frac{4\times 0.8}{44.8}=0.095$

由 η_{31}、η_{36} 绘出 3 号梁的横向分布影响线见图 8.5.14，零点到 1 号梁的距离 x 为：

$$\frac{0.095}{0.238}=\frac{x-1.6\times 5}{x}$$

则：$x=13.315\text{m}$

将车辆荷载横向最不利布置如图 8.5.14 所示，则：

$$m_{cq}=\frac{1}{2}\Sigma\eta_q=\frac{1}{2}\times 0.238\times\frac{1}{13.315}\times$$
$$(13.315-1.0+13.315-2.8+13.315-4.1+13.315-5.9)$$
$$=0.3527$$

人群荷载等效集中力 P_{cr} 的位置及相应的影响线竖坐标值 η_r 如图 8.5.14 所示。

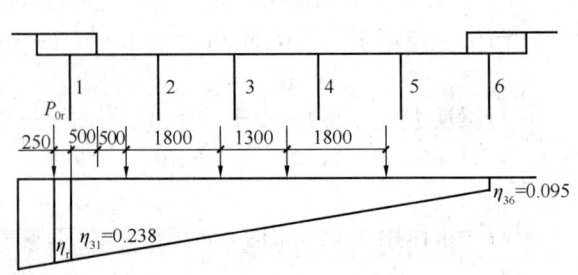

图 8.5.14 3 号梁横向影响线

$$m_{cr} = \eta_r \frac{13.315+0.25}{13.315} \times 0.238 = 0.242$$

【例 8.5.5】 某公路梁桥由 5 根 T 形主梁和横梁组成，横断面如图 8.5.15 所示，双向行驶，桥面宽度为 10.5m，车行道宽为 7.0m，人群荷载 $q_r = 3\text{kN/m}^2$。汽车荷载为公路—Ⅰ级。

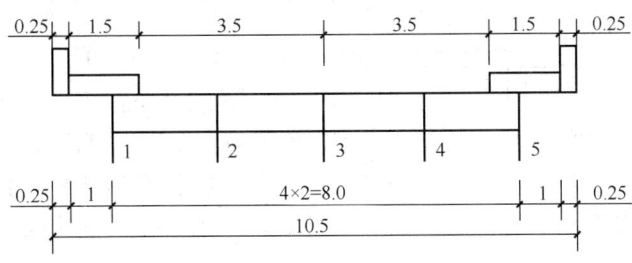

图 8.5.15　（单位：m）

试问：

（1）1 号主梁按刚性横梁法计算其汽车荷载横向分布系数 m_{cq}，与下列何项数值最接近？

(A) 0.50　　　(B) 0.51　　　(C) 0.52　　　(D) 0.53

（2）1 号主梁按刚性横梁法计算其人群荷载横向分布系数 m_{cr}，与下列何项数值最接近？

(A) 0.565　　　(B) 0.625　　　(C) 0.715　　　(D) 0.765

【解答】（1）刚性横梁法：

$$\eta_{ik} = \frac{1}{n} \pm \frac{ea_i}{\sum_{i=1}^{n} a_i^2}$$

$$\sum_1^4 a_i^2 = a_1^2 + a_2^2 + a_3^2 + a_4^2 = 2 \times (2^2 + 4^2) = 40 \text{ m}^2$$

当 $P=1$ 作用于 1 号梁上时，$e_1 = 4\text{m}$，$a_1 = 4\text{m}$

1 号梁反力 η_{11}：$\eta_{11} = \frac{1}{5} + \frac{4 \times 4}{40} = 0.60$

当 $P=1$ 作用于 5 号梁上时，$e_1 = -4\text{m}$，$a_1 = 4\text{m}$

1 号梁反力 η_{15}：$\eta_{15} = \frac{1}{5} - \frac{4 \times 4}{40} = -0.20$

根据 η_{11}、η_{15} 作出 1 号梁的横向影响线，如图 8.5.16 所示，设零点至 1 号梁位的距离为 x：

$$x = \frac{0.60}{0.60+0.20} \times 4 \times 2 = 6.0\text{m}$$

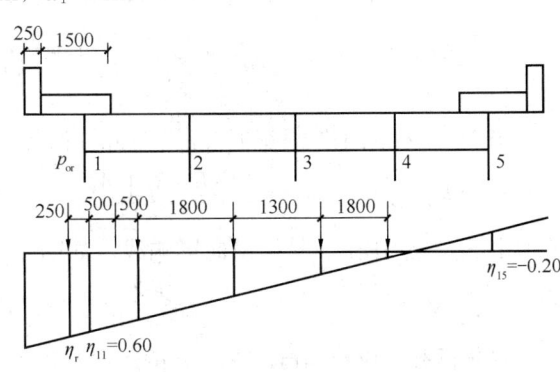

图 8.5.16

双向行驶 $W = 7.0\text{m}$，查《公桥通规》表 4.3.1-4，取设计车道数为 2。

将车辆荷载横向最不利布置如图 8.5.16 所示，则：

$$m_{cq} = \frac{1}{2}\Sigma\eta_q = \frac{1}{2} \times \eta_{11} \cdot \frac{1}{x}(x_{q1} + x_{q2} + x_{q3} + x_{q4})$$

$$= \frac{1}{2} \times 0.60 \times \frac{1}{6} \times (6-1+6-2.8+6-4.1+6-5.9) = 0.51$$

故应选（B）项。

(2) 人群荷载等效集中力 P_{0r} 的位置如图 8.5.16 所示，则：

$$m_{cr} = \eta_r = \frac{6+0.25}{6} \times 0.60 = 0.625$$

故应选（B）项。

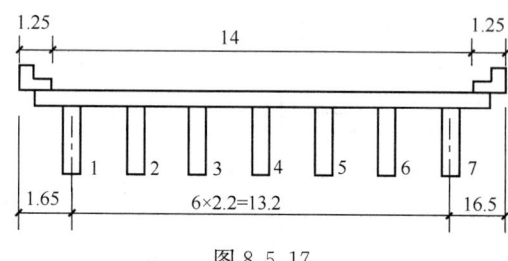

图 8.5.17

【例 8.5.6】 某公路梁桥双向行驶，桥面净宽为 14m，两侧人行道 2×1.25m 的预应力混凝土 T 形梁桥，共 7 根主梁，如图 8.5.17 所示。人群荷载 3.0kN/m，汽车荷载为公路—Ⅰ级。

试问：

(1) 用刚性横梁法计算，桥面布置两列汽车时，2 号梁的汽车荷载横向分布系数 m_{cq}，与下列何项数值最接近？

(A) 0.549　　　(B) 0.556　　　(C) 0.586　　　(D) 0.594

(2) 用刚性横梁法计算，桥面布置三列汽车时，2 号梁的汽车荷载横向分布系数 m_{cq}，与下列何项数值最接近？

(A) 0.655　　　(B) 0.672　　　(C) 0.683　　　(D) 0.696

(3) 用刚性横梁法计算，2 号梁的人群荷载横向分布系数 m_{cr}，与下列何项数值最接近？

(A) 0.376　　　(B) 0.390　　　(C) 0.408　　　(D) 0.416

(4) 桥上作用汽车荷载时，2 号梁的汽车荷载横向分布系数 m_{cq} 和多车道横向车道布载系数 ζ 的乘积 ζm_{cq} 的最大值，与下列何项最接近？

(A) 0.549　　　(B) 0.524　　　(C) 0.568　　　(D) 0.584

【解答】 (1) 刚性横梁法：

$$\Sigma a_i^2 = 2 \times (2.2^2 + 4.4^2 + 6.6^2) = 135.52 \text{m}^2$$

当 $P=1$ 作用于 1 号梁时，$e_1 = 6.6\text{m}$，$a_2 = 4.4\text{m}$

2 号梁反力 η_{21}：$\eta_{21} = \frac{1}{n} + \frac{e_1 a_2}{\sum\limits_{i=1}^{n} a_i^2} = \frac{1}{7} + \frac{6.6 \times 4.4}{135.52} = 0.357$

当 $P=1$ 作用于 7 号梁时，$e_7 = -6.6\text{m}$，$a_2 = 4.4\text{m}$

2 号梁反力 η_{27}：$\eta_{27} = \frac{1}{7} - \frac{6.6 \times 4.4}{135.52} = -0.071$

由 η_{21}、η_{27} 作出 2 号梁横向影响线，如图 8.5.18 所示，零点距 1 号梁位的距离 x 为：

$$x = \frac{0.357}{0.357+0.071} \times 2.2 \times 6 = 11.010 \text{m}$$

双向行驶，$W=14\text{m}$，查《公桥通规》表 4.3.1-4，取设计车道数为 4。

两列汽车最不利布置如图中所示，则：

$$m_{cq} = \frac{1}{2} \Sigma \eta_q = \frac{1}{2} \eta_{21} \cdot \frac{\sum\limits_{i=1}^{4} x_{qi}}{x}$$

$$= \frac{1}{2} \times 0.357 \times \frac{1}{11.01} \times (11.01-0.1+11.01-1.9+11.01-3.2+11.01-5)$$
$$= 0.5486$$

故应选（A）项。

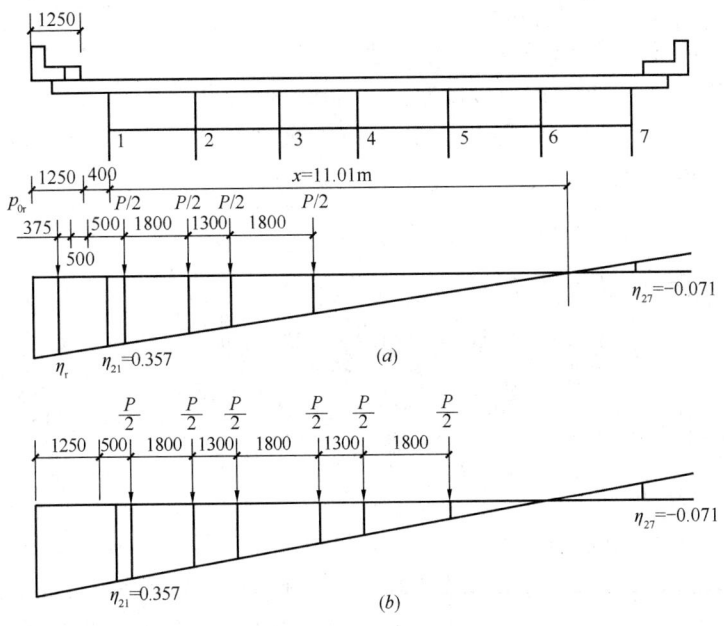

图 8.5.18

(2) 如图 8.5.18（b）所示，三列汽车最不利布置。

$$m_{cq} = \frac{1}{2}\Sigma\eta_q = \frac{1}{2}\eta_{21} \cdot \frac{\sum_{i=1}^{6} x_{qi}}{x}$$

$$= \frac{1}{2} \times 0.357 \times \frac{1}{11.01} \times (11.01-0.1+11.01-1.9+11.01-3.2+11.01-5$$
$$+11.01-6.3+11.01-8.1) = 0.6722$$

故应选（B）项。

(3) 人群荷载等效集中力 $P_{0r} = P_r \cdot a$ 布置如图 8.5.18（a）所示。

$$m_{cr} = \eta_r = \frac{(11.01+1.65-1.25/2)}{11.01} \times 0.357 = 0.3902$$

故应选（B）项。

(4) 两车道时，查《公桥通规》表 4.3.1-5，取横向车道布载系数 $\zeta=1.0$，故
$$\zeta m_{cq} = 1.0 \times 0.5486 = 0.5486$$

三车道时，查《公桥通规》表 4.3.1-5，取横向车道布载系数 $\zeta=0.78$，故
$$\zeta m_{cq} = 0.78 \times 0.6722 = 0.5243$$

取较大值，$\zeta m_{cq} = 0.5486$，所以应选（A）项。

【例 8.5.7】 如图 8.5.19 所示由 5 片主梁组成的公路梁桥，双向行驶，桥面净宽为 7.0m，两侧人行道为 2×0.75m，人群荷载为 3.0kN/m，汽车荷载为公路—Ⅰ级。

试问:

(1) 用刚性横梁法计算 3 号梁的汽车荷载横向分布系数 m_{cq},与下列何项最接近?
(A) 0.2   (B) 0.4
(C) 0.6   (D) 0.8

(2) 用刚性横梁法计算 3 号梁的人群荷载横向分布系数 m_{cr},与下列何项最接近?
(A) 0.2   (B) 0.4   (C) 0.6   (D) 0.8

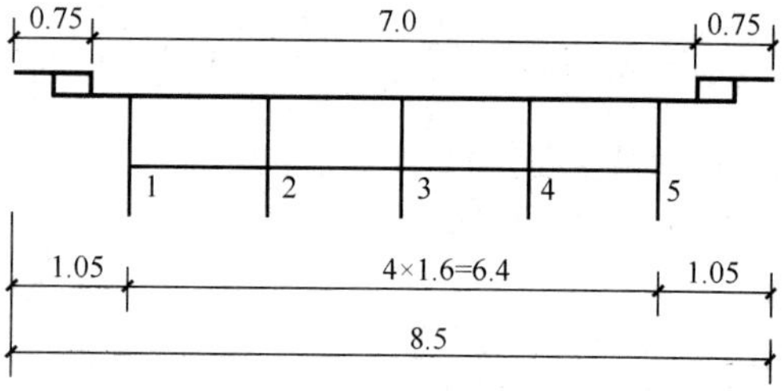

图 8.5.19

【解答】 (1) 刚性横梁法:

$$\sum_{i=1}^{5} a_i^2 = 2 \times (1.6^2 + 3.2^2) = 25.6 \text{m}^2$$

当 $P=1$ 作用于 1 号梁时,$e_1 = 3.2$m,$a_3 = 0$

3 号梁反力 η_{31}: $\eta_{31} = \dfrac{1}{n} + \dfrac{e_1 a_3}{\sum\limits_{i=1}^{5} a_i^2} = \dfrac{1}{5} + \dfrac{3.2 \times 0}{25.6} = 0.2$

当 $P=1$ 作用于 5 号梁时,$e_5 = -3.2$m,$a_3 = 0$

3 号梁反力 η_{35}: $\eta_{35} = \dfrac{1}{5} - \dfrac{3.2 \times 0}{25.6} = 0.2$

由 η_{31},η_{35} 作 3 号梁横向影响线,如图 8.5.20 所示,为一条 $\eta_q = 0.2$ 的水平直线。

桥面净宽 $W = 7.0$m,双向行驶,查《公桥通规》表 4.3.1-4,设计车道数为 2 车道。

3 号梁的汽车荷载横向分布系数,最不利布置两列汽车,则:

$$m_{cq} = \dfrac{1}{2}\Sigma\eta_q = \dfrac{1}{2} \times (0.2 + 0.2 + 0.2 + 0.2) = 0.4$$

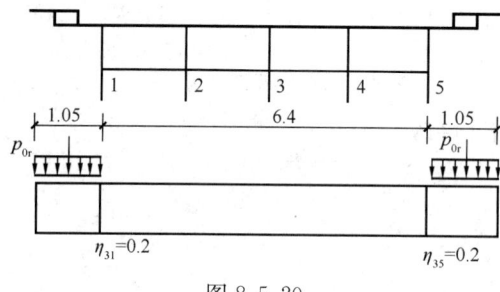

图 8.5.20

故应选 (B) 项。

(2) 如图 8.5.20 最不利布置为两侧人群荷载加载,则 3 号梁的人群荷载横向分布系数:

$$m_{cr} = \Sigma\eta = 0.2 + 0.2 = 0.4$$

故应选 (B) 项。

【例 8.5.8】 某公路箱形梁桥如图 8.5.21 所示,双向行驶,桥面车行道净宽为 15.5m,两侧人行道为 2×0.1m。人群荷载为 3.0kN/m^2,设计荷载为公路—Ⅰ级。用刚性横梁法计算。

试问:

(1) 1 号梁的汽车荷载横向分布系数 m_{cq},与下列何项最接近?
(A) 1.49   (B) 1.42   (C) 1.54   (D) 1.58

(2) 1 号梁的人群荷载横向分布系数 m_{cr},与下列何项最接近?
(A) 0.80   (B) 0.84   (C) 0.86   (D) 0.88

【解答】 (1) 刚性横梁法:

$$\sum_{i=1}^{4} a_i^2 = 2 \times [2.1^2 + (2.1+4.2)^2] = 88.2 \text{m}^2$$

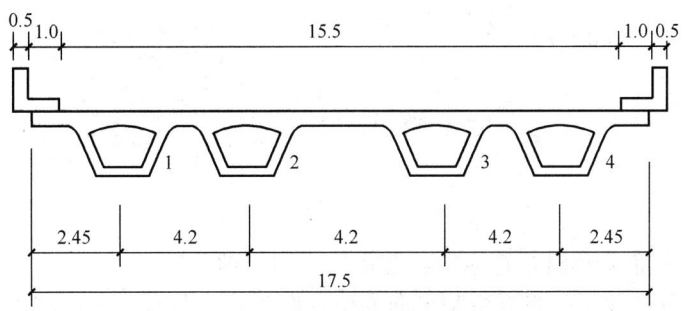

图 8.5.21

当 $P=1$ 作用于 1 号梁时，$e_1=2.1+4.2=6.3\text{m}$，$a_1=6.3\text{m}$

1 号梁反力：$\eta_{11}=\dfrac{1}{n}+\dfrac{e_1 a_1}{\sum_{i=1}^{4}a_i^2}=\dfrac{1}{4}+\dfrac{6.3\times 6.3}{88.2}=0.7$

当 $P=1$ 作用于 4 号梁时，$e_4=-6.3\text{m}$，$a_1=6.3\text{m}$

1 号梁反力：$\eta_{14}=\dfrac{1}{4}-\dfrac{6.3\times 6.3}{88.2}=-0.2$

由 η_{11}、η_{14} 作出 1 号梁横向影响线，如图 8.5.22 所示，零点距 1 号梁位的距离 x 为：

$$x=\dfrac{0.7}{0.7+0.2}\times(4.2\times 3)=9.8\text{m}$$

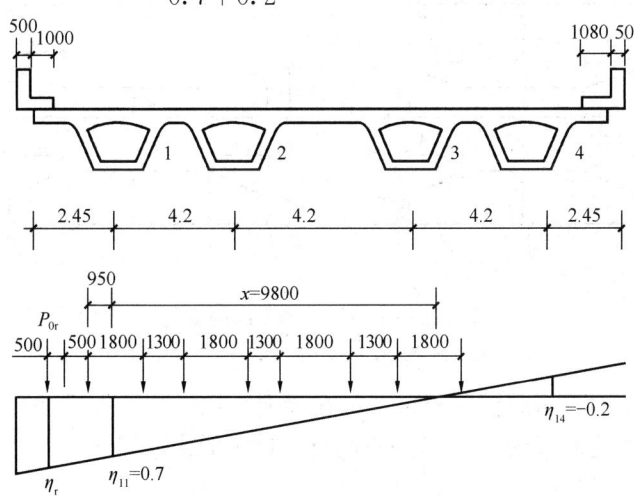

图 8.5.22

双向行驶，$W=15.5\text{m}$，查《公桥通规》表 4.3.1-4，取设计车道数为 4。
最不利布置四列汽车如图所示，则：

$$m_{cq}=\dfrac{1}{2}\Sigma\eta_q=\dfrac{1}{2}\eta_{21}\cdot\dfrac{1}{x}\sum_{i=1}^{8}x_{qi}$$

$$=\dfrac{1}{2}\times 0.7\times\dfrac{1}{9.8}\times(9.8+0.95+9.8-0.85+9.8-2.15+9.8-$$

$$3.95+9.8-5.25+9.8-7.05+9.8-8.35+9.8-10.15)=1.486$$

所以应选（A）项。

(2) 人群荷载的等效集中力 P_{0r} 如图 8.5.22 所示布置，则：

$$m_{cr}=\eta_r=\frac{(9.8+0.95+0.5+0.5)}{9.8}\times 0.7=0.839$$

或

$$m_{cr}=\eta_r=\frac{(9.8+2.45-1.0/2)}{9.8}\times 0.7=0.839$$

故应选（B）项。

3. 荷载横向分布系数沿桥跨纵向的变化与实用处理方法

荷载横向分布系数与荷载沿桥跨纵向的位置有关，当荷载位于桥跨中间部位时，通常采用刚性横梁法求得跨中的荷载横向分布系数 m_c，此时，荷载横向分布比较均匀；当荷载位于桥跨支点处时，通常采用杠杆原理法求得支点的荷载横向分布系数 m_0，此时，若不考虑支座弹性变形影响，荷载直接由该主梁传至支座，其他主梁基本上不参与受力，故荷载横向分布不均匀。显然，当荷载位于桥跨纵向其他位置时，其相应的荷载横向分布系数是变化的，如何确定呢？桥梁结构设计中习惯采用如下实用处理方法：

(1) 对无中间横梁或仅有一根中横梁时，荷载横向分布系数在梁端采用按杠杆原理法计算得到的 m_0；从梁端到距梁端 1/4 跨径之间采用从 m_0 到 m_c 的直线过渡形成，如图 8.5.23 (a) 所示；跨中其他部分采用 m_0。

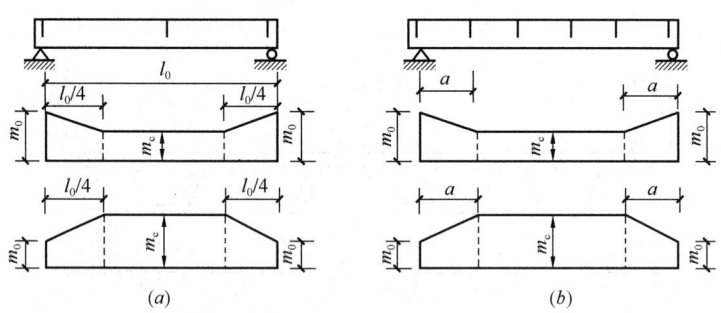

图 8.5.23 m 沿桥跨纵向的变化
(a) 无中横梁或仅一根中横梁；(b) 有中横梁

(2) 对有中横梁时，荷载横向分布系数在梁端采用按杠杆原理法计算得到的 m_0；从梁端到第一片中横梁之间采用从 m_0 到 m_c 的直线过渡形式，如图 8.5.23 (b) 所示；跨中其他部分采用 m_c。

计算主梁弯矩时，荷载横向分布系数沿桥跨纵向的变化：当求简支主梁跨中最大弯矩值时，通常按不变化的跨中 m_c 进行计算；当求主梁其他截面的弯矩值时，一般也可取用不变的跨中 m_c 进行计算。

计算主梁剪力（最大剪力）时，因主要荷载位于所考虑一端的 m 变化区段内，并且相应的内力影响线坐标值均接近最大值，故应考虑该段内横向分布系数变化的影响。对位于其他部分（远端）的荷载，因其相应影响线坐标值显著减小，则可近似取用不变的 m_c 进行简化处理，如图 8.5.24 所示。

图 8.5.24 中，因 m_0 可能大于 m_c，也可能小于 m_c，故图上有两种情况。

求出主梁的荷载横向分布系数后，就可按单根梁一样计算在活荷载作用下主梁截面内力（剪力、弯矩）。下面介绍其具体计算方法。

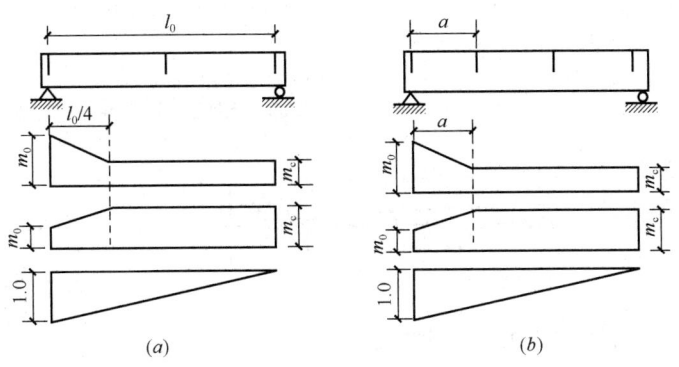

图 8.5.24　计算剪力时横向分布系数沿桥跨纵向的变化
(a) 无中横梁或仅一根中横梁；(b) 有中横梁

二、主梁的设计内力计算

正如前面所述，主梁的设计内力计算包括恒载和活载两部分。

1. 恒载内力计算

主梁恒载内力包括：主梁自重（前期恒载）引起的主梁自重内力 S_{G1} 和后期恒载（如桥面铺装、人行道、栏杆等）引起的主梁后期恒载内力 S_{G2}，总称为主梁恒载内力 S_G。

主梁自重是在结构逐步形成的过程中作用于桥上的，因而它的计算与施工方法有密切关系，特别是在大、中跨预应力混凝土超静定梁桥的施工中不断有体系转换过程，在计算主梁自重内力时必须分阶段进行。对于后期恒载作用于桥上时，主梁结构已形成最终体系，这部分内力可直接应用结构内力影响线进行计算。

在确定主梁的计算恒载时，为简化计算，通常将沿桥跨分点作用的横梁重量、沿桥横向不等厚分布铺装层重量、两侧的人行道和栏杆等重量均匀地分配给各片主梁承担，即对等截面主梁，其计算恒载是简单的均布荷载。

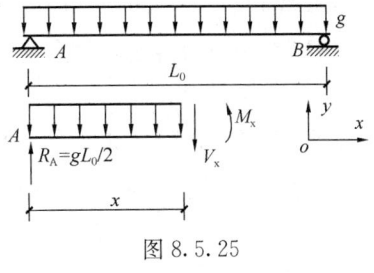

图 8.5.25

当确定了主梁的计算恒载之后，就可以计算出主梁内各截面的内力；当计算恒载分阶段计算时，应按各阶段的计算恒载来计算内力以及内力组合。如图 8.5.25 所示，主梁任意截面的内力标准值为：

弯矩：$M_x = \dfrac{1}{2} g x (L_0 - x)$

剪力：$V_x = g \left(\dfrac{L_n}{2} - x \right)$

式中　g——一片主梁所承受沿跨长的荷载集度；
　　　L_0——计算跨径；
　　　L_n——净跨径；
　　　x——计算截面到支座的距离。

【例 8.5.9】　一座五梁式装配式钢筋混凝土简支梁桥的主梁和横梁截面如图 8.5.26 所示，计算跨径 $L_0 = 19.50$m，计算净跨径 $L_n = 19.30$m。已知每侧栏杆及人行道构件重量为

5kN/m；桥面铺装层的沥青混凝土重力密度为23kN/m³，C25混凝土重力密度24kN/m³，主梁及横梁的重力密度为25kN/m³。

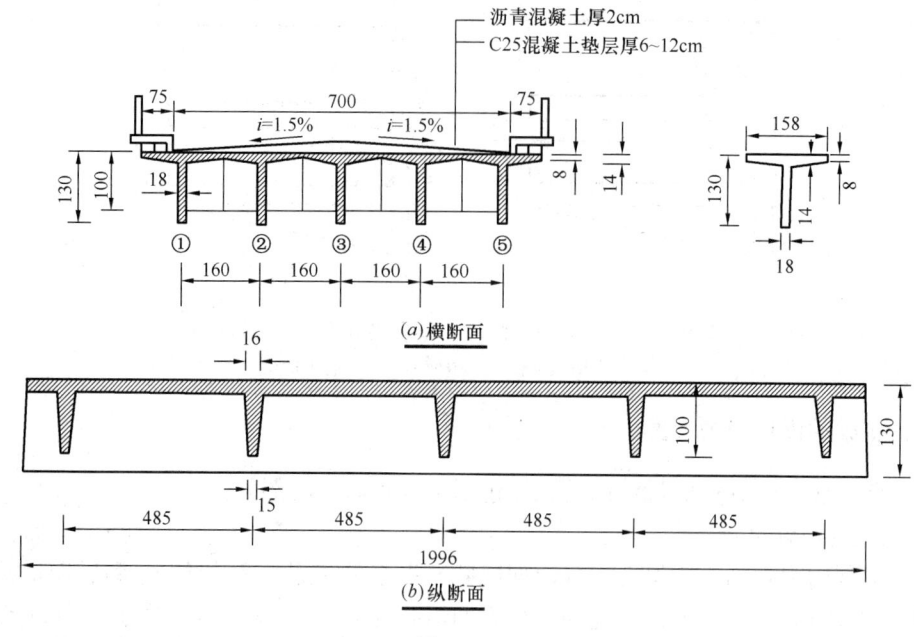

图 8.5.26

试问：

(1) 确定边主梁、中主梁的计算恒载集度（kN/m）。

(2) 确定中主梁 $L_0/4$ 处的弯矩标准值（kN·m）、剪力标准值（kN）。

【**解答**】 (1) 由图中截面尺寸可得：

每根主梁分担桥面铺装层重：$g_1 = \left[1 \times 0.02 \times 7 \times 23 + 1 \times \dfrac{(0.06+0.12)}{2} \times 7 \times 24\right]/5$
$= 3.67 \text{kN/m}$

每根主梁分担栏杆和人行道重：$g_2 = 5 \times 2/5 = 2.0 \text{kN/m}$

每根主梁自重：$g_3 = \left[0.18 \times 1.30 + \dfrac{1}{2} \times (0.08+0.14) \times (1.60-0.18)\right] \times 25$
$= 9.76 \text{kN/m}$

每根边主梁分担横梁重：$g_4 = [1-(0.08+0.14)/2] \times \dfrac{(1.60-0.18)}{2} \times \dfrac{(0.15+0.16)}{2} \times 5 \times 25/19.5 = 0.63 \text{kN/m}$

每根中主梁分担横梁重：$g_5 = 2 \times 0.63 = 1.26 \text{kN/m}$

所以，作用于边主梁的全部恒载集度 g' 为：

$$g' = \Sigma g_i = 3.67 + 2.0 + 9.76 + 0.63 = 16.06 \text{kN/m}$$

作用于中主梁的全部恒载集度 g 为：

$$g = \Sigma g_i = 3.67 + 2.0 + 9.76 + 1.26 = 16.69 \text{kN/m}$$

(2) 确定 $L_0/4 = 19.5/4 = 4.875 \text{m}$ 处的中主梁的内力值

弯矩标准值：$M_k = \dfrac{1}{2} gx(L_0 - x) = \dfrac{1}{2} \times 16.69 \times 4.875 \times (19.5-4.875) = 594.97 \text{kN·m}$

剪力标准值：$V_k = g\left(\dfrac{L_n}{2} - x\right) = 16.69 \times \left(\dfrac{19.3}{2} - 4.875\right) = 79.695 \text{kN}$

2. 活载内力计算

主梁中活载内力主要是指由汽车荷载，人群荷载产生的内力，其计算分为两步，第一步求主梁的最不利荷载横向分布系数，第二步应用主梁内力影响线，将荷载乘以横向分布系数，在主梁纵向的内力影响线上按最不利位置加载，求得主梁的最大活载内力。

(1) 主梁跨中截面的弯矩、剪力

当计算简支梁各截面的最大弯矩和跨中最大剪力时，可近似取用不变的跨中横向分布系数 m_c 来计算。

对于跨中截面弯矩［图 8.5.27 (a)］：

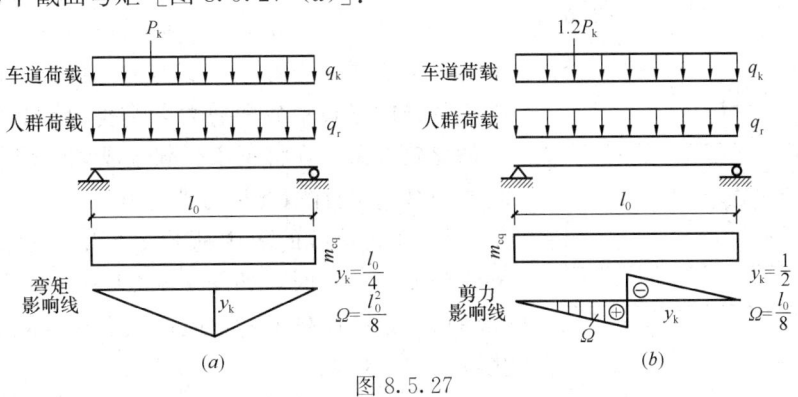

图 8.5.27

(a) 跨中弯矩计算图；(b) 跨中剪力计算图

车道荷载：$M_p = (1+\mu)\zeta m_{cq}(P_k \cdot y_k + q_k \Omega)$

人群荷载：$M_r = m_{cr} \cdot q_r \Omega$

对于跨中截面剪力［图 8.5.27 (b)］：

车道荷载：$V_p = (1+\mu)\zeta m_{cq}(1.2P_k \cdot y_k + q_k \Omega)$

人群荷载：$V_r = m_{cr} \cdot q_r \Omega$

式中　μ——汽车荷载冲击系数；

　　　ζ——多车道汽车荷载横向车道布载系数，但多车道汽车荷载横向车道布载后的荷载效应不得小于两条设计车道的荷载效应；

m_{cq}、m_{cr}——跨中截面车道荷载、人群荷载的横向分布系数；

P_k、q_k——车道荷载的集中荷载标准值、均布荷载标准值；

　　　y_k——相应的主梁内力影响线的纵坐标值；

　　　Ω——相应的主梁内力影响线面积。

注意的是，在计算跨中截面剪力时，应以 $1.2P_k$ 车道荷载的集中荷载标准值进行计算，如图 8.5.27 (b) 所示。

此外，对简支梁任意截面 c 处的弯矩影响线如图 8.5.28 (a) 所示，任意截面 c 处的剪力影响线如图 8.5.28 (b) 所示。

(2) 主梁支点截面的剪力

主梁支点截面的剪力 V 由车道荷载产生的剪力和人群荷载产生的剪力组成。其中，车道荷载产生的剪力又由车道荷载中集中荷载 $1.2P_k$ 和均布荷载 q_k 所产生的剪力组成。

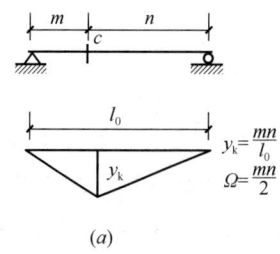
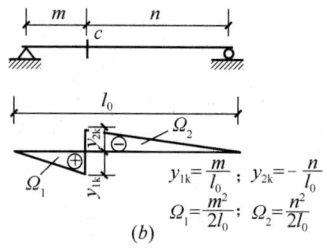

图 8.5.28

(a) 任意截面弯矩影响线；(b) 任意截面剪力影响线

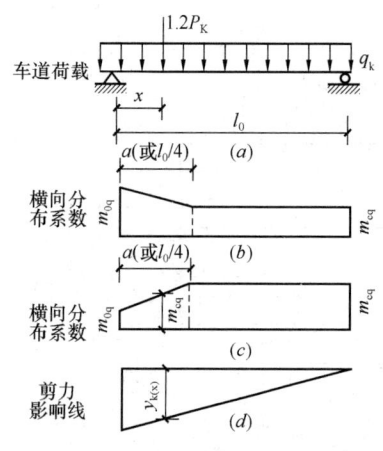

图 8.5.29 支点截面剪力计算图

对于支点截面的剪力或靠近支点截面的剪力，应考虑由于荷载横向分布系数在梁端区段内所发生的变化，如图 8.5.29（b）、（c）所示，同时，考虑支座截面剪力影响线，见图 8.5.29（d），可见，在支点截面附近的横向分布系数和剪力影响线均是变数，求其最大值比较复杂。现将车道荷载分成集中荷载 $1.2P_k$ 和均布荷载 q_k 两种情况进行求解。

1) 车道荷载的集中荷载 $1.2P_k$ 引起的支点截面剪力当 $m_{0q} > m_{cq}$ 时，如图 8.5.29 中（b）所示，此时车道荷载集中荷载 $1.2P_k$ 应作用于支点截面处时所产生的剪力值最大：

$$V_{1.2P_k} = (1+\mu) \zeta m_{0q} \times (1.2P_k \times y_k)$$
$$= (1+\mu) \zeta m_{0q} \times 1.2P_k \times 1$$

当 $m_{0q} < m_{cq}$ 时，如图 8.5.29 中（c）所示，将剪力影响线 $y_{k(x)}$ 和横向分布系数 $m_{c(x)}$ 相乘，求其最大值，即：

设 $1.2P_k$ 作用点距左支点的距离为 x，则有：

$$m_{c(x)} = m_{cq} + \frac{x}{a}(m_{cq} - m_{0q}) \quad (0 \leqslant x \leqslant a)$$

$$y_{k(x)} = \frac{l_0 - x}{l_0} \quad (0 \leqslant x \leqslant a)$$

$$V_{1.2P_k} = (1+\mu) \zeta m_{c(x)} \times 1.2P_k \cdot y_{k(x)} = (1+\mu)\zeta \cdot 1.2P_k [m_{0q} + \frac{x}{a}(m_{cq} - m_{0q})] \frac{l_0 - x}{l_0}$$

为取得 $V_{1.2P_k}$ 的最大值，令 $\frac{dV_{1.2P_k}}{dx} = 0$ 可求解得 x；当 $x > a$ 时，取 $x = a$。最后，将 x 代回原式，即可求出 $V_{1.2P_k}$ 值。

2) 车道荷载的均布荷载 q_k 引起的支点截面剪力

习惯上将均布荷载分解成两部分：一是全跨均匀分布的系数 m_{cq}；二是梁端三角形分布的系数 $(m_{0q} - m_{cq})$，最后进行剪力叠加，如图 8.5.30 所示。

由全跨均匀分布的系数 m_{cq} 计算，由车道均布荷载 q_k 引起的支点剪力为：

$$V_{1q_k} = (1+\mu) \zeta m_{cq} \cdot (q_k \cdot \Omega)$$
$$= (1+\mu) \zeta m_{cq} \cdot (q_k \cdot \frac{1}{2} \times l_0 \times 1.0)$$
$$= (1+\mu) \zeta m_{cq} q_k \frac{l_0}{2}$$

由梁端三角形分布的系数 $(m_{0q}-m_{cq})$ 计算,由车道均布荷载 q_k 引起的支点剪力为:

$$V_{2q_k}=(1+\mu)\zeta\cdot\frac{a}{2}(m_{0q}-m_{cq})q_k\cdot\overline{y}$$

车道均布荷载 q_k 引起的支点剪力,由上述叠加为:

$$V_{qk}=V_{1q_k}+V_{2q_k}=(1+\mu)\zeta\left[m_{cq}q_k\frac{l_0}{2}+\frac{a}{2}(m_{0q}-m_{cq})q_k\overline{y}\right]$$

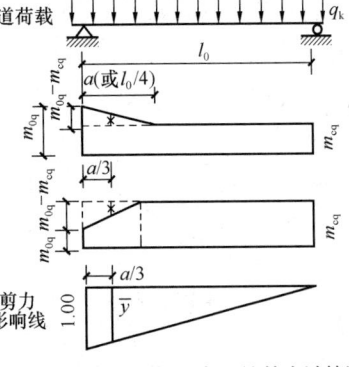

图 8.5.30 均匀荷载 q_k 产生的剪力计算图

式中 a——梁端横向分布系数的变化区段长度;

$\overline{y}$——对应于梁端三角形分布面积重心位置的主梁内力影响线纵坐标值,当 $a=l_0/4$ 时,距支点 $a/3=\frac{l_0}{12}$ 处的内力影响线纵坐标值 $\overline{y}=\left(l_0-\frac{l_0}{12}\right)\times1.0/l_0=11/12$。

3)人群荷载引起的支点剪力

人群荷载为均布荷载,其计算与车道荷载中的均布荷载 q_k 产生剪力的计算方法相同,即将图 8.5.30 中,q_r 代换 q_k,m_{0r} 代替 m_{0q},m_{cr} 代替 m_{cq},但人群荷载不考虑系数 μ、ζ,则:

$$V_r=m_{cr}q_r\frac{l_0}{2}+\frac{a}{2}(m_{0r}-m_{cr})q_r\cdot\overline{y}$$

式中 q_r——单侧人行道上人群荷载集度(kN/m)。

综上所述,在计算支点截面剪力时,对两个连续的线性函数 $m_c(x)$ 和 $y_k(x)$ 的乘积利用了图乘法进行求解。因此,也可将均布荷载 q_k(或 q_r)分解成几段进行图乘法求解。

【例 8.5.10】 位于城市附近交通繁忙公路上,某双向行驶的装配式钢筋混凝土简支梁桥,标准跨径为 16m,计算跨径 15.5m,桥面净宽为:净—7+2×0.75m 人行道及栏杆。设计荷载为公路—Ⅱ级,人群荷载为 3.0kN/m²,冲击系数 $\mu=0.245$,某根主梁的荷载分布系数如图 8.5.31 所示。

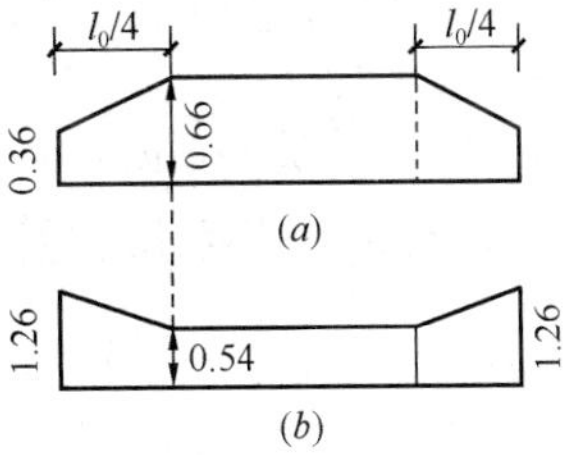

试问:

(1)该主梁跨中截面由汽车荷载,人群荷载产生的弯矩标准值(kN·m),与下列何项最接近?

(A) 889.3;36.5 (B) 739.2;37.4
(C) 889.3;38.2 (D) 739.2;39.6

图 8.5.31
(a) 汽车荷载横向分布系数;
(b) 人群荷载横向分布系数

(2)该主梁支点截面由汽车荷载、人群荷载产生的剪力标准值(kN),与下列何项最接近?

(A) 206.3;12.3 (B) 178.4;12.3
(C) 206.3;13.6 (D) 178.4;13.6

(3)假定主梁跨中恒载产生的弯矩标准值 $M_{0g}=900$kN·m,则该主梁跨中截面在持久状态下按承载力极限状态下基本组合的弯矩设计值(kN·m),与下列何项最接近?

(A) 2400 (B) 2500 (C) 2600 (D) 2700

【解答】 (1)确定车道荷载标准值

公路—Ⅱ级，$q_k=0.75×10.5=7.875$kN/m
$$P_k=0.75×2×(15.5+130)=218.25\text{kN}$$
计算剪力时，$1.2P_k=1.2×166.5=199.8$kN

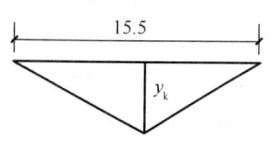

图 8.5.32　弯矩影响线

桥面净宽 $W=7$m，双向行驶，由《公桥通规》表 4.3.1-4，设计车道数为 2，故取 $\zeta=1.0$。

跨中截面的弯矩影响线纵坐标，如图 8.5.32 所示。

$$y_k=\frac{l_0}{4}=\frac{15.5}{4}=3.875\text{m}$$

$$\Omega=\frac{l_0^2}{8}=\frac{15.5^2}{8}=30.031\text{m}^2$$

$$M_q=(1+\mu)\zeta m_{cq}(P_k y_k+q_k\Omega)$$
$$=(1+0.245)×1×0.66×(218.25×3.875+7.875×30.031)$$
$$=889.25\text{kN·m}$$

人群荷载产生的跨中弯矩标准值，$q_r=3.0×0.75=2.25$kN/m
$$M_r=m_{cr}q_r\Omega=0.54×2.25×30.031=36.488\text{kN·m}$$

故应选（A）项。

(2) 支点截面剪力计算

1) 由车道荷载中集中荷载 $1.2P_k$ 产生的剪力：

因 $m_{0q}<m_{cq}$，故须建立 $m_c(x)$ 和 $y_k(x)$ 函数求解：

$$V_{1.2P_k}=(1+\mu)\zeta m_c(x)×1.2P_k·y_k(x)$$
$$=(1+\mu)\zeta 1.2P_k·[m_{0q}+\frac{x}{a}(m_{cq}-m_{0q})]·\frac{l_0-x}{l_0}$$
$$=1.245×1×1.2×218.25×[0.36+\frac{x}{15.5/4}·(0.66-0.36)]·\frac{15.5-x}{15.5}$$

令 $\frac{dV_{1.2P_k}}{dx}=0$

求解得：$x=5.424$m $>a=l_0/4=15.5/4=3.875$m

故取 $x=3.875$m 计算 $V_{1.2P_k}$。

$$V_{1.2P_k}=326.066×\left(0.36+\frac{3.875}{15.5/4}×0.3\right)×\frac{15.5-3.875}{15.5}=161.40\text{kN}$$

2) 由车道荷载中均布荷载 q_k 产生的剪力：

$$V_{q_k}=(1+\mu)\zeta\left[m_{cq}q_k\frac{l_0}{2}+\frac{a}{2}(m_{0q}-m_{cq})q_k·\bar{y}\right]$$
$$=1.245×1×\left[0.66×7.875×\frac{15.5}{2}+\frac{3.875}{2}×(0.36-0.66)×7.875×\frac{11}{12}\right]$$
$$=44.925\text{kN}$$

车道荷载产生的总剪力为：
$$V_q=161.40+44.925=206.33\text{kN}$$

3) 由人群荷载产生的剪力：

$$V_r=m_{cr}q_r\frac{l_0}{2}+\frac{a}{2}(m_{0r}-m_{cr})q_r·\bar{y}$$
$$=0.54×2.25×\frac{15.5}{2}+\frac{3.875}{2}×(1.26-0.54)×2.25×\frac{11}{12}$$
$$=12.293\text{kN}$$

故应选（A）项。

（3）标准跨径为 16m，按单孔跨径查《公桥通规》表 1.0.5，该桥属小桥。

查《公桥通规》表 4.1.5-1，安全等级为一级，故取 $\gamma_0=1.1$。

$$\begin{aligned}\gamma_0 M&=\gamma_0(\gamma_G M_{0g}+\gamma_{Q1}M_{0q}+\psi_c\gamma_{Q2}M_{0r})\\&=1.1\times(1.2\times900+1.4\times889.3+0.75\times1.4\times36.488)\\&=2599.7\text{kN}\cdot\text{m}\end{aligned}$$

故应选（C）项。

【例 8.5.11】 图 8.5.33 所示为某公路钢筋混凝土 T 形梁桥，计算跨径为 19.5m，双向行驶，桥面净宽为：净－8.0＋2×0.75m人行道。桥上作用公路—Ⅰ级汽车荷载，人群荷载为 3.0kN/m²，冲击系数 $\mu=0.210$。已知 1 号梁的汽车荷载跨中横向分布系数为 $m_{cq}=0.560$，支座处横向分布系数$m_{0q}=0.410$。

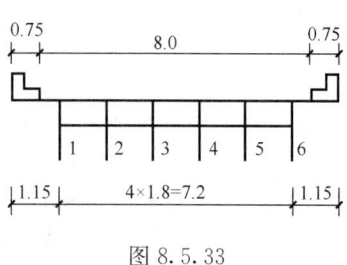

图 8.5.33

试问：

（1）1 号梁跨中截面由汽车荷载产生的弯矩标准值（kN·m），与下列何项最接近？

（A）1410　　（B）1325　　（C）1250　　（D）1160

（2）1 号梁距支点 $L_0/4$ 处截面由汽车荷载产生的弯矩标准值（kN·m），与下列何项最接近？

（A）995　　（B）950　　（C）890　　（D）835

（3）1 号梁跨中截面由汽车荷载产生的剪力标准值（kN），与下列何项最接近？

（A）120　　（B）130　　（C）140　　（D）150

【解答】（1）公路—Ⅰ级：$q_k=10.5\text{kN/m}$

$$P_k=2\times(19.5+130)=299\text{kN}$$

双向行驶，桥面净宽 $W=8.0$m，查《公桥通规》表 4.3.1-4，设计车道数为 2，故取 $\zeta=1.0$。

跨中截面弯矩影响线的纵坐标值：$y_k=\dfrac{l_0}{4}=\dfrac{19.5}{4}=4.875\text{m}$

$$\Omega=\frac{l_0^2}{8}=\frac{19.5^2}{8}=47.531\text{m}^2$$

$$\begin{aligned}M_q&=(1+\mu)\zeta m_{cq}(P_k y_k+q_k\Omega)\\&=(1+0.21)\times1\times0.560\times(299\times4.875+10.5\times47.531)\\&=1325.9\text{kN}\cdot\text{m}\end{aligned}$$

故应选（B）项。

（2）$l_0/4$ 处弯矩影响线如图 8.5.34 所示。

$$y_k=\frac{l_0/4\times3l_0/4}{l_0}=\frac{3l_0}{16}=\frac{3\times19.5}{16}=3.656$$

图 8.5.34

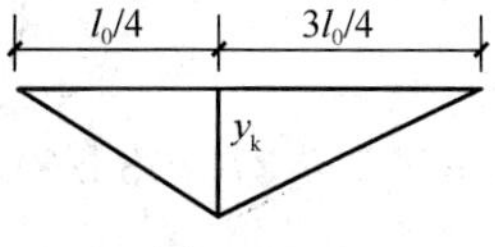

$$\Omega=\frac{1}{2}l_0 y_k=\frac{1}{2}\times19.5\times3.656=35.646$$

$$\begin{aligned}M_q&=(1+\mu)\zeta m_{cq}(P_K y_k+q_k\Omega)\\&=1.21\times1\times0.560\times(299\times3.656+10.5\times35.646)\\&=994.3\text{kN}\cdot\text{m}\end{aligned}$$

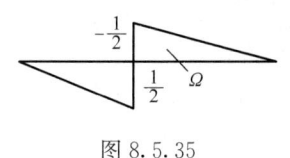

图 8.5.35

故应选（A）项。

(3) 跨中截面剪力影响线的纵坐标如图 8.5.35 所示：

$$y_k = \frac{-1}{2}$$

$$\Omega = \frac{1}{2} \times \frac{l_0}{2} \times \frac{1}{2} = \frac{19.5}{8} = 2.4375 \text{m}$$

由集中荷载标准值 $1.2P_k$ 产生的剪力；横向分布系数取 $m_{cq}=0.560$：

$$V_{1.2P_k} = (1+\mu) \zeta m_{cq} \times 1.2P_k \cdot y_k = 1.21 \times 1 \times 0.560 \times 1.2 \times 299 \times \frac{1}{2}$$
$$= 121.56 \text{kN}$$

由均布荷载标准值 q_k 产生的剪力，横向分布系数取跨中 $m_{cq}=0.560$：

$$V_{qk} = (1+\mu) \zeta m_{cq} \cdot q_k \cdot \Omega = 1.21 \times 1 \times 0.560 \times 10.5 \times 2.4375$$
$$= 17.34 \text{kN}$$

$$V = V_{1.2P_k} + V_{qk} = 121.56 + 17.34 = 138.9 \text{kN}$$

故应选（C）项。

【例 8.5.12】 某双向行驶的公路钢筋混凝土 T 形梁桥，由 5 片主梁组成，计算跨径 19.5m，标准跨径为 20m，设有多道横梁。桥面净空为：净—7.5+2×0.75m 人行道，设计荷载为公路—Ⅱ级，人群荷载为 3.0kN/m²。汽车冲击系数 $\mu=0.256$。已知边主梁的荷载横向分布系数如图 8.5.36 所示。

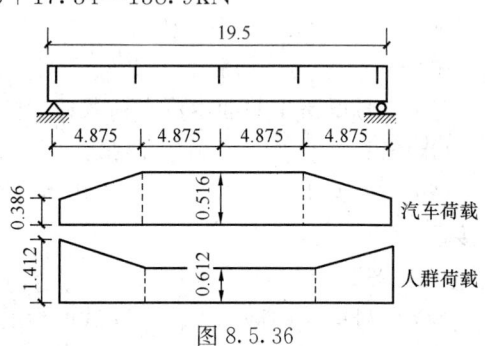

图 8.5.36

试问：

(1) 距支点 $l_0/4$ 处截面由汽车荷载产生的弯矩标准值（kN·m），与下列何项最接近？
(A) 700 (B) 715 (C) 755 (D) 795

(2) 距支点 $l_0/4$ 处截面由人群荷载产生的弯矩标准值（kN·m），与下列何项最接近？
(A) 46 (B) 49 (C) 53 (D) 57

(3) 距支点 $l_0/4$ 处由汽车荷载产生的最大剪力标准值（kN），与下列何项最接近？
(A) 140 (B) 150 (C) 160 (D) 170

(4) 距支点 $l_0/4$ 处由人群荷载产生的剪力标准值（kN），与下列何项最接近？
(A) 4.5 (B) 5.5 (C) 6.5 (D) 7.5

【解答】 (1) 公路—Ⅱ级：$q_k = 0.75 \times 10.5 = 7.875$ kN/m

集中荷载 P_k：$P_k = 0.75 \times 2 \times (19.5+130) = 224.25$ kN

双向行驶，$W=7.5$m，查《公桥通规》表 4.3.1-4，取设计车道数为 2，故取 $\zeta=1.0$。

$l_0/4$ 处弯矩影响线的纵坐标，如图 8.5.37 所示：$y_k = \frac{l_0/4 \cdot 3l_0/4}{l_0} = \frac{3l_0}{16} = \frac{3 \times 19.5}{16} = 3.656$m

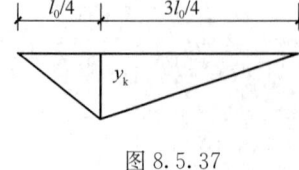

图 8.5.37

$$\Omega = \frac{1}{2} l_0 y_k = \frac{1}{2} \times 19.5 \times 3.656 = 35.646 \text{m}^2$$

$$M_q = (1+\mu) \zeta m_{cq} (P_k y_k + q_k \Omega)$$
$$= 1.256 \times 1 \times 0.516 \times (224.25 \times 3.656 + 7.875 \times 35.646)$$
$$= 713.3 \text{kN} \cdot \text{m}$$

故应选（B）项。

(2) 人群荷载集度为：$q_r = 3.0 \times 0.75 = 2.25 \text{kN/m}$
$$M_r = m_{cr} q_r \Omega = 0.612 \times 2.25 \times 35.646 = 49.085 \text{kN} \cdot \text{m}$$
故应选（B）项。

(3) $l_0/4$ 处剪力影响线的纵坐标，如图 8.5.38 所示，汽车荷载加载长度取 $\frac{3}{4}l_0$。

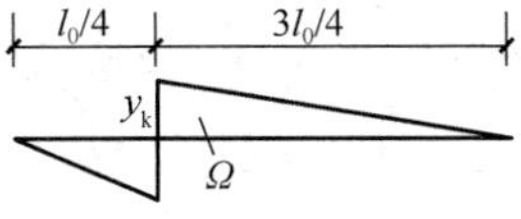

图 8.5.38

$y_k = 0.75$
$$\Omega = \frac{1}{2} \cdot \frac{3l_0}{4} y_k = \frac{1}{2} \times \frac{3 \times 19.5}{4} \times 0.75 = 5.484 \text{m}$$

横向分布系数取跨中的 m_{cq} 进行计算。
$$V_q = (1+\mu) \zeta m_{cq} (1.2 P_k y_k + q_k \Omega)$$
$$= 1.256 \times 1 \times 0.516 \times (1.2 \times 224.25 \times 0.75 + 7.875 \times 5.484)$$
$$= 158.8 \text{kN}$$

故应选（C）项。

(4) 人群荷载集度为 2.25kN/m

横向分布系数取跨中的 m_{cr} 进行计算。
$$V_r = m_{cr} \cdot q_k \Omega = 0.612 \times 2.25 \times 5.484 = 7.55 \text{kN}$$
故应选（D）项。

【例 8.5.13】某双向行驶，桥面净空为：净—14+2×1.25m 人行道的城市预应力混凝土 T 形梁桥，共 7 根主梁，如图 8.5.39 所示。该桥的计算跨径为 24.5m，标准跨径为 25m，设计荷载为城—A级，汽车冲击系数 $\mu = 0.218$。经计算知距支点 $L/4$ 处截面恒载作用的弯矩标准值为 2600kN·m。

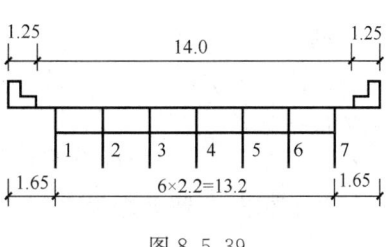

图 8.5.39

用刚性横梁法求解得 2 号主梁跨中的荷载横向分布系数为：两列汽车布置时，$m_{cq} = 0.5486$；三列汽车布置时，$m_{cq} = 0.6722$；四列汽车布置时，$m_{c2} = 0.7860$。

试问：2 号梁跨中截面由汽车荷载产生的弯矩标准值（kN·m），与下列何项数值最接近？
(A) 1582   (B) 1620   (C) 1790   (D) 1890

【解答】 城—A级，根据《城市桥规》10.0.2 条：$q_k = 10.5 \text{kN/m}$
$$P_k = 2(l_0 + 130) = 2 \times (24.5 + 130) = 309 \text{kN}$$

双向行驶，$W = 14\text{m}$，查《公桥通规》表 4.3.1-4，取设计车道数为 4。

由题目所给条件，两列汽车布置时，$\zeta = 1.0$；三列汽车布置时，查《公桥通规》表 4.3.1-5 知，$\zeta = 0.78$；四列汽车时，$\zeta = 0.67$。

两列汽车：$\zeta m_{cq} = 1 \times 0.5486 = 0.5486$

三列汽车：$\zeta m_{cq} = 0.78 \times 0.6722 = 0.5243$

四列汽车：$\zeta m_{cq} = 0.67 \times 0.786 = 0.5266$

故取大者，$\zeta m_{cq} = 0.5486$ 进行计算，

跨中截面弯矩影响线的纵坐标值为：$y_k = \frac{l_0}{4} = \frac{24.5}{4} = 6.125 \text{m}$

$$\Omega = \frac{1}{2} \cdot l_0 y_k = \frac{1}{2} \times 24.5 \times 6.125 = 75.031 \text{m}^2$$

$$\begin{aligned} M_q &= (1+\mu) \zeta m_{cq} (P_K y_k + q_k \cdot \Omega) \\ &= (1+0.218) \times 0.5486 \times (309 \times 6.125 + 10.5 \times 75.031) \\ &= 1791 \text{kN} \cdot \text{m} \end{aligned}$$

故应选（C）项。

【例 8.5.14】 某城市双向行驶箱形梁桥如图 8.5.40 所示，标准跨径为 25m，计算跨径为 24.5m，桥面车行道净宽为 15.5m，两侧人行道为 2×1.0m。设计荷载为城—A 级，人群荷载为 3.0kN/m，汽车冲击系数为 $\mu=0.166$。用刚性横梁法求得 1 号梁布置三列汽车时跨中荷载横向分布系数为 1.286；四列汽车时跨中荷载横向分布系数为 1.486。

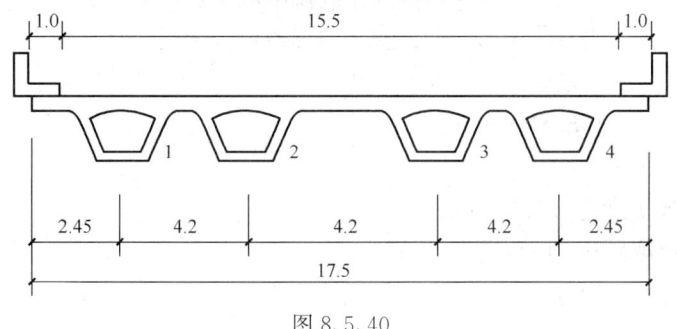

图 8.5.40

试问：

(1) 距 1 号主梁支点 $l_0/4$ 处截面由汽车荷载产生的弯矩标准值（kN·m），与下列何项数值最接近？

(A) 2555　　(B) 2455　　(C) 2355　　(D) 2255

(2) 假定距 1 号主梁支点 $l_0/4$ 处截面由恒载、人群荷载产生的弯矩标准值分别为 2600kN·m，90kN·m，在持久状况下按承载力极限状态下基本组合的 $l_0/4$ 处截面弯矩设计值（kN·m），与下列何项最接近？

(A) 6218　　(B) 6658　　(C) 6680　　(D) 6690

【解答】 (1) 城—A 级，根据《城市桥规》10.0.2 条：$q_k=10.5$kN/m；$P_k=2\times(24.5+130)=309$kN

双向行驶，$W=15.5$m，查《公桥通规》表 4.3.1-4，取设计车道数为 4。

查《通用规范》表 4.3.1-5 知，3 车道时，取 $\zeta=0.78$；4 车道时，取 $\zeta=0.67$。

$$\zeta m_{cq}=0.78\times 1.286=1.003$$

$$\zeta m_{cq}=0.67\times 1.486=0.9956$$

当横桥向布置两列汽车时，用刚性横梁法求 1 号梁跨中的荷载横向分布系数，如图 8.5.41所示。

$$\eta_{11}=\frac{1}{n}+\frac{e_1 a_1}{\sum_{i=1}^{n} a_i^2}=\frac{1}{4}+\frac{6.3\times 6.3}{2\times(2.1^2+6.3^2)}=0.7$$

$$\eta_{14}=\frac{1}{4}-\frac{6.3\times 6.3}{2\times(2.1^2+6.3^2)}=-0.2$$

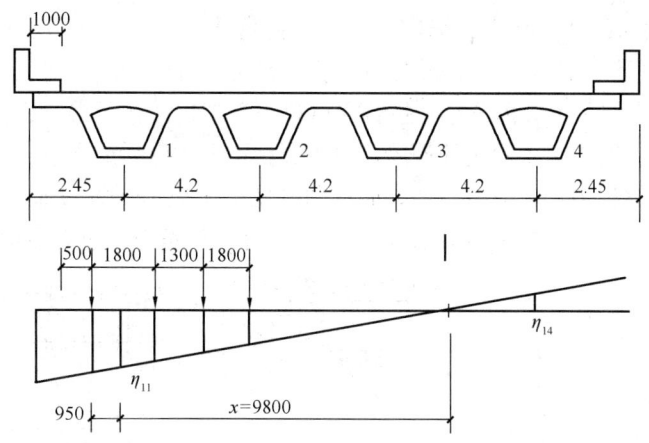

图 8.5.41

零点位置距 1 号梁位的距离为 x：$x=\dfrac{0.7}{0.7+0.2}\times 4.2\times 3=9.8\mathrm{m}$

两列汽车：$m_{cq}=\dfrac{1}{2}\Sigma\eta_q=\dfrac{1}{2}\eta_{11}\cdot\dfrac{1}{x}\Sigma x_{qi}$

$\qquad\qquad=\dfrac{1}{2}\times 0.7\times\dfrac{1}{9.8}\times(9.8+0.95+9.8-0.85+9.8-2.15+9.8-3.95)$

$\qquad\qquad=1.1857$

$\zeta m_{cq}=1.0\times 1.1857=1.1857>1.003$（三列汽车），$>0.9956$（四列汽车）

故计算 $l_0/4$ 处弯矩值时，应取上述较大者，即 $\zeta m_{cq}=1.1857$

$l_0/4$ 处弯矩影响线的纵坐标值：$y_k=\dfrac{l_0}{4}\cdot\dfrac{3l_0}{4}\cdot\dfrac{1}{l_0}=\dfrac{3l_0}{16}=\dfrac{3\times 24.5}{16}=4.594\mathrm{m}$

$\qquad\Omega=\dfrac{1}{2}l_0 y_k=\dfrac{1}{2}\times 24.5\times 4.594=56.277\mathrm{m}^2$

$\qquad M_q=(1+\mu)\zeta m_{cq}(P_K y_k+q_k\Omega)$

$\qquad\qquad=(1+0.166)\times 1.1857\times(309\times 4.594+10.5\times 56.277)$

$\qquad\qquad=2553\mathrm{kN}\cdot\mathrm{m}$

故应选（A）项。

（2）由《城市桥规》表 3.0.14 注，查表 3.0.2，为中桥，其安全等级为一级；根据《公桥通规》4.1.5 条，取 $\gamma_0=1.1$，则：

$\qquad\gamma_0 M=\gamma_0(\gamma_G M_g+\gamma_{Q1}M_q+\psi_c\gamma_{Q2}M_r)$

$\qquad\qquad=1.1\times(1.2\times 2600+1.4\times 2455.6+0.75\times 1.4\times 90)$

$\qquad\qquad=7317.6\mathrm{kN}\cdot\mathrm{m}$

故应选（B）项。

三、箱形截面梁

1. 箱梁的受力特点

作用在箱梁上的重要荷载是恒载和活载。恒载通常是对称作用的，活载可以是对称作用，也可以是非对称作用即偏心作用，必须分别加以考虑。在偏心荷载作用下，箱梁的变形与位移，可分成四种基本状态：纵向弯曲、横向弯曲、扭转及扭转变形（即畸变）。

纵向弯曲产生竖向变位 ω，因而在横截面上引起纵向正应力 σ_m 及剪应力 τ_m，见图 8.5.42（a），图中虚线所示应力分布乃按普通材料力学理论计算所得，这对于肋距不大的箱梁无疑是正确的；但对于肋距较大的箱梁，由于翼板中剪力滞后的影响，其应力分布将是不均匀的，即近肋处翼板中产生应力高峰，而远肋处则产生应力低谷，如图 8.5.42（a）中实线所示应力图，这种现象称为"剪力滞效应"，在设计时应考虑其应力不均匀分布。

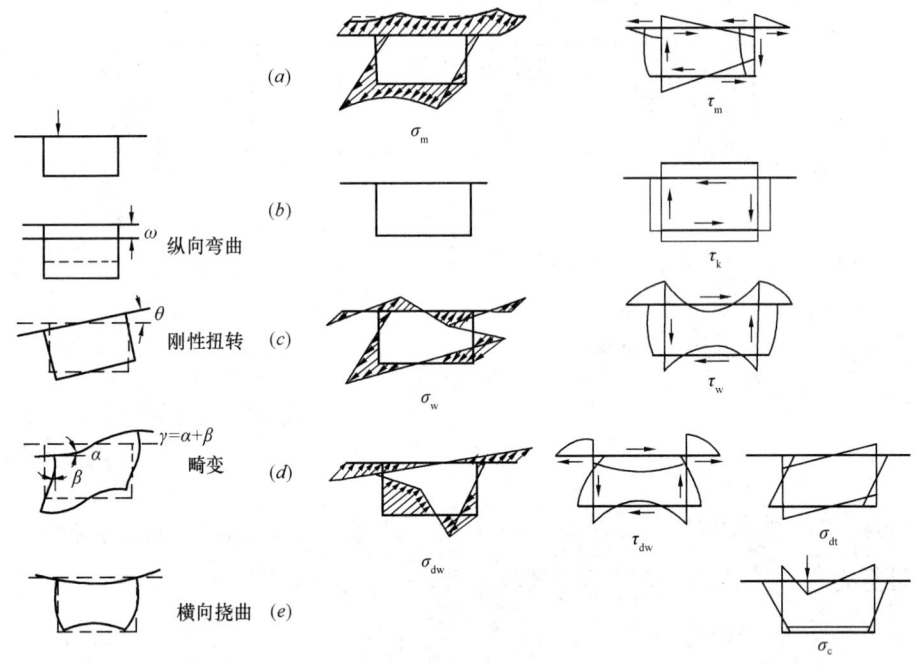

图 8.5.42 箱形梁在偏心荷载作用下的变形状态及截面应力图

箱梁的扭转（这里指刚性扭转，即受扭时箱形的周边不变形）变形主要特征是扭转角 θ。箱梁受扭时分自由扭转和约束扭转。自由扭转指截面各纤维的纵向变形是自由的，无伸长缩短，因而不产生纵向正应力，只产生自由扭转剪应力 τ_k，图 8.5.40（b）；而约束扭转则是截面不能自由翘曲，因而截面上产生翘曲正应力 σ_w 和约束扭转剪应力 τ_w，图 8.5.40（c）。

畸变（即受扭时截面周边变形）的主要变形特征是畸变角 γ。薄壁宽箱的矩形截面受扭变形后，无法保持截面的投影仍为矩形，因而产生了翘曲正应力 σ_{dw} 和畸变剪应力 τ_{dw}，同时因畸变而引起箱形截面各板横向弯曲，在板内产生横向弯曲应力 σ_{dt}（图 8.5.40d）。

箱梁还应考虑局部荷载的影响。当车辆荷载作用于顶板，除直接受载部分产生横向弯曲外，由于整个截面形成超静定结构，因而引起其他各部分产生横向弯曲（图 8.5.40e）。

箱梁在偏心荷载作用下，四种基本变形与位移状态引起的应力为：

横截面上：纵向正应力 $\sigma_{(z)} = \sigma_m + \sigma_w + \sigma_{dw}$

剪应力 $\tau = \tau_m + \tau_k + \tau_w + \tau_{dw}$

纵截面上：横向弯曲应力 $\sigma_{(s)} = \sigma_c + \sigma_{dt}$

在预应力混凝土桥梁中，跨度越大，恒载占总荷载比值越大，故一般地在箱梁内对称挠曲的纵向弯曲应力是主要的，而偏心荷载引起的扭转应力是次要的。当箱梁较厚并沿梁的纵向布置一定数量横隔板时，限制了它的扭转变形，畸变应力也不大。横向弯曲应力状态下，特别对箱壁厚度较薄的情况，注意验算桥面板（箱梁顶板）与腹板、底板的构造配筋。此外，在跨度比较小的情况下，箱梁对称挠曲引起的顶板、底板（或称上、下翼板）中的剪力滞效应在设计中应予以注意。

2. 宽翼缘梁的剪力滞及其有效宽度计算

除箱形梁外，T形截面和工形截面梁，在荷载作用下由于上、下翼板的剪切变形使翼板中弯曲正应力呈不均匀现象，即前述"剪力滞效应"。对远离腹板处的弯曲正应力小于腹板处的弯曲正应力，称之为正剪力滞效应，反之，称之为负剪力滞效应，见图8.5.42（a）。

剪力滞效应的计算方法常用翼缘的有效宽度 b_{mi}，即将实际的翼缘宽度换算为计算宽度，再将梁的内力按材料力学理论求得应力，使该应力接近实际的应力峰值。《公桥混规》4.3.3条、4.3.4条作了规定。

- 复习《公桥混规》4.3.3条、4.3.4条。

【例8.5.15】 箱形梁由于畸变产生的应力应为下列何项？
（A）纵向正应力、横向正应力和剪应力
（B）纵向正应力、剪应力
（C）横向正应力、剪应力
（D）剪应力

【解答】 箱形梁畸变产生纵向正应力和剪应力，故应选（B）项。

【例8.5.16】 箱形梁的自由扭转产生的应力，下列说法中何项是正确的？
（A）产生纵向正应力、横向正应力和剪应力
（B）产生纵向正应力、剪应力
（C）产生横向正应力、剪应力
（D）截面内产生剪应力

【解答】 箱梁的自由扭转只在截面内产生剪应力，故应选（D）项。

【例8.5.17】 某公路简支箱形梁，计算跨径为$l=20$m，箱梁截面如图8.5.43所示，试问，该梁跨中截面腹板两侧翼缘有效宽度 b_{m1}（m）、b_{m2}（m），与下列何项数值最接近？

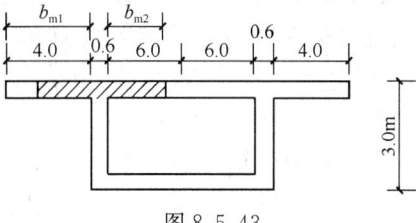

图8.5.43

（A）$b_{m1}=2.9$m；$b_{m2}=3.3$m
（B）$b_{m1}=3.0$m；$b_{m2}=3.5$m
（C）$b_{m1}=2.7$m；$b_{m2}=3.1$m
（D）$b_{m1}=3.2$m；$b_{m2}=3.6$m

【解答】 根据《公桥混规》4.3.4条规定，简支梁，$l_i=l=20$m；$h=3\mathrm{m}<\dfrac{6.0}{0.3}=20$m；$h=3\mathrm{m}<\dfrac{4.0}{0.3}=13.3$m

$b_1=4$m：

$$\rho_f=-6.44\times\left(\frac{4}{20}\right)^4+10.10\times\left(\frac{4}{20}\right)^3-3.56\times\left(\frac{4}{20}\right)^2-1.44\times\frac{4}{20}+1.08$$
$$=0.72$$

1823

$$b_{m1} = \rho_f b_1 = 0.72 \times 4 = 2.88 \text{m}$$

$b_2 = 6\text{m}$:

$$\rho_f = -6.44 \times \left(\frac{6}{20}\right)^4 + 10.10 \times \left(\frac{6}{20}\right)^3 - 3.56 \times \left(\frac{6}{20}\right)^2 - 1.44 \times \frac{6}{20} + 1.08$$
$$= 0.55$$
$$b_{m2} = \rho_f b_2 = 0.55 \times 6 = 3.3 \text{m}$$

故应选（A）项。

【例 8.5.18】 某公路等跨度多跨连续箱形梁，单跨计算跨径 $l = 20\text{m}$，箱形梁截面如图 8.5.44 所示。试问，该箱梁中间跨支点处梁腹板两侧翼缘有效高度 b_{m1}、b_{m2}，与下列何项数值最接近？

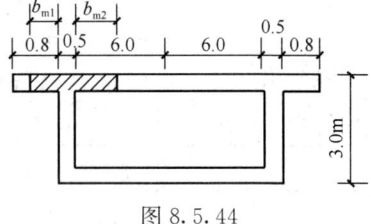

图 8.5.44

(A) $b_{m1} = 0.80\text{m}$; $b_{m2} = 0.84\text{m}$
(B) $b_{m1} = 0.80\text{m}$; $b_{m2} = 1.32\text{m}$
(C) $b_{m1} = 0.56\text{m}$; $b_{m2} = 1.68\text{m}$
(D) $b_{m1} = 0.56\text{m}$; $b_{m2} = 3.0\text{m}$

【解答】 （1）根据《公桥混规》4.3.4 条规定：

$b_1 = 0.8\text{m}$ 时，$h = 3\text{m} > \dfrac{b_1}{0.3} = 2.67\text{m}$，取 $b_{m1} = 0.8\text{m}$。

（2）$b_2 = 6.0\text{m}$，$h = 3\text{m} < \dfrac{b_2}{0.3} = 20\text{m}$，查表 4.3.4：

中间跨支点处：$l_i = 0.2(L_1 + L_2) = 0.2 \times (20 + 20) = 8\text{m}$

$$\rho_s = 21.86 \times \left(\frac{6}{8}\right)^4 - 38.01 \times \left(\frac{6}{8}\right)^3 + 24.57 \times \left(\frac{6}{8}\right)^2 - 7.67 \times \frac{6}{8} + 1.27$$
$$= 0.22$$
$$b_{m2} = \rho_s b_2 = 0.2 \times 6 = 1.32 \text{m}$$

故应选（B）项。

【例 8.5.19】 如图 8.5.45 所示某公路上双向行驶的多跨简支单箱单室箱形梁，计算跨径为 19.5m，标准跨径为 20m，桥面总宽为 9.0m，其中车行道宽度为 7.0m，两侧各 0.75m 人行道。箱形梁为双支座支承，支座间距为 3.4m。设计荷载：汽车荷载为公路—Ⅰ级，人群荷载为 3.0kN/m^2。汽车荷载冲击系数 $\mu = 0.215$。

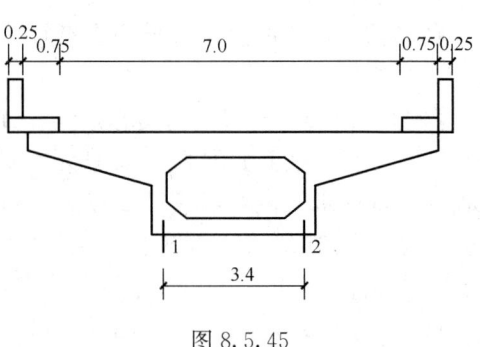

图 8.5.45

试问：

(1) 在汽车荷载作用下，箱梁支座 1 的最大压力标准值(kN)，与下列何项数值最接近？

(A) 624　　(B) 628　　(C) 632　　(D) 645

(2) 在人群荷载作用下，箱梁支座 1 的最大压力标准值（kN），与下列何项数值最接近？

(A) 35.9　　(B) 38.1　　(C) 43.8　　(D) 47.9

(3) 假定箱梁支座 1 在恒载作用下的最大压力标准值为 800kN，在持久状况下按承载力极限状态基本组合的最大压力设计值（kN），与下列何项数值最接近？

(A) 2300　　　(B) 2100　　　(C) 1900　　　(D) 1800

【解答】（1）求支座1的最大压力值，需将汽车荷载偏心加载，采用杠杆法求支座1的荷载横向分布系数，如图8.5.46（a）所示。

$$\eta_1 = \frac{3.4+1.8-0.5}{3.4} \times 1 = 1.382$$

$$\eta_2 = \frac{3.4+1.8-0.5-1.8}{3.4} \times 1 = 0.853$$

$$\eta_3 = \frac{3.4+1.8-0.5-1.8-1.3}{3.4} \times 1 = 0.471$$

$$\eta_4 = \frac{3.4+1.8-0.5-1.8-1.3-1.8}{3.4} \times 1 = -0.059$$

$$m_q = \frac{1}{2}\Sigma\eta_i = 1.3235$$

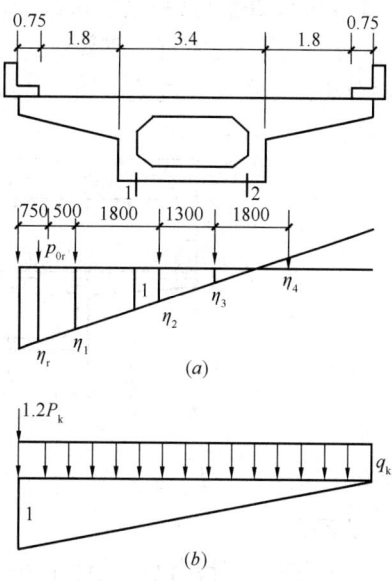

图 8.5.46

(a) 偏心加载；(b) 支点反力影响线

双向行驶，$W = 7.0\text{m}$，查《公桥通规》表4.3.1-4，取设计车道数为2。查《公桥通规》表4.3.1-5，双车道，取$\zeta = 1.0$。

作出支点1纵向的反力影响线，如图8.5.46（b）所示。

$$y_k = 1, \quad \Omega = \frac{1}{2}l_0 y_k = \frac{1}{2} \times 19.5 \times 1 = 9.75\text{m}$$

公路—Ⅰ级：$q_k = 10.5\text{kN/m}$

$$P_k = 2 \times (19.5+130) = 299\text{kN}$$

$$R_q = (1+\mu)\zeta m_q (P_k \cdot y_k + q_k \cdot \Omega)$$
$$= 1.215 \times 1 \times 1.3235 \times (299+10.5 \times 9.75)$$
$$= 645.4\text{kN}$$

故应选（D）项。

（2）人群荷载集度：$q_r = 3.0 \times 0.75 = 2.25\text{kN/m}$

支点1的人群荷载横向分布系数，见图8.3.46（a）中人群荷载等效集中力P_{0r}，则：

$$m_r = \eta_r = \frac{1.8+3.4+0.75/2}{3.4} \times 1 = 1.6397$$

人群荷载沿箱梁全跨满布，其反力影响线面积Ω：

$$\Omega = \frac{1}{2}l_0 y_k = \frac{1}{2} \times 19.5 \times 1 = 9.75\text{m}$$

$$R_r = m_r q_r \Omega = 1.6397 \times 2.25 \times 9.75 = 35.971\text{kN}$$

故应选（A）项。

（3）按单孔跨径，查《公桥通规》表1.0.5，为中桥；由《公桥通规》表4.1.5-1，安全等级为一级，取$\gamma_0 = 1.1$。

$$\gamma_0 R_d = \gamma_0 (\gamma_G R_g + \gamma_{Q1} R_q + \psi_c \gamma_{Q2} R_r)$$
$$= 1.1 \times (1.2 \times 800 + 1.4 \times 645.4 + 0.75 \times 1.4 \times 35.971)$$

$$=2091.5\text{kN}$$

故应选（B）项。

【例 8.5.20】 某一级公路设计行车速度 $v=100\text{km/h}$，双向六车道，汽车荷载采用公路—Ⅰ级。其公路上有一座计算跨径为 40m 的预应力混凝土箱形简支桥梁，采用上、下双幅分离式横断面，混凝土强度等级为 C50。横断面布置如图 8.5.47 所示。

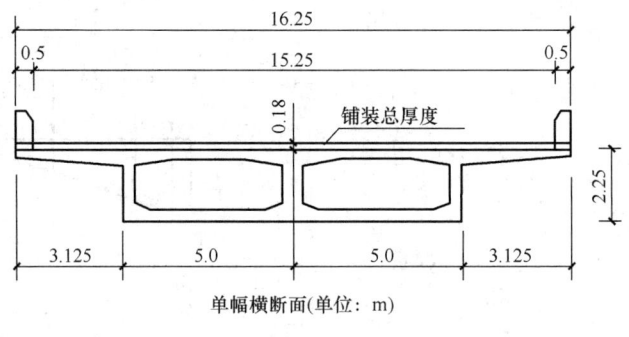

图 8.5.47

试问：

(1) 该桥在计算汽车设计车道荷载时，其设计车道数应按下列何项取用？

 (A) 二车道   (B) 三车道   (C) 四车道   (D) 五车道

(2) 计算该箱形梁桥汽车车道荷载时，应按横桥向偏载考虑。假定车道荷载冲击系数 $\mu=0.215$，扭转影响对箱形梁内力的不均匀系数 $K=1.2$，该箱形梁桥跨中断面，由汽车车道荷载产生的弯矩标准值（kN·m），应与下列何项数值最为接近？

 (A) 21000   (B) 21500   (C) 22000   (D) 22500

(3) 该箱形梁桥按承载能力极限状态设计时，假定跨中断面永久作用弯矩设计值为 60000kN·m，由汽车车道荷载产生的弯矩设计值为 25000kN·m（已计入冲击系数），其他二种可变荷载产生的弯矩设计值为 9600kN·m。该箱形简支梁桥基本组合时的跨中弯矩设计值（kN·m），应与下列何项数值最为接近？

 (A) 91000   (B) 95000   (C) 100820   (D) 104060

【解答】 (1) 查《公桥通规》表 4.3.1-4，双向行驶，桥面净宽 15.25m，应按四车道计算汽车设计车道荷载，所以应选（C）项。

(2) 公路—Ⅰ级：$q_k=10.5\text{kN/m}$

$$P_k=2\times(40+130)=340\text{kN}$$

设计四车道，查《公桥通规》表 4.3.1-5，取 $\zeta=0.67$。

四车道时：$4\times\zeta=4\times0.67=2.68$

两车道时：$2\times\zeta=2\times1=2$

故按四车道计算跨中弯矩。跨中截面弯矩影响线纵坐标值为 y_k：

$$y_k=\frac{l_0}{4}=\frac{40}{4}=10$$

$$\Omega=\frac{1}{2}l_0 y_k=\frac{1}{2}\times40\times10=200$$

$$M_{qk}=4(1+\mu)\zeta\cdot K\cdot(P_k\cdot y_k+q_k\cdot\Omega)$$

$$=4\times1.215\times0.67\times1.2\times(340\times10+10.5\times200)$$
$$=21491\text{kN}\cdot\text{m}$$

故应选（B）项。

(3) 标准跨径 $L_k>40\text{m}$，按单孔跨径，查《公桥通规》表 1.0.5，该桥为大桥；查《公桥通规》表 4.1.5-1，设计安全等级为一级，故取 $\gamma_0=1.1$。

$$\gamma_0 M_d=\gamma_0(M_{Gd}+M_{qd}+\Sigma M_{id})$$
$$=1.1\times(60000+25000+9600)=104060\text{kN}\cdot\text{m}$$

故应选（D）项。

【例 8.5.21】 某公路上双向行驶的单箱单室简支箱形梁，跨径为 25m，计算跨径为 24.5m，桥面总宽为 9.0m，其中车行道宽度为 7m，两侧人行道各为 0.75m，如图 8.5.48 所示。梁端支座为双支座支承，支承间距为 3.4m。设计荷载为：公路—Ⅱ级，人群荷载为 3.0kN/m，汽车荷载冲击系数 $\mu=0.215$。

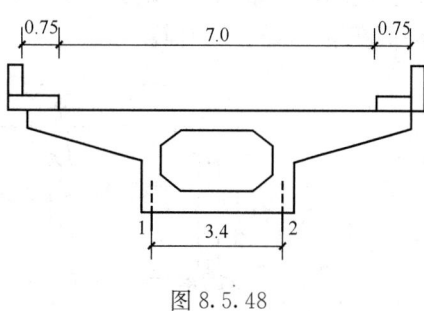

图 8.5.48

试问：

(1) 该梁桥支座 1 处，汽车荷载 $m_{cq}=1.325$，由汽车荷载产生的支座 1 的最大反力标准值（kN），与下列何项数值最接近？

(A) 780　　(B) 650　　(C) 530　　(D) 490

(2) 该梁桥支座 1 处，人群荷载 $m_r=1.620$，由人群荷载产生的支座 1 的最大反力标准值（kN），与下列何项数值最接近？

(A) 73.5　　(B) 60.0　　(C) 55.5　　(D) 43.5

【解答】 (1) 双向行驶，车道净宽 7.0m，查《公桥通规》表 4.3.1-4，取设计车道数 2 车道。

查《公桥通规》表 4.3.1-5，取 $\zeta=1.0$。

梁桥支点 1 处的反力影响线的纵坐标值 y_k：

$$y_k=1.0$$
$$\Omega=\frac{1}{2}l_0\cdot y_k=\frac{1}{2}\times24.5\times1=12.25\text{m}$$

通常在桥梁每根梁的单个支点上，设纵桥向只能设置一个支座，沿横桥向不应设置多于两个支座。

公路—Ⅱ级：$q_k=0.75\times10.5=7.875$

$$P_K=0.75\times2\times(24.5+130)=231.75\text{kN}$$
$$=193.5\text{kN}$$

$$R_{qk}=(1+\mu)\cdot\zeta\cdot m_{cq}\cdot(P_k\cdot y_k+q_k\cdot\Omega)$$
$$=1.215\times1.0\times1.325\times(231.75\times1+7.875\times12.25)$$
$$=528.4\text{kN}$$

故应选（C）项。

(2) 人群荷载集度为：$q_r=3.0\text{kN/m}$；最不利加载为单侧人群荷载加载。

$$R_{rk}=m_r q_r \cdot \Omega=1.620\times3.0\times12.25=59.535\text{kN}$$

故应选 (B) 项。

【例 8.5.22】 设计安全等级为一级的某公路桥梁,由多跨简支梁组成,其总体布置如图 8.5.49 所示,每孔跨径 25m,计算跨径 24m,桥梁总宽为 10.5m,行车道宽度为 8.0m,两侧各设 1m 宽人行步道,双向行驶两列汽车。每孔上部结构采用预应力混凝土箱梁,桥墩上设立四个支座,支座的横桥向中心距为 4.5m。桥墩支承在基岩上,由混凝土独立柱墩身和带悬臂的盖梁组成。计算荷载:公路—Ⅰ级,人群荷载 3.0kN/m²;混凝土的重度按 25kN/m³ 计算。

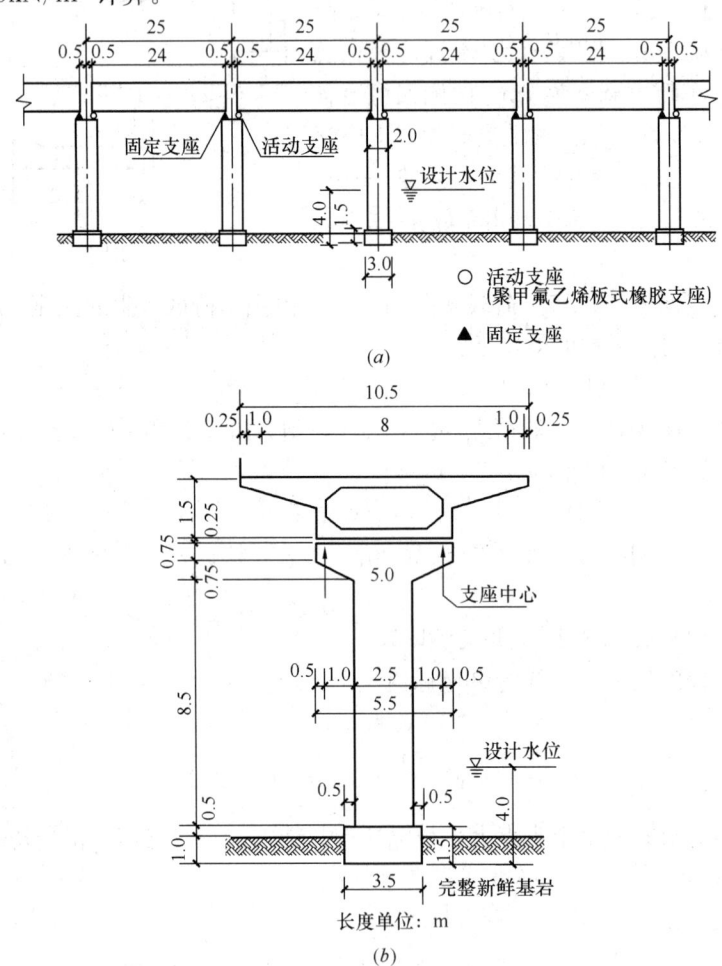

图 8.5.49
(a) 立面图;(b) 桥墩处横断面图

试问:

(1) 假定冲击系数 $\mu=0.2$,扭转影响对箱形梁内力的不均匀系数 $K=1.22$。该桥主梁跨中截面在公路—Ⅰ级汽车车道荷载作用下的弯矩标准值 M_{Qk}(kN·m),应与下列何项数值最接近?

(A) 4580   (B) 5500   (C) 6710   (D) 7625

(2) 假定冲击系数 $\mu=0.2$,主梁支点的内力不均匀系数 $K=1.35$,该桥主梁支点截面在公路—Ⅰ级汽车车道荷载作用下的剪力标准值 V_{Qk} (kN),应与下列何项数值最为接近?

(A) 1400　　　(B) 1600　　　(C) 1800　　　(D) 1200

(3) 假定该桥主梁支点截面由全部恒载产生的剪力标准值 $V_{Gk}=2000$kN,汽车车道荷载产生的剪力标准值 $V_{Qk}=800$kN(已含冲击系数 $\mu=0.2$),步道人群荷载产生的剪力标准值 $V_{Qjk}=150$kN。在持久状况下按承载力极限状态计算,该桥主梁支点截面由恒载、汽车车道荷载及人群荷载作用的基本组合的剪力设计值(kN),应与下列何项数值最为接近?

(A) 3730　　　(B) 3690　　　(C) 4050　　　(D) 3920

(4) 假定该桥主梁跨中截面由全部恒载产生的弯矩标准值 $M_{Gk}=11000$kN·m,汽车车道荷载产生的弯矩标准值 $M_{Q1k}=5000$kN·m(已计入冲击系数 $\mu=0.2$),人群荷载产生的弯矩标准值 $M_{Qjk}=500$kN·m。在持久状况下按正常使用极限状态计算,该桥主梁跨中截面在恒载、汽车车道荷载及人群荷载作用的频遇组合的弯矩设计值(kN·m),与下列何项数值最为接近?

(A) 14100　　　(B) 14600　　　(C) 15200　　　(D) 16500

【解答】 (1) 根据《公桥通规》4.3.1 条规定,公路—Ⅰ级:
车道荷载的均布荷载标准值:$q_k=10.5$kN/m
车道荷载的集中荷载标准值 P_k:
$$P_k=2\times(24+130)=308\text{kN}$$
桥面行车道宽 $W=8.0$m,查《公桥通规》表 4.3.1-4,双向行驶,故设计车道数为 2。根据《公桥通规》表 4.3.1-5 知,2 车道,横向车道布载系数 ξ 为 1.0。

$$M_{Qik}=2\times(1+\mu)\times\xi K\times(\frac{1}{8}q_k l_0^2+\frac{1}{4}P_k l_0)$$

$$=2\times(1+0.2)\times1\times1.22\times(\frac{1}{8}\times10.5\times24^2+\frac{1}{4}\times308\times24)=7624.5\text{kN·m}$$

故应选 (D) 项。

(2) 由上述结果知,2 车道,横向车道布载系数 $\zeta=1.0$。

$$V_{Q1k}=2\times(1+\mu)\cdot\xi K(\frac{1}{2}q_k l_0+1.2P_k)$$

$$=2\times(1+0.2)\times1\times1.35\times(\frac{1}{2}\times10.5\times24+1.2\times308)=1605.7\text{kN}$$

故应选 (B) 项。

(3) 根据《公桥通规》4.1.5 条规定:

$$S_{ud}=\gamma_0(\sum_{i=1}^{m}\gamma_G S_{Gik}+\gamma_{Q1}S_{Q1k}+\psi_c\sum_{j=2}^{n}\gamma_{Qj}S_{Qjk})$$

$$V_{ud}=1.1\times(1.2\times2000+1.4\times800+0.75\times1.4\times150)=4045\text{kN}$$

故应选 (C) 项。

(4) 根据《公桥通规》4.1.6 条规定:

$$S_{sd}=S_{G1k}+\psi_{f1}S_{Q1k}+\sum_{j=2}^{n}\psi_{qj}S_{Q2k}$$

$$M_{fd} = 11000 + 0.7 \times \frac{5000}{1+0.2} + 0.4 \times 500 = 14117 \text{kN} \cdot \text{m}$$

故应选（A）项。

第六节 桥梁支座和其他构件计算

一、桥梁支座

1. 支座的类型和布置及要求

支座设置在桥梁的上部结构与墩台之间，其作用是将桥跨结构上的各种荷载反力传递到墩台上，同时保证桥跨结构所要求的位移和转动，使上、下部结构的实际受力情况与计算的理论图式相符合（图8.6.1）。

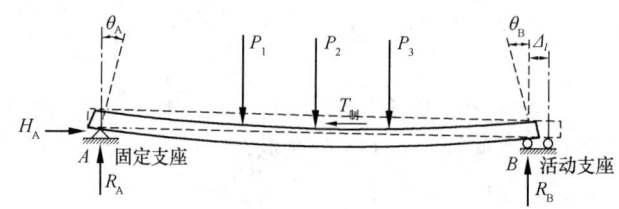

图8.6.1 简支梁的静力图式

梁式桥的支座一般分为固定支座和活动支座。固定支座允许梁截面自由转动而不能移动；活动支座允许梁在挠曲和伸缩时转动与移动，活动支座又可分为单向活动支座和多向活动支座。

（1）支座的类型

由于桥梁跨径、支座反力、支座允许转动与位移的不同，选用的支座材料的不同，支座是否满足防振、减振要求的不同，桥梁支座有许多类型。现常用的梁桥支座为板式橡胶支座和盆式橡胶支座。

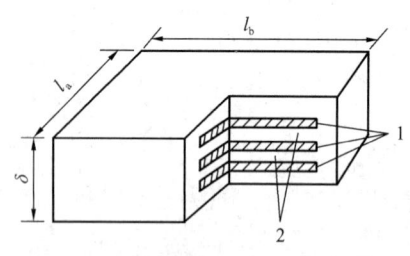

图8.6.2 板式橡胶支座结构示意图
1—薄钢板；2—橡胶片

板式橡胶支座，如图8.6.2所示，它由数层薄橡胶片与薄钢板镶嵌、黏合、压制而成。它应具有足够的竖向刚度以承受垂直荷载，能将上部结构的反力可靠地传递给墩台；应有良好的弹性，以适应梁端的转动；应有较大的剪切变形，以满足上部结构的水平位移。板式橡胶支座有矩形和圆形。

板式橡胶支座一般无固定支座和活动支座之分。必要时，要求板式橡胶支座各向固定，仅能转动，可在施工时采取固定措施处理。

盆式橡胶支座分固定支座与活动支座，适用于支座承载力为1000kN以上的大跨径桥梁。

（2）支座的布置与要求

支座的布置应以有利于桥墩（台）传递纵向水平力、有利于梁体的自由变形为原则，并根据梁桥的结构体系（如简支梁桥、连续梁桥等）、桥宽进行确定。

对简支装配式空心板桥和 T 梁桥，通常选用板式橡胶支座形成"浮动结构"体系，见图 8.6.3（a）。如采用严格区分活动、固定的支座体系，一般将固定支座设置在桥台上，每个桥墩上布置一个（组）活动支座与一个（组）固定支座，以便使所有墩台均匀承受两个（组）活动支座，以减小它所受到的水平力。

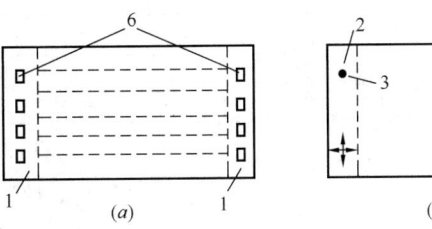

图 8.6.3　单跨简支梁桥
1、2—桥台；3—固定支座；4—单向活动支座；
5—多向活动支座；6—橡胶支座

对于整体简支板桥或箱形梁桥，一般可采用图 8.6.3（b）的支座布置方式，以满足结构纵横向变位的要求。

对于坡桥，宜将固定支座布置在高程低的桥墩台上，同时，为了避免整个桥跨下滑，影响车辆的行驶，当桥梁纵坡大于 1‰ 或横坡大于 2‰ 时，应使支座保持水平。通常在设置支座的梁底面增设局部的楔形构造（图 8.6.4）。

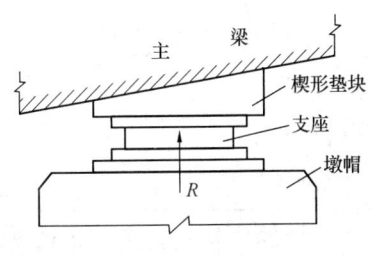

图 8.6.4　坡桥楔形垫块

对于连续梁桥及桥面连续的简支梁桥，一般在每一联中的一个桥墩（或桥台）上设置一个固定支座，并宜将固定支座设置在靠近温度中心，以使全梁的纵向变形分散在梁的两端，其余桥墩、桥台上均设置活动支座。在设置固定支座的桥墩（或桥台）上，一般采用一个固定支座，其余为横桥向的单向活动支座；在设置活动支座的所有桥墩（或桥台）上，一般沿设置固定支座的一侧，均布置顺桥向的单向活动支座，其余均为双向活动支座，见图 8.6.5 所示。其中，图 8.6.5（b）为宽桥时支座的布置。应注意的是，若中间支点的桥墩较高或其他原因（如地基受力），对承受水平力十分不利时，可根据具体情况将固定支座布置在靠边的其他墩台上。

此外，连续梁桥及悬臂梁桥在某些特殊情况下支座需要传递竖向拉力时，还应设置能承受拉力的支座。对于多跨的简支梁桥，其相邻两跨简支梁的固定支座不宜集中布置在一个桥墩上，但若个别桥墩较高，为了减小纵向水平力的作用，可在其上布置相邻两跨的活动支座。

在斜桥的支座布置中，应使支座位移的方向平行于行车道中心线，如图 8.6.6 所示。在弯桥上，可根据结构朝一固定点沿径向位移的概念或结构沿曲线半径的切线方向定向位移的概念确定。对于处在地震地区的桥梁，其支座构造尚应考虑桥梁防震和减震的设施。

公路桥梁支座的布置要求，《公桥通规》《公桥混规》作了规定。

- 复习《公桥通规》3.6.8 条。
- 复习《公桥混规》9.7.3 条～9.7.5 条。

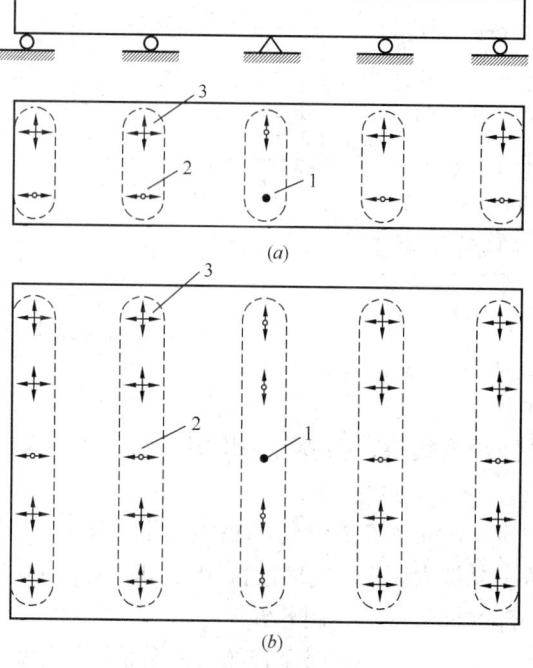

图 8.6.5 连续结构
1—固定支座；2—单向活动支座；3—多向活动支座
(a) 双支座梁桥；(b) 多支座宽桥梁桥

《城市桥规》规定：

> 9.4.1 桥梁支座可按其跨径、结构形式、反力值、支承处的位移及转角变形值选取不同的支座。
>
> 桥梁可选用板式橡胶支座或四氟滑板橡胶支座、盆式橡胶支座和球形钢支座。不宜采用带球冠的板式橡胶支座或坡形板式橡胶支座。
>
> 9.4.3 主梁应在墩、台部位处设置横向限位构造。
>
> 9.4.4 对大中跨径的钢桥、弯桥和坡桥等连续体系桥梁，应根据需要设置固定支座或采用墩梁固结，不宜全桥采用活动支座或等厚度的板式橡胶支座。
>
> 对中小跨径连续梁桥，梁端宜采用四氟滑板橡胶支座或小型盆式纵向活动支座。

2. 支座受力特点与结构变形要求

(1) 支座受力特点

作用在结构上的竖向力有结构自重的反力、活荷载的支点反力及其影响力。在计算汽车荷载支座反力时，应计入冲击影响力。当支座可能出现上拔力时，应分别计算支座的最大竖向力和最大上拔力。

正交直线桥梁的支座，一般仅需计入纵向水平力，斜桥和弯桥的支座，还需要考虑由于汽车荷载的离心力或其他原因，如风力等所产生的横向水平力。

汽车荷载产生的制动力应按《公桥通规》4.3.5 条规定进行计算。各支座上分配的制动力应按《公桥通规》4.3.5 条规定进行计算。支座上的其他纵向水平力，如风力、支座

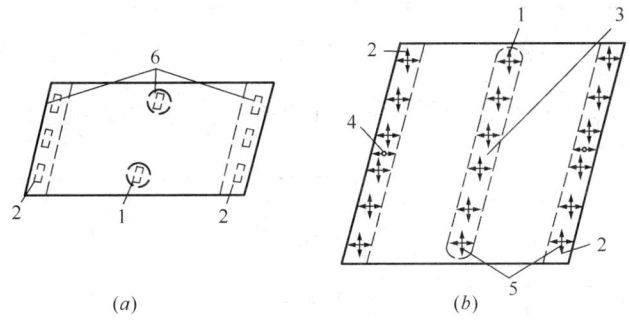

图 8.6.6　双跨连续斜桥
1—柱式墩；2—桥台；3—固定支座；4—单向活动支座；
5—多向活动支座；6—橡胶支座

摩阻力、温度变化引起的水平力等，也应按《公桥通规》进行计算。

位于地震区的桥梁支座的计算，应根据设计的地震烈度，按现行公路桥梁（或城市桥梁）抗震设计规范规定进行计算。

（2）结构变形要求

支座的作用不仅在于作为桥梁上部结构的支承点、集中传力点，而且它也应在结构图式许可的条件下，具有适应结构运营过程中必要变形的功能。

可见，必须根据结构的特点，选配既能满足承载能力，也能适应变形要求的合适支座。

3. 支座计算

《公桥混规》8.7.1 条对公路桥梁支座的计算作了规定。

- 复习《公桥混规》8.7.1 条。

▲Ⅰ. 板式橡胶支座

- 复习《公桥混规》8.7.2 条～8.7.4 条。

需注意的是：

（1）《公桥混规》8.7.3 条的条文说明："板式橡胶支座各项计算，均按正常使用极限状态和使用阶段计算。"

（2）《公桥混规》8.7.3 条的条文说明还指出：

> 8.7.3（条文说明）
>
> 纵向力标准值 F_k，支座橡胶层总厚度 t_e，纵向力引起的剪切变形 Δ_l，支座剪变模量 G_e，支座平面毛面积 A_g，支座剪切角正切值 $\tan\alpha$，其关系为 $\tan\alpha = \dfrac{\Delta_l}{t_e} = \dfrac{F_k}{A_g G_e}$，$\Delta_l$、$F_k$、$\tan\alpha$ 三者只要已知其中一值，即可求得其他值，如图 8-16 所示。
>
> ……
>
> 第 3 款关于橡胶支座竖向平均压缩变形计算，《桥规》JTJ 023—85 第 3.5.6 条未考虑橡胶弹性体体积模量，这次修订时，参考美国、欧洲的规范、标准，考虑了橡胶弹性

体体积横量，其值取 2000MPa。公式（8.7.3-9）内，$\delta_{c,m} \geq \theta \frac{l_a}{2}$ 是为了满足转角要求，使之不致脱空；$\delta_{c,m} \leq 0.07 t_e$ 是为了限制竖向压缩变形，不致影响支座稳定，见图 8-17。

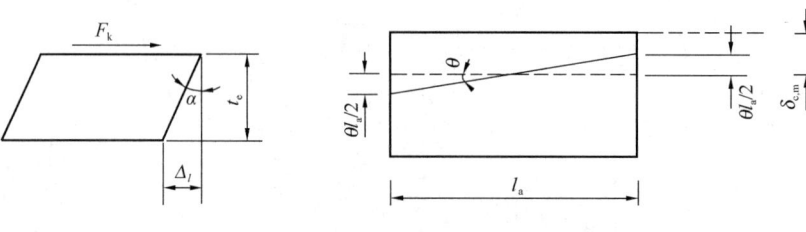

图 8-16 支座橡胶层剪切变形　　图 8-17 支座的压缩变形

【**例 8.6.1**】 某双车道双向行驶公路桥梁为 4 跨五梁式等跨度简支梁桥，标准跨径 20m，计算跨径 19.5m，主梁肋宽为 180mm，每根主梁两端各设一个板式橡胶支座。设计荷载为公路—Ⅱ级。主梁支座处由上部永久作用产生的反力标准值 $R_{Gk}=160$kN，汽车荷载产生的最大反力标准值（已含冲击系数 $\mu=0.210$）$R_{qk}=120$kN，人群荷载产生的最大反力标准值 $R_{rk}=20$kN。汽车荷载和人群荷载引起的跨中最大挠度为 17.4mm，主梁计算温差为 $\Delta t=35$℃。初步选用了 GJZ180×200×28 板式橡胶支座，4 层钢板（每层厚 2mm）和 5 层橡胶片（上下表层厚 2.5mm，其余厚 5mm），加劲钢板每侧保护层为 5mm。已知 $G_e=1$MPa，$E_b=2000$MPa，$E_e=435$MPa。支座与接触面的摩擦系数为 0.3。

提示：均匀荷载作用下，梁端转角 $\theta=\frac{q l_0^3}{24EI}$。

试问：
(1) 验算支座的厚度是否满足要求。
(2) 验算支座的竖向平均压缩变形是否满足要求。
(3) 验算支座的抗滑稳定性是否满足要求。

【**解答**】(1) 验算支座的厚度 h：

主梁的计算温差为 35℃，伸缩变形为两端支座均摊，每一支座承担的水平位移为 Δ_{l1}；查《公桥通规》表 4.3.12-1 知，钢筋混凝土结构的 $\alpha=1\times10^{-5}$：

$$\Delta_{l1}=\frac{1}{2}\alpha\Delta TL=\frac{1}{2}\times1\times10^{-5}\times35\times20000=3.5\text{mm}$$

确定每一支座分担的汽车制动力，根据《公桥通规》4.3.5 条规定，两车道双向行驶，取同向行驶一车道计算，并由规范表 4.3.1-5，取 $\xi=1.2$。

公路—Ⅱ级，$q_k=0.75\times10.5=7.875$kN/m

$$P_K=0.75\times2\times(19.5+130)=224.25\text{kN}$$

制动力 F_{bk}：$F_{bk}=1.2\times(7.875\times19.5+224.25)\times10\%=1.2\times37.78\text{kN}=45.3\text{kN}$ <90kN，故取 $F_{bk}=90$kN

五根梁共 10 个支座，每个支座分担的水平制动力 $F_{bk}=90/10=9$kN

根据《公桥混规》8.7.3 条条文说明，支座水平位移 Δ_p：

$$t_e = 2.5 \times 2 + 3 \times 5 = 20\text{mm}$$
$$A_g = l_a \times l_b = 200 \times 180$$
$$F_k = F_{bk} = 9$$
$$\Delta_p = \frac{F_k t_e}{G_e A_g}$$
$$= \frac{9 \times 10^3 \times 20}{1.0 \times 200 \times 180} = 5.0\text{mm}$$

由《公桥混规》8.7.3 条规定：

不计制动力时：$t_e = 20\text{mm} > 2\Delta_l = 2 \times 3.5 = 7\text{mm}$，满足

计入制动力时：$t_e = 20\text{mm} > 1.43\Delta_l = 1.43 \times (3.5 + 5.0) = 12.155\text{mm}$，满足

$\frac{l_a}{10} = \frac{180}{10} = 18 < t_e = 20\text{mm} < \frac{l_a}{5} = \frac{180}{5} = 36\text{mm}$，满足

（2）验算支座的竖向平均压缩变形：

均布荷载作用下简支梁跨中挠度 f：$f = \frac{5ql_0^4}{384EI}$

梁端转角 θ：$\theta = ql_0^3 / (24EI)$，则有：

$$\theta = \frac{16}{5l_0} \cdot f = \frac{16}{5 \times 19.5} \times 10^{-3} \times 17.4 = 0.00285\text{rad}$$

由《公桥混规》式 (8.7.3-8)：

主梁肋宽为 180mm，故支座横桥向取 $l_b = 180\text{mm}$；顺桥向取 $l_a = 200\text{mm}$，加劲钢板：$l_{0a} = l_a - 2 \times 5 = 180 - 10 = 170\text{mm}$；$l_{0b} = 200 - 2 \times 5 = 190\text{mm}$

$$A_e = 170 \times 190$$
$$R_{ck} = 160 + 120 + 20 = 300\text{kN}$$
$$\delta_{c,m} = \frac{R_{ck} t_e}{A_e E_e} + \frac{R_{ck} t_e}{A_e E_b}$$
$$= \frac{300 \times 10^3 \times 20}{170 \times 190 \times 435} + \frac{300 \times 10^3 \times 20}{170 \times 190 \times 2000}$$
$$= 0.82\text{mm}$$

$\theta \cdot \frac{l_a}{2} = 0.00285 \times \frac{180}{2} = 0.2565 < \delta_{c,m}$，满足

$\delta_{c,m} = 0.52\text{mm} < 0.07 t_e = 0.07 \times 20 = 1.4\text{mm}$，满足

（3）支座的抗滑稳定性：

摩擦系数 $\mu = 0.3$。

由《公桥混规》8.7.4 条：

不计汽车制动力：$\mu R_{Gk} = 0.3 \times 160 = 48\text{kN}$

$1.4 G_e A_g \frac{\Delta_l}{t_e} = 1.4 \times 1.0 \times 200 \times 180 \times \frac{3.5}{20} = 8.82\text{kN} < 48\text{kN}$，满足

计入汽车制动力（含冲击系数）：$\mu R_{ck} = 0.3 \times (160 + 120 \times 0.5) = 66\text{kN}$

$1.4 G_e A_g \frac{\Delta_l}{t_e} + F_{bk} = 8.82 + 9.0 = 17.82\text{kN} < \mu R_{ck} = 66\text{kN}$，满足

【例 8.6.2】 某公路上 30m 预应力混凝土连续桥面简支梁桥，由六根 T 形主梁组成

梁桥横断面，主梁肋宽为360mm。主梁支座反力，上部结构自重产生的反力标准值 R_{Gk}=500kN，汽车荷载（已计入冲击系数）R_{qk}=400kN，人群荷载 R_{rk}=20kN。主梁支座直接设于有0.5%纵坡的梁底面下，支座顶面形成0.5%纵坡，支座顶面顺纵坡方向支座反力设计值为：自重 F_{Gk0}=0.5%×500=2.5kN，汽车荷载 F_{qk0}=0.5%×400=2.0kN，不计人群荷载部分。取冲击系数 μ=0.250，G_e=1.0MPa，E_b=2000MPa，E_e=273MPa，支座处摩擦系数为0.3。

经计算知由于温度下降、混凝土收缩和徐变引起的支座剪切变形 Δ_{l1}=16.5mm。自重产生梁端支座转角为0.0045rad，汽车荷载产生梁端支座转角为0.00200rad。汽车荷载制动力标准值 F_{bk}=5.8kN。

初选板式橡胶支座 GJZ300×350×78 矩形支座（6层橡胶层，每层厚11mm；钢板6层，每层厚2mm，每侧保护层5mm）。加劲钢板屈服强度为235MPa。

试问：
(1) 验算支座的橡胶层厚度和加劲钢板的厚度。
(2) 验算支座竖向平均压缩变形 $\delta_{c,m}$。
(3) 验算支座的抗滑稳定性。

【解答】 (1) 橡胶层厚度和加劲钢板的厚度：

不计汽车制动力时，Δ_{l1}=16.5mm

纵坡方向 Δ_{l2}：$\Delta_{l2} = \dfrac{(F_{Gk0}+F_{qk0})\, t_e}{G_e A_g} = \dfrac{(2.5+2.0)\times 10^3 \times 66}{1.0\times 350\times 300} = 2.829$mm

$$\Delta_l = \Delta_{l1} + \Delta_{l2} = 16.5 + 2.829 = 19.329\text{mm}$$

由《公桥混规》式 (8.7.3-2)：

$$t_e = 66\text{mm} > 2\Delta_{l2} = 2\times 19.329 = 38.658\text{mm}，满足$$

计入汽车制动力时，由汽车制动力（不计冲击系数）产生的 Δ_{l3}：

$$\Delta_{l3} = \dfrac{F_{bk} t_e}{G_e A_g} = \dfrac{5.8\times 10^3 \times 66}{1.0\times 350\times 300} = 3.646\text{mm}$$

总剪切变形：$\Delta_l = \Delta_{l1} + \Delta_{l2} + \Delta_{l3} = 22.975$mm

$\Delta t_e = 66$mm$>1.43\Delta_l = 1.43\times 22.975 = 32.854$mm，满足

对于支座的钢板厚度的验算，根据《公桥混规》式 (8.7.3-10)：

$\sigma_s = 0.65\times f_y = 0.65\times 235 = 152.8$MPa；$K_p = 1.3$

$$t_s = \dfrac{K_p R_{ck}(t_{es,u}+t_{es,l})}{A_e \sigma_s} = \dfrac{1.3\times 9.33\times (11+11)}{152.8}$$

$$= 1.75\text{mm} < t_{s实} = 2.0\text{mm}，满足$$

(2) 支座竖向平均压缩变形 $\delta_{c,m}$

$$R_{ck} = 500 + 400 + 20 = 920\text{kN};$$

$$A_e = (300 - 2\times 5)\times (350 - 2\times 5) = 290\times 340$$

$$\delta_{c,m} = \dfrac{R_{ck} t_e}{A_e E_e} + \dfrac{R_{ck} t_e}{A_e E_b}$$

$$= \dfrac{920\times 10^3 \times 66}{290\times 340\times 273} + \dfrac{920\times 10^3 \times 66}{290\times 340\times 2000}$$

$$= 2.56\text{mm}$$

梁端支座转角 θ，包括纵坡产生的转角 0.005rad：
$$\theta=0.0045+0.002+0.005=0.0115\text{rad}$$
$$\frac{\theta}{2}l_a=\frac{0.0115}{2}\times300=1.725\text{mm}<\delta_{c,m}=2.56\text{mm}，满足$$
$\delta_{c,m}=2.564\text{mm}<0.07t_e=0.07\times66=4.62\text{mm}$，满足

（3）支座抗滑稳定性

不计汽车制动力时：$\mu R_{Gk}=0.3\times500=150\text{kN}$

$1.4G_eA_g\dfrac{\Delta_l}{t_e}=1.4\times1.0\times350\times300\times\dfrac{19.329}{66}=43.05\text{kN}<150\text{kN}$，满足

计入汽车制动力时，R_{ck} 中由汽车荷载的反力含冲击系数：$R_{ck}=R_{Gk}+0.5R_{qk}=500+0.5\times400=700\text{kN}$
$$\mu R_{ck}=0.3\times700=210\text{kN}$$
$1.4G_eA_g\dfrac{\Delta_l}{t_e}+F_{bk}=43.05+5.8=48.85\text{kN}<\mu R_{ck}=210\text{kN}$，满足

▲Ⅱ．聚四氟乙烯滑板式橡胶支座

- 复习《公桥混规》8.7.5 条。

二、桥梁伸缩装置

桥梁伸缩装置安装以后的伸缩量的计算，《公桥混规》作了规定。

- 复习《公桥混规》8.8.1 条～8.8.3 条。

【例 8.6.3】 有一座在满堂支架上浇筑的公路预应力混凝土连续箱形梁桥。跨径布置为 40m+60m+40m，在两端各设置伸缩缝 A 和 B，采用 C40 硅酸盐水泥混凝土，如图 8.6.7 所示。假定伸缩缝 A 安装时的温度 t_0 为 20℃，桥梁所在地区的最高有效温度值为 35℃，最低有效温度值为 -10℃，大气温度 R_H 为 55%，预应力引起的箱梁截面上的法向平均压应力 $\sigma_{pc}=7\text{MPa}$。箱梁混凝土的平均加载龄期为 60d。

提示：徐变系数按《公路钢筋混凝土及预应力混凝土桥涵设计规范》JTG 3362—2018．附录 C 的条文说明中表 C-2 采用。

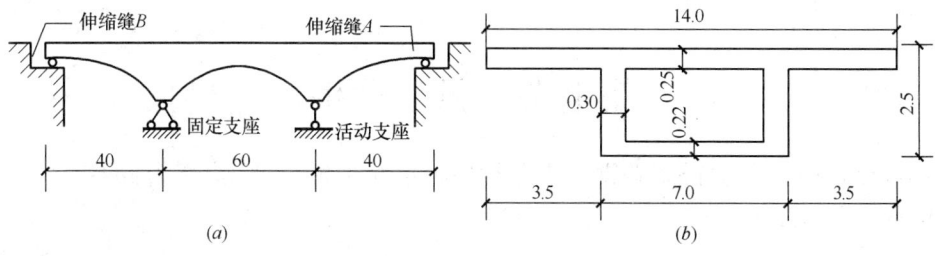

图 8.6.7 （尺寸单位：m）

试问：

（1）箱梁混凝土的徐变系数，与下列何项数值最为接近？

(A) 1.90   (B) 1.85   (C) 1.76   (D) 1.70

(2) 假设箱梁结构理论厚度 $h \geqslant 600$mm，由混凝土徐变引起伸缩缝 A 处的伸缩量值（mm），与下列何项数值最为接近？

(A) 34.0   (B) 39.6   (C) 53.7   (D) 15.3

(3) 假定由均匀温度变化、混凝土收缩、混凝土徐变引起的梁体在伸缩缝 A 处的伸缩量分别为 +40mm 与 -110mm，不计其他因素对伸缩缝 A 的影响。综合考虑各因素后，其伸缩装置的伸缩率增大系数 β 取为 1.2，则伸缩缝 A 应设置的伸缩装置的伸缩量（mm），与下列何项数值最为接近？

(A) 70   (B) 84   (C) 132   (D) 180

【解答】 (1) 根据《公桥混规》附录 C 条文说明中表 C-2：

由题目图示，构件截面面积：$A = 14 \times 0.25 + 7 \times 0.22 + 2 \times 0.3 \times (2.5 - 0.25 - 0.22) = 6.258 \text{m}^2$

构件与大气接触的周边长度：

$$u = 2 \times (14 + 2.5) + 2 \times (7 - 2 \times 0.3 + 2.5 - 0.25 - 0.22) = 49.86 \text{m}$$

$$h = 2A/u = 2 \times 6.258/49.86 = 0.251\text{m} = 251\text{mm}$$

加载龄期 60d，内插法取值：

$$\phi(t_u, t_0) = (1.91 + 1.78)/2 = 1.845$$

应选（B）项。

(2) 根据《公桥混规》表 3.1.5，C40，取 $E_c = 3.25 \times 10^4$ MPa

查《公桥混规》附录 C 的条文说明中表 C-2，$h \geqslant 600$mm，加载龄期 60d：

$$\phi(t_u, t_0) = 1.58$$

由《公桥混规》8.8.2 条第 3 款规定：

由题目图示，取 $l = 40 + 60 = 100$m

$$\Delta l_c^- = \frac{\sigma_{pc}}{E_c} \phi(t_u, t_0) l = \frac{7}{3.25 \times 10^4} \times 1.58 \times 100 \times 10^3 = 34.03\text{mm}$$

应选（A）项。

(3) 根据《公桥混规》8.8.2 条第 5 款规定：

$$C = \beta(\Delta l^+ + \Delta l^-) = 1.2 \times (40 + 110) = 180\text{mm}$$

应选（D）项。

第七节 拱　　桥

本节所用规范为《公路钢筋混凝土及预应力混凝土桥涵设计规范》JTG 3362—2018（以下简称《公桥混规》）。

一、拱桥的基本组成

与梁桥一样，拱桥也是由上部结构（桥跨结构）、下部结构（桥墩、桥台、基础）组成。图 8.7.1 为上承式实腹式拱桥的示意图。

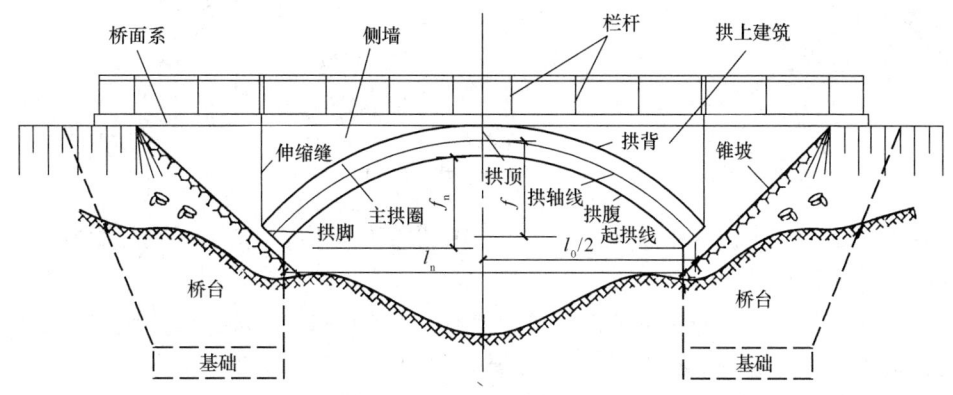

图 8.7.1 上承式实腹式拱桥

1. 上部结构

上承式拱桥的上部结构是由主拱圈和拱上建筑两部分组成。

主拱圈是拱桥的主要承重结构,承受桥上的全部荷载,并由拱脚将荷载传给桥墩台及基础。在图 8.7.1 中,主拱圈最高处横截面称为拱顶,主拱圈和墩台连接处的横截面称为拱脚(或起拱面)。主拱圈的上曲面称为拱背,下曲面称为拱腹。拱脚与拱腹相交的直线称为起拱线。主拱圈各横截面(或换算截面)的形心连线称为拱轴线。

拱桥的净跨径(l_n)为每孔拱跨两个拱脚截面最低点之间的水平距离。计算跨径(l_0)为两相邻拱脚截面形心点之间的水平距离,也就是拱轴线两端点之间的水平距离。净矢高(f_n)是从拱顶截面下缘至相邻两拱脚截面下缘最低点之连线的竖直距离。计算矢高(f)是从拱顶截面形心至相邻两拱脚截面形心之连线的竖直距离。矢跨比(f/l_0)为拱桥中主拱圈(或拱肋)的计算矢高 f 与计算跨径 l_0 之比。

上承式拱桥的桥面系位于主拱圈之上,桥面系与主拱圈之间由传力构件或填充物过渡以形成平顺的桥道,桥面系与主拱圈之间这些传力构件或填充物统称为拱上建筑或拱上结构。

2. 下部结构

拱桥下部结构是由支承相邻桥跨的桥墩、支承桥梁边跨并与路堤相连接的桥台,以及其下的基础组成,见前面第一节图 8.1.2、图 8.7.1 所示。

二、拱桥的分类及其构造

拱桥的形式多种多样,构造各异,可以按照不同时方式来进行分类。例如:按照主拱圈(拱肋)所使用的材料,拱桥可分为圬工拱桥(以石料、砖、混凝土等圬工材料的拱桥)、钢筋混凝土拱桥、钢拱桥。按照桥面的位置,拱桥可分为上承式拱桥、下承式拱桥、中承式拱桥。

1. 按照结构体系分类

拱桥可分为简单体系拱桥、组合体系拱桥、拱片桥。其中,简单体系拱桥按照主拱的静力体系可分为:三铰拱、两铰拱、压铰拱(图 8.7.2)。

三铰拱属于外部静定结构。由温度变化、混凝土收缩与徐变、支座沉陷等引起的变形不会对它产生附加内力。它适用于在地基条件很差的地区修建,但由于铰的存在,使其构

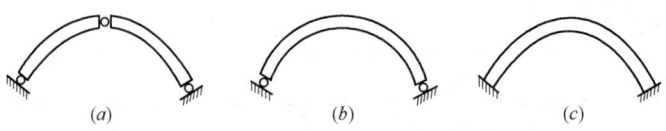

图 8.7.2
(a) 三铰拱；(b) 两铰拱；(c) 压铰拱

造复杂，施工困难，维护费用高，并且减小了结构的整体刚度，降低了抗震能力，又由于拱的挠度曲线在顶铰处有转折，对行车不利，故三铰拱一般较少采用。

两铰拱属于外部一次超静定结构。由于取消了拱的顶铰，使结构整体刚度较相应三铰拱大。由温度变化、混凝土收缩与徐变、基础位移等引起的附加内力相对无铰拱的影响要小，故可在地基条件较差时或坦拱（矢跨比小于 1/5 的拱称为坦拱，不小于 1/5 的拱称为陡拱）中采用。

无铰拱属于三次超静定结构。在自重及外部荷载作用下，拱内的弯矩分布比两铰拱均匀，材料用量省，又因为无铰，其结构整体刚度大、构造简单、施工方便、维护费用少，故在实际工程中使用最为广泛。但是，由于无铰拱的超静定次数多，温度变化、混凝土收缩与徐变，特别是墩台位移会在拱内产生较大的附加内力，故压铰拱一般修建在地基良好的条件下，这导致它的使用范围受到一定限制。

2. 按主拱圈截面形式分类

拱桥的主拱圈沿拱轴线可以做成等截面或变截面的形式。

(1) 板拱桥 [图 8.7.3 (a)]

板拱桥是指主拱圈采用矩形实体截面的拱桥。当在较薄的拱板上增加几条纵向肋，以提高拱圈的抗弯刚度，即形成板肋拱 [图 8.7.3 (b)]，它的拱圈截面由板和肋组成。

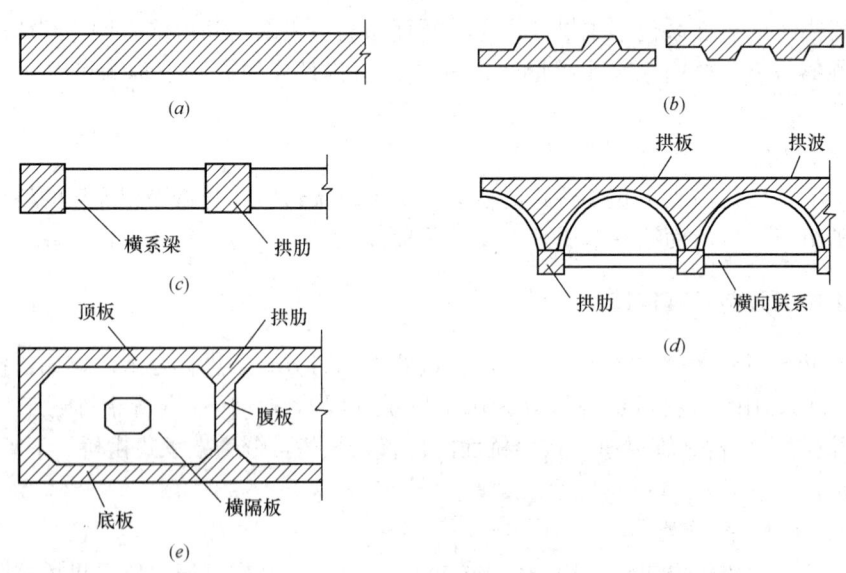

图 8.7.3 主拱圈横断面形式
(a) 板拱；(b) 板肋拱；(c) 肋拱；(d) 双曲拱；(e) 箱形拱

(2) 肋拱桥 [图 8.7.3 (c)]

肋拱桥是在板拱桥基础上发展形成的,将板拱划分成两条或多条分离的、高度较大的拱肋,拱肋与拱肋之间用横系梁相连。

《公桥混规》规定:

> 9.5.4 肋拱的拱肋间应设置横系梁。在三铰拱、双铰拱设铰处和拱上建筑的立柱下方,拱肋间必须设置横系梁。横系梁高度可取 0.8~1.0 倍拱肋高度,宽度可取0.6~0.8 倍拱肋高度。横系梁四角应设置直径不小于 16mm 的纵向钢筋,并设直径不小于 8mm 的箍筋,其间距不应大于横系梁的短边尺寸或 400mm。
>
> 9.5.8 拱桥的横系梁、K 形撑和剪力撑的截面短边尺寸,不宜小于支承点或交点间长度的 1/15。杆件内应设置直径不小于 16mm 的纵向钢筋,并设置直径不小于 8mm 的箍筋。横系梁、K 形撑和剪力撑与拱肋相连处,应设置配有斜向钢筋的倒角。

(3) 双曲拱桥 [图 8.7.3 (d)]

双曲拱桥是指主拱圈的纵向、横向均呈曲线形的拱桥。

(4) 箱形拱桥 [图 8.7.3 (e)]

箱形拱桥的外形与板拱相似,由于截面空洞使其截面抵抗矩较相同材料用量的板拱大很多,故节省材料、减轻自重,同时,它是闭口箱形截面,其截面抗扭刚度大,横向整体性好,结构稳定性好,它适用于大跨径拱桥。

3. 按拱上建筑的形式分类

拱桥可分为实腹式拱桥(图 8.7.1)、空腹式拱桥。其中,空腹式拱桥根据腹孔构造可分为拱式拱上建筑拱桥和梁式拱上建筑拱桥。

(1) 拱式拱上建筑(图 8.7.4)

拱式腹孔,也称为腹拱。腹拱的跨径一般可选用 2.5~5.5m,腹拱圈的厚度与它的跨径、构造形式等有关。

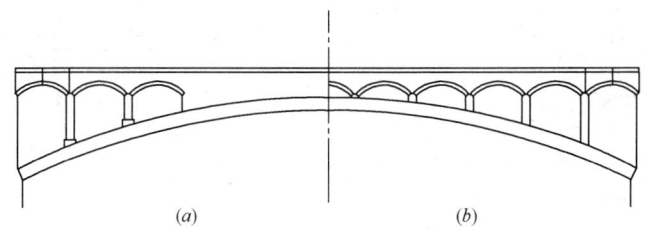

图 8.7.4 拱式拱上建筑
(a) 带实腹段式;(b) 全空腹式

腹孔的支撑结构或腹孔墩,可分为横墙(立墙)式和立柱式,见图 8.7.5。其中,立柱式腹孔墩是由立柱和盖梁组成的钢筋混凝土排架结构。

腹拱的伸缩缝,如图 8.7.6 所示。

(2) 梁式拱上建筑(图 8.7.7)

梁式拱上建筑的腹孔布置与上述腹拱基本要求相同。

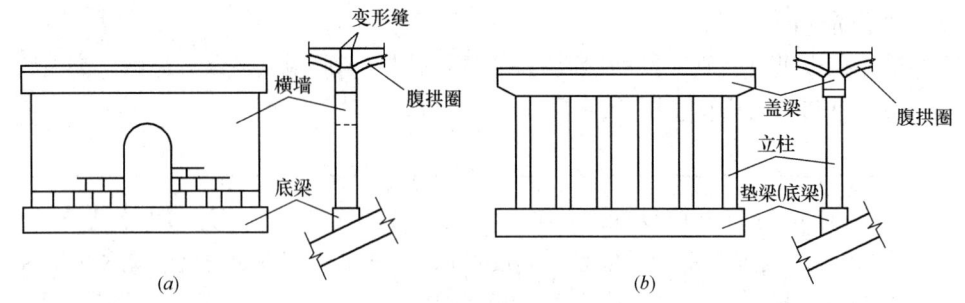

图 8.7.5　腹孔墩构造形式
(a) 横墙式；(b) 立柱式

梁式腹孔结构有简支、连续和框架等多种形式，见图 8.7.8 所示。

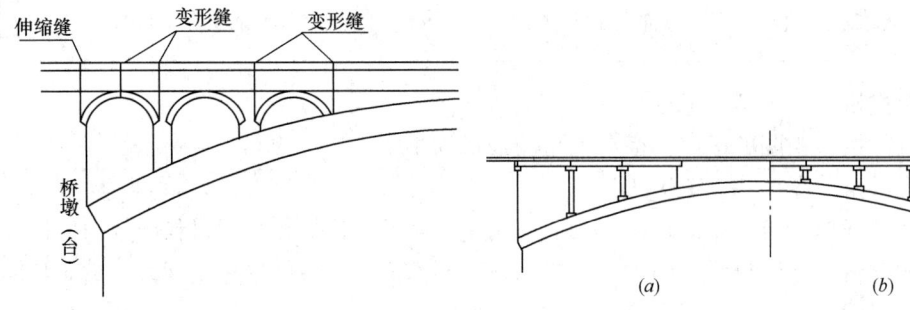

图 8.7.6　拱式空腹式拱桥的伸缩缝与变形缝

图 8.7.7　梁式拱上建筑
(a) 带实腹段式；(b) 全空腹式

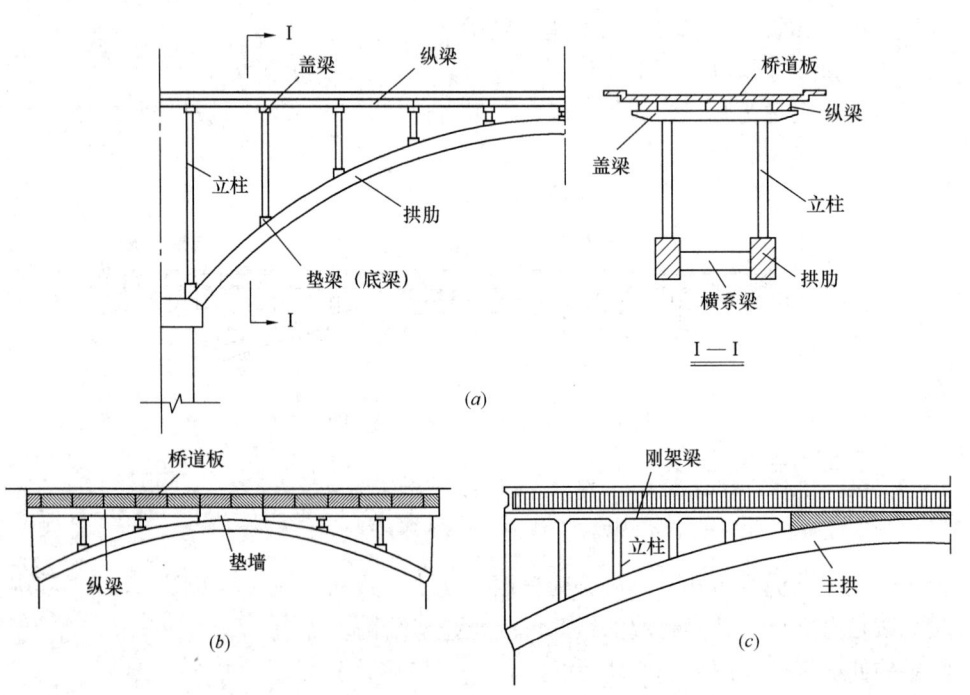

图 8.7.8　梁式空腹式拱上建筑
(a) 简支腹孔；(b) 连续腹孔；(c) 框架式腹孔

《公桥混规》规定：

> 9.5.2 空腹式拱桥的拱上建筑应能适应拱圈的变形，其构造应符合下列要求：
> 1 拱上建筑的板或梁宜采用简支结构，其支座可采用具有弹性约束的橡胶支座。桥跨两端应设滑动支座和伸缩缝。
> 2 拱上建筑的立柱，需要时可设置横系梁。
> 3 立柱钢筋按结构受力要求配置，并应具有足够的锚固长度。
> 4 板拱上的立柱底部应设横向通长的垫梁，其高度不宜小于立柱间净距的1/5。箱式板拱在拱上建筑的立柱或墙式墩下方应设箱内横隔板。

对于拱上结构与主拱联结成整体的框架结构形式的空腹式拱桥，在活荷载或温度变化等因素作用下，将引起拱上结构变形，并在立柱中产生附加弯矩。由力学知识可知，短立柱的刚度较大，附加弯矩也大，导致立柱上、下结点附近的混凝土极易开裂。为了避免拱上结构参与主拱受力后引起不利因素，可在靠近跨中1～2根矮立柱的上、下端设置铰，如图8.7.9所示。

（3）实腹式拱上建筑

实腹式拱上建筑由侧墙、拱腹填料、护拱、变形缝与伸缩缝、防水层、泄水管和桥面系等组成。

实腹式拱桥的伸缩缝通常设在两拱脚的上方，并应在横桥向贯通，向上延伸侧墙全高直至人行道及栏杆，伸缩缝一般做成直线形，如图8.7.10所示。

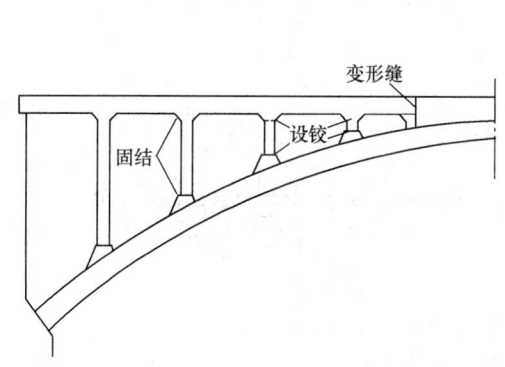

图8.7.9 拱上主柱的连接方式

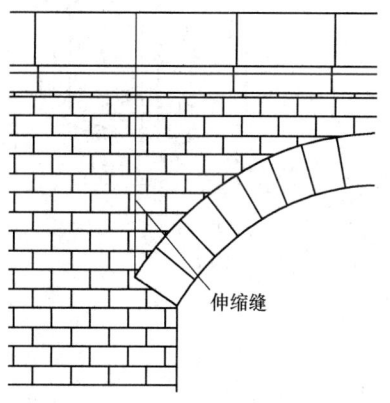

图8.7.10 实腹式拱桥的伸缩缝

三、拱桥的基本特点

拱桥与梁桥的区别不仅在外形，更重要的是在受力性能方面。由力学知识可知，在竖向荷载作用下，梁在支承处仅受到竖向反力作用，而拱在竖向荷载作用下，支承处将同时受到竖向和水平反力的共同作用。这个水平反力的反作用力，被称为水平推力（简称推力）。由于水平反力的作用，拱承受的弯矩将比相同跨径的梁小很多，从而处于主要承受压力的状态。因此，拱桥可以利用适合承压的材料来修建。

拱桥的主要优点是：

(1) 跨越能力较大。
(2) 能充分就地取材。如可以充分利用圬工材料来建造拱桥。
(3) 耐久性能好、承载潜力大、构造简单、养护维修费用少。
(4) 外形美观。

拱桥的主要缺点是：

(1) 一般拱桥上部结构的自重较大，且存在水平推力，下部结构工程量增加，对地质条件要求高。
(2) 施工工序较多、建桥时间较长。
(3) 在满足桥下净空要求时，上承式拱桥的拱曲线底面将增加桥面高程。
(4) 在连续多跨的大、中型结构中，为防止一跨破坏而影响全桥安全，需要采取较复杂的结构措施，或应设置抵抗单向水平推力的桥墩。

《公桥混规》规定：

> 9.5.12 多孔拱桥应根据使用要求设置单向推力墩或采用其他抗单向推力措施。单向推力墩宜每隔3～5孔设置一个。

轻型单向推力墩的构造见图8.7.11。

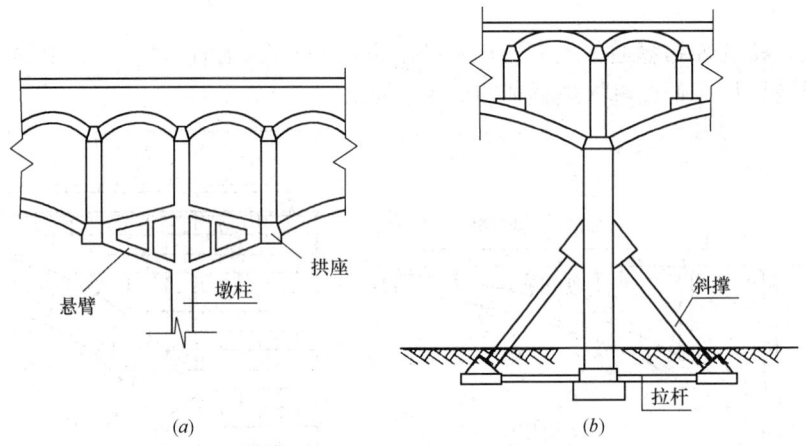

图 8.7.11 拱桥轻型单向推力墩
(a) 悬臂墩；(b) 斜撑墩

四、拱桥的总体设计

拱桥的总体设计主要内容包括确定桥的长度、跨径、跨数、桥道高程、结构体系、拱轴线等。其中，确定桥的长度、桥的分孔原则，见本章第二节。

1. 设计高程与矢跨比的确定

拱桥的设计控制高程主要有四个，即：桥面高程、跨中结构（拱或桥面结构）底面高程、起拱线高程、基础底面高程。

拱桥主拱的矢跨比是拱桥设计的主要参数之一，它的大小不仅影响主拱内力的大小，还影响到拱桥的构造形式和施工方法的选择。由力学知识可知，拱的水平推力与矢跨比呈反比关系。

《公桥混规》规定：

> 9.5.1　钢筋混凝土拱的矢跨比，宜采用 1/4.5～1/8。

2. 拱轴线的选择

拱轴线的形状不仅直接影响着拱的内力及截面应力的分布（强度影响），而且它与结构的耐久性（开裂影响）、经济合理性和施工安全性等都有密切的关系。因此，选择合理的拱轴线形状是拱桥设计中的重要事项。

选择拱轴线的原则是尽可能降低由荷载产生的弯矩。最理想的拱轴线是采用拱上各种荷载作用下的压力线，即拱轴线与压力线吻合，此时的拱轴线也称合理拱轴线，拱截面只承受轴向压力而无弯矩作用。但是，这样的合理拱轴线是不可能获得的，这是因为：

（1）除恒载外，拱还要受到活载、温度变化、材料收缩与徐变等因素的作用，当恒载压力线（或称自重压力线）与拱轴线吻合时，在活载作用下就不再吻合。

（2）仅在恒载作用下，超静定拱本身的轴线会因材料的弹性压缩而变形，导致其实际压力线与原设计所用的拱轴线发生偏离。

在工程实际中，由于公路拱桥的恒载占全部荷载的比重较大（一般约大于80%），因此，以恒载压力线作为设计拱轴线，基本上是适宜的、可行的。

一般地，拱桥设计中所选择的拱轴线应满足下述要求：

（1）尽量减小主拱截面的弯矩，使其在计入弹性压缩、均匀温降、混凝土收缩与徐变等影响下各主要截面的应力相差不大，并且最大限度地减小截面拉应力，最好是不出现拉应力。

（2）对于无支架施工的拱桥，应能满足各施工阶段的受力要求，并尽可能少用或不用临时性施工措施。

（3）线形美观，并且便于施工。

《公桥混规》规定：

> 4.4.2　拱桥设计应优选拱轴线，使拱在作用组合下，轴向力的偏心距较小。对大跨径拱桥，如某些截面的结构自重压力线与拱轴线偏离过大，或在结构重力及其所引起的弹性压缩和温度下降、混凝土收缩等作用下轴向力偏心距较大时，应作适当调整，且应考虑拱轴线偏离结构重力压力线引起的偏离弯矩。

目前，拱桥常用的拱轴线形有：圆弧线、抛物线、悬链线等，如图 8.7.12 所示。

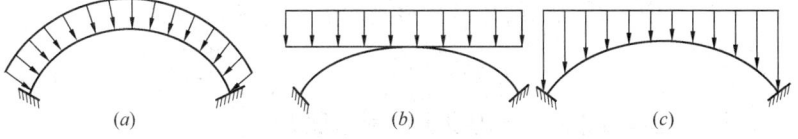

图 8.7.12　拱桥拱轴线形
(a) 圆弧线；(b) 抛物线；(c) 悬链线

圆弧线 [图 8.7.12 (a)]，在均匀径向荷载作用下（如水压力），它是拱的合理拱轴线。圆弧线简单、施工最方便，易于掌握，但在一般情况下，其拱轴线与恒载压力线偏离较大，使拱圈各截面受力不均匀，因此，它常用20m以下的小跨径拱桥。

抛物线 [图8.7.12（b）]，在竖向均匀荷载作用下，二次抛物线是拱的合理拱轴线。因此，对于恒载分布比较接近的拱桥（如矢跨比比较小的空腹式钢筋混凝土拱桥）可采用二次抛物线作为设计拱轴线。此外，在某些大跨径拱桥中，为了使拱轴线尽量与恒载压力线相吻合，常采用高次抛物线作为拱轴线。

悬链线 [图8.7.12（c）]，实腹式拱桥的恒载集度（单位长度上的重力），从拱顶向拱脚是逐渐增加的，在这种荷载分布图式下，拱圈的压力线是一条悬链线。因此，实腹式拱桥采用悬链线作为拱轴线时，在恒载作用下当不计拱圈弹性压缩的影响时，拱圈截面将只承受轴压力而无弯矩，见图8.7.13（a）。

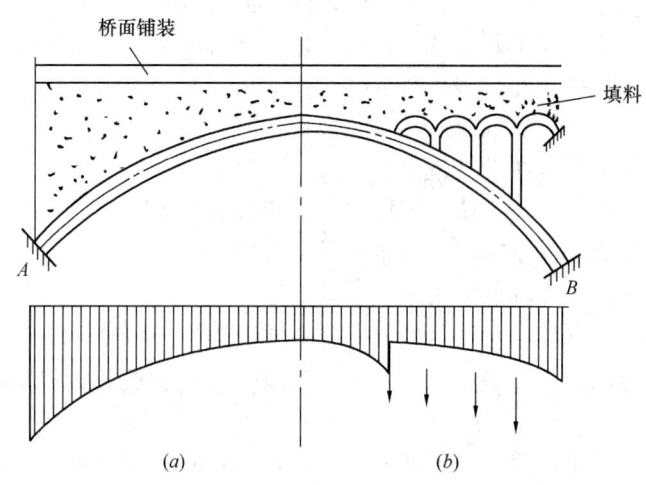

图 8.7.13　悬链线拱桥
(a) 实腹拱；(b) 空腹拱

（1）实腹式悬链线

实腹式悬链线曲线方程 y_1，如图 8.7.14（a）所示，系数 $\xi = x_i/l_1$，$l_1 = l_0/2$，则：

$$y_1 = \frac{f}{m-1}(ch k\xi - 1)$$

$$k = ch^{-1} m = \ln(m + \sqrt{m^2 - 1})$$

式中，m 为拱轴系数（或称拱轴曲线系数），其定义如下：

在图 8.7.14（a）中，任意点的恒载集度 g_x 为：

$$g_x = g_d + \gamma y_1$$

式中，g_d 为拱顶处恒载集度；γ 为拱上材料重度。

拱脚处恒载集度 g_j：$g_j = g_d + \gamma f$

令：$\qquad m = g_j/g_d$

则上式变为：$\qquad g_j = m g_d$

当 $m=1$ 时，表示恒载是均布竖向荷载，此时悬链线为二次抛物线。

当拱的跨径和矢高确定后，悬链线的形状取决于拱轴系数 m，其线形特征可用 $l/4$ 点

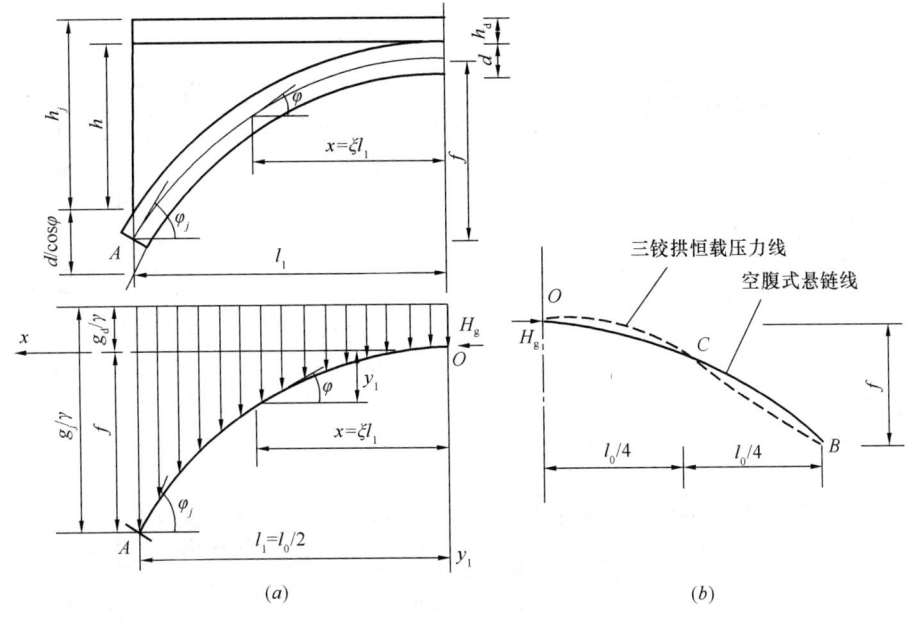

图 8.7.14 悬链线拱轴线计算图示
(a) 实腹式悬链线；(b) 空腹式悬链线

处的纵坐标 $y_{l/4}$ 的大小表示。当 m 增大时，$y_{l/4}$ 减小，也就是拱轴线向上抬高。

(2) 空腹式悬链线

空腹式拱桥中，桥跨结构的恒载由两部分组成，即：拱圈与实腹段自重的分布荷载与空腹部分通过腹孔墩传来下的集中力 [图 8.7.13(b)]。由于存在集中力，拱的恒载压力线是一条转折的、不光滑的曲线。但在设计空腹式拱桥时，一般多采用悬链线作为拱轴线，为使采用的悬链拱轴线与其恒载压力线接近，工程上一般采用"五点重合法"确定悬链线拱轴线的 m 值，即要求拱轴线在全拱有五点（拱顶、两 $l/4$ 点和两拱脚）与其相应三铰拱的恒载压力线重合，见图 8.7.14(b)，而其他截面处的拱轴线与三铰拱恒载压力线都有不同程度的偏离。计算证明，从拱顶到 $l/4$ 点，一般压力线在拱轴线之上，而从 $l/4$ 点到拱脚，压力线则大多在拱轴线之下。理论分析证明，这种偏离对悬链线形拱圈控制截面的受力是有利的。因此，空腹式无铰拱采用悬链拱轴线是偏于安全的。对于大跨径空腹拱桥，恒载压力线与拱轴线偏离较大，则应计入偏离的影响，此时实际的恒载压力线将不通过上述五点。

应注意，空腹式无铰拱桥采用"五点重合法"确定的拱轴线与无铰拱的恒载压力线实际上并不存在五点重合的关系。

《公桥混规》规定：

9.5.1 悬链线拱的拱轴系数，宜采用 2.814～1.167。

五、拱桥计算

1. 拱上建筑的联合作用

上承式拱桥在荷载、材料收缩与徐变、温度变化等因素的作用下，拱上建筑与主拱圈的变形情况，如图 8.7.15 所示。

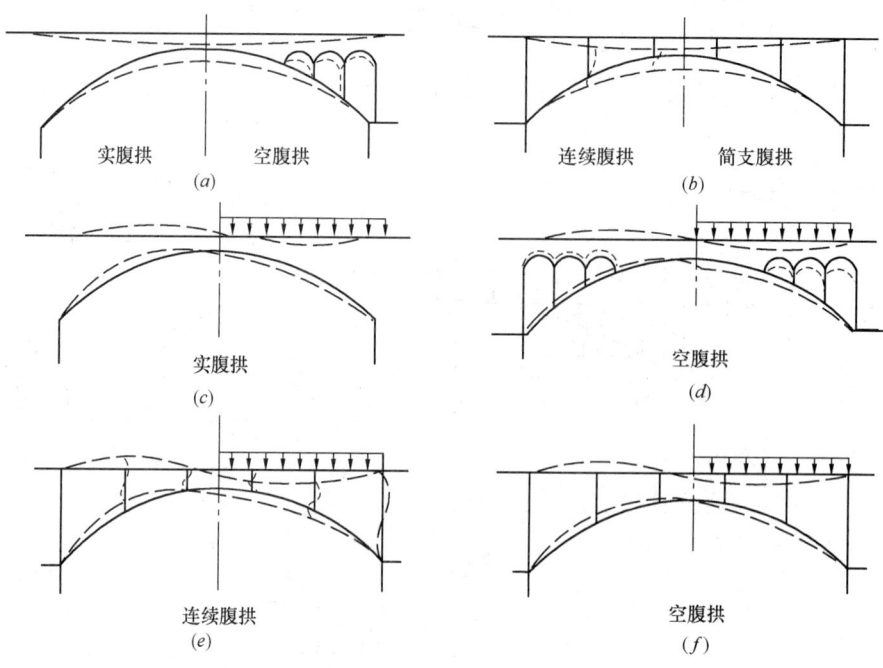

图 8.7.15 拱上建筑与主拱圈的变形
(a) ~ (b) 温度下降时的变形；(c) ~ (f) 半跨加载时的变形

拱上建筑的结构自重由主拱圈承受，拱上建筑结构自重之外的所有活荷载和恒载全部由拱上建筑的结构传至主拱圈。一方面，在荷载传递过程中，拱上建筑对荷载进行了一次重新分配之后传递给主拱圈；另一方面，主拱圈的变形又受到拱上建筑的影响。这种拱上建筑与主拱圈共同作用的现象被称为"拱上建筑与主拱的联合作用"，也简称为"联合作用"。

由图 8.7.15 可知，不同的拱上建筑的结构形式，其联合作用的大小不同；同一拱上建筑形式，拱上建筑的结构刚度与主拱圈刚度比不同，其联合作用的大小也不同。一般地，联合作用的规律为：

(1) 拱式拱上建筑的联合作用大于梁（板）式拱上建筑。
(2) 超静定结构的拱上建筑的联合作用大于静定结构。
(3) 拱式拱上建筑中，腹孔结构对主拱圈的相对刚度越大的，其联合作用越大。
(4) 梁式拱上建筑中，连续式或框架式腹孔的联合作用大于简支腹孔。

同一拱桥，沿桥跨纵桥向的不同位置，其联合作用的大小也不同，即：一般情况下，拱脚与 $l_0/4$ 截面的联合作用较大，而拱顶较小。

《公桥混规》规定：

> 4.4.1 拱的计算可不考虑拱上建筑与主拱圈的联合作用；当考虑拱上建筑与主拱圈的联合作用时，拱上建筑结构的构造应符合计算的预设条件。本节有关拱的计算规定，均适用于主拱圈裸拱受力而不考虑其与拱上建筑的联合作用。

2. 恒载作用下的拱圈内力的计算

在恒载轴向压力作用下，拱圈材料会产生弹性压缩，使拱轴长度缩短，这种现象称为拱的弹性压缩。因为无铰拱是超静定结构，弹性压缩引起拱轴的缩短，将在拱中产生内力。因此，在工程设计中，当采用手算时，恒载内力计算一般分为两部分，即：不考虑弹性压缩影响的内力、弹性压缩引起的内力，两者相加即得恒载作用下的拱圈内力。应注意的是，当考虑拱轴线偏离恒载压力线的影响时，拱圈总内力还应加上由偏离引起的恒载作用下的拱圈内力。

3. 活载作用下的拱圈内力的计算

在活载作用下的拱圈内力的计算一般仍分两步进行：先计算不考虑拱轴向弹性压缩影响的活载作用下的拱圈内力，然后再计入弹性压缩的影响引起的拱圈内力。

（1）不考虑弹性压缩影响的活载作用下的拱圈内力

不考虑弹性压缩影响的活载作用下拱圈内力一般采用内力影响线加载计算，即：先计算超静定拱的赘余力影响线，然后用叠加法计算内力影响线，最后由内力影响线对活载按最不利情况布载计算拱圈内力。

对于无铰拱，在求解拱的内力影响线时，可采用简支曲梁为基本结构[图 8.7.16（a）]，赘余力为 X_1、X_2、X_3，其相应的赘余力影响线的图形，见图 8.7.16（b）、（c）、（d）。

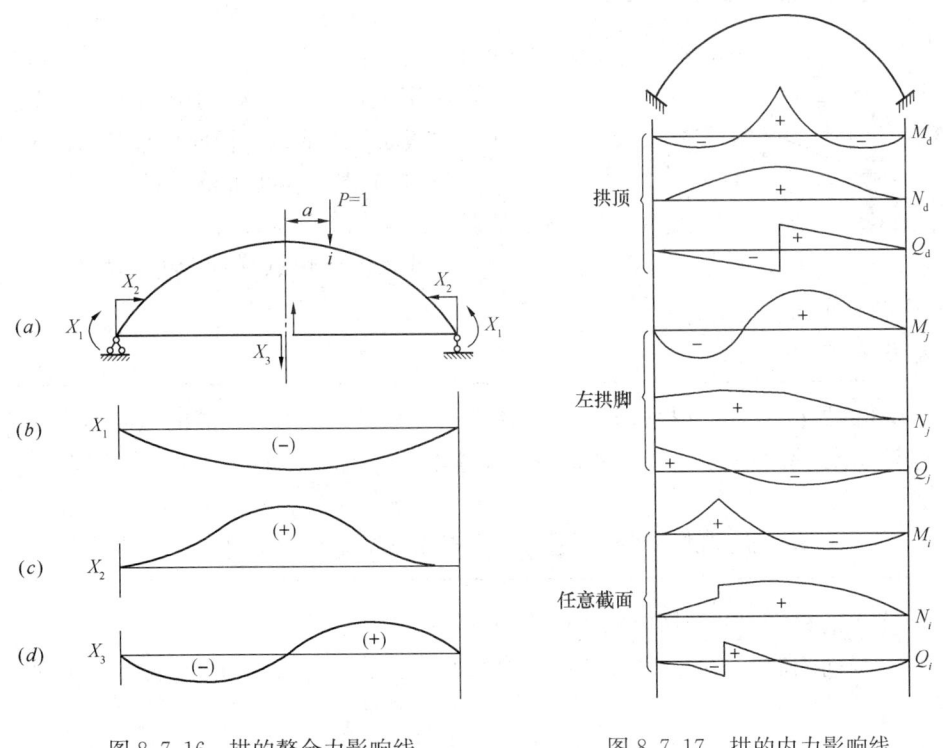

图 8.7.16　拱的赘余力影响线　　　图 8.7.17　拱的内力影响线

有了赘余力的影响线之后，拱中任意截面的内力影响线均可利用静力平衡条件和叠加原理求得，如图 8.7.17 所示拱顶、左拱脚、任意截面之处的内力（弯矩、轴力、剪力）影响线。由图 8.7.17 可知，轴向力 N_i 与剪力 Q_i 影响线在截面处均有突变，故该截面两

侧的 N_i 及 Q_i 也将有突变。所以工程设计中，一般可先计算水平推力 H、拱脚竖向反力 R，然后再由 H、R 计算任意截面的 N_i 及 Q_i。

有了内力影响线后，可将活载进行最不利情况布载，从而计算出拱圈内力，拱圈是偏心受压构件，一般以最大正（负）弯矩控制设计。计算拱中各截面的最大内力时，均按该截面弯矩影响线的最不利情况布载，通常计算两种荷载工况：M_{max}（最大正弯矩）及相应的 N；M_{min}（最大负弯矩）及相应的 N。如图 8.7.18 所示，为求拱脚最大正弯矩及相应的轴向力，其活载的布载方式。应注意的是，求拱脚最大反力时，加载时集中荷载应取 $1.2P_k$。但在特殊情况下，也可能出现非最大正（负）弯矩控制的荷载工况。

在计算下部结构时，常以最大水平力控制设计，此时，应在 H 的影响线上按最不利情况布载，然后按 H_{max} 的荷载分布位置计算其他相应内力与反力。

(2) 活载的横向分布

与梁式桥一样，在横桥向，无论活载如何作用，拱桥的拱圈（肋）的横断面上都会出现应力（内力）不均匀分布，这种现象称为"活载的横向分布"。拱桥的活载横向分布与结构形式、拱上建筑的形式、拱圈的截面形式与刚度等因素有关。一般地，拱桥的活载横向分布规律为：

1) 上承式板式拱圈的石拱、箱形拱及拱上建筑为立墙的双曲拱桥，自拱脚至 $l/4$ 点处，其联合作用大，故其活载的横向分布比较均匀；而拱顶截面，其活载的横向分布影响较大。

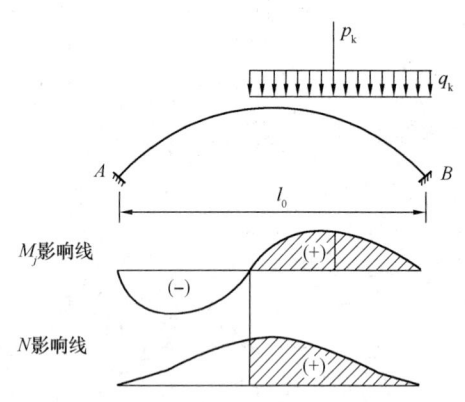

图 8.7.18 求拱脚 M_{max} 及相应 N 布载方式

2) 简单体系的肋拱桥、组合体系拱桥，其活载的横向分布影响较大。

此外，桥梁恒载横向分布不均匀时，也需考虑其横向分布的影响。

《公桥混规》规定：

> 4.4.3 拱上建筑为立柱排架式墩的箱形截面板拱，应考虑活载的横向不均匀分布。拱上建筑为墙式墩的板拱，当活载横桥向布置不超过拱圈以外时，活载可按均匀分布于拱圈全宽计算。
>
> 4.4.4 上承式肋式拱桥活载可通过拱上排架墩的盖梁和立柱分配于拱肋。

(3) 考虑活载横向分布影响的拱圈内力计算

当活载横向均匀分布时，作用于拱的全部密度上的汽车荷载和人群荷载产生的拱圈内力为：

车道荷载：$$S_p = (1+\mu)\xi \cdot n(P_k \cdot y_k + q_k \Omega) \qquad (8.7.1)$$

人群荷载：$$S_r = n' \cdot q_r \Omega \qquad (8.7.2)$$

式中 S_p、S_r——车道荷载、人群荷载引起的内力标准值（弯矩标准值、轴力中标准值、

剪力标准值);

μ——汽车荷载冲击系数,拱桥的 μ 值计算,见《公桥通规》4.3.2 条及其条文说明;

ξ——多车道汽车荷载横向车道布载系数,但多车道汽车荷载横向车道布载的荷载效应不得小于两条设计车道的荷载效应;

n——设计车道数;

n'——人群荷载的条数;

q_r——人群荷载标准值;

P_k、q_k——一条车道荷载的集中荷载标准值(计算剪力时,取 $1.2P_k$)、均布荷载标准值;

y_k——相应的内力影响线的纵坐标值;

Ω——相应的内力影响线的面积。

当活载横向不均匀分布时,作用于某一榀拱肋的汽车荷载和人群荷载产生的该榀拱肋内力为:

车道荷载:$S_p = (1+\mu)\xi \cdot m_{cq}(P_k \cdot y_k + q_k \Omega)$ (8.7.3)

人群荷载:$S_r = m_{cr} \cdot q_r \Omega$ (8.7.4)

式中 m_{cq}、m_{cr}——车道荷载、人群荷载的横向分布系数。

其他符号意义同前。

需注意的是:

(1) 汽车荷载冲击系数,当不计冲击力的情况,《公桥通规》4.3.2 条规定:

> 4.3.2 汽车荷载冲击力应按下列规定计算:
> 2 填料厚度(包括跨面厚度)等于或大于 0.5m 的拱桥不计冲击力。

(2) 车道荷载计算拱的正弯矩时的作用效应的调整

《公桥混规》规定:

> 4.4.1 当采用车道荷载计算拱的正弯矩时,各截面的折减系数宜按表 4.4.1 取用。

正弯矩折减系数　　　　　　　　　表 4.4.1

截面	跨径 L(m)		
	$L \leqslant 60$	$60 < L < 100$	$L \geqslant 100$
拱顶、1/4 拱跨	0.7	直线内插	1.0
拱脚	0.9	直线内插	1.0
其他截面	直线内插		

(3) 当拱桥的计算跨径 $l > 150$m 时,汽车荷载应考虑纵向折减,即上述式(8.7.1)、式(8.7.3)分别为:

车道荷载：$S_p = (1+\mu)\xi \cdot n \cdot \xi_纵 \cdot (P_k \cdot y_k + q_k\Omega)$

$S_p = (1+\mu)\xi \cdot m_{cq} \cdot \xi_纵 (P_k \cdot y_k + q_k\Omega)$

式中，$\xi_纵$ 为纵向折减系数，其取值见《公桥通规》表 4.3.1-6。

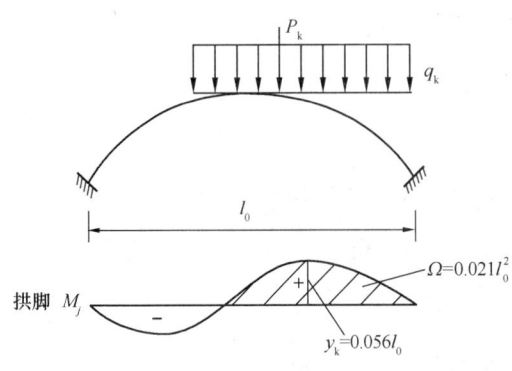

图 8.7.19 拱脚最大弯矩的影响线

【例 8.7.1】 某公路上一座混凝土等截面悬链线无铰板拱桥，汽车双向行驶，汽车荷载采用公路—Ⅱ级，桥面净宽为：净—7+2×1.0m 人行道及栏杆。拱桥的拱上建筑为拱式腹孔，横墙式腹孔墩，拱顶填料厚度（含路面厚度）为 0.40m，拱净跨径 $l_n = 100$m，净矢高 $f_n = 14.2$m，计算跨径 $l_0 = 101.2$m，计算矢高 $f = 14.45$m，拱截面面积 $A = 4.8\text{m}^2$，$I_c = 1.42\text{m}^4$，材料弹性模量 $E = 3.0 \times 10^4$MPa，每延长米重力为 140.5kN/m。活载作用下不计弹性压缩的拱圈内力影响线，如图 8.7.19 所示。

试问：汽车荷载、人群荷载作用下，不计弹性压缩的作用在拱全部宽度上的拱脚最大弯矩标准值 M_{max}。

提示：汽车荷载均匀分布在拱圈全宽。

【解答】 (1) 确定荷载标准值

公路—Ⅱ级，$q_k = 10.5 \times 0.75 = 7.875$kN/m

拱桥计算跨径大于 50m，取 $P_k = 360 \times 0.75 = 270$kN

人群荷载，由《公桥通规》4.3.6 条：

$$q_{r0} = 3.25 - 0.005 \times 101.2 = 2.744 \text{kN/m}^2$$

人行道宽度为 1m，则人群荷载为：

$$q_r = 2.744 \times 1 = 2.744 \text{kN/m}$$

(2) 确定汽车冲击系数

由于拱顶填料厚度小于 0.5m，应考虑汽车荷载的冲击力。

等截面拱桥，依据《公桥通规》4.3.2 条条文说明：

$$w_1 = 105 \times \frac{5.4 + 50f^2}{16.45 + 334f^2 + 1867f^4}（注：此处 f 为拱桥矢跨比）$$

$$= 105 \times \frac{5.4 + 50 \times (14.45/101.2)^2}{16.45 + 334 \times (14.45/101.2)^2 + 1867 \times (14.45/101.2)^4}$$

$$= 28.043$$

$$f_1 = \frac{w_1}{2\pi l^2}\sqrt{\frac{EI_c}{m_c}} = \frac{28.043}{2 \times 3.14 \times 101.2^2} \cdot \sqrt{\frac{3.0 \times 10^4 \times 10^3 \times 1.42}{140.5/9.81}}$$

$$= 0.752\text{Hz} < 1.5\text{Hz}$$

由《公桥通规》4.3.2 条规定，取 $\mu=0.05$
（3）不计弹性压弹，活载作用下的拱圈内力

桥面净宽 7.0m，双向行驶，查《公桥通规》表 4.3.1-4，取设计车道数 $n=2$；查该规范表 4.3.1-5，取 $\xi=1.0$；拱桥计算跨径小于 150m，不计汽车荷载纵向折减的影响。

由拱脚的弯矩影响线即图 8.7.19，可知，$y_k=0.056l_0$，$\Omega=0.021l_0^2$

车道荷载作用下：

$$M_{max,q}=(1+\mu)\xi \cdot n \cdot (P_k y_k + q_k \Omega)$$
$$=(1+0.05)\times 1.0 \times 2 \times (270\times 0.056 \times 101.2 + 7.875 \times 0.021 \times 101.2^2)$$
$$=6770.0 \text{kN} \cdot \text{m}$$

人群荷载作用下（两侧人行道，取 $n'=2$）：

$$M_{max,r}=n' \cdot q_r \Omega = 2 \times 2.744 \times 0.021 \times 101.2^2 = 1180.3 \text{kN} \cdot \text{m}$$

作用效应的调整，根据《公桥混规》4.4.1 条：

$$M_{max,q}=1.0 \times 6770.0 = 6770.0 \text{kN} \cdot \text{m}$$

4. 附加作用引起的拱圈内力

在超静定的拱桥中，温度变化、混凝土收缩与徐变、拱脚变位都会产生附加内力。特别是就地浇筑的混凝土在结硬过程中的收缩变形，会产生较大的附加内力，易使拱桥开裂。在软土地基上建造圬工拱桥，桥墩台变化的影响比较突出，水平位移的影响更为严重。

（1）温度变化产生的附加内力

根据拱圈材料的物理性能，当大气温度高于拱圈合龙温度（拱圈施工合龙时的温度）时，将引起拱体相对膨胀；反之，当大气温度比合龙温度低时，则引起拱体相对收缩。无论是拱体膨胀还是收缩都会在超静定拱中产生附加内力。

温度变化引起拱轴在水平方向的变位 Δl_t 为：

$$\Delta l_t = \alpha \cdot l \cdot \Delta t$$

式中 Δt——温度变化值，即最高（或最低）温度与合龙温度之差。温度上升时，Δt 为正，温度下降时，Δt 为负；

l——拱的计算跨径；

α——材料的线膨胀系数，《公桥通规》4.3.12 条规定：石砌体 $\alpha=0.8\times 10^{-5}$，混凝土预制块砌体，$\alpha=0.9\times 10^{-5}$，混凝土和钢筋混凝土及预应力混凝土结构，$\alpha=1.0\times 10^{-5}$。

（2）混凝土收缩与徐变引起的附加内力

混凝土的收缩作用与温度下降相似，通常将混凝土收缩折算为温度的额外降低。

《公桥通规》规定：

> 4.2.4 混凝土收缩及徐变作用可按下述规定取用：
> 1 外部超静定的混凝土结构、钢和混凝土的组合结构等应考虑混凝土收缩及徐变的作用。
> 2 混凝土的收缩应变终极值可按现行《公路钢筋混凝土及预应力混凝土桥涵设计规范》JTG D62 的规定计算。

> 3 混凝土徐变的计算，可假定徐变与混凝土应力呈线性关系。
> 4 计算混凝土圬工拱圈的收缩作用效应时，如考虑徐变影响，作用效应可乘以折减系数0.45。

（3）拱脚变位引起的附加内力

拱脚的变位包括拱脚的水平位移、垂直位移（沉降）和转动，每一种变位都将在超静定拱中产生附加内力。

《公桥通规》规定：

> 4.2.6 超静定结构当考虑由于地基压实等引起的长期变形影响时，应根据最终位移量计算构件的效应。

六、拱桥的强度与稳定性验算

当求出了各种作用的内力之后，便可进行最不利情况下的作用效应组合，然后验算拱截面的强度以及拱的稳定性和挠度。

拱桥控制截面的位置，对于一般的无铰拱桥，拱脚、拱顶和拱跨3/8是主要控制截面；大跨径拱桥的控制截面位置，《公桥混规》规定：

> 4.4.10 大跨径拱桥应验算拱顶、拱跨3/8、拱跨1/4和拱脚四个截面；对于中、小跨径拱桥，拱跨1/4截面可不验算；特大跨径拱桥，除上述四个截面外，视截面配筋情况，还应选择相应的控制截面进行验算。截面承载力应按本规范第5.3节的规定进行验算，其构件的计算长度可按本规范第4.4.7条的规定采用。

1. 拱圈强度验算

拱桥主拱圈的截面形式虽然各异，但它们均属于偏心受压构件。对于不同材料的截面强度，则应遵循不同桥梁设计规范中的规定进行验算。

钢筋混凝土拱圈，其验算内容包括强度、混凝土的拉压应力和裂缝宽度。如果不能满足要求，可通过增加配筋量、提高混凝土强度等级、加大拱圈等方法进行解决。

钢筋混凝土拱圈为偏心受压构件，应按《公桥混规》中第5.3.3条～第5.3.7条规定，按持久状况下承载能力极限状态的偏心受压构件的规定进行验算。

2. 拱桥的整体"强度—稳定"验算

拱是以受压为主的结构，因此，无论是在施工阶段，还是使用阶段，除应满足承载力要求外，还应进行稳定性验算。拱的稳定性验算包括纵向稳定和横向稳定验算。当拱圈宽度小于跨径1/20的上承式拱桥应验算其横向稳定性。小跨径上承式实腹式拱桥可以不验算拱圈的纵、横向稳定性。

在验算拱圈（或拱肋）稳定性时，当长细比不大且矢跨比较小时，可将拱圈（或拱肋）换算为相当稳定计算长度的压杆，以验算抗压承载力的形式验算其稳定性。在验算时，考虑偏心距和长细比的双重影响，如图8.7.20所示。

（1）钢筋混凝土拱桥的纵向稳定性验算

《公桥混规》规定：

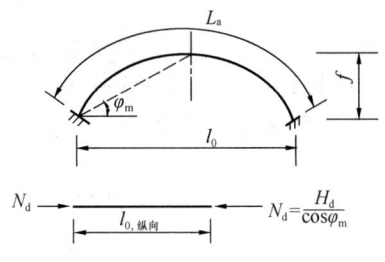

图 8.7.20 拱圈纵向稳定验算

> 4.4.7 拱圈应按本规范第 5.3.1 条验算拱的平面内纵向稳定。此时,拱的轴向力设计值 N_d 可按式(4.4.7)计算:
>
> $$N_d = H_d/\cos\varphi_m \qquad (4.4.7)$$
>
> 式中 H_d——拱的水平推力设计值;
> 　　　φ_m——拱顶与拱脚连线与水平线的夹角。
>
> 在施工阶段,拱的平面内纵向稳定验算时的构件自重效应分项系数应取 1.2,施工时附加的其他荷载效应分项系数应取 1.4;在使用阶段,拱的平面内纵向稳定验算的作用效应的分项系数,按《公路桥涵设计通用规范》JTG D60—2015 取用。
>
> 计算平面内纵向稳定时,拱圈的计算长度可按下列规定采用:
>
> 三铰拱,$0.58L_a$;
>
> 双铰拱,$0.54L_a$;
>
> 无铰拱,$0.36L_a$。
>
> L_a 为拱轴线长度。

(2) 钢筋混凝土拱桥的横向稳定性验算

对于肋拱或无支架施工时采用双肋合龙的拱肋,在验算其横向稳定性,可把拱肋作为平面桁架(图 8.7.21),按组合压杆计算其稳定性。

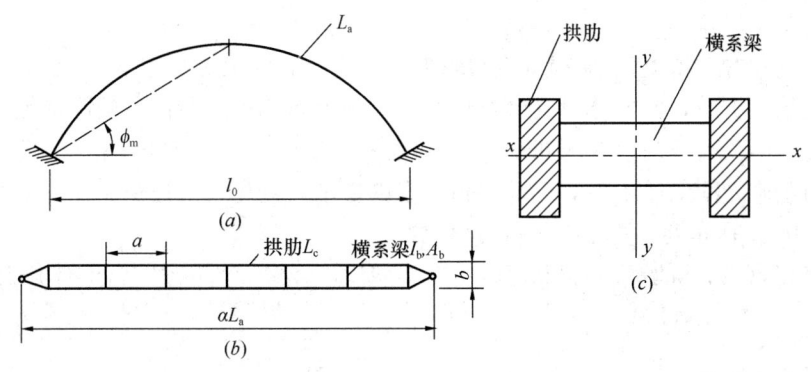

图 8.7.21　钢筋混凝土拱桥拱肋稳定计算图示
(a) 立面;(b) 平面;(c) 拱肋横断面

《公桥混规》规定：

> 4.4.8 当板拱的宽度小于计算跨径的 1/20 时，应验算拱圈的横向稳定。计算以横系梁联结的肋拱横向稳定时，可将其视为长度等于拱轴线长度的平面桁架，根据其支承条件，按受压组合构件确定其计算长度和长细比。拱的平均轴向力可按式（4.4.7）计算。

第八节 桥墩台的作用与作用组合

一、概述

桥梁墩台是桥梁结构的重要组成部分，它主要由墩台帽、墩台身和基础三部分组成（图 8.8.1）。桥梁墩台承担着桥梁上部结构所产生的荷载，并将荷载有效地传递给地基基础。

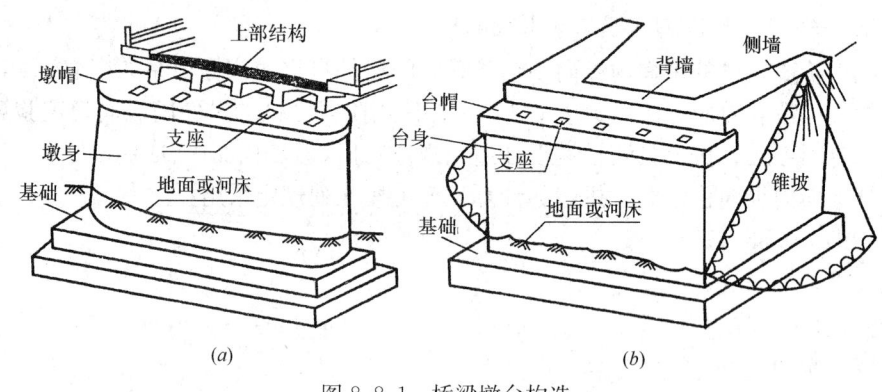

图 8.8.1 桥梁墩台构造
(a) 桥墩；(b) 桥台

桥墩，一般系指多跨桥梁中的中间支承结构物，它除承受上部结构产生的竖向力、水平力和弯矩外，还承受风力、流水压力及可能发生的冰压力、船舶和漂流物的撞击力，以及地震作用。

桥台，它设置在桥梁两端，除了支承桥跨结构外，它又是衔接两岸接线路堤的构筑物，既要能挡土护岸，又要能承受台背填土及填土上车辆荷载所产生的附加侧压力。

桥梁墩台不仅自身应有足够的强度、刚度和稳定性，而且对地基的承载能力、沉降量、地基与基础之间的摩阻力等也都提出一定的要求，避免在上述荷载作用下产生危害桥梁整体结构的水平位移、竖向位移和转角位移。

下面先介绍梁式桥墩台和拱桥墩台的构造要求，然后介绍桥墩台的作用与作用效应组合。

二、梁式桥墩台

1. 梁式桥桥墩

梁式桥桥墩按其受力特点可分为重力式桥墩和轻型桥墩，按其构造可分为实体桥墩、空心桥墩、柱式墩、柔性墩和框架墩，按其墩身横断面形状可分为矩形、圆形、圆端形、尖端形和各种空心墩。

其中，轻型桥墩通常包括钢筋混凝土薄壁桥墩、柱式桥墩、柔性排架墩和框架式桥墩。

本节重点介绍重力式桥墩，柱式桥墩（也称为桩柱式桥墩）、柔性墩的构造见后面第九节内容。

重力式桥墩（图 8.8.2），其主要特点是靠自身重量来平衡外力，保持稳定。因此，墩身比较厚实，可不用钢筋，而用天然石材或片石混凝土砌筑。它适用于荷载较大的大、中型桥梁，其缺点是圬工数量大、自重大，故对地基承载力要求较高，此外，阻水面积也较大。

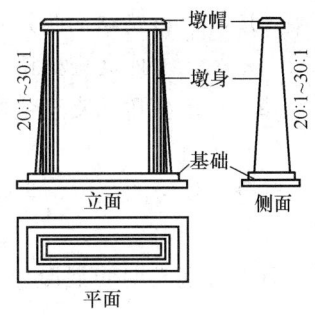

图 8.8.2 重力式桥墩

（1）墩帽

墩帽是桥墩顶端的传力部分，它通过支座承托着上部结构，并将相邻两孔桥跨的永久作用和可变作用传到墩身上，应力较集中。

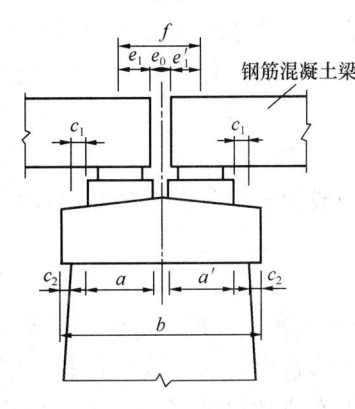

图 8.8.3 墩帽顺桥向尺寸

墩帽长度和宽度视上部结构的形式和尺寸、支座尺寸和布置，以及上部构造中主梁的施工吊装要求等条件而定。当采用双排支座时，顺桥向的墩帽尺寸（图 8.8.3），墩帽宽度 b 为：

$$b \geqslant f + \frac{a}{2} + \frac{a'}{2} + 2c_1 + 2c_2$$

式中　a、a'——桥跨结构支座垫板的顺桥向宽度；

　　　c_1——顺桥向支座垫板至墩身边缘最小距离，按各桥梁设计规范取值；

　　　c_2——檐口宽度，50～100mm；

　　　f——相邻两跨支座间的中心距：

$$f = e_0 + e_1 + e_i \geqslant \frac{a}{2} + \frac{a'}{2}$$

式中　e_1、e_i——桥跨结构顺桥向伸过支座中心线的长度；

　　　e_0——伸缩缝，中小桥为 20～50mm，大跨径桥梁可按温度变化及施工放样、安装构件可能出现的误差决定，其中，温度变化引起的变位为：

$$e_0 = l_0 \cdot \Delta t \cdot \alpha$$

式中　l_0——桥梁的计算长度；

　　　Δt——温度变化幅值，可采用当地最高和最低月平均气温及桥跨浇筑完成时的温度计算决定；

　　　α——材料的线膨胀系数，按《公桥通规》4.3.12 条取用。

多片梁横桥向墩帽尺寸（图 8.8.4），其墩帽横桥向最小尺寸 B 为：

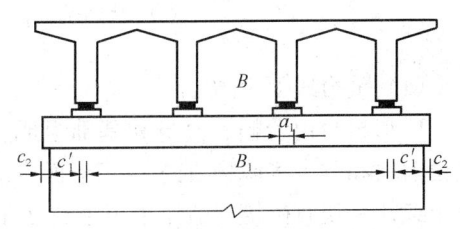

图 8.8.4 多片主梁墩帽横桥向尺寸

$$B=B_1+a_1+2c'_1+2c_2$$

式中 B_1——桥跨结构两外侧主梁中心距；

a_1——支座底板横桥向宽度；

c'_1——横桥向支座垫板至墩身边缘最小距离，按各桥梁设计规范取值。

（2）墩身

墩身是桥墩的主体，实体桥墩墩身侧坡一般采用20∶1～30∶1（竖∶横），也可采用直坡。

对于薄壁式钢筋混凝土桥墩，其墩身钢筋配置构造要求，《公桥混规》9.6.4条规定：

> 9.6.4 薄壁式桥墩或肋板式桥台，在墩身表层、桥台的背墙和肋板表层宜设置钢筋网，其截面面积在水平方向和竖直方向分别不应小于250mm²/m（包括受力钢筋），间距不应大于400mm。

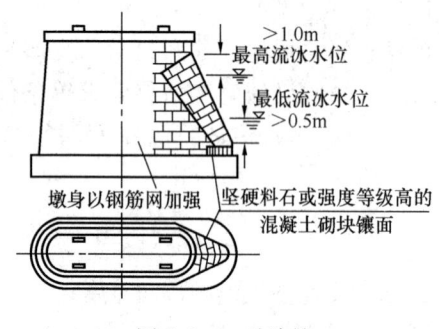

图8.8.5 破冰棱

在有强烈流冰、泥石流或漂流物的河道上，桥墩的表面对材料有严格要求；在有强烈流水或大量漂浮物的河道上，桥墩的迎水端应设置破冰棱（图8.8.5）。

（3）基础

基础在平面上一般为矩形，其扩散角（刚性角）的构造要求。

2. 梁式桥桥台

梁式桥桥台可分为重力式桥台、轻型桥台、组合式桥台和承拉桥台。其中，重力式桥台常用类型有：U形桥台、八字式桥台和一字式桥台（图8.8.6）；轻型桥台常用类型有：埋置式桥台、设有支撑梁的轻型桥台、钢筋混凝土薄壁桥台、加筋土桥台。

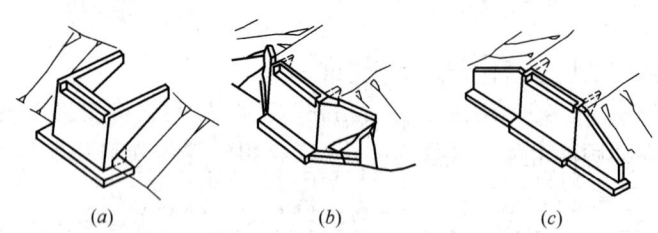

图8.8.6 重力式桥台示意图
(a) U形桥台；(b) 八字式桥台；(c) 一字式桥台

（1）重力式U形桥台

U形桥台由台帽、台身和基础组成，其台后的土压力主要靠自重来平衡，因其台身是由前墙和两个侧墙构成的U字形而得名（图8.8.7）。它的优点是构造简单，可以用混凝土或片、块石砌筑，适用于填土高度在8～10m以下或跨度稍大的桥梁。其缺点是桥台体积和自重较大，增加了对地基的要求。此外，桥台两个侧墙之间的填土容易积水，结冰后冻胀,会使侧墙产生裂缝,所以宜用渗水性较好的土夯填,并做好台后排水措施。

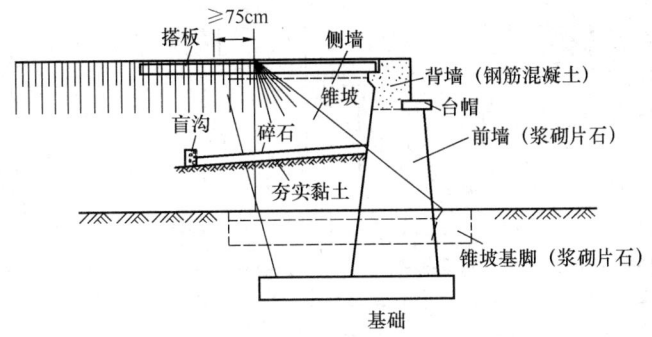

图 8.8.7 梁式桥 U 形桥台

U形桥台侧墙后端应有不小于0.75m的长度伸入路堤内,以保证与路堤有良好的衔接,《公桥通规》3.5.4 条规定:

> 3.5.4 桥台侧墙后端和悬臂梁桥的悬臂端深入桥头锥坡顶点以内的长度,均不应小于0.75m(按路基和锥坡沉实后计)。

《城市桥规》规定:

> 7.0.7 桥台侧墙后端深入桥头锥坡顶点以内的长度不应小于0.75m。

U形桥台的顺桥向台帽最小宽度为(图8.8.8):

$$b=\frac{a}{2}+e_1+\frac{e_0}{2}+c_1+c_2$$

其横桥向台帽宽度一般应与路基同宽。

(2) 埋置式桥台

埋置式桥台(图8.8.9),是将台身大部分埋入锥形护坡(溜坡)内,缩短侧墙(即耳墙)仅由台帽两侧耳墙与路堤衔接。其特点是:因桥台所受的土压力大为减少,故桥台体积也相应减少。其缺点是因为台侧溜坡伸入桥孔,压缩河道,故有时需要将桥台位置后移,从而增加了桥长。

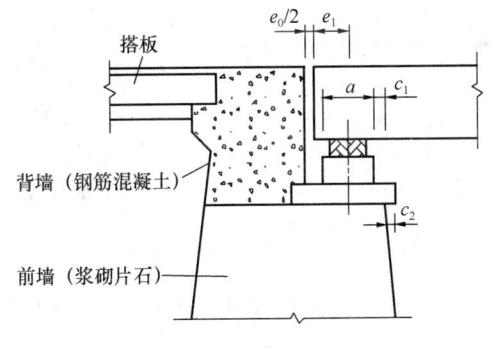

图 8.8.8 台帽顺桥向尺寸

直立肋板式桥台由肋板与台帽、耳墙连接而成,当台高不小于10m时,其间应设置系梁。台帽、系梁、耳墙均需配置钢筋,台帽与肋板、肋板与基础之间需配置接头钢筋,可采用C20及以上的混凝土浇筑。

后倾式桥台实质上是一种实体重力式桥台,它是依靠台身的后倾,使重心落在基底截面形心之后,以求能平衡台后填土的倾覆力矩。

埋置式桥台的耳墙后端深入路堤的要求,《公桥通规》3.5.4条规定:

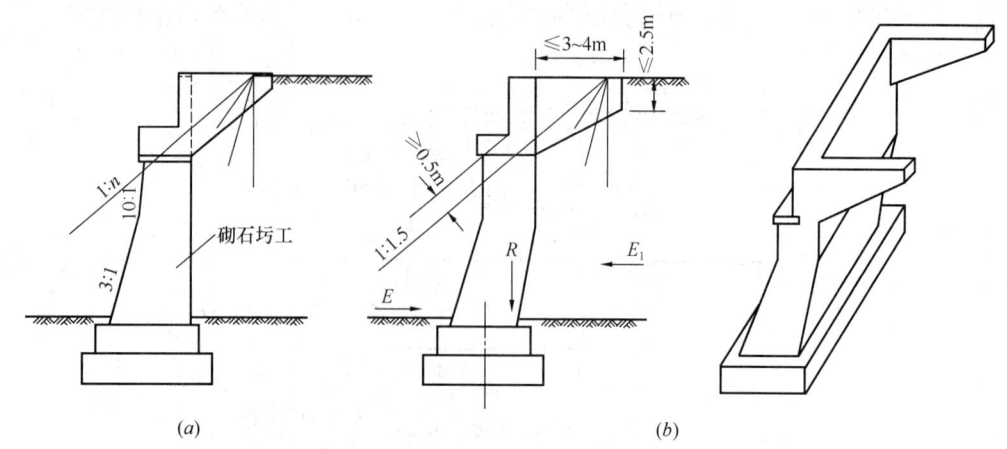

图 8.8.9 埋置式桥台
(a) 直肋式；(b) 后倾式

3.5.4 桥台侧墙后端和悬臂梁桥的悬臂端深入桥头锥坡顶点以内的长度，均不应小于 0.75m（按路基和锥坡沉实后计）。

【例 8.8.1】 某公路桥梁主梁高度为 175cm，桥面铺装层共厚 20cm，支座高度（含垫石）15cm，采用埋置式肋板桥台，台背墙厚 40cm，锥坡坡面不能超过台帽与背墙的交点，如图 8.8.10 所示。

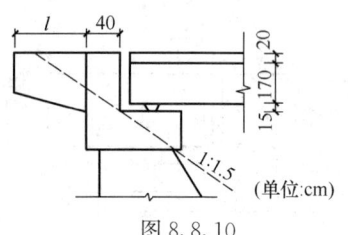

图 8.8.10

试问：

(1) 当台前锥坡坡度为 1：1.5 时，后背耳墙长度 l 为多少？

(2) 对不受洪水冲刷的锥坡，且加强防护，后背耳墙长度 l 的最小长度为多少？

【解答】 (1) 根据《公桥通规》3.5.4 条：

$$l = (20+175+15) \times 1.5 - 40 + 75 = 350 \text{cm}$$

(2) 根据《公桥通规》3.5.3 条，取台前锥坡坡度为 1：1.25

$$l \geqslant (20+175+15) \times 1.25 - 40 + 75 = 297.5 \text{cm}$$

(3) 底部设有支撑梁的轻型桥台

按照翼墙的形式和布置方式的不同，这种桥台可分为：一字形轻型桥台、八字形轻型桥台、耳墙式轻型桥台（图 8.8.11）。

这种桥台的台身为直立的薄壁墙，台身两侧有翼墙（用于挡土），在两桥台下部设置钢筋混凝土支撑梁，上部结构与桥台通过锚栓连接，构成四铰框架结构系统，并借助两端台后的土压力来保持稳定。

(4) 加筋土桥台

加筋土桥台属于组合式桥台，它是常规的桩柱式桥台和加筋体共同组成的一种复合式桥台。根据桩柱位置，它可分为内置组合式、外置组合式两种。

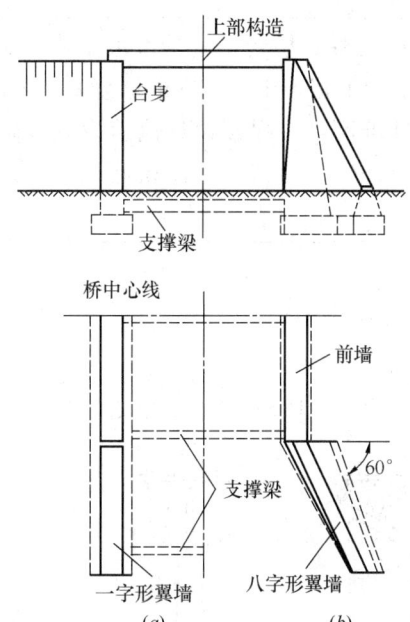
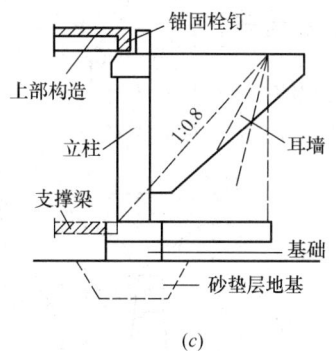

图 8.8.11 底部设有支撑梁的轻型桥台
(a) 一字形轻型桥台；(b) 八字形轻型桥台；(c) 耳墙式轻型桥台

内置组合式和外置组合式加筋土桥台，其桥梁上部结构均由桩柱顶部盖梁支承，加筋体不承受支座传递的荷载，故桩柱、盖梁的设计与常规桥梁设计要求相同。

(5) 桥台的锥形护坡

锥形护坡简称锥坡，是为了保护桥台与引道边坡的稳定，防止冲刷水毁。U形桥台、埋置式桥台、钢筋混凝土桩（柱）式岸墩应在两侧及岸墩向河侧设置锥形护坡（岸墩前的称为溜坡），如图 8.8.12 所示。

《公桥通规》3.5.3 条规定：

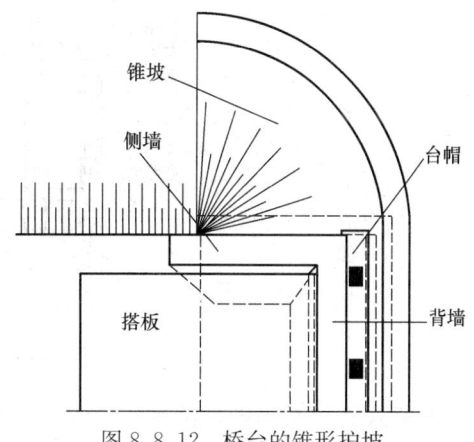

图 8.8.12 桥台的锥形护坡

> 3.5.3 桥头锥体及引道应符合下列规定：
> 1 桥头锥体及桥台台后 5～10m 长度内的引道，可用砂性土等材料填筑。在非严寒地区当无透水性土时，可就地取土经处理后填筑。
> 2 锥坡与桥台两侧正交线的坡度，当有铺砌时，路肩边缘下的第一个 8m 高度内不宜陡于 1∶1；在 8～12m 高度内不宜陡于 1∶1.25；高于 12m 的路基，其 12m 以下的边坡坡度应由计算确定，但不应陡于 1∶1.5，变坡处台前宜设宽 0.5～2.0m 的锥坡平台；不受洪水冲刷的锥坡可采用不陡于 1∶1.25 的坡度；经常受水淹没部分的边坡坡度不应陡于 1∶2。

3 埋置式桥台和钢筋混凝土灌注桩式或排架桩式桥台,其锥坡坡度不应陡于1:1.5,对不受洪水冲刷的锥坡,加强防护时可采用不陡于1:1.25的坡度。

4 洪水泛滥范围以内的锥坡和引道的边坡坡面,应根据设计流速设置铺砌层。铺砌层的高度应为:特大、大、中桥应高出计算水位0.5m以上;小桥涵应高出设计水位加壅水水位(不计浪高)0.25m以上。

三、拱桥墩台

1. 拱桥桥墩

拱桥桥墩通常分为实体式(重力式)和桩(柱)式桥墩(图8.8.13)。

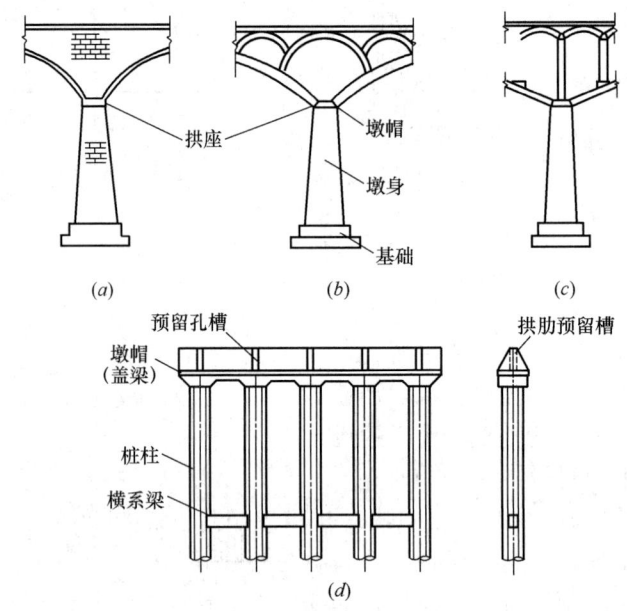

图 8.8.13 拱桥桥墩示意图
(a)~(c)拱桥重力式桥墩;(d)拱桥桩柱式桥墩

与梁式桥桥墩不同,拱桥桥墩中,拱是推力结构,它给予桥墩(台)以较大的水平推力;桥墩的相对水平位移将给拱桥以较大的附加内力,故对地基的要求更高。因此,拱桥桥墩在结构上的特点是:①拱座[图8.8.14(a)],尽量使通缝面与压力线方向正交;②两邻两孔推力不相等的桥墩,此时最好调整相邻的矢跨比,或拱座位置或拱上结构形式,也可将桥墩在立面做成不对称形式[图8.8.14(b)];③单向推力墩,见本章第七节拱桥的特点。

2. 拱桥桥台

拱桥桥台主要可分为重力式桥台、轻型桥台、组合式桥台,以及齿槛式桥台、空腹式桥台等。

重力式桥台中常用U形桥台(图8.8.15),它由台帽、台身和基础组成。U形拱桥桥台除尺寸较大、拱座位置较台帽低外,构造上与梁式桥的U形桥台基本相同。

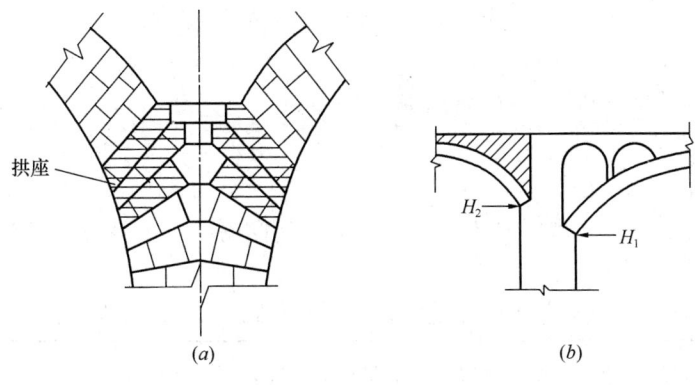

图 8.8.14 拱桥桥墩的构造
(a) 墩顶拱座；(b) 拱桥大小孔分界墩

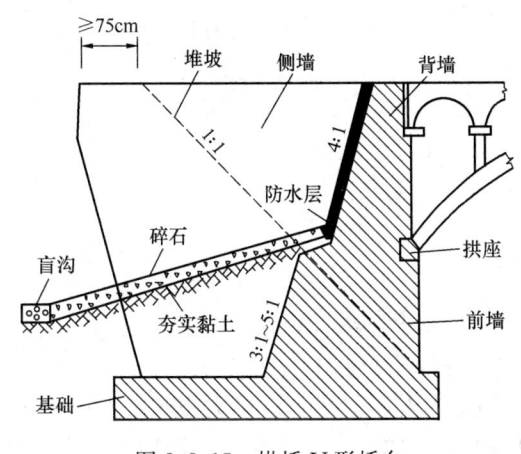

图 8.8.15 拱桥 U 形桥台

四、桥梁墩台上的作用

桥梁墩台的设计与结构受力有关，与土质构造和地层条件有关，也与水文、水流流速及河床性质有关，因此，桥梁墩台要置于稳定可靠的地基上，要通过设计和计算确定基础形式和埋置深度。

桥梁墩台的设计计算主要包括：计算作用在桥墩台上的作用及作用效应组合；验算墩身截面强度和偏心距、验算基底应力和偏心距；验算桥墩台抗倾覆和抗滑动稳定性。此外，对于高度超过 20m 的重力式实体墩台、桩柱式墩台还应验算其墩台的弹性位移等。

本节主要介绍桥梁墩台的作用及作用效应组合，下一节详细介绍各类桥梁墩台的具体计算。

桥梁墩台上的作用包括永久作用、可变作用和偶然作用。

1. 永久作用

桥梁墩台上的永久作用包括：

（1）上部结构重力，它是通过支座作用在墩台帽上的支承反力；

（2）桥墩台自重；

(3) 预加力,如对装配式预应力空心桥墩所施加的预应力;
(4) 土的重力和土侧压力;
(5) 上部结构混凝土收缩及徐变作用;
(6) 水的浮力;
(7) 基础变位作用。

除(4)土的重力和土侧压力外,上述各类永久作用的具体计算,详见前面本章第三节内容。

对于土的重力和土侧压力的计算规定,《公桥通规》4.2.3条规定:

> 4.2.3 土的重力及土侧压力可按下列规定计算:
> 1 静土压力的标准值可按下列公式计算:
>
> $$e_j = \xi \gamma h \quad (4.2.3\text{-}1)$$
>
> $$\xi = 1 - \sin\varphi \quad (4.2.3\text{-}2)$$
>
> $$E_j = \frac{1}{2}\xi\gamma H^2 \quad (4.2.3\text{-}3)$$
>
> 式中 e_j——任一高度 h 处的静土压力强度(kN/m²);
> ξ——压实土的静土压力系数;
> γ——土的重力密度(kN/m³);
> φ——土的内摩擦角(°);
> h——填土顶面至任一点的高度(m);
> H——填土顶面至基底高度(m);
> E_j——高度 H 范围内单位宽度的静土压力标准值(kN/m)。
>
> 在计算倾覆和滑动稳定时,墩、台、挡土墙前侧地面以下不受冲刷部分土的侧压力可按静土压力计算。
>
> 2 主动土压力的标准值可按下列公式计算(图4.2.3-1):
> 1) 当土层特性无变化且无汽车荷载时,作用在桥台、挡土墙前后的主动土压力标准值可按下式计算:
>
> $$E = \frac{1}{2}B\mu\gamma H^2 \quad (4.2.3\text{-}4)$$
>
> $$\mu = \frac{\cos^2(\varphi-\alpha)}{\cos^2\alpha \cdot \cos(\alpha+\delta)\left[1+\sqrt{\dfrac{\sin(\varphi+\delta)\sin(\varphi-\beta)}{\cos(\alpha+\delta)\cos(\alpha-\beta)}}\right]^2} \quad (4.2.3\text{-}5)$$
>
> 式中 E——主动土压力标准值(kN);
> γ——土的重力密度(kN/m³);
> B——桥台的计算宽度或挡土墙的计算长度(m);
> H——计算土层高度(m);
> β——填土表面与水平面的夹角,当计算台后或墙后的主动土压力时,β 按图4.2.3-1(a)取正值;当计算台前或墙前主动土压力时,β 按图4.2.3-1(b)取负值;

α——桥台或挡土墙背与竖直面的夹角,俯墙背(如图4.2.3-1)时为正值,反之为负值;

δ——台背或墙背与填土间的摩擦角,可取$\delta=\varphi/2$。

主动土压力的着力点自计算土层底面算起,$C=H/3$。

2)当土层特性无变化但有汽车荷载作用时,作用在桥台、挡土墙后的主动土压力标准值在$\beta=0°$时可按下式计算:

$$E = \frac{1}{2}B\mu\gamma H(H+2h) \qquad (4.2.3-6)$$

式中 h——汽车荷载的等代均布土层厚度(m)。

主动土压力的着力点自计算土层底面算起,$C=\dfrac{H}{3}\times\dfrac{H+3h}{H+2h}$。

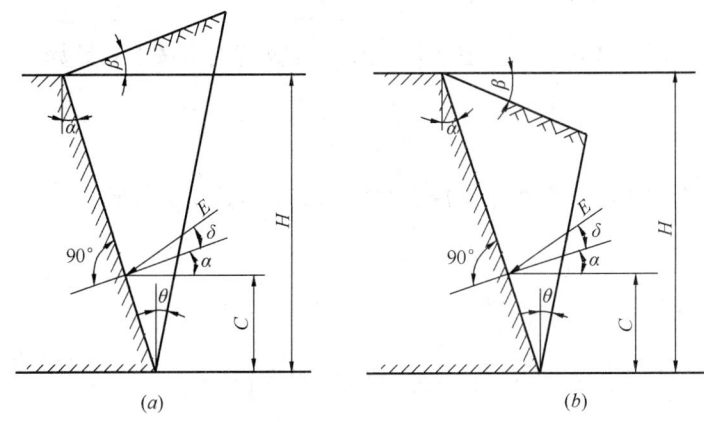

图4.2.3-1 主动土压力图

3)当$\beta=0°$时,破坏棱体破裂面与竖直线间夹角θ的正切值可按下式计算:

$$\tan\theta = -\tan\omega + \sqrt{(\cot\varphi + \tan\omega)(\tan\omega - \tan\alpha)} \qquad (4.2.3-7)$$

式中 $\omega=\alpha+\delta+\varphi$。

3 当土层特性有变化或受水位影响时,宜分层计算土的侧压力。

4 土的重力密度和内摩擦角应根据调查或试验确定,当无实际资料时,可按照本规范表4.2.1和现行的《公路桥涵地基与基础设计规范》采用。

5 承受土侧压力的柱式墩台,作用在柱上的土压力计算宽度,可按下列规定采用(图4.2.3-2):

1)当$l_i \leqslant D$时,作用在每根柱上的土压力计算宽度可按下式计算:

$$b = \frac{(nD + \sum\limits_{i=1}^{n-1} l_i)}{n} \qquad (4.2.3-8)$$

式中 b——土压力计算宽度(m);

D——柱的直径或宽度(m);

l_i——柱间净距（m）；

n——柱数。

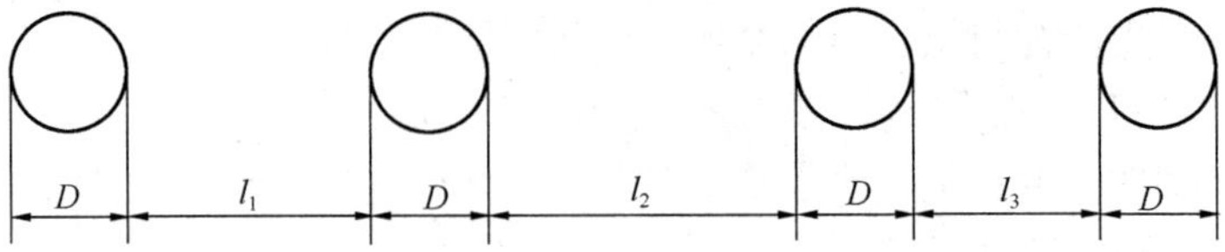

图 4.2.3-2 柱的土侧压力计算宽度

2) 当 $l_i > D$ 时，应根据柱的直径或宽度来考虑柱间空隙的折减。

当 $D \leqslant 1.0\mathrm{m}$ 时，作用在每一柱上的土压力计算宽度可按下式计算：

$$b = \frac{D(2n-1)}{n} \qquad (4.2.3\text{-}9)$$

当 $D > 1.0\mathrm{m}$ 时，作用在每一柱上的土压力计算宽度可按下式计算：

$$b = \frac{n(D+1)-1}{n} \qquad (4.2.3\text{-}10)$$

6 压实填土重力的竖向和水平压力强度标准值可按下式计算：

竖向压力强度 $\qquad q_v = \gamma h \qquad (4.2.3\text{-}11)$

水平压力强度 $\qquad q_H = \lambda \gamma h \qquad (4.2.3\text{-}12)$

$$\lambda = \tan^2\left(45° - \frac{\varphi}{2}\right) \qquad (4.2.3\text{-}13)$$

式中 γ——土的重力密度（kN/m^3）；

h——计算截面至路面顶的高度（m）；

λ——侧压系数。

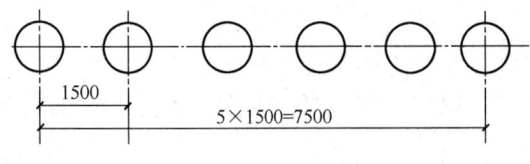

图 8.8.16

【例 8.8.2】 某公路桥梁采用柱式桥墩，桥墩承受土侧压力，柱总数为 6 个，柱直径 $D=800\mathrm{mm}$，两柱中柱 1500mm，如图 8.8.16 所示。

试问：作用在柱上的土压力计算宽度 b 应为多少？

【解答】 根据《公桥通规》4.2.3 条第 5 款规定：

$$l_i = 1500 - 2 \times 400 = 700\mathrm{mm} < D = 800\mathrm{mm}$$

$$b = \frac{n_D + \sum_{i=1}^{n-1} l_i}{n} = \frac{b \times 800 + 5 \times 700}{6} = 1383.3\mathrm{mm}$$

思考：假定柱直径 $D=600\mathrm{mm}$，其他条件不变，确定计算宽度 b 为多少？

此时，$l_i = 1500 - 2 \times 300 = 900\text{mm} > D = 600\text{mm}$

$D = 600\text{mm} < 1000\text{mm}$

由《公桥通规》式（4.2.3-9）：

$$b = \frac{D(2n-1)}{n} = \frac{600 \times (2 \times 6 - 1)}{6} = 1100\text{mm}$$

2. 可变作用

桥梁墩台上的可变作用包括：（1）汽车荷载；（2）汽车冲击力；（3）汽车离心力；（4）汽车引起的土侧压力；（5）汽车制动力；（6）人群荷载；（7）风荷载；（8）流水压力；（9）冰压力；（10）波浪力；（11）温度作用；（12）支座摩阻力。

除（4）汽车引起的土侧压力外，上述各类可变作用的具体计算，详见前面本章第三节内容。

对于汽车引起的土侧压力，《公桥通规》4.3.4 条作了规定。

【例 8.8.3】 某公路梁式桥桥台采用重力式 U 形桥台，桥台宽度 $B = 8.5\text{m}$，双向行驶，台背与竖直面的夹角 $\alpha = 0°$，台后填土表面与水平面的夹角 $\beta = 0°$，土的内摩擦角 $\delta = 30°$，台背与填土间的摩擦角 $\delta = \varphi/2 = 15°$，计算土层高度 $H = 14\text{m}$，土的重力密度 $\gamma = 18.0\text{kN/m}^3$。

试问：（1）汽车荷载在桥台上引起的土压力，其等代均布土层厚度 h 为多少？

（2）假定土的主动土压力计算中 $\mu = 0.286$，确定汽车荷载引起的土压力，填土引起的主动土压力。

【解答】（1）根据《公桥通规》4.2.3 条式（4.2.3-7）：

$$\omega = \alpha + \delta + \varphi = 0° + 15° + 30° = 45°$$

$$\begin{aligned}\tan\theta &= -\tan\omega + \sqrt{(\cot\varphi + \tan\omega)(\tan\omega - \tan\alpha)} \\ &= -\tan 45° + \sqrt{(\cot 30° + \tan 45°)(\tan 45° - \tan 0°)} \\ &= 0.653\end{aligned}$$

破坏棱体长度 $l_0 = H\tan\theta = 14 \times 0.653 = 9.142\text{m}$

在破坏棱体长度内，由《公桥通规》4.3.4 条中 ΣG 的定义，每车道可布置 2 个 140kN 后轴和 1 个 120kN 中轴；$B = 8.5\text{m}$，双向行驶，查《公桥通规》表 4.3.1-3，取 2 个设计车道数，故布置 2 个设计车道为：

$$\Sigma G = 2 \times (2 \times 140 + 120) = 800\text{kN}$$

由《公桥通规》4.3.4 条：

$$h = \frac{\Sigma G}{Bl_0\gamma} = \frac{800}{8.5 \times 9.142 \times 18} = 0.572\text{m}$$

（2）汽车荷载引起的土压力

由《公桥通规》式（4.2.3-6）：$E = \frac{1}{2}B\mu\gamma H \cdot 2h$

$$E = \frac{1}{2} \times 8.5 \times 0.286 \times 18 \times 14 \times 2 \times 0.572 = 350.4\text{kN}$$

填土引起的主动土压力：

由《通用规范》式（4.2.3-4）：$E = \frac{1}{2}B\mu\gamma H^2$

$$E = \frac{1}{2} \times 8.5 \times 0.286 \times 18 \times 14^2 = 4288.3 \text{kN}$$

【例 8.8.4】 某二级公路，设计车速 60km/h，双向两车道，全宽（B）为 8.5m，汽车荷载等级为公路-Ⅱ级。其下一座现浇普通钢筋混凝土简支实体盖板涵洞，涵洞长度与公路宽度相同，涵洞顶部填土厚度（含路面结构厚）2.6m，若盖板计算跨径 $l_{计}=3.0$m。

试问：汽车荷载在该盖板跨中截面每延米产生的活荷载弯矩标准值（kN·m）与下列何项数值最为接近？

提示：两车道车轮横桥向扩散宽度取为 8.5m。

(A) 16 (B) 21 (C) 25 (D) 27

【解答】 根据《公桥通规》4.3.1 条，应采用车辆荷载，纵桥向，盖板的计算简图如图 8.8.17 所示。又根据《公桥通规》4.3.4 条第 2 款规定：

(1) 纵桥向单轴扩散长度 $a_1 = 2.6\tan30° \times 2 + 0.2 = 1.5 \times 2 + 0.2 = 3.2\text{m} > 1.4\text{m}$，两轴压力扩散线重叠，所以应取两轴压力扩散长度：$a = 3.2 + 1.4 = 4.6\text{m}$

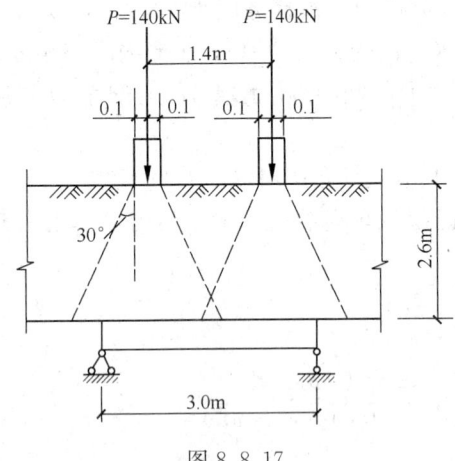

图 8.8.17

(2) 双车道车辆，两后轴重引起的压力：

$$q_{活} = \frac{2 \times 2 \times 140}{4.6 \times 8.5} = 14.32 \text{kN/m}^2$$

(3) 双车道车辆，两后轴重在盖板跨中截面每延米产生的活荷载弯矩标准值为：

$$M_{活} = \frac{1}{8}ql^2 \times 1.0$$
$$= \frac{1}{8} \times 14.32 \times 3^2 \times 1.0$$
$$= 16.11 \text{kN} \cdot \text{m}$$

所以应选（A）项。

3. 偶然作用和地震作用

桥梁墩台上的偶然作用包括：(1) 汽车撞击作用；(2) 船舶或浮流物的撞击作用。地震区的桥梁，还受地震作用。

上述各类偶然作用的计算，见前面本章第三节内容。

桥梁的地震作用的计算，详见本章第十二节内容。

五、桥梁墩台的作用组合

桥梁墩台的各类作用确定后，接下来应是确定桥梁墩台上有哪些作用参与组合，并确定其最不利组合。由于预先很难确定哪一种作用组合最不利，通常需要对各种可能的作用进行组合计算，满足各种不同的要求。需注意，在所有作用中，汽车荷载及其影响力的变动对作用组合起着支配作用。

在桥墩的计算中，一般需验算墩身截面强度、作用在墩身截面上合力的偏心距、桥墩的稳定性等。因此，需根据不同的验算内容选择各种可能的最不利作用效应组合。在桥墩计算中，尚需考虑顺桥向（与行车的方向平行）和横桥向分别进行，故在作用效应组合时也需按纵向及横向分别计算。

1. 梁式桥墩台

(1) 梁式桥桥墩

在梁式桥桥墩计算中，可能出现的作用效应组合有：

1) 桥墩在顺桥向承受最大竖向作用的组合。如图 8.8.18 (a) 所示，将汽车荷载、人群荷载纵向布置在相邻两孔桥跨上，并且将车道荷载中的集中力 P_k 布置在计算桥墩处，此时得到作用在桥墩上最大的竖向荷载，但偏心较小。

2) 桥墩在顺桥向承受最大水平作用的组合。如图 8.8.18 (b) 所示，将汽车荷载、人群荷载纵向布置在一孔桥跨上（相邻两孔中选跨径较大的一孔），同时，其他水平荷载，如汽车制动力（H）、纵向风力（W_1）、船撞力（P_B）、流水压力或冰压力等作

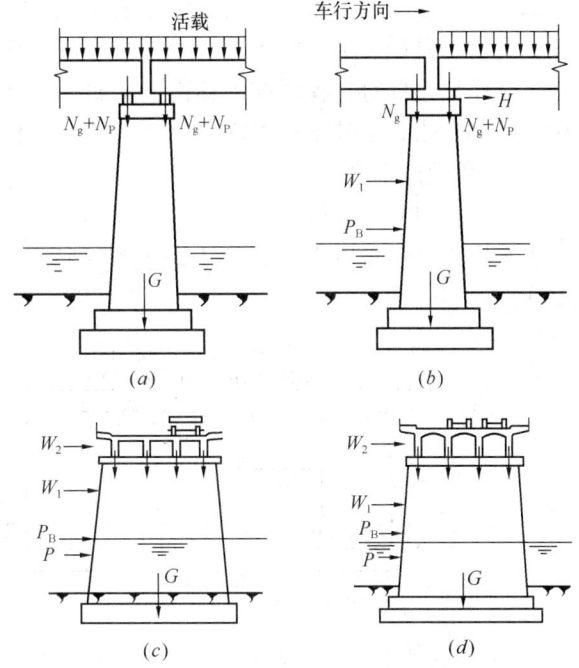

图 8.8.18 桥梁纵横向布载情况

用在墩身上，此时竖向荷载较小，但水平荷载引起的弯矩大，可能使墩身截面产生很大的合力偏心弯矩，或此时桥墩的稳定性也是最不利的。

3) 桥墩在横桥向承受最大的偏载、最大竖向荷载，见图 8.8.18 (c)、(d)，汽车荷载可能是一列靠边行驶，此时产生最大横向偏心弯矩，也可能是多列汽车行驶，使竖向力较大而横向偏心较小。同时，桥墩可能作用着其他横向力，如横向风力（W_2、W_3）、流水压力或冰压力（P）、船撞力（P_B）。

此外，桥墩可能需进行施工阶段的受力验算，以及地震作用验算，应按公路相关规范规定进行作用效应组合。

桥梁常用的桥墩有重力式桥墩、桩柱式桥墩。在计算汽车冲击力时，《公桥通规》4.3.2 条作了如下规定：

> 4.3.2 汽车荷载冲击力应按下列规定计算：
> 1 钢桥、钢筋混凝土及预应力混凝土桥、圬工拱桥等上部构造和钢支座、板式橡胶支座、盆式橡胶支座及钢筋混凝土柱式墩台，应计算汽车的冲击作用。
> 2 填料厚度（包括路面厚度）等于或大于 0.5m 的拱桥、涵洞以及重力式墩台不计冲击力。

(2) 梁式桥桥台

计算梁式桥重力式桥台所考虑的作用与重力式桥墩基本一致，不同的是，对于桥台应计入车辆作用引起的土侧压力，但不需考虑纵向、横向风荷载、流水压力、冰压力，以及船只或漂流物的撞击力等。

1) 施加在桥台上的作用

永久作用主要有：上部结构重力通过支座作用在台帽上的支承反力；桥台重力（包括台帽、台身、基础和填土的重力）；水的浮力；台后土侧压力。

可变作用主要有：作用在上部构造上的车辆荷载、车辆荷载引起的土侧压力；车辆荷载引起的制动力；上部结构温度变化在支座上引起的摩擦力等。

2）作用效应组合

车辆布置只考虑顺桥方向（图8.8.19）：

①车辆荷载仅布置在台后填土的破坏棱体上，温度下降，并考虑台后土侧压力[图8.8.19（a）]；

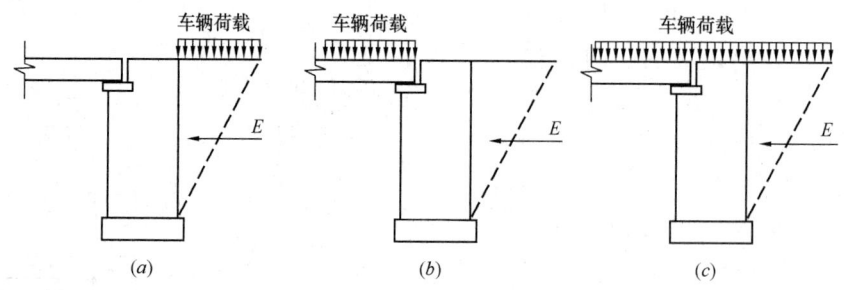

图8.8.19 梁式桥桥台作用效应组合图示

②车辆荷载仅布置在桥跨结构上，温度下降，向桥墩方向的制动力及台后土侧压力[图8.8.19（b）]；

③车辆荷载布置在桥跨结构和破坏棱体上，温度下降，向桥墩方向制动力及台后土侧压力[图8.8.19（c）]。

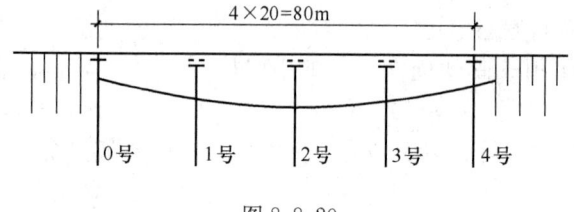

图8.8.20

此外，在特殊情况下，还需考虑在架梁之前，台后已填土完毕并在其上布置有施工荷载的作用组合情况。

【例8.8.5】 某公路上4跨简支T形梁桥，4孔一联桥面连续，如图8.8.20所示，双向行驶，桥面净宽：净—8+2×0.75m。标准跨径为20m，计算跨径为19.6m，伸缩缝宽为4cm。桥墩采用双柱式桩墩。设计荷载为公路—Ⅰ级，人群荷载为3.0kN/m。汽车荷载冲击系数$\mu=0.215$。其中，桥墩顶部的支承力计算简图如图8.8.21所示，$\delta=0.04$m。

试问：

(1) 当顺桥向2号桥墩两侧布置汽车荷载时，该桥墩支座上的最大竖向力标准值R_L（kN）、R_R（kN），与下列何项数值最接近？

(A) 957；255　　(B) 965；265　　(C) 975；265　　(D) 990；255

(2) 当顺桥向2号桥墩右侧单侧布置汽车荷载时，该桥墩支座上的最大竖向力标准值R_L（kN），R_R（kN），与下列何项数值最接近？

(A) 0；950　　(B) 0；965　　(C) 0；990　　(D) 0；1100

(3) 当顺桥向2号桥墩右侧单侧布置汽车荷载时，此时2号桥墩上的最大偏心弯矩标准值M_q（kN·m），与下列何项数值最接近？

(A) 180　　　　　(B) 200　　　　　(C) 230　　　　　(D) 260

(4) 当顺桥向 2 号桥墩两侧布置人群荷载时，该桥墩支座上的最大竖向力标准值 R_L (kN)、R_R (kN)，与下列何项数值最接近？

(A) 45；45　　　(B) 50；50　　　(C) 55；55　　　(D) 60；60

【解答】 (1) 双向行驶，桥面车道净宽 8m，查《公桥通规》表 4.3.1-4，设计车道数为 2。

两孔加载时，如图 8.8.22 所示，车道荷载的集中荷载 P_k 作用于左支座右侧，其影响线的纵坐标值为：

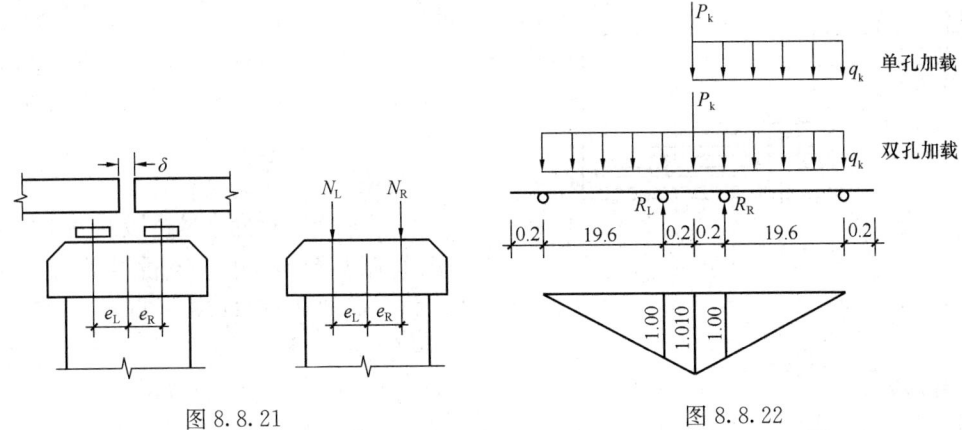

图 8.8.21　　　　　　　　　　图 8.8.22

$$y_k = \frac{19.6+0.2}{19.6} \times 1 = 1.010$$

$$\Omega_R = \Omega_L = \frac{1}{2} \times 19.8 \times 1.010 = 9.999 \text{m}$$

公路—Ⅰ级：$q_k = 10.5$ kN/m
$$P_k = 2 \times (19.6+130) = 299.2 \text{kN}$$

双孔 2 车道加载，则：
$R_L = 2 \times (1+\mu) \cdot \zeta \cdot (P_k \cdot y_k + q_k \cdot \Omega_L)$
　　$= 2 \times (1+0.215) \times 1.0 \times (299.2 \times 1.010 + 10.5 \times 9.999) = 989.5$ kN
$R_R = 2 \times (1+\mu) \cdot \zeta \cdot (q_k \cdot \Omega_R)$
　　$= 2 \times (1+0.215) \times 1.0 \times (10.5 \times 9.999) = 255.12$ kN

故应选 (D) 项。

(2) 2 号桥墩单孔加载，如图 8.8.22 所示。

单孔 2 车道加载，则：
$$R_L = 0$$
$R_R = 2 \times (1+\mu) \xi (P_k \cdot y_k + q_k \cdot \Omega_R) = 989.5$ kN，故应选 (C) 项。

(3) $R_R = 2 \times (1+\mu) \xi (P_k \cdot y_k + q_k \cdot \Omega_R)$
　　$= 2 \times (1+0.215) \times 1.0 \times (299.2 \times 1.010 + 10.5 \times 9.999) = 989.5$ kN
$M = R_R \cdot e_R = 989.5 \times 0.2 = 197.9$ kN·m，故应选 (B) 项。

(4) 2 号桥墩双孔加载时，最不利加载为双侧人群荷载加载：
$$R_L = R_R = 2 \times q_r \cdot \Omega_L = 2 \times 3.0 \times 9.999 = 59.99 \text{kN}$$

故应选 (D) 项。

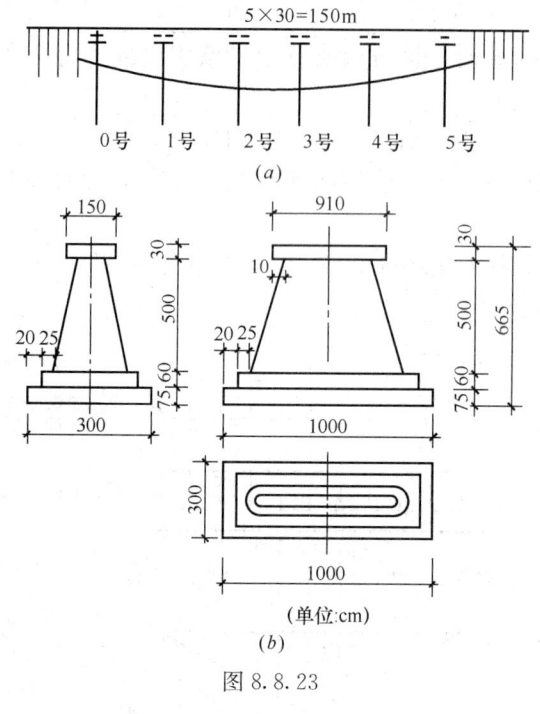

图 8.8.23

【例 8.8.6】 如图 8.8.23（a）所示，某公路上五孔一联等跨装配式预应力钢筋混凝土 T 形梁桥，双向行驶，标准跨径 30m，计算跨径为 29.50m，伸缩缝宽为 4cm，桥面净宽为：净—8m＋2×0.75m 人行道。采用重力式桥墩，桥墩顶面顺桥向相邻两孔支座中心距离为 50cm，2 号桥墩尺寸见图 8.8.23（b）所示。

设计荷载为：公路—Ⅰ级，人群荷载为 3.0kN/m²。汽车荷载冲击系数 μ =0.258。

试问：

(1) 当顺桥向 2 号桥墩两侧布置单行汽车荷载时，作用于该桥墩顶部的最大竖向力标准值 R（kN），与下列何项数值最接近？

(A) 640　　(B) 680　　(C) 720　　(D) 770

(2) 当顺桥向 2 号桥墩两侧布置单侧人群荷载时，该桥墩顶部上的最大竖向力标准值 R（kN），与下列何项数值最接近？

(A) 34　　(B) 38　　(C) 68　　(D) 78

(3) 当顺桥向 2 号桥墩两侧布置单行、双行汽车荷载时，该桥墩横桥向的最大中心弯矩标准值 M_1（kN·m）、M_2（kN·m），与下列何项数值最接近？

(A) M_1=1650；M_2=1350　　(B) M_1=2000；M_2=1350
(C) M_1=1650；M_2=1500　　(D) M_1=2000；M_2=1500

(4) 该梁桥汽车制动力最大标准值 F_{bk}（kN），与下列何项数值最接近？

(A) 165　　(B) 180　　(C) 190　　(D) 230

【解答】 (1) 2 号桥墩两孔单行汽车加载如图 8.8.24 所示，此时，按 P_k 进行计算。

$$y_k = \frac{29.5+0.25}{29.5} \times 1 = 1.0085$$

$$\Omega_L = \Omega_R = \frac{1}{2} l_0 \cdot y_k = \frac{1}{2} \times 29.75 \times 1.0085$$
$$= 15.001 \text{m}$$

公路—Ⅰ级：q_k=10.5kN/m
　　　　　P_k=2×(29.5+130)
　　　　　　　=319kN

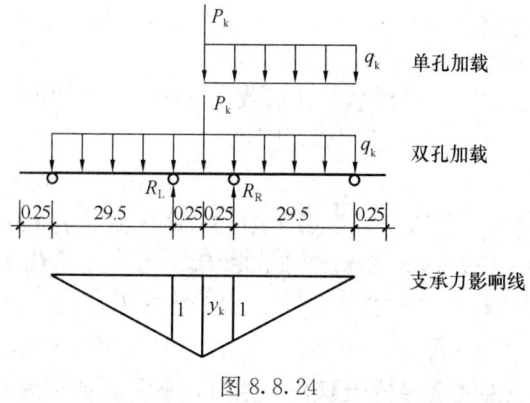

图 8.8.24

重力式桥墩，不计汽车冲击系数；桥面车行道净宽 8m，双向行驶，查《公桥通规》

表 4.3.1-4，设计车道数为 2；现单向行驶，故设计车道数取为 1，取横向车道布载系数为 1.2。

$$R_R = P_k \cdot y_k + q_k \cdot \Omega_R = 319 \times 1.0085 + 10.5 \times 15.001 = 479.22 \text{kN}$$

$$R_L = q_k \cdot \Omega_R = 10.5 \times 15.001 = 157.51$$

$$R = 1.2 \times (R_R + R_L) = 1.2 \times 636.73 = 764.1 \text{kN}，故应选（D）项。$$

（2）人群荷载加载与汽车荷载加载相同，但无集中荷载。

$$R_R = q_r \cdot \Omega_R = (3.0 \times 0.75) \times 15.001 = 33.75 \text{kN}$$

$$R_L = R_R = 33.75 \text{kN}$$

$R = R_R + R_L = 67.5 \text{kN}$，故应选（C）项。

（3）汽车荷载横桥向加载如图 8.8.25 所示。

$x_1 = 4 - 0.5 - 1.8/2 = 2.6 \text{m}$

$x_2 = 4 - 0.5 - 1.8 - 1.3/2 = 1.05 \text{m}$

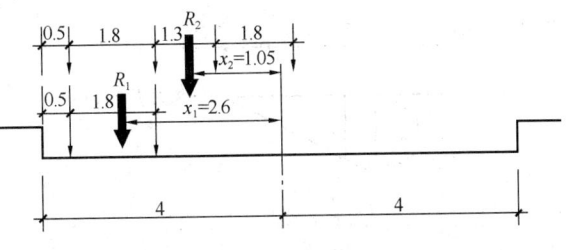

图 8.8.25 汽车荷载横向分布系数

双孔单行汽车荷载合力 R_1：

$$R_1 = 1.2 \times (R_R + R_L) = 764.1 \text{kN}$$

$$M_1 = R_1 \cdot x_1 = 764.1 \times 2.6 = 1986.7 \text{kN} \cdot \text{m}$$

双孔双行汽车荷载合力 R_2：

$$R_2 = 2 \times \zeta \cdot (R_R + R_L) = 2 \times 1.0 \times 636.73 = 1273.46 \text{kN}$$

$$M_2 = R_2 x_2 = 1273.46 \times 1.05 = 1337.1 \text{kN} \cdot \text{m}$$

故应选（B）项。

（4）根据《公桥通规》4.3.5 条规定，取同向行驶车道荷载计算；本题为双向行驶，2 个设计车道，故同向行驶取 1 个车道计算制动力，并由规范表 4.3.1-5，取 $\xi=1.2$。汽车荷载加载长度取最不利加载，取加载长度为 $5 \times 30 = 150 \text{m}$。

$$F_{bk} = 1.2 \times (5 \times 30 \times q_k + P_k) \times 10\% = 1.2 \times (150 \times 10.5 + 319) \times 10\% = 1.2 \times 189.4$$
$$= 227.28 \text{kN} > 165 \text{kN}$$

故取 $F_{bk} = 227.28 \text{kN}$，应选（D）项。

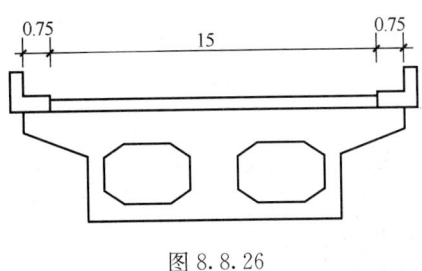

图 8.8.26

【例 8.8.7】 某公路上两跨等跨度预应力混凝土简支梁桥，双向行驶，标准跨径 20m，计算跨径 19.5m，采用箱形截面，如图 8.8.26 所示，桥面净宽为：净-15m+2×0.75m 人行道。桥梁下部结构采用现浇 C30 钢筋混凝土多桩式桥墩。设计荷载：公路—Ⅰ级，人群荷载 2.5kN/m。汽车荷载冲击系数 $\mu=0.215$。

试问：

(1) 当顺桥向两孔双行汽车荷载加载，该桥墩顶部由汽车荷载产生的最大竖向力标准值 R(kN)，与下列何项数值最接近？

(A) 1470　　　(B) 1670　　　(C) 1970　　　(D) 2250

(2) 当横桥向两孔双行汽车荷载加载时，该桥墩顶部横桥向的最大中心弯矩标准值

(kN·m)，与下列何项数值最接近？

(A)4370　　　(B)4560　　　(C)5150　　　(D)5670

【解答】(1)公路—Ⅰ级：$q_k=10.5$kN/m

$$P_k=2\times(19.5+130)=299\text{kN}$$

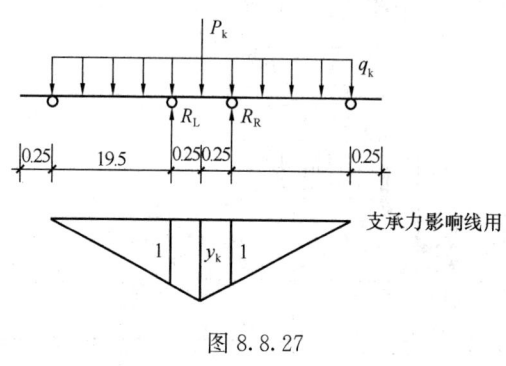

图 8.8.27

双向行驶，桥面车行道净宽为 15m，查《公桥通规》表 4.3.1-4，设计车道数为 4。桥墩两孔加载如图 8.8.27 所示，此时，取 P_k 进行计算。

$$y_k=\frac{19.5+0.25}{19.5}\times 1=1.0128$$

$$\Omega_L=\Omega_R=\frac{1}{2}l_0 y_k=\frac{1}{2}\times 19.75\times 1.0128$$
$$=10.001\text{m}^2$$

4 车道，取横向车道布载系数 $\zeta=0.67$

$R_L=4(1+\mu)\zeta\cdot(P_k y_k+q_k\cdot\Omega_L)$
$\quad=4\times 1.215\times 0.67\times(299\times 1.0128+10.5\times 10.001)$
$\quad=4\times 1.215\times 0.67\times(302.83+105.01)$
$\quad=1328.0\text{kN}$

$R_R=4(1+\mu)\zeta\cdot(q_k\cdot\Omega_R)$
$\quad=4\times 1.215\times 0.67\times(10.5\times 10.001)=341.94\text{kN}$

$$R=R_L+R_R=1328.0+341.94=1669.94\text{kN}$$

所以应选 (B) 项。

(2) 横桥向汽车加载，如图 8.8.28 所示。

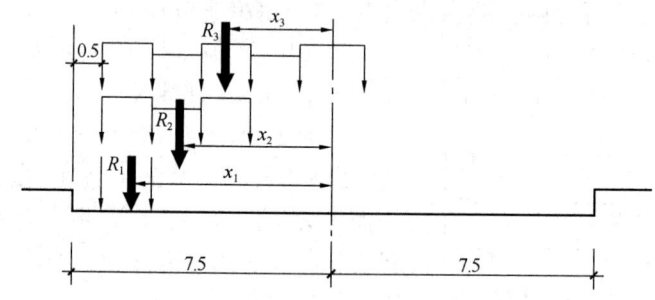

图 8.8.28　汽车横桥向分布示意

$x_1=7.5-0.5-1.8/2=6.1$m

$x_2=7.5-0.5-1.8-1.3/2=4.55$m

$x_3=7.5-0.5-1.8-1.3-1.8/2=3.0$m

横桥向布置一列汽车荷载，合力为 R_1，由《公桥通规》表 4.3.1-5，取 $\xi=1.20$：

$R_1=(1+\mu)\xi[P_k y_k+q_k\Omega_L+q_k\Omega_R]$
$\quad=1.215\times 1.20\times[302.83+105.01+105.01]=747.74$kN

$M_1=R_1\cdot x_1=747.74\times 6.1=4561$kN·m

横桥向布置二列汽车荷载，合力为 R_2：
$$R_2 = 2(1+\mu)\zeta[P_k y_k + q_k \Omega_L + q_k \Omega_R]$$
$$= 2 \times 1.215 \times 1 \times [302.83 + 105.01 + 105.01] = 1246.23\text{kN}$$
$$M_2 = R_2 x_2 = 5670\text{kN} \cdot \text{m}$$

横桥向布置三列汽车荷载，合力为 R_3，查《公桥通规》表 4.3.1-5，3 车道时，取 $\zeta=0.78$。
$$R_3 = 3(1+\mu)\zeta[P_k y_k + q_k \Omega_L + q_k \Omega_R]$$
$$= 3 \times 1.215 \times 0.78 \times [302.83 + 105.01 + 105.01]$$
$$= 1458.08\text{kN}$$
$$M_3 = R_3 x_3 = 4374\text{kN} \cdot \text{m}$$

取较大值，$M_{\max} = 5670\text{kN} \cdot \text{m}$，故应选（D）项。

2. 拱桥墩台

（1）拱桥桥墩

1) 顺桥向的作用及作用组合

对于普通桥墩应为相邻两孔的永久作用，在一孔或跨径较大的一孔满布车辆荷载，以及其他作用（如汽车制动力、纵向风力、温度作用等），由此计算对桥墩产生不平衡的水平推力、竖向力和弯矩效应（图 8.8.29）。

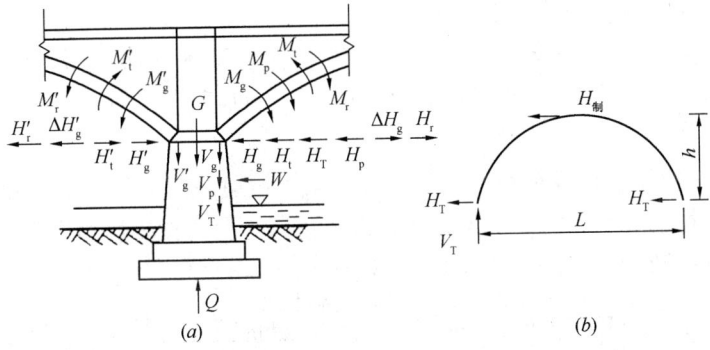

图 8.8.29 不等跨拱桥桥墩作用效应组合图示

对于单向推力墩则只考虑相邻两孔中跨径较大一孔的永久作用效应。

图 8.8.29 中的符号意义如下：

  G——桥墩自重；

  Q——水的浮力（仅在验算稳定时考虑）；

  V_g、V_g'——相邻两孔拱脚处因结构自重产生的竖向反力；

  V_p——与车辆活载产生的 H_p 最大值相对应的拱脚竖向反力，可按支点反力影响线求得；

  V_T——由桥面处制动力 $H_制$ 引起的拱脚竖向反力，即 $V_T = H_制 \, h/L$，见图 8.8.29（b）；

  H_g、H_g'——不计弹性压缩时由结构自重引起的拱脚水平推力；

  ΔH_g、$\Delta H_g'$——由结构自重产生弹性压缩所引起的拱脚水平推力，方向与 H_g 和 H_g' 相反；

H_p——在相邻两孔中较大的一孔上由车辆荷载所引起的拱脚最大水平推力;

H_T——汽车制动力引起的拱脚水平推力,按两个拱脚平均分配计算,即 $H_T = H_制/2$;

H_t、H'_t——温度变化引起的拱脚水平推力(图示方向为温度上升,降温时则方面相反);

H_r、H'_r——拱圈材料收缩引起的拱脚水平拉力;

M_g、M'_g——结构自重产生的拱脚弯矩;

M_p——由车辆荷载引起的拱脚弯矩,由于 M_p 是按 H_p 达到最大值时的车辆荷载布置时计算,故产生的 M_p 很小,可忽略不计;

M_t、M'_t——温度变化引起的拱脚弯矩;

M_r——拱圈材料收缩引起的拱脚弯矩;

W——墩身纵向风力。

2)横桥向的作用及作用组合

横桥向,对桥墩上的作用有风力、流水压力、冰压力、船舶或漂浮物撞击作用,以及地震作用。但是对于公路拱桥,横桥向的受力验算一般不控制设计。

(2)拱桥桥台

计算重力式拱桥桥台的作用与梁式桥桥台基本一致。

车辆布置只考虑顺桥向(图 8.8.30)。

1)桥上满布车辆荷载与人群荷载,使拱脚水平推力 H_p 达到最大值,温度上升,制动力向路堤方向,台后按压实土考虑土侧压力,使桥台有向路堤方向滑动的趋势[图 8.8.30 (a)];

2)台后破坏棱体上布置车辆荷载,桥跨上无车辆荷载与人群荷载,使拱脚只有永久作用产生的水平推力,制动力向桥跨方向,温度下降,台后按未压实土考虑土侧压力,使桥台有向桥跨方向滑动的趋势[图 8.8.30 (b)]。

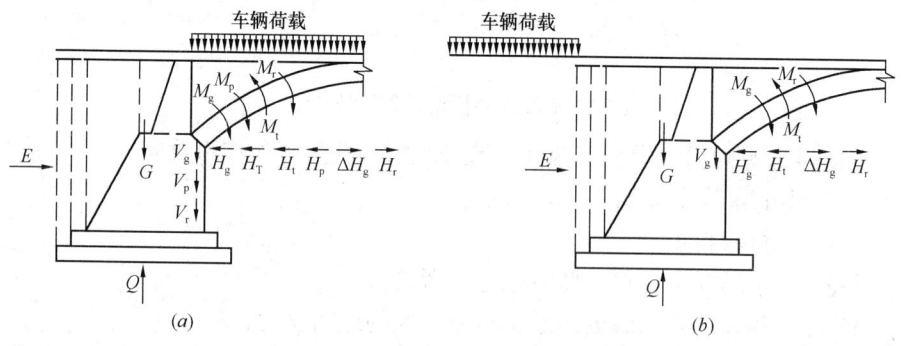

图 8.8.30 拱桥桥台作用效应组合图示

第九节 桥墩台的计算

桥墩台的计算与验算主要步骤是:拟定各部分尺寸;根据可能出现的荷载或作用进行最不利的作用组合;选取验算截面和验算内容;计算各截面的内力,进行配筋和验算。

一、重力式桥墩台[*]

一般重力式桥墩台的计算和验算包括强度、偏心距验算和稳定性验算等；对于高度超过 20m 的重力式实体墩台、各种空心墩和桩，尤其是桩式轻型墩台，尚需要计算墩台的弹性位移。

1. 桥墩（台）身的截面强度验算

（1）选取验算截面

桥梁墩台的强度验算截面，通常选取墩台身的基础顶面与墩台身截面突变处。采用悬臂式墩台帽的墩身，除对墩台帽进行验算外，还应对墩台帽交界处墩身截面进行验算。当桥墩、台较高时，由于竖向力及弯矩随着距墩台顶面距离的加大而都在加大，故最危险截面不一定在墩台身底部，需沿墩台身每隔 2～3m 选取一个验算截面。

（2）验算截面的内力计算

根据各种不利作用组合，分别计算各验算截面的竖向力、水平力和弯矩，得到 ΣN、ΣH 及 ΣM（分别绕该截面 x-x 轴和 y-y 轴的弯矩分别用 ΣM_x、ΣM_y 表示），如图 8.9.1 所示，按承载能力极限状态计算各种作用组合的竖向力设计值。

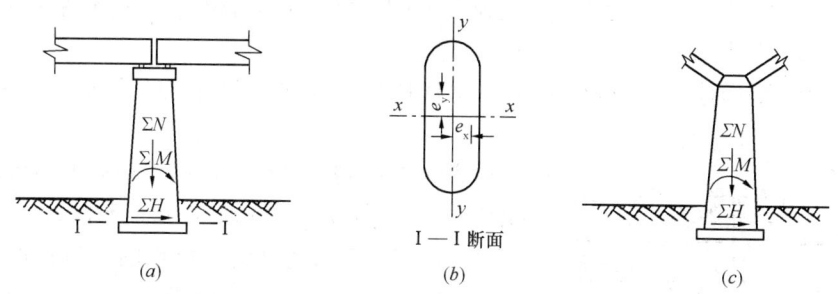

图 8.9.1 墩身底面承载力验算

（3）墩身截面强度和偏心距验算

1）对于轴心受压的桥墩

可按《公桥混规》的相关规定，即：钢筋混凝土及预应力混凝土桥梁结构按承载能力极限状态和正常使用极限状态进行设计及验算。

2）对于偏心受压的桥墩

可按《公桥混规》5.3.3 条～5.3.11 条的相关规定进行验算。

- 复习《公桥混规》5.3.3 条～5.3.11 条。

3）对于拱桥桥墩相邻两孔的推力不相等的情况

此时，需要验算拱座底截面的抗剪强度。

钢筋混凝土桥梁结构可按《公桥混规》5.5.3 条、5.5.4 条规定进行验算。

2. 桥墩（台）基础的基底应力和偏心验算

因地基的强度一般要比墩身圬工材料低，在设计时常将基底面积扩大，以减少基底应

---

[*] 本节"重力式桥墩台"内容应根据当年注册考试所需规范进行取舍。

力。《公路桥涵地基与基础设计规范》JTG D63—2007（以下简称《桥基规范》）4.2.2条~4.2.5条对基底应力、偏心距及核心半径ρ作了规定。

需注意的是：
基底仅承受单向偏心受压时，规范式（4.2.5-2）可写为：

$$\rho = \frac{W}{A}$$

对地基承载力容许值 $[f_a]$，《桥基规范》3.3.4条、3.3.6条作了规定。

3. 桥墩（台）基础的整体稳定性验算

《桥基规范》4.4.1条~4.4.3条作了规定。

4. 墩台顶水平位移计算

对于高度超过20m的重力式墩台及轻型墩台，应验算墩台顶水平位移值不超过规范规定值。墩台顶水平位移值包括墩台水平方向的弹性位移值和因地基不均匀沉降而产生的水平位移值。

对水平弹性位移值，可认为墩台身相当于一个固定在基础顶面的悬臂梁，不考虑上部结构对墩、台顶位移的约束作用，而引起水平弹性位移的作用为制动力、风力及偏心的竖向支反力等。由于将墩台视为固定在基础顶面的悬臂梁，完全忽略了上部结构对墩台的约束作用，所以结果是偏大的。

对于地基不均匀沉降所产生的水平位移值，可通过计算不均匀沉降引起的倾斜角求得。

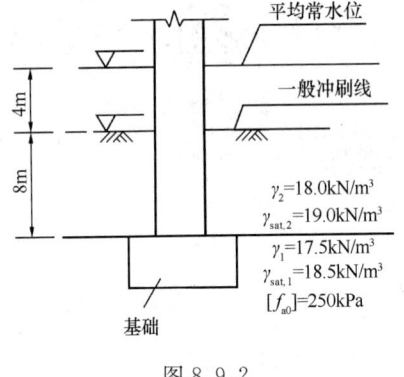

图 8.9.2

【例 8.9.1】 某公路桥梁位于河中的桥墩基础宽度 $b=4\text{m}$，高度 $h=2\text{m}$，基础顶面距离一般冲刷线为8m，基底下持力层为不透水的一般黏性土，其液化指数 $I_l=0.73$，天然重度 $\gamma_1=17.5\text{kN/m}^3$，如图 8.9.2所示。

试问：
（1）修正后的地基承载力容许值 $[f_a]$ 为多少？
（2）假定基底下持力为透水的一般黏性土，其他条件均不变，则修正后的地基承载力容许值 $[f_a]$ 为多少？

【解答】（1）基底持力层为不透水层

根据《桥基规范》3.3.4条查表3.3.4，一般黏性土，$I_l=0.73>0.5$，取 $k_1=0$，$k_2=1.5$

$b=4\text{m} \begin{matrix}<10\text{m}\\>2\text{m}\end{matrix}$，取 $b=4\text{m}$

$h=10\text{m}$，$h/b=10/4=2.5<4$，故取 $h=10\text{m}$

取 $\gamma_1=17.5\text{kN/m}^3$；$\gamma_2=\dfrac{8\times 19+2\times 18.5}{8+2}=18.9\text{kN/m}^3$

由《桥基规范》3.3.4条：

$$[f_a]=[f_{a0}]+k_1\gamma_1(6-2)+k_2\gamma_2(h-3)$$

$$=250+0\times17.5\times(4-2)+1.5\times18.9\times(10-3)$$
$$=448.45\text{kPa}$$

基础位于水中不透水地层上，故$[f_a]$还应增加：$4\times10=40\text{kPa}$

最终：$\quad\quad\quad\quad [f_a]=448.45+40=488.45\text{kPa}$

（2）基底持力层为透水层

同理，由《桥基规范》3.3.4条及表3.3.4，取$k_1=0$，$k_2=1.5$，取$b=4\text{m}$，$h=10\text{m}$

取$\gamma_1=\gamma_1'=18.5-10=8.5\text{kN/m}^3$；

$$\gamma_2=\frac{8\times(19-10)+2\times(18.5-10)}{8+2}=8.9\text{kN/m}^3$$

$$[f_a]=[f_{a0}]+k_1\gamma_1(b-2)+k_2\gamma_2(h-3)$$
$$=250+0\times8.5\times(4-2)+1.5\times8.9\times(10-3)=443.45\text{kPa}$$

思考：此外地基承载力容许值$[f_a]$还应根据地基受荷阶段及受荷情况，乘以规定的抗力系数γ_R，见《桥基规范》3.3.6条。

【**例8.9.2**】 某设置在基岩上的公路桥梁的桥墩基础（图8.9.3）在偏心压力作用下，$e_0=1.2\text{m}$，桥墩基础截面为矩形，在正常使用极限状态下的短期效应组合值$N=2800\text{kN}$。

试问：该桥墩基底的最大压应力为多少？

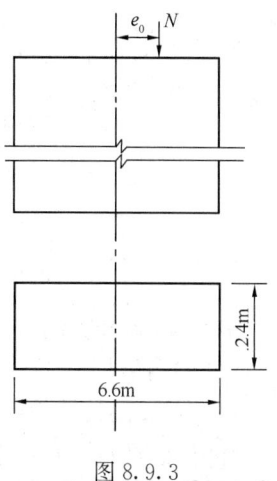

图8.9.3

【**解答**】 根据《桥基规范》4.2.5条，确定核心半径ρ：

单向偏心受压：

$$\rho=\frac{W}{A}=\frac{\frac{1}{6}\times2.4\times6.6^2}{2.4\times6.6}=1.1\text{m}$$

又由《桥基规范》4.2.3条规定：

$e_0=1.2\text{m}>\rho=1.1\text{m}$，则有：

$$p_{\max}=\frac{2N}{3\left(\frac{b}{2}-e_0\right)a}=\frac{2\times2800}{3\times\left(\frac{6.6}{2}-1.2\right)\times2.4}=370.3\text{kPa}$$

思考：假定$e_0=1.0\text{m}$，则根据《桥基规范》4.2.2条：

$e_0=1.0\text{m}<\rho=1.1\text{m}$，则：

$$p_{\max}=\frac{N}{A}+\frac{M}{W}$$
$$=\frac{2800}{2.4\times6.6}+\frac{2800\times1.0}{\frac{1}{6}\times2.4\times6.6^2}=337.47\text{kPa}$$

二、桩柱式桥墩

桩柱式桥墩是目前公路桥梁中广泛采用的桥墩形式，一般可分为独柱、双柱和多柱等形式（图8.9.4），可以根据桥宽的需要及地物地貌条件任意组合。桩柱式桥墩由承台、柱式墩身和盖梁组成，对上部结构为大悬臂箱形截面，墩身可以直接与梁相接。

1879

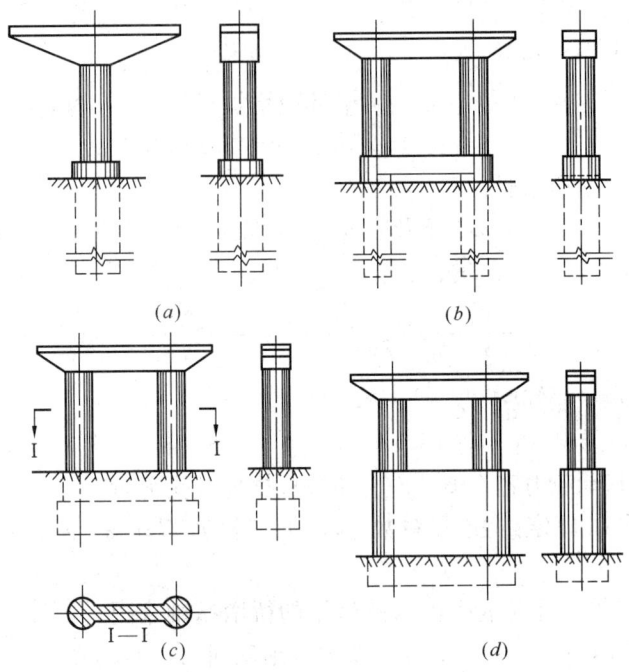

图 8.9.4 柱式桥墩
(a) 单柱式；(b) 双柱式；(c) 哑铃式；(d) 混合双柱式

桩柱式墩台的计算包括盖梁、桩柱和墩顶部位移。

1. 盖梁的计算

(1) 盖梁的计算简图

《公桥混规》8.4.1 条、8.4.2 条对盖梁计算简图及计算图式作了如下规定：

> 8.4.1 墩台盖梁与柱宜按刚架计算，盖梁的计算跨径宜取支承中心的距离。
>
> 8.4.2 盖梁应按下列规定进行结构设计：
>
> 1 当盖梁跨中部分的跨高比为 $l/h>5.0$ 时，按本规范第 5 章～第 7 章钢筋混凝土一般构件计算；当盖梁跨中部分的跨高比为 $2.5<l/h\leqslant 5.0$ 时，按本规范第 8.4.3 条～第 8.4.5 条进行承载力验算。此处，l 为盖梁的计算跨径，h 为盖梁的高度。
>
> 2 盖梁（墩帽）的悬臂部分，按本规范第 8.4.6 条和第 8.4.7 条进行承载力验算。

(2) 盖梁的作用的特点与计算规定

作为梁式桥，上部结构的结构重力与汽车荷载是在主梁位置通过支座，以集中力的形式作用于盖梁上（图 8.9.5 中 R_1～R_6 集中力作用于盖梁），所以作用力的施加位置是固定的，而其作用力的大小，随着汽车横向布置不同而变化。汽车横向布置则是依据盖梁验算截面产生最大内力的不利状况而确定。这样，就涉及将汽车荷载如何在横桥向分配至各主梁上，这种横向分配与各根主梁结构计算时的横向分配是不同的，分配合理与否直接影响盖梁设计的安全度。

一般计算盖梁时，汽车横向布置及横向分配系数计算可做如下考虑：

1) 单柱式墩台盖梁在计算盖梁支点负弯矩及各主梁位置截面的剪力时，汽车横桥向

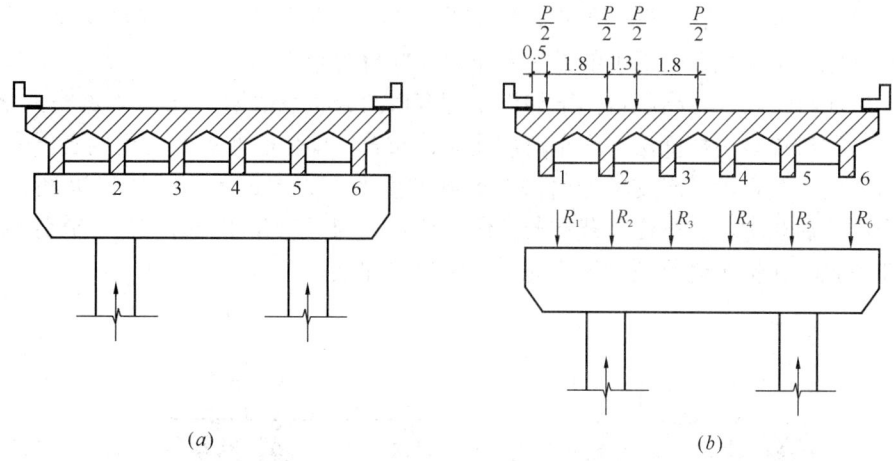

图 8.9.5 盖梁的作用的特点

非对称布置(即按规范要求靠一侧布置),横向分配系数按偏心受压法计算,如图 8.9.6 (a) 所示。

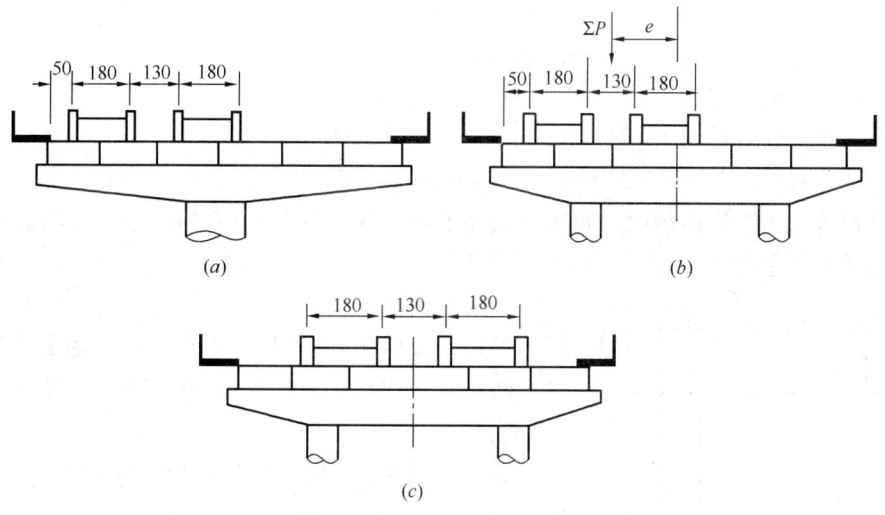

图 8.9.6 盖梁计算汽车横向布置(尺寸单位:cm)
(a) 单柱式布载;(b) 双柱式非对称布载;(c) 双柱式对称布载

2) 双柱式墩台盖梁在计算盖梁柱顶处负弯矩时,汽车横桥向采用非对称布置,横向分配系数采用偏心受压法计算;在计算盖梁跨中正弯矩时,汽车横桥向采用对称布置,横向分配系数采用杠杆法计算,如图 8.9.6 (b)、(c) 所示。

3) 多柱式墩台盖梁汽车横桥向要按盖梁各控制截面内力影响线来布置,横向分配系数采用杠杆法计算;同时要注意由于多柱式墩台上部桥面比较宽,人行道亦相应较宽,边梁可能是在人行道下,所以应注意由于杠杆法计算横向分配系数边梁偏小,而用非对称布置偏心受压法又对边梁计算偏大的问题。

(3) 盖梁的计算步骤

1) 计算出由汽车荷载产生的支反力(图 8.9.5 中 $R_1 \sim R_6$)。在计算支反力 $R_1 \sim R_6$ 时,需要考虑汽车荷载在桥面上的纵桥向布置和横桥向布置。

①横桥向布置,计算出各根主梁的汽车荷载横向分布系数 m_{qi}($i=1,2,\cdots,6$)。当汽车荷载对称布置时用杠杆法;汽车荷载非对称布置(即偏心布置)时用偏心压力法。

②纵桥向布置,计算出支座处由汽车荷载产生的反力的最大值(P)。如图 8.9.7 所示,当为单孔加载时,其车道荷载加载长度为单孔;当为双孔加载时,其车道荷载加载长度取相邻两孔,并将车道荷载沿纵桥向最不利位置加载。

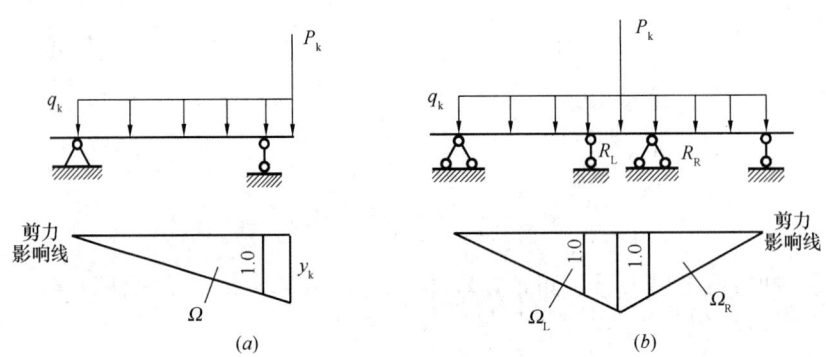

图 8.9.7
(a) 单孔加载;(b) 双孔加载

对于一条车道荷载:

单跨(或单孔)单列车:$P=(1+\mu)(P_k y_k+q_k \Omega)$

两跨(或双孔)单列车:$P=(1+\mu)(P_k y_k+q_k \Omega_L+q_k \Omega_R)$

当仅布置一条车道荷载时,根据《公桥通规》表 4.3.1-5,P 应考虑汽车荷载的提高,取横向车道布载系数 1.2。

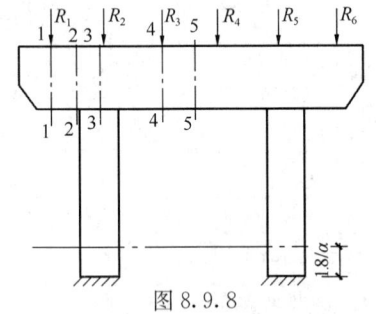

图 8.9.8

多条车道荷载:

单跨(或单孔)多列车:$P=(1+\mu)\xi(P_k y_k+q_k \Omega)$

两跨(或双孔)多列车:$P=(1+\mu)\xi(P_k y_k+q_k \Omega_L+q_k \Omega_R)$

③汽车荷载产生的各片主梁支点的反力($R_1 \sim R_6$)为:

$$R_i = m_{qi} \cdot P \quad (i=1,2,\cdots,6)$$

2) 将各片主梁支点的反力($R_1 \sim R_6$)作用在盖梁上,按结构力学分析、计算盖梁各截面的内力值,如图 8.9.8 所示。

(4) 盖梁内力计算时墩柱支承宽度影响的考虑

在盖梁内力计算时,可考虑墩柱,支承宽度对削减盖梁负弯矩尖峰的影响,可按《公桥混规》4.3.5 条进行计算。

《公桥混规》4.3.5 条规定:

> 4.3.5 计算连续梁中间支承处的负弯矩时,可考虑支座宽度对弯矩折减的影响;折减后的弯矩按下列公式计算(图 4.3.5);但折减后的弯矩不得小于未经折减的弯矩的

0.9倍。

$$M_e = M - M' \quad (4.2.4\text{-}1)$$

$$M' = \frac{1}{8}qa^2 \quad (4.2.4\text{-}2)$$

式中 M_e——折减后的支点负弯矩;

M——按理论公式或方法计算的支点负弯矩;

M'——折减弯矩;

q——梁的支点反力 R 在支座两侧向上按 45°分布于梁截面重心轴 $G\text{-}G$ 的荷载强度,$q=R/a$;

a——梁支点反力在支座两侧向上按 45°扩散交于重心轴 $G\text{-}G$ 的长度(圆形支座可换算为边长等于 0.8 倍直径的方形支座)。

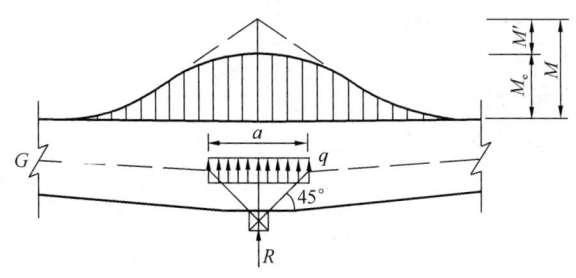

图 4.3.5 中间支承处折减弯矩计算图

当盖梁在纵桥向设置有两排支座时而产生的上部结构活荷载偏心力将对盖梁产生扭矩,应予以考虑。

构件吊装时,视具体情况,构件重力应乘以动力系数 1.2 或 0.85。

(5) 配筋计算

盖梁的配筋验算方法与钢筋混凝土梁配筋类同,根据弯矩包络图配置受弯钢筋,根据剪力包络图配置斜筋和箍筋。在配筋时,还应计算各控制截面抗扭所需要的箍筋及纵向钢筋。

【例 8.9.3】 某二级公路立交桥上的一座直线匝道桥,为钢筋混凝土连续箱梁结构(单箱单室)净宽 6.0m,全宽 7.0m。其中一联为三孔,每孔跨径各 25m,梁高 1.3m,中墩处为单支点,边墩为双支点抗扭支座。中墩支点采用 550mm×1200mm 的氯丁橡胶支座。设计荷载为公路—Ⅰ级,结构安全等级一级。

假定,该桥中墩支点处的理论负弯矩为 15000kN·m。中墩支点总反力为 6600kN。试问,考虑折减因素后的中墩支点的有效负弯矩(kN·m),取下列何项数值较为合理?

提示:梁支座反力在支座两侧向上按 45°扩散交于梁重心轴的长度 a 为 1.85m。

(A) 13474　　　　(B) 13500　　　　(C) 14595　　　　(D) 15000

【解答】 根据《公桥混规》4.3.5 条:

$$M_e = M - M'$$

$$M' = \frac{1}{8} \times q \times a^2$$

$$q = R/a = 6600/1.85 = 3567 \text{kN/m}$$

$$M' = \frac{1}{8} \times 3567 \times 1.85^2 = 1526 \text{kN} \cdot \text{m}$$

$$M_e = 15000 - 1526 = 13474 \text{kN} \cdot \text{m} < 0.9 \times 15000 = 13500 \text{kN} \cdot \text{m}$$

故取 $M_e = 13500 \text{kN} \cdot \text{m}$，应选（B）项。

【例 8.9.4】 某公路桥梁为三跨简支 T 形梁桥，中间桥墩与上部结构如图 8.9.9 所示，盖梁采用 C35 混凝土，纵向受力钢筋采用 HRB400 级，箍筋采用 HPB300 级，桥墩直径为 1500mm。经分析计算，1 号 T 形梁的支座反力标准值分别为：永久荷载产生的反力值 510kN，汽车荷载（含冲击系数）产生的反力值 210kN，汽车荷载冲击系数 $\mu = 0.25$。盖梁上的支座沿横桥向布置双排，取 $\gamma_0 = 1.1$，$a_s = a'_s = 100 \text{mm}$。

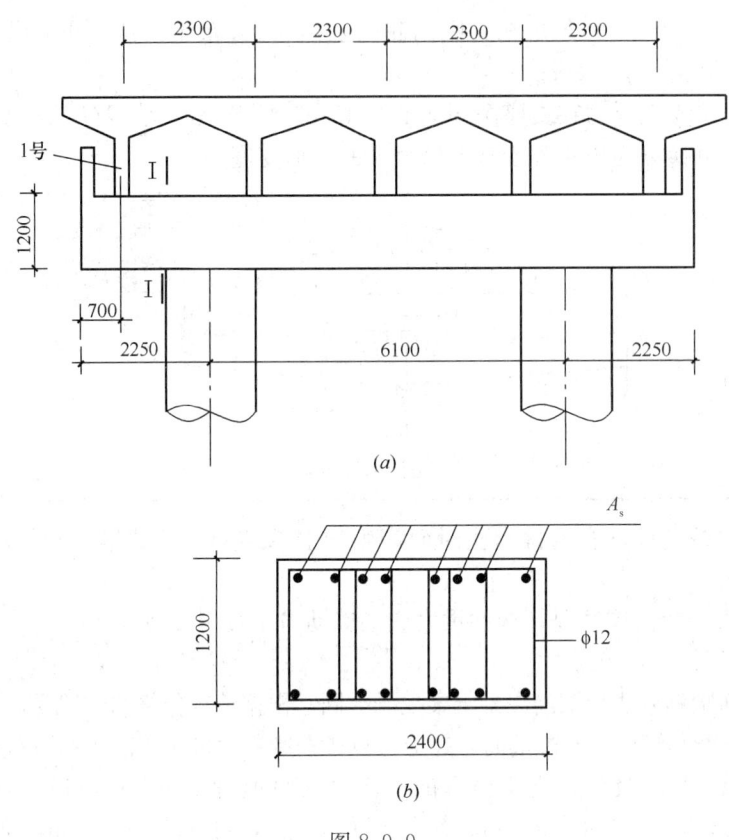

图 8.9.9

试问，盖梁I-I截面处上部纵向受拉钢筋（A_s）的配置，下列何项满足要求且经济合理？

(A) 24 Φ 20　　(B) 28 Φ 20　　(C) 31 Φ 20　　(D) 35 Φ 20

【解答】 根据《公桥混规》8.4.6 条：

$$b_c = 0.8 \times 1500 = 1200 \text{mm}$$

$$x = 2250 - 700 - \frac{b_c}{2} = 950 \text{mm} < 1200 \text{mm}$$

$$F_d = 2 \times (1.2 \times 510 + 1.4 \times 210) = 1812 \text{kN}$$

$$T_{t,d} = \frac{950 + \frac{1200}{2}}{0.9 \times 1100} \times 1812 = 2836.97 \text{kN}$$

$$A_s \geq \frac{1.1 \times 2836.97 \times 10^3}{330} = 9457 \text{mm}^2$$

$$n \geqslant 9457/314.2 = 30.1 \text{ 根}$$

故选（C）项。

2. 桩柱的计算

桩墩一般分为刚性和柔性两种，刚性桩墩的计算与重力式桥墩类似，柔性桥墩的计算见下面一节。

三、柔性墩

1. 基本构造

柔性排架桩墩是由单排或双排的钢筋混凝土桩与钢筋混凝土盖梁连接而成的，其主要特点是：可通过一些构造措施，将上部结构传来的水平力（如汽车荷载制动力、温度作用等）传递到全桥的各个柔性墩台或相邻的刚性墩台上，以减小单个柔性墩所受到的水平力，从而达到减小桩墩截面的目的。

柔性墩一般设置在两端具有刚性较大桥台的多跨桥中，同时，在全桥中除一个中墩上设置活动支座时，其余墩台均采用固定支座，如图 8.9.10 所示。

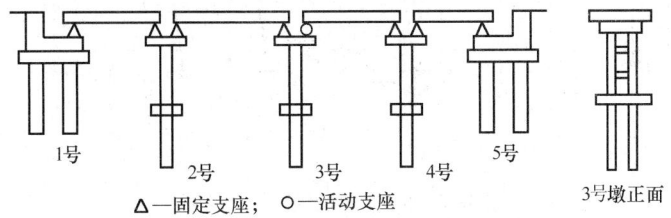

图 8.9.10　柔性墩的布置

由于柔性墩在布置上只设一个活动支座，当桥孔数目较多且桥较长时，柔性墩固定支座的墩顶位移量过大而处于不利状态，活动支座的活动量也变大，刚性桥台的支座所受的水平力也大。因此，多跨长桥采用柔性墩时宜分成若干联，如图 8.9.11 所示。

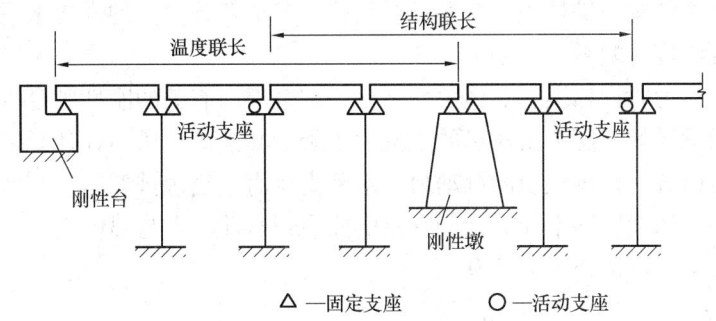

图 8.9.11　多跨柔性墩的布置

在两个刚性墩之间设置若干个柔性墩。在这些柔性墩上，只设置一个活动支座，其余皆为固定支座。两个活动支座之间的梁、墩或活动支座与桥台之间的梁、墩、台构成一个"联"。每联中柔性墩的个数为 1~6 个，视具体情况而定。每联设置一个刚性墩（台），刚性墩布置在地基较好和地形较高的地方。一联长度的划分视地形、构造和受力情况而确定。

柔性墩的联是承受纵向水平力（如汽车制动力、温度作用）作用的一个共同受力体系，一联内的墩（台）及梁构成了一个多跨铰接刚架；在联的边端设活动支座的目的在于保证整个铰接刚架能自由变形，防止湿度作用过大。在一联中，如果不计梁在汽车制动力作用下的纵向变形，则汽车制动力所引起的墩顶位移，对于柔性墩及刚性墩是相同的，这样各墩台承受的制动力按其抗剪刚度进行分配，因此，作用在每个柔性墩上的制动力极小，绝大部分由桥台和刚性墩承担。这样，桥墩顺桥向墩身截面就可大大减小。

2. 柔性墩计算的基本假定

由前述可知，柔性墩是由柔性排架桩墩、梁和刚性墩台组成的一联或多跨连续的铰接刚性刚架体系。因此，在纵向水平力作用下，一联的各柔性墩顶具有相同的水平位移。

为简化计算，对柔性墩作如下基本假定：

(1) 可将固定支座布置的柔性墩视为下端固结，上端有水平约束的铰接支承的超静定梁，如图 8.9.12 (a) 所示。

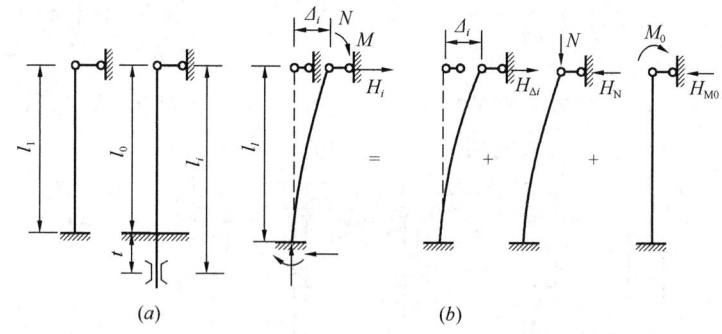

图 8.9.12　柔性墩结构计算图式

(2) 在墩顶弯矩不大的前提下，柔性墩顶水平力可采用叠加原理进行计算，如图 8.9.12 (b) 中，作用于墩顶的竖向力、弯矩，水平力（制动力、温度作用等）所产生的水平位移，由它们在柔性墩中产生的内力，可分别进行力学分析，按叠加原理计算最终内力，不计它们的相互作用影响，即：$H_i = H_{\Delta i} + H_N + H_{M0}$。

(3) 假定上部结构与桩柱顶不发生相对位移，各墩台顶发生的纵向水平位移相同，各墩台按纵向抗推刚度分配纵向水平力。

(4) 计算土压力时，如设有实体刚性墩台，则全部由有关的刚性墩台承受；如全部为柔性墩，则岸墩承受的土压力由对岸的土抗力平衡，其余柔性墩不计其影响。

(5) 水平力组合时，桩柱顶的制动力、水平土压力（当边排架向河心偏移时）及竖向偏载产生的水平力的代数和不允许大于支座摩擦力；当前三者与温度变化产生水平力的总和大于支座摩擦力时，按摩擦力计算。

3. 柔性墩计算

柔性墩计算包括墩顶水平位移的计算和墩顶水平力的计算。这两者计算都与柔性墩抗推刚度有关，故先介绍柔性墩抗推刚度的计算。

(1) 柔性墩集成抗推刚度的计算

柔性墩集成抗推刚度是由支座的抗推刚度和墩台的抗推刚度集成的抗推刚度。

1) 墩台的抗推刚度，当桥墩柱下端固定在基础或承台顶面时：

$$K_i = \frac{1}{\delta_i} = \frac{3EI_i}{l_i^3}$$

式中 K_i——第 i 墩柱的抗推刚度,kN/m;

δ_i——第 i 墩柱顶单位水平力产生的水平位移,m/kN;

l_i——第 i 墩柱下端固接处到墩顶的高度,m;

I_i——第 i 墩柱横截面对形心轴的惯性矩,m⁴。

2) 橡胶支座的抗推刚度的计算

根据《公桥混规》8.7.3条条文说明,如图8.9.13所示。

$$\tan\alpha = \frac{\Delta_l}{t_e} = \frac{F_k}{A_g G_e}$$

根据支座抗推刚度 $K_支$ 的定义:

$$K_支 = \frac{1}{\delta_支} = \frac{F_k}{\Delta_l} = \frac{A_g G_e}{t_e}$$

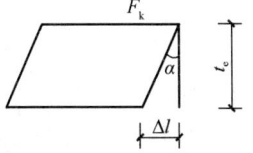

图8.9.13 支座橡胶剪切变形

式中 A_g——支座承压面积,mm²;

G_e——橡胶的剪切模量,通常取为1.0MPa;

t_e——橡胶层的总厚度,mm。

当桥墩台支座上有 n 个橡胶支座时,n 个橡胶支座刚度并联,则:

$$\Sigma K_支 = nK_支$$

3) 墩柱与支座的集成抗推刚度(K_{zi})的计算

若墩上有两排支座,两排支座的抗推刚度并联后,与墩柱的抗推刚度串联,串联后的刚度即为支座与桥墩联合的集成刚度。

$$K_{zi} = \frac{1}{\delta_{支i} + \delta_{墩i}} = \frac{1}{\frac{1}{K_{支i}} + \frac{1}{K_{墩i}}}$$

式中 K_{zi}——第 i 墩台集成抗推刚度,kN/m。

(2) 墩顶水平位移的计算

纵向汽车荷载制动力、梁的温度变化和竖向荷载作用下梁长度变化等,都会引起墩顶的水平位移。

1) 纵向制动力引起的墩顶水平位移

由前述基本假定知,各墩在纵向水平力作用下墩顶水平位移相等:

$$\Delta_{Fb} = \frac{F_{ibk}}{K_{zi}} = \frac{F_{bk}}{\Sigma K_{zi}}$$

式中 F_{bk}——一联或全桥承受的水平制动力,kN;

F_{ibk}——第 i 墩墩顶承受的水平制动力,kN。

为此,《公桥通规》4.3.5条第3款、第4款对汽车制动力的分配和传递作了如下规定:

> 3 设有板式橡胶支座的简支梁、连续桥面简支梁或连续梁排架式柔性墩台,应根据支座与墩台的抗推刚度的刚度集成情况分配和传递制动力。
>
> 设有板式橡胶支座的简支梁刚性墩台,按单跨两端的板式橡胶支座的抗推刚度分配制动力。
>
> 4 设有固定支座、活动支座(滚动或摆动支座、聚四氟乙烯板支座)的刚性墩台传递的制动力,按表4.3.5的规定采用。每个活动支座传递的制动力,其值不应大于其摩阻力,当大于摩阻力时,按摩阻力计算。

刚性墩台各种支座传递的制动力 表4.3.5

桥梁墩台及支座类型		应计的制动力	符号说明
简支梁桥台	固定支座	T_1	
	聚四氟乙烯板支座	$0.30T_1$	
	滚动（或摆动）支座	$0.25T_1$	T_1——加载长度为计算跨径时的制动力；
简支梁桥墩	两个固定支座	T_2	
	一个固定支座，一个活动支座	注	T_2——加载长度为相邻两跨计算跨径之和时的制动力；
	两个聚四氟乙烯板支座	$0.30T_2$	
	两个滚动（或摆动）支座	$0.25T_2$	T_3——加载长度为一联长度的制动力
连续梁桥墩	固定支座	T_3	
	聚四氟乙烯板支座	$0.30T_3$	
	滚动（或摆动）支座	$0.25T_3$	

注：固定支座按 T_4 计算，活动支座按 $0.30T_5$（聚四氟乙烯板支座）计算或 $0.25T_5$（滚动或摆动支座）计算，T_4 和 T_5 分别为与固定支座或活动支座相应的单跨跨径的制动力，桥墩承受的制动力为上述固定支座与活动支座传递的制动力之和。

2）梁的温度变化引起的墩顶水平位移

设偏移值零点至某一联柔性墩的左端距离为 x_0，i 为柔性墩台的序号。根据温度作用产生的力是自相平衡的，即：$\Sigma K_{zi}(L_i - x_0) \cdot \alpha \cdot t = 0$，可得：

$$x_0 = \frac{\Sigma K_{zi} L_i}{\Sigma K_{zi}}$$

特别地，当多跨为等跨径（L_k）时，上式变为：

$$x_0 = \frac{\Sigma K_{zi} i L_0}{\Sigma K_{zi}} = \frac{\Sigma i \cdot K_{zi}}{\Sigma K_{zi}} \cdot L_k$$

用 x_i 表示第 i 个柔性墩台距偏移值零点的距离，则各柔性墩台顶部由温度引起的水平位移为：

$$\Delta_{it} = \alpha t x_i$$

式中 α——桥跨结构材料的线膨胀系数；

t——温度升降的度数；

L_i——第 i 个柔性墩台离该联柔性墩的左端距离，m；

L_k——等跨径柔性墩时，标准跨径，m。

3）竖向活载作用下梁长度的变化

当桥跨结构跨径较大时，在竖向活载作用下梁下缘伸长而影响柔性墩的位移 Δ_s 也予以考虑；小跨径桥梁的 Δ_s 可忽略不计。

综上所述，柔性墩顶发生的水平位移为：

$$\Delta_i = \Delta_{Fb} + \Delta_t + \Delta_s$$

（3）墩顶水平力计算

1）水平位移产生的水平力：

$$H_{\Delta i} = \Delta_i K_{zi} = (\Delta_{Fb} + \Delta_t + \Delta_s) \cdot K_i = H_{iFb} + H_{it} + H_s$$

2）竖向力 N 引起的墩顶水平力：

竖向力 N 包括上部结构恒载及活载，忽略墩身自重，则有：

$$H_N = -\frac{5}{4}\frac{N\Delta_i}{l_i}$$

3）由于墩顶弯矩 M_0 产生的水平反力：

$$H_{M_0} = -\frac{1.5M_0}{l_i}$$

作用在一个墩顶的各项水平力计算后，可根据最不利作用组合，平均分配给该墩中各桩柱顶，桩柱按顶端作用的水平力、竖向力和弯矩验算各截面强度和稳定性。

柔性排架桩墩在横桥向是一个多跨刚架，但因横桥向水平荷载不大，一般不控制设计。

【例 8.9.5】 某公路桥梁的设计荷载为公路—Ⅰ级，双向行驶，由多跨标准跨径为 20m 单跨梁组成，计算跨径为 19.6m，桥面净宽 10m，下部采用柔性墩。桥墩支承于基岩上。桥梁的总体布置计算图式如图 8.9.14 所示，实心体钢筋混凝土桥墩采用 C30 混凝土（$E_c = 3 \times 10^4$ MPa）。各桥墩的计算高度如图中所示数值。除 0 号、5 号墩上分别设置活动板式橡胶支座外，其余每个桥墩顶面均布置两排 24 个板式橡胶支座 GJZ180×200×52，橡胶层厚度为 42mm。0 号、5 号桥墩上各设置 12 个，橡胶支座 $G_e = 1.0$ MPa。

桥墩采用双柱式，每根柱子直径为 1.0m。混凝土线膨胀系数 $\alpha = 1 \times 10^{-5}$。

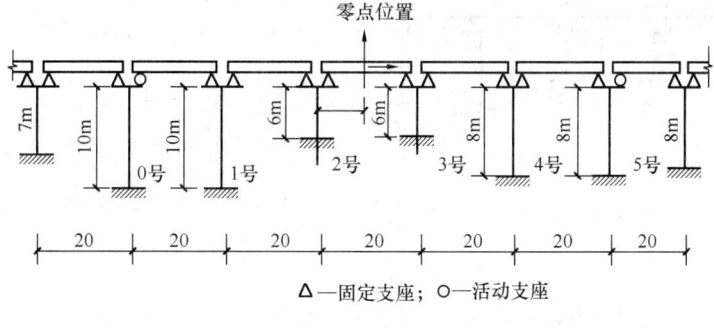

图 8.9.14

试问：

（1）0 号~5 号各桥墩的抗推刚度。

（2）当温度下降 20℃时，确定 2 号墩承受的温度作用产生的水平力。

（3）当温度上升 25℃时，确定 3 号墩承受的温度作用产生的水平力。

（4）确定 3 号墩承受的汽车制动力为多少 kN？3 号墩由汽车制动力产生的橡胶支座的剪切变形 Δ_l 为多少毫米？

【解答】 （1）确定各桥墩集成后的抗推刚度 K_{zi}

桥墩顺桥向的抗弯惯性矩：$I = 2 \times \dfrac{\pi d^4}{64} = 2 \times \dfrac{\pi \times 1^4}{64} = \dfrac{\pi}{32}$ m^4

各桥墩的墩柱抗推刚度：$K_i = \dfrac{3EI}{l_i^3}$；$E = 3 \times 10^4$ MPa $= 3 \times 10^7$ kN/m^2

对 0 号桥墩：$K_0 = \dfrac{3EI}{l_0^3} = \dfrac{3 \times 3 \times 10^7 \times \pi}{10^3 \times 32} = 8831 \text{kN/m}$

对 1 号桥墩：$K_1 = K_0$

对 2、3 号桥墩：$K_2 = K_3 = \dfrac{3EI}{l_2^3} = \dfrac{3 \times 3 \times 10^7 \times \pi}{6^3 \times 32} = 40885 \text{kN/m}$

对 4、5 号桥墩：$K_4 = K_5 = \dfrac{3EI}{l_4^3} = \dfrac{3 \times 3 \times 10^7 \times \pi}{8^3 \times 32} = 17249 \text{kN/m}$

1～4 号桥墩上板式橡胶支座的抗推刚度 $K_支$：

$$K_支 = \dfrac{n \cdot G_e A_g}{t_e} = \dfrac{24 \times 1.0 \times 180 \times 200}{42} = 20571 \text{N/mm}$$

$$= 20571 \text{kN/m}$$

0 号、5 号桥墩上板式橡胶支座的抗推刚度 $K_{支0}$：$K_{支0} = K_支/2 = 10286 \text{kN/m}$

各桥墩集成后的抗推刚度为：

0 号墩：$K_{z0} = \dfrac{1}{\dfrac{1}{K_0} + \dfrac{1}{K_{支0}}} = \dfrac{1}{\dfrac{1}{8831} + \dfrac{1}{10286}} = 4752 \text{kN/m}$

1 号墩：$K_{z1} = \dfrac{1}{\dfrac{1}{K_1} + \dfrac{1}{K_支}} = \dfrac{1}{\dfrac{1}{8831} + \dfrac{1}{20571}} = 6179 \text{kN/m}$

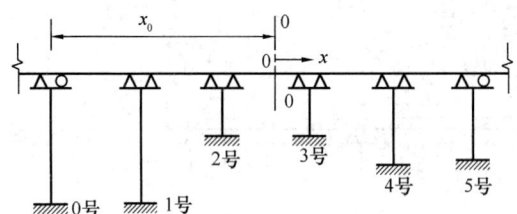

图 8.9.15

同理，
$K_{z2} = 13685 \text{kN/m}$，$K_{z3} = 13685 \text{kN/m}$
$K_{z4} = 9382 \text{kN/m}$，$K_{z5} = 6444 \text{kN/m}$

$\sum\limits_{i=0}^{5} K_{zi} = 54127 \text{kN/m}$

（2）先确定偏移值零点的位置，设零点位置距 0 号桥墩距离为 x_0，如图 8.9.15 所示。

$$x_0 = \dfrac{\sum\limits_{i=0}^{5} i K_{zi}}{\sum\limits_{i=0}^{5} K_{zi}} L_k = \dfrac{1 \times K_{z1} + 2 \times K_{z2} + 3 \times K_{z3} + 4 \times K_{z4} + 5 \times K_{z5}}{54127} \cdot L_k$$

$$= \dfrac{1 \times 6179 + 2 \times 13685 + 3 \times 13685 + 4 \times 9382 + 5 \times 6444}{54127} \times 20 = 53.34 \text{m}$$

2 号墩至温度偏移值零点的距离为：$x_2 = -(53.34 - 40) = -13.34 \text{m}$

2 号墩顶水平位移为：$\Delta_{2t} = \alpha \Delta t x_2$

$$= 1 \times 10^{-5} \times (-20) \times (-13.34)$$

$$= 2.67 \times 10^{-3} \text{m}$$

2 号墩顶承受的温度作用的水平力为：

$$H_{2t}=K_{z2} \cdot \Delta_{2t}=13685\times2.67\times10^{-3}$$
$$=36.54\text{kN}，方向向右岸。$$

(3) 由前述计算结果知，$x_0=53.34\text{m}$

3号墩至温度偏移值零点的距离为：$x_3=60-x_0=6.66\text{m}$
$$\Delta_{3t}=\alpha\Delta tx_3=1\times10^{-5}\times25\times6.66=1.665\times10^{-3}\text{m}$$
$H_{3t}=K_{z3} \cdot \Delta_{3t}=13685\times1.665\times10^{-3}=22.79\text{kN}$，方向向右岸。

(4) 汽车加载长度取一联计算，即：$20\times5=100\text{m}$

公路—Ⅰ级：$q_k=10.5\text{kN/m}$
$$P_k=2\times(19.6+130)=299.2\text{kN}$$

因桥净宽10m，双向行驶，设计车道数为2，汽车制动力按同一方向1条车道荷载计算。由《公桥通规》表4.3.1-5，取 $\xi=1.2$。

汽车制动力：$F_{bk}=1.2\times(100\times q_k+P_k)\times10\%=1.2\times(100\times10.5+299.2)\times10\%$
$$=1.2\times134.92=161.9\text{kN}<165\text{kN}$$

故取 $F_{bk}=165\text{kN}$

3号墩分配到的汽车制动力为：
$$H_{3T}=\frac{K_{z3}}{\Sigma K_{zi}}F_{bk}=\frac{13685}{54127}\times165=41.717\text{kN}$$

相应的橡胶支座的剪切变形 Δ_l 为：
$$\Delta_l=\frac{H_{3T}t_e}{nA_gG_e}=\frac{41.717\times10^3\times42}{24\times180\times200\times1.0}=2.028\text{mm}$$

【例8.9.6】 某公路桥梁，其中一联为五孔连续梁桥，其总体布置如图8.9.16所示，每孔跨径40m，桥梁总宽为10.5m，行车道宽为8.0m，双向行驶两列汽车。上部结构采用预应力混凝土箱梁。桥墩支承在岩基上，由混凝土单柱墩身和带悬臂的盖梁组成。计算荷载为公路—Ⅰ级。桥墩横桥向宽度为2.5m。

试问：

(1) 若该桥四个桥墩高度均为10m，且各中墩均采用形状、尺寸相同的盆式橡胶固定支座；两个边墩均采用形状、尺寸相同的盆式橡胶滑动支座。当中墩为柔性墩，且不计边墩支座承受的制动力时，判定其中1号墩所承受的汽车制动力标准值（kN），与下列何项最接近？

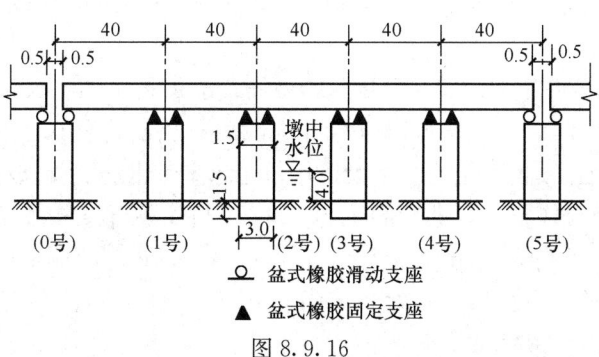

图8.9.16

(A) 60　　　　(B) 74　　　　(C) 120　　　　(D) 165

(2) 若该桥主梁及墩柱、支座均与题目 (1) 相同,则该桥在四季均匀温度变化升温+20℃的条件下(忽略上部结构垂直力影响),当墩柱采用C30混凝土时,$E_c=3.0\times10^4$MPa,混凝土线膨胀系数$\alpha=1\times10^{-5}$,判定2号墩所承受的水平温度力标准值(kN),与下列何项接近?

提示:不考虑墩柱抗弯刚度折减。

(A) 25　　　　(B) 250　　　　(C) 500　　　　(D) 750

【解答】 (1) 确定汽车制动力 F_{bk}

公路—Ⅰ级:$q_k=10.5$kN/m,$P_k=2\times(40+130)=340$kN

双向行驶两列汽车,故汽车制动力按同向1条车道荷载计算,由《公桥通规》表4.3.1-5,取$\xi=1.2$。加载长度取为$40\times5=200$m;

$$F_{bk}=1.2\times(200\times q_k+P_k)\times10\%=1.2\times(200\times10.5+340)\times10\%$$
$$=1.2\times244=292.8\text{kN}>165\text{kN}$$

故取 $F_{bk}=292.8$kN。

由条件知,1号~4号桥墩的抗推刚度相同,不计0、5号桥墩的抗推刚度,则1号桥墩承受的制动力 F_{1bk} 为:

$$F_{1bk}=\frac{K_{z1}}{\Sigma K_{zi}}F_{bk}=\frac{1}{4}\times292.8=73.2\text{kN}$$

故应选 (B) 项。

(2) 2号墩柱的抗弯刚度为:$K_2=\dfrac{3EI}{l_2^3}$

$$K_2=\frac{3\times3.0\times10^7\times\frac{1}{12}\times2.5\times1.5^3}{10^3}=6.328\times10^4\text{kN/m}$$

由提示条件知,取其抗推刚度为:
$$K_{z2}\approx K_2=6.328\times10^4\text{kN/m}$$

由条件知,对称结构,温度变化引起的偏移值零点位置应位于该联0号~5号桥墩对称位置处,则2号墩顶的水平位移为:

$$\Delta_{2t}=\alpha t x_2=1\times10^{-5}\times20\times20=4\times10^{-3}\text{m}$$
$$H_{2t}=K_{z2}\cdot\Delta_{2t}=6.328\times10^4\times4\times10^{-3}=253.12\text{kN}$$

故应选 (B) 项。

【例8.9.7】 某公路上三跨等跨径钢筋混凝土简支梁桥,如图8.9.17(a)所示,双向行驶,桥面全宽为9.0m,其中车行道净宽7.0m,两侧人行道各0.75m。桥面采用水泥混凝土桥面铺装,采用连续桥面结构。主梁采用单箱单室、钢筋混凝土箱形截面。支承处采用板式橡胶支座,双支座支承,支承间距为3.4m。桥梁下部结构采用柔性墩,现浇C30钢筋混凝土薄壁墩,墩高为6.0m,壁厚为1.2m,宽3.0m。两侧采用U形重力式桥台。设计荷载为:汽车荷载为公路—Ⅰ级,人群荷载为3.0kN/m。汽车荷载冲击系数$\mu=0.256$。橡胶支座 $G_e=1.0$MPa。

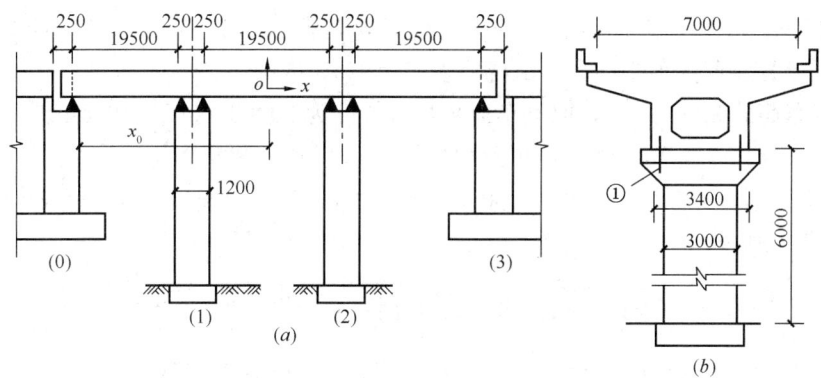

图 8.9.17

试问：

(1) 板式橡胶支座选用 $180\times250\times49$，橡胶层厚度为 $39mm$，各墩台采用相同规格。在汽车荷载作用下，1 号中墩及单侧桥台承受的水平汽车制动力标准值（kN），与下列何项数值最接近？

　　(A) 55；28　　　(B) 60；32　　　(C) 65；35　　　(D) 70；42

(2) 该联柔性墩在温度作用下水平偏移值零点位置距左桥台支点的距离 x_0（m），与下列何项数值最接近？

　　(A) 29.75　　　(B) 19.75　　　(C) 19.50　　　(D) 39.75

(3) 若梁体混凝土材料的线膨胀系数 $\alpha=1\times10^{-5}$，成桥时温度为 $15℃$，上部结构温度变化至最高温度 $35℃$，最低温度 $-10℃$ 时，1 号墩上橡胶支座顶面发生的水平变形 Δ_{1t}（mm）、Δ_{1t0}（mm），与下列何项数值最接近？

　　(A) -2；2.5　　(B) 2；-2.5　　(C) -2.5；2　　(D) 2.5；-2

(4) 在汽车荷载作用下，中墩上主梁一侧单个板式橡胶支座①的最大压力标准值（kN），与下列何项数值最接近？

　　(A) 655　　　(B) 680　　　(C) 586　　　(D) 572

【解答】 (1) 1、2 号中墩墩柱的抗推刚度为：

$$K_1=K_2=\frac{3EI}{l_1^3}=\frac{3\times3\times10^7\times\frac{1}{12}\times3\times1.2^3}{6^3}=1.8\times10^5\text{kN/m}$$

1、2 号中墩上橡胶支座的抗推刚度 $K_支$（4 块）：

$$K_支=\frac{nG_eA_g}{t_e}=\frac{4\times1.0\times180\times250}{39}=4615\text{kN/m}$$

桥台上橡胶支座的抗推刚度 $K_{支0}$（2 块）：

$$K_{支0}=K_支/2=2307.5\text{kN/m}$$

1、2 号中墩集成后的抗推刚度为：

$$K_{z1}=K_{z2}=\frac{1}{\frac{1}{K_支}+\frac{1}{K_1}}=\frac{1}{\frac{1}{4615}+\frac{1}{1.8\times10^5}}=4499.6\text{kN/m}$$

两侧桥台集成后的抗推刚度为：$K_0=\infty$，则：

$$K_{z0}=K_{z3}=\frac{1}{\frac{1}{K_{支0}}+\frac{1}{K_0}}=K_{支0}=2307.5\text{kN/m}$$

$\Sigma K_{zi}=13614.2\text{kN/m}$

车行道净宽7.0m,双向行驶,查《公桥通规》表4.3.1-4,为两条设计车道。同向取1条车道荷载计算汽车制动力,由规范表4.3.1-5,取$\xi=1.2$。

确定汽车荷载制动力F_{bk},取汽车荷载加载长度为$20\times 3-0.5=59.5$m。

公路—Ⅰ级:$q_k=10.5$kN/m,$P_k=2\times(19.5+130)=299$kN

$$F_{bk}=1.2\times(10.5\times 59.5+299)\times 10\%=1.2\times 92.4=111\text{kN}<165\text{kN}$$

故取$F_{bk}=165$kN

1、2号中墩:$F_{1bk}=F_{2bk}=\dfrac{K_{z2}}{\Sigma K_{zi}}\cdot F_{bk}=\dfrac{4499.6}{13614.2}\times 165=54.53$kN

0、3号桥台:$F_{0bk}=F_{3bk}=\dfrac{K_{z0}}{\Sigma K_{zi}}\cdot F_{bk}=\dfrac{2307.5}{13614.2}\times 165=27.97$kN

故应选(A)项。

(2)由于跨中截面两侧墩台抗推刚度相等,温度作用是自平衡的,故零点位置应位于该梁桥对称截面位置,即1、2号桥墩中点,故$x_0=\dfrac{20}{2}+19.5+0.25=29.75$m。

故应选(A)项。

(3)$x_0=0$,1号墩距零点位置的距离为:$x_1=-10$m

升温时:$\Delta_{1t}=\alpha tx_1=1\times 10^{-5}\times(35-15)\times(-10)=-2\times 10^{-3}m=-2$mm

降温时:$\Delta_{1t0}=\alpha tx_1=1\times 10^{-5}\times(-10-15)\times(-10)=2.5$mm

故应选(A)项。

(4)确定支座1的荷载横向分布系数,用杠杆法计算,如图8.9.18所示。

$$\eta_1=\dfrac{3.4+2.55-0.75-0.5}{3.4}\times 1=1.382$$

$$\eta_2=\dfrac{5.95-0.75-0.5-1.8}{3.4}\times 1=0.853$$

$$\eta_3=\dfrac{5.95-0.75-0.5-1.8-1.3}{3.4}\times 1=0.471$$

$$\eta_4=\dfrac{5.95-0.75-0.5-1.8-1.3-1.8}{3.4}\times 1=-0.059$$

$$m_{cq}=\dfrac{1}{2}\sum_{i=1}^{4}\eta_i=1.3235$$

桥面车行道净宽7.0m,双向行驶,查《公桥通规》表4.3.1-4,两条设计车道,故取$\zeta=1.0$。

1号中墩汽车加载如图8.9.19所示。

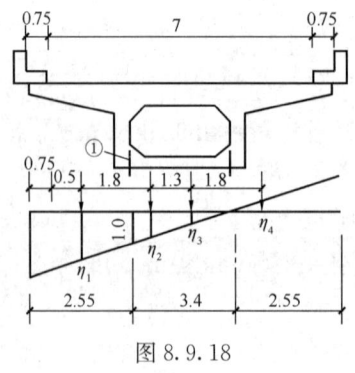

图8.9.18

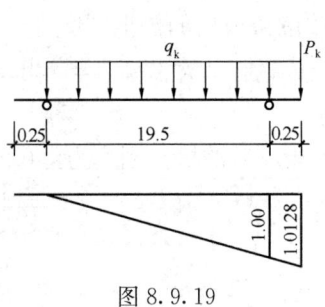

图8.9.19

公路—Ⅰ级，由前述结果知：$q_k=10.5$kN/m，$P_k=299$kN

$$y_k = \frac{19.5+0.25}{19.5} \times 1 = 1.0128$$

$$\Omega = \frac{1}{2}l_0 y_k = \frac{1}{2} \times 19.75 \times 1.0128 = 10.0014\text{m}$$

支座 1 的最大反力标准值 R_{1k}：

$R_{1k} = (1+\mu)\zeta m_{cq}(P_k \cdot y_k + q_k \Omega_L)$

$\quad = 1.256 \times 1.0 \times 1.3235 \times (299 \times 1.0128 + 10.5 \times 10.0014)$

$\quad = 678$kN

故应选（B）项。

【例 8.9.8】 某公路桥梁为 5 孔一联桥面连续简支 T 形梁桥，各孔标准跨径均为 25m，计算跨径为 24.8m，如图 8.9.20 所示。0 号与 5 号桥台设置聚四氟乙烯板式橡胶支座（摩擦系数为 0.06），其余各桥墩设置板式橡胶支座（摩擦系数为 0.30）。桥面净宽：净 9－2×1.0m 人行道及栏杆，汽车双向行驶，汽车荷载为公路—Ⅱ级。桥墩采用双柱式桥墩。每孔桥梁上部结构自重为 5100kN。经计算得到桥墩台的总刚度 $\Sigma K=58000$kN/m，1 号桥墩的刚度为 11000kN/m。

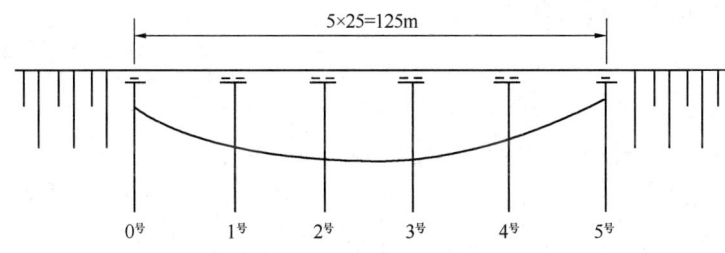

图 8.9.20 桥跨纵向布置图

试问：

(1) 桥台的支座摩阻力为多少？

(2) 1 号桥墩分配的汽车制动为多少？

【解答】 (1) 桥台的支座摩阻力

根据《公桥通规》4.3.13 条：

$$F = \mu W = 0.06 \times \frac{5100}{2} = 153\text{kN}$$

(2) 1 号桥墩分配的汽车制动力

由于 1 号桥墩可能会受到纵向汽车制动力、纵向温度作用、上部结构竖向力的共同作用，其最终控制设计的可能情况是：①桥墩顺桥向双侧布载；②桥墩顺桥向单侧布载，所以汽车制动力应针对上述两种情况分别计算。

1）顺桥向 5 孔两侧布载，见图 8.9.21（a）

根据《公桥通规》4.3.5 条：

$$q_k = 10.5 \times 0.75 = 7.875\text{kN/m}。$$

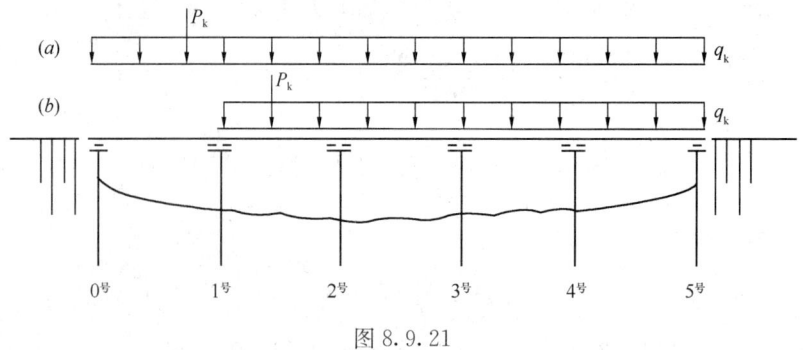

图 8.9.21

$$P_k = 0.75 \times 2 \times (24.8 + 130) = 232.2 \text{kN}$$

桥面行车道宽 7m，双向行驶，由《公桥通规》表 4.3.1-4，取设计车道数为 2；又由《公桥通规》4.3.5 条，双向行驶，按 1 条设计车道计算汽车制动力，由规范表 4.3.1-5，取 $\xi = 1.2$：

$$T_{制} = 1.2 \times (25 \times 5 \times q_k + P_k) \times 10\% = 1.2 \times (25 \times 5 \times 7.875 + 232.2) \times 10\%$$
$$= 1.2 \times 121.7 = 146.04 \text{kN} > 90 \text{kN}$$

最终取 $T_{制} = 146.04 \text{kN}$

1 号桥墩分配的汽车制动为：

$$T_{制,1} = \frac{K_1}{\Sigma K} T_{制} = \frac{11000}{58000} \times 146.04 = 27.7 \text{kN}$$

2) 顺桥向 4 孔单侧布载，见图 8.9.21（b）

同理，$T_{制} = 1.2 \times (25 \times 4 \times q_k + P_k) \times 10\% = 1.2 \times (25 \times 4 \times 7.875 + 232.2) \times 10\% = 122.36 \text{kN} > 90 \text{kN}$

最终取 $T_{制} = 122.36 \text{kN}$

1 号桥墩分配的汽车制动力：$T_{制,1} = \frac{K_1}{\Sigma K} T_{制} = \frac{11000}{58000} \times 122.36 = 23.2 \text{kN}$

思考：（1）假定温度下降，由温度作用在 0 号、5 号桥台产生的纵向水平力分别为：$P_0 = 310 \text{kN}$（→），$P_5 = -302 \text{kN}$（←），此时，P_0、P_5 值大于桥台支座的摩阻力 153 kN，根据《公桥通规》4.3.13 条条文说明："活动支座承受的纵向力，不容许超过支座与混凝土或其他结构材料之间的摩阻力。该纵向力一般为制动力和温度、收缩作用。"因此，此时温度下降导致 0 号、5 号桥台的抗推刚度失效，温度下降的作用大小则在 1~4 号桥墩进行重新分配。

（2）汽车制动力的加载长度，根据《公桥通规》4.3.5 条规定，按照使桥梁墩台产生最不利纵向力的加载长度进行确定，如本题目中两种情况。此外，当加载长度大于 150m 时（是指单跨计算跨度大于 150m；多跨连续梁为最大的计算跨径大于 150m），应按《公桥通规》4.3.5 条规定，考虑纵向折减。

【例 8.9.9】 如图 8.9.22 所示，某公路梁桥为 5 跨的简支梁桥，标准跨径 $L_k = 20$m，计算跨径 $l_0 = 19.8$m，桥面宽度：净 7－2×1.0m 人行道及栏杆，按单向行驶设计，钢筋

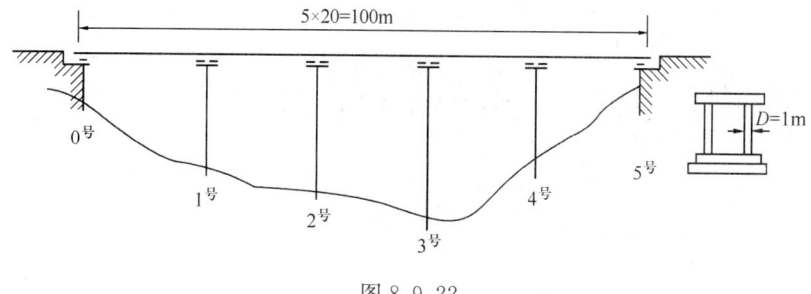

图 8.9.22

混凝土双圆柱式墩（$D=1.0\text{m}$），混凝土强度等级为 C30，扩大基础落在基岩上。桥面做成简支连续，每座桥墩顶面均布置两排共 24 个直径 $d=20\text{cm}$ 的普通板式橡胶支座（摩擦系数为 0.3），0 号和 5 号桥台各设置 12 个直径 $d=20\text{cm}$ 的聚四氟乙烯板式橡胶支座（摩擦系数为 0.06），所以橡胶支座的 $\Sigma t=4\text{cm}$，$G_e=1.1\text{MPa}$。混凝土的线膨胀系数 $\alpha=1\times10^{-5}$，汽车荷载采用公路－Ⅱ级。每一孔上部结构自重为 4000kN。经计算得到各桥墩台的组合抗推刚度为：$K_{z0}=K_{z5}=10367.4\text{kN/m}$，$K_{z1}=2787.16\text{kN/m}$，$K_{z2}=1411.84\text{kN/m}$，$K_{z3}=797.87\text{kN/m}$，$K_{z4}=4101.77\text{kN/m}$。

试问：
(1) 顺桥向汽车荷载 5 孔加载时，3 号桥墩分配到的汽车制动力为多少？
(2) 当温度下降 25℃时，3 号桥墩承受的温度影响力为多少？

【解答】 (1) 汽车制动力的分配

公路－Ⅱ级，$q_k=0.75\times10.5=7.875\text{kN/m}$

$$P_k=0.75\times2\times(19.8+130)=224.7\text{kN}$$

桥面行车道净宽为 7m，单向行驶，查《公桥通规》表 4.3.1-4，取设计车道数为 2。
根据《公桥通规》4.3.5 条规定：
一条设计车道的制动力为：

$$T_{\text{制}0}=(20\times5\times q_k+P_k)\times10\%$$
$$=(20\times5\times7.875+224.7)\times10\%=101.22\text{kN}>90\text{kN}$$

同向行驶 2 条设计车道的总制动力为：

$$T_{\text{制}}=2T_{\text{制}0}=2\times101.22=202.44\text{kN}$$

3 号桥墩分配的汽车制动力为：

$$T_{\text{制}.3}=\frac{K_3}{\Sigma K}T_{\text{制}}=\frac{797.87\times202.44}{2\times10367.3+2787.16+1411.84+797.87+4101.77}=5.4\text{kN}$$

(2) 当温度下降 25℃时

每个桥台支座摩阻力，$F=\mu W=0.06\times\dfrac{4000}{2}=120\text{kN}$

确定温度偏移值为零的位置，如图 8.9.23 所示，以 0-0 线为原点，令 0 号桥台支座中心至 0-0 线的距离为 x_0，则：

$$x_0 = \frac{\sum_{i=1}^{5} iK_{zi}}{\sum_{i=0}^{5} K_{zi}} L_1 = \frac{K_{z1} + 2K_{z2} + 3K_{z3} + 4K_{z4} + 5K_{z5}}{K_{z0} + K_{z1} + K_{z2} + K_{z3} + K_{z4} + K_{z5}} L$$

$$= \frac{76248.03}{29833.14} \times 20 = 51.11 \text{m}$$

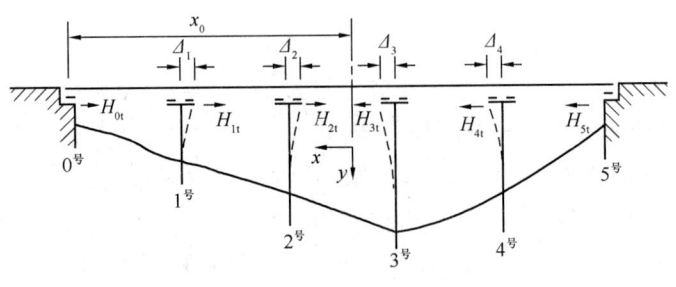

图 8.9.23

温度影响下，0 号桥台的 H_{0t}，0 号桥台至温度偏移零点的距离 $x_0 = 51.11$m

$$\Delta_{0t} = \alpha \Delta t x_0 = 1 \times 10^{-5} \times (-25) \times 51.11 = -12.78 \times 10^{-3} \text{m}$$

$$H_{0t} = K_{z0} \cdot \Delta_{0t} = -10.367.3 \times 12.78 \times 10^{-3} = -132.494 \text{kN}(\rightarrow)$$

此时，0 号桥台的温度影响力 132.494kN 大于桥台支座摩阻力 120kN。根据《公桥通规》4.3.13 条条文说明，这时，0 号、5 号桥台的组合抗推刚度失效，温度影响力应在 1～4 号桥墩进行重新分配。

确定温度偏移值为零的位置，如图 8.9.23 所示，以 0-0 线为原点，令 0 号桥台支座中心至 0-0 线的距离为 x_0'，则：

$$x_0 = \frac{(K_{z1} + 2K_{z2} + 3K_{z3} + 4K_{z4}) \times L}{K_{z1} + K_{z2} + K_{z3} + K_{z4}} = \frac{24411.53}{9098.54} \times 20 = 53.66 \text{m}$$

3 号桥墩至温度偏移零点的距离为：

$$x_3 = 53.66 - 3 \times 20 = -6.34 \text{m}$$

$$\Delta_{3t} = \alpha \Delta t x_3 = 1 \times 10^{-5} \times (-25) \times (-6.34) = 1.585 \times 10^{-3} \text{m}$$

$$H_{3t} = K_{z3} \cdot \Delta_{3t} = 797.87 \times 1.585 \times 10^{-3} = 1.265 \text{kN}(\leftarrow)$$

【例 8.9.10】 某高速公路上的立交匝道直线桥梁，为 3 孔 30m 跨预制预应力混凝土箱形简支梁组成，如图 8.9.24 所示，该桥梁全宽 10m，行车道净宽 9m，单向双车道。下部结构包括 0 号、3 号埋置式肋板桥台，1 号、2 号 T 形盖梁中墩，中墩下接承台和桩基础。两端桥台处设置伸缩缝，中墩处桥面连续，形成 3×30m 的一联桥。每片主梁端部设置一个矩形板式橡胶支座，桥台处共 3 个，中墩盖梁顶面处为 6 个。每块橡胶支座规格相同，即 350mm×550mm×84mm（纵桥向边长×横桥向边长×总厚度），其橡胶层厚度总计 60mm。为了简化计算，边、中跨计算跨径均按 30m 计算，图中中墩高度已包含盖梁

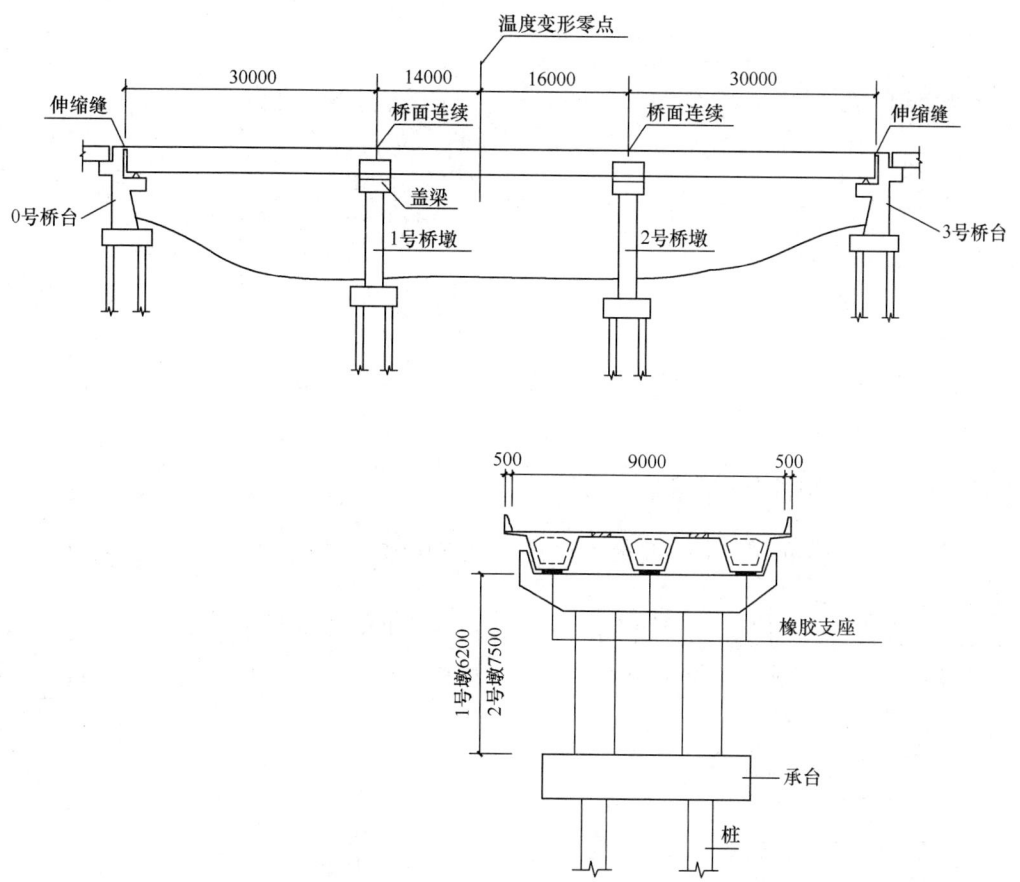

图 8.9.24（尺寸单位：mm）中墩横断面图

高度。

已知桥台顶面处的纵桥向抗推刚度为无穷大，1、2号中墩盖梁顶面处的纵桥向抗推刚度分别为：$K_1=35000$kN/m，$K_2=21000$kN/m，单个橡胶支座的纵桥向抗推刚度$K_支=3850$kN/m。上部结构温度变形零点距1号桥墩中线14m，混凝土线膨胀系数取 0.00001。

试问：

(1) 1号桥墩承担的汽车荷载制动力标准值（kN），与下列何项数值最为接近？

(A) 58.1 (B) 95.6 (C) 117.0 (D) 125.9

(2) 假设桥梁位于寒冷地区，预应力梁安装及桥面连续施工完成时的气温范围为15～25℃，当地历年最低平均气温为-10℃，不考虑混凝土的收缩徐变影响。试问，在降温状态下，1号桥墩承受的温度作用标准值（kN），与下列何项数值最为接近？

(A) 42.8 (B) 49.0 (C) 68.2 (D) 172.6

【解答】 0、3号桥台：$K_0=K_3=3\times3850=11550$kN/m

1号桥墩：$K_1=\dfrac{35000\times(6\times3850)}{35000+6\times3850}=13916$kN/m

2号桥墩：$K_2=\dfrac{21000\times(6\times3850)}{21000+6\times3850}=11000$kN/m

由《公桥通规》4.3.1条：

公路—Ⅰ级，$q_k = 10.5\text{kN/m}$，$P_k = 2 \times (30+130) = 320\text{kN}$

1条车道：$T_{制0} = (10.5 \times 90 + 320) \times 10\% = 126.5\text{kN} < 165\text{kN}$

故 $T_{制0} = 165\text{kN}$，$T_{制.总} = 2 \times 165 = 330\text{kN}$

1号桥墩承担的制动力 $= \dfrac{K_1}{\Sigma K_i} \times 330 = \dfrac{13916 \times 330}{11550 \times 2 + 13916 + 11000}$

$\qquad\qquad = 95.6\text{kN}$

故选（B）项。

(2) $\Delta t = -10 - 25 = -35℃$

$F_1 = K_1 \Delta l = 13916 \times \alpha \Delta t \cdot l = 13916 \times 0.00001 \times (-35) \times 14 = -68.2\text{kN}$

故选（C）项。

四、梁式桥轻型桥台

底部设有支撑梁的梁式桥轻型桥台，其结构受力分析为四铰框架结构系统，其计算内容主要是：

① 顺桥向，桥台在侧向压力作用下，台身作为竖梁进行截面承载能力极限状态验算；

② 桥台（包括基础）在竖向荷载作用下，横桥向作为一根弹性地基短梁进行截面承载能力极限状态验算；

③ 基础底面下地基承载力验算。

● 桥台竖梁的承载力验算

通常取单位桥台宽度进行验算，其步骤如下：

(1) 验算截面处的竖向力 N：

$$N = N_1 + N_2 + N_3$$

式中 N_1——桥跨结构恒载在单位宽度桥台上的支点反力；

N_2——单位宽度台帽的自重；

N_3——验算截面以上单位宽度台身的自重。

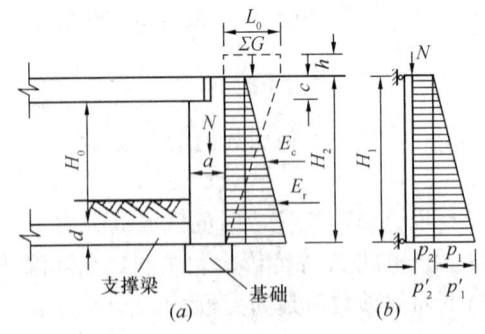

图 8.9.25 轻型桥台土压力计算图示

(2) 土压力计算

计算土压力时，对桥台的最不利作用效应组合是桥上无车辆荷载、台背填土破坏棱体上有车辆荷载，其荷载分布图见图8.9.25 (a)。

计算宽度为 B 的桥台由填土本身引起的主动土压力 E_r 和汽车荷载引起的主动土压力 E_c，根据《公桥通规》4.2.3条第2款2)规定：

$$E = E_r + E_c = \dfrac{1}{2} B\mu\gamma H_2(H_2 + 2h)$$

式中，h 为汽车荷载的等代均布土层厚度，其他符号意义见本章第八节。

(3) 台身内力计算

台身按上下铰接的简支梁计算 [图 8.9.25 (b)]，台身受弯的计算跨径为：

$$H_1 = H_0 + \frac{1}{2}d + \frac{1}{2}c$$

式中，H_0 为桥跨结构与支撑梁间的净距；d 为支撑梁的高度；c 为桥台背墙的高度。需注意的是，对于台身受剪的计算跨径则取 H_0。

跨中截面弯矩（忽略轴力 N 的影响，将 N 放在强度验算中考虑）：

$$M = \frac{1}{8}p_2 H_1^2 + \frac{1}{16}p_1 H_1^2$$

台帽顶部截面的剪力：$Q = \frac{1}{2}p_2' H_0 + \frac{1}{6}p_1' H_0$

支撑梁顶面处的剪力：$Q = \frac{1}{2}p_2' H_0 + \frac{1}{3}p_1' H_0$

式中，p_1、p_2 为受弯计算跨径 H_1 处的主动土压力强度（水平方向）；p_1'、p_2' 为受剪计算跨径 H_0 处的主动土压力强度（水平方向）。

(4) 截面强度验算

根据《公桥混规》，对跨中截面的抗压强度、支点截面的抗剪强度进行验算。

1) 桥台在自身平面内的弯曲强度验算

一般情况下，轻型桥台按短梁计算，桥台上作用的均布荷载包括：桥跨结构重力；化为均布的车辆荷载。桥台即短梁的距中最大弯矩值可根据相应的计算公式得到，此处略。

2) 桥台基础基底承载力验算

桥台基础的基底应力包括桥台重力引起的应力；桥跨结构的恒载引起的应力；桥跨结构的车辆荷载引起的应力。各类应力的计算公式，此处略。

五、拱桥桥台

1. U 形桥台

U 形桥台的台后土侧压力宜采用主动土压力，不考虑静土压力和土抗力。

2. 组合式桥台

组合式桥台由前台、后座两部分组成。前台的桩基或沉井基础用作承受拱的竖直力，台后的主动土压力及后座基底摩阻力平衡拱的水平推力。

第十节 桥梁钢筋混凝土结构

本节所用规范为《公路钢筋混凝土及预应力混凝土桥涵设计规范》JTG 3362—2018（以下简称《公桥混规》）。

一、基本原则和基本规定

《公桥混规》1.0.1 条～1.0.4 条作了规定。
《公桥混规》4.1.1 条～4.1.10 条作了规定。

【例 8.10.1】 某高速公路立交匝道桥为一孔 25.8m 预应力混凝土现浇简支箱梁，桥梁全宽 9m，桥面宽 8m，梁计算跨径 25m，两端伸缩缝宽度均为 160mm，汽车荷载的冲击系数为 0.222，梁自重及桥面铺装等恒载作用按 120kN/m 计，如图 8.10.1 所示。计算支座反力时不考虑坡度的影响。

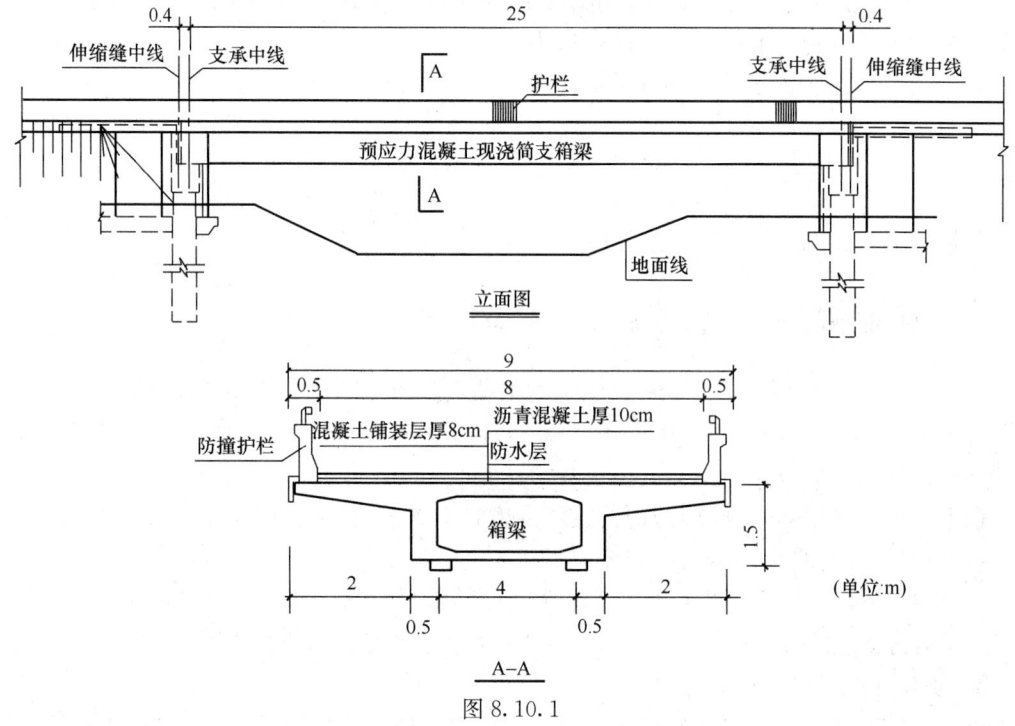

图 8.10.1

试问：

(1) 当计算支座反力时，布置一列车，试问，一条车道荷载（含冲击系数）P_k^1 (kN)，与下列何项数值最接近？

(A) 525　　　(B) 530　　　(C) 700　　　(D) 708

(2) 该桥横桥向抗倾覆稳定性验算时，偏心加载一列车，一条车道荷载（含冲击系数）P_k^1=710kN。试问，其抗倾覆稳定计算值 $\Sigma S_{bk,i}/\Sigma S_{sk,i}$，与下列何项数值最接近？

(A) 13.5　　　(B) 14.0　　　(C) 14.5　　　(D) 15.0

【解答】 (1) 根据《公桥通规》4.3.1 条：

汽车荷载为公路—Ⅰ级：　　　q_k=10.5kN/m

$$P_k = 2 \times (25+130) = 310\text{kN}$$

求反力，加载长度 $L_{加}$：

$$L_{加} = 25.8 - \frac{\Delta}{2} \times 2 = 25.8 - \Delta = 25.8 - 0.16$$

$$= 25.64\text{m}$$

一列车道荷载 P_k^1：

$$P_k^1 = (1+0.222) \times (10.5 \times 25.64 + 310) = 708\text{kN}$$

故选 (D) 项。

(2) 恒载产生的一个支座反力 $R_{Gk,1}$

$$R_{Gk,1} = 120 \times L_{加}/4 = 120 \times 25.64/4 = 769.2 \text{kN}$$

一列车道荷载，如图 8.10.2 所示，最不利偏心加载，对支座 B 取矩，其产生的一个支座反力 $R_{Qk,1}$：

$$R_{Qk,1} = -\frac{710 \times \left(2.0 + 0.5 - 0.5 - 0.5 - \frac{1.8}{2}\right)}{4 \times 2}$$

$$= -53.25 \text{kN}(拉力)$$

$$\frac{\sum S_{bk,i}}{\sum S_{sk,i}} = \frac{2 \times 769.2 \times 4}{2 \times 53.25 \times 4} = 14.45 > 2.5$$

故选（C）项。

思考 1：基本组合下验算，则：

1 个支座：$1.0R_{Gk,1} + 1.4R_{Qk,1} = 1.0 \times 769.2 + 1.4 \times (-53.25)$
$$= 694.65 \text{kN} > 0$$

其他支座：$1.0R_{G1} + 1.4R_{Qk,1}$ 均为 694.65kN，满足。

思考 2：查《公桥通规》表 4.3.1-4，设计车道数为 2，则加载两列车时，如图 8.10.3 所示。

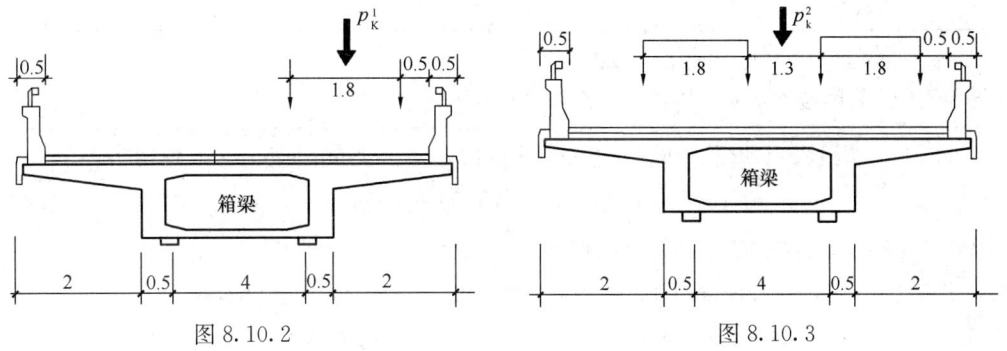

图 8.10.2　　　　　　　　图 8.10.3

两列车的车道荷载的合力 p_k^2 距横桥向右侧边缘的距离 $x = 0.5 + 0.5 + 1.8 + 1.3/2 = 3.45 \text{m} > 2 + 0.5 = 2.5 \text{m}$，故所有支座均受压，横桥向抗倾覆稳定性满足。

二、持久状况承载力极限状态计算

1. 一般规定

《公桥混规》5.1.1 条～5.1.6 条作了规定。

《公桥混规》5.1.1 条和 5.1.2 条规定：

> 5.1.1 公路桥涵的持久状况设计应按承载能力极限状态的要求，对构件进行承载力及稳定计算，必要时尚应对结构进行倾覆和滑移的验算。
>
> 5.1.2 当采用内力的形式表达时，桥涵构件的承载能力极限状态计算应采用下列表达式：

$$\gamma_0 S \leqslant R \tag{5.1.2-1}$$
$$R = R(f_d, a_d) \tag{5.1.2-2}$$

式中 γ_0——桥涵结构重要性系数，按桥涵结构设计安全等级，一级、二级、三级分别取用 1.1、1.0、0.9，桥涵结构设计安全等级应符合《公路桥涵设计通用规范》JTG D60—2015 的规定；

S——作用组合（其中汽车荷载应计入冲击作用）的效应设计值，按《公路桥涵设计通用规范》JTG D60—2015 的规定，对持久设计状况应按作用基本组合计算；

R——构件承载力设计值；

$R(\cdot)$——构件承载力函数；

f_d——材料强度设计值；

a_d——几何参数设计值，当无可靠数据时，可采用几何参数标准值 a_k，即设计文件规定值。

2. 受弯构件（梁）的正截面承载力计算

- 复习《公桥混规》5.2.1 条~5.2.7 条。
- 复习《公桥混规》4.3.3 条（T形、I形截面梁翼缘有效宽度 b'_f 取值规定）。
- 复习《公桥混规》9.1.12 条（最小配筋率要求）。

3. 受弯构件（梁）的斜截面承载力计算

梁的抗剪截面要求，《公桥混规》5.2.11 条规定：

5.2.11 矩形、T形和I形截面的受弯构件，其抗剪截面应符合下列要求：
$$\gamma_0 V_d \leqslant 0.51 \times 10^{-3} \sqrt{f_{cu,k}} b h_0 \tag{5.2.11}$$

式中 V_d——剪力设计值（kN），按验算斜截面的最不利值取用；

$f_{cu,k}$——边长为 150mm 的混凝土立方体抗压强度标准值（MPa）；

b——矩形截面宽度（mm）或 T 形和 I 形截面腹板宽度（mm），取斜截面所在范围内的最小值；

h_0——自纵向受拉钢筋合力点至受压边缘的距离（mm），取斜截面所在范围内截面有效高度的最小值。

对变高度（承托）连续梁，除验算近边支点梁段的截面尺寸外，尚应验算截面急剧变化处的截面尺寸。

当梁仅需按构造要求配置箍筋时，《公桥混规》5.2.12 条规定：

5.2.12 矩形、T形和I形截面的受弯构件，当符合下列条件时，可不进行斜截面抗剪承载力的验算，仅需按本规范第 9.3.12 条构造要求配置箍筋。
$$\gamma_0 V_d \leqslant 0.50 \times 10^{-3} \alpha_2 f_{td} b h_0 \tag{5.2.12}$$

式中 f_{td}——混凝土轴心抗拉强度设计值（MPa），按表 3.1.4 的规定采用。

对于不配置箍筋的板式受弯构件，式（5.2.12）右边计算值可乘以提高系数1.25。

注：V_d、b、h_0 的单位及意义见本规范第5.2.11条。

当梁需要配置箍筋和弯起钢筋时，《公桥混规》5.2.9条作了规定。

● 复习《公桥混规》5.2.9条。

【例8.10.2】 某公路梁桥位于哈尔滨市区，设计使用年限为100年，使用环境无冰盐，设计时该桥的主梁选用的最低混凝土强度等级应为下列何项？

(A) C25 (B) C30 (C) C35 (D) C40

【解答】 哈尔滨市区属冻融环境，查《公桥混规》表4.5.2，属Ⅱ类环境，选用C40混凝土，故应选（D）项。

【例8.10.3】 公路桥梁设计时，计算连续梁中间支承处的负弯矩时，可考虑支座宽度对弯矩的折减的影响，但折减后的弯矩不得小于未经折减的弯矩的以下何项倍数？

(A) 0.70 (B) 0.80 (C) 0.85 (D) 0.90

【解答】 根据《公桥混规》4.3.5条规定，应选（D）项。

【例8.10.4】 某公路上三铰钢筋混凝土拱桥，拱轴线长度为 L_a，在计算主拱圈的纵向稳定时的计算长度 l_0，应取下列何项？

(A) $10.36L_a$ (B) $0.38L_a$ (C) $0.54L_a$ (D) $0.58L_a$

【解答】 根据《公桥混规》4.4.7条规定，取为 $0.58L_a$，应选（D）项。

【例8.10.5】 某公路上多跨无铰钢筋混凝土拱桥应按连拱计算，当桥墩抗推刚度与主拱抗推刚度之比大于下列何项数值时，可按单跨拱桥计算？

(A) 15 (B) 26 (C) 30 (D) 37

【解答】 根据《公桥混规》4.4.11条规定，应选（D）项。

【例8.10.6】 某公路梁桥由5片主梁组成，主梁截面如图8.10.4所示，当进行承托内或肋板内的截面验算时，板的计算高度 h_e（mm），应为下列何项？

(A) 200 (B) 330
(C) 280 (D) 300

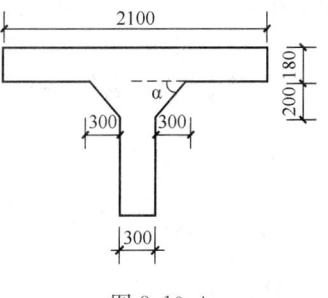

图8.10.4

【解答】 根据《公桥混规》4.2.6条规定：

$\tan\alpha = 200/300 = 0.67 > 1/3$，取 $\tan\alpha = 1/3$

$h_e = h'_f + s \cdot \tan\alpha = 180 + \left(\dfrac{300}{2} + 300\right) \times 1/3 = 330$mm

故应选（B）项。

【例8.10.7】 公路桥梁设计时，保证钢筋混凝土受弯构件正截面不发生塑性破坏时，截面受压区高度 x 和截面配筋率 ρ 的条件应满足下列何项？

(A) $x \geq \xi_b h_0$ 和 $\rho \geq \rho_{min}$ (B) $x \leq \xi_b h_0$ 和 $\rho \geq \rho_{min}$

(C) $x \geq \xi_b h_0$ 和 $\rho \leq \rho_{min}$ (D) $x \leq \xi_b h_0$ 和 $\rho \leq \rho_{min}$

【解答】 根据《公桥混规》5.2.2条，应选（B）项。

【例8.10.8】 某公路梁桥中某根梁截面尺寸 $b \times h = 250$mm$\times 650$mm，其承受基本组

合的弯矩设计值 $\gamma_0 M_d = 300 \text{kN} \cdot \text{m}$，采用 C30 混凝土，HRB400 钢筋，求所需钢筋截面面积 A_s（mm^2），与下列何项数值最接近？

(A) 1680　　　(B) 1427　　　(C) 1342　　　(D) 1275

【解答】 C30、HRB400，查《公桥混规》得：

$$f_{cd}=13.8 \text{MPa} 、 f_{td}=1.39 \text{MPa} , f_{sd}=330 \text{MPa} , \xi_b=0.53$$

考虑单排布筋，$h_0 = 650 - 30 = 620 \text{mm}$

$\gamma_0 M_d = f_{cd} b x \left(h_0 - \dfrac{x}{2} \right)$，则：

$$x = h_0 - \sqrt{h_0^2 - \dfrac{2 \gamma_0 M_d}{f_{cd} b}}$$

$$= 620 - \sqrt{620^2 - \dfrac{2 \times 1.0 \times 300 \times 10^6}{11.5 \times 250}}$$

$$= 161 \text{mm} < \xi_b h_0 = 329 \text{mm}$$

$$A_s = \dfrac{f_{cd} b x}{f_{sd}} = \dfrac{13.8 \times 250 \times 161}{330} = 1683 \text{mm}^2$$

$$\rho_{min} = 0.45 f_{td}/f_{sd} = 0.45 \times 1.39/330 = 0.19\% < 0.2\%$$

$A_{s,min} = 0.2\% b h_0 = 0.2\% \times 250 \times 620 = 310 \text{mm}^2 < 1683 \text{mm}^2$，满足

故应选（A）项。

【例 8.10.9】 某公路上计算跨径为 6m 的简支梁桥，其主梁为一矩形截面梁，$b \times h = 400 \text{mm} \times 900 \text{mm}$，基本组合时的弯矩设计值 $\gamma_0 M_d = 750 \text{kN} \cdot \text{m}$，采用 C30 混凝土，钢筋用 HRB400，钢筋截面面积 $A_s = 4900 \text{mm}^2$。取 $a_s = 60 \text{mm}$。

试问：该主梁持久状况下基本组合的抗弯承载能力设计值（$\text{kN} \cdot \text{m}$）与下列何项数值最接近？

(A) 1150　　　(B) 1050　　　(C) 950　　　(D) 900

【解答】 查《公桥混规》表，$f_{cd}=13.8 \text{MPa}$，$f_{sd}=330 \text{MPa}$，$\xi_b=0.53$

$$x = \dfrac{f_{sd} A_s}{f_{cd} b} = \dfrac{330 \times 4900}{13.8 \times 400} = 293 \text{mm}$$

$\xi_b h_0 = 0.53 \times (900 - 60) = 445.2 > x = 293 \text{mm}$，满足

$M_u = f_{cd} b x \left(h_0 - \dfrac{x}{2} \right)$

$$= 13.8 \times 400 \times 293 \times (840 - 293/2) = 1122 \text{kN} \cdot \text{m}$$

故应选（A）项。

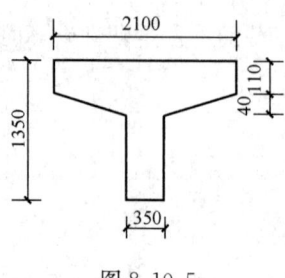

图 8.10.5

【例 8.10.10】 某三级公路上简支 T 形梁桥的计算跨径为 14.5m，标准跨径为 15m，主梁间距为 2.1m，其中间 T 形主梁的截面尺寸如图 8.10.5 所示，采用 C25 混凝土，HRB335 级钢筋。已知该梁跨中截面承受的弯矩标准值：永久作用弯矩 480kN·m，汽车荷载弯矩（包含冲击系数）400kN·m，人群荷载弯矩 20kN·m。汽车荷载冲击系数 $\mu = 0.210$。

试问：

(1) 该梁跨中截面持久状况下承载能力极限状态下基本组合的弯矩设计值 $\gamma_0 M_d$（kN·m），与下列何项最接近？

(A) 1045   (B) 1085   (C) 1120   (D) 1160

(2) 根据截面尺寸，确定翼缘板的有效宽度（m），与下列何项最接近？

(A) 1.90   (B) 2.10   (C) 3.60   (D) 4.80

【解答】 (1) 标准跨径为 15m，按单孔跨径，查《公桥通规》表 1.0.5，该桥属小桥。查《公桥通规》表 4.1.5-1，安全等级为二级，故取 $\gamma_0 = 1.0$。

$$\gamma_0 M_d = \gamma_0 (\gamma_G M_{Gk} + \gamma_{Q1} M_q + \psi_c \gamma_{Q2} M_r)$$

$$= 1.0 \times (1.2 \times 480 + 1.4 \times 400 + 0.75 \times 1.4 \times 20)$$

$$= 1157 \text{kN} \cdot \text{m}$$

故应选 (D) 项。

(2) 根据《公桥混规》4.3.3 条规定

$$b'_f = \frac{l}{3} = \frac{14.5}{3} = 4.83 \text{m}$$

$$b'_f = 2.1 \text{m}$$

$$b'_f = b + 2b_h + 12h'_f = 350 + 0 + 12 \times \frac{(110 + 150)}{2} = 1.91 \text{m}$$

上述取较小值，$b'_f = 1.91$m，故应选 (A) 项。

【例 8.10.11】 某二级公路上一座标准跨径为 30m 的单跨简支梁桥。桥面宽度为 12m，其横向布置为：1.5m(人行道)+9m(车行道)+1.5m(人行道)。桥梁上部结构由 5 根各长 29.94m、高 2.0m 的预制预应力混凝土 T 形梁组成，梁与梁间用现浇混凝土连接，其中间 T 型主梁的横断面大样，如图 8.10.6(b) 所示。

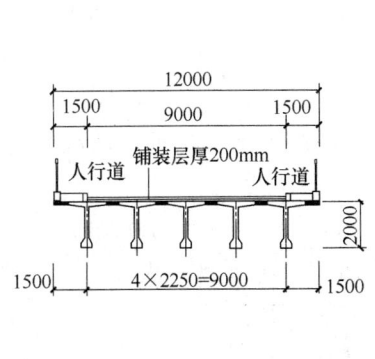 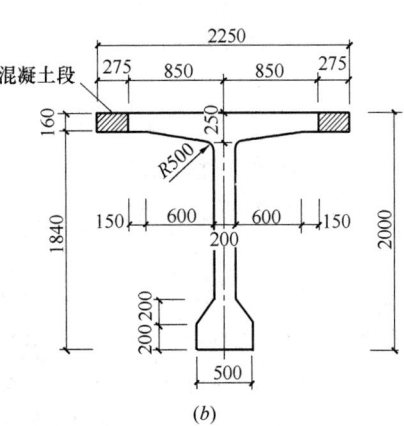

(a)   (b)

图 8.10.6 桥梁布置图

(a) 断面；(b) 中梁横断面大样

假定,梁桥主梁计算跨径以 29m 计。

试问:该桥中间 T 形主梁在弯矩作用下的受压翼缘有效宽度 (mm) 与下列何值最为接近?

(A) 9670   (B) 2250   (C) 2625   (D) 3320

【解答】 根据《公桥混规》4.3.3 条规定:

$$b_f = \frac{l}{3} = \frac{29000}{3} = 9666.6 \text{mm}$$

$$b_f = 2250 \text{mm}$$

$$\frac{h_h}{b_h} = \frac{250-160}{600} = \frac{1}{6.7} < 1/3$$

故取 $b_h = 3h_h = 3 \times (250-160) = 270 \text{mm}$

则:$b_f = b + 2b_h + 12h'_f = 200 + 2 \times 270 + 12 \times 160 = 2660 \text{mm}$

上述取较小者,故 $b_f = 2250 \text{mm}$,应选 (B) 项。

【例 8.10.12】 一级公路上某钢筋混凝土简支梁桥,计算跨径 14.5m,标准跨径 15.0m,设计荷载为公路—Ⅰ级。主梁由多片 T 形梁组成,主梁间距为 1.6m,其一根主梁截面尺寸如图 8.10.7 所示。经计算知该主梁跨中截面弯矩标准值为:恒载作用 $M_{Gk} = 600 \text{kN·m}$,汽车荷载(包含冲击系数) $M_{qk} = 280 \text{kN·m}$,人群荷载 $M_{rk} = 30 \text{kN·m}$。主梁采用 C30 混凝土,HRB400 级钢筋。

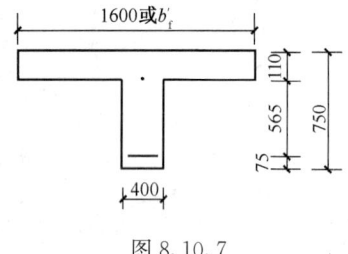

图 8.10.7

试问:

(1) 主梁跨中截面持久状况下承载能力极限状态下基本组合的弯矩设计值 (kN·m),与下列何项数值最接近?

(A) 1085   (B) 1145   (C) 1215   (D) 1260

(2) 主梁的有效翼缘宽度 b'_f (mm),与下列何项最接近?

(A) 1600   (B) 1700   (C) 3200   (D) 4800

(3) 假定不计受压钢筋面积,确定受拉区钢筋截面面积 A_s (mm²),与下列何项数值最接近?

(A) 7500   (B) 7600   (C) 6700   (D) 6200

(4) 该主梁截面在持久状况下承载能力极限状态下基本组合的抗剪承载能力设计值 (kN),与下列何项数值最接近?

(A) 785   (B) 755   (C) 735   (D) 715

【解答】 (1) 标准跨径 15.0m,按单孔跨径,查《公桥通规》表 1.0.5,该桥属小桥;查《公桥通规》表 4.1.5-1,安全等级为一级,取 $\gamma_0 = 1.0$。

$$\gamma_0 M_d = \gamma_0 (\gamma_G M_{Gk} + \gamma_{Q1} M_{qk} + \psi_c \gamma_{Q2} M_{rk})$$
$$= 1.1 \times (1.2 \times 600 + 1.4 \times 280 + 0.75 \times 1.4 \times 30)$$
$$= 1258 \text{kN·m}$$

故应选 (D) 项。

试问：

(1) 该梁跨中截面持久状况下承载能力极限状态下基本组合的弯矩设计值 $\gamma_0 M_d$（kN·m），与下列何项最接近？

(A) 1045　　　　(B) 1085　　　　(C) 1120　　　　(D) 1160

(2) 根据截面尺寸，确定翼缘板的有效宽度（m），与下列何项最接近？

(A) 1.90　　　　(B) 2.10　　　　(C) 3.60　　　　(D) 4.80

【解答】（1）标准跨径为 15m，按单孔跨径，查《公桥通规》表 1.0.5，该桥属小桥。查《公桥通规》表 4.1.5-1，安全等级为二级，故取 $\gamma_0 = 1.0$。

$$\gamma_0 M_d = \gamma_0 (\gamma_G M_{Gk} + \gamma_{Q1} M_q + \psi_c \gamma_{Q2} M_r)$$

$$= 1.0 \times (1.2 \times 480 + 1.4 \times 400 + 0.75 \times 1.4 \times 20)$$

$$= 1157 \text{kN·m}$$

故应选（D）项。

（2）根据《公桥混规》4.3.3 条规定

$$b'_f = \frac{l}{3} = \frac{14.5}{3} = 4.83 \text{m}$$

$$b'_f = 2.1 \text{m}$$

$$b'_f = b + 2b_h + 12h'_f = 350 + 0 + 12 \times \frac{(110+150)}{2} = 1.91 \text{m}$$

上述取较小值，$b'_f = 1.91 \text{m}$，故应选（A）项。

【例 8.10.11】 某二级公路上一座标准跨径为 30m 的单跨简支梁桥。桥面宽度为 12m，其横向布置为：1.5m(人行道)+9m(车行道)+1.5m(人行道)。桥梁上部结构由 5 根各长 29.94m、高 2.0m 的预制预应力混凝土 T 形梁组成，梁与梁间用现浇混凝土连接，其中间 T 型主梁的横断面大样，如图 8.10.6(b)所示。

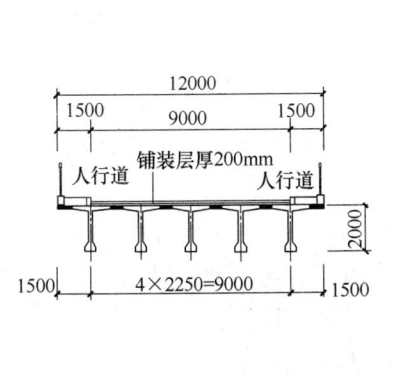
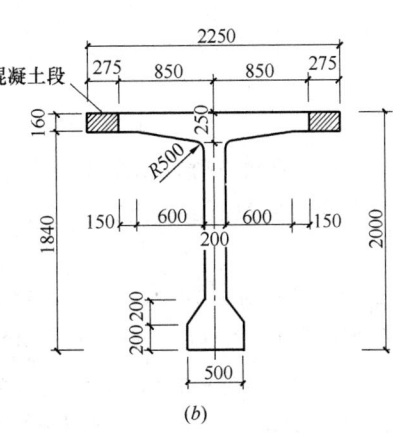

图 8.10.6 桥梁布置图
(a) 断面；(b) 中梁横断面大样

假定，梁桥主梁计算跨径以 29m 计。

试问：该桥中间 T 形主梁在弯矩作用下的受压翼缘有效宽度（mm）与下列何值最为接近？

(A) 9670　　　　(B) 2250　　　　(C) 2625　　　　(D) 3320

【解答】　根据《公桥混规》4.3.3 条规定：

$$b_f = \frac{l}{3} = \frac{29000}{3} = 9666.6\text{mm}$$

$$b_f = 2250\text{mm}$$

$$\frac{h_h}{b_h} = \frac{250-160}{600} = \frac{1}{6.7} < 1/3$$

故取 $b_h = 3h_h = 3 \times (250-160) = 270\text{mm}$

则：$b_f = b + 2b_f + 12h'_f = 200 + 2 \times 270 + 12 \times 160 = 2660\text{mm}$

上述取较小者，故取 $b_f = 2250\text{mm}$，应选 (B) 项。

【例 8.10.12】　一级公路上某钢筋混凝土简支梁桥，计算跨径 14.5m，标准跨径 15.0m，设计荷载为公路—I级。主梁由多片 T 形梁组成，主梁间距为 1.6m，其一根主梁截面尺寸如图 8.10.7 所示。经计算知该主梁跨中截面弯矩标准值为：恒载作用 $M_{Gk} = 600\text{kN·m}$，汽车荷载（包含冲击系数）$M_{qk} = 280\text{kN·m}$，人群荷载 $M_{rk} = 30\text{kN·m}$。主梁采用 C30 混凝土，HRB400 级钢筋。

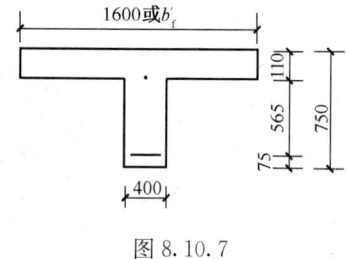

图 8.10.7

试问：

(1) 主梁跨中截面持久状况下承载能力极限状态下基本组合的弯矩设计值（kN·m），与下列何项数值最接近？

(A) 1085　　　　(B) 1145　　　　(C) 1215　　　　(D) 1260

(2) 主梁的有效翼缘宽度 b'_f（mm），与下列何项最接近？

(A) 1600　　　　(B) 1700　　　　(C) 3200　　　　(D) 4800

(3) 假定不计受压钢筋面积，确定受拉区钢筋截面面积 A_s（mm²），与下列何项数值最接近？

(A) 7500　　　　(B) 7600　　　　(C) 6700　　　　(D) 6200

(4) 该主梁截面在持久状况下承载能力极限状态下基本组合的抗剪承载能力设计值（kN），与下列何项数值最接近？

(A) 785　　　　(B) 755　　　　(C) 735　　　　(D) 715

【解答】　(1) 标准跨径 15.0m，按单孔跨径，查《公桥通规》表 1.0.5，该桥属小桥；查《公桥通规》表 4.1.5-1，安全等级为一级，取 $\gamma_0 = 1.0$。

$$\gamma_0 M_d = \gamma_0 (\gamma_G M_{Gk} + \gamma_{Q1} M_{qk} + \psi_c \gamma_{Q2} M_{rk})$$
$$= 1.1 \times (1.2 \times 600 + 1.4 \times 280 + 0.75 \times 1.4 \times 30)$$
$$= 1258\text{kN·m}$$

故应选 (D) 项。

(2) 根据《公桥混规》4.3.3 条规定：
$$b'_f = l/3 = \frac{14500}{3} = 4833 \text{mm}; \quad b'_f = 1600 \text{mm}$$
$$b'_f = b + 2b_h + 12h'_f = 400 + 0 + 12 \times 110 = 1720 \text{mm}$$

取上述较小值 $b'_f = 1600$mm，故应选（A）项。

(3) 先判别 T 形截面类型。

查《公桥混规》表知，$f_{cd} = 13.8$MPa，$f_{td} = 1.39$MPa；$f_{sd} = 330$MPa，$\xi_b = 0.53$。假定中性轴在受压翼缘内，则：

$$f_{cd} b'_f h'_f \left(h_0 - \frac{h'_f}{2}\right) = 13.8 \times 1600 \times 110 \times \left(675 - \frac{110}{2}\right)$$
$$= 1505.86 \text{kN} \cdot \text{m} > \gamma_0 M_d = 1258 \text{kN} \cdot \text{m}$$

故属第一类 T 形截面。

确定受压区截面高度 x：

$$\gamma_0 M_d = f_{cd} b'_f x \left(h_0 - \frac{x}{2}\right), \text{则有：}$$

$$x = h_0 - \sqrt{h_0^2 - \frac{2\gamma_0 M_d}{f_{cd} b'_f}}$$

$$= 675 - \sqrt{675^2 - \frac{2 \times 1.1 \times 1258 \times 10^6}{13.8 \times 1600}}$$

$$= 100 \text{mm} < h'_f = 110 \text{mm}, \text{假定成立。}$$

$x = 100 \text{mm} < \xi_b h_0 = 0.53 \times 675 = 357.75$，满足

$$A_s = \frac{f_{cd} b'_f x}{f_{sd}} = \frac{13.8 \times 1600 \times 100}{330}$$
$$= 6691 \text{mm}^2$$

根据《公桥混规》9.1.12 条规定：

$$\rho_{min} = 0.45 f_{td}/f_{sd} = 0.45 \times 1.39/330 = 0.19\% < 0.2\%。$$

$A_{s,min} = \rho_{min} b h_0 = 0.2\% \times 400 \times 675 = 540 \text{mm}^2 < 6691 \text{mm}^2$，满足。

所以应选（C）项。

(4) 根据《公桥混规》5.2.11 条规定：
$$V_u = 0.51 \times 10^{-3} \sqrt{f_{cu,k}} b h_0 = 0.51 \times 10^{-3} \sqrt{30} \times 400 \times 675$$
$$= 754.21 \text{kN}$$

故应选（B）项。

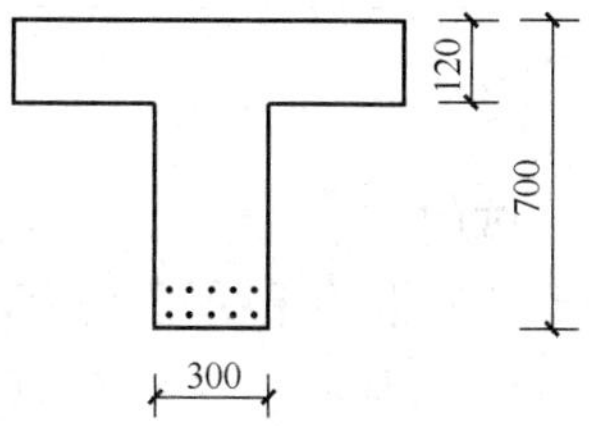

【例 8.10.13】 某公路上简支梁桥由 6 片 T 形主梁组成，计算跨径为 19.5m，标准跨径为 20m，取 $\gamma_0 = 1.0$。某根主梁截面尺寸如图 8.10.8 所示，$b'_f = 600$mm，该梁承载能力极限状况下干基本组合的跨中弯矩设计值 $\gamma_0 M_d = 580$kN·m，采用 C30 混凝土，HRB400 级钢筋，配置双排钢筋，取 $a_s = 70$mm。

图 8.10.8

试问：

(1) 该主梁混凝土受压区高度 x（mm），与下列何项数值最接近？

(A) 115 　　　(B) 127 　　　(C) 152 　　　(D) 185

(2) 该主梁受拉钢筋截面面积 A_s（mm^2），与下列何项最接近？

(A) 3000 　　　(B) 3100 　　　(C) 3200 　　　(D) 3300

【解答】 (1) 判别截面类型：

取 $x=h'_f$ 界限条件。查《公桥混规》表知，$f_{cd}=13.8$MPa，$f_{td}=1.39$MPa，$f_{sd}=330$MPa，$\xi_b=0.53$；$h_0=700-70=630$mm。

$$f_{cd}b'_f h'_f \left(h_0-\frac{h'_f}{2}\right)=13.8\times 600\times 120\times \left(630-\frac{120}{2}\right)$$
$$=566.35\text{kN}\cdot\text{m}<\gamma_0 M_d=1.0\times 580=580\text{kN}\cdot\text{m}$$

故属第二类 T 形截面。

$$M_2=\gamma_0 M_d-f_{cd}(b'_f-b)h'_f(h_0-b'_f/2)$$
$$=580\times 10^6-13.8\times 300\times 120\times(630-120/2)=296.824\text{kN}\cdot\text{m}$$

$$x=h_0-\sqrt{h_0^2-\frac{2M_2}{f_{cd}b}}=630-\sqrt{630^2-\frac{2\times 296.824\times 10^6}{13.8\times 300}}=127\text{mm}$$

$$x=127\text{mm}>h'_f=120\text{mm}$$
$$x=127\text{mm}<\xi_b h_0=0.53\times 630=334\text{mm}$$

故应选 (B) 项。

(2) 根据《公桥混规》式 (5.2.3-3)：

$$f_{sd}A_s=f_{cd}[bx+(b'_f-b)h'_f]$$

$$A_s=13.8\times[300\times 127+(600-300)\times 120]/330=3099\text{mm}^2$$

$$\rho_{min}=0.45f_{td}/f_{sd}=0.45\times 1.39/330=0.1895\%<0.2\%$$

$$A_{s,min}=\rho_{min}bh_0=0.2\%\times 300\times 630=378\text{mm}^2<3099\text{mm}^2，满足$$

故应选 (B) 项。

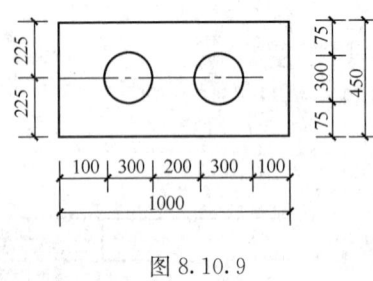

图 8.10.9

【例 8.10.14】 某公路桥梁采用预制的钢筋混凝土简支空心板，截面尺寸如图 8.10.9 所示，$b\times h=1000\text{mm}\times 450\text{mm}$，跨中截面承受的持久状况下承载能力极限状态下基本组合的弯矩设计值 $\gamma_0 M_d=509$kN·m，结构重要性系数 $\gamma_0=0.9$，采用 C30 混凝土，HRB400 级钢筋，$f_{cd}=13.8$MPa，$f_{td}=1.39$MPa，$f_{sd}=330$MPa，$\xi_b=0.53$。取 $a_s=40$mm。

试问：

(1) 混凝土受压区高度 x（mm），与下列何项数值最接近？

(A) 195 　　　(B) 175 　　　(C) 125 　　　(D) 95

(2) 假定计算知混凝土受压区高度 $x=170$mm，受拉区钢筋截面面积 A_s（mm^2），与下列何项最接近？

(A) 5400 　　　(B) 5100 　　　(C) 4800 　　　(D) 4300

【解答】 (1) 矩形截面空心板柱应为工字形截面，按截面形心位置、面积和对形心轴惯性矩不变的条件，将圆孔换算成矩形孔 $b_h \times h_h$：

$$\frac{\pi d^2}{4} = b_h h_h, \quad \frac{\pi d^4}{64} = \frac{b_h h_h^3}{12}$$

则：

$$h_h = \frac{\sqrt{3}}{2} d = \frac{\sqrt{3}}{2} \times 300 = 260 \text{mm}$$

$$b_h = \frac{\pi}{2\sqrt{3}} d = \frac{3.14}{2\sqrt{3}} \times 300 = 272 \text{mm}$$

等效为如图 8.10.10 所示工字形截面。

$$h'_f = 225 - \frac{260}{2} = 95 \text{mm}$$

$$b = 1000 - 2 \times 272 = 456 \text{mm}$$

$$h_0 = h - a_s = 450 - 40 = 410 \text{mm}$$

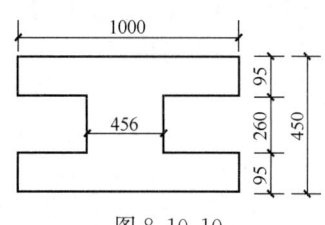

图 8.10.10

判别截面类型：

$$f_{cd} b'_f h'_f \left(h_0 - \frac{h'_f}{2}\right) = 11.5 \times 1000 \times 95 \times \left(410 - \frac{95}{2}\right)$$

$$= 396.03 \text{kN} \cdot \text{m} < \gamma_0 M_d = 509 \text{kN} \cdot \text{m}$$

故为第二类 T 型截面。

$$M_2 = \gamma_0 M_d - f_{cd} (b'_f - b) h'_f (h_0 - h'_f/2)$$

$$= 509 \times 10^6 - 13.8 \times (1000 - 456) \times 95 \times (410 - 95/2) = 250.47 \text{kN} \cdot \text{m}$$

$$x = h_0 - \sqrt{h_0^2 - \frac{2 M_2}{f_{cd} b}} = 410 - \sqrt{410^2 - \frac{2 \times 250.47 \times 10^6}{13.8 \times 456}}$$

$$= 113 \text{mm} < \xi_b h_0 = 217 \text{mm} > h'_f = 95 \text{mm}$$

故应选（B）项。

(2) 根据《公桥混规》式 (5.2.3-3)

$$f_{sd} A_s = f_{cd} [bx + (b'_f - b) h'_f]$$

$$A_s = 13.8 \times [456 \times 113 + (1000 - 456) \times 95] / 280 = 4316 \text{mm}^2$$

$$\rho_{\min} = 0.45 f_{td} / f_{sd} = 0.45 \times 1.39 / 330 = 0.19\% < 0.2\%$$

$$A_{s,\min} = \rho_{\min} b h_0 = 0.2\% \times 456 \times 410 = 374 \text{mm}^2 < 4316 \text{mm}^2$$

故应选（D）项。

【例 8.10.15】 某公路上简支梁桥，标准跨径为 15m，计算跨径为 14.6m，梁桥由 5 片主梁组成，主梁高为 1.3m，跨中腹板宽度为 0.16m，支点处腹板宽度加宽，采用 C30 混凝土，已知支点处某根主梁的恒载作用产生的剪力标准值 $V_{Gk} = 250 \text{kN}$，汽车荷载（含冲击系数）产生的剪力标准值 $V_{qk} = 180 \text{kN}$，人群荷载产生的剪力标准值 $V_{rk} = 20 \text{kN}$。

试问：

(1) 该主梁支点处持久状况下承载能力极限状态下基本组合的剪力设计值（kN），应与下列何项数值最接近？

(A) 575　　　　　(B) 517　　　　　(C) 507　　　　　(D) 485

(2) 假定截面有效高度 $h_0 = 1200 \text{mm}$，承载能力极限状态下基本组合的支点最大剪力设计值为650kN，则支点截面处满足抗剪截面的要求，腹板的最小厚度b（mm），应与下列何项数值最为接近？

(A) 175　　　　　(B) 195　　　　　(C) 205　　　　　(D) 215

（3）假定截面有效高度$h_0=1200$mm，腹板宽度为200mm，当斜截面受压端上由基本组合时的最大剪力设计值$\gamma_0 V_d$（kN）小于下列何项数值时，可不进行斜截面承载力验算，仅需按构造配置箍筋？

(A) 165　　　　　(B) 185　　　　　(C) 200　　　　　(D) 215

【解答】（1）标准跨径为15.0m，按单孔跨径，查《公桥通规》表1.0.5，该桥属小桥，查《公桥通规》表4.1.5-1，该桥安全等级为二级，故取$\gamma_0=1.0$。

$$\gamma_0 V_d = \gamma_0 \ (\gamma_G M_{Gk} + \gamma_{Q1} M_{qk} + \psi_c \gamma_{Q2} M_{rk})$$
$$= 1.0 \times (1.2 \times 250 + 1.4 \times 180 + 0.75 \times 1.4 \times 20)$$
$$= 573 \text{kN}$$

故应选（A）项。

（2）根据《公桥混规》5.2.11条规定：

$$\gamma_0 V_d \leqslant 0.51 \times 10^{-3} \sqrt{f_{cu,k}} b h_0$$
$$1.0 \times 650 \leqslant 0.51 \times 10^{-3} \sqrt{30} \times b \times 1200$$
$$b \geqslant 194 \text{mm}$$

故应选（B）项。

（3）根据《公桥混规》5.2.12条规定：

$$\gamma_0 V_d \leqslant 0.5 \times 10^{-3} \alpha_2 f_{td} b h_0$$
$$\gamma_0 V_d \leqslant 0.5 \times 10^{-3} \times 1.0 \times 1.39 \times 200 \times 1200 = 166.8 \text{kN}$$

故应选（A）项。

三、持久状况正常使用极限状态计算

1. 一般规定和裂缝宽度验算

《公桥混规》规定：

> 6.1.1　公路桥涵的持久状况设计应按正常使用极限状态的要求，采用作用频遇组合、作用准永久组合，或作用频遇组合并考虑作用长期效应的影响，对构件的抗裂、裂缝宽度和挠度进行验算，并使各项计算值不超过本规范规定的各相应限值。在上述各种组合中，汽车荷载不计冲击作用。

《公桥混规》6.4.1条～6.4.5条对钢筋混凝土构件的裂缝宽度计算作了规定。

● 复习《公桥混规》6.4.1条～6.4.5条。

【例8.10.16】某公路装配式钢筋混凝土简支梁桥，标准跨径为20m，梁桥由五片T形主梁组成，每根主梁的梁肋宽度$b=180$mm，梁高为1300mm，梁内纵向受拉钢筋HRB400钢筋12⌀25（$A_s=5891\text{mm}^2$），取$c=40$mm，$a_s=215$mm。

作用准永久组合下主梁跨中弯矩标准值$M_l=650$kN·m，作用频遇组合下主梁跨中弯矩标准值$M_s=950$kN·m。

试问：

主梁在作用频遇组合并考虑长期效应的影响下的最大裂缝宽度 W_{cr}（mm），与下列何项数值最接近？

(A) 0.11　　　(B) 0.15　　　(C) 0.18　　　(D) 0.20

【解答】 根据《公桥混规》6.4.4 条、6.4.3 条规定：

$$\sigma_{ss}=\frac{M_s}{0.87A_s h_0}=\frac{950\times 10^6}{0.87\times 5891\times 1085}=170.8\text{MPa}$$

$$\rho_{te}=\frac{A_s}{2a_s b}=\frac{5891}{2\times 215\times 180}=0.076>0.01，且<0.1，取 \rho=0.076。$$

$$d=25\text{mm}$$

带肋钢筋，$C_1=1.0$；$C_2=1+0.5\frac{M_l}{M_s}=1+0.5\times\frac{650}{950}=1.342$

$C_3=1.0$

$$W_{cr}=C_1 C_2 C_3 \frac{\sigma_{ss}}{E_s}\left(\frac{c+d}{0.36+1.7\rho_{te}}\right)$$

$$=1.0\times 1.342\times 1.0\times\frac{170.8}{2\times 10^5}\times\frac{40+25}{0.36+1.7\times 0.076}$$

$$=0.152\text{mm}$$

故应选（B）项。

【例 8.10.17】 某高速公路上一座预应力混凝土连续箱体桥，其跨径组合为 35m+45m+35m，混凝土强度等级为 C50，桥体临近城镇居住区，需增设声屏障，如图 8.10.11 所示，不计挡板尺寸，主体悬臂跨径为 1880mm，悬臂根部为 350mm。设计时需考虑风荷载、汽车撞击效应，又需分别对防护栏根部和主梁悬臂根部进行极限承载力和正常使用性能分析。

设计主梁悬臂根部顶层每延米布置一排 20 Φ 16 钢筋，钢筋截面面积共计 4022mm²，钢筋中心至悬臂板顶部距离为 40mm。假定，当正常使用极限状态下主梁悬臂根部每延米的作用频遇组合的弯矩值为 200kN·m，采用受弯构件在开裂截面状态下的受拉纵向钢筋应力计算公式。试问，钢筋应力值（N/mm²），最接近下列何项？

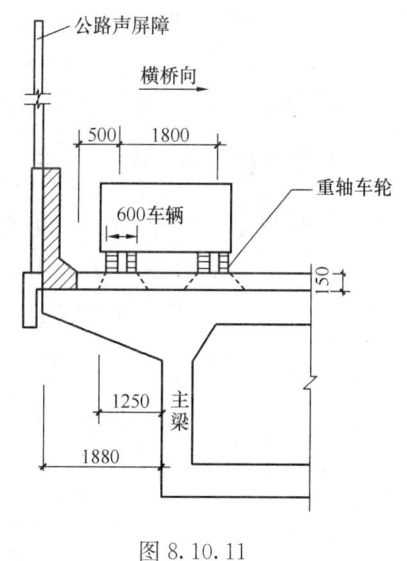

图 8.10.11

(A) 184　　　(B) 189　　　(C) 190　　　(D) 194

【解答】 根据《公桥混规》6.4.4 条：

$$\sigma_{ss}=\frac{200\times 10^6}{0.87\times 4022\times(350-40)}=184.4\text{N/mm}^2$$

故应选（A）项。

2. 挠度和预拱度验算

《公桥混规》6.5.1 条～6.5.5 条对钢筋混凝土构件的挠度和预拱度验算作了规定。

● 复习《公桥混规》6.5.1条~6.5.5条。

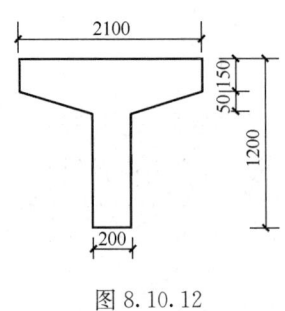

图 8.10.12

【例 8.10.18】 某公路上装配式钢筋混凝土简支梁桥，标准跨径为 20m，计算跨径为 19.5m，梁桥由六片 T 形梁组成，其截面尺寸如图 8.10.12 所示，用 C30 混凝土，HRB400 级钢筋。该根主梁承受的跨中截面弯矩标准值为：永久作用 M_{Gk}=750 kN·m，汽车荷载（含冲击系数）M_{qk}=625kN·m，冲击系数 μ=0.25，人群荷载 M_{rk}=40kN·m。已知 I_0=10.2×10^{10} mm^4，W_0=7.5×10^{7}mm^3，S_0=1.1×10^{8}mm^3，I_{cr}=6.5×10^{10} mm^4，E_c=3×10^{4}MPa。已知作用频遇组合的弯矩值 M_s=1130kN·m。

提示：汽车荷载产生的挠度按 $\dfrac{5M_q l^2}{48B}$ 计算。

试问：

(1) 在作用频遇组合并考虑长期效应影响下，该根主梁的跨中挠度 f（mm），与下列何项数值最接近？

  (A) 15   (B) 18   (C) 26   (D) 35

(2) 该根主梁的预拱度（mm），与下列何项数值最接近？

  (A) 35   (B) 30   (C) 20   (D) 15

【解答】 (1) 根据《公桥混规》6.1.1 条规定，挠度计算时，不计汽车冲击系数。

汽车荷载弯矩：$M_{qk}=\dfrac{625}{1+\mu}=\dfrac{625}{1+0.25}=500\text{kN·m}$

根据《公桥混规》6.5.2 条规定，确定 B：

$$B_{cr}=E_c I_{cr}=3.0\times10^4\times6.5\times10^{10}=1.95\times10^{15}\text{N·mm}^2$$

$$B_0=0.95E_c I_0=0.95\times3\times10^4\times10.2\times10^{10}=2.91\times10^{15}\text{N·mm}^2$$

$$\gamma=2S_0/W_0=2\times1.1\times10^8/(7.5\times10^7)=2.933$$

$$M_{cr}=\gamma f_{tk}W_0=2.933\times2.01\times7.5\times10^7=4.42\times10^8\text{N·mm}$$

$$B=\dfrac{B_0}{\left(\dfrac{M_{cr}}{M_s}\right)^2+\left[1-\left(\dfrac{M_{cr}}{M_s}\right)^2\right]\dfrac{B_0}{B_{cr}}}=\dfrac{2.91\times10^{15}}{\left(\dfrac{442}{1140}\right)^2+\left[1-\left(\dfrac{442}{1140}\right)^2\right]\times\dfrac{2.91}{1.95}}$$

$$=2.05\times10^{15}\text{N·mm}^2$$

C30，取 η_θ=1.6。

在作用频遇组合下并考虑长期效应影响，该根主梁的挠度为：

$$f_l=f_s\eta_\theta=\dfrac{5M_s l^2}{48B}\cdot\eta_\theta=\dfrac{5\times1130\times10^6\times19500^2}{48\times2.05\times10^{15}}\times1.6=34.9\text{mm}$$

故应选 (D) 项。

(2) 根据《公桥混规》6.5.5 条规定：

$$f_l=f_s\eta_\theta=34.9\text{mm}>l/1600=19.5\times10^3/1600=12.19\text{mm}$$

故应设预拱度，即按结构自重和 1/2 可变荷载频遇值计算其长度挠度值之和采用。

$$M'_s = M_{Gk} + \frac{1}{2}\sum_{i=1}^{n}\psi_{fi}M_{jk} = 750 + \frac{1}{2}\times(0.7\times500+1.0\times40) = 945\text{kN}\cdot\text{m}$$

$$f'_l = f'_s\eta_\theta = \frac{5}{48}\frac{M'_s l^2}{B}\cdot\eta_\theta = \frac{5\times945\times10^6\times19500^2}{48\times2.05\times10^{15}}\times1.6 = 29.2\text{mm}$$

故应选（B）项。

【**例 8.10.19**】 某公路上装配式钢筋混凝土简支梁桥，由六片 T 形梁组成，标准跨径为 20m，计算跨径为 19.5m，采用 C30 混凝土，HRB400 级钢筋。经计算，中间一根 T 形梁的跨中截面弯矩标准值 M_k 见表 8.10.1。已知汽车荷载冲击系数 $\mu=0.25$，在作用频遇组合下梁开裂，开裂梁的等效截面抗弯刚度 $B=2.05\times10^{15}\text{N}\cdot\text{m}$。

弯矩标准值　　　　　　　　　　　　　　表 8.10.1

荷载工况	永久作用	汽车荷载（含冲击系数）		人群荷载
		均布荷载	集中荷载	
M_k（kN·m）	750	540	85	40

试问：

(1) 在作用频遇组合并考虑长期效应影响下，该根 T 形梁的跨中挠度 f（mm），与下列何项数值最接近？

(A) 35　　　　(B) 30　　　　(C) 25　　　　(D) 21

(2) 假定 $f_l=35\text{mm}$，该根 T 形梁的预拱度（mm），与下列何项数值最接近？

(A) 0　　　　(B) 18　　　　(C) 24　　　　(D) 29

【**解答**】 (1) 根据《公桥混规》6.1.1 条，不计汽车冲击系数。

$$M_{qk} = \frac{540}{1+0.25} = 432\text{kN}\cdot\text{m},\quad M_{Pk} = \frac{85}{1+0.25} = 68\text{kN}\cdot\text{m}$$

由 6.5.1 条、6.5.2 条：

$$f_s = \frac{5M_{Gk}l^2}{48B} + 0.7\times\frac{5M_{qk}l^2}{48B} + 0.7\times\frac{M_{Pk}l^2}{12B} + 0.4\times\frac{5M_{rk}l^2}{48B}$$

$$= \frac{5\times750\times10^6\times19500^2}{48\times2.05\times10^{15}} + 0.7\times\frac{5\times432\times10^6\times19500^2}{48\times2.05\times10^{15}} + 0.7\times$$

$$\frac{68\times10^6\times19500^2}{12\times2.05\times10^{15}} + 0.4\times\frac{5\times40\times10^6\times19500^2}{48\times2.05\times10^{15}}$$

$$= 14.491 + 5.843 + 0.736 + 0.309$$

$$= 21.379\text{mm}$$

由 6.5.3 条，C30，取 $\eta_\theta=1.6$

$$f_l = 1.6\times21.379 = 34.21\text{mm}$$

故选（A）项。

(2) 根据《公桥混规》6.5.5 条：

$$f_l = 35\text{mm} > \frac{19500}{1600} = 12.2\text{mm}，应设预拱度$$

$$f'_s = 14.491 + \frac{1}{2}\times\left(5.843+0.736+1.0\times\frac{0.309}{0.4}\right)$$

$$= 18.167\text{mm}$$

$$f'_l = 1.6\times18.167 = 29.1\text{mm}，应选（D）项。$$

第十一节 桥梁预应力混凝土结构

本节所用规范为《公路钢筋混凝土及预应力混凝土桥涵设计规范》JTG 3362—2018（以下简称《公桥混规》）。

一、持久状况承载力极限状态计算

《公桥混规》5.1节对桥梁预应力混凝土结构作了一般规定，与前面第七节桥梁钢筋混凝土结构的一般规定是一致的。

- 复习《公桥混规》5.1.1条~5.1.6条。
- 复习《公桥混规》5.2.1条~5.7.2条。

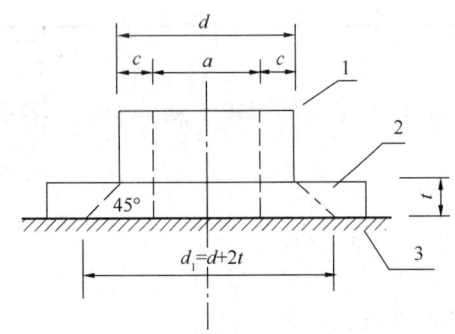

图8.11.1 混凝土局部承压
1—锚圈；2—垫板；3—梁体

【例8.11.1】 某公路预应力混凝土桥梁中的一根梁，采用后张法，张拉时混凝土强度达到C35（$f_{cd}=16.1$MPa）。锚具采用夹片式锚具，如图8.11.1所示，锚圈直径$d=110$mm，锚圈孔直径$a=74$mm，垫板厚度$t=32$mm。锚具下布置螺旋形间接钢筋⌀12（$A_s=113.1$mm^2），钢筋采用HRB400级，间接钢筋的中心直径为220mm，间距$s=60$mm。

已知预应力钢筋张拉力为$0.75f_{pk}A_p=0.75\times1860\times690.9=963.8$kN，局部压力设计值$F_{ld}=1.2\times963.8=1157$kN，取$\gamma_0=1.0$。

试问：
(1) 该局部受压区的截面尺寸验算，应为下列何项？
(A) $\gamma_0 F_{ld}<1222$kN (B) $\gamma_0 F_{ld}<1310$kN (C) $\gamma_0 F_{ld}>935$kN (D) $\gamma_0 F_{ld}>1050$kN

(2) 该构件锚具下局部抗压承载力（kN），与下列何项数值最接近？
(A) 1150 (B) 1250 (C) 1350 (D) 1450

【解答】 (1) 根据《公桥混规》5.7.1条：

$$A_{ln}=\frac{\pi}{4}[(110+2\times32)^2-74^2]=\frac{\pi}{4}\times24800=19468\text{mm}^2$$

$$A_l=\frac{\pi}{4}(110+2\times32)^2=\frac{\pi}{4}\times30276$$

$$A_b=\frac{\pi}{4}[(110+2\times32)\times3]^2=\frac{\pi}{4}\times272484$$

$$\beta=\sqrt{\frac{A_b}{A_l}}=\sqrt{\frac{272484}{30276}}=3$$

$$1.3\eta_s\beta f_{cd}A_{ln}=1.3\times1\times3\times16.1\times19468=1222.4\text{kN}$$

故选（A）项。

(2) 根据《公桥混规》5.7.2条：

$$d_{\text{cor}} = 220 - 12 = 208\text{mm}, A_{\text{cor}} = \frac{\pi}{4} \times 208^2 = \frac{\pi}{4} \times 43264$$

$$\beta_{\text{cor}} = \sqrt{\frac{A_{\text{cor}}}{A_l}} = \sqrt{\frac{43264}{30276}} = 1.1954$$

$$\rho_v = \frac{4A_{\text{ss1}}}{d_{\text{cor}}s} = \frac{4 \times 113.1}{208 \times 60} = 0.03625$$

由题目（1）可知，取 $\eta_s = 1$，$\beta = 3$；取 **K** = 2

$$F_u = 0.9 \times (1 \times 3 \times 16.1 + 2 \times 0.03625 \times 1.1954 \times 330) \times 19468$$
$$= 1347.4\text{kN}$$

故选（C）项。

二、持久状况正常使用极限状态计算

1. 一般规定和预应力损失

> * 复习《公桥混规》6.1.1 条～6.1.8 条。
> * 复习《公桥混规》6.2.1 条～6.2.8 条。

【例 8.11.2】 某预应力混凝土弯箱梁中沿中腹板的一根钢束，如图 8.11.2 所示 A 点至 B 点，A 为张拉端，B 为连续梁跨中截面，预应力孔道为预埋塑料波纹管，假定，管道每米局部偏差对摩擦的影响系数 $k = 0.0015$，预应力钢绞线与管道壁的摩擦系数 $\mu = 0.17$，预应力束锚下的张拉控制应力 $\sigma_{\text{con}} = 1302\text{MPa}$，由 A 至 B 点预应力钢束在梁内竖弯转角共 5 处，转角 1 为 0.0873rad，转角 2～5 均为 0.2094rad，A、B 点所夹圆心角为 0.2964rad，钢束长按 36.442m 计，试问，计算截面 B 处的后张预应力束与管道壁之间摩擦引起的预应力损失值（MPa），与下列何项数值最为接近？

(A) 190　　　(B) 250　　　(C) 260　　　(D) 300

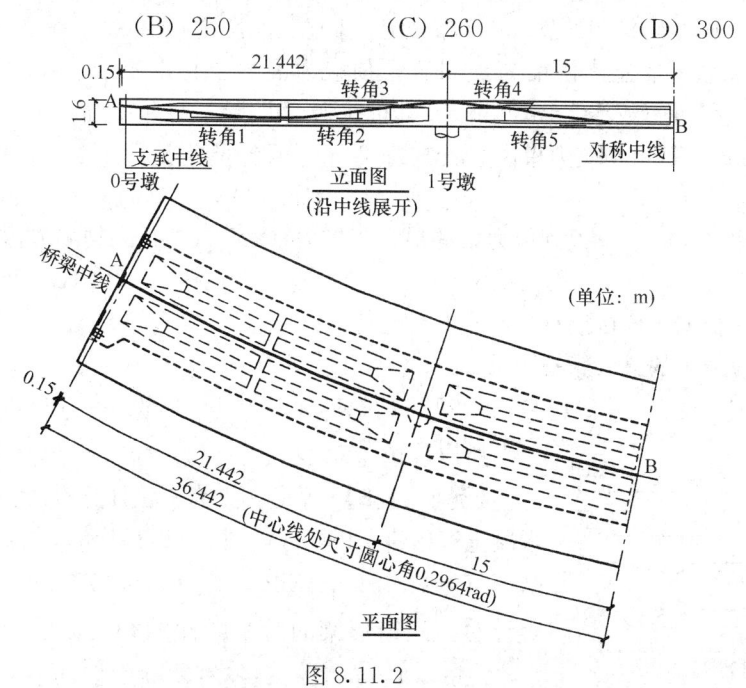

图 8.11.2

【解答】 根据《公桥混规》6.2.2条条文说明：
$$\alpha_v = 0.0873 + 4 \times 0.2094 = 0.9249$$
$$\alpha_h = 0.2964$$
$$\theta = \sqrt{0.9249^2 + 0.2964^2} = 0.971 \text{rad}$$
$$x = 36.442 \text{m}$$
$$\sigma_{l1} = 1302 \times [1 - e^{-(0.17 \times 0.971 + 0.0015 \times 36.442)}] = 256.8 \text{MPa}$$

故应选（C）项。

2. 抗裂验算

桥梁预应力混凝土受弯构件的正截面和斜截面抗裂验算，《公桥混规》6.3.1条~6.3.3条作了规定。

- 复习《公桥混规》6.3.1条~6.3.3条。

3. 裂缝宽度验算

- 复习《公桥混规》6.4.1条~6.4.5条。

4. 挠度和预拱度验算

- 复习《公桥混规》6.5.1条~6.5.6条。

【例8.11.3】 对某公路桥梁的预应力混凝土主梁进行持久状况正常使用极限状态验算时，需分别进行下列验算：（1）抗裂验算；（2）裂缝宽度验算；（3）挠度验算。

试问：在这三种验算中，下列关于汽车荷载冲击力是否需要计入验算的不同选择，其中何项是全部正确的？

(A)（1）计入（2）不计（3）不计入　　(B)（1）不计入（2）不计入（3）不计入
(C)（1）不计入（2）计入（3）计入　　(D)（1）不计入（2）不计入（3）计入

【解答】 根据《公桥混规》6.1.1条规定，上述三类验算均不计冲击系数，应选（B）项。

【例8.11.4】 某公路桥梁为预制后张预应力混凝土箱形梁，跨径为30m，单梁宽3.0m，采用高强度钢绞线$\Phi^s 15.20$mm，其抗拉强度标准值（f_{pk}）为1860MPa，公称截面面积为140mm²，每根预应力束由9股$\Phi^s 15.20$mm钢绞线组成，锚具为夹片式群锚，张拉控制应力为$0.75 f_{pk}$。

试问：超张拉时，单根预应力束的最大张拉力（kN），与下列何项数值最为接近？

(A) 1875　　(B) 1846　　(C) 1810　　(D) 1758

【解答】 根据《公桥混规》6.1.4条规定：

单根预应力束的最大张拉力为：
$$N_p = 0.8 f_{pk} A_p = 0.8 \times 1860 \times 9 \times 140 = 1874880 \text{N} = 1875 \text{kN}$$

所以应选（A）项。

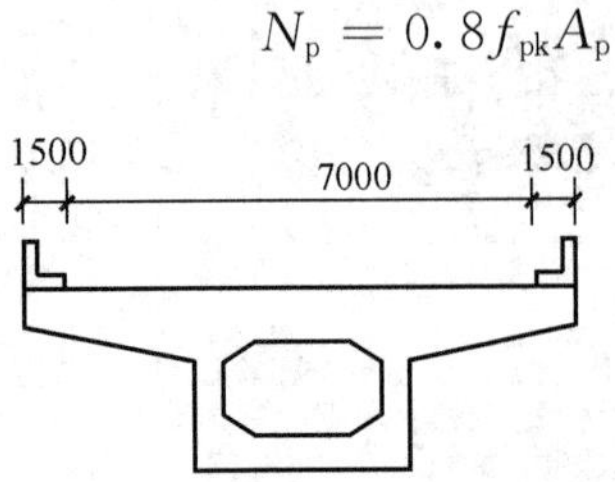

【例8.11.5】 某公路上有一座计算跨径为40m的预应力混凝土箱形简支桥梁，如图8.11.3所示，混凝土强度等级为C50，$E_c = 3.45 \times 10^4$MPa，$f_{tk} = 2.65$MPa，采用后张法施工。经计算，该箱形梁的跨中断面的相关数值为：$A_0 = 9.6$m²，$h = 2.25$m，$I_0 = 7.75$m⁴；换算截面中性轴至上翼缘边缘距离

图8.11.3

$y_{0上}=0.95$m，至下翼缘边缘距离 $y_{0下}=1.3$m；预应力钢筋束合力点距下边缘距离为0.3m，$A_n=8.8\text{m}^2$，$I_n=5.25\text{m}^4$，$y_{n上}=1.10$m，$y_{n下}=1.15$m。

假定在正常使用极限状态作用频遇组合作用下的跨中截面弯矩值 $S_{sd}=75000$kN·m。

试问：

（1）该箱形梁桥按全预应力混凝土构件设计时，跨中断面所需的永久有效最小预应力值（kN），与下列何项数值最接近？

(A) 5000　　　　(B) 5300　　　　(C) 5500　　　　(D) 5600

（2）假定该箱形梁桥按A类预应力混凝土构件设计，并且在正常使用极限状态作用准永久组合作用的跨中截面弯矩值 $S_{ld}=65000$kN·m，则跨中截面所需的永久有效最小预应力值（kN），与下列何项数值最接近？

(A) 35800　　　(B) 36500　　　(C) 38100　　　(D) 39000

【解答】（1）根据《公桥混规》6.3.1条、6.3.2条规定，后张法施工：

作用频遇组合下：$\sigma_{st}-0.85\sigma_{pc}\leqslant 0$

$$\sigma_{st}=\frac{M_s}{W_0}=\frac{S_{sd}}{I_0}\cdot y_0=\frac{75000}{7.75}\times 1.3=12580.6\text{kN/m}^2$$

$$\sigma_{pc}=\frac{N_p}{A_n}+\frac{N_p e_{pn}}{I_n}\cdot y_n=N_p\cdot\left(\frac{1}{A_n}+\frac{e_{pn}\cdot y_n}{I_n}\right)$$

$$=N_p\left[\frac{1}{8.8}+\frac{(1.15-0.3)\times 1.15}{5.25}\right]=0.2998N_p$$

则：$N_p\geqslant\dfrac{\sigma_{st}}{0.85\times 0.2998}=\dfrac{12580.6}{0.85\times 0.2998}=49369$kN

故应选（A）项。

（2）根据《公桥混规》6.3.1条、6.3.2条规定：

A类预应力混凝土，作用准永久组合下：$\sigma_{st}-\sigma_{pc}\leqslant 0.7f_{tk}$

由前述结果知：$12580.6-0.2998N_p\leqslant 0.7f_{tk}=0.7\times 2.65\times 10^3$

$$N_p\geqslant 35776\text{kN}$$

作用准永久组合下：$\sigma_{lt}-\sigma_{pc}\leqslant 0$

$$\sigma_{lt}=\frac{M_l}{W_0}=\frac{S_{ld}}{I_0}y_0=\frac{65000}{7.75}\times 1.3=10903.2\text{kN/m}^2$$

$$10903.2-0.2998N_p\leqslant 0$$

$$N_p\geqslant 10903.2/0.2998=36368\text{kN}$$

故取 $N_p\geqslant 36368$kN，所以应选（B）项。

【例8.11.6】某公路桥梁为后张法A类预应力混凝土T形主梁组成，计算跨径为29.5m，标准跨径为30m，一根T形主梁截面如图8.11.4所示，已知其截面相关数值为：$I_0=2.1\times 10^{11}\text{mm}^4$，预应力钢筋束合力到形心的距离为800mm，梁有效预应力为800N/mm²。混凝土C40，$E_c=3.25\times 10^4$MPa。

假定该主梁跨中截面的弯矩标准值为：恒载 $M_{Gk}=2000$kN·m，车道荷载的均布荷载 $M_{qk}=1250$kN·m（含冲击系数），人群荷载 $M_{rk}=250$kN·m，取汽车荷载冲击系数 $\mu=0.250$。

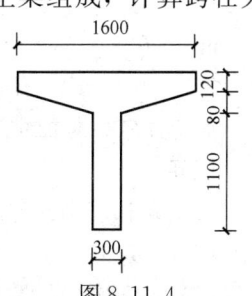

图8.11.4

提示：不考虑车道荷载的集中荷载产生的弯矩。

试问：

(1) 使用阶段在作用频遇组合下并考虑长期效应的影响，该主梁跨中挠度（mm），与下列何项数值最接近？

(A) 60　　　　(B) 65　　　　(C) 70　　　　(D) 75

(2) 假定 $f_l=65\text{mm}$，在使用阶段，消除主梁自重产生的长期挠度后，该主梁的长期挠度值（mm），与下列何项数值最接近？

(A) 20　　　　(B) 25　　　　(C) 32　　　　(D) 36

【解答】 (1) $f_s=\dfrac{5}{48}\cdot\dfrac{M_s l^2}{B}$，根据《公桥混规》6.5.2 条第 2 款规定：

A 类预应力混凝土构件，取 $B=0.95E_c I_0$。

$$M_s = 2000 + 0.7 \times \frac{1250}{1+0.25} + 0.4 \times 250$$

$$= 2800\text{kN}\cdot\text{m}$$

$$f_s = \frac{5}{48}\cdot\frac{M_s l^2}{0.95 E_c I_0}=\frac{5}{48}\cdot\frac{2800\times 10^6 \times 2800^2}{0.95\times 3.25\times 10^4\times 2.1\times 10^{11}}=39.1\text{mm}$$

根据《公桥混规》6.5.3 条规定，取 $\eta_\theta=1.45$。

$$f_s\eta_\theta = 39.1\times 1.45 = 56.7\text{mm}$$

故应选（A）项。

(2) 梁自重产生的长期挠度为：

$$\eta_\theta f_G = 1.45\times\frac{5M_{Gk}l^2}{48\times 0.95 E_c I_0}=\frac{1.45\times 5\times 2000\times 10^6\times 29500^2}{48\times 0.95\times 3.25\times 10^4\times 2.1\times 10^{11}}=40.55\text{mm}$$

$$f = \eta_\theta f_s - \eta_\theta f_G = 65 - 40.55 = 24.5\text{mm}$$

$<l/600=29500/600=49.17\text{mm}$，满足。

故应选（B）项。

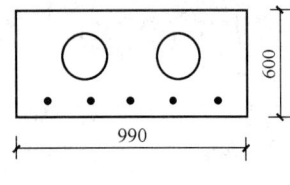

图 8.11.5

【例 8.11.7】 某公路简支桥梁采用先张法预应力混凝土空心板梁，计算跨径为 9.5m，其截面如图 8.11.5 所示。空心板跨中截面的弯矩标准值为：恒载 $M_{Gk}=300\text{kN}\cdot\text{m}$，车道荷载的均布荷载（含冲击系数）$M_{qk}=160\text{kN}\cdot\text{m}$，人群荷载 $M_{rk}=15\text{kN}\cdot\text{m}$。汽车荷载冲击系数 $\mu=0.125$。

该预应力空心板中预应力钢筋截面面积 $A_p=1017\text{mm}^2$，非预应力钢筋截面面积 $A_s=1272\text{mm}^2$，采用 C40 混凝土（$f_{tk}=2.4\text{MPa}$，$E_c=3.25\times 10^4\text{MPa}$）。该空心板换算为工字形截面后的截面特性为：$A_0=3.2\times 10^5\text{mm}^2$，$I_{cr}=3.6\times 10^9\text{mm}^4$，$I_0=1.5\times 10^{10}\text{mm}^4$，中性轴至上翼缘距离为 310mm，至下翼缘距离为 290mm，$S_0=3.2\times 10^7\text{mm}^3$，预应力筋合力至中性轴的距离为 250mm。

假定预应力钢筋重心处的混凝土法向应力为零时，预应力筋的预应力值 $\sigma_{p0}=650\text{N/mm}^2$。

试问：

(1) 该预应力空心板的开裂弯矩（kN·m），与下列何项数值最接近？

(A) 360　　　　(B) 300　　　　(C) 410　　　　(D) 425

(2) 在正常使用阶段作用频遇组合下并考虑长期效应的影响，该预应力空心板梁的跨中挠度（mm），与下列何项数值最接近？

(A) 16   (B) 12   (C) 10   (D) 8

提示：不考虑车道荷载的集中荷载产生的弯矩。

【解答】（1）根据《公桥混规》6.5.2 条第 2 款规定：

$$M_{cr} = (\sigma_{pc} + \gamma f_{tk}) W_0 \ ; \quad W_0 = \frac{I_0}{y_0} = \frac{1.5 \times 10^{10}}{290} = 5.17 \times 10^7 \text{mm}^3$$

由规范式（6.1.6-1）知：$\sigma_{pc} = \frac{N_{p0}}{A_0} + \frac{N_{p0} e_{p0}}{W_0}$

又由规范式（6.1.7-1）知：$N_{p0} = \sigma_{p0} \times A_p = 650 \times 1017 = 661.05 \text{kN}$

则：
$$\sigma_{pc} = \frac{661.05 \times 10^3}{3.2 \times 10^5} + \frac{661.05 \times 10^3 \times 250}{5.17 \times 10^7} = 5.26 \text{MPa}$$

$$\gamma = 2S_0 / W_0 = 2 \times 3.2 \times 10^7 / 5.17 \times 10^7 = 1.24$$

$$M_{cr} = (\sigma_{pc} + \gamma f_{tk}) W_0 = (5.26 + 1.24 \times 2.4) \times 5.17 \times 10^7$$
$$= 4.26 \times 10^8 \text{N} \cdot \text{mm} = 426 \text{kN} \cdot \text{m}$$

故应选（D）项。

（2）$M_s = 406 \text{kN} \cdot \text{m} < M_{cr} = 426 \text{kN} \cdot \text{m}$

为 A 类预应力混凝土受弯构件。

根据《公桥混规》6.5.2 条规定：

$$M_s = 300 + 0.7 \times \frac{160}{1 + 0.125} + 0.4 \times 15$$
$$= 405.6 \text{kN} \cdot \text{m}$$

$$f_s = \frac{5}{48} \cdot \frac{M_s l^2}{0.95 E_c I_0}$$
$$= \frac{5}{48} \times \frac{405.6 \times 10^6 \times 9500^2}{0.95 \times 3.25 \times 10^4 \times 1.5 \times 10^{10}}$$
$$= 8.23 \text{mm}$$

$$f_c = \eta_\theta f_s = 1.45 \times 8.23 = 11.93 \text{mm}$$

故应选（B）项。

【例 8.11.8】某公路桥梁为后张法 A 类预应力混凝土 T 形梁组成，其计算跨径为 29.5m，标准跨径为 30m，采用 C40 混凝土。其中，某一根 T 形边梁的跨中弯矩标准值见表 8.11.1，汽车冲击系数取 0.250。已知 $I_0 = 2.1 \times 10^{11} \text{mm}^4$，C40 的 $E_c = 3.25 \times 10^4 \text{MPa}$。取 $\gamma_0 = 1.0$。

表 8.11.1

作用工况	永久作用	汽车荷载（含冲击系数）		人群荷载
		均布荷载	集中荷载	
弯矩标准值（kN·m）	2000	1075	175	250

试问：

（1）在作用频遇组合下并考虑长期效应的影响，该边梁的跨中挠度（mm），与下列何项数值最接近？

(A) 40   (B) 50   (C) 55   (D) 60

（2）消除该边梁自重产生的长期挠度后，试问，该边梁跨中的长期挠度（mm），与下列何项数值最接近？

(A) 10　　　　　(B) 15　　　　　(C) 20　　　　　(D) 25

【解答】（1）根据《公桥混规》6.5.2条：

不计冲击系数，$M_{qk}=\dfrac{1075}{1+0.25}=860\text{kN}\cdot\text{m}$，$M_{Pk}=\dfrac{175}{1+0.25}=140\text{kN}\cdot\text{m}$

A类预应力混凝土构件，则：

$$B=0.95E_cI_0=0.95\times3.25\times10^4\times2.1\times10^{11}=6.48\times10^{15}\text{N}\cdot\text{mm}$$

$$f_s=\dfrac{5M_{Gk}l^2}{48B}+0.7\times\dfrac{5M_{qk}l^2}{48B}+0.7\times\dfrac{M_{Pk}l^2}{12B}+0.4\times\dfrac{5M_{rk}l^2}{48B}$$

$$=\dfrac{5\times2000\times10^6\times29500^2}{48\times6.48\times10^{15}}+0.7\times\dfrac{5M_{qk}l^2}{48B}+0.7\times\dfrac{M_{Pk}l^2}{12B}+0.4\times\dfrac{5M_{rk}l^2}{48B}$$

$$=27.979+8.422+1.097+1.399$$

$$=38.897\text{mm}$$

由6.5.3条，取 $\eta_\theta=1.45$

$f_l=1.45\times38.897=56.40\text{mm}$，应选（C）项。

（2）由上述题目（1）可知：

$$f=1.45\times(8.422+1.097+1.399)=15.83\text{mm}$$

故选（B）项。

三、持久状况和短暂状况构件的应力计算

1. 持久状况构件的应力计算

《公桥混规》7.1.1条规定：

> 7.1.1 预应力混凝土受弯构件在进行持久状况设计时，应计算其使用阶段正截面的混凝土法向压应力、受拉区钢筋拉应力和斜截面的混凝土主压应力，并不得超过本节规定的限值。计算时作用取其标准值，汽车荷载应考虑冲击作用。

同时，《公桥通规》4.1.8条作了如下规定：

> 4.1.8 结构构件当需进行弹性阶段截面应力计算时，除特别指明外，各作用应采用标准值，作用分项系数应取为1.0，各项应力限值应按各设计规范规定采用。

构件正截面和斜截面的应力计算，《公桥混规》作了规定。

- 复习《公桥混规》7.1.2条~7.1.5条。

【例8.11.9】某公路简支桥梁，采用单箱单室箱形梁截面，采用后张法施工，该箱形梁跨中截面由全部恒载产生的弯矩标准值 $M_{Gk}=11000\text{kN}\cdot\text{m}$，汽车车道荷载产生的弯矩标准值 $M_{Qk}=5000\text{kN}\cdot\text{m}$（已计入冲击系数 $\mu=0.2$），人群荷载产生的弯矩标准值 $M_{rk}=500\text{kN}\cdot\text{m}$；主梁净截面重心至预应力钢筋合力点的距离 $e_{pn}=1.0$（截面重心以下）。

已知主梁跨中净截面的截面面积 $A_n=5.3\text{m}^2$，$I_n=1.5\text{m}^4$，净截面重心至下边缘的距离 $y_n=1.15\text{m}$，跨中换算截面 $A_0=6.5\text{m}^2$，$I_0=1.8\text{m}^4$，$y_0=1.35\text{m}$。

试问:

(1) 假定永久有效预加力产生的预应力筋和普通钢筋的合力 $N_p=20000$kN, 在持久状况下该桥主梁跨中截面在使用阶段的正截面混凝土下边缘的法向应力 (MPa), 与下列何项数值最为接近?

(A) 7.5　　　(B) 6.7　　　(C) 4.5　　　(D) 3.5

(2) 假定该桥持久状况下主梁跨中截面在使用阶段的正截面混凝土下边缘的法向应力为零, 则永久有效预加力值 (kN), 与下列何项数值最接近?

(A) 12200　　(B) 13000　　(C) 14200　　(D) 14800

【解答】 (1) 根据《公桥混规》7.1.1 条、7.1.2 条、7.1.3 条规定:

$$M_k = 11000 + 5000 + 500 = 16500 \text{kN} \cdot \text{m}$$

$$\sigma_{kc} = -\frac{M_k}{I_0} y_0 = -\frac{16500}{1.8} \times 1.35 = -12375 \text{kN/m}^2$$

后张法, 永久有效预加力产生的主梁跨中截面下缘的法向应力为:

$$\sigma_{pc} = \frac{N_p}{A_n} + \frac{N_p e_{pn}}{I_n} \cdot y_n = \frac{20000}{5.3} + \frac{20000 \times 1.0}{1.5} \times 1.15 = 19106.9 \text{kN/m}^2$$

主梁跨中截面在使用阶段正截面混凝土下边缘的法向应力:

$$\sigma_c = \sigma_{pc} + \sigma_{kc} = 19106.9 - 12375 = 6731 \text{kN/m}^2 = 6.73 \text{N/mm}^2$$

故应选 (B) 项。

(2) 由前述结果知: $\sigma_{kc} = -12375 \text{kN/m}^2$

$$\sigma_{pc} = \frac{N_p}{A_n} + \frac{N_p e_{pn}}{I_n} y_n = N_p \left(\frac{1}{5.3} + \frac{1}{1.5} \times 1.15 \right) = 0.955 N_p$$

$$\sigma_c = \sigma_{kc} + \sigma_{pc} = 0, \text{则}:$$

$$N_p = -\sigma_{kc}/0.955 = 12375/0.955 = 12958 \text{kN}$$

故应选 (B) 项。

【例 8.11.10】 某公路简支桥梁, 采用单箱单室梁截面, 采用后张法施工, 单箱梁跨中截面正弯矩标准值为 $M_{恒}=43000$kN·m, $M_{活}=16000$kN·m, 主梁净截面特性为: $A_n=6.50$m², $I_n=5.50$m⁴, 中性轴至上、下缘距离分别为 $y_{n上}=1.0$m, $y_{n下}=1.5$m, 预应力筋偏心距 $e_{pn}=1.3$m; 换算截面特性为: $A_0=7.60$m², $I_0=6.2$m⁴, $y_{0上}=0.8$m, $y_{0下}=1.7$m。已知预应力筋扣除全部预应力损失后有效预应力为 $\sigma_{pe}=0.5f_{pk}$, $f_{pk}=1860$MPa。

试问:

(1) 持久状况下正常使用状态时, 在主梁下边缘混凝土应力为零的条件下, 估算该截面预应力筋积 (cm²), 与下列何项最接近?

(A) 295　　　(B) 3400　　　(C) 340　　　(D) 2950

(2) 经计算主梁跨中截面预应力钢绞线截面面积 $A_p=400$cm², 钢绞线张拉控制应力 $\sigma_{con}=0.70f_{pk}$, 又由计算知预应力损失总值 $\Sigma\sigma_l=300$MPa, 若 $f_{pk}=1860$MPa, 试估算永久有效预加力 (kN), 与下列何项接近?

(A) 400800　　(B) 40080　　(C) 52080　　(D) 62480

【解答】 (1) 根据《公桥混规》7.1.1 条、7.1.2 条、7.1.3 条规定:

$$M_k = M_{恒} + M_{活} = 43000 + 16000 = 59000 \text{kN} \cdot \text{m}$$

$$\sigma_{kc} = -\frac{M_k}{I_0} y_{0\text{下}} = -\frac{59000}{6.2} \times 1.7 = -16177.4 \text{kN/m}^2 = -16.18 \text{N/mm}^2$$

后张法，永久有效预加力产生的主梁跨中截面下边缘的法向应力：

$$\sigma_{pc} = \frac{N_p}{A_n} + \frac{N_p e_{pn}}{I_n} \cdot y_{n\text{下}} = \sigma_{pe} \cdot A_p \left(\frac{1}{A_n} + \frac{e_{pn}}{I_n} y_{n\text{下}}\right)$$

$$= 0.5 \times 1860 \cdot A_p \left(\frac{1}{6.50} + \frac{1.30 \times 1.5}{5.5}\right) \times 10^{-6}$$

$$= 4.728 \times 10^{-4} A_p$$

$$\sigma_{kc} + \sigma_{pc} = 0$$

则：　　　　$A_p = 16.18 / (4.728 \times 10^{-4}) = 34222 \text{mm}^2 = 342.2 \text{cm}^2$

故应选（C）项。

(2) 有效预应力：$\sigma_{pe} = \sigma_{con} - \Sigma \sigma_l = 0.7 \times 1860 - 300 = 1002 \text{MPa}$

永久有效预加力：$N_p = \sigma_{pe} \cdot A_p = 1002 \times 400 \times 10^2 = 40080000 \text{N} = 40080 \text{kN}$

应选（B）项。

【例 8.11.11】 某预应力混凝土梁，混凝土强度等级为 C50，梁腹板宽度 0.5m，在支承区域按持久状况进行设计时，由作用标准值和预应力产生的主拉应力为 1.5MPa（受拉为正），不考虑斜截面抗剪承载力计算，假定箍筋的抗拉强度标准值按 180MPa 计，试问，下列各箍筋配置方案哪个更为合理？

(A) 4 肢Φ12 间距 100mm　　　　(B) 4 肢Φ14 间距 150mm
(C) 2 肢Φ16 间距 100mm　　　　(D) 6 肢Φ14 间距 150mm

【解答】 根据《公桥混规》7.1.6 条：

$$\sigma_{tp} = 1.5 \text{MPa} > 0.5 f_{tk} = 0.5 \times 2.65 = 1.325 \text{MPa}$$

故按式（7.1.6-2）配置箍筋。

当 $s_v = 100\text{mm}$，$A_{sv} = \frac{s_v \sigma_{tp} b}{f_{sk}} = \frac{100 \times 1.5 \times 500}{180} = 420 \text{mm}^2$

(A) 项：$A_{sv} = 4 \times 113.1 = 452.4 \text{mm}^2$，满足。

(C) 项：$A_{sv} = 2 \times 201 = 402 \text{mm}^2$，不满足。

当 $s_v = 150\text{mm}$，$A_{sv} = \frac{150 \times 1.5 \times 500}{100} = 625 \text{mm}^2$

(B) 项：$A_{sv} = 4 \times 153.9 = 615.61 \text{mm}^2$，不满足。

(D) 项：$A_{sv} = 6 \times 153.9 = 923.4 \text{mm}^2$，满足，但不经济。

故应选（A）项。

2. 短暂状况构件的应力计算

《公桥混规》7.2.1 条至 7.2.8 条作了具体规定。

> ● 复习《公桥混规》7.2.1 条～7.2.8 条。

四、构造要求

> ● 复习《公桥混规》9.4.1 条～9.4.27 条。

【例 8.11.12】 某公路预应力混凝土桥梁的梁采用后张法，混凝土采用 C45，配置曲线预应力钢筋，管道外缘直径 $d_s = 60\text{mm}$，管道曲线半径 $r = 10\text{m}$。已知张拉时混凝土强度为C35，预应力筋张拉力设计值 $P_d=1450$ kN。环境类别为Ⅲ类，取 $\gamma_0=1.0$。

试问：

(1) 在管道曲线平面内向心方向，管道最小混凝土保护层厚度 c（mm），下列何项最合理？

(A) $C=35$　　　　　　　　　　(B) $C=40$

(C) $C=55$，设置钢筋网片　　　(D) $C=65$，设置钢筋网片

(2) 假定，在管道曲线平面内设置箍筋，采用HPB300级钢筋，配置双肢箍，其他满足构造要求。试问，该箍筋的配置，下列何项满足规范要求且经济合理？

(A) $\Phi14@200$　　(B) $\Phi12@200$　　(C) $\Phi10@200$　　(D) $\Phi8@200$

(3) 在管道曲线平面外，管道最小混凝土保护层厚度（mm），应取下列何项？

(A) 30　　　　　(B) 35　　　　　(C) 40　　　　　(D) 45

【解答】 (1) 根据《公桥混规》9.4.8条：

$$C_{in} \geq \frac{1450\times10^3}{0.266\times10\times10^3\times\sqrt{35}} - \frac{60}{2} = 62.1 \text{mm}$$

环境为Ⅲ类，由9.1.1条，取 $c\geq\max\left(35,\dfrac{60}{2}\right)=35$mm

最终取 $c\geq62.1$mm

由9.1.2条，应设置钢筋网片，故选（D）项。

(2) 根据《公桥混规》9.4.8条：

$$A_{sv1} \geq \frac{1450\times10^3\times200}{2\times10\times10^3\times250} = 58 \text{mm}^2$$

$$\Phi8(A_s=50.3\text{mm}^2), \Phi10(A_s=78.5\text{mm}^2)$$

故选（C）项。

(3) 根据《公桥混规》9.4.8条：

$$C_{out} \geq \frac{1450\times10^3}{0.266\pi\times10\times10^3\times\sqrt{35}} - \frac{60}{2} = -0.7 \text{mm}$$

同理，环境为Ⅲ类，由9.1.1条，$c\geq\max\left(35,\dfrac{60}{2}\right)=35$mm

最终取 $c=35$mm

故选（B）项。

【例8.11.13】 某公路预应力混凝土桥梁位于环境类别为Ⅲ类地区，其一根梁采用后张法，配置曲线预应力钢筋，管道外缘直径均为60mm。张拉时混凝土强度达到C35。曲线管道如图8.11.6所示，管道曲线半径分别为：$r_1=10$m，$r_2=9.5$m，预应力筋张拉力设计值分别为：1、2号筋 $P_{d1}=P_{d2}=1650$kN；3、4号筋 $P_{d3}=P_{d4}=1850$kN。取 $\gamma_0=1.0$。

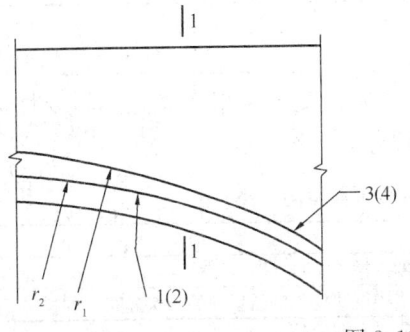
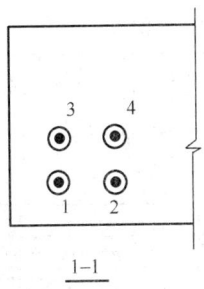

图8.11.6

试问：

（1）在管道曲线平面内，相邻管道间的最小净距 s_n（mm），应取下列何项数值，才满足规范要求且经济合理？

(A) 40　　　　(B) 60　　　　(C) 80　　　　(D) 90

（2）在管道曲线平面外，相邻管道的最小净距 s_n（mm），应取下列何项数值，才满足规范要求且经济合理？

(A) 40　　　　(B) 50　　　　(C) 80　　　　(D) 90

【解答】（1）根据《公桥混规》9.4.9 条：

取 $P_d = 1850 \text{kN}$，$r = 10\text{m}$

$$S_n = C_{in} \geqslant \frac{1850 \times 10^3}{0.266 \times 10 \times 10^3 \times \sqrt{35}} - \frac{60}{2} = 88\text{mm}$$

$$S_n \geqslant \max(40, 0.6 \times 60) = 40\text{mm}$$

故取 $S_n \geqslant 88\text{mm}$，选（D）项。

（2）根据《公桥混规》9.4.9 条：

取 $P_d = 1850 \text{kN}$，$r = 10\text{m}$

$$S_n = C_{out} \geqslant \frac{1850 \times 10^3}{0.266\pi \times 10 \times 10^3 \times \sqrt{35}} - \frac{60}{2} = 7.4\text{mm}$$

$$S_n \geqslant \max(40, 0.6 \times 60) = 40\text{mm}$$

故取 $S_n \geqslant 40\text{mm}$，选（A）项。

第十二节　城市桥梁抗震设计

本节所用规范为《抗震通规》和《城桥抗规》。

一、桥梁抗震设计的基本要求

1. 抗震设防目标（性能要求）

> ● 复习《抗震通规》2.1.1 条、2.1.2 条。

2. 抗震设防分类和设防标准

> ● 复习《抗震通规》2.3.1 条、2.3.2 条。

《城桥抗规》规定：

> 3.1.1　城市桥梁应根据结构形式、在城市交通网络中位置的重要性以及承担的交通量，按表 3.1.1 分为甲、乙、丙和丁四类。
>
> 城市桥梁抗震设防分类　　　　表 3.1.1
>
> | 桥梁抗震设防分类 | 桥　梁　类　型 |
> | --- | --- |
> | 甲 | 悬索桥、斜拉桥以及大跨度拱桥 |
> | 乙 | 除甲类桥梁以外的交通网络中枢纽位置的桥梁和城市快速路上的桥梁 |

续表

桥梁抗震设防分类	桥 梁 类 型
丙	城市主干路和轨道交通桥梁
丁	除甲、乙和丙三类桥梁以外的其他桥梁

3.1.2 本规范采用两级抗震设防,在E1和E2地震作用下,各类城市桥梁抗震设防标准应符合表3.1.2的规定。

城市桥梁抗震设防标准 表3.1.2

桥梁抗震设防分类	E1地震作用		E2地震作用	
	震后使用要求	损伤状态	震后使用要求	损伤状态
甲	立即使用	结构总体反应在弹性范围,基本无损伤	不需修复或经简单修复可继续使用	可发生局部轻微损伤
乙	立即使用	结构总体反应在弹性范围,基本无损伤	经抢修可恢复使用,永久性修复后恢复正常运营功能	有限损伤
丙	立即使用	结构总体反应在弹性范围,基本无损伤	经临时加固,可供紧急救援车辆使用	不产生严重的结构损伤
丁	立即使用	结构总体反应在弹性范围,基本无损伤	—	不致倒塌

3. 两级抗震设防、两阶段设计

《城桥抗规》3.1.2条规定,城市桥梁抗震的两级抗震设防是指桥梁抗震设防性能目标,即:甲类、乙类、丙类和丁类桥梁在E1地震作用下和E2地震作用下的震后使用要求和损伤状态。

E1地震作用和E2地震作用,其相应的地震重现期,《城桥抗规》3.2.1条和3.2.2条的条文说明中指出:

3.2.1、3.2.2（条文说明）

甲类桥梁设防的E1和E2地震影响,相应的地震重现期分别为475年和2500年;乙、丙和丁类桥梁的E1地震作用是在现行国家标准《建筑抗震设计规范》GB 50011—2001中的多遇地震（重现期63年）的基础上,考虑表1中的重要性系数得到的;乙、丙和丁类桥梁的E2地震作用直接采用现行国家标准《建筑抗震设计规范》GB 50011—2001中的罕遇地震（重现期2000年～2450年）。

E1地震考虑的重要系数 表1

乙类	丙类	丁类
1.7	1.3	1.0

两阶段设计是指:第一阶段的抗震设计,采用弹性抗震设计;第二阶段的抗震设计,采用延性抗震设计方法,并引入能力保护设计原则。通过第一阶段的抗震设计,即对应的E1地震作用的抗震设计,可达到结构是有足够强度的抗震设防水平。通过第二阶段的抗震设计,即对应E2地震作用的抗震设计,来保证结构具有足够的延性能力,通过验算,确保结构的延性能力大于延性需求。通过引入能力保护设计原则,确保塑性铰只在选定的

位置出现，并且不出现剪切破坏等破坏模式。通过抗震构造措施设计，确保结构具有足够的位移能力。

4. 抗震设计和抗震设计方法

桥梁抗震设计包括：抗震计算；抗震措施。

（1）抗震计算

《抗震通规》6.1.1条、6.1.2条作了规定。《城桥抗规》3.3.3条作了相同规定。

《城桥抗规》规定：

> 3.1.3 地震基本烈度为6度及以上地区的城市桥梁，必须进行抗震设计。
>
> 3.3.1 甲类桥梁的抗震设计可参考本规范第10章给出的抗震设计原则进行设计。
>
> 3.3.2 乙、丙和丁类桥梁的抗震设计方法根据桥梁场地地震基本烈度和桥梁结构抗震设防分类，分为：A、B和C三类，并应符合下列规定：
>
> 1 A类：应进行E1和E2地震作用下的抗震分析和抗震验算，并应满足本章3.4节桥梁抗震体系以及相关构造和抗震措施的要求；
>
> 2 B类：应进行E1地震作用下的抗震分析和抗震验算，并应满足相关构造和抗震措施的要求；
>
> 3 C类：应满足相关构造和抗震措施的要求，不需进行抗震分析和抗震验算。
>
> 3.3.3 乙、丙和丁类桥梁的抗震设计方法应按表3.3.3选用。

桥梁抗震设计方法选用 表3.3.3

地震基本烈度 \ 抗震设防分类	乙	丙	丁
6度	B	C	C
7度、8度和9度地区	A	A	B

【**例8.12.1**】 某城市快速路上的一座立交匝道桥，其中一段为四孔各30m的简支梁桥，单向双车道，桥梁总宽9.0m，其中行车道净宽度为8.0m。上部结构采用预应力混凝土箱梁（桥面连续），桥墩由扩大基础上的钢筋混凝土圆柱墩身及带悬臂的盖梁组成。梁体混凝土线膨胀系数取$\alpha=0.00001$。设计荷载：城-A级。该桥桥址处地震动峰值加速度为$0.15g$（相当抗震设防烈度7度）。试问，该桥应选用下列何类抗震设计方法？

(A) A类　　　　(B) B类　　　　(C) C类　　　　(D) D类

【**解答**】 根据《城桥抗规》表3.1.1，属于乙类。

乙类、7度，由规范表3.3.3，应选用A类抗震设计方法。

故应选（A）项。

（2）抗震措施

《城桥抗规》规定：

> 3.1.4 各类城市桥梁的抗震措施，应符合下列要求：
>
> 1 甲类桥梁抗震措施，当地震基本烈度为6~8度时，应符合本地区地震基本烈度提高一度的要求；当为9度时，应符合比9度更高的要求。

2 乙类和丙类桥梁抗震措施，一般情况下，当地震基本烈度为6～8度时，应符合本地区地震基本烈度提高一度的要求；当为9度时，应符合比9度更高的要求。
3 丁类桥梁抗震措施均应符合本地区地震基本烈度的要求。

【例8.12.2】 某城市主干路的一座单跨30m的梁桥，可通过双向两列车，其抗震基本烈度为7度，地震动峰值加速度为0.15g。试问，该桥的抗震措施等级应采用下列何项数值？
（A）6度　　　　　　（B）7度　　　　　　（C）8度　　　　　　（D）9度

【解答】 根据《城桥抗规》表3.1.1，属于丙类桥梁；由3.1.4条第2款，其抗震措施等级为8度。
故应选（C）项。

【例8.12.3】 某城市主干路上一座路线桥，跨径组合为30m+40m+30m预应力混凝土连系箱梁桥，位于地震基本烈度为7度（0.15g）区。在确定设计标准时，下列有几条不符合规范？
（1）桥梁设防丙类，地震标准为E1地震作用下，震后可立即使用，结构总体弹性内基本无损；E2地震作用下，震后经抢修可恢复使用，永久性修复后恢复正常运营功能，桥体构件有限损伤；
（2）桥梁抗震措施采用符合本地区地震基本烈度要求；
（3）地震调整系数，C2值在E1地震作用和E2地震作用下分别取0.46、2.2；
（4）抗震设计方法，采用A类进行E1地震作用和E2地震作用下的抗震分析和验算。
试问，上述要求中，正确的是下列何项？
（A）1　　　　　　（B）2　　　　　　（C）3　　　　　　（D）4

【解答】 根据《城桥震规》3.1.1条，为丙类。
由3.1.2条，1.错误。
由3.1.4条，2.错误。
由3.2.2条，3.错误。
由3.3.2条，3.3.3条，4.正确。
故选（C）项。

5. 桥梁抗震体系
能力保护设计方法，《城桥抗规》规定：

2.1.15 能力保护设计方法 capacity protection design method
为保证在预期地震作用下，桥梁结构中的能力保护构件在弹性范围工作，其抗弯能力应高于塑性铰区抗弯能力的设计方法。

能力保护设计方法的基本思想在于：通过设计，使结构体系中的延性构件和能力保护构件形成强度等级差异，确保结构构件不发生脆性的破坏模式。基于能力保护设计方法的结构抗震设计过程，一般都具有以下特征：
1）选择合理的结构布局；

2) 选择地震中预期出现的弯曲塑性铰的合理位置，保证结构能形成一个适当的塑性耗能机制；通过强度和延性设计，确保塑性铰区域截面的延性能力；

3) 确立适当的强度等级，确保预期出现弯曲塑性铰的构件不发生脆性破坏模式（如剪切破坏、粘结破坏等），并确保脆性构件和不宜用于耗能的构件（能力保护构件）处于弹性反应范围。

具体到梁桥，按能力保护设计方法，应考虑以下几方面：

1) 塑性铰的位置一般选择出现在墩柱上，墩柱作为延性构件设计，可以发生弹塑性变形，耗散地震能量；

2) 墩柱的设计剪力值按能力设计方法计算，应为与柱的极限弯矩（考虑超强系数）所对应的剪力，在计算剪力设计值时应考虑所有塑性铰位置以确定最大的设计剪力；

3) 盖梁、节点及基础按能力保护构件设计，其设计弯矩、设计剪力和设计轴力应为与柱的极限弯矩（考虑超强系数）所对应的弯矩、剪力和轴力；在计算盖梁、节点和基础的设计弯矩、设计剪力和轴力值时应考虑所有塑性铰位置以确定最大的设计弯矩、剪力和轴力。

为此，《城桥抗规》规定：

3.4.2 对采用 A 类抗震设计方法的桥梁，可采用的抗震体系有以下两种类型：

1 类型Ⅰ：地震作用下，桥梁的塑性变形、耗能部位位于桥墩，其中连续梁、简支梁单柱墩和双柱墩的耗能部位如图 3.4.2 所示。

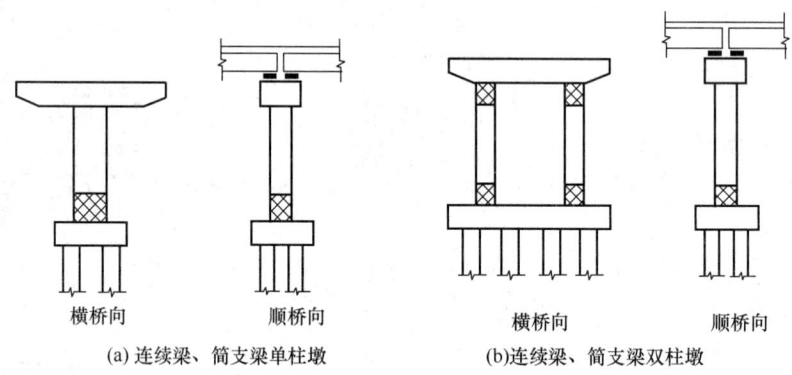

(a)连续梁、简支梁单柱墩　　(b)连续梁、简支梁双柱墩

图 3.4.2 墩柱塑性铰区域

（图中：⊠代表塑性铰区域）

2 类型Ⅱ：地震作用下，桥梁的耗能部位位于桥梁上、下部连接构件（支座、耗能装置）。

3.4.3 对采用抗震体系为类型Ⅰ的桥梁，其盖梁、基础、支座和墩柱抗剪的内力设计值应按能力保护设计方法计算，根据墩柱塑性铰区域截面的超强弯矩确定。

6. 抗震概念设计

《城桥抗规》3.5.1 条～3.5.4 条作了相应的规定。

二、场地、地基与基础

1. 场地
《城桥抗规》4.1.8 条规定：

> 4.1.8 工程场地范围内分布有发震断裂时，应对断裂的工程影响进行评价，当符合下列条件之一者，可不考虑发震断裂对桥梁的错动影响：
> 1 地震基本烈度小于 8 度；
> 2 非全新世活动断裂；
> 3 地震基本烈度为 8 度、9 度地区的隐伏断裂，前第四纪基岩以上的土层覆盖层厚度分别大于 60m、90m；
> 4 当不能满足上述条件时，宜避开主断裂带，其避让距离宜按下列要求采用：
> 1）甲类桥梁应尽量避开主断裂，地震基本烈度为 8 度和 9 度地区，其避开主断裂的距离为桥墩边缘至主断裂带外缘分别不宜小于 300m 和 500m；
> 2）乙、丙及丁类桥梁宜采用跨径较小便于修复的结构；
> 3）当桥位无法避开发震断裂时，宜将全部墩台布置在断层的同一盘（最好是下盘）上。

2. 地基的承载力
《城桥抗规》规定：

> 4.3.1 地基抗震验算时，应采用地震作用效应与永久作用效应组合。
> 4.3.2 地基抗震承载力容许值应按下式计算：
> $$[f_{aE}] = K_E [f_a] \tag{4.3.2}$$
> 式中 $[f_{aE}]$——调整后的地基抗震承载力容许值；
> K_E——地基抗震容许承载力调整系数，应按表 4.3.2 取值；
> $[f_a]$——修正后的地基承载力容许值，应按现行行业标准《公路桥涵地基与基础设计规范》JTG D63 采用。

地基土抗震承载力调整系数　　　　　　　表 4.3.2

岩土名称和性状	K_E
岩石，密实的碎石土，密实的砾、粗(中)砂，$f_k \geq 300$ 的黏性土和粉土	1.5
中密、稍密的碎石土，中密和稍密的砾、粗(中)砂，密实和中密的细、粉砂，$150 \leq f_k < 300$ 的黏性土和粉土，坚硬黄土	1.3
稍密的细、粉砂，$100 \leq f_k < 150$ 的黏性土和粉土，可塑黄土	1.1
淤泥，淤泥质土，松散的砂，杂填土，新近堆积黄土及流塑黄土	1.0

注：f_k 为由载荷试验等方法得到的地基承载力特征值(kPa)。

3. 桩基
《城桥抗规》规定：

> 4.4.1 E2 地震作用下，非液化土中，单桩的抗压承载能力可以提高至原来的 2 倍，单桩的抗拉承载力，可比非抗震设计时提高 25%。

4.4.2 当桩基内有液化土层时,液化土层的承载力(包括桩侧摩阻力)、土抗力(地基系数)、内摩擦角和内聚力等,可根据液化抵抗系数 C_e 予以折减,折减系数 α 应按表 4.4.2 采用。液化土层以下单桩部分的承载能力,可采用本规范第 4.4.1 条的规定;液化土层内及以上部分单桩承载能力不应提高。

$$C_e = \frac{N_1}{N_{cr}} \quad (4.4.2)$$

式中 C_e ——液化抵抗系数;

N_1、N_{cr} ——分别为实际标准贯入锤击数和标准贯入锤击数临界值。

土层液化影响折减系数 α 表 4.4.2

C_e	d_s (m)	α
$C_e \leqslant 0.6$	$d_s \leqslant 10$	0
	$10 < d_s \leqslant 20$	1/3
$0.6 < C_e \leqslant 0.8$	$d_s \leqslant 10$	1/3
	$10 < d_s \leqslant 20$	2/3
$0.8 < C_e \leqslant 1.0$	$d_s \leqslant 10$	2/3
	$10 < d_s \leqslant 20$	1

注:表中 d_s 为标准贯入点深度(m)。

三、桥梁结构的地震作用

1. 基本规定

《城桥抗规》规定:

5.1.1 各类桥梁结构的地震作用,应按下列原则考虑:

1 一般情况下,城市桥梁可只考虑水平向地震作用,直线桥可分别考虑顺桥向 X 和横桥向 Y 的地震作用;

2 地震基本烈度为 8 度和 9 度时的拱式结构、长悬臂桥梁结构和大跨度结构,以及竖向作用引起的地震效应很重要时,应考虑竖向地震的作用。

5.1.2 当采用反应谱法,考虑三个正交方向(顺桥向 X、横桥向 Y 和竖向 Z)的地震作用时,可分别单独计算 X 向地震作用在计算方向产生的最大效应 E_X、Y 向地震作用在计算方向产生的最大效应 E_Y 以及 Z 向地震作用在计算方向产生的最大效应 E_Z,计算方向总的设计最大地震作用效应 E 按下式计算:

$$E = \sqrt{E_X^2 + E_Y^2 + E_Z^2} \quad (5.1.2)$$

5.1.3 本规范地震作用采用设计加速度反应谱和设计地震动加速度时程表征。

5.1.4 对甲类桥梁,应根据专门的工程场地地震安全性评价确定地震作用。

2. 设计加速度反应谱

《城桥抗规》规定:

5.2.1 水平向设计加速度反应谱谱值 S(图 5.2.1)可由下式确定:

$$S = \begin{cases} 0.45S_{max} & T = 0s \\ \eta_2 S_{max} & 0.1s < T \leqslant T_g \\ \eta_2 S_{max} \left(\dfrac{T_g}{T}\right)^\gamma & T_g < T \leqslant 5T_g \\ [\eta_2 0.2^\gamma - \eta_1(T - 5T_g)]S_{max} & 5T_g < T \leqslant 6s \end{cases} \quad (5.2.1\text{-}1)$$

$$S_{max} = 2.25A \quad (5.2.1\text{-}2)$$

式中 T_g——特征周期（s），根据场地类别和地震动参数区划的特征周期分区按表 5.2.1 采用；计算 8、9 度 E2 地震作用时，特征周期宜增加 0.05s；

η_2——结构的阻尼调整系数，阻尼比为 0.05 时取 1.0，阻尼比不等于 0.05 时按本规范第 5.2.2 条计算；

A——E1 或 E2 地震作用下水平向地震动峰值加速度，按本规范第 3.2.2 条取值；

γ——自特征周期至 5 倍特征周期区段曲线衰减指数，阻尼比为 0.05 时取 0.9，阻尼比不等于 0.05 时按本规范第 5.2.2 条计算；

η_1——自 5 倍特征周期至 6s 区段直线下降段下降斜率调整系数，阻尼比为 0.05 时取 0.02，阻尼比不等于 0.05 时按本规范第 5.2.2 条计算；

T——结构自振周期（s）。

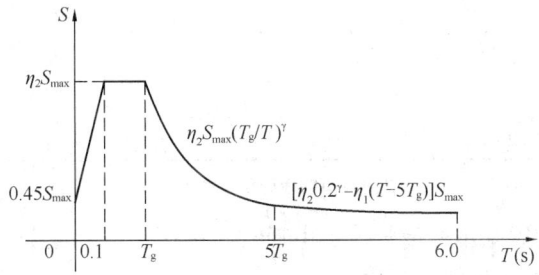

图 5.2.1 水平向设计加速度反应谱

特征周期值（s） 表 5.2.1

分 区	场地类别			
	Ⅰ	Ⅱ	Ⅲ	Ⅳ
1 区	0.25	0.35	0.45	0.65
2 区	0.30	0.40	0.55	0.75
3 区	0.35	0.45	0.65	0.90

5.2.2 当桥梁结构的阻尼比按有关规定不等于 0.05 时，地震加速度谱曲线的阻尼调整系数和形状参数应符合下列规定：

1 曲线下降段的衰减指数按下式确定：

$$\gamma = 0.9 + \dfrac{0.05 - \xi}{0.5 + 5\xi} \quad (5.2.2\text{-}1)$$

式中 γ——曲线下降段的衰减指数；

ξ——结构实际阻尼比。

2 直线下降段下降斜率调整系数按下式确定：

$$\eta_1 = 0.02 + (0.05 - \xi)/8 \quad (5.2.2-2)$$

式中 η_1——直线下降段下降斜率调整系数，小于0时取0。

3 阻尼调整系数按下式确定：

$$\eta_2 = 1 + \frac{0.05 - \xi}{0.06 + 1.7\xi} \quad (5.2.2-3)$$

式中 η_2——阻尼调整系数，当小于0.55时，应取0.55。

5.2.3 竖向设计加速度反应谱可由水平向设计加速度反应谱乘以0.65得到。

对于A的取值，《城桥抗规》规定：

3.2.2 乙类、丙类和丁类桥梁E1和E2的水平向地震动峰值加速度A的取值，应根据现行《中国地震动参数区划图》查得的地震动峰值加速度，乘以表3.2.2中的E1和E2地震调整系数C_i得到。

各类桥梁E1和E2地震调整系数C_i　　　　表3.2.2

抗震设防分类	E1地震作用				E2地震作用			
	6度	7度	8度	9度	6度	7度	8度	9度
乙类	0.61	0.61	0.61	0.61	—	2.2 (2.05)	2.0 (1.7)	1.55
丙类	0.46	0.46	0.46	0.46	—	2.2 (2.05)	2.0 (1.7)	1.55
丁类	0.35	0.35	0.35	0.35	—	—	—	—

注：括号内数值为相应于表1.0.3中括号内数值的地震调整系数。

1.0.3 桥址处地震基本烈度数值可由现行《中国地震动参数区划图》查取地震动峰值加速度，按表1.0.3确定。

地震基本烈度和地震动峰值加速度的对应关系　　　　表1.0.3

地震基本烈度	6度	7度	8度	9度
地震动峰值加速度	0.05g	0.10 (0.15) g	0.20 (0.30) g	0.40g

注：g为重力加速度。

最小地震剪力，《抗震通规》规定：

4.2.3 多遇地震下，各类建筑与市政工程结构的水平地震剪力标准值应符合下列规定：

2 市政工程结构抗震验算时，其基底水平地震剪力标准值应符合下式规定：

$$V_{Ek0} \geqslant \lambda G \quad (4.2.3-2)$$

式中 V_{Ek0}——基底水平地震剪力标准值；

λ——最小地震剪力系数，应按本条第3款的规定取值；

G——总重力荷载代表值。

3 多遇地震下，建筑与市政工程结构的最小地震剪力系数取值应符合下列规定：
1) 对扭转不规则或基本周期小于 3.5s 的结构，最小地震剪力系数不应小于表 4.2.3 的基准值；
2) 对基本周期大于 5.0s 的结构，最小地震剪力系数不应小于表 4.2.3 的基准值的 0.75 倍；
3) 对基本周期介于 3.5s 和 5s 之间的结构，最小地震剪力系数不应小于表 4.2.3 的基准值的 $(9.5-T_1)/6$ 倍（T_1 为结构计算方向的基本周期）。

最小地震剪力系数基准值 λ_0 表 4.2.3

设防烈度	6 度	7 度	7 度(0.15g)	8 度	8 度(0.30g)	9 度
λ_0	0.008	0.016	0.024	0.032	0.048	0.064

【例 8.12.4】 某城市快速路上的钢筋混凝土简支梁桥，跨径为 50m，位于地震基本烈度 8 度区，场地类别为 Ⅱ 类，特征周期分区为 2 区，在 E1 地震作用下，结构自振周期 $T=1.45s$，水平向设计基本地震动峰值加速度 $A=0.20g$。该桥梁为规则桥梁，桥墩采用单柱柱式墩，支座顶面处的换算质点质量 $M_t=560t$，墩柱直径为 0.6m。取 $g=9.8m/s^2$。
试问：
(1) 在 E1 地震作用下，该桥水平设计加速度反应谱 S 为多少？
(2) 在 E1 地震作用下，该桥竖向设计加速度反应谱 S_v 为多少？

【解答】 (1) 根据《城桥抗规》3.1.1 条，属于乙类桥梁。
乙类、8 度（0.20g）、E1 地震作用下，查《城桥抗规》表 3.2.2，取 $C_i=0.61$，则：
$A=0.20g \times 0.61=0.122g$
根据《城桥抗规》5.2.1 条：
$$S_{max}=2.25A=2.25 \times 0.122g=2.69m/s^2$$
场地类别为 Ⅱ 类、2 区，查《城桥抗规》表 5.2.1，取 $T_g=0.40s$
$5T_g=2.0s>T=1.45s>T_g=0.40s$，则：
$$S=\eta_2 S_{max}\left(\frac{T_g}{T}\right)^\gamma$$
$$=1.0 \times 2.69 \times \left(\frac{0.40}{1.45}\right)^{0.9}$$
$$=0.844m/s^2$$

(2) 根据《城桥抗规》5.2.3 条：
$$S_v=0.65S=0.65 \times 0.844=0.549m/s^2$$

3. 设计地震动时程
《城桥抗规》规定：

5.3.1 已进行地震安全性评价的桥址，设计地震动时程应根据地震安全性评价的结果确定。

5.3.2 未进行地震安全性评价的桥址,可采用本规范设计加速度反应谱为目标拟合设计加速度时程;也可选用与设定地震震级、距离、场地特性大体相近的实际地震动加速度记录,通过时域方法调整,使其加速度反应谱与本规范设计加速度反应谱匹配。

6.4.1 地震加速度时程应按本规范第5.3节的规定选取。

6.4.2 时程分析的最终结果,当采用3组地震加速度时程计算时,应取各组计算结果的最大值;当采用7组及以上地震加速度时程计算时,可取结果的平均值。

4. 地震主动土压力和动水压力

《城桥抗规》5.4节作了规定。

5. 作用组合

《城桥抗规》规定:

5.5.1 城市桥梁抗震设计应考虑以下作用:
1 永久作用,包括结构重力、土压力、水压力;
2 地震作用,包括地震动的作用和地震土压力、水压力等;
3 在进行支座抗震验算时,应计入50%均匀温度作用效应;
4 对城市轨道交通桥梁,应分别按有车、无车进行计算;当桥上有车时,顺桥向不计算活载引起的地震作用;横桥向计入50%活载引起的地震力,作用于轨顶以上2m处,活载竖向力按列车竖向静活载的100%计算。

5.5.2 城市桥梁抗震设计时的作用效应组合应包括本规范第5.5.1条要求的各种作用之和,组合方式应包括各种作用效应的最不利组合。

四、桥梁抗震分析

1. 规则桥梁和非规则桥梁

《城桥抗规》规定:

6.1.2 抗震分析时,可将桥梁划分为规则桥梁和非规则桥梁两类。简支梁及表6.1.2限定范围内的梁桥属于规则桥梁,不在此表限定范围内的桥梁属于非规则桥梁。

规则桥梁的定义　　　　表6.1.2

参　数	参　数　值				
单跨最大跨径	≤90m				
墩高	≤30m				
单墩长细比	大于2.5且小于10				
跨数	2	3	4	5	6
曲线桥梁圆心角 φ 及半径 R	单跨 $\varphi<30°$ 且一联累计 $\varphi<90°$,同时曲梁半径 $R \geqslant 20B_0$(B_0为桥宽)				

续表

参　数	参　数　值				
跨与跨间最大跨长比	3	2	2	1.5	1.5
轴压比	<0.3				
任意两桥墩间最大刚度比	—	4	4	3	2
下部结构类型	桥墩为单柱墩、双柱框架墩、多柱排架墩				
地基条件	不易液化、侧向滑移或不易冲刷的场地，远离断层				

按照规则桥梁和非规则桥梁的划分，针对不同的桥梁分类，其抗震分析计算方法的要求，《抗震通规》6.1.3条作了规定。《城桥抗规》6.1.3条作了相同规定。

《城桥抗规》规定：

6.1.3　根据本规范第6.1.2条的规则桥梁和非规则桥梁分类，桥梁的抗震分析计算方法可按表6.1.3选用。

桥梁抗震分析方法　　　　　　　　　　　表6.1.3

地震作用 \ 桥梁分类	采用A类抗震设计方法		采用B类抗震设计方法	
	规则	非规则	规则	非规则
E1地震作用	SM/MM	MM/TH	SM/MM	MM/TH
E2地震作用	SM/MM	MM/TH	—	—

注：TH为线性或非线性时程计算方法；
　　SM为单振型反应谱法；
　　MM为多振型反应谱法。

2. 抗震分析的其他规定

《城桥抗规》6.1.1条～6.1.9条作了规定。

3. 建模原则

《城桥抗规》6.2.1条～6.2.8条作了具体规定。

五、规则桥梁抗震分析

1. 基本规定

《城桥抗规》规定：

6.5.1　对满足本规范第6.1.3条要求的规则桥梁可按本节分析方法，等效为单自由度体系，按单振型反应谱方法进行E1和E2地震作用下结构的内力和变形计算。

2. 简支梁桥

《城桥抗规》规定：

6.5.2 对简支梁桥，其顺桥向和横桥向水平地震力可采用下列简化方法计算，其计算简图如图6.5.2所示：

1 顺桥向和横桥向水平地震力可按下式计算：

$$E_{ktp} = SM_t \quad (6.5.2-1)$$

$$M_t = M_{sp} + \eta_{cp}M_{cp} + \eta_p M_p \quad (6.5.2-2)$$

$$\eta_{cp} = X_0^2 \quad (6.5.2-3)$$

$$\eta_p = 0.16(X_0^2 + X_f^2 + 2X_{f\frac{1}{2}}^2 + X_f X_{f\frac{1}{2}} + X_0 X_{f\frac{1}{2}}) \quad (6.5.2-4)$$

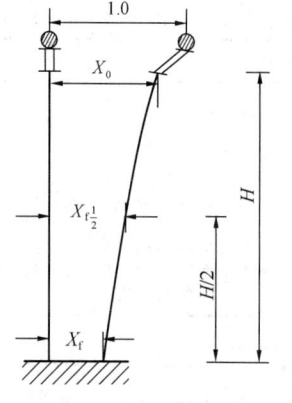

图6.5.2 柱式墩计算简图

式中 E_{ktp}——顺桥向作用于固定支座顶面或横桥向作用于上部结构质心处的水平力（kN）；

S——根据结构基本周期，按本规范第5.2.1条计算出的反应谱值；

M_t——换算质点质量（t）；

M_{sp}——桥梁上部结构的质量（t），一跨梁的质量，对于轨道交通桥梁横桥向，还应计入50%活载质量；

M_{cp}——盖梁的质量（t）；

M_p——墩身质量（t），对于扩大基础，为基础顶面以上墩身的质量；

η_{cp}——盖梁质量换算系数；

η_p——墩身质量换算系数；

X_0——考虑地基变形时，顺桥向作用于支座顶面或横桥向作用于上部结构质心处的单位水平力在墩身计算高度 H 处引起的水平位移与单位力作用处的水平位移之比值；

X_f、$X_{f\frac{1}{2}}$——分别为考虑地基变形时，顺桥向作用于支座顶面上或横桥向作用于上部结构质心处的单位水平力在墩身计算高度 $H/2$ 处，一般冲刷线或基础顶面引起的水平位移与单位力作用处的水平位移之比值。

2 一般情况可按下式计算各简支梁桥的基本周期：

$$T_1 = 2\pi\sqrt{M_t \delta} \quad (6.5.2-5)$$

式中 T_1——简支梁桥顺桥向或横桥向的基本周期（s）；

δ——在顺桥向或横桥向作用于支座顶面或上部结构质心上单位水平力在该处引起的水平位移（m/kN），顺桥和横桥方向应分别计算，计算时可按现行行业标准《公路桥涵地基与基础设计规范》JTG D63的有关规定计算地基变形作用效应。

【例8.12.5】 题目条件同【例8.12.4】，在E2地震作用下，结构自振周期 $T=2.06s$。

试问：在E2地震作用下，顺桥向作用于固定支座顶面处的水平地震力为多少？

【解答】 E2地震作用，乙类桥梁，8度（0.20g），查《城桥抗规》表3.2.2，取 $C_i=2.0$。

由《城桥抗规》5.2.1 条，取 $T_g=0.40+0.05=0.45s$。

$5T_g=2.25s>T=2.06s>T_g=0.45s$；$S_{max}=2.25\times0.20g\times2.0=8.82m/s^2$

$$S=\eta_2 S_{max}\left(\frac{T_g}{T}\right)^\gamma=1.0\times8.82\times\left(\frac{0.45}{2.06}\right)^{0.9}$$
$$=2.24m/s^2$$

根据《城桥抗规》6.5.2 条：

$$E_{ktp}=SM_t=2.24\times560=1254.4kN$$

3. 连续梁桥

《城桥抗规》规定：

> 6.5.3 连续梁一联中一个墩采用顺桥向固定支座，其余均为顺桥向活动支座，其顺桥向地震反应可按下列公式计算：
>
> 1 顺桥向作用于固定支座顶面地震力可按下式计算：
>
> $$E_{ktp}=SM_t-\sum_{i=1}^{N}\mu_i R_i \quad (6.5.3-1)$$
>
> $$M_t=M_{sp}+M_{cp}+\eta_p M_p \quad (6.5.3-2)$$
>
> 2 顺桥向作用于活动支座顶面地震力可按下式计算：
>
> $$E_{kti}=\mu_i R_i \quad (6.5.3-3)$$
>
> 式中 M_t——支座顶面处的换算质点质量（t）；
>
> M_{sp}——一联桥梁上部结构的质量（t）；
>
> M_{cp}——固定墩盖梁的质量（t）；
>
> M_p——固定墩墩身质量（t）；
>
> R_i——第 i 个活动支座的恒载反力（kN）；
>
> μ_i——第 i 个活动支座的摩擦系数，一般取 0.02。

4. 板式橡胶支座的连续梁桥

《城桥抗规》6.5.4 条、6.5.5 条作了规定。

六、能力保护构件计算

《抗震通规》6.1.4 条作了规定。《城桥抗规》6.6.1 条作了相同规定。

《城桥抗规》规定：

> 6.6.1 在 E2 地震作用下，如结构未进入塑性，桥梁墩柱的剪力设计值，桥梁盖梁、基础和支座的内力设计值可采用 E2 地震作用的计算结果。
>
> 6.6.2 当桥梁盖梁、基础、支座和墩柱抗剪作为能力保护构件设计时，其弯矩和剪力设计值，应取与墩柱塑性铰区域截面超强弯矩所对应的弯矩和剪力值。

1. 延性墩柱

《城桥抗规》规定：

6.6.3 单柱墩塑性铰区域截面超强弯矩应按下式计算：

$$M_{y0} = \phi^0 M_u \tag{6.6.3}$$

式中 M_{y0}——顺桥向和横桥向超强弯矩；

　　M_u——按截面实配钢筋，采用材料强度标准值，在恒载轴力作用下计算出的截面顺桥向和横桥向受弯承载力；

　　ϕ^0——桥墩正截面受弯承载力超强系数，ϕ^0 取 1.2。

6.6.4 双柱和多柱墩塑性铰区域截面顺桥向超强弯矩可按本规范第 6.6.3 条计算，横桥向超强弯矩可按下列步骤计算：

1　假设墩柱轴力为恒载轴力。

2　按截面实配钢筋，采用材料强度标准值，按本规范式（6.6.3）计算出各墩柱塑性铰区域截面超强弯矩。

3　计算各墩柱相应于其超强弯矩的剪力值，并按下式计算各墩柱剪力值之和 V（kN）：

$$V = \sum_i^N V_i \tag{6.6.4}$$

式中 V_i——各墩柱相应于塑性铰区域截面的超强弯矩的剪力值（kN）。

4　将 V 按正、负方向分别施加于盖梁质心处，计算各墩柱所产生的轴力（如图 6.6.4 所示）。

5　将合剪力 V 产生的轴力与恒载轴力组合后，采用组合的轴力，重复步骤 2 和 4 进行迭代计算，直到相邻 2 次计算各墩柱剪力之和相差在 10％以内。

6　采用上述组合中的轴力最大压力组合，按步骤 2 计算各墩柱塑性区域截面超强弯矩。

6.6.5　延性墩柱沿顺桥向和横桥向剪力设计值应根据塑性铰区域截面超强弯矩来计算。

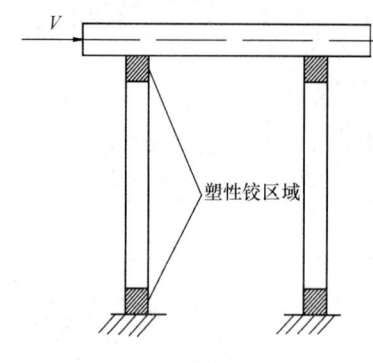

图 6.6.4　轴力计算模式

2. 延性桥墩的盖梁

《城桥抗规》规定：

6.6.7　延性桥墩的盖梁弯矩设计值 M_{p0}，应按下式计算：

$$M_{p0} = M_{hc}^s + M_G \tag{6.6.7}$$

式中 M_{hc}^s——墩柱顶端截面超强弯矩（应分别考虑正负弯矩）（kN·m）；

　　M_G——由结构恒载产生的弯矩（kN·m）。

6.6.8　延性桥墩盖梁的剪力设计值 V_{c0} 可按下式计算：

$$V_{c0} = \frac{M_{pc}^R + M_{pc}^L}{L_0} \tag{6.6.8}$$

式中 M_{pc}^L，M_{pc}^R——盖梁左右端截面按实配钢筋，采用材料强度标准值计算出的正截面抗弯承载力（kN·m）；

　　L_0——盖梁的净跨度（m）。

3. 梁桥的基础

《城桥抗规》规定：

> 6.6.9 梁桥基础的弯矩、剪力和轴力的设计值应根据墩柱底部可能出现塑性铰处截面的超强弯矩、剪力设计值和墩柱恒载轴力，并考虑承台的贡献来计算。对双柱墩、多柱墩横桥向基础，应根据本规范式（6.6.4）计算出的各墩柱合剪力 V 作用在盖梁质心处在承台顶产生的弯矩、剪力和轴力。

七、桩基承台和桥台的水平地震力计算

《城桥抗规》规定：

> 6.6.10 对低桩承台基础，作用在承台的水平地震惯性力可用静力法按下式计算：
>
> $$F_t = M_t A \qquad (6.6.10)$$
>
> 式中 F_t——作用在承台中心处的水平地震力（kN）；
>
> M_t——承台的质量（t）；
>
> A——水平向地震动峰值加速度，按本规范第 3.2.2 条取值。
>
> 6.7.1 桥台台身的水平地震力可按下式计算：
>
> $$E_{hau} = M_{au} A \qquad (6.7.1)$$
>
> 式中 A——水平向地震动加速度峰值，按本规范第 3.2.2 条取值；
>
> E_{hau}——作用于台身重心处的水平地震作用力（kN）；
>
> M_{au}——基础顶面以上台身的质量（t）。
>
> 1 对修建在基岩上的桥台，其水平地震力可按式（6.7.1）计算值的 80% 采用；
>
> 2 验算设有固定支座的梁桥桥台时，应计入由上部结构所产生的水平地震力，其值按式（6.7.1）计算，但 M_{au} 应加上一孔（简支梁）或一联（连续梁）梁的质量。

八、抗震验算

1. E1 地震作用

《城桥抗规》7.2.1 条、7.2.2 条作了规定。

2. E2 地震作用

《抗震通规》4.3.3 条第 1 款作了原则规定，《城桥抗规》作了细化规定。

《城桥抗规》规定：

> 7.3.1 E2 地震作用下，应按式（7.3.4-1）验算桥墩墩顶的位移。对高宽比小于 2.5 的矮墩，可不验算桥墩的变形，但应按本规范第 7.3.2 条验算抗弯和抗剪强度。采用非线性时程进行地震反应分析的桥梁可按式（7.3.4-2）验算塑性转角。
>
> 7.3.2 对矮墩，顺桥向和横桥向 E2 地震作用效应和永久作用效应组合后，应按现行行业标准《公路钢筋混凝土及预应力混凝土桥涵设计规范》JTG D62 相关规定验算桥墩抗弯和抗剪强度，在验算矮墩抗剪强度时，截面抗弯能力可采用材料强度标准值计算。

7.3.3 在进行桥墩位移验算时,按弹性方法计算出的地震位移应乘以考虑弹塑性效应的地震位移修正系数 R_d,地震位移修正系数 R_d 可按下式计算:

$$R_d = \left(1 - \frac{1}{\mu_D}\right)\frac{T^*}{T} + \frac{1}{\mu_D} \geqslant 1.0, \frac{T^*}{T} > 1.0 \qquad (7.3.3-1)$$

$$R_d = 1.0, \frac{T^*}{T} \leqslant 1.0 \qquad (7.3.3-2)$$

$$T^* = 1.25 T_g \qquad (7.3.3-3)$$

式中 T——结构自振周期;
T_g——反应谱特征周期;
μ_D——桥墩构件延性系数;一般情况可取 3。

7.3.4 E2 地震作用下,应按下列公式验算顺桥向和横桥向桥墩墩顶的位移或桥墩塑性铰区域塑性转动能力:

$$\Delta_d \leqslant \Delta_u \qquad (7.3.4-1)$$

$$\theta_p \leqslant \theta_u \qquad (7.3.4-2)$$

式中 Δ_d——E2 地震作用下墩顶的位移(cm);若 E2 地震作用墩顶的位移是采用弹性方法计算,应乘以本规范第 7.3.3 条规定的地震位移修正系数;
Δ_u——桥墩容许位移(cm),按本规范第 7.3.5 和 7.3.7 条计算;
θ_p——E2 地震作用下,塑性铰区域的塑性转角;
θ_u——塑性铰区域的最大容许转角,可按本规范式(7.3.6)计算。

7.3.5 单柱墩容许位移可按下式计算:

$$\Delta_u = \frac{1}{3}H^2 \times \phi_y + \left(H - \frac{L_p}{2}\right) \times \theta_u \qquad (7.3.5-1)$$

$$L_p = 0.08H + 0.022 f_y d_{bl} \geqslant 0.044 f_y d_{bl} \qquad (7.3.5-2)$$

式中 H——悬臂墩的高度或塑性铰截面到反弯点的距离(cm);
ϕ_y——截面的等效屈服曲率(1/cm),一般情况下,可按本规范第 7.3.8 条计算;但对于圆形截面和矩形截面桥墩,可按本规范附录 B 计算;
L_p——等效塑性铰长度(cm);
f_y——纵向钢筋抗拉强度标准值(MPa);
d_{bl}——纵向主筋的直径(cm)。

7.3.6 塑性铰区域的最大容许转角应根据极限破坏状态的曲率能力,按下式计算:

$$\theta_u = L_p(\phi_u - \phi_y)/K \qquad (7.3.6)$$

式中 ϕ_u——极限破坏状态的曲率能力(1/cm),一般情况下,可按本规范第 7.3.9 条计算;但对于矩形截面和圆形截面桥墩,可按本规范附录 B 计算;
K——延性安全系数,取 2.0。

7.3.7 对双柱墩、排架墩，其顺桥向的容许位移可按本规范式（7.3.5-1）计算，横桥向的容许位移可在盖梁处施加水平力 F（图7.3.7），进行非线性静力分析，当墩柱的任一塑性铰达到其最大容许转角或塑性铰区控制截面达到最大容许曲率时，盖梁处的横向水平位移即为容许位移。

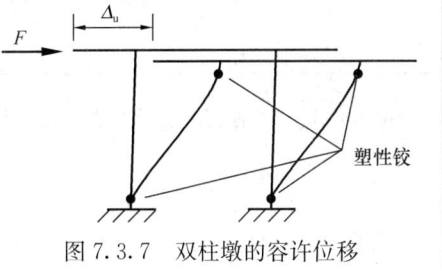

图7.3.7 双柱墩的容许位移

注：最大容许曲率为极限破坏状态的曲率能力除以安全系数，安全系数取2。

在E2地震作用下，能力保护构件的验算，规范7.4.1条～7.4.5条作了规定。

九、抗震构造细节设计

1. 墩柱结构构造

横向钢筋在桥墩柱中的功能主要有以下三个方面：（1）用于约束塑性铰区域内混凝土，提高混凝土的抗压强度和延性；（2）提供抗剪能力；（3）防止纵向钢筋压屈。

《抗震通规》规定：

6.1.5 7度及以上地区，城市桥梁墩柱潜在塑性铰区的箍筋应加密配置，并应符合下列规定：

1 加密区范围，应由最大组合弯矩所在截面处算起，长度不应小于弯曲方向墩柱截面边长，且加密区边缘截面的组合弯矩不应大于0.8倍最大组合弯矩；当墩柱高度与弯曲方向截面边长之比小于2.5时，柱加密区范围应取墩柱全高。

2 加密区的最小体积配箍率 ρ_{smin}，7度、8度时应符合下式规定，9度时尚应乘以不小于1.2的放大系数，且均不得小于0.4%：

$$\rho_{smin} = \begin{cases} 1.52[0.14\eta_k + 5.84(\eta_k-0.1)(\rho_t-0.01)+0.028]\dfrac{f_{cd}}{f_{yh}} \\ \qquad\qquad\qquad\qquad\qquad\qquad\qquad\qquad 圆形截面 \\ 1.52[0.10\eta_k + 4.17(\eta_k-0.1)(\rho_t-0.01)+0.020]\dfrac{f_{cd}}{f_{yh}} \\ \qquad\qquad\qquad\qquad\qquad\qquad\qquad\qquad 矩形截面 \end{cases} \quad (6.1.5)$$

式中 η_k——轴压比，指结构的最不利组合轴向压力与柱的全截面面积和混凝土轴心抗压强度设计值乘积之比值；

ρ_t——纵向配筋率；

f_{yh}——箍筋抗拉强度设计值（MPa）；

f_{cd}——混凝土轴心抗压强度设计值（MPa）。

3 加密区的箍筋，直径不应小于10mm，间距不应大于100mm或6倍纵筋的直径或墩柱弯曲方向的截面边长的1/4。

4 螺旋箍筋的接头必须采用对接焊，矩形箍筋应有135°弯钩，且伸入核心混凝土的长度不得小于6倍箍筋直径。

6.1.6 城市桥梁墩柱的箍筋非加密区的体积配箍率不应少于加密区的50%。

《城桥抗规》8.1.1 条~8.1.7 条作了相应规定,但计算 ρ_{smin} 所用参数有区别。
《城桥抗规》规定:

8.1.1 对地震基本烈度 7 度及以上地区,墩柱塑性铰区域内加密箍筋的配置,应符合下列要求:

1 加密区的长度不应小于墩柱弯曲方向截面边长或墩柱上弯矩超过最大弯矩 80% 的范围;当墩柱的高度与弯曲方向截面边长之比小于 2.5 时,墩柱加密区的长度应取墩柱全高;

2 加密箍筋的最大间距不应大于 10cm 或 $6d_{bl}$ 或 $b/4$(d_{bl} 为纵筋的直径,b 为墩柱弯曲方向的截面边长);

3 箍筋的直径不应小于 10mm;

4 螺旋式箍筋的接头必须采用对接焊,矩形箍筋应有 135°弯钩,并应伸入核心混凝土之内 $6d_{bl}$ 以上。

8.1.2 对地震基本烈度 7 度、8 度地区,圆形、矩形墩柱塑性铰区域内加密箍筋的最小体积配箍率 ρ_{smin},应按式(8.1.2-1)和式(8.1.2-2)计算。对地震基本烈度 9 度及以上地区,圆形、矩形墩柱塑性铰区域内加密箍筋的最小体积配箍率 ρ_{smin} 应比地震基本烈度 7 度、8 度地区适当增加,以提高其延性能力。

1 圆形截面:

$$\rho_{smin} = [0.14\eta_k + 5.84(\eta_k - 0.1)(\rho_t - 0.01) + 0.028]\frac{f_{ck}}{f_{hk}}$$

$$\geqslant 0.004 \tag{8.1.2-1}$$

2 矩形截面:

$$\rho_{smin} = [0.1\eta_k + 4.17(\eta_k - 0.1)(\rho_t - 0.01) + 0.02]\frac{f_{ck}}{f_{hk}}$$

$$\geqslant 0.004 \tag{8.1.2-2}$$

式中 η_k——轴压比,指结构的最不利组合轴向压力与柱的全截面面积和混凝土轴心抗压强度设计值乘积之比值;

ρ_t——纵向配筋率;

f_{hk}——箍筋抗拉强度标准值(MPa);

f_{ck}——混凝土抗压强度标准值(MPa)。

【例 8.12.6】 某城市快速路上的一座立交匝道桥,其中一段为四孔各 30m 的简支梁桥,其横断面如图 8.12.1 所示。单向双车道,桥梁总宽 9.0m,其中行车道净宽度为 8.0m。上部结构采用预应力混凝土箱梁(桥面连续),桥墩由扩大基础上的钢筋混凝土圆柱墩身及带悬臂的盖梁组成。梁体混凝土线膨胀系数取 $\alpha=0.00001$。设计荷载:城-A 级。

该桥的中墩为单柱 T 型墩,墩柱为圆形截面,其直径为 1.8m,墩顶设有支座,墩柱高度 $H=14$m,位于 7 度地震区。

试问：在进行抗震构造设计时，确定该墩柱塑性铰区域内箍筋加密区的最小长度（m）。

提示：按《城市桥梁抗震设计规范》作答。

【解答】 根据《城桥抗规》8.1.1 条第 1 款：

墩柱高度与弯曲方向截面边长之比为：
14/1.8＝7.78＞2.5

该中墩为墩顶设有支座的单柱墩，在纵桥向或横桥向水平地震力作用下，其潜在塑性铰区域均在墩柱底部，当地震水平力作用于墩柱时，最大弯矩 M_{max} 在柱根截面，相应 $0.8M_{max}$ 的截面在距柱根截面 $0.2H$ 处，即：$h＝0.2H＝0.2×h＝0.2H＝0.2×14＝2.80m＞d_{墩柱}＝1.8m$

故塑性铰区域内箍筋加密区的最小长度为 2.80m。

2. 节点构造

为保证桥梁整体结构在地震作用下，节点不发生破坏，其节点处的水平箍筋和竖向箍筋的配置应根据节点的名义主压应力（σ_c）和名义主拉应力（σ_t）确定节点箍筋的最小配筋率。

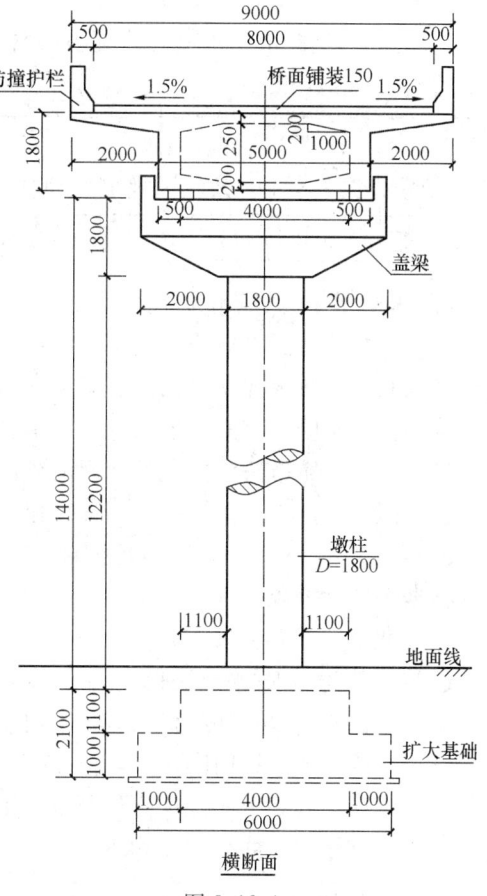

图 8.12.1

《城桥抗规》8.2.1 条、8.2.2 条作了规定。

十、桥梁的抗震措施

1. 一般规定

《城桥抗规》规定：

> 3.1.4 各类城市桥梁的抗震措施，应符合下列要求：
>
> 1 甲类桥梁抗震措施，当地震基本烈度为 6~8 度时，应符合本地区地震基本烈度提高一度的要求；当为 9 度时，应符合比 9 度更高的要求。
>
> 2 乙类和丙类桥梁抗震措施，一般情况下，当地震基本烈度为 6~8 度时，应符合本地区地震基本烈度提高一度的要求；当为 9 度时，应符合比 9 度更高的要求。
>
> 3 丁类桥梁抗震措施均应符合本地区地震基本烈度的要求。
>
> 11.1.1 应采用有效的防落梁措施。
>
> 11.1.2 桥梁抗震措施的使用不宜导致桥梁主要构件的地震反应发生较大改变，否则，在进行抗震分析时，应考虑抗震措施的影响。抗震措施应根据其受到的地震作用进行设计。

11.1.3 过渡墩及桥台处的支座垫石不宜高于10cm，且顺桥向宜与墩、台最外边缘平齐。

2. 6度～9度区的抗震措施

《抗震通规》6.1.7条作了规定，《城桥抗规》作了细化规定。

● 复习《城桥抗规》11.2.1条～11.5.3条。

【例8.12.7】 某城市主干路上桥梁位于7度地震基本烈度区（地震动峰值加速度为0.15g），结构为多跨20m简支预应力混凝土空心板梁，中墩盖梁为单跨双悬臂矩形结构，支座采用氯丁橡胶板式支座，伸缩缝宽度为80mm。取板梁的计算跨径为19.5m。

试问：该桥中墩盖梁的最小宽度为多少？

提示：按《城市桥梁抗震设计规范》作答。

【解答】 根据《城桥抗规》3.1.1条，属于丙类桥梁。

丙类桥梁、7度，根据《城桥抗规》3.1.4条，按8度区采取抗震措施。

根据《城桥抗规》11.4.1条、11.3.2条：

盖梁宽度 B：$B = 2a + L \geqslant 2 \times (70 + 0.5 \times 19.5) + 8 = 167.5 \text{cm}$

【例8.12.8】 某城市快速路上一座标准跨径为30m的单跨简支梁桥，其总体布置如图8.12.2所示。桥面宽度为12m，其横向布置为：1.5m（人行道）+9m（车行道）+1.5m（人行道）。桥梁上部结构由5根各长29.94m、高2.0m的预制预应力混凝土T形梁组成，梁与梁间用现浇混凝土连接；桥台为单排排架桩结构，矩形盖梁、钻孔灌注桩基础。设计荷载：城—A级、人群荷载 3.0kN/m^2。

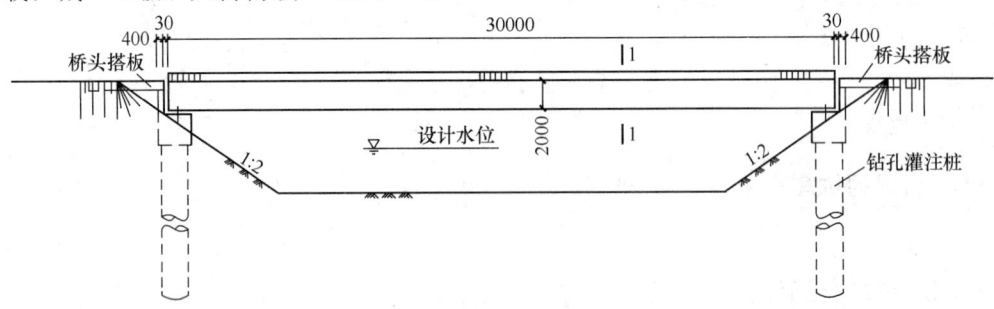

图 8.12.2

该桥梁位于7度地震基本烈度区（地震动峰值加速度为0.15g），其边墩盖梁上雉墙厚度为400mm，预制主梁端与雉墙前缘之间缝隙为60mm，若取主梁计算跨径为29m，采用400mm×300mm的矩形板式氯丁橡胶支座。

试问：该盖梁的最小宽度（mm）与下列何项数值最为接近？

提示：按《城市桥梁抗震设计规范》作答。

(A) 1000　　　　(B) 1250　　　　(C) 1350　　　　(D) 1700

【解答】 根据《城桥抗规》3.1.1条，属于乙类桥梁。

乙类桥梁、7度，根据《城桥抗规》3.1.4条，按8度区采取抗震措施。

根据《城桥抗规》11.4.1条、11.3.2条：

盖梁宽度 B：
$$B \geqslant a + 400 + 60 = (70 + 0.5L) \times 10 + 400 + 60$$
$$= (70 + 0.5 \times 29) \times 10 + 400 + 60$$
$$= 1305 \text{mm}$$

故应选（C）项。

第十三节　公路桥梁抗震设计

本节所用的规范是《公路桥梁抗震设计规范》JTG/T 2231-01-2020（以下简称《公桥抗规》）。

《公桥抗规》与《城市桥梁抗震设计规范》的内容是基本一致的。

一、总则和术语

- 复习《公桥抗规》1.0.1 条～1.0.6 条。
- 复习《公桥抗规》2.1.1 条～2.1.25 条。

需注意的是：
(1)《公桥抗规》1.0.4 条。
(2)《公桥抗规》2.1.21 条、2.1.22 条。

二、基本要求

- 复习《公桥抗规》3.1.1 条～3.6.2 条。

需注意的是：
(1)《公桥抗规》表 3.1.3-1，一级：抗震措施等级最低；四级：抗震措施等级最高。
(2)《公桥抗规》3.3.1 条，抗震设计方法分为三类：1 类、2 类、3 类。
(3)《公桥抗规》3.5.6 条规定。

三、场地和地基

- 复习《公桥抗规》4.1.1 条～4.4.3 条。

需注意的是：
(1)《公桥抗规》4.3.4 条，该条针对天然地基有液化土层的情况。
(2)《公桥抗规》4.4.1 条、4.4.2 条，针对桩基础的规定，它与《城桥抗规》不一致。

四、地震作用

- 复习《公桥抗规》5.1.1 条～5.5.4 条。

需注意的是：

(1)《公桥抗规》5.2.2 条，场地系数 C_s，水平向设计加速度反应谱最大值 S_{max}（即：$S_{max,水}$）应采用表 5.2.2-1；竖向设计加速度反应谱最大值 S_{max}（即：$S_{max,竖}$）应采用表 5.2.2-2。

(2)《公桥抗规》5.2.1 条，当计算水平向设计加速度反应谱 $S(T)$[即 $S(T)_水$]应采用 $S_{max,水}$、T_g（即 $T_{g,水}$，见表 5.2.3-1）；当计算竖向水平设计加速度反应谱 $S(T)$[即 $S(T)_竖$]应采用 $S_{max,竖}$、T_g（即 $T_{g,竖}$，见表 5.2.3-2）。

【例 8.13.1】 某二级公路上的钢筋混凝土梁式桥梁，标准跨径为 100m，为公路大桥，抗震设防烈度 8 度，场地类别为Ⅲ类，区划图上的特征周期为 0.35s，在 $E1$ 地震作用下，结构自振周期 $T=1.45s$。在 $E2$ 地震作用下，结构自振周期 $T=2.10s$。水平向基本地震动峰值加速度为 $0.30g$。该桥梁为规则桥梁。

试问：

(1) 在 $E1$ 地震作用下，该桥水平向设计加速度反应谱值 S_1 为多少？

(2) 在 $E1$ 地震作用下，该桥竖向设计加速度反应谱值 $S_{1,v}$ 为多少？

(3) 在 $E2$ 地震作用下，该桥水平向设计加速度反应谱值 S_2 为多少？

【解答】 (1) $L_k=100m<150m$，二级公路、大桥，查《公桥抗规》表 3.1.1，属于 B 类桥梁。

根据《公桥抗规》5.2.1 条、5.2.2 条：

$E1$ 地震作用，B 类，查表 3.1.3-2，取 $C_i=0.43$

查表 5.2.2-1，$C_s=1.0$；查表 5.2.3-1，$T_g=0.45s$

由 5.2.4 条，$C_d=1.0$

$$S_{max}=2.5C_iC_sC_dA=2.5\times0.43\times1\times1\times0.30g=0.3225g$$

$$T=1.45s>T_g=0.45s$$

$$S_1=S_{max}\frac{T_g}{T}=0.3225g\times\frac{0.45}{1.45}=0.10g=0.98m/s^2$$

(2) 根据《公桥抗规》5.2.1 条、5.2.2 条：

$E1$ 地震作用，B 类，查表 3.1.3-2，取 $C_i=0.43$

查表 5.2.2-2，$C_s=0.8$；查表 5.2.3-1，$T_g=0.30s$

$$S_{max}=2.5\times0.43\times0.8\times1\times0.30g=0.258g$$

$$T=1.45s>T_g=0.30s$$

$$S_{1,v}=S_{max}\frac{T_g}{T}=0.258g\times\frac{0.30}{1.45}=0.053g=0.519m/s^2$$

(3) $E2$ 地震作用，B 类，查表 3.1.3-2，取 $C_i=1.3$

查表 5.2.2-1，$C_s=1.0$；查表 5.2.3-1，$T_g=0.45s$

$$S_{max}=2.5\times1.3\times1\times1\times0.30g=0.975g$$

$$T=2.10s>T_g=0.45s$$

$$S_2 = S_{\max}\frac{T_g}{T} = 0.975g \times \frac{0.45}{2.10} = 0.2089g = 2.05\text{m/s}^2$$

五、抗震分析

- 复习《公桥抗规》6.1.1 条～6.8.2 条。

六、强度和变形验算

- 复习《公桥抗规》7.1.1 条～7.5.2 条。

【**例 8.13.2**】 某公路桥梁位于抗震设防烈度 8 度区，该桥梁的某根墩柱，如图 8.13.1 所示，截面尺寸：180cm（横桥向）×200cm（顺桥向），混凝土采用 C40（f_{cd}=18.4MPa），纵筋采用 HRB400 级，箍筋采用 HPB300 级，其墩柱塑性铰区加密区箍筋配置如图 8.13.1 所示。墩柱截面最小轴压力为 P_c，取 a_s=10cm。

试问：

(1) 该墩柱塑性铰区沿顺桥向的斜截面受剪承载力（kN），与下列何项数值最接近？

提示：P_c=11530kN，μ_d=3.0。

(1) 5100　　(2) 5500
(3) 5700　　(4) 6000

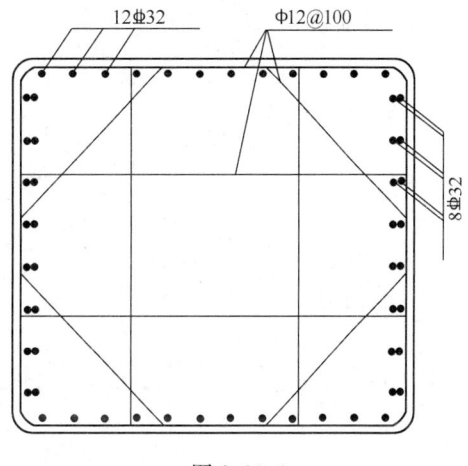

图 8.13.1

(2) 该墩柱塑性铰区沿横桥向的斜截面受剪承载力（kN），与下列何项数值最接近？

提示：P_c=850kN，μ_d=6.0。

(1) 2500　　(2) 2800　　(3) 3200　　(4) 3500

【**解答**】 (1) 沿顺桥向，由《公桥抗规》7.3.4 条：

$$A_v = (4+2\cos45°)\times 1.131 = 6.12\text{cm}^2$$

$$\rho_s = \frac{2A_v}{bs} = \frac{2\times 6.12}{180\times 10} = 0.0068 < 2.4/250 = 0.0096$$

$$\lambda = \frac{0.0068\times 250}{10} + 0.38 - 0.1\times 3 = 0.25 \begin{array}{l}<0.3\\>0.03\end{array}$$

取 λ=0.25

$$v_c = 0.25\times\left(1+\frac{11530}{1.38\times 180\times 200}\right)\times\sqrt{18.4}$$
$$= 1.32\text{MPa}$$

$0.335\sqrt{f_{cd}} = 0.335\sqrt{18.4} = 1.52\text{MPa}$，$1.47\lambda\sqrt{f_{cd}} = 1.47\times 0.25\sqrt{18.4} = 1.58\text{MPa}$

故取 $v_c = 1.32\text{MPa}$

$$V_c = 0.1 v_c A_e = 0.1 \times 1.32 \times 0.8 \times 180 \times 200 = 3802\text{kN}$$

$$V_s = 0.1 \times \frac{A_v f_{yh} h_0}{s}$$

$$= 0.1 \times \frac{6.12 \times 250 \times (200-10)}{10}$$

$$= 2907\text{kN} < 0.08\sqrt{18.4} \times 0.8 \times 180 \times 200 = 9883\text{kN}$$

取 $V_s = 2907\text{kN}$

$$V_u = \phi(V_c + V_s) = 0.85 \times (3802 + 2907) = 5703\text{kN}$$

故选（C）项。

(2) 沿横桥向

$$A_v = (4 + 2\cos 45°) \times 1.131 = 6.12\text{cm}^2$$

$$\rho_s = \frac{2A_v}{bs} = \frac{2 \times 6.12}{200 \times 10} = 0.00612$$

$$\lambda = \frac{0.00612 \times 250}{10} + 0.38 - 0.1 \times 6 = -0.07 < 0.03$$

故取 $\lambda = 0.03$

$$v_c = 0.03 \times \left(1 + \frac{850}{1.38 \times 180 \times 200}\right)\sqrt{18.4}$$

$$= 0.131\text{MPa}$$

$0.335\sqrt{f_{cd}} = 1.52\text{MPa}$，$1.47\lambda\sqrt{f_{cd}} = 1.47 \times 0.03\sqrt{18.4} = 0.189\text{MPa}$

故取 $v_c = 0.131\text{MPa}$

$$V_c = 0.1 \times 0.131 \times 0.8 \times 180 \times 200 = 377\text{kN}$$

$$V_s = 0.1 \frac{A_v f_{yh} h_0}{s}$$

$$= 0.1 \times \frac{6.12 \times 250 \times (180-10)}{10} = 2601\text{kN} < 9883\text{kN}$$

取 $V_s = 2601\text{kN}$

$$V_u = \phi(V_c + V_s) = 0.85 \times (377 + 2601) = 2531\text{kN}$$

故选（A）项。

【例 8.13.3】 某高速公路上的立交匝道直线桥梁，为 3 孔 30m 跨预制预应力混凝土箱形简支梁组成，如图 8.13.2 所示，该桥梁全宽 10m，行车道净宽 9m，单向双车道。下部结构包括 0 号、3 号埋置式肋板桥台，1 号、2 号 T 形盖梁中墩。中墩下接承台和桩基础。两端桥台处设置伸缩缝，中墩处桥面连续，形成 3×30m 的一联桥。每片主梁端部设置一个矩形板式橡胶支座，桥台处共 3 个，中墩盖梁顶面处为 6 个。每个橡胶支座规格相

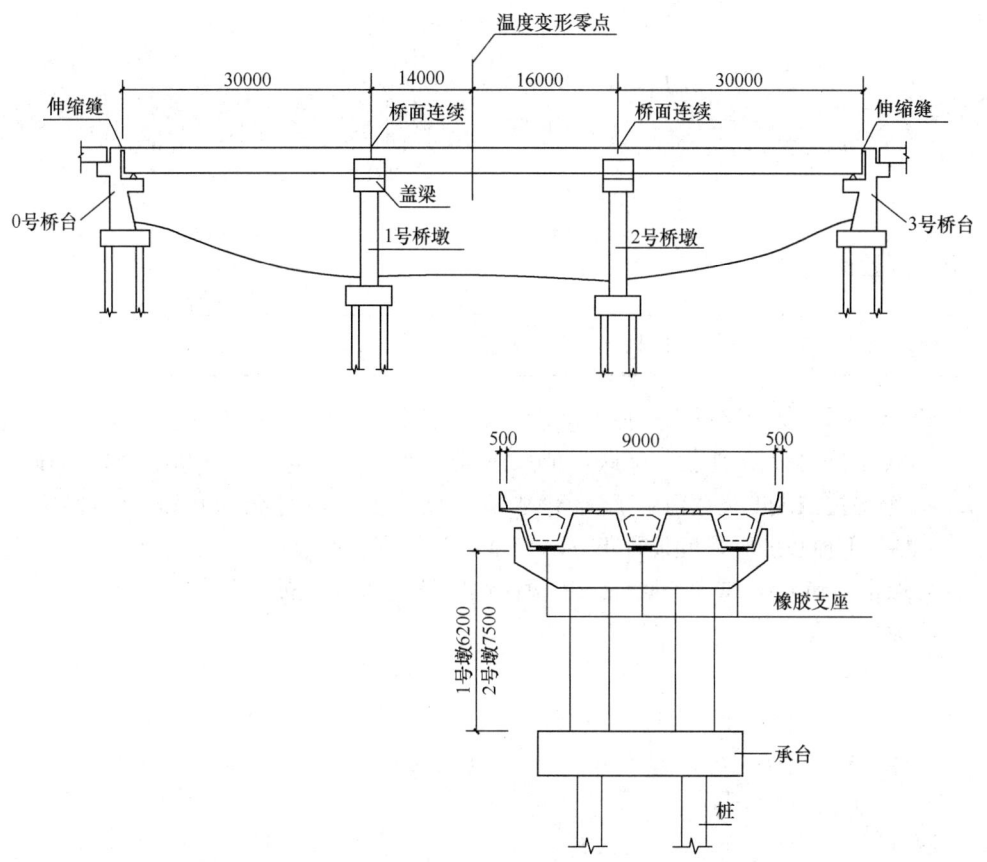

图 8.13.2 （尺寸单位：mm）中墩横断面图

同，即 350mm×550mm×84mm（纵桥向边长×横桥向边长×总厚度），其橡胶层厚度总计 60mm。为了简化计算，边、中跨计算跨径均按 30m 计算，图中中墩高度已包含盖梁高度。

已知桥台顶面处纵桥向的抗推刚度取无穷大，1、2 号中墩盖梁顶面处的纵桥向抗推刚度分别为：$K_1=35000$kN/m，$K_2=21000$kN/m，单个橡胶支座的纵桥向抗推刚度 $K_支$ $=3850$kN/m。上部结构温度变形零点距 1 号墩中线 14m。混凝土线膨胀系数取 0.00001。

桥梁所在地区，抗震设防烈度为 7 度，基本地震动峰值加速度为 0.15g，在 E2 地震作用下，2 号桥墩支座顶面的纵向水平地震设计力为 945kN，均匀温度作用最不利标准值为 61.3kN，一个支座的最小恒载反力为 838.9kN。假定，支座顶底面设置钢板，永久作用产生的橡胶支座的水平位移及水平力为 0。试问，在进行板式橡胶支座抗震验算时，与下列哪种情况相符？

(A) 支座厚度验算不满足，抗滑稳定性满足
(B) 支座厚度验算不满足，抗滑稳定性不满足
(C) 支座厚度验算满足，抗滑稳定性满足
(D) 支座厚度验算满足，抗滑稳定性不满足

【解答】 根据《公桥抗规》7.5.1 条：

$$X_B = \frac{945 + 0.5 \times 61.3}{6 \times 3850} = 0.042\text{m} < \Sigma t = 0.06\text{m},\text{满足}$$

$$\mu_d R_b = 0.20 \times 838.9 = 167.78\text{kN}$$

$$E_{hzh} = \frac{945 + 0 + 0.5 \times 61.3}{6} = 162.6\text{kN} < 167.78\text{kN},\text{满足}$$

故选（C）项。

七、延性构造细节设计

> ● 复习《公桥抗规》8.1.1条~8.3.3条。

【例8.13.4】 某公路桥中墩柱采用直径1.5m圆形截面，混凝土强度等级C40，柱高8m，桥区位于抗震设防烈度7度区，拟采用螺旋箍筋，假定，最不利组合轴向压力为9000kN，箍筋抗拉强度设计值为$f_{yh}=330$MPa，纵向钢筋净保护层50mm，纵向配筋率ρ_t为1%，混凝土轴心抗压强度设计值$f_{cd}=18.4$MPa，混凝土抗压强度值$f_{ck}=31.6$MPa，螺旋箍筋螺距100mm，试问，墩柱潜在塑性铰区域的加密箍筋最小体积含箍率，与下列何项数值最为接近？

(A) 0.004　　　(B) 0.005　　　(C) 0.006　　　(D) 0.008

【解答】 根据《公桥抗规》8.2.2条：

$$\eta_k = P/(A f_{cd}) = 9000/(0.25 \times 3.14 \times 1.5^2 \times 18.4 \times 1000) = 0.277$$

$$\rho_{s,\min} = (0.14 \times 0.277 + 0.028) \times 31.6/330 = 0.0064 \geqslant 0.004$$

故应选（C）项。

八、抗震措施

> ● 复习《公桥抗规》11.1.1条~11.5.6条。

【例8.13.5】 某二级干线公路上一座标准跨径为30m的单跨简支梁桥，其总体布置如图8.13.3所示。桥面宽度为12m，其横向布置为：1.5m(人行道)+9m(车行道)+1.5m(人行道)。桥梁上部结构由5根各长29.94m、高2.0m的预制预应力混凝土T形梁组成，梁与梁间用现浇混凝土连接；桥台为单排排架桩结构，矩形盖梁、钻孔灌注桩基础。设计荷载：公路—Ⅰ级、人群荷载3.0kN/m²。

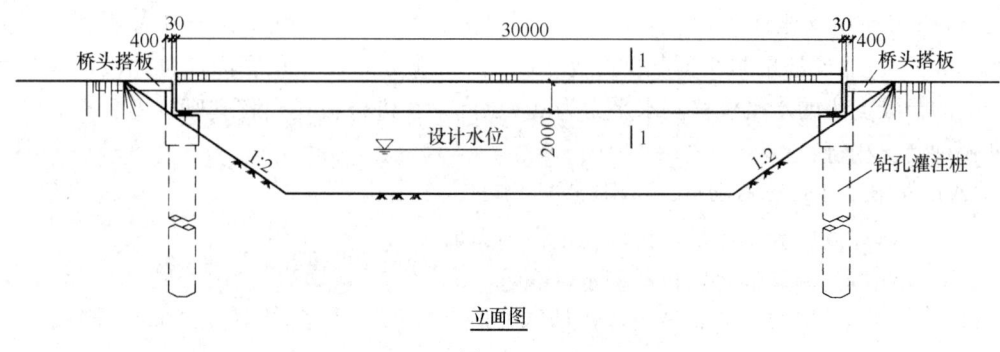

立面图

图8.13.3

该桥梁位于抗震设防烈度 7 度区（基本地震动加速度峰值为 0.15g），其边墩盖梁上矮墙厚度为 400mm，预制主梁端与矮墙前缘之间缝隙为 60mm，若取主梁计算跨径为 29m，采用 400mm×300mm 的矩形板式氯丁橡胶支座。试问，该盖梁的最小宽度（mm）与下列何项数值最为接近？

(A) 1000　　　　(B) 1250　　　　(C) 1350　　　　(D) 1700

【解答】 根据《公桥通规》表 1.0.5，属于公路中桥；由《公桥抗规》表 3.1.1，属于 C 类。又由该规范表 3.1.3-1，其抗震措施等级为二级。

根据《公桥抗规》11.3.1 条、11.2.1 条：
$$a \geqslant 50+0.1\times30+0.8\times0+0.5\times30=68\text{cm}$$
$$a \geqslant 60\text{cm}$$

故取 $a \geqslant 68$cm

边墩盖梁最小宽度 $B=40+6+68=114$cm$=1140$mm

故选（B）项。

【例 8.13.6】 题目条件同【例 8.13.3】。本桥所有支座中心线均与纵向桥梁中心线正交，中墩处纵桥向梁端间隙为 6cm，假定桥台高度影响不计，且不参与高度计算，1 号墩高取 620cm，2 号墩高取 750cm。试号 1、2 号中墩盖梁沿纵桥向的最小尺寸，与下列何项数值（cm）最为接近？

(A) 159　　　　(B) 165　　　　(C) 170　　　　(D) 176

【解答】 根据《公桥抗规》11.2.1 条：
$$a \geqslant 50+0.1\times(3\times30)+0.8\times\frac{1}{2}\times(6.2+7.5)+0.5\times30$$
$$=79.48\text{cm}$$

盖梁纵桥向尺寸$\geqslant 2\times79.48+6=164.96$cm

故选（B）项。

第十四节　城市人行天桥

本节所用的规范是《城市人行天桥与人行地道技术规范》CJJ 69—95（以下简称《城市天桥》）。

一、一般规定

● 复习《城市天桥》2.1.1 条~2.6.8 条。

【例 8.14.1】 某城市一座人行天桥，跨越街道车行道，根据《城市人行天桥与人行地道技术规范》，对人行天桥上部结构竖向自振频率（Hz）严格控制。试问，这个控制值的最小值应为下列何项数值？

(A) 2.0　　　　(B) 2.5　　　　(C) 3.0　　　　(D) 3.5

【解答】 根据《城市天桥》2.5.4 条，应选（C）项。

【例 8.14.2】 某城市拟建一座人行天桥，横跨 30m 宽的大街，桥面净宽 5.0m，全宽 5.6m。其两端的两侧顺人行道方向各建同等宽度的梯道一处。试问，下列梯道净宽（m）

中的哪项与规范的最低要求最为接近？

(A) 1.8　　　　(B) 2.5　　　　(C) 3.0　　　　(D) 2.0

【解答】 根据《城市天桥》2.2.2条：

每侧梯道净宽 $b=\dfrac{1.2\times 5}{2}=3.0\text{m}>1.8\text{m}$，故取 $b=3.0\text{m}$。

故应选（C）项。

【例8.14.3】 在设计某城市过街天桥时，在天桥两端需按要求每端分别设置1∶2.5人行梯道和1∶4考虑自行车推行坡道的人行梯道，全桥共设两个1∶2.5人行梯道和2个1∶4人行梯道。其中，自行车推行的方式采用梯道两侧布置推行坡道。假定，人行梯道的宽度均为1.8m，一条自行车推行坡道的宽度为0.4m，在不考虑设计年限内高峰小时人流量及通行能力计算时，试问，天桥主桥桥面最大净宽（mm），最接近下列何项？

(A) 3.0　　　　(B) 3.7　　　　(C) 4.3　　　　(D) 4.7

【解答】 根据《天桥规范》2.2.2条：

每端：$1.8+1.8+0.4\times 2=4.4\text{m}$

桥面净宽 $\leqslant \dfrac{4.4}{1.2}=3.67\text{m}$，且 $\geqslant 3\text{m}$

故桥面最大净宽为3.67m。

应选（B）项。

二、天桥设计

> ● 复习《城市天桥》3.1.1条～3.9.12条。

【例8.14.4】 某城市人行天桥采用桁架结构，其跨度为30m，桥宽为8.4m，试问，其人群设计荷载值（kPa）最接近下列何项？

(A) 3.60　　　　(B) 3.75　　　　(C) 3.80　　　　(D) 3.95

【解答】 根据《城市天桥》3.1.3条。

$$B=\dfrac{8.4}{2}=4.2\text{m}>4\text{m}，故应按 B=4\text{m} 计算。$$

$$W=\left(5-2\times\dfrac{30-20}{80}\right)\times\left(\dfrac{20-4}{20}\right)=3.8\text{kPa}$$

故应选（C）项。

三、地道设计

> ● 复习《城市天桥》4.1.1条～4.9.4条。

第九章 结构力学

本章首先简单介绍理论力学中的静力学、材料力学，有利于后续结构力学的学习。

第一节 静 力 学

理论力学中静力学研究内容是：物体的受力分析、力系的等效与简化、力系的平衡条件及其运用。

一、静力基本概念与公理

（一）基本概念

1. 力

力是指物体间的相互机械作用。力的作用有两种效应：运动效应（使物体产生运动状态变化）和变形效应（使物体产生形状变化）。在运动效应中，平衡是运动的一种特殊形式，它一般是指物体相对于地面保持静止或作匀速直线运动。

力对物体的作用效应取决于力的三要素：力的大小、方向和作用点。力的方向是指力在空间的方位和指向（图9.1.1中的线段 AB 指向），力的作用点是指力在物体上的作用位置（图9.1.1中的 B 点）。力是矢量，其可以用带箭矢的线段 $\overrightarrow{AB}$ 表示。力的作用线是指过力的作用点沿力的矢量方向画出的直线，见图9.1.1中的 KL。

在国际单位制中，力的单位为牛顿（N）或千牛顿（kN）。使1kg质量的物体产生 $1m/s^2$ 加速度的力定义为1N。

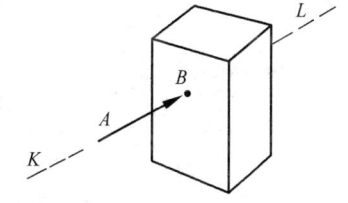

图9.1.1 力的作用线

为了区分，本书中一般用黑体 $\boldsymbol{F}$ 表示矢量，用普通字母 F 表示力的大小。

力按作用范围可分为集中力或分布力。其中，分布力可分为均布力（其可分为线均布力、面均布力）、非均布力。例如房屋建筑中梁的自重属于线均布力，单位为 kN/m；楼板的自重属于面均布力，单位为 kN/m^2。建筑物地下室外墙受到的土压力、水压力均属于非均布力。

2. 力系

力系是指作用于物体上的一群力。若一个力系作用于物体并使其平衡，则该力系称为平衡力系。平面力系是指当力系中各力的作用线位于同一平面内。平面汇交力系是指在平面力系中各力的作用线汇交于一点的力系。平面平行力系是指在平面力系中各力的作用线相互平行的力系。平面任意力系是指在平面力系中力的作用线任意分布。

3. 刚体

为了便于力学分析和计算，引入"刚体"概念，刚体是指在任何外力作用下都不变形的物体。

（二）静力学公理

1. 力的平行四边形法则

作用于物体上同一点的两个力可以合成为作用于该点的一个合力 F_R，该合力 F_R 的大小和方向由这两个力矢量为邻边所构成的平行四边形的对角线表示。这一矢量和法则称为力的平行四边形法则（图 9.1.2a），记为：

$$F_R = F_1 + F_2$$

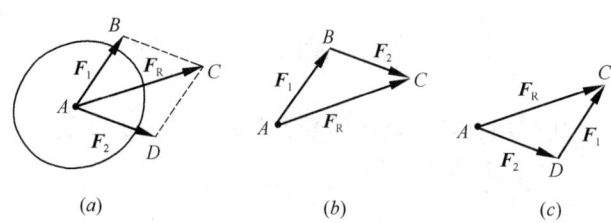

图 9.1.2　力的合成

(a) 平行四边形法则；(b)、(c) 三角形法则

也可采用三角形法则求合力的大小和方向（图 9.1.2b），作矢量 AB 代表力 F_1，再从 F_1 的终点 B 作矢量 BC 代表力 F_2，最后从 A 点指向终点 C 的矢量 AC 就代表合力 F_R。此外，还可先作 F_2，再从 F_2 的终点作 F_1，所得合力相同（图 9.1.2c）。因此，三角形法则与分力的次序无关。

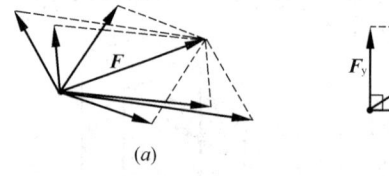

图 9.1.3　力的分解

(a) 力的任意方向分解；(b) 正交分解

注意：分力可以合成为一个合力，其逆过程是将一个合力用两个分力来代替，称为力的分解。由力的平行四边形法则可知，力的合成结果是唯一的，而力的分解结果有无数个（图 9.1.3a）。通常将力 F 分解为两个正交方向的分力 F_x 和 F_y，如图 9.1.3（b）所示。

2. 二力平衡原理

作用于同一刚体上的两个力，使刚体平衡的必要和充分条件是：这两个力等值、反向、共线。在图 9.1.4（a）中，假若各物体在力 F_1 及 F_2 的作用下保持平衡，则此两力必等值、反向，并沿着其作用点 A、B 的连线，作用在同一物体上。否则，该物体就不能平衡。通常将受两个力作用处于平衡的构件称为二力杆，例如图 9.1.4（b）中杆件均属于

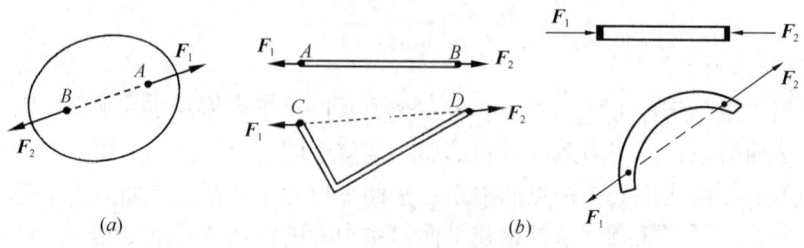

图 9.1.4　二力平衡

(a) 二力平衡条件；(b) 二力杆

二力杆。

3. 加减平衡力系原理

在作用于刚体上的任一力系中，加上或者减去一个平衡力系，所得新力系与原力系对刚体的运动效应相同，称为加减平衡力系原理。根据加减平衡力系原理可推导出下面两个推论：

推论1：力的可传性。 作用于刚体上的力可沿其作用线移至刚体内的任一点，而不改变此力对刚体的运动效应。由力的可传性可知，对作用在刚体上的力，其作用的效应与作用点的位置无关，可沿其作用线任意滑动，故作用在刚体上的力是一个**滑动矢量**。这样，作用在刚体上的力（亦称刚体力）的三要素又可表述为：力的大小、方向和作用线。

推论2：三力汇交平衡定律。 作用于刚体上的三个相互平衡的力，若其中两个力的作用线汇交于一点，则这三个力的作用线必在同一平面内，并且第三个力的作用线一定通过汇交点。如图9.1.5所示中，三个力一定汇交于 O 点。

4. 作用与反作用定律

两物体间的相互作用力总是大小相等、方向相反、沿同一作用线，分别作用于这两个物体上。如图9.1.6所示中，绳索给重物一个作用力 F_T，反过来重物给绳索一个反作用力 F'_T，即有：$F_T = -F'_T$。

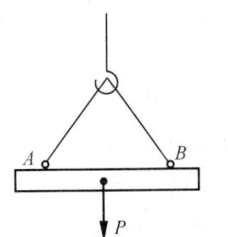
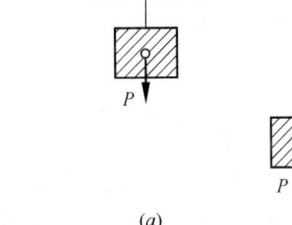

图9.1.5 三力汇交平衡　　　　图9.1.6 力的作用与反作用

（三）力矩及其性质

1. 力矩

作用在刚体上位于质量中心（简称质心）以外点的力会使刚体发生移动和转动，力对刚体的转动效应采用力矩度量。如图9.1.7所示，力 F 作用在刚体上使刚体产生绕平面内某一点 O 点（距心）转动，其转动效应与作用在刚体上的力 F 的大小、该力到 O 点的距离 h（力臂）有关。在平面内，力 F 对刚体的转动效应用力的大小与力臂的乘积来度量，称为力对点之矩，用 $M_O(F)$ 表示，即：

$$M_O(F) = \pm Fh$$

由上式可知，在平面力系问题中 $M_O(F)$ 是一个代数量，单位是牛顿·米（N·m）或千牛·米（kN·m）。正负号表示力使刚体绕 O 点的转动方向，通常规定逆时针方向为正，顺时针方向为负。注意，在空间力系问题中 $M_O(F)$ 是一个矢量。

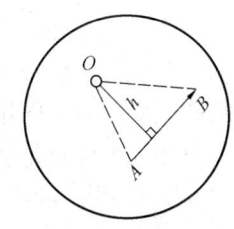

图9.1.7 力矩

力矩的性质如下：
(1) 当力的作用线通过矩心（即力臂为零）时，此力对该矩心的力矩为零。
(2) 力可以沿其作用线任意滑动，而不会改变该力对指定点的力矩。

2. 合力矩定律

平面汇交力系的合力对该平面内任一点的力矩等于各分力对同一点的矩的代数和，称为合力矩定律，可表示为：

$$M_O(\pmb{F_R}) = M_O(\pmb{F_1}) + M_O(\pmb{F_2}) + \cdots + M_O(\pmb{F_n})$$
$$= \Sigma M_O(\pmb{F_i})$$

根据合力矩定律，可得分布力的合力的作用线的位置，如图 9.1.8 所示。

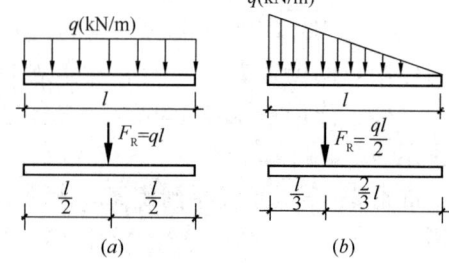

图 9.1.8 合力的作用线
(a) 均布线荷载；(b) 三角形线性分布荷载

（四）力偶及其性质

1. 力偶与力偶矩

刚体在一对大小相等、方向相反、作用线相互平行的力作用下，将只产生转动。由这一对力组成的力系称为力偶，如图 9.1.9 所示，记为：$(\pmb{F}, \pmb{F}')$。力偶所在平面称为力偶作用面，力偶的两力间的垂直距离 d 称为力偶臂。力偶对刚体的转动效应用力偶矩来度量。对于平面力偶系（是指作用在刚体上同一平面内的各力偶所组成的力系），力偶矩的值等于力的大小与力偶臂的乘积，即：

$$M = \pm Fd$$

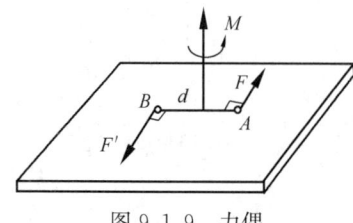

图 9.1.9 力偶

由上式可知，在平面力偶中 M 是一个代数量。力偶矩的单位是牛顿·米（N·m）或千牛·米（kN·m）。在平面力偶系中，正负号表示力偶的转动方向，通常规定逆时针方向为正，顺时针方向为负。注意，在空间力偶系中 M 是一个矢量，称为力偶矩矢量，其三要素是：力偶矩的大小、力偶作用平面的方位、力偶矩矢量的指向（按右手螺旋法则确定）。

力偶的性质是：力偶不能与一个力等效（即力偶没有合力），力偶只能由力偶来平衡（即不能与一个力相平衡）。

2. 力偶的等效条件及其推论

力偶没有合力，力偶对刚体的作用效应取决于力偶矩矢量，因此，两力偶等效的充分必要条件是两个力偶的力偶矩矢量相等。由此，可得力偶性质的推论如下：
(1) 力偶可在其作用平面内任意移动，而不会改变对刚体的作用效应。
(2) 保持力偶矩的大小和转向不变，可同时改变力偶中力的大小与力偶臂的长短，而不会改变对刚体的作用效应。

可知，力偶矩是力偶作用的唯一度量，故常采用图 9.1.10 所示的符号来表示力偶，其中 M 为力偶矩。

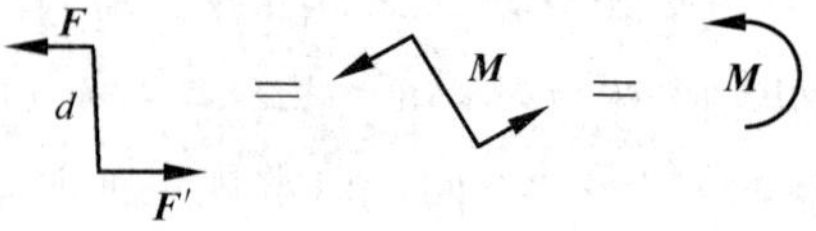

图 9.1.10 力偶的表示

在平面力偶系中,力偶对平面内任意点的力偶矩都相同,与该任意点位置无关。

3. 力偶的合成

平面力偶系可以合成为一个合力偶,此合力偶的力偶矩等于力偶中各分力偶矩的代数和,即:

$$M = M_1 + M_2 + \cdots\cdots + M_n = \Sigma M_i$$

二、约束与约束力及物体的受力分析

(一) 约束与约束力

约束是指阻碍物体运动的限制物。约束力(亦称约束反力)是指约束施加于被约束物的力。除约束力以外的其他力称为主动力,例如重力、土压力、水压力、风压力等。一般地,主动力是已知的,而约束力是未知的。约束力的方向总是与约束所能阻止物体的运动或运动趋势方向相反。工程中常见的约束类型及其确定约束力的方法如下:

1. 柔索约束

由绳索、皮带、链条等构成的约束称为柔索约束。该类约束的特点是柔索本身只能承受拉力,故其对物体的约束力也只能是拉力。因此,柔索约束的约束力必定沿着柔索的中心线且背离被约束物体,如图9.1.11所示。

2. 光滑接触面约束

光滑接触面约束只能阻碍物体沿接触面的公法线方向往约束内部的运动,而不能阻碍物体在切线方向的运动,因此,该类约束的约束力作用在接触点,方向沿接触面的公法线并指向被约束物体,如图9.1.12所示。

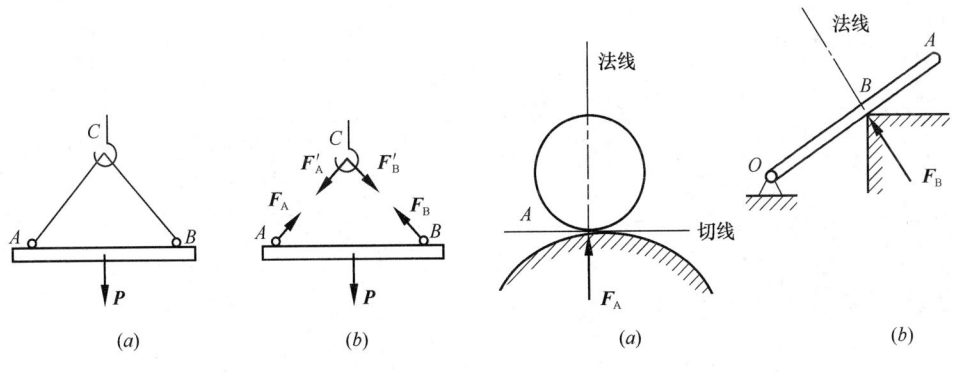

图9.1.11 柔索约束　　　　图9.1.12 光滑接触面约束

3. 铰链连接和固定铰支座

(1) 铰链连接

两个构件用圆柱形光滑销钉连接起来,这种约束称为铰链连接,简称铰接(图9.1.13a)。铰链的表示方式用小圆圈,如图9.1.13(c)所示。铰链约束的特点是被连接的两个构件可以绕销钉轴线相对转动和沿销钉轴线相对滑动,但不能在垂直于销钉轴线平面内任意方向相对移动。因此,铰链的约束力作用在垂直于销钉轴线的平面内,通过销钉中心,但方向无法预先确定(图9.1.13b中F_A)。工程中通常表示为两个相互垂直的约束力F_{xA}和F_{yA},指向待定(F_{xA}可表示为向右或向左;F_{yA}可表示为向上或向下),如图

1959

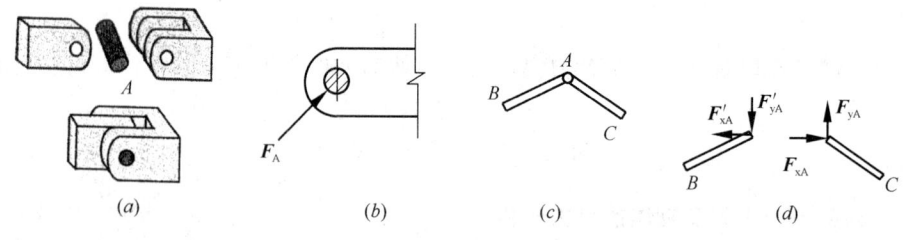

图 9.1.13 铰链连接

9.1.13（d）所示。注意，用一个力 F_A 或用两个分力 F_{xA}、F_{yA} 表示，应结合具体受力分析问题而定。

(2) 固定铰支座

当铰链连接的两构件中有一个构件被固定在地基（或结构）上作为支座，则这种约束称为固定铰支座，其示意图如图 9.1.14（a）所示。固定铰支座的各种表示方式如图 9.1.14（c）所示。与铰链相同，固定铰支座的约束力的方向也无法预先确定（图 9.1.14b 中 F_A），工程中常用两个相互垂直的约束力 F_{xA} 和 F_{yA}，指向待定，如图 9.1.14（d）所示。

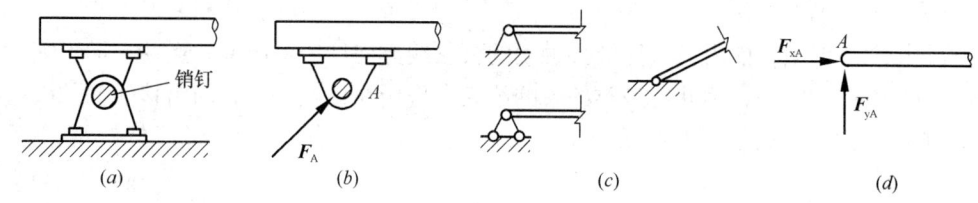

图 9.1.14 固定铰支座

4. 辊轴支座（可动铰支座）

如图 9.1.15（a）所示，在铰链支座的底部装上一排滑轮，此时支座可沿支承面产生滚动，这种约束称为辊轴支座（亦称可动铰支座）。可动铰支座的各种表示方式如图 9.1.15（b）所示。可动铰支座仅限制垂直于支承面方向的运动，故其约束力通过铰链中心并垂直于支承面，指向待定（F_A 可表示为向上或向下），如图 9.1.15（c）所示。

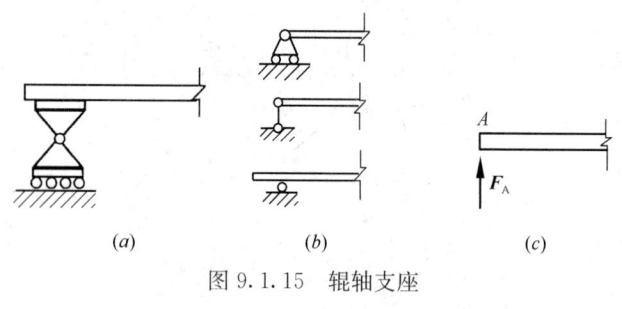

图 9.1.15 辊轴支座

5. 链杆约束

两端用铰链与不同的物体连接而中间不受力（忽略自重）的直杆称为链杆（或称二力杆），如图 9.1.16（a）所示中杆 AB。链杆约束只能限制物体与链杆连接的一点沿着链杆中心线方向的运动，而不能限制其他方向的运动。因此，链杆

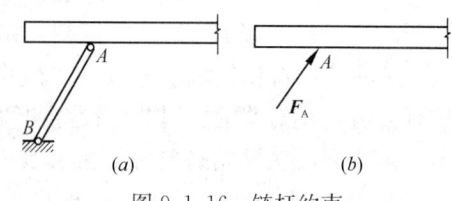

图 9.1.16 链杆约束

约束的约束力沿着链杆中心线,指向待定,如图 9.1.16（b）所示。

6. 固定端约束

固定端约束的特点是:被约束物体既不能移动,也不能在约束处转动。固定端约束被用于支座时,称为固定支座。固定端约束可分为平面固定端约束和空间固定端约束。其中,平面固定端约束的约束力常用两个分约束力 F_{xA}、F_{yA} 和一个约束力偶 M_A 表示,指向均待定,如图 9.1.17（b）所示。

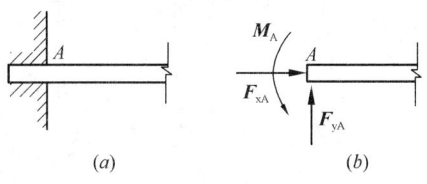

图 9.1.17 平面固定端约束

7. 定向支座（滑动支座）

如图 9.1.18（a）所示为定向支座（亦称滑动支座）的示意图。定向支座能限制物体在支座处的转动和沿一个方向上的运动,仅允许物体在另一方向上自由的滑动,其表示方式如图 9.1.18（b）、（c）所示。定向支座的约束力可以用一个沿链杆轴线方向的力 F_{yA} 和一个约束力偶 M_A 表示,指向均待定。

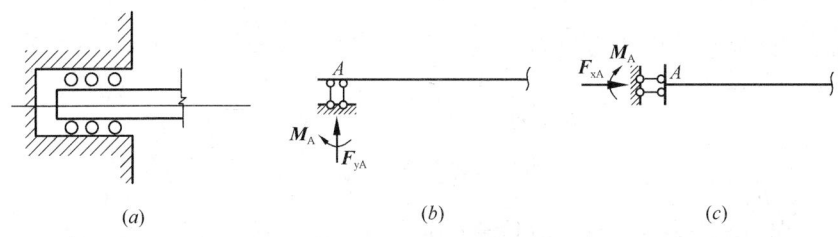

图 9.1.18 定向支座
（a）、（b）可左右滑动;（c）可上下滑动

注意:由多个物体组成的物体系统,整体物体系统与地基（或基础）之间常采用的约束是固定支座、固定铰支座、可动铰支座等,称为外部约束;而物体与物体之间常采用的约束是铰链、链杆、固定端约束等,称为内部约束。其中,外部约束的约束力也称为支座反力。

（二）物体的受力分析与受力图

为了确定某个物体上所受的未知的约束力,首先必须分析物体的受力情况,明确物体受到哪些力的作用,明确每个力的作用位置和作用方向,哪些力是已知的,哪些力是未知的。这一过程称为物体的受力分析。其次,在此基础上运用平衡条件求解。

物体的受力分析的基本方法是将物体从约束中脱离出来,以相应的约束力代替约束,然后再画上所有的主动力。该过程称为画受力图。画受力图的具体步骤如下:

（1）取隔离体:根据求解需要,选择受力分析对象,并画出隔离体图。

（2）画主动力:画上该隔离体上所有的主动力。

（3）画约束力:根据约束性质,正确画出所有的约束力。

注意:当考虑多个物体组成的物体系统受力时,要分清内部约束和外部约束。

如图 9.1.19（a）所示的三铰刚架分别画出 AC 杆、BC 杆的受力图和整个刚架的受力图（各杆自重不计）。

对于 AC 杆,其在 A、C 处分别作用有一个约束力 F_A、F_C,而 AC 杆在这两个力作用

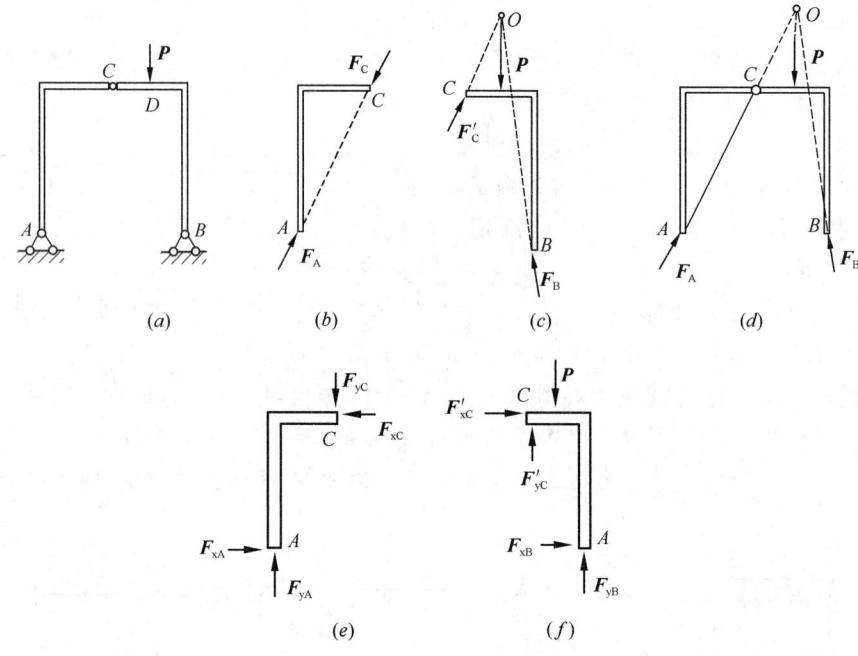

图 9.1.19 受力分析图

下处于平衡,即 AC 杆为二力杆,故是一对平衡力,其受力图如图 9.1.19 (b) 所示。

对于 BC 杆,其主动力有 P,在铰链 C 处受到 AC 杆的约束力 F'_C,且 F_C 与 F'_C 是作用力与反作用力。在 B 处受到一个约束力 F_B,其方向可根据三力汇交平衡定律来确定。BC 杆的受力图如图 9.1.19 (c) 所示。

对于整体刚架的受力分析,主动力有 P,在 A、B 处分别受到约束力 F_A、F_B。而铰链 C 处所受到的力有 F_C 和 F'_C($F'_C = -F_C$),为内部约束的成对的约束力,在整体刚架的受力图上不需要画出。因此,整体刚架的受力图如图 9.1.19 (d) 所示。

此外,根据具体求解需要,A 处的约束力 F_A 可用两个正交分力 F_{xA}、F_{yA} 来表示;B 处的约束力 F_B、C 处的约束力 F_C 和 F'_C 均可用两个正交分力来表示,如图 9.1.19 (e)、(f) 所示。

三、平面力系

(一) 平面汇交力系的合成

平面汇交力系的合成可采用几何法和解析法。

1. 平面汇交力系合成的几何法

如图 9.1.20 (a) 所示,平面汇交力系由 F_1、F_2、F_3、F_4 四个力组成,利用平行四边形法则或三角形法则,现将其中某两个力(例如 F_1、F_2)合成为一个合力,其仍作用于公共作用点 A。这样,对该汇交力系只需连续采用三角形法则将各力依次合成,即可得该汇交力系的合力 F_R,如图 9.1.20 (b) 所示。实际上,作图时中间合力的过程可以不画,直接将所有分力首尾依次相连,组成一个"开口"的力多边形 $Aabcd$,其从起始点 A 指向终点 d 的力 F_R 即为该汇交力系的合力,如图 9.1.20 (c) 所示。用力多边形求合力的方

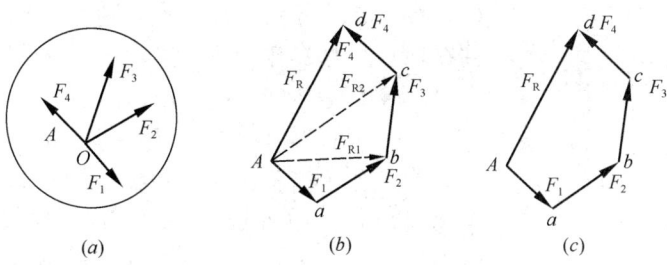

图 9.1.20 力多边形法则

法称为力多边形法则。

2. 平面汇交力系合成的解析法

如图 9.1.21 所示，为了得到力 F 在 x 轴上的投影，过力 F 的起点 A 和终点 B 分别作 x 轴的垂线，所得垂足 a 和 b 之间的线段长度即为力 F 在 x 轴上的投影的绝对值。当 a 到 b 的指向与 x 轴的正方向一致时，投影为正，反之为负。故力 F 在 x 轴上的投影是一个代数量，用符号 F_x 表示，其大小等于力 F 的大小乘以力 F 与 x 轴正方向夹角 α 的余弦，即：

$$F_x = F\cos\alpha$$

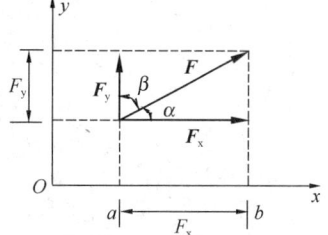

同理，力 F 在 y 轴上的投影，即：

$$F_y = F\cos\beta = F\sin\alpha$$

图 9.1.21 力的投影

合力投影定律：平面汇交力系的合力在任一坐标轴上的投影等于力系中各分力在同一坐标轴上投影的代数和，即：

$$F_{Rx} = F_{1x} + F_{2x} + \cdots\cdots = \sum F_{ix}$$

$$F_{Ry} = F_{1y} + F_{2y} + \cdots\cdots = \sum F_{iy}$$

此外，合力投影定律也适用于平面任意力系。

(二) 平面任意力系的简化

1. 力的平移定律

如图 9.1.22 所示，力 F 作用在刚体上的 A 点，根据加减平衡力系原理，在刚体上的任意一点 B 点处加上一对与 F 大小相等、方向平行的平衡力 F' 和 F''（$F = F' = -F''$），将与原力系等效。然后，将其重新组合成一个力偶（F, F''）和一个力 F'，将（F, F''）称为附加力偶，其力偶矩 $M = Fd = M_B(F)$。由此得到力的平移定律：作用在刚体上点 A 的力 F 要平行移动到任意一点 B 点而不改变其对刚体的作用效应，则必须同时附加一个力偶，该附加力偶的力偶矩等于原来的力 F 对 B 点的矩。

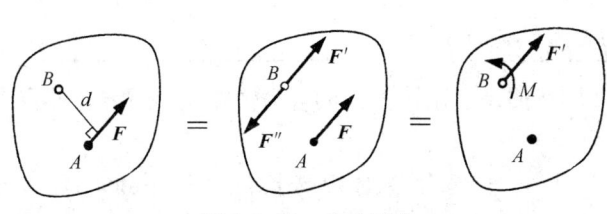

图 9.1.22 力的平移

利用力的平移定律可以解释工

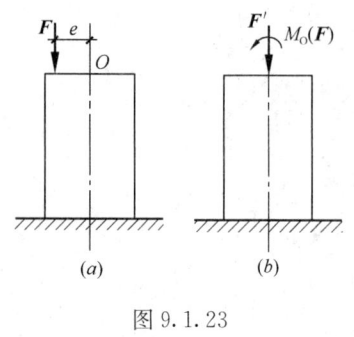

图 9.1.23

程实际中的力学问题,例如图 9.1.23（a）为一偏心受压柱,将力 F 平移到轴心 O 点后则为力 F' 与力偶 $M_O(F)$。柱在轴心压力 F' 作用下受压,在力偶作用下弯曲。

2. 平面任意力系向作用面内一点的简化

对图 9.1.24（a）所示的平面任意力系,在平面内任一点 O 点作为简化中心,根据力的平移定律,将所有力平移到 O 点,如图 9.1.24（b）所示,可知作用在 O 点的力是一个汇交于 O 点的平面汇交力系和一个由附加力偶组成的平面力偶系。对于汇交于 O 点的平面汇交力系,根据力的平行四边形法则,其最后合成为一个力 F_R,如图 9.1.24（c）所示,即:

$$F_R = F'_1 + F'_2 + \cdots\cdots = \Sigma F'_i$$

对于平面力偶系可合成为一个力偶 M_O,即:

$$M_O = M_1 + M_2 + \cdots\cdots = \Sigma M_i$$

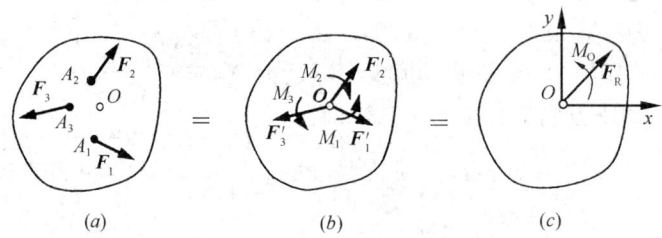

图 9.1.24　平面任意力系的简化

由上可知,一般情况下,平面任意力系向平面内任一点简化,可得一个力 F_R 和一个力偶 M_O。力 F_R 等于原力系各力的矢量和,作用在简化中心,称为主矢量,简称主矢。力偶 M_O 等于原力系对简化中心的力偶矩的代数和,称为主矩。

(三) 平面任意力系的平衡条件和平衡方程

平面任意力系平衡的必要和充分条件是主矢和主矩均等于零：$F_R = 0$,$M_O = 0$。

平面任意力系的平衡方程,见表 9.1.1。

平面任意力系的平衡方程　　　　　表 9.1.1

	平衡方程	限制条件
基本形式	$\Sigma F_{ix}=0$,$\Sigma F_{iy}=0$,$\Sigma M_O(F_i)=0$	均有三个独立方程,可解三个未知量
二力矩形式	$\Sigma F_{ix}=0$,$\Sigma M_A(F_i)=0$,$\Sigma M_B(F_i)=0$	AB 两点连线不能与 x 轴垂直
三力矩形式	$\Sigma M_A(F_i)=0$,$\Sigma M_B(F_i)=0$,$\Sigma M_C(F_i)=0$	矩心 A、B、C 三点不共线

平面任意力系的平衡方程基本形式的实质是：水平方向的合力为零、铅垂方向的合力为零、对任一点 O 点的合力矩为零。

平面汇交力系、平面平行力系为平面任意力系的特殊情况,其平衡方程,见表 9.1.2。

平面汇交力系和平面平行力系的平衡方程　　　　　　　　　　表 9.1.2

分类		平衡方程	限制条件
平面汇交力系	基本形式	$\Sigma F_{ix}=0$，$\Sigma F_{iy}=0$	—
平面平行力系（选取 y 轴与各力作用线平行）	基本形式	$\Sigma F_{iy}=0$，$\Sigma M_A(\boldsymbol{F}_i)=0$	—
	二力矩形式	$\Sigma M_A(\boldsymbol{F}_i)=0$，$\Sigma M_B(\boldsymbol{F}_i)=0$	AB 两点连线不与各力平行

小结 1：计算时选取何种形式的平衡方程，完全取决于计算是否简便。一般地，尽可能一个方程能解得一个未知量，避免解联立方程。

小结 2：灵活运用二力平衡原理和三力汇交平衡定律，以简化计算。

【**例 9.1.1**】 如图 9.1.25（a）所示刚架在 C 点承受水平力 P，试确定刚架在 A 点处的约束力 R_A 为下列何项？

(A) $R_A = P$

(B) $R_A = -P$

(C) $R_A = 2P$

(D) $R_A = -\sqrt{2}P$

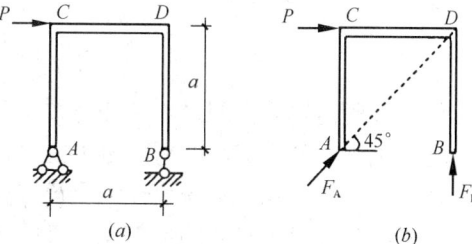

图 9.1.25

【**解答**】 B 点为可动铰支座，其约束力的方向沿铅垂线，并且与水平力 P 的作用线相交于 D 点；根据三力汇交平衡定律，固定支座 A 的约束力的作用线必通过 D 点，如图 9.1.25（b）所示。由 $\Sigma F_{ix}=0$，则：

$R_A \cos 45° + P = 0$，可得：$R_A = -\sqrt{2}P$，应选（D）项。

小结 3：物体系统的平衡及其计算。可以选整体物体系统为研究对象，也可以将物体系统在连接处断开，取物体系统中某一部分作为研究对象。对于研究对象的选择没有统一的方法，其一般原则是：

（1）若能由整体受力图求出的未知约束力，应尽量选取整体物体系统为研究对象。

（2）通常先考虑受力最简单、未知约束力最少的某一物体的受力情况，也即尽可能满足一个平衡方程求得一个未知约束力。

（3）运用二力平衡原理和三力汇交平衡定律。

（4）注意加减平衡力系原理的运用。

第二节　材　料　力　学

材料力学主要研究杆件，杆件是指其长度远大于宽度和高度的构件。与杆件长度垂直的截面称为横截面，横截面形心的连线称为轴线。在外力作用下，杆件的基本变形形式有：轴向拉伸（或压缩）、剪切、扭转、平面弯曲（简称"拉、压、弯、剪、扭"）。杆件在外力作用下应具备足够的强度、刚度和稳定性。

在材料力学中，杆件的内力计算采用截面法，其基本步骤如下：

（1）截开：在欲求内力的横截面位置上截开。

（2）画脱离体受力图：先画外力和外部约束的反力，再画内力。

（3）列平衡方程：求解方程，得到内力。

一、轴向拉伸与压缩

1. 横截面上的内力和轴力图

轴向拉伸或压缩杆件的内力计算，如图9.2.1所示，欲求 $m\text{-}m$ 截面上的内力（即轴力）F_N，其截面法的具体过程如下：

（1）截开。从 $m\text{-}m$ 处假想地截开，如图9.2.1（a）所示。

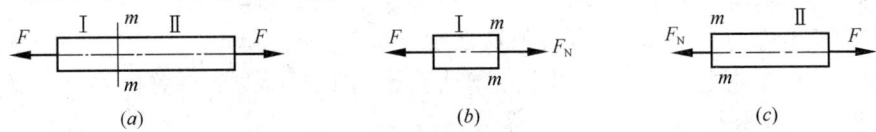

图9.2.1 截面法的具体过程

（2）画脱离体受力图。可以任意取左部分或右部分为脱离体，现取左部分为脱离体，在脱离体上先画外力 F，再画内力 F_N，如图9.2.1（b）所示。

（3）列平衡方程：对脱离体列平衡方程：$\Sigma F_{ix} = 0$，即 $F_N - F = 0$，可得 $F_N = F$。

假若取右部分为脱离体，如图9.2.1（c）所示，按上述步骤，其内力仍为 $F_N = F$，故两者结果相同。从图9.2.1（b）、（c）可知，轴力与截面形状无关。

轴力符号规定：轴力为拉力时为正，其箭头指向截面外法线；轴力为压力时为负，其箭头沿截面内法线。计算时，假定轴力均为拉力，其计算结果为正表明轴力为拉力，为负值表明其为压力。

轴力图是表示沿构件轴线方向各横截面上轴力变化规律的图形。轴力图绘制时，一般地，轴力为正值画在横坐标的上方，为负值时画在横坐标的下方。

2. 轴向拉伸（或压缩）杆件的强度与刚度

轴向拉伸（或压缩）杆件的强度与刚度，见表9.2.1。

轴向拉伸（或压缩）杆件的强度与刚度 表9.2.1

项 目	内 容
横截面上的正应力	$\sigma = \dfrac{F_N}{A}$ A——横截面的面积
强度条件	$\sigma_{\max} = \left\| \dfrac{F_N}{A} \right\|_{\max} \leqslant [\sigma]$ $[\sigma]$——杆件材料的许用应力（N/mm²）
轴向变形	$\Delta l = l_{变形后} - l = \dfrac{F_N l}{EA}$ $\Delta l = \varepsilon l, \varepsilon = \sigma/E$， ε 为轴向线应变，无量纲；E 为材料的弹性模量（N/mm²）
刚度条件	轴向拉伸（或压缩）杆件的变形应控制在许可范围内

注：EA 为杆件的截面抗拉（抗压）刚度。

二、剪切

工程中的螺栓连接、铆钉连接、榫接等，其螺栓、铆钉、榫头称为连接件。连接件的破坏形式主要是剪切破坏和挤压破坏。以螺栓连接为例（图9.2.2），剪力用符合F_s表示，剪切面积用A_s表示，挤压力用F_{bs}表示，挤压面的计算面积用A_{bs}表示。挤压面A_{bs}的计算，为实际挤压面在F_{bs}方向上的投影面积，如图9.2.2（f）所示；当实际挤压面为平面时（如木榫接头），A_{bs}就是实际挤压面的面积。剪切与挤压的实用计算，见表9.2.2。注意，剪力为内力；挤压力为外力，不是内力。

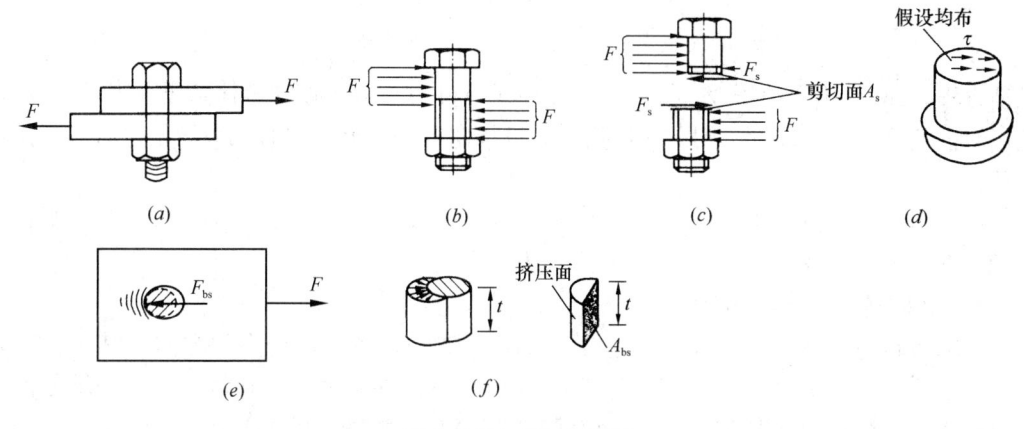

图 9.2.2　剪切和挤压

剪切与挤压的实用计算　　　　　　　　　　　　　　　　　表 9.2.2

项　目	内　容
剪切面上的名义切应力 τ	假定切应力在剪切面上均匀分布，则 τ（N/mm²）为： $$\tau = \frac{F_s}{A_s}$$
剪切强度条件	$$\tau = \frac{F_s}{A_s} \leqslant [\tau]$$ $[\tau]$——名义许用剪切切应力（N/mm²）
名义挤压应力 σ_{bs}	$$\sigma_{bs} = \frac{F_{bs}}{A_{bs}}$$
挤压强度条件	$$\sigma_{bs} = \frac{F_{bs}}{A_{bs}} \leqslant [\sigma_{bs}]$$ $[\sigma_{bs}]$——名义许用挤压应力（N/mm²）

三、扭转

1. 扭矩与扭矩图

如图9.2.3所示，杆件在作用面垂直于杆轴线的外力偶M_e作用下，杆件的相邻横截面绕轴线发生相对转动，这种变形称为扭转。两端截面相对旋转了一个角度φ，φ称为扭转角。扭矩T是扭转变形杆件的内力，确定扭矩T的方法仍采用截面法，在图9.2.4（a）中，沿m-m截面将杆件截开，任意取其中一个脱离体，如图9.2.4（b）所示为左边脱离体，根据

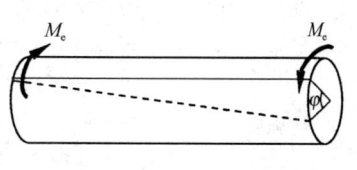

图 9.2.3　扭转

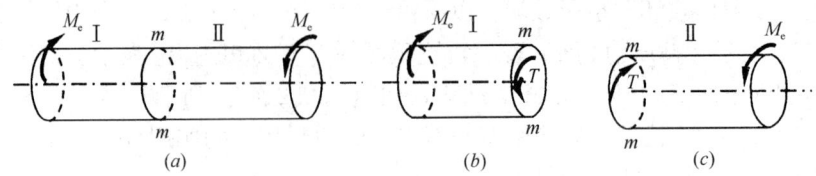

图 9.2.4 截面法计算扭矩
(a) 实心圆轴；(b)、(c) 空心圆轴

平衡方程，$\Sigma M=0$，即 $T-M_e=0$，可得 $T=M_e$（注意，取右边脱离体，仍可得 $T=M_e$），扭矩的正负可按右手螺旋法则，即：扭矩矢量指向横截面外法线时扭矩为正，反之，扭矩为负。

扭矩图是表示扭矩随横截面位置变化的图形，扭矩为正画在横坐标上方，为负画在横坐标下方。

2. 圆轴扭转的强度和刚度

圆轴扭转的横截面上的扭转切应力 τ_ρ（图 9.2.5），各点切应力的方向与其半径线垂直，大小与该点到截面圆心的距离成正比，最大值 τ_{max} 在圆截面边缘各点处。圆轴截面的几何性质有：截面的极惯性矩 I_p，抗扭截面系数 W_p，如图 9.2.6 所示。

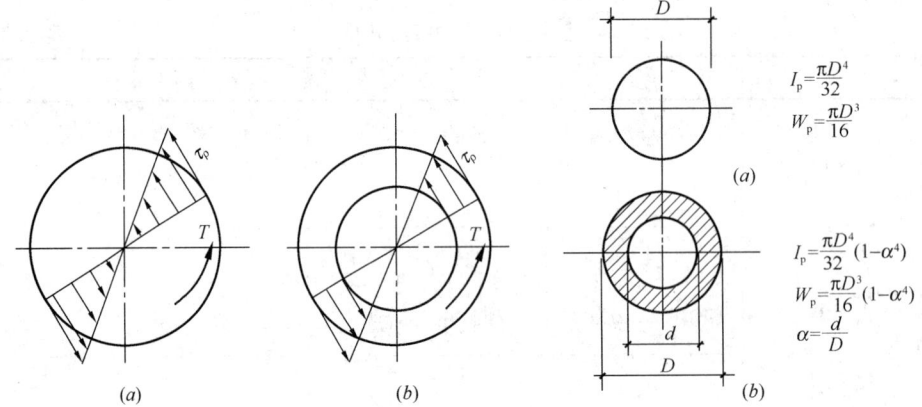

图 9.2.5 扭转时横截面上的切应力
(a) 实心圆轴；(b) 空心圆轴

图 9.2.6 圆轴截面的几何性质

圆轴扭转的强度和刚度，见表 9.2.3。

圆轴扭转的强度和刚度 表 9.2.3

项 目	内 容
扭转切应力 τ_ρ	横截面上距圆心为 ρ 的任一点的切应力为： $$\tau_\rho = \frac{T}{I_p}\rho$$
强度条件	$$\tau_{max} = \frac{T_{max}}{I_p} \cdot \frac{D}{2} = \frac{T_{max}}{W_p} \leqslant [\tau]$$ $[\tau]$——材料扭转许用切应力

续表

项　目	内　容
变形	$\varphi = \dfrac{TL}{GI_p}$
刚度条件	最大单位扭转角 θ_{max}（单位是 rad/m）： $\theta_{max} = \dfrac{T_{max}}{GI_p} \leqslant [\theta]$ $[\theta]$——材料许用单位扭转角，其单位是 rad/m

注：GI_p 为杆件的截面抗扭刚度。

3. 超静定扭转

房屋建筑结构中框架边梁、雨篷梁等为超静定扭转构件。确定超静定扭转杆件的扭矩 T 需要静力平衡方程、变形协调条件。常见的超静定扭转杆件的内力图（即扭矩图），如图 9.2.7 和图 9.2.8 所示。

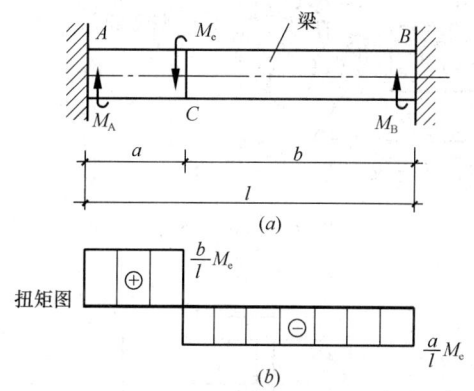

图 9.2.7　超静定梁的扭矩和扭矩图

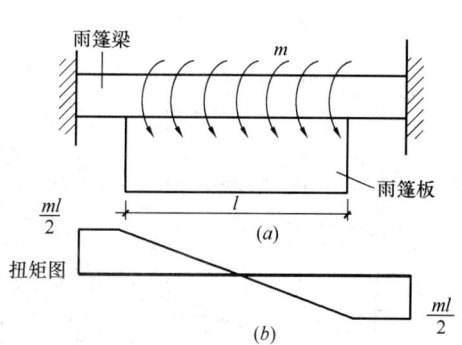

图 9.2.8　雨篷梁的扭矩和扭矩图

四、平面弯曲

1. 基本概念和梁的内力

当作用在直杆上的外力（如集中力、分布力、外力偶矩矢）与杆件轴线垂直时，杆件的轴线将由直线变成曲线，这种变形称为弯曲。以弯曲变形为主要变形的杆件称为梁。如图 9.2.9 所示，常用的梁的横截面具有对称轴，对整个梁而言则具有纵向对称面。当梁上的所有外力都作用在该纵向对称面内，则梁的变形后的轴线将是一条在该纵向对称面内的平面曲线，这种弯曲称为平面弯曲。为了便于计算，通常用梁的轴线来代替梁，将外力（荷载）和支座直接加在轴线上，构成梁的计算简图，如图

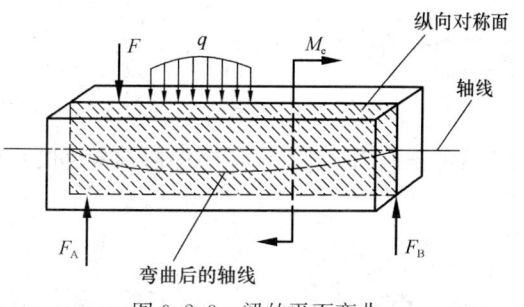

图 9.2.9　梁的平面弯曲

9.2.10所示。

梁的内力包括弯矩M、剪力F_Q（或V或Q表示）和轴力F_N（或N表示），其确定仍采用截面法，见本章后面内容。承受集中外力偶的简支梁的弯矩图和剪力图，如图9.2.10（b）、（c）所示。

2. 梁的弯曲正应力

梁产生平面弯曲变形时（图9.2.11），在梁内一定存在一层既不伸长也不缩短的纤维层，称为中性层，中性层与横截面的交线称为中性轴。梁的横截面上弯曲正应力（亦称梁的正应力）沿截面高度呈线性分布，中性轴上各点的正应力为零，中性轴两侧的正应力一拉一压，同时存在，如图9.2.12所示（⊕表示拉应力；⊖表示压应力）。

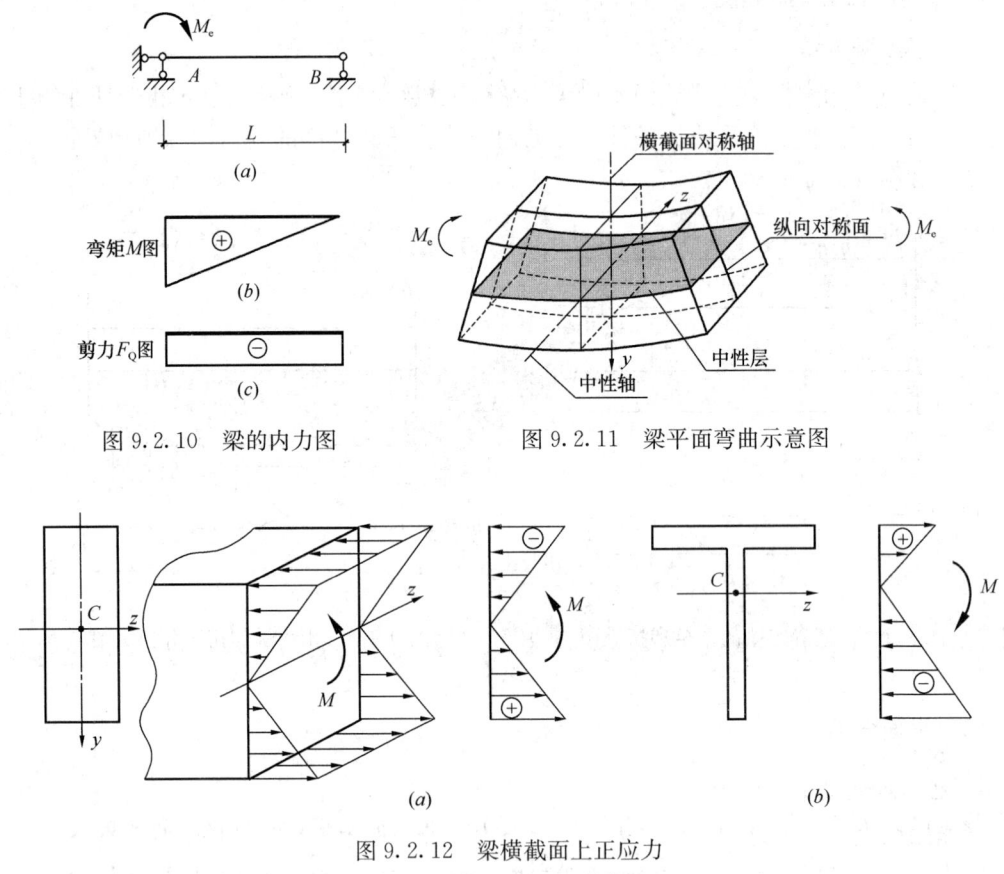

图9.2.10 梁的内力图　　图9.2.11 梁平面弯曲示意图

图9.2.12 梁横截面上正应力
（a）矩形截面；（b）T形截面

梁的弯曲正应力σ为：

$$\sigma = \frac{My}{I_z}$$

最大正应力σ_{max}发生在距中性轴最远的点处：

$$\sigma_{max} = \frac{My_{max}}{I_z} = \frac{M}{W_z}$$

其中，y为距中性轴的距离；I_z为截面对中性轴的惯性矩（常用简单截面的惯性矩如

图 9.2.13 所示）；$W_z = I_z/y_{max}$ 为抗弯截面系数。

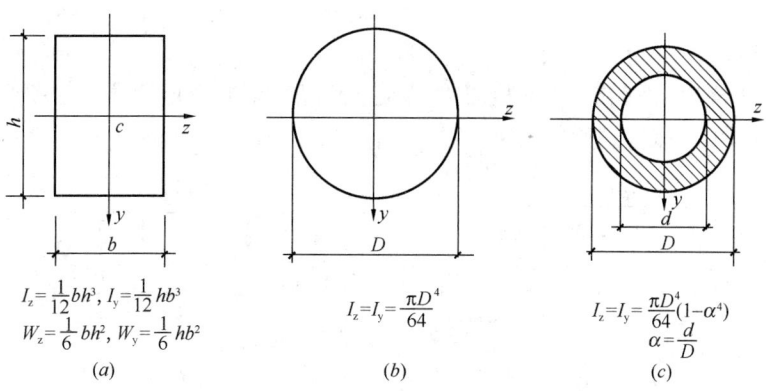

图 9.2.13 简单截面的惯性矩

梁的弯曲正应力的强度条件为：

$$\sigma_{max} = \frac{M_{max}}{W_z} \leqslant [\sigma]$$

3. 梁的弯曲切应力（亦称梁的剪应力）

在剪力作用下，梁横截面上的弯曲切应力 τ 的分布规律，如图 9.2.14 所示。

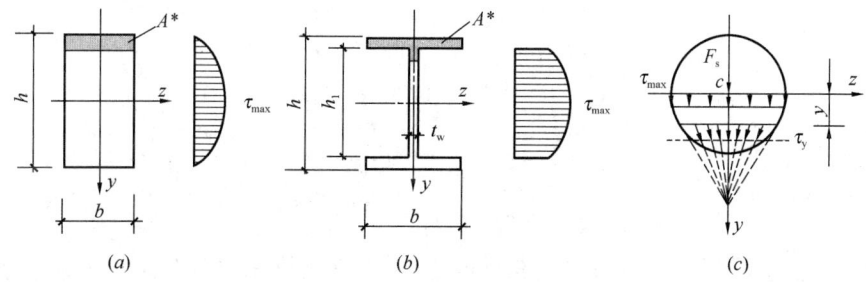

图 9.2.14 梁横截面上的切应力

在剪力 F_Q（或 V 或 Q 表示）作用下，梁的弯曲切应力为：

$$\tau = \frac{F_Q S_z^*}{b I_z}$$

最大弯曲切应力 τ_{max} 为：

$$\tau_{max} = \frac{F_{Q,max} S_{z,max}^*}{b I_z} \leqslant [\tau]$$

其中，S_z^* 为横截面 y 处横线外侧的面积（A^*）及其形心到中性轴的距离的乘积（即称面积矩）；b 为切应力处横截面的宽度（工字形时取腹板厚度 t_w）；$S_{z,max}^*$ 为中性轴一侧面积及其形心到中性轴的距离的乘积；$[\tau]$ 为材料许用切应力。

矩形截面的 $\tau_{max} = \frac{3F_Q}{2A}$；圆形截面的 $\tau_{max} = \frac{4F_Q}{3A}$，式中 A 为横截面的面积。

梁横截面上的平均切应力 $\tau_平$ 为：

$$\tau_\text{平} = \frac{F_Q}{A}$$

4. 梁的变形和刚度条件

梁的变形用挠度 f 和转角 θ 来度量。简支梁和悬臂梁的变形计算，如图 9.2.15 所示。其中，EI 称为梁的截面抗弯刚度。

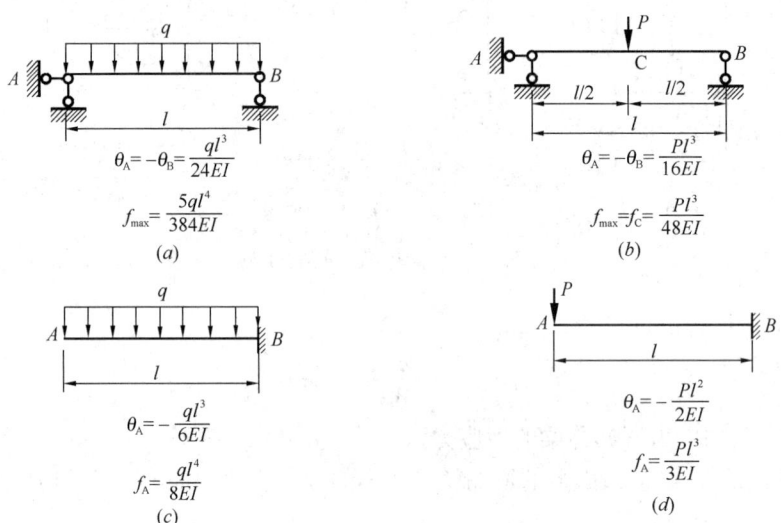

图 9.2.15　梁的变形
(a)、(b) 简支梁；(c)、(d) 悬臂梁

梁的刚度条件为：

$$f_\text{max}/l \leqslant [f/l] ; \quad \theta_\text{max} \leqslant [\theta]$$

其中，f_max 为梁的最大挠度；l 为梁的跨度；$[f/l]$ 为许用挠度与跨度之比；θ_max 为梁的最大转角；$[\theta]$ 为许用转角。

五、组合变形

在荷载作用下，杆件同时产生两种或两种以上基本变形（即"拉、压、弯、剪、扭"）的复杂变形称为组合变形。解决组合变形问题的基本方法是叠加法。叠加法的基本步骤是：（1）荷载的分解。通过荷载的分解，将产生同种基本变形的荷载归为一组，形成若干组荷载，一组荷载对应一种基本变形，将组合变形转化为若干种基本变形；（2）基本变形的计算。对各种基本变形逐个计算内力、应力和变形（如挠度）；（3）叠加求解。将各基本变形在同一点上产生的应力叠加；在同一截面上产生的变形合成。

第三节　静　定　梁

静定梁可分为单跨静定梁和多跨静定梁。其中，单跨静定梁可分为简支梁（包括杆轴水平简支梁和简支斜梁）、悬臂梁、伸臂梁，如图 9.3.1（a）～（d）所示。简支斜梁如楼梯梁。在结构分析中，还有如图 9.3.1（e）所示的单跨静定梁。

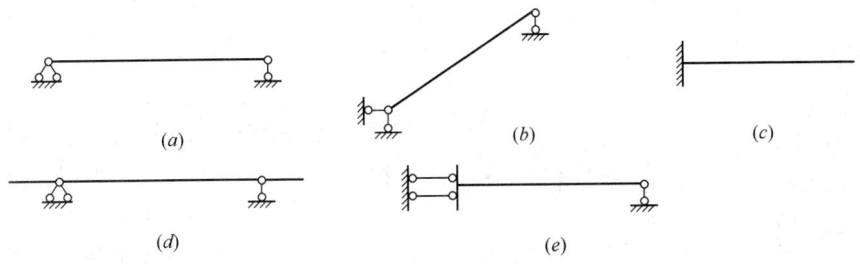

图 9.3.1 单跨静定梁

(a) 水平简支梁；(b) 简支斜梁；(c) 悬臂梁；(d) 伸臂梁；(e) 带滑动支座的梁

一、单跨静定梁

1. 单跨静定梁的变形特点和内力特点

当单跨静定梁为水平直梁时，在外力作用下发生平面弯曲时，梁的轴线在其纵向对称平面内由原来的直线变为一条光滑曲线。

单跨静定梁和多跨静定梁，其内力一般有弯矩 M、剪力 F_Q（或 V 或 Q 表示）和轴力 F_N（或 N 表示）；当梁的杆轴水平，外力（荷载）与杆轴垂直时，梁的轴力为零。

2. 单跨静定梁的内力和内力图

单跨静定梁的内力计算仍采用截面法。如图 9.3.2（a）所示简支梁在均布线荷载 q（kN/m）作用下，其内力计算如下：

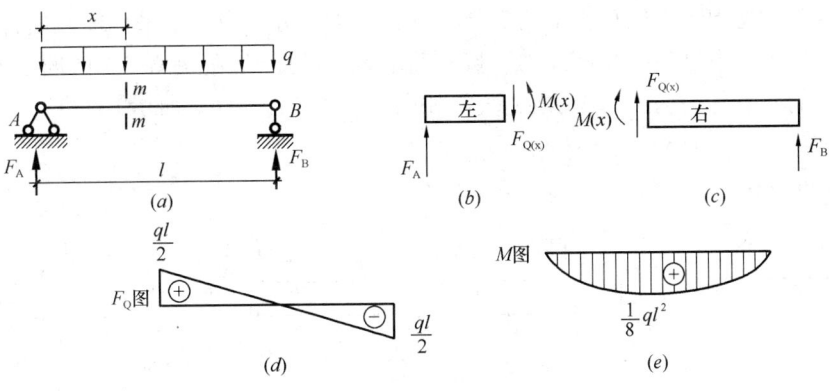

图 9.3.2 简支梁内力分析

(1) 计算支座反力。由对称性可知，$F_A = F_B = \dfrac{ql}{2}$（方向向上）

(2) 取脱离体。作 m-m 截面将梁截开，取左部分为研究对象，如图 9.3.2（b）所示，先画外力，再画内力，即：弯矩 $M(x)$ 和剪力 $F_Q(x)$。

(3) 列平衡方程。

$\Sigma F_y = 0, F_A - qx - F_Q(x) = 0$，即：$F_Q(x) = F_A - qx = \dfrac{ql}{2} - qx$

$\Sigma M_O = 0, M(x) + qx \cdot \dfrac{x}{2} - F_A x = 0$，即：$M(x) = F_A x - qx \cdot \dfrac{x}{2}$

1973

当取右部分为研究对象，其弯矩 $M(x)$ 和剪力 $F_Q(x)$ 与上述结果相同。

注意： 剪力的正负号规定（图 9.3.3）：使脱离体发生顺时针转动的剪力 F_Q 为正，反之为负。

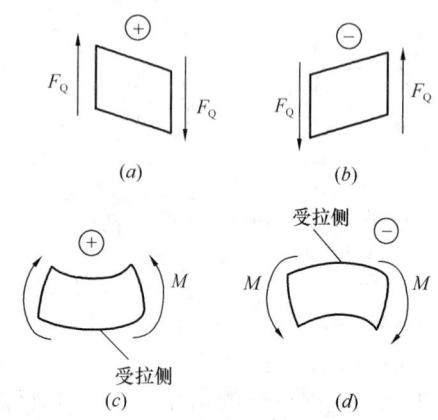

图 9.3.3 剪力 F_Q 和弯矩 M 的正负号规定

弯矩的正负号规定（图 9.3.3）：使脱离体发生下侧受拉、上侧受压的弯矩 M 为正，反之为负。

通常将剪力、弯矩沿杆件轴线的变化情况用图形表示，这种表示剪力和弯矩变化规律的图形分别称为剪力图、弯矩图。在剪力图、弯矩图中，其横坐标表示梁的横截面位置，纵坐标表示相应横截面的剪力值（剪力值为正，画在横坐标上方，反之画在横坐标下方）、弯矩值（弯矩为正，画在横坐标下方，反之画在横坐标上方）。

图 9.3.2 (a) 简支梁，根据其剪力 $F_Q(x)$，取 $x=0$，$F_Q(x)=\dfrac{ql}{2}$；$x=l$，$F_Q(x)=-\dfrac{ql}{2}$，即可画出剪力图，如图 9.3.2 (d) 所示。

根据其弯矩 $M(x)$，取 $x=0$，$M(x)=0$；$x=\dfrac{l}{2}$，$M(x)=\dfrac{ql^2}{8}$；$x=l$，$M(x)=0$，即可画出弯矩图（图 9.3.2e）。

小结： 通过观察剪力 $F_Q(x)$ 和弯矩 $M(x)$ 的计算公式，可得：

（1）剪力：剪力等于脱离体上所有外力（集中力、分布力）在平行横截面方向投影的代数和。其中，外力（包括支座反力）按"左上右下取正"（左脱离体上的向上外力为正，右脱离体上的向下外力为正），反之为负，如图 9.3.4 (a)、(b) 所示。

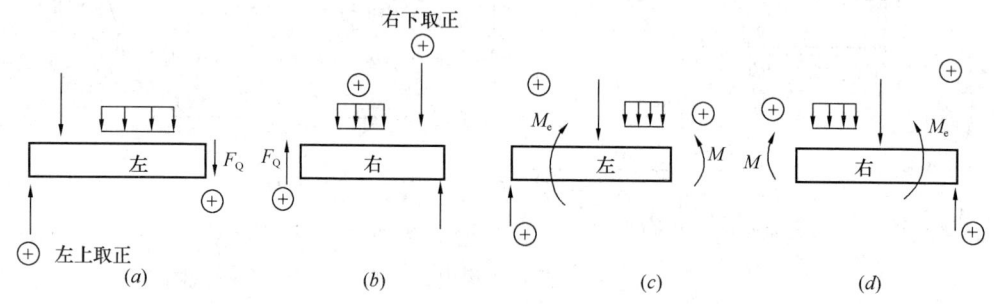

图 9.3.4 直接法时剪力和弯矩的正负号规定
(a)、(b) 产生正号剪力 F_Q 的规定；(c)、(d) 产生正号弯矩 M 的规定

（2）弯矩：弯矩等于脱离体上所有集中力、分布力、外力偶对横截面形心的力矩的代数和。同时规定：在脱离体上的向上集中力（包括支座反力）、分布力产生的力矩为正，与向上集中力（包括支座反力）、分布力产生的力矩相同转向的外力偶矩也为正，反之为负，如图 9.3.4 (c)、(d) 所示。

利用上述结论，可以不画脱离体，直接得到任意横截面的剪力和弯矩，该方法称为直接法。

【例 9.3.1】 如图 9.3.5 所示简支梁在两种受力状态下，跨中Ⅰ、Ⅱ点的剪力关系为下列何项？

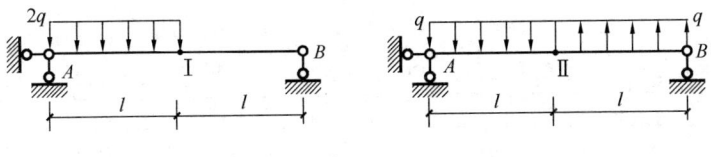

图 9.3.5

(A) $V_Ⅰ = \dfrac{1}{2}V_Ⅱ$ （B）$V_Ⅰ = V_Ⅱ$ （C）$V_Ⅰ = 2V_Ⅱ$ （D）$V_Ⅰ = V_Ⅱ$

【解答】 求图示Ⅰ中的剪力：先求出支座 B 的反力 F_B，对 A 点取矩，则：

$F_B \cdot 2l = 2ql \cdot \dfrac{l}{2}$，即：$F_B = \dfrac{ql}{2}$（方向向上）

直接法，$V_Ⅰ = -F_B = -\dfrac{ql}{2}$

求图示Ⅱ中的剪力：先求出左支座的反力 F_A，对 B 点取矩，则：

$F_A \cdot 2l = ql \cdot \dfrac{3l}{2} - ql \cdot \dfrac{l}{2}$，即：$F_A = \dfrac{ql}{2}$

直接法，$V_Ⅱ = F_A - ql = \dfrac{ql}{2} - ql = -\dfrac{ql}{2}$

故 $V_Ⅰ = V_Ⅱ$，先选（B）项。

思考： 通过观察图 9.3.5 右侧简支梁，外荷载为一对力偶，故支座反力也构成一对力偶，则 $F_A \cdot 2l = ql \cdot l$，即 $F_A = \dfrac{ql}{2}$，其他同上。

3. 梁段的剪力图和弯矩图的特征

常见单跨静定梁的内力图如图 9.3.6 所示。

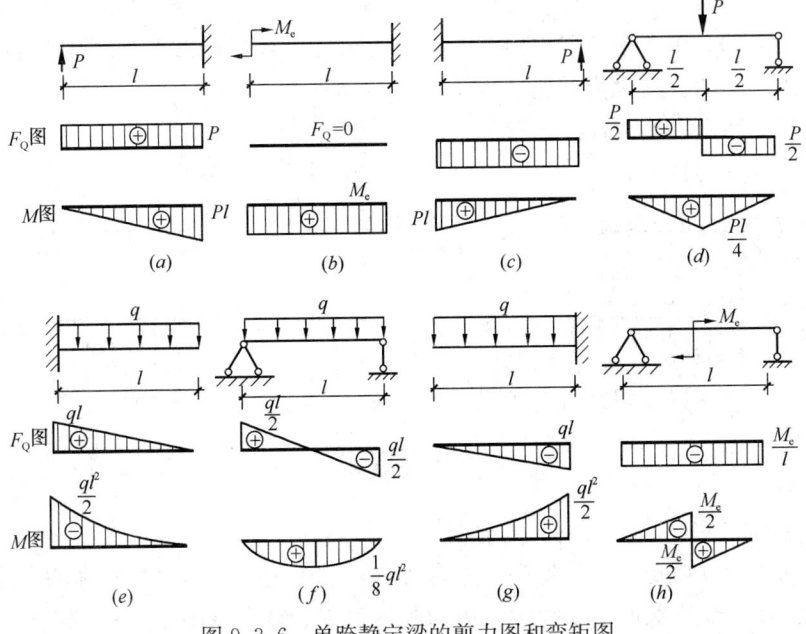

图 9.3.6 单跨静定梁的剪力图和弯矩图

观察图9.3.6中弯矩图和剪力图的规律,可得:梁段在荷载作用下的剪力图与弯矩图的特征,如图9.3.7所示。此外,根据弯矩、剪力与荷载的微分关系也可得到图9.3.7。

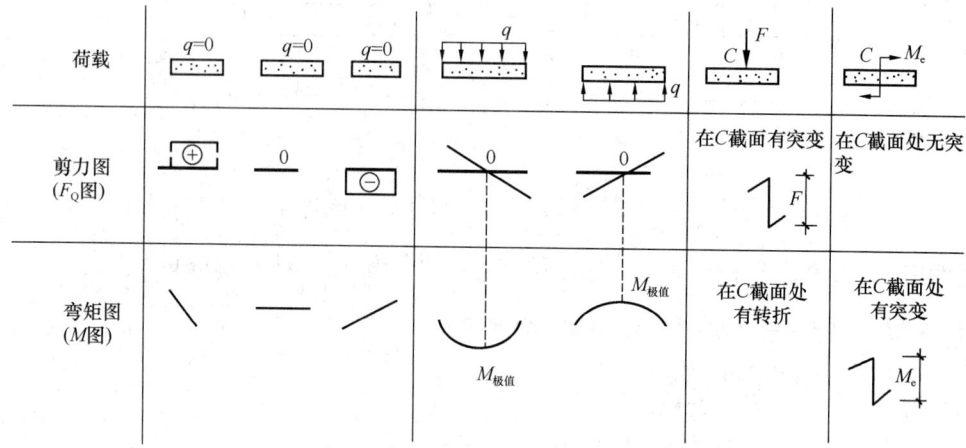

图9.3.7 梁上荷载与对应的剪力图和弯矩图的特征

注意: 上述剪力图与弯矩图的特征也适用于刚架、组合结构中的梁式直杆。

4. 根据内力图特征简化梁的内力图绘制

根据内力图特征,结合直接法确定内力,可以简化梁的内力图绘制。其基本步骤如下:
(1) 求出支座反力。
(2) 根据梁上的外力情况将梁分段。
(3) 根据各梁段上的外力,确定各梁段的剪力图、弯矩图的几何形状。
(4) 由直接法计算各梁段起点、终点及极值点等截面的剪力、弯矩,逐段画出剪力图和弯矩图。

5. 叠加法作弯矩图

运用叠加原理,将多个荷载作用下的梁的弯矩等于各个荷载单独作用下的弯矩之和。这种绘制梁内力图的方法称为叠加法。

如图9.3.8所示,按叠加法画弯矩图。

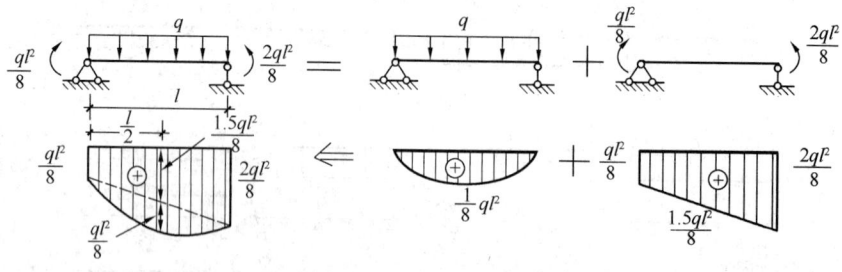

图9.3.8 叠加法画弯矩图

6. 利用对称性进行内力分析和内力图

在梁的内力中,弯矩是对称性的,故弯矩为对称内力;剪力是反对称的,故剪力为反对称内力。因此,简支梁的支座反力、内力和内力图的特点(图9.3.9)如下:

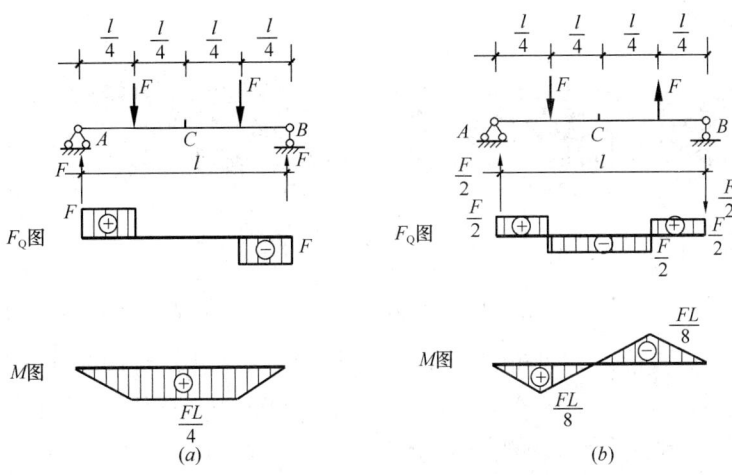

图 9.3.9 对称结构、支座反力、内力和内力图
(a) 正对称荷载；(b) 反对称荷载

(1) 在正对称荷载作用下，对称杆段的内力和支座反力是对称的，其弯矩图是对称的，剪力图为反对称的。在梁跨中中点处剪力必为零。

(2) 在反对称荷载作用下，对称杆段的内力和支座反力是反对称的，其弯矩图是反对称的，剪力图为对称的。在梁跨中中点处弯矩必为零。

二、简支斜梁

如图 9.3.10（a）所示简支斜梁，受到楼面均布活荷载 q 的作用，计算其内力。

首先求出支座 B 的反力：$F_{yB} = \dfrac{1}{2}ql$

取脱离体，如图 9.3.10（b）所示，梁有轴力 F_N，根据平衡方程，可得：

$$F_N = F_{yB}\sin\alpha - qx\sin\alpha = \dfrac{1}{2}ql\sin\alpha - qx\sin\alpha$$

取 $x=0$，$F_N = \dfrac{1}{2}ql\sin\alpha$（轴拉力）；$x=l$，$F_N = -\dfrac{1}{2}ql\sin\alpha$（轴压力），画轴力图，如图

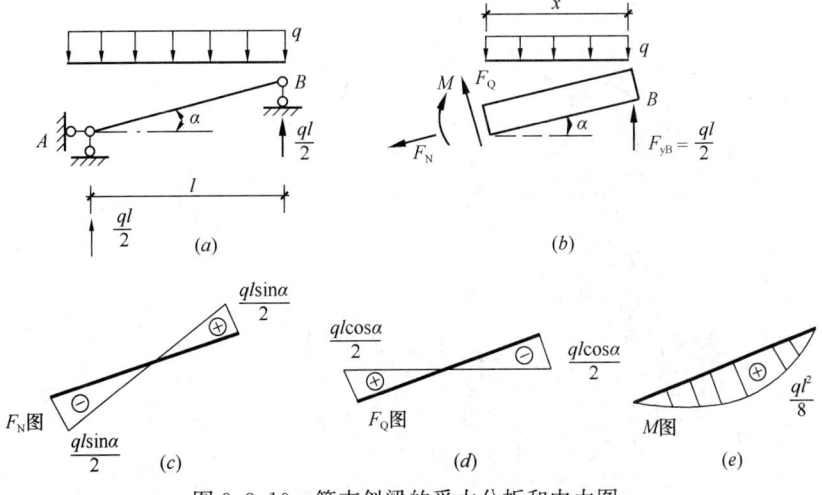

图 9.3.10 简支斜梁的受力分析和内力图

9.3.10（c）所示。

剪力 F_Q： $F_Q = -F_{yB}\cos\alpha + qx\cos\alpha = -\frac{1}{2}ql\cos\alpha + qx\cos\alpha$

取 $x=0$，$F_Q = -\frac{1}{2}ql\cos\alpha$；$x=l$，$F_Q = \frac{1}{2}ql\cos\alpha$，画剪力图，如图 9.3.10（d）所示。

弯矩 M： $M = F_{yB}x - qx \cdot \frac{x}{2} = \frac{1}{2}qlx - qx \cdot \frac{x}{2}$

取 $x=0$，$M=0$；取 $x=\frac{l}{2}$，$M=\frac{1}{8}ql^2$；$x=l$，$M=0$，画弯矩图，如图 9.3.10(e)所示。

可知，简支斜梁的剪力图和轴力图绘制，只需要左右支座处的剪力值和轴力值，再将其连为直线即可得到。弯矩图绘制，需要左右支座处、跨中点处的弯矩值即可。

当简支斜梁受到自重荷载 q 的作用（图 9.3.11a）、风荷载 q 的作用（图 9.3.12a），其内力的计算也是按上述简支斜梁方法，其脱离体分别如图 9.3.11（b）、图 9.3.12（b）所示，其轴力图、剪力图、弯矩图分别如图 9.3.11、图 9.3.12 所示。

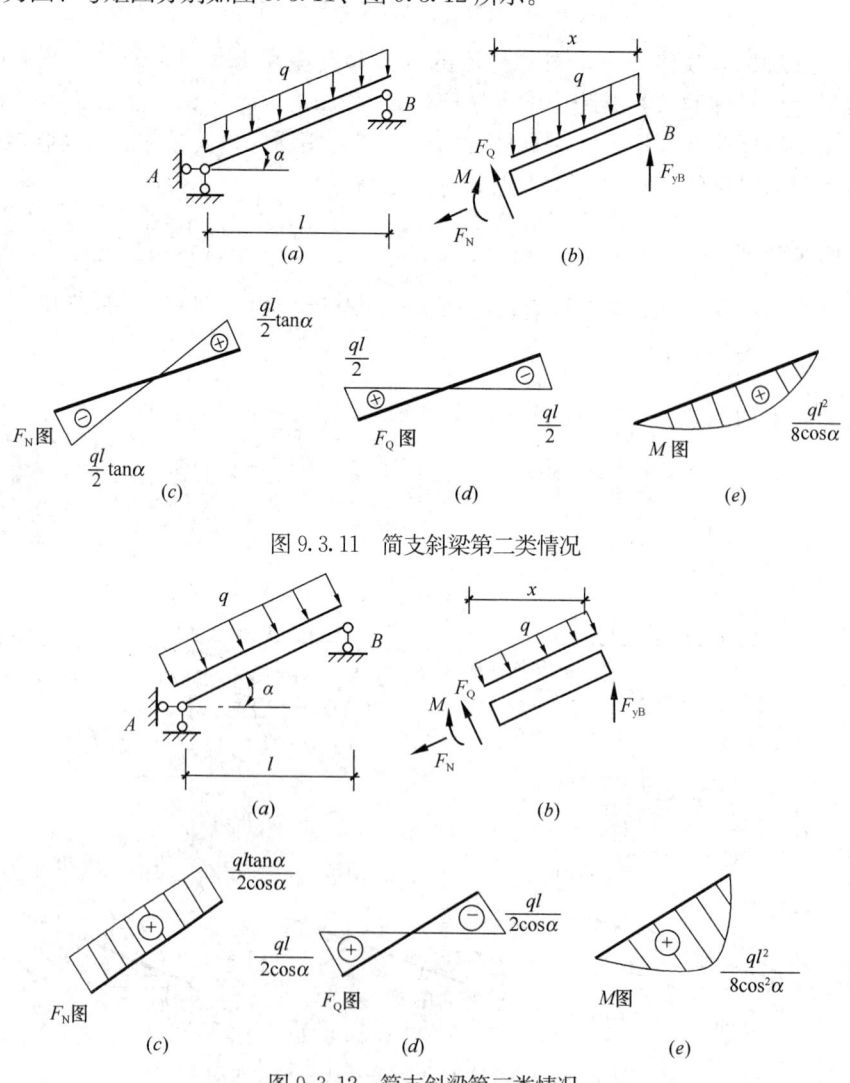

图 9.3.11 简支斜梁第二类情况

图 9.3.12 简支斜梁第三类情况

三、多跨静定梁

多跨静定梁是由若干根梁用铰相连，并通过若干支座与地基（或结构）相连而成的静定结构。多跨静定梁的组成包括基本部分和附属部分，基本部分是指不依靠其他部分而能独立承受荷载的部分，例如图 9.3.13 (a) 中 AB 和 EF，图 9.3.14 (a) 中 AC。附属部分则需要依靠基本部分的支承才能承受荷载的部分，如图 9.3.13 (a) 中 CD，图 9.3.14 (a) 中 CD。在荷载作用下，多跨静定梁的变形为连续光滑的曲线，如图 9.3.13 (c) 所示中的虚线。

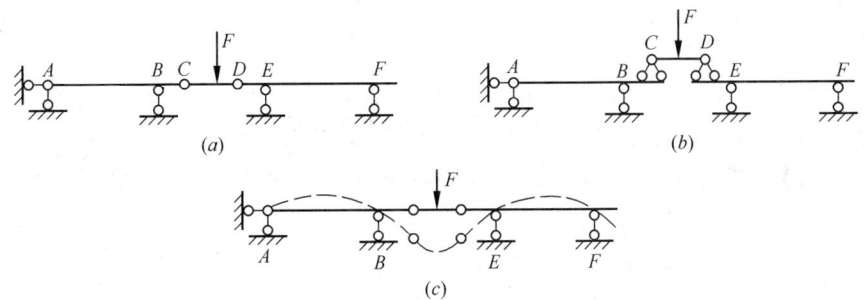

图 9.3.13　多跨静定梁

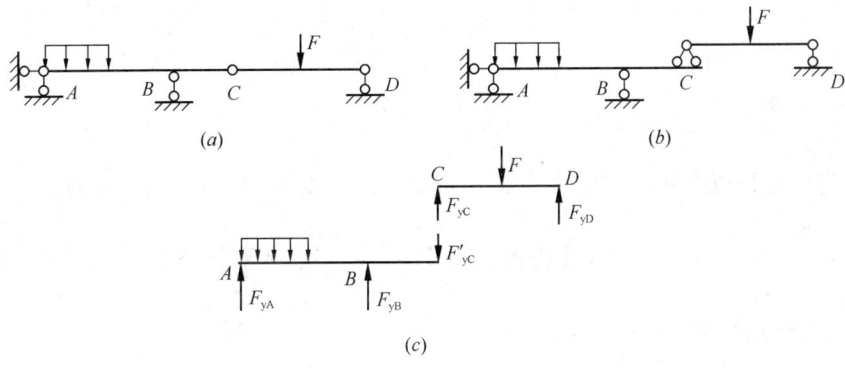

图 9.3.14　多跨静定梁

为使分析计算方便，常画出多跨静定梁的层叠图，即：基本部分画在下层，附属部分画在上层。例如图 9.3.13 (b)、图 9.3.14 (b)。

作用在静定结构基本部分上的荷载不会传至附属部分，它仅使基本部分产生内力；而作用在附属部分上的荷载将其内力传至基本部分，使附属部分和基本部分均产生内力。因此，分析计算多跨静定梁时，应将结构在铰接处拆开，按先计算附属部分，后计算基本部分的原则，例如图 9.3.14 (c) 所示，C 处的水平约束力为零，故未标注。该原则也适用于多跨静定刚架、组合结构等。

【例 9.3.2】　如图 9.3.15 (a) 所示，多跨静定梁 B 点弯矩为下列何项？

(A) $-40\text{kN}\cdot\text{m}$　　　　　　　　(B) $-50\text{kN}\cdot\text{m}$
(C) $-60\text{kN}\cdot\text{m}$　　　　　　　　(D) $-90\text{kN}\cdot\text{m}$

【解答】　从铰 C 处拆开，如图 9.3.15 (b)，分析 CD 段梁，由力平衡可知，$F_C=10\times$

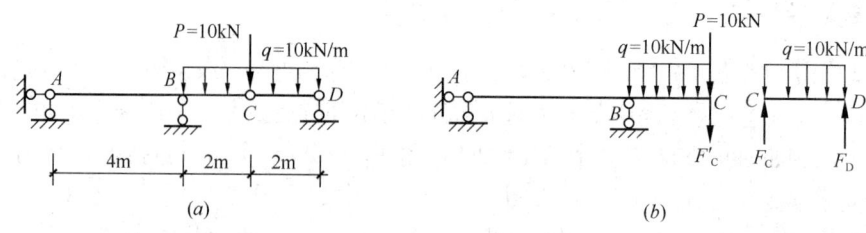

图 9.3.15

$2/2=10$ kN。

对 B 点取矩：$M_B=-10\times2-10\times2-(10\times2)\times1=-60$ kN·m，应选(C)项。

思考：多跨静定梁的计算原则是"先附属、后基本"。

【**例 9.3.3**】 若使图 9.3.16（a）梁弯矩图上下最大值相等，应满足下列何项？

(A) $a=\dfrac{b}{4}$ (B) $a=\dfrac{b}{2}$ (C) $a=b$ (D) $a=2b$

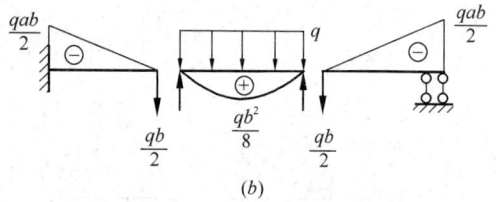

图 9.3.16

【**解答**】 先分析中间跨梁的内力，其跨中最大弯矩为 $\dfrac{1}{8}qb^2$，利用对称性，其两端铰链的约束力均为 $\dfrac{1}{2}qb$；铰链的反约束力对两侧梁产生的弯矩，如图 9.3.16（b）所示，则：$\dfrac{1}{8}qb^2=\dfrac{1}{2}qab$，即：$a=\dfrac{b}{4}$，应选（A）项。

第四节 静定平面刚架和三铰拱

一、静定平面刚架

（一）基本特点和规定

1. 静定平面刚架的分类和变形特点

刚架是由梁和柱组成且具有刚节点的结构。刚节点能传递轴力、剪力和弯矩。当刚架的各杆的轴线都在同一平面内且外力（荷载）也作用于该平面内时称为平面刚架。静定平面刚架的基本类型有悬臂刚架、简支刚架、三铰刚架，以及多跨刚架，如图 9.4.1 所示。此外，刚架还可分为等高刚架和不等高刚架。

刚架的变形特点：连接于刚节点的所有杆件在受力前后的杆端夹角不变，如图 9.4.2 所示。

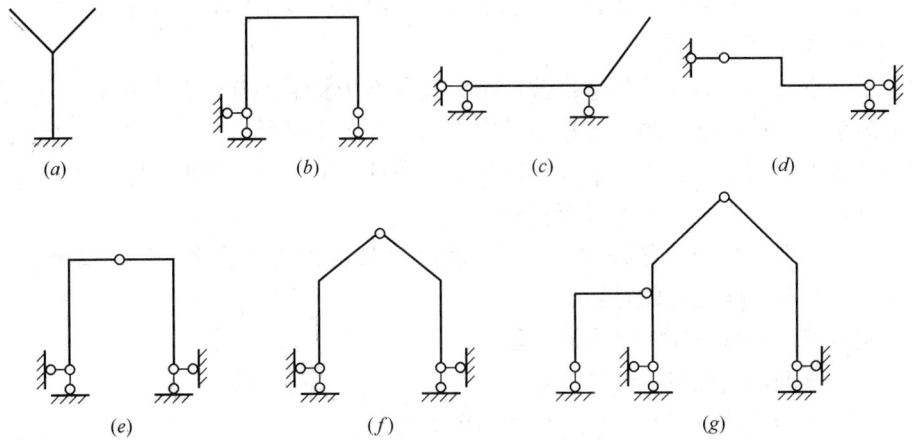

图 9.4.1 静定平面刚架
（a）悬臂刚架；（b）、（c）、（d）简支刚架；（e）Π形三铰刚架；
（f）门式三铰刚架；（g）多跨刚架

2. 静定平面刚架的受力特点和基本规定

平面刚架的杆件的内力一般包括轴力 F_N、剪力 F_Q 和弯矩 M，其正负号规定与梁相同。为了表明各杆端截面的内力，规定在内力符号后面引用两个脚标：第一脚标表示内力所在杆件近端截面，第二脚标表示远端截面。例如图 9.4.3（b），杆端弯矩 M_{BA} 和剪力 F_{QBA} 分别表示 AB 杆 B 截面的弯矩、剪力。一般地，平面刚架的轴力图和剪力图

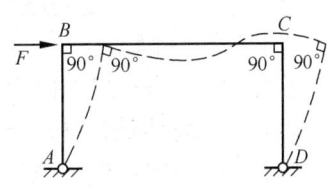

图 9.4.2 刚架变形图

可绘在杆件的任一侧，并注明正负，如图 9.4.3（d）、（e）所示。弯矩图绘在杆件受拉侧，不需要注明正负，如图 9.4.3（c）所示。

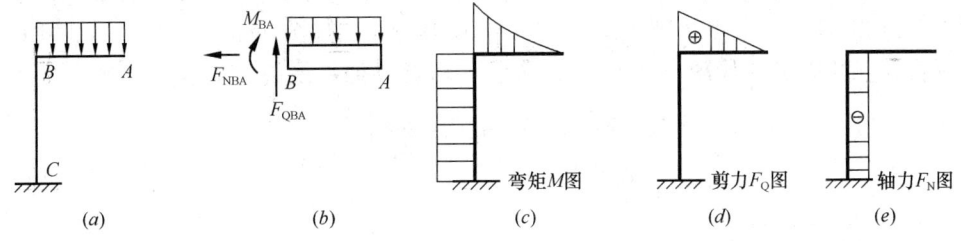

图 9.4.3 刚架的内力符号

刚架的刚节点的内力特点是：满足静力平衡方程（两个力平衡方程和一个力矩平衡方程）。如图 9.4.4 所示，当节点处无外力偶时，刚节点处的弯矩满足力矩平衡。

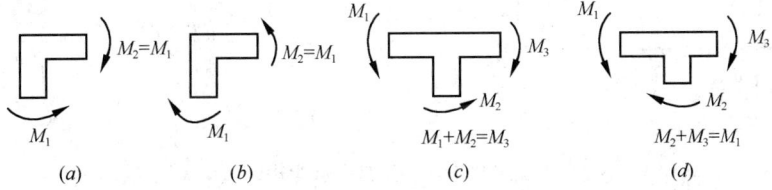

图 9.4.4 无外力偶时刚节点满足弯矩平衡

三铰刚架在竖向荷载作用下会产生水平推力，由支座水平反力与之平衡。

3. 内力计算和内力图绘制

静定平面刚架的内力计算仍采用截面法。其基本步骤是：首先求出支座反力，然后将刚架拆分为单个杆件，逐个求解各杆件的内力图。在求支座反力时，可利用整体或部分隔离体的平衡条件，即灵活运用，使计算简便。内力计算完成后，需根据刚节点或部分隔离体的平衡条件，校核内力计算值是否正确。

根据各杆的内力分别作各杆的内力图，再将各杆的内力图合在一起就是刚架的内力图。在画弯矩图时，应注意的是：

(1) 刚节点处的弯矩应满足力矩平衡。

(2) 铰节点处，当无成对的外力偶（↑↑）时，弯矩必为零。

(3) 弯矩图的特征应满足前面梁的弯矩图的特征。

(4) 在多个荷载作用的杆段，仍可采用叠加法绘制弯矩图。

(5) 利用对称性，见本节后面内容。

充分利用上述知识点，有些静定平面刚架可以不求内力而直接画出弯矩图，也可以判别题目给出的弯矩图是否正确。

(二) 悬臂刚架

悬臂刚架的各杆段的内力直接采用截面法，由静力平衡条件求解得到。当计算柱脚处的弯矩时，取整体悬臂刚架分析即可得到。

(三) 简支刚架和三铰刚架

1. 叠加法绘制弯矩图

在多个荷载作用的刚架杆段，仍可采用叠加法绘制弯矩图。欲求图 9.4.5 (a) 所示刚架的 CD 杆端的弯矩和弯矩图，首先求出支座 A 的水平反力，由水平方向力平衡，可得 $F_{xA}=P$，从而求解到 AC 杆 C 端截面的弯矩 $M_{CA}=qa \cdot 2a - qa \cdot a = qa^2$，再根据 C 点刚节点力矩平衡，则 $M_{CD}=M_{CA}=qa^2$。又根据 B 点的反力对杆 DB 的 D 端截面的弯矩为零即 $M_{DB}=0$，D 点刚节点，则 $M_{DC}=M_{DB}=0$，其弯矩图如图 9.4.5 (b) 所示。杆 CD 在均布荷载 q 下的弯矩图如图 9.4.5 (c) 所示。两者叠加，最终弯矩及弯矩图如图 9.4.5 (d) 所示，其中，跨中点处弯矩 $=\frac{1}{2}qa^2+\frac{1}{8}qa^2=\frac{5}{8}qa^2$。

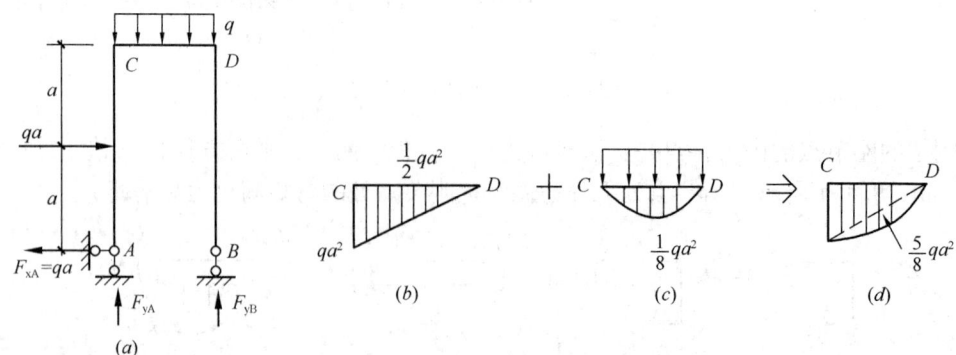

图 9.4.5 叠加法求弯矩

2. 利用对称性

将刚架任一杆段截开，如图9.4.6（c）、（d）所示，可知，轴力和弯矩均为对称内力，剪力为反对称内力。因此，轴力和弯矩称为对称内力，剪力称为反对称内力。

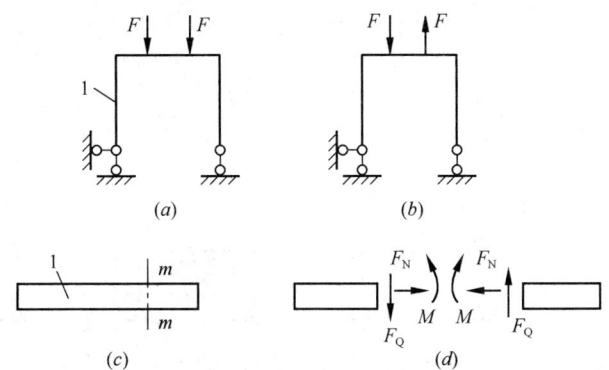

图9.4.6

对称三铰刚架的内力图如图9.4.7、图9.4.8所示。

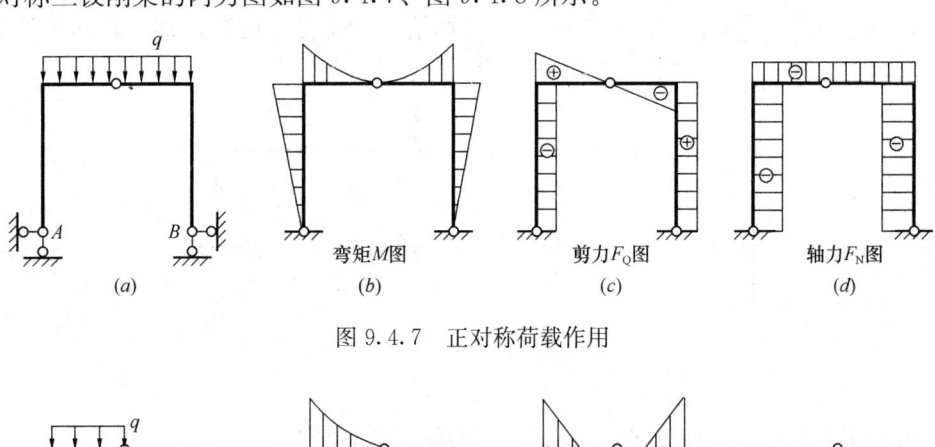

图9.4.7 正对称荷载作用

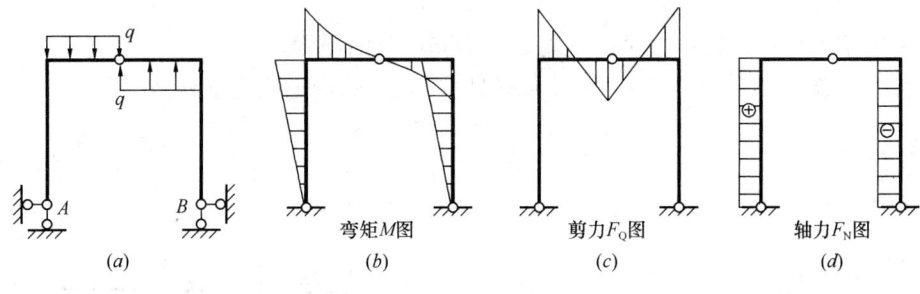

图9.4.8 反对称荷载作用

观察图9.4.7、图9.4.8，可得对称结构的内力图及变形的特点如下：

（1）在正对称荷载作用下，对称杆件的内力（弯矩、轴力和剪力）和支座反力、变形是对称的，其弯矩图和轴力图是对称的，而剪力图是反对称的。在对称轴位置上的杆件的剪力必为零（若剪力不为零，则不能满足静力平衡方程）。

（2）在反对称荷载作用下，对称杆件的内力（弯矩、轴力和剪力）和支座反力、变形是反对称的，其弯矩图和轴力图是反对称的，但剪力图是对称的。在对称轴位置上的杆件的弯矩和轴力均为零（若弯矩、轴力不为零，则不能满足静力平衡方程）。

此外，前面图 9.4.6 (a)、(b)，由于支座的水平反力为零，分别属于对称结构、正对称荷载；对称结构、反对称荷载。

【例 9.4.1】 如图 9.4.9 所示刚架的弯矩图，下列何项是正确的？

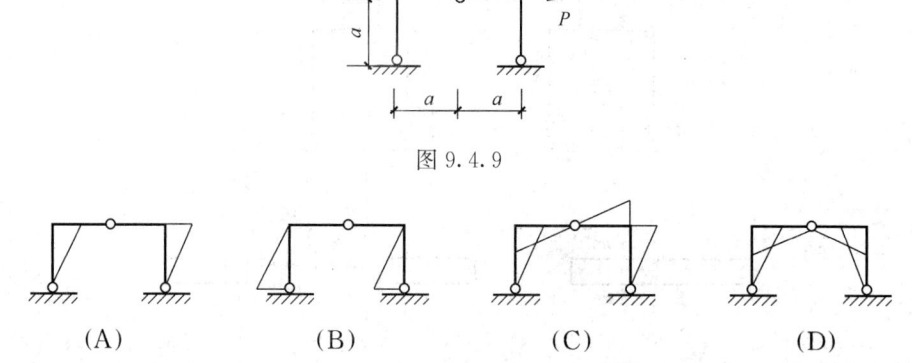

图 9.4.9

(A)　　　　(B)　　　　(C)　　　　(D)

【解答】 刚节点满足力矩平衡，故排除（A）、（B）项。

图示刚架可视为图 9.4.10 (a) 和 (b) 的叠加，即图 9.4.10 (b) 为对称结构、正对称荷载，其弯矩图为零；图 9.4.10 (a) 为对称结构、反对称荷载，其弯矩图为反对称，故最终叠加的弯矩图为反对称，故选（C）项。

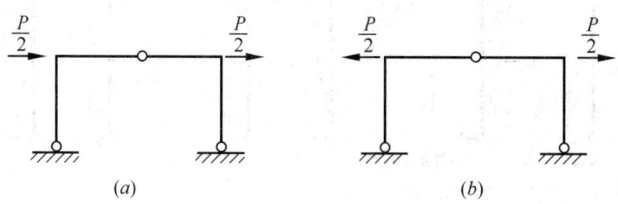

图 9.4.10

（四）多跨刚架

多跨刚架的计算，同样遵循"先附属、后基本"的原则。

【例 9.4.2】 如图 9.4.11 (a) 所示刚架，z 点处的弯矩应为下列何项？

(A) $\dfrac{1}{2}qa^2$　　　　(B) qa^2　　　　(C) $\dfrac{3}{2}qa^2$　　　　(D) $2qa^2$

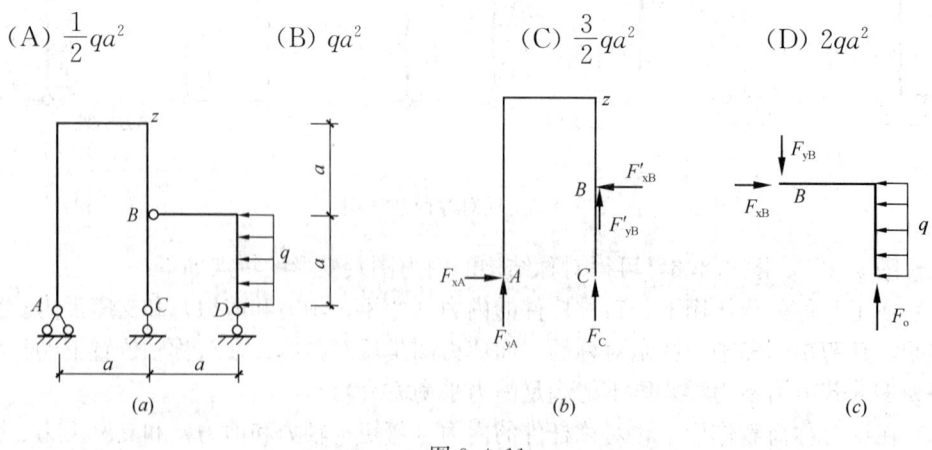

图 9.4.11

【解答】 欲求 z 点弯矩，分析 zBC 杆，仅 B 点处的铰链支座的水平约束力对其产生弯矩，如图 9.4.11（b）所示，故取附属部分 BD 为研究对象，如图 9.4.11（c）所示，取水平方向力平衡，则 $F_{xB}=qa$（方向向右），故其约束反力 $F'_{xB}=qa$（方向向左），因此在 z 点处弯矩 $=qa\times a=qa^2$，应选（B）项。

二、三铰拱

拱是指杆件轴线为曲线，在竖向荷载作用下，拱的支座将产生水平推力的结构。拱分为三铰拱、两铰拱和无铰拱。三铰拱属于静定结构，其他两种属于超静定结构。三铰拱的名称如图 9.4.12（a）所示，其中拱高 f 与跨度之比称为高跨比（亦称矢跨比）。为了平衡水平推力，常采用设置拉杆的三铰拱（图 9.4.12b），也属于静定结构。拱与梁的区别是：在竖向荷载作用下，梁无水平推力，而拱有水平推力，故图 9.4.12（c）称为曲梁。

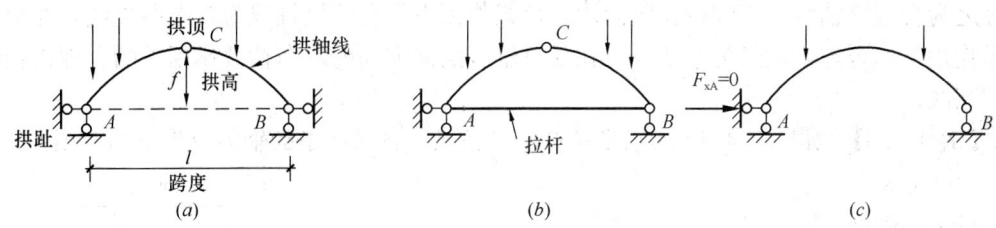

图 9.4.12 三铰拱和曲梁

三铰拱的支座反力和内力的计算（图 9.4.13），常采用与之相应的简支梁（简称"相当梁"）作比较。

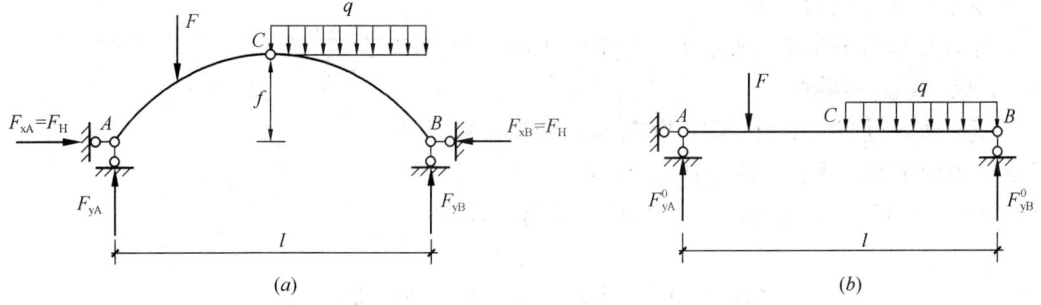

图 9.4.13 三铰拱的内力分析

A 支座竖向反力 F_{yA}，取整体为研究对象，对 B 点取力矩平衡，由于水平推力不参与计算，故 A 支座反力 F_{yA} 的计算与相当梁的支座反力 F^0_{yA} 的计算完全相同，其方向也相同；同理，B 支座反力 F_{yB} 与相当梁的支座反力 F^0_{yB} 也完全相同，可得：

$$F_{yA} = F^0_{yA}, \quad F_{yB} = F^0_{yB}$$

求拱的水平推力 F_H，取 AC 端为研究对象，对 C 点铰取力矩平衡，A 支座竖向反力和外力对 C 点铰的力矩的代数之和，与相当梁的 A 支座竖向反力和外力对 C 点处的力矩的代数之和（记为：M^0_C）两者相等，因此，水平推力 F_H 为：

$$F_H = \frac{M^0_C}{f}$$

从上述分析计算结果可知：

（1）在某一荷载作用下，三铰拱的支座反力（包括水平推力）仅与三个铰的位置有关，而与拱的轴线无关。

（2）仅有竖向荷载作用下，三铰拱的支座竖向反力与相当梁的支座竖向反力相同，而水平推力与拱高（或称矢高）f 成反比。拱的高跨比（矢高比）越大，则水平推力越小，反之，水平推力越大。

对于带拉杆的三铰拱，在竖向荷载作用下拉杆的内力的确定，如图 9.4.12（b）所示，以整体为研究对象，求出三个约束反力；用截面法，过顶铰 C 和拉杆 AB 取截面，取右半部分，对顶铰 C 取力矩平衡，即可得到拉杆的轴力。

拱的内力计算仍采用截面法，一般地，拱的内力有轴力、剪力和弯矩。

在给定的荷载作用下，当拱轴线上所有截面的弯矩为零，只承受轴压力，这样的拱轴线称之为合理拱轴线。三铰拱在竖向均布荷载作用下的合理拱轴线为二次抛物线；在填土自重作用下的合理拱轴线为悬链线；在受拱轴线法向方向的均布荷载作用下的合理拱轴线为圆弧线。

【例 9.4.3】 如图 9.4.14 所示带拉杆的三铰拱，杆 AB 中的轴力应为下列何项？

(A) 10kN
(B) 15kN
(C) 20kN
(D) 30kN

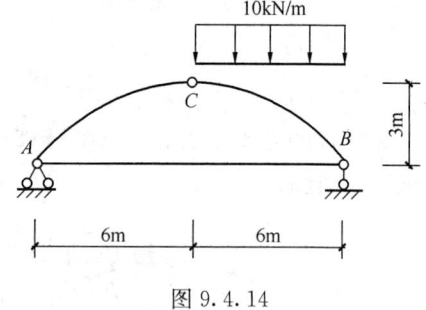

图 9.4.14

【解答】 整体为研究对象，水平方向力平衡，则 A 支座的水平反力为零。

对 B 点取力矩平衡，则：$F_{yA} \times 12 = (10 \times 6) \times 3$，则：$F_{yA} = 15$kN

截面法，过 C 点、杆 AB，取左部分分析，对 C 点取力矩平衡，则杆 AB 的轴力 F_N 为：

$F_N \times 3 = 15 \times 6$，可得：$F_N = 30$kN，应选（D）项。

第五节 静定平面桁架

为了简化计算，通常对实际的平面桁架采用如下计算假定：

（1）各杆都是直杆，其轴线位于同一平面内。

（2）各杆连接的节点（亦称结点）都是光滑铰链连接，即节点为铰接点。

（3）荷载（或外力）和支座的约束力（即支座反力）都集中作用在节点上，并且位于桁架平面内。各杆自重不计。

根据上述假定，这样的桁架称为理想桁架，如图 9.5.1 所示。各杆都视为只有两端受力的二力杆，因此，杆件的内力只有轴力（轴向拉力或轴向压力），单位为 N 或 kN。杆件的截面上的应力是均匀分布的，其单位为 N/mm²，如图 9.5.2 所示，可知，杆件截面上的应力是由外力引起的分布力系，该分布力系在截面形心处成为一个内力（即轴力）。此外，同一杆件的所有截面的内力（即轴力）都相同。

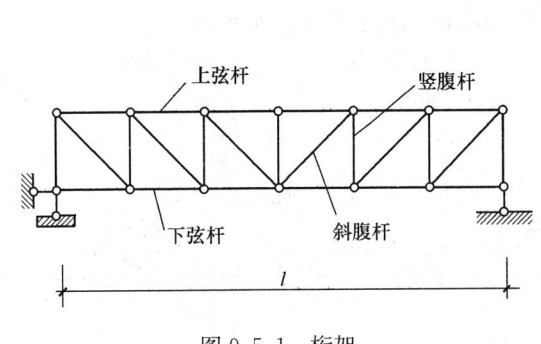

图 9.5.1 桁架

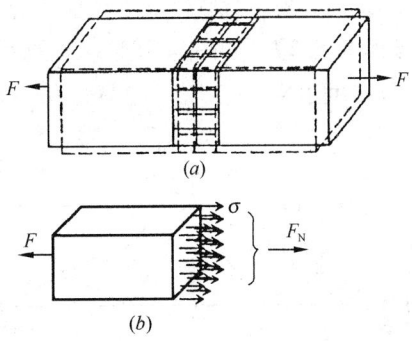

图 9.5.2 桁架杆件的内力与应力

桁架杆件的内力以拉力为正。计算时，一般先假定所有杆件均为拉力，在受力图中画成离开节点，计算结果若为正值，则杆件受拉力；若为负值，则杆件受压力。

静定平面桁架杆件的内力计算方法有节点法、截面法，以及这两种方法的联合应用。

一、节点法和截面法

1. 节点法

节点法就是取桁架的节点为隔离体，用平面汇交力系的两个静力平衡方程来计算杆件内力的方法。由于平面汇交力系只能利用两个静力平衡方程，故每次截取的节点上的未知力个数不应多余两个。

【例 9.5.1】 如图 9.5.3（a）所示桁架，杆 1 的内力应为下列何项？

(A) $\sqrt{2}P$（压力）   (B) $\sqrt{2}P$（拉力）   (C) $\frac{\sqrt{2}}{2}P$（压力）   (D) $\frac{\sqrt{2}}{2}P$（拉力）

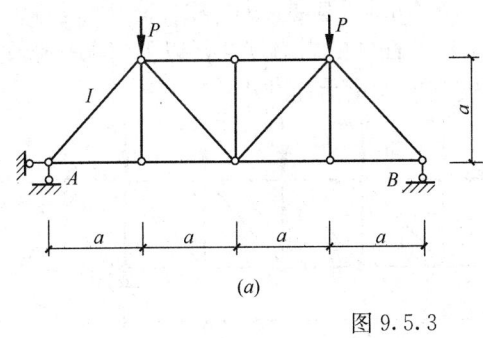 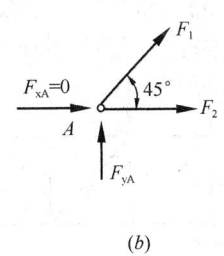

图 9.5.3

【解答】 取整体为研究对象，对 B 点取矩，A 点反力 F_{yA}：

$F_{yA} \times 4a = Pa + P \times 3a$，可得：$F_{yA} = P$，方向向上。

取节点 A 为研究对象，其受力图如图 9.5.3（b）所示，由铅垂方向（y 方向）平衡方程：

$F_1 \cos 45° + F = 0$，可得：$F_1 = -\sqrt{2}P$（负号表明为压力），应选（A）项。

思考：本题目结构为对称结构，荷载为对称荷载（相关内容见后面），故直接可得 $F_{yA} = P$。

2. 截面法

截面法是用一个适当的截面（平面或曲面），截取桁架的某一部分为隔离体，然后利用平面任意力系的三个平衡方程计算杆件的未知内力。一般地，所取的隔离体上未知内力的杆件数不多于3根，且它们既不全部汇交于一点也不全部平行，可以直接求出所有未知内力。

【例 9.5.2】 如图 9.5.4（a）所示桁架，杆 a 的内力应为下列何项？

(A) 60kN　　　　(B) 40kN　　　　(C) 20kN　　　　(D) 0kN

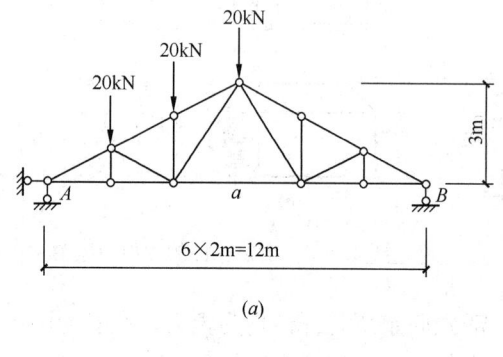

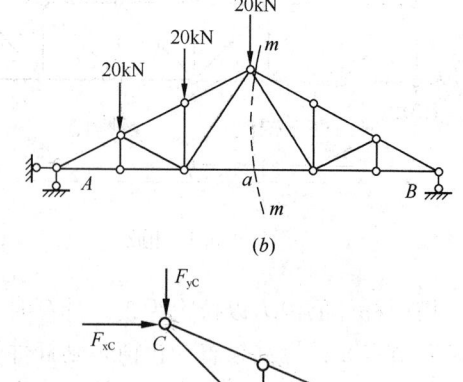

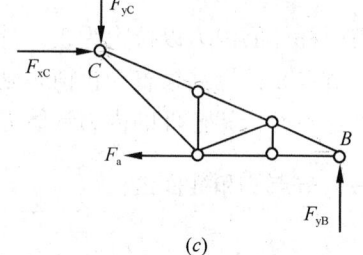

图 9.5.4

【解答】 取整体为研究对象，对左端支座取矩，右端支座 B 点反力 F_{yB}：
$F_{yB} \times 12 = 20 \times 2 + 20 \times 4 + 20 \times 6$，可得：$F_{yB} = 20$kN，方向向上。

作截面 m-m，如图 9.5.4（b）所示，取右半部分为研究对象，其受力图如图 9.5.4（c）所示，对 C 点取矩：
$F_a \times 3 = F_{yB} \times 6 = 20 \times 6$，可得：$F_a = 40$kN，应选（B）项。

【例 9.5.3】 如图 9.5.5（a）所示桁架杆件的内力规律，以下何项是错误的？
(A) 上弦杆受压并且其轴力随桁架高度 h 增大而减小

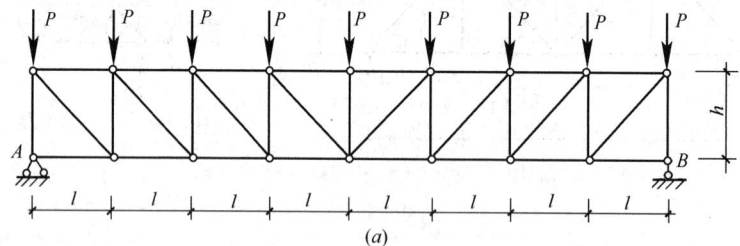

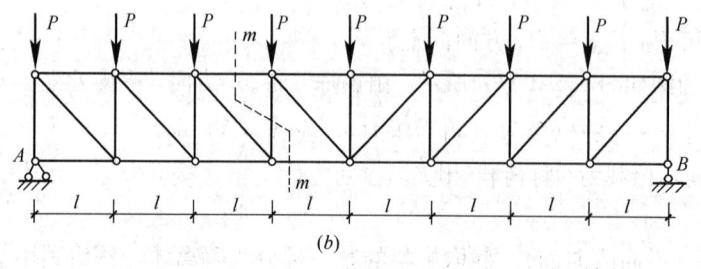

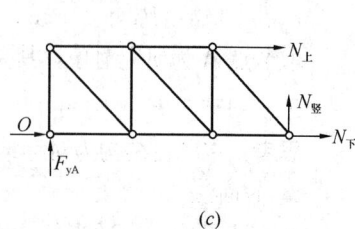

图 9.5.5

1988

(B) 下弦杆受拉并且其轴力随桁架高度 h 增大而减小

(C) 斜腹杆受拉并且其轴力随桁架高度 h 增大而减小

(D) 竖腹杆受压并且其轴力随桁架高度 h 增大而减小

【解答】 作任意截面 $m\text{-}m$，如图 9.5.5（b）所示，取左半部分为研究对象，如图 9.5.5（c）所示，铅垂方向力平衡，则竖腹杆的内力 $N_{\text{竖}}$ 与桁架高度无关，应选（D）项。

3. 节点法和截面法的联合应用

【例 9.5.4】 如图 9.5.6（a）所示桁架，AF、BE、CG 杆均铅直，DE、FG 杆均水平，试确定 DE 杆的内力应为下列何项？

(A) P (B) $-P$ (C) $\sqrt{2}P$ (D) $-\sqrt{2}P$

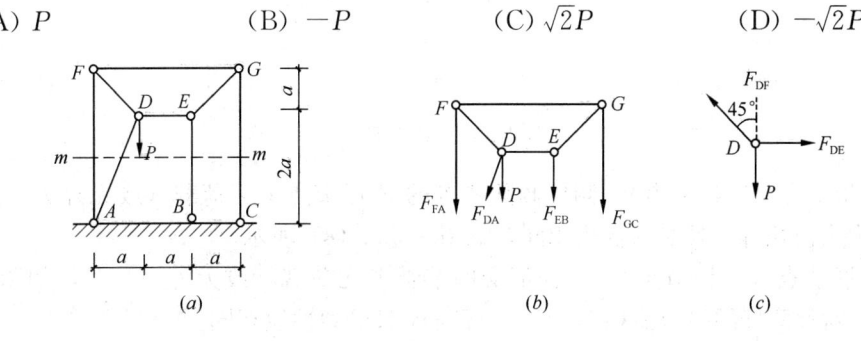

图 9.5.6

【解答】 作截面 $m\text{-}m$，取上半部分为研究对象，如图 9.5.6（b）所示，$\sum F_{ix}=0$，则 AD 杆的内力为零。

取节点 D 为研究对象，如图 9.5.6（c）所示，由力的平衡，则：

$F_{DE}=P$，应选（A）项。

二、零杆及其运用

(1) 零杆

内力为零的杆称为零杆。零杆不能取消，因为理想桁架有计算假定，而实际桁架对应的杆件的内力并不等于零，只是内力很小而已。

判别零杆的方法是：

1) 不共线的两杆相交的节点上无荷载（或无外力）时，该两杆的内力均为零即零杆，如图 9.5.7（a）所示。

2) 三杆汇交的节点上无荷载（或无外力），且其中两杆共线时，则第三杆为零杆（图 9.5.7b），而在同一直线上的两杆的内力必定相等，受力性质相同。

3) 利用对称形判别零杆，见后面内容。

其他判别零杆的方法，均可采用受力分析和力平衡方程得到。

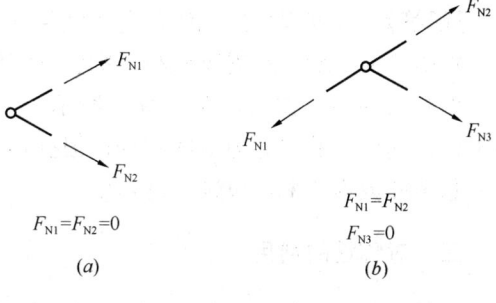

图 9.5.7 零杆

(2) 等力杆

判别等力杆的方法如下：

1) X形节点（四杆节点）。直线交叉形的四杆节点上无荷载（或无外力）时，则在同一直线上两杆的内力值相等，且受力性质相同，如图9.5.8（a）所示。

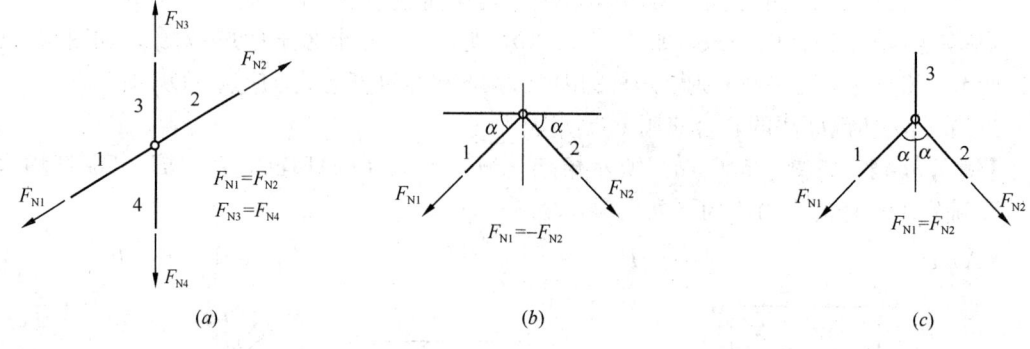

图9.5.8 等力杆

2) K形节点（四杆节点）。侧杆倾角相等的K形节点上无荷载（或无外力）时，则两侧杆的内力值相等，且受力性质相同，如图9.5.8（b）所示。

3) Y形节点（三杆节点）。三杆汇交的节点上无荷载（或无外力）时，如图9.5.8（c）所示，对称两杆的内力值相等（$F_{N1} = F_{N2}$），且受力性质相同。

4) 利用对称性判别等力杆，见后面内容。

【例9.5.5】 如图9.5.9（a）所示结构，在外力P作用下的零杆数应为下列何项？
（A）无零杆　　　　（B）1根　　　　（C）2根　　　　（D）3根

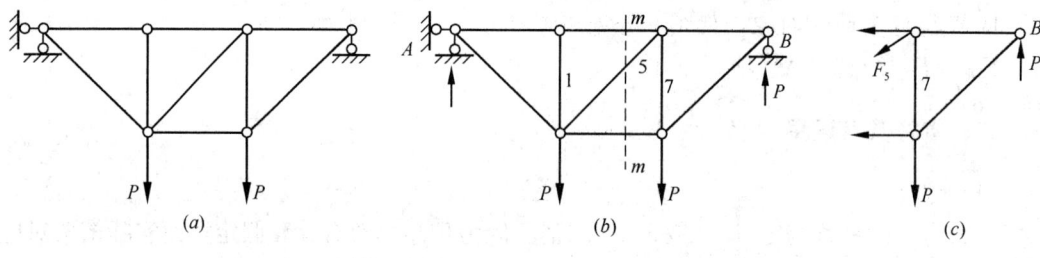

图9.5.9

【解答】 根据零杆判别法，左边竖腹杆（杆1）为零杆；

根据整体平衡，对支座取矩，则两支座的约束力均为P，方向向上。

作截面$m\text{-}m$，如图9.5.9（b）所示，取左半部分，如图9.5.9（c）所示，铅垂方向力平衡，则杆5的内力为零即零杆；根据零杆判别法，杆7为零杆。

总零杆数为3根，应选（D）项。

三、对称性的利用

如图9.5.10所示，桁架的各杆件的轴力是对称的，因此，杆件的轴力为对称内力。对称桁架是指桁架的几何形状、支承条件和杆件材料都关于某一轴对称，该轴称为对称轴，如图9.5.10（a）所示。对称桁架的特点如下：

(1) 在正对称荷载作用下，对称杆件的内力是对称的。

(2) 在反对称荷载作用下，对称杆件的内力是反对称的。

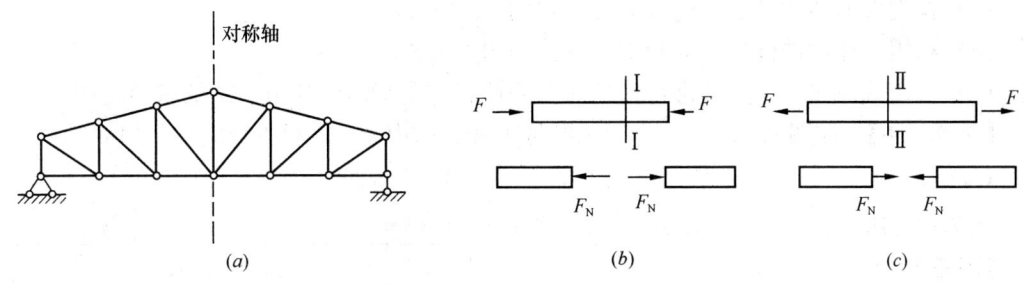

图 9.5.10 对称桁架和对称内力

(3) 在任意荷载作用下,可将该荷载分解为对称荷载、反对称荷载两组,分别计算出内力后再叠加。

注意,对称轴位置上的杆件(竖杆或横杆)的内力的特点。

【例 9.5.6】 如图 9.5.11 所示桁架,在竖向外力 P 作用下的零杆数为下列何项?

(A) 1 根   (B) 3 根
(C) 5 根   (D) 7 根

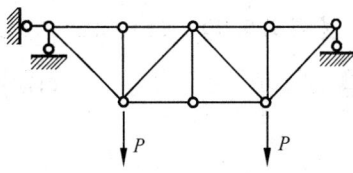

图 9.5.11

【解答】 根据零杆判别法,三根竖腹杆为零杆。

结构对称,荷载对称,故杆件的内力对称,在其相交的节点处,沿铅垂方向力平衡,则两斜腹杆的内力必定为零,因此,两斜腹杆均为零杆。

总零杆数为 5 根,应选 (C) 项。

【例 9.5.7】 如图 9.5.12(a) 所示桁架,在竖向外力 P 作用下的零杆数为下列何项?

(A) 2 根   (B) 3 根   (C) 4 根   (D) 5 根

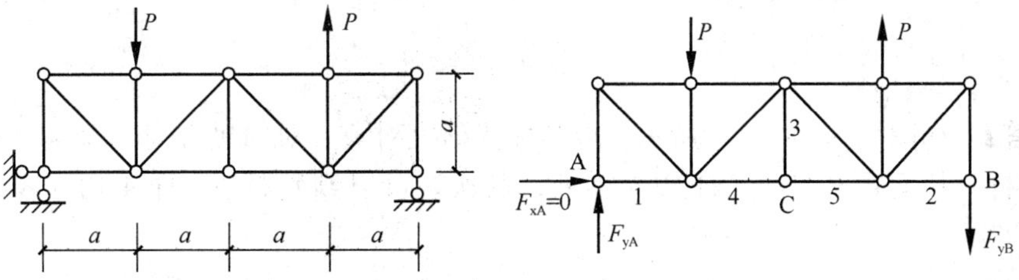

图 9.5.12

【解答】 整体分析,左边支座的水平反力为零。如图 9.5.12(b) 所示,根据支座节点受力分析,杆 1、杆 2 为零杆。根据零杆判别法,杆 3 为零杆。

结构对称、荷载反对称,其杆的内力反对称,杆 4、杆 5 的内力为反对称,其相交节点处的水平方向力平衡,因此杆 4、杆 5 的内力必定为零,因此,杆 4、杆 5 均为零杆。

总零杆数为 5 根,应选 (D) 项。

● 静定平面桁架受力分析与计算的总结

静定平面桁架受力分析与计算的一般原则如下:

(1) 首先根据零杆判别法进行零杆的判别。
(2) 利用对称性进行零杆的判别、杆件的内力分析。
(3) 采用截面法、节点法进行杆件内力的计算，及截面法与节点法的联合应用。

【例9.5.8】 如图9.5.13(a)所示结构中杆a的内力N_a（kN）应为下列何项？

(A) 0　　　　　　　　(B) 10（拉力）
(C) 10（压力）　　　　(D) $10\sqrt{2}$（拉力）

【解答】 根据零杆判别法，如图9.5.13(b)所示，杆1、杆2、杆3、杆4均为零杆。

利用对称性，支座反力均为10kN。

作截面m-m，取左半部分，对C点取矩，则：$N_a \times 3 = 10 \times 3$，则：

$N_a = 10$kN（拉力），应选（B）项。

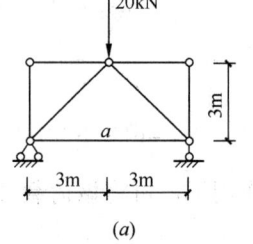
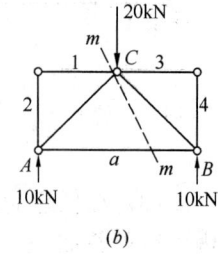

图9.5.13

【例9.5.9】 如图9.5.14(a)所示结构中的杆b的内力N_b应为下列何项？

(A) 0　　(B) $\dfrac{P}{2}$　　(C) P　　(D) 2P

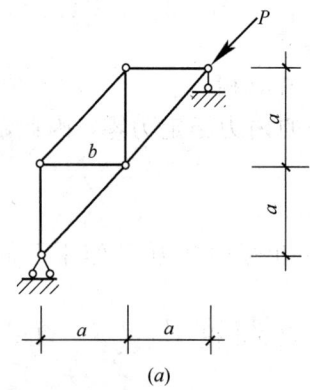
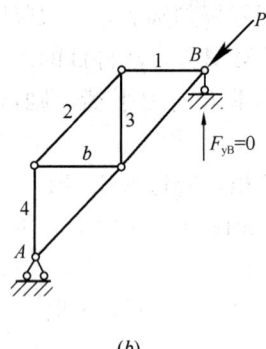

图9.5.14

【解答】 如图9.5.14(b)所示，取整体为研究对象，对A点取矩，则：$F_{yB}=0$，故杆1为零杆，从而可知杆2、杆3为零杆；其次，可以判别杆b、杆4均为零杆。应选(A)项。

第六节　静定结构位移计算和一般性质

一、静定结构位移计算的一般公式

1. 位移计算的一般公式——单位荷载法

如图9.6.1(a)所示静定结构在荷载（如外力F_P）、非荷载（如温度变化、支座移动等）作用下发生的实际状态的变形，欲求B点的水平位移Δ。现虚拟单位荷载作用在结构B点，如图9.6.1(b)所示，求出其相应的内力值（轴力$\overline{F}_N$、剪力$\overline{F}_Q$、弯矩$\overline{M}$）和支座C的反力$\overline{R}$。

根据虚功原理，结构的虚拟外力（即：虚拟单位荷载和虚拟单位荷载下的支座反力

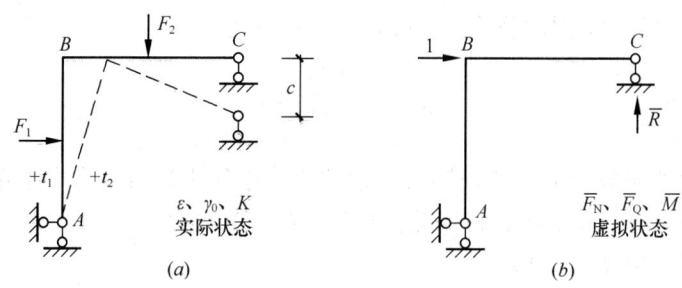

图 9.6.1　单位荷载法原理

$\overline{R}$）在实际状态的位移上所做的虚功（$1\times\Delta+\Sigma\overline{R}_i\times c_i$），与虚拟单位荷载下的内力在实际状态的变形上所做的虚功相等，即：

$$1\times\Delta+\Sigma\overline{R}\times c = \Sigma\int\overline{F}_N\varepsilon ds + \Sigma\int\overline{F}_Q\gamma_0 ds + \Sigma\int\overline{M}K ds \quad (9.6.1a)$$

或

$$\Delta = \Sigma\int\overline{F}_N\varepsilon ds + \Sigma\int\overline{F}_Q\gamma_0 ds + \Sigma\int\overline{M}K ds - \Sigma\overline{R}_i c_i \quad (9.6.1b)$$

其中，ε、K 和 γ_0 分别为实际状态杆件的轴向应变、曲率和平均剪切变形。

2. 广义位移与单位荷载

结构杆件的位移有线位移、角位移，还有相对线位移，相对角位移，统称为广义位移。虚拟单位荷载应与拟求的广义位移要一致，典型的情况如图 9.6.2 所示。

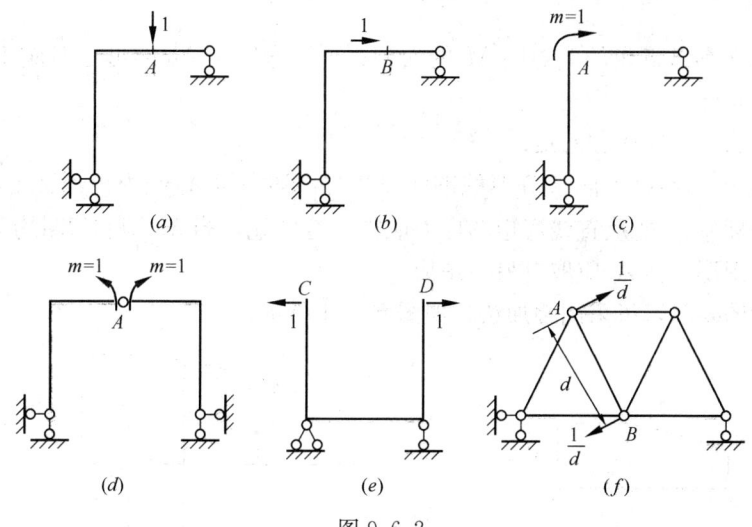

图 9.6.2

（a）求 A 点的竖向位移；（b）求 B 点的水平位移；（c）求截面 A 的转角；
（d）求铰 A 的两侧截面的相对转角；（e）求 CD 两点的水平相对线位移；（f）求 AB 杆的转角

虚拟单位荷载的方向可以任意假定，若计算出的结果为正，表明所求的广义位移方向与虚拟单位荷载的方向相同，反之，则相反。

二、荷载作用下的静定结构位移计算

（一）静定平面桁架的位移

在桁架中，各杆只承受轴力，不考虑弯曲变形和剪切变形。杆件轴向应变 $\varepsilon = \sigma/E =$

$(F_N/A)/E = F_N/(EA)$，因此公式（9.6.1b）可简化为：

$$\Delta = \Sigma \frac{\overline{F}_{Ni} F_{Ni} l_i}{EA_i} \tag{9.6.2}$$

其中，F_{Ni}为外荷载产生的各杆轴力（轴拉力或轴压力）；$\overline{F}_{Ni}$为虚拟单位荷载产生的各杆轴力；l_i各杆的长度；EA_i各杆的截面抗拉（抗压）强度。

（二）静定梁和刚架的位移

计算方法——图乘法。

在荷载作用下梁和刚架的位移计算，可以不考虑轴向变形和剪切变形，仅考虑弯曲变形的影响。曲率$\kappa = M_P/(EI)$，因此公式（9.6.1b）可简化为：

$$\Delta = \Sigma \int \frac{\overline{M} M_P}{EI} ds \tag{9.6.3}$$

为了简化计算，可采用图乘法代替上述公式（9.6.3）中的积分运算。采用图乘法的前提条件是：等截面直杆（即EI为常数的直杆）；两个弯矩图M_P（由外部的荷载产生的弯矩图）与$\overline{M}$（由虚拟单位荷载产生的弯矩图）中至少有一个是直线图形。

采用图乘法时（图9.6.3），梁和刚架的位移计算为：

$$\Delta = \Sigma \int \frac{\overline{M} M_P}{EI} ds = \Sigma \int \frac{1}{EI} A_P y_c \tag{9.6.4}$$

其中，A_P为荷载产生的弯矩图M_P的面积；y_c为弯矩图M_P的形心对应于弯矩图$\overline{M}$中相应位置的竖坐标。

运用图乘法时，应注意的是：

（1）当面积A_P与竖坐标y_C在基线的同一侧时，其乘积$A_P y_C$为正，反之，为负。

（2）竖坐标y_c只能从直线弯矩图形上取得。特殊地，当M_P图和$\overline{M}$图均为直线时，y_c可取其中任一图形，但A_P应取自另一图形。

（3）分段图乘时，可采用叠加法，如图9.6.4所示。

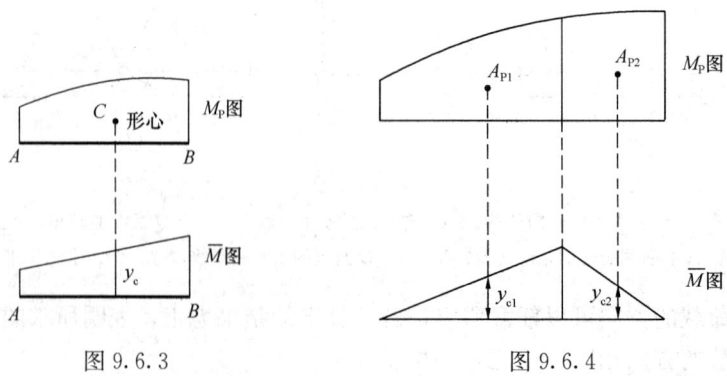

图9.6.3　　　　　　　　图9.6.4

（4）常用简单图形的形心位置和面积，如图9.6.5所示。

图乘法运用举例，如图9.6.6（a）所示简支梁受到竖向均布荷载q的作用，现求A端的转角θ_A和跨中中点C点的挠度f_C。

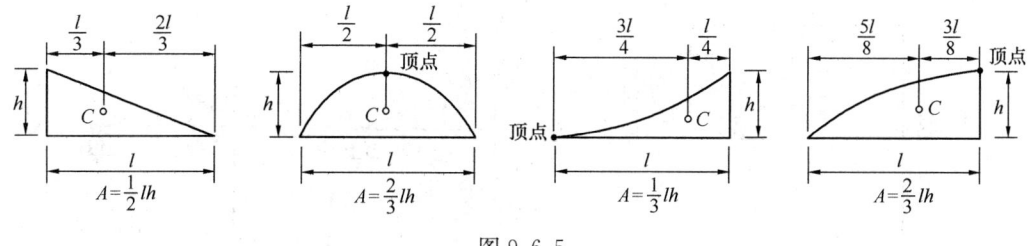

图 9.6.5

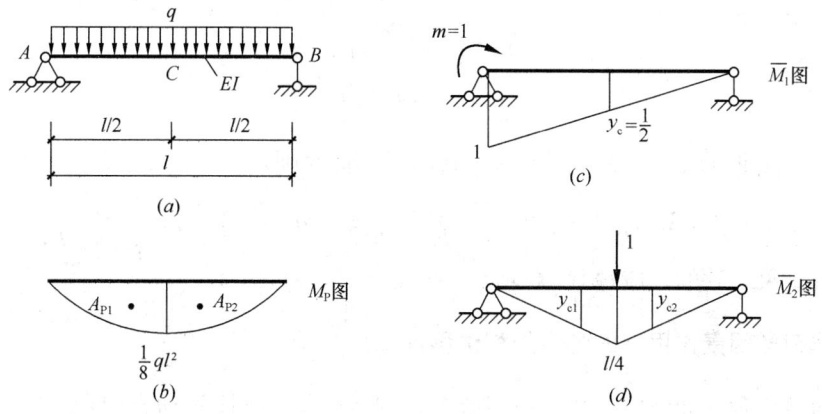

图 9.6.6

首先，画出在荷载 q 作用下的简支梁弯矩图 M_P，如图 9.6.6（b）所示。

求转角 θ_A 时，在 A 点施加虚拟单位荷载（$m=1$），画出虚拟单位荷载下弯矩图 $\overline{M}_1$，如图 9.6.6（c）所示。根据图乘法，转角 θ_A 为：

$$\theta_A = \frac{1}{EI} A_P y_c = \frac{1}{EI}\left(\frac{2}{3} l \cdot \frac{ql^2}{8}\right) \times \frac{1}{2} = \frac{ql}{24EI} \ (\curvearrowleft)$$

求 C 点挠度 f_C，在 C 点施加虚拟单位荷载，画出虚拟单位荷载下弯矩图 $\overline{M}_2$，如图 9.6.6（d）所示。分段图乘，并利用对称性，挠度 f_C 为：

$$f_C = \frac{1}{EI}(A_{P1} y_{c1} + A_{P2} y_{c2}) = \frac{2}{EI} A_{P1} y_{c1} = \frac{2}{EI} \cdot \left(\frac{2}{3} \cdot \frac{l}{2} \cdot \frac{ql^2}{8}\right) \times \left(\frac{5}{8} \cdot \frac{l}{4}\right)$$

$$= \frac{5ql^4}{384EI}(\downarrow)$$

【例 9.6.1】 如图 9.6.7（a）所示结构中，1 点处的水平位移为下列何项？

(A) 0　　　　　(B) $\dfrac{Pa^3}{3EI}$　　　　　(C) $\dfrac{2Pa^3}{3EI}$　　　　　(D) $\dfrac{Pa^3}{EI}$

【解答】 首先画出 P 产生的弯矩图 M_P，如图 9.6.7（b）所示；在 1 点处施加虚拟单位荷载，方向向右，画出其弯矩图 $\overline{M}$，如图 9.6.7（c）所示。

解法一：A_P 取 M_P 图，y_c 取自 $\overline{M}$ 图，利用对称性，则：

$$\Delta_1 = \frac{1}{EI}(A_{P1} y_{c1} + A_{P2} y_{c2}) = \frac{2}{EI} \times \left(\frac{1}{2} \times a_1 \times Pa\right) \times \frac{2}{3} a = \frac{2Pa^3}{3EI}$$

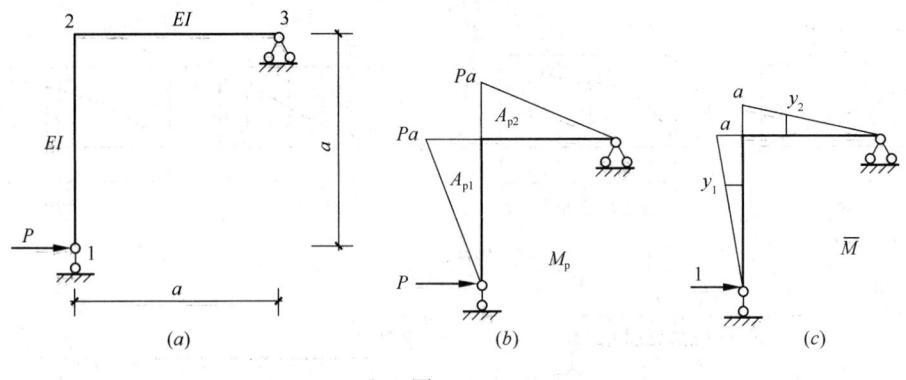

图 9.6.7

解法二：A_P 取 $\overline{M}$ 图，y_C 取自 M_P 图，利用对称性，则：

$$\Delta_1 = \frac{1}{EI}(A_{P1}y_{c1} + A_{P2}y_{c2}) = \frac{2}{EI} \times \left(\frac{1}{2} \times a_1 \times a\right) \times \frac{2}{3}Pa = \frac{2Pa^3}{3EI}$$

故两者结果一致的，应选（C）项。

三、非荷载因素作用下的静定结构位移计算

在非荷载因素（如温度变化、材料收缩、制造误差、支座移动或称支座位移）作用下静定结构不会产生内力，但是会产生位移。

1. 只有支座移动的情况

此时，公式（9.6.1b）简化为：

$$\Delta = -\sum \overline{R}_i c_i \tag{9.6.5}$$

其中，$\overline{R}_i$ 为虚拟单位荷载产生的各支座反力，c_i 为结构实际状态中的各支座位移。

此外，对于简单的静定结构，支座移动引起的位移可直接通过几何方法确定。

【例 9.6.2】 如图 9.6.8 所示刚架，由于支座 A 向右水平位移 $a = 0.1$m 和顺时针转角 θ（rad），支座 B 有竖直向下位移 $b = 0.2$m。确定支座 B 的水平位移 Δ_{xB}，应为下列何项？

(A) $-0.1 + 6\theta$ (B) $0.1 - 6\theta$ (C) $-0.3 + 8\theta$ (D) $0.3 - 8\theta$

【解答】 如图 9.6.9 所示，在 B 点施加单位水平力（$x_1 = 1$），求出支座反力。

$$\Delta_{xB} = -\sum \overline{R}_i c_i = -(-1 \times 0.1 - 8\theta + 2 \times 0.2)$$
$$= -0.3 + 8\theta$$

故选（C）项。

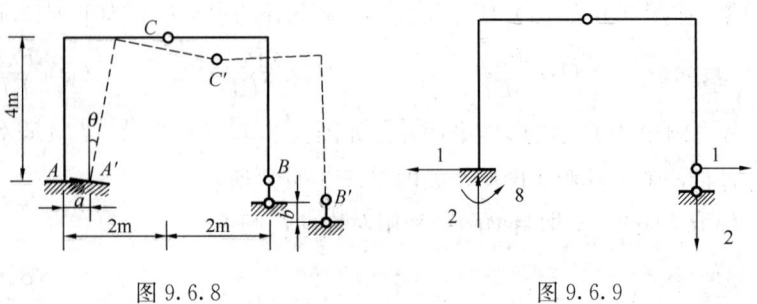

图 9.6.8   图 9.6.9

2. 只有温度变化的情况

如图 9.6.10 所示，t_1 表示上侧温度的变化（即温度上高或下降），t_2 表示下侧温度的变化，对称截面杆件轴线温度的变化 $t_0 = \frac{1}{2}(t_1 + t_2)$，杆件上下侧温度的变化之差 $\Delta t = t_2 - t_1$。

杆件轴线温度的变化 t_0 产生轴向变形 $\Delta_{轴向}$，杆件上下侧温度的变化之差 $\Delta t = t_2 - t_1$ 产生弯曲变形 $\Delta_{弯曲}$，因此，杆件变形（或位移）Δ 应为两者之和，即：

$$\Delta = \Delta_{轴向} + \Delta_{弯曲} = \Sigma \alpha t_0 A_{FN} + \Sigma \alpha \frac{\Delta t}{h} A_M$$

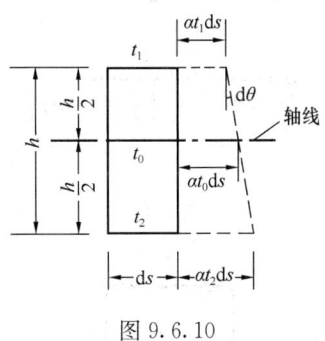

图 9.6.10

其中，α 为材料的线膨胀系数；t_0 为杆件轴线温度的变化；A_{FN} 表示虚拟单位荷载产生的轴力图 F_N 的面积；Δt 为杆件上下侧温度变化之差；h 为杆件横截面的高度；A_M 表示虚拟单位荷载产生的弯矩图 M 的面积。

轴力 F_N 以受拉为正，t_0 以温度升高为正；弯矩 M 和温差 Δt 引起的弯曲为同一方向时，其乘积取正值（即：弯矩 M 和温差 Δt 使杆件的同一侧产生拉伸变形时，其乘积取正值），反之，其乘积取负值。

四、静定结构的一般性质

静定结构的支座反力和内力可由静力平衡方程确定，且得到的解答是唯一的。

静定结构的支座反力和内力仅与荷载、结构整体几何尺寸和形状有关，而与结构的材料、杆件截面形状与截面几何尺寸、杆件截面的刚度（EI、EA 等）无关。

非荷载因素（如温度变化、支座移动等）在静定结构中只产生变形（或位移），不引起支座反力和内力。

从几何构造分析的角度，静定结构是无多余约束的几何不变体系。

第七节 超静定结构的力法

一、超静力结构的超静定次数

超静定次数就是多余约束的个数。超静定结构在去掉 n 个约束后变为静定结构，则该结构的超静定次数为 n。

对同一超静定结构，其超静定的次数是唯一的，但是去掉多余约束的方法（或途径）不是唯一的，故得到的静定结构也不相同。

常用的去掉多余约束的方法有如下四种：

（1）去掉（或切断）一根链杆，或撤掉一个支座链杆，相当于去掉一个约束，如图 9.7.1~图 9.7.4 所示。

（2）去掉一个单铰（后面的"铰"均指单铰），或撤掉一个固定铰支座，相当于去掉两个约束，如图 9.7.5、图 9.7.6 所示。

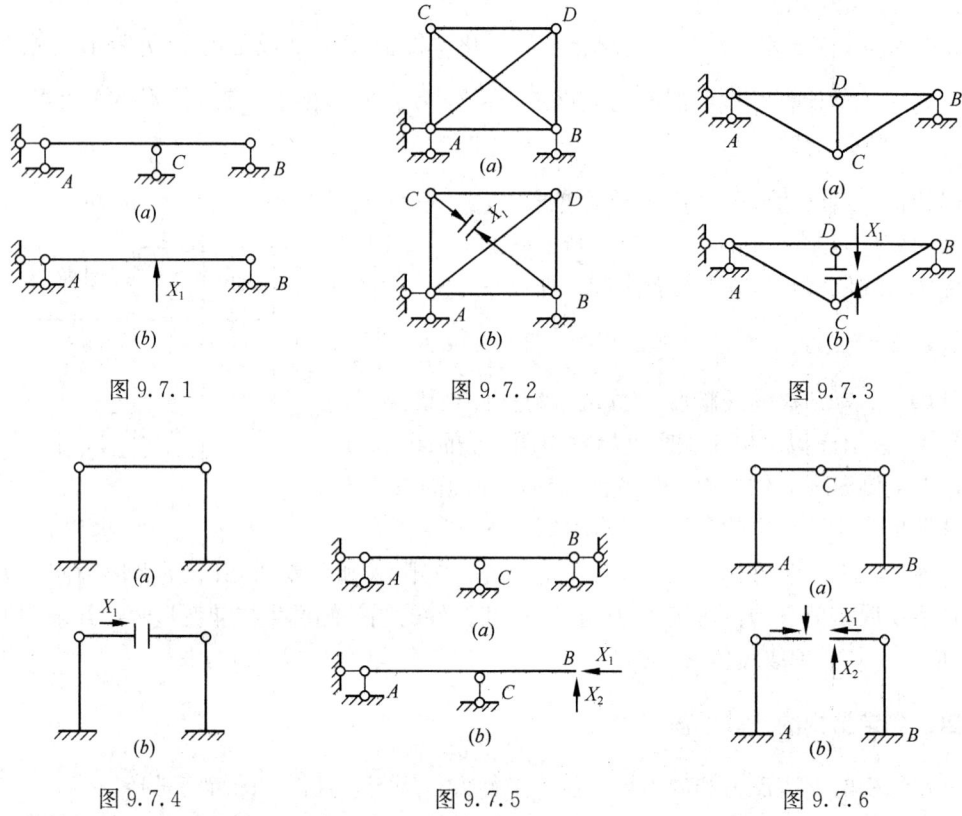

图 9.7.1　　　　　图 9.7.2　　　　　图 9.7.3

图 9.7.4　　　　　图 9.7.5　　　　　图 9.7.6

(3) 切断一根梁式杆（或称刚架式杆），或撤掉一个固定支座，相当于去掉三个约束，如图 9.7.7 所示。

(4) 将一根梁式杆的某一截面改为铰连接，或将一固定支座改为固定铰支座，相当于去掉一约束，如图 9.7.8 所示。

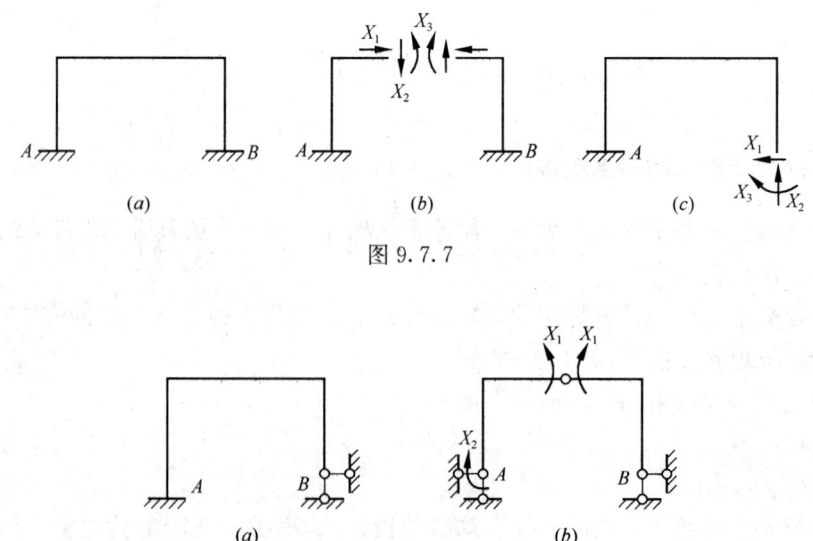

图 9.7.7

图 9.7.8

【例 9.7.1】 如图 9.7.9（a）所示结构的超静定次数为下列何项？
(A) 0 次　　　　(B) 1 次　　　　(C) 2 次　　　　(D) 3 次

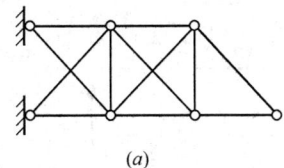 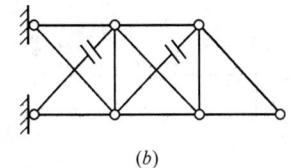

(a)　　　　　　　　　　　　　(b)

图 9.7.9

【解答】 切断两根链杆（2 个多余约束），如图 9.7.9（b）所示，铰接三角形联结构成静定桁架，故选（C）项。

【例 9.7.2】 如图 9.7.10（a）所示结构的超静定次数为下列何项？
(A) 5 次　　　　(B) 6 次　　　　(C) 7 次　　　　(D) 8 次

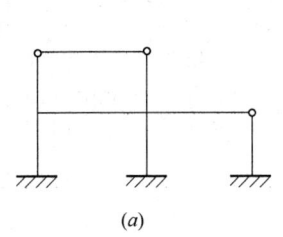 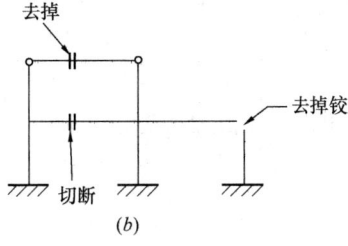

(a)　　　　　　　　　　　　　(b)

图 9.7.10

【解答】 去掉一根链杆（1 个多余约束），去掉一个铰（2 个多余约束），切断一根梁式杆（3 个多余约束），如图 9.7.10（b）所示，为 3 个静定刚架，故超静定次数为 6，故选（B）项。

二、力法

1. 力法的基本概念

将超静定结构转化为静定结构并求解出超静定结构的内力，即为力法的基本原理。

如图 9.7.11（a）所示为超静定结构且为 1 次超静定，将其称为"原结构"。多余约束力 X_1 代替支座 B 的约束，原结构转化为静定结构，如图 9.7.11（b）所示，称该静定结构为"基本结构"。

在基本结构中，荷载在 B 点产生竖向位移 Δ_{1P}，多余约束力 X_1 在 B 点产生竖向位移

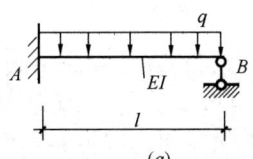 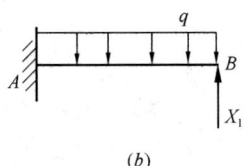

(a)　　　　　　　　　　　　　(b)

图 9.7.11

(a) 原结构；(b) 基本结构

Δ_{11}（图9.7.12），而荷载和多余约束力 X_1 在原结构 B 支座处共同作用的位移 Δ 为零，因此，基本结构应满足：$\Delta_{11}+\Delta_{1P}=\Delta=0$，称为变形协调条件。

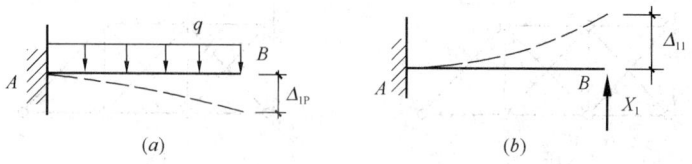

图9.7.12

荷载产生的 Δ_{1P} 的确定，由于基本结构为静定结构，由静定结构的位移计算法——图乘法，即画出荷载产生的弯矩图 M_P，如图9.7.13（a）所示，施加虚拟单位荷载在 B 点并画出单位荷载下的弯矩图 $\overline{M}_1$，如图9.7.13（b）所示，可得 Δ_{1P} 为：

$$\Delta_{1P}=-\frac{1}{EI}\cdot\frac{l}{3}\times\frac{ql^2}{2}\times\frac{3l}{4}=-\frac{ql^4}{8EI}$$

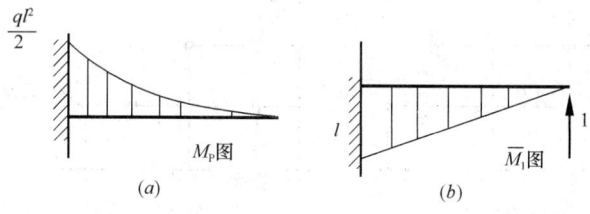

图9.7.13

多余约束力 X_1 的 Δ_{11} 的确定，为简化计算，先求出 $X_1=1$ 时的位移 δ_{11}，则 $\Delta_{11}=\delta_{11}X_1$。为了求位移 δ_{11}，同理，$X_1=1$ 施加在 B 点并画出其弯矩图 $\overline{M}_1$，该弯矩图与虚拟单位荷载下的弯矩图 $\overline{M}_1$ 即图9.7.13（b）相同（故不用重复画出），图乘法时为弯矩图 $\overline{M}_1$ 与弯矩图 $\overline{M}_1$ 的图乘（简称"自身图乘"），δ_{11} 为：

$$\delta_{11}=\int\frac{\overline{M}_1\overline{M}_1}{EI}ds=\frac{1}{EI}\cdot\frac{1}{2}\times l\times l\times\frac{2}{3}l=\frac{l^3}{3EI}$$

由变形协调条件 $\Delta_{11}+\Delta_{1P}=0$，即：

$$\delta_{11}X_1+\Delta_{1P}=0 \qquad (9.7.1)$$

$$\frac{l^3}{3EI}\cdot X_1-\frac{ql^4}{8EI}=0,可得：X_1=\frac{3ql}{8}$$

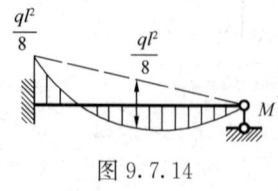

图9.7.14

所得为正值，表明其实际方向与假定的方向相同，若为负值，则方向相反。公式（9.7.1）称为力法基本方程。

求出 X_1 后，利用叠加原理，可得原结构弯矩 M 为：$M=\overline{M}_1X_1+M_P$，如图9.7.14所示。

力法基本体系是指力法基本结构在各多余约束力、外荷载（有时包括温度变化、支座位移等）共同作用下的体系。

2. 力法的典型方程

n 次超静定结构的力法典型方程为：

$$\delta_{11}X_1+\delta_{12}X_2+\cdots+\delta_{1n}X_n+\Delta_{1p}+\Delta_{1t}+\Delta_{1c}=\Delta_1$$
$$\delta_{21}X_1+\delta_{22}X_2+\cdots+\delta_{2n}X_n+\Delta_{2p}+\Delta_{2t}+\Delta_{2c}=\Delta_2$$
$$\vdots$$
$$\delta_{n1}X_1+\delta_{n2}X_2+\cdots+\delta_{3n}X_n+\Delta_{np}+\Delta_{nt}+\Delta_{nc}=\Delta_n$$

其中，X_i 为多余未知力（$i=1, 2, \cdots, n$）；δ_{ij} 为基本结构仅由 $X_j = 1(j = 1,2,\cdots,n)$ 产生的沿 X_i 方向的位移，为基本结构的柔度系数；Δ_{ip}、Δ_{it}、Δ_{ic} 分别为基本结构仅由荷载、温度变化、支座位移产生的沿 X_i 方向的位移，为力法典型方程的自由项；Δ_i 为原超静定结构在荷载、温度变化、支座位移作用下的已知位移。

在力法典型方程中，第一个方程表示：基本结构在 n 个多余未知力、荷载、温度变化、支座位移等共同作用下，在多余未知力 X_1 作用点沿 X_1 作用方向产生的位移，等于原超定结构的已知相应位移 Δ_1。其余各式的意义可按此类推。可见，力法典型方程也可称为变形协调方程。

同一超静定结构，可以选取不同的基本体系，其相应的力法典型方程的表达式也就不同。但不管选取哪种基本体系，求得的最后内力应是相同的。

力法典型方程中的系数 δ_{ii} 称为主系数，恒为正值；系数 $\delta_{ij}(i \neq j)$ 称为副系数，可为正值、负值，或零，并且 $\delta_{ij} = \delta_{ji}$；各自由项 Δ_{ip}、Δ_{it}、Δ_{ic} 可为正值、负值或零。

上述系数、自由项都是力法基本结构（为静定结构）仅由单位力、荷载、温度变化、支座位移产生的位移，故按其定义，用相应的位移计算公式计算。当采用图乘法时，则为自身图乘。

3. 超静定结构的内力

求出各多余未知力 X_i 后，将 X_i 和原荷载作用在基本结构上，再根据求作静定结构内力图的方法，作出基本结构的内力图即为超静定结构的内力图，或采用如下叠加法，计算结构的最后内力：

$$M = \overline{M}_1 X_1 + \overline{M}_2 X_2 + \cdots + \overline{M}_n X_n + M_p$$

$$V = \overline{V}_1 X_1 + \overline{V}_2 X_2 + \cdots + \overline{V}_n X_n + V_p$$

$$N = \overline{N}_1 X_1 + \overline{N}_2 X_2 + \cdots + \overline{N}_n X_n + N_p$$

其中，$\overline{M}_i$、$\overline{V}_i$、$\overline{N}_i$ 分别为 $X_i = 1$ 引起的基本结构的弯矩、剪力、轴力（$i = 1,2,\cdots,n$）；M_p、V_p、N_p 分别为荷载引起的基本结构的弯矩、剪力、轴力。

4. 超静定结构的位移计算

超静定结构的位移计算仍应用虚功原理和单位荷载法，并结合图乘法进行。为简化计算，其虚设状态（即单位力状态）可采用原超静定结构的任意一个力法基本结构（为静定结构）。

荷载作用引起的位移计算公式：

$$\Delta_{ip} = \Sigma \int \frac{\overline{M}_i M \mathrm{d}s}{EI} + \Sigma \int \frac{\overline{N}_i N \mathrm{d}s}{EA} + \Sigma \int \frac{k \overline{V}_i V \mathrm{d}s}{GA}$$

温度变化引起的位移计算公式：

$$\Delta_{it} = \Sigma\int\frac{\overline{M}_i M_t \mathrm{d}s}{EI} + \Sigma\int\frac{\overline{N}_i N_t \mathrm{d}s}{EA} + \Sigma\int\frac{k\overline{V}_i V_t \mathrm{d}s}{GA} +$$

$$\Sigma\int\frac{\alpha\Delta t}{h}\overline{M}_i \mathrm{d}s + \Sigma\int\alpha t_0 \overline{N}_i \mathrm{d}s$$

支座位移引起的位移计算公式：

$$\Delta_{ic} = \Sigma\int\frac{\overline{M}_i M_c \mathrm{d}s}{EI} + \Sigma\int\frac{\overline{N}_i N_c \mathrm{d}s}{EA} + \Sigma\int\frac{k\overline{V}_i V_c \mathrm{d}s}{GA} - \Sigma\overline{R}_i C$$

其中，$\overline{M}_i$、$\overline{N}_i$、$\overline{V}_i$ 和 $\overline{R}_i$ 为虚拟状态（原超静定结构的力法基本结构）的弯矩、轴力、剪力和支座反力；M、N、V、M_t、N_t、V_t、M_c、N_c、V_c 分别为原超静定结构在荷载、温度变化、支座位移作用下产生的弯矩、轴力、剪力。

在符合一定的条件下，上述超静定结构的位移计算可采用简化计算。

5．超静定结构内力图的校核

超静定结构的内力图必须同时满足静力平衡条件和原超静定结构的变形条件。

【例 9.7.3】 如图 9.7.15（a）所示刚架，k 截面的弯矩为下列何项？

(A) $\dfrac{ql^2}{20}$（左拉）　　(B) $\dfrac{3ql^2}{20}$（左拉）　　(C) $\dfrac{ql^2}{20}$（右拉）　　(D) $\dfrac{3ql^2}{20}$（右拉）

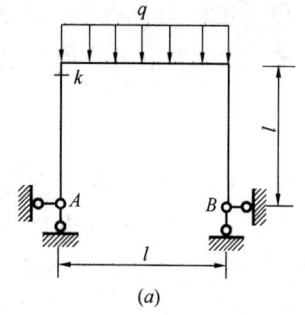
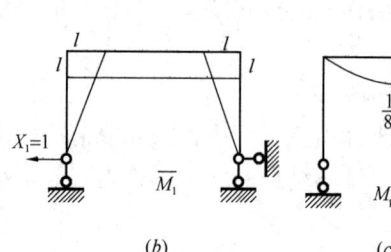

图 9.7.15

【解答】 取力法基本体系如图 9.7.15（b）所示，作出 $\overline{M}_1$、M_p 图，如图 9.7.15（b）、（c）．所示

$$\delta_{11} = \frac{1}{EI}\left(2\times\frac{1}{2}l\cdot l\cdot\frac{2}{3}l + l\cdot l\cdot l\right) = \frac{5l^3}{3EI}$$

$$\Delta_{1p} = \frac{1}{EI}\cdot\frac{2}{3}\cdot\frac{ql^2}{8}\cdot l\cdot l = \frac{ql^4}{12EI}$$

$$\delta_{11}X_1 + \Delta_{1p} = 0$$

δ_{11}、Δ_{1p} 代入上式，解之得：$X_1 = -\dfrac{ql}{20}$（方向向右）

$M_k = \dfrac{ql^2}{20}$（左侧受拉），所以应选（A）项。

【例9.7.4】 如图9.7.16所示刚架，k 截面的弯矩为下列何项？

(A) $\dfrac{20}{7}$（左拉）

(B) $\dfrac{20}{7}$（右拉）

(C) $\dfrac{40}{7}$（左拉）

(D) $\dfrac{40}{7}$（右拉）

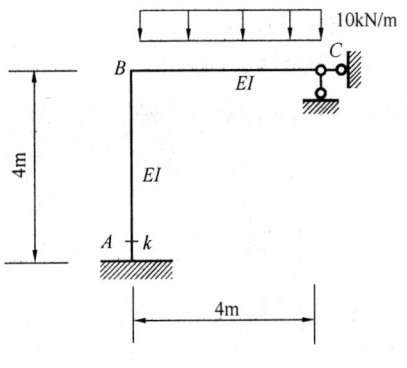

图9.7.16

【解答】 取力法基本体系如图9.7.17（a）所示，作出 $\overline{M}_1$、$\overline{M}_2$、M_P 图，如图9.7.17（b）、(c)、(d)所示。

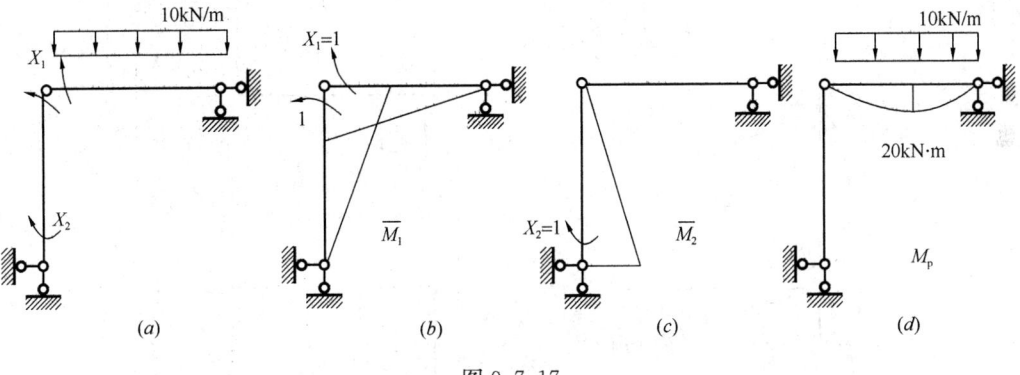

图9.7.17

力法方程为：

$$\delta_{11}X_1 + \delta_{12}X_2 + \Delta_{1P} = 0$$
$$\delta_{21}X_1 + \delta_{22}X_2 + \Delta_{2P} = 0$$

$$\delta_{11} = \frac{1}{EI}\left(2 \times \frac{1}{2} \times 1 \times 4 \times \frac{2 \times 1}{3}\right) = \frac{8}{3EI}$$

$$\delta_{22} = \frac{1}{EI}\left(\frac{1}{2} \times 1 \times 4 \times \frac{2 \times 1}{3}\right) = \frac{4}{3EI}$$

$$\delta_{12} = \delta_{21} = \frac{1}{EI} \cdot \left(\frac{1}{2} \times 1 \times 4 \times \frac{1 \times 1}{3}\right) = \frac{2}{3EI}$$

$$\Delta_{1P} = \frac{1}{EI}\left(\frac{2}{3} \times 4 \times 20 \times \frac{1 \times 1}{2}\right) = \frac{80}{3EI}$$

$$\Delta_{2P} = 0$$

则：

$$\frac{8}{3}X_1 + \frac{2}{3}X_2 + \frac{80}{3} = 0$$

$$\frac{2}{3}X_1 + \frac{4}{3}X_2 + 0 = 0$$

解之得：$X_1 = -\dfrac{80}{7}\text{kN} \cdot \text{m}$, $X_2 = \dfrac{40}{7}\text{kN} \cdot \text{m}$

$$M_k = \overline{M}_1 X_1 + \overline{M}_2 X_2 + M_P = 0 + 1 \times \frac{40}{7} + 0 = \frac{40}{7}\text{kN} \cdot \text{m}$$

故选（D）项。

【例 9.7.5】 如图 9.7.18 所示，等截面梁，A 支座发生顺时针转动，其角度为 θ，B 支座竖直向下位移 a，确定 A 支座处弯矩为下列何项？

(A) $\dfrac{3EI}{l}\left(\theta-\dfrac{a}{l}\right)(\uparrow)$

(B) $\dfrac{6EI}{l}\left(\theta-\dfrac{a}{l}\right)(\uparrow)$

(C) $\dfrac{3EI}{l^2}\left(\theta-\dfrac{a}{l}\right)(\uparrow)$

(D) $\dfrac{6EI}{l^2}\left(\theta-\dfrac{a}{l}\right)(\uparrow)$

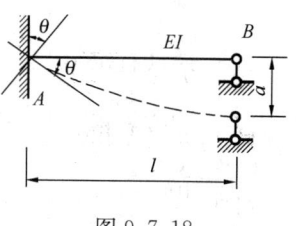

图 9.7.18

【解答】 取力法基本体系如图 9.7.19（a）所示，作出 $\overline{M}_1$ 图，如图 9.7.19（b）所示。

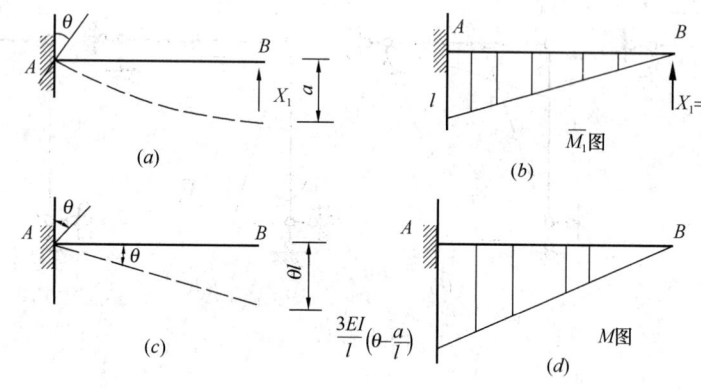

图 9.7.19

$$\delta_{11}=\dfrac{1}{EI}\left(\dfrac{1}{2}\times l\times l\times \dfrac{2l}{3}\right)=\dfrac{l^3}{3EI}$$

由图 9.7.19（c），可知，$\Delta_{1c}=-\theta l$

$$\delta_{11}X_1+\Delta_{1c}=\Delta_1=-a，则：$$

$$\dfrac{l^3}{3EI}X_1-\theta l=-a，即：X_1=\dfrac{3EI}{l^3}(\theta l-a)$$

$$M_A=\overline{M}_1X_1=l\cdot\dfrac{3EI}{l^3}(\theta l-a)=\dfrac{3EI}{l^2}(\theta l-a)$$

$$=\dfrac{3EI}{l}\left(\theta-\dfrac{a}{l}\right)$$

故选（A）项。

此外，弯矩图如图 9.7.19（d）所示。

三、对称性的利用

1. 对称结构的特点

对称结构的超静定结构具有如下特点：

(1) 在正对称荷载下，对称杆件的变形（或位移）、内力（弯矩、轴力、剪力）和支座反力是对称的,同时,弯矩图和轴力图是对称的,剪力图是反对称的。位于对称轴上的横杆的剪力为零(否则,铅垂方向的力不平衡)。

(2) 在反对称荷载下,对称杆件的变形(或位移)、内力(弯矩、轴力、剪力)和支座反力是反对称的,同时,弯矩图和轴力图是反对称的,剪力图是对称的。位于对称轴上的横杆的弯矩和轴力均为零(否则,水平方向的力不平衡)。

(3) 在任意荷载作用下,可将该荷载分解为对称荷载、反对称荷载两组,分别计算出内力后再叠加。

2. 对称性的利用与半结构法

利用对称结构在正对称荷载和反对称荷载的作用下的受力特点,可以先取半边结构进行内力分析计算,即减少超静定的次数,简化计算。然后,再根据对称性得到整个结构的内力。

对称结构在任意荷载作用下,有时可将荷载分解成正对称和反对称两种进行计算。

对称结构选取对称的基本体系后,可得:

(1) 对称结构在正对称荷载作用下,选取对称的基本体系后,反对称未知力等于零,并且对应于反对称未知力的变形(如位移)也等于零,只需求解正对称的未知力。如图 9.7.20 所示,$X_3 = X_4 = 0$。

(2) 对称结构在反对称荷载作用下,选取对称的基本体系后,正对称未知力等于零,并且对应于正对称未知力的变形(如位移)也等于零,只需求解反对称未知力。如图 9.7.21 所示,$X_1 = X_2 = 0$。

半结构法,即利用对称结构在对称轴处的受力和变形特点,截取结构的一半,进行简化计算。

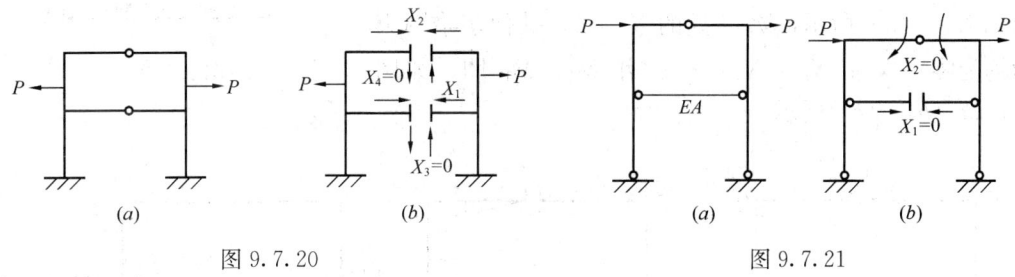

图 9.7.20   图 9.7.21

(1) 奇数跨对称结构。如图 9.7.22 (a) 所示结构在正对称荷载作用下,可取如图 9.7.22 (b) 所示的半结构进行计算;如图 9.7.23 (a) 所示结构在反对称荷载作用下,可取如图 9.7.23 (b) 所示的半结构进行计算。

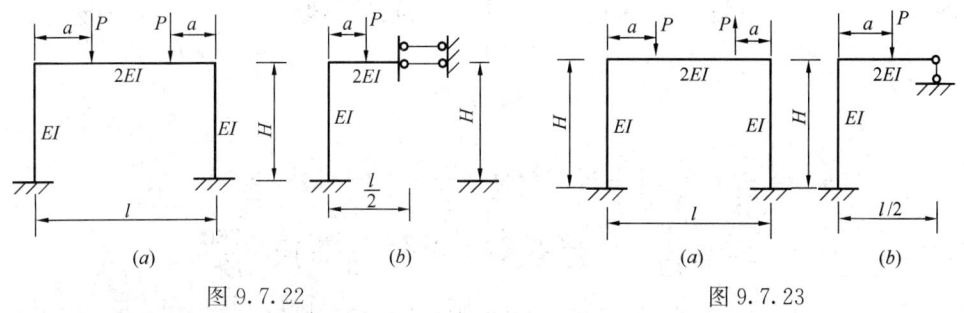

图 9.7.22   图 9.7.23

(2) 偶数跨对称结构。如图 9.7.24（a）所示结构在正对称荷载作用下；若不计杆件的轴向变形，可取如图 9.7.24（b）所示的半结构进行计算。如图 9.7.25（a）所示结构在反对称荷载下，可取如图 9.7.25（b）所示的半结构进行计算，取中柱的抗弯刚度为原来的 $\frac{1}{2}$。

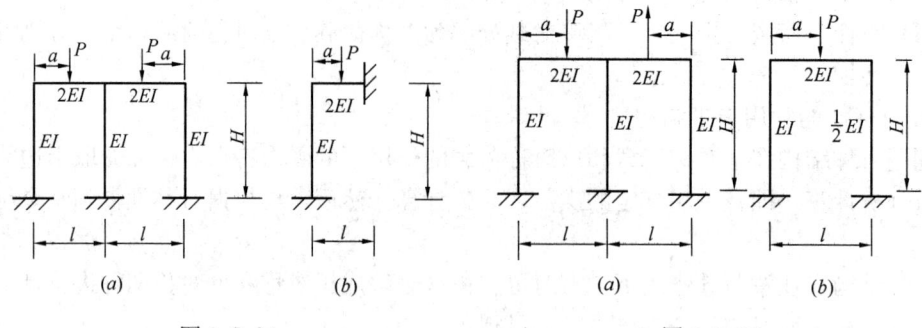

图 9.7.24　　　　　　　　　图 9.7.25

【例 9.7.6】 如图 9.7.26 所示刚架，各杆的 EI 为常数，K 截面的弯矩应为下列何项？

（A）24（外侧受拉）
（B）24（内侧受拉）
（C）48（外侧受拉）
（D）48（内侧受拉）

【解答】 对称结构、反对称荷载，取基本结构，如图 9.7.27（a）所示，除 G 处的 $X_1 \neq 0$，其他多余约束力均为零（$X_2 = X_3 = X_4 = 0$）。作 $\overline{M}_1$、M_P 图，如图 9.7.27（b）、（c）所示。

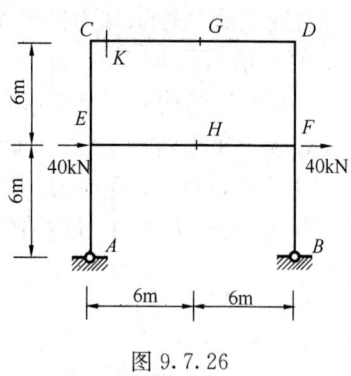

图 9.7.26

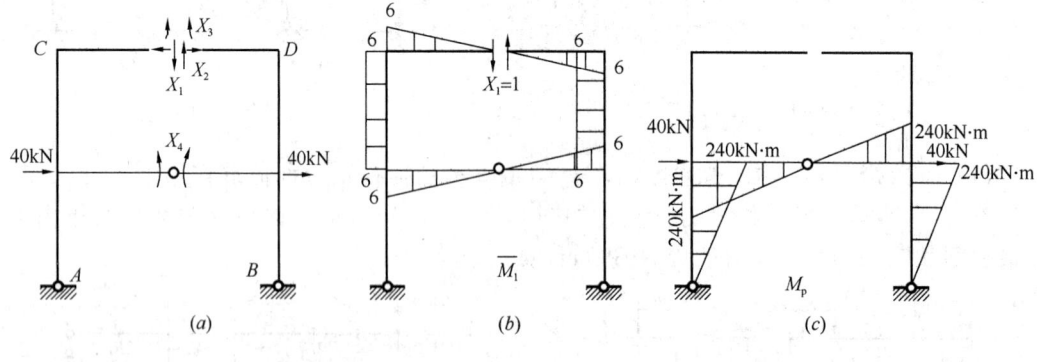

图 9.7.27

$$\delta_{11} = \frac{1}{EI} \times 2 \times \left(\frac{1}{2} \times 6 \times 6 \times \frac{2 \times 6}{3} \times 2 + 6 \times 6 \times 6\right) = \frac{720}{EI}$$

$$\Delta_{1P} = \frac{1}{EI} \times 2 \times \left(\frac{1}{2} \times 6 \times 6 \times \frac{2 \times 240}{3}\right) = \frac{5760}{EI}$$

$$\delta_{11} X_1 + \Delta_{1P} = 0, \text{则}：X_1 = -8 \text{kN}$$

$$M_K = \overline{M}_1 X_1 + M_P = 6 \times (-8) = -48 \text{kN} \cdot \text{m}(\text{内侧受拉})$$

故选（D）项。

【例 9.7.7】 如图 9.7.28（a）所示等截面梁，其弯矩图如图 9.7.28（b）所示，确定其跨中中点 C 处的竖向挠度 Δ_c，应为下列何项？

(A) $\dfrac{ql^4}{384EI}$

(B) $\dfrac{2ql^4}{384EI}$

(C) $\dfrac{3ql^4}{384EI}$

(D) $\dfrac{4ql^4}{384EI}$

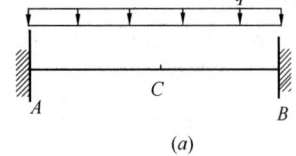

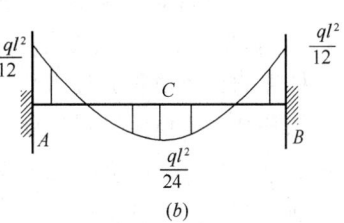

图 9.7.28

【解答】 取基本结构，如图 9.7.29（a）所示，作 $\overline{M}_1$ 图。由位移计算公式，按叠加原理计算 Δ_c：

$$y_1 = \frac{1}{2} \times \frac{l}{2} = \frac{l}{4}, \quad y_2 = \frac{3}{8} \times \frac{l}{2} = \frac{3l}{16}$$

$$\Delta_c = \frac{1}{EI}(A_1 y_1 - A_2 y_2)$$

$$= \frac{1}{EI}\left(\frac{l}{2} \times \frac{ql^2}{12} \times \frac{l}{4} - \frac{2}{3} \times \frac{l}{2} \times \frac{ql^2}{8} \times \frac{3l}{16} \right)$$

$$= \frac{ql^4}{384EI}$$

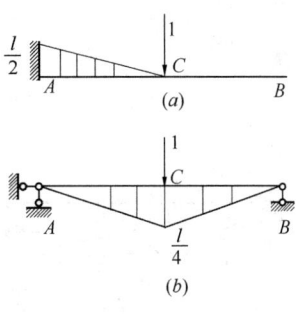

图 9.7.29

故选（A）项。

思考： 基本结构也可取图 9.7.29（b），其计算结果不变。

第八节 超静定结构的位移法

一、位移法

1. 位移法的基本概念

在位移法中，将结构的刚结点的角位移和独立的结点线位移作为基本未知量。其中，角位移数等于刚性结点的数目。对于刚架独立的结点线位移，如果杆件的弯曲变形是微小的，且忽略其轴向变形，则刚架独立的结点线位移数就是刚架铰结图的自由度数。而刚架铰结图就是将刚架的刚结点（包括固定支座）都改为铰结点后形成的体系。这种处理方法也称为"铰代结点，增设链杆"法。

在结构的结点角位移和独立的结点线位移处增设控制转角和线位移的附加约束，使结构的各杆成为互不相关的单杆体系，称为原结构的位移法基本结构。

位移法基本体系，指位移法基本结构在各结点位线（角位移、结点线位移）、外荷载

（有时还有温度变化、支座位移等）作用下的体系。

在位移法中，用附加刚臂约束结点角位移，用附加链杆约束结点线位移，原结构就成为三类基本的超静定杆件所组成的体系。这三类基本的超静定杆件是指：

（1）两端固定的等截面直杆；
（2）一端固定一端铰支的等截面直杆；
（3）一端固定一端滑动的等截面直杆。

2. 等截面直杆刚度方程

杆件的转角位移方程（刚度方程）表示杆件两端的杆端力与杆端位移之间的关系式。

如图 9.8.1 所示，设线刚度 $i = EI/l$，杆端截面转角 θ_A、θ_B，弦转角 $\beta = \Delta_{AB}/l$，杆端弯矩 M_{AB}、M_{BA}，固端弯矩 M_{AB}^F、M_{BA}^F 均以顺时针（↓）转动为正。杆端剪力 V_{AB}、V_{BA}，固端剪力 V_{AB}^F、V_{BA}^F 均以绕隔离体顺时针（↓）转动为正。

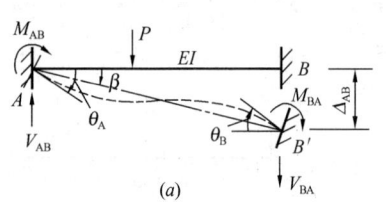

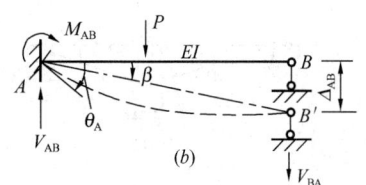

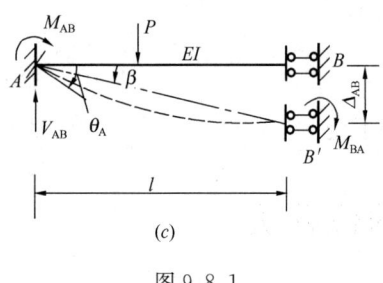

图 9.8.1

（1）两端固定的平面等截面直杆（图 9.8.1a）

$$M_{AB} = 4i\theta_A + 2i\theta_B - 6i\frac{\Delta_{AB}}{l} + M_{AB}^F$$

$$M_{BA} = 2i\theta_A + 4i\theta_B - 6i\frac{\Delta_{AB}}{l} + M_{BA}^F$$

$$V_{AB} = -\frac{6i}{l}\theta_A - \frac{6i}{l}\theta_B + \frac{12i}{l^2}\Delta_{AB} + V_{AB}^F$$

$$V_{BA} = -\frac{6i}{l}\theta_A - \frac{6i}{l}\theta_B + \frac{12i}{l^2}\Delta_{AB} + V_{BA}^F$$

（2）一端固定另一端铰支的平面等截面直杆（图 9.8.1b）

$$M_{AB} = 3i\theta_A - 3i\frac{\Delta_{AB}}{l} + M_{AB}^F$$

$$M_{BA} = 0$$

$$V_{AB} = -\frac{3i}{l}\theta_A + \frac{3i}{l^2}\Delta_{AB} + V_{AB}^F$$

$$V_{BA} = -\frac{3i}{l}\theta_A + \frac{3i}{l^2}\Delta_{AB} + V_{BA}^F$$

（3）一端固定另一端定向（滑动）支座的平面等截面直杆（图 9.8.1c）

$$M_{AB} = i\theta_A + M_{AB}^F$$

$$M_{BA} = -i\theta_A + M_{BA}^F$$

$$V_{AB} = V_{AB}^F$$

$$V_{BA} = 0$$

上述式子中，含有 θ_A、θ_B、Δ_{AB} 的各项分别代表该项杆端位移引起的杆端弯矩和杆端剪力，其前面的系数 $4i$、$3i$、$2i$、$\frac{6i}{l}$、$\frac{12i}{l^2}$ 等称为杆件的刚度系数，它们只与杆件的长度、支座形式和抗弯刚度 EI 有关。

固端弯矩、固端剪力为由位移、荷载产生的杆端弯矩、杆端剪力。常见位移、荷载产生的固端弯矩和固端剪力，见表 9.8.1（其他情况见本书第十章）。

等截面单跨超静定梁固端弯矩和剪力　　　表 9.8.1

图号	简图	弯矩图（绘在受拉边缘）	杆端弯矩 M_{ab}	杆端弯矩 M_{ba}	杆端剪力 V_{ab}	杆端剪力 V_{ba}
1			$4i_{ab}=S_{ab}$	$2i_{ab}$	$-\dfrac{6i_{ab}}{l}$	$-\dfrac{6i_{ab}}{l}$
2			$-\dfrac{6i_{ab}}{l}$	$-\dfrac{6i_{ab}}{l}$	$\dfrac{12i_{ab}}{l^2}$	$\dfrac{12i_{ab}}{l^2}$
3			$3i_{ab}=S_{ab}$	0	$-\dfrac{3i_{ab}}{l^2}$	$-\dfrac{3i_{ab}}{l^2}$
4			$-\dfrac{3i_{ab}}{l}$	0	$\dfrac{3i_{ab}}{l^2}$	$\dfrac{3i_{ab}}{l^2}$
5			$i_{ab}=S_{ab}$	$-i_{ab}$	0	0
6			$-\dfrac{Pab^2}{l^2}$ 当 $a=b$ $-\dfrac{Pl}{8}$	$+\dfrac{Pa^2b}{l^2}$ $\dfrac{Pl}{8}$	$\dfrac{Pb^2}{l^2}\left(1+\dfrac{2a}{l}\right)$ 当 $a=b$ $\dfrac{P}{2}$	$-\dfrac{Pa^2}{l^2}\left(1+\dfrac{2b}{l}\right)$ $-\dfrac{P}{2}$
7			$-\dfrac{ql^2}{8}$	0	$\dfrac{5ql}{8}$	$-\dfrac{3ql}{8}$

3. 位移法典型方程

对有 n 个未知量的结构，位移法典型方程为：

$$K_{11}\Delta_1 + K_{12}\Delta_2 + \cdots + K_{1n}\Delta_n + R_{1p} + R_{1t} + R_{1c} = 0$$

$$K_{21}\Delta_1 + K_{22}\Delta_2 + \cdots + K_{2n}\Delta_n + R_{2p} + R_{2t} + R_{2c} = 0$$

$$\vdots$$

$$K_{n1}\Delta_1 + K_{n2}\Delta_2 + \cdots + K_{nn}\Delta_n + R_{np} + R_{nt} + R_{nc} = 0$$

其中，Δ_i 为结点位移未知量（$i = 1, 2, \cdots, n$）；K_{ij} 为基本结构仅由于 $\Delta_j = 1$（$j = 1, 2, \cdots, n$）在附加约束之中产生的约束力，为基本结构的刚度系数；R_{ip}、R_{it}、R_{ic} 分别为基本结构仅由荷载、温度变化、支座位移作用，在附加约束之中产生的约束力，为位移法典型方程的自由项。

位移法典型方程中，第一个方程表示：基本结构在 n 个未知结点位移、荷载、温度变化、支座位移等共同作用下，第一个附加约束中的约束力等于零。其余各式的意义可按此类推。可见，位移法典型方程表示静力平衡方程。

位移法不仅可以计算超静定结构的内力，也可以计算静定结构的内力。

位移法典型方程中的系数 K_{ii} 称为主系数，恒为正值。系数 K_{ij}（$i \neq j$）称为副系数，可为正值、负值，或为零，并且 $K_{ij} = K_{ji}$；各自由项的值可为正、负或零。

系数和自由项都是附加约束中的反力，都可按上述各自的定义利用各杆的刚度系数、固端弯矩、固端剪力由平衡条件求出。

4. 结构的最后内力计算

求出各未知结点位移 Δ_i 后，由叠加原理可得：

$$M = \overline{M}_1 \Delta_1 + \overline{M}_2 \Delta_2 + \cdots + \overline{M}_n \Delta_n + M_p + M_t + M_c$$

$$V = \overline{V}_1 \Delta_1 + \overline{V}_2 \Delta_2 + \cdots + \overline{V}_n \Delta_n + V_p + V_t + V_c$$

$$N = \overline{N}_1 \Delta_1 + \overline{N}_2 \Delta_2 + \cdots + \overline{N}_n \Delta_n + N_p + N_t + N_c$$

其中，$\overline{M}_i$、$\overline{V}_i$、$\overline{N}_i$ 分别为由 $\Delta_i = 1$ 引起的基本结构的弯矩、剪力、轴力；M_p、M_t、M_c、V_p、V_t、V_c、N_p、N_t、N_c 分别为基本结构由荷载、温度变化、支座位移引起的弯矩、剪力、轴力。

二、超静定结构的特性

超静定结构的特性如下：

（1）同时满足超静定结构的平衡条件、变形协调条件和物理条件的超静定结构内力的解是唯一真实的解。

（2）超静定结构在荷载作用下的内力与各杆 EA、EI 的相对比值有关，而与各杆 EA、EI 的绝对值无关，但在非荷载（如温度变化、杆件制造误差、支座位移等）作用下会产生内力，这种内力与各杆 EA、EI 的绝对值有关，并且成正比。

（3）超静定结构的内力分布比静定结构均匀，刚度和稳定性都有所提高。

【例 9.8.1】 如图 9.8.2 所示连续梁，各杆 EI 为常数，确定 k 截面的弯矩（kN·m）为下列何项？

(A) 8 (B) 10
(C) 12 (D) 16

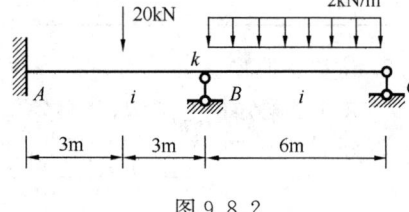

图 9.8.2

【解答】 用位移法计算，取基本结构，如图 9.8.3（a）所示，作出 $\overline{M}_1$、M_p 弯矩图，分别如图 9.8.3（b）、（c）所示。

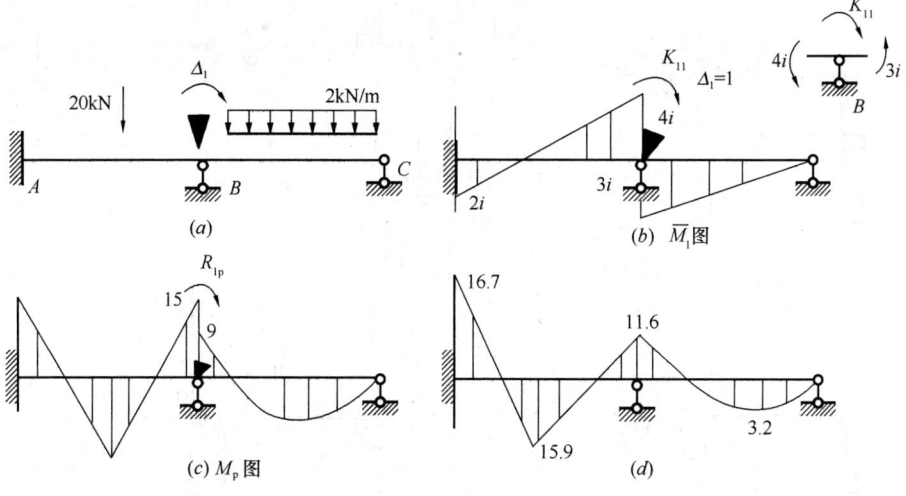

图 9.8.3

$$K_{11} = 4i + 3i = 7i, R_{1p} = \frac{1}{8} \times 20 \times 6 + \left(-\frac{1}{8} \times 2 \times 6^2\right) = 15 + (-9) = 6\text{kN} \cdot \text{m}$$

$$K_{11}\Delta_1 + R_{1p} = 0$$

$$7i\Delta_1 + 6 = 0, \text{即：} \Delta_1 = -\frac{6}{7i}$$

$$M_K = \overline{M}_1 \Delta_1 + M_{1p} = 4i \cdot \left(-\frac{6}{7i}\right) + 15 = 11.57\text{kN} \cdot \text{m}$$

故选（C）项。

思考：该连续梁的弯矩图，如图 9.8.3（d）所示。

【**例 9.8.2**】 如图 9.8.4 所示刚架，各杆 EI 为常数，确定 k 截面的弯矩为下列何项？

(A) -80（↑）

(B) -70（↑）

(C) -60（↑）

(D) -50（↑）

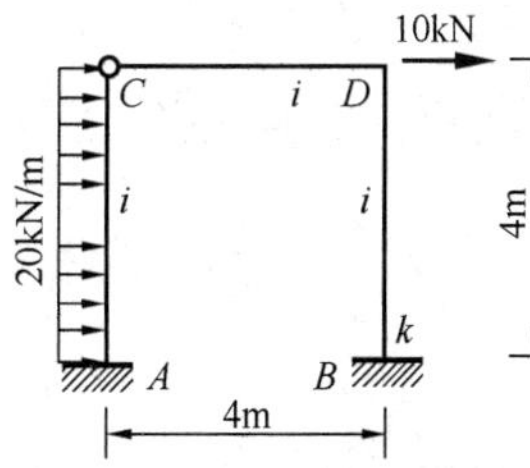

图 9.8.4

【**解答**】 用位移法计算，取基本结构，如图 9.8.5（a）所示，作出 $\overline{M}_1$、$\overline{M}_2$、M_p 弯矩图，分别如图 9.8.5（b）、(c)、(d) 所示。

位移法方程为：

$$K_{11}\Delta_1 + K_{12}\Delta_2 + R_{1p} = 0$$
$$K_{21}\Delta_1 + K_{22}\Delta_2 + R_{2p} = 0$$

由图 9.8.5，可得：

$$K_{11} = 4i + 3i = 7i, \quad K_{12} = K_{21} = -\frac{4i + 2i}{4} = -\frac{3i}{2}$$

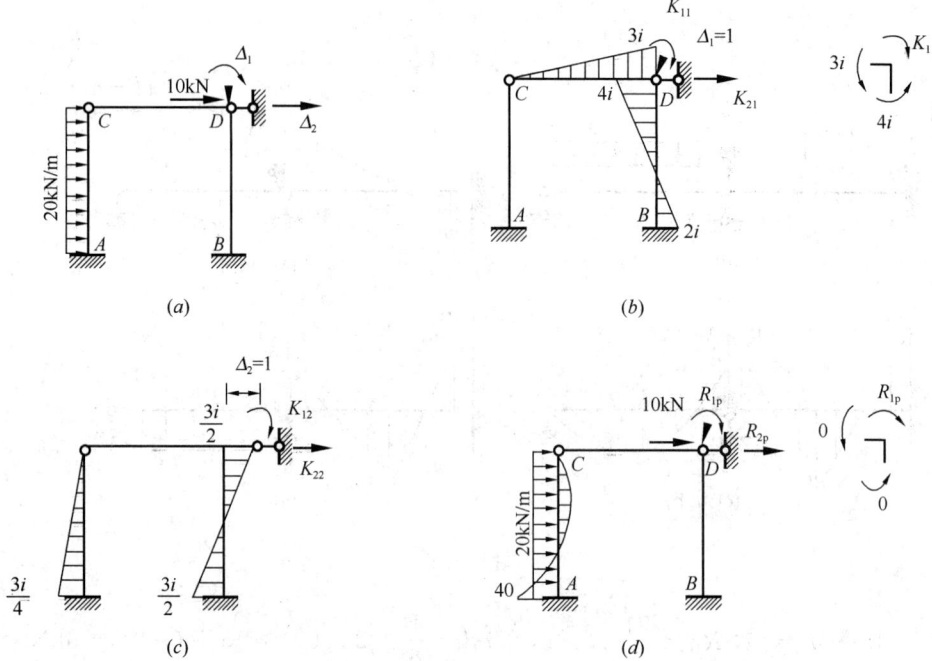

图 9.8.5

(a) 基本结构；(b) $\overline{M}_1$ 图；(c) $\overline{M}_2$ 图；(d) M_p 图

$$K_{22} = \frac{\frac{3i}{4}}{4} + \frac{\frac{3i}{2} + \frac{3i}{2}}{4} = \frac{15i}{16}$$

$$R_{1p} = 0, R_{2p} = -\frac{3}{8} \times 20 \times 4 - 10 = -40 \text{kN}$$

$$7i\Delta_1 + \left(-\frac{3i}{2}\Delta_2\right) + 0 = 0$$

$$-\frac{3i}{2}\Delta_1 + \frac{15i}{16}\Delta_2 - 40 = 0$$

可得：$\Delta_1 = \frac{320}{23i}$，$\Delta_2 = \frac{4480}{69i}$

$$M_K = \overline{M}_1 \Delta_1 + \overline{M}_2 \Delta_2 + M_p = 2i \cdot \frac{320}{23i} + \left(-\frac{3i}{2}\right) \cdot \frac{4480}{69i} + 0$$

$$= -69.57 \text{kN} \cdot \text{m}(\uparrow)$$

故选（B）项。

第九节 习题与解答

一、习题

（一）静定结构内力计算习题

1. 如图 9.9.1 所示桁架中，FH 杆的轴力 N_{FH} 之值为（　　）。

(A) $-\dfrac{3\sqrt{2}P}{4}$

(B) $\dfrac{3\sqrt{2}P}{2}$

(C) $-\dfrac{5\sqrt{2}P}{4}$

(D) $-\dfrac{\sqrt{2}P}{8}$

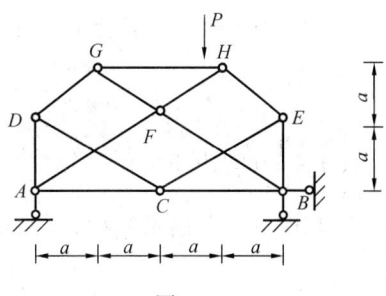

图 9.9.1

2. 如图 9.9.2 所示刚架，CH 杆 H 截面的弯矩 M_{HC} 之值为（   ）。
(A) $3qa^2$（右边受拉） (B) $2qa^2$（右边受拉）
(C) $1.5qa^2$（左边受拉） (D) $5qa^2$（左边受拉）

3. 如图 9.9.3 所示刚架，M_{AC} 之值为（   ）。
(A) $2\text{kN}\cdot\text{m}$（右边受拉） (B) $2\text{kN}\cdot\text{m}$（左边受拉）
(C) $4\text{kN}\cdot\text{m}$（右边受拉） (D) $4\text{kN}\cdot\text{m}$（左边受拉）

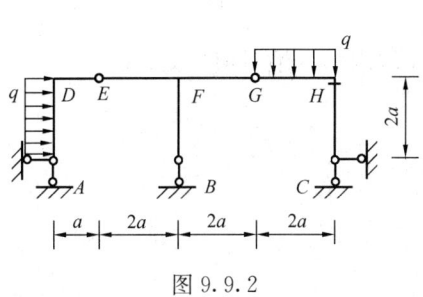
图 9.9.2

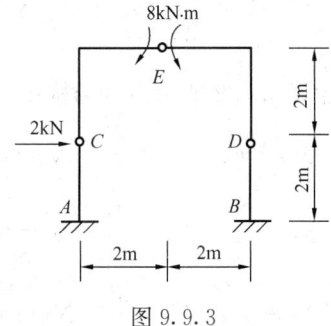
图 9.9.3

4. 如图 9.9.4 所示结构，M_{AC} 和 M_{BD} 之值分别为（   ）。
(A) $M_{AC}=Ph$（左边受拉），$M_{BD}=Ph$（左边受拉）
(B) $M_{AC}=Ph$（左边受拉），$M_{BD}=0$
(C) $M_{AC}=0$，$M_{BD}=Ph$（左边受拉）
(D) $M_{AC}=Ph$（左边受拉），$M_{BD}=\dfrac{2Ph}{3}$（左边受拉）

5. 如图 9.9.5 所示桁架，1 杆的内力为（   ）。
(A) $-1.732P$（压力） (B) $1.732P$（拉力）
(C) $-2.732P$（压力） (D) $-2.0P$（压力）

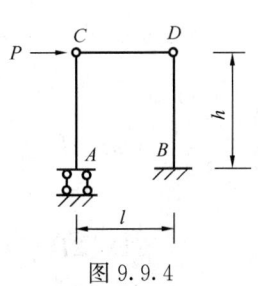
图 9.9.4

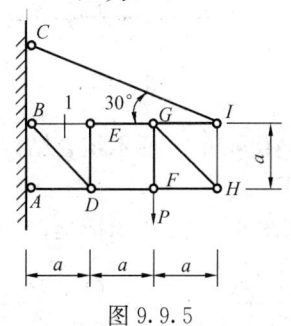
图 9.9.5

6. 如图 9.9.6 所示刚架，截面 D 处的弯矩之值为（   ）。

(A) 0　　　　　　　　　　　　(B) $\dfrac{Fl}{8}$（左边受拉）

(C) $\dfrac{Fl}{4}$（右边受拉）　　　　　(D) $\dfrac{Fl}{8}$（右边受拉）

7. 如图 9.9.7 所示结构，1 杆的轴力大小为（   ）。

(A) 0　　　　(B) $-\dfrac{qa}{2}$　　　　(C) $-qa$　　　　(D) $-2qa$

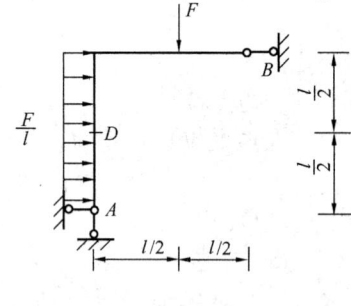
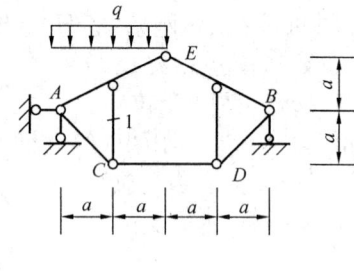

图 9.9.6　　　　　　　　　　　图 9.9.7

8. 如图 9.9.8 所示组合结构中，A 点右截面的内力（绝对值）为（   ）。

(A) $M_A = Pa$, $V_A = \dfrac{P}{2}$, $N_A \neq 0$

(B) $M_A = \dfrac{Pa}{2}$, $V_A = \dfrac{P}{2}$, $N_A = 0$

(C) $M_A = Pa$, $V_A = \dfrac{P}{2}$, $N_A = 0$

(D) $M_A = \dfrac{Pa}{2}$, $V_A = \dfrac{P}{2}$, $N_A \neq 0$

9. 如图 9.9.9 所示组合结构中，B 点右截面的剪力值为（   ）。

(A) $\dfrac{qa}{4}$　　　　(B) $\dfrac{qa}{2}$　　　　(C) qa　　　　(D) $\dfrac{3qa}{2}$

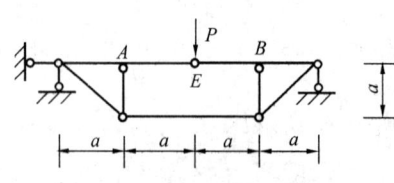
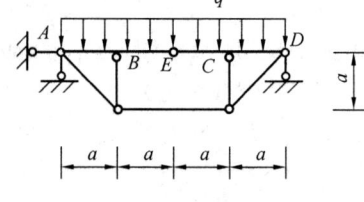

图 9.9.8　　　　　　　　　　　图 9.9.9

10. 如图 9.9.10 所示组合结构，1 杆的轴力为（   ）。

(A) P　　　　(B) $2P$　　　　(C) 0　　　　(D) $3P$

11. 如图 9.9.11 所示桁架，1 杆的轴力为（   ）。

(A) $-\dfrac{P}{2}$　　　　(B) P　　　　(C) $\dfrac{P}{2}$　　　　(D) $2P$

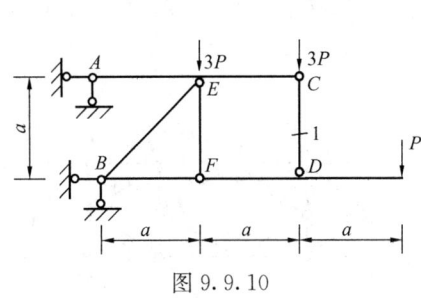

图 9.9.10

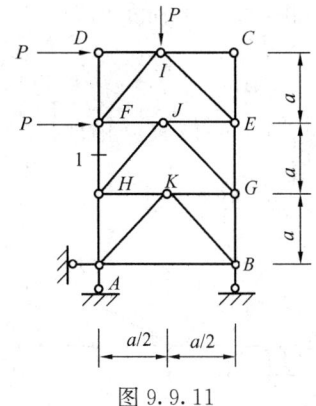

图 9.9.11

12. 如图 9.9.12 所示桁架，1 杆的轴力为(　　)。

(A) $-\dfrac{P}{2}$　　(B) $-P$　　(C) $-\dfrac{3P}{2}$　　(D) $-2P$

13. 如图 9.9.13 所示桁架，1 杆和 2 杆的内力为(　　)。

(A) N_1、N_2 均为压杆　　(B) $N_1 = -N_2$

(C) N_1、N_2 均为拉杆　　(D) $N_1 = 0$，$N_2 = 0$

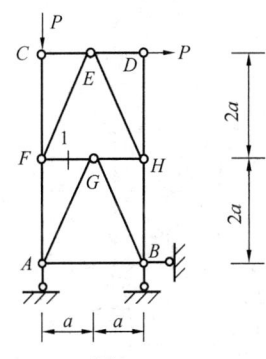

图 9.9.12

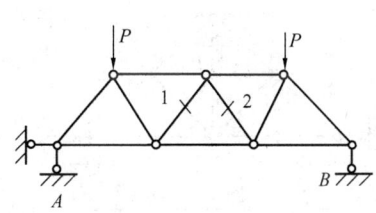

图 9.9.13

14. 如图 9.9.14 所示组合结构，CF 轴的轴力 N_{CF} 之值为(　　)。

(A) $\dfrac{\sqrt{2}P}{2}$　　(B) P　　(C) $\sqrt{2}P$　　(D) $2P$

15. 如图 9.9.15 所示结构，1 杆的轴力为(　　)。

(A) 0　　(B) $2F$　　(C) $3F$　　(D) $4F$

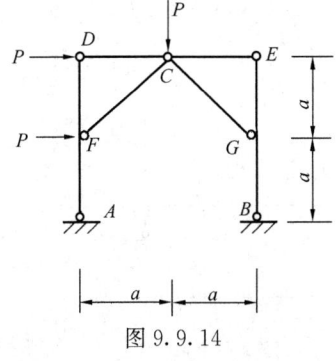

图 9.9.14

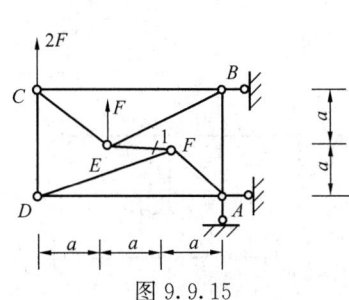

图 9.9.15

16. 如图 9.9.16 所示桁架，1杆的轴力为(   )。

(A) $-\dfrac{\sqrt{3}P}{2}$ (B) $-\dfrac{P}{2}$ (C) $-\dfrac{\sqrt{5}}{2}P$ (D) $-\sqrt{3}P$

17. 如图 9.9.17 所示桁架，1杆的轴力为(   )。

(A) $\dfrac{P}{3}$ (B) $\dfrac{2P}{3}$ (C) $\dfrac{P}{2}$ (D) P

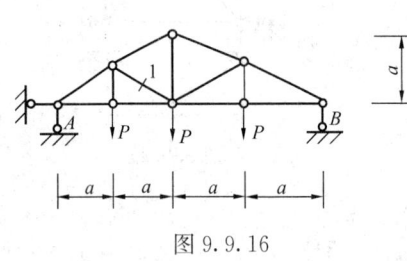

图 9.9.16

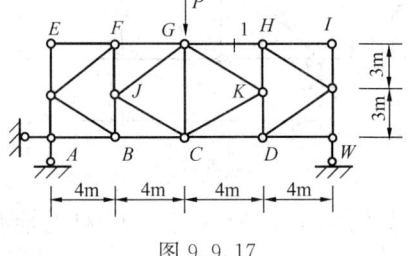

图 9.9.17

18. 如图 9.9.18 所示桁架，1杆的轴力为(   )。

(A) $\dfrac{\sqrt{2}}{2}P$ (B) $\sqrt{2}P$ (C) $\dfrac{P}{2}$ (D) P

19. 如图 9.9.19 所示桁架，1杆的轴力为(   )。

(A) $-P$ (B) $-\dfrac{P}{2}$ (C) $\dfrac{P}{4}$ (D) $\dfrac{P}{2}$

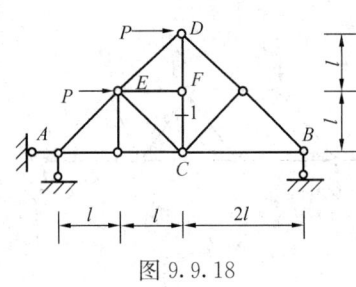

图 9.9.18

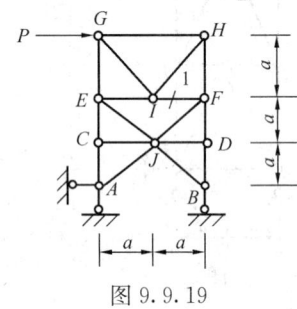

图 9.9.19

（二）静定结构位移计算习题

1. 如图 9.9.20 所示刚架，C 截面的转角为(   )。

(A) $\dfrac{Ml}{12EI}$ ($\uparrow$)   (B) $\dfrac{Ml}{6EI}$ ($\uparrow$)   (C) $\dfrac{Ml}{12EI}$ ($\downarrow$)   (D) $\dfrac{Ml}{6EI}$ ($\downarrow$)

2. 如图 9.9.21 所示结构，A、B 两点的相对水平位移（以离开为正）为(   )。

(A) $-\dfrac{2qa^4}{3EI}$ (B) $-\dfrac{qa^4}{6EI}$ (C) $-\dfrac{qa^4}{3EI}$ (D) $-\dfrac{qa^4}{EI}$

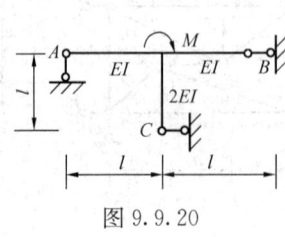

图 9.9.20

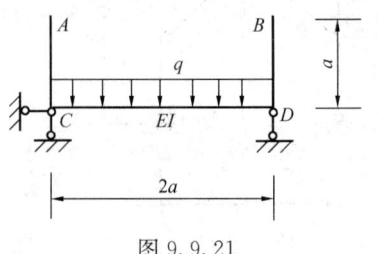

图 9.9.21

3. 如图 9.9.22 所示刚梁，C 点的竖向位移 Δ_{CV} 之值为（　　）。

(A) $\dfrac{5Pl^3}{24EI}(\downarrow)$ 　　(B) $\dfrac{7Pl^3}{24EI}(\downarrow)$ 　　(C) $\dfrac{5Pl^3}{48EI}(\downarrow)$ 　　(D) $\dfrac{7Pl^3}{48EI}(\downarrow)$

4. 如图 9.9.23 所示刚架，A 点的水平位移 Δ_{AH} 之值为（　　）。

(A) $\dfrac{M_0 a^2}{6EI}(\leftarrow)$ 　　(B) $\dfrac{2M_0 a^2}{3EI}(\rightarrow)$ 　　(C) $\dfrac{2M_0 a^2}{3EI}(\leftarrow)$ 　　(D) $\dfrac{M_0 a^2}{3EI}(\rightarrow)$

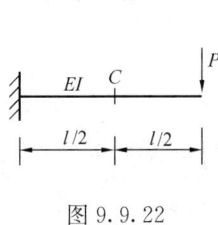
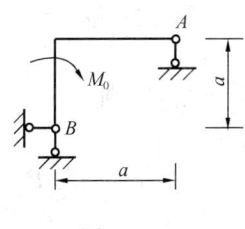

图 9.9.22　　　　　　　　　图 9.9.23

5. 如图 9.9.24 所示刚架，结点 B 的水平位移 Δ_{BH} 之值为（　　）。

(A) $\dfrac{3ql^4}{16EI}(\rightarrow)$

(B) $\dfrac{3ql^4}{8EI}(\rightarrow)$

(C) $\dfrac{5ql^4}{16EI}(\rightarrow)$

(D) $\dfrac{5ql^4}{8EI}(\rightarrow)$

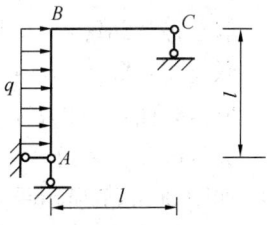

图 9.9.24

6. 如图 9.9.25 所示桁架的支座 A 向左移动了 b，向下移动了 c，则 DB 杆的角位移 θ_{BD} 之值为（　　）。

(A) $\dfrac{c+b}{4a}(\downarrow)$ 　　(B) $\dfrac{c}{4a}(\uparrow)$ 　　(C) $\dfrac{c+\sqrt{2}b}{4a}(\downarrow)$ 　　(D) $\dfrac{c-\sqrt{2}b}{4a}(\uparrow)$

7. 如图 9.9.26 所示三铰刚架，支座 B 向右移动 Δ_1，向下滑动 Δ_2，则结点 D 的转角 θ_D 为（　　）。

(A) $\dfrac{\Delta_2+\Delta_1}{2a}(\downarrow)$ 　　(B) $\dfrac{\Delta_2+\Delta_1}{a}(\downarrow)$ 　　(C) $\dfrac{2\Delta_2+\Delta_1}{2a}(\downarrow)$ 　　(D) $\dfrac{2\Delta_2+\Delta_1}{a}(\downarrow)$

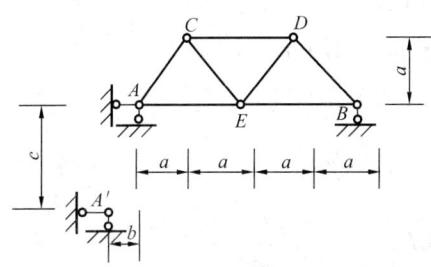
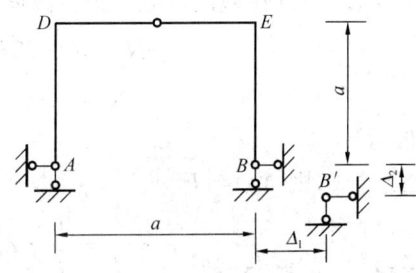

图 9.9.25　　　　　　　　　图 9.9.26

二、解答

（一）静定结构内力计算习题

1. （A）

将 H 处力分解成对称荷载和反对称荷载，分别作用在 G、H 处。在 $\dfrac{P}{2}$、$\dfrac{P}{2}$ 的反对称荷载作用下，有：$N_{GH}=0$，则：$N_{FH}=-\dfrac{\sqrt{2}}{4}P$；在对称荷载作用下，有：$N_{CE}=0$，则：$N_{BE}=N_{HE}=0$，故 $N_{FH}=-\dfrac{\sqrt{2}}{2}P$，则：

$$N_{FH}=-\dfrac{\sqrt{2}}{4}P+\left(-\dfrac{\sqrt{2}}{2}P\right)=-\dfrac{3\sqrt{2}P}{4}$$

2. （B）

取 GHC 部分，$\Sigma M_G=0$，则：$2qa^2+2a\cdot X_C=2a\cdot Y_C$

取 EBC 部分，$\Sigma M_E=0$，则：$2aq\cdot 5a+2a\cdot X_C=6a\cdot Y_C+2a\cdot Y_B$

取整体，$\Sigma M_A=0$，则：$2aq\cdot 6a+2aq\cdot a=3a\cdot Y_B+7a\cdot Y_C$

联解得：$X_C=qa(\leftarrow)$，$Y_C=2qa(\uparrow)$，$Y_B=0$

所以，$M_{HC}=2qa^2$，右边受拉。

3. （C）

如图 9.9.27 所示受力分析，

$M_C=0$，则：$2X_E+2V_E=8$

$M_D=0$，则：$2X_E-2V_E=8$

解之得：$X_E=4\text{kN}$，$V_E=0$，取 ECA 为脱离体，$\Sigma M_A=0$，则：$M_{AC}=4\times 4-2\times 2-8=4\text{kN}\cdot\text{m}(\downarrow)$

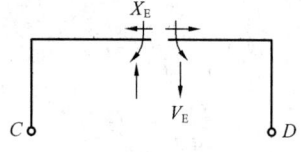

图 9.9.27

4. （C）

取 AC 部分分析，$V_{CA}=0$

取 CD 部分分析，可知：$V_{DB}=P(\rightarrow)$，所以 $M_{AC}=0$，$M_{BD}=V_{DB}\cdot h=P\cdot h(\downarrow)$

5. （C）

过 CI、EG、DF 作截面，取右边脱离体，$\Sigma Y=0$，则：$Y_{CI}=P$（受拉），$X_{CI}=\sqrt{3}P$（受拉）。

过 BE、AD 作截面，取右边脱离体，$\Sigma M_D=0$，则：

$$N_1\cdot a+\sqrt{3}P\cdot a+P\cdot 2a=P\cdot a$$

$$N_1=-(1+\sqrt{3})P=-2.732P$$

6. （B）

$\Sigma Y=0$，则：$Y_A=F$

$\Sigma M_B=0$，则：$X_A=\dfrac{F\cdot\dfrac{l}{2}+\dfrac{F}{l}\cdot l\cdot\dfrac{l}{2}-F\cdot l}{l}=0$

所以 $M_{DA} = \dfrac{F}{l} \cdot \dfrac{l}{2} \cdot \dfrac{l}{4} = \dfrac{Fl}{8}$，左边受拉。

7. (B)

解法一：求支座 A 的反力，用截面法，过 E 铰、CD 取截面，对 E 取矩求出 N_{CD}，再用铰 C 的结点平衡求出 N_1。

解法二：利用对称结构，将荷载分成 $\dfrac{q}{2}$ 的对称荷载和 $\dfrac{q}{2}$ 的反对称荷载，即：

在反对称荷载 $\left(\dfrac{q}{2}\right)$ 作用下，$N_{CD}=0$，则：$N_1=0$

在对称荷载 $\left(\dfrac{q}{2}\right)$ 作用下，$Y_A = \dfrac{\dfrac{q}{2} \cdot 2a}{2}$，则：$Y_A = N_{AC} \cdot \cos 45°$，$N_1 = -N_{AC}\cos 45°$，

故 $N_1 = -Y_A = -\dfrac{qa}{2}$

8. (D)

对称结构，在铰 E 处剪力为零，将 P 视为两个 $\dfrac{P}{2}$，则：

$M_A = \dfrac{P}{2} \cdot a$，$V_A = \dfrac{P}{2}$，$N_A \neq 0$

9. (C)

对称结构、对称荷载，在铰 E 处剪力为零，则：$V_{B右} = qa$

10. (B)

取 FD 部分为脱离体，$\Sigma M_F = 0$，$N_1 = \dfrac{2Pa}{a} = 2P$

11. (C)

先判别出铰 C 处 IC、EC 杆为零杆。

过 IE、FJ、FH 取截面，$\Sigma M_E = 0$，则：$N_1 = \dfrac{Pa - P \cdot \dfrac{a}{2}}{a} = \dfrac{P}{2}$

12. (A)

先判定出零杆，DH 杆、CE 杆为零杆。

对铰 E 分析：$N_{ED} = P$，$N_{CE} = 0$，$X_{EF} = -X_{EH} = \dfrac{P}{2}$

对铰 F 分析：$N_1 = -X_{EF} = \dfrac{-P}{2}$

13. (D)

对称结构，对称荷载，则 $N_1 = N_2$，由结点平衡条件，知 $N_1 = N_2 = 0$。

14. (C)

$\Sigma M_B = 0$，$Y_A = \dfrac{P \cdot 2a + P \cdot a - Pa}{2a} = P(\downarrow)$

过 DC、FC 取截面，取左部分为脱离体，$\Sigma Y=0$，则：
$$N_{CF} \cdot \cos 45° = P, N_{CF} = \sqrt{2}P$$

15. (D)
$$\Sigma M_A = 0, 则: X_B = \frac{2F \cdot 3a + F \cdot 2a}{2a} = 4F(\leftarrow)$$

过 CD、EF、BA 取截面，取上部为脱离体，$\Sigma X=0$，则：
$$N_1 = X_B = 4F(受拉)$$

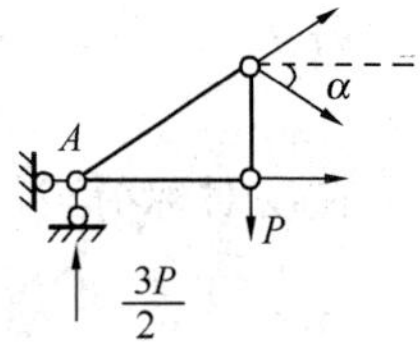

16. (C)

取截面如图 9.9.28 所示。
$$\cos \alpha = \frac{2}{\sqrt{5}}, \sin \alpha = \frac{1}{\sqrt{5}}$$

图 9.9.28

$$\Sigma M_A = 0, 则: Pa + N_1 \cos \alpha \cdot \frac{a}{2} + N_1 \sin \alpha \cdot a = 0$$

$$Pa + N_1 \cdot \frac{2}{\sqrt{5}} \cdot \frac{a}{2} + N_1 \cdot \frac{1}{\sqrt{5}} \cdot a = 0$$

$$解之得: N_1 = -\frac{\sqrt{5}P}{2}$$

17. (A)

求出支座反力：$Y_A = Y_W = \frac{P}{2}$

过 GH、HK、DW 取截面，左边为脱离体，$\Sigma M_D = 0$，则
$$P \cdot 4 + N_1 \cdot 6 = \frac{P}{2} \cdot 12$$

$$解之得: N_1 = \frac{P}{3}$$

18. (C)

首先判定零杆，再过 ED、EF、FC、CB 取截面，取左边为脱离体，$\Sigma M_A = 0$，则：
$N_1 \cdot 2l = P \cdot l$，得 $N_1 = \frac{P}{2}$

19. (A)

首先判定零杆，JC、JD 为零杆；JB、JE 为零杆。

过 EC、EJ、IF、HF 取截面，取上部为脱离体，
$$\Sigma X = 0, 则\ N_1 = -P$$

(二)静定结构位移计算习题

1. (A)

作出 $\overline{M}_1$、M_p 图如图 9.9.29 所示。

$$\theta_c = \frac{1}{2EI}\left(\frac{1}{2}M \cdot l\right) \cdot \frac{1}{3} = \frac{Ml}{12EI}(\curvearrowright)$$

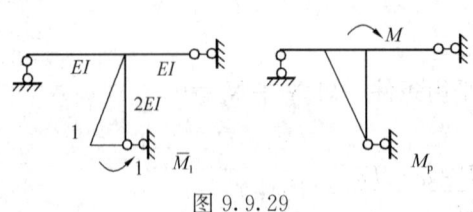

图 9.9.29

2. (A)

作出 $\overline{M}_1$、M_p 图如图 9.9.30 所示。

$$\Delta = -\frac{1}{EI} \cdot \left(\frac{2}{3} \cdot \frac{1}{2}qa^2 \cdot 2a\right) \cdot a = -\frac{2qa^4}{3EI}$$

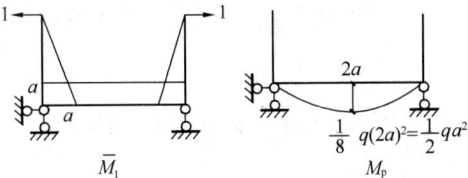

图 9.9.30

3. (C)

作出 $\overline{M}_1$、M_p 图如图 9.9.31 所示。

$$\Delta_{CV} = \frac{1}{EI}\left(\frac{1}{2} \cdot \frac{l}{2} \cdot \frac{l}{2} \cdot \frac{5Pl}{6}\right) = \frac{5}{48}\frac{Pl^3}{EI}(\downarrow)$$

4. (D)

作出 $\overline{M}_1$、M_p 图如图 9.9.32 所示。

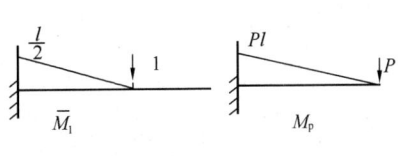

图 9.9.31

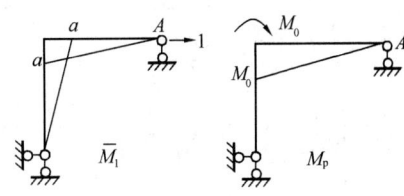

图 9.9.32

$$\Delta_{AH} = \frac{1}{EI} \cdot \left(\frac{1}{2} \cdot M_0 \cdot a \cdot \frac{2}{3}a\right) = \frac{M_0 a^2}{3EI}(\rightarrow)$$

5. (B)

作出 $\overline{M}_1$、M_p 图如图 9.9.33 所示。

$$\Delta_{BH} = \frac{1}{EI}\left[\left(\frac{1}{2} \cdot l \cdot l\right) \cdot \frac{2}{3} \cdot \frac{ql^2}{2} + \left(\frac{1}{2} \cdot l \cdot l \cdot \frac{2}{3}\right)\frac{ql^2}{2} + \left(\frac{2}{3} \cdot \frac{ql^2}{8} \cdot l\right) \cdot \frac{l}{2}\right]$$

$$= \frac{3ql^4}{8EI}(\rightarrow)$$

6. (B)

在 D、B 点加集中力 $P = \dfrac{1}{\sqrt{2}a}$，方向如图 9.9.34 所示，因外部为力偶，故 A 反力与 B 反力形成一个力偶，则：

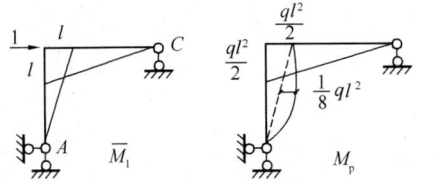

图 9.9.33

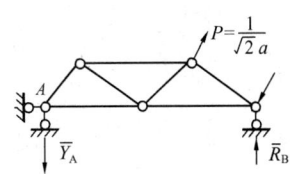

图 9.9.34

$$\overline{R}_A = -\overline{R}_B = \frac{1}{4a}, 即:$$

$$\overline{Y}_A = \frac{1}{4a}, \overline{X}_A = 0$$

所以 $\theta_{BD} = -\Sigma \overline{R}_i \cdot c_i = -\left[0 \times b + \frac{1}{4a} \times c\right] = -\frac{c}{4a}$,方向逆时针向。

7. (C)

在 D 点施加单位力 $m=1$,顺时针向,支座反力:$Y_B = \frac{1}{a}(\uparrow)$, $X_B = \frac{1}{2a}$

$$\theta_D = -\Sigma \overline{R}_i \cdot c_i = -\left[\frac{1}{a} \times (-\Delta_2) + \frac{1}{2a} \cdot (-\Delta_1)\right]$$

$$= \frac{1}{2a}(2\Delta_2 + \Delta_1)(\downarrow)$$

第十章 常用结构的静力计算方法

第一节 竖向荷载作用下结构的内力计算

一、杆件刚度

1. 杆件的线刚度（i）、转动刚度（S）

等截面直杆单位长度的抗弯刚度称为线刚度（i）。杆件的线刚度（i）定义为：

$$i = \frac{EI}{l}$$

转动刚度（S），指使杆端产生单位转角所需施加的力矩。杆件的转动刚度（S）反映了杆端对转动的抵抗能力，如图 10.1.1 所示：

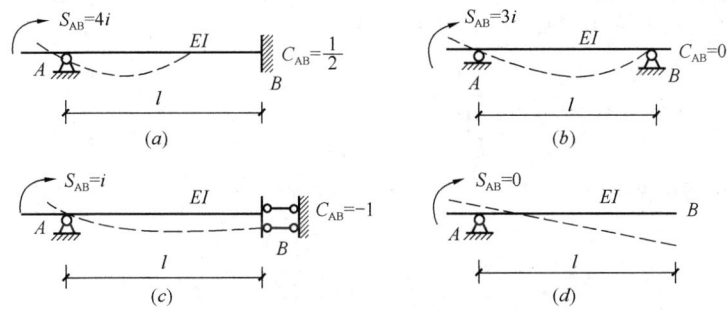

图 10.1.1 杆件的转动刚度

（1）当远端 B 为固定支座时，AB 杆 A 点的转动刚度为：
$$S_{AB} = 4i = 4EI/l$$

（2）当远端 B 为铰支座时，AB 杆 A 点的转动刚度为：
$$S_{AB} = 3i = 3EI/l$$

（3）当远端 B 为滑动支座时，AB 杆 A 点的转动刚度为：
$$S_{AB} = i = EI/l$$

（4）当远端 B 为自由端时，AB 杆 A 点的转动刚度为：
$$S_{AB} = 0$$

2. 杆件的侧移刚度

使柱顶产生单位水平位移（Δ）时柱顶所施加的水平力（V），称为柱的侧移刚度（D'）：

$$D' = \frac{V}{\Delta}$$

如图 10.1.2 所示，两立柱的侧移刚度分别为：

(1) 两端固定时，$D'=\dfrac{12i}{h^2}=\dfrac{12EI}{h^3}$

(2) 下端固定，上端简支时，$D'=\dfrac{3i}{h^2}=\dfrac{3EI}{h^3}$

杆件的刚度叠加，如图 10.1.3 (a) 所示，一组平行柱，上端由刚性横梁连接，即并联，其各柱的总侧移刚度为各柱的侧移刚度之和，即：

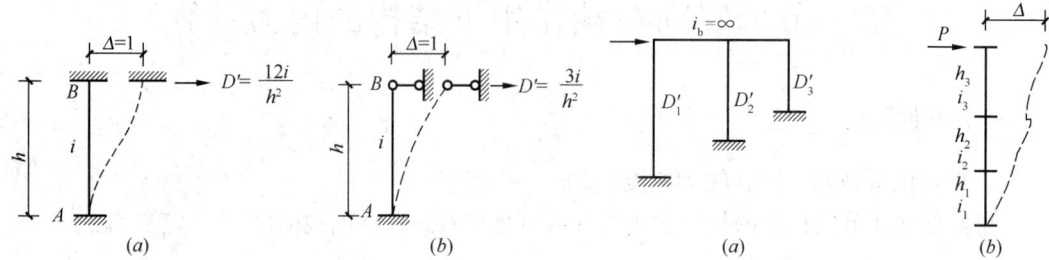

图 10.1.2

图 10.1.3
(a) 并联；(b) 串联

$$D'_{总}=D'_1+D'_2+D'_3$$

杆件的柔度叠加，如图 10.1.3 (b) 所示，一组柱彼此串联，假设各柱两端转角均为零。柱顶点作用水平力 P，则各柱剪力都等于 P，串联各柱的总侧移为各柱侧移之和，即：

$$\Delta=\Delta_1+\Delta_2+\Delta_3=\dfrac{P}{D'_1}+\dfrac{P}{D'_2}+\dfrac{P}{D'_3}=P\left(\dfrac{1}{D'_1}+\dfrac{1}{D'_2}+\dfrac{1}{D'_3}\right)$$

故串联各柱的总侧移刚度（$D'_{总}$）为：

$$D'_{总}=\dfrac{P}{\Delta}=\dfrac{1}{\dfrac{1}{D'_1}+\dfrac{1}{D'_2}+\dfrac{1}{D'_3}}=\dfrac{1}{\sum\dfrac{1}{D'_i}}$$

利用上述并联柱、串联柱的概念，可方便地计算复式刚架的构件刚度。

二、力矩分配法

常用结构在竖向荷载作用下的内力计算，一般采用力矩分配法和分层法。

1. 力矩分配法的三要素：转动刚度、弯矩分配系数和弯矩传递系数。

(1) 转动刚度

正如前面所讲，由杆件的转动刚度的定义知，杆件转动刚度 S_{AB} 表示 AB 杆的 A 端抵抗转动的能力，其值在前图 10.1.1 已确定。

结点转动刚度 $\sum\limits_{(A)} S_{AK}$，它表示汇交于刚结点 A 所有单元杆件在 A 端的转动刚度之和，如图 10.1.4 所示。

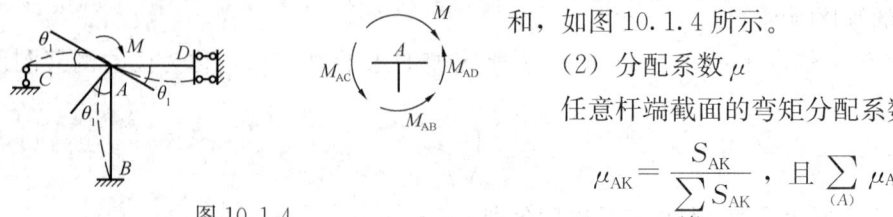

(2) 分配系数 μ

任意杆端截面的弯矩分配系数 μ_{AK}：

$$\mu_{AK}=\dfrac{S_{AK}}{\sum\limits_{(A)}S_{AK}}，且\sum\limits_{(A)}\mu_{AK}=1$$

图 10.1.4

任意杆端截面的分配弯矩：$M_{AK}^\mu = \mu_{AK} M_j$

式中，M_j 为节点处所受的外力矩。

对于图 10.1.4 中，各杆端的弯矩分配系数分别为：

AB 杆：$\mu_{AB} = \dfrac{S_{AB}}{S_{AB}+S_{AC}+S_{AD}} = \dfrac{4i_{AB}}{4i_{AB}+3i_{AC}+i_{AD}}$

AC 杆：$\mu_{AC} = \dfrac{S_{AC}}{S_{AB}+S_{AC}+S_{AD}} = \dfrac{3i_{AC}}{4i_{AB}+3i_{AC}+i_{AD}}$

AD 杆：$\mu_{AD} = \dfrac{S_{AD}}{S_{AB}+S_{AC}+S_{AD}} = \dfrac{i_{AD}}{4i_{AB}+3i_{AC}+i_{AD}}$

显然有：$\mu_{AB}+\mu_{AC}+\mu_{AD}=1$，即：$\sum_A \mu_{AK} = 1$

各杆端分配的弯矩分别为：

AB 杆：$M_{AB} = \mu_{AB} \cdot M$
AC 杆：$M_{AC} = \mu_{AC} \cdot M$
AD 杆：$M_{AD} = \mu_{AD} \cdot M$

（3）弯矩传递系数

弯矩传递系数 C_{AB} 表示 AB 杆 A 端转动 θ 角时，B 端（远端）的弯矩 M_{BA} 与 A 端（近端）的弯矩 M_{AB} 之比，即：

$$C_{AB} = \dfrac{M_{BA}}{M_{AB}}$$

如前图 10.1.1 所示，对于不同的远端支承情况，相应的传递系数也不同，即：

远端为固定支座：$C_{AB} = \dfrac{1}{2}$

远端为铰支座：$C_{AB} = 0$

远端为滑动支座：$C_{AB} = -1$

杆端截面的传递弯矩为：

$$M_{KA}^C = C_{AK} M_{AK}^\mu$$

2. 等截面单跨超静定梁的固端内力

由杆端位移及各种荷载情况产生的等截面单跨超静定梁的固端弯矩、固端剪力，见表 10.1.1。查表时，需注意的是：

（1）杆端弯矩以顺时针为正，剪力以使其所在截面顺时针转动为正。

（2）杆端转角以顺时针为正，杆端相对线位移以使其旋转角顺时针为正，反之为负。当杆端位移为负时，相应的杆端弯矩也要改变符号。

等截面单跨超静定梁固端弯矩和剪力　　　　表 10.1.1

图号	简图	弯矩图（绘在受拉边缘）	杆端弯矩 M_{AB}	杆端弯矩 M_{BA}	杆端剪力 V_{AB}	杆端剪力 V_{BA}
1			$4i_{AB}=S_{AB}$	$2i_{AB}$	$-\dfrac{6i_{AB}}{l}$	$-\dfrac{6i_{AB}}{l}$

续表

图号	简图	弯矩图（绘在受拉边缘）	M_{AB}	M_{BA}	V_{AB}	V_{BA}
			杆端弯矩		杆端剪力	
2			$-\dfrac{6i_{AB}}{l}$	$-\dfrac{6i_{AB}}{l}$	$\dfrac{12i_{AB}}{l^2}$	$\dfrac{12i_{AB}}{l^2}$
3			$3i_{AB}=S_{AB}$	0	$-\dfrac{3i_{AB}}{l}$	$-\dfrac{3i_{AB}}{l}$
4			$-\dfrac{3i_{AB}}{l}$	0	$\dfrac{3i_{AB}}{l^2}$	$\dfrac{3i_{AB}}{l^2}$
5			$i_{AB}=S_{AB}$	$-i_{AB}$	0	0
6			$-\dfrac{Pab^2}{l^2}$ 当$a=b$ $-\dfrac{Pl}{8}$	$+\dfrac{Pa^2b}{l^2}$ 当$a=b$ $\dfrac{Pl}{8}$	$\dfrac{Pb^2}{l^2}\left(1+\dfrac{2a}{l}\right)$ 当$a=b$ $\dfrac{P}{2}$	$-\dfrac{Pa^2}{l^2}\left(1+\dfrac{2b}{l}\right)$ 当$a=b$ $-\dfrac{P}{2}$
7			$-\dfrac{ql^2}{12}$	$\dfrac{ql^2}{12}$	$\dfrac{ql}{2}$	$-\dfrac{ql}{2}$
8			$-\dfrac{q_0l^2}{30}$	$\dfrac{q_0l^2}{20}$	$\dfrac{3q_0l}{20}$	$-\dfrac{7q_0l}{20}$
9			$\dfrac{Mb}{l^2}\times(2l-3b)$	$\dfrac{Ma}{l^2}\times(2l-3a)$	$-\dfrac{6ab}{l^3}m$	$-\dfrac{6ab}{l^3}m$
10			$-\dfrac{Pb(l^2-b^2)}{2l^2}$ 当$a=b$ $\dfrac{3PL}{16}$	0	$\dfrac{Pb(3l^2-b^2)}{2l^3}$ 当$a=b$ $\dfrac{11P}{16}$	$-\dfrac{Pa^2(3l-a)}{2l^3}$ 当$a=b$ $-\dfrac{5P}{16}$
11			$-\dfrac{ql^2}{8}$	0	$\dfrac{5ql}{8}$	$-\dfrac{3ql}{8}$
12			$-\dfrac{ql^2}{15}$	0	$\dfrac{2ql}{5}$	$-\dfrac{ql}{10}$
13			$\dfrac{M(l^2-3b^2)}{2l^2}$	0	$-\dfrac{3M(l^2-b^2)}{2l^3}$	$-\dfrac{3M(l^2-b^2)}{2l^3}$
14			$\dfrac{M}{2}$	M	$-\dfrac{3M}{2l}$	$-\dfrac{3M}{2l}$
15			$-\dfrac{ql^2}{3}$	$-\dfrac{ql^2}{6}$	ql	0

续表

图号	简 图	弯矩图（绘在受拉边缘）	杆端弯矩 M_{AB}	杆端弯矩 M_{BA}	杆端剪力 V_{AB}	杆端剪力 V_{BA}
16			$-\dfrac{Pl}{2}$	$-\dfrac{Pl}{2}$	P	P

注：杆端弯矩栏中的符号是根据以顺时针为正的规定而加上去的；剪力符号规定同前。

3. 力矩分配法计算

力矩分配法计算时，其计算过程为：锁住结点→放松结点→弯矩叠加。

其要点是：先固定结点，求得荷载作用下各杆的固端弯矩，然后松开结点，将结点上的不平衡弯矩分配于各杆近端，同时求出远端的传递弯矩；再叠加各杆端的固端弯矩、分配弯矩、传递弯矩，即可得实际的杆端弯矩。

力矩分配法适用于只有结点角位移的连续梁和无侧移刚架。

【例10.1.1】 如图10.1.5所示连续梁。

试问：绘制该连续梁的弯矩图。

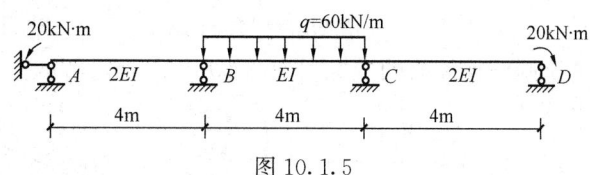

图10.1.5

【解答】 因结构对称、荷载对称，取对称结构的一半进行计算，如图10.1.6（a）所示。

（1）相对线刚度，令 $EI=1$

$$i_{AB}=\frac{2EI}{4}=\frac{1}{2},\quad i_{BF}=\frac{EI}{2}=\frac{1}{2}$$

（2）转动刚度和分配系数

$$S_{BA}=3i_{AB}=3\times\frac{1}{2},\quad S_{BF}=i_{BF}=\frac{1}{2}$$

$$\mu_{BA}=\frac{3i_{AB}}{3i_{AB}+i_{BF}}=\frac{3\times\dfrac{1}{2}}{3\times\dfrac{1}{2}+\dfrac{1}{2}}=0.75$$

$$\mu_{BF}=\frac{i_{BF}}{3i_{AB}+i_{BF}}=\frac{\dfrac{1}{2}}{3\times\dfrac{1}{2}+\dfrac{1}{2}}=0.25$$

复核：$\mu_{BA}+\mu_{BF}=0.75+0.25=1$，满足。

（3）固端弯矩

将节点 B 锁住，查表10.1.1知：

$$M_{BF}^{F}=-\frac{ql^2}{3}=-\frac{60\times 2^2}{3}=-80\text{kN}\cdot\text{m}$$

$$M_{FB}^{F}=-\frac{ql^2}{6}=-\frac{60\times 2^2}{6}=-40\text{kN}\cdot\text{m}$$

作用在节点 A 的力矩 M_A 引起杆端弯矩 $M_{AB}^{F}=-20\text{kN}\cdot\text{m}$，引起 BA 端的固端弯矩

$M_{BA}^F = -10 \text{kN} \cdot \text{m}$。

(4) 分配弯矩、传递弯矩

放松节点 B，计算分配弯矩（分配弯矩与节点约束力矩等值反号）：

$$M_{BA}^{\mu} = \mu_{BA} \cdot (-\Sigma M_{BK}^F) = 0.75 \times [-(-10-80)] = 67.5 \text{kN} \cdot \text{m}$$

$$M_{BF}^{\mu} = 0.25 \times [-(-10-80)] = 22.5 \text{kN} \cdot \text{m}$$

计算传递弯矩：

$$M_{FB}^C = C_{BF} \cdot M_{BF}^{\mu} = (-1) \times 22.5 = -22.5 \text{kN} \cdot \text{m}$$

$$M_{AB}^C = C_{BA} \cdot M_{BA}^{\mu} = 0 \times 67.5 = 0$$

(5) 叠加

$$M_{AB} = M_{AB}^F + M_{AB}^C = -20 + 0 = -20 \text{kN} \cdot \text{m}$$

$$M_{BA} = M_{BA}^F + M_{BA}^{\mu} = -10 + 67.5 = 57.5 \text{kN} \cdot \text{m}$$

$$M_{BF} = M_{BF}^F + M_{BF}^{\mu} = -80 + 22.5 = -57.5 \text{kN} \cdot \text{m}$$

$$M_{FB} = M_{FB}^F + M_{FB}^C = -40 - 22.5 = -62.5 \text{kN} \cdot \text{m}$$

绘制该连续梁的弯矩图如图 10.1.6（b）所示。

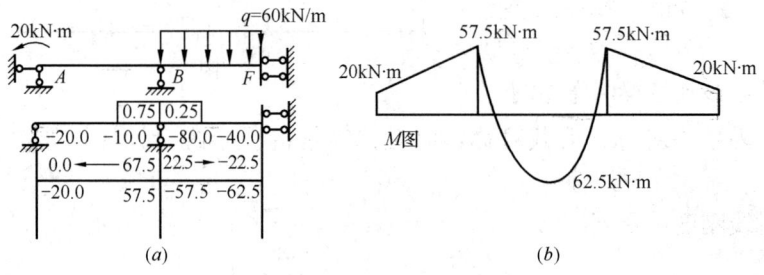

图 10.1.6

(a) 弯矩计算；(b) 弯矩图

【**例 10.1.2**】 用力矩分配法求图 10.1.7 所示连续梁的弯矩图。

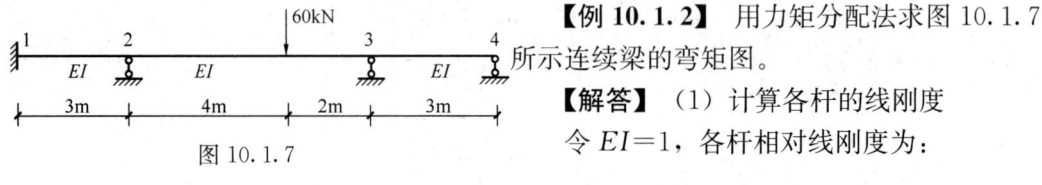

图 10.1.7

【**解答**】 (1) 计算各杆的线刚度

令 $EI=1$，各杆相对线刚度为：

$$i_{12} = \frac{EI}{l} = \frac{1}{3}, \quad i_{23} = \frac{EI}{l} = \frac{1}{6}, \quad i_{34} = \frac{EI}{l} = \frac{1}{3}$$

(2) 求节点 2、3 的分配系数

$$\mu_{21} = \frac{4i_{12}}{4i_{12} + 4i_{23}} = \frac{4 \times \frac{1}{3}}{4 \times \frac{1}{3} + 4 \times \frac{1}{6}} = 0.67$$

$$\mu_{23} = \frac{4i_{23}}{4i_{12} + 4i_{23}} = \frac{4 \times \frac{1}{6}}{4 \times \frac{1}{3} + 4 \times \frac{1}{6}} = 0.33$$

$$\mu_{32}=\frac{4i_{23}}{4i_{23}+3i_{34}}=\frac{4\times\frac{1}{6}}{4\times\frac{1}{6}+3\times\frac{1}{3}}=0.4$$

$$\mu_{34}=\frac{3i_{34}}{4i_{23}+3i_{34}}=\frac{3\times\frac{1}{3}}{4\times\frac{1}{6}+3\times\frac{1}{3}}=0.6$$

(3) 求固端弯矩

锁住内部节点 2、3，查表 10.1.1 知：

$$M_{23}^{\mathrm{F}}=-\frac{Pab^2}{l^2}=-\frac{60\times4\times2^2}{6^2}=-26.7\mathrm{kN\cdot m}$$

$$M_{32}^{\mathrm{F}}=\frac{Pa^2b}{l^2}=\frac{60\times4^2\times2}{6^2}=53.3\mathrm{kN\cdot m}$$

(4) 计算分配弯矩和传递弯矩

1) 松开节点 3

因节点 3 的固端弯矩较大，为加快收敛速度，故先松开节点 3，其分配弯矩为：

$$M_{32}^{\mu}=\mu_{32}\cdot(-\Sigma M_{3K}^{\mathrm{F}})=0.4\times(-53.3)=-21.32\mathrm{kN\cdot m}$$

$$M_{34}^{\mu}=\mu_{34}\cdot(-\Sigma M_{3K}^{\mathrm{F}})=0.6\times(-53.3)=-31.98\mathrm{kN\cdot m}$$

如图 10.1.8 所示，写在第二行节点 3 竖线两边，在其下面画一横线。需注意的是，分配弯矩与节点约束力矩等值反号。

剩下的传递弯矩：

$$M_{23}^{\mathrm{C}}=C_{32}M_{32}^{\mu}=\frac{1}{2}\times(-21.32)=-10.66\mathrm{kN\cdot m}$$

如图 10.1.8 所示，在分配弯矩与传递弯矩之间画一箭头线，表示传递方向。因杆 34 远端 4 为铰支座，其传递系数为零，故不需要传递。

2) 松开节点 2，重新锁住节点 3

此时，节点 2 的固端弯矩除原有的 $-26.7\mathrm{kN\cdot m}$ 外，还增加了从节点 3 传来的弯矩 $-10.66\mathrm{kN\cdot m}$，合计 $-37.36\mathrm{kN\cdot m}$，节点 2 的分配弯矩为：

$$M_{21}^{\mu}=\mu_{21}\cdot[-(\Sigma M_{2K}^{\mathrm{F}}+M_{23}^{\mathrm{C}})]=0.67\times[-(-26.7-10.66)]=25.03\mathrm{kN\cdot m}$$

$$M_{23}^{\mu}=0.33\times[-(-26.7-10.66)]=12.33\mathrm{kN\cdot m}$$

同样，将它们写在节点 2 竖线两边，下画横线，表示节点 2 转角恢复。

传递弯矩：

$$M_{12}^{\mathrm{C}}=\frac{1}{2}\times25.03=12.52\mathrm{kN\cdot m}$$

$$M_{32}^{\mathrm{C}}=\frac{1}{2}\times12.33=6.17\mathrm{kN\cdot m}$$

分别把它写在第三行，两个远端下面，并在它与分配弯矩之间画上箭头线。至此，完成了弯矩分配的第一个循环。

3) 回到节点 3，开始第二次循环

此时作用于节点 3 上的传递弯矩 $6.17\mathrm{kN\cdot m}$，表明假想刚臂对节点 3 作用着一个约束力矩，数值为 $6.17\mathrm{kN\cdot m}$，这也说明原结构上节点 3 的转角尚待继续恢复。于是重新松开节点3，即相当于在节点3上加一个不平衡弯矩（－6.17kN·m），然后进行杆端的弯矩分配和弯矩传递，并将节点2重新锁住，这样导致第二次分配与传递，第三次分配与传递等等反复计算的程序。

如图10.1.8所示，本题在三次传递后，节点约束力矩已小至0.04kN·m，计算即可终止。将各杆端下面的数字分别求和，即得各杆实际弯矩，写在横线下各杆端相应的位置上。需注意的是，竖线两边的实际弯矩必须等值反号，否则表明计算有误。

(5) 用叠加法作弯矩图

弯矩图画于表格下面横坐标上，图上节点位置对准表格的相应节点竖线。弯矩图如图10.1.8所示。

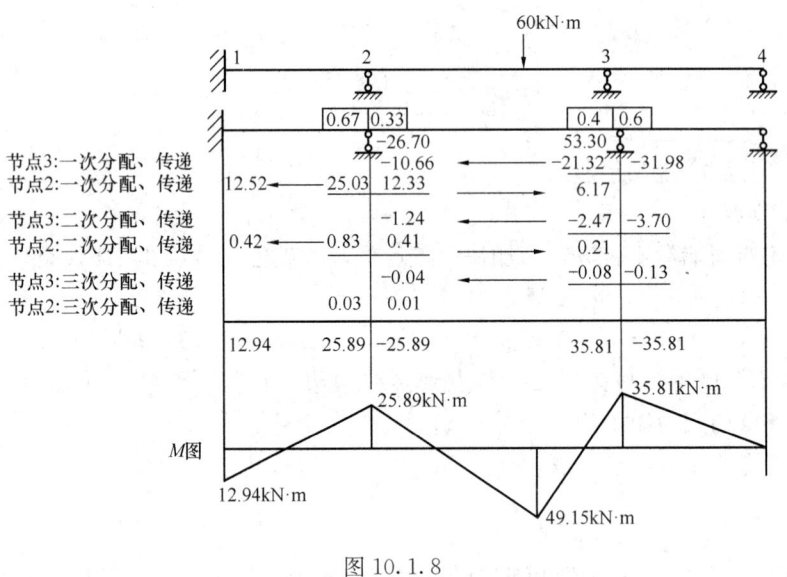

图 10.1.8

三、分层法

在进行竖向荷载作用下的多层多跨框架结构的内力分析及计算时，作如下假定：

(1) 多层多跨框架在竖向荷载作用下的侧移很小可忽略不计，可近似地按无侧移框架进行分析，即由此可用力矩分配法进行计算。

(2) 作用在某一层框架梁上的竖向荷载只对本楼层的梁以及与本层梁相连的框架柱产生弯矩和剪力，而对其他楼层的框架梁和隔层的框架柱都不产生弯矩和剪力。

由上述假定，框架结构如图10.1.9所示，在竖向荷载作用下，可按图中所示的各个开口刚架单元进行计算。这里，各个开口刚架的上、下端均为固定支座，而实际上，除底层柱的下端外，其他各层柱端均有转角产生，即上、下层梁对柱端的转动约束并不是绝对固接，应为介于铰支承与固定支承之间的弹性支承，为了改进由此所引起的误差，按图10.1.9计算简图进行计算时，应作如下修正：

(1) 除底层以外其他各层柱的线刚度均乘以0.9的折减系数。

(2) 除底层以外其他各层柱的弯矩传递系数取为1/3。

由此以来，可方便地采用力矩分配法求得图10.1.9中各开口刚架中的结构内力，然后将相邻两个开口刚架中同层同柱号的柱内力叠加，作为原框架结构柱子的内力。而分层法计算所得的各层梁的内力，即为原框架结构中相应楼层梁的内力。

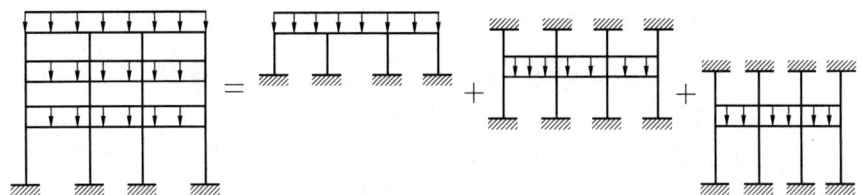

图 10.1.9 分层法计算简图

由分层法计算所得的框架节点处的弯矩之和常常不等于零，这是由于分层法计算单元与实际结构不符所带来的误差。若提高精度，可对结点，特别是边结点不平衡弯矩再作一次分配，但不传递，予以修正。

【例 10.1.3】 如图 10.1.10（a）某 6 层办公楼为装配式钢筋混凝土框架结构，其中间一榀框架计算简图如图 10.1.10（b）所示，已知 1～6 层所有柱截面均为 500mm×600mm，所有纵向梁（x 向）截面均为 250mm×500mm，所有横向梁（y 向）截面均为 250mm×700mm，所有柱、梁的混凝土强度均为 C40。

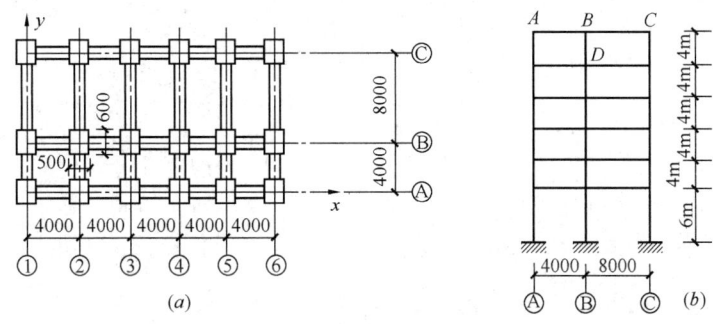

图 10.1.10
（a）平面布置简图；（b）中间框架计算简图

试问：

（1）当平面框架在竖向荷载作用下，用分层法作简化计算时，顶层框架计算用力矩分配法求顶层梁的弯矩时，其弯矩分配系数 μ_{BA} 和 μ_{BC}，与下列何项数值最接近？

(A) 0.36；0.18　　(B) 0.18；0.36
(C) 0.46；0.18　　(D) 0.36；0.48

（2）假定该办公楼为 10 层现浇钢筋混凝土框架结构，其平面布置及梁柱截面尺寸、混凝土强度均不变，其中间一榀框架计算简图如图 10.1.11（a）所示，用分层法简化计算时，第九层框架计算简图如图 10.1.11（b）所示，用力矩分配法求顶层梁的弯矩时，其弯矩分配系数 μ_{BA} 和 μ_{BC}，与下列何项数值最接近？

(A) 0.36；0.18　　(B) 0.18；0.36
(C) 0.46；0.23　　(D) 0.24；0.12

【解答】 （1）多层建筑，梁线刚度

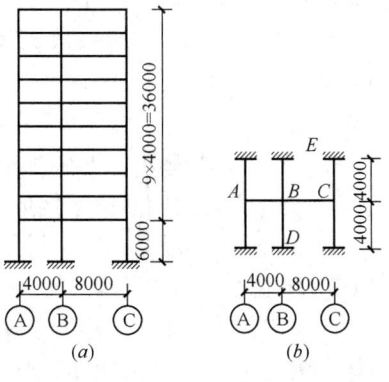

图 10.1.11

$$i_{BA}=\frac{EI_b}{l}=\frac{\frac{1}{12}\times250\times700^3}{4}\cdot E=1.786\times10^9E$$

$$i_{BC}=\frac{EI_b}{l}=\frac{\frac{1}{12}\times250\times700^3}{8}\cdot E=0.893\times10^9E$$

分层法，顶层柱线刚度应乘以 0.9：

$$i_{BD}=\frac{0.9EI_c}{l}=\frac{0.9\times\frac{1}{12}\times500\times600^3}{4}\cdot E=2.025\times10^9E$$

$$\mu_{BA}=\frac{i_{BA}}{i_{BA}+i_{BC}+i_{BD}}=\frac{1.786\times10^9}{1.786\times10^9+0.893\times10^9+2.025\times10^9}=0.3797$$

$$\mu_{BC}=\frac{0.893\times10^9}{1.786\times10^9+0.893\times10^9+2.025\times10^9}=0.1898$$

所以应选（A）项。

(2) 高层建筑，根据《高层建筑混凝土结构技术规程》5.2.2 条规定，中榀框架横梁两侧与板现浇，横梁刚度增大系数取为 2.0。

$$i_{BA}=\frac{2EI_b}{l}=\frac{2\times\frac{1}{12}\times250\times700^3}{4}\cdot E=3.573\times10^9E$$

$$i_{BC}=\frac{2EI_b}{l}=\frac{2\times\frac{1}{12}\times250\times700^3}{8}\cdot E=1.786\times10^9E$$

分层法，除底层柱外其他层柱线刚度应乘以 0.9：

$$i_{BD}=i_{BE}=\frac{0.9EI_c}{l}=\frac{0.9\times\frac{1}{12}\times500\times600^3}{4}\cdot E=2.025\times10^9E$$

弯矩分配系数：

$$\mu_{BA}=\frac{i_{BA}}{i_{BA}+i_{BD}+i_{BC}+i_{BE}}=\frac{3.573\times10^9}{(3.573+1.786+2.025+2.025)\times10^9}=0.3797$$

$$\mu_{BC}=\frac{1.786\times10^9}{(3.573+1.786+2.025+2.025)\times10^9}=0.1898$$

所以应选（A）项。

【例 10.1.4】 某两层两跨现浇钢筋混凝土框架结构，其中间一榀框架计算简图，如图 10.1.12 所示，C30 混凝土。梁截面尺寸均为 300mm×600mm，柱截面尺寸均为 600mm×600mm。

试问：

(1) 节点 E 处横梁 ED 和柱 EB 的弯矩分配系数 μ_{ED} 和 μ_{EB}，与下列何项数值最接近？

(A) 0.11；0.36　　　　(B) 0.17；0.29

(C) 0.18；0.42　　　　(D) 0.18；0.29

(2) 如图 10.1.12 所示，括号内数值表示每杆的相对线刚度，已考虑了横梁的刚度增大系数。梁 GH 的 G 端支座弯矩 M_{GH}（kN·m），与下列何项数值最

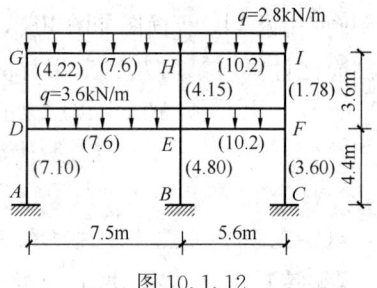

图 10.1.12

接近？

(A) －4.18　　　　(B) －4.78　　　　(C) －5.16　　　　(D) －5.82

(3) 题目条件同（2），顶层柱 GD 柱底 D 的弯矩 M_{DG}（kN·m），与下列何项数值最接近？

(A) 5.02　　　　(B) 5.28　　　　(C) 5.62　　　　(D) 5.88

【解答】（1）多层现浇框架，中间横梁的刚度增大系数取为 2.0，则：

$$i_{ED}=\frac{2EI_b}{l}=\frac{2\times\frac{1}{12}\times300\times600^3}{7.5}\cdot E=14.40\times10^8 E$$

$$i_{EF}=\frac{2EI_b}{l}=\frac{2\times\frac{1}{12}\times300\times600^3}{5.6}\cdot E=19.29\times10^8 E$$

分层法，顶层柱线刚度应乘以 0.9：

$$i_{EH}=\frac{0.9EI_c}{l}=\frac{0.9\times\frac{1}{12}\times600^4}{3.6}\cdot E=27.00\times10^8 E$$

$$i_{EB}=\frac{EI_c}{l}=\frac{\frac{1}{12}\times600^4}{4.4}\cdot E=24.55\times10^8 E$$

弯矩分配系数：

$$\mu_{ED}=\frac{i_{ED}}{i_{ED}+i_{EF}+i_{EB}+i_{EH}}=\frac{14.40\times10^8}{(14.40+19.29+27.0+24.55)\times10^8}=0.169$$

$$\mu_{EB}=\frac{24.55\times10^8}{(14.40+19.29+27.0+24.55)\times10^8}=0.288$$

所以应选（B）项。

(2) 力矩分配法计算，如图 10.1.13 所示。

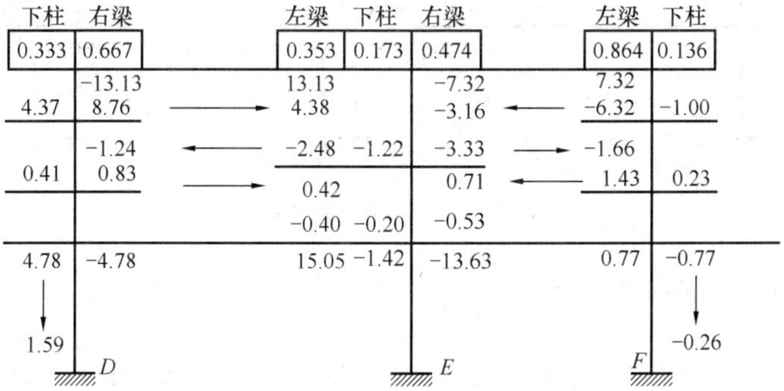

图 10.1.13　顶层框架计算

顶层梁固端弯矩：$M_{FC}^F=\frac{1}{12}ql_1^2=\frac{1}{12}\times2.8\times7.5^2=13.13$ kN·m

$$M_{IH}^F=\frac{1}{12}ql_2^2=\frac{1}{12}\times2.8\times5.6^2=7.32\text{ kN·m}$$

顶层各节点分配系数，顶层柱线刚度应乘以 0.9；顶层柱弯矩传递系数为 1/3。

节点 G：
$$\mu_{GD}=\frac{4.22\times 0.9}{4.22\times 0.9+7.6}=0.333$$

$$\mu_{GH}=\frac{7.6}{4.22\times 0.9+7.6}=0.667$$

节点 H：
$$\mu_{HG}=\frac{7.6}{7.6+10.2+4.15\times 0.9}=0.353$$

$$\mu_{HI}=\frac{10.2}{7.6+10.2+4.15\times 0.9}=0.474$$

$$\mu_{HE}=\frac{4.15\times 0.9}{7.6+10.2+4.15\times 0.9}=0.173$$

节点 I：
$$\mu_{IH}=\frac{10.2}{10.2+1.78\times 0.9}=0.864$$

$$\mu_{IF}=\frac{1.78\times 0.9}{10.2+1.78\times 0.9}=0.136$$

如图 10.1.13 所示计算结果，$M_{GH}=-4.78\text{kN}\cdot\text{m}$，所以应选（B）项。

（3）顶层柱 GD 柱底 D 的弯矩 M_{DG} 由顶层、底层框架的弯矩值叠加得到。由图 10.1.13 知，顶层框架传给柱底 D 的弯矩值为 $1.59\text{kN}\cdot\text{m}$。

底层框架计算，如图 10.1.14 所示。

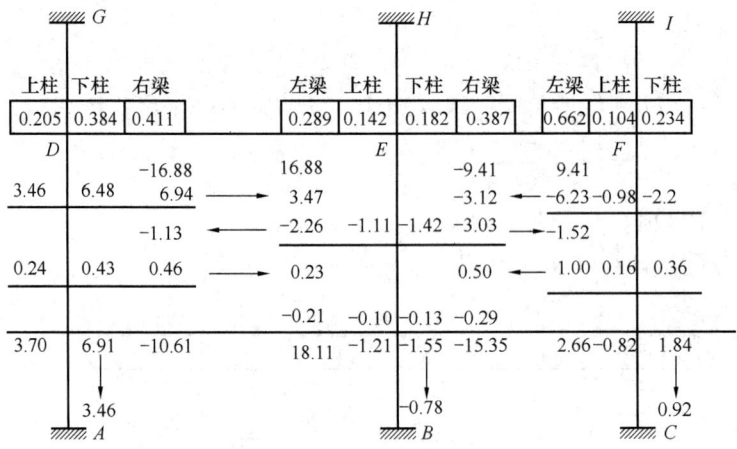

图 10.1.14 底层框架计算

梁固端弯矩：
$$M_{ED}^F=\frac{1}{12}ql_1^2=\frac{1}{12}\times 3.6\times 7.5^2=16.88\text{kN}\cdot\text{m}$$

$$M_{FE}^F=\frac{1}{12}ql_2^2=\frac{1}{12}\times 3.6\times 5.6^2=9.41\text{kN}\cdot\text{m}$$

各节点弯矩分配系数：

节点 D：
$$\mu_{DA}=\frac{7.10}{7.10+7.6+4.22\times 0.9}=0.384$$

$$\mu_{DG}=\frac{4.22\times 0.9}{7.10+7.6+4.22\times 0.9}=0.205$$

$$\mu_{DE}=\frac{7.6}{7.10+7.6+4.22\times 0.9}=0.411$$

节点 E：
$$\mu_{ED}=\frac{7.6}{7.6+10.2+4.15\times0.9+4.8}=0.289$$

$$\mu_{EF}=\frac{10.2}{7.6+10.2+4.15\times0.9+4.8}=0.387$$

$$\mu_{EH}=\frac{4.15\times0.9}{7.6+10.2+4.15\times0.9+4.8}=0.142$$

$$\mu_{EB}=\frac{4.80}{7.6+10.2+4.15\times0.9+4.8}=0.182$$

节点 F：
$$\mu_{FE}=\frac{10.2}{10.2+1.78\times0.9+3.6}=0.662$$

$$\mu_{FI}=\frac{1.78\times0.9}{10.2+1.78\times0.9+3.6}=0.104$$

$$\mu_{FC}=\frac{3.6}{10.2+1.78\times0.9+3.6}=0.234$$

由图 10.1.14 计算结果知，上柱 DG 柱底弯矩为 3.70kN•m。

$$M_{DG}=1.59+3.70=5.29\text{kN}\cdot\text{m}$$

所以应选（B）项。

【例 10.1.5】 某十层教学楼，采用全现浇钢筋混凝土框架结构体系，在重力荷载代表值作用下，中间一榀框架的计算简图如图 10.1.15（a）所示。混凝土强度等级柱采用 C30，梁与板采用 C20，梁、柱的纵向钢筋采用 HRB400 级钢筋。

试问：

（1）在重力荷载代表值作用下，用分层法计算顶层横梁的中间支座弯矩 M_{BA}（kN•m），其值与下列何项数值最接近？

(A) 92.6　　(B) 95.7
(C) 98.2　　(D) 103.6

（2）假定第五层横梁的支座弯矩标准值如图 10.1.15（b）所示，当考虑梁端塑性变形内力重分布而对梁端弯矩进行调幅，取调幅系数为 0.8 时，边横梁的跨中弯矩标准值 M（kN•m），与下列何项数值最接近？

(A) 87.9　　(B) 90.6
(C) 93.1　　(D) 96.5

【解答】（1）因结构对称、荷载对称，对原结构一半进行计算，如图 10.1.16 所示。

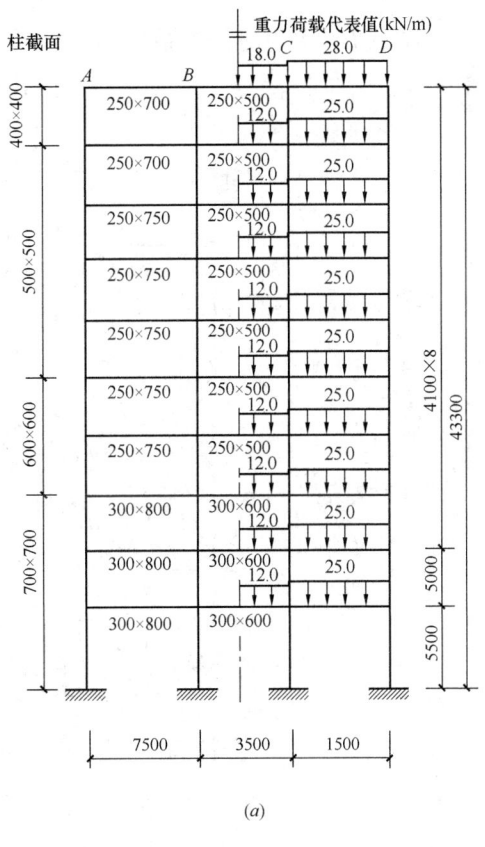

图 10.1.15
(a) 计算简图；(b) 横梁弯矩值

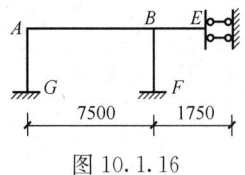

图 10.1.16

高层建筑,根据《高层建筑混凝土结构技术规程》5.2.2 条规定,现浇楼面,中榀框架,楼面梁刚度增大系数取 2.0。

分层法,顶层柱线刚度应乘以 0.9。

C20 梁,$E_c = 2.55 \times 10^4 \text{N/mm}^2$;

C30 柱,$E_c = 3.0 \times 10^4 \text{N/mm}^2$。

$$i_{BA} = \frac{2EI_b}{l} = \frac{2 \times 2.55 \times 10^4 \times \frac{1}{12} \times 250 \times 700^3}{7500} = 4.86 \times 10^{10} \text{N} \cdot \text{mm}$$

$$i_{BE} = \frac{2EI_b}{l} = \frac{2 \times 2.55 \times 10^4 \times \frac{1}{12} \times 250 \times 500^3}{1750} = 7.59 \times 10^{10} \text{N} \cdot \text{mm}$$

柱:$i_{AG} = i_{BF} = \frac{0.9EI_c}{l} = \frac{0.9 \times 3 \times 10^4 \times \frac{1}{12} \times 400^4}{4100} = 1.40 \times 10^{10} \text{N} \cdot \text{mm}$

对结点 B,其弯矩分配系数:

$$\mu_{BA} = \frac{4 \times 4.86 \times 10^{10}}{(4 \times 4.86 + 4 \times 1.40 + 7.58) \times 10^{10}} = 0.60$$

$$\mu_{BE} = \frac{7.58 \times 10^{10}}{(4 \times 4.86 + 4 \times 1.40 + 7.58) \times 10^{10}} = 0.23$$

$$\mu_{BF} = \frac{4 \times 1.40 \times 10^{10}}{(4 \times 4.86 + 4 \times 1.40 + 7.58) \times 10^{10}} = 0.17$$

对结点 A,其弯矩分配系数:

$$\mu_{AB} = \frac{4 \times 4.86 \times 10^{10}}{(4 \times 4.86 + 4 \times 1.40) \times 10^{10}} = 0.78$$

$$\mu_{AG} = \frac{4 \times 1.40 \times 10^{10}}{(4 \times 4.86 + 4 \times 1.40) \times 10^{10}} = 0.22$$

梁固端弯矩:

$$M_{BA}^F = -M_{AB}^F = \frac{1}{12} \times 28 \times 7.5^2 = 131.25 \text{kN} \cdot \text{m}$$

$$M_{BC}^F = -\frac{1}{12} \times 18 \times 3.5^2 = -18.38 \text{kN} \cdot \text{m}$$

如图 10.1.17 所示计算梁端弯矩标准值,$M_{BA} = 92.58 \text{kN} \cdot \text{m}$

所以应选(A)项。

(2) 根据《高层建筑混凝土结构技术规程》5.2.3 条规定。

$M_{AB} = -94.6 \times 0.8 = -75.68 \text{kN} \cdot \text{m}$

$M_{BA} = -112.0 \times 0.8 = -89.60 \text{kN} \cdot \text{m}$

跨中弯矩标准值:

$$M_{0K} = \frac{1}{8}ql^2 - \frac{1}{2} \times |-(75.68 + 89.60)|$$

$$= \frac{1}{8} \times 25 \times 7.5^2 - \frac{1}{2} \times (75.68 + 89.60)$$

$$= 93.14 \text{kN} \cdot \text{m}$$

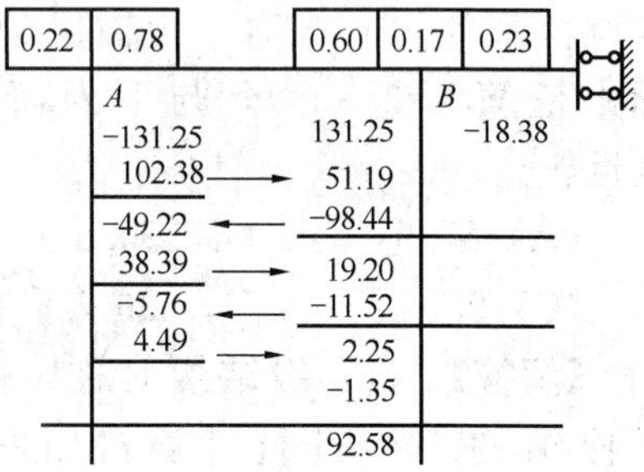

图 10.1.17

相应简支梁跨中弯矩值一半：$\frac{1}{2}M_0 = \frac{1}{2} \times \frac{1}{8} \times 24 \times 7.5^2 = 84.375 \text{kN} \cdot \text{m}$

取上述较大值，$M_k = 93.14 \text{kN} \cdot \text{m}$。

所以应选（C）项。

第二节 水平荷载作用下结构的内力计算

水平荷载作用下，框架和排架结构的内力计算一般采用反弯点法、D 值法（或改进反弯点法）和剪力分配法。

一、反弯点法

风或地震作用对框架结构的水平作用，一般都可简化为作用于框架节点上的水平力。由精确法分析可知，框架结构在节点水平力作用下定性的弯矩图如图 10.2.1（a）所示，各杆的弯矩图都呈直线形，是一般都有一个反弯点，其变形图如图 10.2.1（b）所示。当忽略梁的轴向变形时，同一层内的各节点具有相同的侧向位移，同一层内的各柱具有相同的层间位移。

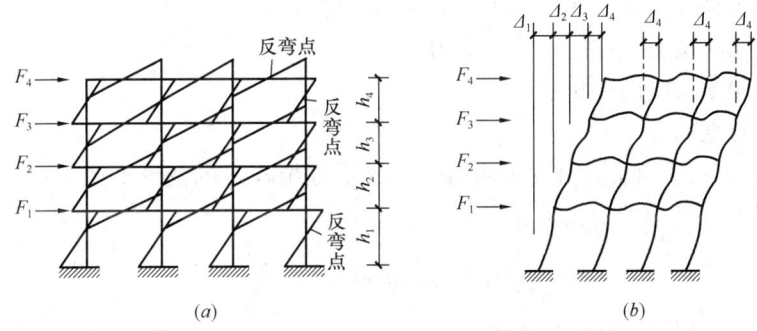

图 10.2.1 框架在水平力作用下的弯矩和变形
（a）弯矩图；（b）变形图

为确定各柱内的剪力及反弯点的位置，作如下假定：

(1) 假定各柱上下端都不发生角位移，即认为梁的线刚度与柱的线刚度之比为无限大。

(2) 假定除底层柱以外，其余各层柱的上、下端节点转角均相同，即除底层柱外，其余各层柱的反弯点位于层高的中点；对于底层柱，则假定其反弯点位于距支座 $\frac{2}{3}$ 层高处。

(3) 梁端弯矩可由节点弯矩平衡条件求出不平衡弯矩，再按节点左右梁的线刚度进行分配。

当梁的线刚度与柱的线刚度之比超过 3 时，上述假定所引起的误差能够满足工程设计的精度要求。

设框架结构共有 n 层，每层内有 m 个柱子，如图 10.2.2 所示，将框架沿第 j 层各柱的反弯点处切开，代以剪力和轴力，则由水平力平衡条件有：

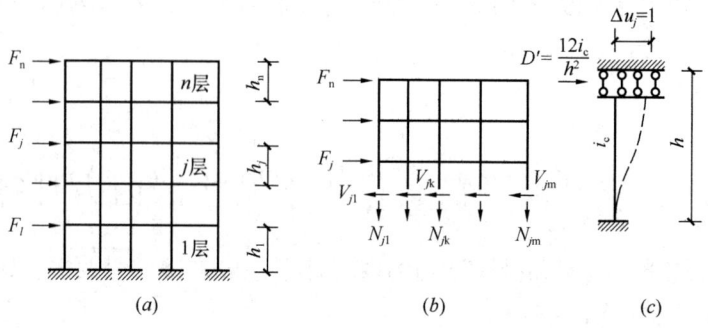

图 10.2.2 反弯点法计算简图

$$V_j = \sum_{i=j}^{n} F_i$$

$$V_j = \sum_{k=1}^{m} V_{jk} = V_{j1} + V_{j2} + \cdots + V_{jk} + \cdots + V_{jm} \quad (10.2.1)$$

式中 F_i——作用在楼层 i 的水平力；

V_j——框架结构在第 j 层所承受的层间总剪力；

V_{jk}——第 j 层第 k 柱所承受的剪力；

m——第 j 层内的柱子数；

n——楼层数。

由上述假定（1）知，水平力作用下，j 楼层框架柱 k 的变形如图 10.2.2（c）所示，由结构力学可知，柱内的剪力为：

$$V_{jk} = D'_{jk} \Delta u_j, \quad D'_{jk} = \frac{12 i_{jk}}{h_j^2} \quad (10.2.2)$$

式中 i_{jk}——第 j 层第 k 柱的线刚度；

Δu_j——框架第 j 层的层间侧向位移；

D'_{jk}——第 j 层第 k 柱的侧向刚度。

由于忽略梁的轴向变形，则第 j 层的各柱具有相同的层间侧向位移 Δu_j，由式（10.2.1）、式（10.2.2）可得：

$$\Delta u_j = \frac{V_j}{\sum_{k=1}^{m} \frac{12 i_{jk}}{h_j^2}}$$

$$V_{jk} = \frac{i_{jk}}{\sum_{k=1}^{m} i_{jk}} V_j$$

求得各柱所承受的剪力 V_{jk} 后，由上述假定（2）可求出各柱的杆端弯矩，对于底层柱有：

$$M^t_{c,1k} = V_{1k} \cdot \frac{h_1}{3}; \quad M^b_{c,1k} = V_{1k} \cdot \frac{2h_1}{3}$$

对于上部其他各层柱有：

$$M_{c,jk}^t = M_{c,jk}^b = V_{jk} \cdot \frac{h_j}{2}$$

求出柱端弯矩后，由图 10.2.3 所示的节点弯矩平衡条件并根据上述假定（3），即可求出梁端弯矩：

$$M_b^l = \frac{i_b^l}{i_b^l + i_b^r}(M_c^t + M_c^b)$$

$$M_b^r = \frac{i_b^r}{i_b^l + i_b^r}(M_c^t + M_c^b)$$

式中 M_c^b、M_c^t——分别为节点处柱上下端弯矩（图 10.2.3）。

最后以各个梁为脱离体，将梁的左右端弯矩之和除以该梁的跨长，便得梁内剪力。自上而下逐层叠加结点左右的梁端剪力，即可得到柱内轴向力。

【例 10.2.1】 有一现浇钢筋混凝土框架结构，受一组水平荷载作用，如图 10.2.4 所示，括号内数值为各柱和梁的相对线刚度。已知梁的线刚度与柱的线刚度之比大于 3，用反弯点法求解杆件内力。

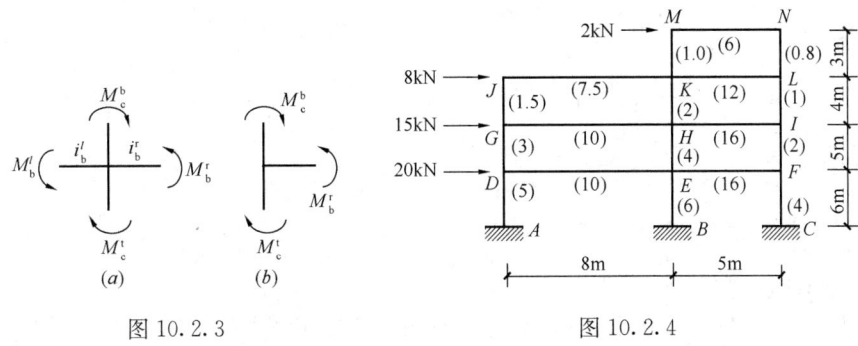

图 10.2.3 图 10.2.4

试问：

（1）已知梁 DE 的 $M_{ED} = 24.50 \text{kN} \cdot \text{m}$，则梁 DE 的梁端剪力 V_D（kN），与下列何项数值最接近？

(A) 9.4　　　(B) 20.8　　　(C) 6.8　　　(D) 5.7

（2）假定 M_{ED} 未知，则梁 EF 的梁端弯矩 M_{EF}（kN·m），与下列何项数值最接近？

(A) 63.8　　　(B) 24.5　　　(C) 36.0　　　(D) 39.3

【解答】（1）楼层剪力

底层 V_1：　　　　　$V_1 = 2 + 8 + 15 + 20 = 45 \text{kN}$

第二层 V_2：　　　　$V_2 = 2 + 8 + 15 = 25 \text{kN}$

节点 D 处弯矩，先确定柱子剪力 V_{DG}、V_{DA}：

$$V_{DG} = \frac{3}{3+4+2} V_2 = \frac{25}{3} = 8.33 \text{kN}$$

$$V_{DA} = \frac{5}{5+6+4} V_1 = \frac{5}{15} \times 45 = 15 \text{kN}$$

$$M_{DG} = V_{DG} \cdot \frac{h_2}{2} = 8.33 \times 2.5 = 20.83 \text{kN} \cdot \text{m}$$

$$M_{DA}=V_{DA}\cdot\frac{h_1}{3}=15\times\frac{6}{3}=30\text{kN}\cdot\text{m}$$

根据结点平衡条件知： $M_{DE}=M_{DG}+M_{DA}=20.83+30=50.83\text{kN}\cdot\text{m}$

节点 D 的梁端反力 V_D 为：

$$V_D=\frac{M_{DE}+M_{ED}}{l}=\frac{50.83+24.50}{8}=9.42\text{kN}$$

故应选（A）项。

(2) 节点 E 处的柱的剪力，如图 10.2.5 所示

$$V_{EH}=\frac{4}{3+4+2}V_2=\frac{4}{9}\times 25=11.11\text{kN}$$

$$V_{EB}=\frac{6}{5+6+4}V_1=\frac{6}{15}\times 45=18\text{kN}$$

$$M_{EH}=V_{EH}\cdot\frac{h_2}{2}=11.11\times\frac{5}{2}=27.78\text{kN}\cdot\text{m}$$

$$M_{EB}=V_{EB}\cdot\frac{h_1}{3}=18\times\frac{6}{3}=36\text{kN}\cdot\text{m}$$

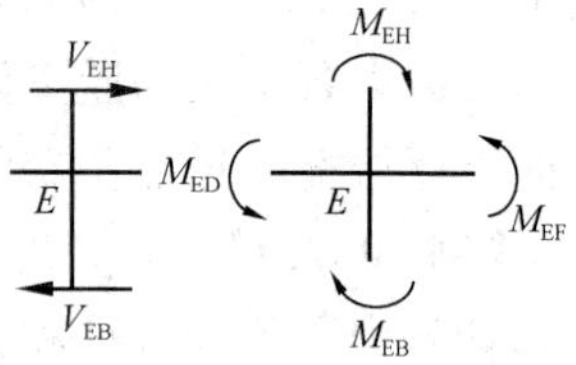

图 10.2.5

由节点平衡条件知：

$$M_{EF}=\frac{16}{10+16}\cdot(M_{EH}+M_{EB})=\frac{16}{26}\times(27.78+36)=39.25\text{kN}\cdot\text{m}$$

所以应选（D）项。

二、D 值法

1. 改进后的柱侧向刚度 D

柱的侧向刚度 D，指当柱上下端产生单位相对横向位移时，柱所承受的剪力，即对于框架结构中第 j 层第 k 柱有：

$$D_{jk}=\frac{V_{jk}}{\Delta u_j}$$

为求中间柱 AB 的 D_{jk}，作如下假定：

(1) 柱 AB 及与其上下相邻柱的线刚度均为 i_c。
(2) 柱 AB 及与其上下相邻柱的层间水平位移均为 Δu_j。
(3) 柱 AB 两端节点及与其上下左右相邻的各个节点的转角均为 θ。
(4) 与柱 AB 相交的横梁的线刚度分别为 i_1、i_2、i_3、i_4。

框架受力后，中间柱 AB 及相邻各杆件的变形，可视为是上下层的相对层间位移 Δu_j 和各节点的转角 θ 的叠加；再根据柱 AB 的节点 A、节点 B 的力矩平衡条件，推导出下述公式（具体过程略）：

$$V_{jk}=\alpha_c\frac{12i_c}{h_j^2}\Delta u_j=\frac{\overline{K}}{2+\overline{K}}\frac{12i_c}{h_j^2}\Delta u_j,\alpha_c=\frac{\overline{K}}{2+\overline{K}}$$

$$D_{jk}=\alpha_c\frac{12i_c}{h_j^2}$$

求出框架柱侧向刚度 D 值后，与反弯点法相似，由同一层内各柱的层间位移相等的条件，把层间剪力 V_j 按下式分配给该层的各柱：

$$V_{jk} = \frac{D_{jk}}{\sum_{k=1}^{m} D_{jk}} V_j$$

式中 D_{jk}——第 j 层第 k 柱的侧向刚度值，或抗推刚度；

　　　m——第 j 层框架柱数；

　　　V_j——第 j 层框架柱所承受的层间总剪力。

框架柱的侧向刚度降低系数 α_c 及相应的 $\overline{K}$ 值的计算公式，见表 10.2.1。

不同情况下 α_c 和 $\overline{K}$ 的计算公式　　　　表 10.2.1

楼层		简图	$\overline{K}$	α_c
一般层			$\overline{K} = \dfrac{i_1 + i_2 + i_3 + i_4}{2i_c}$	$\alpha_c = \dfrac{\overline{K}}{2 + \overline{K}}$
底层	固接		$\overline{K} = \dfrac{i_1 + i_2}{i_c}$	$\alpha_c = \dfrac{0.5 + \overline{K}}{2 + \overline{K}}$
	铰接		$\overline{K} = \dfrac{i_1 + i_2}{i_c}$	$\alpha_c = \dfrac{0.5\overline{K}}{1 + 2\overline{K}}$
	铰接有连梁		$\overline{K} = \dfrac{i_1 + i_2 + i_{p1} + i_{p2}}{2i_c}$	$\alpha_c = \dfrac{\overline{K}}{2 + \overline{K}}$

注：边柱情况下，式中 i_1、i_3 或 i_{p1} 取 0 值。

2. 修正后的柱反弯点高度

影响柱反弯点高度的因素有：水平荷载的形式；梁柱线刚度之比；结构总层数及该柱所在的层数；柱上下横梁线刚度比；上层层高的变化；下层层高的变化等。

反弯点高度比 y，指反弯点到柱底距离与柱高度的比值。根据上述影响因素，反弯点高度比 y 的计算为：

$$y = y_0 + y_1 + y_2 + y_3$$

式中，y_0 为标准反弯点高度比；y_1 为考虑上下梁刚度不同时反弯点高度的修正值；y_2、y_3 分别为上层、下层层高有变化时反弯点高度变化的修正值。

(1) 标准反弯点高度比 y_0

标准反弯点高度比 y_0，它是在假定框架横梁的线刚度、柱的线刚度和层高沿框架高度保持不变的情况下通过理论推导求得的。为方便工程设计，已把标准反弯点高度比 y_0 的值制成表格。在均布水平荷载下的 y_0 值见表 10.2.2（仅列出部分）；在倒三角形分布荷载下的 y_0 值见表 10.2.3（仅列出部分）。根据该框架总层数 m、该层所在楼层 i、梁柱线刚度之比 K 值（K 值计算见表 10.2.1），可从表中查得 y_0。

规则框架承受均布水平力作用时标准反弯点的高度比 y_0 值　　表 10.2.2

n	j \ K	0.1	0.2	0.3	0.4	0.5	0.6	0.7	0.8	0.9	1.0	2.0	3.0	4.0	5.0
1	1	0.80	0.75	0.70	0.65	0.65	0.60	0.60	0.60	0.60	0.55	0.55	0.55	0.55	0.55
2	2	0.45	0.40	0.35	0.35	0.35	0.35	0.40	0.40	0.40	0.40	0.45	0.45	0.45	0.45
	1	0.95	0.80	0.70	0.75	0.65	0.65	0.65	0.60	0.60	0.60	0.55	0.55	0.55	0.50
3	3	0.15	0.20	0.20	0.25	0.30	0.30	0.30	0.35	0.35	0.35	0.40	0.45	0.45	0.45
	2	0.55	0.50	0.45	0.45	0.45	0.45	0.45	0.45	0.45	0.45	0.50	0.50	0.50	0.50
	1	1.00	0.85	0.80	0.75	0.70	0.70	0.65	0.65	0.65	0.60	0.55	0.55	0.55	0.55
4	4	−0.05	0.05	0.15	0.20	0.25	0.30	0.30	0.35	0.35	0.35	0.40	0.45	0.45	0.45
	3	0.25	0.30	0.30	0.35	0.35	0.40	0.40	0.40	0.40	0.45	0.45	0.45	0.50	0.50
	2	0.65	0.55	0.50	0.50	0.45	0.45	0.45	0.45	0.45	0.45	0.50	0.50	0.50	0.50
	1	1.10	0.90	0.80	0.75	0.70	0.70	0.65	0.65	0.65	0.60	0.55	0.55	0.55	0.55

注：

$$\begin{array}{c|c} i_1 & i_2 \\ \hline i_3 & i_4 \end{array}\; i \qquad K=\dfrac{i_1+i_2+i_3+i_4}{2i}$$

规则框架承受倒三角形分布水平力作用时标准反弯点的高度比 y_0 值　　表 10.2.3

n	j \ K	0.1	0.2	0.3	0.4	0.5	0.6	0.7	0.8	0.9	1.0	2.0	3.0	4.0	5.0
1	1	0.80	0.75	0.70	0.65	0.65	0.60	0.60	0.60	0.60	0.55	0.55	0.55	0.55	0.55
2	2	0.50	0.45	0.40	0.40	0.40	0.40	0.40	0.40	0.40	0.45	0.45	0.45	0.45	0.50
	1	1.00	0.85	0.75	0.70	0.70	0.65	0.65	0.65	0.60	0.60	0.55	0.55	0.55	0.55
3	3	0.25	0.25	0.25	0.30	0.30	0.35	0.35	0.35	0.40	0.40	0.45	0.45	0.45	0.50
	2	0.60	0.50	0.50	0.50	0.50	0.45	0.45	0.45	0.45	0.45	0.50	0.50	0.50	0.50
	1	1.15	0.90	0.80	0.75	0.75	0.70	0.70	0.65	0.65	0.65	0.60	0.55	0.55	0.55
4	4	0.10	0.15	0.20	0.25	0.30	0.30	0.35	0.35	0.35	0.40	0.45	0.45	0.45	0.45
	3	0.35	0.35	0.35	0.40	0.40	0.40	0.40	0.45	0.45	0.45	0.45	0.50	0.50	0.50
	2	0.70	0.60	0.55	0.50	0.50	0.50	0.50	0.50	0.50	0.50	0.50	0.50	0.50	0.50
	1	1.20	0.95	0.85	0.80	0.75	0.75	0.70	0.70	0.70	0.65	0.55	0.55	0.55	0.55

(2) 上下梁线刚度变化时的反弯点高度比修正值 y_1

当上下梁线刚度比 I 发生变化时，即：

当 $i_1+i_2 < i_3+i_4$ 时，$I = \dfrac{i_1+i_2}{i_3+i_4}$，反弯点上移，查表 10.2.4 可得 y_1；

当 $i_1+i_2 > i_3+i_4$ 时，$I = \dfrac{i_3+i_4}{i_1+i_2}$，反弯点下移，查表 10.2.4 可得 y_1，并冠以负号；

对于底层柱，不考虑修正值 y_1，取 $y_1=0$。

上下层横梁线刚度比对 y_0 的修正值 y_1　　表 10.2.4

I \ K	0.1	0.2	0.3	0.4	0.5	0.6	0.7	0.8	0.9	1.0	2.0	3.0	4.0	5.0
0.4	0.55	0.40	0.30	0.25	0.20	0.20	0.20	0.15	0.15	0.15	0.05	0.05	0.05	0.05
0.5	0.45	0.30	0.20	0.20	0.15	0.15	0.15	0.10	0.10	0.10	0.05	0.05	0.05	0.05
0.6	0.30	0.20	0.15	0.15	0.10	0.10	0.10	0.10	0.05	0.05	0.05	0.05	0	0
0.7	0.20	0.15	0.10	0.10	0.10	0.10	0.05	0.05	0.05	0.05	0.05	0	0	0

续表

I\K	0.1	0.2	0.3	0.4	0.5	0.6	0.7	0.8	0.9	1.0	2.0	3.0	4.0	5.0
0.8	0.15	0.10	0.05	0.05	0.05	0.05	0.05	0.05	0.05	0	0	0	0	0
0.9	0.05	0.05	0.05	0.05	0	0	0	0	0	0	0	0	0	0

注：$I=\dfrac{i_1+i_2}{i_3+i_4}$，当 $i_1+i_2>i_3+i_4$ 时，取 $I=\dfrac{i_3+i_4}{i_1+i_2}$，同时在查得的 y_1 值前加负号"－"。

$K=\dfrac{i_1+i_2+i_3+i_4}{2i}$

（3）上下层高度变化时的反弯点高度比修正值 y_2 和 y_3

上层层高与本层层高之比 α_2：$\alpha_2=\dfrac{h_上}{h}$

查表 10.2.5（仅列出部分）可得修正值 y_2。当 $\alpha_2>1$ 时，y_2 为正值，反弯点上移；当 $\alpha_2<1$ 时，α_2 为负值，反弯点下移。

下层层高与本层层高之比 α_3：$\alpha_3=\dfrac{h_下}{h}$

同样查表 10.2.5（仅列出部分）可得修正值 y_3。当 $\alpha_3>1$ 时，y_3 为负值，反弯点下移；当 $\alpha_3<1$ 时，y_3 为正值，反弯点上移。

上下层高变化对 y_0 的修正值 y_2 和 y_3　　　　表 10.2.5

α_2	α_3\K	0.1	0.2	0.3	0.4	0.5	0.6	0.7
2.0		0.25	0.15	0.15	0.10	0.10	0.10	0.10
1.8		0.20	0.15	0.10	0.10	0.10	0.05	0.05
1.6	0.4	0.15	0.10	0.10	0.05	0.05	0.05	0.05
1.4	0.6	0.10	0.05	0.05	0.05	0.05	0.05	0.05
1.2	0.8	0.05	0.05	0.05	0.0	0.0	0.0	0.0
1.0	1.0	0.0	0.0	0.0	0.0	0.0	0.0	0.0
0.8	1.2	−0.05	−0.05	−0.05	0.0	0.0	0.0	0.0
0.6	1.4	−0.10	−0.05	−0.05	−0.05	−0.05	−0.05	−0.05
0.4	1.6	−0.15	−0.10	−0.10	−0.05	−0.05	−0.05	−0.05
	1.8	−0.20	−0.15	−0.10	−0.10	−0.10	−0.05	−0.05
	2.0	−0.25	−0.15	−0.15	−0.10	−0.10	−0.10	−0.10

注：

y_2——按照 K 及 α_2 求得，上层较高时为正值；

y_3——按照 K 及 α_3 求得。

综上所述，经过各项修正后，柱底至反弯点的高度 yh 为：

$$yh=(y_0+y_1+y_2+y_3)h$$

3. 框架结构侧移计算及限值

（1）侧移的近似计算

第 j 层框架层间水平位移 Δu_j 为：

$$\Delta u_j = \frac{V_j}{\sum\limits_{k=1}^{m} D_{jk}}$$

框架顶点的总水平位移 u 应为各层层间位移之和，即：

$$u = \Delta u_1 + \cdots + \Delta u_j + \cdots + \Delta u_n = \sum_{j=1}^{n} \Delta u_j$$

需注意的是，上述求得的框架结构侧向水平位移只是由梁、柱弯曲变形所产生的变形量，而未考虑梁、柱的轴向变形和截面剪切变形所产生的结构侧移。但对一般的多层框架结构，上述计算的框架侧移已能满足工程设计的精度要求。

（2）弹性层间位移限值

$$\frac{\Delta u}{h} \leqslant [\theta_e]$$

式中　Δu——按弹性方法计算所得的楼层层间水平位移；

　　　h——层高；

　　　$[\theta_e]$——弹性层间位移角限值，《建筑抗震设计规范》5.5.1条、《高层建筑混凝土结构技术规程》3.7.3条，均规定钢筋混凝土框架结构为 1/550。

4. 框架柱的剪力分配

框架柱的剪力分配，作如下假定：

(1) 忽略在水平力作用下柱的轴向变形，柱的剪力只与水平位移有关。

(2) 梁的轴向变形很小，忽略其轴向变形，认为同一楼层处柱端位移相等。

由此，可推导出第 j 层第 k 柱的剪力 V_{jk} 为：

$$V_{jk} = \frac{D_{jk}}{\sum\limits_{k=1}^{m} D_{jk}} V_j$$

式中　V_j——第 j 层框架柱的总剪力；

　　　m——第 j 层框架柱数。

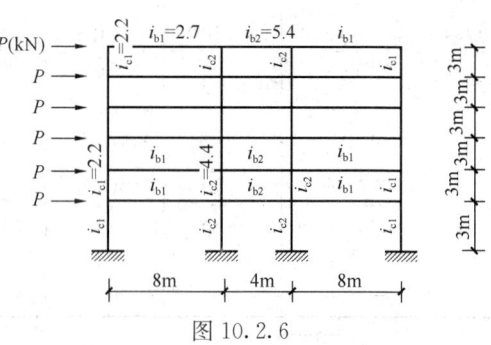

图 10.2.6

【例 10.2.2】　某 6 层现浇钢筋混凝土框架结构，其计算简图如图 10.2.6 所示。边跨梁、中间跨梁、边柱及中柱各自的线刚度，依次分别为 i_{b1}、i_{b2}、i_{c1}、和 i_{c2}（单位为 $10^{10}\,\text{N·mm}$），且在各层间不变。

试问：

(1) 采用 D 值法计算在图示水平荷载作用下的框架内力。假定 2 层中柱的侧移刚度（抗推刚度）$D_{2\text{中}} = 2.108 \times \dfrac{12 \times 10^7}{h^2}\,\text{kN/mm}$（式中 h 为楼层层高）。第 2 层每个边柱分配的剪力 $V_\text{边}$（kN），与下列何项数值最接近？

(A) $0.7P$　　　　(B) $1.4P$　　　　(C) $1.9P$　　　　(D) $2.8P$

(2) 用 D 值法计算在水平荷载作用下的框架侧移。假定在图示水平荷载作用下，顶层的层间相对侧移值 $\Delta_6 = 0.0127P$（mm），已求得底层侧移总刚度 $\Sigma D_1 = 102.84\,\text{kN/mm}$。在图示水平荷载作用下,顶层(屋顶)的绝对侧移值 δ_6(mm),与下列何项数值最为接近?

(A) 0.06P　　　　(B) 0.12P　　　　(C) 0.20P　　　　(D) 0.25P

【解答】 (1) 抗推刚度:$D=\alpha_c \cdot \dfrac{12i_c}{h^2}$

一般层的边柱:$\overline{K}_{2边}=\dfrac{i_{b1}+i_{b1}}{2i_{c1}}=\dfrac{2.7+2.7}{2\times 2.2}=1.227$

$$\alpha_{2边}=\dfrac{\overline{K}_{2边}}{2+\overline{K}_{2边}}=\dfrac{1.227}{2+1.227}=0.38$$

所以　　　$D_{2边}=0.38\cdot\dfrac{12\times 2.2}{h^2}\times 10^7=0.836\times\dfrac{12}{h^2}\times 10^7 \text{kN/mm}$

$$V_{2边}=\dfrac{D_{2边}}{\Sigma D_{2j}}\cdot V_j=\dfrac{0.836\times\dfrac{12}{h^2}\times 10^7}{2\times(0.836+2.108)\times\dfrac{12}{h^2}\times 10^7}\times 5P=0.7099P$$

所以应选(A)项。

(2) 除底层外,由题目条件知,6层~2层各层侧移刚度或抗推刚度 ΣD_i 相同,又 $\Delta_i=\dfrac{\Sigma P_i}{\Sigma D_i}$,则:

$$\delta_6=\sum_{i=1}^{6}\Delta_i=\dfrac{P}{\Sigma D_6}(1+2+3+4+5)+\dfrac{6P}{\Sigma D_1}=15\times\Delta_6+\dfrac{6P}{\Sigma D_1}$$

又由条件知,$\Delta_6=0.0127P$,$\Sigma D_1=102.84 \text{kN/mm}$

$$\delta_6=15\times 0.0127P+\dfrac{6P}{102.84}=0.2488P \text{(mm)}$$

所以应选(D)项。

【例 10.2.3】 某三层现浇框架中间一榀框架的几何尺寸及受力如图 10.2.7 所示,图中括号内的数值为梁、柱杆件的相对线刚度值。

试问:

(1) 底层中柱 EF 的 D_{EF} 值(相对值),二层边柱 BC 的 D_{BC} 值(相对值),与下列何项数值最接近?

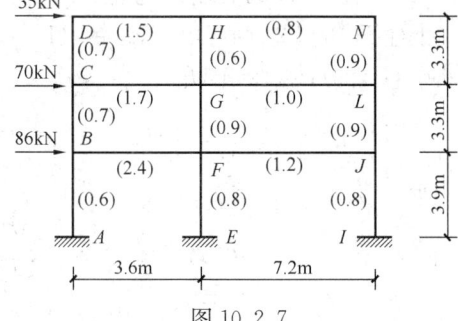

图 10.2.7

(A) 0.486;0.458　　　(B) 0.243;0.916
(C) 0.458;0.486　　　(D) 0.243;0.486

(2) 已知二层柱 JL 的 D_{JL} 值(相对值)为 0.376,柱 FG 的 D_{FG} 值(相对值)为 0.631,则

柱 JL 承受的剪力 V_{2JL}(kN),与下列何项数值最接近?

(A) 25.0　　　　(B) 27.0　　　　(C) 32.0　　　　(D) 37.0

(3) 已知上柱 HG 反弯点高度位置 $y=y_0+y_1+y_2+y_3=0.45$,承受剪力 $V_{3HG}=14.0\text{kN}$,下柱 GF 反弯点高度位置 $y=0.50$,承受的剪力 $V_{2GF}=46.0\text{kN}$,则梁 GL 的梁端弯矩 M_{GL}(kN·m),与下列何项数值最为接近?

(A) 26.8　　　　　(B) 31.2　　　　　(C) 35.8　　　　　(D) 38.4

(4) 已知各楼层的抗推刚度 D 值的总和分别为 $\Sigma D_3=1.16\times10^5\text{N/mm}$，$\Sigma D_2=1.46\times10^5\text{N/mm}$，$\Sigma D_1=1.20\times10^5\text{N/mm}$，则由杆件弯曲变形产生的顶层柱顶点位移 u（mm），与下列何项数值最为接近？

(A) 2.613　　　　　(B) 2.214　　　　　(C) 1.816　　　　　(D) 1.517

【解答】　(1) 底层中柱 EF：

$$\overline{K}=\frac{i_1+i_2}{i_c}=\frac{2.4+1.2}{0.8}=4.5$$

$$\alpha_c=\frac{0.5+\overline{K}}{2+\overline{K}}=\frac{0.5+4.5}{2+4.5}=0.769$$

$$D_{EF}=\alpha_c\cdot\frac{12i_c}{h^2}=0.769\times\frac{12\times0.8}{3.9^2}=0.485$$

第二层边柱 BC：$\overline{K}=\dfrac{i_2+i_4}{2i_c}=\dfrac{1.7+2.4}{2\times0.7}=2.929$

$$\alpha_c=\frac{\overline{K}}{2+\overline{K}}=\frac{2.929}{2+2.929}=0.594$$

$$D_{BC}=\alpha_c\cdot\frac{12i_1}{h^2}=0.594\times\frac{12\times0.7}{3.3^2}=0.458$$

所以应选（A）项。

(2) 由条件知：$D_{FG}=0.631$，$D_{JL}=0.376$ 和 $D_{BC}=0.458$（已求得）

楼层总剪力：$V_2=35+70=105\text{kN}$

柱剪力：$V_{2TL}=\dfrac{D_{JL}}{\Sigma D_{2j}}V_2=\dfrac{0.376}{0.376+0.631+0.458}\times105=26.95\text{kN}$

所以应选（B）项。

(3) 上柱 HG 的底端 G 弯矩：$M_{GH}=yh_3\cdot V_{3HG}=0.45\times3.3\times14.0=20.79\text{kN}\cdot\text{m}$

下柱 FG 的上端 G 弯矩：$M_{GF}=(1-y)h_2\cdot V_{2GF}=(1-0.5)\times3.3\times46.0=75.9\text{kN}\cdot\text{m}$

梁 GL 的 G 端弯矩 M_{GL}：

$$M_{GL}=\frac{1.0}{1.0+1.7}(M_{GH}+M_{GF})=\frac{1.0}{2.7}\times(20.19+75.9)=35.59\text{kN}\cdot\text{m}$$

所以应选（C）项。

(4)　$u=\Delta_1+\Delta_2+\Delta_3=\dfrac{V_1}{\Sigma D_1}+\dfrac{V_2}{\Sigma D_2}+\dfrac{V_3}{\Sigma D_3}$

$$=\frac{35\times10^3}{1.16\times10^5}+\frac{(35+70)\times10^3}{1.46\times10^5}+\frac{(35+70+86)\times10^3}{1.20\times10^5}$$

$$=0.3017+0.7192+1.5917=2.6126\text{mm}$$

所以应选（A）项。

三、排架计算

本节所讲的排架计算是指横向平面排架而言，一般简称为排架。排架计算内容为：确定计算简图、荷载计算、柱控制截面的内力分析和内力组合。必要时，还应验算排架的水平位移值。

为简化计算，对排架计算作了如下假定：
(1) 柱下端固接于基础顶面，上端与屋面梁或屋架铰接。
(2) 屋面梁式屋架没有轴向变形。

1. 排架的计算单元

由相邻柱距的中心线截出的一个典型区段，称为排架的计算单元，如图10.2.8中的斜线部分所示。除吊车荷载等移动荷载以外，斜线部分就是排架的负荷范围，或称荷载从属面积。

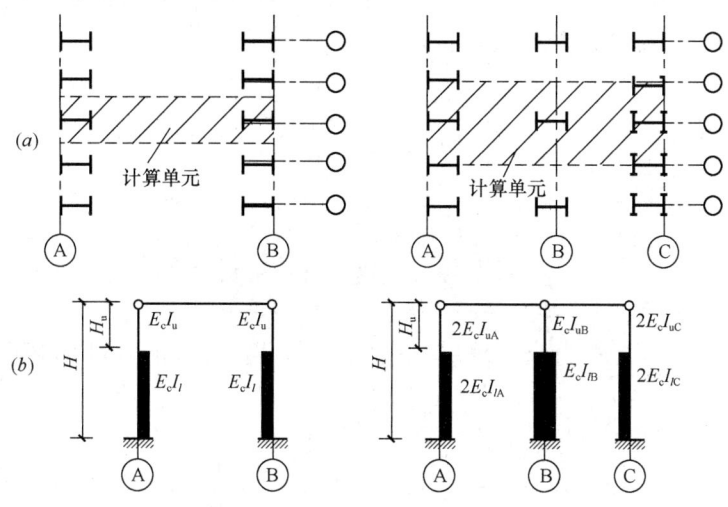

图10.2.8 排架的计算单元和计算简图

2. 用剪力分配法计算等高排架

从排架计算的观点来看，柱顶水平位移相等的排架，称为等高排架。等高排架有柱顶标高相同的，以及柱顶标高虽不同但柱顶由倾斜横梁贯通相连的两种，如图10.2.9（a）、（b）所示，均可按等高排架计算。

计算等高排架的一种简便方法——剪力分配法。

由结构力学知，当单位水平力作用在单阶悬臂柱顶时，见图10.2.10，柱顶水平位移为：

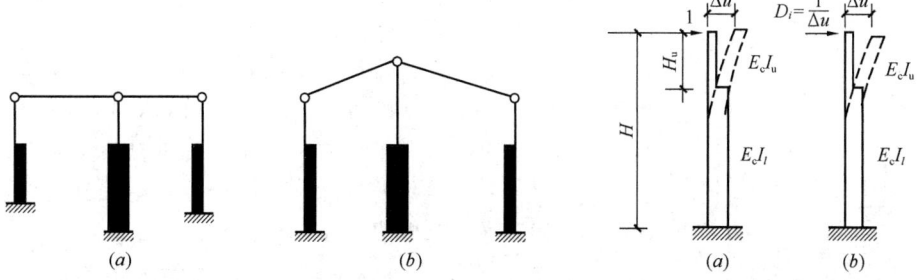

图10.2.9 属于按等高排架计算的两种情况　　图10.2.10 单阶悬臂柱的抗剪刚度

$$\Delta u = \frac{H^3}{3E_c I_l}\left[1+\lambda^3\left(\frac{1}{n}-1\right)\right] = \frac{H^3}{C_0 E_c I_l}$$

式中，$\lambda = \dfrac{H_u}{H}$，$n = \dfrac{I_u}{I_l}$，$C_0 = \dfrac{3}{1+\lambda^3\left(\dfrac{1}{n}-1\right)}$，$C_0$可由单阶柱柱顶反力与水平位移系数

值图表查得；H_u 和 H 分别为上部柱高和柱的总高，I_u、I_l 分别为上、下部柱的截面惯性矩。

显然，要使柱顶产生单位水平位移，则需在柱顶施加 $\dfrac{1}{\Delta u}$ 的水平力。令 $D_i = \dfrac{1}{\Delta u}$，则 D_i 反映了柱抵抗侧移的能力，一般称 D_i 为柱的抗剪刚度或侧向刚度。

（1）柱顶作用水平集中力时的剪力分配

如图 10.2.11 所示，设有 n 根柱，任一柱 i 的抗剪刚度为 D_i。根据各柱顶水平位移 u_i 均相等，即为 u，以及力平衡条件，可得：

$$V_i = D_i u_i = D_i u$$

$$P = V_1 + V_2 + \cdots + V_i + \cdots + V_n = \sum_{i=1}^{n} V_i$$

可推出如下计算公式：

$$V_i = \dfrac{D_i}{\sum_{i=1}^{n} D_i} P = \eta_i P, \quad \eta_i = \dfrac{D_i}{\sum_{i=1}^{n} D_i}$$

式中，η_i 称为柱 i 的剪力分配系数，其值等于柱 i 自身的抗剪刚度与所有柱（包括其本身）总的抗剪刚度之比。

由所求得的剪力值可算出柱底部杆端弯矩：

$$M_i = V_i h_i$$

当排架柱为等截面柱时，如图 10.2.12 所示，各柱的抗剪刚度为：

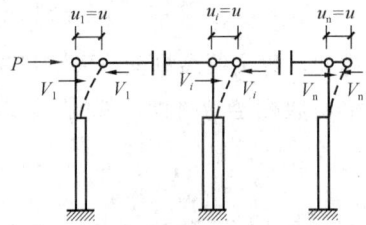

图 10.2.11 柱顶作用水平集中力时的剪力分配

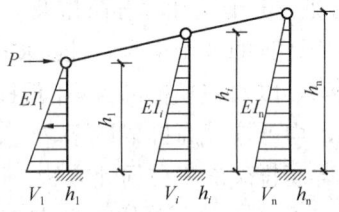

图 10.2.12

$$D_i = \dfrac{3i_i}{h_i^2} = \dfrac{3EI_i}{h_i^3}$$

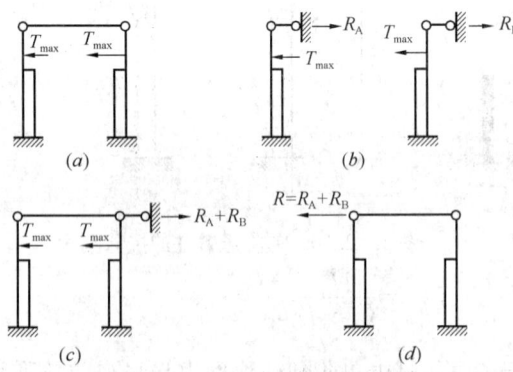

图 10.2.13 任意荷载作用时的剪力分配

（2）任意荷载作用时的剪力分配

当排架上有任意荷载作用时，如图 10.2.13 所示，为了能利用上述剪力分配系数进行计算，可把计算过程分为如下三个步骤：

1）先在排架柱顶附加不动铰支座以阻止水平位移，并求出不动铰支座的水平反力 R，如图 10.2.13（b）或（c）所示。

2）拆除附加的不动铰支座，在此排架柱顶加上反向作用的 R，如图 10.2.13（d）所示。

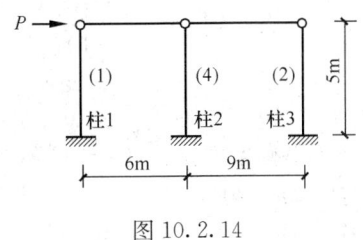

图 10.2.14

3）将上述两个状态叠加，以恢复原状，即叠加上述两个步骤中求出的内力即为排架的实际内力。

【例 10.2.4】 如图 10.2.14 所示某排架计算简图，横梁为刚性横梁，括弧内数字为柱子的相对线刚度。排架柱顶作用一水平集中力设计值为 P（kN）。

试问：

（1）边柱 1 的柱底弯矩值（kN·m），与下列何项数值最为接近？

(A) $0.715P$　　(B) $1.430P$　　(C) $2.860P$　　(D) $3.426P$

（2）中柱 2 的柱底弯矩值（kN·m），与下列何项数值最为接近？

(A) $0.715P$　　(B) $1.430P$　　(C) $2.860P$　　(D) $3.426P$

【解答】（1）柱子抗剪刚度

边柱 1：
$$D_1 = \frac{3i_1}{h_1^2} = \frac{3\times 1}{5^2} = 0.12$$

中柱 2：
$$D_2 = \frac{3\times 4}{5^2} = 0.48$$

边柱 3：
$$D_3 = \frac{3\times 2}{5^2} = 0.24$$

$$\eta_1 = \frac{D_1}{\Sigma D_i} = \frac{0.12}{0.12+0.48+0.24} = 0.143$$

$$V_1 = \eta_1 P = 0.143P$$

$$M_1 = V_1 h_1 = 0.143P \times 5 = 0.715P \text{（kN·m）}$$

所以应选（A）项。

（2）
$$\eta_2 = \frac{D_2}{\Sigma D_i} = \frac{0.48}{0.12+0.48+0.24} = 0.571$$

$$V_2 = \eta_2 P = 0.571P$$

$$M_2 = V_2 h_2 = 0.571P \times 5 = 2.855P$$

所以应选（C）项。

【例 10.2.5】 如图 10.2.15 所示某排架计算简图，边柱分别作用水平集中力 P（kN）、$0.8P$（kN）。

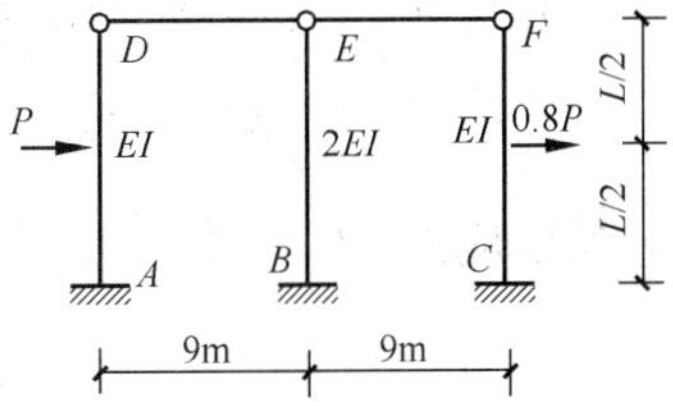

试问：

（1）边柱 DA 的柱底弯矩值（kN·m），与下列何项数值最接近？

(A) $0.33PL$　　(B) $0.31PL$

(C) $0.29PL$　　(D) $0.28PL$

（2）边柱 FC 的柱底弯矩值（kN·m），与下列何项数值最接近？

(A) $0.33PL$　　(B) $0.31PL$　　(C) $0.29PL$　　(D) $0.28PL$

图 10.2.15

【解答】（1）在节点 F 处附加一支杆，如图 10.2.16（a）所示。

固端剪力：

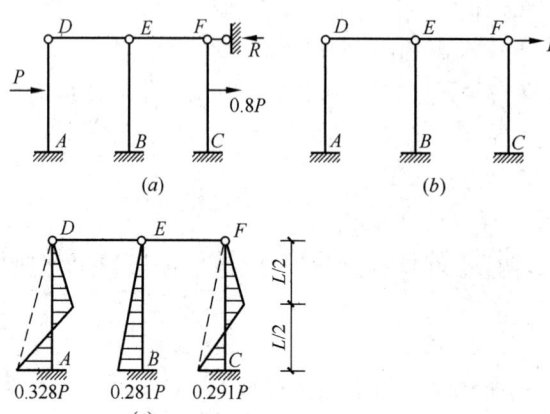

$$V_{DA}^F = -\frac{5P}{16}; \quad V_{FC}^F = -\frac{5 \times 0.8P}{16}$$

$$= -\frac{4P}{16}$$

由横梁平衡条件知：$R = -(V_{DA}^F + V_{FC}^F) = \frac{5P}{16} + \frac{4P}{16} = \frac{9P}{16}$

将 R 反向加在横梁上，如图 10.2.16（b）所示。各柱柱顶的剪力分配系数：

$$\eta_{DA} = \frac{3\frac{EI}{l^3}}{\frac{3EI}{l^3} + \frac{3 \times 2EI}{l^3} + \frac{3EI}{l^3}} = \frac{1}{4}$$

图 10.2.16

同理，$\eta_{EB} = \frac{1}{2}$，$\eta_{FC} = \frac{1}{4}$

柱顶剪力分配为：$V_{DA} = \eta_{DA} R = \frac{1}{4} \times \frac{9}{16} P$

$$V_{EB} = \eta_{EB} R = \frac{1}{2} \times \frac{9}{16} P$$

$$V_{FC} = \eta_{FC} R = \frac{1}{4} \times \frac{9}{16} P$$

叠加确定柱顶实际剪力值：

$$V_{DA} = \frac{1}{4} \times \frac{9}{16} P - \frac{5P}{16} = -0.172P$$

$$V_{FC} = \frac{1}{4} \times \frac{9P}{16} - \frac{4P}{16} = -0.109P$$

边柱 DA 的柱底弯矩值为：

$$M_{AD} = P \cdot \frac{L}{2} - 0.172P \cdot L = 0.328PL \ (\text{kN} \cdot \text{m})$$

所以应选（A）项。

（2）边柱 FC 的柱底弯矩值为：

$$M_{CF} = 0.8P \cdot \frac{L}{2} - 0.109P \cdot L = 0.291PL \ (\text{kN} \cdot \text{m})$$

所以应选（C）项。

附录一 影响线

影响线

一、影响线的概念

一个方向不变的单位集中荷载（$P=1$）在结构上移动时，表示结构某指定处的某一量值（反力、弯矩、剪力、轴力、位移等）变化规律的图线，称为该量值的影响线。影响线是研究结构在移动荷载作用下反力和内力等的变化规律的重要工具，通过它确定结构在移动荷载作用下反力和内力的最大值和最小值（最大负荷），作为设计的依据。

二、用静力法作静定梁的影响线

1. 单跨简支梁的影响线

静力法作影响线是以单位集中移动荷载的位置 x 为变量，由静力平衡条件建立某量值的函数方程（影响线方程），再按函数方程作影响线。

附图 1.1(a)所示双伸臂单跨简支梁有关量值的影响线的做法如下。

• 反力 R_A、R_B 影响线

设 A 为坐标原点，x 以向右为正，则分别由 $\sum M_B=0$、$\sum M_A=0$，得影响线方程

$$R_A = \frac{l-x}{l} \quad (l_1 \leqslant x \leqslant l+l_2)$$

$$R_B = \frac{x}{l} \quad (l_1 \leqslant x \leqslant l+l_2)$$

影响线分别如附图 1.1(b)、(c)所示，设反力向上时为正，反之为负。

• 跨中任意截面 C 的弯矩 M_C 影响线（设使杆件下侧受拉的弯矩为正）和剪力 V_C 影响线（设绕隔离体顺时针向转动的剪力为正）。

截断截面 C，由隔离体的平衡条件 $\sum M_C=0$、$\sum Y=0$，得：

$M_C = R_A a$ （$P=1$ 在截面 C 以右时）
$V_C = R_A$ （$P=1$ 在截面 C 以右时）
$M_C = R_B b$ （$P=1$ 在截面 C 以左时）
$V_C = -R_B$ （$P=1$ 在截面 C 以左时）

据此作出的 M_C、V_C 影响线分别

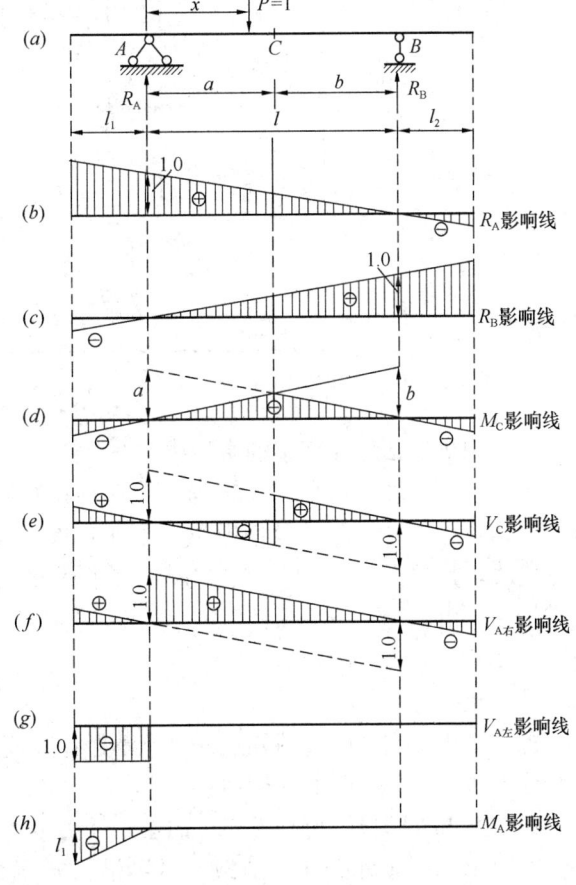

附图 1.1

如附图 1.1(d)、(e)所示。同理，可作出附图 1.1(f)、(g)、(h)所示的 $V_{A右}$、$V_{A左}$、M_A 等影响线。

2. 静定多跨梁的影响线

用静力法作静定多跨梁的影响线,首先区分基本部分和附属部分。由于单位集中力在基本部分移动时,对附属部分无影响,故按照前述单跨简支梁影响线的做法就可作出附属部分的影响线。作基本部分的影响线时,要分两种情况考虑:①当单位集中力在基本部分移动时,仍可按前述单跨简支梁影响线的做法作其影响线;②当单位集中力在附属部分移动时,由分析可知,基本部分某量值的影响线为直线,此直线可以根据铰接处影响线的竖标值为已知,以及在附属部分的支座处,该量值影响线为零的特点作出。用此法作出的附图1.2(a)所示静定多跨梁的 R_B、M_K、$V_{C左}$、R_D 影响线,分别如附图1.2(b)、(c)、(d)、(e)所示。

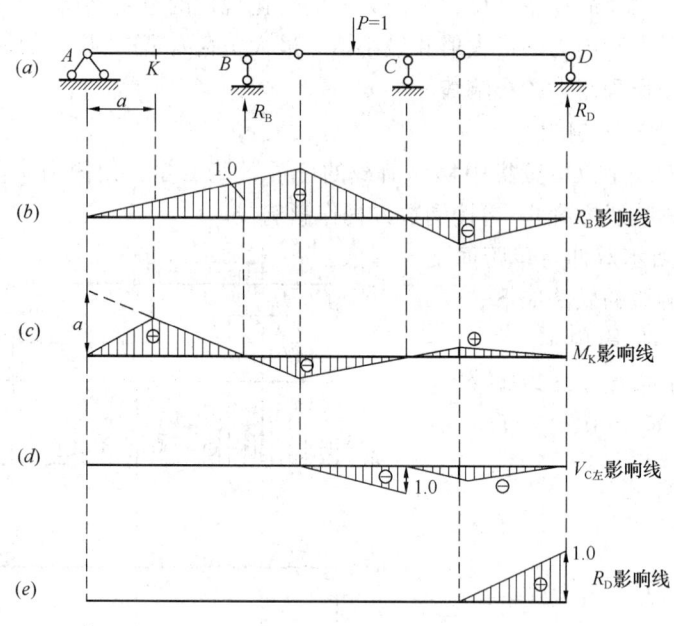

附图 1.2

三、用机动法作静定梁的影响线

用机动法作静定梁影响线的基本原理是刚体系虚位移原理,即刚体系的平衡力系在符合刚体系约束条件的任意微小虚位移上所作虚功总和为零。具体做法是:如欲作量值 X 的影响线,只要去掉与 X 相应的约束,使体系成为机构,再使机构沿 X 的正方向产生单位虚位移,由此得到的承载杆沿 $P=1$ 方向的虚位移图,就是 X 的影响线。用机动法校核附图 1.2(b)、(c)、(d)、(e)所示 R_B、M_K、$V_{C左}$、R_D 影响线,其结果显然与静力法所得结果是一致的。

机动法作影响线的主要优点是可以不经计算快速作出影响线的轮廓,同时,还可用以校核静力法所作影响线的正确性。

四、节点(间接)荷载作用下的影响线

附图 1.3(a)所示结构,荷载通过纵梁、横梁(节点)传至主梁,主梁承受的是节点(间接)荷载。当 $P=1$ 在相邻两个横梁间移动时,主梁某量值按直线变化;而当 $P=1$ 作用在节点上时,相当于直接作用在主梁上,所以这种主梁某量值的影响线可按下法求作:先作主梁某量值在直接荷载作用下的影响线,并用虚线表示;然后从各节点引竖线与直接

荷载作用下的影响线相交，并将各相邻相交点用直线相连，就得到结点荷载作用下的影响线。附图 1.3(a) 所示主梁的 R_A、M_K、$V_{K左}$、$V_{K右}$ 影响线分别如附图 1.3(b)、(c)、(d)、(e) 所示。

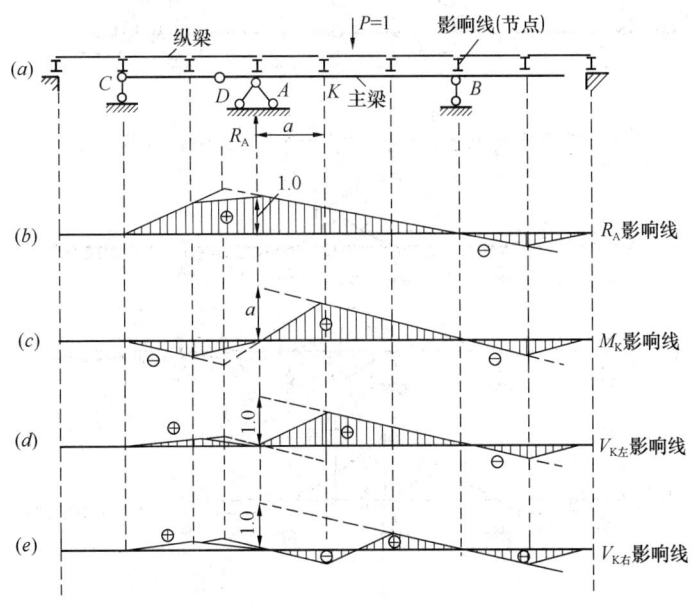

附图 1.3

五、用机动法(挠度法)绘制连续梁影响线的轮廓

作附图 1.4(a) 所示连续梁 K 截面的弯矩 M_K 影响线，可取附图 1.4(b) 所示的力法基本体系（此基本体系是超静定的），力法典型方程为：

$$\delta_{KK}M_K + \delta_{Kp} = 0$$

根据位移互等定理 $\delta_{Kp} = \delta_{pK}$，上式可写为：

$$M_K = -\frac{\delta_{Kp}}{\delta_{KK}} = -\frac{\delta_{pK}}{\delta_{KK}} \tag{附1.5}$$

式中 δ_{KK}——基本结构由 $\overline{M}_K=1$ 使截面 K 沿 $\overline{M}_K$ 方向产生的相对角位称，如附图 1.4(c) 所示，是恒为正值的常量；

δ_{pK}——基本结构由 $\overline{M}_K=1$ 在移动荷载 $P=1$ 方向上产生的位移图，如附图 1.4(c) 中的曲线所示。

由式（附 1.5）可知，$\overline{M}_K$ 影响线与位移 δ_{pK} 图成正比，即位移 δ_{pK} 图的轮廓就代表了 $\overline{M}_K$ 影响线的轮廓，但符号相反，即影响线竖标在梁轴上方时为正，在下方时为负，如附图 1.4(d) 所示。超静定结构的影响线是非线性的。

按相同原理和方法作出的 V_K、V_C^R（C 支座右端处）、M_D、R_D 影响线轮廓分别如附图 1.4(e)、(f)、(g)、(h) 所示。

需注意的是：

在附图 1.4(e)、(h) 中，截面 K、支座 C 右端附近的两边曲线的切线相互平行且竖距为"1"。

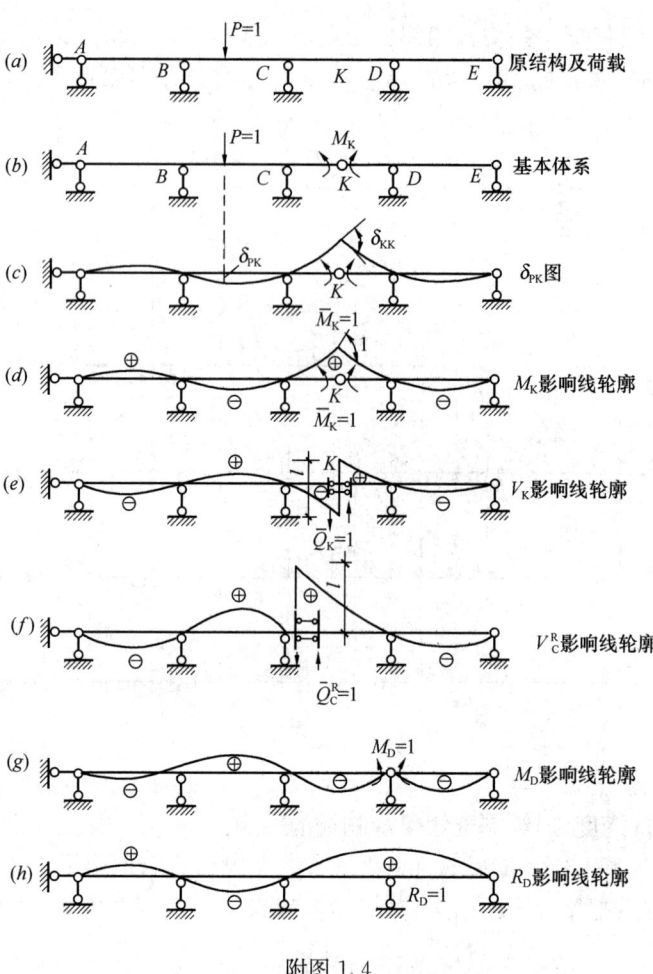

附图1.4

附录二 梁和板的计算跨度

一、梁的计算跨度 l_0

梁的计算跨度可按附表 2.1 采用。

梁的计算跨度 l_0　　　　附表 2.1

	单 跨	多 跨
按弹性计算	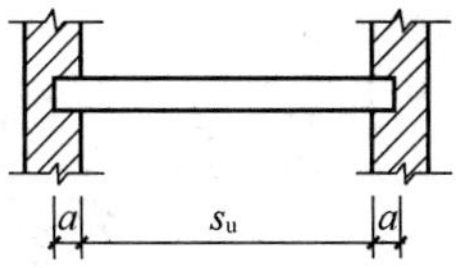 $l_0 = s_n + a \leqslant 1.05 s_n$	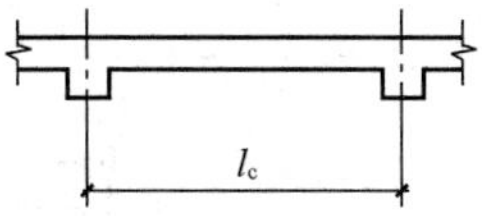 $l_0 = l_c$
按弹性计算	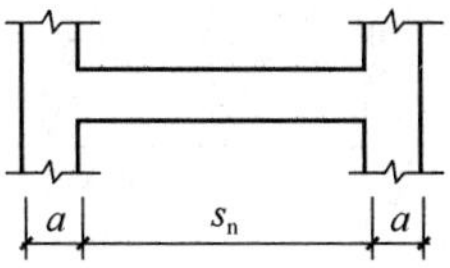 $l_0 = s_n + a \leqslant 1.05 s_n$	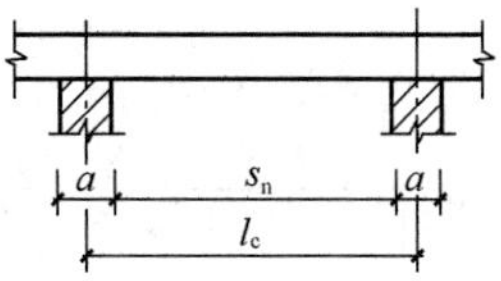 当 $a \leqslant 0.05 l_c$ 时：$l_0 = s_n$ 当 $a > 0.05 l_c$ 时：$l_0 = 1.05 s_n$
	边 跨	中 间 跨
按塑性计算	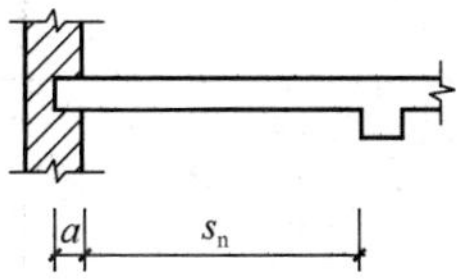 $l_0 = s_n + \dfrac{a}{2} \leqslant 1.025 s_n$	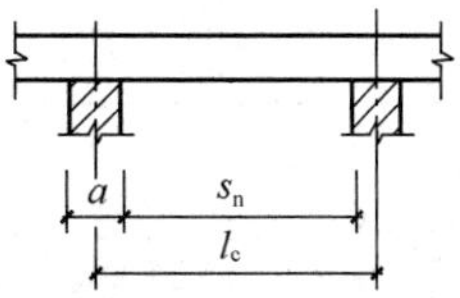 当 $a \leqslant 0.05 l_c$ 时：$l_0 = s_n$ 当 $a > 0.05 l_c$ 时：$l_0 = 1.05 s_n$

二、板的计算跨度

梁板结构板的计算跨度可按附表 2.2 确定，无梁楼盖板的计算跨度，可取相邻柱子中心线之间的距离。

板的计算跨度 l_0　　　　附表 2.2

	单 跨	多 跨
按弹性计算	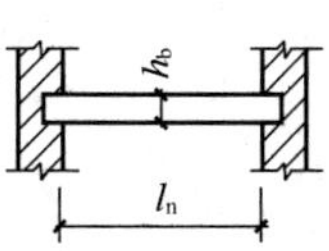 $l_0 = l_n + h_b$	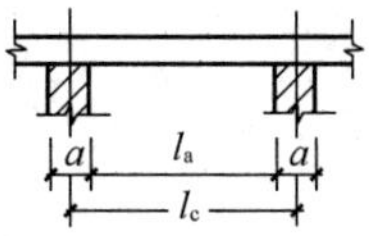 当 $a \leqslant 0.1 l_c$ 时：$l_0 = l_n$ 当 $a > 0.1 l_c$ 时：$l_0 = 1.1 l_n$
按弹性计算	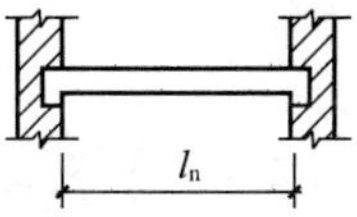 $l_0 = l_n$	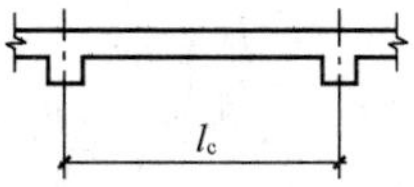 $l_0 = l_c$

续表

	单 跨	多 跨
按弹性计算	$l_0 = l_n + h_b/2$	$l_0 = l_n + \dfrac{a+h_b}{2}$
按塑性计算	边 跨 $l_0 = l_n + \dfrac{h_b}{2}$	中 间 跨 当 $a \leqslant 0.1l_c$ 时：$l_0 = l_c$ 当 $a > 0.1l_c$ 时：$l_0 = 1.1l_n$
	$l_0 = s_n$	$l_0 = l_n$

附录三 考虑活荷载在梁上最不利的布置方法

考虑活荷载在梁上最不利的布置方法　　　　　　　　　　　　　　　　　附表 3

活荷载布置图	最大值	
	弯　矩	剪　力
（五跨连续梁 A-B-C-D-E-F，跨 1~5）		
第1、3、5跨布载	M_1、M_3、M_5	V_A、V_F
第2、4跨布载	M_2、M_4	
第1、3跨布载	M_B	$V_{B左}$、$V_{B右}$
第2、5跨布载	M_C	$V_{C左}$、$V_{C右}$
第1、3、4跨布载	M_D	$V_{D左}$、$V_{D右}$
第2、4跨布载	M_E	$V_{E左}$、$V_{E右}$

　　由附表3可知：当计算某跨的最大正弯矩时，该跨应布满活荷载，其余每隔一跨布满活荷载；当计算某支座的最大负弯矩及支座剪力时，该支座相邻两跨应布满活荷载，其余每隔一跨布满活荷载。

附录四 梁的内力与变形

单 跨 梁 附表 4

悬臂梁 $\alpha = a/l,\ \beta = b/l$

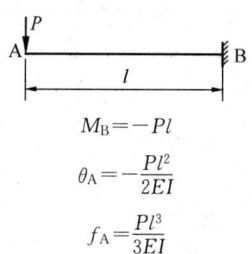

$M_B = -Pl$

$\theta_A = -\dfrac{Pl^2}{2EI}$

$f_A = \dfrac{Pl^3}{3EI}$

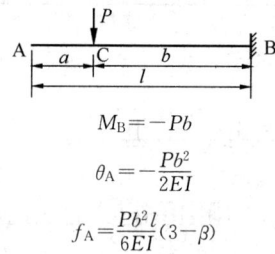

$M_B = -Pb$

$\theta_A = -\dfrac{Pb^2}{2EI}$

$f_A = \dfrac{Pb^2 l}{6EI}(3-\beta)$

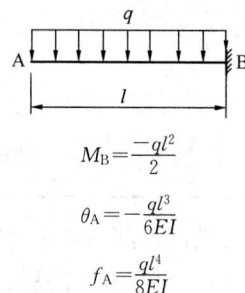

$M_B = \dfrac{-ql^2}{2}$

$\theta_A = -\dfrac{ql^3}{6EI}$

$f_A = \dfrac{ql^4}{8EI}$

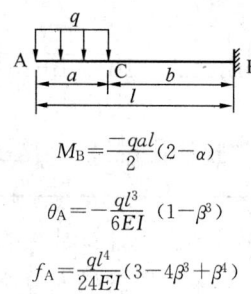

$M_B = \dfrac{-qal}{2}(2-\alpha)$

$\theta_A = -\dfrac{ql^3}{6EI}(1-\beta^3)$

$f_A = \dfrac{ql^4}{24EI}(3-4\beta^3+\beta^4)$

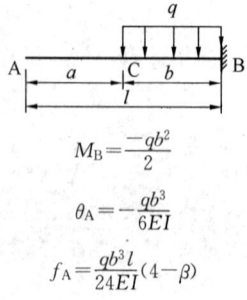

$M_B = \dfrac{-qb^2}{2}$

$\theta_A = -\dfrac{qb^3}{6EI}$

$f_A = \dfrac{qb^3 l}{24EI}(4-\beta)$

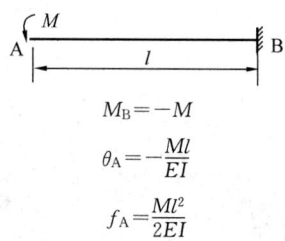

$M_B = -M$

$\theta_A = -\dfrac{Ml}{EI}$

$f_A = \dfrac{Ml^2}{2EI}$

续表

简支梁

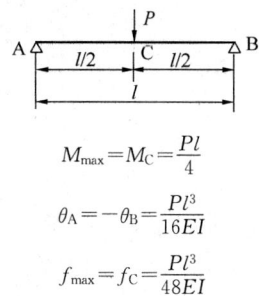

$$M_{max}=M_C=\frac{Pl}{4}$$

$$\theta_A=-\theta_B=\frac{Pl^3}{16EI}$$

$$f_{max}=f_C=\frac{Pl^3}{48EI}$$

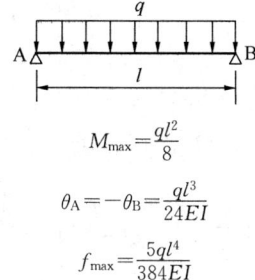

$$M_{max}=\frac{ql^2}{8}$$

$$\theta_A=-\theta_B=\frac{ql^3}{24EI}$$

$$f_{max}=\frac{5ql^4}{384EI}$$

一端简支、一端固定梁

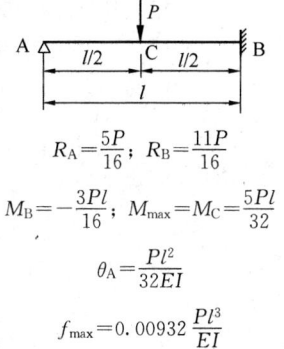

$$R_A=\frac{5P}{16};\ R_B=\frac{11P}{16}$$

$$M_B=-\frac{3Pl}{16};\ M_{max}=M_C=\frac{5Pl}{32}$$

$$\theta_A=\frac{Pl^2}{32EI}$$

$$f_{max}=0.00932\frac{Pl^3}{EI}$$

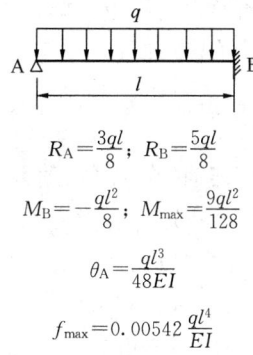

$$R_A=\frac{3ql}{8};\ R_B=\frac{5ql}{8}$$

$$M_B=-\frac{ql^2}{8};\ M_{max}=\frac{9ql^2}{128}$$

$$\theta_A=\frac{ql^3}{48EI}$$

$$f_{max}=0.00542\frac{ql^4}{EI}$$

两端固定梁

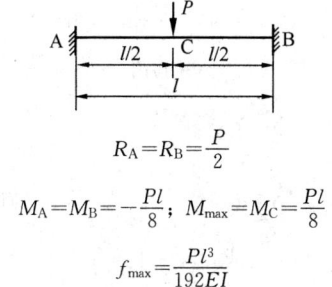

$$R_A=R_B=\frac{P}{2}$$

$$M_A=M_B=-\frac{Pl}{8};\ M_{max}=M_C=\frac{Pl}{8}$$

$$f_{max}=\frac{Pl^3}{192EI}$$

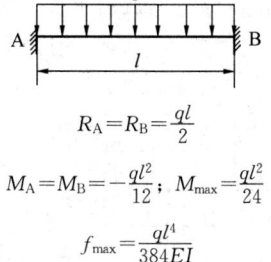

$$R_A=R_B=\frac{ql}{2}$$

$$M_A=M_B=-\frac{ql^2}{12};\ M_{max}=\frac{ql^2}{24}$$

$$f_{max}=\frac{ql^4}{384EI}$$

附录五 截面的几何特性

截面的几何特性

一、静矩和形心

1. 单个截面

静矩也称为面积矩。如附图5.1所示为一任意形状的构件截面，其面积为A。图中一微面积$\mathrm{d}A$的坐标分别为y、z，将$y\mathrm{d}A$和$z\mathrm{d}A$分别定义为微面积$\mathrm{d}A$对z轴、y轴的静矩（或面积矩），则整个截面的面积矩可采用积分求出，即：

$$S_z = \int_A y\mathrm{d}A \qquad (\text{附}5.1.1)$$

$$S_y = \int_A z\mathrm{d}A \qquad (\text{附}5.1.2)$$

令截面形心C的坐标为（z_c、y_c），由合力矩定理，则：

$$y_c = \frac{\int_A y\mathrm{d}A}{A} = \frac{S_z}{A} \qquad (\text{附}5.1.3)$$

$$z_c = \frac{\int_A z\mathrm{d}A}{A} = \frac{S_y}{A} \qquad (\text{附}5.1.4)$$

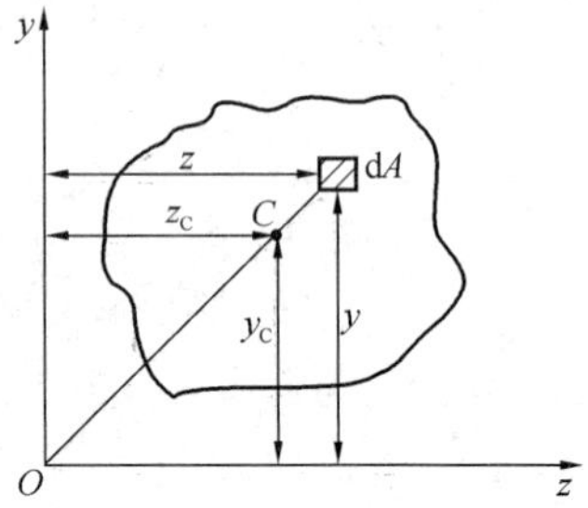

附图5.1

当截面图形为均质板，则截面形心即为截面的质心（或重心）。由公式（附5.1.3）、（附5.1.4），可得到如下公式：

$$S_z = A y_c \qquad (\text{附}5.1.5)$$

$$S_y = A z_c \qquad (\text{附}5.1.6)$$

故截面对某轴的静矩等于截面面积与截面形心到该轴距离的乘积。

静矩（即面积矩）和形心的特性如下：

- （1）静矩可正、可负，也可为零，量纲为[长度]³（即：m³）。
- （2）同一截面对不同的坐标轴有不同的静矩。
- （3）截面对通过其形心的轴的静矩为零；反之，若截面对某轴的静矩为零，则该轴必通过截面形心。

2. 组合截面

组合截面对某一轴的静矩，其等于其组成部分对同一轴的静矩之和。如附图5.2所示组合截面，由合力矩定理，则组合截面的静矩为：

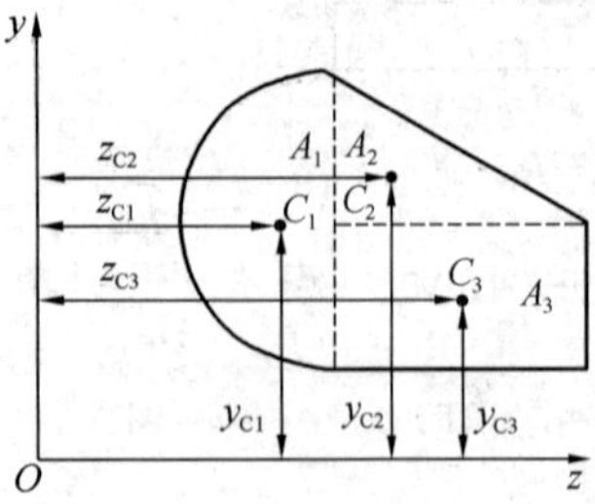

$$S_z = \sum_{i=1}^{n} A_i y_{Ci} \qquad (\text{附}5.1.7)$$

$$S_y = \sum_{i=1}^{n} A_i z_{Ci} \qquad (\text{附}5.1.8)$$

式中，A_i为组合截面中各组成部分的面积；C_i为各组成部分的形心；n为组成部分的个数。

附图5.2

组合截面的形心的坐标的计算公式为：

$$y_C = \frac{S_z}{A} = \frac{\sum_{i=1}^{n} A_i y_{Ci}}{\sum_{i=1}^{n} A_i} \qquad (附5.1.9)$$

$$z_C = \frac{S_y}{A} = \frac{\sum_{i=1}^{n} A_i z_{Ci}}{\sum_{i=1}^{n} A_i} \qquad (附5.1.10)$$

二、截面惯性矩、惯性积和极惯性矩

1. 惯性矩和惯性积

（1）截面对任一轴的惯性矩

截面对任一轴的惯性矩等于各微面积 dA 与其至该轴距离平方的乘积之总和（附图5.3）即：

$$I_x = \int_A y^2 \mathrm{d}A \qquad (附5.2.1)$$

$$I_y = \int_A x^2 \mathrm{d}A \qquad (附5.2.2)$$

惯性矩恒为正，量纲为 [长度]^4（即：m^4）。

（2）截面对 x 轴和 y 轴的惯性积

截面对 x 轴和 y 轴的惯性积等于各微面积 dA 与其分别到 x 轴和 y 轴距离的乘积之总和（附图5.3），即：

$$I_{xy} = \int_A xy \mathrm{d}A \qquad (附5.2.3)$$

惯性积的特性如下：
- 1）惯性积可正、可负，也可为零，量纲为 [长度]^4（即：m^4）。
- 2）当坐标轴 x 或 y 位于对称轴上时，截面对 x、y 轴的惯性积为零。

（3）惯性矩和惯性积的平行移轴公式

设一面积为 A 的任意形状截面如附图5.4所示，C 点为截面的形心，x_C 轴和 y_C 轴为截面的形心轴。截面对平行于形心轴 x_C 轴和 y_C 轴而相距 a 和 b 的 x 轴和 y 轴的惯性矩、惯性积分别为：

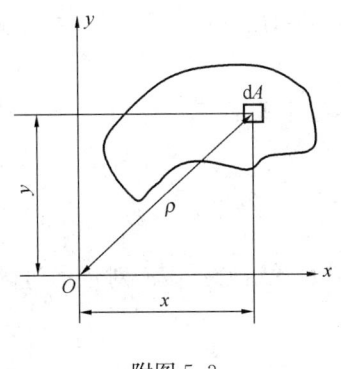 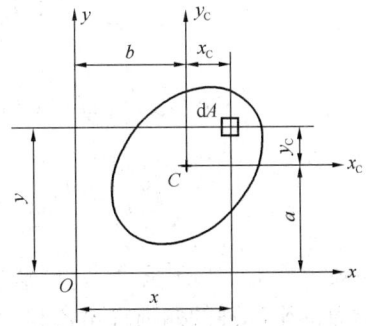

附图5.3　　　　　　　附图5.4

$$I_x = I_{x_C} + a^2 A \qquad (\text{附 } 5.2.4)$$

$$I_y = I_{y_C} + b^2 A \qquad (\text{附 } 5.2.5)$$

$$I_{xy} = I_{x_C y_C} + abA \qquad (\text{附 } 5.2.6)$$

式中，I_{x_C}、I_{y_C} 和 $I_{x_C y_C}$ 分别是截面对于形心轴的惯性矩和惯性积。

(4) 组合截面的惯性矩

组合截面对于某坐标轴的惯性矩等于其各组成部分对于同一坐标轴的惯性矩之和。设截面是由 n 个部分组成，则组合截面对于 x、y 两轴的惯性矩分别为：

$$I_x = \sum_{i=1}^{n} I_{xi} \qquad (\text{附 } 5.2.7)$$

$$I_y = \sum_{i=1}^{n} I_{yi} \qquad (\text{附 } 5.2.8)$$

式中，I_{xi} 和 I_{yi} 分别为组合截面中组成部分 i 对于 x 轴和 y 轴的惯性矩。

2. 极惯性矩

截面对任一点 O 的极惯性矩 I_0，等于各微面积 $\mathrm{d}A$ 与其至该点距离平方的乘积之总和（附图 5.3），且等于截面对以 O 点为原点的任意两正交坐标轴 x、y 的惯性矩之和，即：

$$I_0 = \int_A \rho^2 \mathrm{d}A = I_x + I_y \qquad (\text{附 } 5.2.9)$$

式中，ρ 是微面积 $\mathrm{d}A$ 至 O 点距离。

因截面对于通过同一点的任意一对相互垂直的直角坐标轴的两惯性矩之和为一常数，故当坐标轴绕该点旋转时，I_0 保持为一个常数。

三、形心主惯性轴和形心主惯性矩

1. 惯性矩和惯性积的转轴公式

设一面积为 A 的任意形状截面如附图 5.5 所示。截面对于通过其上任意一点 O 的两坐标轴 x、y 的惯性矩和惯性积分别为 I_x、I_y 和 I_{xy}。若坐标轴 x、y 绕 O 点旋转 α 角（α 角以逆时针向旋转为正）至 x_1、y_1 位置，则该截面对于新坐标轴 x_1、y_1 惯性矩和惯性积分别为：

$$I_{x_1} = \frac{I_x + I_y}{2} + \frac{I_x - I_y}{2}\cos 2\alpha - I_{xy}\sin 2\alpha \qquad (\text{附 } 5.3.1)$$

$$I_{y_1} = \frac{I_x + I_y}{2} - \frac{I_x - I_y}{2}\cos 2\alpha + I_{xy}\sin 2\alpha \qquad (\text{附 } 5.3.2)$$

$$I_{x_1 y_1} = \frac{I_x - I_y}{2}\sin 2\alpha + I_{xy}\cos 2\alpha \qquad (\text{附 } 5.3.3)$$

由公式（附 5.5-1）、（附 5.5-2）相加，可得到如下结论：截面对于通过同一点的任意一对相互垂直的坐标轴的两惯性矩之和为一常数。

2. 形心主轴和形心主矩

由附图 5.5 所示，当坐标轴 x、y 旋转到一特定的角度 $\alpha = \alpha_0$ 时，使截面对于新坐标

轴 x_0、y_0 的惯性积等于零，则这对坐标轴称为主惯性轴（简称：主轴）。截面对主惯性轴的惯性矩称为主惯性矩（简称：主矩）。若这对主惯性轴的交点与截面的形心重合，这对坐标轴就称为形心主惯性轴（简称：形心主轴）。截面对形心主惯性轴的惯性矩就称为形心主惯性矩（简称：形心主矩）。

注意的是，通过截面的形心可以有许多轴线，该类轴线都称为形心轴，而形心主轴是其中的特殊情况（$I_{x_0y_0}=0$），如附图 5.6 所示。

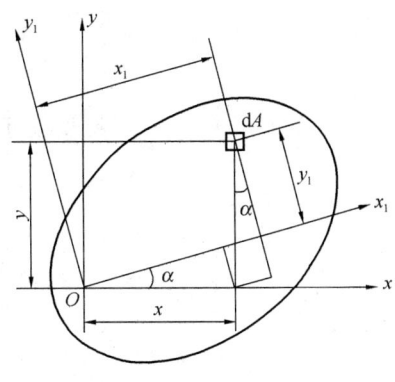

附图 5.5

如附图 5.7 所示，截面没有对称轴，则形心主轴的方位角 α_0、形心主矩分别按下列公式计算：

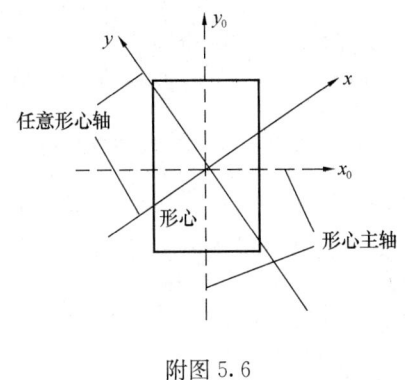

附图 5.6

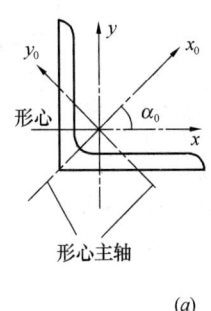

附图 5.7

$$\tan 2\alpha_0 = \frac{2I_{xy}}{I_y - I_x} \qquad (附5.3.4)$$

$$I_{x_0} = \frac{I_x + I_y}{2} + \frac{1}{2}\sqrt{(I_x - I_y)^2 + 4I_{xy}^2} \qquad (附5.3.5)$$

$$I_{y_0} = \frac{I_x + I_y}{2} - \frac{1}{2}\sqrt{(I_x - I_y)^2 + 4I_{xy}^2} \qquad (附5.3.6)$$

式中，I_x、I_y 和 I_{xy} 为截面对于通过其形心的某一对轴的惯性矩和惯性积。

截面对于通过任意一点（含形心）的主惯性轴的主惯性矩之值，就是通过该点所有轴的惯性矩中的极大值 I_{max} 和极小值 I_{min}。例如，公式（附5.6-2）、（附5.6-3）中，I_{x_0} 就是 I_{max}，而 I_{y_0} 则为 I_{min}。

对于附图 5.7（a）中，I_{y_0} 为最小惯性矩，则 $i_{y_0} = \sqrt{I_{y_0}/A}$ 为最小回转半径。

对于附图 5.7（b）中，I_{x_0} 为最大惯性矩，则 $i_{x_0} = \sqrt{I_{x_0}/A}$ 为最大回转半径。

此外，判定形心主轴的规则如下：
- （1）对称轴及其过形心的垂直轴是一对形心主轴。
- （2）若截面图形有两条对称轴，此两轴即为形心主轴。
- （3）若截面图形有三条或三条以上对称轴，则过形心的任一轴都是形心主轴。

附录六 《桩规》勘误

《建筑桩基技术规范》第一次印刷本勘误表

《建筑桩基技术规范》第一次印刷本勘误（正文部分） 附表6.1

页码	条目	原文	勘误
15	3.4.6-2	承台和地下室侧墙周围应采用灰土、级配砂石、压实性较好的素土回填，并分层夯实，也可采用素混凝土回填	承台和地下室侧墙周围应采用灰土、级配砂石、压实性较好的素土回填，并分层夯实，也可采用素混凝土或搅拌流动性水泥土回填
22	4.2.1-1	对于墙下条形承台梁，桩的外边缘至承台梁边缘的距离不应小于75mm，承台的最小厚度不应小于300mm	对于墙下条形承台梁，桩的外边缘至承台梁边缘的距离不应小于75mm。承台的最小厚度不应小于300mm
22	4.2.1-2	高层建筑平板式和梁板式筏形承台的最小厚度不应小于400mm，墙下布桩的剪力墙结构筏形承台的最小厚度不应小于200mm	高层建筑平板式和梁板式筏形承台的最小厚度不应小于400mm，多层建筑墙下布桩筏形承台的最小厚度不应小于200mm
23	4.2.3-3	条形承台梁的纵向主筋应符合现行国家标准《混凝土结构设计规范》GB 50010关于最小配筋率的规定（图4.2.3-c），主筋直径不应小于12mm，架立筋直径不应小于10mm，箍筋直径不应小于6mm	条形承台梁的纵向主筋应符合现行国家标准《混凝土结构设计规范》GB 50010关于最小配筋率的规定，主筋直径不应小于12mm，架立筋直径不应小于10mm，箍筋直径不应小于6mm（图4.2.3-c）
24	4.2.6	联系梁	连系梁
29	5.2.5	承台计算域面积对于柱下……围成的面积，按条形承台计算……	承台计算域面积. 对于柱下……围成的面积，按单排桩条形承台计算……
31	5.3.3	p_{sk2}——桩端……折减后，再计算p_{sk}	p_{sk2}——桩端……折减后，再按式(5.3.3-2)、式(5.3.3-3)计算p_{sk}
	表5.3.3-2	p_{sk}（MPa）	p_{sk2}（MPa）
37	5.3.6 顺第5行	对于扩底桩变截面以上2d长度范围内不计侧阻力	对于扩底桩的扩大头斜面及变截面以上2d长度范围内不计侧阻力
39	5.3.8	当$h_b/d<5$时，$\lambda_p=0.16h_b/d$ (5.3.8-2) 当$h_b/d\geq5$时，$\lambda_p=0.8$ (5.3.8-3)	当$h_b/d_1<5$时，$\lambda_p=0.16h_b/d_1$ (5.3.8-2) 当$h_b/d_1\geq5$时，$\lambda_p=0.8$ (5.3.8-3)
41	表5.3.10	注：干作业钻、挖孔桩，β_p按表列值乘以小于1.0的折减系数。当桩端持力层为黏性土或粉土时，折减系数取0.6。为砂土或碎石土时，取0.8	注：干作业钻、挖孔桩，β_p按表列值乘以小于1.0的折减系数。当桩端持力层为黏性土或粉土时，折减系数取0.6。为砂土或碎石土时，取0.8
46	5.4.4-3	表5.4.4-2，注3，桩基固结沉降	桩基沉降
53	5.5.11	桩距小、桩数多，沉降速率快时取大值	桩距小、桩数多，沉桩速率快时取大值
61	5.7.3	考虑地震作用且$s_a/d\leq6$时：	此行应左移两个空格
		$\eta_h=\eta_i\eta_r+\eta_l$ (5.7.3-2)	$\eta_h=\eta_i\eta_r+\eta_l$ (5.7.3-2)

续表

页码	条目	原　文	勘　误
		$\eta_l = \dfrac{m\chi_{0a}B_c'h_c^2}{2n_1n_2R_{ha}}$ (5.7.3-4)	$\eta_l = \dfrac{m\chi_{0a}B_c'h_c^2}{2n_1n_2R_{ha}}$ (5.7.3-4)
		$\eta_b = \dfrac{\mu P_c}{n_1n_2R_h}$ (5.7.3-7)	$\eta_b = \dfrac{\mu P_c}{n_1n_2R_{ha}}$ (5.7.3-7)
62		n_1、n_2——分别为沿水平荷载方向与垂直水平荷载方向每排桩中的桩数	$\underline{n_1、n_2、n}$——分别为沿水平荷载方向、垂直水平荷载方向每排桩中的桩数和总桩数
66	表5.8.4-1	注3：$l_0'=l_0+\varphi_l d_l$，$h'=h-\varphi_l d_l$	$l_0'=l_0+(1-\varphi_l)d_l$，$h'=h-(1-\varphi_l)d_l$
66	表5.8.4-1	无注4	注4：当存在f_{ak}<25kPa的软弱土时，按液化土处理
71	5.9.2-2	三桩承台的正截面弯矩值应符合下列要求	三桩承台的正截面弯矩值应符合下列要求
74	5.9.7-3	图5.9.7中平面图的h_0	$\underline{h_c}$
80	5.9.10-3	对于锥形承台应对变阶处及柱边处……	对于锥形承台应对柱边处……
82	5.9.13	$+1.25f_y\dfrac{A_{sv}}{s}h_0+$	$+1.25f_{yv}\dfrac{A_{sv}}{s}h_0+$
82	5.9.14	$+f_y\dfrac{A_{sv}}{s}h_0$	$+f_{yv}\dfrac{A_{sv}}{s}h_0$

《桩规》第一次印刷本勘误（条文说明部分）　　　　　附表6.2

页码	条目	原　文	勘　误
P245，倒数第1行	4.2.7	当施工中分层夯实有困难时，可采用素混凝土回填	当施工中分层夯实有困难时，可采用素混凝土回填。此外，用水泥和土按一定比例掺水搅拌后，形成流动性水泥土，是一个较素混凝土更为经济的选择
P255，倒数第2行	5.3.6	G.G.Meyerhof（1998）指出，……	G.G.Meyerhof（1988）指出，……
P259，倒数第14行	5.3.8	混凝土敞口管桩单桩竖向极限承载力的计算。与实心混凝土预制桩相同的是，桩端阻力由于桩端敞口，类似于钢管桩也存在桩端的土塞效应；不同的是，混凝土管桩壁厚度较钢管桩大得多，计算端阻力时，不能忽略管壁端部提供的端阻力，故分为两部分：一部分为管壁端部的端阻力。另一部分为敞口部分端阻力。对于后者类似于钢管桩的承载机理，考虑桩端土塞效应系数λ_p，λ_p随桩端进入持力层的相对深度h_b/d而变化（d为管桩外径）	混凝土敞口空心桩单桩竖向极限承载力的计算。与实心混凝土预制桩相同的是，桩端阻力由于桩端敞口，类似于钢管桩也存在桩端的土塞效应；不同的是，混凝土空心桩壁厚度较钢管桩大得多，计算端阻力时，不能忽略空心桩壁端部提供的端阻力，故分为两部分：一部分为空心桩壁端部的端阻力。另一部分为敞口部分端阻力。对于后者类似于钢管桩的承载机理，考虑桩端土塞效应系数λ_p，λ_p随桩端进入持力层的相对深度h_b/d_1而变化（d_1为空心桩内径）

续表

页码	条目	原　文	勘　误
P263，顺数第6行	5.3.9	$=\left[\zeta_s\dfrac{4h_r}{d}+\zeta_{rp}\right]f_{rk}\dfrac{\pi}{4}d^2$	$=\left[\zeta_s\dfrac{4h_r}{d}+\zeta_p\right]f_{rk}\dfrac{\pi}{4}d^2$
P263，顺数第7行		$\zeta_s\dfrac{4h_r}{d}+\zeta_{rp}=\zeta_r$	$\zeta_s\dfrac{4h_r}{d}+\zeta_p=\zeta_r$
P264，倒数第2行		5.3.11	5.3.12
P265，顺数第5行	5.3.11	因此，存在 3.5m 厚非液化覆盖土层时，……	因此，存在 2.5m 厚非液化覆盖土层时，……
P278，顺数第12行	5.5.14	关于土的泊松比 ν 的取值。土的泊松比 $\nu=0.25\sim0.42$；鉴于对计算结果不敏感，故统一取 $\nu=0.35$ 计算应力系数	关于土的泊松比 μ 的取值。土的泊松比 $\mu=0.25\sim0.42$；鉴于对计算结果不敏感，故统一取 $\mu=0.35$ 计算应力系数
P291，倒数第9行	5.6.2	$\upsilon=0.4$	$\nu=0.4$

附录七 《抗震通规》的见解与勘误

根据笔者对《抗震通规》的学习与理解，《抗震通规》第一次印刷本（正文部分）存在瑕疵或不足，笔者将其整理为《抗震通规》第一次印刷本（正方部分）的见解与勘误，见附表7。

《建筑与市政工程抗震通用规范》第一次印刷本（正文部分）的见解与勘误　　附表7

页码	位置	原文	见解与勘误
21	倒数第4行	2.4.2条	2.3.2条
22	倒数第1行	2.4.2条	2.3.2条
25	正数第1行	2.4.2条	2.3.2条
32	倒数第18行	2.4.2条	2.3.2条

附录八　常用表格

《混规》（2015 年版）规定：

4.1.3　混凝土轴心抗压强度的标准值 f_{ck} 应按表 4.1.3-1 采用；轴心抗拉强度的标准值 f_{tk} 应按表 4.1.3-2 采用。

混凝土轴心抗压强度标准值（N/mm^2）　　　　表 4.1.3-1

强度	混凝土强度等级													
	C15	C20	C25	C30	C35	C40	C45	C50	C55	C60	C65	C70	C75	C80
f_{ck}	10.0	13.4	16.7	20.1	23.4	26.8	29.6	32.4	35.5	38.5	41.5	44.5	47.4	50.2

混凝土轴心抗拉强度标准值（N/mm^2）　　　　表 4.1.3-2

强度	混凝土强度等级													
	C15	C20	C25	C30	C35	C40	C45	C50	C55	C60	C65	C70	C75	C80
f_{tk}	1.27	1.54	1.78	2.01	2.20	2.39	2.51	2.64	2.74	2.85	2.93	2.99	3.05	3.11

4.1.4　混凝土轴心抗压强度的设计值 f_c 应按表 4.1.4-1 采用；轴心抗拉强度的设计值 f_t 应按表 4.1.4-2 采用。

混凝土轴心抗压强度设计值（N/mm^2）　　　　表 4.1.4-1

强度	混凝土强度等级													
	C15	C20	C25	C30	C35	C40	C45	C50	C55	C60	C65	C70	C75	C80
f_c	7.2	9.6	11.9	14.3	16.7	19.1	21.1	23.1	25.3	27.5	29.7	31.8	33.8	35.9

混凝土轴心抗拉强度设计值（N/mm^2）　　　　表 4.1.4-2

强度	混凝土强度等级													
	C15	C20	C25	C30	C35	C40	C45	C50	C55	C60	C65	C70	C75	C80
f_t	0.91	1.10	1.27	1.43	1.57	1.71	1.80	1.89	1.96	2.04	2.09	2.14	2.18	2.22

4.1.5　混凝土受压和受拉的弹性模量 E_c 宜按表 4.1.5 采用。

混凝土的剪切变形模量 G_c 可按相应弹性模量值的 40% 采用。

混凝土泊松比 ν_c 可按 0.2 采用。

混凝土的弹性模量（$\times 10^4 N/mm^2$）　　　　表 4.1.5

混凝土强度等级	C15	C20	C25	C30	C35	C40	C45	C50	C55	C60	C65	C70	C75	C80
E_c	2.20	2.55	2.80	3.00	3.15	3.25	3.35	3.45	3.55	3.60	3.65	3.70	3.75	3.80

注：1. 当有可靠试验依据时，弹性模量可根据实测数据确定；

　　2. 当混凝土中掺有大量矿物掺合料时，弹性模量可按规定龄期根据实测数据确定。

4.2.3 普通钢筋的抗拉强度设计值 f_y、抗压强度设计值 f'_y 应按表4.2.3-1采用；预应力筋的抗拉强度设计值 f_{py}、抗压强度设计值 f'_{py} 应按表4.2.3-2采用。

当构件中配有不同种类的钢筋时，每种钢筋应采用各自的强度设计值。

对轴心受压构件，当采用HRB500、HRBF500钢筋时，钢筋的抗压强度设计值 f'_y 应取 400 N/mm²。横向钢筋的抗拉强度设计值 f_{yv} 应按表中 f_y 的数值采用；但用作受剪、受扭、受冲切承载力计算时，其数值大于360N/mm²时应取360N/mm²。

普通钢筋强度设计值（N/mm²） 表 4.2.3-1

牌 号	抗拉强度设计值 f_y	抗压强度设计值 f'_y
HPB300	270	270
HRB335	300	300
HRB400、HRBF400、RRB400	360	360
HRB500、HRBF500	435	435

4.2.5 普通钢筋和预应力筋的弹性模量 E_s 可按表4.2.5采用。

钢筋的弹性模量（×10⁵ N/mm²） 表 4.2.5

牌号或种类	弹性模量 E_s
HPB300	2.10
HRB335、HRB400、HRB500 HRBF400、HRBF500、RRB400 预应力螺纹钢筋	2.00
消除应力钢丝、中强度预应力钢丝	2.05
钢绞线	1.95

钢筋的公称直径、公称截面面积及理论重量 表 A.0.1

公称直径 (mm)	不同根数钢筋的公称截面面积 (mm²)									单根钢筋理论重量 (kg/m)
	1	2	3	4	5	6	7	8	9	
6	28.3	57	85	113	142	170	198	226	255	0.222
8	50.3	101	151	201	252	302	352	402	453	0.395
10	78.5	157	236	314	393	471	550	628	707	0.617
12	113.1	226	339	452	565	678	791	904	1017	0.888
14	153.9	308	461	615	769	923	1077	1231	1385	1.21
16	201.1	402	603	804	1005	1206	1407	1608	1809	1.58
18	254.5	509	763	1017	1272	1527	1781	2036	2290	2.00(2.11)
20	314.2	628	942	1256	1570	1884	2199	2513	2827	2.47
22	380.1	760	1140	1520	1900	2281	2661	3041	3421	2.98
25	490.9	982	1473	1964	2454	2945	3436	3927	4418	3.85(4.10)
28	615.8	1232	1847	2463	3079	3695	4310	4926	5542	4.83
32	804.2	1609	2413	3217	4021	4826	5630	6434	7238	6.31(6.65)
36	1017.9	2036	3054	4072	5089	6107	7125	8143	9161	7.99
40	1256.6	2513	3770	5027	6283	7540	8796	10053	11310	9.87(10.34)
50	1963.5	3928	5892	7856	9820	11784	13748	15712	17676	15.42(16.28)

注：括号内为预应力螺纹钢筋的数值。

钢筋混凝土构件的相对界限受压区高度 ξ_b 值，见附表8.1。

相对界限受压区高度 ξ_b　　　　　　　　　　　　　　　　附表8.1

钢筋牌号	混凝土强度等级						
	≤C50	C55	C60	C65	C70	C75	C80
HPB300	0.576	0.566	0.556	0.547	0.537	0.528	0.518
HRB335	0.550	0.541	0.531	0.522	0.512	0.503	0.493
HRB400 HRBF400	0.518	0.508	0.499	0.490	0.481	0.472	0.463
HRB500 HRBF500	0.482	0.473	0.464	0.455	0.447	0.438	0.429

板一侧的受拉钢筋的最小配筋百分率（%），依据《混通规》4.4.6条，见附表8.2。

板一侧的受拉钢筋的最小配筋百分率（%）　　　　　　　　附表8.2

钢筋牌号	混凝土强度等级						备注
	C25	C30	C35	C40	C45	C50	
HPB300	0.21	0.24	0.26	0.29	0.30	0.32	包括悬臂板
HRB335	0.20	0.21	0.24	0.26	0.27	0.28	
HRB400	0.20	0.20	0.20	0.21	0.23	0.24	
HRB500	—	0.15	0.16	0.18	0.19	0.20	不包括悬臂板

梁、偏心受拉、轴心受拉构件一侧的受拉钢筋的最小配筋百分率（%），依据《混规》表8.5.1，见附表8.3。

梁、偏心受拉、轴心受拉构件一侧的受拉钢筋的最小配筋百分率（%）　　附表8.3

钢筋牌号	混凝土强度等级					
	C25	C30	C35	C40	C45	C50
HPB300	0.21	0.24	0.26	0.29	0.30	0.32
HRB335	0.20	0.21	0.24	0.26	0.27	0.28
HRB400	0.20	0.20	0.20	0.21	0.23	0.24
HRB500	0.20	0.20	0.20	0.20	0.20	0.20

框架梁纵向受拉钢筋的最小配筋百分率（%），见《混规》表11.3.6-1，或者见附表8.4。

框架梁纵向受拉钢筋的最小配筋百分率（%）　　　　　　　表11.3.6-1

抗震等级	梁 中 位 置	
	支　座	跨　中
一级	0.40 和 80 f_t/f_y 中的较大值	0.3 和 65 f_t/f_y 中的较大值
二级	0.30 和 65 f_t/f_y 中的较大值	0.25 和 55 f_t/f_y 中的较大值
三、四级	0.25 和 55 f_t/f_y 中的较大值	0.20 和 45 f_t/f_y 中的较大值

框架梁纵向受拉钢筋的最小配筋百分率（％）　　　　　　　　　　附表 8.4

抗震等级	钢筋牌号	梁中位置	混凝土强度等级					
			C25	C30	C35	C40	C45	C50
一级	HRB400	支座	—	0.400	0.400	0.400	0.400	0.420
		跨中	—	0.300	0.300	0.309	0.325	0.341
	HRB500	支座	—	0.400	0.400	0.400	0.400	0.400
		跨中	—	0.300	0.300	0.300	0.300	0.300
二级	HRB400	支座	0.300	0.300	0.300	0.309	0.325	0.341
		跨中	0.250	0.250	0.250	0.261	0.275	0.289
	HRB500	支座	0.300	0.300	0.300	0.300	0.300	0.300
		跨中	0.250	0.250	0.250	0.250	0.250	0.250
三、四级	HRB400	支座	0.250	0.250	0.250	0.261	0.275	0.289
		跨中	0.200	0.200	0.200	0.214	0.225	0.236
	HRB500	支座	0.250	0.250	0.250	0.250	0.250	0.250
		跨中	0.200	0.200	0.200	0.200	0.200	0.200

注：非抗震设计，框架梁的纵向受拉钢筋的最小配筋百分率，按附表 10.3。

沿梁全长箍筋的最小面积配筋率 $\rho_{sv,min}$，依据《混规》11.3.9 条、9.2.9 条第 3 款，见附表 8.5。面积配筋率 $\rho_{sv}=A_{sv}/(bs)$。

沿梁全长箍筋的最小面积配筋百分率（％）　　　　　　　　　　附表 8.5

抗震等级	钢筋牌号	混凝土强度等级					
		C25	C30	C35	C40	C45	C50
一级	HPB300	—	0.159	0.174	0.190	0.200	0.210
	HRB335	—	0.143	0.157	0.171	0.180	0.189
	HRB400	—	0.119	0.131	0.143	0.150	0.158
二级	HPB300	0.132	0.148	0.163	0.177	0.187	0.196
	HRB335	0.119	0.133	0.147	0.160	0.168	0.176
	HRB400	0.099	0.111	0.122	0.133	0.140	0.147
三、四级	HPB300	0.122	0.138	0.151	0.165	0.173	0.182
	HRB335	0.110	0.124	0.136	0.148	0.156	0.164
	HRB400	0.092	0.103	0.113	0.124	0.130	0.137
非抗震	HPB300	0.113	0.127	0.140	0.152	0.160	0.168
	HRB335	0.102	0.114	0.126	0.137	0.144	0.151
	HRB400	0.085	0.095	0.105	0.114	0.120	0.126

注：1. 表中一级按 $0.30f_t/f_{yv}$，二级按 $0.28f_t/f_{yv}$，三、四级按 $0.26f_t/f_{yv}$。非抗震，按 $0.24f_t/f_{yv}$；
2. HRB500 按表中 HRB400 采用。

梁箍筋的配筋 A_{sv}/s（mm²/mm）的选用表，见附表8.6。

梁箍筋的配筋 A_{sv}/s（mm²/mm）的选用表　　附表8.6

箍筋直径与配置		箍筋间距 s（mm）					
		100	125	150	200	250	300
6 (28.3)	双肢箍	0.566	0.453	0.377	0.283	0.226	0.189
	四肢箍	1.132	0.906	0.755	0.566	0.453	0.377
8 (50.3)	双肢箍	1.006	0.805	0.671	0.503	0.402	0.335
	四肢箍	2.012	1.610	1.341	1.006	0.805	0.671
10 (78.5)	双肢箍	1.57	1.256	1.047	0.785	0.628	0.523
	四肢箍	3.14	2.512	2.093	1.570	1.256	1.047
12 (113.1)	双肢箍	2.262	1.810	1.508	1.131	0.905	0.754
	四肢箍	4.524	3.619	3.016	2.262	1.810	1.508
14 (153.9)	双肢箍	3.078	2.462	2.052	1.539	1.231	1.026
	四肢箍	6.156	4.925	4.104	3.078	2.462	2.052

每米板宽内的普通钢筋截面面积表，见附表8.7。

每米板宽内的普通钢筋截面面积表　　附表8.7

钢筋间距 （mm）	钢筋直径（mm）										
	6	6/8	8	8/10	10	10/12	12	12/14	14	16	18	20
70	404	561	719	920	1121	1369	1616	1908	2199	2872	3636	4489
75	377	524	671	859	1047	1277	1508	1780	2053	2681	3393	4189
80	354	491	629	805	981	1198	1414	1669	1924	2513	3181	3928
85	333	462	592	758	924	1127	1331	1571	1811	2365	2994	3696
90	314	437	559	716	872	1064	1257	1484	1710	2234	2828	3491
95	298	414	529	678	826	1008	1190	1405	1620	2116	2679	3307
100	283	393	503	644	785	958	1131	1335	1539	2011	2545	3142
110	257	357	457	585	714	871	1028	1214	1399	1828	2314	2856
120	236	327	419	537	654	798	942	1112	1283	1676	2121	2618
125	226	314	402	515	628	766	905	1068	1232	1608	2036	2514
130	218	302	387	495	604	737	870	1027	1184	1547	1958	2417
140	202	281	359	460	561	684	808	954	1100	1436	1818	2244
150	189	262	335	429	523	639	754	890	1026	1340	1697	2095
160	177	246	314	403	491	599	707	834	962	1257	1591	1964
170	166	231	296	379	462	564	665	786	906	1183	1497	1848
180	157	218	279	358	436	532	628	742	855	1117	1414	1746
190	149	207	265	339	413	504	595	702	810	1058	1339	1654
200	141	196	251	322	393	479	565	668	770	1005	1273	1571
220	129	178	228	292	357	436	514	607	700	914	1157	1428
240	118	164	209	268	327	399	471	556	641	838	1060	1309
250	113	157	201	258	314	385	452	534	616	804	1018	1257

注：表中6/8，8/10等是指两种直径的钢筋间隔放置。

附录九 《钢标》的见解与勘误

根据笔者对《钢准》的学习与理解，《钢标》第一次印刷本（正文部分）存在瑕疵或不足，笔者将其整理为《钢标》第一次印刷本（正文部分）的见解与勘误，见附表 9。此外，《钢标》条文说明不具备与正文同等的法律效力，故不列出。

特别注意：考试时，以命题专家的定义为准。

《钢结构设计标准》第一次印刷本（正文部分）的见解与勘误　　　附表 9

页码	条目	原文	见解与勘误
15	3.5.1	σ_{max}——腹板计算边缘的最大压应力（N/mm²）	σ_{max}——腹板计算高度边缘的最大压应力（N/mm²）
36	5.5.9	应按不小于 1/1000 的出厂加工精度	应按 e_0/l 不小于 1/1000 的出厂加工精度
37	6.1.1	……为 S5 级时，应取有效截面模量	……为 S5 级时，应取有效净截面模量
37	6.1.1	均匀受压翼缘有效外伸宽度可取 $15\varepsilon_k$	均匀受压翼缘有效外伸宽度可取 $15\varepsilon_k$ 倍受压翼缘厚度
40	6.2.2	均匀受压翼缘有效外伸宽度可取 $15\varepsilon_k$	均匀受压翼缘有效外伸宽度可取 $15\varepsilon_k$ 倍受压翼缘厚度
47	式 6.3.6-1	$b_s = h_0/30 + 40$	$b_s \geqslant h_0/30 + 40$
48	6.3.7-1	$15h_w\varepsilon_k$	$15t_w\varepsilon_k$
53	6.5.2	图 6.5.2 的标准与正文不一致	正文为准
57	7.2.1	除可考虑屈服后强度	除可考虑屈曲后强度
62	7.2.2	x_s，y_s——截面剪心的坐标（mm）	x_s，y_s——截面形心至剪心的距离（mm）
75	7.4.4 条第 4 款	……确定系数 φ	……确定系数 ρ
77	7.5.1 条	N——被撑构件的最大轴心压力（N）	N——被撑构件的最大轴心压力设计值（N）
79	7.6.2	所有 λ_u、μ_u	均变为：λ_x、μ_x
79	7.6.2	或者：λ_x	变为：λ_u，其他 λ_u 不变
81	8.1.1	N——同一截面处轴心压力设计值（N）	N——同一截面处轴心力设计值（N）
83	式 8.2.1-2	N'_{Fx}	N'_{Ex}
83	倒数第 10 行	N'_{Ex}——（mm）	N'_{Ex}——（N）
84	倒数第 5 行、第 4 行	M_{qx}——定义有误；M_1——定义有误	M_{qx}——横向荷载产生的弯矩最大值；M_1——按公式（8.2.1-5）中 M_1 采用
86	式（8.2.4-1）	N'_{Ex}	N'_E
91	式 8.3.2-1	k_b	K_b
104	式 10.3.4-3	ω_x	W_{nx}

续表

页码	条目	原 文	见解与勘误
104	式（10.3.4-5）	W_x	W_{nx}
105	倒数第3行	γ'_x	γ_x
110	11.2.3 第1、2款	15mm	1.5mm
113	11.3.3	1∶25	1∶2.5
114	11.3.4条 第4款	加强焊脚尺寸不应大于……	加强焊脚尺寸不应小于
126	式（11.6.4-3）	15	1.5
131	图12.2.5（b）	$0.5b_{ef}$	$0.5b_e$
132	12.3.3	当$h_c/h_b \geqslant 10$时：	当$h_c/h_b \geqslant 1.0$时：
133	12.3.3	当$h_c/h_b < 10$时：	当$h_c/h_b < 1.0$时
133	正数第15行	h_{c1}——柱翼缘中心线之间的宽度和梁腹板高度	h_{c1}——柱翼缘中心线之间的宽度
136	12.4.1	采取焊接、螺纹	采取焊接、螺栓
138	12.6.2	l——弧形表面或滚轴	l——弧形表面或辊轴
141	图12.2.7	L_r标注有误	按图12.7.7中L_r定义进行标注
150	图13.3.2-1	D_1	D_i
156	图13.3.2-7；图13.3.2-8	D_1管的壁厚t_1、t_2；D_2管的壁厚t_1、t_2	D_1管的壁厚均为：t_1；D_2管的壁厚均为：t_2
161	图13.3.4-2	X形为空间节点——有误	X形平面节点
165	式（13.3.9-2）	0.446	0.466
165	式（13.3.9-3）	0.446	0.466
196	式（16.2.1-1）	$\Delta\sigma < \gamma_t[\Delta\sigma_L]1 \times 10^8$	$\Delta\sigma \leqslant \gamma_t[\Delta\sigma_L]1 \times 10^8$
197	式（16.2.1-4）	$\Delta\tau < [\Delta\tau_L]1 \times 10^8$	$\Delta\tau \leqslant [\Delta\tau_L]1 \times 10^8$
197	式（16.2.1-5）	$\Delta\tau < \tau_{max} - \tau_{min}$	$\Delta\tau = \tau_{max} - \tau_{min}$
197	式（16.2.1-6）	$\Delta\tau < \tau_{max} - 0.7\tau_{min}$	$\Delta\tau = \tau_{max} - 0.7\tau_{min}$
199	式（16.2.2-3）	$([\Delta\sigma]5 \times 10^6)$	$([\Delta\sigma]5 \times 10^6)^2$
200	16.2.3	$\Delta\sigma_i$，n_i——定义有误	$\Delta\sigma_i$，n_i——应力谱中循环次数$n \leqslant 5 \times 10^6$范围内的正应力幅及其频次
200	16.2.3	$\Delta\sigma_j$，n_j——定义有误	$\Delta\sigma_i$，n_i——应力谱中循环次数$5 \times 10^6 < n \leqslant 1 \times 10^8$范围内的正应力幅及其频次
200	16.2.3	$\Delta\tau_i$，n_i——定义有误	$\Delta\tau_i$，n_i——应力谱中循环次数$n \leqslant 1 \times 10^8$范围内的剪应力幅及其频次
212	式（17.2.2-2）	M_{Ehkz}，M_{Evkz}	M_{Ehkz}，M_{Evkz}位置交换
212	倒数第3行	本标准第17.2.2-3采用	本标准表17.2.2-3采用
215	17.2.3	R_k的量纲：N/mm²	N/mm²，或N
219	式（17.2.9-1）	W_E	W_{Eb}
219	式（17.2.9-2）	W_E	W_{Eb}
219	式（17.2.9-3）	W_{EC}	W_{Eb}

续表

页码	条目	原文	见解与勘误
229	17.3.14条 第1款	不宜小于节点板的2倍	不宜小于节点板厚度的2倍
243	式 C.0.1-1	ε_k	ε_k^2
267	式 F.1.1-9	n_y	η_y
276	H.0.1-1	Nmm^2/mm	$N \cdot mm^2/mm$

附录十 建筑结构加固施工图设计表示方法

国家图集《建筑结构加固施工图设计表示方法》SG 111-1（2008年版）规定：

> 1.5 按本图集表示方法绘制施工图时，应将所有被加固的柱、墙、梁、板、洞口等进行编号。编号由两部分组成，即构件类型代号和序号，构件类型代号见表1.5。如对框架柱加固，编号为JKZ（构件类型代号）-XX（序号）
>
> 构件类型代号汇总表（局部示例）　　　　表1.5
>
> | 构件名称 | | 构件类型代号 |
> |---|---|---|
> | 柱 | 框架柱 | JKZ |
> | | 框支柱 | JKZZ |
> | | 梁上柱 | JLZ |
> | | 剪力墙上柱 | JJZ |
> | 梁 | 框架梁 | JKL |
> | | 非框架梁 | JL |
> | | 悬挑梁 | JXL |
> | | 框支梁 | JKZL |
> | 楼板 | 板 | JB |
> | | 板洞 | JBD |

一、混凝土柱加固施工图表示方法

图集SG111~1规定：

> 2.1 柱加固施工图的表示方法
> 2.1.1 柱加固施工图表示方法可采用列表注写方法、截面注写方法或平面注写方法等。
> 2.1.2 柱加固平面布置图，可采用适当比例单独绘制，也可与剪力墙平面布置图合并绘制。
> 2.1.3 本图集绘出了加大截面加固柱、外包钢加固柱、碳纤维加固柱的表示方法。
> 2.2 列表注写方法
> 2.2.1 柱列表注写方法，系根据加固方法在分标准层绘制的柱平面布置图上对同一编号的柱选择一个截面分别标注柱编号、柱段起止标高、原柱截面尺寸、加固截面尺寸、加固材料的类型及具体数量。
> 2.2.2 柱列表注写内容规定如表2.2.2-1~表2.2.2-4所示。

加固柱列表注写内容　　表 2.2.2-1

注写内容		示　例		
截面	表达截面形式和加大截面的范围	加大截面加固法示例	外包钢加固法示例	碳纤维加固法示例
柱编号	参见表 2.1.3	例：JKZ1，表示加固框架柱 1		
各柱段的起止标高	自柱根部往上以变截面、变加固材料用量或方法处为界分段注写。框架柱和框支柱的根部标高系指基础顶面标高；梁上柱根部标高系指梁顶标高；剪力墙上柱根部标高为墙顶面标高	例：8.000～10.000（10.000～12.000），表示分两段，第一段为 8.000m 至 10.000m，第二段为 10.000m 至 12.000m。以括弧表示的第二段的后续相关内容应与括号所示部分相对应		
原柱截面尺寸	对于矩形柱注写截面宽度 b 和高度 h；对于圆形柱注写截面直径 D	例：400×500，表示原截面为矩形，宽度 $b=400$，高度 $h=500$ 例：D600，表示原截面为圆形，直径 $D=600$		
加固构件改变或增加截面的尺寸	对于加大截面加固柱，需注明一面、二面、三面或四面加大截面的厚度（$b_1/b_2-h_1/h_2$），b_1、b_2 分别为宽度 b 左、右侧增加的厚度，h_1、h_2 分别为高度 h 上、下面增加的厚度；对于碳纤维加固矩形柱，需注明倒角半径 r	例：400×500（80/60－80/60），表示加大截面加固柱，左侧加厚 $b_1=80$，右侧加厚 $b_2=60$；上面加厚 $h_1=80$，下面 $h_2=60$，见表 2.2.2-2 所示 JZK1。 例：D500（80），表示原柱截面为圆形，直径 500，半径加厚 80，见表 2.2.2-2 所示 JKZ6	—	例：300×400（25），表示碳纤维加固柱倒角半径 $r=25$，见表 2.2.2-4 所示 JKZ1
纵向加固材料	对于加大截面加固柱，分别注写柱纵向角筋、截面 b（即左右）方向中部钢筋直径和根数、截面 h（即上下）方向中部钢筋直径和根数；对于外包钢加固柱，注写外包角钢型号和钢板尺寸	见表 2.2.2-2	见表 2.2.2-3。 例：4L100×75×6，表示采用 4 根不等边角钢 100×75×6，其中角钢长边 100 沿 b 方向，短边 75 沿 h 方向（注：若角钢短边沿 b 方向，则表示为 4L100×75×6#，即在最后注写"#"）。 例：2-100×6 表示采用 2 块钢板，宽 100，厚 6	—

续表

注写内容	示例		
横向加固材料	对于加大截面加固柱,注写箍筋直径、间距。对于外包钢加固柱,注写缀板宽度、厚度和间距以及锚栓个数、直径。对于碳纤维加固柱,注写碳纤维层数、宽度和间距;见表2.2.2-2～表2.2.2-4	注写新增箍筋。 例:Φ10@150(1200)/300,表示箍筋为HPB235级钢,直径10,加密区间距150,分布长度1200,中间非加密区间距为300。 例:Φ10@200,表示箍筋为HPB235级钢,直径10,沿柱全高间距200均匀分布	注写缀板宽度、厚度和间距以及锚栓个数、直径。 例:100×3@300(1200)/500,表示缀板宽度100,厚度3,沿轴线两端间距为300,分布长度为1200,中间区段间距为500。 例:100×3@400,表示缀板宽度100,厚度3,沿轴线间距均为400。 例:2M10@300,表示锚杆直径为10,轴线间距沿柱高均为300	注写横向碳纤维。 例:2T-100@300(1200)/400,表示2层碳纤维布,宽度100,沿轴线两端间距为300,分布长度各为1200,中间区段间距为400。 例:2T-100@350,表示2层碳纤维布,宽度100,沿轴线间距均为350。 例:2T-100@300(1200)/-,表示2层碳纤维布,宽度100,沿轴线两端间距为300,分布长度为1200,中间区段不布置。 例:2T-#,表示2层碳纤维布,满包

加大截面加固柱列表注写方法示例(局部示例)　　表2.2.2-2

截面			
编号	JKZ1	JKZ3	JKZ6
标高	5.100～10.000	5.100～10.000	5.100～10.000
原截面尺寸及增加的厚度 $b×h$ ($b_1/b_2-h_1/h_2$)	400×500 (80/60-80/60)	400×500 (80/60-0/0)	D500(80)
角筋	4Φ22	4Φ22	8Φ22
b边一侧中部钢筋	2Φ18	—	—
h边一侧中部钢筋	3Φ20	1Φ20	—
箍筋	Φ10@150(1200)/300	Φ10@150(1200)/300	Φ10@150(1200)/300
拉筋	Φ6@300	—	—
截面示意图			

外包钢加固柱列表注写方法示例（局部示例）	表 2.2.2-3

截面	
编号	JKZ1
标高	5.100～10.000
原截面尺寸	300×400
纵向角钢	4L100×75×6
纵向钢板	—
横向缀板	100×3@300（1200）/500
横向锚栓	—
截面示意图	

碳纤维加固柱列表注写方法示例			表 2.2.2-4

截面			
编号	JKZ1		JKZ2
标高	5.100～8.000	8.000～10.000 （10.000～12.000）	5.100～10.000
原柱截面尺寸（倒角半径） $b×h（r）$ 或 D	300×400（25）	300×350（25）	D400
横向碳纤维布层数、 宽度与间距	2T-100@350	2T-100@300（1200）/- (2T-100@300（1200）/400)	2T-#
截面示意图			

2.3 截面注写方法（略）

2.4 平面注写方法

2.4.1 平面注写方法，系根据加固方法在分标准层绘制的柱平面布置图上，对不同编号的柱分别在其上注写柱编号、柱原截面尺寸及加固材料具体数值的方法来表达柱加固施工图，楼层起止标高在图中另行注明。

2.4.2 当平面注写方法尚无法将加固设计表示清楚时可用柱剖面图、立面图辅助表示。柱剖面图、立面图应能明确表达加固材料沿柱纵轴方向的分布以及用量。

2.4.3 加大截面加固柱施工图采用平面注写方法绘制时，应注写的内容包括：柱编号、原柱截面尺寸、加大截面后增加的厚度、新增纵筋和新增箍筋，见表 2.4.3 和图 2.4.3。

加大截面加固柱平面注写方法注写内容　　　　表 2.4.3

注写内容	示　例
柱编号	见图 2.4.3
原柱截面尺寸及截面增加的厚度	见图 2.4.3
新增纵筋	见图 2.4.3。 例：4Φ22＋2Φ18＋3Φ20，表示纵筋为 HRB335 钢，4 根角筋，直径为 22；沿宽度 b 方向截面中部配 2 根钢筋，直径为 18；沿高度 h 方向截面中部配 3 根钢筋，直径为 20
新增箍筋	见图 2.4.3
拉筋	见图 2.4.3

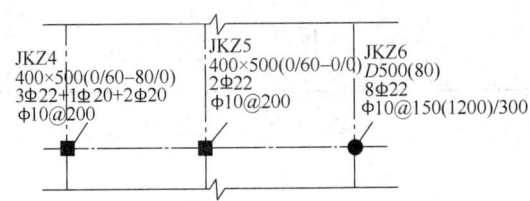

图 2.4.3　加大截面加固柱平面注写方法示例

2.4.4 外包钢加固柱施工图采用平面注写方法绘制时，应注写的内容包括：柱编号、原柱截面尺寸、角钢型号、钢板宽度、厚度、缀板宽度、厚度和间距，注写锚栓直径、间距（施工方法采用干式还是湿式，可在总说明中统一说明，也可在柱加固平面布置图中分别说明），见表 2.4.4 和图 2.4.4。

外包钢加固柱平面注写方法注写内容　　　　表 2.4.4

注写内容	示　例
柱编号	见图 2.4.4
原柱截面尺寸	见图 2.4.4

续表

注写内容	示 例
外包角钢型号、钢板宽度、厚度	见图 2.4.4。 例：4L100×75×6，表示采用 4 根不等边角钢 100×75×6，其中长边 100 沿 b 方向，短边 75 沿 b 方向（注：若角钢短边沿 b 方向，则表示为 2L100×75×6#，即在最后注写"#"）。 例：2L100×75×6+2-200×6，表示采用 2 根角钢 L100×75×6 和 2 块钢板 200×6
缀板宽度、厚度和间距	见图 2.4.4
注写锚栓	见图 2.4.4

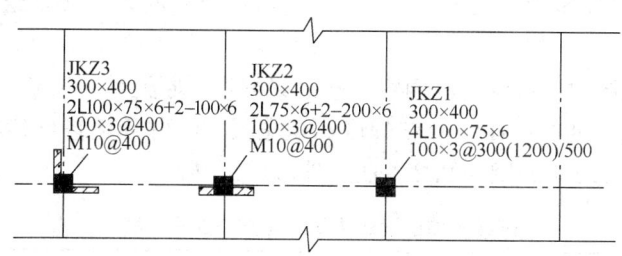

图 2.4.4 外包钢加固柱平面注写方法示例

2.4.5 碳纤维加固柱施工图采用平面注写方法绘制时，应注写的内容包括：柱编号、原柱截面尺寸、倒角半径、碳纤维布层数、宽度和间距，见表 2.4.5 和图 2.4.5。

碳纤维加固柱平面注写方法注写内容　　　　表 2.4.5

注写内容	示 例
柱编号	见图 2.4.5
原柱截面尺寸及倒角半径	见图 2.4.5
碳纤维布层数、宽度与间距	见图 2.4.5

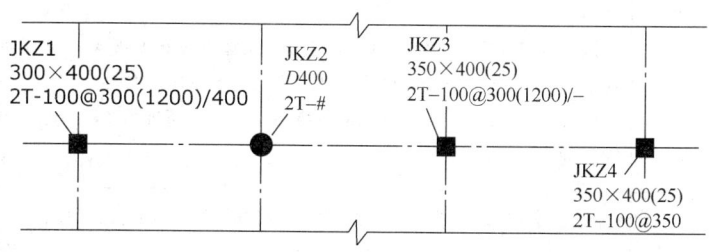

图 2.4.5 碳纤维加固柱平面注写方法示例

二、混凝土梁加固施工图表示方法

图集 SG111-1 规定：

3.1 梁加固施工图的表示方法

3.1.1 梁加固施工图系在梁平面布置图上采用平面注写方法或截面注写方法表达。

3.1.2 梁平面布置图,应分别按梁的不同结构层(标准层),将全部梁和其他相关联的柱、墙、板一起采用适当比例绘制。

3.1.3 本图集给出了碳纤维加固梁、粘钢加固梁、加大截面加固梁、外包钢加固梁的表示方法。

3.2 平面注写方法

3.2.1 平面注写方法,系根据加固方法在分标准层绘制的梁平面布置图上,分别在不同编号的梁中各选一根梁,在其上注写相关截面尺寸和加固材料类型及具体数值的方法来表达梁加固施工图,楼层起止标高在图中别行注明。

3.2.2 碳纤维加固梁施工图采用平面注写方法绘制时,可分别绘制梁底和梁支座加固施工图。

梁底加固施工图中,应注写的内容包括:梁编号、原梁截面尺寸、碳纤维布层数及宽度、U形箍宽度、轴线间距、分布长度和压条尺寸,并用粗虚线表示梁底碳纤维的范围示意,见表3.2.2-1和图3.2.2(a)、图3.2.2(b)。

碳纤维加固梁底平面注写方法注写内容   表3.2.2-1

注写内容	示例
梁编号	例:JKL1,表示加固框架梁1
原梁截面尺寸和倒角半径 $b \times h$ (r)	例:300×500(25),表示原梁截面宽度300,高度500,倒角半径为25
梁底碳纤维布层数和宽度	例:2T-300,表示2层碳纤维布,宽度为300,长度为梁净跨度。 例:1T-300×2800+1T-300,表示2层碳纤维布,第1层宽度为300,长度为2800,居中布置;第2层宽度300,长度为梁净跨度
U形箍宽度、轴线间距及分布长度	例:1U-200@300(1200)/400,表示1层碳纤维布U形箍,宽度为200,轴线间距在加密区为300,分布长度为1200,非加密区轴线间距为400。 例:1U-200@300,表示1层碳纤维布U形箍,宽度为200,沿梁全长加固,轴线间距为300。 例:1U-200@300(1200)/-,表示1层碳纤维布U形箍,宽度为200,轴线间距在加密区为300,分布长度为1200,非加密区不进行加固。 例:1U-2×200@300,1层碳纤维布U形箍,宽度为200,支座两端各2个,轴线间距为300
压条尺寸	例:1Y-100,表示1层压条,宽度为100,沿梁跨通长粘贴。 例:1Y-100×1500,表示1层压条,宽度为100,长度为1500,梁两端每侧各粘贴一条
备注	1. 当仅进行斜截面抗剪加固时,梁底碳纤维可缺省,U形箍和压条的表示方法同上。 2. 第一肢U形箍离柱边净距不大于50

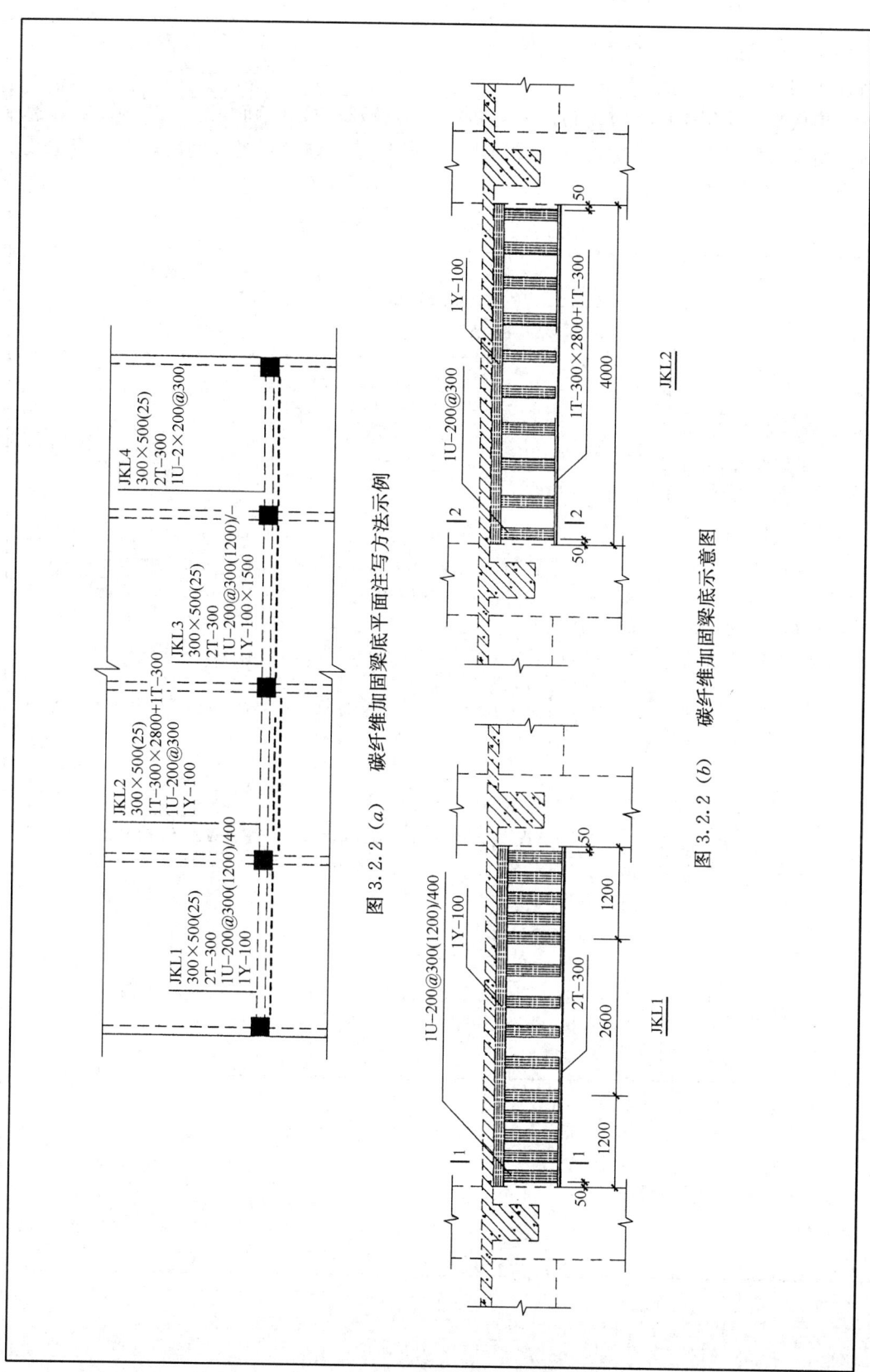

图3.2.2(a) 碳纤维加固梁底平面注写方法示例

图3.2.2(b) 碳纤维加固梁底示意图

3.2.3 粘钢加固梁施工图采用平面注写方法绘制时,可分别绘制梁底和梁支座加固施工图。

梁底加固施工图中,应注写的内容包括:梁编号、原梁截面尺寸、钢板层数、厚度、宽度、U形箍厚度、宽度、轴线间距、压条尺寸、锚栓直径和间距,并用粗虚线表示梁底粘钢,见表3.2.3-1和图3.2.3(a)、图3.2.3(b)。

粘钢加固梁底平面注写方法注写内容　　　　表3.2.3-1

注写内容	示　例
梁编号	例:JKL1,表示粘钢加固梁1
原梁截面尺寸 $b \times h$	例:300×500,表示原梁截面宽度300,高度500
梁底钢板层数、宽度和厚度	例:1G-300×3,表示1层钢板,宽度为300,厚度为3
U形箍层数、宽度、厚度、轴线间距及分布长度	例:1U-200×3@300(1200)/400,表示1层钢板U形箍,宽度为200,厚度为3,钢板U形箍轴线间距在加密区为300,分布长度1200,非加密区轴线间距为400。 例:1U-200×3@300,表示1层钢板U形箍,宽度为200,厚度为3,钢板U形箍沿梁全长加固,轴线间距为300。 例:1U-200×3@300/-,表示1层钢板U形箍,宽度为200,厚度为3,钢板U形箍轴线间距在加密区为300,非加密区不进行加固。 例:1U-2×200×3@300,表示1层钢板U形箍,宽度为200,厚度为3,在梁两端各2个
压条尺寸	例:1Y-100×3,表示1层压条,钢板宽度为100,厚度为3,沿梁跨通长粘贴。 例:1Y-100×3/1500,表示1层压条,钢板宽度为100,厚度为3,长度为1500,梁两端每侧各粘贴一条
备注	1. 当仅进行斜截面抗剪加固时,梁底粘钢可缺省,U形箍和压条的表示方法同上。 2. 第一肢U形箍离柱边净距不大于50

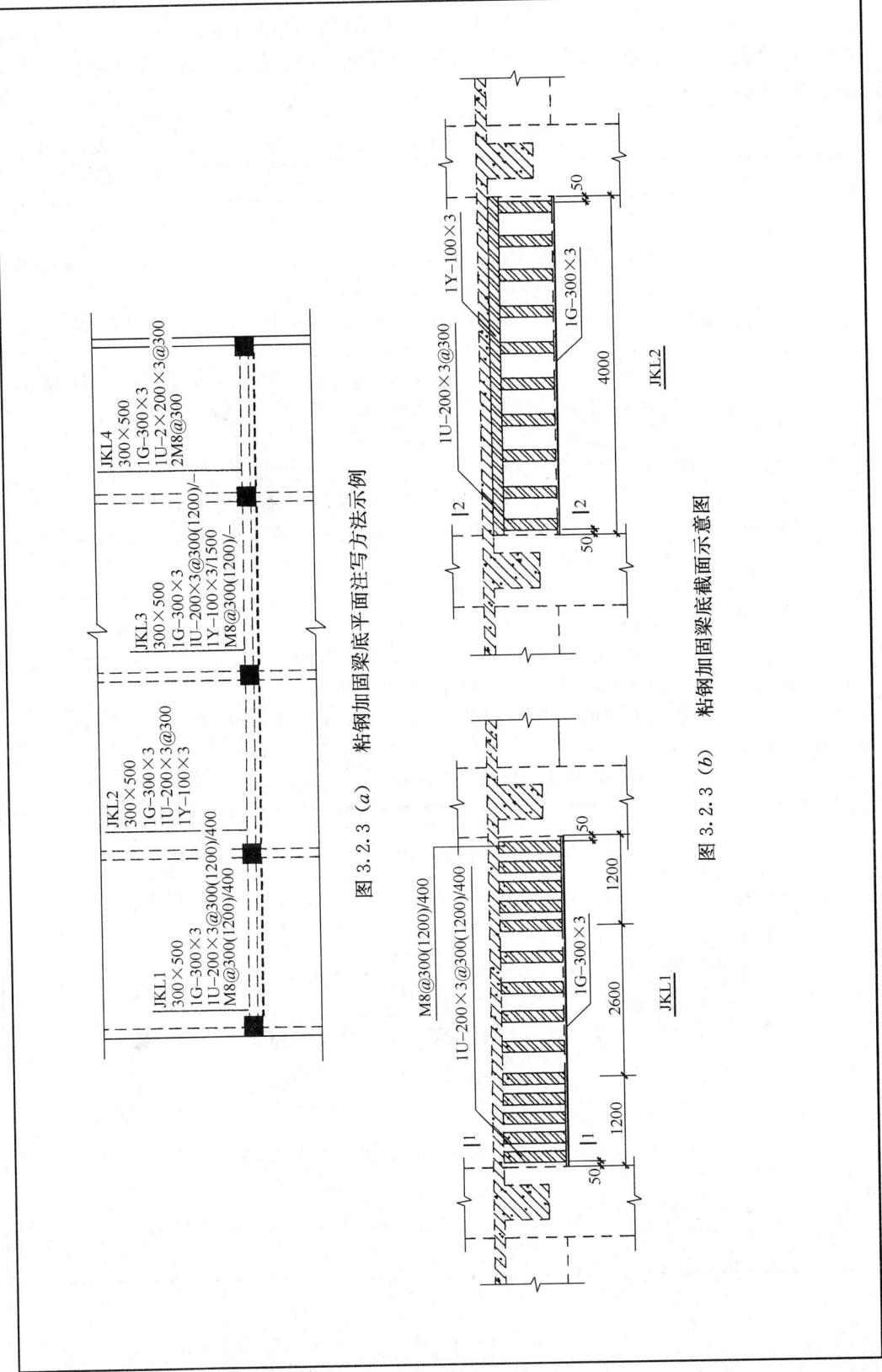

图 3.2.3 (a) 粘钢加固梁底平面注写方法示例

图 3.2.3 (b) 粘钢加固梁底截面示意图

3.2.4 加大截面加固梁施工图采用平面注写方法绘制时,需注写的内容包括:梁编号、原梁截面尺寸、截面增加的厚度、新增纵筋和新增箍筋,见表3.2.4和图3.2.4(a)、图3.2.4(b)。

加大截面加固梁平面注写方法注写内容   表3.2.4

注写内容	示 例
原梁截面尺寸 $b \times h$ 和截面增加的厚度 (b_1/b_2-h_1/h_2)	例:250×400(0/0-0/150),表示原梁截面宽度250,高度400,左、右侧和上面均不加厚,下面加厚150,即单侧加大截面高度。 例:250×400(50/0-0/100),表示原梁截面宽度250,高度400,左侧加厚50,右侧和上面不加厚,下面加厚100,即双面扩大截面。 例:250×400(50/50-0/100),表示原梁截面宽度250,高度400,左侧加厚50,右侧加厚50,上面不加厚,下面加厚100,即三面扩大截面
新增纵筋	例:3Φ20,表示纵筋为HRB335钢,梁的下部配置3根钢筋,直径为20。 例:4Φ20,表示纵筋为HRB335钢,梁的下部配置4根钢筋,直径为20;梁的侧面不配置钢筋
新增箍筋	见图3.2.4(a)、图3.2.4(b)。 例:ϕ10@150(1200)/300,表示箍筋为HPB235钢,直径10,加密区间距150,分布长度为1200,中间非加密区间距为300。 例:ϕ10@200,表示箍筋为HPB235钢,直径10,沿梁全跨间距200均匀分布
备注	第一肢箍筋离柱边净距不大于50

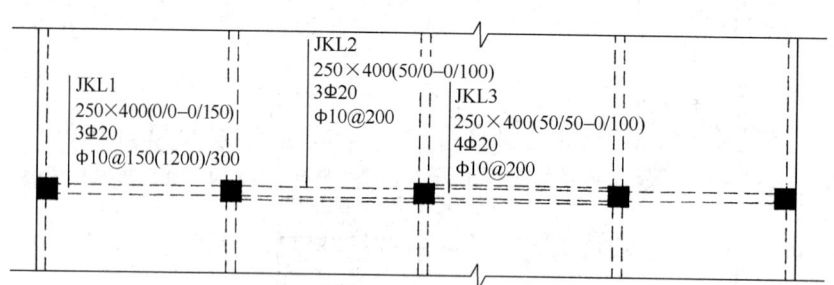

图3.2.4(a) 加大截面加固梁平面注写方法示例

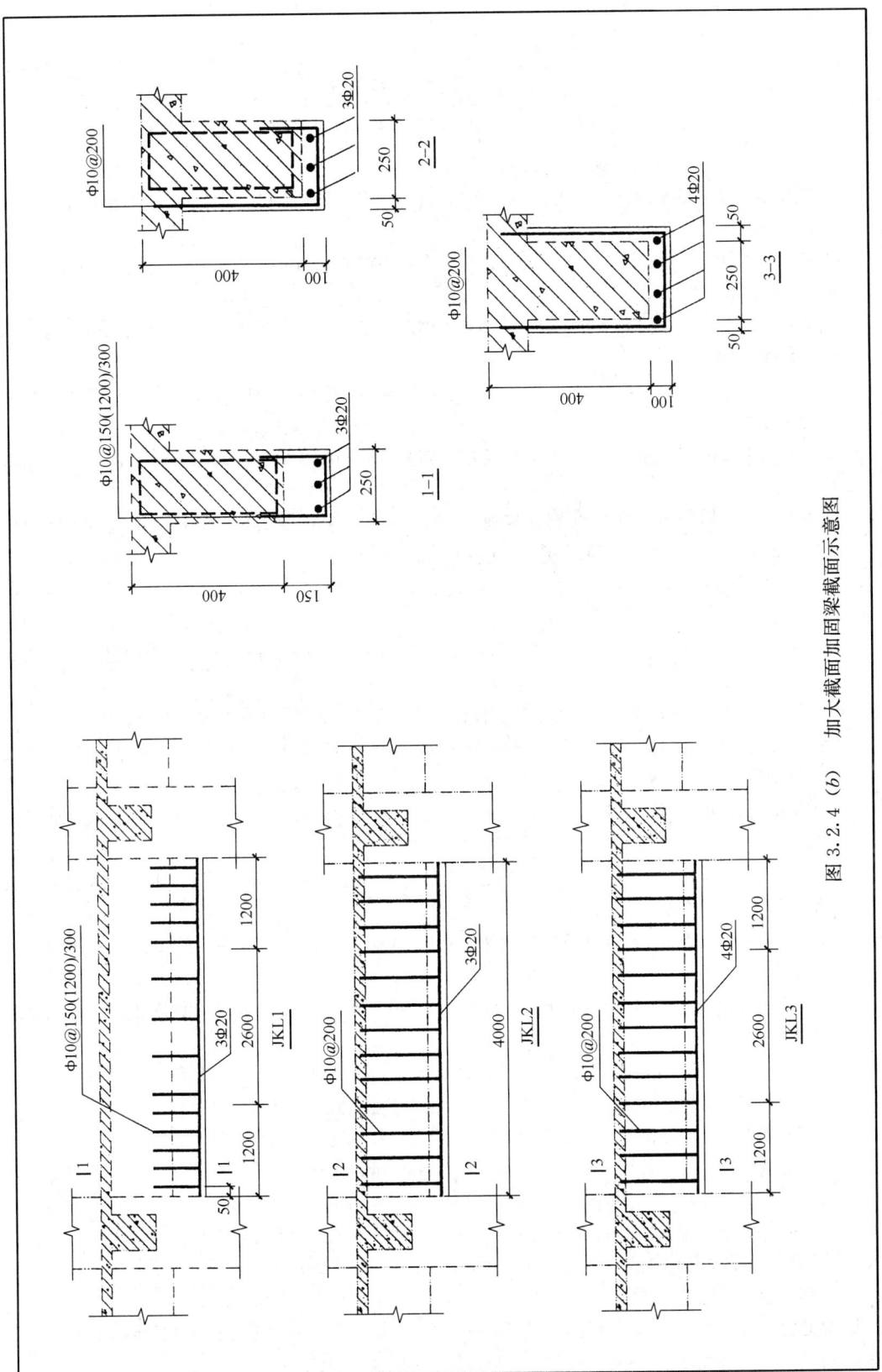

图3.2.4(b) 加大截面加固梁截面示意图

参 考 文 献

[1] 中华人民共和国国家标准.《工程结构通用规范》GB 55001—2021，北京：中国建筑工业出版社，2021.

[2] 中华人民共和国国家标准.《建筑与市政工程抗震通用规范》GB 55002—2021，北京：中国建筑工业出版社，2021.

[3] 中华人民共和国国家标准.《建筑与市政地基基础通用规范》GB 55003—2021，北京：中国建筑工业出版社，2021.

[4] 中华人民共和国国家标准.《组合结构通用规范》GB 55004—2021，北京：中国建筑工业出版社，2021.

[5] 中华人民共和国国家标准.《木结构通用规范》GB 55005—2021，北京：中国建筑工业出版社，2021.

[6] 中华人民共和国国家标准.《钢结构通用规范》GB 55006—2021，北京：中国建筑工业出版社，2021.

[7] 中华人民共和国国家标准.《砌体结构通用规范》GB 55007—2021，北京：中国建筑工业出版社，2021.

[8] 中华人民共和国国家标准.《混凝土结构通用规范》GB 55008—2021，北京：中国建筑工业出版社，2021.

[9] 中华人民共和国国家标准. 建筑结构可靠性设计统一标准. 北京：中国建筑工业出版社，2019.

[10] 中华人民共和国国家标准. 钢结构设计标准 GB 50017—2017. 北京：中国建筑工业出版社，2018.

[11] 中华人民共和国国家标准. 木结构设计标准 GB 50005—2017. 北京：中国建筑工业出版社，2018.

[12] 中华人民共和国行业标准. 公路钢筋混凝土及预应力混凝土桥涵设计规范. 北京：人民交通出版社股份有限公司. 2018.

[13] 中华人民共和国国家标准. 建筑抗震设计规范 GB 50011—2010（2016年版）. 北京：中国建筑工业出版社，2016.

[14] 中华人民共和国国家标准. 混凝土结构设计规范 GB 50010—2010（2015年版）. 北京：中国建筑工业出版社，2016.

[15] 《钢结构设计手册》编辑委员会、钢结构设计手册. 北京：中国建筑工业出版社，2019.

[16] 苑振芳主编. 砌体结构设计手册. 北京：中国建筑工业出版社，2010.

[17] 郭继武编著. 建筑抗震疑难释义附解题指导. 北京：中国建筑工业出版社，2010.

[18] 姚谏等编著. 钢结构原理与设计. 北京：中国建筑工业出版社，2011.

[19] 陈绍蕃，顾强主编. 钢结构基础. 北京：中国建筑工业出版社，2014.

[20] 刘金砺等. 建筑桩基技术规范应用手册. 北京：中国建筑工业出版社，2010.

[21] 王国周等编著. 钢结构设计原理与设计. 北京：清华大学出版社，1993.

[22] 叶列平编著. 混凝土结构设计（上册）. 北京：中国建筑工业出版社，2012.

[23] 施楚贤，施宇江编著. 砌体结构疑难释义附解题指导. 北京：中国建筑工业出版社，2004.

[24] 陈骥编著. 钢结构稳定理论与设计. 北京：科学出版社，2014.

[25] 滕智明，朱金铨编著．混凝土结构与砌体结构设计（上册）．北京：中国建筑工业出版社，2003．
[26] 华南理工大学，浙江大学，湖南大学编．基础工程．北京：中国建筑工业出版社，2003．
[27] 朱炳寅编著．高层建筑混凝土结构技术规程应用与分析．北京：中国建筑工业出版社，2013．
[28] 朱炳寅编著．建筑抗震设计规范应用与分析（第二版）．北京：中国建筑工业出版社，2017．
[29] 本书编委会．全国注册结构工程师专业考试试题解答及分析．北京：中国建筑工业出版社，2019．
[30] 范立础主编．桥梁工程（第三版）．北京：人民交通出版社，2017．
[31] 姚玲森主编．桥梁工程．北京：人民交通出版社，2008．
[32] 邵旭东主编．桥梁工程．北京：人民交通出版社，2007．
[33] 盛洪飞主编．桥梁墩台与基础工程（第二版）．北京：人民交通出版社，2014．
[34] 国家标准建筑抗震设计规范管理组编．建筑抗震设计规范 GB 50011—2010 统一培训教材．北京：地震出版社，2010．
[35] 魏利金编著．建筑结构设计规范疑难热点问题及对策．北京：中国电力出版社，2015．
[36] 中国建筑设计院有限公司编著．结构设计统一技术措施．北京：中国建筑工业出版社，2018．
[37] 金新阳主编．建筑结构荷载规范理解与应用．北京：中国建筑工业出版社，2013．
[38] 中国建筑标准设计院编．建筑结构加固施工图设计表示方法 SG111-1．北京：中国计划出版社，2008．

增值服务说明

读者在阅读过程中，如果碰到什么疑难问题或对书中有任何意见或建议，可直接与作者联系，联系方式：LanDJ2020@163.com，我们将及时回答您的问题。

有关考试信息、培训信息、答疑和本书的勘误表，请见网页：兰定筠博士网（www.landingjun.com）；微博：兰定筠微博，微信公众号：兰定筠注册考试。